国家出版基金资助项目

中国炼油技术

（第四版）

（上册）

汪燮卿 主编

中国石化出版社
HTTP://WWW.SINOPEC-PRESS.COM

内 容 提 要

本书集中展现我国炼油技术发展历程，传承和弘扬在中国共产党的领导下我国炼油技术所取得的巨大成就。全书紧密围绕关键词“中国”“炼油技术”，全面系统介绍我国炼油技术的进展和成果，详细阐述原油的分析评价、各种加工工艺技术、石油产品的生产和评定、炼油催化剂、油品添加剂、油品储运、炼油厂节能、炼油厂安全环保、炼油厂信息化与智能化、生物液体燃料及炼油厂加工流程与经济性分析等内容。重点介绍了我国已工业化应用的技术，此外还介绍了即将工业化应用的有竞争力的、体现中国新水平的技术，以更加全面地展现我国当前炼油技术的总体水平。

本书可供从事石油化工行业的技术管理人员、科研设计人员参考阅读，也适合石油化工相关专业院校师生作为教材使用。

图书在版编目（CIP）数据

中国炼油技术／汪燮卿主编．—4 版．—北京：中国石化出版社，2021.5
ISBN 978-7-5114-6245-9

Ⅰ.①中… Ⅱ.①汪… Ⅲ.①石油炼制-技术-中国 Ⅳ.①TE62

中国版本图书馆 CIP 数据核字（2021）第 067704 号

中国石化出版社出版发行

地址：北京市东城区安定门外大街 58 号
邮编：100011　电话：（010）57512500
发行部电话：（010）57512575
http://www.sinopec-press.com
E-mail：press@sinopec.com
北京科信印刷有限公司印刷
全国各地新华书店经销

*

787×1092 毫米 16 开本 138 印张 3232 千字
2021 年 6 月第 4 版　2021 年 6 月第 1 次印刷
定价：980.00 元（上、中、下册）

《中国炼油技术》(第四版)

撰　稿　人

第1章	汪燮卿	达志坚	刘鸿洲			
第2章	章群丹	王小伟				
第3章	袁毅夫	王亚彪	张　成	韩艳萍		
第4章	李和杰	申海平	王翠红	杨　涛	侯焕娣	李子锋
	戴立顺	许友好	宁爱民	毛安国		
第5章	许友好	吴　雷	刘　昱	卢春喜	王　鹏	江盛阳
	乔立功					
第6章	马爱增	徐又春	袁忠勋	夏国富	张新宽	臧高山
	张秋平					
第7章	郁　灼	赵　明	王德华	周震寰	祁晓岚	李愿来
	朱振兴					
第8章	戴立顺	郭　蓉	兰　玲	习远兵	梁家林	丁　石
	牛世坤	李士才	丁　贺			
第9章	刘　昶	吴子明	关明华	胡志海	赵　阳	任　亮
	赵广乐	莫昌艺				
第10章	徐　莉	袁忠勋	林　伟	邹　亢		
第11章	宗保宁	董明会	李永祥	夏玥穜	李长明	温朗友
	张秋平					
第12章	潘　煜	万升龙	于中伟	王子健	王春明	孙洪敏
	沈震浩	朱学军	张竹梅	苏　洪	胡晓石	
第13章	慕旭宏	钟海军	胡　力	达建文	温朗友	杨清河
	曾双亲	刘　锋	毛以朝	王春明	臧高山	张秋平
	王辉国	周震寰	周灵萍	宋　烨	邢恩会	
第14章	王玉章	郭庆洲	黄卫国	李洪宝		
第15章	何懿峰	孙洪伟	郭小川	刘庆廉		
第16章	梁宇翔	贺景坚	黄茂生	何懿峰		

第 17 章	苏　朔	段庆华	黄燕民			
第 18 章	张忠清	刘　涛	张艳侠	孙晓丹	刘林东	王　阔
第 19 章	张建荣	祝馨怡	陶志平	刘　倩	王慧宇	许淑艳
	龙化骊	陈丽卿	蔺建民	王　红	凌凤香	
第 20 章	戴文松	张　奇	李晓黎	窦隽虹		
第 21 章	刘爱华	朱学军	温崇荣			
第 22 章	张　蕾	刘晓宇	王雁君	青红英	邱建章	焦国凤
	张立博					
第 23 章	吴玉国	王维民	倪庆旭	李小玲	王　昆	
第 24 章	马传军	李本高	宫　超	王学海	王　新	李凌波
	王雪清	周　彤	回　军	单广波		
第 25 章	赵晓敏	佟玉文	谢小华	魏志强	张　英	胡　丞
	鲁维民	赖作通	王瑞群	王建平	于秋海	王阳峰
第 26 章	曹东学	杨仁建	田健辉	郑文刚	贺宗江	徐燕平
第 27 章	刘小辉	韩　磊	李贵军	张艳玲	刘　艳	
第 28 章	张晓华	张　帆	王春利	姜巍巍	许述剑	郎需庆
	牟小冬	马浩然	朱　亮	李亮亮	胡海燕	刘　璇
	马梦白	边　敏	倪桂才			
第 29 章	胡志海	吴治国	吴　昊	梁家林	龙湘云	徐　润
	吴　玉	侯朝鹏	李　猛			
第 30 章	朱根权	吴　雷	汪燮卿			
第 31 章	陶志平	蒋福康	杜泽学	计建炳	渠红亮	郭　莘
第 32 章	刘灵丽	赵建炜	李　锐	程一步	李家强	张慕颜
	张小宏	高礼杰				
第 33 章	汪燮卿	胡晓春	许友好			

《中国炼油技术》(第三版)
主要撰稿人

(按姓氏笔画排列)

于中伟　马贵阳　马爱增　孔德金　王子军　王凤来　王玉章
王　昆　王翠红　叶元凯　叶晓东　田龙胜　田松柏　田辉平
申海平　石友良　龙化骊　乔　凯　刘庆廉　刘建晖　刘　昱
刘　健　华　贲　孙洪伟　孙洪敏　许友好　许淑艳　许　谦
达建文　齐邦峰　齐学忠　严　錞　吴玉国　张迎恺　张建荣
张忠清　张秋平　李出和　李本高　李志强　李明丰　李晓黎
李新华　杨为民　杨　雪　陈　延　陈丽卿　陈俊武　陈保东
周震寰　房　韡　林　伟　武志强　郁　灼　侯芙生　段庆华
胡志海　钟泰钢　倪　蓓　夏国富　徐又春　徐　莉　郭小川
郭　莘　郭锦标　顾望平　高晓冬　曹　毅　梁凤印　梁宇翔
梁　红　黄燕民　温朗友　程国香　谢小华　谢朝钢　熊　云
戴立顺

《中国炼油技术》(第二版)
编辑委员会

《中国炼油技术》(第二版)
编　辑　部

《中国炼油技术》(第二版)
主要撰稿人

(按姓氏笔画排列)

王锡础　田松柏　许汉立　刘智强　朱廷彬　华　贲　闵恩泽
严大凡　严　錞　李再婷　李志强　杨天富　陈俊武　陆婉珍
庞桂赐　范耀华　林大泉　祖德光　赵仁殿　侯芙生　徐亦方
徐承恩　黄大智　曹汉昌　阎鸿炳　童广明　彭国庆　廖士纲
熊崇翔　颜志光　戴承远

第四版序

专家话炼油

《中国炼油技术》第四版的出版适逢中国共产党成立100周年，值此机会回顾中国炼油的百年发展历程是非常有意义且必要的。20世纪20年代，中国在陕西延长油矿试验炼油；30~40年代在中国东北建设了人造石油工厂，在四川、云南等内地省份建起了一些用植物油裂解和煤低温干馏生产汽、柴油的小工厂；1937年在甘肃玉门发现了油矿并进行正规的开采和炼油。这是中国近现代炼油工业的萌芽时期。

中国现代炼油工业是从1949年新中国成立后才开始建设的。经过70多年的奋斗，到2019年，炼油能力达9.1亿吨/年，跃居世界第二。年实际加工量从1949年的12万吨发展到2019年的6.52亿吨，生产汽油1.41亿吨，喷气燃料5300万吨，柴油1.66亿吨，满足了国民经济和国防发展的需要。其中，被称为“五朵金花”的催化裂化、延迟焦化、铂重整、尿素脱蜡、催化剂与添加剂等现代炼油技术的开发奠定了中国现代炼油工业的基础。1974年在玉门炼油厂使用沸石催化裂化催化剂和提升管催化裂化工艺工业化试验成功，具有里程碑式的意义。在当时的历史条件下，这些技术完全独立自主开发成功，为我国炼油技术的自主研究开发探索了一条成功之路。

改革开放42年来，中国炼油工业发展历程大致可分为三个阶段：第一阶段是到21世纪初。通过改革开放，吸收消化国外先进技术，立足创新，向市场经济体制转型，炼油工业快速发展。第二阶段是21世纪的前十年。进行战略重组、改制上市、扩大开放、推进市场化改革，油品质量快速持续升级，炼油工业高速发展。第三阶段是最近十年。进行全面深化改革，油品质量达到国际先进水平，清洁、安全生产成为趋势，更加注重油化一体化发展，调整产品和产业结构；以创新驱动发展，从做大到做强、从提高数量向提高质量发展；炼油工艺、工程设计及装备技术的进步使我国具备了千万吨级炼油厂和主要大型炼油装置自主设计和工程化能力。

炼油新技术的开发，首先是为市场提供环境友好的石油产品。经过多年努力，我国从工艺、催化剂到工程，从仪表到设备，从自动化、信息化到智能化的管理和控制技术，从炼油厂到加油站，已形成了一个完整的发展平台。

习近平总书记提出“绿水青山就是金山银山”，指明了我国建设社会主义社会的战略方向。要保护好生态环境，提高油品质量使之符合环保要求，并实现清洁生产、安全生产和节能减排，必须努力开发出一批新技术、新工艺、新装备，并广泛推广应用。目前我国的汽油、喷气燃料和柴油的质量标准都已与国际标准接轨。炼油工业也不断成功开发适合我国国情的新技术，为石油化工提供更多、更好的原料，跻身于世界先进行列。

本版在保持前三版编写原则和风格的基础上，同时根据发展的需要，新增加了10章，旨在充分体现炼油技术的新进展。主要涉及：炼厂总流程和经济性分析，从战略高度和市场需求角度通过反复对比，选择合适的工艺，以期取得最佳的经济效益。生物质液体燃料作为化石燃料的补充，强调相互协调发展。开发成功煤制油技术，作为清洁用煤和战略储备液体燃料的探索。通过炼油和化工一体化多产石油化工原料技术，探讨在能源多元化前景下，炼油技术发展的战略性和前瞻性。在催化裂化汽油降烯烃、脱硫、高辛烷值组分生产以及硫黄回收和废气处理等技术方面，为提高油品质量、改善环境保护和提高安全生产方面有较多的更新内容，另立章节详细叙述。催化重整和芳烃生产也因内容扩展而分成两章。最后增加一章介绍中国炼油百年大事纪要，重点回顾我国炼油技术的发展历程和取得的主要成果，以史为鉴，可知兴衰。

本版的作者基本上都是奋战在第一线的中青年专家，他们实践经验丰富，专业上有较深的造诣。编委会的成员则体现老、中、青三结合，利于工作的一贯性和延续性。

本书是中国石化出版社积极倡导和精心组织出版的。编委会成员、各章节作者、审稿专家和编辑部成员做了大量细致、卓有成效的工作。本书的出版得到了中国石化、中国石油、中国海油和相关高校等有关领导与部门专家的指导、支持和鼓励，在此一并表示衷心感谢。本人在第二、三版曾协助侯祥麟和侯芙生两位主编做了些工作，在学风和文风上受益匪浅，但因水平所限，错误和不当之处敬请读者指正。

谨以此书献给中国共产党诞辰100周年！

汪燮卿

2021年5月18日

目录
CONTENTS

上　册

中 册

下　册

第一章　概　　论

专家话炼油

石油，这一物质的命名，最早见于公元11世纪我国北宋时期的科学家沈括(1031～1095年)在《梦溪笔谈》一书中的记载，比德国人乔治·拜耳于1556年提出的“Petroleum”一词早了约500年。20世纪上半叶，中国炼油技术处于萌芽阶段。1907年，清政府在陕北延长打下了中国内地的第一口油井。1920年延长油矿试验炼制，除灯油以外还生产挥发油(轻汽油)、擦枪油和硬石蜡。20世纪30年代到40年代中期，日本人在中国东北建了人造石油工厂，其中煤炼油技术是从德国引进的，页岩油技术是其在抚顺研究开发的。为了解决运输燃料问题，四川、云南等内地省份建起了一些用植物油裂解和煤低温干馏生产汽、柴油的小工厂。这些小厂设备简陋，产品质量很差。1937年，甘肃玉门发现了油矿并进行了开采。1939年8月11日，玉门老君庙旁的一号井获工业油流。从此，揭开了中国现代石油工业的第一页。1939年10月筹建第一座炼油厂，于1940年2月底建成。

中国的现代炼油工业是从1949年新中国成立后才开始建设。1949年石油年总产量只有12万吨，其中天然石油7万吨，人造石油5万吨。在1953～1957年第一个五年计划中，国家确定了“大力勘察天然石油资源，同时发展人造石油，长期地、积极地努力发展石油工业”的基本方针。作为标志性的两大炼油工程是苏联援建年处理量百万吨的兰州炼油厂和我国自建的人造石油茂名页岩干馏厂。

1959年发现并开始开发大庆油田，1976年原油年产量突破5000万吨，翻开了我国石油工业发展的新篇章。同时又相继开发了胜利油田、大港油田、江汉油田、长庆油田、辽河油田、华北油田、苏北油田、中原油田和四川油田等。1978年全国原油年产量达1.04亿吨，进入产油大国行列。改革开放以来，又大力勘探和开发新疆吐鲁番盆地和塔里木盆地的石油和天然气。至1998年，我国内地有24个省(区)市发现了油气资源，建成了24个油气生产基地，原油年产量达到1.6亿吨。2018年世界石油产量44.74亿吨，石油产量大于1亿吨的国家有11个。排名前10位的国家分别是美国、沙特阿拉伯、俄罗斯、加拿大、伊拉克、伊朗、中国、阿联酋、科威特和巴西。我国石油(原油+凝析油)产量1.89亿吨，石油产量排在前列的是中国石油大庆油田、中国海油渤海油田、中国石油长庆油田、中国石化胜利油田、中国石油新疆油田、延长石油油田、中国石油辽河油田、中国海油南海东部油田、中国石化塔河油田、中国海油南海西部油田。其中，大庆油田、渤海油田、长庆油田、胜利油田、新疆油田、延长油田均超过千万吨。天然气(气层气+溶解气)产量1415.12亿立方米，连续8年超过1000亿立方米。其中天然气产量排在前列的是中国石油长庆油田、塔里木油田、西南油气田及中国石化普光气田、涪陵气田、中国石油青海油田、中国海油南海东部和西部油田。其中，长庆、塔里木、西南等3个油气田天然气产量均超过100亿立方米。以大庆和长庆原油为代表，我国大部分原油属于低硫含蜡原油，但也有些油区的地质构造十分复杂，原油性质有较大差别。胜利油田各油区的原油，大部分属于中间基，但也有少量原油属于石蜡基或环烷基，且含硫较多。辽河油区、西北油区也有类似情况。

我国原油产量近十年出现了先增长后下降的局面，2008 年至 2015 年，原油产量从 1.9 亿吨逐年增加至 2.1 亿吨，2016 年开始降至 2 亿吨以下，2018 年降至 1.9 亿吨。为了弥补国内原油资源的严重不足，我国每年进口大量国外原油。2008 年我国原油进口量为 1.8 亿吨，2019 年增加到 5 亿吨，对外依存度由 2008 年的 50%上升到 2019 年的 70%以上。这些进口原油主要来自中东、西非、俄罗斯、南美等地区，其中大部分是中间基原油，也有少部分的石蜡基原油和环烷基原油。我国加工的原油不仅数量大，而且品种多，每年进口的原油多达 100 多种。

有了原油的充分供应，炼油厂也得到快速发展。1958 年 9 月兰州炼油厂，1959 年 3 月新疆克拉玛依炼油厂先后建成投产。1959 年，独山子炼油厂、石油七厂（大连石化）、上海炼油厂完成扩建工程，年加工能力达到 50 万～90 万吨。1962 年 4 月 1 日，黑龙江炼油厂（后改名为大庆石化总厂）破土动工；1969 年 9 月，东方红炼油厂（燕山石化）一期工程建成投产，原油加工能力为 250 万吨/年。到 20 世纪末，中国已有大中型炼油厂 54 座，年加工原油的总能力达 2.45 亿吨，石油产品已经做到基本自给。到 2019 年，有大中型炼油厂 120 余座，原油加工能力约 9 亿吨，年实际加工量 6.52 亿吨，开工率 72%，成品油净出口突破 5000 万吨。生产汽油 1.41 亿吨，煤油 5300 万吨，柴油 1.66 亿吨，化工轻油 8360 万吨，沥青 5039 万吨。

中国炼油技术发展的初期，首先遇到的挑战是国防军工所需油品的质量问题。自 1959 年下半年起，苏联片面撕毁协定，撤走专家，给我国的国防事业一时带来很大的困难。为了配合原子弹、导弹和军用喷气机的研制，原国防科工委向原石油部提出所需几种特种润滑油和润滑脂的研制任务。1960 年 8 月 6 日，聂荣臻副总理写信给余秋里部长，指出：“航空油料仍完全依赖进口，煤油的技术问题还未解决，汽油只能生产部分型号，润滑油也有不少问题。这些情况使人担心，一旦进口中断，飞机就可能被迫停飞，某些战斗车辆可能被迫停驶。”他要求“现在应迅速迫切地解决问题”。石油科学研究院（现石油化工科学研究院，以下简称石科院）接到任务后，院领导分工由侯祥麟和林风负责军工油品的研制任务。

1960 年在苏联的喷气发动机上使用玉门炼油厂生产的喷气燃料（当时称航空煤油），经过 200h 的发动机台架试验，发现采用规格指标合格的国产油，拆卸下来的火焰筒上，仍观察到有密密麻麻的坑点腐蚀，这是事关国防安全的大事。通过与中科院大连化学物理研究所（简称大连化物所）和兰州化学物理研究所等有关单位协作攻关，查明引起烧蚀的原因，石科院提出的添加抗烧蚀添加剂方案，解决了使用国产航空煤油战斗机的火焰筒出现的烧蚀问题。1963 年以后，军用油品的研发和批量生产基本上能满足国防的需要。

到 20 世纪 60 年代中期，在吸收、消化国外先进的炼油技术的基础上，原石油部组织广大科研、设计和生产人员，通过三结合会战的形式，重点研究开发成功催化裂化、铂重整、延迟焦化、尿素脱蜡、催化剂和添加剂等 5 类新工艺和新产品，分别建成了工业装置，基本上达到了当时的国际水平。当时国内电影“五朵金花”正家喻户晓、风靡一时，我国炼油界就把这5类新技术誉为炼油技术的“五朵金花”。在“五朵金花”炼油技术及相关炼油工业装置工程建设过程中，武迟、敖明模、王长荣等同志起到了重要的领导、决策和指挥作用。

1974年，独立自主开发成功的沸石催化剂和相应提升管催化裂化工艺，在玉门炼油厂工业化试验成功。在提高汽油产率和辛烷值方面，具有里程碑式的意义。

通过自主创新、开放合作和引进消化吸收相结合的方式，我国炼油科技自主创新能力和核心竞争力不断提升，与世界先进技术的差距不断缩小，炼油技术总体达到世界先进水平，主体领域形成了一批具有优势的炼油技术，支撑了炼油工业的高速发展。

炼油工艺、工程设计及装备技术的进步使我国具备了千万吨级炼油厂和大型炼油装置自主设计和工程化能力。炼油产业集中度显著提高，已拥有20个以上千万吨级原油加工基地，初步形成了以炼油厂为中心辐射主要消费区的油品储运体系，完善了配套原油及成品油储存和运输设施。原油蒸馏装置已经建成并投产的单套加工能力分别达到800万吨/年、1000万吨/年、1200万吨/年，1500万吨/年的原油蒸馏装置正在建设之中。新建成的原油常减压蒸馏装置的能耗降低到接近10kgEO/t（1kgEO = 4.18MJ），正在新建项目达到了8.6kgEO/t以下。与此同时，为进一步降低石油加工企业的能量消耗、项目建设投资、生产运行与管理成本，开发并成功应用了石油加工生产装置集中控制、远程数据传输和DCS集中控制系统。炼油生产装置运行数据采集与传输、集中控制与管理、事故处理和紧急停车、远程专家诊断、流程模拟和在线培训等系统得到了普遍应用。沿海地区形成了不同等级的原油码头群，加快了大型原油码头的建设，扩大了进口原油接卸和储运能力。同时管道运输已成为炼油厂最主要的运输方式，建立了原油、成品油配送管网，自建的10万立方米浮顶储罐，最大15万立方米的储油罐已投入运营。对于调整油品的储运结构、降低运输成本、增强我国炼油企业的竞争力具有重要意义。

原油加工的第一步是原油评价，在对原油性质全面评价的基础上，制定最优的加工流程，采用先进的加工工艺，以获取最大的经济效益。通常把所加工的原油与4种国内产量较大又有各自特点的长庆原油、大庆原油、胜利原油、辽河原油进行不同类型原油的比较，将主要进口原油按特性进行分类，然后对同一类型的原油分析其共性和特性。表1-1列出了我国4种原油的主要性质。

表1-1 我国4种原油的主要性质

原油名称	长庆原油	大庆原油	胜利原油	辽河原油
API度	35.4	31.8	18.5	17.10
密度(20℃)/(g/cm^3)	0.8438	0.8628	0.9398	0.9487
残炭/%	2.22	3.05	7.73	15.90
硫含量/%	0.09	0.11	1.10	0.33
蜡含量/%	13.1	30.0	8.2	8.4
胶质含量/%	4.1	9.9	18.7	23.1
沥青质含量/%	0.4	0.2	1.1	1.6
原油类别	低硫中间-石蜡基	低硫石蜡基	含硫中间基	低硫环烷基

2019 年，在 5 亿吨进口原油中，有 43.9%的原油来自中东地区，这些原油绝大多数为高硫原油。表 1-2 和表 1-3 分别列出了含硫和高硫进口原油的性质，并与塔河原油相比较。

表 1-2 进口含硫原油的性质

原油名称	伊朗轻质原油(Iran Light)	俄罗斯乌拉尔原油(Urals)	也门马希拉原油(Masila)	阿曼原油(Oman)	安哥拉罕戈原油(Hungo)
API 度	34. 13	29. 82	33. 65	30. 43	28. 35
密度(20℃)/(g/cm^3)	0. 8503	0. 8732	0. 8528	0. 8699	0. 8816
酸值/(mgKOH/g)	0. 09	0. 24	0. 07	0. 58	0. 59
残炭/%	4. 06	4. 08	3. 48	5. 13	5. 22
硫含量/%	1. 50	1. 40	0. 57	1. 60	0. 70
氮含量/%	0. 13	0. 15	0. 12	0. 11	0. 24
镍含量/(μg/g)	12. 2	17. 1	3. 1	10. 1	19. 3
钒含量/(μg/g)	40. 2	58. 0	5. 3	8. 7	17. 1
蜡含量/%	3. 7	6. 0	6. 1	3. 6	2. 9
<350℃收率/%	50. 79	43. 61	47. 39	40. 27	43. 42

表 1-3 进口高硫原油的性质及其与塔河原油的比较

原油名称	沙轻原油(Arabian light)	伊拉克巴士拉重原油(Basrah heavy)	沙中原油(Arabian Medium)	科威特原油(Kwait)	沙重原油(Arabian Heavy)	塔河原油(Tahe)(中国新疆)
API 度	33. 34	24. 19	30. 56	30. 77	27. 47	16. 8
密度(20℃)/(g/cm^3)	0. 8544	0. 9050	0. 8692	0. 8683	0. 8862	0. 9512
酸值/(mgKOH/g)	0. 05	0. 20	0. 19	0. 13	0. 24	0. 11
残炭/%	4. 32	9. 50	5. 59	6. 00	8. 00	15. 29
硫含量/%	2. 10	4. 50	2. 60	2. 90	3. 10	2. 10
氮含量/%	0. 10	0. 13	0. 1	0. 13	0. 13	0. 47
镍含量/(μg/g)	3. 4	25. 5	9. 4	11. 3	16. 8	39. 0
钒含量/(μg/g)	11. 2	94. 5	28. 9	38. 0	52. 5	240. 5
蜡含量/%	3. 8	3. 2	2. 6	4. 0	3. 0	11. 1
<350℃收率/%	50. 47	38. 62	47. 50	44. 64	40. 20	27. 78

从 20 世纪 50 年代末开始，原油评价的方法由石油化工科学研究院(以下简称石科院)陆婉珍、张寿增和马文裕等共同负责组建，方法是国际通用的。历经三代人的努力，增加了近代仪器分析方法，扩充了内容，提高了精准度。在原油评价数据大量积累的基础上，中国石化、中国石油均形成了自己的原油评价数据库。在充分利用现代分析技术的基础上，建立原油快速评价、配方原油评价和分子水平原油评价，为合理利用资源和适应市场需求及时调整产品品种提供了快速有效的手段。

一、主要石油产品供需基本态势

2019 年我国汽油表观消费 1.27 亿吨，柴油表观消费 1.46 亿吨，喷气燃料表观消费 3670 万吨。柴油消费量已达平台期，随着新能源汽车的快速发展，以及天然气、生物质能源等替代产品的发展，汽油消费增速缓慢。我国地域幅员辽阔，不同区域的消费结构也不同，汽、柴油产率和柴汽比的确定要结合当地区域市场。液化气表观消费量 5840 万吨，产量 3940 万吨，呈上升趋势，用于加工生产高辛烷值汽油组分和化工原料只占 45%，商用占 45%。沥青表观消费量为 3670 万吨，产量 3320 万吨。其中应用于道路工程的石油沥青约占总产量的 80%，国产的石油沥青产品基本满足了国民经济发展的需要。石油焦消费 3650 万吨，产量 2835 万吨。从终端消费来看，用于电解铝约占 62%，钢铁工业用占 9%，工业燃料用占 21%。近年来，由于延迟焦化原料的劣质化，导致石油焦中的硫含量偏高，作为工业燃料排放问题日趋严重。船用燃料油消费 1940 万吨，内贸船用 950 万吨(柴油馏分)，保税油 990 万吨(重质馏分)。外贸货物吞吐量 43 亿吨，船用燃料油从需求侧来看是一大缺口。国际海事组织 IMO 规定，从 2020 年 1 月 1 日起，船用燃料硫含量不超过 0.5%，这给我国炼油工业带来新的机遇和挑战。

2019 年我国炼油厂产能利用率仅 72%，远低于全球炼油企业 83%的平均开工率。在石油化工产业，2019 年我国乙烯产能达到了 2550 万吨，当年产量 2372 万吨，而当量消费量 5010 万吨，当量自给率仅 47.3%。预计到 2025 年，我国乙烯产量将达 4680 万吨左右，当量需求量约为 6700 万吨，国内满足率有望提高到 70%左右。2019 年底我国丙烯产能达到 3987 万吨，当年产量 3230 万吨，当量消费量约 4000 万吨，当量自给率 80.7%。预计 2025 年丙烯产量在 5000 万吨左右，当量需求量约为 5400 万吨，国内满足率有望提高到 93%左右。随着我国能源结构调整和清洁车用能源(如乙醇汽油、氢能及燃料电池等)的逐步推广，车用汽油需求量增速减缓，柴油用量已达到阶段性峰值。2019 年我国喷气燃料表观消费量达 4000 万吨以上，由于我国旅游市场的不断扩大和物流业的快速发展，喷气燃料作为航空交通运输燃料，因具有高密度、高热值和良好的燃烧性能，且可续航程里程长，目前还没有更好的替代能源，预计需求量将在 2045 年前后持续增加到 1.8 亿吨峰值。

炼油产品和石油化工基本原料供需态势表明，必须进行供给侧的结构性改革，解决的途径：一是按市场规则公平竞争，整合产能。2019 年全国 200 万吨/年以下炼油厂能力合计约 6255 万吨/年。这些规模小、技术水平低的落后炼油厂，难以适应炼油产业集约化、规模化的发展要求。二是加强开拓海外油品出口市场。2018 年出口油品 5000 万吨，提升了装置的开工率，但由于这部分油品使用的大部分是进口油，因此势必同时影响到原油对外依存度的提升(目前已超过 70%)，进而影响到国家石油产业安全问题，同时也增加了炼油行业的 CO_2 排放总量。三是对于炼油和化工一体化企业，可通过装置改造和采用新技术，提高石油化工产品的比例，这是我国今后发展的重点，例如中海石油宁波大榭石化有限公司采用催化裂解(DCC)技术，从炼油向石油化工转型就是一个很好的范例。四是根据国情，做出战略决策，逐步调整产业结构，增加原油直接生产化学品的比例。据推算，石油化工用油的占比将从 2018 年的 12.5%增长到 2050 年的 30%，我国化工用油将达 2 亿吨以上。

为积极应对“碳达峰”和“碳中和”的要求，大力开展减碳的技术调整，通过节能、结构调整、捕集利用、化学转化、可再生能源替代等措施，逐步实现这一目标。

二、开发新技术，提供环境友好的石油产品

无论何时，都要把保护生态环境放在第一位。这就要求油品的生产和使用全过程要体现环境友好。原则上从两个方面来衡量和评价炼油技术的水平：一是资源(能源)的利用效率，二是整个过程中的污染物排放总量。油品生产工艺的每一个环节都要考虑节能减排，要有相应的技术措施解决污染排放问题。在油品使用过程中，污染物的排放要符合发动机的排放标准。我国车用汽油标准不断提升：从2000年实现无铅化，2006年实行硫含量不高于500μg/g，2010年实行硫含量不高于50μg/g的国Ⅲ标准，2013年不高于10μg/g，到2019年全国实施汽油实行硫含量不高于10μg/g国ⅥA标准。芳烃含量(体积分数)由不大于40%下降至不大于35%、烯烃含量(体积分数)由不大于24%下降至不大于18%/15%(ⅥA/ⅥB标准)、苯含量(体积分数)下降至不大于0.8%，这些指标均已达到欧盟标准水平。此外，还降低了汽油50%蒸发温度(T_{50})限值。自2023年1月1日起，全国将实施汽油国ⅥB标准。自2019年1月1日起，全面供应符合国Ⅵ标准的车用柴油，停止销售低于国Ⅵ标准的柴油，实现车用柴油、普通柴油、部分船舶用油“三油并轨”，取消普通柴油标准，柴油的排放标准已与西方发达国家接轨。

根据我国交通运输的发展趋势，轨道交通和公共交通将成为人们出行的首选方式，我国千人汽车保有量，预计一线城市的饱和值在250辆/千人左右，全国平均饱和值在350辆/千人左右。2018年我国千人汽车保有量172辆，远低于发达国家水平，汽车保有量还将持续增长。预测全国汽车保有量2030年为3.8亿~4.0亿辆，2040年前后达到4.8亿~5.0亿辆的峰值，相应的汽油消费量将达到3.2亿吨峰值；柴油2016年前后已达3.5亿吨峰值。

我国汽油池中催化裂化汽油组分约占60%~70%，而欧美发达国家只占30%左右。因此，降低催化裂化汽油组分中的烯烃和硫含量是首要任务。为此，中国石化在变径流化床反应器平台上构建烃裂化与转化两个反应区，开发出多产异构烷烃的催化裂化(MIP)工艺，已应用到100多套装置，加工量达1.6亿吨/年，生产低烯烃汽油量已占国内车用汽油量的50%以上。

由于我国催化裂化原料硫含量较高，催化裂化汽油组分中的硫含量约占汽油池中总硫量的90%。降低汽油馏分中的硫含量的难度在于：在加氢脱硫过程中要尽量避免汽油中的烯烃饱和，以减少辛烷值损失。为此，我国自主开发的一系列的加氢脱硫工艺，包括RSDS、RCDS、OCT-ME、DSO、GARDES、MSO、CDOS-FRCN、ALGT、PHG等已成功地用于工业装置。FCC汽油异构化/芳构化加氢脱硫技术主要应用于既有脱硫降烯烃需求，又能保持辛烷值的清洁汽油生产场景。该类技术除了设置加氢脱硫部分外，还设置加氢异构/芳构化部分。在加氢脱硫部分，发生深度的脱硫反应。在异构/芳构化部分，FCC汽油中的烯烃发生异构化、芳构化等反应，起到降烯烃和辛烷值恢复的作用。国内拥有自主知识产权的FCC汽油加氢脱硫及改质技术有RIDOS技术、OTA技术、M-PHG技术等。

另一类工艺是从国外引进的S Zorb临氢吸附脱硫技术，它把催化加氢和化学吸附组合起来，把原料油中的硫通过催化加氢生成硫化氢，硫化氢又与活性镍作用生成硫化镍，硫化镍在吸附剂上临氢条件下与氧化锌作用转化成镍与硫化锌，同时避免了烯烃饱和，从而

减少了辛烷值的损失。截至2019年12月，在国内已建成投产S Zorb装置37套，年总加工量约5000万吨。在S Zorb吸附剂制造方面，通过吸收消化又有所创新，除供应国内需要外已出口到国外。

改进汽油质量的根本途径是增产优质高辛烷值汽油调合组分。①充分利用液化气资源生产烷基化油，2019年中国烷基化产能接近2200万吨/年左右，位居世界第二，其中硫酸烷基化技术占比超过95%。目前国内采用的硫酸烷基化技术主要有DuPont公司的STRATCO®工艺、McDermott公司的CDAlky®工艺、中国石化的SINOALKY工艺。中国石油大学(北京)开发的复合离子液体烷基化工艺(CILA)，2018年在哈尔滨石化15万吨/年生产装置开车成功。2019年九江石化建成了30万吨/年离子液体碳四烷基化装置。石科院开发成功ZCA-1固体酸烷基化技术。受烷基化原料不足及液化气市场竞争激烈的影响，装置开工率总体低于50%。②挖掘C_5、C_6轻石脑油资源增产异构化油。③充分利用异丁烯叠合生产高辛烷值叠合汽油。以碳四烯烃为原料通过二聚、加氢合成异辛烷的叠合技术，对利用国内现有闲置的MTBE装置具有十分重要的意义。随着中国乙醇汽油政策的颁布和逐步实施，叠合工艺在今后一段时期内将会有较大的发展机遇。

随着人民生活水平的提高，轿车已进入千家万户，而我国的轿车发动机主要是内燃机，因此，汽油需求量的增速大于柴油，柴油与汽油的产量比例(柴汽比)从20世纪90年代最高时的2.27降到2019年的1.15，但对柴油的质量要求却更为严格了。要求生产硫含量小于10μg/g，多环芳烃含量低于5%的高品质柴油(目前，车用柴油国Ⅵ标准规定多环芳烃含量低于7%)，并将密度范围从810～850kg/m^3调整到820～850kg/m^3，为此，我国开发了RTS柴油超深度脱硫、FSDS串联反应器超深度脱硫、S-RASSG柴油超深度脱硫催化剂级配、SRH柴油液相循环加氢以及PHF-101等工艺技术，为柴油质量升级提供了技术支撑。

生物质液体燃料属于可再生能源，生物乙醇作为车用汽油和脂肪酸单甲酯FAME作为柴油的调合组分，已逐步推广应用。用生物质及其废弃物如木薯、甘蔗乙蜜、甜高粱、木质纤维、植物秸秆等纤维素为原料生产燃料乙醇；用菜籽油、棉籽油、木本植物油等为原料生产生物喷气燃料和生物柴油，可以年年种年年收，把燃烧后产生的二氧化碳通过光合作用又转化成为生物质，因此又叫作可再生能源和清洁能源，体现了循环经济的理念。国家发改委、能源局、财政部等15部门联合印发《关于扩大生物燃料乙醇生产和推广使用车用乙醇汽油的实施方案》，提出到2020年，在全国范围使用车用乙醇汽油，基本实现全覆盖，但用粮食生产乙醇涉及国家的粮食储备政策，具有不确定性。截至2019年我国有生产资质且运行的燃料乙醇产业规模达到401万吨。E-10生物乙醇汽油大力推广和普及，要求从原料、技术到产品调合全过程，加强研发和降本增效，重点是以纤维素为原料生产燃料乙醇要过技术经济关。国际上生物柴油2018年产量达到3840万吨，但国内生物柴油由于原料可获得性差、成本高，2018年实际产量约100万吨。

生物喷气燃料可以与天然石油的喷气燃料按任意比例调合。中国民航局2011年出台《关于加快推进节能减排工作的指导意见》，要求到2020年我国民航单位能耗和排放比2005年下降22%。作为唯一含有碳源的可再生能源——生物质资源，是我国航空燃料满足碳排放要求的重要途径。中国石化组织石科院、镇海炼化分公司及所属杭州炼油责任有限公司、中国石化工程建设公司等单位，先后以棕榈油和餐饮废油为原料成功生产出符合产品标准的生物喷气燃料。2014 年 2 月 12 日，中国民用航空局向中国石化颁发了中国第一张生物喷气燃料生产许可证。2015 年 3 月 21 日和 2017 年 11 月 22 日，海南航空使用中国石化自主研发的生物喷气燃料分别进行了国内和国际的商业载客飞行。在微藻作为生物质燃料研究方面，中国石化首创的微藻脱硝实现了“烟气脱硝”与“微藻养殖”工艺组合，正在进行工业示范。

国内润滑油行业平稳发展，润滑油消费量不断增长。随着我国汽车工业的高速发展，国内润滑油产品结构也发生了改变，车用润滑油比重已经超过工业用润滑油，在润滑油市场占比达到一半以上。2018 年，全国润滑油总产量约为 641 万吨，进口数量约为 33.51 万吨，以高端产品为主。出口数量约为 10.81 万吨，主要为低端品类。我国生产的汽油机油的最高质量等级已经达到 SN、SN PLUS 和 GF-5。国内柴油机油产品，已研制生产了 CH-4、CI-4和 CJ-4 等高档柴油机油。性能优异的重负荷车辆齿轮油 GL-5 已成为我国车辆齿轮油市场的主要产品。

我国合成润滑油在建国初期即有少量聚烯烃润滑油生产。20 世纪 60 年代，卢成锹、高清岚、徐文渊和颜志光的研究团队开发成功酯类航空发动机润滑油、硅油、全氟烃、全氟聚醚、含氟润滑油的合成工艺，发展了磷酸酯航空液压油和工业难燃液压油、精密仪表油和高温润滑脂基础油，同时对石蜡裂解制聚 α-烯烃的工艺做了系统研究与产品开发。从 20 世纪 90 年代开始，酯类油、硅油和氟油等进一步拓展了使用范围，从军用到民用工业方面有了较大的发展，利用酯类油及聚 α-烯烃油先后研制成 5W-30 多级内燃机油、HS 低温液压油、75W-90 车用齿轮油以及汽车轮毂脂等。20 世纪 60 年代，王世芳研究团队开发用酯类油作为基础油的锂基脂和复合锂基脂现已广泛应用。用蜡裂解工艺得到的聚 α-烯烃制成的航空润滑油也进入工业应用。进入 21 世纪，我国以酯类油为基础油已研制成与国际同类产品相当的高热安定型和防腐型航空发动机润滑油。用氟硅油为基础油的润滑材料已成功用于远程导弹和超音速飞机的发动机上。

为确保民航客机的安全飞行，我国研制成功磷酸酯航空难燃液压油。利用聚 α-烯烃油优越的高低温性能，特别是低温性能，研制的航空发动机合成润滑油已应用多年，并制定了国家军用标准（GJB 1219—1991《航空活塞式发动机润滑油》）和国家标准（GB 439—1990《航空喷气式润滑油》）。近年来采用合成烃和优质矿物油混合研制成半合成的高性能活塞发动机润滑油和喷气发动机润滑油。其中活塞发动机润滑油 4060 符合新修订的 GJB 1219A 并得到生产应用。石科院研制成多烷基环戊烷空间润滑剂和空间高载荷苛刻工作条件的润滑材料。

我国食品级白油加氢的能力已经突破 85 万吨/年，并且还有 30 万吨/年左右的产能在建或规划建设中。国内开发的加氢技术已完全淘汰了污染严重的传统的精制技术。

此外，还有一批加氢处理装置和加氢裂化装置用于提供催化裂化和润滑油原料的预处理，例如加氢处理用于焦化馏分油、含硫减压馏分油及渣油的加氢预处理，其产物可直接或掺合作为催化裂化原料。截至 2019 年，我国共建成了约 21 套蜡油加氢处理装置，总处理能力约 7000 万吨/年。渣油加氢处理装置共 22 套，总加工能力达到 5460 万吨/年，其中国内自行开发的 15 套，总加工能力为 2630 万吨/年。与工艺配套的相应催化剂均立足于国内。

三、重质和劣质油的深度加工新技术

经长期开采，国际原油的质量已渐趋重质化和劣质化，主要体现在原油的高密度、高硫和高金属含量等方面。针对加工原油的多样化、重质化、劣质化，我国对炼油装置持续进行结构调整，使加工高硫、高酸、重质原油的能力明显增强。2019 年高含硫油加工能力达 2.37 亿吨/年，含酸原油加工能力达 7550 万吨/年。我国自主开发了重油催化裂化系列技术、延迟焦化技术、减压渣油加氢脱硫技术(VRDS)、加氢裂化系列技术、劣质重油加工技术、含酸原油直接催化裂化技术、重油催化裂解制取低碳烯烃和芳烃技术等一系列核心工艺技术，成效显著。

1. 催化裂化

我国第一套移动床催化裂化装置于 1958 年在原兰州炼油厂投产。由陈俊武院士领衔设计的第一套 60 万吨/年同高并列式流化催化裂化装置于 1965 年 5 月 5 日在抚顺石油二厂建成投产。由武宝琛主持研究的提升管催化裂化技术于 1974 年 8 月实现工业化，工业化装置是由玉门炼油厂 12 万吨/年同高并列式密相流化床装置改造而成的。自此以后，国内催化裂化装置均以等直径提升管作为反应器。20 世纪 70 年代后期起，国内炼油界对快速床再生技术进行系统研究，开发出快速床烧焦技术并实现工业化，到 80 年代，已掌握了鼓泡床、湍动床、快速床三种裂化催化剂再生技术，完全和不完全燃烧两种再生方式。单段、两段或两器等各种组合形式的再生技术，可将再生催化剂上碳含量控制在 0.1%以下。大庆油田常压渣油催化裂化技术于 1983 年 9 月实现工业化，推动了我国渣油催化裂化技术发展。标志着我国已系统地掌握了原料雾化、内外取热、提升管出口快速分离、重金属钝化、催化剂预提升等系列技术，同时积累了丰富的操作经验。

20 世纪 80 年代中期，为了缓解国产原油偏重和缺少蒸汽裂解制乙烯的原料这个矛盾，国内炼油界侯祥麟、闵恩泽、张定一等首次提出重油催化裂解多产轻质烯烃的建议，石科院给出催化深度裂解(Deep Catalytic Cracking，DCC)的构思和中型试验结果，与北京设计院和济南炼油厂共同成功地实现了工业化。DCC 工艺技术至今仍然是在全球范围内具有竞争力的多产丙烯催化裂化工艺技术，已转让到海外 6 家石化企业。随后又开发出了由重油直接制取乙烯和丙烯的催化热裂解 CPP 工艺。进入 21 世纪，石科院又发明了变径流化床反应器，并在此基础上开发成功多产异构烷烃的新工艺 MIP。在变径流化床反应器平台上构建烃裂化与转化两个反应区，由此开发出双反应区的催化裂化工艺。变径流化床迅速取代原有的等径提升管，从而使催化裂化技术进入一个新的时代。当前和未来的催化裂化反应器就是一个变径、流型变化、反应分区的流化床反应器。变径流化床反应器的发明充分说明已有 60 年发展历史的流化催化裂化(FCC)技术仍然有创新的空间。

自 1965 年以来，我国流化催化裂化装置从无到有，技术水平由低到高，装置规模和加工能力从小到大，研究思路从跟踪模仿到自主创新，取得了巨大的成就，已跻身国际先进水平。到目前为止，全国催化裂化装置总加工能力已达到近 2 亿吨/年，其中渣油占催化裂化总进料约 40%，成为我国加工渣油的一个最主要手段。目前，最大单套催化裂化装置加工能力为中海石油惠州炼化有限公司重油催化裂化(MIP)的 480 万吨/年，而就再生能力来说，中国石化中科炼油化工有限公司重油催化裂化(MIP)装置已达到 500 万吨/年。

2. 延迟焦化

我国早在1942年就有了釜式焦化生产装置。1963年第一套加工能力为30万吨/年的延迟焦化装置在抚顺石油二厂建成投产，至2019年底，国内拥有延迟焦化装置110余套，总加工能力达到1.32亿吨/年，占原油加工能力的18.6%。2019年石油焦总产量达到了2810万吨/年。

焦化原料的康氏残炭一般为16%~30%、相对密度0.95~1.05、硫含量达到2%~7%。国内延迟焦化装置规模最大的达到420万吨/年。平均能耗2008年约为25.49kgEO/t原料，2018年约为23.03kgEO/t原料。2001年1月，上海石化股份公司建成"一炉二塔"型加工能力为100万吨/年的延迟焦化装置，该装置采用了国内第一次应用的双面辐射加热炉和在线清焦等新技术，焦炭塔尺寸为ϕ8400mm×33881mm的全合金钢材质，是当时国内同类装置中最大的焦炭塔。该装置的建成和投产，标志着我国延迟焦化工艺技术基本达到国外20世纪90年代中末期先进水平。中石化广州（洛阳）工程有限公司（以下简称洛阳院）、镇海炼化、上海石化等单位合作开发了延迟焦化密闭除焦、输送及存储成套技术S-CCHS（Sinopec Closed Coke Handling System），实现了除焦、脱水、取焦过程密闭作业和除焦过程远距离、全程自动操作与监控，消除操作人员安全风险，提升装置安全水平。

针状焦是20世纪60年代末发展起来的一种新型碳素材料。用它制成的碳素制品具有高结晶度、高纯度、低烧蚀量、低热膨胀系数等特点，因此被广泛应用于冶金、宇航等重要国民经济部门。随着大型超高功率电极的广泛使用，针状焦产品短缺现象日趋严重。全世界的针状焦年产量约150万吨，石科院谢继玄等从20世纪70年代末开始针状焦生产技术的研究与开发，并以热裂化渣油和催化裂化澄清油为原料在工业装置上生产出了合格的针状焦产品。我国过去只有锦州石化和上海宝钢等少数针状焦生产装置，近几年随着针状焦价格的上涨，众多民营企业先后建设了10余套生产装置，总产能达到50万吨。目前油系针状焦企业代表有锦州石化、山东益大、山东京阳，煤系针状焦企业代表有山西宏特、鞍山开炭热能、宝武炭材、黑龙江宝泰隆、方大喜科墨等。近几年，中国石化开展了以催化油浆为原料生产针状焦的技术攻关，取得了初步成功。

3. 加氢裂化和临氢热裂化

我国高压加氢裂化装置（以减压馏分油VGO为原料）超过60套，加氢裂化加工能力超过1.1亿吨/年，约占一次原油加工能力的13.7%。常规加氢裂化的转化率范围通常在60%~100%，用于将多种进料转化为超清洁中间馏分油、石脑油和润滑油基础油；缓和加氢裂化的转化率为20%~40%，用于将VGO转化为超低硫柴油或提供优质的催化裂化装置进料。馏分油加氢裂化工艺有MPHC、HPHC、RMC、RHC等，直馏柴油加氢裂化工艺有FDHC、FD2J等，催化裂化轻循环油加氢转化有FD2G/FD2A、RLG/RLA工艺。各工艺都有相应的催化剂配套。

对于残炭大于20%，金属镍、钒含量超过150μg/g劣质渣油，以及重油催化裂化和减压渣油加氢脱硫技术（VRDS）不适合加工的原料，中国石化抚顺石油化工研究院（现为大连石油化工研究院，以下简称大连院）于2014年开发了STRONG沸腾床技术，在中国石化金陵分公司建成一套年加工能力5万吨/年的工业示范装置，2015年一次开车成功。为提高减压渣油加工能力及延长渣油加氢装置运转周期，抚研院基于沸腾床加氢技术又开发了复合床(SiRUT)渣油加氢技术。

针对这种劣质渣油的另一条加工路径是采用渣油浆态床催化临氢热转化技术，2017 年中国石化茂名分公司(260 万吨/年)和 2018 年中国浙江石化(2 套 300 万吨/年)分别引进了意大利埃尼公司的 EST 技术。石科院开发的 RMAC 渣油浆态床催化临氢热转化技术已完成中试研究，该工艺采用油溶性有机金属化合物作为催化剂。RMAC 技术的 200 万吨/年工艺包已通过中国石化技术评议。RMAC 技术配套催化剂 MACC 已完成工业试生产，将在工业装置上开展应用试验。

此外，中国石油大学开发成功新型重油浆态床临氢热转化 RSHC 工艺。中国三聚环保采用 MCT 技术于 2016 年在河南省鹤壁市宝山工业园区开工建设 150 万吨/年煤焦油/沥青综合利用项目，这是目前世界上最大的单系列煤焦油/沥青悬浮床加氢项目。

4. 溶剂脱沥青

我国第一套渣油丙烷脱沥青装置于 1958 年在兰州炼油厂建成投产，设计能力是加工渣油 12 万吨/年。截至 2019 年末，全国共有渣油脱沥青装置 23 套，总加工能力为 1603 万吨/年，其中丙烷脱沥青装置单套最大加工能力 80 万吨/年，丁烷脱沥青装置单套最大加工能力 170 万吨/年。除生产润滑油基础油外，溶剂脱沥青-脱油沥青气化-脱沥青油催化裂化组合工艺是一条合理的重油深度加工技术路线。2004 年，由九江石化炼油厂、石科院、中国石化宁波工程公司和九江石化设计工程有限公司共同开发的溶剂脱沥青-脱油沥青气化-脱沥青油催化裂化组合工艺获得工业性应用，进气化装置的脱油沥青的软化点提高到 80℃以上，经过近 2 年的平稳运行，将进气化装置的脱油沥青的软化点提高到 100℃以上。

5. 渣油接触裂化-焦炭原位气化技术(RCGT)

石科院初步开发成功一种基于流态化加工劣质渣油高效绿色转化的技术。该技术以劣质重油为原料，在专用接触剂上，产生接触裂化反应后生成气体、液体产物和焦炭，待生剂上的焦炭通过部分氧化和完全氧化两段再生，全部用来产生高压蒸汽供炼油厂使用。与延迟焦化比较，劣质原料是在接触剂上的薄层裂化，减少了二次反应，提高了液体收率。焦炭在再生过程中原位气化-燃烧后，直接发生高压蒸汽供全厂使用，可起到工程岛的作用，在全厂公用工程系统中能量合理利用，减少了环境污染。

6. 组合工艺技术

为了更有效利用资源，在充分认识原料油性质与组成的基础上，为了得到更多的目的产物，采用合适的加氢和裂化工艺二者的优化组合。其中 RICP 技术利用常规渣油加氢处理与催化裂化组合工艺，通过改变重循环油(HCO)的循环方式，将催化裂化原来自身回炼的 HCO 改为循环到渣油加氢装置中去，与渣油原料一起加氢后再返回催化裂化装置进行转化，使 HCO 在渣油加氢处理和催化裂化两套装置间循环，使催化裂化总液体产品(汽油+柴油+液化气)收率提高 3 个百分点。

IHCC 工艺：石科院的构思是将多产轻质油的催化裂化馏分油(FGO)加氢处理工艺与选择性催化裂化(或称为缓和催化裂化)工艺进行高效集成。工艺实现了从追求高转化率向追求高选择性转变，以原料油分子结构和组成为基础，强化加氢处理和催化裂化工艺组合集成。由此开发成功 HSCC 工艺、HAR 工艺、专用催化剂、FGO 中固含量分析方法和 FGO 过滤系统等技术与关键设备。IHCC 工业试验结果表明：IHCC 工艺与一般 FCC 工艺相比，对于石蜡基常压渣油原料，液体产品产率增加6个百分点以上；对于加氢重油原料，液体产品产率增加10个百分点以上。IHCC工艺增加了炼油厂处理劣质原料油的适应性，同时具有多种不同的产品生产方案，且相互切换更加灵活。

7. 含酸原油直接催化脱羧裂化技术

含酸原油直接催化脱羧裂化技术(ACDC)，是以酸值大于0.5mgKOH/g的原油为原料，不经过加热炉和常压塔，而是通过适当的换热流程，使原料加热到催化裂化装置进料的温度，直接进行催化脱羧裂化反应，生产高价值的低碳烯烃、汽油馏分和柴油馏分等产物的技术。此过程的特点是避免了石油酸对普通碳钢设备的腐蚀，因而可用常规设备加工含酸原油。开发此技术的构思是建立在对各种含酸原油中酸的组成及其腐蚀性能分析基础上的。分析结果表明，所有石油酸能引起对普通碳钢腐蚀的最低温度都在230℃以上，在催化裂化装置中，含酸原油在低于此温度条件下，经喷嘴雾化直接与高温催化剂接触。催化剂是无机硅铝材料，不会产生高温腐蚀，从而可用普通碳钢设备加工含酸原油。ACDC技术于2006年11月至2007年4月在中国石化清江分公司13万吨/年催化裂化装置及配套的电脱盐装置上进行工业应用试验取得成功，未检测出设备腐蚀。随后在中国石化高桥分公司90万吨/年催化裂化装置曾长期应用，由于含酸原油比普通原油价格低，因此经济效益显著。

四、炼油和石油化工一体化技术

全球石化产品需求在未来10年内仍将保持年均4%的增速，高于年均3%的全球GDP增速。相比之下，由于燃油效率的提高和非化石燃料汽车的快速发展，同期全球运输燃料需求年均增速仅略高于1%。据国际能源署(IEA)预测，石化产品占世界石油需求增长的比例，到2030年会超过三分之一，到2050年会接近50%。

炼油生产石油化工原料，主要是指通过炼油工艺过程提供石油化工所需的基础原料$C_2 \sim C_4$烯烃和BTX芳烃。2019年底，中国乙烯年生产能力达到2909万吨，有34套蒸汽裂解制乙烯生产装置，乙烯产能约占全球乙烯产能的16%，仅次于美国处于世界第二位。中国石化CBL裂解炉技术经历了近30年的研究、改进和推广，CBL炉、SL-Ⅰ(CBL-Ⅲ)型炉的工艺性能和技术水平已达到国际先进水平，在重质原料裂解方面具有优势，并具有投资省的优点。该技术实现了工艺、工程设计及设备国产化，并实现了技术出口。我国有百余套催化裂化装置生产运行，通过干气和液化气中的乙烯和丙烯分离回收利用，所生产的丙烯量约占全国丙烯总产量的40%。20世纪80年代中期以来，石科院相继开发了重油催化深度裂化制取低碳烯烃工艺(DCC)、重质油直接制取乙烯和丙烯的催化热裂解(CPP)工艺。此外，石科院开发的多产低碳烯烃家族工艺还包括多产汽油和液化气MGG、常压渣油多产汽油和液化气ARGG以及多产异构烯烃MIO工艺。中国石化上海石油化工研究院(以下简称上海院)开发的OCC固定床工艺技术，以$C_4 \sim C_5$烯烃为原料催化裂解制取乙烯与丙烯(尤其是增产丙烯)，成功进行了工业推广应用。重油催化深度裂化(DCC)工艺1990年在中国石化济南分公司工业运转成功后，至今共有17套装置约2000万吨/年生产能力，其中国外有6套装置共1350万吨/年生产能力。沈阳化工集团沈阳石蜡化工有限公司50万吨/年催化热裂解(CPP)重质油直接制取乙烯和丙烯工艺装置运行11年来，主要目的产品为$C_2 \sim C_4$烯烃和BTX，共占55%，还有部分汽油和柴油产品，可以称为国际上第一套原油直接制化学品的完整工艺。

我国 FCC 干气中稀乙烯折算成乙烯约 140 万吨/年，DCC 副产乙烯 20 万吨/年。对于炼厂干气中稀乙烯的回收和利用，中国石化北京燕山分公司 30000Nm^3/h 干气利用变压吸附技术，提取催化干气中的 C_2及 C_2以上组分，得到提浓乙烯乙烷气体产品，乙烷送往乙烯装置作为原料。该技术对催化裂化干气中的乙烯回收率可以达到 85%以上。随着乙苯需求量的迅速增长，利用稀乙烯生产乙苯得到大面积推广。1993 年，利用大连化物所和抚顺石油二厂开发的技术建成了国内第一套工业化生产装置。2009 年，中国石化上海院推出了全新的 SGEB 干气制乙苯技术，该技术烷基化部分采用高效 SEB-08 稀乙烯制乙苯催化剂，烷基转移部分采用高密度 AEB-1H 液相烷基转移催化剂。2014 年又推出节能型低苯/乙烯比 SEB-12 稀乙烯制乙苯催化剂。国内丙烷脱氢技术采用 UOP 的 Oleflex 工艺，产能已达 900 万吨/年。山东、河北等省的地方炼化企业在 2010 年后采用 Lummus 公司的 Catofin 技术，建设了多套异丁烷脱氢装置生产 MTBE。石科院在原有的连续重整催化剂技术基础之上，开发成功移动床丙烷/异丁烷脱氢催化剂 PST-100，2018 年实现了工业应用。

基于煤合成甲醇为原料生产低碳烯烃的 MTO 工艺，我国自主开发的代表性 MTO 工艺主要有大连化物所 DMTO 技术和第二代 DMTO-Ⅱ技术；中国石化上海院、中国石化工程建设公司和北京燕山石化公司联合研发的 SMTO 技术；神华集团研发的 SHMTO 技术。此外，还有环球油品(UOP)和道达尔石化公司(Total)共同开发的 MTO+OCP 技术。

芳烃主要由石脑油通过催化重整获取。至 2018 年，我国已有连续重整装置 99 套，总加工能力 9595 万吨/年；半再生重整装置 28 套，总加工能力 950 万吨/年。10 多年来，开发成功高效的原料加氢催化剂器外真硫化(e-Trust)技术和超低压连续重整成套技术。提出了逆流连续重整的创新理念，进而开发出逆流连续重整成套技术(SCCCR)，并于 2013 年实现工业化。首套采用 SCCCR 工艺、规模为 60 万吨/年的连续重整装置在中国石化建成投产。

无论是催化重整得到的芳烃、蒸汽裂解或炼焦副产物的芳烃都是混合物，通过芳烃抽提、芳烃吸附分离、芳烃转化和烷基化，以期最大限度得到目的产物 PX。为回收蒸汽裂解汽油中的苯乙烯，石科院开发成功了裂解汽油抽提回收苯乙烯的成套技术(STED)。20 世纪 60 年代初，林正仙就主持 C_8 芳烃异构化和溶剂抽提技术的开发，石科院先后开发成功液液抽提和抽提蒸馏(SED)技术，烷基转移型和乙苯转化型二甲苯异构化催化剂。中国石化上海院从 1996 年开发甲苯歧化与烷基转移工艺，1997 年首次在抚顺石化应用成功。2010 年采用石科院技术生产的间二甲苯吸附剂 RAX-Ⅱ在燕山石化应用成功。2011 年在扬子石化建成 3 万吨/年 PX 吸附分离工业示范装置。2012 年中国石化上海院开发成功国际上首套甲苯甲醇烷基化工业示范装置，在扬子石化产出高质量的二甲苯产品。2013 年采用石科院技术生产的对二甲苯吸附剂 RAX-3000 及石科院和 SEI 合作开发的吸附分离新工艺在海南炼化 60 万吨/年装置上应用成功。

我国大型炼油企业一般都与石油化工结合形成一体化企业，由炼油提供石脑油给蒸汽裂解生产低碳烯烃为主兼产部分芳烃，催化重整提供芳烃，催化裂化提供 $C_2 \sim C_4$ 烯烃，这类企业石油化工产品约占 20%。新建的大型民营炼油企业如浙江石化，其石油化工产品占 33%。

原油制化学品与原油炼制石油产品主要目的不同，工艺流程的布局也有差别。100多年来，炼油工艺第一步都是通过蒸馏将石油分离成为不同馏分，再经过适当的二次加工生成主要石油产品。这些石油产品都是由不同碳数的不同异构体组成的、具有连续的沸点范围产品。而对于通过蒸汽裂解生产 $C_2^=$ ~ $C_4^=$ 的过程，其原料只要满足在一定沸程范围内就可以。因此 Exxon Mobil 提出了一种只把原油加热闪蒸分成轻重两个组分，再将轻馏分进行蒸汽裂解，重馏分单独进行加工。这种流程简化了原油蒸馏和产品分馏过程，有利于节省投资和降低操作费用。当然，从分子炼油的概念来考虑，馏分切得愈细，选择优化操作条件，目的产品的收率会更高，但这是一个综合技术经济效益问题。从化学加工过程来考虑，轻组分的蒸汽裂解技术已很成熟，但对催化热裂解从反应机理到催化材料和流化技术尚需进一步研究开发。对轻重组分的裂解及相互关联也值得进一步探索。以生产化学品为主的炼油工艺还会产生相当一部分重油组分，特别是高碳烯烃和多环芳烃，给我们提出富有挑战性的研究课题。例如把多环芳烃进一步加工作为碳纤维等高级碳素材料；把高碳烯烃裂化成低碳烯烃或叠合成中间馏分，生产优质喷气燃料组分，以获得更好的经济效益。

五、炼油催化剂

从20世纪30年代开始，炼油技术从物理加工和热加工过程发展到催化加工过程是一个质的飞跃。现在所有的石油产品和石油化工基本原料的生产都离不开催化过程，而催化过程的核心是催化剂。

1. 催化裂化催化剂

20世纪50年代我国就开始了裂化催化剂研究工作，研制成天然白土催化剂和合成硅酸铝裂化催化剂。配合我国建成第一套移动床催化裂化装置和流化催化裂化装置，闵恩泽团队和兰州炼油厂于1964年和1965年相继建成硅铝小球和硅铝微球裂化催化剂的生产装置。70年代中期研制成稀土Y型沸石催化剂，并与提升管催化裂化新工艺配合，使我国的催化裂化炼油加工技术达到了新的水平。80年代，我国Y型沸石裂化催化剂的制造由采用全合成硅铝基质发展到采用高岭土基质制造半合成沸石裂化催化剂。还制造了以稀土Y型沸石、超稳Y型沸石作为活性组分的渣油裂化催化剂和生产高辛烷值汽油的裂化催化剂。此外，兰州炼油厂龙显烈等主持开发成功以全白土原位晶化制造Y型沸石裂化催化剂。90年代，又发展了含稀土超稳沸石、高硅Y型沸石及具有择形裂解性能的ZRP沸石，并制造出能更好地掺渣油、抗金属污染能力更强的渣油催化裂化催化剂、多产轻烯烃裂化催化剂、高轻质油收率并多产柴油裂化催化剂。目前，国内催化裂化催化剂年总产量达25万吨以上，催化剂产品出口到美国、加拿大、澳大利亚、东南亚、俄罗斯、日本及韩国等海外市场，出口规模多年稳定在3万吨/年以上。新开发的催化裂化催化剂在渣油裂化抗金属方面性能优异；在炼油向化工转型方面也取得了显著成绩，开发了能增产丙烯和异丁烯的催化裂化催化剂；在增产汽油方面，开发成加工催化裂化轻循环油(LCO)生产芳烃的LTAG专用催化剂，使汽油收率显著增加并使汽油辛烷值明显改善；在催化剂清洁生产方面，开发了节能高效与绿色环保的催化裂化催化剂生产成套技术，不仅从源头降低氨氮污染，而且大大提高生产效率，显著降低生产能耗及成本。进入21世纪，针对汽油标准的不断升级，开发了MOY沸石、HRSY沸石、GOR系列降烯烃催化剂、LBO系列降烯烃催化剂及MIP-CGP工艺专用系列催化剂。针对炼油厂加工低价劣质油的要求，开发了结构优化的 SOY 沸石和 HRSY-3 沸石，以及 RICC 和 LDO 等系列重油转化催化剂。

为了向石油化工方向延伸，在开发多产低碳烯烃的催化裂化技术过程中，石科院研制出能适应这些新工艺的配套催化剂 MMC-2、DMMC-1、RMMC-1 等，并已出口泰国、沙特阿拉伯、印度等国家。

2. 重整催化剂

石科院赵仁殿和闫可居等在 20 世纪 50~60 年代就主持开发单铂重整催化剂，并成功地应用于催化重整工业装置。70 年代初研发铂铼、铂铱和铂锡等双金属和多金属催化剂。目前主要生产铂铼和铂锡系列重整催化剂。初期，重整催化剂采用 $\eta-Al_2O_3$载体，后来使用热稳定性更好的 $\gamma-Al_2O_3$载体。1983 年开发了以 $\gamma-Al_2O_3$为载体的球形铂铼钛多金属重整催化剂。1986 年开发出以 $\gamma-Al_2O_3$为载体的球形低铂铼双金属催化剂。1990 年和 1991 年又开发出两种更低铂含量的球形高铼铂比催化剂。这些类型催化剂已在国内普遍推广使用。1995 年新型的低铂含量的等铼铂比和高铼铂比条形催化剂在国内开发成功。2001 年低积炭速率高选择性的多金属铂铼系列条形催化剂在国内开发成功。进入 21 世纪，中国石化通过对金属组元、制备方法和载体进行改进，开发了 PRT 系列和 SR-1000 半再生重整催化剂。2015 年首创无需硫化低积炭速率高选择性的多金属铂铼系列条形催化剂在国内开发成功，在国内外多套装置应用。

自 20 世纪 80 年代起，我国开始引进连续催化重整装置，同时开展了连续重整催化剂的研究工作，开发出一系列铂锡连续重整催化剂。自 1990 年起开始在连续重整装置上使用国产催化剂。20 世纪 90 年代后半叶，我国开发出具有高水热稳定性和高活性的新型铂锡连续重整催化剂，其综合性能达到了当时的国际先进水平，在多家炼油厂获得应用并销往中国台湾地区。基于对“金属-酸性”双功能的新认识，先后开发了 RC011、RC031 连续重整催化剂，已在国内 70 多套工业装置上累计应用超过 100 次，在控制积炭和提高液体收率、芳烃产率和氢气产率等方面效果明显。2018 年成功开发了低铂含量高堆比连续重整催化剂 RC191，其具有更高的活性，较高的堆比可以允许更大的运行空速，可应用于现有装置的扩能改造和新建的大型连续重整装置。我国重整催化剂的研究开发已从“跟踪模仿”走到了“自主创新”阶段。

3. 加氢处理催化剂

加氢处理是指在加氢反应过程中有小于 10%的原料油分子裂化变小的加氢过程。因此它包括传统意义上的加氢精制(hydrorefining)和加氢处理(hydrotreating)。

从 20 世纪 50 年代开始，我国开展加氢精制催化剂的研究工作，抚顺石油三厂金国干等首先研制成硫化钼催化剂，用于页岩馏分油加氢精制，以后又改进为纯硫化钨等无载体的加氢精制催化剂。60 年代，研制生产了以氧化铝为载体的 Mo-Co 和 Mo-Ni 两种催化重整原料加氢精制催化剂。随着载体的制备路线、催化剂成型工艺的改进，又形成了 Mo-Co、Mo-Ni 和 Mo-Ni-Co 等催化重整原料加氢精制催化剂系列。70 年代，为提高二次加工油品和成品油产品质量，进一步改进 Mo-Ni 系加氢精制催化剂，开发了以 W-Ni 为主体的加氢精制催化剂；研制生产了润滑油和石蜡加氢精制催化剂，并工业化了减压馏分油、焦化馏分油的加氢精制催化剂。80 年代和 90 年代，研制出高空速重整预加氢催化剂、劣质柴油脱氮催化剂以及重质高硫油加氢精制催化剂等。此外，开发了渣油加氢系列催化剂，并实现工业化。

进入 21 世纪，汽柴油质量升级步伐加快，研制出相应的催化裂化汽油选择性加氢脱硫催化剂和柴油深度、超深度加氢脱硫催化剂，并实现工业化。同时催化裂化原料预处理技术得到推广应用，减压馏分油加氢处理催化剂和渣油加氢系列催化剂的水平得到大幅度提升。

4. 加氢裂化催化剂

1951 年生产 MoS_2-活性白土催化剂，用于经过酸碱精制的页岩柴油加氢裂化，生产车用汽油、灯用煤油以及航空汽油，并解决了加氢裂化工业装置初次开工的关键技术问题。20 世纪 60 年代，开发出 WS_2-活性白土（含氟）催化剂，以及两种以无定形硅酸铝为载体、以 WO_3-NiO 或 MoO_3-NiO 为加氢组分的加氢裂化催化剂。70 年代，开发出以氟化氧化铝和氟化硅酸铝为载体的加氢催化剂，用于加工大庆减二线、减三线馏分油，在工业装置上生产出轻质润滑油基础油。与此同时，还将沸石应用于加氢裂化催化剂，开发了以钙、稀土交换的 Y 型沸石和氧化铝两者结合作为载体并添加金属组分的催化剂。后来又生产出中孔和大孔高硅沸石，并用这些沸石分别开发出加氢裂化和临氢降凝催化剂，满足了由减压馏分油生产低凝点轻质润滑油的需要。80～90 年代，在成功开发出以 β 沸石和无定形硅酸铝为载体的加氢裂化催化剂的同时，还开发了以超稳 Y 沸石或超稳 SSY 沸石为主要载体的加氢裂化催化剂，使加氢裂化催化剂的生产立足于国内，并为加氢裂化技术及催化剂的进步奠定了坚实的基础。

21 世纪以来，随着沸石改性技术和催化剂制备技术的进步，对金属加氢活性中心掌控能力的不断增强，以及通过在分子水平上对加氢裂化原料、产品、催化剂组成结构及催化反应机理等进行深入研究，制备出了加氢活性中心和裂化活性中心匹配层次更加合理、催化性能明显改善的加氢裂化催化剂，并已形成系列化，可以根据用户特定需要对催化剂进行“量体裁衣”的开发。催化剂的整体水平已与国外先进水平同步，同时催化剂的生产规模和自动化程度也取得显著进步，满足了我国加氢裂化技术进一步发展的需要。

5. 吸附剂

（1）S Zorb 吸附剂　2007 年，中国石化从美国康菲公司收购了汽油吸附脱硫技术的全部知识产权，汽油吸附脱硫吸附剂中主要是通过 NiO 和 ZnO 相互耦合，实现脱硫效果，在现有汽油吸附脱硫剂中引入不同酸性材料后，使吸附剂成为双功能催化剂，既有金属活性中心，也有酸性活性中心。石科院通过自主创新，开发出了具有自主知识产权的第一代吸附剂 FCAS-R09、高稳定性吸附剂 FCAS-Ⅱ和辛烷值改善型吸附剂 FCAS-Ⅲ，不仅可以降低汽油中的烯烃，还可以增加产品汽油的辛烷值，提高汽油吸附脱硫的整体经济性。

（2）芳烃分离吸附剂　主要指从混合 C_8 芳烃异构体中分离对二甲苯（PX）的 PX 吸附剂或是分离间二甲苯（MX）的 MX 吸附剂。我国芳烃吸附剂的研发最早可追溯到 20 世纪 70 年代。石科院与上海染化七厂用 KBaY 型沸石吸附剂进行了多柱串联吸附分离工艺试验；大庆石化总厂研究所与上海试剂五厂合作进行了 KBaY 沸石吸附剂试生产，开展了该吸附剂的模拟移动床中型试验工作；80 年代初，北京燕山石化公司研究院研制了 BaX 型沸石吸附剂 CBX-3。在前述工作的基础上，石科院最终将自主开发的芳烃吸附剂推向了工业应用。1996 年，KY 型沸石吸附剂 RAX-I 首次实现工业化，与多柱串联气相吸附分离工艺配套使用生产高纯度间二甲苯。2004 年，第一代 RAX-2000A 型 PX 吸附剂工业应用成功，性能达到同期国际先进水平。2019 年，中国石化已开发成功两种类型、6 个牌号的 RAX 芳烃吸附剂，形成系列化产品。

6. 其他催化剂

（1）制氢催化剂　烃类蒸汽转化催化剂是以碱性矿物或者稀土为助剂的镍系催化剂。目前，我国已开发成功包括轻油蒸汽转化催化剂、油田气蒸汽转化催化剂、甲醇蒸汽转化催化剂以及预转化催化剂等四大系列的烃类转化制氢催化剂。

耐硫变换催化剂主要用于含有含硫化合物的粗原料气变换过程，该类催化剂具有活性高、强度好、能再生、耐硫能力强等优点，并且正朝着宽汽气比、宽温、宽硫、节能、低成本方向发展。

甲烷化主要用于制氢过程中将少量的碳的氧化物转化为惰性组分甲烷，起到净化氢气的作用。大多数的工业甲烷化催化剂以镍作为活性相，载于氧化铝、高岭土或铝酸钙等惰性载体上。

（2）烯烃叠合催化剂　炼厂气中的烯烃通过酸性催化剂叠合反应，生成更大分子烯烃。根据原料和目的产品的不同，可分为选择性叠合和非选择性叠合。选择性叠合是指采用组成比较单一的丙烯或丁烯原料，生产特定的产品（如异壬烯、异辛烯）或高辛烷值组分；非选择性叠合是指将炼厂气中的丙烯、丁烯叠合成混合烯烃，生产汽油组分。

工业化应用的叠合催化剂主要有固体磷酸、强酸性离子交换树脂、沸石、无定形硅铝四类。我国现有混捏法固体磷酸催化剂（T99）和负载型固体磷酸催化剂（RSPA）。石科院和河北凯瑞环保科技有限公司合作开发成功叠合强酸性阳离子交换树脂 KC110 型叠合催化剂。

（3）甲基叔丁基醚（MTBE）催化剂　甲醇和异丁烯进行加成反应合成甲基叔丁基醚（MTBE）。最常用的合成 MTBE 工业用催化剂为大孔磺酸型阳离子交换树脂。国外广泛用于 MTBE 生产的催化剂有美国 Rohm and Hass 公司的 A-15、A-35 树脂和 Dow 化学公司的 M-31 树脂，国内常用的催化剂有 D005 型、D006 型和 QRE-01 型等树脂，其性能与国外树脂催化剂水平相当。

（4）C_5/C_6烷烃异构化催化剂　C_5/C_6烷烃异构化是生产高辛烷值汽油调合组分的一个重要手段，它是通过将原料-轻质石脑油中的低辛烷值组分 C_5/C_6正构烷烃通过在催化剂上发生异构化反应转化为相应的高辛烷值支链异构烃，从而提高汽油的辛烷值。20 世纪 90 年代末，石科院和金陵石化研究所分别开发出载铂的沸石型异构化催化剂（RISO-B）和载钯的丝光沸石异构化催化剂（NNI-1），其中 RISO-B 催化剂于 2001 年在国内第一套 C_5/C_6异构化工业装置上成功应用。之后石科院开发了硫酸氧化锆固体超强酸型异构化催化剂（RISO-C），于 2016 年在国内首套 C_5/C_6异构化工业装置上成功应用。到目前为止，沸石型异构化催化剂有 8 套装置应用，超强酸型异构化催化剂有 6 套装置应用。

（5）C_8芳烃异构化催化剂　用来生产对二甲苯或邻二甲苯，或同时生产对、邻二甲苯产品。C_8芳烃异构化催化剂 RIC-270 为贵金属/沸石型双功能催化剂。

六、煤制油

广义上讲，煤制油属于人造石油的范畴。人造石油的基本原料为油页岩和煤炭。20 世纪 50 年代，朱亚杰、顾敬心和汪景励等主持油页岩低温干馏技术的恢复生产和研发。煤炭液化制油可实现煤炭清洁化利用，同时可提高我国能源战略安全。根据化学加工路线不同，煤炭液化可分为直接液化和间接液化两大类。此外，煤低温干馏作为低阶煤高效利用技术也获得较好的发展。2018 年，包括间接液化和直接液化的煤制油总产能为 953 万吨，各类油品总产量 618 万吨，其中直接液化累计生产各类油品 83 万吨。2018 年国内高温煤焦油产量 1802 万吨，低温煤焦油产量约 649 万吨。我国煤储量中一半左右为低阶煤，主要分布在新疆、内蒙古和云南等地。国内的低温干馏技术以固定床和回转窑为主，并副产大量兰炭。2018 年，全国兰炭总产能约 1 亿吨，兰炭产量 6302 万吨。20 世纪 50 年代初，锦西石油五厂李道等主持修复了日本留下的方形鲁奇炉并正式投产。流化床热解典型工艺技术包括德国的鲁奇-鲁尔(L-R)工艺、苏联的 ETCh-175 工艺、日本的粉煤快速热解技术、美国的 COED 工艺与 HYGAS 工艺、澳大利亚的 CSIRO 工艺、中国的 DG 工艺等。DG 工艺由大连理工大学开发，神木富油采用 DG 技术建立了 60 万吨/年规模装置。浙江大学正在开发的流化床热解与 CFB 锅炉耦合技术以高温煤炭为热解供热。来自 CFB 锅炉的高温煤炭温度 850~950℃，热解温度 550~750℃，在一定循环比操作下，可以维持热量的供需平衡。以这种工艺过程为平台，可以实现油、气、碳一化学品、电等多联产。该工艺的工业示范规模达到 1000 吨/天。煤焦油加工方面：中煤龙化哈尔滨煤制油有限公司于 2003 年建成投产了 5 万吨/年的轻质煤焦油加氢装置；石科院开发了低压固定床预处理技术及煤焦油全馏分加氢技术(CTUG 技术)，神木富油自主研发了中低温煤焦油全馏分加氢多产中间馏分油成套工业化 FTH 技术，并采用该技术于 2012 年建成了 12 万吨/年全馏分煤焦油加氢生产装置；大连院在开发的 STRONG 沸腾床渣油加氢技术基础上，开发成功煤焦油沸腾床加氢预处理-固定床加氢联合工艺。此外，煤基碳材料针状焦是生产超高功率电极、特种碳素材料、碳纤维及其复合材料等高端碳素制品的原料。

煤直接液化技术最早起源于德国，是由德国人 Bergius 在 1913 年发明的。1927 年德国 IG 法本公司开始建设第一座煤直接液化工厂，1931 年第一座煤直接液化工厂投产生产出液体产品。神华集团于 2008 年在内蒙古鄂尔多斯建成全球首套也是目前唯一的一套百万吨级煤直接液化示范项目，项目于 2009 年投入稳定运行，至今已平稳运转 10 多年，其中的煤液化单元采用的是神华自主知识产权技术，稳定加氢单元采用法国 Axens 公司开发的沸腾床加氢 T-star 工艺，直接液化轻油加氢改质采用的是石科院开发的 RCHU 技术。我国目前发展的比较典型的煤液化油加氢催化剂主要有 RTC-2/RTC-3 系列和 FFT-1B 等。RTC 系列催化剂的特点是，加氢脱氮活性高、稳定性好，可以较好地满足煤直接液化油稳定加氢的要求。

煤间接液化过程包括了煤气化、合成气净化、合成气转化、合成油加工等主要工艺过程。其中的合成气催化转化为煤间接液化过程的核心技术，是由德国科学家 Frans Fischer

和 Hans Tropsch 于 1923 首先发现的，并以他们名字的第一字母即 F-T 命名，简称费托合成或 F-T 合成。依靠间接液化技术，不但可以以煤炭为原料获得汽油、柴油等清洁的油品，而且还可以获得航空燃油、润滑油等高品质油品以及烯烃、石蜡等多种高附加值的化工原料。在 20 世纪 50 年代初，锦州石油六厂赵宗燠主持修复了日本留下的德国费托合成设备和迪迪尔气化炉，实现正常运转。80 年代，以中科院山西煤炭化学研究所为代表的采用固定床反应器的两段法费托合成完成中试。1999～2001 年，中科院加大了对浆态床煤制油技术攻关的投入力度，逐步开发完成了浆态床费托合成技术。采用中科合成油公司(中科院山西煤炭化学研究所)技术，2009 年伊泰、潞安、神华三套 16 万～21 万吨/年煤制油示范工厂相继成功投产，2016 年神华宁煤集团 400 万吨/年煤制油项目投产，2017 年伊泰杭锦旗 100 万吨/年煤制油项目投产，2018 年潞安 100 万吨/年煤制油项目投产。山东兖矿集团在 2002 年前后开展煤间接液化的技术开发，2015 年 100 万吨/年煤制油项目在陕西榆林投产。2018 年年底，中国已建成煤间接液化产能规模约 800 万吨/年。根据费托合成反应温度的不同，费托合成油分为高温法合成油和低温法合成油。以费托合成油为原料来生产烯烃、环保溶剂油、PAO、Ⅲ类或$Ⅲ^+$类润滑油基础油及高熔点蜡等高附加值的产品，以丰富煤制油的产品结构，这对于延伸煤制油的产业链、提高企业经济效益具有重要的作用。石科院开发的费托合成油加氢提质 CFH^L 技术，实现了费托合成产物正构烷烃、异构烷烃分子的分类利用，具有较高的中间馏分油选择性，除可生产石脑油、喷气燃料和无硫超高十六烷值清洁柴油外，还可生产低芳溶剂油、液体蜡、石蜡等高附加值产品。

七、炼油厂自动化、信息化与智能化

自动化、信息化和智能化是现代炼油厂的三个重要特征。炼油厂自动化是信息化的基础，也是炼油厂信息化的重要组成部分；炼油厂信息化通过与炼油技术融合，有效促进自动化；炼油厂智能化则是信息化、自动化的高级应用阶段，信息技术与自动化技术、炼油技术以及通信技术等融合实现智能化。

炼油厂自动化以过程控制为基础，过程控制通过自动化仪表和过程控制系统来实现。炼油厂信息化基本架构分经营管理层(ERP)、生产执行层(MES)和过程控制层(PCS)三层；炼油厂智能化就是将炼油厂数据转换成信息、将信息转换为知识，继而通过知识的积累最终形成可执行的模型和规则，因此在智能化炼油厂中，数据就是燃料，数据分析就是引擎。

在过去的 40 年中，随着现代信息技术的不断发展和进步，大量先进信息技术在炼油工业得到了广泛应用，有效地促进了我国炼油工业整体水平的提升，炼油企业生产管理活动正在向着更加规范、高效和科学化迈进。尤其是计算机技术及信息通信技术(ICT)的突破性变革，在引发了企业产品和服务模式创新的同时，也大大加快了炼油企业由传统制造向智能制造转变的进程。我国炼油厂自动化、信息化以及智能化的发展主要体现在以下几个方面：

(1) 自动控制方面 炼油工业过程控制自动化历经气动单元组合仪表、电动单元组合仪表和数字式仪表的变迁和发展。自动化技术水平、控制规模、安全等级等方面都有了很大提高，生产企业使用的控制工具也不断更新，DCS 系统已经广泛应用。早在 1965 年，兰州炼油厂率先在常减压蒸馏装置上进行了过程自动控制的研究和试点，采用自行研制的数学模型和在线过程分析仪表，运用双机分级计算机系统，实现了全年装置自动闭环控制。20世纪60年代至70年代，兰州炼油厂利用计算机技术开展了流程模拟、过程控制、调度储运等应用研究和试点。进入80年代，信息技术在石化专业技术领域得到广泛应用。上海、南京、大庆、兰州等大中型炼油厂，其主要生产装置实现了生产过程的自动控制和优化操作。

（2）经营管理方面　20世纪90年代，随着个人计算机、局域网、数据库、互联网技术的快速发展和国家大规模推进信息化建设，石化企业也加大了生产、经营等管理软件的引进和建设，石化企业的生产、库存、统计、会计等专业管理基本实现了信息化。90年代后期，开展了以ERP为主线的电子商务、生产营运指挥、生产执行系统(MES)、加油卡等一批全局性信息系统建设与推广。进入21世纪，云计算、物联网、移动互联网、大数据、人工智能等新一代信息技术蓬勃发展，互联网思维、平台发展等新理念、新模式不断涌现，推动了企业信息化向集成化、平台化、服务化方向发展。中国石油重点推进了系统集成整合、移动应用、油气生产物联网、集团级数据中心等项目建设。中国石化在“集中集成、创新提升、共享服务、协同智能”的信息化方针指引下，大力推进ERP大集中、智能工厂、移动应用、共享服务等示范工程建设，推动石化商业模式创新和企业智能化建设。

（3）计划优化方面　生产计划是炼油厂生产管理的重要组成部分，对企业效益有着非常重要的影响，早在20世纪50年代就开始了计划优化方面的研究。80年代已经进行了大规模生产计划优化系统的开发，从90年代末开始，炼油厂开始引进国外商品化计划优化软件。中国石化利用Aspen PIMS开展原油资源选购与配置优化。总部层面利用集成优化模型和区域优化模型，开展从原油采购到成品油销售的优化，遵照上中下游一体化进行原油资源选择和优化配置、化工轻油平衡和产品互供优化。

（4）生产指挥方面　中国石化通过提升和扩展炼油生产调度指挥系统，实现与企业生产相关系统的深度集成，强化炼油生产业务精细化程度。内容覆盖了炼油生产计划、计划执行、装置监控、考核评价、安全环保等生产过程监控和调度管理业务，实现了500多套装置的在线实时监控、开停工报警信息的准确获悉。

（5）生产优化方面　炼油全流程优化模型(RSIM)是中国石化借鉴国外先进生产优化软化后自主建设的生产优化工具，按物流上下游关系连接而搭建成的代表炼厂当前生产和操作工况的动力学机理模型，可测算和评估炼油厂决策层、执行层和操作层提出的优化方案，达到量化、细化生产经营决策、生产方案优化执行和操作优化管理的目的。

（6）工艺技术方面　装置技术分析及远程诊断系统是中国石化面向所有炼油装置的远程技术诊断、技术服务和总部技术管理的工作平台，为总部的专项技术管理和科研单位的科研工作提供及时、准确、全面的数据支撑，通过专家指导、共享知识、优化和指导生产，提升科研单位技术服务响应效率，降低技术服务成本。

（7）设备管理方面　通过建立设备健康和可靠性管理系统以及基于三维数字化的虚拟工厂，开展设备数字化管理，提高了设备预知性维修和可靠性管理水平。

(8) 原油及油品调合方面 中国石化以原油优化调合系统、原油调合比例控制系统、原油快速评价系统三大部分为核心，集成生产计划优化 PIMS 系统、厂级 PHD 实时数据库系统、实验室信息管理系统 LIMS 等多个应用系统平台，实现对原油的优化调合。成品油在线调合方面，通过对调合各组分的在线监控，实时调整比例，在线加注添加剂，通过调合优化系统的投用，降低了调合质量过剩和调合成本。目前在金陵石化、镇海炼化、茂名石化等企业取得很好的应用成效。

(9) 智能制造方面 炼油工业智能化建设思路是按照智能信息技术与石化生产过程的资源、工艺、设备和环境以及人的制造活动进行深度融合，实现工厂横向、纵向和端到端的高度集成，打造全面感知、预测预警、协同优化、科学决策关键能力，支撑企业实现卓越运营。利用人工智能技术，从数据化、信息化向智能化发展。在中国石化九江石化、镇海炼化、茂名石化、上海石化等企业开展了智能制造示范，推动了企业生产方式、管控模式的变革，提高了安全环保、节能减排、降本增效、绿色低碳水平，提升了企业先进控制投用率、生产数据自动采集率和劳动生产率，促进了集约型内涵式发展。中国海油信息化建设正在努力实现由分散建设向高质量集中、由管理信息化向生产信息化、由数字化向智能化转变，向“智慧海油”迈进。

八、炼油节能技术

炼油节能技术的发展可大致分为三个阶段。第一阶段是 20 世纪 60~70 年代，建成了常减压蒸馏、催化裂化、延迟焦化、气体分馏等工艺组成的联合装置，采用热进料，取消中间冷却过程以及热量的充分交换和利用，有效地降低了能耗。第二阶段是 20 世纪 80 年代至 21 世纪初，是炼油能耗下降较快的时期。主要以生产装置(如常减压蒸馏)和主要耗能设备(如加热炉)为对象进行节能技术改造，新建、改扩建成一批千万吨级炼油企业，主要装置普遍实现大型化。大量采用先进的节能技术，炼油主要装置和全厂能耗得以大幅度降低。第三阶段是从 2010 年开始，炼油能耗下降速度放缓。主要原因是：车用油品质量不断升级、需要新增工艺装置并消耗额外能源支持汽油中硫含量、烯烃含量、芳烃含量等关键指标调整，延长了炼油总加工工艺流程。同时，环保排放标准更加严格，需要增建烟气脱硫脱硝、VOCs 治理等设施，增加炼油能耗。

近几年，新建以及改扩建炼油企业应用的节能技术主要集中在全局能量优化、局部能量优化、应用高效节能设备，以及应用信息化手段加强用能管理等方面。主要措施有：①从全局能量优化到局部能量优化，例如氢气网络优化、物料热储、蒸汽动力优化、低温热利用和循环水优化等。②高效节能设备应用，包括工艺加热炉、机组节能、高效换热器、新型保温材料技术、高效机泵和汽轮机通流改造等。③信息化技术节能应用，先进控制(APC)技术在保证质量、提高效率的同时，提高了复杂工艺过程的控制品质，增强了系统的抗干扰能力和鲁棒性，取得了节能降耗的效果，提高了企业的综合效益和竞争力。从全厂节能总体考虑，采用全局优化的顶层设计策略，顶层设计导向的炼油全局节能方法，多层次分解协调方法，能源规划实施策略，能量集成实施策略以及单元强化实施策略等。在某些特殊环境中，“能源供应受限”状态下的总加工工艺流程优化，也取得了显著效果。

九、安全和环保

石油炼制行业是事关国家战略、军事、经济、民生发展的重要产业，也是资本量大、劳动力密集、技术难度大、人员高度专业化的高危行业。由于产业链长，产品易燃、易爆，有毒、有害，炼油行业安全生产和安全管理要求更为严格。2017 年 9 月，国务院出台《关于推进城镇人口密集区危险化学品生产企业搬迁改造的指导意见》，进一步明确炼油企业要加大安全改造，满足新的安全和卫生防护距离要求。2015 年国家发布了国际上最严格的 GB 31570—2015《石油炼制工业污染物排放标准》，要求重点地区的企业硫黄装置烟气二氧化硫排放限制为 $100mg/m^3$；一般地区烟气二氧化硫排放限制为 $400mg/m^3$。中石化洛阳工程有限公司与中国石化齐鲁分公司研究院共同开发了 LQSR 硫黄回收工艺，包括克劳斯制硫、尾气处理及焚烧、尾气处理溶剂再生和液硫脱气四个部分。国内的硫回收尾气处理技术主要以 LQSR 节能型硫黄尾气处理技术、ZSHR 硫回收技术和 SSR 硫回收技术为主。为了满足日趋严格的环保标准要求，中国石化齐鲁分公司研究院开发了 LS-DeGAS 降低硫黄装置烟气二氧化硫排放成套技术，目前已有 60 余套装置应用。实施后烟气二氧化硫排放浓度稳定低于 $100mg/m^3$，优化操作时烟气二氧化硫排放浓度稳定低于 $50mg/m^3$。ZHSR 硫回收技术属于尾气加氢还原类工艺，由镇海石化工程股份有限公司于 20 世纪 90 年代初开发成功，为大型硫黄回收技术。SSR(Sinopec Sulphur Recovery Process)是山东三维石化工程有限公司(原齐鲁石化胜利炼油设计院)为主开发的一种还原吸收法尾气处理工艺，已经在国内 150 多套设备中实现了工业应用。所有相关工艺的催化剂均由相应的开发单位提供。

企业如何赢得“社会许可”(Social License)将是未来企业赢取成功的关键。目前行业对环保的概念已经从 EH&S(Environmental Health & Safety)向 ESG(Environmental，Social & Governance)转变。

十、炼油厂总流程和各配套系统的优化

炼油厂是由工艺生产装置、公用工程及配套系统、辅助生产设施及厂外配套系统构成的有机整体。炼油厂的优化运行需要各个部分之间相互协调、共同优化实现。根据所加工的原油和需要生产的产品结构，选择有关的炼油单元技术进行有机组合。炼油加工总流程的选择，将决定炼油厂的结构、公用工程及配套辅助系统的构成与规模，同时决定项目投资与运行效益。20 世纪 50 年代末，石科院程之光、杨廉平和郑世跃等就主持对炼油厂建设流程方案进行详细的对比研究。

1. 原油的选择和优化是重中之重

原油成本在炼油厂成本中占比最大，一般超过 90%。因此在炼油厂设计和生产经营优化时，要根据市场的需求和企业的战略决定是燃料型、燃料-润滑油型、炼化一体化型、深度一体化型或化工型，根据产品方案决定采用合适的原油。根据原油市场实际情况，炼油厂从国内或国际原油市场往往要进几种原油混炼。因此，原油调合和产品调合，占据了炼油企业工艺全流程的两端，涉及全厂大部分原料、中间料和产品比例。油品调合的优化，某种意义上就是对这些资源利用的优化。

2. 通过原料与产品的氢平衡，决定炼油厂的制氢规模和采用的技术

随着炼油厂加工重劣质原油和含硫原油数量的增长，以及清洁燃料标准不断趋严，对渣油和重质燃料油转化、产品精制的需求增加，加氢工艺占主要炼油工艺的比重增大，氢气的用量大幅度增长，氢成本在炼化企业生产成本中仅次于原油排在第二位。

据统计，千万吨级加工能力的炼油厂平均氢气耗量占原油加工量的0.7%~2%。例如，中国海油惠州炼化有限公司一体化项目两期原油加工能力共2200万吨/年，氢气耗量约40万吨/年，占原油加工量的1.8%。其中，制氢装置供应的补充氢源为22万吨/年，占比达到55%，占原油加工量的1%。我国目前拟建和在建的15个炼化一体化项目中已确定采用煤制氢的项目有11个，按照炼油厂制氢装置规模为原油加工量的1%计算，我国炼油厂补充氢源的需求量为583万~590万吨/年，折合制氢规模为7.70×10^6~$7.79\times10^6m^3/h$。

在制氢原料方面，目前全球氢气的生产中化石原料占比达到92%，其余8%为电能转化。中国是世界最大的氢气生产国和消费国，2016年中国氢气产量约为1850万吨，2016~2019年年均增长率为3.9%。与世界其他国家的情况不同，煤炭是中国氢气生产的主要原料，中国氢气生产中煤制氢占61.7%，天然气制氢占18.7%，其他原料制氢(包括炼厂干气、焦炉煤气、甲醇、电解水等副产品)约占19.6%。煤制氢具有资源和成本优势，但煤制氢的碳排放强度最高，达到每千克氢排20千克CO_2的水平。在未来满足碳中和目标背景下，应慎重平衡考虑。

炼油工艺可分别归纳为脱碳和加氢过程，应该寻求一个最佳点，把原料油的氢碳比与产品中的氢碳比相比较，对不足的氢用重油中的碳通过气化来弥补，不需要外供氢源，形成一个系统内的产物氢碳元素平衡，可能是今后的努力方向。因为用额外的煤制氢会受到多种限制，而用天然气制氢成本太高。用石油加工过程中产生的氢碳比低的劣质产物造气，在高温和还原气氛下硫化物形成H_2S，有利于排放的治理。所以，无论是脱油沥青、重油部分氧化(POX)或焦炭原位气化都可做比较和选择。

我国制氢技术不断发展，已掌握多种制氢工艺技术，形成各类不同的制氢路线。①烃类水蒸气转化制氢；②重油、煤和/或石油焦的部分氧化工艺制氢。国内开发的气化技术，采用水煤浆进料气流床气化的主要有：华东理工大学开发的多喷嘴对置水煤浆气化；中国石化和与华东理工大学联合开发的SE水煤浆气化；清华大学开发的晋华炉水煤浆气化。采用粉煤进料方式的气流床气化技术主要有：北京航天煤化工工程公司开发的(HT-L)航天炉粉煤气化；中国石化与华东理工大学联合开发的东方炉(SE)粉煤气化；西安热工研究院开发的两段干煤粉气化技术；神华宁煤开发的神宁炉干煤粉气化。属于流化床气化技术的中科院山西煤化所开发的灰熔聚流化床气化技术也建有工业装置，实现了商业运行，一些技术得到迅速推广并实现出口海外。

此外，注重优化氢气管理。其目的是在满足所有生产工艺要求和实现炼油厂正常生产的物料平衡条件下，通过合理匹配所有或部分供氢装置与耗氢装置，充分回收和利用过程中的氢气，实现整个生产过程中氢气利用率最大化，尽可能降低用氢成本。这包括两个方面，一是降低氢气用量，二是降低氢气费用，尽可能使用低成本的氢气。氢气管理最主要

的工作有两项：弄清氢气资源、氢气用户的情况；把氢气平衡作为一个网络系统进行分析，优化整个工厂的氢气资源使用。

3. 全厂硫平衡，选择清洁生产工艺

我国加工高硫原油越来越多，随着环保要求提高，不仅要求炼油厂提供清洁产品，同时也要求炼油厂实现清洁生产。降低硫排放是环保要求的重要指标之一。通过企业硫平衡计算可获得硫在生产过程中的分布和去向，为制订环境保护和清洁生产方案提供必要数据和依据。回收得到的液体硫或固态硫，一般都具有很高的质量和很好的市场。

4. 系统配套优化原则及平衡

水系统：炼油厂水系统要实现“高水高用、低水低用、清污分流、污水回用”原则。2018 年我国炼油企业加工每吨原油的污水排放量为 0.07~0.70 吨，平均 0.22 吨。不同炼油厂加工每吨原油的新鲜水耗量差别也很大，国际先进水平小于 0.5 吨，我国典型炼油厂 2018 年在 0.21~1.1t，平均为 0.52t。

蒸汽动力系统：按照蒸汽等级，炼油厂一般有 3.5MPa、1.0MPa 和 0.4MPa 三个等级的蒸汽系统。充分利用装置内油品及烟气的余热，产汽设备应根据热源温位尽量发生高参数蒸汽；用汽设备在工艺条件允许的前提下，尽量采用低参数蒸汽。汽电联产根据以汽定电的原则，做好汽电平衡：根据全厂的热力负荷和用电负荷，进行全厂蒸汽动力平衡，优化产、耗汽设备的形式与参数，确定热、电联产方案，达到蒸汽的逐级利用，使得全厂的能源利用效率达到最高。

我国典型的炼油厂加工总流程有：

（1）燃料型　包括催化裂化+延迟焦化加工流程、固定床渣油加氢+催化裂化加工流程、延迟焦化+催化裂化+加氢裂化加工流程。

（2）燃料-润滑油型　包括燃料-润滑油型（老三套）炼油厂加工流程和燃料-润滑油型（全加氢）炼油厂加工流程。

（3）炼化一体化型　包括一般炼化一体化加工流程和深度炼化一体化型。

（4）原油直接制烯烃型　沈阳化工集团沈阳石蜡化工有限公司 50 万吨/年催化热裂解（CPP）重质油直接制取乙烯和丙烯装置于 2009 年建成投产。此外，国际上 ExxonMobil 公司原油直接制烯烃，于 2014 年在新加坡建成、投产了一套采用低硫石蜡基原油的 100 万吨/年乙烯装置，以及沙特阿美公司提出了高硫原油直接制烯烃的原则流程，都具有参考价值。

人类文明已有 5000 年的历史，第一次工业革命至今才 260 多年，伴随着工业革命最早使用的化石能源是煤炭，而大规模使用石油作为燃料只有 130 多年，预计今后数十年，燃料结构中石油和天然气仍将为主体，只是由于它们不可再生，使用后产生二氧化碳温室效应破坏生态环境，引起了全球的重视。为了实施严格的碳排放政策，交通运输节能应该放在首位，相应地对燃料油品的规格提出更高的要求，以提高能量使用效率和降低排放，这也是炼油技术前进的动力。对重质和劣质原料的深度加工，要以分子炼油的概念，总体考虑碳氢的元素平衡，以优化产品结构为目的，更强调生产过程的清洁化，并对杂原子化合物和重金属有机物等杂质找到合理的出路。在信息化和人工智能化飞跃发展的时代，把这些新技术融合到石油炼制技术中去，注入新的发展动力，将会得到更好的效果。从利用化石能源发展到可再生能源，特别是二次能源的氢能，也可以在炼油厂制氢技术基础上逐步过渡。另外，把石油加工扩大生产化工原料，已成为全球发展的大趋势。根据市场需求，优化油化结合将是今后技术开发的重点。石油作为原材料，使用周期长，相应可缓解并延长二氧化碳的排放周期，而对于过快增长碳排放问题应该积极探索、加快开发和推广应用CCUS 技术。

十一、展望

全球炼油行业经历 100 多年的发展，无论在技术还是产业链方面都已十分成熟。我国炼油行业尽管起步比国际同行晚，但经过几十年的自主创新与发展，特别是改革开放 40 多年来快速成长，也已进入行业发展的成熟期。近十几年来，伴随产能的快速扩张，炼油产能已呈现严重过剩的局面，炼油行业整合、提升、向化工转型成为趋势。我国全面实现小康，人民生活水平不断提高，公众对于生态环境保护日益重视，汽车排放和油品质量标准将进一步趋严，生产过程将进一步清洁化。工业互联网和人工智能技术迅猛发展，将深刻改变我们的经济、社会、生产和生活，是 21 世纪最重大的技术和社会革命。与此同时，全球正处于新一轮能源转型的过程之中，可再生能源替代传统化石能源的新能源革命呼声风起云涌，汽车电动化、氢能化的趋势日益显现，已逼近重大技术突破的前夜。为达成 21 世纪末全球平均气温上升控制在 1.5℃以内的目标，全面控制 CO_2等温室气体排放已形成全球共识，我国承诺 2030 年实现碳达峰，2060 年实现碳中和。炼油行业面临前所未有的机遇和挑战。

尽管炼油行业未来发展面临诸多困难，但基于到 21 世纪中叶石油在全球一次能源中仍将占有 1/4 左右的预测，以及炼油行业自身的特点，即其与国民经济和人民生活息息相关，属于弹性系数较小的行业，再就是其拥有巨量的实物存量资产，很难在一个相对较短的时期内被消解，因此炼油行业未来数十年内仍会维持一定发展。这为炼油行业进行结构调整、技术升级、产业整合、实施转型发展提供了宝贵的时间和机会。

炼油行业是一个产品均一化，主要依靠低成本确立竞争优势的行业，因此规模经济十分重要。在未来数十年内，进一步通过产业整合，扩大企业规模，实施大型化、集约化、园区化的战略，以最大限度降低生产和运营成本是保持竞争力的关键。在此过程中淘汰小规模落后产能，升级改造或新建大规模先进产能必不可少。这为行业发展带来新的机遇。

未来生态环境保护将越来越严格，车用燃料标准势必进一步升级，生物燃料，包括乙醇汽油、生物柴油、生物喷气燃料等所占比重将逐步增加。这些新标准对燃料分子组成的限制将给炼油行业带来前所未有的挑战，如对汽油烯烃和芳烃组成的严格限制使汽油辛烷值短缺成为紧迫的问题，对柴油多环芳烃的限制对现有精制技术提出新的挑战等，这为开发适应更苛刻燃油标准的汽油、柴油、喷气燃料的技术和催化剂提供了新的机会。

为应对电动汽车的挑战，近年来内燃机行业加快了技术进步的步伐，一系列新技术得到应用，例如汽油均质压燃技术、超稀薄燃烧技术等。这些技术的进步已使传统内燃机的热效率显著提高，汽油机的热效率已达到42%，柴油机的热效率超过了50%。混合动力汽车使发动机运行在最佳工况，并能在特定阶段较好实现能量回收，其百公里油耗大幅度下降。这些新技术的应用对燃油组成提出新的要求，有可能形成新的燃油产品标准。

为应对产能过剩和未来汽柴油需求增速减缓的压力，进一步深化油化结合，适时实施部分炼油产能向增产化工原料转型，打造新型油化一体化企业，或最大化生产化工原料，建设化工型炼厂，是未来炼油企业发展的一条可行之路。与此相关的一系列技术，如新型重油催化裂解技术、轻烃催化裂解技术、烷烃脱氢技术、轻烃芳构化技术、多产乙烯或芳烃原料的加氢裂化技术、高芳烃饱和型催化裂化原料预处理技术等将获得新的发展。

向化工转型将促使炼油技术由更注重转化率向更重视选择性转变。新型经济高效的原料和产品分离技术成为关键核心环节。基于分子炼油的理念，传统以蒸馏为基础的馏分炼油过程将逐步被以组分分离为核心的组分炼制过程所取代，从而大幅度改善二次转化过程催化反应的效率，提高高附加值化工产品的收率。传统蒸馏技术结合新型高效溶剂分离、吸附分离、膜分离、结晶分离等将大有可为。

碳达峰、碳中和已成为全球共识。炼油行业作为碳排放强度较高的行业，对此既负有重大责任，又面临前所未有的挑战，同时在此过程中也存在新的机遇。炼油企业的碳排放强度与其结构有显著相关性。欧洲炼油厂数据显示，加工流程相对简单，加工复杂度较低的炼油企业的碳排放强度可以低于100kgCO_2/t 油，而加工原油差、转化深度大、复杂度高的企业碳排放强度接近300kgCO_2/t 油。目前欧洲炼油企业平均碳排放强度约为210kgCO_2/t 油，而我国洲炼油企业平均碳排放强度约为230kgCO_2/t 油，仍有较大差距，但同时可以看到，通过适当的结构调整，有很大提升空间。另外，节能仍是炼油企业实现碳减排的主要手段。各种节能技术和节能设备的应用将大有可为，特别是热泵和低温热的利用可望进一步提升企业能效水平；未来减少煤炭的用量是实现CO_2减排的重要措施。目前煤制氢具有明显的成本优势，但其碳排放强度高，未来随着碳配额、碳交易和碳税的实施，这种成本优势将被消解，同时在减碳的压力下，少用煤必将成为趋势。实现二氧化碳净零排放，达到碳中和的关键仍是可再生能源对现有用能环节化石能源的部分替代。这取决于可再生能源相关技术和经济性的持续改善。伴随风能、太阳能、核电等新能源技术的成熟和经济性达到具有竞争优势的水平，长远看炼油化工过程用能形式和方法逐步被新能源部分替代是可以预期的。在此背景下，相关电变热、大规模高效绿电电解水制氢或电直接转化技术的研究开发应提上议事日程。CO_2捕集、封存及化学转化在实现炼油企业二氧化碳净零排放过程中也具有重要作用。在某些特定高CO_2浓度的节点进行捕集，结合绿氢进行化学转化利用或是一条有价值的途径。

5G技术的应用和工业互联网的全面普及，并行计算和超级计算机的开发、人工智能和大数据技术的快速发展为未来炼油企业实施更高标准的自动化、信息化、智能化提供了物质基础。未来结合工业 4.0 的推进，流程工业将迎来重大变革。传统的几大工业信息系统将实现全面融合，调度、运行将实现智能化决策，原油将实现在线快速评价，炼油工艺装置将实现全面自我感知，操作将实现自我优化。这些变革将使炼油企业劳动生产率显著提高，生产成本大幅降低，产品质量控制将更精准，安全生产更有保障。这为炼油行业提供了新的动力，为炼油行业实现跨越式升级、转型发展提供新机会。

石油炼制行业仍将是未来几十年内能源领域最重要的行业。尽管面临多方面严峻的压力和挑战，但伴随能源结构的转型，炼油行业仍存在大量机会，终将通过调整、提高、升级、转型逐步实现自身的转型发展。

专家话炼油

第二章　原油评价

原油是一种极为复杂的混合物，其主要成分是烃类化合物，还含有硫、氮、氧等化合物及少量金属有机化合物。不同油田生产的原油，因年代和组成不同，往往具有不同的性质。即使同一油田，由于采油井及采油地层的不同，原油性质也可能出现差异。目前我国已有几十个油田，每个油田又包括几个甚至几十个油区。其中，年产原油1000万吨以上的油田有大庆、胜利、长庆、渤海、塔里木、新疆、西南、辽河油田等。其中，长庆油田油气年产当量2020年突破6000万吨。以大庆和长庆原油为代表，我国大部分原油属于低硫石蜡基原油，但也有些油田的原油性质与大庆、长庆原油有较大差别。例如，胜利油田各油区的原油，大部分属于中间基，也有少量原油属于石蜡基或环烷基，且含硫较多。

我国原油产量近十年出现了先增长后下降的局面。在2008~2015年期间，原油产量从1.9亿吨逐年增至2.1亿吨，在2016年原油产量开始降至2亿吨以下，到2019年原油产量降至1.9亿吨。为了弥补国内原油资源的严重不足，我国每年进口大量原油。2008年我国原油进口量为1.8亿吨，到2019年增加到5.1亿吨，对外依存度由2008年的49.8%上升到2019年的72%。这些进口原油主要来自中东、西非、俄罗斯、南美等地区，其中大部分是中间基原油，也有少部分是石蜡基原油和环烷基原油。

我国加工的原油不仅数量大，而且品种多，每年进口的原油多达100多种。这些原油特性差别较大，给炼油厂加工带来了很大的困难，同时也带来了机遇。不同性质的原油，需采用不同的加工方法，以生产适当的产品，使原油的价值最大化。例如，低硫石蜡基原油的轻馏分油适合生产高质量的喷气燃料和柴油，不需要深度精制，其重油适合生产高黏度指数润滑油基础油，也是容易裂解生成小分子的化工原料和车用汽油的好原料。环烷基原油的凝点较低，适合生产低凝点的油品、特种润滑油及道路沥青。因此，对于炼油厂加工的原油，必须先在实验室进行一系列的理化性质分析测试，习惯上称为“原油评价”。如果能够通过原油评价的数据对原油进行优化选择和利用，指导炼油厂的原油采购及加工，将给炼油厂带来巨大的经济效益。

本章将简要介绍原油评价的内容及方法，并对我国主要自产原油的性质进行分析，此外还对我国主要进口原油的性质单独列出一节进行讨论。由于国内外原油的种类较多，不可能逐一介绍，因此，本章主要选择我国加工量较大的原油阐述。其中，选择四种国内产量较大，又有各自特点的长庆、大庆、胜利、辽河原油进行不同类型原油的比较；而对国外原油，首先将主要进口原油按特性进行分类，然后对同一类型原油的共性进行分析。

第一节　原油评价内容及方法

原油评价是指利用仪器和分析技术，对原油及其馏分的物理性质、化学性质、烃类和非烃类化合物的组成进行分析，并根据得到的数据对原油的加工和使用性能进行评价。按照需求的不同，原油评价可分为简单评价和详细评价两种，简称“简评”和“详评”。原油的简单评价包括原油性质分析、原油实沸点蒸馏、馏分油及渣油的性质分析。原油的详细评价除上述内容外，还包括窄馏分的各种性质、馏分油及渣油的烃类组成、C_{10}以前组分的单体烃组成、润滑油基础油原料及沥青原料的评价等。根据我国大部分原油含蜡及含烷烃多的特点，有时原油评价中还包括单体正构烷烃含量的测定。按照炼油厂在设计及生产方面所提出的不同要求，原油评价工作的内容及深度有所差别。

原油评价工作的流程见图 2-1。原油评价中，原油、馏分油及渣油的性质分析大部分采用与石油产品相同的标准试验方法。也有一部分尚未标准化的分析项目采用在行业内通用的方法。表 2-1 总结了原油评价过程中经常分析的项目以及采用的试验方法。这些标准和方法主要来源于我国石油及石油产品分析的国家标准(GB/T)、石油石化行业标准(SY/T、SH/T)，另外，也引用了一些实验室比较成熟的分析方法，如石科院的方法。这些标准和方法是从大量的文献中挑选出来的，也是国内外规范实验室广泛采用的，得到的数据具有很好的可比性。

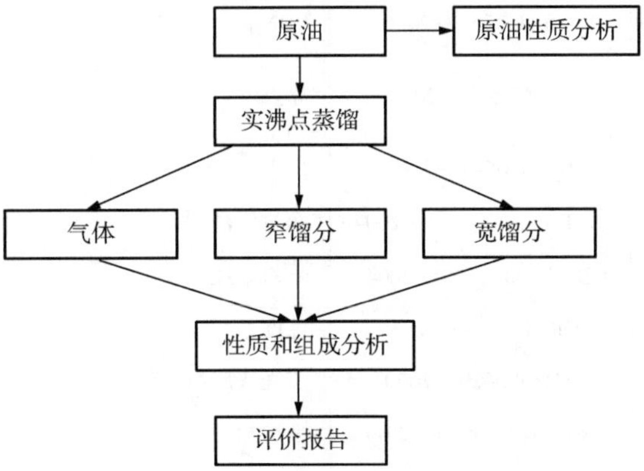

图 2-1　原油评价流程

一、原油性质分析

原油的性质主要包括水含量、盐含量、密度、凝点、闪点、蜡含量、胶质、沥青质等。取到原油样品后，必须首先分析原油的水含量和盐含量。如果原油的水含量较高，必须将原油的水含量脱至 0.5%以下，才能进行原油的其他性质分析，否则得到的结果是油水混合物的性质，不能真实反映原油的特性。原油的脱水可按照 SY/T 6520 介绍的方法进行。原油性质分析项目及方法见表 2-1，其中密度是原油最重要的性质之一。一般来说，密度小的原油，即 API 度（API 度为相对密度指数，API 度 $=\frac{141.5}{d_{15.6}^{15.6}}-131.5$）大的原油含轻馏分多。通常将 API 度小于 20，即 20℃时密度大于 0.93g/cm³ 的原油称为重质原油。原油的硫含量对炼油过程及产品质量有很大影响，国际贸易中经常以密度及硫含量作为原油计价的重要依据。

表 2-1　原油评价分析方法对照表

项　　目	国标或其他	项　　目	国标或其他
原油脱水（高压釜法）	SY/T 6520—2014	氯含量	SH/T 1757—2006
原油蒸馏　常压	GB/T 17280—2017	原油有机氯	GB/T 18612—2011
原油蒸馏　减压	GB/T 17475—1998	常压馏程	GB/T 6536—2010
水含量	GB/T 260—2016 GB/T 8929—2006	减压馏程	GB/T 9168—1997（2004）
沉淀物	GB/T 6531—1986	铜片腐蚀	GB/T 5096—2017
密度（轻油）	SH/T 0604—2000	实际胶质	GB/T 509—1988
密度（重油）	GB/T 13377—2010 GB/T 1884—2000（2004）	雷德蒸气压	GB/T 8017—2012
运动黏度（浅色）	GB/T 265—1988（2004）	研究法辛烷值	GB/T 5487—2015
运动黏度（深色）	GB/T 11137—1989	马达法辛烷值	GB/T 503—2016
倾点	GB/T 3535—2006	PONA	SH/T 0714—2002
凝点	GB/T 510—2018	冰点	GB/T 2430—2008 SH/T 0770—2005
凝点	SY/T 0541—2009	烟点	GB/T 382—2017
微量残炭①	GB/T 17144—1997（2004）	净热值（计算法）	GB/T 2429—1988（2004）
灰分	GB/T 508—1985（2004）	十六烷值	GB/T 386—2010
硫含量（>1000μg/g）	GB/T 17040—2019	色度	GB/T 6540—1986（2004）
硫含量（<1000μg/g）	SH/T 0689—2000	荧光法族组成	GB/T 11132—2008
氮含量(元素分析仪法)	NB/SH/T 0656—2017	平均相对分子质量	SH/T 0583—1994
氮含量（舟-化学发光法）	NB/SH/T 0704—2010	烃类组成（质谱法）	SH/T 0606—2019
氮含量（注入-化学发光法）	SH/T 0657—2007	重油烃类组成（质谱法）	SH/T 0659—1998
硫醇硫	GB/T 1792—2015	碳含量（元素分析仪法）	SH/T 0656—2017
碱性氮	SH/T 0162—1992（2006）	氢含量（元素分析仪法）	SH/T 0656—2017
开口闪点	GB/T 3536—2008	净热值	GB/T 384—1981
闭口闪点	GB/T 261—2008	黏度指数	GB/T 1995—1998（2004）
酸值	GB/T 7304—2014	结构族组成（n-d-M 法）	SH/T 0729—2004
酸度	GB/T 258—2016	渣油结构参数	RIPP 12-90

续表

项　目	国标或其他	项　目	国标或其他
盐含量	GB/T 6532—2012 SY/T 0536—2008	延伸度	GB/T 4508—2010
胶质	SY/T 7550—2012	软化点	GB/T 4507—2014
沥青质	SY/T 7550—2012	针入度	GB/T 4509—2010
蜡含量	SY/T 7550—2012 SY/T 0537—2008	润滑油潜含量	RIPP 9-90
金属含量(ICP 法)	GB/T 34099—2017 SH/T 0715—2002	渣油组成分析	RIPP 10—90 SH/T 0266—1992
金属含量(ICP-MS 法)	Q/SH 3360 258—2016	馏分油模拟蒸馏	NB/SH/T 0558—2016
砷含量	Q/SH 3360 258—2016	原油或渣油模拟蒸馏	NB/SH/T 0879—2014
折射率(20℃)	SH/T 0724—2002	重油模拟蒸馏	NB/SH/T 0829—2010
折射率(70℃)		黏重常数	NB/SH/T 0835—2010
苯胺点	GB/T 262—2010	十六烷指数	GB/T 11139—1989(2004)
冷滤点	SH/T 0248—2006	特性因数	UOP 375-07

① 结果在 0.10%~25.0%范围内相当于康氏残炭(GB/T 268)。

我国大部分原油属高含蜡原油，因此，把蜡含量列为原油的常规分析项目之一。蜡含量的测定尚无统一的标准方法，测得的结果随方法不同有较大差别。当测定蜡含量时，首先要除去原油中的沥青质和胶质，然后再在脱蜡溶剂中冷冻，使蜡析出定量。有两种脱去沥青质和胶质的方法：在常压下用蒸馏法蒸出小于 300℃的馏分，再继续蒸馏直至结焦，取大于 300℃馏分以溶剂冷冻法测定蜡含量，称为“蒸馏法”(Hold 法)；用硅胶或氧化铝作吸附剂除去胶质、沥青质，再在溶剂中冷冻测定蜡含量，称为“吸附法”。对于渣油，两种方法测得的蜡含量有如下关系[1]：

$$D.W. = 2 + 1.35 H.W.$$

式中 $D.W.$——吸附法测得的蜡含量,%；

$H.W.$——蒸馏法测得的蜡含量,%。

上式表明，吸附法测得的蜡含量比蒸馏法高。本章所列蜡含量数据均为吸附法测得的结果。

沥青质和胶质含量的测定方法已经标准化。我国测定沥青质的方法与英国石油公司的 IP 方法相同。沥青质系指不溶于正庚烷而溶于苯的物质；胶质系指脱沥青质后的原油在液体色谱分离中，被硅胶或氧化铝所吸附的极性最强的化合物。

二、原油实沸点蒸馏

原油的实沸点蒸馏是指在标准蒸馏设备中进行的蒸馏(GB/T 17280)。这种蒸馏设备的分馏效率相当于 14~17 个理论塔板，回流比为 5∶1，蒸馏在常压及减压条件下进行。为避免裂化，釜底温度最好不要超过 315℃。由于精馏柱所产生的压差，使釜中的残压不可能太低。因此，实沸点蒸馏只能蒸出相当于常压下小于400℃的馏分。更高沸点的馏分改用不带精馏柱的高真空蒸馏设备蒸出(GB/T 17475)。蒸馏时将一定体积的试样在6.600~0.013kPa的压力下，按规定的速率进行蒸馏，原料的温度上升速度不超过50℃/min，且蒸馏釜表面温度不得超过400℃，以防靠近釜壁的原料裂化。最终沸点一般可蒸至500~540℃，有些原油甚至能蒸至565℃。为进一步将重油馏分拨出，可采用分子蒸馏的方式，在0.1Pa的条件下，将相当于常压沸点为700℃的高沸点馏出蒸出。在蒸馏过程中，切割一系列的窄馏分和宽馏分，分别测定这些馏分或产品的收率及性质，得到实沸点蒸馏曲线、沸点-性质曲线及其他评价数据。

三、馏分油性质及组成测定

（一）窄馏分性质测定

原油在实沸点蒸馏中切割成窄馏分，每个馏分占原油的质量分数为3%~5%，也可以按每20~50℃切割一个馏分。分别测定各馏分密度、不同温度(20℃、40℃、100℃)下的黏度、凝点、酸度或酸值、硫含量及折射率。我国高含蜡原油中大于350℃的窄馏分在室温下均呈凝固状态。在测定密度时，必须在70℃的恒温浴中测定液体密度，然后将70℃下的密度换算至20℃时的密度(GB/T 1884)。按各馏分的沸点及收率绘制实沸点蒸馏曲线(实沸点-总收率曲线)，也可绘制各馏分的沸点-性质曲线。

石油馏分的物理性质与烃类组成相关，从一些物理性质的关联计算，可以得到表明烃类组成的参数。其中在炼油工程中最常用的有特性因数、相关指数、黏重常数等。从窄馏分的沸点、密度、黏度，即可计算上述参数。计算公式见表2-2。

表2-2　特性参数的计算

特性参数	计算公式①	石油馏分的特性参数值		
		石蜡基	中间基	环烷基
特性因数(K)	$K=1.2163\sqrt[3]{T}/d_{15.6}^{15.6}$	>12.1	11.5~12.1	<11.5
相关指数($BMCI$)	$BMCI=48640/T+473.7d_{15.6}^{15.6}-456.8$	0~12(烷烃)	24~52(环烷烃)	55~100(单环芳烃)
黏重常数(VGC)	$VGC=[\rho-0.108-0.1255\lg(v_{100}-0.8)]/[0.90-0.097\lg(v_{100}-0.8)]$	<0.82	0.82~0.85	>0.85

①式中　T——以绝对温度(K)表示的石油馏分平均沸点，计算特性因数时T是分子平均沸点，后改用立方平均沸点，现一般用中平均沸点；计算相关指数时T采用体积平均沸点；

$d_{15.6}^{15.6}$——相对密度(15.6/15.6℃)；

ρ——15℃时的密度，g/mL；

v_{100}——100℃时的运动黏度，mm^2/s。

（二）直馏产品及宽馏分性质测定

直馏产品的切割方案根据原油特点、二次加工装置对原料的要求及产品需求而定。即使是同一原油，也可以有多种切割方案。表2-3为中国含蜡原油生产各种发动机燃料时的一种切割方案及分析项目。分析项目是根据石油产品标准而决定的。

表 2-3　直馏产品及宽馏分的切割方案及分析项目①②

馏分范围	15~140℃ 或 80~180℃	140~240℃	240~350℃	350~500℃	>350℃或>500℃
产品	直馏石脑油或 重整原料	喷气燃料	轻柴油	裂化原料	渣油
密度	*	*	*	*	*
辛烷值	*				
馏程	*	*	*		
蒸气压	*				
实际胶质	*	*			
诱导期	*				
芳烃	*	*			
烯烃	*	*			
硫含量	*	*	*	*	*
硫醇	*	*	*		
腐蚀	*	*	*		
酸度	*	*③	*		
闪点		*	*		
冰点		*			
运动黏度				*	*
20℃		*	*		
-20℃		*			
烟点		*			
色度			*		
凝点			*	*	*
十六烷值④			*		
折射率				*	
平均相对分子质量				*	*
氮含量	*			*	*
碳、氢含量				*	*
金属含量(铁、镍、铜、钒、铅)				*	*
四组分⑤					*
残炭				*	*
软化点					*⑥
针入度					*⑥
延度					*⑥

①*表示要测定的项目。

②对重整原料和裂化原料，还要测定烃类组成或结构族组成。

③对喷气燃料馏分测定酸值。

④也经常采用十六烷指数。

⑤指饱和分、芳香分、胶质和沥青质。

⑥>500℃的减压渣油测定的项目。

对于可能作为润滑油原料的减压馏分油(VGO)来说，由于润滑油品种繁多，性能要求各异，在原油评价中，不可能对各类润滑油都作出评价，一般只研究从原油中生产汽油机润滑油及柴油机润滑油基础油的可能性及潜含量，考察的性能主要是黏度指数和低温流动性。

评价 VGO 馏分是否适合作润滑油原料时，先将馏分油进行溶剂脱蜡，然后将脱蜡油在硅胶-氧化铝双吸附剂上进行色谱分离。采用不同极性的溶剂作冲洗剂，分别得到饱和烃、轻芳烃、中芳烃、重芳烃及胶质，并分别测定饱和烃、饱和烃+轻芳烃及饱和烃+轻芳烃+中芳烃的性质。一般以饱和烃+轻芳烃作为润滑油的理想组分。

评价渣油是否适合作润滑油原料时，先将脱沥青质后的渣油通过氧化铝吸附柱，以不同溶剂冲洗进行吸附分离，得到饱和烃+轻芳烃、饱和烃+轻芳烃+中芳烃，再分别脱蜡，然后测定脱蜡油组分的黏度指数、倾点等主要性质。

宽馏分除了测定理化性质外，一般还需测定烃类组成，原油评价中的烃类分析以三种形式表示。第一种是单体烃分析。对石脑油馏分，可以用气相色谱法分析出绝大部分的单体烃，对其他馏分，可以用气相色谱法分析出不同碳数的正构烷烃。第二种是烃类组成分析，即以烃的类型为单位，分为链烷烃(P)、环烷烃(N)及芳烃(A)，用质谱法还可以分析出不同环数的环烷烃、芳烃。但随着馏分变重，一个分子中往往兼有环烷环、芳烃环及烷链。第三种分析以结构族组成表示。馏分油的结构族组成分析采用 $n-d-M$ 法(SH/T 0729)。该法规定以 20℃温度下测得的折射率、密度以及相对分子质量，按一组公式计算出结果。我国许多原油大于 350℃馏分呈凝固态，所以要测定 70℃温度下的折射率、密度，用公式换算[2]。$n-d-M$ 法测得的结果如下：

C_P——烷烃及烷链上的碳原子占总碳原子的分数,%；

C_N——环烷环上的碳原子占总碳原子的分数,%；

C_A——芳烃环上的碳原子占总碳原子的分数,%；

R_N——平均分子中的环烷环数；

R_A——平均分子中的芳烃环数；

R_t——平均分子中的总环数。

渣油的组成非常复杂，其中除烃类外，还含有较多的硫、氮、氧等非烃化合物。在原油评价中，对渣油的族组成分析有四组分法(SARA 法)[3]，即用溶剂沉淀法及液相色谱法将渣油分为饱和烃(S)、芳烃(A)、胶质(R)、沥青质(A)4 个组分。渣油的结构参数近年来研究很多，但尚未标准化。常用的有密度法及布朗-拉德纳(Brown-Ladner)的核磁共振法[2]等。核磁共振法以碳、氢、氧元素分析及质子核磁共振(H-NMR)为基础，按下式计算结构参数：

$$f_a=\frac{(C/H)-(H_\alpha^*/X)-(H_o^*/Y)}{(C/H)} \tag{2-1}$$

$$\sigma=\frac{(H_\alpha^*/X)+(O/H)}{(H_\alpha^*/X)+(O/H)+H_{ar}^*} \tag{2-2}$$

$$H_{aru}/C_{ar}=\frac{(H_{\alpha}^{*}/X)+H_{ar}^{*}+(O/H)}{(C/H)-(H_{\alpha}^{*}/X)-(H_{o}^{*}/Y)} \tag{2-3}$$

式中　f_a——芳烃碳与总碳之比，即芳烃度(Aromaticity)；

C/H——碳氢原子比；

O/H——氧氢原子比；

H_{α}^{*}——芳烃分子中 α 位碳原子上的氢占总氢的分数；

H_{o}^{*}——其他非芳烃部分的氢占总氢的分数；

H_{ar}^{*}——芳环碳原子上的氢占总氢的分数；

σ——芳环外周碳的取代率；

H_{aru}/C_{ar}——芳环部分假设未被取代时的氢碳原子比，表示芳环的缩合度，其值愈小，则缩合度愈大。

X，Y——常数，一般等于 2。

四、原油分类及加工工艺

虽然许多学者曾提出各种各样的原油分类方法，但至今还没有一个公认的标准分类法。文献使用较多的是特性因数法和美国矿务局的原油分类法。美国矿务局的分类法是以原油中特定的轻、重两个馏分的 API 度为指标对原油分类[2]。由于每种原油的轻、重馏分不一定同属一类，所以理论上可以分为九类，但由于天然原油不存在石蜡-环烷基及环烷-石蜡基原油，所以只有如表 2-4 所示的 7 种不同基属的原油。例如，如果轻、重馏分都属于石蜡基，则原油属石蜡基；如果轻馏分属石蜡基，重馏分属中间基，则原油属石蜡-中间基，余者类推。

表 2-4　原油的分类(美国矿务局分类法)

原油类别	轻关键馏分(250~275℃)		重关键馏分(395~425℃)	
	API 度	馏分类别	API 度	馏分类别
石蜡基	≥40.0	石蜡基	≥30.0	石蜡基
石蜡-中间基	≥40.0	石蜡基	20.1~29.9	中间基
中间-石蜡基	33.1~39.9	中间基	≥30.0	石蜡基
中间基	33.1~39.9	中间基	20.1~29.9	中间基
中间-环烷基	33.1~39.9	中间基	≤20.0	环烷基
环烷-中间基	≤33.0	环烷基	20.1~29.0	中间基
环烷基	≤33.0	环烷基	≤20.0	环烷基

我国石油工作者一般采用美国矿务局的方法并附加硫含量的指标对原油进行分类。硫含量低于 0.5%的原油称低硫原油；硫含量在 0.5%~2%的原油称含硫原油；硫含量高于 2%的原油称高硫原油。如大庆原油称低硫石蜡基原油。

特性因数法是以特性因数的大小为分类标准，将特性因数>12.1 的原油称为石蜡基原油，在 12.1~11.5 的原油为中间基原油，在 11.5~10.5 的原油为环烷基原油。

另外，国内外也有根据原油的个别性质来进行分类的，如原油的密度(或 API 度)、酸值、硫含量、蜡含量等都可以作为原油分类的依据。

原油的分类和加工工艺密切相关，不同类型的原油可采用的加工方案如下。

（一）低硫石蜡基原油

以大庆原油为代表，其加工过程的特点是：

（1）由于原油含硫少，氮含量也不高，喷气燃料和柴油馏分可以不经精制或只需简单精制就可作为产品。

（2）减压馏分油是催化裂化和加氢裂化的优质原料，同时也是生产润滑油的优质原料。

（3）由于含蜡多，是生产石蜡(包括液体石蜡)的优质原料。

（4）由于轻馏分油的饱和烃包括正构烷烃的含量高，作为裂解原料乙烯收率高。

（5）由于减压渣油的残炭低、含杂质少，因此，可以采用所有的重油加工方法进行加工。例如经过溶剂脱沥青，可以得到优质催化裂化原料油或残渣润滑油原料，也可将减压渣油部分或全部作为催化裂化原料。

在石蜡基原油中还有一些原油，如华北原油、中原原油，含有数量不等的硫、氮、氧化合物，其直馏汽油、喷气燃料(或煤油)、柴油馏分需要适当精制。其减压馏分油在作为润滑油原料时，因脱蜡油的黏度指数较低，即使经深度溶剂精制，也不可能有很大程度的提高。这一类原油的减压渣油，采用溶剂脱沥青处理，得到的沥青数量大、质量不合格，较难处理。在延迟焦化时焦炭收率较高，焦化汽油、柴油需要较深度的加氢精制。国内已在馏分油催化裂化中掺炼大量的减压渣油，但此种催化裂化轻循环油安定性差，必须精制，且轻循环油的十六烷值不合格，需要通过调合或加氢来改善产品质量。

（二）中间基原油

这类原油如胜利等原油的加工特点是：

（1）直馏汽油的芳烃潜含量较高，适于作催化重整原料。其直馏产品酸度高，需要精制。

（2）减压馏分油中，C_P值较低，催化裂化过程中生焦量大。其催化裂化轻循环油的十六烷值低，需要加氢改质或加入添加剂。各馏分芳烃含量都较高，不适合作裂解原料。

（3）此类原料的渣油大多可以生产合格的沥青。

（三）环烷基及环烷-中间基原油

我国少量的环烷基及环烷-中间基原油，如辽河、孤岛、单家寺等原油，大多含石脑油少，酸值高。喷气燃料馏分的密度大、冰点低，但安定性不好或芳烃含量过高，需精制。柴油酸度高、十六烷值低。这类原油的减压馏分中含大量芳烃，不是催化裂化的优质原料油。有些环烷基原油的润滑油馏分不需要脱蜡，经适当精制可直接生产变压器油、冷冻机油等润滑油。这类原油有一些是生产沥青的优质原料，多数原油只经蒸馏即可得到合格道路沥青。

（四）含硫和高硫原油

这类原油以中东原油为代表，基本都属中间基原油，其加工特点是：

（1）石脑油收率高，且 *BMCI* 值低，适于燃料-化工型炼油厂加工；

（2）各类直馏产品以及催化裂化原料的硫含量都很高，必须采取加氢精制等方法脱硫；

（3）柴油馏分的收率高，凝点低，十六烷指数高，适于生产低凝优级柴油；

（4）减压渣油蜡含量低，饱和烃含量低，是生产高等级道路沥青的优质原料。

当然，原油的分类只能确定原油的大致属性和可能适合的加工路线，只有经过详细的原油评价，得到原油及其馏分的详细性质和组成数据，才能确切地判断这种原油适合什么加工工艺及是否适宜生产某类石油产品。

第二节　主要国内原油的性质

根据2019年的统计，我国原油产量（油气当量）较高的10个油气田分别为长庆（5700万吨）、大庆（4363万吨）、渤海（3000万吨）、塔里木（2850万吨）、胜利（2400万吨）、西南油气田（2139万吨）、南部东部油气田（1500万吨）、新疆（1480万吨）、延长（1120万吨）、辽河（1040万吨）。本节选取产量高及有代表性的长庆、大庆、胜利、辽河四种原油作为主要讨论对象。其中大庆原油的性质比较稳定，长庆油田近些年的产量增加明显，性质略有变化，而胜利及辽河油田所产原油随区块和开采时间性质变化较大，这里仅取其中产量较大的部分为代表。

一、原油的性质

表2-5列出了四种原油的主要性质。如果按性质分类，长庆原油和大庆原油为高蜡原油，胜利原油为含硫高酸原油，辽河原油为高酸原油。如果按 K 值分类，这四种原油分属中间-石蜡基、石蜡基、中间基和环烷基原油。

表2-5　四种原油的主要性质

分析项目	长庆	大庆	胜利	辽河
API度	35.4	31.8	18.5	17.10
密度（20℃）/（g/cm^3）	0.8438	0.8628	0.9398	0.9487
运动黏度（40℃）/（mm^2/s）	8.259	24.34	500.9	1342
运动黏度（50℃）/（mm^2/s）	4.866	11.73	250.6	986.5
凝点/℃	14	32	6	8
倾点/℃	18	36	9	9
残炭/%	2.22	3.05	7.73	15.90
硫含量/%	0.09	0.11	1.10	0.33
氮含量/%	0.16	0.14	0.46	0.64
酸值/（mgKOH/g）	0.05	0.54	2.25	4.26
水含量（脱前）/%	<0.025	0.06	0.95	0.95
盐含量/（mgNaCl/L）	14.3	3.5	99.6	5.4

续表

分析项目	长庆	大庆	胜利	辽河
蜡含量/%	13.1	30.0	8.2	8.4
胶质/%	4.1	9.9	18.7	23.1
沥青质/%	0.4	0.2	1.1	1.6
金属含量/(μg/g)				
铁	1.8	5.6	14.0	30.0
镍	1.3	2.9	21.0	75.0
钒	0.5	<0.1	1.4	1.2
钙	1.8	1.1	82.0	117.0
钠	6.5	4.5	44.0	7.2
特性因数	12.1	12.3	11.5	11.4
原油类别	低硫中间-石蜡基	低硫石蜡基	含硫中间基	低硫环烷基

从表2-5可以看出，随着原油密度的增加，原油的50℃黏度、残炭、胶质、沥青质、金属含量增加，而凝点、倾点则与蜡含量密切相关，蜡含量最高的大庆原油，其凝点和倾点都最高。

一般当原油的氮含量超过0.25%时，就要在原油馏分的催化加工中注意氮对催化剂的影响。由于胜利和辽河原油的氮含量都远超0.25%，因此，在加工这类原油时，要考虑提高催化剂的抗氮能力。辽河原油的残炭和金属含量都较高，将会对渣油的催化加工产生较大影响。

酸值较高的原油，一般钙含量也较高。例如，胜利和辽河原油酸值较高，则胜利原油的钙含量为82.0μg/g，辽河原油的钙含量更高，达117.0μg/g，而普通原油的钙含量一般不超过10μg/g。

二、实沸点蒸馏及窄馏分性质

实沸点蒸馏反映的是原油的蒸发特性，也就是原油中不同沸点范围的烃类和非烃类化合物的含量。图2-2是长庆、大庆、胜利、辽河四种原油的实沸点蒸馏曲线，从图中可以看出，四种原油沸点在200℃以下的蒸馏曲线斜率差别较大，而200℃以后的蒸馏曲线斜率比较接近。在500℃以前，各原油的累积收率排列顺序由大到小：长庆>大庆>胜利>辽河。

图2-3是四种原油沸点与密度的关系曲线，可以看到不同的原油在不同的沸点区域表现不同的密度分布特征。在低沸点区域(100℃以前)，长庆原油的密度最低，辽河原油的密度最高，而在中间馏分段，大庆原油的密度最低，胜利原油的密度最高。在高沸点馏分段，大庆原油的密度最低，辽河原油的密度最高。由于密度和石油馏分的芳香性紧密相关，可以预计，在相同沸点范围内，密度高的应该具有较高的芳香性。图中还有一种现象是每种原油在300℃附近的密度偏低，这是因为原油在这一温度附近的类异戊二烯化合物较多，而这些化合物与正构烷烃比较，密度偏低，因此在原油窄馏分的密度分布曲线上出现这种异常。

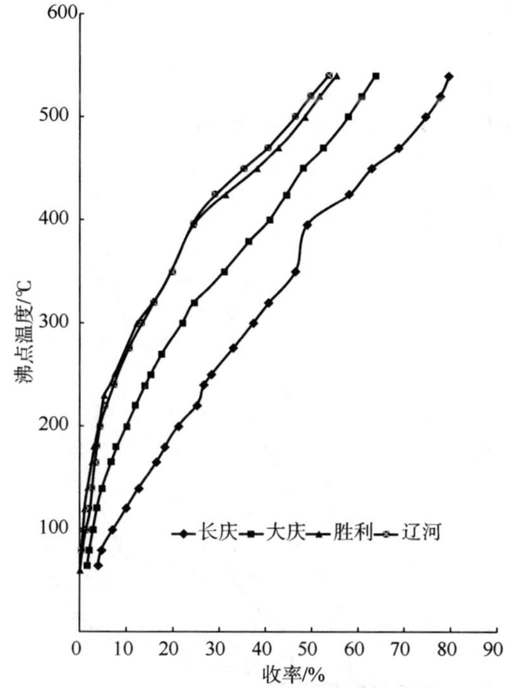

图 2-2 原油实沸点蒸馏曲线

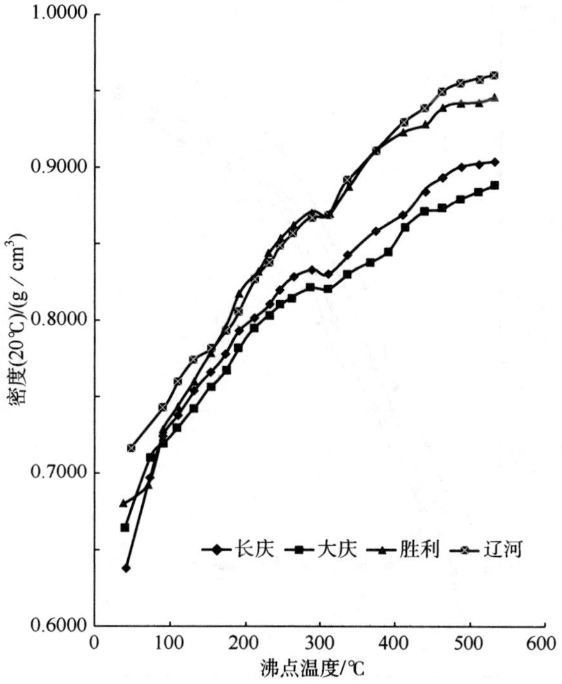

图 2-3 沸点与密度的关系曲线

凝点定义为石油及石油产品凝固时的温度，反映的是石油及石油产品的低温流动性。当样品中大分子正构烷烃的含量较高时，样品容易凝固，凝点较高。而当芳香烃含量较高时，则烃类的低温流动性较好，凝点较低。在图 2-4 中，大庆原油的馏分由于正构烷烃的含量较高，因此，凝点都比其他原油的相应馏分高。

图 2-5 表明，原油中的硫主要分布在 200℃以后的馏分中。馏分的硫含量与原油的硫含量密切相关，一般原油的硫含量越高，馏分的硫含量也越高。在四种原油中，原油的硫含量按大庆、长庆、辽河、胜利逐渐增加，各个馏分的硫含量也与原油硫含量的高低顺序基本一致。

原油中的氮主要分布在 300℃以上的馏分中，而且馏分中氮含量的高低与原油氮含量的高低基本一致，见图 2-6。氮含量在沸点较高的减压馏分、常压渣油、减压渣油中的聚集，将会对这些馏分的催化转化、催化剂的寿命以及产品质量带来重要影响。

馏分中酸的分布与原油的酸值有一定的关系。但是由于很多石油酸分子，特别是沸点在 380℃以上的石油酸分子热不稳定，容易在实沸点蒸馏的过程中发生热分解，因此，图 2-7 反映出的酸值的分布仅仅是热稳定性好的石油酸的分布。鉴于工业装置原油蒸馏条件与实验室存在的差异，在设备选材和腐蚀控制时，应注意实验室酸值与工业实际情况的偏差。

四种原油折射率与沸点的关系见图 2-8。与密度一样，四种原油在 300℃的折射率也偏低，这种现象仍然与该温度附近类异戊二烯化合物较多密切相关。

图 2-9 显示的是不同原油运动黏度与温度的关系。在 20℃和 40℃时，辽河和胜利原油的运动黏度接近，长庆和大庆原油的运动黏度接近；在 100℃下，辽河原油的运动黏度最高，大庆原油的运动黏度最低。

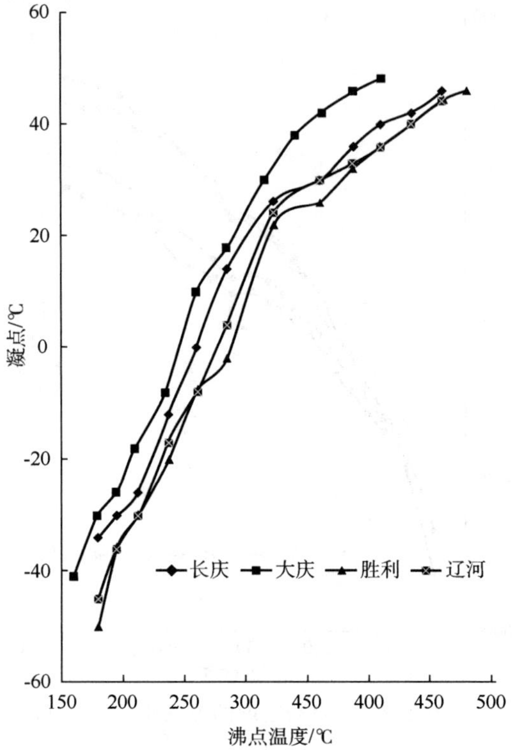

图 2-4 沸点与凝点的关系曲线

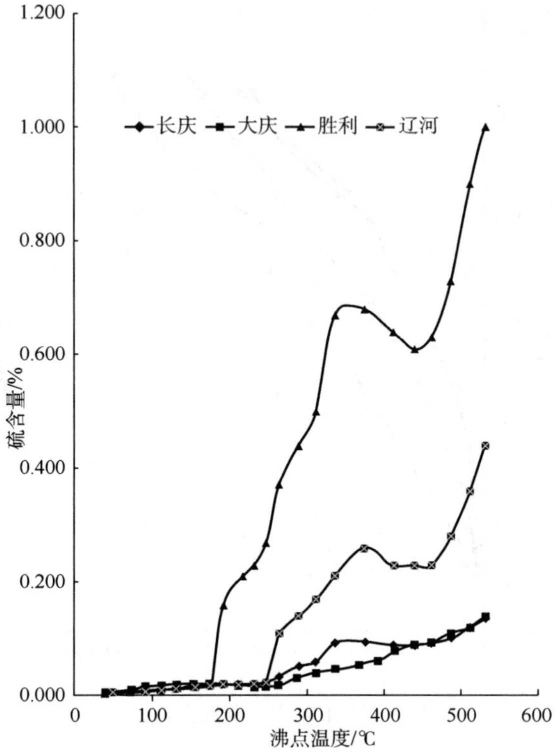

图 2-5 原油的硫分布曲线

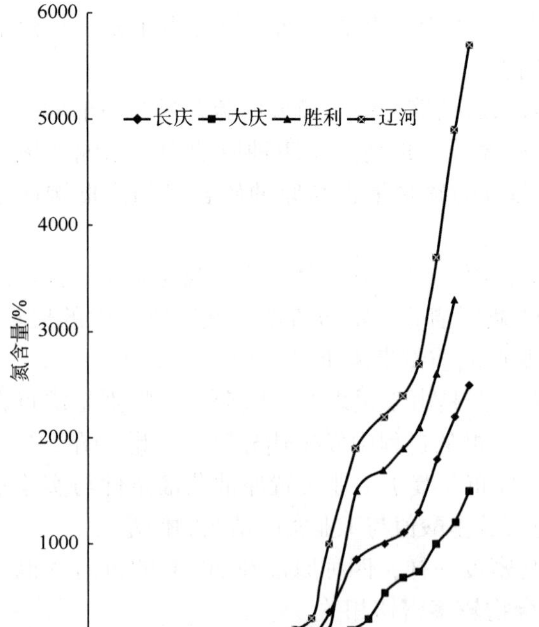

图 2-6 原油的氮分布曲线

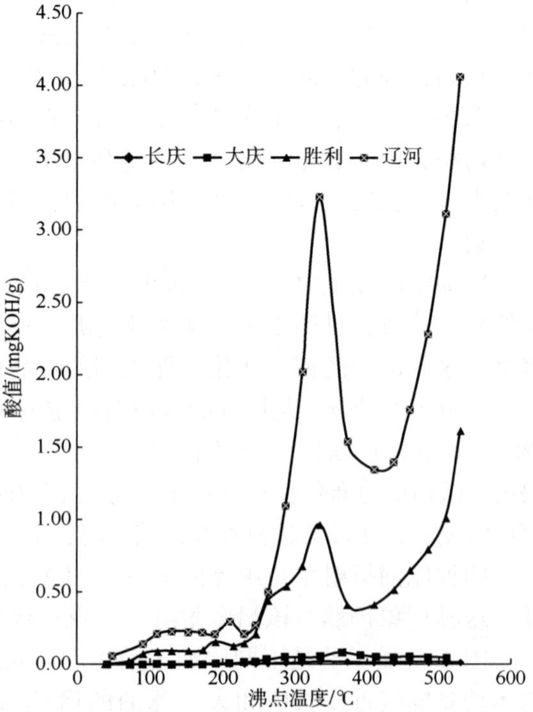

图 2-7 原油的酸分布曲线

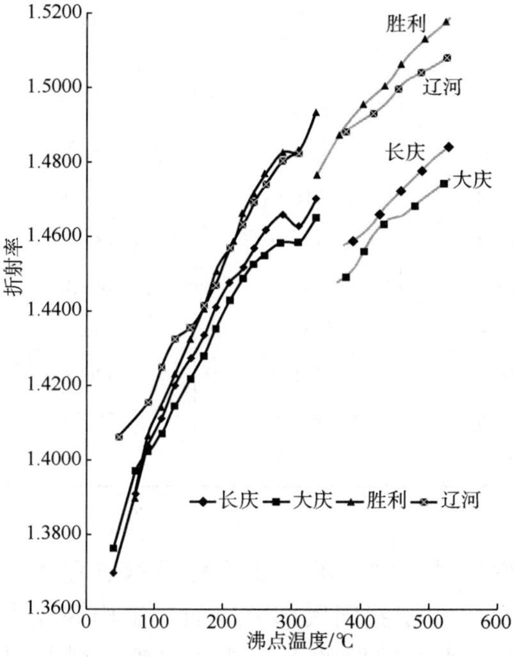

图 2-8　沸点与折射率的关系

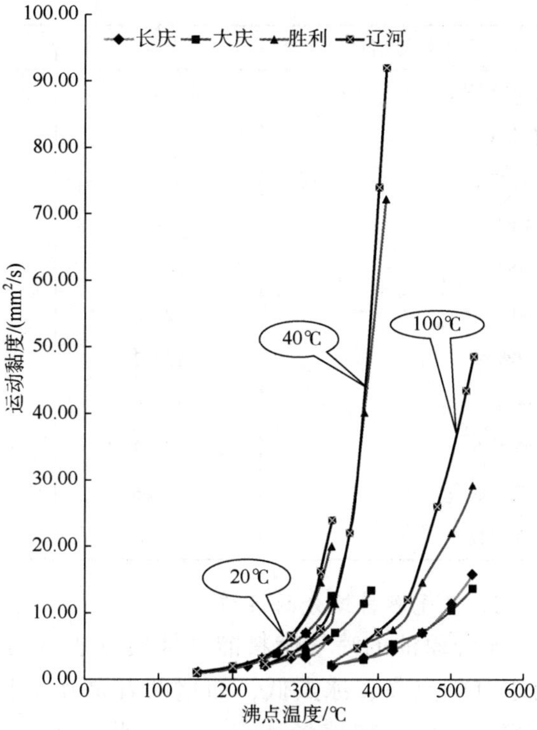

图 2-9　沸点与运动黏度关系曲线

三、宽馏分性质

1. *石脑油馏分*

表 2-6 列出了 4 种原油 15～180℃石脑油的性质数据。从表中数据可知，除长庆原油外，其他 3 种原油的石脑油质量收率都在 8%以下。由于直馏石脑油馏分的辛烷值低，硫含量高，不符合车用汽油产品标准的要求，必须进行二次加工。长庆和大庆原油的石脑油可作为乙烯裂解原料，而胜利和辽河原油的石脑油比较适合作重整原料。

表 2-6　15～180℃石脑油的性质

分析项目	长庆	大庆	胜利	辽河
质量收率/%	16.92	7.67	3.02	3.56
体积收率/%	19.50	9.10	3.76	4.45
API 度	60.3	61.3	54.6	53.6
密度(20℃)/(g/cm³)	0.7335	0.7293	0.7559	0.7600
酸度/(mgKOH/100mL)	0.4	<0.2	7.4	13.7
硫含量/(μg/g)	126	172	430	131
氮含量/(μg/g)	0.5	0.7	2.2	1.9
硫醇硫含量/(μg/g)	56	89	53	19.0

续表

分析项目	长庆	大庆	胜利	辽河
腐蚀(铜片，50℃，3h)/级	2c	1b	3b	1a
馏程/℃				
初馏点	44.9	46.6	78.0	83.1
10%	80.5	82.8	98.0	104.1
30%	103.4	105.8	118.0	117.9
50%	120.6	123.8	134.0	130.0
70%	137.2	140.1	147.0	146.1
90%	156.9	158.9	163.0	162.3
终馏点	177.3	176.4	181.0	176.8
相关指数	16.66	13.88	23.46	25.37
特性因数	12.1	12.2	11.8	11.8

2. 喷气燃料馏分的性质

4种原油的喷气燃料馏分性质见表2-7。喷气燃料馏分的主要指标是烟点和冰点，要求其烟点高，冰点低，而这两者是互相制约的。由于我国大部分原油含正构烷烃多，而沸点高的正构烷烃冰点高，因此，当生产要求冰点较低的1号或2号喷气燃料时，只能切割终馏点比较低、馏程也相应比较窄的馏分，故产品收率较低。长庆和大庆原油的喷气燃料馏分一般适合生产冰点小于-47℃、烟点高于25.0mm的3号喷气燃料。而胜利、辽河原油喷气燃料不仅收率低，而且酸值、硫醇硫、烟点等都超过产品标准的要求，不适于生产喷气燃料。

表2-7 140~240℃喷气燃料馏分的性质

分析项目	长庆	大庆	胜利	辽河
质量收率/%	13.98	9.27	4.85	4.61
体积收率/%	14.96	10.23	5.57	5.35
API度	47.1	48.5	40.5	40.7
密度(20℃)/(g/cm^3)	0.7881	0.7821	0.8189	0.8177
运动黏度(20℃)/(mm^2/s)	1.514	1.550	1.780	1.890
运动黏度(40℃)/(mm^2/s)	1.146	1.190	1.330	1.370
硫含量/(μg/g)	178	199	1700	385
氮含量/(μg/g)	0.5	3.3	1.5	17.1
酸值/(mgKOH/g)	0.005	0.008	0.137	0.240
冰点/℃	-55.3	-48.0	-60.0	-42.0
烟点/mm	29.8	32.3	18.0	23.0
硫醇硫含量/(μg/g)	77	74	34	14

续表

分析项目	长庆	大庆	胜利	辽河
腐蚀(铜片，100℃，2h)/级	1a	1a	1a	1a
苯胺点/℃	61.6	64.3	52.3	56.8
闪点(闭口)/℃	48	41	48	58
馏程/℃				
初馏点	153.1	150.5	158.5	170.0
10%	166.1	164.5	173.5	183.0
30%	175.3	175.5	184.5	192.5
50%	186.3	189.0	197.0	203.0
70%	200.1	203.5	209.5	214.0
90%	215.9	219.5	222.0	226.5
终馏点	225.7	229.5	230.5	235.0
特性因数	11.9	12.0	11.5	11.6
相关指数	23.87	20.67	36.47	34.50
十六烷指数	42.78	46.05	34.56	37.54

3. 柴油馏分的性质

表2-8给出了长庆、大庆、胜利、辽河四种原油柴油馏分的性质。四种原油180～350℃柴油馏分的收率随原油密度增加而减少，柴油馏分都需要不同程度精制通过降酸、脱硫等二次加工工艺才能满足柴油产品标准。

表2-8　180～350℃柴油馏分的性质

分析项目	长庆	大庆	胜利	辽河
质量收率/%	28.15	23.13	16.52	16.23
体积收率/%	28.88	24.50	17.99	17.88
API度	39.7	41.2	31.7	32.1
密度(20℃)/(g/cm^3)	0.8226	0.8152	0.8633	0.8612
运动黏度(20℃)/(mm^2/s)	4.221	4.457	6.206	6.230
运动黏度(40℃)/(mm^2/s)	2.743	2.888	3.693	3.680
酸度/(mgKOH/100mL)	0.8	3.2	46.6	1.43(酸值)
凝点/℃	-12	-2	-20	-14
倾点/℃	-6	0	-15	-12
冷滤点/℃	-7	1	-12	-11
苯胺点/℃	74.6	79.4	62.4	64.2
闪点(闭口)/℃	84	80	92	91
硫含量/%	0.05	0.03	0.44	0.13

续表

分析项目	长庆	大庆	胜利	辽河
氮含量/(μg/g)	97	30	110	348
碱性氮/(μg/g)	37.0	–	–	198.0
铜片腐蚀(50℃，3h)/级	1a	1a	1b	1a
特性因数	12.0	12.2	11.5	11.6
相关指数	24.88	19.73	41.56	40.59
十六烷指数	55.39	60.19	45.45	46.12
馏程/℃				
初馏点	202.9	200.5	207.5	217.0
10%	223.1	226.0	239.5	237.0
30%	243.5	253.5	262.0	260.5
50%	266.3	279.5	284.0	284.0
70%	289.0	302.0	303.0	304.5
90%	312.7	224.5	323.0	325.0
95%	320.1	332.5	329.0	332.5
终馏点	326.9	337.0	334.5	335.0

4. 减压馏分油的性质

减压馏分一般作为催化裂化原料，以期得到更多的轻质产品。而有些原油的减压馏分则适合于生产各种润滑油。

我国主要原油的减压馏分烷烃含量高、芳烃含量低，是很好的催化裂化原料。长庆和大庆原油减压馏分的氢含量高，特性因数高，硫、氮、残炭含量都很低，催化裂化性能好，但催化裂化汽油辛烷值低。而胜利和辽河原油减压馏分的密度大，氢含量低，氮含量高(见表2-9)，可裂化性能较差。

表2-9　350~540℃减压馏分油的性质

分析项目	长庆	大庆	胜利	辽河
质量收率/%	33.12	32.59	35.86	33.87
体积收率/%	31.72	32.51	36.20	34.12
API度	28.4	31.2	19.9	18.2
密度(70℃)/(g/cm^3)	0.8462	0.8304	0.8964	0.9075
密度(20℃)/(g/cm^3)	0.8816	0.8659	0.9311	0.9420
运动黏度(80℃)/(mm^2/s)	10.71	8.711	21.17	30.04
运动黏度(100℃)/(mm^2/s)	6.516	5.659	11.09	14.75
凝点/℃	38	46	34	36
倾点/℃	40	>45	36	39

续表

分析项目	长庆	大庆	胜利	辽河
碳含量/%	86.32	86.70	86.62	87.76
氢含量/%	13.37	12.90	12.22	12.22
硫含量/%	0.09	0.09	0.71	0.28
氮含量/%	0.14	0.07	0.21	0.31
残炭/%	0.09	<0.05	0.19	0.41
相对分子质量	380	408	368	324
折射率(n_D^{70})	1.4702	1.4624	1.4984	1.5048
酸值/(mgKOH/g)	0.02	0.06	0.71	2.26
碱性氮/(μg/g)	323	–	690	1130
特性因数	12.2	12.6	11.7	11.6
相关指数	31.27	22.21	53.07	57.93
馏程/℃				
初馏点	375	347	370	342
10%	393	395	393	403
30%	413	418	423	426
50%	439	449	450	450
70%	465	481	478	475
90%	506	521	513	518
95%	525	537	527	537
结构族组成				
C_P%	64.67	70.98	49.43	42.27
C_N%	23.03	18.65	29.87	34.58
C_A%	12.30	10.37	20.70	23.15
R_T	1.91	1.50	2.85	2.89
R_N	1.36	1.01	1.91	1.97
R_A	0.55	0.49	0.94	0.93

润滑油基础油的生产分传统法和加氢法两种。尽管加氢法目前有逐渐增多的趋势，但是传统法在我国仍占一定比例。润滑油基础油的产量和质量与原料性质有很大的关系，尤其是在采用传统法生产时，原料性质是决定性因素。

原油350~500℃的减压馏分是润滑油基础油的重要原料。由于蒸馏技术的进步，有些炼油厂能将减压馏分的终馏点拔到540℃、565℃，甚至更高。不同原油的350~500℃的减压馏分性质有很大差别，对于燃料-润滑油型炼油厂来说，选择优质减压馏分作为润滑油原料是炼油厂增效的必由之路。一般通过润滑油潜含量的分析在实验室对原料和加工条件进行初选，以减少工业实践中的盲目性。由于我国大部分原油减压馏分的凝点高，因此用于生产润滑油都要经过脱蜡。实验室采用丙酮-苯-甲苯作脱蜡溶剂，以确定脱蜡油的含量和特性，与工业上的溶剂脱蜡工艺有很好的对应性。再用硅胶或硅胶-氧化铝进行吸附分离将脱蜡后的减压馏分分成饱和烃($P+N$)、轻芳烃(A_1)、中芳烃(A_2)和重芳烃(A_3)，然后按照分离出的比例，配成 $P+N$、$P+N+A_1$、$P+N+A_1+A_2$ 的馏分，得到其含量和性质分析结果，与传统工艺中采用糠醛或 N-甲基吡咯烷酮进行超深度精制、深度精制、浅度精制过程相当。脱蜡和吸附分离后得到的、能够满足润滑油基础油需要的馏分的量就是润滑油的潜含量。

表 2-10 为大庆原油的润滑油馏分在实验室进行溶剂脱蜡后，再用硅胶或硅胶-氧化铝进行吸附分离的结果。脱蜡油分为饱和烃($P+N$)、饱和烃+轻芳烃($P+N+A_1$)及饱和烃+轻芳烃+中芳烃($P+N+A_1+A_2$)几个组分。分别测定这些组分的理化性质，并计算黏度指数。

表 2-10 大庆原油润滑油馏分的性质①

油样	收率/%		密度(20℃)/(g/cm³)	凝点/℃	折射率(n_D^{20})	运动黏度/(mm²/s)		黏度比 v_{50}/v_{100}	黏度指数	黏重常数
	占馏分	占原油				50℃	100℃			
300~400℃原油馏分	100	9.4	0.8038(70℃)	31	1.4480(n_D^{70})	6.91	2.66			0.779
脱蜡油	56.2	5.3	0.8673	-10	1.4833	8.75	3.01	2.91	94	0.818
$P+N$	42.2	4.0	0.8390	-2	1.4631	7.81	2.83	2.76	120	0.782
$P+N+A_1$	49.0	4.6	0.8475	-12	1.4684	7.97	2.84	2.81	112	0.793
$P+N+A_1+A_2$	52.4	4.9	0.8534	-8	1.4726	8.31	2.85	2.92	99	0.800
400~450℃原油馏分	100	11.8	0.8242(70℃)	43	1.4578(n_D^{70})	15.82	4.65			0.798
脱蜡油	60.1	7.1	0.8835	-4	1.4914	26.08	5.96	4.38	92	0.827
$P+N$	42.7	5.0	0.8587	-4	1.4722	20.75	5.34	3.89	107	0.797
$P+N+A_1$	50.8	6.0	0.8666	-4	1.4771	22.14	5.57	3.97	104	0.799
$P+N+A_1+A_2$	54.0	6.4	0.8708	-6	1.4800	22.48	5.63	3.99	103	0.812
450~500℃原油馏分	100	9.1	0.8437(70℃)	51	1.4687(n_D^{70})		8.09			0.813
脱蜡油	61.5	5.6	0.8990	-4	1.5005	63.92	10.92	5.85	82	0.838
$P+N$	39.4	3.6	0.8725	-5	1.4780	38.81	8.60	4.51	115	0.807
$P+N+A_1$	48.5	4.4	0.8766	-4	1.4832	46.24	9.49	4.87	106	0.811
$P+N+A_1+A_2$	52.3	4.8	0.8831	-4	1.4870	48.38	9.67	5.00	101	0.819
>500℃渣油馏分	100	41.4	0.8971(70℃)			256(80℃)	106			
$P+N+A_1$(脱蜡后)	18.2	7.5	0.8930		1.4922	165.2	23.12	7.15	98	0.818
$P+N+A_1+A_2$(脱蜡后)	21.7	8.9	0.9009	-18	1.4987	221.5	27.44	8.07	93	0.825

① 润滑油馏分脱蜡温度为-15℃，渣油脱蜡温度为-30℃。脱蜡溶剂为丙酮：苯：甲苯=35：45：20。

表 2-10 表明，大庆减压馏分油作为润滑油原料时，实验室脱蜡油的收率只有 56%~62%，但黏度指数较高，为 82~94。吸附分离后饱和烃+轻芳烃的黏度指数大于 100。即使将中芳烃混合在内，黏度指数仍接近 100，这说明大庆减压馏油分经过脱蜡的润滑油原料，不需要深度精制，即可得到黏度指数良好的 API Ⅰ类润滑油基础油。

我国含蜡原油的减压馏分油中都含有大量石蜡。在实验室将馏分进行溶剂脱蜡，再将所得蜡膏进行脱油及吸附精制，可得到精制蜡。大庆原油减压馏分在实验室精制后所得蜡的收率及性质见表 2-11。

表 2-11　大庆原油减压馏分油中石蜡的收率及性质

实沸点范围/℃	占馏分/%	占原油/%	折射率（n_D^{70}）	密度（20℃）/（g/cm³）	油含量/%	碳含量/%	氢含量/%	熔点/℃
350~375	30.7	1.35	1.4252	0.7624	0.27	85.08	14.92	41.7
375~400	39.3	1.69	1.4280	0.7668	0.07			47.5
400~425	36.8	1.51	1.4304	0.7712	0.35	85.12	14.88	53.6
425~450	31.8	1.40	1.4331	0.7774	1.45			58.6
450~475	26.8	1.42	1.4369	0.7849	1.05	85.20	14.69	62.0
475~500	26.7	1.21	1.4395	0.7888	0.65			64.1
500~525	22.9	0.95	1.4329	0.7966	0.93	85.38	14.40	66.8

由表 2-11 可见，大庆原油减压馏分中的石蜡，约占窄馏分的 20%~40%，熔点范围为 42~67℃。

5. 常压渣油及减压渣油的性质

原油评价中沸点大于 350℃的渣油相当于炼油厂的常压渣油，大于 540℃的渣油相当于炼油厂的减压渣油，其性质分别见表 2-12 及表 2-13。

我国大部分原油的常压渣油含量较高，长庆、大庆、胜利、辽河四种原油的常压渣油占原油的 50%以上。这是我国原油的一个重要特点。

长庆和大庆原油常压渣油的残炭、金属及硫、氮含量均很低，而氢含量都很高，可以实现常压渣油全馏分催化裂化。而胜利和辽河原油常压渣油的残炭为 9%以上，金属含量较高，直接作为催化裂化原料有一定难度。

减压渣油是原油中沸点最高的部分。原油中所含的硫、氮及金属，绝大部分都残留和浓缩在减压渣油中，使减压渣油中的非烃化合物含量大为增加。这些非烃化合物的含量对渣油的深度加工有很大影响。原油及渣油的非烃元素含量推算表明，我国原油中 70%以上的硫、80%以上的氮和 90%以上的金属都集中在减压渣油中。从表 2-13 可看到，大庆减压渣油的密度最小，为 0.9293g/cm³，胜利和辽河原油减压渣油的密度比大庆减压渣油大得多，都超过了 1g/cm³。大庆减压渣油的残炭最低，有利于进行深度加工，甚至可以直接作为催化裂化原料，而且也是生产高黏度、高黏度指数润滑油的优质原料，大庆渣油润滑油的 $P+N+A_1$（脱蜡后）馏分黏度指数达 98（见表 2-10）。大庆渣油且因硫、金属含量极低，也可以生产低硫、低金属的高质量石油焦。

表 2-12　>350℃常压渣油的性质

分析项目	长庆	大庆	胜利	辽河
质量收率/%	53.47	68.95	80.02	80.05
体积收率/%	49.85	66.05	77.65	77.36
API 度	24.3	25.5	14.3	11.9
密度(20℃)/(g/cm^3)	0.9049	0.8977	0.9674	0.9840
运动黏度(80℃)/(mm^2/s)	27.83	48.16	338.3	1572.0
运动黏度(100℃)/(mm^2/s)	15.39	26.43	136.7	453.4
凝点/℃	38	42	18	26
残炭/%	4.08	4.46	9.53	13.60
相对分子质量	475	612	670	728
酸值/(mgKOH/g)	—	—	0.53	1.14
碳含量/%	86.52	86.74	86.41	87.30
氢含量/%	12.97	12.76	11.62	11.36
硫含量/%	0.14	0.14	1.30	0.38
氮含量/%	0.28	0.21	0.55	0.74
金属含量/(μg/g)				
铁	3.5	8.0	19.3	38.0
镍	2.6	4.2	27.2	102.0
钒	1.0	<0.1	2.1	2.1
钙	3.5	1.5	111.0	168.0
钠	12.8	6.6	50.9	14.2

表 2-13　>540℃减压渣油的性质

分析项目	长庆	大庆	胜利	辽河
质量收率/%	20.35	36.36	44.16	46.18
体积收率/%	18.13	33.54	41.45	43.25
API 度	17.4	20.2	9.4	7.8
密度(20℃)/(g/cm^3)	0.9472	0.9293	1.0012	1.0131
运动黏度(80℃)/(mm^2/s)	370.5	356.3	14330	>20000
运动黏度(100℃)/(mm^2/s)	143.8	153.4	2976	>20000
凝点/℃	30	30	34	>50
残炭/%	11.50	8.43	17.70	22.80
相对分子质量	899	1185	1156	1299
酸值/(mgKOH/g)	—	—	0.42	0.47
碳含量/%	86.88	87.10	85.96	86.64
氢含量/%	12.24	12.10	11.02	10.65

续表

分析项目	长庆	大庆	胜利	辽河
硫含量/%	0.21	0.19	1.70	0.45
氮含量/%	0.49	0.36	0.81	0.94
金属含量/(μg/g)				
铁	9.4	15.2	35.0	65.0
镍	7.0	8.0	49.0	167.0
钒	2.8	0.1	6.0	3.5
钙	8.2	3.0	197.0	286.0
钠	33.5	12.4	58.0	24.5

第三节　主要进口原油的性质

我国主要进口原油按个别性质分成高蜡原油、高硫原油、高酸原油、高硫高酸原油、其他原油五种类型。

一、高蜡原油

按照蜡含量高低，可将原油分成低蜡原油(蜡含量<2.5%)、含蜡原油(蜡含量2.5%~10%)、高蜡原油(蜡含量>10%)。而一般当原油的蜡含量超过20%时，与其他原油性质上的差别才比较明显。表2-14列出世界上比较重要的几种高蜡原油的性质。

表2-14　高蜡原油的性质

分析项目	印尼米纳斯(Minas)原油	印尼辛塔(Cinta)原油	印尼苇杜里(Widuri)原油
API度	33.86	30.80	31.58
密度(20℃)/(g/cm^3)	0.8517	0.8820	0.8637
酸值/(mgKOH/g)	0.10	0.48	0.20
残炭/%	3.08	5.50	3.63
硫含量/%	0.12	0.12	0.10
氮含量/%	0.11	0.15	0.16
镍含量/(μg/g)	12.0	12.3	13.6
钒含量/(μg/g)	1.0	0.8	0.2
蜡含量/%	25.2	34.7	41.3
<350℃收率/%	39.89	31.57	25.58

米纳斯、辛塔、苇杜里原油蜡含量高，都在25%以上，硫、氮、钒含量低，不仅可以用来作为润滑油原料，而且可以用来生产石蜡，另外也是非常好的催化裂化原料。然而，高蜡原油的高凝点，也会给原油的输送带来问题，在原油的开采、输送、加工中都要采取一些特别措施，如保温、加降凝剂等。

从表 2-15 高蜡原油馏分的性质可以看出，三种高蜡原油轻质馏分收率都低于 40%。由于这些原油喷气燃料和柴油馏分的正构烷烃含量较高，因此，它们的燃烧性能较好，但低温流动性可能存在问题。高蜡原油减压馏分的收率比其他原油高，350~540℃馏分的收率为 33%以上，密度比其他原油低，同时其杂原子硫、氮的含量低，残炭也很低，因此是很好的二次加工原料。与其他劣质原油的减压渣油的比较，高蜡原油>540℃减压渣油的性质较好，可以全部掺入蜡油作为催化裂化原料，甚至可全部作为催化裂化原料。

表 2-15　高蜡原油馏分的性质

原油名称	印尼米纳斯(Minas)原油	印尼辛塔(Cinta)原油	印尼苇杜里(Widuri)原油
石脑油(15~180℃)			
收率/%	12.20	9.35	4.71
密度(20℃)/(g/cm³)	0.7353	0.7334	0.7400
酸度/(mgKOH/100mL)	0.5	0.8	0.2
硫含量/(μg/g)	33.1	51.0	98.0
辛烷值(*RON*，计算)	38.0	42.3	43.5
喷气燃料馏分(140~240℃)			
收率/%	13.12	9.80	7.20
密度(20℃)/(g/cm³)	0.7833	0.7793	0.7762
酸值/(mgKOH/g)	0.114	0.028	0.012
烟点/mm	29.0	31.5	38.6
硫含量/(μg/g)	120	168	303
冰点/℃	-49	-50	-45
芳烃含量/%(体)	9.7	8.2	5.8
柴油馏分(180~350℃)			
收率/%	27.31	22.30	20.70
密度(20℃)/(g/cm³)	0.8186	0.8143	0.8101
酸度/(mgKOH/100mL)	4.1	17.3	6.2
硫含量/(μg/g)	590	420	567
凝点/℃	-6	-6	-6
十六烷指数	57.53	59.34	61.60
减压馏分油(350~540℃)			
收率/%	33.81	33.28	40.46
密度(20℃)/(g/cm³)	0.8654	0.8594	0.8504
硫含量/%	0.11	0.07	0.07
凝点/℃	46	56	48
氮含量/%	0.07	0.05	0.04
残炭/%	0.07	0.07	0.05

续表

原油名称	印尼米纳斯(Minas)原油	印尼辛塔(Cinta)原油	印尼苇杜里(Widuri)原油
减压渣油(>540℃)			
收率/%	26.30	35.15	33.96
密度(20℃)/(g/cm^3)	0.9451	0.9731	0.9335
镍含量/(μg/g)	45.2	34.7	40.0
钒含量/(μg/g)	3.9	2.3	0.7
硫含量/%	0.22	0.18	0.16
凝点/℃	46	>50	>50
残炭/%	11.90	15.30	10.80

二、含硫和高硫原油

一般将硫含量低于0.5%的原油称为低硫原油，硫含量在0.5%~2.0%的原油称为含硫原油，硫含量高于2.0%的原油称为高硫原油。在我国近年进口的大量原油中，含硫和高硫原油占有很大比例。2019年，在5.1亿吨进口原油中，有44.4%的原油来自中东地区，这些原油绝大多数为高硫原油。表2-16和表2-17分别列出了含硫和高硫进口原油的性质。

表2-16 含硫原油的性质

分析项目	伊朗轻质(Iran Light)原油	俄罗斯乌拉尔(Urals)原油	也门马希拉(Masila)原油	阿曼(Oman)原油	安哥拉罕戈(Hungo)原油
API度	34.13	29.82	33.65	30.43	28.35
密度(20℃)/(g/cm^3)	0.8503	0.8732	0.8528	0.8699	0.8816
酸值/(mgKOH/g)	0.09	0.24	0.07	0.58	0.59
残炭/%	4.06	4.08	3.48	5.13	5.22
硫含量/%	1.50	1.40	0.57	1.60	0.70
氮含量/%	0.13	0.15	0.12	0.11	0.24
镍含量/(μg/g)	12.2	17.1	3.1	10.1	19.3
钒含量/(μg/g)	40.2	58.0	5.3	8.7	17.1
蜡含量/%	3.7	6.0	6.1	3.6	2.9
<350℃收率/%	50.79	43.61	47.39	40.27	43.42

表2-17 高硫原油的性质

原油名称	沙轻(Arabian light)原油	伊拉克巴士拉重(Basrah heavy)原油	沙中(Arabian Medium)原油	科威特(Kwait)原油	沙重(Arabian Heavy)原油
API度	33.34	24.19	30.56	30.77	27.47
密度(20℃)/(g/cm^3)	0.8544	0.9050	0.8692	0.8683	0.8862
酸值/(mgKOH/g)	0.05	0.20	0.19	0.13	0.24

续表

原油名称	沙轻(Arabian light)原油	伊拉克巴士拉重(Basrah heavy)原油	沙中(Arabian Medium)原油	科威特(Kwait)原油	沙重(Arabian Heavy)原油
残炭/%	4.32	9.50	5.59	6.00	8.00
硫含量/%	2.10	4.50	2.60	2.90	3.10
氮含量/%	0.10	0.13	0.1	0.13	0.13
镍含量/(μg/g)	3.4	25.5	9.4	11.3	16.8
钒含量/(μg/g)	11.2	94.5	28.9	38.0	52.5
蜡含量/%	3.8	3.2	2.6	4.0	3.0
<350℃收率/%	50.47	38.62	47.50	44.64	40.20

分析这类原油的性质，可以发现有如下特点：

（1）硫含量高。含硫原油的硫含量在 0.57%~1.60%，高硫原油的硫含量在 2.10%~4.50%。加工高的硫含量原料不仅会对加工装置造成腐蚀，而且会由于产品对硫的严格限制，带来加工难度和成本的大幅上升。

（2）轻质馏分收率高。初馏点~350℃馏分的质量收率一般大于 40%，我国除长庆原油外，这样高轻质油收率的原油不多。

（3）重金属含量高，镍含量在 3.1~25.5μg/g，平均值为 11.7μg/g；钒含量在 5.3~94.5μg/g，平均值为 32.3μg/g。而且钒高镍低，反映出这些原油的海相生油特征，这与我国原油一般镍高钒低刚好相反。

（4）蜡含量低，在 2.6%~6.1%。

（5）密度主要集中在 0.85~0.89g/cm^{3}的范围。

（6）氮含量低。除罕戈原油外，其他原油的氮含量都在 0.20%以下，特别是高硫原油，包括沙特轻质、中质、重质原油、科威特原油、伊拉克原油的氮含量比含硫原油更低，在 0.15%以下。氮含量低对这些原油馏分的催化加工十分有利。

（7）残炭较低。含硫原油的残炭在 3.48%~5.13%，高硫原油在 4.32%~8.00%。

应该注意的是，以上结论基本来自中东地区原油。而其他地区的含硫和高硫原油的性质可能与它们有差别。

表 2-18 和表 2-19 是含硫和高硫原油直馏馏分的主要性质。从两张表可以看出，无论是作为石油产品，还是作为二次加工原料，含硫和高硫原油的各个宽馏分的硫含量较高，必须精制。

表 2-18　含硫原油馏分的主要性质

原油名称	伊朗轻质(Iran Light)原油	俄罗斯乌拉尔(Urals)原油	也门马希拉(Masila)原油	阿曼(Oman)原油	安哥拉罕戈(Hungo)原油
石脑油(15~180℃)					
收率/%	21.98	14.86	24.21	16.39	14.97
密度(20℃)/(g/cm^3)	0.7258	0.7291	0.7240	0.7175	0.7367

续表

原油名称	伊朗轻质(Iran Light)原油	俄罗斯乌拉尔(Urals)原油	也门马希拉(Masila)原油	阿曼(Oman)原油	安哥拉罕戈(Hungo)原油
酸度/(mgKOH/100mL)	2.1	4.3	1.2	2.1	5.2
硫含量/%	0.049	0.063	0.006	0.041	0.014
辛烷值(*RON*，计算)	54.0	50.4	52.4	48.6	56.3
喷气燃料馏分(140~240℃)					
收率/%	16.09	13.60	13.43	12.21	15.94
密度(20℃)/(g/cm^3)	0.7903	0.7935	0.7865	0.7819	0.7980
酸值/(mgKOH/g)	0.034	0.110	0.009	0.058	0.335
烟点/mm	22.7	23.8	27.5	25.8	23.5
硫含量/%	0.14	0.21	0.02	0.14	0.06
冰点/℃	-59	-59	<-60	-58	-61
芳烃含量/%(体)	17.3	13.9	12.8	13.3	17.2
柴油馏分(180~350℃)					
收率/%	28.81	28.75	23.18	23.88	28.45
密度(20℃)/(g/cm^3)	0.8341	0.8379	0.8344	0.8288	0.8430
酸度/(mgKOH/100mL)	3.7	16.6	2.7	10.1	68.2
硫含量/(μg/g)	0.75	0.69	0.18	0.51	0.27
凝点/℃	-26	-30	-24	-28	-28
十六烷指数	51.01	50.82	51.42	53.74	47.92
减压馏分油(350~540℃)					
收率/%	26.00	28.73	31.27	28.64	28.78
密度(20℃)/(g/cm^3)	0.9166	0.9087	0.9073	0.9077	0.9348
硫含量/%	1.79	1.50	0.55	1.41	0.80
凝点/℃	34	34	36	24	22
氮含量/%	0.15	0.15	0.08	0.09	0.15
残炭/%	0.24	0.13	0.16	0.26	0.10
减压渣油(>540℃)					
收率/%	20.72	26.55	20.61	30.20	26.33
密度(20℃)/(g/cm^3)	1.0067	0.9975	0.9969	0.9850	1.0150
镍含量/(μg/g)	60.7	64.3	15.0	36.4	73.3
钒含量/(μg/g)	200.0	218.6	25.7	31.2	64.9
硫含量/%	3.60	2.70	1.21	2.90	1.30
凝点/℃	42		34	38	30
残炭/%	20.00	16.40	17.00	17.70	19.60

表 2-19　高硫原油馏分的主要性质

原油名称	沙轻(Arabian light)原油	伊拉克巴士拉重(Basrah heavy)原油	沙中(Arabian Medium)原油	科威特(Kwait)原油	沙重(Arabian Heavy)原油
石脑油(15~180℃)					
收率/%	20.86	15.19	19.44	18.79	15.65
密度(20℃)/(g/cm^3)	0.7156	0.7157	0.7120	0.7136	0.7124
酸度/(mgKOH/100mL)	<0.2	1.2	0.1	<0.2	0.2
硫含量/%	0.040	0.112	0.048	0.028	0.024
辛烷值(*RON*，计算)	48.5	48.1	45.2	44.6	44.9
喷气燃料馏分(140~240℃)					
收率/%	17.53	12.45	15.78	14.64	13.20
密度(20℃)/(g/cm^3)	0.7820	0.7857	0.7818	0.7821	0.7799
酸值/(mgKOH/g)	0.003	0.061	0.013	0.008	0.010
烟点/mm	23.5	24.8	26.6	27.0	26.0
硫含量/%	0.09	0.51	0.18	0.14	0.16
冰点/℃	-56	-58	-42.3	-49	-57
芳烃含量/%(体)	19.0	17.7	16.92	17.1	15.1
柴油馏分(180~350℃)					
收率/%	29.61	23.43	28.06	25.85	24.55
密度(20℃)/(g/cm^3)	0.8264	0.8396	0.829	0.8288	0.8295
酸度/(mgKOH/100mL)	0.5	11.6	7.9	3.5	7.2
硫含量/(μg/g)	0.87	1.92	1.19	1.08	1.08
凝点/℃	-24	-30	-17	-22	-24
十六烷指数	52.95	49.69	52.94	52.55	52.24
减压馏分油(350~540℃)					
收率/%	27.06	27.48	27.54	24.58	25.41
密度(20℃)/(g/cm^3)	0.9198	0.9456	0.9267	0.9193	0.9238
硫含量/%	2.73	4.56	3.22	3.07	3.10
凝点/℃	28	28	37	32	24
氮含量/%	0.05	0.13	0.09	0.09	0.06
残炭/%	0.19	0.51	0.99	0.21	0.23
减压渣油(>540℃)					
收率/%	21.28	32.31	24.27	28.84	33.13
密度(20℃)/(g/cm^3)	1.0205	1.0698	1.037	1.0255	1.0353
镍含量/(μg/g)	15.8	79.0	38.7	35.0	50.5
钒含量/(μg/g)	52.2	292.4	119.1	114.0	158.2
硫含量/%	4.40	7.26	5.3	6.50	6.10
凝点/℃	26	>50	40	>50	>50
残炭/%	21.00	29.10	24.00	21.70	25.00

这类原油的馏分也有如下一些特点，加工中应充分加以利用。

(1) 石脑油收率高，15~180℃的馏分收率一般在14%~25%。从较低的研究法辛烷值推测，石脑油的*BMCI*值低，是较好的乙烯裂解原料。对于燃料-化工型炼油厂，选择这样的原油进行加工，可能有较好的经济效益。

(2) 140~240℃喷气燃料馏分收率较高，一般都在12%~18%。密度、冰点、芳烃含量符合我国3号喷气燃料标准要求。但硫含量接近甚至超过了标准规定的上限，需经过加氢精制脱硫才能生产合格产品。另外，几乎所有馏分的酸值不合格，应采取适当措施降低酸值。

(3) 180~350℃柴油馏分收率高，一般在23%~30%。凝点低，大部分柴油馏分的凝点在-15℃以下，十六烷指数基本都在50以上。低硫原油的硫含量在0.18%~0.75%，高硫原油的硫含量在0.87%~1.92%，都需要加氢精制才能生产质量较好的柴油产品。

(4) 各种原油催化裂化原料馏分油收率很接近，在25%~31%。低硫原油的硫含量在0.55%~1.79%，高硫原油的硫含量在2.73%~4.56%，作为催化裂化原料需经加氢预处理。

(5) 除个别原油外，大部分含硫、高硫原油的减压渣油的密度都在$1g/cm^3$以上，硫、氮、残炭、沥青质、镍、钒等重金属(特别是钒)含量高，这将给渣油的深加工带来较大困难。鉴于我国沥青资源贫乏，因此可利用中东原油生产沥青。

三、高酸原油

国内外一般将酸值低于0.5mgKOH/g的原油称为低酸原油，0.5~1mgKOH/g的原油称为含酸原油，而酸值大于1mgKOH/g的原油称为高酸原油。表2-20和表2-21列出了三种进口高酸原油及其馏分的性质。

表2-20 高酸原油的性质

原油名称	安哥拉奎都(Kuito)原油	印尼杜里(Duri)原油	乍得多巴(Doba)原油
API度	22.70	23.20	21.87
密度(20℃)/(g/cm^3)	0.9142	0.9108	0.9192
酸值/(mgKOH/g)	1.46	1.72	3.92
残炭/%	7.14	6.95	5.60
硫含量/%	0.69	0.29	0.11
氮含量/%	0.39	0.34	0.17
镍含量/(μg/g)	54.7	40.1	9.6
钒含量/(μg/g)	51.6	7.7	0.3
蜡含量/%	2.9	13.0	13.7
<350℃收率/%	37.23	26.22	20.70

从表2-20可以看出，高酸原油具有如下特点：

(1) 酸值高　奎都、杜里、多巴原油的酸值都高于1mgKOH/g。高酸原油最大的问题是对常减压装置的腐蚀，对于高酸原油的常减压蒸馏，必须采取提高装置材质等级或加注缓蚀剂等防腐措施。另外，高酸原油的乳化比较严重，无论是原油的脱盐脱水，还是产品的储存、使用，都必须采取特别的预处理措施。

（2）密度大　大部分高酸原油的密度都在0.90g/cm³以上。表中列出的奎都、杜里、多巴原油密度都在0.91~0.92g/cm³。

（3）轻质馏分收率较低　初馏点~350℃馏分的质量收率一般在30%以下。

（4）镍含量高　一般镍高钒低。

（5）硫含量低　一般高酸原油的硫含量大都在0.5%以下。

表2-21　高酸原油馏分的性质

原油名称	安哥拉奎都(Kuito)原油	印尼杜里(Duri)原油	乍得多巴(Doba)原油
石脑油(15~180℃)			
收率/%	9.84	6.69	2.52
密度(20℃)/(g/cm³)	0.7427	0.7608	0.7522
酸度/(mgKOH/100mL)	4.5	17.1	30.8
硫含量/(μg/g)	255.0	240.0	57.2
辛烷值(*RON*，计算)	58.1	72.3	54.4
喷气燃料馏分(140~240℃)			
收率/%	10.85	6.88	4.42
密度(20℃)/(g/cm³)	0.8164	0.8194	0.8363
酸值/(mgKOH/g)	0.150	0.215	0.534
烟点/mm	20.0	19.0	20.0
硫含量/%	0.097	0.053	0.012
冰点/℃	<-60	<-60	<-60
芳烃含量/%(体)	15.7	19.8	19.1
柴油馏分(180~350℃)			
收率/%	27.39	19.53	18.18
密度(20℃)/(g/cm³)	0.8626	0.8631	0.8811
酸度/(mgKOH/100mL)	77.6	74.1	83.7
硫含量/%	0.40	0.16	0.05
凝点/℃	-27	-22	<-50
十六烷指数	44.28	43.87	40.12
减压馏分油(350~540℃)			
收率/%	30.27	27.85	34.61
密度(20℃)/(g/cm³)	0.9396	0.9142	0.9199
硫含量/%	0.86	0.28	0.12
凝点/℃	30	38	10
氮含量/%	0.32	0.20	0.083
残炭/%	0.44	<0.05	0.18

续表

原 油 名 称	安哥拉奎都(Kuito)原油	印尼杜里(Duri)原油	乍得多巴(Doba)原油
减压渣油(>540℃)			
收率/%	31.64	45.66	44.52
密度(20℃)/(g/cm^3)	1.0235	0.9663	0.9505
镍含量/(μg/g)	171.7	87.4	21.5
钒含量/(μg/g)	161.9	16.9	0.7
硫含量/%	1.31	0.37	0.14
凝点/℃	>50	36	24
残炭/%	22.60	15.79	12.58

表 2-21 的数据表明，高酸原油宽馏分性质具有如下特点：

(1) 各个馏分的酸值(或酸度)高。不仅会影响产品的质量，而且会造成加工环节的装置腐蚀。

(2) 喷气燃料馏分的芳香烃含量较高。尽管冰点较低，但烟点都不超过 20mm，不满足产品标准的要求。

(3) 柴油的凝点较低，但十六烷指数较低，很难直接作为柴油产品。

(4) 减压渣油的金属含量较高，直接催化裂化和加氢裂化难度较大。

四、高硫高酸原油

一般将原油的硫含量在 0.5%以上，同时酸值也在 0.5mgKOH/g 以上的原油称为高硫高酸原油，全球酸值高、硫含量也高的原油种类不多。胜利原油是我国典型的高硫高酸原油，国外仅有赤道几内亚的塞巴、巴西的马利姆、委内瑞拉的波斯坎等少数几种原油。

从表 2-22 可以看出，随原油密度的增加，残炭、硫、氮金属含量逐渐上升，轻质馏分收率逐渐降低。

比较三种原油宽馏分的性质(见表 2-23)可以发现，密度、酸值较低的塞巴原油与其他两种原油的性质差别较大。从辛烷值推测，后两种原油的直馏石脑油的芳烃含量尽管较高，是很好的催化重整原料，但收率太低。特别是波斯坎原油沸点低于 180℃的石脑油收率仅为 2.52%。尽管它们的喷气燃料和柴油馏分的低温流动性较好，但是喷气燃料馏分烟点低，柴油馏分的十六烷指数低，燃烧性能不是很好。马利姆和波斯坎减压渣油收率高，硫、金属含量高，加工难度较大。

表 2-22　高硫高酸原油的性质

原 油 名 称	赤道几内亚塞巴(Ceiba)原油	巴西马利姆(Marlim)原油	委内瑞拉波斯坎(Boscan)原油
API 度	29.67	19.60	10.88
密度(20℃)/(g/cm^3)	0.8740	0.9334	0.9901
酸值/(mgKOH/g)	0.80	1.35	1.39
残炭/%	4.21	6.95	15.9

续表

原油名称	赤道几内亚塞巴(Ceiba)原油	巴西马利姆(Marlim)原油	委内瑞拉波斯坎(Boscan)原油
硫含量/%	0.55	0.76	4.90
氮含量/%	0.20	0.44	0.46
镍含量/(μg/g)	14.6	20.7	98.6
钒含量/(μg/g)	6.8	29.4	870.5
蜡含量/%	3.4	2.5	1.5
<350℃收率/%	43.71	29.80	16.71

表 2-23　高硫高酸原油馏分的性质

原油名称	赤道几内亚塞巴(Ceiba)原油	巴西马利姆(Marlim)原油	委内瑞拉波斯坎(Boscan)原油
石脑油(15~180℃)			
收率/%	16.52	7.46	2.52
密度(20℃)/(g/cm³)	0.7384	0.7566	0.7512
酸度/(mgKOH/100mL)	3.2	2.7	5.7
硫含量/%	0.013	0.040	0.640
相关指数	18.84	25.01	28.34
辛烷值(*RON*，计算)	56.7	58.0	58.5
喷气燃料馏分(140~240℃)			
收率/%	13.63	9.21	3.69
密度(20℃)/(g/cm³)	0.7982	0.8204	0.8237
酸值/(mgKOH/g)	0.257	0.085	0.105
烟点/mm	22.5	19.0	18.8
硫含量/%	0.06	0.20	2.44
冰点/℃	<-60	<-60	-53.4
芳烃含量/%(体)	16.8	19.8	20.4
柴油馏分(180~350℃)			
收率/%	27.19	22.34	14.19
密度(20℃)/(g/cm³)	0.8423	0.8659	0.8773
酸度/(mgKOH/100mL)	71.2	49.0	80.7
硫含量/%	0.19	0.40	3.74
凝点/℃	-30	<-50	-35
十六烷指数	48.77	42.78	41.96
减压馏分油(350~540℃)			
收率/%	29.35	32.96	34.7
密度(20℃)/(g/cm³)	0.8806	0.9480	0.9596
硫含量/%	0.55	0.78	4.92

续表

原油名称	赤道几内亚塞巴(Ceiba)原油	巴西马利姆(Marlim)原油	委内瑞拉波斯坎(Boscan)原油
凝点/℃	30	6	31
氮含量/%	0.14	0.33	0.32
残炭/%	0.14	0.31	0.89
减压渣油(>540℃)			
收率/%	25.73	36.78	47.5
密度(20℃)/(g/cm³)	0.9938	1.0165	1.097
镍含量/(μg/g)	56.2	56.0	207.7
钒含量/(μg/g)	26.1	79.5	1832.7
硫含量/%	1.30	1.10	5.67
凝点/℃	40	>50	>50
残炭/%	16.50	19.20	33.47

五、其他原油

以上介绍了一些我国进口较多、在国际贸易市场上占据重要地位，且具有明显特点的原油。另外，一些在原油贸易中作为定价基准的原油(美国西得克萨斯原油、英国布伦特原油、马来西亚塔皮斯原油)、我国进口量比较大的原油(阿尔及利亚撒哈拉原油、安哥拉卡宾达原油、安哥拉吉拉索原油、刚果杰诺原油及利比亚埃斯锡德尔)和美国页岩油(巴肯原油)上文没有涉及。表 2-24、表 2-25 则按照密度将这 9 种原油分为较低密度原油和较高密度原油两组进行分析比较。

总体来讲，9 种原油密度较小，轻质馏分收率较高，除少数原油外，大部分原油酸值、硫、金属、残炭都较低，蜡含量也较低，与前述原油比较，是相对容易加工的原油。其中，美国巴肯原油为一种水力压裂开采的页岩油(也称致密油)，它与传统热解所得的页岩油不同，与一般的轻质原油性质类似。与密度较高(0.84~0.88g/cm³)的一组原油比较，较低密度组(0.80~0.82g/cm³)的残炭、氮和金属含量更低，而<350℃馏分的收率更高。

表 2-24 较低密度原油的性质

原油名称	马来西亚塔皮斯(Tapis)原油	阿尔及利亚撒哈拉(Sahara)原油	美国巴肯(Bakken)原油	美国西得克萨斯(WTI)原油	英国布伦特(Brent)原油
API 度	42.8	44.4	43.81	42.99	39.4
密度(20℃)/(g/cm³)	0.8076	0.8003	0.8030	0.8068	0.8239
酸值/(mgKOH/g)	0.205	0.07	<0.02	0.07	0.048
残炭/%	0.78	0.97	0.46	0.59	1.83
硫含量/%	0.04	0.09	0.05	0.15	0.35
氮含量/%	0.02	0.04	0.03	0.10	0.08
镍含量/(μg/g)	0.9	0.5	<0.1	0.4	1.0
钒含量/(μg/g)	<0.1	1.3	<0.1	0.7	4.4
蜡含量/%	12.23	1.74	1.1	3.2	5.91
<350℃收率/%	69.05	64.00	71.14	63.99	62.15

表 2-25　较高密度原油的性质

原 油 名 称	安哥拉卡宾达（Cabinda）原油	利比亚埃斯锡德尔（Essider）原油	安哥拉吉拉索（Girassol）原油	刚果杰诺（Djeno）原油
API 度	33.52	36.67	27.42	27.29
密度（20℃）/（g/cm^3）	0.8537	0.8374	0.8865	0.8872
酸值/（mgKOH/g）	0.15	0.10	0.30	0.72
残炭/%	3.59	2.68	2.96	4.88
硫含量/%	0.13	0.41	0.35	0.36
氮含量/%	0.19	0.19	0.15	0.25
镍含量/（μg/g）	15.6	8.5	4.3	24.2
钒含量/（μg/g）	1.4	2.2	3.4	9.5
蜡含量/%	11.5	7.3	4.0	6.9
<350℃收率/%	42.16	53.45	46.68	37.99

表 2-26 和表 2-27 分别列出了两组原油宽馏分的特性。尽管两组宽馏分的性质仍然有明显差别，但总体上两组宽馏分具有如下共性：

（1）石脑油的收率较高，可以根据各种石脑油的特性，决定作乙烯裂解原料，还是作生产芳烃的原料。

（2）喷气燃料馏分的收率在 11%～22%。所有馏分的冰点都在-50℃以下，芳烃含量除布伦特原油外，体积收率都在 20%以下，烟点大部分在 25mm 以上，说明大部分宽馏分可以直接作为产品，剩余馏分稍加精制，降低酸值、硫含量，提高烟点后，也能生产合格产品。

（3）柴油的收率在 25%～40%，大部分馏分的硫含量、酸度、凝点较低，十六烷指数较高，是较好的直馏产品。

（4）减压馏分油的收率在 20%～31%。由于硫含量、残炭较低，可以直接作为催化裂化和加氢裂化原料，但应注意原料的低温流动性不是很好。

（5）减压渣油收率较低，特别是较低密度组的四种原油，>540℃减压渣油收率都在 13%以下，较高的拔出率有利于原油的加工利用。但是，该组中的布伦特原油减压渣油硫含量达 1.09%，残炭为 14.10%，凝点为 38℃，加工起来会存在一定困难。较高密度组减压渣油 Ni+V 在 35μg/g 以上，硫含量较高，流动性较差，加工时应予以关注。

表 2-26　较低密度原油馏分的性质

原 油 名 称	马来西亚塔皮斯（Tapis）原油	阿尔及利亚撒哈拉（Sahara）原油	美国巴肯（Bakken）原油	美国西得克萨斯（WTI）原油	英国布伦特（Brent）原油
石脑油（15～180℃）					
收率/%	29.00	32.84	33.85	32.77	33.36
密度（20℃）/（g/cm^3）	0.7258	0.7137	0.7258	0.7326	0.7319
酸度/（mgKOH/100mL）	<0.2	0.2	<0.2	<0.2	1.3

续表

原油名称	马来西亚塔皮斯(Tapis)原油	阿尔及利亚撒哈拉(Sahara)原油	美国巴肯(Bakken)原油	美国西得克萨斯(WTI)原油	英国布伦特(Brent)原油
硫含量/%	0.0035	0.0021	0.0002	0.0138	0.0028
辛烷值(*RON*,计算)	53.4	52.2	53.1	56.2	57.8
喷气燃料馏分(140~240℃)					
收率/%	21.59	20.13	22.72	20.15	22.06
密度(20℃)/(g/cm^3)	0.7846	0.7849	0.7883	0.7904	0.7871
酸值/(mgKOH/g)	0.009	0.007	<0.003	0.006	0.082
烟点/mm	25.8	29.1	29	23.8	26.5
硫含量/%	0.010	0.005	0.009	0.036	0.013
冰点/℃	-50	-56	<-60	<-60	-55
芳烃含量/%(体)	18.2	12.79	13.1	10.9	15.11
柴油馏分(180~350℃)					
收率/%	40.05	31.16	33.79	31.22	28.781
密度(20℃)/(g/cm^3)	0.824	0.8226	0.8275	0.8245	0.8311
酸度/(mgKOH/100mL)	5.3	0.7	0.6	1.2	9.9
硫含量/%	0.03	0.04	0.02	0.09	0.13
凝点/℃	-8	-21	-40	-26	-24
十六烷指数	53.2	52.7	51.39	53.41	49.6
减压馏分油(350~540℃)					
收率/%	23.96	22.73	20.62	23.27	23.29
密度(20℃)/(g/cm^3)	0.8687	0.8869	0.8978	0.8852	0.889
硫含量/%	0.07	0.19	0.14	0.22	0.54
凝点/℃	41	30	18	30	32
氮含量/%	294	493	0.14	0.13	961
残炭/%	0.07	0.05	0.09	0.05	0.18
减压渣油(>540℃)					
收率/%	5.751	10.188	8.24	10.67	12.702
密度(20℃)/(g/cm^3)	0.9748	0.9468	0.9440	0.9329	0.9752
镍含量/(μg/g)	14.9	5.05	1.3	4.3	7.6
钒含量/(μg/g)	0.501	12.2	0.3	6.7	34.8
硫含量/%	0.15	0.35	0.19	0.46	1.09
凝点/℃	67	19	-4	10	38
残炭/%	13.3	9.36	5.81	5.34	14.1

表 2-27　较高密度原油馏分的性质

原油名称	安哥拉卡宾达(Cabinda)原油	利比亚埃斯锡德尔(Essider)原油	安哥拉吉拉索(Girassol)原油	刚果杰诺(Djeno)原油
石脑油(15~180℃)				
收率/%	16.65	22.20	15.36	12.43
密度(20℃)/(g/cm³)	0.7209	0.7212	0.7470	0.7471
酸度/(mgKOH/100mL)	1.1	0.5	1.5	1.9
硫含量/%	0.0086	0.0187	0.0108	0.0439
辛烷值(*RON*，计算)	48.3	53.1	63.9	59.8
喷气燃料馏分(140~240℃)				
收率/%	12.71	16.85	14.36	11.82
密度(20℃)/(g/cm³)	0.7879	0.7894	0.8117	0.8002
酸值/(mgKOH/g)	0.030	0.013	0.124	0.128
烟点/mm	27.5	26.5	19.5	24.0
硫含量/%	0.025	0.103	0.029	0.100
冰点/℃	-54	-56	<-60	<-60
芳烃含量/%(体)	10.3	11.5	19.6	12.5
柴油馏分(180~350℃)				
收率/%	25.51	31.25	31.32	25.56
密度(20℃)/(g/cm³)	0.8277	0.8265	0.8448	0.8450
酸度/(mgKOH/100mL)	8.2	2.7	30.2	47.7
硫含量/%	0.05	0.23	0.15	0.17
凝点/℃	-21	-18	-38	-27
十六烷指数	52.80	53.34	48.59	48.24
减压馏分油(350~540℃)				
收率/%	31.13	27.78	31.19	30.23
密度(20℃)/(g/cm³)	0.8925	0.8941	0.9064	0.9097
硫含量/%	0.13	0.49	0.41	0.33
凝点/℃	37	36	30	34
氮含量/%	0.13	0.17	0.15	0.17
残炭/%	0.06	0.16	0.14	0.17
减压渣油(>540℃)				
收率/%	26.45	18.02	21.93	30.69
密度(20℃)/(g/cm³)	0.9705	0.9862	0.9832	0.9903
镍含量/(μg/g)	58.3	45.1	19.6	70.6
钒含量/(μg/g)	5.2	11.7	15.5	24.9
硫含量/%	0.26	1.10	0.79	0.56
凝点/℃	34	28	24	44
残炭/%	13.80	15.80	14.30	16.20

第四节　原油评价数据库的建立及应用

目前炼油厂加工的原油种类繁多且经常变换，在原油贸易、计划排产及加工方案制定时，原油评价数据库已成为不可或缺的工具。世界上主要的石油公司如BP、壳牌、雪佛龙、中国石化、中国石油均有自己建设的原油评价数据库。原油评价数据库由海量的原油评价数据和管理软件组成，通常原油评价数据由石油公司在原油开采、运输、炼制过程中长期积累，通过原油评价数据库软件可方便地查询原油评价数据、任意方案的模拟切割，不仅可以得到各馏分收率的数据，同时可以得到所切割馏分的性质数据。

一、原油评价数据库

原油评价数据库的建立是一个非常复杂耗时的过程，在制订原油评价方案时应尽量保证各原油蒸馏方案、分析项目的一致性，在分析原油及其馏分的各项性质时需严格把握各数据的准确性，在进行原油评价数据库架构设计和数字化时要确保分布规律的合理性。总的来说，原油评价数据库的建立可以分成数据的获取、录入、审核和数字化几个方面。

1. 原油评价数据的获取

采用标准化的原油评价方法，对来自不同地区、不同种类的原油进行实验室评价，评价时最好能将馏分切割得尽可能窄一点，性质做得更多一点，特别是对直馏汽、煤、柴油相结合的部位，最好能考虑相邻直馏产品的性质要求。原油评价内容应考虑如下因素：原油的流动性、安全性、蒸发性以及化学特性，石油产品的规格要求以及燃料清洁性的要求，二次加工各装置对原料的要求，同时还应有各窄馏分关键物性的分析。

具体而言，原油需要分析的主要性质有：密度、运动黏度(40℃、50℃)、凝点、倾点、闪点、残炭、硫、氮、酸值、蜡、胶质、沥青质、金属等项目。

一般窄馏分主要有：气体、15~60℃、60~80℃、80~100℃、100~120℃、120~140℃、140~160℃、160~180℃、180~200℃、200~220℃、220~240℃、240~250℃、250~275℃、275~300℃、300~320℃、320~350℃、350~395℃、395~425℃、425~450℃、450~480℃、480~500℃、500~520℃、520~540℃、>540℃。各窄馏分的性质包括质量收率、体积收率、20℃密度，最好还有40℃和100℃的运动黏度、凝点、倾点、硫含量、氮含量、苯胺点、酸值。

宽馏分性质主要有：石脑油的性质包括收率、密度、馏程(初馏点、10%、30%、50%、70%、90%蒸发温度、终馏点)、酸度，硫、氮、硫醇含量，铜片腐蚀，正构烷烃、异构烷烃、环烷烃、芳烃质量含量，单体烃组成。喷气燃料馏分的性质包括收率、密度、馏程(初馏点、10%、30%、50%、70%、90%、蒸发温度、终馏点)、硫、硫醇、酸值、闭口闪点、苯胺点、冰点、运动黏度(20℃、40℃)、烟点、铜片腐蚀、烃类组成(以体积分数计的芳烃、烯烃、饱和烃含量)。柴油馏分的性质包括密度、馏程(初馏点、10%、30%、50%、70%、90%、95%蒸发温度)、硫、硫醇、氮、酸度、闭口闪点、铜片腐蚀、运动黏度(20℃、40℃)、凝点、倾点、冷滤点、苯胺点、十六烷指数。减压馏分油的性质包括收率、密度、减压馏程、结构族组成、碳、氢、硫、氮、碱性氮、运动黏度(80℃、100℃)、凝点、倾点、酸值、四组分、折射率、相对分子质量。渣油馏分的性质包括收率、密度、运动黏度(80℃、100℃)、凝点、倾点、残炭、相对分子质量、碳、氢、硫、氮、金属、四组分等。

2. 原油评价数据的录入

将采用标准方法分析而来的评价数据，放入事先制订的统一的数据表格，表单中各项性质的表述、单位要确保一致。这样便可对各项性质数据进行统一编码，以便于将原油评价数据批量录入原油评价数据库系统。

3. 原油评价数据的审核

在将原油评价数据放入数据库前，严格把握数据质量是非常必要的，需要对各个性质数据进行层层审核方可用于入库，通常需要满足趋势审查、范围审查、关联审查、核算审查的要求。

在趋势审查时，主要针对具有明显分布规律的一些性质进行审查。一般地，各馏分的密度、硫、氮、黏度等性质数据均随沸点的增加而增加，若在趋势审查时出现个别下降的数据点，需予以重视或者复测处理。

在范围审查时，根据石油化学相关知识和原油评价经验，各项性质均有一定的合理范围，如原油密度一般不会超过 1g/cm^3，石脑油的密度在 0.72~0.77g/cm^3，喷气燃料馏分的密度在 0.77~0.83g/cm^3，柴油馏分的密度在 0.82~0.87g/cm^3，减压馏分油的密度在 0.85~0.95g/cm^3，减压渣油的密度在 0.92~1.10g/cm^3，若馏分的性质分析数据超出合理范围，则应予以复测或修正。通过范围审查，可以有效减少数据录入或测定过程中的人为误差。

在核算审查时，根据物料守恒原则，主要是对原油与各馏分之间的性质、窄馏分与宽馏分之间的性质进行审查。一般是对具有线性加和性的物性进行核算，主要的性质有密度、硫、氮、金属等。具体操作过程为根据各馏分的性质数据和收率进行线性加和。如果核算值与原油的性质有较好的一致性，说明该套原油评价数据比较可靠。而对于不具有线性加和性的物性，一般需采用非线性计算公式来进行审查(如黏度)或不进行核算审查。

在关联审查时，主要是根据各物性之间的相关关系对原油评价数据进行审查，主要包括逻辑关系、关联公式等，例如对于同一馏分的不同温度点的黏度，温度高的黏度数值必须小于温度点低的黏度数值，否则必须予以复测或修正。

4. 原油评价数据的标准化

原油评价实验所得数据均为一个个零散的数据点，并且可能由于原油评价报告的来源不一，各馏分的切割温度会略有差异，在进行数据库建设时，需将各零散的数据点曲线化、标准化，以便管理和模拟切割使用。在对原油评价数据进行标准化时，需对各离散的数据点进行建模，形成不同性质随沸点的分布曲线。通常采用的手段有模型内插计算、模型外延计算和模型手动调整三种方式。

二、数据库管理及切割软件

积累大量的原油评价数据形成数据库，目的是为了有效利用这些数据。在这个过程中高效的数据库管理软件和切割工具必不可少。通过开发数据库管理软件，一方面能实现在原油评价数据库建设过程中将原油评价数据批量导入、自动审查和数字化，在减少人工干预的同时提高效率和准确性；另一方面也是更重要的，依靠软件来实现原油的快速查询和任意方案的模拟切割。

数据库软件的查询功能主要有：

(1) 根据特定性质或范围，对原油评价数据库进行快速查询。例如根据名称、国家、地区、评价日期、原油的个别性质如硫、氮、酸值、馏分油收率范围、基属等对数据库中的原油进行快速查询，以便快速定位到所需的原油。

(2) 根据与某种原油的相似度，对原油评价数据库进行查询。可以设定某一具体的原油为目标，也可以给出所需查询原油若干性质的数据为目标。一般通过相似度计算公式(2-4)来判断数据库中其他原油与目标原油的差异。相似度 δ 可为其他原油与目标原油性质矩阵的几何距离，距离越小说明查询出来的原油与目标原油的性质越接近。

$$\delta = \sum_i [w_i \times (y_i - x_i)^2] \tag{2-4}$$

式中 δ——相似度；

y_i——其他原油的性质；

x_i——目标原油的性质；

w_i——权重。

数据库软件的模拟切割功能主要有：

(1) 定制子库和切割方案。对查询所得原油进行勾选，建立适用于某一炼油厂或装置的原油数据子库。通常原油评价数据库中的馏分切割范围与炼油厂实际所需切割范围存在差异，需对数据库中的馏分性质进行重新切算。因此，需在软件中设计各馏分的切割温度范围和所需切割计算的物性。

(2) 对原油评价数据进行切割，即根据已经设置好的切割温度范围对指定的原油进行模拟切算。当所设置的切割点在原油评价数据之间时采取内插计算，如数据库中有 15～500℃以 20℃为间隔的收率数据，当需要切割 180～350℃馏分的收率时，只需对收率数据进行样条插值计算即可得到，一般内插计算的数据准确性较高。而当要切割计算 500～540℃馏分的收率时，则需要采取外延计算，根据收率曲线的拟合公式依照趋势将曲线外延到540℃，计算得到该段馏分的收率，一般外延计算的数据相对而言准确性较差。

三、数据库应用

原油评价数据库具有数据管理和模拟切割的功能，所切割输出的数据与现在的计划优化软件、流程模拟软件能无缝对接，已成功应用于原油贸易、计划优化和炼油厂设计等方面，在石油公司资源优化和炼油厂深度加工方面发挥了重要作用。

目前国内大型石油公司非常重视原油评价数据库和软件的开发。中国石化依托下属研究院和企业开发的原油评价数据系统于 2006 年投入使用，通过十多年的不断积累、扩充、更新和升级，原油评价数据标准库里已拥有约 3700 余套原油评价数据，基本覆盖约 98%中国石化进口原油加工量，该系统已成为中国石化生产优化的重要组成部分。中国石油原油数据中心于2011年上线，数据库包含约3500套原油评价数据，基本覆盖了中国石油大部分炼油厂的常炼原油品种。

原油评价数据库软件将海量原油评价数据集中管理，为研究物性与物性之间、物性与组成之间、物性与光谱、色谱之间的相关关系奠定了良好基础，利用这些关系，可预测未知原油的性质和组成。这些途径可大大加快原油评价的速度。有些方法，例如原油评价数据库、近红外光谱以及化学计量学三者结合，可以在几分钟内得到一个原油的简评数据，成为目前广泛应用的原油快评技术。另外，亦可有效发挥原油评价数据的二次价值，例如利用原油评价数据库、原油光谱库和先进计算方法，将几种原油按一定比例巧妙搭配，可以得到与目标原油性质十分接近的多种原油配方，从而形成具有显著特色的配方原油技术。

第五节　原油评价相关分析技术

一、原油快速评价技术

原油评价经过多年发展，尽管已建立了一套较为完整的评价方法，但这些方法分析时间长、工作量大、成本高，经常不能满足实际应用的需要。目前也有较为完善的原油评价数据库在不断地更新和扩充，但原油的性质会随时间发生较大变化，且在储运和加工过程中经常发生不同原油品种混合的情况；另外，机会原油交易逐渐频繁。以上这些情况都需要原油快速评价技术。因此，国内外大型石化企业都正在基于多种现代仪器分析手段研发该技术，包括色谱-质谱联用(GC-MS)、核磁共振(NMR)、中红外光谱(MIR)和近红外光谱(NIR)等[4]。其中，近红外光谱方法由于测量方便、速度快、成本低，并可用于现场或在线分析而备受青睐，在国内外炼油厂得到了较为广泛的应用[5,6]。

近红外光是介于紫外可见光和中红外光之间的电磁波，其波长范围为780~2526nm，由分子振动的非谐振性使分子振动从基态向高能级跃迁时产生的，主要反映的是含氢基团(C—H、N—H和S—H等)振动的倍频和合频吸收，具有丰富的结构和组成信息。但与中红外光谱的基频信息相比，近红外光谱的吸收带较宽且重叠严重，必须采用化学计量学方法建立较复杂的分析模型才能得到可靠的结果[7]。

与汽油、柴油快速和在线分析不同的是，原油评价不仅需要测定原油的基本性质(如密度、残炭、酸值、硫含量、氮含量、蜡含量、沥青质含量和实沸点蒸馏曲线等)，还需要测定原油各馏分油的物化性质，分析项目近百种，显然采用传统的近红外光谱分析方法逐个建立校正模型是行不通的。石科院基于国内外有代表性的1000余种原油，建立了拥有自主知识产权的RIPP原油近红外光谱数据库，基于RIPP原油近红外光谱库和中国石化原油评价数据库，开发出了一套完整的原油快速评价技术[8]。

RIPP原油近红外光谱数据库包含的原油种类基本覆盖了世界主要原油产区，绝大部分是我国炼油厂常加工的原油种类。其中，密度、硫含量和酸值的分布范围分别为0.7687~1.009g/cm^3、0.03%~7.8%和0.01~11.5mgKOH/g。对于单种类原油，该技术采用移动相关系数法从原油近红外光谱数据库中进行识别，若光谱库中存在与待测原油一致的光谱，则可给出该待测原油的种类，进而利用原油评价数据库可给出完整的详细评价数据[9]。对于已知种类混兑的原油，通过模拟混兑光谱建立分析模型，可快速计算出原油的混兑比例，从而结合中国石化原油评价数据库得到该混兑原油的详细评价数据。对于未知种类的混兑原油，采用库光谱拟合方法，从原油近红外光谱数据库中解析出一组参与混兑的“伪原油种类”及其混兑比例，结合中国石化原油评价数据库可得到该混兑原油的详细评价数据。

在此基础上，石科院开发出了 RIPP 原油近红外光谱数据库管理软件，包括光谱库、模型库、识别库、拟合库和方法维护等主要功能。2013 年，石科院开发的原油近红外快评技术在中国石化镇海炼化成功实现工业应用。该技术可在 10min 之内预测出单种类原油和混兑原油的主要基本性质数据，如密度、残炭、酸值、硫含量、氮含量、蜡含量、胶质、沥青质含量以及实沸点蒸馏数据等。

二、配方原油技术

原油性质的相对稳定是保证炼油厂安全运行和利润提升的重要前提。针对国内炼油企业优化原油经常得不到保证，导致效益损失这一共性问题，石科院结合原油评价数据库、原油光谱库、原油快速评价技术和先进计算方法开发出配方原油技术。其基本内容是利用先进算法，将几种不同原油进行组合，形成多种性质与目标原油相似的原油配方供炼油厂选择利用。

配方原油技术是一种基于先进算法，在原油评价数据库和原油光谱库所采集的大数据基础上，通过光谱拟合及原油品种和混合比例的巧妙搭配，得到与目标原油性质十分接近的“类原油”配方的技术。例如，某炼油厂加工的目标原油是阿曼原油，当阿曼原油的供应受限时，通过配方原油技术，可从原油光谱库中找出一些原油，通过这些原油光谱按比例的组合，得到与阿曼原油光谱相似的混合光谱，结合原油混合规则，计算出类阿曼原油的全部原油评价数据。图 2-10 是采用配方原油技术，将原油近红外光谱库中的 0021 号、0158 号、0125 号原油按质量比 75∶10∶15 的比例混合后，得到的与阿曼原油类似的近红外光谱图。

配方原油和目标原油的相似度可用式(2-5)描述[10]：

$$S(O_A, O_B) = 1 - \sum_{i=1}^{m} \omega_i \left| \frac{A_i - B_i}{\mathrm{Max}(i) - \mathrm{Min}(i)} \right| \tag{2-5}$$

式中 A_i 和 B_i——目标原油和配方原油的物性或组成数据；

ω_i——第 i 个物性的权重；

$\mathrm{Max}(i)$ 和 $\mathrm{Min}(i)$——参与配方设计原油的第 i 个物性对应的最大值和最小值。

根据 $S(O_A, O_B)$ 的值来判断配方原油 O_B 和目标原油 O_A 之间的接近程度，其值越接近 1 代表配方原油与目标原油越相似。

原油评价数据库、原油光谱库和原油快速评价技术也是配方原油技术的重要组成部分。在炼油厂原油资源的优化选择层面，需要有原油品种多、包含范围广(尤其是国内加工的原油)、原油评价数据更新快、原油和馏分性质及组成数据详细的原油评价数据库作支撑。在

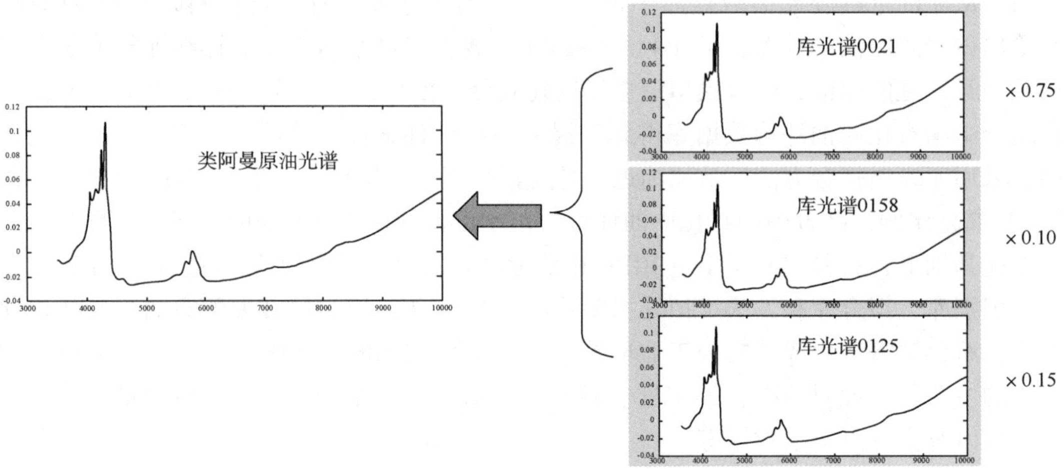

图 2-10　类阿曼原油近红外光谱形成示意

炼油厂生产过程操作层面，原油光谱库、原油评价数据库以及在此基础上建立起来的原油快评技术能够在短时间内给出进厂原油的性质，甚至炼油厂储罐中混合原油的性质。由此得到的配方原油更为实用，而且与炼油厂原油调合设施一起，可以随时对配方原油的配比进行调整，真正实现炼油厂原油的稳定供应。

在实施配方原油技术时，首先提出适合炼油厂加工的“目标原油”。目标原油可以是炼油厂设计时所选定的原油，也可以是炼油厂以前加工过且证明具有较高经济效益的原油[11]，还可以是通过流程优化软件计算出的优化原油，或者是各种性质具有一定变化区间的虚拟原油。通过流程优化软件，进行物料平衡和经济效益计算，从众多配方中筛选出几种进行可加工性能评价。满足要求的配方进行原油评价，验证计算的可靠性。合适的配方输出到炼油厂安排生产，不合适的淘汰掉，再从配方库中调出新的配方进行计算，反复循环，直到找到最合适的配方原油为止。配方原油技术实施的原则流程见图 2-11。

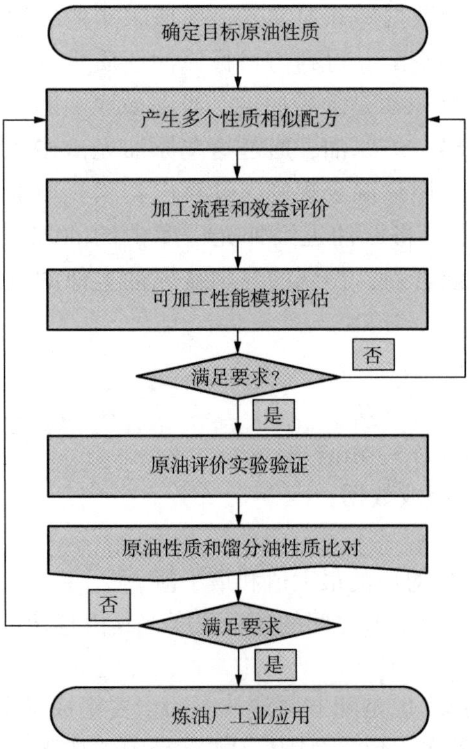

图 2-11　配方原油技术的实施流程

配方原油技术可以方便、高效地调配出与目标原油相似的原油配方。炼油厂可以根据需要确定配方原油要达到的目标，既可以使配方原油的价格接近，甚至低于目标原油，也可以使配方原油和目标原油的性质尽可能一致，还可以使重要装置原料的性质与目标原油的相应馏分油性质基本一致。

三、分子水平原油评价

近年来，随着分子水平表征技术的快速发展，对各馏分尤其是中间馏分油和重质油认识的详细程度有了很大提升，为在分子水平上评价原油的可炼制性能奠定了良好基础，下面着重介绍当前分子表征方法所获得评价数据的特点，以及分子组成对加工、使用性能评价方面起到的作用。

1. 石脑油

石脑油是原油的轻端馏分，一般由沸点小于200℃、碳数范围 $C_5 \sim C_{12}$ 的正构烷烃、异构烷烃、环烷烃和芳烃组成。对石脑油分子组成的分析主要采用气相色谱法，目前普遍采用50m的毛细管柱分离得到的单体烃色谱图，由已开发的自动化定性定量方法，能识别出碳数小于9的所有化合物单体，以及 C_9 以上化合物的碳数、类型以及部分单体结构。根据色谱单体烃组成，可以计算汽油的辛烷值和密度、折射率、热值、饱和蒸气压、碳氢含量、溴价等多项物性参数。

2. 中间馏分油

中间馏分油主要是指沸点在180~540℃的馏分油，包括常压馏分油(喷气燃料、柴油馏分)和减压馏分油(蜡油)。随着馏分沸点的增加，所含化合物的种类和碳数也增多。相同碳数化合物的同分异构体呈几何级数增加，例如含20个碳的链烷烃同分异构体的理论个数多达36.6万个，无法彻底分析清楚单体结构。

一般柴油馏分的碳数在 $C_{10} \sim C_{22}$，主要由饱和烃和芳香烃组成，还有少量的杂原子化合物。饱和烃由链烷烃和环烷烃组成，链烷烃包括正构烷烃和异构烷烃，环烷烃中烷基环己烷、十氢萘和全氢化蒽是柴油中1~3环环烷烃的代表；芳烃主要有烷基苯、茚满类、茚类、萘类、联苯类、苊类、芴类、苊烯类、菲类、蒽类和环烷菲类等。对于高碳数的化合物，由于同分异构体数量巨大，无法分析清楚其单体结构，即便如此，目前的分子表征技术可以确定出馏分油中化合物的分子式，进而得到化合物类型和碳数分布的分子水平信息。

根据馏分油中化合物元素组成特点，可用通式 $C_cH_hN_nO_oS_s$ 表示，用缺氢数 Z 值表示化合物类型(或同系物)：

$$Z=h-2c$$

Z 值由分子中的双键、环数和杂原子决定，每增加一个双键或一个环会使 Z 值减少2个单位，Z 值越负，则分子的芳香度越大。也有用环加双键数 DBE 表示化合物类型：

$$DBE=c-h/2+n/2+1$$

DBE 与 Z 值之间的关系为 $Z=-2(DBE)+n+2$，DBE 值越大则分子的芳香度越大。对于柴油馏分中的化合物，不同类型化合物 Z 值关系如表2-28所示。

表 2-28　不同化合物的 Z 值

Z 值	烃类型	分子式	结构式	Z 值	烃类型	分子式	结构式
2(*n*)	烷烃类	C_nH_{2n+2}	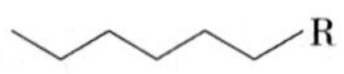	-10	茚类	C_nH_{2n-10}	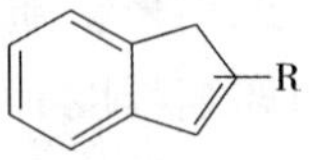
2(*i*)	烷烃类	C_nH_{2n+2}	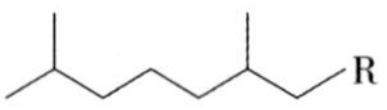	-10S	苯并噻吩类	$C_nH_{2n-10}S$	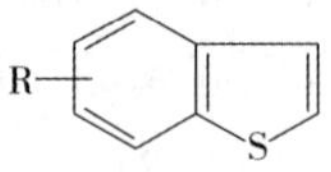
0	一环环烷类	C_nH_{2n}	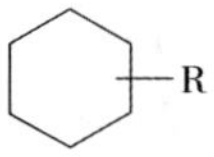	-12	萘类	C_nH_{2n-12}	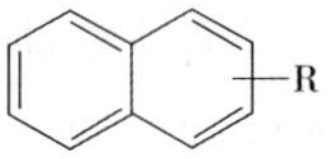
-2	二环环烷类	C_nH_{2n-2}	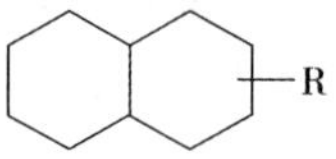	-14	二氢苊类和/或联苯类	C_nH_{2n-14}	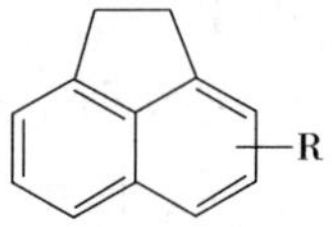 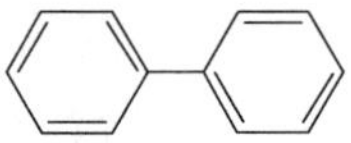
-4	三环环烷类	C_nH_{2n-4}	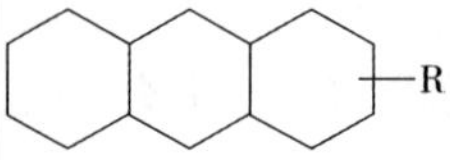	-15N	咔唑类	$C_nH_{2n-15}N$	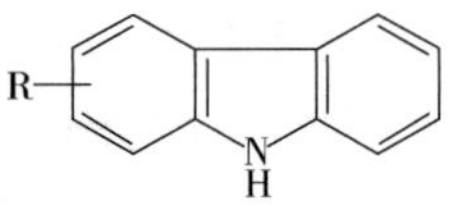
-6	烷基苯类	C_nH_{2n-6}	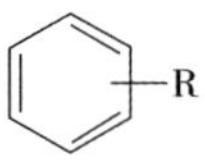	-16	苊类	C_nH_{2n-16}	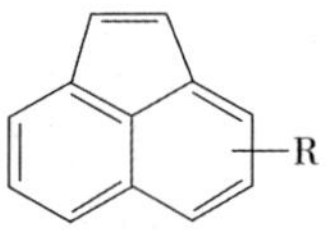
-8	茚满和萘满类	C_nH_{2n-8}	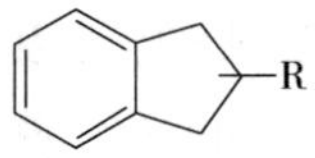 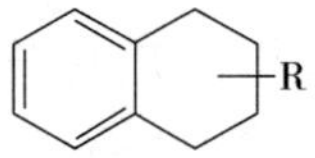	-16S	二苯并噻吩类	$C_nH_{2n-16}S$	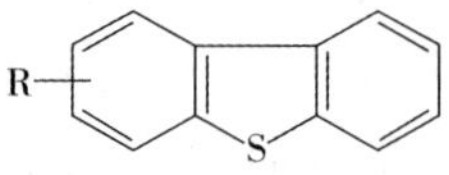
-9N	吲哚类	$C_nH_{2n-9}N$	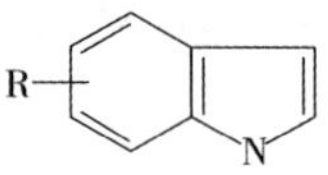	-18	蒽、菲类	C_nH_{2n-18}	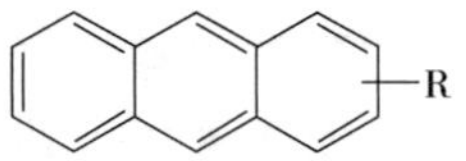 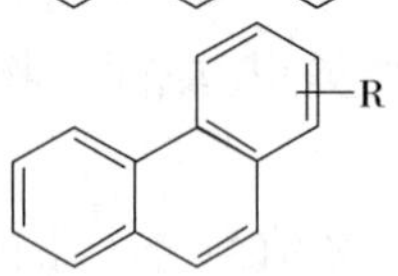

利用气相色谱-场电离飞行时间质谱(GC-FI TOFMS)技术分析柴油馏分组成时，气相色谱将烃类按沸点进行分离，场电离对色谱流出的饱和烃、芳烃分子进行电离得到分子离子峰，在质量分辨率大于7000、分子质量精度 3.4mDa 的飞行时间质谱检测下得到各分子的碳数、环加双键数和杂原子含量，由此可以得到不同柴油烃类的碳数分布信息，同时能得到部分含硫化合物的化合物类型和碳数分布，见表 2-29。

VGO(或者减压馏分油)碳数一般在 C_{20} ~ C_{45}，由饱和烃和芳烃组成，还含有少量的胶质和杂原子化合物。饱和烃由链烷烃和环烷烃组成，链烷烃主要为正构和异构的长链烷烃；

环烷烃也是蜡油中含量很高的烃类物质，其环数可多达6个或更多。芳烃化合物除了烷基苯类、茚类，还含有大量的多环芳烃(PAH)以及环烷芳烃，其中多环芳烃一般为2~5环芳烃。

表2-29 GC-FI TOF MS测直馏柴油化合物的碳数分布

碳数	Z值												
	+2	0	-2	-4	-6	-8	-10	-10S	-12	-14	-16	-16S	-18
7	0.00	0.02	0.00	0.00	0.00	0.00	0.00	0.00	0.00	0.00	0.00	0.00	0.00
8	0.00	0.07	0.00	0.00	0.00	0.00	0.00	0.00	0.00	0.00	0.00	0.00	0.00
9	0.04	0.13	0.05	0.00	0.07	0.00	0.00	0.00	0.00	0.00	0.00	0.00	0.00
10	0.61	0.43	0.22	0.00	0.38	0.02	0.00	0.00	0.02	0.00	0.00	0.00	0.00
11	2.70	1.66	0.84	0.04	0.65	0.14	0.00	0.00	0.20	0.00	0.00	0.00	0.00
12	4.36	2.12	1.13	0.13	0.61	0.24	0.02	0.00	0.52	0.02	0.00	0.03	0.00
13	5.01	2.53	1.42	0.21	0.47	0.33	0.07	0.03	0.56	0.05	0.00	0.08	0.00
14	5.17	2.52	1.56	0.38	0.45	0.36	0.12	0.04	0.38	0.09	0.11	0.07	0.04
15	5.45	2.66	1.41	0.50	0.49	0.27	0.24	0.00	0.27	0.16	0.18	0.05	0.13
16	5.16	2.58	1.23	0.58	0.38	0.27	0.27	0.00	0.18	0.18	0.20	0.00	0.13
17	4.41	2.15	1.25	0.47	0.40	0.19	0.20	0.00	0.16	0.19	0.17	0.00	0.00
18	4.13	2.04	1.08	0.60	0.40	0.20	0.18	0.00	0.14	0.13	0.14	0.00	0.00
19	4.23	1.51	1.03	0.61	0.41	0.18	0.16	0.00	0.12	0.05	0.10	0.00	0.00
20	3.23	1.37	1.04	0.35	0.30	0.19	0.10	0.00	0.07	0.03	0.00	0.00	0.00
21	0.85	0.61	0.59	0.23	0.17	0.09	0.05	0.00	0.04	0.00	0.00	0.00	0.00
22	0.28	0.31	0.26	0.08	0.04	0.03	0.00	0.00	0.00	0.00	0.00	0.00	0.00
23	0.07	0.08	0.00	0.00	0.00	0.00	0.00	0.00	0.00	0.00	0.00	0.00	0.00
小计	45.70	22.80	13.10	4.20	5.23	2.50	1.40	0.07	2.66	0.90	0.90	0.24	0.30

由于VGO中含有四环及以上的环烷烃，在精确质量上与部分芳烃分子具有相同的分子式，如四环环烷烃与单环芳烃具有相同的分子式C_nH_{2n-6}、五环环烷与环烷苯类同为C_nH_{2n-8}，这种情况下无法实现质谱区分和色谱分离，目前的解决方案是采用固相萃取技术进行预处理，先将VGO分离为饱和烃和芳烃组分，再通过GC-FI TOFMS分别进行分析。采用这种办法，可以得到VGO的化合物类型和碳数分布信息，但由于分辨率的限制，不能完全区分芳香分中的部分芳烃和含硫芳烃，共鉴定出了6类饱和烃和14类芳烃的化合物类型及碳数分布，见表2-30和表2-31。

表 2-30　减压馏分油饱和烃组分中化合物的类型及碳数分布

碳数	Z值						碳数	Z值					
	+2	0	−2	−4	−6	−8		+2	0	−2	−4	−6	−8
13	0.02	0.01	0.01				30	0.81	0.26	0.46	0.51	0.91	0.38
14	0.05	0.02	0.01				31	0.64	0.26	0.36	0.34	0.37	0.27
15	0.09	0.03	0.02	0.01			32	0.65	0.24	0.35	0.31	0.26	0.21
16	0.14	0.05	0.03	0.02			33	0.64	0.23	0.31	0.36	0.22	0.19
17	0.18	0.07	0.04	0.04	0.01		34	0.32	0.20	0.34	0.32	0.16	0.12
18	0.21	0.10	0.05	0.06	0.01		35	0.34	0.19	0.32	0.31	0.13	0.08
19	0.27	0.12	0.08	0.11	0.05		36	0.17	0.15	0.27	0.21	0.09	0.03
20	0.33	0.17	0.11	0.15	0.07		37	0.12	0.12	0.23	0.18	0.07	0.02
21	0.44	0.22	0.17	0.19	0.13		38	0.06	0.08	0.20	0.19	0.05	0.02
22	0.55	0.27	0.24	0.24	0.23	0.01	39	0.04	0.05	0.14	0.11	0.04	0.01
23	0.76	0.31	0.29	0.35	0.22	0.01	40	0.02	0.03	0.11	0.10	0.04	0.02
24	0.85	0.37	0.37	0.41	0.20	0.02	41		0.01	0.09	0.04	0.02	
25	1.06	0.42	0.45	0.43	0.21	0.02	42		0.01	0.04	0.02	0.01	
26	1.08	0.43	0.46	0.49	0.21	0.03	43			0.02	0.02	0.01	
27	1.35	0.40	0.50	0.70	0.65	0.11	44			0.01			
28	1.19	0.42	0.53	0.59	0.68	0.08	45			0.01			
29	1.13	0.36	0.51	0.48	0.87	0.25	总计	13.49	5.59	7.10	7.30	5.90	1.88

表 2-31　减压馏分油芳烃组分中化合物的类型及碳数分布

碳数	Z值													
	−6	−8	−10	−12	−14	−16	−18	−20/−10S	−22	−24	−26/−16S	−28	−30	−22S
12	0.04	0.17	0.05	0.18	0.01			0.01						
13	0.06	0.16	0.08	0.23	0.13	0.02		0.01						
14	0.09	0.16	0.14	0.16	0.36	0.07	0.10	0.01						
15	0.11	0.14	0.16	0.10	0.51	0.19	0.23	0.02						
16	0.13	0.13	0.16	0.07	0.46	0.35	0.26	0.20					0.01	0.01
17	0.13	0.13	0.16	0.07	0.35	0.45	0.39	0.54	0.28			0.02	0.01	0.04
18	0.17	0.14	0.16	0.07	0.22	0.53	0.39	0.77	0.51	0.26		0.08	0.01	0.08
19	0.21	0.16	0.16	0.06	0.19	0.56	0.39	0.68	0.63	0.48	0.22	0.22	0.01	0.11
20	0.21	0.16	0.14	0.06	0.19	0.46	0.36	0.50	0.68	0.49	0.32	0.32	0.01	0.14
21	0.25	0.17	0.14	0.07	0.18	0.37	0.31	0.34	0.62	0.44	0.30	0.30	0.04	0.16
22	0.30	0.20	0.16	0.08	0.20	0.32	0.26	0.25	0.51	0.35	0.24	0.24	0.06	0.15
23	0.40	0.26	0.20	0.09	0.20	0.28	0.21	0.20	0.39	0.26	0.20	0.20	0.07	0.15

续表

碳数	Z值													
	-6	-8	-10	-12	-14	-16	-18	-20/-10S	-22	-24	-26/-16S	-28	-30	-22S
24	0.45	0.28	0.22	0.10	0.20	0.25	0.18	0.16	0.28	0.19	0.15	0.15	0.06	0.13
25	0.49	0.30	0.22	0.10	0.19	0.22	0.14	0.13	0.20	0.13	0.11	0.11	0.04	0.11
26	0.55	0.33	0.22	0.09	0.19	0.20	0.13	0.11	0.16	0.10	0.08	0.08	0.03	0.08
27	0.57	0.33	0.22	0.09	0.18	0.19	0.12	0.09	0.12	0.07	0.05	0.05	0.02	0.05
28	0.53	0.31	0.20	0.09	0.17	0.17	0.09	0.07	0.09	0.05	0.04	0.04	0.01	0.03
29	0.51	0.28	0.20	0.08	0.16	0.16	0.08	0.06	0.07	0.04	0.02	0.02	0.01	0.02
30	0.47	0.26	0.16	0.07	0.14	0.13	0.07	0.06	0.05	0.03	0.02	0.02	0.01	0.01
31	0.43	0.23	0.14	0.07	0.11	0.11	0.06	0.04	0.04	0.02	0.01	0.01		0.01
32	0.32	0.20	0.12	0.05	0.10	0.10	0.05	0.03	0.04	0.02	0.01	0.01		0.01
33	0.26	0.14	0.10	0.04	0.08	0.09	0.04	0.03	0.03	0.01				
34	0.19	0.11	0.08	0.03	0.07	0.06	0.03	0.02	0.02	0.01				
35	0.13	0.07	0.06	0.02	0.05	0.05	0.02	0.01	0.02	0.01				
36	0.08	0.04	0.04	0.01	0.03	0.03	0.02	0.02	0.02	0.01				
37	0.06	0.03	0.02	0.001	0.02	0.02	0.01	0.01	0.01					
38	0.04	0.01	0.02		0.01	0.02	0.01							
39	0.02		0.02		0.01	0.01	0.01							
40		0.01			0.01	0.01								
总计	7.20	4.91	3.75	2.09	4.72	5.42	3.96	4.37	4.77	2.97	1.77	1.87	0.40	1.29

相对于柴油馏分，VGO中含有更多的杂原子化合物，并且随着馏分碳数和馏分复杂程度的增加，对含杂原子化合物进行分析的难度更大。尤其是区分精确质量只差3.4mDa、含C_3/SH_4结构的芳烃和含硫芳烃化合物，需要更有效的分离手段或者更高的分辨率。傅里叶变换离子回旋共振质谱FT-ICR MS分辨率能够达到几十万甚至上百万，可以精确地确定由C、H、S、N、O所组成的各种元素组合。将这种超高分辨能力的质谱与适当的电离源相结合，可从分子元素组成层次上研究馏分的组成。

通过分子表征技术，将中间馏分油的组成信息从过去的族组成增加了一维碳数分布，这为在分子水平上评价各馏分的加工或使用性能提供了非常有用的信息。表2-32中所列数据来看，柴油A的十六烷值为45.1，比柴油B的47.0相比略低，但柴油A中的链烷烃和一环环烷烃分别是36.4%、11.1%，比柴油B的链烷烃(32.6%)和一环环烷(6.2%)均高。通常认为链烷烃和一环环烷烃为柴油馏分中十六烷值较高的组分，十六烷值与族组成的数据看起来对应不上，类似地柴油C与柴油D也存在着含有链烷烃、一环环烷烃高但十六烷值偏低的现象。

表 2-32　柴油的十六烷值与族组成

名称	十六烷值	链烷烃/%	一环烷烃/%	二环烷烃/%	三环烷烃/%	单环芳烃/%	双环芳烃/%	三环芳烃/%
柴油 A	45.1	36.4	11.1	19.1	7.3	15.3	10	0.8
柴油 B	47.0	32.6	6.2	19.3	12.2	14.8	13.7	1.2
柴油 C	54.8	48	19.1	9.2	2.4	15.1	5.7	0.5
柴油 D	59.2	45.8	17.1	10.5	3.1	15.2	7.6	0.7

这几种柴油馏分的碳数分布结果见图 2-12，图中用 *Z* 值表示化合物类型，气泡的大小表示不同碳数各类化合物在馏分中相对含量的大小。从图中的结果来看，柴油 A 和柴油 C 的各类化合物分布在 C_{10}～C_{25}，并且主要集中在 C_{14}～C_{22}，各类化合物在该碳数范围内呈单峰形式分布，*Z* 值为 2 的链烷烃的碳数分布范围最宽，*Z* 值为−4～0 的一环到三环环烷烃随着环数的增加碳数分布范围逐渐变窄，*Z* 值为−18～−6 的芳烃化合物也是随着环数的增多碳数分布范围逐渐变窄。而柴油 B 和柴油 D 的各类化合物分布在 C_{13}～C_{25}，主要集中在 C_{16}～C_{22}，各类化合物在该碳数范围内也呈单峰形式分布。相对而言，柴油 A 和柴油 C 中含有更多高碳数的化合物。

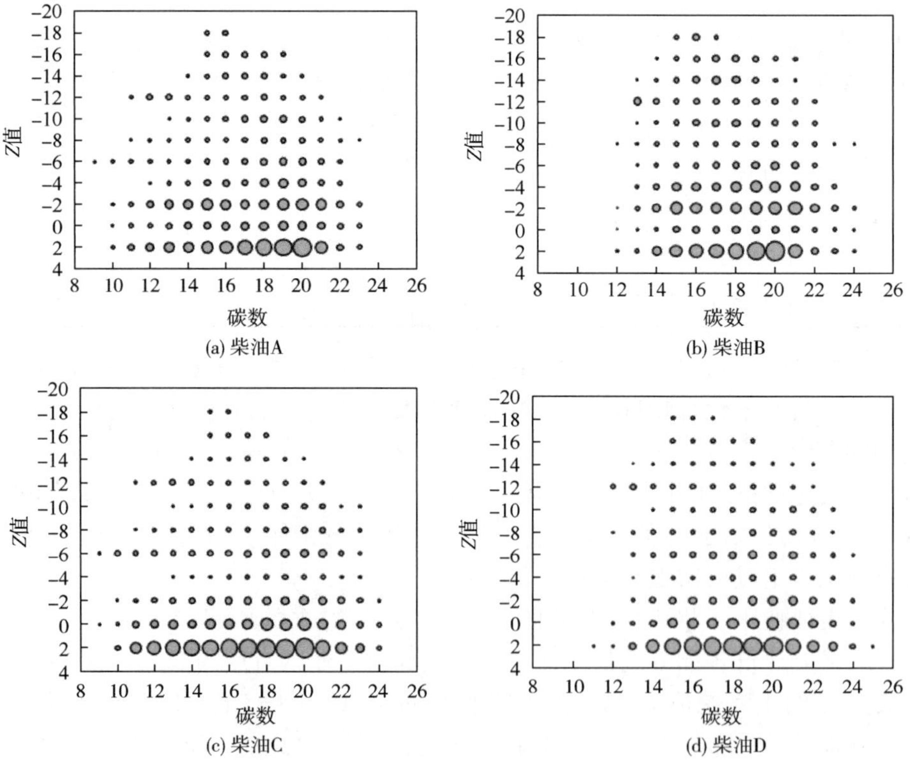

图 2-12　四种柴油的碳数分布结果

从各类型化合物十六烷值分布规律来看，一般正构烷烃的十六烷值最高，并且碳数越大其十六烷值越大，碳数相同的异构烷烃的十六烷值比正构烷烃的低，相同支链数时异构烷烃的十六烷值随碳数的增加而增加。当碳数相同时，环烷烃的十六烷值低于链烷烃而高于芳烃，环烷烃的环数越多十六烷值越低。无侧链或短侧链的芳烃十六烷值最低，环数越多十六烷值越低，带有较长侧链的芳烃和环烷烃的十六烷值相对较高，而且随着侧链链长的增长其十六烷值增高。由此可见，分子水平表征所得的碳数分布结果，能更全面说明柴油十六烷值的分布规律，一方面不同类型烃类化合物十六烷值存在差别，另一方面同一类型化合物碳数范围不同也对十六烷值有较大的影响。

此外，在加工过程中常会碰到原料油的物性、元素组成、族组成非常相近，但是加工性能或产物分布却有明显差异的情况，这时则需要借助分子水平原油评价手段。通过对原料进行深入的分子水平表征，结合碳数分布、精细结构信息，快速找出原料分子组成的差异，进而对原料进行深入合理的评价，为制订合理的加工路线指明方向。

3. 渣油

渣油是原油中沸点最高、相对分子质量最大的部分，其中非烃化合物的含量也最多。渣油碳数范围在 C_{35}～C_{100}，50%～80%分子的元素组成中至少含一个杂原子，约 50%的分子中含有一个以上的杂原子。对渣油的组成，最常用液固吸附色谱法将渣油按极性分成饱和分、芳香分、胶质和沥青质。随着分析技术的不断进步，结合预分离和表征技术，对渣油组成的认识也不断深入。

饱和分是减压渣油中极性最小的组分，化学组成相对简单。采用固相萃取分离出减渣的饱和分后，通过场解析-飞行时间质谱分析其分子组成，如图 2-13 所示，不同原油减压渣油的饱和分主要由 C_{30}～C_{75}的链烷烃、1～6 环环烷烃组成。饱和分中有较多链烷烃以及侧链结构占比较大的环烷烃，因此饱和分具有较好的裂化性能，较易从大分子转化为小分子。

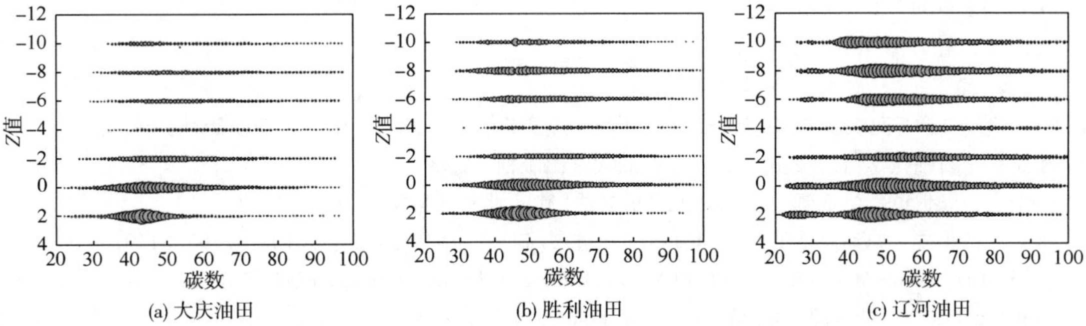

(a) 大庆油田　(b) 胜利油田　(c) 辽河油田

图 2-13　大庆、胜利、辽河油田减压渣油饱和分的碳数分布

芳香分、胶质、沥青质的极性依次增大，其杂原子含量、组成复杂程度也增加。研究人员采用大气压光致电离源(APPI)FT-ICR MS 在分子水平上分析减压渣油芳香分和胶质的组成特点[12]，比较加氢前后组成的变化，结果表明胶质比芳香分中含有更多含杂原子的非烃类化合物，其中以 S1、N1、S2、NS 类居多；减压渣油芳香分中 HC 类化合物缺氢数分布 -58～-6，碳数分布 C_{30}～C_{80}，胶质中 HC 类化合物缺氢数分布 -66～-20，碳数分布 C_{25}～C_{50}，说明胶质比芳香分中所含化合物的缩合度更大，碳数更小。沥青质是减压渣油中极性最大、组成最复杂的组分，文献中对加氢裂化前后俄罗斯减压渣油中沥青质和胶质组分进行表征[13]，分别采用 APPI FT-ICR MS 和 ESI FT-ICR MS 分析出沥青质中约 26000 个峰和

33000 个峰，共计约 18 组含杂原子的化合物。比较胶质和沥青质中 HC、S1、N1 类化合物，结果表明沥青质中化合物缩合度大于胶质，而碳数范围分布相差不大。

减压渣油尤其是沥青质中的高缩合化合物存在着两种典型的排布方式，分别为大陆型和群岛型。大陆型认为沥青质分子结构单元中只含有一个稠合芳环，并以此为中心外围有若干环烷环、烷基侧链，杂原子主要存在于稠合芳环中，也有少部分在烷基侧链中，而金属元素则主要以卟啉的形式存在于稠合芳环体系中，此类结构非常难以轻质化；群岛型认为沥青质分子结构单元中含有若干个类似于“大陆型”结构，沥青质结构单元彼此之间通过含或不含杂原子的烷基链连接，此类结构在加工过程中相对容易转化。采用碰撞诱导解离(Collision-induced dissociation，简称 CID)FT-ICR MS 可考察渣油中高缩合度化合物的结构形态分析，让 APPI 产生的分子离子通过充满氩气的碰撞池，使碳数大于等于 2 的脂肪碳-碳键、脂肪碳-杂原子键选择性断裂，而单脂肪碳-芳香碳键和芳香硫键不发生断裂。碰撞断裂之后，对于大陆型结构的芳烃其产物只发生相对分子质量减少，而缺氢数不变，对于群岛型结构的芳烃其产物相对分子质量减少的同时缺氢数也会降低。该方法可以得出渣油中高芳香度化合物的大陆型和群岛型结构相对含量，进而评价渣油的轻质化难易程度。

原油评价的手段、内容和方法也随着炼油工业的不断进步而不断变化和完善。我国原油评价工作经过 60 多年的发展，已形成了较为系统和完善的一套体系。但是，炼油工业的发展对原油评价工作的速度、深度和广度都提出了更高、更新的要求。从分子水平上加工、利用好每一种原油成为石油炼制工作者的头等大事，它对原油评价的要求不再仅仅是根据原油和馏分的宏观物性和简单的组成数据得到的评价结论，而是应该建立在分子水平上的对石油和石油馏分的认识。

参 考 文 献

[1] 纳尔逊 W L. 石油炼制工程(上册)[M]. 4 版. 左鹿生，译. 北京：中国工业出版社，1964.

[2] 梁文杰. 石油化学[M]. 2 版. 北京：石油大学出版社，2009.

[3] 杨翠定，顾侃英，吴文辉. 石油化工分析方法[M]. 北京：科学出版社，1990.

[4] 陈瀑，褚小立. 原油及重油的快速分析技术进展[J]. 分析测试学报，2012，31(9)：1191-1198.

[5] Lambert D，Saint-Martin C，Benkhelil K，et al. Advanced Crude Management by NIR Spectroscopy Combined with Topology Modeling[J]. Hydrocarbon Processing，2019，7.

[6] 王明辉，周家庆，冯晓东，等. 原油快速评价技术在原油调合中的应用[J]. 炼油与化工，2015(3)：17-19.

[7] 褚小立，陈瀑，许育鹏，等. 化学计量学方法在石油分析中的研究与应用进展[J]. 石油学报(石油加工)，2017，33(6)：1029-1038.

[8] 褚小立，田松柏，许育鹏，等. 近红外光谱用于原油快速评价的研究[J]. 石油炼制与化工，2012，43(1)：72-77.

[9] Chu X L，Xu Y P，Tian S B，et al. Rapid Identification and Assay of Crude Oils Based on Moving-window Correlation Coefficient and Near Infrared Spectral Library[J]. Chemometrics and Intelligent Laboratory Systems. 2011，107(1)：44-49.

[10] 章群丹，许育鹏，田松柏，等，配方原油技术及其在原油资源优化中的应用[J]. 石油炼制与化工，2019，50(9)：64-69.

[11] 曾宿主，解增忠，田松柏，等．某炼油厂大庆混合油替代原油的加工性能研究[J]．石油炼制与化工，2016，47(4)：1-6.

[12] Rui D，Wei W，Naixin W，et al. Molecular Characterization of Hydrotreated Atmospheric Residue Derived from Arabian Heavy Crude by GC FI/FD TOF MS and APPI FT-ICR MS[J]. China Petroleum Processing & Petrochemical Technology，2012，14(4)：80-88.

[13] Kekäläinen T，Pakarinen J M H，Wickström K，et al. Compositional Analysis of Oil Residues by Ultrahigh-Resolution Fourier Transform Ion Cyclotron Resonance Mass Spectrometry[J]. Energy & Fuels，2013，27(4)：2002-2009.

专家话炼油

第三章 原油蒸馏

原油是一种极为复杂的混合物，要从原油中提炼出各种燃料、化工原料、润滑油料和其他产品，基本的途径是将原油分割成不同沸程的馏分，然后按照油品的使用要求，除去这些馏分中的非理想组分，或是经过二次加工(化学转化)形成所需要的组分，进而获得合格的石油产品。因此，原油蒸馏是原油加工的第一道生产工序，它通过蒸馏过程把原油分离成不同馏分，为下游生产装置提供原料。

在整个原油加工过程中，原油蒸馏发挥着至关重要的作用。原油蒸馏装置的设计和生产操作水平，直接关系到石油加工企业生产装置的稳定运行，同时对原油的有效利用、产品质量和收率以及全厂生产过程的能量消耗都有很大影响[1]。

原油的品种繁多，不同油田生产的原油，因其组成的不同，往往具有不同的性质。即使同一油田，由于采油层位的不同，原油性质也可能出现较大的差异。这些差异直接影响原油蒸馏装置的产品性质和产率，也会影响装置的建设投资和生产运行能耗。

原油蒸馏装置的工艺流程和设备选择与配置除了与生产方案有关外，最基本依据是原油的性质、组成和各种馏分的收率。不同性质的原油，特别是馏分收率差异较大的原油，原油蒸馏装置的加工流程和设备的选择与配置是不相同的。一般情况下，原油蒸馏装置主要由原油预处理、常压蒸馏和减压蒸馏三部分组成。

原油中各种组分的沸点不同，且随压力的变化而改变，原油蒸馏就是利用这个特点，通过加热、汽化、冷凝，再加热、汽化、冷凝，如此往复，在分馏塔内进行气液间的传质传热，实现组分分离的目的。这是一个需要提供巨大热量的工艺过程，为了降低原油蒸馏过程的能量消耗，回收装置余热，即原油换热网络也是原油蒸馏装置的重要组成部分。此外，根据原油性质、生产管理和操作要求，原油蒸馏装置还会设置初馏或预闪蒸部分。21世纪初，由于环境保护和生产安全的要求日益严格，原油蒸馏装置生产的石脑油必须经过稳定，才能够送出装置进罐储存。很多种原油，特别是中东原油，C_4之前的轻组分含量比较高，回收液化气也具有较好的经济价值。因此，轻烃回收部分也成了原油蒸馏装置的组成之一。

原油蒸馏技术的进步，不但体现在传质传热技术上，还体现在节能技术上。从某种意义讲，节能技术的发展推动了传质技术、传热技术和加工流程技术的进步。20世纪70年代之前，我国原油常减压蒸馏装置的加工能耗一般都在25kgEO/t原油以上。70年代末期，特别是进入80年代，国家大力推动原油蒸馏节能技术的发展。原油预闪蒸技术、换热网络优化技术、减压蒸馏塔采用填料床层技术等等相继开发并获得应用，取得十分明显的节能效果。新建和改造的原油常减压蒸馏装置的加工能耗达到了16kgEO/t原油以下。进而，随着加热炉烟气余热回收技术的发展和窄点技术成功应用于原油换热网络的优化设计，在20世纪 80 年代末 90 年代初，新建原油常减压蒸馏装置的加工能耗已经达到了 13kgEO/t 原油以下。

在 20 世纪 80、90 年代，原油蒸馏技术的发展日新月异。常压蒸馏塔技术由原广泛采用的 F1 浮阀塔板，先后由原兰州石油机械研究所开发了 T 形排列条形浮阀塔板[2,3]，原上海华东化工学院开发了导向浮阀塔板[4]，原华东石油学院(北京)开发了船型浮阀塔板[5]等一系列高效塔板，并获得广泛应用。减压蒸馏塔技术由大浮舌塔板和网孔塔板为主体的板式塔技术，迅速为金属塔填料技术所取代。90 年代后期，全填料减压蒸馏塔技术已经得到普遍应用，湿式减压蒸馏技术也被干式减压蒸馏技术所取代。与此同时，窄点技术应用于原油换热网络的优化设计也日趋成熟。国内成功开发了 100%阻抗变压器，原油电脱盐技术得到进一步完善，交直流电脱盐技术也开发成功并得到广泛应用。烟气余热回收技术、机械抽真空技术和减压塔顶抽真空系统优化技术、空气预热器技术、湿空冷技术、强化传热技术、大直径低速转油线技术、减压炉管 100%吸收转油线热膨胀技术、减压塔洗涤段和进料分布器技术，以及 DCS 的普及等等，如雨后春笋。新建原油常减压蒸馏装置的能耗降低到接近 10kgEO/t 原油。装置的产品质量和收率有了明显的改进，特别是装置运行的稳定性和对原油性质的适应性得到大幅提高。全装置能量利用系统综合分析技术和装置灵敏度分析技术应用于原油蒸馏装置的设计理念也是在这一时期提出来的。

到 20 世纪末期，我国原油蒸馏装置的规模多在 500 万吨/年以下，绝大部分是在 150 万~250 万吨/年之间。加大规模对降低原油蒸馏装置的能耗有利，因为有些消耗并不与装置的加工量成直接的正比关系，更为明显的是加大规模可以使吨原油的建设投资和操作成本、管理成本得到明显降低。因此，21 世纪初，炼油装置的大型化便进入到了实际的推进阶段。截至目前，原油蒸馏装置已经建成并投产的加工能力达到 800 万吨/年数套、1000 万吨/年数套、1200 万吨/年数套，1500 万吨/年的原油蒸馏装置正在建设和准备建设之中。

原油蒸馏装置的大型化技术在这个时期得到了迅速发展，开发并成功应用了大型板式塔技术、大型填料塔技术、大型加热炉技术、大型两相流工艺管道布置技术、大型强化传热技术、机械抽真空和抽真空系统的优化技术等。与此同时，为进一步降低石油加工企业的能量消耗、项目建设投资、生产运行与管理成本，开发并成功应用了石油加工生产装置集中控制系统，远程数据传输和 DCS 集中控制。炼油生产装置运行数据采集与传输、集中控制与管理、事故处理和紧急停车系统、远程专家诊断系统、流程模拟在线培训系统等等也获得普遍应用。大幅减少了生产装置之间的原料与产品储罐的存储时间，装置之间采用直供料、热供料的生产方式，降低了新建石油加工企业的建设投资和占地，极大地降低了石油加工企业的生产运行和管理成本。

在这样的背景下，原油蒸馏装置的热出料给低温物料的热利用创造了条件。常压塔顶油气等温度较低的热物料有了与原油换热回收热量的机会，装置余热回收率得到提高的同时，公用工程消耗也有所降低。加热炉烟气余热回收技术和设备、强化传热技术和设备、机械抽真空技术和设备、减压塔顶抽真空系统的优化技术和设备也得到进一步的发展，全装置能量利用系统综合分析技术的设计思想得到普遍应用。原油蒸馏装置的加工能耗进一步降低，新建项目达到了 8.6kgEO/t 原油以下。此外，减压深拔技术的开发和成功应用，可以将原油深拔至切割点 565℃(TBP)以上，减压重质蜡油的收率得到进一步的提高。原油蒸馏装置的流程技术、装置的灵敏度分析技术也得到进一步的发展。原油蒸馏装置生产操作的稳定性和对加工原油性质的适应性也得到进一步的提高。两段减压蒸馏技术、凝析油加工技术、劣质原油加工技术等都获得了进一步发展。

第一节　原油的预处理

石油主要由碳氢化合物组成，其中碳和氢占了95%~99%[1]。除了碳和氢两种元素外，还含有硫、氮、氧等非金属元素以及铁、镍、钒、铜、钠、钙、镁、锌、钴等金属元素，有的石油还含有砷、硅等。这些元素，特别是硫、铁、镍、钒、钠、钙、砷等，对石油的加工极为不利，有的形成化合物会严重地腐蚀设备、工艺管道并且对产品质量造成影响，有的会使加工过程的催化剂降低活性，甚至造成永久性失活。

石油在开采和运输过程中，也不可避免地被混入了一些有害于加工过程或对产品质量造成影响的成分。例如：海水、油泥、泥沙和为了增产原油在开采过程中加注的各种注剂等。

20世纪80年代后期，随着重油催化裂化技术的发展和成功应用，国内石油加工企业对脱盐后原油的含盐量做了具体的规定：若出于装置防腐目的，要求脱盐后原油含盐量（NaCl当量）不大于5mg/L；而为了保护二次加工过程的催化剂，则要求脱盐后原油含盐量（NaCl当量）不大于3mg/L，这一规定一直延续至今。实际上这个规定是基于加工国产原油常压蒸馏拔出率在30%~32%而言的，在这样的原油常压蒸馏拔出率下，常压重油中的Na^+含量将不会高于1μg/g。

一、原油预处理在原油加工过程中的地位和作用

原油的预处理不仅关系到原油蒸馏装置的正常生产，也关系到重油加工装置的正常生产。脱除原油中的水及无机盐类，可以平稳原油蒸馏装置的生产操作，降低装置的加工能耗，防止盐类（NaCl、$CaCl_2$、$MgCl_2$等）在加热过程中水解产生Cl^-，对塔顶低温系统造成腐蚀；脱除原油中的水和无机盐类的同时，也可以脱除原油中的油泥、泥沙等机械杂质，避免或减轻原油管道、换热设备的堵塞或严重成垢；脱除原油中的水和无机盐类、油泥、泥沙等机械杂质的同时，也脱除了原油中的金属离子（Na^+、Ca^{2+}、Fe^{2+}）和Fe等，可以避免污染二次加工过程中的催化剂，导致催化剂加剧失活、中毒，而寿命缩短，特别是Na^+和重金属Ni、V会使二次加工过程的催化裂化、加氢裂化和加氢处理催化剂中毒，造成永久性失活；脱除金属Ca^{2+}还可以防止渣油加工过程中产生灰分而影响产品质量；脱除金属Fe、Fe^{2+}可以避免或减轻加氢裂化、加氢处理反应器压降增加而造成撇头处理。因此，炼油厂购进的原油必须经过必要的处理，尽可能地去除这些有害成分。

随着数据采集、远程传输、联锁调控等集中控制系统的广泛应用，以及自动化水平的提高，石油加工企业为了降低建设投资和运行成本，厂区内原油的储存时间由过去不小于15天，缩短到7天左右，有的不足3天。送进原油蒸馏装置的原油性质和含水量变化较为频繁，不少石油加工企业将原油加工过程中和原油罐区倒罐等所产生的污油掺到进原油蒸馏装置的原油中回炼。以上这些因素，一方面增加了原油预处理的难度，另一方面也使得

原油的预处理对于全厂安全生产更加重要。

二、原油预处理技术

目前，石油加工企业所采用的原油预处理技术，主要是原油电脱盐脱水技术，其基本原理就是通过水萃取原油中的盐类和原始水。将新鲜的水和破乳剂通过混合设备与原油进行充分混合，使原油中溶于水的无机盐类和原始水与注入的水相溶，形成新的含盐水，再经过重力沉降，实现油水分离。而脱盐罐内电场的作用是帮助水滴聚结，利用水是极性分子，是电解质，水滴带有正负电荷的特性，在电场环境中快速运动相互碰撞，由微小水滴形成较大水滴得以沉降。此外，原油中的水滴处于电场之中，形态由圆形或近似圆形，在电场的作用下会变成椭圆形或不规则的形状，导致水滴表面比较均一的乳化膜发生改变，凸起部分的乳化膜变薄，甚至破裂，有利于水滴的聚结。在脱除原油中无机盐类和原始水的过程中，对原油中含有的油泥、泥沙等机械杂质也有一定的洗涤作用。

经过处理后的原油，Na^{+}、Ca^{2+}、Mg^{2+}等溶于水的离子、盐类被脱除，相应的阴离子Cl^{-}、CO_3^{2-}等也被脱除。同时，原油中含有的油泥、泥沙等机械杂质也得到了相应去除。脱后原油的含水量很低，一般不超过0.2%，也很稳定。对原油蒸馏装置和后续装置的平稳操作，减轻设备腐蚀和避免或减轻催化剂中毒等均起到了很好的作用。

（一）原油电脱盐脱水技术

国内原油电脱盐技术的发展大致经历了这样几个阶段，即交流电脱盐、100%阻抗变压器、交直流电脱盐、高速电脱盐技术。

1. 第一代原油电脱盐技术

第一代原油电脱盐脱水技术是指20世纪80年代之前国内的原油电脱盐技术。电脱盐罐内设置2~3层电极板(见图3-1)，采用普通交流变压器。

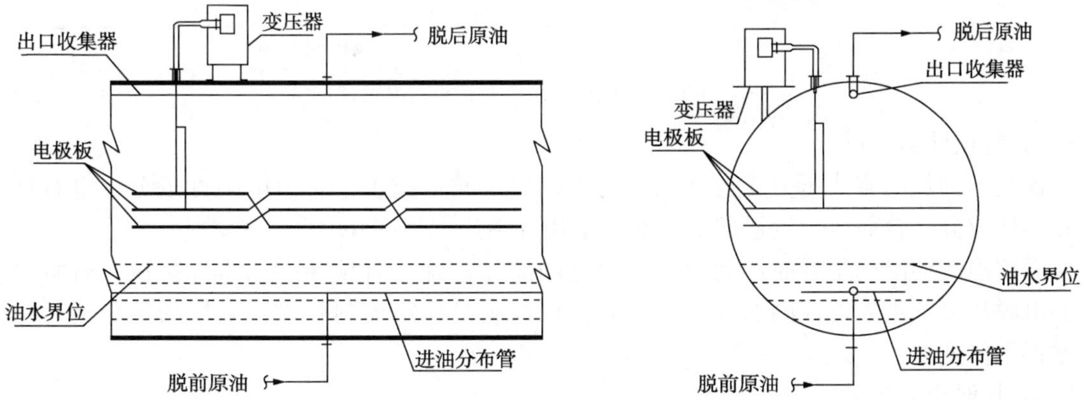

图3-1　交流原油电脱盐罐结构简图

此技术存在的最大问题是当电场内介质导电率过大时，会造成变压器电流过高而引起跳闸，电脱盐无法工作。而当时油水界面检测采用的是外沉桶或差压液位计，由于油水的密度差较小，测量并不准确，经常出现油水界面过高或过低。界面过高导致电场内原油因带水导电率急剧上升，电流加大，超越变压器的承载而跳闸，脱后原油带水严重。油水界面过低，排水带油严重，经常出现大量的原油通过排水管道排出，给污水处理带来严重负担，也增加了安全和环保风险。所以，我国第一代原油电脱盐技术，很难长时间平稳运行。

2. 第二代原油电脱盐技术

20 世纪 80 年代中期，国内引进了美国 Howe-Baker 和 Petrolite 两家专业公司的原油电脱盐技术。这两家公司所提供的原油电脱盐技术，均具有基本相同的两大技术特点，成功解决了原油电脱盐系统的长期平稳运行问题。

1）100%阻抗防爆变压器

这种变压器是在一次侧串接电抗器，使变压器整体达到 100%的阻抗值。当电流加大，变压器的负荷接近额定值时，输出电压会相应降低，即便在电脱盐罐内发生严重乳化，甚至负载出现短路，输出电压就会接近 0，不会出现跳闸，也不会损坏电源设备。而当电流变小时，输出电压会自动恢复，在保护电源和安全生产方面起到重要作用。

100%全阻抗交流变压器和输出特性曲线如图 3-2 所示。

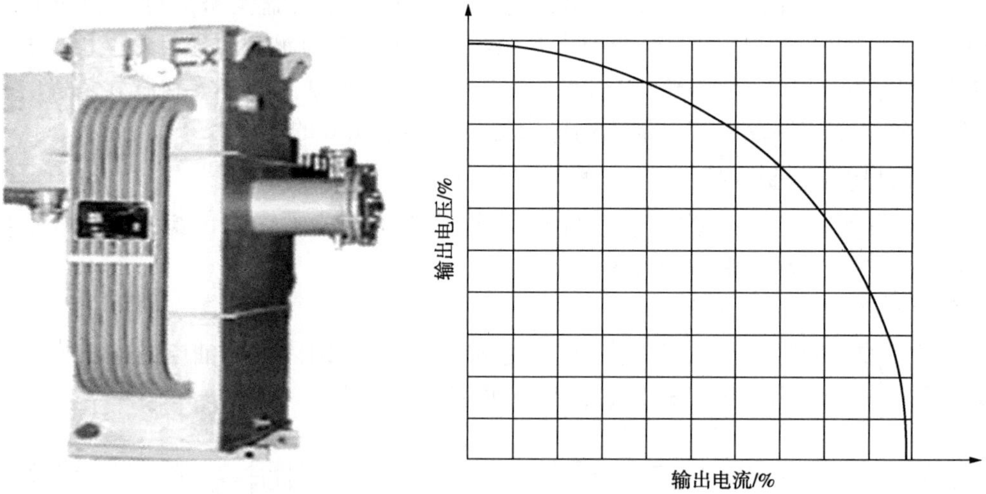

图 3-2　100%全阻抗交流变压器和输出特性曲线

2）射频导纳界位计

这是一种从电容式压力变送器发展起来的料位测量技术，它由电阻性成分、电容性成分和感性成分综合而成，测量准确可靠、适用性更广，见图 3-3。

界位检测的准确是界面控制准确、稳定的前提，有了射频导纳油水界位仪，就解决了原油电脱盐罐油水界位检测的准确性问题，可以满足稳定控制要求，电场的平稳运行也就能够得到保证。

3）其他相关技术

在开发并成功应用了 100%阻抗变压器和射频导纳界位仪之后，工程技术人员又完成了其他相关设备和工艺技术的研发。例如，用于油水混合的静态混合器、混合阀（见图 3-4）、手动液位检测器、电脱盐罐进料分布器（见图 3-5）、排水系统及结构、循环注水流程和反冲洗系统（见图 3-6）等，逐步形成了运行稳定、脱盐脱水效果较好的第二代原油交流电脱盐技术。

图 3-3　射频导纳油水界位仪

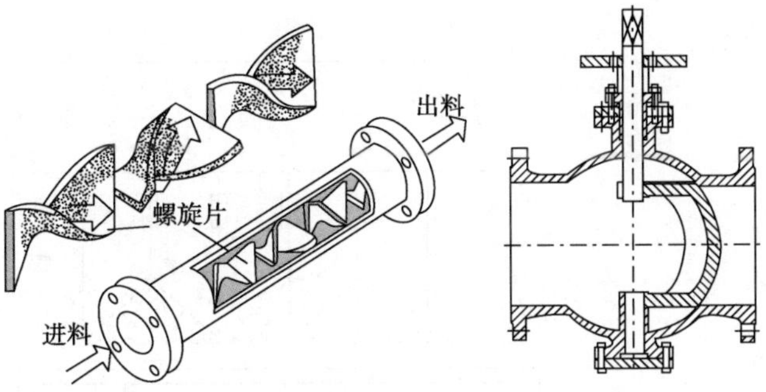

图 3-4　静态混合器、混合阀

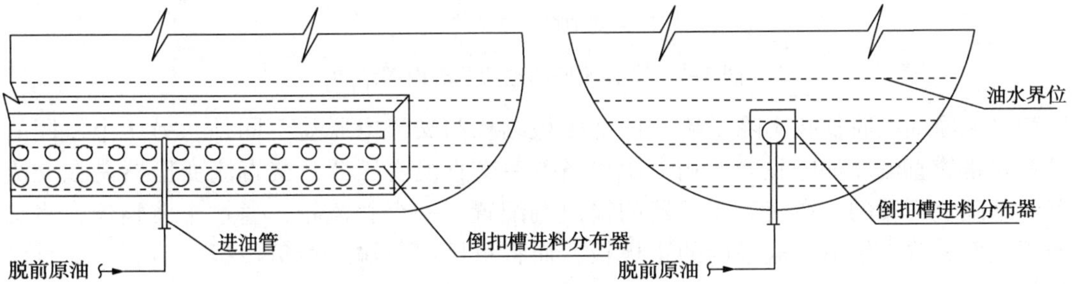

图 3-5　水相倒扣槽式进油分布器

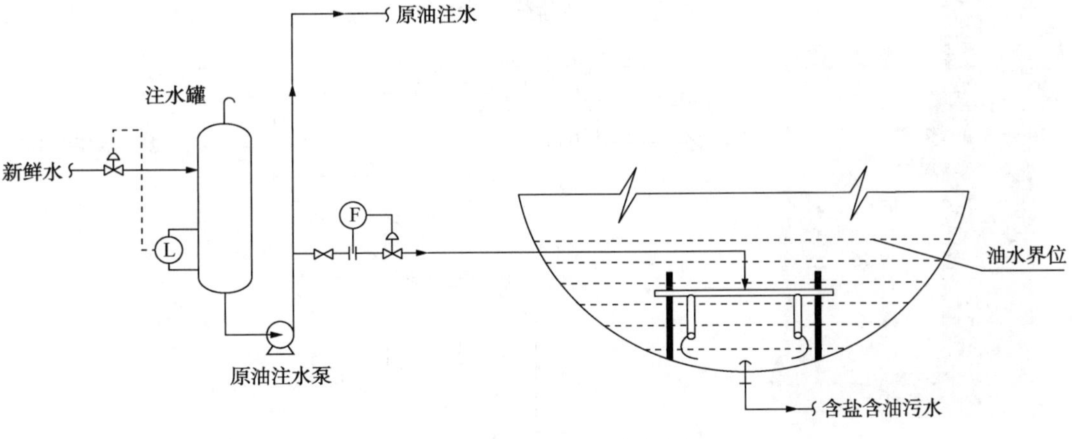

图 3-6　反冲洗系统和罐内结构

3. 交直流原油电脱盐技术

20 世纪 90 年代，在第二代原油电脱盐技术的基础上，还开发出了应用范围和效果更好的交直流电脱盐技术，见图 3-7。

交直流电脱盐技术采用的是垂直悬挂电极板，将原油电脱盐罐内的电场由下往上按照原油上升方向分成了交流弱电场、直流弱电场和直流强电场。交流弱电场指的是电极板的最下端设置的小圆盘与油水界面之间形成的电场，直流弱电场是连接金属小圆盘和电极板的金属杆在水平方向构成的电场，垂直电极板之间构成的是直流强电场。

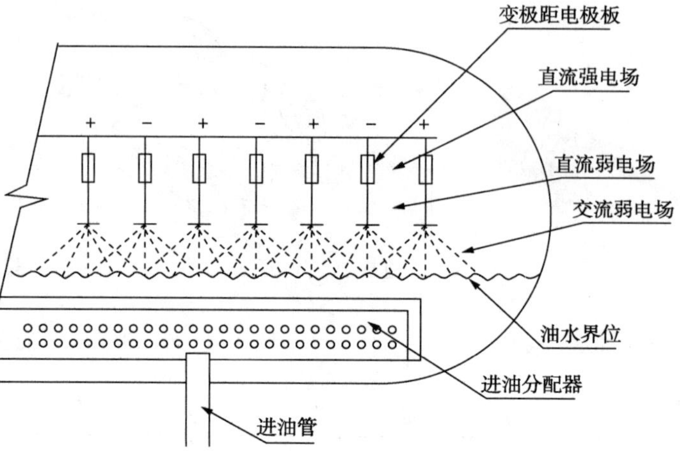

图 3-7　交直流原油电脱盐罐内部结构

交直流原油电脱盐技术除了罐的内部极板结构与交流电脱盐不同外，另一个不同的重要设备就是交直流原油电脱盐专用电源设备——交直流变压器。交直流变压器是在交流变压器的基础上开发的，在交流变压器的输出端配置了一个整流箱，通过半波整流，将交流电的正压部分输出给电脱盐罐内的正极板，而将负压部分输送给负极板，形成了交直流电脱盐技术专用的电源设备，见图 3-8。

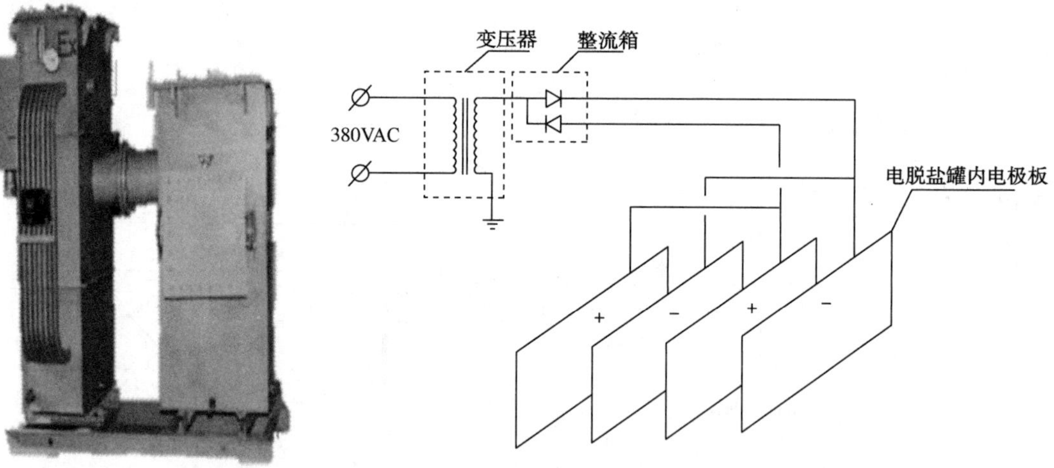

图 3-8　交直流电脱盐专用电源设备及电极板连接示意图

容量比较小的交直流电源设备，变压器与整流箱是做成一体式的，而对于容量比较大的，变压器与整流箱采用分体结构。

交直流原油电脱盐技术具有运行稳定、电耗低、原油脱盐脱水效果好、排水含油低等特点，90 年代开发成功后，便获得了广泛应用。至今，国内原油蒸馏装置的原油预处理设施 70%以上仍然采用这一技术。当然，如今的交直流原油电脱盐技术已远非 90 年代可比。如今的交直流电脱盐技术改进了电极板、混合阀的结构和使用性能，提高了其制造质量，见图 3-9；开发了各种结构形式的静态混合器，见图 3-10；完善并改进了反冲洗系统和罐内的结构(见图 3-11)，反冲洗作用更加有效；开发并应用了乳化层在线排放结构(见图 3-12)，延长了原油电脱盐设施的连续运转周期；提升了高压电极引入棒、电极吊挂的制造工艺，使用寿命大幅加长，检修期间的破损很少发生。

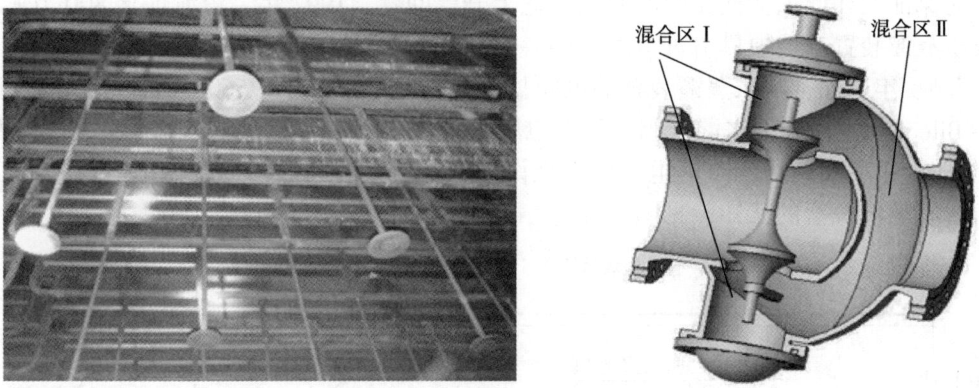

图 3-9 电极板结构和两个混合区的双座混合阀

图 3-10 各种结构形式的静态混合器

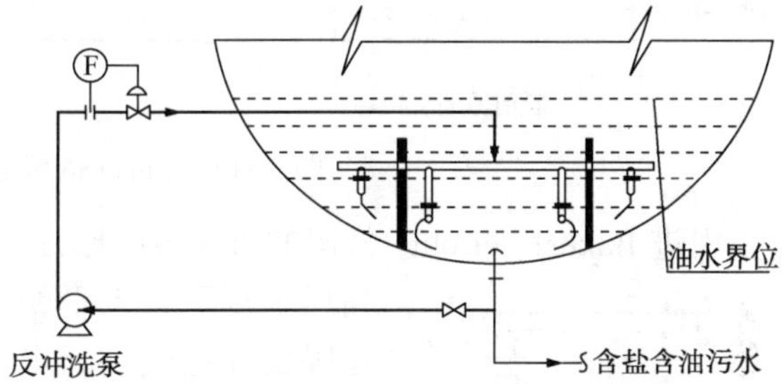

图 3-11 独立的反冲洗系统和罐内的结构

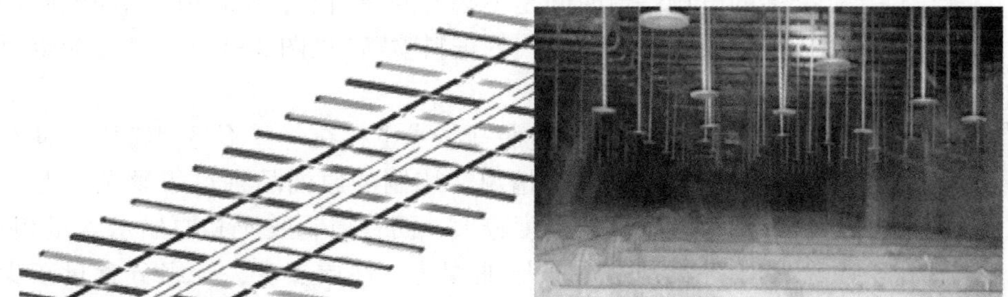

图 3-12 乳化层在线排放结构

4. 高速原油电脱盐技术

20 世纪 90 年代后期，随着国内经济技术的快速发展，对能源需求的增长迅猛，石油加工企业急需扩能。为降低建设投资、生产能耗和运行管理成本，生产装置的规模化、大型化被提到议程，已经开始筹备建设800万吨/年，甚至1000万吨/年的原油蒸馏装置。按照当时国内原油电脱盐的技术水平，原油在电场中的上升速度不高于14cm/min，800万吨/年原油蒸馏装置电脱盐罐的规格应不小于ϕ5000mm×30000mm。在那个时期，大型化本身就存在如何保证在如此大横截面内的原油匀速上升等问题。1997年，镇海炼化800万吨/年原油常减压蒸馏装置改造项目引进美国Baker-Petrolite公司的Bilectric原油电脱盐技术。在现有250万吨/年原油常减压蒸馏装置的电脱盐罐壳体ϕ3600mm×19560mm不变的情况下，通过更换Bilectric内件、油水混合阀，每台电脱盐罐仅采用1台125kVA变压器，就实现了加工800万吨/年原油的目标[6]。电耗较常规设计有了较大的降低，电脱盐罐容量的减小超出了国内对原油电脱盐的认知，见图3-13。

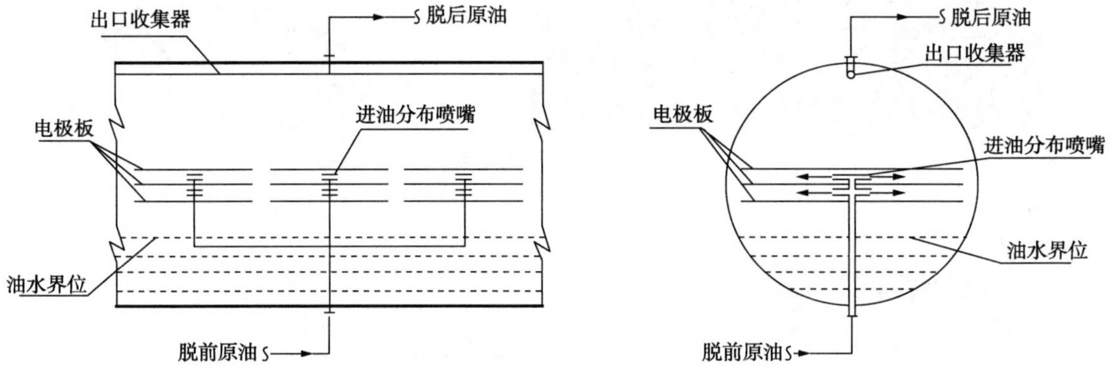

图3-13　Bilectric脱盐罐内部结构示意图

引进Baker-Petrolite公司的Bilectric原油电脱盐技术的同时，工程技术人员也了解到在高压电场下，水平快速运动的水滴呈椭圆状，水滴的两个尖端乳化膜已几近破裂，电场和高速喷射的破乳作用充分显露。最为重要的是，通过高速摄像观察电场内水滴的聚结，聚结所需要的时间在毫秒级内完成。这给了电脱盐系统设计极为重要的提示，过多的电场停留时间是不必要的。当然，Bilectric原油电脱盐技术的电极板间进料和专门的进料喷嘴（见图3-14），是极为重要的核心部件。

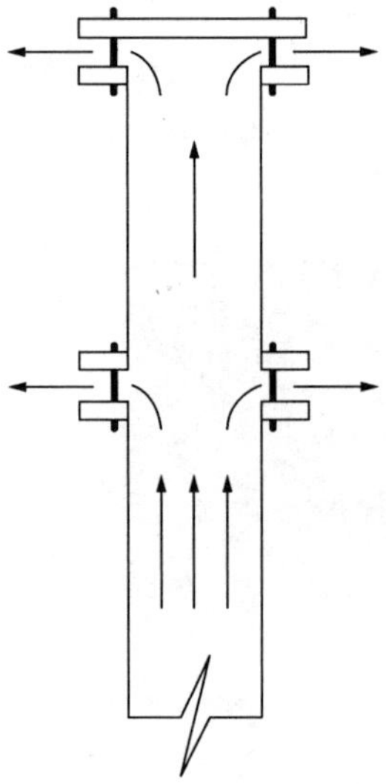
图3-14　Bilectric原油进料喷嘴

Bilectric原油电脱盐技术也存在一些不足。特别是针对国内石油加工企业的具体情况，炼制的原油品种过于繁杂。尤其是国内原油密度较高、黏度较大、沥青质、胶质和原始水含量相对较高，较国外特别是中东原油相比，性质多变，轻组分含量较少，电导率较高。此外，国内的石油加工企业还多将全厂产生的污油送回原油储罐，通过原油蒸馏装置回炼。因此，主要存在两个问题导致原油脱盐效果并不理想：一是变压器容量明显不足，实际电场强度不够；二是强电场能力不足，脱后原油含水量较高。在充分研究消化国外技术，特别是喷嘴结构的基础上，结合国内原油性质和石油加工企业的特点，开发出具有中国特色的高速原油电脱盐技术，见图3-15和图3-16。

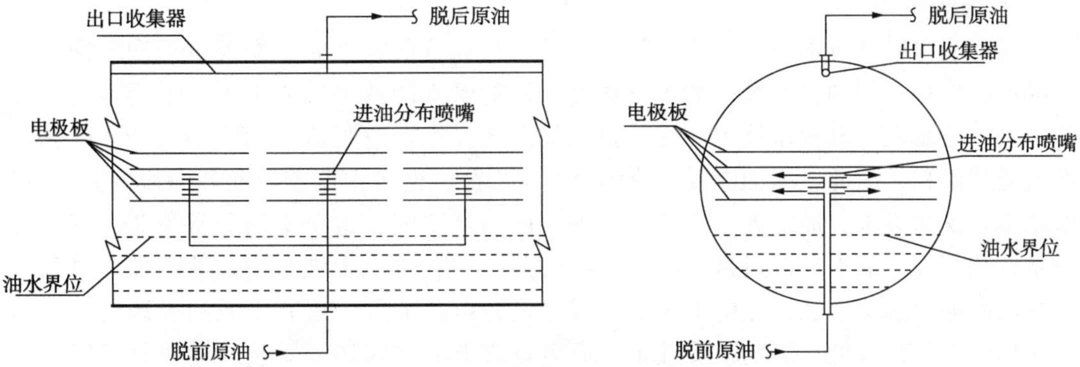

图 3-15　高速原油电脱盐罐内部结构示意图

图 3-16　高速原油电脱盐技术的水平电极板和进油喷嘴

国产高速原油电脱盐技术，在研究 Bilectric 原油进料喷嘴基础上，通过流体力学实验，解决喷嘴压力降和原油性质的关系问题，解决喷射速度与电场中原油分布、匀速上升和罐体直径等的关系问题，实现国产化。此外，为了提高原油在电场中的脱水率，国产高速原油电脱盐技术在 Bilectric 技术的基础上增加了一层电极板，强化原油在电场内水滴的聚结，使原油在经历了电场中的喷射分布、水滴聚结分离之后，再经过一次水滴的聚结分离过程。

与 Bilectric 相比，国产高速原油电脱盐技术多设置了一层强电场。虽然会消耗更多的电能，但会使原油的脱盐脱水效果更好。Bilectric 技术的变压器容量原本就配置不足，特别是原油导电率较高时，更显现出电场能力的不足。改进后，800 万～1000 万吨/年的加工能力，单台电脱盐罐通常需要设置两台 160kVA 的变压器。

经过实践的检验，国产化的高速原油电脱盐技术，不论是在对原油性质的适应性方面，还是脱盐脱水效果方面均较 Bilectric 技术更好。当然，国产高速原油电脱盐技术在罐容方面还是较 Bilectric 技术要大一些，一般介于 Bilectric 技术和交直流电脱盐技术所使用罐容之间，电耗也要高一些。这一方面说明国产化的原油高速电脱盐技术与国外先进技术相比还存在一定的差距，还有努力的空间，另一方面也是国内石油加工企业特殊情况造成的。

国产化的高速原油电脱盐技术是 21 世纪初开发成功的。到目前，经过十几年的不断完善，已经广泛应用于国内石油加工企业，特别是大型化生产装置。尽管与技术相当成熟的交直流电脱盐相比，国内市场的占有率还略显不足，但已经具有十分重要的地位，特别是 1000 万吨/年原油加工量以上的大型化生产装置，占有率几乎达到了 100%。

5. 双进油双电场技术

在对交流电脱盐技术和交直流电脱盐技术进行充分研究之后，发现由于油水密度差和原油黏度的作用，原油在电场中的上升速度对脱盐脱水的效果影响很大。不论是交直流电脱盐技术，还是交流电脱盐技术，均将强电场布置在靠近电脱盐罐的中心线处，以获取最大的流通截面积。因此，原油电脱盐罐内分为三部分，电场占据着流通截面积最大的中部。电场之下是油水界位，油水界位之下是水的沉降澄清空间，这个空间非常重要，直接关系到排水含油指标。油水界位过低，水的沉降时间减少，排水含油升高。油水界位过高，进入电场的原油含水量增加，导电率加大。轻者装置电耗加大，重者受原油脱盐变压器容量限制，输出电压会降低，影响脱盐效果。而电场之上的空间除了安装原油收集器所占的较小空间外，大部分没有任何的作用。

双进油双电场技术的根本出发点就是利用这部分空间，再开辟出一个电场区域。在一个原油脱盐罐内设置两个电场脱盐区域，通过一个接水盘将两个电场区分开来。上部电场分离出来的水自接水盘底部低点直接引到罐的下部水相，而进入两个电场的原油则通过设置有流量控制阀的管道，从罐体外分别送入罐内，再通过各自的进油分布器直接送入各自的电场之内。尽管脱盐罐的上部空间的水平截面积小于罐中心截面积，所设电场的容量也不如罐中心电场的容量大，但充分地利用了脱盐罐的容积。如此，提高了原油电脱盐罐的处理能力，更有效地降低了原油在电场中的上升速度，改进了原油的脱盐效果，见图 3-17。

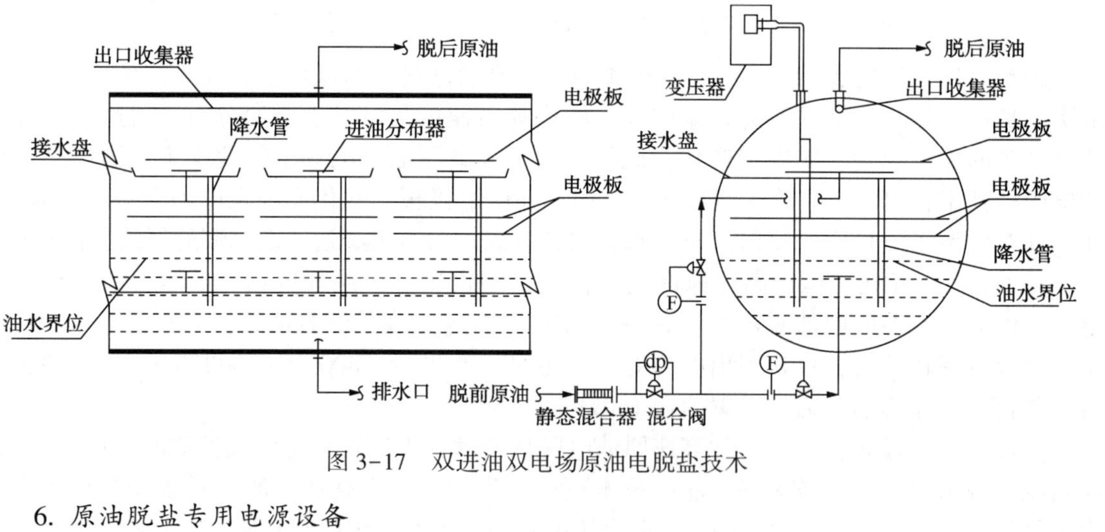

图 3-17　双进油双电场原油电脱盐技术

6. 原油脱盐专用电源设备

在原油电脱盐专用电源设备中，除了早期的 100%阻抗变压器外，还开发了带有半波整流器的交直流电脱盐专用变压器。21 世纪以来，原油蒸馏技术更加快速发展，装置大型化技术、减压深拔技术、劣质原油加工技术、凝析油加工技术等，无不给原油预处理提出更新的课题和更严格的要求。除了原油电脱盐罐的内部结构、电极板的形式等进行研究以外，还对电源设备进行了广泛的研究，包括智能响应高压电源、可调式可控硅高压电源和变频脉冲高压电源设备等。

7. 原油电脱盐技术的探索

2005年授权并公布的一项专利[7]为电脱盐技术提供了一种新思路，尽管该技术也采用卧罐安装，但原油自罐的一端进入，另一端排出，详见图3-18。

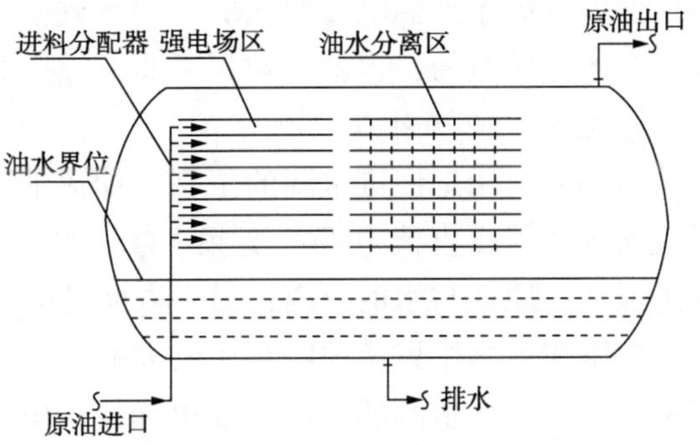

图3-18　一种原油电脱盐专利技术

在电脱盐罐内设置有强电场区和油水分离区，原油自罐的一端经分配器水平流动进入强电场区，水滴聚结沉降，再经油水分离区实现最终的油水分离。由于进油分配器的作用，充分利用了脱盐罐的上部空间，原油的水平流动与水滴的沉降方向相垂直，大大减缓了原油流动对水滴沉降的阻尼作用。

（二）原油电脱盐脱水的相关技术

1. 破乳技术

破乳技术是影响原油电脱盐效果的关键因素之一，破乳剂是一种高分子表面活性剂，可以破坏或消除原油中水滴表面的乳化膜，起到增强水滴聚结的关键作用，是影响原油脱盐效果的重要因素。

破乳剂主要有油溶性和水溶性两种。油溶性破乳剂不具有腐蚀性，不会对管道和设备造成腐蚀，多采用纯剂注入，经过混合之后均匀地分布于油相之中；水溶性破乳剂成本较低，需要用水配制恰当的溶液注入原油中，大多溶解在原油的水相中，脱盐后随含盐含油污水排出。

2. 混合技术

原油中的无机盐类主要溶解于所含的原始水中，而原始水一般以水滴的形式分散于原油中。破乳剂必须充分、均匀地混合到原油中，才能够起到对原油中原始水滴乳化膜的破坏作用。而水作为萃取剂同样也必须均匀地混合到原油中，才能够充分溶解原油中的原始水滴和无机盐类，起到萃取的作用。因此，混合设备也就成为了影响脱盐效果的关键因素之一。这就要求混合设备的混合能力强，可以将破乳剂和需要注入的水均匀分布到原油之中，同时又不能过度混合而产生新的乳化。

目前，有两种混合设备可以应用，一种是静态混合器，一种是混合阀，见图3-9和图3-10。不论是静态混合器，还是混合阀，它们的作用都是通过流体的动力损耗达到有效混合的目的，每一种混合设备又都存在着混合效率与因湍动而产生乳化倾向的问题。

3. 油水界位控制

电脱盐罐内的油水界位控制之所以能成为影响脱盐效果的关键因素之一，是因为原油与水的密度差较小，长期的生产操作又会在油水界位之间形成一层乳化层，会更严重地影响油水界位的检测。事实上，在电脱盐罐内并不存在清晰的油水界位，而进入电场之内的原油含水量过高，会导致电流过大，直接影响到电脱盐的生产操作。

近些年，采用微差压或射频导纳技术能够较好地解决电脱盐罐内的油水界位检测问题。

界位的高低关系到弱电场的强弱，关系到强电场电流的高低，关系到含盐含油污水在电脱盐罐内的停留时间，也就影响到原油电脱盐的运行效果。

4. 电场及电场强度

电场的作用是促进水滴的聚结，加速油和水的分离。对电场及电源设备的研究，产生了交流电场、交直流电场、变频电场、脉冲电场等。其目的，一方面是加强水滴的聚结，促进或加速原油与水的分离；另一方面是节约电能。

水滴在电场中聚结的同时，较大的水滴也存在电分散。电场强度过高，小水滴的聚结速度加快，而大水滴的分散速度也加快；电场强度过低，大水滴的分散速度减慢，小水滴的聚结速度也降低。因此，恰当的电场形式与电场强度对原油脱盐脱水效果的影响是十分显著的。

5. 电脱盐罐的反冲洗

由于开采和运输等因素，原油中不同程度地含有油泥、泥沙等固体机械杂质，这些机械杂质在脱盐的过程中会沉积在脱盐罐的底部。一方面这些机械杂质需要在脱盐过程中除去，另一方面由于这些机械杂质的存在会减少电脱盐罐的空间，影响脱盐效果。因此，通常电脱盐罐特别是一级电脱盐罐，需要设置反冲洗系统，如图 3-11 所示。

6. 乳化层的在线消除

电脱盐罐内的油水界面通常会产生一层乳化层。乳化层的薄厚与原油的乳化性质、混合强度和破乳剂的使用等有直接关系，并且随着装置的运行时间增加而增厚。

乳化层的增厚，一方面会导致油水界位测量不准确，另一方面占据了脱盐罐内宝贵的分离空间，也会造成脱盐脱水过程电耗的增加，并影响到原油的脱盐脱水效果。因此，加装乳化层在线排放系统(见图 3-12)是十分必要的。

（三）原油的脱钙与脱重金属

原油中的钙和重金属是石油加工过程中的有害物质，金属钙主要以 $CaCO_3$、$CaCl_2$、$Ca(OH)_2$或$[C_5H_9(CH_2)_nCOO]_2Ca$ 等形式存在，无机钙盐和钙碱微溶于水，而有机钙盐不溶于水。

原油脱钙一般与脱盐脱水同时进行，只是在注入破乳剂的同时还要注入脱钙剂。脱钙剂也是高分子物质，大多呈酸性，可以与微溶于水的钙盐络合形成可溶于水的络合物。

由于络合物的形成通常是多个脱钙剂分子与一个钙盐分子产生络合，脱钙剂的消耗量较大，生产成本较高[8,9]。技术的难点和未来的发展主要在于高效脱钙剂的生产和研制。

重金属，主要指的是镍和钒，多以金属有机化合物存在于沥青质中，或形成卟啉化合物。经过原油蒸馏过程，重金属也多残留于渣油之中。原油预处理试图将其从原油中去除，所采用的办法也多是与脱钙相类似，但络合剂的研制和使用效果并不理想。

三、原油预处理的流程与操作条件

原油蒸馏装置的预处理设施，一般由两级或三级原油电脱盐脱水及相关设施组成。采用什么样的原油电脱盐技术，采用两级还是三级，除了需要考虑原油性质、含盐量等因素之外，还需要考虑原油加工企业的具体情况。所加工原油的种类、原油在罐区内的存储时间、倒罐时间，不同种类原油的调合情况和罐区切水情况，以及生产装置污油的回炼情况等，也是原油预处理设施设置的重要因素。

（一）原油预处理设施的流程

图 3-19 是典型的两级原油电脱盐设施的工艺流程示意图。

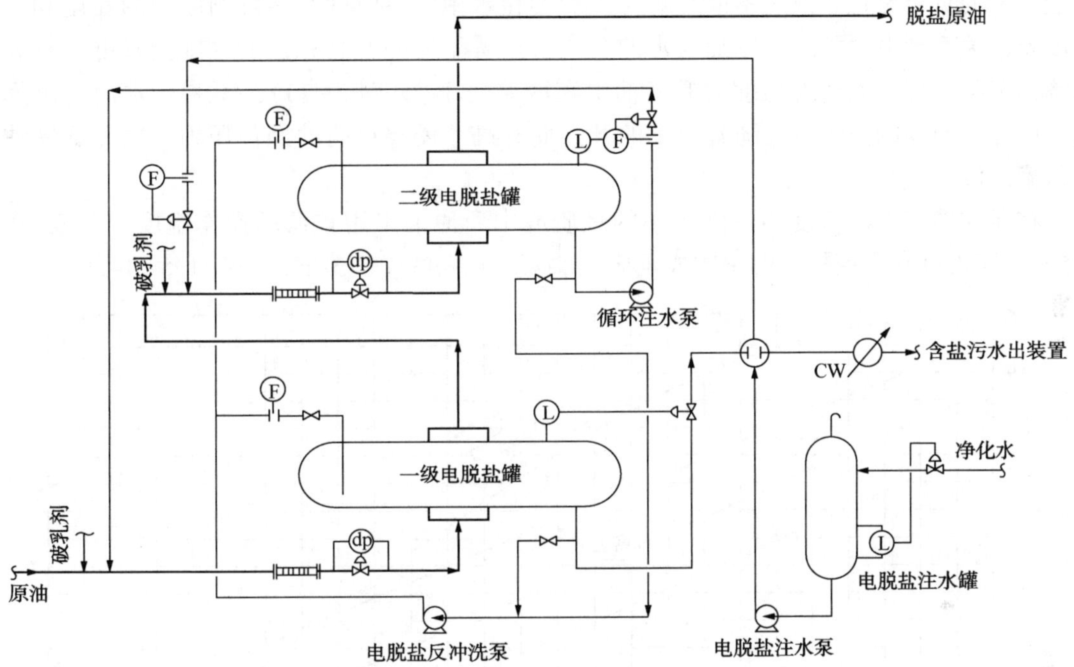

图 3-19　两级原油电脱盐设施流程

原油在蒸馏装置内经过换热达到一定的温度后，通过混合设备，国内一般采用静态混合器和混合阀组合的形式，与破乳剂和二级脱盐罐排出的含盐污水混合。充分混合后的原油由罐的底部进入一级电脱盐罐，在脱盐罐内经油水分离后自罐顶排出，再与破乳剂和新鲜的脱盐用水充分混合后由罐的底部进入二级电脱盐罐。在二级脱盐罐内油水分离后，脱后原油自罐的顶部排出，完成原油的预处理过程。

原油脱盐用的水一般为污水汽提装置的净化水，原油预处理设施内设有电脱盐注水罐，接收装置外送过来的净化水，再由电脱盐注水泵自罐底抽出注入二级原油电脱盐混合设备之前。二级电脱盐罐的排水作为一级电脱盐罐的注水，由循环注水泵自二级电脱盐罐底部抽出，注入一级原油电脱盐混合设备之前。

电脱盐罐设有独立的反冲洗系统，反冲洗用的是电脱盐罐底排出的含盐污水，再由反冲洗泵打回到电脱盐罐内，通过设置在脱盐罐内的反冲洗设施对罐的底部进行冲洗，以清除沉积在罐底部的油泥、泥沙等固体机械杂质。反冲洗过程不会造成脱盐罐内油水界位的波动，也就不会对生产操作造成影响。

最终的含盐污水自一级电脱盐罐内排出，经过与脱盐用的新鲜的水换热回收部分热量后，再经循环水冷却后，送出装置处理。

（二）原油预处理设施的操作条件

原油预处理设施的操作条件主要指的是原油电脱盐罐的操作温度和操作压力。

1. 操作温度

操作温度选择的主要依据是原油的性质，特别是原油的密度和黏度数据，是影响原油脱盐效果的重要参数。温度不但影响无机盐类在水中的溶解度，还影响原油的黏度和油水密度差，关系到电脱盐罐内原油与水的分离。随着温度的升高原油的黏度会降低，有利于水滴的沉降分离。而随着温度的升高油水密度差变小(见图3-20)，不利于水滴的沉降分离。此外，原油的蒸气压也随着温度的升高而升高，需要更高的操作压力，以保证原油电脱盐罐内没有气体产生。

在通常情况下，密度和黏度较小的轻质或中质原油采用较低的操作温度，一般105~135℃；而密度和黏度较高的中质或重质原油采用较高的操作温度，一般135~145℃。

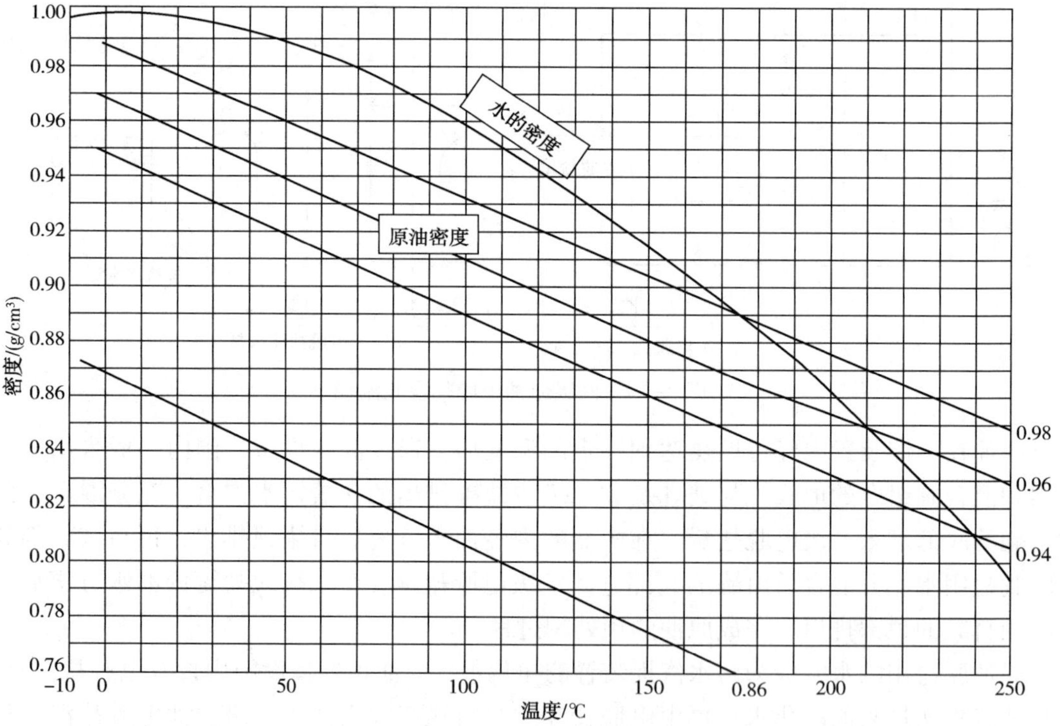

图3-20　原油与水的密度随温度变化图

2. 操作压力

原油电脱盐罐的操作压力一般不会对脱盐效果造成影响，主要是保证在操作过程中脱盐罐内不会有气体产生，也就是说必须高于任何可能的操作温度下的原油蒸气压力。原油电脱盐罐的操作压力通常在1.0MPa(G)左右，原油较轻或操作温度较高者，采用较高的操作压力。

第二节　原油蒸馏工艺过程

蒸馏是一种分离工艺，其本质是利用混合液体中各种组分沸点的不同，通过加热使组分蒸发，通过冷却使组分冷凝，在设有传质元件的分馏塔内经过气液间的传质传热，获得组分分离的单元操作过程。蒸馏原理是指利用液体混合物中各组分挥发度的差别，使液体混合物部分汽化的同时使蒸气部分冷凝，从而实现组分的分离。

原油是碳氢化合物组成的极其复杂的混合物，各种组分的沸点不同，且随压力的变化而改变。蒸馏技术是原油体系特征化最适宜的手段，也是石油加工最经济、最容易实现的分离方法。

在蒸馏塔内设有提供气、液两相接触的塔盘或填料，在塔顶将温度较低、浓度较高的液态轻组分作为塔顶回流；通过设置进料加热炉，提供原油蒸馏塔所需要的热量，并使进料达到气液两相状态。原油常压蒸馏塔的底部和湿式生产操作模式的减压蒸馏塔底部通入水蒸气，用以降低塔底部产品中所夹带的轻组分，也起到降低进料段油气分压的作用。在原油蒸馏塔的内部，液相物料在重力的作用下向下流动，气相物料在压力的作用下向上流动，在蒸馏塔内沿塔高建立温度和浓度梯度。气、液两相在塔内经多次逆流接触后，每一个气、液接触级内气-液相进行传质和传热，达到平衡，使气相中的轻组分和液相中的重组分分别提浓，达到轻重组分分离的目的。

原油的常压蒸馏塔和减压蒸馏塔，均是有多个侧线抽出的复杂塔。常压蒸馏塔除了塔顶馏出汽油馏分外，还抽出煤油、轻柴油、重柴油等侧线产品，原油中蜡油馏分是实沸点切割温度350℃以上的馏分，在高温蒸馏下会发生裂化反应，所以只能在相对较低的温度下通过减压蒸馏获得。

原油预闪蒸依据的原理是平衡汽化，更为准确地讲是一次平衡汽化。其是指混合物以某种方式被加热至部分汽化成为气-液混相，在一个容器(如闪蒸塔的汽化段等)的空间内，在一定的压力下，气-液两相迅速分离，得到相应的气相和液相产物的过程。在此过程中，如果汽液两相有足够的时间密切接触，达到了相平衡状态，这种汽化方式就称为平衡汽化。

一、原油蒸馏的工艺流程

(一) 常压蒸馏

原油自罐区引入原油蒸馏装置，经过换热、预处理(见图3-19)，再换热后进入原油闪蒸塔或初馏塔。设置原油闪蒸塔的，闪蒸塔顶气体直接引入常压塔适当部位，一般在常一中抽出板附近；而设置初馏塔的，初馏塔顶生产石脑油，经过冷凝冷却之后与常压塔顶生产的石脑油一起送入石脑油稳定和轻烃回收系统。

闪蒸塔或初馏塔底油经泵抽出，再换热并经常压加热炉加热后进入常压塔进行分馏，相应流程见图3-21和图3-22。

为了更多地回收装置的余热，常压塔顶油气参与原油换热。采用一段冷凝冷却的常顶系统，常顶回流自产品罐分出，泵送至常压蒸馏塔顶部。采用两段冷凝冷却的常顶系统设有常顶回流罐，常顶回流自回流罐分出，泵送至常压蒸馏塔顶部。

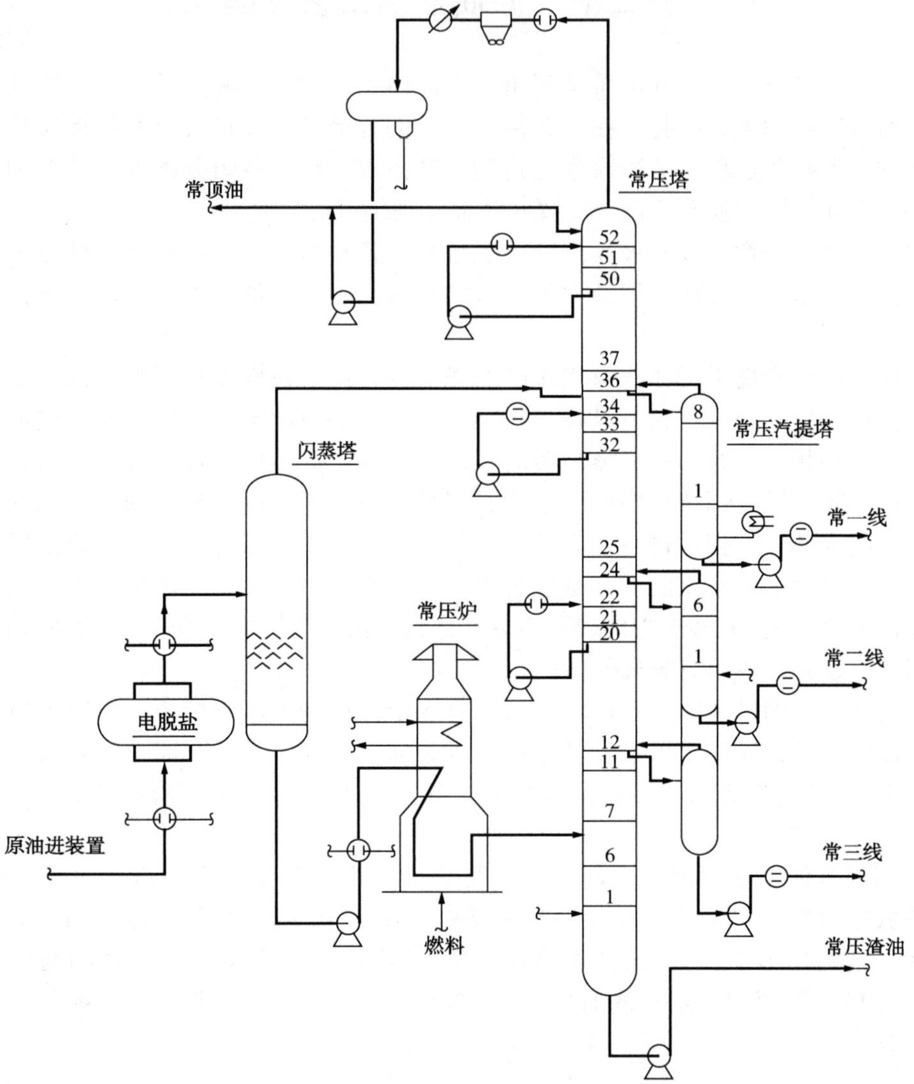

图 3-21　设置闪蒸塔的原油常压蒸馏流程

原油常压蒸馏所生产的煤油馏分或溶剂油馏分，还有柴油馏分，不论是进下游装置，还是进中间罐区储存，均需要控制其闪点。闪点除了与馏分的轻重有关外，更多的还是取决于馏分中残留的或夹带的轻组分多少。所以，需要设置汽提塔，通过蒸汽汽提的办法将这些油品中的轻组分汽提出来送回常压蒸馏塔内。由于后续航煤加氢装置对煤油馏分进料中水分含量的限制要求非常严格，所以对于煤油一般采用重沸器代替蒸汽的直接汽提作用。

国内常压蒸馏塔生产柴油馏分多采用两条抽出侧线，而不是或很少是一条侧线抽出，主要原因是方便原油换热网络的余热回收，同时也使常压蒸馏塔内的气、液负荷沿塔高分布更趋于均匀。

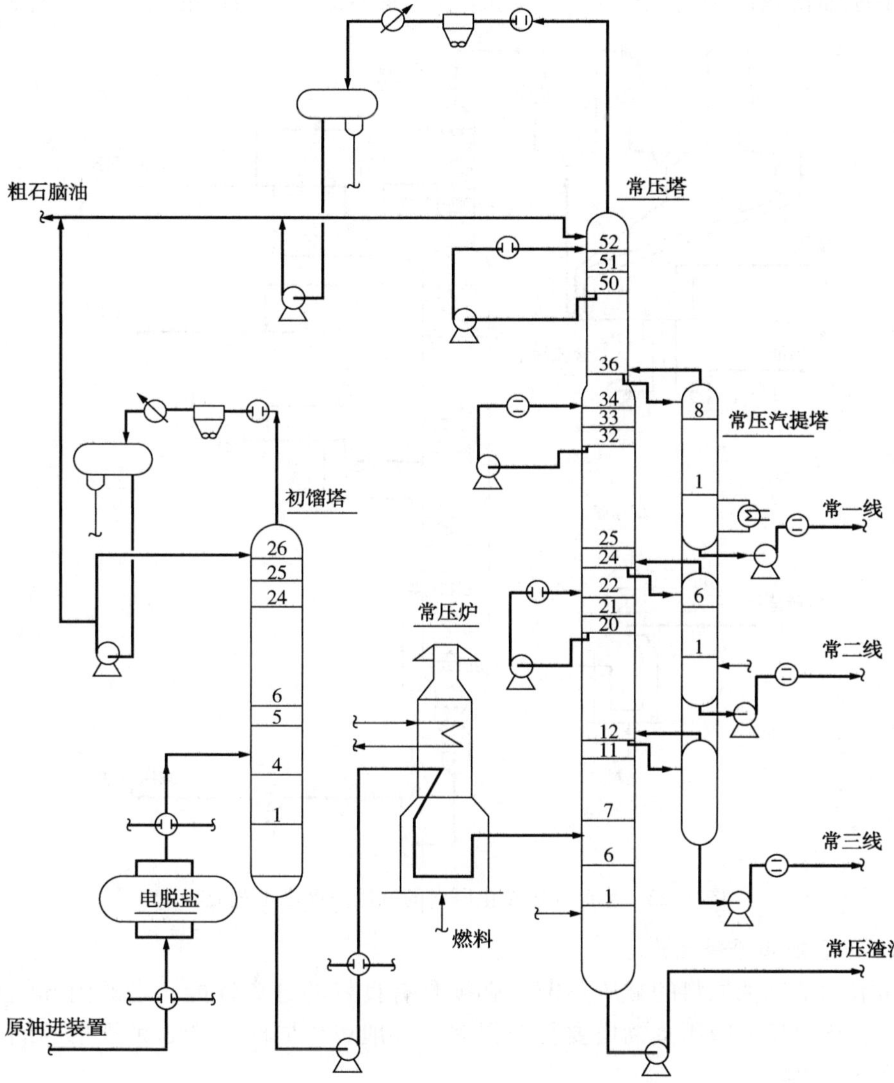

图 3-22　设置初馏塔的原油常压蒸馏流程

（二）减压蒸馏

常压重油自常压蒸馏塔底抽出，经减压加热炉加热后送入减压蒸馏塔内进行高真空下的减压蒸馏，生产满足后续加工装置要求的减压蜡油。减压蒸馏塔顶设置有抽真空系统。干式减压蒸馏生产操作模式的减压塔顶操作压力一般不高于 2kPa，通常采用三级抽真空系统；而湿式减压蒸馏生产操作模式的减压塔顶操作压力一般在 6~8kPa，通常采用两级抽真空系统；采用减压深拔技术的减压蒸馏一般多采用湿式减压蒸馏生产操作模式，减压蒸馏塔顶的操作压力一般为 2.4~4kPa，采用三级抽真空系统。

1. 裂化原料生产

减压蒸馏塔的主要产品是减压馏分油，通常作为加氢裂化原料，一般通过减二线和减三线两条侧线生产。之所以采用两条侧线，其原因与常压蒸馏塔生产柴油的情况相类似，有利于原油换热网络的余热回收，同时尽量缩小减压蒸馏塔的塔径，见图 3-23。

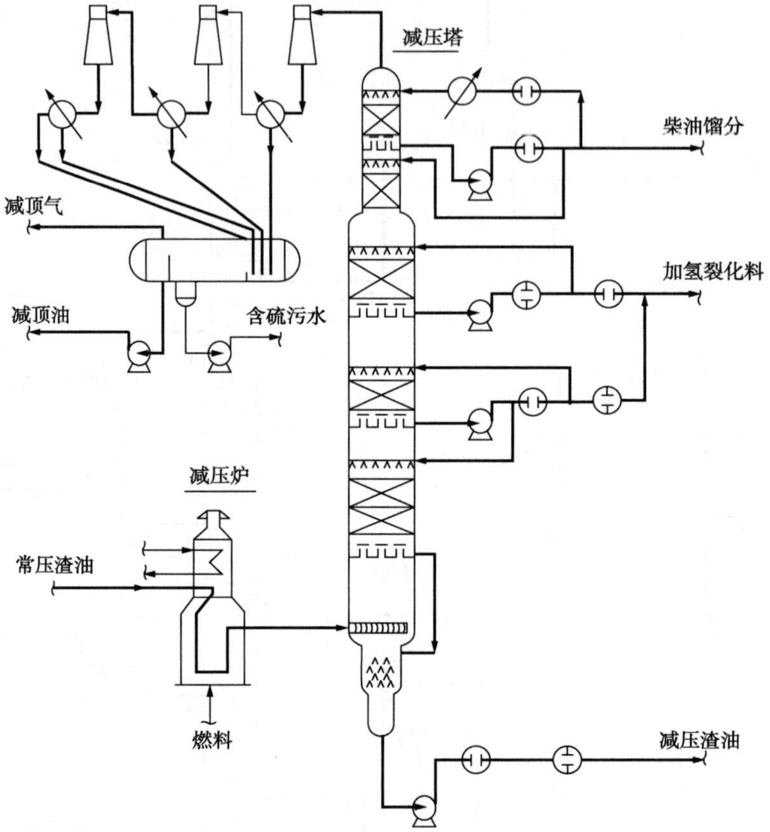

图 3-23　生产加氢裂化原料的减压蒸馏塔工艺流程

2. 润滑油基础油原料生产

生产润滑油基础油原料的减压蒸馏塔必须具有良好的分离性能，塔的内部结构和流程比生产加氢裂化原料的减压蒸馏塔要复杂得多，一般可以同时生产 3 种规格的润滑油基础油原料，见图 3-24。

3. 减压深拔

减压深拔的主要目标是最大限度地将减压渣油中的重质减压馏分分离出来。常规的减压蒸馏技术拔出减压馏分的切割温度一般为 520～540℃（原油 TBP 温度）。如果需要获取更重质的减压馏分，或者进一步获取劣质减压渣油，实现更深的减压蒸馏原油切割温度，就必须采用减压深拔技术。减压深拔技术的减压蒸馏塔除了塔内构件的结构需要满足抗结焦和抗高温变形等要求外，工艺流程上也会有些不同的设置，见图 3-25。

减压深拔技术通常采用的是湿式减压蒸馏操作模式和三级抽真空系统。也有采用干式或半干式减压蒸馏操作模式的，即减压蒸馏塔底部不注入水蒸气，内件采用人字挡板取代塔盘板。为减轻减压塔底因温度过高而发生结焦的可能性，设置有急冷油设施。过汽化油抽出时，一般需要设置过汽化油罐，并相应增设急冷油设施，防止过汽化油罐底部产生结焦。

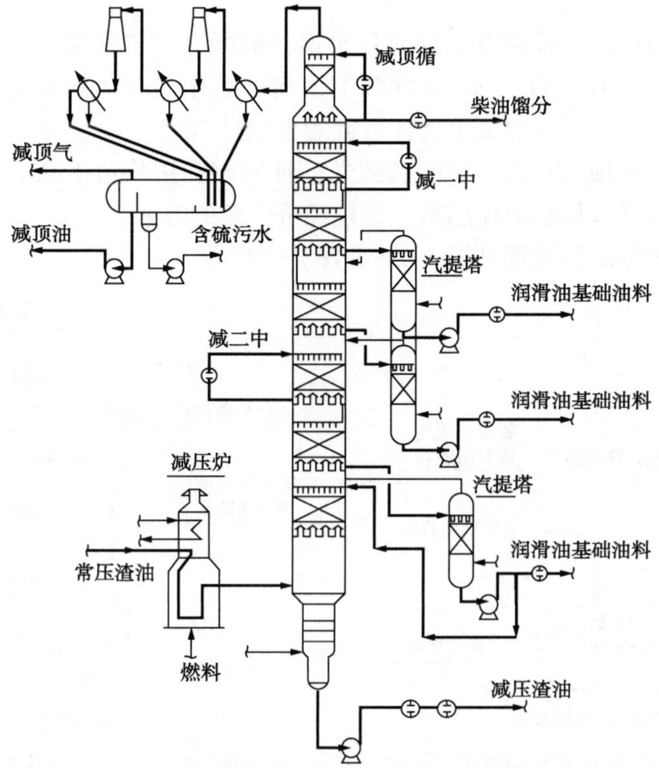

图 3-24 生产润滑油基础油原料的减压蒸馏塔工艺流程

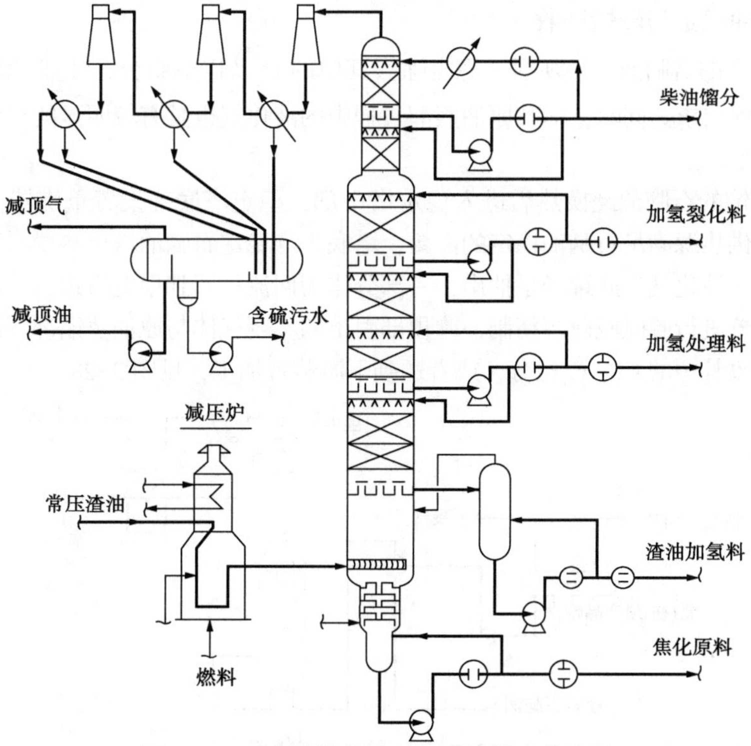

图 3-25 减压深拔技术减压蒸馏塔工艺流程

4. 减顶气脱硫

减顶气来源于减压塔顶抽真空系统的分水罐，根据生产装置采样分析，减顶气中除含有烃类物质外，还含有 H_2、O_2、N_2、CO 和 H_2S 等，其中硫化氢的含量较高，特别是加工含硫原油的生产装置，减顶气的硫化氢含量可能会超过 20%。

与常顶气相比，减顶气具有更强的腐蚀性，且回收利用价值不高。采用比较简单的设施，经过脱硫处理后送入加热炉作燃料，是较经济合理的方式。

目前，两种处理办法的流程见图 3-26 和图 3-27。

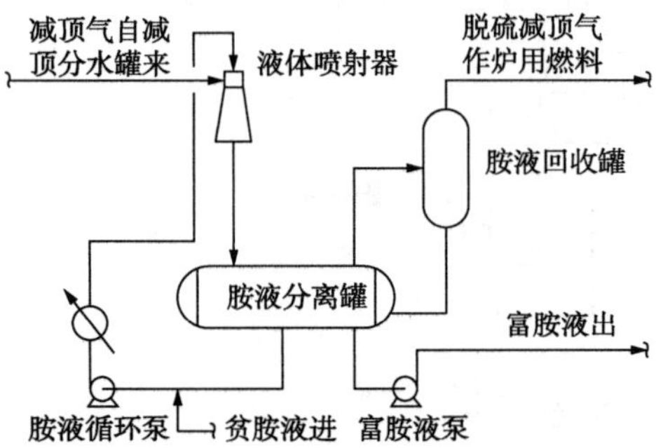

图 3-26 减顶气增压脱硫流程图[10]

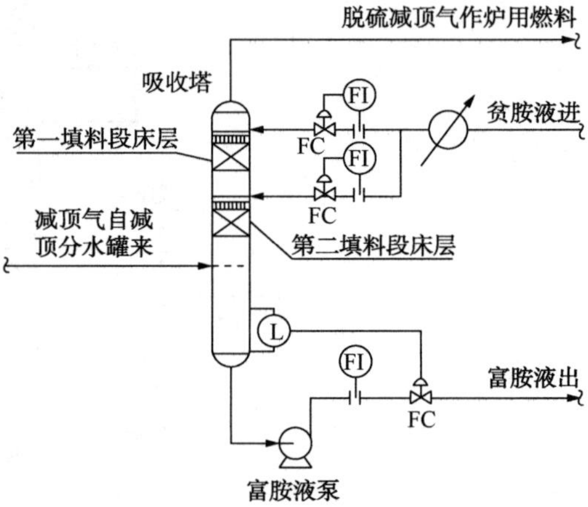

图 3-27 减顶气常压脱硫流程图

（三）石脑油稳定与轻烃回收

常压蒸馏生产的石脑油，必须通过稳定除去其中的 C_4及以下组分，才能满足中间原料罐区储存的安全与环保要求。同时，回收原油蒸馏过程中的液化气也具有较明显的经济价值。

1. 石脑油稳定

原油常压蒸馏的石脑油经换热后进入稳定塔中部，稳定塔底部设置重沸器，采用蒸汽或由原油蒸馏部分提供热源满足石脑油稳定的需要，塔底生产稳定石脑油送出装置。稳定塔顶部系统设回流和产品罐，液化气自此罐经泵抽出，一部分作为回流打回到稳定塔顶，一部分作为液化气产品送到下游装置进行脱硫脱硫醇精制，罐顶部引出的不凝气体与原油蒸馏部分的不凝气体或者通过吸收过程回收其中的 C_3、C_4组分，或者送到下游装置加工，见图 3-28。

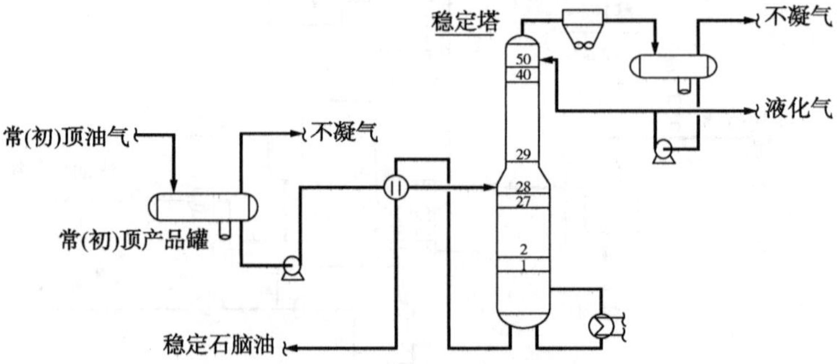

图 3-28 石脑油稳定流程

2. 液化气回收

原油蒸馏过程中产生的不凝气体含有较高的 C_3、C_4组分，原油性质不同 C_3、C_4的含量也各不相同。作为气体燃料，在其脱硫过程中容易导致 MDEA 溶液系统发泡，而且在气温较低时也容易有凝液产生。回收这部分 C_3、C_4组分，不但可以解决这些问题，还可以创造很好的经济价值。

此外，石脑油催化重整，煤、柴油加氢精制，渣油加氢处理等装置所副产的不凝气体和液态烃也含有较高的 C_3、C_4组分，统一回收饱和液化气用于乙烯裂解原料或者是制氢原料，会创造更为可观的经济效益。

与催化裂化装置和焦化装置不同，即便包括重整装置，煤、柴油加氢精制，渣油加氢处理等装置在内所副产的不凝气体，通过吸收过程回收液化气，原油蒸馏装置所产石脑油的量也足够满足作为吸收剂的需要。这是原油蒸馏装置石脑油稳定与轻烃回收的流程的特点。

1）吸收、脱吸与稳定

来自原油蒸馏的初常顶气体经过压缩机系统提压后送入吸收塔底部，吸收剂为初常顶石脑油，引入吸收塔顶部。吸收塔顶部的干气送往下游装置进行脱硫生产燃料气或 C_2回收，吸收塔底部的富吸收石脑油分两部分，一部分直接送入脱吸塔顶部，一部分经换热后送入脱吸塔的上部。脱吸塔的底部设重沸器，为石脑油的脱吸提供热源。经过脱吸的石脑油再次换热后被送入稳定塔系统，实现石脑油的稳定和液化气的回收，见图 3-29。脱吸塔顶气循环到压缩机出口冷凝器之前，稳定塔顶的不凝气循环至吸收塔进料。

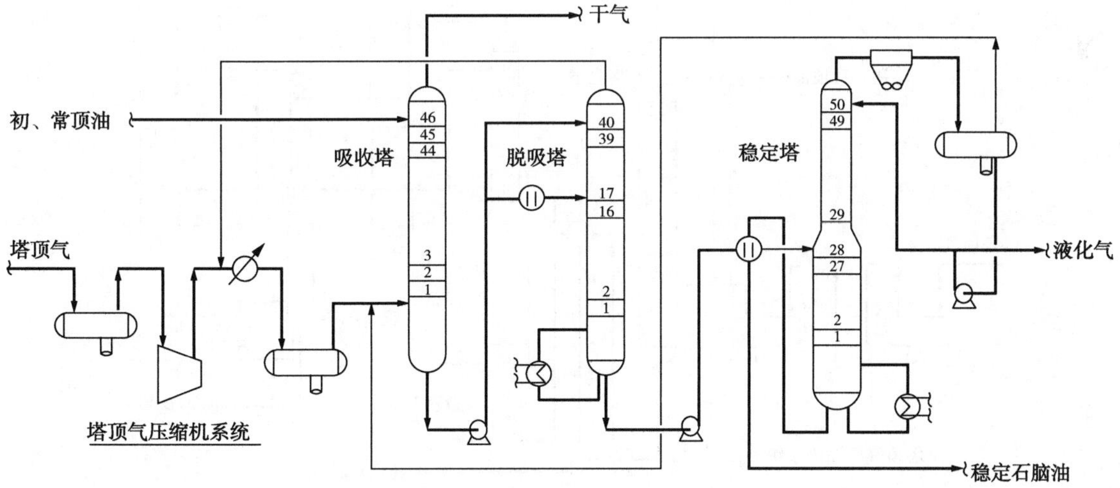

图 3-29　吸收、脱吸与稳定三塔流程

一般情况下，这样的三塔流程送出装置的液化气和稳定石脑油满足出装置要求，干气中的 C_3以上组分含量可以达到 5%（体积分数）左右。如果干气中 C_3以上组分的含量需要控制在 3%（体积分数）以下，吸收塔顶的干气需要再经过一次吸收，见图 3-30。

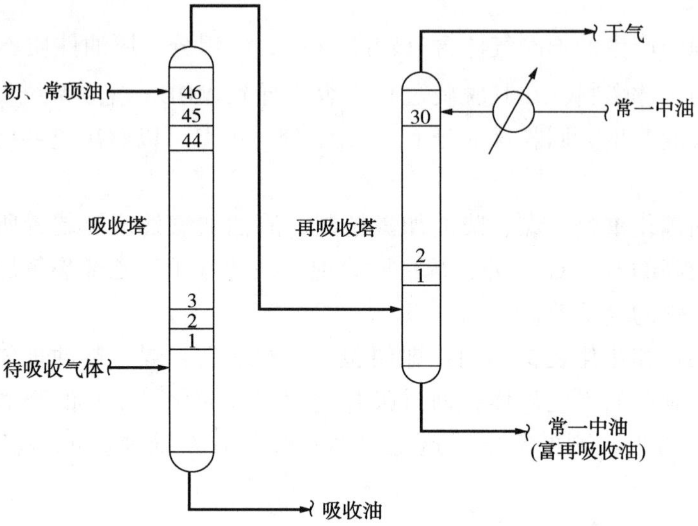

图 3-30　干气再吸收流程

2）吸收、稳定与脱乙烷

工业实践中，也有不设置脱吸塔，而采用液化气脱乙烷的流程，见图 3-31。稳定塔顶生产的液化气再经过脱乙烷塔，满足液化气的规格要求。脱乙烷塔顶和稳定塔顶的不凝气体均循环到吸收塔进料。

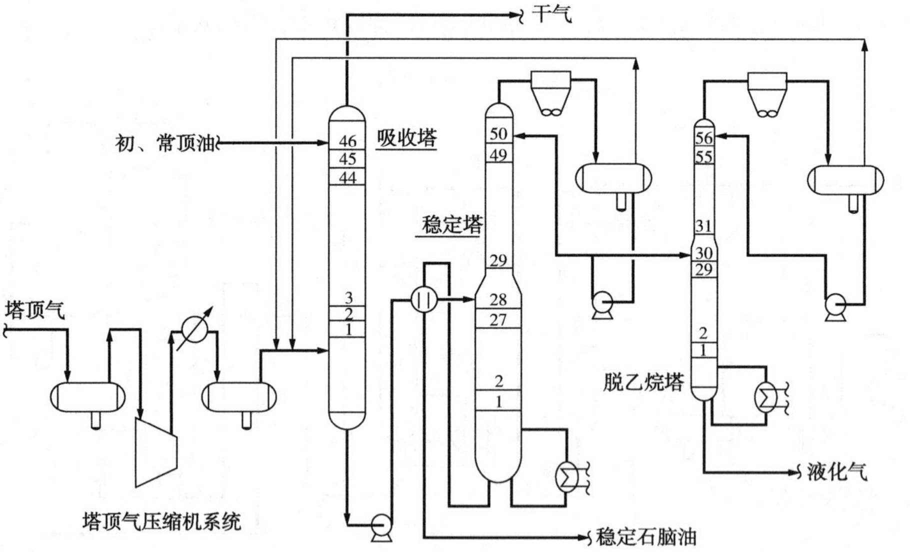

图 3-31　吸收塔、稳定与脱乙烷流程

3）石脑油分离

稳定石脑油的使用一般需要分离成 C_5 组分为主的轻石脑油和重石脑油，重石脑油用作重整或芳烃生产的原料，而轻石脑油多用作乙烯裂解原料，也有用作 C_5 异构化原料。轻石脑油用作乙烯裂解原料的，往往会将轻重石脑油的分离安排在轻烃回收单元，同时对稳定石脑油中 C_4 及以下组分的含量要求也会有所降低。

设有轻重石脑油分离的轻烃回收流程见图 3-32。由于有了轻重石脑油分离塔的加入，轻烃回收单元产生的干气中 C_3以上组分含量不大于 3%的吸收塔和再吸收塔的流程将会发生改变，见图 3-33。

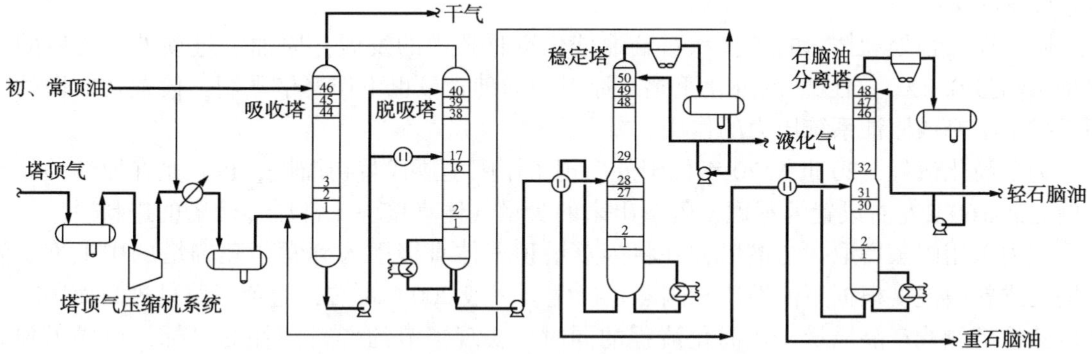

图 3-32　设有石脑油分离塔的轻烃回收流程(一)

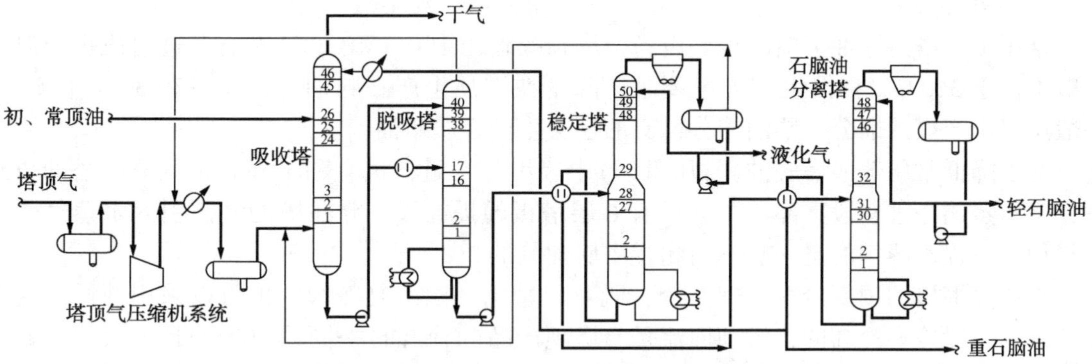

图 3-33　设有石脑油分离塔的轻烃回收流程(二)

二、原油蒸馏工艺过程

(一) 常压蒸馏

1. *初馏塔*

设置初馏塔的主要目的是脱除原油中所携带的水分，同时生产部分石脑油。脱除原油中所携带的水分可以稳定常压蒸馏塔的操作，生产一部分石脑油可以减轻常压塔顶部和塔顶冷凝冷却系统的负荷。国内早期的重整技术所加工的石脑油有砷含量限制，对于砷含量较高的原油(如大庆原油)，只有初馏塔生产的石脑油可以满足重整原料对砷含量的限制要求。此外，设置初馏塔的另一个目的是释放原油系统的压力。随着原油蒸馏技术的发展，原油经过换热网络回收装置余热的总压力降多在 0.6~1.2MPa 或以上，设置初馏塔可以有效降低原油系统的压力，减小原油泵的扬程和原油换热系统的设计压力。

初馏塔的操作压力与常压蒸馏塔接近，一般在 0.1MPa(G)左右，主要取决于塔顶冷凝冷却系统的压力降和初馏塔顶产品罐的操作压力。也有一些项目，为了使初馏塔顶尽量减少或不出产不凝气体，以减少气体压缩机的负荷，采用较高的产品罐操作压力，初馏塔顶的操作压力将会达到 0.35MPa(G)左右。根据初馏塔的操作压力和拔出率的要求，初馏塔的进料段温度在220℃左右，一般不超过230℃，主要是避免初馏塔中下部发生严重的高温硫腐蚀。

初馏塔之前不设置加热炉，汽化所需热量由原油换热网络提供。初馏塔通常设有26层塔盘，进料段之上22层，以保证必要的分离精度。

2. 闪蒸塔

随着原油预处理技术的进步和石脑油催化重整技术的发展，原油经过预处理之后的含水量不超过0.2%，石脑油的催化重整对原料中的砷含量也不作严格限制，设置初馏塔的作用只剩下了释放原油系统压力的作用。

为了简化流程，20世纪70年代国外出现了用闪蒸罐代替初馏塔，也就是在原油预处理设施之后160℃左右设置闪蒸罐，闪蒸出来的少量气体直接引入常压蒸馏塔的进料段。

国内采用闪蒸塔取代初馏塔，并将闪蒸塔顶气体直接引入到常压蒸馏塔的中上部。闪蒸塔的进料段温度根据原油性质和闪蒸量确定，一般200℃左右，避免闪蒸量过高而影响到常压蒸馏塔侧线产品质量。在简化流程的同时，实现了节约燃料消耗的目标，形成了独具特色的原油预闪蒸技术。

3. 常压蒸馏塔

常压蒸馏塔是原油蒸馏的重要设备，塔顶操作压力0.1MPa(G)左右，进料段操作温度一般不低于360℃，根据生产方案要求，除了在塔顶生产石脑油外，还设有3~4个侧线，一般用以生产煤油馏分、柴油馏分，有的还会生产轻质蜡油。

为了降低常压蒸馏塔底油(常压重油)中轻组分含量，也有利于提高常压蒸馏塔的拔出率，常压蒸馏塔进料段下部通常会设有6层塔板的提馏段，并在塔的底部引入水蒸气作为汽提用，汽提水蒸气的量一般不会超过塔底油量的2%。

常压蒸馏塔的顶部冷凝冷却系统，既可以采用一段冷凝冷却，也可以采用两段冷凝冷却。采用一段冷凝冷却的，塔顶回流是与塔顶产品(石脑油)一同约40℃自回流及产品罐抽出，打回常压蒸馏塔顶。采用两段冷凝冷却系统的，需要设置专门的回流罐。回流罐的操作温度，也就是回流温度通常有三种情况：第一种情况是采用空冷器的冷后温度，一般60℃左右；第二种情况是采用油气换热器的出口温度，一般80℃左右；第三种情况也是换热器的出口温度，只是这个出口温度被赋予了两个概念，一个概念是常压蒸馏塔顶产品质量控制的概念，另一个概念是包括回流罐在内的常压蒸馏塔顶第一段冷凝系统避免游离水析出的概念。

出于常压蒸馏塔热平衡的需要，也为了回收热量，常压蒸馏塔一般设有2~3个循环回流取热。中段循环回流取热的分配比例关系到常压蒸馏塔的产品分离精度，也关系到原油换热网络的优化，还关系到常压蒸馏塔内沿塔高的气、液负荷分布。中下部取热负荷比例越高，越有利于原油换热网络的余热回收，而不利于常压蒸馏塔的产品分离精度。常压蒸馏塔内沿塔高的气、液负荷分布趋于均匀，有利于减小塔径或更充分发挥常压蒸馏塔的加工能力。

根据传质理论、回流比与理论板数的相互关系、生产方案和产品的质量要求、设备费用与操作费用的相互关系，需要合理选择常压蒸馏塔的侧线产品数和每条侧线产品的收率，合理选择常压蒸馏塔的塔径、塔高(塔板数)和中段回流的取热比例等。

（二）减压蒸馏

减压蒸馏的生产操作模式主要为两种，一种是湿式减压蒸馏，一种是干式减压蒸馏。

其他所谓的微湿式、半干式也仅仅是一种针对个别项目的处理办法而已。早在 20 世纪 80 年代之前国内减压蒸馏塔大多采用的是板式塔，主要是大浮舌或网孔塔盘，进料段之下使用圆形泡罩。生产催化裂化原料时，进料段之上一般设置 14 层塔盘，抽出三条侧线，全塔压力降不低于 4kPa。减压加热炉的出口温度在 400℃左右，炉管尚需加注水蒸气，以防止结焦而影响装置的平稳运行。在这种情况下，为了获取较高的(原油 TBP 切割温度不低于 500℃)减压蜡油收率，必须在减压塔底注入水蒸气，目的是对减压渣油起到提馏作用，同时更多的也是在减压塔的进料段起降低油气分压的作用，获取更高的减压蜡油收率。减压塔顶的操作压力一般在 8kPa 左右，设置预冷凝器和两级蒸汽抽真空系统，减压系统内的水蒸气(减压加热炉炉管注汽和减压塔底注入的汽提水蒸气)绝大部分在预冷凝器中被冷凝下来。

20 世纪 70 年代末到 80 年代中后期，随着金属塔填料技术在减压蒸馏塔上的成功应用，减压蒸馏塔的全塔压力降有了大幅度的降低。从最开始在减压塔顶循环回流段采用 IMTP 或矩鞍环塔填料取代 3 层塔盘的成功应用，到采用两段填料床层取代进料段之上 5 层塔盘，实现轻、重(清、脏)洗涤工艺过程，减压蒸馏塔完成了从使用板式塔技术到使用填料塔技术的转变。当时的减压蒸馏塔轻(清)洗涤段多采用 70 号 IMTP 填料，重(脏)洗涤段多采用格力奇-格栅(Glitsch-Grid)填料，见图 3-34。

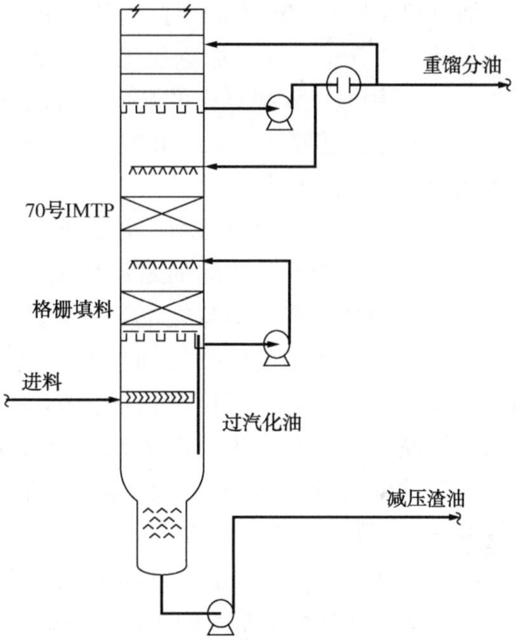

图 3-34 两段洗涤流程

金属板波纹塔填料的出现和重力式液体分布器的开发与应用，使全填料减压蒸馏塔技术日趋完善，并得到快速的推广应用。全填料减压蒸馏塔的全塔压力降不大于 1.6kPa，塔顶抽真空系统采用三级抽真空技术，操作压力在 2kPa 以下时，达到相同的减压蜡油收率，减压加热炉的出口温度不高于 400℃。这种情况下，减压加热炉炉管和减压塔底均不需要加注水蒸气，减压塔底部的泡罩塔盘也更换成人字挡板，形成了干式减压蒸馏技术的基础。干式减压蒸馏技术具有能耗低、蜡油收率高、运行稳定的特点，一经推出便快速得到推广应用。

伴随着减压蒸馏技术的进一步发展，加热炉炉管逐级扩径技术、炉管 100%吸收减压转油线热膨胀技术、大直径低速转油线技术、双切环流减压塔进料分布及其衍生技术、各类规整填料和液体分布技术、复合填料床层技术等等如雨后春笋般出现。

21 世纪初，出于更高的重质蜡油收率需求和进一步劣质焦化原料的需要，减压深拔技术获得了应用。国内多采用湿式减压蒸馏操作模式和三级抽真空系统，减压塔顶操作压力多在 2.4~4kPa，通过更高的减压蒸馏塔进料温度，以获得更重质的减压蜡油，或进一步劣质焦化原料，减压蒸馏的原油切割温度可以实现 565℃(原油 TBP 切割温度)以上，有的项目可以达到 590℃(原油 TBP 切割温度)以上。

1. 减压蒸馏的柴油馏分生产

图 3-23、图 3-25 均给出了柴油馏分的生产流程，在减一线生产柴油馏分，可以将常压重油中含有(8%左右)的柴油组分全部分离出来，在我国增产柴油时期起到了重要作用。

为了实现减一线生产柴油馏分，在减一线的抽出集油箱下设置一精馏段，提高减一线和减二线之间的分馏效果。图 3-24 上也给出了减一线生产柴油馏分的流程，减一线和减二线之间也设置了一个精馏段(第Ⅲ段填料)，但这个精馏段的设置目标并不是为了在减一线生产柴油馏分，而是为了保证减二线的润滑油基础油原料的质量。

2. 减压蒸馏的加氢裂化原料生产

加氢裂化原料生产所需要控制的产品质量主要为 GB/T 9168(ASTM D1160)终馏点、重金属和沥青质含量，通过加氢裂化原料(蜡油馏分)抽出集油箱下设置的洗涤段来控制，见图 3-23。采用减压深拔操作的减压蒸馏塔除生产加氢裂化原料外，还在减三线生产加氢处理原料，因此，需要在减二线和减三线之间设置一精馏段，以保证加氢裂化原料生产的质量和数量要求，见图 3-25。

3. 减压蒸馏的润滑油基础油料生产

为了满足润滑油基础油的黏温性要求，润滑油基础油料的生产在满足黏度牌号要求的同时，必须具有窄的馏分宽度，一般不大于 80℃(GB/T 9168，98%-2%)。图 3-24 中也可以看出，每条抽出侧线之间均设有精馏段，用以提高两条侧线之间的分离精度。精馏段的理论板数需要根据精馏段的液体喷淋密度和分离要求来确定，不会小于 3 块，一般在 5 块左右。同时，生产润滑油基础油的抽出侧线，还需要设置汽提塔，采用汽提除去所夹带的轻组分，对控制馏分宽度也有帮助。汽提塔多采用水蒸气汽提，流程简单，操作方便，汽提效果好。

对于设置有三级抽真空系统的干式减压蒸馏操作模式，若汽提塔采用水蒸气汽提，将会较大幅度增加抽真空系统的负荷，汽提蒸汽的调节也会直接影响抽真空系统负荷的变化，带来减压蒸馏塔操作压力的不稳。因此，润滑油基础油料生产采用干式减压蒸馏生产模式的，汽提塔采用的是高真空减压闪蒸的方式，实现去除润滑油基础油料中所夹带的轻组分、并控制馏分宽度的作用。

此外，如果采用糠醛-酮苯-白土工艺技术精制润滑油基础油料，尚需控制润滑油基础油原料特别是重质馏分的比色和残炭。减压蒸馏塔的内构件方面需要特别强化洗涤段和进料段的设计，减压加热炉的结构和工艺操作条件方面需要降低最高的油膜温度和炉出口温度。对于石蜡基原油油膜温度一般不高于 420℃，炉出口温度不高于 390℃。

4. 劣质焦化原料与重质蜡油生产

不论是劣质焦化原料，还是生产重质减压馏分油，通过减压蒸馏提高原油的切割温度达到 565℃以上，均需采用减压深拔技术。

减压深拔的物系是一个高温和极易生焦的物系，相应的内构件需要满足防止热膨胀变形甚至损坏的要求，同时还能够避免结焦，或者能够承受结焦，满足装置的长周期平稳运行。

减压加热炉的出口温度应不低于 410℃，一般在 420℃以上，减压蒸馏塔的进料段温度应该不低于 390℃，一般在 400℃以上。

原油的蒸馏切割温度达到或超过 565℃，重质减压馏分的沥青质、胶质和重金属含量根据不同原料的要求具有一定的限制，减压渣油<538℃的轻组分含量不超过 3%。

5. 减压蒸馏塔的热平衡

与常压蒸馏塔热平衡相同，减压蒸馏塔也是通过回流取热来实现热量的平衡。除了生产润滑油基础油料之外，生产减压馏分的减压蒸馏对产品的分离要求不高，主要设置取热作用的换热段，只有洗涤段具有分离的作用，此外，在生产柴油时，需要一个精馏段。所以中段回流取热的抽出放在了与产品抽出相同的抽出位置，不但简化了塔的内部结构，还提高了循环回流的抽出温度，有利于热量的回收。不同于常压蒸馏塔，减压塔采用集油箱作为抽出结构，不单是填料床层的需要，也是减压蒸馏塔将物料平衡与热量平衡紧密地联系在一起的结果。

6. 减压蒸馏塔的洗涤段和进料段

减压蒸馏塔的洗涤段和进料段是减压蒸馏技术中最重要的核心，洗涤段和进料段不但关系到最下一条侧线的馏程终馏点控制，更关系到重金属、胶质、沥青质和残炭的控制，还关乎到减压蒸馏的拔出率，见图 3-35。

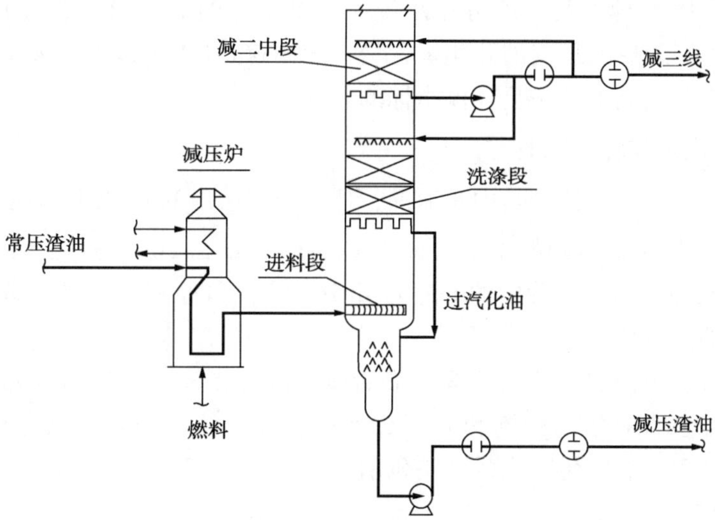

图 3-35 减压蒸馏塔的洗涤段和进料段流程

洗涤段是减压蒸馏塔操作温度最高、物系最重最脏、最易发生结焦的一段填料床层。加大洗涤油量会直接影响到减压蒸馏塔的拔出率或者是减压加热炉的出口温度，导致过汽化油量增加，燃料消耗增加。减小洗涤油量有可能造成填料床层内液体分布不均匀，出现干区而导致床层结焦。

最小洗涤油量需要满足侧线产品的收率和馏程终馏点要求、填料床层的洗涤要求和所采用填料的最小润湿量要求。

进料段对于减压蒸馏塔来讲不同于常压蒸馏塔，也不同于其他任何分馏塔的进料段，它与洗涤段同样重要。减压蒸馏塔的进料段不仅仅是一个汽化空间，相反它的汽化空间作用远小于常压蒸馏塔。经过了转油线，特别是采用了大直径低速转油线，在进料段进行汽化的作用已经相对较小。重要的是气液分离效率、上升的气体在塔截面的均匀分布和低的液沫夹带。减压蒸馏塔的进料段已经不单单是需要一个进料分布器，它应该是一段能解决气液有效分离、气体在塔截面均匀分布、有效降低气体对液沫的夹带和液体对气体的夹带的空间结构。

7. 减顶气脱硫

来自减压塔顶分水罐的不凝气体是抽真空系统的末端，温度40℃左右，压力基本上是常压。处理设施的压力损失将会引起抽真空系统排放压力的升高，而设施运行的任何波动，包括设备故障、检维修和正常的切换操作，都可能会对抽真空系统的平稳运行造成影响。

采用液体喷射技术，通过MDEA溶液喷射提升减顶气的压力至0.15MPa(G)左右(见图3-26)，有利于MDEA溶液对硫化氢的吸收，但MDEA溶液本身是易发泡物质，系统中也不乏C_3以上的烃类，所以避免系统发泡是必须解决的技术问题。此外，只有一个理论级的吸收过程，难以实现较深度的脱硫，据报道，该技术可以使硫化氢降低到0.15%的平均水平。

采用常压脱硫技术，通过设置具有两段填料床层的脱硫塔(见图3-27)，流程简单，系统压力降不大于1kPa。尽管常压下脱硫不利于MDEA溶液对硫化氢的吸收，但采用多个吸收理论级和吸收专用填料以及气液分布系统，效果十分明显。加工含硫原油的生产装置，采用常压脱硫技术，脱后减顶气的硫化氢含量一般在$60mg/Nm^3$以下，采用真空燃烧器，送入加热炉烧掉，不会影响烟气满足环保指标的要求。

（三）石脑油稳定与轻烃回收

大部分轻、中质原油，特别是中东原油，评价报告给出的C_5以下的轻烃含量达到2%～3%以上。从原油常压蒸馏得到的不凝气体中C_1、C_2含量在20%左右，而C_3、C_4的含量多在60%左右。回收原油蒸馏过程中的C_3、C_4组分生产制氢原料、乙烯裂解原料，或商用液化气均具有较好的经济价值。

催化重整装置、煤油加氢精制装置、柴油加氢精制装置和渣油加氢处理等装置副产的不凝气体和液态烃也含有较高的饱和C_3、C_4组分，需要统一回收，综合利用，统一管理，减少投入，增加产出，会产生更大的经济价值。

1. 吸收与脱吸

原油蒸馏过程的石脑油稳定与轻烃回收解决的是两个问题：石脑油稳定是脱除石脑油中的C_4及以下组分，以满足石脑油储存的安全与环保要求并回收液化气；轻烃回收是通过将不凝气体中的C_2与C_3分离，回收液化气并满足干气中C_3及以上组分的含量要求。所生产的液化气满足C_5及以上组分含量和蒸气压的要求。

通过低温和气体压缩，将不凝气体通过分馏塔实现C_2和C_3的分离，不仅需要较高的操作压力，还需要较低的操作温度，以及较大的回流比和理论板数，工业实践付出的代价较大。而利用相似相溶，相近相吸原理，设置吸收塔、脱吸塔和稳定塔，通过不凝气体的多次吸收、脱吸循环，实现C_2和C_3的分离，具有明显的经济性和实用性。原油蒸馏过程生产的石脑油在吸收塔的操作压力下对不凝气体中的C_3和C_4组分具有很好的吸收作用，并且数量充足，形成具有特色的原油蒸馏过程吸收、脱吸与稳定系统，见图3-29。

吸收塔的操作压力由干气背压决定，一般不低于0.8MPa(G)，提高操作压力对吸收过程有利，但较高的操作压力会导致需要的压缩机出口压力高，压缩机的设备成本和操作费用增加。吸收塔的操作温度取决于作为吸收剂的石脑油温度和被吸收气体中的C_3以上组分含量，石脑油的温度一般在40℃左右。较低的石脑油温度有利于吸收效率的提高，但过低的温度会增加石脑油的冷却负荷，导致石脑油冷却设备的成本和操作费用增加。如果必要，一般会在吸收塔的中下部设置1~2个中段冷却，减轻因塔内温度升高对吸收效果带来的不利影响。

吸收过程是一单向传质过程，传质效率较低。石脑油对被吸收气体中的C_3、C_4产生吸收作用的同时也会对C_1和C_2产生吸收作用。尽管可以较大幅度调节石脑油的量，包括吸收塔的操作条件，但受作为吸收剂的石脑油性质所决定，吸收塔顶干气中C_3以上组分含量一般也就能达到5%(体积分数)左右，更低的含量要求，必须采用稳定石脑油或重石脑油作为吸收剂。当干气中C_3以上组分含量要求不大于3%(体积分数)时，需要设置再吸收塔对吸收塔顶干气进行再吸收。再吸收剂采用稳定石脑油会造成较大量的石脑油在吸收稳定系统内循环，吸收效果也不很理想。在没有重石脑油的情况下采用常一中油作再吸收剂是一个不错的选择，尽管常一中油的循环带来了常压塔顶气体的增加，但常一中油的需要量较小，流程相对简单(见图3-30)。常一中油的温度一般为150℃左右，为提高再吸收效果，常一中油进再吸收塔之前需要设置冷却器，将常一中油的温度冷到40℃左右。再吸收塔的操作压力等同于之前的吸收塔，而吸收塔的操作压力则较之前增加了一个再吸收系统的压力降。

设置脱吸塔的主要目的是脱除石脑油中的C_1和C_2组分。含有C_1和C_2组分的石脑油在稳定过程中，C_1和C_2组分会在稳定塔顶产品罐产生较高的分压，从而影响液化气的回收。在脱吸塔内脱除C_1和C_2组分的同时，也会有部分C_3及以上组分被脱除，脱吸塔顶的气体需要返回到压缩机出口的冷凝器入口，经冷却之后再送入吸收塔。这样利用循环吸收-脱吸来实现C_2和C_3的分离。

脱吸塔的操作压力越低越有利于脱吸作用，但脱吸塔顶气体需要返回到压缩机出口冷凝器之前，受压缩机出口操作压力影响，一般在0.9MPa(G)左右。脱吸塔的操作温度与脱吸量存在直接关系，一般塔顶50~60℃，塔底130~150℃。脱吸量越高，所需要的操作温度就越高，塔底重沸器提供的热量也就越多。

前述，脱吸塔的设置目的是脱除石脑油中的C_1和C_2组分，避免稳定塔顶产品罐内C_1和C_2组分产生过分的分压作用，而稳定塔顶的不凝气体也需要返回作为吸收塔的进料，参与吸收-脱吸的循环。实际上，原油蒸馏过程不凝油气中的液化气回收，经历的是吸收-脱吸小循环和吸收-脱吸-稳定大循环，实现石脑油的稳定和液化气的回收。

前述，脱吸塔在脱除C_1和C_2组分的同时，也会存在部分C_3以上组分被脱除。脱吸塔的操作关系到脱吸塔脱除气体的循环量，也关系到稳定塔顶气体的循环量，影响吸收塔的吸收剂使用量和吸收效果，是平衡液化气回收过程的关键设备。

石脑油的稳定与液化气的回收过程中不可避免地会有微量水带入脱吸塔内，由于脱吸塔顶部操作温度较低，而底部的操作温度又相对较高，在正常操作情况下被带入脱吸塔内的水是无法随物流离开脱吸塔的，随着运行时间的加长会越积越多而影响脱吸塔的正常运行。如果不设置专门的排出游离水结构，则只能短时间停止运行脱吸塔底重沸器，降低脱吸塔底部的操作温度，使游离水随塔底物料排出。

2. 石脑油稳定

石脑油稳定也称为脱丁烷，作用是脱除石脑油中的C_4和轻组分，生产稳定石脑油，并副产液化气。

为了满足石脑油储存的安全和环保要求，同时也为了回收液化气，初、常顶生产的石脑油与稳定石脑油换热至160~180℃气液混相进入稳定塔的进料段，石脑油稳定塔一般由塔底重沸器提供热源(见图3-28)。较低的进料温度汽化率较低，需要重沸器提供更多的热量，而过高的进料温度，热的有效利用率也会有所降低。

稳定塔一般采用板式塔，进料段需要设置专门的结构，一方面需要接收来自上部塔盘的内回流，另一方面进料属于气液混相，需要具有气液分离的空间结构。

稳定塔的操作压力由塔顶回流产品罐的操作压力和冷凝冷却系统的压力降决定，回流产品罐的操作压力一般在0.9MPa(G)左右，此时操作温度40℃左右可以满足液化气的蒸气压质量要求。回流产品罐的操作温度要有一定的调节余地，通过调节操作温度达到控制液化气蒸气压的目的。

稳定塔底的操作温度一般在170~190℃，具体温度受稳定石脑油允许的C_4以下组分含量影响。稳定塔底重沸器一般采用热虹吸式重沸器，尽管不具备一层理论板的作用，但省略了泵及循环控制流程，适当的塔底部空间结构可以有效地降低重沸器的操作温度。重沸器的热源可以采用常二中油或减二中油，也可以采用3.5MPa级中压蒸汽。

3. 石脑油分离

稳定石脑油分离出的轻石脑油作为乙烯裂解原料、重石脑油作为重整或芳烃原料。这种工况轻石脑油中的C_3、C_4含量没有严格限制，在不追求液化气产率的情况下，可以采用缓和操作，减少稳定塔底重沸器热负荷，节省能量消耗。石脑油分离塔的操作压力近于常压，取决于塔顶系统的压力降。

稳定石脑油经过与稳定塔进料换热之后，温度一般在130~150℃以液相形式进入石脑油分离塔中部，石脑油分离塔的塔顶温度在90℃左右，塔底温度在140~150℃。塔底重沸器的热源可以采用常一中油或减一中油，也可以采用1.0MPa级低压蒸汽。

4. 液化气脱乙烷

采用液化气脱乙烷技术，而不设置脱吸塔，对控制液化气的蒸气压十分有利。但吸收塔底油中含有较高的C_1、C_2组分，未经脱吸送入稳定塔进行稳定，稳定塔顶回流产品罐会因C_1、C_2组分的分压作用，不凝气体量增大较多，并含有较多的液化气组分。这种流程下，回流产品罐的操作压力应该有所提高，一般不低于1.0MPa(G)，在设定的操作温度下，尽可能把液化气组分冷凝下来。由于稳定塔操作压力的提高，稳定塔底的操作温度也会相应地有所提高，所需重沸器的热源温位则需要相应提高。

此外，采用液化气脱乙烷技术，而不设脱吸塔，没有了脱吸塔对石脑油的汽提作用，不利于降低石脑油中硫化氢(H_2S)的含量。

液化气脱乙烷塔为全回流分馏塔，回流罐内的液体全部打回到塔顶。不凝气体主要为C_1、C_2组分，还有含量比例相当高的液化气组分，需要循环到吸收塔进料段，见图3-31。

液化气脱乙烷塔的操作压力一般不低于2.2MPa(G)，塔顶温度50℃左右，塔底温度90℃左右。重沸器的热源可以采用稳定石脑油，也可以使用常顶循油。

(四) 原油蒸馏装置的灵敏度

原油蒸馏装置的生产运行对所加工原油的适应性和生产方案变动的可调节性十分重要，对原油蒸馏装置的平稳操作、产品质量和能量消耗产生直接的影响，进而影响到下游二次加工装置的生产乃至全厂的生产运行和经济效益。

原油蒸馏装置的灵敏度，指的是装置的流程、设备和调节能力等应对这些情况的敏感程度。通过原油蒸馏过程的加工流程、设备使用、公用工程配置和调节控制方法及其相互关系等对装置的平稳运行、产品收率、产品质量和能量消耗等方面影响的研究，获得原油蒸馏装置对加工原油的种类、生产方案的改变适应性的评价。根据这个评价，通过调整局部的加工流程、设备选型和设计裕量的控制，包括对个别工艺和公用工程管道等的调整，装置生产操作的适应性、稳定性将会大幅度地提高，各种加工条件下均可保证生产操作平稳、技术指标先进。

第三节　原油蒸馏的传质设备

板式塔技术，特别是浮阀塔盘的技术和理论，早在20世纪70年代之前，国内的专家、学者就进行了广泛而深入的研究，并提出了适宜操作区的基本概念和计算方法，推动了国内板式塔技术的快速发展和大规模的工业应用。90年代之前，原油蒸馏过程的常压蒸馏塔主要以F1浮阀塔板技术为主，减压蒸馏塔主要以大浮舌和网孔塔盘技术为主。80年代末期，因F1浮阀存在着旋转而脱落，开发了T形排列条形浮阀塔盘，相继导向浮阀、船型浮阀和ADV微分浮阀的出现，快速取代了F1浮阀。塔填料技术以其通量大、压降低的优良特性，80年代初始逐步取代了应用于减压蒸馏塔的大浮舌和网孔塔盘技术。

原油蒸馏工艺过程中的初馏塔、常压蒸馏塔、常压汽提塔，轻烃回收部分的稳定塔、吸收塔和再吸收塔、脱吸塔和轻重石脑油分离塔等，这些常压或高于常压操作的塔设备多采用板式塔。减压蒸馏塔、减压汽提塔和减顶气常压脱硫塔等塔设备多采用填料塔。

一、板式塔

常压蒸馏塔、初馏塔和常压汽提塔多采用浮阀类板式塔技术。目前，应用最多、广为市场接受的当属导向浮阀、ADV微分浮阀，也有采用固阀、船形浮阀以及条形浮阀等。个别新建项目的过汽化段或改造项目塔径较紧张的塔段也有采用塔填料技术的。

轻烃回收部分的稳定塔、吸收塔、再吸收塔、脱吸塔和轻重石脑油分离塔也多采用浮阀类板式塔技术，应用最多的也是导向浮阀、ADV微分浮阀、条形浮阀等。当然，固阀类板式塔技术也有不少应用，如Sulzer的MVG阀[11]板式塔技术等。

(一) 常用塔板形式及结构特点

浮阀和固阀是原油蒸馏常用的两类塔盘型式，其中，固阀以Sulzer公司的MVG阀最为著名。固阀结构可靠、制造容易、用料省，在使用上有其独特的优势。常用的浮阀塔盘主要有条形浮阀、导向浮阀和 ADV 微分浮阀。

1. T 排条阀

条形浮阀区别于 F1 浮阀的显著特点是矩形开孔不会产生旋转，造成开孔扩大而脱落。T 形排列的条形浮阀塔板，气体和液体在塔板上流动方向不断发生变化，增加了气液接触的机会，同时穿过相邻浮阀的气体不直接碰撞，减少了雾沫夹带，见图 3-36。

2. 导向浮阀

导向浮阀是条形浮阀的一种改进型式，与条形浮阀的区别在于条形浮阀上增开与塔板上液流方向一致的导向孔一或两个，使鼓泡型塔板增加了一定的喷射作用，导向浮阀在塔盘板上顺液流方向交错排列，见图 3-37。在塔盘进口和液体滞流区采用部分梯形导向浮阀，借助导向孔和梯形产生的前进动能，推动塔板上的液体流动，从而消除或减少塔板上的液面梯度。

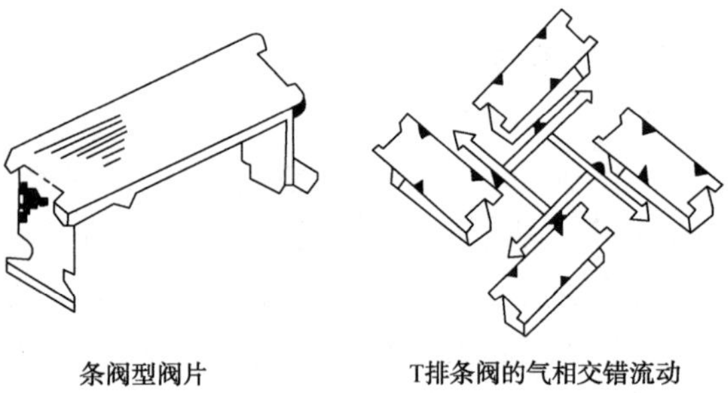

图 3-36　条形浮阀塔板

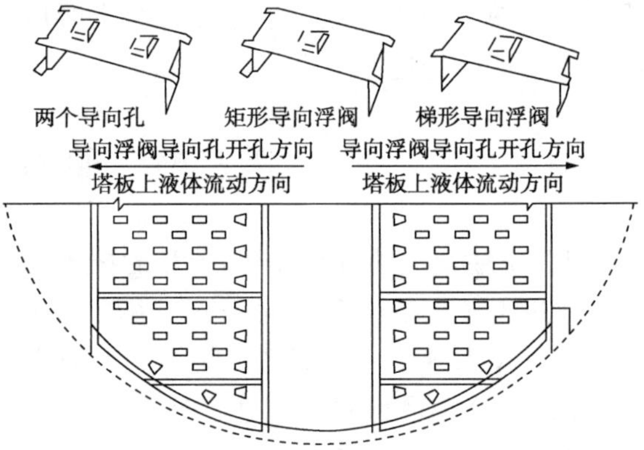

图 3-37　导向浮阀塔板

3. ADV 微分浮阀

ADV 微分浮阀是在 F1 圆形浮阀的基础上，吸收导向孔的概念开发的，属圆形浮阀。浮阀顶面有切孔，部分气流由此喷出，使气液接触更充分，强化了传质效果。它的阀脚和塔盘板开孔设计，克服了 F1 圆形浮阀因旋转而脱落的问题，延长了浮阀的工作寿命，见图 3-38。

图 3-38　ADV 微分浮阀

（二）常压蒸馏塔

常压蒸馏塔是原油蒸馏过程的重要塔设备，承担着生产石脑油、煤油馏分和柴油馏分的任务，也有在该塔生产溶剂油、轻减压馏分等。原油常压蒸馏塔的侧线产品在满足质量要求的同时，必须满足收率要求。

出于装置节能的需要，流程设置、物料平衡和主要操作条件的选择也要有利于回收装置热量，尽可能在塔中下部取热，这就造成塔的上部和中段回流取热之上塔盘的内回流过小，导致常压塔内的气液负荷变化较大，特别是液体负荷变化较大。常压蒸馏塔的内件不但需要较低的压力降以获取较高的拔出率，更需要具有优良的传质传热性能和较高的操作弹性。而高的传质传热性能和操作弹性不单是在于传质元件本身，更多的是在于板式塔的内部结构。实际上对于板式塔，特别是大型板式塔，塔盘的型式如浮阀、固阀，亦或筛板等只是板式塔技术的基础，板式塔的内部结构，包括进料分布结构、气液分布结构、塔盘的传质单元布置和整体结构对塔板传质传热效率和整塔的操作弹性都具有十分重要的影响。

1. 顶部塔盘的液体分布

常压蒸馏塔的顶部几层塔盘，设有塔顶冷回流和顶循环回流的抽出和返回结构，这些结构在某种程度上决定了这几层塔盘的气液分布。特别是大型板式塔，如果结构不合理，导致气液负荷分布不均匀，不仅影响塔板性能的发挥，还会产生低温区，出现游离水，导致严重的低温腐蚀发生。解决这几层塔盘气液负荷分布不均匀的问题，除良好的传质元件和塔盘的整体结构外，回流的初始分布十分关键。

1）冷回流结构

常规结构多采用 T 管型式直接将回流液体引到受液盘上，而采用分布板结构基本等同于降液管，能够获得与其他降液管相同的液体分布效果，见图 3-39。

2）顶循环回流的抽出与返回

直径 4000mm 以下的板式塔可采用受液盘中间抽出，抽出管道流速 0.3~0.5m/s，以满足降液管内液面平稳的需要。直径 6000~7000mm 的板式塔需要考虑两点对称抽出，抽出管道流速 0.5~0.7m/s。直径大于 7000mm 的板式塔应采用集油箱抽出，既可以稳定大型塔设备的抽出状态，也可以较方便地实现四溢流到双溢流的转换。

顶循环回流的返回对于大型塔设备存在着双溢流到四溢流的变换，采用板式分布可以更好地解决液体分布和流程转换问题，见图 3-40。

2. 溢流数与多边降液管

常压蒸馏板式塔的溢流强度多在 30~60m^3/(m·h)之间，流程长度在 1500mm 左右，能够获得较好的传质传热效率。常压蒸馏塔内的气液负荷变化较大，10.0Mt/a 原油加工能力的常压蒸馏塔直径 7600mm，采用双溢流塔盘时部分高液体负荷塔段(中段回流取热段、煤油馏分分离段等)，溢流强度超过了 90m^3/(m·h)，流程长度达到 2600mm 以上。而采用四溢流塔盘，高液体负荷段的溢流强度和流程长度均满足要求，但部分低液体负荷塔段(过汽化段、塔顶回流段等)溢流强度不足 10m^3/(m·h)。

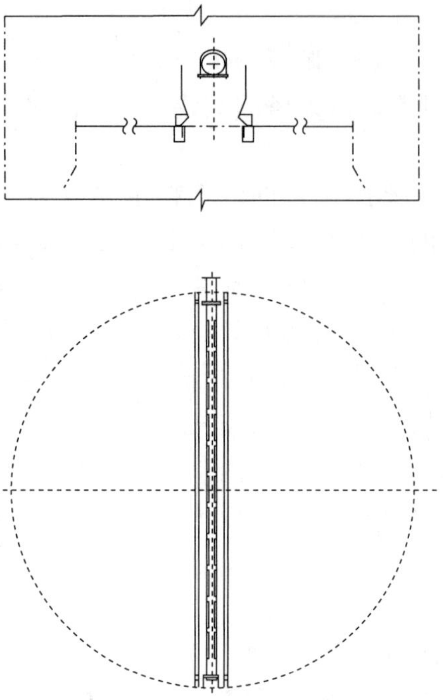

图 3-39　塔顶冷回流进塔分布结构

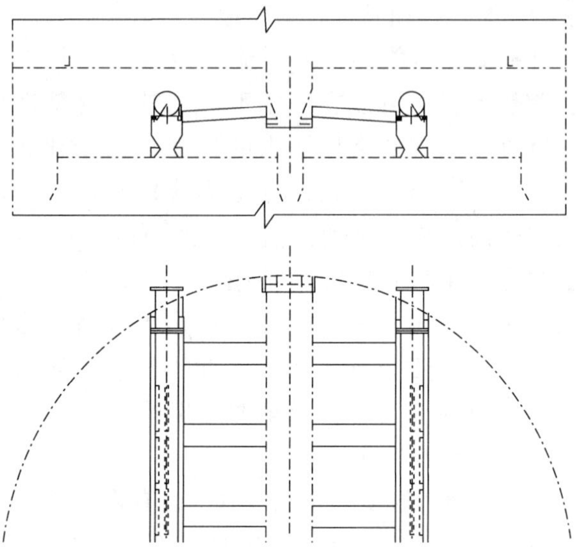

图 3-40　顶循环回流进塔分布结构

工程上板式塔溢流数的选择不但要考虑溢流强度、流程长度等因素，还要考虑塔的内部空间结构和设备投资等综合因素。一般情况下，特别是大型塔，往往在不同的塔段采用不同的溢流数或不同的降液管结构来满足传质传热要求和操作弹性要求，这是保证塔板传质传热效率和整塔性能的重要技术手段。

1）多边降液管

多边降液管的主要作用是在不增加降液管所占塔截面积的情况下，增加塔盘板出口堰的长度，以降低溢流强度，见图 3-41。

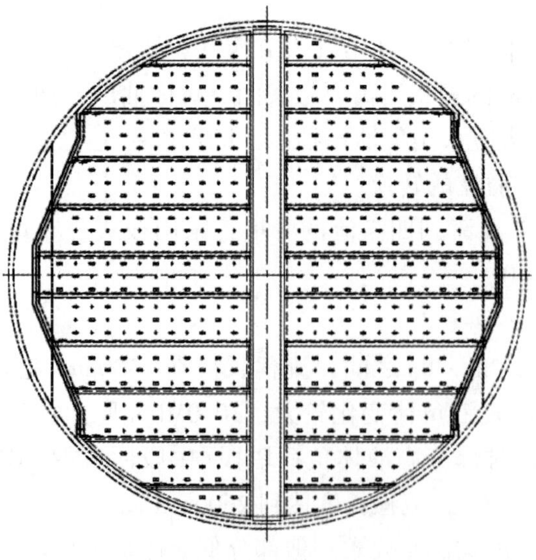

图 3-41　多边降液管结构

多边降液管的使用尽管使两侧流程长度有所减小，一般不小于 600mm，然而出口堰加长的同时也减小了滞留区的面积。这种设计具有可以减小滞留区的面积，降低滞留区对传质效率不利影响的特点，因而也可以配合齿形堰用于液体负荷过低的塔段（塔顶冷回流段、过汽化段等）。

2）溢流数的转换

不同的塔段应采取不同的溢流数，以适应常压蒸馏塔内液体负荷较大幅度的变化，满足传质传热效率和全塔操作性能的需要。因此，存在着不同溢流数的相互转换。最简单的方式是设置集油箱实现不同溢流数的转换。然而过多地设置集油箱，将导致塔结构复杂，筒体高度增加，设备投资加大。

常压蒸馏塔四溢流转换为双溢流的设计多见于中段回流抽出板，此处采用集油箱实现溢流数的转换，也能避免四溢流中段回流抽出的复杂结构，还保证抽出的稳定性。而中段回流返回存在双溢流到四溢流变换的，可以采用分布板和导液槽结构，见图 3-42。

3. 气体分布结构

采用原油预闪蒸技术的常压蒸馏装置，根据组成性质，占原油 12%～18%的闪蒸塔顶气体一般被直接引入常压塔常一中附近。1000 万吨/年加工能力的常压蒸馏塔，采用原油预闪蒸技术，将有不少于 140t/h 气体被引入常压蒸馏塔，此时必须设置恰当的气体分布结构，避免对常压蒸馏塔内的气液负荷造成严重的冲击，常见的结构如图 3-43所示。

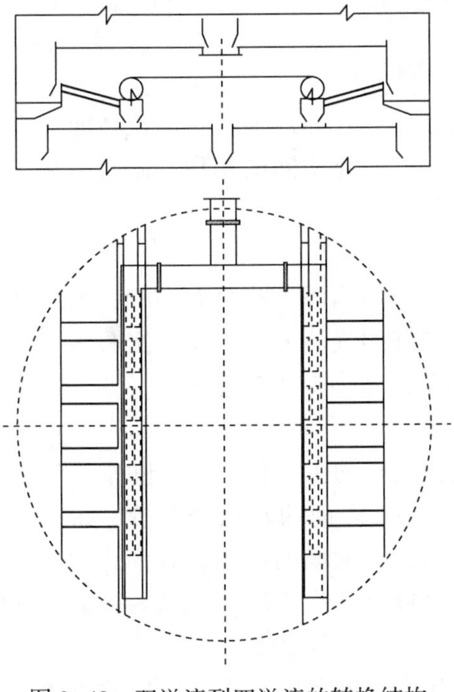

图 3-42　双溢流到四溢流的转换结构

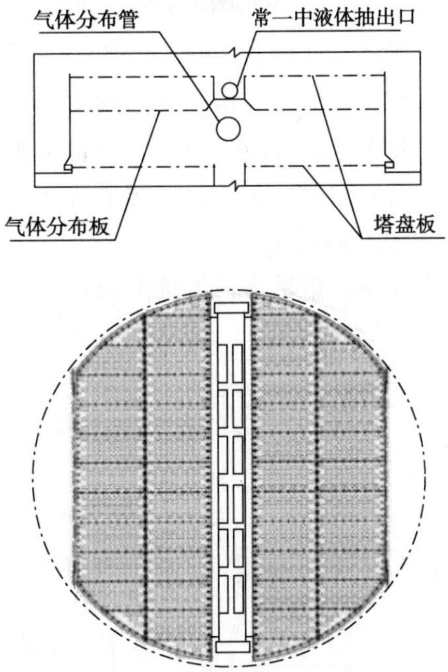

图 3-43　气体分布结构

4. 进料段结构与进料分布器

经过加热炉加热之后的闪蒸(初馏)塔底油，气液混相通过转油线进入常压蒸馏塔的进料段，在进料段油气分压下进一步汽化，气相与塔底部来的气体上升进入常压蒸馏塔的过汽化段，没有汽化的液体与来自过汽化段的液体下降进入提馏段。常压蒸馏塔的进料段存在着液体汽化和气液分离的过程，强化过汽化段和提馏段的设计，可以弥补进料段液体的汽化和气液分离的不足，而良好的汽化条件和气液分离结构又可以起到改进过汽化段和提馏段的作用。因此，常压蒸馏塔进料段汽化过程所需要的结构更为重要。

1）双列叶片式进料分布器

20 世纪 60 年代，双列叶片式进料分布器在国内的常压蒸馏塔有所应用，由于其结构和制造均较复杂，应用并不广泛。直到90年代后期瑞士 Sulzer 公司在国内主推这一款进料分布器，才逐渐得到较为广泛的应用，见图3-44。

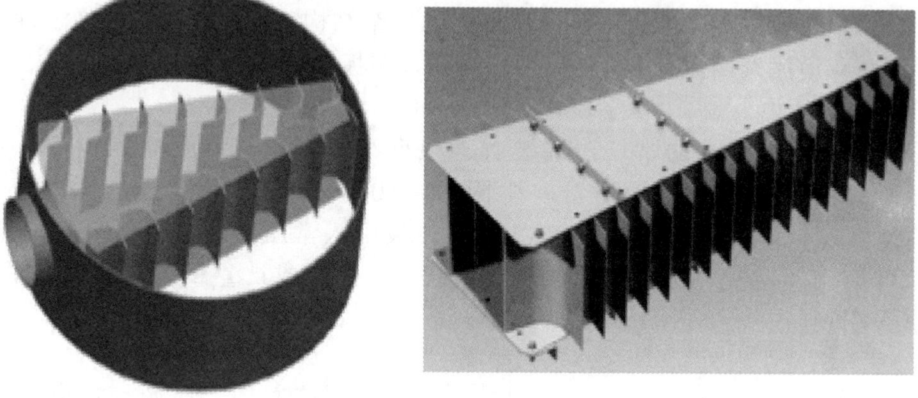

图3-44　双列叶片进料分布器

双列叶片式进料分布器采用两组均匀排布的弧形叶片和逐渐变窄的流体通道将混相的进料离心分布在进料段空间之内，最大限度地提高了汽化空间的作用，同时强化了对上升气流和下降液体的均布，并减缓了流动冲击和夹带。

2）切线进料分布

切线进料分布是一款传统的应用十分广泛的常压蒸馏塔进料分布结构，切线进料产生的离心力起到了良好的气液分离作用。实验表明分布器之上0.15m处气体的液沫夹带率趋近0[12]，见图3-45。

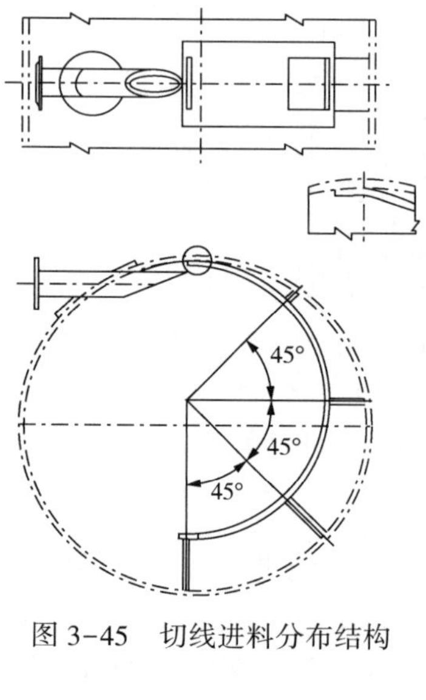

图3-45　切线进料分布结构

5. 提馏段结构

常压蒸馏塔提馏段的主要作用是脱除常压渣油中夹带的轻组分，减少350℃之前的轻馏分含量。如果常压渣油为减压蒸馏的进料，提馏段的作用没有强化的必要，但当常压渣油的一部分或全部作为渣油加氢处理的原料时，强化提馏段具有一定的经济价值。

提馏段的传质作用更多地表现为单向的汽提，气相负荷较小而液相负荷较大，塔盘的开孔率较低。

1）开孔率

一般常压蒸馏塔底部设有6层塔盘作为提馏段，每一层塔盘的气相负荷由于汽提的特性变化都较大，需考虑至少3种开孔率，6层塔盘中每两层塔盘采用一种开孔率，以适应负荷的变化。

2）取消滞留区

采用内套板结构取消滞留区[13]（见图3-46），改善塔盘板上的气液接触状态。

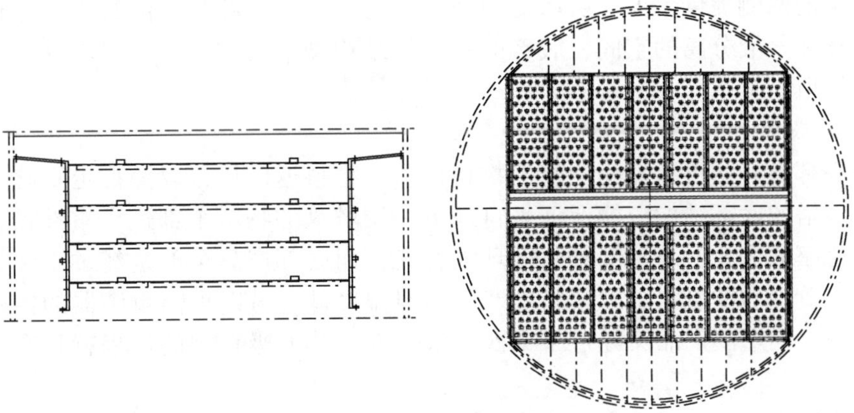

图 3-46　内套板结构

(三) 稳定塔的内部结构

1. 稳定塔进料段结构

前述，稳定塔的进料一般是温度为 160～180℃ 的气液混相，进料段需要满足气液分离要求的同时接受上一层塔盘来的内回流，并将混合液体导入下一层塔盘的受液盘，气相与来自塔下部的气体一起上升进入上一层塔盘。稳定塔进料的龙门结构能够很好地满足这一工艺过程[14]，见图 3-47。

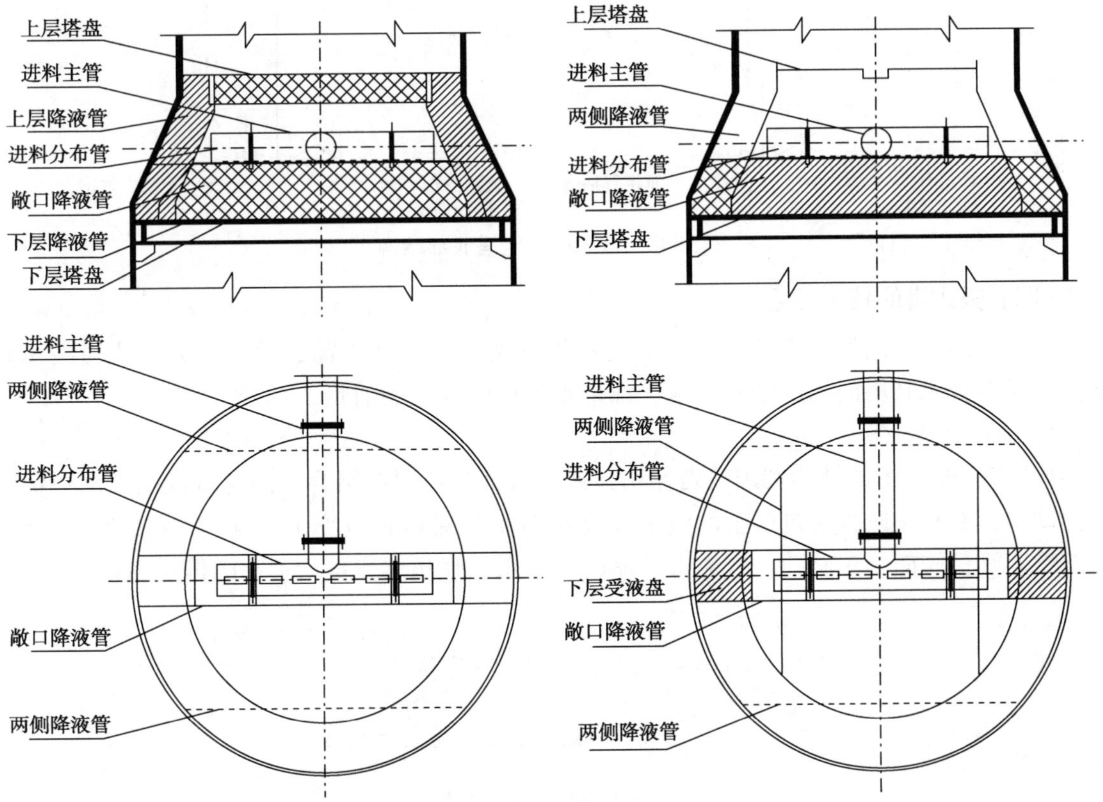

图 3-47　稳定塔进料段结构

龙门结构的两侧提供了上一层塔盘内回流的通道，中间部分降液管式的敞口给混相进料提供了汽化和气液分离的空间，底部的降液管结构型式为进入下一层塔盘的液体提供了很好的分布场所。

2. 稳定塔底部结构

稳定塔底部设有与重沸器相连接的物料出口、物料返回口，以及稳定石脑油抽出口三个主要开口。塔的底部结构应能保证来自最下一层塔盘的物料全部进入重沸器，因热虹吸式重沸器汽化率的需要，不足部分由循环液补充，而底部产品全部是经过重沸之后的液体物料。如此，重沸器的进料温度较塔底产品物料温度低，可以提高重沸器的传热温差或降低热源的品质，而塔底产品又经过了一次气液平衡，热虹吸重沸的过程就具有了一定的传质作用。

在稳定塔底部设置隔板为满足这种需要的常用结构，见图 3-48。

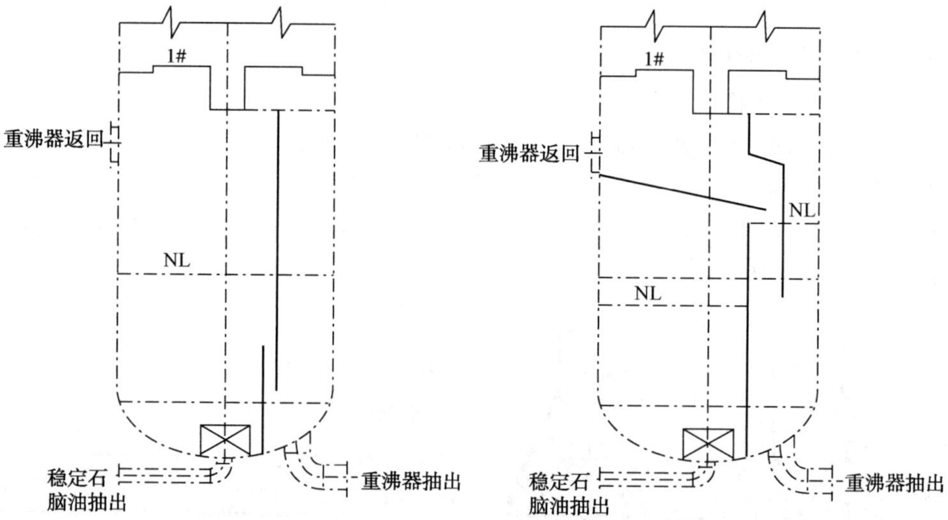

图 3-48　常见的稳定塔底部结构

（四）板式塔的技术探索

原油蒸馏技术的发展带动了板式塔技术的进展，特别是装置的大型化为板式塔技术包括传质元件技术和塔的内部结构技术，都带来了广阔的发展前景。

1. 传质元件技术

如图 3-49 所示的结构利用喷射作用，或者鼓泡与喷射的结合，强化塔盘板上液体流动的推动力，有利于减少塔盘板上的液面梯度和滞留区对塔板效率的影响[15]。图 3-50 是一种新型固阀，阀面大于阀孔，气流水平喷出，常用于强化液体负荷过小的传质物系[16]。

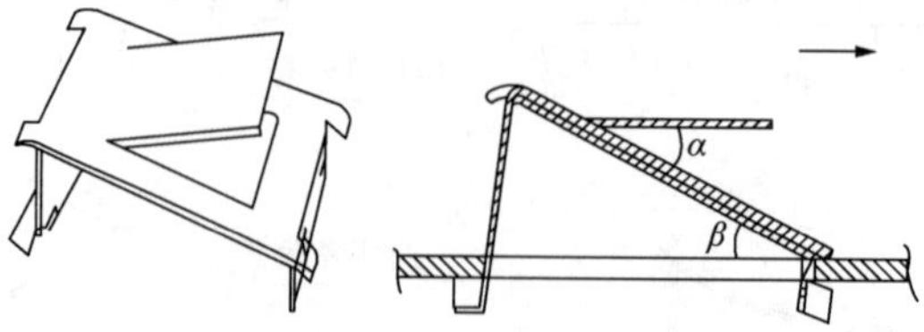

图 3-49　一种新型浮阀结构

图 3-50 一种新型固阀结构

2. 塔盘板结构技术

塔盘板的结构技术着眼于塔盘整体，用于解决塔盘板上气液流动状态与分布、塔内传质空间的利用、抗结焦与堵塞等问题，见图 3-51。

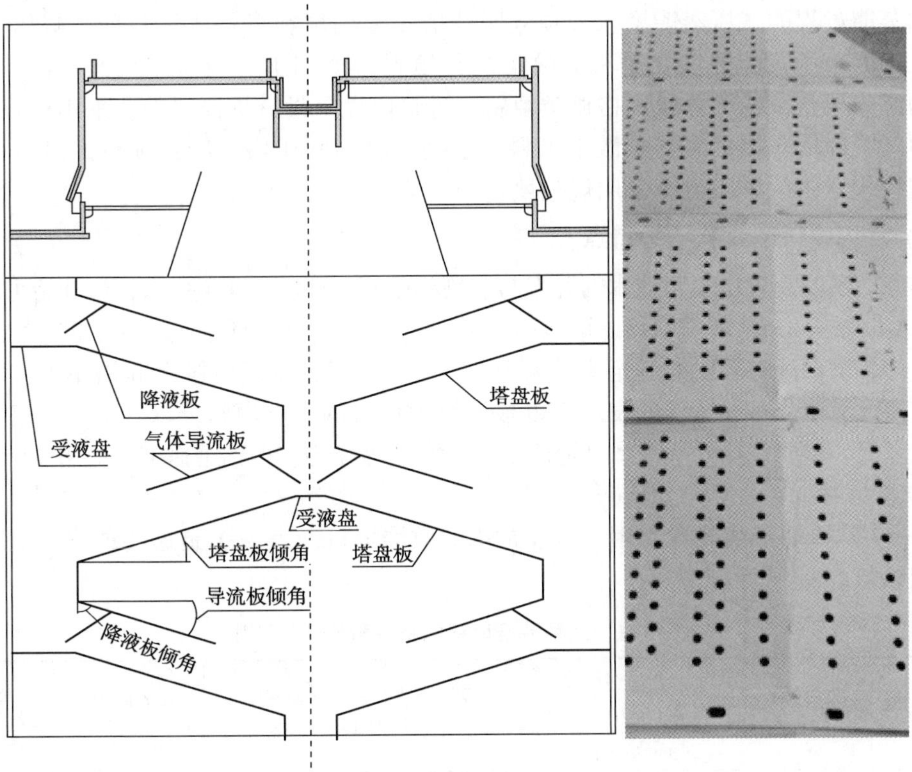

图 3-51 Itsd 板式塔技术

二、填料塔

金属塔填料发展距今已有近百年的历史，其间从简单的鞍型填料到著名的鲍尔环(Ball Ring)填料实现了一次利用填料的传质传热技术飞跃。鲍尔环填料的出现和广泛应用，使得人们更加清楚地认识到了金属填料的空隙率和比表面积在传热和传质中的重要作用，各种以增加比表面积和空隙率为目的的填料应运而生。最具代表性的是金属英特洛克斯(Metal

Intalox Packing)，其将鞍型填料和弧形填料结合起来，成为散堆填料的代表[17,18]。

伴随着散堆填料的发展与广泛应用，规整填料以其床层均一、气液分布效果好、传热传质效率高等特点得到了迅速发展和广泛应用，最早出现的是金属丝网规整填料和格力奇格栅(Glitsch-Grid)填料。在20世纪70年代出现了板片式金属波纹填料，实现了规整填料的一次飞跃，70年代末瑞士Sulzer公司推出了金属孔板波纹填料(Mellapak)，成为板波纹类填料的经典[19]。

随着技术的发展和工业应用需求的变化，金属塔填料技术也日新月异，各种用途和各具特点的填料层出不穷，有散堆填料的规整化，如扁环类填料，其因自然装填会产生一定程度的规整化作用而著名；Impac、RIC填料，将3个或5个矩鞍环组合起来，并采用恰当的过渡，在充分发挥填料比表面积传质分离作用的同时提高了填料的通量，也降低了压降；还有板波纹类填料的改进，如Koch-Glitsch公司的Gimpac填料，其板片上的缝隙毛孔可以提高液体的润湿性进而改善传质传热作用，Sulzer公司的Mellapak-Plus填料在完成相同传质任务的同时还可以有效地提高填料的通量[20]。

原油蒸馏过程的减压蒸馏塔、减顶气脱硫塔多采用填料塔技术。目前，减压蒸馏塔应用最多、广为市场接受的主要是板波纹类规整填料，个别工况或者采用减压深拔技术时，减压塔的洗涤段整段或部分应用格栅类填料，进料段之下设有提馏段的，采用板式塔技术。

减顶气脱硫塔应用最多的是散堆填料。个别情况的常压塔，新建项目的过汽化段或改造项目塔径较紧张的塔段也有采用规整填料的。

（一）常用填料型式及结构特点

国内原油蒸馏装置塔填料技术的开发与应用起始于20世纪70年代末，最开始采用的是散堆填料和Glitsch-Grid，散堆填料以矩鞍环(环矩鞍)系列、鲍尔环系列为主。20世纪80年代原中国石化北京设计院开发的灯笼填料[21]和清华大学开发的扁环填料[22]也有不少应用。90年代随着重力式液体分布器技术的发展，以板波纹为代表的规整填料，以其空隙率高、比表面积大、压降低、传质传热效率高、制造简单、成本低等优势，得到迅速推广应用。

1. 散堆填料

图3-52是原油蒸馏装置常用或曾经常用的散堆填料，表3-1是这几种填料常用规格的主要性能参数。

表3-1　几种散堆填料的特性数据[8~9,23~24]

填料名称	公称尺寸/mm	外径×高×厚(d×H×d)/mm×mm×mm	堆积个数/(个/m^3)	堆积密度/(kg/m^3)	比表面积/(m^2/m^3)	空隙率/(m^3/m^3)
金属鲍尔环	50	50×50×1.0	6500	395	112.3	0.949
扁环	50	50×17.0×0.8	21500	275	115	0.965
梅花扁环	50		22000	295	132	0.962
金属环矩鞍	50	80×40×1.0	10400	291	74.9	0.96
灯笼填料	50	76×60×(0.6~0.8)	2875	166	70	0.98
Intalox	50		14685			0.978

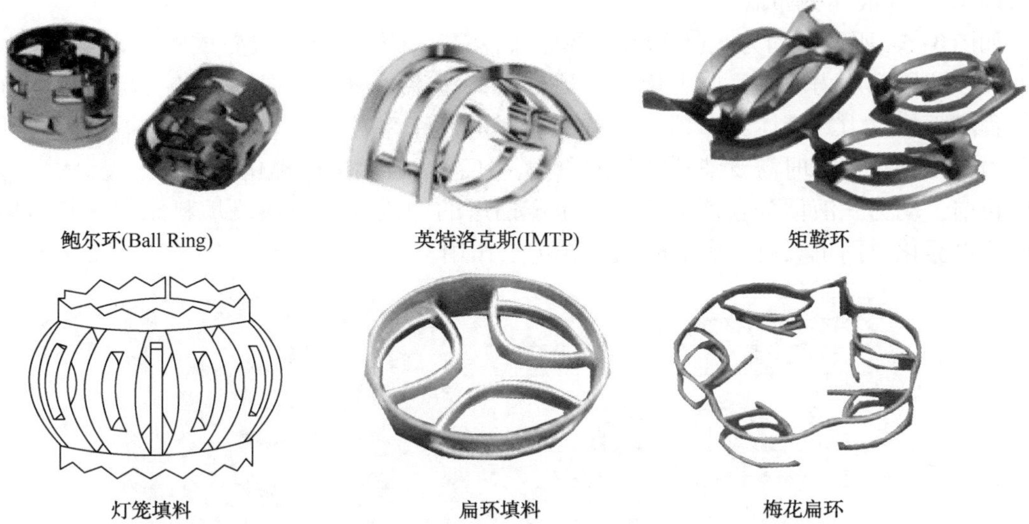

图 3-52　几种原油蒸馏装置常用或曾经常用的散堆填料

2. 规整填料

图 3-53 是原油蒸馏装置常用规整填料。

图 3-53　几种原油蒸馏装置常用规整填料

3. 液体分布器

填料床层能起到传质传热的作用，不仅在于填料提供了气液接触的表面积，还在于填料表面的充分润湿，没有润湿的填料表面没有任何意义。因此，气液的良好分布，液体充分润湿填料的表面是填料床层传质传热的关键，这里有填料床层的自分布作用，更要求液体分布器的初始分布作用。

1）动力式液体分布器

如图3-54所示，动力式(喷头)液体分布器具有结构简单，设备成本低的优点。其不足之处在于抗堵塞能力较差，或者说一旦出现喷头堵塞对填料床层影响较大。其液体分布的均匀程度不如重力式液体分布器，但首层填料的利用率较高。动力式分布器的操作弹性不如重力式，其在分布时需要消耗一定的压力，还存在较严重的雾化现象。

目前，动力式液体分布器多用于减压蒸馏塔的中段回流取热段填料床层，其至填料表面的喷淋雾化空间也具有一定的气液接触传热作用。

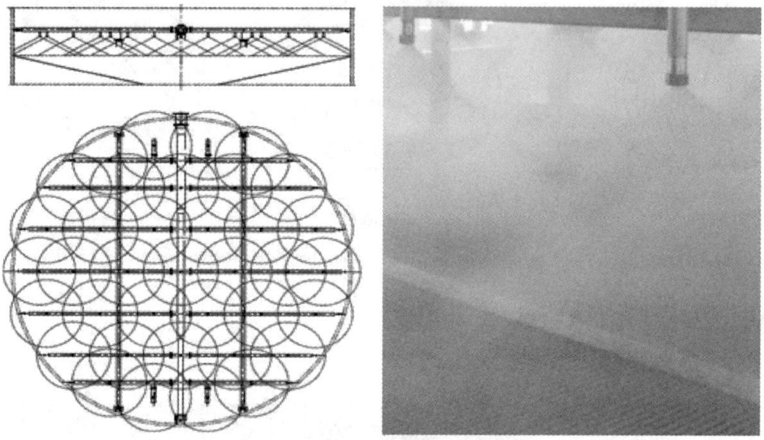

图3-54　动力式(喷头)液体分布器

2）重力式液体分布器

图3-55所示的重力式液体分布器，其理论依据是小孔流动，一般通过两级分布槽将液体以点分布的形式分布于填料床层之上。

重力式液体分布器结构较复杂，设备成本高，但有规律的点分布特别适合于填料床层的规整结构。有实验研究表明250Y的孔板波纹填料，液体分布点数达到100点/m^2，也就是分布孔的布置以100mm×100mm为间隔，可以实现400mm的等理论板高度。

要充分发挥重力式液体分布器的性能，除了采用各种结构保证每一级分布槽的水平度之外，还需通过设置导液挡板，将二级槽的点分布直接转换成线分布，节省一层分布填料，使液体分布的设计更加灵活地满足填料床层的工程需要，见图3-56。

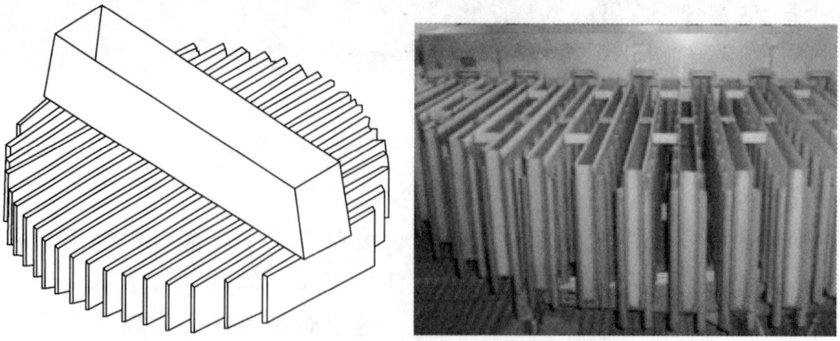

图3-55　重力式液体分布器

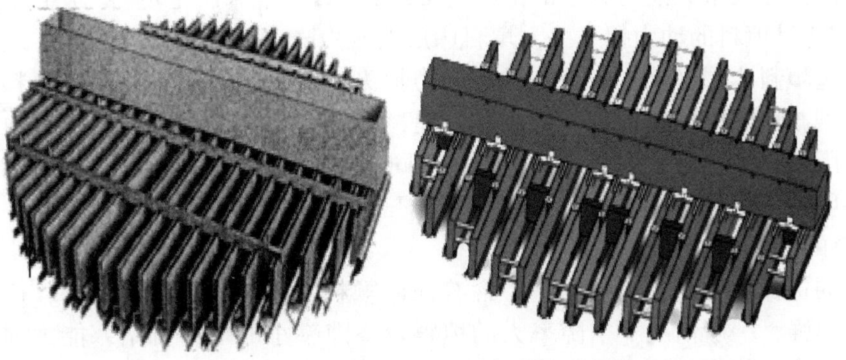

图 3-56 带导液板的重力式液体分布器

（二）减压蒸馏塔

1. 填料的选择

填料单体是完成一定传质传热过程的填料床层系统中的一个传热传质单元。填料的选择不是孤立的，必须结合物系的特点和性质、床层的结构和安排、填料床层的支撑和压圈的型式及结构要求、气液的分布系统及液体的收集等因素一起考虑，这些结构在某种程度上对填料的选择起着重要作用，甚至是决定性作用。

对于特定的传质传热过程，填料的选择一方面要考虑填料的性能，包括填料的传热传质性能、填料的能力(通量)、气体通过填料的动力损耗(填料压降)和填料的原材料成本、加工成本以及填料床层的安装和检修成本；另一方面还必须考虑适合所选择填料及填料床层的液体分布系统、气体分布系统和液体的收集、填料床层的支撑和压圈及压梁等，不同类型的填料所需要的这些相关系统和部件是不相同的，某些情况，特别是大型化塔设备，这些相关系统和部件对填料床层的传质传热、动力损耗等将起到决定性作用。

1）填料的比表面积——传热传质性能

填料的研发通常注重两个参数，即比表面积和空隙率。填料的比表面积就是单位体积填料所具有的表面积，是提供气液热交换和组分交换的场所，直接关系到传质传热的效率。对于同一类型的填料，比表面积越高，其传质传热效率也越高。当然，不同型式和结构的填料其比表面积在传质传热过程中的作用也是不相同的，比表面积的作用取决于填料的润湿度和气液均匀分布、接触的程度，也正因为如此，才会出现各种不同结构、规格和型式的填料。

填料的传质性能通常用等理论板高度来表示，等理论板高度越低说明这种填料的传质传热性能越好。当然，研究给出的等理论板高度通常是在空气和水的物系中的研究成果，必须结合实际物系的具体情况，通过已有工程应用的具体效果进行必要的调整。

2）填料的通量——流通能力

填料的空隙率是体现填料流通能力的关键指标。填料的空隙率是单位堆积体积填料中空隙体积所占的比例，是气体和液体流动的通道，对于同一类型的填料，空隙率越高流通能力越大。当然，不同型式和结构的填料，空隙率对填料流通能力的作用也是不相同的，对于特定的传热传质过程，填料的流通能力通常采用能力因子或液泛点来表示，工程实践中通常采用液泛点或最大能力因子的70%～80%作为设计点来决定填料床层的直径。

3）气体通过填料的动力损失——填料床层的压力降

气体通过填料床层必然会产生流动的动力损失，特别是减压蒸馏塔。填料床层的压力降直接关系到减压蒸馏装置的加工能耗或者是减压拔出率。因此，填料的压力降成为填料选择的重要因素之一，研究和应用表明，在相同传质效率和流通能力下，不同结构、规格、型式的填料所构成的填料床层，气体通过时的压力损失是不同的。

4）填料的抗堵塞能力

在填料的选择中，常会遇到物系中含有固体颗粒、机械杂质、油泥等，这就要求填料的抗堵塞能力强，一般情况下空隙率大的填料较空隙率小的填料抗堵塞能力强，散堆填料较规整填料抗堵塞能力强，格栅类填料较散堆填料抗堵塞能力强。

5）填料的抗结焦能力

某些物系特别是高温热敏感物系，在填料床层内部极易发生结焦现象，严重影响装置的正常生产，例如减压蒸馏的减压塔洗涤段等部位。在这种情况下，必须选择抗结焦能力强的填料。这种填料应具有如下特点：

① 具有较高的空隙率；

② 填料强度高，安装、检修、生产操作波动等非正常过程不易造成变形导致改变填料床层的均匀性和密实程度；

③ 填料床层空隙规范、规整性高；

④ 填料表面光滑，不易滞留沉积物；

⑤ 填料板片连续性小，结焦物不易沿板片连续增长；

⑥ 填料床层内部不易形成易堵塞性通道。

基于这样一种观点，格栅类填料属于抗结焦能力强的填料，但这一类填料的比表面积较低，传质传热效率也较低。选择的填料床层过高，不但会增加设备投资，也会由于床层过高造成床层内部填料表面润湿不够，导致床层的结焦倾向增加。因此，工程实践中需要采用复合填料床层。

通过对生产装置实际运行发生的填料床层结焦现象进行分析可知，大多数结焦发生在填料床层的内部，说明在防止填料床层结焦上，充分润湿填料、减轻填料床层内部液体分布的不均匀性十分重要。此外，出于对产生结焦的填料床层检修处理考虑，采用散堆填料要比采用规整填料产生结焦之后的处理要容易得多，散堆填料还具有板片的不连续性，抗结焦能力较强。但散堆填料往往容易变形，进而容易造成填料床层内部流道的不均匀性和床层密实的不均匀性。因此，对于易发生结焦的物系，必须从填料的选择、填料床层的设计以及液体分布系统等方面综合考虑。

尽管填料的传热传质效率、填料的通量等代表了填料性能的重要参数，但是工程应用中物系的某一特点，如生焦倾向、堵塞倾向、抗腐蚀性等直接就决定了填料选择的某种特性。

此外，填料的选择还必须结合液体分布系统、填料的支撑和液体的收集，通常由于规整填料具有比较规则的气液通道，液体的自分布性能也比较好，比较适合于采用重力式液体分布器。

尽管重力式液体分布器具有操作弹性大、液体分布均匀、抗堵塞能力强等特点，但重力式液体分布器结构复杂，材料费用、加工制造费用、安装费用、检修费用均较高。散堆填料气液自分布性能相对较差，比较适合于采用动力式(喷嘴)分布器，动力式分布器结构简单，材料费用、加工制造费用、安装及检修费用均较低。

由于结构的关系，规整填料通常采用0.1~0.2mm的钢带经冲压加工而成，而散堆填料必须满足强度要求，通常需采用0.8~1.5mm的金属薄钢板冲压加工而成，Mella-Grid一般采用0.6mm的钢带冲压而成，Glitsch-Grid采用1.5mm的薄钢板冲压而成。

因此，不同规格型式的填料单位体积的重量会有较大的差别，也会导致设备投资产生较大的差别，所有这些都会构成填料选择的影响因素。

2. 填料床层

填料塔发展至今，人们对填料床层的认识已十分充分，填料床层的设计从单一的填料构成发展成为两种或两种以上规格的填料组成的混合填料床层，从简单的理论板数或是总传热系数来决定填料的高度到采用微分的办法分段计算填料床层，使填料床层的设计更能满足物系的特点和要求，填料床层更能发挥填料的特性。

1）传热为主的物系

图3-57为某一传热物系(减二中回流段)气液负荷变化的模拟计算结果。由图中可以清楚地看到填料床层内的气液负荷变化较大，填料床层底部的负荷较高，而顶部负荷较低。如果采用单一规格的填料，塔径的计算必须以底部负荷为基准，而床层顶部塔径就过于富裕了，造成了浪费。如果将填料床层分成几段，结合填料的通量和传质效率，采用微分和模拟计算的办法就会降低填料床层高度或者减小塔径，充分发挥填料床层的整体作用。图3-58给出了为达到相同的传质传热作用，采用三段不同规格填料的效果。

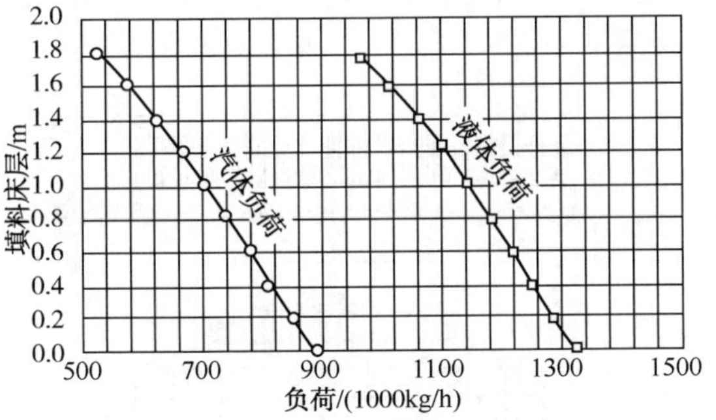

图3-57　传热物系单一填料床层气液负荷示意图

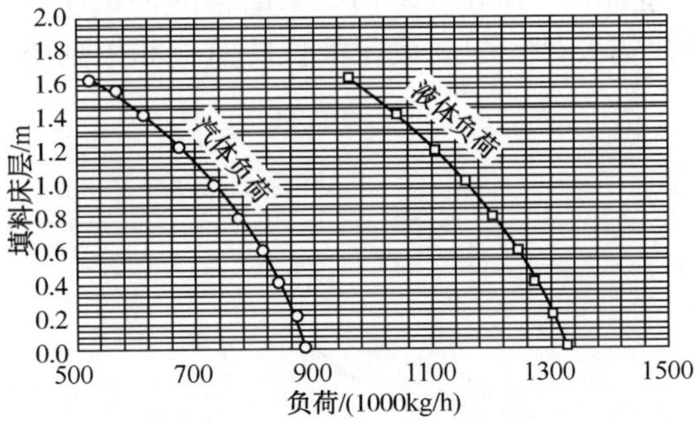

图3-58　传热物系复合填料床层气液负荷示意图

对采用不同规格的复合填料床层进行模拟计算，完成相同的传热任务，填料高度可以降低0.2m，塔径也有所减小。

2）传质为主的物系

图3-59为某一传质物系(减一柴油精馏段)气液负荷变化的模拟计算结果。传质段床层的顶部负荷较大，底部负荷较小。同样根据填料床层内负荷的变化情况，采用四段不同规格的填料，采用微分和模拟计算的办法，结合填料床层的流体力学及传质计算，得到图3-60的计算结果。

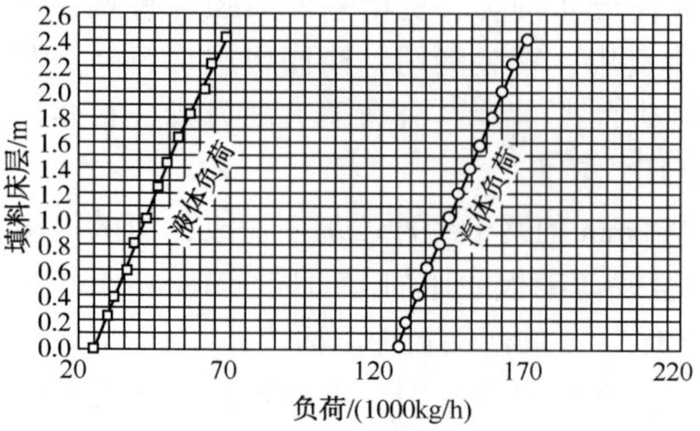

图 3-59　传质物系单一填料床层气液负荷示意图

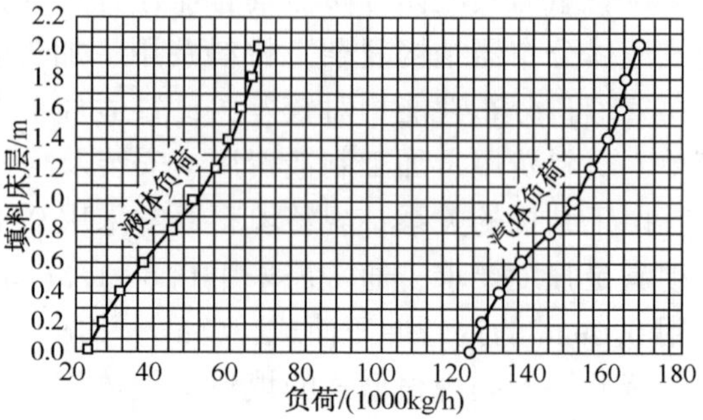

图 3-60　传质物系复合填料床层气液负荷示意图

填料床层的高度减少了400mm，传质效率也略有改善。

由此可见，根据填料床层内气液负荷的变化采用复合填料床层可以有效地降低填料的使用量，充分发挥填料床层的整体效率。

3. 集油箱

集油箱不仅是液体收集器，更是气体分布器。特别是大型填料塔，由于填料床层的高径比较小，气体的初始分布会直接影响到填料床层内部的气体分布，进而构成对填料床层传质传热性能的影响。集油箱一般由升气筒、抽出斗和导液渠构成，见图3-61。

集油箱的水力学计算主要包括液体停留时间、气体的流速、动能因子和压力损失。结构上是采用圆形升气筒、方形升气筒还是条形升气筒，以及具体的布置，除了需要考虑材料与制造成本、方便检修维护之外，最重要的是气体的分布性能。集油箱要实现优良的气体分布，除了采用较小的升气筒，并均布于塔截面上外，也需要具有一定的气体通过阻力损失。

抽出斗和导液渠构成集油箱的抽出结构，也是集油箱的重力承载结构，除满足稳定的抽出需要外，也要满足液位的监测和控制要求，见图3-62。

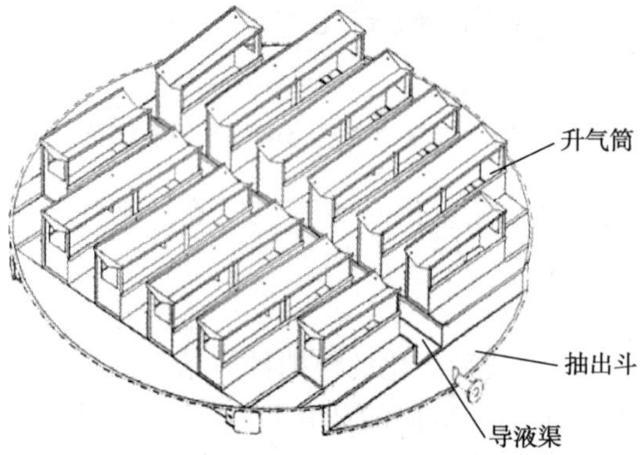

图 3-61　集油箱的基本结构

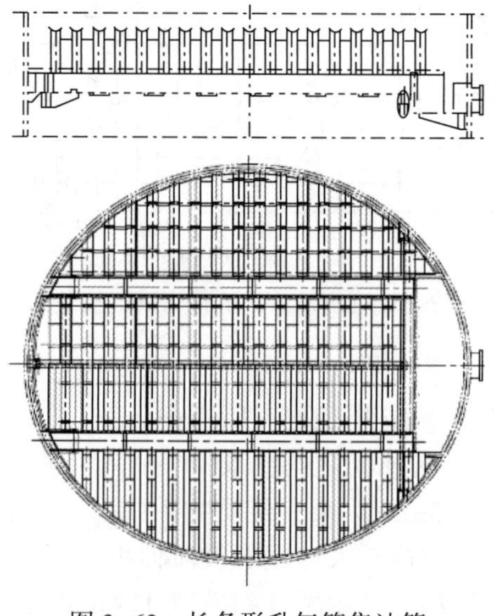

图 3-62　长条形升气筒集油箱

4. 热壁集油箱及热膨胀结构

出于气体分布的需要，也出于过汽化油的计量或作为产品抽出的需要，减压蒸馏塔的进料段之上一般设有集油箱。由于集油箱内存有液体，底板的温度较进料段的温度低 30~50℃，由进料段上升的气体会在集油箱的底板上发生冷凝，进而影响到减压蒸馏塔的拔出率。热壁式集油箱，通过倾斜底板将收集的液体迅速汇集到抽出斗并引出塔外，避免了低温液体在集油箱内的存留，使得底板的温度接近进料段温度，从而避免了进料段气体冷凝带来的负面影响，见图 3-63。

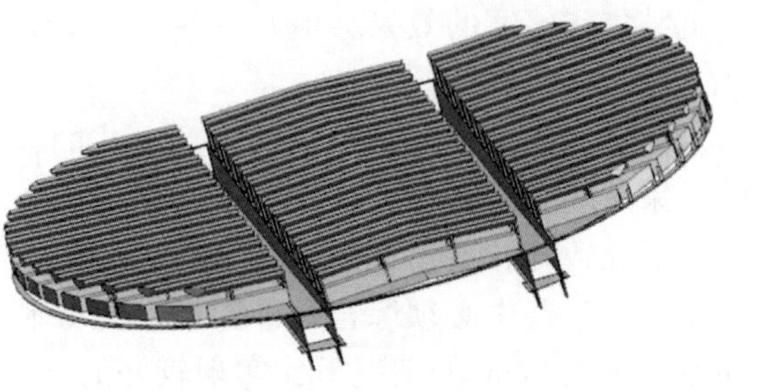

图 3-63 热壁式集油箱

设置在减压蒸馏塔内的集油箱属全焊接结构，多采用合金钢或不锈钢材料，与碳钢材料的塔壳体具有明显的热膨胀系数差，而减压蒸馏塔进料段的温度多在 370℃以上，深拔操作工况接近 400℃。高温操作下集油箱热膨胀极易发生变形，甚至损坏，特别是大型减压蒸馏塔，这一现象更为突出。因此，高温操作的集油箱需要采用抗膨胀结构，用以吸收集油箱底板受热的膨胀量，如图 3-64 和图 3-65 所示。

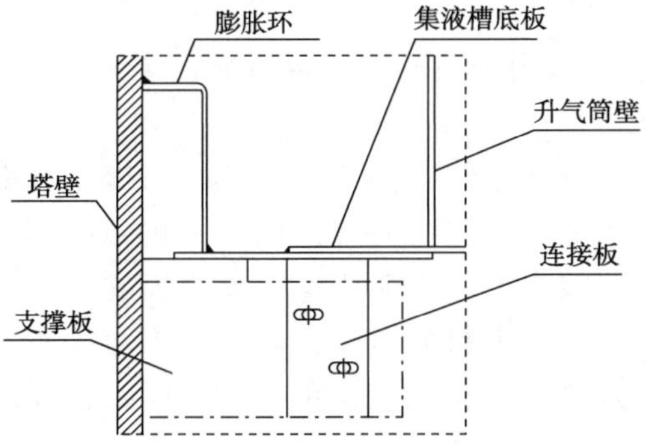

图 3-64 设在塔壁处的膨胀环

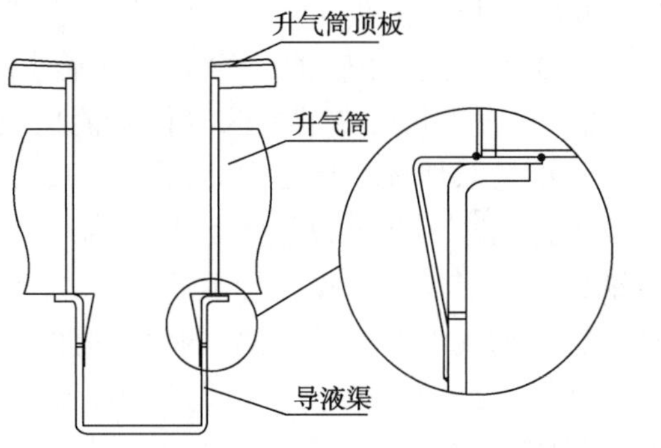

图 3-65 设在导液渠处的膨胀钩

5. 洗涤段

洗涤段位于减压蒸馏塔进料段之上，采用侧线抽出产品作为洗涤油，所获得的凝液是减压蒸馏塔的过汽化油，见图 3-34。减压蒸馏塔的洗涤段操作温度最高、物系性质最重，极易发生结焦或堵塞，是技术要求最高的一段填料床层。洗涤段的主要作用是清除自进料段上升气体中夹带的非目标组分，控制侧线抽出产品的胶质、沥青质、重金属含量和馏分的馏程干点。

1）填料的选择

操作条件不是太苛刻的情况，填料床层底部采用不小于 600mm 高的 125Y 板波纹类规整填料，上部采用 250Y 板波纹类规整填料，满足理论板要求。

操作条件较为苛刻的常规干式减压蒸馏技术，填料床层底部采用不小于 400mm 高的格栅类填料，上部采用 125Y 板波纹类规整填料，满足理论板要求，顶部采用 250Y 板波纹类规整填料 200mm 高起到增强液体的分布作用。

减压深拔操作的工况是最苛刻工况，填料床层底部应采用不小于600mm高的格栅填料，上部采用125Y光板填料，满足理论板要求，顶部采用200mm高的250Y光板规整填料起到增强液体分布作用。当然，在减压深拔操作情况下，洗涤段全部采用格栅类填料，对于抗结焦和堵塞的效果会更好一些，只是洗涤和传质效果会差一些。

2）液体分布器

洗涤段的液体分布器有采用动力式的，也有采用重力式的，国内技术大多采用重力式的。采用动力式的最大难点就是要保证喷头不被堵塞，采用重力式的难点在于液体喷淋密度过低导致开孔数量过少，液体的分布效果不好，或者开孔的孔径过小容易堵塞而失去分布作用。实践中必须综合各种因素，充分利用液体分布器挡液板的分布作用，分布孔孔径在不小于4.5mm的情况下，实现较好的分布效果。

6. 进料段

减压蒸馏塔进料段的主要功能与常压蒸馏塔是略有不同的，气液的充分分离和避免夹带是最重要的考虑因素。因此，进料段的结构和组成也不尽相同。

1）进料分布器

图3-66是最经典的减压蒸馏塔进料分布器——双切环流进料分布器，多用于采用大直径低速转油线的减压蒸馏塔。椭圆形进料口有效避免了湍动对气液分离的不利影响，导流板的矩形窗口也减少了气液环形流动过程中涡流的产生。

图3-67是两条转油线的单切环流进料分布器，适用于高速减压转油线。

2）减压进料分布器的防气体旋流挡板结构

不论是双切环流还是单切环流的减压蒸馏塔进料分布器，其环流的作用在提高气液分离效果的同时都会导致气体上升过程中的旋转，产生对液沫的夹带，也会影响到气体的分布。尽管环形通道内设置导流板可以减轻这种不利因素，但不能避免，导流板的不当设置也会影响到气液的有效分离。特别是采用不带导流板的进料分布器，往往需要增设防气体旋流挡板，见图3-68。设置防气体旋流挡板能避免气体旋流对液沫的夹带，同时也能改善上升气体的均布。

3）捕液吸能器

采用大直径低速转油线进料的气液混相速度一般很难做到低于50m/s，而高速转油线进料的气液混相速度大多在80m/s左右，如此高的进料速度，经过环流进料分布器之后，液体也是高速螺旋向下冲击的。高速螺旋向下冲击的液体不可避免地会夹带一些气体，也具有较高的动能，对减压蒸馏塔的底部构件构成破坏威胁，也会影响减压蒸馏塔底部的操作。干式减压蒸馏设置的人字挡板其主要目的就是吸收冲击液体的动能并释放所夹带的气体，而湿式减压蒸馏塔底部设置的是分馏塔盘板，需要采用一种结构用以吸收冲击液体的动能并释放所夹带的气体，同时将液体导入最上一层塔盘板的受液区。

捕液吸能器的发明与应用是减压蒸馏塔进料段结构技术的重大进步。在减压蒸馏塔进料段下部的变径段设置一环形套筒结构，将3层约300mm高的格栅填料设置于环形套筒环内，吸收液体的冲击动能，并释放所夹带的气体，同时将液体导入下方塔盘板的受液区，变径能够起到加固捕液吸能器强度的作用，避免强冲击造成损坏而影响到下部塔盘的操作，见图3-69。

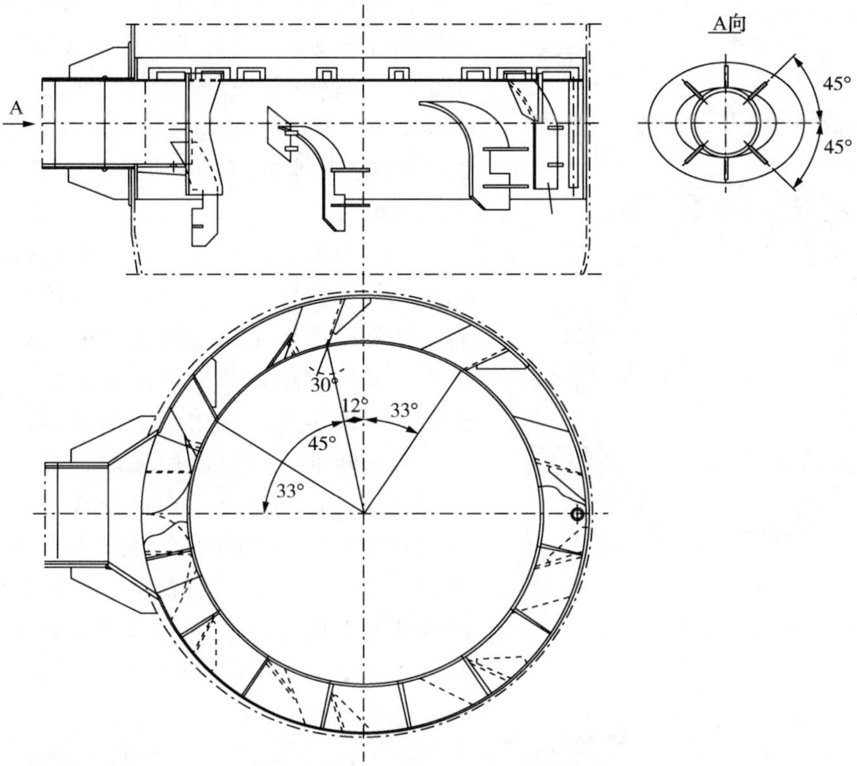

图 3-66　双切环流进料分布器

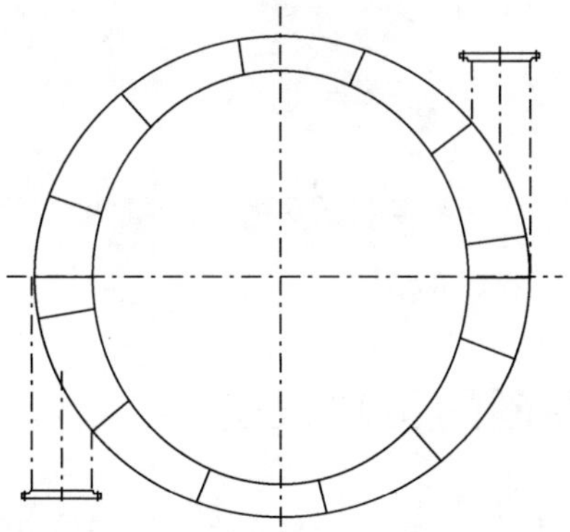
图 3-67　两条转油线的单切环流进料分布器结构

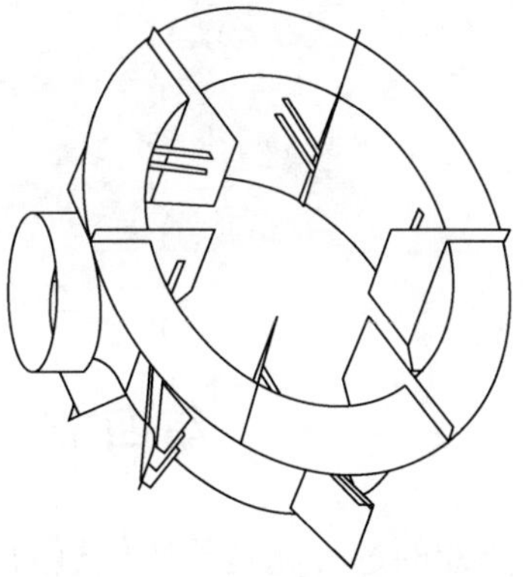
图 3-68　防气体旋流挡板结构

7. 塔底部提馏塔盘结构

湿式减压蒸馏操作多用于减压深拔工况，进料段之下设置 4~6 层塔盘。塔盘的型式多采用固阀、固舌或筛孔等不易被焦粉堵塞，也易清理的结构。塔盘板的结构应考虑尽量采用平受液盘并不设置进出口堰，避免出现液体的停留造成焦粉的沉积，同时可采用内套板结构取消滞留区[25]，见图 3-46。

(三) 填料塔的技术探索

填料塔技术进步不仅表现为填料结构技术的发展，还体现在填料的材料技术如转化膜技术、

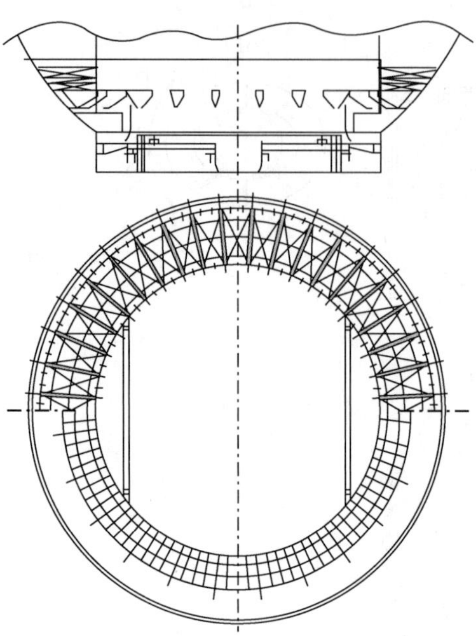

图 3-69　捕液吸能器结构

碳纤维等无机材料技术进步。更为重要的是气体和液体的分布技术，动力式和重力式液体分布器的结构型式、各种结构槽盘式液体分布器的开发与应用，填料支撑、液体收集和气体分布的一体化结构等，这些结构和技术的应用极大地节省了减压蒸馏塔的内部空间。

一直以来，减压蒸馏塔进料分布器发展的目标之一就是低压力降。以此获得较低的炉出口压力，达到降低炉出口温度的目的。对于减压深拔技术，减压加热炉的出口需要满足一定的操作压力要求，以实现炉管内稳定的环雾流态要求。为此，减压转油线的过渡段采取了多次转弯，增加了转油线设计的难度。在这个背景下，提高减压蒸馏塔进料分布器的压力降来适当减轻转油线设计的压力就成为了一个思路，螺旋分布器就是在这种情况下出现的[26]，尽管还少有工业应用，但充分体现出了技术发展的需要，见图 3-70。

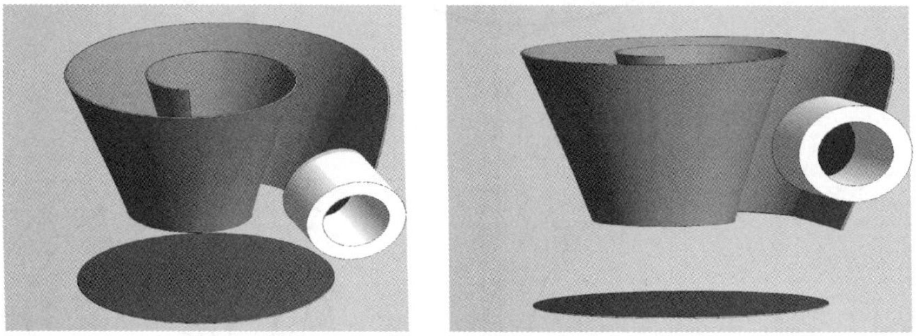

图 3-70　螺旋进料分布结构

第四节　原油蒸馏的传热设备

原油蒸馏的过程就是传质传热的过程，其中存在着大量的热交换。原油 15℃左右进装置，通过与装置内热油品包括中段回流进行换热，在提供原油预处理设施、闪蒸塔（初馏塔）所需热量的前提下，换热终温一般会达到 300℃左右。此外，还有常压塔顶系统的冷凝冷却、减压塔顶抽真空系统的冷凝冷却、轻烃回收部分的重沸器、进料换热器和塔顶冷凝冷却器等等的热交换过程。在这些热交换过程中，需要大量的各种类型的热交换设备，主要有浮头换热器和冷凝器、U 形管换热器和冷凝器、螺旋折流板换热器、螺纹管换热器、内波纹外螺纹管换热器、板式换热器和冷凝器、表面冷凝器、T 管重沸器、高通量管重沸器、各类型干式空冷器、湿式空冷器、板式湿空冷器、表面蒸发湿空冷器等。

一、原油换热与产品冷却器

原油换热指的是原油蒸馏装置内原油与产品、中段回流等的热量交换，主要体现在原油换热网络中，大多采用浮头式管壳换热器，对于采用不锈钢材料的高温换热器，由于小浮头螺栓强度问题，一般采用 U 形管换热器。

不同种类的原油其黏度、密度等性质差别较大，而原油蒸馏装置的产品，轻的如石脑油、煤油馏分等，密度和黏度均较小，重的如减压重质蜡油、减压渣油等密度和黏度又很大，这些物料有的比较清洁，有的易沉积也易结垢。参与换热的物料流率有的相对很大，如原油物流，尽管采取了分路的办法，但仍然属于较大流率的物流；有的又相对很小，如收率较小的产品；个别中段回流，也只是与分路之后的原油流率相当。因此，原油的换热网络不可避免地存在着冷热物流质量热容 MC_p 值相差较大的情况。

（一）原油换热设备的选择

1. 管壳程的确定原则

管壳程的确定受膜传热系数、压力损失等因素影响。原油在换热网络中经过多次换热，其压力损失成为原油泵选择的重要因素，直接影响到原油泵的设备和生产操作成本。此外，换热网络中原油的分路与合并是通过调节回路控制的，原油的支路压力平衡，也是影响换热器选择的重要因素。

较易结垢的物料，如减压渣油、常压重油和原油等，应首先考虑走管程，并在可接受的压力损失下提高管程流速，以获取较高的膜传热系数。采用管程并且较高的流速，可以减轻污垢的产生，使换热器在较长时期内保持高的传热效率。

2. 强化换热设备的使用

强化换热设备的使用可以有效地提高传热强度，降低原油换热网络设备投资和占地，但每一种强化传热设备都有自身的特点，必须结合物系的特点合理使用。原油和重油物料密度大、黏度高、冷热温差大、压力高，物料较脏、易结垢并具有较强的腐蚀性。在壳程流速>0.6m/s 的前提下，可以采用螺纹管、内波纹外螺纹管换热器。为降低换热器壳程的压力损失，直径 1000mm 以下的换热器可以采用螺旋折流板换热器，直径超过 1000mm 的换热器采用螺旋折流板需考虑防短路措施，否则，传热效率会有较大的降低。

3. 两相流换热设备

闪蒸塔或初馏塔进料之前的换热器大多是两相流换热器，原油在换热器内已经开始汽化，或者在进入换热器之前就已经汽化成为气液两相流体，在换热器内随着温度的升高和压力的降低继续汽化。为避免过高的混相流速（动能）造成设备震动，需要安排原油走管程，并且换热器的接管尺寸和管箱结构必须充分考虑混相流速（动能）的影响。

（二）产品冷却

原油蒸馏过程的产品冷却可以采用浮头式管壳换热器，也可以采用普通空冷器。近年来，随着生产装置的大型化和装置之间的直供料热联合，以及重质油品的罐区也多采用热油罐储存，生产过程中的产品基本无需冷却，装置内设置的冷却器多用于装置的开停工或特殊情况使用，为降低装置的建设投资和减少占地，一般采用水冷却器。

二、常顶油气空冷器

常顶油气空冷器多采用4～6管排，两管程，多片并联操作，油气管道需要对称布置。采用6管排及以上的管束需要核算风机的静压头是否满足需要，而风压损失需要考虑翅片变形、结垢及灰尘等的影响。如果风机的静压头不能满足要求，尽管管排数增加，但空冷器管束的迎风速度降低，导致传热能力下降。

随着冷凝冷却过程的进行，常顶油气体积流量会发生较大的变化，每一管程采用相同管子根数的管束，其第二管程介质的流速往往过低，传热系数及压力降不平衡。因此，常顶油气空冷器每管程的管子根数需要根据计算确定，图3-71给出了管子根数随管程变化的例子。

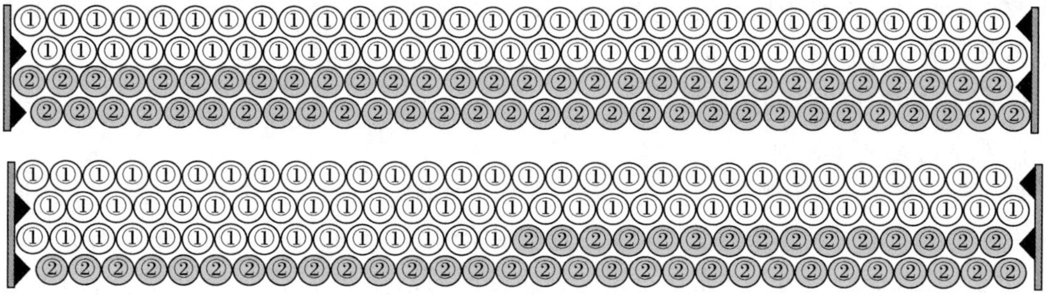

图3-71　两种不同的管根数布置图

三、减顶冷凝器

减压蒸馏塔顶抽真空系统的冷凝冷却器，被冷凝的介质是不凝气、可凝油品和水蒸气，最大特点是低压力损失和低的冷后温度。预冷凝器(一级冷凝冷却器)的操作压力多在6～12kPa之间，在此压力下实现大部分水蒸气的冷凝，其冷后温度应不高于35～38℃。较高的冷后温度会导致未冷凝的水蒸气量过大，后续抽真空设备负荷增大。预冷凝器的压力损失也是重要的控制因素，压力损失越大所需要的冷后温度就越低，同时抽真空设备的压缩比也越高，动力消耗越大。因此，减压蒸馏塔顶抽真空系统的冷凝冷却设备必须具有极低的压力损失和冷后温度。

一种在壳程设置纵向折流板的表面冷凝器，因其具有一定的逆流传热作用，可以获得较低的冷后温度，并能有效降低循环水的消耗量，其主要结构见图3-72。理论上，由于表面冷凝器的逆流传热作用，可以实现冷后温度低于循环水的回水温度，工程上常选择循环水的回水温度为38℃时，冷后温度为38℃。表面冷凝器也具有较低的压力损失，一般预冷凝的压力损失多在1kPa左右，能够很好地满足抽真空系统的需要。它的传热效率高、占地省、运行稳定，且压力损失和冷后温度、循环水耗量等均能满足减压蒸馏塔顶抽真空系统的需要，近年来得到了广泛应用。

四、稳定塔冷凝冷却系统

石脑油稳定塔顶冷凝冷却系统的操作压力一般在1.0MPa(G)左右，冷凝冷却器的入口温度在60～70℃，要求冷后温度达到40℃，图3-73为某项目工艺物流冷凝冷却的 T-Q 图。

图 3-72 表面冷凝器结构及流体流动

图 3-73 表明，比较敏感的 55~60℃的冷凝冷却负荷 Q_0 占了全部冷凝冷却负荷的 27%。之所以说这段负荷敏感是因为这是空冷器可能达到的冷后温度。一般地区，采用空冷加水冷的技术方案，水冷需要考虑 Q_0+Q_2 约 66%的负荷，以满足冷凝系统的可靠要求，而空冷需要考虑 Q_0+Q_1 约 61%的负荷，以实现节约冷却水消耗的目标，这种方案的设备投资较高。

表面蒸发式空冷器，结构紧凑，水膜的蒸发作用不但提高了传热效率，还可获得更低的冷后温度。其主要由水箱、光管管束、喷淋除雾、预冷、风机等部件组成(见图 3-74)，是一种将水冷与空冷、对流与蒸发融为一体的高效冷却设备。采用表面蒸发式空冷器，可将介质冷却至环境湿球温度+5℃，在我国的大部分地区都可将介质冷却到 40℃。

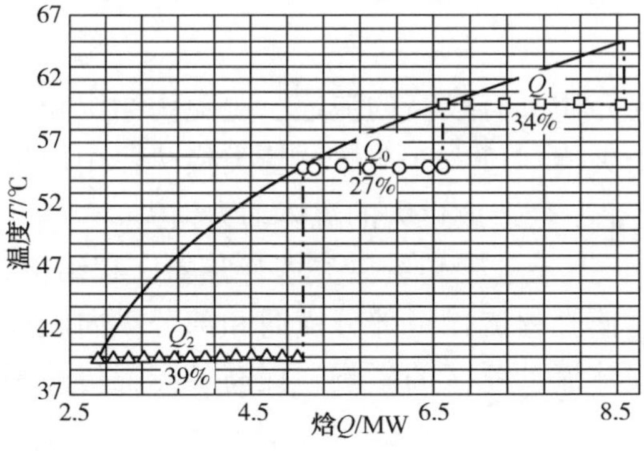

图 3-73 稳定塔顶物流冷凝冷却 T-Q 图

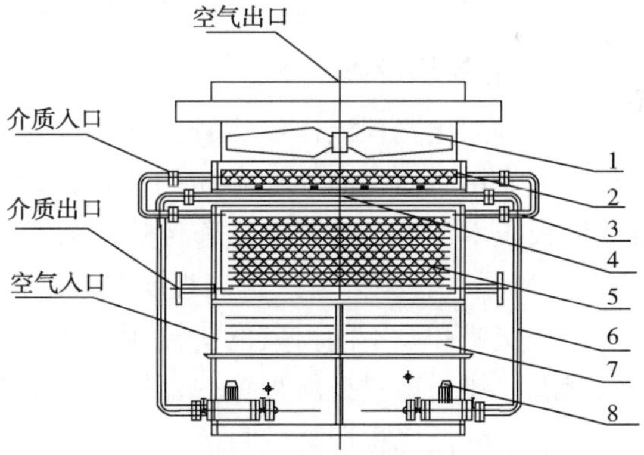

图 3-74 表面蒸发式空冷器[1]

1—风机；2—除雾器；3—U 形弯管；4—喷水系统；5—管束；6—上水管；7—构架水箱；8—循环水泵

五、传热设备技术的探索

传热技术和设备在石油加工过程中具有举足轻重的地位，技术的进步与发展不论是在节能降耗领域、安全与环保领域，还是在项目基本建设的投入成本方面，甚至在相关的机械制造、材料技术的发展等方面都会产生较大的影响。同时，石油化工以及相关行业的技术进步与发展也会带来传热技术和设备的进步与发展。

（一）高温重质油品冷却技术

由于环保因素和水的消耗问题，近年来石油加工企业的水箱冷却器几乎已经淘汰，但水箱冷却器所具有的操作稳定性和可靠性，特别适合于超重质油品冷却的特点，使其在某些领域使用时有它独特的优势。RCS 水冷器的开发与应用[27]克服了水箱冷却器的缺点，又发挥了它的优势，见图 3-75。RCS 水冷器采用多程集束管管束强化传热过程，大管径集束管弯头有效降低了介质的动力损耗，壳程自循环冷却系统避免了水蒸气的挥发，保护环境的同时也避免了冷却水的消耗。

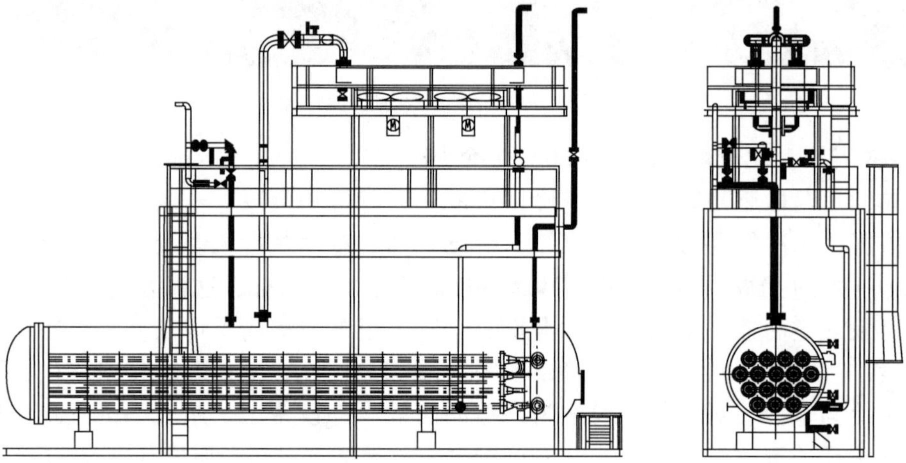

图 3-75　RCS 水冷却器结构

（二）强化换热设备

螺纹管类强化壳程流体传热较为明显，但需要介质具有较高的流速，避免污垢沉积导致螺纹失去作用。而提高壳程介质的流速，动力损失增加过大，在螺纹管类换热器中应用螺旋折流板技术，提高壳程介质膜传热系数的同时也不会造成过大的流体动力损失。

图 3-76 是一种错开窗式折流板换热器结构[28]，其不改变传统管壳式换热器壳程结构，通过若干块交错开设不同窗口的折流板分组布置，使壳程流体呈部分横向和部分纵向的连续流动状态。错开窗式折流板换热器减缓了壳程流体流动死区的影响，提高了壳程传热系数，也实现了降低壳程压降的目的。

图 3-76　单开窗和对开窗折流板换热器

第五节 原油蒸馏的加热炉

原油蒸馏过程中的常压加热炉和减压加热炉，被加热物料流率和热负荷均较大，正确选择炉型，以及采取各项措施提高加热炉的效率，对降低原油加工过程中的能量消耗，具有重要的积极意义。

一、加热炉炉型

原油蒸馏过程中常采用加热炉，有圆筒炉、水平管立式炉和立管箱式炉等炉型，这三种基本炉型的技术指标如表3-2所示。

表3-2 基本炉型技术指标对比

项目	圆筒炉	水平管立式炉	立管箱式炉
占地面积/(m^2/MW)	3.5~4.5	7.5~9.5	3~4
钢结构用量/(t/MW)	8~12	12~15	6~8
高合金钢用量/(kg/MW)	130~170	190~230	150~200
投资对比	100	100~150	70~90

注：占地面积包括安装和检修时水平抽管场地面积。

炉型的选择一般考虑经济性、适用性，仅从投资的经济性比较，立管箱式炉最经济，其次是圆筒炉，最后是水平管立式炉。

（一）炉管的布置

辐射炉管布置的基本形式有立管和水平管两种，立管不承受自重引起的弯曲应力，支承结构简单，可节省支承件高合金钢用量。立管不需要在加热炉旁边预留抽管场地，占地面积少。立管的这些优点正好是水平管的缺点，但水平管也有它独特的优点：首先是管内介质或水压试验后管内的积液可以完全排空，立管却做不到；其次是当管内介质是气、液两相流时，可以在较宽的操作范围内获得良好的流型——环雾流和雾状流，而立管获得这些好流型的操作范围很窄；第三，对于燃烧器布置于炉底的加热炉，可以将介质温度高、易裂解、易结焦的炉管避开炉膛高温区域，而立管的每根炉管都必须穿过高温区。

（二）炉型

1. 圆筒加热炉

常规圆筒炉的辐射炉管沿圆周排列，接受火焰和高温烟气的单面辐射，辐射室内燃烧器和炉管管排成同心圆布置，炉管距火焰的位置相对匀称，径向的辐射热量均匀，如图3-77所示。

圆筒炉的辐射炉管沿管长受热不均匀，当辐射炉膛高度和炉管节圆直径之比不大于2.75时，不均匀系数为1.2~2.0。当管心距两倍于管外径时，沿炉管周向热强度的不均匀系数为1.75，导致整个辐射炉管的平均热强度也较低。

圆筒加热炉除沿炉膛周边排放炉管外，可在炉膛中间布置炉管，接受火焰和高温烟气的双面辐射，提高辐射炉管的平均热强度，从而节省材料用量。

2. 箱式炉

箱式炉的炉管布置有两种，一种是辐射室炉管采用立管布置，一般称为立管箱式炉；另一种是辐射室炉管采用卧管布置，一般称为卧管立式炉，见图 3-78。

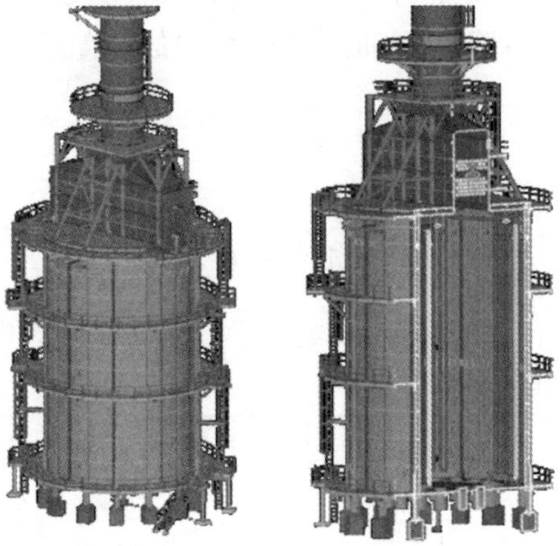

图 3-77　对流辐射型圆筒炉

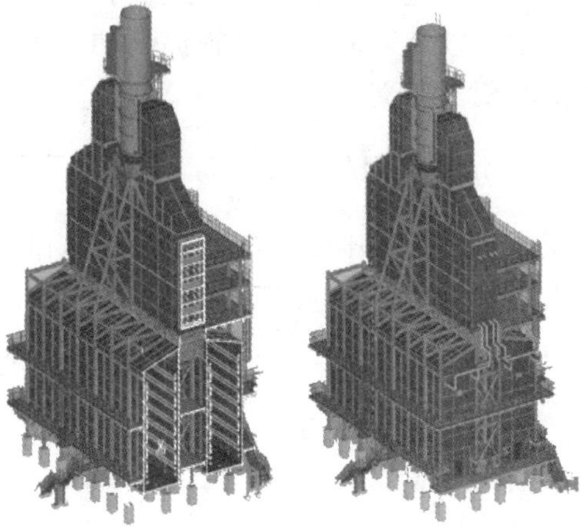

图 3-78　箱式炉

卧管立式炉的高宽比小，辐射炉管沿两面侧墙排列，燃烧器沿炉管长度方向布置在炉膛底部，辐射炉管沿管长方向受热虽较均匀，但受燃烧器火焰形状特别是火焰高度的制约，沿辐射室高度方向炉管热强度分布存在差异。

立管箱式炉辐射炉管为立管沿炉墙布置，炉管的受热情况与圆筒炉相近。箱式炉的辐射炉墙高度和炉管管排间宽度之比一般也不大于 2.75。

二、燃烧器及低 NO_x 技术

燃烧器是加热炉的重要部件，燃料燃烧效率的高低，一定程度上取决于空气供给量的配比。为了保证完全燃烧，助燃空气供给量必须大于理论需要量，即燃料燃烧必须在一定的过剩空气下才能实现完全燃烧；然而过剩的空气又会带走热量，降低加热炉热效率。

为使加热炉能在合适的过剩空气下长期平稳操作，通过氧分析仪监测辐射炉膛氧气含量自动控制鼓风机，从而对加热炉总供风量进行调节。通常过剩空气系数燃油时为 1.2～1.25，燃气时为 1.1～1.15。

低 NO_x 燃烧技术的发展历经了低过剩空气系数、燃料分级、空气分级、烟气再循环、空气和燃料双分级等燃烧技术。目前，燃烧器 NO_x 的排放可以达到 50mg/Nm^3 以下。采用高效低 NO_x 燃烧器，降低烟气中 NO_x 排放量的同时，还可实现燃料高效燃烧。

低 NO_x 燃烧器主要应用燃料分级燃烧技术、空气分级燃烧技术和烟气再循环技术，通过降低火焰温度以减少 NO_x 的生成量，见图 3-79 和图 3-80。

燃料分级燃烧技术设有两个独立的燃烧区或燃烧阶段，小部分燃料释放到初级燃烧区，而大部分燃料释放到二级燃烧区，通过一个中心上升管或多个上升管将初级燃料释放到燃烧器砖内。

空气分级燃烧技术是烧油燃烧器的主要技术，全部燃料进入初级燃烧区，而只有部分

空气进入初级燃烧区，由于没有充足的空气，大部分燃料不能完全燃烧，从而导致火焰温度低于非空气分级的燃烧器。

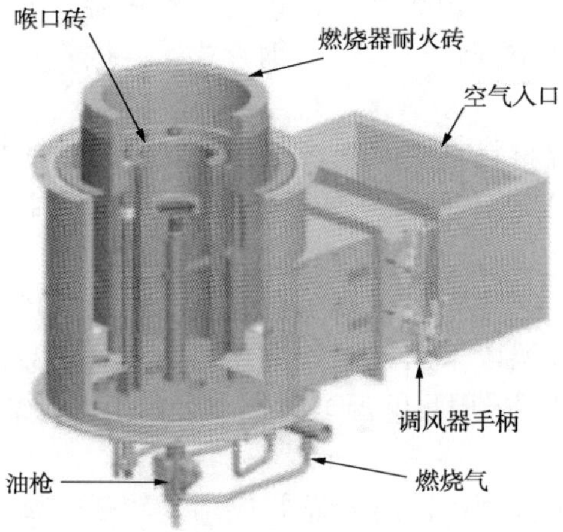

图 3-79　低 NO_x 分级配风油气联合燃烧器

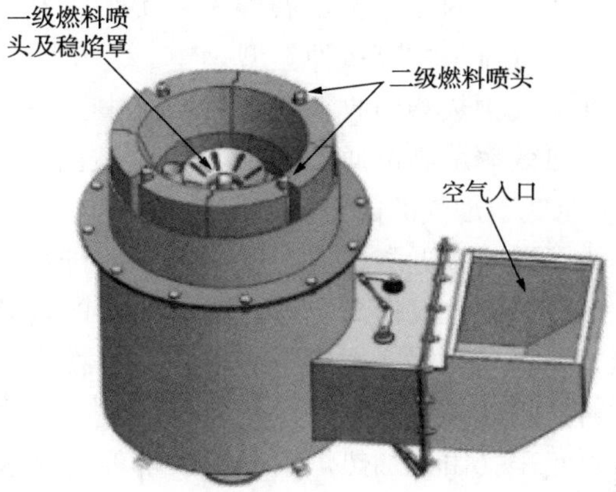

图 3-80　低 NO_x 分级燃料气体燃烧器

烟气再循环技术是将烟气再循环到燃烧气体中，惰性的烟气冷却火焰，降低氧分压，并减少 NO_x 排放，对于已使用分级燃烧技术的燃烧器，烟气再循环可进一步降低 NO_x 排放。

与普通燃烧器相比，分级供风燃烧器的 NO_x 生成量可减少 30%~35%；分级供应燃料燃烧器的 NO_x 生成量可减少 55%~60%。

低 NO_x 燃烧器的火焰较长，与传统燃烧器相比热通量曲线发生改变，可以获得更均匀的热强度。

三、加热炉的燃料热效率

加热炉作为原油蒸馏过程中的重要耗能设备，对装置运行的能量消耗具有重大影响。提高加热炉的热效率既节省燃料消耗，降低装置运行的能量消耗，又能减少烟气排放，改善环境保护指标。

1. 燃烧及燃料系统

通过设置烟气-空气预热器回收烟气余热是提高加热炉热效率的重要手段，但排烟温度受露点腐蚀限制，采用清洁燃料可以实现更低的排烟温度。气体燃料较液体燃料更容易降低过剩空气系数，实现完全燃烧。优良的燃烧器性能，既能实现烟气中低 NO_x 排放，又能降低过剩空气系数，实现完全燃烧。火焰形态和形状的良好控制，能够有效地提高炉管的平均热强度，降低炉膛温度，有利于提高加热炉的热效率。

2. 烟气的余热回收

加热炉烟气余热回收方法主要有两种，一种是余热锅炉，高温管式炉和纯辐射炉排烟温度高，仅靠预热燃料气或燃烧用空气无法将排烟温度降下来，一般采用余热锅炉；另一种是预热燃烧用空气，采用烟气-空气预热器预热燃烧用空气是最常用的减少燃料消耗的方法，它自成体系，不受装置工艺流程约束。

烟气-空气预热器可以直接放在加热炉对流室的顶部，也可以置于地面。装置大型化之后，一般将空气预热器直接座落在炉侧地面，设置鼓风机、引风机保证余热回收系统的操作压力。

常用的空气预热器有热管式空气预热器、板式空气预热器、管式空气预热器、水热媒空气预热器和两相流预热器等多种类型，其中管式空气预热器包括钢管式、铸铁管式、玻璃管式、扰流子式等多种类型。

在空气预热器回收烟气余热系统中，采用传统材料直接间壁换热不设防腐措施的预热器，其热效率最高值通常受烟气低温酸露点腐蚀限制，即预热器的壁温(烟气过流金属温度)不能低于烟气的露点温度。

为了适应接近酸露点温度或更低的排烟温度，通常采用高温段和低温段组合形式的空气预热器，充分发挥高、低温段预热器的优势。高温段采用换热效率高的空气预热器，比如板式空气预热器、扰流子式空气预热器等；低温段采用耐低温酸露点腐蚀的空气预热器，比如铸铁板翅式空气预热器、玻璃材质空气预热器。

近年来，由于加热炉用燃料大都经过深度脱硫处理，同时开发并应用了较强耐腐蚀能力的空气预热器，在酸露点及酸露点以下的温度时，可在酸性烟气和酸性冷凝液环境中安全、稳定、长周期运行。在回收烟气低温显热的同时，还能部分回收含酸水蒸气的冷凝潜热，使得加热炉的热效率进一步提高，实现了深度节能的目的。

3. 散热损失

加热炉的运行过程中，设备外壁向大气散热，散热量与外壁温度、环境温度和风速有关。相关标准[29]中规定，在无风、环境温度为27℃的条件下，辐射段、对流段和热烟风管道的外壁温度应不超过82℃，辐射段底部外表面温度应不超过90℃。基于以上条件，加热炉的散热损失一般占燃料低发热量的1.5%~2.5%。

衬里各部位的最高操作温度是选择耐火材料的主要依据，同时兼顾各类耐火材料的特性，还应考虑加热炉燃烧产物的组成和腐蚀特性、烟气高速冲刷等诸多因素的影响。陶瓷纤维模块是一种简化并加快施工过程、提高炉衬整体性的耐火制品，陶瓷纤维模块处于预压状态，直接固定于钢板锚固结构上，在炉衬砌筑完毕后，陶瓷纤维模块的膨胀使炉衬无缝隙，补偿纤维炉衬收缩，其优良的热稳定性、化学稳定性及抗热震性可以提高纤维炉衬的整体绝热性能。陶瓷纤维模块按照成型方法的不同，可分为折叠块和整体模块。陶瓷纤维折叠块，使用针刺毯进行折叠，成型时使用机械设备对模块进行预压；陶瓷纤维整体模块成型后的模块纤维没有方向性，绝热效果更好。陶瓷纤维模块根据温度等级可分为1000℃低温型、1200℃标准型、1250℃高纯型、1350℃高铝型、1400℃含锆型。微孔纳米绝热板导热系数较传统保温材料更低，能有效地减少热传导及介质对流，绝热性能比传统保温材料提高了2~5倍。微孔纳米绝热板在复合衬里结构中替代陶纤制品做背衬板，增强隔热效果的同时还可有效地减薄衬里总厚度。

性能良好的衬里材料和结构不仅能保护设备钢结构，还能够有效减少设备壁板的热损失，提高加热炉热效率，为加热炉的长期稳定运行提供重要保障。随着炉墙外壁温度的降低，通过对流和辐射向大气散发热量的降低，相应的燃料消耗也得到降低，但由于衬里厚度的增加，加热炉一次投资增加。在炉衬厚度不增加、隔热效果不降低的前提下，常采用复合衬里结构，耐火材料与隔热材料搭配使用。

第六节　原油换热网络与节能

一、原油换热网络优化

对于原油蒸馏装置的换热网络，其优化的方向是以窄点理论为基础，尽可能避免跨过“窄点”的传热。在满足装置换热需求的前提下，减少换热节点个数也是优化工作的重要组成部分。换热节点数少，节点的传热需求就比较大，可以采用大壳径或强化换热器，也可以采用多台换热设备串联操作，选择余地大，也能节省占地、降低投资。

（一）组合曲线最佳窄点温差的确定

原油换热网络的优化设计是从冷、热流组合曲线开始的，在装置加工流程选择、流程模拟计算时就要对换热网络的布局进行考虑，通过调整装置加工流程、物料平衡和操作条件，可以改变窄点位置和热量的回收率。

在原油蒸馏过程中，换热网络的最佳窄点温差 ΔT_{min} 一般为 15～35℃，有条件的可以根据换热网络系统的投资、设备使用年限、燃料和循环水等冷热公用工程费用通过计算确定。不具备条件的，在选择窄点温差 ΔT_{min} 时需要关注换热网络的平均对数温差 ΔT_a，因为平均对数温差 ΔT_a 是决定换热网络平均热交换强度的关键因素，同时遵循如下几个原则：①原油换热网络的主要任务是回收装置的余热，必须避免出现冷却负荷；②当出现冷却负荷时，首先考虑的是进一步减小窄点温差；③过小的窄点温差 ΔT_{min} 导致平均对数温差 ΔT_a 过低时，考虑进一步增加外输热，比如提高热物流的送出装置温度、增加给轻烃回收系统的外输热量等；④选择适合的热物流发生蒸汽供装置自用；⑤加热热水；⑥减少塔顶油气的取热量。

（二）冷热物流匹配的基本原则

1. 低温热源的安排

原油蒸馏过程的低温热源主要有常顶油气、减顶循、常顶循和常一线等，设置初馏塔的，低温热源还有初顶油气。这些热源需要的换热后温度多在 100℃以下，柴油馏分需要的换热后温度在 100～120℃，减压馏分 140℃左右，渣油 160℃左右。

低温热利用的重点是初、常顶油气与原油换热，气液两相流动要避免压力降过大，多台换热器并联也要考虑对称布置。因为油气与原油换热多采用钛材换热设备，在保证常顶循和减顶循换热的情况下，尽量将初、常顶油气优先与原油换热，较高的传热温差也有利于减小换热面积，降低设备投资。

2. 原油电脱盐操作温度

原油电脱盐的操作温度由原油的性质决定，一般为 105～145℃。这一操作温度需要由换热网络提供，而原油换热网络各部位的操作温度会因原油性质、生产方案的调整而改变，如何保证原油电脱盐的操作温度在所需要的操作范围之内，是原油换热网络的重要事项。一方面，原油电脱盐之前的换热网络对常压蒸馏和减压蒸馏的热源不应偏颇，以免加工原油轻重程度的改变引起常压蒸馏和减压蒸馏的拔出率出现较大的变化，导致电脱盐操作温度出现难以调节的局面；另一方面，应在原油电脱盐前后的换热网络安排较重要的热物流，必要时起到调节原油电脱盐温度的作用。

3. 闪蒸塔或初馏塔进料温度

与原油电脱盐的情况相类似，在初馏塔或闪蒸塔的前后安排重要的热物流，必要时起到调节闪蒸塔或初馏塔进料温度的作用。但更重要的是原油电脱盐之后的原油换热网络是回收装置中段回流取热的重要部分，大部分中段回流取热量将在这一部分回收，中段回流的返塔温度也多在这一段控制，需要将各中段回流分布在每一路原油换热，避免因生产操作的调整集中发生在一路，而影响到换热网络的支路平衡。

4. 中段回流换热

中段回流的流量大、热容量高，是原油换热网路中的重要热源，也是常减压蒸馏塔热平衡调整的重要手段。在与原油换热回收热量的同时，担负着取出塔内热量的任务，需要在装置操作调整时有足够的换热能力使塔的正常操作不受影响。因此，安排中段回流与原油的换热，既要考虑取热量的变化对换热网络可能带来的影响，也要在返塔前的最后一次换热留有足够的换热面积和传热温差，以保证中段回流取热调整的需要。

当采用中段回流作为轻烃回收部分重沸器热源时，需要考虑合适的热源温差，并应避免同一台设备出现重沸器热负荷和中段回流取热的双重调节，不采用中段回流尾部热量作为重沸器热源。

5. 原油分路原则

根据窄点理论，冷热物流的质量热容 MC_p 基本一致时，热物流的温度头(热动力)损失小。而冷热物流 MC_p 相差较大，热物流的动力损失较大。原油分路的主要目的是降低 MC_p 值，避免冷热物流的 MC_p 值相差过大。

为方便生产操作调整，原油分路应以流量均分为首要原则，避免设置不必要的调节回路，使操作控制调节过于复杂，项目建设和维护成本增加。

热物流一般不采用分路，根据热物流的 MC_p 值，原油分路之后还可以选择合路，以适应较大 MC_p 值的热物流。

原油的分路通常设有流量控制调节回路，结合原油换热网络控制系统的要求，关联原油预处理设施的操作压力控制、装置加工原油的流量控制和初馏塔或闪蒸塔底的液位控制，以及常压加热炉的支路入口流量控制等，综合考虑原油的分路与合路。

6. 热物流的换热次数

换热单元数是参与原油换热的热物流换热次数之和，过多的换热单元数会增加原油换热网络的复杂程度，引起项目建设投资的增加，也不利于高效换热设备的使用。热物流换热次数的确定依据是 MC_p 值和热回收温差的综合考量，具有较高 MC_p 值的热物流，比如渣油、减二中段回流等可以采用较多的换热次数，以避免过分的热动力头损失，而较低 MC_p 值的热物流，比如常四线、减压过汽化油等，采用较少的换热次数，尽管造成了一定的热动力头损失，但换热回收的温差较大，换热器的热强度较高，也降低了换热网络的复杂程度。

7. 支路平衡和节点换热设备的选型

换热网络支路平衡包括压力平衡和温度平衡，原油各平行支路的压力损失保持平衡，有利于原油支路的流量分配和调节，也避免支路的动力损失浪费在调节阀上。原油各平行支路的换后温度应基本一致，过大的差别会导致热物流的温度头损失。

原油换热设备的选型多采用浮头类管壳式换热设备，换热网络的设备除考虑必要的强化传热设备之外，还应适当考虑原油走管程，通过提高流速增加膜传热系数，尽管原油经过换热设备的动力损失会因此有所增加，但较高的流速也会减轻换热管结垢，降低对传热的影响。

二、节能技术

原油蒸馏装置的能量消耗主要由燃料消耗、电力消耗、蒸汽消耗和循环水消耗等所构成。其中，燃料消耗占装置能耗的70%左右，电力消耗占15%左右，蒸汽消耗占10%左右，而循环水消耗只占2%左右。

1. 强化传热技术的应用

原油换热网络的优化设计在原油蒸馏的节能过程中起到了重要作用，特别是采用了窄点技术并开发了原油换热网络优化软件之后，常减压蒸馏装置的原油换热终温可以达到290℃以上。强化换热设备的应用提高了传热效率，降低了原油换热网络的成本，增加了装置余热回收的经济价值。应用较普遍的有螺纹管换热器、内波纹外螺纹管换热器、螺旋折流板换热器等。此外，板式换热设备可以实现逆流热交换，具有结构紧凑、占地少、换热面积高的特点，在常顶后冷、稳定塔进料等部位的应用也取得了很好的效果。

2. 热联合、外输热与低温热利用

石油加工企业生产装置集约化布置，装置之间的直供料、热联合，直馏柴油馏分100～120℃出装置，减压馏分油140℃左右出装置，渣油160℃左右出装置，使装置的低温热利用成为了可能。常顶油气参与原油换热，煤油馏分可以换热到50℃直接送出装置，减压塔顶循环回流可以直接换到50℃，取消了之后的冷却设备。常二中、常一中或减一中等中段回流的低温部位用于装置轻烃回收部分的重沸器热源。此外，剩余的低温热量还可以考虑发生装置自用的低压水蒸气。这些技术措施在原油蒸馏过程的节能工作中发挥了重要作用。

3. 优化减压塔顶抽真空系统与降低蒸汽消耗

在原油蒸馏过程中，水蒸气的消耗主要发生在减压塔顶抽真空系统和塔的汽提使用上。水蒸气的大量使用对装置生产非常不利，消耗了水资源的同时，增加了污水排放。因此，节省水蒸气的消耗意义重大。

1）减压塔顶的真空度

减压塔顶的真空度是通过抽真空系统的能量消耗获得的，在一定的减压拔出率和减压蒸馏产品质量的要求下，它与减压加热炉的燃料消耗成反比关系。根据原油蒸馏过程余热回收系统的研究，加热炉热负荷的增加大多可以通过原油换热网络优化得以回收，而减压塔顶抽真空系统所消耗的能量在目前的技术条件下却是无法回收的。因此，需要综合各方面因素，选择合理的减压塔顶真空度。

2）液环式真空泵的使用与抽真空系统的优化

液环式真空泵消耗的是电能，与蒸汽喷射式抽空器相比，具有较高的效率。通过采用液环式真空泵与蒸汽喷射式抽空器混合抽真空系统，并优化各级抽真空设备的压缩比和冷凝冷却器的冷后温度，节省抽真空系统能量消耗的同时也能较大幅度地减少蒸汽消耗。

3）汽提蒸汽

原油蒸馏工艺过程需要在常压蒸馏塔和湿式操作生产模式的减压蒸馏塔的底部吹入低压的过热水蒸气，一方面汽提底部产品夹带的轻组分，另一方面降低进料段的油气分压，达到降低加热炉出口温度并节省燃料的目的。减少塔底部产品夹带的轻组分是原油蒸馏工艺所需，而降低加热炉的出口温度节省燃料消耗的目的是否必要、是否经济就需要研究了，另外汽提蒸汽的注入，降低了塔处理能力的同时，也增加了塔顶部系统的冷却负荷和含硫污水的排放。

4. 烟气余热回收与加热炉效率

提高加热炉的热效率，将对装置能耗产生重要影响。目前，提高加热炉的热效率主要有两方面的工作，一方面是开发并采用高性能燃烧器，降低过剩空气系数，并使燃料燃烧更加完全。另一方面是应用高效的空气预热器，尽量降低排烟温度。目前，采用气体燃料，排烟温度可以达到120℃以下，加热炉的热效率也可以做到不低于92%。

5. 流程技术

原油蒸馏的工艺流程一方面必须满足生产方案和产品的质量要求，另一方面也是降低装置加工能耗的基础和重要手段。例如，常压蒸馏塔采用两条侧线生产柴油馏分，减压蒸馏塔采用两条侧线生产蜡油等，很重要的原因就是有利于装置的余热回收，此外，原油的预闪蒸技术、两段减压蒸馏技术等也是出于降低装置的加工能耗的目的。

6. 低压力降的减压蒸馏塔内件

20世纪80年代，减压塔开始采用高效散堆填料及格栅填料来代替塔盘，取得了良好的经济效果。90年代后，规整填料及液体分布器等配套设施的成功应用，为我国减压蒸馏塔技术进入新的阶段创造了条件。规整填料具有传质传热效率高、压降低和操作弹性大等特点，大大降低了减压蒸馏塔的全塔压力降，提高了减压塔闪蒸段的真空度，减少了减压炉的燃料消耗。同时，由于全塔压力降的减少，使减压蒸馏塔从“湿式”操作转变为“干式”操作成为可能，减少了蒸汽消耗，节约了能耗。

7. 轻烃回收系统的节能

原油蒸馏过程中的轻烃回收系统，主要目的是稳定石脑油满足中间原料罐储存的需要、回收液化气、控制干气中C_{3+}的含量满足干气脱硫生产燃料气的需要。

设有石脑油分离塔的轻烃回收系统，所生产的轻石脑油作乙烯裂解原料，球罐存储，稳定石脑油中C_4之前轻组分含量的脱除率要求可以适当降低些，以减少稳定塔底重沸器的热负荷。

1）压力系统的节能

经脱硫后作为燃料气的吸收塔顶干气，出装置压力一般选择不超过0.8MPa(G)，吸收塔顶的操作压力不高于0.85MPa(G)，脱吸塔、稳定塔和压缩机出口的操作压力可以实现不高于1.0MPa(G)，这是原油蒸馏过程中轻烃回收系统的操作压力关系决定的。这样的操作压力下，压缩机系统可以采用一级压缩，有利于节省压缩机系统的投资和占地。稳定塔底重沸器热源也可以采用常二中的中间温位，而脱吸塔可以使用1.0MPa(G)级别水蒸气作为重沸器的热源，实现轻烃回收系统的降低能量消耗和节省设备费用的目标。

设有液化气脱C_2塔的轻烃回收系统(见图3-31)，稳定塔顶回流产品罐操作压力和温度的选择也关系到节能优化，操作温度和操作压力同时影响了稳定塔顶和脱C_2塔顶不凝气体的量，也决定了吸收塔吸收剂的使用量和干气的C_{3+}含量。直接的能量消耗关系到稳定塔顶

的冷却负荷和脱 C_2 塔底重沸器的负荷。

2）热量使用系统的节能

石脑油稳定和轻烃回收系统需要提供热量的是稳定塔进料和塔底重沸器、石脑油分离塔进料和塔底重沸器、脱吸塔进料和塔底重沸器。流程上脱吸塔底油是稳定塔的进料，稳定塔底油是石脑油分离塔的进料，只有石脑油分离塔底油(重石脑油)的热量需要回收。而进料段温度的高低与进料温度有关，也直接关系到塔底重沸器需要的热负荷，工程实践中脱吸塔下部设置第二重沸器有助于减小塔底重沸器的热负荷，见图 3-81。设置液化气脱 C_2 塔，而没有设置脱吸塔的轻烃回收流程，分离塔底油(重石脑油)可以参与稳定塔的进料换热，见图 3-82。

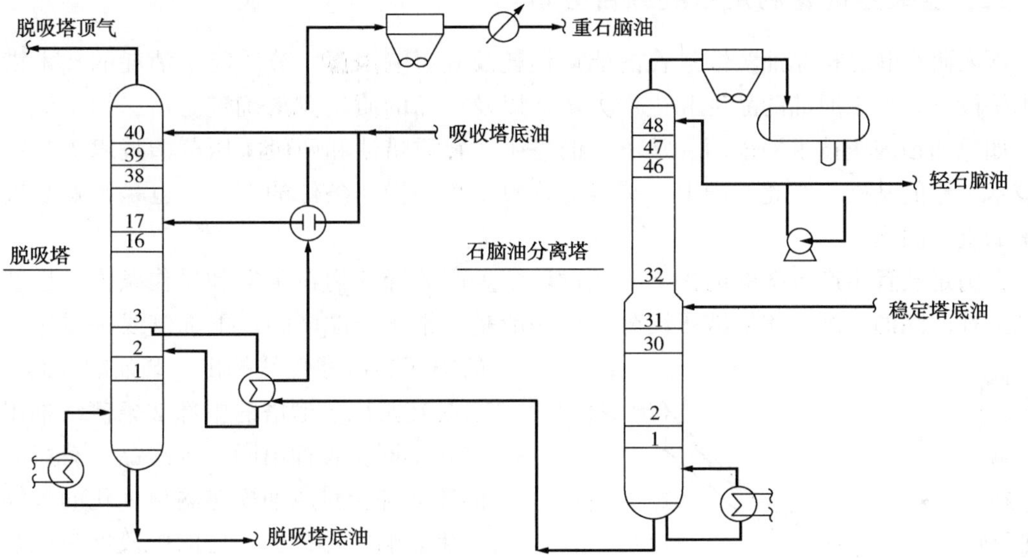

图 3-81　脱吸塔的给热流程示意图

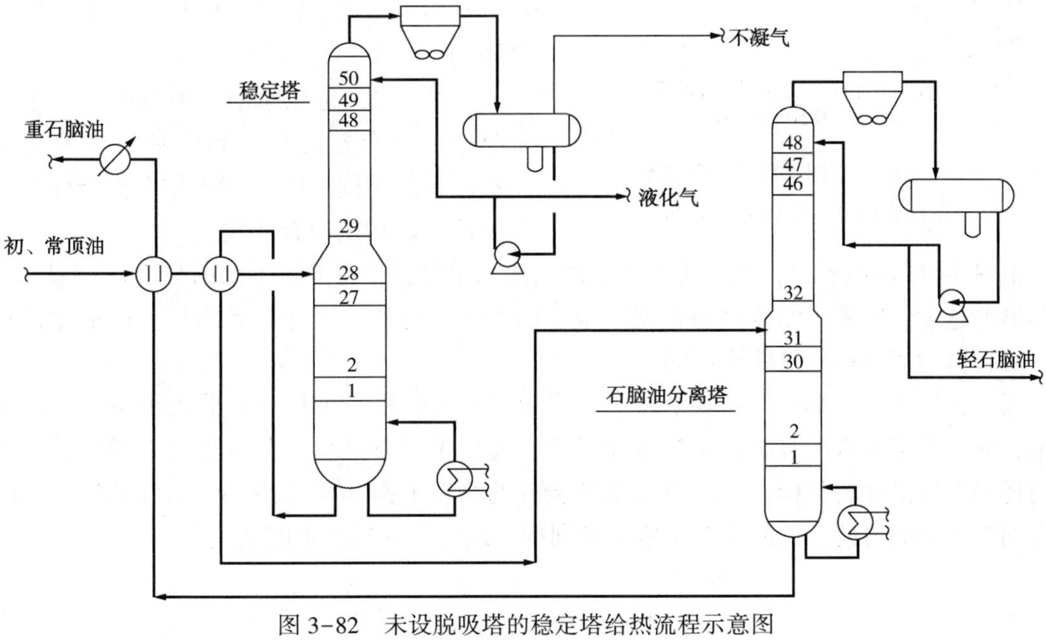

图 3-82　未设脱吸塔的稳定塔给热流程示意图

可见，石脑油稳定和轻烃回收系统存在着各塔的进料温度与底部重沸器热负荷的优化关系，也存在冷热物流相互搭配换热的优化关系。

8. 装置设备与管道的散热损失

从全装置能量分析角度来看，散热损失目前是装置能量消耗的重要部分。加热炉燃料消耗的相当部分用在了补偿装置的散热损失上。因此，一方面要优化装置的工艺流程，简化工艺管道和设备，减少不必要的散热面积；另一方面要改进保温结构，选择高性能保温材料，以有效降低装置的散热损失。

三、全装置能量利用系统综合分析

深入研究和分析原油蒸馏过程的能量消耗及其影响因素、节约能量消耗的技术措施和技术手段，在加工原油的品种和生产方案，以及产品的质量要求确定之后，加工流程的选择，如原油预闪蒸技术的采用、常压蒸馏塔生产轻质蜡油和两段减压蒸馏技术等是所有节能技术工作的基础。在此基础上，装置的物料平衡和操作条件的选择，也是影响装置节能水平的重要因素。

在满足装置生产方案的前提下，通过调整生产装置的物料平衡和操作条件，也就是调整同一种产品的分配，比如减压馏分生产一般是在常压蒸馏塔的最下部侧线和减压蒸馏塔的中部 2~3 条侧线抽出，柴油馏分的生产一般是在常压蒸馏塔的中部 2 条侧线抽出。这些在不同位置抽出同一种产品，其每股物流的改变都会对原油换热网络优化的最终效果产生影响。再比如，塔的中段回流取热、返塔温度等，这些操作条件的不同变化，同样也会对原油换热网络优化的最终效果产生影响。

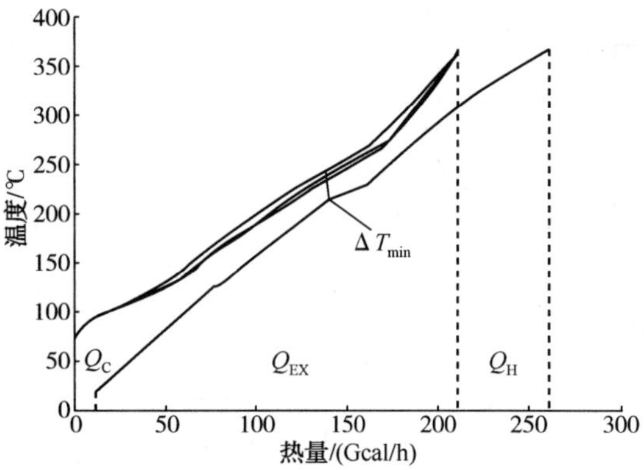

图 3-83　不同物料平衡和操作条件下的冷、热物流组合曲线

图 3-83 为某原油蒸馏装置，基于原油品种、生产方案和产品质量要求不变的前提。采用不同的物料平衡和操作条件所获得的冷、热物流组合曲线。

由图 3-83 可以看出，当采用固定的回收热总量时，获得的是不同的最小传热温差，而传热温差越大，所需要的传热面积就越小，设备投资越省。反之，采用相同的最小传热温差，所获得的回收热总量就会不同。

因此，以生产方案、产品收率和产品质量不变为前提，采用降低装置能量消耗的流程技术，充分利用现有的节能技术和节能手段、公用工程条件、气象条件和自然资源，以能量消耗和投资最优为目标，优化原油蒸馏装置的物料平衡和操作条件，达到从根本上降低装置加工能耗的目的。这就是全装置能量利用系统综合分析技术的精髓。

第七节 大型化与减压深拔

据统计，一套1000万吨/年的原油蒸馏装置与两套500万吨/年相比，建设投资可以节省20%左右，生产成本降低12%～15%。而重质油加工技术的发展与进步，给减压深拔技术的应用带来了广阔前景。

一、大型化原油蒸馏技术

工业生产装置的大型化和长周期(不小于3年)运转、产品质量升级与炼化一体化、集约型布置与数字通信、生产装置间热联合与直供料等，成为21世纪初石油加工企业发展的主旋律。原油蒸馏装置的加工能力经历了500万吨/年、800万吨/年规模改造和新建的磨砺，1000万吨/年、1200万吨/年成为了主要的建设规模。目前，国内尚有多套1500万吨/年左右加工能力的原油蒸馏装置正在建设或筹建之中。由中国石化工程建设有限公司(SEI)承担的马来西亚RAPID项目1500万吨/年原油蒸馏装置已于2019年初成功投运，并于2019年9月初顺利通过装置性能考核。

(一) 大型化板式塔技术

板式塔技术是原油蒸馏过程最重要的传质分离技术，主要有常压蒸馏塔、石脑油稳定塔、轻重石脑油分离塔等，最大的常压蒸馏塔直径已经达到了9900mm。传质技术的本质，或者说传质元件的本质，除了压力降之外，更重要的是传质效率。传质元件的压力降会对操作压力造成影响，进而影响装置的产品收率和节能水平，而传质效率关乎的是传质设备的建设投资和产品质量，这是传质设备的主要目标。

在传质设备大型化发展的过程中，必须解决大型塔设备内件支撑梁的强度与挠度问题，必须解决塔盘板的传质效率问题，也就是工艺性能问题。

1. 板式塔支撑梁的强度与挠度

国家行业标准[30]规定了支撑圈上表面和塔盘面水平度公差，也给出了支撑梁的应力和挠度的计算和允许的最大挠度值。对于大直径(7000mm及以上直径)板式塔多采用桁架梁技术(见图3-84)，这个技术是将钢制桥梁技术应用于板式塔的内部结构，是对大型化板式塔技术的一大贡献。

大型板式塔，由于梁的跨度加大，不仅需要解决支撑梁的强度和挠度问题，还必须关注支撑梁的布置方向。垂直于液流方向布置的梁，除了占据鼓泡区有效面积外，不会对传质效率构成太大影响。而平行于液流方向的梁，不但占据了鼓泡区的面积，还会导致液体流动的短路。因此，必须注意减小支撑梁的上表面宽度，一般不应超过100mm。

2. 塔盘板、集油箱和支撑梁的冲击载荷

原油常减压蒸馏装置塔设备内的塔盘、集油箱等构件被吹翻或受反向力作用严重扭曲变形的现象时有发生，主要是由生产操作波动或生产事故等偶然现象造成的，尽管设计者会在重要部位适当进行加固处理，但缺少方法和准则。

常压蒸馏塔提馏段塔盘板和支撑梁除常规荷载外需能承受至少0.15kgf/cm^2(1kgf/cm^2=

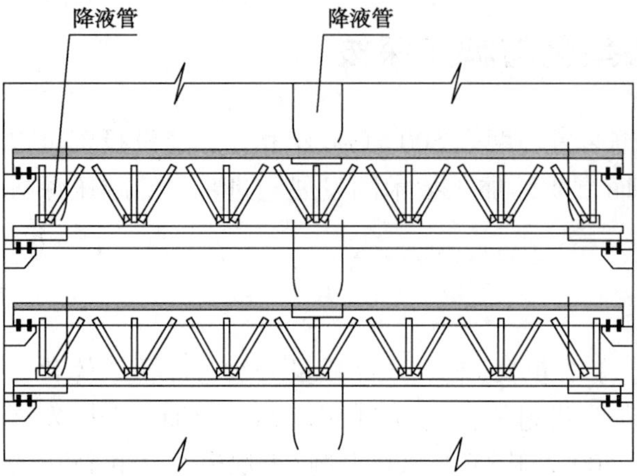

图 3-84　板式塔桁架梁基本结构

98.07kPa)的向上冲击载荷；最下一条侧线抽出到进料段的塔盘板、集油箱和支撑梁除常规荷载外需能承受至少 0.07kgf/cm^{2}的向上冲击载荷。侧线蒸汽汽提塔的塔盘板和支撑梁除常规荷载外需能承受至少 0.15kgf/cm^{2}的向上冲击载荷。

3. 塔盘的传质效率

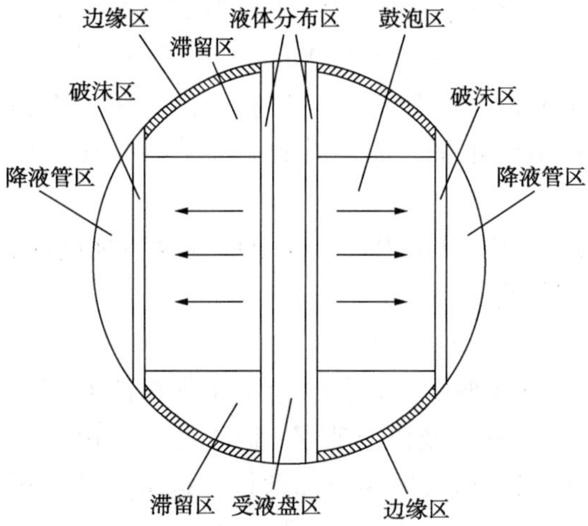

图 3-85　塔盘结构分布简图

板式塔的每一层塔盘主要由受液区、鼓泡区和降液区组成，鼓泡区又划分为预分布区（液体分布区）、澄清区（破沫区）、滞留区、鼓泡区和边缘区，见图 3-85。

这些区域是板式塔塔盘的特有结构，这些结构和传质元件一样，对板式塔塔盘的传质效率产生直接影响。

1）边缘区与气液传质的本质

边缘区是由焊接在壳体上的支撑圈与塔盘板的连接产生的，这一区域没有任何传质作用。显然，塔壳体直径越大，边缘区占鼓泡区面积的比例越小，对于大直径板式塔而言，其传质效率应优于相对小的塔，而实际则不然。大量的工程实践表明，大直径板式塔的塔盘板的效率往往要低于相对较小直径的板式塔。那么影响大直径板式塔塔板效率的因素是什么呢?

气液传质分离的基础是气液的充分接触，通过接触产生热量和质量的交换，气相中的较重组分凝结进入液相，液相中的较轻组分汽化进入气相，这就是气液之间的传质过程。传质效率来源于气液之间的充分接触，而塔盘板上液体的均匀分布，自受液区均匀流动到降液区，气体在塔的截面均匀通过传质元件，与塔盘板上的液体充分接触并均匀离开，上升进入下一层塔盘，这是传质效率得以实现的基础。因此，气体和液体在塔盘板上分布优良的塔内结构，对于大型板式塔传质效率的实现，远比传质元件的结构型式更加重要。

2）鼓泡区与塔盘板上的气液流动

原油常压蒸馏塔气液负荷变化较大，特别是液体负荷：中段回流传热塔盘的液体负荷很大，取热段之上的塔盘内回流过小；进料段之上过汽化段的塔盘液体负荷更小，进料段之下提馏段塔盘的气体负荷也很小。因此，尽管塔壳体直径达到9000mm左右，仍然需要双溢流塔盘结构，少数采用四溢流塔盘结构，有的还存在双溢流到四溢流的变换结构。

此外，塔盘板上的液面梯度也影响着塔板效率，同时导致气体分布的不均匀，这种不均匀又进一步影响了塔板效率。因此，必须考虑减小液面梯度的技术措施，这些技术措施主要包括使用液体推进器、塔盘板开孔布置、喷射鼓泡复合型传质单元的应用等。

3）滞留区

板式塔的结构决定了滞留区的存在，多年来研究者试图探索滞留区对塔盘效率的影响并且采取必要的改进措施，尽管收效甚微，但滞留区的概念指出了板式塔技术发展的一个方向。

4）预分布与澄清区

增加塔盘的开孔率是提高塔设备处理能力的最简单方式，从早些年的F1浮阀常规开孔率12%左右，到目前的导向浮阀或ADV塔盘开孔率增加到了18%左右。尽管高开孔率的塔盘板满足了强度要求，也满足了传质元件最小间距的要求，但预分布区和澄清区几乎没有了，而实际上这两个区域对保证塔盘效率和良好的水力学运行有着重要的作用。工程上需要结合受液盘和降液管的结构，并根据传质元件的技术特点，合理安排预分布区的尺寸，并且注重邻近传质元件的布置形式。澄清区的设计需要结合出口堰的结构型式和降液管的水力学计算确定澄清区尺寸和邻近传质元件的布置形式，保证塔盘板的整体工艺性能。

5）受液盘与降液管

受液盘与降液管的结构型式直接影响到塔盘板的布置和各个区域的相互关系，满足水力学计算要求的同时，必须考虑对塔盘整体性能的影响。受液盘的作用是接收来自上一层塔板的液体，并与预分布区一起完成液体在塔盘板上的均匀分布，受液盘的结构对塔盘板上的液体均布产生重要影响。降液管的作用首先是完成液体所夹带气体的释放，这个释放是与澄清区联系在一起的，其次才是塔盘板上液体的接收与到下一层塔盘之间的液体通道。不论是气体的释放，还是液体的接收都会对塔盘效率产生重要影响，必须用流体力学的观点正确地认识每一层塔盘板上的液体流动，包括降液管和受液盘的流体流动。所有结构(包括受液盘和多边形降液管结构、进出口堰及齿形堰设置、泡沫板等)的目标是保证塔盘板上气体和液体的均匀分布。

6）开孔率的选择与内套筒的使用

尽管解决了大型甚至超大型板式塔的设备和工艺结构问题，但塔壳体的加大带来设备投资的显著增加，充分发挥板式塔的加工能力是非常必要的。

对于常压蒸馏塔本身来讲，提高加工能力的主要手段就是要充分利用塔的内部空间。从塔整体角度出发，在满足整塔操作弹性的前提下，要研究并确定每一层塔盘的基本结构和各部分所占比例。针对局部气相负荷过大的塔盘(比如常二中段之下的塔段)可以采用最大的开孔率，对于气相负荷比较小的塔段(比如常压蒸馏塔底部汽提段)可以考虑采用内套筒结构或矩形塔盘板结构。

（二）大型化填料塔技术

随着减压蒸馏技术的发展，各种高效填料不断涌现并得到了广泛应用，带来了巨大的经济效益。各种高性能的气、液分布器和进料分布器的开发与应用，不同程度地消除了传热传质元件在工业应用时带来的放大效应，也促进了装置大型化的发展。

装置的大型化在产生巨大经济效益的同时，也促使工业应用的分馏设备在基本概念和理论上发生着潜移默化的改变，减压蒸馏塔的内构件(气体分布器、液体分布器、进料分布器、集油箱、填料支撑结构、填料床层结构、减压塔的内部空间结构等)越来越成为影响减压蒸馏塔传质效率、加工能耗、设备投资等的主要因素，而填料等本身的结构和性能显得并不十分重要了。

1. 填料塔支撑梁的强度与挠度

千万吨级原油蒸馏装置的减压蒸馏塔直径大多已经超过了10000mm，减压深拔工况有的已经达到了13000mm。与大型板式塔类似，填料塔也存在着填料床层、集油箱(气体分布器)和重力式液体分布器等大型部件支撑梁的强度和挠度问题。解决的办法也与板式塔类似，采用桁架梁技术，见图3-86。

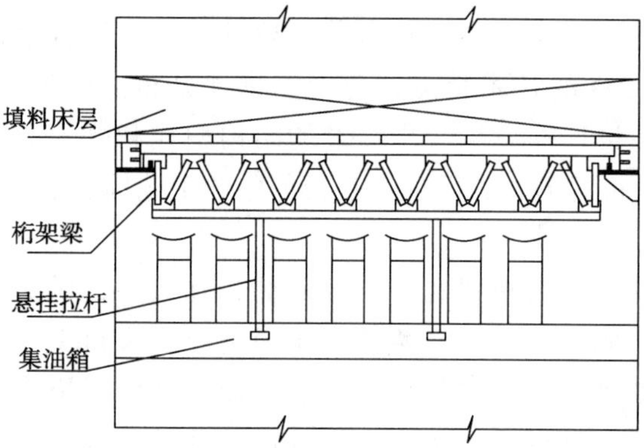

图3-86　填料塔桁架梁基本结构

2. 减压蒸馏塔内件的冲击载荷

洗涤段填料压圈和支撑格栅除常规荷载(如填料自重等)外，需承受至少0.15kg/cm^{2}的向上冲击载荷；其他段填料压圈和支撑格栅除常规荷载(如填料自重等)外，需承受至少0.07kg/cm^{2}的向上冲击载荷；提馏段塔盘板和支撑梁除常规荷载外应能承受至少0.15kgf/cm^{2}的向上冲击载荷；洗涤段集油箱除常规荷载外应能承受至少0.15kgf/cm^{2}的向上冲击载荷，其他集油箱除常规荷载外应能承受至少0.07kgf/cm^{2}的向上冲击载荷。

3. 集油箱与气体分布

集油箱是填料塔的重要部件，承担着接收来自填料床层的液体和气体进入填料床层之前的分布作用。气体与液体在大型填料塔的填料床层内充分的、均匀的接触是实现填料床层气液传热传质的基础，而气体在进入填料床层之前的均匀分布是基本前提。通过集油箱实现气体的均匀分布作用需要两个因素，一个因素是气体通道的均布，而另一个因素则是需要一定的压力损失。

减压蒸馏塔进料段的操作温度一般在370℃以上，而深拔操作多在400℃左右。集油箱要求无任何泄漏点，高温下金属热膨胀引起集油箱严重变形甚至损坏，在20世纪以6400mm塔径为主导的减压蒸馏塔中也时有发生。因此，必须考虑相应的结构防止集油箱受热膨胀引起严重变形甚至损坏。

4. 填料床层的传质与传热

填料，特别是板波纹类的规整填料，由于其高的孔隙率和较大的比表面积，实现大通量低压力降的同时，也有很好的传质传热性能。填料床层的传质传热，需要的是床层的内部液体均匀润湿填料表面，气体均匀分布，二者充分接触。这与气体通过塔盘板分布并穿过液层的板式塔不同，气体和液体在填料床层内部逆向流动，通过填料的表面相接触，液体对填料表面的均匀润湿效率和气体的均匀流动，直接对传质和传热效果产生影响。板波纹类规整填料的自身结构和专门的排布方式，气体和液体在进入填料床层之前的初始分布直接决定了填料床层的内部气液分布，也使填料床层的内部气液均布、液体充分润湿填料表面成为可能。

板波纹类规整填料最经典的当属瑞士Sulzer公司推出的Mellepak(孔板波纹)填料，250Y规格要求液体喷淋密度不小于100点/m^2均布。板片开孔率8%~12%，与气体负荷有关，气体负荷高的，可选择较大的开孔率。

填料床层的传质传热效率，与填料本身的性能有关，但更为关键的是气体和液体的初始均匀分布，这点对大型塔设备更重要。

(三)大型化加热炉技术

加热炉的大型化多采用两个辐射室共用一个对流室的结构，如双室立式炉、双室箱式炉等。圆筒炉结构简单、投资省，多个圆筒辐射室共用一个对流室，如双筒加热炉等在装置的大型化中也有应用。

(四)大型化两相流管道技术

原油蒸馏装置的大型化技术还有一个很重要的方面就是大型化管道技术，主要是大型高温管道热应力补偿技术和两相流管道的减振(晃)动技术。高温管道的热应力补偿与管道的大小本不存在直接关系，但大管道的变形力更大，对管(框)架的作用力更大，梁、柱的截面积和支(吊)架特别是弹簧支(吊)架的选择均需要经过严格的计算，并留有一定的工程余量。

两相流管道所涉及的不单单是热应力补偿问题，实际工程中，由于两相流的流动具有不稳定性，对管道和设备会造成不规则的冲击，从而引起管道或设备的振(晃)动。原油蒸馏过程中重要的两相流管道主要为常压转油线管系、减压转油线管系和闪蒸塔(或初馏塔)进料之前管系。其中问题较为严重的是闪蒸塔(或初馏塔)进料之前管系，究其原因是由于闪蒸塔(或初馏塔)进料之前管系的操作温度和压力存在着不稳定因素，汽化率变化相对较大，造成管道内流体流动的动能存在变化，这种变化对管道产生冲击，引起振动。

这种振(晃)动多发生在水平管道径向水平方向，解决的办法一方面是选择恰当的管径，在满足环状或环雾状流态下，降低管道的混相流速，以缓解流体对管道转弯处的冲击力；另一方面是在管道布置上减少管道的转弯并避免急弯弯头的使用，并加强限位力度，见图3-87和图3-88。

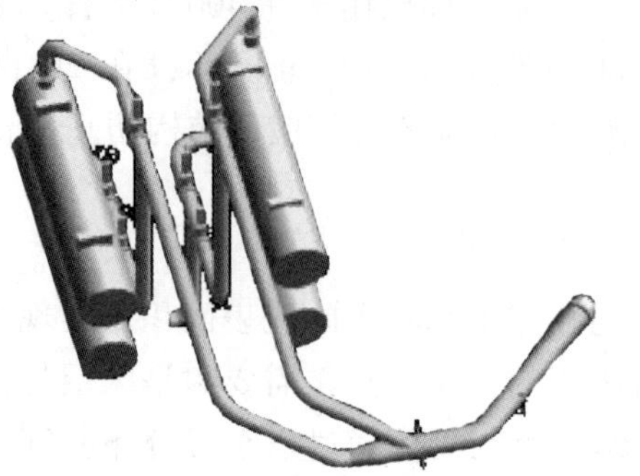

图 3-87　两分支合并总管

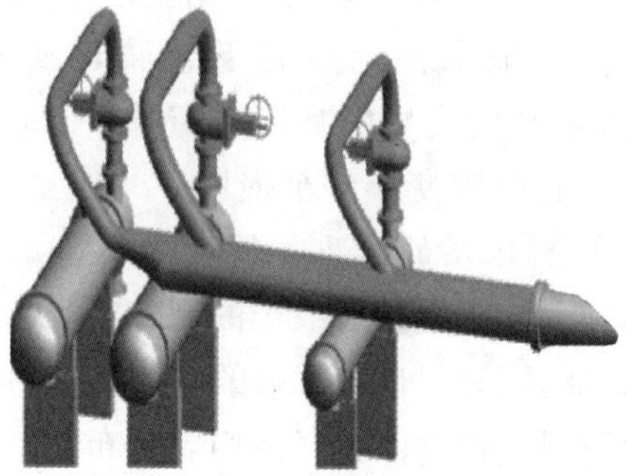

图 3-88　三分支合并总管

二、减压深拔技术

（一）减压深拔与减压深拔技术

原油蒸馏过程的根本目的就是根据需要将原油分离成各种组分，最重的称之为渣油。目前渣油进一步加工的技术手段较多，但投入都很大，收效也远不如馏分油的二次加工。因此，多年来原油蒸馏技术发展中十分重要的一项工作就是提高原油切割温度，降低渣油产率。而随着原油切割温度的提高，所获得的馏分油也越来越重，碳氢比和有害于加工过程的硫化物、重金属，以及残炭、胶质和沥青质的含量也就越来越高，这样的馏分油二次加工的难度也进一步增加。究竟原油的切割温度达到什么程度取决于原油蒸馏技术水平，也取决于重质油加工的技术水平和原油加工的总体规划。原油蒸馏过程的减压深拔技术开发与成功应用，使原油的深度切割获取重质减压馏分成为可能，也为重质油加工技术的发展和原油的充分利用打下基础。

减压深拔技术主要解决的是减压蒸馏过程中高温引起的油品裂解、结焦等问题，包括减压深拔加热炉技术、减压转油线技术和减压蒸馏塔技术等。当然，必要的分离精度、降低夹带技术和能量消耗技术本就是减压蒸馏技术的重要组成部分。通过采用减压深拔技术，可以将原油的蒸馏切割温度由常规减压蒸馏的520~540℃提高到565℃以上，甚至可以达到590℃以上。

（二）减压深拔加热炉技术

加热炉主要由对流室和辐射室组成，通常采用圆筒式加热炉和立式（方箱式）加热炉。对于炉管的布置，对流室采用卧管布置，辐射室圆筒炉采用立管，立式炉既可以采用立管也可以采用卧管布置，燃烧器布置在炉膛的底部。

减压深拔加热炉的出口温度一般都会超过410℃，有的高达440℃。在如此之高的操作温度下，实现长周期（一般3年）平稳运行，需要解决的是避免炉管内被加热介质因高温而结焦或过度裂解的现象发生。

1. 炉管的选择

油品在炉管内流动，因受热体积膨胀而流速加快，也因受热温度升高，黏度降低，膜传热系数得到升高，汽化点之后形成两相流态。炉管内两相流介质的流动状态是炉管内介质的最高温度也就是油膜温度的主要影响因素之一，根据对两相流流动状态的研究，稳定的环雾流态有利于炉管内壁形成一层稳定的液膜，尽管管子中心部位是雾化状态，但从炉管壁到管内介质的传热速率相对较高，炉管壁温相对较低，炉管内壁稳定液膜的温度相对较低。因此，在相同的加热炉热负荷和出口温度下，炉管内介质的最高温度是不同的，炉管的壁温也是不同的，通过选择恰当的操作条件和炉管的管径可以创造一种条件，在这种条件下，加热炉炉管内介质的最高温度可以维持在较低的水平。

2. 燃料及燃烧器的选择

燃烧器是加热炉选用的关键设备，承担着提高并保持炉膛温度的作用，除保证具有良好的燃烧性能外，还必须保证火焰的燃烧状况，火焰燃烧刚直、有力。通常情况下，应选择气体燃料，并保持压力平稳，以保证燃烧器的燃烧状态。可视火焰高度应与炉膛高度相适应，一般为 3/12～5/12，为炉管的受热均匀提供最基本的条件。

3. 炉型的选择与炉管及燃烧器的布置

炉型的选择和炉管及燃烧器的布置是统一的，基本原则是确保炉管外表面受热均匀，特别是汽化点之后的几根炉管，达到同样的传热量，就会降低炉管内介质的极端最高温度。

加热炉辐射室炉管的布置有卧式和立式两种方式，卧式布置的炉管在其长度方向上受热容易均匀，只要合理布置燃烧器就可以达到要求；立式布置的炉管在其长度上较难达到受热均匀，需要特别注意炉管的长度选择，必须与燃烧器的火焰高度相适应。这里需要关注的是炉管内介质的流态，卧式布置的炉管因重力的作用管子底部油膜较厚，管子的顶部油膜较薄，油膜温度不均匀，而立式布置的炉管管内壁的油膜是均匀的，当然油膜温度也是均匀的。

燃烧器通常布置在炉膛的底部。对于卧管布置的加热炉，通常每个炉膛均匀布置一排燃烧器；对于立管布置的加热炉需要考虑燃烧器与炉管路数的对应关系，通常情况下，一路对应一个燃烧器，力求使每一路的炉管受热一致且均匀，见图 3-89。

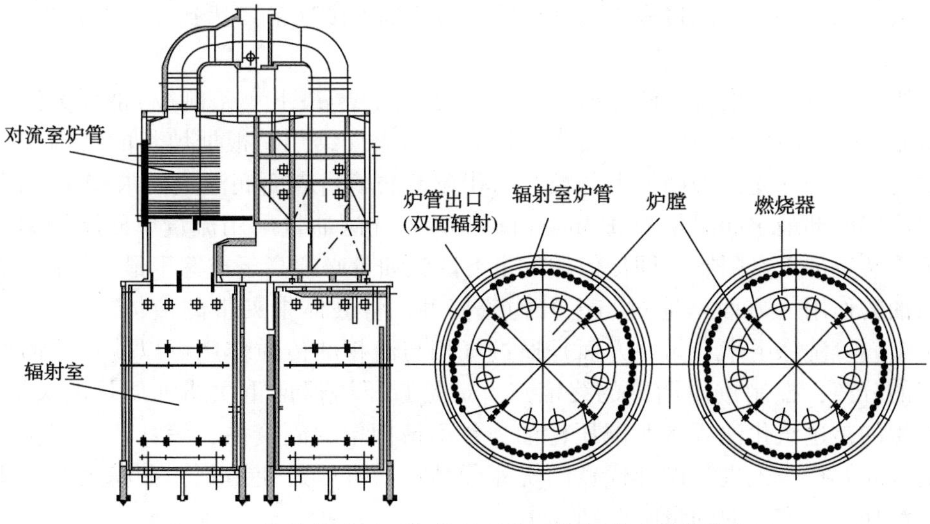

图 3-89　深拔技术减压加热炉的炉型与炉管及燃烧器布置

研究发现，双面辐射布置相对单面辐射布置的炉管，油膜温度较低，炉管内的介质传热速率快，有利于减压深拔；炉管表面热强度低，在达到相同热负荷要求的情况下，所需要的炉膛温度较低，有利于弱化炉管外表面的传热，炉管的表面温度会有所降低，有利于减压深拔。

4. 停留时间

油品的裂解或结焦除与油品的热裂解性质、受热温度有关外，还有一个重要的影响因素，那就是油品在高温下的停留时间。毫无疑问，降低油品在高温下的停留时间是减压深拔技术的重要手段。对于减压深拔加热炉，提高炉管内介质的流速一方面可以提高介质的传热速率，降低油膜温度；另一方面也可以降低介质在炉管内的停留时间，但提高介质在炉管内的流速受到加热炉允许压力降的限制，也受到介质在炉管内流动的声速限制，还受到流态的限制。因此，减压深拔加热炉的设计除要考虑上述技术措施外，还必须选择恰当的加热炉出口条件、合理的流态和加热炉的路数、炉管结构和管径。

（三）减压深拔减压塔技术

减压深拔减压塔技术所涉及的部位主要集中在减压塔的中下部，主要目标是完成减压蒸馏塔传质传热基本任务的同时，避免重质物流在减压蒸馏塔内因高温而产生的裂解、结焦问题，准确地说应控制重质物流在减压塔内裂解、结焦的速率在可接受的范围内，同时，也必须保证减压塔内的金属材料因高温而产生的膨胀变形、强度的降低等不能影响装置的正常生产和使用寿命。

1. 减压蒸馏塔流程和主要操作条件

最先确定的操作条件是操作压力，也就是减压塔顶的真空度。确定减压塔顶的真空度需要与减压加热炉的出口条件(温度和压力)、装置的能耗控制水平相联系。通常，减压蒸馏塔顶选择残压 1~4kPa，干式操作指仅在减压炉管注少量蒸汽的操作工况，因减顶抽真空的负荷相对较低，减压塔顶的操作压力可以取较低的数值。

对于操作温度，减压塔顶的操作温度需要控制在 100℃以下，根据减压塔顶回流的温度情况，一般为 60~80℃，深拔操作的减压塔进料段的温度通常要达到 390℃以上。

2. 洗涤段

减压塔进料段之上设有一洗涤段，通常采用减三线(最下一条侧线)油作为洗涤油，洗涤油的量必须满足填料表面润湿的要求，防止填料表面结焦。根据填料的结构形式不同最小润湿量是不同的，光滑表面、大颗粒、高孔隙率的填料表面润湿量需求较小，125Y 孔板波纹填料床层内部最小润湿量为 $0.3m^3/(m^2 \cdot h)$。洗涤油量采用流量单回路控制，最小流量控制不受装置加工量限制，即任何加工量下洗涤油量必须高于或等于最小控制流量。

洗涤油的作用一方面是通过与上升物流接触，将气体中夹带的液体、胶质、沥青质、残炭、重金属等洗涤下来；另一方面是通过气相与液相的传质作用可以使重质馏分与渣油得以较好的分离，控制重质馏分的终馏点。这是减压塔保证重质蜡油质量的关键。当然，洗涤段产生的是过汽化油或者叫减压污油，是不被期望的副产品，消耗的是能量，带来的是结焦的危险。技术先进、设计优良的洗涤段结构，可以避免结焦，在满足产品质量的同时使能量消耗、过汽化油的量降低到最小。

3. 过汽化油

洗涤段填料床层下设一集油箱收集来自填料的液体，这就是减压过汽化油或者叫减压污油，它是由经过洗涤段的传质传热而产生的重质油与进料段上升的气流夹带的液体雾滴经洗涤段洗涤下来的液体部分所组成，由传质传热所产生的重质油可以通过模拟计算获得，而上升气流夹带雾滴则与减压塔进料段结构和气液分离效果直接相关，这部分量通常会达到气体量的1%以上。减压过汽化油的质量较差，其胶质、沥青质、残炭、重金属含量都很高，这部分油通常有三种出路：做减黏裂化或渣油加氢处理的原料、循环到减压加热炉入口、并到减压渣油。减压过汽化油抽出温度较高，对于减压深拔操作的减压塔，过汽化油的抽出温度一般超过370℃，避免其结焦是重点考虑的问题，首先是尽量降低在塔内的停留时间，设有液位控制并需有必要的停留时间的，需要考虑急冷油流程使其温度控制在360℃以下。

4. 急冷油

由于深拔的减压塔进料段温度通常都高于390℃，造成减压塔进料段下部的温度过高，为防止减压渣油在减压塔底结焦，需采用急冷油设施，降低减压塔底温度至360℃以下。急冷油的流程通常采用减压渣油经过换热到一定温度后分出一部分返回减压塔底部，以降低塔底的温度。

急冷油的主要目的是快速将减压塔底油冷却至裂解温度以下。减压塔底油来自于最下一层提馏段塔盘或最下一层人字挡板，如何迅速地将其冷却，对于塔盘结构可以采取以下两种处理办法：一种是分布管开孔设置于最下一层汽提塔盘的降液管之内，从分布孔喷出的急冷液可以很好地与进入降液管的减压渣油混合，达到快速冷却减压渣油的目的，见图3-90。另一种是分布管开孔设置于最下一层汽提塔盘降液管的液封盘外侧，从分布孔喷出的急冷液与自液封盘溢出的减压渣油相接触进入塔底部混合、冷却，见图3-91。

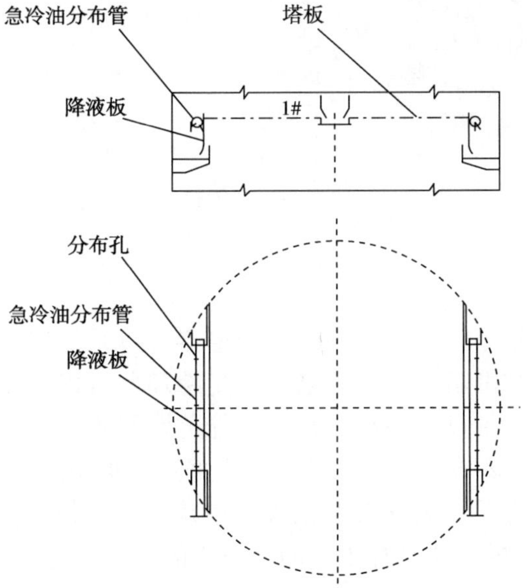

图3-90　急冷油分布结构一

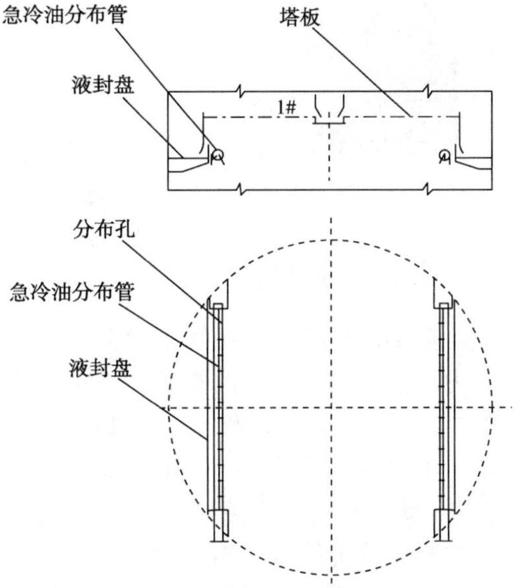

图3-91　急冷油分布结构二

对于人字挡板，急冷油分布管通常采用树枝状结构，分布管上开孔，该分布管可以设置在最下一层人字挡板之上，急冷液自小孔喷出与下降的减压渣油相接触进入减压塔底部混合、冷却。

5. 减压塔底部空间

为维持减压塔的平稳操作，减压渣油需要在减压塔底有一定的停留时间，用以缓冲操作的波动，通常的停留时间取5min左右。增加停留时间有利于方便操作、平衡干扰因素的影响，但停留时间过长会增加油品的裂解和聚合，会产生沉积物，严重时会影响到装置的正常操作。减少停留时间会避免油品产生严重裂解，但停留时间过短会造成装置适应生产操作波动能力变差，平稳操作难度增大。在减压深拔的情况下可以根据设备情况、机泵、液位及流量控制系统的技术及质量水平情况、生产技术管理和操作技术人员水平情况、下游系统对物料流量的平稳要求情况等适当增加或减少停留时间。

（四）减压深拔转油线技术

减压转油线是连接减压蒸馏塔与减压加热炉之间的一段管道，管道内的介质呈气液两相混合状态，管道的直径和布置除必须满足热应力补偿要求、气液混相的流态稳定并防止出现振动(晃动)的要求外，还必须满足加热炉的出口条件要求。

通过管径的选取、弯头和大小头的设置，符合热应力补偿要求的同时，满足加热炉出口的温度和压力要求。为了实现加热炉出口支路平衡，各支路的温度和压力一致，转油线100%的对称布置是最好的选择，如图 3-92 和图 3-93 所示。

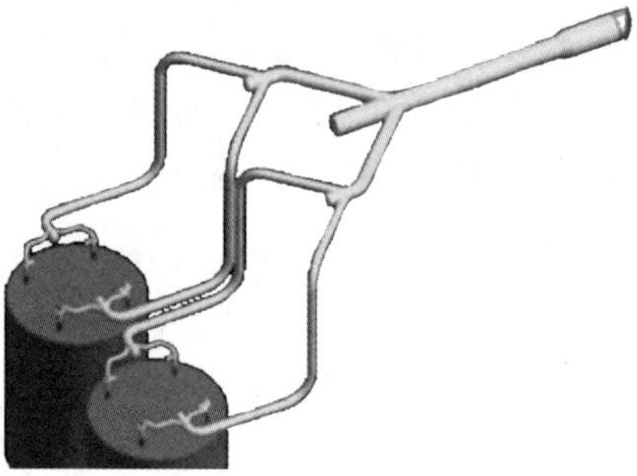

图 3-92　8 路分支全对称减压转油线

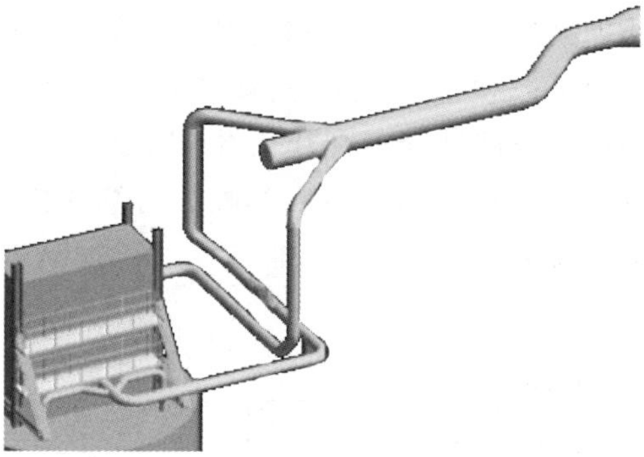

图 3-93　4 路分支全对称减压转油线

三、抽真空系统优化

减压蒸馏塔顶抽真空系统是由多级抽空器和冷凝器所组成的，抽空器可以采用以水蒸气作动力源的蒸汽喷射式抽空器，也可以采用电机驱动的液环泵；冷凝冷却器可以采用空冷(湿空冷、板式湿空冷等)，也可以采用水冷。抽真空系统的性能、能耗水平不但与抽真空设备、冷凝冷却器的技术水平有关，也与大气环境(大气压、环境温度、湿度等)、公用工程条件(动力蒸汽的品质、冷却水的温度等)有关。装置大型化或应用减压深拔技术，减压塔顶抽真空系统的负荷相对较高，抽真空系统的优化具有更高的经济价值。

减压蒸馏塔顶的不凝气体主要是由加热炉管内油品裂解产生的，可凝油气更多的也是由裂解产生的。而油品的裂解不单与油品的裂解性能有关，也与油品在炉管内所受到的极端最高温度和停留时间有关。因此，抽真空系统的负荷通过计算是无法获得准确数据的，工程上多采取提高抽真空系统的操作弹性的措施，以满足吸入负荷难以准确获得的实际情况。

（一）抽真空设备的并联配置

根据被抽气体的负荷情况、操作弹性及调节要求，抽真空设备可以并联操作。采用多台抽真空设备并联配置，特别是采用多台不同抽气能力的抽真空设备并联配置，尽管设备的投资会有所增加，但可以有效地降低单台设备的尺寸，方便安装，更重要的是增加了抽真空负荷的调节能力，方便生产操作和节能。不同台数、相同或不同抽气能力的设备并联配置对负荷的适应情况分别如图 3-94～图 3-97 所示。

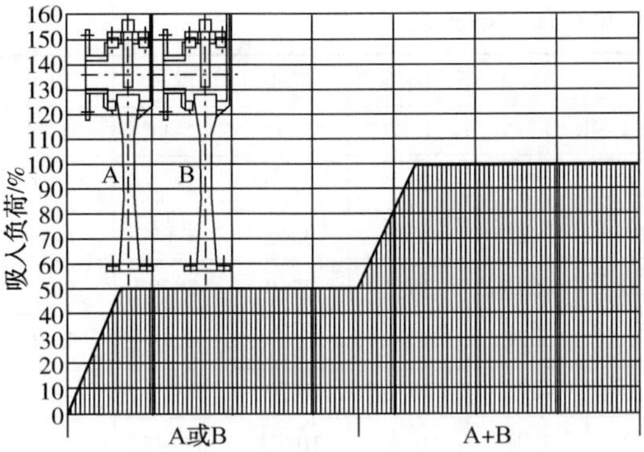

图 3-94　2 台各 50%设计负荷

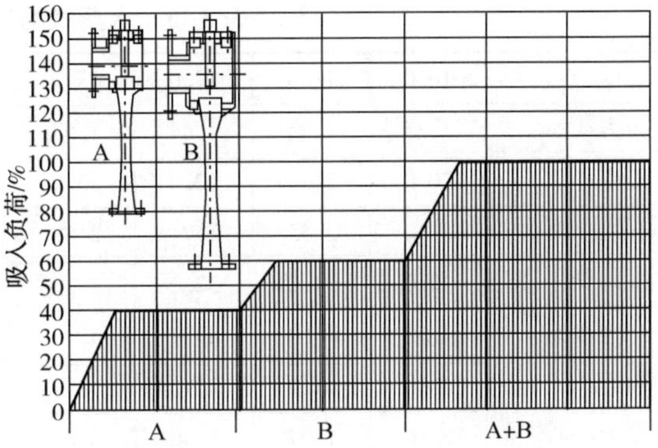

图 3-95　2 台分别 40%和 60%设计负荷

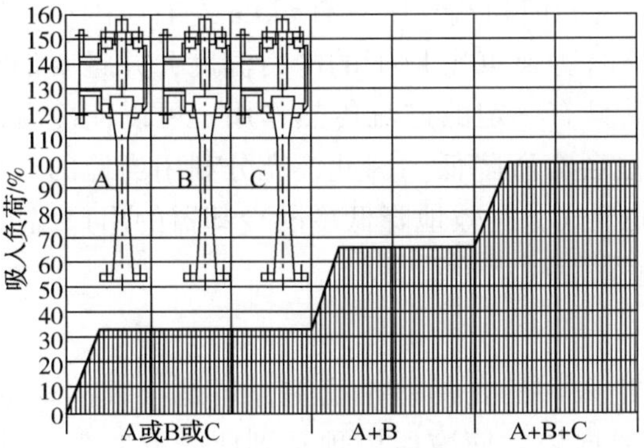

图 3-96　3 台各 33%设计负荷

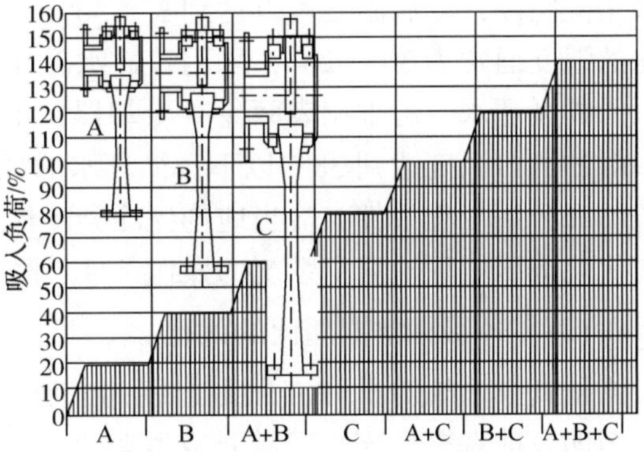

图 3-97　3 台分别 20%、40%和 80%设计负荷

由上可见，采用多台不同抽气能力的抽真空设备并联操作，可以获得较大的操作弹性调节能力，可以满足装置抽真空系统的适应性和达到在生产操作中节约能量消耗的目的。

（二）冷凝器出口温度的选择

一级冷凝器(预冷凝器)的出口压力较低，一般为 6～12kPa，较高的冷后温度，会有过多的水蒸气没有被冷凝下来，导致后续的抽空器的负荷较高，抽真空的动力消耗增大。未凝水蒸气的量与水蒸气的饱和蒸气压、冷凝器出口的温度与压力关系如下：

$$W_i = \frac{P_i \times W_o}{P_t - P_i} \tag{3-1}$$

式中　W_i——未凝水蒸气的物质的量，kmol/h；

W_o——不凝油气(含漏入的空气)的物质的量，kmol/h；

P_t——冷凝器的出口压力，kPa；

P_i——水蒸气在冷凝器出口温度下的饱和蒸气压，kPa。

根据式(3-1)和表 3-3，当冷凝器出口温度为 44℃时，水蒸气的饱和蒸气压为 9.32kPa，即如果冷凝器的出口压力为9.32kPa，则水蒸气没有冷凝。此时，如果不能提高冷凝器的出口压力，必须降低冷凝器的出口温度。当冷凝器的出口温度降低到38℃时，水蒸气的饱和蒸气压为6.79kPa，此时，不凝水蒸气的摩尔量是不凝油气摩尔量的2.66倍。

表3-3　水蒸气的饱和温度与压力的关系

温度/℃	10.0	11.0	12.0	13.0	14.0	15.0	16.0	17.0	18.0	19.0
压力/kPa	1.25	1.35	1.44	1.53	1.64	1.75	1.87	1.99	2.11	2.25
温度/℃	20.0	21.0	22.0	23.0	24.0	25.0	26.0	27.0	28.0	29.0
压力/kPa	2.40	2.55	2.71	2.88	3.05	3.24	3.44	3.65	3.87	4.11
温度/℃	30.0	31.0	32.0	33.0	34.0	35.0	36.0	37.0	38.0	39.0
压力/kPa	4.35	4.60	4.87	5.15	5.45	5.76	6.08	6.43	6.79	7.16
温度/℃	40.0	41.0	42.0	43.0	44.0	45.0	46.0	47.0	48.0	49.0
压力/kPa	7.56	7.97	8.40	8.85	9.32	9.81	10.33	10.87	11.44	12.03

降低冷凝冷却器的出口温度，关系到冷却器的选型和冷却介质的条件。干燥地区可以采用湿空冷，冷后温度可以达到35~36℃，水蒸气的饱和蒸气压只有6kPa左右。因循环冷水的温度通常为30~32℃，采用普通水冷却器难以达到40℃以下的冷后温度，并且要消耗大量的循环水。若采用表面冷凝冷却器，由于其具有一定的逆流传热作用，可以使冷凝冷却器的出口温度达到38℃以下，循环水的耗量也会有所降低。因此，充分利用当地的气象条件和公用工程条件，恰当地选择冷凝冷却器的型式，有效地降低冷凝冷却器的出口温度，对优化减压塔顶抽真空系统的操作条件、降低装置能耗十分重要。

（三）各级抽空器压比的优化

抽真空系统的压力流程是连续的，所以不论采用的是两级抽真空，还是三级抽真空，甚至四级抽真空系统，都需要克服整个系统阻力损失并使减压塔顶达到所需要的真空度。因此，存在着各级抽真空设备之间压比的优化问题。在恰当地选择了冷凝冷却器的型式和出口温度之后，必须对抽真空设备的压比进行优化，这种优化不但关系到抽真空设备的动力消耗，也关系到冷凝冷却器的设备大小和冷却介质的消耗。

（四）液环真空泵的应用

液环泵的泵体中装有适量的液体作为工作介质，当偏心安装的叶轮在电机的驱动下旋转时，液体被叶轮抛向四周，由于离心力的作用，液体形成了一个与泵腔形状相似的等厚度的封闭液环而产生抽气作用。因此，液环泵可以获得较蒸汽喷射式抽空器更高的工作效率。

在减压塔顶抽真空系统中，根据液环泵的特点，常采用蒸汽喷射式抽空器+液环泵的复合系统，一般是由一级或两级蒸汽喷射式抽空器加一级液环泵组成。液环泵替代了多级蒸汽喷射式抽空器的末级或末两级，具体取代的级数依据抽真空系统的技术要求和冷却水的温度而定。一般情况下冷却水的温度为30~32℃时，液环泵泵的吸入压力可达20kPa，甚至更低，但过低的吸入压力会使真空泵的效率迅速降低，带来投资加大和能耗上升的影响。

因此，采取蒸汽喷射式抽空器加液环泵的抽真空系统，首先要选择合理的液环泵的吸入压力。通过投资与能耗的对比，冷却水温度为30~32℃时，一般液环泵的吸入压力不宜低于 22kPa。在这样的情况下，优化抽真空系统各级抽真空设备的压比，达到降低设备投资和节约能耗的目的。

第八节　原油蒸馏的流程

石油加工过程最基本的就是加工流程，它服务于原料性质、生产方案和生产技术要求，也是实现工艺过程、生产方案及相关技术要求、设备和工艺管道的防腐、节能降耗，以及安全环保和装置平稳运行的重要技术手段。

一、常压蒸馏塔的顶部流程技术

原油常压蒸馏塔顶部系统需要实现两个目标，即塔顶部回流的需要和顶部产品冷却的需要，同时也是实现顶部系统防腐蚀的需要。

（一）一段冷凝流程

图 3-98 为典型的常压蒸馏塔顶部系统一段冷凝流程。常压蒸馏塔顶部设置循环回流，常顶油气参与原油换热回收热量，之后通过空冷和水冷冷却到约 40℃。

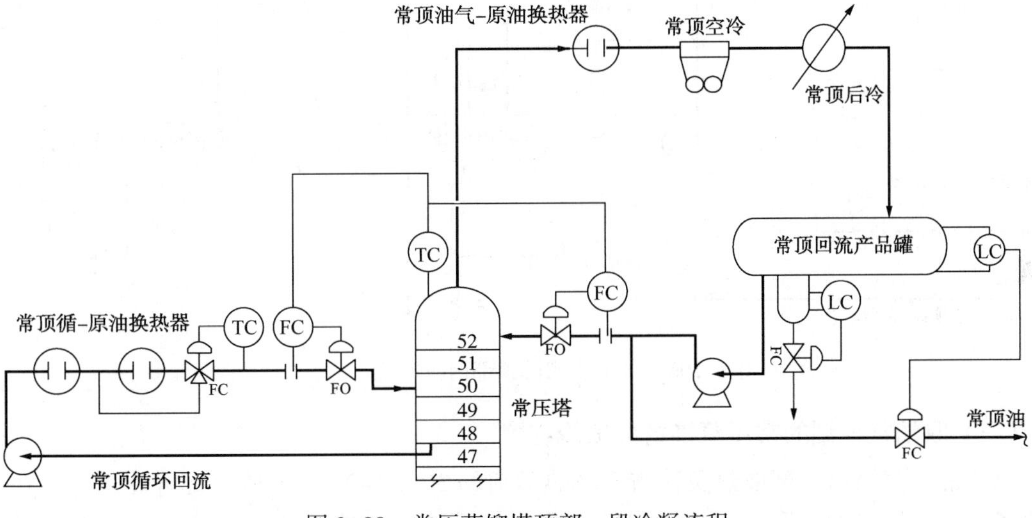

图 3-98　常压蒸馏塔顶部一段冷凝流程

一段冷凝流程在相同取热负荷下，冷回流的流量较小，特别是大型塔容易造成塔盘板上液体分布不均匀，出现过冷区域。冷回流的 2 层塔盘和顶循环回流的 3 层塔盘传质效率较低，低温腐蚀也相对严重。

（二）两段冷凝流程

图 3-99 是目前大型原油蒸馏装置常用的两段冷凝流程。与一段冷凝流程不同之处是设置了回流罐，回流温度采用的是常顶油气与原油的换后温度。

两段冷凝流程的回流也可以采用全回流，回流罐内的液体油品全部作为常压蒸馏塔顶回流，没有多余的液体送到下游空冷器，回流液体与塔顶产品是回流罐操作温度和压力下的气液相平衡饱和液体，回流罐成为 1 块理论板，有助于传质分离，回流罐操作温度满足塔顶产品质量的需要，见图 3-100。

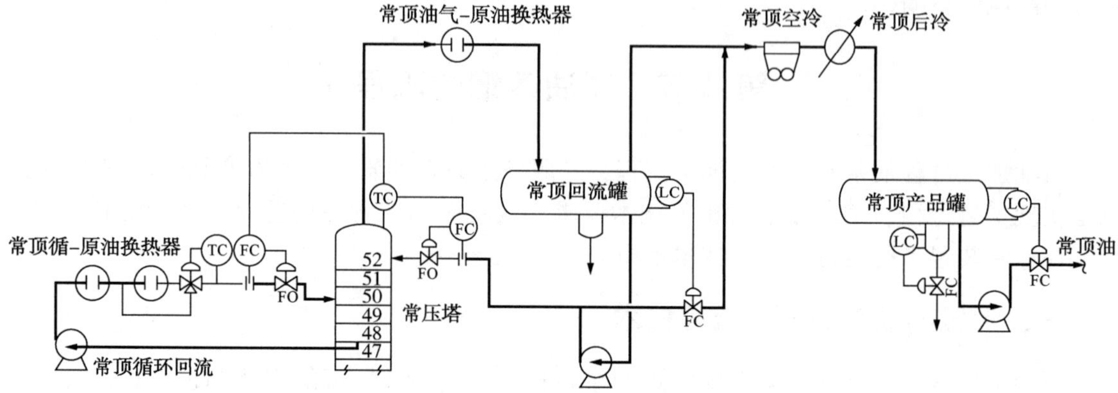

图 3-99 常压蒸馏塔顶部两段冷凝流程(一)

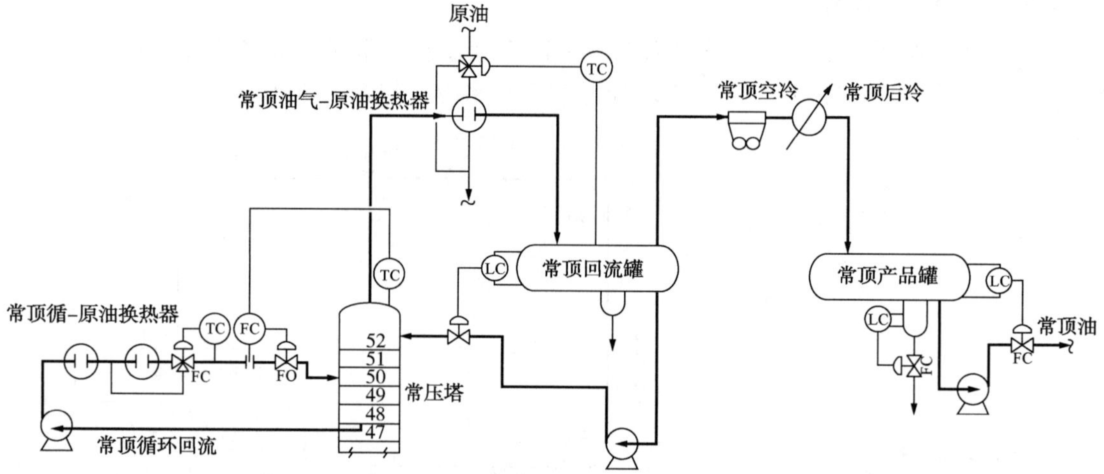

图 3-100 常压蒸馏塔顶部两段冷凝流程(二)

(三) 取消常顶循的常压蒸馏塔部顶流程[31]

原油常压蒸馏塔顶部取热负荷占全塔热负荷的 30%~50%，回收这部分热量，存在着常顶油气与原油换热的问题，一旦出现腐蚀泄漏，石脑油会遭受到原油的污染。常顶循的设置源于 20 世纪 70 年代末期，可以回收常压蒸馏塔顶部回流热负荷的 90%，在当时是一项具有创新意义的节能技术。随着经济技术的发展和生产装置之间的直供料，采用钛材料换热设备，常顶油气参与原油换热，回收剩余的 10%回流热负荷和塔顶产品冷却至回流温度下的热负荷，进一步降低了装置的能量消耗。

既然通过采用钛材料换热设备，常顶油气参与了原油换热，实现了常顶油气低温热的回收，实际上常顶循是可以取消的。取消常顶循环回流，简化流程，常压蒸馏塔顶部也可以节省 2 层塔盘，降低了装置投资，见图 3-101。

(四) 取消塔顶冷回流

为了避免过低的冷回流温度导致常压蒸馏塔顶部几层塔盘出现过冷区域，实际上在设置了顶循环回流取热的情况下，可以取消常压蒸馏塔顶部冷回流。取消冷回流不但改善了常压蒸馏塔顶部几层塔盘的气液负荷状态，消除过冷区域，避免出现低温腐蚀，也简化了流程，降低了装置的投资，见图 3-102。

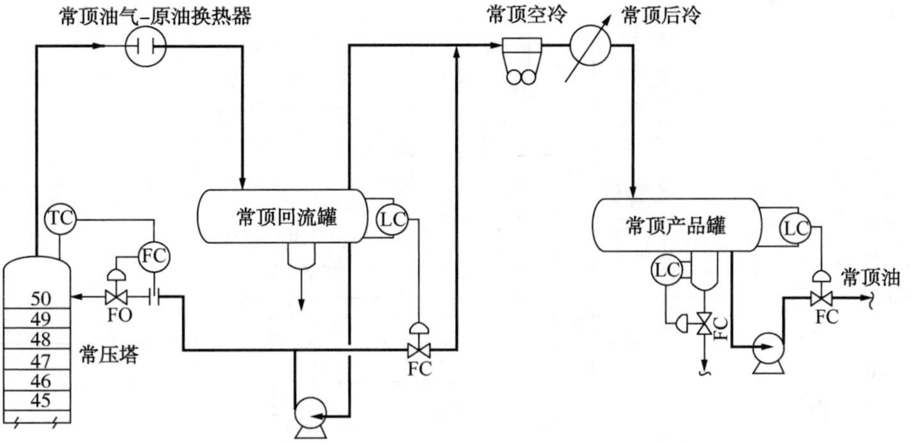

图 3-101 取消塔顶循环回流的常压蒸馏塔顶部流程

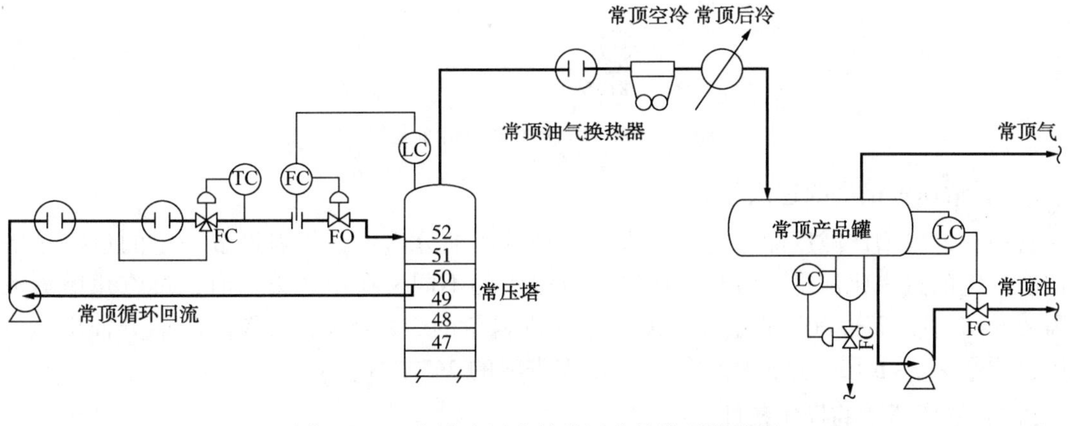

图 3-102 取消冷回流的常压蒸馏塔顶部流程

二、常压塔生产蜡油技术

随着国内原油加工量的快速提升，燃料油市场柴油出现过剩，很多企业压产柴油以降低柴汽比，常减压蒸馏装置的常压蒸馏拔出率相应降低，一部分柴油馏分被压入常压渣油送至减压蒸馏。同时，减一线原本生产柴油馏分也调整为生产加氢裂化原料，以满足乙烯裂解原料对加氢裂化装置尾油的需求。

常压拔出率的降低导致减压蒸馏负荷加大，柴油产率的调整引起减压蒸馏的操作波动，增加了装置的生产能耗，也对装置的平稳运行造成了影响。提高常压蒸馏的拔出率，在常压蒸馏塔生产一部分蜡油，使柴油生产的质量和产率的调节控制在常压蒸馏塔内，保持常压蒸馏拔出率不变，实现稳定减压蒸馏的操作、降低生产运行能量消耗的目的，见图 3-103。

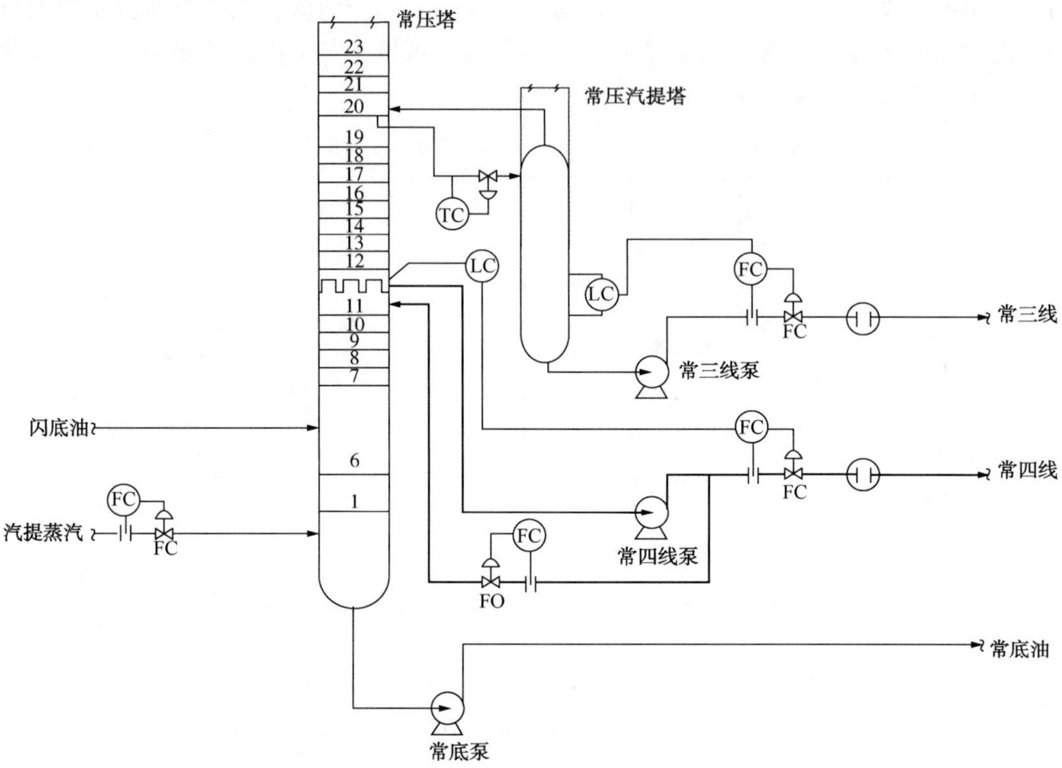

图 3-103　常四线生产蜡油流程

（一）常压蒸馏塔的过汽化油量

常压蒸馏塔增产减压馏分之后，为了控制减压馏分质量，仍需设置一定的过汽化塔盘并留有一定的过汽化油量，但与生产柴油有很大的不同。在生产柴油时，过汽化塔盘数一般需要 5~7 层，而过汽化油量往往需要达到进料量的 3%~5%，设置减压馏分抽出，过汽化塔盘层数为 3~5 层，过汽化油量一般仅需进料的 2%左右。

（二）常压蒸馏的操作条件

常压蒸馏增产蜡油之后，可获得更高的常压蒸馏塔拔出率，摆脱了常压蒸馏拔出率受柴油馏分产率的限制，有利于降低装置的加工能耗和投资。常压蒸馏塔的进料段温度为 375℃左右，加热炉的出口温度为 380℃左右，较高的炉出口温度也使得加热炉的技术进步得以体现。

（三）常三线抽出位置

常压蒸馏塔的二线、三线生产柴油。常二线与生产煤油馏分的常一线之间设置一段分馏塔盘，常三线与生产减压馏分的常四线之间也需要设置一段分馏塔盘，而常二线与常三线同是生产柴油馏分，再设置分馏塔盘就没有了意义。因此，取消常二线与常三线之间的分馏塔盘，常三线与常二中在同一个位置抽出，简化了常压蒸馏塔的结构，节省了设备投资，见图 3-104。

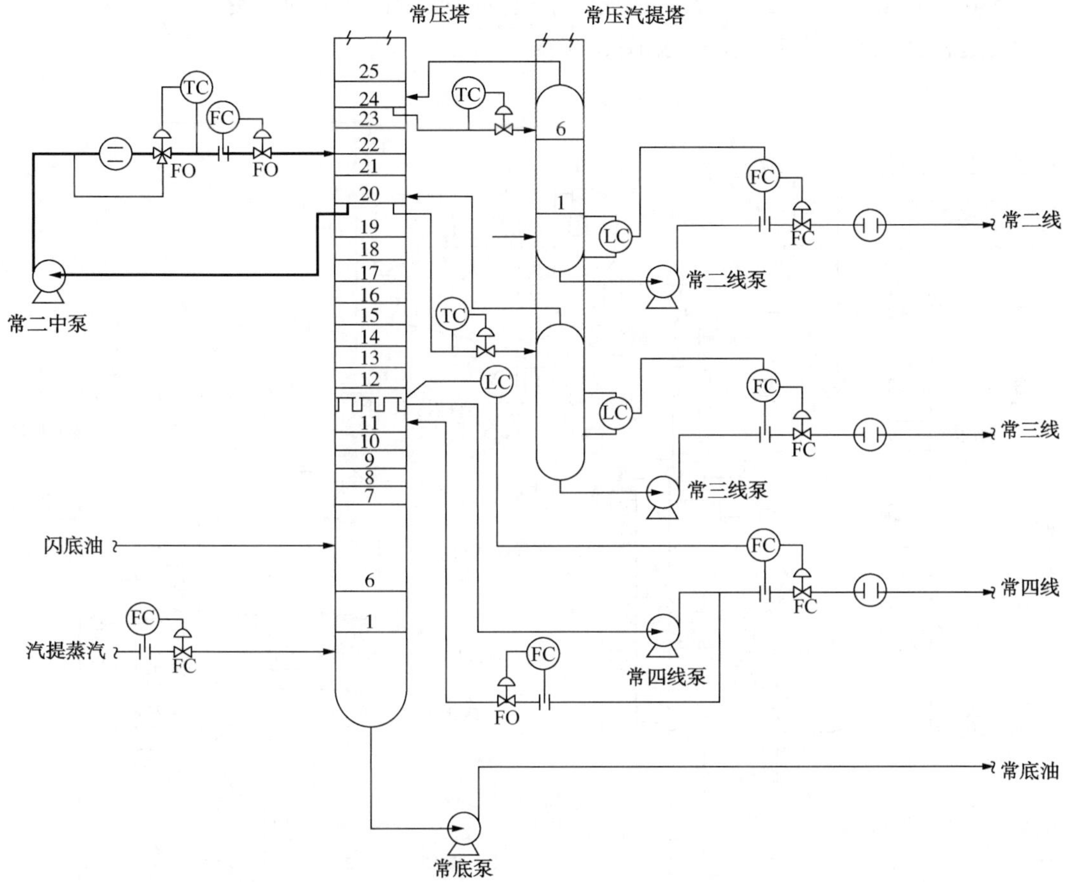

图 3-104　取消常二线与常三线之间的分馏塔盘的流程

三、两段减压蒸馏技术

21 世纪以来，国内劣质原油加工多采用渣油加氢处理和延迟焦化并存的重油加工技术路线。原油蒸馏装置的工艺流程在满足提供加氢裂化装置原料的基础上，一般多采用外甩一部分常压渣油作为渣油加氢处理装置原料的方案，以降低减压蒸馏的加工负荷。因此，减压蒸馏的主要目的有二：一是生产加氢裂化原料，通过调整轻、重减压馏分的分离精度和减压蒸馏部分的加工量，满足加氢裂化装置原料的质量和数量要求；二是生产焦化原料，减压渣油的一部分作焦化原料，另一部分与外甩的常压渣油混合作渣油加氢处理装置的原料。通过调整减压蒸馏的拔出深度来调节焦化原料的质量，提高减压蒸馏拔出深度可以达到生产更劣质的焦化原料、改善渣油加氢处理装置原料的目的。

此流程存在明显不足，一方面常压渣油外甩尽管可以减少减压蒸馏部分的加工负荷，达到降低投资和减少能量消耗的目的，但是会损失一部分直馏柴油组分和减压组分；另一方面更重要的是为了得到劣质化的减压渣油作焦化装置的原料，改善渣油加氢处理装置原料的质量，减压蒸馏采用减压深拔技术提高原油的切割温度，造成了没有作焦化原料的那部分减压渣油被过度深拔。相当于一部分原油实沸点（TBP）切割温度在 520℃左右的渣油，深拔至580℃左右之后又兑了回去，造成设备投资的增加和能量的浪费。两段减压蒸馏技术就是针对这种情况开发并应用的，见图3-105。

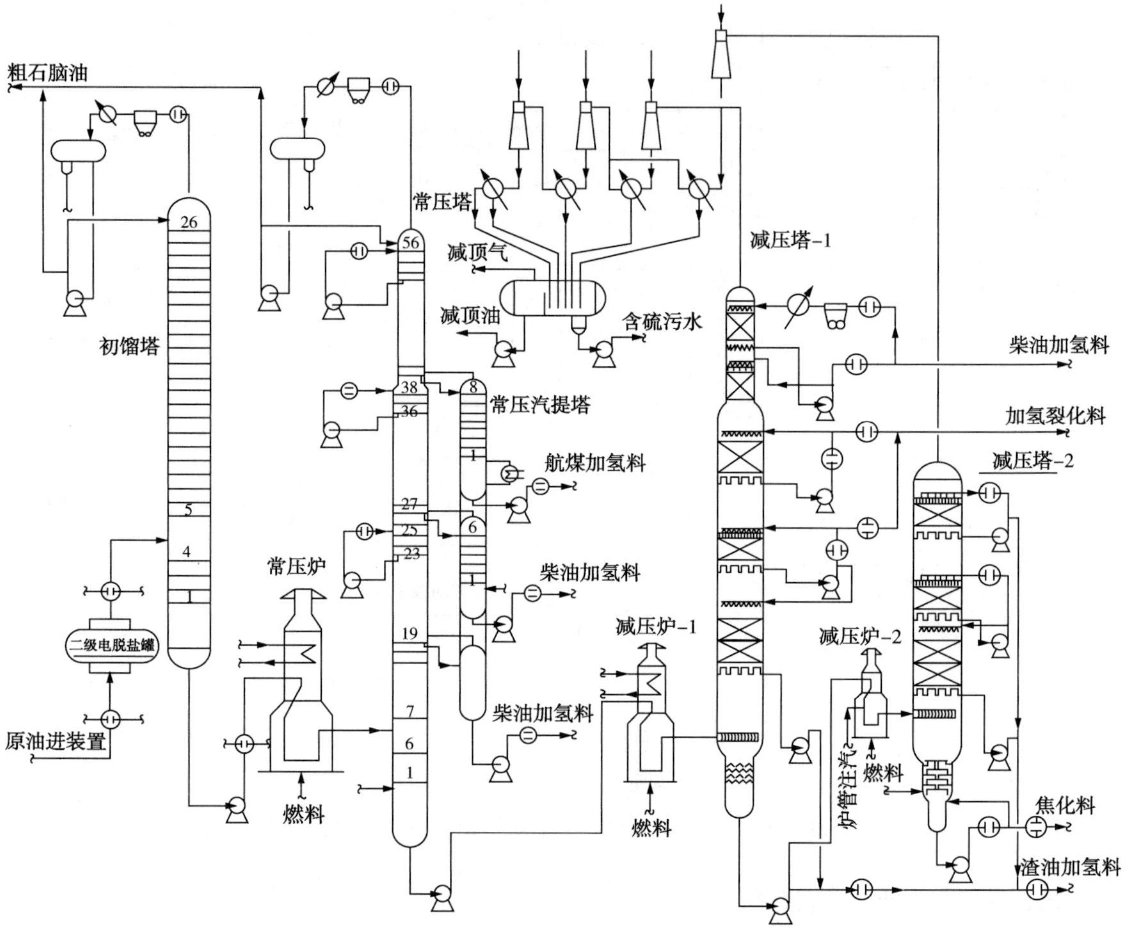

图3-105　两段减压蒸馏技术的基本流程

两段减压蒸馏技术流程的主要特点一是取消了外甩常压渣油，可以使原油中的柴油组分和减压组分得以全部回收；二是第一段减压蒸馏的目的是生产加氢裂化原料，切割点在510℃左右，产品质量好，操作条件也较为缓和，可以采用干式减压蒸馏技术，有利于装置节能；三是第二段减压蒸馏的目的是生产焦化原料，采用减压深拔技术，可以根据焦化装置的技术和生产情况灵活调节拔出深度和第二段减压蒸馏的进料量，以满足焦化装置的生产需要，实现生产劣质焦化原料，改善渣油加氢处理装置原料质量的目的。

在两段减压蒸馏技术流程中，第一段减压蒸馏的减压渣油除作为第二段减压蒸馏的原料外，剩余渣油经换热后直接送出装置作渣油加氢处理装置的原料，不存在渣油加氢处理原料被过分蒸馏又兑回去的现象。此外，两段减压蒸馏技术的减压塔顶抽真空系统可采用“两点抽真空”形式，即减顶一级抽空系统设置两组并联，分别用于一段和二段减压塔顶抽真空，两路塔顶气体在经过一级抽空系统后混合，之后依次进入减顶二、三级抽空系统，实现两点抽真空技术，简化了抽真空流程和投资。

四、蒸汽重沸器的流程技术

石脑油稳定塔底的操作温度一般在 170～190℃，重沸器的热源可以采用常二中或减二中的合适温位区间，也可以采用 3.5MPa 级中压蒸汽。图 3-106 是稳定塔底重沸器采用 3.5MPa 级中压蒸汽做热源的基本流程。3.5MPa 级中压蒸汽的操作压力一般为 3.6～3.9MPa(G)，操作温度也多在 380～420℃。在这样的水蒸气条件下，稳定塔底蒸汽重沸器面临两个问题，一个是高温蒸汽下重沸器采用碳钢材料已经不能满足要求，需要升级 15CrMo 材料；另一个是 180℃左右的稳定塔底温度，水蒸气的冷凝温度也就 220℃左右，220℃以上近 200℃的水蒸气过热温度所需的换热面积较大，这就造成重沸器的传热效率较低。图 3-107 给出改进的稳定塔底重沸器采用 3.5MPa 级中压蒸汽做热源的基本流程。

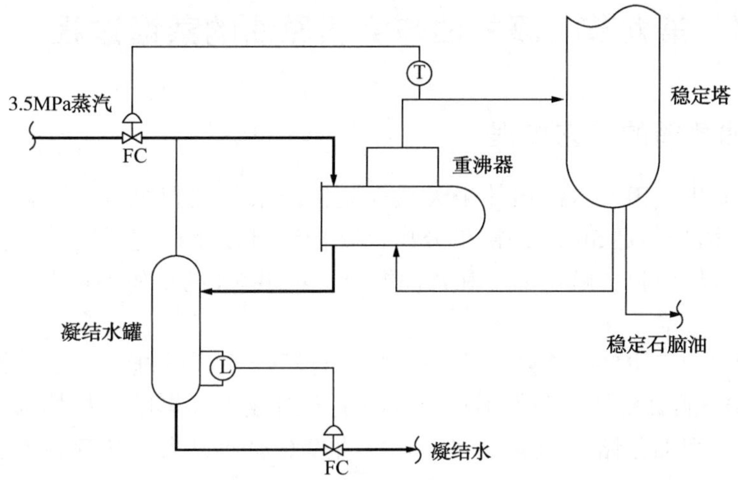

图 3-106　稳定塔底蒸汽重沸器基本流程

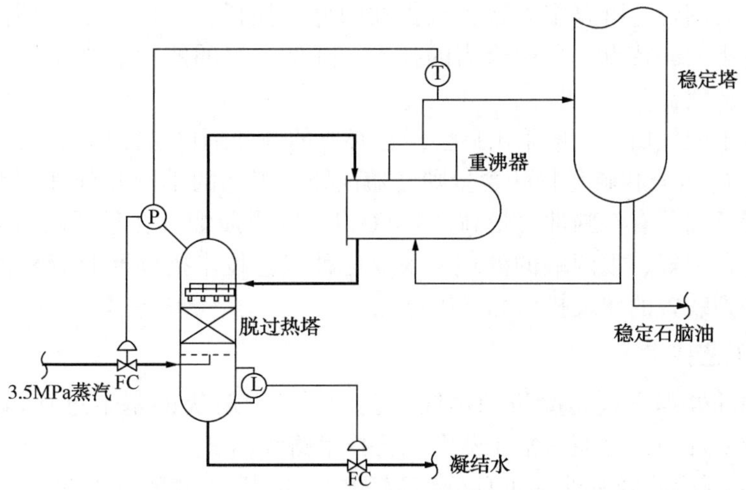

图 3-107　稳定塔底蒸汽重沸器改进流程

采用水蒸气脱过热塔取代凝结水罐，来自于系统的3.5MPa级水蒸气通过重沸器出口温度与水蒸气脱过热塔顶的压力串级控制直接引入水蒸气脱过热塔底部，脱过热塔内设置一段脱过热填料，底部的高温水蒸气与顶部来自于重沸器的凝结水通过各自的分布器在填料床层内进行热量的交换。脱过热塔底部的饱和水通过液位控制阀排出，顶部的饱和水蒸气直接引入重沸器。如此的流程和设备配置，重沸器蒸汽侧的操作温度得到显著降低，采用碳钢材料，使用温度上完全能够满足要求。重沸器的传热效率得到大的提高，凝结水的耗量也会有所降低。

某工程项目水蒸气温度415℃，压力3.7MPa(G)，采用如图3-106所示流程，重沸器材质需要15CrMo，蒸汽侧的膜传热系数5807kcal/(m^2·h·℃)，蒸汽消耗19136kg/h，外排凝结水温度246℃；而采用图3-107的流程，重沸器采用碳钢材质，蒸汽侧膜传热系数为14918kcal/(m^2·h·℃)，蒸气消耗18180kg/h，外排凝结水温度224℃。

第九节　凝析油与劣质原油的蒸馏过程

一、凝析油蒸馏的工艺过程

凝析油是从凝析气田或者油田伴生天然气凝析出来的液相组分，石脑油馏分占50%以上，350℃以上的馏分不足5%。经初步分离，凝析油可以生产优质的直馏液化气、乙烯裂解原料、重整或芳烃原料、航煤馏分和柴油馏分，不足5%的重质油可以作燃料调合组分或裂化原料。

国内的凝析油加工主要是掺炼，方法是在带有轻烃回收设施的原油蒸馏装置原料中掺入加工量5%~10%的凝析油，确保不对装置的生产造成重大影响。掺炼加工不利于资源的有效利用，还需要增加分储和掺混设施，凝析油挥发损耗过大，还存在不安全因素，对环境造成影响。此外，掺炼导致原生产装置难以充分发挥自身作用，也存在着生产不稳定和不安全因素。与掺炼相比，单独加工可以很好地回收凝析油中各种组分，利用其应有的价值，避免与原油的调合，可以集中解决凝析油的挥发损耗、存储安全和环保等问题。单独加工能够针对凝析油的特点，采用恰当的技术，降低装置的能耗和加工损耗，用最小的投入获得最大的经济效益。

凝析油来源于油气田，一般采出后会经过必要的预处理再送往炼油厂，通常不含有C_1、C_2组分，而C_3、C_4组分和硫化物的含量则会随预处理工艺的不同和处理深度的差异发生变化。由于多数凝析油具有石脑油含量高、350℃以上的重质馏分含量低的特点，凝析油的加工与分离的关键在于轻、重两端的处理，采取何种工艺技术措施回收凝析油中的轻烃和处理重质馏分关系到装置的建设投资和加工能耗。

（一）轻端工艺技术

凝析油轻端的处理方式是凝析油蒸馏工艺的重点，解决的基本思路是设置预分馏塔，采用凝析油→预处理→预分馏→常压蒸馏工艺技术路线。

在图3-108所示的凝析油加工预分馏流程中，凝析油进装置经过换热、脱盐脱水等预处理后继续换热至需要的温度进分馏塔，分馏塔顶采用一段冷凝冷却系统，约40℃冷回流，生产石脑油组分和轻烃。根据换热网络所能提供的热量和塔内的气液负荷情况，可以设置一条侧线抽出送到常压蒸馏塔适当部位，主要目的是降低装置的加工能耗。分馏塔底油经泵抽出与装置内热的油品继续换热再经常压加热炉加热后，送常压蒸馏塔进行分馏。

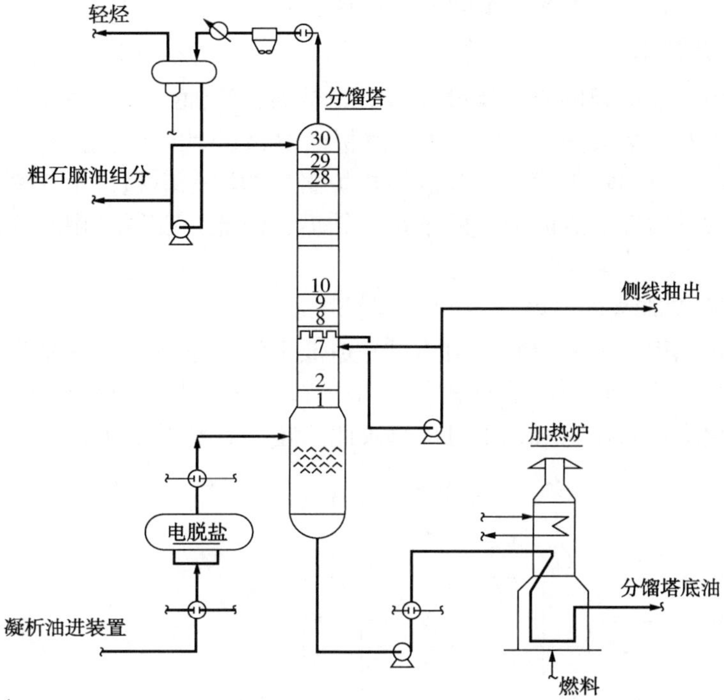

图 3-108 凝析油加工预分馏流程

1. 凝析油的预处理

尽管凝析油是从凝析气田或者油田伴生天然气凝析出来的液相组分，但开采和运输过程中会混入杂质，本身也含有溶于水的无机盐类，甚至微量的 HCl、H_2S、As、Hg 等，还有机械杂质和水分。因此，设置脱盐脱水设施十分必要，而脱除 As、Hg 等元素则需要专门的设施。

凝析油的脱盐脱水与原油相比会更容易些，因为凝析油的黏度低，油水密度差也较大，可以在较低的操作温度下完成脱盐脱水过程。需要关注的是脱盐脱水的操作压力应不低于凝析油的饱和蒸气压，并留有一定的安全余量，或者操作温度低于操作压力下饱和温度 30℃，一般采用 80~100℃。

2. 分馏塔

分馏塔的物料平衡和操作条件的选取是凝析油轻端加工处理的关键，分馏塔顶生产石脑油组分和轻烃，主要目的是缓解或平衡常压蒸馏塔顶部和塔顶系统的负荷。分馏塔顶石脑油组分一般需要控制馏程终馏点，通过分馏塔的理论板数和回流量控制，而收率需要综合考虑换热网络所能提供的热量、进料段的操作温度和塔顶的操作压力等因素，一般为 20%~30%。

分馏塔顶或回流产品罐操作压力的选择取决于不凝气体(轻烃)的产率，较高的操作压力有利于降低轻轻产率，减少压缩机的负荷，一般采用0.3~0.6MPa(G)。分馏塔的进料段温度与塔顶石脑油组分的产率和质量控制有关，也与理论板数和回流比有关，一般为160~190℃。由此产生的过汽化油较高时，可以采用抽出侧线的方式，将侧线油品直接送入常压蒸馏塔相应组成部位，可以带来一定的节能效果。

(二) 重端工艺技术

常压蒸馏塔的顶部将凝析油中经过分馏塔剩余的石脑油组分分离出来，常一线生产煤油馏分，常二线生产柴油馏分。一般考虑将凝析油中320℃以上的组分约7%左右留在常压蒸馏塔的底部。由于重油收率过低，常压加热炉出口的汽化率超过了93%，接近于全汽化状态，胶质、机械杂质等易造成炉管的结焦或结垢，因此，必须采用适当的流程控制加热炉出口的汽化率。

1. 进料与塔底重沸二合一炉

若采用重沸炉流程，过分的循环加热也易造成重油质量变差，并带来重沸炉的工程问题。同时设置进料加热炉和塔底重沸炉[32]，将进料加热炉出口的汽化率控制在70%以下，重沸炉出口的汽化率控制在50%以下可以解决此问题，如图3-109所示。

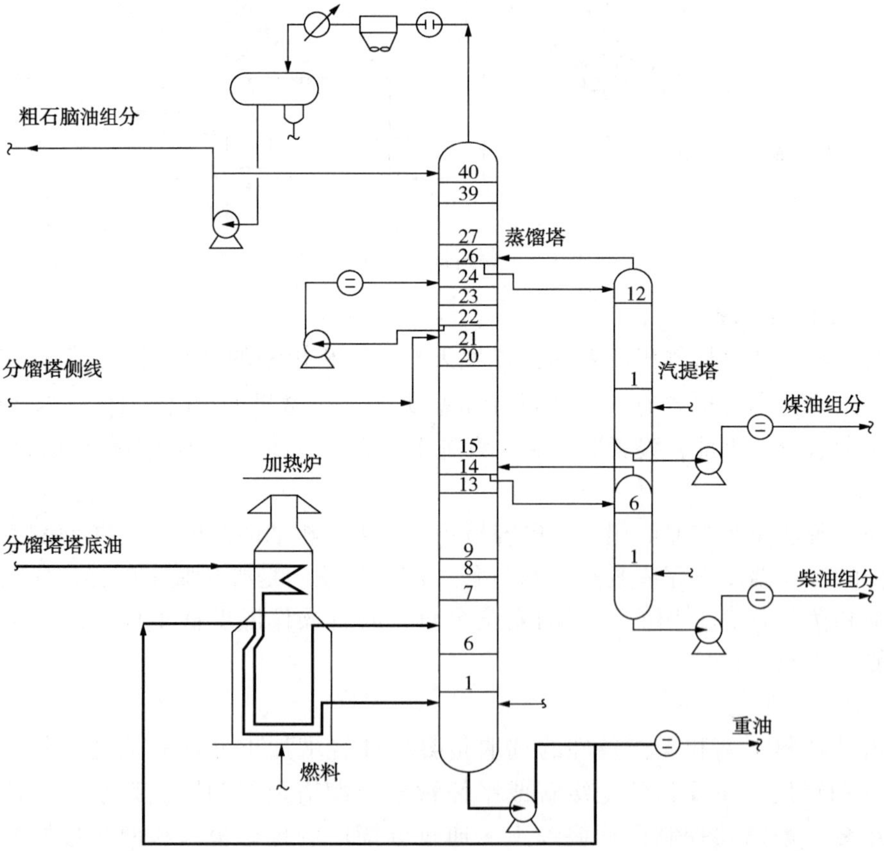

图3-109 进料与塔底重沸二合一炉流程

2. 塔底重油循环流程

采用塔底重油循环，将常压蒸馏塔底重油换热后分出一部分循环到分馏塔底部，循环量满足加热炉出口汽化率不高于70%的要求，实现加热炉的平稳长周期运行，见图3-110。经过换热后的重油循环到分馏塔的底部，降低了分馏塔底部油品的温度有利于分馏塔底泵的平稳运行，较低的温度也更有利于回收装置的余热，常压蒸馏塔底部流量的增加也有利于重油的热量回收。

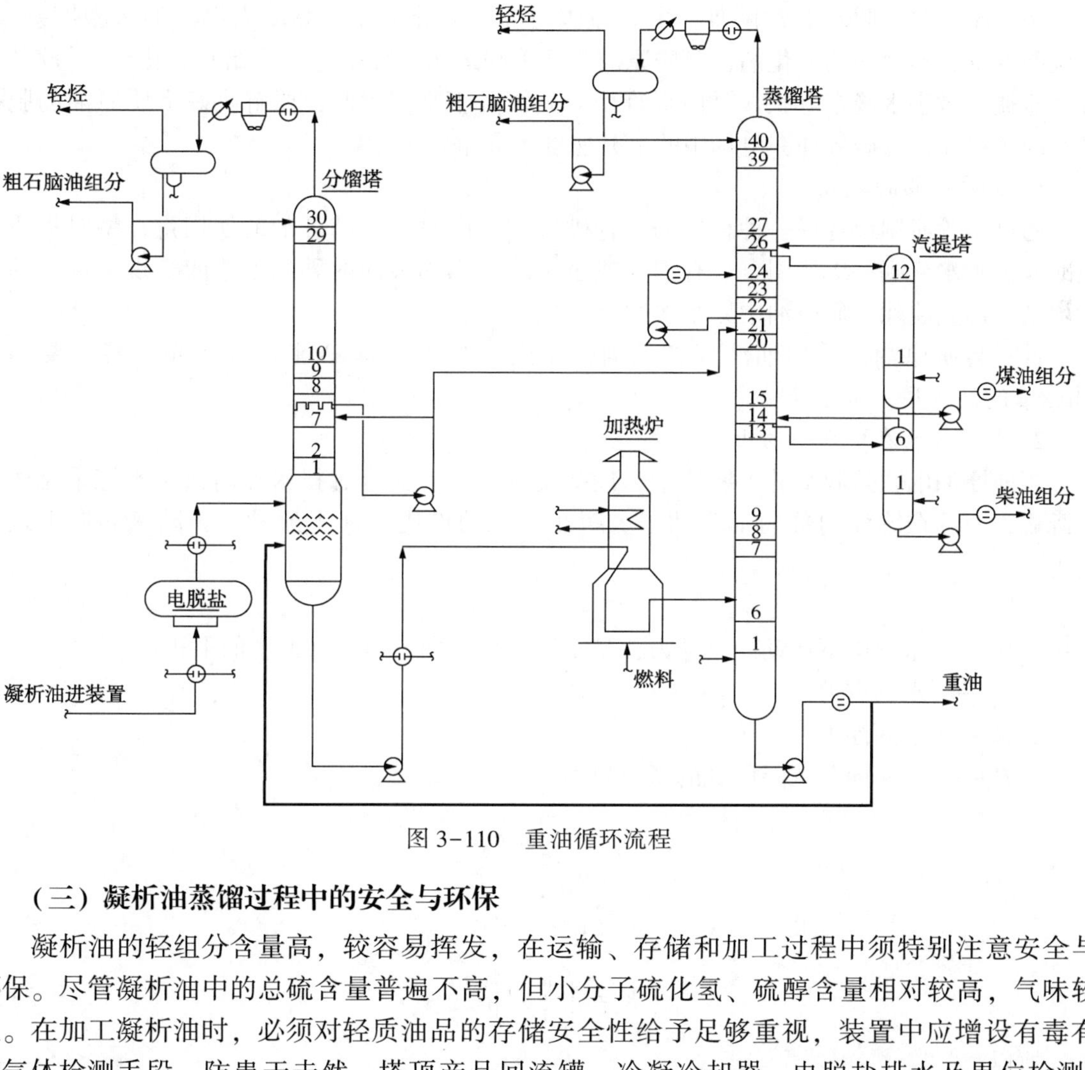

图3-110　重油循环流程

（三）凝析油蒸馏过程中的安全与环保

凝析油的轻组分含量高，较容易挥发，在运输、存储和加工过程中须特别注意安全与环保。尽管凝析油中的总硫含量普遍不高，但小分子硫化氢、硫醇含量相对较高，气味较臭。在加工凝析油时，必须对轻质油品的存储安全性给予足够重视，装置中应增设有毒有害气体检测手段，防患于未然。塔顶产品回流罐、冷凝冷却器、电脱盐排水及界位检测、压缩机系统、产品及回流泵等处均需设置可燃气体报警仪和硫化氢、硫醇气体检测报警仪。装置的紧急停工联锁系统、部分设备的联锁安全保护系统也必须给予充分的考虑。在设备选型和材质选择上也要注重防腐、防泄漏。需加强装置内密闭排放系统的设计和操作管理，减少有毒、有害物质的排放。

二、劣质原油蒸馏的工艺过程

劣质原油多指超重、高硫或含酸原油。加工劣质原油的生产实践表明，高酸低硫原油在加工过程中对设备和工艺管道的腐蚀最为严重。原油蒸馏装置加工劣质原油的难度主要表现在原油的脱盐脱水和高温腐蚀的材料选择上。

（一）劣质原油的脱盐脱水

劣质原油脱盐脱水非常困难，主要原因是原油乳化严重、黏度大以及油水密度差小。环烷酸本身就是很强的乳化剂，含酸原油在开采和运输过程中造成原始水乳化液十分顽固，含有盐类的微小水滴在电脱盐罐内很难聚结并沉降下来。因此，要解决好劣质原油的脱盐脱水问题，原油的破乳和在电场中的上升速度十分重要。

1. 劣质原油的破乳

通过实验研制或选择一种合适的复合破乳剂，同时加大破乳剂的使用量，将对劣质原油的脱盐脱水起到关键作用。只有消除或至少减薄水滴表面的乳化膜才能实现电场中的水滴聚结，达到脱除劣质原油中原始水的目标。

针对劣质原油，采用油溶性破乳剂，往往需要30μg/g以上的注入量，甚至要达到60μg/g的注入量。

2. 劣质原油在电场中的上升速度

当前原油电脱盐脱水的主要技术，包括交流技术、交直流技术和高速技术等采用的均是卧罐，原油在罐体内部向上流动，水滴在重力的作用下向下流动。驱动水滴向下运动的力：

$$M_a = F_w - F_b - F_d \tag{3-2}$$

式中 M_a——水滴向下运动的驱动力，是水滴质量与向下运动加速度的乘积；

F_w——水滴重力；

F_b——水滴浮力；

F_d——水滴向下沉降所受的摩擦阻力。

$$F_w = \frac{\pi}{6} d^3 \rho_p g \tag{3-3}$$

$$F_b = \frac{\pi}{6} d^3 \rho g \tag{3-4}$$

$$F_d = \xi \left(\frac{\pi}{4} d^2 \right) \rho \frac{ut^2}{2} \tag{3-5}$$

所以

$$\frac{\pi}{6} d^3 \rho_p g - \frac{\pi}{6} d^3 \rho g - \xi \left(\frac{\pi}{4} d^2 \right) \rho \frac{ut^2}{2} = M_a \tag{3-6}$$

在电场的作用下，原油中的水滴产生聚结。理论上，当水滴聚结合并至一定直径时，会打破原有受力平衡，产生向下加速度，开始沉降，随着降落速度增大，阻力相应增大，直至水滴再次受力平衡，继而匀速下降。

取 $M_a = 0$，则：

$$\frac{\pi}{6}d^3\rho_p g-\frac{\pi}{6}d^3\rho g-\xi\left(\frac{\pi}{4}d^2\right)\rho\frac{u_t^2}{2}=0 \tag{3-7}$$

$$u_t=\sqrt{\frac{4d(\rho_p-\rho)g}{3\rho\xi}} \tag{3-8}$$

式中　d——水滴直径，m；

ρ_p——水滴密度，kg/m^3；

g——重力加速度，m/s^2；

ρ——油的密度，kg/m^3；

u_t——水滴沉降的相对速度，m/s；

ξ——水滴沉降的摩擦阻力系数。

$$Re=\frac{dut\rho}{\mu} \tag{3-9}$$

式中　Re——雷诺数，当 $Re<2$ 时，

$$\xi=\frac{24}{Re} \tag{3-10}$$

μ——动力黏度，Pa・s；

所以，根据斯托克斯定律[33]：

$$u_t=\frac{2gd^2(\rho_p-\rho)}{18\mu} \tag{3-11}$$

在电场中，水滴开始向下沉降，也就是水滴沉降的相对速度 u_t 与原油在电场内的上升速度 u_{up} 相等时，水滴的最小粒直径 d_{min}：

$$u_{up}=\frac{2gd_{min}^2(\rho_p-\rho)}{18\mu} \tag{3-12}$$

$$d_{min}=\sqrt{\frac{18\mu u_{up}}{2g(\rho_p-\rho)}} \tag{3-13}$$

式中　d_{min}——最小沉降水滴粒径，m；

u_{up}——原油上升速度，m/s。

在水滴下降过程中，水滴也会不断聚结，水滴本身粒径尺寸会不断发生变化，粒径越大相应沉降速度也会越大。

原油上升速度、油水密度差和原油黏度等是影响原油脱盐脱水效果的重要因素，必须控制原油在电场中的上升速度，使劣质原油中的大于 d_{min} 的水滴得以沉降。对于低速电脱盐(交流技术、交直流技术)，劣质原油在电脱盐罐内的上升速度 u_{up} 一般应选择在 6~10cm/min 之间。

(二) 劣质原油的腐蚀防护

加工高硫低酸原油时，装置的高温部位(温度大于 240℃)处于高温硫腐蚀环境，腐蚀严重的部位包括常压炉辐射室炉管，减压炉炉管，常压转油线，减压转油线，常压塔中下部壳体及塔内件，减压塔中下部壳体及塔内件，常二、常三线汽提塔壳体及内件，操作温度 240℃以上的机泵和换热器及工艺管道等。

在加工低硫高酸或高硫高酸原油时，装置的高温部位(温度大于 220℃)以高温环烷酸

腐蚀为主，腐蚀严重的部位包括常压炉炉管，减压炉炉管，常压转油线，减压转油线，常压塔中下部壳体及塔内件，减压塔中下部壳体及塔内件，常二、常三线汽提塔壳体及内件，操作温度220℃以上的机泵和换热器及工艺管道等。

特别需要注意的是，加工低硫高酸或高硫高酸原油时的高温气-液两相流管道、减压蒸馏塔减二线抽出集油箱之下塔壳体及内件属于环烷酸腐蚀最为严重的环境，220℃高温机泵的腐蚀环境也比高温硫的要严重得多。

在加工高硫原油时，高温硫化物会与铁元素反应生成 FeS 保护膜，会在金属表面形成保护膜，减缓腐蚀的程度；在加工低硫原油时，生成的保护膜不够充分或难以生成保护膜。因此，原油蒸馏装置加工低硫高酸原油的腐蚀程度要比加工高硫高酸原油时更为严重。

分馏塔的高温部位如常压塔和减压塔的进料段及进料以下塔体、常压炉出口附近的炉管和转油线、减压炉管和减压炉转油线、减压塔底部管线等部位都会产生较严重的腐蚀。特别是减压蒸馏部分，由于温度高，设备腐蚀最为严重。

常压蒸馏塔柴油侧线和减压蒸馏塔蜡油馏分侧线以及侧线管道上的弯头等腐蚀较严重。常压加热炉和减压加热炉的出口附近炉管、转油线过渡段(特别是弯头处)、常压蒸馏塔和减压蒸馏塔的进料段等温度在350~400℃之间的部位，环烷酸大部分已汽化，混相流速高，腐蚀加剧。但由于所含环烷酸已基本汽化，环烷酸对塔底部的塔壁、内件、管线、机泵等的腐蚀有所减缓，减压渣油管道环烷酸腐蚀较轻。

环烷酸和硫及硫化物的腐蚀除对原油常减压蒸馏过程的高温部位造成穿孔外，其腐蚀所产生的铁离子对下游加氢裂化装置的长期运行也会造成严重威胁。

参　考　文　献

[1] 李志强．原油蒸馏工艺与工程这[M]．北京：中国石化出版社，2010：30；882；903；906；909；172.

[2] 陈宗松，刘宏甫．T形排列条形浮阀塔板的试验研究[J]．石油化工设备，1985，14(1)：21-28.

[3] 陈宗松，刘宏甫．T形排列条形浮阀塔板的工业性试验[J]．石油化工设备，1985，14(2)：19-24.

[4] 路秀林，赵培，李玉安．组合式导向浮阀塔板[Z]．国家科技成果．

[5] 沈复．船型浮阀(HTV)塔板[J]．石油化工设备技术，1991，12(6)，22-24.

[6] 俞仁明，胡惠芳．我国第一套千万吨级常减压蒸馏装置的设计与运行[J]．炼油设计，2002，32(4)：1-4.

[7] 张佩甫．一种原油电脱盐脱水器：中国，CN1482212A[P]．2005-06-29.

[8] 罗来龙，于曙艳，马忠庭，等．原油脱钙技术研究与工业应用[J]．石油炼制与化工，2005(4)：39-43.

[9] 刘灿刚，樊毅敏，徐振洪，等．原油脱钙技术的进展[J]．石油与天然气化工，2000(2)：72-74.

[10] 陈建民，桑国平．常减压蒸馏装置减压塔顶含硫不凝气的喷射增压脱硫技术[J]．炼油技术与工程，2012，42(4)：18-21.

[11] https：//www. sulzer. com/zh-cn/china/shared/products/fixed-valve-trays.

[12] 潘国昌．填料塔进料气体分布研究[J]．化学工程，1998，26(1)：6-11.

[13] 王亚彪，袁毅夫，王秋萍．板式分馏塔内套板结构：中国，CN103386209B[P]．2015-05-13.

[14] 王秋萍，袁毅夫．一种新型气液两相进料分布结构：中国，CN101780342B[P]．2010-07-21.

[15] 王亚彪，袁毅夫．一种用于板式塔的浮阀：中国，CN205360640U[P]．2016-01-26.

[16] 王秋萍，王亚彪，田野，等．一种用于催化油浆分离的塔盘和催化油浆分离塔：中国，201911019601. 6[P]．2019-10-25.

[17] Kister H Z. Distillation Design[M]. New York，1992.

[18] 余国琮．化工机械工程手册[M]．北京：化学工业出版社，2003.

[19] 兰州石油机械研究所．现代塔器技术[M]. 北京：中国石化出版社，2005.
[20] 王树楹．现代填料塔技术指南[M]. 北京：中国石化出版社，1998.
[21] 潘国昌．一种散装金属填料[P]. 中国，CN2192375Y，19950322.
[22] 李航胜，费维扬．高效扁环填料[P]. 中国，CN2374260Y，20000419.
[23] 新型工业塔填料应用手册编写组．新型工业塔填料应用手册——散堆填料[G]. 化学工业部第六设计院，1988.
[24] 费维扬，温晓明．挠性梅花扁环填料：中国，CN1038911C[P]. 1998-07-01.
[25] 王亚彪，袁毅夫，王秋萍．填料分馏塔内套板结构：中国，CN103386210B[P]. 2015-01-21.
[26] 王亚彪，张成，袁毅夫．一种分馏塔进料分布结构和分馏塔：中国，CN110721494A[P]. 2020-01-24.
[27] 张成，田野，王亚彪，等．一种高黏度重质油品的冷却方法及冷却装置：中国，201911107440. 6[P]. 2019-11-13.
[28] 张迎恺，高莉萍，高磊，等．一种多介质管程与多壳程换热器：中国，CN202109786U[P]. 2012-01-11.
[29] API STANDARD 560，Fired Heaters for General Refinery Service[S].
[30] SH/T 3088—2012. 石油化工塔盘技术规范[S].
[31] 袁毅夫，王亚彪，王秋萍，等．原油常压蒸馏塔顶部流程技术探讨[J]. 石油化工设计，2014，31(2)13-15.
[32] 袁毅夫，王亚彪，王秋萍．一种重沸与进料加热二合一的加热炉及其分馏方法：中国，CN102788505B[P]. 2014-12-17.
[33] 姚玉英．化工原理[M]. 天津：天津大学出版社，1999：140.

专家话炼油

第四章 重油加工

重油的 H/C 原子比较低，不能直接满足各终端产品的要求。重油加工就是通过一定的工艺过程改变其 H/C 原子比，使之可以进一步加工生产满足成品油质量要求。改变重油的 H/C 原子比主要有“脱碳”和“加氢”两条工艺路线。“脱碳”工艺主要有延迟焦化、溶剂脱沥青等；“加氢”工艺主要有固定床加氢、沸腾床加氢、浆态床加氢等。

延迟焦化工艺因其投资低、焦化产品经加氢精制后是良好的油品和二次加工原料，在中低位油价下具有良好的经济效益。延迟焦化工艺自 2000 年起在我国得到一波迅速发展，截至 2019 年年底，我国拥有延迟焦化装置 110 余套，总加工能力达到 13245 万吨/年，占一次加工能力的 18.6%。随着油价的上涨、环保法规的日益严格，延迟焦化装置发展速度减缓，其实际加工量逐渐降低。但是因其总加工规模巨大，延迟焦化仍然是我国最主要的重油加工手段。

渣油加氢工艺具有较高的液体产品收率且污染小，近几年得到了较快速的发展，成为我国重油加工能力的主要增长点，也已是我国重油加工的重要手段。截至 2019 年，国内固定床渣油加氢装置 24 套，加工能力 6190 万吨/年；国内渣油沸腾床加氢装置 3 套，加工能力 900 万吨/年；煤焦油沸腾床加氢装置5 套,加工能力 175 万吨/年；国内渣油悬浮床加氢装置 4 套，加工能力 371 万吨/年。

溶剂脱沥青工艺是以液态的丙烷、丁烷等小分子烃类为抽提溶剂，将渣油分离为残炭、重金属、硫和氮含量均较低的脱沥青油和含“油分”较少的脱油沥青的工艺过程。溶剂脱沥青具有脱碳、脱金属效果好，脱沥青油收率高性质较好，污染小等特点，是生产重质润滑油基础油的重要手段。随着较重溶剂(丁烷、戊烷)的应用，以生产催化裂化原料和加氢裂化原料为目的的溶剂脱沥青得到了一定发展，成为了重油加工的一个手段。但是由于脱油沥青的质量受原料性质影响大，不是所有重油都能生产符合产品规格的沥青产品，只能作为气化造气原料、沥青组分等，使得作为重油加工手段的溶剂脱沥青在国内发展速度较缓慢。我国第一套渣油丙烷脱沥青装置于 1958 年在兰州炼油厂建成投产，设计能力是加工渣油 12 万吨/年。截至 2019 年年末，全国共有渣油脱沥青装置 23 套，丙烷脱沥青装置单套最大加工能力 80 万吨/年，丁烷脱沥青装置单套最大加工能力 170 万吨/年，总加工能力为 1603 万吨/年，其中以生产润滑油为目的和以重油转化为目的的溶剂脱沥青约各占 50%。

减黏裂化工艺也是一种常见的重油转化工艺，其主要作用是降低渣油黏度，减少生产燃料油所需要的轻质馏分油调合量，同时副产部分气体和石脑油为其他工艺过程提供原料。减黏裂化从早期的下流式工艺发展为上流式工艺，降低了反应温度，延长了开工周期；从延迟浅度减黏发展到深度减黏，提高了减黏率。2000 年以前，我国建有减黏裂化装置 10 余套，总加工能力约 500 万吨/年。由于减黏裂化工艺所产重质燃料油已不能满足质量指标要求，目前这些减黏裂化装置基本处于停工状态或被拆除，不再担负重油转化的作用。

第一节　延迟焦化

延迟焦化工艺是将石油渣油等经深度热裂化转化为液体和气体产品，同时生成浓缩的固体碳材料——石油焦的过程，是炼油厂提高轻质油收率和生产石油焦的主要手段。在该过程中，通常使用水平管式加热炉在高流速、短停留时间的条件下将反应物料加热至485~515℃后送至焦炭塔。由于反应物料在加热炉管中停留时间很短，焦化原料仅发生浅度热裂化，焦化反应被“延迟”到加热炉下游的焦炭塔内发生，故该过程被称为“延迟焦化”。

我国早在1942年就有了釜式焦化生产装置，但规模很小。1963年国内第一套加工能力为30万吨/年的延迟焦化装置在抚顺石油二厂建成投产，这套装置当时被誉为中国炼油工艺“五朵金花”之一[1]。此后，随着国内原油加工量的不断增长和重质原油比例的提高，炼油厂的渣油产量快速增加。为合理加工炼油厂过剩的渣油以提高经济效益，大部分炼油厂都选择了工艺成熟、投资较低、操作费用较少和对原料适应性强的延迟焦化工艺技术，新建和扩建了大量的延迟焦化装置。

几十年来，通过技术开发和对生产经验总结，我国延迟焦化工艺及工程技术水平都有了较大提高，在适应原料劣质化、优化操作条件提高液体收率、装置大型化、提高自动化水平、节能降耗、减少环境污染以及长周期安全生产等方面都取得了长足的进步。

(1)原料劣质化　目前，我国延迟焦化装置单独加工或掺炼过的原料有减压渣油、常压渣油、重质原油、重质燃料油、减黏渣油、催化裂化油浆、脱油沥青、煤焦油、乙烯裂解焦油、炼油厂污油和污泥等。焦化原料的残炭一般为16%~30%，20℃的密度为0.95~1.05g/cm^3，硫含量高的可达7%。

(2) 工艺条件优化　延迟焦化循环比由0.4降低到0.15左右，最低达到0.05；加热炉出口温度提高，大部分装置达到498℃，个别装置更高；焦炭塔压力逐步降低，焦炭塔压力由0.17MPa(G)降到0.15MPa(G)，最低达到0.103MPa(G)；生焦时间由24h缩短到18~20h。通过降低循环比、提高炉出口温度、降低反应压力、缩短生焦周期等措施，扩大了焦化装置处理能力、提高了液收、降低了能耗和投资。

(3) 装置规模大型化　延迟焦化装置的规模是根据炼油厂的总加工流程和重油平衡确定的，我国延迟焦化装置规模一般为100万~250万吨/年，最大的达到420万吨/年。因延迟焦化工艺流程采用一台加热炉对应两台焦炭塔，加热炉连续进料，两个焦炭塔并联切换操作，一个生焦，另一个进行除焦，一般18~24h切换一次，通常把一炉两塔称为一个系列。国内早期建设的单系列规模仅为30万吨/年和40万吨/年，自2000年以后建设的单系列的规模在100万~210万吨/年。

(4) 装备水平提高　加热炉采用双面辐射、附墙燃烧、多点注汽、在线蒸汽剥焦和机械清焦等技术；大型焦炭塔的材质升级，采用自动顶盖和底盖装卸系统；水力除焦应用水力马达或水涡轮驱动，切焦器可自动切换，高压水泵可保证直径10m的焦炭塔顺利除焦；通过采用智能焦炭检测技术实现了远程智能除焦操作；加热炉、焦炭塔、压缩机采用自动控制及安全联锁等技术，对焦化装置大型化、加工劣质渣油、提高自动化和安全水平、延长开工周期等起到了积极的作用。

（5）原料来源和产品去向优化　国内大部分炼油厂的焦化原料减压渣油直接来自常减压装置或原料罐区（100%）。焦化产生的气体经过吸收稳定单元分为干气（产率 4%～7%）和液化气（产率 2%～5%），干气经过脱硫后作为燃料气或制氢原料，液化气经过脱硫、脱硫醇后作为民用液化气或气体分馏原料。石脑油（产率 12%～18%）和柴油（产率 20%～35%）通常混合加氢精制，生产的汽油去催化重整或作乙烯原料，柴油组分经调合后作为产品外销。焦化馏分油（简称 CGO）（产率 15%～25%）送去催化裂化或加氢裂化作原料。延迟焦化生产的石油焦为生焦（产率 20%～40%），根据原料和操作条件的不同，生产的石油焦有海绵焦、针状焦和弹丸焦。国内石油焦主要用作冶金原料、工业燃料、化工辅料、造气原料和碳素材料等，优质的石油焦还可用于航空航天和核工业。

（6）能耗降低　延迟焦化装置的能耗和原料性质、工艺流程、操作条件有密切的关系。近几年通过优化设计、优化操作和加强低温热利用等措施，装置的能耗大幅度下降。我国延迟焦化装置的平均能耗 1998 年约为 28.89kgEO/t 原料，2008 年约为 25.49kgEO/t 原料，2018 年约为 23.03kgEO/t 原料，2019 年中国石化 35 套装置综合能耗平均为 23.11kgEO/t 原料。

（7）装置生产清洁化程度提高　装置普遍具有冷焦水密闭自循环、切焦水自循环、塔式油吸收冷凝冷却的吹汽放空密闭回收系统等。近年来，为满足 GB 31570《石油炼制工业污染物排放标准》的排放要求，洛阳院等单位开发了安全环保型延迟焦化密闭除焦、输送及存储成套技术（S-CCHS），实现了除焦、脱水、取焦过程密闭作业，消除了敞开式焦池焦粉污染问题；废气、尾气由无组织排放改为集中治理，非甲烷总烃类（VOCs）、粉尘及恶臭气体的排放指标符合国家标准的要求；实现了焦炭输送、存储、装车过程全封闭操作，解决了上述环节中存在的焦粉污染等问题；实现了除焦过程远距离、全程自动操作与监控，消除操作人员安全风险，提升装置本质安全水平。

一、反应机理

渣油是以碳、氢、硫、氮、氧和金属为主要元素组成的大分子（平均相对分子质量约为 500～1500）烃类和非烃类化合物的混合物，其化学组成和分子结构非常复杂，目前很难用具体的分子式来描述渣油中各种物质的组成。渣油的热反应符合烃类和非烃类化合物热转化反应的一般规律，遵循自由基链反应历程，即链的引发、链的增长和链的终止。其特点是液相反应，液相中分子密集，生成的自由基会被临近的自由基和其他分子围住，易于相互碰撞，使链反应终止，降低链反应速率，导致在相同条件下比气相反应产生更多的缩合产物和较少的分解产物。渣油在热转化时始终沿着裂解和缩合两个方向进行反应，即在热的作用下主要发生两类反应：一类是热裂解吸热反应，另一类是缩合放热反应。总体而言，渣油焦化热转化反应在宏观上表现为吸热反应。其产物中除有比渣油更轻的气体和馏分油外，还有比原料更重的产物。

渣油热转化反应是一种非常复杂的裂化和缩合相平衡的顺序反应，很难用化学反应方程式来表达。为能够更好地研究渣油热转化反应，通常把渣油按照分子结构及性质的不同分为饱和分、芳香分、胶质和沥青质四个组分。通过实验方法可以测定渣油中四个组分的含量，为研究渣油热转化反应提供基础数据。

1. 饱和烃的热转化反应

饱和烃主要包括烷烃和环烷烃。

1）烷烃的热反应

烷烃的热反应主要有两类：

（1）C—C 键断裂生成较小分子的烷烃和烯烃，其通式为：

$$C_nH_{2n+2} \longrightarrow C_mH_{2m+2} + C_{n-m}H_{2(n-m)} \tag{4-1}$$

（2）C—H 键断裂生成碳原子数保持不变的烯烃和氢气，其通式为：

$$C_nH_{2n+2} \longrightarrow C_nH_{2n} + H_2 \tag{4-2}$$

这两类反应都是强吸热反应。烷烃的热反应行为与其分子中的各键能大小有密切的关系。

从表 4-1 中烷烃的键能数据可以总结出一些规律：C—H 键的键能大于 C—C 键的键能，因此 C—C 键更易于断裂；长链烷烃中，越靠近中间处，其 C—C 键能越小，也就越容易断裂；随着相对分子质量的增大，烷烃中的 C—C 键及 C—H 键的键能都呈减小的趋势，也就是说它们的热稳定性逐渐下降；异构烷烃中的 C—C 键及 C—H 键的键能都小于正构烷烃，异构烷烃更易于断链和脱氢；烷烃分子中叔碳上的氢最容易脱除，其次是仲碳上的，而伯碳上的氢最难脱除。

表 4-1 烃类分子中几种不同形式化学键的键能[2]

化学键	键能/(kJ/mol)	化学键	键能/(kJ/mol)
$CH_3—CH_3$	377	$CH_3—H$	439
$C_2H_5—C_2H_5$	363	$C_2H_5—H$	420
$nC_3H_7—nC_3H_7$	366	$nC_4H_9—H$	421
$nC_4H_9—nC_4H_9$	364	$iC_4H_9—H$	419
$tC_4H_9—tC_4H_9$	322	$tC_4H_9—H$	400
C=C	612	C≡C	835

从热力学角度判断，在 500℃ 左右，烷烃脱氢反应进行的可能性不大。当温度达到 700℃左右时，脱氢反应的可能性明显增大。从动力学角度考虑，烃类的热解反应性是以其反应速率来判断的。通常情况下随着温度的升高，烃类的反应速率迅速增大；随着烷烃相对分子质量的增大，其反应速率明显加快；在分子中碳数相同的情况下，异构烷烃的热解反应速率比正构烷烃稍快。

2）环烷烃的热反应

环烷烃的热反应主要发生下列三类反应：

（1）侧链断裂反应　在高温下，环烷烃侧链上的 C—C 键和烷烃一样也能发生断链反应，使侧链变短或脱除，同时生成较小分子的烷烃或烯烃。

（2）环烷环的断裂反应　环烷环的环上的 C—C 键的热稳定性比侧链高，但在温度较高时环烷环也会断裂生成小分子烯烃。

（3）脱氢反应　环烷环在加热的条件下，还会发生脱氢反应生成环烯烃直至芳香烃。单环环烷烃的脱氢反应须在 600℃ 以上才能进行，但双环环烷烃在 500℃ 左右就能进行脱氢反应，生成环烯烃。

2. 芳香烃的热转化反应

芳香环对热非常稳定。在一般条件下芳环不会开环，但在较高温度下会进行脱氢缩合反应，生成环数较多的芳烃，直至生成焦炭。它主要发生的反应有：烷基芳香烃的断侧链及脱烷基反应、侧链的脱氢反应以及芳香烃在高温下脱氢缩合成环数更多的芳烃。

3. 胶质和沥青质的热反应

胶质、沥青质主要是多环、稠环化合物，分子中多含有杂原子。它们是相对分子质量分布范围很宽、环数及其稠合程度差别很大的复杂混合物。缩合程度不同的分子中也含有不同长度的侧链及环间的链桥。胶质在受热过程中，一方面发生断侧链、断链桥等裂解反应，生成气体、馏分油、饱和分和芳香分，另一方面缩合为沥青质。沥青质是焦炭的前身物，芳烃及胶质转化为沥青质后才生成焦炭。沥青质开始分解的温度较低，它在热反应中可发生断侧链、断链桥等反应，生成少量较小分子的烃，大部分会聚合生成更大分子的苯不溶物直至焦炭。轻、重胶质及沥青质的热反应行为有明显的差别，随着缩合程度的增大，馏分油的相对产率下降，而焦炭的相对产率增大。沥青质分子的稠合程度很高，带有的烷基链很少，而且是很短的侧链，因此，反应生成的气体也很少。

4. 渣油生焦过程

渣油是由饱和分、芳香分、胶质和沥青质四个组分以及硫、氮、氧和金属等非烃化合物组成的，是一种胶体分散体系，其分散相是以沥青质为核心并吸附胶质形成的胶束。由于胶质的胶溶作用，在受热之前渣油胶体体系是比较稳定的。在热转化过程中，裂化和缩合两种反应是同时发生的，但是由于裂化反应的活化能比缩合反应的活化能低，在温度较低时，裂化反应的速率大于缩合反应的速率，渣油热转化过程主要生成裂化产物。当温度升高裂化深度增加，缩合反应的速率增大，芳烃、胶质裂化和缩合生成的沥青质增加，渣油的胶体性质就会受到破坏。由于缩合反应速率的逐步加快，渣油中作为分散相的沥青质的含量逐渐增多，而裂解反应不仅使分散介质的黏度变小，还使其芳香性减弱，同时作为胶溶组分的胶质含量则逐渐减少。这些变化都会导致分散相和分散介质之间的相容性变差。这种变化趋势发展到一定程度后，就会导致沥青质不能全部在体系中稳定地胶溶，致使部分沥青质聚集并发生缩合生焦反应而生成焦炭。渣油热转化过程中的生焦现象是一个复杂的相变过程，沥青质是渣油热转化体系中生焦的根源。渣油热转化生焦过程中如图 4-1 所示。

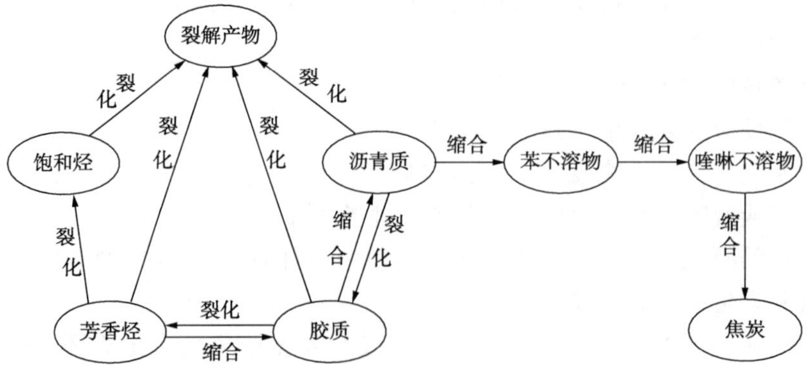

图 4-1　渣油热转化过程示意图

二、生产工艺流程

延迟焦化工艺是将重油快速加热到一定温度使其发生热裂解反应，生成轻质油品——气体、粗石脑油、柴油、焦化馏分油(CGO)，同时发生缩合反应产生焦炭的过程。延迟焦化装置按照功能可以分为：焦化反应及产品分馏、吹汽放空、水力除焦及焦炭转运、冷焦水切焦水处理等部分，典型工艺流程如图4-2所示。为提高焦化气体的利用价值，国内延迟焦化装置还包括吸收稳定部分。

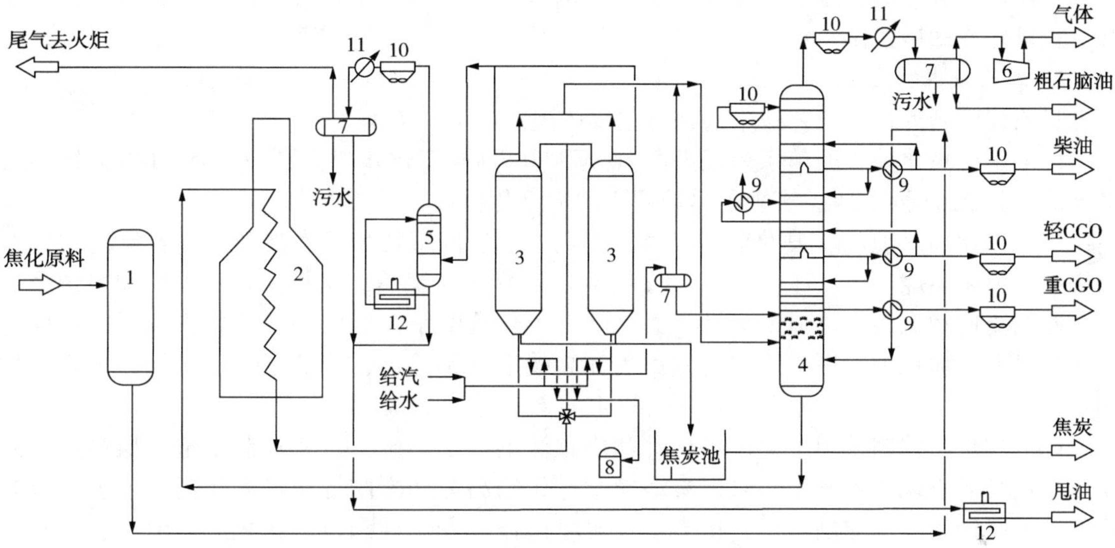

图4-2 延迟焦化装置典型工艺流程

1—原料缓冲罐；2—焦化加热炉；3—焦炭塔；4—分馏塔；5—放空塔；6—富气压缩机；7—气液分离罐；8—冷焦水储罐；9—换热器；10—空冷器；11—水冷器；12—水箱冷却器

1. 生产工艺说明

焦化原料首先进入原料缓冲罐，由原料泵输送去与分馏塔产品及回流物料换热，换热后的渣油进入分馏塔塔底(或加热炉进料缓冲罐)与循环油混合后由加热炉进料泵输送到加热炉。在加热炉快速加热到适宜的温度，经转油线和四通阀进入焦炭塔进行反应，生成高温油气和焦炭，焦炭留在塔内，高温油气被急冷后经大油气管线进入分馏塔。在分馏塔分离出气体、粗石脑油、柴油、轻CGO、重CGO和循环油。循环油流入分馏塔塔底和渣油混合去加热炉；柴油和轻CGO、重CGO经换热和冷却后送至下游装置或罐区；气体经增压和粗石脑油一起去吸收稳定部分分离出干气、液化气和石脑油。

当一个焦炭塔内的焦炭达到一定的高度后，将进料切换到另一个空的焦炭塔，使得充满焦炭的焦炭塔可以进行冷焦和切焦操作。国内延迟焦化装置通常采用小吹汽、大吹汽、小给水、大给水的冷焦方式。小吹汽是把焦炭中残留的油气汽提到分馏塔，大吹汽和小给水时产生的油气和蒸汽排到放空塔，在放空塔通过油吸收和冷却回收污油和污水。大给水时塔顶的溢流水和冷焦结束后塔底的排放水进到冷焦水处理部分，在这里过滤、除油和冷却处理达到冷焦水回用的要求。

待焦炭塔内的水排放完后，打开塔顶盖和塔底盖，采用高压水进行除焦。除焦时用切焦器先自上而下钻一个孔，然后再一次自上而下逐层切焦，切下的焦炭和切焦水一起流到焦炭池并在焦池内分离，切焦水经过沉淀、过滤去除焦粉后送入切焦水储罐，切焦时由高压水泵将切焦水储罐里的水送经切焦控制阀、高压胶管、钻杆、水力马达等，最后到达切焦器。焦池内的焦炭由抓斗吊车装到火车、汽车或皮带运输机上送出装置。

切完焦后封闭塔顶盖和塔底盖，采用蒸汽进行驱赶塔内空气和密封性试验，然后引正在生焦塔的高温油气对该塔进行预热，油气自上而下通过焦炭塔进入甩油罐，甩油罐分离出的气体进入分馏塔，凝缩油用泵抽送到分馏塔、放空塔、原料罐或作为焦炭塔急冷油回炼，也可经冷却后送出装置。

2. 工艺技术特点

目前我国延迟焦化工艺技术的特点主要体现在以下几方面。

（1）延迟焦化装置的单系列规模由 30 万~50 万吨/年逐步扩大到 100 万~180 万吨/年，最大的达到 210 万吨/年，实现了一炉两塔的大型化设计。

（2）焦化加热炉由过去的单面辐射、单点注水、停工烧焦，发展到目前普遍采用的双面辐射、附墙燃烧、多点注水(汽)、在线清焦、分炉膛烧焦和机械清焦。焦化加热炉采用了高冷油流速和低最高热强度设计，大大降低了炉管的结焦倾向，加热炉连续运行周期达到 3 年以上。加热炉采用了低氧化氮火嘴和高效空气预热器，降低了环境污染，提高了加热炉效率，使加热炉热效率普遍在 90%以上，部分达到 93%以上。

（3）焦炭塔普遍采用了中子料位计和塔顶注消泡剂措施，有效控制了泡沫层高度，防止了焦炭塔冲塔现象的发生。对焦炭塔经常操作的高温切断阀等机械和阀门，绝大部分装置安装了联锁和顺序控制系统，提高了焦炭塔操作的安全性和自动化程度。但还有一些炼油厂为减少投资，延迟焦化装置没有安装此系统。

（4）为了提高装置的处理能力和液体产品收率，国内延迟焦化装置大部分采用较低循环比操作，通常在 0.15 左右，最低达到 0.05。但仍有部分装置操作循环比为 0.4~0.8。其主要原因有两方面：一是产生的焦化重 CGO 没有合适出路，只能通过增大循环比来降低重 CGO 的收率；二是加工的原料比较劣质，为延长装置运行周期和防止弹丸焦的生成采用较大循环比操作。

（5）焦炭塔吹汽放空系统采用了冷却塔式密闭的油吸收工艺，回收污油和污水，同时减少了环境污染。

（6）冷、切焦水实现了分流密闭处理，达到了冷、切焦水的循环利用，降低了水耗，减少了污染。

（7）开发并大量应用了平板闸板阀式焦炭塔顶盖机和底盖机，降低了除焦工人的劳动强度，提高了除焦操作的安全性。

（8）装置普遍设置轻 CGO 汽提塔，部分装置设置了重 CGO 汽提塔，提高了产品的分离度。分馏塔采用防焦措施，减少了产品中的焦粉含量。

（9）焦炭的除焦、转运和输送系统，敞开式人工除焦操作方式逐步被自主开发的安全环保型延迟焦化密闭除焦、输送及存储成套技术(S-CCHS)取代。

3. 焦炭塔的操作顺序

焦炭塔是间歇操作的设备，当一个塔在进料生焦时，另一个塔在进行冷焦、切焦和预热处理等操作。焦炭塔生产操作的步骤如表 4-2 所示。

表 4-2 焦炭塔操作主要步骤的说明

序号	操作步骤	操作目的	操作方法
1	小量吹汽	汽提焦炭中的油气	自管网引蒸汽，流量 1~5t/h，油气和蒸汽沿塔顶管线去分馏塔
2	大量吹汽	汽提焦炭中的油气，降低焦炭温度，提高焦炭孔隙率	自管网引蒸汽，流量 8~20t/h，蒸汽和油气去放空塔，冷凝冷却回收污油和污水
3	小量给水	慢慢冷却焦炭以降低温度	由泵抽冷焦水罐水至焦炭塔，水量 20~50t/h，汽化产生的蒸汽及少量油气去放空塔回收污油和污水
4	大量给水	快速冷却焦炭以降低温度	由泵抽冷焦水罐水至焦炭塔，水量 200~500t/h，塔顶溢流至冷焦热水罐
5	开阀放水	排放焦炭塔中存水	开塔底排水阀放水至冷焦热水罐或焦池
6	开顶盖、开底盖	为除焦下钻头做准备	采用自动顶盖机和自动底盖机打开塔顶盖和底盖
7	水力除焦	用高压水切割塔内的焦炭	启动高压水泵，流量 150~350m^3/h，压力 16~35MPa，先钻直径 0.8m 左右的孔，再从上至下逐层切焦，水和焦炭自塔底经溜槽去焦池
8	关顶盖、关底盖	为下次进料做准备	采用自动顶盖机和自动底盖机关闭塔顶盖和底盖
9	蒸汽试压	检查顶/底法兰盖的密封，驱赶塔内空气	自管网引蒸汽，对塔试压，合格后放蒸汽和凝结水，保持塔内微正压，蒸汽耗量 5~10t/塔
10	油气预热	加热塔体到 320~400℃，减少切换进料时焦炭塔的热应力和避免开始切换进料时反应温度过低	油气引自另一个生焦的塔，凝缩油至甩油罐并由甩油泵送走，不凝油气至分馏塔
11	切换进料	把进料切进焦炭塔，另一个塔准备除焦	通过四通阀把来自加热炉的物料切换到焦炭塔，产生油气去分馏塔，焦炭停留在塔内，另一个塔开始小吹汽等操作并准备除焦

国内焦炭塔的操作周期一般为 36~48h。国内部分焦化装置根据焦炭塔的操作顺序和相关的操作条件，对焦炭塔的操作顺序进行编程，同时配备带执行机构和阀位回讯的高温隔断阀，实现了焦炭塔的操作顺序控制和安全联锁(简称顺控系统)，顺控系统涵盖了焦炭塔操作的全部过程及相关的机械、设备、阀门和仪表，对焦炭塔操作实现了安全可靠的控制，有效防止误操作和禁止未经授权的操作，提高了焦炭塔操作的安全性。为提高焦炭塔的利用率，采用了中子或 γ 射线料位计，准确测量焦炭塔内泡沫层的位置，做到适时、适量地注入消泡剂和适时切换焦炭塔。

4. 分馏塔循环比的调节

焦化分馏塔既对来自焦炭塔的反应产物进行分馏得到合格的产品，又为加热炉提供进料。与其他炼油装置的分馏塔相比，焦化分馏塔设计需要考虑防止塔底结焦、防止产品的焦粉携带、方便控制循环油的流量和性质、方便控制 CGO 性质等问题。焦化分馏塔的设计关键在于下部循环流程和结构的设计。国内焦化分馏塔下部循环流程有许多种，目前常用的几种循环比调节流程见图 4-3。

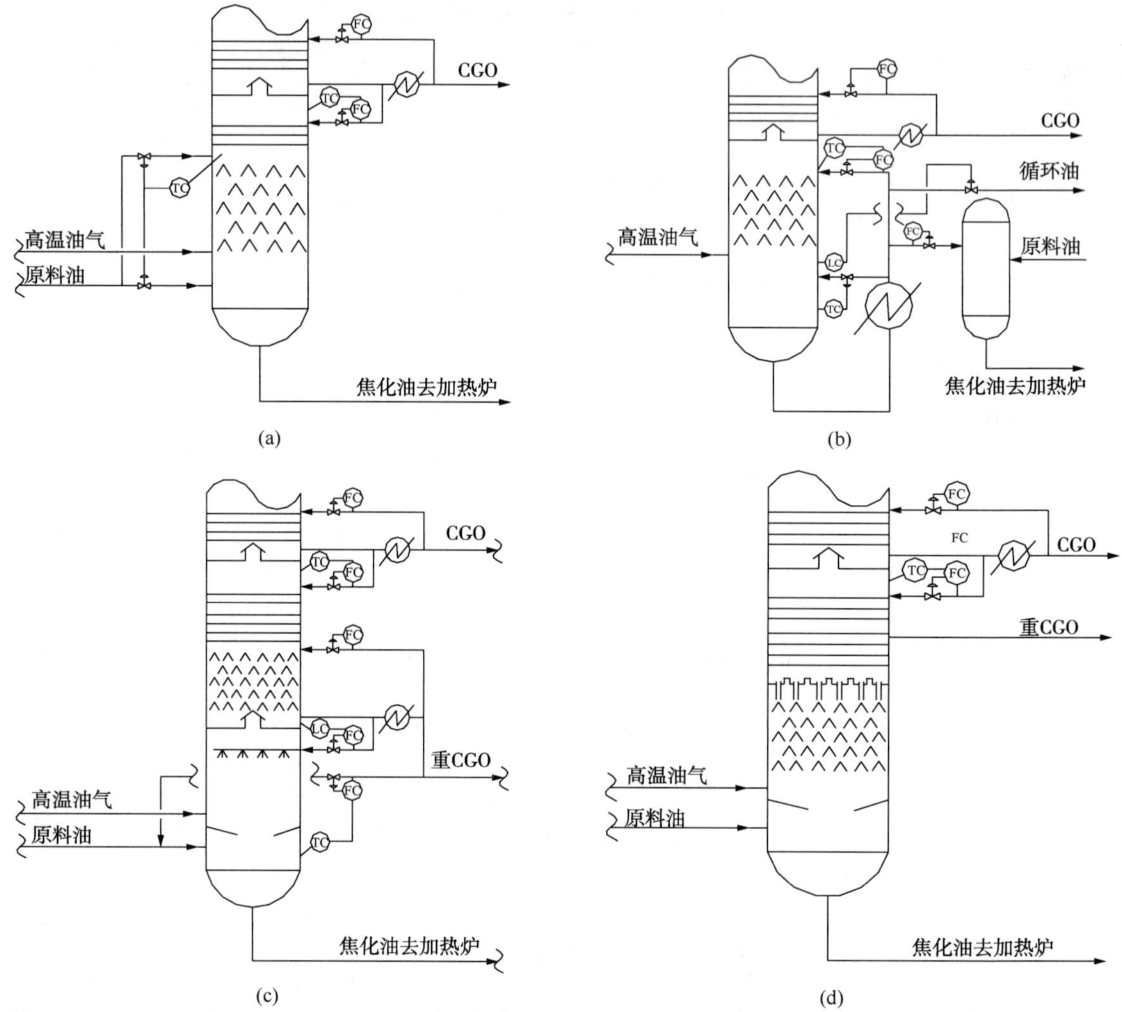

图 4-3　国内目前常用的几种循环比调节流程

图 4-3(a)是传统的流程，采用调节原料上下进料的比例来控制 CGO 集油箱下的温度，控制循环比，从而控制 CGO 的质量。其优点是流程简单，其缺点是 CGO 质量不好控制，容易携带焦粉和渣油，塔底温度高，循环比低于 0.2 时，或渣油较重时易导致换热塔板结焦。该流程在 2000 年以前建成的部分老旧焦化装置仍有使用，绝大部分装置该流程已被其他流程取代。

图 4-3(b)为洛阳院开发的一种可灵活调节循环比的流程[3]，油气通过与换热冷却后的循环油直接接触进行换热。循环比和 CGO 质量通过循环油的流量来控制，循环油在流量控制下和原料在原料罐中混合。循环油的流量可以指示。该流程的优点是：循环油的流量可直接调节，通过外甩循环油使循环比灵活可调；渣油和油气不换热，防止换热板结焦；该流程广泛应用于 2000 年以后建成的焦化装置。

图 4-3(c)是一种采用 CGO 下回流、循环油上回流和循环油下回流喷淋三级洗涤的流程，主要解决 CGO 及以上产品的焦粉携带问题；用循环油的热回流和塔底的冷回流相结合

的方法调节塔底温度；循环油下回流喷淋可把大部分焦粉洗涤到塔底，减少了循环油集油箱的焦粉含量；在分馏塔底和循环油集油箱设计“搅拌”过程，防止底部焦粉沉积；CGO 下回流和循环油的上回流相结合可使循环油和 CGO 的分离度提高。

图 4-3(d)为全 CGO 下回流调节循环比的流程，高温油气全部通过 CGO 下回流直接换热。循环比和 CGO 质量是通过 CGO 的下回流量来控制，被 CGO 下回流冷凝的循环油在分馏塔内直接和原料混合。渣油和油气不换热，防止换热板结焦；CGO 和循环油的分馏塔板较多，CGO 和循环油能充分分离；如果循环比合适，CGO 的质量能得到比较好的控制；如果能抽出部分重 CGO，可在超低循环比的操作条件下，保证 CGO 的产品质量。焦粉被大量的 CGO 洗涤，CGO 产品中焦粉含量较少。

5. 冷焦、切焦水处理

目前国内通常把冷焦水和切焦水分开处理。

(1) 冷焦水处理系统　焦炭塔冷焦时，用冷焦冷水泵将冷焦水从储罐送入焦炭塔冷焦，冷焦溢流水排入溢流储水罐，放空水排入放空储水罐，储水罐上部设周边环形集油槽，污油浮至水面，溢流排入集油槽，通过管道进入污油罐，粉焦沉至罐底。污油罐中的污油沉降至含水率合格后，通过污油泵送往全厂污油罐。冷焦溢流储水罐及放空储水罐中水由冷焦热水泵加压经过滤器后送至旋流分离器进一步除油，再经空冷器冷却降温送至冷焦水储罐储存再利用。冷焦水内粉焦沉降至罐底，罐底定期排污，自流排至粉焦池。粉焦池内粉焦，由粉焦泵送往储焦池。为减少污染，冷焦溢流储水罐及放空储水罐顶部排放的尾气采用碱液或胺液吸收脱除硫化物。

(2) 切焦水处理系统　高压水泵从切焦水储罐吸水，供给焦炭塔进行水力除焦，焦炭和切焦水从焦炭塔一起排入储焦池，切焦水进入一次沉淀池，大颗粒粉焦沉淀下来，出水再进入二次沉淀池。沉淀池内设格网，拦截粉焦。沉淀池出水经切焦水提升泵加压送至离心分离器进一步去除粉焦后，送入切焦水储罐储存，供下一次高压水泵切焦用，同时微细粉焦将在储罐内继续沉淀，切焦水储罐沉淀的微小粉焦，可以定期清扫，排入粉焦池。

6. 焦炭切除、转运和输送

常规延迟焦化的除焦、焦炭转运和输送采用敞开式。通过人工操作水力除焦机械除去焦炭塔内焦炭，除下的焦炭和除焦水一并经溜槽进入焦炭池。除焦水由焦池内流入沉淀隔油池，再经过滤后由泵送入除焦水罐循环使用；焦炭在焦池内脱水后用吊车抓斗装到汽车、火车或皮带。在整个除焦水和焦炭处理过程中(包括焦炭塔水力除焦、焦池取焦、石油焦转运、存储及装车等)均为敞开式操作，存在诸多如粉尘及恶臭污染、安全隐患等问题，往往是炼油厂生产环境最为恶劣的地方。随着国家对环境保护和安全生产的日益重视，延迟焦化装置在这些方面存在的问题，成为石化行业面临的重大挑战。

为应对这一局面，由洛阳院等单位自主开发了安全环保型延迟焦化密闭除焦、输送及存储成套技术(S-CCHS)，解决了延迟焦化装置存在的粉尘、恶臭气体污染问题，实现了石油焦处理全过程密闭清洁化操作[4]。

S-CCHS 成套技术包括 4 个部分，即①石油焦密闭除焦系统；②石油焦密闭输送、存储及装车系统；③远程智能水力除焦系统；④焦炭塔操作安全控制系统，如图 4-4 和图 4-5 所示。4 个部分可以联合实施，也可根据装置需要独立实施。

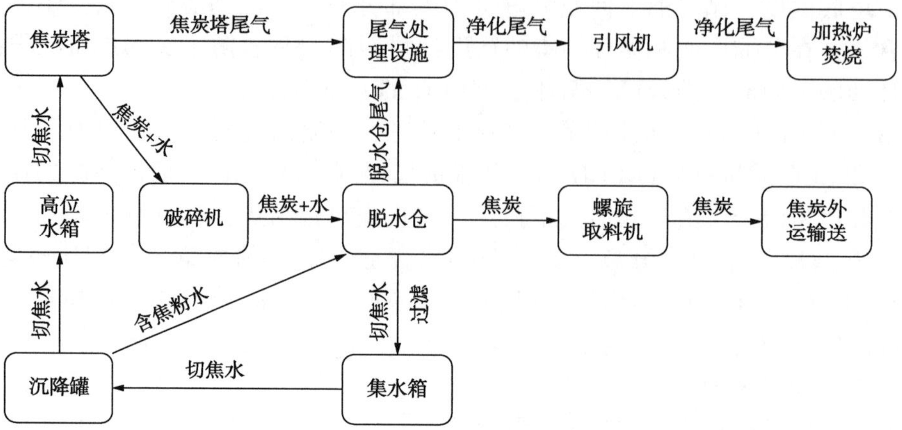

图 4-4 S-CCHS 物料流程示意图

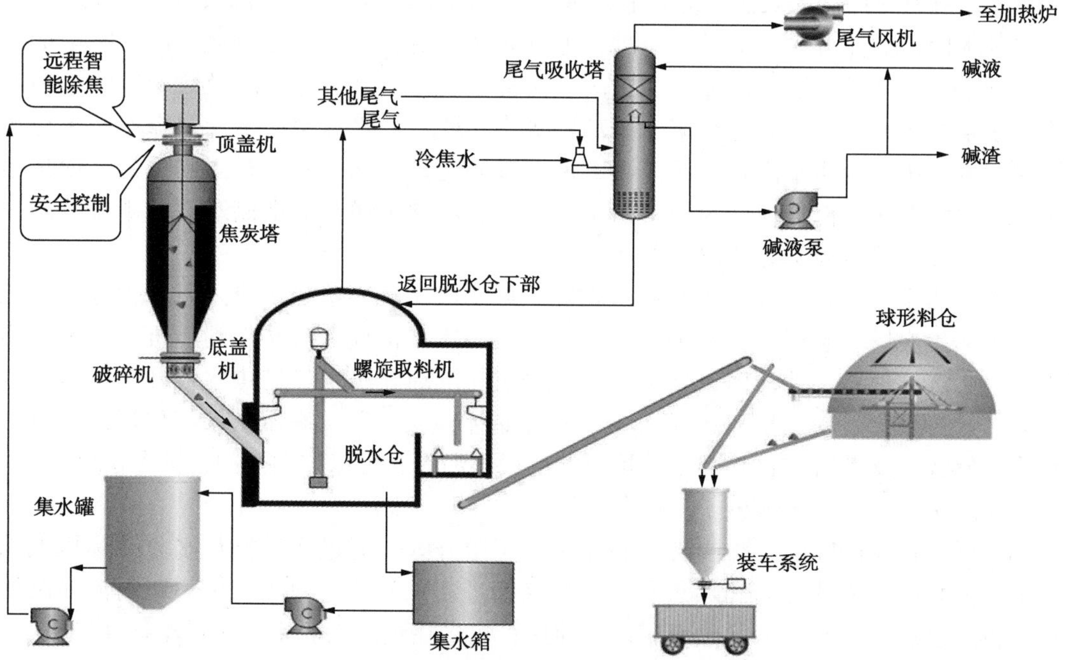

图 4-5 S-CCHS 工艺流程示意图

S-CCHS 技术采用多项世界首创技术，已获授权专利 26 项，拥有完全自主知识产权，整体达到世界领先水平，主要技术及其优势和特点有以下几方面。

（1）石油焦密闭除焦采用世界首创的筛分破碎—密闭脱水仓—螺旋取焦—尾气集中治理技术。焦炭经水力除焦系统切割，由焦炭塔底部通过筛分破碎机，破碎后的焦炭与除焦水落入封闭式脱水仓。脱水仓底部设置过滤网，可实现焦炭快速脱水。脱水后石油焦通过螺旋提升机提升至带式输送机外送。切焦水经过滤网自流进入集水箱，经集水箱耐磨水泵增压，返回脱水仓或送至切焦水沉降罐。

除焦前期集水箱中切焦水焦粉颗粒大、含量高，需返回脱水仓循环过滤，逐步建立焦炭过滤层，提升过滤效果。过滤后切焦水焦粉含量逐渐下降，而且由于焦炭的吸附作用，油含量也大幅降低，切焦水变得较为洁净。过滤后切焦水中经泵输送至切焦水沉降罐。切焦水静置沉降后送至切焦水系统循环使用。脱水仓底部过滤网下方设置反冲设施，除焦完成后可以反冲过滤网，疏松过滤焦层，然后通过取料机将其取走送出装置，这样可以持续更新焦层，使焦层具有较好的过滤和吸附性能。

除焦过程产生的含粉尘、蒸汽、恶臭污染物的尾气以及装置其他设备尾气，经引风机抽吸送至尾气处理系统，经过洗涤、冷却、脱硫等措施净化，净化尾气送至加热炉鼓风机入口，作为加热炉配风进行焚烧。全装置尾气排放符合国家环保标准要求。

焦炭塔赶空气试压的泄放蒸汽进入文丘里喷射冷凝器，经冷却水直接冷凝后进入脱硫塔。除焦产生的焦炭与切焦水经过筛分破碎流入密闭脱水仓，在脱水仓内进行过滤脱水。

(2) 密闭脱水仓技术。除焦产生的石油焦、切焦水和尾气在密闭脱水仓进行过滤脱水、石油焦外送和仓内转移，尾气收集。该技术研究了除焦不均匀性造成的冲击对主要设备的影响；脱水仓内石油焦与切焦水分布、气相流动场，增加脱水仓实效容积。

(3) 石油焦脱水与过滤集成一体化技术。常规焦化石油焦脱水和切焦水沉降、过滤分步进行，该技术利用石油焦的过滤吸附特性，形成焦炭过滤层，实现石油焦脱水和除焦水的过滤净化同步完成，焦炭过滤层可根据除焦周期持续更新。

(4) 筛分破碎机、螺旋取料机、管带机、圆形料仓、自动定量装车系统等首次应用于石油焦体系，实现输送、存储装车等过程全密闭操作，根据石油焦特点对上述设备进行改进。

(5) 将焦化装置内尾气统一收集治理，尾气经过洗涤冷却除焦粉、脱硫等步骤，作为加热炉配风燃烧随烟气放空，实现焦化装置所有尾气全密闭处理排放，并且符合相关标准的排放要求。

(6) 远程智能水力除焦系统采用在线自动检测技术与专家系统取代人工经验判断，实现水力除焦过程的远距离、全程自动操作与监控，提升焦化装置本质安全水平。利用高温光纤 F-P 声发射传感系统实时在线监测延迟焦化装置水力除焦进展，并对水力除焦过程中塔内焦炭的变化状况进行远程实时图像显示的新方法；将具有温度自补偿的光纤 F-P 谐振腔和散热降温的封装聚声结构等有机结合，研制出于近 500℃同时温度交变的焦炭塔壁恶劣工况下长期连续工作的高温光纤 F-P 声发射传感器。采用聚类算法对水力除焦过程中传感器采集到的预选信号进行聚类分析和模式识别智能化信息处理，开发可以实时显示塔内焦炭高度和厚度变化及其除焦器运行状况的模态识别软件，获得全新的延迟焦化装置水力除焦进展远程可视化智能监测系统。将多相流模型与弹性力学理论结合，获得水射流在水力除焦切焦工艺过程中冲击焦层与焦炭塔金属内壁的声发射机理的物理数学模型，以此作为声发射传感器设计及声发射模式识别分析的基础。

(7) 焦炭塔操作安全控制系统(Co-PCIS)采用“程序判断”与“人工确认”相结合的“人机互动”运行模式，以工艺操作步骤为主轴，分步骤顺序操作相关阀门、设备和机械，涵盖焦炭塔操作的整个操作周期，实现全面完整的焦炭塔操作安全控制[5]。

S-CCHS 技术在镇海炼化延迟焦化装置实施后，其标定数据表明，排放尾气中 VOCs 脱除率达到 97%以上，焦池周边 VOCs 浓度降低 70%以上，装置周边颗粒物浓度降低幅度大于90%，净化尾气 H_2S 浓度小于0.5mg/m^3。截至2020年5月，已有15套延迟焦化装置实施了S-CCHS。

三、主要工艺参数

焦化热转化反应是自由的、无选择性的热裂化反应，反应产品的分布和产品质量主要和原料性质及操作条件有关。延迟焦化主要的操作条件有温度、压力和循环比等。

1. 反应温度

反应温度是指渣油在焦炭塔内发生反应的温度，工程上一般将加热炉辐射炉管的出口温度作为反应温度。这一温度的变化直接影响着焦炭塔内的反应温度和反应深度，从而影响产品分布和产品质量。反应温度的设定一般和原料性质有关，通常由试验确定，最佳反应温度应该是该原料达到最大可裂化度而加热炉未严重结焦的温度。提高焦化温度可增加液体产品收率。一般地，温度提高5.5℃，液体产品收率(体积)可提高1.1%。但基于焦化反应的特点，反应温度(炉出口温度控制)调整的幅度很窄，温度过高会导致提前结焦，在炉管、转油线上结焦，影响开工周期，同时易生成硬质石油焦，造成除焦困难；温度过低致热量不足使反应深度不够，轻油收率降低，焦炭挥发分增大或产生焦油。焦化加热炉出口温度一般为495~505℃，为防止炉管结焦，沥青质含量高的原料宜采用较低的炉出口温度，反之，宜采用较高的炉出口温度。

2. 反应压力

反应压力一般是指焦炭塔顶的压力。反应压力对焦化产品分布有一定影响，压力升高，气体和焦炭的收率增加，液体收率减少，焦炭的挥发分提高；反之压力降低，气体和焦炭的收率减少，液体收率增加，焦炭的挥发分降低。为了提高装置的经济效益，通常采用低压设计和操作。国内焦炭塔塔顶操作压力一般为0.13~0.18MPa(G)。压力降低一般可提高CGO的收率，但是压力太低会导致焦炭塔的气速增加、焦炭塔内泡沫层升高、易携带焦粉、易产生弹丸焦和CGO质量下降。另外，采用低的操作压力，设计中会使焦炭塔、分馏塔的塔径加大，压缩机和塔顶冷凝系统的负荷增加，装置的投资增加。通常综合设备投资、操作费用和产品分布等因素来确定适宜的操作压力。

3. 循环比

循环比通常有两种不同的表示方法。一种是进加热炉的总进料流量(新鲜原料量+循环油量)与新鲜原料量的比值，称为联合循环比，此方法表示的循环比大于1.0。另一种是进加热炉的循环油流量与新鲜原料量的比值，称为循环比，此方法表示的循环比一般小于1.0。当无循环油量时，循环比为零，有时叫单程操作。两种方法都能显示加热炉进料中循环油所占的比例。循环油相当于重CGO或CGO组分，在新鲜原料中掺入焦化反应自产的循环油，改变了原料的性质，使加热炉进料中四组分的比例结构发生变化，从而引起热转化反应发生变化。

循环比对焦化装置的处理量、产物分布及产品性质都有较大的影响。在原料相同的条件下，循环比增加，石脑油、柴油的收率提高，CGO收率下降，焦炭和气体的收率也略有增加，总液收下降。通常循环比的选择是以原料性质和产品要求为原则，例如CGO作为加氢裂化原料时，调整循环比的目的是控制重CGO的残炭、终馏点、沥青质含量等。如果产品质量和装置操作允许，都采用尽可能低的循环比操作。循环比减少 10%，生焦率一般减少 1%，同时 CGO 收率增加，气体、石脑油、柴油收率下降。当需要提高装置的液体收率时，一般采用降低循环比(0. 05~0. 20)操作；当需要多产焦化石脑油和柴油时，一般采用较大循环比(0. 20~0. 40)操作；当重 CGO 无下游加工出路或需要最大可能地生产乙烯原料时，一般采用大循环比(0. 4~0. 6)操作。

温度、压力和循环比对产物收率的影响趋势可定性地表示在图 4-6 中。

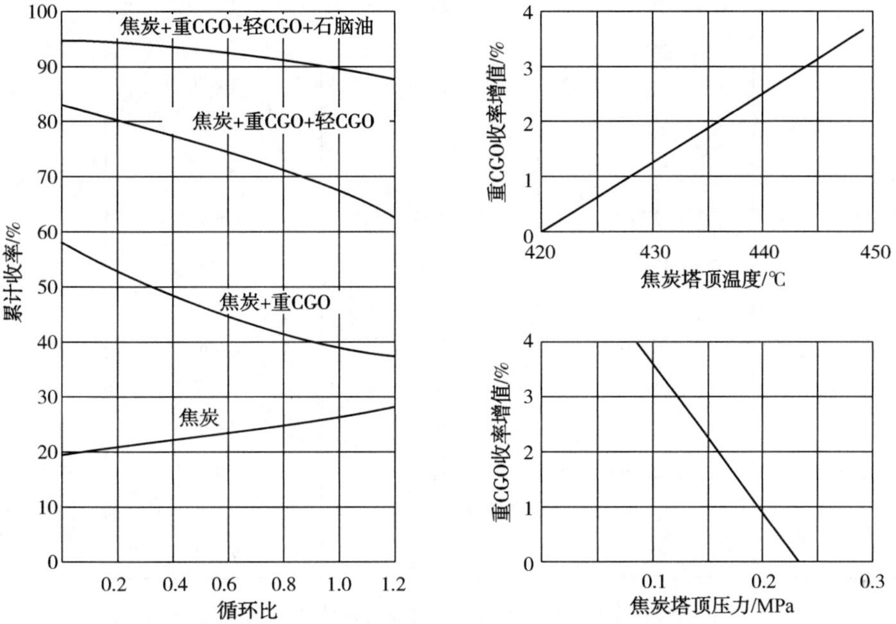

图 4-6　温度、压力和循环比对产品收率的影响

四、产物分布及产品性质

1. 产物分布

延迟焦化的产物分布和产物性质与焦化原料性质及操作条件有关。表 4-3 为国内部分延迟焦化装置加工原料的典型产物分布和产品性质。由表可见，渣油的残炭及沥青质含量影响着焦炭的收率，残炭及沥青质含量高的渣油，其焦炭收率也较高；焦炭产率与残炭含量的比值称为生焦系数，一般规律是残炭含量高的原料其生焦系数比较低，也并非绝对，因为操作条件、四组分含量和四组分相对比例对生焦率也有一定的影响。

表 4-3　国内部分延迟焦化装置加工渣油的性质及典型产物分布

项　　目	中东混合减渣	新疆塔里木混合减渣	胜利减压渣油	辽河减压渣油
原料				
密度(20℃)/(g/cm^3)	1. 0367	1. 0256	0. 9740	0. 9950
残炭/%	26. 50	20. 09	15. 14	20. 32
硫含量/%	5. 30	1. 61	1. 48	0. 14

续表

项　目	中东混合减渣	新疆塔里木混合减渣	胜利减压渣油	辽河减压渣油
氮含量/%	0.34	0.51	0.64	0.70
镍含量/(μg/g)	49.7	33.2	50.3	111.0
钒含量/(μg/g)	155.0	141.0	3.2	2.6
四组分含量/%				
饱和分	5.4	27.2	21.4	24.3
芳香分	50.5	33.1	31.3	25.1
胶质	28.4	27.8	45.7	46.7
沥青质	15.7	11.8	1.6	3.9
主要工艺条件				
炉出口温度/℃	495	500	500	500
循环比	0.40	0.25	0.45	0.43
产物分布/%				
气体	10.70	8.8	6.8	9.9
石脑油	15.98	14.3	14.7	14.0
柴油	24.16	29.7	35.6	25.3
焦化馏分油	12.56	17.7	19.0	21.2
焦炭	36.60	29.5	23.9	29.6
液体收率/%	52.7	61.7	69.3	60.5

目前，尚无一个公式可准确计算出延迟焦化产物分布、产品性质与原料性质的关系。工程设计所需要的数据主要来源于现场实际操作数据、中试试验数据或通过操作数据库模拟的数据。但是在研究延迟焦化装置的技术经济和效益分析时，可以通过表4-4规定的条件估算延迟焦化的产物分布，通过表4-5估算延迟焦化产品的碳、氢含量，通过表4-6估算延迟焦化产品的硫、氮含量。例如当原料是二次加工渣油、常压渣油、掺炼催化裂化油浆或沥青时，这些公式不再适用，当操作条件或产品的切割范围变化时应进行适当调整。

表4-4　延迟焦化的产物分布估算

项　目	适用条件	项　目	适用条件
原料油	直馏减压渣油	石脑油终馏点/℃	204
焦炭塔塔顶压力/MPa(G)	0.25~0.30	焦化馏分油终馏点/℃	470~495

计算公式：

气体($<C_4$,%)=7.8+0.144×原料油残炭；

石脑油(%)=11.29+0.343×原料油残炭；

焦炭(%)=1.6×原料油残炭；

柴油+焦化馏分油(%)=100-气体(%)-石脑油(%)-焦炭(%)。

表 4-5　延迟焦化产品中碳、氢含量分布估算

项　目	减压渣油原料	延迟焦化产品		
		焦炭	液体	气体
碳含量(占原料中碳)/%	100	34	56	10
氢含量(占原料中氢)/%	100	14	64	22

表 4-6　延迟焦化产品中硫、氮分布的估算

产　品	产品硫含量/原料硫含量/%	产品氮含量/原料氮含量/%	产　品	产品硫含量/原料硫含量/%	产品氮含量/原料氮含量/%
气体	30	—	焦化馏分油	35	18
石脑油	5	1	焦炭	30	75
柴油	35	6	合计	100	100

2. 产品性质

延迟焦化装置的产品主要有焦化富气、焦化石脑油、焦化柴油、焦化馏分油和石油焦。

焦化富气组成见表 4-7，其特点是：①甲烷含量高；②C_2、C_3、C_4烷烃含量比相同碳数的烯烃高；③C_4烷烃中，正构C_4烷烃含量比异构C_4烷烃高。焦化富气含H_2S、CO 和CO_2等，从含硫减压渣油得到的焦化富气，H_2S含量很高。焦化气体在国内一般用作炼油厂自用燃料，也有经精制后作制氢原料的。

表 4-7　几种减压渣油焦化气体组成分析

气体组成(质量体积比)	中东混合减渣	新疆塔里木混合减渣	胜利减压渣油	辽河减压渣油
H_2S	10.87	8.0	6.66	1.12
H_2	0.44	0.4	0.74	0.73
CH_4	25.98	27.8	30.39	26.27
C_2H_6	19.57	19.7	19.00	24.51
C_2H_4	2.21	3.3	3.31	3.31
C_3H_8	15.32	17.9	15.12	18.41
C_3H_6	7.31	6.1	8.21	7.63
C_4H_{10}	10.68	10.0	8.85	9.61
C_4H_8	7.62	6.8	7.72	8.41
合计	100.00	100.00	100.00	100.00

焦化石脑油馏分的性质见表 4-8，其特点是：辛烷值较低，仅为 60 左右，溴值比较高，在 50~80gBr_2/100g 之间，安定性较差。加氢精制后，安定性可以改善，但辛烷值更低，通常用作乙烯裂解原料或重整原料。

表 4-8　几种减压渣油焦化石脑油的性质

原　料　油	中东混合减渣	新疆塔里木混合减渣	胜利减压渣油	辽河减压渣油
密度(20℃)/(g/cm^3)	0.7270	0.735	0.7329	0.7401
溴值/(gBr_2/100g)	80.0	80.0	57.0	58.0

续表

原料油	中东混合减渣	新疆塔里木混合减渣	胜利减压渣油	辽河减压渣油
硫含量/(μg/g)	7000	3000	—	1100
氮含量/(μg/g)	110	150	—	330
辛烷值(*MON*)	—	—	61.8	60.8
馏程/℃				
初馏点	48	56	54	58
10%	74	87	84	88
50%	117	125	119	128
90%	159	157	159	164
终馏点	181	180	184	201

焦化柴油馏分的性质见表4-9，其特点是：十六烷值较高，可达50左右，但溴值在30~60gBr_2/100g之间，且含氮量高，达1100~1900μg/g，需经加氢精制后，才能成为合格馏分。

表4-9　几种减压渣油焦化柴油的性质

原料油	中东混合减渣	新疆塔里木混合减渣	胜利减压渣油	辽河减压渣油
密度(20℃)/(g/cm^3)	0.8515	0.8450	0.8449	0.8355
溴值/(gBr_2/100g)	48	40	39	35
硫含量/%	2.60	0.85	—	0.19
氮含量/(μg/g)	750	800	—	1900
凝点/℃	—	—	-11	-15
十六烷值	45	47	48	49
馏程/℃				
初馏点	188	175	183	193
10%	214	215	215	216
50%	272	261	258	254
90%	331	320	324	295
终馏点	350	350	341	320

焦化馏分油的性质见表4-10，其烃类组分与直馏减压馏分的比较列于表4-11。这些数据表明，焦化馏分油的重金属含量低、氢含量和苯胺点高、链烷烃含量达30%以上，烃类组成和直馏减压馏分基本接近，只是硫、氮含量高，通常用作催化裂化或加氢裂化装置的原料。

表4-10　几种减压渣油焦化馏分油的性质

原料油	中东混合减渣	新疆塔里木混合减渣	胜利减压渣油	辽河减压渣油
密度(20℃)/(g/cm^3)	0.9385	0.9400	0.9178	0.8851
运动黏度/(mm^2/s)				
80℃	8.85	13.20	8.13	—
100℃	6.02	8.45	5.06	3.56
凝点/℃	—	—	32	27

续表

原　料　油	中东混合减渣	新疆塔里木混合减渣	胜利减压渣油	辽河减压渣油
苯胺点/℃	—	—	77.5	77.3
残炭/%	0.80	1.20	0.74	0.21
元素组成/%				
碳	84.25	86.10	86.49	87.29
氢	10.74	11.45	11.60	11.93
硫	4.50	1.40	1.21	0.26
氮	0.30	0.40	0.70	0.52
相对分子质量	—	—	—	316
重金属含量/(μg/g)				
镍	—	—	0.5	0.3
钒	—	—	0.01	0.01
馏程/℃				
初馏点	335	345	323	311
10%	368	375	358	332
50%	409	418	392	362
90%	460	475	455	411
终馏点	495	—	494	447

表 4-11　焦化馏分油与直馏减压馏分油烃类组成的比较

烃类组成/%	鲁宁管输油		辽河油	
	焦化馏分油	直馏减压馏分油	焦化馏分油	直馏减压馏分油
链烷烃	38.8	35.9	30.2	23.9
环烷烃①	25.7	33.8	29.8	40.1
一环环烷烃	12.6	9.8	11.5	8.3
二环环烷烃	5.7	7.2	6.6	8.0
三环环烷烃	3.7	6.8	4.5	8.8
四环环烷烃	3.7	10.0	4.7	9.2
五环环烷烃	—	—	2.5	5.8
单环芳烃	12.0	12.6	13.4	13.7
烷基苯	5.2	5.5	5.4	4.1
环烷基苯	3.6	3.7	4.4	4.9
二环烷基苯	3.2	3.4	3.6	4.7
双环芳烃	10.0	8.0	11.6	10.6
萘类	2.5	2.9	2.6	3.4
苊类	3.9	2.7	4.3	3.6
芴类	3.6	2.4	4.7	3.6
三环芳烃	3.6	3.0	5.3	4.0
菲类	2.5	1.9	3.5	2.6
环烷菲类	1.1	1.1	1.8	1.4

续表

烃类组成/%	鲁宁管输油		辽河油	
	焦化馏分油	直馏减压馏分油	焦化馏分油	直馏减压馏分油
四环芳烃	1.6	1.3	1.9	1.2
芘类	1.3	0.9	1.5	1.0
䓛类②	0.3	0.4	0.4	0.2
五环芳烃	0.0	0.1	0.2	0.3
噻吩	2.4	0.9	0.7	0.2
未鉴定芳烃	0.2	1.3	0.8	2.9
胶质	5.7	3.1	6.1	3.1
合计	100.0	100.0	100.0	100.0

① 环烷烃中包括烯烃；② Chrysene。

石油焦的性质见表4-12，延迟焦化的石油焦是固态，外观形状不规则，具有金属光泽，黑色或暗灰色多孔固体，孔小而多，并呈圆形、有发达的孔隙结构。石油焦的主要成分是炭青质，并含有一定量的挥发分、灰分和水分。从焦炭塔产出的焦炭为生焦，其挥发分一般为8%~12%，经1300~1400℃煅烧后的熟焦，挥发分可降至0.5%以下，适用于作冶金工业和化学工业的原材料。石油焦的元素组成一般为碳90%~97%，氢1.5%~6.0%，还含有硫、氮、氧和金属等。国内原油生产的石油焦，一般硫含量低于2%，属于低硫的石油焦。而进口的中东原油硫含量高，其减压渣油生产的石油焦的硫含量一般大于3%，属于高硫石油焦。由于原料、生产工艺和加工深度的不同，延迟焦化生产的石油焦按照物理结构又分为海绵焦、针状焦和弹丸焦，国内加工低硫原油的焦化装置主要生产海绵焦。

表4-12 几种延迟焦化普通石油焦的性质

原料油	中东混合减压渣油	新疆塔里木混合减压渣油	胜利减压渣油	辽河减压渣油
真密度/(g/cm^3)	1.360	1.360	—	2.112
挥发分/%	9.5	10.0	8.8	9.0
硫含量/%	7.10	2.40	1.66	0.38
灰分/%	—	0.33	0.10	0.52
热膨胀系数(1000℃煅烧，室温~600℃)/(10^{-6}/℃)	—	—	—	5.62
热值/(kJ/g)	34.3	—	—	—
HGI硬度指数	40~80	—	—	—

随着我国延迟焦化装置加工规模快速增加，石油焦的产量也快速增加，2001年全国石油焦总产量为486万吨，2003年为603万吨，2007年为1377万吨，到2019年达到了2810万吨。由于进口高硫原油占原油总加工量比例提高，高硫石油焦比例也增加。国内生产的低硫石油焦主要用于制造冶金用电极及其他冶金原料。高硫石油焦除和低硫石油焦掺兑用于冶金工业外，还有如下用途。

（1）在水泥生产中，高硫石油焦替代部分煤作为燃料，石油焦中的硫被石灰石吸收转化成石膏($CaSO_4$)，利用它作水泥调凝剂，使高硫石油焦中的可燃组分和硫都能得到合理利用。

(2) 用作循环流化床发电锅炉(CFB)的燃料，并对燃烧生成的烟气进行脱硫，减少 SO_2 的排放量。

(3) 煤粉炉掺烧含硫焦用于发电，掺入比例不大于 30%，可稳定燃烧。

(4) 采用部分氧化法用高硫石油焦生产合成气，脱硫后可作为燃气轮机燃料，带动发电机发电。燃气轮机排出烟气进入余热锅炉生产蒸汽。合成气还可用作制氢的原料。

五、主要设备

延迟焦化装置的主要设备有加热炉、焦炭塔和水力除焦系统，加热炉是装置的关键设备，焦炭塔是装置的核心设备，水力除焦机械是装置的特殊设备。

1. 加热炉

加热炉按照辐射室形状划分为立式炉、箱式炉、阶梯炉和半阶梯炉，按照辐射室的炉膛数量又划分为单室炉、双室炉和多室炉，详见图 4-7。一个辐射室通常布置一排炉管或两排炉管。2000 年以前设计的老式焦化炉均为单面辐射炉，并采用单室 2 管程的水平管立式炉炉型。2000 年以后设计的焦化加热炉绝大部分采用了双面辐射的箱式炉、阶梯炉或半阶梯炉。双面辐射炉的炉管布置在中间，管排两侧布置燃烧器，与单面辐射相比，双面辐射使炉管受热更均匀。双面辐射提高了炉管的平均热强度，缩短了油品在管内的停留时间，延长了加热炉连续运行周期，降低了投资。

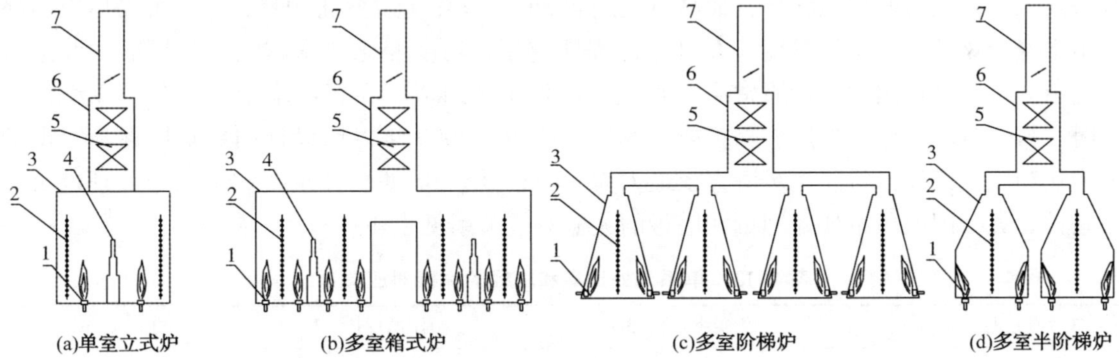

图 4-7　加热炉辐射室形状

1—火嘴；2—辐射炉管；3—炉墙；4—挡墙；5—对流炉管；6—对流室；7—烟囱

基于管壁温度、介质腐蚀和高温强度的考虑，国内大部分焦化炉炉管采用了 Cr9Mo (A335 P9)材质，该材料的炉管最高使用温度可达到 650℃，抗氧化极限温度为 704℃，使加热炉的清焦周期延长，原先采用 Cr5Mo(A335 P5)材质炉管的焦化炉也在逐步更换为 Cr9Mo 炉管。炉管的规格一般采用外径 102~127mm，长度 17~27m，管内的冷油流速一般为 1200~1800kg/($m^2 \cdot s$)，油膜温度高于 426℃的区域停留时间不大于 45s。辐射炉管的支架一般采用耐高温的 ZG40Cr25Ni20 材料。燃烧器对加热炉的操作极其重要，目前国内焦化加热炉普遍采用低氧化氮、扁平火焰的小能量火嘴。国内于 2010 年前后开发出附墙燃烧器，由于附墙燃烧器可使辐射室沿管排高度方向的热强度分布更均匀，越来越多的焦化加热炉应用了附墙燃烧技术，其中包括对常规焦化炉进行附墙燃烧技术改造。焦化炉辐射室常用的炉衬材料主要有喷涂耐火纤维、纤维层铺毯、纤维可塑料和轻质浇注料等。

为延长加热炉的连续运行周期，近几年还采用了多点注汽(水)、在线清焦、分炉膛烧焦或机械清焦等技术。注汽(水)量一般占原料的1%~2%，通过注汽(水)提高管内介质的流速以减缓结焦，多点注汽(水)还可以减少炉管的压力降。在线蒸汽剥焦是在不停加热炉的条件下对多管程加热炉中的某一列管程进行蒸汽清焦，通过改变蒸汽量和管壁温度使焦炭剥落，达到清焦目的。分炉膛烧焦是针对双室炉和多室炉中的一个炉膛，通过进出口阀把它隔离出来进行蒸汽-空气烧焦或机械清焦，然后再并入正常生产。

为提高加热炉的热效率，国内普遍采用空气预热器使空气和烟气换热来降低排烟温度，较好的空气预热器设计和操作使排烟温度降低到仅比烟气的露点温度高10℃左右，绝大部分加热炉的热效率达到93%以上。少数装置的空气预热器低温段采用非金属换热元件，排烟温度甚至低于100℃，加热炉的热效率则可达到94%以上。

为保证加热炉的安全长期运行，在加热炉区的工艺控制中采用了进料流量、燃料气压力、对流出口烟气温度、空气预热器入口烟气温度、辐射室顶烟气氧含量、辐射室顶烟气压力等和进料流量切断阀、燃料气切断阀，烟道挡板、快开风门、鼓风机和引风机、炉膛灭火蒸汽控制阀等相互之间的安全联锁自动控制系统。

2. 焦炭塔

渣油的裂解和缩合反应大部分是在焦炭塔内进行的，焦炭塔是焦化装置的反应器。焦炭塔的工艺特点是操作温度高，最高可达到495℃，操作温度变化频繁，每一个操作周期都要由常温变化到最高操作温度，并且生焦周期越短，温度变化速率越快。焦炭塔一般是两台一组，每套延迟焦化装置通常由一组或多组焦炭塔组成。在每组塔中，一台塔在反应生焦时，另一台塔则处于冷焦、除焦或预热试压阶段。2000年以后设计的焦炭塔逐步实现了大型化和优化设计，目前焦炭塔直径最大为9.8m。焦炭塔的直径主要和单系列处理量及操作条件有关，国内单系列处理量和塔径的大概对应关系见表4-13。

表4-13 单系列处理量和塔径的大概对应关系

单系列处理量/(Mt/a)	焦炭塔规格/m	操作循环比	生焦时间/h
0.2~0.3	φ5.4×18(切)	0.3~0.4	24
0.4~0.5	φ6.1×21(切)	0.3~0.4	24
1.0~1.2	φ8.4~φ8.6×(24~26)(切)	0.15~0.30	18~24
1.4~1.6	φ8.8~φ9.4×(24-27)(切)	0.15~0.25	1.8~2.4
1.8~2.1	φ9.8×(24-27)(切)	0.15~0.25	1.8~2.4

焦炭塔是一个直立圆柱壳压力容器，顶部是球形或椭圆形封头，下部是锥体，裙座位于连接壳体与锥体的焊缝区域，用来支撑塔体，见图4-8。通常焦炭塔是用碳钢、1Cr0.5Mo、1.25Cr0.5Mo钢制造，因为1.25Cr0.5Mo钢和1Cr0.5Mo钢相比，许用应力高，对缺口敏感性小，耐热性更好，1.25Cr0.5Mo钢更适合焦炭塔的操作工况。为延长焦炭塔的使用寿命，国内还对焦炭塔材质提出了特殊要求：①磷含量要求≤0.012%，硫含量要求

≤0.010%；②提高了常温冲击值的要求，10℃夏比（V 形缺口）冲击功≥80J（三个试样平均值）允许其中一个试样≥60J。

为减少高温油气和泡沫层腐蚀，焦炭塔上部通常采用复合板，复合层一般采用 0Cr13（即 410S）。焦炭塔裙座受力最复杂，是最容易出现裂纹的部位，焦炭塔裙座目前有对接型、搭接型、堆焊型和整体锻焊型四种结构，堆焊型和整体锻焊型是最常用的两种形式。整体锻焊型和堆焊型相比加热和冷却时的应力值小，疲劳寿命长，为了尽量延长焦炭塔的疲劳寿命，优先选择整体锻焊结构。焦炭塔的进料方式有底部轴向进料和侧面进料，随着塔底法兰盖自动装卸设备的推广，侧面进料方式已被广泛应用。焦炭塔塔体表面保温效果的好坏，对减少热量损失保证反应温度，减少局部应力及塔壁腐蚀有着极其重要的作用，目前普遍采用焦炭塔表面不焊接保温钉或保温支持圈的“背带”式保温结构。为加强焦炭塔材料冲击韧性，提高了焊后热处理温度（PWHT），一般为 690℃±14℃，由于焦炭塔体积较大，采用热处理炉整体热处理比较困难，目前大多采用立置燃油法整体热处理。

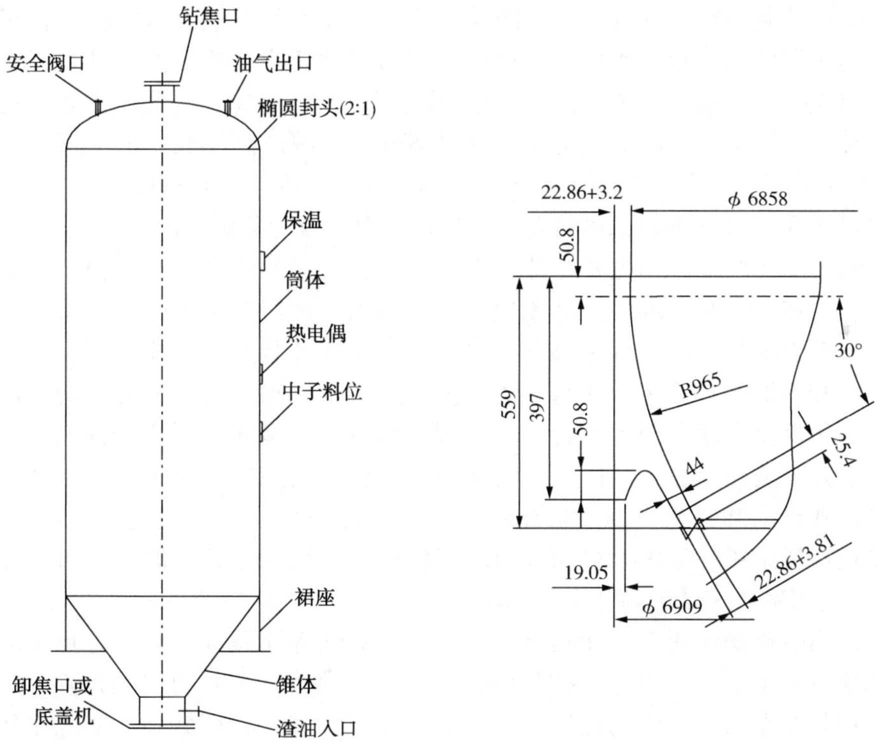

图 4-8　焦炭塔结构和裙座整体段焊结构图

3. 水力除焦机械

水力除焦是通过切焦器的喷嘴把来自高压水泵高压水的压力转化为高速射流，使静压能转化为动能。该动能大于焦炭的破碎强度，当高速水射流碰到焦炭时发生动量转化，使焦炭破碎，破碎的焦炭和水一同靠重力自焦炭塔底流入焦池。高压水的压力和流量与焦炭塔的直径、焦炭的破碎强度、切焦器喷嘴性能和单位时间的切焦能力有关。目前国内针对海绵焦高压水的压力和流量与焦炭塔直径的关系如表 4-14 所示。

表 4-14　高压水的压力和流量与焦炭塔直径的关系

焦炭塔直径/mm	高压水泵出口压力/MPa	高压水泵流量/(m^3/h)	焦炭塔直径/mm	高压水泵出口压力/MPa	高压水泵流量/(m^3/h)
5400	15.0	150~160	8400	28.5	250~270
6100	18.0	180~190	8800	29.5	260~280
6400	20.0	190~200	9400	33.0	300~320
7200	23.0	210~220	9800	35.0	330~350

国内水力除焦曾经分无井架和有井架两种方式，由于无井架除焦高压胶管使用寿命短、水涡轮维修率高和安全事故多等因素，加之新建装置焦炭塔直径较大，因此新建装置一般不采用无井架水力除焦方式。有井架除焦又分为全井架和单井架两种，单井架比全井架节省钢材，目前被普遍采用。

水力除焦机械除高压水泵外还有切焦器、水涡轮(或水力马达)、钻杆、风动水龙头、高压胶管、除焦控制阀和钻机绞车等。随着焦化工艺技术的发展，水力除焦机械也有了长足的进步，切焦器的钻孔和切焦由手动切换发展为自动切换，并且逐步开发了适合大直径焦炭塔和高焦炭硬度的高效切焦器；水涡轮(或水力马达)的应用提高了除焦速度并减少了除焦噪声；钻杆采用了整体锻造，提高了其机械性能；国产高压胶管的耐压等级已经达到42MPa，使用寿命超过3年；除焦控制阀对除焦过程的回流、预充和切焦进行控制，可采用电机驱动也可以采用汽缸驱动，目前有国产各种压力等级的除焦控制阀。

在进行水力除焦之前，首先要打开焦炭塔顶部和底部的除焦口，以使切焦器自顶部进入焦炭塔内，切焦时焦炭和水自底部流出。过去除焦口由法兰盖密封，需要人工拆卸，劳动强度大，安全卫生差。国内自主研发了除焦口自动开合装置，工业应用主要有液压柱塞式、闸板阀式和扇形阀式。液压柱塞式实现了除焦口全自动半密闭开合，闸板阀式和扇形阀式实现了除焦口全自动全密闭开合，闸板阀式和液压柱塞式相比安全性高、对除焦平台的污染少，但是投资高，蒸汽耗量大。近期国内又新开发并成功应用了可调密封力的闸板阀式和扇形阀式自动卸盖机，通过优化结构设计不但减少了蒸汽消耗，而且降低了投资，目前正逐步被广泛采用。除焦口自动开合装置的应用，缩短了开合时间，对焦化装置缩短生焦时间、保证安全生产起到了积极的作用。

为提高水力除焦操作的安全性和自动化水平，降低劳动强度，大部分焦化装置对水力除焦系统单独设置了安全联锁自动控制(PLC)，通过对高压水泵的启动条件、顶底法兰的开合条件、切焦器在焦炭塔内的位置、钻杆上下极限位置、钻杆转速，除焦水压力，钢丝绳拉力等进行判断来联锁控制高压水泵、顶底盖机、水力除焦控制阀和高压球阀、钻机绞车、风动水龙头的操作。

为了满足密闭除焦的需要，自主开发焦炭破碎机和螺旋提升机等机械设备。根据焦炭细粉多，大颗粒含量较少的粒度分布特点，焦炭破碎机专门设计具有筛分和破碎功能的小辊轮篦条式滚齿结构，大量焦炭细粉直接通过破碎机，少量大颗粒焦炭经破碎机破碎。破碎机采用双电机独立驱动，双电机设计可以实现正反转，应对各种异常工况，提高了操作可靠性和灵活性。密闭除焦采用螺旋垂直提升机取代传统的抓斗取料系统。螺旋提升机具有体积小、效率高的优点，可以实现全自动操作，降低劳动强度，节省人力资源。

六、针状焦生产

针状焦是 20 世纪 60 年代末发展起来的一种新型碳素材料。用它制成的碳素制品具有高结晶度、高纯度、低烧蚀量、低热膨胀系数等特点，因此被广泛应用于炼钢、宇航等重要国民经济领域。特别是随着大型超高功率电极的广泛使用，针状焦产品短缺现象日趋严重。由于制造针状焦对原料有特殊的要求，目前只有美国、日本、英国和中国等少数国家才能生产针状焦。全世界的针状焦年产量约 150 万吨，石科院等单位从 20 世纪 70 年代末开始了针状焦生产技术的研究与开发，并以热裂化渣油和催化裂化澄清油为原料在工业装置上生产出了合格的针状焦产品。过去我国只有锦州石化和上海宝钢等少数针状焦生产装置，随着针状焦价格的上涨，众多民营企业先后建设了 10 余套生产装置，总产能达到 50 万吨。目前油系针状焦企业代表已有锦州石化、山东益大、山东京阳；煤系代表中有山西宏特、鞍山开炭热能、宝武炭材、黑龙江宝泰隆、方大喜科墨等企业[6]。中国石化开展了以催化裂化油浆为原料生产针状焦的技术攻关，取得了成功。以催化裂化油浆为原料，生产超高功率电极焦为目的的焦化装置分别在金陵石化和茂名石化建设，2021 年投入生产。

1. 针状焦成焦理论和原料要求

中间相成焦机理是针状焦生产的理论基础。富芳烃原料在液相碳化过程中，其中的稠环芳烃逐渐经热解及缩聚并定向排列形成不溶于母液(油)的球状塑性物，即所谓的中间相小球体。小球体内部有层次地聚集着很多稠环芳烃的分子。图 4-9 为典型中间相小球体的结构模型。

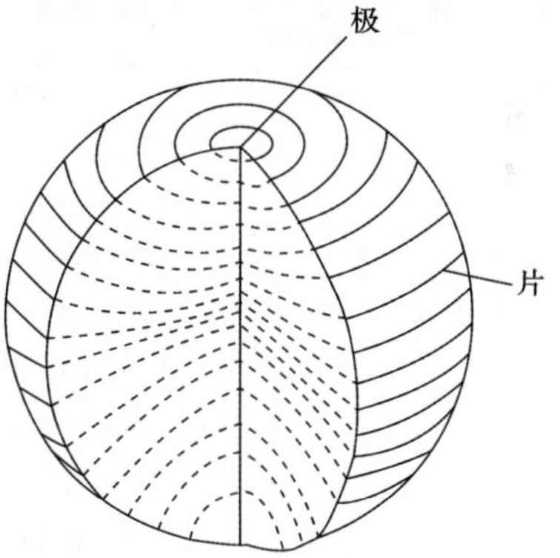

图 4-9　中间相小球体的结构示意图

生成的小球体有一个成长、相遇和融并、增黏和老化，以及定向和固化的变化历程，见图 4-10。

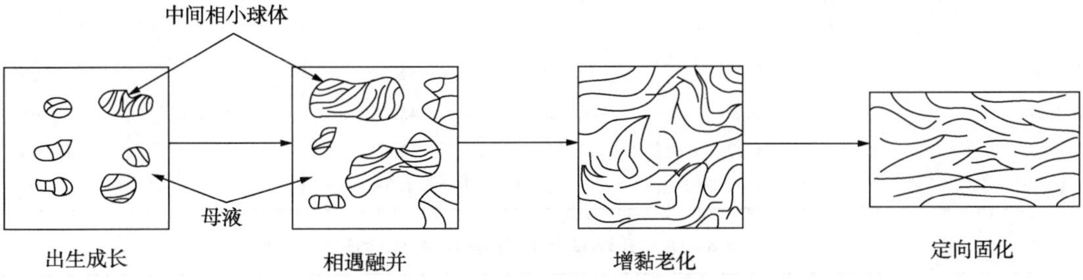

图 4-10　中间相小球体变化历程

中间相小球体充分长大、融并、定向，最后固化为纤维状结构的产品是针状焦。因此，只有能生成中间相小球体并且小球体可充分长大为羽状结构的中间相的原料，才可用于生产针状焦。通常，呈线性型结构、环数为 3~4 个的稠环芳烃较适宜作为生产针状焦的原料。胶质和沥青质在缩聚过程中容易形成半固体状高黏度的喹啉不溶物，使体系黏度升高，芳烃分子的移动及定向排列难于进行，无法形成大融并的羽状结构，只能形成镶嵌型结构的中间相，不能得到热膨胀系数低的针状焦。原料中饱和烃浓度太高，会使芳烃分子相互缩聚及定向排列产生困难；芳烃的侧链长而多，则芳烃分子很难缩聚形成完整的大平面结构；原料中硫、氮含量高不但会使针状焦中的杂质含量增加，而且也会使缩聚的反应速率加快，使体系的黏度迅速升高，这些都将降低针状焦的质量。

根据针状焦的性质和生成机理，对生产针状焦原料的性质有严格要求，主要有芳烃含量高，胶质、沥青质含量低，灰分低，硫、氮含量低和原料油相对分子质量分布范围要求较窄等特点。炼油厂的热裂化渣油、催化裂化澄清油、从催化裂化循环油抽出的重芳烃、润滑油糠醛抽出油、焦化重 CGO 等都有可能用做生产针状焦的原料。此外，预处理后的乙烯裂解焦油、煤焦油等也是生产针状焦的适宜原料。这些油料的性质各异，应根据具体情况，通过试验研究，才能用作生产优质针状焦的原料。生产针状焦的几种原料性质见表 4-15 和表 4-16。

表 4-15　生产针状焦的几种原料性质

原　料　油	大庆热裂化渣油	辽河催化裂化澄清油	锦州催化裂化澄清油	乙烯裂解焦油	糠醛抽出油
密度(20℃)/(g/cm^3)	0.9179	1.1190	1.1036	1.0184	0.9853
运动黏度(100℃)/(mm^2/s)		15.40	17.40		
残炭/%	2.78	4.85	7.41	14.12	1.51
灰分/%			0.049	0.004	0.016
元素组成/%					
碳	87.94	91.04	89.34	90.88	88.00
氢	11.76	8.15	9.61	6.93	10.35
硫	0.15	0.49	0.33	0.23	0.40
氮	0.15	0.32	0.23	0.05	0.62
氢碳摩尔比	1.61			0.92	1.41
相对分子质量	675	—	304	427	406
重金属含量/(μg/g)					
镍	—	0.1	1.8	—	—
钒	—	0.7	0.1	—	—
族组成/%					
饱和分	60.73	17.80	41.75	5.52	34.20
芳香分	29.34	68.20	45.82	58.63	50.31
胶质	9.22	13.30	11.28		15.00
沥青质	0.71	0.70	1.15		0.11

表 4-16　几种典型催化裂化油浆性质

分析项目	原料 1	原料 2	原料 3	原料 4	原料 5	原料 6	原料 7	原料 8	UHP 原料指标
密度(20℃)/(g/cm^3)	1.0743	1.0765	1.1024	1.1432	1.0831	1.1000	1.1028	1.1197	≥1.02
灰分/%	0.61	0.26	0.53	0.70	0.24	0.122	0.12	0.085	≤0.01
硫含量/%	1.30	0.70	1.0	0.91	1.0	0.75	1.60	1.3	≤0.4
芳烃/%	54.0	71.4	62.6	60.5	65.6	87.3	86.6	66.2	≥50
胶质/%	17.6	10.7	14.2	18.9	15.7	9.4	7.2	23.5	—
n-C_7沥青质/%	12.8	3.0	7.3	14.6	4.1	0.5	0.7	4.3	—

2. 针状焦生产工艺

典型的针状焦生产工艺包括原料的预处理、针状焦生产和生焦的煅烧三大部分。

原料的预处理主要是对原料进行脱硫、脱氮、脱固体颗粒以及组分切割，使原料满足生产针状焦的指标要求，目前我国采用减压切割-加氢处理和溶剂萃取两种工艺，都能满足原料预处理的要求。

针状焦生产采用延迟焦化工艺，其工艺流程与生产普通焦没有大的区别，可以采用两个焦炭塔也可以采用三个焦炭塔，主要设备也与延迟焦化相同，但操作条件有很大差异。生产针状焦时要创造一个有利于中间相小球体出生、长大、融并、定向、固化的条件，即慢速、低温、绝热、高压、长停留时间的液相焦化反应，以达到分子有序排列，使中间相小球体充分长大；而后再快速升温，在气相流动的外力作用下，使中间相小球体定向变形，最后转变成细纤维结构的针状焦。否则，即使选用了高芳香分的原料也无法生产针状焦。生产针状焦的工艺条件及产物分布见表 4-17，针状焦的性质见表 4-18~表 4-20。

表 4-17 生产针状焦的条件及产品分布

原料油	热裂化渣油	辽河催化裂化澄清油	锦州催化裂化澄清油	糠醛抽出油
主要工艺条件				
炉出口温度/℃	460~500	460~500	460~510	460~500
焦炭塔压力/MPa(G)	0.15	0.19	0.741	0.15
循环比	0.20	0.51	0.65	0.87
产物分布/%				
气体	6.5	14.90	9.70	7.6
石脑油	10.1	4.98	5.07	13.4
柴油	35.6	19.05	11.74	30.3
CGO	33.6	8.68	24.49	18.7
焦炭	14.2	52.39	49.00	30.0

表 4-18 煅烧后针状焦的性质

项目	辽河催化裂化澄清油	锦州针状焦质量指标
真密度/(g/cm^3)	2.122	≥2.10
挥发分/%	0.62	≤0.4
硫含量/%	0.43	≤0.7
灰分/%	0.08	≤0.15
热膨胀系数 CTE(1000℃煅烧，室温~600℃)/(10^{-6}/℃)	2.13	≤2.6

表 4-19 某厂针状焦工业试验结果

项目	工业试验结果	项目	工业试验结果	
原料		样品编号	$1^{\#}$、$3^{\#}$	$2^{\#}$、$5^{\#}$
		真密度/(g/cm^3)	2.13	2.13
灰分/%	0.003	灰分/%	0.03	0.05
		硫含量/%	0.47	0.44
硫含量/%	0.4	CTE(石墨化)/(10^{-6}/℃)	1.33	1.38
		工业试验针状焦量/t	4412	

表 4-20　由某厂工业试验针状焦生产的超高功率石墨电极产品

项　　目	电阻率/ μΩ·m	抗折强度/ MPa	弹性模量/ GPa	密度/ (g/cm³)	热膨胀系数/ (10⁻⁶/℃)
实测结果	6.08	12.3	9.0	1.71	1.46
YB/T 4090—2000 标准的技术要求	≤6.2	≥10.5	≤14.0	≥1.65	≤1.5

第二节　溶剂脱沥青

一、工艺原理

(一) 物质的溶解

溶剂脱沥青的核心是液-液萃取，属于纯物理性的溶解而形成的质量传递。其溶解过程是从两种“纯物质”(溶剂和溶质)开始，到生成它们的分子混合物(即脱沥青油溶液和脱油沥青溶液)结束。从微观上看，溶解过程可以分为三个阶段：①溶质质点间作用力的破坏。当溶质是固体或液体时，溶质分子之间是相互作用的。溶解时，需要从外界输入能量把溶质分割成分子或离子等粒子，所施加的能量便是晶格能、升华热或汽化热。它们通常是随分子间力的增大而增大，顺序为：非极性物质<极性物质<氢键物质<离子型物质。当溶质在所研究的体系内为气体时，此阶段的影响可以不考虑。②溶剂分子间作用力的破坏。溶质质点被相互分开后，就进入溶剂中。由于溶剂分子间也有相互作用的力，因此在溶剂中为了接纳溶质分子也需要加入能量。这个阶段所需要的能量依溶剂分子间相互作用力的增大而增大：非极性溶剂<极性溶剂<有氢键的溶剂。与此同时，当溶质分子的体积变大时所需能量也增大，因为容纳溶质空间的增大必将破坏更多的溶剂分子间的键。③溶质与溶剂分子间作用力的形成。溶质分子进到溶剂中后，溶质分子即与邻近的溶剂分子作用，这一相互作用是释放能量，并依下列情况而增大：溶剂和溶质分子都是非极性的<其中一种是非极性而另一种是极性的<两种分子都是极性的<溶质质点被溶剂分子溶剂化的[7]。

根据溶解理论，沸点低、相对分子质量小、非极性的烃类是溶剂脱沥青过程的理想溶剂。这些溶剂具有能溶解油分、不溶解极性大和相对分子质量大的沥青质的优点，若原料相同时溶剂对渣油的溶解能力随着烃类相对分子质量的增加而增大。表 4-21 是用丙烷、正丁烷、正戊烷及正庚烷分别溶解科威特渣油的结果。

表 4-21　科威特减压渣油的溶剂分离

项　　目	溶剂分离馏分					原料渣油
	C_3可溶	C_3不溶 nC_4可溶	nC_4不溶 nC_5可溶	nC_5不溶 nC_7可溶	nC_7不溶	
收率(占原料)/%	6.1	50.5	23.1	11.1	9.1	100
碳含量/%	83.94	83.64	81.96	81.86	81.68	83.47
氢含量/%	12.33	11.14	9.28	8.37	7.59	10.30

续表

项　目	溶剂分离馏分					原料渣油
	C_3可溶	C_3不溶 nC_4可溶	nC_4不溶 nC_5可溶	nC_5不溶 nC_7可溶	nC_7不溶	
氮含量/%	0.24	0.24	0.53	0.76	1.17	0.43
硫含量/%	3.05	4.43	6.35	6.96	7.49	5.45
金属含量/(μg/g)						
镍	1.2	7.8	45.2	191	242.5	32
钒	2.4	21.8	127	280	432	102
残炭/%	3.49	12.15	29.40	42.82	50.21	23.11

溶解作用除了与体系的物性有关外，外界条件(如温度和压力)的改变，也能促使溶解度增大和减小。图4-11是理想的丙烷-油-沥青体系在不同温度下的等温相图，用它可定性说明溶解度与温度之间的关系。当体系在38℃时，由于外加的能量较小，丙烷与油和沥青在大部分情况下都是互溶的，它只在a-d-c曲线所围成的一个很小的区域内才使这三组分混合物分成二相，见图4-11(a)；当把温度升高至60℃时，它随着外加能量的增加使分相的区域也随之变大，如图4-11(b)所示；当体系在82℃时，丙烷与油不是在任何比例下都互溶，当油与沥青的比例在相图4-11(c)中的P点时，再不断加入丙烷稀释，直至浓度达到a′b′c′的三角区时，丙烷-油-沥青混合物就出现三相共存。

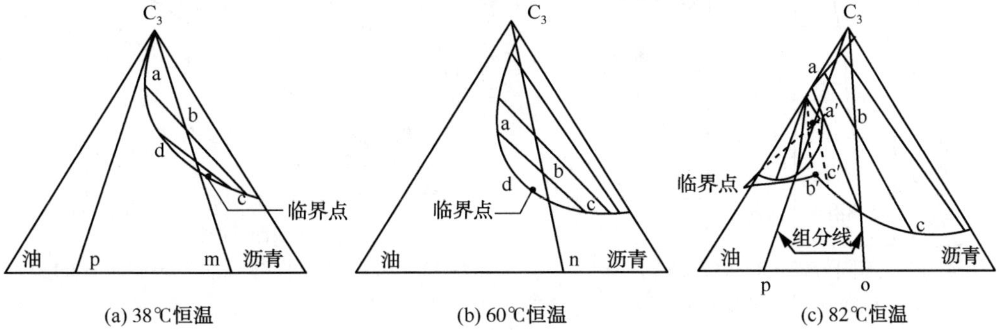

图4-11　丙烷-油-沥青体系的等温相图

a—抽出物相；b—脱沥青油、脱油沥青与丙烷溶剂的混合物；c—抽余物相；m，n，o，p—抽出油与抽余物的比例

(二) 溶剂脱沥青的特点及规律

溶剂脱沥青与蒸馏工艺类似，均是石油分离手段中的一种。溶剂脱沥青是基于烃类溶剂对渣油中的组分有不同溶解度的原理进行分离，从中得到质量较好的油分。与蒸馏工艺相比，溶剂脱沥青能够在较低的分离温度下得到相对分子质量更大、沸点更高的馏分。用西得克萨斯的减压渣油分别进行丙烷脱沥青及减压再蒸馏试验，结果表明：当馏出油收率都是25%(体积分数)时，脱沥青油中含有58%的饱和烃，而蒸馏得到的馏出油中只有35%的饱和烃。在非理想的多环芳烃组分的脱除方面也有明显的区别，图4-12形象地说明了减渣蒸馏和溶剂脱沥青两种分离方法的特点：减压蒸馏得到的是沸点低、相对分子质量较小的组分，即使在高真空度的条件下操作，也只能蒸出渣油中≤565℃的馏分，仍有相当多的

饱和烃留在蒸馏残渣中。如果将565℃以上的渣油再进行丙烷脱沥青，就可再得到36%的脱沥青油，而留在脱油沥青中的饱和烃非常少；若用戊烷进行溶剂脱沥青，得到的脱油沥青中只是一些相对分子质量很大的胶质和沥青质，几乎不含饱和烃。这充分说明溶剂脱沥青可从渣油中选择性地抽提出饱和烃、芳烃，而对沥青质和胶质是排斥的。

二、主要工艺参数

影响溶剂脱沥青的主要因素有抽提温度、抽提压力、溶剂种类及溶剂比等，这些因素的改变会直接影响到产物的分布。图4-13是收集了多种渣油的脱沥青结果并取其平均值所绘制出的脱沥青油收率与杂质含量的关系。对特定的渣油而言，在具体的含量上会有差别，但变化规律是一致的。随着脱沥青油收率增加，脱沥青油中的金属、硫、氮等含量逐渐增加。

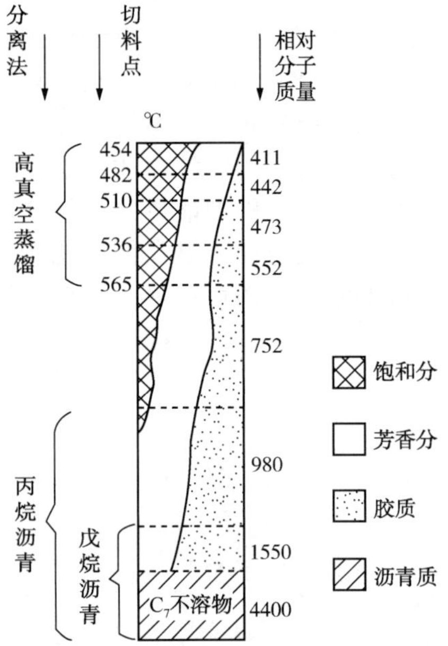

图4-12　不同分离方法对残渣的分子类型和大小的影响

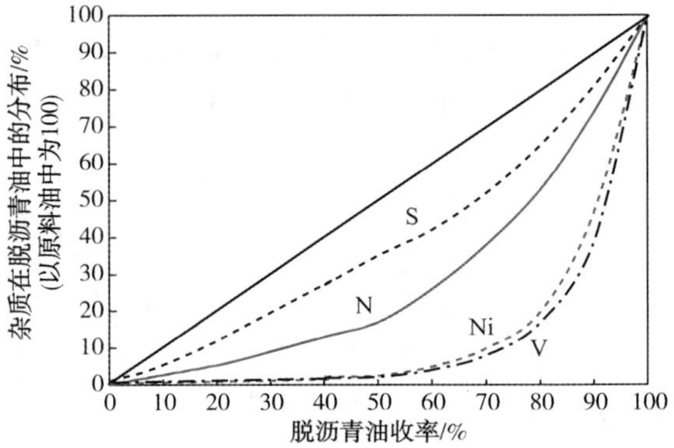

图4-13　脱沥青油收率与油中杂质含量的关系

（一）温度和温度梯度

进行溶剂脱沥青时，用抽提温度来调节脱沥青油的收率是既灵敏又方便的手段。对烃类溶剂来说，在合适的温度范围内，随着抽提温度的降低可以增加油的溶解度。各种烃类溶剂都有一个合适的抽提温度范围，丙烷溶剂的抽提温度宜在60~80℃范围内，丁烷及戊烷溶剂则分别为90~140℃和140~190℃。当抽提温度接近溶剂的临界温度时，脱沥青过程很难操作。这是由于此时温度对溶解度的影响非常敏感，温度稍有波动，就会使大量的油分在富油相和富溶剂相之间转移，这是造成操作不稳定的主要原因。在脱沥青过程中出现这种现象就称之为冲塔或出“黑油”，因此对脱沥青的上限温度有限制，尽量不要在接近临界温度的情况下操作。

抽提塔内理想的温度分布见图4-14中的(a)型，此时的脱沥青油的收率和质量稳定；当塔的温度出现(b)型分布时，即靠近原料入口处的温度与塔顶的温度接近，脱沥青油的质量显著变差，收率波动也很大。

图 4-15 展示了以丙烷为溶剂进行脱沥青时操作温度变化对不溶组分含量的影响。当温度超过 40℃时，丙烷的溶解能力随温度升高而降低。

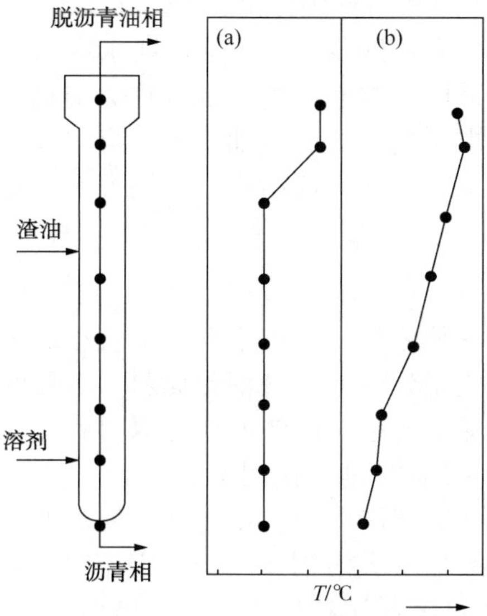

图 4-14 塔内温度分布对脱沥青的影响

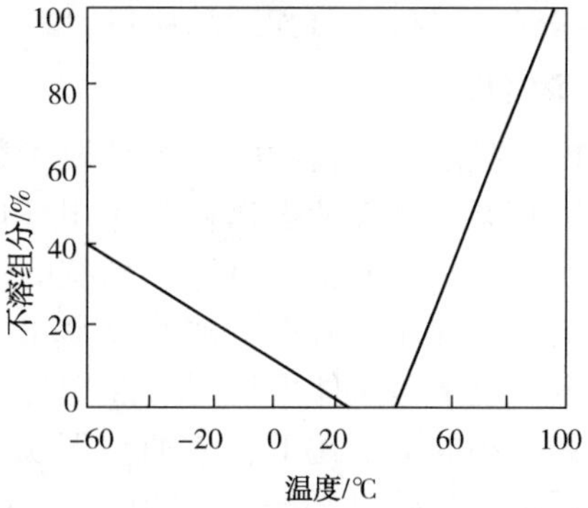

图 4-15 不同温度下丙烷-渣油体系溶解度的变化

丙烷：渣油=2：1(体积比)

(二) 压力

由于脱沥青过程是液-液抽提过程，因此操作压力必须要高于操作温度下溶剂混合物的饱和蒸气压，以保证体系呈液相，它仅与操作温度和使用的溶剂组成有关，因此一般不把抽提塔的操作压力当成是一个操作变量。

(三) 溶剂组成

脱沥青的关键是选择合适的溶剂，这对装置的性能、灵活性和经济性有较大的影响。目前，工业上广泛采用的溶剂是 $C_3 \sim C_5$ 的轻质烃类，在不很高的压力下便可以液化，在适中的温度和压力下可以脱除渣油中的沥青质，热容较小，且性质稳定。

在溶剂脱沥青的烃类溶剂中，丙烷的选择性最好。在温度 38~66℃的范围内与烷烃完全互溶，而把胶质和沥青质沉淀析出，因而脱沥青油中的重金属(镍、钒等)及硫、氮等杂质含量很少。以丙烷为溶剂从渣油中得到的脱沥青油，其质量是最好的，但收率也是最低的。为了提高脱沥青油的收率，有时不惜采用大的溶剂比进行操作，一般情况选用(6~10)：1(体积比)，根据需要有时也可达到 13：1(体积比)[8]。另外，由于丙烷的临界温度较低，只有 96.8℃，这就限定了丙烷脱沥青的抽提温度不能太高，一般都在 85℃以下。这对加工特别黏稠的渣油是不利的，因为在较低的温度下操作，渣油黏度大，不易在抽提塔内很好地分散，从而影响抽提效果。

丁烷溶剂有正丁烷和异丁烷两种。异丁烷的物性介于正丁烷和丙烷之间，对渣油的脱沥青效果相当于 50%正丁烷和 50%丙烷的混合物。这两种丁烷都有较高的临界温度，分别是 135℃和 152℃。由于临界温度高，脱沥青可以在较高的温度条件下进行，这对降低渣油的黏度、提高溶剂与渣油之间的传质速率是有利的。然而当渣油较轻时，采用丁烷溶剂会降低抽提的选择性，若要保持其适当的选择性则需要用增大溶剂比或提高抽提温度。

与丙烷和丁烷相比，戊烷溶剂的选择性较差，它从渣油中脱除的有害杂质最少，但它适合加工重质、高黏度的原料。戊烷脱沥青油含有较多的金属，残炭也较高，一般不宜直接作为催化裂化原料，多把它直接或与减压馏分油掺合后经加氢处理作为催化裂化原料。

为了适应原料的多变性和由此带来的脱沥青油收率大幅度变化的问题，要求脱沥青过程有足够的灵活性，这就要求采用混合溶剂。例如，采用丙烷和丁烷的混合物为溶剂，既可加工轻质渣油也可加工重质渣油，既可得到质量要求很高的脱沥青油，也可得到收率高而质量稍差一些的脱沥青油，可以满足不同场合的要求。因此，选用哪一种烃类作为脱沥青的溶剂取决于原料性质和产品质量要求。

（四）溶剂比

溶剂比是脱沥青过程中的一个重要参数，对于每一种原料，都相应有一个最小的溶剂比，以保持脱沥青过程的操作稳定。用环烷基原油深拔得到的减压渣油作原料，需要的溶剂比最小；用石蜡基的常压渣油、黏稠的渣油和减压蒸馏的很差的渣油作为原料就需要使用大溶剂比。溶剂比对脱沥青油的收率和质量的影响并不简单地呈比例关系。

在一定温度下，液体丙烷对渣油中各类组分的选择溶解能力和所用溶剂与渣油的体积比有关。在很小的溶剂比下，渣油与丙烷完全互溶。逐渐增大溶剂比达到一定值时，有部分不溶物析出，溶液开始分为油相与沥青相两相。随着溶剂比的增大，析出物相应增加，油收率减少。但当溶剂比增加到一定值后，再增加溶剂比，油收率又回升，但回升较缓慢。脱沥青油残炭与油收率随溶剂比的变化有比较一致的规律。图 4-16 展示了某种减压渣油的脱沥青油收率及其残炭与溶剂比的关系。在用异丁烷为溶剂的脱沥青试验中发现，当温度低于 107℃时，溶剂比的影响甚微，随着溶剂比的降低，脱沥青油收率稍有增加；当温度高于 121℃时，增加溶剂比可以明显提高脱沥青油的收率，如图 4-17 所示。在较低的温度下，溶剂比小反而能提高脱沥青油收率的原因在于，在多组分的抽提过程中，各组分都很活跃地参与相际间的传质。当油分大量溶解于溶剂中并达到一定浓度后，溶液便可认为是一种具有溶解力更强的溶剂，从而能进一步把渣油中的更重组分抽提出来。

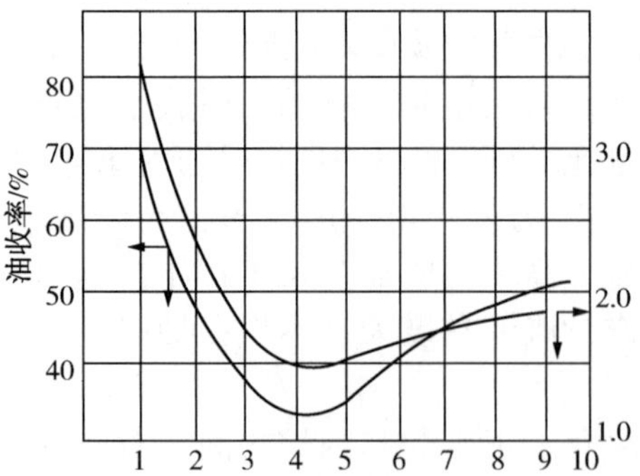

图 4-16　溶剂比对脱沥青油收率和残炭的影响

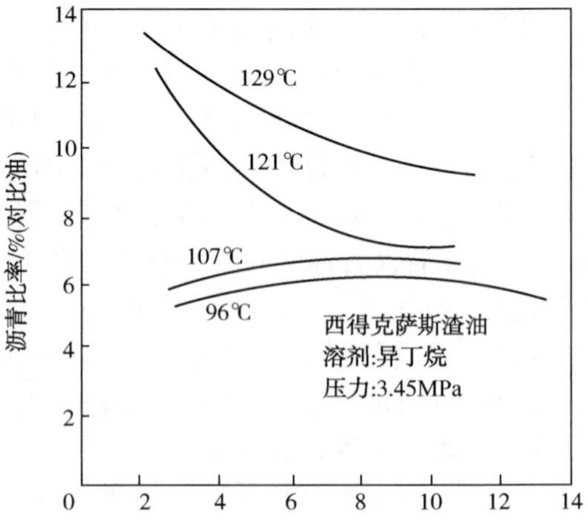

图 4-17　不同温度下溶剂比对沥青收率的影响

三、生产工艺流程

依据脱沥青油的性质要求及溶剂脱沥青装置在炼油过程中的用途，可将溶剂脱沥青工艺分为两类：一段溶剂脱沥青工艺和两段溶剂脱沥青工艺。其中，一段脱沥青工艺可以得到脱沥青油和脱油沥青两个产品，两段脱沥青工艺可以得到轻脱沥青油、重脱沥青油（或称胶质）和脱油沥青三个产品。

（一）一段法溶剂脱沥青[7]

随着重油催化裂化和重油加氢技术提高，为了降低组合工艺的能耗，并为后续深加工提供更多的优质原料，在采用溶剂脱沥青工艺生产催化裂化原料或加氢原料时，一般采用一段法溶剂脱沥青工艺。图 4-18 是一段溶剂脱沥青工艺的基本流程。靠泵按量输送渣油和比例为渣油 0.5~1.0 倍的溶剂进行混合稀释，将其调整到合适的温度后进入抽提塔，入塔的位置设在塔的中上部，约是全塔高度的 2/3 处。稀释的目的是改善高黏度渣油在塔内的传热和传质状况。溶剂从溶剂储罐用泵抽送到抽提塔的下部。在溶剂入塔前要根据工艺要求调整温度。抽提塔是一个多段接触器，通常装有内构件，以保证足够的传质效率。抽提时，渣油以分散相的形式由上往下移动，而溶剂则作为连续相由下向上移动，这时渣油中的油分就溶解在溶剂中，脱油沥青则沉降到塔的底部。

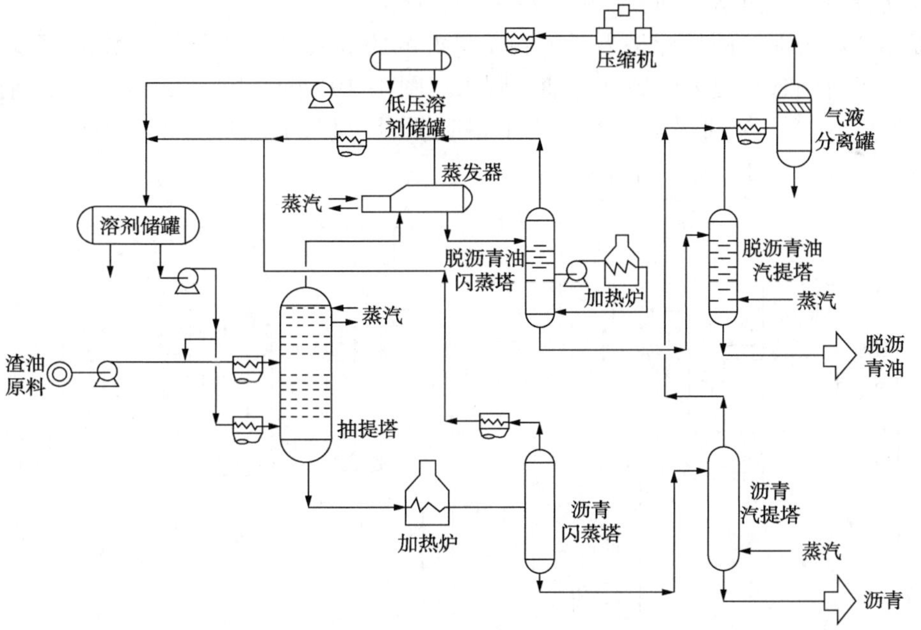

图 4-18　一段溶剂脱沥青装置典型工艺流程图

在抽提塔的顶部装有加热器，当含油溶剂向上流动经过加热器后逐渐升高温度形成一种以温度差为推动力的内回流，依靠它的作用来控制脱沥青油的质量。抽提温度主要指塔顶温度和塔底温度，塔顶温度用进料的温度和塔顶加热器来调节，塔底温度用溶剂进塔温度来控制。脱沥青抽提塔要保持足够的压力，使抽提过程在液相下进行。

塔顶的含油溶液通过压力控制阀后先进入重沸型蒸发器，将部分溶剂蒸发出来，重沸器可采用低压蒸汽作热源。留在蒸发器底部的脱沥青油溶液在保持正常的液位下连续地送到闪蒸塔进一步脱除溶剂。在闪蒸塔底部得到的只是含很少溶剂的脱沥青油。从重沸器和闪蒸塔蒸发出来的溶剂合并在一起，经冷凝回到溶剂储罐后循环使用。

在抽提塔底得到的沥青溶液通常含有35%～40%的溶剂。它是利用抽提塔的自身压力将沥青溶液以一定的流速通过加热炉升温，随后在闪蒸塔内回收溶剂，在闪蒸塔底部得到含很少溶剂的脱油沥青。

（二）两段法溶剂脱沥青[7]

通常，以减压渣油为原料，在采用溶剂脱沥青工艺生产润滑油基础油原料时，因对脱沥青油的质量要求较高，如具有较低的残炭，因此需要采用两段法溶剂脱沥青工艺。两段法溶剂脱沥青又可以细分为两种流程：抽提法两段脱沥青和沉降法两段脱沥青。

1. 抽提法两段溶剂脱沥青工艺

顾名思义，抽提法两段脱沥青意味着完成抽提过程需要两个抽提塔，其流程图见图4-19。原料渣油经预热后进入抽提塔，溶剂也同时进入抽提塔，经过逆流抽提后，在塔顶可得到脱沥青油溶液，它经过蒸发脱除溶剂后得到脱沥青油。从抽提塔底部得到沥青溶液，它靠本身的压力进入第二个抽提塔，同时向这个抽提塔内打入一定量的溶剂以进行第二次抽提。从该塔顶部得到的是二段脱沥青油溶液，经过溶剂回收后便得到质量稍差的脱沥青油，塔底排出的沥青溶液经过溶剂回收后便是脱油沥青产品。

抽提法两段脱沥青的目标是为了得到质量好的脱沥青油，或是得到数量更多的脱沥青油。若是为了得到数量更多的脱沥青油，则采用图4-19所示的流程，将第一段抽提塔塔底的沥青溶液压入第二个抽提塔；若是为了得到质量更好的脱沥青油，则将第一段抽提塔塔顶的脱沥青油溶液压入第二个抽提塔。

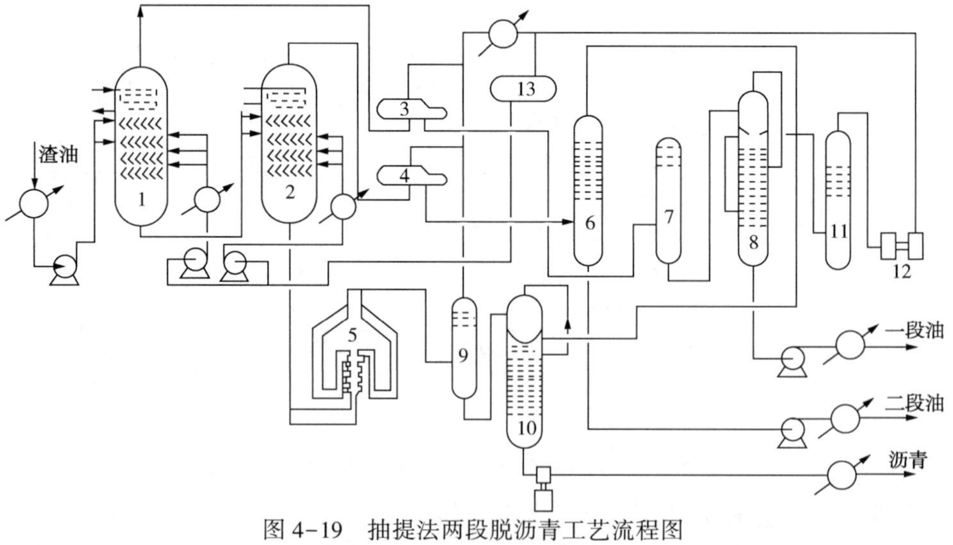

图4-19　抽提法两段脱沥青工艺流程图

1—一段脱沥青抽提塔；2—二段脱沥青抽提塔；3，4—高压蒸发器；5—沥青加热炉；6—二段汽提塔；7，9—蒸发塔；8，19—汽提塔；11—脱水罐；12—压缩机；13—溶剂储罐

2. 沉降法两段脱沥青工艺

沉降法两段脱沥青工艺首先将渣油中的油分尽可能的抽提出来，然后把得到的脱沥青

油溶液根据需要按阶段升温，利用温度升高溶剂对油分溶解能力降低的原理，使质量较差的重质油分从溶液中析出，留在溶液中的脱沥青油的质量便得到改善。图 4-20 为中国某炼油厂两段沉降法脱沥青的工艺流程。把减压渣油从塔的上部、溶剂从塔的下部按一定的比例泵入脱沥青抽提塔，并在预定的温度下进行逆流接触。脱沥青后得到的含有少量溶剂的沥青溶液从塔底排出，经过加热炉加热到预定的温度后依次进入闪蒸塔和汽提塔，从汽提塔底放出的便是脱除溶剂的沥青产品。含有大量溶剂的脱沥青油溶液从塔顶流出，经过加热器升温后进入沉降塔，这时由于溶解能力降低会有一部分的重质脱沥青油组分在塔内析出并沉降至塔的底部，它经过溶剂回收后得到的便是重脱沥青油。从沉降塔顶流出的是质量较好的轻脱沥青油溶液，经过溶剂回收后的产品可以用来生产重质润滑油或作为催化裂化原料。

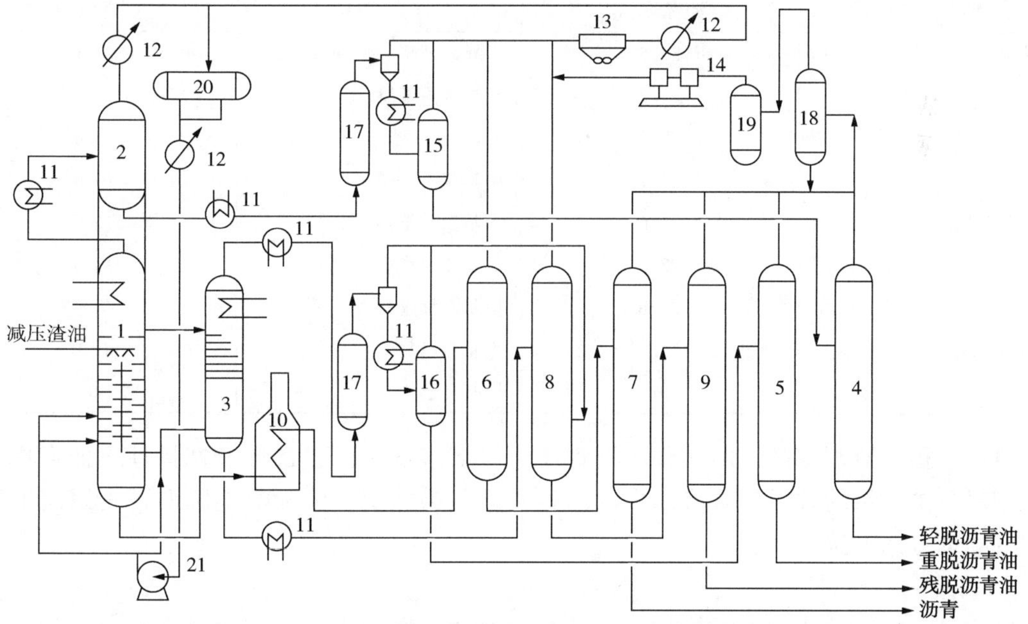

图 4-20　沉降法两段溶剂脱沥青工艺流程图

1—转盘抽提塔；2—临界分离塔；3—二次抽提塔；4—轻脱沥青油汽提塔；5—重脱沥青油汽提塔；6—沥青蒸发塔；7—沥青汽提塔；8—残脱沥青油蒸发塔；9—残脱沥青油汽提塔；10—沥青加热炉；11—加热器；12—冷却器；13—丙烷空冷器；14—丙烷压缩机；15—轻脱沥青油闪蒸罐；16—重脱沥青油闪蒸罐；17—升膜加热器；18—混合冷却器；19—丙烷气接收罐；20—丙烷罐；21—丙烷泵

不论是两段抽提法脱沥青工艺还是两段沉降法脱沥青工艺，其优点是产品的质量有调节手段，均比一段法脱沥青工艺操作灵活，不仅可以控制轻脱沥青油的质量，还可以控制脱油沥青的质量。但是，与一段法脱沥青工艺相比，两段法脱沥青工艺的能耗相对较高。

四、原料及产品性质

溶剂脱沥青的原料一般为减压渣油，而减压渣油是由复杂的烃类和非烃类组成，不同原油所得渣油其性质相差悬殊，其残炭的范围在 4%~30%，其金属镍和钒含量可相差 1~2 个数量级。至于化学组成和分子结构，不同来源渣油的性质差别更加明显。

（一）原料

渣油的组成十分复杂，它的主体是由碳数 40 以上的烃类构成的，并含有少量的硫、氮、氧杂原子和重金属的非烃化合物。目前，要把这样一种复杂的混合物分离成单一化合物是既不可能也没有必要的。因此需要了解的是能指导生产的渣油的某些特定性质，例如渣油分离成脱沥青油和脱油沥青后的组分分配情况，对下游加工装置的影响和作为产品性能的信息。

1. 沥青质

渣油中的沥青质含量随使用溶剂的不同而不同。表 4-22[7] 列出了不同溶剂在沉淀墨西哥沥青[针入度为 46(0.1mm)、软化点为 57℃]时所得的沥青质数量。

表 4-22　溶剂种类与沥青质数量的关系

溶　剂	沥青质/%	溶　剂	沥青质/%
正戊烷	33.5	二异丙基醚	27.1
2,2,4-三甲基戊烷	32.2	乙基叔丁基醚	23.7
2,2,3-三甲基丁烷	27.2	二乙醚	23.0
正庚烷	25.7	甲基叔丁基醚	19.0
3-甲基庚烷	25.6	丙基叔丁基醚	16.6
正壬烷	23.6	2-正丁基醚	13.3
脱芳烃石油醚	23.8	甲基叔异戊醚	7.3
二甲基环戊烷	15.1	甲基叔己醚	6.9
环己烷	0	甲基环己烷	0

虽然有很多溶剂都可以用来分离沥青质，但从溶剂来源、毒性及选择性方面考虑，采用低相对分子质量的烷烃分离渣油中的沥青质已成为共识，因为溶剂脱沥青是以溶解度为基础的物理分离方法。

2. 胶质

胶质是一种黏稠状的半固体物质，具有黏附性，将它涂成薄层时呈深红色，随胶质相对分子质量的变小而颜色逐渐变浅。胶质也是结构复杂、相对分子质量较大的混合物，难以分离成结构单一的窄馏分，然而可采用冲洗色谱将其分离成多个馏分。胶质是一种复杂的稠环混合物，其环数和烷烃侧链的长度或环间的链长都很难确定。定性地说，如果胶质的密度大、折射率高，表明其烷烃侧链短，分子中的芳环数相应较多。胶质能与由芳烃和饱和烃组成的油分完全溶解，它的存在有助于沥青质均匀分散在油分中形成稳定的胶体结构。

3. 芳烃

渣油中的芳烃，其 H/C 质量比约在 0.117～0.125 之间，平均相对分子质量为 1000 左右，芳环和环烷环数均为 3 左右。从结构族组成上看，它是由单环芳烃、双环芳烃及三环以上的稠环芳烃组成的。用梯度溶剂冲洗色谱法将渣油中的芳烃细分为几个亚组分表明，轻芳烃基本上是单环芳烃，中芳烃为双环芳烃，而重芳烃则主要是多环芳烃，表 4-23 列出几种减压渣油的芳烃分配[7]。

表 4-23　芳烃的亚组分分布　　%

渣油名称	大庆	任丘	胜利	临盘	单家寺	孤岛
芳烃含量	32.2	22.5	31.5	30.3	26.3	30.7
轻芳烃	26.9	19.5	22.5	20.1	23.2	15.3
中芳烃	19.5	16.7	19.5	16.6	18.3	17.6
重芳烃	53.6	63.8	58.0	63.3	58.5	67.1

4. 饱和烃

饱和烃基本上由相对分子质量大的正构、异构和环烷结构的饱和烃以及它们的衍生物所组成。不同的减压渣油的饱和烃含量有显著的差别。

5. 金属

渣油中含有多种微量金属元素，这些金属的存在形态对重油的加工过程有较大的影响。在渣油中，镍、钒、铁等是以有机金属化合物的形态存在，在催化裂化时，渣油中的金属会沉积在催化剂上，达到一定浓度后会严重危害催化剂的活性和选择性。而对于大多数渣油来说，其金属镍、钒一般都富集在沥青质中，因此将渣油中的沥青质脱除就可以实现脱除渣油中金属的目的。然而，并非所有渣油中的金属都存在于沥青质中，也有集中分布在胶质中的，如克恩河重油，遇到这种情况，用溶剂脱沥青来脱除渣油中的金属就比较困难，只有牺牲脱沥青油收率来换取较好的脱金属效果。表 4-24 列出了金属镍和钒在重油组分中的分布[9]。

表 4-24　镍、钒在>383℃重油组分中的分布

名　称	组　分/%			
	饱和烃	芳烃	胶质	沥青质
玛雅油				
镍含量/(μg/g)	0	3.3	17.7	79.0
钒含量/(μg/g)	0	0.4	17.9	81.7
克恩河油				
镍含量/(μg/g)	0	4.5	63.0	32.5
钒含量/(μg/g)	0	7.5	52.8	39.8

(二) 产物分布及性质

渣油经过溶剂脱沥青后可得到几乎不含沥青质、金属含量及残炭低、黏度和黏度指数高的脱沥青油，可以作为重质润滑油、催化裂化、加氢裂化、加氢脱硫等的原料；同时得到富含沥青质、金属及残炭的脱油沥青，它可用于生产道路沥青、建筑沥青或活性炭等材料，也可以作为制氢和合成氨、制碳素纤维等的原料。

1. 润滑油原料

用减压渣油为原料生产润滑油，以丙烷或丙烷丁烷的混合溶剂脱沥青应用最普遍，得到的脱沥青油是制备光亮油、气缸油或其他润滑油的优质原料。以脱沥青油为原料可得到黏度指数 95 以上的润滑油。大庆减压渣油经过丙烷或丙丁烷溶剂脱沥青、溶剂脱蜡和糠醛精制后生产出的高黏度润滑油，黏度指数可达到 99~101。如果采用溶剂脱沥青-加氢处理的加工流程，得到的产品其质量更好。

采用溶剂脱沥青生产润滑油的优点是，润滑油的饱和烃含量高，黏度指数比馏分油润滑油高 20~40 个单位，H/C 值高(由于脱除了芳烃)，硫含量及氮含量减少 40%~50%，残炭显著降低。在润滑油型炼油厂里，增加了溶剂脱沥青装置后，可使润滑油的总产量增加约 20%[7]。

2. 催化裂化原料

渣油溶剂脱沥青后所得的脱沥青油，由于脱除了大部分沥青质和金属，是很好的催化裂化原料。虽然它的残炭通常高于减压馏分油的残炭，但脱沥青油中的残炭主要来自非沥青质的大分子烃类，它们在催化裂化过程中并不大量生焦，因此催化裂化汽油收率较高。

3. 加氢裂化原料

渣油加氢裂化虽然已实现了工业化，然而它需要在接近 20MPa 的高压下操作，且耗氢量较大。采用脱沥青油加氢，由于脱除了渣油中容易使催化剂中毒的重金属和沥青质，使加氢裂化能在较缓和的条件下进行。

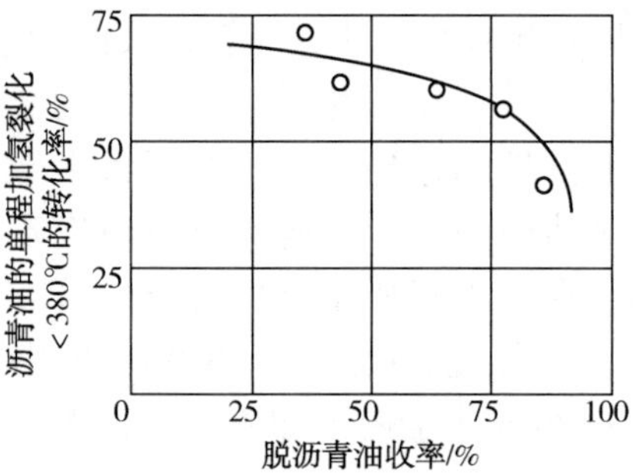

图 4-21　脱沥青油收率与加氢裂化转化率的关系

脱沥青油的加氢裂化性能与其相对分子质量和氮含量密切相关。图 4-21 是阿拉伯轻质油不同深度脱沥青油的加氢裂化结果，从图中可以看出，用丙烷脱沥青得到收率为 40%的脱沥青油，其单程加氢裂化转化率为 67%；而用戊烷脱沥青得到收率为 76%的脱沥青油，其单程加氢裂化转化率为 55%。转化率降低的原因，一方面是相对分子质量增大，另一方面是氮含量从 700μg/g 增加到 2100μg/g。

4. 渣油加氢脱硫

由于渣油中的沥青质、重金属等杂质严重污染催化剂，影响催化剂使用寿命，生产成本高。采用溶剂脱沥青先除去渣油中的沥青质、重金属及硫氮等杂质，然后再加氢脱硫，对提高脱硫效果和降低操作成本非常有利。已有数据表明，减压馏分油和脱沥青油的加氢脱硫所消耗的氢气只是常压渣油直接加氢脱硫的 65%，总投资可减少 20%。表 4-25 列出了这两种方法的对比数据[7]，数据取自一套 250 万吨/年的加氢脱硫装置。

表 4-25　两种加氢脱硫方法对比

项　　目	阿拉伯常压渣油加氢脱硫	减压瓦斯油+脱沥青油加氢脱硫①
>343℃馏分加氢脱硫后性质		
密度(20℃)/(g/cm³)	0.927	0.900
硫含量/%	0.56	0.08
黏度(98.9℃)/(mm²/s)	21.50	11.40
残炭/%	5.10	0.70
沥青质/%	1.05	0.05
镍含量/(μg/g)	4.4	0
钒含量/(μg/g)	9.7	1.0

续表

项　目	阿拉伯常压渣油加氢脱硫	减压瓦斯油+脱沥青油加氢脱硫①
氮含量/(μg/g)	1795	520
苯胺点/℃	93	98
公用工程消耗		
电/kW	9410	7785
吸收的热量/(10^6kJ/h)	171.6	276.7
蒸汽(中压)/(t/h)	14.4	26.2
冷却水/(m^3/h)	247	970
纯氢/(Nm^3/h)	37950	24600
化学品/(t/a)	65	55.5
溶剂/(t/a)		2130
催化剂/(kg/t)	1.15	0.35
装置投资比	100	81

① 减压馏分油+脱沥青油的总收率是常压渣油的93.4%。

5. 胶质的利用

两段法溶剂脱沥青工艺的特点是装置操作灵活，它可以将渣油分离成三个组分：脱沥青油、胶质和脱油沥青。胶质的性质介于脱沥青油和脱油沥青之间，通常情况下，与减压渣油相比其硫含量大致相当，金属含量较低，几乎不含沥青质。胶质经加氢处理后可以为催化裂化提供优质原料。另外，胶质在沥青中能使沥青质胶溶，是沥青质的良好分散剂，有利于改善沥青的延度。

6. 用脱油沥青生产道路沥青

石蜡基原油采用常减压蒸馏工艺难以生产出符合标准要求的道路沥青，有些中间基原油由于常减压蒸馏深度限制难以得到针入度较小牌号的沥青产品。采用溶剂脱沥青工艺则可以适当降低脱油沥青中的蜡含量，或者在多产脱沥青油的同时适当降低脱油沥青的针入度，使之能够生产出满足道路石油沥青产品标准要求的沥青产品。

7. 用脱油沥青生产建筑沥青或道路沥青抗车辙剂

建筑沥青主要用于制造防水卷材、屋面工程或防水涂层，与道路沥青相比，其软化点要求较高。通常以减压渣油为原料，采用氧化工艺进行生产。但是，由于氧化法在生产过程中易对环境造成污染，因此氧化法生产沥青的工艺逐渐被溶剂脱沥青工艺取代。溶剂法生产的建筑沥青与氧化沥青性质不同，表现在沥青的软化点相同时，溶剂法生产的建筑沥青针入度较小，原因在于溶剂法得到的沥青其油分含量少。

另外，随着环境温度的变化和路面交通荷载增加，车辙病害成为沥青路面的主要病害之一。溶剂脱沥青得到的脱油沥青中富集了渣油中的沥青质，因此具有良好的高温性能。将脱油沥青作为抗车辙剂添加到道路沥青中，可以有效地改善道路沥青的高温抗车辙性能，用于铺筑沥青路面可以提高路面的高温抗车辙性能。

8. 脱油沥青制氢和合成氨

脱油沥青的C/H在石油产品中是最高的，在作为氧化制氢原料时，其碳的利用比较合理，不仅可以得到氢气，还可以得到二氧化碳，而二氧化碳又是合成尿素的主要成分。瞿国华[10]认为在胜利减压渣油中掺入27%软化点为165℃、残炭为44.6%的脱油沥青后仍是一种很好的重油制氢原料。就造气而言，与纯渣油相比，理论产气量的体积分数最多下降1.8%，氢含量的最多下降1.34%，变化幅度对工业装置操作影响不大。

五、主要设备

溶剂脱沥青是复杂的抽提过程，发生在抽提塔内。抽提塔在实现抽提、沉降、提纯和洗涤等综合功能后，才能得到满意的脱沥青效果。溶剂脱沥青使用的抽提塔最初是传质效率低的混合-沉降器，随着技术的发展，由最初的空塔抽提逐渐出现了挡板塔、筛板塔、转盘塔和规整填料塔。溶剂脱沥青要达到满意的效果，还需要有适合的物料分布器，使溶剂与溶质充分接触。

（一）原料分布器的设计

在液-液接触过程中，为了增大传质面积和强化传质，总是将渣油分散成液滴与溶剂充分接触。在溶剂脱沥青装置中抽提塔的塔径一般都很大，大致都在3m以上，有的甚至超过4m。在这样大的面积内让渣油分散成具有一定大小的粒子，并且在整个截面上均匀分布非常重要，它直接影响脱沥青的效果。以简单的喷淋塔为例，当渣油液滴从喷嘴喷出后，在很小的距离和很短的接触时间内能把20%~70%抽提油分抽提出，确切值取决于液滴的状态。在正常情况下能完成抽提过程的40%~60%。

溶剂脱沥青的原料分布器多采用多孔管分布器，使用多孔管分布器的目的是使流体沿管长方向均匀分布，使单位管长所流出的流体相等。

渣油在多孔管管内的流动为变质量的流动过程，具有质量流速不断减少的特点。对于这种变质量流动过程，会出现三种流动模式，即动量交换型、摩阻控制型和摩阻占优势型，见图4-22[11]。事实上，管道的摩阻一般是比较小的，因此最常遇到的是动量交换型。如果需要在各点的流量得到均匀的分布，合理的方法是采用不均匀的布孔。从制造方便的角度考虑，更为常用的是均匀布孔。均匀布孔主要指沿分布管管长方向均匀开孔。大型抽提塔以采用具有输送管道的并列多管型和树枝型分布器为宜，它除采用多根小直径的分布管作细致的流体分布外又能使各分布管的长径比减小，满足动量交换型流动的要求。

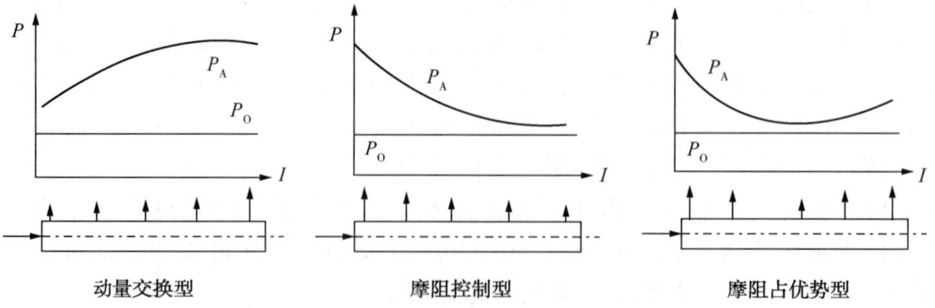

图4-22 液体在多孔管内的流动状态

此外，均匀分布孔型多孔管的开孔设计还要求开孔总截面积比分布管的截面小，才能使流体沿分布管管长分布均匀。如果要求不均匀度在±5%以内，则开孔总截面应小于分布管截面的37%；如果不均匀度允许达到±10%，那么开孔的总截面可放宽到不超过50%。

1978年锦西炼油化工总厂的丙烷脱沥青装置进行改造，采用了石科院提出的液体分布器设计方案，其核心是调整喷孔线速和喷孔面积与主管面积的比例，从而使脱沥青油的收率从22%提高到38%。

（二）溶剂入抽提塔的位置

脱沥青使用的溶剂应分为几路在沿塔高的不同位置上进入，其中的一小部分与原料混合，相当于原料的(0.5~1.0)/1(体积)，然后通过原料分散管进塔，它的作用是降低渣油黏度和调整塔的温度分布。溶剂中的大部分应从塔的下部打入，发挥抽提作用；除此还应在塔底沥青相内打入溶剂，数量一般占溶剂总量的30%。如果操作的稳定性不受影响，提高在沥青相进溶剂的比例更为有利，它能起到用新鲜溶剂对沥青相进行洗涤的作用，把附在沥青上的油分尽量回收，从而明显增加脱沥青油的收率。表4-26[7]是大庆减压渣油丙烷脱沥青工业装置和中型试验装置在抽提塔的沥青界面下打入丙烷溶剂的试验结果。对比试验表明，脱沥青油收率提高约5%。

表4-26　中型试验和工业装置在沥青层打入部分丙烷的结果

丙烷进口位置	抽提塔停留时间/min	脱沥青油		
		收率/%	残炭/%	100℃黏度
中型试验				
界面层下	32	46.5	0.54	22.5
界面层下	21	42.5	0.52	21.8
界面层上	32	37.4	0.46	21.34
塔外与原料混合	32	21.8	0.56	22.68
工业试验				
界面层下	12.4	28.1	0.67	22.69
界面层上	10	23.0	0.68	21.80

（三）抽提塔

抽提塔是溶剂脱沥青装置的核心设备，其分离效率的好坏直接影响产品的收率和质量。溶剂脱沥青使用的抽提塔的塔型随着分离技术的发展采用过多种形式，最早是混合-沉降型抽提器，最后是各种形式的逆流抽提器，如挡板塔、转盘塔、规整填料塔等[7,12]。

1. 混合-沉降型抽提器

混合-沉降型抽提器是最早使用于工业生产的一种抽提设备。渣油和溶剂在混合器中借助水力作用而密切接触，然后输送到沉降器进行分相。为了使沉降效果好，多采用卧式沉降器。混合-沉降器的优点是单级效率高，一般为80%以上，结构简单，容易放大，运转稳定可靠；缺点是占地面积大、溶剂的藏量多等。

2. 挡板塔

挡板塔是脱沥青过程中广泛采用的一种塔型。在塔中的两股物流是借助于密度的不同而互相逆向流动，彼此作用，形成接触表面而实现传质。挡板塔的处理量不如喷淋塔，分离能力由于轴向混合被限制在板与板之间而没有扩展至整个塔内，因此可抑制轴向返混引起的不良效果。挡板塔的另一个显著特点是结构简单，没有活动部件，在操作时不致发生故障,操作周期可长达 3 年不必检修。对要求处理量大，但不需要很多理论级数的溶剂脱沥青来说是一种非常适用的抽提工具。

挡板塔设计时主要的考虑因素是挡板的开孔尺寸和板间距。板上开孔的最佳直径，必须满足使塔横截面上分区，获得最大可能的相际接触面的条件；使分散相经过开孔时所需的压降为最小。经验表明，开孔小，则生成的液滴液小，相际比表面就大，对传质有利，然而开孔减小，则要求塔径和板间距增加。孔的大小还与抽提的对象有关，例如加工黏稠的渣油宜采用直径较大的孔。

3. 转盘塔

溶剂脱沥青体系中，渣油的相对分子质量和黏度都很大，与和它接触的溶剂差别很大，因而有人认为在使用挡板塔作为脱沥青抽提塔时传质速度慢，对提高抽提效率是不利的。为了提高传质速度，提出了从外部加入能量使液体产生剪切作用的转盘塔。即在剪切力作用下使连续相产生涡流，处于湍动状态，使分散的油相破裂，形成液滴，从而增加了传质面积和传质强度，所以是一种传质效率较高的设备。但是，由于抽提塔是在 4.0MPa 的高压下操作，对外驱动所需的高压轴封难以解决，因而普遍采用液体溶剂做动力来推动装在转盘轴上的叶轮，使转盘旋转。内驱动虽然解决了高压轴封的难题，但却使高速注入的驱动溶剂在塔内形成涡流造成轴向返混，使分离达不到预想的效果。

4. 填料抽提塔

填料塔的特点是采用了高效的新型规整填料或蜂窝式的格栅填料，开孔率大，从而避免因渣油或沥青沉积堵塞填料的问题。国内某炼油厂的丙烷脱沥青装置改用蜂窝式的格栅填料代替内驱动的转盘塔后，经测定抽提理论塔板数由 2~3 块增加至 4~5 块，从而使脱沥青油的收率提高 3 个百分点，脱油沥青的软化点也相应提高 2℃。

六、工业应用

（一）丙烷脱沥青技术

为多产高档润滑油，2007 年 10 月国内某石化厂采用美国 KBR 公司的 ROSE 工艺技术建成投产了一套 80 万吨/年的丙烷脱沥青装置。目前这套丙烷脱沥青装置是国内采用丙烷为溶剂加工规模最大的一套装置。ROSE 工艺的原则流程图见图 4-23。减压渣油和丙烷溶剂在沥青分离塔内进行逆流接触，脱沥青油溶液从塔顶流出、沥青溶液从塔底流出。脱沥青油和溶剂在超临界分离塔内分离。

ROSE 技术具有如下特点[13,14]：①采用单塔一段抽提工艺技术，萃取塔没有中部抽出，减少了重脱油系统，节省了相应的塔器、机泵冷却设备等，从而简化了流程、节约了投资，降低了操作难度，也减少了装置的占地面积。②在沥青分离塔和脱沥青油分离塔中使用 ROSEMAX 规整填料，提高了分离效率和加工规模。③渣油和脱沥青油在各自的分离塔内分别采用非临界抽提和超临界回收工艺，从脱沥青油分离塔塔顶回收的溶剂占 90%左右，这部分溶剂流量大、温度较高，可回收利用热能，与轻脱油溶液换热，可回收绝大部分热量，

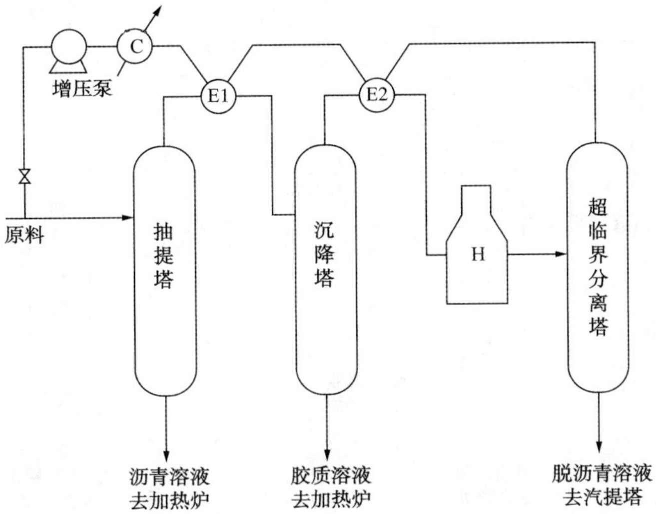

图 4-23　丙烷脱沥青装置工艺流程示意图

因此能降低装置能耗。④采用中压闪蒸和低压汽提相结合的工艺，充分利用压力等级差来回收装置内部剩余 10%的溶剂，从而节约能耗。⑤装置内利用热油加热方式，用“一炉顶二炉”方案，流程简化，节约投资。

(二) UOP 的 DEMEX 技术

为重油深加工提供更多优质原料，国内某石化公司采用 UOP 公司的 DEMEX 工艺建造了一套加工能力为 170 万吨/年的丁烷脱沥青装置，这是目前国内最大的一套丁烷脱沥青装置。

DEMEX 工艺是 UOP 公司和墨西哥石油研究院（IMP）联合研发的，主要适用于处理减压渣油，从减压渣油中获得用于下游装置的原料，其原则流程图见图 4-24。除用丙烷作溶剂外，还使用丁烷、戊烷等较重烷烃为溶剂，将脱沥青油的收率提高到 50%~70%。脱沥青油可采用固定床加氢脱硫精制进一步加工，也可用作加氢裂化或催化裂化的原料。该工艺采用超临界溶剂回收技术，以轻烃为溶剂，采用静态混合器及沉降塔进行恒温萃取，沉降分离，这种技术可以降低公用工程的消耗[13~16]。

ROSE 工艺与 DEMEX 工艺相比具有如下差别[13~16]：①DEMEX 工艺是从抽提塔下半段通入副溶剂，目的是尽可能地把原料中的轻组分抽提出来；而 ROSE 工艺的抽提塔无副溶剂进料。②DEMEX 工艺沉降塔底端的胶质一部分返回抽提塔，另一部分外送作为产品或全部外送作为胶质产品；而 ROSE 工艺为了提高 DAO 的收率，把胶质全部作为外送产品或直接作为 DAO 的一部分，其不足之处为质量稍差。③ROSE 工艺在混合器之前设置增压泵，所以在抽提-沉降-超临界回收塔保持恒定压力下，抽提塔的压力也往往偏高；而 DEMEX 工艺把增压泵设置在沉降塔之后，这样，只有超临界回收塔压力处于较高水平，抽提-沉降段压力偏低。④超临界溶剂回收的一个显著特点是绝大部分溶剂在高压下回收，直接循环回抽提塔使用，不损失其静压能，减少有用功的损失。ROSE 工艺仅对溶剂增压，温度低、流量小、增压泵操作费用较低，但由于抽提塔压力高于超临界回收压力，因此设备投资较大；DEMEX 工艺对溶剂和脱沥青的混合物增压，温度高、流量大、操作费用高，但抽提塔压力低于超临界回收压力，因此设备投资较少。

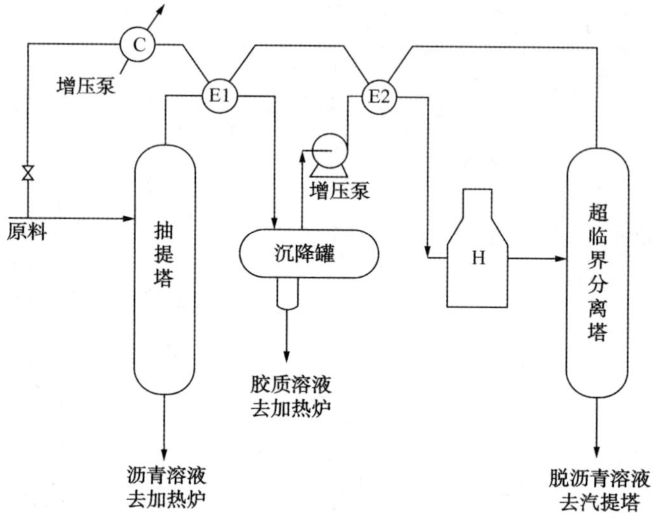

图 4-24　DEMEX 工艺流程示意图

（三）国内溶剂脱沥青技术

国内溶剂脱沥青技术以石科院为代表。石科院于 1961 年建成了一套丙烷脱沥青装置，开始从事溶剂脱沥青技术开发及相关研究。相继开发出了两段沉降法丙烷脱沥青工艺，可将脱沥青油的收率大幅度增加，以大庆减压渣油为例，在不增大溶剂比的前提下，脱沥青油的收率在 50%以上，与原来相比，收率提高一倍以上。从第一段得到的残炭<0.7%的高质量脱沥青油的收率仍能保持不变，而从第二段得到的二段脱沥青油可供生产过热汽缸油或作为催化裂化料。1966 年，石科院成功开发了丙烷脱沥青的溶剂临界回收技术，临界回收溶剂与常规蒸发回收溶剂相比，能耗降低 40%以上，同年，该节能技术在兰州炼油厂的丙烷脱沥青工业装置实现了工业化。1987 年，采用石科院开发的混合 C_4 溶剂脱沥青技术，由吉林省化工设计院设计，在吉林化学工业公司的炼油厂建成了一套 20 万吨/年一段超临界溶剂脱沥青装置。该装置比广州石化总厂从国外某公司引进的 60 万吨/年超临界溶剂脱沥青装置提早了 2 年。

为了增加催化裂化的原料，1980 年石科院开发了 C_3/C_4 混合溶剂脱沥青技术，在大连石油七厂的丙烷脱沥青装置上获得应用，提高了脱沥青油收率，同时脱油沥青也是合格的道路沥青，为该厂取得了很好的经济效益。2019 年，采用石科院开发的溶剂脱沥青技术，在中海石油宁波大榭石化有限公司建成了一套 160 万吨/年两段正丁烷溶剂脱沥青装置，为溶剂脱沥青国产技术大型化的第一套装置，标志着我国的溶剂脱沥青技术及工程应用已进入世界先进行列。随着世界范围的环保要求日益严格，以及对轻质油品需求增加，渣油的轻质化技术越来越受到重视，但是渣油中沥青质结焦及金属致使催化剂中毒等问题为渣油深加工带来一定困难，严重影响了催化剂的使用寿命及装置的开工周期，由此推动了重溶剂尤其是戊烷溶剂脱沥青技术的开发与应用。2018 年起，中国石化燕山分公司面临环保压力大、需要停焦限焦的问题，为实现炼油清洁化，设计采用减压渣油-溶剂脱沥青-脱沥青油渣油加氢-脱油沥青气化组合工艺替代现有的减压渣油-延迟焦化组合工艺。采用石科院开发的一段正戊烷脱沥青技术，由石科院与中国石化工程建设有限公司合作完成工艺包，建造一套200万吨/年溶剂脱沥青装置，目标脱沥青油收率为80%，工业装置建成投产后的脱沥青油收率不低于75%。燕山分公司这套200万吨/年正戊烷溶剂脱沥青装置建成投产后，不仅提高溶剂脱沥青装置的加工能力，而且使溶脱装置在重油加工过程中的作用凸现。

（四）溶剂脱沥青与其他技术组合

减压渣油中的重金属及沥青质的存在大大缩短了装置的开工周期和催化剂寿命，从而影响重油加工装置的经济效益。采用溶剂脱沥青对减压渣油进行预处理，选择性脱除减压渣油中的重金属及沥青质等杂质，使脱沥青油成为很好的加氢处理的进料，加氢尾油进催化裂化，达到延长催化剂的使用寿命和装置开工周期的目的。

溶剂脱沥青能对劣质渣油进行预处理，但不是渣油处理的最终手段，其产品需进一步加工处理。因此如何对溶剂脱沥青产品尤其是脱油沥青进行合理的后续加工处理，对发挥溶剂脱沥青装置的作用、提高企业的经济效益具有普遍意义。DOA可以作为沥青产品或其调合组分，也有企业将DOA作为延迟焦化原料，但是随着高硫劣质原油加工量的提高，DOA质量变差，不能生产高品质沥青，因此DOA作为沥青产品的出路受到限制；而高软化点的DOA作为延迟焦化原料则导致延迟焦化生焦率高，且多为低品质石油焦，严重影响企业效益。从20世纪90年代后，全转化、零渣油排放的重油加工方案的研究日渐受到重视，气化过程被视为现代化大型炼油厂的一部分。将DOA作为造气原料，与气化循环装置（IGCC）联合，所产生的合成气用于发电、发生蒸汽或制氢，是一种实现炼油厂不产渣油、投资最少、投资回收期最短的渣油加工方案。并且脱油沥青是以液态进入IGCC装置，因此IGCC装置占地面积小、连续运转可靠性高[17~20]。

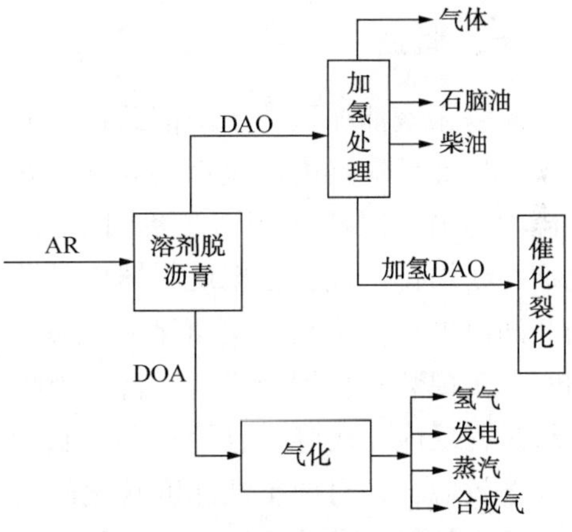

图4-25　溶剂脱沥青-加氢处理-催化裂化组合工艺示意图

溶剂脱沥青-加氢-催化裂化-造气组合工艺的示意流程图见图4-25。石科院分别以沙轻减压渣油或脱沥青油为原料进行加氢处理，沙轻减压渣油和脱沥青油的性质数据及进行加氢处理的工艺条件和产物性质分析数据同时列于表4-27。由表中的数据可以看出，通过溶剂脱沥青工艺（SDA）除去渣油中的沥青质、重金属镍和钒，得到高收率脱沥青油（DAO收率为85%），因此DAO加氢处理装置操作条件比渣油加氢缓和很多，氢分压可降到8~10MPa，进料空速比渣油加氢装置高1倍以上，装置投资可大幅度降低。此外，由于DAO中金属含量降低，使加氢催化剂寿命延长，再加上氢耗量低，因此DAO加氢处理装置的操作费用比渣油加氢装置低很多。稳定性试验结果表明，加氢催化剂失活速度较低，可以保证工业装置运转2年。DAO经过加氢处理后，>350℃加氢产品油硫含量降到了0.3%，残炭降到1.7%，金属（Ni+V）只有2μg/g。加氢DAO进行催化裂化能进一步提高轻质油收率。

表 4-27 减压渣油与 DAO 加氢处理数据对比

原料油	沙轻减渣	加氢气体及产品性质	沙轻 DAO	收率 85%
H_2 压力/MPa	—	16.0	—	8.0
$LHSV/h^{-1}$	—	0.20	—	0.50
反应温度/℃	—	390	—	390
密度(20℃)/(g/cm^3)	1.0010	0.9370	0.9794	0.9336
残炭/%	18.7	6.3	11.5	4.4
硫含量/%	4.0	0.3	3.5	0.3
镍+钒/(μg/g)	93	8	20	<2
C_7 不溶物/%	6.8	1.0	<0.05	0.0

2004 年，由九江石化、石科院和宁波工程公司共同参与开发的溶剂脱沥青-脱油沥青气化-脱沥青油催化组合工艺获得工业应用，进气化装置的脱油沥青的软化点提高到 80℃以上，经过近 2 年的平稳运行，又将进气化的脱油沥青的软化点提高到 100℃以上。

第三节 沸腾床加氢裂化

一、概述

沸腾床渣油加氢技术是借助自下而上流动的原料油和氢气使催化剂床层膨胀并呈沸腾状态，保证反应器内反应物料与催化剂之间良好接触，从而有利于传热和传质，使反应器内温度均匀，压降恒定[21]。不同于固定床渣油加氢技术，沸腾床渣油加氢技术可以设置催化剂在线加排系统，根据反应器内催化剂的失活情况及目标产品要求，在线添加新鲜催化剂及卸出失活催化剂，从而保证反应器内催化剂的整体活性稳定，在保证产品性质稳定的同时，实现装置长周期稳定运行。沸腾床渣油加氢技术具有原料适应性强、轻质油收率高、运行过程反应器压降小且运行周期长等优点，有助于提高企业劣质渣油加工能力、提升企业经济效益，是目前重油深度转化的重要手段。

国内外对于沸腾床渣油加氢技术的研发均始于 20 世纪 60 年代，自诞生以来该技术在工艺、催化剂、工程、材料设备以及工业运行等方面取得了长足进步，技术安全性及可靠性大幅提高，企业对技术的接受度逐年提高。尤其是近些年，随着原油重质化及劣质化趋势加剧，沸腾床渣油加氢技术在世界范围内得到快速发展，尤其是国内相继建设多套百万吨级工业装置[22~25]。

根据反应器内物料膨胀或沸腾的动力来源不同，沸腾床渣油加氢技术可以分为两大类。一类以国外的 H-Oil 技术(见图 4-26)和 LC-Fining 技术(见图 4-27)为代表，该类技术通过在反应器底部(具体又分为放置在反应器内部和外部两种)设置高温高压循环油泵，通过大循环比操作实现沸腾床反应器内催化剂膨胀[26~28]；另一类以大连院牵头开发的 STRONG 沸腾床技术(见图 4-28)为代表，该类技术无需外设动力源，通过特殊的反应器结构，依靠气液进料携带实现催化剂在反应器内的沸腾。两类技术除了物料沸腾的动力源不同外，在催化剂及反应器内构件设置方面也存在很大不同：STRONG 沸腾床加氢技术在反应器内部设置了三相分离器，通过改变流体运动方向及借助液固密度差实现反应器内气、液、固三相分离[29]。国外沸腾床反应器内部设置循环杯等内构件，为避免催化剂跑损，设置核料位计对物料进行严密监控。相比国外沸腾床技术，国内 STRONG 沸腾床取消核料位计和高温高压循环泵，可以降低设备投资，反应器空间利用率得以提高。

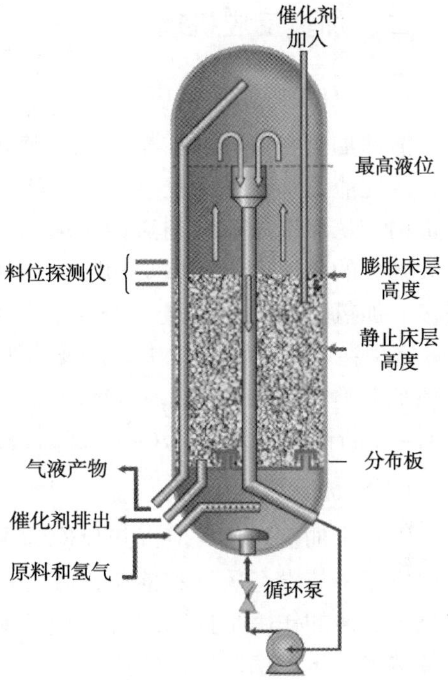

图 4-26　H-Oil 沸腾床反应器示意图

采用国内开发的STRONG 沸腾床技术于 2014 年在中国石化金陵分公司建成一套加工能力为 5 万吨/年的工业示范装置，2015 年一次开车成功，开工以来运行平稳，验证了国产沸腾床渣油加氢技术设计理念的正确性及可行性，为指导国产沸腾床技术百万吨级工业装置设计及建设积累了丰富经验。采用该技术在陕西精益化工有限公司建设的 50 万吨/年的沸腾床劣质煤焦油加氢装置应用于 2020 年 7 月一次开车成功，标志着我国具有自主知识产权的沸腾床加氢技术开始工业化。

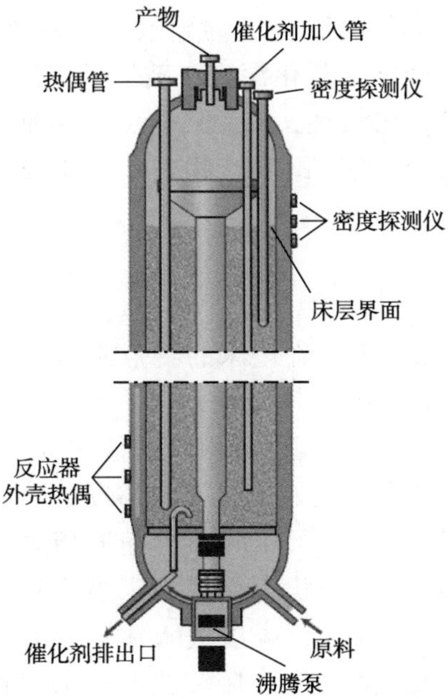

图 4-27　LC-Fining 沸腾床反应器示意图

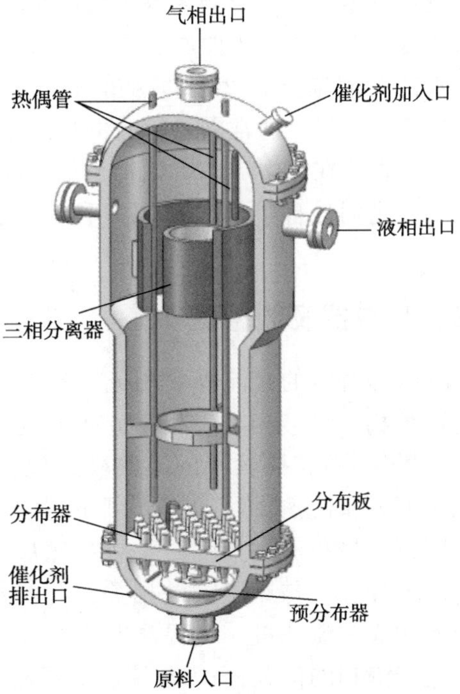

图 4-28　STRONG 沸腾床反应器示意图

二、加氢反应机理

（一）加氢脱杂质反应

渣油加氢与馏分油加氢不同，渣油中含有镍、钒、铁、钙等金属，还含有硫、氮等杂质，因此渣油加氢更为复杂。由于沸腾床催化剂粒度较小，大量金属沉积在催化剂表面和孔道内，从而造成催化剂活性衰减。渣油中的硫主要分布在芳烃、胶质和沥青质中，其中绝大部分的硫以五元环噻吩和噻吩衍生物的形式存在，因此渣油加氢脱硫比馏分油要困难得多。加氢脱硫反应为催化反应，与催化剂活性和氢分压密切相关。渣油中的氮大约有80%富集在胶质和沥青质中。胶质、沥青质中的氮绝大部分以环状结构(五元环吡咯类或六元环吡啶类的杂环)存在。加氢脱氮反应先进行加氢饱和，然后发生 C—N 键的氢解反应，而 C—N 断键所需能量较 C—S 键高很多，因此加氢脱氮比加氢脱硫更困难。

（二）加氢裂化反应

沸腾床加氢裂化反应以热反应为主，大部分反应是按照 C—C 键的热裂化反应进行的，其反应速率与没有氢气和催化剂存在的纯热裂化反应的速率是同一个数量级的。氢分压和催化剂活性的作用是抑制缩合反应，避免生成高度不饱和的化合物。缩合反应会导致工艺设备结焦和生成稳定性差的产品。

（三）生焦反应

渣油加氢裂化过程中，由于反应温度较高，渣油热裂化明显，从而会发生一定的缩合生焦反应。焦炭沉积在催化剂表面，会造成催化剂中毒与失活，带出反应器可能会使下游管线或设备发生堵塞，影响装置的正常运转及未转化渣油的稳定性。

沸腾床装置生焦的主要原因：①反应器超温，主要是由于冷却介质缺少和反应物料在反应器停留时间增加。②温度分布不均衡，由于反应器内混合不均导致局部温度升高。③高转化率下操作，通常需要较高的反应温度，高温会加剧裂化深度，破坏了渣油体系的稳定性，沥青质在油中形成沉淀物析出。④低催化剂加氢活性，高温产生大量不饱和化合物超出了催化剂处理能力，加氢饱和反应受到抑制，导致不饱和产物的聚合生成焦炭前驱物。

三、反应器及流态化

沸腾床是特殊的气液固三相流化床，其主要区别于常规流化床的特点是液体是沸腾床中的连续相，且液相与气相并流向上流动。根据体系的不同(液相密度、黏度，固相密度、颗粒形貌等)，沸腾床的操作模式包含膨胀床和流化床：当液相表观流速 u_L 等于最小流化速度 u_{mf}时，沸腾床处于膨胀床模式，颗粒分布均匀且处于可有限移动的状态；当流动速度超过最小流化速度时，颗粒床层进一步膨胀，且床层压降不再随液相表观流速的提高而增加、仅与床层重量相关，此时颗粒处于自由移动状态，固相床层达到流化状态；当液相表观流速进一步提高时固相流化状态进一步提升，床层进入输送状态，此时固相可随着液相的流动而运动[30]，直至带出反应器。工业化沸腾床装置普遍采用膨胀床模式操作。气液固流态化过程如图 4-29 所示。

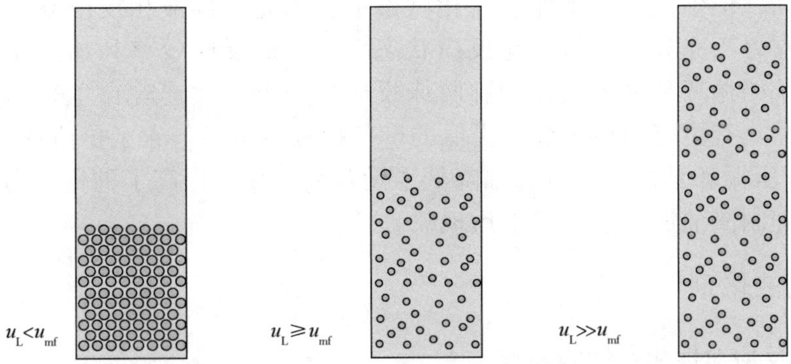

图 4-29 气液固流态化过程

在沸腾床中，由于液相与气相的并流流动，液相的黏度和密度越高，对一定形貌、密度的颗粒的流化、输送作用越强；反之，在一定气液体系内，颗粒越大、球形度越低、密度越高，则其达到流化或输送模式所需要的表观液速也越高。虽然沸腾床中液相占据主导作用，但气体的流动也十分重要。通常气相可以建立更均一的颗粒分布，或在初始流化过程中起到松动床层等作用；但气相与固相对于反应器的尺寸较为敏感，反应器直径偏小会导致沸腾床处于多种流化模式的过渡状态，或出现气泡柱塞流等极端情况。相比于固定床体系，采用沸腾床流动形式的反应器虽然在反应深度上无法与近似平推流的固定床反应器相比，但其核心优势在于较高的宏观混合能力，通过大量的轴向扩散使气液固多相反应物可以充分混合，达到混合流动形式(全混流与平推流)反应器的效果。沸腾床较高的混合能力使其可以处理高放热、液固相传质阻力较高、催化剂需要频繁更换的体系。

沸腾床反应器在设计过程中，必须充分利用气液固三相流态化过程的特性，同时通过内构件及反应器结构保证传质、反应过程平稳进行。大连院开发的原位自持流化沸腾床反应器通过内构件强化流化及气液固分离，促进了内部流动，从而使固相催化剂颗粒可以仅在原料气液作用下直接达到流化状态，因此可以无需使用工况条件苛刻的循环泵[31]，如图 4-30 所示。在原位自持流化沸腾床反应器中，反应器结构主要分为反应段和三相分离段两部分。反应段为直筒，通过内构件促进混合；催化剂颗粒在气液推动下快速流动上升至三相分离段，通过三相分离器的作用分别分离气相和固相，其中气相从顶部气相出口排出，固相向下流动返回反应段进行循环，而液相从侧面出口流出。渣油原料油和氢气首先进入底部的初分布器，通过分布板分散至反应器内。

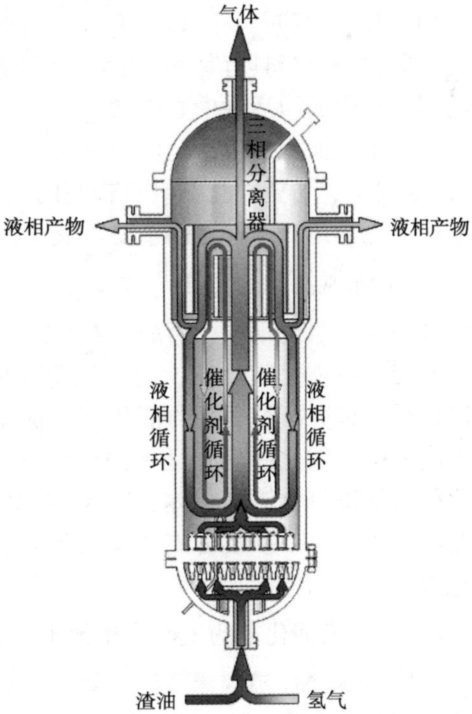

图 4-30 原位自持流化沸腾床反应器示意图

原位自持流化沸腾床反应器具有气液界面，

顶部为气相空间，但催化剂处于完全流化状态下，因此全部液相反应空间内都有催化剂存在，使反应器处于充分的加氢催化反应状态下，因此反应效率和加氢反应产物性质较好。相比于传统的循环泵促进流化的沸腾床反应器类型，大连院自主研发的原位自持流化沸腾床反应器具有更好的稳定性、更低的设备投资，不但节省了价值数亿元(百万吨级装置)的高温高压循环泵投资，也大幅降低了设备复杂度，提高了催化剂与反应物的接触时间，有效地抑制渣油加氢过程的生焦现象。

四、加氢催化剂

（一）加氢反应对催化剂性能要求

沸腾床反应器应具有良好的动力学平衡，以维持催化剂床层膨胀和流化均匀性，达到催化加氢反应平衡[32]。这就要求催化剂应具有某些特殊的理化性质，归纳如下。

（1）催化剂颗粒大小及分布　颗粒流化性质是与颗粒大小及分布相对应的，催化剂颗粒分布应控制在合理范围，通常要求颗粒尺寸要小于 1mm，以利于在反应器内保持流化状态[33,34]。

（2）催化剂密度　反应器床层沸腾状态与催化剂密度有一定关系，应当与某一膨胀率下的液体流量相平衡。

（3）机械强度　在沸腾床反应器中，催化剂要承受比较苛刻的流化条件，如摩擦和碰撞。因此要求催化剂具有良好的压碎强度和耐磨损强度，以保证运转中催化剂颗粒的完整性及粒度分布的稳定性。

（4）孔体积和孔径分布　大分子渣油的催化加氢反应是扩散限制反应。处理大分子反应物，催化剂应当具有足够大的孔容和适宜的孔径分布，以使反应物分子能够进入到催化剂内部，与内表面活性中心接触。

（5）比表面积　对于任何催化反应，在不影响催化剂的其他性质(如孔径分布和机械强度)的前提下，希望催化剂具有较高的比表面。

（6）化学组分　催化剂主要以氧化铝为载体，MoNi 或 MoCo 为活性组分。

（二）加氢催化剂特征

沸腾床加氢过程中，当加工方案需要调整时，如加工不同的原料或改变装置反应性能，只需改变所用催化剂类型，而装置不必停工。根据沸腾床渣油加氢技术特点和加工方案，可以设计一种或两种类型的催化剂。催化剂外观形状为球形或圆柱条形，粒径较小，且堆积密度适中。催化剂具有良好的压碎强度和耐磨损强度、较大的孔容和适宜的孔径分布。催化剂通常以氧化铝为载体，MoNi 或 MoCo 为活性组分[35~37]。其中国外 AXENS 的 H-Oil 工艺和 CLG 的 LC-Fining 工艺采用条形催化剂，中国石化开发的 STRONG 工艺采用微球型催化剂。

（三）加氢催化剂的工业应用效果

根据 STRONG 沸腾床渣油加氢工艺技术特点，国内开发了微球催化剂制备技术，解决了现有制备技术存在的难点，该工艺流程简便，生产效率和产品收率高，产品耐磨损性能良好。在此基础上，针对渣油加氢过程，设计开发两种类型的微球催化剂：脱金属催化剂和脱硫及转化催化剂。两种催化剂可以在沸腾床加氢工艺中配套使用，一反为加氢脱金属功能反应器，装填加氢活性较低的脱金属催化剂，脱除原料中大部分金属，同时使沥青质选择性转化，对脱硫及转化催化剂起到很好的保护作用；二反为加氢脱硫及转化功能反应器，装填高活性催化剂，进行深度加氢脱硫及转化，两种催化剂匹配使用减少了沉积物的生成，在提高整个工艺的反应性能的同时，改善了沸腾床装置操作性能。

大连院开发的两种类型微球型沸腾床渣油加氢催化剂，在5万吨/年示范装置工业试验过程中，采用双催化剂反应体系(FEM-10和FES-30)，以确保稳定运转和反应性能，并减少催化剂的消耗量，有利于降低操作成本。以减压渣油(科威特与巴士拉混合减压渣油)为原料在STRONG示范装置进行工业试验，原料性质：密度(20℃)为1.0360g/cm^3，100℃的黏度为3063mm^2/s，硫含量5.70%，残炭含量为23.58%，金属(镍+钒)含量236.5μg/g。在540℃$^+$渣油转化率为75.6%的操作条件下，加氢生成油性质：硫含量为0.40%，HDS率为93.6%；康氏残炭为4.91%，HDCCR率为80.9%，金属(镍+钒)含量为6.98μg/g，金属脱除率为97.3%。

对示范装置运转后的微球型沸腾床催化剂进行处理后表征，如图4-31和图4-32所示。结果表明：杂质在催化剂整个颗粒上分布均匀，没有堵塞孔口，有利于延缓催化剂失活，提高催化剂的利用率。运转后催化剂颗粒完整，粒度分布没有太大变化，生成油中也没有检测到催化剂活性成分Mo，说明催化剂具有良好的机械稳定性，即压碎强度和耐磨损强度高，能够满足工业装置使用要求。

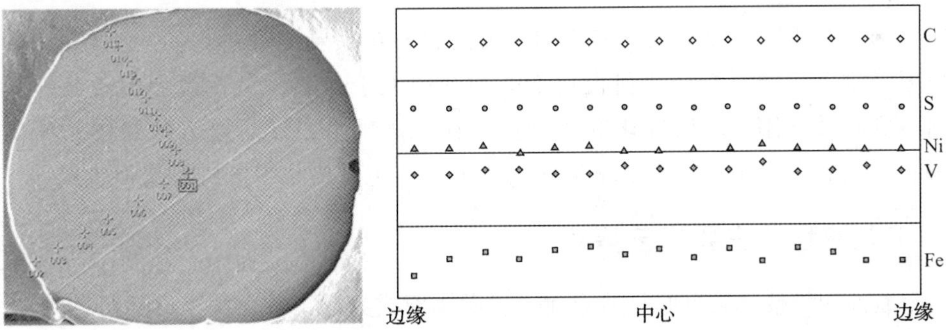

图4-31　运转后催化剂金属分布

目前，国内已引进四套沸腾床加氢装置。其中三套为沸腾床渣油加氢装置，采用H-Oil工艺技术，还有一套为神华煤直接液化工业装置中的煤液化油沸腾床加氢稳定装置，采用T-Star工艺技术。

针对煤液化油沸腾床加氢，大连院开发了高性能的FFT-1系列催化剂。该催化剂具有高芳烃部分饱和性能，可显著改善供氢溶剂的供氢性能和对煤粉的溶解能力；与国外参比剂相比在线添加量降低一半，且活性稳定性较高；该催化剂机械强度优于国外催化剂。该催化剂已应用于该装置第二周期和第三周期，取得了满意的应用效果[38]，为装置高负荷运转时带来显著的经济效益。针对沸腾床渣油加氢装置，国内还开发了条形沸腾床渣油加氢催化剂(FET-10)，催化剂具有较高的加氢性能和耐磨性能，性能优于同类技术。

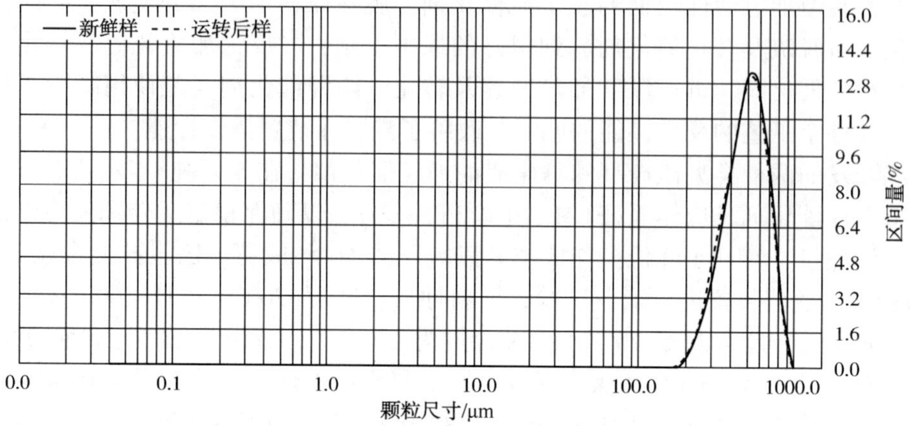

图 4-32　运转前后催化剂粒度变化

（四）外排催化剂处理技术

沸腾床的显著特征是能够实现在线加排催化剂，外排催化剂的颗粒表面和内部孔洞中会吸附大量的石油类污染物，现有的湿法洗涤、萃取等除油手段能耗高，运行成本高，且对催化剂孔隙中油脱除不彻底。外排催化剂颗粒中约有 50%催化剂颗粒活性大于平衡活性，如果不对催化剂进行处理分选，不仅会造成石油和催化剂资源的大量浪费，而且还会造成严重的环境污染。

大连院与华东理工大学开发了具有自主知识产权的旋流除油-加速度分选技术，能有效处理沸腾床外排催化剂[39,40]。外排催化剂的脱油率大于 90%，分选效率大于 80%，使高活性催化剂得到有效利用，降低催化剂的剂耗。在此基础上，针对百万吨级沸腾床渣油加氢装置，编制了 15t/d 外排催化剂处理及分选技术工艺包，为技术的推广提供支持。

五、工艺流程及主要工艺参数

沸腾床渣油加氢技术具有原料适应性强、操作模式灵活、转化深度灵活可控等诸多优点，可以与多种现有工艺形成组合技术，实现重油最大深度转化或满足目标产品需求变化要求。近些年，随着炼油结构转型及产品需求调整，如压减高硫焦、生产硫含量小于 0.5%的低硫船用燃料油等，基于沸腾床加氢技术的组合技术研发呈现愈加活跃的态势。

（一）沸腾床加氢工艺及组合技术研发

国内外沸腾床加氢技术设计理念不同，在催化剂研制、级配方面存在较大差异，但在反应工艺流程设置方面大同小异。国产沸腾床加氢工艺原则流程为：氢气与渣油原料经换热、加热炉加热后在反应器前的入口管线混合，形成气液混合物以上进料方式从反应器底部进入反应器，在反应器内氢气、原料及催化剂呈全返混状态，并进行加氢反应，反应产物经反应器顶部的三相分离进行分离，分离出的气体由气相出口排出，液相产物由液相抽出口抽出，催化剂返回反应区。从反应器出来的液相产物经高低压分离器和常减压蒸馏得到石脑油、中间馏分油、减压瓦斯油和加氢改质的减压渣油，气相产物经热高压分离器、冷高压分离器及循环氢脱硫塔脱硫处理后循环使用，如图 4-33 所示。

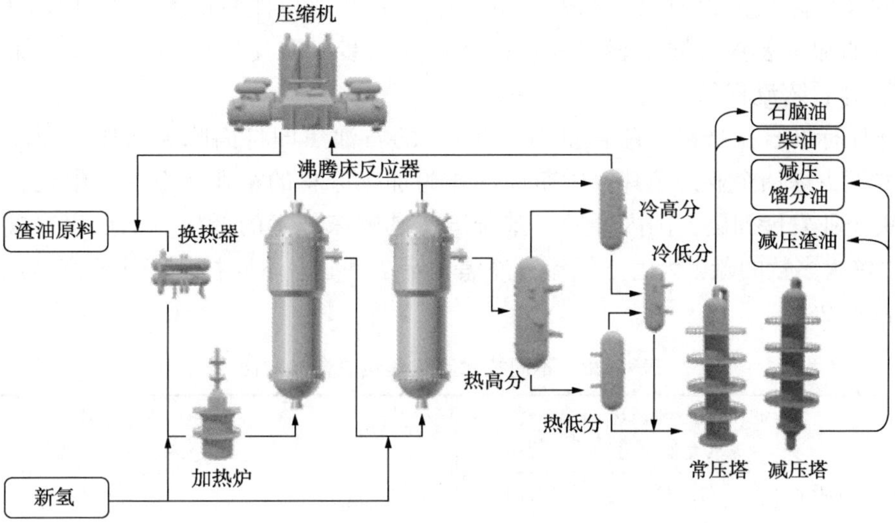

图 4-33　沸腾床加氢工艺流程示意图

国外沸腾床反应器为防止催化剂跑损，需严格控制催化剂膨胀高度，工业设计时需要设置核料位计，用于监控反应器内催化剂的膨胀高度，并通过调整塔底沸腾泵的转速对催化剂膨胀高度进行调节。

为实现渣油深度转化，沸腾床加氢技术还普遍采用控制单程转化率，采取部分尾油循环的模式来提高整体转化效果，但鉴于沸腾床加氢尾油中存在一定量的甲苯不溶物等易结焦物质，在实际操作时对尾油过滤处理后再加以循环，以最大限度降低结焦倾向。为实现对渣油加氢体系稳定性的检测分析，大连院采用斑点试验、渣油四组分比值及不稳定性参数法对体系的稳定性进行了研究[41]，形成了一套预测加氢体系稳定性变化的检测方法，对于工业装置稳定运行具有一定指导意义。

沸腾床加氢技术作为重劣质渣油深度转化、提高石油资源利用率的重要加工技术，经过 50 余年的不断发展与完善，其技术成熟性及可靠性得到不断提升。为配合企业转型结构调整，基于沸腾床加氢技术在国内衍生出了众多组合加氢技术。为提高企业减压渣油加工能力及延长固定床渣油加氢装置运行周期，大连院开发了复合床(SiRUT)渣油加氢技术。复合床渣油加氢技术中沸腾床反应器承担原料预处理功能，脱除劣质原料中绝大多数的金属，部分硫及残炭，实现重质组分的部分轻质化；后续固定床反应器承担原料的深度脱杂质功能，对沸腾床生成油中的硫、氮、金属、沥青质等杂质进一步脱除。复合床技术利用不同反应器型式的优点，最大限度地提高劣质原料加工能力及延长渣油加氢装置运行周期。为满足企业多产化工原料的需求，开发了沸腾床加氢与馏分油加氢裂化组合技术，沸腾床加氢柴油和加氢蜡油分别或者混合直接作为下游加氢裂化装置原料，用于生产石脑油、喷气燃料等化工原料或轻质油品；沸腾床加氢未转化油作为延迟焦化装置或溶剂脱沥青装置进料，进一步获取轻质油，重油整体转化率达到 90%以上；

此外，沸腾床未转化油还可以作为优质的制氢原料。除用于多产化工原料外，沸腾床加氢技术还可以与催化裂化技术组合用于多产轻质油，降低企业柴汽比。沸腾床渣油加氢+催化裂化的技术路线流程简单，原料适应性强。尤其值得注意的是，新开发的组合技术可以实现渣油加氢装置与催化裂化装置运行周期同步，避免传统固定床渣油加氢装置频繁停工卸剂对后续流程的影响。

随着环保标准日益严格，硫含量高于 3.0%的石油焦即将面临无法作为商品出售的限制，而国内不少炼油企业，尤其以中东原油作为加工原料的企业，石油焦中硫含量普遍偏高，为解决企业发展问题，国内开发了基于国产沸腾床技术的低硫石油焦生产技术，可以脱除渣油中绝大多数的硫，为生产低硫石油焦奠定了基础。不同技术路线所产石油焦硫含量数据参见表 4-28。

表 4-28　不同技术路线焦炭硫含量对比

项　　目	减压渣油+沸腾床+未转化油焦化	减压渣油+焦化	项　　目	减压渣油+沸腾床+未转化油焦化	减压渣油+焦化
密度(20℃)/(g/cm^3)	1.033	1.043	焦化产品		
硫含量/%	0.85	5.10	焦炭收率/%	33.78	31.11
残炭/%	24.30	22.55			
金属含量/(μg/g)	46.14	214.20	焦炭硫含量/%	1.48	7.37

由表 4-28 可见，硫含量为 5.10%的减压渣油直接进延迟焦化所产的石油焦硫含量达到 7.37%，而经沸腾床加氢转化后，沸腾床加氢未转化油再经延迟焦化处理，石油焦硫含量降至 1.48%，满足低硫石油焦的指标要求，石油焦等级达到了 2B 级别，具备一定的经济性。由此可以看出，沸腾床加氢技术可以有效地解决企业高硫石油焦的问题。

表 4-29 列出了沸腾床加氢与焦化组合工艺和延迟焦化的收率对比，相比于延迟焦化，组合工艺液体收率提高近 25%，达到 83%，同时能够副产 8%的高品质低硫石油焦，该组合工艺能够提高资源的综合利用率，实现炼油企业提质增效的目的。

表 4-29　沸腾床加氢与焦化组合工艺和延迟焦化的收率对比

项　　目	减压渣油+沸腾床+未转化油焦化	减压渣油+焦化	项　　目	减压渣油+沸腾床+未转化油焦化	减压渣油+焦化
干气收率/%	3.32	5.91	CGO 收率/%	30.16	21.84
液化气收率/%	4.88	3.57	C_{5+}总液收/%	83.69	57.94
石脑油收率/%	15.13	16.12			
柴油收率/%	38.40	19.98	焦炭收率/%	8.11	32.58

沸腾床加氢技术除与上文所述的现有工艺进行组合外，还可以作为低成本、大规模生产低硫船用燃料油的技术手段。以硫含量 4.0%~6.0%的减压渣油为原料，采用国产沸腾床脱硫催化剂，沸腾床加氢脱硫后的加氢重油(350℃$^+$)硫含量可小于 0.5%，直接作为低硫重质船用燃料油或调合组分；加氢重油(540℃$^+$)硫含量可降至 0.6%~0.8%，与净化催化裂化油浆(脱固、脱硫处理后)和/或加氢 LCO 调合可生产低硫重质船燃。

沸腾床加氢生产低硫船燃典型调合配方如表 4-30 所示。

表 4-30　沸腾床加氢生产低硫船燃典型调合配方

项　目	未转化油	净化油浆	加氢 LCO	产品 180
比例/%	57	25	18	100
运动黏度(50℃)/(mm^2/s)	—	80	1.5	152
密度(20℃)/(g/cm^3)	1.010	0.980	0.860	0.983
硫含量/%	0.68	0.30	0.01	0.47
CCAI	874	862	843	846

(二) 主要工艺参数

沸腾床加氢技术作为典型的劣质渣油深加工加氢技术，其反应过程同样受到传统渣油加氢过程操作参数的影响，如反应温度、氢分压、体积空速、氢油体积比等。

1. 反应温度

反应温度是影响沸腾床渣油加氢转化率的主要参数，沸腾床渣油加氢属于加氢热裂化反应，反应过程中的转化率主要通过热裂化来贡献。反应温度高低直接影响转化深度，实际操作过程除注重转化深度外，还需要关注因反应温度提高而带来的结焦问题。从实验室研究及工业运行装置的实际操作数值来看，沸腾床反应器内的操作温度介于 420~440℃。从动力学角度而言，提高反应温度有助于提高反应速率，尤其有助于氮等杂质的脱除；但过高的反应温度不利于稠环芳烃饱和，反而会加快脱氢，造成缩合生焦。

2. 操作压力

操作压力是影响沸腾床加氢反应效果另一重要因素，严格意义而言，操作压力中的氢分压是影响加氢效果的主要因素。沸腾床加氢反应中涉及硫、氮、金属等杂质脱除及芳烃加氢饱和等过程，较高的氢分压一方面有助于脱硫及抑制稠环芳烃在催化剂表面的缩合生焦，工业装置为保证反应过程中有足够的氢分压通常采取排废氢等措施。另一方面，氢分压(操作压力)提高意味着反应器等设备压力等级提高，因而设备投资的升高，因此，在装置设计时需要平衡设备压力等级及加氢反应效果之间的关系。目前沸腾床工业装置的压力等级普遍在 16~20MPa。

3. 氢油体积比

不同于传统固定床渣油加氢过程中氢油体积比的作用定位，沸腾床加氢反应过程中的氢油体积比的设置一方面提供沸腾床加氢反应所需的氢耗，另一方面，还提供反应器内液固流化所需的动力。通常沸腾床氢油体积比设置在 300~1000。

4. 体积空速

与反应温度类似，体积空速是影响沸腾床加氢效果的另一重要因素。体积空速直接决定反应物在反应器内的停留时间，在反应温度相同的情况下，体积空速越小，对应停留时间越长，反应越彻底，杂质脱除率及转化率越高；反之，杂质脱除率及转化率相对较低。此外，体积空速设置还直接影响装置的处理能力。

5. 国外沸腾床技术在国内运行数据

截至 2020 年，国内炼油厂采用国外技术新建 3 套沸腾床渣油加氢裂化装置，其中 1 套位于宁波，规模为260万吨/年，2套位于大连，规模均为320万吨/年。目前均已实现工业运转，装置整体效果良好，初步达到预期目标，但仍存在部分工程问题有待完善。目前装置以中东减压渣油为主要原料，设计最高转化率为85%，主要产品为石脑油、柴油馏分、蜡油馏分和未转化油。石脑油作为乙烯或重整原料，柴油馏分加氢后生产车用柴油或作为加氢裂化原料，蜡油馏分作为催化裂化原料或加氢裂化原料，未转化油作为催化裂化原料、延迟焦化原料或低硫船用燃料油。国内某企业沸腾床渣油加氢装置操作数据如表4-31和表4-32所示。

表4-31　引进沸腾床减压渣油原料性质

项　目	数　据	项　目	数　据
密度(20℃)/(g/cm^3)	1.035	沥青质含量/%	11.76
黏度(100℃)/(mm^2/s)	9800	>540℃收率/%	92.5
硫含量/%	5.36	金属含量/(μg/g)	
氮含量/(μg/g)	3028	镍	65.4
残炭/%	23.12	钒	169.3

表4-32　引进沸腾床渣油加氢裂化装置主要操作条件

项　目	数　据	项　目	数　据
第一反应器入口氢分压/MPa	18.0	第二反应器平均温度/℃	437
第一反应器平均温度/℃	431	体积空速/h^{-1}	0.30
第二反应器入口氢分压/MPa	17.5	氢油比/(Nm^3/Sm^3)	650

（三）原料及产品性质

沸腾床加氢技术的显著优势之一是原料适应性强，通过催化剂在线加排系统设置，灵活调整反应器内催化剂种类及活性，可以加工目前企业遇到的各种劣质原料，从加拿大的油砂沥青到中东的常减压渣油，包括国内的煤焦油、催化裂化油浆、煤液化油等各种劣质资源。中国石化开发的STRONG沸腾床渣油加氢技术所加工的典型渣油原料、装置操作条件及加氢生成油性质参见表4-33~表4-36。

表4-33　沸腾床原料性质

项　目	数　据	项　目	数　据
密度(20℃)/(g/cm^3)	1.032	沥青质含量/%	14.32
黏度(100℃)(mm^2/s)	12000	>540℃收率/%	94.8
硫含量/%	5.36	金属含量/(μg/g)	
氮含量/(μg/g)	4566	镍	56.4
残炭/%	23.06	钒	145

表4-34　典型沸腾床产品分布及化学氢耗

产品分布/%	数　据	产品分布/%	数　据
H_2S+NH_3	5.64	350~540℃	29.26
C_1~C_4	5.18	>540℃	22.33
C_5~180℃	9.61	C_{5+}液体收率	91.46
180~350℃	30.26	化学氢耗	2.28

表 4-35　典型工艺条件及脱除率

项　　目	数　据	项　　目	数　据
工艺条件		脱除率及转化率/%	
		HDS	93.6
反应压力①/MPa	17.0	HDN	47.6
第一/第二反应器平均温度/℃	420/425	HDCCR	78.1
		HD(Ni+V)	96.4
体积空速②/h^{-1}	0.18	HDC(540℃$^+$)	76.4

①氢分压；②对反应器空速。

表 4-36　沸腾床加氢生成油性质

项　　目	石脑油	柴油	蜡油	未转化油
密度(20℃)/(g/cm^3)	0.7331	0.8532	0.9313	1.0100
硫含量/%	0.04	0.21	0.41	0.68
氮含量/(μg/g)	90	1112	2643	5776
残炭/%	—	—	0.02	23.74
金属含量/(μg/g)	—	—	<1.0	34.51

(四) 技术优势

沸腾床渣油加氢技术经过几十年的不断发展与完善，在工艺、催化剂、设备及工程技术方面日臻成熟完善，相比其他重油加工手段，沸腾床渣油加氢技术在原料适应性、轻质油收率及装置运转周期等方面的优势愈加明显。不同重油加工技术的特点见表 4-37。传统延迟焦化技术属于单纯热裂化反应，而沸腾床渣油加氢技术属于加氢热裂化反应，在提高渣油转化率的同时，还注重对热裂化组分的加氢饱和，及时终止自由基进一步裂解及缩合，避免小分子物质及重组分(焦炭)的生成。因此，相对延迟焦化技术，沸腾床渣油加氢技术的气体及重组分(焦炭)收率要明显低得多，对应的轻质油收率要高得多，同时由于催化剂及加氢反应存在，沸腾床加氢馏分油的性质要明显优于延迟焦化馏分油性质。相对固定床渣油加氢技术对原料性质的限制要求，沸腾床渣油加氢技术可以直接加工减压渣油，原料适应性大幅提高；悬浮床渣油加氢以临氢热裂化为主，在产品质量方面要差于沸腾床加氢馏分油。综合来看，沸腾床渣油加氢技术是一项过程清洁环保、轻质油收率高且质量好的劣质重油加工手段。

表 4-37　不同重油加工手段特点

工 艺 类 型	固定床	沸腾床	悬浮床(浆态床)	延迟焦化
原料	AR	VR	VR	VR
(镍+钒)含量/(μg/g)	<150	200~800	无限制	无限制
残炭含量/%	<15	20~40	无限制	无限制
主要反应	催化加氢	催化加氢与加氢热裂化	临氢热裂化	热裂化
转化率/%	20~40	40~90	>90	70~80

续表

工艺类型	固定床	沸腾床	悬浮床(浆态床)	延迟焦化
催化剂类型	Mo-Ni-Co/Al_2O_3	Mo-Ni-Co/Al_2O_3	分散性	
催化剂浓度	多	中等	少	无
产品质量	较好	稍差	差	差
运行周期	约12个月	连续运转	连续运转	连续运转
技术成熟性	成熟	成熟	开发中	成熟

为应对炼油结构转型和新型炼化一体化趋势，沸腾床渣油加氢技术可以根据企业需求，灵活地与加氢裂化、催化裂化、溶剂脱沥青和延迟焦化等技术优化组合，实现劣质渣油的高效转化，发挥其原料适应性好，操作灵活的优势，助推企业提质增效。随着沸腾床技术的不断发展成熟，除了应用于渣油加工领域外，也可广泛用于馏分油、煤焦油、非常规油品的加工等多相催化反应领域，尤其在处理强放热反应体系、复杂原料加工等方面具有显著优势。

第四节　渣油浆态床临氢热转化

一、概述

早在20世纪20年代中期德国就成功开发了液相加氢工艺，并建成了用煤炭液相加氢工艺生产军用运输燃料油的工业装置，这是最初的浆态床临氢热转化。第二次世界大战期间，德国用煤炭液化生产运输燃料油的年生产能力曾达到100多万吨。战后，由于天然原油的产量增加，煤制油工厂由于经济性原因，相继停产。但在德国和加拿大，考虑到重质原油和油砂沥青等资源的开发和应用，在煤液相加氢技术的基础上，开发了渣油浆态床临氢热转化工艺。

浆态床临氢热转化技术使用一种高度分散的细粉状或液体均相催化剂或添加剂(粒径为几微米或几纳米)，加入量很少。原料油和氢气混合进入反应器，在高温(400~480℃)和高压(10~20MPa)下进行临氢热解反应，重油转化率可达80%~95%。加氢生成油再经过加氢精制成为成品油或用作后续装置的原料。

浆态床临氢热转化工艺原料适应性很广，对原料的杂质含量几乎没有限制。劣质减压渣油、重质原油、油砂沥青、稠油等都可以作为浆态床临氢热转化的进料。

单程通过的浆态床临氢热转化工艺技术上是成熟的，像VCC、CANMET等工艺都建成了工业示范装置。尾渣循环的浆态床临氢热转化技术开发较晚，仍处于试验阶段，目前全世界仅有一套工业示范装置。由于国际原油价格起伏不定、价格偏低，加工重质原油及非常规能源的成本较高，经济效益差，无法与加工常规原油的炼油厂竞争，这是浆态床临氢热转化未建设大型工业装置的主要原因。我国在20世纪50年代开展煤焦油悬浮床液相加氢的试验研究工作。60年代由于常规原油产量增长而中断。进入90年代又恢复了此项研究工作，各研究单位及公司相继开发了各自的重油浆态床临氢热转化技术，国内外开发的渣油浆态床临氢热转化技术及研发时间如图4-34所示。

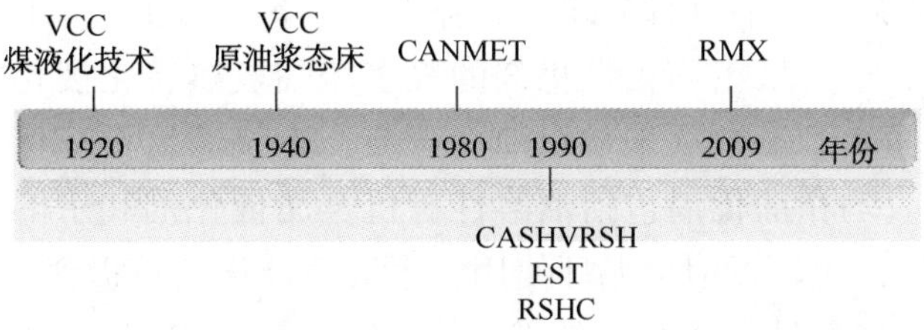

图 4-34　世界浆态床临氢热转化技术及研发时间

2013 年意大利 Eni 公司浆态床临氢热转化(EST)技术已成功实现工业应用，该过程渣油转化率高、外甩残渣少，产品绿色环保。展望未来重质原油及非常规石油资源的生产前景，浆态床临氢热转化技术是未来渣油高效加工技术，具有广阔的市场应用前景。

二、分散型催化剂

渣油浆态床临氢热转化是指渣油在临氢与充分分散的催化剂(和/或添加剂)共存条件下于高温、高压下发生热裂解与加氢反应的过程。催化剂或添加剂对于抑制过程生焦有重要作用，表 4-38 列出了浆态床临氢热转化工艺采用的分散型催化剂类型及对应的工艺技术。

表 4-38　浆态床临氢热转化工艺催化剂分类及特点

催化剂类型	固体粉末	水溶性	油溶性
典型工艺	VCC、CANMET、HDHPLUS、SOC、Uniflex 一代	LC-Slurry、RSHC、FRIPP	EST、Uniflex 二代、RMX
催化剂	煤粉+炼铝废料，硫酸亚铁+煤粉，含镍钒的天然矿物，钼与炭黑的混合物、纳米硫化铁	钼酸铵、水溶性钼+镍金属盐	有机钼金属化合物
催化剂添加量/(μg/g)	10000～30000	300～10000	约几百
催化剂是否循环	否	LC-slurry 循环，RSHC 和 FRIPP 不循环	循环

从表 4-38 可知，最早的浆态床临氢热转化技术大多采用固体粉末催化剂(和/或添加剂)，固体粉末催化剂(和/或添加剂)分散在原料油中，与氢气同时进入反应器，在高温、高压、临氢下反应后，固体催化剂(和/或添加剂)留在占反应总进料 5%～10%的未反应残渣中而废弃。此阶段所用催化剂活性低但价格低廉，用量一般占进料的百分之几，即注入浓度较高且不能循环使用。典型的代表工艺有 BP 公司的 VCC 工艺、加拿大矿产和能源技术中心的 CANMET 工艺、委内瑞拉石油公司的 HDHPLUS 工艺和 SOC 工艺等。其中 VCC 工艺采用的催化剂是一种含镍和铁的炼铝工业的废料或褐煤半焦粉末；CANMET 工艺所用的催化剂是硫酸亚铁和煤粉或石油焦的混合物；HDHPLUS 工艺所用的催化剂是一种质量分数为 4%～5%的钒和 1%的镍的天然矿物；SOC 工艺采用的是粒径为 1～200nm 的钼化合物和炭黑复合物颗粒。固体粉末催化剂具有成本低、工艺操作简单的优点；但该催化剂的缺点是用量大、尾油中含有大量固体颗粒(催化剂和焦炭)，处理困难易造成污染。此外，整个工艺体系中存在大量的固体颗粒，不仅容易磨损设备，还会对高含固体系的稳定操作带来不利影响。

20世纪80年代以后，随着环保要求的日益严格，希望减少含固体催化剂粉末的残渣处理量与降低处理难度，于是采用均相催化剂的浆态床临氢热转化裂化技术应运而生。均相催化剂活性高、注入量少，不必从未转化油中分离，不仅满足了环保要求，还解决了反应系统催化剂磨损问题。均相催化剂包括油溶性有机金属催化剂和水溶性催化剂两类，基本上是Mo、Ni基的，价格比较贵但可循环使用。水溶性催化剂是指含有加氢活性金属元素的无机酸盐(如硝酸镍、硝酸铁、硫酸亚铁等)，还包括杂多酸(如磷钼酸、磷钨酸、硅钼酸等)及其铵或碱金属盐(如钼酸铵、钼酸钠)等[42]。典型的代表工艺有Chevron公司的LC-Slurry工艺、中国石油大学的RSHC工艺。其中LC-Slurry工艺采用钼酸铵催化剂，而RSHC工艺则以水溶性钼、铁和镍等金属盐为催化剂。水溶性催化剂通过高强度剪切作用乳化分散在油相中，经过脱水后，与氢气进入反应器进行加氢裂化反应；因此，水溶性催化剂在原料油中的乳化过程直接决定着催化剂的分散程度，进而影响其加氢抑焦性能。

油溶性催化剂是指催化剂前驱体能够与原料油互溶，在反应过程中原位硫化生成催化活性中心金属硫化物，活化氢气以实现封闭大分子自由基抑制缩合以及促进渣油大分子定向加氢裂化反应；主要包括金属有机酸盐(环烷酸盐、脂肪酸盐、烷基取代的磷酸盐等)、金属有机配合物(羰基化合物、乙酰丙酮化合物和乙腈化合物)和金属季铵盐[43]，其中金属元素主要是指钼、铁、镍和钴等ⅣB、ⅤB、ⅥB、ⅦB和Ⅷ族的过渡金属。由于油溶性催化剂能与渣油和氢气充分接触，因而具有较高的加氢抑焦活性，是理想的浆态床渣油加氢催化剂。油溶性催化剂典型的代表工艺有Eni公司EST工艺、UOP公司Uniflex™二代工艺、中国石化RMX工艺。

相比于固体粉末催化剂和水溶性催化剂，油溶性催化剂在分散度和加氢抑焦性能方面具有明显的优势。首先，油溶性催化剂与原料油同属油相体系，成功地解决了体系的分散问题，分散工艺简单、能耗小；其次，该类催化剂在反应体系中更易硫化，形成活化氢能力强的硫化金属活性中心，具有加氢抑焦活性更高和用量小的特点。目前，油溶性催化剂成本较高，但仍将是未来分散型催化剂开发的主要方向，具有很大的应用前景。

三、生产工艺流程

目前，国内外典型的渣油浆态床临氢热转化工艺主要有两类，一类工艺流程简单、采用价格比较便宜的催化剂或添加剂，在较高的反应温度下进行渣油改质反应，是催化剂一次通过模式的渣油改质工艺，代表的工艺技术有VCC技术、CANMET技术、HDH-PLUS技术、Uniflex技术等；另一类是催化剂循环的浆态床临氢热转化工艺，该类工艺采用价格较高的钼系催化剂，催化剂添加量少，外甩残渣量少，代表的工艺技术有EST、LC-Slurry以及RMX技术。下面将选取中国延长石油集团引进的VCC技术、中国石化茂名分公司引进的EST技术作为两类典型技术代表，介绍渣油浆态床临氢热转化工艺特点。

（一）VCC技术

1. 工艺流程

Veba联合裂化工艺(简称VCC工艺)是基于煤液化技术和20世纪20年代加氢工艺的经

验开发成功的，VCC 工艺的原则流程如图 4-35 所示，该工艺流程包括渣油浆态床临氢热转化产物的固定床加氢精制处理，工艺的核心是渣油液相加氢反应器。

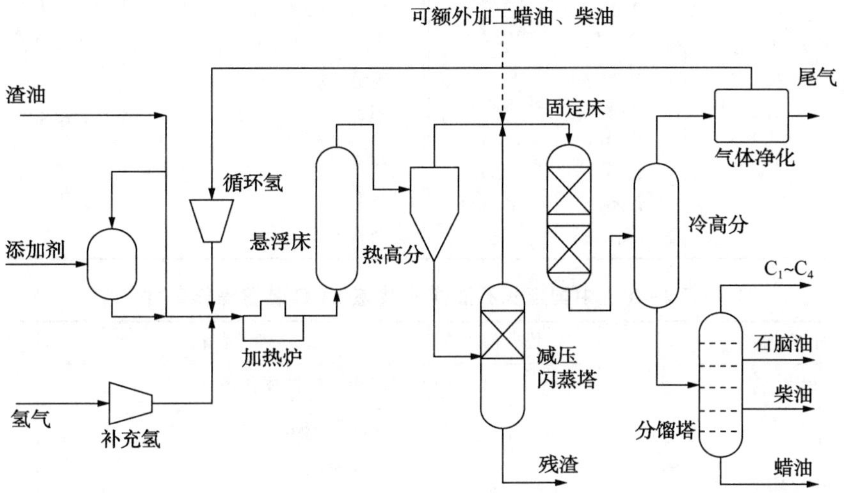

图 4-35　BP/KBR VCC 技术工艺流程示意图

VCC 联合裂化工艺的进料是常压重油或减压渣油。根据需要的转化率和原料的生焦倾向，向进料中一次性加入少量(≤2%)粉末添加剂，然后混有添加剂的原料油与循环氢、新鲜氢混合，经过换热及在加热炉中加热后进入液相加氢反应器。反应器为空桶反应器，操作条件为：反应温度为 430~470℃，反应压力为 12~30MPa，空速为 0.4~1.0h^{-1}。反应器出料进入热高压分离器(操作条件接近于浆态床反应器)，从顶部分出未冷凝的轻烃，从底部排出剩余的液体产品并送入汽提塔；在汽提塔中将挥发性组分从渣油中汽提出来，渣油可用作制氢原料或发电用燃料。热高压分离器顶部出来油气与汽提塔的油混合，进入固定床加氢精制反应器进行加氢精制。

2. VCC 装置原料和产品[44,45]

中国延长石油集团引进 BP 公司 VCC 技术建成 45 万吨/年煤油共炼示范装置，2015 年 1 月开工生产出合格的产品。该装置以减压渣油和煤为原料，其中设计原料性质见表 4-39；操作条件、产物分布及产品性质分别见表 4-40~表 4-42。

表 4-39　中国延长石油煤油共炼装置原料性质

煤工业分析	原料煤	煤工业分析	原料煤
水分/%	11.6	氮	1.09
挥发分/%	38.8	氯	0.048
灰分/%	6.91	煤岩显微组分	
煤元素组成/%		镜质组	68.8
碳	81.87	壳质组	0
氢	4.67	惰质组	26.6
硫	0.77	矿物质	4.6
氧	11.6		

续表

减压渣油分析项目	减压渣油 1	减压渣油 2	减压渣油分析项目	减压渣油 1	减压渣油 2
终馏点/℃	520⁺	520⁺	镍+钒/(μg/g)	22.3	447
密度(20℃)/(kg/m³)	956.3	1037.8	残炭/%	14.54	24.54
碳/%	87.26	84.97	四组分/%		
氢/%	11.91	9.25	饱和分	36.8	16.6
硫/%	0.26	5.38	芳香分	33.4	40.5
氧/%	0.10	0.07	胶质	26.4	30.2
氮/%	0.56	0.3394	沥青质	3.4	12.7
氯/(μg/g)	50	50			

表 4-40　中国延长石油煤油共炼 VCC 装置操作条件

项　目	数　值	项　目	数　值
浆态床反应器操作条件		固定床反应器操作条件	
反应器数量/个	3	反应器数量/个	1
反应器入口压力/MPa(G)	21.3	催化剂床层	5
反应温度/℃	470	反应器入口压力/MPa(G)	20.2
反应器入口氢油比/(Nm³/t)	1050	反应温度/℃	370~410
重时空速/h^{-1}	0.5	反应器入口氢油比/(Nm³/t)	1117
		空速/h^{-1}	0.5

表 4-41　中国延长石油煤油共炼 VCC 装置产物分布　　%

项　目	减压渣油 1	减压渣油 2	项　目	减压渣油 1	减压渣油 2
进料			H_2O	5.87	5.53
减渣	50	50	C_1~C_2	6.79	6.64
煤	50	50	C_3~C_4	7.46	7.10
氢气	6.49	7.36	石脑油	17.28	16.91
出料			柴油	58.30	57.62
H_2S	0.24	2.98	蜡油	0	0
NH_3	0.95	0.79	残渣(渣油+固体)	9.42	9.43

表 4-42　中国延长石油煤油共炼 VCC 装置产品性质

VCC 产品质量	石脑油	柴油	VCC 产品质量	石脑油	柴油
密度(20℃)/(g/cm³)	0.7414	0.845	馏程/℃		
硫含量/(μg/g)	<1	<10	初馏点	19	167
氮含量/(μg/g)	<1	—	5%	59	194
十六烷指数	—	46	10%	72	204
闪点/℃	—	56	50%	109	261
			90%	136	333
			终馏点	151	355

3. VCC 工艺技术原料适用性

VCC 工艺处理过的原料油性质见表 4-43。在操作压力为 15~28MPa、反应温度为 440~

490℃、添加剂用量1%~4%(基于进料)的条件下，VCC工艺在其中型装置沙重减压渣油、巴查罗克减压渣油及减黏裂化渣油的产物收率见表4-44。

表4-43　VCC工艺加工不同原料油性质

原料油	阿拉伯轻质原油的减压渣油	阿拉伯重质原油的减压渣油	波斯坎	蒂亚胡安那特重	阿萨巴斯卡	冷湖重油
>500℃馏分含量/%	97	91	73	85	61	62
相对密度	1.0143	1.0291	1.0217	1.0217	1.0217	0.9593
硫含量/%	3.82	5.19	5.84	3.21	5.04	4.82
氮含量/%	0.35	0.43	0.75	0.60	0.50	0.40
钒含量/(μg/g)	91	139	1500	549	260	225
镍含量/(μg/g)	33	46	177	68	80	101
残炭/%	18.7	21.1	17.2	17.2	15.0	13.6

从表4-44中数据可以看出，VCC渣油浆态床临氢热转化可实现渣油转化率达90%以上；与直馏渣油相比，减黏裂化渣油VCC产物的轻烃收率提高，石脑油收率显著减少。

表4-44　VCC工艺不同原料中型装置产物收率

项　　目	巴查罗克减压渣油	阿拉伯重质原油减压渣油	减黏裂化渣油①
>500℃转化率/%	94	94	92
产物收率/%			
C_1~C_4	7.1	7.2	10.8
石脑油(体)	34	40	19.5
中馏分油(体)	42	43	33.5
重馏分油(体)	35	26	28.5
C_4以上液体产品收率(体)	111	109	—
氢耗量(标准状态)/(m^3/t)	414	380	4.4

① 在减黏裂化渣油中，重馏分油含量18%，渣油含量82%，减黏裂化渣油的氢耗量(标准状态)约相当于393m^3/t；在减黏裂化渣油的产品中，H_2S、NH_3和H_2O收率为5.5%，>500℃渣油收率为6.6%。

VCC工艺添加剂的效果见表4-45。VCC工艺浆态床临氢热转化单元完全是热裂化反应，使用添加剂对产品收率没有多大影响，尤其是对轻烃组成的分布无影响，即添加剂无催化效应；但添加剂对生成固体物的吸附作用，对反应器的流体力学特性、对反应物料稳定的加氢反应有着非常重要的作用。

表4-45　添加剂对VCC工艺浆态床临氢热转化部分产物收率的影响

项　　目	添加剂1的加入量3.7%	添加剂1加入量3%	不加添加剂
产品收率/%			
石脑油	17.7	16.9	17.2
中馏分油	39.2	39.0	39.3
减压馏分油	43.1	44.1	43.5
合计	100	100	100
轻烃组成/%			
C_1	26.6	28.7	28.8

续表

项　　目	添加剂 1 的加入量 3.7%	添加剂 1 加入量 3%	不加添加剂
C_2	25.1	26.0	23.2
C_3	29.4	28.5	28.1
C_4	18.9	16.8	19.9
合计	100	100	100

（二）EST 技术[46~48]

1. 工艺流程

EST(Eni Slurry Technology)技术是意大利 Eni 公司针对重质渣油和油砂沥青改质开发的技术，其工业示范装置工艺流程简图如图 4-36 所示。工艺流程如下：原料与催化剂混合后进入浆态床临氢热转化反应器进行反应，反应产物进入蒸馏塔进行蒸馏；蒸馏塔底油部分外甩，大部分循环进入浆态床反应器。EST 工艺使用的催化剂以油溶性钼化合物为前驱体，在线生成的 MoS_2 微晶，催化剂在原料油中分散均匀，加氢活性极高，该反应过程的催化剂添加量较少，500~2000μg/g(以催化剂计量)。该技术在较低反应温度(400~440℃)、较高氢压(>15MPa)、高催化剂浓度(催化剂藏量 2600μg/g)等条件下实现渣油的高效转化(转化率>95%)。

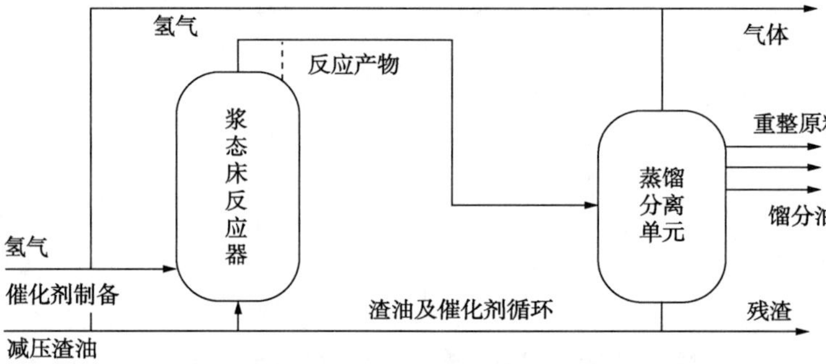

图 4-36　EST 技术 23000 桶/天工业装置流程图示意图

2. 工业装置原料及产物

2013 年 Eni 公司在意大利 Sannazzaro 炼油厂建成 2.3 万桶/天的 EST 工业装置，其设计原料是乌拉尔减渣(低硫、高氮、高金属含量)和巴士拉减渣(高硫、低 H/C 原子比)，原料性质及产物分布见表 4-46 和表 4-47。

表 4-46　2.3 万桶/天 EST 工业装置原料性质

项　　目	设计原料	可选原料	项　　目	设计原料	可选原料
原料性质	乌拉尔减渣	巴士拉减渣	黏度/(mm^2/s)	159(135℃)	436(100℃)
350~500℃含量/%	5	5	倾点/℃	51	51
500℃$^+$含量/%	95	95	硫含量/%	3	6
C_5~沥青质/%	15	15.6	氮含量/%	0.7	0.4
密度(20℃)/(g/cm^3)	1.004	1.039	镍/钒/(μg/g)	68/214	46/164
API 度	9.4	4.7	残炭/%	20.2	18.5
黏度/(mm^2/s)	982(100℃)	1126(80℃)	H/C 原子比	1.41	1.37

表 4-47　2.3 万桶/天 EST 工业装置产物分布及性质

产　　物	收率/%	硫含量/(μg/g)	氮含量/(μg/g)	密度(20℃)/(g/cm³)
H_2S+NH_3	3.2~4.0			
C_1~C_4	7.0~9.0			0.540(LPG)
石脑油(C_5~170℃)	6.5~7.5	<10		0.700
常压馏分油(170~350℃)	38~50	<10		0.840
减压馏分油(350~500℃)	30~45	<400	<700	0.920
残渣油	2.5~3.8			

四、反应机理

渣油浆态床临氢热转化过程采用没有酸性载体的分散型催化剂，其反应主要遵循由 Rice 等[49]和 Kosiakoff 等[50]提出并进行了详细描述的自由基链反应机理。Gray 等[51~55]通过研究渣油及沥青质热裂化、催化加氢反应对渣油浆态床临氢热转化反应机理进行了更新和补充。研究发现，渣油甚至沥青质热裂化反应也遵循自由基链反应机理，但在液相裂化体系中，容易发生自由基与烯烃的加成，特别是具有端烯的大分子芳香烃与具有烷基自由基的大分子芳香烃之间的加成反应，导致相对分子质量增长，这是渣油、沥青质热裂化生焦的一个主要途径。催化临氢/加氢体系通过封闭自由基和饱和烯烃，能有效抑制缩合反应，因而，他们将液相加氢裂化过程自由基链反应机理进行了扩展，如图 4-37 所示。在热作用下，渣油分子在 C—C 弱键处发生断裂生成两个具有较高反应活性的自由基，引发链反应；生成的活性中间体自由基进一步发生链传递反应，譬如自由基的夺氢反应、自由基 β 断裂、自由基与烯烃或芳烃加成反应以及自由基的移位反应；两个自由基碰撞发生自由基复合反应生成稳定分子是自由基链终止反应。

引发:	$R—R' \xrightarrow{k_{in}} R'+R''$	(1)
传递:		
负氢离子抽取:	$\beta_j'+R_jH \xrightarrow{k_{ij}} \beta_jH+R_j'$	(2)
β-断裂:	$R'—C—C—\beta_j \xrightarrow{k_i} R—C=C+\beta_j'$	(3)
自由基加和:	$R_i'+C=C—R_k \xrightarrow{k_a} R_i—C—C'—R_k$	(4)
自由基重排:	$R'—C—C—\beta_j \xrightarrow{k_s} R_i'$	(5)
终止:	$R_i'+R_j' \xrightarrow{k_i} R_i—R_j$	(6)

图 4-37　液相加氢裂化过程自由基链反应机理的扩展

EST 工艺中油溶性有机钼催化剂在反应系统分解形成纳米尺寸硫化钼，能够快速活化氢气，饱和 C—C、C—杂原子弱键断裂生成的自由基，有效抑制裂化自由基的进一步复合反应，进而抑制芳烃簇的缩合生焦反应(见图 4-38)，而且其实验室研究结果也证实相比于其他金属，如 Ni、V、Fe、Co 等，Mo 具有更高的加氢活性和效果。

侯焕娣[56]通过对渣油模型化合物分子催化临氢热转化反应化学研究，对渣油催化临氢热转化反应遵循的自由基链反应机理进行了补充和推断，如图 4-39 所示。渣油催化临氢热转化反应中，氢气在催化剂表面解离形成氢自由基引发整个链反应；形成的氢自由基进攻烷基芳烃/桥联芳烃的 Ipso 碳，促使其定向加氢，此时侧链 α 位键能显著下降，发生侧链 α 位选择性断裂反应，生成裸环芳烃分子和烷基自由基完成链的传递过程；链的终止反应是链传递反应生成烷基自由基与氢自由基结合生成稳定的烷烃分子。该反应路径可以在较低反应温度、低生焦率下实现减压渣油高裂化转化。

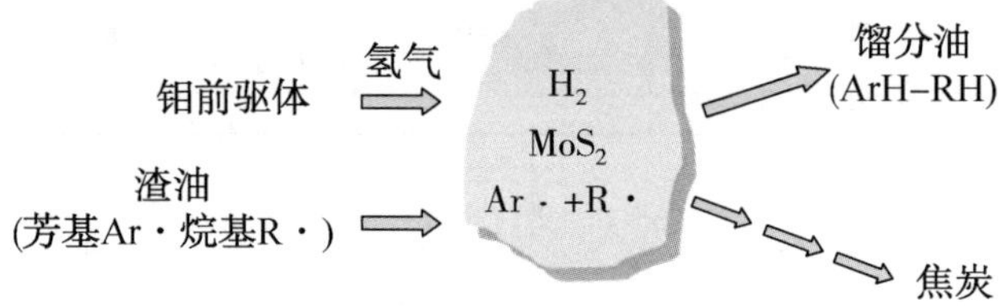

图 4-38　分散型催化剂作用下加氢裂化反应路径示意图

引发：$H_2 \xrightarrow{\text{催化剂}} 2H\cdot 2H_2$

传递：$Ar—R_j + H\cdot \longrightarrow Ar + R_j\cdot$

终止：$R_j^- + H\cdot \longrightarrow R_j$

图 4-39　减压渣油催化临氢热转化氢自由基反应机理推断

五、反应器

渣油临氢热裂化过程一般在高温高压下进行，反应器内为气-液-固三相体系，反应器内各相流体的流动状况非常复杂。为了避免结焦，反应器结构一般比较简单，且尽量不设置内构件。为了消除内扩散的影响，催化剂粒径非常小，一般为几十微米，甚至为纳米级。因此，催化剂粒子的相对运动可以忽略，可以与液相均匀混合成浆液，即为体系内的连续相。氢气是体系内的分散相，在反应器内以气泡的形式存在。根据气相流量由小变大，反应器内的流场流型会由均匀鼓泡区过渡至湍动鼓泡区[57, 58]。反应器结构流体流动情况，对反应的最终效果有重大影响，但是由于高温高压下，难以进行有效的实验考察流体的流动情况，制约了浆态床渣油临氢热裂化工艺的工业化应用。

目前文献报道中可用于浆态床渣油加氢的反应器包括普通鼓泡床反应器（Uniflex 技术、EST 技术）、内环流反应器（石油大学悬浮床加氢技术）、强制循环反应器（神华浆态床煤直接液化技术）和外环流反应器（中国石化 RMX 技术）四种。

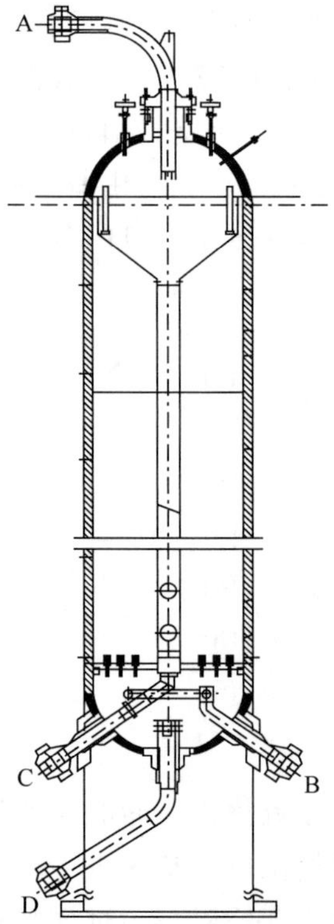

图 4-40　神华煤液化工业装置强制循环反应器结构示意图

神华煤液化工业装置反应器结构示意图如图 4-40 所

示[59]，规格为4812mm(内径)×334mm(壁厚)×34500mm(切线长)，高径比约为7∶1。反应器中设置循环杯和下降管，循环杯的作用有两个，一个是加速反应器上部的气液相分离，另一个是收集反应器上部的部分液体(包括固体颗粒)，通过反应器内的循环管送往循环泵。气体和液体(包含固体颗粒)在循环杯内部可以进一步分离，最终经过循环杯下部的循环管流向循环泵的液体(包含固体颗粒)中含有很少量的气体，以满足循环泵(离心泵)对气体含量的要求。神华煤液化工业装置连续运行证明，此种反应器对于处理较高固体浓度的浆态床反应在一定的运转周期内是适用的。煤浆浓度约为50%，减压深拔后油渣中固体含量50%，干煤转化率约50%，反应器中固体浓度质量分数约为25%，液相固体浓度应>25%。如此高的固体浓度，必须依靠强制循环以提高液速，防止固相沉积生焦。

Eni公司Sannazzaro炼油厂2.3万桶/天EST工业装置反应器如图4-41所示[60]，规格为4805mm(内径)×274mm(壁厚)×58070mm(切线长)，高径比约为12∶1，无内构件。得益于流体动力驱动的高返混性，工业装置运行中反应器均匀、等温，内径4.8m，其径向温差小于1℃，切线高度45m，轴向温差小于4℃，没有出现热点和失控的风险。

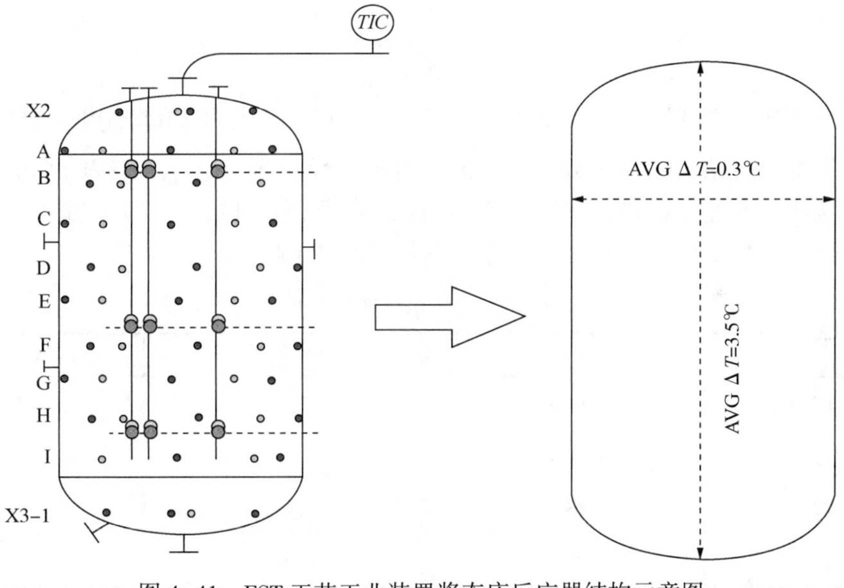

图4-41　EST工艺工业装置浆态床反应器结构示意图

强制循环反应器通过设置循环泵实现浆液的强制循环流动，要求循环泵能够在高温(400℃)高压(15MPa)下长周期稳定运行，因此循环泵的造价昂贵。环流反应器也可以通过液相环流强化传质和传热，图4-42是中国石油大学开发的内环流反应器，在鼓泡床反应器内加入了导流筒，将反应器分为上升区和下降区，规整了反应器内的流动，增加了反应器内物料的循环液速(又称环流液速)，从而提高了相间接触和混合，提高了反应效率，抑制催化剂和焦炭在底部沉积。

六、主要工艺参数

基于渣油转化为轻质产品的转化率来衡量渣油浆态床临氢热转化反应的苛刻度和程度。一般转化率定义为原料中大于某一沸点的馏分转化为小于其沸点的百分数。渣油浆态床临

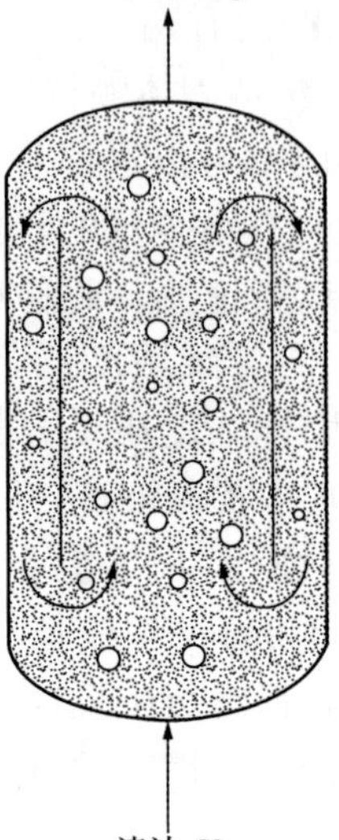

图 4-42　中国石油大学 5 万吨/年工艺工业示范装置浆态床反应器结构示意图

氢热转化过程主要有四大影响参数：总压或氢分压、反应温度、氢油体积比和循环氢比率、空速或新鲜原料的流速。以乌拉尔减渣为原料(性质见表 4-48)，系统研究了操作参数对浆态床临氢热转化裂化反应原料转化率、杂质脱除率的影响。

表 4-48　乌拉尔减渣原料性质

项　目	乌拉尔减渣	项　目	乌拉尔减渣
密度(20℃)/(g/cm^3)	0.960	氮含量/%	0.53
初馏点/℃	430	沥青质/%	5.24
减压渣油含量/%	88.4	残炭/%	15.8
硫含量/%	2.54	镍+钒/(μg/g)	195

(一) 总压和氢分压

加氢反应过程受氢分压的影响，不同结构模型化合物以及实际原料(轻馏分油、重馏分油以及重油)的 HDS、HDN、HAD 微反、小试及中试结果均表明，提高氢分压，有利于加氢反应，改质效果好。高氢压对于加氢反应的益处显而易见，但会带来反应器及分离器的成本增加；另外，高氢压会使得氢耗增加，也会造成炼油厂成本的增加。表 4-49 示出了氢分压对于渣油浆态床临氢热转化反应的影响，数据显示，在试验考察的氢分压范围内，氢分压对原料转化率、杂质脱除率和产物分布影响很小。

表 4-49　乌拉尔减渣浆态床临氢热转化氢分压影响①

反应压力/MPa	12	16	18
渣油转化率/%	62.4	61.6	59
脱硫率/%	69.1	70.5	71.9
沥青质转化率/%	38.9	44.1	49.4
残炭转化率/%	39.9	45.9	49.2
基于新鲜原料收率/%			
气体	5.29	4.60	4.21
石脑油	4.9	5.2	5.7
柴油	25.6	22	19.2
蜡油	31	34.3	34.7
减压渣油	33.2	33.9	36.2

①反应条件：催化剂 1%，空速 0.5h^{-1}，反应温度 430℃。

（二）反应温度

操作反应温度取决于反应物类型和催化剂寿命；一般而言，提高反应温度会加速反应速率，温度升高 11℃，反应速率会增加一倍，对转化率的影响不大；但对于渣油浆态床临氢热转化反应，温度过高，会使得热裂化反应加剧，会生成大量小分子气体，过程氢耗增加；同时高温也会加速缩合生焦反应。表 4-50 列出了反应温度对于渣油浆态床催化临氢热反应渣油转化率、杂质脱除率、产物分布和柴油性质的影响。数据显示，反应温度显著影响渣油转化率、脱硫率、沥青质转化率，随着温度从 410℃升高至 430℃、450℃，转化率从 27.8%增至 61.6%、92.7%；沥青质的转化率也从 13.8%增至 44.1%、83.5%；脱硫率从 51.8%增至 70.5%、91%。但从表中还可以看到未转化油的性质随着温度升高变差，当温度从 410℃升高至 430℃、450℃，未转化油的残炭从 19.8%增至 25%、38.1%。

表 4-50　乌拉尔减渣浆态床临氢热转化反应温度影响①

反应温度/℃	410	430	450
渣油转化率/%	27.8	61.6	92.7
脱硫率/%	51.8	70.5	91
沥青质转化率/%	13.6	44.1	83.5
残炭转化率/%	19.9	45.9	84.2
基于新鲜原料收率/%			
气体	2.2	4.6	12.0
石脑油	2.2	5.2	12.4
柴油	11.5	22	44.2
蜡油	20.2	34.3	25
减压渣油	63.8	33.9	6.4

①反应条件：催化剂 1%，空速 0.5h^{-1}，氢分压 16MPa。

（三）空速

表 4-51 列出了空速对乌拉尔减渣浆态床临氢热转化反应的影响，结果显示，空速对渣

油转化率、沥青质转化率、残炭转化率影响较大，对脱硫率的影响相对较小。

表 4-51　乌拉尔减渣浆态床临氢热转化空速的影响①

反应空速/h^{-1}	0.75	0.50	0.25
渣油转化率/%	40.9	61.6	88.7
脱硫率/%	60.9	70.5	84.8
沥青质转化率/%	17.2	44.1	81.1
残炭转化率/%	18.6	45.9	82.5
基于新鲜原料收率/%			
气体	3.2	4.6	9.6
石脑油	4.2	5.2	7.6
柴油	16.4	22	34.6
蜡油	23.9	34.3	38.1
减压渣油	52.2	33.9	10

①反应条件：催化剂 1%，反应温度 430℃，氢分压 16MPa。

七、国内渣油浆态床临氢热转化技术

（一）劣质渣油催化临氢热转化 RMX 技术

劣质渣油催化临氢热转化系列(简称 RMX)技术是石科院开发的一种劣质渣油高效改质技术，其定位于处理高金属、高沥青质含量的减压渣油、脱油沥青以及催化裂化油浆等劣质原料，技术目标是实现金属 Ni、V 脱除率大于 99%，沥青质转化率大于 95%，尾油外甩量小于 5%；为下游催化裂化装置提供无金属、无沥青质的优质原料。

石科院开发的 RMX 技术始于 2009 年，在深入研究渣油临氢热转化反应化学的基础上，根据渣油轻质化路径差异以及不同的生产目标，在 2011 年提出了多产改质油的劣质渣油催化临氢热转化(简称 RMAC)以及最大量生产馏分油的劣质渣油催化临氢热转化(简称 RMD)工艺技术，其中 RMD 技术根据操作条件不同又分为 RMD-I 技术和 RMD-II 技术，其工艺流程图如图 4-43 所示，RMAC 工艺和 RMD 工艺统称为 RMX 系列技术。

1. 催化剂研究

催化剂对渣油催化临氢热转化性能影响至关重要[61~64]，催化剂的主要作用首先是活化氢气形成活泼氢，活泼氢既可封闭热解产生的链烃自由基，生成稳定产物，从而减少过度裂化，同时还可封闭稠环芳烃、沥青质自由基，抑制稠环芳烃自由基之间缩聚和沥青质聚集，阻止其进一步缩合结焦；其次催化剂颗粒与沥青质和沥青质缩聚物发生碰撞，可降低反应体系液相中缩聚沥青质的质量分数，延缓第二液相的生成，有效抑制焦炭的形成和析出；第三，催化剂颗粒可以成为焦炭沉积场所，将结焦前驱体或焦炭带出反应器，缓解或避免反应器内结焦，从而使反应装置平稳运行。催化剂性能与催化剂前驱体性质直接相关，对催化剂进行了系统研究，包括催化剂前驱体有机钼的合成、催化剂活性评价方法的建立，开发了高分散性、纳米尺寸浆态床渣油加氢催化剂 MACC。该催化剂以有机钼作为前驱体，添加在原料中，在反应过程中在线分解形成高分散度、纳米尺寸硫化钼，图 4-44 是 MACC 催化剂的 SEM 及 TEM 照片。

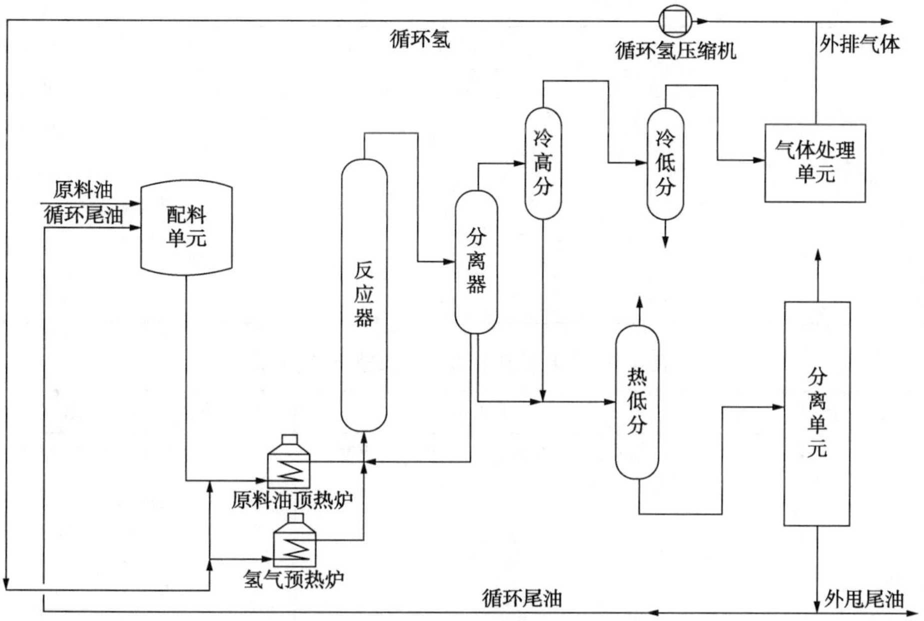

图 4-43 RMX 工艺流程示意图

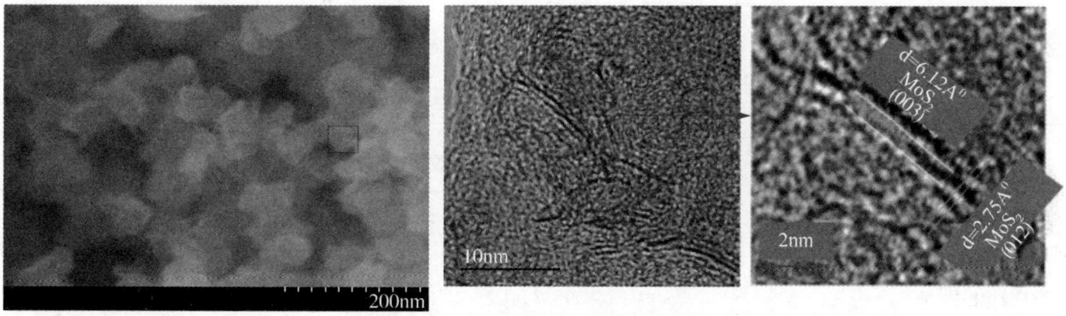

图 4-44 MACC 催化剂形貌图

2. 工艺研究

2012 年建成处理量为 2~4kg/h 的中型装置，进行了催化剂活性研究，RMAC、RMD 技术工艺研究以及反应器相关研究，确定反应器适宜结构，优选了催化剂体系，获得 RMAC、RMD 工艺参数对渣油转化率及改质效果的规律性认识，确定适宜的操作条件；获得加工不同原料的可行性及改质效果。RMX 中试装置加工原料的性质见表 4-52，产物分布及改质效果见表 4-53、表 4-54。2016~2019 年完成减压渣油 A(运行时间>1000h) RMAC 长周期连续中试和减压渣油 B(运行时间>2000h) RMD-Ⅱ长周期中试研究。

表 4-52 RMX 中型装置加工原料油性质

项　　目	减压渣油 A	减压渣油 B	催化裂化油浆	分析方法
密度(20℃)/(g/cm³)	1.0644	1.0062	1.1024	GB/T 13377
残炭/%	26.3	23.62	12.5	GB/T 17144
氢含量/%	9.77	9.90	8.38	SH/T 0656

续表

项　目	减压渣油 A	减压渣油 B	催化裂化油浆	分析方法
硫含量/%	5.50	6.37	1.00	GB/T 17040
沥青质/%	14.2	9.60	7.3	RIPP10-90
金属含量/(μg/g)				SH/T 0715
镍	69.7	221	—	
钒	230	—	—	
>524℃含量/%	>95	>95	>25	ASTM D 7169

表 4-53　劣质渣油 RMX 工艺产物分布

工艺技术	RMAC	RMD-Ⅱ
试验原料	90%减压渣油 A+10%催化裂化油浆	100%减压渣油 B
反应结果		
氢耗率/%	2.4~2.9	2.7~2.9
产物分布/%		
气体	11~14	12~15
石脑油(C_5~165℃)	5~6	10~12
AGO(165~350℃)	18~20	35~38
重馏分油(>350℃)	61~63	30~36
外甩残渣	3~5	4~8

表 4-54　劣质减渣 RMX 改质效果

工艺类型	减压渣油 A-RMAC	减压渣油 B-RMD-II
改质效果		
沥青质转化率/%	95.8	92.5
金属脱除率/%	>99	>99
脱硫率/%	75~85	80~85
馏分油收率/%	87.4	84.0

由表4-53、表4-54可知，RMX技术加工劣质减压渣油A、B，实现了渣油转化率大于92%~98%，尾油外甩量小于2%~8%；沥青质转化率大于92%，金属脱除率大于99%，馏分油收率大于84%。

表4-55列出了RMX工艺的主要产物性质。由表4-55数据可知，RMX石脑油的芳烃潜含量为25~29，但硫、氮含量较高，可加氢精制后作为重整预加氢原料；RMX-AGO的十六烷指数大于40，可经加氢精制生产满足国Ⅵ指标的柴油组分，也可作为FCC原料生产高辛烷值汽油组分，亦可进行加氢裂化生产喷气燃料组分；RMAC-重改质油、RMD-VGO都不含金属和沥青质，残炭也较低，小于3.2%，但氢含量较低，硫、氮含量较高，可经加氢精制脱杂原子同时芳环深度饱和后作为FCC或DCC进料生产高辛烷值汽油组分或化工原料。

表 4-55　RMX 主要产物性质

产品名称	石脑油	AGO 馏分	RMD-VGO	RMAC-重改质油
密度(20℃)/(g/cm³)	0.71～0.73	0.85～0.87	0.9563	0.9631
芳烃潜含量	25～29	—	—	
十六烷指数	—	>40	—	
氢含量/%	14.5～15.0	12.4～12.9	～10.50	10.80
硫含量/(μg/g)	450～680	5800～7800	18500	17600
氮含量/(μg/g)	300～570	1300～1900	3500	4300
沥青质/%	—	—	<0.1	<0.1
残炭/%	—	—	0.15	3.2
Ni+V/(μg/g)	—	—	<0.1	<0.1
馏程范围/℃	初馏点～169	175～350	—	326～687

3. 反应器

根据渣油浆态床反应对反应器的需求，反应器的开发需要考虑多相、多组分、多尺度条件下的流动、传质与传热问题。石科院开发了 RMX 外环流反应器，如图 4-45 所示。外环流反应器原理及特点：①反应器上升管与下降管内气含率不同，产生了流体密度差，形成了浆液的定向循环环流，使催化剂、助剂等颗粒沿轴向均匀分布，冲刷壁面抑制沉积结焦；②将反应器与气液分离器耦合形成外环流反应器，反应生成的轻质油品，可借助氢气的气提作用，尽快离开反应器，避免过度反应，导致反应体系失稳；③上升管为反应区、结构简单，空间利用率高；④反应器内流型为湍动鼓泡区，传质与混合性能良好；反应器内流场规则可控，规律性好，便于放大；⑤由下降管返回上升管的浆液经过加氢反应，可以作为供氢剂，与进料混合可以改善相溶性。

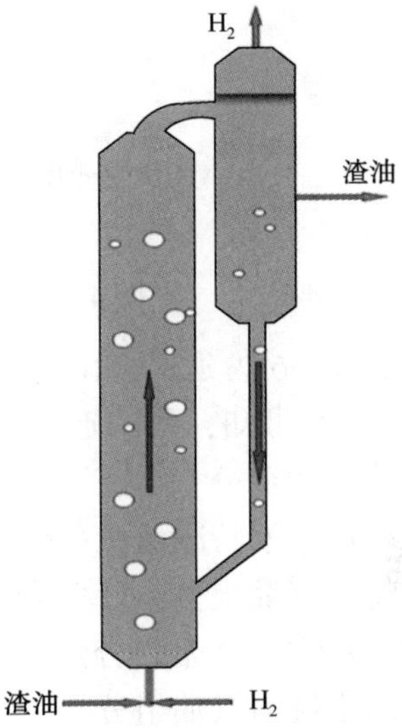

图 4-45　外环流反应器结构示意图

石科院开展了 RMX 反应器研究工作，主要包括流体力学特性、热力学相平衡计算、传质与传热模型开发、反应动力学、计算流体力学(CFD)模拟计算、气体分布器等关键构件的大型化等。流体力学研究通过大型冷态试验装置，充分了解不同结构反应器的流体力学特性，掌握流速、气含率、气泡直径等关键参数的变化规律，为反应器的设计提供研究基础。反应动力学与热力学相平衡研究主要基于实验室规模的小试试验，为传质模型的开发提供必要的基础数据。传质与传热模型的开发集成了流体力学、反应动力学与热力学相平衡等研究内容，可以为反应器的设计与放大提供性能预测与理论指导，关键点在于确定适合的传质系数、传热系数与反混系数等模型参数，以保证模型的准确性与可靠性。基于模型，获得反应器内各组分浓度以及各相温度的时空分布，设定合理的工艺条件，为反应器的稳定控制与运行提供数据基础。CFD 模拟计算主要面向大型化反应器技术开发，克服前期研究工作设备规模较小的瓶颈问题，借助计算机与多相流模拟计算软件，选用经过验证的模型系统，对大型化反应器内部的流场、温度场和浓度场进行模拟计算，为大型反应器的设计提供合理的预测与数据支持。气体分布器等内构件的开发可以强化反应器内流体分布的均匀性，避免气体短路与固体沉降现象的发生，保证大型化分布器的流体分布均匀性是研究的重点。

4. RMX 集成技术

RMX 技术是渣油预处理技术，RMX 产物需利用现有技术进一步加工，才能生产市场所需的产品。RMX 与现有加氢处理、加氢裂化、催化裂化以及催化裂解集成，可形成以渣油为原料，生产高品质汽柴油或喷气燃料产品的新型燃料型集成技术；或生产低碳烯烃、BTX 化工原料的新型化工型集成技术。RMX 新型集成技术不仅可以为炼油厂产品结构调整、提质增效提供技术支持，还可以为炼油厂向化工转型提供技术路线和方案。图 4-46 是劣质减压渣油 RMX 与固定床加氢改质、FCC 组合，以劣质渣油为原料，生产高辛烷值汽油组分的组合工艺技术流程示意图。

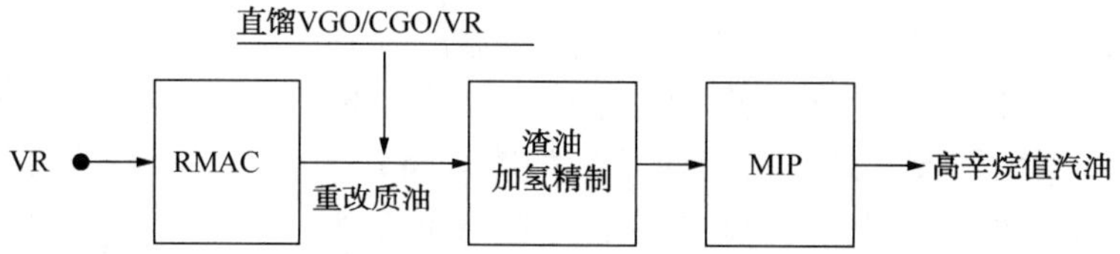

图 4-46　RMX 与固定床加氢改质+FCC 组合工艺流程示意图

表 4-56 为延迟焦化工艺与图 4-46 所示 RMX 集成技术方案加工沙特减渣的产物分布。由表 4-56 可知，采用延迟焦化工艺加工沙特减渣，焦炭产率为 36.46%，（石脑油馏分+高辛烷值汽油组分）收率为 20.02%，AGO 馏分收率为 28.10%。而采用图 4-46 所示 RMX 集成技术加工沙特减渣，（焦炭+尾渣）收率为 6.11%，LPG 收率达到 20.62%，（石脑油馏分+高辛烷值汽油组分）收率达到 64.54%。与延迟焦化相比，RMX 集成技术焦炭（包括外甩沥青）产率下降 32 个百分点，（石脑油+高辛烷值汽油）收率可提高 44 个百分点，而且增产的都是高辛烷值汽油组分。

表 4-56　沙特减渣延迟焦化与 RMX 集成技术产物分布　　%

加工工艺	延迟焦化	RTMG
干气+不凝气+H_2S	6.83	12.59
液化气	7.25	20.62
石脑油（C_5~180℃）	8.22	9.35
高辛烷值汽油	11.80	55.19
AGO（180~350℃）	28.10	
焦炭	36.46	4.03（FCC 焦）
外甩尾油	2.40（油浆）	2.08

（二）RSHC 技术

中国石油大学开发的新型重油浆态床临氢热转化 RSHC 工艺，主要包括催化剂、工艺流程以及新型反应器三个方面。具有独特性能的催化剂及其分散技术及新型浆态床临氢热转化反应器。该工艺工业示范装置流程如图 4-47 所示[65]。

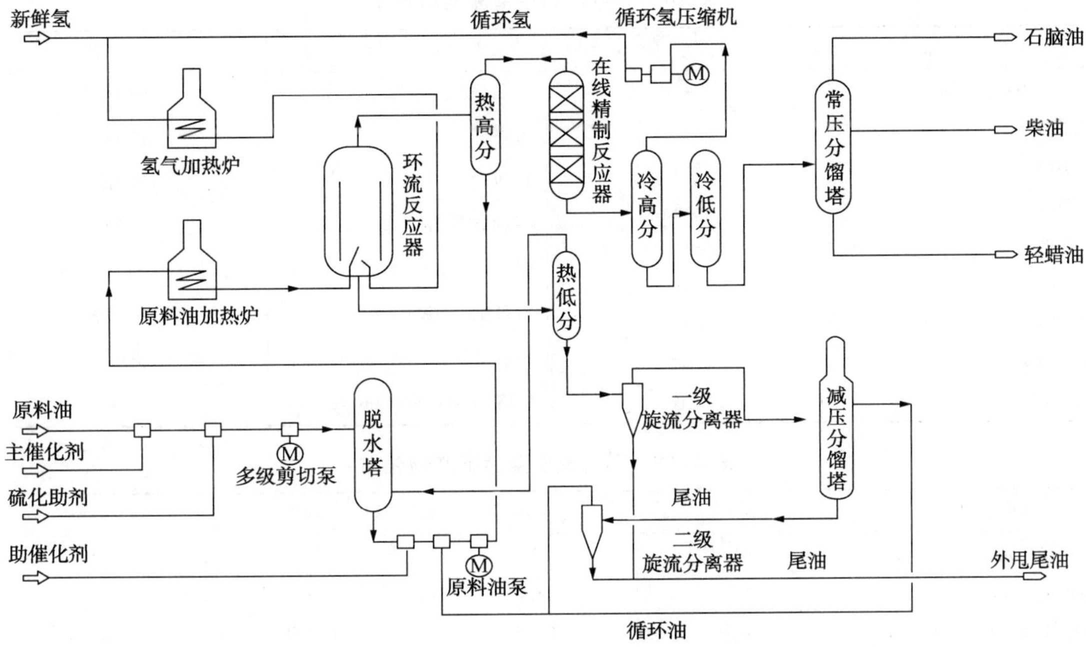

图 4-47 RSHC 工艺工业示范装置流程图

该工艺采用高分散性的多金属水溶性催化剂，原料油与催化剂和助剂的混合采用独特的多级剪切分散乳化技术和在线低温硫化技术，使催化剂在原料油进入加热炉之前被充分地分散和较好地硫化，最大粒度 3~5μm，其中助剂的加入有利于催化剂的硫化[66]。

该工艺采用下排料全返混式重油浆态床临氢热转化环流反应器，提高反应物料在反应器中的环流液速，尽可能地避免反应过程中生成的焦炭沉积在反应器的底部，反应器内的结焦量相比于空桶反应器明显降低，在较高的反应温度和较低的氢分压下操作，可以处理高残炭、高黏度、高金属含量的重油和渣油。将固定床加氢精制反应器与之在线相连，以提高产品质量；在产物分离系统中备有多套旋流分离器及溶剂处理和催化剂回收系统，以及采用蜡油或循环尾油的回炼处理技术等，从而大大提高重油轻质化收率和降低催化剂成本。

用 UPC-21 系列催化剂在实验室中型装置上考察了不同反应条件下处理克拉玛依常压渣油的情况原料性质见表 4-57，反应结果见表 4-58。从表 4-58 中可以看出，在反应温度为 440~445℃时，单程沸点<524℃产品收率可达 75.7%~80.3%，经尾油循环后其收率可高达 96%~97%，反应产物结焦量<1%，循环后尾油的结焦量为 2%~3%。反应中加入一定量的尾油，极大地提高了轻质油的收率，同时降低了尾油收率。第一次工业试验数据与表 4-58 中所列数据相近。对第一次试验中暴露的问题进行了整改，包括：①增加了加热炉炉管，解决了加热炉热负荷偏小的问题；②解决了反应器液位显示失真的问题；③减化了反应器的内构件，避免反应器内部局部过热；④导流筒由三段改为一段，加大反应器汽液分离空间；⑤加两台原料油分散剪切泵，降低催化剂分散剪切泵的负荷，改善催化剂分散硫化效果。2005 年进行了第二次工业实验，其产品分布如表 4-59 所示[67]。

表 4-57　克拉玛依常渣性质数据

项　　目	数　　值	项　　目	数　　值
密度(20℃)/(kg/m^3)	964.1	饱和分/%	50.08
馏程/℃		芳香分/%	22.00
10%	358	胶质/%	27.67
30%	433	C_7沥青质/%	0.25
50%	492	镍含量/(μg/g)	11.8
63%	538	钒含量/(μg/g)	0.35
硫含量/%	0.13	钙含量/(μg/g)	346
氮含量/%	0.45		
残炭/%	7.0	黏度(100℃)/(mm^2/s)	194

表 4-58　不同反应条件下产物分布

反应温度/℃	440	440	445	445
氢气分压/MPa	10	10	10	10
氢油比/(Nm^3/m^3)	757	800	737	800
循环比/(新鲜物料/尾油)	100/0	66/34	100/0	70/30
总空速/h^{-1}	1.10	1.14	1.13	1.14
新鲜原料空速/h^{-1}	1.10	0.75	1.13	0.80
产物分布/%				
C_1~C_4气体	4.76	5.50	4.96	7.40
C_5~180℃	9.27	9.60	10.28	13.80
180~350℃	24.08	27.30	27.41	29.60
350~524℃	37.50	53.10	37.62	45.40
<524℃	75.61	96.30	80.27	96.20
>524℃尾油	25.39	4.60	20.90	5.00
氢耗/%	1.13	1.14	1.18	1.18
总收率/%	101.00	100.92	101.18	101.18

表 4-59　第二次工业试验产物分布数据　　%

产 物 分 布	418℃	425℃	430℃
干气	0.11	0.34	0.44
液化气	0.10	0.69	0.72
硫化氢	0.01	0.07	0.05
C_5~180℃	3.68	3.03	5.66
180~360℃	28.46	43.31	51.57
C_5~360℃	32.14	46.34	57.23
360~480℃	19.80	8.05	3.93
<480℃	51.95	54.39	61.16
>480℃	47.83	44.51	37.64

（三）超级悬浮床加氢 MCT 技术

超级悬浮床加氢（Mixed Cracking Treatment）是北京三聚环保开发的针对全馏分高中低温煤焦油、重质劣质石油基原料、煤及生物质直接液化或共转化的浆态床临氢热转化技术[68]。其工艺流程图如图 4-48 所示。

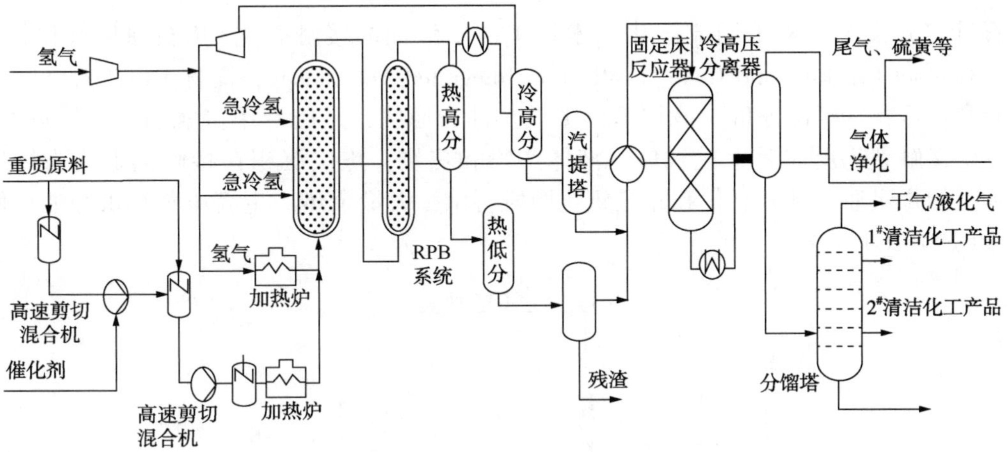

图 4-48　MCT 浆态床临氢热转化技术工艺流程图

2016 年，三聚环保在鹤壁建成 15.8 万吨/年 MCT 工业化装置。2016 年 2 月 ~7 月在反应温度 430~460℃、压力 20~21MPa、催化剂添加量 0.2%~1.5%工况下，进行全馏分高中低温煤焦油加氢改质试验，装置平稳运行 141 天，产物分布详见表 4-60，MCT 加工煤焦油的转化率达到 96%~99%[69]。

表 4-60　MCT 加工煤焦油产物分布

原　料	煤　焦　油	原　料	煤　焦　油
氢耗/%	2~3	石脑油	20~30
产物分布/%		柴油	60~70
C_1~C_2	1.8~2.5	残渣	2~3
LPG	1.2~1.9		
酸性气+生成水	1.5~2.6	转化率/%	96~99

（四）EST 技术

中国石化茂名石化公司加工能力为 260 万吨/年的渣油加氢裂化装置，利用 Eni 公司开发的浆态床专利技术（EST）将渣油转化成高品质轻质产品，由于不产生液态和固态残渣，环保效益显著，于 2020 年 12 月投产。该装置以减压渣油为原料，经加氢热裂化反应，生产液化气、石脑油、柴油、减压蜡油，并副产气体和油渣。项目实施后，一方面可提高茂名石化减压渣油转化能力，实现原油劣质化和降低焦化装置加工负荷的结构调整目标；另一方面，石油焦和沥青产品大幅减少，增产高附加值汽油产品，实现炼油厂产品结构调整、提质增效的目标。

第五节　渣油接触裂化-焦炭原位气化

一、概述

石科院开发了一种采用流态化技术加工劣质渣油的接触裂化-焦炭原位气化技术[70]（Resid Contact Cracking and Coke Gasification Integrated Technology，简称 RCGT），已完成中型试验和初步技术经济评价。该技术以劣质重油为原料，采用专用接触剂，劣质重油与接触剂发生接触裂化反应后生成气体、液体产物和焦炭，焦炭沉积在接触剂上成为待生剂，待生剂上的焦炭通过部分氧化和完全氧化两段再生，大量余热产生高压蒸汽供炼油厂使用。图 4-49 是 RCGT 工艺流程示意图。

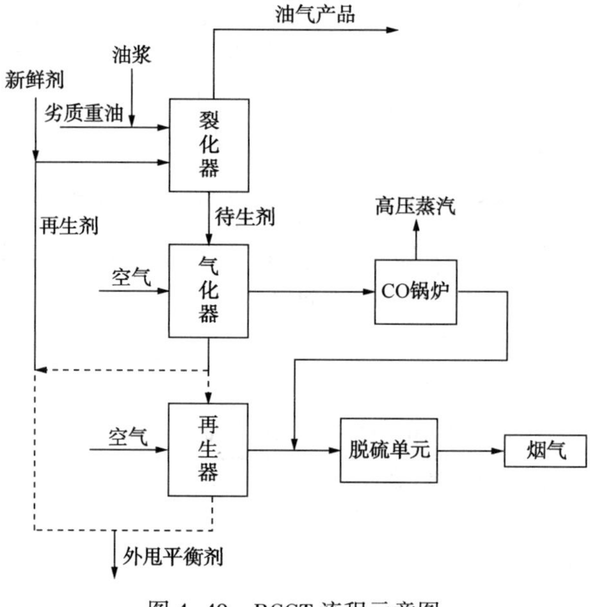

图 4-49　RCGT 流程示意图

劣质渣油接触裂化反应是以接触剂作为供热载体和生焦的承载体，预热雾化后的渣油以薄层油膜的形式负载于接触剂表面并快速裂化，气相产物快速从接触剂表面脱离，而延迟焦化属于大液相体相裂化，裂化后气相产物不能快速扩散，发生较多二次反应。因此薄层裂化与液体体相裂化相比，可加速产物的扩散，降低二次裂化反应的比例，从而能降低焦炭与干气的产物收率。

然而由于劣质渣油具有沸点高、黏度大、残炭高、氢含量低，以及镍、钒等金属和硫、氮含量高等问题，加工劣质渣油需解决渣油流化过程中的雾化、流化、裂化、焦炭气化的“四化”问题，产生大量焦炭的利用问题，平衡剂上金属对裂化反应产物影响的问题，以及焦炭气化时气化气中硫、氮的形态以及如何加工处理满足排放标准的问题。针对上述难题，RCGT 工艺研发形成相应的技术特点。

二、工艺技术特点

1. 降低焦炭产率的薄层裂化控制

在 RCGT 技术中，原料被加热到一定温度后，通过喷嘴喷入裂化反应器内，使之均匀地分散在接触剂上形成很薄的液膜，气化和裂化产物为薄层扩散传递，从而减少了液相停留时间，减少二次反应，减少焦炭和干气的产生，过程的示意图如图 4-50 所示。

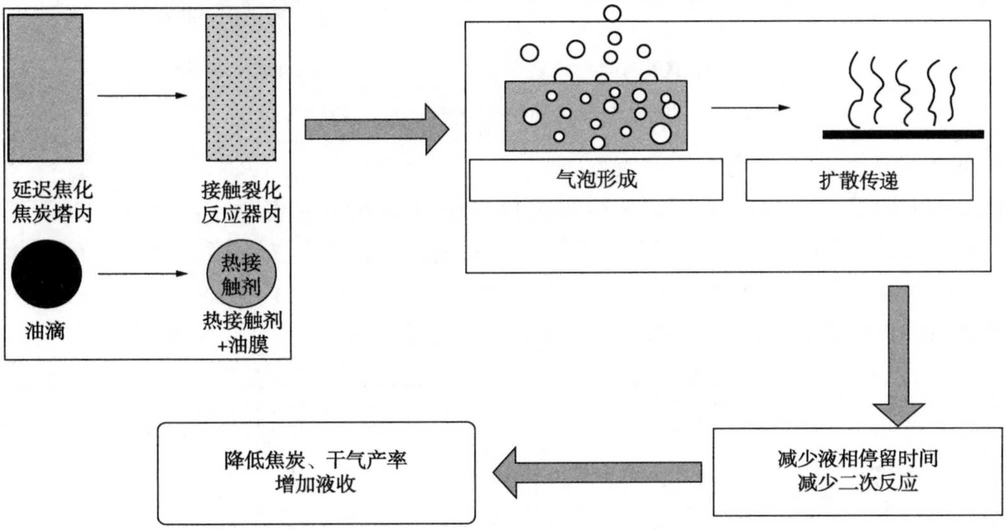

图 4-50　RCGT 薄层裂化与延迟焦化传质对比示意图

劣质渣油流态化加工的难题之一是流化问题，因为渣油都是高沸点组分，其进入裂化反应器后有相当大一部分是液相，存在气-液-固三相，液-固流化会导致结块、流化不畅等问题。RCGT 技术通过采用专用接触剂、特殊设计的反应器等实现薄层裂化来避免结块等问题。

RCGT 技术对接触剂提出了轻质油收率高、轻质油选择性好、水热稳定性好、流化性能好、成本低等要求，经过多年研究，最终开发出了满足要求的 RCGT 技术专用接触剂。以常渣 A(残炭为 18.9%)为原料的轻质油收率(汽油馏分+柴油馏分)与工业 FCC 平衡剂相当，轻质油的选择性(轻质油收率×100/转化率)高于 FCC 平衡剂，焦炭收率比 FCC 平衡剂低，具体见表 4-61。在小型固定流化床中的流化裂化反应后接触剂形貌见图 4-51，与惰性接触剂相比，适宜的孔结构及酸性使 RCGT 接触剂具有良好的流化性能[71]。

表 4-61　RCGT 技术接触剂的常渣 A 裂化性能

接　触　剂	RCGT 接触剂	FCC 平衡剂	接　触　剂	RCGT 接触剂	FCC 平衡剂
产物收率/%			转化率/%	84.17	90.13
干气	4.12	3.84	轻质油收率/%	47.63	48.5
焦炭	22.13	23.67	轻质油选择性/%	56.59	53.81
液体收率	73.75	72.49	焦炭产率/残炭	1.19	1.27

(a)惰性接触剂　　(b)RCGT接触剂

图 4-51　接触剂与劣质渣油接触裂化后的状态对比

2. 低焦炭干气收率、高液收控制

通过对不同性质接触剂与常渣 A 接触裂化反应规律的研究表明，常渣 A>350℃馏分产率随接触剂可接近酸性位（可接近酸性位数量≥10nm 孔体积分数×总表面酸性位）的增加而下降，催化焦产率随接触剂可接近酸性位的增加而增加，见图 4-52 和图 4-53。以上结果说明接触剂的可接近酸性位主要调变劣质重油接触裂化反应中的二次反应[72]。

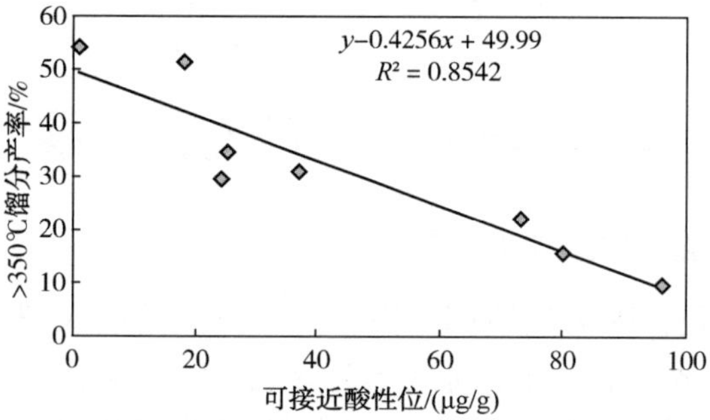

图 4-52　8 种接触剂作用下常渣 A>350℃馏分产率与可接近酸性位关系

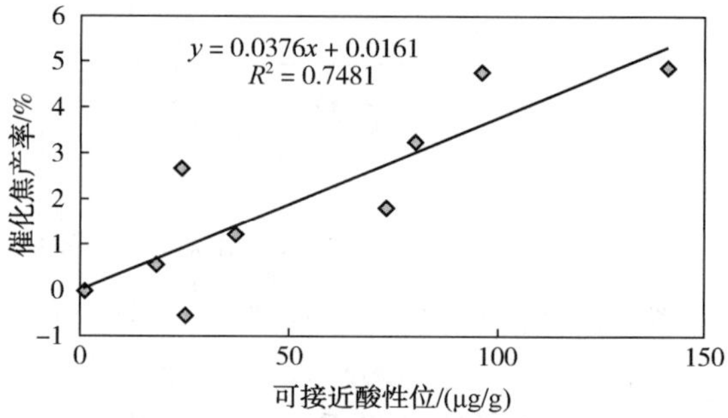

图 4-53　9 种接触剂作用下常渣 A 催化焦产率与可接近性酸位关系

在上述研究基础上，认识到劣质减渣在接触剂上的反应主要分为两个阶段，反应历程如图 4-54 所示。第一阶段渣油大分子与热的接触剂接触，主要发生自由基热裂化反应，生成中等分子和焦炭，此反应可认为是一次裂化反应（或一次反应），生成的焦炭主要是由原料引起的生焦，称为附加焦，主要沉积在接触剂的外表面。第二阶段生成的中等分子扩散进接触剂的孔道，在孔道内的酸性位发生碳正离子催化裂化反应，生成小分子和焦炭，此反应生成的焦炭主要是催化焦，主要沉积在接触剂的孔道内。通过控制一次裂化反应和二次裂化反应的比例，可以获得不同的裂化产物分布。在该认识基础上开发了适于劣质渣油的接触裂化反应器（流化床+提升管）和工艺，该反应器结构既可以实现劣质渣油的良好流化，又可以方便灵活调整工艺参数，获得不同的裂化产物收率。形成了快速裂化低干气焦炭产率、高液收的产物控制技术。

3. 金属催化脱氢反应的抑制

劣质渣油中金属尤其是镍、钒含量较高，在裂化反应过程中金属在接触剂上的沉积量大，接触剂上金属使烃油接触裂化反应过程易发生催化脱氢反应以及焦炭部分氧化反应，

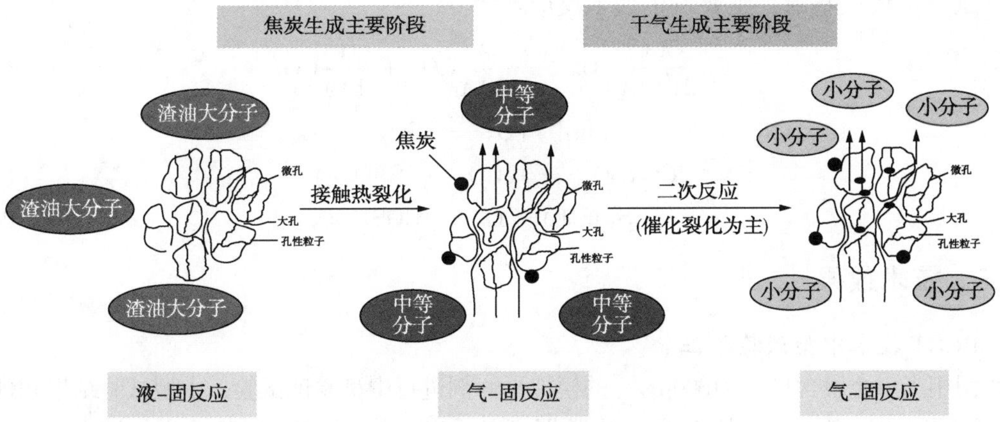

图 4-54　劣质渣油接触裂化反应历程

促进一氧化碳的燃烧。为降低工艺剂耗，需要有相应金属抑制措施来提高接触剂对金属的容纳量，降低金属的催化脱氢作用。通过研究，提出了抑制沉积于接触剂上高含量金属对催化脱氢反应的抑制措施及适合的接触剂金属容纳量。金属抑制技术使用前后减渣 A 裂化产物分布的变化见表 4-62。

表 4-62　接触剂金属钝化作用对渣油裂化产物分布的影响

项　　目	未污染剂	污染剂	钝化剂
镍金属含量/%	0	0.75	0.75
产物收率/%			
干气	3.36	3.37	2.96
焦炭	21.10	33.89	25.45
液体收率	75.54	62.74	71.59
转化率/%	72.55	84.60	75.70
焦炭收率/残炭	1.13	1.82	1.37
生氢因子①	0.55	4.92	1.99

①生氢因子计算方法为裂化气中 $n(H_2)/n(CH_4)$ 比值。

4. 低温部分氧化多产 CO 控制

由于劣质渣油接触裂化反应后在待生剂上产生大量焦炭，导致整个工艺过程热量过剩，需要适当的工艺过程使过剩的热量得到合理利用。通过深入研究待生剂上焦炭部分氧化反应动力学，建立焦炭部分氧化过程预测模型，开发了适合部分氧化的反应器。RCGT 技术对沉积在接触剂上的焦炭采用原位、低温(低于 730℃)部分氧化，所得气体可以用在 CO 锅炉作为燃料发生蒸汽或发电，而且部分氧化还可降低大量焦炭氧化过程的放热量，减少再生器换热部分投资费用。并且接触裂化过程原料中 30%左右的硫都转移到焦炭中，待生剂上焦炭中的硫在氧化过程中进入气相产物中，使用氧化硫回收工艺进行处理，使高硫石油焦中的硫原位气化、回收。小试结果表明，待生剂上焦炭在部分氧化的条件下 $n(CO)/n(CO_2)$ 值可达 1.58 左右，硫气化后产物主要是以 SO_x 形式存在。待生剂上焦炭及硫部分氧化，在 CO

还原气氛下形成羰基硫，主要发生如下反应：

$$C+\frac{\lambda+2}{2(1+\lambda)}O_2 \longrightarrow \frac{\lambda}{1+\lambda}CO + \frac{1}{1+\lambda}CO_2 \tag{4-3}$$

$$S(焦中)+O_2 \longrightarrow SO_2 \tag{4-4}$$

$$2CO+SO_2 \longrightarrow 2CO_2 + S(单质) \tag{4-5}$$

$$S(单质)+CO \longrightarrow COS \tag{4-6}$$

三、技术效果

1. RCGT 技术中型试验验证

采用相当于金属含量为21000μg/g 的模拟平衡剂进行中型验证试验，中型试验结果和延迟焦化工业数据对比见表4-63。从表4-63 中数据可以看出，RCGT 技术与延迟焦化相比，焦炭产率降低2.45 个百分点，干气产率降低1.67 个百分点，液体收率提高4.5 个百分点，柴汽质量比降低。

表4-63 减渣A 接触裂化产物分布及与延迟焦化的对比

项目	RCGT	延迟焦化	项目	RCGT	延迟焦化
干气产率/%	3.15	5.2	焦炭收率/残炭	1.29	1.42
焦炭产率/%	24.05	26.5	柴汽质量比	1.30	2.17
液体收率/%	72.80	68.3			

减渣A 经RCGT 工艺后气体组成见表4-64，液体产物的主要性质见表4-65。

表4-64 减渣A 接触裂化气体组成

气体组成/%	减渣A	气体组成/%	减渣A
H_2S	10.16	C_3H_8	6.85
H_2	5.02	C_3H_6	16.63
CH_4	14.99	C_4H_{10}	5.86
C_2H_6	11.26	C_4H_8	24.48
C_2H_4	4.74	合计	100.00

表4-65 减渣A 接触裂化主要产物性质

产物名称	汽油馏分	柴油馏分	蜡油馏分
密度(20℃)/(g/cm^3)	0.7466	0.8847	0.9826
碳含量/%	86.80	87.23	87.95
氢含量/%	12.92	11.46	9.99
硫含量/%	0.28	1.09	1.71
氮含量/(μg/g)	126	1400	3500
残炭/%	—	—	2.18
馏程范围/℃	初馏点~205	205~350	350~585

2. RCGT 的技术经济性

以减渣 A 为原料，基于上述模拟平衡剂的产物分布及性质，以加工能力为 100 万吨/年的装置处理能力进行了技术经济性研究。在中国石化经济技术研究院 2017 年发布的 60 美元/bbl 价格体系下，RCGT 方案下产品结构有较大改善，同时接触剂再生，产生 3.5MPa 蒸汽约 219 万吨、1MPa 蒸汽约 13.3 万吨，富产高压蒸汽可外售公用工程，相比延迟焦化，净利润增加主要来自于蒸汽外售。

3. RCGT 原料油适应性

为考察 RCGT 工艺的原料适应性，在中型装置上考察了三种减渣原料，试验表明这些原料均可以很好的流化，其接触裂化产物分布与延迟焦化产物分布对比见表 4-66。从表 4-66 中可以看出，从三种劣质渣油为原料的 RCGT 工艺与延迟焦化工艺相比，其产物中干气、焦炭产率低于延迟焦化，液体收率比延迟焦化高 4~10 百分点，焦炭/残炭之比在 1.0~1.3，柴汽质量比降低。同时，原料的残炭越高，RCGT 工艺的焦炭产率更低，焦炭/残炭之比明显低于延迟焦化。

表 4-66　三种不同原料接触裂化中型试验产物分布与延迟焦化产物分布的对比

项　　目	减渣 A		减渣 B		减渣 C	
残炭/%	18.6		19.4		26.3	
工艺	RCGT	延迟焦化	RCGT	延迟焦化	RCGT	延迟焦化
干气产率/%	3.15	5.2	3.51	5.2	4.82	6.3
焦炭产率/%	24.05	26.5	23.74	27.3	26.79	35.5
液体收率/%	72.80	68.3	72.75	67.5	68.39	58.2
焦炭收率/残炭	1.29	1.42	1.22	1.41	1.02	1.35
柴汽质量比	1.30	2.17	1.28	1.78	1.45	1.78

综上所述，RCGT 工艺对不同性质的原料都有较好的适应性，原料性质越差，其焦炭收率/残炭越小(接近 1.0)，越显示出 RCGT 技术的优势。

炼油厂加工高残炭劣质渣油的比例越来越高，延迟焦化装置产生大量的焦炭，这在一定程度上影响了渣油加工的经济性。此外，随着炼油厂加工的原油含硫量日益增高，特别是加工中东原油的比例增大，整个炼油行业的焦化装置面临着进料高硫化的问题。RCGT 技术可以实现高液收、低干气和焦炭产率，解决高硫石油焦利用问题，解决延迟焦化存在的 VOC、焦池、焦炭运输等问题，过剩焦炭原位发生高压蒸汽可以实现该过程的高效、环保，其效率的重要体现是技术和工艺过程的集成来实现在炼油厂中作为公用工程岛的作用。在环保要求日益严格的条件下，RCGT 工艺的特点及优势在未来的炼油厂将会有一定的需求。

第六节　组合技术

一、RICP 技术

在开发渣油加氢处理技术的同时，为了更有效利用宝贵的石油资源，使渣油更多地转化为价值更高、需求更大的轻质油品，我国还开发了一些渣油加工组合工艺技术，其中RICP技术是一个典型代表。

渣油加氢处理(RHT)与催化裂化组合工艺是一条比较理想的渣油轻质化技术路线。该技术优点在于工艺流程简单，并可多生产清洁的车用燃料油，同时做到“零废渣”排放。在通常的渣油加氢处理—催化裂化组合工艺中，渣油经加氢处理后作为催化裂化原料，而催化裂化的重循环油(HCO)直接返回到催化裂化装置中加工。由于HCO含大量多环芳烃，因而轻油收率低，生焦量大，增加了再生器负荷，降低了催化裂化装置的处理量及经济效益。另外HCO硫含量也高，比加氢处理渣油高约2倍，HCO循环加工也使得催化裂化产品硫含量上升。在渣油加氢装置，沥青质在加氢反应过程中易析出并在催化剂上积炭引起催化剂失活较快。为克服上述缺点，石科院提出渣油加氢处理—催化裂化双向组合工艺RICP技术[73]。

RICP技术利用常规渣油加氢处理与催化裂化组合工艺的便利条件，通过改变HCO的循环方式，如图4-55所示，将催化裂化原来自身回炼的HCO改为循环到渣油加氢装置，与渣油原料一起加氢后再返回催化裂化装置进行转化，使HCO在渣油加氢处理和催化裂化两套装置间循环。该技术方案以最简捷的方式，巧妙、有效并且低成本地解决了传统渣油加氢处理与催化裂化组合工艺存在的技术难题。中试结果表明，采用RICP技术，在渣油加氢原料中加入20%的HCO，可显著降低加氢催化剂上积炭量，提高加氢催化剂整体性能，有效促进渣油加氢脱杂质反应速率，为下游催化裂化提供更优质进料，从而使催化裂化总液体产品(汽油+柴油+液化气)收率提高3个百分点。

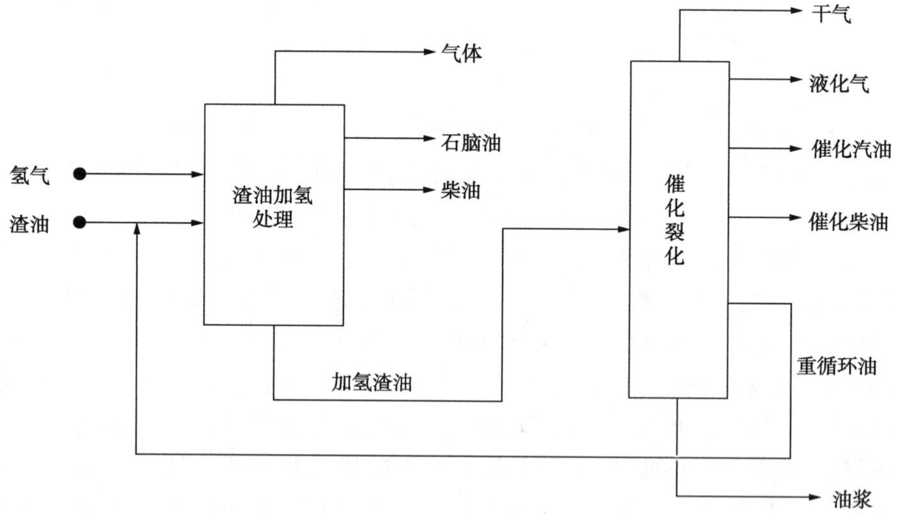

图4-55　渣油加氢处理与催化裂化双向组合技术(RICP)工艺流程示意

由于HCO中携带催化裂化催化剂粉末和少量烯烃，易导致渣油加氢装置催化剂床层上部催化剂表面积炭、床层压降上升等严重问题，因此RICP技术要实现工业应用，就必须尽可能地去除HCO携带的催化裂化催化剂粉末，同时将HCO中含有的少量烯烃对渣油加氢装置的影响减到最小。为此开发了两步法精密脱除HCO中的催化剂粉末新技术，同时对渣油加氢反应器前部所用的保护剂和加氢脱金属催化剂进行特殊形状设计，从而克服了催化剂粉末和少量烯烃可能造成的不利影响，使RICP技术工业应用成为可能。

2006 年 5 月，RICP 技术开始在某公司 150 万吨/年渣油加氢装置和 80 万吨/年催化裂化装置上工业应用。表 4-67 列出的技术标定数据表明，与常规渣油加氢与催化裂化组合工艺相比，在 HCO 仅占渣油加氢装置进料量 6%的条件下，RICP 技术促进了渣油加氢装置杂质脱除率，使催化裂化装置加工加氢渣油的比例提高 3.84 个百分点，同时产品分布明显改善，汽油和柴油总收率提高 1.90 个百分点，低价值产物(油浆和焦炭)收率降低 1.66 个百分点。RICP 技术工业长周期运转结果也表明其增加轻质油产率和降低油浆产率的效果非常显著，为石油资源高效利用提供了有力的技术支撑。除了 HCO 外，掺入渣油加氢处理装置进料中的催化裂化产品还可包括催化柴油和催化油浆轻馏分等。

目前，RICP 技术已技术转让 4 家企业，均取得很好的应用效果[74]。中国石化安庆石化公司渣油加氢装置规模为 200 万吨/年(采用 RHT 工艺)，催化裂化装置规模为 200 万吨/年(采用 MIP 工艺)，两套装置组合成 RICP 技术。渣油加氢和催化裂化装置于 2013 年 9 月底同时投入运转，2013 年 10 月开始投用 RICP 技术。RICP 技术投用后，渣油加氢装置的杂质脱除率明显提高，同时催化裂化装置的总液收明显上升，增加 3.31 个百分点，而油浆和焦炭产率明显下降，分别降低约 3.57 个百分点和 0.62 个百分点。此外，安庆石化公司渣油加氢装置第一周期运转结束后，对废剂上的积炭量进行了分析，结果表明，采用 RICP 技术可以有效降低渣油加氢催化剂上的积炭量，与同类型装置相比降低约 39%。

表 4-67　RICP 技术与常规组合工艺比较

渣油加氢-催化裂化组合方案	RICP	常规组合工艺	差值	渣油加氢-催化裂化组合方案	RICP	常规组合工艺	差值
加氢渣油掺入比例/%	76.44	72.60	3.84	轻循环油	33.28	32.97	0.31
产物分布/%				油浆	2.45	3.54	-1.09
干气	2.02	2.14	-0.12	焦炭	8.09	8.66	-0.57
液化气	13.40	13.53	-0.13	损失	0.04	0.03	—
稳定汽油	40.72	39.13	1.59	总计	100.00	100.00	—

二、IHCC 技术

(一) IHCC 工艺研究

针对劣质原料油特点，对重质原料油转化过程进行了系统的、大量的试验研究。最为典型的试验是在小型固定流化床实验装置上，以茂名加氢重油和大庆蜡油为原料，进行不同转化深度下的干气和焦炭产率及其选择性变化趋势的研究，得到两种不同原料的转化率与干气产率(或选择性)、焦炭产率(或选择性)之间关系。转化率与焦炭产率之间关系如图 4-56 所示[75]。

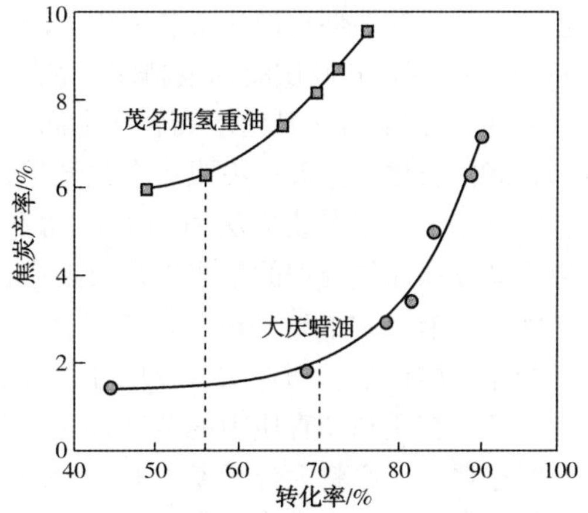

图 4-56　焦炭产率与转化率之间关系

从图 4-56 可以看出，两种原料油的焦炭产率均随转化率增加，一开始缓慢地增加，当转化率达到一定值(称为临界值)后，焦炭产率急剧增加。茂名加氢重油焦炭所对应的临界转化率值均小于大庆蜡油，这表明原料油越重，其临界转化率值越低。干气产率与转化率关系也是如此。因此，当转化率和选择性两者处于最优时，存在着一个最佳转化率区间。将图 4-56 的焦炭产率与转化率之间关系转化为相应的选择性与转化率之间的关系，如图 4-57所示。

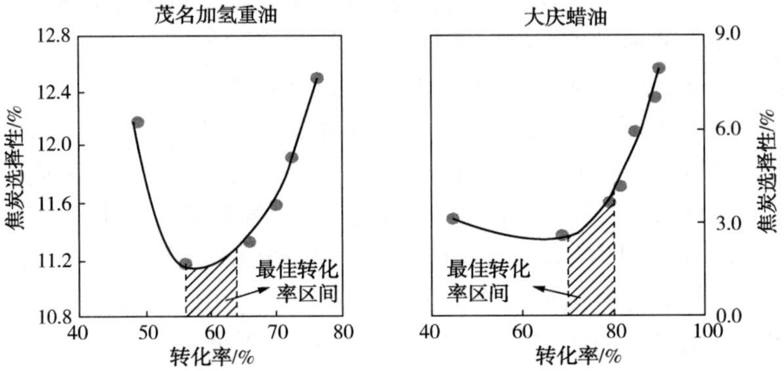

图 4-57　焦炭选择性与转化率之间关系

从图 4-57 可以看出，茂名加氢重油的焦炭选择性最低值对应的转化率为 55%左右，而大庆蜡油的焦炭选择性最低值对应的转化率为 70%左右，两者相差约 15 个百分点。大致推算茂名加氢重油的最佳转化率区间为 55%～65%；而大庆蜡油的最佳转化率区间为 70%～80%。实际上茂名加氢重油采用 FCC 工艺加工时，为了提高重油转化能力，其转化率一般控制在 70%左右，偏离最佳转化率区间约 5～15 个百分点，从而不可避免地造成干气和焦炭产率增加；而大庆蜡油采用 FCC 工艺加工，其转化率正好落在其最佳转化率区间。相对于大庆蜡油，茂名加氢重油的最佳转化率区间提前了 15 百分点，由此可以看出，原料性质越劣质，其最佳转化率区间越低。这是 IHCC 工艺研究与开发的试验基础。

有鉴于此，提出了多产轻质油的催化裂化馏分油(FGO)加氢精制工艺与选择性催化裂化(或称为缓和催化裂化)工艺集成技术(IHCC)的构思。IHCC 工艺的核心技术包括两个子工艺，一是选择性催化裂化工艺或称为缓和催化裂化工艺(HSCC)；二是 HSCC 工艺所生产的 FGO 中的芳烃和胶质经加氢精制工艺进行芳烃饱和，FGO 加氢精制工艺简称为 HAR 工艺。IHCC 工艺实现了从追求高转化率向追求高选择性转变，从原料油分子结构上强化加氢精制和催化裂化工艺流程集成。由此开发出 HSCC 工艺、HAR 工艺、两者集成及专用催化剂、FGO 中固含量分析方法和 FGO 过滤系统等技术与关键设备。选择性催化裂化工艺与催化裂化馏分油加氢处理的集成工艺原则流程如图 4-58 所示[75]。

FGO 含有较多的短侧链多环芳烃、胶质和沥青质，而多环芳烃、胶质和沥青质结构复杂且芳环结构稳定，沥青质、胶质和多环芳烃是结焦前驱体。因此，FGO 加氢处理过程将多环芳烃、胶质和沥青质中的芳环加氢，使它们变为氢含量较高，易于裂化的组分。在加氢精制过程中，原料大分子发生 C—C 键断裂，使产物的摩尔数增加，但原料中的芳烃芳核被加氢饱和时，其产物的摩尔数未增加。因此，产物的摩尔数与原料的摩尔数之比是表征原料中的多环芳烃定向加氢程度的重要参数，其值越大，表示氢气利用率越低，当趋于 1.0 时，

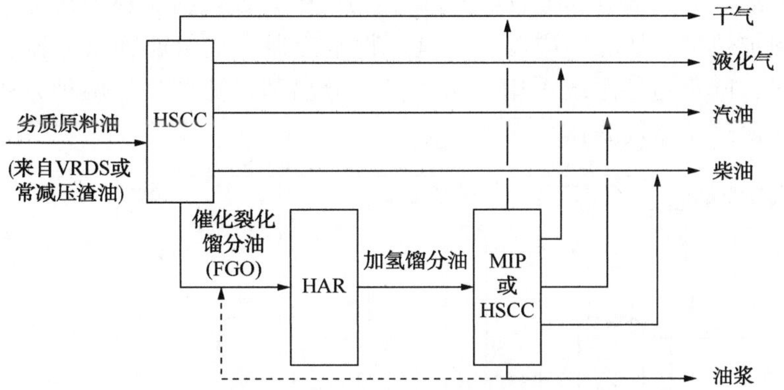

图 4-58　IHCC 工艺原则流程

表示氢气全部饱和芳烃芳核。由于 FGO 中含有较多的短侧链多环芳烃和胶质，相对于劣质重油中的长侧链多环芳烃和胶质，其短侧链不易发生断裂，有利于选择专用催化剂和特定工艺流程对多环芳烃和胶质的芳环进行定向加氢，从而减少烃类 C—C 键断裂后饱和所消耗的氢，从 FGO 加氢精制后的产物摩尔数与加氢处理前的原料摩尔数之比只有 1.09 可以推导出。

在 FGO 加氢精制中，原料中氢含量增加约 2 个百分点，渣油加氢精制后的产物摩尔数与加氢精制前的原料摩尔数之比为 3.62，而在原料中氢含量增加约 1 百分点时，VGO/CGO 加氢精制后的产物摩尔数与加氢精制前的原料摩尔数之比为 1.39，如图 4-59 所示。由此可以看出，在两种加氢精制过程中，原料大分子在加氢催化剂载体上的弱酸中心发生不同程度的饱和烃催化裂化反应，生成小分子烃类，其中烯烃在加氢精制条件下又被饱和。这些小分子烃类部分是低辛烷值汽油，大部分是十六烷值不高的柴油，利用价值较低。这是渣油或馏分油加氢精制工艺不足之处[76,77]。

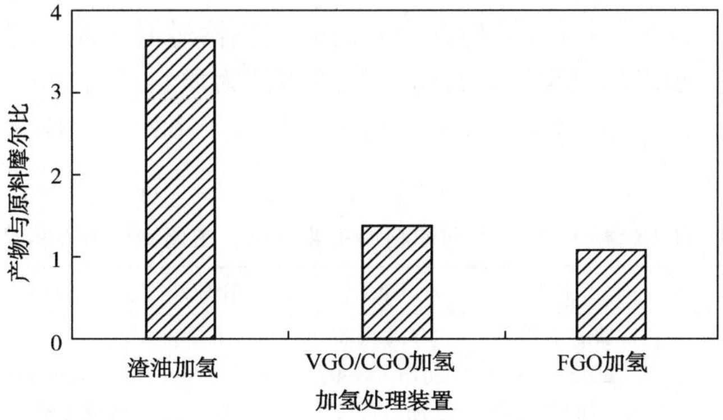

图 4-59　几种加氢精制装置的产物与原料摩尔比

（二）IHCC 工业试验

中国石化清江石化 10 万吨/年催化裂化装置和 3 万吨/年加氢精制装置按 IHCC 工艺技术要求进行改造。改造后的 IHCC 工业试验装置包括 HSCC 装置、HAR 装置、催化剂预处理器和 FGO 过滤系统，其工艺原则流程如图 4-60 所示。HSCC 装置包括反应再生部分和烟气能量回收系统、分馏部分和吸收稳定部分；HAR 装置包括原料油缓冲罐、混合原料换热器、反应进料加热炉、加氢反应器、加氢产物空冷器、加氢产物水冷器、冷高压分离器和循环氢压缩机，FGO 过滤系统采用了重力沉降分离和过滤器过滤两种方式的串联，重力沉降分离在先，而过滤器过滤在后[76,78]。

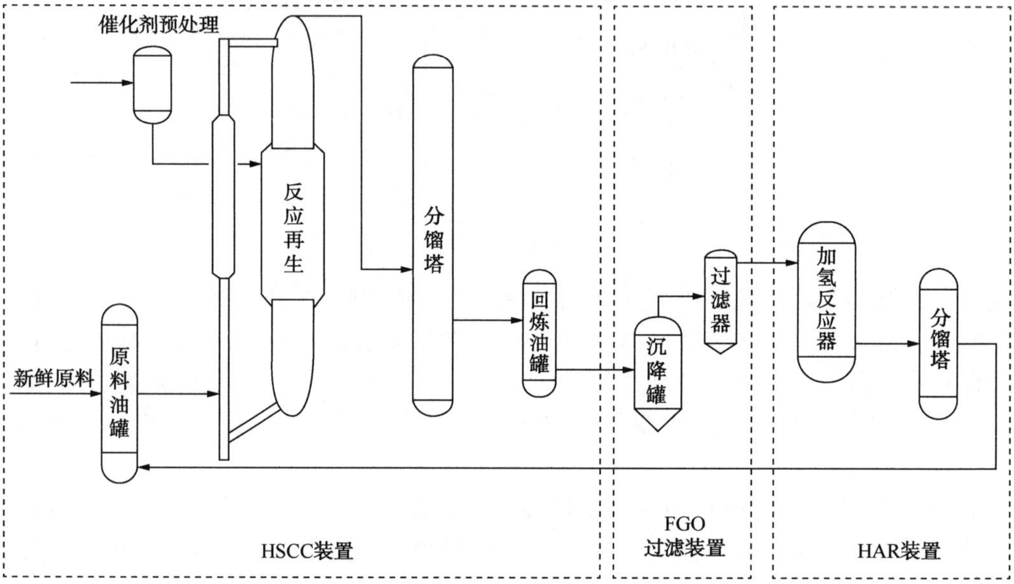

图 4-60　IHCC 工艺流程示意图

2014 年 7 月 28 日 14 时，HAR 装置的加氢 FGO 进入 HSCC 装置原料罐，HSCC 和 HAR 两套装置流程贯通。工业试验期间，FGO 过滤器运行效果很好，不管是常压渣油还是加氢重油，FGO 经过滤后的固含量均小于 4μg/g，过滤器对 FGO 中催化剂颗粒物含量具有很好的适应性并长期保持平稳运转，未出现任何故障，这充分说明了此次试验过滤系统应用是非常成功的。因此，采用带返冲洗功能的金属滤芯过滤器过滤 FGO 这类性质的油品是可行的。IHCC 工业试验分别以加氢重油和石蜡基常压渣油为原料进行运转。FCC 和 IHCC 装置标定时原料油主要性质、主要操作条件和产物分布见表 4-68，汽油性质和轻循环油性质见表 4-69。

表 4-68　IHCC 和 FCC 标定时原料油主要性质、主要操作条件和产物分布

工艺类型	FCC	IHCC	IHCC	FCC	IHCC
标定方案	多产轻质油	多产汽油	多产轻质油	多产汽油	多产汽油
标定日期	2015-06-30	2015-08-08	2015-08-11	2015-06-17	2015-08-14
原料油类型	加氢重油	加氢重油	加氢重油	石蜡基常压渣油	石蜡基常压渣油
原料油性质					
密度/(20℃)/(kg/m³)	928.6	930.6	930.6	899.0	907.3
残炭/%	5.15	4.77	5.06	5.67	5.45
主要操作条件					
重油提升管出口温度/℃	509	495	493	508	512
再生密相温度/℃	699	698	696	703	696

续表

工艺类型	FCC	IHCC	IHCC	FCC	IHCC
反应/MPa(G)	0.130	0.128	0.128	0.128	0.129
再生/MPa(G)	0.177	0.173	0.175	0.178	0.177
产物分布/%					
干气	3.56	2.10	1.94	3.28	2.75
液化气	17.66	14.44	14.05	19.59	16.52
汽油	44.72	50.17	47.44	47.41	49.07
轻循环油	17.67	24.00	28.60	12.81	21.49
FGO		0.42	0.42		0.46
油浆	6.38	0.0	0.0	5.71	0.0
焦炭	9.74	8.98	7.69	10.34	9.25
损失	0.27	0.36	0.35	0.86	0.83
合计	100.00	100.47	100.49	100.00	100.37
轻质油产率/%	62.39	74.17	76.04	60.22	70.56
液体产品产率/%	80.05	88.61	90.09	79.81	87.08

从表4-68可以看出，对于性质相同的加氢重油，FCC装置的液体产品产率为80.05%，而IHCC装置多产汽油和多产轻质油的液体产品产率分别为88.61%和90.09%，IHCC装置的液体产品产率高于FCC装置约8.56个百分点至10.04个百分点。从表4-68还可以看出，对于性质相近的石蜡基常压渣油，IHCC装置的液体产品产率高于FCC装置7.27个百分点。

表4-69　IHCC和FCC装置标定时汽油和轻循环油性质

工艺类型	FCC	IHCC	IHCC	FCC	IHCC
标定方案	多产轻质油	多产汽油	多产轻质油	多产汽油	多产汽油
标定日期	2015-06-30	2015-08-08	2015-08-11	2015-06-17	2015-08-14
汽油性质					
密度(20℃)/(kg/m^3)	739.3	740.7	739.4	724.8	737.3
诱导期/min	>1000	>1000	>1000	>1000	667
元素组成					
碳/%	86.46	86.37	86.29	86.36	86.08
氢/%	13.54	13.63	13.71	13.64	13.92
硫/(μg/g)	228	186	174	571	561
氮/(mg/L)	26	35	30	60	52
族组成/%(体)					
芳烃	23.8	20.2	18.3	16.5	15.4
烯烃	23.8	30.9	34.9	41.8	54.9
饱和烃	52.4	48.9	46.8	41.7	29.7
汽油辛烷值(实测)					
RON	90.3	89.0	89.6	90.9	90.9
MON	80.1	78.7	78.7	80.0	78.7

续表

工艺类型	FCC	IHCC	IHCC	FCC	IHCC
轻循环油性质					
密度(20℃)/(kg/m³)	956.6	927.2	914.0	916.0	920.7
元素组成/%					
碳	90.81	89.97	89.58	89.41	89.05
氢	9.19	10.03	10.42	10.59	10.94
硫	0.369	0.172	0.163	0.361	0.196
氮	0.073	0.0427	0.0428	0.17	0.15
十六烷值	<15.0	19.6	20.3	28.6	32.2

从表4-69可以看出，对于加氢重油，IHCC汽油组成明显地不同于FCC汽油，前者烯烃含量高，约在30%~35%之间，而后者烯烃含量只有23.8%。从表4-69还可以看出，无论是加氢重油，还是石蜡基常压渣油，采用IHCC技术后，轻循环油性质均得到改善，表现为十六烷值明显增加，氢质量分数增加，同时硫、氮质量分数降低。

IHCC工艺开发成功标志着炼油技术从追求高转化率向高选择性转变，强化了脱碳工艺和加氢工艺等不同的炼油工艺之间的组合，从而提高石油资源利用效率，为炼油工艺技术集成提供了范例[79,80]。IHCC工业试验结果表明：对于石蜡基常压渣油原料，IHCC工艺与FCC工艺相比，液体产品产率增加6个百分点以上；对于加氢重油原料，IHCC工艺与FCC工艺相比，液体产品产率增加10个百分点以上。IHCC工艺适合处理劣质重油，增加了炼油厂处理劣质原料油的适应性；同时具有多种不同的产品生产方案，且相互切换更加灵活。

第七节　石油沥青生产

一、概述

石油沥青是主要石油产品之一，常温下是黑色或黑褐色的黏稠液体、半固体、固体，具有良好的黏结性、绝缘性、不渗水性，被广泛用于道路设施、机场跑道、房屋建筑及水利工程等方面。随着我国经济建设的持续发展和炼油工业的不断升级，我国石油沥青的生产也取得了长足发展，2009年石油沥青总产量达到1362万吨[81]，到2018年年底石油沥青总产量达到了4025万吨[82]，品种上也已形成道路沥青、建筑沥青、水利工程用沥青、机场工程用沥青，以及各种改性沥青、乳化沥青等系列产品，其中应用于道路工程的石油沥青约占总产量的80%，国产的石油沥青产品基本满足了国民经济发展的需要。

为了使石油沥青产品具有良好的黏弹、黏结等特殊性能，确保其作为工程实体中的一类特定材料能够表现出良好的使用性能，在石油沥青的生产组织过程中，通常选择含蜡量少的环烷基、环烷-中间基或中间基原油作原料，目前主要采用常减压蒸馏、溶剂脱沥青工艺过程进行生产。作为石油沥青产品化的补充技术，也将减压渣油、脱油沥青以及炼油厂其他适宜的重馏分物料进行匹配，通过高效调合工艺过程实现优质石油沥青的生产。我国辽河油田的欢喜岭原油、新疆春风油田的稠油、渤海湾的绥中36-1原油，以及沙特中质原油、科威特原油、巴士拉原油等进口原油均是生产优质沥青的原料[83~85]。

二、沥青的微观组成结构及其表观流变性质

(一) 沥青的化学元素组成

石油沥青主要由烃类和非烃化合物的复杂混合物组成，化学元素组成十分复杂，且随原油性质及加工条件的变化而不同。

从表 4-70、表 4-71 可以看出，石油沥青的组成以碳、氢为主体，碳氢总量约为 95% 左右，大部分道路石油沥青的氢含量在 10%~11%之间，H/C 原子比在 1.4~1.5 之间。氢含量高、H/C 原子比高的大庆减压渣油和胜利减压渣油不易制得高品质的道路沥青，但可以制得质量较好的建筑沥青及某些特种沥青产品。大庆丙烷脱油沥青和由胜利减压渣油氧化后所得建筑沥青都较原料油的氢含量低，其 H/C 原子比也相应减小，说明通过丙烷脱沥青工艺和氧化工艺，改变了元素组成，从而改变了它们的物理及化学性质。

表 4-70　几种石油沥青的元素组成

名　称	C/%	H/%	N/%	H/C(原子比)	杂原子/%
大庆减渣	86.60	12.50	0.38	1.72	0.90
胜利混合减渣	85.50	11.60	0.77	1.61	2.9
大庆渣油丙烷脱油沥青	86.70	11.00	0.65	1.51	2.3
10 号建筑沥青(胜利减渣氧化)	84.50	10.60	0.71	1.49	4.9
辽河欢喜岭沥青	87.10	10.88	0.72	1.49	2.0
新疆克拉玛依沥青	86.94	11.66	0.67	1.60	1.4
渤海绥中 36-1 沥青	86.76	10.82	0.75	1.49	2.4
新疆塔河沥青	85.97	10.44	0.56	1.45	3.6
沙轻沥青	85.10	10.30	0.22	1.44	4.6
沙中沥青	83.70	10.32	0.46	1.47	6.0
科威特沥青	84.12	10.18	0.45	1.44	5.7
伊朗沥青	85.32	10.42	0.57	1.46	4.3
委内瑞拉沥青	84.76	9.78	0.70	1.37	5.5

此外，如表 4-71 所示，石油沥青中还含有少量的硫、氮、氧、铁、镍、钒、钠、钙等元素，这些杂元素主要存在于沥青的胶质和沥青质中，会对沥青的性质有一定的影响。

表 4-71　几种直馏沥青原料的元素组成

名　称	碳/%	氢/%	H/C(原子比)	硫含量/%	氮含量/(μg/g)	镍含量/(μg/g)	钒含量/(μg/g)	铁含量/(μg/g)	钠含量/(μg/g)	钙含量/(μg/g)
孤岛减渣	85.5	11.40	1.59	2.62	7800	35.00	5.07	31.46	7.50	22.00
塔河减渣>450℃	86.04	9.81	1.36	3.11	4700	61.00	394.00	69.00	460.00	167.00
沙中减渣>560℃	84.91	9.54	1.34	5.19	3600	52.31	165.00	4.89	4.67	
阿曼减渣>500℃	85.98	11.42	1.58	2.33	2700	22.98	26.36	14.95	3.92	
阿拉伯混合油减渣	82.71	10.00	1.44	6.08	3554	36.86	113.50	16.31	0.42	10.71
俄罗斯原油>480℃	86.32	11.78	1.62	1.46	4400	39.81	42.35	15.21		

（二）沥青的胶体组分族组成

沥青是原油中最重的部分，组成结构非常复杂，难以用单体烃表示。研究沥青的化学组成往往利用沥青中不同分子的溶解性、极性及相对分子质量等性质的差别，把沥青分成不同性质的组分，即组分族组成。比较经典的是沥青四组分分析方法，即采用溶剂分离和液相色谱法将沥青分为饱和分、芳香分、胶质、沥青质四个组分。

按照胶体结构理论的解释，沥青是以相对分子质量很大的沥青质为中心，部分重胶质吸附于其周围形成胶束，作为分散相分散在由饱和分、芳香分和部分胶质组成的分散介质中，如图 4-61 所示。沥青的性质在很大程度上取决于四种成分的组合比例和沥青质在分散介质中的胶溶度或分散度。可根据胶体结构将沥青分为溶胶型、凝胶型及溶胶-凝胶型三类[83,86]。通常，道路沥青大多属于溶胶-凝胶型结构，建筑沥青属于凝胶型结构。

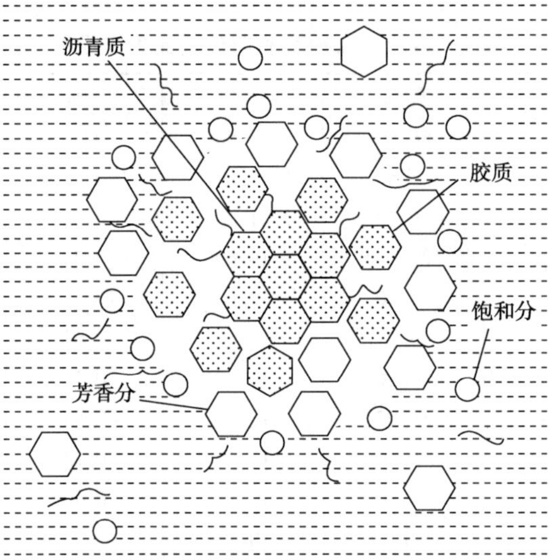

图 4-61　以四组分为基础的沥青胶体结构示意图

为了对沥青某些组分进行更加细致的成分分析研究，会将沥青进一步细分成六组分、八组分或更多的窄馏分。表 4-72 是直馏渣油的四组分与六组分分离数据。

表 4-72　TH 闪蒸渣油组分分离结果

四组分	含量/%	六组分	含量/%
饱和分	36.39	组分 1：饱和分+轻芳烃	50.36
		组分 2：重芳烃	14.26
芳香分	28.48	组分 3：轻胶质	6.73
胶质	18.09	组分 4：中胶质	5.66
		组分 5：重胶质	5.99
沥青质	17.04	组分 6：沥青质	17.00

由表中数据可见，相对于四组分的分离数据，该六组分分离试验，是将芳香分和胶质进一步细分，将重芳烃组分单独分离出来，并将胶质进一步分离成了轻胶质、中胶质和重胶质三个部分。通过渣油的六组分分离，使渣油的组分构成的研究更加细致具体，

便于进一步研究该直馏渣油的组分组成结构和各组分化学成分的解析，如图 4-62 和图 4-63所示。

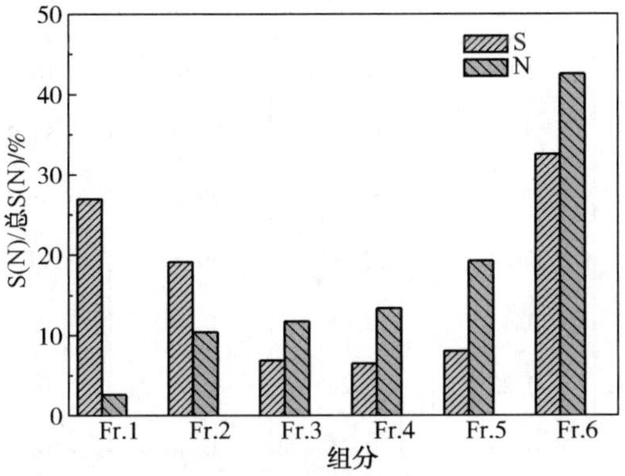

图 4-62　塔河常压闪蒸渣油中硫、氮的分布

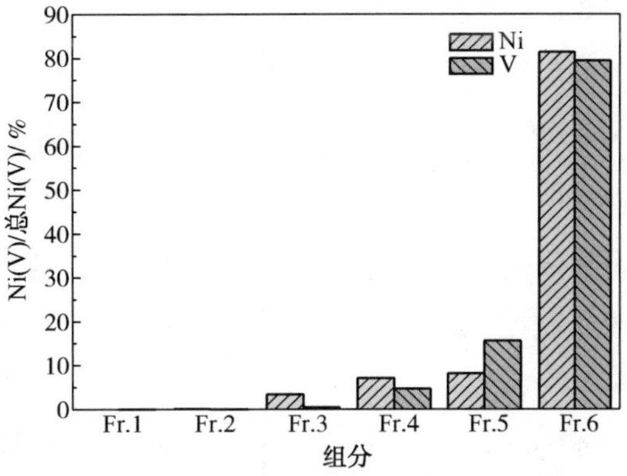

图 4-63　塔河常压闪蒸渣油中镍、钒的分布

（三）沥青的化学结构族组成

沥青的化学结构主要继承了其原料油的特点，也受到生产工艺过程一定程度的影响。为了尽量客观清晰地表征沥青的化学结构，探索沥青的各元素原子之间的联结方式和顺序，通过微观研究提升沥青材料性能的科研实践十分活跃。目前，用于沥青化学结构分析表征的手段主要有凝胶渗透色谱、红外吸收光谱、X 射线衍射图谱、拉曼光谱、荧光光谱、核磁共振吸收光谱、质谱、热分析仪等，通过这些分析仪器的相互配合应用，获得相应的数据信息，解析出沥青的化学结构，使技术人员对不同沥青原料成分、特定性能沥青材料关键组分有了较清晰的认识。

沥青作为直馏渣油的一种产品，其组成物的相对分子质量分布范围从几百到几千，而且由于元素成分、分子形态的多样性，分子结构信息往往不仅有链烷烃特征，也有环烷烃、芳香烃等特征，而且随着沥青原料油来源、加工工艺的不同，其分子结构信息也有所不同。因此沥青化学结构的解析表征主要是基于这种混合物的典型结构特征的认识。一般而言，烷烃成分主要集中在饱和分中，低环芳香烃主要集中在芳香分中，多环烷烃、稠环芳烃主要分布在胶质、沥青质，特别是沥青质分子中的环烷数、芳香环数以及杂环结构最多。

表 4-73 是在渣油六组分分离基础上，通过核磁共振分析技术，对组分 1(饱和分+轻芳烃)、组分 2(重芳烃)、组分 3(轻胶质)、组分 4(中胶质)、组分 5(重胶质)和组分 6(沥青质)化学结构的解析结果。

表 4-73　TH 直馏渣油六组分化学结构参数

分 析 项 目	组分 1	组分 2	组分 3	组分 4	组分 5	组分 6
氢碳原子比(H/C)	1. 75	1. 32	1. 27	1. 26	1. 20	0. 99
总碳数 C_T	27. 21	37. 55	52. 93	92. 94	146. 74	401. 17
芳香碳数 C_A	4. 40	16. 28	23. 80	41. 78	67. 55	224. 51
总环数 R_T	2. 24	5. 67	8. 39	14. 63	27. 86	91. 81

续表

分析项目	组分1	组分2	组分3	组分4	组分5	组分6
芳香环数 R_A	0.60	3.57	5.45	9.94	21.18	73.50
环烷环数 R_N	1.65	2.10	2.94	4.69	6.67	18.31
环烷碳数 C_N	6.58	8.38	11.75	18.74	20.01	54.92
饱和碳数 C_S	22.81	21.27	29.13	51.17	79.19	176.66
烷基碳数 C_P	16.23	12.89	17.38	32.43	59.17	121.74
芳香碳分率 f_A	0.16	0.43	0.45	0.45	0.46	0.56
环烷碳分率 f_N	0.24	0.22	0.22	0.20	0.14	0.14
烷基碳分率 f_P	0.60	0.34	0.33	0.35	0.40	0.30
芳香环系周边碳的取代率 σ	0.56	0.43	0.41	0.49	0.50	0.50
芳香环系缩合度参数 H_{Au}/C_A	0.75	0.70	0.60	0.63	0.37	0.35

由表4-73可见，随着直馏渣油组分从组分1至组分6依次变重，各组分的氢碳原子比(H/C)和芳香环系缩合度参数(H_{Au}/C_A)逐渐减小，总碳数 C_T、芳香碳数 C_A、环烷碳数 C_N、总环数 R_T、芳香环数 R_A、环烷环数 R_N 和芳碳率 f_A 逐渐增大。饱和碳数 C_S 和烷基碳数 C_P 在组分2(重芳烃)中最低。六组分芳香环系周边碳的取代率 σ 都在0.4~0.6之间。

（四）沥青组成与流变性能的关系

沥青作为一类工程材料，主要是利用其在施工应用条件和自然气候条件下所具有的良好流变性能，而沥青的流变性能与其组分构成密切相关。日本饭岛曾对约20种沥青研究发现，沥青的软化点与其四组分的含量之间存在如下关系式：

$$Tc = 1.19\times As - 0.671\times R - 0.682\times Ar - 0.00838\times S + 83.6 \tag{4-7}$$

式中　As、R、Ar、S——沥青质、胶质、芳香分、饱和分的百分含量。

利用上式来计算沥青的软化点计算值与实测值相差不超过3℃。显然，从上式可知，由于沥青质系数的绝对值最大，故对沥青的软化点的贡献最大。而胶质、芳香分、饱和分的系数均为负值，且绝对值较小，表明三者对沥青的软化点影响较弱。

关于沥青的组分构成，按照胶体结构理论解释，沥青质是通过胶质的胶溶裹覆而分散在饱和分、芳香分构成的油分连续相中的，四组分匹配效果基本决定了沥青的胶体溶液类型。经验表明，大多数优质道路沥青属于溶-凝胶型沥青，其饱和分及沥青质含量之和应小于25%，而芳香分及胶质含量之和应大于75%，在这种四组分匹配条件下，沥青中的沥青质含量适当，其拥有较多的胶质作为保护层而形成的胶团之间有一定的吸引力。这类沥青在服役温度条件下，变形最初阶段，表现为非常明显的弹性效应，但当变形增加到一定数值后，则表现为明显的黏性效应，即黏-弹特性。在道路沥青的应用实践中，人们不仅关注沥青各组分匹配是否合理，是否为溶-凝胶类型，是否具有较好的黏-弹特性，而且进一步关注沥青所含的微量成分对沥青性质带来的进一步影响。例如，存在于沥青饱和分中的蜡具有热流冷脆的特点，与石蜡性质相似，对沥青的使用性能影响很大。图4-64展示了胜利

100 号沥青随着这种蜡的增加，沥青的低温延度明显下降，软化点略有升高[87]。为了保障沥青产品具有基本的使用性能，通常道路沥青含蜡量应控制在 3%以下。

此外，王翠红等人基于对表 4-74 所列 8 种典型的国产道路沥青的试验研究发现[88,89]，沥青中的蜡含量与沥青低温性能之间无关联性，沥青中四组分含量与沥青的低温延度和脆点之间无关联性，沥青的四组分含量对弯曲梁蠕变试验中的蠕变劲度 S 和 m 值的影响并非简单地越多越好或越少越好。

基于上述试验研究结果不难发现，只要将道路沥青的蜡含量控制在 3%以内，蜡含量基本不会对沥青性能带来负面影响。而且，在进一步的应用研究中发现，如果这种蜡类物质应用得当，可使道路沥青拥有温拌沥青的性能特点。

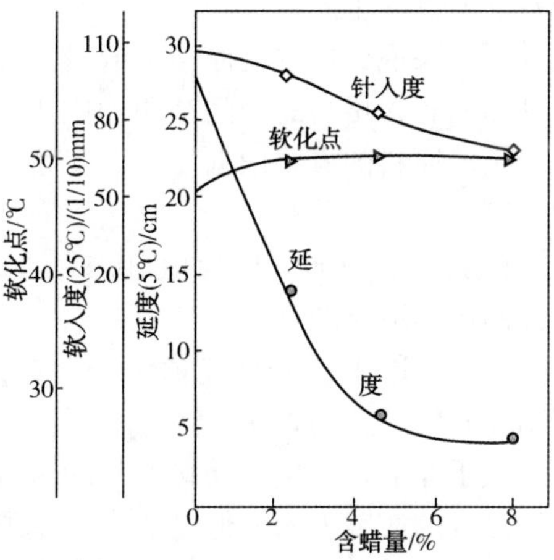

图 4-64　含蜡量对沥青性质的影响

表 4-74　8 种沥青的化学性质及性能

项　目			A-1	A-2	A-3	A-4	A-5	A-6	A-7	A-8
蜡含量(裂解法)/%			2.0	2.0	2.2	2.2	1.4	2.1	1.9	1.9
四组分/%										
饱和分			10.9	10.8	18.2	18.6	8.4	9.2	21.0	9.6
芳香分			51.8	52.7	35.0	34.1	53.5	54.5	34.3	54.7
胶质			26.8	27.1	40.9	47.3	34.1	26.9	38.3	26.1
沥青质			10.5	9.4	5.9	8.4	4.0	9.4	5.9	9.6
延度(10℃，5cm/min)/cm			>150	29	20	>150	115	>150	>150	142
弗拉斯脆点/℃			-14	-16	-12	-18	-16	-16	-16	-16
弯曲梁蠕变	-18℃	S/MPa	350	346	408	318	356	334	366	333
		m	0.285	0.282	0.291	0.330	0.292	0.288	0.263	0.286
	-12℃	S/MPa	142	152	192	128	162	139	174	155
		m	0.357	0.351	0.363	0.408	0.367	0.364	0.338	0.351

三、石油沥青产品的生产与储运

(一) 生产石油沥青的原油要求

生产一种符合规格要求的沥青，其原料中的饱和分、芳香分、胶质和沥青质含量应有一定范围的适宜配比，并应少含蜡组分。

世界各国的石油沥青的生产，基本是在近 1500 种原油中选取约 260 种适宜的油种进行，并尽量通过简短工艺流程、较低加工成本来完成的，并且要注意将选取的适宜原油进行妥善贮存管理和加工，避免其他不适油种的掺入污染。这些适宜的原油产地主要集中在美洲、中东、加勒比海周围诸国和俄罗斯联邦。我国原油多数油种因蜡含量较高，不适合于石油沥青的生产。

一般来说，环烷基原油和低蜡的环烷-中间基、中间基原油适宜于生产沥青产品；而石蜡基原油和含蜡高的中间基原油则不适宜于生产沥青。原油的化学组成特性也是选择石油沥青生产原料的重要依据之一。对于一种原油是否适宜生产道路沥青，以下经验方法可供初步判断：

（沥青质+胶质）/蜡比值<0.5，或>500℃渣油的 H/C 原子比>1.6，则该种原油不易生产高品质的道路沥青；

（沥青质+胶质）/蜡比值>1.5，或>500℃渣油的 H/C 原子比<1.5，则该种原油易于生产高品质的道路沥青。

关于原油资源生产沥青产品的可行性，最终应通过实验室的针对性评价研究进行确认。

已有的实践表明，低蜡的环烷基原油最适宜生产沥青，如我国新疆九区稠油、渤海绥中 36-1 原油及辽河欢喜岭原油等。进口原油中的沙特中质原油、沙特重质原油、科威特原油等，由于蜡含量低，采用适当的加工工艺可生产出高等级的道路石油沥青，一些适合生产沥青的国内外原油的主要性质见表 4-75。

表 4-75 适合生产沥青的国内外某些原油的主要性质

原　油	欢喜岭稠油	SZ36-1	伊朗重质	沙特轻质	沙特中质	沙特重质	阿曼	也门马西拉	科威特	阿拉斯加北坡
API 度			30.5	33.8	31.0	28.0	34.6	31.1	31.4	29.0
密度(20℃)/(g/cm^3)	0.9620	0.9586	0.8699	0.8559	0.8664	0.8872	0.8520	0.8665	0.8647	0.8779
运动黏度(50℃)/(mm^2/s)	340.00	543.00	7.86	8.30	6.53	15.06	13.34	7.47	8.22	9.40
凝点/℃	-19	-2	-16	-28	-31	-32	-3	3	-31	-21
蜡含量/%	1.50	2.78	3.8	3.91	3.5	4.2	1.6	3.9	3.9	1.8
沥青质/%	1.50	1.95	2.2	1.37	2.0	4.80	0.94	1.06	1.49	1.68
胶质/%	37.0	21.44	11.0	5.62	9.1	9.69	7.07	5.61	9.66	10.6
残炭/%	7.51	8.98	6.06	4.09	6.10	7.93	4.36	3.49	4.73	5.51
硫含量/%	0.24	0.34	1.95	1.80	2.64	3.09	1.36	0.554	1.65	1.10
原油分类	环烷基	环烷基	中间基	中间基	中间基	中间基	中间基	中间基	中间基	环烷-中间基

（二）我国道路沥青生产所用原油概况

生产沥青产品的关键是选择适宜的原油，主要选择环烷基原油和蜡含量较低的中间基原油。从 20 世纪 80 年代开始，我国充分利用这部分资源开展国产高等级道路沥青的生产开发，支撑我国高速公路网络建设需要。90 年代初期，我国高速公路、干线公路网络建设进度加快，依托国产原油生产的道路沥青供不应求，只能通过大量进口国外沥青产品来满足道路建设对沥青材料的需求。与此同时，大量的进口原油也开始进入中国市场，其中沙特轻质原油、沙特中质原油、沙特重质原油、科威特原油、阿曼原油、阿拉斯加北坡、委内瑞拉原油、俄罗斯原油等都是较好的沥青生产原料，从而使我国沥青生产原料资源得到拓展，石油沥青产量得到提升。1984 年，我国石油沥青年产量仅约 200 万吨，发展到 2019 年，年产量达到 3000 万吨左右，目前已有部分沥青产品出口国外。

表 4-76 是部分适宜原油通过减压深拔、吹风半氧化或溶剂脱沥青工艺所得的高等级道

路沥青产品，多数沥青的含蜡量小于3%，甚至小于2%，薄膜烘箱试验后的15℃延度均大于100cm。

表4-76　几种道路沥青的性质

沥青品种	针入度(25℃)/(0.1mm)	软化点/℃	延度(15℃)/cm	密度(25℃)/(g/cm^3)	蜡含量/%	薄膜烘箱试验后		
						质量损失/%	针入度比/%	延度(15℃)/cm
辽河欢喜岭								
AH-70	72	47.6	>150	1.013	2.1	-0.31	62.5	>150
AH-90	88	46.5	>150	1.008	2.1	-0.35	60.3	>150
AH-110	101	45.5	>150	1.006	2.0	-0.25	58.9	>150
渤海36-1								
AH-70	70	48.0	>150	1.028	2.0	0.16	71.4	>150
AH-90	92	44.8	>150	1.012	1.8	0.27	63.0	>150
克拉玛依								
AH-70	75	47.6	>150	0.989	2.0	-0.11	66.5	>150
AH-90	84	47.5	>150	0.988	1.7	-0.17	64.7	>150
AH-110	108	43.8	>150	0.978	1.8	-0.24	60.9	>150
沙特中质								
AH-70	67	49.0	>150	1.020	1.6	0.02	70.2	>100
AH-90	90	46.1	>150	1.018	1.8	0.04	66.7	>150
科威特								
AH-70	76	49.0	>150	1.022	1.3	0.07	73.0	>100
AH-90	91	47.0	>150	1.020	1.2	0.16	63.7	>150

（三）蒸馏法生产沥青工艺

采用蒸馏法直接得到的沥青称为直馏沥青。蒸馏法是沥青生产中最简便、生产成本最低的一种方法，沥青总产量中的70%~80%都是用蒸馏法生产的。中国目前所生产的道路沥青中有很大一部分是通过蒸馏工艺直接生产的直馏沥青。合理调整蒸馏设备的操作参数，使塔底得到的石油沥青组分符合某种沥青产品规格时即为石油沥青产品，否则即称为减压渣油。减压渣油可以作为氧化沥青生产工艺、溶剂脱沥青生产工艺或调合沥青生产工艺的原料，进一步进行产品化加工。

多数环烷基原油通过常减压蒸馏工艺过程便能生产出合格的沥青产品，个别种原油甚至仅通过常压蒸馏就能得到沥青产品。环烷基原油在减压蒸馏过程中不易发生裂化反应，因此蒸馏温度可适当提高，曾发现这类原油加热至410℃仍未见有裂化现象。环烷基原油含蜡很少，从这些原油中蒸馏得到的沥青通常便是优质的道路沥青。

适用于生产沥青的中间基原油要比环烷基原油多。这类原油与环烷基原油相比在组成上有很大的差异，通常含有一定数量的蜡。中东地区和美洲中部大陆的大多数原油都属于中间基原油，它们需要用减压蒸馏工艺将含蜡较多的中间馏分油取出，才能生产合格的道路沥青。

生产沥青的蒸馏过程与一般原油常减压蒸馏流程无原则差别。沥青产品的牌号指标——针入度的控制，可通过控制减压塔的拔出率来实现。为了获得较小针入度的沥青，通过适当提高减压炉出口温度、采用多级抽真空提高减压塔的真空度、减压塔底适度汽提，从而提高拔出率。同时，所得减压塔的侧线馏出油一般作为催化裂化和加氢装置的原料，对分馏的精度要求不高，因而可采用填料减压塔，从而大幅度降低减压塔闪蒸段的压力。另外，在生产沥青时，减压塔沥青泵封油最好以重质馏分油代替柴油，减少轻组分对沥青质量的影响。一套加工辽河欢喜岭原油的常减压蒸馏装置的减压蒸馏的工艺流程及操作条件见图 4-65，产品道路沥青性质见表 4-77。

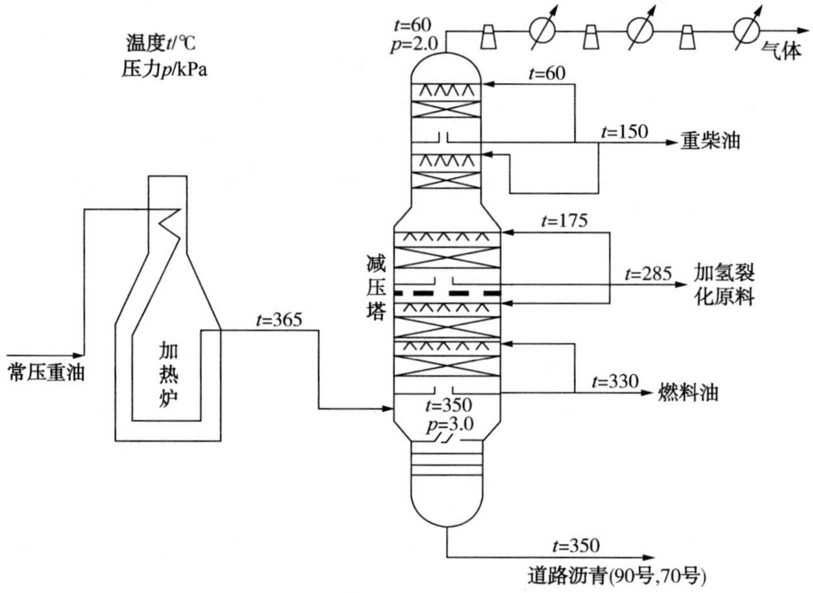

图 4-65　生产道路沥青的减压蒸馏工艺流程

表 4-77　辽河欢喜岭原油直馏沥青性质

馏 分 范 围	>505℃	>510℃	>515℃
收率/%	48.32	47.84	46.21
沥青牌号	AH-110	AH-90	AH-70
针入度(25℃)/0.1mm	110	96	65
软化点/℃	44.0	44.5	48.0
延度(15℃)/cm	>140	>140	>140
蜡含量(蒸馏法)/%	2.1	2.1	2.8
溶解度(三氯乙烯)/%	99.98	99.98	99.92
闪点(开口)/℃	>260	>260	>260
脆点/℃	-4.0	-5.0	-6.5
密度(20℃)/(g/cm^3)	1.0070	1.0100	1.0103
薄膜烘箱试验			
质量损失/%	0.06	0.05	0.05
针入度比/%	54.8	66.2	69.9
延度(15℃)/cm	>140	>140	>140

(四) 氧化沥青生产工艺

氧化沥青生产工艺是将原油的渣油物料在一定温度条件下通入空气，使其组分发生化学反应，产品的软化点升高、针入度及温度敏感度减小，以达到沥青规格要求的指标。通过调整氧化深度，可以生产道路沥青、建筑沥青及其他专用沥青[83,86]。一般浅度氧化(或称半氧化)主要用于生产道路沥青，而深度氧化则用于生产建筑沥青或高软化点沥青。需要注意的是，氧化沥青尾气中通常含有多种有机物成分，包括苯并芘、苯并蒽、咔唑等多种多环芳烃类物质，且多为致癌物质。因此，氧化沥青尾气必须进行净化处理、达标排放。近些年，由于国家的环境保护制度对氧化沥青尾气排放限制越来越严，多数企业放弃了这一生产过程，目前只有少数企业因特定的建筑沥青产品、特种沥青产品生产任务要求，在进一步完善环保措施的基础上，仍然保留着氧化工艺装置。

氧化沥青装置的核心设备是氧化塔，通常采用单塔或多塔串联、并联等组合方式[90]。图 4-66是典型的塔式氧化沥青工艺流程。氧化沥青原料经加热炉加热至所需温度进入氧化塔，空气从塔的下部经空气分配器进入沥青中与其发生反应。氧化后的沥青由沥青泵从塔底抽出打入成品罐，氧化尾气及蒸发出的轻质油分进入塔顶混合冷凝器冷却，然后进入气液分离罐，不凝气由罐顶排入加热炉进行焚烧处理，通常焚烧温度为 850~1050℃。

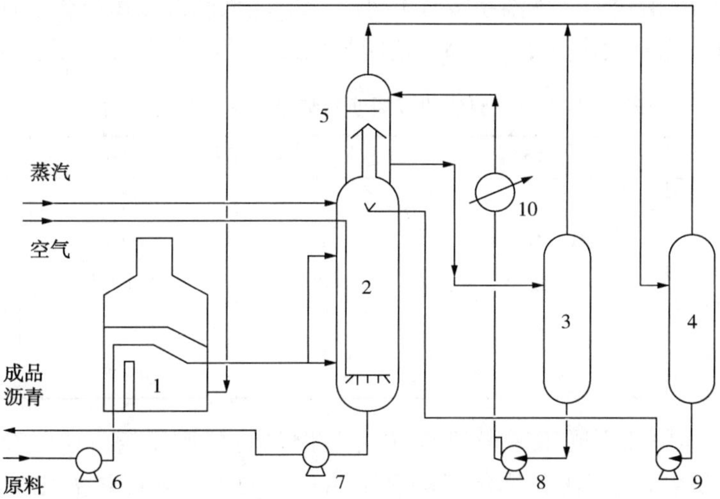

图 4-66　塔式氧化沥青工艺流程

1—加热炉；2—氧化塔；3—循环油罐；4—气液分离罐；5—混合冷凝器；
6—原料泵；7—成品泵；8—柴油循环泵；9—注水泵；10—冷却器

为了提高氧化塔的本质安全和空气利用率，在塔顶设置注水喷嘴，以防止塔顶着火和爆炸；在塔内增设了栅板，以减少返混，并增进气液接触。由于被氧化的减压渣油组成极其复杂，氧化塔内发生的反应也是非常复杂的。研究表明，沥青在氧化过程中，空气中的氧与沥青分子反应，形成了羟基、羧基、羰基和酯基等[91,92]，其中生成的酯类约占氧化沥青中的 60%。氧化反应使沥青的软化点升高，针入度降低、延度下降，沥青变稠、变硬，使沥青产品的胶质、芳香分和饱和分总量下降，沥青质含量升高。

影响沥青氧化反应的主要因素是氧化温度、氧化时间、吹风量，表 4-78 是不同原料氧化沥青加工的典型工艺操作条件。一般而言，对于某些特殊性能要求的氧化沥青的生产，也可以借助于改变原料组成来提高加工效果，或进行催化氧化。对于某些要求高软化点、小针入度的氧化沥青生产，可以采用高温深度氧化方案。对于道路用途的氧化沥青生产，也可以考虑低温大风量的加工方案。

表 4-78　塔式氧化沥青加工的典型工艺条件

原　料	孤岛减压渣油	新疆混合渣油及脱油沥青		阿曼与胜利混合渣油	
产品要求	高软化点沥青	10 号建筑沥青	30 号建筑沥青	10 号建筑沥青	30 号建筑沥青
塔内液面高度/m	10~12.5	13.8~14.6	13.8~14.6	10~13	10~13
氧化时间/h	7~8	7.8~8.0	7.8~8.0	8~15	6~13
塔内液相温度/℃	290~300	290~300	270~280	270~290	260~280
通风量/[m^3/(t·h)]	125~200	85~115	85~115	150~200	130~160
操作方式	单塔连续	单塔连续	单塔连续	单塔连续	单塔连续

表 4-79 为同一原油生产的直馏沥青和半氧化沥青的高低温性能对比，可以看出，半氧化沥青的针入度指数 *PI* 值较大，感温系数 A 较小，具有较低的温度敏感性。而且，氧化沥青的当量脆点 $T_{1.2}$较低，当量软化点 T_{800}较高，说明氧化加工使沥青黏-弹区间得到拓宽。

表 4-79　同一原油的直馏沥青和半氧化沥青性能对比

项　目	直馏 70 号	半氧化 70 号	直馏 90 号	半氧化 90 号
针入度(25℃)/0.1mm	72	73	87	88
针入度指数 *PI*	-1.571	-1.132	-1.646	-1.082
感温系数 *A*	0.0512	0.0477	0.0518	0.0473
当量脆点 $T_{1.2}$/℃	-10.0	-12.3	-10.7	-13.8
当量软化点 T_{800}/℃	45.2	46.9	43.7	45.0

表 4-80 是相同原油不同工艺得到的 70 号道路沥青性质比较，说明经过半氧化工艺制得的氧化沥青产品的针入度比和软化点都有不同程度的提高，经过氧化加工可使沥青的抗热老化、耐高温性能得到改善。

表 4-80　脱油沥青与半氧化道路沥青性质对比

样 品 编 号	沙中氧化	沙中直馏	科特氧化	科特直馏	阿曼氧化	阿曼脱油沥青
原料	沙中减渣	沙中减渣	科威特减渣	科威特减渣	阿曼脱油沥青	阿曼脱油沥青
工艺过程	半氧化	减压蒸馏	半氧化	减压蒸馏	半氧化	溶剂脱沥青
针入度(25℃)/(0.1mm)	75	77	68	68	68	74
延度(15℃)/cm	>150	—	>150	>150	>150	>150
软化点/℃	48.3	45.5	47.7	47.5	50.0	48.0
溶解度(三氯乙烯)/%	>99.5	>99.5	>99.5	>99.5	99.99	99.99

续表

样品编号	沙中氧化	沙中直馏	科特氧化	科特直馏	阿曼氧化	阿曼脱油沥青
闪点/℃	>230	>230	>230	>230	351	341
含蜡量(蒸馏法)/%	1.87	—	1.40	1.40	<2.0	1.60
密度(25℃)/(g/cm^3)	1.02	—	>1.01	>1.01	1.000	1.003
薄膜烘箱试验						
质量变化/%	0.01	0.08	-0.01	—	-0.01	0.01
针入度比/%	70.7	68.8	74	72.1	74.6	71.2
延度(15℃)/cm	>150	13(10℃)	>136	11(10℃)	>150	>150

（五）溶剂脱沥青生产工艺

溶剂脱沥青工艺过程，是利用烷烃溶剂对原油的渣油进行选择性溶解、萃取分离的技术方法。研究表明，溶剂脱沥青工艺技术可以从蒸馏工艺处理的渣油中进一步获得馏程高达650℃甚至更高的液体馏分油，对馏分油提取能力明显高于减压蒸馏技术。

在石油沥青生产过程中，当蒸馏工艺过程难以使渣油稠度有效提高，无法使渣油稠度满足沥青牌号要求的情况下，通常需要将渣油送入溶剂脱沥青工艺过程进行补充加工，从渣油中进一步分离出较轻的油分，使渣油稠度达到沥青产品的指标要求。

此外，当沥青原料中石蜡烃含量较高时，用蒸馏方法无法将蜡含量降到沥青产品指标要求以内，沥青产品不能满足道路沥青规格要求。而且，用这样的原料来进行氧化加工，由于石蜡烃含量较高，其中的饱和分基本上不被氧化，而芳香分及胶质则大量氧化成沥青质和碳青质，使得沥青胶体组分匹配性变差，导致沥青性能劣化。

针对这种石蜡烃含量较高的渣油，采用溶剂脱沥青工艺过程进行加工，经烷烃溶剂的选择性溶解和萃取作用，可以从渣油中分离出富含饱和分脱沥青油，同时得到含胶质和沥青质的浓缩物。前者的残炭低，重金属含量小，可以作为催化裂化和润滑油生产的原料。后者由于饱和分大量脱除，石蜡烃含量可控制到3%以内，可直接或通过调合、氧化等方法，生产沥青产品。

采用溶剂脱沥青的方法，可以通过改变溶剂的种类而获得软化点不同的脱油沥青和不同质量的脱沥青油。溶剂对油的溶解能力随溶剂的相对分子质量的变大而增大，即采用的溶剂越重(例如丁烷、戊烷)，则脱油沥青的软化点愈高，脱油沥青中的蜡含量也愈少。因而对生产沥青的厂家而言，溶剂脱沥青法无疑为生产沥青提供了更多手段。

溶剂脱沥青工艺流程和技术见本章第二节，在此不再重述。

（六）调合沥青生产工艺

调合沥青生产工艺，是利用两种及以上的沥青原料进行比例调合，以目标沥青产品达标生产为目的的沥青生产工艺。

对于石油沥青的生产，在某些情况下无法通过蒸馏、氧化、溶剂脱沥青工艺得到目标沥青产品时，调合沥青生产工艺则显示出优越的灵活性和适应性。

调合沥青生产工艺要把握的基本原则是，应使目标沥青产品的胶体组成通过相关原料的调配后，达到合理的匹配，即：饱和分及沥青质含量之和应小于 25%，而芳香分及胶质含量之和应大于 75%。而且在原料组织过程中，应使原料之间具有功能性作用，换言之，就是各原料在综合性能上具有互补性，并且以目标产品性能达标作为控制依据。

调合沥青生产工艺的基本形式，一种是调合罐工作方式，主要是将调合物料组分分别用泵打入调合罐，并进行循环混合，或在调合罐中安装搅拌器进行搅拌混合。也有的沥青生产装置，在调合罐中通入空气进行搅拌，既达到均质化的目的，也可以调整沥青的某些性能，弥补氧化装置的不足。但这一方法使能耗增加，也带来尾气处理等环保问题，沥青的性能指标变化也不易掌握。

另一种方式是在线调合，调合组分按给定的调合比例经泵送到静态混合器，经混合后连续得到调合沥青产品。调合产品的数量及质量可以通过调整各调合组分的加入比例进行自动控制。

实际生产中也可以将上述两种方案结合使用，既采用调合罐，也采用混合器。图 4-67 就是采用调合罐、混合器结合调合流程示意图。

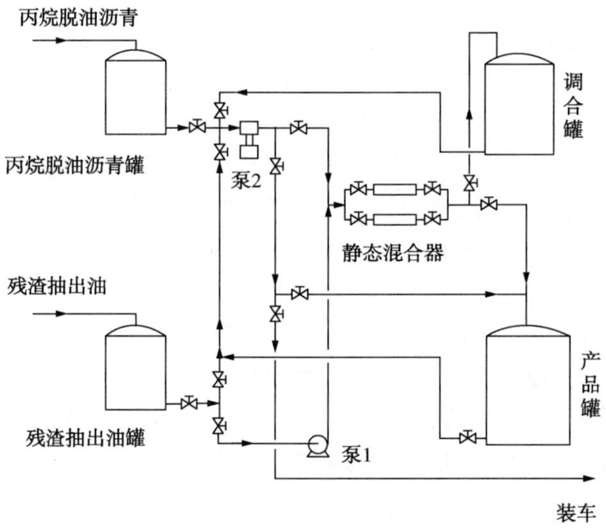

图 4-67　沥青调合流程简图

调合沥青生产工艺的原料匹配可概括为如下三类：

第一类是不同硬度的渣油、脱油沥青、氧化沥青之间的比例调合，这类组合比较常见，主要是为了充分利用炼油厂副产的硬质渣油、脱油沥青进行沥青产品生产。也用于弥补其他工艺单元沥青产品未能达到指标要求的不足，以使目标沥青产品指标全面达标。

第二类是硬度较高的渣油、脱油沥青、氧化沥青与炼油厂副产的富芳烃油进行比例调合，生产特定指标的沥青产品，也是企业提质增效的措施。

第三类是沥青基质原料与沥青改性剂、添加剂进行比例调合，以生产浅度改性沥青产品为目的。需要说明的是，相比于聚合物改性沥青的生产，这类物料组合的沥青生产流程比较简单，适于大规模生产。

由于调合沥青原料往往黏度较大，使其均匀分散的难度较大，所以采用高效的机械分散设备和有效混合温度条件，是调合沥青生产过程中的重要工艺条件因素。

此外，在实际生产实践中发现，同一原油，同一种生产方法生产的两种沥青原料，其调合比例大致符合以下的关系：

$$\lg P = a \times \lg A + (1-a)\lg B \tag{4-8}$$

式中 P——调合沥青的针入度，0.1mm；

A——A 组分的针入度，A 组分是指调合组分中针入度较高的组分，0.1mm；

B——B 组分的针入度，0.1mm；

a——调合比，为 A 组分在调合沥青中的质量分数，%。

对于不同原油、不同生产方法生产的沥青原料的调合，规律性较差。实际生产中，要想得到目标沥青和确定调合组分的比例，还需通过试验加以确认。

（七）改性沥青生产技术

随着道路交通量的不断增加和运输车辆荷载的日益增大，对沥青路面的抗高温车辙、抗疲劳开裂、抗低温缩裂等性能提出了更高要求。为了适应道路功能的苛刻要求，人们开始从沥青路面结构和筑路材料两方面的改进寻求突破。

道路石油沥青作为一类主要的筑路材料，由于沥青相对分子质量较低，相对分子质量分布较宽，力学性能对温度变化敏感，低温时易变脆，高温时易流淌，弹性较差，耐候性和抗老化能力不强，难以满足更高的使用性能要求。研究发现，向沥青中添加相应种类的改性材料制备的改性沥青能够改善沥青的使用性能，提高沥青的抗永久变形能力、抗低温缩裂能力、抗疲劳开裂能力、抗老化能力，增加沥青和石料间的附着力。与道路石油沥青相比，用其铺筑的道路使用周期延长，使用温度范围增宽，路面的抗老化能力和抗车辙能力增强，适用于更加苛刻的气候条件和重载交通。

1. 沥青改性剂及其作用

用于沥青改性的材料大致可以分成以下几类：

第一类：聚合物改性剂。20 世纪中后期，随着化学工业的快速发展，聚合物材料开始被广泛用于沥青改性，这类聚合物又可细分为三类：

（1）热塑性橡胶类。即热塑性弹性体，例如 SBS、SIS，分别由苯乙烯与丁二烯、苯乙烯与异戊二烯嵌段聚合而成，分子中同时具有树脂段、橡胶段。热塑性弹性体类改性剂可同时改善沥青的高、低温性能。

（2）橡胶类。如天然橡胶（NR）、丁苯橡胶（SBR）等，这类改性剂对沥青的高温性能改善不明显，主要用于改善沥青的低温性能。

（3）树脂类。包括热塑性树脂和热固性树脂，前者如乙烯-乙烯乙酸酯共聚物（EVA）、聚乙烯（PE）、聚丙烯（PP）等；后者如环氧树脂（EP）等也可作为沥青改性剂，这类改性剂多用于改善沥青的高温性能。

第二类：化学改性剂。这类改性剂主要是通过化学反应助剂使沥青中的活性组分发生反应，形成大分子结构，使沥青趋向于凝胶化，进而改善沥青的性能，这类改性剂主要改善的是沥青的高温性能，对沥青的低温性能有一定的不利影响。

第三类：天然沥青改性剂。主要包括：湖沥青、岩沥青、油砂沥青等，这类改性剂主要改善沥青的高温性能、抗老化性能和黏附性，对低温性能有一定的不利影响。

第四类：回收材料。以废旧胶粉为主，虽为橡胶，但它与上述橡胶有本质不同，废旧胶粉是充分硫化的橡胶，本身反应性很差，在沥青中主要起填充作用，添加量大，该类改性剂虽不如未硫化的橡胶改性效果明显，但对改善沥青的高低温性能、抗老化和黏附性都有一定帮助。

第五类：其他改性剂。主要包括硅藻土、纤维等，主要改善沥青的高温性能。

在上述改性材料中，聚合物改性剂应用最为普遍，尤以 SBS 为代表，因为 SBS 具有同时改善沥青高低温性能的能力，故已成为目前世界上应用最多的道路改性剂。四种常用的聚合物改性剂对沥青的改性效果评价见表 4-81。由表可知，SBS 类改性剂对路面的各项性能均有提高，是一种比较理想的沥青改性剂。

表 4-81　改性剂对沥青路用性能的影响①

改性剂	抗热疲劳开裂	抗温缩开裂	抗应力开裂	抗磨损	抗老化	抗车辙变形
SBS	+	+	+	+	+	+
SIS	+	+	+	+	+	+
EVA	-	0	+	+	0	+
PE	-	-	-	0	0	+

① +—表示提高；-—表示降低；0—表示基本没有影响。

SBS 系苯乙烯和丁二烯的嵌段共聚物的改性沥青的特点是软化点提高较明显，同时也可适度降低脆点，使筑路沥青材料的黏弹态区间得到拓展，拓宽沥青材料的使用温度范围，在夏季高温炎热多雨的地区，以及冬季寒冷的严寒地区，SBS 改性沥青都能较好地发挥作用。研究表明，SBS 剂量在 3%以上时效果开始显著，在 3%~5%软化点大幅上升，在 4%~6%范围内抗车辙能力有较大提高。

表 4-82 列出了典型的 SBS 改性沥青成品性质，满足 JTG F40—2004《公路沥青路面施工技术规范》的 SBS 类聚合物改性技术要求。

表 4-82　典型的 SBS 改性沥青产品性质

样品牌号	Ⅰ-A	Ⅰ-B	Ⅰ-C	Ⅰ-D
针入度(25℃，100g，5s)/(0.1mm)	102	91	73	58
针入度指数 *PI*	-0.65	-0.32	-0.10	0.45
软化点(环球法)/℃	56	59	65	72
延伸度(5℃，5cm/min)/cm	105	66	48	30
黏度(135℃)/Pa·s	1.02	1.15	1.32	1.75
弹性恢复(25℃)/%	96	92	88	86
离析试验(163℃，48h)，软化点差/℃	0.8	0.3	0.5	0.5
闪点(开口)/℃	298	300	312	315
溶解度(三氯乙烯)/%	99.78	99.65	99.73	99.46
薄膜烘箱试验(163℃，5h)				
质量变化/%	0.28	0.12	0.10	0.10
针入度比(25℃)/%	76	75	80	82
延伸度(5℃，5cm/min)/cm	66	43	32	20

2. 沥青改性技术及应用

随着改性沥青需求的多样性发展和改性沥青生产技术的逐步完善，其生产方式逐步演变成工厂式和现场式两种形态。

1）改性沥青的工厂式生产

改性沥青的工厂式生产，是在固定的专业化工厂进行改性沥青的生产、贮存，平稳地向改性沥青采购方销售。目前，生产改性沥青的专业化工厂通常不是大型炼油企业，而是与炼油企业配套、服务于沥青终端用户的中小型化工企业，或者沥青仓储基地。工厂式改性沥青的单套设备生产能力一般为每小时几十吨，由于改性沥青的生产受施工应用季节影响，一般不能全年连续生产，企业的改性沥青年度总产量一般为几十万吨规模，少则甚至几万吨。改性沥青的基本生产工艺流程是：基础沥青原料与改性剂按一定比例配合，借助胶体磨或者剪切机进行剪切、研磨，使改性剂分散于沥青体系中，并在稳定剂辅助作用下形成改性剂与沥青的相对稳定的体系。

这种生产方式要保证改性沥青在贮存期间不发生改性剂离析、随时供货，所以生产中必须使用相应的稳定剂，改性沥青产品质量比较稳定，可以进行一定时间的热贮存。因此，这种生产方式主要适用于规模较大的改性沥青生产和平稳供货，生产效率较高。

2）改性沥青的现场式生产

改性沥青的现场式生产，是在筑路沥青混合料拌合现场进行，生产组织主要是服务于沥青混合料拌合的需要，所生产的改性沥青原则上不予以长时间储存，而是在较短时间内按照沥青混合料的投料比例，陆续将其泵入到混合料拌合锅中，用于沥青混合料的拌合生产。由于这种改性沥青产品基本是边生产边使用，改性沥青的贮存稳定性往往不作为控制指标，为了降低材料成本、简化生产操作，改性沥青稳定剂的使用有时也被省略。通常，这种生产方式的基本工艺流程是：基础沥青原料与改性剂按一定比例配合，借助胶体磨或者剪切机进行剪切、研磨，使改性剂分散于沥青体系中，这种掺有改性剂的沥青物系被输送到改性沥青产品罐后，一边搅拌、一边间断地泵入沥青混合料拌合锅进行沥青混合料的批次生产。由于现场式改性沥青生产主要是间歇式进行，往往单位时间内生产需求量比较大，所以其生产设备的投资并不比工厂式的节省，只是配套的贮罐规模较小些。

现场式生产改性沥青生产频次高、产量小。通常，在不使用稳定剂时，必须保持改性沥青贮罐的连续搅拌来抑制改性剂的离析。因此，这种生产方式主要适用于灵活性的、规模较小的改性沥青生产和供货，生产效率较低。

（八）其他沥青生产工艺技术

随着炼油企业瞬时加工量的不断提升，适合于炼油工艺生产的沥青种类逐渐减少，诸如各种聚合物改性沥青、彩色沥青、阻燃沥青、环氧沥青的生产，由于其生产工艺与炼油技术相去甚远，且较为复杂，已逐渐转移到沥青产品专业生产厂，仅剩下温拌沥青、增延剂浅度改性沥青、乳化沥青等工艺过程简单的深加工沥青产品，尚保留在部分炼油企业内部。

温拌沥青的生产，是通过调合沥青生产工艺，将温拌添加剂加入到基质沥青中，使沥青的高温黏度降低，从而使混合料的拌和温度下降约 15~30℃，实现沥青混合料的温拌、节能、减排。

增延剂浅度改性沥青的生产，也是通过调合沥青生产工艺，将增延剂加入到基质沥青中，使沥青的延伸度等性能指标得到改善，实现浅度改性沥青产品的生产。

乳化沥青的生产，是将加热熔融的沥青与乳化剂水溶液，按比例泵入胶体磨、或者剪切机进行研磨、分散，使沥青以微滴状态分散于乳化剂水溶液中，形成水包油状的沥青乳液。乳化沥青除广泛地应用在道路工程外，还应用于建筑屋面及洞库防水、金属材料表面防腐、农业土壤改良及植物养生、铁路的整体道床、沙漠的固沙等方面。

近年在我国无碴轨道结构的高速铁路建设中，高铁工程专用乳化沥青发挥了重要作用。这种专用乳化沥青不仅要具备普通乳化沥青的良好性能，而且还要求与水泥相容性好，黏度较大、破乳较慢、抗冻性和耐候性优异。由这种专用乳化沥青与水泥砂料制成的 CA 砂浆，被注入高铁无碴轨道的轨道板与底座板之间，可形成稳固的减振层，提高高速列车行驶的安全性和舒适性。

（九）石油沥青的储运

炼油企业利用炼油工艺过程生产的沥青产品主要有道路用石油沥青，以及少量建筑沥青、乳化沥青，和高软化点沥青加工成的颗粒状沥青产品等。这些沥青类产品进入社会化应用之前的储存和运输过程，涉及到沥青类产品的质量安全和社会环境安全问题，应严格遵守 HSE 相关管理规定，结合产品特点妥善处置。

1. 石油沥青的储存与运输

道路石油沥青产品，通常在炼油厂内采用管道输送、热罐储存，出厂以铁路罐车运输为主，辅以公路罐车运输，有时也用铁桶灌装，或者袋装。铁路罐车要求保温良好，罐内装有加热火管，以备必要时用火焰喷枪来加热沥青，以便卸车，见图 4-68。沥青在热、光、空气中的氧和扰动等其他因素的共同作用下，会发生老化现象，致使沥青的性质有所变化。通常，储存温度越高、时间越长，沥青的质量变劣越明显。对于 90 号道路沥青在储运过程中质量变化的考察表明，在常温下储存老化趋势缓慢，三个月内质量无显著变化。沥青装车温度 150℃，行程 1170km，运行 4~5 天，御车温度仍在 75~85℃，不需加热可以卸车，各项质量指标变化不大。

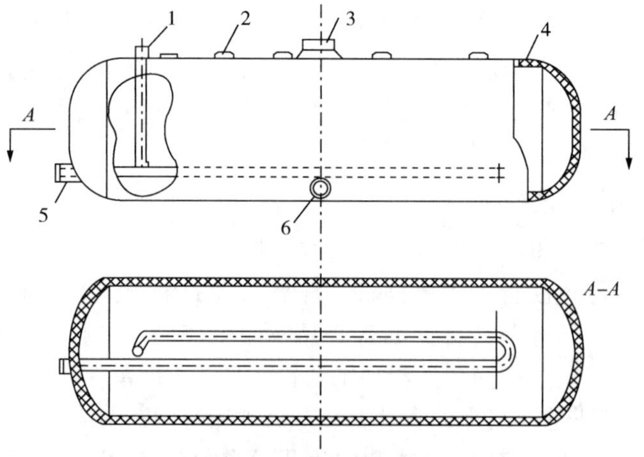

图 4-68　沥青罐车罐体示意图

1—烟筒；2—保温材料填入口；3—人孔；4—填充膨胀珍珠砂；5—火管口；6—排油阀

道路石油沥青船舶运输也是目前常见的沥青运输方式，全球船舶运输的沥青贸易量已超过 4000 万吨。

沥青船在装船、运输及卸船时，对温度都有较严格的要求。装船的温度一般为 95~

150℃；运输过程以导热油循环保温，温度控制在75～95℃范围内；卸船温度一般在100℃左右，用沥青泵通过海洋装载臂将船中的沥青卸入沥青保温储罐，然后再通过所建的辅助设施(如铁路装车台、汽车装车台、纸袋包装系统生产线和灌桶装置)分装铁路保温罐车、汽车罐车、铁桶和纸袋销售外运。

除此之外，袋装形式的沥青软包装运输方式也在不断进行推广应用。沥青软包装采用内衬塑料袋、外衬纸箱对道路沥青进行包装。塑料包装袋的生产以聚丙烯为主要原料，加入各种高分子聚合物及添加剂对其进行改性，能够满足沥青在灌装、储运以及使用时的要求。这种包装袋的优点是在沥青的灌装和储运过程中不易破裂、不发脆、不泄漏、不发黏，并且包装袋和沥青能在一定温度下混熔而不影响沥青产品的性能，不存在环境污染，节约能源、方便运输，极大地方便了用户，是一种较为新颖、环保的沥青包装方式。

综合上述，根据沥青使用部门的接卸条件和对发展多种包装储运方式的需求，从节能的角度出发，减少反复高温加热次数与时间，确保沥青质量稳定，同时保证满足使用部门施工工期内对沥青如期供货的要求。在中国仍以铁路保温罐车储运为主体的情况下，应重点建设和发展适应市场需求的多种包装储运方式。据调查，中国道路石油沥青的运输铁路保温罐车占总量的60%，汽车罐车占28%。纸袋包装是近几年才发展起来的，且发展较快。

2. 建筑沥青和固体沥青的储运和运输

中国固体沥青的成型包装目前主要采用槽形链板式成型机。成型包装流程见图4-69。成型机由自动装料、冷却成型、卸料三部分组成。自动装料机由信号发生器、长行程气动执行机构和装料阀组成，以保证液体沥青按要求的数量准确地注入成型槽内，一般多采用风动射流控制装料系统。

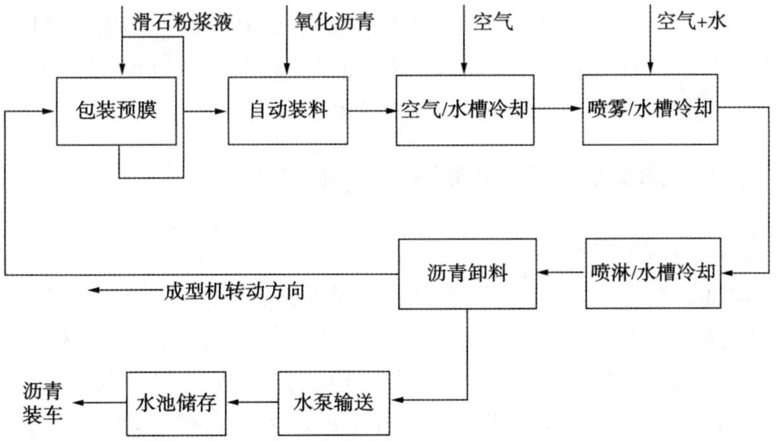

图4-69　沥青成型包装方框流程图

冷却成型是在成型槽中用链条带动行程，通常采用空气和水进行冷却。卸料机构由撞块和撞耳组成。该机构使沥青自动离开成型槽进入水道，水力输送到沥青储存池进一步冷却，然后用门式吊车将沥青从水池中捞出装车，见图4-70。一般按沥青的生产能力和运输条件考虑水池容积。

在铁路运输中，为解决车辆的污染，改善卸车条件，进行了固体沥青集装的运输，一次性集装袋和集装网的使用较为常见。

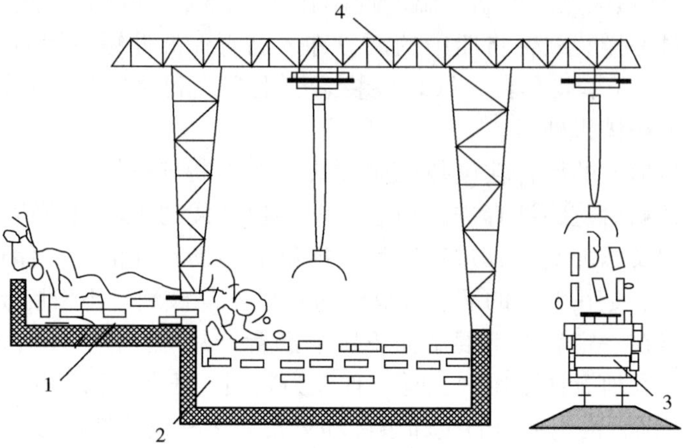

图 4-70　沥青装车示意图

1—输送水泵；2—沥青储蓄水池；3—火车车箱(或汽车)；4—门式吊车

以高软化点沥青加工成颗粒形式的固体沥青产品，通常用作道路沥青、沥青混合料的硬组分添加剂，油田钻井液的添加组分，及其他黏合剂成分等。为了储存、搬运方便，通常以 10~40kg 范围的独立包装袋形式进行包装、储存、运输，为减少袋内固体沥青颗粒板结的可能，储运过程中注意避光、通风，以货架摆放，控制堆放高度。

3. 乳化沥青的储运和运输

乳化沥青的应用日益广泛，乳化沥青含有 35%~40%的水，储存温度一般控制在 60~70℃，要避免温度过高造成水分蒸发而破乳，也要避免冰冻破乳。储罐保温良好时，一般不需要再加温即可输送。乳化沥青以就近加工、就近使用为好，储存时间一般不宜超过一个月。就保证质量和降低成本而言，通常认为运输距离在半径 200km 以内比较合理，桶装、罐装运输均可，尽量避免多次扰动引起的破乳现象。

四、我国道路石油沥青产品和标准的技术水平

（一）我国道路沥青标准的发展

新中国成立初期，公路主要是砂石路面，通常是晴天通车扬土，雨天泥泞断路。20 世纪 60 年代，大庆原油的加工利用，开始了我国渣油路面的历史，道路状况略有好转。伴随着辽河、胜利、新疆等油田的发现、投产，国家道路建设项目也不断上马，1984 年 6 月沈阳-大连高速公路破土动工，这也是我国最早开工的高速公路建设项目，同年 10 月上海-嘉定高速公路也开工建设。为配合我国早期高速公路建设对沥青材料的急需，大连院、石科院、中国石油大学、胜利炼油厂、新疆独山子炼油厂等单位组成联合攻关组，依托国产原油开展了交通道路沥青的研制开发，并率先利用辽河油田欢喜岭稠油成功开发了重交通道路石油沥青产品，填补了我国该项产品的空白，及时保障了沈-大高速公路的建设需要。

伴随着我国道路石油沥青产品从无到有的发展，沥青产品标准化工作也取得了长足进步。最早的相关标准是 1954 年原石油工业部制定的 SYB 1811—1954《石油》，是我国道路石油沥青标准的雏形。随着国家的技术、经济的发展与进步，石油沥青标准化工作的要求也在不断细

化，经过国家标准主管部门、石油或石化行业、交通行业的定期会商、修订，对沥青的标准名称、产品牌号、指标项目、指标数值等进行持续地完善和调整，形成了当下的国家标准 GB/T 15180—2010《重交通道路石油沥青技术要求》、石化行业标准 NB/SH/T 0522—2010《道路石油沥青技术要求》和交通行业标准 JTG F40—2004《道路石油沥青技术要求》并存的局面。在道路石油沥青的国家标准、石化行业标准、交通行业标准中，被采用频度较高的是交通行业标准的 A 级沥青指标要求，其中比较典型的 70A 指标要求见表 4-83。

交通行业标准 JTG F40—2004《道路石油沥青技术要求》既考虑了沥青产品升级引导的需要，也正视了沥青生产水平尚不均衡的现实，综合了国标和石化行业标准的基本信息，例如，蜡含量给出三个层级的要求，延度既保留了 15℃试验温度的要求，也提出了更苛刻的 10℃温度要求。并且，参考了美国的性能分级规范的新理念，引入了气候分区，增加了反映沥青感温性能的 *PI* 值项目，增加了与高温性能密切相关的动力黏度(60℃)，将沥青按照性能指标分成 A、B、C 三个层级。在达到科学、有效地把握沥青品质的同时，也让沥青使用者能够科学、经济地选用沥青材料，使沥青这种社会资源充分服务国家建设，物尽其用。

对标国际先进水平，解决我国沥青路面建设中的实际问题，促进了我国沥青标准水平的提高，也推动了沥青生产技术水平的提高，生产技术水平的提高适应了道路使用的新要求。我国现行道路石油沥青标准及其相关试验方法基本上已与国外发达国家接轨，具有一定的先进性。

(二) 我国道路石油沥青产品质量水平

自 20 世纪 80 年代开始，在我国道路交通网络建设不断展开同时，用于生产沥青的适宜原油资源也随着原油进口量增加而得到充实。在沥青标准化工作和沥青生产技术进步的双重驱动下，我国道路石油沥青产品质量和产量得到大幅度提升，部分沥青产品已开始向国外输出。表 4-83 是国产和进口的 70 号沥青的质量指标的比较，不难发现国产沥青质量水平不仅满足 A 级沥青指标要求，而且与进口沥青性能总体相当，春风塔河沥青在 8 种沥青中质量最好。

表 4-83 国产和进口的 70 号沥青的比较

试验项目	国产沥青				进口沥青				70A 指标要求
	镇海 70 号	金陵 70 号	茂名 70 号	春风塔河 70A	泰普克 70 号	加德士 70 号	SK 70 号	双龙 70 号	
针入度/0.1mm	69	69	71	68	62	75	76	70	60-80
针入度指数 *PI*	-1.04	-1.30	-0.77	-0.83	-1.29	-0.99	-1.42	-1.8	-1.5~+1.0
软化点/℃	48.0	47.6	48.4	50	47.8	47.5	47.0	46.8	≮46
动力黏度(60℃)/(Pa·s)	220	217	245	423	211	191	192	185	≮180
延度(10℃)/cm	35.0	85.4	22.2	102	84.5	>100	92.5	51	≮25
延度(15℃)/cm	>100	>100	>100	>150	>100	>100	>100	>100	≮100
蜡含量/%	1.9	2.0	1.7						≯2.2
闪点(开口)/℃	>260	>260	>260	286	>260	>260	>260	>260	≮260
溶解度/%	99.8	99.6	99.7						≮99.5
密度(15℃)/(g/cm^3)	1.033	1.034	1.031		1.041	1.043			实测记录

续表

试验项目	国产沥青				进口沥青				70A指标要求
	镇海70号	金陵70号	茂名70号	春风塔河70A	泰普克70号	加德士70号	SK70号	双龙70号	
薄膜烘箱试验									
质量变化/%	0.05	−0.03	−0.47	0.03	−0.05	−0.04	−0.12	−0.07	±0.8
针入度比/%	67.7	66.2	61.3	81	71.5	61.1	62.9	67.5	≮61
延度(10℃)/cm	9.0	7.7	7.3	22	8.5	6.5	7.5	8.1	≮6
达标情况	70A	70A	70A	70A	70A	70A	70A	70A	

第八节　含酸原油直接催化脱羧裂化

一、含酸原油的定义、石油酸的组成及特点

含酸原油直接催化脱羧裂化技术(Acid crude oil Catalytic Decarboxylation Cracking，简称ACDC)，以酸值大于0.5mgKOH/g的原油为原料，直接进行催化脱羧裂化反应，生产高价值的低碳烯烃、汽油馏分和LCO馏分等产物。含酸原油密度高、残炭高、金属含量高和轻馏分少，且富含石油酸和石油酸盐，腐蚀性强，破乳难度大，属于重质劣质原油，典型含酸原油的基本性质见表4-84。

表4-84　几种典型含酸原油的基本性质

项　目	旅大	蓬莱	苏丹	奎都	马利姆
密度(20℃)/(g/cm^3)	0.9385	0.9224	0.8996	0.9278	0.9336
运动黏度(80℃)/(mm^2/s)	26.18	20.38	50.16	43.49~50℃	26.90
酸值/(mgKOH/g)	3.71	3.28	3.76	2.25	1.18
残炭/%	5.44	5.67	8.36	6.16	7.26
硫含量/%	0.25	0.32	0.12	0.70	0.77
氮含量/%	0.33	0.42	0.36	0.40	0.50
金属含量/(μg/g)					
铁	11.5	3.5	27.3	15.9	3.4
镍	27.2	25.3	65.3	49.1	19.6
钒	0.6	0.6	0.9	41.0	25.5
钠	4.7	—	—	0.7	—
馏分油含量/%					
<200℃	6.31	7.21	5.26	7.20(<180℃)	5.49(<165℃)
200~350℃	21.88	22.1	14.95	27.76(180~350℃)	23.73/(165~350℃)
350~500℃	32.70	29.73	25.27	34.57(350~540℃)	26.59
>500℃	39.11	40.96	54.52	30.30(540℃)	42.83
特性因数	11.5	11.9	12.3	11.4	11.4
原油类型	低硫环烷基	低硫环烷中间基	低硫石蜡基	含硫环烷基	含硫环烷基

含酸原油中石油酸为一元羧酸，主要包括环烷酸、脂肪酸和芳香酸，其中环烷酸比例大于80%[93~97]。石油酸羧基与环烷有两种连接方式，一种是直接与环烷相连，另一种是羧基通过亚甲基(—CH_2—)与环烷相连。石油酸可用通式 $C_nH_{2n+Z}O_2$表示，式中 Z 为石油酸的缺氢数，$Z=0$ 为脂肪酸，$Z=-2$ 为单环环烷酸，$Z=-4$ 为双环环烷酸，……，$Z=-12$ 为六环环烷酸或芳环并双环羧酸，碳数富集区域介于 $C_{11}\sim C_{45}$之间，以脂肪酸和 1~6 环的环烷酸或芳环并环烷羧酸居多。随着石油馏分沸点的升高，其酸值逐渐增加，图 4-71 是国内外几种典型含酸原油酸值随沸点的分布，石油酸主要集中在含酸原油的重馏分油中。

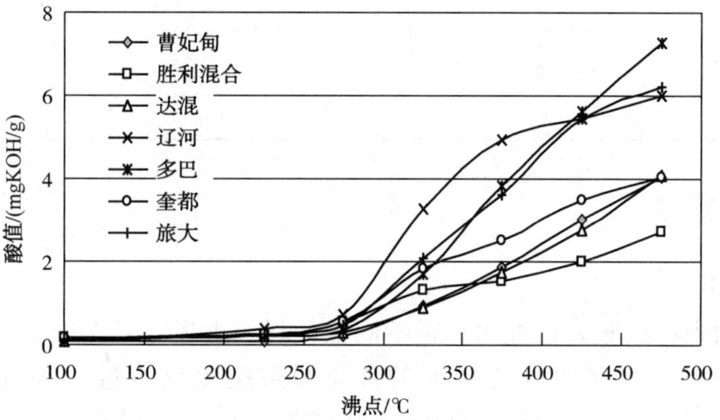

图 4-71　含酸原油馏分酸值随沸点的分布

二、石油酸在酸性催化剂上的反应特性

根据含酸原油中石油酸的类型和分布研究结果，利用分子模拟技术和量子化学理论，系统研究了含酸原油中不同石油酸中原子的电荷分布、键级和在不同催化材料上的反应行为[98]。不同结构石油酸的电荷分布规律基本相同，说明各种石油酸具有相似的化学反应特征。石油酸羧基中 C—O 键的键级均明显高于 C—C 键，与羧基碳原子相连的 C—C 键的键级最低，该键相对较弱，更容易断裂。即羧基容易作为一个整体从石油酸中脱除，将腐蚀性强的石油酸转化为腐蚀性弱的 CO_2 和烃类化合物。

在不同催化材料上，石油酸的转化遵循不同的反应机理。在热载体(惰性材料)上，石油酸或直接脱羧转化为烃类化合物，或通过 C—C 键断裂，转化为小分子石油酸。石油酸热脱羧反应首先电离得到羧酸根负离子，然后异裂释放出 CO_2，并生成带负电荷的烷烃离子，继而与石油酸电离得到的 H^+离子结合，生成烷烃。在具有 B 酸(以 H^+表示)的催化材料上，由于石油酸中羧酸根带有较多的负电荷，H^+离子优先与羧酸根结合，使得羰基碳原子与亚甲基碳原子之间的距离伸长，化学键变弱，$-\overset{\overset{O}{\|}}{C}-O-$ 从石油酸母体分离。在具有 L 酸(如活性氧化铝)的催化材料上，石油酸中的羧基氧原子带有孤对电子和较多的负电荷，L 酸中心铝原子有空轨道，石油酸很容易吸附到铝原子表面，经羟基氢原子的协同作用，使羧基从石油酸母体脱除。表 4-85 为石油酸在热载体、B 酸和 L 酸催化材料上的反应能垒模拟结果，在酸性催化剂上的脱羧反应能垒均低于热载体脱羧反应能垒，特别在 L 酸催化剂上脱羧反应能垒更低。说明 L 酸具有更强的催化脱羧反应能力，为总体技术构思和新型催化剂

的设计提供了理论依据。

表 4-85　热脱羧和催化脱羧反应能垒

分子类型	热裂解脱羧/(kJ/mol)	Brönsted 酸催化脱羧/(kJ/mol)	Lewis 酸催化脱羧/(kJ/mol)
脂肪酸	266.35	259.93	132.80
单环环烷酸	384.88	235.06	181.67
二环环烷酸	336.90	271.11	124.27
三环环烷酸	316.44	242.67	184.14
四环环烷酸	341.35	275.44	122.06
芳香酸	390.19	286.30	119.58
芳香并单环羧酸	383.90	228.39	180.24

三、ACDC 技术

（一）工艺技术

在对含酸原油中石油酸分布规律和在不同催化材料上反应行为充分认识的基础上，采用不同催化材料，对不同类型含酸原油的催化脱羧裂化反应过程进行了系统的探索研究[99~105]。如图 4-72 所示在 480℃和 500℃的反应条件下，含酸原油全馏分在酸性裂化催化剂的作用下催化脱羧率接近 100%，而热脱羧率只有催化脱羧率的 70%左右。试验研究验证了酸性催化材料具有独特的催化脱羧活性的分子模拟结果。

含酸原油的腐蚀性与酸类型和酸值大小有关，脂肪酸和一环环烷酸含量高的原油腐蚀性更强，石油酸腐蚀与硫腐蚀具有相互促进作用，温度、相态和流速是含酸原油腐蚀的敏感参数，图 4-73 是含酸原油在不同温度条件下对不同材料腐蚀速率的研究结果。含酸原油对设备的腐蚀性随操作温度升高而增强，在低于 220℃的温度条件下石油酸对不同金属材料腐蚀速率均较弱，小于 0.10mm/a。不同材质的腐蚀速率随温度升高而增加，尤其是碳钢材质腐蚀速率随温度升高快速上升。

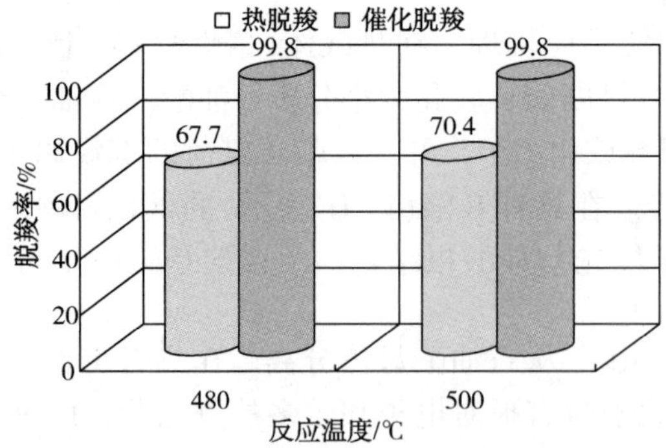

图 4-72　热脱羧与催化脱羧的脱羧率

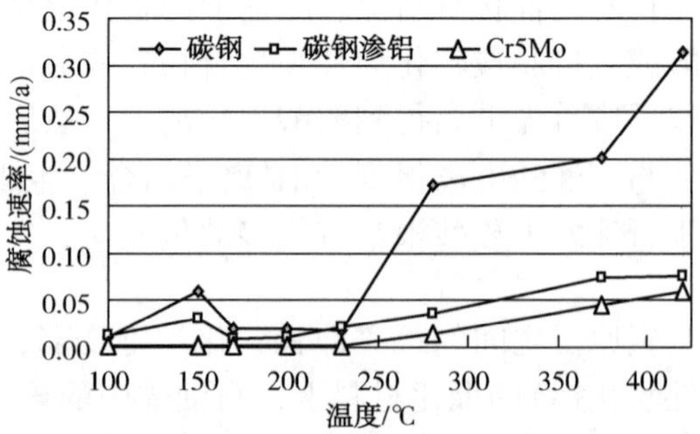

图 4-73　温度对不同材质的腐蚀速率

根据含酸原油对炼油设备腐蚀随温度升高而增强的特性，结合催化裂化工艺低温进料的技术特点，开发了含酸原油在电脱盐后，严格控制预热温度在含酸原油低温弱腐蚀区内，脱后原油直接进行催化脱羧裂化的成套技术。图 4-74 和图 4-75 分别为含酸原油常规加工流程和直接催化脱羧裂化成套新技术流程。常规流程加工含酸原油，常压蒸馏部分需要采用特种耐腐蚀材质，而新技术有效回避含酸原油的高温强腐蚀区，具有流程短、投资省、操作费用低和安全风险低等特点。

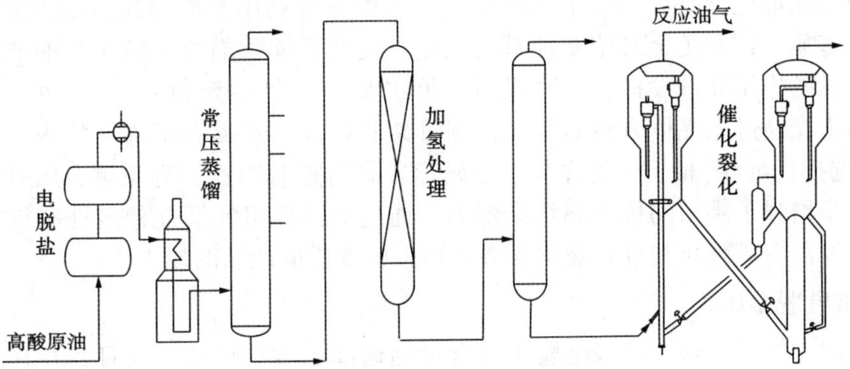

图 4-74　含酸原油常规加工流程

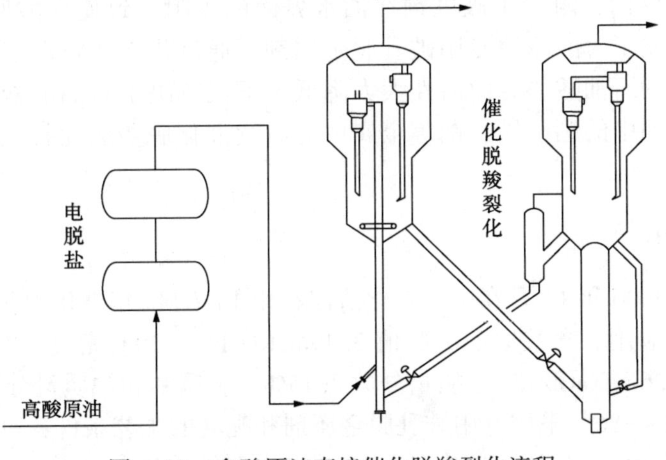

图 4-75　含酸原油直接催化脱羧裂化流程

含酸原油全馏分进入催化裂化提升管反应器底部与高温脱羧裂化专用催化剂接触，由高温催化剂提供热量，直接加热含酸原油，瞬间使其汽化、脱羧、裂化。石油酸在大于 480℃且有酸性裂化催化剂作用下，在提升管反应器中完成脱羧反应过程，同时实现既脱羧又裂化反应，生成高价值石油产品和化工原料。

(二) 脱羧裂化催化剂

针对含酸原油催化加工的特点和难点，加强基质 L 酸中心的催化脱羧的作用，增大基质孔径促进原油大分子的扩散和预裂化，优化基质孔道富集重金属的能力，并通过表面“选择性沉积”稀土提升活性组元的活性稳定性，同时实现含酸原油全馏分催化脱羧和裂化、抗金属污染和生产高价值产品的工艺要求。

基于对含酸原油中石油酸化学反应行为的认识，采用富含 L 酸的活性硅铝基质组分，将基质 L 酸中心数提高 1 倍以上，新型基质对石油酸的催化脱羧率大于 99%，并且基质中氧化铝可与重金属镍生成镍-铝尖晶石结构的化合物，将镍封闭，降低镍的脱氢活性，减少焦炭和干气的生成，确保高价值产品选择性。

通过开发新的基质制备技术，增加基质中孔(10nm 左右)的比例，专用催化剂基质的孔体积较常规裂化催化剂基质增大了 30%以上，可以充分利用基质的孔道富集金属，优先使金属沉积在基质上，避免金属堵塞沸石的孔道，提升了催化剂抗金属污染的能力，以便催化剂活性组元的作用充分发挥，同时提高了重油大分子的可接近性。通过改进沸石制备工艺，促使稀土交换进入晶体方钠石笼，抑制骨架脱铝进一步提高了沸石的水热稳定性，并通过表面“选择性沉淀”稀土，优先与重金属形成高熔点共熔物，避免重金属对沸石骨架的破坏，进一步增强了沸石的抗金属污染能力。通过对活性组元活性稳定性和抗重金属能力的提升，确保了专用催化剂催化裂化含酸原油生成高价值产品的能力。

（三）破乳脱金属剂

含酸原油中的钙、铁、钠等金属不仅含量远远高于常规原油，而且其存在形式显著不同。常规原油中的钙、铁、钠主要以无机盐的形式存在，而含酸原油中钙、铁、钠等金属主要以既亲水又亲油的石油酸盐形式存在，石油酸盐的界面活性远远高于石油酸，这些石油酸盐吸附在油水界面，阻碍了破乳剂在油水界面的吸附，致使含酸原油破乳异常困难。基于以上认识，开发了含酸原油专用破乳脱金属剂，通过化学法将双亲性的石油酸盐转化为亲水的盐和亲油的石油酸，界面活性大大降低。不仅解决了石油酸盐引起的破乳难的问题，而且脱除了原油中的钙、铁、钠等金属，为后续催化脱羧裂化提供了钙、铁、钠含量较低的原料。

四、工业应用

ACDC 技术于 2006 年 11 月在中国石化清江石化 13 万吨/年催化裂化装置及配套的电脱盐装置上进行工业应用。含酸原油的酸值 3.49mgKOH/g、20℃密度 0.9031g/cm^3、残炭值 7.79%、盐含量 44.6mgNaCl/L、水质量分数 3.15%、金属钠和铁质量分数分别为 52.3μg/g 和 12.5μg/g，见表 4-86。采用专用破乳脱金属剂和配套的工艺条件，电脱盐单元的脱盐率为 87.44%，脱水率为 97.14%，脱钠率为 92.73%，脱铁率为 48.80%，见表 4-87。催化脱羧裂化单元在平衡裂化剂上金属镍含量高达 24000μg/g 和金属污染总量超过 40000μg/g 时仍表现出良好的活性稳定性和高价值产品选择性，液化气+汽油+LCO 的收率达到 81.74%，丙烯收率为 6.89%，见表 4-88 和表 4-89。催化裂化汽油和柴油的酸度分别为 0.27mgKOH/(100mL)和 1.8mgKOH/(100mL)，催化油浆的酸值为 0.05mgKOH/g，与常规催化裂化原料的酸值(度)相当，催化脱羧裂化单元的脱羧率为 99.8%。

停工检查设备腐蚀情况，原油系统、反应系统和分馏塔器等均未发现异常腐蚀现象。ACDC 技术于 2007 年 11 月在中国石化高桥石化 90 万吨/年催化裂化装置及配套的电脱盐装置上进行工业应用，通过高温定点超声波测厚、电感腐蚀探针在线监测、氢通量监测、Fe 离子平衡分析等多种技术手段在线监测高酸原油加工过程中的设备和管线腐蚀情况，印证了 ACDC 技术生产过程的安全性。同时电脱盐单元的脱盐脱水脱金属效果和催化脱羧裂化单元的脱羧率和产物分布均达到 ACDC 技术水平。

表 4-86　工业应用含酸原油性质

项　目	原油	脱后原油	项　目	原油	脱后原油
密度(20℃)/(g/cm³)	0.9031	0.9015	元素组成/%		
			碳	84.46	86.29
黏度(50℃)/(mm²/s)	225.9	165.9	氢	12.77	12.65
黏度(80℃)/(mm²/s)	54.50	44.0	硫	0.14	0.15
凝点/℃	34	35	氮	0.37	0.36
			金属含量/(μg/g)		
酸值/(mgKOH/g)	3.49	3.70	铁	12.5	6.4
残炭/%	7.79	7.60	钙	6.2	5.1
水分/%	3.15	0.09	钠	52.3	3.8
			镍	57.4	60.4
盐含量/(mgNaCl/L)	44.6	5.6	钒	3.3	3.4

表 4-87　电脱盐单元盐、水和部分金属平均脱除率

项　目	一级脱除率/%	二级脱除率/%	总脱除率/%
盐	73.09	53.33	87.44
水	95.87	30.77	97.14
金属			
钠	78.01	66.96	92.73
铁	23.20	33.33	48.80
钙	1.20	16.39	17.74

表 4-88　催化脱羧裂化单元物料平衡

项　目	数　据	项　目	数　据
物料平衡/%		焦炭	10.24
干气	3.49	损失	1.11
液化气	19.46	合计	100.00
汽油	39.36	汽油+LCO/%	62.28
LCO	22.92	液化气+汽油+LCO/%	81.74
油浆	3.41	丙烯产率/%	6.89

表 4-89　平衡裂化催化剂性质

项　目	数　据	项　目	数　据
		金属含量/(μg/g)	
表观密度/(g/cm³)	0.86	铁	4600
		镍	24000
孔体积/(mL/g)	0.15	钒	2100
比表面积/(m²/g)	93	钠	2520
		锑	5400
活性/%	59	钙	2000

ACDC技术成功解决了含酸原油加工中遇到的高温腐蚀、难破乳和高金属污染等世界级难题，根除了安全生产的高风险问题。ACDC技术不受原油酸值限制，填补了催化裂化直接加工含酸原油的技术空白，对我国充分利用来源广泛的廉价含酸石油资源，保障国家能源安全战略和提高炼油企业经济效益具有重大意义。

参考文献

[1] 瞿国华．延迟焦化工艺与工程[M].2版．北京：中国石化出版社，2017.

[2] 罗渝然．化学键能手册[M]. 北京：科学出版社，2005：22-27.

[3] 甘丽琳，徐江华，李和杰．可调循环比的延迟焦化工艺[J]. 炼油技术与工程，2003，33(10)：8-10.

[4] 杨成炯，魏鑫，朱华兴，等．延迟焦化装置密闭除焦技术现状与进展[J]. 炼油技术与工程，2018，48(1)：33.

[5] 李和杰，杜翔．延迟焦化焦炭塔操作安全控制系统[J]. 炼油技术与工程，2013，43(9)：40-42.

[6] 韩亚文.2018年针状焦市场回顾及当前市场格局[N/OL]. CBC金属网/中国碳素石墨网.2019-02-01[2019-11-10]. http：//www. cbcie. com/news/799953. html.

[7] 程之光．重油加工技术[M]. 北京：中国石化出版社，1994：430-512.

[8] Bland W F. Propane Deasphalting in Petroleum Processing Hand Book[M]. New York：Mc Graw-Hill，1967.

[9] 陈秀励，于桂珍，范耀华．用高效液体色谱法分析石油沥青的族组成[J]. 石油炼制，1982，(3)：29-32.

[10] 瞿国华，章近忠．石油硬沥青造气制合成氨工艺初探[J]. 石油炼制，1986，(3)：1-6.

[11] 张成芳，朱子彬，徐懋生，等．多孔管分布器流体均布的设计[J]. 石油炼制，1980，(10)：17-28.

[12] 张德勤．石油沥青的生产与应用[M]. 北京：中国石化出版社，2001，272-285.

[13] 潘从锦，范良学，侯丹丹，等．两套不同丙烷脱沥青装置的工艺技术及运转效果对比分析[J]. 石油炼制与化工，2014，45(12)：59-62.

[14] 赵凯．ROSE技术在溶剂脱沥青工艺中的应用及优化[D]. 东营：中国石油大学(华东)，2016.

[15] 李德飞．溶剂脱沥青专利技术及其应用[J]. 当代化工，2005，34(1)：4-7.

[16] 陈延军．溶剂脱沥青装置的可行性研究[D]. 北京：北京化工大学，2012.

[17] 蒋福康，祖德光，龙军，等．渣油轻质化的组合工艺[J]. 炼油设计，1997，27(3)：26-29.

[18] 黄维章，倪晓亮，胡和平．溶剂脱沥青-蜡油掺脱沥青油加氢-沥青造气组合工艺应用[J]. 石油炼制与化工，2003，34(9)：11-16.

[19] 蔡智．溶剂脱沥青-脱油沥青气化-脱沥青油催化裂化组合工艺研究及应用[J]. 当代石油石化，2007，15(4)：16-20.

[20] 杨光华．重质油及渣油加工的几个基础理论问题[M]. 东营：石油大学出版社，2001.

[21] 梁文杰．重质油化学[M]. 东营：石油大学出版社，2000.

[22] 刘建锟，杨涛，贾丽，等．掺炼催化循环油的沸腾床与催化裂化组合技术开发[J]. 现代化工，2015，35(1)：140-144.

[23] 孟兆会，方向晨，杨涛，等．沸腾床与固定床组合工艺加氢处理煤焦油试验研究[J]. 煤炭科学技术，2015，43(3)：134-137.

[24] 刘建锟，杨涛，方向晨，等．沸腾床渣油加氢与焦化组合工艺探讨[J]. 石油学报(石油加工)，2015，31(3)：663-669.

[25] 杨涛，刘建锟，耿新国．沸腾床-固定床组合渣油加氢处理技术研究[J]. 炼油技术与工程，2015，45

(5)：24-27.
[26] Kressmann S，Boyer C，Colyar J J，et al. Improvements of ebullated-bed technology for upgrading heavy oils [J]. Oil & Gas Science and Technology，2000，55(4)：397-406.
[27] Kam E K T，Jasam F，Almashan M. Catalyst attrition in ebullated-bed hydrotreator operations[J]. Catalysis Today，2001，64(3)：297-308.
[28] Ruiz R S，Alonso F，Ancheyta J. Effect of high pressure operation on overall phase holdups in ebullated-bed reactors[J]. Catalysis Today，2004，98：265-271.
[29] 方向晨. 国内外渣油加氢处理技术发展现状及分析[J]. 化工进展，2011，30(1)：95-104.
[30] Liang-Shih F. Gas-Liquid-Solid Fluidization Engineering[M]. Butterworth Publishers，1989：12-254.
[31] Cheng Zhenming，Huang Zibin，Yang Tao，et al. Modeling on scale-up of an ebullated-bed reactor for the hydroprocessing of vacuum residuum[J]. Catalysis Today，2014，220-222(5)：228-236.
[32] Mustafa Embabay. Shuaibarefinery experiences with H-oil unit[J]. Study in Surface Science and Catalysis，1989，53：165-173.
[33] Al-Dalama K，Stanislaus A. Comparison between deactivation pattern of catalysts in fixed-bed and ebullating-bed residue hydroprocessing units[J]. Chemical Engineering Journal，2006，120：33-42.
[34] Rana M S，Sámano V，Ancheyta J，et al. A review of recent advances on process technologies for upgrading of heavy oils and residua[J]. Fuel，2007，86(9)：1216-1231.
[35] N/A. Nippon Ketjeu introduces new catalysts for residue hydrotreating[J]. Focus on catalysts，2011-06-05.
[36] Stoop F，Kraus L. Resid hydrotreating[J]. Catalysts courier，2001，(47)：8-12.
[37] Lindsley，John F，Goldstein，et al. Catalyst for hydroconversion of heavy oils and method of making the catalyst：US，US4652545[P]. 1987.
[38] 韩来喜，王云. 沸腾床加氢 FFT-1B 催化剂的首次国产化工业应用及性能评价[J]. 石油炼制与化工，2013，44(11)：19-22.
[39] 杨涛，孟兆会，陈新，等. 一种沸腾床外排含油废催化剂处理方法：中国，CN201310503586.9[P]. 2013.
[40] 朱慧红，刘杰，孙素华，等. 一种不同失活程度的沸腾床渣油加氢催化剂的分离方法：中国，CN201210408250.X[P]. 2012.
[41] 孟兆会，杨涛，贾丽，等. 渣油沸腾床加氢反应体系稳定性研究[J]. 石油炼制与化工，2013，44(12)：66-69.
[42] 刘东，韩彬，崔文龙. 重油加氢分散型催化剂的研究现状与进展[J]. 石油学报(石油加工)，2010，26(S1)：124-130.
[43] Bianco A D，Panariti N，Garlo S D，et al. Thermocatalytic hydroconversion of heavy petroleum cuts with dispersed catalyst[J]. Applied Catalysis A General，1993，94(1)：1-16.
[44] 郭强，高雄成，艾克利. 悬浮床加氢裂化技术在煤油共炼装置的应用[J]. 中国石油石化，2017，(4)：45-46.
[45] 刘杰. VCC 悬浮床加氢裂化技术：煤油共炼装置开车运行及商业化方面的进展[C]//2015 年中国煤化工产业精细化发展高峰论坛，青岛：2015-08.
[46] Montanari R，Rosi S，Panariti N，et al. Convert heaviest crude and bitumen into extra-clean fuels via EST—Eni slurry technology[C]. NPRA Annual Meeting，AM-03-17. San Antonio，2003-03-23.
[47] IHS Chemical Hydrocracking by Slurry Process [J]. PEP Report 211C. 2017-11.
[48] Giuseppe B，Giacomo R，Aiberto L，et al. Hydroconversion of heavy residues in slurry reactors：Developments and perspectives[J]. Journal of Catalysis，2013，308(12)：189-200.
[49] Rice F O，Herzfeld K F. Thermal decomposition of the organic compounds from the standpoint of free radicals Ⅵ：

the mechanism of some chains reactions[J]. Journal of American Chemical Society, 1934, 56: 284-289.

[50] Kossiakoff A, Rice F O. Thermal decomposition of hydrocarbons, resonance stabilization and isomerization of free radicals[J]. Journal of American Chemistry Society, 1943, 65(4): 590-595.

[51] Gray M R, William C M. Role of chain reaction and olefin formation in cracking, hydroconversion, and coking of petroleum and bitumen fractions[J]. Energy & Fuels, 2002, 16(3): 756-766.

[52] Alshareef A H, Scherer A, Tan Xiaoli, et al. Effect of Chemical Structure on Cracking and Coking of Archipelago Model Compounds Representative of Asphaltenes[J]. Energy & Fuels, 2012, 26: 1828-1843.

[53] Rosa I R. Characterization of Asphaltene Building Blocks by Cracking under Favorable Hydrogenation Conditions[J]. Energy & Fuels, 2013, 27: 1817-1829.

[54] Dechaine G P, Gray M R. Chemistry and Association of Vanadium Compounds in Heavy Oil and Bitumen, and Implications for Their Selective Removal[J]. Energy & Fuels Review, 2010, 24(5): 2795-2808.

[55] Gray M R. Consistency of asphaltene chemical structures with pyrolysis and coking behavior[J]. Energy & Fuels, 2003, 17(6): 1566-1569.

[56] 侯焕娣．群岛型/大陆型芳烃催化临氢热转化反应化学研究[D]．北京：石油化工科学研究院，2014.

[57] Zahradnik J, Fialova M R, Drahos J, et al. Duality of the gas liquid flow regimes in bubble reactors[J]. Chemical Engineering Science, 1997, 52(21/22): 3811-3826.

[58] Krishna R, Sie S T. Design and scale-up of the Fisher-Tropsch bubble slurry reaction[J]. Fuel Processing Technology, 2000, 64(1/3): 73-105.

[59] 于志刚．神华煤液化反应器结构设计[J]．一重技术，2007(2)：15-16.

[60] Rispoli G. EST complex in Sannazzaro Refinery: Maximizing value from the bottom of the barrel[C].. ERTC 18th Annual Meeting, Budapest, Hungary, 2013-11-20.

[61] Farshid D, Renolds B. Process for upgrading heavy oil using a highly active slurry catalyst composition: US, US20070138055A1[P]. 2007.

[62] Lott R K, Cyr T, Lee L K, et al. Process for reducing coke formation during hydroconversion of heavy hydrocarbons: Canada, CA 2004882[P]. 1991-06-07.

[63] Khulbe C P, Ranganathan R, Pruden B B. Hydrocracking of heavy oils/fly ash slurries: US, US04299685[P]. 1981.

[64] Drago G D, Gultian J. The development of HDH process-a refiner tool for residual upgrading[J]. Div Petrol Chem, ACS, 1990, 35(4): 584-592.

[65] 王英杰．重油悬浮床加氢工业放大试验研究[D]．大连：大连理工大学，2007.

[66] 任锐，王宗贤，管翠诗，等．渣油浆态床临氢热转化水溶性催化剂预硫化研究 I 硫化条件对硫化催化剂物种及分散度的影响[J]．燃料化学学报，2005，33(3)：293-298.

[67] 刘升．渣油浆悬浮床加氢裂化技术的工业试验研究[D]．东营：中国石油大学(华东)，2010.

[68] MCT 超级悬浮床技术开发与工业实践[C]．北京：2017 年重质原油加工技术会议，2017.

[69] 世界最大煤焦油 MCT 加氢项目奠基[J]．能源化工，2016，37(6)：73.

[70] 门秀杰，张书红，王子军，等．一种加工劣质重油的方法：中国，CN102234534A[P]．2010-04-28.

[71] 侯小敏，汪燮卿，徐广通，等．硅铝材料酸性和孔径对减压渣油接触裂化性能的影响[J]．石油学报(石油加工)，2019，35(6)：1046-1051.

[72] 张书红．劣质重油接触裂化-焦炭气化一体化技术探索研究[D]．北京：石油化工科学研究院，2012.

[73] 聂红，杨清河，戴立顺，等．重油高效转化关键技术的开发及应用[J]．石油炼制与化工，2012，43

(1)：1-6.

[74] 张杨，彭国峰，黄富. 催化裂化装置实施 RICP 技术的工业应用[J]. 石油炼制与化工，2017，48(1)：19-21.

[75] 许友好，戴立顺，龙军，等. 多产轻质油的 FGO 选择性加氢工艺和选择性催化裂化工艺集成技术(IHCC)的研究[J]. 石油炼制与化工，2011，42(3)：7-12.

[76] 许友好，刘涛，王毅，等. 多产轻质油的催化裂化馏分油加氢处理与选择性催化裂化集成工艺(IHCC)研发和工业试验[J]. 石油炼制与化工，2016，47(7)：1-8.

[77] 李大东. 加氢处理工艺与工程[M]. 北京，中国石化出版社，2011，33(3)：395-402.

[78] 王毅，崔守业，许友好，等. 石蜡基渣油 IHCC 工艺工业试验研究试验[J]. 石油炼制与化工，2016，47(10)：78-82.

[79] 许友好，汪燮卿. 石油重质烃高效利用的 IHCC 工艺理论基础与工业实践试验[J]. 石油学报(石油加工)，2017，33(3)：495-502.

[80] 许友好，何鸣元. 重油在加工过程中的碳氢优化分布及有效利用的探索[J]. 石油学报(石油加工)，2017，33(1)：1-7.

[81] 马根萍，孔劲媛. 中国沥青市场 2009 年回顾与 2010 年展望[J]. 国际石油经济，2010，(3)：32-36.

[82] 2018 年中国石油沥青行业生产格局及发展前景分析[R/OL]. 华经情报网. https：//www. huaon. com/story/427102？tdsourcetag=s_pcqq_aiomsg.

[83] 张德勤，范耀华，师洪俊. 石油沥青的生产与应用[M]. 北京：中国石化出版社，2006.

[84] Ning A M，Shen B X，Long J，et al. Comparison of the physical properties and chemical structures of the Tahe asphalt before and after oxidative aging[J]. Energy Sources，2015，37(14)：1495-1504.

[85] 周华春，张建峰. 春风塔河高等级道路沥青工业试验[J]. 石油沥青. 2019(6)：57-59.

[86] 柳永行，范耀华，张昌祥. 石油沥青[M]. 北京：石油工业出版社，1984.

[87] 阙国和，陈月珠，梁文杰. 胜利 100 号沥青化学组成和使用性质关系[J]. 石油炼制，1985，(10)：12-15.

[88] 王翠红，宋燕茹. 沥青组分对其黏度的影响[J]. 石油沥青，2003，17(3)：19-21.

[89] 王翠红，佘玉成，王子军. 道路沥青的化学组成对低温性能的影响[J]. 现代交通技术，2005(S1)：21-24.

[90] 张伟，郭雅清，杨松. 氧化沥青装置氧化塔材质的选择及壁厚的确定[J]. 辽宁化工，2003，32(8)：360-36.

[91] 乔文明，查庆芳，凌立成，等. 氧化沥青的 XPS 研究[J]. 碳素，1994(3)：1-5.

[92] 张怀平，吕春祥，李开喜，等. 氧化沥青化学结构及成焦行为的研究[J]. 新型炭材料，2001，16(2)：49-53.

[93] 傅晓钦，田松柏，侯栓弟，等. 蓬莱和苏丹高酸原油中的石油酸结构组成研究[J]. 石油与天然气化工，2007，36(6)：507-510.

[94] 刘泽龙，田松柏，樊雪志，等. 蓬莱原油初馏点～350℃馏分石油羧酸的结构组成[J]. 石油学报(石油加工)，2003，19(6)：40-45.

[95] 黄少凯，田松柏，刘泽龙，等. 高酸原油柴油馏分中石油酸结构组成分析[J]. 石油炼制与化工，2007，38(4)：51-55.

[96] Lu Zhenbo，Tian Songbai，Zhai Yuchun，et al. Determination of naphthenic acids in crude oil by chemical ionization mass spectrometry[J]. Chinese Journal of Geochemistry，2005，24(1)：67-72.

[97] 田松柏. 原油中石油酸的分析与分布规律研究[J]. 石油化工腐蚀与防护，2005，22(2)：1-5.

[98] Fu Xiaoqin，Dai Zhenyu，Tian Songbai，et al. Catalytic decarboxylation of petroleum acids from high acid crude oils over solid acid catalyst[J]. Energy & Fuels，2008，22(3)：1923-1929.

[99] 张同旺，侯栓弟．石油酸催化转化过程的研究[J]. 化学工业与工程，2009，26(4)：316-320.
[100] 冉高举，黄少凯．高酸原油中石油酸的分布及腐蚀性研究[J]. 石油化工腐蚀与防护，2009，26(S)：11-14.
[101] 章群丹，田松柏，黄少凯，等．环烷酸的分离表征及腐蚀研究[J]. 石油化工腐蚀与防护，2010，27(1)：12-16.
[102] 李子锋，田松柏，张雷，等．石油酸的腐蚀动力学[J]. 石油学报(石油加工)，2009，25(6)：826-829.
[103] 章群丹，田松柏，黄少凯，等．石油酸的结构与腐蚀性的关系[J]. 石油学报(石油加工)，2012，28(4)：652-656.
[104] 汪燮卿，傅晓钦，田松柏，等．高酸原油流化催化裂解脱羧酸技术的初步研究[J]. 当代石油石化，2006，14(10)：7-13.
[105] 龙军，毛安国，侯栓弟，等．高酸原油直接催化脱酸裂化成套技术开发和工业应用[J]. 石油炼制与化工，2011，42(3)：1-6.

第五章　催化裂化

专家话炼油

第一节　概　　述

我国流化催化裂化装置从无到有，技术水平由低到高，装置规模和加工能力从小到大，研究思路从跟踪模仿到自主创新，取得了巨大的成就，已跻身国际先进水平。到目前为止，全国催化裂化装置总加工能力已近 2 亿吨/年，其中渣油占催化裂化总进料约 40%，超过了延迟焦化装置，成为我国加工渣油的最主要手段，在增加轻质油收率、改善产品质量和提高经济效益方面起着举足轻重的作用[1]。

我国第一套移动床催化裂化装置于 1958 年在兰州石油化工厂投产。第一套 60 万吨/年同高并列式流化催化裂化装置于 1965 年 5 月 5 日在抚顺石油二厂建成投产。在抚顺石油二厂和大庆炼油厂两套 60 万吨/年同高并列式装置投产之后，120 万吨/年带有管式反应器的三器流化循环、具有创造性的催化裂化装置于 1967 年在胜利炼油厂投产。20 世纪 60 年代后期，发达国家为适应沸石催化剂而开发的提升管催化裂化引起我国炼油界的关注。1974 年 8 月，玉门炼油厂 12 万吨/年同高并列式密相流化床装置改造成为高低并列式提升管装置。1976 年，抚顺石油二厂同高并列式的密相流化床反应器改为提升管反应器，自此以后，国内催化裂化装置改建、扩建或新建均以等直径提升管作为反应器。

裂化催化剂快速床再生是国外 20 世纪 70 年代实现工业化的一项新技术。我国从 20 世纪 70 年代后期起，对快速床再生技术进行系统研究，乌鲁木齐石油化工总厂工业催化裂化装置采用的具有内溢流管循环的快速床烧焦技术、荆门石油化工总厂催化裂化装置采用的具有外循环管的烧焦罐技术相继实现工业化。到 20 世纪 80 年代，我国已掌握了鼓泡床、湍动床、快速床三种裂化催化剂再生技术、完全和不完全燃烧两种再生方式以及单段、两段或两器等各种组合形式的再生技术，可将再生催化剂上碳含量控制在 0.1%以下。

裂化催化剂研究起源于 20 世纪 50 年代初期，60 年代制备出无定形硅铝催化剂，1965 年 12 月在抚顺石油二厂 60 万吨/年同高并列式催化裂化装置上应用，取代了 3A 无定形硅铝催化剂。20 世纪 70 年代初期，13X 沸石催化剂在兰州炼油化工总厂试生产成功，并于 1973 年在玉门炼油厂 12 万吨/年同高并列式装置上进行了工业试验。Y 型沸石催化剂在兰州炼油化工总厂于 1975 年试生产成功，随后多种类型的 Y 型沸石催化剂相继投入使用。20 世纪 80 年代，开发出选择性优良的超稳 Y 型沸石催化剂 ZCM-7(沸石为超稳 DASY)和 CHZ(沸石为超稳 SRNY)。20 世纪 90 年代初，我国成功研制了 REHY 型催化剂，填补了 REY 与

REUSY 两大类催化剂中间的空白。与此同时，为了向石油化工方向延伸，在开发多产低碳烯烃的催化裂化技术过程中，研制出相应的多活性组元专用催化剂。进入 21 世纪，开发出 MOY 沸石和 GOR 系列降烯烃催化剂和原位晶化的 LB 系列催化剂；开发出结构优化的 SOY 沸石和 RICC 系列重油转化催化剂。国产高抗重金属催化剂在相当的污染条件下，表现出更高的稳定性和优良的轻质油选择性。与此同时，催化剂制造技术实现了从小群体设备向大型化装备、从作坊式生产向现代化生产的转变，降低了生产成本，实现生产过程清洁化，增强了市场竞争能力。

重油催化裂化是重油深度加工提高炼油厂经济效益的有效方法。20 世纪 60 年代中期，国内使用无定形硅铝催化剂，在中型流化床催化裂化装置上进行了大庆等常压渣油的催化裂化试验，并于 1972 年在玉门炼油厂成功地进行了玉门拔头原油催化裂化工业试验。大庆常压渣油催化裂化技术攻关于 1982 年 5 月开始；石家庄炼油厂以任丘常压渣油为原料，其残炭高达 7.24%，外排部分油浆，焦炭产率为 11%～12%，轻质油收率可接近 70%；九江石油化工总厂掺炼 32.4%鲁宁管输原油的减压渣油，进料残炭为 6%～24%，全回炼，焦炭产率为 10.21%，轻质油收率为 75.3%。这些重油催化裂化装置先后实现工业化，丰富了我国渣油催化裂化的技术经验，极大地推动了我国渣油催化裂化技术发展。20 世纪 80 年代后期，我国引进了美国 Stone and Webster 公司的渣油催化裂化技术，用于镇海、武汉、广州、长岭和南京等重油催化裂化装置改建或新建。经过对国外公司技术的消化、吸收和改进，我国渣油催化裂化技术逐渐向纵深发展。在自主创新和引进吸收双重作用下，我国渣油催化裂化技术取得了长足的进展，掌握了原料雾化、内外取热、提升管出口快速分离、重金属钝化、催化剂预提升、多段汽提等一整套渣油催化裂化的基本技术，同时系统地积累了行之有效的操作经验。

20 世纪 80 年代中期以来，国内炼油界致力于重油催化裂解制取低碳烯烃技术的研究，开发出了催化裂解（DCC）等催化裂化家族技术，并实现了工业化，其中 DCC 工艺技术至今仍然是在全球范围内最具有竞争力的多产丙烯的催化裂化工艺技术，已转让到海外 10 多家石化企业。在 DCC 技术成功工业化以后，又开发出了由重油直接制取乙烯和丙烯的催化热裂解工艺、由重油生产乙烯的接触催化裂化工艺。

进入 21 世纪，国内催化裂化工艺面临着降低催化裂化汽油中的烯烃含量和硫含量的挑战。国内催化裂化研究开发和工程设计单位基于自身积累和优势，相继开发出几种独特的降低催化裂化汽油烯烃含量和硫含量的催化裂化技术，较为典型的有变径流化床双反应区催化裂化工艺（MIP）和双提升管并联的催化裂化工艺（FDFCC 和 TSRFCC）。其中 MIP 工艺系列技术已大面积地推广应用，累计工业装置超过 100 套，加工量达 1.6 亿吨/年。MIP 和汽油吸附脱硫技术组合是目前生产国Ⅴ或国Ⅵ车用汽油最具有竞争力的技术途径，中国石化所有的大型炼油企业车用汽油生产均采用此途径。

为了提高石油资源利用效率，催化裂化工艺从追求高转化率向追求高选择性转变，国内研究开发和工程设计单位已开发出高选择性的催化裂化工艺（HSCC），与加氢处理工艺集成，形成催化裂化和加氢处理集成工艺技术（IHCC），2014 年实现了工业化，液体收率大幅度增加，焦炭产率明显降低。我国催化裂化工艺发展年表列于表 5-1。

表 5-1 我国催化裂化重大技术进展年表

年代	工艺	催化剂	助剂
1956~1960	移动床工业装置(1958，前苏联引进)	硅铝催化剂	—
1961~1970	同高并列式流化床工业装置(1965) 同高并列式带管式反应器 120 万吨/年装置(1967)	合成硅铝小球 合成硅铝微球(1965)	—
1971~1975	高低并列式提升管装置(1974)	13X 沸石催化剂，RE-Y 型沸石催化剂	
1976~1980	同轴式半工业装置(1977) 烧焦罐式高效再生装置(1978) 能量回收机组投运(国产，1978)	—	CO 助燃剂 Pt(1979) Ni 钝化剂(Sb)(1980)
1981~1985	高低并列式掺渣油(带内外取热)工业装置(1985)	大堆积密度半合成沸石催化剂(1981)	—
1986~1989	掺渣油两段再生工业装置(1987，引进 SWEC 技术) 同轴式烧焦罐及床层两段再生工业装置(1989)	原位晶化 RE-Y 沸石催化剂，USY 沸石的 ZCM-7 和 CHZ 催化剂	择形沸石助剂 改进 CO 助燃剂(Pt，Pd)
1990~1995	催化裂解技术(DCC，1990) 多产丙烯和汽油的催化裂化技术(ARGG，1992)	CHP-1 催化裂解催化剂 不同类型沸石组合式的催化剂	多种复合型钝化剂
1996~2010	降低汽油烯烃含量的工艺(MIP、FDFCC 以及 TSRFCC) 重油直接制取乙烯和丙烯的工艺技术(CPP)	各种改性的沸石催化剂和组装催化剂 气相超稳催化剂	降低汽油烯烃含量和硫含量助剂 非贵金属 CO 助燃剂
2010~2020	再生烟气处理技术(2013) HSCC/IHCC(2014) 超低烯烃汽油的催化裂化(ULO)(2017)	重油裂化催化剂及增产汽油催化剂	—

由于石油仍是不可替代的运输燃料，且资源有限，以及 21 世纪石油需求量持续增长，因此重油深度高效转化、轻质油品收率提高及质量改善与炼油企业转型发展仍将是 21 世纪我国炼油行业的重要发展方向。流化催化裂化工艺是炼油工艺核心装置，仍将发挥不可取代的作用，但流化催化裂化工艺在产品优质化、生产过程清洁化和重质原料高效利用方面仍然面临着重大挑战[2]。

第二节 裂化反应和操作参数

一、石油馏分的催化裂化

催化裂化过程反应化学是以正碳离子化学理论为基础的，涉及的催化裂化过程反应均是以正碳离子作为中间体进行的。所谓正碳离子是指含有一个带正电荷的碳原子的烃离子。

正碳离子分为经典正碳离子和非经典正碳离子。烃类反应引发阶段是以非经典正碳离子为主，而传递阶段是以经典正碳离子为主。经典正碳离子的稳定性主要依赖该离子的空间结构，其稳定性递减次序：叔正碳离子>仲正碳离子>伯正碳离子>甲基正碳离子。五配位非经典正碳离子的稳定也主要依赖其离子的空间结构。经典正碳离子涉及异构化、β 键断裂、负氢离子转移等基元反应类型，催化裂化过程的裂化反应、氢转移反应、缩合反应等反应类型均涉及正碳离子不同的基元反应。

（一）反应类型及反应速率

石油馏分为复杂的烃类混合物，在催化裂化条件下，各种单体烃的反应都在进行并发生许多交错反应，因而形成一个复杂的反应体系。在复杂体系中，C—C 键断裂是最基本的一次反应，然后在此基础上发生各种二次反应。较重要的二次反应有两类：一类反应是在 C—H 和 C—C 键都参与的反应，这类反应包括双键位移、双键几何异构、氢转移、环烷脱氢、烯烃饱和等；另一类反应是在 C—C 键上进行，这类反应包括烯烃叠合、芳烃缩合、烯烃骨架异构化、烯烃芳构化、烷基转移及烷烃歧化等。

在催化裂化的各类反应中，以 C—C 键断裂的一次反应的速率最快和反应最完全，而且不受化学平衡的限制，可以连续反应下去直至生成不易断裂的小正碳离子（$C_3H_7^+$、$C_4H_9^+$）；一些氢转移、异构化、环化、脱烷基及烷基转移、环烷脱氢等反应处于中间速度，反应仅部分进行而远未达到化学平衡；至于其他如芳构化、歧化、叠合、缩合等反应则最难进行，而烯烃的叠合及芳烃的缩合则以较低的温度有利。表 5-2 列出了一些催化裂化反应的热力学数据[3]。

表 5-2　催化裂化中一些反应的热力学数据

反应种类	反应式	$\lg K_p$（平衡常数）			反应热/（kJ/mol）
		454℃	510℃	527℃	510℃
裂化	$n\text{-}C_{10}H_{22} \longrightarrow n\text{-}C_7H_{16}+C_3H_6$	2.04	2.46	—	74.55
	$i\text{-}C_8H_{16} \longrightarrow 2i\text{-}C_4H_8$	1.68	2.10	2.32	78.30
氢转移	$4C_6H_{12} \longrightarrow 3C_6H_{14}+C_6H_6$	12.44	11.09	—	-255.11
	环 $C_6H_{12}+3i\text{-}C_5H_{10} \longrightarrow 3C_5H_{12}+C_6H_6$	11.22	10.35	—	-170.37
异构化	$i\text{-}C_4H_8 \longrightarrow t\text{-}2\text{-}C_4H_8$	0.32	0.25	0.09	-11.34
	$n\text{-}C_4H_{10} \longrightarrow t\text{-}C_4H_{10}$	-0.20	-0.23	-0.36	-7.95
	$o\text{-}C_6H_4(CH_3)_2 \longrightarrow m\text{-}C_6H_4(CH_3)_2$	0.33	0.30	—	-3.04
	环 $C_6H_{12} \longrightarrow CH_3$-环 C_5H_9	1.00	1.09	1.10	14.57
烷基转移	$C_6H_6+m\text{-}C_6H_4(CH_3)_2 \longrightarrow 2C_6H_5CH_3$	0.65	0.65	0.65	-0.51
脱烷基	$i\text{-}C_3H_7C_6H_5 \longrightarrow C_6H_6+C_3H_6$	0.41	0.88	1.05	94.44
环化	$i\text{-}C_7H_{14} \longrightarrow CH_3$-环 C_6H_{11}	2.11	1.54	—	-88.34
脱氢	$n\text{-}C_6H_{14} \longrightarrow i\text{-}C_6H_{12}+H_2$	-2.21	-1.52	—	130.27
叠合	$3C_2H_4 \longrightarrow i\text{-}C_6H_{12}$	—	—	-1.2	—
烷基化	$i\text{-}C_4H_8+i\text{-}C_4H_{10} \longrightarrow i\text{-}C_8H_{18}$	—	—	-3.3	—

（二）焦炭的生成

焦炭一般是多环芳环的缩合结构。大量的反应数据说明，焦炭的生成来源于芳烃和烯烃，而主要是芳烃。芳烃一是来源于原料，芳烃含量高的原料在裂化中生成较多的焦炭；二是来源于裂化中一次反应产生烯烃的二次反应。烯烃是由原料中的烷烃和环烷烃裂化而来的，原料越重即烷烃、环烷烃分子越大，裂化时产生烯烃越多，因而重质原料产生焦炭的倾向大。不同的烃类生成焦炭的速度递减次序为：

双环芳烃>单环芳烃>烯烃>环烯烃>烷烃

此外，催化剂的性质对焦炭也有明显的影响。一般增加催化剂酸性中心的密度和酸强度，会增加焦炭生成的速度。随着原料中的渣油含量增加，渣油中的高沸点、高碱性化合物在催化剂表面经吸附、缩合反应生成稠环芳烃的缩合物，造成焦炭产率增加。

（三）反应热

表 5-2 也列出了一些催化裂化反应的反应热数据。由表中看出，有吸热反应也有放热反应，而不同的烃分子反应的反应热也不同。因此，石油馏分裂化所需要的反应热大小与原料组成、反应条件及转化深度密切相关。通常，在低转化率时以裂化和脱烷基等吸热反应为主，需要的反应热大；而在高转化率时，一些放热反应（如氢转移、环化、缩合等）逐步增加，从而可使需要的净反应热相应减少。此外，随着所采用的催化剂在裂化、氢转移和异构化等方面的性能不同，反应热也有所不同。

（四）烃类的催化裂化反应

尽管石油馏分为复杂的烃类混合物，但可以将其分成烷烃、环烷烃和芳烃，在催化裂化工艺过程中，烷烃、环烷烃和芳烃在沸石催化剂上发生的主要反应如图 5-1 所示[3~5]。

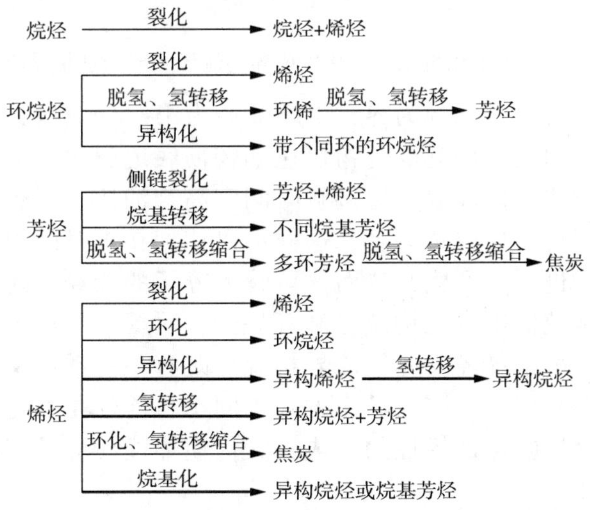

图 5-1　烃类在催化剂上所发生的主要反应

从图 5-1 可以看出，无论是烷烃、环烷烃还是芳烃，都是以 C—C 键断裂为最基本的一次反应并生成烯烃，然后在此基础上发生各种二次反应；较重要的二次反应包括烯烃的裂化、环化、异构化、氢转移和叠合、环烷烃脱氢、芳烃缩合、烷基转移和烷基化等。值得注意的是，除少数二次反应(环烷烃脱氢、芳烃缩合和烷基转移)外，上述的二次反应都是通过烯烃或烯烃参与而进行的，这样，正碳离子是催化裂化一次反应的中间体，而由一次反应产生的烯烃，则基本上成为二次反应的中间体。其中涉及生成异构烷烃和芳烃的二次反应包括异构化、氢转移和烷基化反应，如图 5-1 粗黑线所示，这些二次反应都与烯烃有关，所以说，烯烃是生成异构烷烃和芳烃的前身物。

以下从氢转移、异构化和烷基化反应热力学数据来预测这些反应可能进行的程度及最佳操作条件。这些反应的热力学数据列于表 5-2 中。

从表 5-2 可以看出，由于裂化是吸热反应，而氢转移、异构化和烷基化是放热反应，反应温度增加对裂化反应是有利的而对氢转移、异构化和烷基化反应是不利的。从这些反应平衡常数来看，高温对裂化反应有利，对氢转移反应不利，但由于其平衡常数较大，受热力学影响较小；对异构化反应也不利，但由于其平衡常数较小，受热力学影响较大，故降低反应温度对异构化反应更有利。由此可以推断，低反应温度对生成异构烷烃有利，但异构烷烃的前身物烯烃需要高温裂化才能得到，这两者是矛盾的。化解一次裂化反应有利于烯烃的生成和烯烃在二次反应中有利于生成异构烷烃之间的矛盾是多产异构烷烃催化裂化工艺的关键。由于生成异构烷烃的前身物烯烃是串联反应的中间体，故可以将烯烃的生成和反应分成二个部分，如图 5-2 所示。

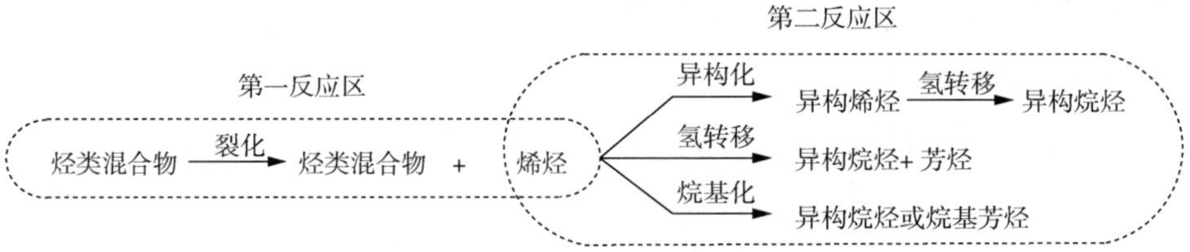

图 5-2　烃类催化裂化与转化生成异构烷烃和芳烃理想反应途径

图 5-2 分成两个部分，以烯烃为界，生成烯烃为第一反应区，烯烃反应为第二反应区。第一反应区主要作用是，烃类混合物快速和较彻底地裂化生成烯烃，故该区操作方式类似目前催化裂化方式，即高温、短接触时间和高剂油比。理想的情况是，该区反应苛刻度高于目前催化裂化的反应苛刻度，这样可以达到在短时间内较重的原料油裂化生成烯烃，而烯烃还没有进一步裂化，从而保留较大分子的烯烃，同时高反应苛刻度可以减少汽油组成中的低辛烷值组分正构烷烃和环烷烃，对提高汽油的辛烷值非常有利。第二反应区主要作用是，由于烯烃反应生成异构烷烃既有平行反应又有串联反应，且反应温度低对生成异构烷烃有利，故该区操作方式不同于目前催化裂化操作方式，即低反应温度和长反应时间。这样既保证烯烃的生成，又促使烯烃反应，有利于生成异构烷烃或异构烷烃和芳烃。

二、反应动力学模型

为了预测催化裂化的反应过程、转化率和产物分布等，国内外相关研究者先后开发了若干关联式、网络模型等[6~7]。国内研究者在国外馏分油裂化十集总动力学模型的基础上，开发出适合于我国当时催化裂化装置操作的十一集总动力学模型，其后又开发出以掺渣油原料为对象的十三集总和八集总等反应动力学模型，在一定范围内用于工业装置的控制。在宏观反应过程领域，国内研究者以分子平均结构为基础，将催化裂化原料划分为 15 个“基团”(4 个烷基团、4 个环烷基团、4 个芳环基因和 3 个杂环基团)，探讨了这些基团的催化反应规律[8]。基于烃类分子尺度建立的催化裂化反应动力学模型是由 Stephen Jaffe 等提出的[9,10]。结构导向集总方法(Structure Oriented Lumping，SOL)是从分子水平描述原料油中复杂烃混合物的组成、反应网络及速度和产品性质的方法。国内研究者也基于 SOL 模型对催化裂化反应过程中的重质烃分子在催化剂上反应途径及网络开展了深入研究，从而提高重质烃催化裂化反应动力学模型预测的准确性和适用性[7,11]。

结构导向集总方法认为，所有复杂烃类分子均可拆解为 22 个分子片段或分子结构基团，称为结构向量。通过这 22 种结构向量的有机组合，原则上可以表征所有的烃类分子。复杂烃类中的单个分子可用一个行向量进行表征，这样一个复杂烃类分子混合物就可以用一个矩阵来进行表示，每一行向量后面附着该分子的百分含量。向量表示分子，为构建任意复杂性的反应网络、发展基于分子的性质关联、结合已有的基团贡献法以评估分子热力学性质提供了一个方便的途径。图 5-3 显示了 22 个结构向量所代表的分子片段及其化学计量数。

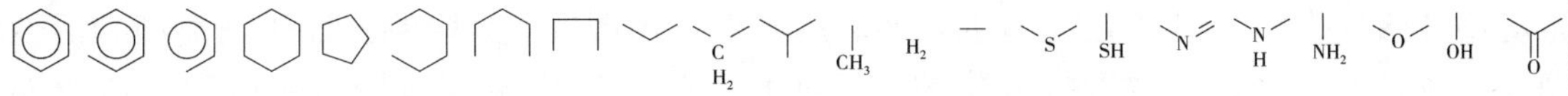

化学计量数

	A6	A4	A2	N6	N5	N4	N3	N2	N1	R	br	me	IH	A-A	NS	RS	AN	NN	RN	NO	RO	O=
C	6	4	2	6	5	4	3	2	1	1	0	0	0	0	-1	0	-1	-1	0	-1	0	0
H	6	2	0	12	10	6	4	2	0	2	0	0	2	-2	-2	0	-1	-1	1	-2	0	-2
S	0	0	0	0	0	0	0	0	0	0	0	0	0	0	1	1	0	0	0	0	0	0
N	0	0	0	0	0	0	0	0	0	0	0	0	0	0	0	0	1	1	1	0	0	0
O	0	0	0	0	0	0	0	0	0	0	0	0	0	0	0	0	0	0	0	1	1	1

图 5-3 22 个结构向量的含义及其化学计量数

基于以上 22 个结构向量的有机组合，原则上可以表征原料油中的所有烃类分子。构建结构导向集总动力学模型，需采用 SOL 方法建立描述原料油分子组成的矩阵；结合反应机理制定反应规则，建立从原料矩阵到产物矩阵的反应网络；给定速率常数初值，求解反应网络得到产物矩阵。

三、操作参数对催化裂化反应的影响

催化裂化过程反应是一个非常复杂的系统，其复杂性表现为原料油组成的复杂性和化学反应的复杂性。为了使复杂问题简单化，Blanding 方程基于大量试验数据和工业装置实测数据基础进行回归拟合得到了经验关联式[6]。转化率的经验关联式不仅包括压力和重时空速等操作参数，而且还包括原料油性质、催化剂和反应温度等操作参数。Blanding 方程表达式如下：

$$-\frac{\mathrm{d}n_{\mathrm{A}}}{\mathrm{d}t}=kPw_{\mathrm{c}}\left(\frac{n_{\mathrm{A}}}{n_{\mathrm{A0}}}\right)^{2} \tag{5-1}$$

式中 n_A——催化剂上反应物 A 的物质的量；

n_{A0}——催化剂上反应物 A 的初始物质的量；

t——反应时间；

P——压力；

w_c——催化剂质量；

k——反应速率常数。

对上式积分并变换后得到转化率方程式如下：

$$\frac{X}{100-X}=\frac{kP}{S_W} \tag{5-2}$$

式中 X——转化率；

S_W——重时空速(WHSV)。

反应速率常数 k 值与反应温度、催化剂类型及活性、平衡催化剂上的金属含量和碳含量、回炼比、剂油比、原料油预热温度、再生温度等因素相关。其中反应温度、反应压力、反应时间、原料油预热温度、催化剂类型及活性、平衡催化剂上的金属含量和碳含量为独立变量。当外取热器有足够的调节量可控制再生温度时，再生温度也可能成为独立变量。对于具体的装置，反应压力、反应时间、原料油预热温度、催化剂上的碳含量、回炼比等操作变量基本上在小的范围内变动。主要调节的操作参数就是反应温度、再生温度、催化剂类型及活性[12]。再生温度调节也受外取热器负荷和再生效果限制，催化剂类型和活性调节需要较长的时间，通过置换催化剂才能实现。只有反应温度是最为简单和快速的操作变量。

评估操作变量对 FCC 工艺产物分布、产品性质的影响优劣需建立在相同转化率前提下。为此，先确定转化率定义。通常假定反应产物中与原料具有相同沸点范围的那部分是没有起反应的，实际上这部分产物是经过反应的，其组成已经与原料组成不同，而其他部分的产物则是经反应转化而得，这部分对原料之比，称为转化率，由原料转化所得各种产品量与原料量之比称为各产品的产率。工业催化裂化装置生产中常常是将“未转化”的原料全部或一部分重新送入反应器进行反应，这部分原料称为轻循环油或回炼油。回炼油与新鲜原料之比称为回炼比。由于回炼油使用，生产上就有单程转化率、单程产率与总转化、总产率之分。

（一）反应温度

反应温度是催化裂化过程一个至关重要的独立变量，是生产过程中主要控制参数，对反应速率有非常明显的影响。反应温度一般是通过调节再生单动滑阀(或再生塞阀)控制催化剂的循环量来调节，一般用提升管出口温度表征。对于采用 VQS、VSS 或 VDS 等直连式分离系统的装置一般控制沉降器集气室出口温度。若该控制点温度失灵，应立即用距该温度测点最近的温度点控制反应深度。对于变径流化床催化裂化装置(见第六节)，一般控制第一反应区出口温度。对于蜡油催化裂化装置，反应温度一般不低于 480℃；对于重油催化裂化装置，反应温度一般应高于 500℃。

对于密相流化床反应器催化裂化装置，反应温度系指反应器床层温度。对于提升管反应器催化裂化装置，一般用提升管出口温度来代表反应温度。然而出口温度只是代表提升管上一个点的情况，实际上工业提升管管壁表面温度变化曲线见图 5-4。由于烃类催化裂化属于较强的吸热反应，因此，在绝热的情况下，提升管底部的混合温度将明显高于出口温度。

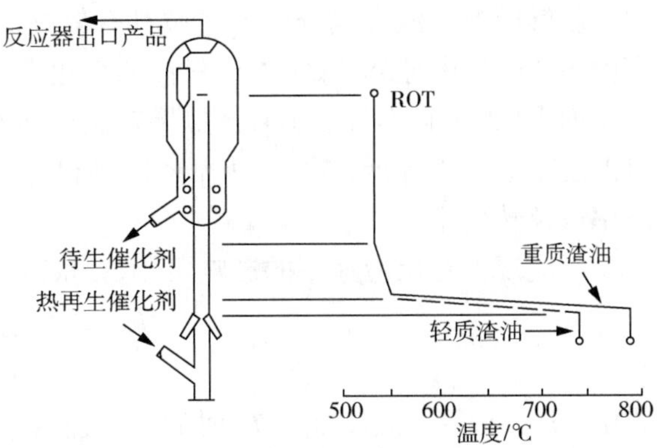

图 5-4 工业提升管反应器轴向温度变化曲线

提升管底部“混合温度”的定义是，催化剂与汽化原料达到平衡(而不反应)的理论温度，是根据催化剂和原料混合热平衡(不发生反应时)计算出的混合温度。但原料汽化率也是不确定的，尤其对于重质原料，原料不可能全部汽化，此外原料一旦与再生催化剂接触，除了传热外立即会发生裂化反应，并伴随着吸热和降温。

对于绝热提升管反应器，底部混合温度增加将会使出口温度升高，从而促进有害的和非选择性的裂化反应，产生出大量气体。采用控制混合温度(简称 MTC 技术)可实现提升管出口温度与底部混合温度各自独立地调节。混合温度控制是通过注入适量的液态馏分(如汽油、回炼油等)到新鲜原料喷嘴下游区域，如图 5-5 和图 5-6 所示。由此产生了新鲜原料与液态馏分注入区域具有混合温度高、剂油比高、接触时间很短的特点；而液态馏分注入与提升管出口区域的反应在较常规的和较温和的催化裂化条件下进行。提升管出口温度仍然由控制通过再生滑阀的热再生催化剂循环量来维持。当液态馏分注入量较多时，由于所注入的液态馏分汽化与裂化将会导致出口温度降低。为了维持提升管出口温度，可开大再生滑阀来提高催化剂循环量，这样就不依赖提升管出口温度而独立地调节并提高混合温度。与此同时，剂油比升高，而再生催化剂与待生催化剂上碳差(以下简称碳差)和再生器温度趋于下降。

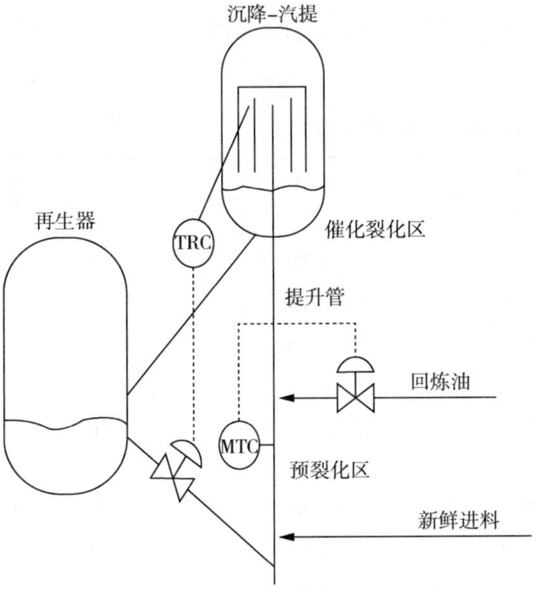

图 5-5 反应再生系统示意图

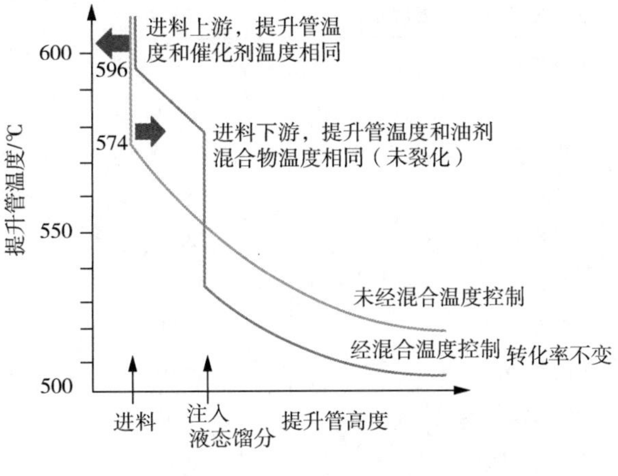

图 5-6 提升管温度分布

新鲜原料与液态馏分注入区域具有较高的温度，从而促进了原料油的汽化。当混合温度由565℃上升到585℃时，原料油的汽化率则由79.5%增加到94%，此时提升管的出口温度反而由530℃降到了520℃；如果轻循环油的量增加到占新鲜原料的25%，则提升管的出口温度甚至可以降低15℃，从而降低热裂化反应，降低干气产率，增加了液化气和汽油的产率以及转化率。

反应温度对反应速率的影响可用Arrhenius公式来描述，表达式如下：

$$\frac{k_2}{k_1}=\exp\left[\frac{E}{R}\left(\frac{T_2-T_1}{T_1T_2}\right)\right] \tag{5-3}$$

式中　k_1，k_2——温度T_1、T_2时的反应速率常数；

T_1，T_2——反应温度，K；

E——反应活化能，J/mol；

R——气体常数，8.314J/(mol·K)。

催化裂化反应活化能大约为60000J/mol。反应温度每升高10℃，反应速率可提高10%~20%，而热裂化反应活化能大约为250000J/mol。反应温度升高容易导致热裂化反应加剧。在催化裂化工艺开发中，有时无意地强化了热裂化反应，例如，为了强化烧焦效率，大幅度地提高再生温度。当再生催化剂温度超过600℃时，催化剂与原料油接触瞬间，就会发生热裂化反应。20世纪80年代开发渣油催化裂化工艺时，曾提出高温热击概念，将再生催化剂温度提高到750℃，瞬间将所接触的原料油分解成气相分子。这种工艺虽然降低了焦炭产率，但干气产率大幅度上升。随后将再生催化剂温度降低到700℃，有的装置再生催化剂温度更低，以降低干气产率。热裂化反应始终伴随着催化裂化反应。

在工业催化裂化装置上难以独立地研究反应温度对转化率和产物分布的影响，而在中型催化裂化装置上可以实现只改变反应温度，而其他参数恒定不变。在中型提升管催化裂化装置上，以胜利原油的VGO掺10% VR为原料油，研究反应温度的变化对产物分布和产品性质的影响，列于表5-3。

表5-3　反应温度对产物分布和汽油烯烃含量的影响

提升管出口温度/℃	500	515	530	544
产物分布/%				
干气	2.76	2.94	3.23	3.68
液化气	15.63	16.92	17.80	18.83
汽油	43.23	45.69	46.27	45.91
轻循环油	22.45	21.30	20.04	19.30
重油	8.62	5.72	5.08	4.66
焦炭	7.31	7.43	7.58	7.62
转化率/%	68.93	72.98	74.88	76.04
干气选择性/%	4.00	4.03	4.31	4.84
焦炭选择性/%	10.61	10.18	10.12	10.02
异丁烷/总丁烯(体积比)	0.92	0.9	0.73	0.4

续表

提升管出口温度/℃	500	515	530	544
异丁烷/异丁烯(体积比)	3.15	2.31	1.73	1.15
汽油组成(色谱法)/%				
烯烃	28.85	31.51	33.72	34.18
芳烃	28.47	30.48	33.92	38.5

从表 5-3 可以看出，随着反应温度升高，干气和液化气产率明显增加，重油产率明显降低，而焦炭产率略有增加，实际上，焦炭的选择性还略有下降。值得注意的是，当提升管出口温度超过 530℃后，热裂化反应加剧，干气产率明显增加[13]。汽油烯烃含量随反应温度增加而增加，当反应温度超过 530℃后，再提高反应温度，汽油烯烃含量增幅趋于平缓。裂化是吸热反应，氢转移是放热反应，升高反应温度对裂化反应有利，对氢转移反应则起到抑制作用。而裂化反应是产生汽油烯烃的源头，氢转移反应则消耗汽油烯烃。所以，反应温度升高，汽油烯烃含量增加是必然结果。反应温度过高，汽油中的烷烃和烯烃部分裂化为液化气，表现为汽油产率增幅不大，甚至有所下降；而汽油烯烃也增幅不大，甚至下降。

当催化裂化装置掺炼渣油时，如果热量过剩，采用高的反应温度，有利于催化裂化装置维持热平衡。即使热量不过剩，采用高反应温度，也可以提高掺炼比。提高反应温度，反应油气带走的热量增加，只要维持转化率不变，催化焦会降低。当然，为了维持转化率不变，可适当降低油气停留时间或催化剂活性。

(二) 反应压力

反应压力一般是指沉降器稀相压力，是关键控制参数之一，其对装置产品分布、安全平稳运行有直接影响。反应、分馏、吸收稳定是一个相互关联的大系统，反应压力变化会影响后部系统操作。反应压力还直接影响反应再生系统压力平衡，大幅度波动会引起装置操作紊乱，并可能引发催化剂倒流等事故。

反应压力虽然是独立操作变量，由于装置加工能力的限制，分馏和吸收稳定系统以及气压机的限制，在操作中，压力一般是固定不变的，压力不作为调节操作的变量。由于压力平衡的要求，反应压力和再生压力之间应保持一定的压差，不能任意改变。催化裂化反应是核心，直接影响产品收率，再生为反应服务。一般而言，对于分子膨胀类的有气体参与的反应，在相同的水蒸气注入条件下，降低反应压力对裂化反应有利，而反应和再生压力应根据装置具体情况综合考虑。因此，对于工业催化裂化装置，要结合原料油的生焦趋势和烟气能量回收的经济效益来综合考虑反应压力。一般同高并列式装置的反应压力采用 0.17~0.2MPa，高低并列式装置采用 0.23~0.37MPa；对于有烟气能量回收设施的装置，一般反应压力为 0.35~0.39MPa。

从 Blanding 方程可以看出，反应速率与压力成正比。但由于反应生焦沉积在催化剂表面上，造成催化剂结焦失活，从而降低反应速率。由于生焦抑制反应，从而转化率应与压力的平方根($\sqrt{P}$)成正比。反应压力对转化率和产物分布的影响见表 5-4[14]。

表 5-4　反应压力对转化率和产物分布的影响

烃分压/MPa	0.17	0.28	0.38
转化率/%(体)	69.3	70.4	75.7
汽油产率/%	53.1	52.6	51.2
焦炭产率/%	7.4	9.6	12.4

反应压力和油气分压是两个值得关注的概念。同一反应压力，如果原料油的雾化蒸汽量增加，油气分压下降，对催化裂化反应真正起作用的是油气分压。在重油催化裂化中，为了原料油的良好雾化，采用提高雾化蒸汽量技术措施，提升管内的蒸汽量可以高达 10%。较低的油气分压有利于焦炭产率降低，汽油产率增加，汽油和气体中烯烃含量增加。20 世纪 80 年代前后在开发重油催化裂化工艺中，对反应压力参数对产品产率和性质的影响进行了详细研究，随后在开发催化裂解工艺中，对反应压力和油气分压对低碳烯烃产率的影响又进行了详细研究。反应压力参数对催化裂化工艺的影响主要表现如下：

（1）原料汽化：压力升高后，原料将更难汽化。这对馏分油原料不是问题，但对于渣油原料则会产生影响。压力提高后，需要更高的进料温度来保证渣油汽化。

（2）焦炭产率：压力升高，焦炭产率也升高，也就是说，较低的反应压力对焦炭选择性更好。在工业装置操作中表现为再生温度升高、剂油比下降，因而产品收率下降。研究表明，反应压力升高 35kPa，焦炭产率增加 0.06 个百分点，碳差增加 0.06 个百分点。反应压力提高 28~35kPa，再生器的温度升高 10~13.9℃。

（3）LPG 中的烯烃含量。在催化裂解装置操作中，常采用较低的反应压力来提高低碳烯烃产率：即使在较低的反应压力下，仍注入更多的蒸汽量以获得更低的油气分压来最大量地生产低碳烯烃。

（4）汽提效果变差：如果催化剂的孔体积为 0.3~0.35mL/g，未汽提走的油气相对分子质量为 300~500(类似于 LCO 及更重的组分或类似于原料)。当反应压力升高 0.35kg/cm^2 时，再生催化剂与待生催化剂之间的炭差增加量为 0.04~0.075 个百分点，这是因为未置换出去的油气量随压力升高而增加的缘故。

（5）催化剂失活严重：再生温度和水蒸气分压升高，造成催化剂失活变得更为严重。

当然，提高反应压力，再生压力也要相应提高，氧分压增高，提高了再生烧焦强度，同时对再生烟气的能量回收有利。因此，对于工业装置，反应压力的确定在工程设计时应权衡利弊。

（三）反应时间的影响

对于密相流化床反应器，通常采用重时空速来表示油与催化剂的接触时间，它指每小时通过单位质量催化剂的原料油质量。对于等直径提升管反应器，反应时间是指油气在提升管内的停留时间即提升管有效长度除以油气平均线速，提升管长度指从原料油入口处到提升管出口的距离，油气平均流速指原料油入口处流速与出口处流速的对数平均值。反应时间对裂化反应的深度和选择性影响很大，在设计中应该合理地选择或者进行优化。对于加工馏分油，当高活性沸石催化剂取代无定形硅铝催化剂时，只要油气与催化剂接触时间在 2~4s 内就可以达到所需要的转化率，由此开发出提升管反应器。

反应时间成为提升管催化裂化工艺过程中的一个关键操作参数。从反应动力学的观点来看：裂化反应的活化能高于生焦反应的活化能。当反应温度升高时，裂化反应速率增加更多，从而抑制了氢转移反应速率，有利于减少焦炭生成和汽油烯烃含量。因此，早期重油催化裂化工艺采用高温短反应时间技术理念，这样有利于减少焦炭产率。国内重油 FCC 装置反应温度通常在 500℃以上，而国外 FCC 装置反应温度通常在 520℃以上。反应温度过高将加剧二次裂化和热裂化反应，从而促进提升管出口终端设备的开发。对于不同的 FCC 生产方案，高温与短反应时间之间应该有一种优化的匹配关系，当以汽油生产方案为主时，反应时间可按 2~3s 设计；当以轻循环油生产方案为主时，反应时间一般为 3~4s。渣油催化裂化的反应时间一般控制在 2s 左右。对于较劣质的原料，采用高反应温度和短反应时间操作方式有可能导致油浆产率过高，干气产率明显增加。

反应时间是提升管设计的最主要参数。提升管反应器的直径和高度与反应时间直接有关。因此，确定了合适的反应时间并选择了适宜的操作线速，就能计算出提升管的直径和高度。对工业 FCC 装置，提升管的结构和尺寸已固定，提升管的入口线速一般为 4~7m/s，出口为 12~18m/s。反应时间不是可任意调节的主变量。当生产方案、原料油性质和催化剂活性确定时，一般通过反应温度或再生温度来调节转化率，反应时间只是一个从变参数。若要较大幅度地减少反应时间，可采用加入惰性介质的方法。采用不同高度的多点进料方式也可以控制反应时间。国内外有些 FCC 装置设有 2~3 排喷嘴，用来调节和优化反应时间或分别处理不同的原料油。

实际上，反应时间不是一个孤立的变量，它和催化剂活性、再生催化剂上的碳含量、剂油比、反应温度和原料油性质等因素共同决定着转化率和产品分布。在达到相同的转化率时，如果反应时间缩短，那么催化剂活性、剂油比或反应温度势必要提高以弥补反应时间不足。值得注意的是，这些操作参数对转化率趋势基本相同，但对产品分布及产品性质影响是有差异的。例如提高催化剂活性，汽油产率会有所增加，但汽油辛烷值降低，焦炭产率增加；如果提高反应温度，汽油产率增加幅度会低一些，但汽油辛烷值增加，焦炭选择性改善，干气产率明显增加。反应时间过短，单程转化率降低，回炼比增加；而反应时间过长，转化率过高，汽油产率下降，液化气产率增加，但液化气中的丙烯含量，尤其丁烯含量下降，而异丁烷含量增加。优化 FCC 工艺参数关键是要控制适宜的转化率，也就是说，在高的转化率前提下，仍然要保持目的产品具有较高的选择性。孤立地谈反应时间长短可能造成对催化裂化反应过程片面理解，例如：MIP 工艺反应时间大幅度增加，其产物分布还有所改善。

在中型催化裂化装置上，采用 LV-23 催化剂，以胜利 VGO 掺 10% VR 为原料油，反应温度 500℃，反应压力 0.15MPa，研究反应时间变化对产物分布和产品性质的影响。试验结果列于表 5-5。

表 5-5　反应时间对产物分布和汽油性质的影响

试验方案	1	2	3	4
反应时间/s	1.10	1.29	1.77	6.21
产物分布/%				

续表

试验方案	1	2	3	4
干气	2.19	2.28	2.97	3.08
液化气	11.59	12.86	15.33	16.92
汽油	37.77	44.05	43.70	45.08
轻循环油	25.63	23.83	21.59	22.02
重油	17.50	11.54	10.14	6.44
焦炭	5.33	5.43	6.17	6.47
合计				
转化率/%	56.87	64.62	68.17	71.54
干气选择性/%	3.85	3.53	4.35	4.30
焦炭选择性/%	9.37	8.40	9.05	9.04
异丁烷/丁烯(体积比)	0.56	0.57	0.57	0.84
异丁烷/异丁烯(体积比)	1.55	1.64	1.60	2.76
汽油性质				
密度(20℃)/(g/cm^3)	0.7518	0.7574	0.7597	0.7614
辛烷值(实测)				
RON	92.10	91.70	91.70	91.70
MON	78.60	78.90	78.50	79.80
族组成/%(体)				
烯烃	47.8	44.4	39.6	27.2
芳烃	20.6	22.2	25.2	31.2

从表5-5可以看出，随着反应时间的增加，干气、液化气、汽油和焦炭产率增加，而轻循环油、油浆产率下降。特别是试验方案4，反应时间大幅度增加，虽然干气和焦炭产率增加，但转化率增加幅度更大，其干气和焦炭的选择性相对于试验方案3还有所降低。也就是说，在相同的转化率下，延长反应时间不会导致目标产物选择性变差，反而还有所改善。同时，随着反应时间的增加，汽油烯烃含量明显降低，烷烃含量(主要是异构烷烃)和芳烃含量有所增加，从而*RON*基本相当，*MON*增加；液化气中的异丁烷含量增加，异丁烷/异丁烯比值增加。

(四) 剂油比

剂油比为单位时间内催化剂循环量与反应器总进料量的比值。催化剂的循环速率的变化对催化裂化装置带来的影响：一是改变了剂油比(进料速度不变)，二是改变了再生温度。催化剂的循环速率决定于两器的热平衡，比如，反应温度升高，催化剂循环速率自动加大；原料油预热温度增加，催化剂循环速率减小。原料油预热温度、催化剂在再生器和反应器间的循环速率以及再生温度三者之间的依从关系十分重要。为了达到需要的再生温度，原料油的预热温度与原料油的生焦倾向应该协调。

较高的剂油比必然使提升管底部混合温度升高，这对重油催化裂化十分重要；同时降低碳差，有利于维持较高的催化剂动态活性，降低了对催化剂自身活性的要求。当然，较高的剂油比会使剂油比焦上升，这一点可以通过提高汽提段汽提效率来消除其不利的影响。对于加工高残炭、高氮含量原料，应该采用较高的剂油比操作，一般应在6~7，甚至更高。

在特定原料和操作条件下，达到一定的转化率和产品分布，反应部分所需热量基本是固定的，主要由高温再生催化剂提供，其热量的大小由催化剂循环量和再生催化剂与待生催化剂温差所决定。通常反应温度、再生温度基本变化不大，从而催化剂循环量和剂油比基本一定，即剂油比是非独立变量。可以通过调节再生催化剂的温度使剂油比成为独立变量。控制再生催化剂的温度有多种方法，主要通过对再生催化剂取热，以达到降低再生催化剂温度的目的。再生催化剂经取热冷却后，降低了温度，从而有效地提高催化剂循环量和剂油比。在此种情况下，剂油比就成为一个在一定范围内不受反应再生热平衡制约的灵活可调的独立变量。

对于工业FCC装置，难以单独考察剂油比对催化裂化产物分布和产品性质的影响。中型提升管催化裂化装置的催化剂循环量是以压差来调控的，剂油比可作为独立操作变量。在中型提升管催化裂化装置上，采用LV-23催化剂，以胜利VGO掺10% VR为原料油，研究剂油比变化对产物分布和产品性质的影响。试验结果列于表5-6。

表5-6 剂油比对产物分布和汽油性质的影响

试验方案	1	2	3
剂油比	4.8	6.1	7.8
产物分布/%			
干气	2.51	2.66	2.80
液化气	13.75	15.19	20.89
汽油	43.21	45.40	45.21
轻循环油	23.37	21.68	17.46
重油	9.54	7.04	3.43
焦炭	7.62	8.03	10.21
转化率/%	67.09	71.28	79.11
干气选择性/%	3.74	3.73	3.54
焦炭选择性/%	11.36	11.27	12.90
异丁烷/丁烯(体积比)	0.43	0.46	0.52
异丁烷/异丁烯(体积比)	1.41	1.53	1.77
汽油性质			
烯烃/%(体)(FIA法)	54.6	50.3	44.4
辛烷值(实测)			
RON	88.9	88.8	89.7
MON	78.0	78.2	79.0
烯烃(色谱法)/%	43.45	40.66	37.04

从表5-6可以看出，随着剂油比增加，转化率明显增加，干气、液化气和焦炭产率增

加，而轻循环油、油浆产率降低。但干气选择性随剂油比增加还有所降低，焦炭选择性在低转化率区间也有所降低，但在高转化率区间还是增加。因此，在适当的转化率区间内，通过提高剂油比来提高转化率是较为合理的选择。汽油烯烃含量随剂油比增加而降低，*RON* 和 *MON* 随剂油比增加而增加。液化气中的异丁烷/异丁烯比值随剂油比增加而增加。

（五）原料油预热温度

原料油预热温度是指原料油进提升管反应器前的温度。对于馏分油催化裂化装置，由于焦炭产率较低，给反应部分供热不足，需要提高原料油预热温度。为此设置原料油加热炉，可将原料油预热温度提高到380℃。而对于渣油催化裂化装置，焦炭产率较高，焦炭燃烧释放过多的热量，除供给反应部分所需的热量外，还需要设置取热器取出过剩的热量。当然，对于无取热器的催化裂化装置，适当降低原料油预热温度是可行的。因此，渣油催化裂化装置可将原料油预热温度降低到180℃左右，有些装置的原料油预热温度更低。但劣质原料油本身黏度较高，只有通过提高预热温度来降低其黏度。因此，预热温度降低是以原料黏度满足喷嘴要求为限度。表5-7列出了预热温度对原料油运动黏度和剂油比的影响，表5-8列出了预热温度对喷嘴雾化效果的影响[1]。

表5-7 原料油预热温度对原料油黏度和剂油比的影响

原料油预热温度/℃	120	140	160	180	200	220
原料油运动黏度/(mm^2/s)	18	11	6.6	4.4	3.2	1.5
剂油比	7.10	6.83	6.57	6.31	6.05	5.79

表5-8 原料油预热温度对雾化效果的影响

原料油预热温度/℃	120	140	160	180	200	220
原料油表面张力/(N/m)	0.028	0.027	0.026	0.024	0.023	0.021
原料油密度(20℃)/(kg/m^3)	880	870	860	840	830	823
油滴平均直径/μm	202	135	91	67	53	32

注：冷态关联式计算值，不同喷嘴差别较大，仅供参考。

从表5-7和表5-8可以看出，原料预热温度降低，原料油黏度增加，表面张力增大，雾化效果变差。雾化效果变差必然使得产物分布不理想；原料预热温度降低，剂油比增大，剂油比焦也要上升。这两个因素就决定了原料预热温度有一个下限。对不同的渣油催化裂化装置、原料油、催化剂以及操作条件，该下限是不同的，一般以不低于150℃为宜。

原料油预热温度是调节两器热平衡和剂油比的一个手段。原料油预热既可用原料加热炉，也可与热物流换热，或两者共用。对于用原料加热炉加热原料的装置，采用原料油预热温度定值控制燃烧油(或燃料气)流量的方案。新建或改建的重油催化裂化装置都取消了原料加热炉，正常生产时一般通过调节原料与循环油浆换热后的温度控制进料预热温度。重油催化裂化因两器热量过剩，为提高剂油比，进料温度一般控制较低。但预热温度过低会导致原料油黏度增大，进料喷嘴雾化效果变差，反应生焦增多，反应系统结焦倾向增大不利于安全生产。一般根据原料性质及喷嘴雾化性能要求，控制原料油预热温度在180～250℃。

提升管出口温度(反应温度)、原料油预热温度、再生温度相互之间关系密切。在同一反应温度下，原料油预热温度提高，再生温度提高，转化率降低，焦炭产率降低，汽油收率下降，汽油的研究法辛烷值上升。一般而言，原料预热温度每增加 50℃，再生温度会增加 10℃左右，转化率下降约 2 个百分点，焦炭产率下降幅度为 5%～10%(以原有焦炭产率为基准)；预热温度每提高 5.6℃，轻循环油质量产率大约提高 0.15 个百分点。油浆产率的增加值与轻循环油差不多。

(六) 再生催化剂上的碳含量

对于无定形硅铝催化剂，不论是低铝还是高铝，当再生催化剂上碳含量低于 0.7%以后，碳含量高低对催化剂的裂化活性没有显著影响，因此，不必追求过低的再生催化剂碳含量。对沸石催化剂来说，裂化反应生成的催化焦主要沉积在沸石的活性中心。再生催化剂上碳含量增加后，沸石催化反应性能被抑制，裂化反应、氢转移反应等反应速率降低，从而转化率下降，汽油烯烃含量增加。再生催化剂上碳含量对催化裂化产物分布以及汽油和轻循环油主要性质的影响见表 5-9[1]。为了充分发挥沸石催化剂的性能，其再生催化剂碳含量应保持在 0.2%以下，最好低于 0.1%。但过低的再生催化剂碳含量也存在不足：一是再生温度过高，导致催化剂损耗加剧；二是尽管转化率增加，但目的产品的选择性有所降低。

表 5-9　再生催化剂上碳含量对催化裂化产物分布以及汽油和轻循环油主要性质的影响①

再生剂上的碳含量/%	0.16	0.46	0.62
转化率/%	68.0	56.5	46.8
产物收率/%			
C_2 及 C_2 以下	1.3	1.4	1.5
总 C_3	6.0	4.8	4.3
$C_3^=$	5.0	4.1	3.5
总 C_4	11.3	9.3	7.6
$C_4^=$	7.0	6.4	5.3
汽油	47.0	38.6	31.6
轻循环油	13.5	12.9	13.6
重循环油	18.5	30.6	39.9
焦炭	2.4	1.8	1.5
损失	—	0.6	0.3
产品性质			
汽油诱导期/ min	325	204	195
汽油溴值/(gBr_2/100g)	84	107	115
轻循环油十六烷值	33	37	40
轻循环油疑点/℃	-14	-14	-14

① 原料油：大庆原油减压二、三线。催化剂：稀土 Y 型。提升管温度：出口/入口 = 500/530℃。反应压力：0.07MPa(G)。剂油比：10。

影响催化裂化反应结果的操作因素较多，而它们之间是互相联系的，对反应的影响也

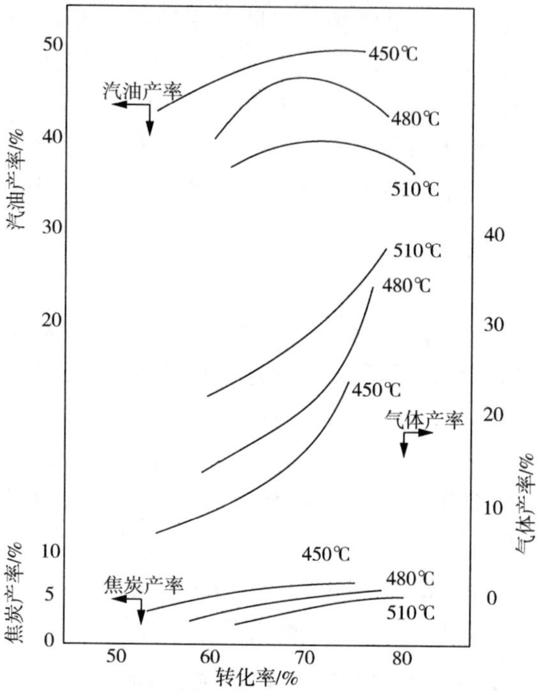

图 5-7　产品产率分布与转化率的关系

是多方面的。各个操作因素都影响原料的裂化深度，而裂化深度又影响到处理能力、产品分布以及产品质量。转化率直接反映了裂化深度，因此，转化率本身虽然不是一个操作条件，但能反映各种操作因素的综合效果。抓住了转化率这个环节，有可能较全面地认识各操作因素与处理能力、产物分布以及产品质量间的关系。

转化率与产物分布的关系，如图 5-7 所示。从图 5-7 可以看出，提高转化率时，气体和焦炭的产率增加，而气体产率增加的速度更快；提高转化率时，汽油产率开始增加，达到最大值后转而下降。这个最大值的位置与原料性质及反应温度有关。这种现象发生的原因在于，催化裂化反应是一个平行-顺序反应，而汽油在反应过程中实际上是一种反应中间产物。一般工业生产装置是在汽油产率最高点附近的转化率范围内操作。

转化率也影响着产品质量。随着转化率增加，汽油芳烃含量相应地增加，辛烷值提高，而烯烃含量在转化率由低到高的过程中先上升而后下降；轻循环油的十六烷值随着转化率提高而下降。至于产品硫含量的变化情况则需要具体分析，一般来说，随着转化率的提高，气体中的 H_2S 含量增加，汽油硫含量减少。轻循环油硫含量则随着转化率的提高先增加而后又下降。

第三节　裂化催化剂物理性质和反应性能

一、催化剂的活性及类型

在催化裂化反应过程中，平衡催化剂的活性对催化裂化产物分布及产品性质有重要的影响，提高平衡催化剂活性可以提高转化率和汽油产率，见表 5-10[14]。从表 5-10 可见，沸石催化剂与无定形硅铝裂化催化剂相比，具有更高的活性和选择性，因而沸石催化剂很快取代了无定形硅铝催化剂。但过高的平衡催化剂活性会造成干气和焦炭产率大幅度增加[15]。平衡催化剂活性主要与新鲜催化剂活性及其减活速率、新鲜催化剂补充量和催化剂的再生方式等有关。催化剂类型不同，除反映在裂化活性上的差异外，往往还反映在其他一些特殊性能上，如氢转移、异构化、抗金属污染能力及水热性能等。采用不同性能的催化剂，会得到不同产品分布及产品性质。

从 20 世纪 50 年代至今，有代表性的工业裂化催化剂对转化率与焦炭产率的影响如图 5-8所示。在催化剂活性越来越高的同时，其选择性也大幅度改善，焦炭产率不断下降。由于裂化催化剂性能不断改善，催化裂化产物分布随之也发生变化，其变化趋势如图 5-9

所示(图中以 VGO 为原料)。从图 5-9 可见:20 世纪 90 年代以前,汽油产率明显增加,焦炭和轻/重轻循环油产率下降;90 年代以后,液化气产率有所增加。

表 5-10 催化剂活性的影响①

催化剂	无定形硅铝	低活性沸石	中等活性沸石	高活性沸石
原料转化率/%(体)	63.0	67.9	76.5	78.9
汽油产率/%(体)	45.1	51.6	55.4	57.6
汽油 *RON*	93.3	92.6	92.3	92.3

① 原料为直馏馏分油,K=11.84,操作条件相同。

裂化催化剂品种达数百种,常用的也有 30 余种。按催化剂的功能可分为:重油裂化催化剂、抗重金属污染裂化催化剂、高掺渣比裂化催化剂、高辛烷值汽油催化剂、降低汽油烯烃含量的催化剂。按催化剂生产目标产品可分为:多产汽油的催化剂、多产轻循环油的催化剂、高轻质油收率催化剂、多产液化气和丙烯的催化剂和高总液收的催化剂。其中较为典型且应用较广的催化剂为多产汽油的重油裂化催化剂、降低汽油烯烃含量的催化剂和多产液化气和丙烯的催化剂[1]。

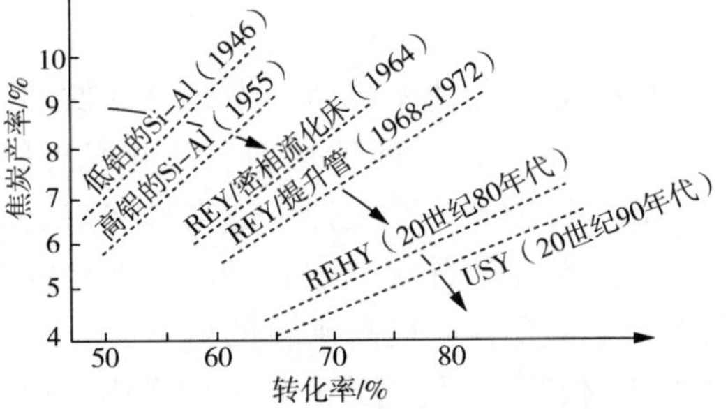

图 5-8 不同催化剂类型的焦炭产率

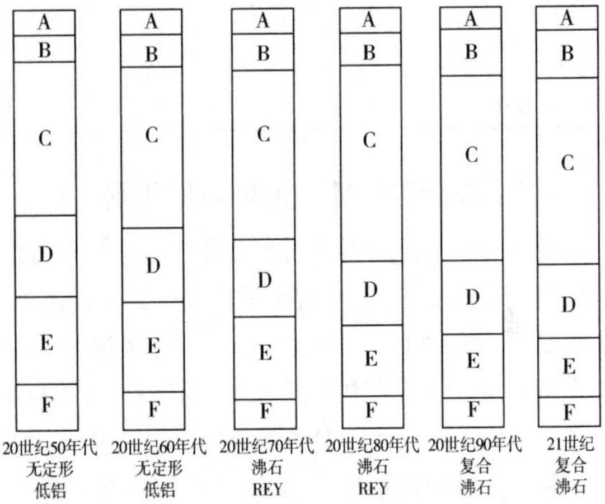

图 5-9 不同年代催化剂类型对产率的影响

A—干气;B—液化气;C—汽油;

D—轻循环油;E—重循环油;F—焦炭

(一) 重油裂化催化剂

20 世纪 80 年代初第一代重油催化裂化催化剂,是以大孔道、低比表面积、低活性的半合成(或全黏土)基质,替代高比表面积且有活性的无定形硅酸铝为基质的新型半合成稀土 Y 型沸石催化剂,其商品名称 CRC-1。齐鲁石油化工公司周村催化剂厂于 1987 年 1 月开始生产更适合重油催化裂化的催化剂,商品名称 ZCM-7,1988 年在武汉石油化工厂渣油催化裂化装置进行工业应用。20 世纪 90 年中期开始,新一代复合型超稳 Y 型沸石重油催化剂已朝着重油裂化活性高、干气和焦炭选择性好、水热稳定性强、原料适应能力广泛、抗重金属能力强、目的产品多样化、汽油辛烷值高、耐磨性好的方向全方位发展。这段时期开发出国产催化剂的基质和沸石具有多种专有技术,是国产催化剂品种与质量的快速增长期。

随着加工原料日趋劣质化，开发出结构优化的 SOY 沸石和 RICC 系列重油转化催化剂。我国重油裂化催化剂性能与和国外裂化催化剂相比，活性、选择性、稳定性等性质均处在同等水平。表 5-11 列出两种具有抗重金属污染的重油裂化催化剂的工业应用结果。从表中可见，国产剂 LV-23 和 Orbit-3600 在高金属污染下干气和焦炭产率比进口剂低，总轻油收率高；在平衡催化剂上的 Ni+V 含量已达 11000～12000μg/g 时，仍然保持着高活性和良好的选择性。

表 5-11　国产重油裂化催化剂的性能

工业 RFCC	M		D	
催化剂	LV-23	进口剂 R	Orbit-3600	进口剂 O
平衡催化剂/(μg/g)				
镍含量	6578	7233	6000	4200
钒含量	4395	3881	6400	4700
产率/%				
干气	3.34	4.51	4.26	4.84
油浆	4.13	4.53	3.94	3.89
焦炭	7.31	8.38	7.19	7.48
液体收率/%	83.92	81.30	84.33	83.35

（二）降低汽油烯烃含量的催化剂

进入 21 世纪，生产低烯烃汽油是国内催化裂化装置主要目标产品。为此，开发出含 MOY 沸石的 GOR 系列降低汽油烯烃催化剂和原位晶化的 LB 系列催化剂。其开发思路：(1)采用新型改性 Y 型沸石，强化降烯烃功能，提高沸石的水热稳定性，适当增加沸石上可改善酸中心密度的金属元素的含量，并控制其形态，改善沸石的酸中心密度，保证沸石的氢转移活性；同时引入稳定晶胞，可同晶取代另一金属元素，提高沸石的稳定性，二者相辅相成，相互促进。(2)采用一种高活性大中孔基质材料，强化基质的预裂化作用，保证优良的扩散性能；对拟薄水铝石进行改性，改变其原有的单孔分布，使其形成部分大中孔；并使新基质材料具有高活性大中孔的同时，保证其黏结性能。(3)采用 MFI 型沸石为辅助活性组分，在基质中或者在 MFI 型沸石中引入芳构化功能组分，促使烯烃芳构化，增加汽油中芳烃含量。工业应用结果表明：GOR 系列催化剂，在相同的操作方案、相近的原料油性质和操作条件下，汽油烯烃体积含量降低约 10 个百分点。

（三）增产低碳烯烃的催化剂

20 世纪 80 年代中期，Mobil 公司发明了 ZSM-5 沸石。由于 ZSM-5 特殊的孔道结构限制了一次反应产物在孔道内的扩散，加强了二次裂化，有利于丙烯的生成；另外，ZSM-5 的硅铝比高，酸性中心位少，不利于双分子氢转移反应发生。因此 ZSM-5 是增产低碳烯烃的主要活性组分，尤其多产丙烯。我国自主开发的多产低碳烯烃的催化裂化家族工艺专用催化剂活性组元含有较多的中孔沸石。DCC 工艺专用催化剂先后有 CHP-1、CIP-1、CRP-1、MMC-2 和 DMMC-1 催化剂。CPP 工艺专用催化剂有 CEP 系列。DCC 专用催化剂不仅保证了国内 DCC 装置使用，同时还向泰国、沙特阿拉伯、印度出口[16]。

CGP 催化剂是为满足 MIP-CGP 工艺需要而开发的。在设计开发催化剂时，兼顾两个反应区各自的特点，以突出其优势作用。在 CGP-1 催化剂制备过程中刻意改善了胶体性质，并且通过严格控制各组分的加入条件，达到调节基质孔分布和酸性的目的。开发的新基质具有适宜的孔结构，有着良好的容炭性能，因此减少了第一反应区生成的积炭对活性组元的污染，使其特点在第二反应区得以充分发挥。采用中孔沸石为第二活性组元，选择性地裂化汽油中的小分子烯烃，达到进一步降低汽油烯烃含量、多产丙烯的目的。工业试验标定结果表明：与 FCC 工艺相比，采用 CGP-1 催化剂，在汽油产品质量改善同时，丙烯产率达到 8%以上。此外，汽油诱导期大幅提高，抗爆指数增加；总液体收率有所提高，干气产率下降，焦炭选择性良好。CGP-1 催化剂相继在国内多套工业装置进行应用，成为目前应用最广泛的催化剂[17]。

二、金属对催化剂性能的影响

从原料油带来的重金属如铁、镍、钒、钠、钙、镁等在反应过程中会析出或吸附到催化剂上，引起催化剂的中毒失活[1]。中毒失活的程度因金属种类而异，随污染物积累量增大，有永久性的和不可逆的，以下将分别介绍。

（一）镍

Ni 是一种加氢、脱氢活性很好的催化组元，在临氢和压力下，它是加氢催化剂；在常压下，它成为脱氢催化剂。催化裂化是在常压下操作，故 Ni 主要是起脱氢作用。Ni 在催化剂上主要以两种形态存在：一种是氧化镍状的颗粒，主要存在于富硅的基质上（氧化硅或脱铝沸石）；另一种是以铝酸镍或硅铝酸镍的形式高度分散于基质中。不论是氧化镍或铝酸镍，均有很明显的脱氢催化性能，导致产品分布变差，干气和焦炭产率明显增加，如图 5-10 所示。

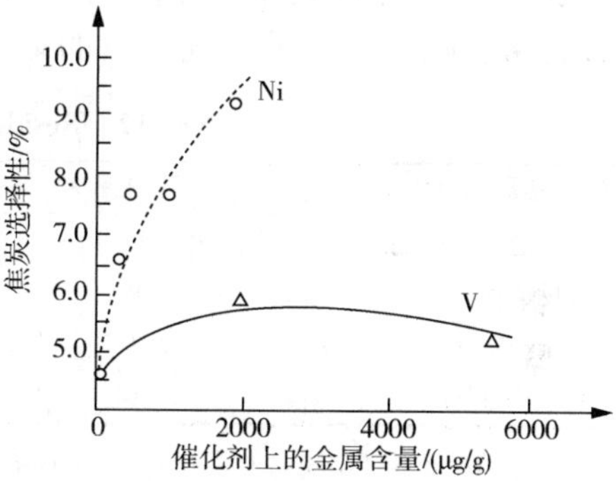

图 5-10 催化剂浸渍重金属含量对焦炭选择性的影响

为了减少 Ni 的催化作用，措施之一是：减少可供 Ni 分散的表面积，加入锑钝化剂，使其附着在催化剂表面上，可以减少镍的分散。另一措施是使 Ni 分散于小孔中，然后在高温水蒸气下小孔崩塌，将 Ni 埋入其中。基于还原态 Ni 活性好的概念，还可以用化学的办法使 Ni 和其他化合物结合，成为稳定的化合物，使它失去催化活性。在催化剂制备中使基质含有一定量的自由态 SiO_2 或 Al_2O_3，使这种自由态的 SiO_2 或 Al_2O_3 与 Ni 起化学反应，生成 Ni-硅酸盐或 Ni-铝酸盐（尖晶石）。以上设计在实际的工业催化剂中都有应用。CRC-1 催化剂属化学反应生成稳定态 Ni，而 ZCM-7 催化剂则主要是在大孔小表面结构使 Ni 聚集。

国内部分 FCC 装置掺炼了镍含量高的渣油，平衡催化剂上镍含量高达 7000μg/g，甚至 10000μg/g 以上，未使用钝化剂时，干气中氢含量一般超过 50%。达到上限后，就不再增大，说明镍含量对选择性的影响并非线性关系。

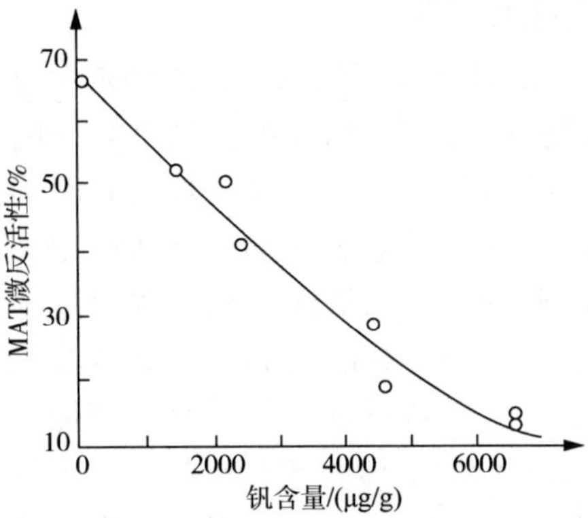

图 5-11　钒含量对 ZCM-7 催化剂活性影响

（二）钒

钒的稳定度比镍稍差，在催化剂表面以 V^{4+} 或 V^{5+} 的价态存在，但在再生结束时均转化为 V^{5+}，其表面活性、挥发性和极性均很强，因而从催化剂表面迁移到沸石晶粒处富集起来，在水蒸气环境下生成易挥发的钒酸造成沸石骨架脱铝，从而降低沸石结晶度，使催化剂活性下降。钒对 ZCM-7 催化剂活性影响见图 5-11。从图 5-11可见，随着催化剂上钒含量增加，催化剂活性直线下降，当沉积 4000μg/g 的钒时，已对沸石性能造成严重损害。

表 5-12 是国产 ZCM-7 催化剂在不同状态时，钒对活性和沸石晶体结构的影响。从以上图表可以看出，钒的减活作用比镍大得多，尤其在水热处理后的减活程度远比热处理严重。不同类型的催化剂抗钒中毒的性能差别很大，稀土含量高的 Y 型沸石不如稀土含量低的超稳 Y 型沸石。例如国产 CRC-1 和 ZCM-7 两种催化剂，在同一污染水平时（钒含量 2200μg/g）MAT 分别为 30 和 51（均水热处理后）。此外，基质固定钒的能力不同也对催化剂抗中毒能力有直接影响，不同催化剂上钒的影响是不同的。

表 5-12　Residcat 上镍和钒单独污染与综合污染对比

金属污染水平	0（基准）	0.33%Ni	0.67%V	1%（Ni+V）
水热老化后结晶度①	84	84	38	38
微反活性	80	82	61	61
焦炭产率/%	3.3	5.8	1.9	2.5
氢气产率/%	0.014	0.274	0.109	0.244

① 732℃，100%水汽，0.2MPa，8h 老化条件。以 677℃空气，3h 为 100。

（三）碱金属和碱土金属

催化剂制备过程残存的碱金属和原料油中携带的碱金属和碱土金属对催化剂都有不同程度的毒害。在金属污染量相同的前提下，使催化剂活性降低的顺序如下。

（1）对新鲜催化剂而言：

Na＝K>Ca＝Mg>Ba（在热环境中）；

Mg＝Na≈K>Ca>Ba（在缓和水热环境中）；

Mg>>Na≈K>Ca，Ba（在苛刻水热环境中）。

（2）对平衡催化剂而言：

Na≈K>Ca≈Mg（在缓和水热环境中）；

K>Ca≈Mg>Na（在苛刻水热环境中）。

一般而言，钙和镁对工业平衡催化剂的毒害并不是很严重，但当钙含量>1%时，可以破坏沸石。钠对催化剂的中毒是值得重视的。图 5-12 是不同催化剂在工业装置中钠含量对活性的影响。

为了限制原料带入钠造成催化剂失活，可以增加对系统内催化剂的置换速率。这种情况付出的代价很高，所以原油电脱盐必须十分重视，盐含量应控制在1~2μg/g范围内，催化剂上钠含量以不超过0.5%为宜。钠除了影响催化剂活性外，还对汽油质量产生不利的影响。当污染钠由1.2%降到0.2%时，RON增加了2个单位。此外钠的沉积还会降低催化剂的强度。

(四) 铁

铁对催化剂的毒害过去很少被重视。催化剂制造过程和原料油储存与输送过程都带来无机铁化合物，对催化剂没有污染作用。但原料油中环烷酸腐蚀设备产生的有机铁化合物可沉积在催化剂表面，对某些装置的催化剂造成毒害，而对另一些装置却无影响。渣油中的含铁有机物在反应过程中会不断地沉积到催化剂的表面，形成突起的结节(见图5-13)，当含量进一步增加时，会在催化剂表面形成玻璃相(见图5-14)，影响反应物的扩散，使催化剂失活。此外，铁还会引起脱氢反应，增加焦炭选择性。

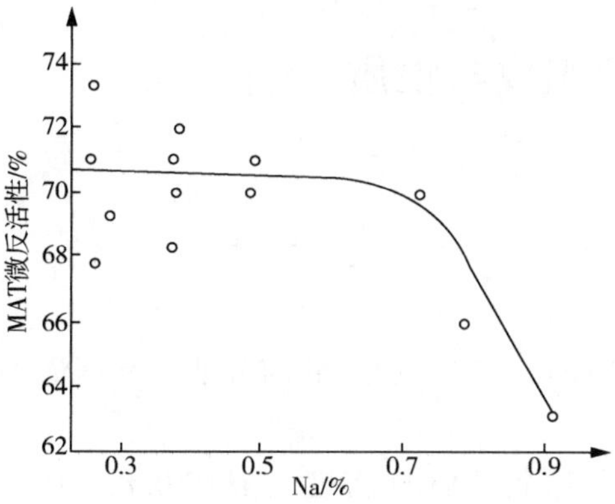

图5-12　催化剂上钠含量对其活性影响

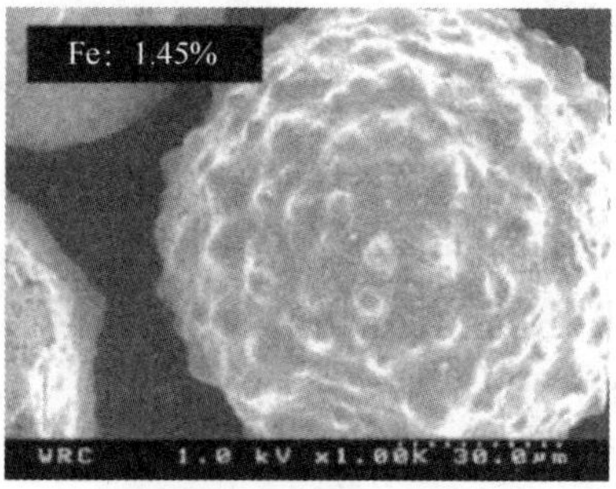

图5-13　高铁含量的平衡催化剂的SEM图

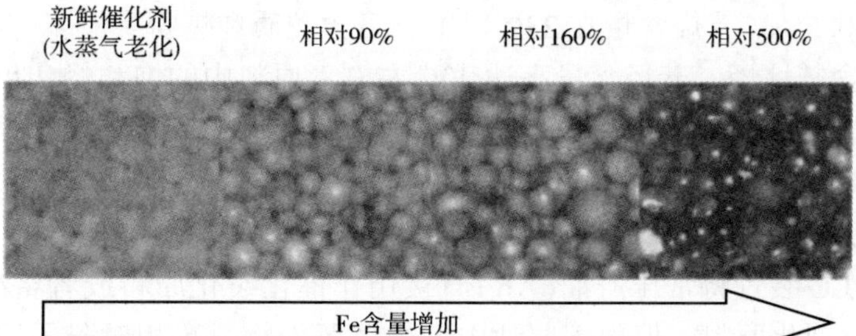

图5-14　不同铁含量的同一催化剂的光学显微镜图(G. Yaluris et al，2004)

有机铁基本沉积在催化剂颗粒外表面，形成1~3μm的壳状堆积层，形态为Fe_3O_4或低价氧化物。铁在催化剂表面的富集比高达10~18。氧化铁和氧化钠(来自原料油或催化剂)、氧化硅(来自催化剂的黏结剂——硅溶胶)，能够生成低熔点(<500~667℃)的共熔物，封闭催化剂表面孔穴，引起催化剂裂化性能下降。如果使用铝溶胶黏结剂，则其共熔物熔点

在1000℃以上，就不会影响催化剂活性。从催化剂的堆积密度和比表面积数据分析，也可判断铁中毒的影响程度[18]。

（五）钙

催化剂上钙含量对转化率的影响见图5-15。从图5-15可以看出：随着催化剂上钙含量增加，转化率降低。这意味着催化剂活性显著降低，这是由于钙的扩散性很强，能够进入催化剂的内部中和酸性位。此外，钙还会大大降低催化剂的水热稳定性，这可能源于H^+-Ca^{2+}的离子交换作用，该作用对水热稳定性的影响常见于USY催化剂中[19]。

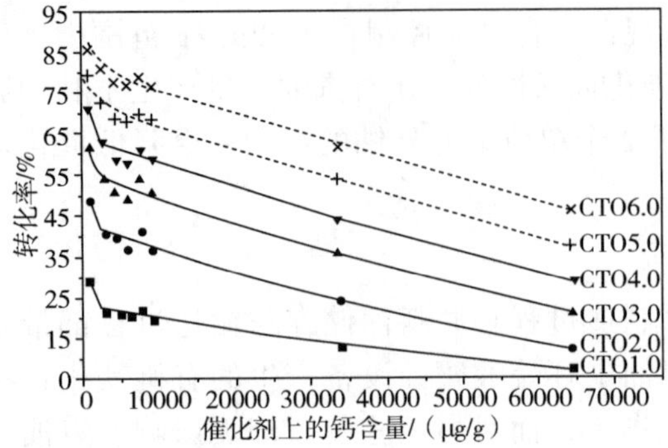

图5-15　不同剂油比(CTO)时转化率随催化剂上Ca含量的变化曲线

第四节　原料组成与性质

一、原料性质

（一）馏分油和渣油性质

催化裂化装置所处理的原料包括馏分油(VGO)、二次加工的馏分油、常压渣油(AR)、减压渣油(VR)、加氢重油等。

VGO是使用最广泛、最为典型的催化裂化原料。VGO密度一般在0.85～0.90g/cm^3，氢含量一般在12.5%～13.8%，相对分子质量一般在350～400。残炭和金属含量均很低。石蜡基VGO饱和烃含量均在80%以上，而芳烃含量仅15%左右，例如，大庆油VGO饱和烃含量为86.6%，其中链烷烃含量为52.0%。而中间基胜利油VGO饱和烃含量为71.8%，其中链烷烃含量为30.5%，芳烃含量在23%以上，且含胶质和噻吩类较多，约为5.6%。更劣质VGO基本上不含链烷烃，芳烃含量高达40%左右。原料中的饱和烃和单环芳烃之和称为“汽油潜含量”，在相同的评价条件下，其值越大，转化率越高，汽油产率也越高。大庆蜡油的汽油潜含量为94.2%；任丘、东濮、胜利和鲁宁管输VGO的汽油潜含量均超过80.0%；只有羊三木、辽河蜡油的汽油潜含量低于80.0%。

国内大部分FCC装置将常压渣油(AR)直接用作催化裂化原料或者将减压渣油(VR)与VGO混兑用作催化裂化原料。但由于原油中的金属污染物、高相对分子质量的沥青质和胶质以及硫、氮等杂原子化合物，大部分都集中在渣油中，因此，为处理渣油原料，开发出渣油催化裂化工艺。常压渣油密度一般大于0.9g/cm^3，残炭一般大于5.0%，氢含量一般大于11.5%。国内常压渣油中的镍含量较高，一般超过4μg/g，甚至高达40μg/g，钒含量较低，一般低于2.0μg/g；而国外常压渣油中的镍含量和钒含量均较高，镍含量一般超过7μg/g，甚至高达40μg/g，钒含量更高，一般超过10μg/g，甚至高达100μg/g。部分优质的常压渣油可以直接作为渣油FCC装置的原料。

减压渣油密度一般大于0.92g/cm^3，残炭一般大于10.0%，氢含量一般小于11.0%。国内减压渣油中的镍含量较高，一般超过10μg/g，甚至高达80μg/g，钒含量较低，一般低于2.0μg/g；而国外减压渣油中的镍含量和钒含量均较高，镍含量一般超过15μg/g，甚至高达70μg/g；钒含量更高，一般超过20μg/g，甚至高达200μg/g。只有极少量的减压渣油可以直接作为渣油FCC工艺原料，大部分减压渣油必须经过预处理后，才可作为渣油FCC装置的原料。

渣油是一种化学组成变化范围很宽的复杂混合物。其相对分子质量小的部分含有较多饱和分和芳环数较少的芳香分，氢含量高且金属含量低，可用作催化裂化原料。饱和分氢含量为13.6%~14.4%，芳香分氢含量为11.0%~12.1%。其相对分子质量大的部分主要是胶质、沥青质及少量的芳环数较多的重芳香分，芳环数较多，且芳碳缩合度高，氢含量低且金属含量高，完全不适合于作催化裂化原料。胶质氢含量为9.7%~10.6%，沥青质氢含量为7.0%~7.7%。国内渣油中的饱和分含量从15.7%到47.3%，相差3倍之多；芳香分含量一般在30%左右；庚烷沥青质的含量普遍较低，大多小于3%；但胶质含量高达40%~50%；国外渣油中的庚烷沥青质普遍较高，胶质含量偏低，庚烷沥青质的含量高达10%，有的甚至更高，但胶质的含量一般只有30%。因此，国内减压渣油以戊烷沥青质来表征，不以庚烷沥青质来表征，原因是其含量较低。渣油与馏分油性质差异对比列于表5-13[12]。

表5-13　渣油与馏分油性质差异对比

项　目	VGO	VR	项　目	VGO	VR
馏程范围/℃	350~560	560$^+$	硫含量/%	0.2~3.5	更高
相对分子质量	250~500	500~3500	氮含量/(μg/g)	约1000	1000~3000
运动黏度/(mm^2/s)	1	3~20			
残炭/%	<2	>3	镍+钒/(μg/g)	0~2	5~60

从表5-13可以看出，对于加工渣油原料，催化裂化工艺要考虑重金属污染增加、硫与氮含量增加、多环芳烃含量上升而氢含量降低、焦炭前身物增加对催化剂性能、反应与再生工艺、生产过程清洁化产生的严重影响。在催化剂性能上，主要体现在催化剂的金属污染加重和高温水热失活加重；在反应工艺上，主要体现在原料难以雾化或汽化、生焦趋势增加、干气尤其氢气产率上升、产品中含有更多的芳烃和硫化物；在再生工艺上，主要体现在热量过剩、主风消耗量增加以及烟气中的SO_x，NO_x排放量增加。

由于FCC工艺是自身碳氢平衡的，这就要求目标产品(液化气+汽油+轻循环油)消耗氢与原料的氢含量之间差值越小越好。以大庆油VGO为原料，其氢含量为13.5以上，目标产品消耗氢占原料的氢含量约为94%；而以劣质重油为原料，如加氢重油，其氢含量在12.0左右，目标产品消耗氢占原料的氢含量约在82%。由此可以看出，氢含量高的原料，其氢利用率也越高。氢含量高和相对分子质量大的VGO是优质的FCC工艺原料。催化裂化工艺对原料密度、残炭、氢含量和重金属含量存在着限制指标[12]。

(1) 对于石蜡基原料，要求原料油残炭<8%，氢含量>12.2%，密度(20℃)<0.92g/cm^3，重金属镍含量<25μg/g，钒含量<5μg/g；

（2）对于中间基原料和加氢处理后原料，要求原料油残炭<6%，氢含量>11.8%，密度（20℃）<0.94g/cm^3，重金属镍含量<10μg/g，钒含量<10μg/g。

（二）二次加工原料性质

1. 脱沥青油

脱沥青油（DAO）质量与减压渣油性质和其收率密切相关。渣油性质较好，其DAO性质也较好。对于同一渣油原料，DAO质量随着收率的增加而降低。性质较好的DAO直接掺到VGO中作为FCC装置的原料。当DAO性质较差时，先加氢精制后再作FCC装置的原料。

2. 焦化馏分油

焦化馏分油（CGO）虽然不能单独作为催化裂化原料，但可与VGO掺和，作为FCC装置的原料，CGO含有相当多的烯烃，芳烃含量也高于VGO，氮含量高出相应原油的VGO好几倍。通常，碱性氮化物含量占原料中的氮含量的1/4~1/2。CGO中的碱性氮化物主要是氮杂菲系和氮杂芘系，其中以苯并喹啉系及二苯并喹啉系最多。碱性氮化物易与催化剂活性中心结合，使催化剂活性下降，其对CGO的催化裂化反应性能影响比稠环芳烃还严重。由于CGO中的氮含量较多，尤其碱性氮，造成催化剂中毒失活。如果CGO未加氢处理，掺炼量一般不超过30%。目前，大部分CGO均经加氢处理后再作为FCC装置的原料。

类似CGO，还有高温热解重油、减黏裂化重油、干馏加工的页岩油等。

3. 抽余油

重循环油（HCO）中含有大量重质芳烃。经溶剂抽提后，抽出油含有较高的芳烃，而抽余油含有较多的烷烃和环烷烃，是优质的FCC装置的原料。

4. 加氢处理油

直馏馏分油、常压渣油、减压渣油、溶剂脱沥青油、焦化馏分油、煤焦油以及FCC轻/重循环油等都可以先经过加氢处理（HT）后，再作为FCC装置的原料。加氢处理工艺作为制备催化裂化原料的手段与催化裂化工艺相结合，一般可提高催化裂化工艺的目的产品选择性和产品质量。加氢处理改进原料裂化性能的程度与加氢处理的耗氢量成正比。即加氢深度大，耗氢量也比较大，加氢后的原料性质改善更明显。例如，科威特减二线馏分油（以下简称为KVGO）经深度和浅度加氢精制后产生出两种加氢馏分油，浅度加氢精制的馏分油代号为QVGO，深度加氢精制的馏分油代号为SVGO。其性质列于表5-14。从表中可以看出，KVGO经加氢处理后，随着加氢深度的增加，加氢馏分油的密度、折射率、硫和氮含量均下降，而氢含量上升，从而导致其裂化性能改善[1]。

表5-14　KVGO、SVGO和QVGO性质

项　目	KVGO	QVGO	SVGO
密度（20℃）/（g/cm^3）	0.9307	0.8952	0.8897
折射率（n_D^{70}）	—	1.4764	1.4725
碳含量/%	84.85	86.92	86.71
氢含量/%	12.04	12.94	13.09
硫含量/%	3.8	0.39	0.16
碱性氮含量/（μg/g）	271	199	90

原料中的多环芳烃(PNA)在催化剂上不发生反应，一般沉积在催化剂表面中。如果多环芳烃的部分外环经加氢处理饱和，那么其裂化性能将得到改善，可减少其在催化剂上结焦趋势，从而焦炭产率降低，进而降低再生器烧焦负荷，同时降低再生烟气中的 SO_x 和 NO_x 排放量。目前，国内大部分催化裂化装置的原料来自加氢处理装置，尤其渣油加氢处理装置在炼油工艺流程中占有重要地位，专门为渣油催化裂化装置提供原料。几套国内外渣油加氢处理装置的原料油和加氢重油性质列于表 5-15。

表 5-15 渣油加氢处理装置的原料油性质和加氢重油性质

装置名称	国内 WP-ARDS	国内 QL-VRDS	国内 MM-ARDS	国内 HN-ARDS	国外 ARDS	国外 VRDS
原料油性质						
密度(20℃)/(g/cm^3)	0.9669	1.000	0.9620	约 0.95	0.9620	1.022
运动黏度/(mm^2/s)		923	89.46		33	1100
硫含量/%	4.24	3.58	2.29	1.03	3.34	4.2
氮含量/%	0.29	0.28	0.30	0.29	0.207	0.31
镍含量/(μg/g)	15	29	23.2	33.88	9	19
钒含量/(μg/g)	75	57	39.2		40	101
康氏残炭/%	12.8	21.0	10.26	10.74	9.5	22.0
沥青质(胶质)/%			1.22	2.7(20.3)		7.0
加氢重油性质						
密度(20℃)/(g/cm^3)	0.9144	0.9371	0.9291	0.9383	0.9220	0.9630
运动黏度/(mm^2/s)			33.88		22	92.0
硫含量/%	0.35	0.30	0.31	0.33	0.19	0.40
氮含量/%	0.19	0.16	0.13	0.25	0.12	0.195
镍含量/(μg/g)	3	5.3	9.96	17.21	<2.0	<4.0
钒含量/(μg/g)	13	4.9	10.7		<2.0	<4.0
康氏残炭/%	5.5	5.5	5.10	8.13	3.8	8.0
沥青质(胶质)/%			0.30	2.1(13.9)		0.8
脱硫率/%	92	91.6				
脱氮率/%	83	42.9				
脱残炭率/%	61	73.8				

从表 5-15 可以看出，渣油原料经加氢处理后，加氢重油不仅硫、氮含量明显降低，而且可以降低其中的重金属含量和残炭，符合催化裂化工艺对原料性质的要求，同时饱和原料中的多环芳烃，从而加氢处理后原料油具有较高的转化率、较高的汽油产率、较低的焦炭产率。加氢原料所生成的产品具有较低的硫含量和氮含量。例如，加氢后的原料大约 5%的硫留在 FCC 汽油中；而未加氢处理的原料大约 10%的硫留在 FCC 汽油中。

二、原料中的杂质及其危害

由于催化裂化所加工渣油中含量较高的镍、钒、铁、钙、钠等重金属，这些重金属沉积在催化剂上，对催化剂催化性能有毒害作用，会导致催化剂反应活性、目的产物的选择性降低，更严重会导致催化剂沸石结构崩塌。我国原油中的金属含量分布特点是镍高钒低，镍含量为3~60μg/g；而中东原油中的金属含量分布特点是钒高镍低，钒含量为3~30μg/g。随着重油加氢处理原料增多，催化裂化原料中的铁和钙含量也有增加趋势。个别装置由于前面脱盐效果差，导致原料中的钠含量过高。此外，催化裂化原料还含有硫和氮化物，当原料掺炼CGO时，更要关注氮含量，尤其碱性氮含量[1]。

（一）氮化物

FCC原料中的氮化物是指碱性氮化物和非碱性氮化物。总氮含量是碱性氮和非碱性氮含量之和。碱性氮含量占总氮含量的1/4~1/2。碱性氮化物的基本化合物是吡啶和喹啉等，当分子量增加时，则成为苯并吡啶（苯并喹啉）、二苯并吡啶（10-氮杂蒽）等多环氮化物；非碱性氮化物的基本化合物是吡咯，当相对分子质量增加时，则成为苯并吡咯（吲哚）、二苯并吡咯（咔唑）等。在大多数VGO中，总氮中碱性氮化物所占的比例为30%~67%，而碱性氮化物中有50%~70%是喹啉及其衍生物，有25%~40%是吖啶及其衍生物。

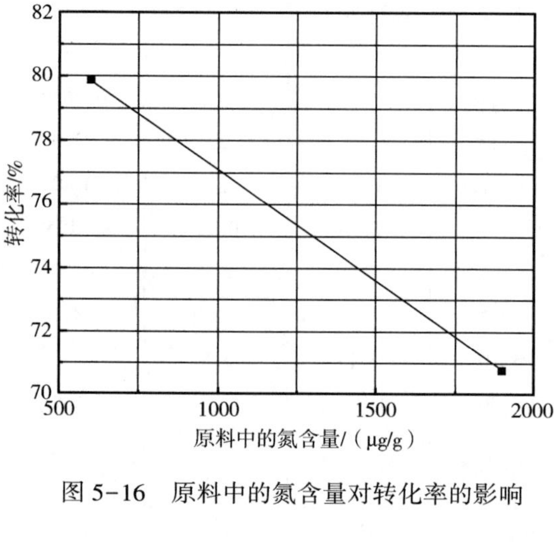

图5-16　原料中的氮含量对转化率的影响

在催化裂化反应中，催化剂的活性组分为沸石，其酸性位为活性位，部分基质也具有酸性。原料中的氮化物"碱性"与催化剂的酸位相互作用后，由于碱性氮化物含有孤对电子，具有强烈的络合和吸附性能，结合形成强配位键的络合物使催化剂中毒暂时失去活性，造成转化率下降，如图5-16所示。从图5-16可以看出，原料中的碱性氮含量每增加100μg/g，转化率将降低约1个百分点，相应地汽油产率将损失1个百分点（体积分数）。

碱性氮化物对催化剂毒害是非永久性的。在再生器内，催化剂上沉积的氮化物经高温燃烧后，催化剂又恢复了催化活性，对再生催化剂性质分析后发现不存在异常现象。事实上，所有的碱性氮化物最终都会形成焦炭。

氮化物除了能使催化剂中毒以外，还对装置设备和产品性质等方面产生不利的影响。在提升管反应器中，一些氮化物转化成氨和氰化氢（HCN）。氰化氢会加速气体分馏装置设备的腐蚀。由于它去掉了硫化物的保护膜，暴露的金属会加速腐蚀。这种腐蚀产生的原子氢最终将导致氢气疱疤。一些氰化物最终生成轻循环油（LCO）中的吡咯和吡啶。这些化合物很容易氧化而影响油品颜色的稳定性。LCO中的氮含量取决于转化率。转化率提高，LCO中的氮含量降低，而催化剂上的氮含量增加。

在加工高氮原料时可采取的主要技术有加氢预处理、溶剂精制、吸附转化脱氮工艺(DNCC)、酸处理脱氮或原料注酸、提高反应温度和增大剂油比、掺兑原料以限制进料氮含量以及采用高活性抗氮催化剂或添加剂等。

(二) 硫化物

FCC 原料中的硫均以有机硫化物存在，主要有硫醇类(RSH)、硫醚类(RSR′)、环状硫醚类(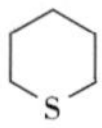、)、二硫化物(RSSR′)、噻吩以及其同系物(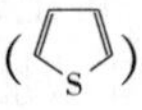)、苯并噻吩和二苯并噻吩类(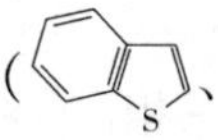、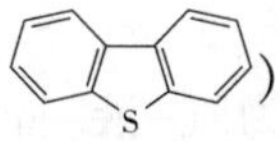)等。通常，当原油中的渣油含量升高时，硫含量也增加。相对其他杂质，硫化物对催化剂性能、转化率和目的产品产率影响较小。一些芳香性硫化合物不能转化，与其他芳香性化合物相似，绝大多数留在轻循环油和油浆中。

(三) 金属

原油中含有少量的重金属，例如镍、钒和钠。这些重金属一般富集在高沸点范围的常压渣油或减压渣油中，其本身就具有催化作用，能促进一些不希望的反应类型发生(如脱氢反应和缩合反应)，造成氢气和焦炭产率增加，汽油产率下降，使原料中的氢有效利用率降低。金属对催化剂性能、转化率和产物产率具体的影响见本章第三节。

三、原料可裂化性能

对原料油的裂化性能，通常可用原料的特性因数“K”值进行分类：$K>12.0$ 时，属易裂化的烷烃类；$K=11.3\sim12.0$ 时，属中等裂化性能的环烷烃类；$K<11.3$ 时，则属难裂化的芳烃类。催化裂化工艺是碳氢自身平衡的工艺，当原料中的贫氢分子(芳烃类化合物)含量增加，目标产品收率也会降低，且产品中的芳烃含量也相应增加。这一点在渣油催化裂化工艺上体现相当明显，随着原料中的渣油掺入比例增加，转化率明显降低(见图 5-17)，汽油产率明显降低(见图 5-18)，而油浆产率快速增加(见图 5-19)[12]。

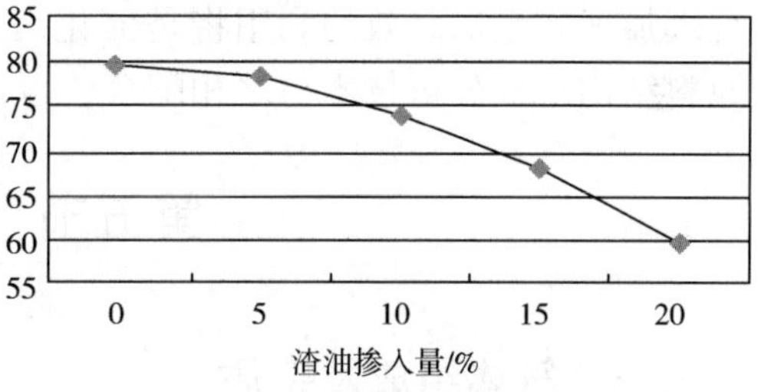

图 5-17　掺渣比对转化率的影响

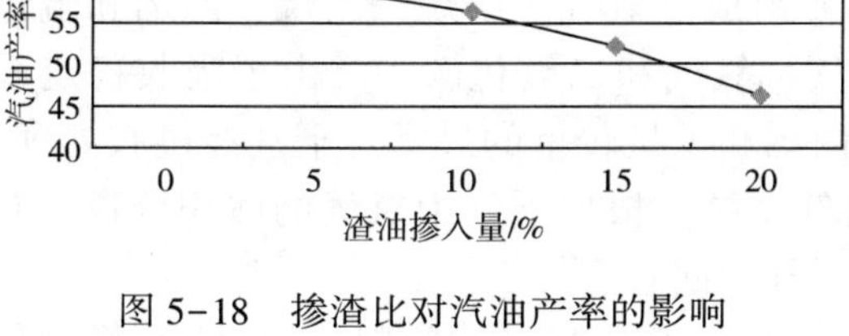

图 5-18　掺渣比对汽油产率的影响

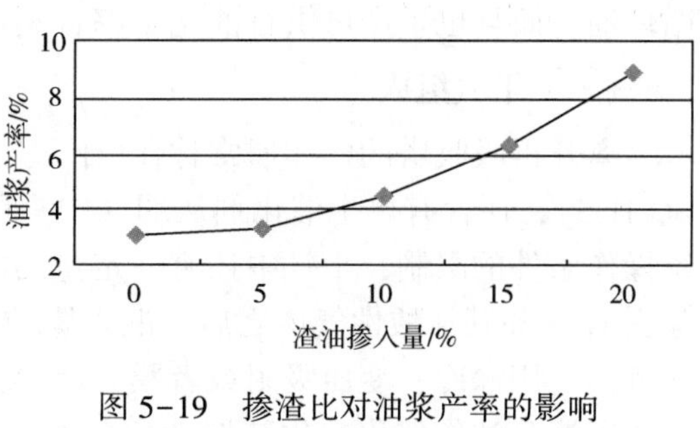

图 5-19　掺渣比对油浆产率的影响

渣油除了沸点较高、氢碳比较低外，还含有较多的沥青质与胶质，而且含有碱金属、重金属、硫化物及氮化物等杂质。随着原料中的渣油比例增加，原料可裂化性能明显降低，原因在于：

（1）原料分子大小分布变宽，催化剂孔结构尺寸与原料分子大小相匹配的难度增大。

（2）重金属含量增加，催化剂上沉积更多的金属，破坏了催化剂的性能。

（3）芳烃含量和胶质含量增加，原料的裂化能力降低，重油产率增加。

（4）硫、氮杂原子含量增加，催化剂瞬间快速失活和产品质量变差。

（5）大于540℃渣油的汽化能力下降，裂化反应由气-固两相转化为气-液-固三相。

催化裂化工艺进展主要推动力就是应对原料油越来越重，越来越劣质。催化裂化原料最早是柴油，将柴油转换化为市场需求的汽油。随着汽油消耗量增加，原料延伸到更重馏分油，但仍然无法满足市场对汽油量的需求，被迫选择较优质的常压渣油直接作为催化裂化原料，由此开发出渣油催化裂化工艺，使催化裂化工艺实现了台阶式进步。由于优质的常压渣油资源有限，催化裂化原料只好延伸到劣质渣油，而催化裂化工艺难以加工劣质渣油。劣质渣油必须进行预处理，脱除原料中的沥青质、重金属、硫与氮，由此形成渣油预处理与催化裂化组合技术，使得炼油技术流程更加复杂。

从生产与操作层面来说，原料性质是影响装置运行好坏的第一因素。原料性质优劣决定了产物分布、产品性质的好坏。从原料中的氢利用率来看，存在着马太效应，即原料中的氢含量越高，其氢利用率也越高，即液化气、汽油、轻循环油消耗氢越多，而干气、油浆和焦炭消耗氢越少。随着催化裂化工艺的进步，对原料中的链烷烃、环烷烃、芳烃进行合理加工和更加高效的利用将是催化裂化技术的开发方向之一，为此需要更加高效实用的原料结构组成分析技术与之相配合，以适应未来催化裂化技术发展。

第五节　产物性质及组成

一、气体组成及杂质

催化裂化装置副产大量的液化气(LPG)和少量的干气。干气和液化气的产率分别占新鲜原料的2%~12%和8%~40%。因此催化裂化作为重要的二次加工装置不仅生产汽油、轻循环油，而且也生产可供石油化工综合利用的气体产物[1]。

（一）干气组成

离开再吸收塔的气体通常称作“干气”，其主要组成是氢气、甲烷、乙烷、乙烯和硫化氢(H_2S)，还含有再生催化剂从烟气中夹带的氮气、氧气和二氧化碳等。由于吸收稳定系统操作条件的限制，干气中还有一定量的丙烷、丙烯和少量较重的烃类。干气经过胺处理，除去 H_2S 和其他酸性气体之后，混入炼油厂燃料气系统。根据干气中氢气的体积分数，有些炼油厂用深冷、变压吸附或者膜分离等方法从干气中回收氢气。

以馏分油作催化裂化装置的原料时，氢产率一般小于0.1%(对原料)；以渣油作原料时，氢产率成倍增长，但一般也不超过0.5%(对原料)。由于渣油的重金属含量多，在催化裂化时使得催化剂表面被污染，导致气体组成发生变化，氢气产率升高和 H_2/CH_4 体积比增加。以大庆馏分油为原料，该比值为 0.3；若以大庆常压渣油为原料时，该比值达 2.16；若以任丘直馏馏分油掺 80%常压渣油为原料，该比值高达 5.44。

当干气中的 H_2/CH_4(体积比)为 0.3~0.8，此时气体生成量为 9~17.8Nm^3/m^3 原料油；当干气中的 H_2/CH_4(体积比)大于 1 时，表示催化剂中毒程度较为严重，气体生成量应在 35.6Nm^3/m^3 原料油以上。

由于再生催化剂携带少量的烟气，因此，通常催化裂化干气含有一定量的非烃组分，即氮气、氧气和 CO_2 等。这部分非烃组分占干气中的体积分数应小于 15%，如果超过 20%，表明再生催化剂携带烟气量过多，再生线路脱气效果不理想。干气的密度一般在 0.70~0.80 g/cm^3。扣除非烃组分后，干气中的氢含量约为 22%。

常规流化催化裂化(FCC)、催化裂解(DCC/CPP)和多产异构烷烃的催化裂化工艺(MIP/MIP-CGP)等三种工艺的干气组成列于表 5-16。

表 5-16　干气组成

工艺类型	FCC	MIP	MIP-CGP	DCC	CPP
干气质量组成/%					
硫化氢	11.10	9.81	5.60	1.56	0.16
氢气	3.64	4.63	5.70	2.73	0.67
甲烷	33.71	33.02	29.79	30.55	16.39
乙烷	24.47	26.64	24.01	23.02	6.92
乙烯	22.05	20.61	29.08	40.60	24.35
丙烯	0.94	0.67	0.55	1.01	36.44
丙烷	3.28	2.87	2.97	0.53	3.58
丁烷	0.41	1.32	1.09	—	1.58
丁烯	0.40	0.43	1.21	—	9.91
总计	100.00	100.00	100.00	100.00	100.00
干气产率/%	4.39	2.94	2.51	8.44	29.56

从表 5-16 可以看出，DCC 干气中的乙烯含量远大于 FCC 和 MIP 工艺，同时，DCC 干气产率为 MIP 工艺的 3~4 倍。因此，要考虑充分利用 DCC 工艺干气中的乙烯和乙烷，较为合理的技术途径是催化裂解工艺和蒸汽裂解工艺耦合。

（二）液化气组成

脱丁烷塔或稳定塔塔顶物流是 C_3、C_4 的混合物，还含有少量的 C_5，通常称作 LPG，其组分为丙烷、丙烯、丁烷和丁烯。液化气中的烯烃和异丁烷是烷基化的原料，异丁烯是生产 MTBE 的原料，丙烯是生产聚丙烯等化工产品的原料[1,2]。

常规流化催化裂化(FCC)、催化裂解(DCC)和多产异构烷烃的催化裂化工艺(MIP)等三种工艺的液化气组成列于表 5-17，其中 FCC 和 MIP 工艺液化气组成数据为某催化裂化装置改造前后标定数据，DCC 工艺液化气组成数据为某 40 万吨/年 DCC 装置标定数据，CPP 工艺液化气组成数据为某 50 万吨/年 CPP 装置标定数据。

表 5-17 液化气组成

工艺类型	FCC	MIP	MIP-CGP	DCC	CPP
原料油密度(20℃)/(g/cm^3)	0.9188	0.9130	0.9122	0.8934	0.8943
液化气组成/%					
丙烷	9.02	12.33	7.83	7.11	7.02
丙烯	32.68	31.66	36.37	45.19	71.48
正丁烷	4.66	6.20	4.16	2.04	2.06
异丁烷	18.42	23.73	19.39	5.65	1.03
正异丁烯	19.02	14.34	16.93	21.24	3.38
顺-2-丁烯	6.75	4.63	8.90	6.38	8.11
反-2-丁烯	9.45	7.11	6.24	8.59	3.54
丁二烯	—	—	—	0.67	2.86
C_5	—	—	0.18	3.13	0.52
总计	100.00	100.00	100.00	100.00	100.00
液化气产率/%	12.47	15.44	22.12	38.35	31.07
异丁烷/正异丁烯	0.97	1.65	1.15	0.27	0.30

从表 5-17 可以看出，MIP 工艺生成的液化气中的异丁烷含量明显高于 FCC 工艺和 DCC 工艺；MIP 工艺异丁烷与正异丁烯质量比也最高，异丁烷与正异丁烯质量比为 1.65，而 FCC 工艺的异丁烷与正异丁烯质量比为 0.97。这说明 MIP 工艺中烃类的氢转移反应能力明显高于 FCC 工艺。从表 5-17 还可以看出，MIP 工艺液化气中的丙烯含量并没有明显下降。值得注意的是，DCC 工艺的异丁烷与正异丁烯质量比仅为 0.27，这说明 DCC 工艺充分地抑制了氢转移反应，丙烯含量均远大于 FCC 工艺和 MIP 工艺。

（三）气体中的杂质

催化裂化原料油是由 C、H、O、N、S 和微量金属等元素组成的，微量金属全部转移到催化剂上和液体产品中，因此干气和液化气中的杂质无非是少量非烃组分。催化裂化装置生产的干气和液化气中或多或少地含有一些痕量烃和非烃杂质。FCC 和 MIP 等催化裂化工艺主要生产轻质油，反应条件相对缓和，产生的干气和液化气中的杂质很少，而催化裂解（DCC）工艺主要生产低碳烯烃，反应温度较高，通常高于常规催化裂化温度 30~80℃，但远低于蒸汽裂解反应温度，因此 DCC 工艺虽产生一定的痕量烃，但产生的炔烃和双烯等较蒸汽裂解低得多。干气中的痕量烃很少，非烃杂质主要是硫化氢和再生催化剂携带到反应器中的烟气组分（主要是 N_2 和 CO_2）；液化气中含有硫化氢和少量碱性氮等非烃杂质，还含有乙炔和环丙烷等痕量烃。

典型的 DCC 工艺干气和液化气中的痕量烃和非烃杂质如表 5-18 所示。从表中可以看出，DCC 干气中杂质主要是 CO_2 和 H_2S，而液化气中杂质主要是乙炔和环丙烷等痕量烃，以及碱性氮和 H_2S 等非烃杂质。当利用干气中的氢气或乙烯等组分时，通常需要将干气进行分离和精制以除去杂质，以免杂质对气体加工工艺的催化剂、产品纯度与原料消耗以及后续处理系统等造成损失或损坏。同样地，利用液化气中的 C_3 或 C_4 组分时，各工艺对原料的杂质含量都有严格的规定和要求，需要进行分离或精制。

表 5-18 DCC 装置干气和液化气中的痕量烃及杂质含量

干 气	含 量	液化气	含 量
痕量烃/(μg/g)		痕量烃/(μg/g)	
丙二烯	<1	丙二烯	22
乙炔	50	乙炔	128
丙炔	<1	丙炔	28
环丙烷	<1	环丙烷	117
非烃杂质/(μg/g)		非烃杂质/(μg/g)	
总氮	5.0	总氮	32
碱性氮	<0.5	碱性氮	26
氰及氮化物	<0.5	氰及氮化物	6
总硫	1861	总硫	674
H_2S	1860	H_2S	664
有机硫	0.8	有机硫	10
硫醇硫	<0.5	硫醇硫	8.6
COS	<0.5	COS	0.6
硫醚	<0.5	硫醚	0.8
CO_2/%(体)	2.25		

此外，FCC 工艺气体含有痕量的丙酮和丁酮，DCC 工艺气体不仅含有少量的炔类，而且含有痕量的丙酮、甲醇、乙醛和砷，这些痕量烃及含氧化合物存在为后续的气体加工带来了难度。其中甲醇是对丙烯产品质量有着重要影响。

气体产物中的非烃含量、氢/甲烷比、氢转移指数均是十分有价值的信息，可以用来指导生产装置的调整以及催化剂类型的筛选。

二、汽油性质

汽油是催化裂化工艺最有价值的产品，催化裂化工艺的变革始终追求更多的汽油收率，更高的汽油辛烷值，即最大量的汽油辛烷值桶。我国车用汽油的主要组分是催化裂化汽油（FCC 汽油），约占车用汽油池中的65%。美国车用汽油总量中的35%(体)是 FCC 汽油，再加上 FCC 装置液化气转化为汽油，其比例也相当高。

FCC 汽油烯烃体积含量从最初的 50%降低 30%以下，主要为了多产汽油，以满足市场需求；随后汽油烯烃体积含量又增加到 50%以上，甚至高达 70%以提高汽油辛烷值。当车用汽油质量标准要求限制汽油烯烃含量后，FCC 汽油烯烃体积含量又降低到 35%以下。目前，双反应区变径流化床催化裂化工艺可将汽油烯烃体积含量降低到 10%以下。实际上，汽油产率与汽油烯烃含量密切相关，汽油烯烃含量越低，汽油产率反而越高，但可能影响汽油的辛烷值、轻循环油质量与产率。

（一）FCC 汽油性质

FCC 汽油馏程为 40～200℃。FCC 汽油特点在于烯烃主要集中在轻馏分中，而芳烃和硫主要集中在重馏分中，如图 5-20 所示。正是如此，降低或利用 FCC 汽油烯烃和脱除 FCC 汽油中的硫可以考虑采用按馏程切割分离后再进行分段处理[1]。

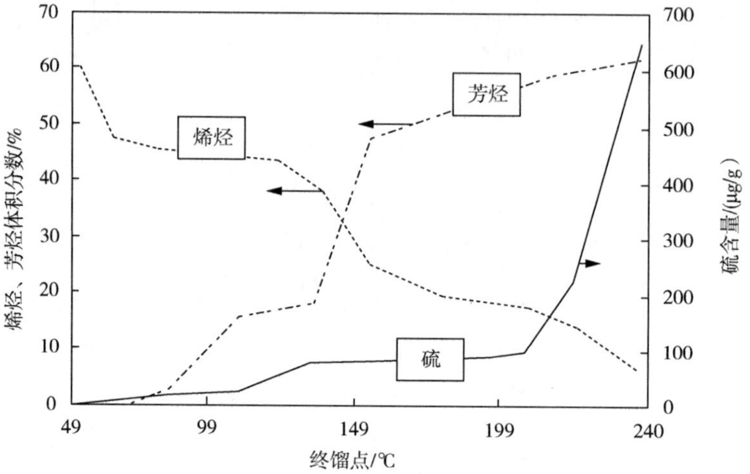

图 5-20　FCC 汽油烯烃、芳烃和硫含量随馏程分布

1. FCC 汽油组成及硫化物类型及分布

FCC 汽油是由数百种混合烃类组成的，并且含有少量的硫化物和氮化物。FCC 汽油中的烷烃与烯烃主要分布在 C_5～C_8，以 C_5 居多；芳烃则分布在 C_7～C_{11}，以 C_8、C_9 居多；正构烷烃含量为 4%～5%；异构烷烃含量为 25%～35%，烯烃含量为 30%～50%，芳烃含量为 10%～25%，环烷烃含量为 5. 5%～10%。

FCC 汽油中主要的硫化物种类有硫醇、硫醚、噻吩、烷基噻吩、苯并噻吩、甲基苯并噻吩等，其中噻吩类化合物的硫占总量的 70%以上。小于 70℃馏分中的硫化物主要是小分子硫醚和硫醇，70～110℃馏分中的硫化物既有硫醇又有噻吩，且随沸点上升，硫醇比例不断减少，噻吩比例不断增加；大于 110℃馏分中的硫化物只有噻吩。

硫的传递系数定义为汽油硫含量除以原料油硫含量再乘以 100%。硫的传递系数大小与汽油产率无关，从而可以更加客观地评估不同类型的催化裂化工艺对降低汽油硫含量的效果。常规 FCC 工艺硫传递系数在 10%左右。

2. 不同类型工艺的汽油性质差异

不同类型工艺所产的汽油性质和体积组成列于表 5-19。从表 5-19 可以看出，FCC 汽油含有较高的烯烃，MIP 汽油含有较低的烯烃、较高的烷烃，而 DCC 汽油含有较高的烯烃和较高的芳烃，CPP 汽油含有较高的芳烃。相对于 FCC 工艺，MIP 工艺所生成的汽油在烯烃含量大幅度降低的情况下，研究法辛烷值有所增加，马达法辛烷值明显增加。由此可以看出，工艺类型对汽油性质和组成影响最为明显。

对于多产丙烯的工艺技术(如 DCC 或 CPP)，当提高反应苛刻度，使转化率处于很高的水平时，无论石蜡基原料还是中间基原料或环烷基原料，其汽油中芳烃含量均可达 70%以上，甚至更高，*RON* 可达 100 以上。

表 5-19 FCC、MIP、DCC 和 CPP 汽油性质

工艺类型	FCC	MIP	MIP-CGP	DCC	CPP
密度(20℃)/(g/cm^3)	0.7137	0.7133	0.7274	0.7573	0.8450
运动黏度(20℃)/(mm^2/s)	3.53	—	—	—	4.975
折射率(20℃)	1.4110	1.4106	1.4165	—	—
实际胶质/(mg/100mL)	1.0	—	2.0	1.6	9.2
酸度/(mgKOH/100mL)	0.34	0.14	0.17	0	0.7
溴价/(g/100g)	77.8	—	—	—	29.1
二烯值/(gI_2/100g)	—	—	—	4.85	10.1
诱导期/min	586	943	559	330	106
蒸气压/kPa	58.7	56.0	60.0	46.6	30.3
铜片腐蚀/(50℃，3h)	合格	—	—	合格	—
硫醇硫含量/(μg/g)	28	—	35.1	66.8	—
碱性氮含量/(μg/g)	48	25.2	—	95	—
元素组成					
碳/%	—	85.61	86.31	—	90.06
氢/%	—	14.26	13.45	—	9.40
硫/(μg/g)	—	94	140	942	356
氮/(μg/g)	—	32	360	115	90
组成(色谱法)/%					
饱和烃	33.4	50.9	45.5	19.63	5.35
烯烃	54.5	34.3	28.9	40.31	12.35
芳烃	12.1	14.8	25.6	40.06	82.30
MON(实测)	78.0	80.2	81.8	82.3	90.4
RON(实测)	89.3	88.8	94.2	97.2	103.1
馏程/℃					
初馏点	43	42	39	44	45.4
10%	54	52	52	55	84.8
30%	72	—	64	65	108.6
50%	98	90	86	91	124.1
70%	128	—	124	137	141.8
90%	169	170	167	177	170.0
终馏点	191	198	199	200	200.9

不同类型工艺所产的汽油更详细组成列于表 5-20。从表 5-20 可以看出，相对 FCC 汽油，MIP 汽油组成特点为异构烷烃含量高，烯烃含量低，芳烃含量高，苯含量低，苯芳比低，正构烷烃和环烷烃与 FCC 汽油相当，异构烷烃与正构烷烃之比明显高于 FCC 汽油，苯芳比低于 FCC 汽油。MIP 汽油烯烃降低的幅度与异构烷烃和芳烃增加幅度之和基本相当。

表 5-20　FCC、MIP、DCC 和 CPP 汽油组成　%

工艺类型	FCC	MIP	MIP-CGP	DCC	CPP
正构烷烃	5.88	5.16	4.14	3.06	1.43
异构烷烃	22.36	36.52	29.51	7.40	3.39
环烷烃	7.32	6.43	8.33	3.32	2.12
链烯烃	40.56	24.08	27.34	13.11	4.38
环烯烃	6.15	5.71	3.57	5.81	3.03
芳烃	16.88	20.33	26.41	65	83.25
苯	0.43	0.40	0.83	2.1	15.70
甲苯	1.91	2.27	3.49	12.55	26.72
乙苯	—	—	1.14	2.58	3.79
间/对二甲苯	—	—	2.73	13.72	14.02
邻二甲苯	—	—	3.62	4.48	4.46
异构/正构烷烃	3.80	7.08	7.12	2.42	2.37
苯芳比(RBA)①/%	2.55	1.97	3.14	3.23	18.86

① RBA 为汽油中的苯含量与芳烃含量之比，用于评估苯和烯烃烷基化生成烷基苯的反应趋势。

对于多产丙烯方案，MIP-CGP 汽油苯含量小于 1.0%，而其他多产丙烯技术的汽油苯含量都大于 1.0%，尤其是 DCC 汽油苯含量大于 2.0%，CPP 汽油苯含量更高。在液化气产率基本相当的情况下，MIP-CGP 汽油苯含量明显低于 FDFCC-Ⅲ和 ARGG 汽油苯含量。

MIP 汽油和 FCC 汽油中的烯烃组成列于表 5-21。MIP-1 和 MIP-2 分别来自不同的 MIP 装置，而 FCC-1 和 FCC-2 分别来自不同的 FCC 装置。从表 5-21 可以看出，MIP 汽油烯烃含量明显低于 FCC 汽油，其中直链烯烃含量更明显低于 FCC 汽油，而异构烯烃含量略低于或相当于 FCC 汽油。MIP 汽油中的侧链烯烃/直链烯烃比、侧链 2-烯烃/侧链 1-烯烃比均高于 FCC 汽油。正是 MIP 汽油烯烃组成具有这些特点，在相同的加氢苛刻度下，烯烃饱和程度要低于 FCC 汽油，这为汽油脱硫工艺提供了更为理想的原料。

表 5-21　MIP 与 FCC 汽油中的烯烃组成

工艺类型	MIP		FCC	
汽油编号	MIP-1	MIP-2	FCC-1	FCC-2
汽油烯烃质量组成/%				
直链 1-烯烃	1.16	1.41	1.67	1.93
直链 2-烯烃	6.10	6.83	7.64	8.68
直链 3^+-烯烃	1.04	1.11	2.30	2.94
单侧链 1-烯烃	6.05	8.24	9.32	10.30
单侧链 2-烯烃	7.30	10.18	8.95	9.70
多侧链-烯烃	0.09	0.08	0.58	0.30
环状烯烃	2.85	4.38	5.41	5.89

续表

工艺类型	MIP		FCC	
二烯+三烯+炔	0.47	0.71	0.66	1.03
总量	25.07	32.96	36.54	40.78
侧链/直链	1.62	1.98	1.62	1.48
侧链-2/侧链-1	1.20	1.24	0.96	0.94

此外，当汽油的终馏点大于190℃，MIP系列技术硫传递系数均为5.07%~7.30%；当汽油的终馏点小于185℃，MIP系列技术硫传递系数仅为3.93%~6.67%。

（二）MIP汽油与FCC汽油加氢前后辛烷值及组成变化

MIP装置改造前后的汽油性质列于表5-22，其编号为MIP-1和FCC-1。MIP-1和FCC-1分别经加氢脱硫RSDS-Ⅱ技术处理，所得到的加氢汽油性质也列于表5-22。

表5-22　MIP和FCC汽油性质及加氢脱硫后性质

汽油编号	MIP-1		FCC-1	
类　型	原料汽油	产　品	原料汽油	产　品
密度(20℃)/(g/cm^3)	0.7321	0.7308	0.7238	0.7216
硫含量/(μg/g)	772	44	942	43
终馏点/℃	205	203	201	200
脱硫率/%	94.3		95.4	
RON	93.6	92.7	92.4	90.6
MON	82.4	82.2	81.7	80.5
Δ*RON*/Δ*MON*	-0.9/-0.2		-1.8/-1.2	
烯烃含量/%(体)	28.7	26.5	38.8	30.7
芳烃含量/%(体)	22.8	20.9	18.0	17.8
烯烃饱和率/%	7.66		20.87	

从表5-22可以看出，相对于FCC汽油，MIP汽油烯烃含量明显低于FCC汽油烯烃含量，在高辛烷值组分烯烃降低的情况下，MIP汽油辛烷值*RON*增加1.2个单位，*MON*增加0.7个单位。从表5-22还可以看出，相对于加氢FCC汽油，在相近的汽油脱硫率的情况下，加氢MIP汽油烯烃饱和率只有7.66%，这是由于MIP汽油异构烯烃较多，难以加氢饱和，*RON*只减少0.9，*MON*只减少0.2，抗爆指数只降低了0.5，而加氢FCC汽油烯烃饱和率高达20.87%，*RON*减少1.8，*MON*减少1.2，抗爆指数降低高达1.5。

三、轻循环油性质

FCC工艺的循环油分为轻循环油(LCO)和重循环油(HCO)。LCO从主分馏塔上部侧线抽出，其馏程为200~360℃，经汽提后即作为产品送出装置。HCO从主分馏塔下部侧线抽出，其馏程为330~500℃。

早期国内催化裂化装置加工石蜡基原料，并以多产LCO(以前在国内称催化裂化轻循环油为催化裂化柴油)作为生产方案，当时 LCO 性质较好，其十六烷值一般在 40 左右，可作为商品轻柴油的混兑组分，一般与直馏柴油混合使用。即使如此，催化裂化轻循环油是商品轻柴油中质量最差的组分，例如大庆催化裂化轻循环油、直馏柴油和热裂化柴油组成列于表 5-23。从表 5-23可以看出，与直馏柴油和热裂化柴油相比，FCC 轻循环油具有较低的烷烃含量，较高的芳烃含量[1]。

表 5-23　大庆催化裂化轻循环油、直馏柴油和热裂化柴油组成

柴油种类	烷烃			芳烃			环烷烃		
	总量	正构	异构	总量	单环	双、多环	总量	单环	双、多环
直馏柴油	67.5	37.93	29.57	7.3	3.32	3.98	24.7	13.00	11.70
FCC 轻循环油	40.6	12.25	28.36	29.98	15.11	14.87	29.41	23.85	5.56
热裂化柴油	48.03	25.92	22.11	17.68	11.09	6.59	34.29	27.03	7.26

FCC 工艺为了尽可能多地产汽油，反应苛刻度不断提高，同时随着渣油 FCC 工艺发展，加工的原料更劣质化。在反应高苛刻度和原料更劣质化双重作用下，LCO 性质不断变差，国内如此，国外也是如此。随着催化裂化反应深度的提高，无论石蜡基、中间基或环烷基的催化裂化原料，LCO 性质均趋于劣质化，且向趋同方向发展，即轻循环油性质基本相同，其组成中的芳烃含量超过 90%。对于石蜡基原料，只是轻循环油产率、油浆产率明显低于中间基原料。像大庆石蜡基原料，变径流化床 MIP 工艺的轻循环油产率可以控制到 10%左右，相对于等径提升管 FCC 工艺，可降低 10 个百分点以上。各种原料的变径流化床 MIP 装置的 LCO 性质见表 5-24。

表 5-24　变径流化床 MIP 装置的 LCO 性质

项　　目	偏石蜡基	中间基	加氢蜡油	偏石蜡基
密度(20℃)/(g/cm³)	0.9375	0.9566	0.9630	0.9537
硫含量/(μg/g)	4000	9500	4300	4400
氮含量/(μg/g)	865	662	368	1069
十六烷值	<20.0	15.7	15.2	<20.0
烃类组成/%				
链烷烃	13.1	8.0	8.4	12.8
总环烷烃	7.9	5.1	3.6	8.0
一环/二环/三环	2.3/3.4/2.2	—	—	4.0/2.4/1.6
总芳烃	79.0	86.9	88.0	79.2
单环芳烃	21.3	28.7	19.0	11.9
双环芳烃	48.0	49.8	58.9	56.2
三环芳烃	9.7	8.4	10.1	11.1
双环以上芳烃含量/%	57.7	58.2	69.0	67.3

我国柴油消费量呈现下滑趋势，降低柴油产量主要手段就是将柴油池中的低品质组分的 LCO 去除。为此，开发出多种催化裂化和加氢裂化工艺技术路线，将 LCO 催化转化为汽

油等产品[20]。加氢裂化技术有 RLG 和 FD2G，均实现了工业化，可大幅度地降低 LCO 量。催化裂化技术更是多条途径，主要路线见图 5-21。

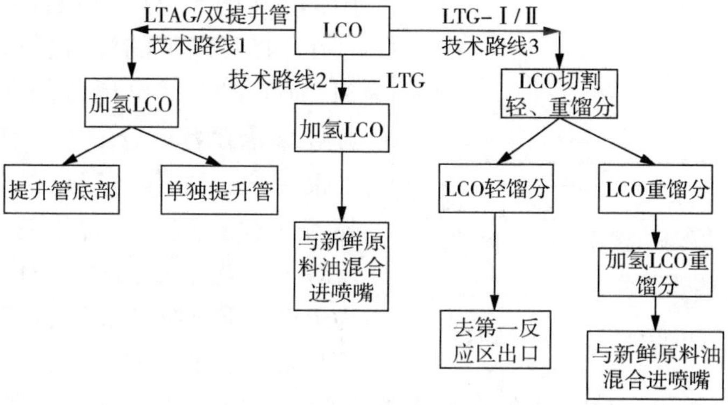

图 5-21　LCO 通过催化裂化装置转化主要路线

途径一是 LCO 加氢处理，加氢 LCO 进入提升管底部，称为 LTAG 技术；或单独进入另一个提升管反应器，与新鲜原料主提升管反应器构成双提升管技术。只要在 LCO 加氢处理达到要求的情况下，双提升管技术可明显地降低 LCO 量。途径二是 LCO 先加氢处理，加氢后的 LCO 与新鲜原料混合，两者一起进入反应器，称为 LTG 技术。LTG 工艺已得到广泛应用。以催化裂化装置原料油 10%点馏出温度小于 350℃为基准，2015 年、2016 年、2017 年、2018 年装置数量分别为 17 套、22 套、23 套、26 套；加工量分别为 2716 万吨/年、3565 万吨/年、3336 万吨/年、4006 万吨/年；加工量占比(占催化裂化装置总加工量)分别为 37.0%、48.5%、45.4%、54.5%。这表明 LTG 工艺在轻循环油转化中起着重要作用，已逐渐成为较为普遍采用的工艺[21]。途径三是将 LCO 切割为轻馏分和重馏分。轻馏分直接返回催化裂化装置，重馏分加氢处理后再返回催化裂化装置。

为了高效地处理 LCO，有必要对 LCO 各馏分段收率和性质及组成进行详细分析。典型轻循环油各馏分段收率分布见图 5-22，各馏分段中的一环芳烃、二环芳烃和三环芳烃的分布见图 5-23，各馏分段中的氮分布见图 5-24。

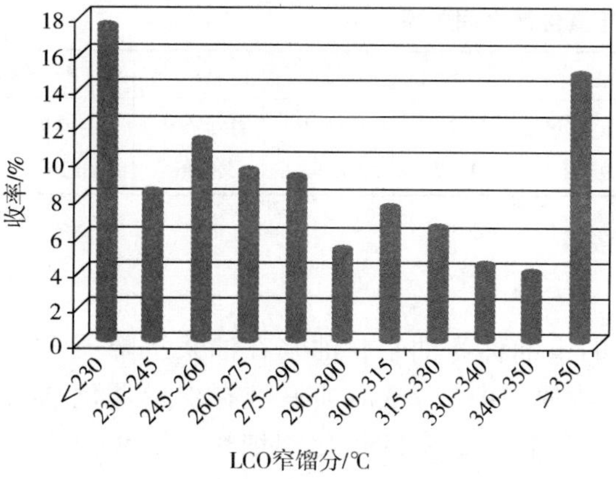

图 5-22　轻循环油(LCO)各馏分段收率分布

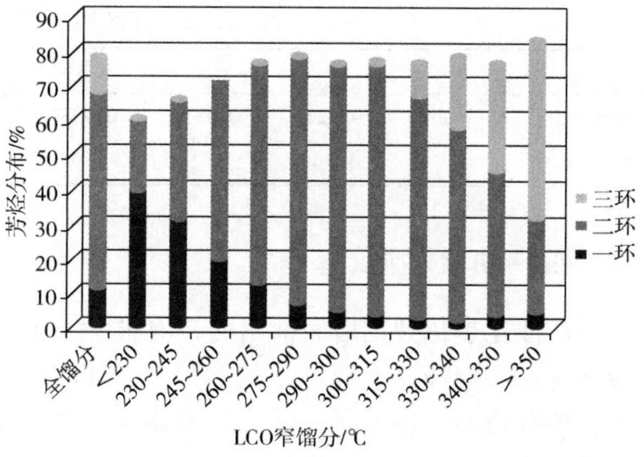

图 5-23　轻循环油(LCO)各馏分段芳烃分布

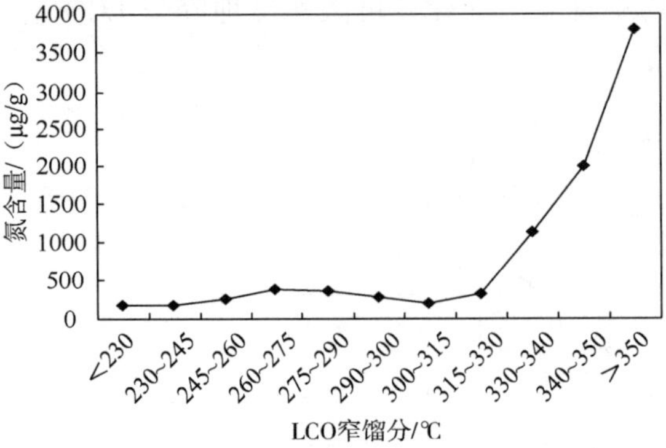

图 5-24　LCO 中的氮含量的变化趋势

从图 5-22 可以看出，除两端馏分段收率较高外，其他馏分段 LCO 收率大部分在 4%~10%。从图 5-23 可以看出，LCO 中的芳烃分布在 245℃以下的馏分，单环芳烃含量占优；到 290℃以上，单环芳烃含量低于 5%；双环芳烃含量在各馏分段中均有较高；在 315℃以上馏分段，才有一定量的三环芳烃存在，并随着馏程变重，其含量越多。因此，在处理 LCO 时，考虑如何将 LCO 中的单环芳烃转化为 BTX，同时将二环、三环芳烃转化为多环环烷烃，作为多产异丁烷和 BTX 原料。

从图 5-24 可以看出，LCO 中氮含量主要集中于 330℃以上的馏分中。对于柴油超深度脱硫工艺，原料中含有过高的氮化物，尤其咔唑类氮化物是柴油加氢超深度脱硫的强抑制剂，从而影响柴油超深度脱硫效果和催化剂使用寿命。当柴油加氢脱硫装置进料中掺入 LCO 时，可考虑将大于 330℃以上的馏分分离出来。

典型 LCO 中的氮化物主要为吲哚类和咔唑类，约占 90%，其中二甲基咔唑含量最多；硫化物主要为苯并噻吩类和二苯并噻吩类，约占 98%，其中烷基苯并噻吩含量最多。LCO 中还含有 0.1%~0.5%的酚类物质，其中以苯酚同系物含量最高，萘酚类次之，以及含有少量的二氢化茚酚类物质。酚类对 LCO 的安定性有明显的影响，脱除 LCO 中的酚类，即使不脱除硫、氮，也能明显提高 LCO 的安定性。

随着越来越多的 FCC 装置的等直径提升管更换为变径流化床以生产更低烯烃含量的汽油，LCO 产率越来越低，同时质量越来越差，表现为密度高、氢含量低。对于以加氢重油为原料的催化裂化装置，当汽油烯烃含量降低到 25%左右时，轻循环油的密度约为 0.94g/cm^3，当汽油烯烃含量降低到 10%左右时，轻循环油的密度约为 0.98g/cm^3。轻循环油密度高低可作为在生产过程中调控汽油烯烃含量一个直接指标。当然，随着轻循环油密度增加，轻循环油中的氢含量也显著降低，见表 5-25[12]。

表 5-25　轻循环油密度与氢含量之间关系

类型	1	2	3	4	5	6	7	8
密度(20℃)/(g/cm^3)	0.9242	0.9376	0.9380	0.9438	0.9572	0.9601	0.9770	0.986
氢含量/%	10.48	10.10	9.97	9.68	9.37	9.34	8.96	8.24

四、油浆性质

从催化裂化分馏塔底抽出的带有催化剂粉末的重油称为油浆，油浆在油浆沉降器中沉降分离，从沉降器上部排出的清净的产品称作澄清油(DO)。澄清油只带有少量催化剂粉末，含有较多稠环芳烃，油浆沉降器底部放出的油浆含有较多的催化剂细粉。油浆回炼可以回收这部分催化剂细粉。在催化裂化装置操作过程中，油浆回炼成为调节装置热平衡操作的一种重要手段：当装置烧焦能力和取热负荷有余量时，可以将油浆进行部分回炼或全回炼；反之，当装置烧焦能力和取热负荷无余量时，可以将油浆作为副产品排出装置，称为外甩油浆。此外，部分油浆作为循环油浆经冷却后送回分馏塔底部换热段来冷却自反应器来的物流。目前，催化裂化工业生产过程中一般控制油浆密度约为1100kg/m^3，而固含量不大于5g/L。油浆的密度可以通过油浆外甩温度和外甩量来调整。影响油浆固含量的因素主要有旋风分离器效率、催化剂抗磨损性能以及操作因素(如旋风分离器线速波动大、喷嘴进料线速高、油气线速高等)。

油浆收率主要与原料油性质、反应深度和分馏塔底的操作有关。一般规律是：掺渣油原料比馏分油的油浆收率大，其油浆密度也大，芳烃和胶质含量高，残炭也高；反应深度越高或分馏塔底油浆抽出温度越高，油浆收率越低，但油浆密度却越大，芳烃和胶质含量越高，残炭也越高；在相同反应深度下，环烷基、中间基原油的油浆比石蜡基原油的芳烃含量要高。国内若干FCC工业装置的油浆性质列于表5-26[1]。

表5-26 催化裂化油浆性质

原料油	大庆VGO	大庆AR	塔里木中原/吐哈AR	含硫VGO	中东AR/VGOHDS-AR
密度/(g/cm^3)	0.9426	1.0164	1.015	1.0459	1.043
凝点/℃		28	25	—	26
运动黏度(100℃)/(mm^2/s)	30.3	—	—	39.5(80℃)	50.7
残炭/%	3.8	5.5	7.1	5.8	14.4
元素组成/%					
碳	—	—	89.16	88.88	88.31
氢	—	—	9.23	8.95	9.02
族组成/%					
饱和分	50.3	31.1	31.0	20.32	24.43
芳香分	47.7	64.8	54.5	74.98	44.29
胶质	2.0	4.1	13.6	4.70	27.51
沥青质	—	—	0.8	—	3.77

原料油性质和反应深度对油浆性质和组成产生较大的影响，而反应深度对油浆性质和组成影响更大。油浆中的饱和分含量较低，尤其渣油FCC装置，一般低于30%，而芳香分与胶质之和一般大于70%。MIP工艺油浆中的饱和分含量更低，一般低于15%，而芳香分与胶质之和一般大于85%。随着油浆密度变重，油浆中的氢含量也随之降低，见表5-27[12]。

表5-27 油浆密度与氢含量对应关系

类 型	1	2	3	4	5	6	7	8
密度(20℃)/(g/cm^3)	1.015	1.041	1.078	1.080	1.101	1.122	1.141	1.152
氢含量/%	9.67	9.20	8.30	7.91	7.62	7.11	6.80	6.56

油浆中含有催化粉尘和大量的稠环芳烃，经精密过滤，将除去催化剂粉尘的澄清油作延迟焦化或溶剂脱沥青装置的原料，或用于生产炭黑、针状焦和橡胶填充油等，也可将澄清油切割成轻馏分和重馏分，轻馏分饱和分含量较高，可掺入催化裂化原料进行回炼，重

馏分芳香分、胶质含量高，可用于调合道路石油沥青。对于加工石蜡基原油的催化裂化装置，所产油浆通过脱固、拔头脱重和加氢处理，还可生产石油沥青基的碳纤维。

五、焦炭

沉积在催化剂上而使催化剂失活的高分子量贫氢的聚合物和待生催化剂夹带未被汽提掉的油气之和称为焦炭。焦炭是催化裂化装置十分重要的副产物。围绕降低焦炭产率、高效地和最大幅度地烧去待生催化剂上的焦炭以及焦炭燃烧所释放的热量合理利用和处理焦炭燃烧所产生的 CO_2、SO_x、NO_x 等温室气体或有毒气体，不断地开发新的待生催化剂汽提技术、再生技术及其专用设备，促进了催化裂化工艺技术的发展[1]。

焦炭组成主要是碳和氢，此外还含有硫、氮、氧等杂原子及镍、钒等重金属，其含量主要取决于原料中杂原子化合物和金属的含量。焦炭中的碳与氢在 $CH_{0.4}$ ~ $CH_{0.9}$ 之间变化，焦炭中的氢含量随反应温度的提高和反应时间的增加而减少。因表面吸附或颗粒间夹带而未能汽提掉的重质分子数量相对较少，其碳与氢在 $CH_{1.0}$ ~ $CH_{1.5}$ 之间变化。焦炭中的碳氢比变化较大，例如，在比较温和的裂化条件下，使用低铝催化剂时，氢含量可达 13%~14%，而在高苛刻的裂化条件下，使用高活性沸石催化剂时，氢含量可降低到 5%~6%。

待生催化剂上的焦炭可划分为四类：催化焦(C_{CAT})、附加焦(C_{ADD})、污染焦(C_{CT})和可汽提焦或剂油比焦(C_{ST})。催化焦是指烃类在酸性中心上发生催化裂化反应而生成的副产物，是一种高沸点缩合物，其氢含量在 3%~5%。催化焦随转化率的增加呈指数关系增长，在提升管内与反应时间的幂函数呈线性关系。附加焦是指原料中高沸点、高碱性化合物在催化剂表面经吸附、缩合反应所生成的稠环芳烃的缩合物。通常，在全回炼的情况下，附加焦大体上与康氏残炭相当。污染焦是指由沉积在催化剂表面上的镍、钒等重金属所造成催化剂中毒而使脱氢和缩合反应加剧所产生的次生焦炭。剂油比焦(可汽提焦)是指因汽提段汽提不完全而残留在催化剂上的重质烃类，是一种富氢焦炭，氢含量为 10%~15%。催化焦和污染焦是在化学反应过程所产生的，而附加焦和剂油比焦(可汽提焦)是在物理过程所产生的。四种类型的焦炭在总焦炭中所占的比例取决于许多因素，原料油性质优劣是最重要因素。减压馏分油和重质原料油催化裂化时，催化剂上各类焦炭之间的平均比例分布见表 5-28。从表 5-28 可以看出，对于重质原料油催化裂化工艺，催化剂上的附加焦明显增加，污染焦也有所增加。

表 5-28　馏分油与渣油裂化四种类型焦炭分布比较

工艺类型	馏分油(剂油比=7.0)			掺渣油(剂油比=5.5)		
	催化剂上炭差/%	占总焦炭/%	占原料油/%	催化剂上炭差/%	占总焦炭/%	占原料油/%
催化焦	0.52	65	3.64	0.4	33	2.2
污染焦	0.12	15	0.84	0.25	20	1.38
附加焦	0.04	5	0.28	0.45	37	2.50
可汽提焦	0.12	15	0.84	0.12	10	0.60
合 计	0.8	100	5.6	1.22	100	6.68

由于催化焦随转化率的增加是呈指数关系增长的(如图5-25所示)，特别在高转化率阶段，随转化率增加焦炭产率将急剧上升。因此，在对比焦炭产率(包括附加焦、催化焦)时，必须在转化率基本相同的情况下，才能对比附加焦产率大小；或者根据动力学模型和转化率计算出催化焦的数量，才能估算出附加焦的数量。

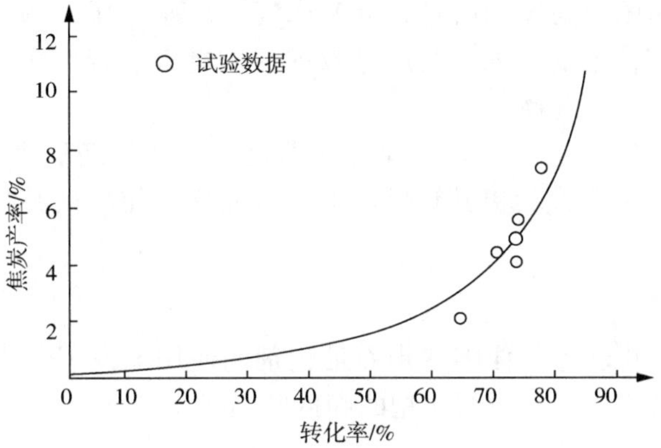

图5-25　焦炭产率与转化率的关系

第六节　装置类型和反应器

催化裂化装置的核心是反应再生系统。根据其加工原料、产品要求和当时的技术发展水平，决定了新建装置的反应再生形式，同时也根据旧装置的现有条件决定了改造装置的形式与工程实施方案。催化裂化反应再生系统形式多样，类型划分的依据从历史沿革、技术发展脉络和技术特点方面而有所不同。从压力平衡类型方面划分，包括同高并列式与高低并列式；从反应器流态化域划分，包括密相湍流床、快速床、稀相气力输送(提升管)；从反应器与再生器布置方式划分，包括并列式与同轴式；从再生方式划分，包括完全再生与不完全再生和两段再生，以及多种形式的组合；从所加工的原料性质和功能划分，又大致可分为馏分油催化裂化和重油催化裂化[1]。

一、型式分类

(一) 同高并列式

中国第一套流化催化裂化装置采用了同高并列式反应再生形式，其结构简图见图5-26。

同高并列式催化裂化主要技术特点包括：

(1) 反应器和再生器框架标高相同，两器总高度相近，操作压力相近，装置总标高较低，一般为32~36m。

(2) 反应器和再生器之间催化剂通过U形管密相输送循环，反应器和再生器之间压力平衡遵循U形管的水力学静压平衡原理；反应器和再生器之间催化剂循环主要通过注入松动和提升气体介质改变U形管两端的催化剂密度进而改变催化剂循环推动力来实现，待生和再生催化剂管路的单动滑阀只在事故状态时作切断用，正常操作时滑阀全开，滑阀不易磨损。

（3）反应器与再生器内催化剂床层处于密相鼓泡至湍动床流态化域，反应进料提升段很短，反应主要在密相床内进行，适宜于活性不太高的无定形硅铝催化剂和空速较低的反应行为。密相段有低速床与高速床两种，低速床气体线速为0.3~0.6m/s，高速床在0.8~1.2m/s。由于低速鼓泡床返混较大，对产品收率与质量有一定负面影响，采用高速床可以减少返混，提高目的产品的选择性。

随着沸石催化裂化技术进步，同高并列式催化裂化装置随后大都进行了相应的改造。很多改造围绕U形管进料段改为提升管反应器，进而逐渐使高低并列式催化裂化成为新设计和装置改造的主流。

（二）高低并列式

高低并列式催化裂化装置是伴随着沸石催化剂的使用而发展起来的，其主要特征在于采用了高空速的提升管反应器。我国典型的高低并列式反应再生系统简图见图5-27。

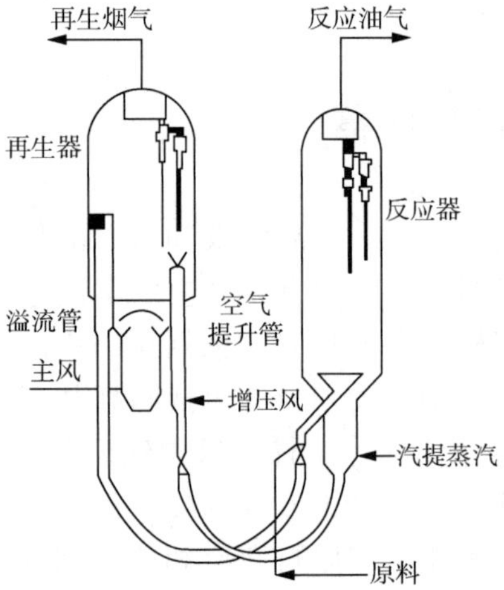

图5-26 同高并列式反应再生系统简图

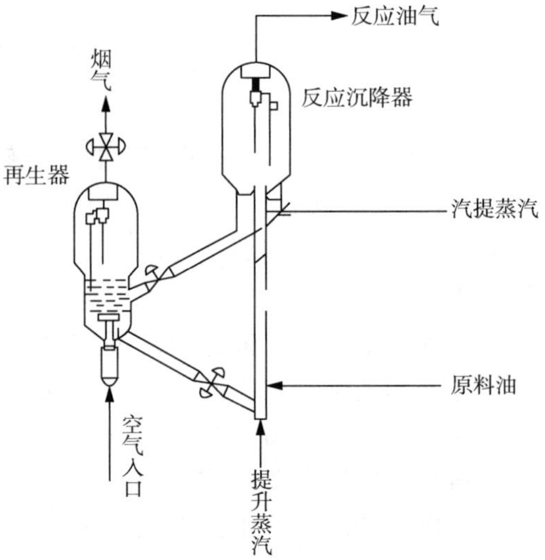

图5-27 高低并列式反应再生系统简图

为了充分发挥沸石催化剂的高活性特点，反应器逐渐发展到高空速的提升管，而且为了满足提升管反应时间的要求，增加了提升管的长度，使反应器的高度有所增加，同时适当提高再生压力，以利于烧焦，降低再生催化剂的含碳量，因此在两器的布置上采用了高低并列的方式。反应沉降器位置较高，操作压力较低，再生器位置较低，操作压力较高。其结构特点如下：

（1）由于反应沉降器位置较高，两器压力不同，一般再生器比反应器的压力高0.02~0.04MPa，这种压力平衡的结果适合于原料裂化分子膨胀反应对较低反应分压、再生烧焦对较高压力的需求。

（2）由于裂化反应在提升管内完成，反应沉降器内一般不再保留催化剂床层，只起沉降催化剂和容纳器内旋风分离器的作用。为了避免产品的二次裂化，在提升管出口还设有快速分离装置。

(3) 催化剂在两器间的循环用斜管输送，由滑阀调节。一般用反应温度控制再生滑阀的开度，用汽提段的藏量控制待生滑阀的开度。由于滑阀经常处于节流调节状态，滑阀的设计和材质应能满足耐磨要求，以保证运行周期。

(4) 斜管内的催化剂处于重力流，比同高并列式所需的松动与提升介质显著减少。

我国的高低并列式反应再生系统本身具有多种形式，包括快速床高效再生、重叠两段再生、单段床层再生等多种再生形式的差别，但总体形式都属于高低并列形式范畴。

(三) 同轴式

同轴式催化裂化装置就是把反应沉降器叠置于再生器之上，反应器与再生器处于同一轴线上。反应部分采用外提升管反应器，其反应再生系统简图见图 5-28。其特点有：

(1) 采用折叠式提升管，既满足了对油料和催化剂接触时间的要求，又降低了装置的总高度，使其比采用直提升管要低得多。

(2) 待生立管中的催化剂流量由塞阀控制，而不用滑阀，控制催化剂流量的锥形阀头直接伸入再生器底部，催化剂立管蓄压大，控制方便，有利于调节催化剂循环量。由于阀的阀头和催化剂均匀地接触，阀头磨蚀轻。

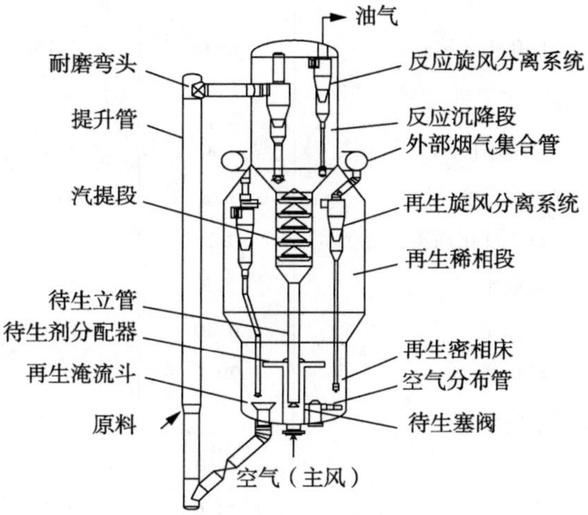

图 5-28　同轴式提升管催化裂化反应器和再生器简图

(3) 按同轴的方式布置两器，可以省掉反应器的框架，布置紧凑，占地面积小。

(4) 按同轴式布置的两器的差压较并列式大，沉降器压力较再生器压力低 0.05MPa。反应压力低有利于裂化反应，再生压力高有利于烧焦反应，且操作简单。

近年，随着催化裂化的发展，反应-再生系统可采用两个再生器和一个反应器，也称三器系统。三器组合形式有反再同轴与另一再生器并列、三器并列、两再同轴与反应器并列等形式。

这些不同类型的装置只是反应器的相对位置不同，反应条件并无明显区别。

二、按加工原料类型分类

若按催化裂化的原料类型来划分装置类型，则不同类型的装置的操作条件、产物分布和产品质量都有明显的差别。大致可以分为馏分油催化裂化与重油或掺炼渣油催化裂化装置两大类。

(一) 馏分油催化裂化装置

催化裂化工艺早期主要加工原料是 VGO，随着其技术的发展，催化裂化装置也加工加氢馏分油，部分装置掺炼 CGO 等其他二次加工的馏分油。表 5-29 为几种馏分油原料的性质、操作数据、产品分布和质量。

表 5-29 馏分油催化裂化装置原料性质、操作条件和产物分布和产品性质

原料油	大庆原油减压馏分油	胜利原油减压馏分油	辽河原油减压馏分油	混合减压馏分油	加氢蜡油	新疆减压馏分油
原料油性质						
密度(20℃)/(g/cm³)	0.8593	0.8996	0.9140	0.9104	0.910	0.8831
残炭/%	0.55	0.19	0.24	0.52	0.45	0.32
催化剂名称	Y-15	Y-15	Y-15	LRC-99	CC2000D/MLC500	LBO-16H
操作条件						
反应温度/℃	490	473	508	490	490	485
再生温度/℃	628	676	738	696	695/700	675/688
再生催化剂碳含量/%	0.25	0.3	0.15	0.1	0.05	0.12
剂油比	3.3	4.1	3.6	4.18	5.75	6.6
回炼比	0.40	0.76	0.47	0.2	0.07	0.4
转化率/%	70.2	61.5	61.0	60.76	68.56	61.41
产物分布/%						
气体	13.5	9.7	15.2	14.22	19.27	14.05
汽油	52.6	46.9	41.5	42.15	44.68	42.86
轻循环油	25.3	36.8	34.6	35.61	27.5	37.93
重循环油	4.5	1.7	3.4	0.00	0.00	0
油浆				3.63	3.94	0.66
焦炭	4.1	4.4	5.0	3.92	4.27	4.12
损失	—	0.5	0.3	0.47	0.35	0.38
轻质油收率/%	77.9	83.7	74.2	77.76	72.18	80.79
产品质量						
汽油辛烷值	78.1(MON)	79(MON)	80.1(MON)	80.5(MON)	90(RON)	88(RON)
汽油诱导期/min	665	765	825	675	891	230
轻循环油十六烷值	42	34.7	24.8	30.2	25	—

CGO 的密度，重金属含量、残炭等指标接近 VGO，所不同的是氮含量、多环芳烃和胶质含量较高，掺入到催化裂化原料后，致使汽油收率和轻质油收率下降，焦炭产率上升。为此，焦化馏分油的掺入量一般低于 30%，见表 5-30。改变 CGO 的进料位置，可减轻 VGO 的反应段催化剂被氮化物污染的程度，使产品分布得到改善。

CGO 加氢预处理不仅能脱除氮、硫等杂质，而且可增加氢含量。原料中氢含量的增加不仅促使催化裂化产品向相对分子质量小、价值更高的烃类转移，而且能直接改善轻循环油性质，十六烷值和安定性提高；不利的地方是汽油辛烷值下降。

表 5-30　减压馏分油(掺焦化馏分油)催化裂化装置原料性质、操作条件和产物分布和产品性质

原料油	辽河	鲁宁管输(早期)	鲁宁管输(早期)	国外油	辽河/大庆混合油	管输哈油
原料油性质						
VGO 比例/%	74.3	78.8	74.9	76(加氢蜡油)	89.3	71.8(含 12 其他)
CGO 比例/%	25.7	21.2	25.1(加氢后 16.6)	24	10.7	28.2
密度(VGO/CGO)/(g/cm^3)	0.9191/0.8988	0.8788/0.8979	0.8962/0.8623	0.913 —	0.8873 —	0.8924 —
残炭(VGO/CGO)/%	0.18/0.12	0.093/0.13	0.19/0	0.65	0.29	0.32
氮含量(VGO/CGO)/(μg/g)	2043/4804	1000/7700	1719/1686	350	110	—
碱性氮含量(VGO/CGO)/(μg/g)	520/2031	300/2500	562/508	—	—	—
催化剂名称	Y-15	RHZ-200	RHZ-200	CC2000D/MLC500	LBO-16H	LBO-16
操作条件						
反应温度/℃	515	497	508	490	501	490
再生温度/℃	710	692	694	695/700	698/712	700
剂油比	4.50	3.61	3.66	5.75	6.1	4.7
回炼比	0.38	0.98	0.28	0.07	0.35	0.13
转化率/%	62.7	67.7	68	67.2	66.28	70.04
产物分布/%						
干气	5.0	4.8	5.3	3.62	2.96	3
液化气	10.1	10.5	8.1	18.11	12.35	13.23
汽油	42.5	46.5	50.1	41.65	45.26	49.02
轻循环油	33.2	29.2	27.6	28.06	31.88	26.65
重循环油	4.1	3.1	4.3	—	—	—
油浆				4.49	1.68	2.91
焦炭	5.1	5.6	4.1	3.82	5.19	4.8
损失	—	0.3	0.5	0.25	0.68	0.39
轻质油收率/%	75.7	75.7	77.7	69.71	77.14	75.67
产品质量						
汽油辛烷值(*MON*)	80.9	80.0	77.8	79	—	—
汽油辛烷值(*RON*)	—	91.8	89.5	89	88.5	89.1
汽油诱导期/min	1155	760	—	895	—	600
轻循环油十六烷值	22	27	34	23.6	—	—

（二）掺渣油催化裂化装置

渣油催化裂化是渣油深度加工、提高炼油厂经济效益的有效方法。它作为一项重油轻质化工艺，已为很多国家所重视，从20世纪70年代到现在，仍在不断发展。开始是馏分油掺炼一部分减压渣油(见表5-31)，后来进一步发展成常压渣油和以减压渣油为主直至加工石蜡基减压渣油的催化裂化(见表5-32)。

表5-31 掺渣油催化裂化装置原料性质、操作条件、产物分布及产品质量

原料油种类	混合油	胜利混合油	管输大庆	大庆	国外混油
掺减压渣油比例/%	22.8	26.92	43	74	64.2
密度/(g/cm^3)	0.9036	0.9035	0.912	0.9005	0.9075
残炭/%	3.22	4.01	5.21	4.1	4.53
硫含量/%	0.25	0.67	0.37	0.1	0.21
镍含量/(μg/g)	8.30	8.84	7.80	4.2	9.45
钒含量/(μg/g)	4.60	0.53	3.00	1.5	—
催化剂名称	RAG-10	DVR-3	VRCC-1	LCC-2	LBO-16
操作条件					
反应温度/℃	530	490	515	515	510
再生温度/℃	700	690	665	703	712/725
剂油比	6.5	6	9	6.7	6.2
产物分布/%					
干气	3.07	5.89	3.53	4.39	3.97
液化气	20.55	14.05	14.16	25.56	17.10
汽油	42.76	32.18	43.00	38.73	36.91
轻循环油	21.17	34.90	25.09	18.95	25.68
重循环油	0.00	0.00	0	—	—
澄清油或油浆	5.11	5.75	7.09	3.61	7.99
焦炭	6.95	6.73	6.93	8.4	8.05
损失	0.39	0.50	0.20	0.36	0.30
轻质油收率/%	63.93	67.08	68.09	57.68	62.59
产品质量					
汽油辛烷值(*MON*)	81	80	80	—	80.8
汽油辛烷值(*RON*)	93	93	92	92.5	92
轻循环油十六烷值	—	36	35	28	36.7

表 5-32 渣油催化裂化装置原料性质、操作条件、产物分布及产品质量

原料油种类	仪长管输油常渣	长庆及塔河稠油常渣	混合油常渣	中原常渣	国外混合油常渣+减渣	沙轻/沙中加氢重油(常压)
渣油性质						
密度/(g/cm^3)	0.915	0.901	0.893	0.8841	0.930	0.9314
残炭/%	5.92	4.6	5.60	6.05	6.48	6.05
硫含量/%	0.25	0.15	0.29	0.4	0.29	0.69
氮含量/%	—	—	—	—	—	0.13
镍含量/(μg/g)	10	1.68	13.01	27.40	8.40	3.95
钒含量/(μg/g)	0.50	0.05	0.30	8	8	5.58
催化剂名称	RAG-6	GP-1XA		CGP	MIP-CGP-1HN	—
操作条件						
反应温度/℃	517	510	502	497	529	525
再生温度/℃	743	673	702	—	—	680
再生催化剂碳含量/%	0.1	0.03	0.12	0.35	0.02	0.12
剂油比	7.5	6.3	5.8	6.5	6.9	6.7
回炼比	0.008	0.00	0.00	0.18	0.00	—
转化率/%	81.70	73.73	76.46	78.86	74.35	66.74
产物分布/%						
干气	4.37	4.82	4.28	4.19	3.63	4.39
液化气	27.50	19.59	20.76	19.09	23.79	15.71
汽油	40.19	40.34	43.38	47.39	38.23	38.22
轻循环油	13.03	21.65	18.59	17.55	20.68	21.87
重循环油	1.58	0.00	0.00	0.00	0.00	0.96
油浆或澄清油	3.69	4.62	4.95	3.59	4.97	10.43
焦炭	9.15	8.07	7.72	8.04	8.59	8.19
损失	0.49	0.91	0.32	0.15	0.11	0.23
轻质油收率/%	53.22	61.99	61.97	64.94	58.91	60.09
产品质量						
汽油辛烷值(*MON*)	—	79	84	80	81	80.2
汽油辛烷值(*RON*)	—	90	92	91	93	91
轻循环油十六烷值	26.8	—	36	—	30	20.2

我国原油大多偏重，大于350℃的常压渣油占原油的50%~70%。因此，渣油催化裂化技术在国内得到了迅速发展，绝大多数催化裂化装置均不同程度地掺炼渣油，见表5-32。

20世纪80年代初期，大庆原油常压渣油直接作为催化裂化原料和鲁宁管输原油的馏分

油掺炼 1/3 减压渣油的催化裂化技术在我国应用成功，推动了我国渣油催化裂化技术的发展，应用到其他原油的常压渣油和高残炭原料。例如，有的装置以华北原油常压渣油为原料，残炭高达 7.2%，外排部分油浆，焦炭产率为 11%~12%，轻质油收率也接近 70%；有的装置以中原原油常压渣油为原料，残炭为 8.5%，全回炼，焦炭产率为 11.5%，轻质油收率可达 76.3%；掺炼 32.4%的鲁宁管输减压渣油，进料残炭为 6.2%，全回炼，焦炭产率为 10.2%，轻质油收率为 75.8%。

减压渣油的质量既取决于原油的类别，又取决于减压蒸馏的拔出深度，因此，减压渣油是否能作为催化裂化原料，要视其性质而定。评价催化裂化原料油质量的主要指标有密度、残炭、重金属含量、氢含量等。我国大庆原油和吉林原油的减压渣油，氢含量和饱和烃含量高、影响催化裂化的各种有害杂质少，有条件直接作为催化裂化原料，已获得较好的工业运行数据。

全大庆减压渣油催化裂化成套技术(VRFCC)于 1998 年在燕山分公司 80 万吨/年重油催化裂化装置进行工业试验。在开发过程过程中，采用了 15 项新技术，其中 DVR-1 专用催化剂、富氧再生、封闭式旋流快分系统(VQS)、KH-4 型高效雾化喷嘴等 4 项技术在国内首次应用。VRFCC 工艺工业试验结果列于表 5-33。

表 5-33　大庆减压渣油催化裂化装置 VRFCC 原料性质、操作条件、产物分布及产品质量

标定方案	标-1	标-2	标-3
掺渣比/%	67.1	75.8	85.1
密度(20℃)/(g/cm^3)	0.9050	0.9140	0.9191
运动黏度(100℃)/(mm^2/s)	48.29	65.29	77.92
残炭/%	5.78	6.43	7.19
族组成/%			
饱和分	38.6	46.5	42.8
芳香分	37.8	33.5	35.9
胶质	23.1	19.6	20.8
沥青质	0.5	0.4	0.5
元素组成/%			
碳	86.84	86.65	86.85
氢	12.64	12.77	12.62
硫	0.18	0.17	0.18
氮	0.34	0.35	0.35
金属含量/(μg/g)			
铁	3.7	4.6	3.9
镍	5.9	5.2	5.6
铜	<0.1	<0.1	<0.1
钒	<0.1	<0.1	<0.1
钠	2.6	2.5	3.2
钙	1.0	2.1	0.9

续表

标定方案	标-1	标-2	标-3
500℃馏出/%(体)	6.5	12.0	7.2
操作条件			
加工量/(t/d)	2408	2401	2406
反应压力/kPa(G)	130	130	130
再生压力/kPa(G)	165	165	165
反应温度/℃	500	503	505
再生温度/℃	655	664	673
原料预热温度/℃	271	273	271
回炼比	0.32	0.34	0.31
剂油比(新鲜进料)	7.53	8.51	9.40
产物分布/%			
干气	3.27	3.73	4.15
液化气	10.49	9.52	9.39
汽油	44.67	43.01	41.10
轻循环油	27.95	28.83	28.74
油浆	3.51	4.09	5.05
焦炭	9.38	10.09	10.82
损失	0.73	0.73	0.75
转化率/%(体)	68.54	67.08	66.21
轻质油收率/%(体)	72.62	71.84	69.84
液体收率/%(体)	83.11	81.36	79.23
产品质量			
汽油辛烷值(*RON*)	91	90.5	90.7
汽油辛烷值(*MON*)	79.8	79.6	79.9
轻循环油十六烷值	35.4	34.5	34.5

三、提升管反应器

截至20世纪70年代中期，我国建成投产的催化裂化装置都是采用床层反应器，使用无定形硅铝微球催化剂，原料为直馏减压馏分油，有的装置也掺炼焦化馏分油等二次加工油料，操作条件及产率见表5-34。

床层反应器是同汽提段连在一起的。汽提段的挡板一般是人字形或圆形挡板。

使用提升管后不需要床层反应，因而原有的床层反应器只起油气和催化剂分离的作用，因而改称为沉降器。

表 5-34　床层催化裂化操作条件及产物分布

裂化原料油	大庆减压馏分油	胜利减压馏分油	裂化原料油	大庆减压馏分油	胜利减压馏分油
原料密度(20℃)/(g/cm³)	0.8634	0.8810	液化气	12.7	7.7
反应温度/℃	469	468	汽油	48.3	44.0
反应压力/MPa	0.176	0.175	轻循环油	22.4	39.0
剂油比	5.3	5.7	重循环油	6.0	0
回炼比	1.36	1.12	焦炭	7.0	5.5
再生催化剂碳含量/%	0.76	0.43	损失	0.6	0.5
产物分布/%			轻质油收率/%	70.7	83.0
干气	3.0	3.3	转化率/%	71.6	61.0

提升管式反应器是20世纪70年代中期为适应沸石催化剂而开发的一项技术，具有如下特点：

(1) 处理能力大。由于采用了提升管反应器和沸石催化剂，大大提高了反应强度，在2~4s内即可达到反应所要求的转化率。对于原有床层反应器装置，增建提升管反应器后，装置的处理能力一般可提高30%以上。

(2) 产物分布得到改善。提升管反应器中油气和催化剂物流接近活塞流，减少了返混。由于催化剂活性高，与油气接触时间短，而且一般在提升管出口都设置了快速分离装置，这样就减少了二次反应，改善了产物分布，减少了焦炭及干气的产率，提高了轻质油收率。

(3) 操作弹性好。提升管反应器具有较好的操作弹性，处理量可在较大范围内变化，在设计处理量60%时仍能正常操作。

(4) 生产灵活性大。提升管反应器可以通过反应温度、催化剂活性及催化剂类型等条件的变化，实现不同的生产方案，如多产汽油、多产轻循环油或多产液化气。

(5) 原料适用性强。可使用各种不同性质的原料，从馏分油到渣油，同时可采取分层进料。

由于渣油与馏分油性质差别较大(见表5-13)，因此渣油催化裂化必须在馏分油催化裂化工艺基础上着手解决下述问题：

(1) 原料分子尺寸与催化剂孔结构相匹配的难度增大，必须开发渣油裂化催化剂，促进原料大分子首先进行预裂化。

(2) 渣油原料残炭高，造成焦炭产率高，必须在降低焦炭产率的同时，实现装置热平衡，保证装置正常运行。

(3) 渣油原料芳烃含量高，从而难以迅速汽化，必须强化催化剂和原料油初始接触，使两者充分均匀接触。

(4) 渣油原料硫化物与氮化物高会造成装置腐蚀、产品质量不合格和催化剂失活等系列问题，必须采用相应的技术措施。

(5) 渣油原料金属含量高，必须抑制原料中金属对催化剂的污染，使催化剂保持较高的平衡活性和选择性。

我国渣油催化裂化技术经过多年的研究和生产实践，已开发了适用于渣油催化裂化的新型催化剂和掌握了催化剂预提升、原料雾化、再生器内外取热、提升管出口快速分离、重金属钝化、高效汽提等一整套渣油催化裂化基本技术，同时也系统地积累了许多成功的操作经验，已能成功地处理残炭7%~8%、重金属含量达20μg/g的重质、劣质原料。渣油催化裂化工艺通常将整个提升管反应器分为四个部分，分别是预提升段、进料混合段、充分反应段以及出口快分段。在预提升段内，预提升蒸汽从提升管底部进入，与再生斜管引入的再生催化剂混合，并携带催化剂向上运动。在进料混合段内，催化剂与雾化喷嘴喷入的原料油雾滴接触、混合汽化并迅速发生反应，此部位需要较高的温度。在充分反应段，油、剂混合物一边向上运动一边继续进行裂化反应，需要较高的温度、较大的剂油比。当到达提升管末端出口快速分离区时，在快速分离系统的作用下，反应油气和催化剂迅速分开，以防发生过度裂化及结焦。此外，当催化剂颗粒离开提升管进入沉降器以后，催化剂颗粒之间和颗粒的微孔内部会夹带部分油气，这部分油气占产品总量的2%~4%，若不除去相当于增加了2%~4%的焦炭，减少了轻质油收率。为此需在沉降器内设置汽提段以减少油气损失并降低再生器的负荷。下面就各部分的功能及相应的技术予以介绍。

（一）提升管底部预提升技术

馏分油提升管催化裂化装置进料是在提升管最底部进入。在进料处，催化剂尚未达到均匀分布状态，致使原料和催化剂混合不均匀。渣油催化裂化装置一般把提升管进料位置提高5~6m，下部为催化剂预提升段，催化剂在预提升段提前加速，使其分布均匀，为原料与催化剂充分混合提供一个理想的反应环境。预提升介质一般采用蒸汽或干气。

用轻烃代替蒸汽作预提升介质，不但可使催化剂分布均匀，而且由于高温再生催化剂进入提升管后，首先与轻烃接触，使催化剂上所携带的重金属在高温下与轻烃发生作用，重金属损失了部分活性，得到了一定程度的钝化，从而抑制了它们的有害作用，轻质油收率提高，干气、焦炭产率下降，产品分布得到改善。

预提升段的结构也在不断改进。早期的提升管反应器底部普遍采用直筒式预提升结构，即单侧进催化剂的Y型结构。传统Y型预提升结构存在以下缺点：(1)预提升段内催化剂径向偏流严重；(2)催化剂颗粒在轴向易形成“S”形运动，加剧提升管下部区域边壁效应所造成的径向分布不均；(3)预提升段内压力波动较大，影响平稳操作。为解决这些问题，预提升段的结构也在不断改进，从简单的将喷嘴位置适当提高和适当缩径的结构，再到将提升管底部预提升段变更改为一小型流化床，在一定程度上改善了催化剂分布不均的问题。具有二次提升气的抗返混的预提升结构为扩径式，底部设置一个环形分布器，在扩径段中部再设置一个切向进气，从而抑制返混现象，改善催化剂径向的不均匀分布，提高油剂接触效率，见图5-29[22]。

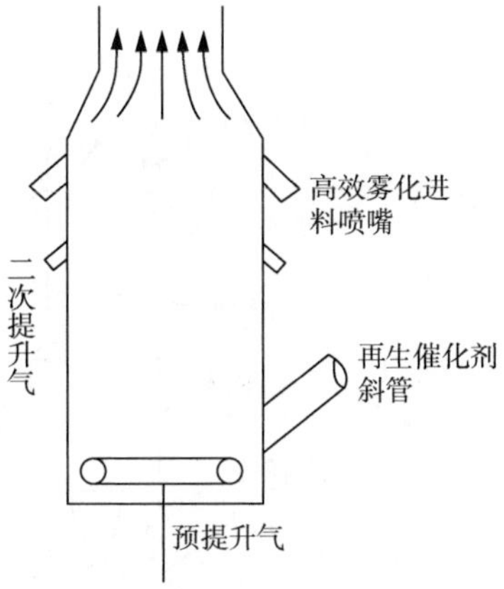

图5-29　抗返混预提升结构

预提升结构采用扩径方式可以增大缓冲空间，改善催化剂“S”形运动所导致的径向不均匀分布，但是由于扩径结构的存在，明显增加了预提升蒸汽与再生剂的接触时间，容易引起再生剂的水热失活。为此，提出在扩径段内设置内构件，在流化床内分别设有流化分布环和内

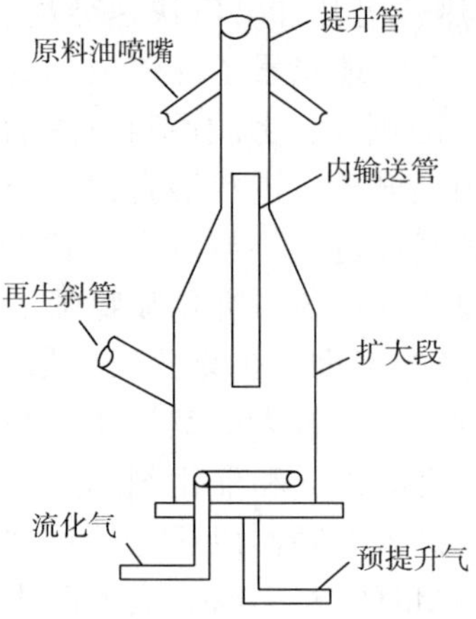

图 5-30　带内输送管的预提升结构

输送管的方法，实现流化气体和预提升气体独立进气[23]。催化剂经再生斜管先进入底部扩大段，在此区间充分混合后经内输送管送入提升管反应区，如图 5-30 所示。此技术解决了催化剂在提升管内偏流和预提升段内压力波动较大的问题，可提高催化剂循环量 10%以上，进而使总液收率有所提高。

在催化裂化工艺中，剂油比是影响催化裂化产品分布的重要操作参数之一，其决定提升管反应器单位体积内催化剂活性中心的数目。因此，在装置操作范围内提高剂油比对改善产品选择性和提高转化率具有积极作用。近年来，随着催化裂化原料的重质化、劣质化，装置生焦量也有所增加，为保证催化剂活性必须采用较高的再生温度，使得剂油比降低。另外，高温再生剂直接和油气接触易造成油气过度热裂化，降低目标产品收率。若想提高剂油比，只能通过降低原料预热温度或再生温度的方式来实现，其结果是影响了原料雾化或再生催化剂再生效果，且剂油比增加的幅度也不显著。针对这些问题，开发了一种预提升混合器[24]，如图 5-31 所示。混合区内为湍流操作，在预提升器内同一轴向高度对称设置冷热两股催化剂物料的下料斜管，实现冷热催化剂混合，从而提高剂油比和目标产品收率。为实现冷热催化剂更为快速有效地混合和充分换热，又开发了内置导流筒的预提升混合结构[25]，如图 5-32 所示。在实现两股催化剂进料的基础上，通过增设内置的导流筒，将预提升空间分为内环和外环两个连通的区域，冷热催化剂进料管设置在导流筒上下缘之间。通过调节内、外环之间的风量差，可使内外环区域获得不同的床层密度，在密度差的作用下形成强烈的颗粒内循环流动，以强化颗粒间的混合换热，从而大大提高剂油比，进而提高转化率和产品选择性。

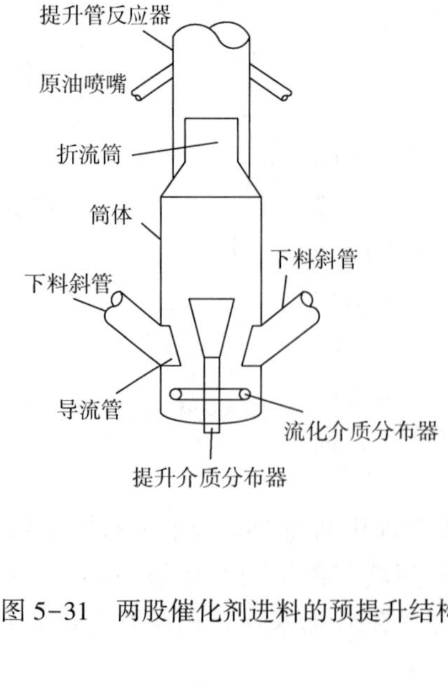

图 5-31　两股催化剂进料的预提升结构

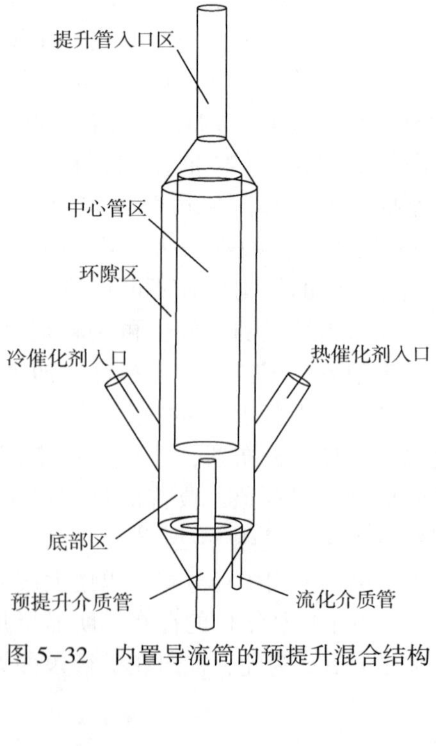

图 5-32　内置导流筒的预提升混合结构

（二）提升管进料区技术

在进料混合段，由预提升蒸汽携带的催化剂颗粒与进料雾化喷嘴喷入的油雾混合并迅速开始汽化、反应，进而生成各种目标产品。可见，进料混合段内油、剂间的流动、混合状况对整个裂化反应的进程起重要作用。

在传统结构进料段中，喷嘴射流的高速喷入，对提升管内气-液-固三相流场造成了巨大的影响。研究表明[26]，在进料段中大部分区域，油、剂间浓度分布并不匹配，特别是催化剂颗粒沿提升管截面的分布可以描述为中心稀、边壁浓的"环核结构"。浓度场梯度造成了温度场分布也不均匀，因而原料油在提升管内的雾化并不理想，出现了一个"液雾生成区"，使得喷嘴正上方提升管壁面区域易于结焦。

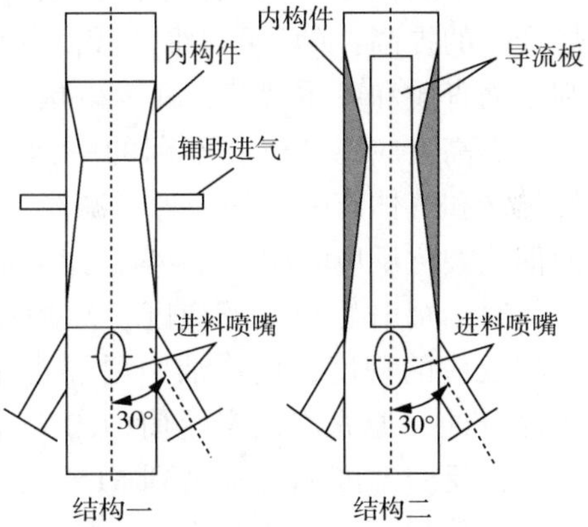

图 5-33　带有内构件的进料混合段结构

针对进料混合段内流动与反应不匹配等问题，开发了两种优化的进料段结构[27,28]，如图 5-33 所示。第一种结构为在喷嘴出口正上方提升管内壁上增设一定形状的文丘里内插件，第二种结构则是在喷嘴出口正上方的管壁上设置几块凸形导流板。应用结果表明，采用这两种优化结构有效地改善了进料段内两相流动与混合状况，油剂浓度的"匹配"更均匀，尤其是内置式导流板的效果更为明显。此外，通过对进料混合区三维流场的进一步分析表明，对该区域起关键作用的是伴随射流主流的二次流[29]，其方向对混合流场影响显著。若将喷嘴射流的入射方向由传统结构的向上倾斜改为向下倾斜，可以削弱二次流的影响，有望改善进料混合区的流场结构，促进油、剂间充分混合及反应[30]。

在进料混合区，原料油进料喷嘴的雾化效果也会直接影响油、剂之间的接触和反应。进料喷嘴的任务就是将原料油雾化，并向提升管内均匀喷油，使原料油迅速汽化，从而提高与催化剂颗粒的接触效率，进而提高反应速率。进料喷嘴的开发经历了一个逐渐发展的过程，从最初的直筒式、喉管式，到后来的高效雾化喷嘴。

常用的高效喷嘴有洛阳石化工程公司开发的 LPC 型喷嘴、中国科学院力学研究所开发的内混合式双喉道的 KH 型喷嘴、中国石化工程建设公司开发的在喷嘴混合室后设置一个气液两相旋流器的 BWJ 型雾化喷嘴和中国石油大学(北京)开发的油、剂两相接触更为均匀的 CS 型喷嘴[1]

（三）提升管反应区技术

1. 保持适当量的水蒸气

水蒸气的作用是：降低油气分压，有利于重质原料油尤其是渣油组分的汽化，降低焦炭产率；通过动量传递提高进料喷嘴的进料线速，改善进料雾化，并对催化剂上的重金属起到钝化作用。

水蒸气来自进料喷嘴注汽和预提升段注汽。前者视原料种类而异，对馏分油一般为

0.5%~1.0%，而对含渣油原料则提高到3%~8%，后者对循环催化剂一般为0.3%~0.5%，两者合计对含渣油原料比例为5%~10%，是馏分油的数倍。

水蒸气用量的增加会相应增加装置的能耗和后部冷却系统的负荷，但适当的用量使雾化效果改善，生焦量降低，轻质油收率提高，综合效果是好的。

2. 采用较高的反应温度和短停留时间操作

提升管反应温度定义为提升管出口处温度，实际油气温度轴向分布是一条从高到低曲线(有时后部又有温升)。石蜡基原料的反应温度低于中间基原料，馏分油反应原料的温度低于含渣油原料，多产轻循环油的生产方案的反应温度低于多产汽油方案，更低于多产低碳烯烃方案。高反应温度有以下几个好处：(1)可以弥补由于催化剂受重金属污染和水热作用而失去的活性；(2)有利于进料汽化和改善汽提效果；(3)有利于汽油辛烷值和气体中烯烃产率的提高；(4)可以维持较高的苛刻度，特别是渣油与催化剂接触瞬间的较高温度，有利于沥青质和胶质裂解，减少生焦。

提高反应温度也有不利的一面：使用高活性催化剂时，在高温下会使二次裂化加剧，使焦炭和气体产率增加。为了减少二次裂化，应尽量缩短提升管中剂油的接触时间，馏分油催化裂化反应时间为3~4s，掺渣油一般要缩短到2~3s。

对于提升管单一反应区，缩短反应时间不仅可减少二次裂化反应，还能同时减少氢转移反应的程度，使汽油中烯烃含量增加。某装置加工掺减压渣油和脱沥青油的大庆减压馏分油，原先汽油辛烷值(RON)只有88。改造为短提升管设计方案，反应时间缩短为2.7s，反应温度相应提高到515℃，剂油比提高到5.0，并选用USY型催化剂。改造后汽油辛烷值(RON)达90以上，汽油中烷烃与烯烃比值从1.2以上降低到0.8以下，说明短反应时间减少了氢转移反应，从而提高了汽油辛烷值。

3. 设置分层进料

根据不同原料(新鲜原料、回炼原料或需要精制的汽油、轻循环油、污油等)的裂化性能和对裂化深度的要求，可分别由设置在提升管不同位置的喷嘴进料，利用各部位不同的反应苛刻程度(反应温度、剂油比、反应时间等)创造不同的转化条件，借以提高总体反应深度及选择性。我国炼油厂在这方面有着丰富的实践经验。近年来，催化裂化提升管的进料更加多样化，FCC裂化汽油或粗汽油进入提升管底部进行回炼以降低FCC汽油中的烯烃含量。一些多产烯烃的工艺也在考虑进行液化气中的C_4组分回炼。

4. 实施反应终止技术

渣油催化裂化装置的提升管反应器采用高温、短时间、大剂油比操作方式以提高反应苛刻度，保持足够的转化率。同时，为促进进料迅速汽化，应控制较高的再生催化剂温度。由于催化裂化过程进行的平行-顺序反应使目的产品产率在某一转化深度时达到最高值，这就要求确定最佳反应时间。时间过长且温度较高则使副反应继续进行，降低目的产品的选择性。但提升管往往按最大处理能力设计，有时还留有余地，个别装置受反应器-再生器构型限制而反应时间过长，因此在低负荷操作时或原料性质变化时仅靠反应温度难以控制最佳转化深度。为了实现上述提升管反应器内的理想温度分布，采用反应终止技术，在提升管的中上部某个适当位置注入冷却介质以降低中上部的反应温度，可以有效改善提升管温度分布，优化反应条件，增加目的产品产率。实施反应终止剂技术的两个关键问题是终止剂的选用和注入位置的确定。图 5-34 是在某催化裂化装置的提升管的适当位置注入反应终止剂前后提升管沿程的温度及反应产物产率变化情况[31]。由此可见，注入终止剂后，汽油和轻循环油的产率都有所提高。注入终止剂的效果与原工况及注入的条件有关。

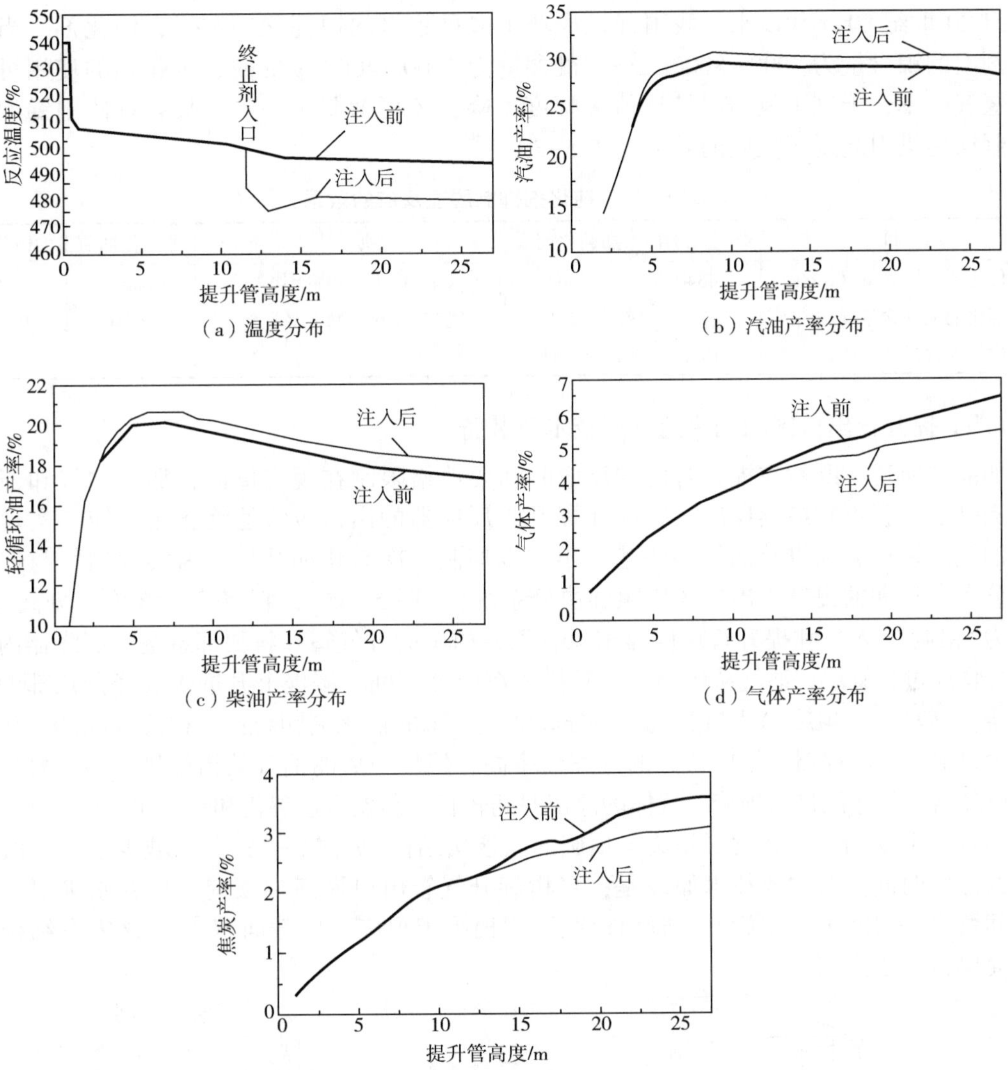

（a）温度分布　（b）汽油产率分布

（c）柴油产率分布　（d）气体产率分布

（e）焦炭产率分布

图 5-34　某工业提升管注入终止剂的效果(模拟计算)

采用在提升管上部适当位置注入终止剂的方法是增加剂油比一种控制手段。利用终止剂的汽化降温作用，在保持提升管出口温度不变时，可提高剂油比 0.3~0.4 单位，使反应温度提高几摄氏度到几十摄氏度，虽然反应时间缩短，但转化深度能满足要求，在降低轻循环油、油浆产率的同时，增加汽油产率(1%左右)的效果。多数装置用自产的粗汽油或者酸性水作为终止剂，也可用外来的不合格轻质油作为终止剂。终止剂的使用加大了分馏塔负荷与塔顶冷凝冷却负荷，从而增加装置能耗，通常只作为辅助手段。

5. 采用金属钝化技术

掺渣油原料中的镍和钒含量合计达 10μg/g，甚至更高，沉积在平衡催化剂上的金属含量达 5000~12000μg/g，使轻质油的选择性和催化剂活性下降。我国原油中的重金属以镍为主，而加工镍和钒两种金属含量均高的进口油，因此要有针对性地采用不同的金属钝化助剂。自 20 世纪 80 年代以来，我国开发成功了多种牌号的镍钝化剂和复合钝化剂。当平衡催化剂上的镍含量为 4000~8000μg/g、钒含量为 3000~4000μg/g 时，钝化剂的使用可明显降低氢气产率，干气中氢与甲烷比值大幅度下降，还可抑制钒中毒。某装置使用锑型钝化剂抑制镍污染引起脱氢反应的效果见表 5-35。

表 5-35　钝化剂抑制脱氢反应的效果

项　目	加钝化剂前	加钝化剂后	项　目	加钝化剂前	加钝化剂后
平衡催化剂上镍含量/(μg/g)	4340	4604	干气中 H_2/CH_4(体积比)	6.41	1.91
平衡催化剂上锑含量/(μg/g)	—	1211	氢气产率(对原料)/%	0.20	0.084
干气中氢气含量/%(体)	46.17	23.83			

(四) 提升管出口区油剂快速分离技术及装备

如前文所述，既然在提升管内的反应时间要严格限制在规定值内，那么油气和催化剂离开提升管后就不宜继续反应。因此在提升管反应器的出口应快速终止主反应、实现催化剂与油气的快速分离以及油气的快速引出，以抑制二次裂化和结焦。为实现油气与催化剂间的分离，早期的提升管出口采用粗旋快分系统(见图 5-35)，它将第一级旋风分离器(一般称为“粗旋”)入口和提升管反应器末端直联，粗旋的升气管和料腿都悬空于沉降器内。油剂混合物经过粗旋后，油气从粗旋升气管排入沉降器空间，缓慢上升进入沉降器顶部的旋风分离器(一般称为“顶旋”)入口，进一步分离油气夹带的催化剂颗粒；经粗旋分离的催化剂颗粒则由料腿排入汽提器。粗旋快分的分离效率高，但反应后的油气从粗旋排出后，要经过较大的沉降器空间才能进入顶旋，气体的停留时间较长，易发生过裂化和热裂化反应。

为解决上述问题，开发了粗旋与顶旋的软连接结构(见图 5-36)，以减少油气在沉降空间内的停留时间。其主要技术原理是，将粗旋升气管出口提高到顶旋入口并水平对正，两口之间留有一定间隙，粗旋升气管出口截面积稍小于顶旋入口截面积[32]。该方案结构形式比较简单，易于实施。

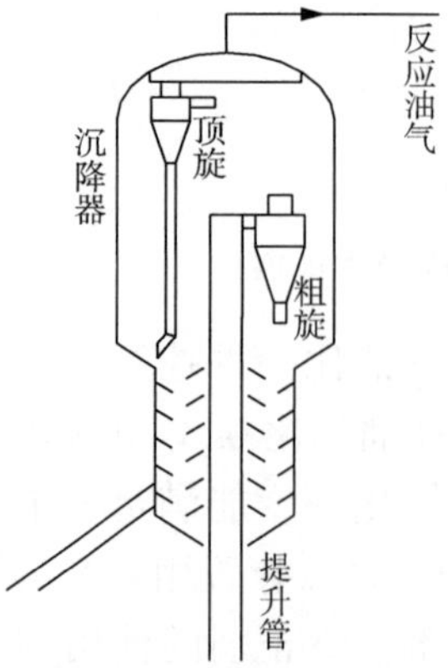

图 5-35　典型的粗旋快分系统

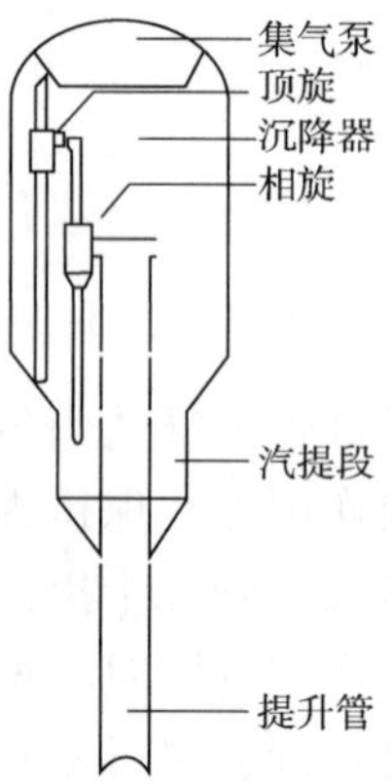

图 5-36　粗旋与顶旋软连接结构

通过高效离心分离强化实现油剂间的快速、高效分离，通过简单且高效的快速预汽提实现分离催化剂的快速预汽提，采用承插式油气引出结构和微负压差排料结构实现油气的快速引出和高油气包容率，由此形成了能够实现“三快两高”的系列快分技术[33]。图 5-37(a)所示为挡板预汽提式粗旋快分系统(FSC 系统)，该系统将传统技术中的粗旋料腿改成一个具有独特挡板结构的预汽提结构，从而提高分离和预汽提效率。图 5-37(b)所示为密相环流预汽提粗旋快分系统(CSC 系统)，该系统将粗旋与环流预汽提相耦合，可实现分离催化剂的快速预汽提，有效降低焦炭和干气产率并提高轻质油收率。这两种快分系统都适用于外置提升管 FCC 装置。对于内置提升管 FCC 系统，提出了带有预汽提的旋流式快分系统(VQS 系统)，如图 5-37(c)所示。其近乎流线型悬臂旋流头能够较好地实现油气和催化剂的低阻高效快速分离，使产物分布得到有效的改善。在该系统中，油气和催化剂向上运动到提升管出口，经过旋流式快分头后由原来的向上运动转为切向水平运动，通过旋转产生的离心力将密度不同的油气和催化剂进行分离。旋流式快分系统运行稳定，分离效果好，操作弹性大。在 VQS 系统的基础上，通过在旋流头旋臂喷出口附近设置隔流筒来阻止气体直接从隔流筒和封闭罩之间的环隙上升逃逸，形成了气固旋流分离强化技术(SVQS 系统)，如图 5-37(d)所示。该技术消除了旋流头喷出口附近直接上行的“短路流”，另外在隔流筒外部、旋流头底边至隔流筒底部的区域内，带隔流筒旋流快分的轴向速度全部变为下行流，消除了无隔流筒旋流分离器在该段区域内的上行流区，进一步强化了该区域的离心力场，延长了在下行流的有利条件下气固分离的时间，使颗粒的分离效率进一步提高。在此基础上，通过将惯性分离和离心分离各自的优势充分耦合协同，开发了一种超短快分系统(SRTS)，如图 5-37(e)所示。该分离器主要由一个拱门形分离空间和一根开有多条窄缝的中心排气管组成。在运行过程中，气固混合物沿竖直向上方向从拱门形分离空间一侧进入分离器，由于固相的惯性远大于气相，所以固体颗粒沿拱门形分离空间经过 180°的圆周运动，从拱门形分离空间的另一侧排出；而气体在流经窄缝时发生方向偏转，从中心排气管排出，实现气固分离。超短快分系统具有停留时间短、效率高、结构简单紧凑、压降小、操作性能稳定等诸多优点。

(五) 沉降器汽提区高效汽提技术

催化剂经提升管出口快分系统分离后进入沉降器。在催化裂化沉降器内，催化剂颗粒之间和颗粒的微孔内部充满着油气，这部分油气占产品总量的2%~4%，若不除去，相当于增加了2%~4%的焦炭，减少了轻质油收率。因此在沉降器内设置有汽提段，其作用在于用汽提介质置换出催化剂所夹带的油气。高效的待生催化剂汽提器不仅可以提高轻质油收率，缓解沉降器结焦，还能降低再生器的烧焦负荷。

在汽提段较为常见的方法是，设置挡板结构以改善气-固两相在汽提段内的分布，实现气固间的高效接触。挡板型内构件主要有人字形挡板和盘环形挡板两类。人字形挡板上通常不开孔，因此气固接触效果比较差。盘环形挡板通过在挡板上开孔，使汽提蒸汽穿过开孔形成射流，催化剂则沿挡板斜向下流动。蒸汽与催化剂总体上呈逆流流动，在挡板上则呈错流流动，因而可以提高气固接触效率。

在传统盘环形挡板结构的基础上，开发了一种汽提挡板开孔而裙体不开孔的汽提挡板结构，使挡板上催化剂有一大部分由挡板上的孔流入挡板下方，提高了床层空间利用

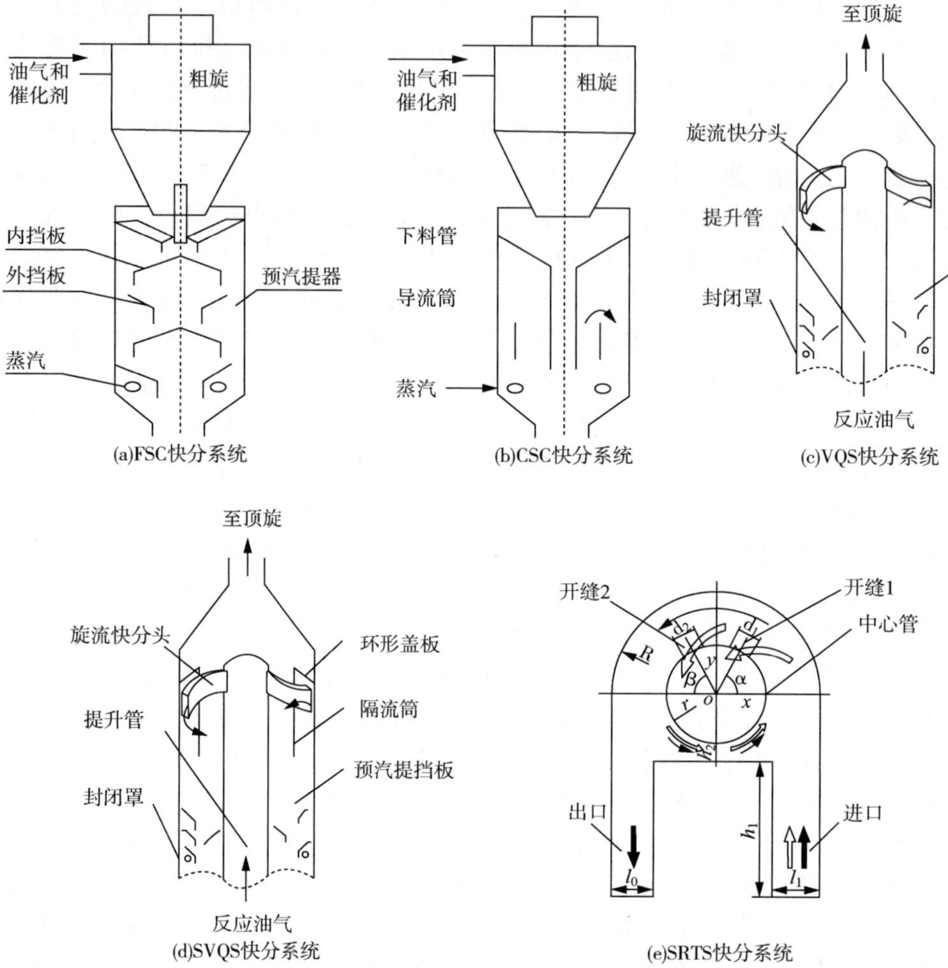

图 5-37 提升管出口快分系统示意图

率[34]，同时在设计中对挡板的倾角和裙板也进行了优化。该方法不仅显著提高了气固传质速率和汽提效率，同时可节约汽提蒸汽用量，提高装置的处理量。

为了在整个汽提段空间内都实现气固之间的充分接触，开发了一种格栅填料式汽提器，如图 5-38 所示[35]。在汽提器内放置两层以上格栅填料内件，底部通入汽提蒸汽。催化剂自上向下流动，经过填料内构件分布后，均匀向下与上升的汽提蒸汽逆流接触，进行油气介质置换，格栅填料具有均匀流化、破碎气泡、减少返混、延长停留时间的作用，使得固体催化剂颗粒在汽提器内和汽提介质得到了充分接触和均匀的分配，提高了汽提效率。一种带有导向挡板的多层格栅结构（Crosser 格栅），如图 5-39 所示。设计思路是，在流化床内设置多层水平格栅，每层水平格栅由多个流动区域组成，每个流动区域内同向排列设置一系列导流叶片，这些导流叶片的设置与水平方向呈一定角度，且相邻流动区域内导流叶片的设置方向相反，从而使气固两相产生交叉流动，而上下相邻两层水平格栅中相对应的流动区域内的导流叶片互为反向设置，使气固两相形成“之”字形流动[36]。采用 Crosser 格栅内构件可以有效提高气固间的传质效率，并可以提高操作的稳定性。

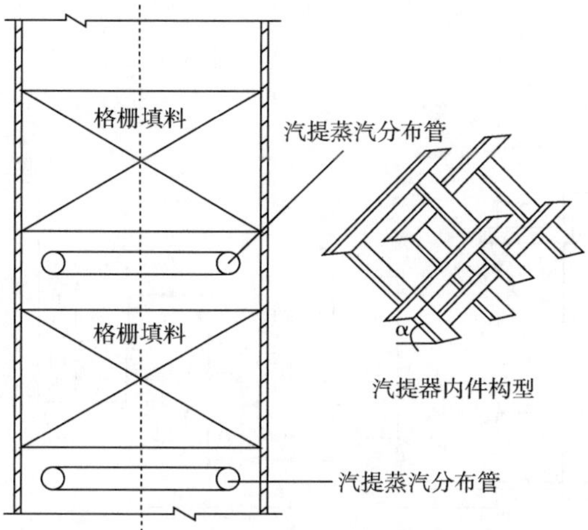

图 5-38 高效格栅填料式汽提器构型

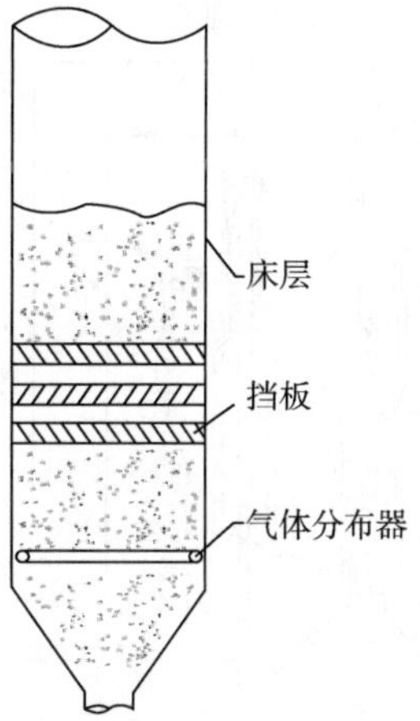

图 5-39 Crosser 格栅结构示意图

在汽提区，待生剂夹带的油气有两种存在状态：约75%的被夹带油气存在于催化剂颗粒间隙内，约 25%的被夹带油气吸附于催化剂微孔内。针对这两种不同的油气存在状况，应采用有针对性的汽提技术。对于催化剂颗粒间隙内夹带的油气，其特点在于油气浓度较大、易于置换；对于微孔内吸附的油气，水蒸气需要历经多个扩散过程才能进入微孔将油气置换，置换出的油气又要经历多个扩散过程才能进入气相主体。因此，必须保证水蒸气与催化剂有足够的接触时间。在此基础上，为了提高置换速率，还要保证足够的水蒸气分压。开发了一种组合环流(MSCS)高效汽提技术，如图 5-40 所示。其技术特点是，汽提段上部为高效错流挡板，用于置换出大部分催化剂颗粒间隙内夹带的油气，下部为高效环流汽提，通过催化剂的多次环流，使催化剂与水蒸气多次高效接触，保证了微孔内吸附油气的充分置换[37]。应用结果表明，组合式高效汽提技术可显著提高轻油收率，并降低再生温度和取热器负荷。

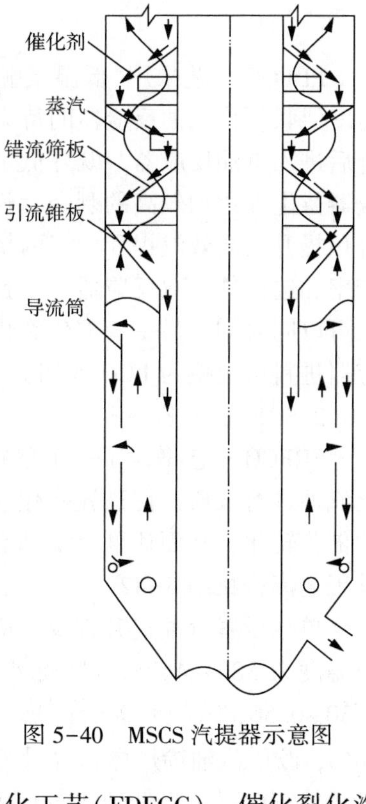

图 5-40 MSCS 汽提器示意图

四、双提升管反应器

国内双提升管催化裂化反应工艺主要有灵活多效催化裂化工艺(FDFCC)、催化裂化汽油辅助提升管工艺(SRFCC)和两段提升管工艺(TSRFCC)三种。

1. FDFCC 工艺

FDFCC 工艺所采用的双提升管反应器共享同一催化剂再生器和同一套分馏系统，将重油转化和汽油改质有机结合在同一套装置中。通过改质反应器强化汽油的二次反应，降低汽油烯烃和硫含量，提高汽油辛烷值，增产液化气和丙烯[38]。其工艺流程见图 5-41。

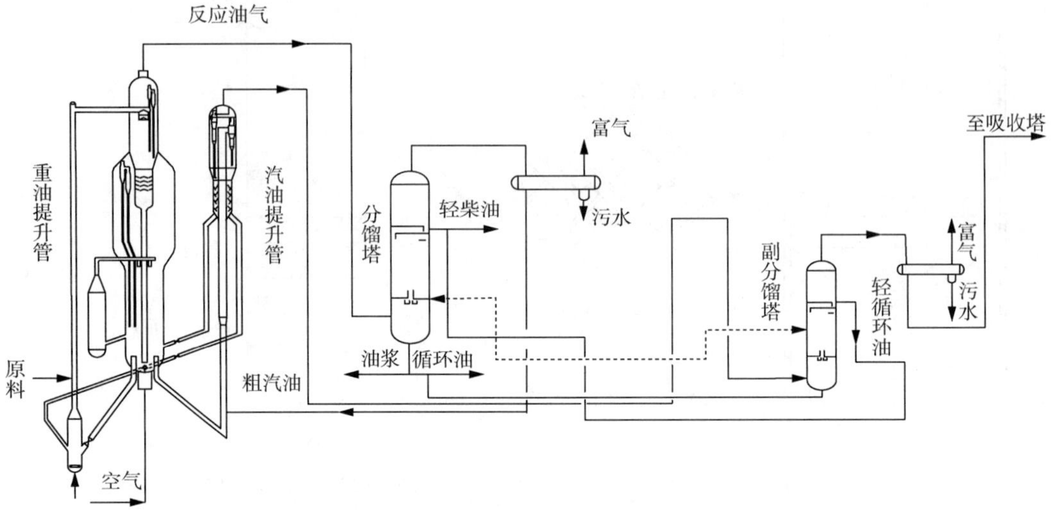

图 5-41　FDFCC 工艺流程示意图

FDFCC 工艺采用“低温接触，大剂油比”的操作理念，以催化剂为纽带，将两个反应器高度偶联。将汽油反应器的待生催化剂引入重油反应器底部，待生催化剂与高温再生剂混合后进入重油反应器，既降低了重油提升管反应器的油剂接触温度，又充分利用了汽油反应器待生催化剂较高的剩余活性，提高重油反应器的剂油比。采用复合分馏塔、催化剂混合预提升、高效汽提和增产丙烯专用助剂等配套技术，可降低干气和焦炭产率，提高丙烯产率和选择性。双反应器-双分馏塔的工艺设计，实现了催化裂化装置既可改质自产汽油，又可以同时加工另一套催化裂化装置的汽油。在市场要求更高的汽油与 LCO 比时，汽油反应器进料可更换为 LCO 或加氢 LCO，从而可提高汽油量，降低 LCO 量。

2. SRFCC 工艺

SRFCC 工艺增设了一个单独的新型辅助反应器，利用这一单独的改质反应器对催化裂化汽油进行改质，促进异构化、氢转移、环化、芳构化和脱烷基等反应，实现催化裂化汽油催化转化，从而达到降低汽油烯烃含量、维持辛烷值基本不变以生产清洁汽油的目的。其工艺流程见图 5-42[39]。

单独设置汽油提升管及反应器，反应形式采用提升管+床层，床层空速为 5～20h^{-1}，反应温度为 380～460℃，回炼汽油可以是全馏分汽油，也可以是轻馏分汽油，回炼比为 0. 30～0. 50，或粗汽油全回炼。改质汽油烯烃体积含量为 35%以下时，C_3^+液体收率大于 98%，改质汽油烯烃体积含量为 20%以下时，C_3^+液体收率大于 97. 5%，加工损失小。汽油烯烃体积含量可降低到 20%以下，RON 维持不变。可以根据炼油企业的要求，灵活地通过调整反应操作强度和汽油田回炼比例增产液化气和丙烯，调变液化气收率和汽油收率，可增加丙烯产率 3～4 个百分点。

3. TSRFCC 工艺

TSRFCC 工艺特点为催化剂接力、分段反应以及短反应时间和大剂油比操作，其工艺流程见图 5-43[40]。

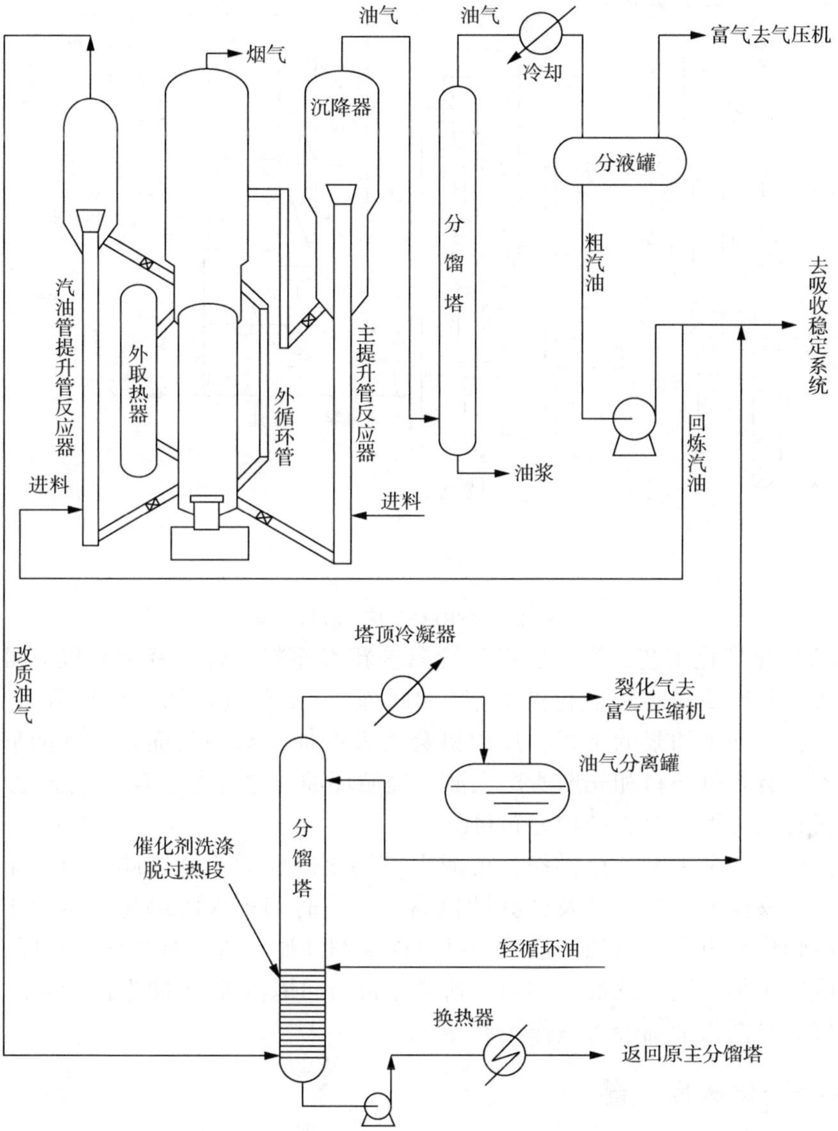

图 5-42　SRFCC 工艺流程简图

催化剂接力——有效消除催化剂失活和选择性下降的影响。催化剂结焦失活是快速过程，催化剂活性及选择性下降到难以承受的程度所用时间远小于催化裂化反应时间。所谓催化剂接力，是指当原料进行短反应时间后、催化剂活性下降到一定程度时，及时将其与油气分离并返回再生器再生，需要继续进行反应的中间物料进入第二段提升管与来自再生器的另一路再生催化剂接触，形成两路催化剂循环。就整个反应过程而言，催化剂的整体活性及选择性大大提高，催化作用增强，催化反应所占比例增大，热反应及不利二次反应得到有效抑制，这对于提高轻质产品收率、降低干气和焦炭产率十分有利。

分段反应——消除化学吸附与化学反应恶性竞争的弊端。所谓分段反应，就是打破常规不同性质的催化裂化反应物(新鲜原料和回炼油浆)同在一个反应器同样条件下进行反应的不利局面，让不同性质的反应物在不同的场所和条件下进行反应，排除相互干扰。两段

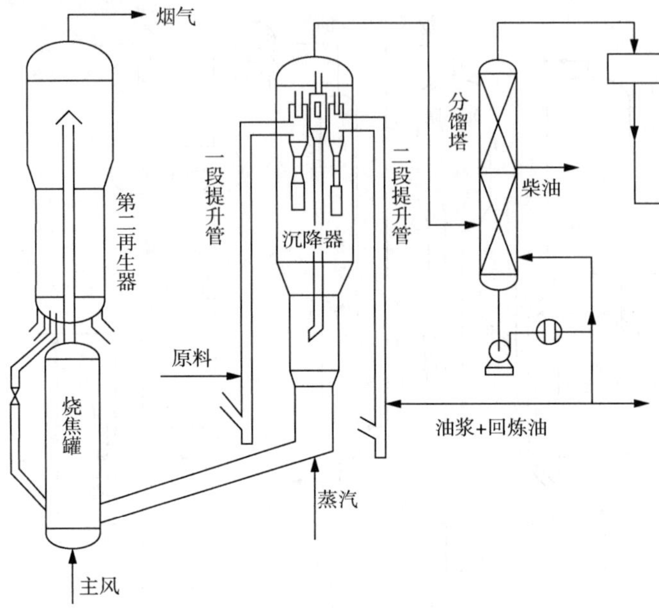

图 5-43　TSRFCC 工艺流程简图

提升管(Ⅰ型)催化裂化工艺，第一段提升管只进新鲜原料，轻循环油从段间抽出作为最终产品以保证收率和质量，难于裂化的油浆(和回炼油)单独进入第二段提升管。这样一来，对于新鲜原料，排除了油浆的干扰，反应机会大大增加；对油浆而言，既能够接触新再生催化剂，也不再有新鲜原料和先期所产汽油、轻循环油与之竞争，反应机会也可大大增加，达到提高原料转化深度、改善产物分布目的。

采用短反应时间和大剂油比操作，可减少热裂化造成的不利影响。由于采用了两路循环催化剂接力，整体催化剂活性及选择性提高，反应时间可大大缩短，减少干气和焦炭产率。控制一段转化率以及粗汽油回炼量均可以提高剂油比，进一步强化催化反应。

该技术应用于催化裂化汽油改质中，新鲜原料与回炼汽油分别置于不同的反应环境下，也可起到较好的降低汽油烯烃含量作用。

五、变径流化床反应器

流化床变径可使气固流动状态发生显著变化，在同一反应器内形成多个不同的颗粒浓度场或流域(湍流、快速输送或稀相输送)。变径流化床是输送床、快速床和湍动床有机构成一体的多流型单器流化床，如图 5-44 所示。基于变径流化床流型差异构建反应区，通过设计不同反应区调控复杂催化反应选择性。

变径流化床反应器分为第一反应区、变径的第二反应区和出口区(或称第三反应区)，第一反应区与第二反应区之间设置气固两相混合流体分配器，第二反应器底部能够形成一定密度的催化剂床层。通常，第一反应区和第三反应区属于高速输送床，第二反应区属于快速流化床，甚至接近湍流床。变径流化床通过变径部分实现了多流型区域，再采用补加催化剂等技术手段，可调控不同区域的催化剂密度分布。变径流化床反应器多温区实现方法更是多种多样，主要技术手段是通过注入液体冷却剂、冷却催化剂和热催化剂来加强热量转移，进而降低或增加局部区域温度。当第一反应区出口流体线速为 13m/s 时，改变第

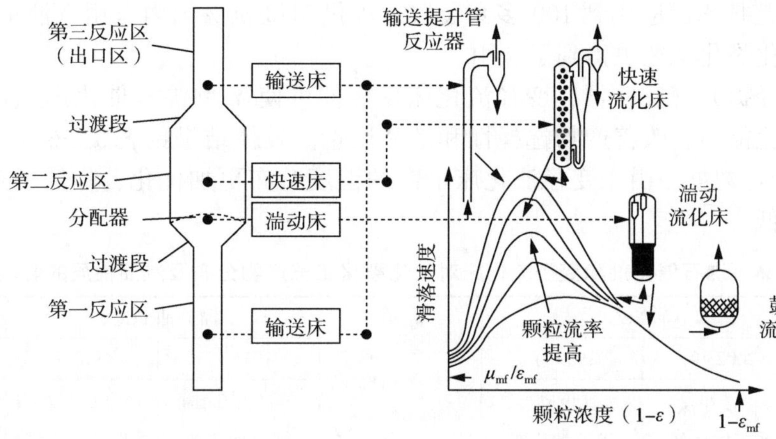

图 5-44 变径流化床及反应区划分与所对应的流型

二反应区催化剂循环量，得到变径流化床存在着 a、b、c、d 四种不同的催化剂密度分布，进而得到不同床层高度下催化剂浓度变化规律，如图 5-45(A)所示。a、b、c 催化剂密度分布包含稀相输送和快速床两种流型，而 d 催化剂密度分布包含稀相输送、快速床和湍流床三种流型。通过向第二反应区补充不同温度的催化剂，可调控第二反应区温度分布，如图 5-45(B)中Ⅰ、Ⅱ、Ⅲ、Ⅳ、Ⅴ所示的温度分布。

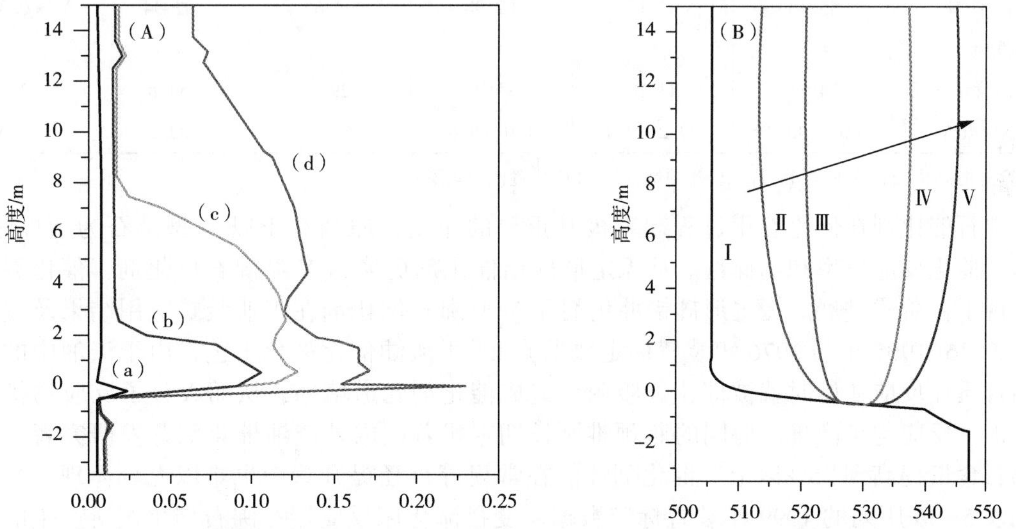

图 5-45 变径流化床反应器催化剂浓度场和温度场示意图

变径流化床反应器具有不同的催化剂浓度场和温度场，再与相适宜的专用催化剂性能匹配，使反应物的传递与反应协同高效地进行，以实现复杂催化反应的转化率和选择性同时处于最佳水平，为复杂催化反应提供具有原始性创新的催化反应工程技术。在变径流化床反应器平台上构建烃裂化与转化两个反应区，首创了双反应区的催化裂化技术新平台，开发出多产异构烷烃的催化裂化工艺(MIP)、多产异构烷烃与丙烯的催化裂化工艺(MIP-CGP)、多产高辛烷值汽油的催化裂化工艺(LTG)、降低干气和焦炭产率的催化裂化工艺

(DCR)，这些工艺技术已应用到100多套装置，提供超过50%国内车用汽油量。另外，超低烯烃汽油的催化裂化工艺也得到了应用。

相对于等直径提升管反应器，变径流化床反应器可使Y型沸石催化剂利用率最大化，从而提高重油转化能力，改善产物选择性和产品质量。具体结果见表5-36所列的1999年和2002年装置标定数据。由于变径流化床轴向的温度分布更加优化，降低了热裂化反应，干气产率明显降低。

表5-36　沸石催化剂和变径流化床对催化裂化工艺产物分布及汽油性质的影响

工艺名称	渣油FCC①		技术指标增加幅度	馏分油FCC②		技术指标增加幅度
应用年份	2002年	1999年		1976年	1965年	
技术特征	变径流化床+沸石催化剂	等径提升管+沸石催化剂		等径提升管+沸石催化剂	密相流化床+无定形硅铝催化剂	
原料类型	大庆常压渣油			大庆馏分油		
产物分布/%						
干气/液化气	2.88/14.63	3.79/15.44	-0.91/-0.81	1.42/10.92	1.46/11.6	-0.06/-0.68
汽油/轻循环油	49.28/21.22	44.14/22.57	+5.14/-1.35	49.63/31.30	44.20/35.50	+5.43/-4.20
油浆/焦炭	3.04/8.64	4.64/8.92	-1.6/-0.28	/5.35	/6.00	/-0.65
转化率/%	75.74	72.79	+2.93	68.70	64.50	+4.20
液体产率/%	85.13	82.15	+2.98	92.65	92.34	+0.31
汽油性质						
烯烃含量/%	34.11	43.10	-8.8	29.6	54.8	-25.2
MON/RON	80.2/88.8	79.2/89.4	1.0/-0.6	77.3	82.2	-4.9

① 上海高桥石化3#FCC装置。② 抚顺炼油厂FCC装置(我国第一套)。

沸石催化剂在催化裂化过程起着极其重要的作用，原因在于以Y型沸石为活性组元，提高了催化反应速率和选择性。从无定形硅铝催化剂更换为Y型沸石催化剂，催化裂化工艺实现了台阶式进展。无定形硅铝催化剂和Y型沸石催化剂在工业装置应用结果及差异列于表5-36(1965年与1976年装置标定数据)。对于渣油催化裂化工艺，由于渣油中的胶质和沥青质在反应初始时就被催化剂吸附，造成催化剂孔道堵塞，从而大分子反应物扩散阻力增加。反应与扩散难以协同的瓶颈难题长期困扰着国内外渣油催化剂开发研究者。即使将沸石含量提高到35%以上，催化剂性能在常规等直径提升管中也难以充分体现，具体结果见表5-36所列的1999年装置标定数据。变径流化床反应器在沸石催化剂所产生的效果基础上又提高了催化反应速率和选择性。由等直径提升管改为变径流化床，FCC装置技术指标改善幅度与无定形硅铝催化剂更换为Y型沸石催化剂基本相当。

第七节　催化剂再生和烟气轮机动力回收

一、催化剂再生技术的发展

催化剂再生是在再生器内将反应过程中沉积到催化剂上的焦炭烧掉，以便为反应过程提供恢复活性的催化剂，并同时保护好催化剂活性，同时为反应提供所需的热量。

采用无定形硅铝催化剂时，对再生催化剂碳含量的要求不高，催化裂化装置都采用一段再生，再生温度低，一般为590~610℃，再生催化剂碳含量一般为0.5%~0.7%。沸石催化剂由于裂化反应主要在沸石上进行，生成的焦炭集中在沸石上，因此，沸石催化剂的初活性虽然很高，但随着焦炭的沉积，活性下降很快。沸石催化剂碳含量每增加0.1%，其微反活性就下降2~3个单位。一般要求再生后催化剂的碳含量不大于0.1%。

国外早在20世纪70年代初期就开发了高温CO完全燃烧再生、CO助燃剂和快速床再生等新技术，将再生温度提高到650~680℃，再生催化剂碳含量降低到0.2%以下。进入80年代，国外又开发了几项新的再生技术。如UOP公司开发的RCC工艺采用了两段逆流烧焦技术；Stone & Webster公司开发的RFCC工艺所采用的两段再生技术，使第二段再生温度提高至760℃以上，将再生催化剂碳含量降低至0.05%左右。

我国在20世纪70年代后期，除了采用提高再生温度等措施(620~680℃)外，还开发了单器两段再生和快速床再生(烧焦罐)技术，并使用了CO助燃剂。80年代以来，又开发了两器错流两段再生、逆流两段再生和烟气串联的两段再生，以及各种形式的内外取热器、新型旋风分离器等。催化剂再生技术总的发展趋势是提高烧焦速率，降低再生催化剂含碳量及系统中催化剂藏量，从而提高系统中平衡催化剂的活性，降低新鲜催化剂补充量。催化剂再生烧碳速率可用以下基本动力学式表达：

$$-\frac{\mathrm{d}C}{\mathrm{d}t}=A_{\mathrm{C}}\exp\left(\frac{E}{RT}\right)P_{\mathrm{O_2}}\cdot C \tag{5-4}$$

式中　A_{C}——反应速率常数的频率因子，$(\mathrm{kPa}\cdot\mathrm{s})^{-1}$；

E——活化能，J/mol；

R——气体常数，8.314J/(mol·K)；

T——再生温度，K；

$P_{\mathrm{O_2}}$——氧分压，kPa；

C——催化剂上碳含量，%。

上式说明，烧碳速率随再生温度、再生压力(氧分压)和催化剂上碳浓度的增加而加快。

按动力学式计算，再生温度与氧分压(以烟气中过剩氧含量表示)对再生催化剂碳含量的关系见图5-46。

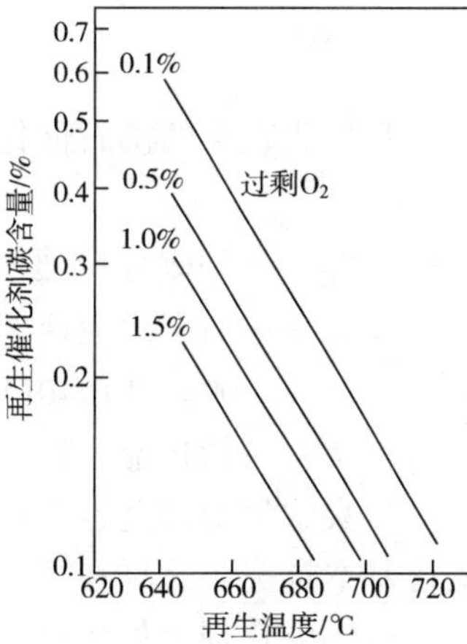

图5-46　再生温度对再生催化剂碳含量的影响

从前述公式和图5-46看出，提高再生温度和增加过剩空气量或采用富氧空气(增加氧分压)对提高烧焦速率、降低催化剂碳含量十分有效。但在单段再生过程中，过高地提高再生温度和增加过剩空气量，会导致以下不良后果：

(1) 由于烧焦时在有水或水蒸气存在下，再生温度过高(>730℃)会加剧催化剂的水热失活。

(2) 烟气中过剩空气多，主风机的能耗加大。

(3) 只有使用CO助燃剂或者用非催化高温再生技术时才能有较多的过剩氧，否则如果CO在密相燃烧不完全，容易在稀相空间产生严重的二次燃烧，若处理不当会损坏设备。

基于以上原因，国内外相继开发成功了两段再生技术。两段再生是利用第一段床层中催化剂碳含量较高、烧焦速率快，先在较低温度和一定比例的烧焦空气量下，烧去催化剂上大部分碳和焦炭中绝大部分的氢。然后再在第二段床层内提高温度并增大过剩空气烧掉其余的碳和氢。两段再生可分别采用 CO 部分燃烧和完全燃烧方式，也可共同采用 CO 完全燃烧方式，这样既保证了再生催化剂碳含量低，又可减少再生器中催化剂的水热失活。

两段再生的另一特点是，在两段中都保持了较高的烧焦强度(单位再生器藏量的烧焦速度)，从而可降低系统中催化剂的藏量。带来的直接好处是，可降低维持系统中催化剂平衡活性所需要的新鲜催化剂的补充量。平衡催化剂活性与新鲜催化剂补充率有下列关系[41]：

$$A_E = A_N \cdot S/(K+S) \tag{5-5}$$

式中 A_E——平衡催化剂相对活性；

A_N——新鲜催化剂相对活性；

S——新鲜催化剂补充率(日补充量/系统总藏量)，d^{-1}；

K——催化剂减活系数，d^{-1}。

通过改进空气分布器结构和待生催化剂在密相床层的分布设施，单段再生工艺的烧焦效果得到明显改善。我国设计的再生装置系统中催化剂藏量平均值约为 37kg(藏量)/[d · t(日加工量)]。对于不同的再生器型式，催化剂藏量有所不同。

二、烧焦反应工程

(一) 化学动力学

焦炭中主要元素是碳和氢，还含有少量的硫和氮。在燃烧过程中氢被氧化成水，碳则被氧化为 CO 和 CO_2。关于焦炭中碳的燃烧是再生中最主要的反应，其燃烧机理认为是先生成中间氧化物，其燃烧机理模型如下：

$$\text{焦炭(C)} \xrightarrow[K_1]{O_2} C_yO_x \begin{cases} \xrightarrow[K_3]{O_2} CO+CO_2 \\ \xrightarrow[K_2]{\text{分解}} CO+CO_2 \end{cases}$$

几种代表性的沸石催化剂(REHY、REUSY、USY 沸石)在空气中的烧碳速率常数为[42]：

$$K_C = A_C \exp(-E/RT) \tag{5-6}$$

式中 K_C——消碳反应速率常数，s^{-1}；

A_C——消碳反应速率常数的频率因子，$(kPa \cdot s)^{-1}$，对上述三种催化剂分别为 98.7、974 和 1940$(kPa \cdot s)^{-1}$；

E——活化能，J/mol，对上述三种催化剂分别为 77800、101600 和 101700J/mol。

焦炭中氢的燃烧速率是烧碳的 1.8~2.4 倍，对氧和氢均是一级反应。当碳烧除 80%时，氢已基本烧完。这样在第二段再生过程中，烟气中水气分压较低，从而可提高再生温度。

待生催化剂上氮化物在再生过程中可转化为 NO、N_2、N_2O、NO_2、HCN 和 NH_3，其中 HCN 和 NH_3 是形成 NO_x 的中间产物。在氧过剩的再生条件下，特别是在催化剂和金属的参与下，绝大多数的 HCN 和 NH_3 氧化为 NO 和 N_2O，而 NO 和 N_2O 又进一步还原或分解生成 N_2，其反应网络如图 5-47 所示。

在部分燃烧的条件下，有 CO 等还原剂存在，有助于减少 NO_x 的排放，而使 NO 更多地转化成 N_2。而在密相床中缺乏足够的氧，会影响中间含氮化合物的氧化反应，将有较多数量的 HCN 和 NH_3 存在，在下游的 CO 锅炉中会进一步转化成 NO 和 N_2。

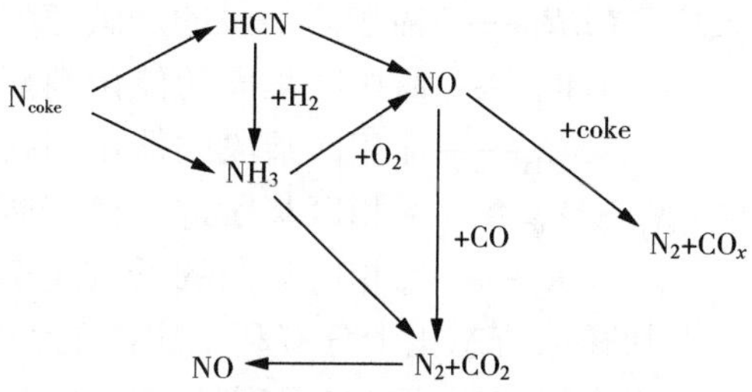

图 5-47 再生器内 NO_x 的生成和分解的反应网络图

硫的燃烧速率比碳快。焦炭中硫燃烧的产物有 SO_2 和 SO_3，总称 SO_x。其中，SO_2 系一次生成，进一步催化氧化为 SO_3。SO_3 生成较少，一般为 SO_x 的 10%~20%。

（二）反应工程的数学模型

在流化床内焦炭的燃烧并非均属化学动力学控制，而在很大程度上受到床层内气体交换和物质传递的限制，必须包含流化床反应工程，才能建立符合工业流化床的反应工程的数学模型。密相流化床分为气泡相、乳化相（上流乳化相、下流乳化相）、快速床核心相和环流相以及分布器影响区、密相区、稀相区、快速床浓相区和稀相区等。考虑到工业流化床数据关联十分复杂，涉及很多操作、物性和结构参数，从现实角度出发还是以简化的两相两区模型比较实用。对常规的湍流床再生器密相区的烧碳速率可用下式表达[43]：

$$CBR_d = W_d \cdot \frac{aK_d bK_c C_R}{aK_d + bK_c C_R} \cdot P \cdot \frac{N_{d1} - N_{d2}}{\mathrm{Ln}\dfrac{N_{d1}}{N_{d2}}} \tag{5-7}$$

式中 CBR_d——密相区烧碳速率，kg/h；

W_d——密相区催化剂藏量，t；

K_c——烧碳反应速率常数，kg/(t·MPa·h·%C)；

K_d——氧从气泡相传递到乳化相的速率常数，与气泡占床层的体积分率、气泡直径、催化剂颗粒直径、床层气速和氧在常温下扩散系数有关，m^3/(t·MPa·h)；

a——折算为碳的单位体积氧气烧焦量系数，kg/m^3；

b——再生器密相床内催化剂停留时间分布偏离全混床的校正系数；

C_R——再生催化剂碳含量，%；

P——再生压力，MPa；

N_{d1}、N_{d2}——密相区进、出口气体中氧浓度，%（体）。

根据工业装置的核算结果，aK_d值与床层气体表观线速度关系很大，当气速为 0.6、0.9 和 1.1m/s 时，aK_d的近似值为 3800、5100 和 6000。

在稀相区，碳和一氧化碳继续燃烧，放出的热量使温度沿轴向上升，可将此区分为若干段，每一段通过热平衡计算确定其平均温度。每段的催化剂藏量按流化工程关联的稀相密度分布计算。烧碳按反应动力学控制考虑，稀相区在任一段的烧碳速率为：

$$CBR_{Li} = W_{Li} K_{ci} C_{Li} P \frac{N_{L1} - N_{L2}}{\mathrm{Ln}\dfrac{N_{L1}}{N_{L2}}} \tag{5-8}$$

式中 CBR_{Li}——稀相区某段的烧碳速率，kg/h；

W_{Li}——稀相区某段的催化剂藏量，t；

C_{Li}——稀相区某段的催化剂碳含量,%；

N_{L1}、N_{L2}——稀相区某段进出口气体中氧浓度,%(体)；

K_{ci}——稀相区某段的反应速率常数，kg/(t·MPa·h·%C)。

快速床流态化十分有利于床内的物料传递，把烧碳速率的矛盾又转向化学动力学，因此，提高快速床的出口温度就可以大幅度提高烧碳速率。其烧碳数学模型是将床层分为两区：下部的浓相区按返混床计算温升，并对床层平均碳浓度按部分返混做了校正，不考虑氧传递阻力；上部的稀相区按活塞流处理，有关公式与湍流床相似。

三、催化剂再生方式

我国开发的再生器形式有多种，而且各具特色。其再生方式可以分为以下几种类型：(1)按照催化剂和烧焦空气的流程不同可分为单段或两段、并流、错流或逆流；(2)按照流化床类型不同可分为湍流床、快速床或输送床；(3)按一氧化碳燃烧程度不同可分为部分燃烧或完全燃烧。各种组合的再生方式的主要指标列于表5-37。下面介绍几种主要形式。

表5-37　各种组合再生方式的主要指标

类　型	形　式	混合烟气 CO_2/CO(体)	烧焦强度/[kg/(t·h)]	再生剂碳含量/%
单段再生	常规再生	1~1.3	60~120	0.1~0.12
	CO助燃再生	3~200		0.05~0.1
两段再生	单器两段再生	1.5~200	150~200	0.05~0.10
	两器两段再生	2~150	80~120	0.03~0.05
	两器两段逆流再生	3~5	60~80	0.03~0.05
快速床再生	前置烧焦罐再生	50~200	120~350	0.05~0.15
	后置烧焦罐再生	3~200	60~250	0.05~0.20
	烧焦罐-湍流床串联再生	50~200	100~350	0.03~0.05

(一) 单器再生

单器再生是使用一个流化床再生器一次完成催化剂的烧焦过程，工艺比较简单，设备也不复杂。单器再生可分为单器单段再生和单器两段再生。

1. 单器单段再生

催化剂进出再生器的方式可分为“上进下出”和“下进上出”两类。“上进下出”形式的待生催化剂由侧壁进入再生器密相段之一侧，或用催化剂分布器进入密相段中部。同轴式装置则由待生催化剂套筒进入密相段上部中心，再生催化剂经由设在分布管附近的淹流管排出。“下进上出”形式的待生催化剂通过待生催化剂密相提升管(或斜管)由再生器底部进入再生器内，再生催化剂由溢流管排出。上进下出型的密相段内返混少，气固相接触和固体停留时间分布较好，催化剂循环量的调节可不受溢流管高度的限制。目前，多数装置采用“上进下出”型。

我国早期采用湍流床单器单段再生工艺，当再生温度为650~680℃时，再生催化剂碳含量为0.1%~0.12%。若采用有效措施改进催化剂分布和空气分布，并把再生温度保持在700℃左右时，则再生催化剂碳含量可降到0.1%以下。随着对单段再生技术的不断完善，通过改进待生催化剂分配与主风形成逆流接触、提高氧传质速度、降低床层的返混影响等措施，在不完全再生或再生温度较低时，也可将再生催化剂碳含量降到0.1%以下，见表5-38。

表5-38　单器单段再生操作数据

项　目	工况一	工况二	项　目	工况一	工况二
再生器的操作条件			烟气组成/%(体)		
催化剂名称	CDC-2	RCGP-1YH	CO_2	15.10	15.4
再生压力/MPa	0.268	0.255	CO	3.80	5.8
密相/稀相 温度/℃	680/690	690/693	O_2	0.30	0.05
			再生效果		
催化剂藏量/t	150	145	再生催化剂碳含量/%	0.06	0.02
床层线速/(m/s)	1.0	1.08	烧焦强度/[kg/(t·h)]	100	86

2. 单器两段再生

对于早期的同轴式单器再生，曾经在再生器中增加隔板将一个再生器分割成两个床层，并分别通入烧焦空气，形成单器两段再生。希望在常规再生中提高烧焦强度，保持催化剂的活性。随着CO助燃剂的使用，以及待生催化剂分配和主风分配的不断改进，目前设计的单器再生已经不再考虑单器两段再生。

（二）双器两段再生

双器两段再生是随着渣油催化裂化的发展而发展起来的，其特点是由两个湍流床再生器组成，分为双器两段错流再生和双器两段逆流再生。

1. 双器两段错流再生

双器两端错流再生可分为有取热设施的与无取热设施两种。

1）无取热设施的双器两段再生

我国20世纪80年代引进的无取热设施的渣油催化裂化的双器两段再生，两段均采用湍流床，一、二段烟气分流，一段是常规再生，二段是高温下完全再生(不用助燃剂)。按照生焦率和两器热平衡的需要来调节一、二段的烧焦比例，不设取热设施。由于二段再生温度可达800℃以上，故第二段再生器内无内构件(旋风分离器、料腿、翼阀)，专门用于渣油催化裂化装置，有并列和同轴两种。目前，国内该类型的装置基本都增加了取热设施，仅有极个别的装置没有取热设施。其特点可归纳如下：

① 再生效果好，再生催化剂碳含量可小于0.05%；

② 两器分别在不同的温度和水气分压下再生，催化剂的减活条件缓和；

③ 一、二段烟气分别处理，没有二次燃烧问题，烟气能量利用稍差；

④ 一段用主风量控制烧焦量，二段的烧焦比例可在一定范围内调节；

⑤ 反应再生系统热平衡决定了焦炭产率在6%~7.5%，只能加工较优质的原料油。

2）有取热设施的双器错流两段再生

有取热设施的双器两段再生与无取热设施的双器两段再生的主要区别是，在第一再生器设有取热设施，可灵活调节取热负荷，因而生焦率可允许在较大范围内变动(6%~10%)。另外，第二再生器烟气通过降温后与第一再生器的烟气合并，因而烟气能量利用较好，适用于高生焦量的大规模催化裂化装置，其典型操作数据见表5-39。与此同时，我国对这种双器错流两段再生进行改进，第二再生器采用快速床-湍流床串联再生取代单纯的湍流床结构，消除了严重的二次燃烧，提高烧焦强度。两个再生器均使用CO助燃剂，直接回收压力能。

表5-39 有取热设施的双器两段再生操作数据

项 目	操作数据	项 目	操作数据
再生器的操作条件		烟气组成/%(体)	
催化剂类型	LIP-100	Ⅰ再	
再生压力/MPa		CO_2	12.6
Ⅰ再	0.35	CO	7
Ⅱ再	0.325	O_2	1.0
密相温度/℃		Ⅱ再	
Ⅰ再	671	CO_2	9
Ⅱ再	703	CO	1
取热量/MW	29	O_2	9.6
藏量/t		再生效果	
Ⅰ再	87.4	烧焦强度/[kg/(t·h)]	
Ⅱ再	13.1(烧焦罐)/18.3(二密相)	Ⅰ再	174
烧焦时间/min		Ⅱ再	65
Ⅰ再	4.1	烧焦比例/%	
Ⅱ再	0.62(烧焦罐)/0.86(二密相)	Ⅰ再	88.6
床层线速/(m/s)		Ⅱ再	11.4
Ⅰ再	1.04	再生催化剂碳含量/%	
Ⅱ再	1.63(烧焦罐)/1.22(二密相)	Ⅰ再	0.21
待生催化剂碳含量/%	1.39	Ⅱ再	0.06

2. 双器逆流两段再生

双器逆流两段再生的特点是，用逆流再生方式使第一段的CO部分燃烧和第二段的CO完全燃烧，第一段碳含量高的催化剂与氧含量低的空气，第二段碳含量低的催化剂与氧含量高的空气优化组合。两个再生器只排出一股含有CO且O_2含量低的烟气，消除了两股烟气合流产生尾燃，烟气能量利用好。

我国开发的逆流两段再生是将第一再生器设置在第二再生器上部，大约20%的焦炭在第二再生器中烧掉，第二再生器不设旋风分离器，其烟气携带部分再生催化剂进入第一再生器继续烧焦，离开第一再生器的烟气含有1%~6%的CO和1%~2%的O_2。由于两个再生器串联，只有一股烟气，有利于烟气的能量回收，同时也降低了空气的用量。再生催化剂碳含量可降至0.05%。取热设施位于第一再生器下部，反应沉降器位于第一再生器顶部，总高度小于62m，低于国外的逆流两段再生催化裂化装置。

逆流两段再生流程见图5-48，其特点是：两个再生器重叠布置，一段再生器位于二段再生器之上；第一再生器中的贫氧再生、CO部分燃烧；第二再生器过剩氧再生，CO完全燃烧。新鲜主风分别进第一再生器和第二再生器，其中第二再生器主风与第一再生器来的含碳量较低的半再生催化剂充分接触烧焦，产生含有一定过剩氧的二段再生烟气通过分布板进入一段再生器；一段再生烟气过剩氧为0~0.5%，再生器内烟气无尾燃，采用烟道部分补燃措施，排烟气温度700~730℃，进入三旋，除去微粒剂后，烟气进入烟机回收烟气压力能，排出的烟气去余热锅炉回收烟气中CO的化学能和热能。其主要操作数据见表5-40。

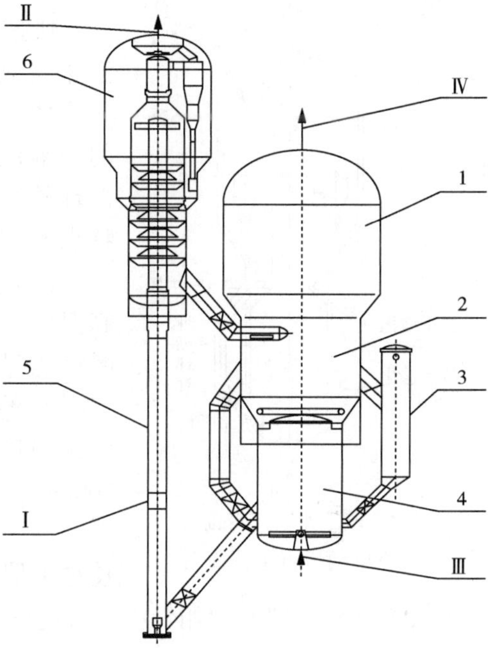

图5-48 逆流两段再生简化流程图

1—再生器稀相；2—一段再生器；3—外取热器；4—二段再生器；5—提升管；6—反应沉降器；Ⅰ—反应进料；Ⅱ—反应产物；Ⅲ—主风；Ⅳ—再生烟气

表5-40 逆流两段再生操作数据

项 目	第一段	第二段	项 目	第一段	第二段
再生器顶部压力/MPa	0.391	0.418	烟气分析(干基)/%		
			CO_2	13.53	—
密相床温度/℃	695.8	690.5	CO	5.82	—
			O_2	0.50	—
稀相温度/℃	689.9	713.0	催化剂碳含量/%		
主风量/(m^3/h)	178300	116400	入口	1.29	0.36
			出口	0.36	0.02
再生器催化剂藏量/t	210	125	烧焦强度/[kg/(t·h)]	105	85

(三) 快速床再生

快速床再生特点是将线速提高至1.2m/s以上，气体和催化剂向上同向流动，从上部将两种物流导出，催化剂被气体带出量和进入量相等。原先存在于乳化相的催化剂颗粒被分散到气流中，构成絮状物的颗粒团变为分散相，烧焦气体转为连续相，有利于氧的传递。反应过程基本受化学动力学限制，强化了烧碳过程和CO燃烧过程。

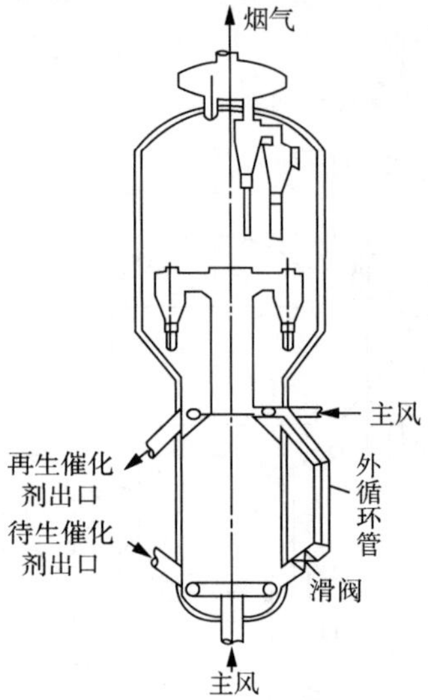

图 5-49　外循环管前置烧焦罐两段再生器简图

1. 烧焦罐再生

快速床再生由快速床(又称前置烧焦罐)、稀相管和鼓泡床组成。我国现有的这类再生器由于循环管结构不同又分为两种：一种是早期曾使用的密相床与高速床由带翼阀的内溢流管联通，另一种是目前普遍采用的由带滑阀的外循环管联通(见图 5-49)。典型的操作数据见表 5-41。其特点有：

(1) 由于烧焦罐系快速流化床，在其中保持了高流速、高温度、高氧含量和低催化剂藏量的条件，从而可将烧焦罐烧焦强度提高到 500kg/(t·h)(温度 700℃以上时)，约有 90%的焦炭在快速床烧掉。但由于二密相床属于鼓泡床，烧焦强度只有 30~50kg/(t·h)，故总烧焦强度为 120~200kg/(t·h)。

(2) 由于采用了高温、高氧含量和高流速的再生条件，使再生催化剂碳含量降低，在 700℃时，可保持 0.1%左右。

(3) 在烧焦罐和稀相管中同时进行 CO 的燃烧(一般采用助燃剂)，这样就利用了 CO 的燃烧热，提高了烧焦温度。

另外，单器再生之后串联一个快速床，简称后置烧焦罐再生，在我国也建成了几套这样的装置。

表 5-41　快速床再生主要操作数据

项　目	1	2	项　目	1	2
烧焦量/(t/h)	9.43	8.74	烟气组成/%(体)		
			CO_2	14.3	16
再生压力/MPa	0.31	0.321	CO	0	0
再生温度/℃			O_2	3.5	2.8
快速床上部	685	680	快速床线速/(m/s)		1.28
			催化剂碳含量/%		
二密相床	678	708	待生催化剂	1.4	0.96
催化剂藏量/t			再生催化剂	0.01	0.1
			烧焦强度/[kg/(t·h)]		
快速床	45	21.5	快速床	199	407
二密相床	21	7	再生器综合(总烧焦强度)	143	307

2. 烟气串联的快速床两段再生

这种再生工艺采用了烧焦罐(快速床)、湍流床的烟气串联布局，其工艺简图见图 5-50。一段再生与二段再生的分界有一个大孔径、低压降的分布板，这样不仅使第一段达到快速床条件，而且使第二段达到高速湍流床条件，两段烧焦都得到了强化，整个再生器的烧焦强度提高，其特点有：

(1) 一段再生为快速床，温度为 690~720℃，线速为 1.5~1.8m/s，出口过剩氧为

4%~5%。在这种操作条件下，一般出口催化剂碳含量低于通常的烧焦罐，并保持了较高的烧焦强度。

（2）二段的催化剂向一段流动时，选用溢流-淹流相结合的平衡管，以溢流区的流化风来控制催化剂的循环量。密度较小的再生催化剂经淹流孔进入溢流区，进入外循环管到一段，这种结构不需要滑阀或翼阀，无严重磨损。二段催化剂向一段流动时也可采用直接由滑阀控制来实现。

（3）一段、二段的主风串联，烧焦主风全部由一段进入。一段内的催化剂在富氧情况下先进行部分烧焦，然后烟气与催化剂一同向上穿过一大孔径低压降分布板后进入二段继续烧焦。此时，氧分压尽管很小，但由于气体线速高，催化剂密度小，氧气传递速率高，故烧焦强度仍很大。为了提高二段的烧焦强度，可在烧焦罐上部补充少量的空气以提高二段氧浓度。

（4）采取减小二段体积，提高二段气体线速和降低二段催化剂密度的措施，可以降低系统的催化剂藏量。

（5）当二密相采用扩径形式时，二密相藏量增加，总烧焦强度在100~200kg/(t·h)。

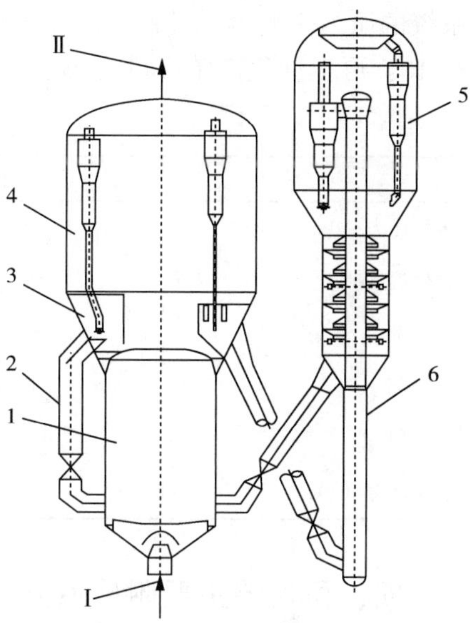

图5-50　烟气串联的快速床再生的反应-再生简图

1—一段再生器；2—催化剂外循环管；3—二段再生器；4—再生器稀相；5—反应沉降器；6—提升管；Ⅰ—主风；Ⅱ—再生烟气

这种再生工艺的再生催化剂碳含量一般小于0.05%，典型数据见表5-42。

表5-42　烟气串联快速床再生操作数据

项　目	1	2	3	项　目	1	2	3
再生压力/MPa	0.34	0.34	0.408	烧焦强度/[kg/(t·h)]	338	126	111
再生温度/℃				烟气组成/%(体)			
一段底部	690		686	CO_2	13.7	15.9	13.8
一段顶部	716	692	698	CO	0.04	0	0
二段床层	727	701	710	O_2	4.7	2.7	4
表观床层线速/(m/s)				待生催化剂碳含量/%	1.2	0.76	1.17
一段	1.58	1.64	1.65	再生催化剂碳含量/%	0.05	0.04	0.03

（四）管式再生

管式再生采用了提升管，管内表观线速为3~10m/s，提升管内的催化剂处于活塞流状态。燃烧用的主风分成3~4股，在提升管的不同高度注入，以控制烧焦管内的密度和氧浓度，氧的传质阻力和催化剂的返混可达到很低的程度，从而使烧焦强度可达到1000kg/(t·h)。某装置烧焦管长度为22m，在烧焦管内烧掉的焦炭占总焦炭量的80%左右，剩下的焦炭和CO在烧焦管顶部的湍流床烧掉。再生催化剂进入脱气罐，然后分成两路，一路进入提升管反应器，另一路循环回烧焦管，以提高烧焦管的起始烧焦温度。由于催化剂有足够的静压头，反再系统的压力平衡容易控制，再生滑阀和待生滑阀的压力降可达0.04~0.06MPa，剂油比可达8~10，再生催化剂碳含量可小于0.05%，其典型操作数据见表5-43[1]。

表5-43　管式再生的操作数据

项　目	数据	项　目	数据
再生压力/MPa	0.2	主风分布/(m^3/min)	
再生温度/℃		烧焦管底部	377~438
		烧焦管中部	100~101
顶部	647~651	烧焦管顶部	110~112
中部	639~642	湍流床	299~305
		催化剂碳含量/%	
底层	631~614	待生剂	0.91~0.96
湍流床温度/℃	700~701	再生剂	0~0.05

四、再生器主要附属设施

（一）再生器稀相段

再生器密相段料面到旋风分离器入口中心线的空间称为稀相段，其主要作用是把气体中携带的催化剂沉降下来。稀相段高，气体中催化剂携带量小，当稀相段达到一定高度后，携带量不再变化，此时的高度称为夹带沉降高度(TDH)，携带量称为饱和携带量。某再生器稀相段不同高度的催化剂密度分布见图5-51。由图5-51看出，稀相段高度超过10m时，旋风分离器入口催化剂浓度趋于稳定。为了减少催化剂损失，一般要求稀相高度大于TDH。

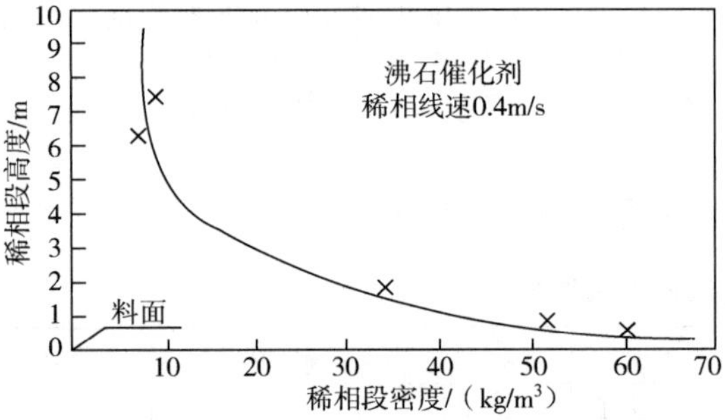

图5-51　某炼油厂再生器稀相段密度分布

在装置规模小的时候，稀相段的直径是由稀相线速决定的，当装置处理能力逐渐提高后，则是由旋风分离器布置决定的，为了减少由于旋风分离器布置而引起的稀相直径扩大问题，旋风分离器在稀相进行双层布置，这对旋风分离器也提出了更高的要求。

（二）旋风分离器

旋风分离器的性能优劣不但对反应-再生系统的正常运转和催化剂跑损有直接关系，而且对分馏塔底油浆的固体含量亦影响很大。我国曾先后引进国外的各种一、二级旋风分离器，如Ducon型(简称D型)、Buell型(简称B型)、GE型和Emtrol型(简称E型)等。在消化引进技术基础上，20世纪90年代初，我国开发出了独特的PV型旋风分离器，结束了旋风分离器皆靠引进的历史。随后又开发出了更加实用的PLY、BY型旋风分离器。各种旋风分离器结构的比较如图5-52所示，参数比较如表5-44所示[1]。

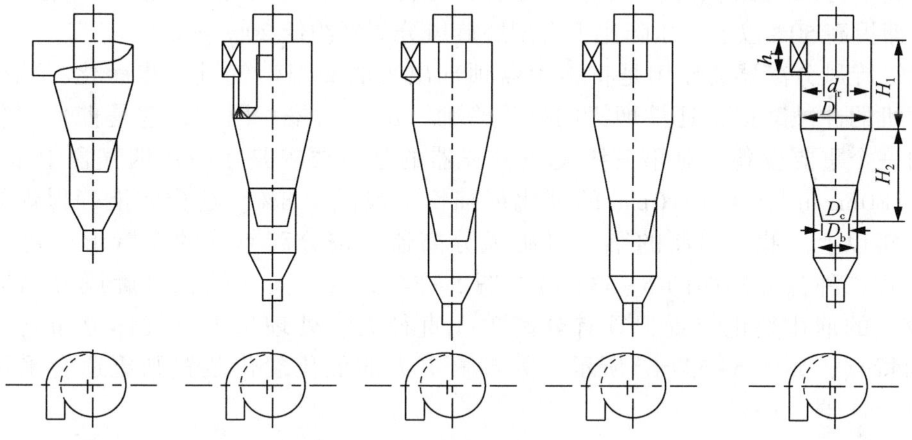

图 5-52　各种形式旋风分离器的比较

表 5-44　各种旋风分离器结构形式及主要尺寸关系①

项　目	D 型	B 型	GE 型	E 型	PV 型	PLY 型	BY②
入口方式	直切入口螺旋顶板	180°蜗壳入口，平顶，入口处带旁室	180°蜗壳入口，平顶，斜底板入口	135°蜗壳或直切入口，平顶	180°蜗壳入口，平顶，入口内侧板倾斜一定角度	135°或 180°蜗壳入口，平顶	135°或 180°蜗壳入口，平顶，直底板入口
K_A	≈6	≈4.5	4.75，5.5，7.5	≈4.3	优化设计	优化设计	4.5~7.5
d_r/D	≈0.54	0.4~0.55	0.44，0.31，0.25	0.44，0.34	优化设计	优化设计	0.2~0.4
d_c/D	≈0.3	0.35≈0.4	≈0.4	≈0.4	≈0.4	≈0.4	≈0.4
H/D	3.323	4.26	≈4.96	≈4.98	一般 5.2D，可调节	一般 5D，可调	4.5~5.8

① 表内的 K_A 为筒体横截面面积与入口横截面积之比，d_r 为出口管下口直径，d_c 为排尘口直径，H 为包括灰斗在内的总高度，D 为筒体内径。

② 表中所列 BY 结构尺寸为根据不同工况、不同要求的大致设计范围；BY 旋分器的 H/D 为自旋分顶板至灰斗锥底的高径比。

PLY 型旋风分离器的特点如下：分离效率高，压降适中，体积较小；在结构尺寸比例关系上，其显著的特点就是，旋分筒体稍长于或等于锥体长度(PV 型旋分筒体短锥体长)，且取消了入口内侧板倾斜一定角度的要求，使制造及检修更简单。

BY 型高效旋风分离器在保证应有的高效率、高弹性前提条件下，具有当量直径处理量大、高径比适当、压降适中等特点。

PLS 型旋风分离器是在现有旋风分离器的基础上，对其入口、排尘口和升气管的结构和尺寸进行了优化改进，同时采用新研制的高耐磨衬里的耐磨性明显提高；PLS 型旋风分离器具有高耐磨、低压降、高效率、重量轻，运行周期长等特点。其运行周期比现有型式旋风分离器提高 50%以上，压降比现有型式旋风分离器约低 20%。

第三级旋风分离器的作用是将再生器顶部出来的高温烟气进一步净化，减少催化剂微粒对烟机的冲蚀磨损，延长烟机的操作寿命，减少污染。因此，它是催化裂化装置能量回收的一个重要设备。对第三级旋风分离器的基本要求是：净化烟气含尘量(标准状态)小于 180mg/m^3，大于 10μm 的催化剂细粉一般低于 8%。这样才能确保烟机的操作寿命在 3 年以上。我国研制的第三级旋风分离器，按分离单管的布置形式可分为立管式或卧管式二种，分别如图 5-53(a)、图 5-54 所示。大立管三级旋风分离器适用于处理量较大的催化裂化装置，具有分离单元直径大、处理量大、气体分布均匀、组合效率高的特点，如图 5-53(b)所示。处理量更大的催化裂化装置则更适合采用卧管式三级旋风分离器。

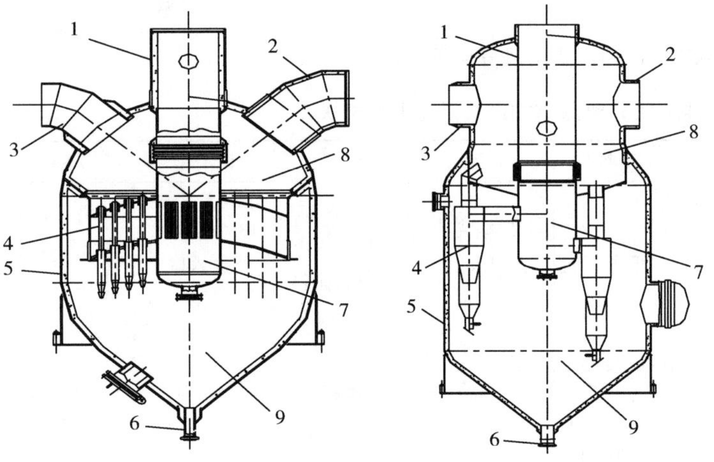

(a) (b)

图 5-53　立管式三级旋风分离器

1—进气口；2—排气口；3—排气口；4—分离单元；5—壳体；6—排尘口；7—进气腔；8—排气腔；9—排尘腔

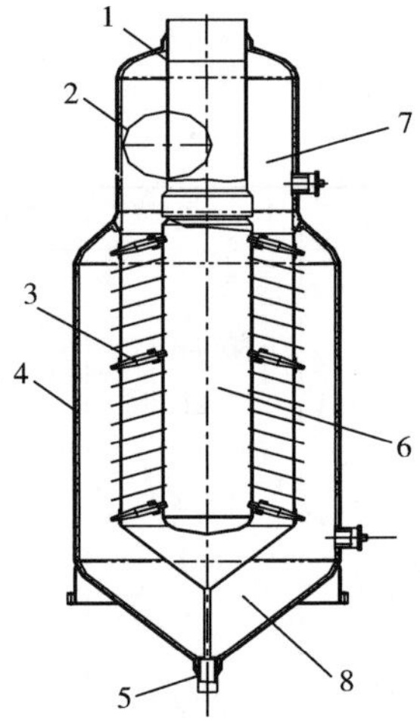

图 5-54　卧管式三级旋风分离器

1—进气口；2—排气口；3—分离单元 4—壳体；5—排尘口；6—进气腔；7—排气腔；8—排尘腔

第三级旋风分离器是由多根分离单管组成的，分离单管是第三级旋风分离器的核心部分，它的性能优劣对分离效果具有决定性作用。常用的立管式或卧管式分离单管有大处理量的 PSC、PST 及蝶式分离单管。立管式分离单管见图 5-55，各种立式旋风单管比较见表 5-45；卧管式分离单管见图 5-56，各种卧式旋风单管比较见表 5-46。

单向流(或称直流)三旋单管气流从上边入口进入三旋分离单管，从底部中心排气管导出，粉尘也从单管底部边缘排出。因为没有气流的折返，即没有内旋流，单管的压降比以前各种单管低约 30%，效率也能满足要求。

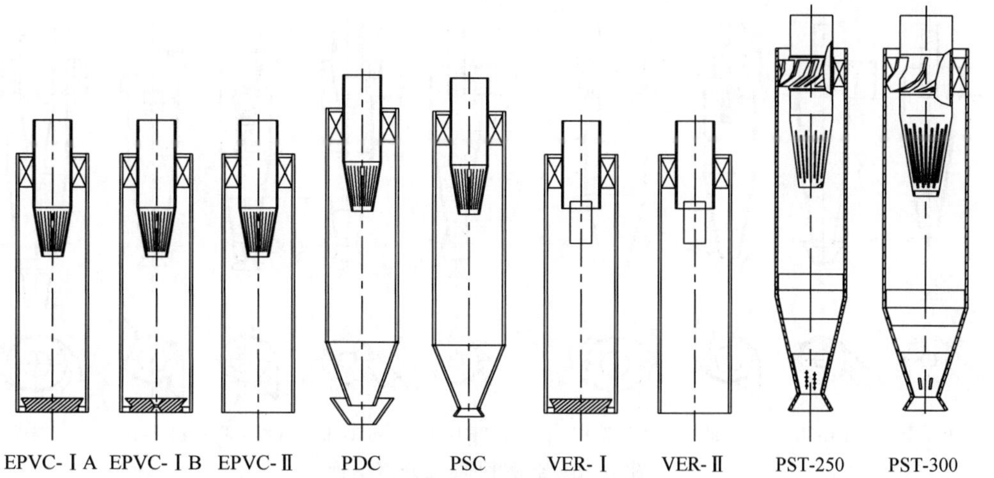

图 5-55　各种立管式分离单管

表 5-45　各种立式旋风单管比较

旋风管型式		导向页片型式及参数	排尘结构型式	单管直径/mm
EPVC 系列	ⅠA 型	正交圆弧直母线，$\beta_1=20°$	平板型泄料盘	$\phi250$
	ⅠB 型	正交圆弧直母线，$\beta_1=20°$	中孔型泄料盘	$\phi250$
	Ⅱ型	前向割线 $\alpha=55°$，$\beta_1=25°$，$\beta_2=30°$	无泄料盘	$\phi250$
	Ⅲ型	后向割线 $\alpha=-60°$，$\beta_1=21°$	中孔型泄料盘	$\phi250$
PDC 型		前向混合 $\alpha=53°$，$\beta_1=25°$，$\beta_2=30°$	排尘双锥	$\phi250$
PSC 型		正交混合 $\alpha=53°\sim-53°$，$\beta_1=23°\sim-26°$，$\beta_2=30°$	锥型排尘结构	$\phi250$/ $\phi300$
VER 系列	Ⅰ型	正交圆弧直母线，$\beta_1=20°$	平板型泄料盘	$\phi250$
	Ⅱ型	正交圆弧直母线，$\beta_1=20°$	无泄料盘	$\phi250$
PST 型		正交混合 $\alpha=53°\sim-53°$，$\beta_1=23°\sim-26°$，$\beta_2=30°$	单锥体+反射锥结构	$\phi250$/ $\phi300$

表 5-46　各种卧式旋风单管比较

旋风管型式	排尘结构型式	单管直径/mm	旋风管型式	排尘结构型式	单管直径/mm
PT-Ⅰ型	无	$\phi250$	PHT-Ⅱ型	防返混锥	$\phi250$
PT-Ⅱ型	防返混锥	$\phi250$	PHT-Ⅲ型	防返混锥	$\phi250$
PT-Ⅲ型	防返混锥	$\phi250$	PHT-Ⅳ型	防返混锥	$\phi250$
PT-ⅢA 型	无	$\phi300$	蝶式	无	$\phi300$
PHT-Ⅰ型	防返混锥	$\phi250$			

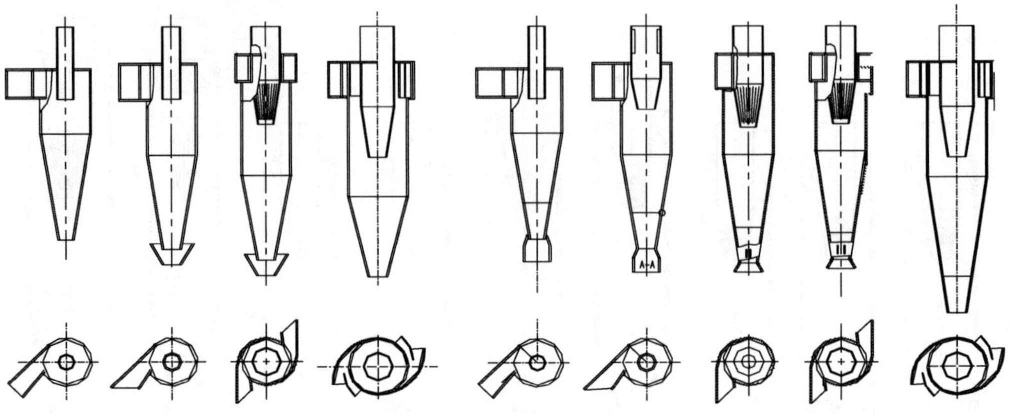

图 5-56　各种卧管式分离单管

（三）分布器

再生器内的分配器包括空气分配器和催化剂分配器。空气分配器将烧焦用的主风在进入再生器时进行均匀分配，空气分配器的结构决定气体和催化剂颗粒接触的效率。催化剂分配器将需要再生的催化剂在再生器中进行适当分配，待生催化剂进入再生器的方式和在床层内的分布情况决定催化剂的流动。

1. 空气分布器

早期再生器的空气分布器多使用分布板，典型数据见表 5-47。分布板在高温下易变形，变形后，难以均匀分布空气，使流化质量变坏，表现在床层径向密度差变大。但分布板技术在不断改进中逐步完善，仍在工业装置应用并取得不错的使用效果。

表 5-47　空气分布板数据

项　目	1	2	3	5	6	7	8
主风量/(m^3/min)	700	1420	1157	4020	850	1080	2565
分布板直径/mm	4810	9100	7200	6300	4500	4400	8000
分布板材质	20g	15CrMo	15CrMo	15CrMoR	0Cr18Ni9	0Cr18Ni9	0Cr18Ni9
开孔直径/mm	25	25	14	14	11	10	10
开孔数/个	158	431	962	3670	1115	1772	3628
开孔率/%	0.45	0.325	0.364	0.21	0.66	0.91	0.57
分布板压力降/kPa	13	15	16	12	11	10	14

有些部分新装置设计和老装置改造时采用分布管。分布管优点是结构简单，节省金属材料，操作中不易变形且维修方便。典型的分布管操作数据见表 5-48。分布管的结构有环状和树枝状两种，见图 5-57。

表 5-48　空气分布管数据

项　目	1	2	3	4	5
主风量/(m^3/min)	2240	2580	2940	4900	7492
分布管下温度/℃	680	550	550	550	550

续表

项　目	1	2	3	4	5
喷嘴速度/(m/s)	55	45	67	48	43
分布管压力降/kPa	10	7	14	8	7
床层压力降/kPa	40	15.4	24	15.4	18.5
阻力系数	2.2	2.2	2.2	2.2	2.2

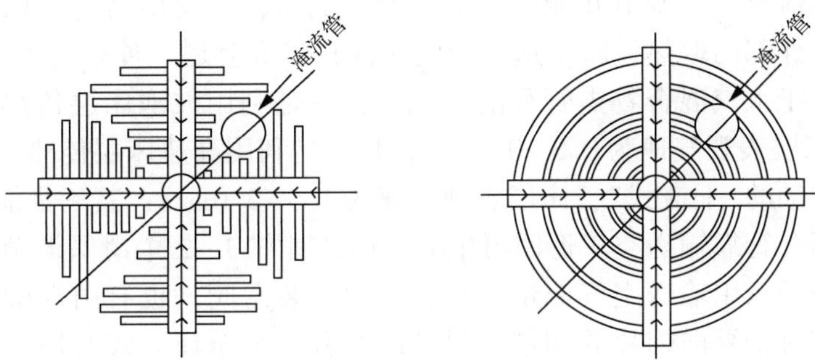

图 5-57　空气分布管示意图

2. 催化剂分配器

催化剂分配器的类型与催化剂的进入方式有关。对于同轴式两器型式，催化剂从中间进入，催化剂分配器为树枝状向四周伸出，位于再生器密相床层的中上部见图 5-58(a)，形成逆流再生型式，可以提高再生效果。对于从再生器器壁进入的待生催化剂，催化剂分配器为单根进入后再进行二次分配见图 5-58(b)。随着装置处理能力的逐渐增大，采用此型式的分配器较为常见，其目的是增加待生催化剂的分布均匀性，提高催化剂与主风的接触，使再生器的径向温度分布更加均匀。

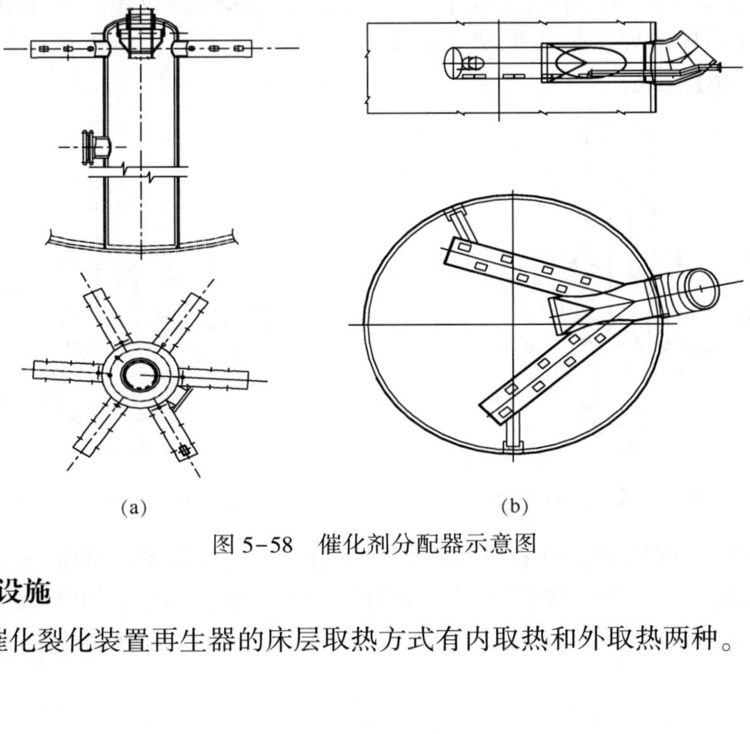

(a)　　(b)

图 5-58　催化剂分配器示意图

(四) 取热设施

我国渣油催化裂化装置再生器的床层取热方式有内取热和外取热两种。

内取热方式通常是将多组取热管束浸没在密相床内，取热盘管外壁与床层中的催化剂直接接触，以对流传热为主的方式将热量传递给管壁，水流经盘管内部吸收其热量转化为蒸汽。由于传递温差很大，传热管的热流强度高达120～290kW/m^2，实测传热系数为280～480kW/(m^2·K)[44]。内取热器的结构形式根据盘管在再生器内的布置可分为水平式和垂直式两种，都具有结构简单、传热系数高、投资省和操作简便的特点。缺点是取热负荷不能调节，只能适应固定的取热；另一不足之处是敷管空间有限，因而总取热负荷受到限制。

为了使取热负荷能灵活调节并能适应更大的热负荷，开发出名为外取热器或催化剂冷却器的再生器床层外部的取热设施。这一设施的核心实质上是一种垂直管束的蒸汽发生器。我国自行开发的属于水汽混合物走管程的形式，其一是利用鼓泡床层传热、催化剂自上而下的"下流式"，床层表观气速为0.3～0.4m/s；其二是利用高速床层传热、催化剂自下而上与输送空气一同流动的"上流式"，床层表观气速为1.5～2.0m/s；其三是催化剂自上而下流经取热区，再经提升管靠输送空气返回再生器。前两种靠1～2个滑阀调节催化剂流量，改变取热负荷；后一种只用输送空气流量调节，无须安装滑阀，也有由滑阀和空气提升的组合方式。传热管束有带纵向翅片的和带卫星管的几种。水循环方式有用泵强制循环和靠重力自然循环两类。外取热器已广泛应用于掺渣油的装置，20世纪90年代设计的取热器取热负荷最大为29MW，而2000年以后设计的最大取热负荷为84MW，取热负荷大多超过58MW。按管内表面积计算的总传热系数随操作条件的不同达到300～600W/(m^2·K)。外取热器的有利之处是其取热负荷调节范围宽。

单段再生器不论采用"上流式"或"下流式"结构的外取热器，冷却后的催化剂都返回到原先的床层。对两段再生而言，例如前置烧焦罐两段再生，快速床位于下部，其上部是鼓泡床。用"上流式"取热器可将鼓泡床的催化剂取出冷却后再返回原床层，见图5-59。如采用"下流式"取热器，是将来自鼓泡床的催化剂冷却后靠重力流入快速床，见图5-60。20世纪90年代中期发展了一种气控式外取热器技术，其催化剂返回管形式分为内循环和外循环两种，位于取热器内时适用于小型装置；位于取热器外时适用于大型装置，如图5-61所示。

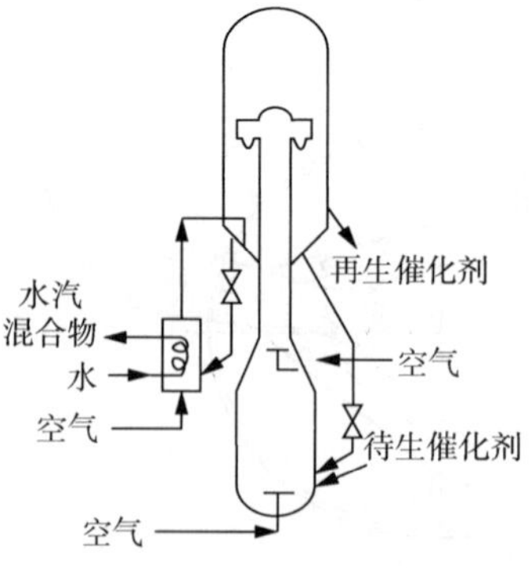

图5-59　上流式外取热器

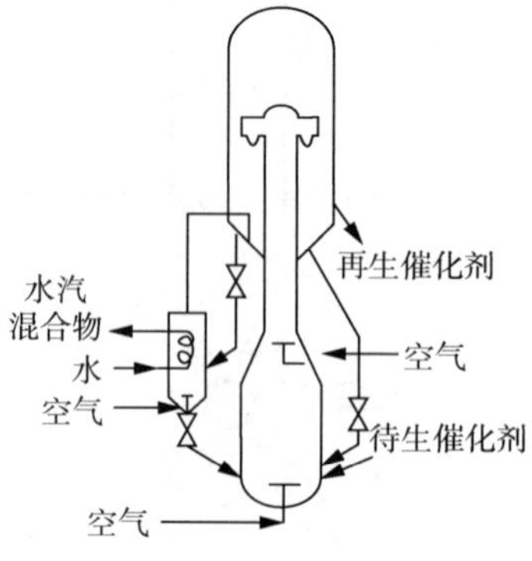

图5-60　下流式外取热器

气控式外取热器催化剂流动采用下流式，取消了与再生器相连的催化剂下料管和催化剂返回管上的滑阀，用提升风代替滑阀调节催化剂循环量，再生器和外取热器之间的催化剂循环是靠外取热器内的催化剂密度（500～600kg/m^3）和返回管内的催化剂密度（150～

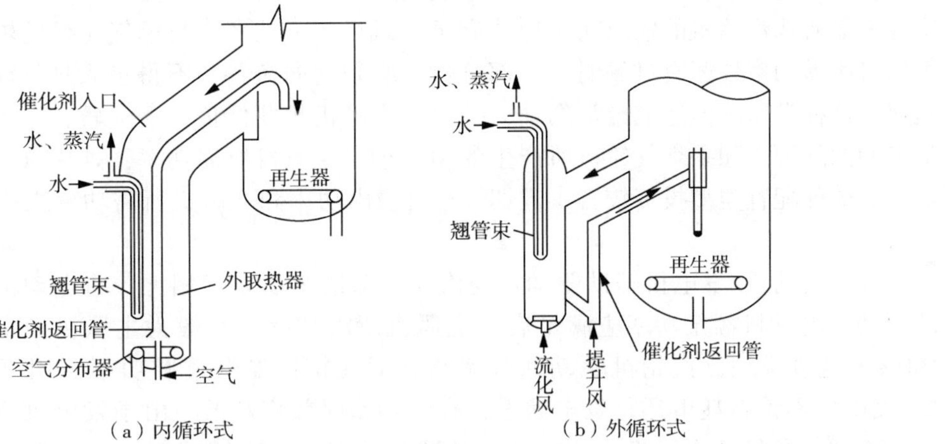

图 5-61 气控可调式循环外取热器

300kg/m³)的密度差来实现。改变返回管内气体线速(3~6m/s),即可改变催化剂循环量,从而改变取热量。在灵敏区内取热量的可调范围在50%以上。气控式外取热器的总传热系数高达600W/(m²·K)。

对于再生器下部为快速床的再生器,外取热器多采用“下流式”,用单动滑阀控制外取热器的催化剂循环量,取热负荷可以在0~100%范围内灵活调节。随着装置的大型化,外取热器的个数已增加到多个,外取热返回型式也采用多种组合,将冷却后的催化剂均匀分配至不同轴向和径向,减少局部温度过低的现象。

五、烟气轮机动力回收技术

流化催化裂化装置是能量消耗较高的装置之一。能量消耗主要在于待生催化剂在再生过程中要用大量的空气烧去其表面的焦炭,而烧焦过程中产生的烟气温度高达700℃,压力为0.2~0.35MPa,流量与装置中烧焦需要的主风量基本相当。这部分高温烟气所带走的能量约占全装置能耗的四分之一。随着催化裂化装置处理量不断提高,尤其渣油催化裂化装置,最大的烟气流量已经超过9000 m³/min。两段再生与高温再生组合工艺可使再生器顶部温度达730℃以上,再生器压力提高到0.39MPa左右。

为充分利用这部分烟气所具有的压力能和热能,使用了烟气轮机。美国研制的第一台悬臂式催化裂化装置烟气轮机于1963年投入商业运行。中国第一台催化裂化装置烟气轮机于1978年在抚顺石油二厂正式投入运行。至今已有160余台烟气轮机投入运行。烟气轮机分为单级和双级两种系列,功率由最初的2000kW到目前的33000kW。部分烟气轮机的能量除满足主风机动力需要外,还能发电。

烟气轮机动力回收机组的合理选择和配置,对确保催化裂化装置长周期平稳操作以及能量回收与经济效果有较大的影响。

1. 同轴机组配置

烟气轮机机组一般采用同轴方式。即把烟气轮机、主风机、汽轮机、齿轮箱和电机/发电机的各轴端用联轴器串联在一起,成为一起旋转的机组。同轴机组有4种。

（1）汽轮机组辅助驱动：为保证烟气轮机不起作用时，仍能维持装置正常操作，采用这种方案所选汽轮机的输出功率应能满足主风机所需功率。当烟气轮机的输出功率除满足主风机所需功率外还有过剩时，一部分烟气必须通向旁路，不得进入烟气轮机，以免机组超速。这种类型不但造成经常的动力损失和汽轮机长期低负荷下运转，而且还会给旁路阀带来冲蚀问题。如果烟气轮机所产生的功率小于主风机所需功率，则用汽轮机补充一部分功率。这种配置类型投资较省，但烟气轮机输出功率和主风机所需功率之比(简称回收率)较低。

（2）电动机/发电机辅助驱动：与汽轮机辅助驱动方案相比，将电动机代替汽轮机辅助驱动。电动机额定功率应满足启动主风机所需功率，一般为主风机额定功率的60%~100%。这种类型比汽轮机驱动回收率高，烟气轮机如有过剩功率可用于发电，但电动机/发电机不论在耗电还是发电状态，在低功率时效率甚低。由于发电机只能在低速下运行，而烟气轮机和主风机要获得较高的功率，需在较高转速下运行，为此须配置大功率变速齿轮箱。

（3）汽轮机和电动机/发电机辅助驱动：将主风机的启动负荷分配到汽轮机/发电机上，汽轮机的功率能在装置开工时驱动整个机组，汽轮机额定功率为主风机所需功率的40%~70%，电动机/发电机的功率一般为主风机所需功率的30%~45%。

（4）汽轮机辅助驱动并带动发电机：在某些情况下，为满足炼油厂本身部分的电力需要，可考虑采用这种连续发出最大限度电力的动力回收机组配置方案。首先，选择一台足够大的汽轮机，供机组启动需要。在装置正常操作时，引入装置自产的中压蒸汽使该汽轮机在设计负荷或稍低负荷下操作，所输出功率加烟气轮机的剩余功率，供应机组发电机发电。在这种方案中，汽轮机不会像大多数动力回收机组那样空负荷运行，整个机组均处在高效率区运行，可提高机械设备利用率。

2. 分轴机组配置

分轴机组一般是主风机由汽轮机或电动机驱动，烟气轮机单独驱动发电机。我国有些装置采用这种配置方案，其特点如下：

（1）烟气发电机组与主风机组互不影响，装置运行可靠；

（2）选用同步发电机可改善电力系统功率因数；

（3）相当于多一个自备电源；

（4）烟机和主风机不受同一转速限制，能在最佳转速下运行，效率均能提高。

图5-62为催化裂化装置烟气轮机动力回收系统流程。热烟气从再生器进入三级旋风分离器，在其中除去烟气中绝大部分催化剂微粒后进入烟气轮机。烟气在烟气轮机中做功后，温度降低120~180℃，排出的烟气可以进入CO锅炉或余热锅炉回收剩余的热能。

3. 同轴机组和分轴机组组合配置

对于大型重油催化裂化装置，烟气可回收功率已超出单台烟气轮机最大功率，需要将烟气进行分流处理。一股烟气与主风机组配置，机组配置为烟气轮机+主风机+电动机/发电机的三机组配置，另一股烟气通过单独设置的烟机轮机单独驱动发电机。这种配置可以解决单台烟气轮机最大功率受限问题，又可以更高效地回收再生烟气的压力能。图5-63为此种烟气轮机动力回收系统的典型工艺流程。

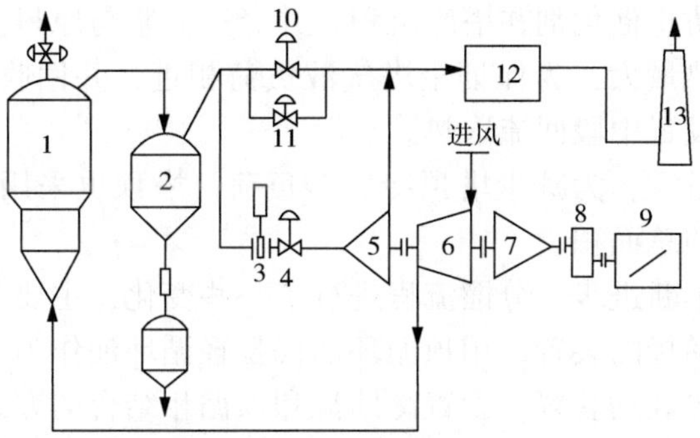

图 5-62 催化裂化装置烟气轮机动力回收系统流程图

1—再生器；2—三级旋风分离器；3—闸板阀；4—调节蝶阀；5—烟气轮机；6—轴流风机；7—汽轮机；8—变速箱；9—电机/发电机；10—主旁路阀；11—小旁路阀；12—余热锅炉；13—烟囱

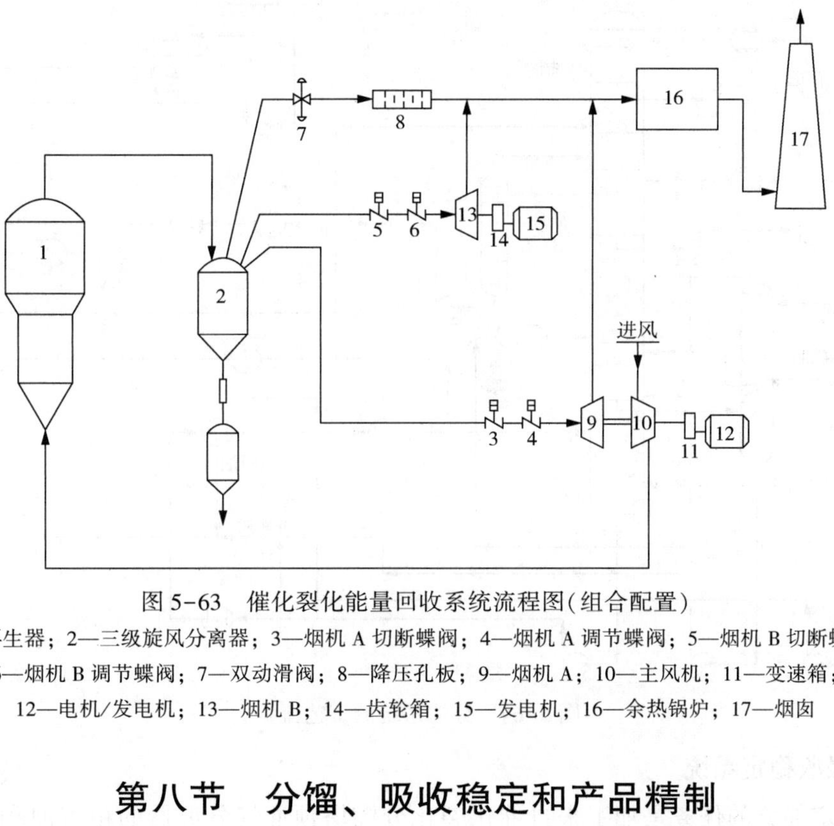

图 5-63 催化裂化能量回收系统流程图(组合配置)

1—再生器；2—三级旋风分离器；3—烟机 A 切断蝶阀；4—烟机 A 调节蝶阀；5—烟机 B 切断蝶阀；6—烟机 B 调节蝶阀；7—双动滑阀；8—降压孔板；9—烟机 A；10—主风机；11—变速箱；12—电机/发电机；13—烟机 B；14—齿轮箱；15—发电机；16—余热锅炉；17—烟囱

第八节 分馏、吸收稳定和产品精制

一、分馏、吸收稳定

(一) 分馏系统

分馏系统是将沉降器顶流出的气态产物，按沸点范围分割成富气、汽油、轻循环油、重循环油、回炼油和油浆等馏分，其典型工艺流程见图 5-64。特点如下：

(1) 分馏塔进料是过热气体，并带有催化剂细粉，所以进料口在塔的底部，塔下段用油浆循环以冲洗挡板和防止催化剂在塔底沉积，并经过油浆与原料换热取走过剩热量。

（2）由于全塔剩余热量大，为保证全塔气液负荷相近，并回收高温位热量，除塔底设置油浆循环取热外，还设置中段回流取热。

（3）塔顶气态产品量大，为减少塔顶冷凝器负荷，塔顶也采用循环回流取热代替冷回流，以减少冷凝冷却器的总面积。

随着催化裂化工艺不断进步，分馏流程进行了一些变化，主要有以下几点：

（1）对于降低汽油烯烃的装置，用顶循环油代替轻循环油作为再吸收塔的补充吸收剂。

（2）对于多产低碳烯烃的装置，设置冷回流和顶循相结合的方式。

（3）对于与加氢装置联合工艺，则考虑将回炼油进行过滤，除去携带的少量催化剂。

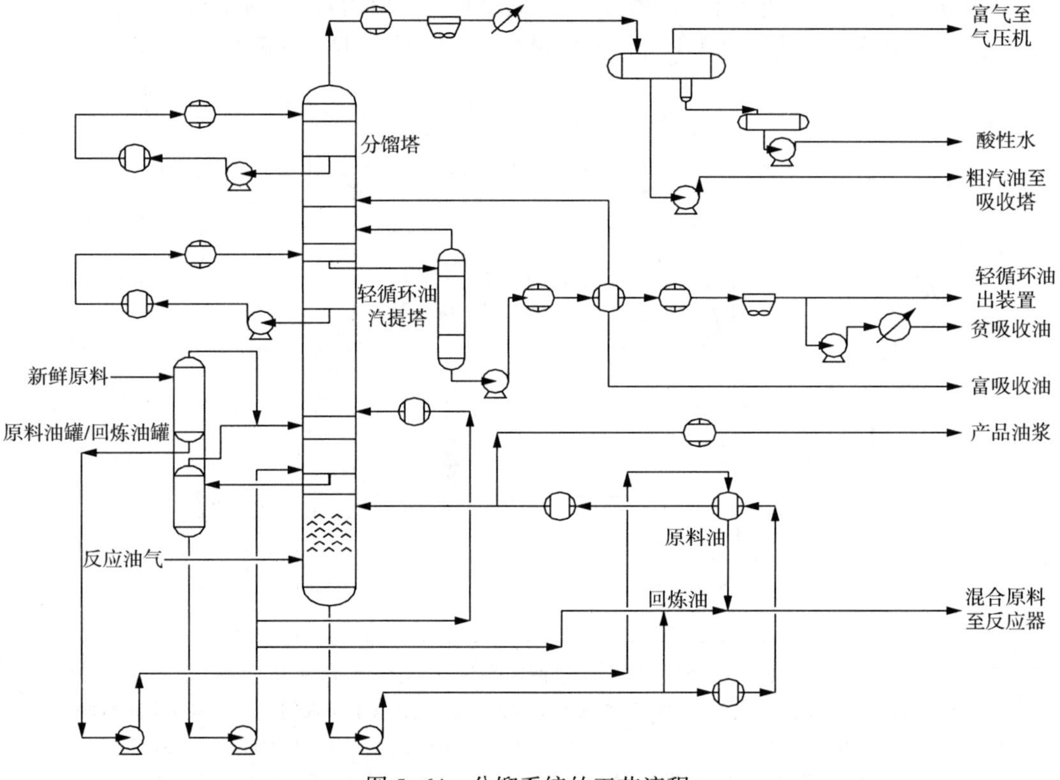

图 5-64　分馏系统的工艺流程

（二）吸收稳定系统

吸收稳定部分的任务是加工来自催化裂化分馏塔顶油气分离器的粗汽油和富气，目的是保证汽油蒸气压合格的同时，分离出干气（C_2 及以下）和液化气。吸收稳定系统中的吸收、脱吸过程要求同时达到两个目的：通过吸收塔尽可能将 C_3、C_4 组分吸收下来；通过脱吸塔尽量将 C_2 组分脱吸出去。吸收剂一部分是分馏部分的粗汽油，并根据吸收率的要求以稳定汽油作为补充吸收剂。

早期采用吸收与脱吸在同一塔内进行的单塔流程，其特点是布置紧凑、流程简单。但从工艺过程特点来看，吸收与脱吸在同一塔内进行，相互干扰较大。为了减少吸收与脱吸过程的相互干扰，提高吸收、脱吸效率，便于控制调节，采用了吸收与脱吸过程分别在两个塔内进行的双塔流程。提高气压机出口压力，可使吸收过程在较高压力下进行，从而提高了液化气的回收率。典型的双塔流程见图 5-65。

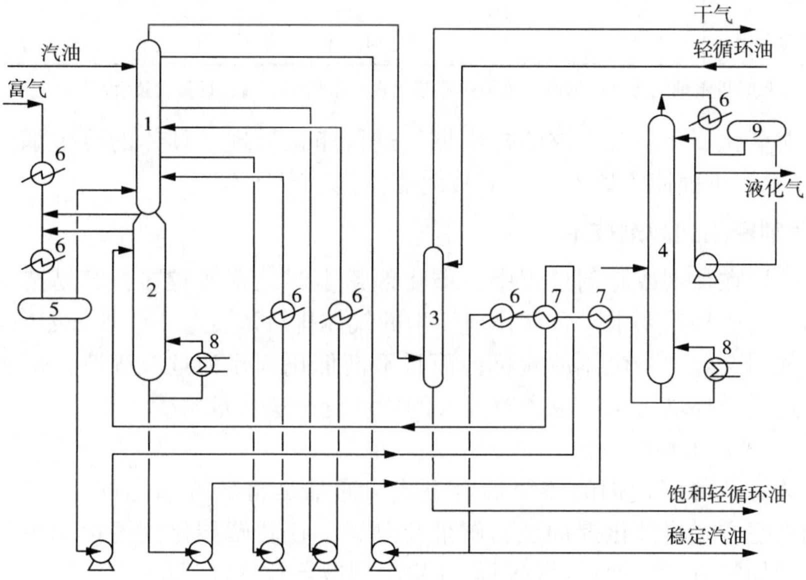

图 5-65　双塔吸收稳定流程

1—吸收塔；2—脱吸塔；3—再吸收塔；4—脱丁烷塔；5—平衡罐；6—冷凝器或冷凝冷却器；7—换热器；8—重沸器；9—回流罐

吸收稳定系统操作压力在 1.15MPa 左右，从分馏系统送来的富气和粗汽油分别用离心压缩机和泵升压到需要压力并冷却后进入吸收塔。

随着汽油加氢精制或吸附脱硫工艺的不断完善，要求对汽油进行轻重馏分切割。然后分别处理，如轻汽油(终馏点为 60~80℃)可返回装置回炼以多产低碳烯烃。

二、产品精制

催化裂化装置生产的直接作为产品或产品调合组分的有汽油、轻循环油，液化气以及作为炼油厂自用燃料的干气和油浆等，这些产品都不同程度地含有硫、氮等杂质，需要进行产品精制以达到产品各项指标要求。干气去气体脱硫部分，通常用醇胺水溶液脱除其中的酸性气，液化气也经过类似步骤。常规的脱硫的精制方法包括：干气及液化石油气脱硫采用胺法脱硫工艺；液化气脱硫醇采用预碱洗、催化剂碱液抽提脱硫醇工艺；汽油脱硫醇采用预碱洗脱硫化氢及催化氧化法固定床脱硫醇工艺等。汽油脱硫采用加氢精制和吸附脱硫方法，有关这方面的介绍详见本专著第八章和第十章。

第九节　生产过程清洁化

自 2015 年 7 月 1 日开始执行 GB 31570—2015《石油炼制工业污染物排放标准》，该标准对催化裂化装置再生烟气污染物排放限值见表 5-49。

表 5-49 催化裂化装置再生烟气污染物排放限值 mg/m³

序号	污染物项目	排放限值	特别排放限值	序号	污染物项目	排放限值	特别排放限值
1	颗粒物	50	30	3	二氧化硫	100	50
2	镍及其化合物	0.5	0.3	4	氮氧化物	200	100

注：余热锅炉吹灰时再生烟气污染物浓度最大值不应超过表中限值的 2 倍，且每次持续时间不应大于 1h。

为此需要对催化裂化装置排放的再生烟气进行净化处理，具体的再生烟气净化处理技术见本书第 24 章。下面简单地论述一下其他清洁化生产技术。

（一）催化剂密闭加卸剂技术

催化裂化装置在加剂或卸剂过程中，催化剂粉尘四处飘散较多，容易造成脏乱差的工作环境。根据当前的环保要求，含催化剂粉尘的气体排放浓度应小于 50mg/Nm³，传统的催化剂加卸料方式，会导致粉尘排放超标；而且平衡催化剂作为危险固废，平衡催化剂飘落到环境中对周边造成环境污染，也会对工人的职业健康造成危害。

1. 新鲜催化剂密闭加料系统

催化裂化装置新鲜催化剂的传统加料方式，通常是将新鲜催化剂倒入催化剂料斗中，然后以蒸汽抽真空方式将催化剂抽至新鲜催化剂罐，在新鲜催化剂罐顶用小旋风分离器除尘。这种催化剂加料方式，加料过程催化剂粉尘飘散导致环境污染。

随着催化剂装加料技术的发展，集装箱密闭加料方式替代了传统的加料斗装剂方式。催化剂集装箱加料系统用于新鲜催化剂密闭加料，由液压升举平台系统和真空装料系统组成，新鲜催化剂集装箱由卡车运至液压升举平台并升高倾斜至 40°，催化剂通过高压软管进入真空装料系统，再气力输送至新鲜催化剂罐，集装箱密闭加料系统如图 5-66所示。

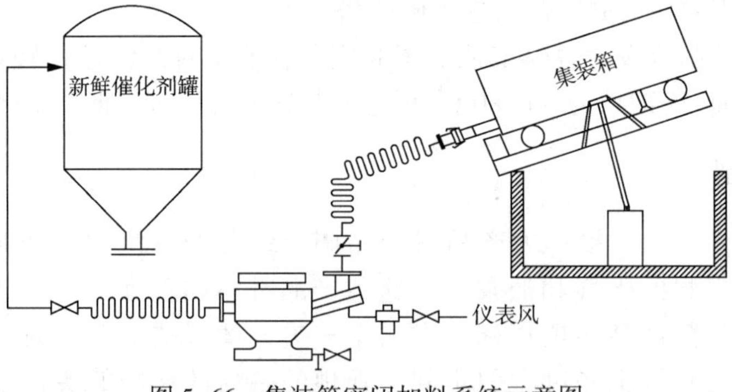

图 5-66 集装箱密闭加料系统示意图

新鲜催化剂密闭加料还可以通过催化剂罐车实现，催化剂罐车自带软管，在经特殊设计的快速接头同催化剂输送管道快速卡接后，通过罐车自身提供的压缩空气，使催化剂与该压缩空气混合，并在罐车自压作用下流经输送管道，经特殊设计的负压加速助推系统喷射助推后，新鲜催化剂与工厂风的混合物将快速输送进入新鲜催化剂罐。催化剂罐车密闭加料系统如图 5-67 所示。

2. 平衡催化剂破袋密闭加料系统

平衡催化剂破袋密闭加料系统用于平衡催化剂密闭加料，平衡催化剂吨袋由电动葫芦提升至吨袋密闭拆袋系统，自动割袋，平衡催化剂进入真空装料系统后输送至平衡催化剂罐。

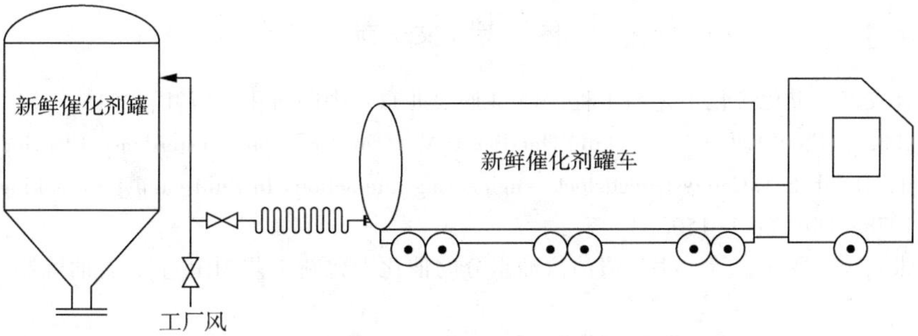

图 5-67 催化剂罐车密闭加料系统示意图

平衡催化剂破袋密闭加料系统如图5-68所示。

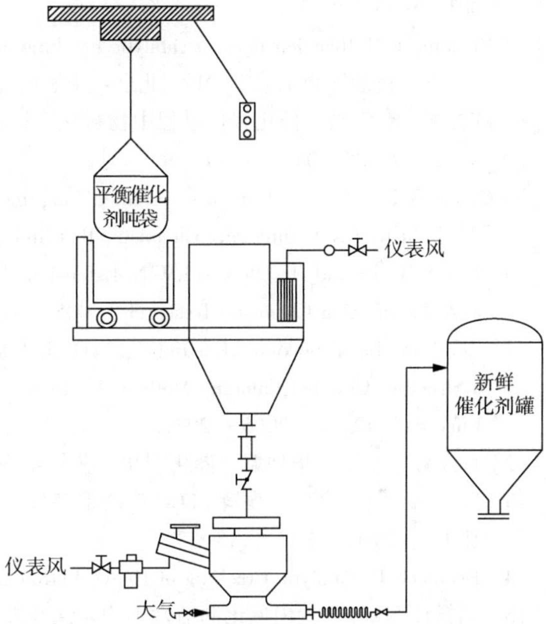

图 5-68 平衡催化剂破袋密闭加料系统示意图

3. 废催化剂密闭卸料系统

废催化剂密闭卸料系统包含自动卸料控制、夹袋、吹袋、打包、集尘、称重和滚轮装置，可以将废催化剂由废催化剂罐卸至袋包自动包装系统，以1000kg/袋包装。废催化剂密闭卸料系统如图5-69所示。

（二）催化剂罐顶除尘技术

传统新鲜催化剂和平衡催化剂装罐、再生器卸剂时，催化剂罐顶采用抽真空+小旋风分离器回收粉尘的方式，这种方式存在粉尘飘散多、环境污染和危害工人健康等问题。为减少粉尘污染，可以采用催化剂罐顶排气过滤设施，设置催化剂罐顶除尘系统，除尘系统由空气稳定罐和除尘过滤器组成，如图5-70所示。

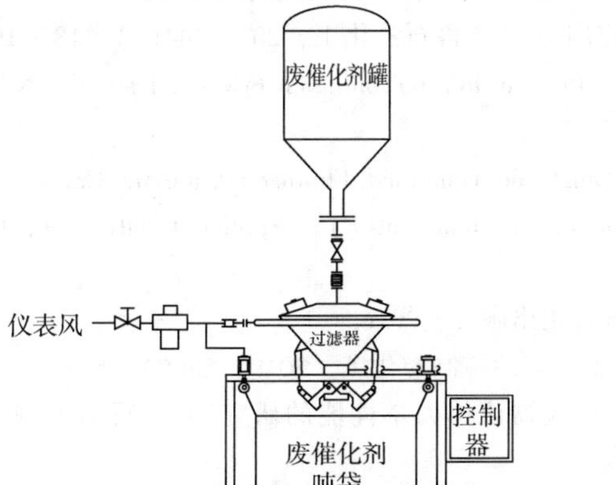

图 5-69 废催化剂密闭卸料系统示意图

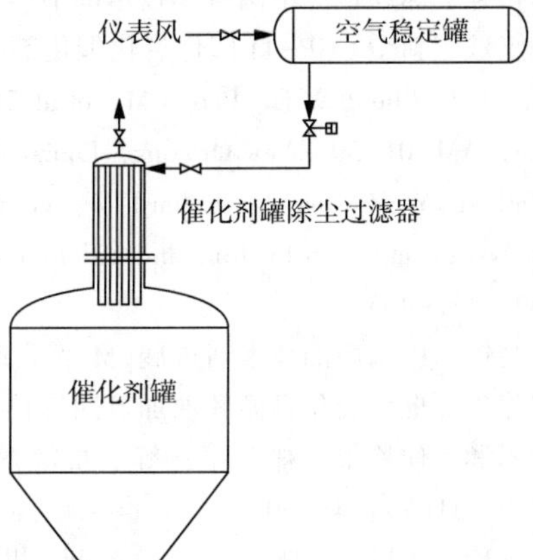

图 5-70 催化剂罐顶除尘系统

参 考 文 献

[1] 陈俊武，许友好．催化裂化工艺与工程[M].3 版．北京：中国石化出版社，2015.
[2] Reza Sadeghbeigi. Fluid Catalytic Cracking Handbook[M]. Third Edition. Amsterdam：Elsevier Inc.，2012.
[3] Venuto P B，Habib E T. Catalyst-feedstock-engineering interactions In fluid catalytic cracking[J]. Catal Rev Sci Eng，1978，18(1)：1-150.
[4] 许友好，张久顺，龙军，等．生产清洁汽油组分的催化裂化新工艺 MIP[J]. 石油炼制与化工，2001，32(8)：1-5.
[5] 许友好，张久顺，龙军，等．多产异构烷烃的催化裂化工艺技术开发与工业应用[J]. 中国工程科学，2003，5(5)：55-58.
[6] Blanding F H. Reaction rates in catalytic cracking of petroleum[J]. Ind Eng Chem，1953，45(6)：1185-1197.
[7] 沈本贤．石油炼制工艺学[M]. 北京：中国石化出版社，2020.
[8] 陈俊武，曹汉昌．催化裂化过程中物料化学结构组成变化规律的探讨[J]. 石油炼制与化工，1994，25(9)：1-7；25(10)：34-39.
[9] Quann R J，Jaffe S B. Structure-oriented lumping：describing the chemistry of complex hydrocarbon mixtures[J]. Industrial & Engineering Chemistry Research，1992，31(11)：2483-2497.
[10] Jaffe S B，Freund H，Olmstead W N. Extension of structure-oriented lumping to vacuum residua[J]. Industrial & Engineering Chemistry Research，2005，44(26)：9840-9852.
[11] Zhu Ran，Shen Benxian，Liu Jichang，et. al. A Kinetic Model for Catalytic Cracking of Vacuum Gas Oil using a Structure Oriented Lumping Method[J]. Energy Sources，Part A：Recovery，Utilization，and Environmental Effects，2012，34：2066 - 2072.
[12] 许友好，李宁，华仲炯．催化裂化工艺技术手册[M]. 北京：中国石化出版社，2018.
[13] 叶宗君，许友好，汪燮卿．FCC 汽油重馏分的催化裂化和热裂化产物组成的研究[J]. 石油学报(石油加工)，2006，22(3)：45-53.
[14] Decroocq D. Catalytic Cracking of Heavy Petroleum Fractions[M]. Houston：Gulf Publishing Co，1984.
[15] 刘新林．FCC 装置内催化剂活性不均匀性及其对催化裂化反应影响的研究[D]. 北京：石油化工科学研究院，2010.
[16] 李再婷，谢朝钢．中国科学技术前沿(第五卷)[M]. 北京：高等教育出版社，2002.
[17] 刘汉坡．新型 CGP-1J 催化裂化催化剂的工业应用[J]. 齐鲁石油化工，2016，44(3)：187-190.
[18] Yaluris G. Cheng W C，Peters M，et al. 2001. The effects of iron poisoning on FCC catalysts[C]. NPRA Ann Mtg，AM-01-59，New Orleans，Louisiana.
[19] Mathieu Y，Corma A，Echard M，et al. 2014. Singleand combined Fluidized Catalytic Cracking(FCC) catalyst deactivation by iron and calcium metal-organic contaminants[J]. Applied Catalysis A，General，469：451-465.
[20] 王基铭．中国炼油技术新进展[M]. 北京：中国石化出版社，2016.
[21] 周建华．催化裂化轻循环油加氢回炼技术探讨[J]. 石油炼制与化工，2019，50(9)：5-9.
[22] 钟孝湘，侯栓弟，郑茂军，等．抗滑落提升管反应器流体力学性能的研究[J]. 石油炼制与化工，2000，31(7)：45-50.
[23] 刘献玲，雷世远，陈志，等．新型预提升器在催化裂化装置上的工业应用[J]. 石油炼制与化工. 2001，32(3)：5-7.
[24] 张振千，李国智，张立新，等．一种催化剂混合设备：中国，ZL200810140821[P].
[25] 范怡平，朱丽云，张永民，等．一种催化裂化冷热催化剂预提升器：中国，ZL201210163259[P].

[26] 范怡平，叶盛，卢春喜，等．提升管反应器进料混合段内气固两相流动特性(I)：实验研究[J]．化工学报，2002，53(10)：1003-1008.
[27] 范怡平，许栋五，赵胜利．一种催化裂化提升管的进料混合段结构：中国，CN201020623008[P].
[28] 范怡平，许栋五，赵胜利．催化裂化提升管的进料混合段结构：中国，CN201020623000[P].
[29] 范怡平，叶盛，卢春喜，等．提升管反应器进料混合段内气固两相流动特性(II)：理论分析[J]．化工学报，2002，53(10)：1009-1014.
[30] 卢春喜，范怡平，陈昇，等．一种促进原料油与催化剂高效混合的催化裂化提升管进料混合段结构：中国，ZL201410014516[P].
[31] 高金森，郑晓军，董伟，等．催化裂化提升管反应器终止剂注入位置的确定[J]．石油大学学报(自然科学版)，2000，24(6)：1-3.
[32] 高生，刘荣江，赵宇鹏．催化裂化装置防结焦技术研究[J]．当代化工，2009，38(4)：345-351.
[33] 卢春喜，时铭显．国产新型催化裂化提升管出口快分系统[J]．石化技术与应用，2007，25(2)：142-146.
[34] 张振千．催化裂化新型汽提器的开发与应用[J]．炼油设计，2001，31(11)：30-33.
[35] 张振千，田耕，李国智．新型催化裂化汽提技术[J]．炼油技术与工程，2013，43(1)：31-35.
[36] 卢春喜，张永民．气固流化床内构件：中国，ZL200610114153[P].
[37] 李鹏，刘梦溪，韩守知，等．锥盘-环流组合式汽提器在扬子石化公司重油催化裂化装置上的应用[J]．石化技术与应用，2009，27(1)：32-35.
[38] 汤海涛，王龙延，王国良，等．灵活多效催化裂化工艺技术的工业试验[J]．炼油技术与工程，2003. 33(3)：15-18.
[39] 白跃华，高金森，李盛昌，等．催化裂化汽油辅助提升管降烯烃技术的工业应用[J]．石油炼制与化工，2004，35(10)：17-2.
[40] 山红红，张建芳．两段提升管催化裂化技术研究[J]．石油大学学报：自然科学版，1997，21(4)：55-57.
[41] John G S，Mikovsky R H. Calculation of the average activity of cracking catalysts[J]. Chem Engng Sci，1961，15(3/4)：172-175.
[42] 徐春明，罗雄麟，林世雄．几种新型裂化催化剂再生动力学的研究[J]．炼油设计，1996，26(6)：54-57.
[43] 曹汉昌．催化裂化再生器烧焦强度的计算[J]．石油炼制，1983，14(5)：55-58.
[44] 陈俊武，王惠民．渣油催化裂化的热平衡和取热工艺[J]．石油学报(石油加工)，1987，3(1)：5-16.

专家话炼油

第六章　催化重整

催化重整是以重石脑油为原料，在一定温度、压力、临氢和催化剂存在的条件下进行烃类分子结构重排反应，生产芳烃、高辛烷值重整汽油并副产大量氢气的工艺过程，它是现代炼油和石油化工的支柱技术之一。重整汽油具有高辛烷值、低硫、低烯烃的特点，是重要的汽油调合组分。在欧美等发达国家的汽油池中，重整汽油的比例已经达到了1/3[1]。重整生成油又可以制取苯、甲苯和二甲苯，是化纤、塑料和橡胶的基础原料，全球70%以上芳烃来自重整芳烃[1]。重整氢气是低成本氢源，炼化企业50%以上的用氢由催化重整提供[1]，因此催化重整在炼油化工领域占有重要地位，发挥着主要作用。

我国20世纪50年代就开始催化重整工艺和催化剂的研究开发工作，60年代初建成了一套以生产芳烃为目的、规模2万吨/年的固定床半再生式（以下简称“半再生”）催化重整试验装置。1965年我国自行研究、设计和建设的第一套10万吨/年半再生催化重整工业装置投产，随后陆续建成了一批使用单铂催化剂的半再生催化重整工业装置。70年代，在工业装置上陆续使用了自行研制的铂-铼双金属和铂-铱-铝-铈多金属半再生重整催化剂；实现了二段混氢新工艺的应用；采用了径向反应器、纯逆流立式换热器等高效设备，减小了临氢系统的压力降，降低了能耗；同时还简化了芳烃抽提流程，增加了产品品种，进一步完善了芳烃生产技术。

80年代，我国实现了自主开发的半再生催化剂分段装填重整工艺、新型半再生重整催化剂、高空速石脑油加氢催化剂、新型脱砷剂、脱氯剂及重整装置开工用高纯氢的制备等工艺技术的工业应用。开始从国外引进移动床连续重整技术、环丁砜抽提、芳烃的吸附分离与转化技术，并开始实施自主研制的连续重整、二甲苯异构化和歧化烷基转移催化剂等的工业应用。

90年代，国内外开发的高活性高水热稳定性半再生和连续重整催化剂开始在工业装置中应用；引进了美国UOP公司的常压（Atmospheric）、加压（Pressurized）、CycleMax、法国IFP公司的Regen A和Regen B催化剂连续再生工艺，并实现了仅引进国外连续重整专利技术包，国内承担工程设计。

2000年以来，石科院开发的低积炭速率高选择性PS-Ⅵ及适合芳烃生产的高铂型低积炭速率PS-Ⅶ连续重整催化剂实现工业化并得到广泛应用[2~6]，新型低积炭速率高选择性PRT系列及无需硫化的SR系列半再生重整催化剂实现工业应用[7,8]。中国石化开发的具有自主知识产权的顺流移动床连续重整成套技术实现了工业应用[9~16]，成为国际上第三个掌握此技术的专利商。开发了与传统理念不同的“逆流连续重整工艺”，实现了工业化[17]。同时，原料预加氢、重整生成油脱烯烃[18]、再生烟气及重整生成油脱氯等配套系列技术进一步开发应用和完善。

到2019年底，我国已有连续重整装置100套，总加工能力11315万吨/年；半再生重整装置37套，总加工能力967万吨/年，大部分以直馏石脑油、加氢裂化石脑油和焦化石脑油为原料。产品以苯、甲苯、混合二甲苯和高辛烷值汽油组分为主。

第一节　原料油预处理

催化重整装置的原料油，在进入重整反应系统之前一般都要先进行预处理，以切取合适的馏分和除去有害的杂质。

预处理过程包括预分馏和预加氢(石脑油加氢精制)两个部分。

在预分馏部分，原料油经过精馏以切除其轻组分(拔头油)。生产芳烃时，一般只切除<65℃馏分。而生产高辛烷值汽油时，为了控制重整生成油的苯含量，原料油的初馏点不宜太低，一般切去<80℃的馏分。原料油的干点通常均由上游装置控制，少数装置也通过预分馏切除过重的组分。在生产高辛烷值汽油时，原料油干点一般不超过180℃，以保证重整汽油干点不超过汽油规格要求的205℃；在生产苯、甲苯、二甲苯等芳烃时，一般要求原料油干点控制在160~170℃；在上游装置生产喷气燃料时，直馏重整原料油的干点，可根据不同情况，切到140~170℃。

预加氢的目的是脱除原料油中对重整催化剂有害的杂质，其中包括硫、氮、烯烃以及砷、铅、铜和水分等。

我国主要原油的直馏重整原料在未精制以前，铅、铜的含量都能符合要求，因此加氢精制的目的主要是脱硫，同时通过汽提塔脱水。对于大庆油和新疆油，脱砷也是预处理的一项重要任务。烯烃饱和和脱氮主要针对二次加工原料油。

一、原料油的性质

(一) 直馏石脑油

我国主要原油直馏重整原料油的性质见表6-1。

表6-1　我国主要原油直馏重整原料油的性质①

项　目	大庆	大港	胜利	辽河	新疆
密度(20℃)/(g/cm^3)	0.7167	0.7585	0.7401	0.7534	0.7330
溴值/(gBr_2/100g)	1.78	0.4	0.51	0.15	0.57
馏程/℃					
初馏点	79	75	80	64	81
10%	87	103	97	96	94
50%	99	125	119	130	117
90%	121	162	150	163	134
终馏点	141	179	182	175	162
杂质含量/(μg/g)					
硫	240	17.6	138	67.1	37

续表

项　目	大庆	大港	胜利	辽河	新疆
氮	< 1	0.7	< 0.5	< 1	< 0.5
砷	195①	14	90	1.5	133
铅	2	4	14.5	0.2	< 10
铜	3	2.5	3.0	6.4	< 10
芳烃潜含量/%	39.0	44.1	48.4	49.1	44.1

① 系初馏塔顶油的分析数据，常压塔顶油含砷量在 1000ng/g 以上。

从表 6-1 可以看出，我国原油的直馏重整原料油，除大庆、新疆油砷含量较高外，其他杂质含量都较少。多数原料油的芳烃潜含量偏低，一般小于 50%。

（二）二次加工石脑油馏分

除直馏石脑油外，可作为催化重整装置原料的还有加氢裂化重石脑油、焦化石脑油、催化裂化石脑油、乙烯裂解抽余油等二次加工石脑油馏分。

一般来说，加氢裂化重石脑油的硫含量和氮含量均小于 0.5μg/g，其他杂质含量也能够满足重整进料的要求，因此，可不用经过预加氢而直接作为催化重整进料。

与直馏石脑油和加氢裂化重石脑油相比，焦化石脑油的硫含量变化较大，氮含量比较高，有时高达上百微克每克，烯烃含量较高且变化较大，溴价在 40～60gBr/100g。因此，焦化石脑油必须经过预处理，才能作为重整装置的合格原料。

对于催化裂化石脑油，因原料油、产品方案及工艺流程特点的不同，硫含量存在较大差异，一般为 100～1500μg/g，有时可高达 2400μg/g 以上。催化裂化石脑油还含有杂质氮，通常为 2～110μg/g，个别可高达 1000μg/g。另外，催化裂化石脑油还含有胶质，含量一般为 0.4～5.1mg/100mL。由于含有大量烯烃，且硫、氮等杂质含量高，当催化裂化石脑油作重整料时，必须进行预处理。

乙烯裂解石脑油抽余油的烯烃含量较低，硫、氮杂质含量一般小于 0.5μg/g，一般情况下能够直接满足重整进料的要求。

因此，在上述二次加工石脑油中，焦化石脑油和催化裂化石脑油必须进行原料预处理，才能作为重整原料。

二、原料中有害杂质的脱除

（一）预脱砷

砷能使铂催化剂严重中毒失活（见本章第三节），故要求进重整反应器的原料油中砷含量不大于 1ng/g。由于大庆与新疆石脑油中砷含量高（特别是常压塔顶油），用常规的预加氢技术又会影响预加氢催化剂的性能和寿命，为此我国开发了硅酸铝小球吸附脱砷和加氢预脱砷两项技术。

硅酸铝小球吸附脱砷是以硅酸铝小球裂化催化剂作吸附剂，原料油在常温常压下一次或循环通过吸附剂床层，可以脱除其中大部分的砷，然后再进行预加氢可将砷含量进一步降到要求的标准。例如，砷含量为 1000ng/g 左右的原料油经过硅酸铝小球吸附后，砷含量可降到 100ng/g 以下，再经预加氢处理砷含量即可降到 1ng/g 以下。

加氢预脱砷是在预加氢的加氢反应器之前增加一台以脱砷为主要目的的前置加氢反应器，内装脱砷剂，两台反应器串联操作，原料油与氢的混合物经前置反应器脱除大部分砷及其他杂质后，直接进入后一反应器以完成最后精制。这一方法的费用比硅酸铝小球吸附低，操作较方便。

试验表明，钼酸镍加氢催化剂对有机砷具有很强的吸附力，其容砷量可达 4%。它对砷的吸附首先在反应器床层上部进行，当上部催化剂的容砷量达到一定饱和度后，才逐步向下推移。例如，有 1 台反应器处理含砷 1150ng/g 的原料油，反应器出口油料砷含量降至 20ng/g 以下，在操作 300 天后测定顶部催化剂的砷含量为 2. 73%，而床层 2m 以下的催化剂砷含量均小于 0. 1%。催化剂床层中不同高度的砷含量如图 6-1 所示。

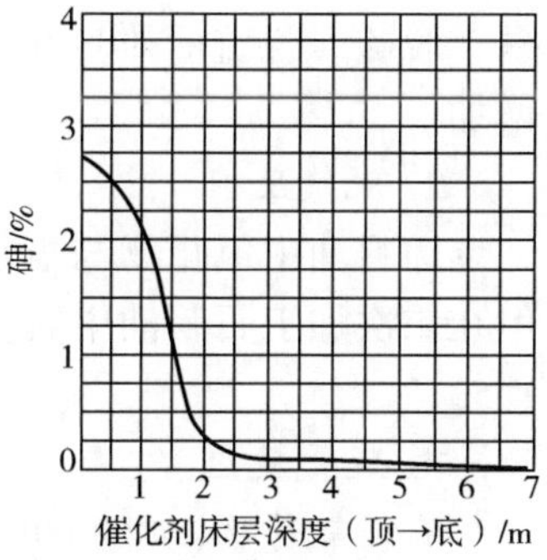

图 6-1　预脱砷反应器内催化剂床层砷的分布曲线

（二）氯的脱除

直馏石脑油中的氯主要以有机氯的形式存在，其脱除只能依靠加氢的方法解决。含有机氯的原料油经预加氢后，由有机氯变成氯化氢，会造成预处理部分的换热器、空冷器、水冷器等设备的腐蚀。同时氯化氢与生成的氨结合生成铵盐，造成堵塞，使得装置压降过大。

为避免氯化氢对预加氢及下游装置的设备腐蚀和催化剂的危害，工业上通过在预加氢单元增加脱氯罐的方案加以解决。物料经过预加氢反应器后，不经过冷却，直接进入脱氯罐，在与预加氢的操作温度、压力和氢油比基本相同条件下，以化学吸附的方式脱除生成的氯化氢。

化学吸附法脱氯的反应可以表述为：

$$M^{n+}+nHCl \longrightarrow MCl_n$$

式中　M——活性金属；

$n=1，2，3……$。

这是个酸碱中和反应，只要 M 具有足够的能力和 Cl^- 相结合，并将 Cl^- 固定，在运转过程中 M 本身不会流失和对重整催化剂造成危害，则 M 便是一个可适用重整装置的脱氯剂的活性组元，只要选择有足够碱性的元素 M 所形成的某种或某几种适当的化合物作脱氯剂即可。

三、预加氢反应和操作参数

预加氢是在催化剂和氢的作用下，使原料油中的含硫、氮、氧化合物等杂质分解，生成 H_2S、NH_3、H_2O，同时也使有机金属化合物分解而沉积在催化剂上，以除去对重整催化剂有害的毒物。此外，原料油中如有烯烃也被饱和。

（一）预加氢的化学反应

预加氢的主要化学反应有以下几种。

1. 脱硫反应

原料油中硫化物与氢反应生成硫化氢和烃类。低沸点含硫化合物比高沸点含硫化合物易于脱硫。脱硫的难度依烷基含硫化合物、环烷基含硫化合物、芳基含硫化合物的次序增加。

2. 脱氮反应

原料油中氮化物与氢反应生成氨和烃类。一般石脑油馏分中氮含量比硫含量少得多，但在二次加工石脑油中氮含量较高，脱氮就很重要。脱氮较脱硫难，脱氮速率只有脱硫的1/5。

3. 脱氧反应

有机氧化物(如酚)可通过加氢反应生成水和芳烃。

4. 烯烃加氢饱和反应

烯烃在直馏石脑油中很少，但在未加氢的二次加工石脑油中却很高。烯烃加氢后生成饱和烃。

5. 脱金属反应

石脑油中金属杂质(如砷、铅、铜等)，以金属有机化合物形式存在，在加氢条件下，金属有机化合物分解，金属沉积在催化剂上面从油中除去。

在石脑油预加氢中，脱硫、脱氮及烯烃饱和是主要反应，它们的相对反应速率分别为：脱硫 100，烯烃饱和 80，脱氮 20。

由此可以看出，脱硫反应最快，脱氮最慢，所以当需要达到较高的脱氮率时要采用较苛刻的反应条件。

脱硫、烯烃饱和、脱氮都是放热反应，每消耗 $1m^3$ 氢气的反应热分别为 8. 1kJ、40. 6kJ、0. 8kJ。对于大多数原料油而言，反应热与反应器的热损失大致相等，因此反应器几乎没有温升。

（二）预加氢的操作参数

影响预加氢效果的主要操作参数为反应压力、温度、空速和氢油比。

1. 反应压力

反应压力影响产品质量，它根据原料油性质和催化剂的要求确定。一般直馏石脑油脱硫的反应压力在2MPa 左右，如原料油中氮含量高或含未加氢的二次加工油，则反应压力要高一些。

2. 反应温度

预加氢的反应速率随着反应温度的升高而增加。在生产初期，由于催化剂活性很高而采用较低的反应起始温度，以后随着催化剂活性的下降而逐步提高反应温度。一旦提高反应温度仍不能改善产品质量时，就应将催化剂进行再生或更换。

对于直馏石脑油，预加氢反应温度一般为 280～340℃。反应温度低，脱硫效率较差；如温度过高，则反应所产生的 H_2S 会与少量烯烃再作用，生成硫醇，反而不能提高脱硫效率。对于未经加氢处理的二次加工石脑油，因其中含有较多的硫、氮及烯烃，需要较高的反应温度，并且通过反应床层有较高的温升。为了避免预加氢过程中发生裂解反应，一般控制床层最高温度不超过 400℃。

3. 空速

预加氢的空速，主要由原料油和催化剂的性质，以及对预加氢产品的质量要求决定。对直馏石脑油，液时空速一般为 6～8h^{-1}；对掺有焦化石脑油的原料，液时空速为 2～4h^{-1}。

4. 氢油比

氢油比主要取决于原料油和催化剂的性质。一般直馏石脑油的氢油体积比为 80～100，未精制二次加工石脑油的氢油比为 500 左右，对两者的混合原料，则视其混合的比例而定。

四、典型工艺流程和主要操作数据

原料油预处理的典型工艺流程如图 6-2 所示。

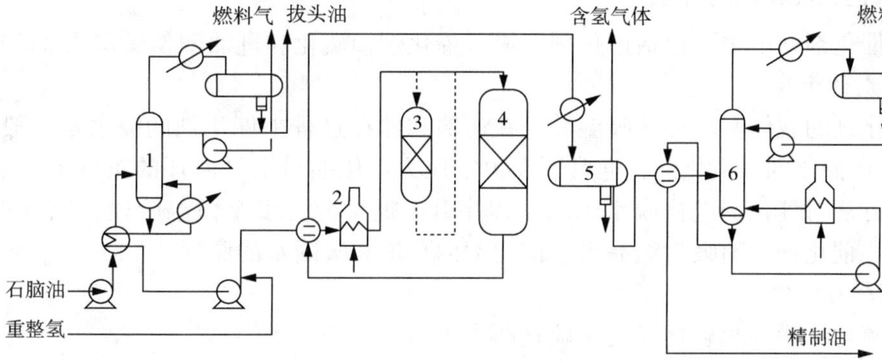

图 6-2　原料油预处理典型工艺流程

1—预分馏塔；2—加热炉；3—脱砷反应器；4—预加氢反应器；5—油气分离罐；6—汽提塔

原料石脑油用泵送入装置，经与预分馏塔底物料换热后进入预分馏塔。预分馏塔一般在 0.3MPa 左右的压力下操作，塔顶温度 60～75℃，塔底温度 140～180℃。

预分馏塔顶物料经冷凝冷却后进入回流罐。回流罐顶气体送往燃料气管网，冷凝液体(拔头油)一部分作塔的回流，一部分送出装置。预分馏塔的操作压力用调节回流罐顶的排气量或采用气垫方法控制。

预分馏塔设有重沸器(或重沸炉)，塔底物料一部分在重沸器内用蒸汽或热载体加热后返回塔底，为预分馏塔补充热量；另一部分用泵从塔底抽出，经与预分馏塔进料换热后，去预加氢部分，在与重整产生的氢气混合后与预加氢产物换热，并经加热炉加热后进入预加氢反应器。当处理高砷含量石脑油时，加热后的物料首先进入脱砷反应器，然后再进入预加氢反应器。预加氢所用氢气来自重整反应部分，部分装置设有循环氢气压缩机，大多数装置氢气采取一次通过方式。

预加氢反应产物从反应器底部出来，先与进料换热，然后冷却，再入油气分离器。从油气分离器分出的含氢气体送出装置供其他加氢装置使用，液体与汽提塔底物料换热后进入汽提塔。

汽提塔一般在 0.8～0.9MPa 压力下操作，塔顶温度 85～90℃，塔底温度 185～190℃，塔顶物料经冷凝冷却后打回塔顶作回流。水分从回流罐底的分水斗排出。含 H_2S 的气体从回流罐顶分出，一般送入含硫燃料气管网。

汽提塔底用重沸炉或重沸器加热。脱除硫化物、氮化物和水分后的塔底物料(精制油)，与塔进料换热后作重整进料。

有的工厂为了使预加氢生成油中的硫含量在操作不正常时仍能达到规定要求，在汽提塔底物流出口串联了一个脱硫保护器，内装脱硫吸附剂，此时应采取措施防止吸附剂被油品带出而污染重整催化剂。

五、预加氢的开工

预加氢催化剂装填完毕后，根据催化剂制备方式及出厂状态的不同，预加氢的开工分为氧化态催化剂的开工和硫化态催化剂的开工。

(一) 氧化态催化剂的开工

氧化态催化剂开工主要包括催化剂干燥、催化剂预硫化和进油调整操作几个阶段。

1. 催化剂的干燥

由于催化剂的载体有较强的吸湿性，在运输和储存过程中催化剂的吸水量一般在1%~3%。因此，在催化剂预硫化前，通常要在恒定压力、压缩机全量循环的条件下，采用一定的程序升温方法对催化剂进行脱水干燥。程序升温通常分为多个恒温阶段，以分别有利于装置内明水、催化剂表面吸附结晶水、催化剂内孔饱和吸附水的脱除。

2. 催化剂的硫化

催化剂硫化分为液相硫化和气相硫化两大类。

液相硫化是向反应器内连续注入一种含硫油，在氢气气氛和一定的温度下，硫化物分解成硫化氢，进而使催化剂的活性金属组分从氧化态转变成为硫化态的过程。为了取得良好的硫化效果，我国重整预加氢装置大多采用在携带油中另行添加有机硫化物的强化硫化工艺，即液相强化硫化工艺。

在液相强化硫化时，硫化剂通常选用易分解而硫含量又高的有机硫化物，硫化剂在携带油中的浓度通常是在0.1%~1.0%的范围。硫化剂的选择应当注意以下几点：① 硫化剂本身硫含量高；② 硫化剂分解温度低；③ 硫化剂毒性低，实用安全；④ 硫化剂价廉易得。

催化剂液相强化硫化的步骤包括：

(1) 为了防止空气与氢气的接触，首先系统用氮气置换合格，泄压，然后正向引氢至反应系统，直到系统氢气置换合格。

(2) 以一定的速度升压至操作压力。在装置设计有循环氢压缩机的情况下，开启循环氢压缩机，建立氢气循环。

(3) 氢气循环平稳后，进硫化油，加氢催化剂进油前的床层最高温度一般不应超过150℃。

(4) 根据装置的具体情况，调整进油量，由小到大，逐步调到硫化要求的空速。

(5) 进油后的前几个小时，可视生成油的污浊程度外排至污油管线。然后硫化油回进料缓冲罐，建立硫化油循环。

(6) 将反应器入口温度升到一定值(视所选硫化剂的分解温度而定)，开始注硫化剂。

(7) 升温预硫化。不同的催化剂有适合自己的特定的升温曲线，目的是将催化剂硫化完全，并保证在硫化过程中不会产生超温等现象。

气相硫化是在反应器的入口处，直接向氢气流中注入硫化剂 DMDS 或 CS_2 进行催化剂硫化的方法。

3. 进油调整操作

催化剂硫化结束后，以一定速率降低反应器入口温度至所需温度，即可以正常的进料量引原料油进装置，当高分操作稳定后，调整温度，装置转入正常运转。

（二）预硫化态催化剂的开工

预硫化态催化剂是一种在出厂前已经过硫化物处理的催化剂，其活性金属组分通常以金属氧硫化态存在。因此，预硫化态催化剂尚需在装入反应器后、在一定的条件下与氢气反应，使活性金属完全硫化，催化剂活性达到最佳，这个过程称为器内活化。催化剂活化的充分与否决定了催化剂活性的高低，因此催化剂的活化步骤是预硫化态催化剂开工过程中至关重要的步骤。催化剂的活化可以采用气相活化，也可以采用液相活化。

预硫化态催化剂不需要进行干燥，气密检查合格后，即可开始进行催化剂的活化。

与使用氧化态催化剂开工相比，采用预硫化态催化剂有如下优点：①开工过程无需准备硫化剂，省去硫化剂储罐和注硫设备，简化装置流程，减少设备投资，减少装置占地面积；②可消除硫化剂在运输、储存及使用过程中对人体健康的危害及对环境的污染；③开工过程简单，缩短开工时间。

六、原料油预处理

随着我国重整技术的不断发展，在原料油预处理技术上也有所改进，下面逐项介绍。

（一）石脑油加氢精制催化剂

由于高含硫原油加工量的增加，石脑油含硫量逐渐增高，结合现有重整装置扩能改造的需要，我国开发了 RS-1（W-Ni-Co/Al_2O_3）和 FDS-4A（Mo-Co/Al_2O_3）两种高空速石脑油加氢精制催化剂，并在工业装置上推广应用。两种催化剂具有反应温度和压力较低、活性高、空速大、稳定性好等特点。其工业运转典型数据见表 6-2。

表 6-2　两种石脑油加氢催化剂工业运转典型数据

催化剂	RS-1[1]	FDS-4A	催化剂	RS-1[1]	FDS-4A
原料性质			温度/℃	293	290
馏程/℃	76～154	84～165	液时空速/h^{-1}	8.3	7.0
总硫/（μg/g）	236	286	氢油体积比	163	194
操作条件			产物性质		
压力/MPa	1.9	1.5	总硫/（μg/g）	< 0.5	< 0.5

随着重整技术的发展，国内重整装置处理能力也在不断扩大。作为常规重整进料的直馏石脑油和加氢裂化石脑油已逐渐不能满足生产需求。高氮含量的二次加工油的掺入使得原料预处理的操作难度显著提高，易出现质量波动。从现场操作经验看，许多重整装置由于进料中的微量氮与重整系统中的氯在低温部位发生结晶堵塞管线及设备的现象日益严重，

影响重整装置长周期稳定运转。企业迫切希望重整预加氢单元提高预加氢催化剂的脱氮活性，将原料中的氮脱至质量分数小于0.3μg/g，以进一步提高重整装置的操作稳定性。石科院开发了更高脱氮活性重整预加氢催化剂RS-40并成功应用。RS-40催化剂以Ni、Mo为活性组元，其物化性质指标列于表6-3。

表6-3 RS-40催化剂物化性质控制指标

项 目	控制指标	分析方法	项 目	控制指标	分析方法
组成/%			物化性质		
			比表面积/(m^2/g)	≮160	BET法
MoO_3	≮16.0	X荧光法	孔体积/(mL/g)	≮0.35	BET法
			强度/(N/mm)	≮16.0	
NiO	≮3.5	X荧光法	形状	蝶形	

与RS-1催化剂相比，RS-40催化剂在加工相同原料油时所需反应温度低10℃左右。RS-40催化剂在工业装置上的应用结果列于表6-4。

表6-4 RS-40催化剂工业应用结果①

项 目	原料	产品	项 目	原料	产品
硫含量/(μg/g)	389	<0.5	水含量/(μg/g)	—	<10.0
氮含量/(μg/g)	0.85	<0.3			
氯含量/(μg/g)	0.63	<0.3	铁含量/(μg/g)	3.61	未检出

① 主要工艺条件为275℃、$8h^{-1}$、3.2MPa。

（二）高效脱砷剂

针对我国一些石脑油砷含量高的特点，开发了高效脱砷剂。该剂具有活性高、稳定性好、容砷量大等特点。目前已在工业装置上推广应用，取得了良好效果，不仅有效地保证了重整进料的质量，预加氢催化剂亦得到了保护，使得运转周期和催化剂的使用寿命显著延长。在大庆油的工业重整装置中，原料油含砷80~440ng/g，含硫150~330μg/g，在压力1.4MPa、液时空速6.5~8.5h^{-1}、氢油体积比112~195、温度270~300℃的条件下，经过5年多时间的运转，脱砷反应器出口油中砷含量仍小于1ng/g。

（三）改进冷壁反应器的结构和采用热壁反应器

我国过去设计的预加氢反应器，均采用带内保温衬里的冷壁反应器。这种反应器用碳钢制作壳体，造价便宜，但存在内衬筒焊口易破裂、原料油通过反应器短路的缺点。我国对冷壁反应器内衬筒结构做了改进，采用角钢加强焊口的方法，基本克服该缺点，为冷壁反应器的继续使用创造了条件。与此同时，由于热壁反应器具有结构简单、操作可靠，并有较大空间利用率的特点，我国在新建重整装置上也已采用合金钢复合钢板制作的热壁反应器，并掌握了热壁反应器的制造技术。

（四）采用蒸馏型汽提塔

催化重整装置更换双（多）金属催化剂后，催化剂对原料油中硫和水的含量要求更为严格，曾采用氢气吹除硫化氢的汽提塔不再适应生产需求，因而改用新的蒸馏型汽提塔代替。

两种汽提方法的示意流程如图6-3所示，蒸馏型汽提塔操作条件及结果见表6-5。

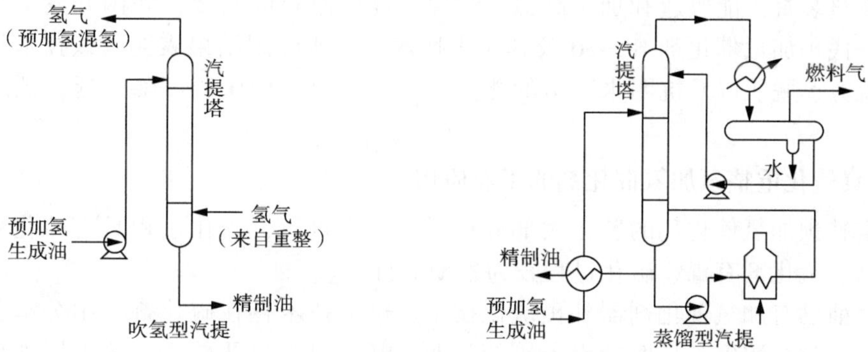

图6-3 汽提流程示意图

表6-5 蒸馏型汽提塔操作条件及结果

操作条件	数据	结果	进料油	塔底油
塔顶压力/MPa	0.71	密度/(g/cm³)	0.7198	0.7233
		硫含量/(μg/g)	41	0.21
进料温度/℃	130	含水量/(μg/g)	41	1.8
		馏程/℃		
塔顶温度/℃	68	初馏点	55	83
		10%	88	90
塔底温度/℃	187	30%	—	96
		50%	104	104
重沸炉出口温度/℃	205	70%	—	113
		90%	130	127
回流比(对进料)	0.275	终馏点	154	154

由表6-5可以看出，在预加氢油气分离器底油中硫含量41μg/g，水含量41μg/g，经蒸馏型汽提塔处理后硫含量0.21μg/g，水含量1.8μg/g。

（五）掺炼催化裂化汽油的重整预加氢技术

为增产高辛烷值、低烯烃的汽油调合组分及顶出重整料作裂解料，减少企业乙烯原料外购，针对以下三条技术路线研究开发了催化裂化汽油加氢生产重整原料的技术：①直馏石脑油掺炼催化裂化汽油重馏分加氢直接生产重整原料；②催化裂化汽油重馏分单独加氢，生产重整预加氢的原料；③催化裂化汽油重馏分与柴油混合加氢生产重整预加氢的原料。其中，第三条技术路线已成功进行工业试验。

工业试验表明：该柴油加氢装置催化裂化汽油重馏分掺炼量最大约为20%，连续重整装置掺炼加氢汽油最大量约为47%。在柴油加氢装置允许的条件下，应用此技术路线，在催化重整装置原料不足时可提高运行负荷，使部分催化裂化汽油转化为高辛烷值低烯烃汽油调合组分，有利于高标号清洁汽油的生产。如果催化重整加工量保持不变，顶出的重整料作裂解料，可减少外购石脑油降低采购成本。

（六）降低床层压降，延长操作周期的重整预加氢技术

针对重整装置扩能改造和加工高氯、高氮、高硫原料的需要，我国开发了蝶形、高孔隙率的新一代预加氢催化剂 RS-30 及其应用技术。工业应用结果表明，该技术具有非常高的脱硫、脱氮、脱氯以及抗明水冲击的能力，能够有效降低床层压降，延长预加氢装置的操作周期。

（七）真硫化重整预加氢催化剂的工业应用

目前重整预加氢催化剂的硫化大部分在反应器内进行，硫化过程具有硫化温度高、硫化氢浓度高、硫化剂有毒、硫化过程较为繁琐等特点。

尽管目前已有加氢催化剂器外预硫化技术。这类技术存在硫化剂集中分解、床层易飞温、系统内硫化氢浓度高易腐蚀设备等新问题，开工风险仍然较高。这类器外预硫化技术在国内未得到大规模应用。

石科院自 2012 年开始系统开展器外真硫化技术的开发，通过对硫化过程的基础性研究和对工艺、工程优化方面的研究，开发了高效的加氢催化剂器外真硫化(e-Trust)技术(ex-situ truly sulfiding technology for hydrotreating catalyst)。目前该技术已经产业化并成功在重整预加氢、柴油加氢、加氢裂化、润滑油加氢处理等工业装置上工业应用。

表 6-6 所示为器内硫化、器外预硫化和器外真硫化态催化剂在开工过程中的特点。

表 6-6　不同状态加氢催化剂在开工过程中的特点

项　目	器内硫化	器外预硫化	器外真硫化
开工时间	~144h	~96h	~48h
安全环保	污染重	污染重	无污染
温度控制	易超温	极易超温	不超温
经济性	低	中	中
开工风险	高	高	低

真硫化态加氢催化剂在炼油厂的开工使用流程如图 6-4 所示。

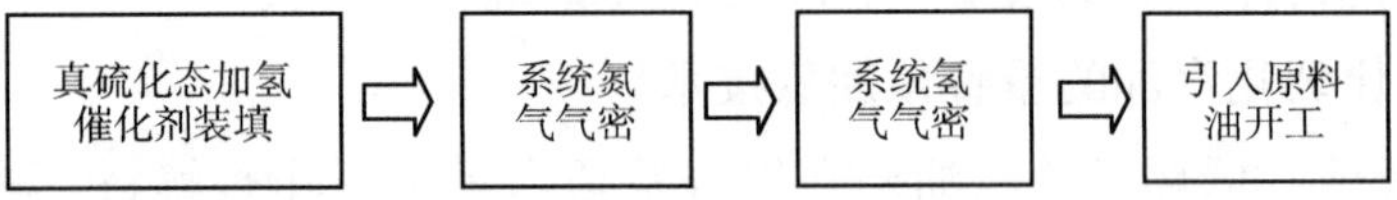

图 6-4　真硫化态加氢催化剂在炼油厂的开工流程

真硫化态催化剂可以使用普通的布袋装填，为了确保安全，建议使用无氧装填方式，装填方案与氧化态催化剂相同。真硫化态催化剂在出厂前已经过干燥和密封包装，在器内开工过程中无需再次干燥，密封反应器中先使用氮气气密，再进行氢气气密，可以直接引油升温，部分催化剂需要初活稳定 48h，初活稳定结束后逐渐引入二次加工油进装置并调整反应温度正常生产。无需初活稳定过程的催化剂，可直接引原料油开工，开工时间更为缩短。开工过程中无硫化氢释放，无臭味，不放热，无酸性水排放，开工升温过程无氢气消耗，不产生废气。

武汉石化 50 万吨/年重整预加氢装置在 2019 年 6 月 16 日装填真硫化态 RS-1(S)催化剂 9.1m^3，堆密度为 816kg/m^3。采用真硫化态催化剂，自反应器开始升温、引油至装置待料共计 10h，开工过程简单。具体开工过程见图 6-5。

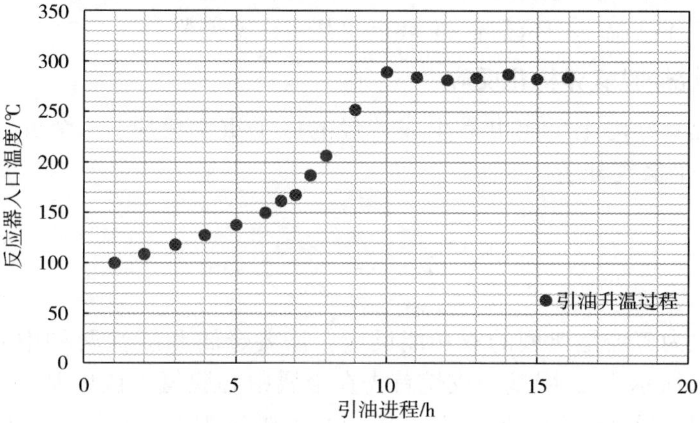

图 6-5 真硫化催化剂升温及引油进程

满负荷标定结果见表 6-7。

表 6-7 硫化态 RS-1(S)催化剂武汉石化工业应用标定结果①

项 目	原料	产品	项 目	原料	产品
硫含量/(μg/g)	168	<0.2	氯含量/(μg/g)	0.20	<0.2
氮含量/(μg/g)	2.2	<0.2	水含量/(μg/g)	64.9	<10.0

① 主要工艺条件为 284℃、7h^{-1}、1.8MPa。

工业应用结果表明，采用真硫化重整预加氢催化剂开工过程更为简单，时间短，环保安全，预加氢催化剂活性好、稳定性好。

第二节 催化重整反应过程化学

一、催化重整化学反应及反应机理

催化重整的主要反应包括六元环烷烃脱氢、五元环烷烃脱氢异构化、链烷烃脱氢环化、异构化、加氢裂化、氢解、脱烷基和积炭等反应[19]。催化重整反应需要两种不同的活性中心，即金属中心和酸性中心[20~28]。金属中心催化烃类的加氢和脱氢反应，主要由铂等金属提供[23~25]；酸性中心主要催化烃类的重排反应，由含卤素的氧化铝提供[26~28]。因此，催化重整催化剂一般由氧化铝、卤素、金属铂和其他助剂组成[26~28]。

(一) 六元环烷烃脱氢反应

六元环烷烃脱氢反应是六元环上的每 1 个碳原子上脱除 1 个氢原子，生成芳烃的同时，产生 3 个氢气分子。

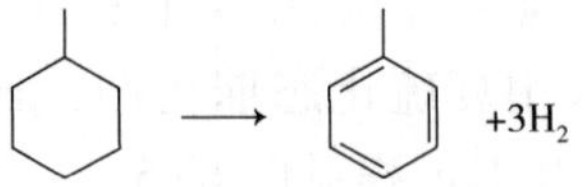

环己烷脱氢生成苯在催化剂的金属中心上发生，经过逐步脱氢为环己烯和环己二烯等步骤实现的，即：环己烷 → 环己烯 → 环己二烯 → 苯[29,30]。

（二）五元环烷烃脱氢异构化反应

五元环烷烃脱氢异构化反应也是生成芳烃的一个重要反应，1 个五元环烷烃分子生成 1 个芳烃分子和 3 个氢气分子。

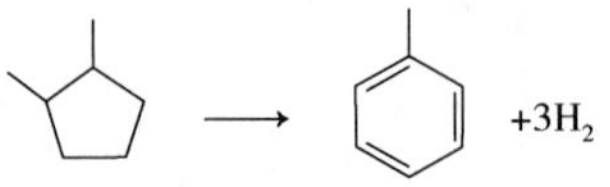

五元环烷转化为芳烃是典型的双功能反应，需要金属和酸性两种中心的参加。双功能反应机理如图 6-6 所示[31]。甲基环戊烷首先在金属中心脱氢生成甲基环戊烯，然后在酸性中心发生环的异构生成环己烯，最后在金属中心上脱氢为苯。这一反应的控制步骤是发生在酸性中心的环的异构，它需要通过生成一个正碳离子的过程进行。

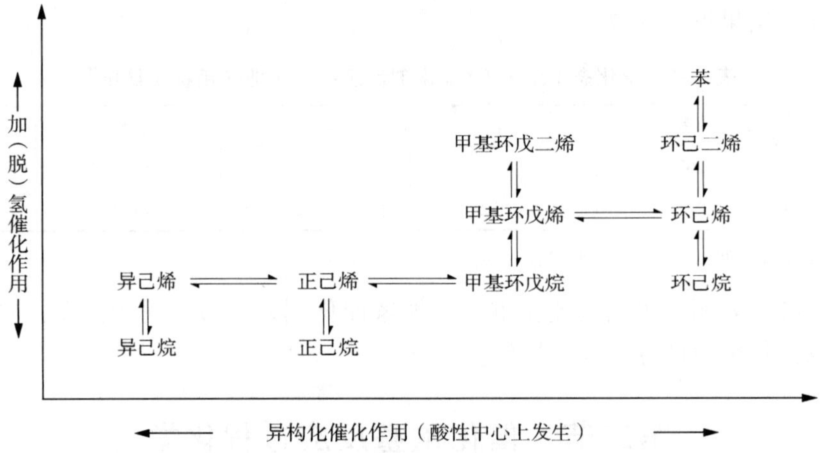

图 6-6　双功能催化剂上的重整反应

（三）链烷烃脱氢环化反应

链烷烃脱氢环化反应是生成芳烃的另一个重要反应，一个链烷烃分子生成 1 个芳烃分子和 4 个氢气分子。

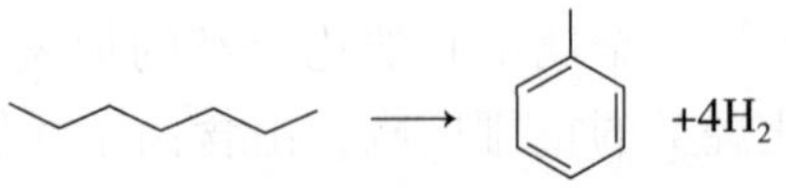

烷烃脱氢环化生成芳烃的反应机理十分复杂，按照图 6-6 所示的双功能反应机理，烷烃首先在金属中心脱氢生成烯烃，然后在酸性中心环化为烷基环戊烷，再转移到金属中心脱氢为烷基环戊烯，随后在酸中心上异构为六元环烯烃并最后回到金属中心上脱氢为芳烃。

（四）链烷烃异构化反应

链烷烃的异构化反应是指直链烷烃或少支链的烷烃发生骨架异构，生成支链或多支链异构烷烃反应。

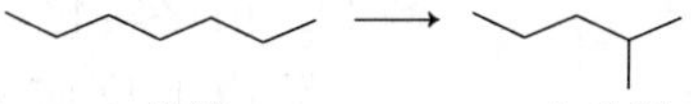

n–C_7H_{16}　　i–C_7H_{16}

链烷烃异构化是双功能反应，发生在催化剂的金属中心和酸性中心。链烷烃首先在金属中心脱氢生成烯烃，然后迁移到酸性中心发生骨架异构生成多支链异构烯烃，最后再转移到金属中心上加氢为异构烷烃。

（五）链烷烃加氢裂化反应

链烷烃加氢裂化反应是指一个链烷烃分子发生 C—C 键断裂，产生 1 个较小的链烷烃和 1 个较小的烯烃分子，烯烃分子经加氢后转化为链烷烃分子。

n–C_7H_{16}　　C_3　　C_4

加氢裂化是双功能催化的反应[19]，烷烃在催化剂金属中心脱氢为烯烃，烯烃吸附在催化剂酸性中心上生成仲正碳离子，正碳离子的β键的位置优先发生裂化生成较小的正碳离子和烯烃，生成的烯烃在催化剂的金属中心上加氢为相应的烷烃。气体产物中以 C_3 和 C_4 烷烃为主。

（六）链烷烃的氢解反应

链烷烃的氢解反应是指链烷烃分子脱除 1 个甲基生成甲烷和 1 个小分子链烷烃。

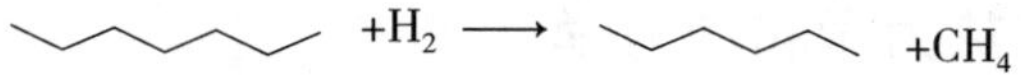

链烷烃的氢解反应发生在催化剂的金属中心上，并且需要有相邻的金属原子中心[32]。链烷烃在金属中心上可以是 1，2 吸附，也可以是 1，3 吸附，在金属中心的作用下，C—C 键断裂生成 C_1 或 C_2 碎片，加氢后生成甲烷或乙烷。

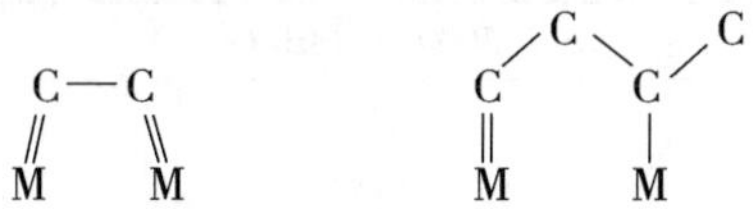

1,2 吸附　　1,3 吸附

（七）芳烃脱烷基反应

芳烃脱烷基反应是具有烷基取代基的芳烃在催化剂的金属功能作用下，脱去烷基，生成一个碳数更低的芳烃和烷烃。

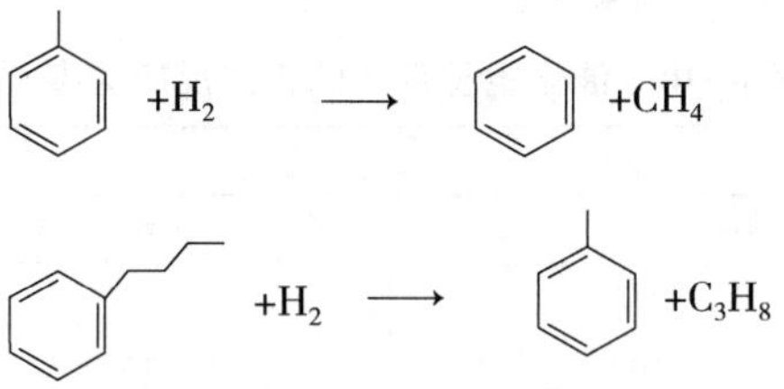

芳烃脱烷基反应发生在催化剂的金属中心上，其反应机理与链烷烃的氢解类似。

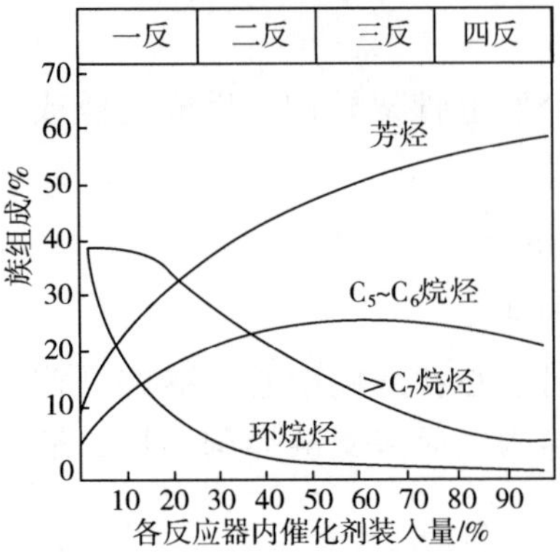

图 6-7　重整装置各反应器内烃组成的分布
（注：催化剂：Pt-Ir-Al-Ce/η-Al_2O_3；第四反应器压力：1.3MPa；各反应器入口温度：502℃；质量空速：1.93h^{-1}。）

（八）积炭反应

烃类的深度脱氢，生成烯烃和二烯烃，烯烃进一步聚合及环化，形成稠环芳烃，吸附在催化剂上，最终转化成积炭，而使催化剂失活。

除以上反应外还可能发生五元环烷烃的开环、烷基芳烃的歧化、烷基转移以及烷基化等反应，但在催化重整条件下与催化重整的主反应相比，这些反应可以忽略。

这些重整反应在反应器内进行的情况一般如表 6-8 和图 6-7 所示。其中反应器进出口的温降，依所用原料油及特定的反应条件不同而有所差异。

表 6-8　重整装置各反应器内的主要反应及温降

反应器名称	主要反应	组成变化	温降/℃
第一反应器	六元环烷脱氢，烷烃异构	环烷烃下降多，芳烃有增加	70~80
第二反应器	环烷烃脱氢，五元环烷异构脱氢及开环，C_7 烷烃裂解	环烷烃继续下降，芳烃有增加，C_5~C_6 有增加	30~40
第三反应器	烷烃脱氢环化，加氢裂化	C_{7+}烷烃减少，芳烃增加	15~25
第四反应器	烷烃脱氢环化，加氢裂化	C_5~C_6 先增加，后略有下降，芳烃增加	5~10

二、催化重整反应热力学和动力学

催化重整过程不同类型的反应在热力学和动力学上有很大差异。表 6-9 和表 6-10 中列出了一些烃类重整反应的热力学和动力学数据。

表 6-9　烃类重整反应热力学数据[19]

反　应	ΔH(500℃)/(kJ/mol)	K_p(500℃，0.1MPa)
环己烷⇌苯+$3H_2$	221	7.1×10^5
乙基环己烷⇌乙苯+$3H_2$	213	2.5×10^6
甲基环戊烷⇌苯+$3H_2$	205	5.6×10^4
乙基环戊烷⇌甲苯+$3H_2$	192	1.4×10^6
正己烷⇌苯+$4H_2$	266	3.4×10^5
正庚烷⇌甲苯+$4H_2$	252	7.7×10^6

注：表中 ΔH 代表反应热焓，K_p 为气相平衡常数。

表 6-10　催化重整反应的相对反应速率[33]

反　应	相对反应速率		反应速率的相对比较
	C_6	C_7	
六元环烷脱氢	100	120	最快
五元环烷的异构脱氢	10	13	快
烷烃及环烷异构化	10	13	快

续表

反　应	相对反应速率		反应速率的相对比较
	C_6	C_7	
烷烃加氢裂化	3	4	慢
环烷开环	5	3	慢
烷烃脱氢环化	1	4	最慢

（一）六元环烷烃脱氢反应

表 6-9 数据表明，六元环烷脱氢是强吸热反应，环己烷在常压，500℃下脱氢生成苯的反应热可达 221kJ/mol，因此提高反应温度应有利于反应的进行。

六元环烷脱氢反应的平衡常数值 K_p 可达 10^5 以上，而且随分子碳数增加 K_p 值增加，在给定条件下反应平衡几乎完全向生成芳烃的方向移动。图 6-8 表示出温度和压力对六元环烷脱氢平衡的影响[34]，高温和低压有利于环烷脱氢生成芳烃的反应。

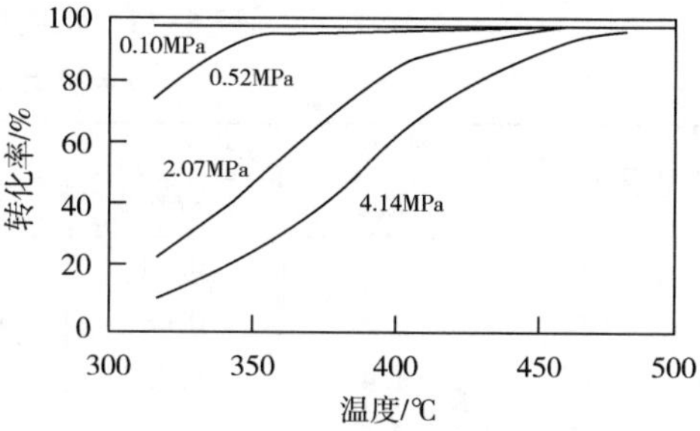

图 6-8　温度和压力对甲基环己烷脱氢生成甲苯的影响

在催化重整反应中，六元环烷类催化脱氢反应是速度最快的反应，一般能够达到热力学平衡值。因此，在催化重整条件下基本不存在动力学方面的控制。

（二）五元环烷烃脱氢异构反应

表 6-9 数据表明，五元环烷脱氢同样是强吸热反应，提高温度和降低压力有利于反应的进行。该反应的平衡常数也很大，有利于芳烃的生成，而且随碳数增加，反应的平衡常数增大。

表 6-10 结果表明，五元环烷烃的反应速率远远小于六元环烷烃，C_6 和 C_7 五元环烷烃的反应速率分别为相同碳数六元环烷烃的 1/10 和 13/120。烷基环戊烷的转化速率随温度增加而增加[35]，但氢压增加会抑制反应的进行[36]。

（三）链烷烃脱氢环化反应

反应热力学表明烷烃脱氢环化是强吸热反应，并且有很大的平衡常数值（见表 6-7），烷烃的碳数增加对平衡更加有利。图 6-9 为温度和压力对正庚烷转化为甲苯的平衡的影响[37]。热力学表明温度和压力对链烷烃脱氢环化都有明显的影响，高温、低压对反应有利，氢烃摩尔比对平衡的影响则很小。

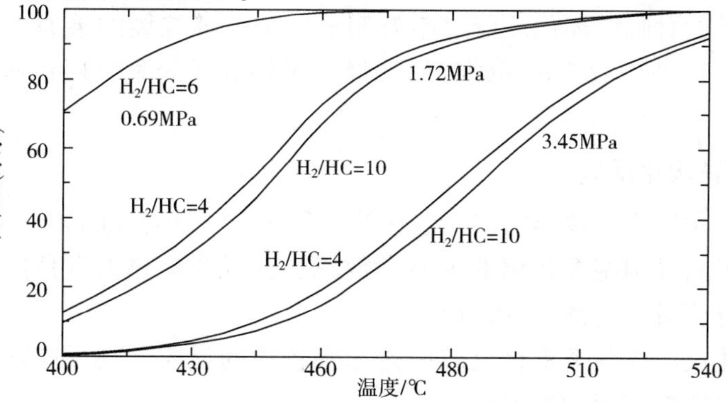

图 6-9　正庚烷-甲苯-氢气平衡体系中甲苯含量

烷烃脱氢环化反应具有很高的平衡转化率，但在重整反应条件下脱氢环化反应受动力学限制以及与其竞争的副反应的影响，只能进行到一定程度，达不到热力学平衡值。

表 6-10 表明，烷烃脱氢环化反应速率最低，C_6 烷烃的反应速率分别是相同碳数六元环烷烃及五元环烷烃的 1/100 和 1/10；随着碳数的增加，烷烃脱氢环化反应速率增加。表 6-11列出了正庚烷脱氢环化与其他反应的速率对比数据[35]。可以看到脱氢环化反应速率远低于六元环烷脱氢，也低于五元环烷脱氢异构，其速度与加氢裂化反应相当。

表 6-11　正庚烷脱氢环化与各类反应速率的比较

r=初始反应速率(mol/g 催化剂/h)

温度/℃	压力/MPa	正庚烷反应				甲基环己烷芳构化	二甲基环戊烷芳构化
		加氢裂化	异构化	脱氢环化	合计		
496	3.5	0.10	0.16	0.04	0.3	0.95	—
496	2.5	0.08	0.15	0.05	0.28	—	—
496	1.4	0.05	0.13	0.06	0.26	0.95	0.13
468	3.5	0.05	0.12	0.01	0.18	—	—
468	1.4	0.04	0.09	0.02	0.16	—	—

反应温度和压力对烷烃脱氢环化反应速率以及选择性有明显的影响。表 6-12 列出了温度和压力对正庚烷脱氢环化反应的影响[38]。数据表明：脱氢环化产物随反应温度提高而增加；由于裂解产物也随反应温度提高而增加，提高温度对环化反应的选择性无明显改善。而降低压力的结果是在增加脱氢环化产物的同时减少了裂解产物的收率，因而使环化选择性得到明显改善。

表 6-12　温度和压力对正庚烷重整反应的影响

反应压力/MPa	1.4		2.45	3.5	
温　度/℃	469	496	496	468	496
正庚烷转化率/%	83.7	96.0	96.0	85.8	95.3
环化产物/%	20.3	37.7	25.0	8.6	16.9
裂解产物/%	28.2	50.6	56.5	36.8	62.7
环化选择性①/%	41.9	42.7	30.7	18.9	21.2

① 环化选择性=环化产物/(环化产物+裂解产物)×100%。

烷烃的碳原子数对脱氢环化反应速率有明显影响，随烷烃的碳原子数增加脱氢环化反应速率增加[39,40]。此外，对于相同碳数的烷烃，正构烷烃的脱氢环化速率要大于带支链的异构烷烃。

(四) 链烷烃异构化反应

正构烷烃异构化反应是放热反应，但热效应很小(2~20kJ/mol)且很少随温度变化。随温度升高正构烷烃向异构烷烃转化的平衡常数减少，说明从热力学角度出发低温对反应有利，而总压和氢分压对平衡都没有影响。

链烷烃异构化反应在各类重整反应中是速率较快的反应，其反应速率与五元环烷类异构脱氢反应的反应速率相当，见表 6-10。

（五）氢解和加氢裂化反应

烷烃的氢解和加氢裂化都是强放热反应。两种反应均有很高的平衡常数值，说明反应有很大的可行性。温度对平衡有影响，温度提高平衡常数值减少。压力对平衡几乎没有影响。

氢解和加氢裂化反应速率低于六元环烷烃脱氢、五元环烷烃脱氢及烷烃异构化，见表6-10。烷烃加氢裂化反应的活化能与脱氢环化反应的活化能十分接近，是脱氢环化的主要竞争反应。

（六）各类重整反应化学特性的比较

表6-13对于各类主要重整反应的热力学和动力学特性进行了归纳和对比[41]。表中“+”号代表温度或压力提高时对该反应平衡转化率或反应速率的提高有利，而“-”号则代表的意义相反。表中前三类反应都可达到热力学平衡，后两类反应则受动力学控制。最希望发生的有利于提高辛烷值和芳烃产率的三类反应，即六元环烷脱氢、五元环烷脱氢异构和烷烃脱氢环化反应，都是在低压和高温条件下有利的。其中，烷烃脱氢环化反应进行的同时伴随着烷烃加氢裂化反应。由于温度提高对加氢裂化同样有利，因此降低压力是提高烷烃脱氢环化反应选择性最有效的途径。

表6-13 各类重整反应热力学和动力学的比较

反应	反应速度	热效应	达到热力学平衡	热力学		动力学		H_2	蒸气压	密度	液体产率
				压力	温度	压力	温度				
六元环烷脱氢	很快	强吸热	是	-	+	-	+	产氢	降低	增	降
五元环烷脱氢异构	快	强吸热	是	-	+	-	+	产氢	降低	增	降
烷烃异构化	快	轻度放热	是	无	-①	+	+	不产	略降	略降	略增
烷烃脱氢环化	慢	强吸热	否	-	+	-	+	产氢	降低	增	降
加氢裂化，氢解	很慢	放热	否	无	无	++	++	耗氢	显著增	降	显著降

① 影响程度较轻。

第三节 催化重整操作参数

一、影响催化重整反应的主要因素

重整工业装置在实际运行过程中，原料油性质（组成）及工艺参数（温度、压力、空速、氢油比）变化直接影响重整装置的产品质量和运转效果，各工艺参数既可以单独调整，相互之间又有关联。因此，在操作过程中应根据具体情况进行适当地调整，充分发挥催化剂的性能特点，保证装置长周期、高效率的稳定运转。

（一）原料油

我国炼油厂重整原料油一般为直馏石脑油、加氢裂化重石脑油、焦化石脑油，同时还有少量加氢改质石脑油和乙烯裂解抽余油。我国主要重整原料油的组成见表6-14。直馏石脑油中烷烃一般占40%~70%，环烷烃占20%~45%，芳烃一般不超过20%。

表 6-14　我国主要重整原料油的组成

原料油		大庆直馏	胜利直馏	辽河直馏	惠州直馏	中原直馏	塔中直馏	大港直馏	新疆直馏	长庆直馏	伊朗直馏	阿曼直馏	沙轻直馏	加氢裂化重石脑油①	焦化石脑油
馏程/℃		初馏点~160	65~180	初馏点~180	初馏点~160	65~145	初馏点~160	96~172	103~173	85~196	95~169	92~170	86~148	82~177	80~180
烷烃/%	C_3	0.05	—	—	—	—	—	—	—	—	—	—	—	—	—
	C_4	1.43	0.01	0.1	0.38	0.1	0.51	—	—	—	—	—	—	—	—
	C_5	6.33	0.64	1.4	2.93	1.21	6.5	0.03	0.11	1.6	—	—	0.42	—	3.76
	C_6	10.98	3.92	4.5	6.81	5.91	12.26	3.56	1.39	5.82	3.77	9.81	8.77	7.69	8.93
	C_7	14.6	9.06	6.1	9.67	13.97	12.48	11	7.69	8.57	13.2	17.28	16.81	12.19	13.32
	C_8	16.27	9.9	6.8	16.66	17.35	12.48	11.77	13.2	9.68	14.77	19.43	18.31	12.16	17.32
	C_9	13.19	12.1	7.1	17.43	9.87	10.27	10.47	17.28	10.9	13.48	16.44	17.65	10.12	15.98
	C_{10}	1.51	11.12	8.9	16.8	0.75	9.62	6.5	10.02	13.7	10.81	2.93	6.56	6.01	8.99
	C_{11}	—	1.85	3.22	—	—	2.5	—	—	—	—	—	—	—	3.12
	Σ	64.36	48.6	38.1	70.68	49.16	65.62	43.33	42.69	50.27	56.03	65.89	68.52	48.17	71.42
环烷烃/%	C_5	1.24	0.14	0.3	—	0.21	0.3	0.01	0.03	0.4	—	—	0.09	—	0.37
	C_6	7.89	4.34	4.4	2.18	5.39	3.08	5.23	1.97	5.24	3.16	3.44	2.28	6.36	2.27
	C_7	12.48	8.78	10.5	6.29	9.5	5.33	13.5	5.89	11.71	7.65	5.57	4.25	13.75	4.81
	C_8	6.31	9.41	12	6.03	8.31	4.36	10.45	10.55	11.12	7.5	3.9	4.83	13.11	7
	C_9	5.96	9.39	11.8	7.18	4.99	4.85	8.72	18.66	7.95	8.47	9.87	4.07	10.56	5.59
	C_{10}	0.25	4.72	7.3	0.98	0.22	1.23	3.64	7.39	4.78	0.43	—	1.23	4.52	2.12
	C_{11}	—	0.33	—	22.66	—	0.05	—	—	—	—	—	—	—	0.19
	Σ	34.13	37.11	46.3	—	28.62	19.2	41.55	44.49	41.2	27.21	22.78	16.75	48.3	22.35
芳烃/%	C_6	0.26	0.34	0.4	—	5.87	0.08	0.92	0.07	0.22	0.83	0.96	0.54	0.73	0.14
	C_7	—	3.91	1.7	0.9	8.87	1.77	4.11	1.46	2.02	4	1.86	3.35	0.88	0.9
	C_8	0.92	4.93	7.2	3	6.93	7.31	6.53	3.66	2.9	6.72	3.47	6.34	1.02	2
	C_9	0.32	3.9	4.9	2.76	0.55	5.08	3.56	1.63	3.39	5.21	5.04	4.5	0.9	2.25
	C_{10}	—	1.21	1.4	—	—	0.94	—	—	—	—	—	—	—	0.94
	Σ	1.51	8.9	15.6	6.66	22.22	15.18	15.12	6.82	8.53	16.76	11.33	14.73	3.53	6.23

① 胜利 VGO 加氢裂化重石脑油。

我国常用芳烃潜含量的多少来表示重整原料油的优劣，其计算公式如下：

$$芳烃潜含量=苯潜含量+甲苯潜含量+C_8芳烃潜含量+C_{9+}芳烃潜含量$$

$$苯潜含量(\%)=C_6N(\%)\times78/84+苯(\%)$$

$$甲苯潜含量(\%)=C_7N(\%)\times92/98+甲苯(\%)$$

$$C_8芳烃潜含量(\%)=C_8N(\%)\times106/112+C_8芳烃(\%)$$

C_9 以上依此类推。式中的 78、84、92、98、106、112 分别为苯、C_6N、甲苯、C_7N、C_8A、C_8N 的相对分子质量。

芳构化指数（$N+A$、$N+2A$ 或 $N+3.5A$）也常被用来表示重整原料油的优劣，N 为环烷烃含量，A 为芳烃的含量。在相同的重整反应条件下，原料中的 N 与 A 含量越高，生成油的芳烃含量和辛烷值就越高。而液体收率、纯氢产率以及产物中芳烃分布则与原料组成中的碳数分布有关。

芳烃潜含量只考虑了原料中环烷烃和芳烃含量，而在重整反应条件下原料油中部分烷烃也可以转化为芳烃，因此重整转化率在一般情况下大于100%，芳烃潜含量低的原料，其转化率高。

原料油中芳构化指数或芳烃潜含量与反应条件及产物收率等有密切关系，在一定反应条件下，重整生成油的芳烃产率、辛烷值和液体收率与反应温度的关系见图 6-10～图 6-12。可以看出，在相同的加权平均床层温度（*WABT*）条件下，芳构化指数（或芳烃潜含量）大的原料，不仅其芳烃产率、辛烷值和液体收率都高，而且液体收率随着辛烷值的提高差距加大。

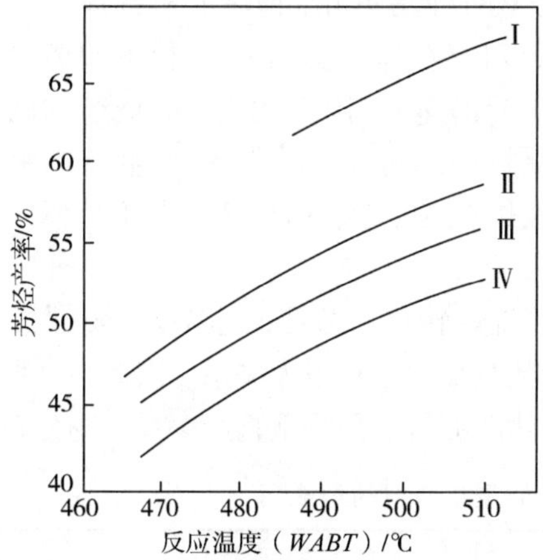

图 6-10　不同原料油芳烃产率与反应温度的关系

Ⅰ—$N+2A=73.10\%$；Ⅱ—$N+2A=60.4\%$

Ⅲ—$N+2A=57.4\%$；Ⅳ—$N+2A=55.6\%$

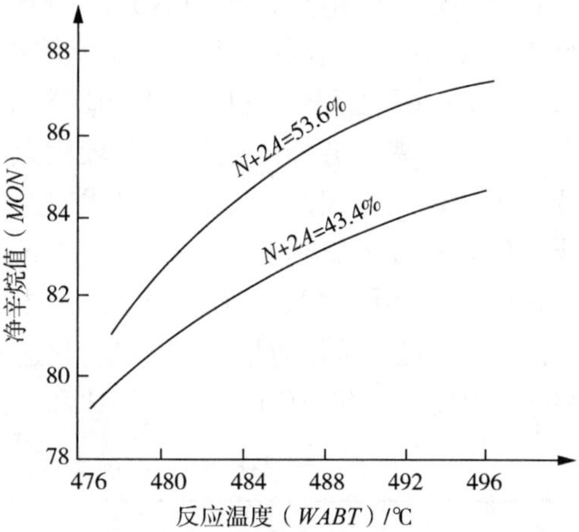

图 6-11　不同原料油重整油辛烷值与反应温度的关系

原料油中轻重组分含量的多少与馏程有关。重整原料油馏程可根据目的产品的要求进行选择。重整原料的初馏点一般为 72～110℃，主要取决于甲基环戊烷（沸点 72℃）和环己烷（沸点 80.7℃）含量，影响苯的产量和重整生成油中的苯含量。初馏点低的原料含有较多的 C_5-组分，不能转化为芳烃，进入重整反应系统会降低液体收率，同时也会导致催化剂积炭增加。

原料油的干点高，重组分多，芳烃和环烷烃含量增加，有利于多产芳烃；但干点过高，多环芳烃含量增加易于生焦，催化剂积炭增加，同时产生过多的重质芳烃也会影响调合汽油终馏点。因此，重整原料的终馏点一般不超过 180℃。从图 6-13 可以看出，重整原料的终馏点越高，催化剂失活速率越快。加工高干点原料也会导致半再生重整催化剂周期寿命缩短、增加连续重整装置再生系统的烧焦负荷。

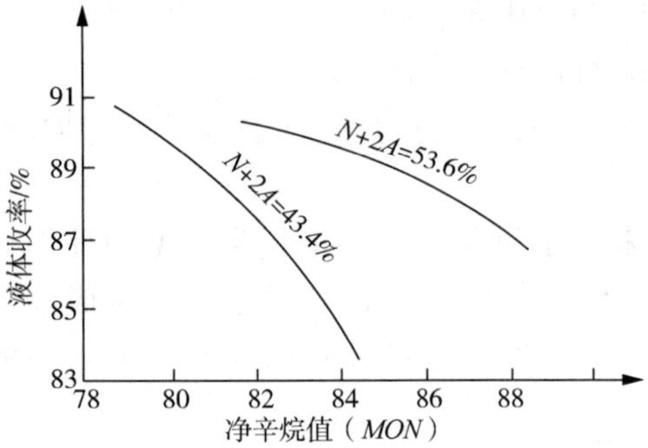

图 6-12　不同原料油的液收与重整油辛烷值的关系

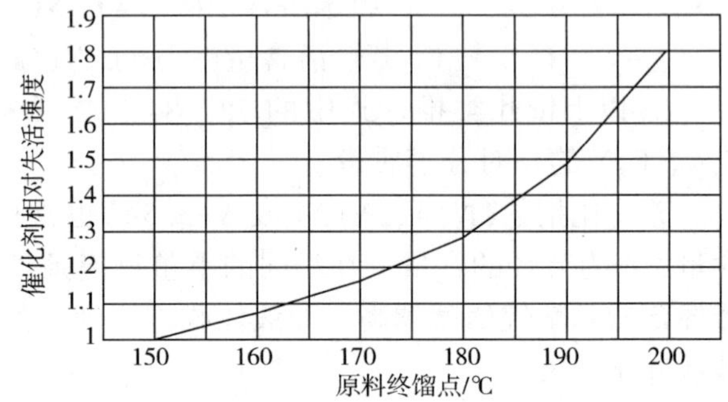

图 6-13　直馏石脑油终馏点对催化剂失活的影响

芳烃潜含量和芳构化指数是评估原料优劣的简便的经验估算方法，科学的评估需要考虑原料的详细组成。原料油中烷烃的分布对重整转化也有影响，如 C_6、C_7 烷烃转化率较低而 C_{8+}烷烃转化率较高，尽管原料芳烃潜含量接近而烃类的组成分布的差异也会造成重整转化率和产物中芳烃组成分布的差异。表 6-15 中给出了两种基本相同 *N+A* 和芳潜的重整原料组成。表 6-16中给出了相应的连续重整液体收率、氢气产率、芳烃产率和主要芳烃分布等。由表 6-16可见，尽管原料 A 与原料 B 的 *N+A* 和芳潜基本相同，但是重整产物的液体收率、氢气产率、芳烃产率等却有较大差别；由于原料的组成不同，导致了重整产物的芳烃分布变化较大。因此，原料的组成对重整产物的液体收率、氢气产率、芳烃产率以及产物分布等均有较大影响。

在重整过程中，根据碳原子数以及结构的不同，环烷烃转化为芳烃的速率差异较大。除此之外，部分烷烃也转化为芳烃，并且转化速率与碳原子数及结构也有很大关系。因此，从原料的详细组成出发，根据催化重整反应规律和催化剂特点，才能够科学预测重整产率及产物分布。

表 6-15　两种具有基本相同 *N+A* 的重整原料的组成　　%

原料	原料 A			原料 B		
族组成	*P*	*N*	*A*	*P*	*N*	*A*
C_5	0.01	0.02	—	0.00	0.00	
C_6	7.39	2.32	0.45	20.28	4.57	0.28
C_7	17.90	5.09	2.55	19.38	7.76	2.11
C_8	19.57	5.49	5.14	19.74	8.02	3.15
C_9	16.88	4.42	3.63	9.92	3.80	0.23
C_{10}	8.09	0.92	0.13	0.36	0.00	0.00
合计	69.94	18.26	11.90	69.69	24.15	6.17
N+A		30.16			30.31	
芳潜含量		29.12			28.91	

表 6-16 两种重整原料的主要反应结果

项 目	原料 A 反应产物	原料 B 反应产物	项 目	原料 A 反应产物	原料 B 反应产物
$C_{5+}RON$	102	102	C_6A	3.60	8.05
产品液收/%	87.94	85.57	C_7A	14.63	20.69
产品芳含/%	78.72	76.78	C_8A	25.25	25.48
$\sum P$/%	26.04	25.93	$C_{9+}A$	25.75	11.48
$\sum N$/%	0.63	0.54			
$\sum A$/%	69.23	65.70	纯氢产率/%	3.80	3.93

为了防止重整催化剂中毒，重整原料油中允许最高的杂质含量一般为：硫 0.5μg/g，氮 0.5μg/g，氯 0.5μg/g，水 5μg/g，砷 1ng/g，铅、铜等 10ng/g。

对于连续重整装置，进料油中硫含量应不低于 0.25μg/g，否则在高温部位(如加热炉管、反应器等)金属器壁催化作用，导致丝状炭的生成，聚结成炭块，使重整反应器内构件损坏，催化剂损伤。

(二) 反应温度

反应温度是最重要的操作参数之一，它主要影响产品的质量和催化剂失活速率。提高反应温度，重整生成油的辛烷值、芳烃和氢产率增加，但液体收率降低，催化剂积炭速率加快。在正常运转中，其他操作参数相对稳定的情况下，需要根据原料组成和产品辛烷值的要求调整反应温度。由于重整反应总的热效应是吸热反应，所以每个反应器都有温降。一般情况下，温降以第一反应器最大，因为最容易反应而且热效应最大的环烷脱氢反应主要在第一反应器内进行；最后的反应器温降最小，因为最难反应的烷烃脱氢环化反应和加氢裂化反应主要在其中进行，此两反应的转化率均较低，而且热效应相反，热量相互抵消。

重整反应温度一般用加权平均入口温度(*WAIT*)和加权平均床层温度(*WABT*)来表示。*WAIT* 和 *WABT* 的计算方法分别为：

$$WAIT=\sum(T_{i入}X_i)\quad(℃)$$

$$WABT=\sum\left(\frac{T_{i入}+T_{i出}}{2}\times X_i\right)\quad(℃)$$

式中 $T_{i入}$、$T_{i出}$——各反应器的入口温度、出口温度，℃；

X_i——各反应器内催化剂装填比例，%。

重整生成油每增加一个单位辛烷值需要提高反应温度(*WAIT*)，在 *RON*90~95 范围内为 2~3℃，*RON*95~100 范围内为 3~4℃[42]。增加空速，或原料变贫、变轻，也都需要适当提高反应温度以维持产品辛烷值不变。图 6-14 和图 6-15 分别表示在体积空速均为 1.0h^{-1} 条件下，半再生重整工况和连续重整工况的反应温度(*WAIT*)与原料组成(*N*+3.5*A*)、产品辛烷值(*RONC*)的关系。

提高反应温度有利于芳烃的生成和辛烷值的提高，但会降低生成油的收率和增加催化剂上的积炭。图 6-16~图 6-18 表示三种不同原料，在不同反应温度条件下，液体收率、芳烃产率和产品辛烷值的变化情况。

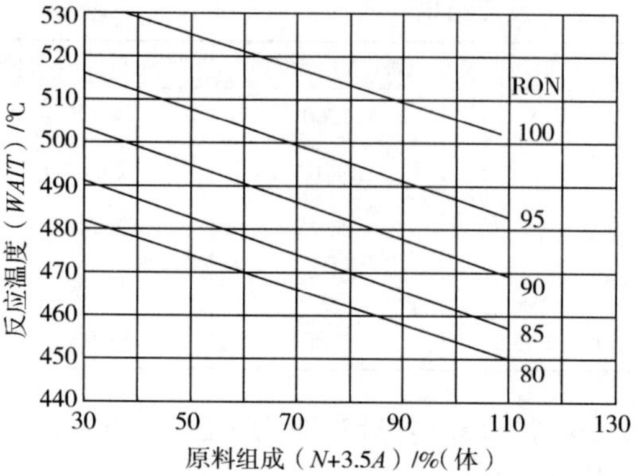

图 6-14　半再生重整原料组成对反应温度的影响

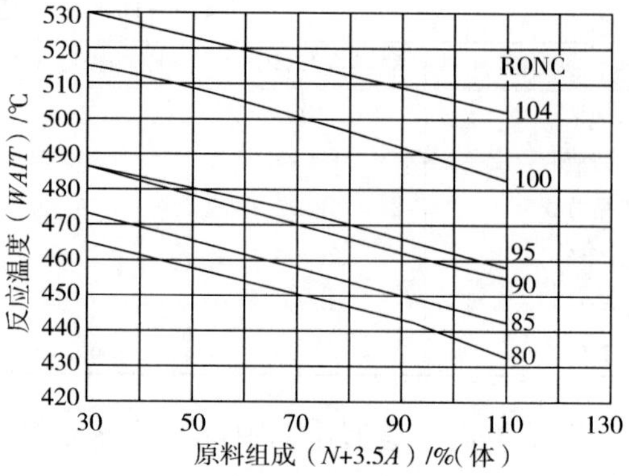

图 6-15　连续重整原料组成对反应温度的影响

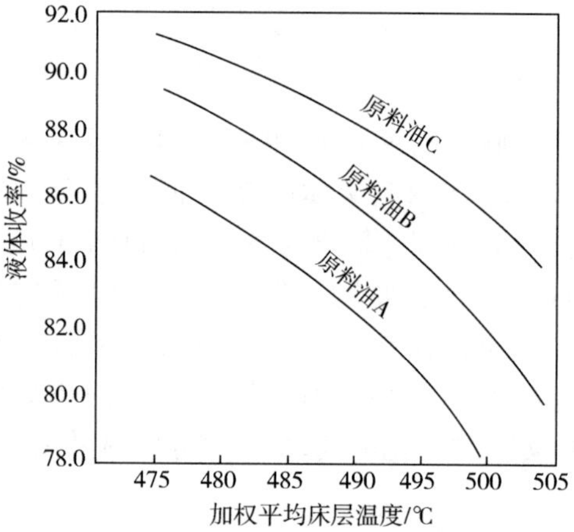

图 6-16　反应温度对液收率的影响

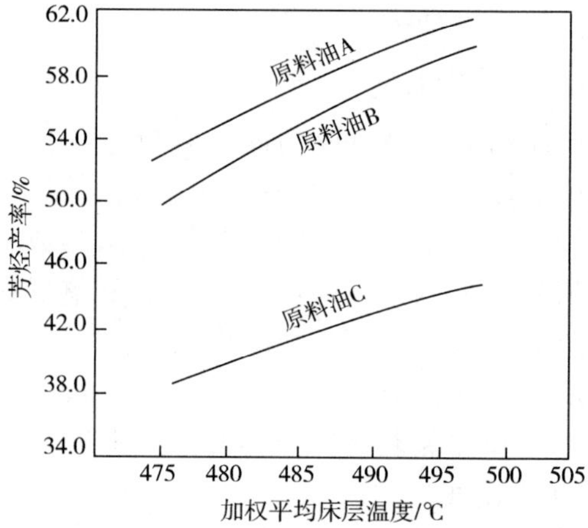

图 6-17　反应温度对重整油辛烷值的影响

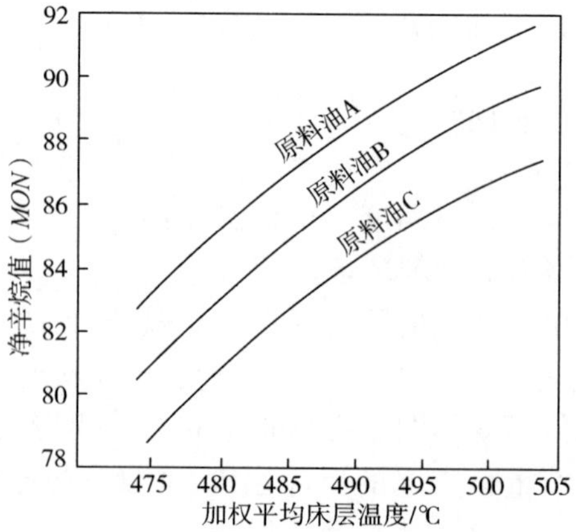

图 6-18　反应温度对芳烃产率的影响

原料油 A—大庆 80～160℃直馏石脑油；原料油 B—新疆、长庆原油混炼，80～170℃直馏石脑油；原料油 C—新疆、长庆原油混炼，60～130℃ 直馏石脑油；催化剂—Pt-Re/Al_2O_3；压力(表)—1.57MPa；体积空速—2.0h^{-1}；气油体积比—1200

(三) 空速

空速是单位时间内单位催化剂的原料油加工量，表示反应物与催化剂接触时间的长短。通常用重量空速(*WHSV*)或体积空速(*LHSV*)表示。重量空速是单位时间内通过反应器的原料油重量与反应器内所装有效催化剂重量的比值；体积空速是单位时间内通过反应器的原料油体积与反应器内所装有效催化剂体积的比值。在计算空速时，应以反应器内有效催化剂的重量或体积(不包括反应器内密封层、输送管及收集器等未参与反应的催化剂)为准。

空速也是重要的操作参数，对重整反应效果有明显影响。增加进料量意味着提高空速，从而减少了物料在反应器中停留的时间，降低了反应的苛刻度，辛烷值会降低，需要通过提高温度进行补偿；反之，在低空速条件下，物料在反应器中停留的时间增加，反应温度就应当低一些，以防止热反应过多影响重整生成油的收率。因此，空速与温度可以互相补偿，如图6-19所示。为了维持相同的产品质量(辛烷值或芳烃含量)，提高反应温度可以弥补增大空速带来的影响。

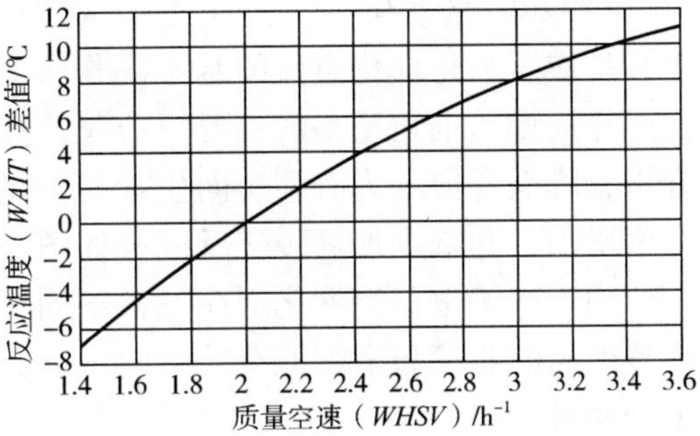

图6-19　空速对反应温度的校正

在生产调整中如果需要增加空速和反应温度时，就必须先增加空速(即先增加进料量)然后提高温度。相反，如果需要降低空速和温度时，就必须先降低反应器入口温度然后降低空速(减少进料量)。当温度一定时，产品辛烷值随空速的提高而降低。

以中原原油石脑油为例：馏程为65~170℃，总芳烃潜含量为51.7%，反应压力为1.5MPa，空速的影响见图6-20和图6-21。在相同的反应温度条件下，空速降低则辛烷值增加，芳烃产率增加，但循环气中氢纯度降低，C_{5+}液体收率减少。

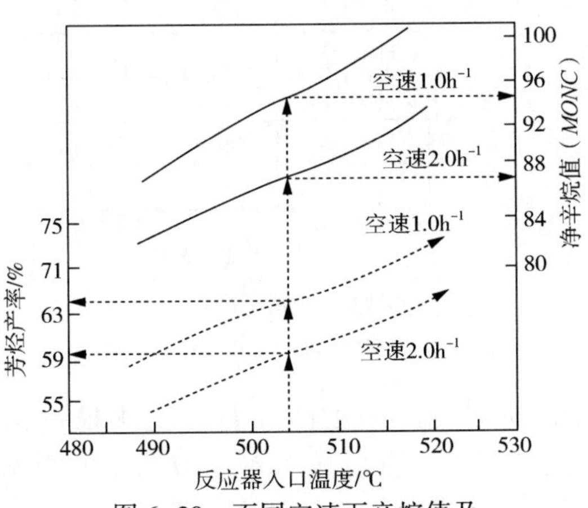

图6-20　不同空速下辛烷值及芳烃产率与温度的关系

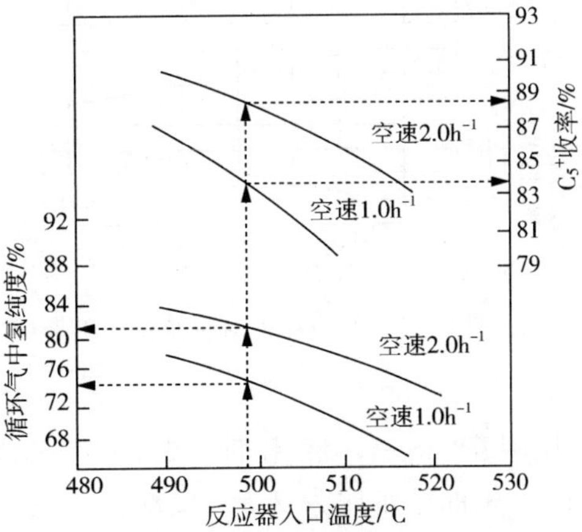

图6-21　不同空速下C_{5+}收率及循环气中氢浓度与温度的关系

装置在设计时，选择空速高低决定了反应器的大小。在一般情况下，低空速对反应有利，但反应器大，要装入较多的催化剂，由于重整催化剂中含有贵金属铂，价格昂贵，对投资影响比较大，而高空速则需要较高的反应温度。对于运行苛刻度较高的芳烃型连续重整装置，为了满足混合 C_8 芳烃产品纯度要求，提高空速时需要提高反应温度，而过高反应温度还会导致重整生成油中的烯烃含量增加，加重了后续芳烃原料精制的任务。

一般工业重整装置采用的体积空速(*LHSV*)为 1.0~2.0h^{-1}。在 *LHSV* 低于 1.0h^{-1}时，会发生不希望的副反应和使加氢裂化增加，减少重整油的收率。在选择空速时，要兼顾允许的加氢裂化反应和要求的脱氢环化反应两个方面。改变空速对芳构化和异构化一般不起作用，因为这些反应即使在高空速下也能接近平衡。

(四) 反应压力

反应压力是催化重整的基本操作参数，它影响生成油的收率、芳烃产率、汽油质量以及操作周期。催化重整的主要反应是产生氢气的环烷脱氢和烷烃环化脱氢，从热力学角度分析，降低反应压力有利于向生成芳烃的反应平衡移动，生成油的收率、芳烃产率和纯氢产率增加，并减少加氢裂化反应，如图 6-22 所示。

用国产铂铼重整催化剂在三种不同压力下的中试结果如图 6-23 所示。这些结果表明，重整产品的收率与辛烷值有关，同时反应压力对 C_5^+ 液体收率、芳烃产率及纯氢产率的影响十分明显。

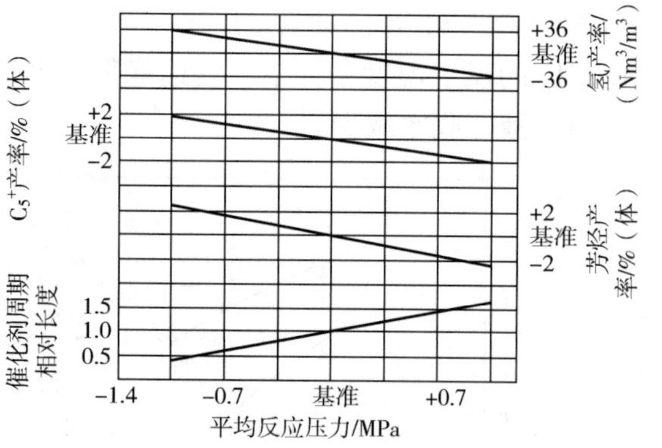

图 6-22 反应压力对重整操作的影响

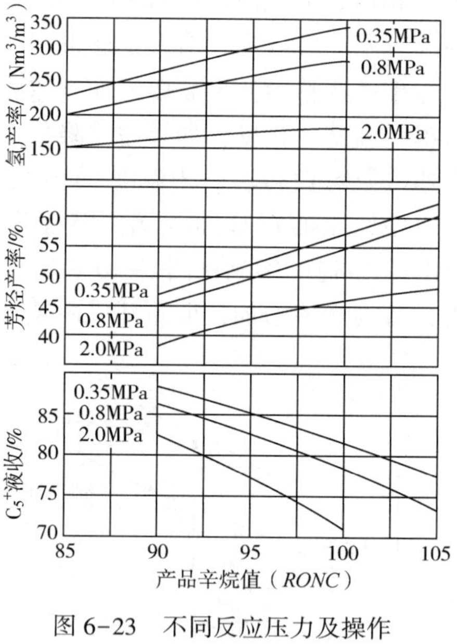

图 6-23 不同反应压力及操作苛刻度对产品收率的影响

用国产 PS-Ⅵ催化剂，处理 *P/N/A* 为 66.27/23.81/9.92 的原料，在体积空速为 1.2h^{-1}、氢油摩尔比为 2.5、反应温度为 535℃的情况下，反应压力对反应结果的影响见表 6-17。由表 6-17 可见，随着反应压力的降低，芳烃产率、氢气产率、重整生成油的液体收率和辛烷值均增加，同时，催化剂的积炭速率也增加。

重整反应压力也是催化重整技术先进性的一个标志。反应压力越低对提高重整产品越有利，但催化剂的积炭速率增加、失活速率加快，需要进一步提高催化剂的容炭能力。随着重整催化剂的技术进步，目前的半再生重整平均反应压力由早期的 1.8~3.5MPa 降低至

1.0~1.5MPa，操作周期维持在一年以上；而连续重整的平均反应压力由初期的0.8~1.0MPa降至0.35MPa，且装置趋于大型化。

表6-17 反应压力对重整主要反应结果的影响

平均反应压力/MPa(G)	0.30	0.35	0.40
C_{5+}产品研究法辛烷值	105.2	105.1	105
C_{5+}产品液收率/%	85.08	84.22	83.35
芳烃产率/%	72.70	71.90	71.06
纯氢产率/%	4.08	4.03	3.87
催化剂积炭速率/(kg/h)	70.6	68.7	66.9

工业重整装置的反应压力是由装置设计时确定的。在正常运行过程中，反应压力不作为调节参数，一般控制产品分离罐压力稳定。平均反应压力随着进料量、循环气量等操作参数的变化而略有变化。

(五) 氢油比

氢油比是单位时间内进入重整反应器的循环气中的氢气与重整原料油的摩尔流率之比(称为氢油摩尔比)或体积流率之比(称为氢油体积比)，是影响催化剂积炭速率和活性稳定性的重要参数。催化重整反应一般需要在临氢条件下进行，氢气可以将积炭前身物清除，从而降低催化剂的失活速率，提高催化剂的稳定性，延长催化剂的寿命。氢油比的大小直接影响氢分压的高低，影响催化剂的积炭速度和催化剂的寿命。氢油比大，虽然不利于芳构化，增加加氢裂化，但催化剂积炭速率减慢，操作周期增长；氢油比减小，则氢分压降低，虽有利于环烷烃脱氢和烷烃脱氢环化，但会增加催化剂上的积炭速率，降低催化剂的稳定性。

循环氢通过反应器时，还起着热载体的作用，氢油比大小对催化剂的床层温度和各反温降有影响。随着氢油比的降低，在相同加权平均入口温度(*WAIT*)条件下，各反温降增加、加权平均床层温度(*WABT*)减小，反应苛刻度降低。

催化剂相对积炭因数、催化剂相对失活速率与氢油比的关系如图6-24和图6-25所示。氢油比越低，催化剂积炭因数和失活速率越大，影响半再生重整装置的周期寿命和连续重整催化剂积炭量。

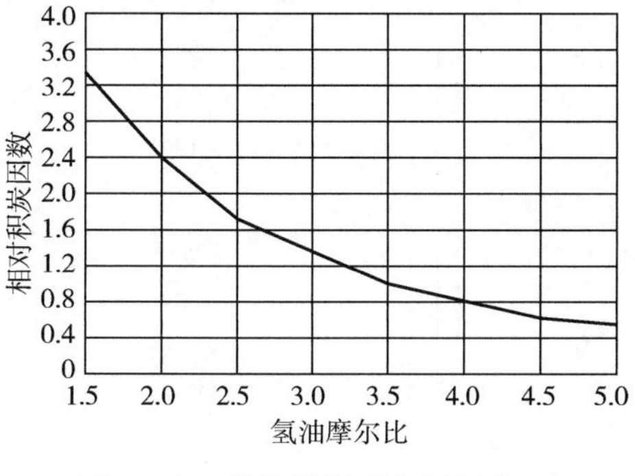

图6-24 催化剂相对失活因数与氢油比的关系

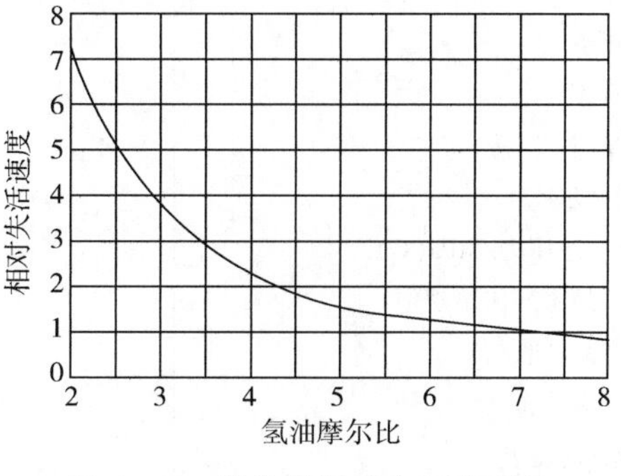

图6-25 催化剂相对失活速率与氢油比的关系

氢油比对催化重整主要反应结果的影响见表6-18。由表6-18可见，在原料和产品辛烷值相同的条件下，氢油比增加，催化剂积炭大幅减小，而生成油收率、芳烃产率和氢气产率略有下降，变化幅度不大。降低氢油比，有利于降低能耗，但积炭速率增加，半再生重整催化剂周期寿命缩短、连续重整装置催化剂平均积炭量增加。因此，半再生重整为了保持较长开工周期，氢油比一般控制在5~8，而连续重整装置的氢油比一般控制在2~3。

表6-18　氢油比对催化重整主要反应结果的影响

氢油摩尔比	2.0	2.5	3.0
WAIT/℃	539	536	533
WABT/℃	505	504	504
C_{5+}产品辛烷值 *RON*	105	105	105
C_{5+}产品液收/%	84.54	84.22	83.90
芳烃产率/%	72.18	71.90	71.65
纯氢产率/%	4.06	4.03	3.99
催化剂积炭速率/(kg/h)	80.8	68.7	59.7

① 催化剂为PS-Ⅵ，原料 *P/N/A*=66.27/23.81/9.92。

氢油比的选择应综合考虑原料油组成、反应苛刻度（或产品质量）、催化剂的性能以及半再生重整装置检修周期（或连续重整装置催化剂再生能力）等因素，是装置设计时需要考虑的重要参数。在正常运行过程中，也可以根据以上实际情况进行优化，充分发挥催化剂的性能、保证产品质量，又能够节能降耗。

二、典型工艺流程和主要操作数据

我国自行设计建设的催化重整装置，有固定床半再生式和移动床催化剂连续再生式两种工艺，其主要反应条件及反应结果如表6-19所示。

表6-19　重整装置的主要反应条件及反应结果

项　目	固定床半再生装置	连续重整装置
原料(*P/N/A*)/%	60.60/28.71/10.69	60.60/28.71/10.69
WHSV/h^{-1}	1.8	2.2
WAIT/℃	490	526
WABT/℃	476	496
氢油摩尔比	3.27/6.55	2.4
平均反应压力/MPa(G)	1.4	0.35
C_{5+}产品研究法辛烷值	95	102
C_{5+}产品液收/%	87.03	89.81
C_{5+}产品芳含/%	61.61	77.60
辛烷值收率①/%	82.68	91.61
纯氢产率/%	2.43	3.79

① 为液体产率与辛烷值 *RON* 的乘积。

移动床连续重整工艺与固定床半再生式重整工艺相比较，具有重整生成油收率、芳烃产率和纯氢产率高的特点。然而，这种差距会随着原料芳烃潜含量的增加而缩小[43]。移动床连续重整还具有对原料油适应性强、生产灵活性大、运行周期长等特点；但设备多，投资较大，操作控制较复杂。

从装置的经济性方面考虑，移动床连续重整与固定床半再生式重整各有特点，分别适用于不同的情况[44]。通常在装置规模较大(大于50万吨/年)、加工贫环烷烃原料、要求生产较高辛烷值(如 *RON*≥98)汽油或最大量生产芳烃及氢气需求量大的情况下，宜选用连续重整工艺，否则一般采用固定床半再生式重整工艺。重整工艺基本流程见图6-26。

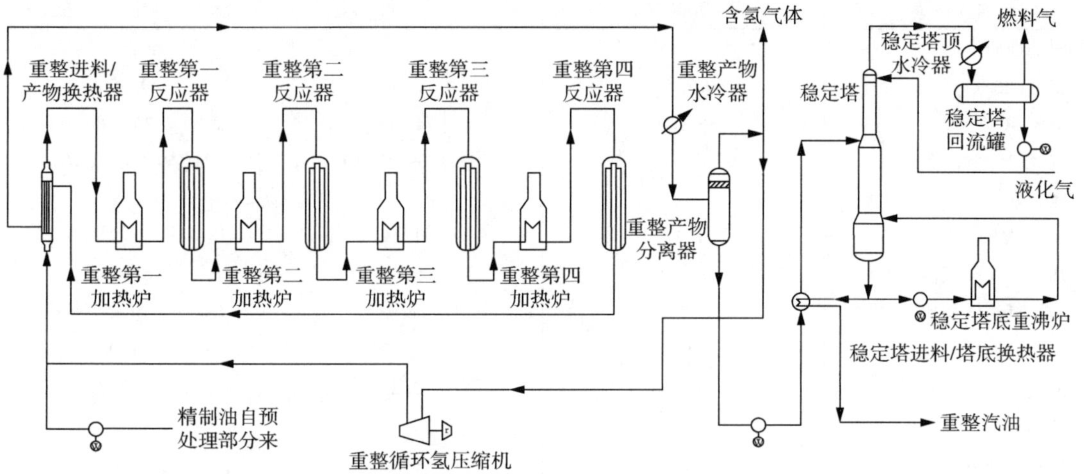

图6-26　重整工艺基本流程

石脑油经过预处理精制后作为重整部分的进料，从泵出来先与循环氢混合，然后进入换热器与反应产物换热，再经加热炉加热后进入反应器，一般设置3~4个绝热式径向反应器。

由于重整是吸热反应，物料经过反应以后温度降低，为了保持足够高的反应温度，每个反应器之前都设有加热炉，最后一个反应器出来的物料与进料换热，然后再经冷却后进入油气分离器。

从油气分离器顶分出的气体一部分作为重整循环氢，用循环氢压缩机压缩后与重整原料混合，再经加热返回重整反应器，其余部分作为产氢直接或经增压后送出装置。为了回收产氢中的轻烃并提高氢气纯度，常常将压缩后的含氢气体与用泵加压后的产物分离罐底液体在较高压力下混合冷却，通过气液再接触，使气中的轻烃溶于油中，达到新的平衡，然后再分离。

从产物分离罐底分出的液体用泵抽出，直接或经再接触后送往稳定塔(或脱戊烷塔)。塔顶气体经冷却后进入回流罐，罐顶出燃料气(部分装置设有返回上游与油再接触以回收其中轻烃的流程)，罐底出液化气(或轻石脑油)，一部分作回流，一部分作产品。塔底液体一部分用泵抽出，经重沸炉加热后返回塔内给塔底供应热量，其余部分与塔进料换热再经冷却后，作为重整生成油送出装置。在生产高辛烷值汽油时，重整汽油从稳定塔底出来冷却后送出装置；在生产芳烃时，重整生成油经脱戊烷塔脱去戊烷并经换热后送至后分馏和抽提部分。

目前的半再生重整装置基本上都采用二段混氢工艺，即将循环氢分为两部分，一部分直接与重整进料混合进入前面的反应器，另一部分则在第二或第三重整反应器出口线上引入，进入后面的反应器，从而降低反应器及循环氢系统的压力降，有利于重整反应，并降低动力消耗。半再生重整的典型操作条件及反应结果见表6-20[45]。半再生重整装置运行一个周期后需要停工进行催化剂再生。

表6-20　固定床半再生式重整的典型操作条件及反应结果

项　目	初期①	中期	首次再生
原料油性质			
密度(20 ℃)/(g/cm³)	0.7351	0.7440	0.7500
馏程/℃	66~159	74~181	73~184
烷烃/环烷烃/芳烃/%	48.97/42.01/8.96	50.71/39.12/10.16	50.59/38.46/10.95
反应条件			
压力/MPa	1.21	1.19	1.22
加权平均床层温度/℃	474.2	481.9	477.1
一段氢油体积比	574	655	645
二段氢油体积比	1148	1310	1290
液时空速/h^{-1}	2.27	2.25	2.27
运转结果			
稳定汽油 *RON*	94.9	94.6	95.2
稳定汽油收率/%	91.04	89.89	92.86
芳烃产率/%	57.7	57.2	60.6
氢气产率/%	2.71	2.79	3.00

① 初期和中期数据分别取自第一周期运转第33天和第435天，首次再生数据取自首次再生后第二周期运转第121天。采样3932/3933催化剂。

20世纪90年代初我国开发了半再生重整催化剂两段装填工艺。研究表明，等铼铂比催化剂与高铼铂比催化剂相比较，前者选择性和抗硫等杂质环境污染能力较好，后者生焦速率较慢，活性稳定性好。根据两种催化剂各自的特点，结合工业装置各个反应器中所发生的反应，我国先后研究开发了CB-6/CB-7、3932/3933和PRT-C/PRT-D催化剂两段装填工艺。即在前部反应器中装入CB-6、3932或PRT-C等铼铂比催化剂，在后部反应器装入CB-7、3933或PRT-D高铼铂比催化剂。图6-27、图6-28为两段装填与单段装填工艺的比较[46]。

图6-27表明，单段装填和两段装填比较，在相同反应条件下，重整生成油的辛烷值基本相同，即活性相当，但CB-6/CB-7两段装填工艺的重整液体收率要高。图6-28表明，在相同的反应条件下两段装填工艺不仅重整液收率高，且芳烃产率高，说明两段装填工艺改进了重整芳构化反应的选择性。

重整催化剂两段装填工艺自1990年开始在工业装置应用以来，已得到广泛应用。PRT-C、PRT-D是不同铼铂比的多金属铂铼重整催化剂，主要特点是选择性和活性稳定性好。

PRT系列催化剂及分段装填工艺自2002年以来工业应用近60套次。PRT-C/PRT-D两段装填工艺在40万吨/年的工业装置上运转标定数据列于表6-21[8]。标定数据表明，PRT-C/PRT-D催化剂两段装填工艺，在长周期运转下具有优异的活性和选择性。

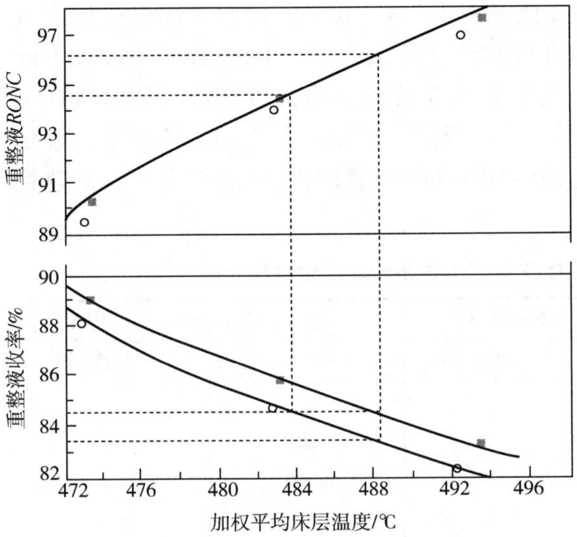

图6-27　单段装填和两段装填工艺的中试数据比较

○—CB-6/CB-6/CB-6/CB-6；

■—CB-6/CB-6/CB-7/CB-7

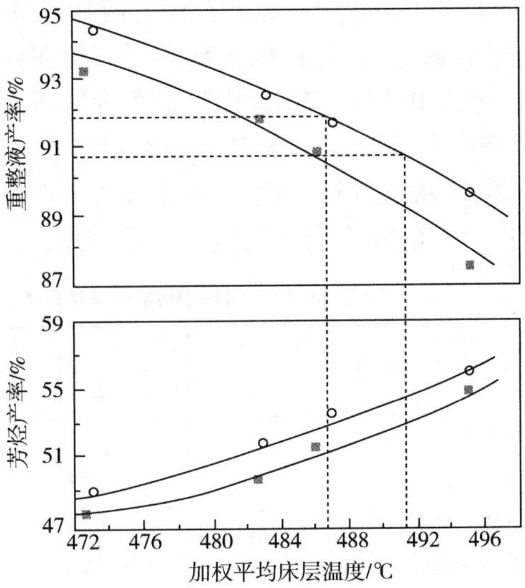

图6-28　单段装填和两段装填工艺的中试数据比较

○—CB-6/CB-6/CB-7；

■—CB-6/CB-6/CB-6

表6-21　PRT-C/PRT-D重整操作条件及标定结果

项　目	标1	标2	标3	标4	标5	标6
操作条件						
运转天数/d	94	95	284	401	403	694
重整进料芳潜/%	34.59	39.79	35.85	38.57	38.57	39.85
重整进料量/(t/h)	50.00	40.53	50.18	40.60	40.54	50.00
质量空速/h^{-1}	2.35	1.89	2.36	1.91	1.90	2.35
WAIT/℃	489.0	490.0	495.0	489.0	504.0	494.6
WABT/℃	477.0	475.0	480.9	475.9	489.5	481.8
氢油体积比	1003	1203	1016	1327	1160	1032
高分压力/MPa	1.15	1.15	1.15	1.20	1.20	1.20
主要结果						
稳定汽油收率/%	89.66	89.19	89.84	90.62	86.59	90.80
稳定汽油 *RON*	87.6	91.4	87.7	90.0	97.0	89.2
稳定汽油芳烃含量/%	56.09	59.98	57.22	55.64	68.30	55.24
芳烃产率/%	50.3	53.5	51.7	50.4	59.2	49.8
芳烃转化率/%	145.4	134.5	144.2	130.7	153.3	124.9
循环氢/%(体)	92.56	95.95	93.95	94.38	92.20	93.43

石科院开发的新一代 SR-1000 半再生重整催化剂，采用新催化材料氧化铝载体含硫且硫含量可控，比表面积更高，孔体积更大，孔结构更优化。工业载体制备的催化剂中型试验结果表明，与 PRT-C/PRT-D 对比剂相比，SR-1000 催化剂具有较高的活性、稳定性、选择性和再生性能。此外，由含硫物种氧化铝载体制备的 SR-1000 催化剂在还原过程中进行“原位硫化”，使得催化剂不再需要在开工前进行额外预硫化[47~49]，因而其开工过程更简便、安全和环保。2015 年开始在青岛石化半再生重整工业装置应用，与 PRT-C/PRT-D 工业运转的标定数据对比列于表 6-22[50]，在原料性质及反应苛刻度几乎相同的情况下，催化剂的活性及选择性均高于 PRT-C/PRT-D，且 SR-1000 催化剂具有优异的稳定性和水热稳定性，已在 20 余套装置进行工业应用。

表 6-22　SR-1000 与 PRT-C/PRT-D 催化剂操作条件与标定结果对比

项　目	SR-1000			PRT-C/PRT-D
	初期	末期	再生后	初期
操作条件				
运转天数/d	36	352	69	45
重整进料芳潜/%	46.88	46.21	46.71	47.62
重整进料量/(t/h)	28.0	32.0	33.5	29.0
质量空速/h^{-1}	1.13	1.29	1.33	1.19
WAIT/℃	484.9	470.0	480.0	483.8
WABT/℃	472.8	459.5	468.3	473.5
一段氢油体积比	596	626	524	605
二段氢油体积比	1101	1178	985	1189
高分压力/MPa	1.2	1.2	1.2	1.2
主要结果				
稳定汽油收率/%	91.53	92.90	89.07	90.79
稳定汽油 *RON*	94.9	92.1	94.5	93.6
汽油辛烷值收率/%	86.86	85.56	84.17	84.97
稳定汽油芳烃含量/%	57.27	53.08	59.98	55.32
芳烃产率/%	52.42	49.31	53.42	50.22
芳烃转化率/%	111.81	106.71	114.36	105.45
循环氢/%(体)	89.0	91.2	85.7	87.6
纯氢产率/%	2.53	2.18	2.80	2.41

20 世纪 70 年代末以来，我国开始从美国环球油品公司(UOP)和法国石油研究院(IFP)引进连续重整技术[19]。UOP 第一代连续重整项目于 1971 年 3 月在美国建成投产，反应压力为 0.88MPa，采用常压再生工艺(Atmospheric)；1988 年 11 月第二代连续重整工艺工业化，重整反应压力降至 0.35MPa，采用加压再生工艺(Pressurized)，再生压力 0.25MPa；1996 年 3 月 CycleMax 再生工艺技术工业应用，反应和再生压力与加压再生工艺相同，进一步改进了催化剂再生工艺流程和设备。UOP 连续重整的特点是反应器采用重叠布置，占地面积小，反应器之间的催化剂靠重力流动，不需要气体提升；再生循环气体采用湿热循环，

流程简单，但对设备和管线材质要求高，再生循环气中水含量高。IFP 第一代连续重整技术于 1973 年工业化，反应压力为 0.8MPa，采用分批再生工艺，再生压力约为 0.96MPa；20 世纪 90 年代开发出超低压连续重整 Regen B 工艺，反应压力 0.35MPa，再生器改用移动床，催化剂进行连续再生，再生压力 0.57MPa；从 1995 年以后陆续开发了 Regen C 和 Regen C2 工艺，对催化剂再生技术进一步改进。IFP/Axens 连续重整的特点是反应器采用并列布置，反应器之间的催化剂需要气体提升，再生循环气体经过碱洗后干燥循环，设备较多，但都采用普通材质，且再生循环气中水含量很低，有利于保持催化剂的比表面积。

2001 年我国自主开发的低压组合床工艺技术实现工业应用，该工艺是一二反应器采用半再生固定床重整工艺，使用高活性、高稳定性的铂铼重整催化剂；三四反应器采用移动床连续重整工艺，使用高选择性、高水热稳定性的铂锡重整催化剂，并设有催化剂连续再生系统。

2009 年具有自主知识产权的国产超低压连续重整成套技术(Super Lower-pressure Continuous Reforming，SLCR)实现工业应用，平均反应压力为 0.35MPa，再生压力为 0.55MPa。该技术的特点是反应器采用“两两重叠再并列”布置，再生气体“干、冷”循环，一段烧焦、一段还原，催化剂循环“无阀输送”。SLCR 技术是在多年催化重整技术研究和工程开发及工程设计经验的基础上，通过对连续重整技术知识产权的分析与保护、工程模型的建立与大型冷模实验研究的验证、工业试验装置的验证与优化等，开发出的拥有自主知识产权的连续重整技术。石科院和中国石化工程有限公司(SEI)于 1997 年提出了逆流连续重整的创新理念[51]，进而开发出逆流连续重整成套技术(SINOPEC Counter-current Continuous Catalytic Reforming，SCCCR)，并于 2013 年实现工业化。该技术的显著特点是催化剂在重整反应区的循环输送方向与反应物流的流动方向相反，即从再生器来的再生催化剂首先进入末反，然后再逆反应物流方向依次进入前面反应器，最后离开一反送至再生器进行再生。催化剂在反应区为“逆流”输送[52]。SLCR 和 SCCCR 都在向大型化方向发展。

连续重整反应部分工艺流程与半再生重整装置基本相同，均采用一段混氢，反应器采样并列式、叠式或两两重叠再并列模式，同时设置了催化剂循环再生系统，催化剂在反应器与再生系统之间连续移动，并在重整反应系统不停工的条件下进行催化剂连续再生。由于重整反应始终在接近新鲜催化剂的最佳条件下运行，同时允许在较低反应压力和较高苛刻度操作，因此，连续重整对原料的适应性强，重整油和氢气的产率比较高，并且具有稳定的收率和较高的装置运转率。

催化剂循环再生系统各部分的设置随再生工艺的不同而略有变化。一般主要包括以下部分：待生催化剂完全再生(烧焦、氯化更新、干燥、还原)、催化剂的循环和定量输送、临氢系统和再生系统含氧气氛的安全隔离、催化剂粉尘脱除与粉尘收集。

催化剂再生部分的操作既相对独立又与反应系统相互联系，核心是催化剂再生，在再生器中完成待生催化剂烧炭、氯化更新、干燥后，输送至还原罐中进行催化剂还原。催化剂循环和定量输送系统是通过逻辑控制将待生催化剂输送至再生器进行再生，再生催化剂再返回至重整反应系统，催化剂循环过程及循环量通过相关设备和操作程序进行严格控制。为了进行安全操作，反应器临氢系统与再生系统的含氧气氛设置了安全隔离，避免介质互串。对催化剂循环过程中产生的粉尘进行脱除、收集，避免造成系统堵塞。

连续重整装置工业生产数据见表 6-23。

表 6-23　三种类型连续重整工艺技术的工业装置典型数据

编号	Ⅰ[3]	Ⅱ[53]	Ⅲ[53]	Ⅳ[53]	Ⅴ[53]	Ⅵ	Ⅶ[54]	Ⅷ[55]	Ⅸ[6]	Ⅹ[2]	Ⅺ[56]	Ⅻ	XIII[57]	XIIII
装置专利商	Axens	Axens	Axens	Axens	Axens	Axens	UOP	UOP	UOP	UOP	UOP	SINOPEC	SINOPEC	
再生类型	Regen A	Regen A	Regen A	Regen B	Regen B	Regen C	Atmospheric	Atmospheric	Atmospheric	Pressurized	CycleMax	第三代	第二代	SCCCR
催化剂	3861	PS-VI	3861	PS-IV	PS-IV	PS-V	PS-IV	PS-III	PS-VII	PS-VI	PS-V	PS-VI	PS-VI	PS-VI
原料油														
密度(20℃)/(kg/m^3)	741.5	742.4	723.2	729.9	732.5	732.8	734.7	732.4	744.8	736.3	750.0	737.4	739.4	746.8
馏程范围/℃	85~165	82~169	77~179	78~176	81~166	82~170	82~173.5	67~163	83.1~167.2	81.4~155.4	95.4~163.1	77.9~155.3	82~166	81~168
(*N*+*A*)/%	45.48	43.27	34.60	48.32	42.18	46.55	41.55	46.30	55.40	44.19	49.36	49.62	45.29	49.55
芳烃潜含量/%	45.29	40.63	32.55	45.62	39.51	44.20	39.39		52.61	42.08	46.67	46.45	43.15	47.09
操作条件														
WAIT/℃	521.3	505	501.0	516.0	520.0	519.7	506.4	530.0	521.3	528.1	520.0	521.0	513.3	524
WABT/℃	497.8	490.4	483.8	489.8	493.5	495.0	489.5	500.7	497.1	495.7	489.3	492.0	491.7	
WHSV/h^{-1}	1.51	1.38	1.0	2.38	2.36	1.62	1.12	3.46	1.37	2.25	1.54	1.32	1.44	2.1
平均压力/MPa	0.62	0.62	0.8	0.45	0.44	0.33	0.825	0.87	0.87	0.35	0.35	0.35	0.62	0.35
氢油摩尔比	5.91	6.18	8.0	2.68	2.77	3.97	3.97	2.50	3.02	2.38	2.45	2.85	3.12	2.3
再生技术特征	Regen A	SINOPEC	Regen A	Regen B	Regen B	Regen C	Atmospheric	Atmospheric	Atmospheric	Pressurized	CycleMax	SINOPEC	SINOPEC	
运转结果														
C_{5+}收率/%	86.80	89.04	84.50	89.58	88.42	86.60	78.81	87.08	80.20①	88.19	91.71①	88.29	88.08	89.63
C_{5+} RON	100.1	100.3	95.6	102.5	102.0	>102	~102	98.5	103	102	106.5①	>102	102	101
芳烃产率/%	64.10	69.28	50.50	70.31	68.85	71.67	60.20		68.91①	71.86	76.45	74.48	68.02	
纯氢产率/%	2.60	2.91	2.68	3.91	3.87	4.04	3.07	2.77	3.75	4.03	3.87	4.01	3.62	3.53
C_{5+}产品芳潜含量/%	73.88	77.81	59.76	78.48	77.87	82.76	76.39		85.92①	81.48	83.36①	84.36	77.23	

① C_{6+}收率。

三、开工技术

催化重整工业装置上使用的主要是铂铼和铂锡两大系列催化剂，均采用热稳定性好的$\gamma-Al_2O_3$为载体。铂铼催化剂用于固定床半再生重整装置，铂锡催化剂用于连续重整装置。重整装置开工涉及多个步骤，任何步骤操作不当都会影响催化剂的性能或装置的正常运行。

（一）半再生重整开工技术

半再生重整的开工包括装置净化、干燥、内构件检查，催化剂装填、干燥、还原、预硫化和进油等步骤。催化剂状态不同，开工程序也不同。

1. 氧化态铂铼催化剂的开工程序

（1）装置净化和干燥。装催化剂前必须对相关管线、容器进行彻底清扫，避免催化剂污染或因堵塞引起器内油气分布不均匀及压降增大等问题。

重整临氢系统一定要彻底干燥，以便除去施工及水压试验时留下的水分。

（2）内构件检查。仔细检查反应器内部情况。反应器内壁无铁锈及其他对催化剂有害的物质。对径向反应器更需要仔细检查：①中心管应不倾斜，其底部和反应器底部接触处缝隙一定要用新石棉绳等填实；②中心管及扇形筒上的开孔不能大于催化剂的直径；③每个扇形筒都必须完全紧贴在反应器内壁。

（3）催化剂装填。装催化剂必须在晴天进行。反应器内的催化剂装填密度均匀，防止气流短路。径向反应器装填时必须保证底部瓷球表面与中心管及扇形桶下开孔线的合理距离，并核算催化剂沉降高度和密封高度符合要求。

（4）催化剂干燥。氧化态催化剂干燥时在含氧氮气循环条件下升温，在分离器和各低点排水。必要时循环气体可经沸石脱水，以加快干燥进程。干燥过程中，温度升到450℃，确认系统内无烃类燃烧时，逐步提高空气的补入量，将氧浓度提高到5%以上，温度升至500℃恒温，以排水量确定催化剂干燥结束，降温至400℃。

（5）催化剂还原。还原过程是用氢气将催化剂上氧化态的金属还原成具有更高活性的金属态。催化剂干燥结束后用氮气置换合格，然后用干燥的电解氢或其他质量合格的氢气一次通过置换系统中的氮气，再用氢气将系统充压到0.5~0.7MPa进行循环，并以30~50℃/h的速度升温到480~500℃恒温1h后降温，结束还原。还原过程中(包括氢气置换及升温过程)应投用循环气干燥设施，并在分离器及各低点排水。

（6）催化剂预硫化。还原态的铂铼系列重整催化剂进油前必须进行硫化，防止进油初期发生强烈的氢解反应导致床层超温，同时保护催化剂的活性和稳定性，改善催化剂初期选择性。还原结束后，系统降温至420℃，开始注入硫化剂，同时向370℃降温。硫化剂从各反应器入口注入，以免炉管吸硫造成硫化不足并减少硫的腐蚀，通常在1h内均匀地注完，并及时检测各反应器出口硫穿透。不同牌号的催化剂硫化量不同，应以催化剂专利商的要求为准。新装置注硫量可适当提高。硫化剂可用各种低分子的有机硫化物，如甲基硫化物、二甲基二硫化物及二硫化碳等，一般采用二甲基二硫醚。

应按照预计量注入硫化剂。注硫量过多，则进油后催化剂上过量的硫释放时间较长，而注硫量不足，则无法抑制催化剂过度的氢解活性，达不到催化剂预硫化的预期效果。

(7) 重整进油及调整操作。催化剂预硫化结束后即可进油，进料量不低于设计进料流量的50%，并以20~30℃/h的升温速度向450℃升温，同时开始按催化剂专利商的要求注氯，进行水-氯平衡的调节，并根据循环气中的水含量逐步提高反应温度。

2. 还原态铂铼催化剂的开工程序

对还原态铂铼催化剂来说，开工方法略有不同。还原态铂铼重整催化剂的干燥在氢气气氛下进行，即系统用合格的氢气置换合格后升压，启动压缩机全量循环，以40~50℃/h的速率升温至420℃恒温1h，干燥结束后直接催化剂硫化、进油。如果还原态催化剂存放时间过长，则需在480℃下进行补充还原，再降温至420℃，催化剂预硫化合并进油程序与前面所述一样。

(二) 连续重整开工技术

连续重整装置开工包括装置净化、干燥、内构件检查、催化剂装填、料位仪和闭锁料斗标定、反应系统开工、再生系统开工等步骤。

(1) 装置净化、干燥。与半再生装置的要求基本相同，不同的是除了反应系统干燥外，还包括再生系统的干燥，但净化的要求更为严格，否则会影响催化剂流动和输送。

(2) 反应再生系统内构件检查。连续重整装置反再系统的内构件应严格按照专利商的要求进行全面检查和记录。特别注意中心管、扇形筒、粉尘收集器、催化剂循环输送系统的检查，所有催化剂输送管线(下料腿和提升线)均需进行通球试验。

(3) 催化剂装填。装置经净化和干燥，并完成内构件检查后即可进行催化剂的装填。催化剂的装填可采用逐个反应器装填，也可采用从叠式反应器的顶部装填，用于催化剂装填的输送料斗和固定料斗必须清理干净，固定料斗下部必须加装4目筛网，避免异物随催化剂进入反应器和再生器导致催化剂下料管堵塞。再生部分的催化剂装填应依据专利商提供的手册，制定详细的装填方案。

(4) 料位仪和闭锁料斗标定。对反应器顶部容器(还原罐或缓冲罐、上部料斗)的料位仪进行标定。再生系统装填过程中要进行分离料斗、闭锁料斗、再生器缓冲区料位仪标定，应按照专利商要求进行。新建连续重整装置首次开工时，必须根据专利商提供的方法和步骤，标定闭锁料斗区(或闭锁料斗缓冲区)装载量，且确保闭锁料斗的装载量达到设计范围。检修或更换料位仪、放射源后，也必须进行相关料位仪标定。

(5) 反应系统开工。装剂结束后即可进行氮气置换、气密，在用合格的氢气置换、气密、升压后，检查气体循环流程正常，按操作规程启动循环压缩机全量循环。启动冷却系统，各重整加热炉按规程点火，并以40~50℃/h的升温速率向370℃升温；温度升到200℃以上后，开始以每2h一次的频率在系统各低点放水。建立反应器下部催化剂收集器、上部容器(还原罐或缓冲区、上部料斗)吹扫气流量或压差。当各反应器温度达到370℃左右时，调整好分离器压力，改好重整进料流程，开始以设计进料量的60%进油。进油后以20~30℃/h的升温速率向460~480℃升温，进行催化剂的脱水干燥和操作调整。当循环气中水含量低于一定水平时，可逐步提高反应温度。

重整进油的同时向反应系统注氯，进油初期的注氯量应根据重整循环气中水含量确定。

催化剂再生系统白烧正常后，停止反应系统注氯。重整进油的同时在重整进料中注入硫化物，控制进料中的总硫含量为 0.25~0.5μg/g，以钝化金属器壁，防止金属催化结焦，并坚持长期稳定注硫。硫化物可用各种低分子的有机硫化物，如甲基硫化物、二甲基二硫化物及二硫化碳等，一般采用二甲基二硫醚。

在装置运行过程中，应当定期检测循环气中 H_2S 浓度，当高于 2μL/L 时，需停止催化剂循环再生并查找原因，及时处理，以防止催化剂硫酸根中毒。

（6）再生系统开工。催化剂装填完成后，一般应进行催化剂的提升试验。重整反应系统进油后，应尽快启动催化剂循环。在催化剂循环初期，应特别注意加强粉尘淘析。

再生系统的开工步骤应按工艺专利商的要求进行，一般包括以下步骤：①建立有关气体流量和差压；②电加热器升温；③启动催化剂循环；④闭锁料斗装载量的在线标定；⑤当待生剂炭含量达 3%时，启动催化剂黑烧；⑥当再生剂炭含量低于 0.2%，再生剂中无黑剂和黑芯球时，启动催化剂白烧。

再生系统的有关参数控制应严格按照专利商的设计要求进行。催化剂白烧时，再生注氯量按催化剂专利商的要求控制。

四、反应系统中水-氯平衡的控制

在正常操作情况下，重整催化剂的性能是否得到充分发挥的关键因素是水氯平衡控制。催化剂上的氯含量(酸性功能)受反应系统操作条件、原料水含量等因素的影响，在操作时进行适当调节，以保持催化剂有适宜的氯含量和催化剂反应性能。开工初期和正常运转时调节方法有所不同。

（一）开工初期

由于催化剂在还原时和进油后初期系统中的水量较多，氯损失量较大，或由于催化剂氯化更新时未达到预期的效果，所以在开工初期(低温阶段)进行集中补氯，以满足催化剂上适宜氯含量的要求。

集中补氯时的注氯量要根据重整系统循环气中的水含量确定，可参见表 6-24。一般总的补氯量为催化剂的 0.2%左右。

表 6-24 重整装置开工补氯量

气中水含量/(μL/L)	进料油中注氯量/(μg/g)	气中水含量/(μL/L)	进料油中注氯量/(μg/g)
>500	25~50	100~200	5~10
200~500	10~25	50~100	3~5

集中补氯期间，温度不要超过 480℃。当循环气中含水量小于 200μL/L，硫化氢含量小于 2μL/L，原料油中硫含量小于 0.5μg/g 时，反应器温度即可升到 490℃；随着进油时间的延长，系统气中水含量继续下降，当气中水小于 50μL/L 后，可以按照正常水-氯平衡进行调节。

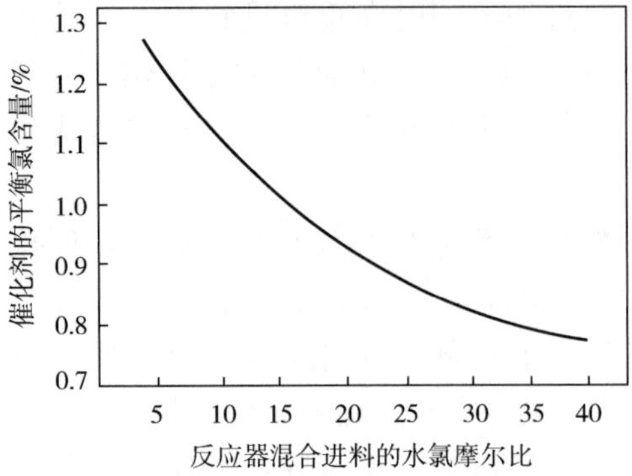

图 6-29　某催化剂平衡氯含量与反应混合进料水氯比的关系
（注：床层平均温度：500℃；压力：1.2~1.6MPa；液时空速：1.5~2.5h^{-1}，氢油摩尔比：6~8。）

（二）正常运转

当重整转入正常运转后，反应系统的中水、氯来自原料油、注入的水和氯，循环气中水含量应控制在 15~30μL/L。适量的水能活化氧化铝，并使氯分布均匀。循环气中氯含量在 1~3μL/L，过高则表明催化剂上氯过量或系统水含量高。在一定的温度下，催化剂的平衡氯含量是反应器混合进料水氯分子比和催化剂比表面积的函数。例如某催化剂在反应温度为 500℃时，水氯摩尔比与催化剂上氯含量的关系如图 6-29 所示。

计算出水氯摩尔比即可知催化剂上的氯含量，由此调节注氯或注水量，使催化剂保持最佳的氯含量（0.9%~1.1%），水氯摩尔比的计算式如下：

$$R=\frac{Y_R G+Y_F\left(\frac{M_F}{18}\right)}{X_R G+X_F\left(\frac{M_F}{35.5}\right)}$$

式中　R——反应器混合进料（新鲜原料油加循环气）中的水氯摩尔比；
X_F——进料油中的氯含量，μg/g（包括注入的氯 X_i）；
Y_F——进料油中的水含量，μg/cm^3（包括注入的水 Y_i）；
X_R——循环气中的氯含量，μL/L；
Y_R——循环气中的水含量，μL/L；
M_F——进料油的平均相对分子质量；
G——氢油摩尔比。

根据经验

$$X_R=(0.5\sim0.7)\ X_F$$

$$Y_R=(3\sim5)\ Y_F$$

必须注意，在应用此关系式时，需要有准确的分析数据，而且还要对反应温度和催化剂的比表面积的变化进行校正。

关于催化剂水-氯平衡的调节，在实践中也积累了丰富经验，可简单地按循环气中水含量来确定注氯量，参见表 6-25。

表 6-25　重整装置正常运转中的注氯量

气中水含量/（μL/L）	进料油中注氯量/（μg/g）	气中水含量/（μL/L）	进料油中注氯量/（μg/g）	气中水含量/（μL/L）	进料油中注氯量/（μg/g）
35~50	2~3	15~25	0.5~1	25~35	1.5~2

对于连续重整装置，开工初期及催化剂“黑烧”阶段的注氯量与以上介绍类似，具体注氯量应以催化剂专利商提供的指标为准。催化剂再生系统开工正常并开始进行催化剂“白烧”后，重整反应系统的注氯即可停止。此后，催化剂的氯含量主要靠再生器氯化区的注氯量调节和控制。再生器氯化区注氯量主要与催化剂类型、催化剂比表面积、再生周期数，以及催化剂循环速率、待生剂氯含量、再生剂氯含量目标值等有关。再生器氯化区注氯量也与再生工艺的类型、再生工艺条件及再生环境气氛有关，因为这些因素对催化剂再生过程中的比表面积变化有不同程度的影响，因此，应当根据重整装置的具体情况进行适当的修正。在实际操作中，具体的注氯量应根据催化剂氯含量的分析结果进行调整。如果再生剂和待生剂的氯含量差值偏离控制值(偏高或偏低)，应检查是否存在注氯量不准、氯化物泄漏或催化剂氯含量分析不准等问题，并针对具体原因及时纠正。

在实际操作时，连续重整装置催化剂可以随时采样分析，确认催化剂氯含量；而对于半再生重整装置，催化剂的水-氯平衡控制还必须将重整原料油组成和操作数据结合起来考虑，要经常观察和分析 C_5^+ 收率、稳定塔顶气量、循环气组成和重整生成油的芳烃含量或辛烷值等操作数据的变化。如发现稳定塔顶气量增加或循环氢浓度下降，表明加氢裂化反应加剧，可能是催化剂上氯含量偏高，这时要停止或减少注氯。又如各操作参数正常时，重整生成油辛烷值或芳烃含量下降可能是催化剂氯含量偏低而需加大注氯量。总之，半再生重整催化剂的水-氯平衡的控制是比较复杂，应综合考虑相关分析数据和现象，及时进行合理的调节，以满足催化剂适宜的氯含量，充分发挥催化剂的反应性能。

五、催化剂的失活与再生

在重整催化剂运转过程中，由于反应生成的积炭覆盖在催化剂的活性组分上，或催化剂的活性组分为杂质所污染中毒，或催化剂在高温下金属活性组分晶粒聚集变大及载体的孔结构发生变化而使金属和载体的比表面积降低，这些因素会导致催化剂的活性逐渐下降，选择性变差，芳烃产率和生成油辛烷值降低。因此，在催化剂运转过程中，必须严格操作，尽量防止或减少这些失活因素的产生，以控制催化剂的失活速率，从而延长重整装置的开工周期。通常用提高反应温度来补偿催化剂的活性损失，当运转到后期，反应温度提到重整加热炉设计的极限，稳定汽油液体收率或芳烃产率有较大幅度下降而不经济时，重整催化剂必须进行再生。

重整催化剂根据失活的性质可以分为可逆失活和不可逆失活[58]。催化剂因积炭、硫氮化合物中毒、金属比表面积降低导致的失活为可逆失活，也称为暂时失活。这种失活的催化剂可以通过一些技术手段使催化剂的活性和选择性可以完全或部分地得到恢复。催化剂因发生重金属中毒、载体比表面积下降导致的失活为不可逆失活，也称为永久性失活。不可逆失活的催化剂的活性不能恢复，只能更换新催化剂。

(一) 催化剂积炭失活

重整催化剂积炭失活是常见的一种现象。积炭的产生是一个非常复杂的过程，它受如下因素的影响，包括：①活性金属(金属含量，晶体大小和分散度)；②催化剂载体(结构性质和酸性)；③助剂(如 Sn、Re、Ir、Ge 等)；④操作条件(反应温度、压力、空速、

H_2/HC比和运转时间等)；⑤原料性质(组成，结构以及烃类碱性等)等。

积炭可以在金属位和在载体的酸性位上生成。在催化剂反应初期阶段，积炭主要是在金属微粒上沉积，然后它转移到载体的酸性位上，并在此通过复杂的酸基催化反应生成类似石墨结构的物质。积炭从开始生成时就以三维的形式沉积，并且在催化剂上的分布是不均匀的，呈现不规则方式排列[59,60]。金属含量、晶粒大小和分散度对积炭的生成有重要影响。提高 Pt 金属含量一般可导致催化剂积炭增加。另外，考虑催化剂成本问题，现在的重整催化剂上的铂含量一般在 0.2%～0.4%。Pt 金属分散度提高可降低催化剂上的积炭量[61,62]。积炭主要是在具有高配位的大金属晶粒上生成。与其他的晶粒相比，具有低配位数的金属晶粒具有较大的抵抗积炭的能力。

催化剂载体的结构、比表面积和酸性也是影响积炭生成的重要因素。提高载体的酸性可以提高积炭量并改变积炭的燃烧特性。

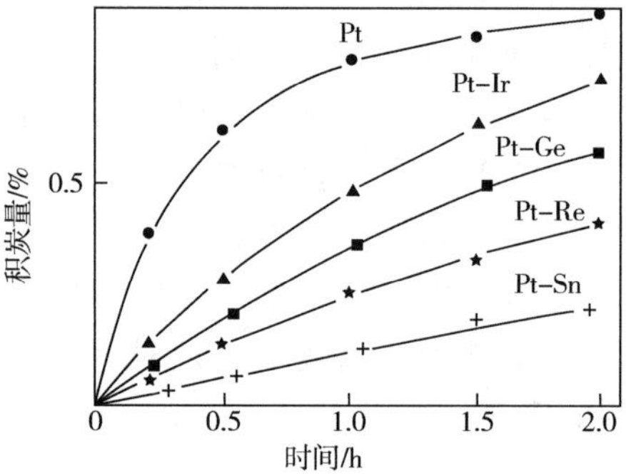

图 6-30　第二金属助剂对催化剂积炭生成的影响

催化剂积炭也受添加金属助剂的影响。催化剂制备时在金属 Pt 的基础上加入第二金属如 Re、Sn、Ir 等[63～65]，可大大提高催化剂的稳定性。第二金属助剂如 Sn、Re 等可以抑制积炭聚集，它们可以通过电子或几何效应改变积炭的性质。金属助剂 Re 和 Ir 可以破坏积炭前身物，在载体上引起积炭的脱附，从而改善了催化剂的稳定性。在以正庚烷为原料的重整反应中，催化剂积炭含量随着催化剂的不同而发生变化，在 2h 反应内，积炭含量按照如下次序增加：Pt-Sn < Pt-Re < Pt-Ge < Pt-Ir < Pt，如图 6-30 所示。从图 6-30 的结果可以看出，双金属催化剂有较高的抗积炭能力。因此，现在的重整催化剂大多为多金属催化剂。

在重整催化剂上，氯的存在使 Pt 在载体上更均匀沉积，这提高了金属相的分散。但是，随着氯在载体上的含量增加，积炭含量增加。重整催化剂有一个优化的氯含量，它通过一个氢从金属到载体的溢出和良好的金属分散的机理，使得积炭含量降低。硫使催化剂的活性位中毒，改变了最终积炭的性质和定位。在开工初期，进油前进行预硫化是钝化 Pt-Re 重整催化剂过高氢解活性的一个有效而且必要的方法[66]，也可减少积炭。

重整石脑油原料的组成是影响积炭的另一个因素。现在重整原料复杂多样化，如直馏石脑油、加氢裂化石脑油、加氢焦化石脑油、加氢催化汽油、抽余油、煤液化油、凝析油等都可以做重整原料。一般可以控制原料的馏程范围为 65～180℃。一般来说，重馏分会产生较多积炭，而且原料的碱性度越高，催化剂上的积炭就会越多[67]。

积炭生成也与反应的苛刻度如产物辛烷值或芳烃含量控制的高低，或与反应参数如温度、压力、氢油比和运转时间等因素密切相关。提高反应温度常会导致催化剂上的积炭含量增加，但如能将积炭前身物及时加氢或加氢裂解变成轻烃，则可减少积炭[68]。在高压下反应时，催化剂上的积炭呈过度脱氢和石墨化的性质[69]。在一定压力下，降低空速，同降低 H_2/HC 相似，在载体上生成较多的积炭。提高反应压力也会抑制积炭的生成，但压力加大后，烷烃和环烷烃转化成芳烃的速度减慢。提高氢油比有利于加氢反应的进行，减少催化剂上积炭前身物的生成。

（二）催化剂中毒失活

1. 重整催化剂硫污染失活

含硫化合物对重整催化剂来说是一种典型的毒物，它可以导致催化剂失活。在重整反应条件下，几乎所有的含硫化合物都很容易生成 H_2S，它可以强烈地吸附于铂金属表面上，在很低的含硫化合物气相浓度下也会导致催化剂的脱氢和脱氢环化活性变坏，反应器温降减少，产品辛烷值降低，必须提高反应温度来保持重整产物的辛烷值不变化。从图 6-31 可以看出，在硫存在下必须提高反应温度来维持辛烷值不变[70]，但这会加快积炭的生成。因此，重整催化剂一旦发生硫中毒，建议尽快查找到硫的来源，必要时降低重整各反应器入口温度不高于 480℃操作，长时间不能确定时要考虑重整装置停工。Pt-Sn /Al_2O_3催化剂对积炭失活有较高的抵抗力，但是硫会使这种催化剂严重中毒，而对 Pt-Re/Al_2O_3 而言，硫不仅会使催化剂积炭失活，而且还能使其发生硫中毒。

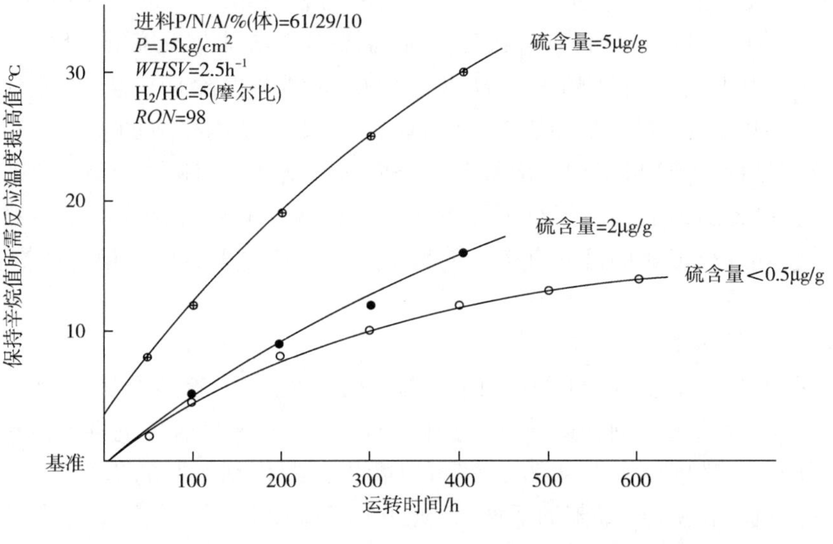

图 6-31　重整原料油硫含量对催化剂活性稳定性的影响

为了保持稳定操作，重整进料中的硫含量有最高限制，对 Pt-Re/Al_2O_3 而言说，硫含量要小于 0.5μg/g，这主要是由于 Pt-Re/Al_2O_3 催化剂的芳烃产率对硫比较敏感[69]。但是，对于使用 Pt-Sn/Al_2O_3 催化剂的移动床重整体系来说，维持一个含有较低硫含量的环境是非常重要的。移动床装置是在 *WAIT* 高达 530℃和 0.4MPa 的低压下生产高芳烃含量的重整产物。在这种苛刻的反应条件下，如果不保证一个含硫的氢气环境，就可能在反应器、加热器和催化剂传送管线的热金属表面上产生丝状炭聚集，进而产生较大炭块。由于积炭在设备的金属的表面上生成，Pt-Sn/Al_2O_3 催化剂不能在反应器和再生器间顺畅地移动，或者甚至发生堵塞。在反应器和其他装置热点部位发现有严重的积炭堵塞现象，这使得装置必须立即停工。因此，为了钝化金属壁表面，必须向重整原料中注入含硫化合物使硫保持 0.5μg/g。采用这种方法，可以解决在金属表面上生成丝状炭和较大积炭块的问题[71]。

2. 重整催化剂氮污染失活

含氮化合物经常以有机化合物的形式存在，如预加氢原料氮含量超过设计值、预加氢催化剂活性降低或换热器发生内漏等会导致重整精制油中氮含量超过0.5μg/g。在重整反应条件下含氮化合物分解为NH_3，它们主要抑制了催化剂的酸性功能，并在一定程度上改变了Pt金属的性质，在水存在下，由于NH_4Cl的生成使催化剂上的氯流失[72]。因此氮中毒主要是氮生成的氨与催化剂表面的酸性中心发生反应生成氯化铵，减少了催化剂表面的酸性中心的数量，从而使催化剂的金属功能与酸性功能失调，使催化剂性能变差。氮中毒引起催化剂的积炭速度加快，催化剂的活性下降，使催化剂的周期寿命缩短。从图6-32氮中毒对催化剂失活的影响可以看出，当原料中氮含量为2μg/g时，为了维持97的辛烷值，需要提高适当温度来弥补催化剂活性的损失。

重整催化剂被氮污染后，需要增加注氯量以保持催化剂的正常氯含量。在氮含量准确测定的基础上，适当提高补氯量。

在污染期间最好能降温操作，不能用提温的方法来保持生成油的辛烷值，因催化剂上酸性/金属功能之间处于不平衡状态，提温操作会增加催化剂的积炭量，缩短周期运转寿命。NH_3中毒是暂时性的，一旦当毒物从原料中去除后，催化剂的活性很快得到恢复。应尽快找出氮含量高的原因并及时排除，否则系统内生成的氯化铵(一般在220℃以下就有白色结晶物出现)将沉积在冷凝器、分离器、循环压缩机入口管线及稳定塔内，使冷却效果变差，设备腐蚀加剧，甚至可导致压缩机损坏。有些炼油企业的重整装置出现严重的氮污染后，导致稳定塔塔盘上有铵盐结晶现象，间歇注水后导致稳定塔操作波动较大，而且还影响产品质量。

3. 催化剂金属中毒失活

重整催化剂常见的金属毒物有As、Hg、Zn、Cu、Pb等，这些金属毒物能和金属Pt强烈结合形成非常稳定的化合物，造成不可逆的中毒。重金属对催化剂性能的改变，最明显的是使催化剂的脱氢性能变差，从图6-33可以看出，催化剂上铅的积存量达到约500μg/g时，环己烷的脱氢转化率(生成苯的活性)迅速下降至10%以下。金属毒物使催化剂中毒后，催化剂的脱氢和脱氢环化活性降低，Franck等[72]认为这是由于氢和烃类间的吸附竞争发生改变的结果。

国内重整催化剂曾发生过As、Zn和Cu等中毒。催化剂在发生金属中毒后，典型的表现是第一反应器的温降明显减少，第二反应器温降提高，但当毒物由第一反应器穿透进入第二反应器时，第二反应器温降又减少，三反温降提高，重整生成油芳烃含量和辛烷值降低，循环气中氢浓度下降。将失活催化剂进行再生结果表明，催化剂再生前后的活性几乎没有差别，说明不能用再生方法恢复其活性。金属中毒为不可逆中毒，中毒后必须更换新鲜催化剂。因此，必须严格控制重整精制油中的金属含量(As<1ng/g，Hg<1ng/g，Pb<10ng/g，Cu<10ng/g)，以防止催化剂发生永久性中毒。

另外，也要注意对有些非金属如硅(Si<0.2μg/g)的控制，否自也会引起发生永久性中毒[73]。

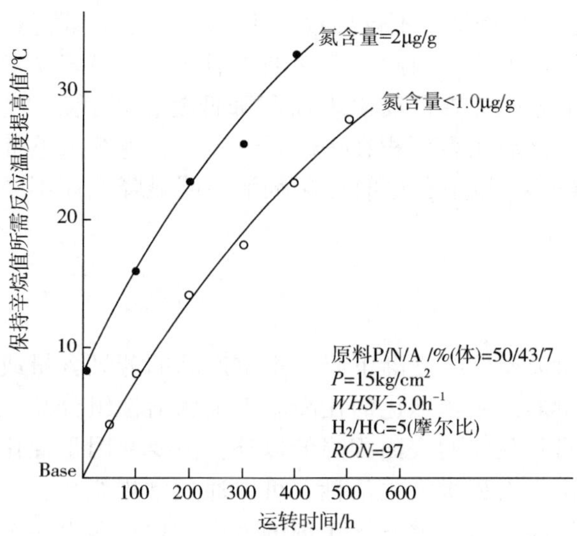

图 6-32　催化剂失活速率与原料氮含量的关系

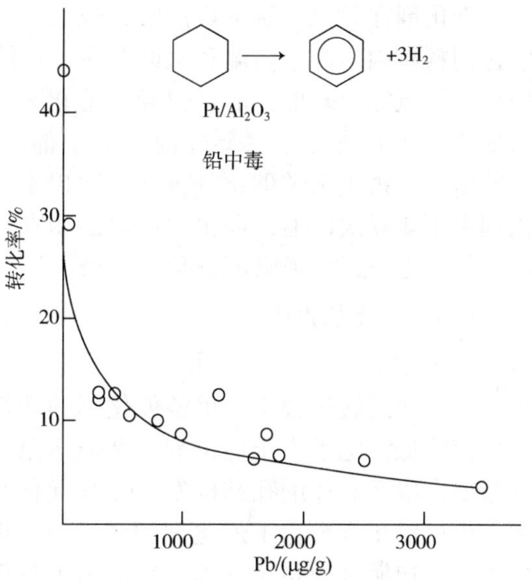

图 6-33　铅中毒对催化剂脱氢性能的影响

（三）催化剂烧结失活

1. 重整催化剂铂金属烧结失活

在新鲜催化剂中，铂金属粒子分散很好，大小在 2~5nm，而且分布均匀。重整催化剂在使用时，反应温度在 470~530℃ 范围内，处在临氢的条件下，反应是吸热的，金属和载体发生烧结的可能性是非常小的[74]。金属处在高温和在氧化气氛下比在氢气气氛下有更易烧结的趋势。在高温烧炭的条件下，催化剂载体表面上的金属粒子聚集很快，金属粒子变大，表面积减少，以致催化剂活性降低，因此一定要很好地控制烧炭温度，并且要防止硫酸盐的污染。另外，要选用热稳定性好的载体，如 γ-Al_2O_3 在高温下不易发生相变，可减少金属的聚集。

在金属位上，催化活性的损失主要是由于金属颗粒的长大和聚结造成的，其相反的过程称为金属的再分散（金属颗粒变小）。金属相烧结是可逆的，可以通过一些适当的措施如催化剂烧焦后进行氯化更新和还原使铂金属重新获得再分散[75]。

2. 催化剂载体烧结失活

在催化剂运转过程中，如果原料油中含水量过高，催化剂上的氯会加快流失，使催化剂酸性功能减弱而失活，既加速催化剂上铂晶粒的聚集，而且也使催化剂载体结构发生变化。氧及有机氧化物在重整条件下会很快变为水，所以必须避免原料油中过量水、氧及有机氧化物的存在。

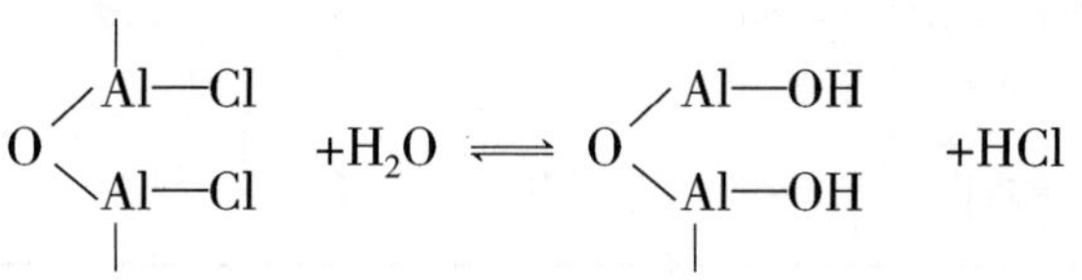

催化剂在氧化气氛下烧焦时，烧焦反应是放热的，并且在烧焦过程中产生水。由于在催化剂颗粒内会产生高温和水的存在，载体会发生烧结，不仅导致催化剂的比表面积降低，催化剂持氯能力降低，而且也导致催化剂的活性下降。因此，重整催化剂烧焦是最容易发生催化剂载体烧结的一个过程。由于催化剂载体烧结导致比表面积降低是不可逆的[1]，一般地，半再生重整催化剂再生 3 次以上，催化剂比表面积在 $165m^2/g$ 以下，连续重整催化剂再生 400 次以上，催化剂比表面积在 $150m^2/g$ 以下，这时催化剂活性明显降低而不经济时，就需考虑更换新的催化剂。

（四）催化剂再生

1. 重整催化剂常规再生

在工业运转过程中，重整催化剂的活性和选择性会逐渐下降，重整产品的芳烃含量或辛烷值降低，除了由于催化剂受杂质污染而中毒，或者催化剂在高温下金属活性组分晶粒聚集变大以及载体的孔结构发生变化而使金属和载体的表面积降低以外，主要原因是催化剂上生成的积炭覆盖了催化剂的活性位。催化剂因积炭失去活性，可以通过常规烧焦、氯化更新、还原及硫化等过程，半再生重整催化剂与连续重整催化剂的再生相比，多出一个催化剂预硫化步骤，其他基本相同。

半再生重整催化剂再生包括以下几个主要环节：

1）烧炭

重整催化剂烧炭与积炭的类型、积炭含量、烧焦温度、烧焦压力、氧含量等因素有关。烧炭在整个再生过程中所占时间最长，且在高温下进行，而高温对催化剂微孔结构的破坏、金属的聚集和氯的损失都有很大影响，所以要采取措施，尽量缩短烧炭时间并很好地控制烧炭温度。烧炭前将系统中的油气吹扫干净，以节省无谓的高温燃烧时间。为了加快烧炭速度，尽可能在设备运行的情况下提高烧炭压力，重整高分压力最好不低于 0.5MPa。烧炭时压缩机全量循环提高再生气的循环量，除了可加快积炭的燃烧外，还可及时将燃烧时所产生的热量带出。在烧炭过程中要严格控制烧焦温度和再生气中氧浓度，表 6-26 列出了铂铼催化剂烧炭的操作指标和要求。当反应器内燃烧高峰过后，温度会很快下降。如反应器进出口温度相同，表明此反应器内积炭已基本烧完。在条件允许的情况下，烧炭过程中投用再生后的沸石可以减少催化剂上氯的流失和催化剂比表面积的降低。

表 6-26　铂铼催化剂烧炭的操作指标和要求

烧焦阶段	入口温度/℃	升温速率/(℃/h)	一反入口氧浓度/%(体)	温升控制/℃	N_2 置换条件			结束标准
					CO_2/%(体)	SO_2/(μL/L)	CO/(μL/L)	
一	400	40~50	0.5~1.0	≤60	>10	>5	>1000	各反温升均<5℃，末反出口 O_2>0.8%(体)，CO_2 无明显增加
二	440	20	1.0~5.0	≤20	>10	>5	>1000	床层无温升，系统无氧耗，CO_2 不增加
三	480	20~30	≥5.0	≤20	>10	>5	>1000	床层无温升，系统无氧耗，CO_2 不增加

2）氯化更新

氯化更新是再生中很重要的一个步骤。催化剂在含氧气氛下，注入一定量的有机氯化物，如二氯乙烷、三氯乙烷、四氯化碳和四氯乙烯等，补充烧焦过程中所损失的氯组分。在氯化更新过程中，在含氧和氯化剂的气氛下，在载体上形成 $PtCl_2O_2$ 复合物，它可以还原为单分散的活性 Pt 簇团，从而使大的铂晶粒再分散，以提高催化剂的性能[76]。氯化更新的好坏与循环气中氧、氯和水的含量及氯化温度、时间有关。表 6-27 列出了铂铼催化剂氯化氧化的工艺条件及控制指标要求。氯化时需注意床层温度的变化，因在高温时，如注氯过快，或催化剂上残炭太多会引起燃烧，将损害催化剂。氯化更新时要防止烃类和硫的污染。

表 6-27 铂铼催化剂氯化氧化的工艺条件及控制指标

阶段	介质	反应器入口温度/℃	高分压力/MPa	气剂体积比	气中氧/%(体)	时间/h
氯化	氮气+空气	420~500	0.5	≥800	≥13	4
氧化更新	氮气+空气	510~520	0.5	≥800	≥13	4

3）还原

还原是将氯化更新后的氧化态催化剂，用氢气还原成金属态催化剂，如下式所示：

$$PtO_2+2H_2 \rightarrow Pt+2H_2O$$

$$Re_2O_7+7H_2 \rightarrow Re+7H_2O$$

催化剂还原时控制重整高分压力 0.3~0.5MPa，反应器入口温度 450~500℃，还原 2h，循环氢气纯度不小于 93%(体)。还原好的催化剂，铂晶粒小，金属表面积大，而且分散均匀，有良好的活性。由于水会使铂晶粒长大和载体比表面积减少，还原时必须很好地控制还原气中的烃和水，否则会影响催化剂的选择性和稳定性[77,78]。除去系统生成的水，一定要在还原时投用再生好的沸石；烃类(C_{2+}以上)在还原时会发生氢解反应，所产生的积炭覆盖在金属表面，影响催化剂的性能。氢解反应所产生的甲烷，还会使还原氢的浓度大大下降，不利于还原。

4）催化剂预硫化

还原态的铂铼系列重整催化剂，初期具有很高的氢解活性，如果不进行硫化或硫化量不足，将在进油初期发生强烈的氢解反应，放出大量的反应热，使催化剂床层温度迅速升高，出现超温现象。一旦出现这种现象，往往会造成严重后果，轻则造成催化剂大量积炭，损害催化剂的活性和稳定性，重则烧坏催化剂和反应器。对催化剂进行硫化，目的在于抑制新鲜或再生后催化剂过度的氢解活性，以保护催化剂的活性和稳定性，改善催化剂初期选择性。

催化剂硫化时可使用二甲基二硫醚或二甲基硫醚(要求分析纯，纯度≥99%)等硫化剂。硫化量可根据催化剂上含铼的含量、重整装置(新装置需多注一些)，以及催化剂上已含有的硫含量高低等因素决定。

催化剂还原结束，硫化条件符合要求后，切除在线水分仪和在线氢纯度仪，切除沸石罐。各反应器入口温度控制在 370~420℃，调节并控制好注硫速度，按照计算好的硫化量把硫化剂在 1h 内均匀地注入各重整反应器，同时密切注意检测各反出口气中 H_2S，观察硫穿透时间及反应器温升等情况。注硫结束后重整继续循环 1h，使催化剂硫化均匀。催化剂硫化完毕后就可以考虑重整进油。

2. 重整催化剂硫污染后再生

催化剂及系统被硫污染后，在烧焦前必须先将临氢系统中的硫及硫化亚铁除去，以免催化剂在再生时受硫酸盐污染。常用的脱除临氢系统中硫及硫化亚铁的方法有高温热氢循环脱硫法及氧化脱硫法。高温热氢循环脱硫是在装置停止进油后，压缩机继续循环，并将温度逐渐提到 510～520℃，循环气中氢在高温下与硫及硫化亚铁作用生成硫化氢，并通过沸石吸附除去。当油气分离器的出口气中 H_2S 小于 1μL/L 时，热氢循环即行结束。氧化脱硫[79]是将加热炉和热交换器等有硫化亚铁的管线与重整反应器隔断，在加热炉炉管中通入含氧的氮气，在高温下一次通过，将硫化亚铁中的硫氧化成二氧化硫而排出。

在催化剂烧炭时，存在炉管和热交换器内的硫化亚铁与氧作用生成二氧化硫和三氧化硫进入催化剂床层，在催化剂上生成亚硫酸盐及硫酸盐强烈吸附在铂及氧化铝上，促使金属晶粒长大，抑制金属的再分散[15]，活性变坏，并难于氯化更新[80]。

重整催化剂发生较为严重的硫酸盐中毒后（如等铼铂比 PRT-C 催化剂 SO_4^{2-} 含量>0.4%，高铼铂比 PRT-D 催化剂>0.2%），采用氧化脱硫和热氢脱硫的方法均达不到理想的脱硫效果，必须通过合适的方法进行脱硫酸盐处理，如在催化剂还原后，在氢气中加入一定量的含氯有机化合物，可以将催化剂上的硫酸根脱除，使催化剂的活性得以恢复，这种脱除硫酸根的方法已经在多套工业装置上得到了验证[81]。

3. 重整催化剂器外再生

半再生重整催化剂再生可分为器内（在线）和器外（离线）两种方式。器内再生是重整装置停工后催化剂不从重整反应器内卸出，直接在反应器内完成烧炭、氯化更新和还原等再生步骤。器外再生是重整装置停工后催化剂从重整反应器内卸出进行过筛，然后在催化剂厂专门的设备上完成催化剂烧炭、氯化更新、还原等步骤。重整催化剂开工时不再采用氧化态而用还原态，催化剂装填反应器后经短时间的干燥和硫化后即可进油，大大缩短了开工时间，因此现在很大炼油企业普遍采用催化剂器外再生。

半再生重整催化剂器外再生与器内再生技术相比在降低重整装置的开工风险、降低反应器压降、减轻装置腐蚀、降低金属和载体的烧结风险、防止催化剂硫酸盐中毒、提高催化剂氯化更新效果、提高催化剂还原质量以及保持催化剂比表面积等方面有自己的一定优势。多家炼油厂重整催化剂器外再生后的工业应用情况表明，催化剂的运转情况良好，说明重整催化剂的器外再生技术是可行的。

第四节　固定床催化重整

一、技术概况

固定床半再生重整工艺技术是常见的催化重整工艺之一，以 C_6～C_{12}组分的石脑油馏分为原料，在一定的反应温度、压力、临氢操作条件和催化剂的作用下，生产车用汽油高辛烷值调合组分，并可制取苯、甲苯和二甲苯及副产氢气。一般采用稳定性比较好的铂铼双或多金属催化剂。

二、技术特点

(一) 操作灵活性

采用积炭速率低得多的金属重整催化剂，能够在较低的反应压力(1.2~1.5MPa)、中等氢油比和较高空速下操作，采用催化剂两段装填、两段混氢工艺，降低了临氢系统压降，重整产品的收率提高0.5个百分点以上。

半再生重整技术的操作弹性大，液体产品既可以作为高辛烷值汽油调合组分，也可以经过分离得到芳烃产品或为后续芳烃装置提供原料，也可以作为兼顾高辛烷值汽油组分和芳烃产品的混合型重整装置。

(二) 原料适应性

一般来讲，直馏石脑油、加氢焦化石脑油、加氢裂化石脑油、加氢催化裂化石脑油、煤液化石脑油、凝析油、乙烯裂解汽油抽余油以及重整产物抽提抽余油等都可以作重整原料。

(三) 性能指标(指标范围)

半再生重整产品可以是汽油调合组分，也可以是芳烃，或者是两者的组合。若以生产C_5~C_{10}高辛烷值汽油调合组分为目的，辛烷值可控制在90~98；若生产C_6~C_{10}芳烃产品，根据原料和操作条件不同，芳烃产率可达50%~60%，副产氢气产率可达2.2%~2.8%，其他产物是干气和液化气。

(四) 装置运行周期

在平稳运行状态下，装置单程可连续运转3年以上。根据装置的加工负荷和操作苛刻度，重整催化剂一般可以运转2~4年进行再生。

三、工艺流程

半再生重整装置采用两段混氢流程及3~4个轴向或径向固定床并列布置的反应器。典型工艺流程图如图6-34所示。

从预加氢装置来的重整精制石脑油与重整循环氢混合，然后进入一段进出料换热器中(管程)与反应产物(壳层)换热。换热后的物料依次经过各反加热炉和反应器后进行反应，从最后一台重整反应器出来的反应产物(壳层)分两路：一路经一段换热器壳层与重整进料换热，另一路经二段混氢换热器壳层后与二段混氢换热，二段混氢与二反产物混合后进入三反加热炉。经一段换热器和二段混氢换热后的四反反应产物经空冷和水冷器冷却并使其中油品冷凝后进入重整产物分离罐，重整高分产物再经稳定塔进行稳定。

四、操作参数

与固定床半再生重整工艺相关的操作参数主要有反应压力、温度、空速、轻烃摩尔比、再生压力等。常用主要操作参数如下：

(1) 重整高压分离器压力：0.9~1.2MPa(G)；

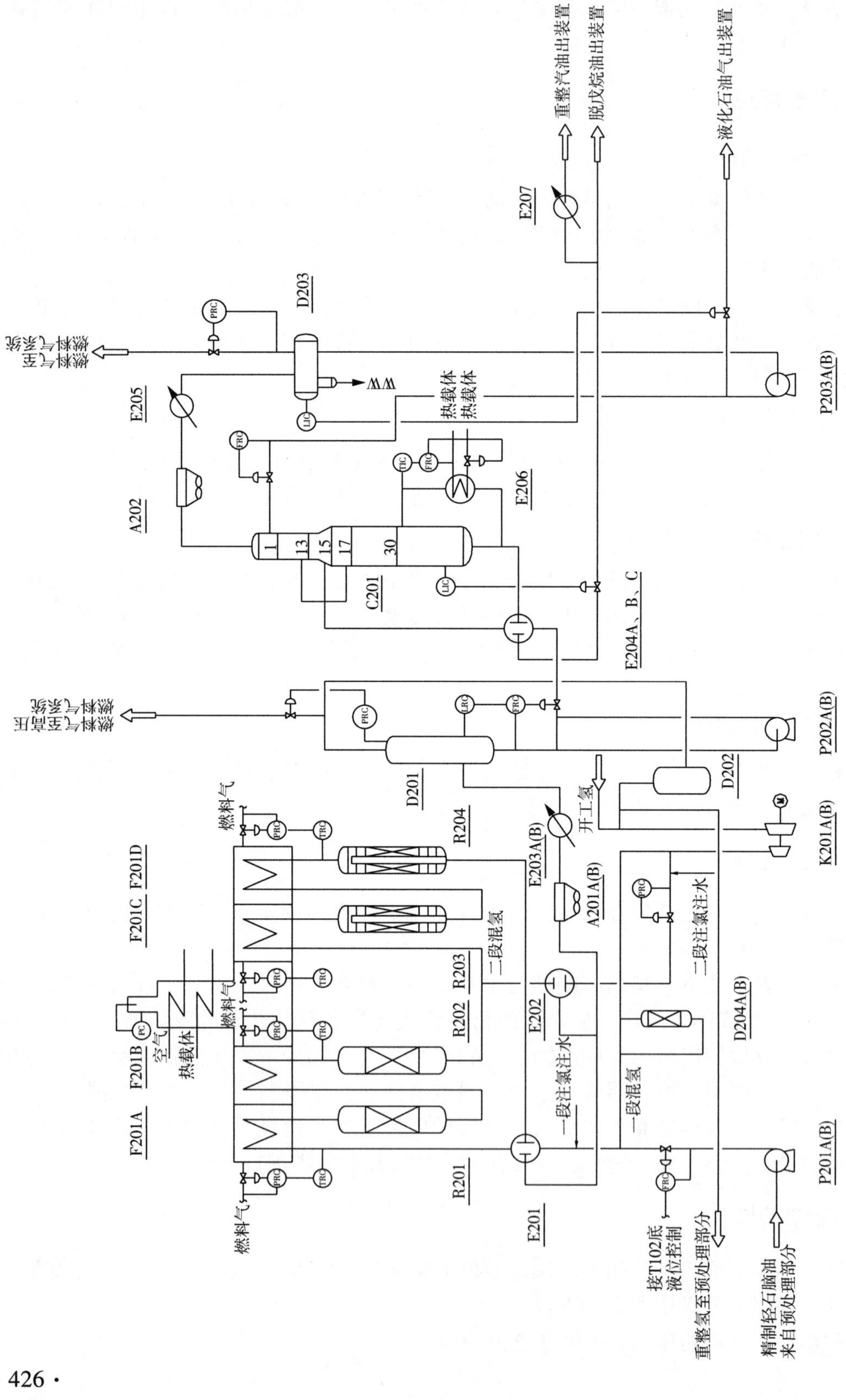

图6-34　典型半再生重整工艺流程图

(2) 各反应器入口温度：460~520℃；

(3) 氢油摩尔比：一段混氢 3~5，二段混氢 5~7；

(4) 体积空速：1~2.5h^{-1}；

(5) 再生压力(高分)：0.45~1.0MPa(G)。

五、工业应用

我国很早就进行了半再生重整催化剂的研究开发，并于 1965 年开发出第一个工业催化剂。20 世纪 80 年代以来，一系列铂铼双金属、多金属催化剂(PR 系列重整催化剂)相继开发成功并投入工业应用。PR 系列催化剂在载体改进、降低铂含量、引入助剂组元以及催化剂制备技术等方面不断进步。我国 PR 系列催化剂的发展见表 6-28。

表 6-28 PR 系列半再生重整催化剂

催化剂牌号	研制单位	活性组元	载体	工业化年代/年
CB-5	FRIPP	Pt、Re	改性 γ-Al_2O_3 小球	1985
CB-5B	FRIPP	Pt、Re、Ti	改性 γ-Al_2O_3 小球	1992
CB-6	RIPP	Pt、Re	γ-Al_2O_3 小球	1986
CB-7	RIPP	Pt、Re	γ-Al_2O_3 小球	1990
CB-8	FRIPP	Pt、Re	改性 γ-Al_2O_3 小球	1991
CB-9	RIPP	Pt、Re、助剂	γ-Al_2O_3 小球	1997
CB-11	FRIPP	Pt、Re	改性 γ-Al_2O_3 小球	1998
3932(CB-60)	RIPP	Pt、Re	γ-Al_2O_3 圆柱条	1995
3933(CB-70)	RIPP	Pt、Re	γ-Al_2O_3 圆柱条	1995
PRT-A	RIPP	Pt、Re、助剂	γ-Al_2O_3 圆柱条	2002
PRT-B	RIPP	Pt、Re、助剂	γ-Al_2O_3 圆柱条	2002
PRT-C	RIPP	Pt、Re、助剂	γ-Al_2O_3 圆柱条	2003
PRT-D	RIPP	Pt、Re、助剂	γ-Al_2O_3 圆柱条	2003
SR-1000	RIPP	Pt、Re、助剂	新型 γ-Al_2O_3 圆柱条	2015

国产催化剂一般分为等铼铂比和高铼铂比两种催化剂，这两种催化剂既可以单独使用，也可以两段装填使用。两段装填工艺更能发挥等铼铂比催化剂和高铼铂比催化剂各自的特点，特别是与两段混氢工艺相结合。

90 年代以来，对载体的成型方法进行了研究改进，开发出挤条形半再生重整催化剂。此前国产催化剂采用油氨柱成型法生产球形载体。该方法工艺较复杂，成品收率低，生产成本高。采用挤条成型的方法生产条形载体，工艺较简单，成品收率高。由于制备中选择了合适的胶溶剂和助挤剂，使得载体压碎强度得到提高。同时，由于载体孔结构优化，催化剂性能得以改善。与球形载体催化剂 CB-6、CB-7 相比，条形催化剂 CB-60、CB-70 用于两段装填工艺，具有更高的活性、选择性和氢气产率。

进入 21 世纪以来，石科院在金属组元配方和浸渍制备技术方面进行创新，并对载体进行优化改进，研发出选择性更高、稳定性更好的 PRT 系列催化剂。

基于硫对半再生重整催化剂还原过程作用机理和反应行为影响的基础研究，突破传统认知，首创“原位缓释硫化技术”，中国石化于2015年开发了新型的SR-1000催化剂，该剂开工不需额外预硫化，开工方法更简便、绿色环保。

由于国产催化剂的优异性能，已经基本取代国外催化剂，在国内重整装置上得到广泛应用。PRT系列催化剂和SR-1000催化剂在国内市场得到广泛使用并表现出优异性能。表6-29是PRT-C/PRT-D催化剂在采用两段装填、两段混氢，SR-1000催化剂采用两段混氢重整工艺的40万吨/年工业装置上运转的标定结果。工业运转结果表明，PRT-C/PRT-D、SR-1000催化剂在长周期运转下具有优异的活性、选择性和稳定性。

表6-29　PRT-C/PRT-D、SR-1000催化剂工业标定结果

催化剂	SR-1000	PRT-C/PRT-D	催化剂	SR-1000	PRT-C/PRT-D
原料			重量空速/h^{-1}	2.0	1.9
ASTM D-86/℃	81~161	80~170	平均反应压力/MPa	1.4	1.4
$N+A$/%	46.0	45.7	反应结果		
反应条件			C_{6^+}收率/%	86.9	85.8
加权平均床层温度/℃	462.7	469.6	$C_{6^+}RON$	96.1	95.7

第五节　超低压连续重整

一、技术概况

超低压连续重整工艺技术（SLCR）是在多年催化重整技术研究和工程开发及工程设计经验的基础上，通过对连续重整技术知识产权的分析与保护、工程模型的建立与大型冷模实验研究的验证、工业试验装置的验证与优化等，开发出的拥有自主知识产权的连续重整技术。SLCR技术从低压组合床重整技术、连续再生重整技术、超低压连续重整技术几个阶段，已发展到目前的大型超低压连续重整技术。

（1）低压组合床重整技术。低压组合床重整技术于2001年成功应用于A厂50万吨/年重整装置改造项目，平均反应压力0.90MPa，再生压力0.96MPa。其技术核心是：重整一反和二反采用固定床半再生重整工艺，使用铂铼重整催化剂；重整三反和四反采用移动床连续重整工艺，使用铂锡重整催化剂；设置催化剂连续再生系统对重整三反和四反的催化剂进行连续再生。

（2）连续再生重整技术。连续再生重整技术于2005年成功应用于B厂70万吨/年连续重整装置改造项目，平均反应压力0.62MPa，再生压力0.77MPa。其技术核心是：四台重整反应器均采用移动床工艺，实现了真正意义上的连续重整技术。

（3）超低压连续重整技术。超低压连续重整技术于2009年成功应用于C厂100万吨/年连续重整项目，平均反应压力0.35MPa，再生压力0.55MPa，采用四台重整反应器两两重叠布置。

（4）大型超低压连续重整技术。已有4套150万吨/年连续重整装置投入工业应用，正在设计及建设的大型超低压连续重整装置规模为320万吨/年。

二、技术特点

SLCR 工艺技术采用目前最低的重整反应压力，平均反应压力 0.35MPa，重整气液分离器压力 0.25MPa，再生压力 0.55MPa，其特点有以下六方面。

（1）反应器两两重叠式布置。四台重整反应器两两重叠布置，即一反与二反重叠布置、三反与四反重叠布置，一反与二反之间、三反与四反之间催化剂靠重力从上往下流动，二反与三反之间、四反与再生部分的分离料斗之间、再生器与一反之间均采用提升设备实现催化剂输送，处于低压区的分离料斗与处于高压区的再生器之间采用闭锁料斗输送催化剂，从而实现催化剂循环。与四台反应器叠置式布置相比，两两重叠布置方式可使反应器制造及安装容易、节省投资、便于操作及检修维护；与四台反应器并列式布置相比，两两重叠布置方式可节省占地面积、便于操作及检修维护。

（2）催化剂循环“无阀输送”。闭锁料斗采用“无阀输送”的催化剂循环方式，避免催化剂与阀门之间的相互磨损；闭锁料斗布置于再生器上方，利用再生器上部的催化剂缓冲区同时作为高压区的气体缓冲区，使压力稳定、闭锁料斗操作平稳；采用循环氮气作为闭锁料斗介质气体，其组成恒定不变，增压阀曲线（斜坡曲线）不会因为原料变化、苛刻度变化以及催化剂初期/末期而变化。

（3）再生气体“干冷”循环。再生循环气体采用“干冷”循环流程，即再生气体循环流程中设置冷却及干燥过程，大大降低经过再生器烧焦区气体的水含量，抑制催化剂比表面积下降速度、延长催化剂使用寿命。氯化区及焙烧区介质采用纯空气，高氧含量介质保证了催化剂的氯氧化及干燥效果。

（4）再生循环气体脱氯技术。再生循环气体有碱洗脱氯和固相脱氯两种技术，用户可根据本企业环保要求及处理三废的能力进行合理选择。在碱洗脱氯技术中，易产生酸碱腐蚀的关键部位设备——碱洗冷却器采用新型材质——双相钢 2205，与国外同类技术中所采用的哈氏合金（或钛合金）材料相比，节省投资。在固相脱氯技术中，合理的流程设置结合高氯容脱氯剂的使用，简化装置开工程序及方便操作。经碱洗脱氯或固相脱氯后，再生尾气中的氯化氢及非甲烷烃类满足国家工业气体排放标准（GB 31570—2015）要求。

（5）激光无纵缝焊接技术。重整反应器中心管和扇形筒以及再生器内外网均采用轴向条形筛网结构，由 V 形截面丝和支持杆或加强筋组成，采用激光焊接技术，能够保证焊接的强度和刚度及均匀度。该技术产品无“纵缝”，当装置操作波动、设备“骤冷”或“骤热”时，不存在纵缝部位开裂受损风险。

（6）一段烧焦、一段还原。再生器烧焦区设置成一段、并在内网关键位置增设保护措施，能确保再生器内部结构不易受损并能使催化剂烧焦彻底，不存在催化剂二次分配不均匀的风险，再生器整体结构比较简单。还原室设置成一段还原，仅需要设置 1 台还原电加热器，所需还原用氢采用高纯氢，其用量不大，可以充分利用炼油厂已有的高纯氢源。

三、工艺流程

连续重整装置以精制石脑油为原料，生产富含芳烃的脱戊烷重整汽油（或重整稳定汽油），副产氢气。典型超低压连续重整装置由重整和催化剂再生两部分组成。

（一）重整部分工艺流程

重整部分包括重整反应、再接触及分馏三个工艺过程。

（1）重整反应。从预加氢部分来的精制石脑油与循环氢气混合、并经换热及加热后进入重整反应器。在重整反应器中，通过环烷烃脱氢及烷烃脱氢环化等反应，将原料中的环烷烃及部分烷烃转化成芳烃，并副产氢气。由于上述反应是强吸热反应，设置四台加热炉和四台反应器，以保证反应所需的反应器床层温度。反应产物经换热及冷却后进入气液分离器进行气液分离，分出的气相产物(含氢气体)一部分经压缩机升压后送回反应器作为循环氢气，另一部分含氢气体与从气液分离器分出的重整液相产物一起送再接触部分。

（2）再接触。从重整气液分离器分离出的含氢气体经过压缩机二级(或三级)升压、液相产物经过泵升压后，再一次在较高压力及较低温度条件下进行气液平衡操作，使含氢气体中的大部分液化气组分及 C_5 组分溶于液相产物中，含氢气体的氢纯度得到提高后作为装置产氢送出装置，同时，提高液化气回收率及 C_{5+}重整汽油收率。

（3）分离。再接触后的液相产品送脱戊烷塔(或稳定塔)，从塔顶脱出轻组分(C_{5-}或C_{4-})后作为脱戊烷重整油(或重整稳定汽油)送出装置。

重整部分工艺流程参见图 6-35。

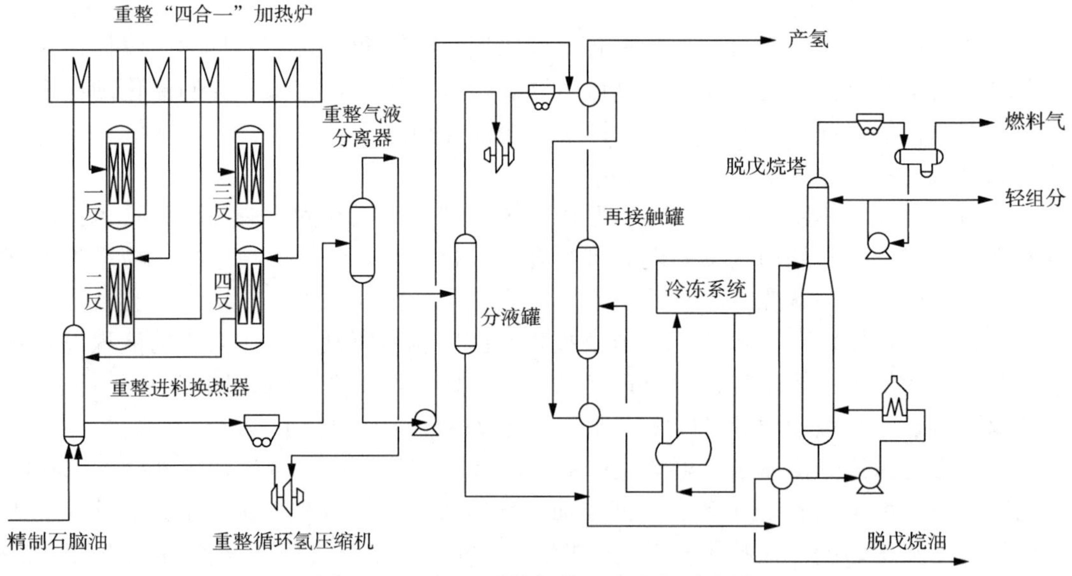

图 6-35　SLCR 重整部分工艺流程示意图

（二）催化剂再生部分工艺流程

催化剂再生部分有两个作用：一是实现催化剂循环，二是完成催化剂再生。自重整第四反应器的含炭催化剂(称待生剂)被提升至再生部分，经分离料斗和闭锁料斗后进入再生器，在再生器内进行烧焦(烧除积炭)、氧氯化(补氯)和焙烧(干燥)，然后提升至位于重整第一反应器上方的还原室内进行催化剂还原。完成上述四个步骤的催化剂(称再生剂)回到重整第一反应器，开始下一个催化剂循环。采用再生气体“干冷”循环回路完成催化剂的烧焦。催化剂循环靠闭锁料斗控制系统来实现，通过“等待、加压、卸料、降压和装料”五个步骤实现催化剂“无阀输送”。

催化剂再生部分工艺流程见图 6-36 及图 6-37。

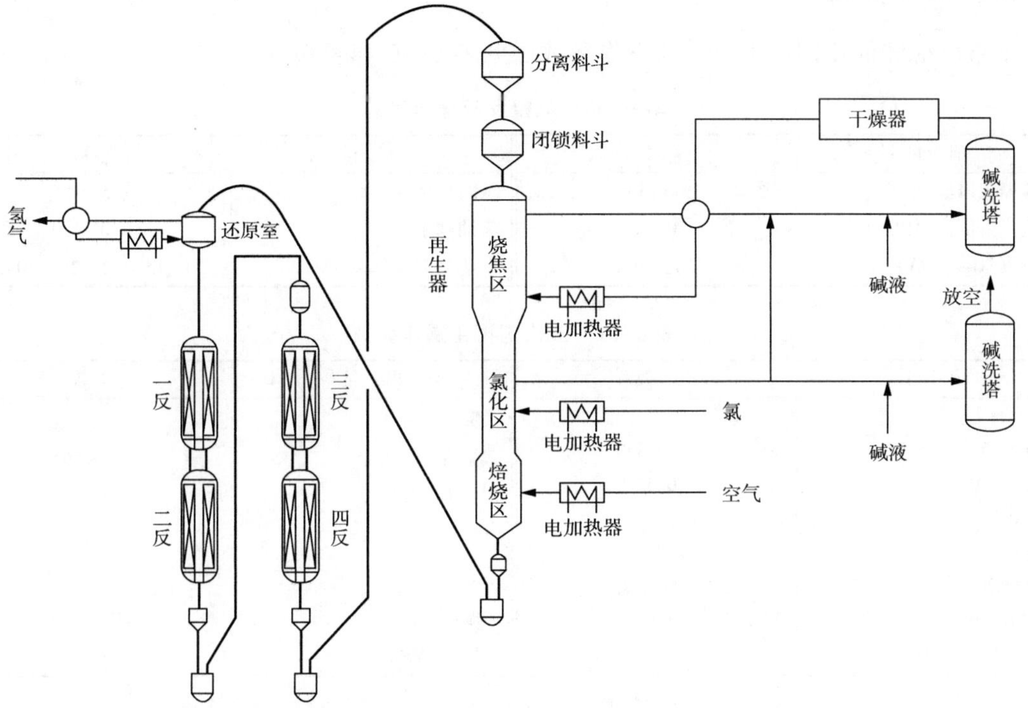

图 6-36 SLCR 催化剂再生工艺(碱洗脱氯)流程示意图

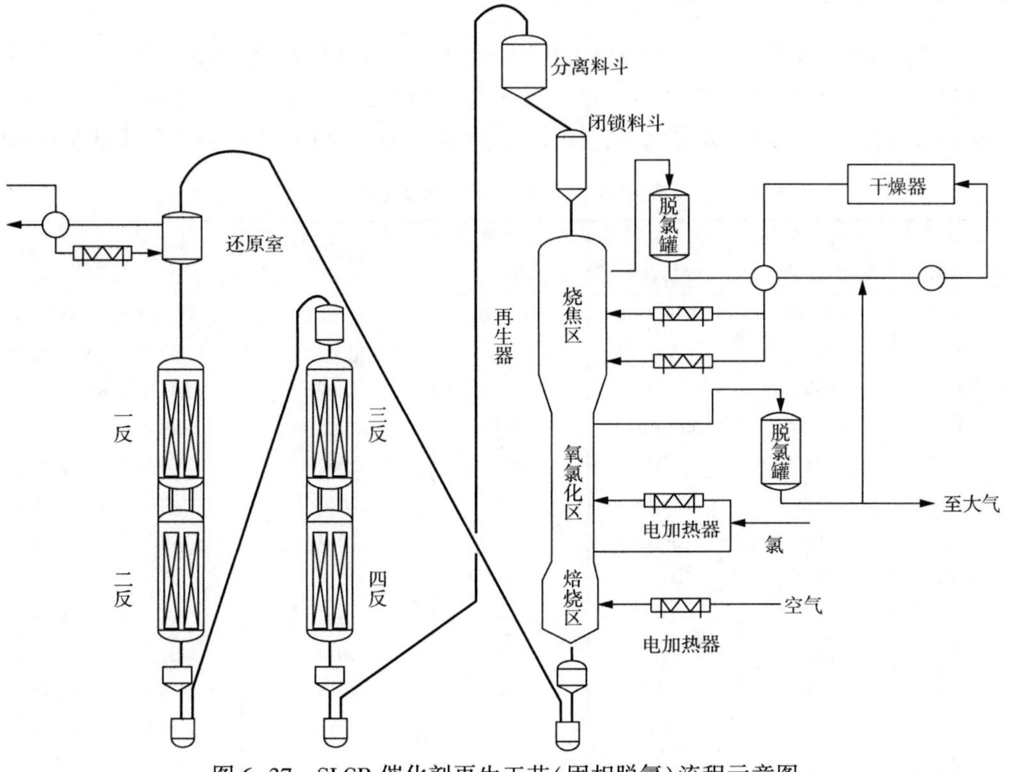

图 6-37 SLCR 催化剂再生工艺(固相脱氯)流程示意图

四、操作参数

重整反应和催化剂再生反应的操作参数详见表 6-30 和表 6-31。

表 6-30　重整反应操作参数

项　目	参数	项　目	参数
反应器入口温度/℃	500~540	重时空速/h^{-1}	1.5~2.5
平均反应压力/MPa	0.35	氢油摩尔比	2.0~3.0
苛刻度(C_{5+} *RON*)	102~106	催化剂装填比	15∶20∶25∶40

表 6-31　催化剂再生操作参数

项　目	参数	项　目	参数
烧焦		焙烧	
温度/℃	470~520	温度/℃	540~565
压力/MPa	0.55	压力/MPa	0.55
氧含量/%(体)	0.5~1.0	氧含量/%(体)	21
氧氯化		还原	
温度/℃	510~540	温度/℃	500~530
压力/MPa	0.55	压力/MPa	0.51
氧含量/%(体)	21		

五、工业应用

截至 2018 年底，SLCR 已成功工业应用 12 套装置，总处理能力 1260 万吨/年，其中，规模为 150 万吨/年的连续重整装置 4 套。12 套装置开工顺利，满负荷标定考核结果显示各项技术指标均达到设计值、处于国际先进水平，操作运行安全平稳。SLCR 工业装置业绩见表 6-32。

表 6-32　SLCR 工业装置业绩

序号	建设单位	装置规模/(kt/a)	再生规模/(kg/h)	苛刻度(*RON*)	投产年份	备注
1	A 厂	500/700	260/350	98/100	2001/2009	组合床重整/连续重整
2	B 厂	700	500	102	2005	再生气体碱洗脱氯
3	C 厂	1000	1135	104	2009	再生气体碱洗脱氯
4	D 厂	600/800	500/600	102	2011/2015	再生气体固相脱氯
5	E 厂	1200	1135	104	2012	再生气体固相脱氯
6	F 厂	1000	1135	104	2013	再生气体碱洗脱氯
7	G 厂	600	500	102	2014	再生气体固相脱氯
8	H 厂	1500	1600	104	2014	再生气体固相脱氯
9	I 厂	1500	1600	104	2016	再生气体固相脱氯
10	J 厂	1500	1600	104	2017	再生气体碱洗脱氯
11	K 厂	1500	1600	104	2018	再生气体固相脱氯
12	L 厂	600	500	102	2018	再生气体固相脱氯
	合计	12600				

第六节　逆流连续重整

一、技术概况

逆流连续重整(SCCCR)工艺的目的是以石脑油为原料，生产重整生成油和含氢气体，重整生成油可作为高辛烷值汽油调合组分，也可用来生产芳烃[16]。原料或者是直馏石脑油或者是各类加氢石脑油。石脑油要经过预处理以满足重整催化剂对杂质含量的要求。

重整反应采用常规的连续重整催化剂，可在较苛刻的重整反应条件下操作，物料依次经过多个反应器，每个反应器前面设有加热炉。重整反应流程与常规连续重整基本相同，但催化剂的流动方向与常规连续重整相反，采用了独特的催化剂循环和再生方式。

由于催化剂的逆流输送优化了重整反应条件，使催化剂的性能得以充分发挥，所以该工艺具有较高的重整转化率、液体产品收率及氢气产率。该工艺催化剂循环输送回路不设复杂的闭锁料斗系统，流程简化、可靠性高、运行周期长、催化剂磨损率低，对比现有技术，催化剂的循环实现了真正的无阀连续操作。

二、技术特点

重整化学反应是在几个(通常为3~5个)反应器中在催化剂的作用下进行的。有些反应是酸功能催化的反应，而另一些反应则是金属加氢–脱氢功能催化进行的。在各重整反应器中进行的各类化学反应其相对反应速率是不同的，并且差别很大。容易进行的反应在前面的反应器中进行，相对较难进行的反应在后面的反应器中进行。一反中进行以环烷脱氢为主的反应，而在末反中主要进行烷烃脱氢环化和裂解反应。

对于传统的连续重整工艺，随着催化剂从一反向末反的“顺流”移动及反应的不断加深，催化剂积炭不断增加，含氯量不断下降，催化剂的两种功能也逐渐下降。各反应器中催化剂的反应活性由高至低的顺序为一反→二反→……→末反。重整反应物料也是依次通过一反、二反……末反。相对反应速率高的反应也即容易进行的反应在前面的有高反应活性催化剂的反应器中进行，而难进行的反应在后面的有低反应活性催化剂的反应器中进行。这一过程可以简单示意如下：

一反　二反　……　末反
催化剂输送方向　→--------------------------→
反应物流流动方向　→--------------------------→
反应器中催化剂积炭量　低→--------------------------→高
反应器中催化剂活性　高→--------------------------→低
反应器中进行的反应级别　易→--------------------------→难

由此可见，传统连续重整工艺的这种催化剂的循环安排是不合理的，反应器中催化剂的反应活性状态与其中进行的反应难易程度不相匹配。

SCCCR工艺的反应物流流动方向为一反→二反→……→末反，而催化剂输送循环方向与传统连续重整工艺相反，即再生器→末反→三反→……→一反→再生器。这种催化剂的循环流程使得反应器中催化剂的反应活性由高至低的顺序为末反→三反→……→一反。这一过程可以简单示意如下：

	一反	二反	……	末反
催化剂输送方向	←------------------------------------←			
反应物流流动方向	→------------------------------------→			
反应器中催化剂积炭量	高→------------------------------------→低			
反应器中催化剂活性	低→------------------------------------→高			
反应器中进行的反应级别	易→------------------------------------→难			

由此可见，SCCCR 工艺在每个反应器中催化剂的反应活性状态与反应的难易程度是相匹配的。完全克服了传统连续重整在这方面的弊病。可以有效利用催化剂，发挥其最佳性能。

三、工艺流程

SCCCR 工艺包括原料预处理、重整反应、产物分离、催化剂循环和连续再生几个部分[82]，原料预处理与传统技术相同，见本章第一节。

（一）重整反应及产物分离部分

1. 工艺流程

根据原料性质、反应苛刻度以及处理量的不同，SCCCR 工艺一般采用 3~5 个并列布置的径向移动床重整反应器，大多采用 4 台。典型的 SCCCR 工艺反应及产物分离工艺流程见图 6-38。

自原料预处理部分来的精制石脑油与循环氢混合后在反应进料/产物换热器中与反应产物换热。换热后的混合反应进料进入第一重整加热炉，加热到所需的反应温度后进入一反进行反应。由于重整反应为吸热反应，离开一反的物料温度降低。为提高反应速率，再将一反的反应产物送至第二重整加热炉加热，然后再进入二反。以此类推，直至四反（末反）。

离开四反的反应产物在反应进料/产物换热器中与反应进料进行换热，换热后的反应产物经重整产物空冷器冷却后进入气液分离器。离开气液分离器顶部的含氢气体分成两部分，一部分作为循环氢，用循环氢压缩机增压后与精制石脑油混合进入反应系统，在系统中循环使用。另一部分为重整产氢，用产氢压缩机增压后进入再接触系统，在高压低温下与重整生成油进行再接触以回收轻烃（C_3、C_4、C_5）。在再接触系统被提纯后的重整产氢送至下游用氢装置。因重整产氢中携带微量氯，在送出装置之前需进行脱氯处理，基本采用气相固体脱氯的方法。

有些时候工厂氢气管网系统的压力较高，需要产氢增压机的压缩比较大，往往产氢增压机很难满足要求。在这种情况下，重整产氢从循环压缩机出口引出，换言之就是用循环氢压缩机代替一级产氢增压机。

反应产物气液分离器底部的重整生成油用泵增压后进入再接触系统，回收重整产氢中轻烃。离开再接触系统的重整生成油送入下游的分离塔。

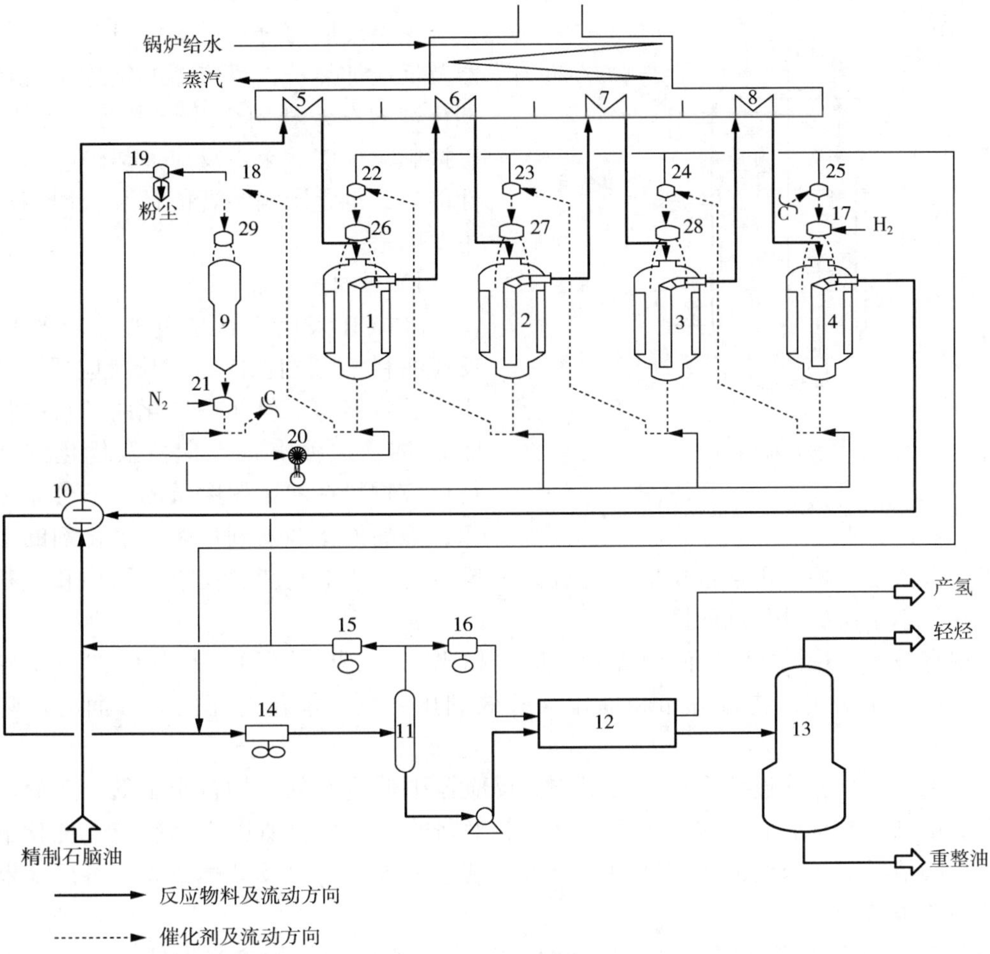

图 6-38　典型的 SCCCR 反应及产物分离流程示意图

1—第一重整反应器；2—第二重整反应器；3—第三重整反应器；4—第四重整反应器；5—第一重整加热炉；6—第二重整加热炉；7—第三重整加热炉；8—第四重整加热炉；9—再生器；10—反应进料/产物换热器；11—气液分离器；12—再接触系统；13—稳定塔(脱戊烷塔)；14—重整产物空冷器；15—循环氢压缩机；16—产氢压缩机；17—还原罐；18—分离料斗；19—粉尘收集器；20—淘析气鼓风机；21—氮封罐；22～25—一反～四反缓冲料斗；26～28—一反～三反上部料斗；29—催化剂计量罐

根据目的产品不同，在再接触系统下游设置稳定塔或脱戊烷塔。对于生产高辛烷值汽油的装置，用稳定塔处理再接触后的重整生成油，稳定塔的稳定汽油送出装置作高辛烷值汽油调合组分。对于重整油用作生产芳烃的原料时，用脱戊烷塔处理重整生成油，脱戊烷塔底的重整油送出装置作生产芳烃的原料。因重整生成油中携带微量氯，一般在送入稳定塔或脱戊烷塔之前需进行脱氯处理，基本采用液相固体脱氯的方法。

由于重整生成油中含有少量烯烃，当重整油用作芳烃原料或下游有要求时，在脱戊烷塔前设置脱烯烃设施，一般采用一次通过液相加氢的方式，其加氢用氢随重整生成油一同进入脱戊烷塔并在回流罐排出。

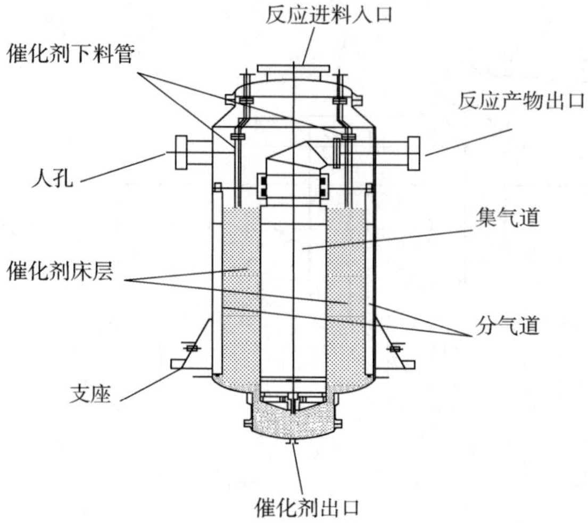

图 6-39　SCCCR 反应器结构示意图

2. 关键设备

重整反应部分最关键的设备是重整反应器及反应加热炉，反应器的结构是直接影响催化剂的有效利用率及长周期运行的因素，直接影响反应效果；反应加热炉除影响反应性能外，也是影响装置能耗及长周期运行的主要因素。

1）重整反应器

SCCCR 采用了新型重整反应器[83]，为反应物料“上进上出”的 π 形反应器，并且采用了反应器与下料斗一体化的独特结构，见图 6-39。这种 π 形反应器及优化的结构使得反应物料在催化剂床层的上下分布更加均匀，提高催化剂的利用率。催化剂的下料结构简单，省去了多根用于连接反应器与分体下料斗的催化剂料腿。反应器结构和流程大大简化，并且基本没有催化剂死区。

与现有技术采用的“上进下出”Z 形反应器相比，SCCCR 采用的“上进上出”π 形独特结构的反应器，在结构、物流分布和催化剂有效利用、减少催化剂死区等方面的优势十分明显。

对于现有的顺流式连续重整，由于前面反应器中催化剂的平均含炭量低，后面反应器平均含炭量高，并且后面反应器进行的又是相对较难的反应，所以后面反应器催化剂装填量高。一般情况下，末反催化剂装填量接近总装量的 50%，一反装填最少，各反应器的规格尺寸相差很多。

与顺流连续重整相比，SCCCR 后面反应器中催化剂的平均含炭量低，前面反应器平均含炭量高。由于各反应器中催化剂的积炭比例与现有顺流技术不同，催化剂的装填比也不同。为充分发挥催化剂的性能，SCCCR 各反应器的催化剂装填量更趋于平均化，如果有四台反应器的话，典型的装填比例为 22 : 24 : 26 : 28，因此各反应器的规格尺寸基本相同。有时各反应器采用相同的催化剂装填量，反应器的规格尺寸完全一样。有利于设计、制造、安装和操作，也利于减少备品备件的数量，节省投资，同时易于实现大型化。

2）重整反应加热炉

SCCCR 采用多炉合一的箱式反应进料加热炉，各段重整反应进料分别在辐射室加热，中间用隔墙隔开。辐射室为“四合一”或“2+2”等多种组合方式，公用对流段用来发生蒸汽或加热其他工艺介质。

辐射室采用低阻力降的多流路倒 U 形炉管结构，反应物料进出集合管在炉体底部，见图 6-40。由于倒 U 形炉管的集合管在底部，所以炉管中不会积累杂质，不易产生偏流。采用底烧火嘴，炉管受热均匀、容易操作、易于热空气风道的安装与操作，其热效率可达 95%以上。

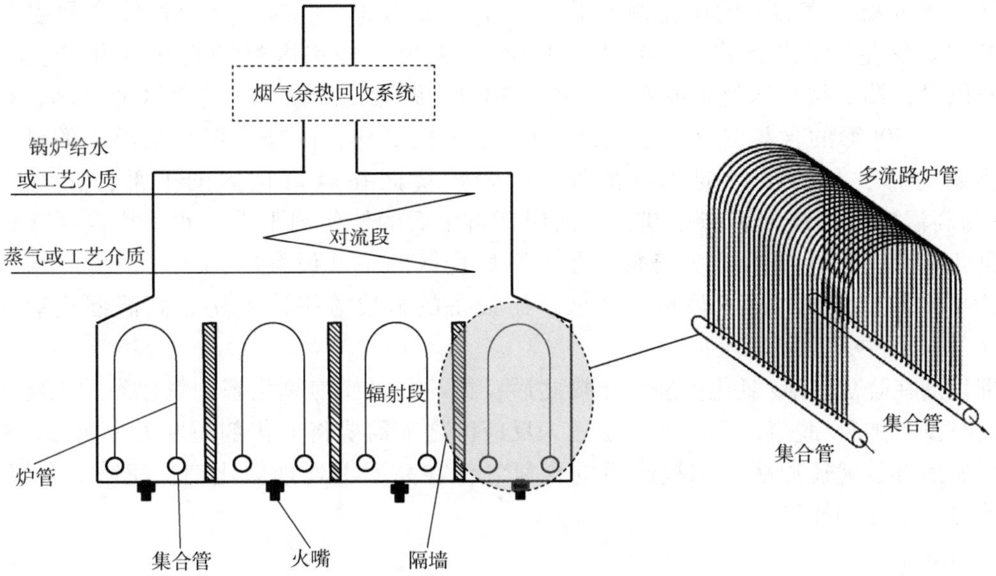

图 6-40 SCCCR 反应器结构示意图

这种先进的结构形式具有热效率高、操作弹性大、炉管不偏流、易于大型化等特别明显的优点。

3. SCCCR 反应部分的技术特点

(1) 催化剂逆流输送，优化了反应条件，充分发挥催化剂性能，有利于提高转化率和产品收率。

(2) 反应压力采用目前连续重整最先进的水平，气液分离器压力 0.24MPa(G)。

(3) 采用先进的“上进上出”π 形结构的反应器，与传统的 Z 形反应器相比，具有结构简单、物流分布均匀、催化剂积炭分布与流量相匹配、催化剂利用效率高等优势，在提高和优化反应性能方面的优点明显。

(4) 反应器为单个并列布置，结构简单，制造容易，操作维修方便。

(5) 各反应器采用基本接近的反应空速，即采用规格尺寸基本相同的反应器，减小了反再构架，降低了设计、制造、安装、备品备件、检维修的成本，易于实现大型化。

(6) 采用先进的倒 U 形结构的反应加热炉，与正 U 形结构相比，在提高热效率、可操作性、可清理性、大型化等方面优势十分明显。

(二) 催化剂连续再生部分

1. 再生基本过程

SCCCR 催化剂连续再生工艺的特点是在重整反应的同时，有一部分催化剂在再生系统连续进行再生，使催化剂始终保持“新鲜”状态，从而允许反应在较苛刻的条件下(低压、低氢油比)进行，以充分发挥催化剂的活性及选择性。

SCCCR 工艺催化剂的连续再生过程包括两段烧焦、氧/氯化更新、干燥焙烧、冷却及还原五个步骤。前四个步骤在再生器中进行，最后一步在末反上部的还原罐中进行。

再生器自上而下分为第一烧焦区、第二烧焦区、氧氯化区、干燥焙烧区和冷却区五个区。进入第一烧焦区的催化剂上的含炭量一般为3%~8%，烧焦气体主要组分是氮气，其中含氧量(体积分数)在0.5%~1.0%，在第一烧焦区烧掉待生催化剂上70%~80%的积炭，第二烧焦区烧掉其余的20%~30%。氧氯化区在第二烧焦区的下部，在该区用温度高于500℃的含氯空气对催化剂进行氧/氯化更新，以补充催化剂流失的氯，使铂晶粒重新分散，从而保持催化剂活性。干燥焙烧区在氧氯化区的下部，在该区用约520℃的高温空气焙烧干燥催化剂，从而保证再生后的催化剂干燥无水。用高温气体焙烧干燥催化剂后，催化剂的温度较高，在干燥焙烧区的下部设置冷却区。设置冷却区的目的是为了冷却催化剂并回收热量，降低下游设备的材质等级以及防止高温催化剂在用氢气输送的过程中发生还原反应。

催化剂在烧焦、氧/氯化更新、干燥之后，铂等金属变为氧化态。氧化态的铂锡等金属在反应时没有加氢/脱氢作用，所以在送入反应区之前需要将催化剂还原为金属态。SCCCR在末反的顶部设置还原罐，用提纯后的含氢气体在高温下处理催化剂，使铂等金属还原，从而恢复其催化功能。

2. 流程描述

1）烧焦、氧氯化、干燥焙烧和冷却部分

SCCCR催化剂连续再生部分工艺流程见图6-41。

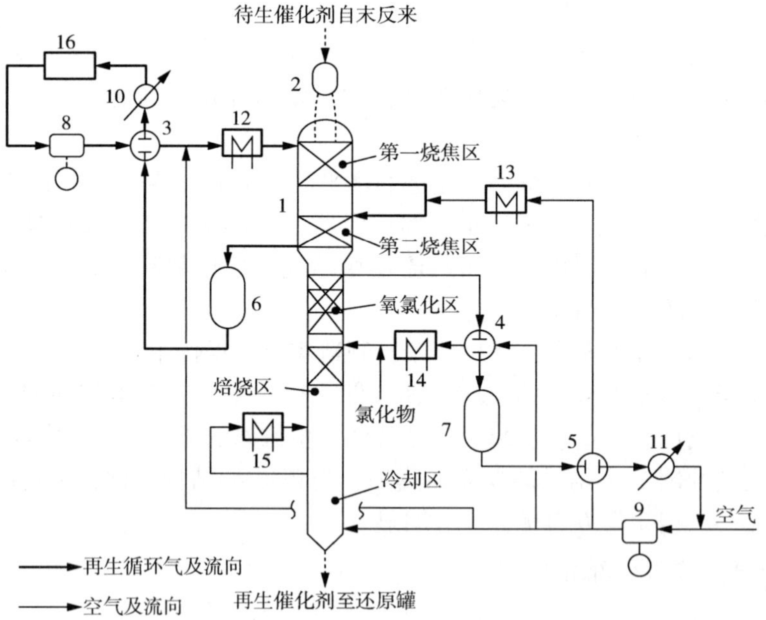

图6-41　SCCCR催化剂连续再生部分工艺流程示意图

1—再生器；2—计量罐；3—烧焦进料换热器；4—氧氯化进料换热器；5—二段烧焦空气/氧氯化循环气换热器；6—再生循环气脱氯罐；7—氧氯化气体脱氯罐；8—再生气循环压缩机；9—空气增压机；10—再生循环气冷却器；11—氧氯化循环气冷却器；12—烧焦电加热器；13—二段烧焦补充气电加热器；14—氧氯化电加热器；15—干燥电加热器；16—再生循环气干燥器

再生循环气经再生气循环压缩机升压，然后进入烧焦进料换热器与第二烧焦区出口来的高温再生气体换热。换热升温后的再生循环气与空气混合，再经烧焦电加热器加热升温后进入再生器的第一烧焦区，为烧焦区提供烧焦气体。

离开第一烧焦区的气体与空气混合后进入第二烧焦区。离开第二烧焦区的再生循环气体先经再生循环气脱氯罐脱氯，然后与进入第一烧焦区的再生循环气换热，再经空冷器、水冷器冷却后进入干燥器除去烧焦过程产生的水，然后进入再生气循环压缩机。无论催化剂的含碳量多少，第一烧焦区的烧焦气体流量均保持恒定，这是通过再生循环压缩机的返回线来控制的。

为保证烧焦灵活和充分，两段烧焦气中的氧含量分别独立控制。在正常情况下，离开第一烧焦区的气体不含氧，离开第二烧焦区的再生循环气中有一定的过剩氧，一般含氧量(体积分数)在0.2%~0.5%。

两段烧焦区的温度也分别独立控制，进入第一烧焦区的烧焦气温度由烧焦电加热器控制，一般为460~500℃。正常情况下，进入第二烧焦区的烧焦气体温度由二段烧焦补充气电加热器控制，一般为500~510℃。

再生烧焦、氧氯化及干燥焙烧所需要的氧由干燥的空气提供。从装置外来的净化空气(仪表风)与氧氯化区循环气体混合后，先经空气干燥器干燥再由空气压缩机升压，然后分成四部分。

第一部分，在第一烧焦区入口氧含量在线控制下，与烧焦循环气混合，控制混合后气体中的含氧量(体积分数)在0.5%~0.8%，然后进入第一烧焦区，为第一烧焦提供烧焦所需氧气。

第二部分，与氧氯化区出口循环气体换热后，在第二烧焦区入口氧含量在线控制下，与离开第一烧焦区的气体混合，控制混合后气体中的氧含量(体积分数)在0.5%~0.8%，然后进入第二烧焦区，为第二烧焦提供烧焦所需氧气。

第三部分，进入再生器最底部的冷却区，在冷却区内逆催化剂移动方向向上流动，对从干燥焙烧区来的高温催化剂进行冷却。离开冷却区的气体经电加热器加热到520℃左右后再进入干燥焙烧区下部，在干燥焙烧区内逆催化剂流动方向向上流动，对催化剂进行干燥焙烧，然后流至氧氯化区下部。

第四部分，与氧氯化区出口气体换热后经氧氯化电加热器加热到520℃左右注入氯化物，再将含氯的高温空气送入氧氯化区下部。在氧化区下部与从干燥焙烧区来的第三部分气体混合后继续向上进入氧氯化区。在氧氯化区内逆催化剂移动方向向上流动，对催化剂进行氧氯化更新。

从氧氯化区顶部离开再生器的高温气体与氧氯化区入口气体换热冷却后，经脱氯罐脱除氯化物，再经空冷器、水冷器冷却后与新鲜空气混合。正常操作时，第三和第四部分空气在再生器下部的冷却区、干燥焙烧区和氧氯化区串联循环使用。向再生器内所补充的空气量为催化剂烧焦和再生系统控制压力所消耗的空气量。

再生器压力由第一反应器出口压力设定，通过设置在再生气循环水冷器出口放空线上的压控阀排放再生循环气或补入氮气以控制再生器压力。再生器的压力低于一反并高于末反，一般为0.4MPa左右，可以顺利实现反再之间催化剂的循环输送。

再生循环气和氧氯化放空气的净化脱氯既可以采用固定床吸附剂吸附脱氯的方式，也可采用碱洗的方法。

2）催化剂还原部分

再生催化剂的还原在还原罐中进行，还原罐设置在末反的上部。再生催化剂在还原罐中用热氢还原后进入反应器。还原氢是经提纯后的高纯氢。

SCCCR 催化剂还原部分工艺流程见图 6-42。

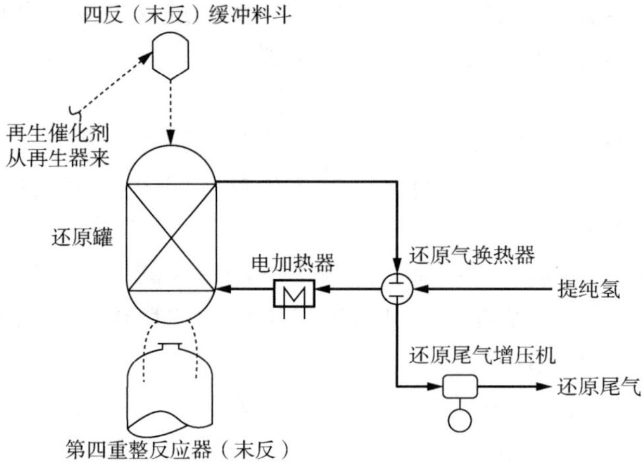

图 6-42　SCCCR 催化剂还原部分工艺流程示意图

外部来的经提纯后的高纯氢在还原气换热器中与从还原罐出口来的还原尾气换热，然后再用还原电加热器加热到约 480℃后进入还原罐下部。在还原罐中，还原氢自下而上逆催化剂移动方向流动并对催化剂进行还原。还原之后的还原尾气自还原罐上部离开，在还原气换热器中与还原氢换热。

因还原过程产生水，绝大部分的水被还原尾气带走。为减少水对催化剂反应性能的影响，还原尾气不进入循环氢系统，直接送到产氢压缩机入口。对于重整产氢经循环氢压缩机增压后再进入产氢压缩机的流程，由于产氢压缩机入口的压力高于还原罐，还原尾气不能直接进入产氢压缩机，需设置还原尾气增压机进行增压。反之，对于重整产氢未经循环氢压缩机增压的流程，不用设置还原尾气增压机。

还原气在还原罐中下进上出与催化剂呈逆流方式，可以将大部分还原水带离催化剂床层。使得随催化剂进入反应器中的还原水量减少。

对于现有的“顺流”连续重整，还原罐设置在一反上部，随催化剂一起进入到反应器中的还原水会跟随反应物流进入整个反应系统，不但对反应有影响，而且由于还原水的“冲洗”，催化剂氯流失严重。

SCCCR 的还原罐设置在最后一个反应器上部，随还原催化剂一起进入到末反的还原水在上部床层就直接被反应产物带走，不进入反应系统，对反应没任何影响，“氯害”大幅度减少。

3）催化剂的“白烧”和“黑烧”

在开工及操作不正常的情况下，如果催化剂上的焦炭在第二烧焦区床层末端未被烧净，含碳催化剂将进入下部的氧氯化区。由于氧氯化区含氧量高，含碳催化剂进入后将快速燃烧释放大量的热量，造成氧氯化区超温，严重时会损坏再生器内件和催化剂。

逆流连续重整工艺设有“白烧”和“黑烧”两种流程模式，并可实现“白烧”和“黑烧”模式的自动转换。在正常再生即"白烧"模式下，在冷却/焙烧/氧氯化区循环的介质为空气，并在氧氯化区入口注氯或注水。当开工或检测到催化剂上的焦炭在第二烧焦区床层末端未被烧净进入氧氯化区时，系统可切换为在"黑烧"模式下操作，即把在冷却/焙烧/氧氯化区循环的空气更换为氮气介质，不再进行循环，一次通过，注氯、注水全部停掉。在烧焦区完全将积炭烧净后，系统可再改为"白烧"模式。

3. 再生器结构及特点

再生器自上而下分为第一烧焦区、第二烧焦区、氧氯化区、干燥焙烧区和冷却区五个区，见图6-43。烧焦区为径向移动床，其余为轴向移动床。再生器采用不锈钢材质。

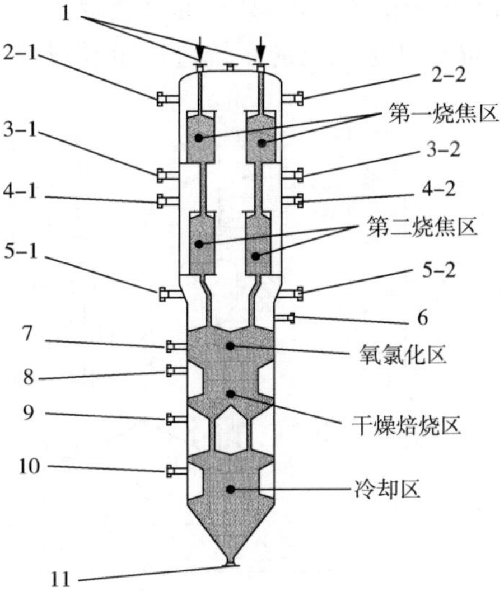

图6-43　SCCCR再生器结构示意图

1—待生催化剂入口；2-1/2-2—烧焦循环气入口；3-1/3-2—第一烧焦区气体出口；4-1/4-2—第二烧焦区气体入口；5-1/5-2—烧焦循环气出口；6—氧氯化区气体出口；7—氧氯化区空气/氯化物补入口；8—干燥区气体入口；9—冷却区气体出口；10—冷却区气体入口；11—再生催化剂出口

再生器各区的不同催化剂床层都设置多点热电偶，用于正常操作的监控或温度异常时的报警联锁等。

4. 技术特点

SCCCR催化剂连续再生部分具有如下技术特点：

（1）再生器压力介于一反和末反之间，便于催化剂的循环输送。

（2）再生器的氧氯化区、焙烧区及冷却区采用同心筒式轴向结构，结构简单，安装维修方便。

（3）采用二段移动床烧焦工艺，分别控制两段烧焦区入口氧含量，以优化烧焦条件，保证烧焦更加完全。

（4）再生气循环采用固体脱氯、冷却、干燥、压缩、换热及电加热流程，无热风机，对设备要求低。

（5）再生气循环采用冷循环流程，再生循环气中水含量低，催化剂比表面下降慢，催化剂寿命比湿热循环再生流程增加一倍。操作中后期再生注氯量和氯流失量低，重整产氢含氯低，引起下游加氢装置发生铵盐堵塞和腐蚀等问题远远少于现有工艺。

（6）氧氯化区、焙烧区及冷却区采用空气介质独立循环，优化氧氯化条件提高再生催化剂性能，易于操作，同时可节省工厂仪表风的用量。

（7）催化剂还原罐的位置对反应更加有利。还原水在末反上部床层直接被反应产物带走，不进入反应系统，对反应没有影响。

（8）既可以采用固体脱氯也可以采用碱洗的方式除去再生气体中的微量氯，可适应不同的需求，减少对环境的污染。

（三）催化剂循环

催化剂循环是实现催化剂在氢烃环境的反应区和含氧环境的再生区之间进行平稳、连续、安全的循环输送。其目的是将反应系统的待生催化剂送至再生系统进行再生，然后再将再生催化剂送回反应系统进行重整反应。催化剂循环流程见图 6-44。

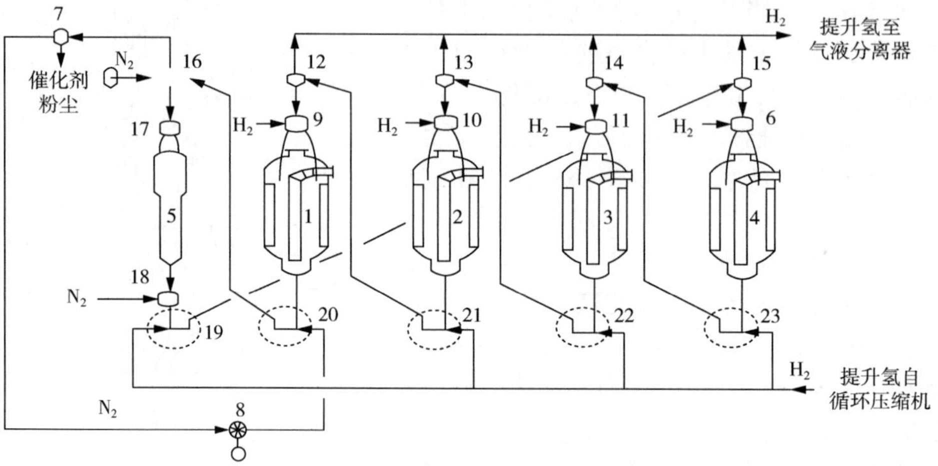

图 6-44 逆流连续重整催化剂循环流程示意图

1—一反；2—二反；3—三反；4—四反；5—再生器；6—还原罐；7—粉尘收集器；8—氮气提升风机；9—一反上部料斗；10—二反上部料斗；11—三反上部料斗；12—一反缓冲料斗；13—二反缓冲料斗；14—三反缓冲料斗；15—四反缓冲料斗；16—分离料斗；17—计量罐；18—氮封罐；19—主提升器；20—一反提升器；21—二反提升器；22—三反提升器；23—四反提升器

1. 催化剂循环方式

SCCCR 以气体稀相提升+重力流动相结合的方式实现催化剂在反应区和再生区之间以及在反应器间的循环输送。对于采用四台反应器的逆流连续重整装置，催化剂循环回路上使用五组提升器[84]。

（1）主提升器，再生催化剂提升器，在再生器下部，用于从再生器到四反的催化剂提升，并可调节控制催化剂总循环量，提升介质为氢气。

（2）一反提升器，待生催化剂提升器，在一反下部，用于从一反到再生器的催化剂提升，提升介质为氮气。

（3）二反提升器，在二反下部，用于从二反到一反催化剂的提升，提升介质为氢气。

（4）三反提升器，在三反下部，用于从三反到二反催化剂的提升，提升介质为氢气。

（5）四反提升器，在四反下部，用于从四反到三反催化剂的提升，提升介质为氢气。

催化剂在反应器之间采用重力自流与提升相结合的方式输送。在催化剂循环回路上，设有不同功能和用途的催化剂输送设备。在一反、二反、三反的上部都设有缓冲料斗和上部料斗，在四反上部设有缓冲料斗及还原罐，缓冲料斗和上部料斗（还原罐）之间由料腿相连。每个反应器下部都有提升器。再生器上部设置分离料斗，下部设置氮封罐和提升器。

待生催化剂在一反下部用氮气置换掉携带的烃类，将催化剂由置于氢/烃环境改变为置于氮气环境。然后靠重力进入一反提升器（待升催化剂提升器），用氮气将催化剂由一反提升器提升至再生器上部的分离料斗。提升所用氮气来自氮气提升风机。在分离料斗用氮气对催化剂进行淘析以去除催化剂粉尘和破碎的半颗粒。去除粉尘之后的催化剂靠重力从分离料斗经计量罐进入再生器内。在再生器内，催化剂自上而下依次经过一段烧焦区、二段烧焦区、氧氯化区、干燥焙烧区及冷却区后离开再生器。离开再生器的再生催化剂靠重力进入氮封罐。在氮封罐内充入氮气介质，将催化剂由置于含氧环境改变为置于氮气环境。待生催化剂靠重力从氮封罐进入再生器下面的主提升器(再生催化剂提升器)。

用主提升器将再生催化剂提升至四反缓冲料斗，主提升器用氢气作为提升介质，并且可以设定、控制和改变系统催化剂循环流率。提升氢从四反缓冲料斗排出与反应产物一起进入气液分离器，催化剂则靠重力经料腿向下流至还原罐。在还原罐中用高纯氢对催化剂进行还原，还原后的催化剂靠重力流入四反进行重整反应。离开四反的催化剂靠重力进入四反提升器。在四反缓冲料斗料位和提升管压差控制下，以氢气作为提升介质，用四反提升器将催化剂提升到三反缓冲料斗。提升氢从三反缓冲料斗排出与反应产物一起进入气液分离器。被提升到三反缓冲料斗的催化剂靠重力克服逆压差沿料腿进入三反上部料斗，三反上部料斗充入密封氢使其压力高于三反，以阻止反应器中的反应物料沿料腿反窜进入缓冲料斗。三反上部料斗中的催化剂靠重力进入三反进行重整反应，离开三反中的催化剂靠重力进入三反提升器。依次类推，直至将催化剂输送到一反提升器，至此完成催化剂循环。

催化剂提升量靠调节二次提升气量来实现。二次提升气量由反应器上部缓冲料斗的料位控制，并由提升管线的压差再设定。反应器之间催化剂提升时，氢气和被提升的催化剂一起进入前一个反应器的缓冲料斗，提升氢气在压差控制下从缓冲料斗上部排出，与重整产物一起冷却后循环使用。

SCCCR 一反的压力约为 0.55~0.6MPa，四反(末反)的压力约 0.35MPa，再生器的压力约 0.4MPa，由此可见，再生器的压力高于四反低于一反。因此，从一反向再生器以及从再生器向四反的催化剂输送都是由高压向低压的直接提升输送，不用采用闭锁料斗系统升压。

在正常操作情况下，催化剂的循环输送都是无阀连续操作的，在催化剂循环输送管线上没有正常操作时需要开关的阀门。

传统的顺流式连续重整反应与再生之间的压差为 0.4MPa 左右，由于压差较大，必须在反应与再生系统之间设置闭锁料斗系统用于催化剂的升压，操作方式为催化剂批量输送。闭锁料斗的操作及控制系统极其复杂，在正常操作中容易出现各类问题，是影响装置长周期运行的重要因素之一。

SCCCR 的催化剂循环输送方式不同于传统的顺流式连续重整，在催化剂循环回路上不用设置闭锁料斗系统，流程大幅度简化，操作简单，实现了真正的连续无阀操作，大幅度提高装置运行周期。并且，由于没有闭锁料斗的急剧变压，催化剂的磨损破碎率远远小于传统的顺流式连续重整。

2. 催化剂循环流率的控制

SCCCR 的催化剂循环流率是通过设置在主提升器的“催化剂循环控制器”来控制的。再生催化剂提升管与四反缓冲料斗之间的压差检测值代表了系统催化剂的循环流率，作为“催化剂循环控制器”的输入信号。通过“催化剂循环控制器” 输出信号到 DCS 显示出系统催化剂的总循环流率，此信号值再通过串级来修正用于检测催化剂流率的 PDIC(再生提升器与四反缓冲料斗之间的差压)的设定值，也可以通过手动改变催化剂流率的设定值。分离料斗有足够大的体积，能为催化剂的总循环流率的调节提供足够的缓冲容积。

在分离料斗和再生器之间设有计量罐，用于标定和修正系统催化剂的循环流量。在正常操作时，计量罐上部开关阀全开，催化剂直接连续流经计量罐。在开车时，需要对催化剂循环量进行标定，用此计量罐进行流量标定。在正常操作时也可定期用计量罐对催化剂的循环流量进行标定和修正。系统带有自动标定程序，启动该程序即可实现催化剂循环流量的自动标定。

3. 反再系统之间的安全隔离

在正常操作情况下，催化剂在反应和再生系统之间的循环把两个不同介质(氢/烃和氧)环境连接起来，一旦反再之间介质互窜就有爆炸危险，因此必须设置有效的隔离措施。

催化剂循环过程有两次工艺环境改变，一次是在一反到分离料斗再到再生器，从烃/氢气环境到氮气/空气环境；另一次是再生器到氮封罐再到再生催化剂提升器，从空气/氮气环境回到氢气环境。必须阻止反应区的烃/氢和再生区的氧进入到氮气提升循环系统以及再生区的氧进入到氢气提升循环系统。

SCCCR 采取了“主动”和“被动”双重的反再系统介质安全隔离的技术措施。反再系统的介质环境及隔离系统见图 6-45。

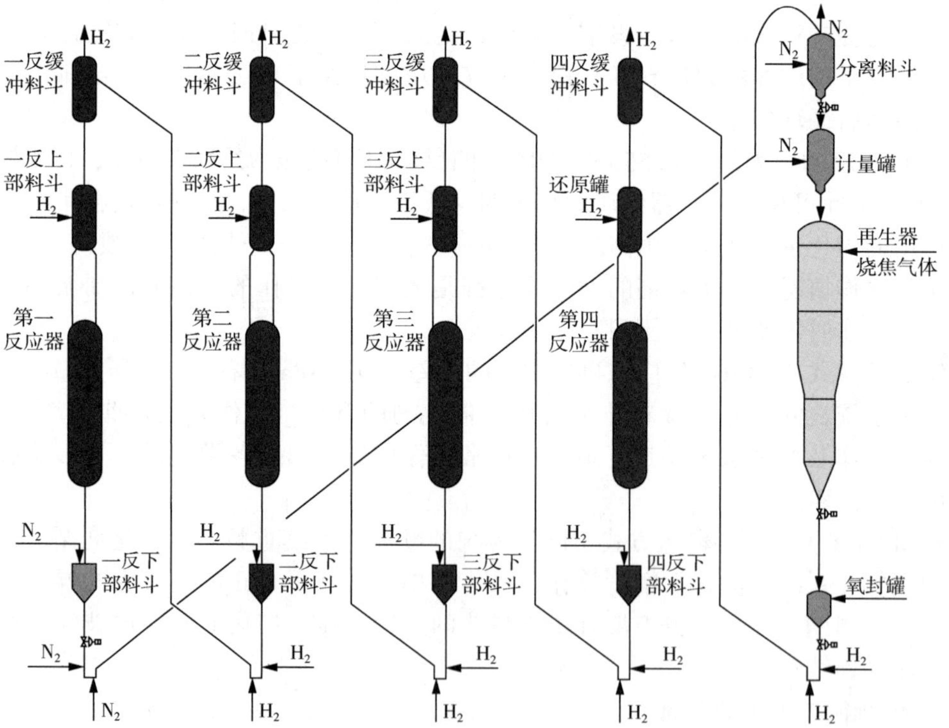

图 6-45　逆流连续重整催化剂循环介质环境及隔离措施示意图

—联锁切断阀；—H_2、烃环境；—N_2环境；—N_2、O_2环境

1）“主动”安全隔离措施

在工艺环境改变处建立氮气隔离气包（“氮包”），“氮包”的压力高于两边的工艺介质。在催化剂循环回路上设有待生催化剂“氮包”和再生催化剂“氮包”。待生催化剂“氮包”为一反下部氮气注入点和分离料斗；再生催化剂“氮包”为氮封罐。具体隔离方法如下：

（1）向一反下催化剂料腿里连续注入惰性气体 N_2，维持一反下氮气注入点的压力比一反底部的压力高，这样可避免反应区的烃类（和氢）进入到提升氮气循环系统。

（2）保持分离料斗的操作压力比再生器高，以使得再生器的氧气不能进入到提升氮气循环系统。

（3）向氮封罐连续注入惰性气体 N_2，维持氮封罐比再生器的压力高，避免再生区的空气（氧）进入到氢气提升循环系统，进而进入反应区；维持氮封罐的压力高于再生催化剂提升器，使得再生提升器的氢气不能反窜到再生区。

2）“被动”安全隔离措施

在催化剂输送回路上设置4组安全隔离阀组（联锁切断阀），分别设在再生器与氮封罐之间、氮封罐与再生催化剂提升器之间、一反下部与一反提升器之间以及分离料斗与催化剂计量罐之间的催化剂管线上。同时在氮气系统设置氢/烃自动分析仪。正常操作时这些联锁切断阀是全开的，一旦出现氮气密封失灵、压差出现异常和（或）在再生氮气中发现氧气、氢气、烃类等物质时的任何一种不正常情况，安全联锁程序自动关闭联锁切断阀，使得再生系统与反应系统自动隔断。

4. 催化剂粉尘的去除

催化剂在循环输送过程中会因摩擦或波动等产生粉尘和碎颗粒，严重时会堵塞反应器及再生器内的筛网。SCCCR工艺在催化剂循环回路中设置一套待生催化剂粉尘收集系统，用淘析和过滤的方法将催化剂粉尘及破碎颗粒从系统中除去，见图6-46。

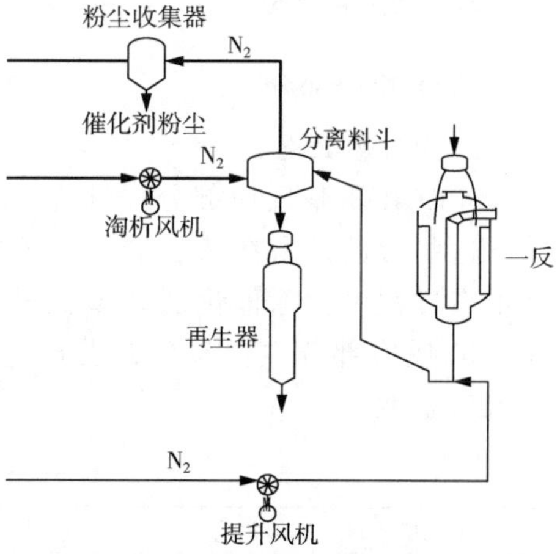

图6-46　SCCCR催化剂粉尘去除系统流程示意图

淘析过程在分离料斗内进行，用淘析氮气将待生催化剂中的粉尘及破碎颗粒从分离料斗中吹出，在粉尘收集器中对其进行回收。粉尘收集器内设过滤器，采用金属粉末冶金烧结或帆布袋型过滤器。

淘析氮气经淘析风机升压后进入分离料斗对催化剂进行汽提淘析，携带了催化剂粉尘及破碎颗粒的淘析气与提升氮气一起从分离料斗顶部排出。为保证将粉尘和破碎颗粒彻底从系统中移出，从分离料斗顶部排出的催化剂颗粒中带有30%以上的整颗粒。离开分离料斗的淘析气送入粉尘收集器，过滤掉其中携带的催化剂粉尘及颗粒，粉尘收集器带有自动反吹系统，定期对过滤器进行反吹。离开粉尘收集器的气体分为两部分，一部分气体循环回淘析风机升压后作为淘析气送入分离料斗。另一部分气体去氮气提升风机升压后作为待生催化剂的提升气。淘析和提升氮气循环使用。

5. 催化剂的添加和卸料

SCCCR 设置了催化剂在线加料和卸料系统。催化剂的添加在催化剂计量罐完成，催化剂的卸料可在分离料斗之后的催化剂管线上完成。在催化剂再生正常运转的过程中，可以实现向系统中在线添加催化剂，也可以从系统中卸出催化剂。

6. 技术特点

SCCCR 催化剂循环部分的技术特点如下：

（1）再生器的压力介于一反和末反之间，反应与再生系统之间的催化剂输送都是从高压向低压的提升输送，不必采用现有技术采用的闭锁料斗进行升压的复杂方法。催化剂循环系统简单。

（2）由低压反应器向高压反应器的催化剂输送采取以气体稀相提升+重力流动相结合的方式，操作简单、稳定可靠、弹性大。

（3）没有闭锁料斗的急速变压过程，大幅降低了催化剂的破损，仅设置待生催化剂粉尘收集系统，不用设再生催化剂粉尘淘析收集系统，系统大幅度简化，节省投资。

（4）没有繁杂的“闭锁料斗系统”，操作过程十分简单，催化剂循环实现了真正的“无阀连续”过程，没有影响长周期操作的因素，大幅度地提高装置运行周期和稳定性。

（5）反应和再生系统之间设置双重安全隔离措施，确保反再之间的工艺介质不会互串，实现催化剂安全平稳的循环输送。

四、操作参数

（一）重整部分

1. 操作参数选取

SCCCR 重整反应部分设计操作参数包括催化剂装填比、压力、空速、温度、氢烃比，这些参数是由在选定催化剂前提下由原料性质及操作苛刻度所决定的。在装置实际生产过程中，除催化剂装填比外，其他参数或随操作情况而变化或可以进行调整。SCCCR 反应部分主要参数见表 6-33。在正常操作时，最有效可调整的操作参数为反应器入口温度。

表 6-33　SCCCR 反应部分主要参数

项　目	数值	项　目	数值
气液分离器压力/MPa	0.24	反应器最高入口温度/℃	549
质量空速/h^{-1}	1.5~2.8	催化剂装填比①	22~25/24~25/25~26/25~28
氢油摩尔比	1.6~3.0		

① 数据为一反/二反/三反/四反。

2. 特殊操作参数说明

1）催化剂

SCCCR 使用与现有连续重整相同类型的催化剂，但对催化剂的重度（密度）适用范围更宽。同一装置可适应催化剂的堆积密度范围在 550~750kg/m^3，可以满足催化剂技术发展的要求。

2）反应温度

考虑反应器材质因素，进入反应器的反应物料最高允许温度为549℃。在正常操作时，可根据反应苛刻度等的需要调整反应器入口的温度，大多在510~535℃，通常采用相同的反应器入口温度。

与现有技术不同，SCCCR前面反应器的催化剂平均含碳量高于后面的反应器，当改变反应苛刻度，比如提高苛刻度时，可采用前面反应器入口温度比后面反应器高（约3~8℃）的方式进行操作。

（二）催化剂再生

1. 再生操作参数选取

典型的催化剂连续再生的设计参数是基于待生催化剂正常含碳量为5%以及第一和第二烧焦区的烧炭比例为7：3选取的。典型的催化剂再生主要操作条件见表6-34。

表6-34 SCCCR典型的催化剂再生主要操作条件

项 目	数 值	项 目	数 值
再生器压力/MPa	0.35~0.45	各区入口温度/℃	
第一烧焦区		氧氯化区	500~530
入口温度/℃	460~480	干燥焙烧区	500~530
入口氧浓度/%（体）	0.3~1.0	还原罐	40
第二烧焦区		氧氯化区、干燥焙烧区、冷却区氧浓度/%（体）	21
入口温度/℃	470~490		
入口氧浓度/%（体）	0.3~1.0		
出口氧浓度/%（体）	0.1~0.7	还原氢气纯度/%（体）	>98.5

在正常操作时，待生催化剂的含碳量可在3%~8%，两段烧焦区的烧炭比例在（100%~70%）：（0~30%）的范围内变化。主要的调整参数是各区的入口温度及氧含量。

2. 正常操作可调整的操作参数

正常操作时可调整的操作参数为各区的入口温度、烧焦区进口和出口的氧含量和注氯注水量。

在第一和第二烧焦区、氧氯化区、干燥焙烧区的入口分别设置电加热器，用电加热器的出口温度控制加热功率。在正操作时，可以按需要通过改变电加热器的功率对各区的入口温度进行调整。

在第一和第二烧焦区入口分别设置有在线氧含量分析仪，用在线分析仪检测的氧含量控制混入的空气量。可以按需要通过改变混入的空气量对第一和第二烧焦区的入口氧含量进行调整。在正操作时，第一和第二烧焦区的入口氧体积含量为0.8%，可在0.3%~1.0%范围内调整。

为保证烧炭完全，在第二烧焦区的出口设置有在线氧含量分析仪，监测烧焦过剩氧情况。可以按需要通过改变第二烧焦区的入口氧含量来保证离开烧焦区的再生循环气中有一定的过剩氧。在正常操作时，第二烧焦区出口氧含量（体积）为0.2%，可根据需要在0.1%~0.7%范围内调整。

五、工业应用

2013年9月，首套采用SCCCR工艺、规模为60万吨/年的连续重整装置在中国石化建成投产。该装置以直馏及焦化加氢石脑油为原料，采用国产PS-Ⅵ连续重整催化剂，生产高辛烷值汽油调合组分并副产氢气。该装置一次投产成功，投产后运行平稳。装置标定考核结果见表6-35。从标定数据可以看出，该工艺 C_{5+} 液体收率、芳烃产率和氢产率高，能耗低，催化剂磨损少，主要运行技术指标先进。

表6-35　装置标定结果

项　目	标定值	项　目	标定值
装置负荷(重整进料量)/(t/h)	71.4	催化剂再生条件	
原料性质		催化剂循环量/(kg/h)	600
		待生催化剂碳含量/%	5.01
直馏：加氢焦化石脑油/%	82.7：17.3	再生催化剂碳含量/%	0.06
ASTM D-86 馏程/℃	81~171	再生催化剂氯含量/%	1.19
烷烃/环烷烃/芳烃/%	45.92/45.67/8.41	产品性质	
重整反应条件		C_{5+}液收/%	89.72
一/二/三/四反入口温度/℃	529/529/526/523	C_{5+}芳烃含量/%	79.85
气液分离器压力/MPa	0.24	纯氢产率/%	3.99
氢油摩尔比	2.7	催化剂粉尘量/(kg/d)	<0.5
体积空速(*LHSV*)/h^{-1}	1.6	能耗/(kgEO/t重整进料)	84.16

表6-36列出了装置连续运行一个生产周期(4年)催化剂性能的变化情况，由表可见，装置开工运转12个再生周期后催化剂比表面积195m^2/g，运行400个再生周期后比表面积为174m^2/g，仅下降了10%。此外，催化剂粉尘量较少，一般在1.5~2.5kg/d。装置在连续运行4年后，催化剂比表面积下降很少，粉尘量较少，仍然保持非常好的性能。

表6-36　装置连续运行一个生产周期催化剂性能变化情况

再生周期数/次	12	21	160	280	400
比表面积/(m^2/g)	195	195	185	179	174
粉尘量/(kg/d)	2.5	2.0	1.5	2.0	1.6
待生催化剂					
碳含量/%	2.56	3.51	3.0	3.4	3.0
氯含量/%	1.13	1.15	1.1	1.1	1.1
再生催化剂					
碳含量/%	0.06	0.018	0.04	0.04	0.03
氯含量/%	1.2	1.19	1.16	1.2	1.2

SCCCR工艺技术在设计理念上不同于传统的顺流连续重整技术，具有创新性，流程特点十分鲜明，拥有完全自主知识产权，主要表现在如下几个方面。

(1) 反应器间催化剂的流动方向与反应物流的方向相反，从而改善了反应条件，催化剂性能得以充分发挥。与现有技术不同，具有鲜明的技术独创性，属于完全自主开发的技术，具有海内外独立商业运作权。

（2）催化剂在反再系统间的循环输送不采用传统的闭锁料斗的升压方法，简化了催化剂的输送系统，节约投资。真正实现了无阀连续操作，操作简单，长周期运行平稳可靠。

（3）催化剂磨损量非常低，不用设置再生催化剂粉尘淘析收集系统，流程大幅度简化，投资降低。

（4）采用相同规格尺寸的重整反应器，制造、安装、备品备件、检维修的成本低，投资少。

（5）优化再生器操作条件，既有利于催化剂在反再系统之间的输送，又有利于再生。

（6）该工艺技术采用的设备全部实现了国产化，装置建设投资较现有技术有所降低。

（7）采用该技术的装置开车容易、操作简单、运行平稳可靠，装置主要技术经济指标先进。

截至 2020 年 3 月，国内已经建成投产 4 套采用该技术的连续重整装置，最大规模为 100 万吨/年，运行效果良好。采用最新一代 SCCCR 技术，规模大于 100 万吨/年的多套连续重整装置正在设计和建设过程中，最大规模达 260 万吨/年。

第七节　催化重整配套技术

一、重整生成油脱烯烃技术

苯、甲苯和二甲苯(BTX)等轻质芳烃是重要的有机化工原料，其主要来源于石脑油的催化重整反应，重整生成油中富含芳烃并含有少量的烯烃。由于烯烃(特别是微量的二烯烃)的性质比较活泼，对芳烃联合装置中的芳烃抽提以及下游装置的设备、PX 吸附剂和歧化催化剂等的性能会有不同程度的影响[85~87]。随着重整装置加工原料日趋复杂多样化(重质化、劣质化)，重整催化剂的反应苛刻度越来越高，重整生成油中的烯烃含量呈显著上升的趋势。由于大多数芳烃精制装置仍采用传统的工业颗粒白土脱除烯烃的工艺，特别是对于 C_{8+}混合芳烃馏分，由于含有胶质等容易使白土失活的重组分，导致白土更换频率越来越高，有些企业所使用的颗粒白土甚至一周左右就需要更换一次，不仅造成人工劳动强度非常大，而且白土的用量也非常大。废弃的白土属于危废品，其中含有一定量的重芳烃，填埋或烧焦处理会给环境带来严重污染，后处理费用也较高，导致白土综合使用费用居高不下。近年来，也有采用含沸石脱烯烃催化剂非加氢催化脱烯烃的方法[88,89]，虽然其使用寿命比白土延长，但仍存在单程寿命相对较短，需要不断卸剂再生(属于危废转移)以及后处理填埋等环保问题。此外，由于颗粒白土和含沸石精制催化剂的反应机理基本相似，主要因发生烷基化、叠合和缩合等反应脱除烯烃，导致反应产物里利用价值不高的重芳烃含量增加，且反应产物的干点升高。因此，迫切需要一种绿色环保型的脱烯烃催化剂来替代工业颗粒白土和含沸石精制催化剂。

其他脱除烯烃的方法主要是采用选择性临氢工艺。该工艺是指在临氢条件下，对全馏分重整生成油、C_{8+}混合芳烃馏分或抽余油中的烯烃进行选择性加氢，在芳烃不被加氢饱和的情况下，实现缓和加氢脱除其中的烯烃。与白土和含沸石催化剂不同，采用临氢工艺脱除烯烃时，反应产物的干点不升高。在选择性临氢工艺中，一种是采用含有非贵金属(如 Co-Mo 或 Ni-Mo)催化剂催化加氢的方法，需要较高的反应温度(280~320℃)和较低的体积空速(1~2h^{-1})，芳烃损失大，且催化剂寿命短，目前该工艺及催化剂已被淘汰。另一种是采用贵金属(Pd、Pt)加氢精制催化剂的低温加氢工艺，反应苛刻度较低，反应温度为120~170℃，反应压力为1.0~2.4MPa，芳烃损失小于0.2%，同时催化剂能够长周期稳定运转。失活后的催化剂采用器外再生方式，废弃催化剂中的Pd、Pt等贵金属可以委托有处理资质的企业进行高效回收。选择性加氢工艺可分为普通滴流床加氢工艺[90,91]和液相加氢工艺[92]，滴流床加氢工艺采用常规工艺流程，液相加氢工艺采用镶嵌工艺流程，在重整脱戊烷塔进料前、重整产物预分馏塔前或二甲苯白土塔前镶嵌一个加氢反应模块，通过少量补充氢气就可以达到脱烯烃的目的。贵金属催化剂不足之处是一次性投资大，但从长期投资、长稳优操作、经济和社会效益以及环保等方面综合考虑，采用重整生成油液相加氢脱烯烃工艺和催化剂是今后发展的趋势。

对颗粒白土、沸石精制、加氢脱烯烃等技术进行归纳总结[18,88,90,93~96]，见表6-37所示。

表6-37　不同脱烯烃技术对比

项　目	颗粒白土	沸石催化	滴流床加氢	高效液相加氢
原料				
适应性	C_{6+}馏分、C_{8+}馏分	C_{6+}馏分、C_{8+}馏分	全馏分、C_{6+}馏分、C_{8+}馏分	全馏分、C_{6+}馏分、C_{8+}馏分
溴指数/($mgBr_2$/100g)	<800	<1500	≥1500	≥1500
操作条件				
反应温度/℃	150~200	130~200	120~190	120~170
反应压力/MPa	0.9~1.5	0.9~1.5	1.2~3.0	1.2~2.2
体积空速/h^{-1}	0.5~1.2	0.5~2.0	6~10	6~15
氢油体积比	—	—	100~300	3~8
催化剂				
数量	基准	少	较少	很少
费用	基准	大	一次性较大	一次性较大
填埋处理费用	基准	较少	很少	很少
装卸费用	基准	较少	很少	很少
单程寿命	短	是白土的8倍以上	~4年	~4年
总寿命	短	是白土的24倍以上	~10年	~10年
再生次数	不能	可以多次再生	可以多次再生	可以多次再生
副反应类型	脱乙基、丙基	脱乙基、丙基	氢解、裂解	氢解、裂解
工艺流程	简单	简单	较复杂	简单
设备投资	基准	基准	很大	较大
操作难度	简单	简单	复杂	简单
能耗	较低	较低	很大	较低
产品质量	波动大 颜色和酸洗比色差	波动较大 颜色和酸洗比色较差	很稳定 颜色和酸洗比色较好	很稳定 颜色和酸洗比色很好
环境污染	废弃白土量很大，造成严重环境污染	废弃沸石量大幅减少	少、催化剂器外再生	少、催化剂器外再生
综合运行成本	基准	较低	一次性投资相对较高，能耗高	一次性投资相对较高，但长期受益

二、脱氯技术

（一）催化重整过程中的氯的来源及危害

催化重整装置氯的影响有其独有的特点，氯的来源既有重整原料带来的氯化物也有重整催化剂在运行过程中自身氯的流失而存在于重整氢气、重整产物(生成油、LPG、干气)以及放空气中的氯化物，这些氯化物的存在，对重整装置的冷换设备、精馏塔塔盘、重整氢循环压缩机、加热炉喷嘴等设备有腐蚀或堵塞的隐患，进而影响重整装置的平稳运转，所以相关的脱氯技术不可或缺[97,98]。

重整装置有4个部位需采用脱氯技术，即①预加氢精制石脑油的脱氯技术；②重整产氢气的脱氯技术；③重整生成油中氯的脱除技术；④连续重整再生单元循环再生气和放空气中氯的脱除技术。

对于重整装置4个部位的氯脱除技术，既有碱洗脱除技术也有固体脱氯技术，碱洗脱氯工艺存在流程复杂、操作繁琐、不易监测控制、易造成碱洗塔的腐蚀、堵塞等问题，而固体脱氯技术存在脱氯流程简单、操作简单、过程检测控制快速准确等特点，在特定情况下碱洗脱氯技术可以被固体脱氯技术取代。

（二）预加氢产物高温脱氯技术

预加氢原料氯的来源是含有氯化物的油田化学助剂，这些氯在炼油过程中会分布于各个馏分之中，预加氢原料中的氯含量有的高达150mg/L至更高，在预加氢反应过程中有机氯化物经加氢生成氯化氢，另外氯化氢还可以和预加氢过程中生成的氨反应生成氯化铵，氯化铵在150℃以下会结晶、沉积，导致低温设备的腐蚀，影响装置的正常运转。

1. 预加氢产物高温脱氯技术

预加氢产物中的氯化氢脱除方法通常采用固体脱氯技术。具体流程是在预加氢反应器后串入脱氯反应器，利用预加氢反应的余热(温度通常在250~320℃)，通过吸附或化学反应将预加氢精制产物中的氯化氢去除(通常以化学反应为主)，从而避免后续设备的腐蚀。另外，预加氢精制产物中的铵离子由于没有氯化氢，就不会形成氯化铵，从而消除了对后续低温设备的堵塞。

脱氯工艺流程通常采用可切换的双脱氯反应器流程，通过控制前区脱氯反应器出口产物中的氯化氢，使其含量低于0.5μg/g，即可保证后区脱氯反应器出口产物中的氯化氢含量低于0.1μg/g，如此达到有效消除相关设备的腐蚀和堵塞的目的。

2. 工业应用

高温脱氯剂的研发单位主要有石科院、西北化工研究院等，其具有穿透氯容高、活性组分不流失、强度高、不泥化、不易结块、易拆卸等特点，可以有效脱除重整预加氢生成油中的氯化氢，不含碱金属，不会对重整催化剂催化活性产生影响。另外，由于预加氢产物中含有较高的硫化氢，硫化氢的存在会影响脱氯剂的脱氯效果，需具有非常好的脱氯选择性。

高温脱氯剂种类较多，以石科院开发的WGL-A和RDY-100脱氯剂为例，其物化性质和技术指标见表6-38。工业使用条件见表6-39。

表 6-38 WGL-A、RDY-100 物化性质

项目	物化性质和技术指标	
	WGL-A	RDY-100
外观	灰白条	灰白条
尺寸/mm	ϕ(2~5)×(5~10)	ϕ(2~5)×(5~10)
堆密度/(g/mL)	0.75±0.05	0.75±0.05
强度/(N/cm)	≥100	≥80

表 6-39 WGL-A、RDY-100 脱氯工艺条件

项目	指标	项目	指标
使用温度/℃	250~500	质量空速/h^{-1}	1.0~10.0
使用压力/MPa	0.2~8.0	脱氯剂床层高径比	≥3

双脱氯反应器流程：在操作时既可以并联又可以串联，也可以根据每个反应器的运行情况调整前后顺序，有效地提高了脱氯剂的脱氯效率，同时不影响预加氢装置及重整装置的运转，即使在原料中的氯突然升高几倍或几十倍导致脱氯剂提前穿透的情况发生依然能保证预加氢装置的平稳运行。表 6-40 是双反应器流程典型的工业运转结果。可以看出，在保证预加氢产物氯含量小于 0.5μg/g 的基础上，脱氯剂具有较高的穿透氯容。

表 6-40 两台脱氯罐串联运行期间几种脱氯剂的穿透氯容 %

脱氯剂型号	WGL-A	脱氯剂型号	WGL-A
床层上部	39.78	床层下部	27.24
床层中部	31.32	加权平均	32.84

注：脱氯罐出口氯含量≤0.5μg/g。

（三）重整氢低温脱氯技术

为维持重整催化剂性能，装置运行中需要连续注入氯化物，催化剂上流失的氯以氯化氢的形态存在于重整氢气中，这种含微量氯化氢的氢气会造成下游设备的腐蚀和循环压缩机入口频繁积垢，须采用固体脱氯技术脱除重整氢中的氯化氢以消除其影响。

1. 重整氢低温脱氯技术

固体脱氯工艺是目前重整氢中的氯化氢脱除的常用方法，脱氯工艺只需要 2 个串联的固定床脱氯反应器即可，固体脱氯剂法投资费用和操作成本较低，经济有效。

通过对重整氢低温脱氯工艺多年的跟踪，具备可切换的双脱氯反应器流程是最佳的重整氢脱氯工艺流程，通过控制前区脱氯反应器出口产物中的氯化氢含量低于 0.5μg/L 甚至更低，就可以保证后区脱氯反应器出口产物中的氯化氢含量低于 0.1μg/L，如此可以消除重整氢循环压缩机的腐蚀和堵塞。

2. 工业应用

低温脱氯剂的研发机构主要有石科院、西北化工研究院等。重整氢固体脱氯技术的应用取得了良好的脱氯效果，重整氢循环压缩机的腐蚀和堵塞问题得到有效的缓解或消除。

低温脱氯剂的种类较多，以石科院开发的 WDL-B 和 RDH-100 2 种低温脱氯剂为例，

它们均不含碱金属，消除了对下游相关催化剂催化活性影响的隐患，可以有效脱除重整氢中的氯化氢。脱氯剂具有穿透氯容高、活性组分不流失、强度高、不泥化、不易结块、易拆卸等特点。其物化性质和技术指标见表6-41。工业使用条件见表6-42。

表6-41　WDL-B、RDH-100物化性质和技术指标

项　目	物化性质和技术指标		项　目	物化性质和技术指标	
外观	灰白条	灰白条	堆密度/(g/mL)	0.75±0.05	0.70±0.05
尺寸/mm	$\phi(2\sim5)\times(5\sim10)$	$\phi(2\sim5)\times(5\sim10)$	强度/(N/cm)	≥100	≥80

表6-42　WDL-B、RDH-100脱氯工艺条件

项　目	指　标	项　目	指　标
使用温度/℃	0~60	体积空速/h^{-1}	≤2000
使用压力/MPa	常压~4.0	脱氯剂床层长径比	≥3

表6-43为RDH-100低温脱氯剂在某炼油厂100万吨/年CCR装置重整氢脱氯装置应用结果，与对比剂比较，在相同的操作条件下，在保证出口重整氢中的氯化氢含量低于0.5μg/m^3的技术保证值前提下，运转时间超出近4倍，具有较高的性价比。

表6-43　RDH-100与对比剂工业运转结果

脱氯剂	穿透氯容/%	运转时间/d	脱氯罐出口氯含量控制指标/(μg/L)
RDH-100	18.8	270	≤0.5
对比剂	3.4	68	

(四) 重整生成油液相脱氯技术

重整生成油中的氯主要来源于重整催化剂在运转过程中流失的氯组元。一般来说，重整生成油中氯含量随着重整催化剂的运转时间的增加会逐步增加，波动范围在1~4μg/g。这部分氯会造成脱戊烷塔和脱丁烷塔顶冷换设备的腐蚀。当重整生成油含有较高的铵离子时，和氯化氢结合成氯化铵会在脱戊烷塔顶及脱丁烷塔顶低温部位逐渐沉积下来，积累到一定程度造成设备的堵塞。这种情况在近年来的CCR装置中(尤其是处理量较大的装置)经常发生。另外，当重整生成油作为芳烃抽提原料时，由于氯会对芳烃吸附剂的吸附性能产生影响，所以需要对重整生成油采取脱氯处理。

1. 重整生成油液相脱氯技术

固体脱氯技术是目前常用的脱氯重整生成油中氯的技术，通常在脱戊烷塔前串入脱氯反应器，脱氯操作温度在4~40℃，通过吸附或化学反应将生成油中的氯化氢及氯化铵脱除，从而达到防止后续设备的堵塞和腐蚀的目的。

通过对重整生成油脱氯工艺多年的跟踪，具备可切换的双脱氯反应器流程是最佳的重整氢脱氯工艺流程。通过控制前区脱氯反应器出口产物中的氯含量，使其低于0.5μg/g甚至更低，就可以保证后区脱氯反应器出口产物中的氯含量低于0.1μg/g，如此可以消除后续设备的腐蚀和堵塞。

2. 工业应用

脱氯剂的研发机构主要有石科院、西北化工研究院等。其种类也很多，但重整生成油脱氯固体脱氯技术的应用受脱氯剂的质量影响，存在运转时间短、脱氯效果差等问题，采用性价比高的脱氯剂可以有效地缓解后续设备的腐蚀和堵塞问题。

由于是低温条件下的液固脱氯反应，有效提高脱氯剂的液固传质速率至关重要，所以要求脱氯剂具有丰富的大、中、小孔结构，通过选择合理的载体、黏结剂、扩孔剂使得液相脱氯剂具有较大的比表面积、合理的孔分布。这样不仅提高了液相条件下的液固传质速率，而且可以有效脱除生成油中的氯。脱氯剂具有穿透氯容高、活性组分不流失、强度高、不泥化、不易结块、易拆卸等特点。以石科院开发的 DL-1 和 RDL-100 脱氯剂为例，其物化性质和技术指标见表 6-44。工业使用条件见表 6-45。

表 6-44　DL-1、RDL-100 物化性质和技术指标

项　目	物化性质和技术指标		项　目	物化性质和技术指标	
脱氯剂	DL-1	RDL-100	堆密度/(g/mL)	0.75±0.05	0.70±0.05
外观	灰白条	灰白条			
尺寸/mm	φ(2~5)×(5~10)	φ(2~5)×(5~10)	强度/(N/cm)	≥90	≥60

表 6-45　DL-1、RDL-100 脱氯工艺条件

项　目	指　标	项　目	指　标
使用温度/℃	0~60	质量空速/h^{-1}	≤4
使用压力/MPa	常压~6.0	脱氯剂床层长径比	≥4

表 6-46 是 DL-1 脱氯剂在某炼油厂 220 万吨/年 CCR 装置重整氢脱氯装置的应用结果，与参比剂比较，操作条件相同，在保证出口重整氢中的氯化氢含量低于 0.5μg/g 的技术保证值前提下，运转时间有原来的 102 天提高至 301 天，超出近 3 倍，脱氯剂运转期间内，脱戊烷塔顶冷换设备铵盐堵塞的问题得到了有效缓解。

表 6-46　DL-1 生成油液相脱氯剂工业运转数据

脱氯罐位号	脱氯剂	应用时间/d	技术保证值
前	参比剂	102	脱氯罐出口氯含量
前	DL-1	301	≤0.5μg/g

（五）连续重整再生烟气脱氯技术

自 21 世纪开始，国内的连续重整技术得到了飞速的发展，到 2019 年底国内已投产的连续重整装置数量达到百套。其中，催化剂的再生技术是其核心技术之一。21 世纪之前，连续重整装置的再生气脱氯多采用碱洗脱氯工艺，在运行过程中发现碱洗脱氯存在工艺流程复杂、操作繁琐、控制难度大、设备腐蚀等问题。2000 年以后，再生气的固体脱氯技术逐渐取代了碱洗脱氯，并取得较好的效果，目前这两种脱氯技术均有应用。

不同类型的 CCR 装置催化剂再生方式有所不同。按照重整催化剂再生方式可分为干冷循环和湿热循环 2 种类型，以 100 万吨/年连续重整装置规模计，2 种再生气的组成及再生工艺条件见表 6-47 和表 6-48。

表 6-47　干冷循环再生气及放空气工艺条件

项　目	循环再生气脱氯工况	放空气脱氯工况	项　目	循环再生气脱氯工况	放空气脱氯工况
温度/℃	400~520	150~230	HCl/(μg/L)	50 ~500	20
压力/MPa	0.55	0.52	N_2 含量/%(体)	80~90	80~90
流量/(kg/h)	30000	1000	O_2 含量/%	0~8	0~8
H_2O 含量/(μg/L)	1000~2000	—	CO_2 含量/%	16	16

由表 6-47 的数据可以看出，循环再生气中的氯主要是烧炭过程中从催化剂上流失的氯，而放空气中氯还有重整催化剂氯氧化过程中带来的氯。由于此类技术的重整催化剂的再生属于冷循环方式，需要在降温前脱除掉循环气中的氯，否则会严重影响循环气的再生系统，导致脱水罐腐蚀，存在爆裂的隐患。

目前，采用干冷循环再生方式的 CCR 装置再生循环气的脱氯技术既有碱洗脱氯技术应用也有固体脱氯技术应用。

催化剂再生采用湿热方式的再生气，不需脱除循环气中的氯，只有放空气为做到达标排放而采用脱氯技术，典型数据见表 6-48。

表 6-48　湿热循环放空气工艺条件

项　目	放空气脱氯工况	待生催化剂吸附放空气工况	项　目	放空气脱氯工况	待生催化剂吸附放空气工况
温度/℃	580	138	HCl/(μg/L)	1500	2149
压力/MPa	0.35	0.35	N_2 含量/%(体)	80~90	72.3
流量/(kg/h)	900	900	O_2 含量/%(体)	0~8	0.2
H_2O 含量/%	6	10.8	CO_2 含量/%(体)	16	16.5

对于采用热气循环再生方式的 CCR 装置，特别是采用待生催化剂吸附的放空气，由于放空气中的氯含量极高，如果控制不当，放空气换热器的低温部位存在严重的盐酸腐蚀问题(见图 6-47)，有的装置 2、3 个月就需更换腐蚀泄漏的换热器。

图 6-47　待生催化剂氯吸附系统换热器腐蚀

另外，待生催化剂氯吸附工艺的连续重整装置运转结果表明：重整催化剂的比表面下降速率明显高于没有待生催化剂氯吸附工艺的重整催化剂。

对于湿热循环的 CCR 装置，由于再生放空气的排放量较小，属高温气固脱氯技术，采用固体脱氯技术具有投资低、操作监控方便、脱氯效果好等特点。

1. CCR 装置再生烟气固体脱氯技术

虽然碱洗脱氯技术具有脱氯效率高的特点，但也一直存在操作繁琐、腐蚀等问题，需要进一步改进、优化碱洗脱氯技术，考虑到碱洗脱氯技术是常用的技术，此节不予讨论。

对于干冷循环的CCR装置的循环再生气以及放空气的脱氯，可以用固体脱氯技术很好地解决氯的腐蚀以及环保排放等问题。干冷循环的再生循环气固体脱氯技术，流程示意图见图6-48。

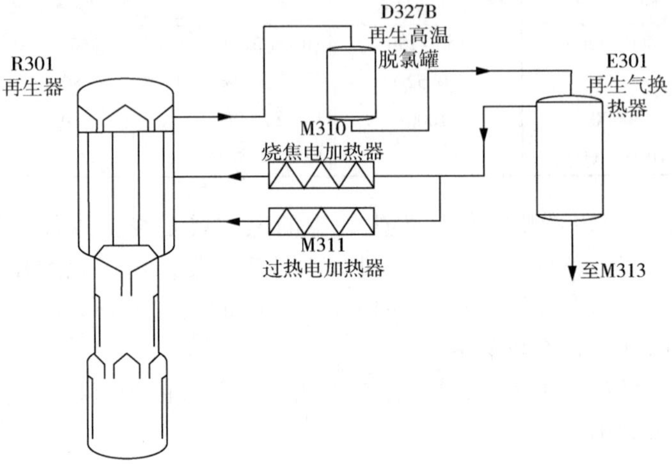

图6-48　干冷循环再生循环气固体脱氯工艺

对于湿热循环的碱洗脱氯以及待生催化剂氯吸附技术，采用固体脱氯技术可以达到以下的目的：①放空气中的氯化氢清洁排放(低于0.5μg/g)；②消除换热器的腐蚀；③降低再生气中的水对重整催化剂比表面积的冲击影响，有效延长重整催化剂使用寿命。固体脱氯技术流程示意图见图6-49。

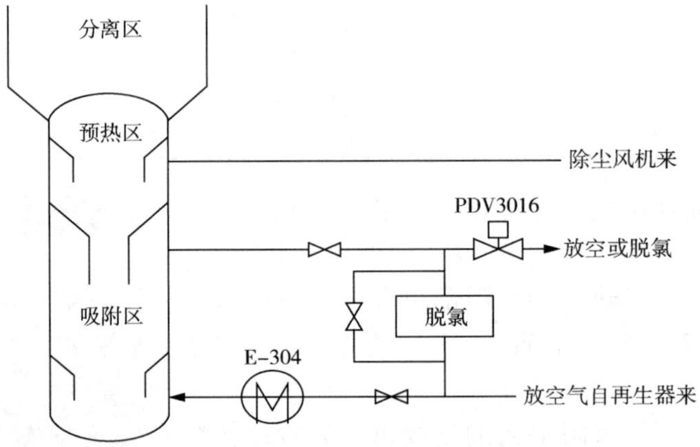

图6-49　待生催化剂氯吸附的固体脱氯工艺

对于干冷循环的CCR装置的循环再生气的固体脱氯建议采用2个串联的可切换操作的工艺流程，通过控制前区脱氯反应器出口产物中的氯含量低于0.5μg/g甚至更低，就可以保证后区脱氯反应器出口产物中的氯含量低于0.1μg/g，如此可以消除再生气干燥部分脱水罐的腐蚀。

而对于何种类型的CCR装置，其放空气的固体脱氯采用单罐流程即可满足放空气的排放要求。

2. 工业应用

针对CCR重整再生气(包括循环气和放空气)的工艺特点，以石科院和南京华华开发的GL-1和NC-CH 2种再生烟气脱氯剂为例，2种脱氯剂具有穿透氯容高、强度高、不泥化、不易结块、易拆卸等特点。2 种脱氯剂在国产 CCR 装置、Axens 以及 UOP 的 CCR 装置上均得到良好的应用效果[98,99]。

GL-1、NC-CH 脱氯剂的技术指标见表 6-49。工业使用条件见表 6-50。

表 6-49　GL-1、NC-CH 再生烟气脱氯剂的技术指标

项　目	指　标		项　目	指　标	
脱氯剂	GL-1	NC-CH	堆密度/(g/cm^3)	0.60±0.05	0.65±0.05
外观	灰白色条状	球形			
规格/mm	ϕ(3~4)×ϕ(5~10)	ϕ3~5	强度/(N/cm)	≥80	≥40

表 6-50　GL-1、NC-CH 脱氯剂的工艺条件

项　目	指　标	项　目	指　标	项　目	指　标
操作压力/MPa	0.1~2.0	体积空速/h^{-1}	≤1000	操作温度/℃	150~55

1）在国产 70 万吨/年 CCR 装置上的应用

某国产 70 万吨/年连续重整装置催化剂再生流程采用“干冷循环回路”，再生循环气和放空气均采用固体脱氯技术。

再生循环气固体脱氯装置采用 NC-CH 脱氯剂，采用 2 个脱氯罐串联的运行流程，前置脱氯罐自 2016 年 6 月投运到 2017 年 9 月床层穿透，运转 16 个月，运转期间脱氯罐出口的氯化氢含量低于 0.5μg/L；后置脱氯罐自 2017 年 10 月投运到 2019 年 4 月床层穿透，运行 18 个月。技术经济性优于碱洗脱氯技术。

对于放空气脱氯，脱氯装置采用 GL-1 脱氯剂，采用 1 个脱氯罐运行流程，自 2012 年 9 月投运到 2014 年 10 月床层穿透，运转 25 个月，运转期间脱氯罐出口的氯化氢含量低于 0.5μg/L，放空气中的氯化氢达到了清洁排放。

2）取代待生催化剂氯吸附的固体脱氯技术应用

某炼油厂 1.00Mt/a CCR 装置属湿热循环技术，放空气中的氯采用待生催化剂氯吸附技术，该装置的放空气氯吸附系统的换热器在运行过程中多次出现腐蚀，同时，重整催化剂的比表面积下降速率加快，为此采用石科院的固体脱氯技术取代待生催化剂氯吸附技术。

固体脱氯装置采用 2 个脱氯罐串联的运行流程，从 2013 年 12 月 18 日投产到 2014 年 6 月 18 日，前脱氯反应器出口的氯低于 1μg/L，平稳运转 6 个月，达到了技术保证值。

固体脱氯技术取代待生催化剂氯吸附技术工业试验结果表明：①固体脱氯技术可以消除装置的氯腐蚀隐患；②重整催化剂的比表面积下降速率大幅减缓，再生周期增加 100 次以上，催化剂总运转寿命增加；③放空气氯化氢的排放指标低于 1μg/L(国家标准≤10μg/L)，做到了清洁排放[100]。

参　考　文　献

[1] 马爱增，徐又春，赵振辉．连续重整成套技术的开发及工业应用[J]．石油炼制与化工，2011，42(2)：1-4.

[2] 潘茂华，马爱增．PS-Ⅵ型连续重整催化剂的工业应用试验[J]．石油炼制与化工，2003，34(7)：5-8.

[3] 叶晓东，徐武清，马爱增．PS-Ⅵ催化剂在 IFP 第一代连续重整装置上的工业应用[J]．石油炼制与化工，

2003，34(5)：1-4.

[4] 张宝忠，何志敏，马爱增.PS-Ⅵ重整催化剂的工业应用试验[J]. 化学反应工程与工艺，2007，23(3)：273-278.

[5] Ma Aizeng，Pan Jincheng，Yang Sennian. Development and Commercial Application of High-Platinum CCR Catalyst with Low Coke Deposition Rate[J]. China Petroleum Processing and Petrochemical Technology，2007，(4)：13-20.

[6] 周明秋，陈国平，马爱增.PS-Ⅶ型连续重整催化剂的工业应用[J]. 石油炼制与化工，2008，39(4)：26-30.

[7] 陈志祥，张大庆，刘志华，等. 新型半再生重整催化剂PRT-A/PRT-B的开发及工业应用[J]. 石油炼制与化工，2009，40(7)：1-5.

[8] 徐柏福，张大庆，叶小舟，等.PRT-C/PRT-D重整催化剂的工业应用[J]. 石油炼制与化工，2008，39(8)：21-24.

[9] Ma Aizeng. Catalytic Reforming Catalysts and Technology in China[J]. China Petroleum Processing and Petrochemical Technology，2003，(4)：15-24.

[10] 马爱增. 中国催化重整技术进展[J]. 中国科学：化学，2014，44(1)：25-39.

[11] 马爱增，徐又春，杨栋.1Mt/a超低压连续重整成套技术[J]. 炼油与石化工业技术进展，2013：73-80.

[12] 马爱增，徐又春，杨栋. 石脑油超低压连续重整成套技术开发与应用[J]. 石油炼制与化工，2013，44(4)：1-7.

[13] 赵志海. 缓和重整降低催化裂化汽油的烯烃含量[J]. 炼油技术与工程，2008，38(3)：9-12.

[14] 徐又春，韩宇才. 低压组合床重整装置的技术经济性探讨[J]. 炼油设计，2002，32(12)：38-41.

[15] 徐又春，阎观亮. 低压组合床催化重整装置的设计及考核[J]. 炼油设计，2002，32(1)：8-13.

[16] 戴厚良. 芳烃技术[M]. 北京：中国石化出版社，2014.

[17] 王杰广，马爱增，袁忠勋，等. 逆流连续重整低苛刻度反应规律研究[J]. 石油炼制与化工，2016，47(8)：47-52.

[18] 臧高山，马爱增.TOR-1重整生成油脱烯烃催化剂的研制[J]. 石油炼制与化工，2016，47(7)：57-60.

[19] 徐承恩. 催化重整工艺与工程[M]. 北京：中国石化出版社，2006：168-191.

[20] 马爱增. 中国催化重整技术进展[J]. 中国科学：化学，2014，44(1)：25-39.

[21] Mills G A，Heinemann H，Milliken T H，Oblad A G. Catalytic Mechanism，Ind. Eng. Chern.，1953，45(1)：134-137.

[22] Parera J M，Beltramini J N，Querini C A，Martinelli E E，Churin E J，Aloe P E，Figoli N S. The Role of Rhenium and Sulfur in the Platinum-rhenium-sulfur/alumina Catalyst. J. Catal.，1986，99(1)：39-52.

[23] Haensel V. Reforming Process. USA，2478916. 1949.

[24] Haensel V. Reforming Process and Catalyst therefor. USA，2611736. 1952.

[25] Haensel V. Method of Manufacturing Platinum-containing Catalyst. USA，2623860. 1952.

[26] 郭燮贤，谢安惠，过中儒. 铂催化剂的多重性——Ⅰ. 铂、氟含量对反应性能的影响[J]. 燃料学报，1958，3(1)：16-22.

[27] 张晏清，依·瓦·卡列契茨. 关于烃类转化的机理和铂重整催化剂的活性中心问题[J]. 科学通报，1958，(15)：477-478.

[28] 张晏清，依·瓦·卡列契茨. 关于烃类转化的机理和铂重整催化剂的活性中心问题[J]. 科学通报，1958，(15)：476-477.

[29] Sterba M J，Haensel V，Catalytic Reforming[J]，I E C. Proc. Res. Dev. 1976，Vol 15. No 1，Section C.

[30] Кузнецов Б Н.，Дуплякин В К.，Ковальчук.，И. Д.，Особенности привращения углеводородов на нанесенных катализаторах，полученных разложением поверхнотных комплексов[J]. Кинетика и

Катализ，1981，Том ⅩⅫ，вып. 6，1484-1489.

[31] Mills G A，Heinemann Heinz，Milliken T H，and Oblad A G，Catalytic Mechanism[J]，I E C. 1953，Vol 45，No 1，134.

[32] Sinfelt J H，Heterogeneous Catalysis by Metals，Progress in Solid State Chemistry，1975，vol 10，55-69.

[33] 翁惠新，毛信军．石油炼制过程反应动力学[M]．北京：烃加工出版社，1987.

[34] Draeger G T，Gwin G T，Leesemann C J G，et al. Production of High - octane Gasoline Compounds. Petroleum Refiner[J]，1951，30(8)：71.

[35] Sinfelt J H，Hurwitz H，Rohrer J C，Role of Dehydrogenation Activity in the Catalytic Isomerization and Dehydrocyclization of Hydrocarbons[J].，J Catalysis，1962，1，481.

[36] Donnis B B，Platinum/Alumina Catalysts in Reforming Methylcyclopentane[J]，I E C.，Prod. Res. Dev.，1976，vol 15，No 4，254.

[37] Ciapetta F G，Dobres R M，Baker R W，in "Catalysis Vol 6[M]" Ed. by Emmett P H，New York：Reinhold Publishing Corp. 1958.

[38] P. Y. LE Goff. Consider advanced multi-promoted catalysts to optimize reformer Hydrocarbon Processing，Oct. 2009：81-85.

[39] Krane H G，Groh A B，Schulman B L and Sinfelt J H，Reactions in Catalytic Reforming of Naphthas[C]，Proc. 5th World Petrol. Congr. New York，1959，Ⅲ-4，p. 39.

[40] Paál Z，On the Possible Reaction Scheme of Aromatization in Catalytic Reforming[J]，J. Catalysis，1987，105，540-542.

[41] Parera J M and Figoli N S. Reactions in Commercial Reformer.，in " Catalytic Naphtha Reforming[M]" Ed. by Antos G J etal，1995.

[42] Antos G J，Aitos A M，Parera J M，eds. Catalytic Naphtha Reforming，Marcel Dekker，Inc. 1995.

[43] 冀琳．连续重整与半再生式重整选择之探讨[J]．石油炼制与化工，1997，28(9)：32-35.

[44] 任建生．连续重整装置经济规模探讨[J]．炼油设计，1999，29(3)：38-40.

[45] 王承东，张大庆，孙作霖．3932 和 3933 条形铂铼重整催化剂及两段装填工艺的工业应用[J]．石油炼制与化工，31(7)，2000.

[46] 张兰新，唐激扬，孟宪评，等．CB-6/CB-7 催化剂两段重整工艺的研究[J]．石油炼制与化工，1993(01)：1-9.

[47] 张大庆，臧高山，张玉红，等．一种石脑油重整催化剂及制备方法：中国，CN105363446A[P]，2016-03-02.

[48] 张大庆，臧高山，张玉红，等．一种多金属石脑油重整催化剂及制备方法：中国，CN105983423A[P]. 2016-10-05.

[49] 张大庆，臧高山，张玉红等．一种双金属石脑油重整催化剂及制备方法：中国，CN105983424A[P]. 2016-10-05.

[50] 徐洪君，张海峰．半再生催化重整催化剂 SR-1000 的首次工业应用[J]．石油炼制与化工，2019(11)：40-44.

[51] 袁忠勋．多个反应器逆流移动床催化转化工艺：中国，ZL98117972. X[P]. 2001-6-30.

[52] 王基铭．中国炼油技术新进展[M]．北京：中国石化出版社，2017：185-194.

[53] 杨森年，李庆骏，张宜修．国产连续重整催化剂的工业应用[J]．石油炼制，1992，(6)：30-35.

[54] 朱国宏，沈文华，侯耀暄，等．3961 连续重整催化剂的工业应用[J]．石油炼制与化工，1999，30(2)：1-5.

[55] 李国友，侯特超，谢英奋，等．GCR-10 连续重整催化剂的工业应用[J]．石油炼制与化工，1997，28

(2)：1-4.

[56] 冷家厂，郭颀，杨森年.GCR-100型连续重整催化剂的工业应用[J]. 石油炼制与化工，2004，35(1)：39-42.

[57] 马爱增，师峰，李彬，等. 洛阳分公司连续重整装置改造工艺及催化剂方案研究[J]. 石油炼制与化工，2008，39(3)：1-5.

[58] J. M. Parera and N. S. Figoli. Deactivation and Regeneration of Naphtha Reforming Catalysts, Catalysis，1990.

[59] D. Espinat，E. Freund，H. Dexpert and G. Martino. Localization and structure of carbonaceous deposits on reforming catalysts，Journal of Catalysis，1990，126(2)：496-518.

[60] T. S. Chang，N. M. Rodriguez，and R. T. K. Baker. Carbon deposition on supported platinum particles，Journal of Catalysis，1990，123(2)：486-495.

[61] J. Barbier，G. Corro and Y. ZhangJ. P. Bournonville and J. P. Franck. Coke formation on platinum-alumina catalyst of wide varying dispersion，Applied Catalysis，1985，13(2)：245-255.

[62] J. Barbier. Deactivation of reforming catalysts by coking. Applied Catalysis，1986，23(2)：225-243.

[63] 王君钰，肖建良，袁为军，等. 双金属重整催化剂中 Re、Sn、Ir 组元作用的研究[J]. 石油学报(石油加工)，1989，5(1)：61-69.

[64] R. Burch and Alison J. Mitchell. The role of tin and rhenium in bimetallic reforming catalysts[J]. Applied Catalysis，1983，6(1)：121-128.

[65] C. L. Pieck and J. M. Parera. Comparison of coke buring on catalysts coked in a commercial plant in the laboratory. Industrial & Engineering Chemistry Research，1989，28(12)：1785.

[66] Victor K. Shum，John B. Butt and Wolfgang M. H. Sachtler. The effects of rhenium and sulfur on the activity maintenance and selectivity of platinum/alumina hydrocarbon conversion catalysts，Journal of Catalysis，1986，96(2)：371-380.

[67] N. S. Figoli，J. N. Beltramini，E. E. Martinelli，P. E. Aloe and J. M. Parera. Influence of feedstock characteristics on activity and stability of Pt/A12O3-Cl reforming catalyst，Applied Catalysis，1984，11(2)：201-215.

[68] J. P. Franck and G. Martino. Deactivation of reforming Catalysts in Deactivation and Poisoning of Catalysts (J. Oudar and H. Wise，eds.). Marcel Dekker，New York，1985.

[69] J. Barbier，E. Churin，and P. Marecot，and J. C. Menezo. Deactivation by Coking of Platinum/Alumina Catalysts：Effects of Operating Temperature and Pressure，Applied Catalysis，1988，36：277-285.

[70] W. P. Hettinger，Jr.，C. D. Keith，J. L. Gring，and J. W. Teter. Hydroforming Reactions-Effect of Certain Catalyst Properties and Poisons. Industrial & Engineering Chemistry，1955，47(4)：719-730.

[71] 王杰广，马爱增，任坚强，等. 一种连续重整装置初始反应的钝化方法：中国，CN 101423774B. 2012.

[72] J. P. Franck and G. Martino. Deactivation and Poisoning of Catalysts(J. Oudar and H. Wise，eds.)，Martinus Nijhoff，The Hague，1982.

[73] 臧高山，张大庆. 硅对重整催化剂性能的影响[J]. 石油炼制与化工，2014，45(3)：51-54.

[74] J. M. Parera. Deactivation and Reneneration of Naphtha Reforming Catalysts[J]. Catalysis，1992，9：65-125.

[75] S. E. Wanke. Catalyst Deactivation (E. E. Petersen and A. T. Bell，eds.) . Marcel Dekker，New York，1986. 65.

[76] H. Lieske，G. Lietz，H. Spindler and J. Völter. Reactions of platinum in oxygen-and hydrogen-treated Pt/γ-Al2O3 catalysts：I. Temperature-programmed reduction，adsorption，and redispersion of platinum，Journal of Catalysis，1983，81(1)：8-16.

[77] 胡勇仁，张兰新，赵仁殿. 微量水对 Pt-Re/γ-Al_2O_3 重整催化剂还原的影响：I 催化性能的影响.

石油学报(石油加工)，1996，12(1)：17.

[78] 胡勇仁，张兰新．微量水对 Pt-Re/γ-Al_2O_3 重整催化剂还原的影响：Ⅱ红外光谱表征结果．石油学报(石油加工)，1996，12(1)：23.

[79] 北京石油化工总厂东方红炼油厂．铂重整催化剂硫中毒及再生方法的探讨[J]. 石油炼制，1977，2：13-19.

[80] 毛学军．铂铼重整催化剂硫酸根污染的研究[J]. 石油学报(石油加工)，2000，16(2)：25.

[81] 张大庆．铂铼重整催化剂硫酸根脱除方法及其工业应用[J]. 炼油技术与工程，2003，33(2)：29.

[82] 袁忠勋．一种逆流移动床重整工艺装置及催化剂输送方法：ZL 2010 1 0208921. 9. 2013-11-06.

[83] 袁忠勋．一种带下料斗的连续重整反应器物料密封装置及方法：ZL 2012 1 0211259. 1. 2015-10-28.

[84] 袁忠勋．一种逆流移动床连续重整装置及催化剂的循环方法：ZL 2012 1 0434172. 0. 2016-05-11.

[85] J. W. Adriaan Sachtler，Paul T. Barger. Removal of trace olefins from aromatic hydrocarbons：the United States，4795550[P]. 1989-01-03.

[86] 臧高山．不同催化材料脱除重整芳烃中微量烯烃的性能[J]. 石油炼制与化工，2013，44(3)：44-49.

[87] ExxonMobil Chemical Company. Olgone-ExxonMobil's New Aromatics Treatment Technology[C]. ARTC 10th Annual Meeting，Refining & Petrochemical，March 2007.

[88] 程建，石培华，侯志忠，等．重整油非临氢脱烯烃新工艺的研究[J]. 炼油技术与工程，2015，45(5)：28-30.

[89] 王志华．金陵 TCDTO-1 脱烯烃精制剂的运行技术[J]. 安徽化工，2016，42(1)：69-73.

[90] 曹祥．重整生成油选择加氢脱烯烃[J]. 炼油技术与工程，2010，40(1)：18-21.

[91] 樊红青．HDO-18 选择性加氢催化剂的工业应用[J]. 当代化工，2010，39(1)：51-54.

[92] 谢清峰，夏登刚，姚峰，等．重整生成油全馏分 FITS 加氢脱烯烃技术的应用[J]. 炼油技术与工程，2016，46(1)：7-12.

[93] 兰晓光．颗粒白土在芳烃精制中的应用及发展[J]. 广东化工，2013，40(17)：106-107.

[94] 陈玉琢，徐远国．HDO-18 选择性加氢脱烯烃催化剂的反应性能及应用[J]. 炼油技术与工程，2005，35(1)：49-54.

[95] 宋祖云．用 FITS 加氢技术脱除重整生成油中烯烃[J]. 广东化工．2017，44(18)：147-158.

[96] 臧高山，王涛．高效环保型重整生成油临氢脱烯烃催化剂及工业应用[M]. 炼油技术与石化工业技术进展(中国石化出版社)，2018，10：204-211.

[97] 张秋平．催化重整过程中的脱氯工艺技术[J]. 炼油技术与工程．2012，42(3)：25-28.

[98] 时宝琦，张秋平．GL-1 脱氯剂在连续重整装置放空烟气脱氯中的应用[J]. 石油炼制与化工，2012，43(3)：79-82.

[99] 汤杰国，邢卫东，李生运．固态脱氯技术在重整催化剂再生系统的开发应用[J]. 工业催化，2008，16(3)：33-36.

[100] 孙建国．氯吸附技术在 1.0Mt/a 连续重整装置上的应用及其改造[J]. 石油炼制与化工，2014，45(6)：75-77.

专家话炼油

第七章　芳烃生产

第一节　芳烃联合装置

苯(B)、甲苯(T)、二甲苯(X)等芳烃产品主要由芳烃联合装置生产。芳烃联合装置主要包括石脑油预加氢、催化重整、芳烃抽提、甲苯歧化及烷基转移、二甲苯异构化、二甲苯分馏、对二甲苯分离等装置或单元。其中，二甲苯异构化、二甲苯分馏、二甲苯吸附分离这三个单元是生产对二甲苯(PX)的核心装置，被称为 PX 回路。见图 7-1。

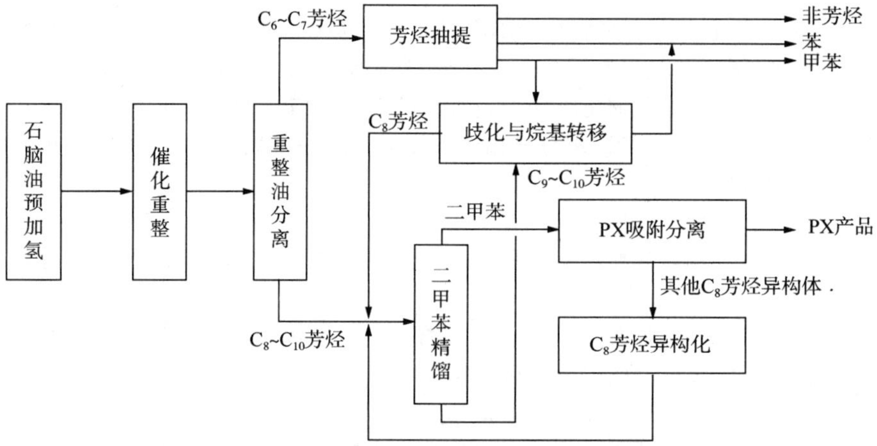

图 7-1　芳烃联合装置流程示意

石脑油(包括二次加工得到的石脑油)，通过加氢预处理脱除其中的不饱和烃、硫、氮、砷等杂质后，送至催化重整装置。

催化重整是生产芳烃的主要工艺，全球大约 38%的苯和 87%的二甲苯来自催化重整装置。在催化重整装置中，石脑油中的烷烃和环烷烃在催化剂的作用下转化为芳烃。催化重整生成油分离出 C_6/C_7芳烃去芳烃抽提装置，C_8及以上芳烃去二甲苯分馏装置。

除催化重整，采用生产芳烃的技术还有蒸汽裂解、煤焦化、轻烃芳构化、LCO 制芳烃、甲醇制芳烃等，采用这些技术生产的芳烃脱除不饱和烃、硫、氮、砷、氧等杂质后可与重整生成油采用同样流程加工。经多年努力，中国石化完成了各单元技术的国产化，形成了中国自主芳烃成套技术。

芳烃抽提是将芳烃与非芳烃进行分离的工艺过程，分为液-液抽提和抽提蒸馏两种工艺技术。芳烃液-液抽提适合处理芳烃质量分数适中(70%左右或更低)的宽馏分原料，回收 BTX 乃至 C_9芳烃组分。芳烃液-液抽提采用的溶剂以环丁砜为主，代表技术为 UOP 的 Sulfolane 工艺。石科院基于自建的芳烃抽提体系精确的多组分相平衡数据和专用模拟系统，开发了以环丁砜为溶剂的 SAE 液-液抽提工艺。

抽提蒸馏工艺则更适宜于处理苯或苯、甲苯抽提的窄馏分原料，具有流程短、投资省、操作费用低的优势，近年来获得广泛应用。主要有 GTC 公司的 GTC-BTX、UOP 的 ED Sulfolane 工艺。石科院开发了以 NFM（*N*-甲酰基吗啉）为抽提溶剂的芳烃抽提蒸馏工艺和采用环丁砜和助溶剂的芳烃抽提蒸馏（SED）工艺，其特点是抽提蒸馏塔设计在“临界互溶区”操作，拓宽了操作范围且控制稳定，达到世界先进水平。目前国内 SED 工艺加工能力在同类技术中的占比已经超过 70%。

石科院从 20 世纪 50 年代后期开始研发芳烃抽提技术，1964 年国内首套采用石科院二甘醇溶剂的催化重整生成油芳烃抽提装置在大庆石化开车成功；80 年代末期开发成功了改进的以环丁砜为溶剂的抽提工艺（SAE）并很快推广应用；2001 年国内首套采用石科院环丁砜抽提蒸馏技术（SED）的芳烃抽提装置在扬子石化开车成功；2011 年国内首套采用石科院苯乙烯抽提蒸馏技术（STED）的装置在茂名新华粤开车成功。

截至 2019 年底，国内共有各类芳烃抽提装置 150 套以上，总加工能力超过 5000 万吨。SED 许可 76 项，装置设计处理总能力 2800 万吨，其中工业运行装置 66 套，总处理能力 2100 万吨，其余正在设计建设中；SAE 技术转让 15 项，装置设计处理总能力 410 万吨，其中工业运行装置 13 套，总处理能力 330 万吨。

截至 2019 年底，国内共有苯乙烯抽提蒸馏装置 14 套，总产能 48 万吨，其中工业运行装置 9 套，总产能 26 万吨，其余正在设计建设中。STED 技术许可 11 项，装置设计总产能 34 万吨，其中工业运行装置 7 套，总产能 21 万吨。

甲苯歧化及 C_9 及以上芳烃（简称 C_{9+} 芳烃）烷基转移技术是芳烃联合装置中增产二甲苯的主要工艺单元。采用该工艺可以生产低乙苯含量的混合二甲苯，是生产对二甲苯的优质原料。该技术的专利商及其技术主要有上海院的 S-TDT 工艺、UOP 公司的 Tatoray 工艺、ExxonMobil 公司的 TransPlus 工艺和 GTC 公司的 GT-TransAlk 工艺等。不同工艺的流程基本相同，主要区别在于催化剂处理 C_{9+} 芳烃的能力及稳定性等。工业上应用的催化剂主要包括中国石化的 HTA/MXT 系列催化剂、UOP 公司的 TA 系列催化剂、ExxonMobil 公司的 EM 系列催化剂、SK 公司的 ATA 系列催化剂和 Süd-Chemie 公司的 TDP-1 催化剂。这些催化剂均以沸石为催化剂活性主体，并负载一定量的金属。所使用的沸石主要有丝光沸石（如 HAT 系列催化剂等）、β 沸石（MXT-01 催化剂）和 ZSM-12 沸石（如 EM 系列催化剂）。

上海院从 1996 年开始开发甲苯歧化与烷基转移工艺，1997 年首次在抚顺石化应用成功。截至 2019 年底，该工艺在国内共有装置 27 套（运行中），总处理能力 4125 万吨，采用上海院技术 9 套，总处理能力 1546 万吨。在建 3 套，全部采用上海院技术，总处理能力 1040 万吨。

我国从 20 世纪 90 年代开始开发甲苯择形歧化技术。上海院开发的甲苯择形歧化工艺于 2005 年在天津分公司首次成功应用。截至 2019 年年底，该工艺在国内只有这一套装置，甲苯总处理能力 20 万吨。

上海院 2011 年开始研发甲苯甲醇烷基化技术，2012 年，采用上海院技术的全球首套甲苯甲醇烷基化工业示范装置在扬子石化运行。截至 2019 年底，该工艺在国内只有这一套装置，甲苯总处理能力 20 万吨。

二甲苯异构化单元是将分离出某种二甲苯异构体的 C_8 芳烃重新建立热力学平衡的过程。目前，该工艺最主要的目的是增产对二甲苯。按照将乙苯异构转化为二甲苯或者脱乙基生成苯的不同方式，分为乙苯转化型和乙苯脱乙基型两种技术路线。二者工艺流程基本相同，主要区别在于采用不同的催化剂。脱乙基型异构化催化剂以沸石的酸性催化功能为主，金属功能主要是将生成的小分子烯烃加氢饱和以提高催化剂稳定性；转化型异构化催化剂是典型的金属-酸性双功能催化剂，通过二者的协同控制才能实现催化剂的最佳性能。

具有代表性的二甲苯异构化技术主要有 UOP 的 Isomar 工艺和 ExxonMobil 的 XyMax 工艺，Axens、GTC、中国石化也都拥有自己的异构化技术。ExxonMobil 的 XyMax 工艺，采用 EM-4500 双床层催化剂体系、轴向反应器，在上、下床层中分别进行乙苯脱乙基和二甲苯异构化反应，来保证高活性和高选择性。其乙苯转化率可达 85%，单程二甲苯损失仅约 1%。

20 世纪 70 年代石科院开始二甲苯异构化技术研发，1982 年首装采用石科院技术生产的二甲苯异构化催化剂金-1876(SKI-200)在上海石化应用成功；2002 年首装采用石科院技术生产的脱乙基型二甲苯异构化催化剂 SKI-100 在吉林石化应用成功。2010 年 9 月首装采用石科院技术用新型沸石为活性组分的 RIC-200 催化剂在天津石化应用。

截至 2019 年年底，国内共有二甲苯异构化装置 30 套，总处理能力 1 亿吨，采用石科院技术 13 套，总处理能力约 2400 万吨。在建 8 套，处理能力 8000 万吨，采用石科院技术 2 套，处理能力 400 万吨。

二甲苯的分离和提纯技术，主要包括采用吸附分离或结晶分离的方式获得对二甲苯(PX)和间二甲苯(MX)，邻二甲苯(OX)因沸点稍高可以通过精馏的方式得到。二甲苯分离单元的 C_8 芳烃原料，来自二甲苯分馏单元。二甲苯分馏通过精馏过程将重整、歧化和异构化单元生产的 C_{8+} 芳烃分离得到 C_8 芳烃、C_9 芳烃以及 C_{10+} 芳烃。

吸附分离是获得 PX 产品最主要的方法，工业上采用逆流模拟移动床技术。UOP 公司的 Parex 工艺和 Axens 公司的 Eluxyl 工艺分别使用旋转阀和程控阀组控制工艺物料的分配及步进切换，同时配套专用的吸附室格栅内构件和吸附剂。

20 世纪 70 年代石科院开始对二甲苯吸附分离技术研发，经三代人不懈努力，2004 年国内首装采用石科院技术生产的对二甲苯吸附剂 RAX-2000A 在齐鲁石化应用成功；2011 年采用石科院技术生产的对二甲苯吸附剂 RAX-3000 及石科院和 SEI 合作开发的吸附分离新工艺(包括格栅和控制系统)在扬子石化示范装置上应用成功；2013 年采用石科院技术生产的对二甲苯吸附剂 RAX-3000 及石科院和 SEI 合作开发的吸附分离新工艺在海南炼化 60 万吨装置上应用成功。

截至 2019 年年底，国内共有对二甲苯吸附分离装置 29 套，总产能 2225 万吨，采用石科院技术 6 套，总产能 280 万吨。在建对二甲苯吸附分离装置 8 套，总产能 1522 万吨，采用石科院技术 1 套，产能 100 万吨。

石科院 2008 年开始间二甲苯吸附剂的研发，2010 年采用石科院技术生产的间二甲苯吸附剂 RAX-Ⅱ在燕山石化应用成功。2019 年底国内共有间二甲苯吸附分离装置 1 套(两套吸附塔)，总产能力 8 万吨，采用石科院技术 1 套吸附塔。在建 2 套，总产能 35 万吨。采用石科院技术1套，产能20万吨。

结晶分离技术是现有工业上生产PX的工艺方法之一，主要分为悬浮结晶和层式结晶两种类型。悬浮结晶技术于20世纪50年代开始工业应用，专利商有BP公司和GTC公司，ExxonMobil公司和Chevron公司。层式结晶主要分离PX含量高的C_8芳烃原料，采用间歇操作，无需固液分离，使用两台结晶器进行切换可实现连续生产。PX层式结晶技术以Sulzer公司的降膜结晶技术和Fives Solios公司的ProabdMSC静态熔融结晶技术为代表。

芳烃联合装置各单元技术取得了较大的发展与进步，整体趋势是装置规模越来越大型化，各单元装置之间高度集成化，以降低单位产品投资和能耗。

第二节　芳烃抽提技术

在生产芳烃的原料中除芳烃外还有烷烃、环烷烃和微量烯烃等非芳烃组分，必须从中分离出高纯度的芳烃单体才能满足工业需要。因为芳烃与相近碳数的烷烃、环烷烃、烯烃的沸点交叉，且形成复杂的共沸物体系，采用普通的精馏方法无法分离。工业上通常采用抽提技术从含有芳烃的原料中分离BTX。原料主要来自催化重整生成油、蒸汽裂解及催化裂解产生的加氢汽油以及煤焦油等，针对不同来源的原料，可采用液液抽提和抽提蒸馏技术。抽出油为高纯度的混合芳烃，经过白土脱除微量烯烃后通过普通精馏得到苯、甲苯及二甲苯；抽余油为非芳烃产品，可以调和汽油（不是理想汽油组分）或者根据原料中链烷烃和环烷烃的性质，选择作为裂解乙烯装置的原料或者重整装置的原料，也可用于生产溶剂油。表7-1列出了几种非芳烃与苯形成的共沸物性质[1,2]。

表7-1　含苯二元共沸物

烃组分	纯组分沸点/℃	共沸物沸点/℃	共沸物苯含量/%
己烷	68.7	68.5	4.7
甲基环戊烷	71.8	71.4	9.3
2,2-二甲基戊烷	79.3	75.8	46.3
环己烷	80.8	77.7	51.8
2,2,3-三甲基丁烷	80.9	76.6	49.7
2,4-二甲基戊烷	80.5	76.6	50.5
2,3-二甲基戊烷	89.8	79.2	79.5
正庚烷	98.4	80.1	99.3
2,2,3-三甲基戊烷	99.2	80.1	97.7
苯	80.1	—	—

用抽提的方法分离BTX，主要有液-液抽提法（通常所说的芳烃抽提）和抽提精馏法（ED，又名萃取精馏）。液液抽提工艺的芳烃质量好、回收率高、对原料的适应性好。根据使用的溶剂不同，世界上已经实现工业化的液液抽提工艺有以下几种：以二甘醇为溶剂的Udex法；以*N*-甲基吡咯烷酮为溶剂的Arosolvan法；以二甲亚砜为溶剂的DMSO法；以*N*-甲酰基吗啉为溶剂的Formex法和Morphyex法；以环丁砜为溶剂的Sulfolane法。Sulfolane法采用的溶剂性能优秀，工艺流程合理，后经进一步发展得到广泛应用[2]。

随着催化重整反应深度的不断提高，重整生成油的芳烃含量也不断上升，当连续重整的操作苛刻度达到一定程度(RONC≥102)时，其生成油的 C_8 馏分不再需要抽提，经过普通精馏就可以获得满足吸附分离进料要求的混合二甲苯产品。此外，随着环保对运输燃料质量要求的提高，车用汽油对苯含量的限制也更加严格。因此，面对上述芳烃需求和原料组成的变化，抽提原料逐渐趋向于窄馏分和高芳烃含量的特点。抽提蒸馏工艺恰好迎合了抽提原料的变化趋势，对于窄馏分抽提，抽提蒸馏工艺具有流程简单、投资小、耗能低的优势，因此近年来得到广泛的工业应用，尤其在新建汽油脱苯和芳烃联合装置中逐渐成为主流工艺。目前已工业化的抽提蒸馏工艺主要有四种：基于 NMP 溶剂的 Distapex 工艺、基于 NFM 溶剂的 Morphylane 工艺、基于环丁砜溶剂的 CT-BTX 工艺和石科院的 SED 工艺。

表 7-2 列出了工业应用较多的液液抽提和抽提精馏方法、工业化年代、开发商及工业装置的套数等。

表 7-2　几种工业芳烃抽提工艺

方法	溶　　剂	方法名称	开　发　商	工业化时间	工业装置套数①
液液抽提法	二(三)甘醇(DEG，TEG)	Udex	UOP / DOW	1952	49
	四甘醇(TTEG)	Tetra	Union Carbide	1968	50
	环丁砜(Sulfolane)	Sulfolane	Shell / UOP	1961	170
	N-甲基吡咯烷酮(NMP)	Arosolvan	Lurgi	1962	12
	二甲亚砜(DMSO)	IFP	IFP	1967	5
抽提精馏法	*N*-甲酰基吗啉(NFM)	Morphylane	KRUPP KOPPER	1969	40
	N-甲基吡咯烷酮(NMP)	Distapex	Lurgi	—	—
	环丁砜复合溶剂	SED	RIPP	2001	65

① 截至 2019 年的不完全统计数据。

作为芳烃的重要衍生物，苯乙烯也是一种重要的有机化工原料，在塑料、涂料、农药、医药等方面有着广泛的用途，主要来源为苯烃化技术路线生产。而乙烯装置的裂解汽油中也含有一定量的苯乙烯，苯乙烯含量一般为3%~5%。在现有裂解汽油加工流程中，所含的苯乙烯被加氢成乙苯。在裂解汽油加氢之前，通过抽提蒸馏法将苯乙烯进行回收，则会获得可观的经济效益。石科院与相关单位合作经过多年的工作，开发成功了裂解汽油抽提回收苯乙烯的成套技术(STED)。第一套 3 万吨/年 STED 装置于 2011 年 5 月建成投产，一直平稳运行。

一、液液抽提

(一) 工艺原理

1. *溶剂的基本特性和要求*[3~10]

芳烃液液抽提主要是利用溶剂对芳烃和非芳烃溶解能力的差异而将芳烃抽提出来的一种工艺。抽提所得的混合芳烃再进行精馏分离，进而得到纯苯、甲苯和二甲苯等。抽提的流程都基本相同或相似，而过程的经济性(包括产品的纯度、收率、消耗等指标)在很大程度上都取决于溶剂的性能。

一个好的工业抽提溶剂应具备如下特性：

(1) 对芳烃的选择性好，有利于提高芳烃的纯度；

(2) 对芳烃溶解能力大，以利于降低溶剂比和操作费用；

(3) 与抽提原料的密度差大、不易乳化，以保证在抽提塔内轻重两相的水力学流动特性；

(4) 与芳烃的沸点差大，以便于溶剂的分离回收；

(5) 热稳定性及化学稳定性好，以确保芳烃不被降解物质所污染；

(6) 两相界面张力要大，以利于液滴聚集和分层；

(7) 蒸气压低，以利于减少操作中的溶剂消耗；

(8) 黏度小、凝固点低，以利于抽提过程的传热与传质；

(9) 无毒、无腐蚀性，便于操作和设备材质选取；

(10) 价廉易得。

事实上，一种溶剂要完全满足上述要求是非常困难的，因此尽管有机溶剂的种类非常繁多，但真正在工业上得到应用的却很少。表 7-3 列出了几种已被工业上采用的芳烃抽提溶剂的一般性质。

表 7-3　几种工业抽提溶剂的一般性质

溶　　剂	相对分子质量 M	相对密度 (d_4^{30})	沸点/℃	凝固点/℃	黏度/mPa·s	150℃汽化热/(kJ/kg)	分解温度/℃
N-甲基吡咯烷酮	99.13	1.03	206	-24	0.97	493	—
N-甲酰基吗啉	115.14	1.15	244	21	2.7(70℃)	401	230
环丁砜	120.16	1.26	287	28	2.5	514	220
二甲亚砜	78.13	1.10	189	18	—	552	120
四甘醇	194.24	1.16	327	-5	4.0	456	237
三甘醇	150.18	1.12	288	-7	3.5	656	206

2. 溶剂的溶解性与选择性

在溶剂所有性能中，溶解性和选择性是最基本的，通常采用一定温度下烃类在溶剂中无限稀释的活度系数(γ)的倒数来代表溶剂对烃的溶解能力，而采用非芳烃与芳烃活度系数之比的对数来表示溶剂的选择性。表 7-4 列出了几种常用溶剂的溶解性和选择性数据。

表 7-4　以苯和正己烷表示的溶解能力和选择性

溶剂	溶解能力($1/\gamma_{苯}$)			选择性 $\lg(\gamma_{正己烷}/\gamma_{苯})$		
	25℃	60℃	100℃	25℃	60℃	100℃
N-甲基吡咯烷酮	—	—	0.71	1.10	0.94	0.81
N-甲酰基吗啉	0.47	0.51	0.54	1.25	1.10	0.96
环丁砜	0.38	0.41	0.43	1.48	1.29	1.12
二甲亚砜	0.29	0.44	0.48	1.34	1.11	0.90
四甘醇	0.35	0.40	0.44	1.12	1.00	0.88
三甘醇	0.21	0.24	0.27	1.11	0.98	0.87

由表 7-4 数据可知，溶解能力顺序依次为：N-甲基吡咯烷酮 >N-甲酰基吗啉 >环丁砜 >四甘醇 >二甲亚砜 >三甘醇。对 BTX 的分离，所选择的溶剂在适当的操作温度下，其溶解能力在 0.25~0.40 的范围内为最佳。

选择性的优劣次序依次为：环丁砜 >二甲亚砜 >N-甲酰基吗啉 >四甘醇 >三甘醇 >N-甲基吡咯烷酮。

当溶剂与芳烃和非芳烃形成两个液相时，溶剂对芳烃的溶解能力也可采用分配系数 K 来表示，K 值越大，意味着溶剂对芳烃的溶解能力越强。K 定义如下：

$$K=\frac{X_{EA}}{X_{RA}} \tag{7-1}$$

式中，X_{EA}、X_{RA} 分别表示平衡时，抽提相和抽余相中芳烃的质量分数。不同的溶剂，K 值不同，组分相同的体系，K 值也随温度和浓度变化。溶剂对芳烃的溶解能力最强，其次是环烷烃，对链烷烃的溶解能力最小。对芳烃、烷烃和环烷烃的同族溶解能力随相对分子质量的增大而降低。溶剂的选择性也可用类似精馏过程相对挥发度的形式来表示：

$$\beta=\frac{\dfrac{X_{EA}}{X_{EN}}}{\dfrac{X_{RA}}{X_{RN}}}=\frac{X_{EA}\cdot X_{RN}}{X_{RA}\cdot X_{EN}} \tag{7-2}$$

式中，X_{EA}、X_{EN} 表示平衡时抽提相中芳烃和非芳烃的质量分数；X_{RA}、X_{RN} 分别表示平衡时抽余相中芳烃和非芳烃的质量分数。β 值越大，抽提分离越容易实现；反之越难。当 $\beta=1$ 时，无法用抽提进行分离。

图 7-2 和图 7-3 标绘了烃类在环丁砜和 N-甲基吡咯烷酮中的相对溶解度关系。

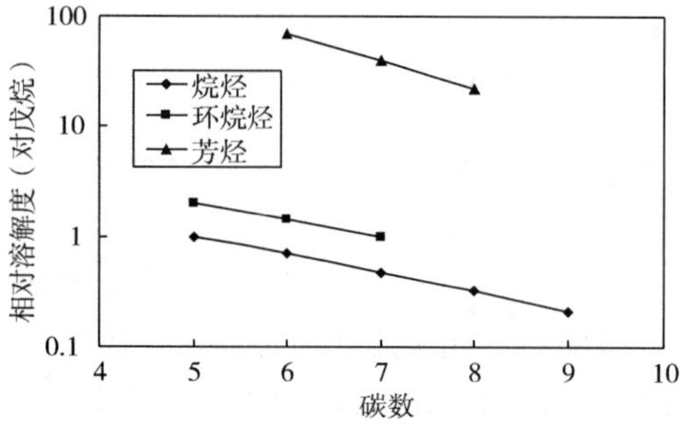

图 7-2　烃在环丁砜中的相对溶解度（50℃，含水 1%）

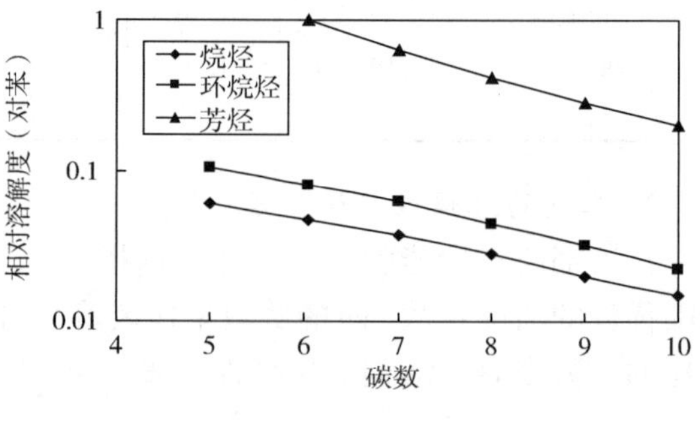

图 7-3　烃在 N-甲基吡咯烷酮中的相对溶解度(25℃，含水 20%)

综合选择性、溶解能力、热稳定性等重要因素，以环丁砜为最佳，其次为 N-甲酰基吗啉和四甘醇。

3. 芳烃液液抽提过程

当溶剂和原料油在抽提塔接触时，溶剂对芳烃和非芳烃进行选择性溶解形成组分不同和密度不同的两个相。由于密度不同，使两相能在抽提塔内进行连续逆流接触。两相组分不同：一相是溶解芳烃的溶剂相(分散相)，另一相是非芳烃为主的抽余油相(连续相)。所得溶剂相进入抽提蒸馏塔(或汽提塔)，在该塔中将芳烃与非芳烃彻底分离，抽提蒸馏塔顶底分别得到回流芳烃和含高纯度芳烃的第二富溶剂；回流芳烃返回抽提塔底，第二富溶剂则进入回收塔内(或汽提塔下段)进行汽提蒸馏后得到高纯度的混合芳烃和贫溶剂；抽余油相则进入抽余油水洗塔内进行水洗后得到非芳烃产品。

(二) 几种抽提工艺

1. 甘醇溶剂抽提工艺

1952 年，美国 UOP 和 DOW 化学公司开发成功了以二甘醇(DEG)为溶剂的 Udex 芳烃抽提工艺，在此基础上又陆续对工艺进行了改进，并推出了与二甘醇同系列的三甘醇(TEG)和四甘醇(TETRA)溶剂。石科院从 20 世纪 50 年代后期开始，系统地开展了甘醇类溶剂芳烃抽提工艺的研究，先后开发成功了二甘醇、三甘醇及四甘醇抽提工艺，甘醇类溶剂抽提工艺已到广泛的工业应用。图 7-4 标绘了甘醇类溶剂抽提工艺四塔流程示意图。目前，国内已基本淘汰了二甘醇和三甘醇抽提装置，国外尚有一定数量的三甘醇抽提装置仍在运行。

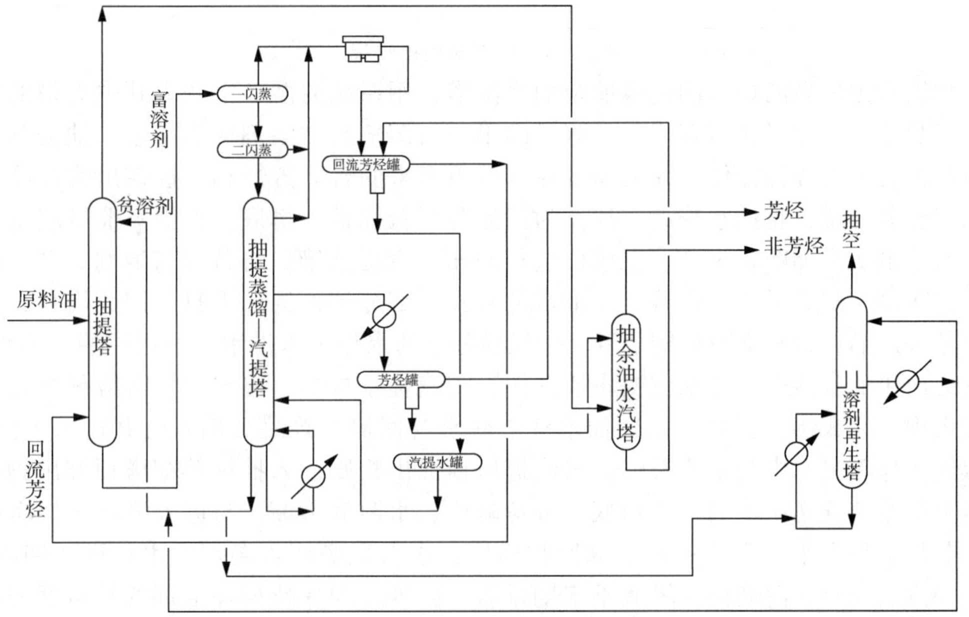

图 7-4　甘醇类溶剂抽提四塔流程

2. 环丁砜溶剂抽提工艺

1961 年，Shell 公司推出了以环丁砜为溶剂的芳烃抽提工艺(Sulfolane)，由于其具有投资低、芳烃产品质量好、收率高等特点，自投产后就得到了广泛的工业应用。石科院于 20 世纪 80 年代初开始致力该工艺的研发，80 年代末期成功地开发了改进的以环丁砜为溶剂的抽提工艺(SAE)，并快速得到了应用。环丁砜抽提工艺流程见图 7-5。

抽提原料用泵送入抽提塔中下部，贫溶剂由塔顶进入抽提塔，从汽提塔顶出来的回流芳烃则进入塔底。原料与溶剂在抽提塔内经过多级逆流接触，进行芳烃与非芳烃的分离。

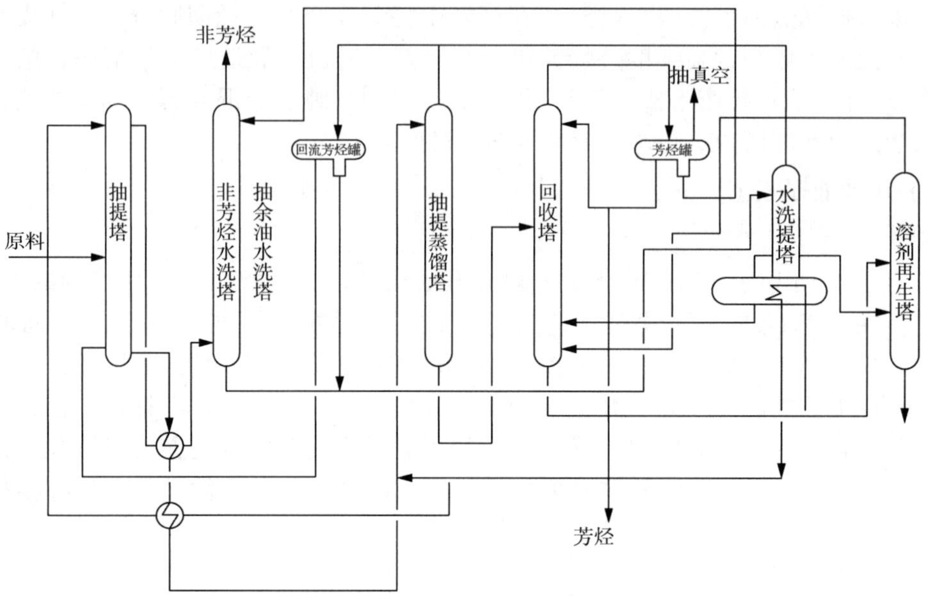

图 7-5　环丁砜抽提流程

从抽提塔顶出来的抽余油进入抽余油水洗塔，用系统的循环水洗去其中夹带的少量溶剂后送出装置。抽提塔底溶解了大量芳烃的第一富溶剂与贫溶剂换热后进入抽提蒸馏塔顶部，进行抽提蒸馏提馏操作，除去非芳烃，塔顶出来的含非芳烃和芳烃馏出物经冷凝冷却后进入回流芳烃罐，将油水分离，油作为回流芳烃打回抽提塔底。抽提蒸馏塔底富含芳烃的第二富溶剂送至回收塔中部，在塔内进行减压、汽提蒸馏，将芳烃与溶剂分开，塔顶馏出物经过冷凝冷却后进入芳烃罐，经油水分离，一部分油作为回流打入回收塔顶，其余的油就是芳烃产品，送至下游精馏装置。芳烃罐分出的水作为水洗水，被送往抽余油水洗塔。回收塔底出来的贫溶剂作为水汽提塔底热源，与汽提水换热，再与第一富溶剂换热后循环回抽提塔顶，完成溶剂循环。抽余油水洗塔底水与回流芳烃罐分出水合并进入水汽提塔，进行提馏操作除去水中微量非芳烃，水汽提塔顶馏出物则混入抽提蒸馏塔顶馏出物中，水汽提塔下部水蒸气送至溶剂再生塔底，进行减压、水蒸气蒸馏，与进入溶剂再生塔中部的溶剂一起从塔顶出来，而后进入溶剂回收塔底，水汽提塔底含溶剂的水也进入回收塔底，一起作为汽提介质。溶剂再生塔底不定期排渣。此外，为保持循环溶剂的酸碱度稳定，防止设备腐蚀，还需定期从回流芳烃罐加入一定量的单乙醇胺。

环丁砜抽提工艺原料及操作数据分列于表 7-5 和表 7-6。

表 7-5　抽提原料的性质

项　　目	$C_6\sim C_7$馏分	$C_6\sim C_8$馏分	项 目	$C_6\sim C_7$馏分	$C_6\sim C_8$馏分
密度(20℃)/(g/cm^3)	0.7776	0.8345	芳烃含量/%		
馏程/℃			苯	17.5	45.1
初馏点	—	67	甲苯	42.3	28.8
终馏点	—	167	二甲苯	0.7	9.7
溴值/(gBr_2/100g 油)	2.5	<1.0	C_9 芳烃	—	0.1
硫含量/(μg/g)	<1.0	<1.0	合计	60.5	83.7

表 7-6 主要工艺操作数据

项 目	C_6~C_7抽提	C_6~C_8抽提	项 目	C_6~C_7抽提	C_6~C_8抽提
抽提塔温度/℃			回收塔压力/MPa	0.035~0.045	0.035~0.045
塔顶	70~80	80~100	回收塔底温度/℃	175~180	175~180
塔底	55~65	65~85	芳烃回收率/%		
溶剂比(对进料)	2.5~3.5	3.5~5.0	苯	≈100.0	≈100.0
回流比(对采出)	0.3~0.5	0.6~0.9	甲苯	99.5~99.9	99.3~99.8
贫溶剂含水量/%	<1.0	<1.0	二甲苯	—	97.0~98.0
提馏塔压力/MPa	0.2~0.3	0.15~0.25	芳烃中非芳烃含量/(μg/g)	100~300	300~800
提馏塔底温度/℃	175~180	175~180	苯的结晶点/℃	>+5.40	>+5.40

由表 7-6 可见，环丁砜抽提工艺，抽提温度为 70~100℃，溶剂比 3.5~5.0，溶剂回收的残压为 0.035~0.045MPa，温度为 175~180℃，苯、甲苯、二甲苯质量好，回收率分别达 100%、99.5%和 97%~98%。

(三) 芳烃抽提过程模拟[11]

芳烃抽提是一个典型的物理分离过程，建立过程模拟系统是工艺开发的技术关键之一。1980 年，石科院开始了芳烃抽提专用流程模拟系统的研制；1983 年开发成功了甘醇类溶剂抽提芳烃工艺过程专用流程模拟系统 AREXSIM；1986 年又开发成功了环丁砜溶剂抽提芳烃工艺过程专用流程模拟系统 SULEX，并陆续用于指导现有装置操作，为老装置改造和新装置的设计提供详细的设计基础资料，取得了明显的经济效益。1992 年又将自行开发的模拟系统中的相平衡数据包与 ASPEN PLUS 实现了对接，从而使芳烃抽提的过程模拟更加方便、灵活。

相平衡数据是建立过程模拟系统最基础的数据。可靠的相平衡数据及过程模拟可以减少试验工作量，缩短工艺开发周期，而且对优化流程、设备设计、指导操作及故障诊断等均有重要作用。在芳烃抽提中涉及的烃类多达 200 多个单体烃，一一研究这些烃类与溶剂及水的相平衡行为是不大可能的，往往都是选择一些有代表性的烃类进行研究。为了开发芳烃抽提系统的相平衡数据库，我国科研单位选取了 20 个具有代表性的烃、5 种有机溶剂和水，系统测定了各组分之间的基础相平衡数据，这些组分包括烷烃(正丁烷、正戊烷、正己烷、正庚烷、正辛烷、正壬烷、正癸烷)、环烷烃(环戊烷、甲基环戊烷、环己烷、二甲基环戊烷、甲基环己烷、二甲基环己烷)、芳烃(苯、甲苯、乙苯、对二甲苯、间二甲苯、邻二甲苯、三甲苯)和溶剂(二甘醇、三甘醇、四甘醇、环丁砜、*N*-甲酰基吗啉、水)。基础相平衡数据包括二元气液平衡、二元互溶度、多元气液和多元液液平衡数据。

国内自行开发的 AREXSIM 和 SULEX 专用过程模拟系统虽然具有计算速度快、收敛性能好等特点，但只适用于固定的流程。对于工艺流程的任何改动，如换热流程的改动、物流的改变等，都需要修改计算程序，因此应用受到一定限制。石科院将所建立的各种溶剂的芳烃抽提相平衡数据包安装在 ASPEN PLUS 或 PRO/Ⅱ上，利用通用流程模拟系统强大的计算功能，可进行各种工艺流程的研究、优化，大大提高了芳烃抽提模拟系统的应用范围，不仅可完成各种流程的液液抽提工艺的模拟计算，还可进行抽提蒸馏过程的模拟计算，在国内多套芳烃抽提、抽提蒸馏装置的设计和指导操作中发挥了极为重要的作用。

二、抽提蒸馏

抽提蒸馏分离芳烃工艺是利用选择性溶剂从富含芳烃的窄馏分中直接提取某种高纯度芳烃。原料首先进行预分馏，切除轻、重组分，留下中间馏分送去抽提蒸馏。在抽提蒸馏过程中，通过加入选择性溶剂，提高目的芳烃和其他组分间的相对挥发度 α，从而使精馏分离成为可能。溶剂和原料馏分在抽提蒸馏(ED)塔接触形成气液两相，由于溶剂与芳烃的作用力更强，使非芳烃富集于气相，于塔顶排出；芳烃组分富集于液相并被提纯，于塔底排出。富集芳烃的液相进入溶剂回收塔，在塔内进行芳烃与溶剂的分离，贫溶剂循环使用。

（一）抽提蒸馏原理

分离芳烃的原料主要有重整油、裂解加氢汽油和煤焦油等。对于烃类混合物，在常压范围内气相可作为理想气体处理，通过蒸馏方法分离关键组分 i、j 的难易程度可以用相对挥发度 α_{ij} 表征：

$$\alpha_{ij}=\frac{y_i/x_i}{y_j/x_j}=\frac{\gamma_i p_i^{\circ}}{\gamma_j p_j^{\circ}} \tag{7-3}$$

式中 x——液相摩尔分数；
y——气相摩尔分数；
γ——液相活度系数；
p°——纯组分饱和蒸气压。

相对挥发度 α 越远离 1，越有利于蒸馏分离。在恒沸组成时，两组分相对挥发度为 1，通过普通蒸馏方法无法实现恒沸溶液的分离。在式(7-3)中，p_i°/p_j° 在通常温度范围内基本不变，改变相对挥发度的唯一途径就是通过加入溶剂来改变其活度系数比 γ_i/γ_j。加入选择性溶剂后，原料溶液的组分、组成均发生了变化，分子间相互作用改变，因而也使原料组分的活度系数比值发生变化，从而使相对挥发度 α_{ij} 尽可能远离 1，有利于蒸馏分离。这就是抽提蒸馏的基本原理。

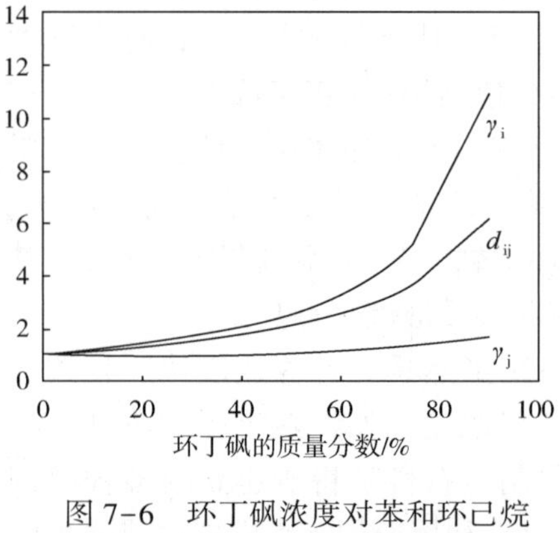

图 7-6 环丁砜浓度对苯和环己烷活度系数及相对挥发度的关系
（i，j 代表环己烷、苯，体系除溶剂基的组成为苯 51.8%）

图 7-6 表示常压时苯-环己烷共沸物(苯的质量分数 51.8%)体系加入不同浓度环丁砜溶剂后的活度系数及相对挥发度的变化情况。随着环丁砜浓度的增加，环己烷活度系数 γ_i 增加快，苯活度系数 γ_j 增加缓慢，结果使 α_{ij} 增大，可实现苯和环己烷的分离。

溶剂的性能对抽提蒸馏过程的技术经济起着决定性作用。归纳起来，对溶剂主要有下列几个方面的要求：溶剂有良好的选择性；不出现液液两相分离；与待分离组分有足够的沸点差，利于用精馏方法回收溶剂；溶剂热稳定性强，无腐蚀性，与组分不发生化学反应；溶剂应价廉易得。

实际上，一个有机溶剂要很好地满足上述要求并不容易，因此，适合工业应用的溶剂，往往是在经过多方面综合权衡后做出选择的。在抽提蒸馏分离芳烃领域，被普遍接受的有机溶剂主要有*N*-甲基吡咯烷酮(NMP)、*N*-甲酰基吗啉(NFM)、环丁砜(SUL)等。

从以上抽提蒸馏溶剂选择的要求来看，最关键的是溶剂的选择性问题。一般认为，应该使待分离组分的相对挥发度增大到2以上才可认为是一种较理想的溶剂。表7-7是不同溶剂存在时，甲基环己烷-苯体系的相对挥发度。由表7-7中数据可见，加入几种溶剂后，甲基环己烷和苯的相对挥发度由无溶剂时的0.81提高到2以上，表中所列几种溶剂按选择性递减顺序依次为含水环丁砜、环丁砜、环丁砜-COS、*N*-甲酰基吗啉、*N*-甲基吡咯烷酮。

表7-7 不同抽提精馏溶剂下甲基环己烷-苯体系的相对挥发度①

溶 剂	溶剂量/%	泡点温度/℃	相对挥发度
无溶剂	—	80	0.81
N-甲基吡咯烷酮	87.8	140	2.3
N-甲酰基吗啉	87.8	131	3.3
环丁砜	87.8	121	4.2
环丁砜-0.8%水	87.8	113	4.7
环丁砜-10%COS	87.8	125	3.6

① 溶剂、甲基环己烷、苯的质量比为87.8∶0.1∶12.1，系统压力101kPa。

(二) 含氮类溶剂抽提蒸馏工艺

早期的抽提蒸馏工艺，用酚作为溶剂分离苯或甲苯。酚的选择性好、沸点高、价廉易得，但热稳定性差，产品质量不太理想(苯结晶点≯5.1℃，纯度约99.4%)，20世纪60年代在美国曾建有10余套工业装置，但后来都逐渐被淘汰。70年代德国开发了以*N*-甲基吡咯烷酮(NMP)为溶剂的Distapex工艺[12]和以*N*-甲酰基吗啉(NFM)为溶剂的Morphylane工艺[13]，由于其技术效果好，已为工业界所采用。

Distapex是德国Lurgi公司开发的以NMP为溶剂的抽提蒸馏工艺。据统计，已建成12套工业装置，主要用于从煤焦油和裂解加氢汽油中回收纯苯，也有用于从催化重整液中回收C_8芳烃或甲苯。德国Koppers公司开发的Morphylane工艺，流程见图7-7，采用NFM为溶剂。据统计，到2012年全世界已投入运行及正在建设的装置达65套。NFM溶剂的选择性明显优于NMP，Morphylane法能从相应的馏分中同时获得两种芳烃，如苯/甲苯或甲苯/二甲苯，产品纯度符合要求。近年来，Krupp Wood又提出了同时制取苯和甲苯的新流程。20世纪90年代以来，石科院针对Morphylane工艺的一些弱点，即芳烃回收率偏低、溶剂回收苛刻度高，提出了一种改进的流程，主要是在流程中增加了一台溶剂闪蒸罐，通过闪蒸将贫溶剂中的芳烃进一步净化，从而既降低了溶剂回收的真空度和温度，又进一步提高了芳烃的回收率。

(三) 环丁砜抽提蒸馏工艺

1. SED-Ⅰ工艺[14,15]

Distapex和Morphylane工艺与液液抽提相比，虽然流程简单、操作费用低，但芳烃收率偏低、溶剂回收条件苛刻，且一般不适用于重整汽油苯抽提。重整汽油C_6馏分中苯含量一般在20%~40%，如果采用单一的极性溶剂如NMP、NFM或环丁砜(SUL)作为抽提精馏溶

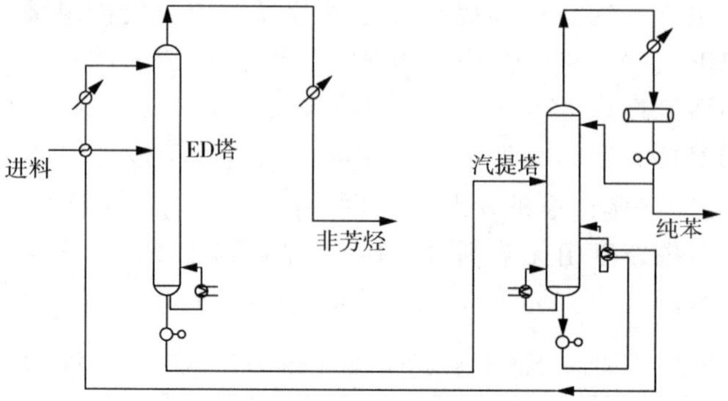

图 7-7　Morphylane 工艺流程示意

剂，在 ED 塔内容易形成两个液相，造成 ED 塔内剧烈沸腾甚至冲塔现象，使 ED 塔难以稳定操作。为了解决芳烃含量低的原料的抽提精馏问题，石科院从增加溶剂的溶解性、降低溶剂回收的苛刻度入手，进行了大量的试验及模拟计算研究，筛选出了一种较为理想的助溶剂(COS)，并最终开发了采用 SUL-COS 复合溶剂的 SED-Ⅰ工艺。

采用环丁砜-COS 的复合溶剂，显著增强了溶剂对 C_6 馏分的溶解能力，避免 ED 塔出现两个液相，ED 塔操作稳定，易于控制。同时由于加入了助溶剂，还有效降低了溶剂回收塔的操作苛刻度，提高了苯的回收率。助溶剂 COS 是一种不含硫、氮的有机溶剂，该助溶剂本身以及与常用芳烃抽提溶剂配伍具有如下特点：沸点适中，与 SUL 或 NFM 配伍性好；配伍后的复合溶剂溶解性能大大改善，对选择性影响不大；热稳定性好。

SED-Ⅰ分离纯苯工艺流程如图 7-8 所示。

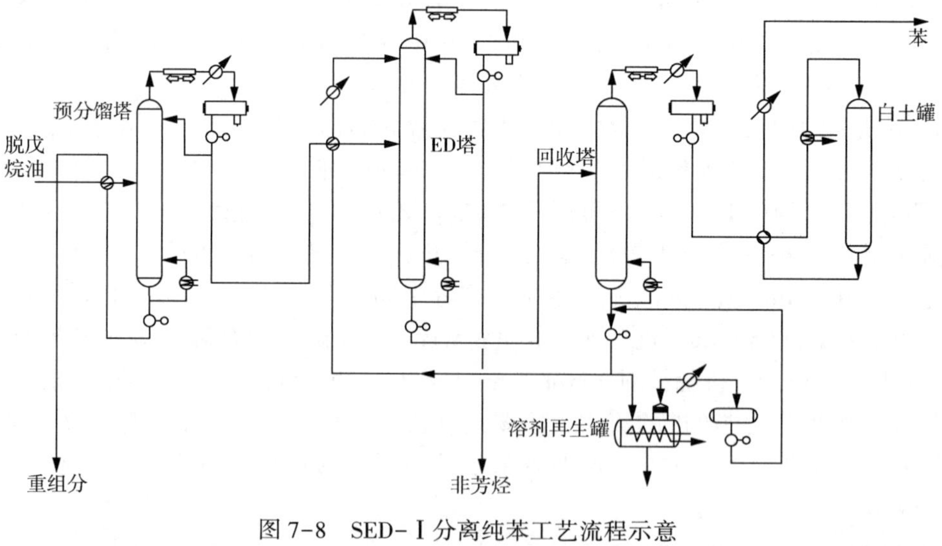

图 7-8　SED-Ⅰ分离纯苯工艺流程示意

该工艺主要包括原料预分馏和抽提精馏。重整脱戊烷油经预分馏，塔顶得到富集苯的 C_6 馏分，塔底得到 C_{6+}馏分。C_{6+}馏分直接作为无苯清洁汽油调合组分。C_6 馏分作为抽提精馏的进料，经过抽提精馏，塔顶非芳烃作为非芳烃产品出装置。从 ED 塔底出来的富溶剂进入溶剂回收塔(RC 塔)，经过减压蒸馏后，回收塔苯蒸气经冷凝后，作为苯产品出装置，塔底贫溶剂大部分经过换热后作为贫溶剂直接循环回 ED 塔上部，少部分则经过溶剂再生后回到系统。

SED-Ⅰ工艺适用于从重整汽油、裂解加氢汽油以及焦油粗苯中回收苯产品，其工业装置主要技术指标列于表7-8。

表7-8 SED-Ⅰ工艺主要技术指标

项目	工况1	工况2	项目	工况1	工况2
原料	重整汽油 C_6 馏分	裂解加氢汽油 C_6 馏分	抽余油中苯含量/%	0.1	0.6
原料中苯含量/%	25.1	75.6	公用工程消耗(/t苯产品)		
苯产品纯度/%	99.99	99.94	冷却水/t(Δt=10℃)	23	22
苯结晶点/℃	5.47	5.47	电/(kW·h)	40	13
苯抽提回收率/%	99.7	99.8	蒸汽/t	1.65	0.70

由表7-8的结果可见：SED-Ⅰ工业装置上生产的苯产品满足GB3405—2011优级品标准，苯抽提收率达到99.7%以上。从单位苯产品的能耗指标来看，SED-Ⅰ工艺较适于处理裂解加氢汽油等苯含量高的原料，具有能耗低的优势。

2. SED工艺发展[16~18]

SED-Ⅰ只适用于单苯抽提过程，为了拓宽SED技术的适用范围，并进一步降低能耗，在SED-Ⅰ的研发基础上进行了工艺改进，推出了针对不同原料工况、工艺流程较为灵活的SED-Ⅱ工艺和SED-BTX工艺。以产品种类来划分，SED-Ⅱ工艺分为SED-Ⅱ苯抽提流程、SED-Ⅱ两苯抽提流程；以工艺流程分为SED-Ⅱ两塔流程和三塔流程两种。SED-BTX工艺适合处理全馏分裂解加氢汽油获得三苯产品。

SED-Ⅱ工艺采用含水环丁砜为溶剂，具有流程简单、能耗低、流程灵活的特点。两塔流程适用于苯抽提工况，原料具有馏程窄、沸点低(C_6为主)的特点，例如重整汽油脱苯；三塔流程是在两塔流程基础上发展而来的，增加了非芳烃蒸馏塔，更适合非芳烃含量较高且有重质非芳烃组分的两苯抽提工况，例如重整汽油两苯抽提。对于裂解加氢汽油苯抽提或两苯抽提工况，因为芳烃含量高、非芳烃量少，单独设置非芳烃蒸馏塔优势不明显，所以两塔流程和三塔流程都适用。自2005年以来，SED-Ⅱ工艺已有60多套工业装置投产运行。

1）SED-Ⅱ苯抽提工艺

图7-9所示为SED-Ⅱ苯抽提工艺流程，为两塔流程。与SED-Ⅰ工艺相比，主体流程相同，改进之处在于：溶剂采用含水环丁砜，流程增加了水循环系统和苯蒸发塔，苯蒸发塔侧线采出苯产品。原料经预热后进入抽提蒸馏塔中部，循环溶剂从塔顶进入，经过萃取精馏，塔顶得到抽余油产品(非芳烃)，塔底得到含高纯苯的富溶剂。富溶剂进入溶剂回收塔，该塔在减压下操作，塔顶采出苯，塔底的贫溶剂经换热后循环使用。抽提蒸馏塔回流罐及回收塔回流罐的分水包收集水经过水泵升压后作为汽提水，与贫溶剂换热后进入溶剂再生罐。小股贫溶剂进入溶剂再生罐在汽提水的作用下进行减压汽提再生，罐顶气相返回溶剂回收塔塔底。溶剂回收塔顶苯进入白土罐，然后进入苯蒸发塔进行蒸馏，侧线采出合格苯产品出装置。苯蒸发塔采用贫溶剂为热源，以充分回收溶剂余热，降低能耗。

与SED-Ⅰ相比，SED-Ⅱ工艺应用于重整汽油抽提蒸馏苯装置时，大幅降低了装置能耗，同时苯蒸发塔可有效脱除白土精制过程副产的重组分，在保证苯产品酸洗比色合格的前提下，

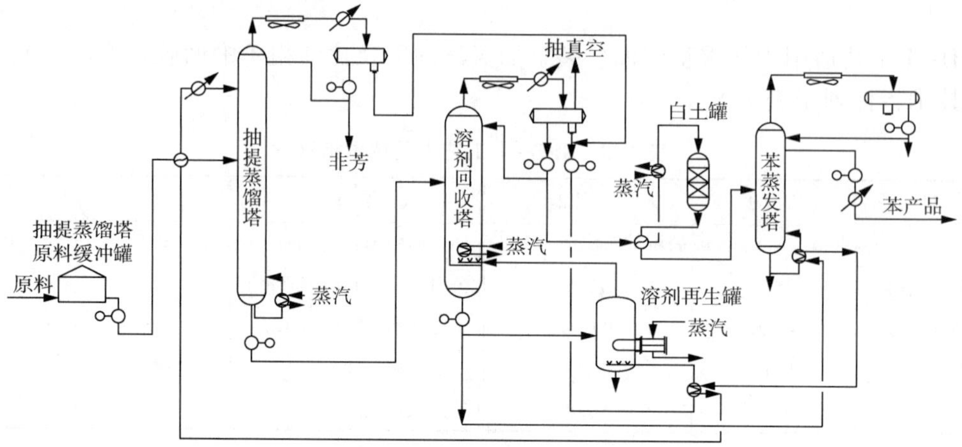

图 7-9 SED-Ⅱ苯抽提工艺流程

大幅延长了白土使用寿命。表 7-9 对比了两套规模及原料性质相当的苯抽提装置工业应用结果，SED-Ⅱ苯抽提工艺在保持苯产品质量与 SED-Ⅰ工艺相当的情况下，苯收率略有提高，能耗降低了约 24%，溶剂工艺消耗大幅降低，白土消耗大幅降低，节能降耗效果显著。

表 7-9 SED 苯抽提工艺技术指标对比

项　目	SED-Ⅰ	SED-Ⅱ	项　目	SED-Ⅰ	SED-Ⅱ
装置规模/(kt/a)	220	220	苯收率/%	99.7	99.8
抽提原料	连续重整 C_6 馏分 苯含量 25%	连续重整 C_6 馏分 苯含量 27%	抽提综合能耗/(kgEO/t 原料)	43.5	33.0
苯产品质量	GB 3405—2011 石油苯-545	GB 3405—2011 石油苯-545	溶剂工艺消耗/(g/t 原料)	<10	<1
			白土消耗/(kg/t 苯产品)	0.5	0.06

2）SED-Ⅱ分离苯甲苯流程

SED-Ⅱ抽提蒸馏工艺可以同时抽提分离苯甲苯，分为两塔馏程和三塔流程，两塔流程如图 7-10 所示。SED-Ⅱ两塔流程在抽提蒸馏塔顶部设有回流，当原料中非芳烃含量较高时，例如重整汽油 C_6～C_7馏分(非芳烃含量一般在 30%～50%)，抽提蒸馏塔有大量的非芳烃回流，将会增加抽提蒸馏的分离难度，影响产品纯度，增加能耗。为了解决这个问题，提出了改进的 SED-Ⅱ工艺，增加了非芳烃蒸馏塔，并与抽提蒸馏塔、溶剂回收塔组成三塔流程。目前三塔流程大量应用于重整汽油 C_6～C_7 馏分分离苯甲苯工况。

图 7-11 所示为 SED-Ⅱ三塔工艺流程，包括抽提蒸馏以及芳烃精馏。抽提蒸馏塔部分SED-Ⅱ三塔流程与 SED-Ⅱ两塔流程相比，主体流程略有差异，增设一台非芳烃蒸馏塔，抽提蒸馏塔(ED)不设冷凝冷却回流系统。抽提蒸馏的原料首先与贫溶剂换热，然后进入抽提蒸馏塔中部。贫溶剂经过水冷器冷却后进入抽提蒸馏塔上部。在溶剂的选择性作用下，通过萃取精馏实现芳烃与非芳烃的分离，塔顶蒸出的非芳烃直接进入非芳烃蒸馏塔。在非芳烃蒸塔，回收少量的溶剂。塔顶得到的非芳烃经空冷、水冷冷却进入回流罐，一部分作为回流送入非芳烃蒸馏塔塔顶，一部分作为抽余油副产品送出装置。塔底回收的溶剂经升压后进入贫溶剂系统。非芳烃蒸馏塔再沸器采用贫溶剂作为热源，回收利用装置余热。从

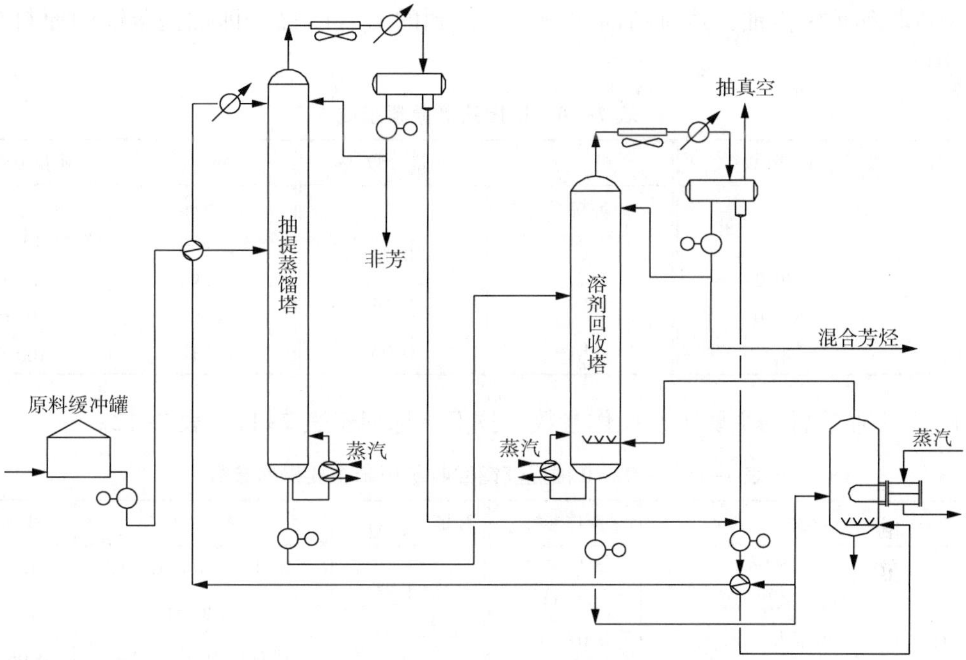

图 7-10　SED-Ⅱ 苯/甲苯抽提两塔工艺流程

ED 塔底出来的富溶剂进入溶剂回收塔，经过减压蒸馏后，回收塔顶得到混合芳烃产品，送往下游芳烃精馏单元进一步分离得到苯、甲苯产品。回收塔底贫溶剂大部分经过换热后循环回 ED 塔上部，少部分贫溶剂进入溶剂再生罐在汽提水的作用下进行减压汽提再生，罐顶气相返回回收塔塔底。从抽提蒸馏部分得到的混合芳烃送去芳烃精馏部分。芳烃精馏部分主要包括白土塔、苯塔和甲苯塔系统。苯塔进行常压精馏，苯产品从第 5 块塔板(自上而下)抽出，合格后送出界区。苯塔顶蒸出物经空冷器冷凝冷却后进入苯塔回流罐，全回流操作。苯塔再沸器以甲苯塔顶甲苯蒸气作为热源。苯塔底物料经塔底液位与流量串级控制，由泵送至甲苯塔。甲苯塔加压操作[0.35MPa(G)]，甲苯塔再沸器以 3.5MPa(G)蒸汽作为热源，塔顶蒸气去苯塔作为再沸器热源，再进入甲苯塔回流罐，一部分作为回流，另一部分作为产品分析合格后送至甲苯成品罐区。

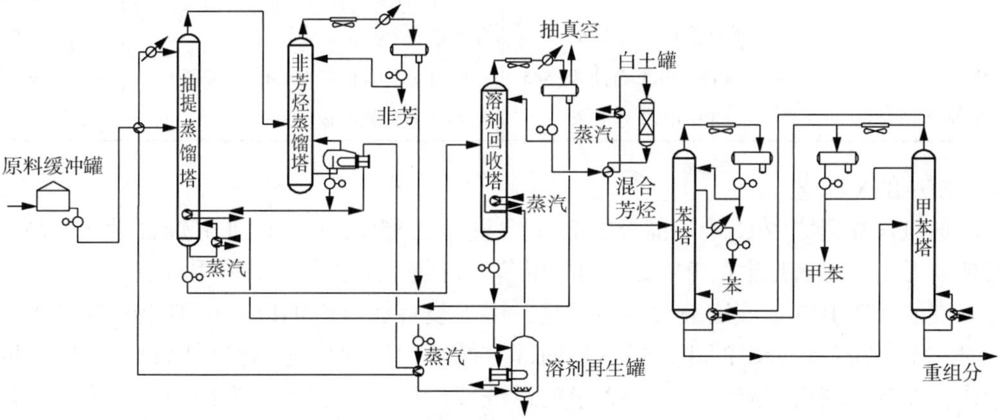

图 7-11　SED-Ⅱ 三塔工艺流程

典型进料如重整汽油，经过精馏切割后，得到的 C_6 ~ C_7 馏分即抽提蒸馏的原料组成列于表 7-10。

表 7-10　抽提蒸馏原料组成

组　分	质量分数/%	组　分	质量分数/%	组　分	质量分数/%
烷 烃		环烷烃		芳烃	
C_5	1.18			C_6	15.50
C_6	20.24	C_6	0.75	C_7	42.70
C_7	15.02	C_7	0.54	C_8	0.01
C_8	4.04	C_8	0.02	总计	100.00

SED-Ⅱ工业装置的主要工艺操作参数、技术指标列于表 7-11、表 7-12。

表 7-11　SED-Ⅱ抽提蒸馏回收苯甲苯主要操作参数

塔　名	项　目	操作参数
抽提蒸馏塔	溶剂/原料	3.0~4.2
	贫溶剂入塔温度/℃	95~115
	塔顶压力/MPa(G)	0.07~0.1
	塔顶温度/℃	80~120
	塔底温度/℃	160~178
非芳烃蒸馏塔	回流比(对采出)	0.2~0.3
	塔顶压力/MPa(G)	0.06~0.08
	塔底温度/℃	135~140
	富溶剂入塔温度/℃	160~178
回收塔	回流比(对采出)	0.3~0.50
	塔顶压力/ MPa	0.04~0.05
	塔底温度/℃	172~179

塔　名	项　目	操作参数
白土塔	压力/MPa(G)	1.2~1.6
	温度/℃	160~180
苯塔	塔顶压力(G)/MPa	0.06~0.08
	回流比(对进料)	1~2
	塔顶温度/℃	95~98
	塔底温度/℃	135~139
甲苯塔	塔顶压力/MPa(G)	0.3~0.4
	回流比(对采出)	1.5~2.5
	塔顶温度/℃	168~173
	塔底温度/℃	203~206

表 7-12　SED-Ⅱ抽提蒸馏回收苯甲苯主要技术指标

项　目	SED-Ⅱ	项　目	SED-Ⅱ
装置规模/(kt/a)	800	苯收率/ %	99.8
抽提原料	重整 C_6 ~ C_7 馏分	甲苯收率/%	99.9
苯产品质量	GB 3405—2011 石油苯-545	抽提部分综合能耗/(kgEO/t 原料)	30
甲苯产品质量	GB 3406 I 号甲苯	溶剂工艺消耗/(g/t 原料)	<1

3）SED-BTX 工艺

裂解加氢汽油组成中 C_6 ~ C_8 馏分中 BTX 含量达到 85%，C_8 ~ C_9 非芳烃含量比较高，C_8 馏分直接精馏无法获得满足生产 PX 要求的二甲苯。目前，工业上主要采用液液抽提的方法分离裂解加氢汽油获取 BTX。该法最大的不足是，用于裂解加氢汽油以及焦油粗苯等高芳烃含量的原料时，不仅需要将分出的非芳烃萃余油部分循环回原料以适当稀释原料，维持萃取塔的正常操作，而且提馏塔还需要蒸出较大量的返洗液(又名回流芳烃)返回到萃取塔底，返洗液与抽提进料质量之比一般需要达到 0.6~1.0 才能保证 BTX 的纯度，因此能耗高。为此，针对

裂解加氢汽油 C_6~C_8 馏分特点，石科院开发了 SED-BTX 工艺。该工艺以抽提蒸馏为核心，将抽提蒸馏与液液萃取进行有机地组合，利用各自的优势，达到既节能、又能实现芳烃的高纯度和高回收率的目的，相比液液抽提能耗降低 25%以上，应用该工艺的装置正在建设中。

三、苯乙烯抽提蒸馏

乙烯装置的裂解汽油中含有一定量的苯乙烯，依据裂解原料的不同，苯乙烯含量一般为 3%~5%。在现有裂解汽油加工流程中，所含的苯乙烯被加氢成乙苯，这种富含乙苯的 C_8馏分，或供给下游 PX 装置作为原料、作为溶剂或作为汽油调合组分，造成相当数量的苯乙烯资源被浪费。如果在裂解汽油加氢之前，将苯乙烯进行回收，则会获得良好的经济效益。

从裂解汽油中分离出高纯度的苯乙烯产品，难度很大。裂解汽油中含有微量的苯乙炔，其性质与苯乙烯很接近，通过抽提蒸馏无法除去。苯乙炔极不稳定而且影响下游装置，必须在进抽提装置前通过选择性加氢的方法除去，同时不损失苯乙烯。裂解汽油中富含邻二甲苯，与苯乙烯沸点差仅有 0.7℃，精馏无法分离，只能通过抽提蒸馏分离。抽提蒸馏是利用溶剂对苯乙烯和其他 C_8组分相对挥发度影响不同的基本原理，实现苯乙烯和其他 C_8组分的分离。经过抽提蒸馏后的苯乙烯纯度达到 99.8%以上，但颜色较深，与市售的乙苯脱氢苯乙烯有所差别。需要经过脱色精制，得到满足国家标准要求的苯乙烯产品。因为苯乙烯易聚合，整个工艺流程需要考虑降低操作温度，避免苯乙烯聚合。

石科院先后完成了苯乙炔加氢、苯乙烯抽提溶剂和阻聚剂筛选、抽提蒸馏工艺以及脱色精制技术的开发，开发成功了裂解汽油抽提回收苯乙烯的成套技术(STED)[19]。第一套 3 万吨/年的苯乙烯抽提装置于 2011 年 5 月建成投产，一直平稳运行。装置以石化乙烯裂解汽油 C_{8+}馏分为原料，生产出国标优级品的苯乙烯产品，同时副产 C_8馏分和 C_{9+}馏分。截至 2019 年 9 月，已经有 6 套采用该技术的工业装置投入运行。

STED 工艺包括原料预处理、抽提蒸馏及苯乙烯精制等三部分，主要流程见图 7-12。

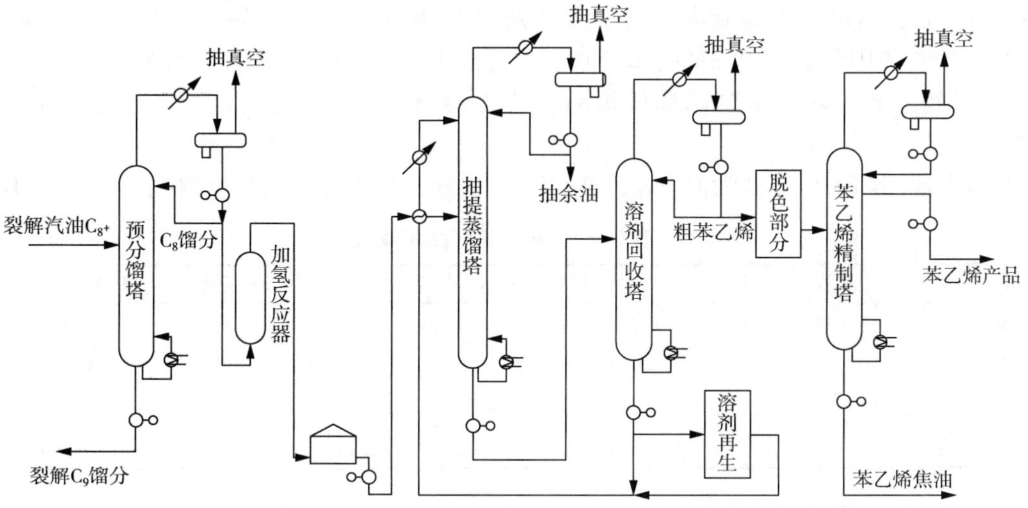

图 7-12 裂解汽油苯乙烯抽提工艺流程图

预分馏的主要作用是切出富集苯乙烯的 C_8 馏分，作为加氢单元的进料。来自乙烯装置的 C_{8+} 馏分经过精密分馏，富集苯乙烯30%~45%的 C_8 馏分从塔顶蒸出，作为苯乙炔选择性加氢单元的进料。

选择性加氢的目的是除掉 C_8 馏分中的苯乙炔。来自预分馏的 C_8 馏分一般含有0.5%左右的苯乙炔，进入苯乙炔加氢反应器底部，所采用的催化剂为镍系，反应温度为35~60℃，压力为0.4MPa(G)，反应后的物料液相作为抽提进料。在加氢单元，开发了高选择性的苯乙炔加氢催化剂及工艺，苯乙炔可以被降至15mg/kg以下，而苯乙烯的损失率约1%。

抽提部分的作用是实现苯乙烯与其他 C_8 芳烃的分离，包括抽提蒸馏(ED)、溶剂回收、溶剂再生等。选择性加氢后 C_8 馏分进入ED塔中部，贫溶剂进入ED塔的上部。经过萃取精馏，塔顶蒸出 C_8 芳烃作为副产品送出装置。ED塔底富溶剂进入溶剂回收塔实现溶剂和粗苯乙烯的分离，溶剂循环，粗苯乙烯送脱色精制单元。

脱色精制单元的作用，是脱掉粗苯乙烯的颜色，获得聚合级苯乙烯产品。在脱色精制单元，可利用无机酸脱色或有机酸酐脱色技术。该脱色技术具有脱色效果好、操作稳定、苯乙烯损耗小、操作费用低的优点。

典型的裂解汽油 C_{8+} 馏分性质列于表7-13。

表7-13 原料油组成

组分	质量分数/%	组分	质量分数/%
甲苯	0.05	茚	6.73
乙苯	5.11	萘	1.24
间对二甲苯	15.76	双环戊二烯	12.32
邻二甲苯	6.43	其他	36.74
苯乙烯	15.50	合计	100.00
苯乙炔	0.12		

由表7-13可见，原料中邻二甲苯含量为6.43%，苯乙烯为15.50%，由于二者沸点仅相差0.7℃，精馏分离难度大。其中苯乙炔含量为0.12%，如果不通过选择性加氢脱除，产品苯乙烯中将有约0.8%的苯乙炔，严重影响苯乙烯产品质量。原料铂钴色度大于200，需要经过脱色才能达到国标优级品。苯乙烯产品铂-钴色度要求小于等于10质量标准。

产品为苯乙烯，副产品为 C_8 抽余油以及 C_{9+} 馏分，苯乙烯质量分析数据列于表7-14。

表7-14 苯乙烯产品质量

项目	工业数据	GB 3915—2011优级品	项目	工业数据	GB 3915—2011优级品
纯度/%	99.9	≥99.8	TBC/(μg/g)	10~20	10~15
乙苯/%	0.01	≤0.08	总醛/%	<0.01	≤0.01
苯乙炔/%	0.0	—	聚合物/(μg/g)	0	≤10
色度(铂-钴色号)	<10	≤10	过氧化物/(μg/g)	7	≤100

由表7-14所列数据可知：STED装置生产的苯乙烯产品完全达到GB 3915—2011国家优级品标准。

第三节　芳烃吸附分离技术

芳烃吸附分离主要指 C_8 芳烃异构体的吸附分离。C_8 芳烃共有四种异构体：乙苯(EB)、对二甲苯(PX)、间二甲苯(MX)和邻二甲苯(OX)。它们的沸点非常接近，分别为 136.2℃、138.5℃、139.3℃和 144.4℃，其中 PX 和 MX 的沸点最接近，仅差 0.8℃。乙苯主要用于生产苯乙烯，由于对其中的二甲苯含量限制非常严格(小于 0.15%)，从混合碳八芳烃中难以直接分离得到高纯度乙苯，大多通过苯和乙烯进行烃化反应获得。邻二甲苯主要用于生产苯酐，由于产品纯度要求不高(大于 98%)，且与 MX 有 5.1℃的沸点差，通常在芳烃联合装置中联产 OX，在分离对二甲苯以前通过精馏分离。由于对 OX 的收率要求不高，因此所需塔板数和回流比都可以相对降低。PX 和 MX 无法通过精馏分离来获得高纯度的产品，工业上生产 PX 和 MX 的主流技术都是吸附分离。在 PX 工业生产中首先使用的技术是结晶，利用 PX 凝固点大大高于其他异构体的特性(EB、PX、MX 和 OX 的凝固点分别为 -94.9℃、13.3℃、-47.8℃和-25.24℃)，通过深冷结晶把 PX 分离出来。由于混合二甲苯在低温下形成低共熔混合物限制了 PX 的收率，对通常的原料收率只有 65%，因此 20 世纪 70 年代吸附分离法出现后，结晶法逐渐被取代。MX 生产方法最初有三菱瓦斯化学公司开发的以 $HF-BF_3$ 为络合剂的 MGCC 法，还有通过磺化反应后分离再水解的磺化法，这些方法存在污染和设备腐蚀等问题，在 20 世纪 90 年代 MX 吸附分离技术工业化后就逐渐被淘汰了。

我国从 1970 年末开始从国外引进技术建设 PX 生产装置，引进的主要是美国环球油品公司(UOP)的 Parex 工艺，此工艺最显著的特征是使用了一种 24 通旋转阀，采用的吸附剂是钡或钾钡交换的 X 或 Y 型沸石，解吸剂为对二乙基苯(PDEB)。2015 年起 UOP 推出了以甲苯为解吸剂的 LD-Parex 工艺，目的是降低装置的投资和操作能耗。20 世纪初，镇海炼化首先引进了法国石油研究院(IFP)研发的 Eluxyl 工艺，此工艺采用程控阀组而不是旋转阀控制物料进出吸附塔的不同床层；2014 年，Axens 公司推出了 Eluxyl1.15 工艺，用一个吸附塔代替了传统双吸附塔，床层数从 24 个减少到 15 个。国内很早就开始了 PX 吸附分离技术的研究，前期集中于吸附剂，2004 年国产吸附剂首次实现了工业应用(吸附剂的研发情况参见第十三章“石油炼制催化剂”有关芳烃吸附剂一节)。此后，对工艺以及相关的控制、专用设备开展了系统的研发，2011 年自主研发的芳烃吸附分离成套技术(SorPX 工艺)推向工业化，填补了国内这一领域的空白。以下主要介绍自主研发的芳烃吸附分离技术。

一、对二甲苯吸附分离

对二甲苯吸附分离不涉及化学反应，是一个单纯的物理分离过程。沸石吸附剂对 C_8 芳烃不同异构体间吸附作用有差异，特定类型的沸石吸附剂可优先吸附对二甲苯，利用这种特性可以实现对二甲苯的浓缩提纯。当液固两相接触时，与吸附剂结合力较强的组分从流动相中被吸附转移至吸附相中，实现与其余组分之间分离的目的，然后再选用适当的解吸剂将被吸附组分从吸附剂中解吸出来获得抽出液，精馏此抽出液分离出其中的解吸剂以回收目的产品，解吸剂和吸附剂则循环使用。对二甲苯吸附分离技术比较复杂，涉及多方面的内容，其中包括吸附剂和解吸剂体系、模拟移动床技术、专用设备、控制系统等。从国外 PX 吸附分离技术工业化开始，国内的研究机构就开始了对 PX 吸附分离技术的研究，并取得了一些成果。2004 年石科院开发的 PX 吸附剂 RAX-2000A 于齐鲁石化 PX 吸附分离装置上实现工业应用[23]。2011 年，中国石化在扬子石化建成 3 万吨/年规模的 PX 吸附分离工业示范装置并投产[24]，标志着中国掌握了 PX 吸附分离成套技术(SorPX 工艺)。

从碳八芳烃混合物中分离高纯度对二甲苯，产品应满足标准 SH/T 1486. 1—2008《石油对二甲苯》的要求，其中一等品要求纯度在 99. 5%以上，优等品要求纯度在 99. 7%以上。随着技术的进步，在实际生产中多数装置也可以稳定产出 99. 8%以上的产品。对二甲苯的单程收率通常在 97%以上，可以达到 99%以上。模拟移动床模拟液固两相逆向流动，大幅度提高吸附过程的分离效率，可以满足对二甲苯分离中高纯度、高收率的要求。以下介绍模拟移动床工艺原理。

（一）模拟移动床工艺原理

吸附分离常采用固定床，以穿透-再生的方式间歇进行，这种工艺形式对吸附剂的利用效率低，虽然可以纯化流出液，但对强吸附组分而言只有一个平衡级的分离效果。为提高吸附分离的效率，开发了可实现液固两相逆流接触的移动床，固体吸附剂在重力作用下自上而下移动，原料、解吸剂在固定位置进入，抽出液、抽余液在固定位置采出，吸附剂与流动相逆流接触。吸附床层内可形成稳定的浓度分布，实现连续稳定操作。但在此过程中需要控制吸附剂在吸附柱内以及外部循环，存在吸附剂磨损的问题。更重要的是，移动床中两相的流动很难保持理想的平推流状态，存在较多返混和沟流，使得分离效率降低。模拟移动床可以很好地克服前述移动床中吸附剂磨损和流动状态差的问题。在模拟移动床工艺中，吸附剂装填于固定床中不移动，固定床被分为多个床层，各床层之间设有输入或采出液相物料的管线，每隔一段时间就沿着固定床内液相流动方向切换解吸剂、抽出液、原料、抽余液等进出物料的位置，形成固定相和液相的相对逆流运动。

模拟移动床是对移动床过程的近似，为理解模拟移动床操作中的一些概念，有必要首先了解移动床过程的运转操作，参见图 7-13。

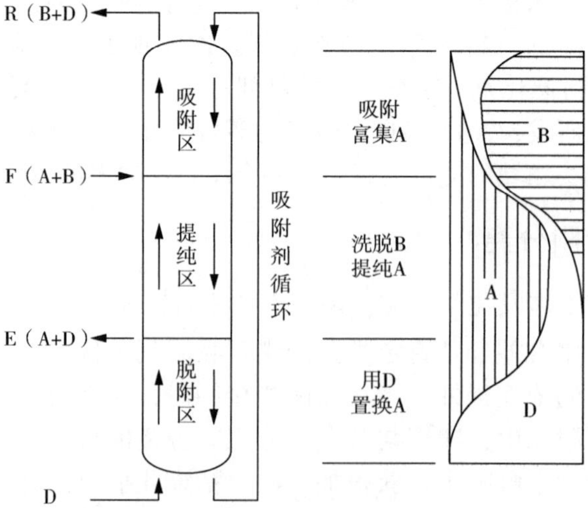

图 7-13　移动床的区域和液相浓度分布图

A—强吸附组分；B—弱吸附组分；D—解吸剂

假定原料中包含 A、B 两个组分，解吸剂为 D，它们与吸附剂之间的吸附强度次序是 D≈A>B。固相的吸附剂颗粒自上向下移动；液相自下向上流动，原料从中部某一位置输入移动床内，与吸附剂逆流接触，进料中的强吸附组分 A 被优先选择吸附，被吸附剂携带向下移动，吸附剂中原来携带的解吸剂被置换出来与未被吸附的弱吸附组分 B 一起继续向上流动，在移动床顶部采出作为抽余液，标记为 R，原料和抽余液之间的区域称为吸附区，吸附剂流量与原料流量之比确定了此移动床的处理能力。解吸剂在底部注入将吸附剂上富集的 A 置换解吸，将部分脱附下来的物料采出作为抽出液，抽出液由较纯的 A 和解吸剂组成，标记为 E，解吸剂入口与抽出液之间的区域称为脱附区，解吸剂的流量与吸附剂流量之比称为脱附回流比。其余未采出的物料继续向上流动用于提纯，将吸附剂中携带的少量弱吸附组分 B 置换掉，继续向上流动用于提纯的物料流量与吸附剂流量之比为提纯回流比。

在模拟移动床工艺中，把吸附塔分为多个床层，床层之间由格栅分开，格栅上连有此床层的进出物料管线。进吸附塔的物料通过床层管线进入格栅，在格栅内与床层内自上而下流动的物料混合均匀后分配到下一床层的上面；出吸附塔的物料通过格栅经床层管线离开吸附塔。有多种方式可以实现各进出物料位置周期性的改变，其中之一是采用旋转阀[25]，见图 7-14。

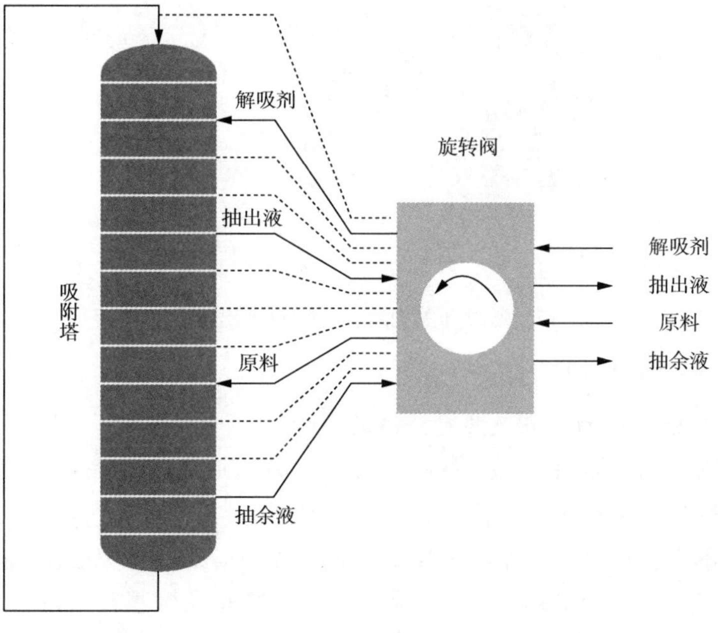

图 7-14　通过旋转阀实现物料进出位置的改变

旋转阀中实现物料位置改变最主要的结构是定盘和转盘，定盘上设有若干条同心环形沟槽，每条沟槽与一股进出物料管线相连通，在定盘最外圈设有若干阀位口，每个口依次与连通吸附塔上某个床层的管线相连；在转盘上有若干条物料跨管，数量与定盘上的同心环形沟槽相同，物料跨管的一头与定盘上的同心环形沟槽相对应，另一头与定盘外圈的某个阀位口相对，定盘上表面与转盘下表面之间有密封垫片使二者紧密贴合，起密封的作用；旋转阀设有驱动轴，可推动转盘转动，每次转盘转动的角度恰好使转盘上物料跨管与定盘外围阀位口相对的开口移动到定盘上相邻的阀位口，使得物料进出的床层切换到相邻的床层。

旋转阀是个高度集成的精巧的设备。

另一种实现各进出物料位置周期性改变的方式是程控开关阀组，见图 7-15。设置每股物料连通到每个床层的管线，在每根管线上设置开关阀，通过程序控制各开关阀的开闭。需要让某股物料进出某个床层，就把这股物料与这个床层连通管线上的开关阀打开。切换某股物料进出床层时，首先打开下一床层此物料管线的阀门，待阀门打开后就关闭原来床层此物料管线的阀门。程控开关阀组具有高度的灵活性，可以通过更改程序来改变工艺设置。

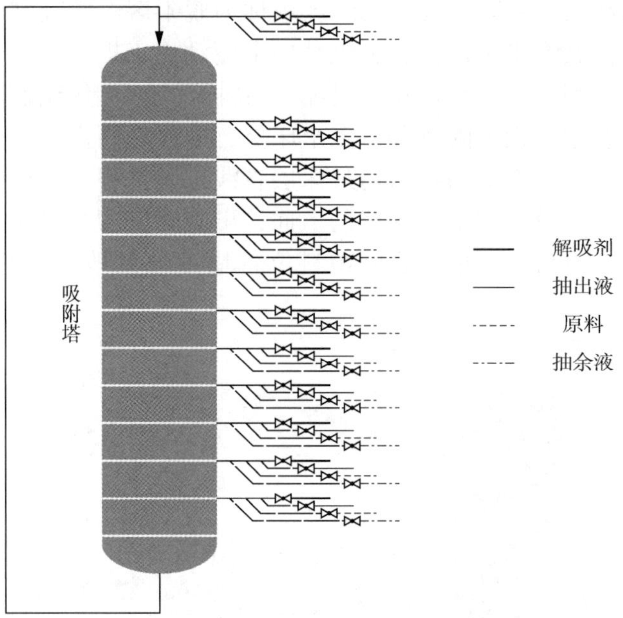

图 7-15　通过开关阀组实现物料进出位置的改变

（二）吸附原料和解吸剂

1. 不同来源吸附进料的特点及其对分离的影响

对二甲苯吸附分离的原料为 C_8 芳烃，新鲜 C_8 芳烃通常来自催化重整汽油、乙烯裂解汽油和催化裂解汽油，也有通过歧化及烷基转移得到的 C_8 芳烃。这些原料中的三种二甲苯的比例通常相差不大，最主要的差异并且也是对装置物料平衡有关键影响的是乙苯的含量。乙苯含量越低，二甲苯的产率越高、操作费用越低。歧化及烷基转移得到的 C_8 芳烃中乙苯含量最低，约 2%，是最好的原料；而乙烯裂解汽油中乙苯含量高至 40%；17%～18%是来自重整装置的 C_8 芳烃中常见的乙苯含量。

在 PX 生产中吸附分离装置和异构化装置、二甲苯分馏装置（至少包括二甲苯塔和重芳烃塔，异构化反应产物分离掉大部分 C_7 和更轻的组分后去二甲苯塔，新鲜 C_8 芳烃一般也进二甲苯塔，二甲苯塔顶的物料作为吸附分离进料）构成一个循环回路，吸附进料组成不仅与新鲜 C_8 芳烃组成有关，异构化反应类型也有决定性的影响。与脱乙基型异构化相比，经过乙苯转化型异构化循环回来的物料中乙苯含量较高，并且含有一定量的非芳烃。高的乙苯含量增加了吸附分离的难度，非芳烃的存在增加了系统中的循环物料。

2. 吸附进料的杂质限制

很多不同的杂质可能会与吸附剂发生作用，进而影响到吸附剂的吸附选择性或降低吸附容量，这些杂质大多是极性化合物。有的杂质只是造成吸附剂性能暂时下降，有的杂质则会造成吸附剂永久中毒，还有一些杂质在一定条件下甚至会造成吸附剂活性组分沸石结构的破坏。

（1）过量的水进入吸附塔会被迅速吸附在吸附剂上，从而导致吸附容量下降，如果吸附剂上的水含量长期过高，在较高的操作温度下，就会造成沸石晶体结构破坏。另外，吸附剂上需要吸附适量的水来保持合适的吸附选择性，因此还需要向吸附塔内注入一定量的水(通常随解吸剂注入)。根据经验，在 170～180℃下，离开吸附塔的抽余液和抽出液中含有 60～100μg/g 的水，认为吸附剂里的水含量是合适的。但为了保证注入吸附塔内的水量不过量且可计量，仍需要设定吸附进料中水含量指标，通常要求低于 30μg/g。另外，持续计量和记录装置分水包切水和解吸剂注水的水平衡，是监测吸附剂上水含量异常变化的有效手段。

（2）烯烃类杂质在吸附剂上有较强的吸附选择性，并且自身可能发生聚合，不易从吸附剂中清除，久而久之或将堵塞沸石选择孔。吸附进料通常要求溴指数不超过 20mg/100g。很多来源的原料中含有一定量的烯烃，溴指数大幅度超过指标要求。通常通过白土处理或者加氢来降低溴指数。

（3）含氧、含硫、含氮化合物。这些含杂原子的化合物一般极性较强，会在吸附剂上吸附，降低吸附剂的吸附容量和吸附选择性，必须严格控制。储罐中原料或解吸剂的氮封不充分会给系统内带入氧原子进而产生羰基化合物。要求吸附原料中的羰基数、硫含量、氮含量都不能超过 1μg/g。

（4）氯化物会造成装置的腐蚀并影响吸附剂性能。来自重整装置的芳烃进料可能含有氯化物。指标要求氯化物含量不超过 5μg/g。

（5）芳烃类。苯很容易被吸附剂吸附，如果进料中苯含量较高，会使吸附剂选择性降低、PX 产品纯度下降。控制进料中的苯不超过 500μg/g，即可保证吸附正常操作。如果苯含量超标，在原料中苯含量恢复正常以后，经过足够长的一段时间，苯对吸附剂的不利影响会逐渐消除。

C_{9+}芳烃可能是暂时或永久性有毒物质，其中 C_{10+}芳烃混合物由于不稳定，容易在吸附剂上聚合，而且很难脱附，使吸附能力下降。

C_9～C_{10}芳烃容易在解吸剂中累积，对解吸剂有稀释作用，因而需要较高的解吸剂流量和脱附区回流比，以便达到 PX 在脱附区里完全解吸。解吸剂中的 C_9 芳烃若累积到一定量，会污染 PX 产品。因此限制吸附进料中的 C_9 芳烃含量不超过 500μg/g。

（6）重金属的积累也会使吸附剂产生永久中毒，进料和解吸剂中的重金属含量不能超标。控制吸附进料中的杂质含量是保证吸附剂性能的关键，严格控制、精心操作会使吸附剂的使用寿命更长。

3. 解吸剂

解吸剂对吸附分离过程的影响非常重要。不同的解吸剂能改变待分离各组分在吸附剂上的相对选择性。通常在以下范围内寻找合适的解吸剂：与目标吸附组分有不同烷基取代的同系物，这样吸附性能会比较相近；与原料组分之间有较大的沸点差，便于后续精馏分离；有良好的稳定性，且易于获取。筛选的解吸剂要与吸附剂的结合力强弱适中，在吸附区和脱附区容易实现目的产品与解吸剂之间的相互置换。对二甲苯分离的经典解吸剂为对二乙基苯(PDEB)，其结构与对二甲苯一致，都是有对位取代的芳烃，在吸附剂上的选择性也很接近，碳数相差两个，沸点差大约40℃，易于分离。

在PX吸附分离工艺发展初期，也曾采用甲苯为解吸剂，其与PX的沸点差小于PDEB与PX的沸点差，分离困难一些，并且工艺发展初期装置的解吸剂流量与原料流量之比(剂油比D/F)远远大于1。甲苯作为解吸剂要蒸发到塔顶，而PDEB作为解吸剂在塔底，因此采用甲苯作为解吸剂的分离能耗更高。随着吸附剂和工艺的进步，近些年装置的解吸剂流量与原料流量之比不断降低，接近甚至可以低于1，这时甲苯作为解吸剂的工艺重新被审视。UOP于2014年推出了以甲苯为解吸剂的LD-Parex工艺，并宣称能耗可以与其EEAC(energy-efficient aromatics complex design)相当，设备更省。不过甲苯作为解吸剂的吸附分离工艺有一定局限性，主要与脱乙基型异构化配合(由于甲苯与某些C_8环烷的沸点很接近)。

(三) 工艺流程和操作

PX吸附单元的基本流程如图7-16所示。

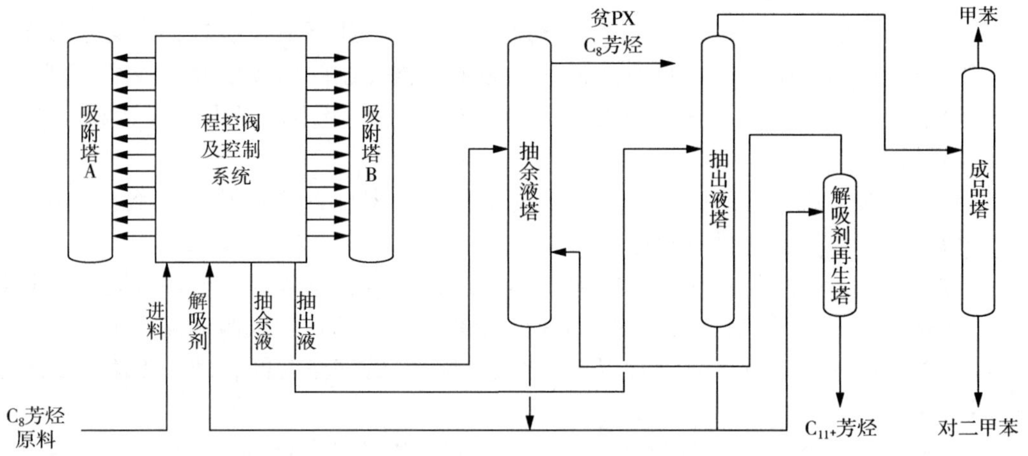

图7-16　PX吸附分离单元示意图

C_8芳烃原料和解吸剂通过程控阀组在程序控制下进入吸附塔，吸附塔出来的抽出液送去抽出液塔，塔顶分离出来的粗PX去成品塔(吸附进料中一般含有不超过1%的甲苯，甲苯在吸附剂上的选择性低于PX高于EB，甲苯无法与PX完全分离，吸附进料中的部分甲苯进入抽出液，这部分甲苯从抽出液塔顶和PX一起去成品塔，在成品塔中与PX分离)，成品塔底得到PX产品；抽出液塔底的解吸剂PDEB循环回吸附塔。吸附塔出来的抽余液送去抽余液塔，抽余液塔侧线采出(塔顶全回流并脱水，侧线采出的物料水含量低，可以满足异构化单元的要求)的贫PX C_8芳烃送去异构化单元进行异构化反应。小部分循环解吸剂通过解吸剂再生塔脱除重组分。

吸附分离单元的抽余液、抽出液塔的规模很大，是耗能的主要设备，但由于其温位较低，热量巨大，难以在装置内部得到直接利用。考虑到PX吸附剂和异构化催化剂都对物料水含量有严格的限制，通常采用空气冷却器进行冷却。为降低吸附单元的能耗，中国石化PX吸附分离成套技术开发了低温热利用技术，解决了蒸汽发生器泄漏问题，率先实现工业应用。通过提高抽余液和抽出液塔压力提高塔顶温位，把塔顶物料的冷凝热用于发生低压蒸汽。发生的大量低压蒸汽可以用于推动压缩机或用于发电。

吸附塔是核心部分，吸附塔的温度(170~180℃)和压力[吸附塔底0.9MPa(G)]都是给定的固定值，温度的选取取决于吸附剂的性质，在选择性和传质性能之间权衡确定适宜的温度；设定的压力要保证原料和解吸剂在操作温度下稳定保持液相，压力对性能几乎没有影响。装置负荷根据生产要求在一定范围内(通常是70%~110%)给定，操作参数为循环吸附剂体积流量(Cad/F)、提纯区回流比、脱附区回流比、缓冲区回流比、冲洗系数、注水量，通过调整这些参数来达到要求的PX纯度和尽量高的PX收率。以下分别介绍这些参数的影响。

(1) 循环吸附剂流量与进料流量之比，它反映出吸附剂体积与进料量的关系。在一定范围内增加Cad/F，PX收率会增加，当Cad/F超过某一数值时，在进料点处有未被充分利用的吸附剂，再增加Cad/F，PX收率不会变化，只会加大解吸剂循环量及公用工程费用。

(2) 提纯区回流比是控制PX产品纯度的关键参数。PX纯度随提纯区回流比增加而增加，提纯区回流比太低，杂质会通过提纯区吸附剂床层进入抽出液，降低PX纯度。提纯区回流比太高，能获得高纯度产品但PX收率会下降。

(3) 脱附区回流比是控制PX产品收率的关键参数。脱附区回流比太低，脱附不完全，PX随吸附剂被携带，向上通过脱附区和缓冲区，使PX损失在抽余液中。在此条件下提高脱附区回流比，PX收率会有所增加。脱附区回流比太高，公用工程会由于解吸剂循环量的提高而提高。通过优化操作，可以确定最佳脱附区回流比，之后该值很少变动。

(4) 缓冲区回流比是负值，意味着该区域的流体流量小于空隙体积流量，这对控制PX产品纯度很重要。缓冲区回流比绝对值过小，则抽余液中的杂质会穿过缓冲区和脱附区出现在抽出液中。吸附原料中通常会有一定量的非芳烃。由于非芳烃不易被吸附，它们很容易通过缓冲区首先表现出来。缓冲区回流比绝对值足够高，才能避免非芳烃通过缓冲区，非芳烃不能穿过缓冲区，则其他C_8芳烃也不会穿过缓冲区。由于解吸剂和公用工程随缓冲区回流比绝对值增加而增加，因此也不希望其太高。

(5) 为了消除模拟移动床工艺中因床层管线中的残存物料对产品PX纯度和收率造成的不利影响，SorPX工艺设置了四路冲洗：冲洗1位于D和E之间，E的下一床层，组成与D相同；冲洗2、3位于E和F之间，分别是E的前三个床层和F的后一床层，组成与E相同；冲洗4位于F和R之间，与R间隔两床层，组成与F相同(见图7-17)。

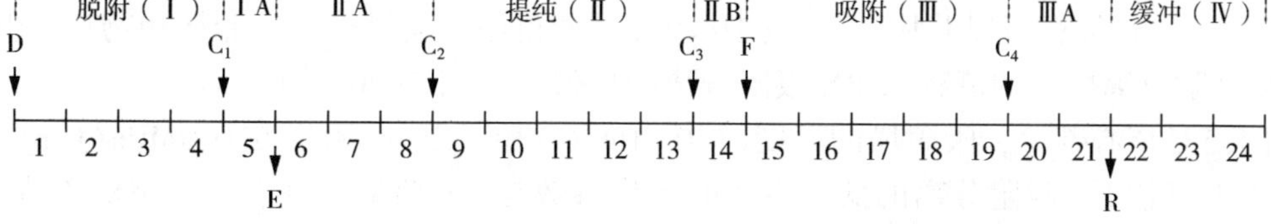

图7-17　中国石化芳烃吸附分离工艺中各路冲洗设置

计算各路冲洗的流量时需要设定两个参数，一是基准冲洗体积，即为从此路冲洗的开关阀至格栅分配管的体积 v_{ci}，二是冲洗系数 f_{ci}。则第 i 路冲洗的流量应为 $3600f_{ci}v_{ci}/T$，其中 T 为步进时间(单位 s)。对于第一路冲洗，f_{c_1} 估计应在 1.0~1.2，f_{c_2} 估计应在 0.8~1.1，f_{c_3} 估计应在 1.1~1.5，f_{c_4} 估计应在 0.8~1.0，具体数值需要在操作过程中根据情况进行调整。冲洗液量对产品 PX 纯度、收率及公用工程消耗都会有影响，在消除床层管线残留液对产品 PX 质量、收率影响的前提下，冲洗液流量应尽可能低。

(6) 在正常操作中，为保持吸附剂一定的水含量，需要将脱氧脱离子水注入循环解吸剂中。水对吸附剂的选择性和吸附能力有很重要的影响，通常水含量增加，PX 产品收率下降；如果吸附剂太干，选择性也会发生变化，PX 纯度由于产品中间二甲苯的增加而降低。当吸附进料和循环解吸剂中的含水满足指标要求时，注水质量流量与吸附进料和解吸剂总质量流量之比在百万分之四十到百万分之六十是合适的。

二、间二甲苯吸附分离

间二甲苯(MX)用途比较广泛，可用于生产间苯二甲酸。间苯二腈、间苯二胺、间甲基苯甲酸和香料等。其中 MX 最主要的应用是氧化生产间苯二甲酸，间苯二甲酸是生产共聚聚酯、不饱和树脂、醇酸树脂、特种高温树脂、纤维改性剂、增塑剂等的单体。不过 MX 的市场规模与 PX 相比小很多，生产企业也较少。间二甲苯吸附分离也以 C_8 芳烃为原料，工艺原理与 PX 吸附分离类似。以下主要介绍与 PX 吸附分离不同的方面。

（一）吸附原料和解吸剂

MX 吸附分离采用甲苯为解吸剂。用于生产 PX 的 C_8 芳烃原料中通常含有一些甲苯和与甲苯沸点接近的非芳烃；而用于生产 MX 的 C_8 芳烃原料，为保证解吸剂的纯度，要把与甲苯沸点接近的组分预先分离除去，否则会在解吸剂中积累，把解吸剂甲苯稀释。

MX 吸附剂上也需要吸附适量的水来保持合适的吸附选择性，因此同样需要向吸附塔内注入一定量的水(通常随解吸剂注入)，注入水的比例比 PX 装置的要更低。其他烯烃、硫、氮、氧等杂质的限制指标与 PX 进料相同。

原料中与 MX 分离最困难的是 OX，其次是 PX，EB 比较容易分离。PX 吸附分离抽余液分离掉解吸剂后的物料是比一般的 C_8 芳烃更好的原料，因为其中 PX 浓度很低，而 MX 浓度更高，MX 的分离更容易。

（二）工艺流程和操作

通常吸附分离与异构化配套构成一个循环，如图 7-18 所示。

一种更合理、更经济的流程是将 MX 吸附分离嵌入大型的 PX 联合装置之中，如图 7-19所示。这样就可以共用一个异构化单元，使得循环流量减小，能耗和物耗降低。

MX 吸附分离内部的流程与 PX 吸附分离的类似，如图 7-20 所示。

吸附塔是核心部分，吸附塔的温度(140~150℃)和压力[吸附塔底 0.9MPa(G)]是恒定的，操作温度比 PX 吸附分离的低。主要的操作参数与 PX 吸附分离类似。MX 产品要求的纯度为大于 99.5%，能达到的单程收率在 95%以上。

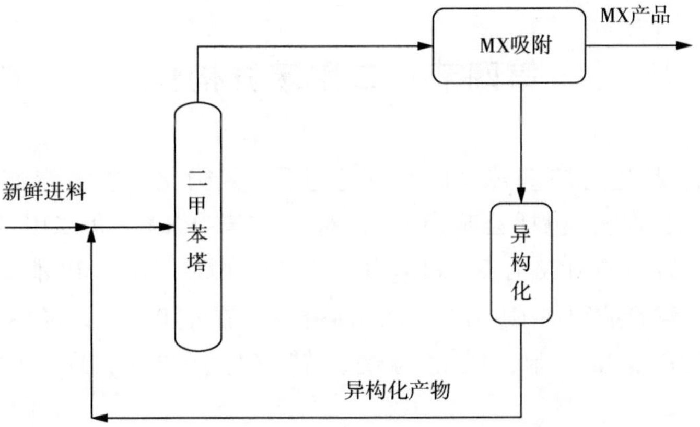

图 7-18　吸附-异构循环

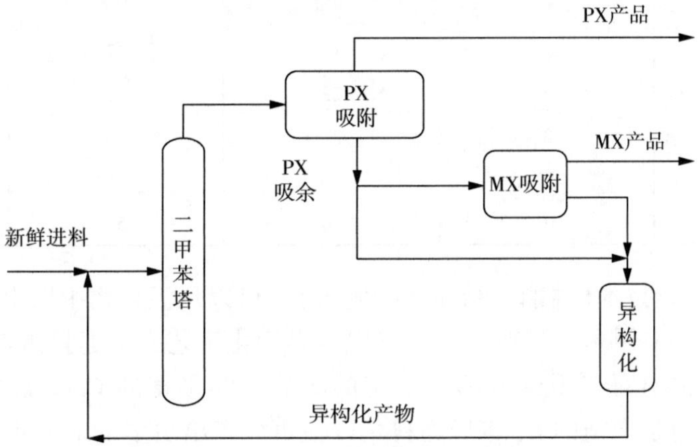

图 7-19　MX 吸附嵌入 PX 联合装置

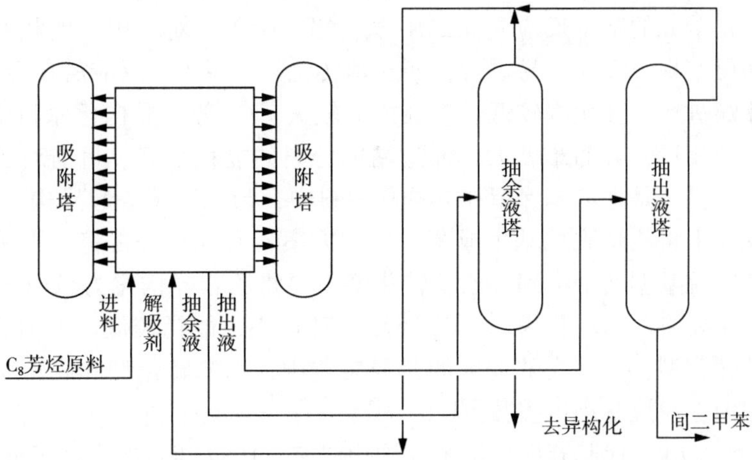

图 7-20　MX 装置示意图

第四节　二甲苯异构化

来自催化重整、歧化与烷基转移以及其他过程(芳构化、裂解汽油加氢、煤焦油加氢等)的 C_8 芳烃都是混合物，包括乙苯(EB)、对二甲苯(PX)、间二甲苯(MX)、邻二甲苯(OX)四种异构体，典型的组成见表 7-15。C_8 芳烃中的对二甲苯和邻二甲苯分别为聚酯纤维及苯酐原料[26]，需求量约占 C_8 芳烃总量的 95%。在重整 C_8 芳烃中，它们分别只占约 20%，其余为间二甲苯和乙苯，歧化与烷基转移生产的 C_8 芳烃中二甲苯分布大体类似[27]。

表 7-15　不同来源 C_8 芳烃的组成　　%

来　源	EB	PX	MX	OX
催化重整	17	18	42	23
歧化与烷基转移	2	23	52	23
芳构化	8	22	49	21
裂解汽油加氢	50	10	25	15
煤焦油加氢	10	20	50	20

通过 C_8 芳烃分离技术(精馏、结晶、吸附等)，可以从混合物中取出纯的芳烃产品，为了增产对二甲苯和邻二甲苯，工业上采用二甲苯异构化工艺，重建接近热力学平衡的组成。这种工艺可把已分离出对二甲苯或邻二甲苯的非热力学平衡的 C_8 芳烃物料，通过催化作用，转化成接近热力学平衡的 C_8 芳烃物料，以便再分离出更多的对二甲苯和邻二甲苯。从 20 世纪 50 年代开始，国外的芳烃装置开始利用异构化增产 PX，二甲苯异构化技术的核心是催化剂[28]。

二甲苯异构化单元的基本反应是间二甲苯、邻二甲苯、对二甲苯的相互异构，只需要酸性催化功能即可实现，反应较易进行；而乙苯转化为二甲苯的反应需在金属-酸性双功能的催化作用下才能进行，转化率较低、芳烃损失较大。C_8 芳烃异构化原料中的乙苯，由于它的沸点与二甲苯相近，分馏难度大，通过精馏分离的能耗很高。目前对乙苯的处理有两种可能的处理方案：一是把乙苯保留在异构化原料中，与二甲苯一起异构化，增产二甲苯；二是在异构化反应中将乙苯脱烷基生成苯。两种方案各有优点。常将二甲苯异构化技术分为乙苯转化型和脱烷基型两个类别。乙苯转化型主要将乙苯异构化为二甲苯，C_8 芳烃消耗较低；脱烷基型主要将乙苯转化为苯，C_8 回路循环量小、能耗较低。中国石化的芳烃装置大多数采用乙苯转化型；中国大陆地区的芳烃装置中，乙苯转化型和脱烷基型的占比大体相当；世界范围内，脱烷基型占多数[29]。

国内自 20 世纪 70 年代起开展二甲苯异构化研究，1982 年首次实现了催化剂工业应用。通过长期的性能优化以及对不同苛刻度工况的适应性改进，相继形成了两大系列的国产催化剂，成套的二甲苯异构化工艺包已在百万吨级工业装置上获得应用。

一、二甲苯异构化反应

1. 二甲苯异构化主要反应

邻二甲苯、间二甲苯和对二甲苯之间在反应温度下，趋向于热力学平衡，构成异构化主反应[30]：

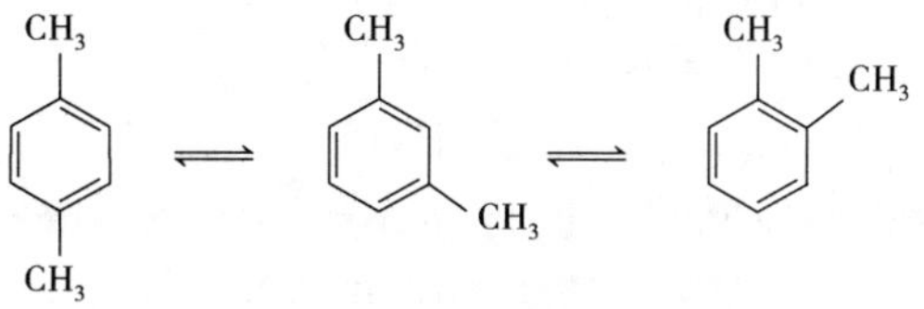

在乙苯转化型催化剂上，乙苯异构为二甲苯：

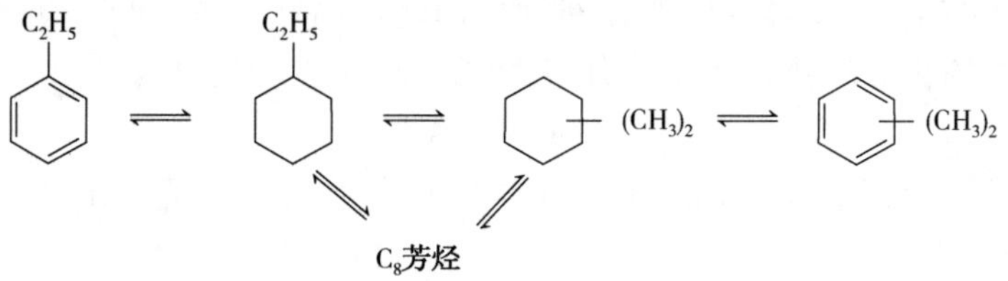

在脱烷基型催化剂上，乙苯脱乙基生成苯：

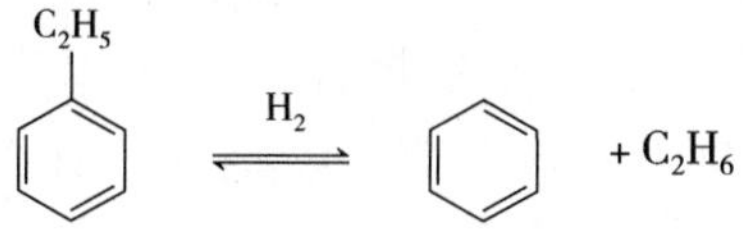

异构化过程中还会伴随有歧化、脱烷基、开环裂解等副反应发生。两个二甲苯之间会在酸催化作用下，发生歧化和烷基转移反应，生成甲苯和三甲苯，减少了二甲苯目标产物的生成，需要加以抑制[32]：

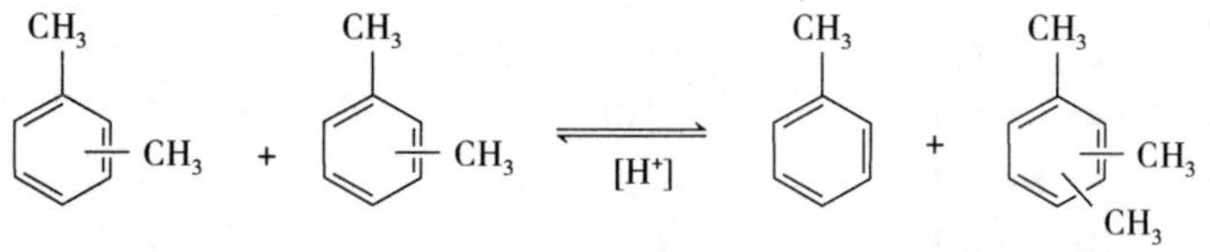

在贵金属的催化作用下，C_8 芳烃会发生加氢反应，生成环烯烃或环烷烃，也可以通过脱氢逆反应，重新生成 C_8 芳烃：

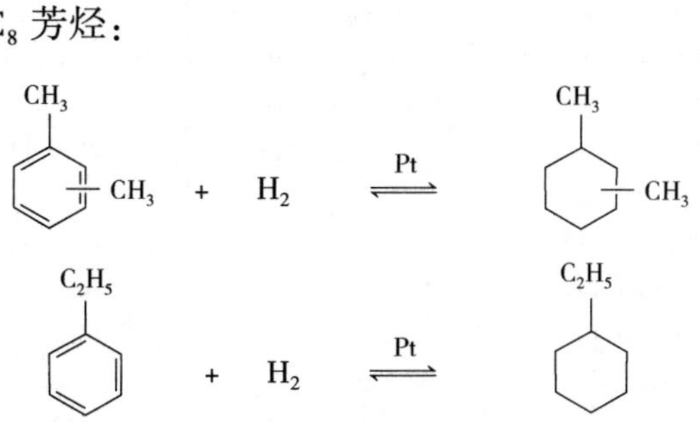

环烃在酸催化作用下，也可发生异构，相互转化：

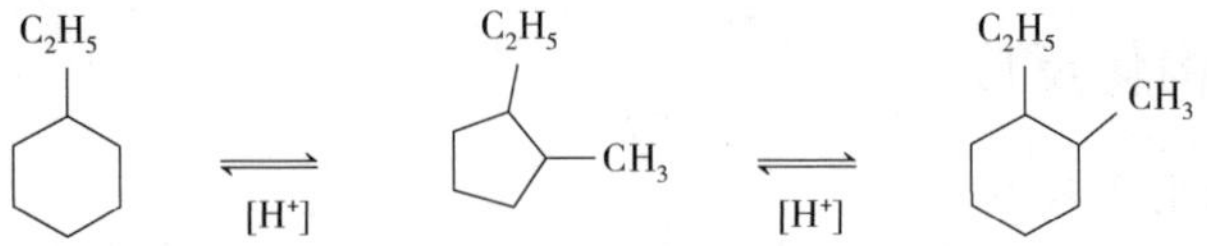

乙基环己烷与二甲基环己烷之间的异构转化，是乙苯转化为二甲苯的“桥梁”，又常被称为“环烷桥”[32]。

二甲苯之间也可通过“环烷桥”异构，但在整个反应体系中，“环烷桥”不是二甲苯异构的主要反应途径。环烷也会发生裂解反应，生成小分子轻烃。

在实际反应体系中，异构化、歧化和烷基转移、脱烷基、加(脱)氢、环烷异构和裂解反应交叉进行，形成复杂的反应网络。这将导致产品收率下降，氢耗增加，应尽量减少，尤其应尽量避免轻烃的产生。合理调整催化剂配方可以达到以上要求[33]。

2. C_8 芳烃热力学平衡

三种二甲苯和乙苯是 C_8 芳烃的四种同分异构体，四种物质之间存在热力学平衡[34]。

在四种异构体的相互转化过程中，任意两者之间存在转化过程：

$$A \rightleftharpoons B$$

当达到热力学平衡时，A、B 的分压不再改变，达到平衡值。由此，可以将平衡常数 K_{AB} 按如下定义：

$$p_B/p_A = K_{AB} = \exp(-\Delta_{A\to B}G_m^{\ominus}/RT)$$

异构体之间的吉布斯自由能之差，决定了二者之间的热力学平衡点，通过差示扫描量热(DSC)技术，测量四种异构体的恒压摩尔热容 C_p，可以推算出热力学参数吉布斯自由能(G)[35]。四种异构体在不同温度下的热力学参数如表 7-16 所示。

表 7-16 C_8 芳烃异构体的无因次标准生成吉布斯自由能 $\frac{\Delta_f G_m^{\circ}}{RT}$

温度/K	PX	MX	OX	EB
−23	50.51±0.22	49.53±0.15	51.08±0.25	55.24±0.18
−13	50.10±0.21	49.14±0.15	50.66±0.24	54.62±0.17
7	49.42±0.20	48.48±0.14	49.95±0.22	53.55±0.16
25	48.93±0.19	48.01±0.13	49.43±0.21	52.74±0.15
27	48.89±0.18	47.96±0.13	49.38±0.21	52.67±0.15
47	48.46±0.17	47.56±0.12	48.93±0.19	51.94±0.14
67	48.12±0.16	47.23±0.11	48.56±0.18	51.34±0.13
87	47.85±0.16	46.98±0.11	48.26±0.17	50.83±0.13
107	47.64±0.15	46.77±0.10	48.02±0.17	50.41±0.12
127	47.47±0.14	46.61±0.10	47.83±0.16	50.05±0.12
147	47.33±0.14	46.49±0.10	47.67±0.15	49.74±0.11
167	47.23±0.13	46.39±0.10	47.54±0.15	49.48±0.11
187	47.15±0.13	46.32±0.09	47.44±0.14	49.25±0.11
207	47.08±0.14	46.27±0.10	47.36±0.14	49.06±0.11
227	47.04±0.14	46.23±0.10	47.30±0.14	48.89±0.11
247	47.00±0.15	46.20±0.11	47.24±0.15	48.74±0.12
267	46.97±0.16	46.18±0.13	47.20±0.15	48.60±0.14
277	46.96±0.17	46.17±0.14	47.18±0.16	48.54±0.14

将任意一对异构体 A、B 的吉布斯自由能代入公式，即可获得 A-B 两组分的热力学平衡常数。部分平衡常数的变化趋势见图 7-21[36]。

以此类推，可以获得在不同温度下，四种 C_8 芳烃的热力学平衡组成，如图 7-22 所示。

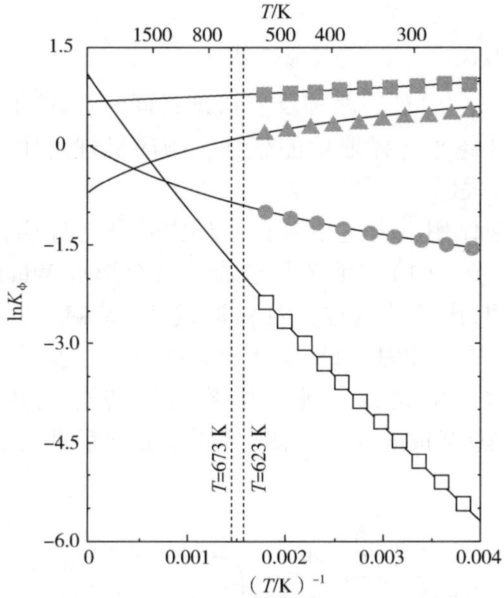

图 7-21 平衡常数 K 的自然对数曲线

●—间/邻二甲苯比；■—对/间二甲苯比；

▲—邻/对二甲苯比；□—间二甲苯/乙苯比

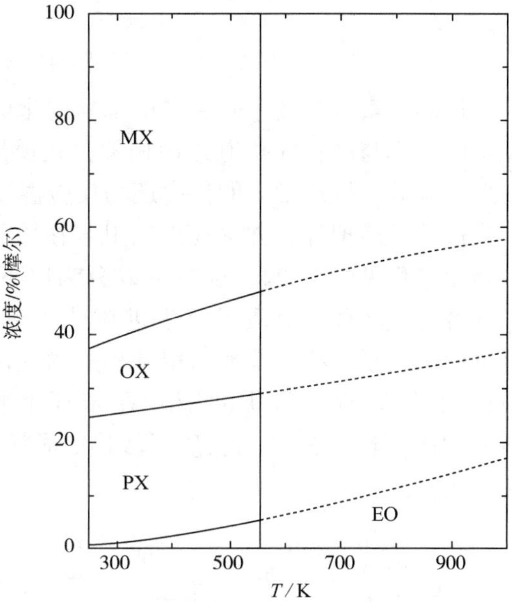

图 7-22 C_8 芳烃异构体的热力学平衡

在某温度下的平衡组成是各组分在封闭系统条件下的极限组成，仅通过化学反应，不可能超越热力学平衡。若能通过分离手段，从系统中不断地移走某种异构体，使该异构体的浓度始终低于平衡浓度，则其余组分就可以源源不断地向平衡达成率最低的组分转化。所谓"突破热力学平衡限制"，实质是在过程中通过分离手段(如膜分离等)移走目标产物，使目标产物的浓度在反应区域始终低于热力学平衡组成，才能获得表观上的"超平衡"。

3. 异构化反应机理

在二甲苯异构化过程中，三种二甲苯和乙苯转化的方式不同。以下介绍二甲苯和乙苯在异构化过程中的主要反应机理。

1) 二甲苯异构化反应机理

三种二甲苯异构体之间相互转化的异构化主反应是一个典型的酸催化反应。目前提出了两种二甲苯异构化的反应机理：一种是分子内反应机理，也称为顺序反应机理[37]，认为 PX 到 OX 的转化需首先生成 MX，甲基不能从同一苯环上的对位直接转移到邻位；另一种是分子间反应机理，也称为三角反应机理[38]，认为通过分子间的烷基迁移，三种异构体之间可以直接转化。两种机理的区别见图 7-23。

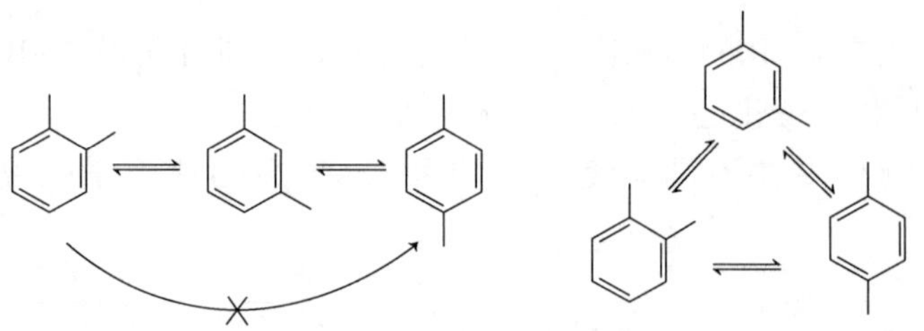

图 7-23　二甲苯异构化顺序反应机理及三角反应机理

通过同位素示踪技术研究二甲苯异构化机理[39]，证明两种反应机理是同时存在的。反应发生的概率与沸石的孔道结构相关，孔道尺寸越小，择形功能越强，顺序机理的比例越高。单、双分子机理发生的比率还与反应温度有关联。

通过分子模拟计算方法提出二甲苯在质子酸作用下发生甲基在苯环内转移的异构化机理，转化过程见图 7-24。反应可以分为以下几步：(1)二甲苯与氢质子结合形成 Wheland 中间体进行氢转移，氢质子优先进攻苯环不含取代基的碳位，首先形成氢-Wheland 中间体，继而氢质子转移至苯环与甲基相连的碳位，形成甲基-Wheland 中间体时，引发异构化反应；(2)被氢质子活化的甲基在苯环上转移，生成另一种二甲苯取代结构的甲基-Wheland 中间体；(3)然后氢质子转移形成新的氢-Wheland 中间体(氢质子脱除后即完成异构化反应)。

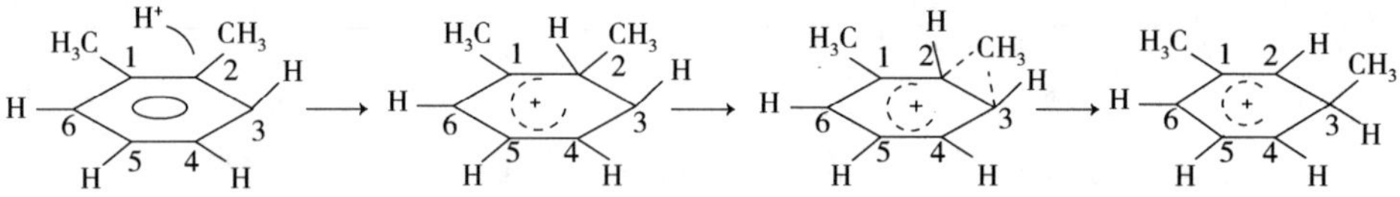

图 7-24　甲基转移异构机理

对顺序反应机理的具体能量路径和过渡态进行了计算[40]，并得到了氢和甲基在苯环上转移的能量，如图 7-25 所示。

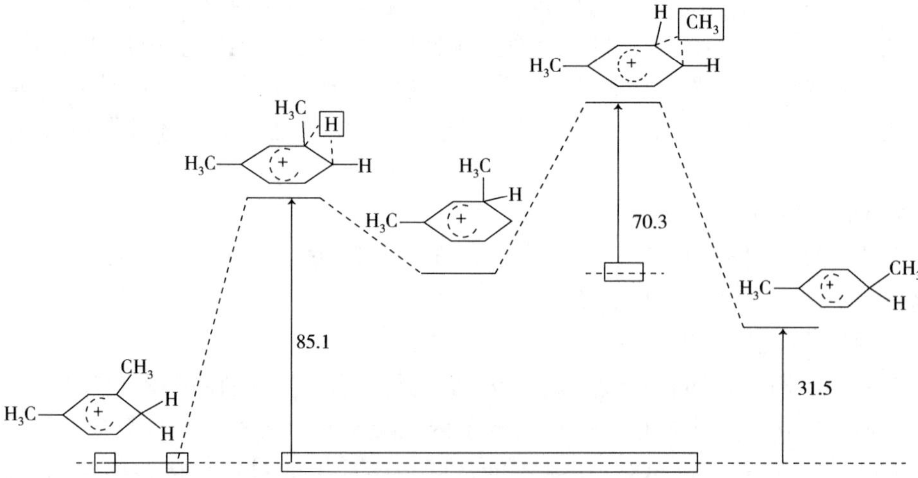

图 7-25　顺序反应机理的能量路径图(单位：kJ/mol)

可以推断，甲基在苯环上转移的反应路径为二甲苯异构化反应的主要路径。氢在苯环上转移的能垒与甲基在苯环上转移的能垒相差不大，因此，甲基在苯环上转移的反应路径也可能成为异构化反应的控速步骤。

2）乙苯异构化反应机理

在二甲苯异构化过程中需同时将乙苯转化。乙苯转化存在两种不同的方式：乙苯异构化转化为二甲苯，乙苯脱乙基转化为苯[41]。

对于乙苯转化为二甲苯的过程，普遍认为需要经过金属中心催化的加氢/脱氢步骤[42]，即乙苯首先加氢得到中间产物乙基环己烷或乙基环己烯，然后在酸中心的催化作用下异构化为二甲基环烃，再催化脱氢得到二甲苯[43]。

3）乙苯脱烷基反应机理

乙苯的脱烷基反应也存在不同反应路径。使用^{13}C标记的乙苯分子在中孔HZSM-5和大孔HY型沸石上反应，研究乙苯的转化反应机理[44]。两种沸石的酸强度和孔径不同，导致乙苯在两者的反应途径不同。

乙苯的烷基交换作用在HY型沸石上温度较低时就可以进行。通过实验推测乙苯在大孔径的HY型沸石上按图7-26的反应途径进行。在这个反应路径中，α-乙基阳离子的生成对反应非常重要，因为整个反应循环都是由此引发的。在HZSM-5上，沸石的窄孔道和强酸中心导致了烷烃的裂解，对乙苯的脱烷作用表现出明显的促进作用。乙苯在沸石上被吸附后，芳环会快速质子化形成乙基环己二烯碳正离子。随着温度升高，这个阳离子会脱烷基形成一个乙基阳离子和一个苯分子。乙基阳离子可转化为更稳定的乙烯，如图7-27所示。

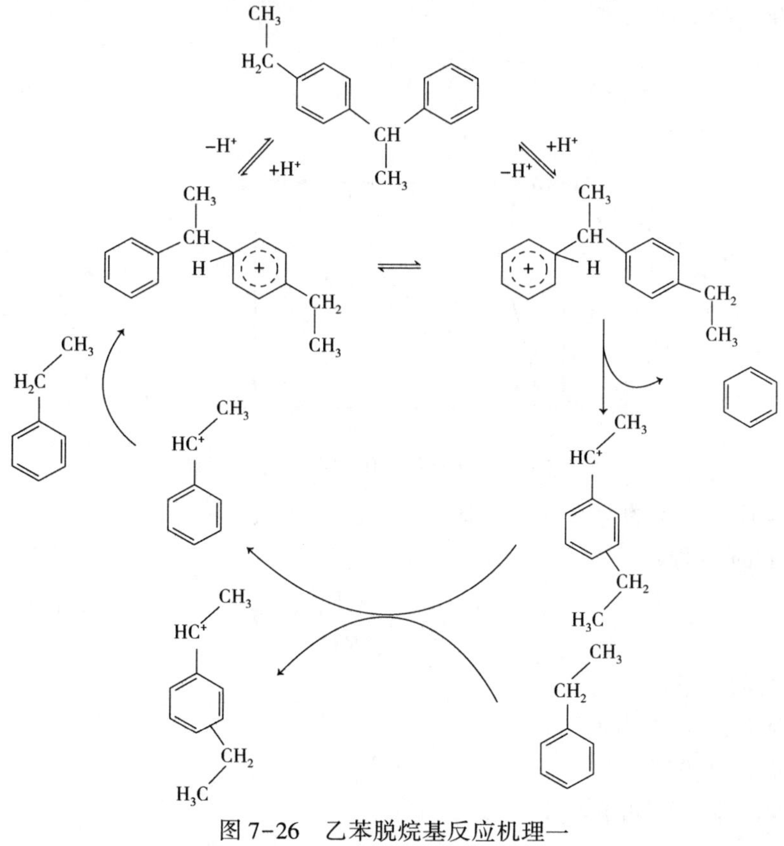

图7-26　乙苯脱烷基反应机理一

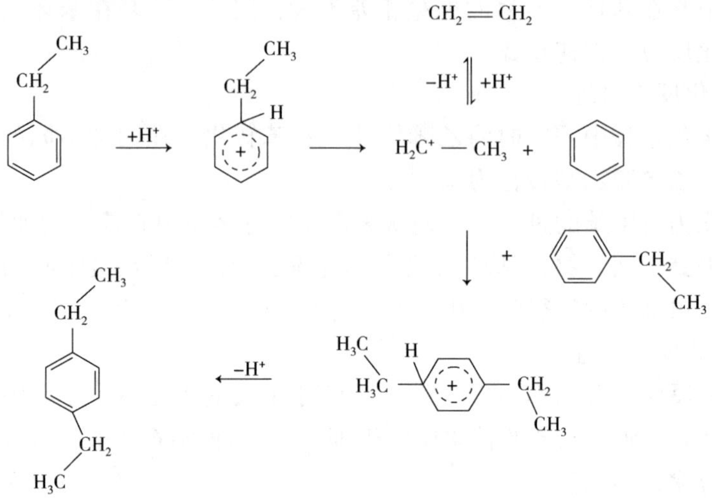

图 7-27 乙苯脱烷基反应机理二

乙苯在 HY 和 HZSM-5 沸石上的反应路径不同，主要是由两种材料的孔径不同造成的。沸石孔径差异产生择形作用，导致反应路径的不同。

4. 异构化反应动力学

完整的二甲苯异构化体系动力学模型是基于六组分反应网络动力学模型的完善和补充，如图 7-28 所示。反应网络结构中增加了非芳与二甲苯之间的转化关系，并在动力学参数方程中考虑了催化剂的失活因素。

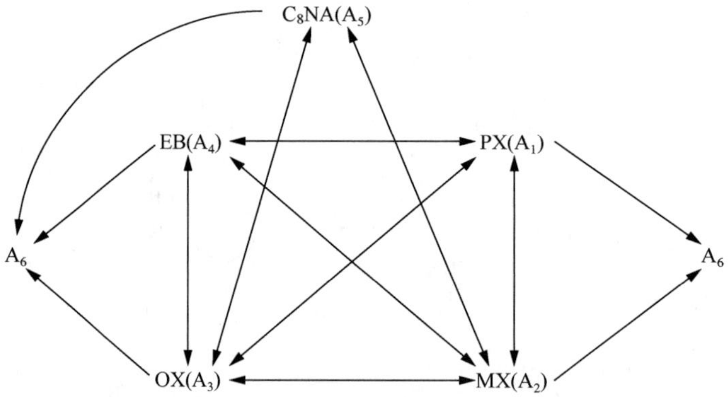

图 7-28 二甲苯异构化体系动力学模型

定义 k_{ij} 为反应 $A_j \rightarrow A_i$ 的速率常数，其中 $k_{ii}=0(i=1\sim6)$，$k_{i6}=0(i=1\sim6)$。并假定速率常数遵循 Arrhenius 方程。

$$k_{ij} = k_{0ij} \cdot \exp\left(\frac{-E_{ij}}{RT}\right) \cdot \Phi \tag{7-4}$$

式中 k_{0ij}——指前因子；

E_{ij}——活化能，kJ/mol；

Φ——催化剂失活函数。

进一步定义失活函数如下：

$$\Phi = \exp(-\alpha t) \cdot p_{\mathrm{H}}^{\beta} \cdot WHSV^{\gamma} \tag{7-5}$$

式中　α——催化剂失活常数；

t——催化剂使用时间，d；

γ——重时空速指数

$WHSV$——重时空速，h^{-1}；

β——压力指数；

p_{H}——氢分压，kPa。

根据以上分析并结合六组分异构化反应网络，可得异构化反应动力学模型方程：

$$\frac{\mathrm{d}\alpha}{\mathrm{d}t} = K \cdot \alpha \tag{7-6}$$

其中，$a=(a_1, a_2, a_3, a_4, a_5, a_6)T$，$a_i$ 为 i 组分的质量分数，$\sum_{i=1}^{6} a_i = 1$。K 为 6×6 阶速度常数矩阵，其元素 $K_{ij}=k_{ij}(i \neq j)$，对角线元素 $K_{jj} = -\sum_{i=1}^{6} k_{ij}(j=1 \sim 6)$ 。

该模型拟合所采用的数据是来自某大型工业装置，采用四阶 Runge-Kutta 法对动力学方程参数求取数值解。

对催化剂失活函数的拟合结果如下：

$$\varphi = \exp(-0.0003 \times t) \cdot p_H^{0.0687} \cdot WHSV^{-0.6507} \tag{7-7}$$

动力学参数的拟合结果见表 7-17。

表 7-17　六组分拟一级动力学模型参数

反　应	K_0/h^{-1}	指前因子	活化能/(J/mol)
PX ⟶MX	K_{021}	1.418×10^6	57.77
PX ⟶OX	K_{031}	1.791×10^{11}	136.42
PX ⟶EB	K_{041}	3.069×10^{15}	192.56
PX ⟶C_8NA	K_{051}	4.334	10.11
PX ⟶A_6	K_{061}	4.532×10^8	114.53
MX ⟶PX	K_{012}	4.447×10^5	56.72
MX ⟶OX	K_{032}	6.779	4.64
MX ⟶EB	K_{042}	4.331×10^{18}	238.31
MX ⟶C_8NA	K_{052}	3.881	14.16
MX ⟶A_6	K_{062}	27.92	31.28
OX ⟶PX	K_{013}	2.502×10^{11}	132.19
OX ⟶MX	K_{023}	10.04	2.58
OX ⟶EB	K_{043}	8.791×10^{19}	254.51
OX ⟶C_8NA	K_{053}	14.21	17.37
OX ⟶A_6	K_{063}	2.895×10^{10}	139.06
EB ⟶PX	K_{014}	15.32	18.89
EB ⟶MX	K_{024}	98.37	24.72
EB ⟶OX	K_{034}	58.89	23.91

续表

反　应	K_0/h^{-1}	指前因子	活化能/(J/mol)
$EB \longrightarrow C_8NA$	K_{054}	651.8	26.14
$EB \longrightarrow A_6$	K_{064}	2.039×10^5	65.34
$C_8NA \longrightarrow PX$	K_{015}	1.043×10^{17}	205.57
$C_8NA \longrightarrow MX$	K_{025}	6.459×10^{21}	268.41
$C_8NA \longrightarrow OX$	K_{035}	3.443×10^8	100.67
$C_8NA \longrightarrow EB$	K_{045}	7.776×10^{10}	126.58
$C_8NA \longrightarrow A_6$	K_{065}	1.737×10^4	62.46

由于该模型的基础数据是直接采自工业装置，因此，拟合出的动力学参数及模型的准确度较高，利用该模型预测的数据与实际数据十分吻合。

二、二甲苯异构化工艺

我国二甲苯异构化装置大都采用美国 UOP 公司的 Isomar，也有少部分采用法国 AXENS 公司的工艺。近年投产的脱烷基型异构化装置也有采用美国 ExxonMobil 公司的 XyMax 工艺。典型的二甲苯异构化工业装置工艺流程如图 7-29 所示。

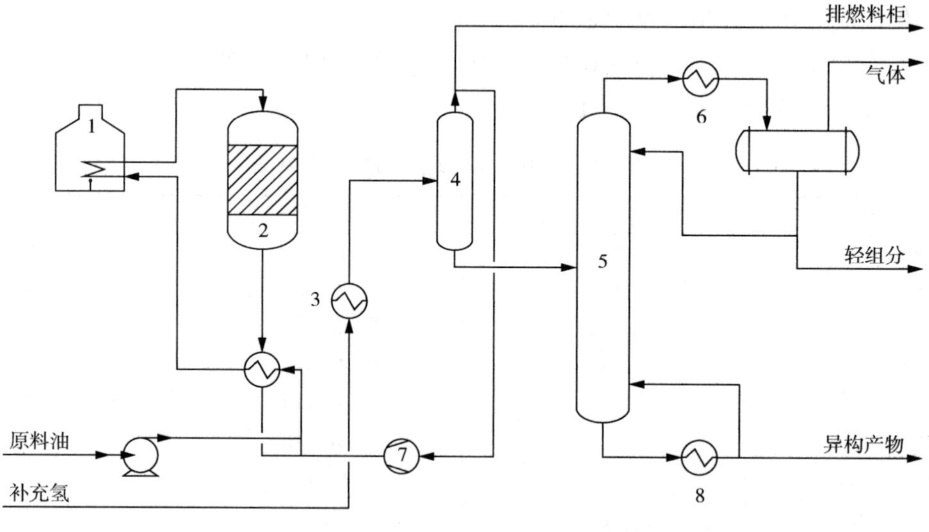

图 7-29　二甲苯异构化装置工艺流程

1—加热炉；2—反应器；3，6—冷凝器；4—分离器；5—脱庚烷塔；7—循环氢压缩机；8—蒸汽发生器

该装置原料来自吸附分离装置，反应器为临氢固定床，采用径向式结构。产物经换热、冷凝、气液分离、脱除轻组分后，即得产品。此产品在精馏装置中分离出混合二甲苯，再经吸附分离，分离出对二甲苯。该装置的氢气经补充后循环使用。

1. 乙苯转化型工艺

国内芳烃联合装置一度主要采用乙苯转化型工艺及 SKI-400 系列催化剂。异构化催化剂技术发展趋势是提高活性、降低 C_8 芳烃损失、能适应苛刻反应工况等，同时可处理不同乙苯含量的 C_8 芳烃原料，实现最大化增产对二甲苯及实现装置节能降耗的目的。

随着新型沸石的合成技术不断进步，乙苯转化型异构化催化剂的沸石材料出现了换代性的改进，石科院采用新型沸石材料，对沸石的酸性质进行了合理调变，并改进了金属负载技术，使得酸性与金属性能的匹配更加合理，研制了新一代转化型异构化催化剂 RIC-200。RIC 系列异构化催化剂操作工艺参数见表 7-18。RIC-200 催化剂于 2010 年 9 月在天津 1[#]芳烃首次工业化，于 2012 年 2 月在扬子 2[#]芳烃第二次应用，均取得良好效果，见表 7-19。RIC-200 催化剂的异构化活性显著提高，由原来的 21.5%左右提高到了 23%以上；相同乙苯含量的原料情况下，乙苯转化率提高了 5 个百分点以上，乙苯转化为二甲苯的选择性由原来的 40%~50%提高到 70%；C_8 芳烃损失则比 SKI-400 系列催化剂降低了约 50%。同时，RIC-200 催化剂的工艺参数调整缓慢，在铂含量比 SKI-400 降低约 20%的情况下，可以在较低氢烃分子比下长期运转，且氢耗大幅下降，仅为原来 SKI-400 的 50%左右。在 RIC-200 催化剂的基础上，石科院 2016 年开发成功 RIC-270 型催化剂，与 RIC-200 催化剂相比，异构化活性稳定性提高，活性下降速率减少了 50%以上；相同乙苯含量的原料情况下，乙苯转化率提高了 10%以上。

表 7-18　RIC 系列催化剂工艺参数

项　目	指　标	项　目	指　标
反应温度/℃	360~420	重时空速/h^{-1}	3.0~4.5
反应压力/MPa(G)	0.50~1.5	氢烃摩尔比	2.5~5.0

表 7-19　RIC 系列催化剂工业考核数据

项　目		天津 1 号芳烃 RIC-200	扬子 2 号芳烃 RIC-200	扬子 2 号芳烃 RIC-270
工艺参数	原料中 EB/t%	7.5	16.5	16.5
	反应温度/℃	382	381	369
	反应压力/MPa(G)	0.72	0.77	0.77
	重时空速/h^{-1}	3.5	4.0	4.0
	氢烃摩尔比	3.9	2.9	2.8
性能指标	PX/X/%	23.3	23.1	23.4
	PXATE/%	95.3	95.1	96.3
	EB_c/%	22.0	33.0	36.5
	EBATE/%	60.3	59.4	62.7
	C_8A 损失/%	2.4	1.9	2.2

RIC 系列催化剂具有很强的工况适应能力，在很宽的工艺条件范围内均可表现出良好的催化性能。RIC 系列催化剂性能随工艺参数的变化趋势如下。

(1) 反应温度　提高反应温度，有利于反应更快地趋于热力学平衡，使产物中对二甲苯占二甲苯的比率增长。但提高反应温度不仅增加主反应的活性，同时也增加副反应的活性，致使 C_8 芳烃收率下降。提高温度会使乙苯-环烷烃-二甲苯之间的加-脱氢平衡向脱氢方向移动，使乙苯的二甲苯转化率下降。工业装置的起始反应温度一般为 360~

370℃，温度对催化剂性能的影响见图 7-30。

（2）反应压力　二甲苯异构化受氢分压影响小，但增加氢分压使平衡向加氢方向移动，在乙苯转化率提高的同时，C_8 环烷烃明显增长，从而降低二甲苯收率。乙苯工业装置起始氢分压一般为 0.6MPa（见图 7-31）。

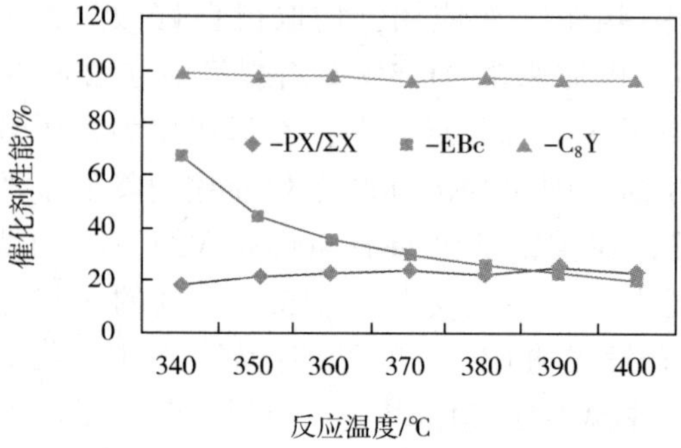

图 7-30　温度对催化性能的影响

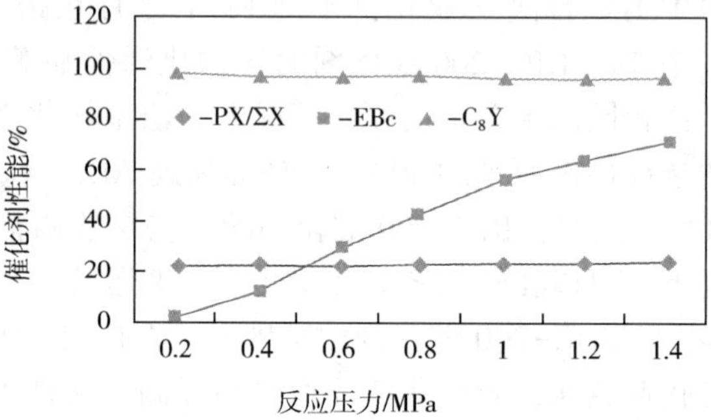

图 7-31　压力对催化性能的影响

（3）重时空速　提高空速，减少物料与催化剂的接触时间，致使对二甲苯收率和乙苯的转化率都下降，但降低空速也会增加副反应，使 C_8 芳烃损失增加。一般乙苯转化型工业装置的空速为 3~4 h^{-1}（见图 7-32）。

（4）氢烃摩尔比　氢烃比降低，异构化活性略有增强，乙苯转化率降低。氢烃摩尔比提高可减少催化剂结焦，改善选择性，延长运转周期，但装置能耗相应提高。氢烃摩尔比需综合考虑催化剂活性、选择性和寿命等各种因素而定。综合考虑以上各种因素，优选氢烃摩尔比为 3.0~6.0 的操作范围（见图 7-33）。

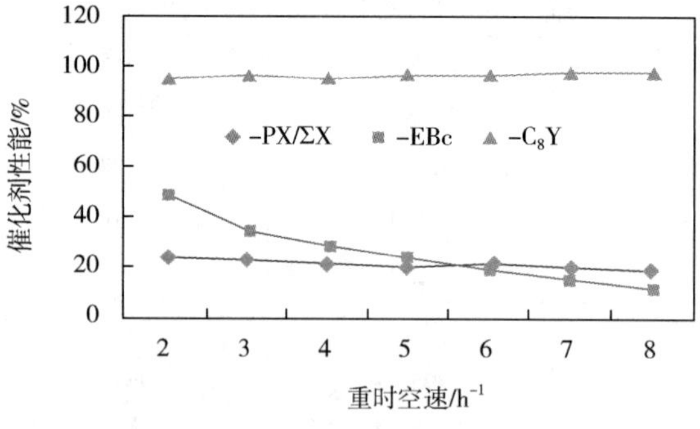

图 7-32　空速对催化性能的影响

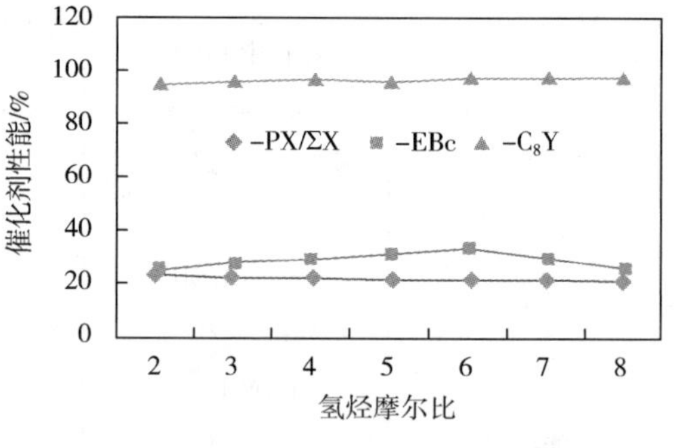

图 7-33　氢烃摩尔比对催化性能的影响

2. 乙苯脱烷基型工艺

1975 年，美国 Mobil 公司推出了第一代气相异构化催化剂及工艺技术 MVPITM，基于所采用的高活性沸石催化剂，成功实施了二甲苯异构化催化反应；1978 年，Mobil 推出了低压异构化技术 MLPITM，实现了非临氢条件下二甲苯异构化催化剂的稳定运转；在 1981 年和 1990 年先后开发了高温异构化技术 MHTITM 和高活性异构化技术 MHAITM，进一步提高了在该领域的研发和应用水平。1999 年和 2001 年，针对结晶法分离 PX 后的母液和吸附分离法的吸余液两种异构化进料，ExxonMobil 公司推出了 AMHAITM 和 XyMaxTM 两种工艺技术，随后又推出 XyMaxTM-2，进一步降低了反应温度，而二甲苯异构化活性和乙苯转化率均得到提高。

ExxonMobil 公司的脱烷基型异构化技术采用双床层轴向反应，床层总压降 0.10～0.15MPa。其代表催化剂 EM-4500(包括上层的 EM-4500T 和下层的 EM-4500B)的运行工艺条件和催化性能见表 7-20。

表 7-20　EM-4500 型催化剂的工艺操作条件及催化性能

工艺条件	反应温度/℃	反应压力/MPa(G)	重时空速/h^{-1}	氢烃摩尔比
参数值	400～470	1.50～2.50	8～10	1～1.5
催化性能	PXATE①/%	EB 转化率/%	二甲苯损失/%	乙苯转化选择性/%
指标值	98～103	≥70	1～1.5	85～95

① PXATE 即 PX 的热力学平衡达成率。

美国 UOP 公司是最早研究开发二甲苯异构化催化剂的专利商，1967 年即实现了二甲苯异构化技术的工业应用，但脱烷基型异构化技术工业化的时间相对较晚。UOP 第一代脱烷基型催化剂 I-100 在 20 世纪 90 年代初工业应用，该催化剂在使用中需要注水、注氯等手段以辅助活性，且催化剂含铅。1999 年，UOP 公司又推出了第二代 I-300，活性和选择性均有提高[45]。2008 年，UOP 公司推出 I-350，在中国台湾的工业装置中应用，该催化剂降低了负载贵金属量，反应产物可以直接通过精馏获得苯产品[46]。UOP 公司的脱烷基型催化剂在传统的径向反应器中使用，I-350 型催化剂的运行工艺条件和催化性能见表 7-21。

表 7-21　I-350 型催化剂的工艺操作条件及催化性能

工艺条件	反应温度/℃	反应压力/MPa(G)	重时空速/h^{-1}	氢烃摩尔比
参数值	360～420	1.00～1.50	8～10	1～1.5
催化性能	PXATE/%	EB 转化率/%	二甲苯损失/%	乙苯转化选择性/%
指标值	96～103	60～70	1～2	85～95

中国石化于 20 世纪 70 年代开始研发二甲苯异构化催化技术，2002 年，第一代乙苯脱烷基类型催化剂首先在 OX 联合装置中成功应用；2005 年推出了生产 PX 的 SKI-100 催化剂，2009 年推出 SKI-110 型催化剂，在国内新建大型芳烃联合装置中应用，其活性、选择性和稳定性为联合装置高效率、低能耗生产 PX 产品提供了良好的技术支持[47]。最新一代 SKI-210 催化剂于 2013 年投入工业应用，具体操作工艺条件和催化性能详见表 7-22。

无论在 OX 生产装置或 PX 生产装置中，还是适应扩能改造装置或新建装置应用中，SKI 系列脱烷基异构化催化剂均表现出良好的活性、选择性和稳定性，满足了用户的生产需求。该系列催化剂共在国内 4 套装置实现 6 次工业应用，其应用性能见表 7-23。

表 7-22　SKI-210 型催化剂的工操作艺条件及催化性能

工艺条件	反应温度/℃	反应压力/MPa(G)	重时空速/h^{-1}	氢烃摩尔比
参数值	360～400	0.50～1.20	8～10	1～1.5
催化性能	PXATE/%	EB 转化率/%	二甲苯损失/%	乙苯转化选择性/%
指标值	98～103	65～75	1～2	90～95

表 7-23 SKI 系列脱烷基型二甲苯异构化催化剂工业应用性能

项目	SKI-100	SKI-100A	SKI-110	SKI-210
反应温度/℃	375	373	367	381
反应压力/MPa(G)	0.75	0.67	0.56	0.60
重时空速/h^{-1}	6.7	6.6	9.2	8.7
氢烃摩尔比	4.9	2.3	1.3	1.3
PX/∑X/%	20.06(OX/X)	22.60	23.41	23.53
EB 转化率/%	60.24	58.78	59.18	68.33
二甲苯损失/%	2.06	1.99	1.54	1.37

截至 2019 年年底，全球超过 65%的芳烃联合装置选择了脱烷基型技术路线，以中国石化、ExxonMobil 和 UOP 为代表的技术商陆续开展了新的研究工作，包括沸石材料、组合工艺和不同的催化剂使用方法[48]等。新工艺开发方面，改进复合床层，串并联反应器、双床层压力分布、温度梯度分布等方面[49]均有研究，并通过组合技术降低运行能耗，提高产出效率，节省新建或扩改装置投资；引入苯、甲苯、三甲苯等控制副反应等均有报道[50]。

脱烷基型二甲苯异构化催化剂具有很强的工况适应能力，在很宽的工艺条件范围内均可表现出良好的催化性能。催化剂性能随工艺参数的变化趋势如下。

(1) 反应温度　温度是影响脱烷基型二甲苯异构化催化剂性能的第一要素。反应温度高，催化剂活性高，副反应也剧烈。该类型催化剂的工艺操作温度对催化性能的影响趋势见图 7-34。

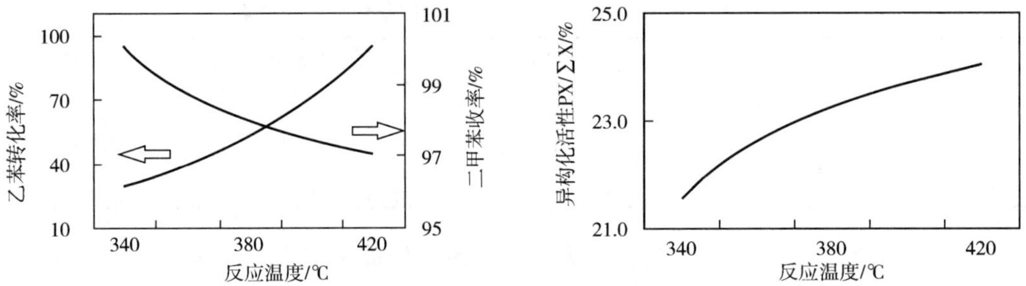

图 7-34　温度对催化性能的影响

(2) 反应压力　对脱烷基型异构化催化剂而言，反应压力对催化剂的活性影响较小。提高压力，乙苯转化率会略有增加，同时产物中 C_7 和 C_8 非芳也稍有增加，裂化副反应有增多趋势。该类型催化剂的工艺操作压力对催化性能的影响趋势见图 7-35。

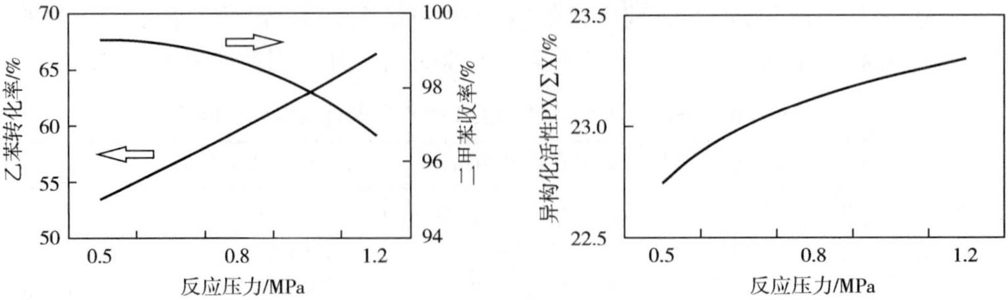

图 7-35　压力对催化性能的影响

（3）重时空速　通常情况下，装置平稳运行时空速稳定，但实际操作中装置负荷会波动，尤其在装置开停工或发生事故时，空速波动较大。过低空速会导致反应物在催化床层上的反应时间增加，反应深度增加，引发高损失、快速积炭等，对装置生产和催化剂保护不利。该类型催化剂的重时空速对催化性能的影响趋势见图 7-36。

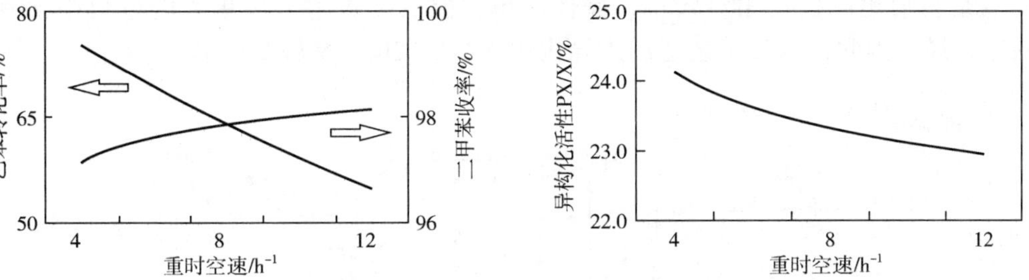

图 7-36　重时空速对催化性能的影响

（4）氢烃摩尔比　该类型催化剂催化乙苯脱烷基需要耗氢，因此，反应在一定氢烃比的临氢条件下进行。在装置设计的氢烃比区间内，氢烃比的波动对催化剂的活性和选择性指标影响幅度很小，但较大幅度的氢烃比变化会导致有效反应物分子浓度发生变化，从而对反应活性产生影响。该类型催化剂的工艺操作氢烃比对催化性能的影响趋势见图 7-37。

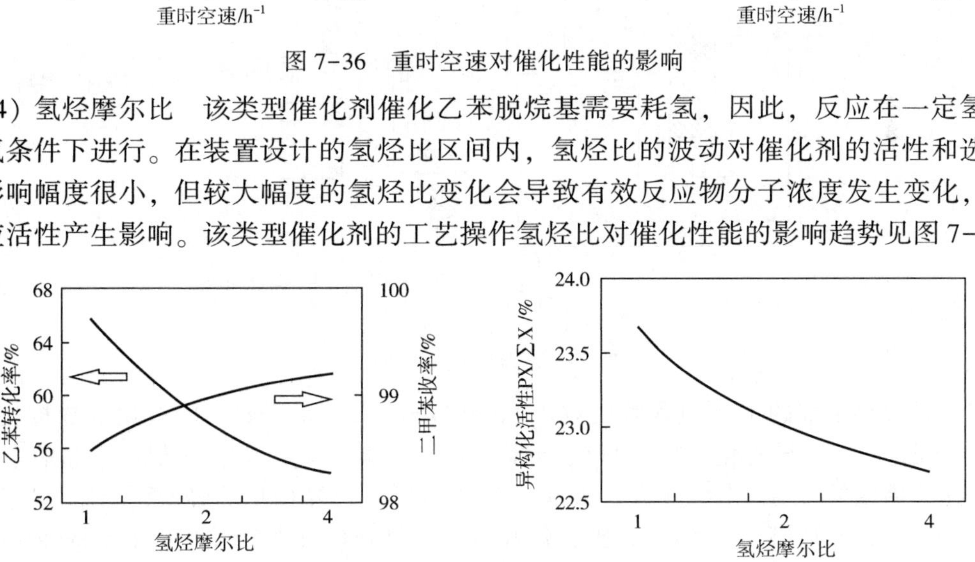

图 7-37　氢烃摩尔比对催化性能的影响

三、二甲苯异构化工业应用

1. 异构化单元的工艺流程

对于目前世界上绝大部分工业化的 C_8 芳烃的临氢异构化技术，仅从工艺流程来讲，各专利商异构化单元的工艺流程是相似的，分为反应系统和分离系统两部分。

反应系统的主要作用是在氢气的存在下将非热力学平衡二甲苯物料转化为近热力学平衡二甲苯混合物，同时将乙苯部分转化为二甲苯或者将乙苯脱烷基变为苯，反应副产物包括少量的气态轻烃、C_8-非芳烃、甲苯及少量重芳烃。异构化反应器是二甲苯异构化单元的核心设备之一。异构化反应器大部分是上进下出型的径向反应器，也有少数的工业装置使用轴向反应器。在径向反应器中，反应物从反应器上部进入反应器，经反应进料分配器流向紧贴反应器壁的扇形管，在扇形管中向下流动的同时，反应物沿径向通过催化剂床层发生反应，并由中心管收集，从中心管下部流出反应器。反应器一般只做保温处理，无伴热。

分离系统的主要作用是脱除反应产物中轻质副产物。

使用乙苯转化型异构化催化剂的异构化单元，各专利商的分离系统工艺流程设计是有差别的。一种是分离系统中只包含脱庚烷塔一个塔系，异构化反应产物中 C_7-非芳烃和苯副产物从塔顶被脱除并送入抽提单元，反应产物中作为 EB 转化为二甲苯中间产物的 C_8 非芳烃则从塔底与 C_8 芳烃一起送入后续的二甲苯分离单元，典型工艺如图 7-38 所示。该工艺的特点是装置建设投资相对较小，操作简单，但后续吸附分离单元的进料中含有 6%～12%的非芳烃。因此，这种工艺适用于异构化原料中 EB 含量较少的装置。

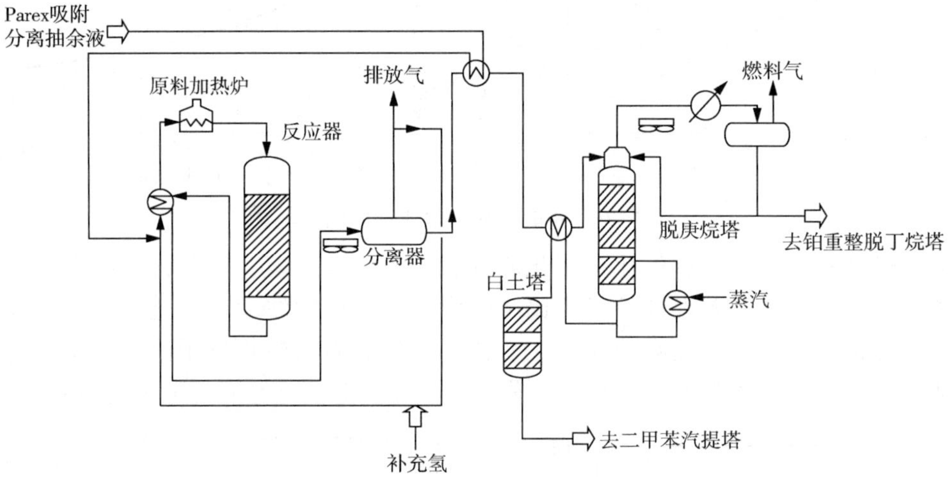

图 7-38　乙苯转化型典型工艺

另一种分离系统的工艺包含脱庚烷塔和轻烃塔两个塔系，如中国石化的异构化工艺，如图 7-39所示[51]。异构化产物中的 C_8芳烃和部分甲苯、少量非芳烃从脱庚烷塔底被分离出来，送入后续的二甲苯分离单元；大部分 C_8非芳烃以及异构化的轻质副产物从脱庚烷塔顶进入轻烃塔，并从塔顶分离出 C_{7^-}非芳烃和苯，大部分 C_8非芳烃和少量甲苯从轻烃塔底循环回异构化反应系统进料。这种工艺可以处理异构化原料中 EB 含量较高的工况，并具有较低的能耗。

二甲苯异构化的其他工艺还包括使用一种双床层催化剂系统[52]，能提高对二甲苯产率，降低催化剂用量并减少操作成本，并可采用低氢烃比和高空速条件操作，因而增加了消除瓶颈和降低公用工程费用的潜力[53]。

2. 异构化工艺的改进

随着异构化催化剂的不断进步，现有装置对产量和能耗的要求不断提高，对异构化工艺流程的改进逐渐成为各专利商关注点。

（1）热高分的设置　传统的异构化工艺单元，反应产物需要冷却至 30℃，以有效分离氢气和液相产物。分离后的氢气经循环压缩机返回至反应进料，液相产物则需加热送入脱庚烷塔，其中液相产物的量占绝大部分。中国石化近年提出了热高分的改进工艺，工艺流程如图 7-40 所示。这种改进的核心思想是，提高高分冷却后分离器中大部分液相产物的温度，以减少冷却反应产物的冷量和脱庚烷塔进料加热负荷。但由于总体分离温度提高，势必会使部分轻烃进入气相，使循环氢纯度下降。尽管这种下降对催化剂的影响较小，但会带来循环压缩机能耗上升，所以这种改进需要针对不同的原料组成与催化剂性能具体分析。

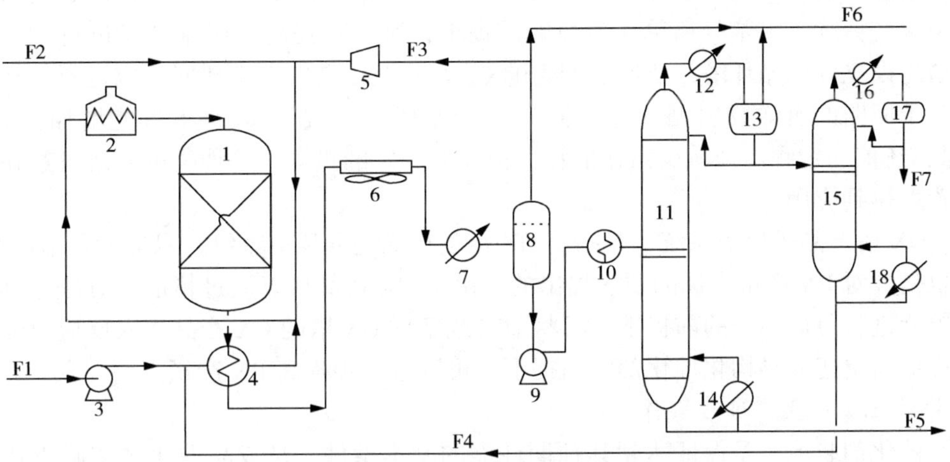

图 7-39 中国石化二甲苯异构化工艺

物流：F1—异构化进料来自于吸附分离单元抽余液塔侧线缓冲罐；F2—补充氢来自重整单元或歧化单元；F3—循环氢气；F4—循环 C_8 非芳烃；F5—异构化产物去精馏单元；F6—气体排放去燃料气；F7—轻质副产物去抽提单元

设备：1—异构化反应器；2—异构化加热炉；3—进料泵；4—进出料换热器；5—循环压缩机；6—风冷；7—水冷；8—高压分离罐；9—脱庚烷塔进料泵；10—脱庚烷塔进料换热器；11—脱庚烷塔；12—脱庚烷塔顶冷凝器；13—气液分离罐；14 脱庚烷塔底再沸器；15—轻烃塔；16—轻烃塔顶冷凝器；17—轻烃塔顶回流缓冲罐；18 轻烃塔底再沸器

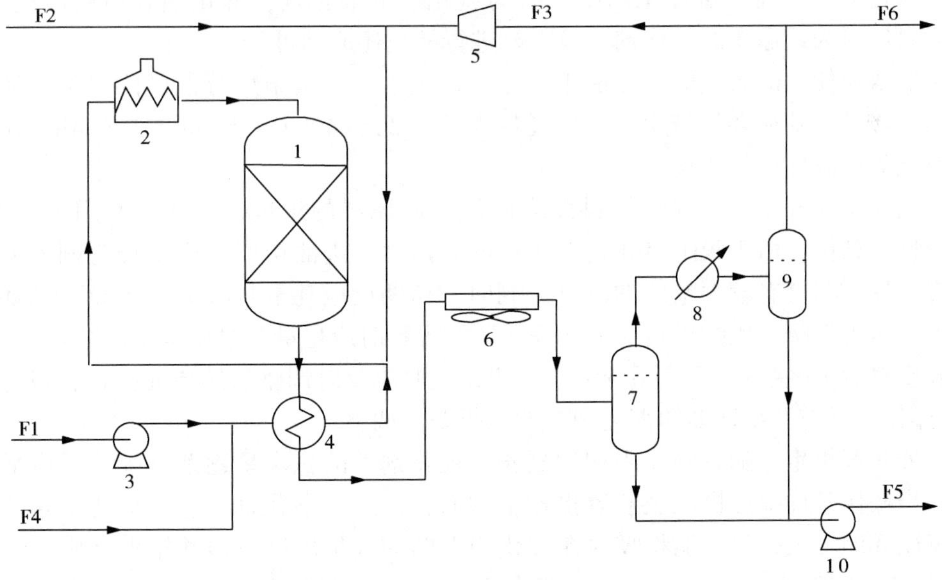

图 7-40 芳烃异构化热高分工艺流程图

物流：F1—异构化进料来自于吸附分离单元抽余液塔侧线缓冲罐；F2—补充氢来自重整单元或歧化单元；F3—循环氢气；F4—循环 C_8 非芳烃；F5—异构化产物去脱庚烷塔；F6—气体排放去燃料气；

设备：1—异构化反应器；2—异构化加热炉；3—进料泵；4—进出料换热器；5—循环压缩机；6—风冷；7—热高压分离罐～100℃；8—水冷；9—冷高压分离罐～30℃；10—脱庚烷塔进料泵

（2）增加轻烃循环塔　这种改进主要是针对一些使用乙苯转化型异构化催化剂的老旧装置在不改变后续二甲苯分离单元负荷的前提下，进一步提高二甲苯产量进行的。其核心思想是通过设立轻烃循环塔，将反应产生的 C_8 非芳烃分离出来循环回反应进料，从而增加整个二甲苯回路的有效物料循环量（即 C_8 芳烃循环量）。这种改进不仅能增加芳烃（二甲苯）产量，还能一定程度地减少操作能耗，但需要一定的投资。这种改进方法已经在国内的一些装置上得到应用。

（3）OX 塔产品进反应系统　是指将 OX 塔的产品送回反应系统，以最大化增产 PX。这种改造也是针对 PX 产量增加的要求提出的。由于 OX 产品可以通过精馏的方法得到，在吸附分离单元进料负荷不变的前提下，可将原有或新增 OX 塔的 OX 产品送入反应单元，在更换能适应更高空速的异构化催化剂的前提下，可以进一步提高 PX 产量。

3. 异构化工业生产过程操作

（1）催化剂装填　是保证达到其预期性能的基本条件，是成品催化剂实施工业应用的重要步骤。催化剂装入反应器之前，必须对反应器系统包括相关管线及设备进行干燥，还需要对异构化反应系统进行空烧。

大多数异构化催化剂装剂采用布袋装填法，也可使用密相装填法。密相装填需要特殊的装填设备，其催化剂装填堆比较高，但装填催化剂前需拆下部分反应器内构件，装填后再安装。布袋装填则需要操作人员进入反应器内部，需要考虑操作人员的安全环保问题。一般异构化催化剂堆比约为 $700kg/m^3$。

（2）催化剂预处理　对催化剂出厂时为氧化态的催化剂，催化剂装填后需进行干燥、还原；对出厂时为还原态的催化剂，只需要进行补充还原即可。

催化剂还原使用的氢气应尽可能干燥，以避免水分对贵金属分散度的破坏。还原过程中生成的水应及时随循环气带走。一般还原温度不低于 400℃，时间不少于 4h。还原结束即可降温至等待温度，等待投料。

（3）反应单元开工　异构化投料前应确认反应原料的组成、杂质；所用氢气的组成、杂质、流量等条件。由于吸附热和新催化剂的高活性，进油初期会产生较为剧烈的加氢和裂化反应，反应器会有较大幅度的温升；同时，初期反应耗氢量较大，将导致循环氢纯度下降、系统压力下降、压缩机负荷上升等问题。投料时应尽量及时调整予以减轻。

一般投料后 1h 左右，反应系统趋于平稳，此时应及时调整后续单元操作，以稳定整个 PX 回路操作，反应系统逐渐向催化剂初期运行条件调整。

（4）催化剂再生　随着操作周期的延长，催化剂上的积炭量逐渐增加，反应活性也随之下降。当操作条件提温提压至装置操作上限时，需进行催化剂再生。催化剂再生前，应使用热氢循环的方式，尽可能将吸附在催化剂上的油气带出反应器并排出反应系统。再生时，应使用盲板隔离反应系统，使用低氧氮气分几个温度段进行再生。对循环气中氧体含量控制严格，严密监测反应床层温升。再生过程中，控制循环气中氧体积含量在 1%左右，以保证催化剂上的积炭尽量缓和地燃烧。再生末期，将氧含量适当提高，使催化剂上积炭完全脱除。再生的最高温度段在 420～460℃。再生过程中需要注意反应系统各低点排水、排油，同时监测反应器进出口的 CO、CO_2 含量，再生过程中 N_2 的补充排放越大越有利。

四、二甲苯异构化技术发展

1. 二甲苯非临氢异构化

二甲苯非临氢异构化催化剂中不含金属，没有芳烃的加氢、脱氢过程，不能将乙苯转化为二甲苯。液相条件可以减少脱烷基及裂解等副反应减缓催化剂积炭。低压气相反应和高压液相反应对比结果见表 7-24。

表 7-24　低压气相反应和高压液相反应对比

反应压力/MPa(G)	反应温度/℃	相态	间二甲苯平衡达成率/%	二甲苯损失率/%
0.28	350	气相	90.6	1.2
4.00	320	液相	90.5	3.0

注：重时空速(*WHSV*)= 1.0h^{-1}，催化剂运转 1000h。

低压气相、高压液相反应的间二甲苯平衡率相当，但前者的二甲苯损失率明显低于后者。经 1000h 试验后，液相反应催化剂积炭量为 9%，气相反应为 11%。

2. 工艺的组合与优化

反应原料组成是决定异构化单元效能的重要因素之一，可以将异构化工艺进行组合优化。随着 PX 的大量需求，出现了产能远超 100 万吨/年的异构化装置。可考虑配置两个异构化单元。其中一个系列采用歧化来料和脱烷基型异构化催化剂；另一个系列采用重整来料和乙苯转化型异构化催化剂。

同时，依托现有装置进行扩能升级也是主流的发展趋势。对小规模异构化装置的扩能改造，可在增加吸附单元处理能力的情况下，将转化型异构化换为脱乙基型，从而大幅度提高联合装置的产能。

更长远的目标是实现反应、分离一体化，基于合适的催化材料和制备方法，结合可行的工艺工程技术，期望 C_8 芳烃原料通过一个反应-分离单元即得到目的产品。

第五节　甲苯歧化与烷基转移等

一、甲苯歧化与烷基转移

苯、甲苯、二甲苯和 C_9 及其以上芳烃(C_{9+}芳烃)都来源于重整生成油和裂解汽油。受原料和化学反应热力学平衡的限制，直接来自上述芳烃生产过程的对二甲苯远远不能满足市场需求，甲苯和 C_{9+}芳烃资源相对过剩，而用于生产对二甲苯的 C_8 芳烃资源不足[54,55]。

甲苯歧化与烷基转移技术主要通过芳烃侧链烷基的重排与综合利用达到灵活调变产物分子结构的目标，是芳烃装置中增产二甲苯及苯的关键技术，是实现油品向高价值芳烃及烯烃转化的重要技术平台。甲苯歧化与烷基转移技术提供了芳烃联合装置中 50%左右的混合二甲苯[56]。反应原料中芳烃侧链烷基的种类、数量比例是决定反应产物组成的最主要因素。

为灵活调变芳烃装置原料结构，基于甲苯歧化技术进行了原料的拓展，分别开发了苯和 C_{9+}芳烃烷基转移技术[57]及重芳烃轻质化衍生技术[58]。前者是以苯和 C_{9+}芳烃为原料生产二甲苯和甲苯。后者是将 C_{9+}芳烃通过脱烷基及烷基转移反应直接转化成 BTX。三者反应原理大体相同且相互交叉，技术设计目的性不同。

（一）反应原理

1. 主要反应

甲苯歧化与烷基转移反应是重要的增产 C_8芳烃反应，原料多元性带来了反应网络的复杂性，主要包括甲苯歧化、甲苯/苯与 C_{9+}芳烃烷基转移以及 C_{9+}芳烃侧链脱烷基等三类反应。

（1）甲苯歧化反应　甲苯分子间发生甲基转移反应，生成苯和二甲苯。在甲苯歧化与烷基转移反应中，甲苯歧化反应是生成苯的主要来源。

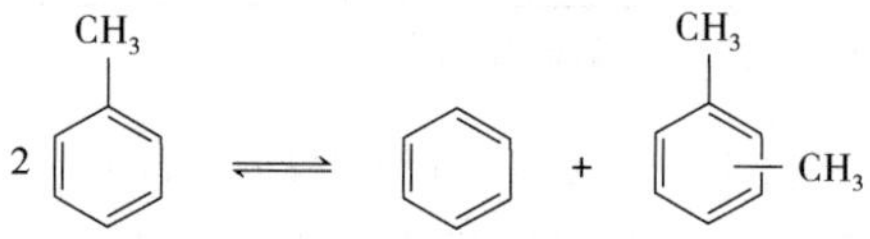

（2）烷基转移反应　甲苯与 C_{9+}芳烃分子间发生甲基重排和转移反应，生成两分子二甲苯。除此之外，甲苯歧化生成的苯也可以与 C_{9+}芳烃发生烷基转移反应，生成甲苯及二甲苯。

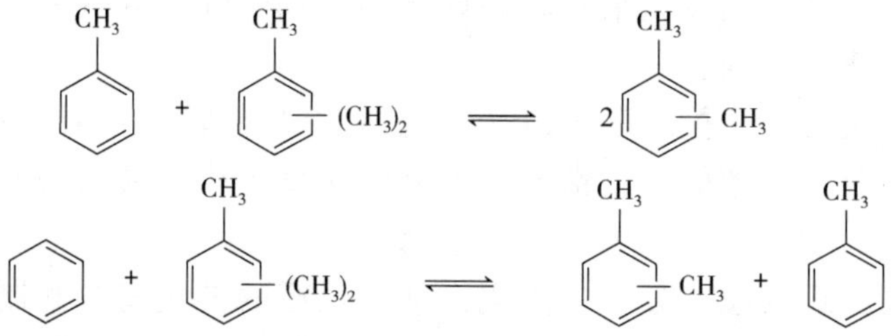

（3）C_{9+}芳烃侧链脱烷基反应　主要是脱除侧链乙基、丙基及丁基，生成苯、甲苯或二甲苯产物。C_{9+}芳烃脱侧链烷基反应可实现重芳烃转化和利用，该过程与烷基转移的分子间反应不同，属于另一类重要的分子内增产甲基苯反应。

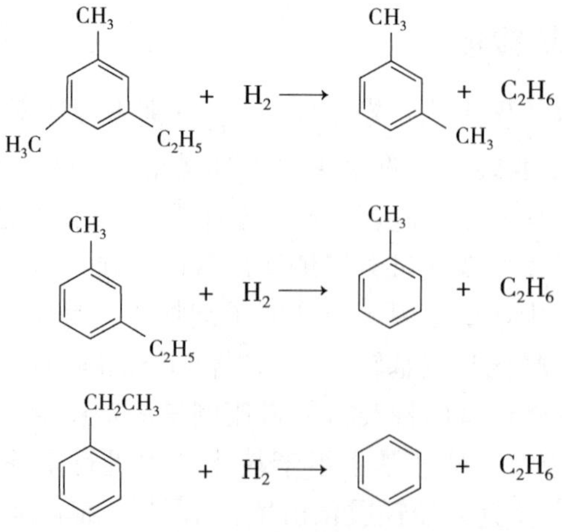

除上述主反应，甲苯歧化与烷基转移反应网络中还包括：①C_8芳烃歧化反应，生成甲苯和C_{9+}芳烃，降低二甲苯收率；C_{9+}芳烃歧化反应生成C_8芳烃和C_{10}芳烃，而C_{10}芳烃歧化反应会生成更重的多烷基芳烃，从而加快催化剂积炭失活。②加氢脱甲基反应，降低反应系统的甲基/苯环比，进而降低二甲苯收率，如甲苯脱甲基生成苯和甲烷，二甲苯脱甲基生成甲苯。③芳烃加氢饱和及开环反应，芳烃在临氢反应条件下加氢饱和生成环烷烃，环烷烃在酸位上裂解为C_3~C_5轻烷烃。芳烃加氢反应是强放热反应，会增大反应氢耗及环损率，歧化与烷基转移技术应最大程度地抑制此类反应发生。④缩合反应，即烯烃、C_{9+}芳烃、茚满及其他化合物易缩合成稠环化合物或焦炭，覆盖酸性位或堵塞沸石孔口，导致催化剂的失活。

2. 反应机理

烷基转移反应是典型的酸催化反应，一般认为反应过程按照正碳离子机理进行[59]，反应可分单分子反应机理和双分子反应机理[54]，以甲苯为模型分子，上述两种机理过程如图 7-41所示。(1)单分子反应机理：也称为甲基迁移机理，甲苯分子首先在 Brönsted 酸性位上吸附活化形成碳正离子，活性正碳离子上的甲基再转移到另一个甲苯分子，生成一分子苯及二甲基苯正碳离子，后者再脱去质子，生产二甲苯。该机理认为，沸石孔结构对反应的选择性影响较小。(2)双分子反应机理：甲苯分子首先在沸石缺陷位进行活化生成正碳离子(步骤 A)，并与吸附在相邻 Brönsted 酸性位上的另一个甲苯生成二苯烷基正碳离子过渡态(步骤 B、C)，然后该过渡态分子发生 C—C 键断裂，生成一分子苯和一个二甲基苯正碳离子(步骤 D)，后者再活化另一个甲苯分子并脱除氢质子生成二甲苯及一分子活化态甲基苯正碳离子(步骤 E)，进而开始下一个反应循环。由于双分子机理认为歧化与烷基转移过程涉及生成双芳环反应中间体，该中间体分子尺寸较大，在微孔孔道内会表现出一定的择形性。因此，双分子反应模型能解释沸石孔道尺寸对烷基转移反应选择性的影响。

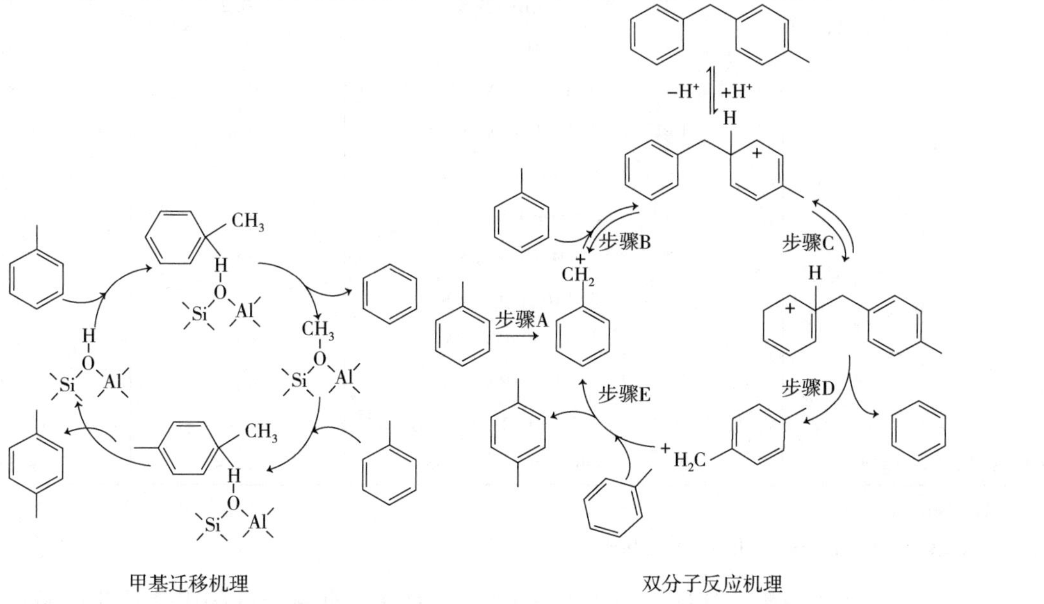

图 7-41　甲苯歧化反应机理

3. 反应热力学和动力学

1）反应热力学

烷基转移主要反应的标准摩尔反应焓（$\Delta_r H_m^\ominus$）和标准摩尔吉布斯自由能变（$\Delta_r G_m^\ominus$）如表 7-25所示[61]。由表可知，甲苯歧化反应、甲苯/苯与三甲苯烷基转移反应以及三甲苯歧化反应的热效应均较小，而 C_{9+}芳烃侧链脱烷基反应的 $\Delta_r H_m^\ominus$为 101.4kJ/mol，属于强吸热反应。与此同时，标准状态下，苯与三甲苯烷基转移反应 $\Delta_r G_m^\ominus$为-10.26kJ/mol，表明该反应在所列反应中最容易进行；三甲苯歧化反应和 C_{9+}芳烃脱烷基反应的 $\Delta_r G_m^\ominus$分别高达 12.51kJ/mol 和 59.55kJ/mol，说明 C_{9+}芳烃歧化反应和侧链脱烷基反应相对较难。综上所述，在标准状态下甲苯歧化与烷基转移主要反应难易程度顺序为：苯与三甲苯烷基转移反应>甲苯与三甲苯烷基转移反应>甲苯歧化反应>C_{9+}芳烃侧链脱烷基反应>三甲苯歧化反应。

表 7-25 烷基转移反应体系热力学性质数据

反应类型	反应式	$\Delta_r H_m^\ominus$/(kJ/mol)	$\Delta_r G_m^\ominus$/(kJ/mol)
甲苯歧化	2T→ Ben+OX	1.61	7.16
	2T → Ben+PX	0.59	6.56
	2T → Ben+MX	-0.15	3.96
苯与 C_{9+}芳烃烷基转移	Ben+1，2，3-TMB→T+OX	-4.19	-10.26
甲苯与 C_{9+}芳烃烷基转移	T+1，3，5-TMB→2MX	0.14	-2.8
	T+1，3，5-TMB→MX+OX	2.14	0.4
	T+1，3，5-TMB→MX+PX	1.12	-0.2
	T+1，2，4-TMB→2OX	1.81	4.4
	T+1，2，4-TMB→2PX	-0.23	3.2
	T+1，2，4-TMB→2MX	-1.71	-2.0
	T+1，2，4-TMB→OX+PX	0.79	3.8
	T+1，2，4-TMB→OX+MX	0.05	1.2
	T+1，2，4-TMB→MX+PX	-0.97	0.6
甲苯与 C_{9+}芳烃烷基转移	T+1，2，3-TMB→2OX	-2.58	-3.1
	T+1，2，3-TMB→2MX	-6.1	-9.5
	T+1，2，3-TMB→OX+MX	-4.34	-6.3
	T+1，2，3-TMB→OX+PX	-3.6	-3.7
	T+1，2，3-TMB→PX+MX	-5.36	-6.9
C_{9+}芳烃歧化	2(1，2，4-TMB)→MX+1，2，3，4-TeMB①	9.71	12.51
C_{9+}芳烃侧链脱烷基	1-methy-2-ethylben②→T+C_2H_4	101.4	59.55

① TeMB：四甲苯。

② 1-methy-2-ethylben：1-甲基-2-乙基苯。

$\Delta_r G_m^\ominus$是温度的函数，其计算公式为 $\Delta_r G_m^\ominus=-RT\ln K$，计算得到的甲苯歧化以及甲苯与三甲苯烷基转移反应的平衡常数如表 7-26 所示[61]。由表可知，相同反应温度下，甲苯歧化

反应的平衡常数 K_p 较小，说明甲苯与三甲苯烷基转移反应较甲苯歧化反应更易于进行。相同反应温度下，甲苯歧化反应以生成间二甲苯的化学平衡常数最大，说明甲苯相对较易于歧化为苯和间二甲苯。与此同时，烷基转移反应中又以甲苯与1，2，3-三甲苯生成间二甲苯的反应平衡常数最大，说明1，2，3-三甲苯比1，3，5-三甲苯和1，2，4-三甲苯较易于和甲苯发生烷基转移反应，生成间二甲苯。

表 7-26　不同温度下的反应平衡常数

反应类型	反应式	K_p			
		613K	643K	673K	703K
甲苯歧化	2T → Ben+OX	0.09160	0.09364	0.09543	0.09700
	2T → Ben+PX	0.09440	0.09419	0.09386	0.09341
	2T → Ben+MX	0.2103	0.2093	0.2081	0.2068
甲苯与 C_{9+} 芳烃烷基转移	T+1，3，5-TMB → 2MX	2.923	2.925	2.926	2.926
	T+1，3，5-TMB→ MX+OX	1.274	1.309	1.342	1.373
	T+1，3，5-TMB → MX+PX	1.312	1.317	1.320	1.322
	T+1，2，4-TMB → 2OX	0.2185	0.2247	0.2305	0.2361
	T+1，2，4-TMB → 2PX	0.2318	0.2273	0.2230	0.2189
	T+1，2，4-TMB → 2MX	1.151	1.122	1.097	1.073
	T+1，2，4-TMB → OX+PX	0.2250	0.2260	0.2267	0.2273
	T+1，2，4-TMB → OX+MX	0.5164	0.5051	0.4945	0.4846
	T+1，2，4-TMB→ MX+PX	0.5014	0.5022	0.5028	0.5032
	T+1，2，3-TMB → 2OX	0.8997	0.8839	0.8697	0.8566
	T+1，2，3-TMB → 2MX	4.739	4.416	4.136	3.892
	T+1，2，3-TMB → OX+MX	2.065	1.976	1.897	1.826
	T+1，2，3-TMB → OX+PX	0.9267	0.8891	0.18554	0.8248
	T+1，2，3-TMB → PX+MX	2.127	1.987	1.865	1.758

表7-27列出了不同反应温度、不同原料组成条件下甲苯与1，2，4-三甲苯烷基转移反应体系的热力学平衡组成[62]。由表可知，相同原料组成(1，2，4-三甲苯/甲苯)条件下，当反应温度从300℃提高到450℃，平衡状态下反应产物浓度变化较小，例如1，2，4-三甲苯：甲苯=1：1(摩尔比)的原料组成下，甲苯平衡转化率仅从75.8%降至75.5%，三甲苯平衡转化率仅从75.7%增至76.8%，说明该反应并非温度敏感型反应，该结果也很好地印证了表7-25热效应数据。与此同时，对比相同反应温度下不同原料组成(1，2，4-三甲苯/苯)时反应产物平衡浓度差距即可发现，反应原料对产物分布影响很大，例如在350℃时，当1，2，4-三甲苯/甲苯摩尔比从1：0.4降低至1：2.5，甲苯平衡转化率仅从51.6%降至51.0%，三甲苯平衡转化率从86.6%降低至64.4%，三甲苯平衡转化率从64.4%增至86.7%，说明甲苯与三甲苯的组成比例对化学平衡分布有很大影响。

表 7-27　甲苯与 1，2，4-三甲苯烷基转移反应热力学平衡摩尔浓度

温度/℃	1，2，4-TMB：T（摩尔比）	摩尔浓度					
		B	T	X	TMB	TeMB	PeMB①
300	1：0.4	1.7	13.4	37.6	35.6	10.9	0.7
	1：1	4.9	24.2	41.7	24.3	4.6	0.2
	1：2.5	11.9	35.7	37.5	13.3	1.6	0.0
350	1：0.4	1.8	13.7	37.4	35.1	11.1	0.9
	1：1	5.1	24.3	41.4	24.2	4.8	0.2
	1：2.5	12.0	35.6	37.3	13.4	1.7	0.0
400	1：0.4	1.8	13.9	37.3	34.6	11.3	1.1
	1：1	5.2	24.4	41.2	24.0	4.9	0.3
	1：2.5	12.2	35.5	37.2	13.3	1.7	0.0
450	1：0.4	1.9	14.1	37.2	34.1	11.4	1.3
	1：1	5.3	24.5	41.0	23.8	5.1	0.4
	1：2.5	12.3	35.5	37.0	13.4	1.8	0.0

① PeMB：五甲苯。

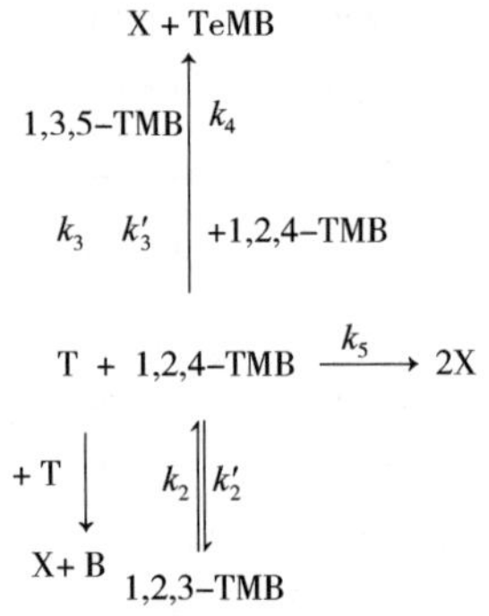

图 7-42　甲苯与 1，2，4-三甲苯体系反应模型

2）反应动力学

由于沸石是典型的微孔催化反应体系，对分子动力学尺寸较大的沸石催化芳烃转化反应而言，除了热力学因素，动力学因素也是不可忽略的。甲苯歧化与 1，2，4-三甲苯烷基转移过程中主要反应如图 7-42 所示[62]，包括甲苯歧化反应、甲苯与三甲苯烷基转移反应、三甲苯歧化反应以及三甲苯异构化反应。假设异构化反应为单分子反应机理、歧化反应为双分子反应机理、歧化和烷基转移反应为不可逆反应，异构化反应为可逆反应，理论计算了各反应在丝光沸石催化剂及 ZSM-5 沸石上的宏观动力学平衡常数(k_0)和表观活化能(E，阿伦尼乌斯方程)，结果如表 7-28 所示。计算结果表明，甲苯歧化反应(R1)在丝光沸石上表观活化能高于 ZSM-5 沸石，这是由于 ZSM-5 沸石酸强度高于丝光沸石。三甲苯异构化反应(R2 和 R3)、三甲苯歧化反应(R4)和甲苯与三甲苯烷基转移反应(R5)，在丝光沸石上的表观活化能均明显小于 ZSM-5 沸石，这归因于两种沸石孔径不同导致三甲苯在沸石孔道内的扩散阻力不同。1，2，4-三甲苯(动力学直径 0.76nm)在 ZSM-5 沸石孔道(孔直径约 0.6nm)内的扩散阻力远大于其在丝光沸石孔道(孔直径约 0.7nm)内的扩散阻力，导致三甲苯分子在 ZSM-5 沸石上的表观活化能反而高于丝光沸石。

以甲乙苯和三甲苯混合料为模型原料开展动力学理论计算研究，反应动力学模型如图 7-43所示，计算所得的 k_0 和 E 如表 7-29 所示[63]。反应包括甲乙苯侧链脱乙基反应([1])、三甲苯歧化反应([2])、甲苯与三甲苯烷基转移反应([3])及四甲苯侧链脱甲基反应([4])。计算结果表明，在具有相同孔结构和不同酸量的沸石上，脱乙基反应

与脱甲基反应速率常数均大于歧化以及烷基转移反应，这是由于前两种反应为单分子反应，后两个反应为双分子反应，单分子反应概率要远大于双分子接触反应概率。而从表观活化能来看，不同酸量沸石上均有 $E[4]>E[1]\approx E[2]>E[3]$，说明脱甲基反应较脱乙基反应更难进行，甲苯与三甲苯烷基转移反应则是上述反应中最易进行的反应。

表 7-28　不同沸石上甲苯与三甲苯烷基转移反应体系动力学参数

反应序号	反应式	MOR(SiO_2/Al_2O_3=135.9)		ZSM-5(SiO_2/Al_2O_3=29.4)	
		E/(kJ/mol)	$K_0\times10^5$/[m^3/(kgcat·s)]	E/(kJ/mol)	$K_0\times10^5$/[m^3/(kgcat·s)]
R1	2T ⟶ Ben+X	54.22	1.01	41.61	1.47
R2	1，2，4-TMB ⟶ 1，2，3-TMB	13.12	20.40	32.73	17.07
R3	1，2，4-TMB ⟶ 1，3，5-TMB	7.92	50.48	45.93	25.68
R4	2(1，2，4-TMB) ⟶ TeMB+X	12.22	2.84	38.14	0.54
R5	T+1，2，4-TMB ⟶ 2X	7.21	0.55	63.54	0.79

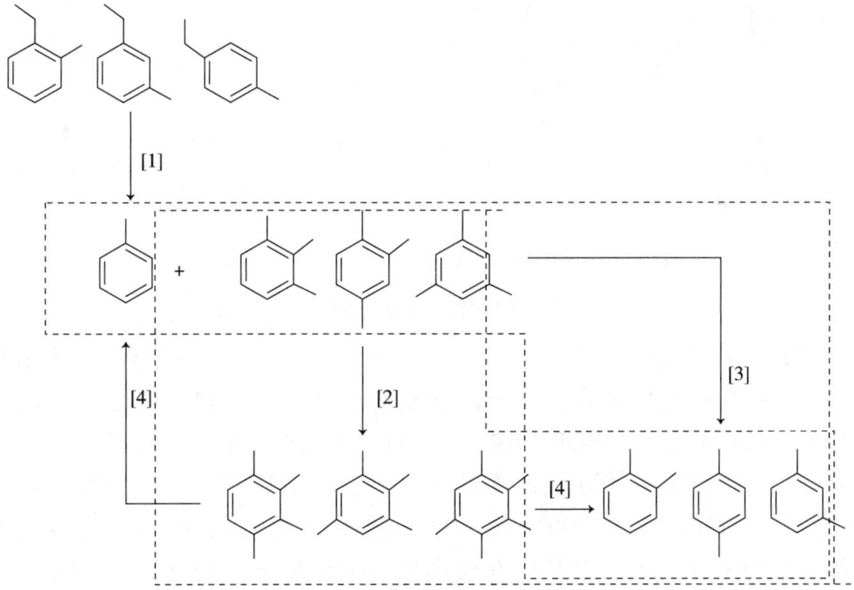

图 7-43　$C_{9+}A$ 转化动力学模型

表 7-29　$C_{9+}A$ 转化反应动力学参数

反应序号	化学式	$K_0\times10^3$			E/(kJ/mol)	
		单位	低酸量	高酸量	低酸量	高酸量
[1]	$MEB+H_2\rightarrow T+C_2H_6$	m^3/(kg cat·s)	7.56	9.20	34.92	42.07
[2]	$2TMB\rightarrow X+C_{10}A$	m^6/(kg cat·s·mol)	0.074	0.092	34.19	42.44
[3]	$T+TMB\rightarrow 2X$	m^6/(kg cat·s·mol)	0.73	0.77	17.84	27.60
[4]	$TeMB+3H_2\rightarrow T+3CH_4$	m^3/(kg cat·s)	4.07	9.84	83.41	71.66

（二）反应工艺

中国石化开发了甲苯歧化与烷基转移工艺（SINOPEC-Toluene Disproportionation and Transalkylation，简称 S-TDT），并于 1997 年首次工业化，该工艺以 HAT 系列催化剂为核心，集合了热集成技术、固定床反应器大型化技术及流场优化，采用冷热双级高分技术，装置规模日趋大型化，实现了节能降耗。

1. 典型反应工艺流程

S-TDT 工艺分为歧化反应系统和苯-甲苯分馏系统。反应部分由原料混合、原料预热、歧化反应、产物热量回收和冷却、气液分离、氢气循环等工序组成，如图 7-44 所示。

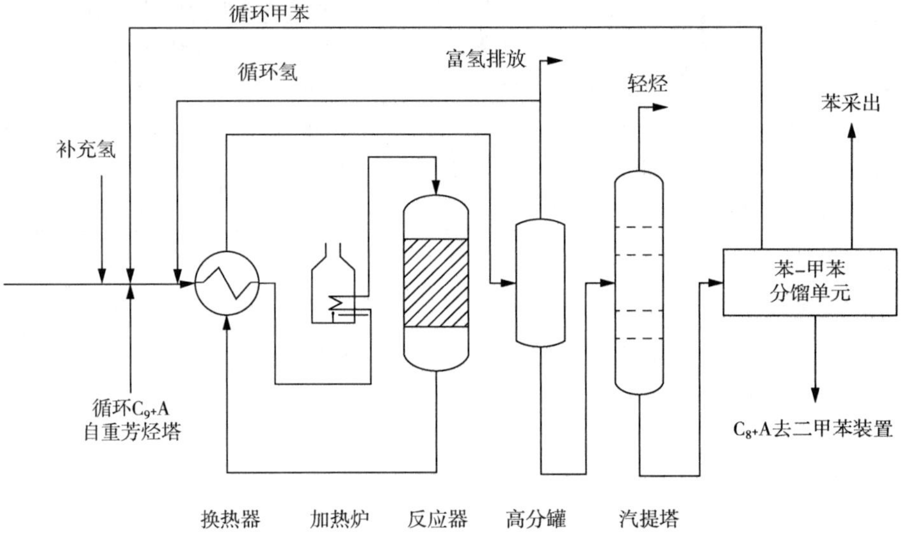

图 7-44　甲苯歧化及烷基转移工艺流程图

歧化反应部分的原料包括甲苯和 C_{9+}芳烃。歧化反应原料进入歧化反应进出料换热器与自歧化循环氢压缩机来的氢气混合后，与歧化反应产物进行换热，然后进入歧化进料加热炉升温至歧化反应温度后进入歧化反应器。反应产物与进料经换热并经冷却后进入歧化反应产物分离罐进行气液分离。罐顶气体大部分进入循环氢压缩机增压后循环使用，小部分作为弛放氢送至外单元或火炬。为维持反应系统循环氢气纯度，需向循环氢气中补充高纯度氢气作为补充氢经补充氢压缩机升压并与循环氢混合后进入歧化反应部分。歧化产物分离罐底液体经取热后进入歧化汽提塔。汽提塔顶分离出轻烃气体送至外单元或火炬，塔釜液经精制单元后进入歧化苯-甲苯分馏系统。

S-TDT 工艺典型的操作条件为：反应温度 350～450℃，反应压力 2.5～3.0MPa(G)，氢烃摩尔比为 2～3，重时空速 3.0～4.0h^{-1}，转化率 45%～48%。

S-TDT 工艺采用的 HAT 催化剂已有多个牌号实现了工业化。其发展过程是逐步提高反应空速、降低氢烃比，同时可处理更多的 C_{10+}重芳烃原料，以达到最大化增产二甲苯及实现装置节能降耗的目的。表 7-30 列出了 HAT 系列催化剂的典型操作工况及反应性能。

HAT-099 催化剂在某超大型甲苯歧化及烷基转移装置工业标定结果表明。在重时空速为 3.1h^{-1}、氢烃摩尔比为 3.0、高分压力 2.9MPa(G)、反应器入口温度为 351.6℃条件下，

采用质量比 C_7芳烃/C_9芳烃/C_{10+}芳烃为 50.6%/38.9%/9.4% 的反应原料进行标定，平均转化率为 46.9%，平均选择性为 90.5%，苯产品质量符合优等品要求。

表 7-30　HAT 催化剂的主要性能指标

项　目		HAT-097	HAT-099	HAT-300
操作条件	重时空速/ h^{-1}	1.5~2.3	2.5~3.0	3.0~4.0
	氢烃摩尔比	4.0	3.0	2.0
	反应压力/MPa(G)	2.8~3.0	2.5~3.0	2.0~3.0
	反应器入口温度/℃	360	350	350
原料组成/%	甲苯	50~80	40~80	0~60
	C_{10}芳烃	≤8	≤15	不限
反应性能/%	总转化率	>46	>46	>46
	C_{9+}芳烃转化率	>50	>65	>65
	总选择性	89~94	88~94	87~94

在资源劣质化以及环保节能的发展背景下，歧化与烷基转移技术的主要发展方向是适合高空速、低氢烃比反应条件，具有高重芳烃处理能力及高二甲苯收率。

2. 反应参数影响

甲苯和 C_{9+}芳烃的歧化和烷基转移反应是一个多组分的反应体系，反应温度、氢烃比、压力、重时空速、进料组成等诸多工艺条件直接影响反应结果。

1）原料组成

在一定的反应温度和压力下，进料中甲苯和 C_{9+}芳烃的比例不仅决定了甲苯和 C_{9+}芳烃的各自转化率，也决定了产物分布中苯和 C_8 芳烃的比例。根据上述原理，可以通过改变进料中甲苯/C_{9+}芳烃的比例来调节产物中二甲苯/苯的比例，以适应市场的需求。Serra 等人基于理论反应模型计算了原料中 C_{9+}芳烃含量与产品热力学平衡组成的关系，如图 7-45所示。随着 C_{9+}芳烃的引入及含量增加，甲苯不仅自身发生歧化反应，还与三甲苯、四甲苯发生烷基转移反应，同时 C_{9+}芳烃自身发生脱烷基反应。此时苯的产率下降，而二甲苯的收率相对上升，尾气中 C_2—C_3组分增加。当原料中 C_{9+}芳烃含量达 75%左右时，产物中二甲苯的平衡组成最高。随着 C_{9+}芳烃含量的进一步提高，与三甲苯、四甲苯发生烷基转移的甲苯量不足，三甲苯趋向发生自身歧化反应生成四甲苯及更重的 C_{11}芳烃。

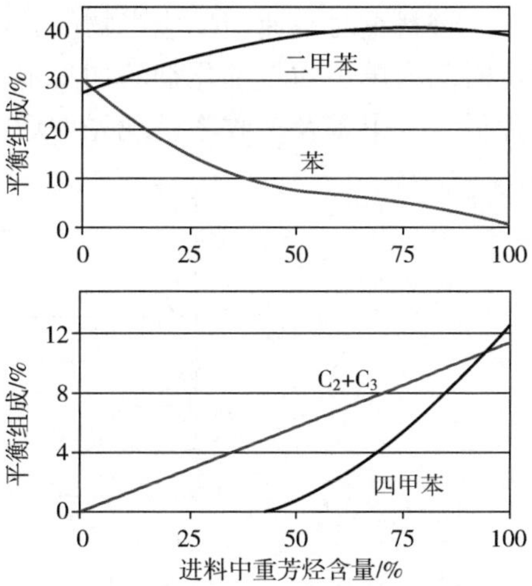

图 7-45　甲苯歧化与烷基转移反应产品组成与反应原料中 C_{9+}芳烃含量的关系

2）反应温度

甲苯歧化与烷基转移是可逆反应，热效应很小，反应温度对化学平衡的影响不大，但催化剂活性随温度升高而升高，使温度成为影响反应的主要因素。提高温度，可加速甲苯歧化和烷基转移反应过程，提高甲苯和 C_{9+}芳烃的转化率，提高苯和 C_8芳烃的选择性。

但在较高的温度范围内，提高温度将有利于歧化反应而不利于烷基转移反应的进行，二甲苯的单程收率将下降，苯的收率将继续增加。反应温度过高，不仅会促使苯环加氢开环，副反应增多，芳环损失增加，而且催化剂表面积炭副反应也将加剧，从而加速催化剂失活。

HAT 系列催化剂随着运转时间的延长，催化剂活性下降，需要提高反应温度，来维持原料转化率，合理的反应温度区间为 340~410℃。如果反应系统或进料中含有过高的饱和烃、水、碱性氮、硫等杂质或毒物时，催化剂的活性会暂时或永久性降低，此时也需要靠提高反应温度加以弥补。一般来说，转化率下降 1%，需提温 3~5℃进行活性补偿。

3）反应压力

理论上，歧化和烷基转移反应无体积变化，压力对平衡组成无太大影响。但增高压力可提高系统的氢分压，有利于抑制积炭反应，提高催化剂的稳定性。由于反应压力影响原料与催化剂接触时间，从而影响催化剂的反应活性。一般来说，较高的压力，有利于催化剂的长期稳定运转。S-TDT 及 Tatoray 工艺采用的反应压力一般为 2.5~3.0MPa(G)，反应压力的选择，首先是从催化剂的活性与稳定性考虑，要能获得足够高的转化率和足够好的稳定性，其次是从设备投资费用考虑，较高的反应压力势必增加设备投资。

4）重时空速

进料重时空速与反应产物的关系如图 7-46 所示。提高反应器的进料空速，可以提高单位时间内单位质量催化剂的加工能力，但物料与催化剂接触时间缩短将导致反应物转化率降低，二甲苯及苯收率呈现先增后降的过程。裂解副反应生成的尾气量随空速增大而减弱。

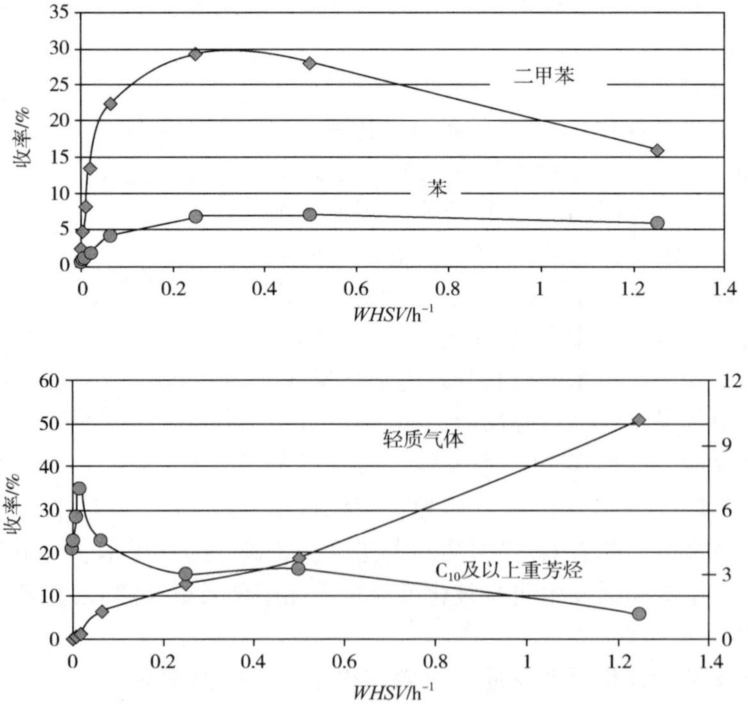

图 7-46 进料重时空速与产品收率关系

5）氢烃摩尔比

甲苯歧化与烷基转移反应本身不消耗氢气，但一定的氢烃比(氢气与反应进料的摩尔比)对歧化与烷基转移单元的正常操作具有重要的作用。氢烃比对反应的影响见表 7-31。随着氢烃比的降低，甲苯转化率基本保持不变，C_{9+}芳烃转化率呈现下降趋势。从产物结构来看，随着氢烃摩尔比的降低，裂解轻烃量减少，非芳量及环损率也呈现下降趋势，说明在低氢烃比条件下因降低了氢气分压，减弱了苯环加氢副反应。另外，随反应氢烃摩尔比降低，产物中苯量略有增加，二甲苯量略有降低。这是因为苯主要来源于甲苯歧化反应，属酸催化反应，不受氢气分压的影响。降低氢烃比，增大了物料与催化剂的接触时间，反而加剧了甲苯歧化反应。而二甲苯量主要来源于烷基转移反应及 C_{9+}芳烃加氢脱烷基反应，低氢分压不利于 C_{9+}芳烃脱烷基反应的进行，因此也降低了产物中的二甲苯收率。系统中氢气的存在是必要的，一方面，氢气能减缓催化剂的积炭速度，起到保护催化剂、延长操作周期的作用；另一方面，氢气还起到热载体的作用，将反应热带出反应器。但过高的氢烃比将增加操作费用，并导致加氢反应加剧及氢耗增加，合适的氢烃摩尔比范围为 3~4。

表 7-31　氢烃摩尔比对反应结果的影响

氢烃摩尔比	4.0	3.0	2.3	1.5
转化率/%				
甲苯	21.5	21.2	21.1	20.7
$C_{9+}A$	61.5	60.3	58.7	55.6
产物/%				
C_5-轻烃	2.3	2.1	1.6	1.4
C_{6+}非芳烃	2.1	1.9	2.0	1.8
苯	3.9	4.2	4.3	4.5
二甲苯	36.3	36.0	35.8	35.6

注：反应条件：温度 370℃，压力 3.0MPa(G)，重时空速 3.0h^{-1}，原料甲苯/C_9芳烃/C_{10}芳烃质量比=30/60/10。

（三）催化剂

1. 催化剂组成

甲苯歧化与烷基转移反应属于典型的 Brönsted 酸催化反应，催化剂的主体材料为具有特定结构的酸性沸石。此外，为了提高沸石稳定性以及 C_{9+}芳烃处理能力，需对沸石进行金属改性。表 7-32 列出了甲苯歧化与烷基转移催化剂常用的沸石及金属助剂种类。

表 7-32　甲苯歧化与烷基转移催化剂

组　成	类　型	作　用
沸石	ZSM-5、MOR、β 沸石、ZSM-12、NU-87、SSZ-33、MCM-49、MCM-22 等	提供烷基转移 Brönsted 酸性位
金属助剂	Pt、Re、Ni、Mo 等	提高重芳烃加氢侧链脱烷基能力以及不饱和烃加氢活性

1）沸石材料

最常见的用于甲苯歧化与烷基转移催化剂沸石为具有十元环的 ZSM-5 以及十二元环的

MOR 沸石[64]，这是因为此类孔道内径与芳烃反应物分子动力学尺寸较为匹配。随着沸石合成技术进步，β 沸石[65]、ZSM-12 等用于甲苯歧化与烷基转移反应的相关研究也有报道。

沸石孔结构对反应性能的影响主要体现在两个方面：一是沸石孔道尺寸影响反应物及产物分子扩散速率，从而影响到催化剂对不同反应物的转化率、选择性及稳定性等指标。二是沸石孔道尺寸的空间效应影响反应中间体及其状态的生成，从而使其在甲苯歧化与烷基转移反应中表现出了对产物的择形性。据报道[66]，MOR(12×8MR)和 NU-87(12×10MR)较好地综合了脱烷基性能和烷基转移性能。

沸石酸强度及酸密度也会影响甲苯歧化与烷基转移反应性能。如表 7-33 所示，相同硅铝比的β 沸石较 MOR 酸密度较低，因此其在甲苯歧化与烷基转移反应过程中脱烷基以及甲苯歧化反应活性较 MOR 要低，而烷基转移反应活性较高。此外，相同结构沸石硅铝比不同也会影响其酸性质。如表 7-34 所示，不同硅铝比的β 沸石其孔结构差距较小，但随着硅铝比的提高，转化率及二甲苯收率均出现显著下降。保持合适的沸石硅铝比是提高烷基转移反应性能的重要因素之一。

表 7-33　不同孔结构沸石的物化性能

沸　石	SiO_2/Al_2O_3（分子比）	酸性/(μmolPyr/g)①			
		B 酸量		L 酸量	
		250	350	250	350
ZSM-5	18	44	25	9	6
MOR	18	79	37	25	24
NU-87	16	70	48	26	24
β 沸石	13	31	15	53	42

① Pry 代表吡啶。

表 7-34　不同硅铝比β 沸石的酸性质

沸石	孔直径/nm	SiO_2/Al_2O_3（分子比）	比表面积/(m^2/g)	孔容/(cm^3/g)	B 酸量/(mmol/g)	L 酸量/(mmol/g)
Beta-1	0. 76×0. 64	12. 5	674	0. 17	0. 32	0. 40
Beta-2	0. 76×0. 64	46. 0	642	0. 16	0. 13	0. 10
Beta-3	0. 76×0. 64	75. 0	650	0. 17	0. 06	0. 05

同时需要注意的是，沸石形貌也影响其活性及稳定性，小晶粒沸石具有丰富的外表面，而其晶粒之间形成的丰富二次孔，有利于 C_{9+} 芳烃大分子与酸性位的接触，有利于提高反应分子的转化率。

2）金属助剂

直接用氢型沸石制备的催化剂反应活性较低，失活较快，C_{9+} 芳烃处理能力不足，杂质耐受能力差。为提高催化剂的稳定性能及 C_{9+} 芳烃处理能力，一般都需对沸石进行金属改性[67]。引入加氢金属组分优势集中体现在以下几点：①加氢金属对积炭前驱物进行加氢饱和，减缓了积炭速率，从而改善催化剂的稳定性能；②加氢金属可加快 C_{9+} 芳烃脱烷基反应，提高 C_9/C_{10}芳烃的转化率，此外也可处理一定的稠环化合物。同时需要注意的是，金属组分的引入也会产生以下问题：①芳烃在金属位加氢饱和增加反应氢耗及环损率，并伴随强放热，其中苯、甲苯容易加氢饱和生成环己烷、甲基环戊烷、二甲基环戊烷等沸点与苯非常接近的非芳烃，工业上很难通过蒸馏办法将其进行分离，使得金属组分的引入将降低产物苯的纯度；②发生深度脱烷基使大量侧链甲基被脱除，降低反应系统的甲基/苯环比，从而减少二甲苯的收率，增加苯和甲苯产量。现阶段的加氢金属研究多集中于金属种类选择、金属加氢活性调变、产品质量改善等方面的内容，甲苯歧化与烷基转移催化剂的技术关键在于实现沸石酸性与金属加氢性能的合理匹配。

2. 制备过程

甲苯歧化与烷基转移催化剂生产过程主要包括：沸石合成；沸石催化剂成型、焙烧；金属负载改性；成品催化剂焙烧、活化。其中沸石合成一般采用水热合成法，以硅源和铝源及结构导向剂等为原料，在150~200℃下晶化一定时间获得结晶度良好的钠型沸石，再通过铵交换过程将钠型沸石转变为铵型沸石。将所制得的铵型沸石与氧化铝等粘结剂混合、成型及焙烧，获得特定形状的沸石催化剂。金属盐助剂溶液可在捏合成型过程加入，也可通过传统浸渍法进行负载。负载金属盐后的催化剂一般需进一步焙烧将金属盐分解获得金属氧化物催化剂，在催化剂使用前进一步以氢气还原催化剂，使得催化剂具有加氢功能及酸催化功能。

二、甲苯择形歧化技术

择形催化(Shape-Selective Catalysis)的概念由 Weisz 和 Frilette[68]首次提出。有别于传统的二甲苯生产工艺只能得到 PX 含量为 24 %左右热力学平衡的混合二甲苯，甲苯择形歧化技术(甲苯选择性歧化技术)是典型的择形催化反应，通过具有特定结构和活性的择形催化剂的催化作用，利用产物分子在催化剂内的扩散效应，得到 PX 含量大于 90%的混合二甲苯。甲苯择形歧化将甲苯转化为高 PX 浓度的 C_8 芳烃和苯，可有效降低后续对二甲苯分离的成本。

我国从 20 世纪 90 年代开始开发甲苯择形歧化技术。中国石化开发的甲苯择形歧化工艺(Sinopec′s Selective Toluene Disproportionation Process，简称 SSTPD)于 2005 年在天津分公司实现工业化，并在 2006 年中国石化扬子分公司实现工业应用。

(一) 反应原理

1. 择形机理

甲苯择形歧化催化反应根据二甲苯的分子动力学直径差别来进行，动力学直径较大的间二甲苯和邻二甲苯在扩散出沸石时空间孔道受限，而对二甲苯能够较快地离开沸石孔道。

其动力学直径一般采用最小短轴截面来计算，表 7-35 给出了甲苯择形歧化技术中主要芳烃种类的分子动力学直径[69]。

表 7-35　芳烃的分子特性

芳烃类别	沸点/℃	动力学直径/nm	芳烃类别	沸点/℃	动力学直径/nm
苯	80.1	0.58	对二甲苯	138.3	0.58
甲苯	110.6	0.58	间二甲苯	139.1	0.63
乙苯	135.2	0.58	邻二甲苯	144.0	0.66

分子的动力学直径和沸石孔道的直径两者都随着工艺条件变化而变化。根据量子动力学的观点，随温度的升高，沸石的孔道直径增大，气体分子的伸缩振动幅度也增大，动力学直径随之缩小。此外，沸石微孔孔道内存在较强的电场作用，对分子外层电子云有一定的作用，导致原来动力学直径相对较大的分子也可以进出沸石孔道。因此甲苯择形歧化催化剂其 PX 对位选择性随着需结合实际反应条件而有所变化，温度升高，PX 对位选择性下降。

通过对催化剂改性可以改变沸石晶粒孔口孔径，从催化反应和动力学来看，影响择形催化的主要因素是扩散效应、反应位区域条件和作为反应活性中心的酸性质。

甲苯择形歧化反应为扩散控制的催化反应，其催化剂的高甲苯转化率和高对二甲苯对位选择性具有逆向效应。在确定的活性中心较多的沸石催化剂中，高转化率需要尽可能大的沸石孔口尺寸来提高二甲苯的扩散速率，而高对位选择性则需要在 PX 优先扩散的前提下，经孔口结构精细调变获得能有效降低邻、间位二甲苯扩散出沸石速率的较小沸石孔口尺寸。因此，高活性和高对位选择性的催化剂要求沸石孔口尺寸微调到合适大小。与此同时，孔口尺寸过小导致芳烃在催化剂上裂解以及烷基转移反应等的副反应产生过高副产物。为了使 ZSM-5 沸石在修饰后仍保持有较高的催化活性，在改性修饰过程中，还必须设法保持尽可能多的 ZSM-5 的酸性位和扩散通道。

2. 化学反应过程

甲苯择形歧化反应以甲苯为原料，主要副反应为二甲苯异构化反应、二甲苯歧化反应以及甲苯加氢裂解反应等。由于反应为微吸热反应，反应器进出口温升低于传统甲苯歧化与烷基转移工艺，但如果温度过高，导致裂解过于剧烈，反应温升将大幅增加。

甲苯歧化反应是一个由酸催化的可逆反应，沸石中酸位的数量越多，酸强度越高，甲苯反应体系也就越接近反应平衡状态。沸石催化的甲苯歧化反应机理[70]认为，甲苯歧化过程中产生三种双苯环中间物，如图 7-47 所示。

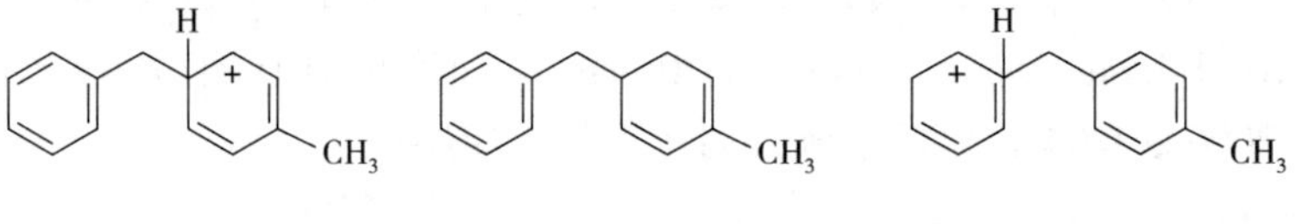

图 7-47　甲苯歧化过程中产生三种双苯环中间物

图 7-47 甲苯歧化反应机理中的三种双苯环反应中间物吸附到沸石酸中心上，形成三种双苯基中间物-二苯基甲烷类化合物，该过渡中间物(图 7-47 中左边第一个中间物)与沸石酸中心发生氢交换，脱去氢离子形成副产物二苯基甲烷(图 7-47 中中间的过渡态中间物)，也可以发生分子内氢转移，脱除一个苯基生成产物苯，并结合甲苯的甲基得到氢，生成二甲苯。

甲苯择形歧化技术的主要产物是苯和高 PX 浓度混合二甲苯。

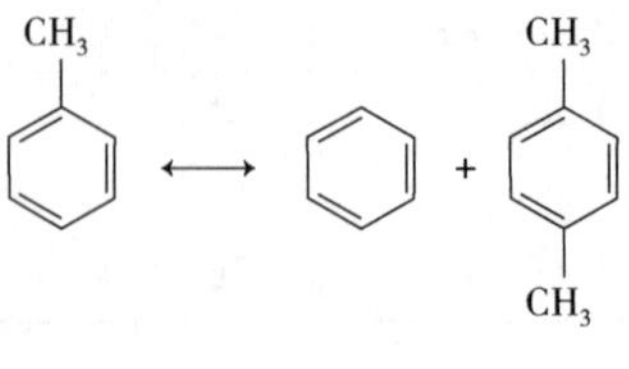

该反应为扩散控制的可逆反应，理论上不耗氢。

根据反应产物分析，主要副反应为沸石外表面的二甲苯异构化反应、沸石孔道内发生的二甲苯歧化反应以及烷基转移反应和芳烃的加氢裂解反应等。典型的副反应除二甲苯异构化反应外，还有如下反应：

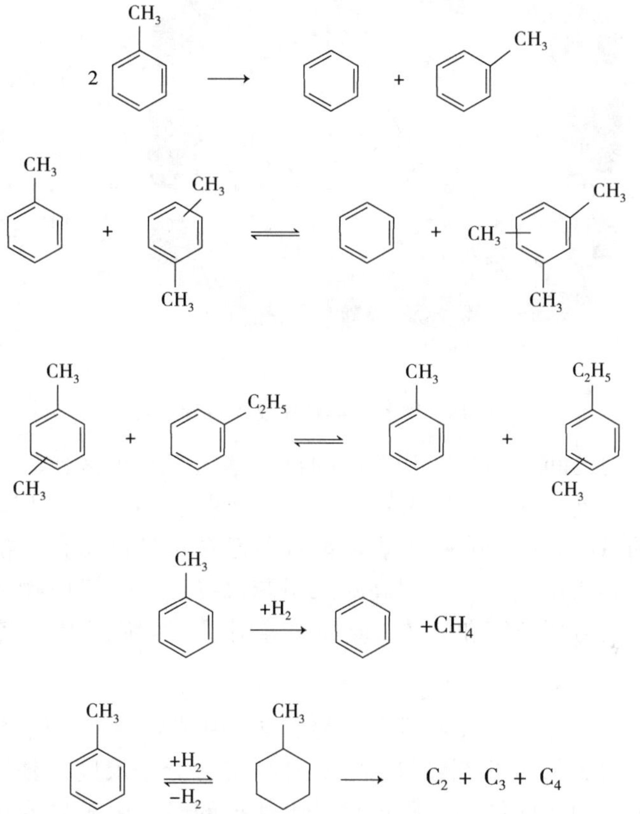

在同样酸催化机理下，异构化反应速率远大于歧化和裂解副反应速率，两个反应的 $k_i/k_d \geqslant 700$（k_i 为异构化反应常数，k_d 为歧化反应速率常数，以下同）。为获得高对二甲苯浓度的混合二甲苯，提高对二甲苯选择性，在保证催化剂具有较高的甲苯转化率前提下，必须抑制扩散出沸石孔道的对二甲苯在沸石外表面发生异构化转化反应。因此，在催化剂制备过程中需要完全钝化外表面的活性位，使二甲苯异构化与甲苯歧化的表观速率常数之比小于 1，即$(k_i/k_d)_{表观} \leqslant 1$。

3. 择形过程

以 ZSM-5 沸石为活性中心，其甲苯择形歧化反应过程[71~73]可用图 7-48 表示。

甲苯扩散进入 ZSM-5 沸石孔道内，在酸活性位上发生歧化反应，生成具有热力学平衡组成的混合二甲苯。甲苯扩散进沸石孔道的速率大于其在孔道内发生歧化反应的速率，$D_t/r^2 \geqslant k_d$（r 为沸石晶粒尺寸，D_t为扩散系数）。对二甲苯的分子动力学直径比间二甲苯分子和邻二甲苯分子略小，在 ZSM-5 沸石孔道中，苯、甲苯和对二甲苯的扩散系数远远大于邻二甲苯和间二甲苯的扩散系数，从而优先从沸石孔道中快速扩散逸出，而绝大部分间二甲苯和邻二甲苯分子的扩散受到阻碍，滞留在沸石孔道内继续发生异构化反应转化成对二甲

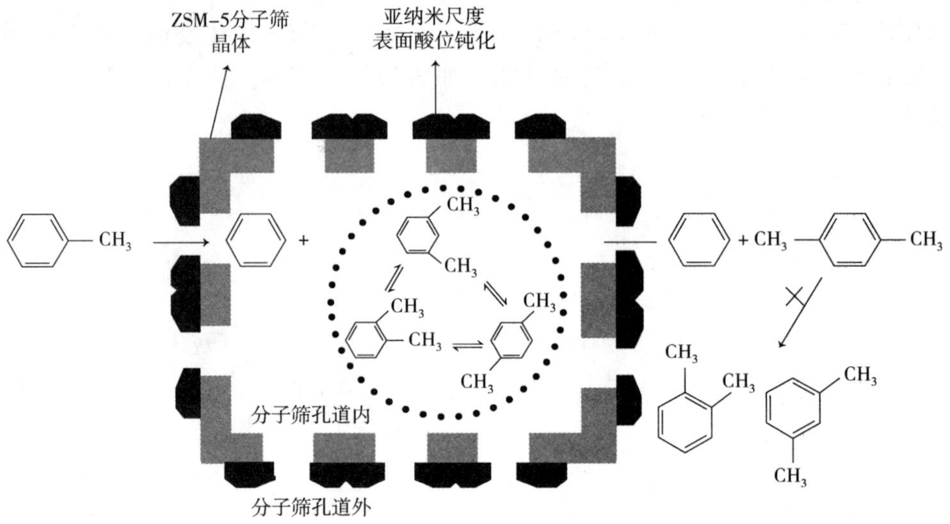

图 7-48　甲苯择形歧化反应过程模拟图

苯，滞留在沸石孔道内的间、邻二甲苯的异构化速率大于其扩散速率。这就使得沸石孔口外的对二甲苯浓度远远高于沸石孔道内初始混合二甲苯产物中对二甲苯的热力学平衡浓度，从而达到对位择形的目的。由于沸石外表面酸性位已被选择性覆盖，扩散出孔道的对二甲苯难以在外表面发生异构化反应，呈现高对二甲苯选择性。若反应物和产物分子在沸石孔道内停留时间过长，则芳环裂解和侧链烷基脱除等副反应增强，PX 产率降低。

（二）催化剂

甲苯择形歧化工业催化剂一般采用孔径大小与二甲苯分子尺寸相当的 ZSM-5 沸石作为反应活性中心。ZSM-5 沸石催化剂经过对沸石孔口进行分子尺度的精细调变以及采用惰性化合物覆盖沸石外表面的酸性位，以避免扩散出孔道的对二甲苯异构化为热力学平衡组成的混合二甲苯。

1. 生产工艺

甲苯择形歧化催化剂制备过程从沸石合成开始，经离子交换、捏合成型和焙烧后，得到含氢型 ZSM-5 的催化剂本体，然后采用二氧化硅或焦炭等惰性化合物钝化沸石外表面，得到合格的催化剂。典型异位法工业催化剂制备工艺过程[74,75]如图 7-49 所示。

2. 制备过程

改性和干燥焙烧工序是催化剂制备的关键点。一般采用有机硅和有机溶剂改性，先脱除有机溶剂，再进行焙烧。有机硅高分子在较高温度下才能分解燃烧，且容易裂解，因此改性重复性较困难，工序控制要求较高。

3. 工艺流程及工艺条件

1）工艺流程

甲苯择形歧化装置通常为芳烃联合装置的一个部分，现有的工业化甲苯择形歧化技术均采用气-固相临氢固定床反应工艺，其反应产物分离部分可以与芳烃联合装置其他单元分离系统结合，但最佳的做法是单独建设 BTX 分离系统，这样可以得到富含对二甲苯的混合

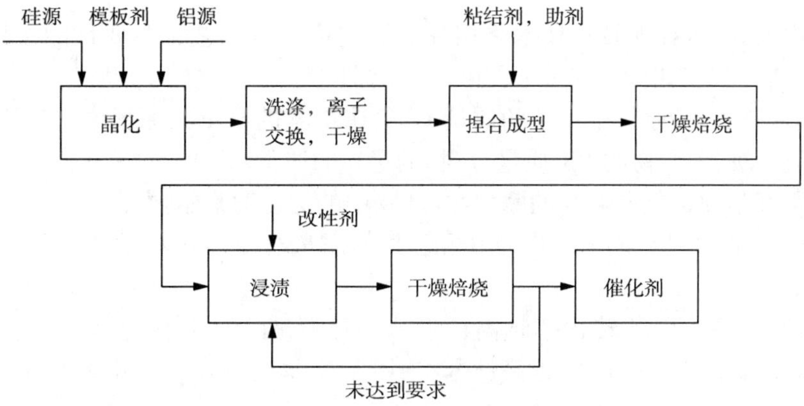

图 7-49　典型的甲苯择形歧化催化剂制备过程

二甲苯物料，该股混合二甲苯可不分离除 C_9 及以上芳烃，通过单级结晶分离即可得到对二甲苯产品。其中 SSTDP 工艺流程简图如图 7-50 所示[76]。

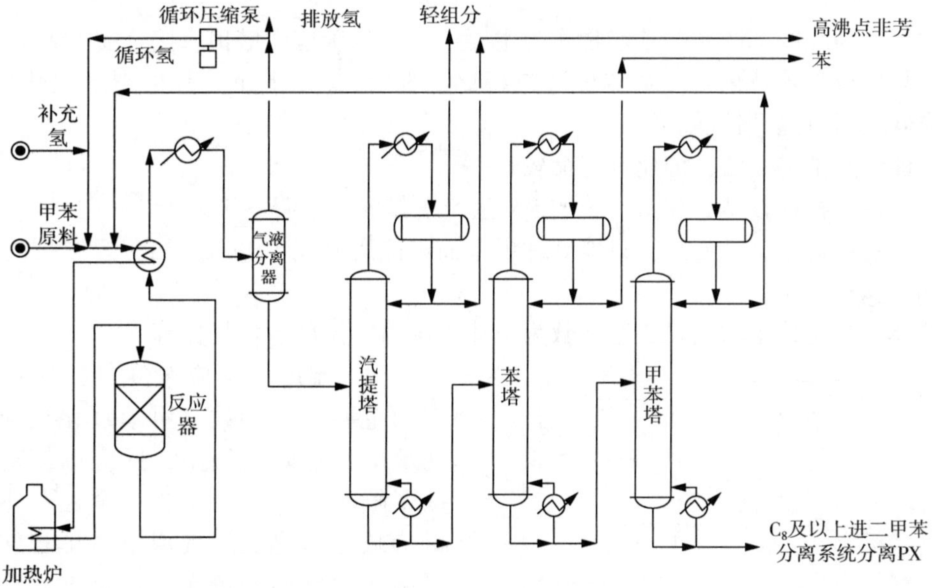

图 7-50　典型的 SSTDP 工艺流程图

该工艺流程包括进出进料加热、择形反应、产物冷却冷凝、气液分离、氢气循环和产物分离等过程。从界区外来的新鲜甲苯和循环未反应掉的甲苯混合料与来自循环氢压缩机的氢气(包括补充氢)混和后，进入反应进出料换热器，与反应器出口物料进行换热。被预热后的反应原料进入加热炉加热到指定温度后进入反应器，在择形歧化催化剂床层上进行反应。反应产物经回收热量和冷却后，进入反应产物分离器(高分罐)，进行气液分离，分离的气体大部分经循环氢压缩机循环使用，液体产物与汽提塔釜液换热后进入汽提塔，脱除 $C_1 \sim C_5$ 等轻组分。汽提塔塔釜产物进入下游苯塔/甲苯塔单元，进一步分馏得到苯、甲苯等产品，其中苯为高纯度苯产品，甲苯作为歧化反应原料循环回反应系统。甲苯塔塔底物料进二甲苯分馏系统。

因放热较少，甲苯择形歧化技术采用临氢固定床反应工艺，主要性能指标有甲苯转化率、对位选择性、苯/二甲苯和(苯+二甲苯)选择性等。

甲苯转化率(%)=(原料中甲苯的质量-产物中甲苯的质量)/原料中甲苯的质量×100%

对位选择性(%)=产物的PX质量/产物的∑X的质量×100%；

苯/二甲苯摩尔比=产物中B的摩尔数/产物中的∑X的摩尔数；

(苯+二甲苯)选择性(%)=产物的B和∑X的质量/(反应进料的T质量-反应产物的T质量)×100%。

催化剂活性越高，甲苯转化率越高，甲苯循环量减少，能耗降低。对位选择性越高，表示对二甲苯在二甲苯中的比例越高；苯/二甲苯摩尔比越低，二甲苯收率越高，副反应越少。

甲苯择形歧化技术的主要工艺特点有[72,77]：

(1) 获得高对二甲苯含量的混合二甲苯，其中对二甲苯含量可达90%以上。由于对位选择性高，降低了二甲苯异构化操作负荷，对二甲苯分离的操作费用可减少30%以上。

(2) 生产高纯度苯产品。苯产物作为主要产物，从苯塔中塔顶直接分馏得到。

(3) 与传统甲苯歧化与烷基转移反应相比，没有 C_9 以上重芳烃的裂解放热反应，因此，反应器进出口温升较低。

(4) 催化剂不易失活，催化剂寿命较长。

(5) 能耗、物耗较低，相对传统的PX生产操作成本下降一半以上。

本工艺的主要不足之处是，只能处理甲苯而不能用 C_9 芳烃以及 C_{10+} 芳烃作原料。

2) 工艺条件

甲苯择形歧化技术的主要工艺参数为空速、压力、温度、氢烃比等[75~77]。

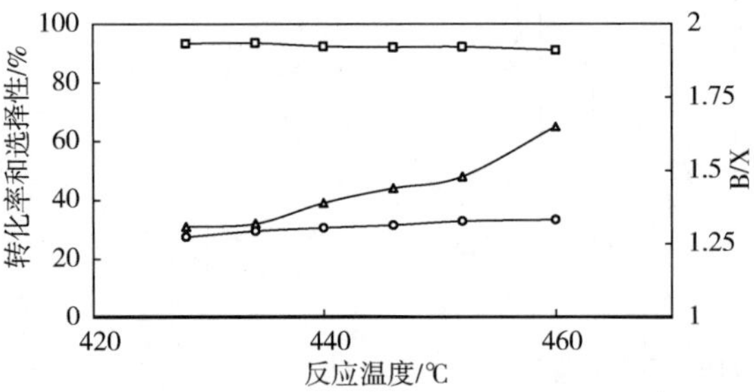

图 7-51 反应温度对甲苯择形歧化性能影响

○—甲苯转化率；△—B/X 比值；□—PX 选择性

(1) 温度 反应温度是控制甲苯转化率的重要工艺参数。甲苯歧化反应虽是可逆反应，热效应很小，反应温度对化学平衡影响较小，但由于受扩散控制影响甲苯择形歧化催化剂的表观甲苯单程转化率离平衡转化率相差较大，催化剂活性和反应分子扩散系数可随温度的升高而提高。反应温度对甲苯择形歧化反应性能的影响规律见图7-51。

升高温度沸石孔径临界直径增加，不仅对二甲苯加快扩散到沸石孔道外，邻、间二甲苯扩散出沸石的速率也大为增加，因而PX对位选择性下降[69]。与此同时，甲苯转化率上升，对位选择性下降。反应温度提高，沸石外表面未被钝化的酸中心上发生对二甲苯异构化反应增强，同时在临氢的条件下甲苯加氢脱烷基副反应反应加剧，裂解副反应增强，导致芳环损失增加，二甲苯总收率下降，苯收率增加，总的芳损增加，催化剂结焦也增强。

工业催化剂运转初期活性较高，一般选择较低的反应温度；随着时间的延长，催化剂上的结焦逐渐增多，部分较强的活性位被覆盖，活性随之下降，反应温度须随之升高，以保持一定的甲苯转化率。

反应器入口温度是非常重要的控制指标，需要严格控制。提高反应温度并运行一段时间后再降回原来的温度，催化剂性能难以恢复到原有的水平，应尽可能调节其他参数后再考虑提温。

（2）压力　反应压力对等分子甲苯择形歧化主反应的化学平衡热力学上没有影响，对甲苯的分压影响明显，对反应的动力学影响较大，尤其对副反应影响较大。反应压力对甲苯择形歧化反应影响的规律见图 7-52。提高反应压力，单程甲苯转化率提高，苯和混合二甲苯之比上升，对二甲苯选择性下降。压力增加，甲苯在沸石孔道中的相对扩散速率下降，甲苯转化率上升，对二甲苯选择性降低。

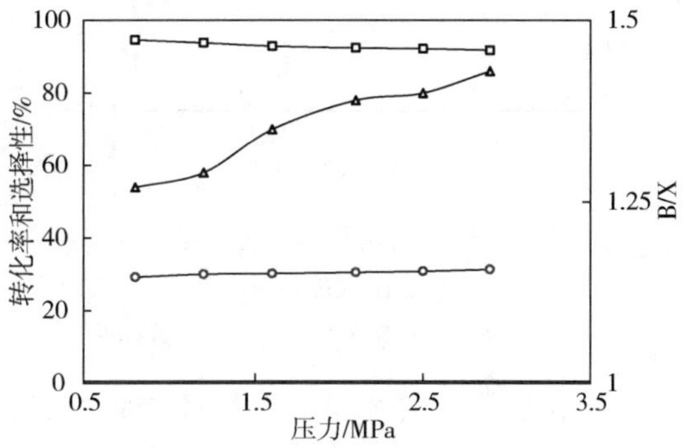

图 7-52　反应压力对甲苯择形歧化性能影响

○—甲苯转化率；△—B/X 比值；□—PX 选择性

反应压力上升，裂解反应有所增强；反应温升增加，氢耗和芳烃损耗有所增加。在保证甲苯转化率和对二甲苯选择性的前提下，通常在较高的压力、较低的反应温度下操作，以保持较高的对二甲苯产率。

（3）氢烃摩尔比　氢气不参与甲苯择形歧化反应，但对反应稳定性非常重要，同时氢气流动可以加快反应物的扩散。氢烃比过低，由于反应物和产物分子从 ZSM-5 孔道内扩散出去的阻力较大，催化活性中心上易结焦，催化剂失活较快。甲苯择形歧化在临氢条件下操作可稳定运行。择形歧化过程采用纯甲苯为原料，甲苯分压随压力变化明显，因此氢烃比变化对催化剂性能的影响显著。

氢烃摩尔比对甲苯择形歧化反应性能的影响规律见图 7-53。加大氢烃摩尔比，甲苯浓度下降，氢气纯度增大，甲苯在催化剂上的停留时间缩短，反应的转化率降低，甲苯临氢裂解反应加剧，同时线速度增加，有利于对二甲苯扩散，使其选择性升高；降低氢烃摩尔比，甲苯转化率和产物中 PX 浓度均升高。降低氢烃摩尔比还导致催化剂床层温升增加，补充氢量增加，循环氢纯度下降。催化剂通常在较低的氢烃摩尔比下运行，SSTDP 工艺的氢烃摩尔比为 1~2。

（4）空速　通常以进反应器的芳烃量计算。由于反应受扩散控制，甲苯的单程转化率较低，择形歧化装置一般都在较高的空速下运行，以保证单程对二甲苯产量。重时空速对甲苯择形歧化反应影响的规律见图 7-54。

随着空速增加，产物中苯/二甲苯比下降，苯产量降低，对二甲苯选择性稍有提高。空速增加导致单程甲苯转化率下降，加热炉、冷却器以及后续分离系统的负荷增加，能耗上升。空速降低，甲苯转化率增加，副反应加剧，二甲苯和对二甲苯收率下降。

（5）补充氢量　氢气纯度与补充氢的量和纯度、循环氢排放、气液分离器温度有关，也与催化剂的反应状况有关。一般根据进料的氢纯度来控制补充氢量。补充氢量越大，进料的氢纯度越高，氢耗增加；补充氢量过低，催化剂结焦较快，影响催化剂寿命。因此氢纯度一般控制在80%以上。

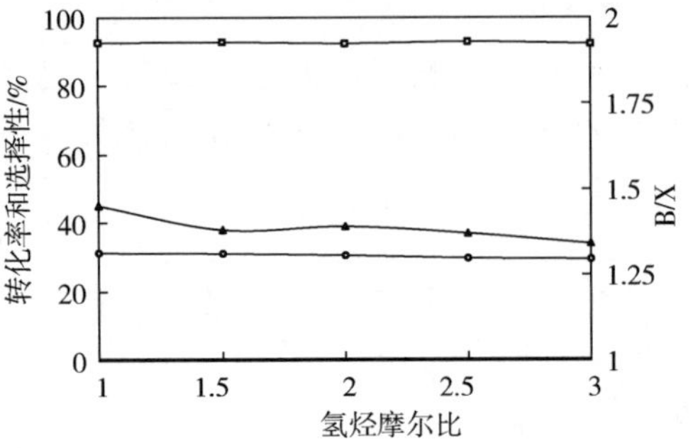

图7-53　氢烃摩尔比对甲苯择形歧化性能影响

○—甲苯转化率；△—B/X比值；□—PX选择性

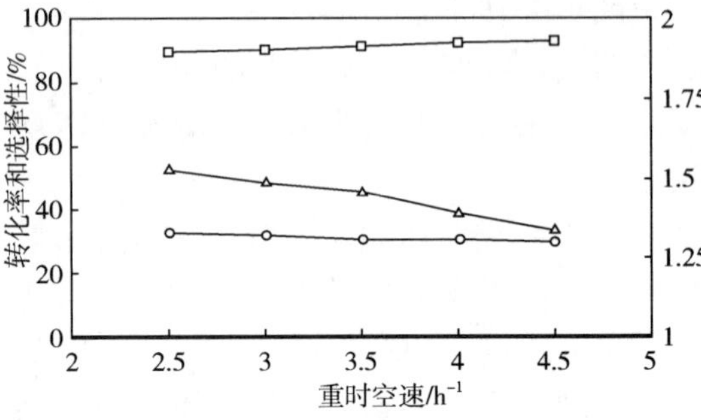

图7-54　重时空速对甲苯择形歧化催化剂性能影响

○—甲苯转化率；△—B/X比值；□—PX选择性

在相同的氢气流量下，氢纯度降低时，由于循环氢中的非芳烃绝大部分为甲烷、乙烷、丙烷，可以对催化剂高活性催化中心有一定的抑制作用，反应产物中苯/二甲苯比降低，甲苯转化率降低。

甲苯择形歧化技术通过分子尺度反应-分离过程的耦合，生成的远高于PX平衡浓度的混合二甲苯产物经一级冷冻结晶即可直接分离生产高纯度的PX产品，也可进入吸附分离单元，简化流程，有效提高芳烃联合装置的PX产能，大幅度降低PX工业生产的物耗能耗，对芳烃企业PX生产的节能减排和下一步扩能具有重要的意义。

苯和PX价格影响装置整体的技术经济性，进一步提高技术经济性的关键是，开发具有较大范围调节B/X比值的催化剂，开发苯与其他芳烃转化为甲苯技术，或与C_9及以上芳烃轻质化等技术结合[78]，可根据苯和对二甲苯市场变化调节产物分布，将是一大发展方向。此外，现有甲苯择形歧化催化剂制备工艺要求高，生产成本较高。如何有效简化生产工艺，降低催化剂制备成本，也是一个重要的课题。

三、芳烃烷基化技术

广义的"芳烃烷基化技术"指的是，以芳烃为原料，用烷基化剂取代苯环中的氢原子生产其他多烷基芳烃的技术。常用的烷基化剂有卤代烃、烯烃、醇类、醚类和环氧烷类等，而常被烷基化芳烃原料有苯、甲苯等。考虑到目前工业化成熟度，这里"芳烃烷基化技术"主要介绍甲苯甲醇烷基化技术。

甲苯甲醇烷基化技术以甲苯为反应原料，通过与甲醇发生烷基化反应生成二甲苯和水。与传统的歧化与烷基转移反应相比，该技术反应过程中几乎不产生苯和乙苯，是一种甲苯利用率最高的生产纯二甲苯新型平台技术。同时，甲苯甲醇烷基化技术有效地拓展了现有芳烃生产原料和工艺，是煤化工与石油化工有效结合的又一重要反应，能实现煤资源的高效利用和紧缺石油资源的部分替代，具有极高的开发价值。因此，甲苯甲醇烷基化技术的研究、开发和工业转化，得到了学术界和工业界的广泛关注。目前，平衡型的甲苯甲醇烷基化技术(MTX)成熟，由中国石化在全球率先工业化，可为芳烃生产过程中的原料和产品结构调整和芳烃装置的增产扩能，提供重要技术支持。甲苯甲醇择形烷基化技术(MTPX)虽然能获得高对二甲苯选择性产物，但是由于外表面及孔道修饰导致催化性稳定性和转化效率较低，使得该技术至今未实现工业化。技术研发的重点落在高稳定性、高转化率和高目的产物选择性的催化剂开发，最大限度地避免甲醇副反应是 MTPX 工业化的关键。

(一)反应原理

1. 化学反应及热力学分析

根据烷基化取代位置差异，甲苯甲醇烷基化反应可细分为三个反应过程。

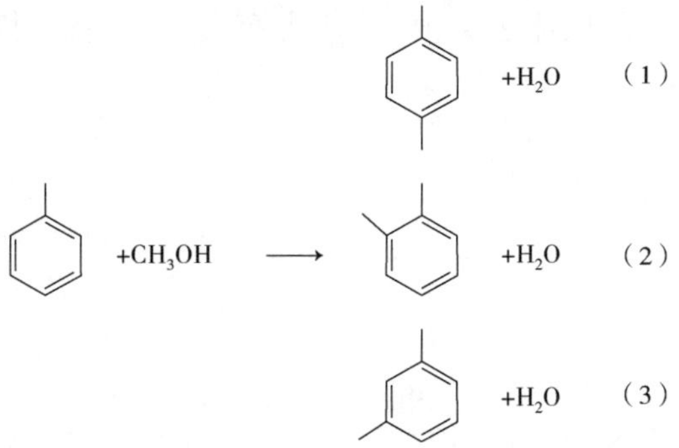

表 7－36 给出了不同反应温度下三个反应的标准摩尔反应吉布斯自由能变值($\Delta_r G_m$)[79]。由表可见，在 300～1000K 温度区间内，所有反应的 $\Delta_r G_m$ 均小于 0，说明热力学上该反应能自发进行。此外，同一反应随着温度的提升，$\Delta_r G_m$ 逐渐增加，说明高温不利于反应进行，这是由于该反应属于放热反应所致($\Delta_r H_m<0$)，例如反应温度为 460℃时反应式(1)至反应式(3)的 $\Delta_r H_m$ 分别为－69. 9kJ/mol、－67. 3kJ/mol 和－70. 52kJ/mol。

反应的标准摩尔吉布斯自由能变是温度的函数，其计算公式为 $\Delta_r G_m=-RT\ln K$，根据三个反应对应的温度和标准摩尔吉布斯自由能变数值可计算不同反应温度下反应式(1)至反应式(3)的平衡常数(K)，计算结果见表 7-37。由表 7-37 可见，在 300～1000 K 温度区间内，反应式(1)和(2)的平衡常数差距较小，而反应式(3)的平衡常数最大，说明甲苯甲醇烷基化反应在热力学上倾向于生成间二甲苯。

表 7-36 甲苯甲醇烷基化反应的标准摩尔吉布斯自由能变值与反应温度的关系

反应式	$\Delta_r G_m$/(kJ/mol)				
	300K	500K	700K	900K	1000K
(1)	-66. 96	-63. 63	-60. 97	-58. 25	-56. 87
(2)	-66. 01	-63. 08	-61. 21	-59. 42	-58. 53
(3)	-69. 25	-67. 03	-65. 62	-64. 19	-63. 49

表 7-37 甲苯甲醇烷基化反应的标准平衡常数与反应温度的关系

反应式	平衡常数 K				
	300K	500K	700K	900K	1000K
(1)	4.56×10^{11}	4.44×10^{6}	3.55×10^{4}	2.40×10^{3}	9.35×10^{2}
(2)	3.12×10^{11}	3.89×10^{6}	3.70×10^{4}	2.81×10^{3}	1.14×10^{3}
(3)	1.14×10^{12}	1.01×10^{7}	7.88×10^{4}	5.32×10^{3}	2.07×10^{3}

2. 反应机理

甲苯甲醇烷基化反应是典型的傅-克烷基化反应(Friedel-Crafts Reaction)，属于酸催化反应，常用以固体酸性沸石为催化剂，一般认为 Brönsted 酸(B 酸)是该反应的主要活性中心。反应按碳正离子(C^+)机理进行，属于典型的芳环亲电取代反应，反应过程如反应式(4)和反应式(5)所示[54]。甲醇分子首先在沸石 B 酸位质子化，以甲基碳正离子($^+CH_3$)形式进攻沸石上吸附的甲苯分子，与苯环的 π 电子形成 π 络合物，紧接着 π 络合物中的$^+CH_3$进一步与苯环的一个碳原子直接连接，形成 σ 络合物。缺电子共轭 σ 络合物很快失去氢质子给沸石，与$^+CH_3$形成 σ 键的碳原子又由 sp^3 杂化变成 sp^2 杂化，恢复到了原来的稳定的共轭体系，生成二甲苯。

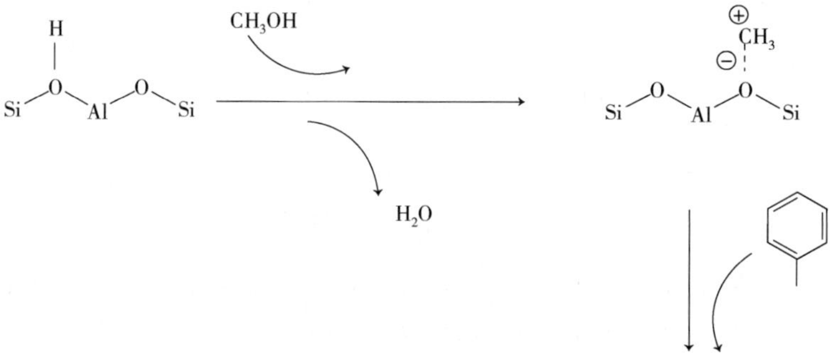

(4)

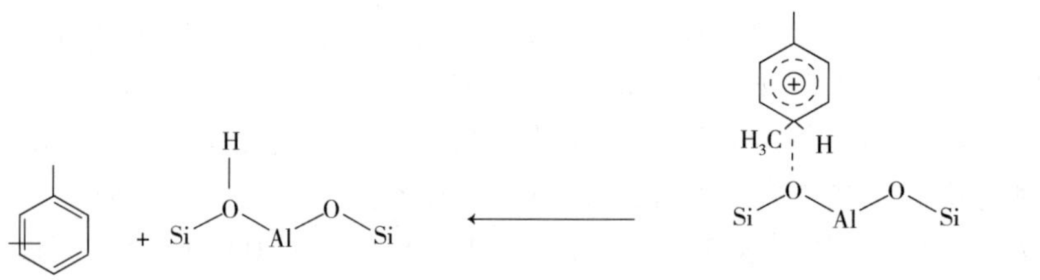

(5)

不考虑反应动力学以及产物稳定性差异等因素，在芳环的傅-克烷基化反应过程中，由于苯环上取代基对苯环上不同位点存在荷电诱导效应，苯环上给电子基团的烷基化取代位点是邻对位，吸电子基团的烷基化取代位点是间位。因此，由于甲苯中甲基对苯环 π 电子云的供电效应，甲苯甲醇烷基化产物浓度顺序为：邻二甲苯(OX)>对二甲苯(PX)>间二甲苯(MX)。但由于二甲苯三个异构体中 MX 热力学稳定性最好，甲苯甲醇烷基化生成的二甲苯在沸石表面 B 酸位上迅速异构化得到热力学平衡的混合二甲苯产物，即 OX：PX：MX 的浓度比大约为 22.5：24.3：53.2(温度不同略有差异)，上述过程即为平衡型甲苯甲醇烷基化技术(MTX)反应过程。

二甲苯异构体中，PX 分子的动力学直径最小，其在沸石微孔孔道中所受的空间阻力亦最小，在催化反应中表现出最快的扩散速度，而 OX 和 MX 的分子动力学直径相对依次增大，其分子扩散较慢。此外，除了尺寸效应，三者在沸石孔道内的吸附强度也有差异，也会影响其脱附扩散速度。因此，MTX 反应过程中引入动力学因素，例如对沸石孔道进行修饰，同时钝化沸石外表面的酸性中心，实现提高沸石孔道空间筛分效应和降低外表面异构化活性位点，甲苯和甲醇发生甲基化反应之后，反应产物中邻、间、对三种二甲苯异构体在扩散过程中空间位阻和扩散控制的差异会被放大。反应的宏观表现结果为，二甲苯中 PX 浓度显著高于热力学平衡值，该过程为甲苯甲醇择形烷基化技术(MTPX)反应过程[80]。

(二) 催化剂

甲苯甲醇烷基化反应温度较高(约 450℃)且反应过程生成大量的水，催化剂需具备良好的水热稳定性。此外，此过程还会发生甲醇制烯烃等反应，催化剂很容易积炭。因此，固定床 MTX 催化剂需兼备高水热稳定性和容碳能力，以保证催化剂的长周期运行及再生性能。中国石化开发的第一代 MTX-1000 甲苯甲醇烷基化催化剂以纳米 ZSM-5 沸石为活性主体，氧化铝粘结剂，主要物性数据见表 7-38。此外，MTPX 择形烷基化催化剂技术难度相对较大，目前尚未见工业化报道，其主要制约因素是，催化剂改性提高 PX 选择性过程中会同步导致转化效率和稳定性的快速下降，这是不可避免的“逆向效应”，很不利于该技术的工业化。

表 7-38 MTX-1000 甲苯甲基化催化剂主要物性数据

项 目	物理性质	项 目	物理性质
物相组成	ZSM-5/Al_2O_3	堆密度/(g/cm^3)	0.67 ±0.05
外观	白色条状物	抗压碎力/N	>80
尺寸/mm	$\phi(1.6\sim1.8)\times(3\sim5)$	粉化度/%	<1

(三) MTX 技术

1. 工艺流程

中国石化开发的 MTX 工艺采用多段层式固定床和中间激冷的气固相催化工艺路线，流程图见图 7-55。采用无载气气氛，原料进入固定床反应器进行反应。反应产物经热量回收后进入油水分离器，水相去污水汽提塔达排放要求后排出。油相进入汽提塔进行分离，塔顶轻烃组分去燃料气管网，塔釜采出重组分去甲苯塔进行分离，采出的甲苯与新鲜甲苯混合后进料，甲苯塔釜得到烷基化产物。

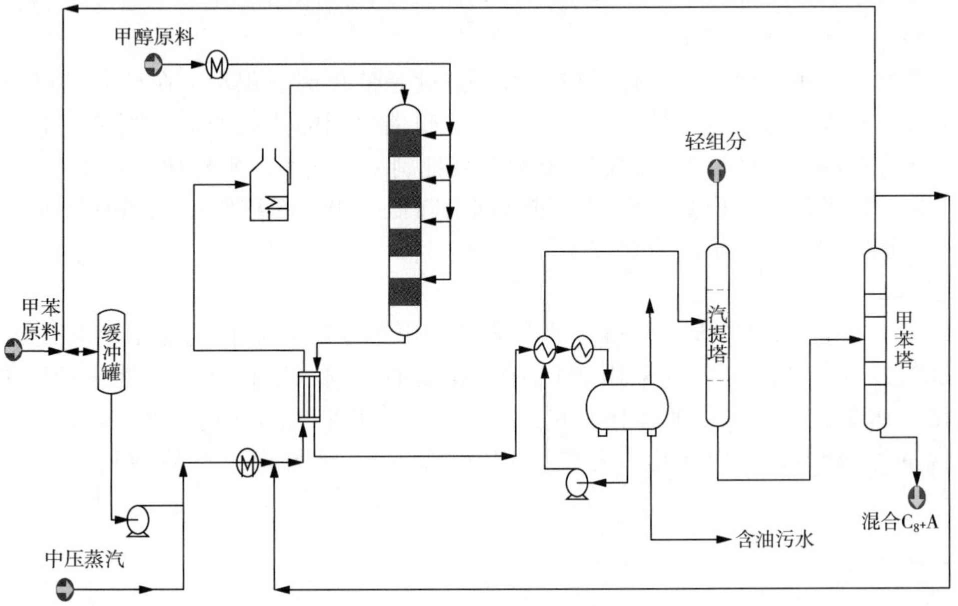

图 7-55 MTX 工艺流程图

2. 工艺条件

甲苯甲醇烷基化反应是复杂的双分子反应，除烷基化主反应外，还会发生诸多副反应，例如深度甲基化反应、甲苯歧化反应、甲醇自转化等。上述反应热力学和动力学参数差异较大，使甲苯甲醇烷基化反应的各工艺操作条件的变化通常会对多个主副反应的行为造成影响[81]。以下主要从理论上简要分析各工艺参数对反应的影响。

（1）反应温度　反应温度主要通过控制反应热力学即各主副反应的平衡常数而影响反应效率和产物分布。反应温度过低会使催化剂活性不足，甲苯转化率下降；反应温度过高则会促进各种副反应的发生，苯、C_9以上重芳烃及各种非芳副产物的收率增加，选择性和甲醇利用率下降，同时反应温度过高时还会加速催化剂表面积炭，导致催化剂活性较快下降，故适应的反应温度为450~470℃。

（2）反应压力　甲苯甲醇烷基化反应是等体积反应，反应压力对热力学平衡无影响。但是深度甲基化、芳环加氢等副反应是明显的体积降低的反应，压力升高会造成甲醇利用率下降、非芳副产物增加、二甲苯收率下降、C_9以上重芳烃增加以及催化剂失活加快等，故适宜的压力为0.4~1.0MPa(G)。

（3）重量空速　反应重时空速与催化剂性能有直接关系，提高反应器进料空速会降低催化剂转化效率，同时会缩短催化剂使用寿命。因此，高空速运转需要提升反应温度以保证相当的转化率，但同时会降低反应选择性。低空速运转可适当降低反应温度，以控制适当的转化率，并获得较高的选择性。

（4）烃醇比　在反应温度条件下，由于甲醇自身转化副反应$\Delta_r G_m$普遍低于烷基化主反应，低的反应烃醇比虽然可以提高甲苯转化率，但会显著降低甲醇利用率，且甲醇自身转化生成的烯烃、CO_x等副产物会严重缩短催化剂的使用寿命。提高反应烃醇比可以增加甲苯分子与甲醇分子的接触概率，促进烷基化反应并抑制甲醇自身转化副反应，延长催化剂使用寿命，提高技术经济性。需要注意的是，过高的烃醇比会使甲苯单程转化率和二甲苯单程收率处于较低水平，加大甲苯循环量，对装置的实际产能和能耗水平造成不利影响，故适宜的烃醇摩尔比为2.0~5.0。

（5）水醇比　甲苯甲醇烷基化反应典型特点就是催化剂易积炭，在反应过程中引入水不仅可以通过水煤气反应起到消炭作用，从而延长催化剂的使用寿命。同时，水分子极性较强，会优先吸附在酸性位点，抑制烷基化和其他副反应效率。水醇比需控制在一定范围，过低起不到抑制副反应和积炭的作用，过高则会降低二甲苯单程收率且同时增加装置能耗和物耗，故适宜的水醇摩尔比为0~2.0。

3. 工业应用

2012年，中国石化位于扬子石化的全球首套甲苯甲醇烷基化工业示范装置运行，产出高质量的二甲苯产品，装置采用MTX-1000型催化剂，运行良好，催化剂性能稳定，甲苯转化率达到32.5%，甲醇转化率接近100%，二甲苯选择性达到81.4 %，二甲苯中的乙苯含量为0.5%，反应产物中各指标均符合后续工艺要求，产品顺利引入芳烃联合装置[81]。

第六节 节能、设备与过程控制

一、芳烃联合装置节能技术

芳烃联合装置流程复杂、循环物料多，是石化企业中能耗较高的装置。降低能耗是提高装置经济效益的有效途径之一。芳烃联合装置的节能技术主要包括优化工艺方案、高效催化剂/吸附剂、高效换热设备、热集成以及低温热回收利用技术等。

（一）工艺流程优化

芳烃联合装置的总流程优化能给企业带来显著的节能效果和经济效益。总流程优化包括考虑原料及产品方案、装置组成、催化剂类型、工艺技术路线、公用工程条件及市场价格等因素，可根据各炼化企业自身情况具体分析。

（二）新型催化剂和吸附剂

重整催化剂、异构化催化剂、歧化与烷基转移催化剂，以及吸附剂的性能和操作参数均影响芳烃联合装置能耗。如重整催化剂，催化剂积炭速率降低时，催化剂再生部分的能耗将降低。歧化与烷基转移、异构化单元通过先进催化剂的开发，在保证良好的反应性能的同时，采用更低的反应温度和氢油比等，可有效降低循环压缩机能耗。对于异构化催化剂，当PX热力学平衡达成率和乙苯转化率提高时，异构化、二甲苯分馏及吸附分离三个单元的规模将降低，从而使装置能耗较大幅度的降低。对于歧化与烷基转移催化剂，甲苯和C_9及以上单环芳烃的单程转化率提高时，歧化及烷基转移单元的规模将降低，使单元能耗下降。

吸附剂吸附容量提高，可以降低筛油比，提高装置PX生产能力。吸附分离过程提高PX单程收率，能够降低PX回路内C_8芳烃循环量，即可降低装置能耗。

（三）采用高效节能设备

1. 高通量管换热器

高通量管是在光管的内表面或外表面上覆盖一层多孔性的金属烧结层，使传热表面大为增加，并提供大量汽化核心，以强化管内或管外泡核沸腾传热的换热管。与普通换热管相比，高通量管换热器的传热系数可达2000W/(m^2·K)以上，可以在很小的温差(约10℃)下沸腾，临界热负荷密度比普通管高50%以上，阻垢性能良好。高通量管换热器体积小，占地面积小，已成为芳烃联合装置技能的主要设备之一，得到了广泛应用。

2. 板壳式换热器

板壳式换热器以波纹板片作为传热元件，板片间采用焊接密封，板片沿流体流动方向的流道断面形状不断变化，加强了流体流动的扰动，能够在较低的雷诺数下形成湍流，因此提高了传热性能。板壳式换热器的另一优点是板片换热元件具有“静搅拌”效应，不易结垢，其结垢系数仅为管壳式换热器的1/5~1/4。

近年来，随着波纹板片工艺参数的改进及整装技术的进步，板壳式换热器换热效率高、结构紧凑、重量轻的优势愈发明显，在石化企业的应用越来越广泛，非常适合于换热负荷大，换热深的重整进出料换热、歧化进出料换热和异构化进出料换热等过程。现已进行工业应用的最大板壳式换热器换热面积已达 1100m^2，应用于 140 万吨/年连续重整装置上。

3. 缠绕管换热器

缠绕管换热器是一种新型管壳式换热器，由缠绕在换热器中心筒上的换热管束与外壳构成。缠绕管换热器具有如下特点：

（1）管内介质以螺旋方式通过，壳程介质逆流横向交叉通过绕管，避免了折流板结构换热器在折流板背面存在换热死区和垢物积聚沉淀等弊病，同时，流体在相邻管之间、层与层之间不断地分离和汇合，加强了管外侧流体的湍流，大大提高了传热系数，同时不容易结垢。

（2）实现不同介质之间高压差和高温差的换热，能够满足开、停工及事故工况时介质快速升降温的要求。

（3）结构紧凑，单位容积的传热面积可达普通换热器的 2 倍以上，比较适应于装置大型化。

（4）换热管长度不受限制，可以增加换热深度，提高换热负荷。

（5）管端存在一定长度的自由弯曲段，具有良好的挠性，管子热膨胀可自行补偿，不易受损。

（四）采用热集成技术

热集成是一种极为有效的节能措施，芳烃联合装置的热集成技术包括装置内各单元内部和各单元之间的热集成以及装置与上下游装置之间的热集成。

在重整-芳烃抽提联合装置中，二甲苯塔与甲苯塔和重整油分馏塔的热集成，可以节约能耗 36kgEO/t 抽提进料以上。对二甲苯装置三塔(二甲苯塔、抽余液塔和抽出液塔)的热集成可以节约能耗 100kgEO/tPX 以上，重芳烃塔与重整油分馏塔的热集成可以节约能耗 30kgEO/tPX 以上。

（五）低温热利用技术

1. 利用热媒水回收低温热

对于温位较低的热源(90~130℃)，可集中设置低温位热利用设施，采用除盐水或除氧水作为循环热媒水回收热量，用来预热原料、预热加热炉空气等，也可用作伴热、罐区维温、生活用热等。

2. 利用低温热发电

利用低温热发电是一种重要的能量回收形式，可以将低温热能直接转化为电能。根据热源温位的高低，利用低温热发电技术包括低温热水发电和低压蒸汽发电两种技术。低温热水发电是先利用低温热产生低温热水，再利用低温热水发电；低压蒸汽发电是先利用低温热产生低压蒸汽，再利用低压蒸汽发电。已工业化的低温热水发电技术是朗肯循环技术和卡特琳娜循环技术。

二、芳烃吸附分离特殊设备

工业上主要采用逆流模拟移动床吸附分离技术生产高纯度对二甲苯。除吸附剂外，吸附分离技术的核心是吸附室专用内构件和控制系统。2009 年，中国石油化工股份有限公司组织攻关组，针对包括格栅等模拟移动床吸附分离核心技术在内的成套芳烃生产技术进行系统研发，于2010年成功开发出自主知识产权的ACG-I型格栅、床层管线冲洗设备和控制系统。

(一)吸附分离塔格栅

1. 格栅介绍

吸附室内关键设备——格栅是吸附分离技术的三大核心技术之一。除具有支撑上游床层吸附剂、阻挡吸附剂粒子、收集上游床层流体和向下游床层再分配流体等常规塔盘的功能外，格栅还具有导入外部流体和将内部流体抽出的功能。原料、解吸剂、抽余液和抽出液等物流，通过格栅在每个吸附床层内的引入和导出，实现固定在吸附剂床层中的吸附剂模拟向上移动。此外，为了提高吸附剂的利用率，格栅内部还具有流体混合和分配的功能。

根据安装在吸附塔内的位置不同，格栅分为顶格栅、底格栅和中间格栅三种类型。中间格栅一般都具有上下表面、流体收集部件、流体分配部件、外部流体导入或抽出部件和流体混合部件，其结构如图7-56所示[82]。顶格栅内部一般只包含流体分配部件，底格栅内部一般只包含流体收集部件。

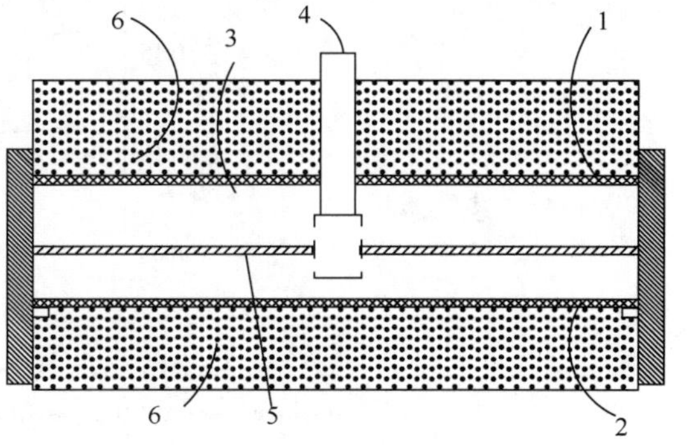

图7-56　中间格栅结构示意图

1—上表面；2—下表面；3—缓冲室；4—流体导入或抽出管；5—流体收集部件；6—吸附剂床层

目前，工业化的吸附分离技术主要有美国UOP公司的Parex工艺、法国IFP的Eluxyl工艺和中国石化的SorPX工艺，相应的格栅结构不同。UOP的Parex工艺的一个显著特点是，每块格栅只有一根管线，兼顾床层内流体的抽出和吸附塔外第二流体的导入[83]。因此，为了保证最终产品的纯度和收率，进行流体的导入或抽出的操作切换时，必须对管道进行冲洗。由于其结构简单，对塔径较小的吸附分离设备，具有良好的分配效果，但难于应用于塔径较大的装置。IFP的Eluxyl工艺具有两个独立腔室，一个负责外部流体的引入，另一个负责容器内流体的抽出[84]。其内部结构比较复杂，能提供有比较好的流体分配效果，有利于设备的放大，但加工难度比较大，装剂时安装配管的工作量大。

2. 中国石化格栅技术

为打破国外对吸附分离技术的垄断，国内对吸附塔格栅等内构件核心工程技术进行攻关，采用CFD模拟计算与冷模试验相结合的方法，成功开发了具有自主知识产权的ACG系列新型格栅[85]。

1）ACG系列新型格栅开发

针对吸附分离工艺提出的要求和格栅需要实现的功能，提出了新型吸附塔格栅结构方案，采用冷模试验和CFD模拟相结合的方法，成功开发了ACG系列新型格栅。不同流量下模拟的ACG系列格栅的压力降、分配不均匀度和混合不均度，如图7-57所示。

由图7-57可知，随着流量的增加，ACG系列格栅的压力降增大，流动不均匀度和混合不均匀度均减小。其中，ACG04和ACG05格栅在低流速和高流速下都有比较好的混合分配性能，更适合于模拟移动床这种床层内流量随时间变化较大的工艺。ACG04格栅的混合效果更好，ACG05格栅的分配性能更优。

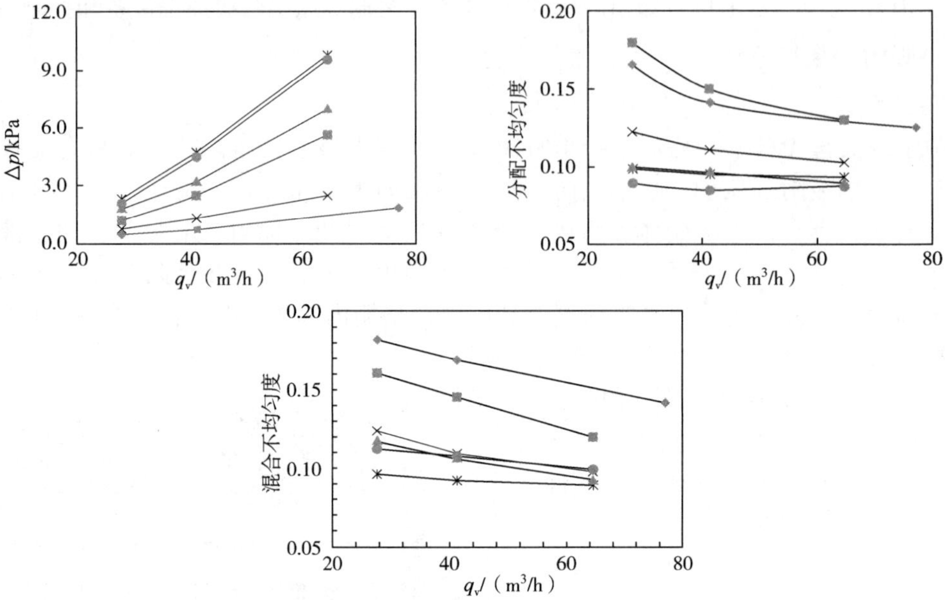

图 7-57 ACG 系列格栅的性能对比

—◆— ACG格栅；—■— ACG01；—▲— ACG02；—×— ACG03；—✳— ACG04；—●— ACG05

通过冷模试验进一步研究格栅的流体力学性能，采用单点电导法评价 ACG 系列格栅的分配性能，获得示踪剂浓度随时间变化的停留时间分布(RTD)曲线，通过 RTD 曲线的形状和积分面积的方差可以判断流体分配效果[86]。采用多路光纤脉冲示踪法评价 ACG 系列格栅的混合效果，测定多个检测点的示踪剂浓度随时间变化曲线，对每个点的浓度曲线积分，得到单位时间流过每个点的示踪剂的量，计算其不均匀度判断流体的混合均匀性。

由图 7-58 可知，格栅的方差均随流量增大而减小，当流量低于 $120m^3/h$ 时，ACG05 格栅的方差最小，说明其在较宽的流量范围内均具有更好的分配效果。由图 7-59 可知，在很宽的流量范围内，ACG04 和 ACG05 格栅的混合不均匀度都很小，ACG04 格栅在流速较低时的混合不均匀度最小，说明其混合效果最佳。冷模试验的结果与 CFD 模拟一致。

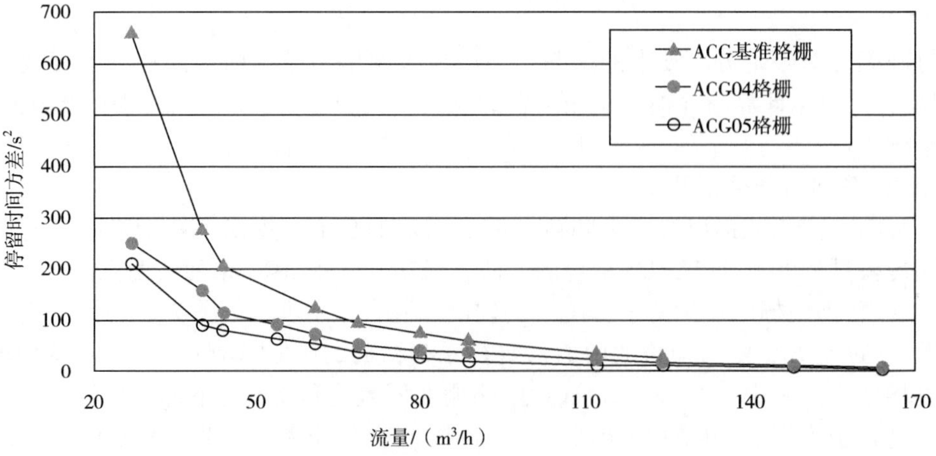

图 7-58 ACG 格栅停留时间方差曲线

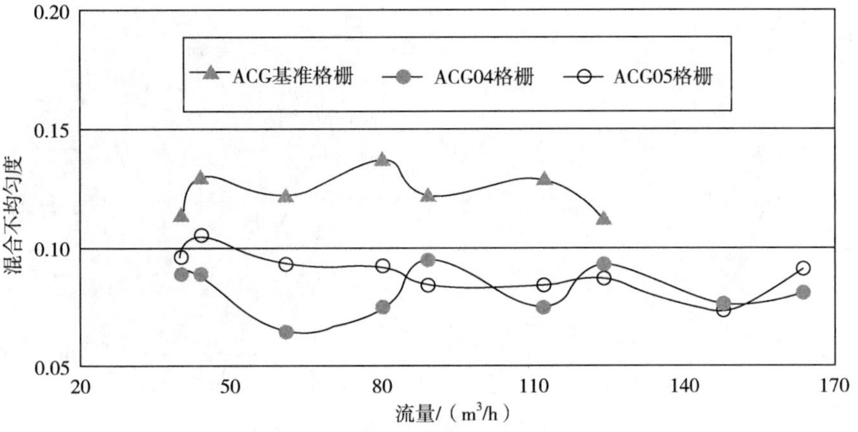

图 7-59　ACG 系列格栅混合不均匀度曲线

图 7-60 为 ACG 系列格栅 CFD 模拟的压力降与冷模试验测得的压力降比较，二者数据吻合较好。根据试验数据，不断对 CFD 模拟参数进行校正，CFD 模拟数据与冷模试验数据越来越吻合，使用 CFD 模拟进行格栅后续开发和放大是可靠的。

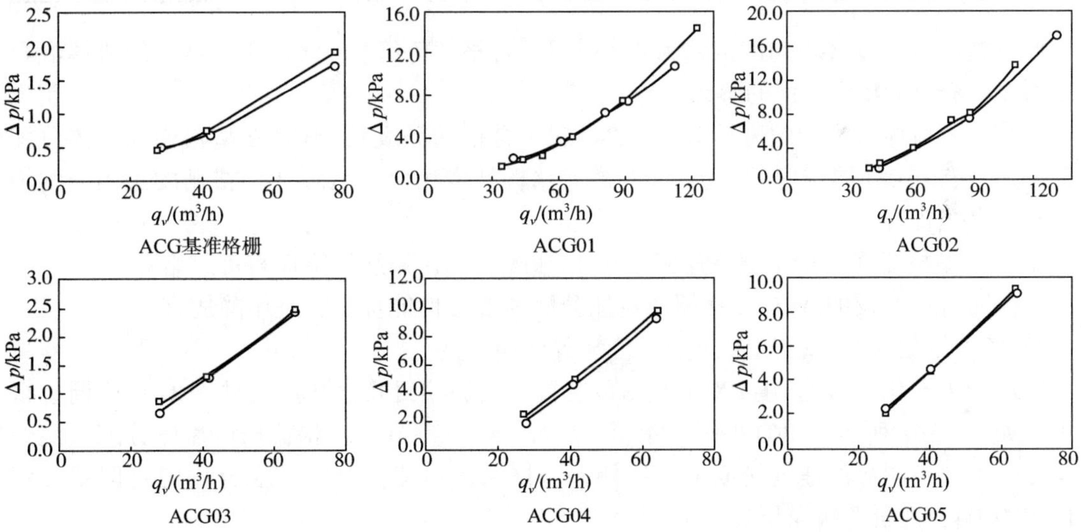

图 7-60　ACG 系列格栅压力降 CFD 模拟值与冷模试验值对比
—○— 试验值；—□— CFD模拟值

2）ACG-I 型格栅开发

掌握了格栅压降、混合及分配等流体力学性能的控制规律，结合 ACG04 和 ACG05 格栅的特点，开发了 ACG-I 型格栅。ACG-I 格栅内部设置迷宫结构，强化流体混合；设置流体整流和分配部件，提高分配效果。图 7-61 是 CFD 模拟得到的 ACG-I 格栅下方的流速分布和 PDEB 质量分数分布，二者分布非常均匀。

与原有格栅技术相比（如表 7-39 所示），ACG-I 格栅具有以下特点：

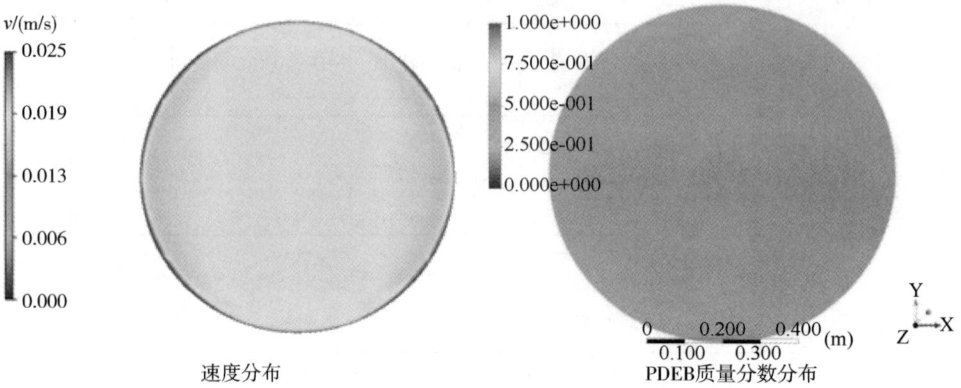

图 7-61　ACG-I 格栅 CFD 模拟结果

表 7-39　ACG-I 型格栅与原有格栅技术性能对比

格栅类型	原有格栅技术	ACG-I 型格栅
流体混合均匀度偏差	0. 18	0. 09
流体分配均匀度偏差	0. 24	0. 08
典型工况压降/kPa	1. 20	1. 45

原有技术流体混合均匀度偏差为 0. 18(属于合格的等级)，ACG-I 型格栅的流体混合均匀度偏差只有 0. 09(属于优的等级)。

原有技术流体分配均匀度偏差为 0. 24(属于合格的等级)，ACG-I 型格栅的流体分配均匀度偏差只有 0. 08(属于优的等级)。与原有格栅技术相比，ACG-I 型格栅的流体分配均匀性得到了大幅提升。

ACG-I 型格栅在典型工况下压降小于 1. 5kPa，相比系统压降而言可忽略不计。

总体而言，开发的 ACG-I 格栅的流体分配和混合性能优良，且压降适宜。

3）扬子石化 3 万吨/年 PX 工业示范装置格栅开发

针对扬子石化 3 万吨/年 PX 工业示范装置，格栅项目联合开发组对 ACG-I 格栅进行了放大，如图 7-62 所示。CFD 模拟显示(图 7-63 所示)，ACG-I 格栅出口流体分配及混合非常均匀，不存在明显的速度场或浓度场偏差，格栅出口流体分配及混合均匀度偏差分别为 0. 10 和 0. 04，评价等级属于优。

图 7-62　示范装置格栅模拟结构

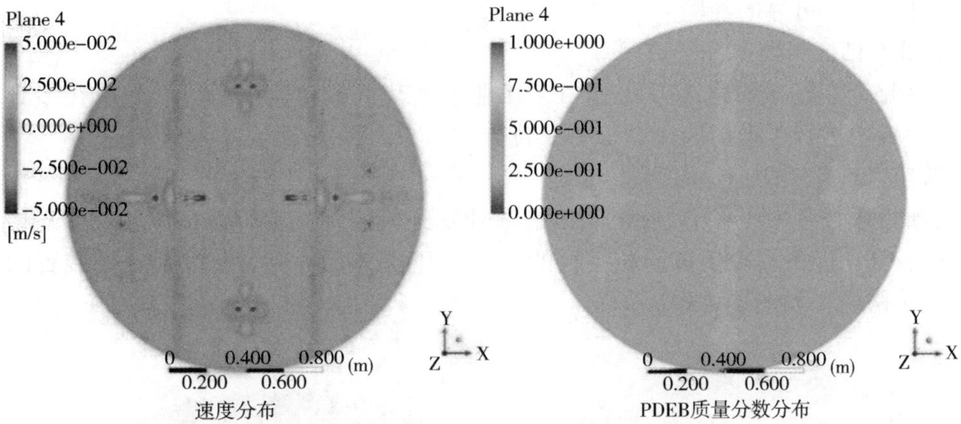

图 7-63　扬子石化 ACG-I 格栅 CFD 模拟结果

4）扬子 3 万吨/年 PX 示范装置运行效果

ACG-I 格栅于 2011 年 10 月成功应用于扬子石化 3 万吨/年 PX 示范装置，至今运转稳定，可在 60%~130%的操作负荷范围内正常运转，格栅最大压降小于 1.5kPa，只占床层压降的 5.6%，满足工艺要求。装置产出的 PX 产品纯度在设计工况下不小于 99.7%、收率不小于 97%。图 7-64 为扬子石化 PX 工业示范装置格栅压降的实测值与模拟值对比。

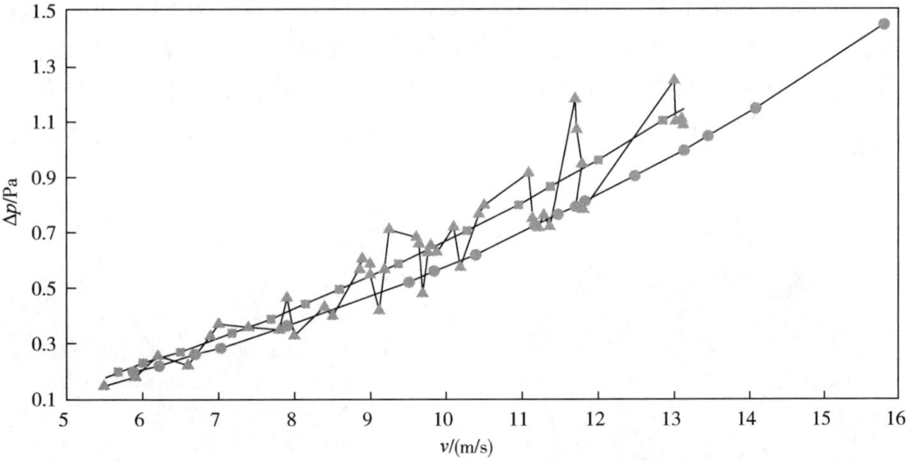

图 7-64　扬子示范装置格栅压降预测与实测值对比

—▲— 装置实测值；　—●— CFD模拟值（未经冷模试验校正）；　—■— CFD模拟值（经冷模试验校正）

如图 7-64 所示，采用冷模试验校正过的 CFD 模拟值与装置实测值偏差只有 12.4%，进一步证明冷模试验和 CFD 模拟相结合的格栅开发方法是可靠的。

5）扬子 3 万吨/年 PX 工业示范装置格栅开发总结

格栅项目联合开发组采用 CFD 模拟与冷模试验相结合的方法，开发了 ACG-I 格栅，作为具有自主知识产权的 SorPX 工艺的核心技术之一，成功应用于扬子石化 3 万吨/年 PX 工业示范装置。该项目打破了国外公司对芳烃吸附分离领域的垄断，使中国石化成为全球第 3 家拥有芳烃成套生产技术专利的公司，实现了中国 PX 技术从引进跟跑到创新领跑的历史性跨越，具有较好的社会效益。该项技术的成功应用也为后续的新型格栅开发、优化、放大及工程设计提供了可靠的经验。

3. 中国石化格栅技术推广应用

ACG-I 格栅在扬子石化 3 万吨/年 PX 工业示范装置成功应用后，又先后在多套新建和改造工业装置中进行了推广应用，取得了优异的效果。

1）新建大型化吸附分离装置

格栅项目联合开发组在总结 ACG-I 格栅开发经验的基础上，开展大型化 PX 装置格栅研究，通过 CFD 模拟与冷模试验相结合的方法，开发出适用于大型吸附分离装置的扇形单分区 ACG-I 格栅，如图 7-65 所示。

图 7-65　大型 PX 吸附分离装置吸附塔格栅方案

（1）格栅的流体分配性能　运用 CFD 模拟和冷模试验，以公开的专利中的扇形结构格栅为基准方案（ACG-A），同中国石化自主开发的大型吸附塔格栅方案（ACG-B），进行流体力学性能对比。CFD 模拟结果如图 7-66 所示，ACG-A 格栅出口流体速度分布不均匀，在靠近吸附塔中心和器壁处流速较小，缓冲室下方流速较高；ACG-B 格栅流体分配效果优于格栅 ACG-A。

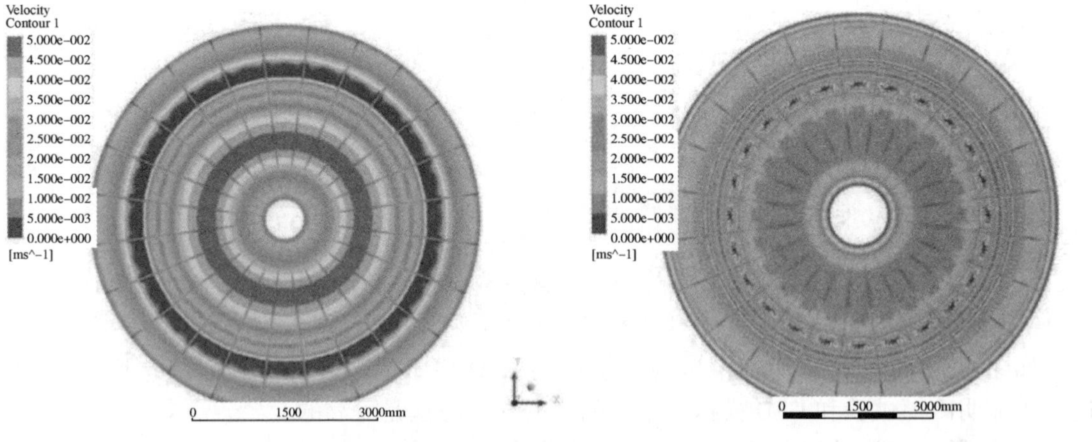

图 7-66　两种格栅出口流体速度分布对比

冷模试验数据如图 7-67 和图 7-68 所示，ACG-A 和 ACG-B 格栅的 RTD 曲线均为单峰，ACG-B 格栅的 RTD 曲线较窄，且拖尾较小；ACG-B 格栅的 RTD 曲线方差比 ACG-A 格栅下降 42.9%，说明 ACG-B 格栅的流体分配性能更优。随着流量的减小，两种格栅的方差均呈现增大趋势，但 ACG-B 格栅的方差始终小于 ACG-A，表明其具有更好的分配性能。

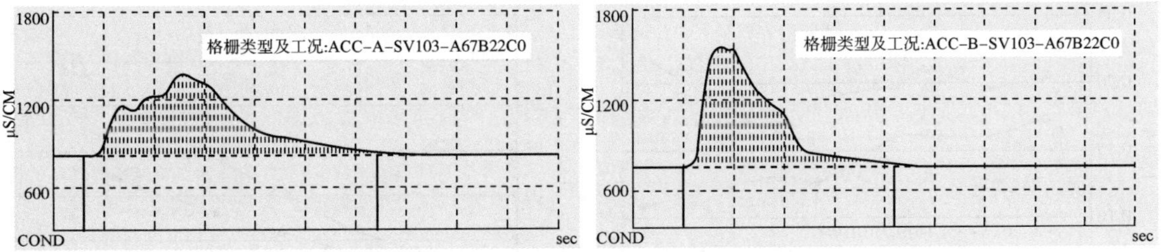

图 7-67 两种格栅的 RTD 曲线分布对比

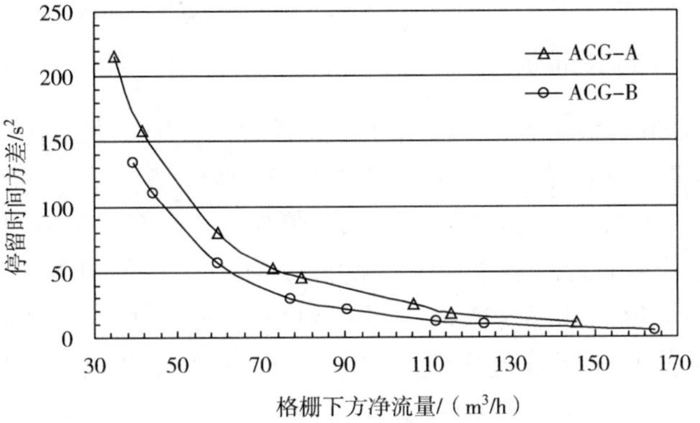

图 7-68 两种格栅的 RTD 曲线方差对比

（2）格栅的流体混合性能 如图 7-69 所示，CFD 模拟的 ACG-A 格栅下方 PDEB 浓度不太均匀，而 ACG-B 格栅下方 PDEB 浓度分布比较均匀，表明 ACG-B 格栅具有更优的流体混合效果。

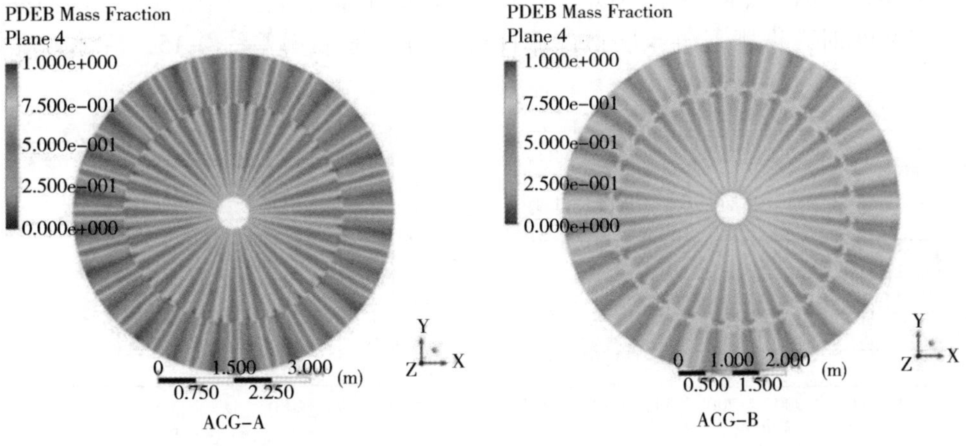

图 7-69 两种格栅下方 PDEB 浓度分布对比

冷模试验数据如图 7-70 所示，在较宽的流量范围内，ACG-B 格栅的示踪剂通过量标准偏差始终小于 ACG-A，其平均值比 ACG-A 格栅小 25.6%，表明其流体混合性能更优。

（3）格栅压降 图 7-71 为冷模试验测得的格栅压降，随着流量的增加，两种格栅的压降均呈现上升趋势，ACG-B 格栅压降略高于 ACG-A 格栅，主要原因是内部设置了强化流体混合及分配性能的元件，升高后的压降相比于吸附塔全塔压降可忽略不计。

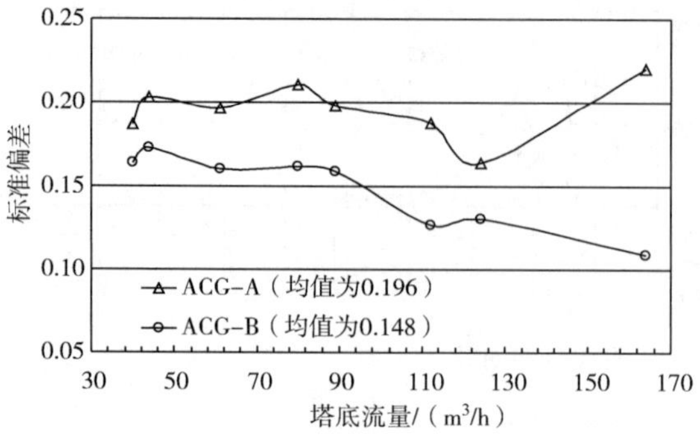

图 7-70　两种格栅示踪剂标准偏差对比

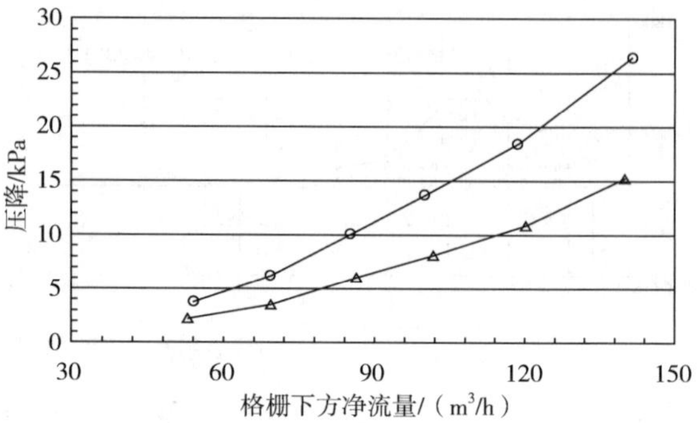

图 7-71　两种格栅压降对比

（4）海南 1 号芳烃联合装置 60 万吨/年 PX 装置运行效果　大型化 ACG-I 格栅于 2013 年 12 月应用于海南 1 号芳烃联合装置 60 万吨/年新建 PX 吸附塔，项目一次开车成功并一直稳定运行。标定结果表明，在 110%的负荷下，对二甲苯纯度达到 99.83%，收率超过 98.28%。

在吸附塔内设置了多个柔性热电偶，以此间接判断格栅的分配性能。吸附剂吸附脱附 C_8 芳烃的热效应，会导致局部温度变化。当吸附塔内流体在某一截面的流速和浓度分布均匀时，吸附剂床层截面各区域温度趋于均一，否则就会出现一定偏差。因此，截面上温度分布的标准偏差，可用于表征物料分配和混合的均匀性，从而判断格栅的分配混合性能。

如图 7-72 所示，吸附塔格栅上下游不同轴向位置截面，床层温度分布标准偏差变化规律一致。格栅上游床层底部截面温度分布标准偏差平均值最大(0.199)，下游床层顶部截面温度分布标准偏差平均值显著减小(0.148)，表明格栅对上游不均匀流动的流体具有明显的均匀分配和混合作用。如图 7-73 所示，格栅流体分配性能随装置操作负荷提高而提升，操作负荷大于 80%时，格栅下游床层顶部截面温度分布标准偏差约 0.15，流体分配性能均很好。

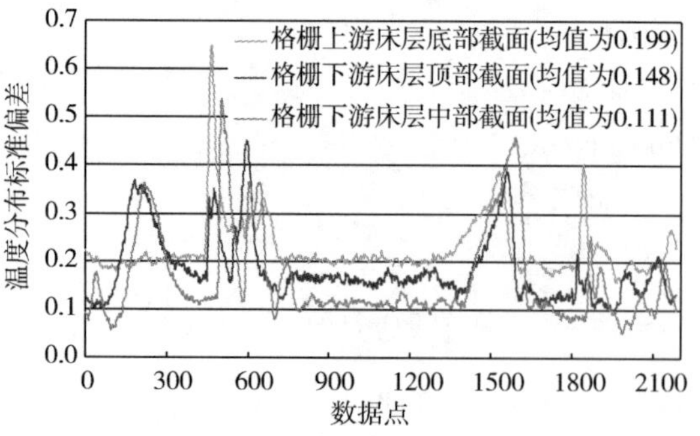

图 7-72　不同位置截面温度分布标准偏差

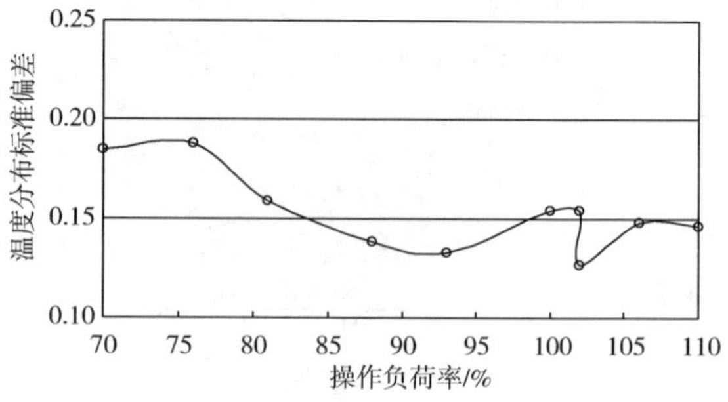

图 7-73　格栅性能随装置操作负荷的变化

（5）海南 1 号芳烃联合装置 60 万吨/年 PX 装置格栅开发总结

运用 CFD 模拟与冷模试验相结合的方法，开发出满足大型吸附分离装置要求的 ACG-I 格栅。装置成功开车以来，一直满负荷和超负荷运行，产品纯度、收率达到设计值要求，且能耗低于设计值，各项性能指标达到或超过国际先进水平，为企业带来良好的经济效益。

通过吸附塔内多点揉性热电偶数据显示，ACG-I 格栅具有优异的混合分配性能。格栅最大压降低于 2.5kPa，且在长时间运行情况下压降保持稳定。ACG 格栅成本较低，较进口技术节省了近 7000 万元。

（6）海南 2 号芳烃装置 100 万吨/年 PX 吸附塔格栅　随着装置规模的增大，吸附塔格栅的净高也会相应增加，但格栅净高增加对吸附分离过程有负面影响。采用 Aspen Plus 模拟格栅高度对 PX 收率的影响，结果如图 7-74 所示。格栅净高每增加 10mm，收率降低约 0.4%，使用全混流模型比平推流模型计算的收率损失更大。两种模型的主要区别在于轴向返混程度不同，由此可以判定格栅净高对吸附分离过程影响的主要原因是轴向返混。

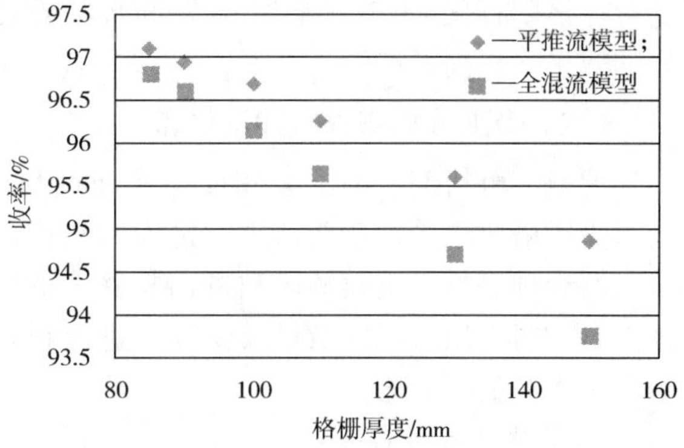

图 7-74　Aspen 模拟格栅净高对 PX 收率的影响

采用单点脉冲法，通过 CFD 模拟得到不同净高格栅在不同流量下的 RTD 曲线，再计算相应的彼克列数（*Pe*），由此考察格栅内部的轴向返混情况。*Pe* 数越小，表明轴向返混程度越高，反之则越小。如图 7-75 所示，不同净高的格栅 *Pe* 均随流速降低而变小，表明格栅内部轴向返混程度随流速降低而变大，低线速下格栅分配性能变差是格栅内部轴向返混引起的。同时，随着格栅净高增加，*Pe* 数减小，说明格栅净高越高，格栅内部轴向返混越剧烈。为了避免 PX 收率的损失，可通过调节格栅分配结构，优化低线速和净高对格栅性能的影响。优化后的格栅的 *Pe* 数变化规律如图 7-76 所示。优化的格栅 *Pe* 数随格栅净高的变化显著变缓，且均大于原有格栅，表明优化后的格栅内部轴向返混较小，且对格栅净高不敏感。

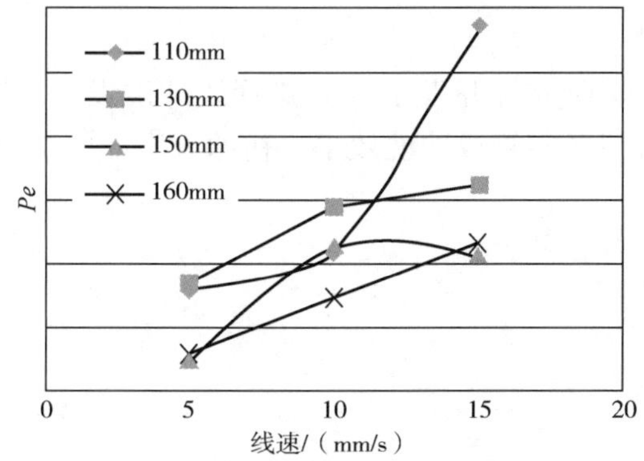

图 7-75　格栅净高和线速对 *Pe* 的影响

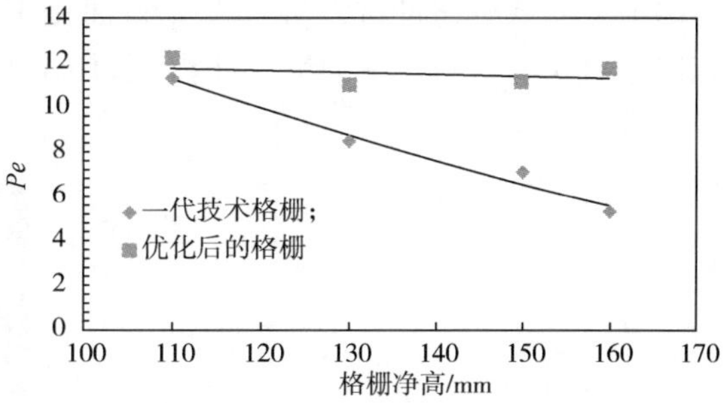

图 7-76　优化前后格栅净高对 *Pe* 数的影响

针对海南炼化 100 万吨/年 2 号芳烃装置，优化了 ACG-I 格栅的内部分配结构[87]，在吸附塔直径增加的情况下，格栅净高降低 10mm。2019 年 9 月 27 日，海南炼化 100 万吨/年 2 号芳烃装置打通全流程，产出合格对二甲苯产品，标志着我国芳烃生产技术达到世界先进水平。

2）现有 PX 装置格栅改造

针对已有 PX 装置，也开展了格栅国产化升级改造研究，先后在齐鲁石化 8.4 万吨/年装置、洛阳石化 23.7 万吨/年装置和金陵石化 75 万吨/年装置进行了工业应用，取得了很好的效果，提高了产能。

（二）吸附分离塔管线冲洗设备

原料、解析剂、抽出液和抽余液通过与格栅相连的床层管线，周期性地进出吸附塔，会对吸附塔床层管线造成污染，进而影响产品的纯度和收率。需要设置适当的管线冲洗物料，并合理安排进出料顺序和进出料管线的位置，消除床层管线污染。进出吸附塔物料的种类、物料进出管线的数量及位置、进出料顺序和进出料管线冲洗设备，是模拟移动床吸附分离工艺的核心之一。

1. 管线冲洗设备介绍

与格栅一样，不同吸附分离工艺的管线冲洗设备也有较大区别。UOP 的 Parex 工艺所有床层均有一根管线连接到一个旋转阀上[88]，旋转阀还与原料、解吸剂、抽出液、抽余液和管线冲洗等进出物料管线相连。Parex 工艺设置 2~4 股冲洗物料，有向吸附塔内冲洗的物料，也有向吸附塔外冲洗的物料。IFP 的 Eluxyl 工艺每个吸附剂床层都与 6 根物料进出管线相连，分别是原料、解吸剂、抽出液、抽余液、冲洗物料和与下一个吸附床层相连的旁路管线，每根物料管线均采用一个程控阀门控制开闭[89]。

2. 中国石化的管线冲洗设备

石油化工科学研究院从 2009 年开始研发国产吸附分离工艺的床层管线冲洗设备。综合考虑工艺、物流进出控制方式和格栅形式，中国石化的床层管线冲洗设备开发思路是：选用程控阀实现模拟移动床工艺；每个吸附剂床层与所有的物料储罐连通，且采用一根管线兼顾吸附塔内物料的抽出和吸附塔外物料的导入；采取适当的措施消除物料切换对管线造成的污染。

1）扬子 3 万吨/年 PX 示范装置管线冲洗设备

（1）分立式管线冲洗设备开发　石油化工科学研究院开发了分立式管线冲洗设备，因为难以通过实验进行相关研究，主要通过 CFD 模拟考察管线冲洗效果，初始方案如图 7-77 所示。

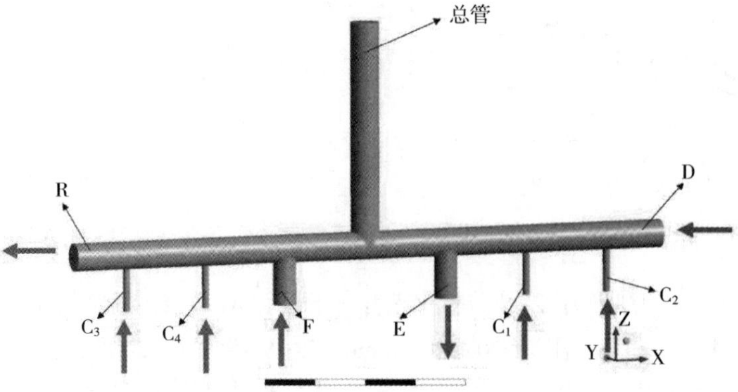

图 7-77　分立式床层管线冲洗设备

如图 7-78 所示，经 C_3 和 C_2 冲洗后，管路内污染情况明显改善，能比较彻底地将残余在主管的其他 C_8 芳烃冲洗掉。冲洗后对抽出液 E 的污染只有 0.11%，大大降低了对 PX 产品的污染，基本能满足 PX 产品纯度达到 99.7%的要求。而且对原料 F 和解吸剂 D 的污染程度也很小，既有益于提高产品收率，也可以降低整个过程的能耗[90]。

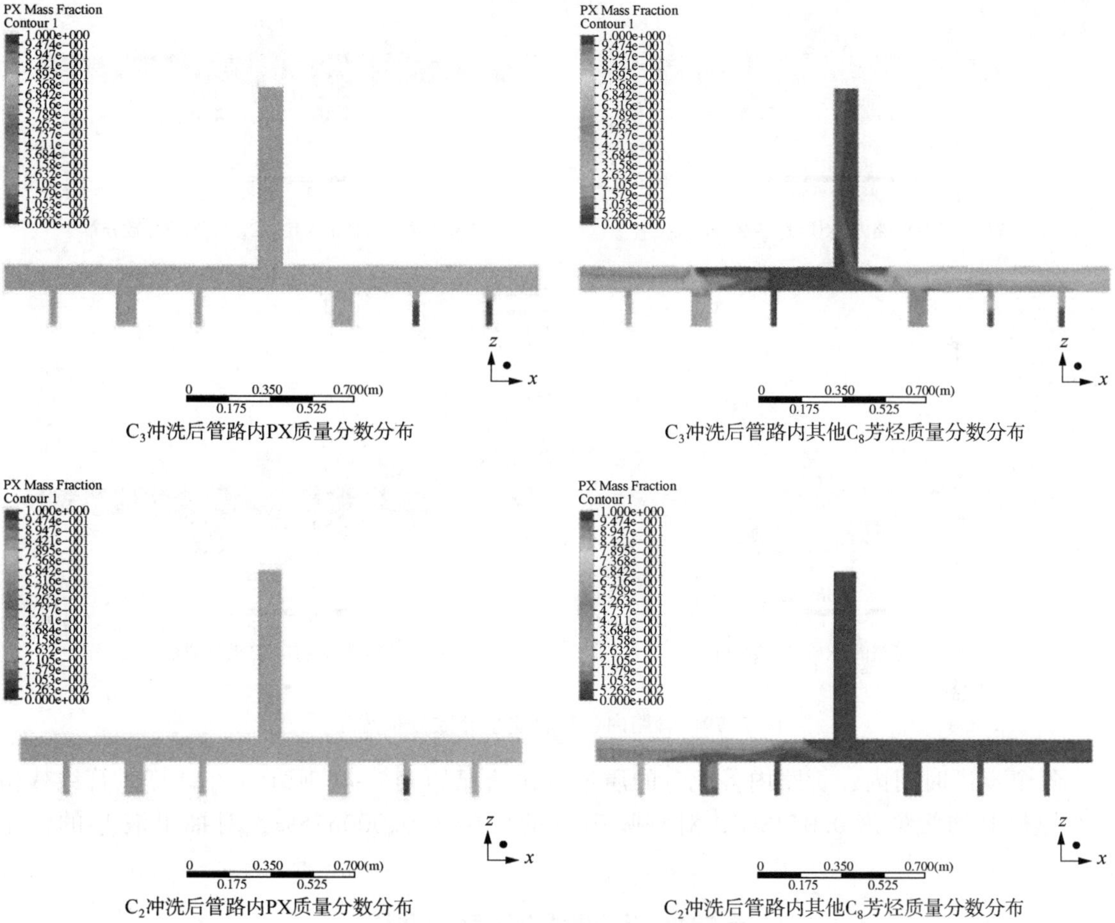

C_3冲洗后管路内PX质量分数分布　　C_3冲洗后管路内其他C_8芳烃质量分数分布

C_2冲洗后管路内PX质量分数分布　　C_2冲洗后管路内其他C_8芳烃质量分数分布

图 7-78　管路内各物料质量分数分布情况

（2）装置运行效果　2011 年 10 月，分立式管线冲洗设备成功应用于扬子石化 3 万吨/年 PX 工业示范装置，PX 产品纯度大 99.7%，收率达 97%，形成了以独立设置并控制的高效管线冲洗方式为特点征的中国石化吸附分离新工艺。开工至今，运行平稳，产品纯度和收率始终符合高等级产品要求。

2）海南一期 60 万吨/年芳烃联合装置 PX 吸附塔管线冲洗设备

（1）“构件化三通”开发　在扬子石化 3 万吨/年 PX 工业示范装置的基础上，为了满足大型吸附分离装置的要求，保证 PX 产品纯度达到 99.8%，收率达到 98%，石科院开发出独特的构件化三通[91]。如图 7-79所示，经过 C_3 和 C_2 冲洗后，由于“构件化三通”的作用，管路中的其他 C_8 芳烃被冲洗得相当彻底，质量分数低于 1×10^{-6}。

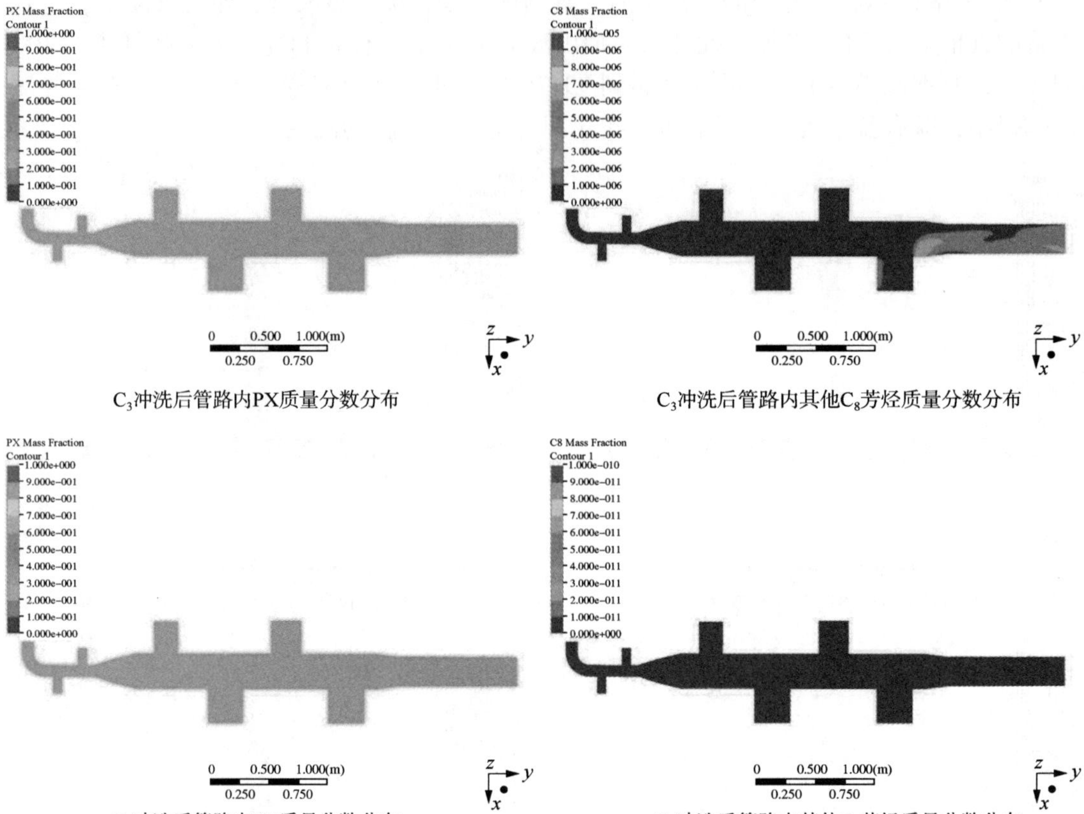

C_3冲洗后管路内PX质量分数分布　　C_3冲洗后管路内其他C_8芳烃质量分数分布

C_2冲洗后管路内PX质量分数分布　　C_2冲洗后管路内其他C_8芳烃质量分数分布

图 7-79　管路内各物料质量分数分布情况

各个步进时间内，管路内各组分的质量变化情况如表 7-40 所示。经计算，管线残留物对原料 F 的污染为 0.0538%，对解吸剂 D 的污染为 0.000675%，对抽出液 E 的污染为 0。

表 7-40　床层管线内各组分的质量

组分	出 R	进 C_4	进 F	进 C_3	进 C_2	出 E	进 C_1	进 D
PDEB/kg	145.697	1.48787	0.910174	140.473	140.473	140.473	220.782	220.858
PX/kg	0.100285	41.1115	41.2082	79.0159	79.0159	79.0161	0.180489	0.106332
C_8/kg	74.0924	175.056	175.528	7.224×10^{-5}	1.105×10^{-10}	0	0	0

（2）装置运行效果　2013 年 12 月“构件化三通”应用于海南炼化 60 万吨/年 1#芳烃联合装置，PX 最终纯度达到了 99.9%，收率达到 99%。

3）中国石化床层管线冲洗设备应用

RIPP 开发的“构件化三通”管线冲洗设备，随后又在海南炼化 100 万吨/年 2#芳烃装置和洛阳石化分公司 23.7 万吨/年 PX 装置进行了工业应用，均取得了很好的效果，保证 PX 产品纯度和收率达到高等级产品要求。

3. 中国石化吸附塔内格栅管系结构开发

吸附塔内每层格栅通过多根支管与吸附塔总管连接，吸附塔格栅管系结构及性能直接影响到吸附塔内件的冲洗效率和装置效能。国外专利商采用传统的阶梯形中心管，项目联合开发组采用 CFD 方法对吸附塔格栅管系结构进行优化，获得了性能优异的斜面管系结构[92]。模拟结果如图 7-80 和图 7-81 所示，阶梯形中心管存在流动死区，不利于冲洗，斜面中心管结构的冲洗效果远优于阶梯型。

斜面中心管结构先后成功应用于海南炼化 60 万吨/年 1 号芳烃联合装置和 100 万吨/年 2 号芳烃装置，至今均运行平稳。

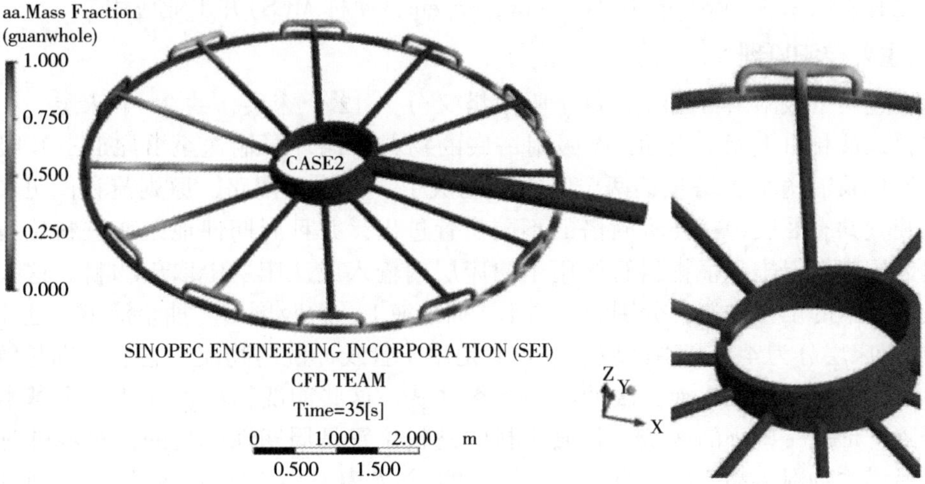

图 7-80 斜面型中心管系第 35 秒的冲洗效果

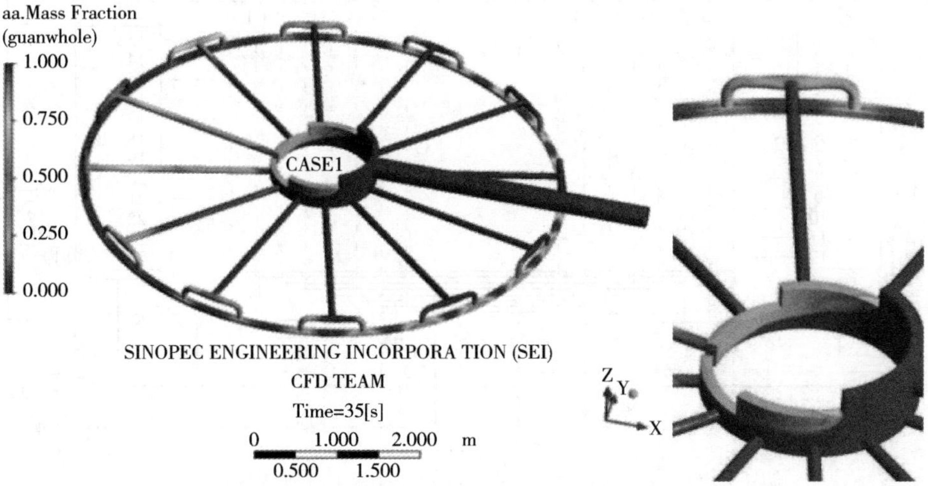

图 7-81 阶梯管型中心管系第 35 秒的冲洗效果

三、专有控制系统

模拟移动床芳烃吸附分离技术比较复杂，涉及吸附剂、工艺流程、专用设备、模拟移动床吸附塔专有控制系统等多方面，其中吸附塔专有控制系统是芳烃吸附分离工艺三大核心技术之一。系统的主要作用是，控制吸附塔的各股进出物料按照工艺要求在给定的时间进出特定的吸附剂床层，准确控制吸附塔各股进出物料及循环物料流量并保证吸附塔压力稳定。控制系统与工艺的联系非常紧密，是模拟移动床芳烃吸附分离过程得以实现的重要保证。中国石化经过多年研发，目前已经成功开发与中国石化自有芳烃工艺 SorPX 相匹配的吸附塔专有控制系统(Moving-beds Control System，简称 MCS)并工业应用。

（一）主要控制原理

装置设置两个吸附塔 A 和 B，每个吸附塔又分为 12 个床层，共 24 个床层。在每个吸附塔内物料以液相自上而下流动，A 吸附塔底的物料由循环泵输送至 B 塔顶，B 吸附塔底的物料由循环泵输送至 A 塔顶，两个吸附塔构成了一个循环回路，原则流程图见图 7-82。吸附分离装置共有 8 股物料在吸附塔的不同位置进出，并且周期性地改变进料位置，因此每个吸附床层都会引出一根物料管线用于向床层内输入或从床层中取出物料。这 8 股物料中有 4 股是基本的工艺物流，分别为进料 F、抽出液 E、解吸剂 D、抽余液 R，这 4 股物流将 24 个吸附床层分为 4 个基本区域。另 4 股是用于管线冲洗的物流，它们分别是解吸剂冲洗、抽出液一次冲洗、抽出液二次冲洗和进料冲洗。这些冲洗物料将前述 4 个基本区域又进一步分隔，形成一些小的区域。各股物料的进料位置是周期性变化的，每步进时间 T 变化一次，沿塔内物料流动方向跨过一个床层，24 个 T 为一个周期 θ，经过 θ 后回到最初的位置，完成一次循环。每股物料有管线通向 24 个床层，在各物料通向各床层的管线上设置有程控阀，通过程控阀的开闭控制各物料的进出位置。

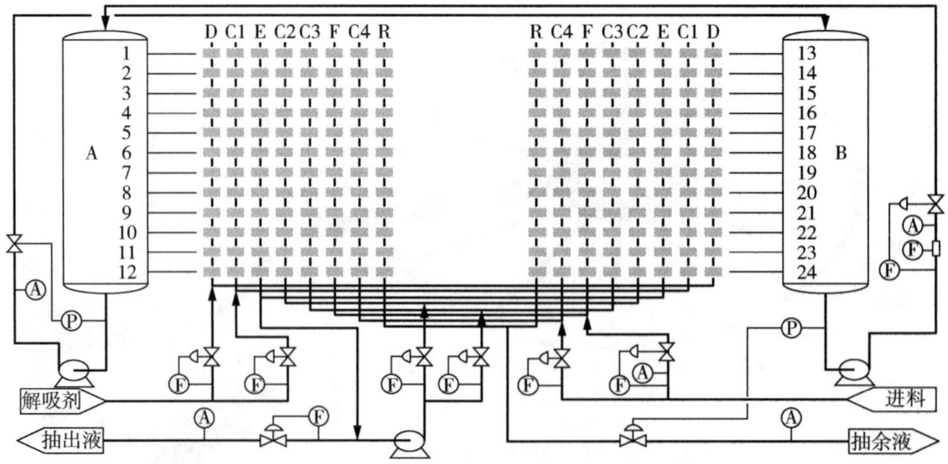

图 7-82 基于程控阀的模拟移动床工艺控制原则流程图

前述 8 股物料的流量、各个区域的流量、切换时间和周期都是可以根据给定的吸附剂装填基础数据和操作参数，通过一定的公式计算出来。A 吸附塔底的物料由循环泵输送至 B 塔顶，其流量由 A 塔底压力控制，称为压送回路；B 吸附塔底的物料由循环泵输送至 A 塔顶，其流量按照循环泵所在区域设定的流量控制，称为泵送回路。泵送环路和压送环路的流量不是一成不变的，而会随着所在区域的变化进行周期性的变化。抽余液流量由B吸附塔底压力控制，其余各股物料流量根据公式计算得到的流量控制。

（二）主要控制功能

根据工艺控制原理，MCS系统主要有以下功能。

1. 计算功能

根据基础设定和操作设定，计算步进时间，区域流量等核心控制参数。

2. 顺控功能

用于控制各股物料按工艺要求进出吸附塔。每个床层都有8个程控阀分别对应，同时每股物料只有1个程控阀处于开的状态，对于整个装置来说总共有8个程控阀处于开的状态。在一个步进时间T后，现在开的程控阀关闭，下一床层对应的程控阀开启。每个阀门所处状态有阀位检测信号送至控制系统内进行确认。重复上述步骤，直到各物料的24个阀都已依次打开、关闭一次，这种操作代表了一个完整的周期，在MCS系统控制下不断地进行这些循环。控制定时操作需要十分精确，在根据步进时间T进行控制。要求T的时间精确到0.01s。若采用抽出液一次冲洗，抽出液二次冲洗一个步进时间内分时冲洗时，两股冲洗物料共用一组程控阀，对于整个装置来说同一时间总共有7个程控阀处于打开的状态。在一个步进时间T内，前一段时间开通需进行抽出液一次冲洗所在床层共用程控阀，另一段时间开通需进行抽出液二次冲洗所在床层的共用程控阀，同时关闭完成抽出液一次冲洗所在床层的共用程控阀。

3. 程控阀容错功能

程控阀属于可动设备，受其结构形式、机械性能、动作方式等内在因素的限制，其开/关动作不可能保证万无一失，且芳烃吸附分离装置中程控阀数量较多更容易出现程控阀门的故障。同一床层出现多个程控阀故障打开，会导致同一床层上有多股物流流入，造成介质污染；同一物流有多个程控阀打开，会造成吸附塔压力失衡；某一种物料没有对应程控阀打开，亦会造成压力失衡。如果不对程控阀故障进行程序干预会影响产品收率以及造成产品的不合格。

为了尽量减少程控阀故障对装置的影响，系统进行了专门的程控阀容错设计，即部分程控阀门故障不影响程控阀程序的正常运行(根据工艺要求，允许出现部分程控阀故障的情况下装置继续进行生产，但程控阀故障的程度受到严格的限制，一旦超过指定的故障程度，也进行停车处理，这是为了避免装置因为个别程控阀故障而导致停车)。

4. 区域转换控制

吸附分离装置是基于模拟移动床的原理，其区域流量随着时间周期性的变化，见图7-83。由于各个床层区域的流量不同，这也造成了A塔和B塔之间的循环线上的流量也随着时间周期性的变化。在流量区域切换的过程中需要满足时间上和超调量上的要求，泵送环路流量波动幅度小于设定流量的±3%。在区域切换时(一个切换时间T_S的前5%的时

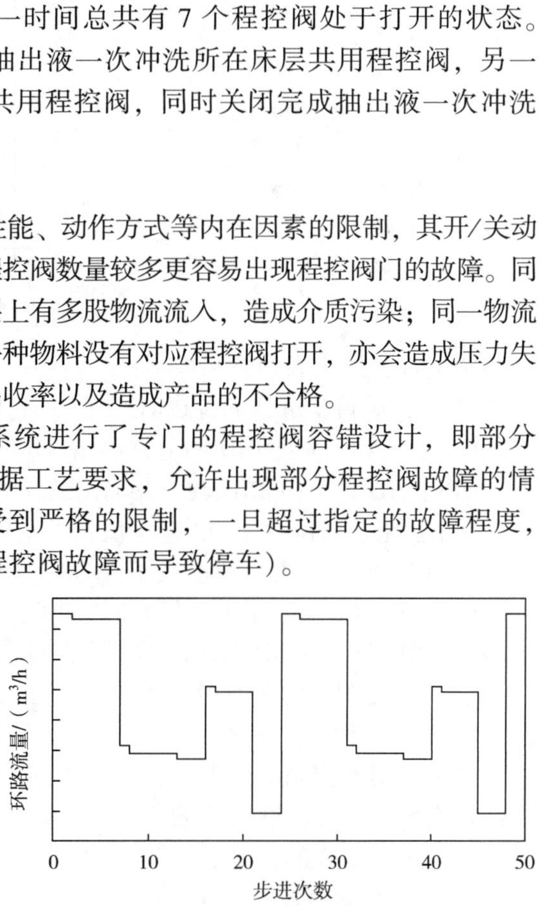

图7-83 区域转换流量变化图

间），要求实际流量与设定流量的差距小于设定流量的5%。大量的工业经验证明，常规的PID控制策略无法满足工艺要求，这就需要先进的控制策略来满足。区域转换控制是一种比较先进的控制方式，它是集PID控制和阀位控制为一体的控制方式。该控制方式需要对控制过程进行大量的数据记录，系统通过记录的数据判断分析该控制回路的输出值，将阀位迅速地调整到所需要的阀位上，然后再使系统恢复到PID控制方式。区域转换控制示意图如图7-84所示。区域转换控制启动后，回路控制模式由PID自动（AUTO）切换为手动（MAN），将阀位由OPc迅速切换为OPp，持续一段时间后，切换为OPx，再经过一段时间后，切换为PID自动控制模式。该算法内部涉及时间、阀位等近10个参数，MCS系统通过这些参数的匹配和设置来满足装置的控制要求。

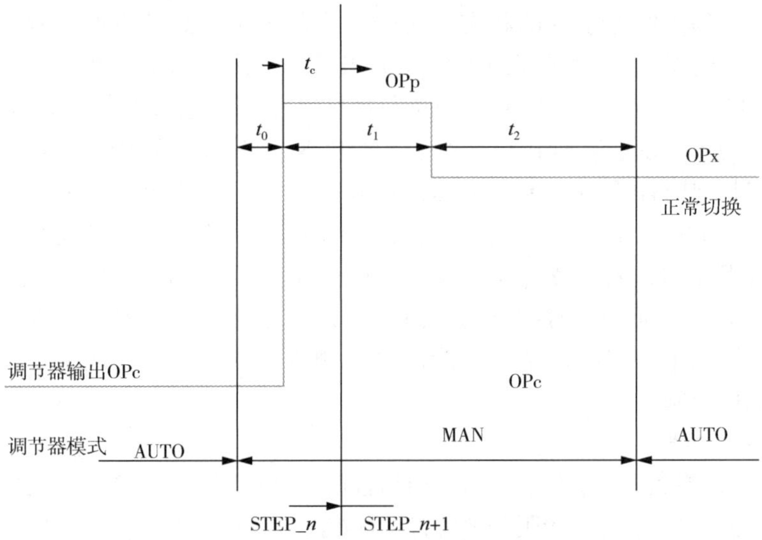

图7-84　区域转换控制原理示意图

图中各变量代表的意义如下：

STEP：逻辑步进，以步进时间 T 为准。

OPc：STEP_n 步 PID 调节器输出（OP）的平均值；

OPx：STEP_n+1 PID 调节器输出的初始预设值，取上一周期该步进的平均值；

OPp：床层切换时的OP超调值；

t_0：PID调节器由自动模式切换为手动模式后，在OP开始变换之前持续的时间；

t_1：PID调节器处于手动模式时OP值超调持续的时间；

t_2：PID调节器OP值超调结束后至调节器恢复为自动模式前持续的时间；

t_c：OP超调提前于或滞后于逻辑步进切换的时间。

5. 变量自切换控制功能

变量自切换控制功能为了满足控制的可靠性和稳定性要求，过程变量尤其是被控变量的测量准确度和可靠性非常的重要，所以，本系统重要的流量测量仪表进行了冗余，且在其中一个出现故障的情况下能够自动切换。

6. 其他控制功能

除上述主要功能外，模拟移动床控制系统还能够实现主/备在线切换（主要针对泵送、压送、抽余液双阀控制情况）、安全联锁、拉曼光谱数据记录等功能。

（三）控制系统构成

由于程控阀组开关、进出物料流量、循环流量、吸附室压力和压差对于工艺过程性能的影响是至关重要的，因此本工艺要求对此做非常精确的控制，并且要有非常高的稳定性和可靠性。控制系统的硬件要结构上冗余容错、性能上稳定，可以做到在线自诊断，出错报警，系统的各种插卡应能在线插拔更换。整个控制系统由控制站、工程师站、操作员站、辅助操作台等组成。

中心控制室内包括机柜间、操作室、工程师室等。工程师室内设有工程师站，主要用于组态维护和修改工作；操作室内设有操作站及辅操台。系统结构见图 7-85。

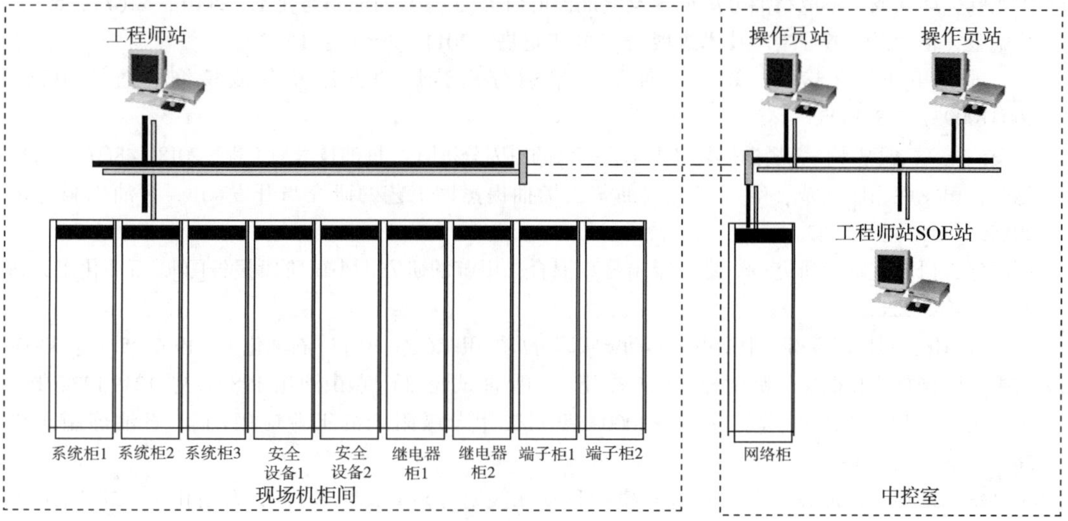

图 7-85　系统结构图

（四）控制系统工业运行情况

自主开发的模拟移动床控制系统（MCS）已经在扬子石化 PX 示范装置、海南炼化一期和海南炼化二期 PX 装置上成功应用。从运行效果来看，MCS 系统性能可靠，运行稳定，可操作性强，综合性能达到国际同类技术水平。依靠 MCS 系统控制的模拟移动床装置，程控阀容错特性优异，192 台程控阀中任意一台程控阀出现故障均不影响装置的稳定运行；进出吸附塔各物料流量稳定，区域流量转换跟踪迅速、平稳，均可实现 3s 内调整到位，流量波动范围满足工艺要求，塔压波动范围±0.045MPa，大大优于±0.07MPa 设计要求值；吸附塔压力稳定，取得了良好的经济效益。

参 考 文 献

[1] 徐承恩．催化重整工艺与工程[M]．北京：中国石化出版社，2006：768-824.

[2] 孙宗海，瞿国华，张溱芳．石油芳烃生产工艺与技术．北京：化学工业出版社，1986：141-142.

[3] 程能．溶剂手册[M]．北京：化学工业出版社，1994.

[4] Marsden C，Mann S. Solvents Guide[M]. London：Cleaver-Hume Press Ltd，1963：200-203，542-543.

[5] 卢焕章，等．石油化工基础数据手册[M]．北京：化学工业出版社，1982：544-545，550-551，618-

619，928-929.
[6] 马沛生，等．石油化工基础数据手册续编[M]．北京：化学工业出版社，1983：1080-1097.
[7] Weissnerger A. Organic Solvents[M]. New York：Wiley，1971：467.
[8] Mukhopadhyay M. Ind. Eng. Chem. Process Des. Dev. 1982，21(4)：636.
[9] Choffe B et al. Hydrocarbon Processing. 1966，45(5)：188.
[10] Cinelli E et al. Hydrocarbon Processing. 1972，51(4)：141.
[11] 李族光，郭绍新，范俊华等．芳烃抽提过程模拟系统[J]．石油学报(石油加工)，1985，1(3)：57-69.
[12] 日本石油学会：石油炼制工艺方法手册(日)，第一册，1973；第二册，1976.
[13] M. 莱瑟，等，纯苯和纯甲苯的生产方法．中国，CN 1169413A. 1998.
[14] 田龙胜，唐文成，赵明，等．利用萃取精馏分离芳烃的方法．中国，ZL 99108038. 1999.
[15] 田龙胜，唐文成．萃取精馏分离纯苯及溶剂油的研究[J]．石油炼制与化工，2001，32(7)：5.
[16] 孔德金，杨为民．芳烃生产技术进展[J]．化工进展，2011，30(1)：16-25.
[17] 唐文成，田龙胜，赵明，等．一种萃取精馏分离芳烃的方法及萃取精馏装置．中国，ZL 200510093777. 8 2005.
[18] 蒋俊，方义，殷基平．芳烃抽提装置甲苯收率低的原因分析[J]．炼油技术与工程，2018，48(02)：29-31.
[19] 赵明，田龙胜，唐文成，等．裂解汽油苯乙烯抽提蒸馏工艺的研究与开发[J]．石油炼制与化工，2015，46(07)：37-42.
[20] 石油化工研究院综合研究所．沸石吸附分离混合二甲苯的研究 I 小试阶段报告[J]．石油化工，1973，2(3)：222-226.
[21] 大庆石油化工总厂研究所．中型模拟移动床吸附分离二甲苯(之一)[J]．石油化工，1976，5(1)：33-36.
[22] 雷鸣，张国林，崔丽娅．吸附分离混对二甲苯的脉冲试验[J]．燕山油化 1982，3：121-127，164.
[23] 王辉国，郁灼，王德华，等．RAX-2000A 型对二甲苯吸附剂的工业应用[J]．石油炼制与化工，2007，38(9)：23-27.
[24] 王德华，郁灼，戴厚良．分立冲洗式模拟移动床吸附分离对二甲苯[J]．石油化工，2017，46(8)：1072-1079.
[25] Universal Oil Products Company. Multiport rotary disk valve with liner protection means：US3422848[P]. 1969-01-21.
[26] 侯祥麟．中国炼油技术新进展[M]．北京：中国石化出版社，1998：133.
[27] Sinfelt I H，Advance of Chemical Eng，1964(5)：37.
[28] 侯祥麟．中国炼油技术新进展．北京：中国石化出版社，1998：143～152.
[29] 周立芝，王杰．化工百科全书(第 3 卷)．二甲苯和乙苯[M]．北京：化学工业出版社，1993：881.
[30] 刘红星，谢在库，张成芳，等．石油化工，2003，32(1)：28-32.
[31] 陈庆龄，孔德金，杨卫胜．石油化工，2004，33(10)：909-915.
[32] 魏劲松．石油化工，1998，27(10)：748-751.
[33] 刘宇健，赵仁殿，濮仲英．石油学报(石油加工)，1998，14(4)：7-11.
[34] 翁惠新，毛信军．石油炼制过程反应动力学[M]．北京：烃加工出版社，1987.
[35] R. D. Chirico，S. E. Knipmeyer，A. Nguyen，A. B. Cowell，et al. Thermodynamic Equilibria in Xylene Isomeriation. 4. The Thermodynamic Properties of Ethylbenzene. J. Chem. Eng. Data，1997，42：772-783.
[36] Robert D. Chirico，William V. Steele. Thermodynamic Equilibria in Xylene Isomeriation. 5. Xylene Isomerization Equilibria from Thermodynamic Studies and Reconciliation of Calculated and Experimental Product Distributions. J. Chem. Eng. Data，1997，42：784-790.
[37] Beschmann K，Riekert L. Isomerization of xylene and methylation of toluene on zeolite H-ZSM-5，compound

kinetics and selectivity[J]. Journal of Catalysis, 1993, 141: 548-565.
[38] Lanewala M A and Boiton A P. Isomerization of the xylenes using zeolite catalysts[J]. J. Org. Chem, 1969, 34(10): 3107-3112.
[39] Cortes A, Corma A. The mechanism of catalytic isomerization of xylenes: kinetic and isotopic studies [J]. J. Catal., 1978, 51: 338-344.
[40] 康承琳，龙军，周震寰，等．二甲苯异构化的反应化学[J]．石油学报(石油加工)，2012，28(4)：533-537.
[41] Huang J. Effect of pore size and acidity on the coke formation during ethylbenzene conversion on zeolite catalysts[J]. Journal of Catalysis, 2009, 255(1): 68-78.
[42] Gnep N S, Guisnet M. Ethylbenzene isomerization on platinum. fluorided alumina[J]. Bull Soc Chim Fr, 1977, 5-6: 429-435.
[43] Robschlager K. H, Christoffel E. G. Reaction mechanism of ethylbenzene isomerization[J]. Ind Eng Chem Prod Res Dev, 1979, 18: 347-352.
[44] Huang, J, et al. Effect of pore size and acidity on the coke formation during ethylbenzene conversion on zeolite catalysts[J]. Journal of Catalysis, 2009. 255(1): 68-78.
[45] UOP LLC. Selective Xylenes Isomerization and Ethylbenzene Conversion: US, 6355853[P]. 2002-03-12.
[46] UOP LLC. Ethylbenzene Conversion and Xylene Isomerization Processes and Catalysts Therefor: US, 7456125 [P]. 2008-11-25.
[47] 中国石油化工股份有限公司，中国石油化工股份有限公司石油化工科学研究院．一种烷基芳烃异构化催化剂及使用方法：CN，1887423 A[P]. 2007-01-03.
[48] 中国石油化工股份有限公司，中国石油化工股份有限公司石油化工科学研究院．一种烷基芳烃异构化方法：CN，102199066 A[P]. 2011-9-28.
[49] ExxonMobil Chemical Patents Inc. Process for Xylene Isomerization and Ethylbenzene Conversion: US, 7247762[P]. 2007-07-24.
[50] UOP LLC. Xylene Isomerization with an Added Benzene: US, 7371914[P]. 2008-05-13.
[51] IFP North America brochure. Octaflning II C8 Aromatics Isomerization for Xylenes Production.
[52] Xylene Isomerization(GTC Technology). 2010 Petrochemical Process Handbook. Hydrocarbon Process. 2010 [CD-ROM].
[53] Xylene Isomerization(Axens). 2010 Petrochemical Process Handbook. Hydrocarbon Process. 2010 [CD-ROM].
[54] 戴厚良．芳烃技术[M]．北京：中国石化出版社，2014.
[55] 孔德金，杨为民．芳烃生产技术进展[J]．化工进展，2011，30(1)：16-25.
[56] Tsai T. C, Chen W. H, Liu S. B, et al. Metal zeolites for transalkylation of toluene and heavy aromatics [J]. Catalysis Today, 2002, 73(1-2): 39-47.
[57] Kong D, Xing Y. Process for the transalkylation of benzene and C_{9+} aromatics: U. S. Patent Application 10/385, 988[P]. 2003-9-25.
[58] 祁晓岚，左煜，陈雪梅，等．HAT-plus 重芳烃轻质化技术[J]．石油学报(石油加工)，2008(增刊)：338-341.
[59] Čejka J, Wichterlová B. Acid-catalyzed synthesis of mono-and dialkyl benzenes over zeolites: Active sites, zeolite topology, and reaction mechanisms[J]. Catalysis reviews, 2002, 44(3): 375-421.
[60] 马沛生．有机化合物实验物性数据手册[M]．北京：化学工业出版社，2006，460-537.
[61] 刘红星，谢在库，张成芳，等．甲苯歧化与三甲苯烷基转移反应体系的化学平衡[J]．石油化工，2003，32(1)：28-32.

[62] Waziri S. M, Aitani A. M, Al-Khattaf S. Transformation of toluene and 1, 2, 4-trimethylbenzene over ZSM-5 and mordenite catalysts: a comprehensive kinetic model with reversibility[J]. Industrial & Engineering Chemistry Research, 2010, 49(14): 6376-6387.

[63] Al-Mubaiyedh U A, Ali S A, Al-Khattaf S S. Kinetic modeling of heavy reformate conversion into xylenes over mordenite-ZSM5 based catalysts[J]. Chemical Engineering Research and Design, 2012, 90(11): 1943-1955.

[64] Chen Q. L, Xie Z. K. Advances on the Research and Development of Catalysts for Toluene Disproportionation and C9 Aromatics Transalkylation[J]. Journal of Natural Gas Chemistry, 2001, 10(1): 61-70.

[65] 王昕，翁惠新，孔德金，等. Hβ 负载磷钨酸催化剂上甲苯和均三甲苯烷基转移与歧化反应[J]. 华东理工大学学报(自然科学版)，2009，35(6)：814-818.

[66] Serra J. M, Guillon E, Corma A. A rational design of alkyl-aromatics dealkylation - transalkylation catalysts using C8 and C9 alkyl-aromatics as reactants[J]. Journal of Catalysis, 2004, 227(2): 459-469.

[67] 邓澄浩，祁晓岚，郑均林，等. 贵金属/沸石催化芳烃转化的研究进展[J]. 化工进展，2017，36(5)：1711-1718.

[68] Weizs P. B, Frilette V. J. Intracrystalline and molecular-shape-selective catalysis by zeolite salts[J]. J Phy Chem, 1960, 64: 382-383.

[69] David O, Raymond Le V M, David C, et al. Methods for pore size engineering in ZSM-5 zeolite[J]. Appl Catal A: General, 2001, 217: 241-251.

[70] Xiong Y. S, Rodewald P. G, Chang C. D. on the Mechanism for selective para-disproportionation of toluene on pentasil-based catalysts[J]. J Am Chem Soc, 1995, 117: 9427-9431.

[71] 曾昭槐，潘贵生. 二甲苯在 ZSM-5 沸石中的吸附与扩散[J]. 物理化学学报，1989，5(2)：145-150.

[72] Olson D. H, Haag W. O. Catalytic materials relationship between structure and reactivity. ACS Symp Ser, 1984, 248: 275.

[73] Daisuke M, Koji K, Yuta K etc. Shape selectivity in toluene disproportionation into para-xylene generated by chemical vapor deposition of tetramethoxysilane on MFI zeolite catalyst[J]. Micro Meso Mat, 2017, 242: 118-126.

[74] 谢在库，朱志荣，李为，等. 甲苯选择性歧化制对二甲苯的催化剂 ZL 200410067614.8(CN 100522358C). 2004-10-29.

[75] 戴厚良. 芳烃技术[M]. 北京：中国石化出版社，2014.

[76] 夏中才，张赛军，李旭灿. SD-01 催化剂在扬子石化公司的工业应用[J]. 化工进展，2009，28(7)：1274-1277.

[77] 董骞，李华英，李为，等. 新型甲苯择形歧化催化剂工艺条件优化[J]. 化学反应工程与工艺，2010，26(2)：188-192.

[78] 贺来宾. 新技术在芳烃联合装置扩能改造中的几种应用途径[J]. 当代化工，2018，47(6)：1262-1267.

[79] 王莉，朱景利，李华宝，等. 甲苯和甲醇甲基化反应热力学分析和计算[J]. 化学工程，2008，36(10)：48-51.

[80] 杨德琴，聂晓帆. 20 万吨甲苯甲基化制二甲苯工业示范装置实现商用[J]. 中国石油和化工标准与质量，2013(1)：4-4.

[81] 李书纹，王祥生. 甲苯-甲醇合成高纯度对二甲苯的研究[J]. 天然气化工，1991，16(6)：3-5.

[82] 中国石油化工股份有限公司. 流体分布设备：中国专利，ZL201010514190.0.2014.

[83] 环球油品公司. 流体分布设备：中国，ZL200580039141.3.2005.

[84] 法国石油研究所. 流体的分配器-混合器-抽出器和相关的工艺过程：中国，ZL99810257.1.2001.

[85] 朱振兴，王少兵，戴厚良. PX 吸附分离技术核心内构件开发[J]. 石油学报(石油加工)，2017，33

(5)：803-810.
[86] 李绍芬．反应工程[M]．北京：化学工业出版社，2000.
[87] 中国石油化工股份有限公司．一种流体混合分布设备：中国专利，ZL201210048738. 6. 2015.
[88] ADVANCED SEPARATION TECH. Fluid distribution apparatus，an artificial moving bed，and a continuous adsorption method：US，US 5478475. 1995.
[89] 法国石油公司．模拟移动床吸附装置中的淋洗设备及其应用：中国专利，ZL97114507. 5. 2002.
[90] 朱振兴，王德华，王少兵，等．模拟移动床物料进出管线优化的 CFD 模拟[J]．石油学报(石油加工)，2016，32(3)：531-538.
[91] 中国石油化工股份有限公司．管路系统和一种吸附分离系统：中国专利，ZL201420220256. 9. 2014.
[92] 中国石油化工集团公司．一种吸附分离塔的液体物料分配收集装置和方法：中国专利，ZL201210047504. X. 2012.

专家话炼油

第八章　加氢处理

炼油技术中的加氢是指石油各种馏分或产品在一定温度、压力和催化剂作用下进行催化加氢的过程，主要包括分子大小变化程度较低的加氢处理过程或加氢精制过程和分子变化程度较高的加氢裂化过程。通常，加氢处理反应过程中有不大于15%的原料油分子变小，包括传统意义上的加氢精制(Hydrorefining)和加氢处理(Hydrotreating)技术。加氢精制的原料包括催化重整原料、汽油、煤油、各种中间馏分油等，加氢处理的原料包括重馏分油及渣油等。

20世纪60年代以后，随着大庆、胜利等油田相继开发，加氢技术便转向天然石油加工。馏分油加氢精制技术和处理能力得到迅速发展：首先应用于催化重整原料的预处理，接着由于焦化和催化裂化装置在炼油厂的比重不断增加，为改善其汽油、柴油馏分的质量，加氢技术得到进一步发展。

从20世纪90年代开始，随着世界范围环保法规的严格，对运输燃料的规格要求越来越严格，促进了馏分油加氢处理催化剂活性进一步提高，加氢处理深度进一步加深，原料范围进一步扩大。可将含硫柴油馏分脱至硫含量500μg/g以下，将含硫直馏重馏分油、焦化重馏分油加氢作为催化裂化原料，生产出的催化裂化汽油硫含量小于800μg/g。在21世纪初的5年里，世界上一些国家和地区陆续实行汽油硫含量小于150μg/g，柴油硫含量小于350μg/g的限值指标，催化裂化汽油选择性脱硫技术以及柴油深度加氢脱硫技术的开发得到长足发展[1~4]，2002年和2003年我国自主研发的催化裂化汽油选择性加氢脱硫技术和异构加氢脱硫技术得到工业应用[5~7]，2005年我国自主研发的新一代柴油超深度加氢脱硫催化剂得到工业应用[8~12]。2005年以后，一些国家和地区又陆续实施硫含量小于50μg/g和小于10μg/g的超低硫汽、柴油规格，我国也于2013年和2017年分步实施，并在2019年实施非常严格的国Ⅵ标准，汽、柴油加氢脱硫技术得到了更进一步发展。2009年，我国自主研发的生产硫含量小于50μg/g汽油的第二代催化裂化汽油选择性加氢脱硫技术开发成功，并得到工业应用[13~16]，生产硫含量小于50μg/g和10μg/g超低硫柴油的加氢催化剂和加氢技术也成功地进行了工业应用试验[8~12]，目前采用自主技术的工业装置都可以稳定生产满足国Ⅵ标准的汽、柴油产品。

20世纪90年代初期，中国大陆开始引进固定床渣油加氢技术并先后建设了两套工业装置。经过30多年的发展，中国自主开发的固定床渣油加氢处理技术及系列渣油加氢催化剂不断进步，目前已达到国际先进水平。

第一节　加氢精制及加氢处理反应机理及动力学

加氢精制及加氢处理能有效地使原料油中的硫、氮、氧等非烃化合物氢解，使烯烃、芳烃加氢饱和并能脱除金属和沥青质等杂质，具有处理原料范围广、液体收率高、产品质量好等优点。

我国馏分油加氢精制技术主要用于直馏煤油和柴油的加氢脱硫，二次加工汽油、柴油的加氢脱硫、脱氮、脱氧、烯烃及芳烃饱和，改善安定性、降低密度和提高十六烷值；从焦化汽油制取乙烯原料或催化重整预加氢原料；用于直馏喷气燃料馏分的加氢脱硫和提高烟点。

加氢处理用于焦化重馏分油、含硫直馏重馏分油及渣油的加氢预处理，其产物可直接或掺合作为催化裂化原料。随着汽油硫含量要求的进一步降低，催化裂化原料加氢处理的一个重要目的是降低催化裂化原料的硫含量，以达到降低催化裂化汽油硫含量和催化裂化装置再生烟气 SO_x 排放的目的。

我国部分炼油厂还采用加氢精制代替润滑油和石蜡等的白土精制，有效地提高了产品质量。这部分内容将分别在有关章节中叙述。

加氢精制及加氢处理的主要反应包括加氢脱硫、加氢脱氮、加氢脱氧、烯烃与芳烃的加氢饱和等。

一、加氢脱硫反应

（一）典型硫化物的脱硫反应

1. 硫醇

$$RSH+H_2\longrightarrow RH+H_2S$$

2. 硫醚

$$R—S—R'+2H_2\longrightarrow RH+R'H+H_2S$$

3. 二硫化物

$$R—S—S—R'+3H_2\longrightarrow RH+R'H+2H_2S$$

4. 噻吩

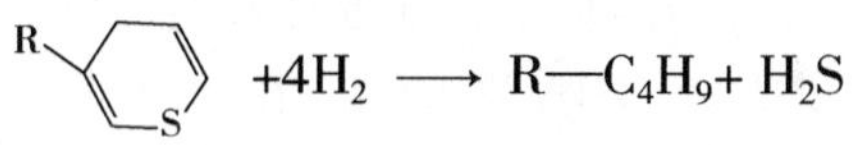

5. 苯并噻吩

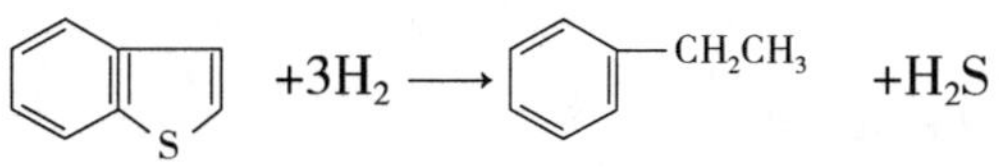

6. 二苯并噻吩(硫芴)

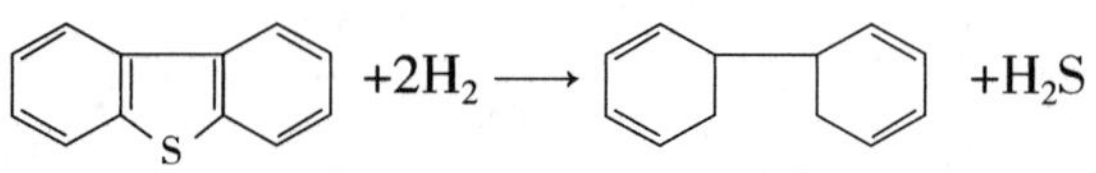

（二）典型硫化物的加氢脱硫反应历程

硫化物加氢脱硫反应活性，随着分子结构不同而异，一般烷基硫化物大于环状硫化物，环状硫化物又随着环上取代基的增加而下降。如硫芴的反应活性较噻吩低一至二个数量级。硫化物的一般反应活性顺序如下：

$R_2S_2 \approx R_2S \approx RSH$ >> 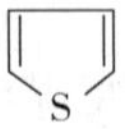 > 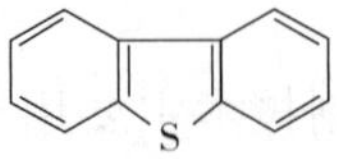

噻吩衍生物脱硫难易还取决于取代基的位置。按反应速率大小，将这些化合物分为四组，对比结果见表 8-1[17]。

表 8-1　取代烷基对加氢脱硫速率常数的影响①

组别	结构特征	相对速率常数
Ⅰ	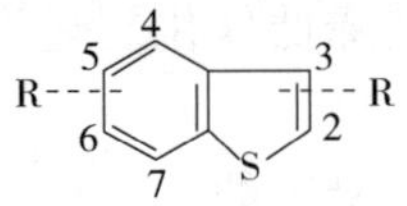 2 或 7 位无烷基时	$k=1$
Ⅱ	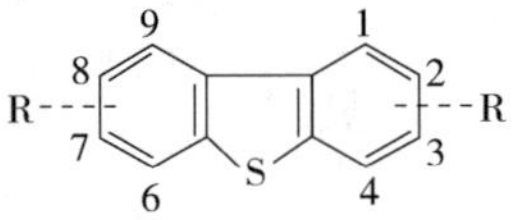 4 或 6 位无烷基时	$k=0.23$
Ⅲ	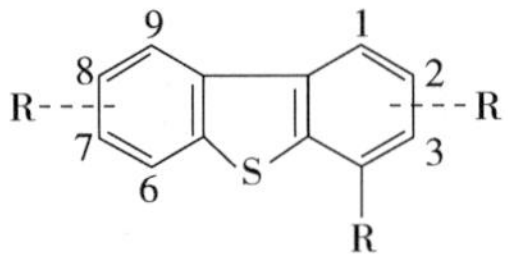 4 位有一个取代烷基时	$k=0.08$
Ⅳ	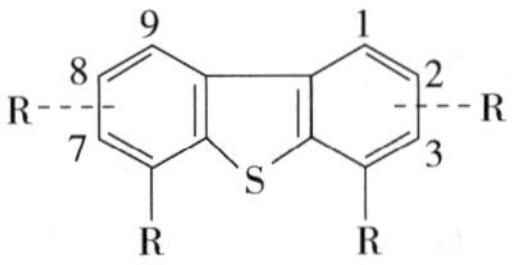 4 及 6 位有两个取代烷基时	$k=0.028$

①催化剂 Ni-Mo/Al_2O_3，反应温度 360℃，氢分压 2.9MPa。

由表 8-1 可见，在 4 位及 6 位上都有烷基取代基的苯并噻吩反应速率最慢。图 8-1 是 4,6-二甲基二苯并噻吩(4,6-DMDBT)的脱硫反应网络，在其加氢脱硫过程中有两条可能的反应路径。一条是 C—S 键直接氢解以脱除与芳环相连的硫；另一条路径是先加氢饱和 4,6-DMDBT的一个芳环，然后 C—S 键断裂脱硫。在此网络中，加氢途径的反应速率常数要比氢解反应速率常数快一个数量级（k_2 比 k_1 大一个数量级），因此对 4,6-DMDBT 来说，提高催化剂的加氢活性将大幅度提高其深度加氢脱硫效果。

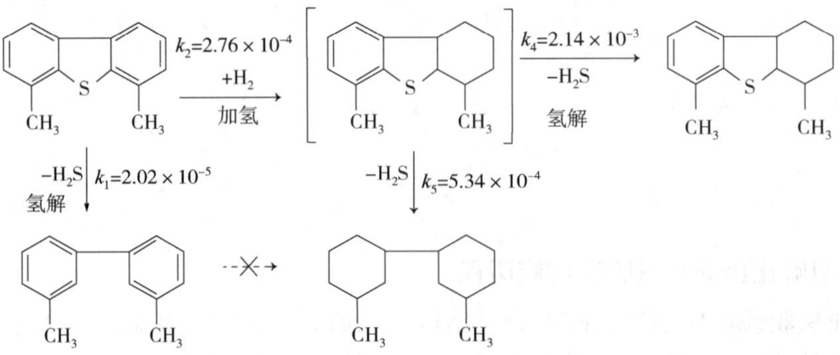

图 8-1　4,6-DMDBT 脱硫反应网络

二、加氢脱氮反应

（一）典型氮化物的脱氮反应

1. 烷基胺

$$R—CH_2—NH_2+H_2 \longrightarrow R—CH_3+NH_3$$

2. 吲哚

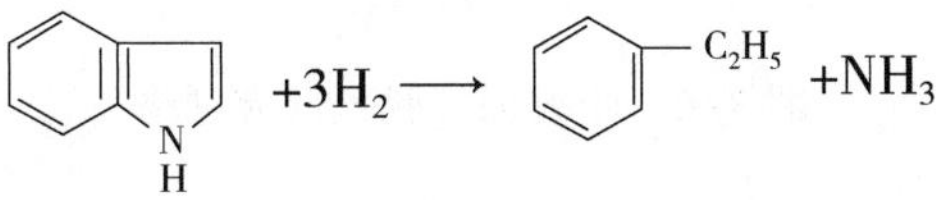

3. 吡咯

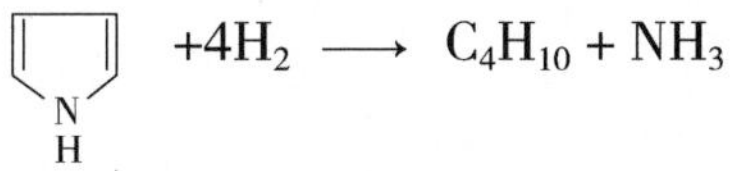

4. 吡啶

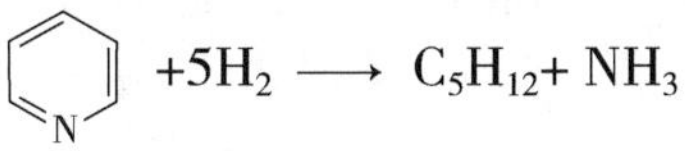

5. 喹啉

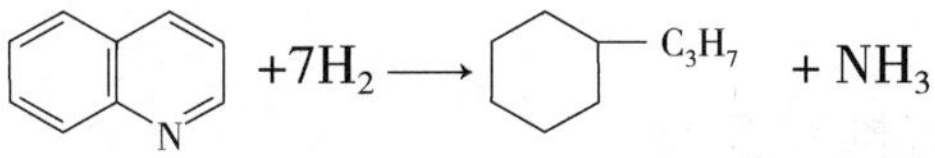

6. 咔唑

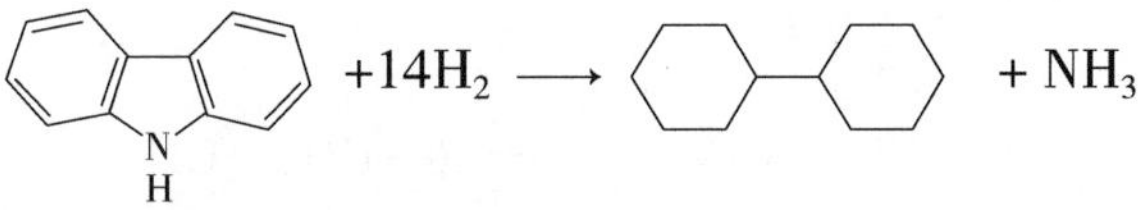

（二）典型氮化物的加氢脱氮反应历程

氮化物加氢脱氮反应活性，同样随着分子结构不同而有很大差别[18]，一般顺序为：

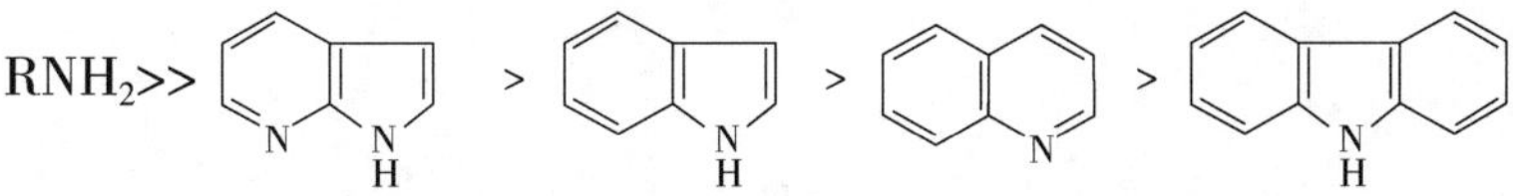

其中五元及六元氮杂环化物最难加氢脱氮。图 8-2 为在 Ni-Mo/Al_2O_3 催化剂上，3.4MPa、342℃时喹啉加氢脱氮的反应网络图[19]。

氮杂环加氢脱氮反应必须经过 C ═N 键加氢成 C—N 键然后断裂。如图 8-2 所示，喹啉加氢脱氮反应首先是环加氢。加氢在苯环和氮杂环上同时进行，而以氮杂环为主。由于反应（Ⅰ）处于热力学平衡，故在反应温度较低时，脱氮反应步骤按（Ⅰ）→（Ⅶ）→（Ⅵ）进行。随着反应温度逐渐升高，或压力降低时，平衡移向左边，则反应步骤愈来愈明显转变为（Ⅳ）→（Ⅴ）→（Ⅵ）。

因受邻近苯核共振能的影响，苯胺的 C—N 键很难断裂，因此反应（Ⅲ）速率很慢，实际上很少发生。

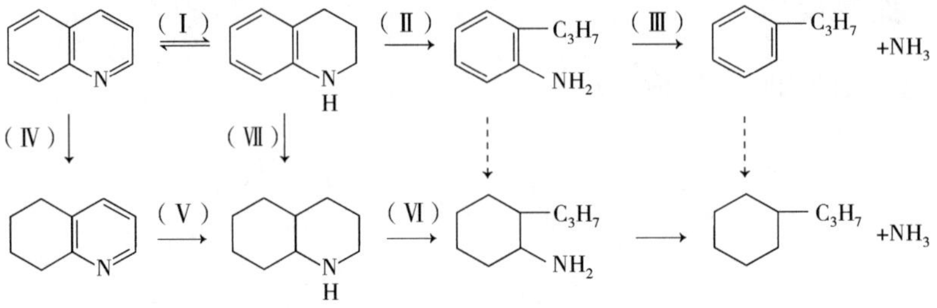

图 8-2　喹啉加氢脱氮反应网络

三、加氢脱氧反应

典型氧化物的脱氧反应如下。

1. 酚类

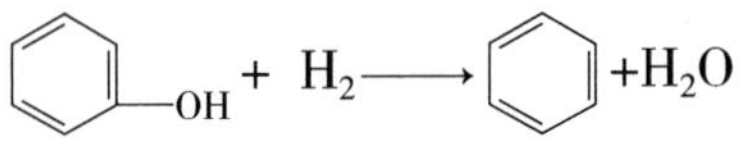

2. 环烷酸

四、烯烃和芳烃加氢饱和反应

(一) 烯烃加氢饱和反应

1. 单烯烃

$$R—CH═CH_2+H_2 \longrightarrow R—CH_2—CH_3$$

2. 双烯烃

$$R—CH═CH—CH═CH_2+2H_2 \longrightarrow R—CH_2—CH_2—CH_2—CH_3$$

(二) 芳烃加氢饱和反应

1. 萘

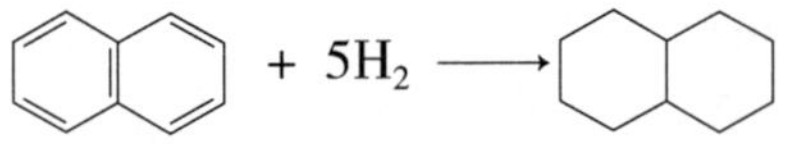

2. 菲

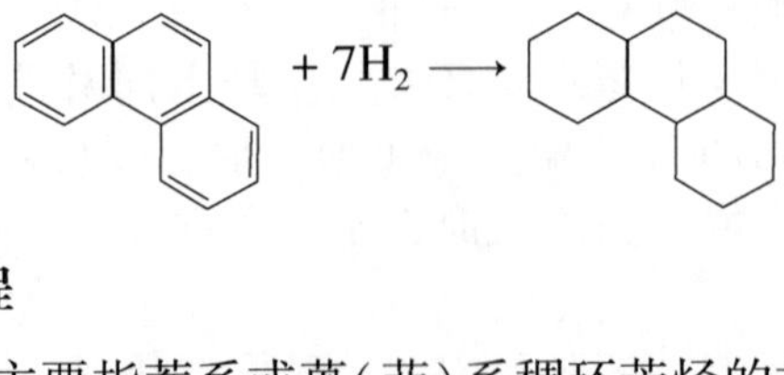

(三) 芳烃加氢反应历程

一般馏分油的芳烃加氢主要指萘系或蒽(菲)系稠环芳烃的加氢。其反应历程如下[20]。

萘加氢：

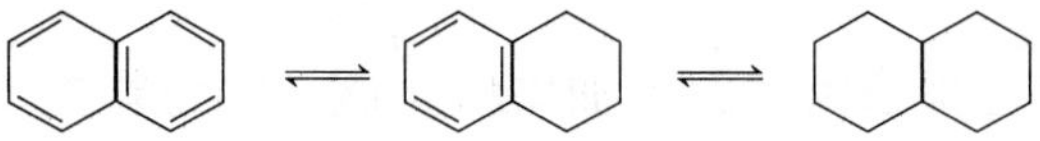

菲加氢：

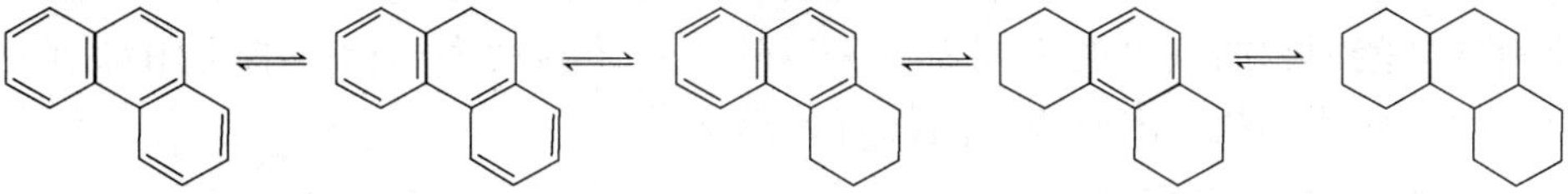

从反应历程可见，稠环芳烃加氢有两个特点：

① 每个环加氢脱氢都处于平衡状态。

② 逐环依次进行加氢。从稠环芳烃的分子结构来考虑，当稠环芳烃中的一个环引进一个分子氢以后，其苯核共振能的稳定化作用便受到破坏，因而生成的环烯比较容易加氢生成环己烷，例如：具有三个苯环的蒽，其第 9 及第 10 位置就比萘第 7、8 位置不稳定，容易与氢反应，而萘比苯又更具有烯烃性质，因此比苯又更容易加氢生成四氢萘。但当萘一旦加上两个分子的氢，或蒽加上一个分子的氢以后，则相对地变得更加稳定，继续加氢就需要苛刻的条件。

稠环芳烃加氢深度受到热力学平衡的限制，一些稠环芳烃加氢平衡常数如表 8-2 所示。

显然，随着反应温度升高，加氢平衡常数呈数量级下降，因此芳烃深度饱和加氢必须在较低温度下进行。

表 8-2　一些稠环芳烃的加氢平衡常数

反应	热力学平衡常数		
	500K	600K	700K
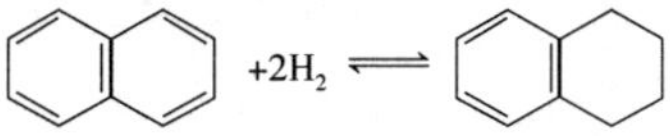	5.6	3.2×10^{-2}	8×10^{-4}
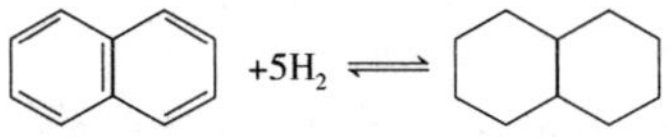	2.5×10^{2}	1.6×10^{-4}	6.3×10^{-9}
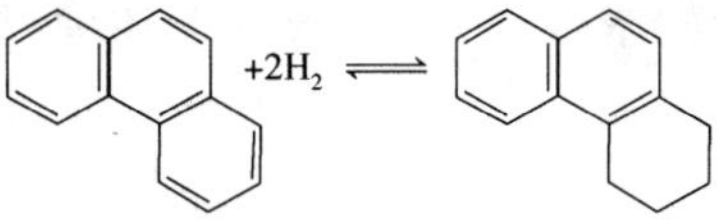	0.8	5×10^{-3}	1.4×10^{-4}
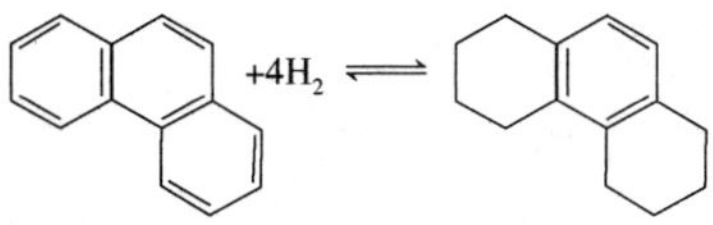	0.5	2.5×10^{-5}	1.8×10^{-4}
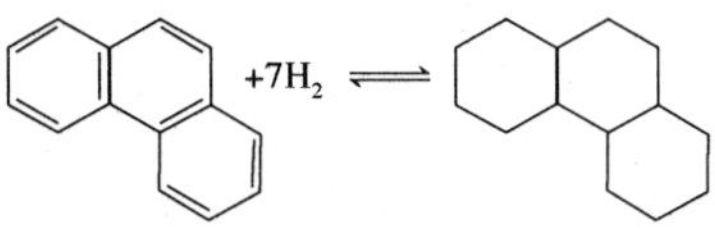	0.8	1.3×10^{-10}	4.0×10^{-14}

五、加氢脱硫、脱氮及芳烃加氢饱和反应动力学

对于馏分油加氢处理过程，由于原料油中所含硫、氮化物类型复杂，反应活性差别很大，而且反应物与反应物、反应物与生成物之间都存在相互作用，因此对加氢及氢解反应速率都将产生明显影响。反应级数也往往随转化深度不同而改变，这就使加氢处理动力学模型随原料馏分范围和加氢深度不同而异，以致一般经验动力学模型的应用都有一定的局限性。以下简要介绍一些国内研究开发的有关模型。

（一）加氢脱硫动力学模型

由于所含硫化物组分相近，反应活性差别小，石脑油等轻馏分油加氢脱硫反应动力学可以按一级反应处理。对于柴油、减压馏分油加氢脱硫，由于馏分变重，硫化物组分相应复杂。

特别是对于深度加氢脱硫，由于含硫化合物的类型及结构、分子量的大小不同，脱硫的反应性能有较大差异，一级反应已不再适用。我国研究者[21]针对柴油超深度加氢脱硫反应建立两集总动力学模型，模型将柴油馏分中的含硫化合物根据加氢脱硫反应难易程度分为Ⅰ型硫和Ⅱ型硫。Ⅰ型硫化物按直接脱硫路径（DDS 路径）进行；Ⅱ型硫化物的脱除同时按直接脱硫路径（DDS 路径）、加氢反应路径（HYD 路径）以及烷基转移脱硫路径三条反应路径进行，并且每一条反应路径的反应级数均假设为一级，则柴油深度加氢脱硫过程反应网络如式（8-1）所示。

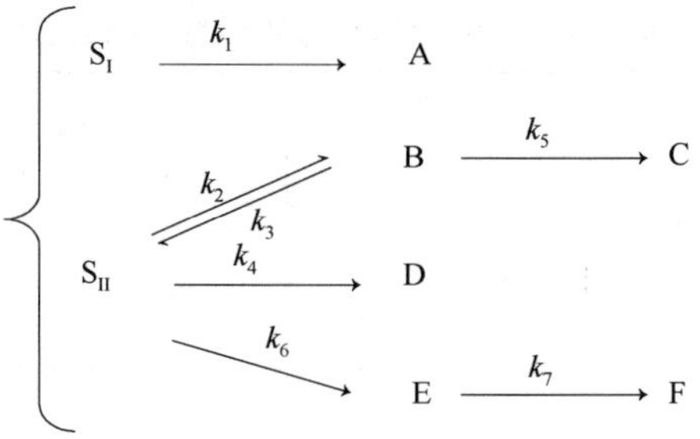

（8-1）

式（8-1）中，B 为加氢中间体，E 为烷基转移路径中间体，所以产品最后总硫 $C_S=C_{S\,I}+C_{S\,II}+C_B+C_E$，Ⅰ型硫的初始浓度为 C_{10}，Ⅱ型硫的初始浓度为 C_{20}。根据上述模型，柴油深度加氢脱硫反应动力学微分方程式如式（8-2）所示：

$$
\begin{cases}
-\dfrac{dC_{S\,I}}{dt}=k_1C_{S\,I}\\
-\dfrac{dC_{S\,II}}{dt}=(k_2+k_4+k_6)C_{S\,II}-k_3C_B\\
\dfrac{dC_B}{dt}=k_2C_{S\,II}-(k_3+k_5)C_B\\
\dfrac{dC_E}{dt}=k_6C_{S\,II}-k_7C_E
\end{cases}
\tag{8-2}
$$

式（8-2）中，各反应速率常数定义为：

$$\begin{cases} k_1=(mk_{10}(\frac{P}{6.0})^{\alpha}+n)\exp(-\frac{E_1}{RT}) \\ k_2=(mk_{20}(\frac{P}{6.0})^{\beta}+n)\exp(-\frac{E_2}{RT}) \\ k_3=(mk_{30}(\frac{P}{6.0})^{\chi}+n)\exp(-\frac{E_3}{RT}) \\ k_4=(mk_{40}(\frac{P}{6.0})^{\delta}+n)\exp(-\frac{E_4}{RT}) \\ k_5=(mk_{50}(\frac{P}{6.0})^{\varepsilon}+n)\exp(-\frac{E_5}{RT}) \\ k_6=(mk_{60}(\frac{P}{6.0})^{\lambda}+n)\exp(-\frac{E_6}{RT}) \\ k_7=(mk_{70}(\frac{P}{6.0})^{\theta}+n)\exp(-\frac{E_7}{RT}) \end{cases} \quad (8-3)$$

式(8-3)中，m、n 为验证油品相对于建模用油的反应速率常数的修正系数；P 为反应压力；$E_1 \sim E_7$为不同反应的活化能；$k_{10} \sim k_{70}$为反应速率常数指前因子；α、β、γ、δ、ε、λ、θ 为氢分压指数。

$$\begin{cases} m=\left[\frac{T_{\text{avg.boiling(base-oil)}}}{T_{\text{avg.boiling(model-oil)}}}\right]^4 \\ n=0.118(API_{\text{model-oil}}-API_{\text{base-oil}}) \end{cases} \quad (8-4)$$

式(8-4)中，$T_{\text{avg. boiling(base-oil)}}$、$T_{\text{avg. boiling(model-oil)}}$ 分别为原料油及参比原料油的中平均沸点；$API_{\text{base-oil}}$、$API_{\text{model-oil}}$分别为原料油和参比原料油的 API 度。

以 Mo-Co 催化剂实验结果回归计算该模型参数，模型的预测值与实验值偏差对比结果见图 8-3。

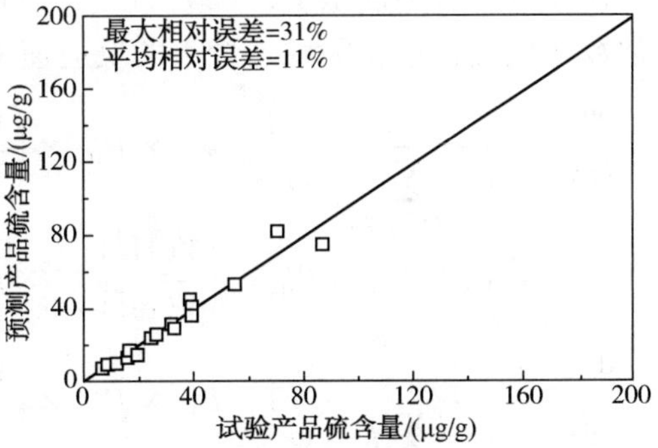

图 8-3　模型预测值与实验值偏差对比

预测平均相对误差为 11%，最大相对误差为 31%，可以看出模型基本满足应用的要求。

（二）加氢脱氮动力学模型

馏分油加氢脱氮反应动力学研究表明[22]，在一般加氢脱氮深度下，实验数据可以用一级动力学模型处理。但当脱氮率超过 99% 以上，将明显偏离一级动力学曲线。主要是由于少量氮化物的反应活性很低，很难转化。

我国研究者[23]认为，由于原料中的碱性氮化物及所有加氢脱氮反应中间产物在一定程度上对催化剂的催化反应活性产生阻抑作用或暂时中毒效应，提出带有氮化物吸附中毒项的一级反应动力学模型，并在模型中加入氢分压和原料油性质等因素的影响。加氢脱氮模型方程形式如下：

$$\ln\frac{C_0}{C}+K^*(C_0-C)=A_0\exp(-E/RT)P_{H_2}/LHSV \tag{8-5}$$

式中，C_0为原料油氮化物质量分数，mg/kg；C 为生成油氮化物质量分数，mg/kg；K^* 为油品的特性因子；A_0为阿伦尼乌斯指前因子；LHSV 为液时空速，h^{-1}；E 为表观活化能，kJ/mol；P_{H_2}为氢分压，MPa；R 为气体常数；T 为反应温度，K。

表 8-3 为减压馏分油加氢脱氮模型[式(8-5)]的验证结果。

表 8-3 减压馏分油加氢脱氮模型验证结果

原料油		反应条件			产品氮含量	
K 因子	馏程因子	P/MPa	$LHSV$/h^{-1}	T/℃	实测值	预测值
11.80	426	8.33	1.0	368	9.8	10.0
11.80	426	8.33	1.0	350	30.3	35.0
12.4	503.3	10.0	1.0	387	39.6	35.0
12.4	503.3	8.5	1.0	392	40.0	35.0
12.4	503.3	7.0	1.0	399	35.0	35.0
12.4	503.3	6.5	1.0	402	37.0	35.0

（三）芳烃饱和动力学模型

我国研究者[24]将柴油馏分中的烃类划分为单环芳烃(A_1)、二环芳烃(A_2)、三环芳烃(A_3)、环烷烃(N)和链烷烃(P)。在常规加氢精制过程中，烃类加氢反应网络见式(8-6)。

$$A_3 \underset{k_{-A_3}}{\overset{k_{A_3}}{\rightleftharpoons}} A_2 \underset{k_{-A_2}}{\overset{k_{A_2}}{\rightleftharpoons}} A_1 \underset{k_{-A_1}}{\overset{k_{A_1}}{\rightleftharpoons}} N \xrightarrow{k_{A_0}} P \tag{8-6}$$

在反应动力学模型中，烃类加氢反应速率与反应条件的氢分压与氢油体积比、吸附平衡常数和烃类含量相关联。烃类的反应速率微分方程见式(8-7)~式(8-11)。

$$\frac{d\omega_{A_1}}{d\tau}=\frac{1}{1+\sum f_i\times\omega_i}\left(-k_{A_1}\times P_{H_2}^{n_1}\times\left(\frac{V(H_2)}{V(oil)}\right)^n\times f_{A_1}\times\omega_{A_1}+k_{-A_1}\times f_N\times\omega_N+k_{A_2}\times P_{H_2}^{n_2}\times\left(\frac{V(H_2)}{V(oil)}\right)^n\times f_{A_2}\times\omega_{A_2}-k_{-A_2}\times f_{A_1}\times\omega_{A_1}\right) \tag{8-7}$$

$$\frac{d\omega_{A_2}}{d\tau}=\frac{1}{1+\sum f_i\times\omega_i}\left(-k_{A_2}\times P_{H_2}^{n_2}\times\left(\frac{V(H_2)}{V(oil)}\right)^n\times f_{A_2}\times\omega_{A_2}+k_{-A_2}\times f_{A_1}\times\omega_{A_1}+k_{A_3}\times P_{H_2}^{n_3}\times\left(\frac{V(H_2)}{V(oil)}\right)^n\times f_{A_3}\times\omega_{A_3}-k_{-A_3}\times f_{A_2}\times\omega_{A_2}\right) \tag{8-8}$$

$$\frac{d\omega_{A_3}}{d\tau}=\frac{1}{1+\sum f_i\times\omega_i}\left(-k_{A_3}\times P_{H_2}^{n_3}\times\left(\frac{V(H_2)}{V(oil)}\right)^n\times f_{A_3}\times\omega A_3+k_{-A_3}\times f_{A_2}\times\omega_{A_2}\right) \tag{8-9}$$

$$\frac{d\omega_N}{d\tau}=\frac{1}{1+\sum f_i\times\omega_i}\left(k_{A_1}\times P_{H_2}^{n_1}\times\left(\frac{V(H_2)}{V(oil)}\right)^n\times f_{A_1}\times\omega_{A_1}-k_{-A_1}\times\right.$$

$$f_N \times \omega_N - k_{A_0} \times P_{H_2}^{n_0} \times \left(\frac{V(H_2)}{V(oil)}\right)^n \times f_N \times \omega_N) \tag{8-10}$$

$$\sum f_i \times \omega_i = f_{A_1} \times \omega_{A_1} + f_{A_2} \times \omega_{A_2} + f_{A_3} \times \omega_{A_3} + f_N + \omega_N \tag{8-11}$$

式(8-6)～式(8-11)中，k_b($b=A_0 \sim A_3$，$-A_1 \sim -A_3$)为反应速率常数，$MPa^{-nj,h^{-1}}$；P_{H_2}为氢分压，MPa；$\frac{V(H_2)}{V(oil)}$为氢油体积比；f_i为吸附平衡常数($i=A_1$，A_2，A_3，N)；τ为反应时间，h；n为氢油体积比影响因子；ω为烃类质量分数。

以实验室结果回归动力学模型参数，计算值与实测值对比结果见图8-4。

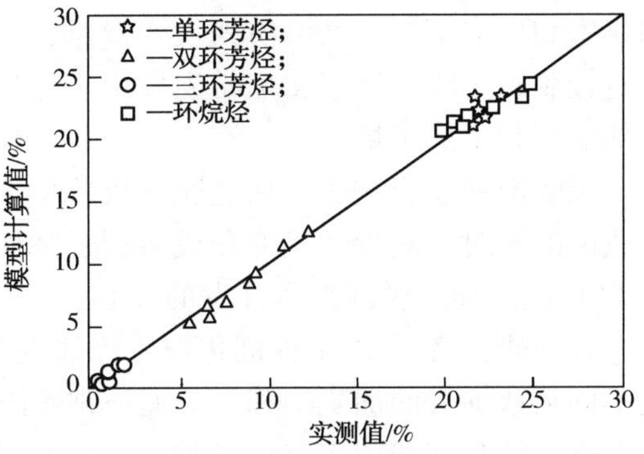

图8-4　模型计算值与实测值对比

该反应动力学模型对柴油加氢精制反应烃类组成变化的预测与实际实验结果有良好的准确性。

第二节　石脑油加氢精制

一、FCC汽油选择性加氢脱硫技术

我国汽油池的构成比较单一，催化裂化汽油(FCC汽油)调合组分占汽油总量的50%～70%，而欧美只占30%左右。从各汽油调合组分对汽油硫含量的贡献率来看，FCC汽油组分对汽油中硫含量的贡献率达80%～98%。汽油中的烯烃几乎全部来源于FCC汽油。因此要生产高标准清洁汽油，实际上就是要降低FCC汽油中的硫、烯烃含量。近年来，FCC汽油烯烃含量高的问题已因催化裂化技术自身的进步而得到较好解决，而硫含量高的问题虽然随催化裂化技术自身的进步有所降低，但难以大幅度降低[25]，因此生产清洁汽油的核心问题集中在如何降低FCC汽油硫含量同时减少烯烃饱和降低辛烷值损失方面。

(一) FCC汽油选择性加氢脱硫反应机理

FCC汽油中含有大量的烷烃、烯烃、芳烃、环烷烃以及微量的杂质，如氧化物、氮化物和硫化物。在一般的加氢处理过程中，烷烃和环烷烃不会发生明显的变化；芳烃虽然可能会发生加氢饱和反应，但相对反应活性较低，而烯烃的反应性能较强，容易加氢饱和成相应的烷烃。另外，在加氢脱硫过程中，由于有大量的H_2S生成，且产物中仍有大量烯烃，烯烃会与H_2S反应再生成硫醇，在深度脱硫的情况下，需要特别关注。

1. 加氢脱硫和烯烃饱和反应

由于烯烃比相应结构的烷烃的辛烷值高许多，因而烯烃被加氢饱和后，将导致汽油辛烷值显著降低。FCC汽油加氢脱硫技术的关键就在于，在降低硫含量的同时，能否避免由于烯烃饱和而造成的辛烷值损失。

硫化物加氢反应从难到易的排列顺序是：噻吩>二硫化物≈硫醚≈硫醇。因为噻吩及其衍生物具有类似苯环的多原子大π键，结构稳定，不易氢解，导致FCC汽油中的噻吩类硫较其他非噻吩类硫化合物更难脱除。因此FCC汽油加氢脱硫主要研究对象是噻吩类硫化物。

噻吩加氢脱硫有几种可能的反应路径[26]：①噻吩先脱硫生成丁二烯，接着丁二烯部分加氢饱和生成丁烯；②噻吩先发生双键饱和生成四氢噻吩，然后加氢脱硫生成丁烯；③噻吩直接脱硫生成丁烯；④噻吩先发生双键饱和生成四氢噻吩后脱硫生成丁二烯，丁二烯部分加氢饱和生成丁烯。

烯烃饱和反应一般与加氢脱硫反应同时发生，烯烃加氢后辛烷值急剧下降。如何在加氢脱硫的同时，减少烯烃饱和或者促进烯烃向高辛烷值烃类转化以减少辛烷值损失，就成了FCC汽油加氢脱硫技术开发的核心。

我国研究者[27]以某种催化裂化汽油重馏分为试验对象，进行选择性加氢脱硫试验，发现不同碳数烯烃的加氢饱和反应速率常数随碳数的增加而下降。相比于支链烯烃和环烯烃，当直链烯烃被饱和为直链烷烃时，辛烷值损失最大，故要尽可能抑制直链烯烃的饱和反应，以减少产品的辛烷值损失。

通过对噻吩脱硫和烯烃加氢反应的研究，多数研究者[28,29]发现硫化态加氢催化剂中存在两类可以区别开的反应活性中心，即一个是加氢脱硫反应中心(HDS)，另一个是烯烃加氢饱和反应中心(HYD)，这为FCC汽油选择性加氢脱硫催化剂的设计、工艺流程的选择以及工艺条件的优化奠定了理论基础。

2. 二烯烃加氢饱和反应

催化裂化汽油的二烯值一般为0.5~3.5$gI_2/100g$，二烯烃在一定温度下(通常160~180℃被认为是开始发生反应的温度)除自身发生聚合反应外，还会同催化裂化汽油中其他烃类发生反应生成胶质或结焦前身物。加热炉中温度越高，二烯烃越容易生成焦炭，沉积到催化剂床层上部导致压降上升。二烯值很高的焦化汽油加氢装置尽管反应器入口温度较低(200~210℃)，但由于压降原因导致开工周期偏短的问题普遍存在[30]。故大部分的FCC汽油加氢脱硫工艺流程中均设置了专门的低温选择性脱二烯烃反应器，以延长运转周期。部分工艺在低温脱二烯烃反应过程中同时伴随硫醇硫及轻质硫化物转化为重质硫化物的反应。

3. 硫醇硫再生成反应

研究者[31]发现石脑油的深度加氢脱硫受加氢反应器中烯烃和硫化氢分压的影响，在给定的温度下，硫醇硫的再生成量与烯烃和H_2S的分压成正比。进一步研究发现，在FCC汽油加氢脱硫反应中，产品中硫醇硫含量与循环氢H_2S含量呈线性关系。随着循环氢中H_2S含量增加，反应产物总硫含量也相应增加，表明循环氢中H_2S的存在抑制了催化剂的脱硫性能。此外，循环氢中H_2S含量对烯烃加氢饱和具有促进作用，随着反应系统H_2S含量的增加，更多的烯烃加氢饱和转化为烷烃，导致产品烯烃含量降低[32]。

从上述的结果可以看出，一方面H_2S对加氢脱硫有抑制作用，另一方面H_2S对烯烃饱和具有促进作用，这就导致循环氢中H_2S的含量增加会降低催化剂的选择性，造成辛烷值损失增加，故在FCC汽油加氢脱硫的工艺流程中，需设置循环氢脱硫系统。

（二）FCC汽油选择性加氢脱硫技术

FCC汽油中硫和烯烃的分布特点是：烯烃主要集中在轻馏分中；而硫主要集中在重馏分

中，并且以噻吩硫为主，硫醇主要集中在轻馏分中[33]。因此大多数 FCC 汽油选择性加氢脱硫技术都选择将烯烃、硫醇含量较高的轻馏分与芳烃、总硫较高的重馏分分开后分别处理，以尽量减少混合产品的辛烷值损失。国内 FCC 汽油选择性加氢脱硫技术主要包括石科院开发的催化裂化汽油选择性加氢脱硫技术(简称 RSDS 技术)以及催化裂化汽油溶剂抽提-选择性加氢组合脱硫技术(简称 RCDS 技术)、大连院开发的催化裂化汽油选择性加氢脱硫技术(简称 OCT-M 技术)、中国石油石油化工研究院(以下简称石化院)开发的 FCC 汽油选择性加氢脱硫技术(简称 PHG 技术)、北京安耐吉能源工程技术有限公司开发的催化汽油加氢脱硫技术(简称 ALG 技术)、北京海顺德钛催化剂有限公司开发的催化裂化汽油选择性加氢脱硫技术(简称 CDOS 技术)等。本节以 RSDS 技术、RCDS 技术、OCT-M 系列技术以及 PHG 技术为代表，介绍国内现有的 FCC 汽油选择性加氢脱硫技术。

1. RSDS 技术[34]

石科院于 2001 年成功开发了第一代催化裂化汽油选择性加氢脱硫(RSDS-Ⅰ)技术，满足了当时国内汽油质量国Ⅲ(硫含量小于 150mg/kg)的要求。为了进一步满足国内汽油质量升级的需要，在 RSDS-Ⅰ技术的基础上，石科院开发了第二代催化裂化汽油选择性加氢脱硫(RSDS-Ⅱ)技术。该技术可以满足国Ⅳ汽油质量升级的需要，在生产硫质量分数小于 50mg/kg 的汽油时，产品辛烷值损失小，且装置可以长周期稳定运转。为满足生产硫含量不大于 10mg/kg 超低硫汽油的需要，石科院于 2014 年进一步开发了 RSDS-Ⅲ技术，已经在中国石化长岭分公司、青岛石化、上海石化等多家单位实现了工业应用。

石科院开发的 RSDS-Ⅰ以及 RSDS-Ⅱ技术均采用先将全馏分催化裂化汽油(FCCN)切割为轻馏分(LCN)和重馏分(HCN)，然后 LCN 碱抽提脱硫醇，HCN 选择性加氢脱硫(HDS)这一工艺路线。RSDS-Ⅲ技术继承了这一工艺路线，其原则流程如图 8-5 所示。

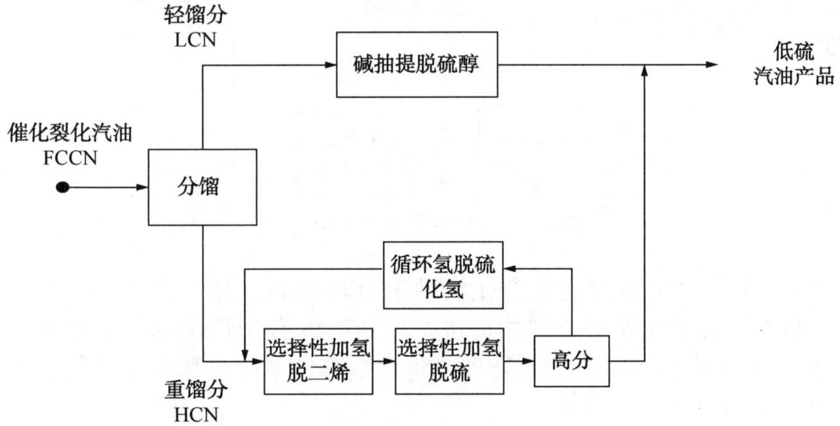

图 8-5　RSDS-Ⅲ技术原则流程示意图

RSDS-Ⅲ技术主要通过开发催化剂选择性调控(RSAT)技术和开发具有更高选择性和活性的新型催化剂两个方面来进一步提高脱硫率选择性。RSAT 技术通过区分催化剂表面脱硫和烯烃饱和活性中心，针对不同活性中心的特点，对烯烃饱和活性进行选择性抑制，催化剂通过 RSAT 技术处理后可以大幅降低烯烃饱和活性，同时脱硫活性不受影响，从而达到大幅提高脱硫选择性的目的。

针对 RSAT 技术的要求，开发了 RSDS-Ⅲ技术专用催化剂。在相同烯烃饱和率下，

RSDS-Ⅲ催化剂的脱硫活性更高，反应温度比 RSDS-Ⅱ催化剂低 15~20℃。因此，RSDS-Ⅲ催化剂能够很好地满足 RSDS-Ⅲ技术的要求。

2. RCDS 技术[35]

为了进一步降低由高硫和高烯烃含量的催化裂化汽油原料加氢脱硫生产国Ⅴ和国Ⅵ汽油时的 RON 损失，石科院在 RSDS-Ⅲ技术的基础上又开发出了 RCDS 技术。

针对烯烃含量高的轻馏分汽油，其硫化物类型主要为硫醇类硫化物(简称硫醇硫)和噻吩类硫化物(简称噻吩硫)，可以采用碱抽提、溶剂抽提的方法进行脱硫。碱抽提可以脱除轻馏分汽油中的硫醇硫，溶剂抽提可以将噻吩硫和烯烃进行分离，把噻吩类硫化物富集在抽出油中，使抽余油的硫含量满足国Ⅴ、国Ⅵ标准要求，溶剂抽提过程由于不改变轻馏分汽油中烯烃的类型和含量，因而不会造成辛烷值损失。重馏分汽油的硫含量高、烯烃含量低，其硫化物主要是噻吩及其衍生物，采用加氢脱硫的方法进行脱硫。

RCDS 工艺流程如图 8-6 所示。该工艺主要分为催化裂化汽油(FCCN)原料分馏、轻馏分汽油(LCN)碱抽提脱硫醇、轻馏分汽油溶剂抽提脱噻吩以及重馏分汽油(HCN)选择性加氢脱硫 4 部分。FCCN 由稳定塔塔底抽出进入分馏塔单元，切割为轻、重 2 个馏分。LCN 先进入碱抽提脱硫醇单元进行碱抽提脱硫醇，然后再进入溶剂抽提单元分离脱除噻吩硫。溶剂抽提单元的抽出油和来自分馏单元的 HCN 混合进入选择性加氢脱硫单元进行加氢脱硫，然后与低硫抽余油混合得到最终产品。

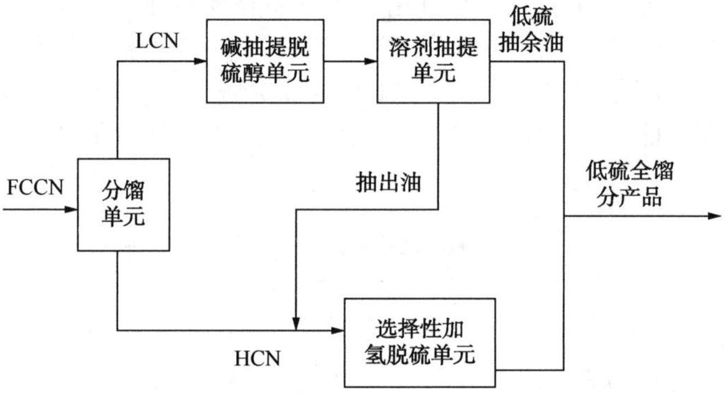

图 8-6　RCDS 工艺流程示意图

采用 RCDS 技术，将全馏分催化裂化汽油进行切割时，切割点 100~120℃，将大部分烯烃切割进入 LCN，由碱抽提和溶剂抽提进行脱硫，没有辛烷值损失；而硫含量高但烯烃含量低的 HCN 由选择性加氢脱硫单元处理，将大幅降低整个过程的辛烷值损失。

3. OCT-M 系列技术

2003 年以来，大连院先后开发出 OCT-M[36]、OCT-MD[37] FCC 汽油选择性加氢脱硫系列技术，先后在国内 20 套装置上工业应用[38,39]，为我国炼油企业生产硫含量符合国Ⅲ、国Ⅳ标准清洁汽油提供了技术支撑。为满足国家第五阶段“无硫汽油”新标准，大连院开发了 OCT-ME FCC 汽油深度选择性加氢脱硫工艺及 ME-1 催化剂，于 2012 年 6 月在湛江东兴石油化工有限公司 80 万吨/年 OCT-ME 装置成功应用。

根据 FCC 汽油烯烃集中在低沸点的轻馏分(LCN)、硫化物集中在高沸点重馏分(HCN)的特点，OCT-M 技术采用 FCC 汽油预分馏为 LCN 和 HCN、HCN 加氢后和 LCN 混合、混合汽油再进行脱臭的工艺流程[40](简称后脱臭流程)，OCT-MD 技术采用全馏分 FCC 汽油无碱脱臭、轻重分馏、重馏分加氢后与轻馏分混合的工艺流程。为了最大化降低汽油辛烷值损失，OCT-ME 技术包括：①FCC 汽油轻重馏分分馏，重馏分直接进加氢脱硫单元；②轻馏分经过无碱脱臭装置处理，将轻馏分中的低沸点硫醇转化成为高沸点的二硫化物；③无碱脱臭轻馏分与催化裂化轻循环油混合，通过吸收分馏塔分出塔顶无碱脱臭轻汽油、塔底柴油，硫含量不大于 10μg/g 的无碱脱臭轻汽油去产品调合；④富含二硫化物塔底柴油去柴油加氢装置进行脱硫处理。其流程如图 8-7 所示。

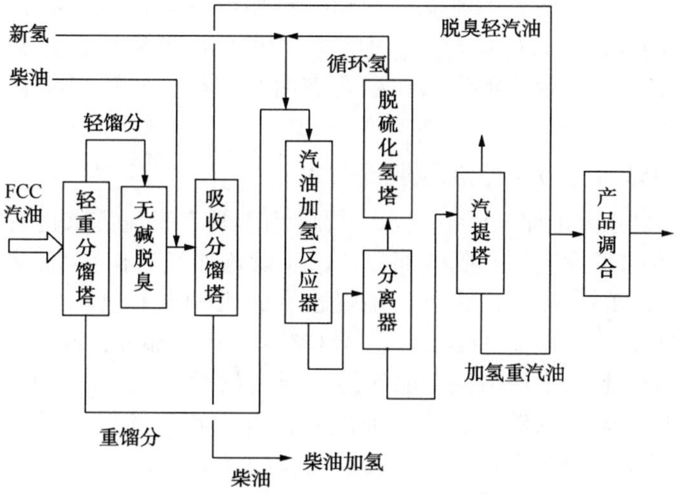

图 8-7　OCT-ME 技术工艺流程示意图

4. PHG 技术[41]

石化院开发的 PHG 技术自 2013 年 8 月开始，先后在中国石油庆阳石化、哈尔滨石化、云南石化、辽阳石化等炼厂实现了工业应用。该技术主要由预加氢单元、轻重汽油分馏单元、重汽油加氢单元组成。具体的工艺流程示意如图 8-8 所示。全馏分 FCC 汽油与氢气混合进入预加氢反应器，该反应器装填配套开发的预加氢催化剂，起到饱和二烯烃、使轻汽油中硫醇重质化的作用。经预加氢处理后的 FCC 汽油进入分馏塔，切割为低硫高烯烃的轻汽油和高硫低烯烃的重汽油，轻汽油可以配套醚化单元；重汽油与氢气混合后先后进入加氢脱硫和加氢后处理反应器，分别装填 FCC 汽油选择性加氢脱硫催化剂和加氢后处理催化剂，起到高选择性脱除重汽油中含硫化合物的作用。重汽油加氢脱硫产物经高分气液分离、稳定塔汽提后，与轻汽油混合，最终得到合格的清洁汽油调合组分。

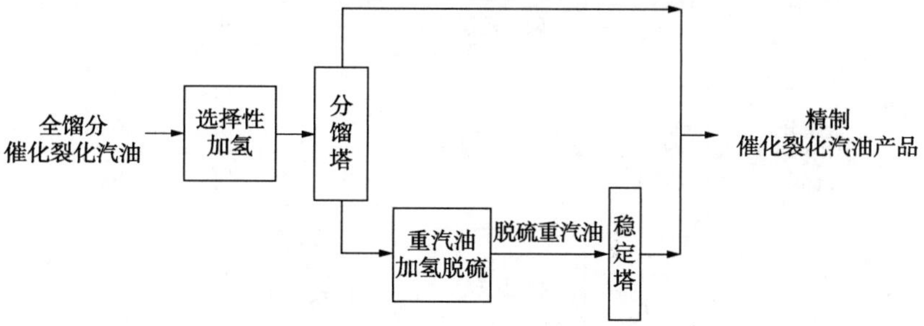

图 8-8　PHG 技术工艺流程示意图

预加氢单元设置一台预加氢反应器，主要发生三类反应：①将原料中的二烯烃转化为单烯烃，减少二烯烃加氢脱硫反应单元进料换热器和加氢脱硫反应器床层催化剂的聚合结焦；②将原料中轻的硫醇转化为重的硫化物，在分馏塔进行轻重汽油切割时，可使轻汽油中的硫和硫醇含量满足要求；③原料中的烯烃发生少量异构反应，提高汽油的辛烷值。

原料油经过预加氢后进入分馏塔进行轻重汽油分离。重汽油送至加氢脱硫单元进一步脱硫，轻汽油无须碱洗直接与加氢重汽油混合作为产品出装置。

加氢脱硫单元内设一台加氢脱硫反应器和一台加氢后处理反应器。加氢脱硫反应器用于脱除 FCC 汽油中的大部分含硫化合物，加氢后处理反应器用于在高温下脱除再生成的二次硫醇及进一步脱硫。加氢后的重汽油在稳定塔内稳定后，与轻汽油混合作为精制汽油产品出装置。

（三）FCC 汽油异构化/芳构化加氢脱硫技术

FCC 汽油异构化/芳构化加氢脱硫技术主要应用于既有脱硫需求也有降烯烃需求的 FCC 汽油原料。该类技术除了设置加氢脱硫部分外，还设置加氢异构化/芳构化部分。在加氢脱硫部分，除了发生深度的脱硫反应之外，烯烃也有较大的饱和度，这就使得该类技术除了脱硫，还能降低 FCC 汽油中烯烃的含量。在异构化/芳构化部分，FCC 汽油中的烃类发生异构化、芳构化等反应，起到辛烷值恢复的作用。国内拥有自主知识产权的 FCC 汽油加氢脱硫及改质技术有石科院开发的催化裂化汽油加氢异构脱硫降烯烃技术（简称 RIDOS 技术）、大连院开发的催化裂化汽油芳构化降烯烃技术（简称 OTA 技术）、石化院与抚顺石化公司研究院联合开发的催化汽油加氢改质技术（简称 M-PHG 技术）、石化院和中国石油大学（北京）联合开发的催化裂化汽油加氢脱硫改质技术（简称 GARDES 技术）等。本节以 RIDOS 技术、GARDES 技术以及 M-PHG 技术为代表，介绍国内现有的 FCC 汽油加氢异构化/芳构化脱硫技术。

1. RIDOS 技术[42]

RIDOS 技术采用 FCC 汽油分段处理工艺流程，其流程示意如图 8-9 所示。LCN 进碱抽提脱硫醇，HCN 进异构加氢，发生加氢脱硫、脱氮、降烯烃和辛烷值恢复反应。HCN 加氢装置由两台反应器串联组成。第一台反应器上层装填 RGO-2 保护剂，该保护剂具有脱双烯能力强和烯烃饱和活性低的特点，下层装填 RS-1A 加氢精制催化剂，其具有高加氢脱硫活性、高烯烃饱和活性和低芳烃饱和活性；第二台反应器装填 RIDOS-1 异构化催化剂，其具有良好的异构化功能和催化提高辛烷值的反应能力。

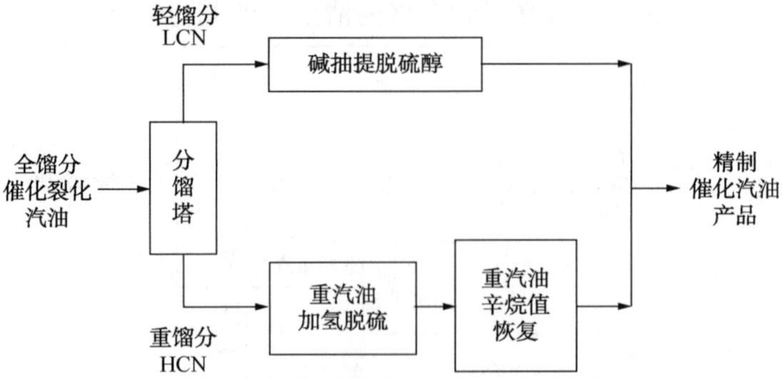

图 8-9　RIDOS 技术工艺流程示意图

2. GARDES 技术[43]

GARDES 技术已在中国石油抚顺石化、宁夏石化、呼和浩特石化等炼厂实现了工业应用。该技术主要包括预加氢单元、分馏塔、选择性加氢脱硫和辛烷值恢复单元四个部分，其工艺流程如图 8-10 所示。

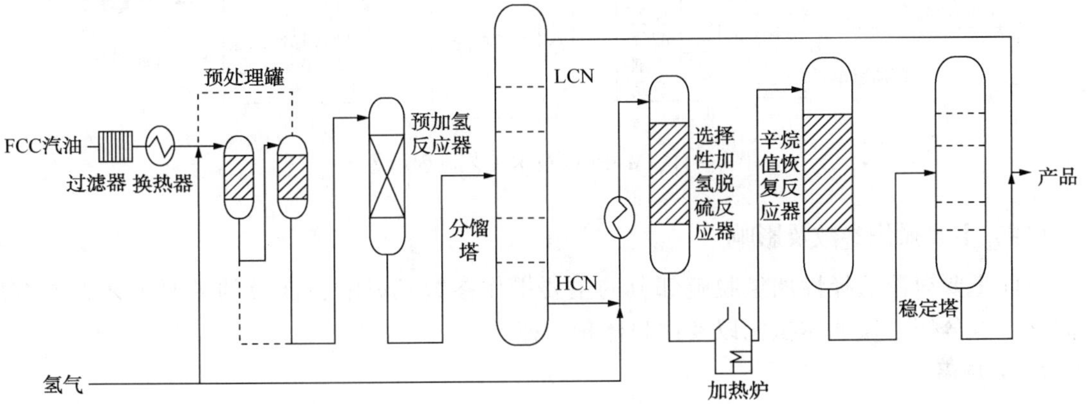

图 8-10　GARDES 技术工艺流程示意图

全馏分 FCC 汽油首先通过预加氢处理，使 FCC 汽油中的硫醇和部分噻吩与烯烃发生反应生成重质硫化物，并使 FCC 汽油中易于被加氢饱和的端烯烃通过双键异构转化为内烯烃；然后进行轻、重馏分切割，通过蒸馏将预加氢反应产物分离，使难以被转化为双支链异构烷烃的高辛烷值小分子烯烃($C_{6-}^{=}$)进入轻汽油(LCN)得到保护，而使能被转化为双支链异构烷烃的大分子烯烃($C_{7+}^{=}$)进入重汽油(HCN)。上述分馏出的 LCN 可直接或经醚化后用于油品调合。HCN 经过加氢脱硫处理脱除硫化物后再进入辛烷值恢复单元，通过沸石基催化剂的酸性脱除加氢脱硫产物中残余的噻吩，并使其中的单支链异构烯烃最终转化为高辛烷值的双支链异构烷烃，从而实现满足不同标准清洁汽油调合组分的生产。

3. M-PHG 技术

M-PHG 技术是一种在降低 FCC 汽油硫含量的同时，通过芳构化反应把烯烃部分转化为芳烃，达到降烯烃弥补加氢脱硫过程中辛烷值损失的清洁汽油生产技术，具有脱硫率高、烯烃降幅大、辛烷值损失小、原料适应性强、运行周期长等特点，主要适用于深度脱硫、大幅降烯烃、保持辛烷值需求的炼厂。2011 年至今，该技术已先后在中国石油乌鲁木齐石化、玉门石化、庆阳石化、长庆石化等多家炼厂实现工业应用[44]。工艺流程如图 8-11 所示。全馏分 FCC 汽油与氢气混合进入预加氢反应器，该反应器装填配套的预加氢催化剂，起到饱和二烯烃、使轻汽油中硫醇重质化的作用。经预加氢处理后的 FCC 汽油进入分馏塔，切割为低硫高烯烃的轻汽油和高硫低烯烃的重汽油，轻汽油可以配套醚化单元；重汽油与氢气混合后先后进入加氢改质和加氢脱硫反应器，分别装填重汽油辛烷值恢复催化剂和选择性加氢脱硫催化剂，起到烯烃芳构化和高选择性脱除重汽油中含硫化合物的作用。重汽油加氢脱硫产物经高分气液分离、稳定塔汽提后，与轻汽油混合，最终得到合格的清洁汽油调合组分。

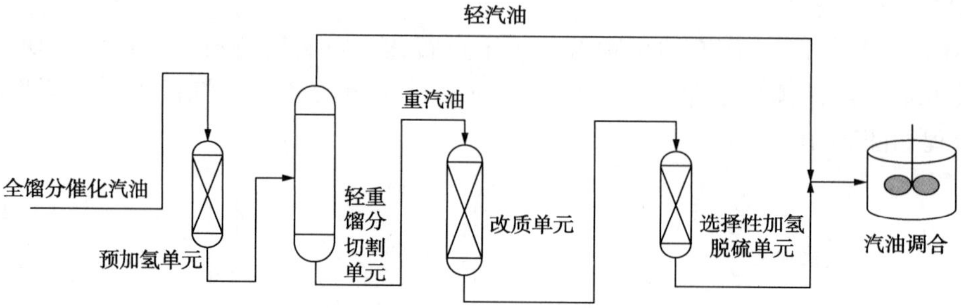

图 8-11　M-PHG 技术工艺流程示意图

（四）主要操作参数及影响

下面主要讨论选择性加氢脱硫部分的主要操作参数及影响，涉及的主要工艺参数有反应温度、氢分压、氢油体积比以及进料体积空速。

1. 反应温度

选择性加氢脱硫催化剂的芳烃饱和性能很弱，不予考虑。在选择性加氢脱硫的设计温度范围内，加氢脱硫、加氢脱氮、烯烃加氢饱和均不受热力学控制，因此提高反应温度，加氢脱硫、脱氮、烯烃加氢饱和活性均会提高。因而过高的反应温度会导致产品辛烷值的下降，在实际操作中，在满足产品质量要求的情况下，尽可能采用较低的反应温度。图 8-12 给出了反应温度对脱硫率的影响曲线。

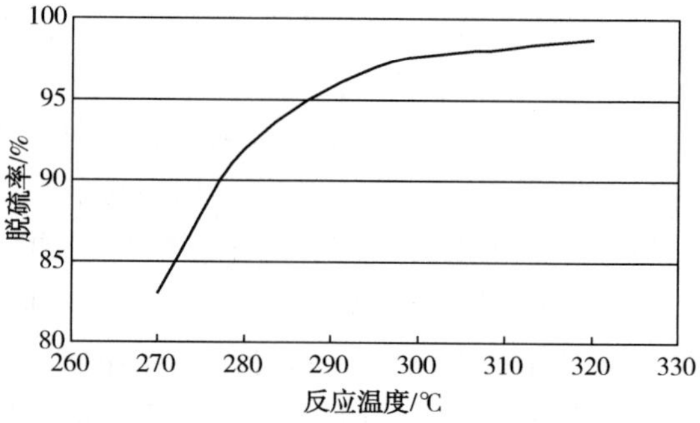

图 8-12　脱硫率与反应温度的关系

2. 氢分压

氢分压是加氢反应的重要操作参数之一，通常以反应器入口总压×循环氢氢纯度计算。影响加氢装置氢分压的因素是多方面的，主要包括以下几方面：系统总压力、新氢组成、高分气的排放量、高压分离器的操作温度等。

提高氢分压有利于加氢反应的进行，加氢脱硫、加氢脱氮、烯烃加氢饱和活性都将增加。提高氢分压还有利于减少缩合和叠合反应的发生，并促使碳平衡向着有利于减少积炭方向发展。但过高的氢分压将导致烯烃过多加氢饱和，使汽油产品辛烷值损失增大。选择性加氢脱硫反应器入口氢分压一般为 1.6~2.0MPa。

3. 氢油体积比

在工业装置上通用的氢油体积比是指在单位时间内进入反应器的氢气的标准体积与进入反应器的原料油的体积(20℃时)之比。在加氢过程中，如果不涉及反应工程的影响，仅就反应过程而言，氢油比的变化其实质是影响反应过程的氢分压。

氢油比的大小主要通过循环氢浓度以及循环气量的大小进行调节，循环气量增加，氢油比增大，实际也增加了反应的氢分压，有利于加氢精制反应，同时可在一定程度上减缓催化剂的结焦速率。增大循环气量，提高氢油比，还有利于将反应热从系统中带出，使反应器内温度控制更平稳。但过大的氢油比将增加循环压缩机负荷，功耗增大。选择性加氢脱硫装置反应器入口氢油体积比一般为200~500。

4. 进料空速

进料量的变化意味着空速的变化。空速是指单位时间里通过单位催化剂的原料的量，它反映了装置的处理能力。进料量增加，空速增大，意味着单位时间里通过催化剂的原料多，原料在催化剂上的停留时间短，反应深度浅；相反，进料量小，空速小，意味着单位时间里通过催化剂的原料少，原料在催化剂上的停留时间长，加氢深度深。因此无论从反应速率还是化学平衡上讲，降低空速对于提高加氢脱硫率都是有利的，但同样会导致烯烃的深度饱和。若进料量过低，则会使产品辛烷值损失增大。因此，各专利商一般要求装置尽可能在设计处理量工况下运转。专利商不同，则要求的体积空速不同，一般在 $2\sim6h^{-1}$。

（五）工业装置运转情况

1. RSDS 技术[34]

2014 年 7 月对中国石化长岭分公司 RSDS-Ⅲ装置生产国Ⅴ汽油进行了标定，结果列于表 8-4。由表 8-4 可知，以 FCC 汽油为原料［硫含量为 304μg/g，烯烃含量（体积分数）为 34.8%］，在全馏分汽油产品硫含量不大于 10μg/g、满足国Ⅴ汽油排放标准的条件下，RON 损失 1.0 个单位。

表 8-4　中国石化长岭分公司 RSDS 装置上生产的国Ⅴ汽油产品性能

项目	原料	产品	项目	原料	产品
硫含量/(μg/g)	304	8.1	*RON*	93.0	92.0
烯烃含量/%(体)	34.8	24.2	*RON* 损失	—	1.0

2012 年，中国石化青岛石化公司采用 RSDS-Ⅲ技术对原 60 万吨/年 RSDS 装置进行了改造，将 RSDS-Ⅲ技术运转效果与采用 RSDS-Ⅱ技术运转效果进行了对比，如表 8-5 所示。由表 8-5 可知，在脱硫率相当的情况下，RSDS-Ⅲ技术比 RSDS-Ⅱ技术辛烷值少损失 1.3 个单位。

表 8-5　RSDS-Ⅲ技术与 RSDS-Ⅱ技术生产国Ⅴ汽油对比

项目	RSDS-Ⅲ技术(2015 年 3 月)		RSDS-Ⅱ技术(2011 年 12 月)	
	原料	产品	原料	产品
硫含量/(μg/g)	510	7.2	799	9.0
烯烃含量/%(体)	12.5	9.6	28.1	15.5
RON	93.2	92.6	95.3	93.4
脱硫率/%	—	98.6	—	98.9
RON 损失	—	0.6	—	1.9

2. RCDS 技术[35]

RCDS 技术在中国石化清江石化公司 30 万吨/年催化裂化汽油脱硫装置上首次工业应用。

该装置生产国Ⅴ标准汽油的标定结果如表8-6所示。由表8-6可见，RCDS技术具有很好的脱硫选择性，在深度脱硫条件下辛烷值损失小，完全可以满足炼油企业生产国Ⅴ标准汽油的需要。

表8-6 清江石化RCDS技术标定结果

项 目	原料一	产品一	原料二	产品二
硫含量/(μg/g)	418	7	460	7
硫醇硫含量/(μg/g)	39.4	3.4	37.2	3
烯烃含量/%(体)	27.9	25.6	27.6	25.1
芳烃含量/%(体)	19.2	18.8	19.3	19.0
脱硫率/%	—	98.3	—	98.5
RON	90.1	88.8	90.4	89.4
RON 损失	—	1.3	—	1.0
C_{5+}收率/%	—	—	—	99.9

3. OCT-M 系列技术

2012年6月，采用ME-1催化剂的湛江东兴石油化工有限公司80万吨/年OCT-ME装置改造完成并一次开工成功。2013年6月，该装置进行生产国Ⅴ标准汽油标定，结果如表8-7所示。从表8-7可以看出：采用OCT-ME技术可生产硫含量不大于10μg/g的国Ⅴ清洁汽油。

表8-7 湛江东兴OCT-ME装置生产国Ⅴ汽油标定结果

反应条件	2013-6-30 9:30		2013-6-30 17:30	
高分压力/MPa	1.43		1.45	
入口温度/℃	262		264	
体积空速/h^{-1}	2.9		2.8	
氢油体积比	480		475	
加氢原料及产物	加氢原料	加氢产物	加氢原料	加氢产物
硫含量/(μg/g)	631	5.6	582	6.3
硫醇硫含量/(μg/g)	30.5	3.4	49.5	4.5
辛烷值(*RON*)	92.4	86.8	92.0	87.2
FCC汽油及OCT-ME产物	FCC汽油	OCT-ME产物	FCC汽油	OCT-ME产物
硫含量/(μg/g)	475	9.4	455	9.9
辛烷值(*RON*)	93.5	91.9	93.4	91.5
烯烃含量/%(体)	30.5	21.0	29.9	20.3

4. PHG 技术[45]

表8-8是PHG技术在中国石油庆阳石化公司70万吨/年汽油加氢脱硫装置应用时的典型操作参数。生产国Ⅴ汽油的产品性能如表8-9所示。由表8-9可知，以FCC汽油为原料

[硫含量为 115.8μg/g，烯烃含量(体积分数)为 41.7%]，在全馏分汽油产品硫含量不大于 10μg/g、满足国 V 汽油排放标准的条件下，RON 损失 0.7 个单位。

表 8-8 庆阳石化 PHG 装置主要工艺参数

装置单元	预处理单元	HCN 脱硫反应器单元	HCN 脱硫醇反应器单元
入口压力/MPa	2.4	1.87	1.68
入口温度/℃	120.3	232.2	279.8
出口温度/℃	130.0	248.5	282.6
温升/℃	9.7	16.3	2.8

表 8-9 庆阳石化 PHG 装置上生产的国 V 汽油产品性能

项 目	原 料	产 品	项 目	原 料	产 品
硫含量/(μg/g)	115.8	8.6	*RON*	91.4	90.7
烯烃含量/%(体)	41.70	36.9	*RON* 损失	—	0.7

5. RIDOS 技术[46]

中国石化北京燕山分公司的 FCC 汽油加氢装置采用了 RIDOS 技术，加工能力为 22 万吨/年。该装置进行标定的原料和产品性质见表 8-10，物料平衡数据见表 8-11。由表 8-10 和表 8-11 可以看出，以硫含量为 109μg/g 的 FCC 汽油为原料，RIDOS 汽油的硫含量为 9μg/g，脱硫率为 91.7%。产品烯烃含量(体积分数)由 48.5%下降至 17.8%，降低 30.7 个百分点，在烯烃饱和率高达 63.3%的情况下，RON 辛烷值损失 3 个单位。C_{5+}汽油收率为 89.31%，C_3+C_4产品收率为 11.35%，C_1+C_2收率仅为 0.56%，说明绝大多数非汽油馏分产品为液化气。该液化气不含烯烃，主要是直链烷烃，是较好的乙烯裂解原料。此外，由于该液化气烯烃含量很低，可作车用液化气。

表 8-10 FCC 汽油以及 RIDOS 技术处理后汽油性能

项 目	FCC 汽油	RIDOS 产品汽油	项 目	FCC 汽油	RIDOS 产品汽油
密度/(kg/m^3)	715.9	703.6	饱和烃含量/%(体)	38.5	67.8
硫含量/(μg/g)	109	9	烯烃含量/%(体)	48.5	17.8
硫醇硫含量/(μg/g)	22	<3	芳烃含量/%(体)	13.0	14.4
氮含量/(μg/g)	96	4	*RON*	91.2	88.2

表 8-11 RIDOS 技术产物分布

项 目	产品收率/%	项 目	产品质率/%
C_1+C_2	0.56	C_{3+}	100.66
C_3+C_4	11.35		
RIDOS 汽油	89.31	化学氢耗	1.02

6. GARDES 技术[47]

宁夏石化 120 万吨/年 FCC 汽油加氢装置采用了 GARDES-Ⅱ技术。该装置在开工稳定期各反应器入口温度和温升情况如表 8-12 所示。装置稳定运行 6 个月后完成了工业标定，标定结果如表 8-13 所示。由表 8-13 可以看出，经 GARDES-Ⅱ技术处理后，FCC 汽油的硫含量由 58μg/g 降低到 8.1μg/g，产品硫含量满足全厂汽油调合要求。

表 8-12 宁夏石化 FCC 汽油加氢装置开工稳定期各反应器的运行温度参数

反应器	入口温度/℃	温升/℃	反应器	入口温度/℃	温升/℃
预加氢反应器	95	7~10	辛烷值恢复反应器	330	15~18
选择性加氢脱硫反应器	210	20~25			

表 8-13 宁夏石化 FCC 汽油加氢装置原料与混合汽油产品性质

项 目	原料	产品汽油	项 目	原料	产品汽油
硫含量/(μg/g)	58	8.1	烯烃含量/%(体)	40.8	29.8
硫醇硫含量/(μg/g)	13.2	—	芳烃含量/%(体)	14.4	15.6
博士试验	—	通过			
烷烃含量/%(体)	44.8	54.6	*RON*	91.5	90.3

7. M-PHG 技术[44]

玉门炼化 40 万吨/年 FCC 汽油加氢装置采用了 M-PHG 技术。2016 年 11 月，对该装置进行了标定，加工负荷为 92.44%。标定期间，装置各单元主要工艺条件及标定结果见表 8-14 和表 8-15。由表 8-15 可见，采用 M-PHG 技术达到了 FCC 汽油深度脱硫、大幅降烯烃、保持辛烷值的目的。

表 8-14 玉门炼化 FCC 汽油加氢装置标定主要工艺条件

反应器	入口压力/MPa	入口温度/℃	体积空速/h^{-1}	氢油体积比
预加氢反应器	2.4	110	2.3	9
辛烷值恢复反应器	2.1	379	1.8	345
选择性加氢脱硫反应器	2.1	255	1.8	345

表 8-15 玉门炼化 FCC 汽油加氢装置标定结果

项 目	原料	产品汽油	项 目	原料	产品汽油
密度(20℃)/(g/cm^3)	0.723	0.728	烯烃含量/%(体)	37.8	22.6
硫含量/(μg/g)	295.4	11.9	芳烃含量/%(体)	18.3	21.1
硫醇硫含量/(μg/g)	13.2	5			
博士试验		通过	*RON*	92.3	91.1
烷烃含量/%(体)	43.9	56.3	液体收率/%	—	99.1

二、裂解汽油加氢精制技术

以下所述裂解汽油包括蒸汽裂解生产乙烯装置副产的汽油馏分和催化裂解工艺(DCC)装置生产的汽油馏分。两种裂解汽油中都富含芳烃(通常芳烃含量高于50%)，是重要的芳烃抽提原料[51,52]。然而，芳烃抽提工艺及芳烃产品对硫、氮及烯烃等限制严格，因此，裂解汽油在进行芳烃抽提之前，需要脱除其中的硫、氮等杂质，以及饱和烯烃。加氢精制是脱除硫、氮等杂质及烯烃饱和的有效手段。然而由于蒸汽裂解汽油和催化裂解汽油在硫、氮、烯烃以及二烯烃含量方面存在较大差异，因此加氢精制技术存在较大差异。典型裂解汽油性质见表8-16，典型蒸汽裂解汽油组成见表8-17。

表8-16　蒸汽裂解汽油和催化裂解(DCC)汽油主要性质

项　目	蒸汽裂解汽油[48]	DCC汽油[49]	项　目	蒸汽裂解汽油[48]	DCC汽油[49]
密度(20℃)/(g/cm^3)	0.8373	0.7621	胶质/(mg/100mL)	11.7	—
硫含量/(μg/g)	36.04	149	烯烃含量/%(体)	—	19.4
氮含量/(μg/g)	—	46	芳烃含量/%(体)	—	55.19
溴价/(gBr_2/100g)	—	35	馏程范围/℃		
二烯值/(gI_2/100g)	34.79	2.4	(GB/T 6536)	43.6~183.8	37~187

表8-17　蒸汽裂解汽油组成[50]

组　分	含量/%	组分	含量/%	组　分	含量/%
C_3H_8	0.19	$C_6$2E	3.09	OX	3.53
C_4H_{10}	0.42	甲苯	15.96	MX	1.55
C_5A	2.03	C_7A	0.74	C_8A	0.31
C_5E	6.28	C_7E	0.61	C_8E	0.26
$C_5$2E	12.93	$C_7$2E	1.02	$C_8$2E	0.44
苯	34.47	苯乙烯	2.62	茚	0.77
C_6A	1.89	EB	1.61	C_{9+}	5.6
C_6E	1.72	PX	1.97		

注：A—链烷烃；E—单烯烃；2E—二烯烃；EB—乙苯；PX—对二甲苯；OX—邻二甲苯；MX—间二甲苯。

(一) 蒸汽裂解汽油加氢精制生产芳烃抽提原料技术

目前，国内蒸汽裂解汽油加氢路线较为复杂，根据各厂的需求，按照工艺流程的不同，总体可以划分为两大类：C_5~C_9全馏分加氢；C_6~C_8(或C_6~C_7)中间馏分加氢。具体各种工艺流程各有不同。

1. 中间馏分加氢技术

由于C_5中烯烃含量高，并且含有大量的二烯烃，C_9馏分中胶质含量较高，所以当C_5馏分和C_9馏分进行加氢时，一方面大量的烯烃饱和增加了氢耗，同时大量的二烯烃和胶质极容易结焦，装置难以长周期运转。因此，中间馏分加氢技术通过预分馏系统将C_5和C_9馏分先分离出来，然后对C_6~C_8馏分进行加氢。某厂采用LUMMUS公司开发的裂解汽油中间馏分加氢技术(DPG)建设了蒸汽裂解汽油加氢装置[53]，具体工艺流程见图 8-13。

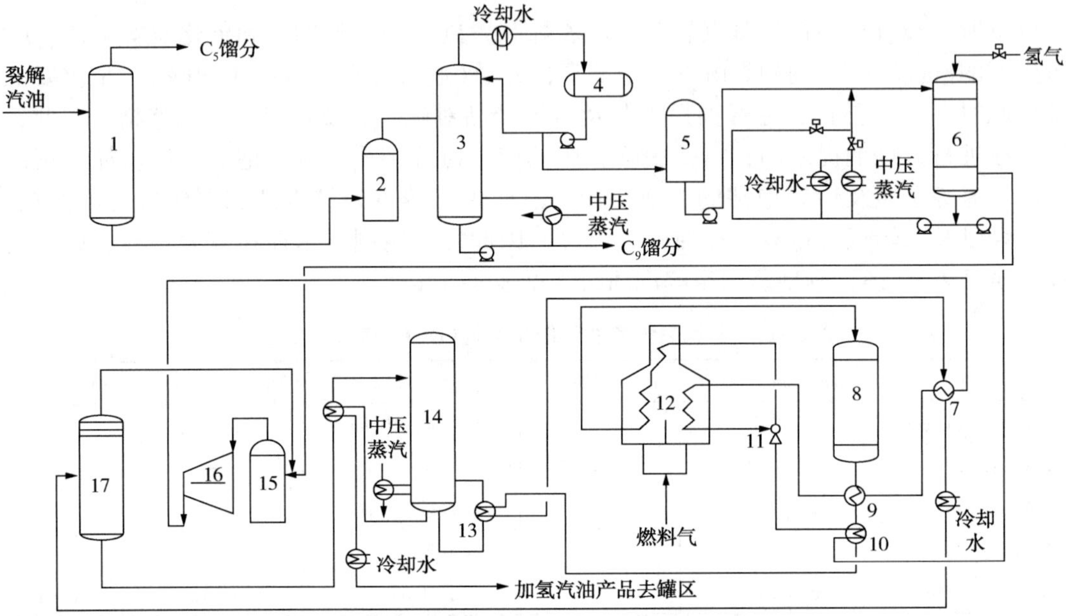

图 8-13　某厂裂解汽油加氢装置(DPG 技术)工艺流程示意

1—脱戊烷塔；2—脱砷反应槽；3—BTX 塔；4—回流罐；5—一反进料缓冲罐；6—一段反应器；
7—氢气第一预热器；8—二段反应器；9—氢气第二预热器；10—进料预热器；11—混合喷嘴；
12—二段加热炉；13—再沸器；14—硫化氢汽提塔；15—压缩机吸入罐；16—循环氢压缩机；17—产品分离罐

该技术从工艺流程上分为 3 个单元：预分馏系统、反应系统及稳定系统。其中，预分馏系统包括脱戊烷塔及 BTX 塔(脱 C_9塔)，反应系统包括一段反应器、二段反应器、二段加热炉。裂解汽油首先进入脱戊烷塔，塔顶脱除 C_5馏分。脱戊烷塔塔底物料进入 BTX 塔，塔底将 C_9馏分脱除，塔顶为 $C_6 \sim C_8$馏分。$C_6 \sim C_8$馏分进入一段反应器与氢气反应，反应后的气液混合物进行气液分离。分离后的液体一部分作为反应器的内循环，一部分经换热后进入混合喷嘴。一段反应器底部分离出的氢气与高压闪蒸罐中闪蒸出的氢气混合进入循环氢压缩机进行加压。加压后的循环氢经换热后进入二段加热炉 A 炉加热，然后进入混合喷嘴，与一段反应器出料混合后进入二段加热炉 B 炉，进一步加热到二段反应所需进料温度，然后从二段反应器顶部进入。二段反应器出料经换热及冷却后进入高压闪蒸罐进行气液分离。分离出的液体进入硫化氢汽提塔进行汽提，塔底物料加氢汽油作为产品送往加氢汽油储罐。

2. 全馏分加氢技术

由于蒸汽裂解汽油中 C_5和 C_9馏分在后续利用时需要脱除其中的烯烃、硫、胶质等，因此部分企业采用裂解汽油全馏分加氢的工艺。具体工艺流程见图 8-14[54]。该工艺采用两段加氢反应，一段加氢反应为低温液相加氢，将裂解汽油中的苯乙烯和二烯烃加氢，转化为乙苯和单烯烃；二段加氢反应为高温气相加氢，将单烯烃完全饱和并脱除硫化物等杂质。

并通过对 C_5以下和 C_9以上组分进行精馏分离，生产出芳烃的原料 C_6～C_8馏分。

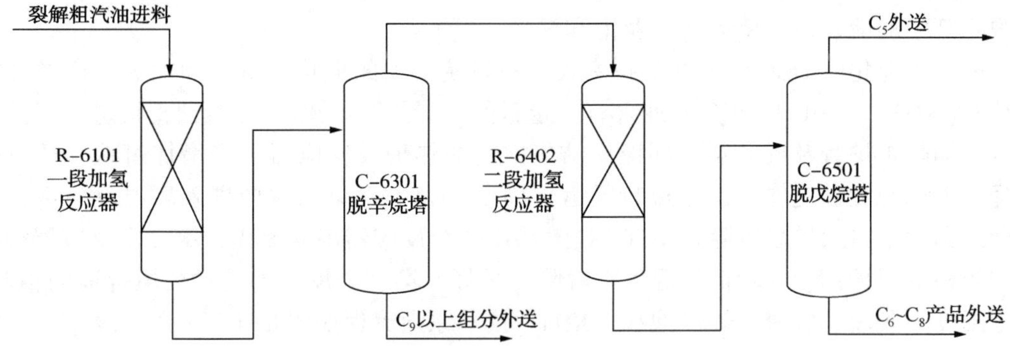

图 8-14　裂解汽油全馏分加氢工艺流程示意

3. 典型蒸汽裂解汽油加氢技术催化剂及工艺特点

由于加工难度和要求不同，裂解汽油具体工艺特点和催化剂各有不同。目前，国内外广泛采用的工艺技术包括 LUMMUS 公司的 DPG 技术、法国 AXENS 公司开发的裂解汽油两段加氢技术（简称 PGHU 技术）、HOUDRY 公司开发的裂解汽油加氢技术（简称 HPG 技术）、UOP 公司开发的裂解汽油两段加氢技术。另外，国内各研究院也开发了相应的一段、二段加氢催化剂，包括上海院开发的一段加氢催化剂 SHP-01/F、SHN-01/F[55,56]，二段加氢催化剂 SHP-02/F[57]，石化院开发的一段加氢催化剂 LY-9801D、LY-2008，二段加氢催化剂 LY9702、LY-9802[58]。国内企业采用的技术主要工艺特点和催化剂体系见表 8-18[59]。

表 8-18　不同蒸汽裂解汽油加氢技术主要工艺特点和催化剂体系

工艺名称	开发公司	国内应用企业	一段加氢		二段加氢	
			催化剂体系	操作条件及工艺特点	催化剂体系	操作条件及工艺特点
DPG	LUMMUS	齐鲁石化 扬子石化 上海石化	Pd/Al_2O_3	50～130℃ 2～3MPa	$Co-Mo/Al_2O_3$	290～385℃ 3～3.5MPa
ST	中国石化工程建设有限公司	大连恒力石化	Ni/Al_2O_3	40～120℃ 2～3MPa		
HPG	HOUDRY	燕山石化	$Mo-Co-Ni/Al_2O_3$	200～250℃ 5～6MPa	$Co-Mo-Ni/Al_2O_3$	240～280℃ 5～6MPa

（二）催化裂解汽油加氢精制生产芳烃抽提原料技术

随着化工行业的不断发展，乙烯、丙烯等低碳烯烃的需求量呈现快速增长的趋势，以重油为原料、以生产丙烯为主要目的的催化裂解（DCC）技术受到市场青睐。DCC 汽油中的芳烃含量高达 50%以上，可以作为生产芳烃的原料。但是，芳烃产品对硫、氮等杂质限制非常严格，通常要求产品中硫含量小于1μg/g，氮含量小于1μg/g，溴价小于0.5gBr/100g，且抽提过程无法脱除硫氮等杂质。因此，DCC汽油在进行芳烃抽提之前，需要经过加氢精制，脱除其中的硫、氮等杂质，以及饱和烯烃。

目前，工业化的DCC汽油加氢技术仅有石科院开发的催化裂解汽油加氢生产芳烃抽提原料技术（NHT^{DC}）。由于DCC汽油含有一定量的二烯烃，如果DCC汽油直接进入工业装置高温区，加热炉炉管及反应器顶部极易结焦，使加热炉及反应器压降增加过快，严重时系统压降过大，装置被迫停工，缩短装置运转周期。为了避免二烯烃进入高温反应区，必须在较低的温度下将二烯烃脱除。NHT^{DC}技术采用两个反应器串联流程，第一个反应器级配装填不同规格的保护剂，在较低的温度下脱除二烯烃；第二个反应器通过装填合适的精制剂，在一定温度下脱硫、脱氮、烯烃饱和。NHT^{DC}技术原则流程如图8-15所示。

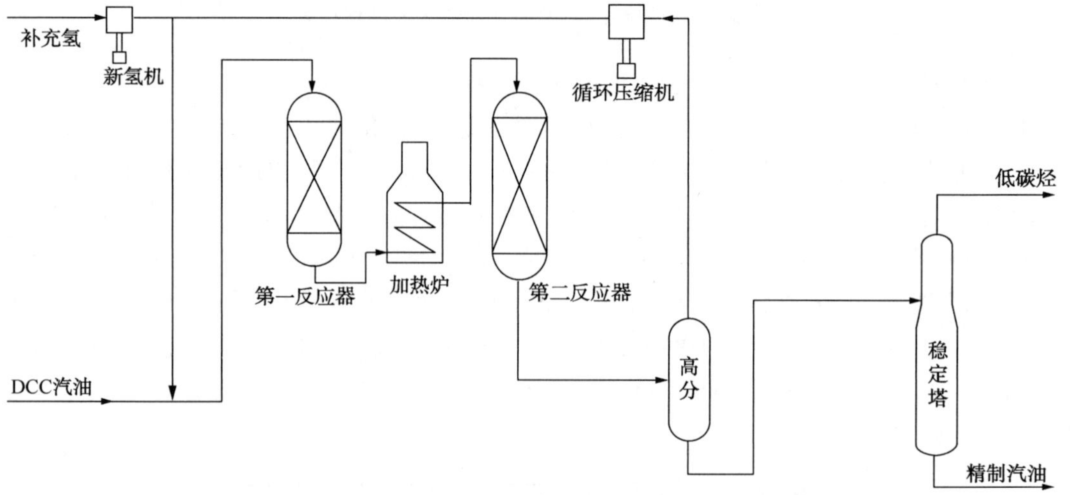

图8-15　NHT^{DC}技术原则流程示意

NHT^{DC}技术包括反应和分馏两部分，DCC汽油由催化裂解装置引进DCC汽油加氢装置界区，进入原料缓冲罐，经由反应进料泵增压，并与循环氢混合后，进入一反进料换热器，达到一反入口所需温度的混合物流引入加氢精制第一反应器。加氢精制第一反应器采用较低的反应温度、较高的体积空速，主要进行二烯烃的饱和反应及部分烯烃的加氢饱和反应，一反出口物流经换热/加热，达到二反入口温度后进入加氢精制第二反应器。加氢精制第二反应器采用较高的反应温度、较低的体积空速，主要进行单烯烃的饱和反应，同时完成硫、氮等杂质的脱除。二反出口物流引出后，经换热和冷却后，进入高压气液分离器进行反应产物的气液相分离。气相物流经循环氢压缩机增压后与反应进料泵出口的DCC汽油原料混合。补充新氢由新氢管网减压后与循环氢混合。高压气液分离器的油相引入稳定塔。经过稳定塔脱除溶解的氢气、硫化气及轻烃等，塔底物料进入脱C_5塔，分馏C_5馏分。脱C_5塔底物料进入脱C_9塔。脱C_9塔顶为C_6~C_8馏分，作为原料送至芳烃抽提装置，塔底的C_9+重石脑油送至罐区作为汽油调合组分。此外，根据C_5馏分的用途，可以灵活调整脱C_5塔的设置位置。NHT^{DC}技术工艺流程的优点是，原料油在经过一反后已经将二烯烃脱除，可以有效地减少加热炉管和反应器顶部结焦，延长了装置的操作周期。

表 8-19 给出了以 DCC 汽油为原料生产芳烃抽提原料的中试结果，采用 NHT^{DC}技术处理溴价高达 45gBr/100g 的 DCC 汽油，产品硫、氮含量均小于 1μg/g，溴价小于 0.5gBr/100g，满足芳烃抽提进料要求，且加氢产品芳烃含量高达 67.92%，芳烃饱和率仅为 8.34%，是很好的芳烃抽提原料。

表 8-19 以 DCC 汽油为原料生产芳烃抽提原料的中试结果[48]

项 目	原料	产品	项 目	原料	产品
硫含量/(μg/g)	93	<1	芳烃含量/%	74.10	67.92
氮含量/(μg/g)	53	<1	芳烃饱和率/%	—	8.34
溴价/(gBr_2/100g)	45	<0.5			

(三) 主要操作参数及影响

裂解汽油加氢技术过程操作参数主要包括压力、反应温度、催化剂体积空速及氢油体积比等，其中反应温度和反应压力对技术操作过程影响较大。

较高的反应压力有利于脱硫、脱氮，烯烃加氢饱和，有利于减少二烯烃结焦和延长装置稳定操作周期等。但是过高的反应压力也会导致裂解汽油中的芳烃饱和率增加，减少芳烃收率。因此，催化裂解汽油加氢 NHT^{DC}技术的反应压力通常为 3.0~4.0MPa，而蒸汽裂解汽油反应压力通常为4.0~6.0MPa。

反应温度对裂解汽油加氢影响较大。反应温度过高时，裂解汽油中的二烯烃、胶质等物质会发生结焦，影响装置运转周期，反应温度过低，难以实现深度脱硫、脱氮。因此，无论是催化裂解汽油加氢技术还是蒸汽裂解汽油加氢技术，都采用低温反应区先饱和二烯烃，再在高温区进行脱硫、脱氮、单烯烃饱和反应。

裂解汽油脱二烯烃反应器的反应温度和催化剂体系密切相关。采用金属还原态催化剂体系(Ni、Pd)的技术要求反应温度较低，通常为 60~100℃；采用硫化态催化剂的技术反应温度较高，通常为 120~200℃。对于脱硫、脱氮和单烯烃饱和反应器，通常反应温度为 240~400℃。同时由于裂解汽油中烯烃含量较高，反应过程会大量放热，在反应器的设计及操作过程中对温度控制提出了较高的要求，尤其是蒸汽裂解汽油加氢装置，通常采用产品部分循环的方式来降低温升，控制反应温度。

(四) 工业装置运转情况

蒸汽裂解汽油加氢技术通常为两段加氢工艺，第一段加氢的主要目的是脱除二烯烃，第二段加氢的主要目的包括脱硫、单烯烃饱和。以下分别为蒸汽裂解汽油一段、二段加氢工业装置运转情况。

1. 四川石化 80 万吨/年乙烯配套裂解汽油加氢装置

四川石化 80 万吨/年乙烯配套裂解汽油加氢装置，其一段加氢为一开一备两个反应器，一段反应器采用镍基催化剂，其中一台反应器装填中国石油石油化工研究院研发的 LY-2008催化剂，加氢原料为 C_5~C_9全馏分。一反加氢主要目的是脱除原料中的二烯烃，要求产品苯乙烯含量小于 0.5%。LY-2008 催化剂工业运行情况显示，在原料胶质100~

200mg/100mL、反应器入口温度 40～90℃、进料量 54～60t/h 的条件下，加氢产品苯乙烯含量小于 0.5%，催化剂首周期运行 19 个月[60]。

2. 扬子石化-巴斯夫 74 万吨/年乙烯配套裂解汽油装置运转情况

扬子石化-巴斯夫有限责任公司乙烯生产能力为 74 万吨/年，设计配套裂解汽油装置处理能力为 75.8 万吨/年，裂解汽油经脱戊烷塔和 BTX 塔将 C_{5-} 和 C_{9+} 馏分脱除，得到 C_6～C_8 中间馏分，再经一段加氢、二段加氢，生成总硫含量小于 0.5μg/g、溴价小于 0.3gBr_2/100g 的加氢汽油馏分，为芳烃抽提装置提供合格的原料。2015 年 5 月，二段加氢装置采用中国石油石油化工研究院研发的器外硫化型 LY-9802 催化剂[58]。工业运行情况显示，在反应器入口温度 250～256℃、进料体积空速 1.3～1.5h^{-1} 条件下，加氢产品总硫含量小于 0.5μg/g，溴价小于 0.15gBr_2/100g，催化剂首周期运行 60 个月，表现出优异的加氢活性和长周期稳定性。

3. NHT^{DC} 技术在中海石油大榭石化 60 万吨/年 DCC 汽油加氢装置工业应用[48]

中海石油大榭石化 60 万吨/年 DCC 汽油加氢装置设计采用石科院开发的 NHT^{DC} 技术。该装置所加工的原料来自 220 万吨/年催化裂解装置的裂解石脑油。裂解石脑油全馏分加氢精制后，在分馏部分分离为 C_{5-} 馏分、C_6～C_8 馏分和 C_{9+} 馏分，其中 C_6～C_8 馏分作为芳烃抽提装置原料。该装置于 2016 年 6 月开工运行，装置处理全部 DCC 汽油的产品硫、氮含量均小于 1μg/g，满足芳烃抽提进料要求。装置标定结果见表 8-20。

表 8-20　DCC 汽油加氢装置原料及产品主要性质

项　目	原料	C_6～C_8 产品	C_{9+} 产品
密度(20℃)/(g/cm^3)	0.7621	0.7346	0.8579
硫含量/(μg/g)	149	0.2	—
氮含量/(μg/g)	46	0.3	—
溴价/(gBr_2/100g)	35	0.06	—
二烯值/(gI_2/100g)	2.4	—	—
烯烃含量/%(体)	19.4	—	—
芳烃含量/%(体)	55.19	42.35	77.38
馏程范围/℃	37～187	36～145	153～211

三、焦化石脑油加氢精制技术

延迟焦化是加工劣质重质油的重要手段之一。在延迟焦化过程中，石脑油收率通常在 15%左右。这些焦化石脑油含有较高含量的硫、氮、胶质和烯烃等，稳定性差，并不适合作为车用汽油，但焦化石脑油经加氢处理后可用作乙烯裂解、化肥及催化重整等单元的原料，因而许多炼油厂都设有焦化石脑油加氢装置。

在焦化石脑油加氢精制过程中，一方面，由于焦化石脑油中烯烃含量高，特别是二烯烃，容易在换热器和反应器顶部聚合结焦造成装置压降快速增加，使装置单次开工周期短；另一方面，由于上游焦化装置添加含硅消泡剂，硅会随原料油进入反应器沉积在催化剂上，导致催化剂硅中毒永久失活，也会造成装置单次开工周期短。典型焦化石脑油性质见表 8-21。

表 8-21　典型焦化石脑油性质

项　目	安庆石化	广州石化	镇海炼化	茂名石化
密度(20℃)/(g/cm^3)	0.720	0.727	0.7438	0.738
硫含量/%	0.39	0.538	0.8	0.538
氮含量/(μg/g)	167	73	173	100
烯烃含量/%(体)	32.2	35.35	—	—
馏程/℃				
初馏点	34	36	29	36
10%	60	62	59	67
50%	120	121	140	146
90%	170	181	216	207
终馏点	194	200	231	225

(一) 焦化石脑油加氢生产乙烯裂解原料技术

焦化石脑油加氢精制后可以用作乙烯裂解原料。作为乙烯裂解原料时，要求硫含量低于 500μg/g，烷烃含量大于 65%，其中正构烷烃含量大于 30%。加氢精制的焦化石脑油可以满足上述要求，是一种优质的乙烯裂解原料。

根据原料性质特点，国内开发了焦化石脑油加氢技术[61]。该技术采用反应器数目不等(1~3 个)，通常采用两个反应器(原则工艺流程见图 8-16)。第一反应器为保护反应器，装填保护剂和加氢精制催化剂，在 140~200℃平均反应温度下将二烯烃加氢饱和，可以防止二烯烃结焦而缓解主反应器压降快速上升的问题；第二反应器通常装填捕硅剂和高活性加氢精制催化剂，在 290~340℃平均反应温度下进行脱硅、烯烃饱和、脱硫和脱氮反应，精制石脑油作为乙烯裂解原料。典型工业应用结果见表 8-22。

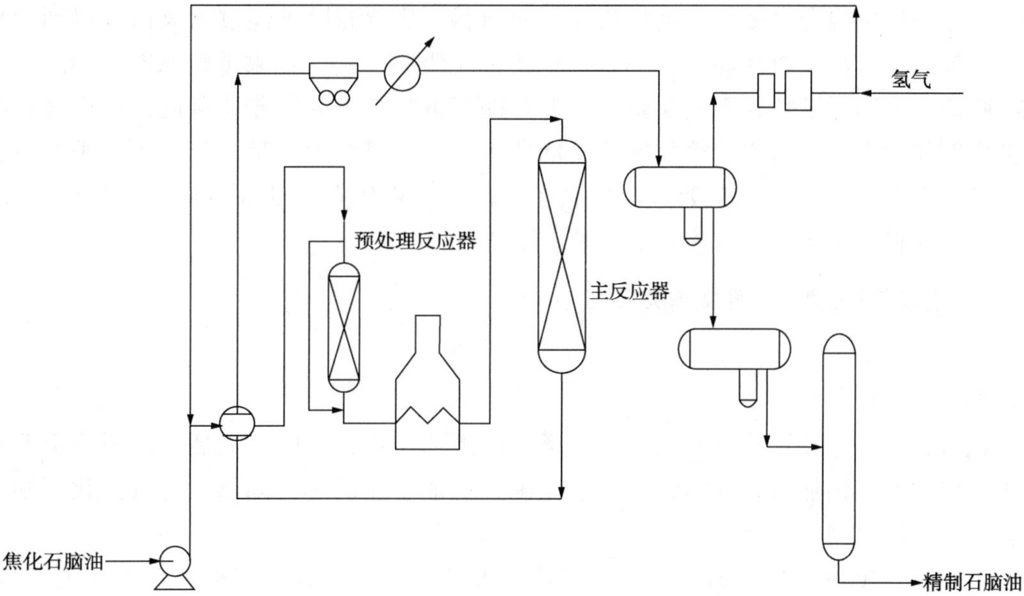

图 8-16　焦化石脑油加氢技术工艺流程图

表 8-22　焦化石脑油加氢生产乙烯裂解原料主要工艺条件及产品性质

工艺条件	安庆石化		镇海炼化	
主反应器入口温度/℃	223		228	
主反应器出口温度/℃	334		325	
反应压力/MPa	3.85		3.78	
氢油体积比	800		500	
体积空速/h^{-1}	1.29		1.02	
油品性质	原料	产品	原料	产品
密度(20℃)/(g/cm^3)	0.726	0.720	0.744	0.730
馏程范围/℃	34~194	56~188	29~231	39~223
硫含量/(μg/g)	3900	1.0	8000	5.6
烯烃含量/%(体)	32.2	0.01	—	0.1

（二）焦化石脑油加氢直接生产催化重整原料技术

焦化石脑油加氢精制后作为催化重整装置的原料，是扩大催化重整原料来源的一条有效途径。由于焦化石脑油中硫、氮和烯烃含量均较高，单独加氢后通常不能满足催化重整进料的要求。目前，工业装置上掺炼焦化石脑油的方案共有两种。一种是经过加氢精制后的焦化石脑油与直馏石脑油混合进重整预加氢，采用两段加氢精制流程，即焦化石脑油在较苛刻的工艺条件下进行加氢精制后(可以是单独加氢，或是焦化石脑油与柴油混合加氢)，并按比例与直馏石脑油混兑，在重整预加氢条件下进行二段加氢，可以使杂质含量完全满足重整进料要求。另一种是宽馏分的焦化石脑油不经过单独的加氢精制，而是和直馏石脑油按照一定的比例混合直接作为重整预加氢的原料。焦化石脑油经过加氢精制得到的精制石脑油芳烃潜含量只有30%左右，不是优质的催化重整原料。如果重整原料中掺入大量的焦化石脑油，为满足重整生成油的要求，需要提高重整装置的操作苛刻度，那么这将降低重整催化剂使用寿命，影响重整装置的长周期运行，同时产生大量的低分子烃类，造成副产的氢气纯度下降，降低重整装置液体收率。因此，焦化石脑油加氢生产重整原料油时，重整预加氢原料中焦化石脑油掺入量一般不超过20%[62]。

（三）主要操作影响因素及解决方案

1. *存在主要问题*

1）压降问题

焦化石脑油加氢装置易在换热器内和反应器顶部生焦，从而造成装置因压降上升而被迫停工。焦化石脑油加氢装置的压降一直是困扰炼油企业的主要问题。造成焦化石脑油加氢装置易生焦的原因主要是：

(1) 焦化石脑油中硫、氮、烯烃、二烯烃等杂质含量高，稳定性差。尤其是二烯烃，受热后易发生 Diels-Alder 环化反应和聚合反应形成大分子有机化合物，并进一步聚合生焦，造成床层压差上升。

（2）储运过程中，焦化石脑油原料与空气中的氧气接触，使其含有一定的溶解氧。溶解的氧与原料中的硫、氮、二烯烃等在较高温度下易分解产生自由基，引发自由基链反应形成高分子聚合物，会加快烯烃聚合生焦速度[63~65]。

（3）焦化石脑油原料含有少量细小焦粉，这些小焦粉具有很强的吸附性，易与聚合反应中形成的有机大分子化合物粘在一起，并使颗粒逐渐长大，最终沉积在设备内部或反应器顶部。

2）催化剂硅中毒问题

为了提高轻质油的收率，炼油企业一般在焦化装置中注入含硅的消泡剂。消泡剂在焦化过程中部分裂解后形成环硅氧烷，大部分进入了馏程较低的焦化石脑油，导致焦化石脑油中的硅含量很高。焦化石脑油原料中的硅沉积到加氢精制催化剂上，将导致催化剂永久性中毒失活。

2. 解决方案

为防止焦化石脑油加氢装置压降上升过快，可采取如下解决措施：

（1）安装原料油过滤器，减少焦化石脑油原料中细小焦粉的含量。做好焦化石脑油原料的保护，防止焦化石脑油原料与氧气接触，减少结焦前驱物的生成。另外，尽可能将延迟焦化装置所产焦化石脑油直供给加氢装置[66]，减少进中间储罐的环节。

（2）在主反应器前增设脱二烯烃保护反应器，在较低的反应温度下，将焦化石脑油原料中二烯烃脱除掉。主反应器采用保护剂级配装填，增加容垢能力。

（3）在主反应器的顶部安装内置积垢器，或在主反应器前增设可切换操作的结垢器。

（4）优化反应器出口与原料进料的换热器操作，避免焦化石脑油在换热器内生焦[67]。

（四）工业装置运转情况

焦化石脑油加氢后大多数作为生产乙烯的原料，采用带有保护反应器的焦化石脑油加氢生产乙烯裂解原料技术，可以延缓反应器压降上升，保证装置连续稳定运行[68,69]。另外，也有少数企业把焦化石脑油作为催化重整原料来解决原料短缺的问题，通常采用直馏石脑油和焦化石脑油按一定比例混合进行加氢处理，生产的精制油可以满足重整进料要求[70]。典型工业运行结果见表 8-23。

表 8-23　焦化石脑油加氢工业装置运行情况

工艺条件	乙烯裂解原料	催化重整原料（掺炼加工焦化石脑油）
保护反应器入口温度/℃	182	—
保护反应器出口温度/℃	184	—
主反应器入口温度/℃	205	280
主反应器出口温度/℃	335	—
主反应器温升/℃	130	53
氢分压/MPa	3.6	4.4
体积空速/h^{-1}	2.0	3.5
氢油体积比	797	259

续表

油品性质	原料油	精制油	原料油	精制油
密度(20℃)/(g/cm³)	0.7135	0.7057	0.709	0.725
馏程范围/℃	32~167	46~169	44~163	82~168
烯烃含量/%(体)	40.23	0.02	—	—
硫含量/(μg/g)	5540	7	502	<0.5
氮含量/(μg/g)	173	<0.5	20.9	<0.5

四、重整生成油选择性加氢脱烯烃技术

催化重整/芳烃抽提是生产苯、甲苯、二甲苯(BTX)和 C_{9+}芳烃等化工原料的主要工艺过程之一[71]。随着新型高性能重整催化剂的开发以及工程技术的进步，重整工艺不断向超低压、高苛刻度方向发展[72]。在增产芳烃的同时，也导致了重整生成油中的烯烃含量越来越高，微量烯烃容易发生聚合反应生成大分子化合物，或在下游加工过程中生成副产品，影响芳烃类产品的酸洗比色[73]。重整生成油中含有的烯烃如果进入二甲苯吸附分离单元，则会占据沸石吸附剂的孔隙，影响二甲苯的吸附解离效率，从而影响装置的分离能力。烯烃尤其是二烯烃和苯乙烯不仅会在抽提溶剂中聚合而污染抽提溶剂，并造成抽提系统设备腐蚀，而且在一定的条件下还很容易形成胶质，吸附在固体催化剂表面，从而缩短催化剂的使用寿命[74]。这些烯烃影响到了 BTX 芳烃产品的正常生产，因此必须选用适宜的工艺将其脱除。

目前，大多数催化重整和芳烃联合装置仍然采用白土/沸石预处理工艺。白土/沸石精制技术的作用机理既包含物理吸附，也包含化学反应。在精制过程中，先将芳烃物料中的烯烃物质吸附于孔道内，而后孔道表面的酸性中心催化烯烃发生聚合反应和烷基化反应，生成多烷基苯、稠环芳烃和胶质等大分子物质，从而将微量烯烃从芳烃中脱除，满足下游芳烃抽提/吸附分离装置对进料的质量要求。但在处理过程中，白土和沸石催化剂极易因重芳烃和胶质吸附以及进一步缩合生焦积炭而失去活性，而这不仅需要频繁更换白土或沸石催化剂，而且也影响生产过程中产品质量的长期稳定性。白土/沸石预处理工艺存在精制深度低、产品质量不稳定、重组分产量大、操作周期短、更换频繁等问题，尤其是废旧白土处置过程存在着严重的环境污染风险，使炼化企业面临巨大的环保压力[75]。

国内的另一种办法是在固定床半再生重整装置的反应系统中串联一台后加氢反应器，采用常规 Co-Mo 或 Ni-Mo 加氢精制催化剂，在较高反应温度(300~340℃)和较低体积空速($2\sim3h^{-1}$)条件下，在深度加氢脱烯烃的同时，有部分芳烃会被加氢饱和，不能满足芳烃损失 < 0.5%的要求[76]。

随着连续重整技术的发展和推广应用，以及催化重整反应苛刻度的提高，重整生成油中烯烃的含量也相应增加。因此，对重整生成油脱除烯烃技术的要求更为紧迫。

(一) 重整生成油选择性加氢技术

烯烃的加氢反应，一般在Ⅷ族金属催化剂的表面进行。由于其特殊的电子结构和性质，其表面吸附的 H_2分子离解活化能 Ea 比氢分子的解离能 D_{H-H}要小得多，对 H_2的吸附强度适

中，催化活性高。一般认为，其反应机理是催化剂化学吸附氢气和烯烃，在催化剂表面先形成金属的氢化物、与烯烃结合的络合物，金属氢化物的一个原子和双键碳原子结合的中间体再与另一金属氢化物的氢原子生成烷烃，然后烷烃从催化剂表面脱附。

烯烃选择性加氢反应过程中的各个步骤均为快速反应，重整生成油选择性加氢脱烯烃反应是一个受扩散控制的反应。在扩散控制的催化反应中，扩散阻力往往成为提高催化剂效率的制约因素，其反应速率主要取决于反应物在催化剂表面的浓度和催化剂表面的活性中心数目。薄壳型催化剂的大部分活性金属都集中在扩散阻力较小的催化剂表层，是提高这类反应速率的理想模型[77]。

重整生成油选择性加氢脱烯烃反应过程中，可能发生的化学反应有[78]：

单烯烃的加氢反应：

$$R_1—CH═CH—R_2+H_2 \longrightarrow R_1—CH_2—CH_2—R_2$$

双烯烃的加氢反应：

$$R_1—CH═CH—CH═CH—R_2+2H_2 \longrightarrow R_1—CH_2—CH_2—CH_2—CH_2—R_2$$

加氢裂化反应：

$$R_1—CH_2—CH_2—R_2+H_2 \longrightarrow R_3—CH_3+R_4—CH_3$$

芳烃加氢饱和反应：

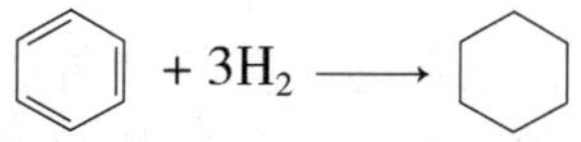

1. 重整生成油固定床加氢工艺技术

国内最早采用的办法是在固定床半再生重整装置的反应系统中串联一台后加氢反应器，但后加氢长期在 H_2S 气氛中操作，使催化剂烧焦时生成的 SO_2 在铂催化剂上转化为 SO_3，并生成硫酸盐结合在催化剂上，危害重整催化剂。

为提高催化剂效率，降低后加氢反应温度和减轻硫对重整催化剂的污染，中国科学院山西煤炭化学研究所首先开展了贵金属催化剂的研究工作，研制了以贵金属铂、钯为活性组分的 PA-605、PA-622、MH-508 等催化剂，应用于重整生成油及溶剂油加氢领域并取得了良好效果。MH-508 催化剂最早应用于中国石化茂名分公司，在反应温度 150~200℃、压力 1.6~2.0MPa、氢油体积比 250、空速 $3h^{-1}$、原料芳烃含量为 38.78%、原料溴指数为 3150mgBr/100g 条件下，加氢产品溴指数小于 40mgBr/100g，芳烃损失小于 0.5%。

大连院从 2000 年开始开展使用贵金属催化剂进行催化重整生成油选择性加氢脱烯烃技术及催化剂的研究工作，并成功应用于重整生成油苯馏分、C_{7-} 馏分、BTX 馏分、C_8 馏分、C_{8+} 馏分和全馏分。在较低的反应温度、反应压力、氢油体积比和较高的体积空速条件下，加氢精制生产烯烃含量低、溴指数合格的芳烃抽提进料，而芳烃基本上不损失。

重整生成油和氢气首先与选择性加氢催化剂接触，使烯烃饱和，成为溴指数合格的芳烃抽提进料。根据原料油的性状，决定选用何种工艺条件。从反应器分离出的产品被冷凝，并与富氢气体分离。氢气可以循环使用，也可以一次通过后连续排放。液体产品作为芳烃抽提进料。其原则流程见图 8-17。

采用催化活性高、选择性好、物理性质优良和装填密度较低的贵金属催化剂，在较低的反应温度(120~210℃)、压力(1.5~2.0MPa)、氢油体积比(150~250)和较高的空速($2.0 \sim 6.0h^{-1}$)条件下，可以将重整生成油的苯馏分、C_{7-} 馏分、BTX 馏分、C_{8+} 馏分和全馏分加氢精

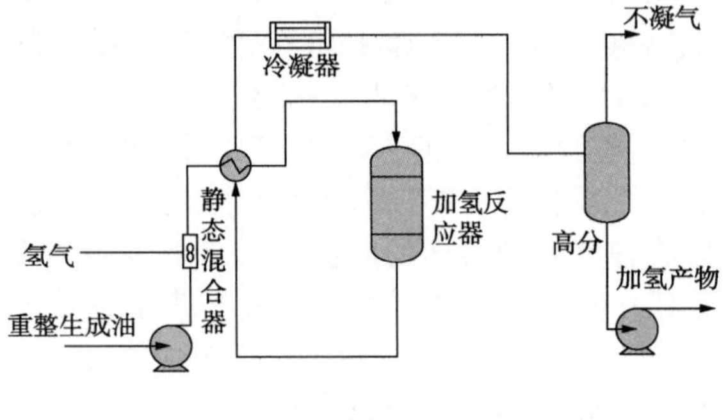

图 8-17　重整生成油固定床加氢原则工艺流程

制成溴指数合格（<100mgBr/100g）的芳烃抽提进料，芳烃基本上不损失（芳烃损失<0.5个百分点）。

2. 重整生成油液相加氢工艺技术

2010年，大连院在成功开发柴油和煤油液相加氢技术并实现工业应用的基础上，针对催化重整生成油脱烯烃的市场需求，结合连续重整装置流程特点，创新开发出了一种FHDO催化重整生成油液相加氢脱烯烃工艺技术。该技术是在不改变主流程的前提下，将加氢脱烯烃反应单元内置于重整生成油分馏系统，以重整生成油中的溶解氢为主要氢源，再根据产品质量要求补充少量新氢，即可在脱戊烷塔进料正常操作条件下，灵活、高效地对重整生成油全馏分进行液相选择性加氢脱烯烃。该技术以重整生成油为原料，采用配套的专用高性能HDO-18贵金属催化剂，反应器为常规固定床反应器，以下进料方式进入反应器进行选择性脱烯烃反应，脱除烯烃后的重整生成油满足下游装置对烯烃含量的要求。

作为一个加氢脱烯烃反应单元，仅在连续重整装置脱戊烷塔之前内置一个加氢反应器和一个混合器，来自重整装置的生成油经换热系统换热升温后，与适量重整氢气经混合器充分混合，从底部进入装有还原态催化剂的反应器，在催化剂上进行选择性加氢脱烯烃反应。加氢反应产物直接进入后续的脱戊烷塔。其原则流程见图8-18。

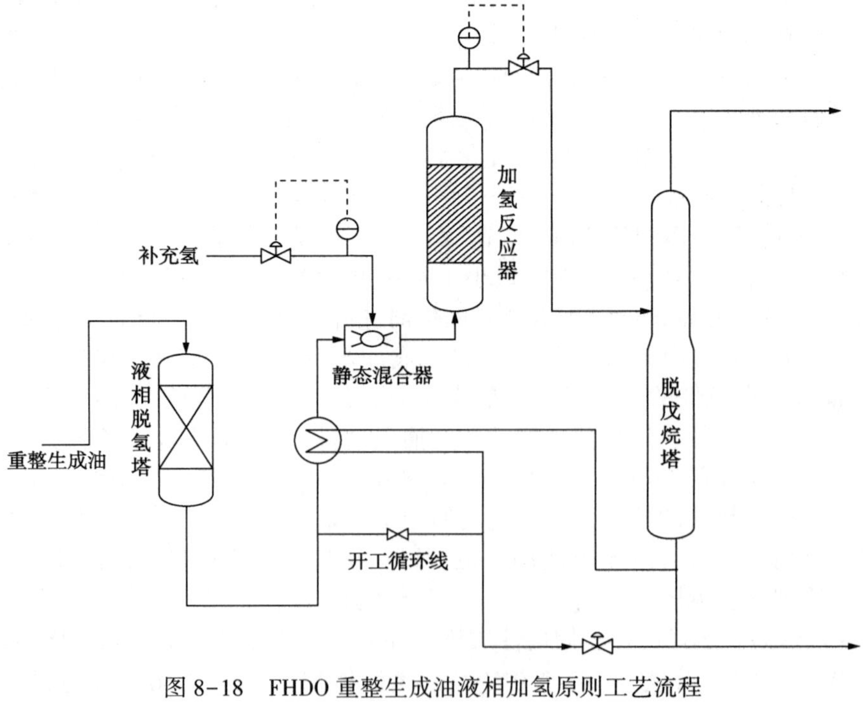

图 8-18　FHDO重整生成油液相加氢原则工艺流程

中国石化长岭分公司、湖南长岭石化科技开发有限公司、石科院和大连院联合开发了管式液相加氢(FITS)技术，配套使用大连院开发的 HDO-18 还原态催化剂或石科院开发的 TORH-1 还原硫化态催化剂。该技术的核心就是将微孔分散技术和管式固定床反应器相组合，提高加氢反应效率。微孔分散技术就是采用微纳米材料将氢气以微纳米气泡的形式分散到原料油当中，可大幅提升氢气在油品中的分散、溶解速率，且有效抑制未溶解氢气自聚形成大气泡进而阻碍原料油与催化剂相接触。有别于传统的、巨大的反应器中大量返混，管式固定床反应器则是以近似平推流的反应形式提高了反应效率。

FITS 加氢工艺包括氢气微孔分散及气液混合、管式固定床液相加氢和产物分离三个部分，如图 8-19 所示。氢气通过混氢器内部纳米级的微孔分散成微纳米气泡向原料油中扩散，充分混合后自下而上进入管式固定床反应器，与催化剂接触发生加氢反应，经分离后即得到加氢产品。

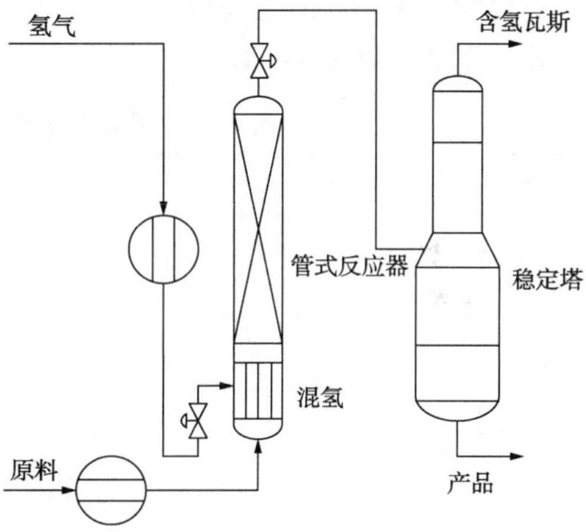

图 8-19　FITS 加氢工艺流程示意图

（二）主要操作参数及影响

1. 反应温度对催化剂性能的影响

对重整生成油选择性加氢脱烯烃反应而言，不同催化剂具有不同的“最佳温度选择区”，温度过低，催化活性不足，温度太高，选择性下降。对催化重整生成油选择性加氢脱烯烃反应而言，在 150~210℃温度范围内，随着反应温度的提高，其加氢生成油的溴指数呈递降趋势；当温度提到 230℃时，产品溴指数进一步降低，但芳烃损失明显增加，已不能满足催化重整生成油选择性指标的要求。

2. 反应压力对催化剂性能的影响

加氢脱烯烃反应属于分子数减少的反应，压力增加对加氢反应有利，但压力过高有可能会引起芳烃的加氢饱和，压力过低会加速催化剂的积炭，缩短运转周期。因此，工业装置上应采用适中的反应压力。反应压力在 1.0~2.5MPa 范围内变化时对催化剂加氢反应性能没有太大影响，产品油溴指数小于 200mgBr/100g 油左右，芳烃含量基本不损失；当压力达到 3.0MPa 时，产品溴指数进一步降低，芳烃损失达到 1 个百分点。因此，反应压力不宜过高。

3. 体积空速对催化剂性能的影响

通常，在其他条件不变的情况下，反应物的加氢深度随体积空速提高而下降，即产品的溴指数会相应升高。

4. 氢油体积比对催化剂性能的影响

氢油体积比为 3~6 时，对选择性加氢脱烯烃效果没有明显的影响。但是氢油体积比过大，会增加氢气消耗，并导致塔顶气量增加，会对脱戊烷塔平稳操作带来不利影响。氢油体积比过低，无疑会加速催化剂积炭，进而影响催化剂使用寿命。

HDO-18 催化剂在重整生成油选择性加氢脱烯烃的反应过程中，其适宜的工艺条件为反应温度 120~190℃，反应压力 1.5~2.0MPa，氢油体积比 3~6，体积空速8.0~10.0h^{-1}。对于不同催化重整生成油及其产品质量的要求，通过优化工艺参数可以达到预期的选择性加氢效果。

（三）工业装置运转情况

大连院从 2000 年开始开展使用贵金属催化剂进行催化重整生成油选择性加氢脱烯烃技术及催化剂的研究工作。2003 年 1 月在茂名石化 9 万吨/年苯馏分加氢装置应用成功，2005 年4 月在燕山石化 20 万吨/年 BTX 馏分加氢装置应用成功，2006 年 4 月在中国石化长岭分公司25 万吨/年 BTX 馏分加氢装置应用成功。固定床重整生成油选择性加氢脱烯烃技术工业应用情况见表 8-24。

表 8-24　固定床重整生成油加氢装置工业应用情况

项　目	茂名石化	高桥石化	燕山石化
装置规模/(kt/a)	90	130	200
首次应用时间	2003 年 1 月	2008 年 9 月	2005 年 4 月
工艺流程	单反应器	单反应器	双反切换
原料油种类	C_6 及部分 C_7	C_6	CCR BTX
馏程范围/℃	69~105	56~82	44~143
密度(20℃)/(g/cm^3)	0.759	0.6931	0.750
溴指数/($mgBr_2$/100g)	3380	9820	6800
芳烃含量/%	28.94	17.1	35.0
工艺条件			
反应温度/℃	180	150	110
反应压力/MPa	1.8	1.6	1.8
体积空速/h^{-1}	3.98	2.77	7.0
氢油体积比	202	284	500
生成油质量			
溴指数/($mgBr_2$/100g)	18	70	300
芳烃含量/%	28.6	17.0	35.0
芳烃损失/%	0.34	0.10	0

大连院开发的 FHDO 催化重整生成油选择性液相加氢脱烯烃工艺技术于 2015 年 1 月在扬子石化实现首次工业化应用，现已在国内 11 套装置上使用，表 8-25 是部分装置的运行情况。

表 8-25　催化重整生成油液相加氢装置工业应用情况

项　目		扬子石化 1#	九江石化	石家庄炼化
典型操作条件	进料量/(t/h)	131	128	80
	补氢量/(Nm^3/h)	150	1000	800
	反应压力/MPa	1.19	1.30	1.45
	反应器入口温度/℃	153	145	158
	反应器出口温度/℃	159	153	161
	床层温升/℃	6	8	3
原料/产品溴指数($mgBr_2$/100g)	反应器入口	1696	3291	5208
	反应器出口	—	866	2048
	脱戊烷油	170	—	—
	苯	1.2	1.0	1.7
	混合二甲苯	—	1.1	3.6

第三节　煤油馏分加氢精制

世界上大多数国家的煤油馏分主要用于生产喷气燃料。与喷气燃料规格指标相比，多数直馏煤油馏分的主要差距是硫含量、硫醇硫含量、酸值较高，颜色较深，安定性较差，在某些情况下可能还含有一些烯烃或其他污染物，必须经过适当的加工，才能符合喷气燃料规格要求。以煤油馏分为原料，目前通过加氢精制生产喷气燃料的工艺主要有两种：①低压煤油馏分加氢脱硫醇技术；②煤油馏分液相加氢脱硫醇技术。

直馏煤油馏分加氢精制主要是对含硫、含氮和含芳烃高的煤油馏分进行加氢脱硫、脱氮及部分芳烃饱和，以改善其燃烧性能，生产合格的喷气燃料。

一、低压煤油馏分加氢脱硫醇技术

国内航空运输业发展迅速，对喷气燃料的需求量不断增加。以直馏煤油馏分为原料，在其冰点、密度、馏程、燃烧性能指标基本符合要求的情况下，采用低压临氢脱硫醇技术得到合格的喷气燃料。此法的生产成本低，是目前大多数炼油厂采用的方法。

大量研究和应用实践表明，喷气燃料组成中最理想的组分是环烷烃和异构烷烃。它们具有优良的燃烧性、热安定性和低温流动性。芳烃的燃烧性能不好，且含量高时对聚合物弹性材料的密封件有负面影响，因此要限制芳烃含量(特别是多环芳烃含量)。硫化物是煤油馏分中常见的含量相对较高的杂质，其含量过高时对发动机燃烧室的清洁性有负面影响。硫醇是一种活性硫化物，它对飞机零件有腐蚀性，而且使油品有臭味，因而喷气燃料规格中对总硫和硫醇硫含量均有限制。我国 3 号喷气燃料要求硫醇硫含量不大于 20μg/g，硫含量不大于 0.20%。

煤油馏分中的硫化物主要是硫醇、硫醚、二硫化物、噻吩和苯并噻吩等。煤油馏分中的氮化物一般以杂环形式存在，含氮化合物对产品质量的稳定性有较大的危害，其加氢难度比硫化物困难得多。煤油馏分中含有微量烯烃，烯烃加氢反应速率较快，生成同碳数的烷烃或环烷烃。氧化物通常以环烷酸的形式存在于直馏馏分油中，对煤油馏分的主要影响是酸值。含氧化合物加氢相对比较容易，氧最终以水的形式脱除。

大连院于20世纪90年代中期开发了用于直馏煤油馏分精制的低压加氢脱硫醇技术[79]。低压煤油馏分加氢技术是以直馏常一线为原料，在较低的反应温度、较低的反应压力下，生产合格的喷气燃料产品。该技术具有装置投资低、运行周期长、产品稳定等优点，是重要的喷气燃料生产技术。工业装置一般由进料系统、反应系统、氢气循环系统、分馏系统组成，其典型的流程见图8-20。

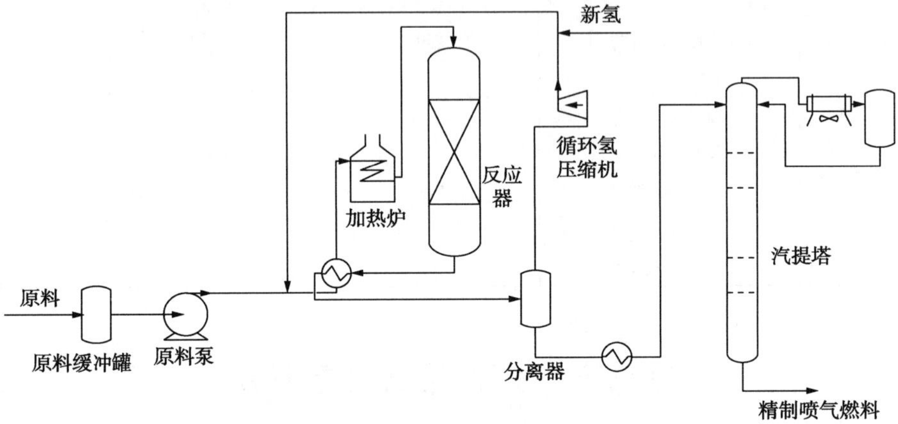

图8-20　低压煤油馏分加氢脱硫醇技术的原则工艺流程

低压煤油馏分加氢脱硫醇技术的操作条件为：高分压力为0.8~1.6MPa，反应温度为180~320℃，氢油比为80~100，体积空速为3.0~5.0h^{-1}。大连院开发的FH-40系列加氢精制催化剂具有加氢脱硫及脱酸活性高、选择性好、裂解活性低等特点，并且在大空速操作条件下，稳定性表现良好。

石科院开发的煤油馏分临氢脱硫醇（RHSS）技术在温度230~300℃、压力0.7~1.3MPa、空速4~5h^{-1}、氢油体积比30~60的缓和工艺条件下，可将直馏煤油馏分中含量高达622μg/g的硫醇硫降低至小于10μg/g，同时油品的酸值和颜色也得到改善。该技术可以满足工业上长周期运转的需要，生产出的产品符合3号喷气燃料质量标准。表8-26列出了RHSS技术对不同油品的适应性研究结果。

表8-26　RHSS技术对不同煤油馏分的适应性

原油来源	颜色/赛氏		酸值（gKOH/g）		硫含量/%		硫醇硫含量/（μg/g）	
	进料	产物	进料	产物	进料	产物	进料	产物
新疆原油	+23	+30	0.0353	0.0003	0.115	0.0354	622	8
伊重原油	+19	+27	0.039	0.006	0.217	0.165	128	5
伊轻原油	+19	+30	0.027	0	0.147	0.103	105	6
沙中原油	+25	+30	0.015	0	0.149	0.113	114	6
沙轻原油	+25	+30	0.009	0.001	0.111	0.078	130	6
阿曼原油	+26	+30	0.005	0	0.042	0.030	56	2
大庆航煤	+27	+30	0.005	0.002	0.020	0.017	56	6

注：1. 其他各项指标得到不同程度的提高，产品质量符合3号喷气燃料质量标准。

2. 主要工艺条件：温度220~240℃、压力0.7~1.3MPa、空速3~4h^{-1}。

RHSS 技术典型的工艺流程见图 8-21 和图 8-22。RHSS 技术压力等级低，可以省去新氢压缩机，并且可以根据工厂的实际情况采用氢气一次通过或氢气循环的工艺流程；采用氢气一次通过的工艺流程，可以进一步降低投资；采用氢气循环的工艺流程，可以提高装置的操作灵活性。在实际应用中，可以根据具体情况采用不用的工艺流程。

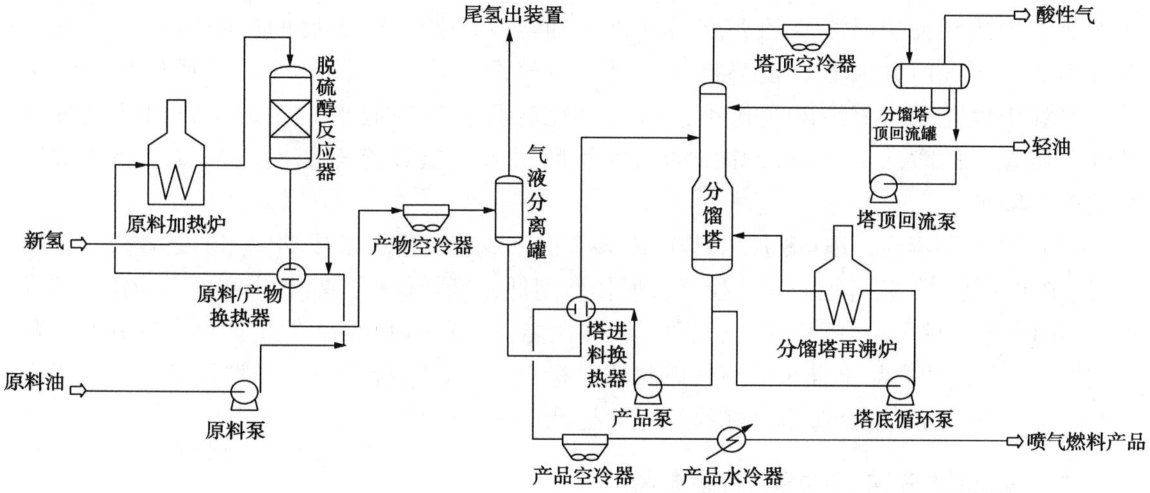

图 8-21 RHSS 技术采用氢气一次通过的工艺流程示意

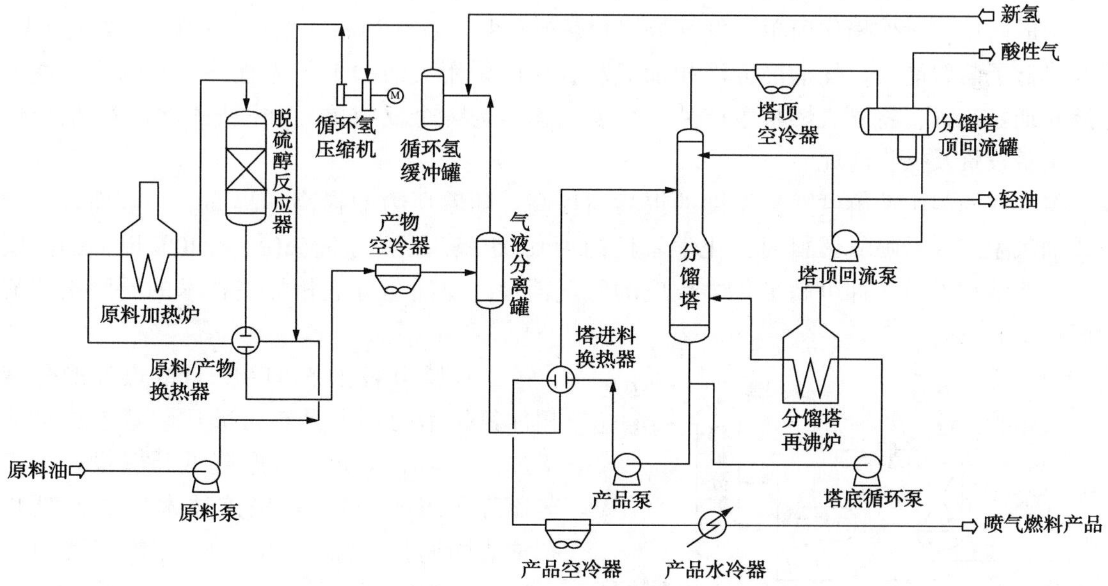

图 8-22 RHSS 技术采用氢气循环的工艺流程示意

对于氢气一次通过的流程，氢气由 2.0~3.0MPa 的氢气管网引入，经流量控制器后与原料油混合，在换热、加热到反应所需要的温度后，进入加氢反应器，反应后的产物换热后进入气液分离器，氢气由分离器的顶部排出。由于反应过程中氢耗低、氢纯度变化小，反应后的尾氢可以排至1.0~1.2MPa的氢气管网继续使用，也可以排入具有相近入口压力的压缩机入口，进行重复使用。

在氢气循环工艺流程中，氢气来自1.0~1.2MPa的氢气管网或其他加氢装置的外排氢气，氢气经缓冲罐进入循环压缩机的入口。经循环压缩机后氢气与原料油混合，在换热、加热到反应所需要的温度后，进入加氢反应器。反应后的产物换热后进入气液分离器，氢气由分离器的顶部排出，进入氢气缓冲罐经循环压缩机循环使用。由于反应过程中氢耗低、氢纯度变化小，当氢气纯度质量分率低于85%时，可以从高分外排部分尾氢，同时从1.0~1.2MPa的氢气管网引入新氢补充至氢气缓冲罐，保证氢气的纯度不降低。

截至2019年年底，RHSS技术已在30多套次工业装置进行了成功应用。工业应用结果表明，RHSS技术工艺流程简单，投资及操作费用低，氢耗低，产品收率高[80]。RHSS技术在缓和的工艺条件下，有着高的脱硫醇、脱酸性能，配套的RSS-2催化剂具有良好的活性稳定性，生产出的产品符合3号喷气燃料质量标准。该技术投资及操作费用低，大大提高了产品竞争力，可以为企业带来好的经济效益[81]。

二、煤油馏分液相加氢脱硫技术

为进一步降低煤油加氢装置的能耗，降低炼油企业生产成本，大连院在液相加氢技术平台基础上，开发了煤油馏分液相加氢脱硫技术。与滴流床加氢技术相比，液相加氢技术装置构成简单，运作操作简单，氢气溶解和漏损降低，氢气利用率增加，动设备数量减少，大幅降低了装置能耗。煤油馏分液相加氢装置可以采用灵活的工艺流程，尤其侧线煤油馏分液相加氢流程，将喷气燃料生产从一套装置缩减为一个反应单元和汽提单元，大幅减低企业设备投资及操作能耗。

氢气在原料中溶解度随着温度的提高而提高，随着压力的提高而提高。一般而言，常一线加氢生产3号喷气燃料时，化学氢耗约为0.05%，在压力3.5MPa、240℃以上的温度条件下所溶解的氢气即可满足化学反应的氢气消耗。煤油馏分液相加氢技术的原则工艺流程图见图8-23。

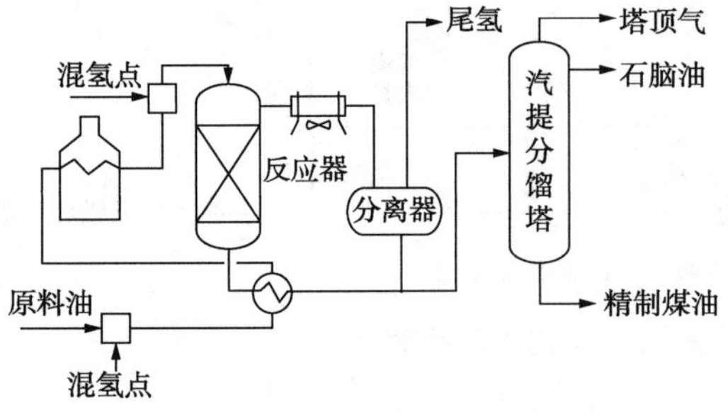

图8-23　煤油馏分液相加氢技术原则工艺流程图

大连院开发的SCH-JF直馏煤油馏分液相加氢技术的特点是在常减压装置上，直接增加液相加氢单元，大幅降低装置投资。工艺流程见图8-24。采用该技术建成的延长石油集团榆林炼油厂30万吨/年喷气燃料生产装置和中国石油四川石化公司70万吨/年喷气燃料生产装置已开工运行，喷气燃料产品已通过国产航空（舰艇）油料鉴定委员会认证。

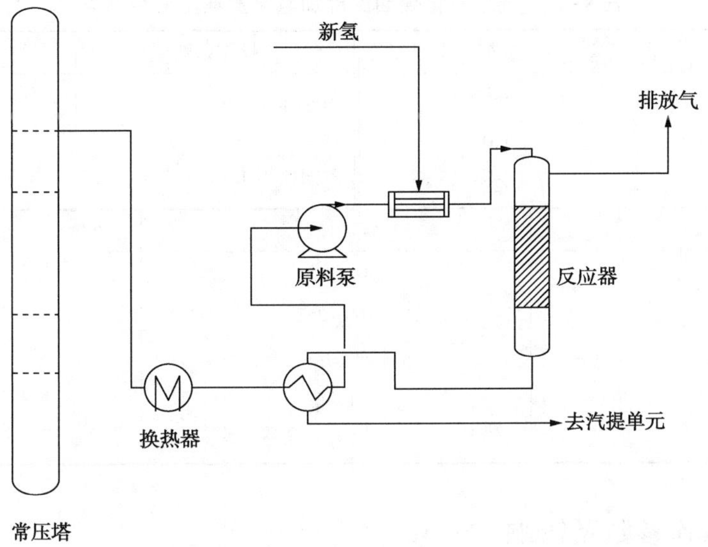

图 8-24　SCH-JF 直馏煤油馏分液相加氢技术原则工艺流程图

三、煤油深度加氢精制技术

煤油用于生产烷基苯的沸石脱蜡装置原料时，需进行深度加氢精制。要求将原料油中的硫、氮含量降低至小于 1μg/g，溴指数小于 200mgBr/100g[82]。

目前，金陵石化烷基苯厂有两套煤油深度加氢精制装置，规模分别为 78 万吨/年和 140 万吨/年，抚顺石化石油三厂有一套 60 万吨/年煤油深度加氢精制装置。其中，金陵石化烷基苯厂使用的主要是大连院开发的 FH-40A 系列催化剂，抚顺石化使用了大连院开发的 FHUDS-6 加氢精制催化剂，加工煤油馏分原料。装置的原则示意流程见图 8-25，抚顺石化煤油深度加氢精制的典型生产数据见表 8-27[83]。

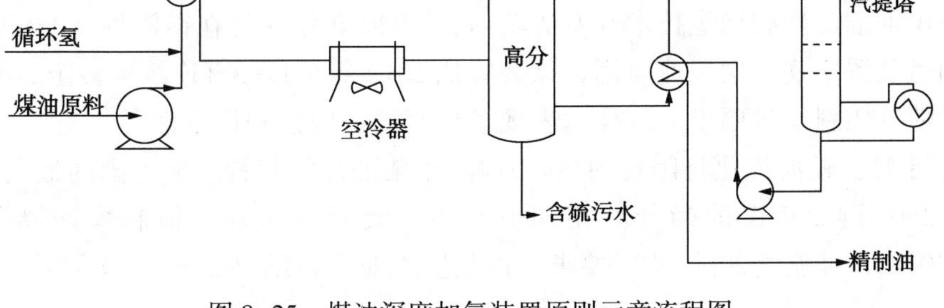

图 8-25　煤油深度加氢装置原则示意流程图

表 8-27　抚顺石化煤油深度加氢装置典型应用结果

操作条件	数据	操作条件	数据
氢分压/MPa	4.8	空速/h^{-1}	0.83
反应器入口温度/℃	310		
反应器出口温度/℃	322	氢油体积比	380

油品性质	煤油原料	精制油
密度(20℃)/(g/cm^3)	0.7887	0.7826
馏程范围/℃	160~252	158~251
硫含量/(μg/g)	126	<1
碱性氮含量/(μg/g)	1.46	0.40
芳烃含量/%(体)	12.7	5.7

四、主要操作参数及影响

低压煤油馏分加氢脱硫醇技术的主要操作参数对产品性质的影响与常规固定床加氢技术相似，主要有反应压力、温度、空速和氢油比。已有工业装置的反应压力通常为1.5~4.0MPa。操作压力低，有利于降低装置投资费用，但反应压力增加有利于加氢脱氮，更适合干点较高的煤油馏分的碱性氮脱除和安定性改进。对于直馏煤油馏分加氢处理，反应温度一般为220~340℃。如果反应温度过高，则反应所产生的硫化氢会与少量烯烃作用，再生成硫醇，使脱硫效率降低。对直馏煤油馏分原料，液时空速一般为2~4h^{-1}。空速增加，催化剂表面积炭速度加快，尤其是氮含量高的原料油，在高空速下，氮化物在催化剂表面优先吸附、积累缩合成积炭前身物，会加剧催化剂的活性衰退。直馏煤油馏分加氢精制过程氢耗低、温升小，因此工业装置的氢油体积比一般为80~150。

煤油馏分液相加氢技术工艺参数的影响在氢气补充量上略有不同，补充氢量是煤油馏分液相加氢装置正常操作的重要控制参数。氢气在油品中的饱和溶解度与工艺参数中的温度及氢气压力有关，通常煤油馏分液相加氢装置的反应器压力比低压煤油馏分加氢装置的略高，反应温度差别不大，为保证煤油馏分液相加氢装置脱硫醇反应的顺利进行，一般控制混氢量比实际饱和溶解度略微过量。

五、煤油馏分加氢工业装置运转情况

大连院煤油馏分液相加氢技术开发成功后，于2012年9月在镇海炼化80万吨/年煤油馏分液相加氢装置实现首次工业应用，该装置从2012年9月一直连续运转至2017年初，产品质量满足喷气燃料质量要求，该技术表现了良好的适应性和稳定性[84]。

2017年8月，镇海炼化将闲置的200万吨/年柴油加氢装置改造为国内最大的喷气燃料生产装置：230万吨/年煤油馏分液相加氢装置。装置开工后，精制煤油馏分性质满足GB 6537—2018(3号喷气燃料)质量要求。该装置工业运行结果见表8-28。

表 8-28 镇海炼化 230 万吨/年煤油馏分液相加氢装置运行结果

项 目	数 据		项 目	数 据	
操作条件			冰点/℃	-48.5	-48
反应温度/℃	260~265		硫醇硫含量/(μg/g)	120	4
反应压力/MPa	3.5~3.7		馏程范围/℃	156~255	156~255
体积空速/h^{-1}	2.2~2.7		烟点/mm	25	25.2
油品性质	原料	精制油	闪点(闭口)/℃	48	49
密度(20℃)/(g/cm^3)	0.7932	0.7926	铜片腐蚀	1	1
硫含量/(μg/g)	2140	923	银片腐蚀/级	—	0
外观	—	合格	颜色/号	—	30

在 RHSS 技术应用过程中，不同的工艺流程先后都进行了工业应用标定，以考核装置的能耗、物耗及稳定性。标定结果表明，应用 RHSS 技术加工直馏煤油馏分具有投资省、操作费用低、稳定性好等特点，为企业带来好的经济效益。

1. RHSS 技术在中国石化广州分公司工业应用及标定

中国石化广州分公司的喷气燃料产量达到 140 万吨/年，其产品远销国内外。为了考察 RHSS 技术的工业应用情况，检验 RHSS 技术工业应用效果，对装置进行了满负荷标定。装置标定的主要结果列于表 8-29。装置的标定结果表明：应用 RHSS 技术，煤油馏分硫醇硫含量从 72μg/g 降低到 12μg/g，总酸值从 0.3mgKOH/g 降至 0.007mgKOH/g，其他各项指标得到不同程度的提高和改善，精制产品符合 3 号喷气燃料质量要求。装置的单位加工能耗仅为 3.83kgEO/t，加工费用为 20 元/吨原料油，远低于常规加氢精制，提高了喷气燃料产品的市场竞争力。

表 8-29 中国石化广州分公司 RHSS 装置标定期间原料、产品质量全分析结果

项 目	原料油	产 品	GB 6537—2018
颜色(赛氏比色)/号	23	30	报告①
总酸值/(mgKOH/g)	0.3	0.007	不大于 0.015
总硫含量/%	0.214	0.171	不大于 0.20
硫醇硫含量/(μg/g)	72	12	不大于 20
初馏点/℃	149	155	报告
10%回收温度/℃	175	176	不高于 205
50%回收温度/℃	202	203	不高于 232
90%回收温度/℃	236	—	报告
终馏点/℃	253	255	不高于 300
闪点/℃	—	49	不低于 38℃
密度(20℃)/(kg/m^3)	795.6	795.4	775~830
冰点/℃	—	-49.4	不大于-47℃

续表

项　目	原料油	产　品	GB 6537—2018
烟点/mm	—	22.7	不小于 25.0
腐蚀性			
铜片腐蚀(100℃，2h)/级	—	1a	不大于 1
银片腐蚀(50℃，4h)/级	—	0	不大于 1

①实际要求≥+25 号；工艺条件为温度 247℃、空速 $4.2h^{-1}$、氢油比 55。

2. RHSS 技术在中国石化北京燕山分公司的工业应用及标定

为了适应加工高硫原油的需要，中国石化北京燕山分公司采用 RHSS 技术（氢气循环工艺流程）将原有的一套 100 万吨/年煤油馏分加氢装置扩能改造为 140 万吨/年，反应器内催化剂装填体积未变，在开工初期进行了装置满负荷运转的标定。原料及产品性质见表 8-30。

表 8-30　中国石化北京燕山分公司 RHSS 装置原料及产品性质

项　目	原料油	产　物	GB 6537—2018 标准
颜色(赛氏比色)/号	—	+30	报告
总硫含量/%	0.1870	0.0794	≯0.20
硫醇硫含量/(μg/g)	100	8	≯20
初馏点/℃	148	155	报告
50%回收温度/℃	195	198	≯232
终馏点/℃	251	250	≯300
冰点/℃	-54.6	-55.5	—
烟点/mm	22.7	23	—
铜片腐蚀(100℃，2h)/级	—	1a	≯1
银片腐蚀(50℃，4h)/级	—	0	≯1

注：反应条件为反应温度 260℃，反应压力 1.8MPa，体积空速 $6h^{-1}$；其他各项指标均符合 3 号喷气燃料质量标准。

装置运转标定结果表明：煤油馏分硫醇硫含量从 100μg/g 降到 8μg/g，精制后产品符合 3 号喷气燃料各项指标要求；产品收率高，达到 99%以上。

中国石油兰州石化公司采用压力 3.5MPa 加氢装置生产喷气燃料的标定数据表明，其能耗为 15.5kgEO/t，每吨成本在 50 元以上[85]；采用 RHSS 技术的低压煤油馏分加氢装置能耗 6.79kgEO/t，每吨成本在 25 元左右。同常规煤油馏分加氢相比，采用 RHSS 技术生产喷气燃料可大幅度降低生产成本，为企业带来可观的经济效益。

3. RHSS 技术在中国石化青岛炼化分公司的工业应用及标定

中国石化青岛炼化分公司的 120 万吨/年煤油馏分加氢装置采用 RHSS 技术，氢气为一次通过工艺流程。煤油馏分加氢装置与 410 万吨/年柴油加氢精制装置联合布置，共用一套公用工程系统。汽提部分采用重沸器汽提方案，利用精制柴油的热量进行加热，降低联合装置能耗。反应系统没有采用循环氢压缩机，而是通过柴油加氢压缩机新氢机一级出口提供氢气，降低了装置的投资成本及操作费用。

开工初期对装置进行了满负荷标定。标定结果表明，采用氢气一次通过的工艺流程，可以稳定生产合格 3 号喷气燃料，装置能耗 3.5kgEO/t。具体装置标定结果列于表 8-31。

表 8-31 中国石化青岛炼化分公司 RHSS 装置技术标定原料油和精制产品性质

项 目	原料油	精制产品	项 目	原料油	精制产品
密度(20℃)/(kg/m^3)	787	—	硫含量/%	0.249	0.183
赛氏比色/号	—	>30	馏程/℃		
酸值/(mgKOH/g)	0.0562	0.0011	初馏点	149	155
冰点/℃	-56.1	-56	终馏点	246	245
闪点/℃	—	48	铜片腐蚀(100℃，2h)/级	—	1a
硫醇硫含量/(μg/g)	93	8	银片腐蚀(50℃，4h)/级	—	1

注：其他各项指标均满足 3 号喷气燃料质量要求。

从工业装置标定结果可以看出：RHSS 技术对不同原料油具有良好的适应性，其工艺流程简单，投资及操作费用低，氢耗低，产品收率高。

第四节 柴油加氢精制

20 世纪 90 年代以前，我国的柴油加氢装置原料主要是二次加工柴油。二次加工柴油加氢精制主要是焦化柴油与催化裂化轻循环油的加氢精制。我国胜利等原油催化裂化轻循环油含氮化合物组成研究表明[86]，喹啉、咔唑、吲哚类环状氮化物占总氮的 65%以上，是造成油品储存不安定与变色的主要组分。因此，加氢脱氮是当时二次加工油加氢精制的首要目的。表 8-32 列出了焦化柴油馏分加氢精制工业数据。焦化柴油馏分的硫、氮含量均较高，特别是胜利焦化柴油馏分，其实际胶质等在国内几种原油同类产品中是较高的。采用 Ni-Mo 催化剂在氢分压 4.8MPa、反应温度 320℃、空速 1.0h^{-1}条件下加氢精制，脱硫率可达 99%以上，脱氮率可达 95%，产品储存安定性有明显改善。

表 8-32 胜利焦化柴油加氢精制结果

项 目	数 据	项 目	数 据	
主要反应条件		原料及产品性质	原料油	产品
氢分压/MPa	4.8	密度(20℃)/(g/cm^3)	0.8343	0.8139
平均反应温度/℃	332	馏程范围/℃	260~334	203~334
液时空速/h^{-1}	1.0	硫含量/(μg/g)	7015	34.4
循环氢油体积比	650~750	氮含量/(μg/g)	2000	100
精制油收率/%	>99	碱性氮含量/(μg/g)	821	16.4
氢耗/%	0.72	实际胶质/(mg/100mL)	201	10.2
		溴值/(gBr/100g)	46	1.2

胜利原油减压馏分油催化裂化轻循环油采用 RN-10 催化剂加氢的结果见表 8-33，在入

口氢分压 3.8MPa、温度 339℃、空速 2.5h^{-1}条件下，脱硫率可达 95.1%，脱氮率可达 76.6%，烯烃饱和率达 89%；当加氢原料中掺有渣油催化裂化轻循环油(60%)时，在相近的温度及压力下，空速降至 2.0h^{-1}时，其脱硫率、脱氮率仍分别可达 90%和 70%以上。加氢后的催化裂化轻循环油硫含量可降至 500μg/g 以下，其十六烷值也有所改善，可提高 3~4 个单位[87]。

表 8-33 催化裂化轻循环油加氢精制典型工业数据

催化剂	RN-10				FH-5	
主要反应条件						
氢分压/MPa	3.8		3.6		2.8	
床层平均温度/℃	339		337		304	
液时空速/h^{-1}	2.53		2.02		2.23	
氢油体积比	300		370		377	
原料及产品性质	原料油（减压馏分油催化裂化轻循环油）	产　品	原料油（掺渣油催化裂化轻循环油）	产　品	原料油（掺渣油催化裂化轻循环油）	产　品
密度(20℃)/(g/cm^3)	0.8847	0.8759	0.9003	0.8839	0.8795	0.8677
馏程范围/℃	156~346	196~342	187~364	195~358	—	—
硫含量/(μg/g)	4115	200	4330	320	5300	500
氮含量/(μg/g)	461	107	626	176	631	244
凝点/℃	-6	-8	-10	-10	—	—
实际胶质/(mg/100mL)	112	35	311	23	163	17
酸度/(mgKOH/100mL)	2.0	0.29	4.0	0.57	—	—
溴值/(gBr_2/100g)	12.0	1.3	10.2	3.3	16.6	1.66
色度(ASTM-1500)/号	1.5	<1.5	2.5	1.5	—	—
十六烷指数	38.8	41.0	35.6	39	41	45
脱硫率/%	—	95.1	—	92.6	—	90.6
脱氮率/%	—	76.6	—	71.9	—	61.3

采用 FH-5 催化剂，对于掺有 20%管输减压渣油的惠州、阿曼原油蜡油的催化裂化轻循环油，在较低的压力(2.8MPa)和较低温度(304℃)、空速 2h^{-1}以上条件下加氢精制，脱硫率可达 90%，脱氮率也可达 60%以上。

为增加加氢精制装置的生产灵活性和从简化流程考虑，焦化汽油、柴油馏分可一起进行加氢精制。表 8-34 是辽河原油焦化汽、柴油馏分工业装置上采用 RN-1 催化剂加氢精制的结果。表 8-35 是大庆原油焦化汽油、焦化柴油和催化裂化轻循环油工业装置上采用 PHF-101加氢精制的结果。由表中数据可见，加工焦化汽、柴油混合原料，或者加工焦化汽柴油与催化裂化轻循环油的混合原料，同样可以得到较高的脱硫率和脱氮率。

表 8-34　辽河焦化汽油、柴油馏分混合加氢典型工业数据

项　目	数据	项　目	数据	
主要反应条件		原料与产品性质	原料	产品
压力(高分)/MPa	6.0	密度(20℃)/(g/cm^3)	0.8139	0.7973
体积空速/h^{-1}	1.2	硫含量/(μg/g)	2170	146
氢油体积比	845	氮含量/(μg/g)	1604	330
温度/℃		实际胶质/(mg/100mL)	125	1.8
入口	295	馏程范围/℃	68~348	54~345
出口	345	脱硫率/%	—	93.3
		脱氮率/%	—	79.4
		脱胶质率/%	—	98.6

表 8-35　大庆焦化汽油、焦化柴油和催化裂化轻循环油混合加氢典型工业数据

项　目	数据	项　目	数据	
主要反应条件		原料与产品性质	原料	产品
压力(高分)/MPa	6.4	密度(20℃)/(g/cm^3)	0.8361	0.8259
体积空速/h^{-1}	2.5	硫含量/(μg/g)	1231	38
氢油体积比	516	氮含量/(μg/g)	916	267
温度/℃		馏程范围/℃	65~354	45~352
入口	293	脱硫率/%	—	96.9
出口	360	脱氮率/%	—	70.8

为了满足不同时期柴油质量升级要求，我国相关科研机构加大了清洁柴油生产技术开发。从21世纪开始，我国开发了一系列柴油深度和超深度加氢脱硫工艺技术和催化剂(见本书第十三章)，并得到广泛工业应用，为我国不同时期柴油质量升级提供了重要技术支撑。

一、柴油超深度脱硫工艺技术

为了满足柴油质量升级要求并降低柴油质量升级过程的成本，我国也加大了工艺技术开发力度，开发了RTS柴油超深度脱硫、FSDS串联反应器超深度脱硫、S-RASSG柴油超深度脱硫催化剂级配及柴油液相循环加氢等工艺技术，为柴油质量升级提供了技术支撑。

1. *RTS超深度脱硫技术*[88]

柴油加氢精制装置反应器为绝热体系，强放热的加氢反应导致传统加氢工艺中反应温度沿反应器轴向逐渐升高，这虽然有利于硫化物的超深度脱除，却导致一部分芳烃的饱和反应接近或处于热力学平衡限制状态，从而不利于多环芳烃的深度饱和反应。尤其当装置运转到中后期时，为补偿催化剂活性损失，须提高反应温度，导致柴油产品多环芳烃含量升高，颜色逐渐变深。常规加氢脱硫工艺在高温下生产的柴油产品的颜色差，而且不稳定，以致在实际生产和销售过程中，炼油厂和用户都不易接受这样的产品，为此不得不压缩装置的提温空间。

柴油加氢精制过程发生的化学反应主要为硫化物、氮化物和芳烃的加氢反应，硫化物和氮化物在催化剂活性中心存在强烈竞争吸附作用，导致超深度脱硫需要较高的反应温度。

为了缓解这一矛盾，石科院开发出生产超低硫柴油的超深度加氢脱硫 RTS 技术，其原则流程见图 8-26。RTS 技术采用一种或两种非贵金属加氢精制催化剂，采用单段一次通过流程，将柴油的超深度加氢脱硫通过两个反应器完成。在第一个反应器中完成大部分易脱硫化物的脱除和几乎全部氮化物的脱除；脱除了氮化物的原料在第二个反应器中完成剩余硫化物的彻底脱除和多环芳烃的加氢饱和，并改善油品颜色。柴油馏分在经过上述两个反应器后，柴油产品硫含量可低于 10μg/g，多环芳烃含量小于 7%，色度(ASTM D1500)小于 0.5 号，产品为水白色。将现有装置改造成 RTS 技术时，只需增加一个小的反应器。通过与原料换热至所需的反应温度，增加一个反应器后装置能耗基本不增加。

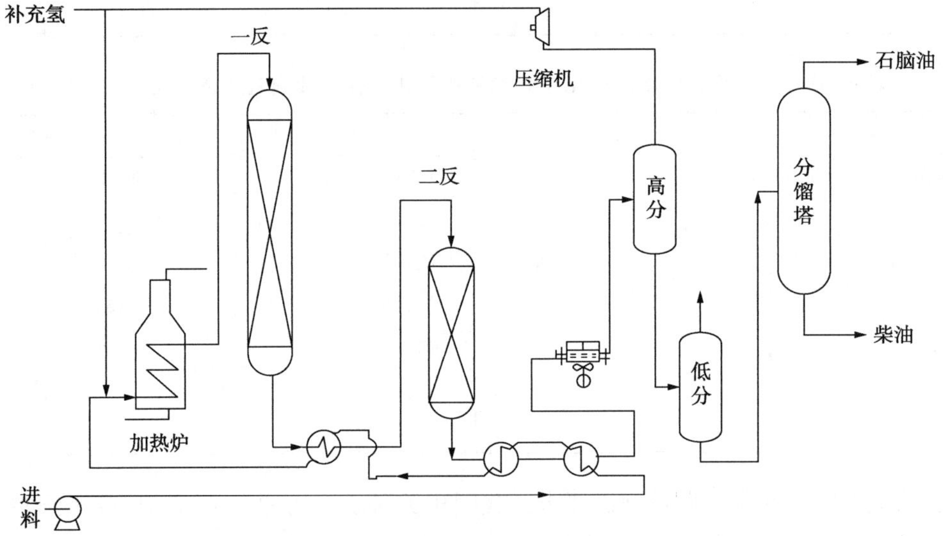

图 8-26　RTS 技术原则流程图

RTS 是不同于常规加氢精制的新工艺。与常规加氢精制技术相比，RTS 技术具有优异的超深度脱硫效果。对中东高硫直馏柴油，或以直馏柴油为主掺少量催化裂化轻循环油的混合原料，可以在氢分压 3.2~6.4MPa、体积空速高于 $1.5h^{-1}$ 的条件下生产出硫含量小于 10μg/g 的超低硫柴油，产品颜色接近水白色。在得到相同质量的超低硫柴油产品情况下，RTS 技术的体积空速较常规加氢精制工艺提高 0.8~1.0 倍[88]。该技术已在中国石化上海高桥石油化工有限公司等多家企业应用。

2. FSDS 超深度脱硫技术

FSDS 反应器串联超深度脱硫技术是大连院针对柴油加氢装置产品质量升级开发的超深度加氢脱硫技术。该技术一是为了适应现有空速较高的柴油加氢装置升级改造，通过增加串联反应器，延长催化剂与原料接触时间，满足柴油产品质量升级到国 V 和国Ⅵ标准要求；二是满足柴油加氢装置掺炼加工含硅焦化石脑油实现长周期稳定运行的要求，采用两个反应器串联设计，第一个反应器主要装填保护剂及加氢捕硅专用催化剂。采用 FSDS 技术改造现有装置时，只需增加一个反应器，改造过程简单，投资低。因此，采用 FSDS 技术对国内炼油厂生产超低硫柴油具有普遍适用性。

FSDS 技术具有优异的超深度脱硫效果和良好的原料适应性，产品性质稳定，以高硫直馏柴油和催化裂化轻循环油的混合油为原料，可以在较高的空速（0.8~1.2h^{-1}）下长周期稳定生产硫含量小于 10μg/g 柴油产品。该技术已在中国海油惠州炼化等多家企业应用。FSDS 技术原则工艺流程见图 8-27。

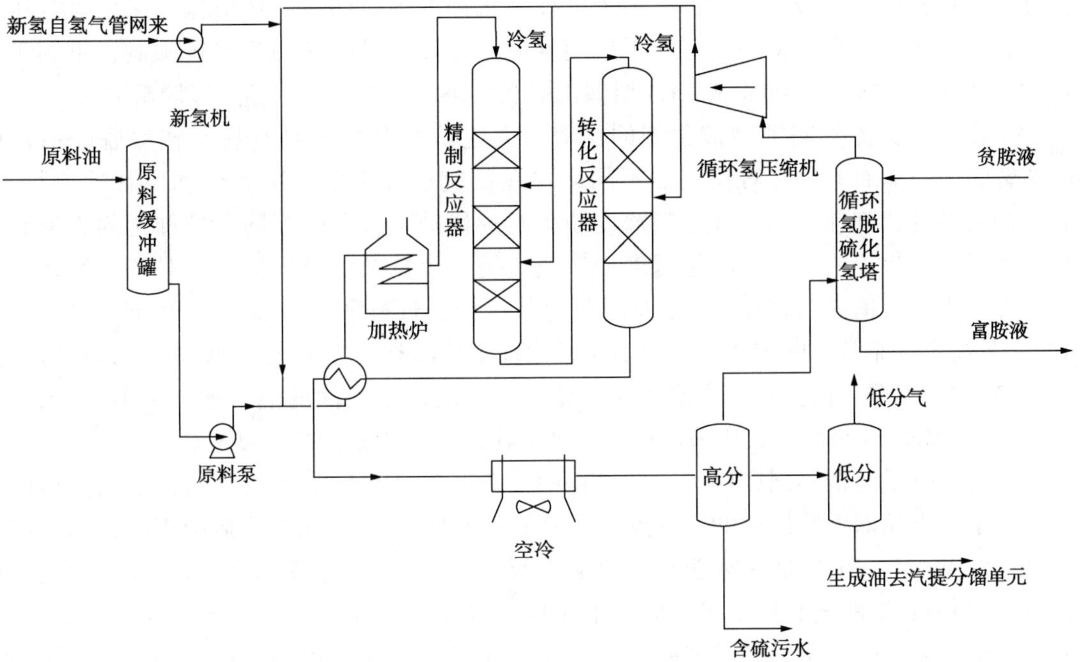

图 8-27 FSDS 工艺流程图[89]

3. 柴油超深度脱硫催化剂级配技术

柴油超深度加氢脱硫（ULDS）催化剂是炼油技术的开发热点[90~92]，由于柴油加氢脱硫反应受硫化物类型、反应条件和原料性质（如芳烃、氮化物含量）等因素的影响，使得催化剂的应用选择复杂化，因此合理选择催化剂成为相关加氢脱硫技术研究工作的重点内容之一。

硫化物的加氢脱硫过程一般有三种反应途径：加氢然后氢解脱硫途径（加氢途径）、直接氢解脱硫途径（氢解途径）和烷基转移然后氢解脱硫途径（烷基转移途径）。在柴油超深度加氢脱硫的条件下，关键是要脱除柴油中有空间位阻效应的 4,6-二甲基二苯并噻吩（4,6-DMDBT）类硫化物。这类硫化物的脱除主要通过加氢途径和烷基转移途径完成。目前，大多数商业催化剂主要依靠的是提高催化剂的加氢途径。Fang 等发现了具有良好烷基转移反应活性的加氢脱硫催化剂[92]，特别是在反应温度需要较高的应用场合，能够不受芳烃饱和热力学平衡的限制实现超深度加氢脱硫，且表现出了催化剂高温活性稳定性好、对硫化氢的影响不太敏感等突出优点。

工业上加氢装置反应器多属绝热滴流床反应器，反应器入口和出口之间存在着温度和浓度梯度分布，反应器内不同部位反应环境存在着很大的差异，发生的化学反应类型也各不相同。在反应器不同区域内装填与该区域反应环境及反应类型相适应的单元催化剂，可以发挥不同类型催化剂的优势，从而在活性、选择性及稳定性上达到最优的协同效果，进而提升装置的技术水平，降低投资和能耗[93]。

一般来说，柴油加氢装置反应器上床层温度相对较低，氢分压较高，硫化氢和氨含量低，其反应条件更适合芳烃饱和，有利于发挥催化剂的加氢活性。反应器下床层氢分压相对较低，硫化氢含量高，特别是运转中后期反应温度高容易受热力学平衡限制，不利于催化剂加氢活性的发挥，反而是 Mo-Co 型催化剂在此条件下更易实现超深度脱硫[93]。

为了更好地发挥不同类型催化剂的优势，大连院在开发出具有烷基转移脱硫活性的 Mo-Co型催化剂基础上，针对反应器不同床层在反应过程中的工况条件和原料性质特点，结合不同类型催化剂在不同条件下超深度脱硫时的优缺点，考察不同类型催化剂级配装填的反应效果。结果表明，柴油的超深度加氢脱硫是一个复杂的反应体系。对于氮及多环芳烃含量低、十六烷值高的直馏柴油，应选择直接脱硫活性好的 Mo-Co 型催化剂；对于氮含量和/或芳烃含量非常高的焦化柴油及催化裂化轻循环油类二次加工柴油，应选择加氢性能好的W-Mo-Ni 类催化剂；对于直馏柴油搀兑部分二次加工柴油的混合油，采用 W-Mo-Ni（或 Mo-Ni）/Mo-Co 级配方式比采用单一一种催化剂具有更好的超深度脱硫效果[94]。

大连院根据反应器不同床层在运转过程中的工况条件和反应特点，结合不同类型催化剂在不同条件下超深度脱硫时的优缺点，开发了 S-RASSG 柴油超深度脱硫级配技术，将加氢活性高的 W-Mo-Ni 或 Mo-Ni 类催化剂装在反应器上床层，高温下烷基转移活性高、稳定性好的 Mo-Co 类催化剂装填在反应器下床层，以便更好地发挥不同类型催化剂的优势，并有效降低高温下热力学限制带来的超深度脱硫难度[95]。该级配技术已在 50 多套/次柴油加氢装置工业应用，氢耗比单一 Mo-Ni 型催化剂降低 15%左右，运行周期比单一催化剂提高 30%以上。

大连院又在开发了 FTX 高金属含量体相法高加氢活性催化剂基础上，开发了常规柴油加氢催化剂与体相法催化剂级配生产超低硫柴油的级配技术，在中国石化洛阳分公司、扬子分公司等企业进行了工业应用。

此外，为满足加工含硅焦化汽柴油生产超低硫柴油的加氢装置长周期稳定运行的要求，大连院开发了保护剂/捕硅剂/主催化剂的催化剂级配技术，在中国石化青岛炼化分公司、天津分公司、高桥分公司、上海石化及中国海油惠州炼化等企业的柴油加氢装置应用，保证了装置长周期稳定运行。

不同类型或不同功能柴油深度脱硫催化剂级配技术的开发，使得炼油企业可以根据其原料油性质、工况条件及产品质量要求来选择最适合的催化剂或级配体系，进而保证装置长周期稳定运行。

4. *柴油液相循环加氢技术*

针对现有柴油加氢装置运行能耗情况，对加氢装置能量消耗进行逐项分解，针对柴油加氢装置低温热利用率低甚至无法回收的现状进行分析，结果表明，循环氢压缩机运行特点是造成此问题的主要原因。循环氢压缩机，尤其是离心机，结构和运行特点决定所压缩的气相中不能含有升压易凝结的组分。这就要求气相必须降低至45℃以下，才能保证该设备的平稳运行。为了降低循环使用的氢气，将部分油品甚至全部油品降温，造成低温热损失。

氢气及化学反应的低分子烃类在油品中溶解规律的研究，为液相加氢的可行性提供了热力学基础；通过适宜的内构件，实现了油品循环及液相加氢，开发了柴油液相加氢技术。采用柴油液相循环加氢技术，装置反应部分不设置氢气循环系统，依靠液相产品大量循环时携带进反应系统的溶解氢提供新鲜原料进行加氢反应所需要的氢气，大幅度降低装置投资和操作费用。因取消了大量循环的氢气，反应器出口的物料换热至适宜的温度，直接进入汽提分馏单元，大幅度降低了进一步降温时的能量损失及汽提塔进料升温所消耗的能量，降低柴油生产时装置能量消耗。

大连院和中石化广州工程有限公司联合开发的SRH柴油液相循环加氢技术采用下流式进料方式，其原则工艺流程见图8-28。

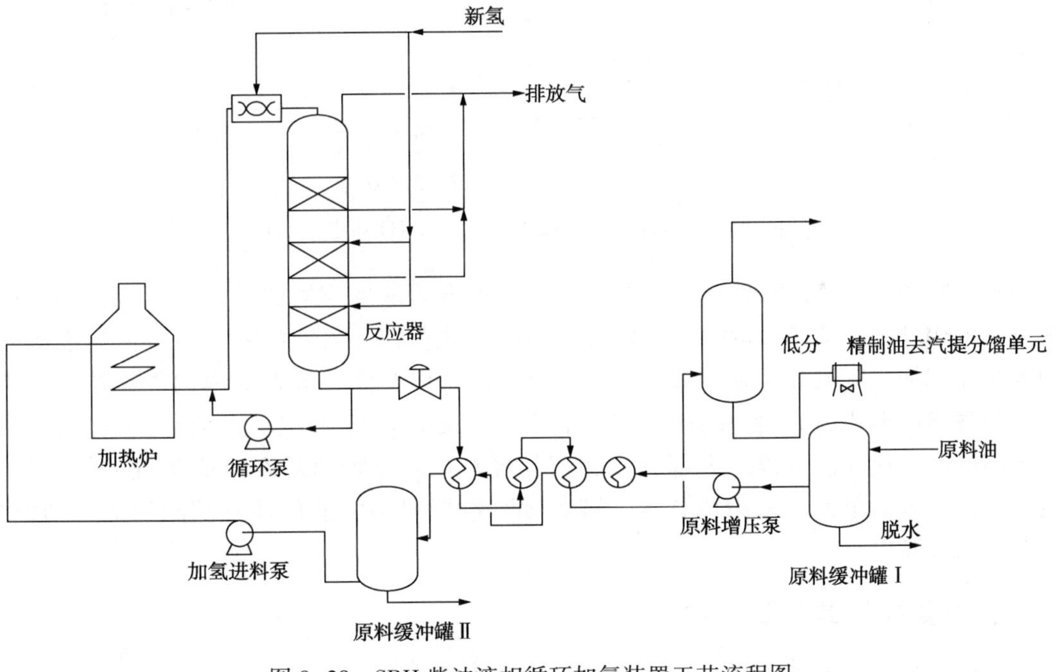

图8-28　SRH柴油液相循环加氢装置工艺流程图

SRH液相循环加氢工艺流程具有以下特点：采用两级原料缓冲罐，将常规柴油加氢装置所用的大部分高压设备取消，只剩余进料加热炉、反应器和循环泵及附属管线，显著降低了装置投资；采用多次氢气混合及精制油循环，满足加工不同原料带来氢气消耗差异化的需求；设置热低分罐，便于测量油品中氢气量，为装置操作提供技术依据，同时降低了温度降低后气液分层对流体流动均匀性的影响；通过适宜的流程设置及注水点，解决了铵盐结晶带来的设备腐蚀问题；采用排气及压力双向控制反应器床层液位，保证床层液位的稳定。

中国石化工程建设有限公司(SEI)和石科院联合研究开发了上行式的连续液相柴油加氢SLHT技术。SLHT技术原则流程见图8-29。

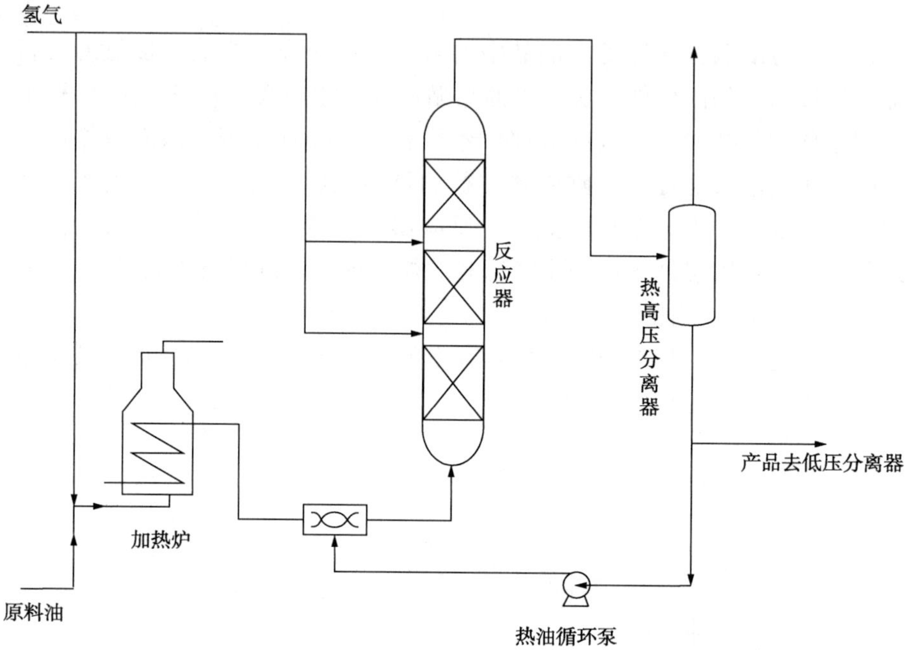

图8-29　上行式柴油连续液相加氢SLHT工艺流程图

新鲜原料和氢气、液相循环产物在混合器内混合后从反应器底部进入反应器内。反应器内设置内构件，能够使过量的氢气以微气泡的形式存在并与液相一同经过催化剂床层完成加氢脱硫、加氢脱氮等反应。每个床层有氢气补入以及油气混合的内构件，补入的氢气继续以微气泡的形式与液相一同通过催化剂床层。反应器产物从反应器顶部流出后，在热高压分离器内完成气液分离，大部分液相产物经过循环泵增压后在反应系统内循环使用，其他进入汽提分馏单元。采用该技术，装置无须设置专用的液位计来控制反应器内液位，反应器内构件简单。

二、主要操作参数及影响

柴油加氢装置的主要操作参数通常包括装置反应压力、反应温度、体积空速(停留时间)及氢油体积比等，主要影响柴油加氢装置的产品质量及催化剂寿命。

柴油加氢装置的主要操作参数见表8-36。

表8-36　柴油加氢装置的主要操作参数

产品质量要求	装置压力/MPa	体积空速/h^{-1}	反应温度/℃	氢油体积比
国Ⅱ标准柴油	4.0~8.0	2.0~4.0	280~350	200~400
国Ⅲ标准柴油	4.0~8.0	2.0~3.0	290~360	200~400

续表

产品质量要求	装置压力/MPa	体积空速/h^{-1}	反应温度/℃	氢油体积比
国Ⅳ标准柴油	6.0~8.0	1.5~2.0	300~390	200~400
国Ⅴ标准柴油	6.0~10.0	1.0~2.0	330~395	250~400
国Ⅵ标准柴油	6.0~10.0	0.5~1.5	330~395	300~500

反应温度是柴油加氢装置的主要工艺参数。在工业装置正常生产情况下，反应压力、空速和氢油比相对固定，反应温度是提高产品质量和应对催化剂失活最常采用的灵活调控手段。工业装置反应温度不仅指反应器入口温度，影响反应深度的通常是催化剂床层平均温度。在一定温度范围内，提高反应温度对加氢脱硫、加氢脱氮和芳烃加氢饱和反应均有正向促进作用。但由于芳烃加氢饱和反应受热力学影响限制，过高的反应温度反而不利于多环芳烃的饱和，进而引起柴油产品颜色等问题。因此，反应器可操作最高温度通常根据原料性质、产品要求等来进行确定，一般反应器最高反应温度控制不大于390~405℃。

反应压力也是柴油加氢装置的主要工艺参数之一。装置压力等级的选择和确定直接关系到柴油装置的建设投资、原料油加工的适应性及装置运行周期等。压力对芳烃加氢饱和、加氢脱氮、含取代基存在空间位阻结构的二苯并噻吩类硫化物的脱硫等反应的影响尤其显著。因此，在原料油构成中催化裂化轻循环油和焦化柴油等二次加工柴油比例较高，原料油氮含量和多环芳烃含量较高时，装置设计时通常选择8.0~10.0MPa压力等级。在实际操作中，提高装置氢分压也有利于加氢脱氮和芳烃饱和反应。

体积空速也是柴油装置的重要技术参数，当其他条件不变时，体积空速决定了反应物流在催化剂床层的停留时间。柴油加氢装置空速的选取是由原料油性质、催化剂活性、产品质量及运行周期要求等多因素决定的。降低体积空速均有利于芳烃加氢饱和、加氢脱氮和加氢脱硫等反应，尤其是对芳烃饱和反应的影响尤为突出，因此生产国Ⅴ和国Ⅵ柴油时，若原料油构成中催化裂化轻循环油和焦化柴油等二次加工柴油比例较高、多环芳烃含量较高，均选用较低的体积空速，通常在1.0~1.5h^{-1}。

在工业装置上通用的氢油体积比(通常简称为氢油比)是指在每小时单位体积的进料所需要通过的循环氢气的标准体积量。氢油比是保持催化剂活性稳定性、保证产品质量和装置安全平稳操作的重要条件，提高氢油比有助于提高氢分压从而促进加氢反应，但氢油比过高则意味着循环氢压缩机投资会增加，因此反应过程温升大、氢耗较高的二次加工柴油比例较高原料油的深度加氢，通常选用较高的氢油体积比(400~500)，而单纯直馏柴油的超深度脱硫由于反应放热和氢耗相对较低，通常氢油比也要低一些(200~350)。

三、工业装置运转情况

RTS和FSDS柴油超深度脱硫技术、S-RASSG不同类型催化剂级配技术、SRH及SLHT柴油液相循环加氢等技术在近年来柴油质量快速升级过程中得到广泛应用，其典型工业应用结果如下。

1. RTS技术典型工业应用[96]

中国石化上海高桥石油化工有限公司采用RTS技术建设了一套260万吨/年的柴油

加氢装置。该装置加工原料为质量分数30%焦化柴油和催化裂化轻循环油以及质量分数70%直馏柴油的混合原料，混合原料密度平均值为852.8kg/m³，硫含量平均值为5500μg/g，氮含量平均值为350μg/g。柴油产品硫含量小于10μg/g，满足国Ⅴ车用柴油的标准，单周期运转时间超过3年。装置开工运转5个月后，为了检验RTS技术工业应用效果，对装置进行了标定。在标定条件下，产品柴油的硫含量、氮含量、多环芳烃含量及十六烷值等关键指标均优于设计值，装置脱硫率达到99.96%，柴油产品满足国Ⅵ标准，原料和产品性质见表8-37。此外，RTS技术生产的国Ⅵ柴油产品的颜色水白，是常规加氢精制工艺难以达到的。

表8-37　上海高桥石化RTS装置标定期间原料、产品主要性质

项目	标定值		项目	标定值	
	原料	产品		原料	产品
密度(20℃)/(kg/m³)	848	834	铜片腐蚀(50℃，3h)/级	—	1
硫含量/(μg/g)	4770	2	闪点(闭口)/℃	—	79
氮含量/(μg/g)	243	0.13	凝点/℃	-8	-8
十六烷值	47.2	54.6	馏程/℃		
十六烷指数	47	50	初馏点	97	192
溴价/(gBr_2/100g)	2.43	1.54	50%点	269	266
多环芳烃含量/%	14	0.9	95%点	342	334
颜色(外观)	—	水白	终馏点	362	348

2. FSDS超深度脱硫技术典型工业应用

FSDS技术在中国石化齐鲁分公司340万吨/年柴油加氢装置工业的典型应用结果见表8-38。

表8-38　FSDS在齐鲁分公司340万吨/年柴油加氢装置典型的运行结果

项目	运行结果	油品性质	原料	产品
体积空速/h^{-1}	1.1	密度/(g/cm³)	0.860	0.843
反应器入口压力/MPa	7.7	馏程/℃		
反应器入口氢油体积比	386	初馏点/10%	186/241	182/238
反应器入口温度/℃	332	50%/90%	288/342	285/340
反应器出口温度/℃	372	95%/终馏点	362/374	360/370
原料油构成比例/%	直馏柴油：焦化柴油：催化裂化轻循环油：渣油加氢柴油=61.5：26.9：8.1：3.5	硫含量/(μg/g)	~9000	7
		氮含量/(μg/g)	1800	4
		多环芳烃含量/%	16.0	5.0

3. 催化剂级配技术典型工业应用

大连院开发的S-RASSG不同类型催化剂级配技术采用FHUDS-2与FHUDS-5催化剂级配，在中国石化镇海炼化分公司300万吨/年柴油加氢装置工业的典型应用结果见表8-39。采用FTX体相法催化剂与FHUDS-5和FHUDS-8催化剂级配，在中国石化洛阳分公司260万吨/年柴油加氢装置的应用结果见表8-40。

表 8-39　S-RASSG 催化剂级配技术镇海炼化 300 万吨/年柴油加氢装置工业应用结果

项　目	标定结果			
标定方案	国Ⅳ标准柴油方案		国Ⅴ标准柴油方案	
入口压力/MPa	8.0		8.0	
氢油体积比	270		270	
主催化剂体积空速/h^{-1}	1.85		1.85	
入口温度/℃	320		330	
平均温度/℃	349		350	
原料油构成	55.6%直柴+20.6%减一线柴油+23.8%催化裂化轻循环油		71.0%直柴+26.2%减一线柴油+2.8%焦化柴油	
油品名称	混合原料	精制柴油	混合原料	精制柴油
密度(20℃)/(kg/m^3)	859.4	842.8	835.8	827.3
馏程/℃				
10%/50%	216/278	225/276	210/278	228/279
90%/95%	342/357	338/355	341/355	335/350
硫含量/(μg/g)	6130	10	5020	4.8
氮含量/(μg/g)	446	6.1	274	<5.0
多环芳烃含量/%	18.7	6.1	14.2	2.7
十六烷值	46	50	51	55
色度	4	<0.5	3.5	<0.5

表 8-40　采用体相法催化剂级配技术在洛阳分公司 260 万吨/年柴油加氢装置的运行结果

项　目	参　数	项　目	参　数	
体积空速/h^{-1}	1.44	油品性质	原料	产品
反应器入口压力/MPa	7.0	密度/(g/cm^3)	0.8525	0.8334
反应器入口氢油体积比	388	馏程/℃		
反应器入口温度/℃	318	50%/90%	275/	270
		95%/终馏点	344/365	343/363
反应器出口温度/℃	351	硫含量/(μg/g)	4800	2

4. 柴油液相循环加氢技术典型工业应用结果

大连院开发的 SRH 柴油液相循环加氢技术在中国石化九江分公司 150 万吨/年柴油液相加氢装置典型应用结果见表 8-41。

表 8-41　SRH 柴油液相加氢装置的典型工业应用结果

项　目	工艺条件	项　目	工艺条件	
反应压力/MPa	9.5	油品性质	原料	精制油
平均反应温度/℃	358	密度/(kg/m^3)	850	836
氢气补充量/(Nm^3/t)	62	馏程范围/℃	180~369	180~367
新鲜进料体积空速/h^{-1}	1.7	硫含量/(μg/g)	4000	<10
循环比	2.0	氮含量/(μg/g)	258	~1.0

采用石科院开发的 SLHT 柴油液相循环加氢技术在中国石化安庆分公司 220 万吨/年连续液相柴油加氢装置实现工业应用。该装置以直馏柴油和焦化柴油为原料生产国Ⅵ标准柴油。装置以直馏柴油掺混 8%的焦化柴油为原料进行满负荷标定。标定结果表明：产品柴油的硫含量为 6.2μg/g，原料和产品性质见表 8-42。装置的单位加工能耗仅为 5.83kgEO/t，远低于常规柴油加氢装置能耗[97]。

表 8-42　安庆分公司 SLHT 装置标定期间原料、产品主要性质

项　目	原料	产品	项　目	原料	产品
密度/(kg/m^3)	846.0	831.0	硫含量/(μg/g)	5090	5.0
馏程/℃			氮含量/(μg/g)	380	0.9
初馏点	195.4	183.2	溴价/(gBr_2/100g)	2.593	0.217
10%	232.4	224.0	酸度/(mgKOH/100mL)	39.19	1.1
50%	281.4	273.6	凝点/℃	-13	-10
90%	338.6	337.4	十六烷指数	50.7	54.8
终馏点	369.6	365.6			

第五节　重馏分油加氢处理

重馏分油一般是指从常减压装置或二次加工装置分馏得到的馏程为 350~540℃(减压深拔到 570℃)的馏分。直馏减压馏分油(VGO)是指从减压装置分馏得到的馏分，二次加工重馏分油包括焦化重馏分油(CGO)、渣油加氢裂化(沸腾床或浆态床)重馏分油等。

硫、氮及芳烃含量高的 VGO 及 CGO 等直接作催化裂化原料时，将使催化裂化转化率降低，回炼比加大，能耗增加，且催化裂化汽油、轻循环油硫含量增加，尚需进行加氢精制。因此，我国首套重馏分油加氢处理装置主要加工 CGO 原料，采用石科院开发的加氢处理催化剂 RN-2，于 1992 年在长岭炼化实现工业化。1992 年至 2005 年期间，大多数炼厂建设重馏分油加氢处理装置的规模主要集中在 30 万~50 万吨/年，原料也主要以 CGO 为主。

2005 年后，随着国内经济的腾飞，对原油的需求量不断增长，大量高硫原油进入中国市场。因此，很多企业开始建设重馏分油加氢处理装置，降低重馏分油原料中的硫含量，以满足下游催化裂化装置对原料硫含量的要求，同时可以显著提高催化裂化汽油收率。因此，2005 年后，国内新建了很多重馏分油加氢处理装置，包括 2008 年建成的国内处理规模最大的青岛炼化 320 万吨/年重馏分油加氢处理装置。

2012 年后，原油价格不断攀升，国内炼厂为了提高经济效益，纷纷进口重质高硫原油。

这类原油的典型特点是硫氮含量以及密度均较高，如果重馏分油原料不经过预处理直接作为催化裂化装置进料，催化裂化单元的轻油收率较低，生焦严重，汽油和轻循环油产品性质较差。因此，很多炼厂又开始建设重馏分油加氢处理装置，其中包括国内处理规模第二的齐鲁石化260万吨/年重馏分油加氢处理装置。

由于国内油品质量升级步伐不断加快以及环保法规对催化裂化烟气的要求不断提高，很多炼油厂也纷纷新建催化裂化原料加氢处理装置。重馏分油加氢处理-催化裂化组合工艺可以直接生产硫含量50μg/g以下的汽油产品，例如青岛炼化320万吨/年重馏分油加氢处理装置生产的精制重馏分油硫含量降低到2000μg/g以下，催化裂化汽油硫含量小于50μg/g。因此，很多炼油厂控制加氢精制重馏分油硫含量在2000μg/g左右。然而，随着国Ⅴ汽油标准的到来，重馏分油加氢处理-催化裂化组合工艺很难直接生产硫含量小于10μg/g以下的汽油，且随着S Zorb工艺的推广，大多数重馏分油加氢处理装置将精制重馏分油硫含量控制指标从2000μg/g提高到3000μg/g。苛刻度降低后，下游S Zorb装置操作更加经济，同时重馏分油加氢处理装置的运转周期也得到延长。

随着时代的不断发展，重馏分油加氢处理装置的作用也在不断变化。有的炼油厂通过重馏分油加氢处理装置加工直馏柴油和直馏重馏分油的混合油，加氢柴油产品可以直接满足国Ⅳ甚至国Ⅴ柴油对硫含量的要求，加氢重馏分油可作为催化裂化或催化裂解装置进料。有的炼油厂通过提高重馏分油加氢处理装置的苛刻度，为下游催化裂解装置提供优质原料。部分新建浆态床或沸腾床渣油加氢装置的炼油厂，通过重馏分油加氢处理装置加工这些新建装置生产的重馏分油，也有部分炼油厂通过渣油溶脱-重馏分油加氢-催化裂化组合工艺将渣油转化成轻质油品。

重馏分油加氢处理技术与常规汽柴油加氢精制技术有较大区别，后者主要通过加氢工艺降低原料中的硫氮等杂原子含量以满足汽柴油产品的标准要求，而重馏分油加氢处理技术的主要目的是为下游催化裂化或催化裂解装置提供原料，其自身不生产产品，因此重馏分油加氢处理装置有一定的操作灵活性。基于重馏分油加氢处理技术的主要目的是为下游催化裂化装置提供原料，所以重馏分油加氢处理技术的主要目的除脱除原料中部分硫氮金属等杂原子外，还需降低加氢重馏分油中的多环芳烃含量，以提高催化裂化原料的裂化性能。表8-43[98]列出了某炼油厂重馏分油加氢处理装置建成前后催化裂化装置的产品分布情况。从表中数据可知，重馏分油原料经过加氢处理后，催化裂化产物中的汽油收率增加3.59个百分点，柴油收率增加0.485个百分点，油浆产率降低1.89个百分点，焦炭产率也略有降低。因此，重馏分油加氢处理装置能显著改善催化裂化装置的产品分布。

表8-43　重馏分油加氢装置开工前后催化裂化装置产品收率情况　　%

产　物	重馏分油加氢开工前	重馏分油加氢开工后	收率变化
干气	2.095	1.29	-0.805
液化气	19.29	18.78	-0.51
酸性气	0.50	0.23	-0.27
汽油	44.69	48.28	3.59
轻循环油	19.80	20.285	0.485
油浆	6.785	4.895	-1.89
焦炭	6.325	6.115	-0.21

注：催化裂化装置进料中加氢精制重馏分油的比例占70%，其他为减压渣油原料。

石科院研究了不同加氢深度的加氢重馏分油对催化裂化的产物分布影响，见表 8-44。表中数据以加氢重馏分油硫含量代表加氢反应深度，随着加氢反应深度的提高，加氢重馏分油硫含量降低显著，对应的催化裂化汽油收率增加幅度显著。我国大多数炼油厂的核心装置是催化裂化装置，汽油产率提高 1 个百分点，对全厂的效益有较大贡献。所以重馏分油加氢处理装置在国内外，特别是美国和日本，数量较多。

表 8-44　不同加氢深度对催化裂化产品分布影响

精制重馏分油硫含量/(μg/g)	7000	4000	2500
催化裂化催化剂名称	CGP-1	CGP-1	CGP-1
提升管出口温度/℃	515	515	515
产物分布/%			
H_2S	0.13	0.08	0.04
H_2～C_2	1.47	1.35	1.23
C_3～C_4	14.04	15.46	14.92
C_{5+}汽油	42.91	45.97	48.52
轻循环油	26.34	25.71	24.99
重循环油	12.03	8.93	7.89
焦炭	2.58	2.00	1.92
损失	0.50	0.50	0.49
总计	100.00	100.00	100.00

为了提高重馏分油加氢处理-催化裂化组合技术的经济性以及运转周期的一致性，重馏分油加氢处理技术加工重馏分油原料的苛刻度不能一概而论，需根据加工原料特性以及下游催化裂化装置特点决定。重馏分油加氢处理装置生产的加氢重馏分油作为常规催化裂化装置进料，则重馏分油加氢处理装置的主要目的是降低原料中的硫氮和多环芳烃含量，其控制指标主要是加氢重馏分油的硫氮含量和密度等；如果加氢重馏分油作为催化裂解装置进料，则重馏分油加氢处理装置的主要目的是提高重馏分油原料的氢含量，同时尽可能保留原料中的高碳数直链烃类，从而在催化裂解反应中有利于低碳烯烃的生成。

重馏分油原料加氢处理-催化裂解组合工艺是燃料型炼油厂向化工型炼油厂转型的重要工艺。生产催化裂解原料的重馏分油加氢处理技术，需要更大幅度地改善重馏分油原料性质，特别是加工中间基重馏分油原料时，常规加氢处理很难满足要求。石科院针对催化裂解反应特性，开发了重馏分油缓和加氢工艺对催化裂解原料进行处理，相比常规重馏分油加氢处理工艺，原料性质改善显著，催化裂解单元的化工料收率增加显著。

一、工艺流程及主要操作参数

重馏分油加氢处理技术的主要参数包括反应温度、氢分压、氢油比和体积空速等。

（一）工艺流程

常规重馏分油加氢装置工艺流程见图 8-30。典型的重馏分油加氢处理技术工艺流程除反应部分外，主要采用热高分流程，且分馏塔前设置分馏炉。分馏部分包含稳定塔和分馏塔。

一些炼油厂为了降低装置投资，仅设立一个分馏塔即可满足工艺要求，还有部分炼油厂未建设稳定塔和分馏塔等分馏设备，加氢产物从热低分直接去下游装置或降温后去储罐。

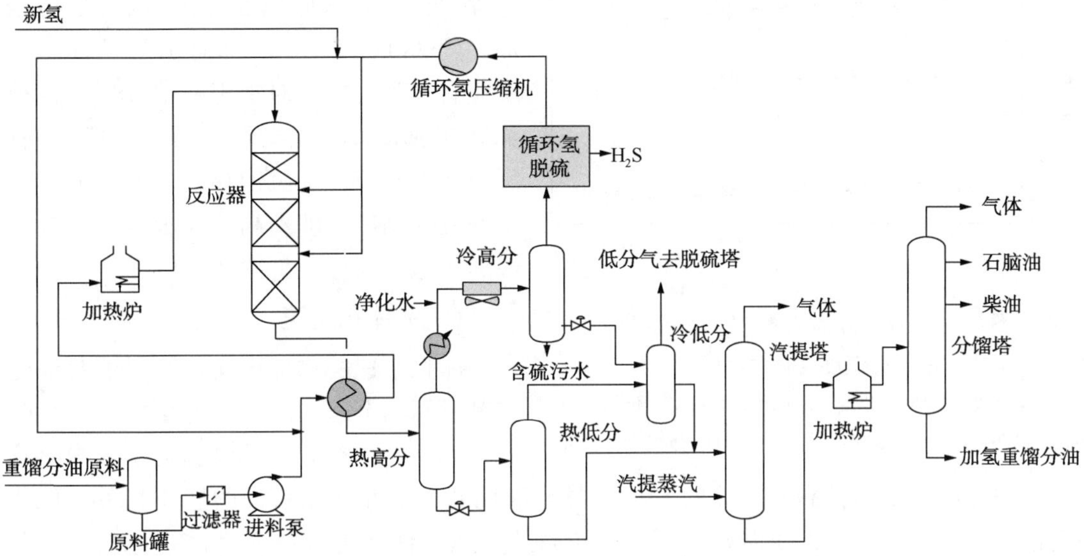

图 8-30　重馏分油加氢处理技术典型工艺流程

（二）反应温度

反应温度是调节重馏分油加氢装置产品性质最主要的工艺手段。对已经建成的重馏分油加氢处理装置而言，其氢分压受反应器制造压力等级限制，氢油比受限于循环氢压缩机的负荷，体积空速受进料泵、加热炉和管线的限制，只有反应温度是相对灵活的调整产品性质的手段。所以常规重馏分油加氢处理装置建成后，氢分压、氢油比以及进料量均维持稳定，整个运转周期，仅对反应温度进行调整。图 8-31 列出了一套重馏分油加氢工业装置的平均反应温度随运转时间的变化情况。由图中数据可知，运转初期，重馏分油加氢装置提温速率较低，随着运转时间的增加，提温速率逐渐增加，特别是到装置运转末期，提温速率显著高于运转初期和运转稳定期。常规重馏分油加氢装置，运转初期的平均反应温度在 350℃左右，运转末期的平均反应温度可达 410℃左右，反应器出口温度可达 428℃。

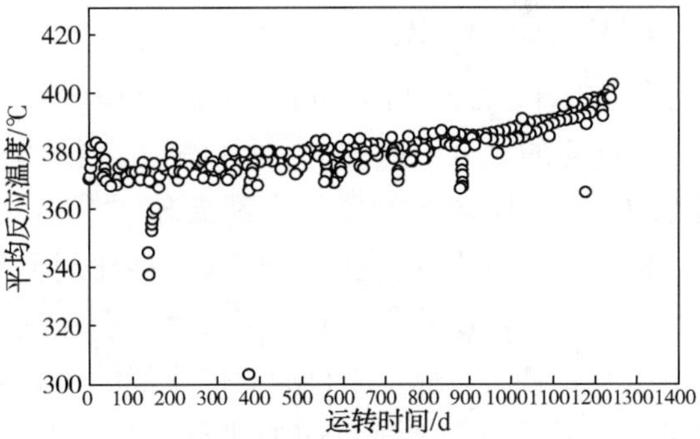

图 8-31　平均反应温度随运转时间的变化情况

提高反应温度有利于提高加氢脱硫和加氢脱氮的反应效果，然而较高的反应温度也会加剧沥青质、胶质等稠环芳烃在催化剂活性中心和载体上的缩聚反应，最终导致催化剂失活速率较高。因此，常规重馏分油加氢处理装置根据装置的设计参数，（主要包括氢分压和原料性质以及装置的运转周期要求），确定加氢反应深度，即确定加氢反应温度。

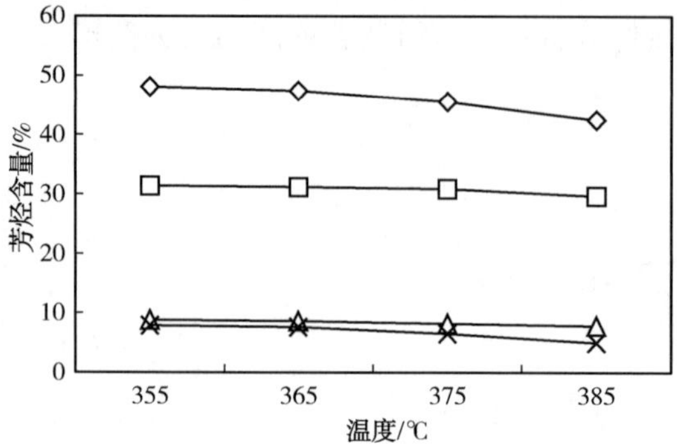

图 8-32　重馏分油加氢产物芳烃含量随反应温度变化曲线[99]

◇总芳烃；□单环芳烃；△双环芳烃；×多环芳烃。

其他工艺条件：氢分压 8.0MPa，氢油比 800，体积空速 $1.4h^{-1}$。

反应温度对芳烃加氢饱和反应的影响受热力学反应控制。在重馏分油加氢处理反应过程中，氢分压低于 6.0MPa 时，反应温度提高到 380℃以上时对多环芳烃的加氢饱和反应有不利影响；对常规的中高压重馏分油加氢处理装置，在操作的反应温度区间内，反应温度对芳烃加氢饱和的影响均处于动力学反应控制区，即提高反应温度，有利于芳烃加氢饱和反应，见图 8-32。

（三）体积空速

体积空速的物理意义是原料油与催化剂接触时间的倒数，因此空速越低，接触时间越长，反应越充分，所以脱硫率和脱氮率都会随着空速的降低而升高。空速的大小主要与催化剂的活性和原料油的性质相关，催化剂的活性越高，原料油的性质越好，可以在较高的空速条件下进行处理。VGO 原料加氢预处理一般的主催化剂体积空速范围在 $0.6\sim1.8h^{-1}$。然而，体积空速和其他工艺条件有一定的互补效应，例如低压装置可以通过降低体积空速，达到延长装置运转周期的目的。北海炼化重馏分油加氢装置为降低装置建设投资费用，与柴油加氢装置共用新氢机和循环氢压缩机，反应器入口压力为 8.0MPa，氢分压为 6.4MPa，为实现与柴油加氢装置共同检修的目的，即 4 年的运转周期，将体积空速降低到 $0.7h^{-1}$左右，采用石科院开发的劣质重馏分油加氢处理技术，已经实现了 4 年的运转周期。

（四）氢油体积比

氢油体积比的升高，可以提高反应气氛中参加反应的氢分子的含量，所以随着氢油体积比的升高，脱硫率和脱氮率都会随之升高，而且较大的氢油体积比也有利于减少催化剂上积炭的生成，延长催化剂的使用寿命。但氢油体积比太高时，会减少原料油与催化剂的接触时间，反而不利于加氢反应的进行，如图 8-33 所示。氢油比的设定一般与反应深度和原料性质相关，反应深度较深，氢耗较高时，相应的氢油比较高。常规重馏分油加氢处理装置的标准状态氢油体积比一般在400~800。

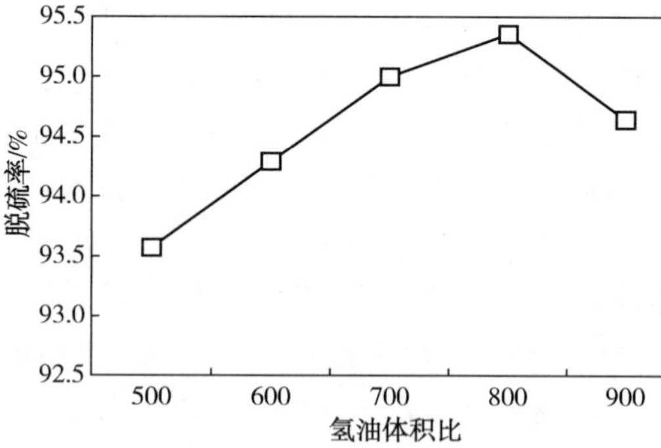

图 8-33　脱硫率随氢油体积比变化曲线[95]

其他工艺条件：氢分压 8.0MPa，

反应温度 375℃，体积空速 $1.4h^{-1}$。

（五）氢分压

在加氢反应中，提高氢分压，脱硫率、脱氮率以及芳烃饱和率均随之升高；较高的氢分压也会减少催化剂上积炭的生成，延长催化剂的使用寿命。但是提高反应压力会增加反应过程的氢耗，装置投资也较高，所以必须根据原料性质、产品要求、催化剂的性质以及投资等选择合适的氢分压。

氢分压是影响重馏分油加氢装置运转周期和反应深度的关键因素。加工更加劣质的原料需要较高的氢分压。通常，当加工的原料沥青质(正庚烷不溶物，下同)含量小于200μg/g时(如常规的直馏重馏分油)，在氢分压6~8.0MPa、体积空速1.4h^{-1}条件下，运转周期可达到4年；当原料的沥青质含量达到200~500μg/g时(如深拔直馏重馏分油)，氢分压需要提高到9.0MPa以上，运转周期才能达到4年；当原料的沥青质含量超过500μg/g(如高收率脱沥青油)，或加工浆态床或沸腾床渣油加氢装置所产重馏分油时，氢分压需要提高到13.0MPa以上，且体积空速降低到0.8h^{-1}以下，运转周期能够达到3年。

二、工业装置运转情况

截至2019年，我国共建成了23套重馏分油加氢装置。其中，规模最大的重馏分油加氢处理装置是中国石化青岛炼化320万吨/年重馏分油加氢处理装置；设计反应氢分压最高的装置是福建联合石化230万吨/年重馏分油加氢处理装置，主要加工减渣溶脱后的脱沥青油原料，氢分压为13.0MPa。

中国石化系统内大多数重馏分油加氢装置的运转周期是4年，部分装置可达到5年甚至以上。比如齐鲁石化260万吨/年重馏分油加氢处理装置，采用石科院开发的劣质重馏分油加氢处理RVHT技术，自2015年2月建成投产以来，一直运转到2020年1月，反应平均温度随运转时间的变化见图8-34。齐鲁石化重馏分油加氢装置的原料性质、工艺条件及产品性质要求见表8-45。通过分析齐鲁石化重馏分油加氢装置运转数据可知，控制原料中的沥青质含量小于200μg/g，加工高氮原料，在10.0MPa氢分压的条件下，可实现5年以上的运转周期。

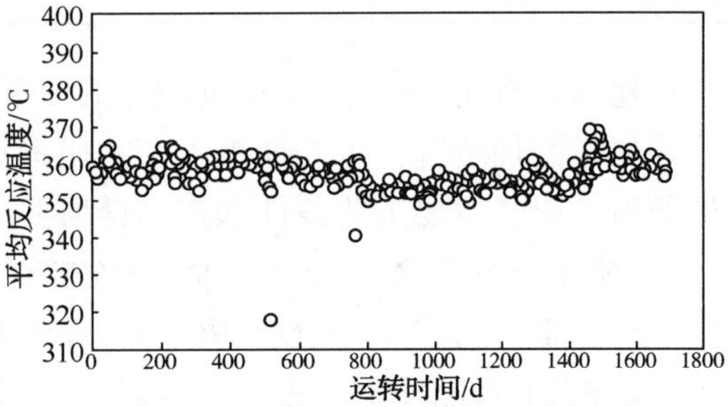

图8-34　齐鲁石化重馏分油加氢装置平均反应温度随运转时间变化情况

青岛炼化320万吨/年重馏分油加氢处理装置主要加工中东减压深拔重馏分油，重馏分油原料性质、主要工艺条件和产品性质要求见表8-45。平均反应温度随运转时间的变化见图8-31，运转周期可达到4年。

表8-45　齐鲁石化等重馏分油加氢装置主要运行数据

项　目	齐鲁石化	青岛炼化	福建联合石化	镇海炼化
装置规模/(Mt/a)	2.6	3.2	2.3	1.8
原料油性质	混合重馏分油	混合重馏分油	混合油	混合重馏分油
密度(20℃)/(g/cm^3)	0.935	0.9350	0.9603	0.9299
硫含量/%	1.2	2.70	3.18	1.83
氮含量/%	0.50	0.18	0.17	0.24

续表

项　目	齐鲁石化	青岛炼化	福建联合石化	镇海炼化
残炭/%	0.26	0.90	5.65	0.98
镍+钒/(μg/g)	0~8	<1.0	11.73	1.78
铁+钙/(μg/g)	~4	<1.0	1.77	3.70
沥青质/(μg/g)	<200			
馏程(ASTM D1160)/℃				
10%/50%/终馏点	310/450/530	344/431/576(98%)	380/431/743	394/467/553(95%)
催化剂系列	RVS/RN 系列蜡油加氢催化剂		FZC/FF 系列蜡油加氢催化剂	
氢分压/MPa	10.0	8.8	14.0	10.0
氢油比	500	500	400	700
体积空速/h^{-1}	1.1	1.6	0.72	1.00
运转周期/年	5	4	3	4
平均反应温度/℃	355~385	360~402	362~391	355~390
精制重馏分油硫含量/(μg/g)	~1000	~3000	~1800	~700

福建联合石化230万吨/年重馏分油加氢处理装置作为国内脱沥青油掺炼比例最高的重馏分油加氢处理装置，主要加工中东减压深拔重馏分油和脱沥青油，其比例为50:50，重馏分油原料性质、主要工艺条件和产品性质要求见表8-45，运转周期可达到3年。

镇海炼化180万吨/年重馏分油加氢处理装置以加氢精制重馏分油氮含量作为控制指标，主要加工减压深拔重馏分油、焦化重馏分油和脱沥青油，其比例为70:20:10。重馏分油原料性质、主要工艺条件和产品性质要求见表8-46，运转周期可达到4年。

第六节　渣油加氢处理

早期渣油加氢处理的目的是高硫渣油脱硫生产低硫燃料油，以减少环境污染和对锅炉的腐蚀，至今相当数量的低硫燃料油仍通过渣油加氢处理来获得。进入20世纪90年代，由于燃料油的需求量相对减少，需要将渣油进一步轻质化以获得轻质油品。为此，渣油加氢处理技术又用来为重油催化裂化提供原料，因而其操作条件相对更加苛刻，对催化剂的活性和稳定性要求更高，以使该过程有更高的脱硫率、脱氮率、脱金属率及残炭转化率。渣油加氢处理与催化裂化工艺相结合，可大幅度提升原油炼制过程中轻质油品的收率，从而实现石油资源的高效、清洁利用，并显著提高企业效益。

随着全球环境问题的不断加剧，国内外相继出台了环保法规对船用燃料油(以下简称船燃)的硫含量进行限制。国际海事组织(IMO)要求自2020年1月1日起行驶在普通区域的船舶使用燃料油的硫含量不高于0.5%(2020年之前为3.5%)。对于加工含硫原油和高硫原油的炼厂，渣油加氢处理所生产的低硫渣油也是低硫船燃的主要调合组分(占低硫重质船燃的60%~90%)。

据不完全统计，全世界投产和在建的固定床渣油加氢处理装置80多套，总加工能力1.9亿吨/年以上，占渣油加氢总能力的85%左右。20世纪90年代，中国大陆引进国外技术先后建成投产了2套固定床渣油加氢处理工业装置。在20世纪80年代末90年代初，国内的石化科研单位也开始了固定床渣油加氢技术的研究工作。大连院于1995年在中国石化齐鲁分公司胜利炼油厂VRDS装置上进行渣油加氢催化剂工业应用试验，填补了国内空白。1999年，大连院与中国石化洛阳石化工程公司、茂名分公司和齐鲁分公司共同攻关，开发了具有独立知识产权的固定床渣油加氢成套技术(S-RHT)，并于1999年12月31日在茂名分公司成功建成投产了第一套国产化的200万吨/年渣油加氢处理装置。2002年，石科院开发的渣油加氢RHT系列催化剂及成套技术首次工业应用；2006年9月，采用RHT工艺技术建设的海南炼化310万吨/年渣油加氢装置投产。经过多年的努力，中国自主研发的固定床渣油加氢技术日趋成熟。

一、渣油加氢处理的反应机理

渣油加氢处理过程的反应比馏分油加氢更为复杂，其原因主要是：渣油中除了含有相当数量的重质烃与非烃化合物之外，还包含相当数量的分子量大的沥青质、胶质及含有重金属(主要为镍、钒)的有机化合物。其含量与原料产地及馏分范围有关。

对于重质烃类及非烃化合物，其反应机理在本章第一节已有简要论述。本节主要围绕固定床渣油加氢处理工艺，简要论述在催化加氢条件下，沥青质、胶质的转化和脱金属的反应机理。

(一) 沥青质的转化[100]

渣油中的沥青质，一般采用正戊烷或正庚烷进行分离，其基本结构是以多核芳烃为中心的片状物，含有硫、氮、镍、钒等杂原子，而在这些片状物的周边连接着烷基、环烷基，进而形成胶束，它的相对分子质量可以是几千到一万。

沥青质的转化主要有两个途径，其一为沥青质胶束的破坏及解聚，其二是热缩合生焦。前者对于相对分子质量的变小以及硫、氮、金属的脱除至关重要；后者则导致焦炭析出，在催化剂上结焦而影响过程的操作周期。

固定床渣油加氢的起始反应温度相对较高，即使在有催化剂存在下的加氢过程，实际上存在着催化加氢及临氢热转化两种反应机理。从整个反应过程来看，固定床渣油加氢是以催化加氢为主，而临氢热转化居于次要位置。

重油的热反应在350~400℃时已很剧烈[101]，它遵循自由基反应机理，在生成轻组分的同时发生裂解缩合反应。在有氢气存在下的热转化，它同样为自由基反应，但与前者却有很大的不同，氢的存在可明显抑制各种类型的缩合反应，从而抑制了焦炭的生成[102]。

沥青质的催化加氢反应机理，目前还不是很清楚，但就已取得的研究成果，已能做出比较清晰的描述。

一般表示沥青质催化加氢的示意模型见图8-35。

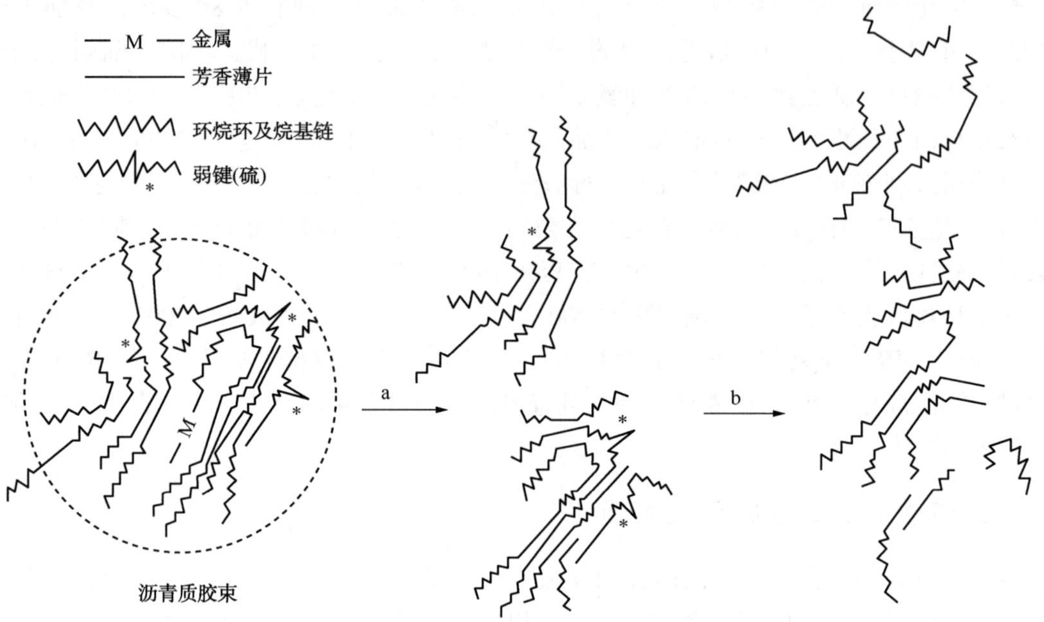

图 8-35　沥青质催化加氢示意图解

a—脱金属等反应引起的沥青胶束的破坏；b—脱硫反应引起的解体

其反应历程可概述如下：

第一步为由于金属等的脱除而导致沥青质胶束的破坏；第二步则是通过加氢作用，将以硫醚键形式存在的杂原子硫脱除，使沥青质解体为更小的碎片。

在馏分油加氢过程中，主要是多环芳烃及氮化物在催化剂上吸附、缩合脱氢反应而生成焦炭，但反应过程很慢。在渣油加氢处理中，沥青质无疑是催化剂上积炭的主要来源。另一个因素是在沥青质开始解聚时，主要发生侧链断裂反应，这时剩下相当数量的大分子片状稠环芳香结构物质，这种生焦前驱物有可能从物流体系中析出，沉积于催化剂上形成焦炭。

（二）加氢脱金属

渣油中有相当数量的镍、钒重金属存在于卟啉结构中。要从卟啉结构中脱除镍、钒，必须随着结构的解体同时脱除。有人通过试验研究提出了多步骤的卟啉镍加氢脱金属反应网络，其简化的反应式表示如下[100]：

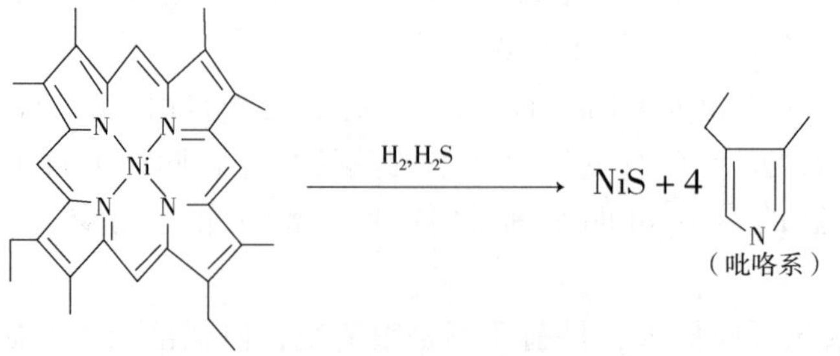

渣油加氢脱金属反应是一个多步骤的复杂反应。除镍、钒外，渣油中还含有一定数量的铁、钙离子，它们一般不存在于沥青质结构中，而大多数以环烷酸铁、环烷酸钙的形式

存在。这种铁盐或钙盐通常在热作用下即可分解，并与硫化氢反应生成硫化铁或硫化钙，且大部分沉积在催化剂表面和空隙之间。这些沉积物往往是第一个反应器上部催化剂床层堵塞的原因之一。

二、渣油加氢处理催化剂的特性要求及催化剂的级配

通过对渣油加氢反应机理的研究可以看出，当完成脱硫、脱氮、脱金属及残炭转化等各种反应时，一是要解决好脱除的金属在催化剂上沉积分布和大容量沉积，二是要更好地抑制生焦反应，这是在工业装置上防止反应器压差急剧升高、出现热点并保持催化剂活性高的两大关键技术。除了工艺条件优化外，不同功能催化剂的级配也十分重要，它是固定床渣油加氢处理与一般馏分油加氢的主要差别之一。

渣油加氢装置通常使用由保护剂、加氢脱金属(HDM)催化剂、加氢脱金属/加氢脱硫(HDM/HDS)催化剂和加氢脱硫(HDS)催化剂等 4 种催化剂组成的级配体系。表 8-46 简要列出了对 4 种不同功能催化剂的特性要求。

表 8-46　渣油加氢催化剂的特性要求

催化剂种类	保护剂	HDM 催化剂	HDM/HDS 催化剂	HDS 催化剂
主要作用	容纳固体颗粒，脱铁、钙、钠	脱镍、钒	脱镍、钒和硫，过渡型	脱硫氮和残炭转化
颗粒大小	大	小	小	小
平均孔径	最大	大	中	小
表面积	最小	小	中	大
孔体积	最大	大	中	小
活性金属含量	最低	低	中	高
加氢脱金属(镍+钒)活性	—	高	中	低
HDS/HDN/残炭转化活性	最低	低	中	高
容纳金属(镍+钒)能力	—	高	中	低

这些催化剂的级配及其比例根据特定的操作条件、原料性质、目标产品性质和各种催化剂的性能而确定。催化剂的级配设计及比例优化对于最大限度地发挥系统性能和满足用户要求是非常重要的。在这种级配体系的设计中，常常需要对催化剂的各种性质(如粒度、孔尺寸、表面积和活性等)进行权衡。

三、固定床渣油加氢工艺流程及主要操作参数

(一) 工艺流程

一般来说，固定床渣油加氢的原则工艺流程都基本相似，主要在反应器的设置和换热流程方面有区别。由于单套装置的处理能力都比较大，考虑到单个反应器的制造和运输方便，大多采用Ⅰ/Ⅱ两个系列并联操作的流程。图 8-36 为我国自主设计建成的第一套渣油

加氢处理装置原则工艺流程，反应部分分为Ⅰ/Ⅱ两个系列，每个系列设置串联的5台反应器，每台反应器都采用单床层。

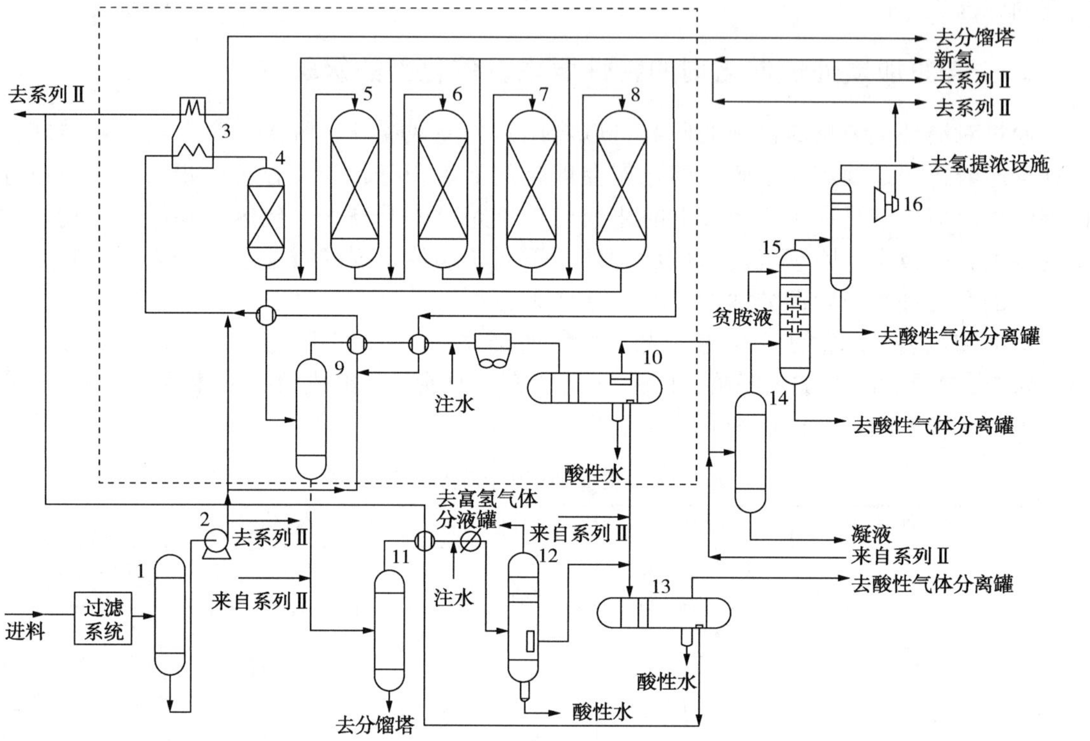

图 8-36　渣油加氢装置反应部分原则工艺流程图

（虚线框内为系列Ⅰ部分）

1—滤后原料缓冲罐；2—原料泵；3—加热炉；4～8—加氢反应器；9—热高压分离器；10—冷高压分离器；11—热低压分离器；12—冷低压闪蒸罐；13—冷低压分离器；14—聚结器；15—循环氢脱硫塔；16—循环氢压缩机

原料首先进入过滤器除去机械杂质，然后分两路分别进入两个反应器，其中一个系列的走向如下：原料油与经换热预热后的循环氢混合，再经换热后进入反应进料加热炉，加热到所需反应温度后进入一反。一反出口反应物先后通过串联的其余4个反应器，各反应器的温度通过反应器间的冷氢管线注入冷氢加以调节。最后一个反应器出来的反应物经换热后进入热高压分离器进行气液分离，热高分气经换热、空冷后进入冷高压分离器，进行气、油、水三相分离。

从两个反应系列热高压分离器底部出来的热高分油，混合后进入热低压分离器进行气、液分离，热低分油从底部排出后去分馏部分分馏。热低分气经换热冷却后进冷低压闪蒸罐进行气液分离，从下部出来的闪蒸液则进入冷低压分离器。

从两个反应系列冷高压分离器顶部出来的冷高分气体（循环氢）混合后进到循环氢脱硫塔，脱除硫化氢后进入循环氢压缩机进行循环。

从两个反应系列冷高压分离器底部出来的冷高分液混合，然后进入冷低压分离器进行气、液分离。底部排出的冷低分液再次分为两路分别进入两个系列的反应进料加热炉的对流段进行加热后再混合，然后进入分馏部分。从顶部出来的冷低分则去进行脱硫。

（二）主要操作参数

1. 反应温度

固定床渣油加氢催化剂的活性随着运转时间的延长而逐步下降，需通过提高反应温度来补偿催化剂活性的下降。工业装置上催化剂不同运转时期，反应温度大致范围为：运转初期反应温度为360~380℃，运转时间从两周到一个月；运转中期反应温度为380~410℃，运转时间6~16个月；运转末期反应温度为405~410℃，有时达425℃，此阶段运转时间约为一个月。

2. 反应压力

对于加氢装置的设计、操作来说，压力参数有两种表示方法，即反应总压和氢分压；对于加氢反应过程来说，影响反应的直接因素是反应物流中的氢分压，而不是反应总压。

提高氢分压对渣油加氢催化剂的使用性能有两方面的好处：

① 提高硫、氮、金属等杂质的脱除率，促进稠环芳烃加氢饱和反应，降低产品残炭，改善产品质量。

② 通过对焦炭前身物的加氢，抑制焦炭的生成，减少催化剂上平衡焦炭沉积量，降低催化剂失活速度，延长催化剂使用寿命。所以，在设备和操作允许的范围内，应尽量提高反应器系统的氢分压。

原料越重，沥青质、胶质、多环芳烃含量越高，所需氢分压也越高，加工常压渣油时一般为12~17MPa，加工减压渣油时一般为14~18MPa。

3. 体积空速

当渣油加氢装置原料油为常压渣油时，体积空速一般为0.2~0.4h^{-1}；加工减压渣油时，体积空速一般为0.15~0.25h^{-1}。

4. 氢油比

当氢油体积比小于500时，氢油比的减小会导致加氢脱硫反应速率下降[103]。固定床渣油加氢装置氢油体积比一般不超过1000。在工业装置操作中，氢油比具体体现在进入第一个反应器的循环氢(包括补充氢)流量。提高循环氢流量，可以提高反应系统的氢分压，特别是后部反应器的氢分压；同时能够改善催化剂床层反应物流分布，抑制热点(局部过热)形成。这两点都有利于延长催化剂使用时间。因此在循环压缩机能力允许范围内，应尽可能提高循环氢流量。

四、工业装置运转情况

截至2019年年底，中国大陆建成运行的渣油加氢处理装置共25套，总加工能力达到6820万吨/年。表8-47汇总这25套渣油加氢处理装置的概况，采用国内自有技术建设的装置共14套，加工能力为3340万吨/年。

表8-47　中国大陆渣油加氢装置概况

装　置	加工规模/(Mt/a)	技术专利商和技术名称	反应器系列数	投产年月
装置1	0.84/1.5	CLG：UFR/VRDS	2	1992.6/2000.1
装置2	2.0	UOP：RCD Unionfining	2	1997.9
装置3	2.0	FRIPP：S-RHT	2	1999.12

续表

装　置	加工规模/(Mt/a)	技术专利商和技术名称	反应器系列数	投产年月
装置 4	3.4	RIPP/FRIPP：RHT/S-RHT	2	2006.9
装置 5	3.0	CLG：RDS	2	2008.8
装置 6	1.7	RIPP：RHT	1	2011.8
装置 7	1.8	FRIPP：S-RHT	1	2012.9
装置 8	3.9	RIPP：RHT	2	2012.11
装置 9	2.0	RIPP：RHT	1	2013.10
装置 10	3.0	CLG：UFR/VRDS	2	2014.1
装置 11	3.3	CLG：UFR/VRDS	2	2014.6
装置 12	2.0	FRIPP：S-RHT	1	2014.7
装置 13	4.0	UOP：RCD Unionfining	2	2014.8
装置 14	1.5	FRIPP：S-RHT	1	2014.9
装置 15	1.7	RIPP：RHT	1	2015.9
装置 16	2.6	FRIPP：S-RHT	2	2015.12
装置 17	1.6	CLG：UFR/VRDS	1	2015.12
装置 18	2.0	RIPP：RHT	1	2017.7
装置 19	4.0	CLG：RDS	2	2017.8
装置 20	2.0	FRIPP：S-RHT	1	2017.8
装置 21	4.0	CLG：RDS	2	2017.9
装置 22	2.4	FRIPP：S-RHT	2	2018.9
装置 23	3.4	UOP：RCD Unionfining	2	2018.11
装置 24	5.0	UOP：RCD Unionfining	2	2019.12
装置 25	4.4	RIPP：RHT	2	2020.8

下面简要介绍其中的两套典型装置。

(一) 上海石化 390 万吨/年渣油加氢装置[104,105]

中国石化上海石油化工股份有限公司(以下简称上海石化)390 万吨/年渣油加氢装置是上海石化 1600 万吨/年炼油改造工程的核心装置。390 万吨/年渣油加氢置采用石科院的渣油加氢处理 RHT 技术数据包，由中国石化工程建设有限公司(SEI)设计，第一周期使用石科院开发的第三代 RHT 系列渣油加氢催化剂。

390 万吨/年渣油加氢装置工艺流程示意见图 8-37。反应进料泵至热、冷低压分离器之前的反应和分离部分设置 A、B 两个独立的系列，每一个系列有 5 台反应器，包括 1 台保护反应器和 4 台主反应器，两个系列可以单独开停工。

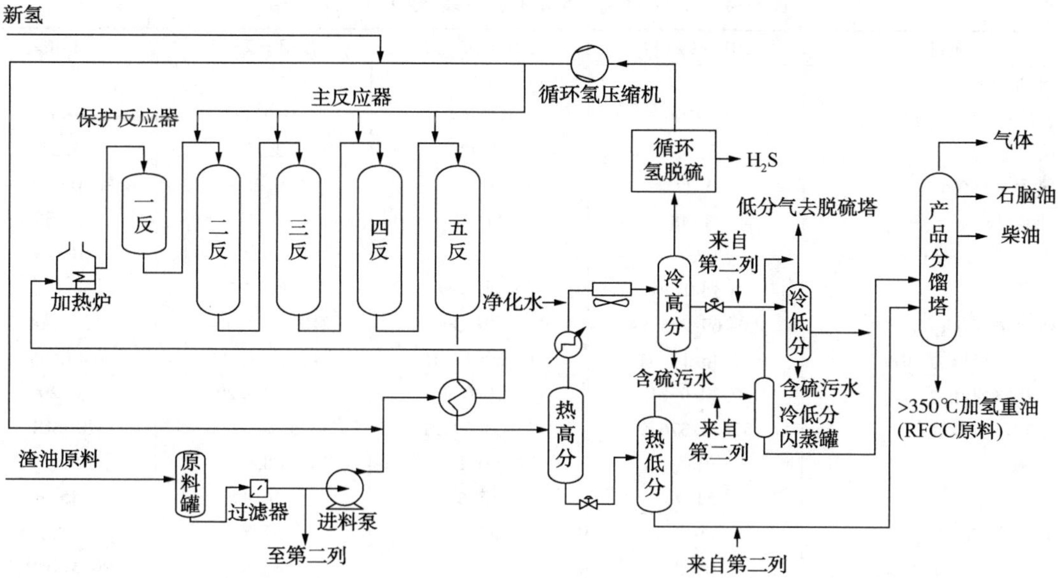

图 8-37　390 万吨/年渣油加氢装置工艺流程示意图

上海石化 390 万吨/年渣油加氢装置第一周期运行平稳，B 列运行 445 天(因高压换热器内漏提前停工检修)，A 列运行 582 天。390 万吨/年渣油加氢装置第一周期共加工原料油 475 万吨，平均负荷为 99.84%。掺渣比为 62.35%，较设计掺渣比 61.44%高 0.91 个百分点。表 8-48 为第一周期的物料平衡数据。第一周期月平均能耗为 17.283kgEO/t。第一周期两系列各反应器径向温差较小且较稳定，即使运转末期也都在 6℃以下，说明反应器物流分布较均匀，反应器分配盘分布效果较好。

表 8-48　390 万吨/年渣油加氢装置第一周期物料平衡

项　目	流量/万吨	比例或收率/%	项　目	流量/万吨	比例或收率/%
进料			产出		
减压渣油	160.52	33.81	酸性气	12.98	2.73
常压渣油	203.86	42.94	干气	1.97	0.41
焦化馏分油	17.21	3.63	石脑油	2.77	0.59
减压蜡油	70.64	14.88	柴油	35.8	7.55
脱沥青油	12.78	2.69	加氢渣油	424.6	89.44
催化裂化轻循环油	9.72	2.05	轻烃	1.67	0.35
原料油合计	474.73	100.00	含氢气体	1.04	0.22
氢气	6.68	1.41	损失	0.58	0.12
进料合计	481.41	101.41	产出合计	481.41	101.41

390 万吨/年渣油加氢装置所使用的 RHT 系列催化剂加氢性能良好，在整个周期都能够为下游的催化裂化装置提供低硫、低金属、低残炭的加氢重油原料。表 8-49 列出了装置运转 220 多天时中期标定的数据，表明在较低的反应温度下 RHT 系列渣油加氢催化剂具有较高的杂质脱除活性。

表 8-49　390 万吨/年渣油加氢装置中期标定数据

项目	2013-07-11	2013-07-12	2013-07-13	设计值
原料油性质				
密度(20℃)/(g/cm³)	0.9796	0.9764	0.9742	0.9916
硫含量/%	3.74	3.43	3.33	3.91
氮含量/(%)	0.29	0.27	0.28	0.37
残炭/%	11.48	11.37	11.22	13.33
镍+钒/(μg/g)	97.1	75.6	76.5	108.9
反应条件	A 列/B 列	A 列/B 列	A 列/B 列	
进料量/(t/h)	238.69/245.94	232.40/239.45	240.23/240.44	232.14
一反入口压力/MPa	17.46/17.31	17.29/17.15	17.24/17.09	17.30
体积空速/h^{-1}	0.20/0.21	0.20/0.20	0.20/0.20	0.20
平均反应温度/℃	375.2/376.9	375.3/377.1	375.2/376.6	378(SOR)
脱硫率/%	91.1	90.1	88.3	89.5
脱氮率/%	51.7	55.6	46.4	45.9
脱残炭率/%	56.3	57.7	57.8	62.2
脱金属(镍+钒)率/%	89.2	88.3	85.8	90.1(SOR)
加氢常渣性质				
密度(20℃)/(g/cm³)	0.9317	0.9233	0.9278	0.9380
硫含量/%	0.33	0.34	0.39	0.41
氮含量/(%)	0.14	0.12	0.15	0.20
残炭/%	5.58	5.34	5.26	5.60
镍+钒/(μg/g)	11.7	9.8	12.1	12.0

(二) 中国石化金陵分公司 200 万吨/年渣油加氢处理装置

中国石化金陵分公司(以下简称金陵石化)200 万吨/年渣油加氢处理装置是金陵石化第二套渣油加氢装置，采用 S-RHT 技术设计建设，加工减压渣油及部分重馏分油，为下游 350 万吨/年催化裂化装置提供合格进料。该装置工艺流程示意见图 8-38。

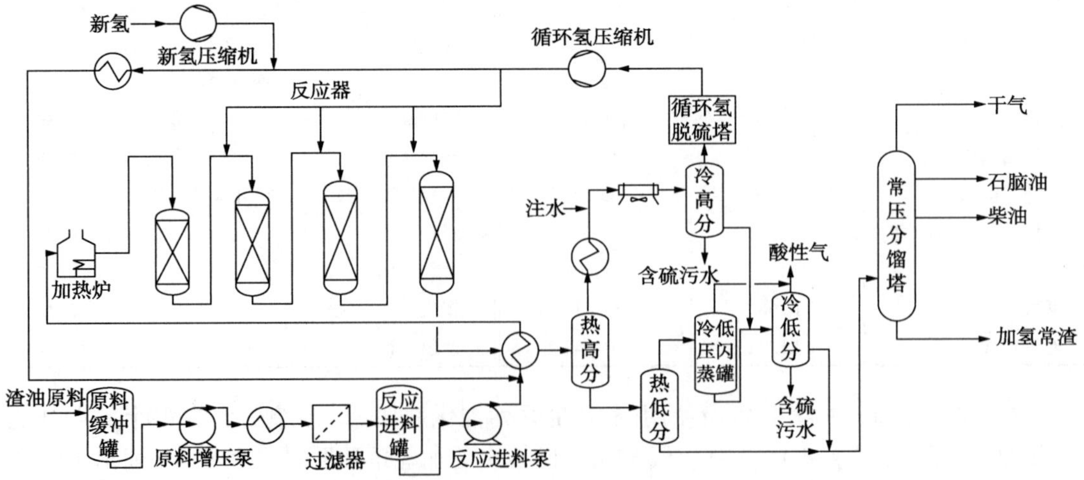

图 8-38　金陵石化 200 万吨/年渣油加氢装置工艺流程示意图

该装置第一周期采用大连院开发的 FZC 系列渣油加氢处理催化剂。大连院基于渣油原料及其反应特性，优化设计了渣油加氢催化剂及级配体系，催化剂具有较集中的孔分布有利于提高催化剂孔道利用率。该装置第一周期累计运行 617 天，催化剂表现出了良好的加氢性能。第一周期原料平均硫含量为 3. 29%，加氢常渣的硫含量为 0. 42%，平均脱硫率为 87. 2%。运行中后期，原料残炭为 11%~12%，加氢常渣平均残炭为 4. 09%，平均脱残炭率为 59. 5%。整个运转周期内容金属(镍+钒)量约为 215. 54 吨(其中容金属镍 58. 45 吨、金属钒 157. 09 吨)，容铁量约为 20. 17 吨，容钙量约为 6. 12 吨，容钠量约为 1. 29 吨，合计容金属(镍+钒+铁+钙+钠)量约为 243. 12 吨，创造了 200 万吨/年渣油加氢装置最大容金属能力纪录。

参 考 文 献

[1] 李明丰，夏国富，褚阳．催化裂化汽油选择性加氢脱硫催化剂 RSDS-1 的开发[J]．石油炼制与化工，2003，34(7)：1-4.

[2] 李大东．21 世纪的炼油技术与催化[J]．石油学报(石油加工)，2005，21(3)：17-24.

[3] Li Dadong，Shi Yahua，Yang Qingyu. Low sulfur low olefin gasoline production by RIDOS technology[J]. Engineering Science，2003，1(2)：40-46.

[4] 李大东，石亚华，杨清雨．生产低硫低烯烃汽油的 RIDOS 技术[J]．中国工程科学，2004，6(4)：1-8.

[5] 朱渝，王一冠，陈巨星．催化裂化汽油选择性加氢脱硫技术(RSDS)工业应用试验[J]．石油炼制与化工，2005，36(12)：6-10.

[6] 姚峰，詹书田，张新来．选择性加氢脱硫催化剂 RSDS-1 的应用[J]．炼油技术与工程，2009，39(10)：50-52.

[7] 孔健，姜殿虹，邵敏，等．汽油加氢脱硫异构降烯烃工艺的工业应用[J]．石化技术，2003，10(4)：17-20.

[8] 周应谦，翟俊．采用 RS-1000 催化剂生产低硫和超低硫清洁柴油[J]．中外能源，2009，14：72-74.

[9] 陈寻成，厉凌云，蒋红斌，等．RS-1000 催化剂在柴油加氢装置上的应用及柴油产品升级探讨[J]．石油炼制与化工，2009，40(7)：14-17.

[10] 胡建忠，季宇明．RS-1000(S)器外预硫化催化剂在加氢装置上的应用[J]．石油炼制与化工，2009，40(6)：34-36.

[11] 何宗付，谢刚，刘学芬，等．RS-1000 催化剂在生产欧Ⅴ柴油中的应用[J]．石油炼制与化工，2009，40(6)：29-33.

[12] 郑选建．柴油加氢精制装置的扩能改造[J]．炼油技术与工程，2008，38(7)：7-11.

[13] 李明丰，习远兵，潘光成，等．催化裂化汽油选择性加氢脱硫工艺流程选择[J]．石油炼制与化工，2010，41(5)：1-6.

[14] 李明丰，褚阳，龙湘云，等．生产清洁汽油系列加氢技术的开发和应用[J]．石油学报(石油加工)，2010，增刊：1-7.

[15] 谢清峰，郭庆明，詹书田，等．第二代催化裂化汽油选择性加氢技术(RSDS-Ⅱ)的工业应用[J]．石化技术与应用，2010，28(1)：53-60.

[16] 赵惠菊．RSDS-Ⅱ汽油脱硫技术的工业应用试验[J]．炼油技术与工程，2010，40(10)：15-18.

[17] Whitehuret D D，Takaaki Isoda，Isao Mochida，et al. Present state of the art and future challenges in the hydrodesulfurization of polyaromatic sulfur compounds[J]. Advances in Catalysis，1998，42：345-471.

[18] Cerveny L. Catalytic Hydrohenation[M]. Elsevier Science Publisher，1986：247-251.

[19] Shih S S et al. Quinoline hydrodenitrogenation: reaction network and kinetics [J]. American Chemical Society, Division of Petroleum Chemistry, Preprints, 1977, 22(3): 919-946.

[20] Gully A J, et al. Advances in Petro Chemistry and Refining. Vol Ⅶ [M]. Interscience Publishers, 1963: 241-282.

[21] 方向晨，郭蓉，刘继华，等．生产超低硫柴油的加氢脱硫催化剂级配技术[J]. 化学反应工程与工艺，2014，30(5)：432-439.

[22] Flinn A R, et al. The kinetics of hydrodenitrogenation [J]. Hydrocarbon Processing and Petroleum Refiner, 1963, 42: 129-132.

[23] 谭汉森，方向晨．重油馏分加氢脱氮反应动力学模型的研究[J]. 石油学报(石油加工)，1992，7(1)：19-28.

[24] 江洪波，吕海龙，陈文斌，等．$CoMo/Al_2O_3$催化剂柴油加氢脱芳烃集总反应动力学模型[J]. 石油学报(石油加工). 2019，35(3)：433-439.

[25] 瞿国华．我国清洁汽油生产的热点和难点[J]. 石油化工技术与经济，2019，35(2)：1-6.

[26] Owens P J, Amberg C H. Thiophene desulfurization by a microreactor technique [J]. Solid Ssrfaces and the Gas-Solid Interface, 1961: 182-198.

[27] 习远兵，高晓冬，李明丰，等．催化裂化汽油选择性加氢脱硫过程中烯烃加氢饱和反应动力学研究[J]. 石油炼制与化工，2011，42(9)：9-12.

[28] Desikan P, Amberg C H. Catalytic Hydrodesulphurization of Thiophene: V. The Hydrothiophenes. Selective Poisoning and Acidity of the Catalyst Surface[J]. Canadian Journal of Chemistry, 1964, 42(4): 843-850.

[29] Satterfield, Charles N, George W R. Kinetics of thiophene hydrogenolysis on a cobalt molybdate catalyst[J]. AIChE Journal, 1968, 14(1): 159-164.

[30] 李明丰，习远兵，潘光成，等．催化裂化汽油选择性加氢脱硫工艺流程选择[J]. 石油炼制与化工，2010 (5)：1-6.

[31] Satchell D P, Crynes B I. High olefins content may limit cracked naphtha desulfurization[J]. Oil Gas J, 1975, 73(48): 123-124.

[32] 习远兵，高晓冬，李明丰，等．H_2S 对催化裂化汽油选择性加氢脱硫的影响[J]. 石油炼制与化工，2009，40(8)：1-4.

[33] Mingfeng L, Yuanbing X, Guangcheng P, et al. Options of selective hydrodesulfurization process scheme for treating FCC gasoline [J]. Petroleum Processing and Petrochemicals, 2010, 41(5): 1-6.

[34] 高晓冬，张登前，李明丰，等．满足国Ⅴ汽油标准的 RSDS-Ⅲ技术的开发及应用[J]. 石油学报（石油加工），2015，31(2)：482-486.

[35] 张登前，唐文成，习远兵，等．溶剂抽提——选择性加氢脱硫组合技术的开发及工业应用[J]. 石油炼制与化工，2019，50(1)：37-41.

[36] 赵乐平，周勇，段为宇，等．OCT-M 催化裂化汽油选择性加氢脱硫技术[J]. 炼油技术与工程，2004，34(2)：6-8.

[37] 赵乐平，方向晨，王艳涛，等．催化裂化汽油选择性深度加氢脱硫技术 OCT-MD 的开发[J]. 炼油技术与工程，2008，38(7)：3-6.

[38] 刘继华，赵乐平，方向晨，等．FCC 汽油选择性加氢脱硫技术开发及工业应用[J]. 炼油技术与工程，2007，37(7)：1-3.

[39] 刘晓欣，王艳涛，赵乐平，等．FCC 汽油选择性加氢脱硫降烯烃工艺技术的工业应用[J]. 石油炼油与化工，2006，37(8)：44-48.

[40] 范志明，柯明，刘淑，等．催化裂化汽油无碱脱臭 II 型工业化实验[J]. 炼油设计，2000，30(7)：17-19.

[41] 刘晓步，夏少青，刘瑞萍，等．采用 DSO 技术催化汽油加氢装置的首次工业应用[J]．炼油技术与工程，2014，44(7)：28-31.
[42] 张哲民，石亚华，傅军．降低催化裂化汽油硫和烯烃含量的技术途径[J]．石油炼制与化工，2003，34(7)：28-32.
[43] 花小兵．FCC 汽油加氢改质 GARDES 技术的工业应用[J]．炼油技术与工程，2015 (10)：25-29.
[44] 鞠雅娜，梅建国，兰玲，等．催化裂化汽油选择性加氢脱硫改质组合技术的工业应用[J]．石化技术与应用，2019 (3)：112-115.
[45] 王丽朋，任凯，何志英，等．催化裂化汽油选择性加氢脱硫技术在庆阳石化公司的应用[J]．陇东学院学报，2016 (5)：95-98.
[46] 陈鑫，蔡卫，于向真，等．催化汽油加氢脱硫降烯烃系列催化剂工业试生产及应用[J]．工业催化，2005，13(6)：18-21.
[47] 高海波，张永泽，崔勇，等．GARDES-Ⅱ汽油加氢精制技术的工业应用[J]．石油炼制与化工，2019 (6)：5.
[48] 陈厚信．两种镍系催化剂在裂解汽油加氢工艺中的应用研究[J]．石油化工应用，2016，35(8)：132-135.
[49] 李宏恩，张登前，宋启凤，等．DCC 汽油加氢生产芳烃抽提原料技术(NHT^DC)的开发及应用[J]．石油炼制与化工，2018，49(5)：12-15.
[50] 张炜．裂解汽油加氢装置的节能改造方案[J]．石油化工，2013，42(7)：795-801.
[51] 王鹏鹏，彭志荣．裂解汽油加氢装置酸性水腐蚀管线问题探讨[J]．乙烯工业，2017，29(4)：29-31.
[52] 袁晴棠．石化工业发展概况与展望[J]．当代石油石化，2019，27(7)：1-6.
[53] 李晨，利梅，王建辉．裂解汽油加氢装置节能技术改造[J]．齐鲁石油化工，2016，44(2)：113-116.
[54] 许宏伟，左永光，周尖，等．裂解汽油加氢装置高硫含量石脑油开车优化[J]．乙烯工业，2019，31(3)：22-25.
[55] 孙双印．SHP-01 型裂解汽油加氢催化剂的工业应用[J]．河南化工，2011，28(3)：43-45.
[56] 吴晓玲，刘仲能，侯闽渤，等．SHN-01F 裂解汽油一段加氢镍基催化剂的表征和性能[J]．石油化工，2010，39(8)：879-884.
[57] 郑宁来．裂解汽油加氢催化剂投用[J]．石化技术与应用，2019，37(3)：166.
[58] 王斌，孙利民，胡晓丽，等．器外硫化态裂解汽油二段 LY-9802 催化剂的工业应用[J]．当代化工，2017，46(9)：1873-1875.
[59] 郝昭．裂解汽油加氢装置的工业应用及优化[D]．天津：天津大学，2007.
[60] 胡晓丽，孙利民，马好文，等．裂解汽油一段加氢镍基催化剂在国内大型乙烯的工业应用[J]．现代化工，2017，37(5)：162-165.
[61] 杨成敏，郭蓉．焦化石脑油加氢技术的开发及工业应用[J]．当代石油石化工，2013，21(6)：34-39.
[62] 李大东．加氢处理工艺与工程[M]．北京：中国石化出版社，2016：1083.
[63] 陈远文．焦化汽油加氢装置反应系统结垢原因分析与对策[J]．石油炼制与化工，2011，42(4)：27-29.
[64] 钟宇峰．焦化汽油加氢装置长周期运行探讨[J]．广东化工，2012，39(5)：177-178.
[65] 姜恒，宫红，王锐．焦化汽油加氢催化剂床层结垢机理分析[J]．齐鲁石油化工，2004，32(1)：63-64.
[66] 吕雅伦．焦化汽油加氢装置长周期运行的优化[J]．广东化工，2013，40(3)：139-140.
[67] 夏民．延长焦化汽油加氢装置操作周期的方法[J]．石化技术与应用，2010，28(3)：226-228.
[68] 袁德明，程华进，廖克俭．预加氢反应对焦化汽油加氢精制的影响[J]．石化技术与应用，2008，26(5)：460-462.

[69] 肖云鹏，孙爱国，王晓璐．焦化汽油加氢装置增设预饱和反应器的工业应用[J]．当代化工，2011，40(3)：271-275..
[70] 宋永一，李扬，郭蓉，等．FRIPP 催化重整高氮原料预加氢技术开发及工业应用[C]．福州：中国石化加氢装置生产技术交流会，2012.
[71] 陈玉琢，徐远国．HDO-18 选择性加氢脱烯烃催化剂的反应性能及应用[J]．炼油技术与工程，2005，35(11)：57-62.
[72] 臧高山，马爱增．重整混合芳烃中烯烃的脱除技术现状及发展趋势[J]．石油炼制与化工，2012，43(1)：101-106.
[73] 王铭，彭壮青．精制芳烃用颗粒白土工业评价[J]．精细化工中间体，2004，34(4)：66-72.
[74] 陈玉琢，徐远国，杨占全．HDO-18 选择性加氢催化剂的使用性能[J]．当代化工，2007，36(1)：44-47.
[75] 王伟，杨霖，崔国英．FHDO 技术在混合二甲苯脱烯烃中的工业应用[J]．中外能源，2014，19(8)：88-94.
[76] 陈玉琢．FHDO 催化重整生成油选择性加氢脱烯烃技术开发及工业应用[J]．石油化工，2008，37：233-235.
[77] 邬时海，谢在库，卢立义，等．薄壳型氧化催化剂的制备及性能[J]．石油化工，2005，34(9)：822-825.
[78] 樊红青．HDO-18 选择性加氢催化剂的工业应用[J]．当代化工，2010，39(1)：51-54.
[79] 姚运海，周勇．低压航煤加氢精制技术的开发及工业应用[J]．化工科技，2003，11(3)：29-31.
[80] 穆海涛．喷气燃料低压临氢脱硫醇(RHSS)技术的工业应用与运行分析[J]．石油炼制与化工，2011，42(6)：29-33.
[81] 褚阳，夏国富，刘锋，等．高处理量喷气燃料加氢催化剂 RSS-2 的开发及其工业应用[J]．石油炼制与化工，2014，45(8)：6-10.
[82] 方向晨．加氢精制[M]．北京：中国石化出版社，2006：127-128.
[83] 张荣强，李维强，杜胜民．FHUDS-6 催化剂在沸石脱蜡煤油深度加氢装置运行小结[C]//2017 年炼油加氢技术交流会论文集(上册)．沈阳：中国石化加氢科技情报站，2017：482-487.
[84] 周礼俊，宋永一．液相加氢工艺在航空煤油生产上的工业应用[J]．当代化工，2014，43(1)：111-113.
[85] 李林，朱玉新，张伟伟．焦化汽柴油加氢装置改航煤加氢装置的技术改造[J]．石油与天然气化工，2016，2：17-22.
[86] 李树人，李韫珍．气相色谱/微库仑法研究催化裂压轻循环油及其加氢生成油中氮化物类型和分布[J]．石油学报，1984，5(3)：117-126.
[87] 侯祥麟．中国炼油技术新进展[M]．北京：中国石化出版社，1998：108-116.
[88] 丁石，高晓冬，聂红，等，柴油超深度加氢脱硫(RTS)技术开发[J]．石油炼制与化工，2011，42(6)：23-28.
[89] 徐大海，李士才，牛世坤，等．FSDS 超深度加氢脱硫技术在国Ⅴ柴油升级中的应用[J]．炼油技术与工程[J]. 2017，47(9)：17-20.
[90] Stanislaus A, Marafi A, Rana M S. Recent advances in the science and technology of ultra-low sulfur diesel (ULSD) production [J]. Catalyst Today, 2010, 153(1-2): 1-68.
[91] Shafi R, Hutchings G J. Hydrodesulfurization of hindered dibenzothiophenes: an overview [J]. Catalyst Today, 2000, 59(3-4): 423-442.
[92] Fang X C, Guo R, Yang C M. The development and application of catalysts for ultra-deep hydrodesulfurization

of diesel [J]. Chinese Journal Catalyst, 2013, 34(1): 130-139..
[93] 宋永一，方向晨，郭蓉. 生产超低硫柴油的S-RASSG催化剂级配技术的工业应用[J]. 炼油技术与工程，2012，42(9)：1-4.
[94] 王一冠，郭蓉. S-RASSG级配技术生产国Ⅳ柴油工业应用[J]. 炼油技术与工程，2012，42(9)：5-7.
[95] 宋永一，方向晨，郭蓉，等. 生产超低硫柴油S-RASSG技术新进展及工业应用[J]. 当代化工，2013，42(2)：208-211.
[96] 范强. 柴油超深度加氢脱硫技术长周期生产国Ⅴ柴油的工业应用[J]. 当代石油石化，2016，24(12)：21-25.
[97] 董晓猛，余杨. 连续液相柴油加氢装置国Ⅴ升级运行情况分析[J]. 石油炼制与化工，2018，49(3)：54-60.
[98] 涂安斌. 1.8Mt/a RVHT蜡油加氢装置的运转情况及对催化裂化产品分布的影响[J]. 石油炼制与化工，2017，48(4)：52-56.
[99] 梁家林. 蜡油加氢预处理反应过程优化的基础研究[D]. 北京：石油化工科学研究院，2011.
[100] Ware R A. ACS Div Petro Chem Prepr, 1985, 30(1): 62-68.
[101] Edgar A C, et al. ACS Div Petro Chem Prepr, 1981, 26(2): 538.
[102] Buger J W. ACS Div Petro Chem Prepr, 1985, 30(3): 549-554.
[103] 石油化工科学研究院情报组. 重油加工译文集[M]. 北京：中国石化出版社，1990.
[104] 李昊鹏. 3.9Mt/a渣油加氢装置运行情况分析[J]. 石油炼制与化工，2014，45(5)：77-82.
[105] 陈锴. 渣油加氢装置第一周期运行情况分析[J]. 石油化工技术与经济，2015，31(1)：39-44.

专家话炼油

第九章　加氢裂化

第一节　概述

一、加氢裂化定义

（一）加氢裂化定义

现代炼油技术中“加氢裂化”的定义是指通过加氢反应使原料中15%和15%以上的分子变小的那些加氢工艺，是原料在高温、高压、临氢及催化剂存在下进行加氢、脱硫、脱氮、分子骨架结构重排和裂解等反应的一种催化转化过程，其技术核心是催化剂。

加氢裂化通常包括加氢精制和加氢裂化两个基本反应过程，按照工艺流程、所加工原料、压力等级和转化深度的不同可以有多种分类方式。按照工艺流程不同，加氢裂化工艺可以分为单段（流程中间没有产品分离出来）和两段（流程中间有产品分离出来）两种基本类型；按照所加工原料不同，加氢裂化工艺还可分为蜡油加氢裂化和柴油加氢裂化（改质）；按加氢裂化操作压力的不同，又可分为高压加氢裂化（反应压力大于10.0MPa）和中压加氢裂化（反应压力小于或等于10.0MPa）[1]；按照转化深度的不同，加氢裂化通常又可分为缓和加氢裂化（转化率在15%～40%）和常规加氢裂化（转化率>40%）。表9-1汇总了加氢精制、加氢处理、缓和加氢裂化和加氢裂化相关技术分类情况，可供进一步参考。

表9-1　加氢技术类型分类

技术类型	加氢精制	加氢处理	缓和加氢裂化	加氢裂化
裂化转化率	接近于0	<15%	15%～40%	>40%
技术实例	干气加氢 液化气加氢 石脑油加氢 —直馏/焦化/催化/裂解 煤油加氢 —常规/液相 柴油加氢 —常规/液相 石蜡加氢 润滑基础油加氢补充精制 特种油品深度加氢脱芳烃 重整生成油选择性加氢脱烯烃 —FHDO 滴流床加氢 —FHDO 液相加氢 离子液体烷基化油加氢脱氯 叠合汽油加氢脱烯烃	催化汽油 —OTA —RIDOS 催化裂化轻循环油加氢改质 —MCI —RICH —FHI 蜡油加氢处理 —FFHT —RVHT —FFI 渣油加氢处理 —S-RHT —SFI —RHT	柴油加氢改质 —中压加氢改质（MHUG） —临氢降凝（RDW/FDW） —加氢降凝（FHDW） —加氢改质降凝（FHUG-DW） —加氢改质异构降凝（FHI、FHIDW） 蜡油缓和加氢裂化 —MHC 润滑油加氢处理 —RLT —FLHT 加氢尾油催化脱蜡 —RHW —FLDW 加氢尾油异构脱蜡 —RIW —FWSI	馏分油加氢裂化 —MPHC —HPHC —RMC —RHC 直馏柴油加氢裂化 —FDHC —FD2J 催化裂化轻循环油加氢转化 —FD2G/FD2A —RLG/RLA 渣油加氢裂化 —沸腾床（STRONG） —浆态床（FSHC/RMAC/RMD）

（二）加氢裂化特点

根据用户需求和所加工原料不同，加氢裂化装置采用不同的催化剂体系和操作方案，可以有选择地生产液化石油气、石脑油、喷气燃料以及柴油等多种优质产品。加氢裂化尾油是生产优质润滑油基础油和蒸汽裂解制乙烯的原料。加氢裂化技术特点总结如下：

（1）原料范围广泛，几乎可以包括炼油工艺各流程产生的馏分，如直馏汽油、柴油、减压蜡油、常压渣油、减压渣油，二次加工过程得到的催化裂化轻循环油、焦化汽油、焦化柴油、焦化蜡油、脱沥青油、渣油沸腾床/浆态床加氢裂化柴油和重馏分油、页岩油等，也可以加工煤基F-T合成油和煤焦油等其他原料。

（2）装置生产方案灵活。选用合适的工艺和催化剂，各种馏分油或二次加工油都可作为加工原料，可按照不同的生产方案灵活调整目的产品分布，在现代炼油化工生产流程中起到了产品调节器的作用。

（3）液体产品收率高、种类多且均为清洁产品。通常可直接生产液化气、汽油、煤油、喷气燃料、柴油等清洁交通运输燃料和轻石脑油、重石脑油、加氢裂化尾油等优质石油化工原料。其中轻石脑油既可直接用于调合生产高辛烷值汽油，也可用于生产化工溶剂油，并可用作制氢的原料和生产乙烯的原料；重石脑油因其芳烃潜含量高，硫、氮含量低，因而是催化重整生产高辛烷值汽油或轻芳烃的优质进料；加氢尾油因其链烷烃含量高、*BMCI*值低，是生产乙烯或高黏度指数润滑油基础油的优质原料。

（4）生产过程清洁环保。与目前炼油行业采用的其他二次加工工艺（如催化裂化、延迟焦化）相比，加氢裂化的另一优势是正常生产期间在界区内不产生需要特殊处理的废气、废渣和废水，没有明显的环境污染问题。

加氢裂化已成为21世纪炼油行业的“龙头”技术之一和炼化一体化企业的核心技术，其在炼油行业中的地位和重要作用已得到全世界炼油企业的充分认可。而且随着加氢裂化技术持续进步、加氢装备制造技术的进步及工艺自动化控制技术水平的不断提高，加氢裂化装置投资和生产运行成本将持续降低，产品分布将更贴近市场需求，加氢裂化必将在未来获得更加广泛的应用。

二、加氢裂化技术在我国的发展

世界炼油业发展于美国，距今已有100多年的历史，但加氢裂化技术直到20世纪60年代初才开始工业应用。现代加氢裂化技术起源于第二次世界大战以前德国出现的“煤和煤焦油的高压加氢液化技术”[2]，这种被称为经典的加氢技术经历了三个阶段的工艺流程开发，1942年采用硫化钨-硫化镍-氧化铝催化剂的加氢裂化技术实现了工业化，进一步完善了老式三段加氢技术的第三段，并在德国得到广泛应用。

第二次世界大战后，中东原油产量提高，此时采用高效沸石的流化催化裂化技术已得到发展，为转化减压馏分油（VGO）生产汽油提供了更经济的手段。这使得人们对反应压力高、空速低、消耗氢气多的煤及煤焦油高压加氢生产液体燃料失去了兴趣，老式加氢技术的发展几近停止。但尽管如此，在加氢工艺与工程设计、催化剂配方设计和高压设备制造技术等方面，经典加氢都为现代加氢裂化技术的开发和应用奠定了基础[3]。

1959年，美国Chevron公司(加利福尼亚研究公司)首先宣布开发出了Isocracking加氢裂化技术，开启了现代加氢裂化技术应用之路。1960年，UOP公司宣布开发出了Lomax加氢裂化技术，Union公司宣布开发出了Unicracking加氢裂化技术。1961年11月，UOP公司的Lomax加氢裂化技术与Chevron公司的Isocracking加氢裂化技术合并，称为Isomax加氢裂化(加氢裂化催化剂仍由两公司分别供应)[4]技术。随后，美国Gulf公司、荷兰Shell公司、法国IFP、德国BASF公司和英国BP公司等相继宣布开发成功自己的加氢裂化技术。

我国加氢裂化技术的研发工作始于20世纪50年代初，当时的石油工业部抚顺石油三厂(研究所)研制出硫化钼-白土3511和3521催化剂，以酸碱精制页岩轻柴油为原料，通过加氢裂化生产出车用汽油和灯用煤油，解决了国内加氢裂化工业装置初次开工的关键技术问题。后又以俄罗斯库页岛原油和中亚原油的煤油馏分为原料，成功生产了航空汽油和喷气燃料组分。与此同时，抚顺石油研究所与中国科学院大连化学物理研究所合作，开发了氧化钼-半焦催化剂(3592)，先后进行了低温煤焦油的高压和中压加氢裂化工业试生产。这些研究开发和工业生产工作的开展，为我国现代加氢裂化技术的发展奠定了基础[5]。

1962年大庆油田投产以后，抚顺石油研究所与中国科学院大连化学物理研究所合作，开发并生产了氧化钨-氧化镍-氧化硅-氧化铝3652催化剂。作为中国第一代无定形催化剂，1966年正式应用于大庆石油化工总厂40万吨/年加氢裂化装置上。该装置是我国自行开发、设计和建造的第一套现代单段加氢裂化工业装置，其工艺简单、能耗低，主要用于生产喷气燃料和柴油，同时尾油也可充分利用，这标志着中国成为世界上最早掌握单段加氢裂化技术并采用无定形催化剂生产石脑油、喷气燃料和柴油的国家[6]。

20世纪70年代初，抚顺石油研究所开发了生产润滑油基础油的催化脱蜡技术。用新开发的加氢精制催化剂3714、3715和催化脱蜡催化剂3722，以大庆减二、三线蜡油为原料，在工业装置上生产出了轻质润滑油基础油。经过多年的反复试验，成功合成了β沸石及3762、3812沸石型加氢裂化催化剂和3792催化脱蜡催化剂，以大庆减二、三线蜡油原料，在工业装置上得到的润滑油基础油凝点在-5℃以下，凝点降低幅度达50℃以上；而以加氢裂化尾油为原料，用3792催化剂进行催化脱蜡，得到的润滑油基础油凝点在-20℃左右，液收可达90%[6]。这些表明，我国是世界上最早掌握生产润滑油基础油催化脱蜡技术并实现工业化的国家。

20世纪70年代末至90年代初，我国分别引进美国Union公司和Chevron公司的Unicracking和Isocracking加氢裂化技术，建设了5套大型现代化加氢裂化装置。与此同时，我国科技工作者经过努力攻关，开发拥有自主知识产权的加氢裂化技术。从80年代初开始，大连院首先研制成功超稳Y沸石，继而开发了中油型3824与轻油型3825以及用于缓和加氢裂化的3882三种沸石型催化剂。3824催化剂于1986年首次在荆门炼油厂的中压加氢裂化装置上应用，1990年再次用于茂名石化公司炼油厂的加氢裂化装置[7]；3882催化剂于1989年首次在齐鲁石化公司炼油厂的缓和加氢裂化装置上应用；3825催化剂于1991年在上海石化公司首次应用，后又用于多套加氢裂化装置[8,9]。20世纪90年代初期引进的加氢裂化装置都使用进口的HC-F和HC-K预精制催化剂，迅速实现加氢裂化预精制催化剂国产化成为当时的重要课题，大连院开发了3936加氢裂化预精制催化剂，并于1995年7月开始在茂名石化的加氢裂化装置进行工业应用试验。3936 预精制催化剂的工业应用，为我国高压加氢裂化装置长周期稳定运行提供了技术支撑，填补了国内空白，打破了国外公司对中国市场同类催化剂的垄断。1985 年以后，石科院开发了中压加氢改质技术（MHUG），1992 年首次在大庆石油化工总厂进行工业应用[10,11]。

进入 21 世纪，随着我国经济高速发展，进口原油重质化、劣质化趋势明显，加之市场对清洁油品和优质化工原料需求的增长，我国加氢裂化技术应用进入了高速发展阶段。目前我国高压加氢裂化装置（以蜡油为原料）超过 60 套，加氢裂化加工能力超过 1.2 亿吨/年，约占一次原油加工能力的 13.3%，远超世界平均水平。在此期间，以中国石化为代表的专利商开发并大规模应用 FC 和 RHC 系列加氢裂化催化剂及工艺技术，镇海炼化拟建设的加氢裂化装置（采用一次通过工艺流程）规模达到了 400 万吨/年，代表着中国炼油工业加氢裂化技术水平达到世界先进水平。

原料来源及市场对产品需求结构的变化，使得我国不同时期加氢裂化技术的目标产品也在不断变化，如表 9-2 所示。在此期间，各种与之相适应的工艺技术也被不断开发。

表 9-2　不同时期国内加氢裂化工艺目标产品的变化

年代	原料	目的产品
20 世纪 60 年代初期	LVGO、LCO、AGO	生产轻、重石脑油，LPG
20 世纪 60 年代后期~70 年代初	VGO、LCO、CGO	更多装置生产中间馏分油
20 世纪 80 年代初期	VGO、LCO、CGO	多产重石脑油、煤油和柴油， 未转化油作为乙烯原料
20 世纪 90 年代~21 世纪初	VGO、LCO、CGO	90%新建装置以生产中间馏分油为主
2010 年以后	VGO、LCO、AGO、CGO	多产化工原料，兼产清洁交通运输燃料和 润滑油基础油料

三、加氢裂化原料及产品

加氢裂化是现代炼油工业最主要的重油深度加工工艺之一，加氢裂化装置通常可以加工从炼油厂常减压装置来的直馏石脑油、柴油和减压蜡油以及从其他二次加工装置得到的催化裂化轻循环油、催化裂化回炼油、焦化柴油、焦化馏分油、热裂化柴油、热裂化蜡油、溶剂脱沥青油和渣油沸腾床/浆态床加氢裂化柴油和重馏分油等常规原料[12]，也可以加工从油母页岩干馏得到的页岩油、煤炼焦工艺副产的煤焦油、煤高温高压液化得到的直接液化油、煤或天然气间接液化得到的 F-T 合成油以及各种动植物油脂等非常规原料[13~16]。

（一）氢气

加氢裂化过程中耗用大量氢气，不同来源的氢气中还含有少量的其他组分，这些组分在反应系统中进行反应生成新的化合物或未转化保留在系统中，都将对氢纯度产生一定的影响。

现代炼油厂氢气主要有两大来源：一是以天然气、煤等为原料的制氢方法获得的氢气；二是催化重整过程获得的氢气。另外，乙烯装置和化肥生产装置也可以副产部分氢气。以天然气或煤等为原料制取的氢气经过变压吸附分离（PSA），获得的氢气纯度在 99.9%以上，是加氢裂化装置首选的补充氢来源；而催化重整氢气则随着工艺的不同氢含量亦不同，催化重整装置的氢气纯度一般为86%~92%，同时还含有较多的 C_1 ~ C_4 低分子烃，但没有CO和 CO_2。

低纯度氢中的低分子烃在加氢裂化反应过程中，一部分因操作压力高而溶于液体产物内，一部分存留于气体组分中，最终在循环氢气中达到某一平衡浓度，导致循环氢的氢纯度降低。为保证加氢裂化装置的运转周期、目的产品的质量及选择性，加氢裂化装置使用的补充新氢一般要求氢纯度>90%，循环氢纯度保持为>80%。

（二）原料油

加氢裂化工艺过程能够加工的原料种类非常广泛，但最常用的还是直馏减压馏分油。常减压蒸馏装置的减一线、减二线、减三线及减四线馏出物统称为减压馏分油（VGO），俗称蜡油。各馏分之间的比例主要取决于原油的性质和炼油厂的加工流程。

VGO是加氢裂化的主要原料油。我国主要原油VGO的典型性质见表9-3。几种进口含硫原油VGO的主要性质见表9-4。由表9-3和表9-4数据可见，与几种进口含硫原油直馏VGO相比，我国原油直馏VGO的硫含量相对较低（0.072%~1.010%），氮含量普遍较高（除大庆原油VGO外，一般为1200~2400μg/g）。

表9-3　我国主要原油VGO的典型性质

项目	大庆VGO	胜利VGO	孤岛VGO	辽河VGO
密度(20℃)/(g/cm³)	0.8509	0.9066	0.9357	0.9249
馏程范围/℃	271~533	346~526	372~552	249~508
硫含量/%	0.07	0.59	1.01	0.20
氮含量/(μg/g)	540	1000	2389	2200
氢含量/%	13.27	12.87	12.13	12.11
碳含量/%	86.32	86.56	86.62	87.07
残炭/%	0.04	0.05	0.22	0.20
镍+钒/(μg/g)	0.06	0.06	0.22	0.88
族组成/%				
链烷烃	52.0	18.3	11.7	7.5
环烷烃	34.6	43.1	42.4	48.0
芳烃	13.2	34.8	42.5	34.6
胶质	0.2	3.8	3.4	9.9

表9-4　几种进口含硫原油直馏VGO的主要性质

项目	沙轻VGO	伊朗VGO	科威特VGO	俄罗斯VGO
密度(20℃)/(g/cm³)	0.9133	0.9053	0.9258	0.9124
馏程范围/℃	317~531	299~553	307~575	364~511
硫含量/%	2.20	1.60	2.72	0.92
氮含量/(μg/g)	790	1500	1050	920
氢含量/%	12.00	12.42	12.60	12.19
碳含量/%	85.73	85.83	84.58	86.80
残炭/%	0.08	0.14	0.51	0.01

续表

项目	沙轻 VGO	伊朗 VGO	科威特 VGO	俄罗斯 VGO
族组成/%				
链烷烃	19.9	21.2	16.8	17.5
环烷烃	27.1	32.8	25.9	30.1
芳烃	51.0	42.7	54.0	52.4
胶质	2.0	3.3	3.3	0

（三）产品

加氢裂化装置的产品列于表 9-5。加氢裂化装置的产品轻至液态烃，重至润滑油料、催化裂化原料等，但生产量最大的是石脑油、中间馏分油或加氢尾油。加氢裂化装置生产的煤油、喷气燃料和柴油硫、氮和芳烃含量很低，燃烧性能很好，是环境友好的“绿色”石油产品；轻石脑油硫、氮、烯烃和芳烃含量均很低，既可直接用于调合生产超低硫清洁车用汽油，也可用于生产化工溶剂油，并可用作制氢原料或蒸汽裂解制乙烯装置进料；重石脑油芳烃潜含量高，硫、氮含量低，是催化重整生产高辛烷值车用汽油或生产轻芳烃装置的优质进料；加氢尾油饱和烃含量高，*BMCI* 值低，是蒸汽裂解制乙烯、异构脱蜡生产高黏度指数润滑油基础油料和催化裂化生产车用汽油等装置的优质进料。

表 9-5　加氢裂化装置的产品

序号	产品	序号	产品	序号	产品
1	液化气	6	喷气燃料	11	乙烯原料
2	轻石脑油	7	柴油	12	催化裂化原料
3	重石脑油	8	导热油	13	白油
4	汽油	9	溶剂油	14	石蜡原料
5	灯用煤油	10	润滑油基础油料	15	变压器油

加氢裂化与其他二次加工转化技术（如催化裂化、延迟焦化）比较，其产物分布和产品性质列于表 9-6。可以看出，不仅产物分布不同，产品性质也有很大差别。

表 9-6　加氢裂化与催化裂化、延迟焦化比较其产物分布和产品性质

工艺过程	加氢裂化	催化裂化	延迟焦化
原料油	胜利减压馏分油	胜利减压馏分油	胜利减压渣油
产物产率/%			
干气+H_2S+NH_3	3.5	4.8	9.9
液化气	4.5	9.2	
石脑油	10.0（<132℃）	—	—
汽油（<200℃）	—	45.8	12.7
喷气燃料	33.4（132~282℃）	—	—
轻柴油（200~350℃）	13.3（282~350℃）	34.8	28.6
重馏分油（>350℃）	—	—	25.6
尾油	37.3（>350℃）	—	—

续表

工艺过程	加氢裂化	催化裂化	延迟焦化
焦炭	—	5.4	23.2
合计	102	100	100
产品主要性质			
汽油 *RON*	—	88~90	60~70
溴价/(gBr_2/100g)	—	—	60~70
硫含量/(μg/g)	—	1000	8660
轻石脑油 *RON*	80~85	—	—
异构烷烃/%	>60	—	—
重石脑油			
芳烃潜含量/%	50~60	—	—
硫/氮含量/(μg/g)	<0.5/<0.5	—	—
喷气燃料			
烟点/mm	26~32	—	—
芳烃/%(体)	5~10	—	—
冰点/℃	<-50	—	—
柴油组分			
十六烷值	>60	31.5	53
溴价/(gBr_2/100g)	<1	—	35
胶质/(mg/100mL)	<10	60	130
硫含量/(μg/g)	<5	~6400	8210
尾油 *BMCI* 值	5~10	>50(回炼油)	~40(CGO)
黏度指数	90~110(脱蜡后)	—	—

与其他二次加工转化技术相比，加氢裂化产品特点如下：

(1) 加氢裂化的液体产率高，C_5以上液体产率一般在95%以上，其中多产中间馏分油加氢裂化工艺过程液体产品收率最高可以达到98%以上，体积产率则超过110%。而催化裂化只有75%~80%，延迟焦化只有65%~70%。

(2) 加氢裂化的气体产率很低，通常C_1~C_4只有2%~6%，C_1~C_2更少，仅1%~2%。而催化裂化C_1~C_4通常达15%以上，C_1~C_2达3%~5%。延迟焦化的气量略低一些，C_1~C_4约6%~8%。

(3) 加氢裂化产品的饱和烃含量高，烯烃极少，非烃含量也很低，故产品的安定性好。喷气燃料芳烃含量低，烟点高；柴油的十六烷值高，芳烃含量低。

(4) 原料中多环芳烃经选择性开环后，主要集中在石脑油馏分和中间馏分中，使石脑油馏分的芳烃潜含量较高，中间馏分中的环烷烃也保持较好的燃烧性能和较高的热值。而尾油则因环状烃的减少，*BMCI* 值降低，适合作为蒸汽裂解制乙烯的原料。

(5) 基于加氢裂化反应的机理特点，无论加工何种原料，产品中的异构烃都较多，从而保持产品有优异的性能，例如C_4中的异构烃与正构烃的比例通常在2~3以上，<80℃石脑油具有较好的抗爆性，其 *RON* 可达75~85；喷气燃料冰点低，柴油有较低的凝点，尾油

中由于异构烷烃含量较高，特别适合于制取高黏度指数和低挥发性的润滑油基础油料。

(6) 通过催化剂、工艺流程、操作条件和模式的改变可大幅度调整加氢裂化产品的产率分布，石脑油馏分产率可达15%~90%，中间馏分油产品(喷气燃料+柴油)产率可达0~80%，很好体现了加氢裂化技术操作灵活性大的特点。而催化裂化与延迟焦化产品产率可调变的范围很小，一般<10%。

四、加氢裂化工艺过程

加氢裂化技术发展至今仍以固定床工艺过程为主。加氢裂化的工艺流程一般划分为反应部分和分馏部分，根据需要和实际情况，有些装置还包括酸性水处理部分、循环氢气体及干气、液化气脱硫部分等。加氢裂化工艺过程主要是根据反应部分反应器的排列、组合来划分。

尽管国内外加氢裂化专利商根据催化剂性能特点、原料构成和性质、大型设备的制造水平和运输条件以及市场对产品产率和质量的要求，开发了种类繁多的加氢裂化工艺过程，但就总体而言，加氢裂化工艺过程的原则流程可分为两大类，即单段加氢裂化工艺过程和两段加氢裂化工艺过程。

(一) 单段加氢裂化工艺过程

单段加氢裂化工艺过程又分为单段加氢裂化和单段(一段)串联加氢裂化工艺过程。

1. 单段加氢裂化工艺

单段加氢裂化工艺采用一个反应器，级配装填加氢保护剂、加氢精制催化剂和加氢裂化催化剂，实现油品轻质化。工艺流程就是以单个固定床反应器为核心，再配套进料、换热、加热炉、气液分离及产品分馏系统而构成，其原则流程如图9-1所示。新鲜原料经与反应流出物换热后与被加热的循环氢混合，然后进入反应器顶部，气液进料通过催化剂床层进行加氢裂化反应，反应器流出物经换热器冷却，然后进入高压分离器，被分离出来的循环氢气用循环氢压缩机增压后再与原料混合返回反应系统，生成油则进入低压分离器，分离出的气体送入气体处理装置，液体产物则进入分馏系统切割为各种产品。

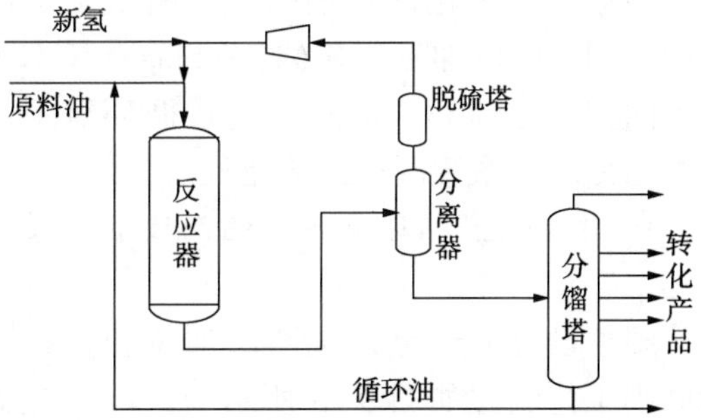

图9-1　单段加氢裂化原则工艺流程

单段工艺过程的主要特征是可以用一种主催化剂、在一台反应器内同时完成原料油的加氢脱硫、脱氮、芳烃加氢饱和和裂化反应。有的处理量很大的装置，由于反应器的制造与运输等原因，可能使用2台或2台以上反应器并列操作，但其基本原理不变。

2. 单段(一段)串联加氢裂化工艺

单段串联加氢裂化工艺过程，与单段加氢裂化工艺过程没有本质上的区别，但因使用不同性能的催化剂而导致化学反应过程及其控制方法的差别。它又是传统单段工艺过程的发展和深化，从而显示了自身的特点。

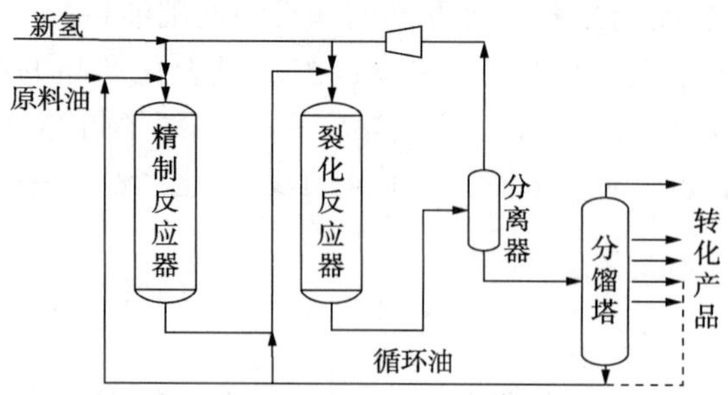

图 9-2　单段(一段)串联加氢裂化原则工艺流程

单段(一段)串联加氢裂化原则工艺流程如图 9-2 所示，它最少需要使用两台反应器和分别装在两台反应器的两种主催化剂。第一台(R1)反应器装填加氢精制催化剂，脱除进料中的硫、氮等杂质，同时使芳烃部分加氢饱和，精制生成油不经分离而直接进入第二台(R2)反应器。R2 装填加氢裂化催化剂，对经加氢精制的生成油进行加氢裂化反应。反应产物经高压分离器、低压分离器进入分馏系统，分馏出各种产品。未转化油可以再循环(部分循环)裂化，也可以不循环作为产品出装置作为下游装置进料。

R2 反应器使用的是含沸石的裂化催化剂，这种催化剂与无定形裂化催化剂相比，具有更高的反应活性及稳定性，但进料中的有机氮化物对其活性有强烈的抑制作用，并能导致加速结焦而损失催化剂的活性和稳定性，因此这种工艺过程要控制 R1 出口精制油的氮含量，以保证裂化催化剂性能充分发挥作用。

(二) 两段加氢裂化工艺过程

根据加氢裂化催化剂耐氨、耐氮中毒能力的不同，两段加氢裂化(Two-Stage)技术也分为两种工艺流程，即独立设置循环氢系统和共用循环氢系统两种工艺流程。

1. 独立设置循环氢系统的两段加氢裂化工艺

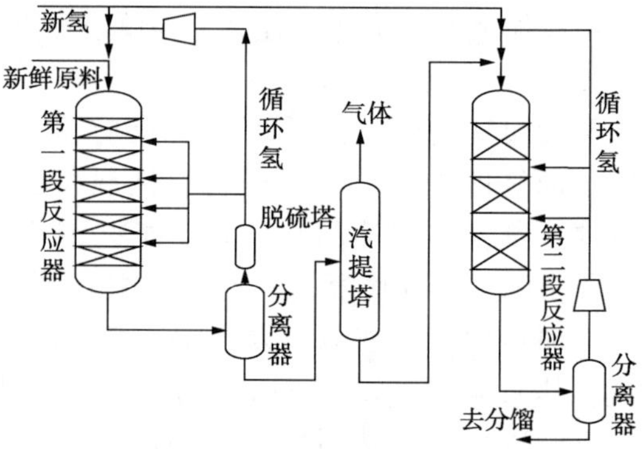

图 9-3　独立设置循环氢系统的两段加氢裂化原则工艺流程

独立设置循环氢系统两段加氢裂化技术的原则工艺流程如图 9-3 所示。一段反应器主要装填加氢精制催化剂，除对原料油中的烯烃、芳烃进行加氢饱和外，还将脱除原料油中绝大部分的含硫、氮和氧等杂原子的有机化合物，反应产物进入一段高压分离器进行气液分离，高分顶部出来的富氢气体经循环氢压缩机增压后循环回一段反应系统，高分底部出来的液体经减压后，进入汽提塔，进一步将反应生成并溶解在生成油中的 H_2S 和 NH_3 汽提掉。经加氢精制并汽提后，基本不含机硫、氮、氧和 H_2S、NH_3 的一段生成油，进入第二段反应器中进行加氢裂化，其中装有加氢活性极高、但对原料中所含有机硫、氮、氧和溶解的 H_2S、NH_3 非常敏感的加氢裂化催化剂，反应产物进入二段高压分离器进行气液分离，高分顶部出来的富氢气体经循环氢压缩机增压后循环回二段反应系统，高分底部出来的液体经减压后，进入产品分馏系统。

2. 共用循环氢系统的两段加氢裂化工艺

共用循环氢系统的两段加氢裂化技术的原则工艺流程如图 9-4 所示。一段反应器可以是只装填加氢精制催化剂的一台反应器，或同时装填加氢精制催化剂和加氢裂化催化剂的一台反应器，也可以是分别装填精制催化剂和裂化催化剂的两台或两台以上串联反应器。一段反应器除对原料油中的烯烃、芳烃进行加氢饱和以及脱除原料油中绝大部分的含硫、氮和氧等杂原子的有机化合物外，还将对进料进行适度加氢裂化反应。一段反应产物进入一段高压分离器进行气液分离，高分底部出来的液体经减压后，进入产品分馏塔分离出加氢裂化产品。分馏塔底的加氢裂化未转化油进入装有加氢裂化催化剂的二段反应器中进行加氢裂化，反应产物进入二段高压分离器进行气液分离(也可以与一段共用分离系统)，高分顶部出来的富氢气体与从一段高分顶部出来的富氢气体混合后，经循环氢压缩机循环增压后返回一段、二段反应系统，高分底部出来的液体经减压后，与一段反应生成油混合进入同一个产品分馏系统。

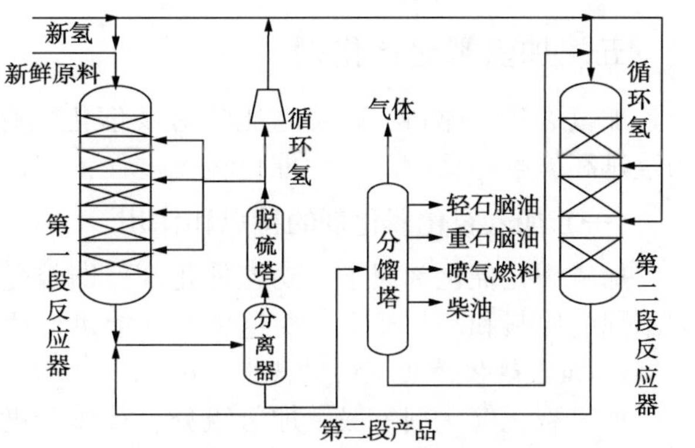

图 9-4　共用循环氢系统的两段加氢裂化原则工艺流程

共用循环氢系统两段加氢裂化工艺的一段和二段可以使用相同的加氢裂化催化剂，也可以使用不同的加氢裂化催化剂。是否采用共用循环氢系统两段加氢裂化工艺，其决定因素不是所选用的催化剂类型，而是装置加工规模、大型设备制造能力及运输条件等。

上述介绍的两种加氢裂化工艺过程，可分类归纳为图 9-5，从图中可以清楚看出各种工艺过程的特征及区别。

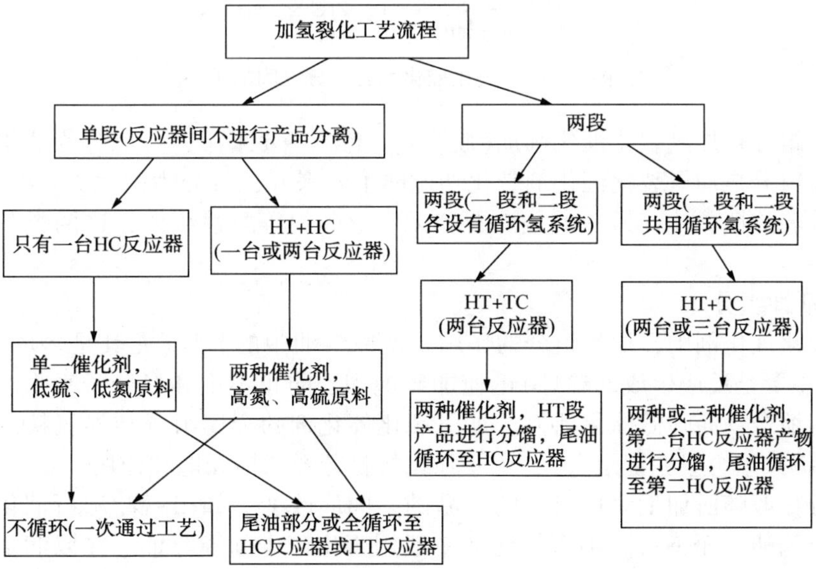

图 9-5　加氢裂化工艺过程分类

五、加氢裂化催化剂

加氢裂化是原料在高温高压临氢及催化剂存在下进行加氢、脱硫、脱氮、分子骨架结构重排和裂解等反应的一种催化转化过程，其技术核心是加氢裂化催化剂。

（一）加氢裂化催化剂的特点和作用

加氢裂化催化剂属于双功能催化剂，即催化剂同时具有加(脱)氢功能和裂化功能。根据不同的原料和产品要求，对这两种功能进行适当的选择和匹配。

1. 加氢裂化催化剂的特点

加氢裂化催化剂一般由加氢组分、载体和助剂三个部分组成。图 9-6 列出了三者的功能、种类以及相互关系[17,18]。

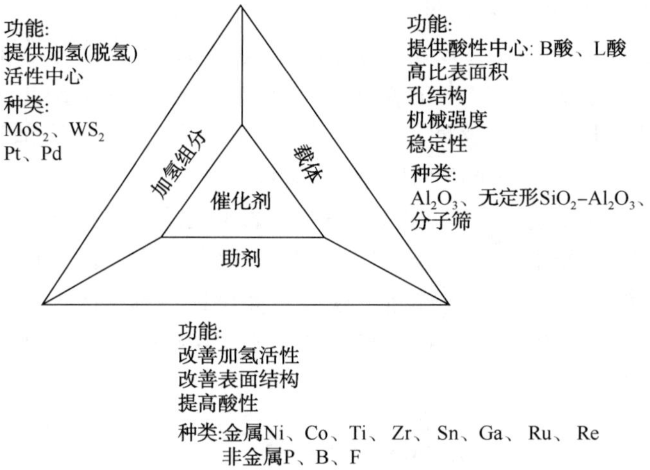

图 9-6　加氢裂化催化剂各组分之间的关系

金属加氢组分是加氢裂化催化剂加(脱)氢功能的主要来源，可以分为非贵金属和贵金属两类。载体组分是加氢裂化催化剂裂化功能的主要来源，可分为两大类：一类是氧化铝、改性氧化铝等弱酸性载体；另一类是沸石和无定形硅铝等酸性载体，这两类载体通常混合使用。

1）加氢活性组分

在加氢裂化催化剂中，加氢组分的作用是使原料油中的芳烃(尤其是多环芳烃)加氢饱和；使烯烃(主要是反应生成的烯烃)迅速加氢饱和，防止不饱和烃分子吸附在催化剂表面上，生成焦状缩合物而降低催化活性。加氢裂化催化剂的金属组分与加氢精制催化剂的金属组分相近(钨镍组合或钼镍组合)，主要强化的是芳烃和烯烃饱和作用。

金属组分一般随所加工原料与目的产品的不同而改变。如钼-镍/沸石催化剂一般用于最大量生产石脑油，而钨-镍/沸石催化剂一般用于生产中间馏分油。在以润滑油为主要产品时，则通常采用钨-镍组合，以有利于脱除润滑油中最不希望存在的多环芳烃组分。

2）裂化活性组分

加氢裂化催化剂中裂化组分的作用是促进 C—C 键的断裂和骨架异构化反应。常用的裂化组分有沸石和无定形硅铝，特别是沸石在裂化催化剂中应用最为广泛。它们通称为固体酸载体，其结构和作用与催化裂化催化剂相同。

能用于加氢裂化催化剂的沸石应具有以下一些基本条件：首先应具有酸性，并可以调节，以适应双功能催化剂的需求；其次要有足够的热稳定性、水热稳定性和化学稳定性。最常用的是 Y 型沸石、β 沸石[19]。近期 SBA-15 介孔沸石已实现首次工业应用。

Y 型沸石与β沸石相比，两者的主要差别是：①由于超笼的存在，使 Y 型沸石对环状烃的开环选择性优于β沸石，使 Y 型沸石对产物分子二次裂解的概率也高于β沸石。②由于β沸石具有独特的开放式孔道结构，使β沸石对链状烃的选择性裂解和异构性能优于 Y 型沸石，可有效降低柴油和尾油馏分的凝点。③β沸石比 Y 型沸石具有更小的结晶颗粒，对提高催化剂的活性和中油选择性有利。④β沸石中骨架外阳离子位只有一种类型，全部可以作为活性中心；而 Y 型沸石中，只有处于 SⅡ位置上的阳离子(约占全部阳离子的 57%)才有良好的催化活性。

无定形硅铝的酸性来源于局部存在的类似沸石的微晶结构。虽然无定形硅铝的裂化活性比沸石低得多，但由于无定形硅铝的孔容比沸石大得多，因此对加氢裂化进料中的大分子，特别是无法进入到沸石孔道中的大分子，有较高的裂化反应选择性。

由于无定形硅铝和沸石在酸性(包括酸中心数、酸强度、酸分布等)及孔道结构上存在明显差异，因此这两类加氢裂化催化剂在性能上有较大的差别。与以沸石为裂化组分的催化剂相比，以无定形硅铝为裂化组分催化剂的裂化活性和对反应温度的敏感性均较低，生产灵活性和对原料的适应性较差，但是中油选择性较高，而且运转期间中油选择性下降的幅度和产品质量降低的幅度也较小；另外，在全循环操作条件下，由于其对裂解稠环芳烃有很高的活性和稳定性，因此稠环芳烃的累积也明显低于以沸石为裂化组分的催化剂。

2. 加氢裂化催化剂的作用

加氢裂化催化剂的作用就是在一定压力、温度及氢气存在下，通过改变反应历程，降低反应活化能，加快烃类混合物的加氢、裂解和异构化等反应速度，以达到提高主要产品收率的目的。

加氢裂化催化剂主要用于一次加工原料(如直馏柴油、减压馏分油等)和二加氢裂化次加工原料(如催化裂化轻循环油、焦化柴油、焦化蜡油、溶剂脱沥青油、渣油沸腾床/浆态床加氢裂化柴油和蜡油等)的加氢裂化，生产清洁燃料和优质石油化工原料，满足油品质量升级以及结构调整的需求。

1）劣质柴油馏分加氢改质

由于清洁燃料标准的不断提高，大部分一次和二次加工柴油的质量已不能满足指标要求。其中，劣质柴油馏分加氢改质是劣质柴油质量升级的重要手段之一，主要有以下三种模式：①劣质柴油馏分的加氢裂化；②劣质柴油馏分加氢提高十六烷值；③劣质柴油馏分的加氢改质异构降凝。

2）减压馏分油加氢裂化

减压馏分油是加氢裂化加工的最主要的原料。根据减压馏分油加氢裂化所生产的主要目的产品，加氢裂化催化剂可以分为轻油型加氢裂化催化剂、灵活型加氢裂化催化剂和中油型加氢裂化催化剂。

轻油型加氢裂化催化剂主要用于最大量生产石脑油产品，以供作生产芳烃或高辛烷值汽油的催化重整进料。这类催化剂要求具有强的裂化活性和相对较弱的加氢活性，以满足产生必要的二次裂化以及提高开环选择性和在石脑油馏分中富集单环烃类的能力。因此，加氢组分通常选用钼-镍非贵金属组合，裂化组分通常选用活性较高的改性Y型沸石，并且沸石的含量较高，一般在50%以上。

灵活型加氢裂化催化剂主要用于灵活生产中间馏分油产品、石脑油产品和加氢尾油，温度敏感性大，通过改变反应温度，可显著改变产品分布，以适应市场需求的变化。这类催化剂要求具有较强的裂化活性和较强的加氢活性，并且这两种活性要相互较为平衡。因此，加氢组分通常选用钨-镍或钼-镍非贵金属组合，裂化组分通常选用活性适宜的改性Y型沸石，并加入特种氧化铝等以改善催化剂的孔结构和金属组分与载体间的相互作用。

中油型加氢裂化催化剂主要用于最大量生产中间馏分油产品和加氢尾油。这类催化剂要求具有相对较弱的裂化活性和强的加氢活性。因此，加氢组分通常选用钨-镍非贵金属组合，裂化组分通常选用活性较低的改性Y型沸石、改性β沸石、无定形硅铝或它们的复合物，并且沸石的含量较低，一般在20%以下，同时加入特种氧化铝等以改善催化剂的孔结构和金属组分与载体间的相互作用。

3）润滑油馏分加氢裂化

润滑油馏分加氢裂化是通过对原料中稠环芳烃的加氢饱和、稠环环烷烃的加氢开环、直链烷烃的异构化以及伴随适度的加氢裂化，从而使原料中黏度指数低的组分转化为黏度指数高的组分的过程。

润滑油馏分加氢裂化要求所用催化剂具有弱的裂化活性和很强的加氢活性。加氢组分通常选用钨-镍非贵金属组合，裂化组分通常选用低活性改性沸石，并加入特种氧化铝等以改善催化剂的孔结构和金属组分与载体间的相互作用。

润滑油馏分加氢裂化得到的润滑油基础油料的性质主要取决于原料油的性质和加氢裂化反应的苛刻度，原则上既要尽量提高所得润滑油基础油料的黏度指数，又要尽可能减小黏度和收率的降低。

4）柴油临氢降凝

柴油临氢降凝催化剂是一种典型的择形催化剂，主要是利用特殊沸石的独特孔道结构和适当的酸性功能，使原料中的正构烷烃、带短侧链的异构烷烃和带长侧链的环状烃等高凝点组分在临氢、一定温度和较低压力等条件下选择性地裂解成小分子，从而大幅度降低柴油的凝点，以满足冬季我国北方寒冷地区对不同凝点等级低凝柴油的需求。

近年来，加氢裂化催化剂外观也发生变化，在圆柱条、三叶草条等催化剂外形的基础上，开发了齿球形加氢裂化催化剂，齿球形催化剂具有装填简单、传质性能好、物流分配均匀、压降低、催化剂床层不易塌陷及充分利用反应器空间等特点，在中国石化茂名石化分公司等企业的加氢裂化装置上获得了理想的应用效果。

（二）加氢裂化催化剂的品种、牌号及主要特点

经过几代人60多年的努力，针对加工不同原料油及生产不同目的产品的需要，已开发出了种类齐全的系列化加氢裂化催化剂，满足了不同时期我国石油化工工业发展和产品质量升级的要求。目前，加氢裂化催化剂国内总的自给率约为70%，特别是在中国石化，加氢裂化催化剂的自给率已达100%。图9-7~图9-10分别列出了大连院和石科院开发的系列加氢裂化预精制催化剂和加氢裂化催化剂。表 9-7～表 9-9 列出了我国自主开发的加氢裂化催化剂的主要品种、牌号及特点等。

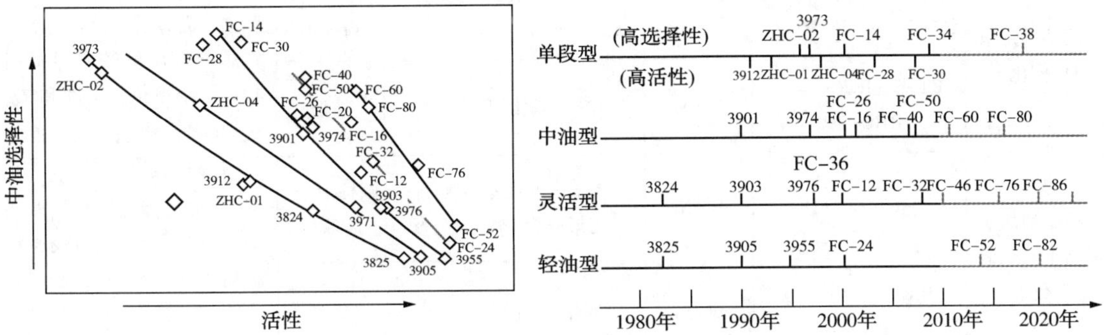

图 9-7　大连院系列加氢裂化催化剂

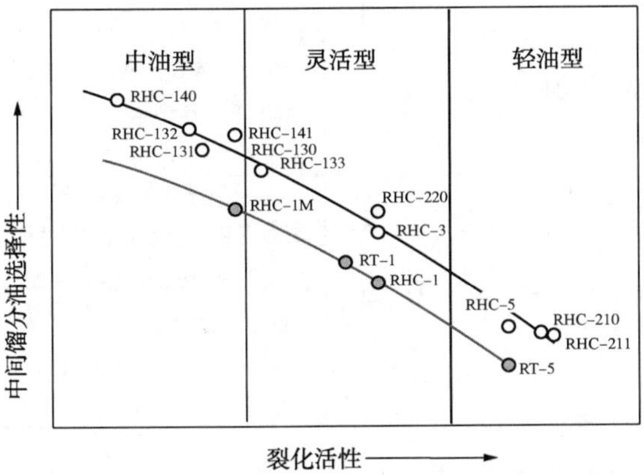

图 9-8　石科院系列加氢裂化催化剂

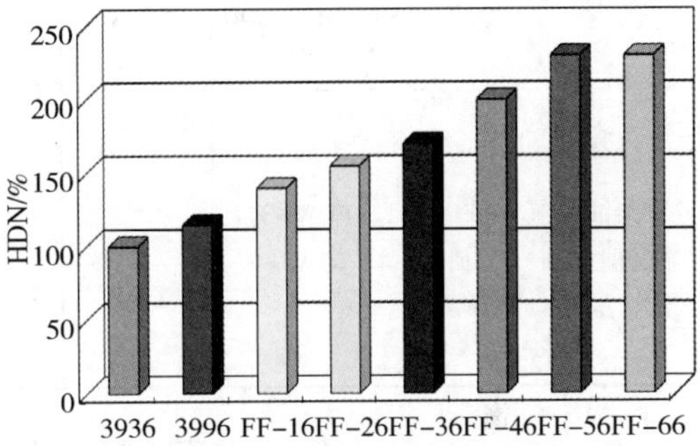

图 9-9　大连院系列加氢裂化预精制催化剂

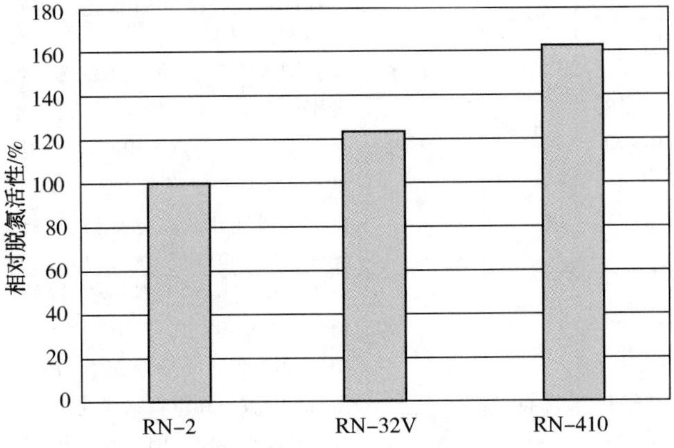

图 9-10　石科院系列加氢裂化精制段催化剂

表 9-7 劣质柴油馏分加氢改质/裂化催化剂和临氢降凝催化剂

催化剂类型	牌号	金属	载体	外形	用途和特点
劣质柴油加氢裂化催化剂	3976、FC-12、FC-24、FC-32、FC-76、FC-70	Mo-Ni 或 W-Ni	沸石-氧化铝或沸石-无定形硅铝-氧化铝	圆柱形条、齿球形	用于中压一段串联工艺，石脑油产品芳潜含量高，柴油产品十六烷值较原料提高 12~20 个单位，密度和 T_{95} 大幅降低，颜色和安定性好
	RT-5、RHC-100、RHC-210	W-Ni	沸石-氧化铝	蝶形	
劣质柴油加氢提高十六烷值催化剂	3963、FC-18	W-Ni	沸石-氧化铝或沸石-无定形硅铝-氧化铝	圆柱形条、齿球形	用于中压一段串联工艺（主要加工催化裂化轻循环油），产品十六烷值较原料提高 8~14 个单位，密度和 T_{95} 降低，颜色和安定性好，柴油收率在 95%以上
	RIC-1、RIC-2、RIC-3	W-Ni	沸石-氧化铝	蝶形	
劣质柴油加氢改质异构降凝催化剂	FC-14、FC-16B、FC-20	W-Ni	沸石-无定形硅铝-氧化铝	圆柱形条、齿球形	用于中压或高压下一段串联工艺，产品十六烷值较原料提高 8~12 个单位，凝点降低 5~75℃，密度和 T_{95} 明显降低，颜色和安定性好，柴油收率在 85%以上
	RHC-130、RHC-240	W-Ni	沸石-无定形硅铝-氧化铝	蝶形	
劣质柴油临氢降凝催化剂	FDW-1、FDW-3、FDW-4、RDW-1	Ni	沸石-氧化铝	异形条	用于中压下临氢降凝、加氢降凝和加氢改质降凝过程，加工高蜡柴油，生产 -20#、-35#、-50# 等低凝柴油产品，降凝幅度可达 50℃以上，柴油收率在 65%~95%

表 9-8 减压馏分油加氢裂化催化剂

催化剂类型	牌号	金属	载体	外形	特点和用途	
轻油型加氢裂化催化剂	FC-24	Mo-Ni	沸石-氧化铝	圆柱形条、三叶草形、齿球形	活性高、抗氮性高，重石脑油选择性和液收比 3955 催化剂高	用于高压或中压下一段串联和两芳烃段工艺，最大量生产高芳烃潜含量重石脑油，同时兼产少量优质中间馏分油和部分加氢尾油。尾油 *BMCI* 值较低，T_{95} 大幅度降低
	FC-52、FC-82	Mo-Ni			与 FC-24 催化剂相比，反应温度分别降低 2℃，重石脑油选择性分别提高 1.5 个百分点、芳潜分别提高 1.7 个百分点；相同收率的尾油产品 *BMCI* 值降低 1.3 个单位。FC-82 活性和产品分布与 FC-52 相当，堆密度降低 10%以上	
	RT-5 RHC-5 RHC-210 RHC-211	W-Ni Mo-Ni	沸石-氧化铝	蝶形	RHC-5 比 RT-5 的加氢尾油 *BMCI* 值低 1 个单位以上。与 RHC-5 相比，RHC-210 堆密度降低 35%，活性、重石脑油收率和重石脑油选择性更高。NiMo 型 RHC-211 堆密度相对降低 40%，活性和产品分布和 RHC-5 相当；RHC-210F 催化剂活性低于 RHC-211，喷气燃料收率更高	

续表

催化剂类型	牌号	金属	载体	外形	特点和用途	
灵活型加氢裂化催化剂	FC-12 FC-32 FC-76 FC-86	W-Ni Mo-Ni	沸石-氧化铝	圆柱形条、三叶草形、齿球形	FC-76 具有更高的开环选择性和优先裂解重组分的能力，加氢尾油 *BMCI* 值较 FC-32 催化剂降低 2 个单位。FC-86 活性和产品分布与 FC-76 相当，堆密度降低 10%以上	用于高压或中压一段串联和两段工艺过程，灵活生产石脑油、优质的 3 号喷气燃料和柴油和低 *BMCI* 值的加氢尾油。重石脑油的芳潜含量较高
	ZHC-01	W-Ni	沸石-无定形硅铝-氧化铝	圆柱形条	用于单段加氢裂化工艺过程	
	RT-1 RHC-1 RHC-3 RHC-220	W-Ni	沸石-氧化铝	异形条	RHC-1 加氢尾油的 BMCI 值比 RT-1 低。RHC-3 催化剂开环能力强，加氢尾油中环烷烃相对含量低。RHC-220 催化剂相对于 RHC-3 堆密度降低了 20%。产品分布基本相当，产品质量更优，更适用于加工劣质原料	
中油型加氢裂化催化剂	FC-26 FC-40 FC-50 FC-60	W-Ni	沸石-无定形硅铝-氧化铝	圆柱形条、齿球形	FC-60 催化剂与 FC-50 催化剂相比，反应温度降低 5℃，加氢尾油 *BMCI* 值降低 1 个单位	用于高压或中压一段串联和两段工艺过程，最大量生产中间馏分油，尾油 *BMCI* 值低，T_{95} 等降低
	RHC-140 RHC-131 RHC-231 RHC-133 RHC-233	W-Ni	沸石-介孔硅铝-氧化铝	异形条	与上一代最大量生产中间馏分油兼顾优质尾油催化剂 RHC-131/RHC-133 相比，新一代 RHC-231/RHC-233 催化剂喷气燃料收率高，尾油 *BMCI* 值更低	
	RHC-130 RHC-132 RHC-240	W-Ni	沸石-介孔硅铝-氧化铝	异形条	RHC-132 催化剂中间馏分油选择性高，产品柴油凝点低，十六烷值高。RHC-240 催化剂是新一代多产柴油的加氢裂化催化剂，与上一代无定形加氢裂化催化剂 RHC-140 中间馏分油选择性相当，活性大幅度提高	用于高压或中压一段串联和两段工艺过程，最大量生产优质低凝柴油和优质的 3 号喷气燃料，尾油是低凝点的润滑油基础油原料
	FC-20	W-Ni	沸石-无定形硅铝-氧化铝	圆柱形条、齿球形	与 3901 催化剂相比，FC-20 催化剂成本低和反应温度低，中油选择性高，柴油的凝点低	用于高压或中压一段串联和两段工艺过程，最大量生产低凝柴油和优质的 3 号喷气燃料，尾油是低凝点的润滑油基础油原料

续表

催化剂类型	牌号	金属	载体	外形	特点和用途	
中油型加氢裂化催化剂	FC-16 FC-16B	W-Ni	沸石-无定形硅铝-氧化铝	圆柱形条、齿球形	活性高，兼顾柴油的低温流动性和尾油的 *BMCI* 值	用于高压或中压一段串联和两段工艺过程，最大量生产优质的3号喷气燃料和凝点较低的柴油，尾油 *BMCI* 值较低、T_{95}等降低
	FC-28 FC-30 FC-34 FC-38	W-Ni	沸石-无定形硅铝-氧化铝	圆柱形条、齿球形	与无定形催化剂相比，中油选择性相当，活性显著提高，中间馏分油质量得到改善	用于高压单段工艺过程，最大量生产优质柴油、优质3号喷气燃料或其调合组分，尾油 *BMCI* 值低，T_{95}等大幅度降低
	FC-14	W-Ni	沸石-无定形硅铝-氧化铝	圆柱形条、齿球形	与无定形催化剂相比，活性大幅度提高，中油选择性提高，中间馏分油质量得到改善。尾油倾点可降低到-30℃以下	用于高压单段工艺过程，最大量生产优质低凝柴油和优质的3号喷气燃料，尾油是低凝点的润滑油基础油原料

表 9-9　润滑油馏分油加氢裂化催化剂、催化脱蜡催化剂和异构脱蜡催化剂

催化剂类型	牌号	金属	载体	外形	用途和特点
润滑油加氢裂化催化剂	FC-80	W-Ni	沸石-无定形硅铝-氧化铝	圆柱条、齿球形	高压下最大量生产高档润滑油基础油料
	RL-1、PL-2	W-Ni	专有	异形条	
	RHC-131、RHC-231	W-Ni	沸石-介孔硅铝-氧化铝	异形条	最大量生产高档润滑油基础油料，润滑油品质最高可以达到API Ⅲ+

第二节　加氢裂化主要反应及其热力学和动力学特性

一、原料预精制的加氢脱氮和加氢脱芳反应

（一）加氢脱氮反应

氮化物普遍存在于石油各馏分中。反应原料中的有机氮化物在催化反应（如重整、催化裂化、加氢裂化）过程中会影响催化剂活性和寿命，特别是对含沸石的加氢裂化催化剂影响更为严重，而且还影响产品质量。另外，燃料油燃烧过程中排出的NO_x对环境有严重污染。

加氢裂化过程中，加氢脱氮反应（HDN）的重要作用为：首先是将氮脱至符合工艺要求的程度，以便充分发挥第二段或第二反应器裂化催化剂的功能。众所周知，氮化物是加氢反应，尤其是裂化、异构化和氢解反应的强阻滞剂。HDN的第二个重要作用就是生产符合

规格要求的产品。研究表明，油品的使用性能尤其是安定性与 HDN 深度[20]和氮含量[21]密切相关。

一般情况是含氮杂环化合物 C—N 键氢解之前，先进行杂环加氢饱和。单环含氮杂环化合物加氢活性顺序为：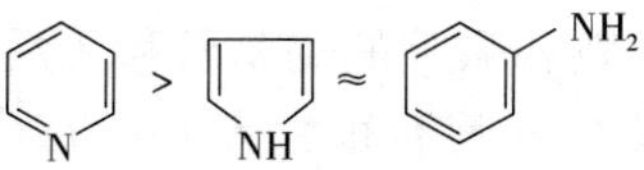

，而多环则是：三环>双环>单环。

脂肪族含氮化合物在石油馏分中很少，但它们是杂环氮化物开环反应的中间产物，脂肪族含氮化合物(胺)很容易被加氢脱氮，戊胺的反应产物为戊烷、1-戊烯和 2-戊烯。腈类(RCN)在石油馏分中很少，它容易加氢成胺，再加氢 C—N 键断裂放出 NH_3。苯胺类的反应首先是加氢饱和，并很快加氢脱氮生成环己烯，或加氢生成环己烷或脱氢生成苯。

吡咯的加氢脱氮步骤是：首先五元环加氢，其次四氢吡咯中 C—N 键断裂，最后正丁胺脱氮。

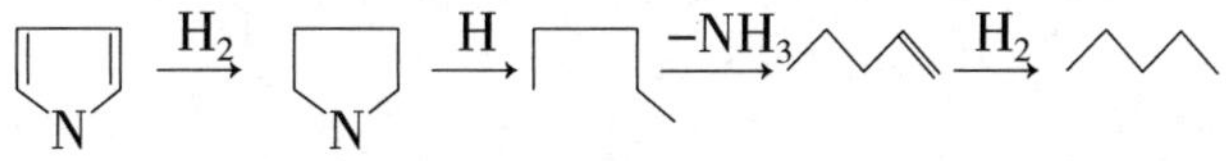

吲哚氮杂环加氢生成二氢吲哚，此反应进行得很快。其次是二氢吲哚 C—N 键在脂肪环上断裂生成邻乙基苯胺，反应进行较慢。邻乙基苯胺很稳定，只有在较高温度下才加氢生成胺，最终产物除了有乙苯和乙基环己烷外，还有苯胺、甲苯和甲基环己烷等，如图 9-11 所示。

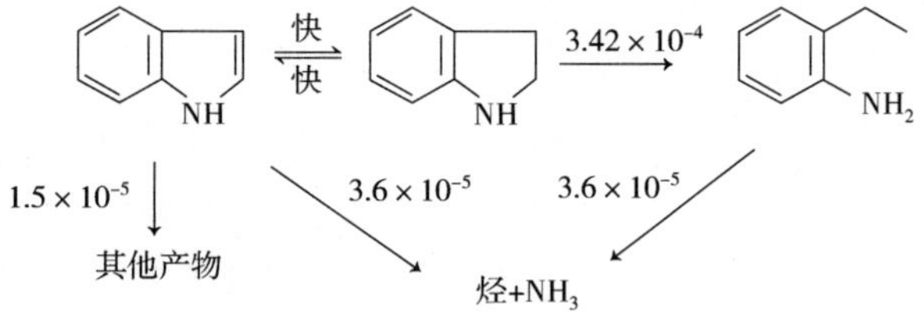

图 9-11　吲哚 HDN 反应网络

反应条件：釜式反应器，350℃，3.4MPa，正十六烷溶剂，NiMo/Al_2O_3催化剂；

箭头附近的数字为拟一级速率常数[L/(g·s)]

咔唑加氢生成 1,2,3,4-四氢咔唑的反应很快，而进一步加氢生成六氢咔唑较慢，但很快氢解成较稳定的 2-环己基苯胺，并在苯环进一步加氢后脱氮，如图 9-12 所示。

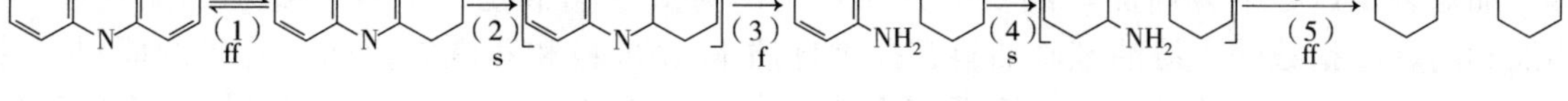

图 9-12　咔唑 HDN 反应网络

(反应条件：300~375℃，4.6MPa，Ni-W/Al_2O_3催化剂)

吡啶或烷基吡啶反应过程如下：

由吡啶加氢生成哌啶的过程很快，而哌啶变成正戊胺的反应很慢，是吡啶加氢脱氮反

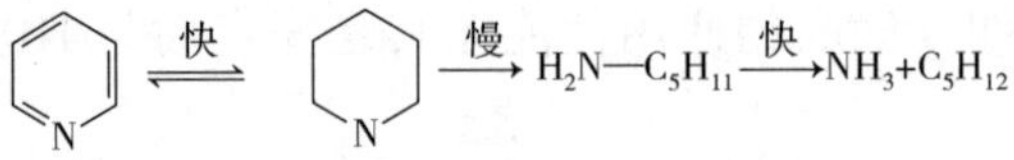

应的控制步骤。而后，戊胺应如前所述很快进行加氢脱氮，在产物中还发现有二戊胺和 *N*-戊基哌啶存在，表明还有戊胺歧化反应及戊胺和哌啶的烷基转移等反应发生。

喹啉是吡啶的苯同系物，但其反应机理与吡啶有很大差别。首先是一个环加氢饱和生成 1,2,3,4-四氢喹啉和 5,6,7,8-四氢喹啉，两种喹啉进一步加氢生成十氢喹啉就很慢。模型化合物的研究表明，喹啉反应主要是通过 5,6,7,8-四氢喹啉、十氢喹啉反应进行的，如图 9-13 所示(A 途径)[22]。

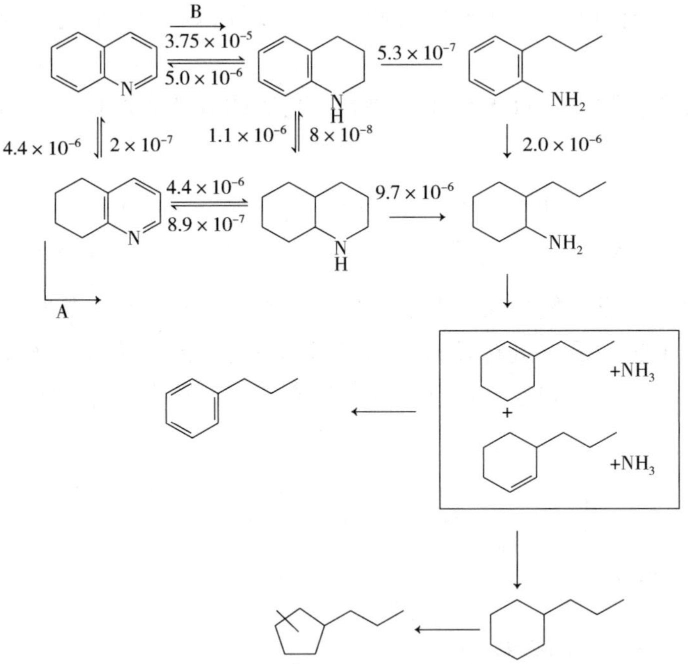

图 9-13　喹啉 HDN 反应网络

反应条件：375℃，7.0MPa，原料中喹啉 5%、CS_2 0.59%、Ni-Mo/Al_2O_3；
箭头上数字为拟一级速率常数[mol/(g·s)]

吖啶是典型的三环六元氮杂环化合物。由于吖啶分子结构更为复杂，故反应途径也更多样，如图 9-14 所示。

（二）加氢脱芳反应

加氢裂化过程中芳烃加氢的目的在于：生产芳烃含量满足产品规格要求的喷气燃料、柴油和高黏度指数的润滑油基础油料，提供优质 FCC 进料和蒸汽裂解生产乙烯的原料。芳烃加氢饱和反应也是从某些含杂原子芳香化合物中脱除杂原子和把多环芳烃转化为轻质馏分过程中必不可少的步骤。芳烃，尤其是多环芳烃在催化剂表面的强吸附可能进一步转化为重质缩聚芳烃，并最终转化为焦炭，导致催化剂失活，因此芳烃饱和反应对延长加氢裂化装置的操作周期具有重要意义。

芳烃加氢反应是可逆的放热反应，反应热为 63~71kJ/mol H_2。作为放热反应，就意味

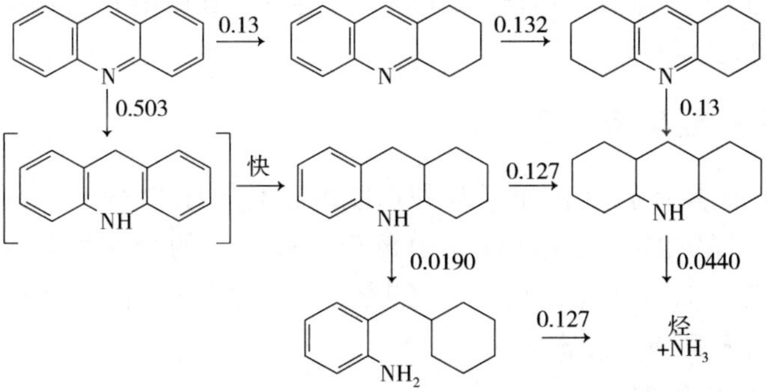

图 9-14　吖啶 HDN 反应网络

反应条件：367℃，13.9MPa，Ni-Mo/Al_2O_3催化剂，进料吖啶浓度 0.5%；

箭头上数字为拟一级速率常数[g/(g·s)]

着正向反应(加氢)的加氢活化能低于其逆反应(脱氢)，因此提高反应温度，脱氢反应速率的增值大于加氢反应(平衡常数降低)，故随着温度的提高，芳烃转化率会出现一个最高点，与此最高点对应的温度就是最优加氢温度。低于这一温度为动力学控制区，高于这一温度为热力学控制区，这时若提高反应温度，反而因平衡转化率降低而使芳烃转化率下降，因此，从热力学的角度看，高温操作不利于芳烃加氢。作为物质的量减少的反应，就意味着提高反应压力，平衡右移，有利于芳烃加氢，同时耗氢相应增加。

具有多环的芳烃，其第一环的加氢从动力学角度看最为有利，反应速率最快，第二环次之，最后一个芳环因其芳香性已接近苯，其加氢与第一环相比就相当困难了。表 9-10 列出若干多环芳烃第一环加氢的相对速率常数(为便于比较，也列出了苯的)和表示芳香性的共振能，共振能数据表明表中芳烃的芳香性有如下顺序：苯<萘<蒽<菲。

表 9-10　芳烃第一环加氢的相对速率常数

反　应	相对速率常数				总共振能/(kJ/mol)	每环共振能/(kJ/Mol)
	Ni-Mo-S/Al_2O_3	Ni-Mo-S/Al_2O_3	Co-Mo-S/Al_2O_3	WS_2		
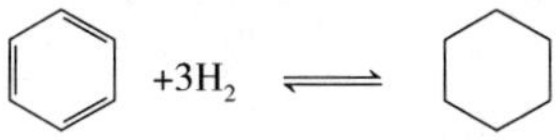	1	1	1	1	150.7~167.5	167.5
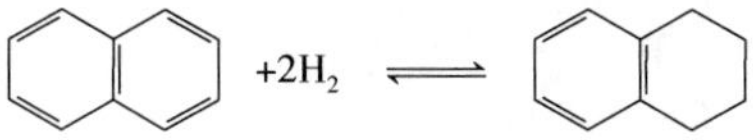	10	18	21	23	247.0~314.0	117.2
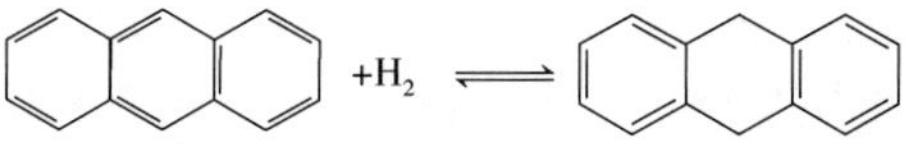	36	40	—	62	297.3~439.6	
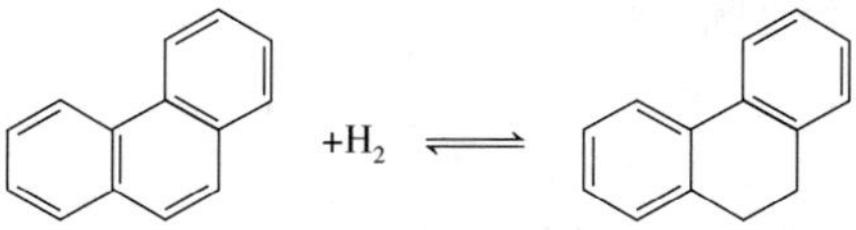	4	—	—	—	355.9~385.2	

多环芳烃中不同环的部分共振能不同，如萘分子中一个环的共振能比苯的低得多，萘加氢生成四氢萘的反应速率比苯加氢高一个数量级，便表明萘中一个环的芳香性较低。多

环芳烃中，最容易加氢的环便是芳香性最低的环。表 9-10 中的相对速率常数表明第一环加氢活性顺序如下：蒽>萘>菲>苯。

二、加氢裂化主要反应

加氢裂化反应是在具有裂化和加氢两种功能的催化剂上进行的，其裂化活性是由无定形硅铝或沸石(载体)提供的，加氢活性是由负载在载体上的金属组分提供的。在催化剂作用下，非烃化合物进行加氢转化，烷烃、烯烃进行裂化、异构化反应，通过开环等反应，多环化合物最终转化为单环化合物。

(一) 正碳离子反应机理

加氢裂化反应遵循正碳离子机理，在某种程度上可以认为是氢分压下的催化裂化反应。所有在催化裂化过程中最初发生的反应基本均有发生，由于有加氢活性中心的存在，一些二次反应如氢转移、结焦就在很大程度上被抑制了。

1. 在双功能催化剂上的反应历程

在双功能催化剂上，原料首先在加(脱)氢活性中心上脱氢成烯烃，然后在酸性中心上生成正碳离子，正碳离子的 β 位置上发生 C—C 键的断裂，得到一个烯烃和一个较小的仲(叔)碳离子，当有二个或以上 β 位时，就有同时裂化的可能性，产生的烯烃可以在加氢活性中心上加氢饱和，一次裂化产生的正碳离子还可以依上述顺序进一步裂化成更小的分子，而得到二次裂化产物，整个反应过程可由图 9-15 表示。

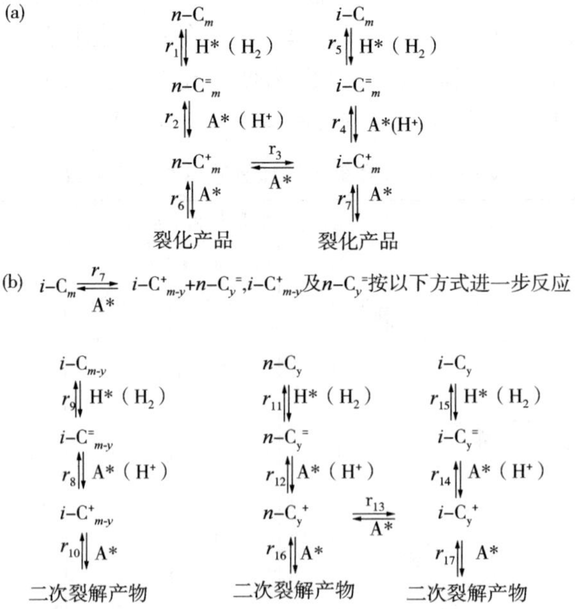

图 9-15　加氢裂化反应机理

2. 正碳离子的生成与反应

生成正碳离子的途径有以下几种：

(1) 烷烃上与碳形成共价键的氢可以与催化剂上的质子酸中心(H^+)或非质子酸中心作

用生成正碳离子。

$$R:H + H^+ \rightleftharpoons R^+$$

（2）烯烃或芳烃与质子酸作用生成正碳离子。

$$R_1CH = CHR_1 + HX \rightleftharpoons R_1CH^+CH_2R_2 + X^-$$

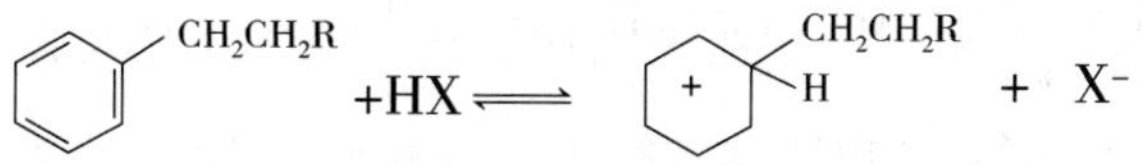

（3）正碳离子与饱和烃作用，发生氢转移反应，生成一个新的正碳离子。

$$R_1^+ + R_2H \rightleftharpoons R_1H + R_2^+$$

3. β 键断裂反应

β 键断裂是烃类正碳离子裂化的基本机理，β 键断裂生成的正碳离子包括伯正碳离子、仲正碳离子和叔正碳离子，其稳定顺序如下：叔正碳离子>仲正碳离子>伯正碳离子。

因为伯正碳离子很不稳定，极易变成仲正碳离子，所以一般都是叔、仲正碳离子反应，其反应机理如表 9-11 所示。

表 9-11 β 键断裂机理[23,24]

β 键断裂类型	β 键断裂反应	正碳离子类型①	对正碳离子要求		
			最小正碳离子	最少支链	支链位置
A	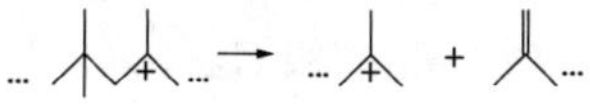	t→t	$C_8H_{17^+}$	三支链	α，γ，γ
B_1	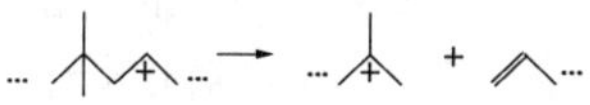	s→t	$C_7H_{15^+}$	双支链	γ，γ
B_2	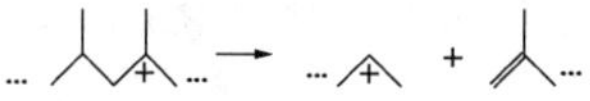	t→s	$C_7H_{15^+}$	双支链	α，γ
C	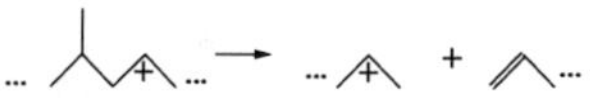	s→s	$C_6H_{13^+}$	单支链	γ

① s、t 分别表示烷基仲、叔正碳离子。

（二）异构化反应

在加氢裂化过程中，烃类由于正碳离子反应机理易于发生异构化反应，因而产品中异构烃与正构烃之比较高，常常会超过热力学平衡值。异构化包括原料分子的异构化和裂化产品分子的异构化两部分。

正碳离子生成后可发生许多反应，而最为重要的是异构化反应，主要是双键异构化和骨架异构化反应。

双键异构化：

$$CH_2{=}CHCH_2CH_2CH_3 \underset{-H^+}{\overset{+H^+}{\rightleftharpoons}} CH_3\overset{+}{C}HCH_2CH_2CH_3 \underset{+H^+}{\overset{-H^+}{\rightleftharpoons}} CH_3CH{=}CHCH_2CH_3$$

骨架异构化：

$$CH_3{-}\underset{}{\overset{CH_2}{\overset{|}{C}}}{=}CHCH_2CH_3 \underset{-H^+}{\overset{+H^+}{\rightleftharpoons}} CH_3{-}\underset{+}{\overset{CH_3}{\overset{|}{C}}}{-}CHCH_2CH_3$$

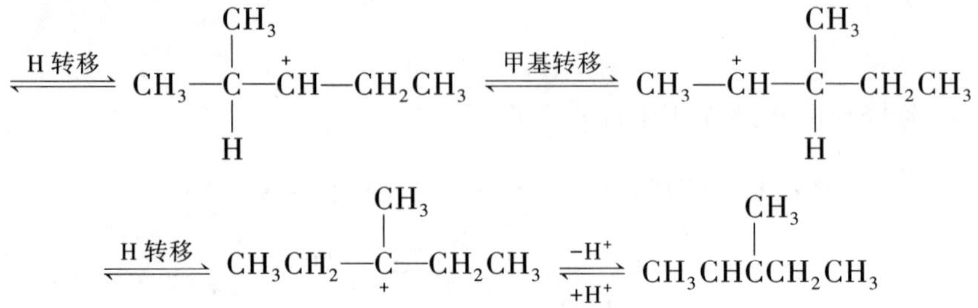

骨架异构化主要发生在烯烃和烷基芳烃上，而烷烃不发生骨架异构化。直链烃中的仲正碳离子在β位断裂生成一个烯烃和一个伯正碳离子。

$$R_1CH_2\overset{+}{C}HCH_2CH_2CH_2R_2 \longrightarrow R_1CH_2CH{=}CH_2+\overset{+}{C}H_2CH_2R_2$$

由于仲正碳离子比伯正碳离子更稳定，生成的伯正碳离子很快会转化成仲正碳离子。

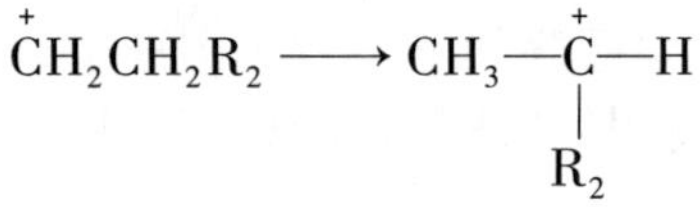

异构化反应是弱放热反应，反应热仅为2～20kJ/mol，因此低温有利于反应的进行，且随反应温度的变化很小，但与产物的支链数目、位置和支链结构有关。另外，反应压力对异构化反应平衡影响很小。

（三）烷烃的加氢裂化反应

烷烃在无定形双功能催化剂上的加氢转化机理，Coonradt 和 Garwood[25]首次提出的经典的双功能机理描述如图9-16所示。该机理能合理地解释了烷烃“理想加氢裂化”（催化剂的酸功能和金属功能处于平衡状态下的加氢裂化）情况的产品分布。后来对烷烃在贵金属沸石催化剂上加氢转化的研究表明，其反应机理与对无定形双功能加氢裂化催化剂机理相似[26]。

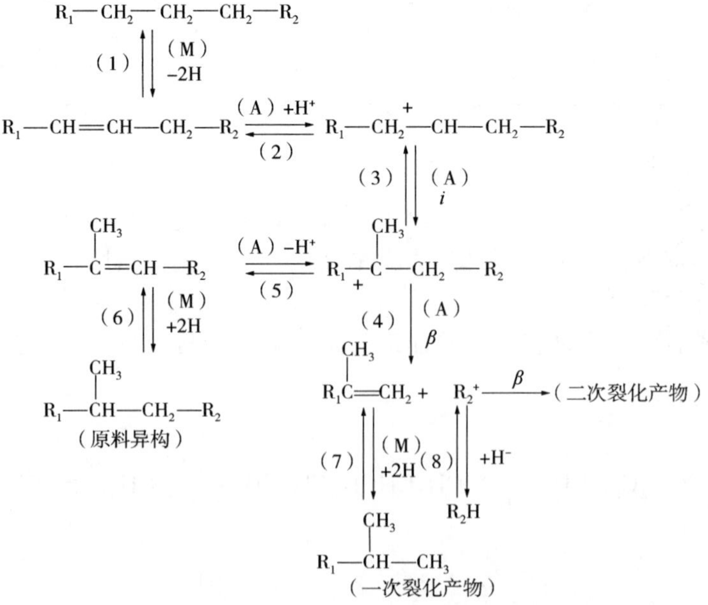

图9-16　正构烷烃的典型双功能加氢转化机理

(M)：金属位；(A)：酸性位；i：异构化反应；β：β键断裂反应

从图 9-16 可以看出，正构烷烃在双功能催化剂上的加氢裂化反应步骤如下：

① 正构烷烃在催化剂的金属位吸附。

② 吸附的正烷烃脱氢生成正构烯烃[反应(1)]。

③ 正构烯烃从金属位扩散到酸性位。

④ 烯烃在酸性位获得质子生成仲正碳离子[反应(2)]。

⑤ 仲正碳离子通过质子化环丙烷中间物生成叔正碳离子[反应(3)]；仲正碳离子通过 β 键断裂生成正构烯烃和伯正碳离子的几率很小，故该反应在图中未予表示。

⑥ 叔正碳离子通过 β 键断裂生成异构烯烃和一个新的正碳离子[反应(4)]。

⑦ 叔正碳离子失去质子生成异构烯烃[反应(5)]。

⑧ 正、异构烯烃从酸性位扩散至金属位。

⑨ 正、异构烯烃在金属位上加氢饱和[反应(6)和反应(7)]。

⑩ 新生的正碳离子(如 R_2^+)既可获得负氢离子变成烷烃，也可继续发生 β 键断裂(二次裂化)，直至生成不能再进行 β 键断裂的 C_3 和 i-C_4 正碳离子为止。这正是加氢裂化气体产物中富含 C_3 和 i-C_4 的原因。

(四) 环烷烃的加氢裂化反应

环烷烃在加氢裂化催化剂上的反应有脱烷基、六元环的异构和开环反应。环烷正碳离子的裂化要比烷烃正碳离子裂化困难得多，而且环烷烃正碳离子发生 β 键断裂后生成的非环正碳离子有强的环化倾向。

环烷烃在双功能催化剂上和加氢裂化反应条件下的异构化反应，主要是环的异构，也就是五、六元环间环烷烃的相互转化，以及在侧链上链烷烃的异构化及烷基的迁移和数目的变化，后者其规律性和链烷烃的基本一致，而环上碳数的变化则有不同。环碳原子数减少的异构化反应为吸热反应，反应的平衡常数随温度升高增加较多，例如环己烷异构化成甲基环戊烷时，$K_{p700K}/K_{p300K}=45.5$，因此高温对缩环反应有利。随着原料碳数的增加，反应的平衡常数下降。

还有一种特殊的反应，以六甲基苯为原料，在加氢裂化条件下，若是以脱烷基反应为主，则产生大量甲烷，而实际上甲烷很少，轻烃以 C_4 为主，且异构/正构比较高，环的开裂很少；环烷烃集中在 C_7~C_9，芳烃集中于 C_{10} 和 C_{11}，这一特殊反应称之为“剥皮反应”[27]，反应途径如图 9-17 所示。

总之，烷基苯和烷基环烷烃在加氢裂化时，共同点是环保留，而差别是烷基苯先裂化后异构，而烷基环烷烃是先异构而后裂化；而且两者裂化后产物不同，烷基苯可进一步发生烷基转移反应，最后若烷基苯的侧链较长，还可能再环化生成双环化合物，而烷基环烷烃则不能环化成双环化合物。

(五) 芳烃的加氢裂化反应

多环芳烃的加氢裂化在提高轻产品收率、改善产品质量和延长装置运转周期等方面有着重要作用。研究表明，在加氢裂化条件下，多环芳烃的反应非常复杂，其反应网络中包括逐环加氢、开环(包括异构)和脱烷基等一系列平行、顺序反应。多环芳烃很快加氢生成多环环烷芳烃，其中环烷环较易开环，并相继发生异构化、断侧链或脱烷基反应。分子中含有两个以上芳环的多环芳烃加氢饱和、开环、断侧链反应都较容易进行，而含一个芳环

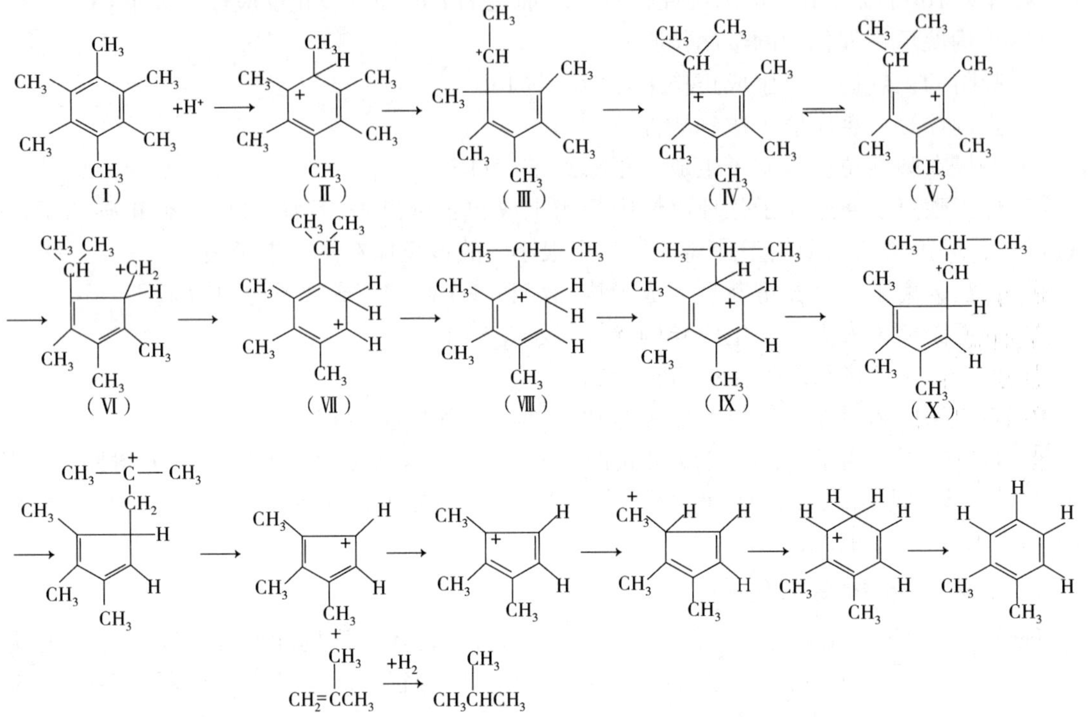

图 9-17　六甲基苯的“剥皮反应”途径

的多环化合物，其饱和环的开环和断侧链反应较侧链反应快，但芳环加氢较慢。因此，多环芳烃加氢裂化最终主要产物是苯类和较小分子的烷烃。现将一些有代表性的多环芳烃加氢裂化反应分述如下。

1. 单环芳烃

苯环是很稳定的，不易开环，而其加氢反应过程如图 9-18 所示。苯在 Co-Mo-S/Al_2O_3催化剂上加氢生成环己烷和甲基环戊烷是一个串联反应，环己烷和甲基环戊烷皆由苯部分加氢中间物环己烯生成，在研究中只发现环烯烃脱附，而没有发现环己二烯的脱附。

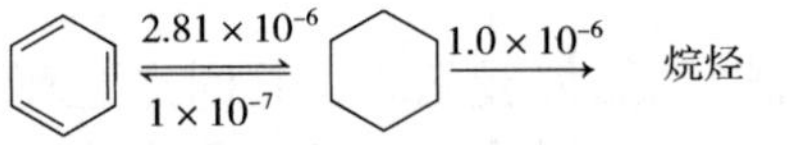

图 9-18　苯加氢反应

反应条件：Co-Mo-S/γ-Al_2O_3催化剂、325℃、7.6MPa；

箭头上的数字为拟一级速率常数[L/(g · s)]

取代烷基苯的反应是：无论取代基是饱和的或可加氢的，对苯环的加氢速率都没有多大影响，因此可以排除催化剂表面吸附过程中的空间位阻作用，并表明这些取代基的电子因素差别不大。

2. 双环芳烃

萘常用作石油馏分中芳烃的代表，因而对其研究颇多，结果表明反应是包括串联、平行反应的复杂过程，也因催化剂的酸性功能和加氢功能不同、匹配和反应条件不同而产品分布也不同。萘类的反应首先是一个芳环饱和生成四氢萘，四氢萘可加氢生成十氢萘，也可生成环异构物，也可开环生成正丁基环己烷。

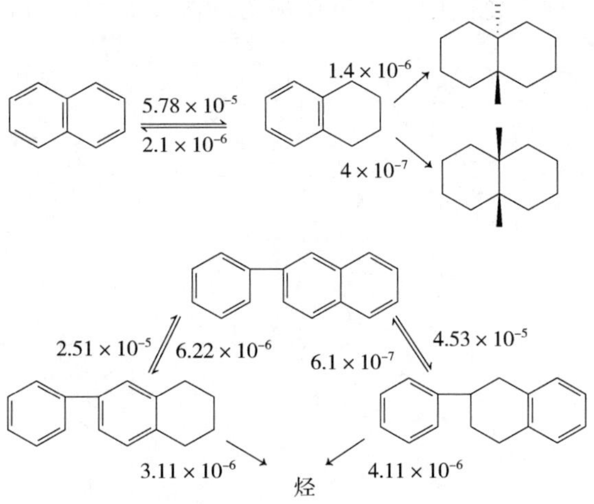

图 9-19　萘和 2-苯基萘的加氢反应网络

反应条件：Co-Mo-S/γ-Al_2O_3催化剂、325℃、7.6MPa；

箭头上的数字为拟一级速率常数[L/(g·s)]

由图 9-19 可见，萘的第一个芳环加氢速率常数比第二芳环大一个数量级，萘加氢生成四氢萘的速度比苯加氢快 20 倍以上。苯基萘与联苯第一步加氢速率也相差一个数量级，但是苯和萘分子上的苯基的存在对其加氢速率没有多大影响，这可能是苯基给电子能力对加氢的促进作用为苯基对吸附的位阻效应所抵消的缘故，而苯基萘在加氢时，与苯基相连的苯环加氢比另一个苯环快，就可能与苯基给电子效应有关。

3. 三环芳烃

在加氢裂化条件下，蒽的加氢裂化主要是通过 1,2,3,4-四氢蒽，一部分异构化成 5,6-苯并茚满后再裂化成环烷基萘，然后部分加氢生成四氢萘，另一部分异构成茚满生成烷基苯。随反应温度的升高，反应向生成少环芳烃的方向进行，$C_3 \sim C_4$的气体量也增加，且以生成异丁烷为特征。在反应初期和低温下，有部分 9,10-二氢蒽存在，其中一部分变成二苯基甲烷，但大部分会再次脱氢生成蒽。在高压下有利于二氢蒽的生成，八氢蒽生成很少，不是主要反应。蒽的反应过程可用图 9-20 概括。

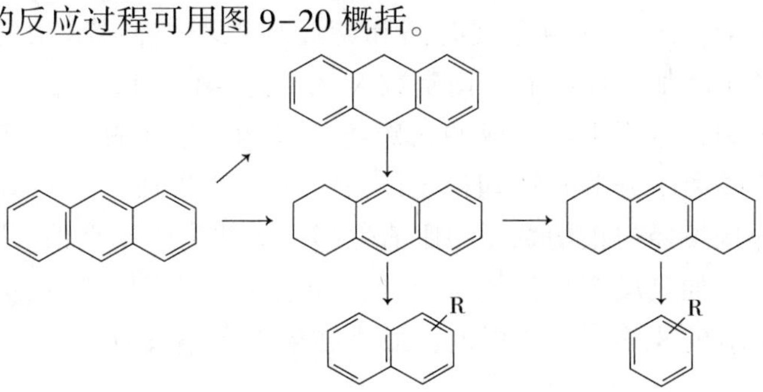

图 9-20　蒽加氢反应网络

4. 四环以上的芳烃

一般情况下，加氢裂化原料中四环以上的多环芳烃含量很少，仅以芘为代表简述。其反应途径是先加氢，从芘的氢化物中裂化出一个丙烷，生成 C_{13} 以后再裂化，其顺序是 C_{16}→C_{13}→C_{10}→C_6。在各种氢化芘中，十氢芘最为活泼，其反应过程如图 9-21 所示。

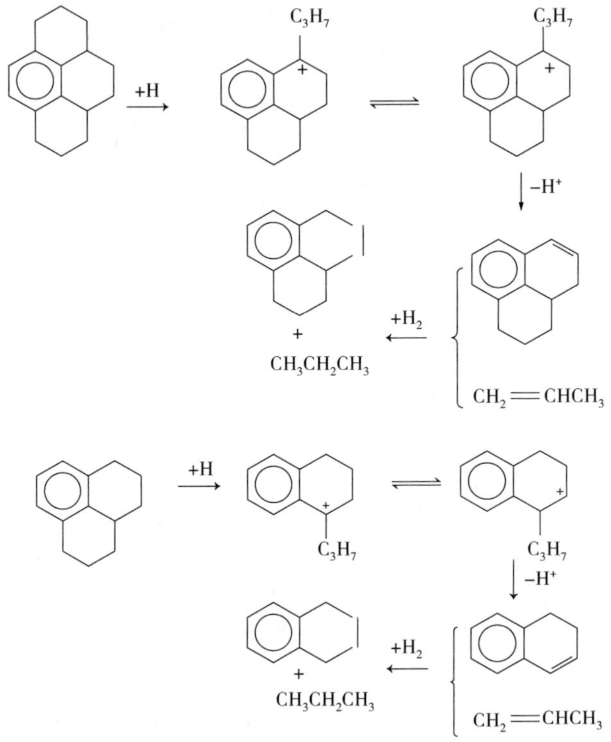

图 9-21　十氢芘加氢裂化机理

三、加氢裂化反应的热力学特点

在加氢裂化反应中，有以下三个热力学特点：

（1）烃类裂解和烯烃加氢等反应，由于化学平衡常数 K_p 值较大，不受热力学平衡常数的限制。

（2）芳烃加氢反应，随着反应温度升高和芳烃环数增加，芳烃加氢平衡常数 K_p 值下降；对于稠环芳烃各个环加氢反应的平衡常数 K_p 值为：第一环>第二环>第三环。

（3）由于在加氢裂化过程中，形成的正碳离子异构化的平衡转化率随碳数的增加而增加，因此，在这些正碳离子分解并达到稳定的过程中，所生成的烷烃异构化程度超过了热力学平衡，产物中异构烷烃与正构烷烃的比值也超过了热力学平衡值。

加氢裂化反应中，加氢反应是强放热反应，而裂解反应则是吸热反应。裂解反应的吸热效应常常被加氢反应的放热效应所抵消，最终结果为放热效应。

四、加氢裂化反应的动力学特点

许多研究结果表明，在加氢条件下进行的裂解反应和异构化反应属于一级反应，而加氢反应则是二级反应。但在实际工业条件下，通常采用大量的过剩氢气，因此总的加氢裂化反应表现为拟一级反应。以下用相对反应速率常数 K 来比较它们的反应速率大小，以便对稠环芳烃的加氢裂化有一个基本的了解。

图 9-22 表示了催化裂化轻循环油等温加氢裂化时测得的各步相对反应速率常数，可知多环芳烃很快地被部分加氢生成双环烷基苯类，而多环化合物中的环容易发生开环反应，接着发生裂化和异构化反应，上述反应的相对速率常数 k 均在 1 以上。单环环烷烃和烷烃类较难裂化，例如单环环烷烃类裂化为烷烃的相对反应速率常数 k 仅为 0.2。单环芳烃类加氢也很困难，如烷基苯加氢为单环环烷烃，k 值只有 0.1。带侧链的单环环烷烃和苯类是很容易发生侧链断裂的，如烷基苯类脱烷基时 k 值为 1.6。

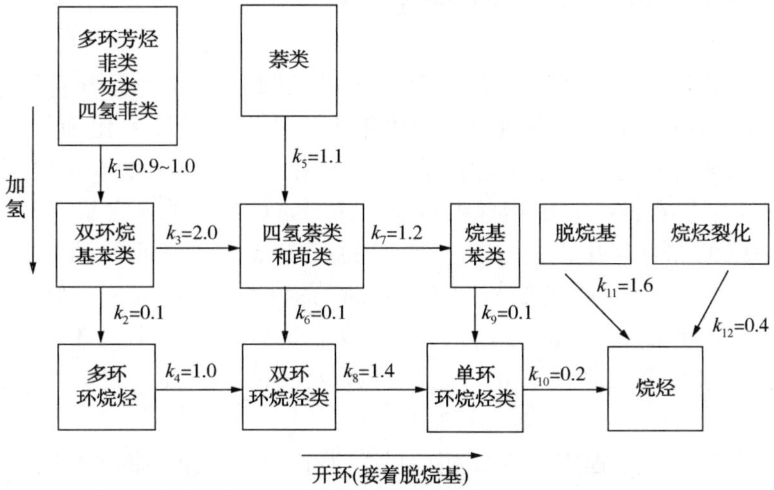

图 9-22 催化裂化轻循环油等温加氢裂化时的相对反应速率常数

多环芳烃在加氢裂化条件下不会像在催化裂化时那样缩合生焦，这是加氢裂化催化剂活性稳定、使用寿命长的主要原因。

第三节 加氢裂化过程的主要影响因素

一、原料油性质对加氢裂化反应过程的影响

(一) 加氢裂化对原料的要求

加氢裂化在制取不同目的的产品时对原料组分或馏分的要求局限性不大，通过改变催化剂、调整工艺条件或流程可以大幅度改变产品的产率和性质，从而最大限度地获取目的产品。对加氢裂化工艺主要考虑所采用的原料能否维持过程的长周期运行，但在讨论对原料指标要求时不能脱离催化剂及工艺，因为三者是相互关联又相互制约的。

如果催化剂性能好、活性高、抗污染能力强，则可允许加工质量更劣、杂质较多的原料。

世界各国加氢裂化装置所采用原料的各项性质的指标范围大致如表 9-12 所示，实际生产所使用的原料多在其上限值以下，其连续一次运行周期一般都在 3 年以上。但随着许多炼化公司挖潜增效要求的不断提高，对加氢裂化装置也提出了 4 年或 5 年一个检修周期的运行要求。

表 9-12　常规加氢裂化原料各项指标控制范围

项目	指标	项目	指标
氮含量/(μg/g)	<2000	沥青质/%	<0.01
硫含量/%	0.3~3.0	残炭/%	<0.3
终馏点/℃	<573	金属含量/(μg/g)	<2

（二）原料油杂质对加氢裂化装置的影响

1. 氮含量的影响

原料要求控制的各项指标中，杂质、重金属以及馏分干点主要影响催化剂的稳定性，而氮化物则不仅影响稳定性，对活性的影响也很大，特别是碱性氮化物，对依靠酸性而产生裂解活性的加氢裂化催化剂的裂解性能有抑制作用，并且氮化物本身也不稳定，易缩合生焦造成催化剂失活，因此在各项指标中首要关注的是原料中的氮含量。

对于一段串联的加氢裂化工艺，在精制段的反应器中，将原料油的氮含量降低到预期的程度(例如小于 10μg/g 或更低)，使精制油的氮含量满足加氢裂化催化剂对进料氮含量的要求，实现装置的长期稳定运转。在单段加氢裂化工艺中，在其反应器的顶部床层装填适量的精制催化剂，降低裂化催化剂床层入口进料的氮含量，会有助于降低其反应温度。

杂环氮化合物在加氢过程中，生成相应的烃类和氨(NH_3)，将氮脱除。NH_3 与 H_2S 反应会生成硫氢化铵(NH_4HS)。NH_4HS 在低温区内易沉积积垢，影响冷换设备的换热、冷却效果和系统压降，因此，需要在反应进料/反应流出物换热器和反应流出物空冷器之间，注入适量的脱盐水，以将易溶于水的 NH_4HS 脱除，并排出装置。

表 9-13 为采用两种类型催化剂即金属钯和非贵金属 Ni-Mo 沸石催化剂，使用氮含量分别为 2000μg/g 及 0μg/g 的两种原料，在相同的转化率下(重油转化率为 65%)所需的反应温度。可以看出，无论是贵金属还是非贵金属催化剂，原料中的氮含量对催化剂的裂化活性影响都很大，但对贵金属催化剂的影响要比非贵金属催化剂更大，非贵金属 Ni-Mo 催化剂温度之差达到 85℃，而 Pd 催化剂则达 110℃。

表 9-13　原料中氮含量对不同金属类型催化剂活性的影响[28]

原料油氮含量/(μg/g)	2000		0	
催化剂牌号	KC-2000	KC-2100	KC-2000	KC-2100
组　分	Ni-Mo 沸石	Pd 沸石	Ni-Mo 沸石	Pd 沸石
裂解活性(转化率 65%所需温度)/℃	380	360	295	250

表 9-14 列出几种不同原油切割相同馏分加氢裂化时的反应温度。几种原料的硫含量相近，氮含量相差近一倍，在相近的重油转化深度下，其平均反应温度相差 13.9℃，说明氮含量高时，必须提高反应温度补偿，以达到相同的裂解深度。

表 9-14　不同氮含量的几种原料油对催化剂平均裂化反应温度的影响

原料 VGO 种类	科威特	IMEG-A	伊朗
馏分范围/℃	349~549	349~549	349~549
氮含量/(μg/g)	640	765	1165
硫含量/%	2.5	2.3	1.7
初期反应温度/℃	*B*	*B*+6.1	*B*+13.9
产物收率/%			
C_5~82℃	5.3	4.5	6.4
82~150℃	15.8	15.4	15.4
150~371℃	61.4	65.1	61.8
>371℃	12.1	10.6	11.0

图 9-23[29] 为原料中氮含量对催化剂失活速率的影响。由图中可以看出，当氮含量由 500μg/g 增加至 1300μg/g 时，催化剂的失活率增加近 3 倍，说明氮含量对催化剂活性降低影响很大。

为了充分发挥裂化催化剂的裂解活性以及保持活性稳定，需将原料中的氮脱除到一定水平。图 9-24[30] 为氮含量不同的原料在脱氮达到一定深度时对精制反应温度的影响，由图中可以看出，原料氮含量增高，精制反应温度也必须提高。

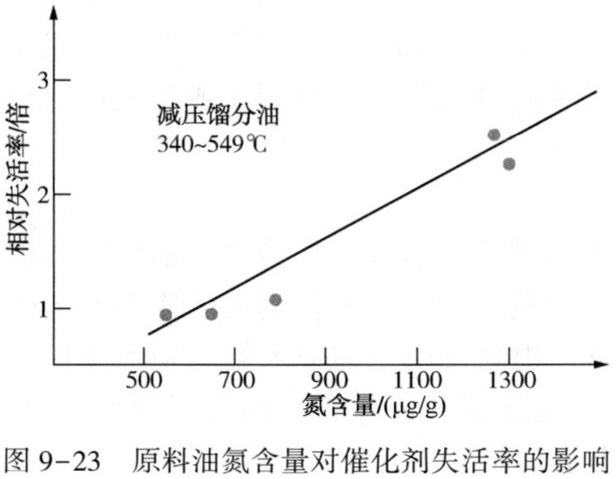

图 9-23　原料油氮含量对催化剂失活率的影响

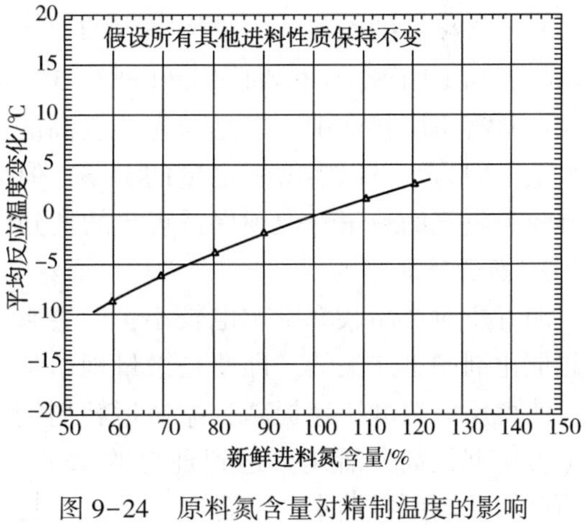

图 9-24　原料氮含量对精制温度的影响

2. 硫含量的影响

几种加氢裂化原料的硫含量和硫化物类型分布见表 9-15。由表 9-15 可见，进口含硫 VGO 的硫含量要远高于国内 VGO，胜利 CGO 的硫含量要远高于辽河 CGO；直馏 VGO 中的噻吩硫占其硫含量的 66.3%~69.2%，CGO 中的噻吩硫占其硫含量的 80% 以上。

表 9-15 几种加氢裂化原料硫含量和硫化物类型分布

原料油	硫含量/%	硫化物的分布/%	
		非噻吩硫	噻吩硫
胜利 VGO	0.65	33.7	66.3
孤岛 VGO	1.11	30.6	69.4
沙轻 VGO	2.07	34.3	65.7
沙中 VGO	2.27	32.0	68.0
伊朗 VGO	1.46	30.8	69.2
胜利 CGO	0.92	19.5	80.5
辽河 CGO	0.26	19.2	80.8

原料中各种有机硫化物在加氢过程中形成 H_2S，在气相中具有一定的 H_2S 分压，H_2S 的存在具有有利的一面，也有不利的一面。因为加氢裂化过程使用的绝大多数为非贵金属硫化型催化剂，必须在反应系统中保持一定的 H_2S 分压方能避免催化剂中的硫不被脱除而维持原有的活性。对于非贵金属型催化剂，虽然不同催化剂所要求的 H_2S 分压不尽相同，并且所需的 H_2S 分压与反应工艺条件（如氢分压、反应温度）有关，但通常认为 H_2S 分压保持在 0.05MPa 以上较好，即在 10.0~15.0MPa 压力下，H_2S 浓度在 0.03%~0.05%为宜。

H_2S 存在的另一不利方面，除了如前所述会与氢气中的氨形成 NH_4HS 而堵塞系统外，当浓度高时还会对设备造成腐蚀，系统中的 H_2S 浓度通常不能超过 2%，高于此值应采取措施加以处理，如增加循环氢脱硫系统，采用乙醇胺为溶剂在高压系统中将 H_2S 脱除。如果循环氢中 H_2S 浓度过高，也可采用增加注水量或排废氢量的方法予以控制。排放废氢有利于提高系统的氢分压，但排放废氢的方法会影响到装置的经济性。

对于含硫低的原料，为维持一定的 H_2S 分压，可采取以下措施：一是加入一定量的含硫化物，如 DMDS、SulfrZol©54 和 FSA-55 等，可加入原料油中，也可直接加入系统，或者将元素硫溶于原料油中；二是与含硫较高的油料混合作为进料；三是减少反应出口流体的注水量，因为水可以溶解一定量的 H_2S，但应注意其用量应足够溶解所生成的氨；四是减少排除废氢气的数量，但须保持规定的氢分压。

3. 沥青质的影响

沥青质对产品收率影响也较小，但会影响尾油的颜色。沥青质作为结焦前驱物，极易引起催化剂的迅速失活。即使是微量地增加沥青质含量，也会使催化剂失活速率大幅度增加，使得反应温度快速提高，缩短运转周期。通常，提高反应压力或大幅度增加保护催化剂量可使催化剂失活速率达到理想的水平，但相应地投资和操作费用均有所增加。因此，必须严格控制原料油中的沥青质含量，一般要求小于 0.01%。

4. 氯的影响

氯化物能够通过重整氢、补充氢或原料油引入该体系。进料中的氯化物含量即使低至难以测量的程度也能够引起流出物结垢。在 2011 年 NPRA Q&A 会议上，UOP 强调进料中氯化物含量的最高允许值为 0.5μL/L，补充氢中氯化物含量的最高允许值为 1μL/L[31]。

原料油中以有机氯形式存在的氯，对设备并不产生腐蚀。在加氢条件下，原料中的有机氯会发生如下反应：

$$R—Cl+H_2 \longrightarrow R—H+HCl$$

有机氯加氢生成的HCl气体，对设备不产生或只有轻微腐蚀作用，但在冷凝区出现明水后，HCl便和物流中的硫化氢形成腐蚀性很强的$HCl-H_2S-H_2O$体系，HCl和H_2S相互促进的交叉腐蚀，对系统构成的腐蚀危害极为严重。此外，HCl与NH_3和Fe发生反应，分别生成NH_4Cl(白色)和$FeCl_2$(绿色)，在相变处析出，堵塞管道和设备，导致系统压降升高，严重时甚至会危及装置的正常运转。

5. 其他杂质的影响

原油中的金属分为水溶性的无机盐(钠、钾、钙、镁的氯化物和硫酸盐)和油溶性的金属有机化合物两大类。存在于原油乳化液水相中的水溶性无机盐可在原油的电脱盐过程中被脱除。以复合物、脂肪酸盐或胶体悬浮物等形态存在于石油中的金属有机化合物主要有环烷酸铁、镍及钒的卟啉化合物。

Fe、Ca、Mg等金属对产品收率、性质及催化剂活性影响较小。但是，Fe离子很容易成为硫化物而沉积在催化剂颗粒表面及粒间空隙，引起床层压降的上升，迫使装置在催化剂活性尚未丧失之前就被迫停工处理。高的Ca和Mg金属含量也有类似影响。

Ni、V、Cu、As、Si等金属极易引起催化剂中毒。此类金属的存在会导致催化剂永久失活，缩短装置的运转周期。高的金属含量也会导致一部分催化剂不能通过再生恢复活性。

因此，加氢裂化过程中应严格控制进料的金属含量，一般要求不大于2μg/g。

(三) 原料油终馏点对加氢裂化装置的影响

终馏点或馏分范围是加氢裂化原料十分重要的控制指标。它直接关系到可提供原料的数量，并与工艺技术水平及经济性有关。原料终馏点提高，除了因为黏度增加以致原料向催化剂内部扩散的速度减慢，从而降低了反应速度外，还带来数量更多、结构更为复杂的非烃化合物以及多环芳烃、胶质、沥青质和重金属等杂质，大大增加了加氢裂化难度，同时这些杂质很不稳定，容易缩合生焦而使催化剂加速失活。稠环芳烃还会在加氢裂化产品的流出物中析出固体结晶物而造成系统压降或堵塞现象。因此在选择原料油馏分范围，特别是终馏点时，必须从兼顾技术和经济两方面加以考虑。

为了降低炼油成本，最大限度地利用原油资源，各大炼油企业纷纷采用常减压蒸馏装置减压深拔技术，使得减压馏分油终馏点已达570℃以上，甚至达到600℃。为了适应加氢裂化装置处理减压深拔馏分油，一方面通过上游装置的优化操作，严格控制减压馏分油的质量指标；另一方面，各大研究机构也积极投入科研力量，从工艺及催化剂等方面进行针对性的改进研究，应对随着干点的提高而带来的性质更加劣质化、重质化的减压深拔蜡油原料。

二、操作参数对加氢裂化反应过程的影响

(一) 反应温度

反应温度是加氢裂化过程的主要工艺参数之一。尤其对工业装置而言，正常生产情况下，反应压力、空速和氢油比相对固定，反应温度是最灵活、有效和常采用的调控手段。反应温度是加氢裂化过程须严格控制的操作参数之一。工业装置通过对反应温度的调整，

可以在一定范围内改变加氢裂化的转化深度、产品分布和产品质量。工业装置反应温度不仅仅是指反应器入口温度，确切地说，影响反应深度的是反应器催化剂床层平均温度。工业装置利用冷氢来调节催化剂床层温度，使床层温度分布更为合理，可以更有效地利用催化剂，实现工业装置的长周期运行。

加氢裂化是强放热反应过程，反应温度增加则反应速度加快，从而释放的反应热也相应增加。如果不及时将反应热从系统中导出，势必引起床层温度骤升，导致催化剂超温，使催化剂的活性受到损坏，使用寿命降低。此外，如果反应温度过高，催化剂表面积炭速度也迅速增加，使催化剂的再生周期缩短。一般重馏分油的加氢裂化温度控制在370～440℃。在运转初期，催化剂的活性比较高，反应温度可以适当选择低一些；运转后期，由于催化剂的活性逐步衰减，为了保持一定的加氢裂化深度，反应温度就要相应逐步提高。

反应温度与加氢裂化的转化率、产品分布和产品质量直接相关，而且不同类型加氢裂化催化剂对反应温度的敏感度不同，沸石含量越高的加氢裂化催化剂对反应温度越敏感，因此，采用沸石催化剂的工业装置在实际提温调整操作时，要格外谨慎。

工业装置反应温度控制方法和基本原则包括：

(1) 一般用反应器入口温度控制床层的温升。采用床层间冷氢调节下一个催化剂床层的入口温度，控制其床层温升，使之达到预期的精制效果和裂化深度。

(2) 正常操作中对反应温度的调整应严格遵循“先提量后提温和先降温后降量”的基本原则，以避免加氢裂化装置超温或反应温度失控。

(3) 密切关注反应进料情况，如发生进料中断，应立即按照应急预案降低反应器入口温度，防止由于装置携带热量能力下降而导致“飞温”事故。

(4) 在任何情况下都要确保催化剂床层的温度逐渐地、平稳地提升，反应温度的提升速度要始终处于安全、可控的操作范围内。而根据国内加氢裂化装置多年运行经验，对于沸石含量较高的加氢裂化催化剂，在初期使用时升温速度控制在不超过1℃/h是较为稳妥的做法。

（二）反应压力

反应压力是一个重要的操作参数。反应压力提高对加氢热力学平衡有利，对受平衡限制的芳烃加氢反应，压力的影响尤为明显。

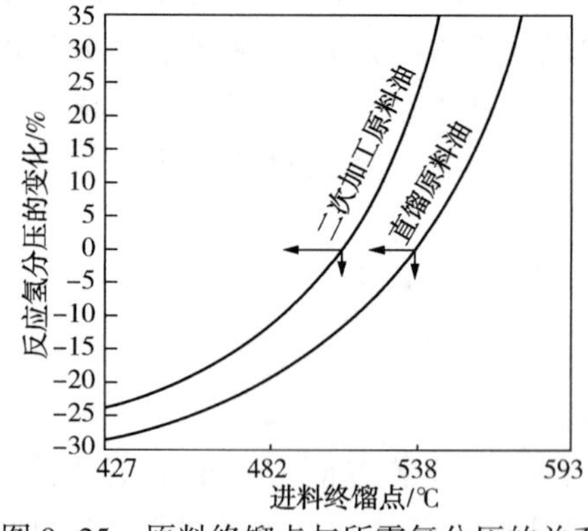

图9-25　原料终馏点与所需氢分压的关系

对于气-液相加氢裂化反应来说，虽然压力升高将使油的汽化率下降，油膜厚度增加，从而增加了氢向催化剂表面扩散的阻力。但是压力提高使氢通过液膜向催化剂表面扩散的推动力增加，扩散速度提高，总的转化率提高。

一般地，原料越重，所需反应压力也越高，如图9-25所示。直馏原料油终馏点由538℃增加到565.5℃，则反应氢分压约需提高20%；同样是538℃，则二次加工油的加氢裂化，其氢分压比直馏馏分油又要提高25%。主要原因是稠环芳烃和氮化物的含量，随原料终馏点提高而增加，同时其结构也不完全相同，而二次加工油比直馏馏分油又有所增加，所以必须提高氢分压，以维持一定的转化深度。

提高反应压力，有利于减缓催化剂表面积炭速度，可以延长催化剂使用寿命；降低反应压力，装置投资减少，生产安全性提高。随着活性更高的催化剂的不断开发，反应压力也在逐步下降。

（三）空速

空间速度通常简称为空速，是加氢裂化工艺过程四大操作参数之一，也是加氢裂化装置重要的技术经济指标。当其他条件不变时，空速决定了反应物流在催化剂床层的停留时间。在一定条件下，空速对加氢裂化的单程转化率、产品分布和产品性质都有明显的影响。与反应温度有所不同的是，加氢裂化装置建成投产后，为保证装置的运行绩效，其空速并不是一个需要经常进行调整的参数，只有在原料油性质发生较大程度变化、装置的运行末期或某些设备临时出现故障、隐患的情况下，才会采取降低空速和反应温度的运行方式。通常加氢裂化装置是可以在其60%~110%的设计负荷下进行正常操作的。

空速是控制加氢裂化反应深度的一个重要参数。空速降低，反应时间增加，加氢裂化深度提高，床层温度上升，氢耗量略微增加，催化剂表面积炭量也相应增加。所以，在实际操作时，如需降低空速，须先降低反应器的入口温度，以保持加氢裂化的反应深度不变。

改变空速也能改变产品的分布，当提高空速时，一次转化深度降低，轻质油品的收率下降，中间馏分油的收率提高。一般来说，原料稠环芳烃含量是影响选定加氢裂化空速的主要因素，常用的空速范围为1.0~2.0h^{-1}。

（四）氢油比

氢油比同样是影响加氢裂化工艺过程的重要参数，其主要影响有三个方面：其一是影响加氢裂化的反应过程；其二是对催化剂寿命产生影响；其三是过高的氢油比将增加装置的操作费用及设备投资。工业装置氢油比是通过循环氢流率来控制和调节的，它是营造临氢气氛、相关水力学条件和提供加氢过程热平衡的重要手段。加氢裂化装置维持较高的氢油比是保持催化剂活性、稳定性、确保产品质量和装置安全平稳操作的重要条件。

一般来说，提高氢油比有利于提高原料油的汽化率和降低催化剂表面油膜厚度，这将使转化率提高。氢油比提高也可以降低催化剂表面积炭速度，大量循环氢气还可以有效地将反应热从系统中导出，使整个反应床层温度容易控制平稳。对于重油加氢裂化，为了保证有足够的氢分压和保持一定的加氢反应速度，并能维持催化剂必要的使用寿命，一般采用较大的氢油比，通常为700~1500（体积比）。

第四节 馏分油加氢裂化技术

加氢裂化装置，根据反应特点及催化剂类型，分为单段及两段两种工艺过程。单段工艺过程又分为使用在一个反应器中装入单个或组合催化剂的工艺和使用两个反应器的单段串联流程。串联流程第一反应器为精制段，首先将加氢裂化原料加氢精制，以脱除有机硫、氮化合物及烃类部分加氢饱和，使得进入第二反应器的原料硫、氮含量都很低，以保证第二反应器的沸石型催化剂能充分发挥其活性。目前我国正在运转的加氢裂化装置大多数为单段工艺过程[32]。

如果按操作方式和转化深度划分，单段工艺过程又可分为尾油全部循环和单程一次通过流程。前者几乎将进料全部转化为轻质产品，而后者则控制一定深度的单程转化率，同时生产一定数量经过改质的尾油[33]。

我国的加氢裂化装置，采用单段串联工艺过程的较多，操作方式一次通过和全循环都有；其次是单段一次通过流程。下面分别对加氢裂化的各种工艺过程进行举例介绍。

一、单段加氢裂化工艺过程

（一）单段加氢裂化工艺技术

20 世纪 60 年代，为了满足能源需求，美国率先发明出单段加氢裂化工艺流程，目标是生产汽油或汽油和喷气燃料。该工艺主要由反应部分和产品分馏部分组成，加工直馏轻、重蜡油，催化裂化循环油，焦化馏分油等原料。21 世纪，单段加氢裂化工艺流程的目的产品主要为最大量生产清洁柴油、中间馏分油[34,35]。

单段加氢裂化工艺流程相对简单，裂化反应器内只装填一种主催化剂，设备台数相对较少，使得设备投资明显降低。单段加氢裂化工艺流程可分为单段一次通过加氢裂化工艺流程以及单段循环加氢裂化工艺流程。典型单段加氢裂化工艺流程如图 9-26 所示。典型的单段加氢裂化工艺包括：反应进料、加热炉、反应器系统；高低分油气分离系统；新氢、循环氢（及其脱硫）系统；汽提分馏系统。

（二）单段两剂加氢裂化工艺技术

传统单段加氢裂化技术存在原料油适应性差、催化剂运转周期短以及加氢裂化产品质量相对较差等不足，单段两剂加氢裂化技术既弥补了单段加氢裂化的上述缺陷，又保持了工艺流程简单、体积空速较高等优点，其工艺流程示意见图 9-27。单段两剂技术其反应器内级配装填两种主催化剂，将上部床层的加氢裂化催化剂更换为加氢精制催化剂。级配精制催化剂可有效控制进料性质波动给裂化催化剂床层带来的温度波动，从而提高装置运行的稳定性，保证反应深度平稳，有利于保证产品质量。此外反应器上部的精制催化剂可有效脱除进料中的氮含量，从而有效降低氮对下部裂化催化剂活性的抑制，减缓催化剂的积炭结焦，延长催化剂的使用寿命[36]。

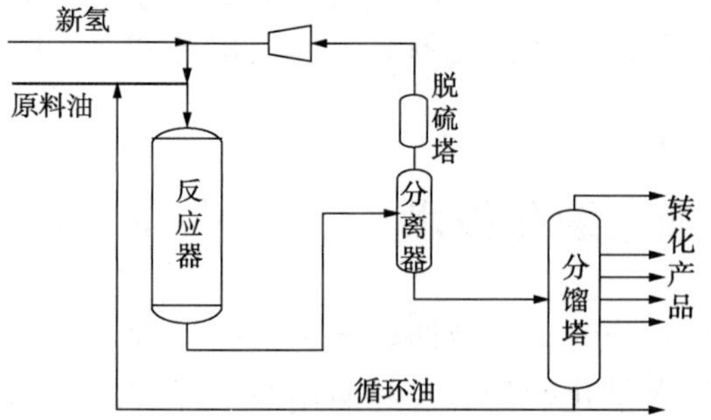

图 9-26　典型单段加氢裂化工艺流程示意图

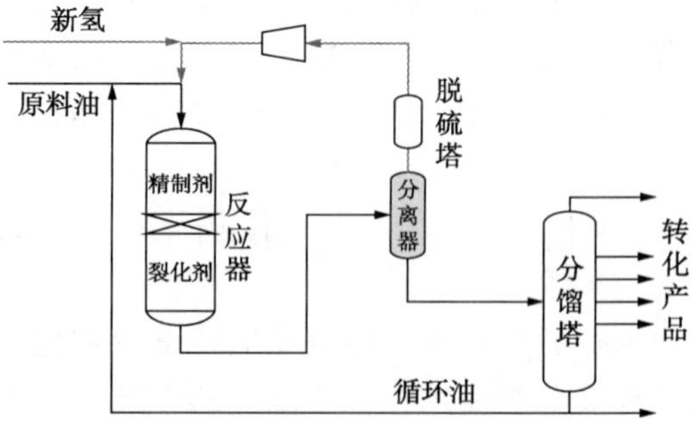

图 9-27　单段两剂加氢裂化工艺流程示意图

中国石化海南炼化120万吨/年加氢裂化装置采用中国石化自主开发的单段两剂尾油全循环加氢裂化工艺技术设计建设。2013年9月该装置操作方式改为一次通过，处理能力增加至150万吨/年，并于2016年10月开始掺炼催化裂化轻循环油。该装置典型运行数据见表9-16~表9-18。

表9-16　原料油主要性质

项目	掺炼前	掺炼后
密度(20℃)/(g/cm³)	0.8895	0.8954
馏程/℃		
初馏点/10%	268.2/349.4	240.2/347.9
30%/50%	402.6/439.1	403.8/439.5
70%/90%	471.0/511.7	470.7/510.3
95%/终馏点	525.6/542.2	524.1/541.6
*BMCI*值	33.81	36.08
氮含量/(μg/g)	889.5	877.6
硫含量/%	0.740	0.936

表9-17　主要反应条件及产物分布

项目	掺炼前	掺炼后	项目	掺炼前	掺炼后
主要反应条件			产物分布/%		
反应器入口压力/MPa	—	14.67	液化气	3.29	3.09
入口氢分压/MPa	13.50	14.21	轻石脑油	3.18	3.03
平均反应温度/℃	399/397	388/396	重石脑油	21.27	21.36
新鲜进料空速/h^{-1}	0.69	0.79	喷气燃料	24.27	25.88
350℃⁺转化率/%	63.0	76.3	柴油	28.72	26.84
氢油体积比	700	1370	尾油	17.72	17.85

表9-18　主要产品性质

项目	掺炼前	掺炼后	项目	掺炼前	掺炼后
重石脑油			柴油		
密度(20℃)/(g/cm³)	0.7299	0.7355	密度(20℃)/(g/cm³)	0.8269	0.8326
硫含量/(μg/g)	0.4	0.3	馏程范围/℃	238~364	239~369
氮含量/(μg/g)	0.2	0.2	十六烷指数	61.4	59.8
芳烃潜含量/%	42.72	42.90	硫含量/(μg/g)	1.2	1.0
喷气燃料			尾油		
密度(20℃)/(g/cm³)	0.793	0.797	硫含量/(μg/g)	2.2	3.2
馏程范围/℃	149~268	151~275	密度(20℃)/(g/cm³)	0.8569	0.8572
闭口闪点/℃	45.9	48.6	铜片腐蚀	1a	1a
冰点/℃	-77	-7819.10	*BMCI*值	16.97	
烟点/mm	25.0	24.2			

由表中数据可知，单段两剂加氢裂化工艺掺炼一定比例的催化裂化轻循环油是可行的，在尾油量一定的操作方案下，催化裂化轻循环油转化为高附加值的石脑油组分、车用柴油以及喷气燃料。

二、单段串联加氢裂化工艺过程

与单段工艺不同的是，单段串联工艺一般使用两种不同性能的主催化剂，从而导致化学反应过程及其控制方法的差别，其原则工艺流程如图 9-28 所示。单段串联加氢裂化工艺至少包括两个反应器：加氢精制反应器以及加氢裂化反应器，两个反应器氢分压相似，但反应温度及空速均可不同，其中加氢精制反应器内装填加氢精制催化剂，裂化反应器内装填加氢裂化催化剂。由于有机氮会显著影响裂化催化剂的活性，精制反应器流出物的氮含量须限制在一定的范围内（例如 10μg/g 或 10μg/g 以下）以实现裂化催化剂活性的充分发挥[37,38]。国内在运行的加氢裂化装置大多采用的是单段串联工艺。

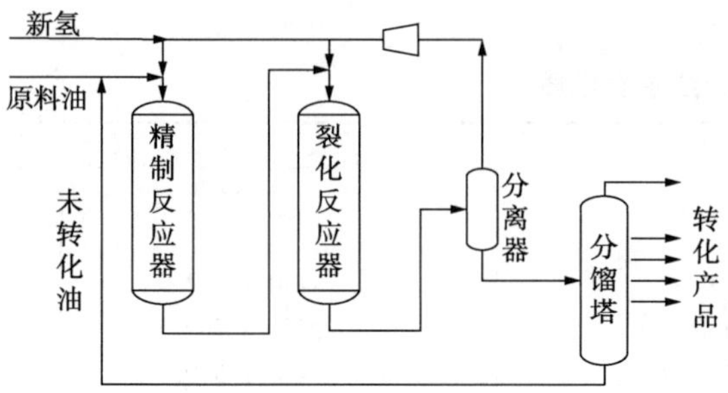

图 9-28　单段串联加氢裂化工艺流程示意图

单段串联加氢裂化工艺过程可根据目标产品的不同，既可以采用一次通过流程，也可以采用循环流程。单段串联加氢裂化工艺过程产品方案灵活，可按照企业需求分别实现最大量生产化工原料，最大量生产中间馏分油，灵活生产化工原料、中间馏分油、润滑油基础油料等生产需求。该技术的基础是高酸性中心沸石载体的裂化催化剂在高氨气氛下仍具有高活性[39]。

（一）高压加氢裂化技术

加氢裂化技术具有产品方案灵活的特点，近年来高压加氢裂化技术发展较快，按照目标产品不同，包括以下多种加氢裂化技术。

1. 多产优质化工原料加氢裂化技术

加氢裂化装置是油化结合的关键装置，产品重石脑油馏分可经催化重整后生产轻质芳烃，而产品尾油则可为蒸汽裂解制乙烯提供优质原料。在单段串联工艺中，可以采用一次通过流程多产重石脑油馏分、尾油，兼顾生产喷气燃料和柴油馏分；也可以采用循环工艺，>177℃馏分全循环，最大量生产重石脑油馏分。

1）一次通过流程多产化工料技术

为满足企业对于催化重整原料和蒸汽裂解制乙烯原料的需求，研究者开发了一次通过多产化工原料加氢裂化技术，其原则工艺流程如图 9-29 所示。

中国石化齐鲁分公司的加氢裂化装置采用中国石化自主开发技术设计，于 2001 年 3 月建成投产，处理能力为 140 万吨/年。该装置典型运行数据见表 9-19～表 9-21。

从表中数据可知，采用单段串联一次通过工艺，石脑油氮含量小于 0.2μg/g，芳烃潜含量为 45%；喷气燃料 20℃密度为 0.7986g/cm^3，烟点 27.3mm，硫含量小于 5μg/g，满足 3 号喷气燃料规格要求；产品柴油馏分 20℃密度为 0.8147g/cm^3，十六烷指数高达 67.2，是优质的清洁柴油调合组分；产品尾油馏分 20℃密度为 0.8338/cm^3，*BMCI* 值为 10.7，是优质的乙烯裂解原料。

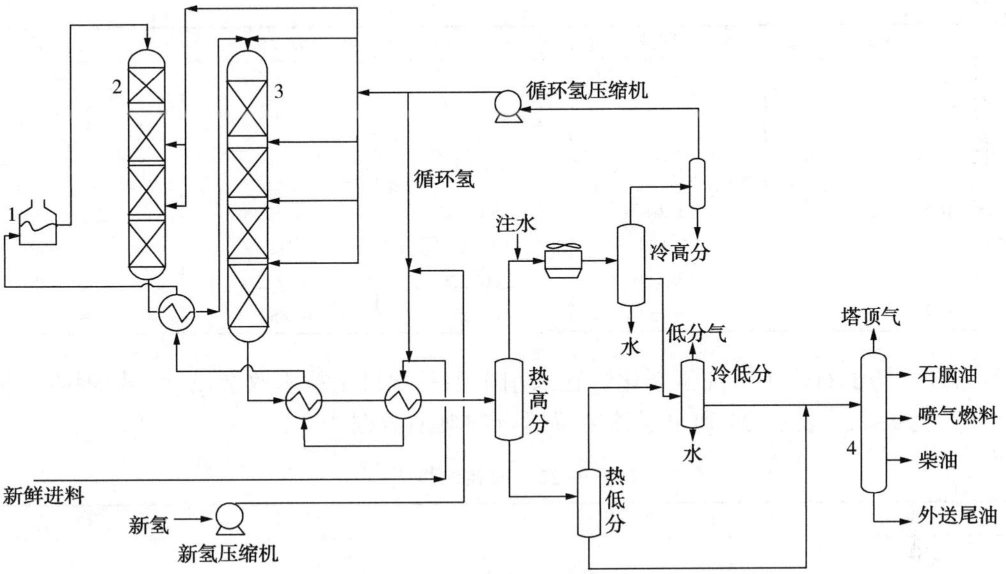

图 9-29　单段串联一次通过多产化工料工艺流程示意图

1—反应加热炉；2—精制反应器；3—裂化反应器；4—分馏塔

表 9-19　原料油主要性质

项　目	数　据	项　目	数　据
密度(20℃)/(g/cm^3)	0.9140	馏程/℃	
硫含量/%	2.2	初馏点/10%	249/374
氮含量/(μg/g)	980	30%/50%	409/436
残炭/%	0.5	70%/90%	458/492
BMCI 值	47.1	95%/终馏点	508/538

表 9-20　主要反应条件及产物分布

项　目	数　据	项　目	数　据
主要反应条件		产物分布(对进料)/%	
入口压力/MPa	16.2	液化气	2.56
反应总进料/(t/h)	167	石脑油	27.39
体积空速(精制/裂化)/h^{-1}	0.75/1.42	喷气燃料	26.50
气油体积比	890	柴油	13.33
反应温度(精制/裂化)/℃	364/364	尾油	30.05

表 9-21　主要产品性质

项　目	石脑油	喷气燃料	柴　油	尾　油
密度(20℃)/(g/cm^3)	0.7133	0.7986	0.8147	0.8338
硫含量/(μg/g)	<0.5	<5	<2	<10
氮含量/(μg/g)	<0.2	<1	<1	<3
芳烃潜含量/%	45	—	—	—
烟点/mm	—	27.3	—	—
芳烃含量/%(体)	—	6.2	—	—

续表

项　目	石脑油	喷气燃料	柴　油	尾　油
凝点/℃	—	—	-17	—
十六烷指数	—	—	67.2	—
BMCI 值	—	—	—	10.7
馏程/℃				
初馏点/10%	51/61	150/165	185/226	272—/368
30%/50%	75/102	176/186	263/282	—/368
70%/90%	113/130	200/223	300/320	—/475
95%/终馏点	—/153	—/250	—/335	—/517

中国石化扬子石化1号加氢裂化装置采用中国石化自主技术改造设计，处理能力为200万吨/年。表9-22～表9-24列出了该装置运行的典型数据[40]。

表9-22　原料油性质

项　目	数　据	项　目	数　据
一系列原料油		二系列原料油	
密度(20℃)/(g/cm³)	0.8739	密度(20℃)/(g/cm³)	0.8699
馏程范围/℃	178～473	馏程范围/℃	180～473
硫含量/(μg/g)	13819	硫含量/(μg/g)	12875
氮含量/(μg/g)	733	氮含量/(μg/g)	685

表9-23　主要反应条件及产物分布

项　目	数　据	项　目	数　据
一系列		裂化体积空速/h^{-1}	1.1
精制温度/℃	352.0	裂化温度/℃	368.8
精制体积空速/h^{-1}	1.8	高分压力/MPa	14.0
裂化温度/℃	379.5	产物分布/%	
裂化体积空速/h^{-1}	1.3	轻石脑油	5.84
二系列		重石脑油	39.60
精制温度/℃	349.4	喷气燃料	13.87
精制体积空速/h^{-1}	0.9	加氢裂化尾油	31.57

表9-24　主要产品性质

项　目	重石脑油	喷气燃料	尾　油
密度(20℃)/(g/cm³)	0.7465	0.7907	0.8061
硫含量/(μg/g)	<0.5	<1	<5
氮含量/(μg/g)	<0.5	<1	<2
芳烃潜含量/%	55.8	—	—
烟点/mm	—	28.0	—
BMCI 值	—	—	13.5
馏程/℃			
初馏点/10%	90/103	170/179	190/233
30%/50%	112/124	—/193	255/275
70%/90%	137/157	200/214	302/356
95%/终馏点	167/174	—/238	380/420

将表中数据与该装置长周期运行结果结合分析可知，通过调整裂化反应器反应温度，灵活控制重石脑油收率35%~40%，其芳烃潜含量均大于55%，是优质的催化重整原料；通过调整裂化反应器反应温度及分馏塔操作条件，喷气燃料馏出口收率可以提高至21.19%，具备灵活调整重石脑油及喷气燃料的生产能力。在将柴油馏分压入加氢尾油的情况下，加氢尾油的*BMCI*值仅为13.5，是优质的蒸汽裂解制乙烯原料，达到了企业压减柴油、大规模增产化工原料的目标。

2）尾油循环流程多产重整料技术

图9-30是中国石化开发的全循环操作模式的单段串联加氢裂化工艺流程示意图。典型中型模拟试验数据见表9-25~表9-27。

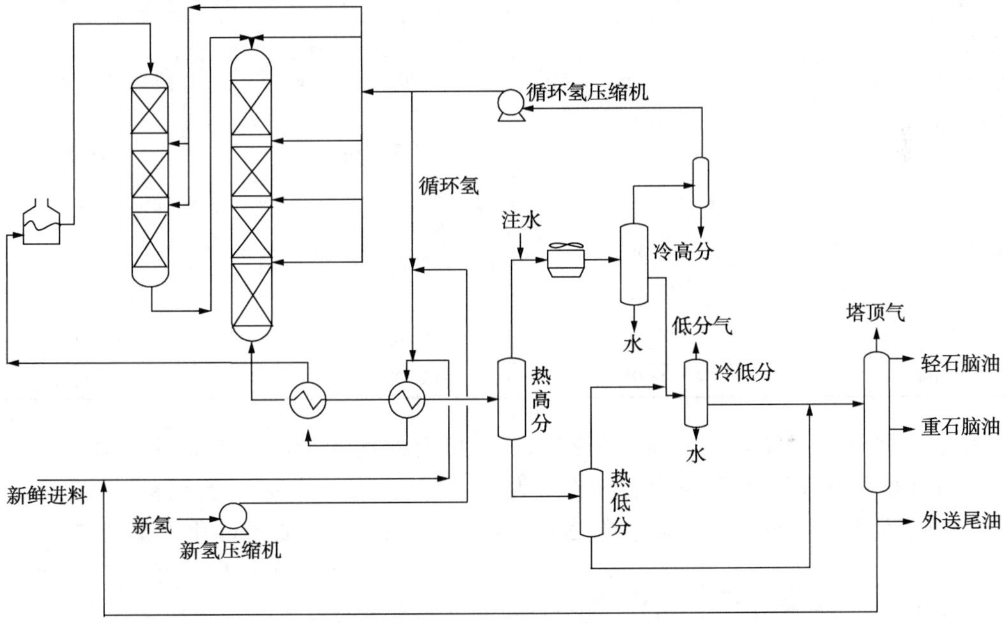

图9-30　单段串联循环流程多产重整料加氢裂化工艺流程示意图

表9-25　原料油主要性质

项　目	数　据	项　目	数　据
密度(20℃)/(g/cm³)	0.9186	硫含量/%	1.28
馏程/℃		氮含量/(μg/g)	1500
10%/30%	364/395	残炭/%	0.1
50%/70%	423/435	金属含量/(μg/g)	<2
90%/终馏点	465/529		

表9-26　主要反应条件及产物分布

项　目	数　据	项　目	数　据
主要反应条件		产物分布(对进料)/%	
系统氢分压/MPa	14.0	液化气	10.52
体积空速/h^{-1}		轻石脑油	20.34

续表

项　目	数　据	项　目	数　据
精制段	1.0	重石脑油	70.02
裂化段	1.6	尾油	0.59
循环比	0.4		
反应温度/℃			
精制段	377		
裂化段	382		

表 9-27　主要产品性质

项　目	数　据	项　目	数　据
轻石脑油		重石脑油	
密度(20℃)/(g/cm^3)	0.63725	密度(20℃)/(g/cm^3)	0.743
硫含量/(μg/g)	<0.5	硫含量/(μg/g)	<0.5
氮含量/(μg/g)	<0.5	氮含量/(μg/g)	<0.5
馏程/℃		芳烃潜含量/%	50.5
初馏点/10%	32/39	馏程/℃	
30%/50%	41/45	初馏点/10%	78/99
70%/90%	59/68	30%/50%	113/125
95%/终馏点	71/78	70%/90%	143/161
		95%/终馏点	170/177

由表中数据可见，将>177℃馏分全部循环，可有效增加产品重石脑油馏分的收率，在循环比为 0.4 的情况下，重石脑油馏分收率为 70.02%，重石脑油馏分选择性为 78%，重石脑油馏分芳烃潜含量为 50.5%，硫、氮含量均<0.5μg/g，是优质的催化重整装置进料。

2. 灵活生产化工原料和中间馏分油加氢裂化技术

根据用户希望加氢裂化装置既可以多产化工原料，又可以多产中间馏分油，随时满足不同时期市场对不同产品的需求，中国石化开发了灵活生产化工原料和中间馏分油的加氢裂化技术。该技术包括单段串联一次通过、单段串联部分循环和单段串联全循环等工艺流程，用户可通过更换加氢裂化催化剂或改变装置操作流程或改变产品切割点等方法，调整生产方案。当用户按照多产中间馏分油方案运行时，生产的中间馏分油(喷气燃料和柴油)收率可达 60%~65%；当采用多产化工原料方式操作时，化工石脑油产率可达 30%~40%，化工原料总收率可达 60%~65%。图 9-31为灵活生产化工原料和中间馏分油的加氢裂化技术流程示意图。

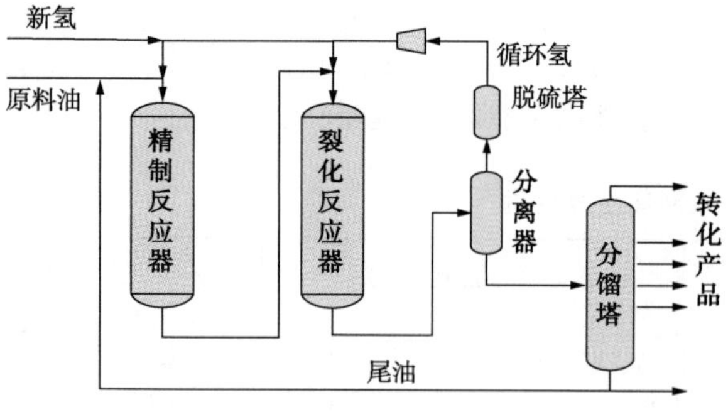

图 9-31　灵活生产化工料和中间馏分油加氢裂化技术工艺流程示意图

中国石化天津分公司2号加氢裂化装置采用灵活生产化工原料和中间馏分油加氢裂化技术，处理直馏蜡油生产轻重石脑油、煤油、柴油以及尾油产品，其中轻重石脑油以及尾油产品为优质化工原料，加工能力为180万吨/年。表9-28为该装置的典型运转数据[41]。

表9-28　典型运转数据

项　目	数　据	项　目	数　据
原料 *BMCI* 值	35.6	重石脑油	
主要操作条件		收率/%	26.77
进料量/(t/h)	214	芳烃潜含量/%	57.4
氢分压/MPa	15.5	硫含量/(μg/g)	<0.5
氢油体积比	750	中间馏分油	
平均反应温度/℃	359	收率/%	24.9
体积空速/h^{-1}	1.8	硫含量/(μg/g)	<5
催化剂		尾油	
精制催化剂	FF-36	收率/%	34.55
裂化催化剂	FC-32	*BMCI* 值	11.0
		链烷烃/%	53.8

由表9-28数据可知，该装置采用灵活生产化工原料和中间馏分油加氢裂化技术，可生产高芳烃潜含量的重石脑油作为重整进料、链烷烃含量高的尾油作为乙烯进料以及优质超低硫清洁柴油，很好地满足了企业的生产需求。

中国石化齐鲁分公司140万吨/年加氢裂化装置于2009年3月精制反应器换用RN-410催化剂，裂化反应器换用RHC-220与RHC-133进行级配。表9-29~表9-31为装置运行4个月和两年后的标定数据。

表9-29　原料油主要性质

运行阶段	4个月后	两年后
密度(20℃)/(g/cm^3)	0.919	0.911
硫含量/%	1.4	1.5
氮含量/(μg/g)	1500	1200
残炭/%	0.21	<0.1
BMCI 值	50.6	47.2
馏程/℃		
初馏点/10%	261/375	259/370
30%/50%	402/424	399/422
70%/90%	436/463	433/459
95%/终馏点	480/525	475/515

表9-30　主要反应条件及产物分布

运转阶段	4个月后	两年后
反应条件		
反应器入口压力/MPa	15.00	15.86
反应总进料/(t/h)	168	170

续表

运转阶段	4个月后	两年后
体积空速/h^{-1}		
精制段	0.95	0.95
裂化段	1.0	1.0
平均反应温度/℃		
精制段	382	383
裂化段	390	390
产物分布(对进料)/%		
液化气	2.45	2.44
石脑油	25.26	27.02
喷气燃料	30.91	30.36
柴油	12.09	9.59
尾油	27.25	29.94

表 9-31 主要产品性质

运转阶段	4个月后	两年后
石脑油		
密度(20℃)/(g/cm^3)	0.717	0.722
硫含量/(μg/g)	<0.5	<0.4
氮含量/(μg/g)	<0.5	<0.5
芳烃潜含量/%	44.4	43.7
喷气燃料		
密度(20℃)/(g/cm^3)	0.8034	0.8054
闭口闪点/℃	46	44
冰点/℃	<-60	<-60
烟点/mm	27.5	28.6
柴油		
密度(20℃)/(g/cm^3)	0.8166	0.8160
凝点/℃	-47	-39
硫含量/(μg/g)	0.5	0.5
十六烷值	59.0	60.6
尾油		
硫含量/(μg/g)	1.2	<1
BMCI 值	9.7	8.5
质谱组成/%		
链烷烃	67.0	66.2
环烷烃	31.3	31.7
芳烃	1.7	2.1

由表 9-29～表 9-31 可见，该装置运行 4 个月后，在较为缓和的工艺条件下加工中间偏环烷基蜡油原料(*BMCI* 值约为 51)，可生产得到 25%左右的石脑油，同时得到 30%以上的喷气燃料，十六烷值 59、硫含量小于 0.5μg/g 的清洁柴油产品和 *BMCI* 值 9.7、链烷烃含量

67.0%的优质乙烯裂解原料。运行两年后的标定数据显示，当加工的原料为较为典型的中间基蜡油(*BMCI* 值为47)时，该装置可获得更优质的喷气燃料、柴油和尾油；煤油馏分烟点为29mm，满足喷气燃料质量要求，柴油馏分十六烷值为61，尾油 *BMCI* 值为8.5。两次标定，精制及裂化反应温度基本相当，精制催化剂及裂化催化剂的失活速率均非常低，显示出好的运行稳定性。

3. 多产中间馏分油加氢裂化技术

在单段串联工艺方案中，多产中间馏分油加氢裂化技术主要在于采用中油型加氢裂化催化剂以及采用尾油循环工艺流程。

中国石化金陵分公司2号加氢裂化装置采用中国石化自主开发的单段两剂串联加氢裂化技术设计建设，实现多产中间馏分油[42]。该装置设计加工原料油为含硫原油的VGO或VGO混兑10%的CGO，其处理能力为150万吨/年。该装置典型运行数据见表9-32～表9-34。

表9-32　原料油主要性质

项　目	数　据	项　目	数　据
密度(20℃)/(g/cm^3)	0.9088	氮含量/(μg/g)	1322
馏程范围/℃	331～524	硫含量/%	1.97

表9-33　主要反应条件及产物分布

项　目	数　据	项　目	数　据
主要反应条件		产物分布/%	
反应器入口压力/MPa	15.89	小于82℃轻石脑油	3.86
入口氢分压/MPa	13.82	82～132℃重石脑油	13.77
平均反应温度/℃	408.4	132～265℃喷气燃料	36.73
新鲜进料空速/h^{-1}	0.64	265～380℃柴油	42.26
单程转化率/%	65		
化学氢耗/%	2.31		

表9-34　主要产品性质

项　目	数　据	项　目	数　据
重石脑油		凝点/℃	-12
芳烃潜含量/%	43.0	芳烃含量/%	10.6
喷气燃料		硫含量/(μg/g)	<1
烟点/mm	24	循环油	
芳烃含量/%	13.3	硫含量/(μg/g)	4.5
柴油		凝点/℃	0
十六烷值	59.5	黏度指数	100

由表9-16～表9-18可见，采用大连院的单段两剂加氢裂化技术加工蜡油馏分，轻石脑油收率约3.86%；重石脑油收率约13.77%；中间馏分油总收率达到78.99%，可生产合格的3号喷气燃料和国Ⅵ清洁车用柴油的调合组分。

4. 多产尾油加氢裂化技术

中国石化开发的多产尾油加氢裂化技术采用单段串联一次通过流程，原则流程见图 9-32。尾油可以用作乙烯裂解原料、润滑油基础油料以及催化裂化原料。

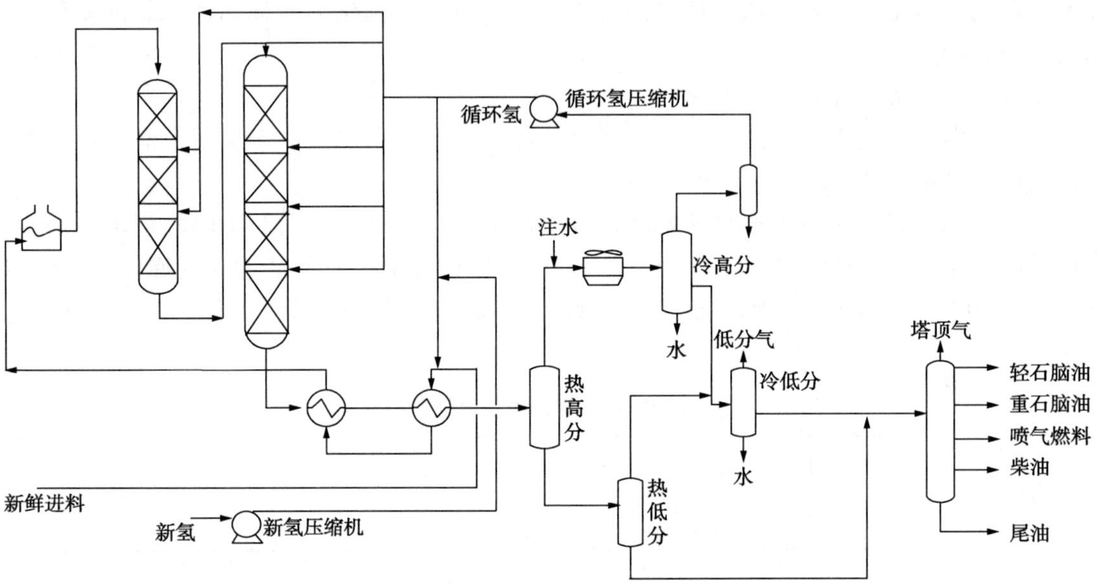

图 9-32　单段串联一次通过加氢裂化技术原则工艺流程示意图

1）多产尾油用于乙烯裂解原料

中国石化北京燕山分公司的单段串联一次通过加氢裂化装置于 2007 年 6 月建成投产[43]，装置规模 200 万吨/年，设计压力为 14.0MPa，加工减压馏分油和焦化馏分油的混合油，其中焦化馏分油的掺入比例约为 15%。该装置在第一周期连续运转 3 年后转入第二周期运转，同时将产品方案调整为多产优质尾油和最大量生产喷气燃料，催化剂相应调整为精制段采用 RN-32V 催化剂、裂化段采用 RHC-3 催化剂。表 9-35～表 9-37 为一组该装置的典型运转数据。

表 9-35　原料油主要性质

项　目	数 据	项　目	数 据
密度(20℃)/(g/cm³)	0.8984	馏程/℃	
硫含量/%	0.87	初馏点/10%	258/381
氮含量/(μg/g)	1500	30%/50%	411/437
残炭/%	0.07	70%/90%	463/500
BMCI 值	39.0	95%/终馏点	521/554

表 9-36　主要反应条件及产物分布

项　目	数　据	项　目	数　据
主要反应条件		产物分布(对进料)/%	
高分压力/MPa	13.2	液化气	1.98
反应总进料/(t/h)	238.6	轻石脑油	5.01

续表

项　目	数　据	项　目	数　据
体积空速/h^{-1}		重石脑油	18.73
精制段	1.0	喷气燃料	26.72
裂化段	1.4	柴油	4.97
反应温度/℃		尾油	42.49
精制段	378.8	损失	0.50
裂化段	378.0		

表 9-37　主要产品性质

项　目	数　据	项　目	数　据
重石脑油		冰点/℃	<-60
密度(20℃)/(g/cm^3)	0.7429	烟点/mm	30
馏程范围/℃	79~166	柴　油	
硫含量/(μg/g)	<0.5	密度(20℃)/(g/cm^3)	0.8147
氮含量/(μg/g)	<0.5	馏程范围/℃	207~300
芳烃潜含量/%	57	十六烷指数	64
喷气燃料		硫含量/(μg/g)	<1
密度(20℃)/(g/cm^3)	0.8018	尾　油	
馏程范围/℃	150~259	硫含量/(μg/g)	<0.5
闭口闪点/℃	47	*BMCI* 值	10.4

从表中可知，该装置加工 VGO 和 CGO 的混合油，可生产得到 42.49%的优质尾油用作蒸汽裂解制乙烯原料，其 *BMCI* 值为 10.4；同时可得到 26.92%的喷气燃料，其烟点达到 30mm。此外，还可得到一定量的石脑油和柴油产品。

中国石化天津分公司 2 号加氢裂化装置采用中国石化自有技术设计建设，处理能力为 180 万吨/年[44]。该装置典型运行数据见表 9-38。

表 9-38　典型运转数据

项　目	数　据	项　目	数　据
主要操作条件		轻石脑油	
进料量/(t/h)	208	辛烷值	82.4
系统压力/MPa	15.01	重石脑油	
氢油体积比	860	硫含量/(μg/g)	0.5
精制平均温度/℃	365	喷气燃料	
裂化平均温度/℃	379	烟点/mm	25.1
体积空速(精制/裂化)/h^{-1}	1.2/1.8	冰点/℃	<-60
产物分布/%		柴油	
轻石脑油	4.63	十六烷值	59.2
重石脑油	19.36	硫含量/(μg/g)	<10
喷气燃料	22.33	尾油	
柴油	12.12	馏程范围/℃	198~484
尾油	33.32	*BMCI* 值	13.1

该装置加工中东减压蜡油时所产尾油 *BMCI* 值为 13.1，为优质的蒸汽裂解制乙烯原料。若将尾油中<330℃的馏分切出，其 *BMCI* 值可降至 8.7。除此之外，其生产的轻石脑油、重石脑油、喷气燃料产品性质优异，为企业优化产品结构提供了有力的技术支撑。

2）多产尾油用于润滑油基础油生产原料

淄博鑫泰石化有限公司的单段串联一次通过加氢裂化装置于 2015 年 8 月建成投产，规模 50 万吨/年，设计压力为 16.0MPa，加工减压蜡油和焦化馏分油的混合油，其中焦化馏分油的掺入比例约为 15%。该装置在第一周期采用了国外催化剂体系，运转 3 年后转入第二周期运转，由于国外催化剂运行效果不佳，在再生催化剂的同时，补充了部分石科院开发的加氢精制催化剂 RN-410 和加氢裂化催化剂 RHC-131。表 9-39 为装置本周期与上周期的对比运转数据。

表 9-39　两周期的运转对比情况

运行阶段	两阶段对比结果	
密度(20℃)/(g/cm^3)	0.909～0.912	
硫含量/(μg/g)	0.75～1.0	
氮含量/(μg/g)	1500～2000	
BMCI 值	44～48	
催化剂	国外催化剂	更换部分 RN-410 和一个床层 RHC-131
主要产物收率/%		
重石脑油	19.3	18.1
柴油	51.5	51.1
尾油	27.0	29.0
尾油产品性质		
BMCI 值	14.2	12.5
黏度指数	130	138

由表 9-39 可见，与国外催化剂相比，尽管仅更换了一个床层的加氢裂化催化剂，在尾油收率相当的情况下，尾油 *BMCI* 值降低了 1.7 个单位，而对应黏度指数增加了 8 个单位。

中国石化茂名分公司 240 万吨/年加氢裂化装置采用中国石化自有技术设计建设，生产的加氢裂化尾油供作异构脱蜡生产润滑油基础油装置进料。典型工业应用结果见表 9-40～表 9-43。

由工业运转结果表明，所用催化剂对反应温度敏感性较好，可在较大的转化深度范围内操作，生产的高黏度指数和低 *BMCI* 值加氢尾油经异构脱蜡单元加工后，可稳定生产 API Ⅲ$^+$类 6 号和 4 号基础油，达到了预期的使用效果。

表 9-40　原料性质

项　目	数　据	项　目	数　据
硫含量/%	1.335	色度	<3.0
黏度指数	98	馏程范围/℃	311～514
运动黏度(100℃)/(mm^2/s)	5.514	*BMCI* 值	31.5
运动黏度(50℃)/(mm^2/s)	22.49	密度(20℃)/(g/cm^3)	0.8833

表 9-41 加氢裂化主要工艺条件

反应器	R101	R102	反应器	R101	R102
新鲜进料量/(t/h)	300	—	体积空速/h^{-1}	1.13	1.9/15.8
反应器入口压力/MPa	15.6	15.3	平均反应温度/℃	378	385
精制反应器入口气油体积比	814	—	总温升/℃	47	31
催化剂	FZC/FF-46	FC-32A-FC-80/FF-46	精制油氮含量/(μg/g)	<10	—

表 9-42 加氢裂化产物分布(对原料油) %

项目	数据	项目	数据
轻石脑油	12.66	柴油	8.13
重石脑油	15.71	尾油	24.82
喷气燃料	30.39		

表 9-43 加氢裂化尾油性质

项目	尾油 1	尾油 2
黏度指数	138	140
运动黏度(100℃)/(mm^2/s)	3.300	3.265
运动黏度(80℃)/(mm^2/s)	4.686	4.623
馏程/℃		
初馏点/10%	232/356	238/354
30%/50%	391/413	386/408
70%/90%	437/472	431/466
95%/终馏点	499/524	494/520
BMCI 值	5.7	6.5
密度(20℃)/(g/cm^3)	0.8230	0.8237
硫含量/(μg/g)	5.3	3.0

3）生产尾油用于催化裂解进料

中海石油大榭石化加氢裂化装置于 2016 年 5 月建成投产。该装置设计采用石科院开发的劣质原料加氢裂化生产 DCC 进料技术。设计加工环烷基蜡油和焦化馏分油的混合进料，焦化馏分油的掺入比例大约为 10%，主要生产 DCC 进料。该装置使用的催化剂为 RN-32V 和RHC-3，装填比例为 1.6 ∶ 1.0，处理能力为 210 万吨/年。该装置典型运行数据见表 9-44~表 9-46。

表 9-44 原料油主要性质

项目	数据	项目	数据
密度(20℃)/(g/cm^3)	0.9363	馏程/℃	
硫含量/%	0.57	5%/10%	361/378
氮含量/(μg/g)	2100	30%/50%	415/433
残炭/%	0.18	70%/90%	448/478
BMCI 值	59.8	95%/终馏点	489/534

表 9-45　主要反应条件及产物分布

项　目	数　据	项　目	数　据
主要反应条件		产物分布(对进料)/%	
入口氢分压/MPa	15.3	重石脑油	16.83
新鲜进料量/(t/h)	250	喷气燃料	8.90
入口氢油体积比	750	轻质燃料油	17.58
总体积空速/h^{-1}	0.62	导热油	11.22
385精制反应温度/℃	385	尾油	42.46 裂化反应温度/℃

表 9-46　主要产品性质

项　目	数　据	项　目	数　据
重石脑油		导热油	
密度(20℃)/(g/cm^3)	0.7539	密度(20℃)/(g/cm^3)	0.8644
馏程范围/℃	76~169	赛波特色号	30
硫含量/(μg/g)	<0.5	运动黏度(40℃)/(mm^2/s)	8.972
氮含量/(μg/g)	<0.5	馏程/℃	
喷气燃料		初馏点/10%	265/304
密度(20℃)/(g/cm^3)	0.7990	50%/90%	329/351
馏程范围/℃	175~223	95%	357
冰点/℃	-69	尾　油	
烟点/mm	25	密度(20℃)/(g/cm^3)	0.8748
轻质燃料油		硫含量/(μg/g)	3.6
密度(20℃)/(g/cm^3)	0.8515	氮含量/(μg/g)	3.6
硫含量/(μg/g)	<1	氢含量/%	13.81
馏程范围/℃	214~301	馏程/℃	
凝点/℃	<-35	2%/10%	309/361
冷滤点/℃	-41	50%/90%	428/483
十六烷指数	43	97%	504

从表中数据可见，重石脑油收率约16.83%，硫含量<0.5μg/g，满足催化重整进料的要求；喷气燃料产品收率约9%，烟点25mm；轻质燃料油收率17.6%，硫含量小于1μg/g，十六烷指数为43，是优质的清洁轻质燃料油调合组分；产品导热油运动黏度和闪点均符合设计和国际标准；产品尾油硫含量为3.5μg/g，氮含量小于10μg/g，氢含量在13.8%左右，满足DCC进料要求。

5. *灵活生产石脑油和喷气燃料加氢裂化技术*

国内开发的灵活生产石脑油和喷气燃料加氢裂化技术既可以采用一次通过流程，也可以采用尾油循环的流程，两者的主要差别在于是否兼顾生产尾油。目前国内建成投产的高压加氢裂化灵活生产石脑油和喷气燃料的工业装置均采用一次通过流程。

上海石化1号高压加氢裂化装置采用中国石化自有灵活生产石脑油和喷气燃料加氢裂化技术进行了改造。表9-47和表9-48为该装置的典型运行结果。重石脑油收率35.12%，硫含量<0.5μg/g，可直接作为催化重整原料；喷气燃料收率为15.51%，烟点高达29mm，符合3号喷气燃料指标要求；柴油收率为12.38%，十六烷指数为59.2；

尾油收率 16.34%，*BMCI* 值低至 6.7，是优质蒸汽裂解制乙烯原料。

表 9-47　原料油性质及主要操作条件

项　目	数　据	项　目	数　据
原料油性质		主要操作条件	
密度(20℃)/(g/cm^3)	0.9184	入口压力/MPa	15.0
馏程范围/℃	236~546	精制平均温度/℃	380.0
硫含量/%	1.93	裂化平均温度/℃	382.5
氮含量/(μg/g)	954	裂化空速/h^{-1}	1.32
酸值/(mgKOH/g)	0.50		

表 9-48　主要产品性质

项　目	数　据	项　目	数　据
轻石脑油		喷气燃料	
收率/%	10.40	收率/%	15.51
密度(20℃)/(g/cm^3)	0.6361	烟点/mm	29
馏程范围/℃	27~74	柴　油	
重石脑油		收率/%	12.38
收率/%	35.12	十六烷指数	59.2
密度(20℃)/(g/cm^3)	0.7382	尾　油	
馏程范围/℃	80~163	收率/%	16.34
硫含量/(μg/g)	<0.5	*BMCI* 值	6.7

中国石油四川石化的加氢裂化装置于 2012 年建成投产，原设计年处理能力 270 万吨/年，采用一段串联一次通过加氢裂化工艺，设计压力为 15.46MPa，加工蜡油和催化裂化轻循环油，生产重石脑油、喷气燃料、柴油和尾油。2018 年增产重整料和喷气燃料兼顾改善尾油质量，同时压减柴油，装置进行分馏系统改造，装置产品调整为重石脑油、喷气燃料和尾油，精制反应器装填 RN-410 催化剂，裂化反应器级配装填 RHC-210 和 RHC-220 催化剂。表 9-49~表 9-51 为该装置的一组典型运转数据。

表 9-49　原料油主要性质

项　目	数　据	项　目	数　据
密度(20℃)/(g/cm^3)	0.890	馏程/℃	
硫含量/(μg/g)	7700	初馏点/10%	170/265
氮含量/(μg/g)	576	30%/50%	325/385
残炭/%	0.02	70%/90%	438/491
BMCI 值	41.0	95%/终馏点	511/549

表 9-50　主要反应条件及产物分布

项　目	数　据	项　目	数　据
主要反应条件		产物分布(对进料)/%	
高分压力/MPa	12.70	外排废氢	0
进料量/(t/h)	300	低分气	0.89
体积空速/h^{-1}		干气	1.15
精制段	1.1~1.3	液化气	6.14
裂化段	1.4~1.7	轻石脑油	9.92

续表

项　目	数　据	项　目	数　据
氢油体积比	>900	重石脑油	29.48
精制平均反应温度/℃	376	喷气燃料	36.33
裂化平均反应温度/℃	378	尾油	19.07

表 9-51　主要产品性质

项　目	数　据	项　目	数　据
轻石脑油		喷气燃料	
密度(20℃)/(g/cm^3)	0.6353	密度(20℃)/(g/cm^3)	0.7999
馏程范围/℃	27~66	馏程范围/℃	155~257
硫含量/(μg/g)	0.3	闪点/℃	47
氮含量/(μg/g)	0.2	烟点/mm	27
重石脑油		尾油	
密度(20℃)/(g/cm^3)	0.7458	密度(20℃)/(g/cm^3)	0.8129
馏程范围/℃	82~155	馏程范围/℃	257~526
硫含量/(μg/g)	0.3	硫含量/(μg/g)	1.2
氮含量/(μg/g)	0.2	氮含量/(μg/g)	1
芳烃潜含量/%	54.0	*BMCI* 值	8.53

由表中数据可见，该装置加工 VGO 和 LCO 的混合油，可生产得到 29.48%的重石脑油，36.33%的喷气燃料和 19.07%的尾油，其中重石脑油芳烃潜含量为 54%，可作为优质重整料，喷气燃料性质满足 3 号喷气燃料指标要求，尾油 *BMCI* 值为 8.53，为优质蒸汽裂解制乙烯原料。

6. 多产喷气燃料和优质尾油加氢裂化技术

随着航空运输业的快速发展以及炼油企业向油化结合方向转型，以多产喷气燃料和优质尾油为目的的加氢裂化装置逐渐增多。

中国石化北京燕山分公司一套 200 万吨/年单段串联一次通过加氢裂化装置，反应器入口总压约 14.0MPa，于 2007 年建成投产，用于生产高质量的轻质油品和用作乙烯原料的尾油。后经多次增产喷气燃料技术改造，于 2016 年 7 月加氢精制段采用 RN-32V 和 RN-410 加氢处理催化剂，加氢裂化段采用 RHC-3、RHC-133 和 RHC-131 加氢裂化催化剂级配[45]。该装置通过对工艺参数和切割方案的调整，可以实现多产喷气燃料和优质尾油、灵活压减柴油的目的。典型运行数据见表 9-52~表 9-54。

表 9-52　原料油主要性质

运行阶段	初期	中期	运行阶段	初期	中期
密度(20℃)/(g/cm^3)	0.8993	0.9122	*BMCI* 值	43.8	48.4
硫含量/%	1.64	2.38	馏程/℃		
氮含量/(μg/g)	1300	1400	10%/50%	316/397	348/409
残炭/%	0.07	0.06	90%/95%	474/513(97%)	473/496

表 9-53 主要反应条件及产物分布

运转阶段	初期	中期	运转阶段	初期	中期
工艺条件			裂化段	378	382
反应器入口压力/MPa	14.1	13.5	产物分布(对进料)/%		
反应总进料/(t/h)	218	217	轻石脑油	4.0	4.0
体积空速/h^{-1}			重石脑油	18.2	18.8
精制段	0.94	0.93	喷气燃料	43.3	38.2
裂化段	1.3	1.3	柴油	—	10.6
平均反应温度/℃			尾油	31.6	23.4
精制段	371	382			

表 9-54 主要产品性质

运转阶段	初期	中期	运转阶段	初期	中期
重石脑油			硫含量/(μg/g)	—	<1
密度(20℃)/(g/cm^3)	0.7410	0.7424	十六烷值	—	61.3
芳烃潜含量/%	55.0	53.1	尾油		
喷气燃料			密度(20℃)/(g/cm^3)	0.8147	0.8205
密度(20℃)/(g/cm^3)	0.8026	0.8081	硫含量/(μg/g)	5.0	1.4
闭口闪点/℃	42.5	46.0	*BMCI* 值	8.7	8.3
冰点/℃	-51.5	-49.4	质谱组成/%		
烟点/mm	26.6	25.5	链烷烃	—	66.1
柴油			环烷烃	—	29.4
密度(20℃)/(g/cm^3)	—	0.8184	芳烃	—	4.5
凝点/℃	—	-22			

由表 9-52～表 9-54 可见，采用多产喷气燃料和优质尾油加氢裂化技术及配套催化剂，在装置初期标定期间，在石脑油总收率 22%左右较为缓和的工艺条件下，将柴油馏分并入尾油中均作为乙烯裂解原料，喷气燃料馏分收率为 43.3%，烟点 26.6mm，尾油馏分收率为 31.6%，*BMCI* 值 8.7，同时实现了压减柴油的目的。装置运转 30 个月后进行了中期标定，在相当的工艺条件下加工更为劣质的原料，喷气燃料馏分收率为 38.2%，烟点 25.5mm，尾油馏分收率为 23.4%，*BMCI* 值 8.3，链烷烃含量 66.1%。由于在此期间需要满足全厂高十六烷值柴油组分的生产需求，装置适当抽出了部分柴油产品，柴油馏分收率为 10.6%，十六烷值为 61.3。两次标定结果表明，目前我国多产喷气燃料和优质尾油加氢裂化技术在加工不同类型原料情况下均可满足增产优质喷气燃料、优质乙烯裂解原料以及灵活压减柴油的需求，催化剂提温速率缓慢，为加氢裂化装置长周期运行提供了有力的技术支撑。

为实现压减柴油、增产喷气燃料产品和优质乙烯原料的产品结构调整需求，中国石化天津分公司 120 万吨/年加氢裂化装置更换使用了新一代高中油型加氢裂化催化剂 FC-60，以减压蜡油(VGO)为原料进行生产。表 9-55 和表 9-56 列出了该装置多产喷气燃料的典型运转数据[46]。

表 9-55 原料油主要性质

项　目	数　据	项　目	数　据
密度(20℃)/(g/cm³)	0.9128	馏程/℃	
硫含量/%	2.243	初馏点/10%	222.0/303.0
氮含量/(μg/g)	794.7	50%/70%	406.0/441.0
		95%/终馏点	503.0/522.0

表 9-56 主要产品收率及性质

项　目	数　据	项　目	数　据
重石脑油		柴　油	
密度(20℃)/(g/cm³)	0.7506	收率/%	9.82
芳烃潜含量/%	54	密度(20℃)/(g/cm³)	0.8169
喷气燃料		十六烷指数	60.1
收率/%	30.65	氮含量/(μg/g)	<0.5
密度(20℃)/(g/cm³)	0.8077	硫含量/(μg/g)	3.2
冰点/℃	-60	尾　油	
烟点/mm	25.1	收率/%	33.28
芳烃含量/%	7.5	密度(20℃)/(g/cm³)	0.8260
		BMCI 值	11.4

由表中数据可知，喷气燃料收率超过 30%，喷气燃料产品冰点为-60℃、烟点为 25.1mm，满足 3 号喷气燃料指标要求，柴油产品可作为清洁车用柴油调合组分，证明通过工艺优化以及优选催化剂可以实现压减柴油、增产喷气燃料和尾油的生产目的。由于柴油产品中还含有大量的喷气燃料馏分，通过调整分馏塔操作将柴油产品中的喷气燃料组分分离出来，则可进一步提高喷气燃料产品收率。

（二）蜡油加氢裂化降低操作压力技术

高压加氢裂化技术存在反应压力高、装置投资高、氢耗大以及操作能耗高等缺陷。随着加氢裂化催化剂不断创新，催化剂反应性能不断提高，为解决加氢裂化技术的上述短板提供了技术支撑，已经可以在相对较低的体系压力下加工处理重质馏分油，并且产品质量可以得到保证[47,48]。

总体而言，常规高压加氢裂化装置操作压力在 10.0~19.0MPa，可以处理各种不同质量的蜡油原料，生产质量好的产品，并实现装置长周期稳定运行，但同时也存在设备投资随操作压力升高而增高等问题。因此石化企业在选择加氢裂化工艺时，应通过全面的对比以优选经济性更优的、操作压力适宜的加氢裂化工艺[49~50]。

1. 一次通过流程

中国石化上海石化的 2 号加氢裂化装置入口操作压力 12MPa，设计加工沙轻、黄岛、阿曼混合油，处理量为 150 万吨/年。表 9-57 为该装置的一组典型运转数据，分析结果表明，采用 12MPa 入口操作压力的加氢裂化技术处理重质高硫 VGO 生产得到的产品质量较为优质，产品氮含量均小于 1μg/g，说明催化剂具有很好的脱氮性能，其中重石脑油馏分收率为 17.21%，芳烃潜含量高达 58%，硫含量小于 0.5μg/g，是优质重整进料；柴油馏分收率为45.46%，其硫含量小于0.5μg/g，十六烷值为57，芳烃含量仅为6.3%，是优质的无硫低芳烃柴油产品；尾油收率为31.10%，其*BMCI*值为10.3，芳烃含量低至1.7%，为优质的蒸汽裂解原料。

表9-57　主要产品收率及性质

项　目	数　据	项　目	数　据
混合原料油		产物分布/%	
密度(20℃)/(g/cm^3)	0.8918	C_1+C_2	0.24
硫含量/%	1.64	C_3+C_4	2.45
氮含量/(μg/g)	771	C_{5^+}轻石脑油	3.33
馏程(10%/95%)/℃	309/515	重石脑油	17.21
操作条件		柴油	45.46
装置进料量/(t/h)	190	尾油	31.10
入口压力/MPa	12.31		

通常认为，高压加氢裂化技术操作压力降低，会导致所产煤油产品烟点降低，甚至难以得到合格的喷气燃料。但近年来，通过催化剂的不断升级，加氢裂化降低操作压力技术已经得到长足的发展。2016年中国石化上海石化2号加氢裂化装置精制催化剂采用RN-32V，裂化催化剂采用RHC-220与RHC-133级配，在入口压力11.8MPa条件下加工中东蜡油馏分，生产出合格的3号喷气燃料，并在2018年通过航鉴委鉴定。该装置采用单段串联一次通过工艺流程。该装置典型运行数据见表9-58~表9-60。

表9-58　原料油主要性质

项　目	数　据	项　目	数　据
密度(20℃)/(g/cm^3)	0.9065	馏程/℃	
硫含量/%	2.1	初馏点/10%	231/355
氮含量/(μg/g)	899	30%/50%	394/424
残炭/%	0.13	70%/90%	446/483
*BMCI*值	45.1	95%/终馏点	506/532

表9-59　主要反应条件及产物分布

项　目	数　据	项　目	数　据
主要反应条件		产物分布(对进料)/%	
入口压力/MPa	11.8	液化气	3.36
新鲜进料量/(t/h)	178	轻石脑油	3.11
入口氢油体积比	920	重石脑油	24.17
总体积空速/h^{-1}	0.58	喷气燃料	21.12
精制反应温度/℃	375	柴油	21.23
裂化反应温度/℃	376	尾油	26.99

表 9-60 主要产品性质

项 目	数 据	项 目	数 据
重石脑油		柴 油	
密度(20℃)/(g/cm^3)	0.7511	密度(20℃)/(g/cm^3)	0.8183
馏程范围/℃	76~169	硫含量/(μg/g)	<1
硫含量/(μg/g)	0.5	凝点/℃	-10
氮含量/(μg/g)	0.4	十六烷指数	68.9
芳烃潜含量/%	52.5	馏程/℃	
馏程/℃		初馏点/10%	193/245
初馏点/10%	80/98	50%/90%	303/348
50%/90%	119/148	95%/终馏点	362/368
95%/终馏点	161/171	尾 油	
喷气燃料		密度(20℃)/(g/cm^3)	0.8289
密度(20℃)/(g/cm^3)	0.8111	硫含量/(μg/g)	3.6
冰点/℃	-59	氮含量/(μg/g)	<1
烟点/mm	25	*BMCI* 值	9.8
馏程/℃		馏程/℃	
初馏点/10%	161/191	初馏点/10%	174/332
50%/90%	212/247	50%/90%	410/461
95%/终馏点	259/272	95%/终馏点	487/505

从表中数据可知，处理终馏点532℃、氮含量900μg/g的原料，轻石脑油收率3.11%；重石脑油收率24.2%，满足催化重整进料的要求；喷气燃料收率21.1%，是优质3号喷气燃料；柴油收率21.1%，可用于生产超低硫清洁低凝柴油或调合组分；尾油收率26.9%，是优质的乙烯裂解原料。

2. 尾油循环流程

中国石油哈尔滨石化单段串联尾油全循加氢裂化装置于2009年投产，规模80万吨/年，高分设计压力为11MPa。该装置第三周期以石蜡基常减压蜡油和催化裂化轻循环油为原料，主要生产石脑油和喷气燃料，兼产部分优质清洁柴油。精制段采用RN-410B催化剂，裂化段采用RHC-133B和RHC-131B催化剂。表9-61~表9-63为该装置的一组典型运转数据。

从表中数据可知，在尾油馏分全循环的情况下，重石脑油+喷气燃料收率约71.2%，重石脑油+喷气燃料+柴油收率约92.0%。其中，重石脑油硫氮含量低，是优质的重整进料；喷气燃料烟点为35mm，是优质的喷气燃料；柴油十六烷值为76，是优质的清洁柴油组分。由于喷气燃料馏分冰点为-57℃，拓宽喷气燃料馏分干点可进一步提高喷气燃料馏分收率；而调整重石脑油与喷气燃料馏分切割点，在满足喷气燃料闪点要求的情况下，可灵活调整重石脑油和喷气燃料馏分的收率。

表 9-61 原料油主要性质

项 目	数 据	项 目	数 据
密度(20℃)/(g/cm^3)	0.8524	馏程/℃	
硫含量/%	0.175	初馏点/10%	185/282
氮含量/(μg/g)	380	50%/90%	360/408
BMCI 值	27	95%/终馏点	420/431

表 9-62　主要反应条件及产物分布

项　目	数　据	项　目	数　据
主要反应条件		产物分布(对进料)/%	
高分压力/MPa	10.3	轻石脑油	8.6
反应总进料/(t/h)	86	重石脑油	32.0
体积空速/h^{-1}		喷气燃料	39.2
精制段	1.3	柴油	20.8
裂化段	1.5	尾油	0
反应温度/℃			
精制段	366		
裂化段	382		

表 9-63　主要产物性质

项　目	数　据	项　目	数　据
重石脑油		闭口闪点/℃	47.5
密度(20℃)/(g/cm^3)	0.719	冰点/℃	-57
馏程范围/℃	69~144	烟点/mm	35
硫含量/(μg/g)	<0.5	柴　油	
氮含量/(μg/g)	0.2	密度(20℃)/(g/cm^3)	0.792
喷气燃料		馏程范围/℃	244~332
密度(20℃)/(g/cm^3)	0.781	十六烷指数	76
馏程范围/℃	159~253	硫含量/(μg/g)	0.5

三、两段加氢裂化工艺过程

两段加氢裂化工艺过程发明于20世纪60年代，用以加工催化循环油、直馏蜡油、焦化馏分油以及溶剂脱沥青油等的混合原料油，主体结构由一段反应段、二段反应段以及分馏段三部分组成。为了实现最大量生产目标产品的目的，两段反应分别装填不同催化剂[51]。两段加氢裂化工艺流程复杂、设备台数多、建设投资高，但具有生产灵活性大、原料适应性强、产品质量好等优点，特别适合于加工高氮重质劣质进料和特大型加氢裂化装置。

大连院对两段加氢裂化工艺进行了深入研究，并在此基础上开发了具有自主知识产权的 FMC_2最大量生产化工原料两段中间馏分油全循环和 FMD_2最大量生产中间馏分油两段尾油全循环加氢裂化工艺技术。通过优化装置设计和操作条件，并对催化剂类型品种进行优选，显著提高了目的产品选择性和主要产品质量，同时明显降低了装置生产运行综合能耗。这两种两段加氢裂化原则工艺流程如图 9-33 所示。

采用 FMC_2最大量生产化工原料两段中间馏分油全循环加氢裂化工艺技术，轻石脑油、重石脑油和尾油产品总收率可以达到 93%~98%。其中，重石脑油产品收率高达 45%~55%，可以作为催化重整装置进料。轻石脑油和尾油产品可以作为蒸汽裂解制乙烯原料。

采用 FMD_2两段尾油全循环最大量生产中间馏分油加氢裂化工艺技术，通过控制第二段进料氮含量，使装置能够在高空速和高转化率条件下长周期稳定运行，并保持很高的中间馏分油选择性，喷气燃料和柴油产品总收率可以达到 80%，柴油产品质量可以满足国Ⅵ排放标准要求。

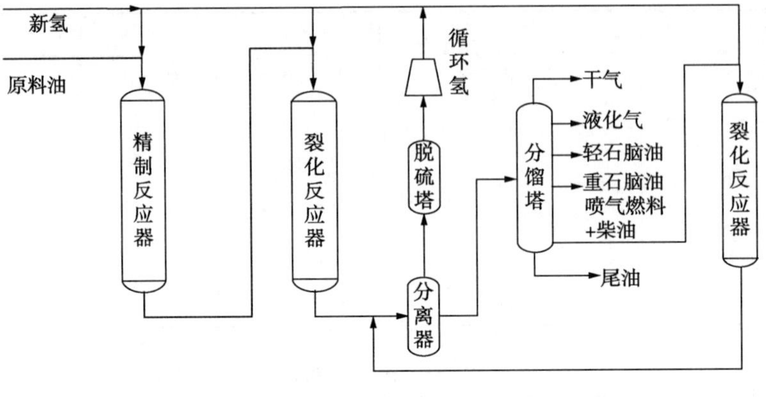

(a)FMC_2

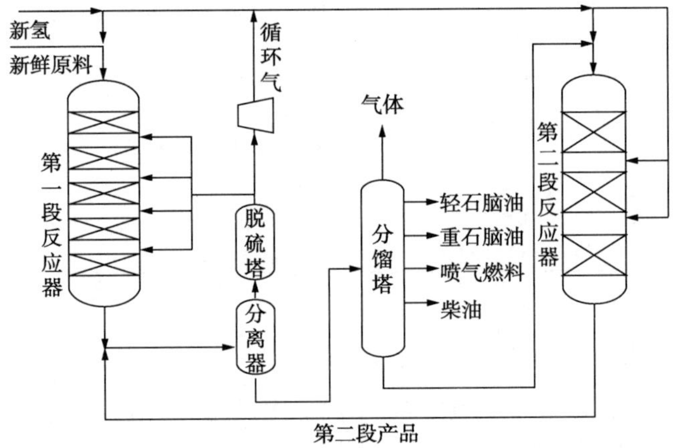

(b)FMD_2

图 9-33　两段加氢裂化工艺流程示意图

福海创有限公司的 316 万吨/年两段加氢裂化装置停工消缺后于 2018 年底开工成功，实际处理量为 274.5t/hVGO。表 9-64 和表 9-65 为该装置标定时的运行数据。由表中数据可知，该装置轻石脑油与重石脑油收率之和为 81.33%，其中重石脑油产品收率为 58.73%，密度为 0.7444g/cm^3，硫氮杂质的含量均为 0.2μg/g，芳烃潜含量达到 42.74%，可作为催化重整原料。该装置标定期间液收相对较低、液化气收率较高的主要原因是在二段反应器内单程转发率控制太高，使得加氢裂化催化剂选择性下降，进而造成装置液收降低以及液化气收率增加。

表 9-64　原料油主要性质

项　目	数　据	项　目	数　据
密度（20℃）/（g/cm^3）	0.8922	馏程/℃	
硫含量/%	1.27	初馏点/10%	189/245
		50%/70%	412/452
氮含量/（μg/g）	525	95%/终馏点	523/531

表 9-65　主要产品收率及性质

项　目	数　据	项　目	数　据
液化气		馏程范围/℃	36.0~77.1
收率/%	14.52	重石脑油	
硫含量/(μg/g)	2.3	收率/%	58.73
轻石脑油		密度(20℃)/(g/cm^3)	0.7444
收率/%	22.60	氮含量/(μg/g)	0.2
密度(20℃)/(g/cm^3)	0.6486	硫含量/(μg/g)	0.2
氮含量/(μg/g)	0.6	馏程范围/℃	91.5~172.7
硫含量/(μg/g)	0.5	芳烃潜含量/%	42.74

四、加氢裂化组合工艺

我国经过长期系统研究，已全面系统地掌握了高压加氢裂化技术，并在此基础上进行不断创新和发展，可以根据炼化企业的特定需求，提供“量体裁衣”的加氢裂化工艺和催化剂成套技术。

1. 加氢裂化-尾油异构脱蜡组合技术

单独建设和运行加氢裂化尾油异构脱蜡装置，通常会面临建设投资和操作费用高等问题。为此，大连院开发了加氢裂化-尾油异构脱蜡(FHC-WSI)组合工艺技术，其原则工艺流程如图 9-34 所示。

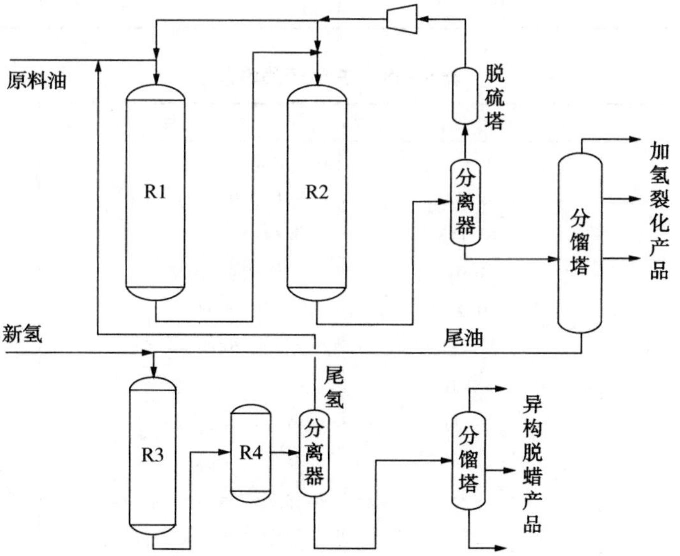

图 9-34　加氢裂化-尾油异构脱蜡组合工艺流程示意图

该工艺包括加氢裂化和尾油异构脱蜡两个单元。加氢裂化单元的尾油直接供给尾油异构脱蜡单元作原料。新氢一次通过尾油异构脱蜡单元，其尾氢则直接返回给加氢裂化单元作补充氢。由于两个单元实现深度联合，因此装置建设投资和操作费用明显降低。

中国石化茂名分公司240万吨/年单段串联一次通过加氢裂化装置于2013年投产，高分设计压力为14.2MPa。该装置第三周期以中东常减压蜡油为原料，主要生产重石脑油、喷气燃料和加氢尾油，兼产部分优质清洁柴油。加氢尾油切除轻组分后作为异构脱蜡装置进料，精制段采用FF-46和FF-66催化剂，裂化段采用FC-32A和FC-80催化剂。表9-66~表9-68为该装置生产6号基础油时的一组典型运转数据。

表9-66　原料油主要性质

项　目	数　据	项　目	数　据
密度(20℃)/(g/cm³)	0.9118	馏程/℃	
硫含量/%	2.64	初馏点/10%	264/360
氮含量/(μg/g)	723	50%/90%	436/498
BMCI 值	45.9	95%/终馏点	523/546

表9-67　主要反应条件及产物分布

项　目	数　据	项　目	数　据
主要反应条件		产物分布(对进料)/%	
高分压力/MPa	14.2	轻石脑油	11.9
反应总进料/(t/h)	300	重石脑油	13.5
体积空速/h^{-1}		喷气燃料	34.9
精制段/裂化段	1.1/1.7	柴油	11.5
反应温度/℃		尾油	25.8
精制段/裂化段	377/387		

表9-68　主要产品性质

项　目	数　据	项　目	数　据
重石脑油		6号尾油原料	
密度(20℃)/(g/cm³)	0.752	密度(20℃)/(g/cm³)	0.8375
馏程范围/℃	86~143	馏程/℃	
硫含量/(μg/g)	1.9	初馏点/10%	322/430
氮含量/(μg/g)	0.2	30%/50%	437/449
喷气燃料		70%/90%	468/496
密度(20℃)/(g/cm³)	0.800	95%/终馏点	516/535
馏程/℃	152~271	硫含量/(μg/g)	4.5
闭口闪点/℃	45	氮含量/(μg/g)	<1.0
冰点/℃	<-55	黏度(80℃)/(mm²/s)	8.553
烟点/mm	25	黏度(100℃)/(mm²/s)	5.610
柴油		黏度指数	142
密度(20℃)/(g/cm³)	0.818	*BMCI* 值	8.5
馏程范围/℃	229~366	6号基础油	
十六烷指数	70	密度(20℃)/(g/cm³)	0.8420
硫含量/(μg/g)	0.5	馏程/℃	
加氢尾油		初馏点/10%	325/430

续表

项　目	数　据	项　目	数　据
密度(20℃)/(g/cm^3)	0.8292	30%/50%	438/450
馏程范围/℃	231～522	70%/90%	465/490
黏度(80℃)/(mm^2/s)	5.046	95%/终馏点	508/525
黏度(100℃)/(mm^2/s)	3.504	倾点/℃	-15
黏度指数	130	闪点/℃	248
硫含量/(μg/g)	5.0	黏度(40℃)/(mm^2/s)	33.77
氮含量/(μg/g)	<1.0	黏度(100℃)/(mm^2/s)	6.043
BMCI 值	9.8	黏度指数	126

从表中数据可知，在尾油馏分收率约 26%的情况下，喷气燃料收率可达 34.9%，烟点为 25mm，柴油收率只有 11.5%，十六烷指数为 70，可以有效地压减柴油，生产优质重整原料、优质 3 号喷气燃料和国Ⅵ清洁柴油调合组分，加氢尾油黏度指数为 130，切除轻组分后 6 号尾油原料黏度指数可以达到 142，经异构脱蜡后所得 6 号基础油产品黏度指数为 126，可以稳定生产 API Ⅲ类 6 号润滑油基础油。

2. 加氢裂化-加氢精制分段进料组合技术

加氢裂化-加氢精制分段进料(FHC-FHF)组合工艺技术是大连院近年开发的一项创新性技术，其原则工艺流程如图 9-35 所示。

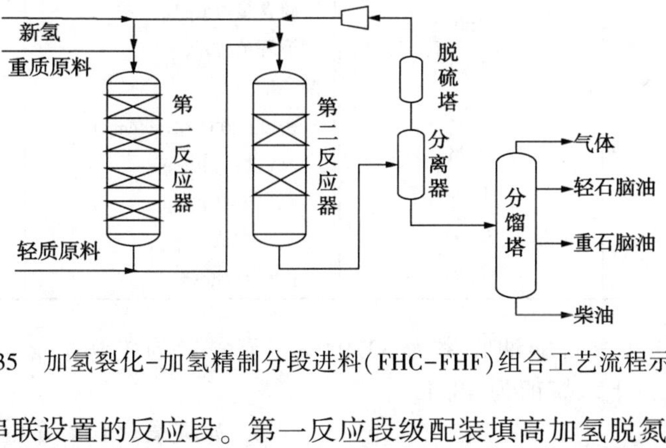

图 9-35　加氢裂化-加氢精制分段进料(FHC-FHF)组合工艺流程示意图

该工艺有两个串联设置的反应段。第一反应段级配装填高加氢脱氮活性的加氢精制催化剂和对重组分有很强优先裂解能力的加氢裂化催化剂，用于重质原料选择性加氢裂化，生产高芳潜石脑油和 T_{95}点大幅度降低的高十六烷值柴油。第二反应段装填高加氢脱硫和脱氮活性的加氢精制催化剂，用于第一反应段产物的补充精制和从第二反应段入口引入的轻质原料的深度加氢精制。该工艺只设一台反应加热炉，用于提升进入第一反应段入口的重质原料的温度，使其满足加氢裂化转化深度要求。进入第二反应段入口的轻质原料则通过与第二反应段流出物换热和与第一反应段流出物混合而提升到第二反应段所需的反应温度。该工艺由于反应热得到充分利用，因此综合能耗明显降低。再加上第一反应段所用催化剂有很强的优先裂解重组分能力，无须切尾循环，柴油产品 T_{95}点即能满足规格指标要求，因此产品分馏部分流程大为简化，从而显著降低装置建设投资和操作费用。

舟山石化 170 万吨/年馏分油加氢装置设计采用加氢裂化-加氢精制分段进料组合技术，其中精制部分以粗工业燃料油和焦化石脑油为原料，加工能力为 90 万吨/年；裂化部分以焦化馏分为原料，加工能力为 80 万吨/年，生产石脑油、溶剂油、柴油等优质产品，操作弹性 60%~115%。表 9-69 和表 9-70 为该装置运行四个月的标定数据。

表 9-69　原料油主要性质

项　目	裂化原料	精制原料
密度(20℃)/(g/cm³)	0. 8934	0. 7748
馏程/℃		
初馏点	180	58. 9
10%/30%	281/330	91/197
50%/终馏点	375/394	258/270
氮含量/(μg/g)	2640	397
硫含量/(μg/g)	4400	1900

表 9-70　操作条件与产品性质

项　目	数　据	项　目	数　据
主要操作条件		产品性质	
裂化进料量/(t/h)	100	重石脑油	
精制进料量/(t/h)	112. 5	密度(20℃)/(g/cm³)	0. 7178
精制入口温度/℃	303	氮含量/(μg/g)	2. 7
裂化入口温度/℃	380	硫含量/(μg/g)	1. 9
压力/MPa	7. 94	馏程范围/℃	32~161
产物分布/%		柴　油	
液化气	4. 98	密度(20℃)/(g/cm³)	0. 8231
轻石脑油	1. 54	氮含量/(μg/g)	17
重石脑油	33. 94	硫含量/(μg/g)	3. 5
柴油	56. 77	十六烷值	48. 1
		铜片腐蚀/级	1a

从表中数据可知，重石脑油收率为 33. 94%，硫含量为 1. 9μg/g，氮含量为 2. 7μg/g；柴油收率为 56. 77%，十六烷值为 48. 1。

3. 加氢裂化(改质)-加氢处理反序串联组合技术

加氢裂化装置采用常规加氢裂化工艺和催化剂技术，加工高含氮和/或氧的全馏分焦化生成油、页岩油、煤焦油(或称蒽油)、煤直接液化油和 F-T 合成油等非常规原料，将很难实现长周期平稳运行。为此，针对上述这类高含氮和/或氧的非常规原料，大连院开发了具有自主知识产权的加氢裂化-加氢处理(FHC-FHT)反序串联工艺技术，其原则工艺流程如图 9-36 所示。

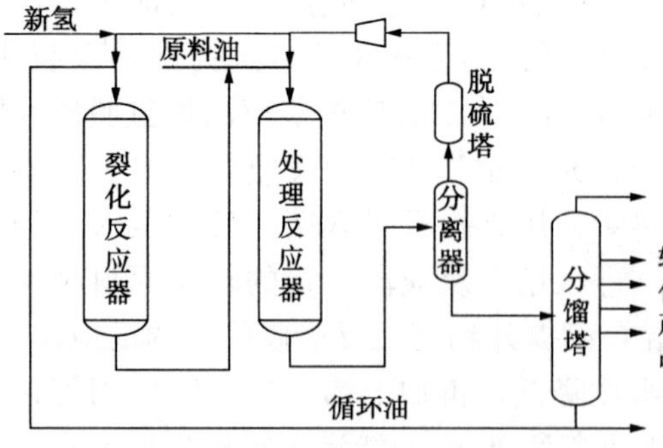

图 9-36　加氢裂化-加氢处理反序串联工艺流程示意图

加氢裂化(改质)-加氢处理反序串联组合技术可用于加工高氮原料以及高含氧的非常规原料，该技术设置两个反序串联的反应段：第一反应段用于原料的深度加氢脱硫、脱氮、脱氧以及二段产物的补充精制。一段产物经分馏部分，脱除反应过程中生成的氨、水和轻组分，塔底油循环至第二反应段进行深度加氢转化。

中国石油大连西太平洋石化有限公司采用加氢裂化-加氢处理反序串联组合技术建设一套加氢裂化装置，设计规模为150万吨/年，采用全循环流程加工中东直馏VGO。该装置采用高活性催化剂，并进行密相级配装填，表9-71和表9-72为该装置的一组典型运转数据[52,53]。

表9-71 原料油性质及主要操作条件

项　目	数　据	项　目	数　据
原料油性质		主要操作条件	
密度(20℃)/(g/cm³)	0.9064	一反进料量/(t/h)	183.1
馏程范围/℃	321.8~516.8	二反进料量/(t/h)	157.7
硫含量/%	2.56	氢分压/MPa	14.60
氮含量/(μg/g)	766	一反体积空速/h^{-1}	2.2
铁含量/(μg/g)	<1.0	二反体积空速/h^{-1}	1.65

表9-72 主要产品性质

项　目	数　据	项　目	数　据
轻石脑油		轻柴油	
收率/%	4.8	收率/%	12.6
重石脑油		密度(20℃)/(g/cm³)	0.8325
收率/%	14.9	馏程范围/℃	250.0~315.5
喷气燃料		硫/(μg/g)	1.8
收率/%	33.2	重柴油	
密度(20℃)/(g/cm³)	0.7881	收率/%	30.4
馏程范围/℃	158.8~252.8	密度(20℃)/(g/cm³)	0.8331
烟点/mm	30	馏程范围/℃	206.1~373.1
冰点/℃	-65.0	硫含量/(μg/g)	4.79
闪点/℃	51	十六烷指数	61

从表中数据可知，该装置加工直馏蜡油，可得到收率为33.2%的3号喷气燃料，其烟点高达30mm、冰点-65.0℃、闪点51℃，均明显优于设计指标；同时还得到收率为30.4%的重柴油，其硫含量为4.79μg/g，十六烷指数为61。

4. 加氢裂化-蜡油加氢脱硫组合技术

加氢裂化-蜡油加氢处理组合工艺技术是大连院于20世纪90年代开发成功并实现工业应用的一项具有自主知识产权的创新技术，其原则工艺流程如图9-37所示。

加氢裂化-蜡油加氢处理组合工艺特点是通过在一段串联加氢裂化装置内增加一台加氢处理反应器，扩大装置加工能力。该工艺具有很大的生产操作灵活性，可以根据生产需要在寻求最大转化能力和最大加工能力之间灵活调节。蜡油加氢处理系列所产的尾油是优质的催化裂化装置进料。该组合工艺技术尤其适合那些加工含硫原油或劣质原油而需对FCC原料进行加氢预处理的炼油企业。该项技术已于1999年在镇海炼化实现首次工业应用。

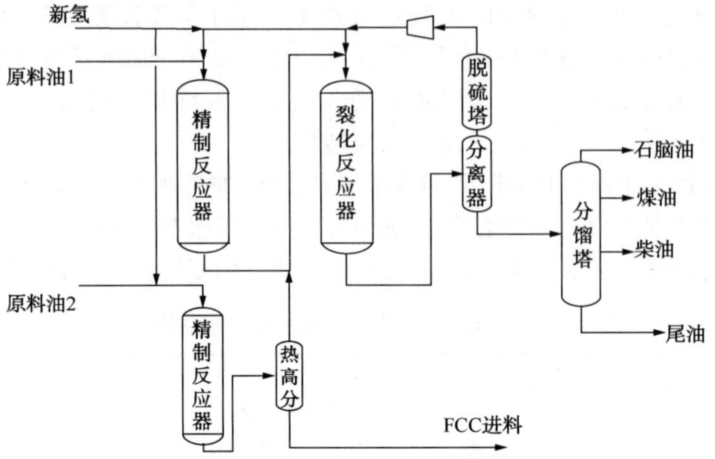

图 9-37　加氢裂化-蜡油加氢处理组合工艺流程示意图

5. 中压加氢裂化(改质)-喷气燃料补充精制组合技术

为了解决在中压条件下无法直接生产合格喷气燃料的难题，大连院于 20 世纪 90 年代开发了中压加氢裂化(改质)-中间馏分油加氢补充精制(MPHC/MHUG-MHDA)组合工艺技术，通过在中压加氢裂化(改质)装置上增设一台低压加氢补充精制反应器，装填使用高芳烃饱和性能的还原态金属加氢催化剂，在非常缓和的条件下，对超低硫的喷气燃料馏分进行加氢补充精制，以达到深度脱芳和提高烟点的目的，使其满足 3 号喷气燃料规格指标要求。其原则工艺流程如图 9-38所示。

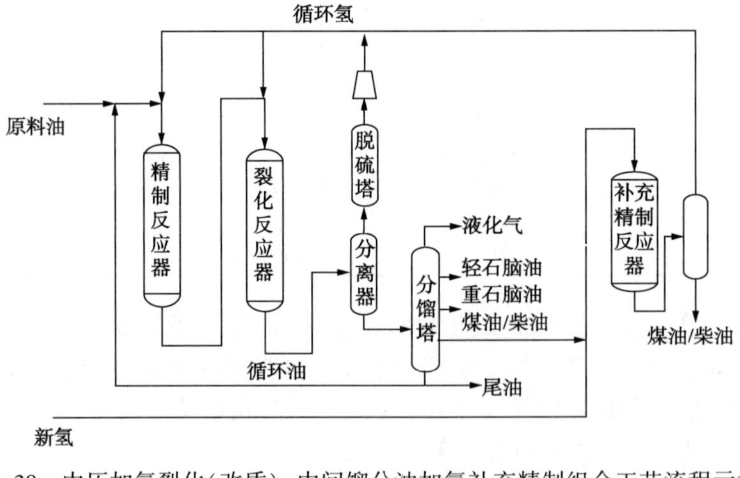

图 9-38　中压加氢裂化(改质)-中间馏分油加氢补充精制组合工艺流程示意图

中国石油克拉玛依石化公司依据大连院的中试结果及其推荐的中压加氢裂化(改质)改进型工艺，于 2012 年建设了一套年加工量为 120 万吨的生产装置。该装置的中压加氢裂化(改质)单元工作压力为 12. 0MPa，加氢补充精制单元压力为 1. 5MPa。

加氢裂化(改质)单元所产喷气燃料馏分经过加氢补充精制单元贵金属 Pt 加氢精制催化剂深度加氢补充精制后，其产品质量完全满足 3 号喷气燃料的质量指标要求，并实现了生产装置长周期稳定运行。表 9-73 为喷气燃料补充精制效果。

表 9-73　加氢裂化(改质)单元所产喷气燃料馏分加氢补充精制前后主要性质变化情况

日　期	2012.12	2013.10	2014.02	2014.09	2015.01	2015.08	2016.02	2016.05
加氢补充精制前改质喷气燃料原料性质								
馏程范围/℃	167~240	158~231	154~245	163~252	160~257	149~255	161~245	168~251
密度/(g/cm³)	0.8186	0.8056	0.8161	0.8100	0.8120	0.8128	0.8140	0.8146
闪点/℃	51	47	49	51	50	50	50	51
冰点/℃	<-55	<-55	<-55	-50	-50	-50	<-55	-50
烟点/mm	22.0	21.0	23.0	19.0	20.0	21.0	21.0	20.0
芳烃含量/%(体)	12.8	12.9	10.6	16.8	14.6	14.5	14.0	16.4
加氢补充精制后加氢喷气燃料产品性质								
馏程范围/℃	169~238	156~235	156~245	164~251	161~254	148~254	163~246	163~248
密度/(g/cm³)	0.8140	0.8030	0.8105	0.8090	0.8107	0.8024	0.8076	0.8096
闪点/℃	53	48	49	53	49	48	50	52
冰点/℃	<-55	<-55	<-55	-50	-50	-50	<-55	-50
烟点/mm	25.0	25.0	28.0	25.0	25.0	27.0	26.0	25.0
芳烃含量/%(体)	8.9	8.4	4.5	—	7.3	4.7	6.8	7.0

从表 9-73 可知，在工业装置实际生产运行过程中，加氢补充精制前，加氢裂化(改质)所产喷气燃料原料烟点为 19~24mm，芳烃含量(体积分数)为 10.2%~16.8%；经过加氢补充精制单元精制后，加氢喷气燃料产品烟点可提高到 25mm 以上，芳烃含量可控制在理想的 4.0%~9.0%。这套装置生产的加氢喷气燃料产品已得到航鉴委认证，其产品质量能够长周期稳定满足 3 号喷气燃料质量标准要求。

第五节　柴油加氢裂化技术

随着市场对车用柴油产品需求量的增长趋缓，以及对化工原料需求的不断增长，以柴油馏分为原料的加氢裂化技术近年来应用越来越广泛。柴油加氢裂化技术是指以柴油馏分为原料，通过加氢裂化工艺多产重石脑油、喷气燃料的加氢裂化技术。根据产品目标的不同，一般采用单段工艺、单段串联工艺、两段工艺，同时根据未转化柴油是否循环及是否单独裂化而有不同的工艺流程变化。根据原料性质和产品目标的不同，主要分为以下几类技术。

一、直馏柴油加氢转化多产乙烯料技术

福建联合石化为了降低全厂柴油产量，增加乙烯原料，将原有的一套 80 万吨/年柴油加氢精制装置改造为 50 万吨/年柴油加氢改质多产乙烯料装置。该装置采用一个反应器和一次通过工艺，装填 RG 系列保护剂和 RHC-131 催化剂。装置于 2016 年 12 月开工，典型运行数据见表 9-74~表 9-76[54]。

从表中数据可知，石脑油馏分硫氮质量分数小于 0.5μg/g，芳烃潜含量为 51.9%；产品柴油馏分 20℃ 密度为 0.8096g/cm³，链烷烃含量提高至 56.5%，是优质的乙烯裂解原料。

表 9-74　原料油主要性质

项　目	数　据	项　目	数　据
密度(20℃)/(g/cm^3)	0.8309	馏程/℃	
硫含量/%	0.66	初馏点/10%	191/230
氮含量/(μg/g)	34	30%/50%	255/270
十六烷指数	56.2	70%/90%	290/310
链烷烃含量/%	49.2	95%/终馏点	320/336

表 9-75　主要反应条件及产物分布

项　目	数　据	项　目	数　据
主要反应条件		产物分布(对进料)/%	
入口压力/MPa	7.22	液化气	0.50
反应总进料/(t/h)	52.2	石脑油	8.41
体积空速(改质)/h^{-1}	1.45	尾油	91.59
气油体积比	890		
反应温度(改质)/℃	345		

表 9-76　主要产品性质

项　目	石脑油	尾油	项　目	石脑油	尾油
密度(20℃)/(g/cm^3)	0.7133	0.8096	馏程/℃		
硫含量/(μg/g)	<0.5	1.9	初馏点/10%	34/65	189/230
氮含量/(μg/g)	<0.2	<0.2	30%/50%	95/111	252/267
芳潜含量/%	51.9	—	70%/90%	129/156	283/305
链烷烃/总芳烃/多环芳烃含量/%	—	56.5/10.7/1.3	95%/终馏点	166/174	316/331

二、直馏柴油加氢转化多产喷气燃料技术

近年来中国成品油消费结构变化明显，汽油和喷气燃料表观消费量快速上升，柴油表观消费量增长逐渐放缓，消费柴汽比逐年降低。大连院针对性地开发了直馏柴油加氢裂化增产喷气燃料及化工原料技术，并且在中海油宁波大榭石化有限公司及中国石化北京燕山分公司成功进行工业应用，可以增产优质喷气燃料、优质蒸汽裂解制乙烯原料和优质催化重整原料等产品，从而明显降低炼油企业柴汽比，满足炼油企业调整产品结构的迫切需求。

燕山石化 120 万吨/年直馏柴油裂化装置 2017 年技术标定结果列于表 9-77。该装置采用单段串联一次通过工艺流程及配套 FF-56/FC-50 加氢裂化级配催化剂体系，设计按多产喷气燃料方式运行，在反应氢分压 6.9MPa、总体积空速 0.90h^{-1}、反应温度 367℃等工艺条件下加工直馏柴油原料，76~140℃重石脑油馏分收率为 17.90%；139~261℃喷气燃料馏分收率为 49.26%，烟点为 29.4mm，是优质的 3 号喷气燃料，>260℃柴油馏分收率为 21.64%，十六烷值为 69.0，*BMCI* 值为 8.7，链烷烃为 79.8%，芳烃为 1.1%，既是高质量车用柴油调合组分，也是优质蒸汽裂解制乙烯原料。

表 9-77　直馏柴油裂化装置工业应用结果

项　目	直馏柴油原料	轻石脑油	重石脑油	喷气燃料	柴油
收率/%	100	10.36	17.90	49.26	21.64
密度(20℃)/(g/cm³)	0.8476		0.7322	0.7844	0.7944
馏程范围/℃	218~350		76~140	139~261	258~322
硫含量/(μg/g)	8370		0.48	<3.2	2.4
氮含量/(μg/g)	113		0.3	0.3	0.3
烟点/mm				29.4	
十六烷值					69.0
BMCI 值					8.7
链烷烃含量/%					79.8
芳烃含量/%					1.1

三、柴油加氢裂化多产重整料技术

该技术以直馏柴油为原料，采用高开环选择性的 FC-52 加氢裂化催化剂，采用全循环或一次通过工艺流程，最大量生产重整原料，且重石脑油中富含单环环状烃，具有较高的芳烃潜含量。表 9-78 和表 9-79 列出了典型的中型试验结果。

表 9-78　直馏柴油全循环最大量生产重整原料试验结果①

中试结果	原料油	轻石脑油	重石脑油
收率/%	100	20.13	72.26
密度(20℃)/(g/cm³)	0.8804	0.6504	0.7408
馏程范围/℃	192~368	28~79	85~174
芳烃潜含量/%			45.0

①主要工艺条件：a. 单段串联全循环工艺流程；b. 压力为 10MPa；c. 裂化空速(新鲜进料)1.4h^{-1}。

从表 9-78 数据可知，采用全循环工艺，可得到轻石脑油馏分收率约 20.13%，重石脑油收率 72.26%。重石脑油馏分硫氮含量小于 0.5μg/g，芳烃潜含量为 45.0%，是优质的催化重整原料。

表 9-79　直馏柴油一次通过流程生产重整原料试验结果①

中试结果	原料油	轻石脑油	重石脑油	喷气燃料	柴油
收率/%	100	12.50	44.32	27.53	10.94
密度(20℃)/(g/cm³)	0.8804	0.6498	0.7419	0.7915	0.7979
馏程范围/℃	192~368	28~72	75~172	175~278	291~345
芳烃潜含量/%			53.1		
烟点/mm				26.7	
BMCI 值					5.5

①主要工艺条件：a. 单段串联一次通过工艺流程；b. 压力为 6.0MPa；c. 裂化空速为 2.0h^{-1}。

从表 9-79 数据可知，采用一次通过工艺流程，轻石脑油馏分收率约 12.50%，重石脑油收率 44.32%，喷气燃料收率 27.53%，未转化柴油 10.94%。重石脑油馏分硫氮含量小于 0.5μg/g，芳烃潜含量为 53.1%，是优质的催化重整原料；喷气燃料烟点 26.7mm，未转化柴油 *BMCI* 值仅为 5.5，是优质的蒸汽裂解制乙烯原料。

四、劣质催化裂化轻循环油加氢转化生产高辛烷值汽油组分技术

劣质催化裂化轻循环油加氢转化生产高辛烷值汽油组分技术是以 100%劣质催化裂化轻循环油为原料，将其转化为富含甲苯及二甲苯等高辛烷值汽油组分，同时兼顾生产部分低硫清洁柴油调合组分。针对劣质催化裂化轻循环油加氢转化，中国石化开发了 FD2G 技术和 RLG 技术。

（一）FD2G 技术

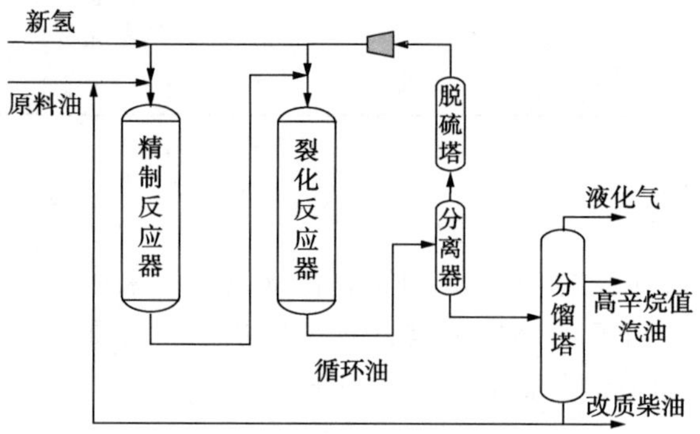

图 9-39　FD2G 技术工艺流程示意图

FD2G 技术采用的是串联一次通过未转化油部分循环的工艺流程，包括加氢精制和加氢裂化反应器各一台，由原料系统、反应系统、分离系统和分馏系统构成，如图 9-39 所示。

2013 年 9 月，中国石化金陵分公司 1 号加氢裂化装置率先采用 FD2G 技术加工催化裂化轻循环油生产高辛烷值汽油调合组分，配套使用的催化剂为 FZC 系列加氢保护剂、FF-36 加氢裂化预处理催化剂以及 FC-24B 加氢转化催化剂。表 9-80 为该公司应用 FD2G 技术的主要标定结果。

表 9-80　FD2G 技术标定结果

项　目	标定结果		项　目		标定结果
原料油			链烷烃		15.1
密度(20℃)/(g/cm³)	0.9456		总环烷		7.4
馏程范围/℃	196~371		总芳烃		77.5
硫含量/(μg/g)	2878		主要操作条件		
氮含量/(μg/g)	689		反应入口总压/MPa		9.3
十六烷值	16.5		加氢转化空速/h^{-1}		1.44
质谱组成/%			平均反应温度/℃		384.7
产品馏分范围/℃	<65（轻石脑油）	65~165（重石脑油）	165~210（重汽油）	65~210（混合汽油）	>210（柴油组分）
收率/%	2.17	14.76	19.30	34.06	57.98
密度(20℃)/(g/cm³)	0.7049	0.7845	0.8564	0.8206	0.8811
硫含量/(μg/g)	—	5.1	0.5	2.7	17.5
RON	81.6	86.6	93.2	90.7	—
十六烷值	—	—	—	—	28.5
十六烷值增幅	—	—	—	—	+12.5
BTX 含量/%	—	33.40	—	20.29	—

从表 9-80 数据可知，该装置 65~210℃汽油收率 34.06%，辛烷值(*RON*)90.7，硫含量 2.7μg/g，BTX 含量 20.29%，可作为国Ⅴ汽油调合组分；>210℃改质柴油收率 57.98%，密度 0.8811g/cm^3，十六烷值较原料提高 12.5 个单位。

在 FD2G 技术基础上，大连院又开发了 FL2G 技术，通过专用催化剂 FC-70A/B 开发、装置节能优化设计及 FD2G+FCC 联合加工方案设计，为低成本加工催化裂化轻循环油提供整体解决方案，可实现在较低氢耗和能耗下催化裂化轻循环油深度转化甚至全转化生产硫含量小于 10μg/g 的高辛烷值国Ⅵ车用汽油调合组分的目标。

中国石化长岭分公司采用 FL2G 技术建设 1 套 100 万吨/年催化裂化轻循环油(LCO)加氢转化装置，裂化反应器使用专用催化剂 FC-70A/B，实现催化裂化轻循环油进行中、低深度转化；转化装置未转化柴油一部分作为清洁柴油调合组分出厂，另一部分进 FDFCC 装置轻油提升管继续转化，生产汽油和液化气产品。工业应用结果见表 9-81。

表 9-81　FL2G 与 FD2G 技术对比应用结果

物　料	FL2G	FD2G
入方/%		
LCO	100	100
氢气	2.89	2.89
出方/%		
液化气	6.62	3.83
汽油	57.23	37.36
加氢柴油	19.14	58.20
LCO	13.67	
合计		
生产吨汽油产品耗氢/kg	50	77
转化吨 LCO 耗氢/kg	43	69
LCO 总转化率/%	67.2	41.8
生产吨汽油耗氢降幅/%	35.0	基准

FD2G 与 FDFCC 两套装置合计加工 LCO128 万吨，生产汽油 73.25 万吨，液化气 8.47 万吨，FD2G 未转化油+催化裂化轻循环油 42.0 万吨，LCO 总转化率达到 67.2%，生产每吨汽油合计耗氢 0.050 吨。联合加工方案与长岭 100 万吨/年 FD2G 装置独立运行(未转化柴油直接出厂)相比，LCO 转化率由 41.8%提高到 67.2%，生产每吨汽油氢气消耗由 77 公斤下降到 50 公斤，降幅达到 35.0%，LCO 转化效率和氢气利用效率显著提升。

(二) RLG 技术

RLG 技术采用串联一次通过部分馏分循环的工艺流程，设置加氢精制和加氢裂化反应器各一台，由原料系统、反应系统、分离系统和分馏系统构成，如图 9-40 所示。

中国石化安庆分公司的 LCO 加氢转化装置采用 RLG 技术设计，于 2017 年建成投产，装置设计年处理能力 100 万吨，采用串联一次通过部分馏分循环的工艺流程，设计压力 10.0MPa，以 100%LCO 为原料生产高辛烷值汽油调合组分。该装置精制反应器装填

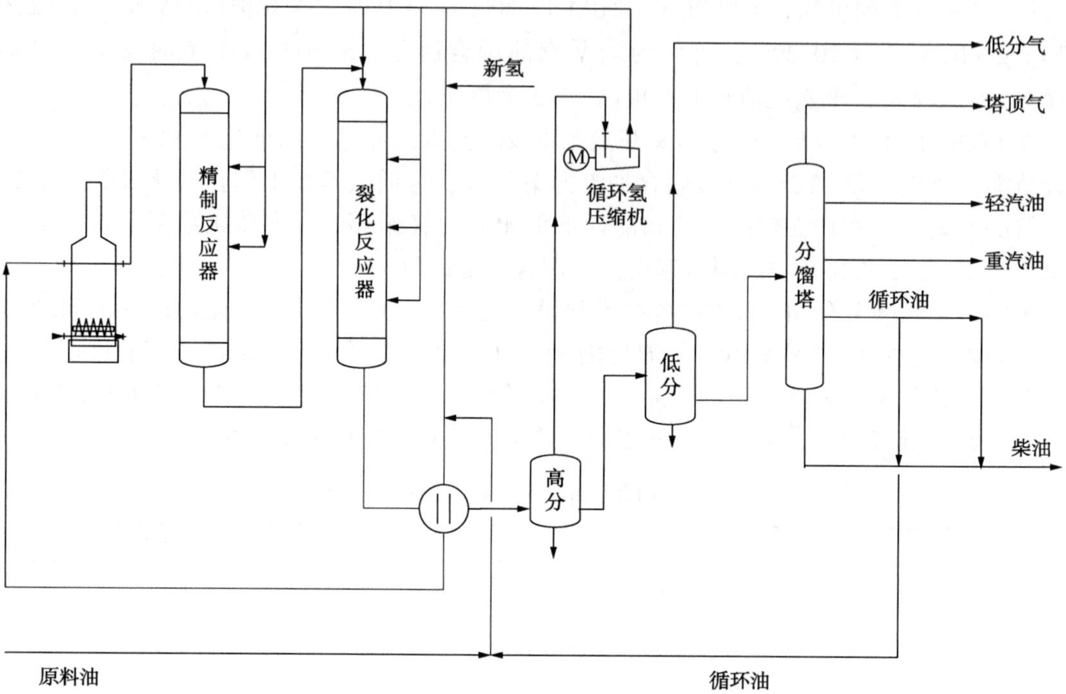

图 9-40　RLG 技术原则工艺流程图

RN-411催化剂，裂化反应器装填 RHC-100 催化剂，产品轻汽油馏分脱除 C_6组分后与重汽油馏分调合，生产高辛烷值汽油调合组分。表 9-82～表 9-84 列出了该装置的典型运转数据。

表 9-82　原料油主要性质

项　目	2018 年 5 月 24 日	2019 年 10 月 20 日	项　目	2018 年 5 月 24 日	2019 年 10 月 20 日
密度(20℃)/(g/cm^3)	0.9390	0.9531	十六烷指数(ASTM D-4737)	26.0	22.4
硫含量/%	0.1563	0.2010			
氮含量/(μg/g)	731	803	馏程范围/℃	194～358	182～365

表 9-83　主要反应条件及产物分布

项　目	2018 年 5 月 22 日	2019 年 10 月 20 日	项　目	2018 年 5 月 22 日	2019 年 10 月 20 日
高分压力/MPa	7.80	8.99	产物收率/%		
反应进料/(t/h)	125	94	汽油馏分	48.03	55.24
			C_6馏分	6.21	5.25
精制剂平均温度/℃	375	375	稳定汽油	41.82	49.99
裂化剂平均温度/℃	389	384	柴油馏分	49.43	41.41

表 9-84　主要产品性质

项　目	2018年5月24日	2019年10月20日	项　目	2018年5月24日	2019年10月20日
稳定汽油			柴　油		
密度(20℃)/(g/cm³)	0.8036	0.7963	密度(20℃)/(g/cm³)	0.8739	0.8735
硫含量/(μg/g)	0.3	1.02	硫含量/(μg/g)	1.5	3.6
氮含量/(μg/g)	0.3	<0.5	氮含量/(μg/g)	0.3	—
苯含量/%(体)	0.81	0.51	十六烷指数(ASTM D-4737)	37.8	37.0
研究法辛烷值(*RON*)	91.8	92.2	十六烷指数提高值	11.3	14.6
马达法辛烷值(*MON*)	83.0	83.0	馏程范围/℃	217~359	217~357
馏程范围/℃	27~203	31~199			

从表中数据可见，产品汽油馏分收率为48.03%、柴油馏分收率为49.43%；稳定汽油硫含量为0.3μg/g，研究法辛烷值为91.8，汽油可作高辛烷值汽油调合组分；柴油产品硫含量为2.2μg/g，十六烷指数37.3，十六烷指数提高值达11.3个单位，柴油产品可作清洁柴油调合组分。

五、劣质柴油中压加氢改质技术

(一) 中压加氢改质 MHUG 技术

针对劣质柴油改质生产高价值产品的需要，中国石化开发了中压加氢改质MHUG技术。MHUG技术可以在中压下以催化裂化轻循环油(LCO)、直馏柴油(AGO)、焦化柴油(LCGO)、减压轻馏分油(LVGO)或它们的混合油为原料，直接生产低硫、低芳烃清洁柴油调合组分。MHUG技术主要针对劣质柴油中低十六烷值的双环以上芳烃组分，通过采用精制催化剂和双功能裂化催化剂，对双环以上芳烃进行加氢饱和及选择性开环裂化，在中压下破坏芳烃加氢饱和的热力学平衡限制，使其转化为带有长侧链的环状烃或芳烃，实现提高柴油十六烷值兼顾高柴油收率的目的。MHUG技术典型工艺流程示意图如图9-41所示。中国石化北京燕山分公司采用该技术于1997年5月率先建成1套100万吨/年MHUG工艺装置，并一次开车成功。该装置工业运行结果见表9-85和表9-86。

表 9-85　原料油主要性质与操作条件

混合原料油	数　据	工况条件	数　据
密度(20℃)/(g/cm³)	0.8560	入口氢分压/MPa	8.0
硫含量/(μg/g)	930	体积空速(精制/裂化)/h^{-1}	1.01/1.30
氮含量/(μg/g)	810	反应温度(精制/裂化)/℃	365/360
馏程范围/℃	243~480		

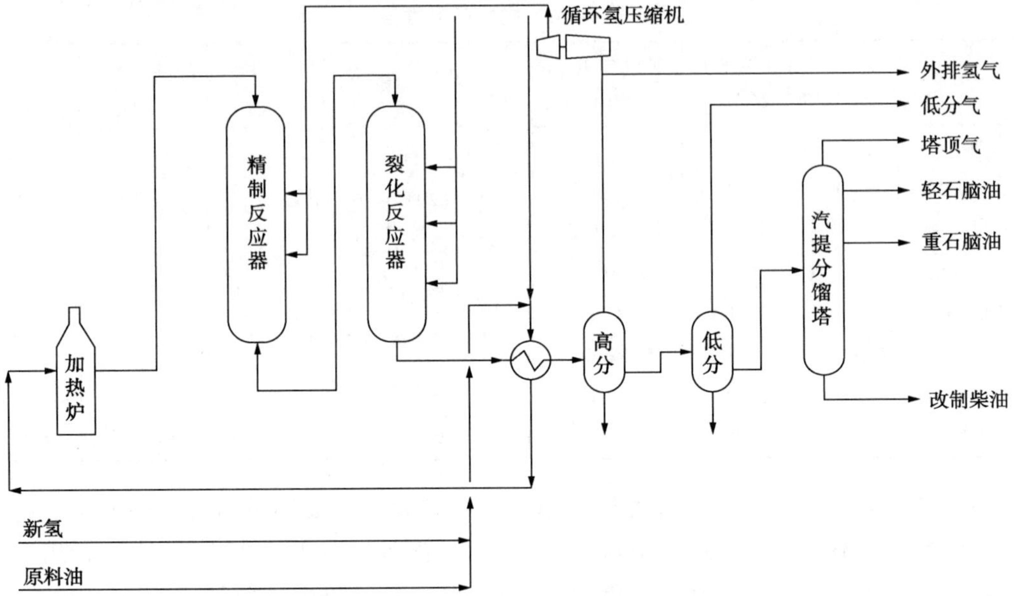

图 9-41　MHUG 技术典型工艺流程示意图

表 9-86　主要产品收率及性质

项　目	石脑油	轻柴油	尾　油
产品收率/%	18.6	45.1	30.4
芳烃潜含量/%	63.5	—	—
硫含量/(μg/g)	<0.5	<10	<10
十六烷值	—	47.1	—
BMCI 值	—	—	6.2

中海石油惠州炼油一期 360 万吨/年中压加氢改质装置采用石科院开发的 MHUG 技术设计并开工。装置采用单段串联一次通过流程，采用两台反应器，设计压力 11.5MPa。装置于 2009 年开工，第一运转周期连续运行五年六个月。表 9-87 给出了装置典型的应用数据。工业应用结果表明，十六烷值为 37 的劣质原料经 MHUG 技术加工后，产品柴油十六烷值可提高至 53.9，硫含量小于 0.5μg/g，双环以上芳烃含量小于 0.1%。

表 9-87　中海石油惠州炼油一期 360 万吨/年中压加氢改质 MHUG 装置工业应数数据

油品性质	原　料	产　品		
		重石脑油	煤　油	柴　油
收率/%	—	21.7	28.5	41.8
密度(20℃)/(g/cm³)	0.8645	0.7630	0.8070	0.8240
硫含量/(μg/g)	18000	<0.5	<0.5	<0.5
芳烃潜含量/%	—	63	—	—
烟点/mm	—	—	25.4	—
十六烷值	37	—	—	53.9
双环以上芳烃含量/%	15.3	—	—	<0.1

(二) 柴油灵活加氢改质 MHUG-Ⅱ技术

为了进一步优化反应过程，中国石化下属研究机构通过大量基础研究和工业实践，提出了分区进料的灵活加氢改质 MHUG-Ⅱ工艺技术[55,56]。该工艺基于加氢精制和加氢改质过程化学的不同特点及加氢改质技术对不同原料的适应性，设置了分区进料、设备集成的新型加氢工艺流程。与常规加氢改质相比，MHUG-Ⅱ工艺氢耗降低10%以上，柴油收率提高 6 个百分点以上，循环氢量降低 50%以上，可灵活生产国Ⅳ、国Ⅴ标准的清洁柴油。MHUG-Ⅱ技术典型工艺流程示意图如图 9-42所示。

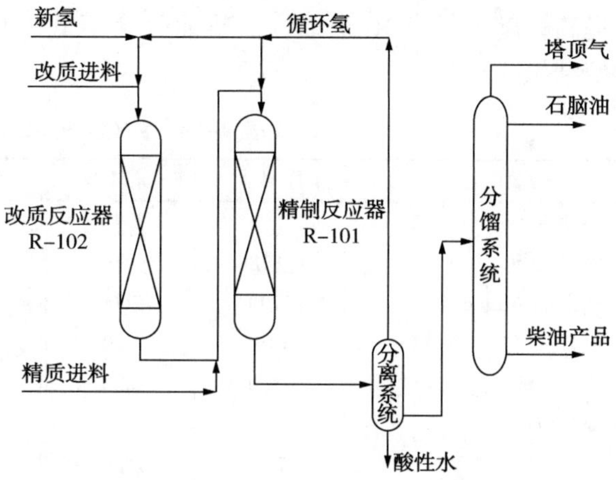

图 9-42 MHUG-Ⅱ技术典型工艺流程示意图

为了应对柴油质量升级和解决柴油加工能力不足的问题，海南炼化将 200 万吨/年柴油加氢装置改造为 248 万吨/年柴油加氢改质装置，同时加工 181 万吨/年直馏柴油和 67 万吨/年催化裂化轻循环油。该装置采用石科院开发的 MHUG-Ⅱ技术进行改造。工业应用结果列于表 9-88~表 9-89。

由表中数据可见，以催化裂化轻循环油(LCO)和直馏柴油为原料，在氢分压 6.4MPa 等缓和的工艺条件下，可以灵活生产硫含量小于 10μg/g、十六烷值高于 51 的清洁柴油；标定化学氢耗在 0.97%；催化剂平均失活速率大约 0.69~0.92℃/月，连续运转周期超过 4 年[57]。

表 9-88 MGUH-Ⅱ装置进料性质

项 目	精制进料	改质进料	项 目	精制进料	改质进料
密度(20℃)/(g/cm³)	0.8408	0.9151	族组成/%		
硫含量/(μg/g)	3585	3535	链烷烃	43.3	17.4
氮含量/(μg/g)	99	824	总环烷烃	31.8	13.9
十六烷值	56.9	26.5	总芳烃	24.9	68.7

表 9-89 MGUH-Ⅱ装置工艺参数和产品性质

项 目	国Ⅴ柴油标定值		项 目	国Ⅴ柴油标定值	
进料量/(t/h)			产品性质	石脑油	柴油
改质反应器(LCO/直柴)	70.25/29.86		密度(20℃)/(g/cm³)	0.7410	0.8432
精制反应器(直柴)	174.96		硫含量/(μg/g)	<0.5	6.95
主要工艺参数	改质反应器	精制反应器	氮含量/(μg/g)	<0.5	0.7
氢分压/MPa	6.74	6.56	芳烃潜含量/%	57.4	—
床层总温升/℃	109	18	十六烷值	—	52.4
精制/改质平均床层温度/℃	347.1/365.2	356.0	总芳烃含量/%	—	27.6
化学氢耗/%	0.97	0.97	多环芳烃含量/%	—	4.9
			产物收率/%	4.21	94.94

（三）催化裂化轻循环油深度加氢处理技术

为进一步提高柴油收率，国内研究机构分别开发了副产少量石脑油的劣质柴油加氢改质 RICH 技术和 MCI 技术。其中，劣质柴油深度加氢处理 RICH 技术由石科院开发，采用单剂或两剂串联，以劣质催化裂化轻循环油为原料，密度降低值不低于 0.034g/cm^3，十六烷值提高幅度不低于 10 个单位，柴油收率不低于 95%。表 9-90 给出了 RICH 技术工业运转典型结果。

表 9-90　RICH 技术工业运转典型结果

项　目	原料 A	原料 B	项　目	原料 A	原料 B
原料性质			产物收率/%		
密度(20℃)/(g/cm^3)	0.8788	0.8912	柴油	96.50	96.5
硫含量/(μg/g)	2700	7600	未稳定汽油	2.66	—
氮含量/(μg/g)	649	580	柴油馏分性质		
十六烷值	28.0	32.2	密度(20℃)/(g/cm^3)	0.8572	0.8549
主要反应条件			硫含量/(μg/g)	0.7	2.7
压力/MPa	7.5	6.11①	氮含量/(μg/g)	<0.2	1.0
反应温度/℃	360	366.5	十六烷值	41.1	42.4
体积空速/h^{-1}	0.91	1.02	十六烷值提高值	13.1	10.2
氢油体积比	795	—			

① 反应器入口氢分压。

最大限度提高催化裂化轻循环油十六烷值 MCI 技术由大连院开发，通过催化剂和工艺开发，较大幅度提高柴油十六烷值，同时兼顾柴油收率 95%以上。表 9-91 给出了 MCI 技术典型工业应用结果。

表 9-91　MCI 技术典型工业应用结果

项　目	原料 A	原料 B	项　目	原料 A	原料 B
原料性质			产品收率/%		
密度(20℃)/(g/cm^3)	0.9012	0.8907	柴油	96.62	99.78
硫含量/(μg/g)	8065	1439	未稳定汽油	2.65	1.10
氮含量/(μg/g)	687	991	柴油馏分性质		
十六烷值	29.4	27.5	密度(20℃)/(g/cm^3)	0.8632	0.8626
主要反应条件			硫含量/(μg/g)	5.8	3.0
压力/MPa	7.0	6.9	氮含量/(μg/g)	1.1	7.2
反应温度/℃	364	360	十六烷值	39.9	38.4
体积空速/h^{-1}	1.0	1.0	十六烷值提高值	10.5	10.9
氢油体积比	722	700			

六、柴油加氢降凝技术

（一）FHI 柴油加氢改质异构降凝技术

FHI 技术采用单段单剂或单段两剂一次通过工艺流程，采用专用的多功能催化剂，在中高压条件下加工直馏柴油、直馏轻蜡油、催化裂化轻循环油、焦化柴油和/或二次加工重柴油/轻蜡油等原料，在实现原料深度加氢脱硫、脱氮、脱芳和选择性开环的同时，可以使原料中正构烷烃等高凝点组分进行异构化反应，并使进料中重组分发生适度加氢裂化反应，从而在保持较高柴油产品收率和显著降低柴油产品硫、氮、芳烃和稠环芳烃含量的同时，能够降低柴油产品的凝点，使柴油密度、T_{95}点和十六烷值等指标得到明显改善，具有很大的生产操作灵活性。

为满足柴油产品质量升级的需要，陕西延长石油集团永坪炼油厂新建了一套140万吨/年柴油加氢改质装置。该装置采用FHI柴油加氢改质异构降凝工艺技术及配套专用组合催化剂。以直馏柴油和催化裂化轻循环油混合油为原料，以生产硫含量满足欧Ⅳ、兼顾欧Ⅴ排放标准的清洁低凝柴油。在实际运转过程中可按照夏季和冬季两种方案运行，灵活生产不同牌号的低凝柴油产品。FHI技术工业应用结果列于表9-92。

表9-92　永坪炼油厂FHI技术工业应用结果

产品方案	-20号柴油		产品方案	-20号柴油	
反应压力/MPa	7.0		原料及柴油产品性质	原料	柴油产品
柴油产品收率/%	90.2		硫含量/(μg/g)	618	2.0
原料及柴油产品性质	原料	柴油产品	多环芳烃含量/%	6.3	1.4
密度(20℃)/(g/cm³)	0.833	0.813	凝点/℃	3	<-20
馏程范围/℃	185~352(95%)	191~327(95%)	十六烷值	基准	基准+6

从表9-92中可以看出，在加工设计原料(直馏柴油：催化裂化轻循环油=78：22)的条件下，-20号低凝柴油的收率为90.2%，柴油产品性质满足国Ⅴ柴油指标，说明FHI技术很好满足了企业实际生产需求。

(二) FHIDW柴油加氢改质降凝技术

FHIDW技术采用一段串联工艺流程和加氢精制、加氢降凝和异构改质降凝催化剂级配体系，在适宜的工艺条件下，可以实现原料油的深度加氢精制、提质和降凝，通过加氢降凝催化剂和异构改质降凝催化剂的协同降凝作用，使原料中正构烷烃等高凝点组分进行异构化反应，从而在保持较高柴油产品收率和显著降低柴油产品硫、氮、芳烃和稠环芳烃含量的同时，能够降低柴油产品的凝点，具有很大的生产操作灵活性。通过装置操作条件调整，可以在大幅度降低柴油产品凝点的同时，保持很高的低凝柴油产率，并可以在较低温度下灵活生产不同牌号的优质低凝柴油产品。

陕西延长石油集团延安石化厂140万吨/年柴油加氢改质降凝装置设计加工催化裂化轻循环油和直馏柴油混合油，冬夏季灵活生产不同牌号的低凝柴油产品，表9-93列出该装置典型运行结果。为适用市场需求，该厂拟利用该套装置加工催化裂化轻循环油，在生产低凝柴油的同时，进一步改善柴油产品质量，尤其是要提高柴油产品的十六烷值。为此，推荐该装置采用FHIDW技术及配套FHUDS-8/FC-16B/FDW-3催化剂体系，很好满足装置的实际生产要求。

表 9-93　延安石化厂 FHIDW 技术工业应用结果

项　目	工业应用结果		
高分压力/MPa	6.5		
精制段反应温度/℃	306		
改质降凝段反应温度/℃	344		
油品名称	原料油	石脑油	柴油
产物收率/%	—	15.2	82.3
密度(20℃)/(g/cm³)	0.8822	0.6813	0.8516
馏程范围/℃	199~367	32~149	194~333
硫含量/(μg/g)	815	—	2.0
氮含量/(μg/g)	830	0.6	0.61
凝点/℃	4	—	-29
闪点(闭口)/℃	78	—	73
十六烷指数(ASTM D4737-96a)	34	—	45

从表 9-93 中可以看出，以催化裂化轻循环油为原料，该装置采用 FHIDW 技术及配套催化剂体系，所产-20 号低凝柴油收率 82.3%、硫含量 2.0μg/g、十六烷指数 45。-20 号低凝柴油产品十六烷指数较上一周期增加 6 个单位，很好地解决了该厂柴油池十六烷值偏低的问题。

第六节　加氢裂化装置开停工

加氢裂化装置的原料和产品均属易燃易爆有毒物质，反应过程放热量大，反应介质有腐蚀性，一旦出现异常恶性事故，容易引发严重后果，因此加氢裂化装置开停工过程中操作必须满足技术要求，以确保工业装置能够“安稳长满优”运行。

本节介绍加氢裂化工业装置开停工技术，内容包括催化剂装填、开工、停工、催化剂撇头、卸出和催化剂的再生等。

一、加氢裂化装置开停工技术

（一）工业装置催化剂装填

加氢裂化装置通常采用固定床反应器，催化剂在反应器中的装填情况至关重要。催化剂的装填质量将直接影响催化剂床层的物料分布和压降，甚至影响催化剂的反应性能和使用寿命。如果催化剂装填不当，则会造成催化剂装量不足、装填密度不均，导致催化剂床层压降不均、产生沟流、出现床层反应温度分布不均和无法控制的超温点，使催化剂使用性能恶化，影响产品分布和产品质量，严重时还会导致催化剂床层结焦堵塞，致使装置被迫停工。因此，必须高度重视催化剂装填工作，严格按要求进行催化剂装填。

工业加氢裂化装置通常设置 2~3 个精制床层和 3~4 个裂化床层，这些床层既可以集中设置在 1 台反应器中，也可以分设在 2~3 台串联使用的反应器中。加氢裂化装置通常从反应器前部床层到后部床层依次装填使用加氢保护剂、加氢精制催化剂、加氢裂化催化剂和加氢后精制催化剂。加氢保护剂的主要作用是脱除原料油中可能含有的微量镍、钒、铁、钠、钙等金属杂质，并过滤截留原料油中可能携带的微量固体颗粒物，其装填量通常按运行体积空速 8.0～15.0h^{-1}计算。

由于加氢裂化装置所用的催化剂粒度较小，因此在每个催化剂床层底部通常需要级配装填多层适宜粒度的支撑瓷球。支撑瓷球的颗粒直径应不大于其上所支撑催化剂或瓷球颗粒直径的 3 倍，避免发生催化剂/瓷球颗粒迁移现象。每层支撑瓷球装填高度通常为 70～200mm。

另外，当使用常规条形催化剂时，通常还需要在每个催化剂床层顶部装填 1 层高度为 80～150mm 的盖顶大颗粒瓷球或鸟巢保护剂，以避免来自床层上部分布盘的高速油气对催化剂直接冲刷扰动而导致催化剂破碎和磨损，并对油气起着再分布的作用。

向固定床加氢反应器内装填催化剂的方法可分为普通装填法和密相装填法，图 9-43 为两种装填方式示意图。

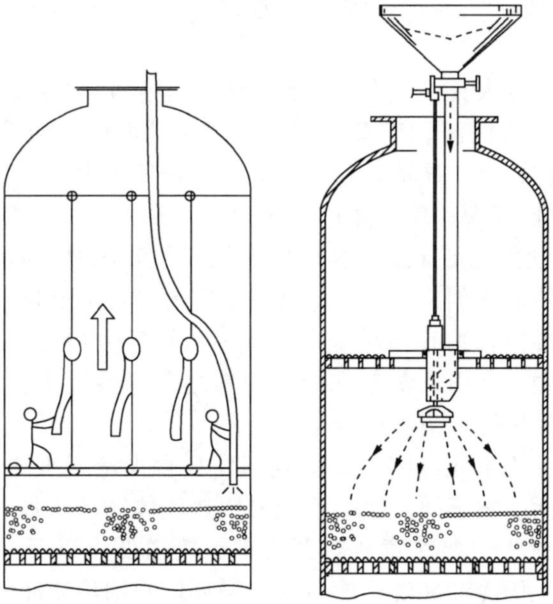
(a)普通装填　　(b)密相装填

图 9-43　加氢裂化催化剂装填方式示意图

普通装填法主要由人力操作。采用此法催化剂颗粒处于不规则乱堆状态，装填的均匀性和紧密性较差，使反应物流分布不均、装填密度降低，对催化剂活性应用不利；但因装填操作简单、不需特殊专利设备，人员也不需要特殊培训，由专人指挥即可完成，适用于各种形状的催化剂装填。当前在国内仍被一些炼油企业所采用。

密相装填法是新技术。该法借助专用的机械装填设备，以气体为动力，使催化剂颗粒有序排列，明显提高了装填的均匀性和紧密性，有利于反应物流的分布和反应器内有效空间的使用，尤其适用于条状催化剂的装填，催化剂装入量通常可提高 10%～20%。目前在国内已被大量采用，具有较好的应用效果。

在向固定床反应器中装填催化剂时，要注意其轴向装入的紧密性和径向的均匀性。催化剂装填得紧密，可以在反应器的固定容积内多装入催化剂，提高其平均装填密度，使操作条件和产品质量得到优化，有利于增加装置加工重质劣质原料的适应能力；催化剂沿反应器径向装填得均匀，会使反应物流的气、液分布合理，不会因催化剂在床层中的分布疏密不一、"架桥"产生"沟流"和"短路"，通常在"短路"部位会使反应效果变差，在紧密部位因反应热集中会出现"过热点"，在该部位的结焦与过热的恶性循环会造成"飞温"及床层压力降增大，而严重影响操作的安全性和降低催化剂的使用周期。

（二）工业装置开工

加氢裂化装置开工过程中，需要重点注意以下几方面问题：

（1）防止反应器"飞温"　加氢裂化不仅反应放热量很大，而且加氢裂化反应速度还受反应温度强烈影响。反应物流沿着反应器内催化剂床层自上而下流动时温度将升高。加氢裂化装置在引进低氮开工油和换进原料油升温过程中，反应温度控制不当，可能会使加氢裂化反应器在短时间内出现"飞温"。因此要随时注意控制好反应温度，这一点是十分重要的。

（2）避免油气泄漏引发火灾　设备升/降温期间，热膨胀/冷收缩和热应力变化可能会使法兰和垫片接点处有微小泄漏。当发生这样的微小泄漏时，应在泄漏处放置蒸汽软管，用蒸汽将油气吹散。这样，可在连接点紧固好前，防止发生火灾。为使热膨胀/冷收缩的危害降到最小，一般要求升/降温速度不超过25℃/h。

（3）避免"反吹"扰动催化剂床层　当反应系统充气升压时，必须使气体按正常的自上而下流动方向通过反应器催化剂床层，杜绝气体反向流动扰动催化剂床层。

（4）杜绝产生爆炸性混合物　在系统内空气未被置换合格之前，绝不允许贸然将氢气和烃类物流引入到系统中。在引入氢气和烃类原料之前，系统所有管道和设备必须用惰性气体或蒸汽置换，并应经采样分析确认合格。

（5）注意排尽明水　绝不允许将热油引到即使只含少量明水的系统中，以免明水快速汽化导致系统压力骤增而引发事故。反应系统要用热气体循环干燥。分馏系统气密试验时，用气体加压后，将液体排干。要注意从容器底部、管道低点以及泵出入口等处排放明水。系统里残留的微量水要先用冷油冲洗，然后再在循环期间用热油冲洗。

（6）避免"真空"损坏设备　新鲜原料缓冲罐和分馏部分的所有容器通常均没有按真空设计。这些设备用蒸汽吹扫后，绝不允许将其出口全部关闭。在关闭蒸汽前，应采取有效措施，严防容器因冷却降温导致蒸汽冷凝产生真空而损坏设备。

（7）严防凝堵　开工期间，部分在正常生产时按较轻物料设计运转的设备可能会短期加入高凝点的原料油，因此应适时投用蒸汽伴热管线。必要时，可以适当提高设备运转温度，以防止管道、设备等出现凝堵现象。

（8）关注卤族元素离子可能引发的设备腐蚀　冲洗奥氏体不锈钢设备和管线用水，应严格控制其氯离子含量小于30μg/g（最好小于20μg/g），水温在15℃以上。严格控制补充氢气中氯化氢含量小于1μg/g和反应注水中氯离子含量小于50μg/g。严密监测催化剂中氟、氯、溴、碘等易流失、强腐蚀性组分含量和高分排放酸性水中卤族元素离子含量，杜绝硫化开工过程中在反应器出口收集器、高压换热器、高压空冷器、高压分离器和低压分离器等初期低温容易出现露点部位因卤族元素离子富集引发材质点蚀和(焊口)应力腐蚀等问题而损坏设备，确保装置开工和生产运行安全。

加氢裂化装置开工过程包括以下步骤：装置设备检查、管线吹扫、反应系统的气密和干燥、催化剂装填及内构件安装、催化剂硫化/活化、裂化催化剂钝化、切换原料等。

加氢裂化催化剂通常以 Mo-Ni 或 W-Ni 为活性金属组分。在工业生产的新鲜和再生催化剂中，活性金属以氧化态形式存在，若直接使用，则不仅加氢活性低，而且在装置升温升压过程中还存在被还原为金属态的可能性，因此加氢裂化催化剂在投入正常工业使用前需要通过硫化步骤将其活性金属转化为硫化态，生成各种高加氢活性的 Mo(W)-Ni-S 活性中心，以满足加氢裂化反应过程的要求。

加氢裂化催化剂硫化可以在装置内进行，叫器内硫化，也可以在装置外(如在催化剂生产厂和催化剂器外再生厂)进行，称为器外预硫化或真硫化。

加氢裂化催化剂器内硫化通常使用高含硫的化合物作为硫化剂，在正常操作压力、逐步升温及连续注入硫化剂的条件下进行。在催化剂硫化过程中，反应系统有硫化油循环，称为湿法硫化；无硫化油存在，则称为干法硫化。

催化剂器内硫化时，在反应器内会发生下述两类主要反应：①硫化剂首先与氢气反应，生成硫化氢和甲烷等轻烃。此反应为放热反应，一般发生在精制反应器的上床层，反应速度较快。②催化剂中的活性金属氧化物(氧化镍、氧化钼、氧化钨等)与硫化氢反应，转变成为活性金属硫化物。该反应是放热反应，发生在反应器内各个催化剂床层上的每一粒催化剂中。预硫化时出现的床层温升现象即是此反应所致。

加氢裂化装置所用硫化剂的主要物化性质见表 9-94。

表 9-94 加氢裂化装置所用硫化剂的主要物化性质

硫化剂	DMDS	CS_2	SZ-54	FSA-55
相对分子质量	94.2	76	—	—
沸点/℃	109.7	46.1	—	—
硫含量/%	67.2	84.2	54	55
密度/(g/cm^3)	1.06	1.26	1.09	1.11
蒸气压(37.8℃)/Pa	3723	76532	不挥发	不挥发
闪点(闭口)/℃	15	-30	100	≥110
动力黏度(20℃)/mPa·s	0.62	0.36	13	18
分解温度/℃	200	175	160	150
反应热/(kJ/mol)	43496	—	—	—

根据硫化反应方程式、催化剂金属组成及催化剂实际装填量，可以计算出硫化剂理论需用量。考虑到硫化过程的硫化氢损失和系统残留等因素，催化剂干法硫化时，硫化剂实际备用量通常应为理论量的 1.15~1.25 倍；催化剂湿法硫化时，硫化剂实际备用量通常应为理论量的 1.25~1.50 倍。

含沸石加氢裂化催化剂裂化活性很高，采用湿法硫化或湿法升温活化时，在温度达到 240℃左右时，通常就会表现出较高的裂化活性，因此在高温湿法硫化或活化阶段就需要向反应系统注入无水液氨或三正丁胺等有机胺对裂化催化剂进行钝化。

而对于采用器内干法硫化的含沸石(特别是高沸石含量)加氢裂化催化剂，硫化后其裂化活性会更高，故在进原料油之前，须采取相应的措施对催化剂进行钝化，以抑制其过高的初活性，防止和避免进油过程中可能出现的温度飞升现象，确保催化剂、设备及人身安全。其中，引进低氮开工油和注无水液氨或三正丁胺等有机胺就是一种能有效抑制裂化催化剂初活性的钝化方法。注入的无水液氨(或三正丁胺等有机胺加氢分解产生的氨)被裂化催化剂吸附后，可有效地抑制催化剂的初活性，而随着反应温度的升高和运转时间的延续，裂化催化剂吸附的氨会逐渐解吸和流失，催化剂裂化活性就能逐步恢复到其正常水平。

（三）工业装置正常停工

加氢裂化装置因全厂停工检修、设备故障停工消缺、催化剂撇头/更换、原料供应不足和公用工程系统停工消缺等原因而进行有计划的停工，均属正常停工。

加氢裂化装置正常停工步骤：

（1）反应器降温；

（2）逐步停止进料，分馏系统与反应系统大循环4h；

（3）催化剂进行汽提；

（4）反应器冷却；

（5）压缩机停车；

（6）反应系统卸压；

（7）反应系统氮气吹扫。

（四）工业装置催化剂撇头和卸出

当催化剂失去活性需要进行器外再生、过筛处理或更换新催化剂时，都要将催化剂从反应器卸出。

在装置停工过程中，用油和氢气循环将催化剂降温冷却至常温，停循环压缩机后将反应系统卸压并将存油排净，催化剂仍被油沫所覆盖，卸催化剂时用氮气吹扫掩护反应器，卸出的催化剂用氮气保护，将卸出的含油催化剂装桶封存或送催化剂再生处理。

热氢气提后卸出未再生的催化剂。催化剂经过热氢气提脱油卸出催化剂。在这种情况下，可采用氮气吹扫掩护的方式卸出未再生催化剂。值得注意的是，应采取严密的安全防范措施，有效杜绝硫化铁自燃着火。

无论是加氢裂化或加氢精制装置，在卸出催化剂时，都有不容忽视的安全技术问题，未再生的催化剂和硫化铁易燃、预防硫化氢(H_2S)中毒和严防羰基镍$Ni(CO)_4$中毒。

二、加氢裂化催化剂再生

加氢裂化催化剂在装置运转过程中的失活是一个渐变的过程，可通过提高反应温度来弥补催化活性损失，直至最高点反应温度超过限制或产品分布及产品质量不能满足实际生产要求时停工，再根据实际情况确认催化剂是进行再生或是更换新鲜催化剂。

工业上使用的催化剂再生方法有两种：一为器内再生，即催化剂在反应器中不卸出，直接采用含氧气体介质再生，这是早期使用的一种催化剂再生方法；另一种为近期越来越普遍使用的器外再生方法，它是将待再生的积炭覆盖型暂时失活的催化剂从反应器中卸出，运送到专门的催化剂再生工厂进行再生。器外再生是采用专用催化剂再生装置，在受控的高温含氧气流中对沉积在催化剂表面和微孔中的积炭进行氧化燃烧，使催化剂的活性基本得到恢复的过程。1996 年以后，国内外新建的加氢装置已不再包含器内再生的设施。

加氢裂化催化剂采用器外再生有许多优点：再生条件易于优化，可准确控制催化剂再生温度，使再生后催化剂活性恢复率较高；便于对再生前后催化剂进行采样分析和性能评价；便于对反应器及其内构件、反应进料加热炉和高压换热器等进行检修；利于缩短装置停工检修占用时间；免除含 CO_2、SO_2、SO_3等再生气体对仪器、仪表、高压容器、管线和阀门等可能产生的腐蚀；免除再生尾气排放可能带来的环保问题。

参 考 文 献

[1] Marilyn Radler. 1999 Worldwide Refining Survey[J]. Oil and Gas Journal，2000，97(51)：45-90.

[2] Robert A. Meyers. Handbook of Petroleum Refinery Process[M]. 2nd ed. McGraw-Hill，1996.

[3] Pappal D A. Stellar Improvements in Hydroprocessing Catalyst Activitiy[C]. NPRA Annual Meeting，2003，AM-03-59.

[4] 山本雅一．加氢裂化历史和发展[J]．石油和石油化学，1964，8(1)：12-16；8(2)：13-18.

[5] 加氢二十五年(1950-1975 年)，抚顺石油三厂，1976.

[6] 宋文模．我国近代加氢裂化的 30 年[J]．炼油设计，1996，26(4)：2-11.

[7] 顾国璋．生产中间馏分油的 3824 加氢裂化催化剂性能及工业应用[J]．石油炼制与化工，1998，29(1)：8-14.

[8] 史建文，石玉林，聂红，等．中压加氢改质催化剂和工艺的研究及工业应用[J]．石油炼制，1993，24(6)：1-8.

[9] 胡永康，葛在贵，丁连会，等．高活性中油型加氢裂化催化剂 3903 的性能及工业应用[J]．炼油设计，1995，25(2)：1-5，10.

[10] 张德义．认清石化工业形势加快加氢裂化技术的发展[J]．炼油设计，1995，25(1)：1-6.

[11] 胡永康，葛在贵，韩崇仁，等．加氢技术[M]．北京：中国石化出版社，2000.

[12] Julius Scherzer，A J Gruid. Hydrocracking science and technology[M]. Marcel Dekker Inc，1996.

[13] 赵桂芳，姚春雷，全辉．页岩油的加工利用及发展前景[J]．当代化工，2008，(37)：497-499.

[14] 姚春雷，全辉，张忠清．中、低温煤焦油加氢生产清洁燃料油技术[J]．化工进展，2013，(03)：501-507.

[15] 王建平，翁惠新．费-托合成油品的加工利用[J]．炼油技术与工程，2006，36(1)：39-42.

[16] Marker，Terry L，Petri，John A. Production of gasoline，diesel，naphthenes and aromatics from lignin and cellulosic waste by one step hydrocracking. US，7994375B2[P]. 2011-08-09.

[17] 高中正．实用催化[M]．北京：化学工业出版社，1996.

[18] 赵建宏，宋成盈，王留成．催化剂的结构与分子设计[M]．北京：中国工人出版社，1998.

[19] 韩崇仁．加氢裂化工艺与工程[M]．北京：中国石化出版社，2001.

[20] 夏邦惠．几种典型柴油的加氢精制深度与储存安定性的关系[J]．石油炼制，1986，3：25-31.

[21] Y Shi. in Proceedings of 8th China-Japan Joint Seminar on Research and Technology for Pletroleum Refining Editorial Board. Tokyo，Japan，1998：54

[22] M J Girgis，C Bruce. Gates Reactivities，reaction networks，and kinetics in high-pressure catalytic hydroprocessing[J]. Ind. Eng. Chem. Res.，1991，30：2021~2058.

[23] Santilli D. S. Gates B. C. in Handbook of Heterogeneos Catalysis (Ertl G. et. al. Ed) vol 3，1997：1123.

[24] Scherzer J，Gruia A J. Hydrocracking Science and Technology[M]. Marcel Dekker，Inc，New York Basel

Hong Kong, 1996.
[25] H L Coonradt, W E Garwood. Mechanism of Hydrocracking Reactions of Paraffins and Olefins [J]. Ind. Eng. Chem. Proc. Des. Dev., 1964, 3(1): 38-45.
[26] G E Langlois, R F Sullivan, Clark J Egan. The Effect of Sulfiding a Nickel on Silica-Alumina Catalyst [J]. J. Phys. Chem., 1966, 70(11): 3666-3671.
[27] Sullivan R F. J. Am Chem Soc, 1961, 83(5): 1156.
[28] 李大东，李永存．加氢技术新进展[J]．石油炼制与化工，1989(2)：40-47.
[29] 段孝林．国外加氢裂化(下)[J]．石油炼制与化工，1978(10)：43.
[30] 加氢裂化[M]．北京：中国石化出版社，1993.
[31] 2011 NPRA Q&A and Technology Forum: Answer Book. In 2011 NPRA Annual Question and Answer Session, San Antonio, TX, Oct. 9-12, 2011 [CD-ROM]; National Petrochemical and Refiners Assoc.: Washington, D. C. 2011: 30, question 6.
[32] 方向晨．加氢裂化工艺与工程[M]．北京：中国石化出版社，2006.
[33] 杜艳泽，关明华，马艳秋，等．国外加氢裂化催化剂研发新进展[J]．石油炼制与化工，2012，43(4)：93-98.
[34] 姬宝艳，吴彤彤，周可，等．稠环芳烃加氢裂化机理和催化剂研究进展[J]．石油化工，2016，45(10)：1263-1271.
[35] Fan H, Han B, Jiang T, et al. Hydrocracking of Anthracene to Ethyl Biphenyl Promoted by Coupling Supercritical Water and Cracking Catalysts[J]. Chemcatchem, 2011, 3(9): 1474-1479.
[36] 赵颖，王国旗．1.5Mt/a 单段两剂全循环加氢裂化装置设计与标定[J]．炼油技术与工程(9)：52-57.
[37] 李锃瑜．轻油型一段串联加氢裂化工艺研究[D]．上海：华东理工大学，2011.
[38] 姜维．FF-26 及 FF-66 精制剂在加氢裂化装置中应用比较[J]．炼油技术与工程，49(04)：42-47.
[39] 曾榕辉，胡永康．加氢裂化工艺新技术的开发[J]．石油炼制与化工，2002，33(s1)：16-21.
[40] 黄新露，曾榕辉．加氢裂化工艺技术新进展[J]．当代石油石化，2005(12)：43-46+55.
[41] 杜艳泽．新一代 FHC 加氢裂化技术的工业应用[J]．石油化工，2012，41(09)：1060-1064.
[42] 彭冲，曾榕辉，黄新露．FDC 单段两剂加氢裂化技术的工业应用[J]．石油炼制与化工，2014，45(7)：52-55.
[43] 杨有亮，唐汇云，孔健．石油炼制与化工，2009，40(1)：15-18.
[44] 柳伟，杜艳泽，秦波，等．FRIPP 新一代加氢裂化催化剂的研发及应用[J]．炼油技术与工程，2017(12)：60-63.
[45] 赵广乐，赵阳，董松涛，等．大比例增产喷气燃料，改善尾油质量加氢裂化技术的开发与应用[J]．石油炼制与化工，2018，49(4)：1-7.
[46] 石培华，王继锋，孙晓艳，等．FC-60 催化剂在天津分公司 1#加氢裂化装置的工业应用[J]．当代化工，2018，47(09)：136-138.
[47] 凌逸群，张强，张富平．中压加氢裂化技术的工业应用[J]．炼油技术与工程，2002，32(8)：1-5.
[48] 周立新，荆蓉莉．提高尾油质量的中压加氢裂化技术及其工业应用[J]．石油化工技术与经济，2010(5)：53-56.
[49] 孙洪江，宋若霞，刘守义．中压加氢改质/中压加氢裂化技术的工业应用及装置扩能的研究[J]．石油炼制与化工，2001(4)：20-24.
[50] 庄宇，董建伟．中压加氢裂化技术加工高氮 VGO 的应用[J]．石油炼制与化工，2007(7)：6-10.
[51] 谭光宁．260 万 t/a 两段加氢裂化装置催化剂硫化过程与分析[J]．云南化工，2017(9)：6-9.
[52] 柳广厦，于承祖，杨兴，等．单段反序串联工艺在加氢裂化装置上的工业应用[J]．石油炼制与化工，2010，41(08)：21-24.
[53] 曾茜，柳广厦，于承祖，等．单段反序串联全转化加氢裂化新工艺[J]．炼油技术与工程，2010，40

(02)：1-5.
[54] 任亮，张毓莹，许双辰，等．直馏柴油最大量生产喷气燃料和乙烯料的加氢改质技术开发和应用[C]//中国石化加氢技术交流会论文集[M]. 北京：中国石化出版社，2018：381-388.
[55] 刘涛，李扬，关明华，等．一种劣质馏分油的改质方法[P]. 中国，ZL200610046912. 8. 2010-03-17.
[56] 蒋东红，任亮，辛靖，等 高选择性灵活加氢改质 MHUG-Ⅱ技术的开发[J]. 石油炼制与化工，2012(43)：25-30.
[57] 修振东．海南炼化柴油质量升级的研究与实践．石油炼制与化工．2016(47)：41-47.

专家话炼油

第十章　汽油吸附脱硫工艺

第一节　汽油吸附脱硫工艺的发展历程

一、概况

汽油吸附脱硫(S Zorb)技术是一种基于吸附作用原理的汽油脱硫工艺技术，采用专用的吸附剂通过选择性地吸附含硫化合物中的硫原子而达到脱硫目的，可实现汽油超深度脱硫。该技术由 Conoco Phillips(简称 COP)公司开发，2007 年中国石化收购了其全球范围内的知识产权，之后开展了系统的优化与创新，成为用于汽油质量升级的一种重要工艺。

汽油吸附脱硫技术具有以下主要特点：

(1) 脱硫率高，辛烷值损失小。S Zorb 工艺采用独有的吸附脱硫机理及专利吸附剂，在脱硫过程中没有游离状态的硫化氢存在，避免了烯烃与硫化氢生成硫醇的二次反应，保证了产品汽油的低硫含量，可以用来生产低硫汽油及超低硫汽油。另外，S Zorb 技术工艺条件相对缓和，能有效控制烯烃的加氢反应，氢耗和烯烃饱和率较低，因此该工艺的辛烷值保留性能较好。

(2) 能耗低，收率高。S Zorb 技术对原料氢气纯度要求不高，且不需要对汽油馏分进行切割，全馏分汽油作为进料一次通过，能耗较低。汽油收率较高，体积损失少。

(3) 操作灵活，原料适应性好。该工艺可处理具有不同硫含量和烯烃含量的原料汽油，原料发生变化时装置易于调整。原料适应性好，杂质影响小。S Zorb 技术采用吸附剂连续再生工艺，开工初期与末期脱硫效率相当，运行周期能做到与催化裂化装置匹配。

二、汽油吸附脱硫工艺的发展历程

汽油吸附脱硫技术的发展经历了两个阶段[1,2]。

第一个阶段由 COP 公司负责开发及应用。其中 2001 年至 2003 年第一代汽油吸附脱硫技术开始实施工业化应用，第一代工艺特点是反应压力低，再生方式为类似连续重整工艺的循环再生，采用两个闭锁料斗系统，分别进行待生吸附剂和再生吸附剂的输送，其中待生吸附剂闭锁料斗用于待生剂向再生系统的转移，再生吸附剂闭锁料斗用于再生剂向反应系统的转移。第一代汽油吸附脱硫技术的基本流程见图 10-1。

在此基础上，2005 年 COP 公司改进开发了第二代汽油吸附脱硫技术，第二代技术提高了反应压力，改用一个高压闭锁料斗实现待生吸附剂和再生吸附剂在反应和再生之间的循环输送，将再生方式调整为空气一次通过式再生，这些改进减少了系统体积，降低了装置建设投资和运行费用。第二代汽油吸附脱硫技术基本流程见图 10-2。

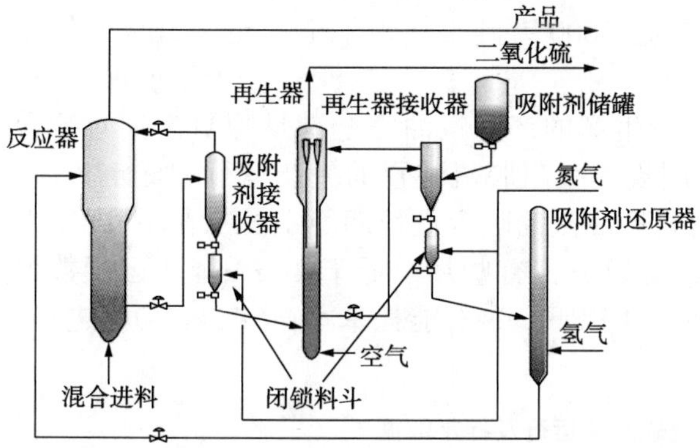

图 10-1　第一代吸附脱硫技术反再系统示意图

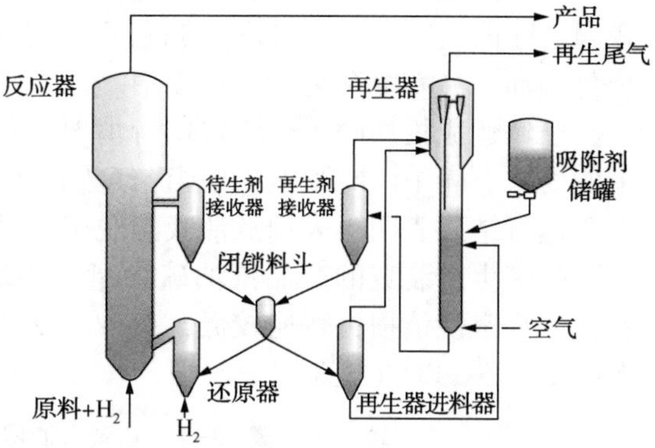

图 10-2　第二代汽油吸附脱硫技术反再系统示意图

汽油吸附脱硫技术发展的第二个阶段是 2008 年以后，中国石化创新开发了新一代节能高效的汽油吸附脱硫技术并推广应用。

2007 年，中国石化收购了 S Zorb 技术知识产权后，组织对汽油吸附脱硫进行专项重大科技攻关，对工艺、吸附剂、工程、控制和装备等方面进行全方位的创新突破，创新开发出了中国石化汽油吸附脱硫工艺技术、高性能吸附剂、高可靠性成套工程技术以及更可靠的吸附剂循环输送精密控制技术和关键装备技术。中国石化的汽油吸附脱硫技术可靠性显著提高，运行周期大幅延长，脱硫效率更高，辛烷值损失更低，吸附剂消耗更少，节能降耗效果更加突出[3~5]。

中国石化汽油吸附脱硫技术的流程见图 10-3。

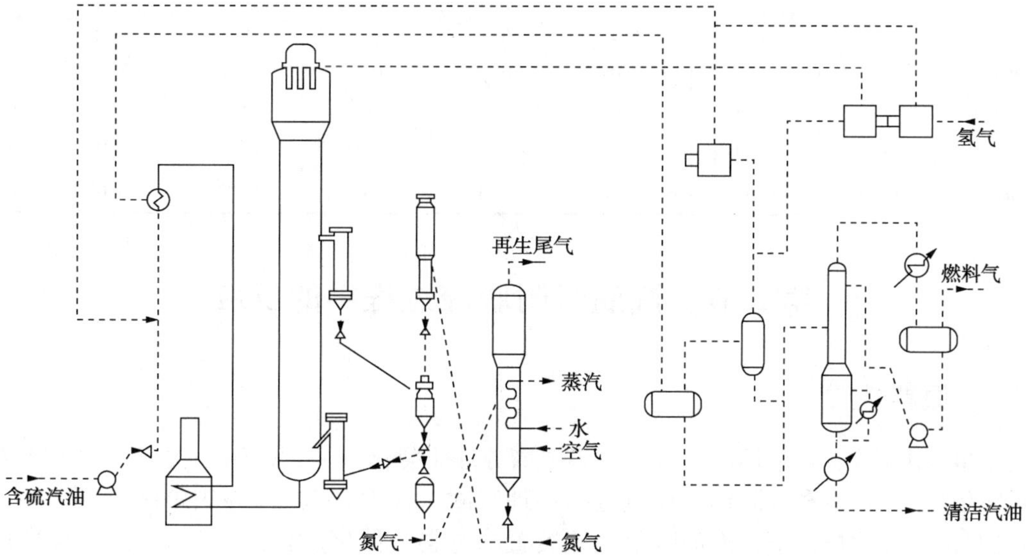

图 10-3　中国石化汽油吸附脱硫技术流程图

三、汽油吸附脱硫工艺的工业运行结果

伴随汽油质量升级的快速推进，汽油吸附脱硫技术得到广泛应用。截至 2019 年 12 月，我国已建成投产 37 套 S Zorb 装置，年总加工量近 5000 万吨，加工了全国超过 50%的催化裂化汽油，另有多套装置在建设中。

已经建成投产的生产装置运行情况良好，所生产的产品汽油完全满足国Ⅵ汽油对硫含量的要求。表 10-1 列出了我国已经投产的不同规模吸附脱硫装置的生产运行和标定数据。工业运行结果表明，采用汽油吸附脱硫技术可将产品汽油硫含量长期稳定控制在 10μg/g 以下，很多生产装置的产品汽油硫含量都在 5μg/g 以下，有些甚至低于 2μg/g。从运行数据看，汽油辛烷值损失普遍较低，*RON* 损失基本在 1 以下。装置能耗基本在6～7kgEO/t 进料，有些低于 5kgEO/t 进料。

表 10-1　几套汽油吸附脱硫装置运行及标定数据

装置编号	1	2	3	4	5	6	7
规模/(Mt/a)	0.9	1.2	1.2	1.5	1.5	1.8	2.4
进料							
硫含量/(μg/g)	133	172	351	203	831	508	177
烯烃含量/%(体)	16.9	21.2	29.5	23.1	18.6	24.6	24.6
反应条件							
压力/MPa	2.48	2.58	2.77	2.68	2.56	2.63	2.81
温度/℃	421	433	434	426	427	426	420
氢烃摩尔比	0.22	0.27	0.24	0.20	0.31	0.21	0.24
产品							
硫含量/(μg/g)	1.5	7.3	8.2	6.4	4.2	9.4	4.0
液体收率/%	99.94	99.4	98.3	99.39	99.2	99.09	99.42
辛烷值损失							
ΔRON	0.5	0.9	0.7	0.4	1.0	1.1	0.5
ΔMON	0.2	0.0	0.2	0.0	0.0	0.3	0
$(\Delta RON+\Delta MON)/2$	0.35	0.45	0.45	0.2	0.5	0.7	0.25
能耗/(kgEO/t 进料)	5.29	6.11	6.72	3.93	6.37	5.96	5.99
吸附剂消耗/(kg/t 进料)	0.02	0.03	0.01	0.02	0.02	0.03	0.03

第二节　汽油吸附脱硫过程中的反应

一、原料性质

汽油吸附脱硫工艺采用的原料一般为全馏分催化裂化汽油，采用一次通过的工艺流程，在临氢条件下使用专利吸附剂，通过选择性地吸附汽油中含硫化合物中的硫原子，从而实现脱硫目的。通常情况下，汽油吸附脱硫装置的进料为催化裂化汽油和氢气，产物为低硫稳定汽油和少量气体产品。

（一）原料来源和种类

目前汽油吸附脱硫装置的原料主要为FCC装置生产的全馏分汽油、其他工艺生产的含硫汽油，以及满足工艺要求的属于汽油组成范围内的含硫单组分及混合烃类化合物等。

汽油吸附脱硫工艺采用全馏分汽油直接进料，对汽油中的硫含量及烯烃含量没有明确要求。对于不同硫含量和烯烃含量的汽油原料，采用吸附脱硫工艺，均可设计出具有最优运行结果的工业装置。目前工业装置中原料硫含量的范围较宽，在70~1250μg/g，原料中烯烃含量差别也较大，范围为8%~43%(体积分数)。

汽油吸附脱硫工艺对原料中的杂质含量有一定的要求，主要控制指标见表10-2。

表10-2　汽油吸附脱硫工艺对原料中杂质要求指标

杂　质	限值	杂　质	限值
硅含量/(μg/g)	<1	氟含量/(μg/g)	<1
氯含量/(μg/g)	<1	钠含量/(μg/g)	<1
氮含量/(μg/g)	<75	胶质/(mg/100mL)	<3

（二）催化裂化汽油的主要性质[6,7]

1. 原料组成

目前国内S Zorb装置的原料大多为FCC汽油，与其他工艺汽油(重整汽油、异构化汽油、直馏汽油以及醚化汽油等)相比，FCC汽油组成中烯烃含量较高，硫含量也较高。

FCC汽油是由多种碳氢化合物组成的复杂混合物，其烃类组成主要分为链烷烃(包括正构烷烃P和异构烷烃I)、环烷烃(N)、烯烃(O)和芳烃(A)。随着催化裂化工艺的发展，FCC汽油组成不断变化。不同FCC装置由于所采用的工艺类型、原料油性质、催化剂性能、反应条件、转化率和汽油干点的不同，生产的汽油组成及性质不同。同一FCC装置生产的汽油性质也会随装置加工原料情况及操作参数的改变而变化。表10-3~表10-5列出了某典型的FCC装置生产的汽油性质及组成情况。

表10-3　某FCC装置生产的汽油性质

项　目	数值	项　目	数值
研究法辛烷值(*RON*)	93.7	硫含量/(μg/g)	755.65
马达法辛烷值(*MON*)	82.0	总氯含量/(μg/g)	0.54
溴价/(gBr_2/100g)	77.08	硅含量/(μg/g)	<0.1
未洗胶质/(mg/100mL)	2	水分量/(mg/L)	118
蒸气压/kPa	58	API度	62.54

表10-4　某FCC装置汽油烃类质量组成

碳数	P/%	I/%	O/%	N/%	A/%	总量/%
C_4	0.40	0.11	1.55	—	—	2.06
C_5	1.94	8.27	15.48	—	—	25.69
C_6	1.23	6.46	11.16	2.01	1.12	21.98

续表

碳数	P/%	I/%	O/%	N/%	A/%	总量/%
C_7	0.92	3.26	5.58	2.53	5.09	17.38
C_8	0.61	3.24	3.52	1.30	7.39	16.06
C_9	0.25	1.92	1.82	1.09	7.01	12.09
C_{10}	0.18	0.89	1.24	0.22	1.17	3.70
C_{11}	0.06	0.83	0.13	0.00	0.02	1.04
总量	5.59	24.98	40.48	7.15	21.8	100.00

表 10-5　某 FCC 装置汽油烯烃质量分布　　%

类　型	含　量	类　型	含　量
直链，1-烯烃	2.14	支链，其他位置烯烃	0.24
直链，2-烯烃	8.66	环状烯烃	5.71
直链，其他位置烯烃	2.69	二烯/三烯/炔	1.08
支链，1-烯烃	9.93	未知物	—
支链，2-烯烃	9.69	总　量	40.14

FCC 汽油的碳数主要分布在 $C_5 \sim C_{12}$之间，其组成主要有链烷烃、烯烃及芳烃等。通过对几种 FCC 汽油烃组成分布研究发现，链烷烃为主要烃类组分，占汽油总量的 30%以上，主要分布在 $C_5 \sim C_9$ 之间。正构烷烃与异构烷烃分布相近，大多 FCC 汽油中 $C_5 \sim C_7$ 含量较高。烯烃是 FCC 汽油的重要组分，不同 FCC 汽油组成中烯烃的含量差别较大，主要是以低碳烯烃为主，是汽油辛烷值的主要来源，分布在 $C_4 \sim C_8$，以 C_5、C_6 居多。环烷烃在 FCC 汽油中所占比例比较小，一般小于 10%。环烷烃主要分布在 $C_6 \sim C_9$，其中 C_7 含量最多。芳烃在 FCC 汽油中通常属于第三大组分，主要分布在 $C_7 \sim C_{11}$，以 C_8、C_9 居多，也是汽油辛烷值的主要来源之一。

2. 硫含量以及硫分布

在 FCC 工艺过程中，原料中的硫化物以不同的形式转化并分布到裂化产物中，其中原料中硫的 2%～10%进入汽油馏分。FCC 汽油中的硫含量及硫形态与原料油的性质、裂化反应的深度和催化剂类型等因素有关。

典型 FCC 汽油中的含硫化合物的详细分布见表 10-6。从表 10-6 可以看出，FCC 汽油中主要的硫化物种类有硫醇、硫醚、噻吩、烷基噻吩、苯并噻吩、甲基苯并噻吩等。硫醚含量较少，硫醇硫占总硫含量的 7%左右。FCC 汽油中含量较多的是噻吩类化合物，它的相对含量占硫化物总量的 70%以上。因此脱硫主要以脱除这两类硫化物为主。

表 10-6　典型 FCC 汽油中的硫化物质量分布　　%

组分名称	含　量	组分名称	含　量
硫化氢	0.04	碳五硫醚	0.07
羰基硫	0.08	甲基乙基二硫	2.88
甲硫醇	0.06	2-甲基四氢噻吩	0.37

续表

组分名称	含　量	组分名称	含　量
乙硫醇	1.7	乙基噻吩	2.72
二甲硫醚	0.11	2,5-二甲基噻吩	1.89
二硫化碳	0.08	碳六硫醇	1.8
异丙硫醇	1.14	2,4-二甲基噻吩	4.18
烯丙基硫醇	0.08	2,3-二甲基噻吩	4.45
叔丁硫醇	0.16	甲基异丙基二硫	0.07
正丙硫醇	0.94	3,4-二甲基噻吩	2.15
甲乙硫醚	0.08	碳六硫醚	0.7
硫化丙烯	0.03	2,4-二甲基四氢噻吩	0.04
仲丁硫醇	0.13	甲基丙基二硫	0.2
噻吩	10.52	正丙基二硫	0.09
异丙基甲基硫醚	0.04	碳三噻吩	12.11
异丁硫醇	0.11	碳七硫醇	0.39
乙硫醚	0.05	碳四噻吩	7.42
正丁硫醇	0.19	碳八硫醇	0.43
叔戊硫醇	0.06	苯并噻吩	9.54
二甲二硫	5.98	四氢苯并噻吩	0.29
异戊硫醇	0.05	甲基苯并噻吩	4.4
2-甲基噻吩	7.8	碳八硫醚	0.41
3-甲基噻吩	8.45	其他	3.46
四氢噻吩	2.06	合计	100.00

影响FCC汽油含硫化合物类型分布的因素较多，如原料油、催化剂、操作条件等，因此不同的FCC装置生产得到的汽油中硫化物含量和类型均有差别，表10-7中列出了部分装置FCC汽油中硫化物含量及分布的情况。不同FCC装置生产的汽油总硫含量差别较大，硫形态分布也存在一定差异。硫化物以噻吩类含硫化合物为主，且分布在高沸点馏分中。

表10-7　不同装置催化裂化汽油硫含量和硫化物类型分布情况

装置编号	1	2	3	4
硫含量/(μg/g)	201	371	508	840
硫化物类型分布/%				
噻吩	10.10	11.59	9.65	14.35
C_1噻吩	15.15	16.17	23.83	32.69
C_2噻吩	12.38	15.09	24.6	27.99
C_{3+}噻吩	11.27	16.71	16.44	17.73
苯并噻吩	15.62	8.09	0.4	0.24
C_1苯并噻吩	8.32	5.39	0.21	0.12
硫醇和硫醚	17.73	20.75	12.81	4.46
其他	9.43	6.21	12.06	2.42
合计	100.00	100.00	100.00	100.00

注：C_n中的n指在母环上取代基的碳数，如C_1噻吩指甲基噻吩，包括2-甲基噻吩及3-甲基噻吩；C_2噻吩指母环上有两个碳原子取代的噻吩，包括二甲基噻吩及乙基噻吩，其他以此类推。

由于原料变化或生产操作参数调整等原因，即使同一 FCC 装置在不同时间内生产的产品汽油性质也会有较大的不同，硫含量变化波动范围较大。

3. 氮含量以及含氮化合物分布

FCC 汽油中含氮化合物的质量分数一般在 0.05%~0.5%，主要是苯胺类、吡啶类、喹啉类碱性氮化物，也存在吡啶类、吲哚类等非碱性氮化物。不同来源和不同馏分段的汽油样品中含氮化合物的类型分布不同，表 10-8 列出了 4 种不同 FCC 装置所产汽油中含氮化物的类型及分布情况。氮含量一般在 10~50mg/L(以氮含量计)，氮主要以苯胺类氮化物的形式存在。

表 10-8 不同 FCC 汽油含氮化合物分布 mg/L

装置编号	1	2	3	4
乙腈	0.1	—	0.3	—
丙腈	0.4	—	0.2	—
吡咯	0.6	1.3	—	—
一甲基吡咯	1.2	—	—	—
苯胺	5.2	8.4	3.3	8.1
邻甲苯胺	4.7	8.6	3.2	8.7
对甲苯胺	2.6	2.9	1.8	0.6
间甲苯胺	5.8	8.3	4	7.7
2-乙基苯胺	0.3	0.6	0.3	0.3
2,4/2,6-二甲苯胺	3	3.5	1.3	2.4
2,5-二甲苯胺	2.9	3.2	1.2	2.4
3,5-二甲苯胺	1.6	0.9	0.6	1.2
3,4-二甲苯胺	1	—	—	0.6
2,3-二甲苯胺	0.7	1	0.6	0.5
2,4,6-三甲基苯胺	0.1	—	—	—
2,4,5-三甲基苯胺	0.4	0.3	—	—
未知	0.6	4.5	—	1.3
含氮总量	31.2	43.5	16.8	33.8

4. 辛烷值

FCC 汽油中含有较多的芳烃、异构烷烃和烯烃，其 RON 能达到 90 以上。表 10-9 列出了部分 FCC 汽油的辛烷值数据。不同 FCC 装置生产的汽油辛烷值存在差异，工艺类型、原料性质、反应温度、转化率和催化剂类型等会影响汽油的辛烷值。

表 10-9 不同 FCC 汽油辛烷值对比

装置编号	1	2	3	4	5	6
RON	94.3	90.3	93	94.7	91.4	92.5
MON	82.5	80.1	81.8	83	81.4	82.6

5. 二烯烃

大多 FCC 汽油中含有少量的二烯烃。二烯烃含量的高低及进料方式对汽油吸附脱硫装置的生产运行有很大影响。二烯烃在进料过程中与空气中的氧接触后，会在进料换热器的特殊部位形成胶质并逐渐积累。当形成的胶质积累到一定程度时就会堵塞换热器，造成换热器压降升高，以至无法正常生产。因此，汽油吸附脱硫装置要求从 FCC 装置直接热进料。在原料中间罐区储存过的汽油原料不宜直接作为装置进料，应返回 FCC 装置再处理。

（三）氢气

汽油吸附脱硫过程使用循环氢，需要补充氢气，该工艺对氢气来源及纯度要求并不严格，重整氢、化肥氢以及制氢工艺得到的氢气等均可使用。工艺要求氢气体积纯度高于 75%，且氢气组成中氯含量不能高于 1μg/g，水含量不能高于 50μg/g。

二、产品

汽油吸附脱硫装置的产品为硫含量小于 10μg/g 的精制汽油及副产的少量气体。脱硫汽油产品的性质会随原料性质的变化及装置操作参数的改变而变化。

（一）精制汽油产品

FCC 汽油经过汽油吸附脱硫装置加工后，其组成及基本性质会发生部分变化。表 10-10～表 10-15 列出了某汽油吸附脱硫装置原料及产品的基本性质。对产品和原料的性质数据进行综合对比分析可知，产品汽油中硫含量较低。与原料相比，烯烃含量有所降低，辛烷值有少部分损失。

1. 产品与原料主要性质的变化[2,8,9]

表 10-10 为某汽油吸附脱硫装置分别加工两种不同原料，在正常运行工况下产品的主要性质情况。

表 10-10　不同原料产品汽油的主要性质

项目	工况Ⅰ	工况Ⅱ	项目	工况Ⅰ	工况Ⅱ
原料硫含量/(μg/g)	318.0	311.0	*MON*	79.8	80.3
产品硫含量/(μg/g)	7.0	9.0	产品辛烷值		
脱硫率/%	97.8	97.2	*RON*	88.6	89.6
原料辛烷值			*MON*	79.8	80.3
RON	89.4	90.4	抗爆指数损失	0.4	0.4

由表中数据可知，经汽油吸附脱硫装置加工后，产品汽油中的硫含量由原料中的 318μg/g 及 311μg/g 分别降低到 7μg/g 及 9μg/g，脱硫率分别为 97.8%及 97.2%。产品汽油的研究法辛烷值由原料的 89.4 及 90.4 分别降低到 88.6 及 89.6。马达法辛烷值与原料相同没有损失。汽油吸附脱硫装置加工过程中汽油抗爆指数的损失均为 0.4。表 10-11 列出了某汽油吸附脱硫装置正常运行时不同原料及产品的部分性质对比情况。

表 10-11　原料及产品汽油的性质对比

项　目	工况Ⅰ		工况Ⅱ	
	原料	产品	原料	产品
密度(20℃)/(kg/m^3)	720.3	720.3	719.2	719.5
碱性氮含量/(μg/g)	30	28	27	24
蒸气压/kPa	63.1	60.7	64.8	64.4
实际胶质/(mg/100mL)	1	1	<0.5	<0.5
溴价/(gBr_2/100mL)	32.1	25.9	29.3	24.5
铜片腐蚀	1b	1a	1b	1a
馏程/℃				
10%	49	49	49	50
50%	92	92	102.5	103
90%	170	170	174	175
终馏点	199	199	202.5	203
族组成/%(体)				
芳烃	17.3	17.4	18.2	19.8
烯烃	25.7	20.1	23.6	17.6
饱和烃	57.0	62.7	58.2	62.6

由表中对比数据可以看出，经过汽油吸附脱硫装置加工后，产品汽油的密度、馏程等性质基本不变，族组成的变化主要表现为烯烃含量的降低及饱和烃含量的增加，芳烃含量基本不变。

2. 产品与原料中硫的形态和分布对比

催化裂化汽油中主要的硫化物种类有硫醇、硫醚、噻吩、烷基取代噻吩、苯并噻吩、甲基苯并噻吩等。不同类型的硫化物在汽油吸附脱硫加工过程中反应机理不同，反应速率及转化率也不相同。表 10-12 列出了某汽油吸附脱硫装置汽油原料及产品中各种类型硫化物的含量情况。

表 10-12　原料及产品中不同硫化物类型及含量　　mg/L

硫化物类型	含　量			
	工况Ⅰ		工况Ⅱ	
	原料	产品	原料	产品
噻吩	20.6	0.2	20.8	0.4
C_1噻吩	44.6	0.4	48.3	1.0
C_2噻吩	48.5	1.3	49.8	1.6
C_{3+}噻吩	56.0	3.4	50.6	2.7
苯并噻吩	25.7	—	21.7	0.4
甲基苯并噻吩	11.9	—	13.2	—
硫醚和硫醇	29.2	—	27.1	—
其他类型硫化物	18.7	—	19.3	—
合计	255.2	5.3	250.8	6.2

由表中数据可以看出，经汽油吸附脱硫工艺加工后，原料汽油中所含的硫醇、硫醚及甲基苯并噻吩类硫化物几乎可以完全脱除。产品中的硫化物类型主要为少量噻吩、烷基取代噻吩及苯并噻吩类，且烷基取代噻吩类硫化物中取代基碳数越多，在产品中所占的比例越高。由此可见，在汽油吸附脱硫反应过程中相对于硫醇、硫醚等硫化物，噻吩类化合物尤其是高碳数烷基取代噻吩脱除较难。

3. 原料与产品烃类的变化

1）烃族组成及辛烷值变化

表 10-13 列出了脱硫前后催化汽油烃类族组成及辛烷值的变化情况。

表 10-13　脱硫前后汽油烃族组成及辛烷值的变化情况

物料	含量/%(体)				*RON*	*MON*
	饱和烃	苯	烯烃	芳烃		
原料	47.4	0.41	32.6	20.0	90.7	80.9
产品 1	50.0	0.44	29.3	20.7	90.1	80.4
产品 2	53.3	0.44	26.3	20.4	89.3	80.6

通过对表 10-13 的数据分析可以看出，在吸附脱硫过程中，由于临氢的原因，原料中有一定量的烯烃被饱和，导致产品中烯烃含量降低。由于催化汽油馏分中的烯烃是高辛烷值贡献组分，这也是脱硫后产品的辛烷值降低的主要原因，烯烃的饱和程度越高，辛烷值的损失就越大。

2）烃组成变化

表 10-14 列出了汽油吸附脱硫装置汽油原料及产品中碳氢化合物类型的变化情况。

表 10-14　原料及产品中碳氢化合物变化

类型	含量/%(体)			
	工况Ⅰ		工况Ⅱ	
	原料	产品	原料	产品
正构烷烃	5.21	6.71	4.77	6.25
异构烷烃	36.15	37.44	36.07	37.46
烯烃	24.83	21.70	24.75	21.34
环烷烃	7.56	7.94	7.43	7.66
芳烃	25.53	25.49	25.70	25.87

对比表中数据可以看出，经过汽油吸附脱硫工艺加工后汽油中碳氢化合物组成也发生一定的变化。变化较大的是烯烃和烷烃，烯烃饱和后变为烷烃。与原料相比，产品的烯烃含量降低，烷烃含量增加，环烷烃及芳烃含量基本不变。

3）烯烃变化情况

汽油吸附脱硫加工过程中辛烷值的损失大多是由烯烃的饱和引起的。表 10-15 列出了汽油吸附脱硫原料及产品汽油中各种类型烯烃的变化情况。

表 10-15 原料及产品汽油中烯烃种类变化

烯烃类型	含量/%(体)			
	工况Ⅰ		工况Ⅱ	
	原料	产品	原料	产品
异构烯烃	13.11	11.85	13.13	11.87
正构烯烃	8.62	7.18	8.67	6.95
环烯烃	2.93	2.60	2.77	2.42
二烯烃	0.17	0.07~0.18	0.10	—
合计	24.83	21.70	24.75	21.34

由表中的数据可知，原料中异构烯烃的数量分别13.11%及13.13%，产品分别变为11.85%及11.87%，与原料相比，产品异构烯烃含量均降低了约9.6%；原料中正构烯烃的数量分别为8.62%及8.67%，产品分别变为7.18%及6.95%，分别降低了约16.7%和19.8%；原料中环烯烃的数量分别为2.93%及2.77%，产品变为2.60%及2.42%，分别降低了33%和12.6%；原料二烯数量分别为0.17%及0.18%，产品变为0.07%及0.1%，分别降低了约58.8%和44.4%。

与原料相比，产品二烯烃降幅最大，异构烯烃降幅最小。二烯烃不稳定易氧化是造成汽油安定性差的主要原因，因此希望汽油中的二烯烃含量越低越好。而在烯烃中异构烯烃的抗爆指数最高，希望其损失越少越好。由此可见，汽油吸附脱硫工艺产品烯烃的变化特点是既能提高汽油安定性从而提升质量，又能最大限度地保留抗爆指数，它进一步优化了汽油质量。

综合上述数据和分析对比可以看出，经过汽油吸附脱硫装置加工后汽油的组成及性质会发生一定的变化，原料类型、组成及工艺参数会影响产品的性质。

4）蒸气压变化

由于影响汽油蒸气压的主要组分是碳四等轻组分，因此控制汽油产品的蒸气压指标实质上就是控制汽油里的碳四等轻组分含量。

因汽油吸附脱硫装置的原料是催化裂化的稳定汽油，来自催化裂化的稳定塔底。在催化裂化的稳定塔已经对催化汽油进行了稳定分离，即对其中的C_{4-}组分进行了脱除，并且汽油吸附脱硫反应很少或基本不产生C_{4-}的轻组分，因此，汽油吸附脱硫装置加工后的汽油蒸气压与原料蒸气压变化不大。

通常情况下，汽油的蒸气压应该由上游的催化裂化稳定塔来控制。由于操作等原因，当上游催化裂化稳定塔不能有效地脱除汽油中的轻组分控制蒸气压时，也可通过调整汽油吸附脱硫装置的操作来补充调整蒸气压。通常可在稳定塔回流罐连续或间断排出轻烃(液化气)组分来实现控制汽油产品蒸气压的目的。

（二）气体产品

除了汽油产品，汽油吸附脱硫装置还会副产很少量的气体产品，主要是稳定塔顶气。

1. 稳定塔顶气的来源

汽油吸附脱硫装置中设置稳定塔的目的是将由热产物气液分离罐和冷产物气液分离罐

底来的反应产物中的轻重组分分离，以控制产品汽油的蒸气压。

反应产物中的绝大部分轻组分（主要是C_4）是由原料带入装置的，吸附反应过程仅产生极少量的轻组分。由于汽液平衡的原因，冷产物气液分离罐底的液体中也会溶解少量的氢气，也需要从稳定塔分离出去。

一般情况下，催化裂化稳定塔已经将液化气组分（C_3、C_4）从汽油中分离出去，进入吸附汽油脱硫装置的催化汽油中携带轻组分（C_3、C_4）很少，而吸附脱硫反应过程产生的轻组分也极少。因此，汽油吸附脱硫装置的稳定塔没有必要再进行液化气组分（C_3、C_4）的分离，只是从稳定塔顶将少量的轻组分同氢气一起分离出去。当回流罐的液位超高时不定期地排出液体轻烃，送回催化稳定塔处理，或作为液化气送出装置。

当从催化裂化来的原料汽油中的轻烃（C_3、C_4）组分含量较多时，建议从稳定塔回流罐产出液化气（LPG）组分。

2. 稳定塔顶气的组成

严格意义说，稳定塔顶气不是干气，其中含有H_2、C_1~C_4和少量的C_{5+}组分。塔顶气的组成主要取决于进料中轻组分的含量、装置所用含氢气体的纯度、反应条件、产品气液分离器以及稳定塔的操作条件。稳定塔顶气中的H_2、C_1和C_2基本是由装置所用含氢气体带入；C_3和C_4大部分是原料汽油带入，极少部分由反应生成；所携带的少量的C_{5+}组分是由于塔顶物携带进入回流罐，回流罐的汽液相平衡使C_{5+}进入气体中。

如果稳定塔分离效果不好会对装置汽油产品的质量、收率以及蒸气压有影响。在一定的进料和氢气组成条件下，稳定塔顶产生的气体量基本上与原料和含氢气体所带入的轻烃量以及冷汽液分离器溶解的氢气量相当，气体的组成也与之相对应。

表10-16为某装置在不同操作工况下稳定塔顶气的组成。

表10-16　稳定塔顶气组成

组成类型	工况Ⅰ		工况Ⅱ	
	%（体）	%	%（体）	%
氢气	45.9	3.7	55.6	4.75
甲烷	13.2	8.6	6.02	4.11
乙烷	10.3	12.6	4.19	5.37
乙烯	0.1	0.1	0.16	0.19
丙烷	5.9	10.6	1.98	3.72
丙烯	1.6	2.7	0.94	1.69
异丁烷	0.5	1.2	15.45	38.25
正丁烷	2.5	5.9	4.99	12.35
正丁烯	4.2	9.6	3.87	9.25
C_{5+}组分	15.8	45.0	6.8	20.32
合计	100.0	100.0	100.0	100.0

由表 10-16 可见，如果以体积分数计，稳定塔顶气的主要组分是氢气，占全部组成的50%左右，其他主要组分是 $C_1 \sim C_4$ 及少量的 C_{5+}组分。如果以质量分数计则相反。

3. 汽油吸附脱硫再生尾气

再生尾气(也称再生烟气)是从再生器中排出的吸附剂再生气体。在反应器中吸附了硫的吸附剂在再生器内用空气氧化再生，将吸附剂上吸附的硫氧化成 SO_2后进入再生尾气中。

1）再生尾气组成

典型吸附脱硫再生尾气的组成见表 10-17。

表 10-17　再生尾气组成　　%(体)

组　成	数　值	组　成	数　值
N_2	90.6	O_2	0.2
SO_2	4.9	CO	0.0
H_2O	2.3	合计	100.0
CO_2	2.0		

从表 10-17 可见，再生尾气中的主要组成是氮气，另外还有少量的二氧化硫、水蒸气、二氧化碳和氧等。其中，氮和氧来自再生所用的干燥空气，二氧化硫则是氧化反应发生后的产物，其体积含量通常会小于 5%。且为了避免低温条件下二氧化硫氧化生成三氧化硫并与水反应生成硫酸腐蚀输送管线，需根据现场情况采取蒸汽伴热或电伴热措施保证二氧化硫始终呈气态。

2）再生尾气处理方式

由于再生尾气中含有 SO_2，若直接排放会造成严重的环境污染，因此，必须对再生尾气进行后处理。对于再生尾气的后处理有送往硫黄回收、催化烟气脱硫或碱洗装置进行处理的三种成熟的处理方法，三种方法各有其优缺点。

国内建成的汽油吸附脱硫装置大多将再生尾气送往硫黄装置处理。通常包括引入制硫炉、催化转化反应器和尾气加氢反应器三种方式。该方法将尾气中的 SO_2转化为硫黄产品进行回收，最经济合理。但受输送距离限制，在距离硫黄装置较远时此方法不可行。

目前，催化裂化装置都配套建设烟气脱硫脱硝设施，且大部分汽油吸附脱硫与催化裂化都作为联合装置布置在一起，因此，汽油吸附脱硫装置的再生尾气趋向于送至催化烟气脱硫脱硝装置进行处理。

由于各种原因，在再生尾气不能实现在硫黄装置或催化裂化烟气脱硫脱硝设施进行处理的情况下，也可配套建设碱洗设施对其进行碱洗处理。

三、汽油吸附脱硫过程中的反应

汽油吸附脱硫过程中发生的化学反应较多。其中反应器内主要发生吸附脱硫反应、烯烃加氢饱和反应、烯烃加氢异构化反应、吸附剂还原反应等；再生器内则主要发生待生吸附剂所含硫、碳等的氧化反应。

1. 吸附脱硫反应

吸附脱硫反应在反应器中进行。在脱硫过程中，利用金属镍具有较高的脱硫活性的特点，以及氧化锌与硫原子的结合能力大于镍的原理，硫化物中的硫原子与吸附剂上的镍及氧化锌两种成分先后发生反应。在氢气作用下，镍将汽油中的硫原子吸附出来后，硫原子即与氧化锌发生反应，生成硫化锌，而镍金属则恢复为自由的镍原子，重新从汽油中吸附出其他硫原子。其反应过程如下：

$$R—S+Ni+H_2 \longrightarrow R—2H+NiS(s)$$

$$NiS(s)+ZnO(s)+H_2 \longrightarrow Ni(s)+ZnS(s)+H_2O$$

2. 烯烃加氢反应

催化裂化汽油烯烃含量普遍较高，通常在汽油馏分轻组分中占比较高，主要是 C_5、C_6 和 C_7馏分。典型的烯烃加氢饱和反应可表示如下：

$$C—C—C—C{=}C+H_2 \longrightarrow C—C—C—C—C$$

烯烃加氢饱和后形成的烷烃的辛烷值通常低于烯烃，如上述所列反应式，戊烷的 *RON* 是 61.8，而加氢饱和之前的 1-戊烯的 *RON* 是 90.9。相比选择性加氢脱硫技术，吸附脱硫技术独特的吸附机理可以大大减少烯烃的饱和，但由于其反应也在氢气环境下进行，因此不可避免地也会有少量的烯烃加氢饱和反应发生。总体来说，烯烃加氢饱和反应是脱硫过程中不希望发生的副反应，应尽可能通过各项操作参数调整减少该反应发生。

烯烃加氢饱和反应是强放热反应，因此通过增加反应温度可抑制其发生。同时，若反应器内发生大量的烯烃加氢反应，反应器内温度将显著升高且氢气损耗加大，而反应温度的升高又反过来会抑制烯烃加氢反应的进行，因此这是一个自我调节的过程。

3. 烯烃加氢异构化反应

烯烃加氢异构化反应指的是烯烃中的双键在吸附脱硫反应环境下发生了位置变化。典型的异构化反应如下：

$$C{=}C—C—C—C—C+H_2 \longrightarrow C—C{=}C—C—C—C+H_2$$

$$C{=}C—C—C—C—C+H_2 \longrightarrow C—C—C{=}C—C—C+H_2$$

烯烃加氢异构化反应多为 1 位烯烃转化为双键处于其他位置的烯烃，而双键在内部的烯烃的辛烷值高于双键在端位的烯烃的辛烷值，因此烯烃加氢异构化反应通常可增加汽油产品的辛烷值。如上面的例子，1-己烯的 *RON* 为 76.4，而 2-己烯和 3-己烯的 *RON* 分别为 92.7 和 94.0。烯烃的异构化反应是在反应器内发生的有利的副反应，它通常使汽油产品的辛烷值提高，可部分补偿烯烃加氢饱和反应造成的辛烷值损失。烯烃的加氢异构化反应是微放热反应，其在汽油组分中所占比例很小，因此不会使反应器的温度或温升产生显著的变化。

4. 氧化反应

氧化反应发生在再生器内，主要为待生吸附剂上的硫和碳与空气发生的反应，主要目的是脱除吸附剂上的硫以及积炭，使吸附剂上的镍和锌转变成氧化物的形式。氧化反应也可以称为燃烧，这类似于催化裂化装置再生器内所发生的过程。吸附剂的氧化过程中共有以下六种反应，第一和第二种涉及了硫和锌的氧化反应，第三、第四、第五种涉及了碳和氢的氧化反应，第六种涉及了镍的氧化反应。六种反应均为放热反应：

① $ZnS(s)+1.5O_2 \longrightarrow ZnO(s)+SO_2$

② $3ZnS(s)+5.5O_2 \longrightarrow Zn_3O(SO_4)_2(s)+SO_2$

③ $C+O_2 \longrightarrow CO_2$

④ $C+0.5O_2 \longrightarrow CO$

⑤ $2H_2+0.5O_2 \longrightarrow H_2O$

⑥ $Ni(s)+0.5O_2 \longrightarrow NiO(s)$

5. 还原反应

还原反应主要发生在反应器内，其目的是使吸附剂中氧化态镍回到还原态以恢复其活性，氧化镍的还原反应如下：

$$NiO(s)+H_2 \longrightarrow Ni(s)+H_2O$$

除了镍的还原反应外，再生器中第二步反应所产生的含锌化合物也可发生还原反应，生成水、氧化锌和硫化锌。

$$Zn_3O(SO_4)_2+8H_2 \longrightarrow 2ZnS(s)+ZnO(s)+8H_2O$$

这些反应都是吸热反应，因此对反应器温升的影响很小。水是反应产物之一，被反应物料携带，最后聚集到冷产物分离罐和稳定回流罐的水包内。

6. 其他反应

部分汽油吸附脱硫装置由于厂区硫黄回收装置或催化烟气脱硫装置存在处理量不足的问题，可单独设置烟气脱硫设施，一般采用碱洗或类似方案。碱洗方案中主要发生的是中和反应。碱液(NaOH)与再生烟气中的 SO_2反应，由于碱洗设施会带来新的废碱液排放，通常不考虑设置。中和反应式如下：

$$SO_2+2NaOH+1/2O_2 \longrightarrow Na_2SO_4+H_2O$$

四、汽油吸附脱硫过程反应机理

催化裂化汽油中的硫主要为硫醇类硫、硫醚类硫、噻吩类硫等。在汽油吸附脱硫反应过程中，使用的吸附剂中含有氧化镍和氧化锌组分，在临氢脱硫反应过程中氧化镍首先被还原为镍，各类硫化物在镍催化剂和氧化锌储硫剂的协同作用下，发生脱硫反应以及储硫反应[10~18]。主要方程式如下：

$$RSH+ZnO+H_2 \xrightarrow{Ni} RH+ZnS+H_2O$$

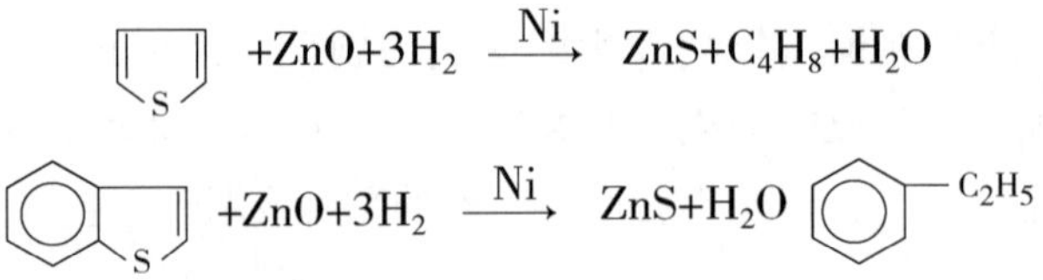

下面选取催化裂化汽油中有代表性的含硫化合物噻吩对汽油吸附脱硫过程中各步骤的化学原理进行说明。

（一）噻吩分子与金属 Ni 的相互作用

由于噻吩分子具有 π_5^6的共轭结构，并且 S 原子电负性高于 C 原子，具有吸电子性，使噻吩分子中其他原子向 S 原子提供电子，其结构如图 10-4 所示。S 原子的吸电子活性和噻吩环的共轭特性使S原子带-0.361e⁻电荷，具有了供电子活性，而与S相邻的C原子带0.047e⁻电荷，处于缺电子状态。

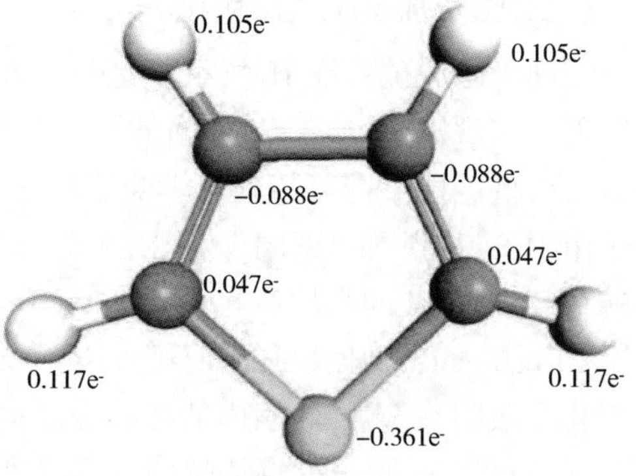

图10-4 噻吩分子的结构和电荷分布

汽油吸附脱硫吸附剂中的活性组元Ni原子核外电子排布为：[Ar]$3d^8 4s^2$，其3d轨道上有8个电子，倾向于再获得2个电子，形成全满的$3d^{10}$稳定结构。根据分子轨道杂化理论，Ni原子容易形成dsp^2杂化，参加反应时其外层轨道分别是$3d^2z$、4s、4py、4pz，其中$3d^2z$和4s轨道是半填充轨道，容易接受带有单电子的自由基；4py和4pz为空轨道，容易接受孤对电子。这也意味着噻吩分子中的孤对电子可能进入Ni的空轨道，并进一步发生反应。

噻吩分子与Ni二元体系相互作用过程的分子模拟结果如图10-5所示。噻吩分子中S原子与Ni原子两者距离为0.8nm时，随着噻吩分子向Ni原子移动，二元体系能量逐渐降低，说明噻吩分子能够靠范德华力自发地向Ni原子表面靠近；当它们的间距达到0.31nm时，体系能量达到第1个极低点，此时噻吩分子中的S与Ni之间距离又接近两者原子半径之和，该能量极低点意味着噻吩分子与Ni原子可以自发接近并达到物理吸附状态。再进一步靠近，由于原子之间的斥力，体系能量攀升到一个极高点，达到由物理吸附转变为化学吸附的过渡态。极高点与第1极低点之间的能量差值可以认为是噻吩分子中的S与Ni原子之间由物理吸附转变为化学吸附时需要跨越的能垒(约70kJ/mol)。越过这个能垒之后，噻吩与Ni原子的电子云开始重叠形成分子轨道，体系能量急剧下降，并在0.16nm时达到第2最低点，噻吩S进一步向金属Ni转移电子形成Ni—S弱配位键。此时C—S键的p-π共轭作用减弱，噻吩环上C—S共价键被弱化；这个过程中与S相邻的C上的电子向S转移，C原子缺电子活性增强。这表明吸附脱硫过程中噻吩分子在金属Ni表面的吸附并不是简单的物理吸附过程，而是典型的化学吸附过程。

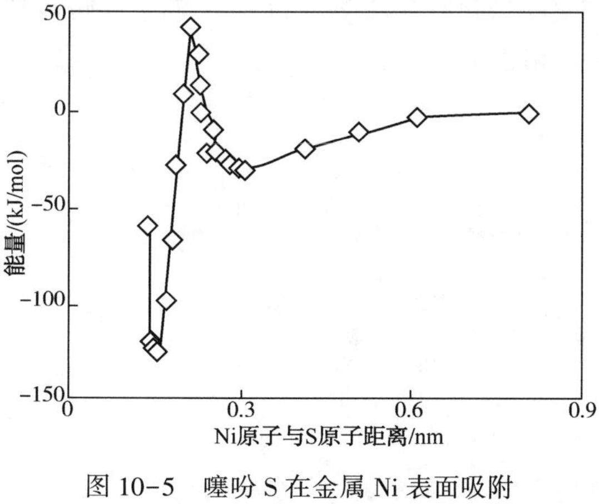

图10-5 噻吩S在金属Ni表面吸附体系能量变化趋势

对化学吸附状态下C—S键的键能变化进行深入研究[14,16]。研究结果表明，作用前噻吩分子中的C—S共价键的均裂能约为470kJ/mol，而吸附在金属Ni上之后，该C—S键的均裂能下降到427kJ/mol，键级亦从1.202降至0.972，表明噻吩分子与金属Ni二元体系之间存在的这一较强相互作用，在一定程度上能起到降低噻吩分子C—S共价键强度的效果。但单靠噻吩和Ni的相互作用仅使噻吩分子C—S键能从470kJ/mol下降到427kJ/mol，不足以使噻吩分子C—S键断裂。

（二）噻吩加氢脱硫反应机理

汽油吸附脱硫是在 H_2气氛下进行，在范德华力的作用下，H_2分子可以自发地向 Ni 原子靠近，实现 H_2分子在 Ni 表面的物理吸附；随着两者继续靠近，H_2分子与 Ni 原子之间仅需克服较低的能垒即可达到化学吸附状态。根据分子模拟结果，在该过程中，有 0.092e^-的电子由 H_2转移到 Ni 原子上，表明在金属 Ni 吸电子作用下，H_2分子 H—H 成键轨道的电子被转移到金属 Ni 的半填充轨道，使得 H_2分子 H—H 键的均裂能由正常状况下的 436kJ/mol 降至 214kJ/mol；此时，H_2分子比较容易发生均裂，解离为 2 个 H 自由基。当体系中同时有处于化学吸附在金属 Ni 表面的噻吩分子时，噻吩 S 的电子会向金属 Ni 转移。由于金属所具有的导电性，Ni 原子可将从噻吩 S 原子得到的电子传导给周围的其他 Ni 原子。这些 Ni 原子在得到电子后，即向被吸附的 H_2分子的反键轨道供电子，使 H—H 键的解离能力进一步降低，H_2分子 H—H 均裂能由单一金属 Ni 吸电子作用下的 214kJ/mol 再下降到 132kJ/mol。因此，汽油吸附脱硫过程中的 H_2分子容易在金属 Ni 作用下发生解离，形成的 H 自由基以弱化学力与 Ni 原子结合。

当体系中噻吩分子的 S 原子与金属 Ni 发生化学作用时，一方面噻吩分子 C—S 键上的 C 原子缺电子性更强，另一方面也进一步促进了体系 H_2的解离，生成更多的 H 自由基，并且此状态下噻吩分子 C—S 键上的 C 与金属 Ni 更具有可接近性。于是，反应体系中大量存在的、与金属 Ni 呈弱化学结合的 H 自由基便会自发地进攻噻吩分子中 C—S 键上的 C 原子，并与之反应（该加氢能垒约为 134kJ/mol）形成新的 C—H 键。这样，一方面该 C 原子由 sp^2 杂化转为 sp^3杂化，另一方面噻吩分子双键加氢后形成了噻吩自由基；缺电子的中心 C 原子恰好能对 C—S 键位置产生 β 效应，从而使噻吩分子中 C—S 键键能由电中性时的 470kJ/mol 下降到与金属 Ni 呈吸附态时的 427kJ/mol，再进一步大幅度降低至 59kJ/mol。这样低的能垒使 C—S 键在反应温度为 400℃以上的汽油吸附脱硫过程中很容易断裂，于是噻吩硫被脱除，产物为丁烯与 NiS 物种。汽油吸附脱硫过程如图 10-6 所示。

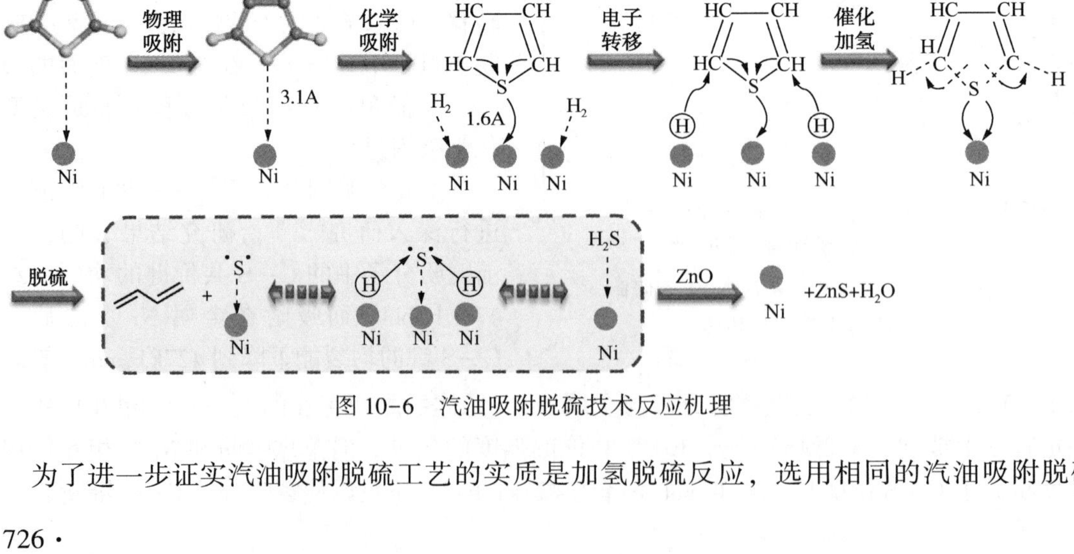

图 10-6　汽油吸附脱硫技术反应机理

为了进一步证实汽油吸附脱硫工艺的实质是加氢脱硫反应，选用相同的汽油吸附脱硫吸附剂和相同的工艺参数，分别在 H_2 气氛和 N_2 气氛下进行了脱硫实验。汽油吸附脱硫工业吸附剂在 H_2 气氛下还原后，尽管 Ni 同样呈零价的金属态，但是在没有 H_2 的脱硫反应过程中，如前面所述，Ni 和噻吩的相互作用仅使噻吩分子 C—S 键能从 471kJ/mol 下降到 427kJ/mol，较难发生脱硫反应，脱硫活性只有 40 左右；而在 H_2 气氛中，由于 H_2 分子及噻吩在金属 Ni 上协同作用下，使噻吩分子中 C—S 键能大幅度下降，从而大大促进了脱硫反应的进行，脱硫活性接近 100。

（三）H_2S 的生成及转移

若吸附态 S 能顺利从金属 Ni 活性位脱附，则金属 Ni 外电子层空轨道获得再生，脱硫活性得到恢复；但若该吸附态 S 不能顺利从金属 Ni 活性位脱附，则该金属 Ni 活性位便得不到再生，而处于失活状态。分子模拟结果表明，具有未饱和的 1s 外层电子的 H 自由基会自发地向 Ni—S 结合体中的 S 原子进攻，形成 H—S 共价键（能垒仅为 30kJ/mol），促使 S 原子与 Ni 原子之间的配位键断裂，并生成 H_2S 分子。但是根据热力学计算结果，NiS 在 H_2 作用下还原（$NiS+H_2 = Ni+H_2S$）是个平衡反应，在汽油吸附脱硫技术中，当反应温度为 425℃时，该反应的平衡常数只有 0.34。这意味着该反应是一个可逆反应，若生成的 H_2S 无法及时转移，NiS 很难完全转化为金属 Ni。在传统催化加氢脱硫过程中，从金属活性位脱附的 H_2S 进入反应器气相空间并累积；从原料中脱除的含硫化合物越多，生成的 H_2S 越多，反应器气相的 H_2S 浓度越高，形成的 H_2S 分压越大，对金属活性位上 H_2S 的顺利脱附抑制越严重。

汽油吸附脱硫技术的优势在于其专用吸附剂中除含有金属 Ni 外还含有 ZnO，用于吸收转移反应生成的 H_2S（$ZnO+H_2S = ZnS+H_2O$）。在汽油吸附脱硫过程中，经催化加氢脱硫生成的 H_2S 分子与吸附剂上的 ZnO 快速反应生成 ZnS，使反应器中 H_2S 分压极低，金属 Ni 活性位上吸附态 H_2S 一经生成，便可顺利地从金属 Ni 活性位上脱附，并被吸附剂中的 ZnO 稳定吸收。这相当于在催化加氢脱硫反应器内巧妙地增加了催化剂再生技术措施，有利于吸附剂上活性金属 Ni 活性位的在线及时恢复，同时也有效抑制了反应器内 H_2S 与原料中烯烃反应生成硫醇的副反应。

五、烯烃在吸附脱硫过程中的反应

汽油吸附脱硫技术的优势在于脱硫的同时具有较高的辛烷值保留能力，与加氢脱硫技术相比，其氢分压相对较低，烯烃饱和率大大降低，但在汽油吸附脱硫反应过程中，依然存在一定的烯烃饱和反应。

烯烃属于不饱和烃类，在临氢并存在金属催化剂的条件下，烯烃可能发生加氢反应，生成饱和度较高的烃类。在汽油吸附脱硫反应体系中，由于吸附剂活性组元金属 Ni 的存在，首先系统中的氢气会在金属 Ni 的表面发生解离反应，生成 H 自由基，并吸附于金属表面，H 分子与 Ni 金属表面吸附解离过渡态的示意图见图 10-7。

图 10-7 H 分子与 Ni 金属表面吸附解离过渡态示意图

H 自由基生成之后，非常容易与烯烃发生加成反应，生成烷基自由基，烷基自由基可以进一步与 H 自由基发生反应，生成烷烃。

通过量子力学计算得到 H 自由基与部分烯烃反应的能量数据，如表 10-18 所示。

表 10-18　烯烃与 H 自由基反应焓变数据　　kJ/moL

反　应	ΔH(0K)
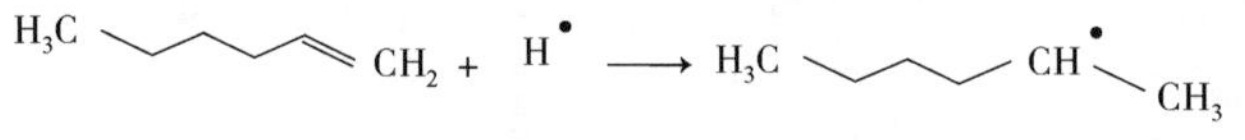	-264.68
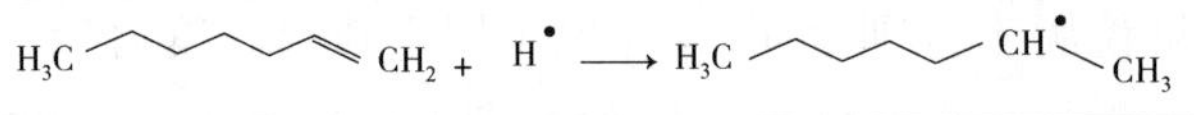	-264.67
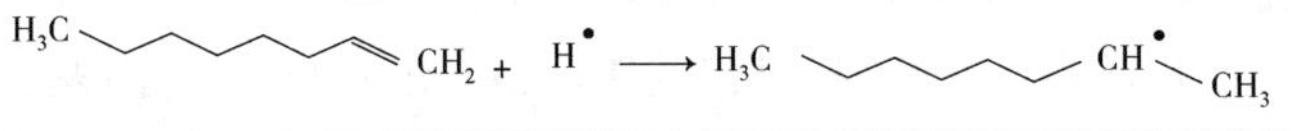	-264.57

表 10-18 的计算结果表明，H 自由基与烯烃反应，是一个剧烈的放热反应，且活化能极低，反应速度相当快。为了更进一步地研究这个过程，计算得到 H 自由基与烯烃反应在不同温度下的 ΔG，如表 10-19 所示。

表 10-19　烯烃与 H 自由基反应 ΔG 数据　　kJ/moL

反　应	ΔG(650K)	ΔG(675K)	ΔG(700K)
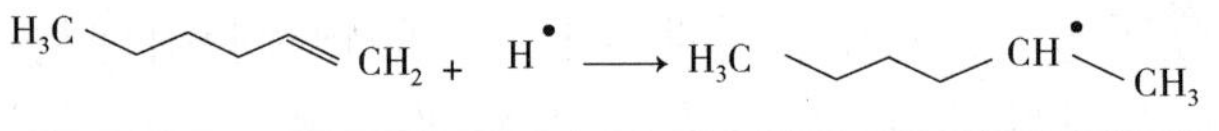	-218.49	-217.66	-219.22
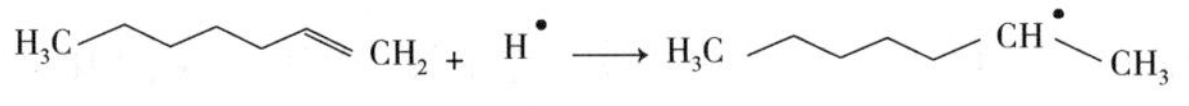	-235.79	-235.52	-235.26
	-193.91	-191.96	-190.01

从表 10-19 中可知，烯烃与 H 自由基反应，是一个熵减小的反应，但由于反应自身的放热过于剧烈，故反应进行的程度依然非常高。

烯烃与 H 自由基反应生成的烷基自由基可以进一步与 H 自由基反应，生成烷烃分子，表 10-20 列出 H 自由基与部分烷基自由基反应的能量数据。

表 10-20　烷基自由基与 H 自由基反应焓变数据　　kJ/moL

反　应	ΔH(0K)
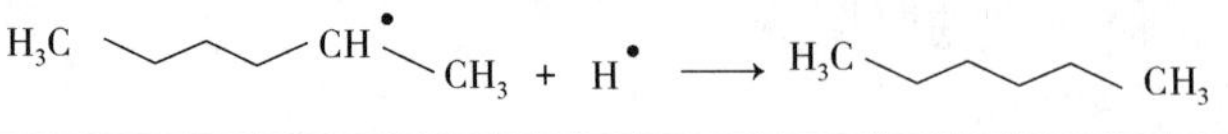	-521.66
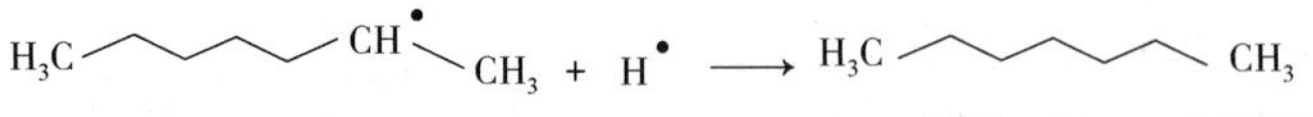	-521.99
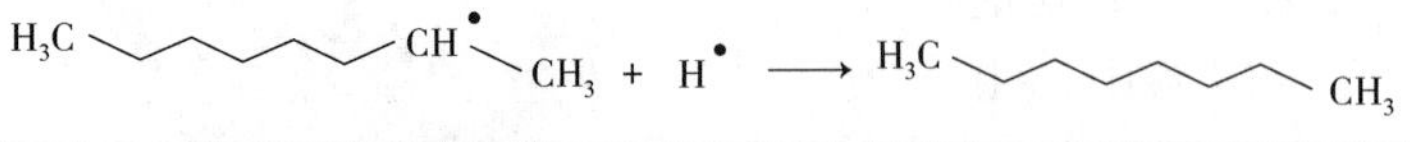	-521.92

表 10-20 的计算结果表明，H 自由基与烷基自由基反应，是一个更加剧烈的放热反应，且活化能极低，反应速度非常快。为了更进一步地研究这个过程，计算得到 H 自由基与烷基自由基反应在不同温度下的 ΔG，如表 10-21 所示。

表 10-21　烷基自由基与 H 自由基反应 ΔG 数据　　kJ/moL

反　应	ΔG(650K)	ΔG(675K)	ΔG(700K)
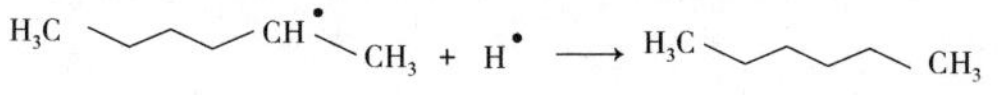	-218.49	-217.66	-219.22
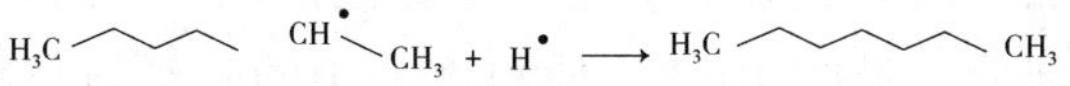	-235.79	-235.52	-235.26
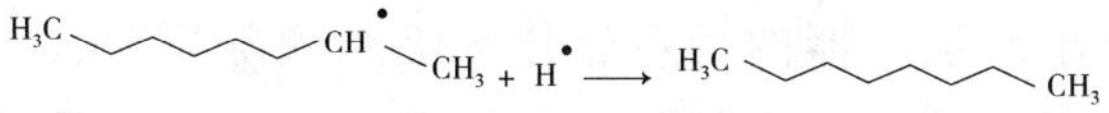	-193.91	-191.96	-190.01

从表 10-21 中可知，烷基自由基与 H 自由基反应，是一个熵减小的反应，但由于反应自身的放热过于剧烈，故反应进行的程度依然非常高。事实上，该反应是烷烃热脱氢的逆反应，烷烃脱氢反应进行较为困难，需要在很高的温度下才能进行，与之相对应，烷基自由基与 H 自由基反应难度极低，二者发生接触的情况下几乎必然发生反应。

在临氢反应过程中，H 自由基的浓度与催化剂金属，H_2分压密切相关，金属催化能力越强，H_2分压越高，反应体系中的 H 自由基浓度也越高。

与加氢裂化反应相比，汽油吸附脱硫反应的氢分压相对较低，且体系中不存在高活性的催化金属，因此 H 自由基的浓度处于相对较低的水平，不会引起大规模的烯烃加氢反应，使得脱硫过程的辛烷值损失可以控制在一定范围内。

六、吸附脱硫过程中的选择性

吸附脱硫反应体系中，金属镍与硫化镍始终处于动态平衡，并且由于氧化锌的存在，大部分镍是以金属的形态存在的。吸附是吸附脱硫反应过程的重要步骤，是发生表面反应的必要条件。图 10-8 对比了 1-庚烯、甲苯和噻吩等典型化合物在不同形态镍表面的吸附选择性，给出了金属镍和硫化镍对噻吩、庚烯和甲苯的吸附能。零价态金属 Ni 对噻吩具有良好的吸附选择性，对噻吩具有更高的吸附强度，但对庚烯和对甲苯的吸附强度较低。当 Ni 处于硫化态时，虽然对噻吩具有一定的吸附强度，但对烯烃和甲苯的吸附强度更大。虽然金属镍可以活化氢分子产生活泼氢，从而催化烯烃加氢，但镍对烯烃较弱的吸附能力也降低了烯烃加氢的概率，从而减少辛烷值损失。

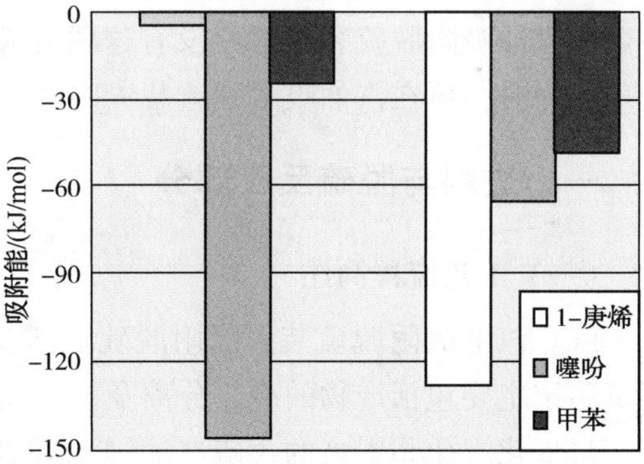

图 10-8　金属镍(左)和硫化镍(右)对噻吩、庚烯和甲苯的吸附能

可见，吸附脱硫活性组元零价态金属镍对汽油中最难脱除的含硫化合物——噻吩类化合物具有最优的吸附选择性，可以有效吸附噻吩并完成脱硫；且镍不容易吸附烯烃，可以降低烯烃加氢的概率，从而减少辛烷值损失。吸附剂的选择有益于吸附脱硫过程中实现深度脱硫兼顾保持辛烷值。

第三节　汽油吸附脱硫工艺过程

FCC汽油吸附脱硫技术采用全馏分汽油一次通过脱硫工艺，主要包括进料与脱硫反应、吸附剂再生、吸附剂循环和产品稳定几个部分，见图10-9。原料汽油中的硫经过反应和再生部分后，随再生烟气以二氧化硫方式排出。反应器内发生流化床吸附脱硫反应，再生器发生流化床氧化反应。反应部分为中压临氢环境，再生部分为低压含氧环境，由闭锁料斗步序控制实现反应和再生之间的氢氧环境隔离和吸附剂的输送。

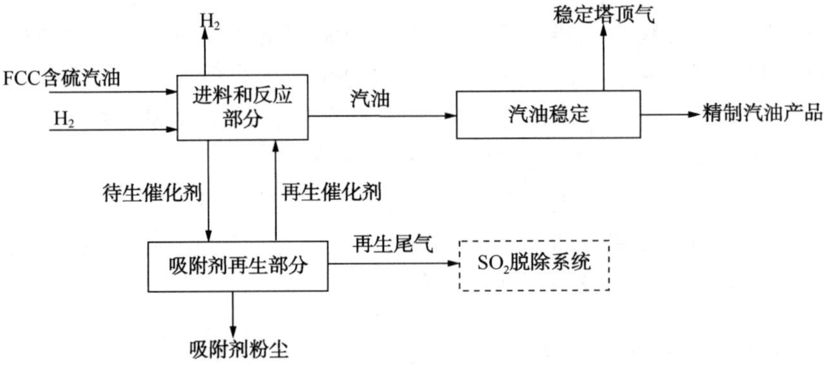

图10-9　催化汽油吸附脱硫技术流程示意图

在通常情况下，再生尾气送至装置外的硫黄回收或催化裂化脱硫脱硝装置进行处理。当催化汽油吸附脱硫装置附近没有这两种装置，或者由于其他原因如距离较远或没有富余处理能力时，可在汽油吸附脱硫装置内设置碱洗设施处理再生尾气。

一、进料与脱硫反应部分

（一）工艺流程简述

FCC汽油吸附脱硫装置吸附脱硫进料及反应部分流程如图10-10所示。产物冷却及循环氢系统主要包括产物的冷热分离及氢气循环两部分，见图10-11。

自催化裂化装置来的含硫汽油过滤后进入原料缓冲罐，经反应进料泵升压并与循环氢混合，混氢原料与反应产物进行换热后去进料加热炉进一步升温，达到预定的温度后进入脱硫反应器底部并在反应器中进行吸附脱硫反应。脱硫反应器内装有吸附剂，混氢原料在反应器内部自下而上流动与流化态吸附剂接触发生吸附脱硫反应将其中的硫化物脱除，生成超低硫汽油产物。为了防止吸附剂带入到后续的分离系统，在反应器顶部设有精密过滤器及其自动反吹设施，用于分离产物中携带的少量吸附剂粉尘。

自脱硫反应器顶部出来的热反应产物，除少量用于加热反吹氢压缩机来的反吹气体，其余大部分与混氢原料换热后去热产物气液分离罐。热产物气液分离罐底部的液体进入稳定塔，罐顶气相部分经空冷器、水冷器冷却后进入冷产物气液分离罐。冷产物气液分离罐底部液体进入稳定塔上部，罐顶部气体进入循环压缩机入口分液罐，再经循环氢压缩机升压后，大部分与外来的新氢混合后返回到反应系统中循环使用，少部分气体经进料加热炉对流室和电加热器加热后用于闭锁料斗升压、还原器提升等操作。另一部分来自循环压缩机入口分液罐的气体经反吹氢压缩机升压、与反应产物换热后去反吹气体聚集器，用于反应器过滤器的反吹。

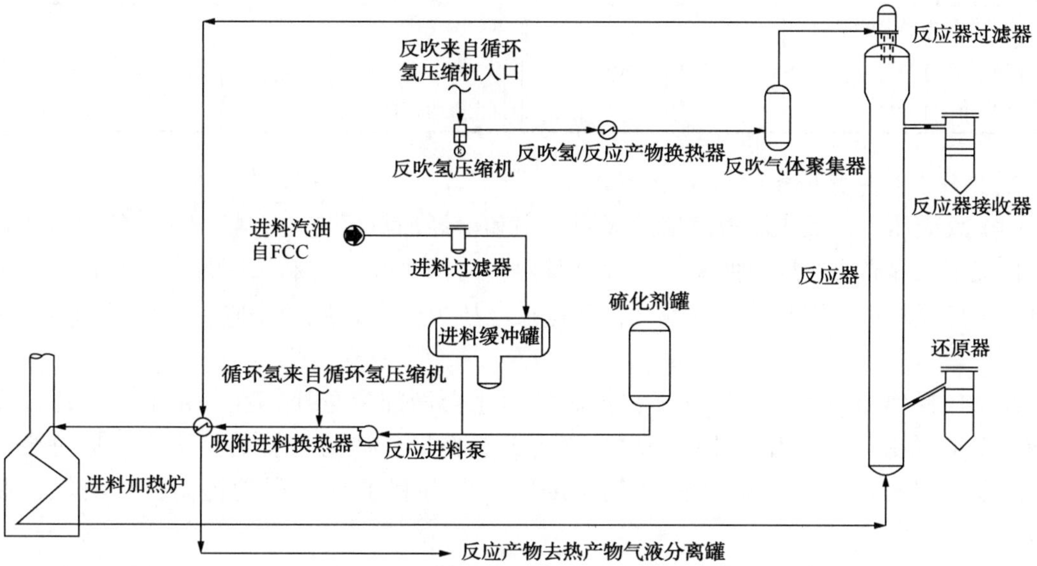

图 10-10　吸附脱硫进料及反应部分流程

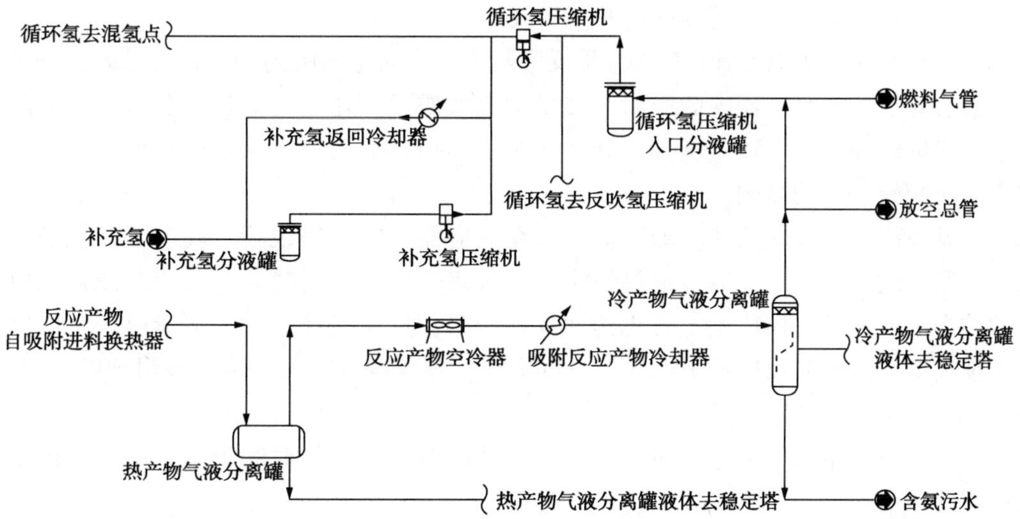

图 10-11　产物冷却及循环氢系统流程

（二）主要操作参数及对脱硫效率的影响

1. 主要操作参数

吸附脱硫反应部分的主要操作参数见表10-22。

表10-22 反应部分的主要操作参数

项 目	数 值	项 目	数 值
反应器操作压力/MPa(G)	2.4~3.1	氢烃摩尔比	0.21~0.35
反应器操作温度/℃	400~440	硫 差	4~8
重时空速(*WHSV*)/h^{-1}	4~6	待生吸附剂含硫量/%	<12

2. 操作参数对脱硫率的影响

（1）反应压力。反应压力对硫的吸附速率和烯烃加氢反应均有影响。在氢烃摩尔比不变的情况下，提高反应压力使氢分压提高且停留时间延长，有利于脱硫率的提高，但同时也将增加烯烃的加氢饱和反应。反之，降低反应压力会导致脱硫率降低，烯烃加氢饱和反应减少。

在反应操作压力不变的情况下，提高氢油比会增加氢分压，在一定的氢油比改变范围内，反应脱硫率会随着氢油比的增加而上升。在反应压力不变的情况下，通过废氢排放、新氢质量控制等方式提高循环氢的浓度，也有利于氢分压的提高，从而促进脱硫反应。

（2）反应温度。受反应动力学控制，提高反应器的温度到426℃时，脱硫反应速率也相应增加。超过426℃后，受反应热力学控制，脱硫率将会下降。在吸附反应操作温度(399~438℃)范围内辛烷值的损失随温度的增加而减少。通常情况下，在操作温度范围内，烯烃加氢反应及辛烷值的损失会随温度的升高而减少。

（3）重时空速。重时空速(*WHSV*)是反应器内单位质量的吸附剂在单位时间内处理的进料的质量。通过增加反应器内的吸附剂藏量即降低质量空速时可以提高脱硫率，但降低质量空速将使烯烃加氢反应速率增加，导致辛烷值的损失加大；质量空速对烯烃加氢反应的影响小于对脱硫反应的影响。

（4）反应线速。反应线速，即反应油气在反应器内的空塔线速，决定了反应油气在反应器中停留时间的长短。反应线速过快会导致脱硫率下降，同时会对反应过滤器造成相当程度的冲击，造成过滤器压差上升迅速而反吹频繁；反应线速过低，会造成一定程度上的辛烷值损失增加，同时反应器下部床层密度增加，反应料位降低，造成吸附剂的溢流困难，闭锁料斗运转缓慢。

（5）硫差及再生吸附剂硫含量的影响。所谓硫差就是单位时间吸附剂脱除的硫量与吸附剂循环速率的比，即：

$$硫差(\%)=[硫脱除量(kg/h)/吸附剂循环速率(kg/h)]\times 100$$

$$硫脱除量(kg/h)=进料中的硫(kg/h)-产品中的硫(kg/h)$$

催化裂化汽油所含的硫是唯一的硫来源。出装置的硫元素主要包括产品中残留的少量硫以及烟气中的硫，其中烟气中的硫表现为吸附剂循环速率和待生与再生吸附剂的硫差。因此，当吸附剂循环速率一定时，硫差直观的表现形式为待生吸附剂的硫含量与再生吸附剂的硫含量的差。当其他条件及待生吸附剂的硫含量一定时，选择的硫差越大，再生吸附剂硫含量越低；反之，再生吸附剂硫含量越高。

再生吸附剂上硫含量是由进料中硫的浓度、产品中硫的浓度、汽油的进料速率以及吸附剂的循环速率、吸附剂硫差共同决定的。通常，反应器中吸附剂上的硫越少，其活性越高，能够从汽油中脱除更多的硫，反之脱除的硫就越少。但是，与脱硫率相比，反应器中吸附剂硫含量对烯烃保持率有相反的影响，增加吸附剂硫含量，即烯烃饱和减少，辛烷值损失减少，反之亦然。

通常情况下，装置设计的硫差为7.5，待生吸附剂最高硫含量为12%。在装置实际操作中，原料硫含量大多远低于设计值，因此在满足产品硫含量要求的情况下，尽量维持吸附剂硫含量处于相对较高的水平，大多数吸附脱硫装置采用小硫差的操作方式，一般为2~4。

为了控制吸附剂的活性，避免引起反应器床层飞温，在装置开工时，吸附剂需要经过预硫化以适当降低吸附剂的活性。在正常操作中，也需要通过控制再生温度、氧含量等，即采用适宜的再生强度保持再生后吸附剂与原料相适应的活性，避免吸附剂活性过剩引起烯烃的不必要损失。

除上述操作参数外，原料的性质对脱硫效率也有影响。

3. 原料性质对脱硫率的影响

（1）原料中的硫化物含量及分布对脱硫率的影响。通常催化裂化汽油中主要的硫化物种类有硫醇、硫醚、噻吩、烷基取代噻吩、苯并噻吩、甲基苯并噻吩等，不同类型硫化物在汽油吸附工艺中脱除机理不同，反应速率也不同。经吸附脱硫工艺加工后，原料中的硫醇、硫醚及甲基苯并噻吩类硫化物几乎被全部脱除。产品中仍含有少量的噻吩、烷基取代噻吩及苯并噻吩类硫化物，且烷基噻吩中取代基碳数越多在产品中所占比例越高。在吸附脱硫反应过程中，硫醇、硫醚等硫化物较容易脱除，噻吩类化合物尤其是烷基取代噻吩脱除相对较难，烷基取代噻吩中取代基碳数越高脱除率越低。某装置原料和产品硫化物含量分布见表10-23。

表10-23　原料和产品硫化物含量分布

不同类型硫化物	原料硫化物含量/(μg/g)	产品硫化物含量/(μg/g)	不同类型硫化物	原料硫化物含量/(μg/g)	产品硫化物含量/(μg/g)
噻　吩	25.01	0.32	苯并噻吩	29.27	0.00
C_1噻吩	40.77	0.75	C_1苯并噻吩	24.5	0.71
C_2噻吩	44.64	2.46	硫醇和硫醚	38.52	0.00
C_{3+}噻吩	62.23	6.70	其　他	34.15	1.66

当原料中噻吩类化合物含量较高时，应该通过适当调整反应温度，同时通过适当提高氢分压、降低反应重时空速、增加吸附剂硫差等方式增加脱硫效果。

原料硫含量情况和产品硫含量要求是装置操作最重要的表观指标，当原料硫含量发生变化时，空速、压力、温度以及吸附剂硫差应及时进行调整，在保证产品质量合格的情况下，尽可能减少烯烃饱和带来的辛烷值损失。

（2）原料中烯烃含量对辛烷值损失的影响。催化裂化汽油中烯烃含量一般在 25%～35%。反应过程中，达到相同的脱硫率，烯烃含量越高辛烷值损失越大。当烯烃含量较高时，在保证脱硫效果的前提下，可通过适当提高反应温度，并适当降低氢分压，控制吸附剂活性等手段减少辛烷值损失。

（3）原料中胶质含量对装置操作的影响。当原料汽油中的二烯烃含量相对较高时，可能会形成氧化物胶质或硫化物杂质，容易造成装置原料换热器管程结垢及压差的增加，降低装置原料换热器换热能力。实际操作中，应注意分析原料中的胶质含量，同时对原料罐区储罐进行氮封，防止原料汽油接触氧气形成胶质及杂质。

二、吸附剂再生部分

（一）工艺流程简述

吸附剂在反应器内参与脱硫反应，在反应过程中，反应物料中的硫不断被吸附剂吸附，随着吸附剂上所吸附硫逐渐增加，吸附剂活性逐渐下降。因此，装置设有吸附剂连续再生系统，如图 10-12 所示。吸附剂的再生包括氧化和还原两个过程。氧化过程在再生器内进行，还原过程在还原器和反应器内进行。

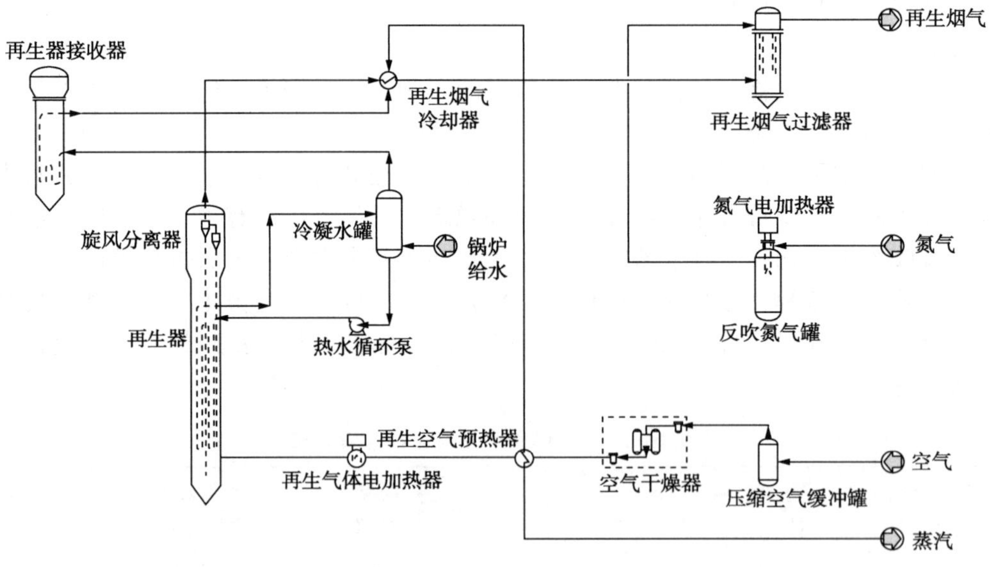

图 10-12　吸附剂再生部分流程

再生过程是以空气作为氧化剂的氧化反应，压缩空气依次经过空气干燥器、再生空气预热器和再生气体电加热器加热后送入再生器底部，与再生进料罐来的待生吸附剂发生氧化再生反应。再生器内的吸附剂处于流化状态，再生后的吸附剂用氮气提升到再生接收器送至闭锁料斗。

再生器内部装有二级旋风分离器，再生生成的烟气以及再生进料罐、再生器接收器顶部返回再生器的气体经旋风分离器回收有效大颗粒吸附剂后自再生器顶部排出。再生烟气主要成分为氮气、二氧化碳和二氧化硫以及少量的吸附剂细粉，先经再生烟气冷却器与来自冷凝水罐顶部的蒸汽换热，再经再生烟气过滤器除去烟气中挟带的吸附剂粉尘后送出装置。根据不同的系统配套方案，再生烟气可送到硫黄回收装置、催化烟气脱硫或进行碱洗处理。

为了降低再生器内床层的温度，吸附脱硫工艺设有一套热水循环系统，并在再生器和再生器接收器内设有取热盘管，用于取出再生过程和吸附剂冷却所释放的热量，并预热再生空气。

吸附剂循环和输送过程中磨损生成的细粉通过旋风分离器与有效颗粒吸附剂进行精密分级分离，分离出的吸附剂细粉随再生烟气进入再生烟气过滤器后被拦截。通过对再生烟气过滤器的反吹，这些细粉最终被收集到再生粉尘罐并定期排出装置。

装置设有吸附剂储罐，用于装置开工、停工装剂和卸剂。并设置新鲜剂罐，用于正常操作中的吸附剂的补充。

（二）贫氧再生工艺

吸附剂再生过程需要引入空气作为氧化剂，脱除待生吸附剂中的硫，使其转化为二氧化硫。

早期的汽油吸附脱硫技术采用富氧再生工艺，该工艺可保证吸附剂中的硫高效脱除，控制过程相对简单。但在实际运行中，发现采用富氧再生的吸附脱硫装置存在吸附剂活性下降快、吸附剂结块剂耗增加等问题。吸附剂出现结块现象不仅造成吸附剂活性下降，还会造成吸附剂输送设备和管线堵塞等问题，严重影响吸附剂再生及循环，是影响装置长周期运行的主要因素之一。

通过研究发现，吸附剂失活和结块主要包括以下 4 个步骤的反应：步骤①是正常的吸附剂再生化学方式；当氧气过量时，则发生步骤②二氧化硫被氧化为三氧化硫的反应；在步骤③中，产生的 SO_3 可以与吸附剂活性组分 ZnO 反应生成 $ZnSO_4$ 导致吸附剂失活；吸附剂中少量烃被氧化产生的 H_2O 则会与 $ZnSO_4$ 进一步反应形成结块前驱物水合硫酸锌。

步骤①：$2ZnS+3O_2 \rightleftharpoons 2ZnO+2SO_2$

步骤②：$2SO_2+O_2 \rightleftharpoons 2SO_3$（决速步）

步骤③：$SO_3+ZnO \rightleftharpoons ZnSO_4$

步骤④：$ZnSO_4+nH_2O \rightleftharpoons ZnSO_4 \cdot nH_2O$

纵观以上以上 4 个步骤，其中步骤②是决速步，根据化学速率方程式，该步的反应速率如下：

$$r=k\times P_1\times P_2$$

式中 r——化学反应速率；

k——反应速率常数；

P_1——SO_2 分压；

P_2——O_2 分压。

在再生过程中，SO_2 的分压和再生负荷相关，无法控制。因此控制该决速步反应速率的关键是控制 O_2 的分压。

中国石化吸附脱硫技术针对富氧再生导致硫酸锌生成速率高，从而造成吸附剂快速失活、结块的问题，开发了贫氧再生工艺，再生过程中控制氧分压，抑制了结块前驱物水合硫酸锌生成，既保证再生效果，又实现再生系统稳定运行。

（三）主要操作参数及对脱硫效率的影响

1. 主要操作参数

吸附剂再生主要操作参数见表10-24。

表10-24　再生主要操作参数

项目	指标	项目	指标
再生器压力/MPa(G)	0.11	旋风分离器分离精度/%	99.9
再生器温度/℃	524	再生烟气氧含量/%(体)	<0.2
旋风分离器分离效率/μm	<20	再生吸附剂硫含量/%	3~9

吸附剂的还原主要操作条件见表10-25。

表10-25　吸附剂还原主要操作参数①

项目	指标	项目	指标
压力/MPa(G)	2.6~3.0	温度/℃	280~430①

① 还原器温度约为280℃，反应器温度约为430℃。

2. 工艺参数对再生效果的影响

（1）再生温度。通常，再生温度越高氧化反应的速率也越快，但一般再生器温度的操作范围较窄，为510~530℃。当再生温度低于510℃时，将会发生不完全再生，从而使未得到再生的吸附剂进入反应器。这也同样会促使不希望的锌的硫氧化物的生成，导致再生吸附剂的硫含量增加。当再生温度超过530℃时，吸附剂可得到完全再生。但当操作温度超过正常范围时，已接近了再生器钢材能够承受的设计极限。

（2）再生风量。当再生尾气氧浓度保持最低水平并且也能达到再生效果时，即为再生器最适宜的操作条件。要完成再生器中的氧化反应必须有足够的氧气，但过量的氧气会促使不希望的反应发生，比如锌的硫氧化物的形成。

此外，再生空气同时是再生器的流化介质，当再生器的出口烟气氧含量浓度大于一定水平时，可以适当降低再生空气的流量并向再生器内通入氮气，既有利于控制吸附剂生成过氧化物又可以保证再生器内的正常流化。

3. 操作参数对还原的影响

（1）温度。还原反应是吸热反应，由吸附剂和循环气体的温度为反应提供热量。如果温度太低，如低于371℃时就会发生不完全反应，使进入反应器的吸附剂活性降低，导致反应器内吸附剂的脱硫效率降低。还原反应器的温度不能超过454℃，超过这一温度吸附剂中的锌就会气化，将影响吸附剂对硫的吸附能力而大大降低其脱硫的能力。

（2）氢气的浓度。如果循环氢中氢气的浓度太低，还原反应的速率就会降低，从而影响反应器吸附剂的活性。

综上可知，吸附脱硫工艺的参数种类较多，反应部分包括温度、压力、空速、氢分压、吸附剂硫含量等参数。再生氧化部分包括氧气浓度、温度、水蒸气压等参数。吸附剂还原部分则包括温度、氢分压、停留时间等参数。这些参数相互交叉又相互影响，通过不同操作参数的调整可能达到同样的操作调整目的。

三、吸附剂循环部分

吸附剂循环部分的目的是将已吸附一定数量硫的待生吸附剂自氢气环境的反应部分输送到氧气环境的再生部分，同时将再生后的吸附剂自再生部分送回到反应系统，并对吸附剂的循环速率进行控制，此过程通过闭锁料斗的步序自动控制实现。

（一）吸附剂循环流程

循环输送系统包括闭锁料斗、闭锁料斗控制系统（LMS）、料位计、氧气在线检测仪、轻烃在线检测仪、料斗压力控制器、排放气压力控制器、惰性气体流量控制器、氢气调节阀、惰性气体调节阀和排放气调节阀以及程控开关阀门等设备和仪表等设施。吸附剂循环流程见图 10-13。

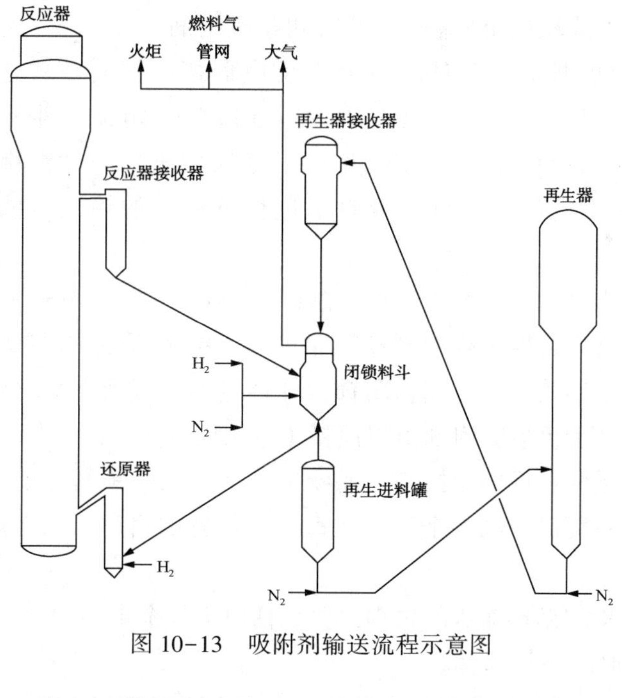

图 10-13　吸附剂输送流程示意图

如图 10-13 所示，待生吸附剂自反应器上部的反应器接收器送到闭锁料斗，然后降压并通过氮气置换其中的氢气，置换至氢/烃含量合格后通过压差和重力送到再生器进料罐。再生器进料罐的吸附剂则通过氮气提升到再生器内进行再生反应。再生器进料罐的吸附剂输送线上装有滑阀，用于控制吸附剂循环速率。再生器内已完成氧化再生的再生吸附剂通过滑阀和氮气提升到再生器接收器，通过压差和重力送到闭锁料斗。用氮气置换再生吸附剂带入闭锁料斗中的氧气，氧气含量合格后用氢气升压，最后通过压差和重力将再生吸附剂送到还原器，然后返回到反应系统。

在闭锁料斗顶部设有反冲洗过滤器，当料斗向氢气环境排剂时，氢气经该过滤器滤芯上端进入料斗，可实现过滤器的自动反冲洗过程。

再生与待生吸附剂通过闭锁料斗实现反应系统和再生系统的相互输送和氢氧环境的隔离，步序和操作由 LMS 完成。LMS 根据所接收的料位信号、料斗压力信号、排放气压力信号、氧气和轻烃在线检测的浓度信号和惰性气体流量信号，按预先设定好的各步序控制程序来控制调节阀和程控开关阀门的状态。一般情况下，吸附剂循环一次的时间约为 20min，即每小时循环 3 次。

（二）LMS 运行方式

吸附剂循环输送是通过 LMS 来实现的。再生剂与待生剂是通过闭锁料斗实现在反应系统和再生系统之间的相互输送和氢氧环境的隔离。闭锁料斗的控制对于装置的安全性和正常、平稳操作至关重要，其步序和操作均是通过由 LMS 自动控制完成的。吸附剂在高压氢气环境和低压氧气环境间转换时依靠 LMS 严格控制步序进度，确保安全。

闭锁料斗以下述方式轮流交替输送待生和再生吸附剂。

待生吸附剂在 LMS 控制下，依靠重力由反应器接收器间歇式进入闭锁料斗，当料位达到设定值后，关闭反应器接收器至闭锁料斗阀门。闭锁料斗开始从氢气环境到氮气环境的置换，首先闭锁料斗压力降低并且用氮气冲压，经过数次冲压泄压，当闭锁料斗中氢烃含量达到设定值后，待生吸附剂进行下一步的输送，依靠重力进入再生器进料罐。

当闭锁料斗中待生吸附剂全部送至再生器进料罐后，通过 LMS 开关相关阀门，启动再生吸附剂返回流程。首先再生吸附剂同样依靠重力由再生器接收器进入闭锁料斗，闭锁料斗达到料位后，与再生器接收器隔断，闭锁料斗通过氮气置换至氧含量合格后，引入氢气增压至反应器压力，然后再生吸附剂由闭锁料斗进入反应还原器。

在下一次循环启动时，反应器接收器的物料再次进入闭锁料斗前须先对闭锁料斗的压力稍微调整。操作人员可以控制各个设备在每一个步骤的料位，从而达到控制吸附剂循环速率的目的。

吸附剂在氢氧环境间循环输送的过程主要包括以下 6 个步骤：

① 自氢气环境向闭锁料斗装剂。

② 惰性气体（氮气）吹扫闭锁料斗内的氢气至安全浓度。

③ 自闭锁料斗向氧气环境排剂。

④ 自氧气环境向闭锁料斗装剂。

⑤ 惰性气体（氮气）吹扫闭锁料斗内的氧气至安全浓度。

⑥ 自闭锁料斗向氢气环境排剂。

表 10-26 列出了完成一个吸附剂循环过程所需的闭锁料斗简要操作步骤。

表 10-26　吸附剂循环闭锁料斗简要操作步骤

主步序	分步序	步序名	步骤过程描述
0	0.1	准备	闭锁料斗被隔离并处于安全状态
	0.2	预启动吹扫	用 N_2 吹扫闭锁料斗以排除 O_2
1	1.1	压力调整	用循环气（H_2）向闭锁料斗充压，或由闭锁料斗向全厂燃料气系统排气，以保证闭锁料斗的压力低于反应器接收器
	1.2	从反应器接收器装料	从反应器接收器向闭锁料斗装填吸附剂，使闭锁料斗流态化并维持反应器接收器和闭锁料斗之间的差压
2	2.1	第一步泄压	从闭锁料斗向燃料气管网泄压
	2.2	第二步泄压	从闭锁料斗向火炬系统泄压
3	3	N_2吹扫	用 N_2 将闭锁料斗内的烃类吹扫至火炬，直至在线轻烃分析仪检测到的残余烃类含量低于设定值
4	4.1	压力调整	用 N_2 向闭锁料斗加压使其压力高于再生器进料罐
	4.2	卸料	向再生器进料罐卸料，使闭锁料斗流态化并维持闭锁料斗和再生器进料罐之间的差压
5	5	等待	等待预设循环时间到达，或手动暂停指令取消
6	6.1	压力调整	从闭锁料斗向大气泄压，以保证闭锁料斗压力低于再生器接收器
	6.2	从再生器接收器装料	从再生器接收器向闭锁料斗装填吸附剂，使闭锁料斗流态化并维持再生器接收器和闭锁料斗之间的差压
7	7	N_2 吹扫	用 N_2 将闭锁料斗内的氧气吹扫至大气，直至在线氧分析仪检测到的残余氧含量低于设定值
8	8	循环气加压	用循环气（H_2）向闭锁料斗加压，使其压力高于还原器，同时对闭锁料斗过滤器反吹
9	9	卸料	向还原器卸料，使闭锁料斗流态化并维持闭锁料斗和还原器之间的差压

注：第 0 步仅在闭锁料斗重新启动时经过，正常操作为 1~9 步循环。

吸附剂输送循环各步骤料斗的操作条件见图 10-14。

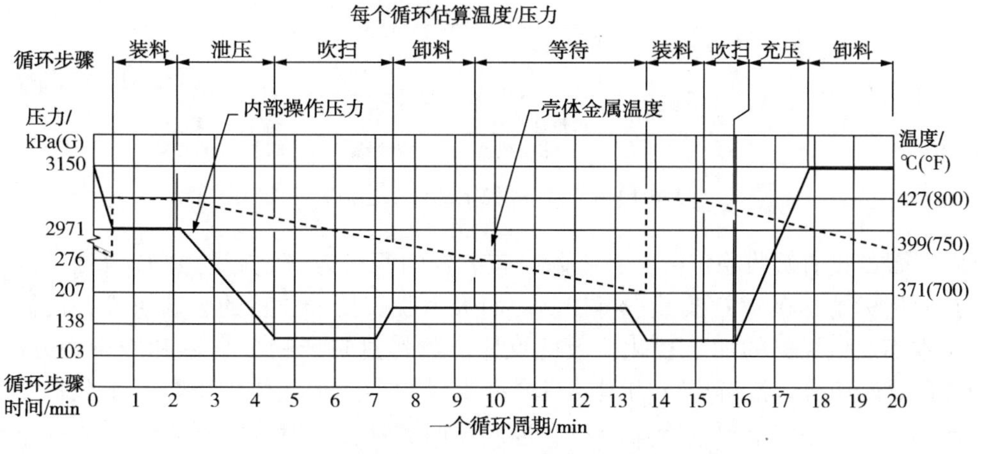

图 10-14　闭锁料斗循环各步骤操作条件曲线图

(三) 吸附剂循环主要操作条件

表 10-27 是吸附剂循环回路上各设备主要操作条件。

表 10-27　吸附剂循环部分设备主要操作条件

设备名称	操作介质	操作温度/℃	操作压力/MPa	吸附剂
反应器接收器	含氢气体+吸附剂	约 441	2. 5~2. 96	流化床
还原器	含氢气体+吸附剂	约 280	2. 6~3. 0	流化床
闭锁料斗	(含氢气体+氮气+吸附剂)/(氧气+氮气+吸附剂)	371~427	0. 15~3. 15	流化床
再生进料罐	氮气+吸附剂	369	0. 146	移动床
再生器接收器	氮气+再生烟气+吸附剂	427	0. 145	流化床

由表 10-27 可见，在一个完整的吸附剂循环输送过程中，仅有当待生剂从再生进料罐转移到再生器、再生剂从再生器转移到再生器接收器时，是采用氮气连续提升的方式。其余的吸附剂转移过程则均是通过重力和上下游压差控制、批量转移的形式实现的。

四、产品稳定部分

稳定塔用于处理脱硫后的汽油产品，分离出产物所带的轻组分，补充控制汽油产品蒸气压。产品稳定塔部分工艺流程如图 10-15 所示。

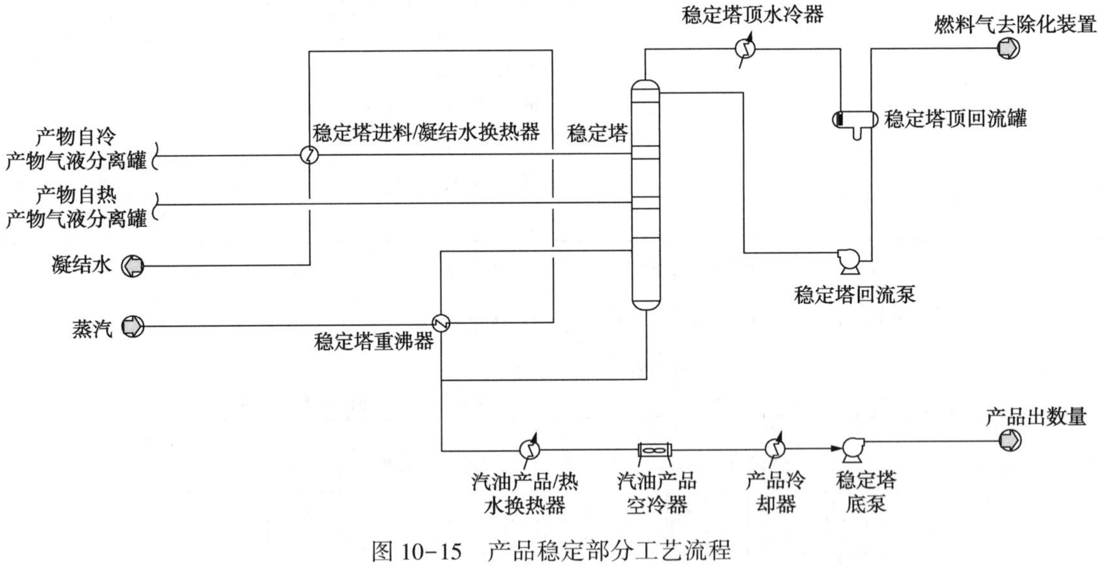

图 10-15　产品稳定部分工艺流程

FCC 装置都设有吸收稳定部分，吸附脱硫装置的原料为稳定后的 FCC 汽油，汽油的蒸气压等技术指标基本在 FCC 装置进行控制。而吸附脱硫技术独特的脱硫机理，使得在反应过程中基本不发生烃类的加氢裂化，因此反应产物经过热产物分离罐和冷产物分离罐后，罐底液体所含轻组分以溶解氢气为主，只含有少量的小分子气体。正是基于此特点，稳定塔塔顶部的气体经稳定塔顶水冷器冷却后进入顶回流罐，一般装置不外送液体轻组分，采用全回流操作。

稳定塔回流罐顶燃料气主要为氢气，携带有少量C_5组分，一般考虑送至催化裂化装置分馏塔以进行回收。通过吸附脱硫装置和催化裂化装置综合考虑，既保证了精制汽油产品蒸气压合格，又减少了C_5汽油组分的损失。罐底液体经回流泵升压后送回稳定塔顶部。

塔底稳定的精制汽油产品可考虑先加热热水或进行发电回收低温热后再经空冷器和水冷器后送出装置，视装置距离汽油产品罐的距离确定是否配置稳定塔底精制汽油泵。采用1.0MPa(G)的蒸汽作为稳定塔塔底重沸器的热源。

催化裂化汽油的蒸气压主要是通过上游的催化裂化装置进行调整，催化裂化汽油吸附脱硫装置稳定塔主要考虑汽提分馏自身所产生的轻组分，如果吸附脱硫产品的蒸气压不合格，可通过调整稳定塔的操作条件进行补充调整。

稳定塔底温度一般为140℃左右，而热产物分离器罐底油的温度也在140℃左右，无法与之换热。吸附脱硫装置稳定塔底汽油的低温热回收基本采用加热热水，或采用有机朗肯循环(ORC)发电。利用汽油吸附脱硫装置稳定塔底汽油的低温热进行发电技术已经成功应用于工业装置。以某1200万吨/年汽油吸附脱硫装置为例，在实施ORC余热发电项目后，装置用电由原设计的920kW/h降至约400kW/h，减少50%以上。

第四节　吸附剂失活原因及解决对策

汽油吸附脱硫吸附剂在工业运行过程中曾多次出现吸附剂失活的问题，严重影响了装置的稳定运行，增加了剂耗，降低了经济效益。经过大量研究和长期工业实践发现，尽管导致吸附剂失活的因素较多，如过量硫酸锌的生成、氯中毒、氧化镍还原不完全、非活性尖晶石大量形成等，但是上述问题大多只是在特定环境下意外发生，只有非活性尖晶石这一问题在多套脱硫装置上多次出现，并且该问题对装置脱硫能力的影响也较大，失活时间可以长达数月，造成巨大的经济损失，成为制约脱硫装置高效稳定运行的一个普遍问题[19~21]。因此，工业装置运行时要定期对吸附剂组成进行监测，关注吸附剂中非活性尖晶石物相的形成。

一、吸附剂非活性物相表征方法

吸附剂是影响汽油吸附脱硫工艺的脱硫能力和装置长周期运行稳定性的关键因素之一，吸附脱硫工艺吸附剂中主要活性组元为氧化锌及氧化镍，在运行过程中其物相会不断发生变化，吸附剂中的活性氧化锌会与载体反应逐步转化为非活性尖晶石物相，这些非活性尖晶石相的生成会显著降低吸附剂的活性。为了在装置运行过程中，及时掌握吸附剂的物相变化状态，及时判断吸附剂活性状态和失活程度，石科院建立了用于吸附脱硫工艺吸附剂的专用物相组成方法[22~25]。该方法采用X射线荧光光谱完成元素组成分析再结合X射线衍射全谱拟合的(Rietveld)相定量方法，针对汽油吸附脱硫工艺吸附剂的三种形态(新剂、待生剂和再生剂)，分别建立了相应的物相定量方法，可以准确、快捷地发现各物相变化情况，及时提供非活性相的变化信息，准确可靠、适用范围广。同时，为了实现更加方便快捷的分析，石科院还利用Rietveld方法建立了汽油吸附脱硫吸附剂物相组成数据库，将数据库、PLS化学计量学方法和专家经验结合在一起，建立了吸附脱硫工艺吸附剂专用的物相快速定量分析方法，对新剂、待生剂和再生剂中主要含锌和含镍物相进行快速定量，方法中针对再生和还原过程中出现的问题，建立了待生和再生剂中硫酸氧锌物相、待生剂中氧化镍物相的报警模型。长期工业应用结果表明，物相快速定量分析技术可以有效地指导工业装置操作参数的优化，降低了吸附剂中非活性物相的含量并将其控制在可以接受的范围内。

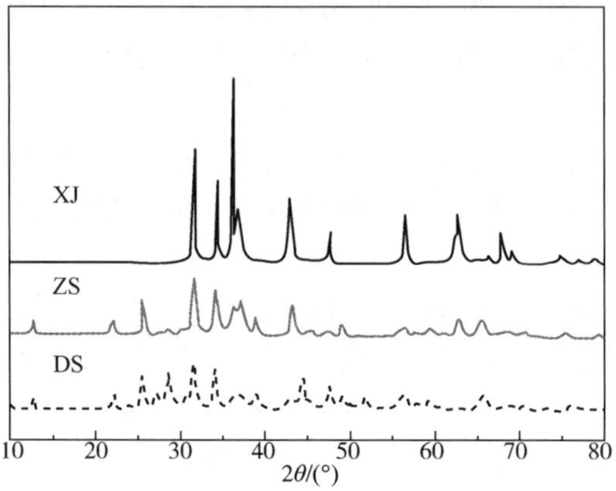

图 10-16　吸附剂新剂(XJ)、待生剂(DS)和再生剂(ZS)的 XRD 谱图

图 10-16 是汽油吸附脱硫工业装置中的典型吸附剂的 XRD 谱图。新剂中出现了 ZnO 的特征衍射峰，峰形尖锐，强度高，是主要的活性组元，此外新剂中还有含硅铝元素的载体等物质。待生剂和再生剂中的锌类化合物主要包括 ZnO、ZnS、$ZnAl_2O_4$ 和 Zn_2SiO_4。结合反应机理可知，ZnO 和 ZnS 是活性相，$ZnAl_2O_4$ 和 Zn_2SiO_4 是非活性相。在 Al_2O_3-SiO_2-ZnO 三元体系中，生成 $ZnAl_2O_4$ 和 Zn_2SiO_4 的 Gibbs 自由能在 1000℃ 以下均为负值，所以在汽油吸附脱硫工业装置的运行条件下，吸附剂在理论上也会生成 $ZnAl_2O_4$ 和 Zn_2SiO_4，这些尖晶石类化合物自身没有活性且无法再生，还消耗了大量的活性物相 ZnO，导致吸附剂失活。

二、脱硫吸附剂中非活性尖晶石的形成及机理研究

为了明确非活性尖晶石形成的过程和机理，对多套汽油吸附脱硫装置中运行的吸附剂进行了跟踪采样。对系列样品(包括新剂、待生剂和再生剂)的形貌、化学组成、物相组成、表面性质等进行了分析表征，找到了引起吸附剂失活的关键因素，建立了吸附剂的失活模型。

(一) 吸附剂中尖晶石形成原因分析

图 10-17～图 10-19 分别为汽油吸附脱硫装置吸附剂(新剂、待生剂和再生剂)的 SEM 分析图像，比较新剂与待生剂和再生剂的图片可以明显看到吸附剂有碎化现象。这也是为什么在装置细粉收集罐里有大量粉状物的原因。

图 10-17　新剂的 SEM 图片

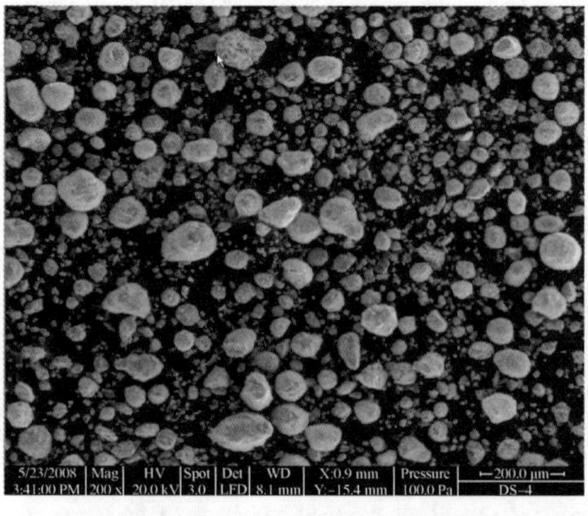

图 10-18　待生剂的 SEM 图片

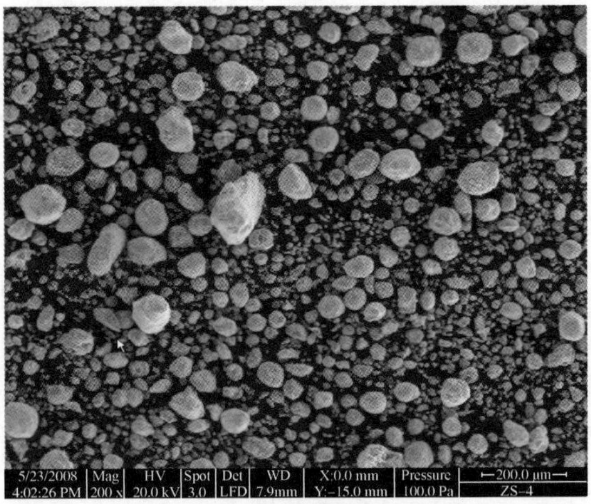

图 10-19　再生剂的 SEM 图片

表 10-28 为两组新剂(XJ)、待生剂(DS)和再生剂(ZS)中主要元素的体相组成分析结果。其中待生吸附剂和再生吸附剂的元素组成为扣除硫后重新换算的结果。可以看出，在待生剂和再生剂中，作为活性组元的锌、镍含量(以 ZnO、NiO 表示)有所下降，但并不明显，说明吸附剂中锌、镍组分没有明显的流失。从卸出剂的细粉(XF)组成看，铝、硅含量(以 Al_2O_3和 SiO_2表示)略有增加，由此推测吸附剂活性的下降可能源于活性组分的存在形态或分布情况发生变化，需对锌、镍元素的存在形态和含量的分布情况做进一步的分析。从比表面积看，再生剂和新剂无明显差异。

表 10-28　不同阶段吸附脱硫吸附剂上的部分元素组成及比表面积

编号	形态	Al_2O_3/%	SiO_2/%	NiO/%	ZnO/%	比表面积/(m^2/g)
XJ-1	新鲜	14.20	10.35	22.10	51.99	21
DS-1	待生	14.40	12.57	20.75	46.87	23
ZS-1	再生	13.61	11.55	21.15	48.48	20
XJ-2	新鲜	14.12	9.73	22.80	51.98	22
DS-2	待生	14.28	12.32	20.62	47.22	25
ZS-2	再生	13.66	11.92	20.88	48.10	20
XF-2	细粉	15.75	13.20	20.50	44.81	16

注：表中待生剂和再生剂组成为扣除硫后归一化换算的结果。

为研究非活性含锌组元的情况，对新剂、待生剂和再生剂的物相组成进行了分析，物相识别及定量分析结果见表 10-29。从表 10-29 可以看出，与新剂的物相情况相比，再生剂上铝锌尖晶石($ZnAlO_4$)和硅锌矿(Zn_2SiO_4)含量明显提高。

表 10-29　不同形态的吸附剂中主要物相的分析结果　　%

物相组成	新　剂	待生剂	再生剂
ZnO	47.6	3.8	17.7
NiO	21.4	0	17.1
$ZnNi_3C$	0	4.2	0

续表

物相组成	新 剂	待生剂	再生剂
ZnS	0	16.1	6.4
Ni	0	13.6	0
$ZnAl_2O_4$	8.6	19.4	17.7
Zn_2SiO_4	0	23.6	24.0

从 XRD 分析结果上看，新剂中主要的特征衍射峰是 ZnO 和 NiO，另有少量的 $ZnAl_2O_4$。待生剂少量未完全参加脱硫反应的 ZnO 外，还有还原产物 $ZnNi_3C$、Ni、脱硫产物 ZnS、$ZnAl_2O_4$和 Zn_2SiO_4等新的物相生成。再生剂的主要物相是再生产物 ZnO 和 NiO，以及部分再生不完全的 ZnS，而 $ZnAl_2O_4$和 Zn_2SiO_4在再生过程中没有再转化为有活性的 ZnO 组元，说明其难以再生，而是形成非活性组元。由于其含量较高，导致活性组元 ZnO 损失量较大，对吸附剂的活性和其他性能可能产生影响。由于待生剂和再生剂的 XRD 分析结果显示生成的 $ZnAl_2O_4$物相的衍射峰特征并不明显，为确认 XRD 的分析结果，对合成的 $ZnAl_2O_4$、新剂和再生剂分别进行了 Al^{27} 核和 Si^{29} 核的魔角自旋固体核磁共振分析（MAS-NMR），合成的 $ZnAl_2O_4$其化学位移为 10.0。在新剂的 Al^{27}MAS-NMR 谱图中，出现了 7.2、51.6 和 68.3 三个谱峰，$ZnAl_2O_4$的谱带不明显，这与 XRD 的分析结果相一致；而在再生剂中，化学位移位于 7.2 的非骨架铝基本消失，位于 51.6 的骨架铝也大幅度下降。说明在吸附剂的运行过程中，吸附剂中的非骨架铝先行与 ZnO 发生反应，随后部分骨架上的铝也与 ZnO 发生反应生成 $ZnAl_2O_4$。吸附剂运行一段时间后，出现了新的含硅组分（化学位移 -75.2），即 Zn_2SiO_4，其峰面积比与 XRD 测量的物相变化结果完全一致。

鉴于吸附剂运行过程中出现 $ZnAl_2O_4$、Zn_2SiO_4以及出现吸附剂破碎的情况，对待生剂进行了振荡破碎处理，采用 X 射线光电子能谱（XPS）测定样品表面 Zn 形态的变化情况，结果见图 10-20，图中左侧为吸附剂的 SEM 粒径形貌，右侧为 XPS 谱图。可以看出，随着吸附剂破碎度的增加，新增加的破碎界面上 $ZnAl_2O_4$、Zn_2SiO_4浓度明显增加，说明 $ZnAl_2O_4$、Zn_2SiO_4存在的部位是吸附剂破碎的薄弱点，即 $ZnAl_2O_4$、Zn_2SiO_4的形成将导致吸附剂的强度变差。

综合上述研究结果认为，吸附剂在运行过程中出现失活的根本原因在于吸附剂上的活性 ZnO 不断与载体中的铝源和硅源反应生成无活性的锌铝尖晶石和硅锌矿，这两个物相在再生过程中无法再转化为具有脱硫活性的 ZnO。活性 ZnO 的大幅降低致使吸附脱硫过程中硫转移的困难，导致脱硫效率的明显降低，甚至无法达到预定的脱硫目标。另外，破碎实验结合 XPS 研究证明，锌铝尖晶石和硅锌矿的生成将导致吸附剂的强度下降，更容易破碎。MAS-NMR 研究证明，锌铝尖晶石的生成是一个从非骨架铝到骨架铝的过程，而硅锌矿的形成则来源于载体中的硅源，这个转化过程将导致吸附剂的载体骨架被破坏，导致吸附剂的强度下降。由此看出，汽油吸附脱硫装置运行过程中加强对吸附剂物相组成的分析监控，对掌握吸附剂的物相变化情况，保障装置的平稳运行和稳定的脱硫效果具有重要价值。

（二）吸附剂中铝酸锌形成过程及机理

吸附剂中含锌物相的含量影响吸附剂的反应性能。吸附剂中含锌物相主要有氧化锌、

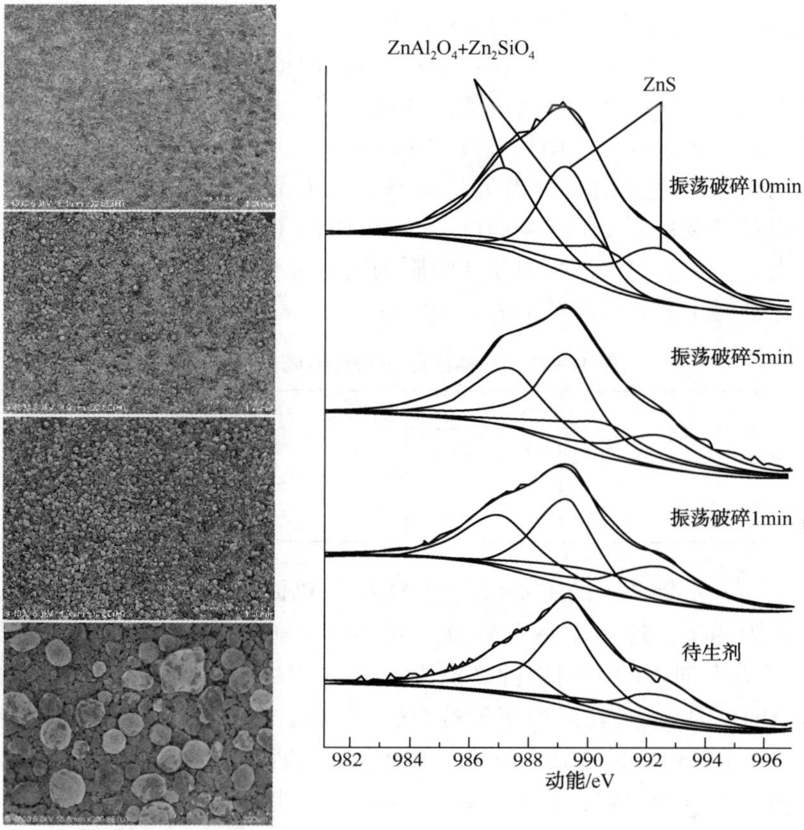

图 10-20　待生剂的破碎程度与表面 Zn 形态的关系

硫化锌、铝酸锌和硅酸锌等。吸附剂中 ZnO 物相的含量越高，其脱硫活性越高；ZnS 物相可以通过正常的再生反应转变为 ZnO 物相，也可认为是吸附剂中的活性组元；吸附剂在运行过程中会生成硅酸锌及铝酸锌等含锌尖晶石结构的物相，这些非活性物相的生成会降低吸附剂的活性，是导致吸附剂失活的主要因素，为了在脱硫过程中抑制其形成，大量研究工作揭示了其形成机理[27]。

表 10-30 为采用 Rietveld 精修方法测定对应的 2 种新剂、待生剂、再生剂的含锌化合物的物相组成含量。可以看出，两种新剂中均有一定量锌铝尖晶石的存在，从装置运行情况看，当锌铝尖晶石含量较高时会导致新剂补加时脱硫的初活性不好。与新剂相比，再生剂中锌铝尖晶石和硅锌矿的含量明显增加。由于生成的锌铝尖晶石和硅锌矿在再生过程中不能再转换为活性 ZnO，导致吸附剂中有效 ZnO 的含量大幅度降低，从而影响吸附剂的脱硫活性。

表 10-30　不同形态的吸附剂中含锌化合物的物相组成　　%

物相组成	ZnO	$ZnNi_3C$	ZnS	$ZnAl_2O_4$	$ZnSiO_4$
新剂-1	52.6	0	0	5.2	0
新剂-2	47.9	0	0	13.1	0
待生剂	6.2	0.8	14.1	23.7	30.5
再生剂	10.7	0	7.8	24.5	28.5

Al_2O_3和 ZnO 生成锌铝尖晶石的反应如下所示。

$$Al_2O_3+ZnO \xlongequal{} ZnAl_2O_4$$

由热力学参数方程可以计算出，该反应的标准自由能在 1326.85℃以下始终为负值。在汽油吸附脱硫吸附剂制备和运行工艺操作温度（200～650℃）下 $\Delta_r G_m^{\ominus}<0$，从热力学角度看，锌铝尖晶石可能是比较容易生成的。锌铝尖晶石属于立方晶系，空间群为 Fd3m，具有高熔点（1950℃）和较低的热膨胀系数（25～900℃，7.0×10^{-6}/℃），高的热稳定性，对酸和碱均有较强的抵抗作用。为了认识汽油吸附脱硫吸附剂制备过程中铝源对锌铝尖晶石生成的影响，分别对 3 种铝源进行元素分析，结果见表 10-31。

表 10-31　三种铝源的元素组成分析结果　　%

组成	Al_2O_3	SiO_2	ZnO
铝源 1	99.6	0.1	—
铝源 2	44.5	52.8	0.1
铝源 3	13.1	75.5	—

由表 10-31 可知，铝源 1 的主要组成为 Al_2O_3，铝源 2 的主要组成为 Al_2O_3和 SiO_2，铝源 3 的主要组成为 SiO_2，且含有少量 Al_2O_3，可得出三种铝源均含有 Al_2O_3。采用原位高温 XRD 技术研究了吸附剂中的不同铝源在高温处理过程中物相的变化规律。在 400℃以前，铝源 1 主要为 AlO(OH)，但其晶面衍射峰（020，120，031，051，200）较弱且峰宽，晶型较差。当温度升高到 450℃时，原来归属于 AlO(OH)的特征衍射峰消失了，出现γ-Al_2O_3的特征衍射峰，但是衍射峰很弱，晶型规整度较差，说明还存在一定量无定形的 Al_2O_3。在 450℃以前，铝源 2 主要为规整的 $Al_2(Si_2O_5)(OH)_4$，晶面衍射峰（001，002）较强，峰型尖锐，当温度升高到 500℃时，原来归属于 $Al_2(Si_2O_5)(OH)_4$的特征衍射峰消失了，晶型规整度很差，转化为无定形的 Al_2O_3和无定形的 SiO_2，且随着温度的升高，峰型稳定。结合元素分析，铝源 3 含有少量的 Al_2O_3，因晶型的规整度很差，推测为无定形的 Al_2O_3。为进一步认识各铝源与锌铝尖晶石的形成关系，分别对 3 种铝源、600℃焙烧后的 3 种铝源、合成的锌铝尖晶石、新剂（XXJ-3）和再生剂（ZSJ-2）进行了^{27}Al 核的魔角自旋固体核磁共振分析（MAS-NMR）。可以看出，铝源 1、铝源 2、铝源 3 中^{27}Al 的化学位移 δ 分别位于 8.0、4.3 和 51.6，铝源 1 焙烧后会产生 2 种不同的铝形态，分别为γ-Al_2O_3（化学位移 δ 为 68.0）和无定形 Al_2O_3（化学位移 δ 为 7.2）。铝源 2 焙烧后会产生化学位移 δ 为 52.0 的 Al_2O_3，这与铝源 3 焙烧后的铝形态相同，说明这两种铝源焙烧后显微晶 Al_2O_3的形态。合成的锌铝尖晶石的化学位移 δ 主要为 10.0。新剂（XXJ-3）的^{27}AlMAS-NMR 的化学位移 δ 分别为 7.2、51.6 和 71.0，基本为 3 种铝源焙烧后的叠加。而含有较大量锌铝尖晶石的再生剂的^{27}AlMAS-NMR 的化学位移 δ 分别为 10.0、55.4 和 71.7，说明新剂中化学位移 δ 为 7.2 处的无定形 Al_2O_3转变为锌铝尖晶石，化学位移 δ 为 51.6 的微晶 Al_2O_3含量明显下降，推断其中一部分也转变为锌铝尖晶石。由此推断吸附剂制备及运行过程中形成锌铝尖晶石的铝源首先可能来自无定形的 Al_2O_3，其后微晶的 Al_2O_3也开始逐渐转变为锌铝尖晶石。为了进一步确认锌铝尖晶石的形成与铝源的关系，将 ZnO 分别与 3 种铝源按特定比例单独混合干燥后，在 650℃焙烧 1h 观察有无锌铝尖晶石的形成。活性组元 ZnO 分别与铝源 1、铝源 2、铝源 3 混合焙烧后，在与铝源 1 的焙烧产物中发现

有明显的锌铝尖晶石生成，而与铝源2和铝源3在焙烧过程中基本没有反应。这说明汽油吸附脱硫吸附剂铝源1中的无定形 Al_2O_3最容易与ZnO反应生成锌铝尖晶石，短时间内由铝源2、铝源3中的微晶 Al_2O_3转变为锌铝尖晶石的现象并不明显。

由于待生剂及再生剂中均发现有大量的锌铝尖晶石生成，所以研究了不同温度下吸附剂在运行一定时间内锌铝尖晶石生成量的变化。将成品吸附剂在580℃、600℃、620℃、640℃、660℃、680℃下各焙烧5h，观察在一定焙烧时间内，锌铝尖晶石的生成随温度的变化情况。当焙烧时间为5h，焙烧温度为580℃、600℃、620℃、640℃、660℃、680℃时，吸附剂中均有锌铝尖晶石的特征衍射峰出现，且随着温度的升高，其生成量逐渐增加。由表10-32可得，当焙烧时间为5h时，随着温度的升高，吸附剂中锌铝尖晶石的生成量呈明显增加的趋势，660℃后尖晶石的生成量趋于稳定，其质量分数维持在14%左右，同时吸附剂中 Al_2O_3含量有所降低。

表10-32 吸附剂在580~680℃时焙烧5h时各物质的定量结果 %

物相	30℃	580℃	600℃	620℃	640℃	660℃	680℃
Al_2O_3	9.1	8.1	5.5	4.6	4.2	4.6	5.2
$ZnAl_2O_4$	7.3	8.4	11.1	11.9	12.5	13.9	13.4

（三）吸附剂中硅酸锌形成过程及机理

硅酸锌的生成为：

$$2ZnO+SiO_2 \xrightarrow{\triangle,\ H_2O} Zn_2SiO_4$$

研究[28~35]发现汽油吸附脱硫吸附剂中硅酸锌的形成速率会随着温度升高和水分压增加呈上升趋势，不同条件下硅酸锌的生成速率不同。相比干燥和单纯的水热环境，酸性水热环境下更易导致催化剂中出现硅酸锌，且酸性水热环境更加贴近于实际的再生工况条件。

为了在工业装置运行过程中保持吸附剂脱硫活性的同时，尽可能地抑制非活性物相的形成，下面详细讨论酸性水热环境中汽油吸附脱硫催化剂中硅酸锌的形成机理。

不同形态的吸附剂样品的不同气氛下的老化主要是在高通量水热炉中进行的，水热炉的基本构造及相关参数如图10-21所示，在通水状况下时，设定的高压平流泵的水量为200mL/h，反应器的规格：外径×内径×长度为110mm×100mm×1016mm，气化室温度设定为250℃，载气 N_2 的流量为50L/h。

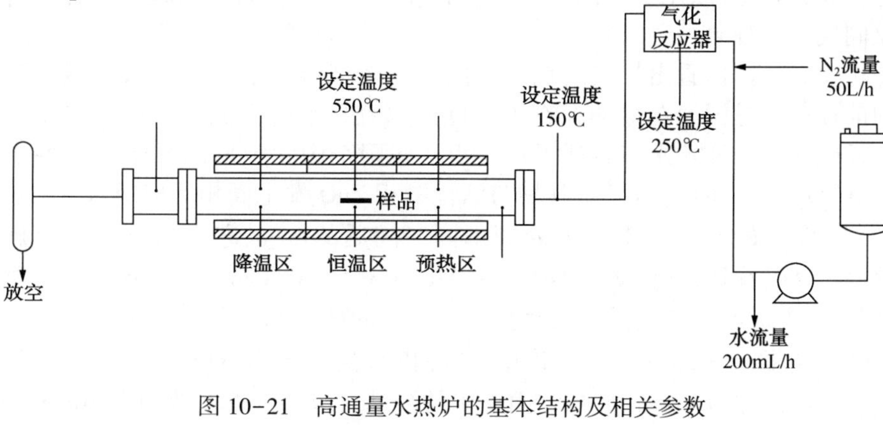

图10-21 高通量水热炉的基本结构及相关参数

在常压，空气气氛下，新剂在550℃、600℃、800℃不同温度和焙烧时间下晶相峰主要为ZnO特征晶相峰及NiO特征晶相峰。当处理温度不超过600℃时，各样品的晶相同新剂基本一致；当处理的温度为800℃，处理时间超过2h时出现弱的硅酸锌的晶相峰。这是因为氧化锌和二氧化硅在634~773℃条件下可通过高温固相反应机理生成硅酸锌[6]。再生器作为吸附脱硫装置中操作温度最高的操作单元，装置设计可操作最高温度为550℃，当焙烧温度达到600℃，从焙烧40h的结果看也没发现硅酸锌的生成，即使再生过程中存在的各种飞温因素，其导致升温至634℃的可能性不大。显然，在空气气氛中，在低于硅酸锌的固相反应生成温度以下，硅酸锌并不容易生成。因此，可以推断汽油吸附剂中硅酸锌的形成不是通过氧化物间的高温固相反应形成的，其生成与吸附剂在装置中所处环境的其他因素有关。文献表明硅酸锌也可在低温下将硅酸作为中间产物形成，合成方式主要为：水热合成[30]、溶胶-凝胶合成[31]和燃烧合成[32]。以上合成工艺体系均为含水体系，水的存在可能是导致硅酸锌生成的主要因素。在常压下，纯水蒸气的气氛中，在550℃下连续水热处理新剂及S1和S2样品，新剂、S1、S2样品中主要是ZnO和NiO的特征晶相峰，并未出现硅酸锌的特征晶相峰。因此在纯粹的水热气氛下下，新剂难以生成硅酸锌，在模拟吸附剂的组成情况，硅物种和锌物种也难以相互反应生成硅酸锌。显然，单纯的水热环境也不是装置中导致硅酸锌形成的主要因素。

为分析硅酸锌的生成原因，模拟了实际吸附剂存在环境。新剂在反应器中转化为载硫的待生剂，待生剂通过再生得到再生剂，再生剂还原后再回到反应器，如此循环，而再生剂因再生深度的不同，还保留一定量的硫化锌。新剂总是伴随着再生剂一起使用。将新剂、S1、S2样品同再生剂在同一体系下水热处理。处理前后样品的XRD谱图如图10-22所示，新剂伴随再生剂连续焙烧47h后出现了硅酸锌的特征晶相峰，并随着处理时间的延长，硅酸锌的特征晶相峰峰强逐渐增大。同时S2样品中焙烧16h出现硅酸锌的特征峰，硅酸锌的特征晶相峰强随焙烧时间延长逐渐增大；S1样品中则出现$ZnSO_4$的晶相峰。在高通量水热老化炉尾气端检测到有酸性气体的存在。与纯干焙和水热处理不同，在有再生剂存在焙烧的过程中，再生剂上的ZnS转化为ZnO，释放SO_2含酸气体。含酸气体的高温水热环境，极大程度上促进了硅酸锌的生成。之前研究表明在压力会促进硅酸锌的生成。实际工况均为带压含酸高温水热条件，均有利于硅酸锌的生成。若出现换热器漏水等特殊工况时，酸性水热环境更严重，必将加速硅酸锌的生成。

在汽油吸附脱硫吸附脱硫装置的实际运转中发现，吸附剂一旦生成硅酸锌就会导致硅酸锌的大量生成。将待生剂3和待生剂4置于550℃的水热条件下连续水热处理，处理前后的XRD谱图如图10-23所示，吸附剂中一旦有硅酸锌的产生将极大程度上促进硅酸锌的生成，该现象同装置中现象一致。

从上述实验结果可以看出，吸附剂中硅酸锌在较低温度下生成，水和酸性气氛共存是一个重要的前提，这是因为在酸的存在下，硅源更容易水解生成活性的硅羟基，然后同含ZnO反应生成硅酸锌，红外光谱验证了这一点。吸附剂中无定形的SiO_2在酸性水热条件下形成了硅羟基[$O_xSi—(OH)_{4-x}$]，是其易与活性物相ZnO发生固相反应所致。

进一步对550℃酸性水热条件下处理不同时间后的S-1进行真空红外分析，结果如图10-24所示。可以看到，S-1在$3740cm^{-1}$、$3670cm^{-1}$、$3580cm^{-1}$处出现了硅羟基的特征吸收峰。据文献[36~38]报道，二氧化硅表面有三种类型的硅羟基，分别为孤立羟基、双生羟基以及连生羟基（如图10-25所示），其中孤立和双生的羟基对应的红外波数为3780~$3610cm^{-1}$，二者也被称为末端硅羟基，而连生的羟基对应的红外波数为$3580cm^{-1}$左右。

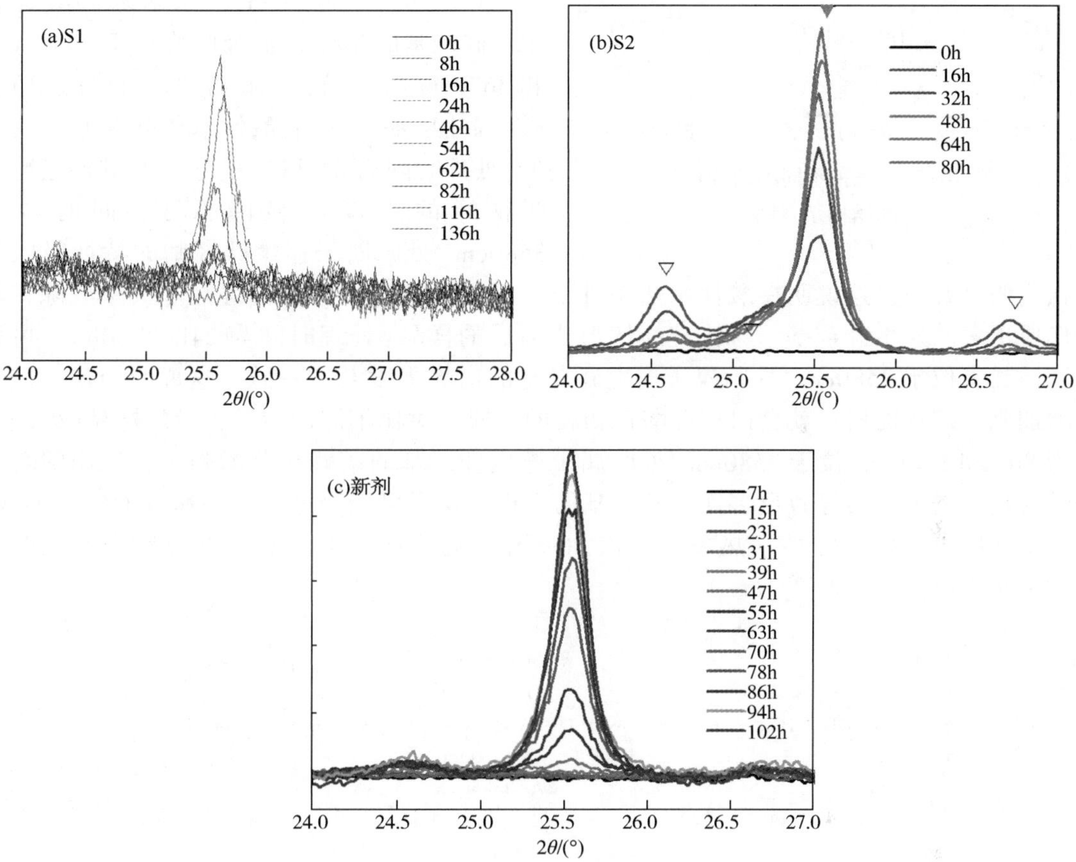

▼—Zn_2SiO_4；▽—$Zn_{1.7}SiO_4$

图 10-22　S1、S2 和新剂在 550℃含酸水蒸气水热连续老化的 XRD 谱图

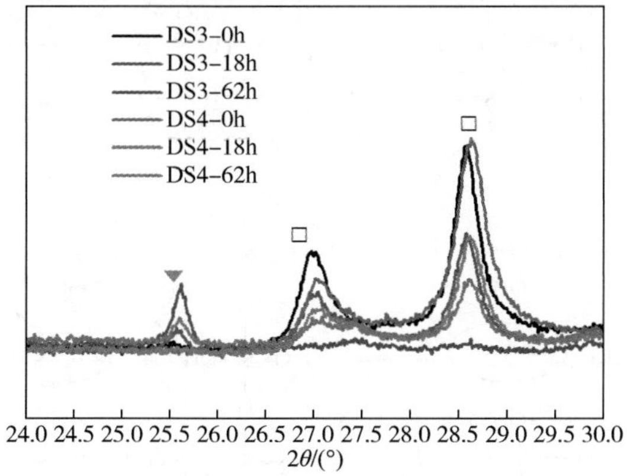

▼—Zn_2SiO_4；□—ZnS

图 10-23　含少量硅酸锌的待生剂和不含硅酸锌待生剂水热处理前后 XRD 谱图

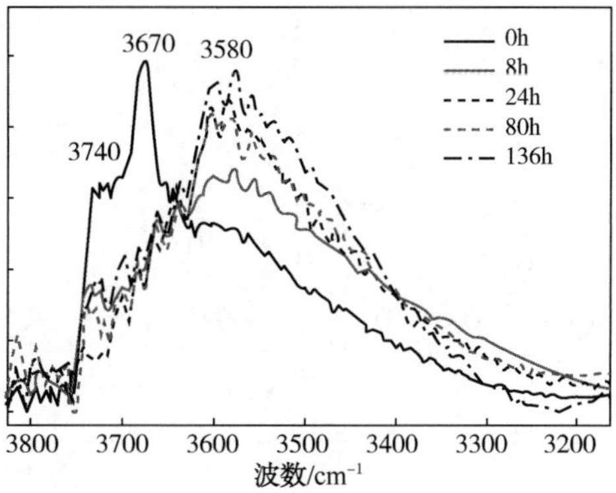

图 10-24　S-1 在含酸水热条件下处理不同时间后的真空红外谱图

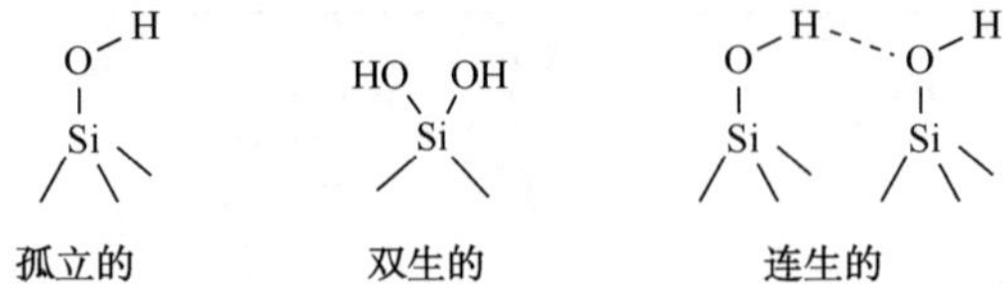

图 10-25　三种不同类型硅羟基的结构示意图

对比可知，在 S-1 中未出现硅酸锌物相，硅羟基的主要特征吸收峰位于 3740cm^{-1}和 3670cm^{-1}，归属于孤立和双生的硅羟基（末端硅羟基），随着酸性水热处理时间的增加（处理时间为 8h 和 24h），末端硅羟基特征吸收峰的强度明显降低了，同时位于 3580cm^{-1}处归属于连生硅羟基的特征吸收峰的强度明显升高，这说明在酸性水热条件下，无定形 SiO_2上的末端硅羟基大量脱除，转而形成更多的连生硅羟基。对比硅酸锌形成前后的样品（处理时间为 24h 和 80h），可以看到，二者位于 3580cm^{-1}处归属于连生硅羟基的谱峰强度基本一致，这说明当连生硅羟基增加到一定程度后，就会出现硅酸锌物相的生成。对比不同硅酸锌含量的样品（处理时间为 80h 和 136h），位于 3580cm^{-1}处归属于连生硅羟基的谱峰显著增强了，说明随着硅酸锌含量的增加，会导致更多连生硅羟基的出现，这样可能会进一步加速硅酸锌的形成。基于上述结果，推测酸性水热条件下汽油吸附脱硫催化剂中硅酸锌形成机理示意图如图 10-26所示。

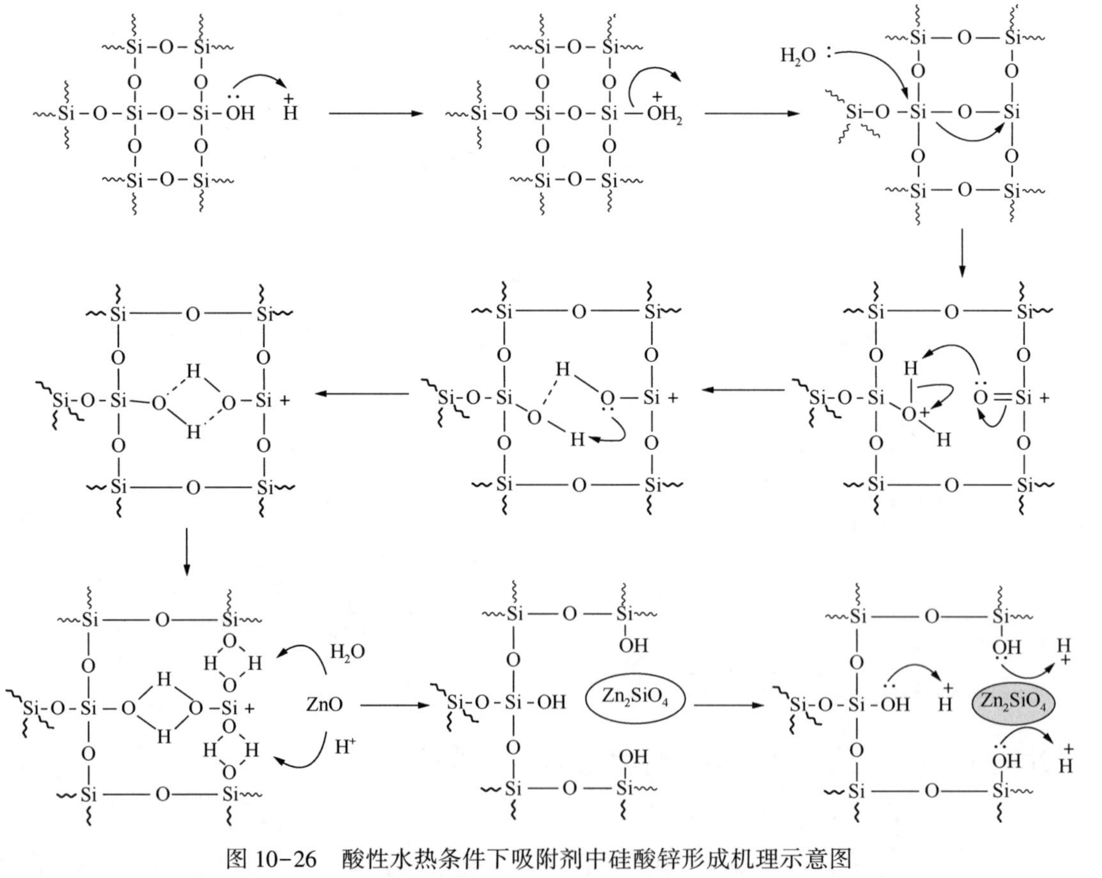

图 10-26　酸性水热条件下吸附剂中硅酸锌形成机理示意图

与硅酸锌的形成密切关联的是处于连生状态的硅羟基，而非末端孤立或者双生的硅羟基，酸在这个过程中起到了一个关键的作用，其导致末端孤立、双生的硅羟基大量减少，同时连生的硅羟基大量生成，其具体的作用过程可能如下：(1)酸的存在导致处于末端的硅羟基在高温水热条件下发生了脱除，该过程产生了带正电荷的处于不稳定状态的硅的缺陷中心；(2)在这些不稳定缺陷中心的诱导和水的作用下，与硅缺陷中心相连的其他三个Si—O—Si键相继发生断裂或者解离，生成多组连生的硅羟基；(3)已经完成硅酸化的缺陷中心和ZnO反应，生成硅酸锌，同时带来更多的暴露在外的末端硅羟基，在酸的作用下产生出更多的缺陷硅中心，进而诱导出更多易生成硅酸锌的区域，加速硅酸锌的生成。为了进一步验证吸附剂中硅酸锌形成机理，对比了S-1以及分别利用550℃酸性水热和纯水热条件下处理80h后样品的FT-IR谱图，如图10-27所示。

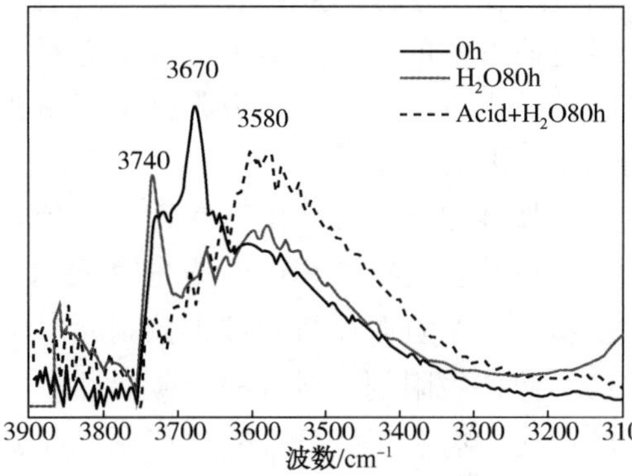

图10-27　S-1水热和含酸水热条件下处理后的真空红外谱图

可以看到，若仅仅对S-1进行水热处理，其位于3670cm^{-1}处的特征吸收峰消失，同时3740cm^{-1}处的特征吸收峰明显增加，但是位于3580cm^{-1}处的特征吸收峰未出现明显变化，表明尽管末端孤立和双生的硅羟基出现了变化，但是连生的硅羟基没有太大变化，较好地解释了单纯水热条件下吸附剂不易形成硅酸锌物相的现象。而对S-1进行含酸水热处理后，3670cm^{-1}和3740cm^{-1}处的特征吸收峰强度显著降低，3580cm^{-1}处的特征吸收峰的强度显著增加，可以看到酸性气体的存在显著增加了连生羟基的含量。

三、工业吸附剂中硅酸锌的抑制策略

对工业装置的监控结果表明，硅酸锌可以在较短时间内快速生成，也可以在较长时间内逐渐累积增加，从而显著降低吸附剂的脱硫活性和机械强度。此外，硫酸锌类化合物的出现也将导致吸附剂失活和结块，已在多个脱硫装置的吸附剂中发现上述现象。目前以硅酸锌为代表的非活性物相的形成是影响汽油吸附脱硫剂长周期稳定运行的关键之一。

为了解决上述问题，人们开展了大量的工业实践，总结出一系列行之有效的操作方法。在多套工业装置上发现[39~41]，当脱硫装置中出现再生器盘管泄漏、再生空气水含量高、循环氢水含量高、原料水含量高等情况时，吸附剂较易失活和结块，因此认为降低吸附剂的循环量、使用干燥后的再生气体、提高吸附剂碳和硫含量、降低还原器反应温度、降低再生强度等，可以在一定程度上抑制非活性物相的形成。上述方法的核心是尽可能地减少装置中的水含量。研究表明水的存在将显著促进非活性物相的形成，且水分压越大、温度越高非活性物相形成速率越快。为此，人们在各个工艺环节均制定了严格的控制指标，如：还原器温度[3,36]、再生风的露点[3,38]、循环氢水含量[3,36]等，以期尽可能地减少装置中的水。然而，在实际工业运行过程中即使严格遵守上述控制指标，一些工业吸附剂依然会在运行一年到两年后出现失活的问题，人们往往只能将其归结为“必须的化学反应使得脱硫装置中无法完全避免水的存在”[36]。该结论表明在现有工艺条件下吸附剂的失活似乎是难以完全控制的。在实际的工业运行条件下，吸附剂只有在高温、酸性气氛和水蒸气三者共存的环境中才是易失活的，而当前述三个条件只具备任意一个或两个时，吸附剂均具有极高的稳定性，这一发现为进一步抑制非活性物相的形成提供了参考。为保持吸附剂长周期的良好活性，在汽油吸附脱硫装置运行过程中，应该尽可能地避免可能会导致吸附剂中硅酸锌含量迅速增加的原因，尽可能降低硅酸锌的生成速率。结合硅酸锌的生成机理，为了降低硅酸锌的生成速率，保障吸附剂的长周期运行，在装置运行过程中，可以进行的操作方面的调整主要有：

（1）加强原料管理。由硅酸锌的生成机理可知，硅酸锌的生成过程中一定会有水的参与，因此在装置运行过程中要尽量降低水的影响，严格控制可能进入装置的水的含量，严格对原料汽油及氢源进行管理，控制原料中的水及其他杂质含量不超标。

（2）保持吸附剂上合理的硫碳含量。在吸附剂上保留合理的硫、碳含量有利于保持吸附剂的结构，有利于降低反应过程中的辛烷值损失。在装置操作过程中维持吸附剂的合理活性，在吸附剂上保留合适的硫碳含量，同样可以降低硅酸锌的生成速率[11]。

（3）控制反应操作条件，保证反应系统合理水分压范围。在汽油吸附脱硫工艺过程中，吸附剂还原时会生成还原水，而且吸附剂上也会吸附少量氢气和烃类化合物，在反应过程中吸附剂上会生成部分焦炭。还原反应在还原器中发生时，由于水分压较高，硅酸锌的生成速率较快[10]，其生成速率高于反应器10倍以上。因此为降低吸附剂中硅酸锌的生成速率，要将还原反应控制在反应器中完成，尽可能控制还原器的温度在280℃以下。此外，为避免将氢气及烃类化合物带入再生器中，燃烧后产生水，在装置操作过程中要严格执行闭锁料斗吹烃程序，保证进入再生器的吸附剂上的烃含量合格。

（4）严格再生操作条件，不对吸附剂进行过度再生。根据吸附剂中硅酸锌形成机理可知，降低水和酸的浓度可以减少连生硅羟基的数量，从而抑制硅酸锌的生成。而工业再生过程是最易出现酸性水热环境的工艺过程之一[32,33]。因此为降低吸附剂中硅酸锌的生成速率，保障吸附剂的长周期运行，严格控制再生器的操作条件非常必要。首先要严格控制再生空气中的水含量，保证再生空气的露点合格。此外，为了避免再生器中的水分压过高，要选择合理的再生条件，选择适宜的再生空气用量及再生温度，严格控制再生烟气中氧含量不超标，对吸附剂进行贫氧再生，避免对吸附剂进行过度再生，避免吸附剂中出现过氧硫酸锌等物相。

第五节　汽油吸附脱硫主要装备

一、概述

汽油吸附脱硫装置的装备主要包括静设备、动设备、加热炉、电气和仪表。其中脱硫反应器和再生器是反应系统和吸附剂再生系统的核心设备，稳定塔是产品稳定系统的核心设备，在吸附剂循环系统中有众多的过滤器。

汽油吸附脱硫装置中静设备操作条件差异较大。部分设备操作温度高于 420℃，有些操作温度高于 200℃且并同时介质含有氢气，这类静设备、管道等大多采用铬钼钢。其他温度较低的静设备，且操作介质中不含氢气的则以碳钢为主。

汽油吸附脱硫装置一大特点是有十余台的过滤器，其作用是气固分离，是将工艺介质携带的吸附剂颗粒分离出来。净化工艺介质的同时，使吸附剂循环使用。为检测和控制容器内吸附剂的料位，还设置数台放射性料位仪。

动设备包括三台氢气压缩机，均为往复式，工艺泵以离心式为主。并设有一台圆筒式加热炉，用于加热进料。

另外，有一些介质为氢气、氮气等加热设备，由于所需热负荷较小，一般采用电加热器。

二、反应器系统

脱硫反应器系统为一组一体化的设备组，主要包含脱硫反应器、过滤器、反应器接收器、还原器和反吹气体聚集器。由于反应器接收器、还原器和反吹气体聚集器规格尺寸相对都比较小并且要求距离反应器尽可能近，所以大多采用支架形式直接支撑在反应器壳体上，见图 10-28。

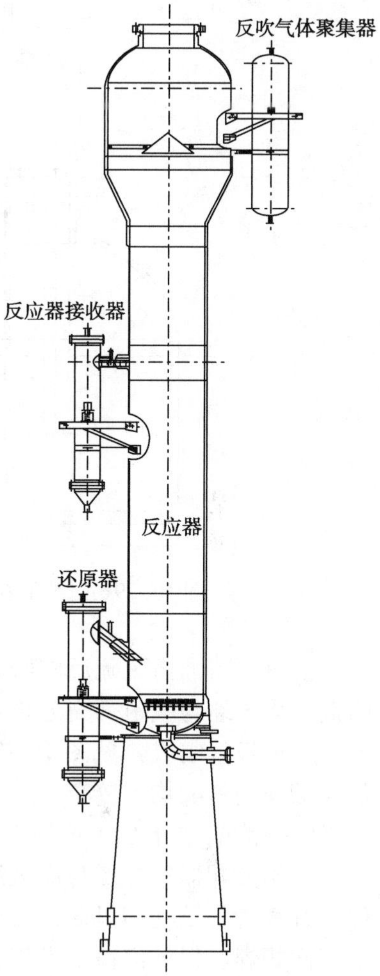

图 10-28 脱硫反应器系统

反应器的操作压力为 3.1MPa 左右，操作温度为 440℃左右，设计压力为 4.26MPa，设计温度为 470℃，操作介质为含氢油气和催化剂。脱硫反应器系统的材料均采用铬钼(CrMo)钢。

反应器中下部为反应段，没有内构件，底部设有分配盘；上部直径较大，为吸附剂沉降段，在沉降段上部设置降尘器。反应器为高温的气固流化床反应器，吸附剂是固体颗粒，油气为气体。气相混氢原料油从反应器底部进入，通过设在反应器底部分配盘进入反应段由下而上流动，在反应同时对吸附剂进行流化。在反应器顶部出口一般设有过滤器及其反吹设施，用于实现反应产物与吸附剂粉尘的精密分离。

脱硫反应器与过滤器的连接方式有两种。通常，装置规模在 200 万吨/年以内时，过滤器组件直接插入反应器顶部，反应器顶部出口法兰与过滤器法兰配对。当过滤器自动反吹时，过滤芯外表面捕获的吸附剂反吹回反应器中，反应器整体结构和过滤器布置方式见图 10-28和图 10-29。当装置规模更大时，受反应器法兰尺寸限制，过滤器与反应器分开布置，过滤器作为一台独立的设备位于框架上，与反应器通过管道连接，见图 10-30。

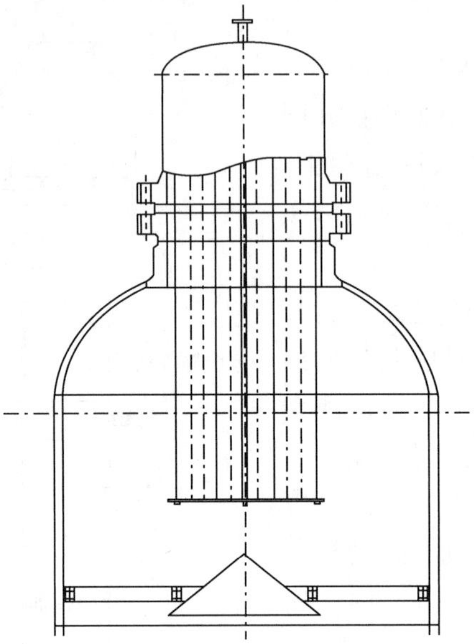

图 10-29 过滤器在内部的顶部结构

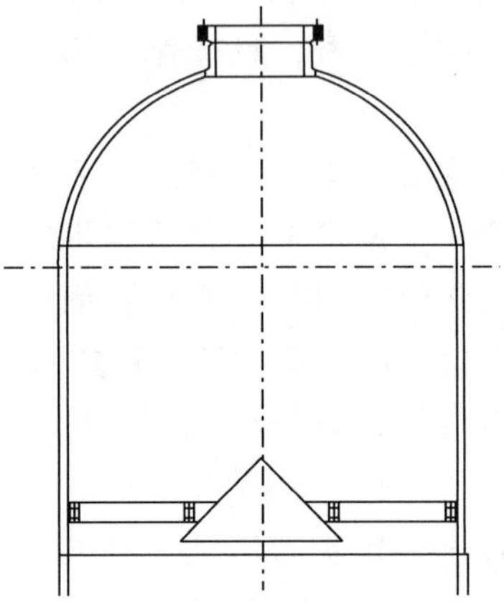

图 10-30 过滤器独立设置的顶部结构

混氢原料油由脱硫反应器底部进入，为了更好将原料均布于反应器内，使其能流化吸附剂并均匀地与吸附剂充分接触，在反应器底部设置了分配盘。分配盘由盘板、泡帽分配器、通道板等组成，见图 10-31。反应介质通过泡帽分配器的限流孔时产生一定的压降，从而实现进料的均匀分布。每个限流孔上都有一个固定的泡帽，以减少吸附剂的磨损并防止吸附剂泄漏到分配盘下方。

泡帽分配器的外形与塔盘泡帽类似，泡帽的圆柱面上均匀地开有数个平行于母线的条缝。升气管位于泡帽里面，其顶端与泡帽顶板之间留有一定的间隙，升气管下部与分配盘下表面相焊，保证泡帽下沿与分配盘得上表面的间隙，见图 10-32。泡帽分配器的材料为不锈钢。分配盘盘板则采用铬钼(CrMo)钢锻件+双层堆焊。

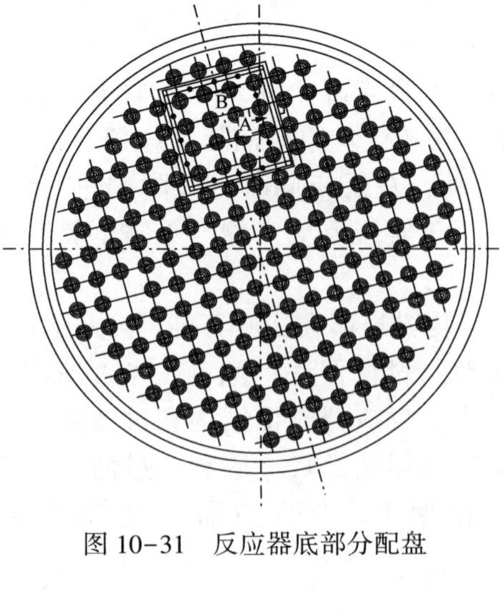

图 10-31 反应器底部分配盘

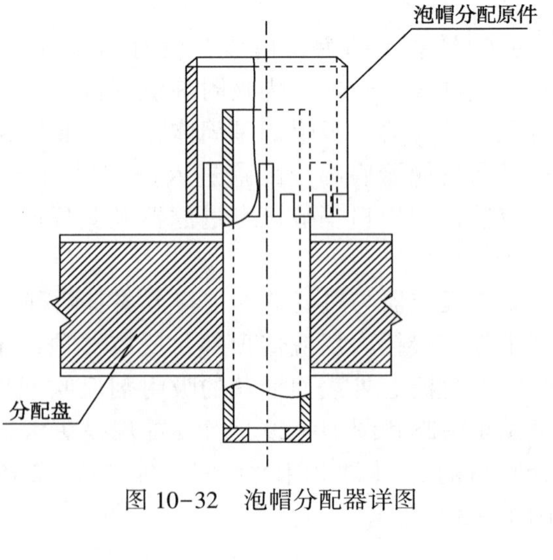

图 10-32 泡帽分配器详图

三、再生器

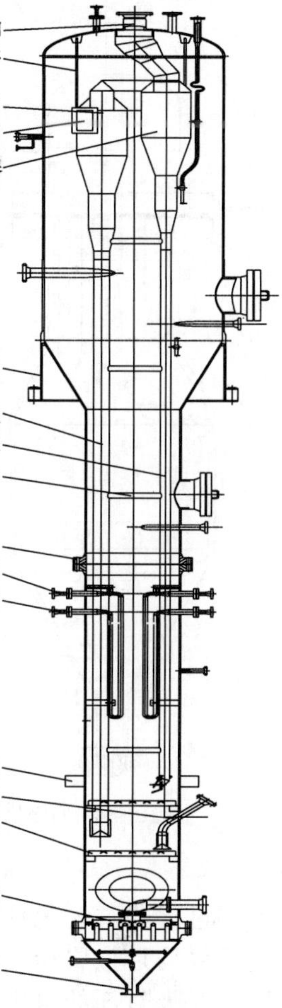

图 10-33 再生器总体结构图

再生器的主要作用是对吸附剂进行再生以除掉吸附剂上的硫和碳，是吸附剂再生系统的核心设备，再生器内的吸附剂为流化态操作。再生器的典型操作温度为510~530℃，操作压力为0.11MPa，操作介质为氮气、二氧化碳、二氧化硫、氧气及吸附剂，设计温度为550℃，设计压力为0.35MPa。

（一）整体结构

再生器上部为吸附剂沉降段，内部设置二级旋风分离器；中下部为反应段，内部设置冷凝水取热盘管；下部设置空气入口分布器及吸附剂松动挡板等内件。总体结构见图10-33。

来自再生进料罐的吸附剂由设备底部45°斜向下的管嘴进入再生器，与经下部空气入口分布器进入的预热空气进行氧化再生。吸附剂氧化再生主要发生在设备下部的再生床层，此处温度最高。大部分氧化再生完毕的吸附剂在重力的作用下，向下经底部锥段及管口流出，然后进入再生器接收器。再生烟气向上流动，并夹带少量吸附剂，夹带量随向上流动而减少，在再生器上部进入旋风分离器。经旋风分离后的再生烟气从顶部管口离开再生器，进入再生烟气冷却器。经旋风分离后的固体吸附剂经料腿、翼阀进入吸附剂床层。因吸附剂的氧化再生反应为放热反应，在设备下部吸附剂的密相区设置多组内取热盘管，取走反应热，以维持吸附剂床层温度稳定。吸附剂床层的正常料位高度维持在取热盘管中部，操作中可以通过调节料位高度实现盘管取热量的调整，控制再生床层温度。

（二）再生器壳体

再生器壳体材质为铬钼（CrMo）钢，高径比较大，并且下部直径较小，上部直径较大。下部直径较小但长度较长，夹带吸附剂的再生烟气向上流动时间足够长，以满足吸附剂氧化充分反应的要求，同时有利于吸附剂的重力沉降分离。再生器上部直径加大，一是因为旋风分离器位于此处需要布置空间，二是因为夹带吸附剂的再生烟气向上流动扩径后线速变小，有利于吸附剂的重力沉降分离。

再生器下部轴向长度较长且直径较小，考虑到内件使用寿命相对较短，又没有足够的更换或维修空间，为了方便制造及检修内件在合适位置设置人孔，在壳体中间设置壳体法兰。

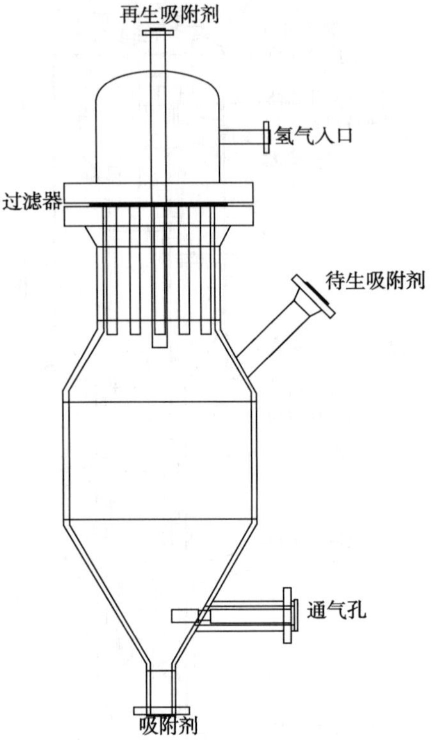

图 10-34　闭锁料斗简图

四、吸附剂循环系统

吸附剂循环系统主要包括反应器接收器、闭锁料斗、再生器进料罐和再生器接收器。闭锁料斗是吸附剂循环系统中最主要的设备。

闭锁料斗作用是用轮流交替的方式将待生吸附剂从高压烃/氢环境的反应系统输送至低压的氧/氮环境再生系统，并将再生后的吸附剂由低压氧/氮环境的再生器系统输送至高压烃/氢环境的反应系统。操作工况与反应器相似，属于较高温度、较高压力的临氢工况，因周期性的变压，所以属于疲劳容器，材质为 14Cr1MoR 钢，结构简图见图 10-34。

在闭锁料斗顶部设有过滤器以防止吸附剂被排出的气体携带出去。

五、气固过滤装备

在汽油吸附脱硫的工艺过程中，油气与吸附剂固体颗粒会发生混合。为了将油气中的吸附剂拦截下来，满足下游工序的需要，在整套汽油吸附脱硫装置中设置了多台过滤器以实现气固的有效分离。图 10-35 中表示出了这些过滤器的安装位置。其中关键过滤器主要包括反应器过滤器、闭锁料斗过滤器和再生器过滤器。这些过滤器的核心元件均是金属粉末烧结滤芯，其作用是将气体中的吸附剂拦截下来，以保证汽油产品质量及吸附剂的再生循环使用。

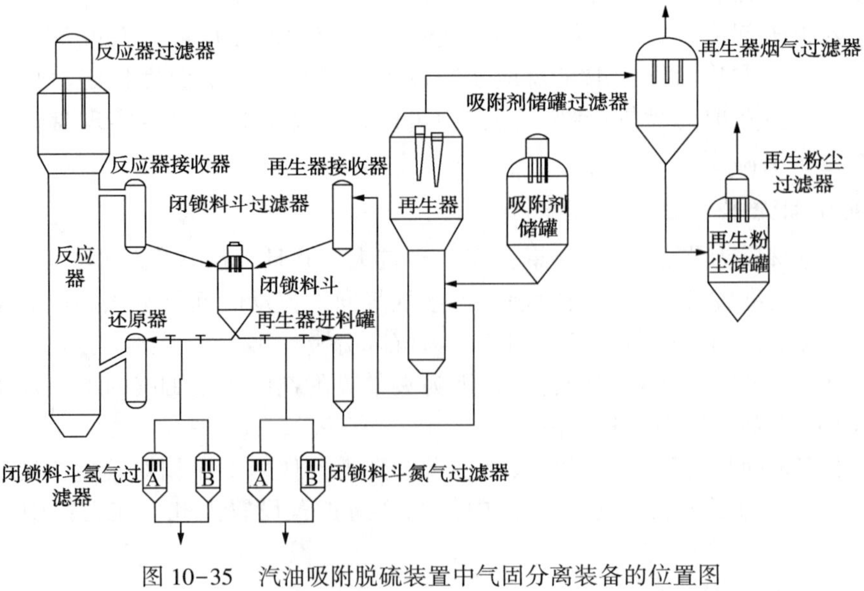

图 10-35　汽油吸附脱硫装置中气固分离装备的位置图

（一）反应器过滤器

反应器内为气固两相、流化床操作，顶部设置精密自动反吹过滤器。反应器过滤器通过内装的高精度滤芯组将油气中的吸附剂粉尘与反应后的油气彻底分离，过滤器需要拦截的粉尘平均粒径在25μm左右，要求对反应产物中1.3μm及以上的颗粒去除率为99.97%。

反应器过滤器运行效果直接关系到装置能否平稳、高负荷、长周期运行，是汽油吸附脱硫装置的核心设备之一。

反应器过滤器的使用条件与反应器相同，设计温度为470℃，设计压力为4.26MPa。根据操作条件，壳体材料选用14CrMoR或12Cr2MoR。

在正常操作过程中，为保证过滤器压差的稳定，由DCS控制反吹系统按顺序启动所有反吹阀门，反吹阀门在0.5s内启动和关闭，每次开启1s，高压反吹气体经过反吹管线及喷嘴，形成高压脉冲喷射气流，通过冲击和震动将附着在滤芯外表面的吸附剂粉尘去除。通过控制不同区域的反吹阀门开闭，实现整个过滤器的连续过滤和连续反吹。

反应器过滤器结构如图10-36所示，过滤元件采用金属粉末烧结滤芯，滤芯焊接在过滤器管板上，管板夹持在过滤器法兰及反应器法兰之间，滤芯则插入反应器内部。携带吸附剂的油气经过滤器净化后进入下游设备，被拦截在滤芯外表面的粉尘回落至反应器循环利用。

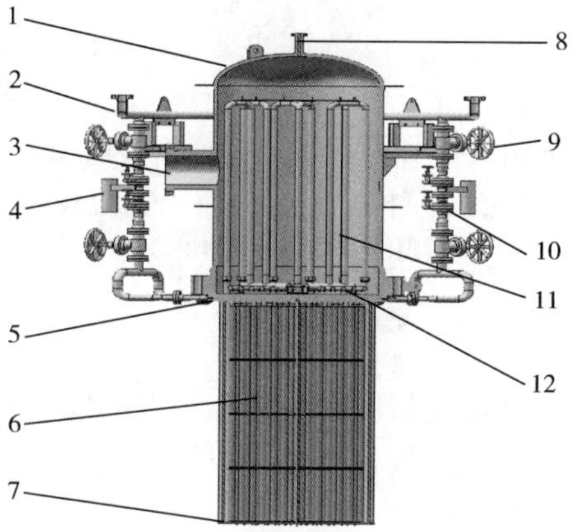

图10-36　反应器结构示意图

1—封头；2—反吹环管；3—气体出口；4—气动阀门；5—管板；6—滤芯；7—定位花板；8—放空口；9—手动闸阀；10—导淋阀；11—反吹气预热盘管；12—反吹喷嘴

1. 壳体

壳体是指上封头部分，内部安装反吹组件及滤芯组件，外部安装外部管线及阀门，封头的材质及公称直径根据设计条件及装置处理量选取。

2. 滤芯组件

滤芯组件包括管板、滤芯、拉杆和定位花板。管板材料与封头一致，上表面堆焊不锈钢，滤芯组件夹持在筒体法兰和反应器顶法兰之间。管板上的滤芯分为若干区，分区数根据滤芯数量确定。

过滤器中安装的是圆筒形烛式滤芯，当过滤介质由外向内穿过滤芯的时候，固体杂质被拦截在滤芯的外表面，形成滤饼层。随着滤饼的不断加厚，过滤介质越来越难穿过滤芯，过滤器前后压差会逐渐增大，当到达触发压差或设定时间时，过滤器进行脉冲反吹。反吹会去除大部分滤饼，但滤芯的外表面还会留下薄薄一层。这部分没有被反吹去除的滤饼成为永久性滤饼。永久性滤饼会在滤芯外表面形成保护层，有效地拦截过滤介质中更细微的颗粒。永久性滤饼层建立后，反吹触发压差值也随之确定。

3. 内部反吹组件

内部反吹组件分组数量与滤芯分区保持一致，单组反吹组件由两根反吹预热管和一个气体分布器组成，反吹气体由外部进入过滤器首先经过反吹预热管，然后进入气体分布器，气体分布器上与滤芯对应的开孔位置设有喷嘴。

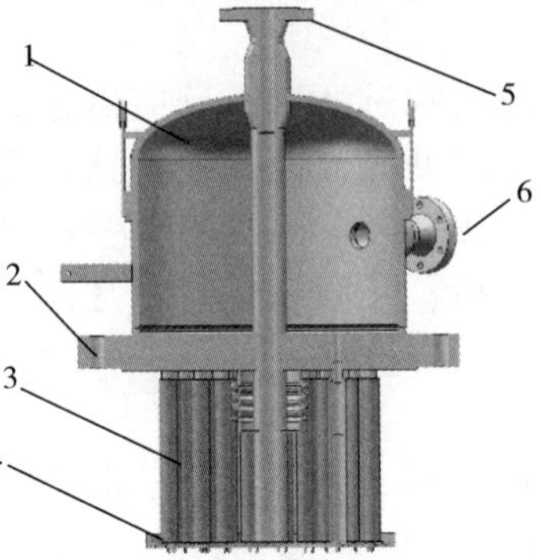

图 10-37　闭锁料斗过滤器结构示意图
1—封头；2—管板；3—滤芯；4—定位花板；
5—固体入口；6—气体出口

4. 外部反吹管线

外部反吹管线由反吹环管和分管线组成，分管线的数量与滤芯分组数量一致，反吹气体自储罐进入反吹环管，由反吹环管再通过分管线进入过滤器。每条分管线上安装有手动切断闸阀、反吹气动球阀和导淋阀。

（二）闭锁料斗过滤器

闭锁料斗设置过滤器以防止吸附剂被排出的气体携带走。过滤器安装在闭锁料斗的顶部，主要由封头、管板、滤芯、中心管和膨胀节等组成，见图 10-37。滤芯用于去除气体中的吸附剂颗粒。中心管一端与封头固定在一起，一端悬伸。而膨胀节的两端分别与管板和中心管焊接在一起，当工况环境交变时，中心管会带动膨胀节产生相应伸缩。

1. 壳体

壳体是指上封头部分，内部安装滤芯组件，公称直径根据装置处理量选取。上封头与管板之间连接方式采用焊接。

2. 滤芯

采用 310S 不锈钢粉末烧结滤芯，滤芯与管板之间采用锥螺纹连接密封，便于滤芯的安装与更换。

3. 膨胀节

中心管一端与封头固定在一起，另一端悬伸。而膨胀节的两端分别与管板和中心管焊接在一起，当工况环境交变时，中心管会带动膨胀节产生相应伸缩。

（三）再生器过滤器

再生器是再生系统的核心设备，其主要作用是为脱除吸附剂上的硫和碳提供场所。以压缩空气作为再生气体，再生空气由再生器的底部进入，经气体分布器后使再生器内的吸附剂流化。再生器过滤器设置在再生器的下游，用于除去再生尾气中的吸附剂粉尘。为一套完整的过滤器，由过滤器筒体、滤芯组件、松动滤芯、反吹管及配套的仪表阀门组成，再生器过滤器采用金属粉末烧结滤芯。滤芯焊接在过滤器管板上，管板夹持在过滤器筒体法兰之间。结构见图 10-38。

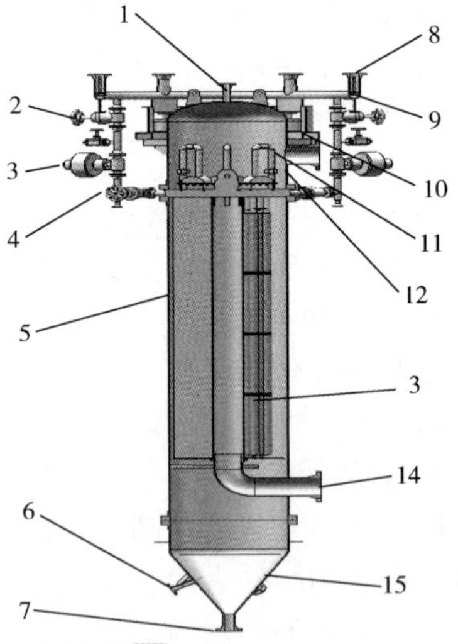

图 10-38　再生器过滤器结构示意图
1—放空口；2—手动阀门；3—气动阀门；4—导淋阀；
5—下筒体；6—粉尘流化口；7—粉尘排放口；
8—反吹气入口；9—气体环管；10-弹簧支架；
11—反吹组件；12—上筒体；13—滤芯组件；
14—气体入口；15—下锥体

1. 壳体

壳体是指上封头部分，内部安装反吹组件及滤芯组件，外部安装外部管线及阀门，公称直径根据装置处理量选取。

2. 滤芯组件

滤芯组件包括管板、滤芯、拉杆和定位花板。

管板材料与封头一致，滤芯组件夹持在筒体法兰之间。管板上的滤芯分若干区，设计根据滤芯数量确定分区数量。

3. 内部反吹组件

内部反吹组件分组数量与滤芯分区保持一致，单组反吹组件由反吹管和气体分布器组成，反吹气体由外部进入过滤器首先经过反吹管，然后进入气体分布器，气体分布器上与滤芯对应的开孔位置设有喷嘴。

4. 外部反吹管线

外部反吹管线由反吹环管和分管线组成，分管线的数量与滤芯分组数量一致，反吹气体自储罐进入反吹环管，由反吹环管再通过分管线进入过滤器。每条分管线上安装有手动切断闸阀、反吹气动球阀和导淋阀。

5. 反吹系统

滤芯再生反吹系统包括反吹气体缓冲罐、反吹气动阀门、反吹管线及中控 DCS 操作系统。反吹气体缓冲罐设置压力调节阀，保证反吹压力的稳定。

再生器过滤器设置自动反吹系统，可在不影响系统正常运行的情况下进行在线再生。当压降或时间达到设定值时即启动反吹程序，对各个滤芯分区轮流反吹。反吹再生可由 DCS 控制操作。

参　考　文　献

[1] 孙丽丽 . 汽油吸附脱硫工艺与工程技术[M]. 北京：中国石化出版社，2019：3-5.

[2] 侯晓明，庄剑 . S Zorb 催化汽油吸附脱硫装置技术手册[M]. 北京：中国石化出版社，2013.

[3] 吴德飞，孙丽丽，黄译川，等 . S Zorb 技术进展与工程应用[J]. 炼油技术与工程，2014，44(10)：1-4.

[4] 吴德飞，庄剑，袁忠勋，等 . S Zorb 技术国产化改进与应用[J]. 石油炼制与化工，2012，43(7)：76-79.

[5]朱云霞，徐惠 . S Zorb 技术的完善与发展[J]. 炼油技术与工程，2009，39(8)：7-12.

[6] 陈俊武，许友好 . 催化裂化工程与工艺 . 北京：中国石化出版社，2015.

[7] 许友好 . 我国催化裂化工艺技术进展 [J]. 中国科学：化学，2014，44(1)：13-24.

[8] 毛安国 . S Zorb 工艺过程反应规律分析 [J]. 石油炼制与化工，2017，48(6)：30-34

[9] 王文寿，毛安国，刘宪龙 . 催化裂化汽油中硫化物的吸附脱除研究[J]. 石油炼制与化工，2012，43(6)：6-10.

[10] Song C. An overview of new approaches to deep desulfurization for ultra-clean gasoline, diesel fuel and jet fuel [J]. Catalysis today. 2003, 86(1): 211-263.

[11] Babich I V, Moulijn J A. Science and technology of novel processes for deep desulfurization of oil refinery streams: a review[J]. Fuel. 2003, 82(6): 607-631.

[12] Ito E, Van Veen J R. On novel processes for removing sulphur from refinery streams[J]. Catalysis Today. 2006, 116(4): 446-460.

[13] Tawara K, Nishimura T, Iwanami H, et al. New Hydrodesulfurization catalyst for petroleumfed fuel cell vehicles and cogenerations[J]. Industrial & Engineering Chemistry Research. 2001, 40: 2367-2370.

[14] Tawara K, Imai J, Iwanami H. Ultra-deep hydrodesulfrization of kerosene for fuel cell system. Part1: Evalutions of conventional catalysts[J]. Sekiyu Gakkaishi. 2000, 43: 105.

[15] Tawara K, Imai J, Iwanami H. Ultra-deep hydrodesulfrization of kerosene for fuel cell system. Part1: Regeneration of sulfur-poisoned nickel catalyst in hydrogen and finding of autoregenetative nickel catalyst[J]. Sekiyu Gakkaishi. 2000, 43: 114-120.

[16] Babich I V, Moulijin J A. Science and technology of novel process for deep desulfrization of oil refinery streams: a review[J]. Fuel. 2003, 82: 607.

[17] 龙军，林伟，代振宇．从反应化学原理到工业应用Ⅰ. S Zorb 技术特点及优势[J]. 石油学报(石油加工)，2015，31(01)：1-6.
[18] 林伟，龙军．从反应化学原理到工业应用Ⅱ. S Zorb 催化剂设计开发及性能[J]. 石油学报(石油加工)，2015，31(02)：453-459.
[19] 孟锐，周伟，张文吉．S Zorb 装置运行存在的问题及对策[J]. 石油炼制与化工，2019，50(10)：67-72.
[20] 邹圣武，张先平．S Zorb 装置中氯对催化剂的影响及对策[J]. 炼油技术与工程，2019，49(9)：47-50.
[21] 徐广通，刁玉霞，邹亢，等．汽油吸附脱硫装置汽油脱硫过程中催化剂失活原因分析[J]. 石油炼制与化工，2011，42(12)：1-6.
[22] 邹亢，黄南贵，徐广通．汽油吸附脱硫催化剂物相定量方法研究[J]. 石油学报(石油加工)，2012，28：598-604.
[23] 徐广通，邹亢，盖金祥，徐莉．S Zorb 吸附剂活性评价模型及其应用[J]. 石油炼制与化工，2014，45(11)：18-22.
[24] Qiu L, Zou K, Xu G T. Investigation on the sulfur state and phase transformation of spent and regenerated S Zorb sorbents using XPS and XRD[J]. Applied Surface, 2013, 266: 230-234.
[25] 付颖，张欣，邹亢，等．PLS-XRD 快速测量汽油吸附脱硫再生剂中尖晶石含量[J]. 石油学报(石油加工)，2013，29(3)：453-458.
[26] 邹亢，徐广通，盖金祥，等．脱硫催化剂物相快速定量分析技术及其应用[J]. 石油炼制与化工，2014，45(10)：99-105.
[27] 张欣，徐广通，邹亢，等．汽油吸附脱硫催化剂中锌铝尖晶石形成的原因[J]. 石油学报(石油加工)，2012，28(2)：184-189.
[28] 林伟．氧化硅源和氧化锌颗粒大小对汽油吸附脱硫吸附剂脱硫活性的影响[J]. 石油学报(石油加工)，2012，28(5)：739-743.
[29] 林伟，王磊，田辉平．汽油吸附脱硫催化剂中硅酸锌生成速率分析[J]. 石油炼制与化工，2011，42(11)：1-4.
[30] 张欣，徐广通，黄南贵．汽油吸附脱硫催化剂中硅酸锌的生成条件[J]. 石油学报(石油加工)，2012，28(1)：242-246.
[31] Xu L, Zou K. Study on the Mechanism of Zn_2SiO_4 Formation in S Zorb sorbent and its Inhibition Methods [J]. China Petroleum Processing & Petrochemical Technology, 2015, 17(1): 1-6.
[32] 徐华，杨行远，邹亢，等．不同气氛环境对汽油吸附脱硫催化剂中硅酸锌生成的影响[J]. 石油炼制与化工，2011，45(6)：9-14.
[33] 张欣，徐广通，邹亢，等．汽油吸附脱硫催化剂中锌铝尖晶石形成的原因[J]. 石油学报(石油加工)，2012，28(2)：184-189.
[34] 张君颖，徐广通，邹亢，等．汽油吸附脱硫吸附剂再生前后硫分布规律[J]. 石油学报(石油加工)，2015，31(6)：1418-11424.
[35] Zou K, Lin W, Tian H P, et al. Study on Zn_2SiO_4 Formation Kinetics and Activity Stability of Desulfurization Sorbent[J]. China Petroleum Processing & Petrochemical Technology, 2015, 17(1): 1-6.
[36] 高月英，顾锡人．无定型二氧化硅的表面结构[J]. 石油化工，1984，13：205-211.
[37] 戴闽光，高月英，赵振国，等．硅胶表面结构的热稳定性研究[J]. 高等学校化学学报，1981，4(2)：495-502.
[38] Huo Q S, Margoles D I, Ciesla U, et al. Generalized Synthesis of Periodic Surfactant /Inorganic Composite materials[J]. Nature, 1994, 368: 317-321.
[39] 刘传勤，由慧玲．齐鲁汽油吸附脱硫装置吸附剂硅酸锌含量升高原因分析及对策[J]. 齐鲁石油化工，2014，42(3)：199-203.
[40] 吴言泽．S Zorb 吸附剂失活问题的研究及对策[J]. 炼油技术与工程[J]. 2015，45(7)：51-54.
[41] 王军强，阚宝训，蒋红斌．S Zorb 装置生产国Ⅴ汽油的实践[J]. 炼油技术与工程[J]. 2015，45(4)：1-4.

国家出版基金资助项目

中国炼油技术

(第四版)

（中册）

汪燮卿　主编

中国石化出版社
HTTP://WWW.SINOPEC-PRESS.COM

内 容 提 要

本书集中展现我国炼油技术发展历程，传承和弘扬在中国共产党的领导下我国炼油技术所取得的巨大成就。全书紧密围绕关键词“中国”“炼油技术”，全面系统介绍我国炼油技术的进展和成果，详细阐述原油的分析评价、各种加工工艺技术、石油产品的生产和评定、炼油催化剂、油品添加剂、油品储运、炼油厂节能、炼油厂安全环保、炼油厂信息化与智能化、生物液体燃料及炼油厂加工流程与经济性分析等内容。重点介绍了我国已工业化应用的技术，此外还介绍了即将工业化应用的有竞争力的、体现中国新水平的技术，以更加全面地展现我国当前炼油技术的总体水平。

本书可供从事石油化工行业的技术管理人员、科研设计人员参考阅读，也适合石油化工相关专业院校师生作为教材使用。

图书在版编目（CIP）数据

中国炼油技术／汪燮卿主编．—4 版．—北京：中国石化出版社，2021.5

ISBN 978-7-5114-6245-9

Ⅰ．①中… Ⅱ．①汪… Ⅲ．①石油炼制-技术-中国 Ⅳ．①TE62

中国版本图书馆 CIP 数据核字（2021）第 067704 号

中国石化出版社出版发行

地址：北京市东城区安定门外大街 58 号

邮编：100011　电话：(010)57512500

发行部电话：(010)57512575

http://www.sinopec-press.com

E-mail：press@sinopec.com

北京科信印刷有限公司印刷

全国各地新华书店经销

*

787×1092 毫米 16 开本 138 印张 3232 千字

2021 年 6 月第 4 版　2021 年 6 月第 1 次印刷

定价：980.00 元（上、中、下册）

目录
CONTENTS

中　册

第十一章　高辛烷值组分生产

专家话炼油

车用汽油池一般由催化裂化、催化重整、烷基化、异构化和醚化汽油等组分调合构成。目前，我国车用汽油池构成与欧美发达国家汽油池构成对比见表11-1。欧美发达国家汽油池中催化裂化汽油仅占调合汽油组分的1/3，而我国催化裂化汽油占比超过60%，约是欧美国家的2倍。

表11-1　我国与欧美国家汽油池构成对比　　%

项　目	中　国	欧　洲	美　国
催化裂化汽油	62	32	33
催化重整汽油	23	45	34
烷基化油	0.9	6	13
异构化油	0.2	11	10
MTBE	5.9	—	10
其　他	8.0	6	—

催化裂化汽油中的硫含量占成品汽油硫含量的90%以上，虽然采用汽油加氢脱硫、汽油吸附脱硫等技术能够将催化裂化汽油硫含量降至满足汽油标准，但也必然伴随着部分烯烃饱和，造成汽油辛烷值下降以及加工成本的大幅上升。我国汽油池中高辛烷值的重整汽油、烷基化和异构化油占比都偏低，汽油中的烯烃和芳烃成为汽油辛烷值的主要贡献者。2017年9月13日，国家发改委等15部委联合发布《关于扩大生物燃料乙醇生产和推广使用车用乙醇汽油的实施方案》的通知，确定2017年起在东北等多省市推广使用乙醇汽油。乙醇汽油E10标准要求不得人为添加含氧化合物，这对MTBE、醚化汽油等调入汽油池带来很大困难。因此，在我国清洁汽油不断升级的过程中，对烷基化油、异构化油等高辛烷值汽油调合组分的需求也越来越迫切。

第一节　烷基化

在石油炼制过程中，异丁烷和丁烯（或者丙烯、丁烯、戊烯的混合物）发生烷基化反应生产烷基化油是炼油厂气体加工的重要工艺过程。烷基化油是一种不含烯烃和芳烃、以C_8支链烷烃为主的混合物，几乎无硫无氮，敏感性和蒸气压低，是清洁、理想的高辛烷值汽油调合组分。

国内对烷基化技术的研究与开发始于20世纪60年代中期至70年代初期[1]，建设了4套年产量在1.5万~6.0万吨/年不等的硫酸法烷基化装置。但当时的反应器等设备和生产工艺比较落后，导致烷基化技术的发展停滞不前。到20世纪80年代，随着无铅汽油的逐步发展以及市场对于高标号汽油需求量的增加，陆续引进了12套氢氟酸烷基化装置和8套硫酸法烷基化装置，使国内烷基化工艺及技术水平大幅提升。由于当时液化气需求旺盛，与汽油差价难以弥补烷基化油的生产成本，加之氢氟酸烷基化技术自身存在诸如设备腐蚀、氢氟酸泄漏风险等一系列问题以及硫酸法烷基化待生酸处理问题，导致烷基化装置的开工率及装置运行负荷长期处于较低水平。1996 年全国仅剩 3 套硫酸法烷基化装置、2 套氢氟酸法烷基化装置在运行，此阶段国内烷基化技术的发展再次陷入停滞状态[2]。随着国Ⅵ标准汽油以及乙醇汽油的推广，市场对清洁汽油调合组分的需求也不断增加，烷基化油需求量及产能也在不断持续攀升。据统计，2019 年中国烷基化装置产能接近 2200 万吨/年，位居世界第二，采用硫酸烷基化技术的装置占比超过 95%。

目前，国内外主流的烷基化工业装置仍然采用硫酸法烷基化工艺和氢氟酸法烷基化工艺。硫酸和氢氟酸是目前工业上主流使用的烷基化催化剂，随着环保法规的日益严格，氢氟酸法烷基化获批越来越困难[3~6]。由于硫酸法烷基化技术的安全性优于氢氟酸法，近 20 年新建烷基化装置绝大部分采用硫酸法工艺。硫酸烷基化工艺绝大部分涉酸部位可采用碳钢设备，装置腐蚀性可控；反应原料无须严格精制；烷基化待生酸裂解再生彻底，不存在固废、酸溶油等二次污染问题，待生酸再生技术成熟可靠，已成为当今炼油企业所选择的主流烷基化技术。

按使用催化剂形态不同，烷基化技术可分为液体酸烷基化技术及固体酸烷基化技术，其中液体酸烷基化技术又可分为氢氟酸烷基化技术、硫酸烷基化技术以及离子液烷基化技术。由于近年来世界范围内已不再新建氢氟酸烷基化装置，国内氢氟酸烷基化将面临全部停产，因此本章不再介绍氢氟酸烷基化技术。

一、硫酸烷基化

(一) 反应机理[7]

各种丁烯与异丁烷烷基化反应的主要产物是 2，2，4-三甲基戊烷，随着对烷基化反应机理不断探索与认识的日渐成熟，人们普遍接受的烷基化反应机理是正碳离子-链式反应机理。任何链式反应一般均包括 3 个步骤，即链的引发、链的增长、链的终止。

1. 链的引发

在异丁烷与烯烃的烷基化反应过程中，烯烃得到氢质子 H^+ 形成正碳离子为链的引发过程。例如，下式中所生成的叔丁基正碳离子对烷基化反应起着至关重要的作用。

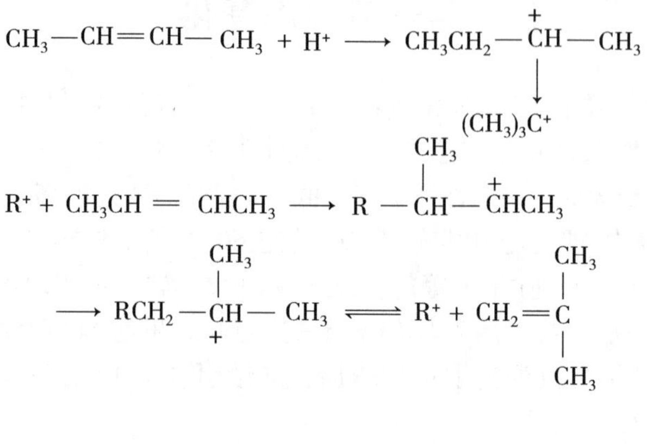

2. 链的增长

以下反应式解释了链的增长过程，叔丁基正碳离子与丁烯反应生成 C_{8^+}，导致了正碳离子链的增长。

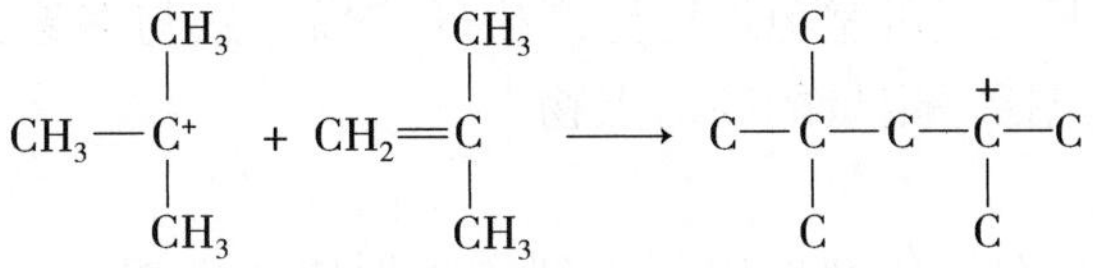

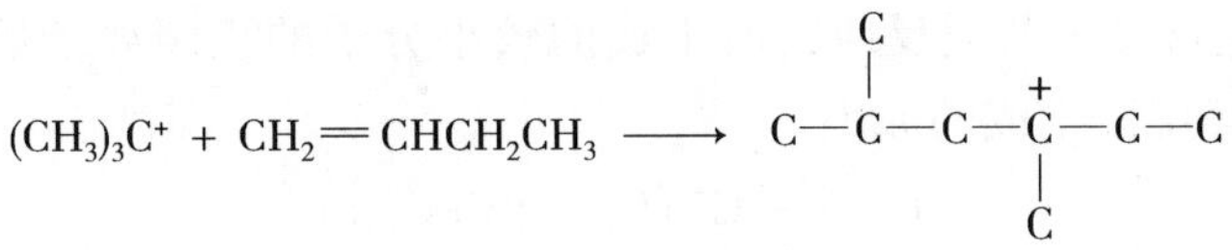

3. 链的终止

增长中的正碳离子通常从异丁烷中摘取一个负氢离子而停止增长，这是大多数烷基化链终止的方式。而链增长的正碳离子失去 H^+ 成为烯烃却是很少发生的，因为在对烷基化产物进行分析时很少发现有烯烃，而且烯烃一旦生成也会立即在烷基化条件下被质子化而重新参加反应。

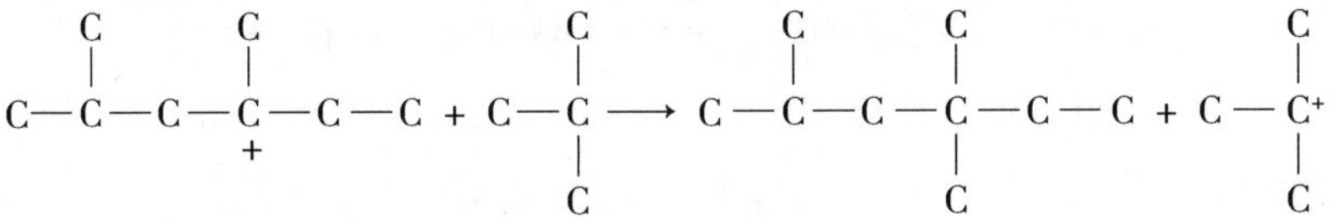

碳四馏分中的异丁烷与异丁烯发生烷基化反应生成 2，2，4–三甲基戊烷的化学反应式为：

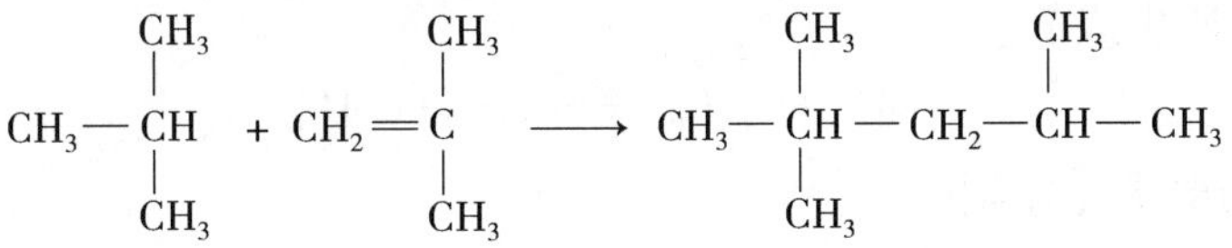

4. 其他类型反应

烷基化反应过程要比上述链式反应机理复杂得多，一般过程中的反应还有以下几种类型反应。

1）异构化反应

为什么用正丁烯烷基化时所得到的 2，2，4–三甲基戊烷比用异丁烯烷基化时还多？人们发现，即使用丙烯烷基化时也生成相当数量的 2，2，4–三甲基戊烷。合理的解释是，在酸性条件下，正丁烯发生了异构化反应，生成了异丁烯，异丁烯接受负氢离子转移生成了异丁烷。

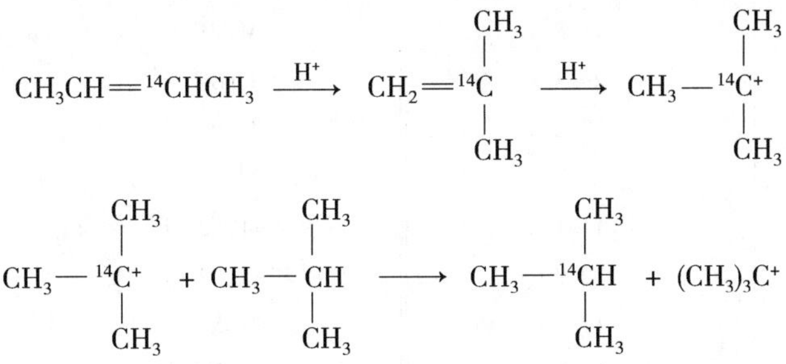

（注：^{14}C 为研究烷基化反应时常用的示踪原子。）

2）异丁烯多聚反应

在异丁烯与异丁烷烷基化反应过程中，通常是由异丁烯二聚然后再从异丁烷上摘取一个负氢离子而完成烷基化反应的。异丁烯二聚反应是烷基化反应的理想反应类型，不过即使在最理想的反应条件下，不可避免地可能产生异丁烯三聚与多聚，特别是异丁烯的多聚，使得烷基化产物中总是包括一定量的高沸点物。

3）断裂反应

多聚反应生成的烯烃在催化剂作用下得到质子形成正碳离子，大分子正碳离子在摘取负氢离子之前自身能够发生断裂反应，所生成的较小分子的正碳离子摘取负氢离子生成烷烃，这就是 C_5、C_7 等烷烃生成的原因。

$$C_n^+ \longrightarrow C_x^+ + C_y^= \quad (x+y=n)$$

4）负氢离子转移反应

正碳离子有从其他烷烃分子上摘取一个负氢离子的可能，从而使自己成为稳定的烷烃，同时开始一个新的正碳离子。

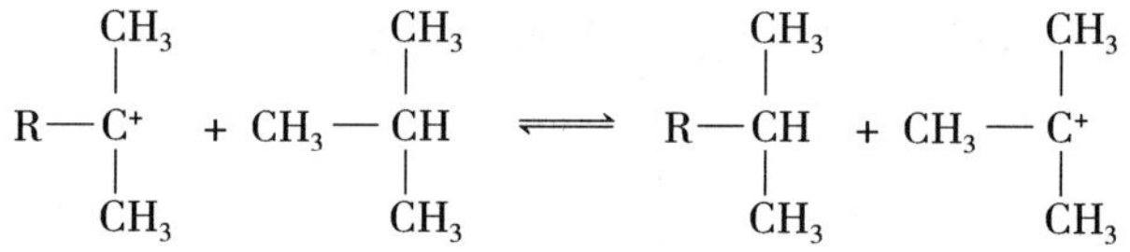

5）歧化反应

在丁烯与异丁烷的烷基化产物中还可以看到少量的 C_5、C_7 产物，这部分是由 C_4 与 C_8 之间发生了歧化反应所生成的。

$$C_8H_{18} + C_4H_{10} \longrightarrow C_5H_{12} + C_7H_{16}$$

（二）对原料的要求与控制

1. 原料杂质的允许含量与控制

与其他烷基化工艺相比，硫酸烷基化对原料中杂质的控制不严格，但原料中的杂质对酸耗有明显的影响。杂质对硫酸烷基化酸耗的影响见表 11-2。

表 11-2　杂质对硫酸烷基化酸耗的影响

杂质名称	酸耗/（kg/kg）	杂质名称	酸耗/（kg/kg）
水	9.8	二甲醚	12.5
乙硫醇	15.7	二乙醚	10.5
乙基二硫化物	11.8	MTBE	9.2
硫化氢	29.3	ETBE	15.0
乙烯	28.2	TAME	12.8
环戊烯	2.3	1，3-丁二烯	8.3
乙炔	11.1	3-甲基-1，2-丁二烯	12.6
丁炔	12.9	2-甲基-1，3-丁二烯	11.4
戊炔	17.4	1，3-戊二烯	12.4
甲醇	26.1	1，4-戊二烯	8.1
乙醇	19.4	环戊二烯	18.5

来自催化裂化碳四烃中的主要杂质为丁二烯、水、硫化物和含氧化合物等，如果再经过 MTBE 装置后杂质含量会更少。为保证烷基化产品质量和装置酸耗，仍然需要对烷基化反应原料的杂质含量进行限定。烷基化反应原料主要杂质的控制要求见表 11-3。

表 11-3　烷基化反应原料主要杂质的控制要求

杂质组分	进装置原料含量	控制含量/(μg/g)	杂质组分	进装置原料含量/(μg/g)	控制含量/(μg/g)
H_2O	饱和水	≤100	甲醇	≤500	≤50
丁二烯	0.04%~0.5%	≤100	MTBE	≤30	≤30
二甲醚	≤500μg/g	≤50	总硫	—	≤100

进装置原料中的水分经脱轻烃塔脱除一部分，然后原料预冷至 10℃左右经聚结器进一步脱除水分。由于原料中的丁二烯能与硫酸反应生成酸溶性酯类或酸溶性叠合物而增加酸耗，一般情况下，当丁二烯含量大于 0.1%时，烷基化装置配有选择性加氢脱丁二烯反应器，将双烯转化为单烯烃。如果原料丁二烯含量低于 0.1%，可以不设选择加氢反应器，这样虽然会增加部分酸耗，但从经济方面考虑是可接受的。原料中带入的二甲醚、甲醇等含氧化合物只能通过脱轻烃塔部分脱除。MTBE 不仅增加酸耗，容易引起酸烃相过度乳化，而且不能通过脱轻烃塔脱除，只能通过上游 MTBE 装置严格控制其含量。硫酸烷基化对总硫的要求不严格，但如果装置内设有选择加氢反应器，其总硫中硫化物的指标要满足选择加氢贵金属 Pd 催化剂的要求。

2. 原料组分的影响与控制

一般来说，在烷基化反应中，异丁烷与烯烃发生的是等分子反应，但由于少量异丁烷不可避免地随正丁烷及烷基化油带出装置，因此要求原料中异丁烷分子略多于烯烃分子。一般要求异丁烷与总烯烃的比值[亦称原料烷烯比(分子比)]不小于 1.05。

另有研究表明，如果烃相中的丙烷和正丁烷浓度过高，反应所得烷基化油的产品质量就会下降，这是由于丙烷和正丁烷虽然不参与烷基化反应，但它们造成了酸烃界面上异丁烷浓度的下降，对烷基化反应是不利的。当反应系统由于不能及时排出丙烷和正丁烷，或者当循环异丁烷浓度过低时，问题就会变得越来越严重。如果原料中 C_3含量过高，需通过脱轻烃塔脱除，一般控制塔釜物料 C_3含量不超 0.5%。原料中正丁烷含量过高(>20%)，不但会造成装置酸耗和能耗上升，还会降低烷基化油的产品质量，一般是提高脱异丁塔循环异丁烷的纯度来降低正丁烷的影响。

早期烷基化是采用异丁烷与 C_3~C_5低碳烯烃反应生产烷基化油，但异丁烷与丙烯、戊烯生产的烷基化油辛烷值均低于异丁烷与丁烯反应生成的烷基化油，而且其酸耗也相对较高。另外，丙烯是重要的附加值更高的化工原料，戊烯本身就是高辛烷值汽油组分，因此，一般不用丙烯和戊烯作为烷基化原料。

在硫酸催化剂作用下，异丁烷与不同种类的碳四烯烃发生烷基化反应，其反应效果也大不相同。不同碳四烯烃对烷基化产物分布的影响见表 11-4[7]。

表 11-4　不同碳四烯烃对烷基化产物分布的影响

项目	原料烯烃		
	异丁烯	1-丁烯	2-丁烯
烷烯摩尔比	3.0	3.0	3.0
产物组成/%			
2，3-二甲基丁烷	5.6	4.9	4.5
2-甲基戊烷	1.8	1.6	1.5
3-甲基戊烷	0.8	0.5	0.5
C_6合计	8.2	7.0	6.5
2，2，3-三甲基丁烷	0.3	0.4	0.3
2，3-二甲基戊烷	2.0	1.7	1.6
2，4-二甲基戊烷	4.1	3.2	3.3
2-甲基己烷	0.2	0.2	0.2
3-甲基己烷	0.1	0.2	0.3
C_7合计	6.7	5.7	5.7
2，2，4-三甲基戊烷	24.7	28.8	32.6
2，2，3-三甲基戊烷	1.7	2.3	2.4
2，3，4-三甲基戊烷	6.3	11.8	11.8
2，3，3-三甲基戊烷	9.5	15.2	17.0
2，3-二甲基己烷	2.5	3.5	2.6
2，4-二甲基己烷	3.5	3.4	3.1
2，5-二甲基己烷	1.6	3.3	2.2
3，4-二甲基己烷	—	0.2	0.4
C_8合计	49.8	68.5	72.1
C_{9+}	35.5	18.8	15.7

注：此实验结果未标注C_5组分含量。

由表 11-4 可以看出：异丁烷与碳四烯烃的烷基化反应不仅生成C_8烷烃化合物，同时还生成C_6、C_7以及C_9以上重组分，烯烃化学活性越高，越易发生聚合反应，从而生成较少C_8组分、较多的C_9以上重组分，造成烷基化油产品终馏点升高。烯烃化学活性越高，生成的C_8组分中的 2，2，4-三甲基戊烷就越少，从而降低烷基化油产品的辛烷值。碳四烯烃作为烷基化原料的相对优劣顺序为 2-丁烯>1-丁烯>异丁烯。如果烷基化反应原料中的异丁烯含量过高(>20%)，就有可能造成烷基化油的终馏点超标，在这种情况下就需要增加脱重塔，来控制烷基化油的终馏点合格。

(三)工艺流程

硫酸烷基化工艺流程一般由原料预处理、烷基化反应、压缩制冷、流出物精制、产品分馏和化学处理几部分组成。拥有商业化硫酸烷基化技术的公司主要有 DuPont 公司、ExxonMobil 公司、McDermott 公司和中国石化。目前，国内采用的硫酸烷基化技术主要有：DuPont 公司的 STRATCO®工艺、McDermott 公司的 CDAlky® 工艺、中国石化的 SINOALKY 工艺以及其他类搅拌釜式工艺。各种烷基化工艺除烷基化反应和流出物精制部分不同外，其余部分工艺流程大同小异。

1. DuPont STRATCO® 工艺

STRATCO® 偏心卧式搅拌釜式反应器在硫酸烷基化市场占有重要的地位，其市场占有率达到 85%[8]。2003 年，DuPont 公司收购了 STRATCO 公司的烷基化业务，成为硫酸烷基化 STRATCO®工艺的专利提供商。DuPont 公司的 STRATCO® 工艺流程示意如图 11-1 所示。

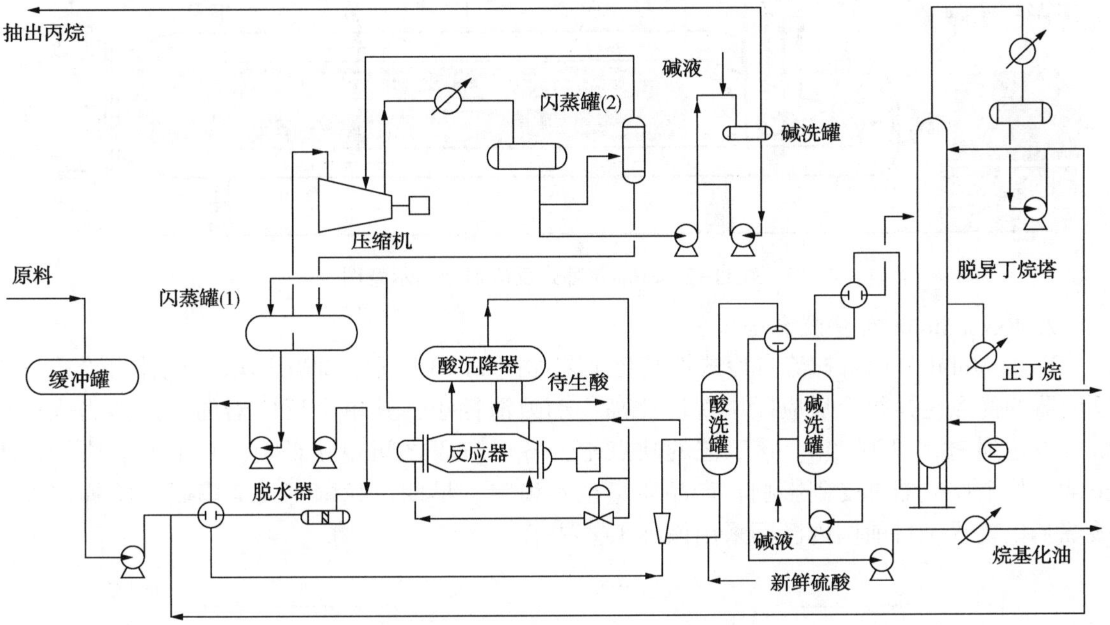

图 11-1　DuPont STRATCO® 工艺流程示意图

反应原料经泵升压后与脱异丁烷塔来的循环异丁烷混合进入冷却器，冷却后的原料经聚结脱水器脱水与循环冷剂异丁烷直接混合进入反应器的搅拌吸入端。反应器是内部装有内循环夹套、取热管束和搅拌叶轮的卧式压力容器，靠搅拌叶轮使酸与烃形成乳化液并在反应器内循环。反应后的酸烃乳化液经上升管进入酸沉降器，在此进行酸和烃类沉降分离，酸液经下降管返回反应器。

从沉降器分出的反应流出物经压力控制阀减压后流经反应器内的取热管束，部分汽化以吸收反应热，保持反应器低温。从反应器管程出来的气-液混合物在闪蒸罐(1)内进行分离，分出的气体经压缩冷却后送至反应器循环使用，为防止丙烷在系统内积聚，抽出少量压缩机凝液，经碱洗后排出装置。

从闪蒸罐(1)出来的反应流出物中含有少量酸酯及游离酸，经过酸洗、碱洗后进入分馏塔。分馏塔顶分出的异丁烷返回反应器循环使用。塔下部侧线抽出正丁烷，经冷却后送出装置，塔底烷基化油经换热、冷却后送出装置。

该工艺的核心部分是卧式偏心反应器，其结构如图 11-2 所示。该反应器的外壳是一个卧式的压力容器，内部装有一个大功率的搅拌器、内循环套筒以及取热管束；烃类原料由上下两个进料口进入反应器，在搅拌叶轮前汇合后向着叶轮喷入反应器；高速运转的叶轮在反应器缩径处，使反应器内部的物流由于叶轮吸力、管束阻力、线速度差等造成一些流液的空穴，从而使硫酸与烃类获得比较好的分散和混合；酸烃乳液在反应器头部再折返进入套筒内部，重新流向搅拌叶片，形成一个高速循环的物流。由于反应器的分散混合效果好，反应器内部任何两点的物料温度差不大于0.6℃。

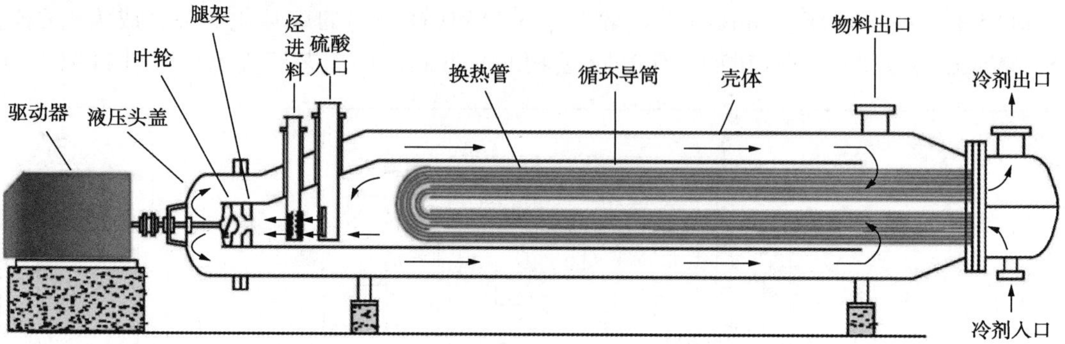

图 11-2 Stratco 卧式反应器结构示意图

2. ExxonMobil 阶梯流自冷工艺[9]

ExxonMobil 公司阶梯流自冷式烷基化工艺如图 11-3 所示。采用串联釜搅拌自冷式分段反应器的优点是，每个反应段中烷烯比高，动力消耗小，其单个反应器的生产能力大，单台可以达到38.7万吨/年。该工艺的缺点是，各反应段之间相互影响，一个反应段操作不正常，整个反应器都受到影响，产品质量也不稳定。早期，我国有类似串联釜阶梯流的硫酸烷基化装置，目前国内已不采用该种工艺技术。

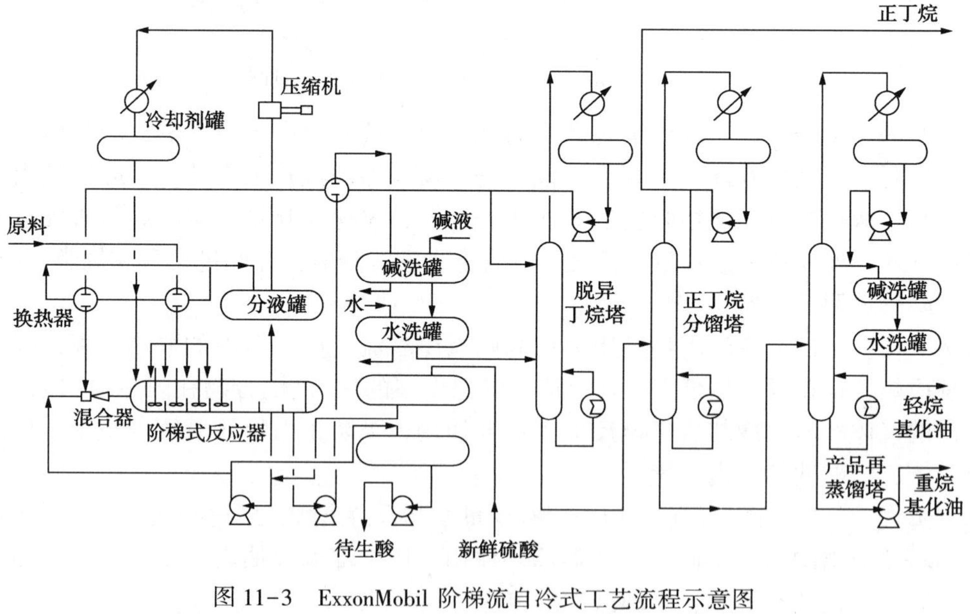

图 11-3 ExxonMobil 阶梯流自冷式工艺流程示意图

3. McDermott CDAlky® 工艺[10]

美国 CDTECH 公司开发出一种低温(-3℃条件下反应)、可降低硫酸消耗的 CDAlky® 硫酸烷基化工艺。该工艺采用一种专有的接触器作为烷基化反应器，接触器采用非机械搅拌的特殊设计，可使酸相和烃相在理想温度范围内充分接触，一旦离开反应器，又能快速把烃相从酸相中分离出来。CDTECH 公司声称，与传统硫酸烷基化工艺相比，CDAlky 工艺的酸耗降低 30%~50%，产品辛烷值至少提高 1 个单位，且烷基化产物不需要进行中和和水洗，因简化了流程而使投资和公用工程消耗大幅降低。

CDTECH 公司是 ABB Lummus 公司与化学研究与许可公司(CR&L)的合资公司。2007 年，CB&I 公司从 ABB 手里收购了 Lummus 公司；2011 年，CB&I 公司又收购了 CR&L 公司；2018 年，McDermott 公司兼并了 CB&I 公司，成为 CDAlky® 工艺的专利商。

CDAlky® 工艺包括反应单元、制冷单元、产物分馏单元和新酸/待生酸处理单元四个部分。与传统硫酸烷基化技术相比，CDAlky 工艺的特点是操作温度低(-3℃左右，传统硫酸法操作温度为 6~10℃)，从而可以大幅抑制聚合、歧化、断裂及不稳定硫酸酯等副反应的发生，使烷基化反应更倾向于生成高辛烷值三甲基戊烷的方向进行，提高烷基化油辛烷值的同时降低酸耗。CDAlky® 工艺流程示意如图 11-4 所示。

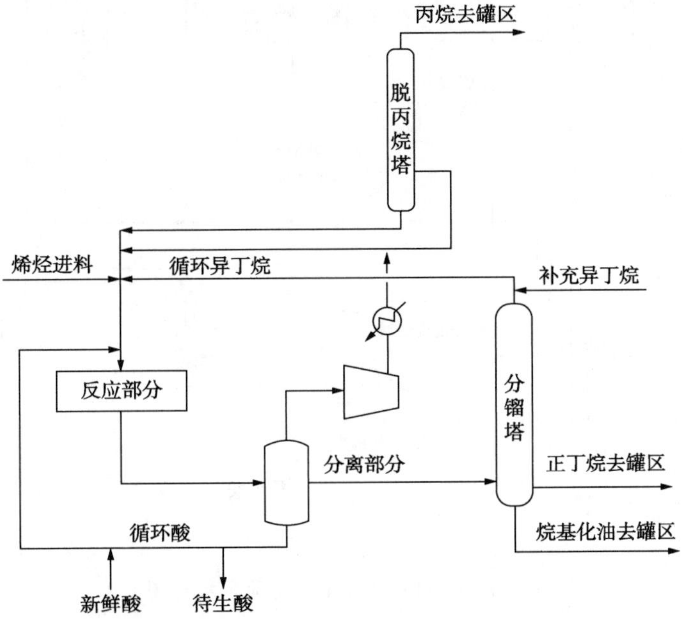

图 11-4　CDTECH 的 CDAlky 工艺流程示意

烷基化反应原料与产品分馏塔来的循环异丁烷、压缩机压缩后冷剂异丁烷以及压缩机脱除丙烷后的异丁烷混合，调合成一定烷烯比的混合原料进入烷基化反应器顶部。CDAlky 反应器在反应器的顶部设有专用双重分形板分布器，中部装填特殊的专利填料 ALKYPAKTM，下部空间实现气-液-液三相分离，其结构示意见图 11-5。

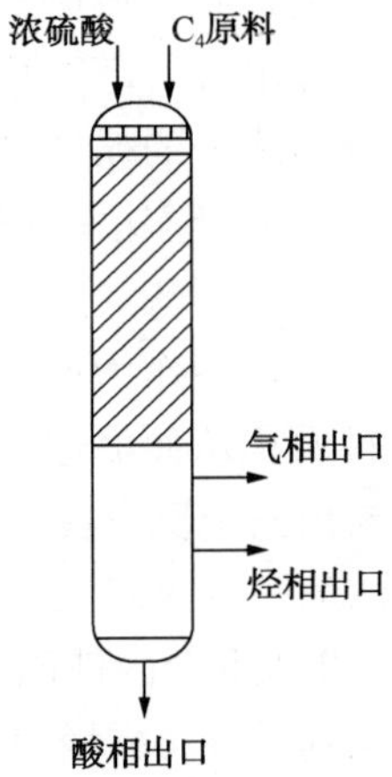

图 11-5　CDAlky 反应器结构示意图

硫酸和反应混合进料从顶部进入反应器，经过分布器实现酸烃两相良好分布，然后平稳地流入填料中，并在填料内实现硫酸和烃物料的充分接触并发生烷基化反应。在填料反应段的下段，由于压力逐渐降低，部分轻组分烃相开始发生汽化，带走反应产生的热量。离开填料反应段的反应流出物在气相空间内实现气液分离，气体抽出进入压缩机系统，烃类气相经过压缩机压缩变为液相，部分脱除丙烷后返回烷基化烯烃进料管线，从而提高烷基化进料的烷烯比。液体落入反应器底部，实现酸烃相液液分离。

4. 中国石化 SINOALKY 工艺[11]

SINOALKY 工艺由原料加氢精制、烷基化反应、制冷压缩、流出物精制和产品分馏及化学处理等几部分组成。SINOALKY 工艺流程示意见图 11-6。

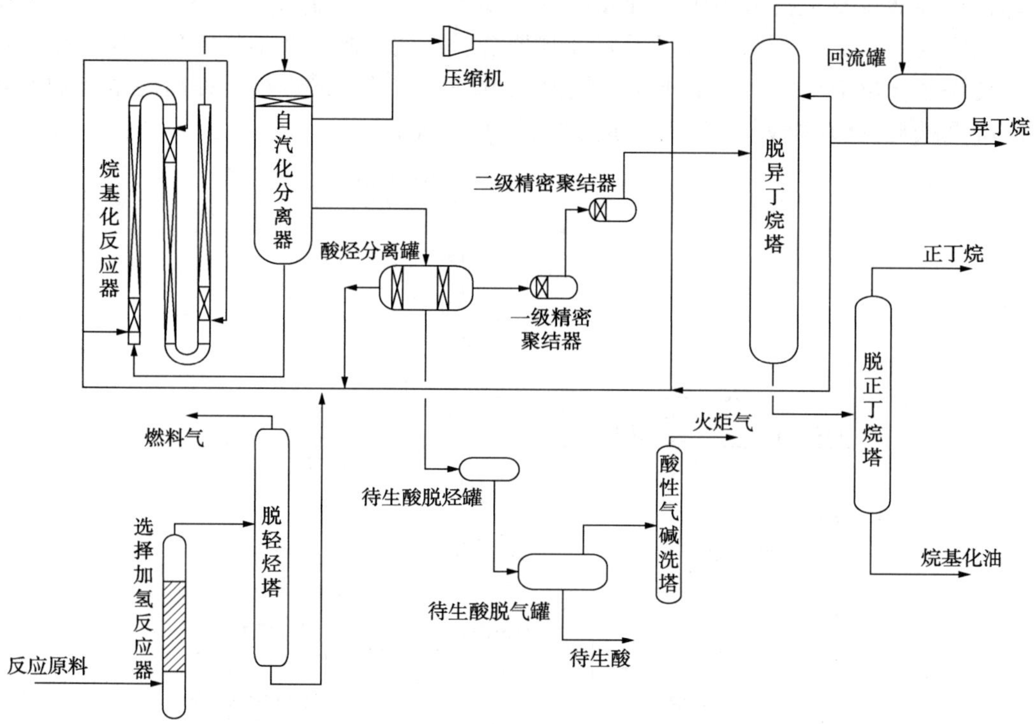

图 11-6 SINOALKY 工艺流程示意图

符合烷烯比要求的原料先进入原料选择加氢反应器，脱除原料中的丁二烯至 100μg/g 以下，然后进入脱轻烃塔，脱除选择加氢过程中剩余的氢气、原料带入的二甲醚等含氧化合物以及部分水分。塔釜物料与脱异丁烷塔来的循环异丁烷、压缩机系统来的冷剂异丁烷以及酸烃分离罐来的循环烃混合冷却后，分三段进入烷基化反应器。

反应器为多级多段静态混合烷基化反应器(见图 11-7)，反应器内部装有特殊结构的静态混合元件。循环酸烃、进料混合烃流经混合元件时，被切割、合并、导流从而形成酸烃相强制分散。硫酸作为连续相流动，烃类作为分散相被切割成为细小的液滴分散到酸相中以增大接触面积从而促进烷基化反应，酸烃混合过程无须机械搅拌。

反应器由三个反应段串联而成，每个反应段又包含三级混合内件，Ⅰ、Ⅱ级混合内件针对烷基化反应的第一步快速反应，混合强度较高，可以使进入反应器的烯烃快速分散，降低副反应的反生；Ⅲ级混合内件比Ⅰ、Ⅱ级混合强度弱，与烷基化反应的第二步负氢离子转移慢速反应相匹配，起到了维持酸烃混合液滴粒径、增加反应停留时间的作用。烯烃进料分三段进入烷基化反应器，能够有效降低局部烯烃浓度，提高内部烷烯比，从而降低装置能耗。

烷基化反应器采用N形布置，从相分离角度来看，水平流动方向有利于酸烃两相分离，而垂直布置不容易造成酸烃两相分离。因此，垂直布置更有利于在酸烃液滴经过预混器进行分散后避免整个反应段酸烃两相分层。另外，反应器N形布置还能够有效降低反应器的垂直高度，从而降低循环酸烃泵的扬程，降低装置能耗；N形布置相比水平布置占用现场平面更小，现场管道布置更易优化。SINOALKY反应器的特点是，没有动密封，放大相对容易，单台可以达到35万吨/年，该反应器维护简单，反应器使用寿命长，克服了传统烷基化反应器维修烦琐和使用寿命短的缺点。

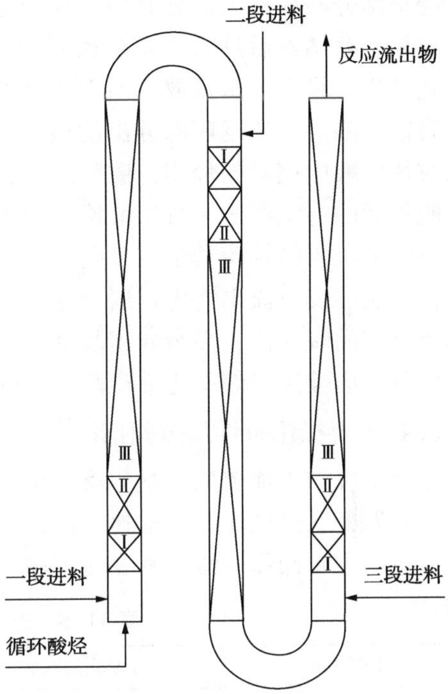

图11-7　SINOALKY烷基化反应器结构示意图

反应器出来的流出物进入自汽化酸烃分离器，自汽化分离器内件主要包括液液分布器、汽化内件和气-液分离内件。反应流出物经过液液分布器，使混合液均匀地进入汽化内件，物料在流经汽化内件时，酸烃相逐渐分离，同时随着压降的逐渐减小，部分烃相逐步开始汽化带走反应热，从而使反应流出物温度降低。自汽化酸烃分离器能快速移除反应热，通过控制自汽化分离器的压力可将烷基化反应器温度控制在0~4℃，烷基化反应温度低于传统搅拌釜式反应器，产品质量更好，酸耗更低。

离开汽化内件的气液混相物流，经气液分离内件大幅减少气相中夹带的酸烃液滴，侧线抽出气相进入压缩机系统，冷凝成冷剂异丁烷后返回反应器烯烃原料进料线。酸烃混合相在自汽化分离器底部粗分成酸烃两相，酸相循环回反应器入口，烃相进入酸烃分离罐。高效酸烃聚结分离罐采用特殊结构的聚结分离材料，分级分段的组合分离方式强化了酸烃分离的速率及分离度，酸烃分离罐的结构示意见图11-8。反应流出物分两路进入分级分段分离罐，先经整流器稳流，然后经两级聚结进行酸烃分离，分酸后的烃相中含酸量低于100μg/g。

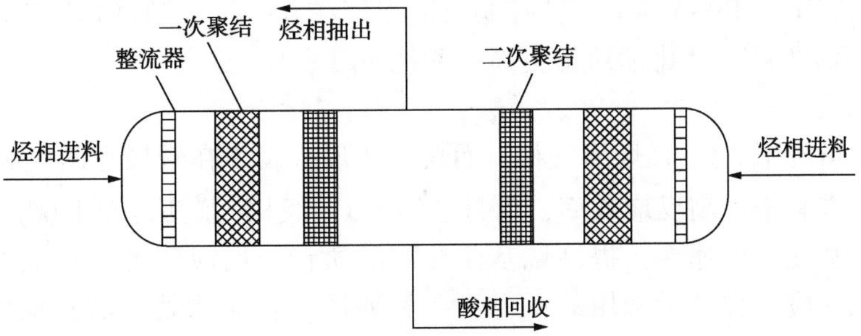

图11-8　酸烃分离罐结构示意图

经聚结分酸后的大部分烃相与反应原料混合后进入烷基化反应器，小部分烃相再经两级卧式精密聚结器后进入产品分馏系统。流出物采用聚结分离，去除传统烷基化碱洗、水洗工艺过程，没有废水排放，不消耗碱液，装置操作成本低，后续分馏系统呈“干态”，几乎无腐蚀。酸烃分离罐底部分出的酸相大部分返回反应器再利用，小部分进入待生酸脱烃罐回收待生酸中携带的烃相，脱烃后的待生酸进入待生酸脱气罐脱除待生酸中溶解的气相烃，脱气后的待生酸送至待生酸罐。脱出的气相烃经酸性气洗涤塔后并入火炬系统。

分馏系统与传统硫酸法烷基化工艺类似，可以采用单塔或者双塔分馏。如果采用双塔分馏，精制后反应流出物先进脱异丁烷，塔顶采出的异丁烷返回烷基化原料管线，来控制烷基化反应的烷烯比，多余异丁烷送出装置。塔釜物料送入脱正丁烷塔，塔顶分出正丁烷送出装置，塔釜采出烷基化油产品出界区。

（四）主要操作条件及控制指标[7]

在异丁烷与丁烯硫酸烷基化反应中，操作变量明显影响烷基化反应产物的组成和质量，比如反应温度、酸烃比、烷烯比、搅拌转速、硫酸质量分数以及反应时间等。硫酸法 C_4 烷基化反应的主要操作变量及其变化范围见表 11-5。

表 11-5　主要操作变量及其变化范围

操作变量	变化范围	操作变量	变化范围
烷烯比（体积比）	（5～15）：1	酸含量/%	88.0～99.5
酸烃比（体积比）	（1.0～1.5）：1	反应温度/℃	−5～15
搅拌速率/（r/min）	1000～3000（实验室），500～600（工业）	反应时间/min	1～20

1. 反应温度

硫酸烷基化反应要求比较低的反应温度，反应温度一般在−5～15℃，设计反应温度一般采用−3～10℃。有研究表明，在烷基化反应过程中，提高反应温度会增加烷基化产品中低支链结构产物的含量，导致烷基化油辛烷值的降低；降低反应温度能够有效地抑制聚合反应和其他不利的副反应，烷基化油的质量和收率提高。但这并不代表硫酸烷基化反应可以无限制地降低反应温度，对于搅拌釜式反应器，当反应温度降低到 4℃以下时，由于硫酸的黏度已经比较大，此时很难保证酸烃的良好乳化，若反应温度越低，导致反应结果越差，DuPont STRATCO® 工艺一般控制反应温度在 7℃左右。非搅拌釜式反应器可以将烷基化反应温度降至 0℃左右，SINOALKY 工艺控制反应温度在 0～4℃，CDAlky® 工艺控制反应温度在−3℃左右，因而所得烷基化油质量更高，酸耗更低。

2. 反应压力

常温、常压情况下，C_4 轻烃为气相，而烷基化反应发生在酸烃界面，液相 C_4 与酸相催化剂混合，不但有利于提高反应效率，而且会增大 C_4 烃相（尤其是异丁烷）在酸相中的溶解度，从而加快烷基化反应速率，提高烷基化油产品质量。反应压力对反应产物分布的影响差别很小，因此反应过程中所采用的压力只要保证烃类反应物处于液相就可以。传统搅拌釜式反应器的反应压力为 0.45MPa（G），SINOALKY 反应器压力在 0.2～0.8MPa（G），CDAlky® 反应器压力在 0.1～0.4MPa（G）。

3. 烷烯比

烷烯比是影响硫酸烷基化反应器内异丁烷浓度的一个重要因素，而异丁烷在反应器内烃相中的浓度是完成烷基化反应过程的动力。酸相在反应器中循环，烃相异丁烷的浓度涉及酸烃相界面异丁烷的浓度及对酸相界面的重新饱和，这对烷基化反应有着重要的影响。

提高反应器中的异丁烷浓度，需要大量的异丁烷进行循环，异丁烷的循环量也构成了烷基化装置的主要能耗。但是，要保持反应区过高的异丁烷浓度，势必造成大量的异丁烷在装置内循环，装置能耗大幅上升。最终控制反应区中异丁烷浓度，即装置的烷烯比，是烷基化油产品质量与装置能耗平衡的结果。这里所说的烷烯比是指反应原料与循环异丁烷和冷剂异丁烷混合总烃中异丁烷与总烯烃的比值(体积比)，也就是烷基化反应器进料烷烯比，又称为外比。

工业实践也证明，反应流出物烃相中异丁烷最低安全浓度为62%~70%(体积分数)。低于这个浓度，反应区中可能发生较多的聚合反应；高于这个浓度，则每提高10%，烷基化油的辛烷值(*MON*)可提高0.5~0.7个单位。随着反应器内异丁烷浓度的升高，烷基化油的质量提高，而酸耗也会相应降低。一般说来，最为理想的反应条件下，即在较高烷烯比的条件下(如大于20)，烷基化油的辛烷值会逐渐接近100，实际生产中烷烯比控制在6~10比较适宜。

4. 酸烃比

烷基化反应的影响因素非常复杂，烷基化反应机理中各个步骤的影响因素也很复杂，但公认的是，异丁烷向酸相界面的传质步骤是决定硫酸烷基化反应的速控步骤。因此，烷基化反应器中酸烃乳化的程度、酸烃混合的酸烃粒子的大小(酸烃接触总界面的大小)均是非常重要的操作变量。

对一个设计好的烷基化反应器而言，酸烃比(烷基化反应器内酸相与烃相的体积比)对酸烃接触总界面有着重要的影响，是影响C_4烷基化反应的重要因素之一。有研究表明，在硫酸烷基化反应中，当酸烃相互分散乳化时，如果硫酸的量太少，不能形成以硫酸为连续相、烃为分散相的乳化液，则烷基化油的质量差，而且酸耗大。形成酸为连续相的酸烃比，一般在1∶1左右。但由于酸的类型(新酸、待生酸)、酸的浓度、烃类原料的组成以及反应器内部结构等因素的影响，形成酸连续相所需要的酸烃比可能会不同。硫酸法C_4烷基化反应属于液-液非均相反应，酸烃比反映了酸相和烃相及连续相和分散相的操作情况，当酸烃比大于1.0时，硫酸为连续相，而烃相为分散相，由于硫酸黏度、表面张力较大以及酸烃相密度差较大，使得处于分散相的烃类不容易聚集而从酸相中分离出来。当酸烃比小于1.0时，烃相为连续相，而酸相为分散相，将会影响烷基化反应过程中的传质与传热。硫酸烷基化反应中酸的过量是有益的，可以形成以硫酸为连续相的混合相。当然，也不能说酸烃比越大越好，酸烃比的大幅增加，不但降低了装置处理量，还会增加装置能耗。工业生产中一般控制酸烃比在(1.0~1.2)∶1。

5. 搅拌转速

一般认为，决定硫酸烷基化反应速率的控制步骤是异丁烷向硫酸酸相的传质，因此酸烃乳化程度对烷基化反应过程影响很大。由于硫酸的黏度较大，异丁烷在硫酸中的溶解度又低，酸烃相密度相差近 3 倍，因此酸烃的分散和传质相对比较困难。

传统搅拌釜式烷基化反应器采用搅拌桨进行酸烃相的混合乳化，搅拌功率越高，反应器内酸烃乳化程度越好，所得烷基化油辛烷值越高。有研究表明，采用同样的反应器，反应器的搅拌功率提高 25%，所得烷基化油的辛烷值（*MON*）提高 1 个单位。第二次世界大战期间，硫酸烷基化反应器的搅拌功率仅为 0. 64kW/（d·t）烷基化油；到了 20 世纪 80 年代，搅拌釜式反应器的搅拌功率上升到了 1. 2～1. 3kW/（d·t）烷基化油。虽然搅拌功率的增加有利于烷基化油产品质量的提高，但搅拌功率过高会增加装置能耗，同时使酸烃乳液过度乳化，带来了反应流出物精制的困难。

在搅拌釜式反应器确定的情况下，搅拌转速是影响传质速率和酸烃乳化程度的一个非常重要的操作变量。搅拌转速的提高，可以提高酸烃乳化的程度，促进异丁烷向硫酸相的传质，减少烯烃分子之间反应的机会，从而提高烷基化反应中三甲基戊烷的选择性，由此提高烷基化油的质量。工业运行经验表明，对于杜邦卧式偏心搅拌釜式反应器，搅拌转速在 500～600r/min，酸烃相的乳化就比较合适。

传统搅拌釜式烷基化反应器酸烃相采用内循环方式循环，仅取出一小部分进行酸烃相的分离，而非搅拌釜式反应器多采用酸烃相外循环的方式进行酸烃相的循环。酸烃循环量越大，烷基化反应的内比越大，烷基化反应的选择性越好，产品质量也会越高，但酸烃循环量过大会导致动力消耗高，影响装置经济性。根据操作经验，如果循环酸相中含有20%～30%的烃相，会有利于烷基化反应器内的酸烃相的混合，不仅能降低装置的酸藏量，而且可以降低新酸补充量，从而降低装置酸耗。

6. 硫酸质量分数

不同的硫酸质量分数对烷基化油的辛烷值和收率都有显著的影响。有研究表明，对 1-丁烯和 2-丁烯而言，最佳的硫酸质量分数为 96%～97%，异丁烯的最佳硫酸质量分数为 98%。但由于 SO_3 能够和异丁烷发生反应，质量分数 100%的硫酸或发烟硫酸不适合用于烷基化反应。一般对于混合烯烃原料来说，如果将硫酸质量分数从 89%提高到 94%，烷基化油的辛烷值可随不同的反应条件提高 1. 0～1. 8 个单位。这是因为在不同的酸质量分数反应条件下，所生成的烷基化油的组成有很大区别。随着烷基化反应的进行，逐渐产生了酸溶性油（ASO）和杂质并污染硫酸相，致使硫酸相硫酸质量分数降低，酸相内酸溶性油和杂质增加导致烯烃的二聚、三聚、断裂、歧化等副反应加剧，最终导致轻烃与重烃组分含量的升高，从而影响烷基化反应产物的分布。当然，烷基化油的组成还和其他反应条件有很大关系。研究证明，硫酸质量分数也不是越低越好，在烷基化反应温度下，随着酸质量分数的下降，烷基化油收率也出现下降。但这种下降开始不明显，只有当酸质量分数低于 85%时，烷基化油收率才开始明显下降。

工业生产过程中，通常向反应器中加入的新鲜硫酸质量分数为 98%～99. 5%，由于被原料中所含的水和副反应生成的水所稀释，以及酸溶性油的生成，使酸在使用过程中浓度逐渐降低。为了节约硫酸并保证烷基化油质量，排出待生酸的质量分数一般为89%～91%。

7. 反应时间

与酸烃的分散状况相比，酸烃接触时间对反应产物的收率和质量的影响要小得多。有研究表明，酸烃接触后物流达到稳态，需要 5～20min，当然这和酸烃比、酸烃混合强度、酸烃分散状态也有很大关系。如果酸烃接触时间小于反应达到稳态的时间，反应尚未完成，对烷基化油收率和质量都将产生不利的影响。但反应时间过长，不仅影响装置处理能力，也会对烷基化反应产生不利影响。

通常情况下，烷基化反应的原料为混合 C_4，各种烯烃的最佳反应时间不尽相同。为了保证烯烃尽可能地发生烷基化反应并反应完全，实际工业生产中物料在烷基化反应器的停留时间要比烯烃的最佳反应时间长，有些烷基化反应器的设计停留时间可以达到 20min 左右，这也与反应器的内构件设计有很大关系。一旦反应器设计定型，物料在反应器内停留时间基本确定，仅与操作条件有关。

(五)产品性质

一般来说，以异丁烷和 C_4 烯烃为原料生产烷基化油产品，并作为汽油调合组分，其主要性质如表 11-6 所示。

表 11-6　产品主要性质

项　目	指标	项　目	指标
辛烷值 *RON*	94~98	终馏点/℃	≤205
蒸气压(雷德法)/kPa	30~60	铜片腐蚀/级	1a
密度/(g/cm^3)	约 0.69	硫含量/(μg/g)	<10

(六)SINOALKY 工艺工业应用

国内外研究机构投入大量的人力、物力和财力来进行硫酸烷基化工艺的改进和提高，并取得了重要进展。这些工作主要集中在以下几个方面：①采用新的反应器或对原有反应器进行改进，以提高烷基化反应效率，使反应能力和产品质量得到大幅度提高。比如，DuPont 公司大量使用静态混合器和聚结介质，使酸沉降罐、产物酸碱水洗等罐的体积大幅减小；减少换热管束直径及 PVC 内插件技术提高了换热效率。②开发新型的反应流出物处理工艺。比如，CDTECH 公司采用多级聚结器脱酸工艺取消传统工艺中的酸碱水洗流程，杜绝了反应流出物处理的废碱液排放。③开发硫酸催化剂的添加剂，可降低硫酸的腐蚀性和酸耗，并提高产品的辛烷值和收率。经过多年的研究开发，硫酸烷基化技术无论在烷基化油产品质量、装置酸耗、装置能耗方面还是在装置安全性、装置环保水平方面都比早期的硫酸烷基化技术具有了显著的进步。

中国石化从改善传统烷基化反应器搅拌机封、内部换热列管易发生泄漏、换热效率低、反应流出物精制工艺流程复杂、废碱排放量大等方面入手，开发出新型的硫酸烷基化 SINOALKY 工艺技术。2018 年首套采用 SINOALKY 技术的 20 万吨/年硫酸烷基化工业示范装置在中国石化石家庄炼化分公司投产。与 SINOALKY 技术配套，石科院还研发了一种新型硫酸添加剂 XH-01[12]。间歇小试实验结果表明，添加 1%(以下均为质量分数)的新型添加剂后，烷基化产物中 C_8 组分比添加前增加了 9.73 个百分点，正在准备工业应用。

首套烷基化装置采用醚后 C_4 为原料，反应原料组成见表 11-7。

表 11-7　装置反应原料质量组成　%

项　目	实际值	设计值	
		醚后 C_4	酯后 C_4
丙烷	0.857	0.125	—
丙烯	0.070	0.005	—
异丁烷	49.975	44.220	69.350
正丁烷	14.690	10.850	24.800
反丁烯	13.160	12.820	1.300
1-丁烯	10.220	14.370	0.830
异丁烯	1.900	0.190	0.220
顺丁烯	8.910	17.150	3.500
异戊烷	0.074	0.020	—
正戊烷	0.089	—	—
1，3-丁二烯	0.055	0.250	—
总丁烯	34.190	44.530	5.850

装置主要工艺运行参数及结果见表 11-8。

表 11-8　装置主要工艺运行参数及结果

项　目	工况 1①	工况 2②	设计值
原料进料量/(t/h)	28.2	33.5	28.03
预加氢反应器入口温度/℃	51.4	51.2	45.0
脱轻烃塔压力/MPa(G)	1.77	1.77	1.72
脱轻烃塔塔底温度/℃	103.0	104.0	103.0
烷基化反应器入口温度/℃	0	0.4	0
压缩机入口压力/MPa(G)	0.016	0.018	0.02
脱异丁烷塔塔底温度/℃	134.0	133.0	126.0
脱正丁烷塔塔底温度/℃	130.0	131.5	163.0
烷基化油性质			
馏程/℃			
初馏点	44.5	43.5	≥32.0
50%回收温度	104.5	106.5	110.0
终馏点	188.5	198.0	205.0
密度(20℃)/(kg/m^3)	696.7	695.2	690
蒸气压(37.8℃)/kPa	46.25	42.50	35.0~50.0
水溶性酸碱	无	无	无
铜片腐蚀/级	1a	1a	1a
RON	97.0	96.5	96.0

续表

项　目	工况 1①	工况 2②	设计值
硫含量/(μg/g)	<1.0	<1.0	<5.0
酸耗/(kg/t)	60.5	58.9	60.0
能耗/(kgEO/t)	—	98.5	136
能耗/(kgEO/t)③	—	143	145

① 装置进料满负荷。

② 装置产量满负荷。

③ 国内某 30 万吨/年搅拌釜式硫酸烷基化装置典型数据。

由表 11-8 可以看出，在工况 1 和工况 2 的情况下，烷基化反应器入口温度控制在 0~0.4℃，烷基化油产品质量合格，*RON* 为 96.5~97.0，硫含量小于 1.0μg/g；工况 2 条件下，酸耗为 58.9kg/t，能耗为 98.5kgEO/t，优于装置设计值。

装置投产以来，烷基化反应器运行稳定，烷基化反应器入口温度始终保持在 0℃左右。自汽化酸烃分离器快速取热、酸烃分离稳定，满足烷基化反应工艺需要。采用高效酸烃聚结材料进行反应流出物中的酸烃分离，去除了传统工艺中的酸洗、碱洗、水洗工艺过程，简化了工艺流程，大幅减少了装置废水排放量。SINOALKY 烷基化技术具有工艺流程简单、反应器易维护、低酸耗、产品质量好的特点，这标志着我国具有自主知识产权的硫酸烷基化技术工业推广应用取得了重大成果。国内已有 3 套采用 SINOALKY 工艺的烷基化装置投产。

(七)烷基化待生酸裂解技术

烷基化待生酸是一种黑褐色或褐色的黏稠液体，具有特殊的刺激性气味。烷基化待生酸中含有多碳烯烃、二烯烃、硫酸酯、烷基磺酸、硫化物、油和水等杂质，含量范围在 10%~15%[13]。

若不经处理直接排放会对厂区周边的环境造成巨大的破坏，因此对于待生酸的处理就显得格外重要。

多年来，国内外对烷基化待生酸的处理采用过多种多样的技术，但最为成熟的是烷基化待生酸裂解技术。目前采用较多的烷基化待生酸裂解再生工艺有两种[14,15]：一是“干法”再生，主要包括杜邦 MECS SAR 工艺、中国石化南化集团研究院(南化院)工艺和中国石油寰球辽宁公司工艺；另一种是“湿法”再生，主要代表是丹麦托普索公司 WSA 工艺和奥地利 P&P 公司的 SOP 工艺。湿法技术再生的硫酸产品浓度为 96%~98%，满足装置循环使用要求；干法技术再生的硫酸产品浓度为 98%~99.2%，达到了 GB/T 534—2014《工业硫酸》执行标准。湿法技术和干法技术排放都能达到 GB 31570—2015《石油炼制工业污染物排放标准》。从产品浓度、产品杂质含量看，干法再生技术比湿法再生产品质量更高；从投资、检修、长周期运行方面综合看，国内干法技术已经比较成熟，逐步取代国外技术。

1. 反应机理

烷基化待生酸裂解再生工艺以天然气(或其他燃料气)为燃料，在裂解炉中约 1100℃的高温下将硫酸热裂解为 SO_2、O_2、H_2O 以及少量 SO_3，待生酸中有机物完全燃烧后生成

CO_2和H_2O，裂解炉产生的含SO_2高温烟气经余热回收后副产中压蒸汽，降温后的烟气送至净化工序进一步降温和除尘，然后经电除雾器除去酸雾后进干燥塔脱除烟气中含有的水分。干燥后的烟气在转化单元钒触媒作用下催化氧化生成SO_3，然后送入吸收塔用浓硫酸吸收炉气中的SO_3，最后得到99.2%的成品酸，吸收后的尾气经过处理后达标排放。待生酸裂解再生工艺主要由裂解、净化、干吸、转化四个单元组成，各单元反应原理如下：

裂解：
$$H_2SO_4 \longrightarrow SO_2+H_2O+1/2O_2$$
$$C_nH_m+O_2 \longrightarrow CO_2+H_2O$$

吸收：
$$SO_3+H_2O \longrightarrow H_2SO_4$$

转化：
$$SO_2+V_2O_5 = SO_3+V_2O_4$$
$$2SO_2+V_2O_4+O_2 = 2VOSO_4$$
$$2VOSO_4 = V_2O_5+SO_2+SO_3$$

2. 工艺流程

南化院开发的“干法”烷基化待生酸裂解再生技术工艺流程如图11-9所示。

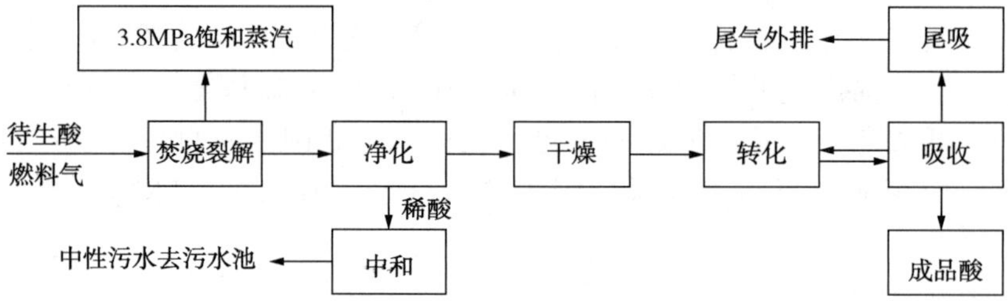

图11-9 “干法”待生酸裂解再生工艺流程示意图

来自界区的待生酸进入待生酸喷枪，通过净化压缩空气的雾化作用，将待生酸充分雾化后喷入待生酸裂解炉内。来自界区的燃料气通过设置在待生酸裂解炉前端的主燃烧器喷入炉内与助燃空气混合后燃烧。环境空气经风机升压后，经过蒸汽加热器预热，再与出余热锅炉的高温炉气进行换热后，送入主燃烧器，与燃料气充分混合燃烧放热，为待生酸焚烧裂解提供热量；部分燃料气及空气进入设置在炉体中部的副燃烧器，补充炉体热量损失并控制炉气出口温度。出待生酸裂解炉的含SO_2高温烟气经过余热锅炉及空气预热器换热后送至净化单元。

由裂解单元来的温度约380℃的炉气，进入净化单元的高效增湿洗涤器，循环洗涤液为浓度5%~10%的稀硫酸，在洗涤器内炉气经过绝热增湿过程大幅降温并除去大部分渣尘杂质，然后进入净化单元的填料冷却塔，进一步降温除尘。出填料冷却塔的气体温度降至40℃左右，再经一级、二级电除雾器除去酸雾，出口气体中酸雾含量$<5mg/m^3$。

来自净化单元的炉气，补充空气调整SO_2浓度，在干燥塔内除去绝大部分水分，送至转化单元主风机。干燥塔塔底循环酸由循环泵送至酸冷却器降温，降温后的循环酸大部分送至塔顶喷淋干燥炉气，其余送至一吸塔循环槽。干燥后的烟气进入SO_3转化器，转化后SO_3气体进入一吸收塔用浓硫酸对SO_3进行吸收。将吸收后的气体再次返回转化器中进行二次转化，将剩余的SO_2转化成SO_3后，进入二吸收塔进行二次吸收。在一、二吸收塔底部得到浓度在99%以上的浓硫酸，尾气从二吸收塔的塔顶排出。

3. 主要操作条件及控制指标

南化院待生酸裂解装置主要操作条件及控制指标见表11-9。

表11-9　装置主要操作条件及控制指标

序号	项目	指标	序号	项目	指标
1	90%硫酸裂解温度/酸性气裂解温度/℃	~1050	10	出酸冷器酸温度/℃	~55
2	裂解炉内氧气浓度/%	2~4	11	干燥塔出口炉气含水/(g/m^3)	<0.1
3	余热锅炉汽包压力/MPa(G)	3.8	12	排放尾气SO_2含量/(mg/m^3)	≤50
4	空气预热器出口炉气温度/℃	350~380	13	排放尾气酸雾/(mg/m^3)	≤5
5	填料洗涤冷却塔出口炉气温度/℃	~40	14	转化器一段入口触媒层温度/℃	410~430
6	电除雾器出口酸雾/(mg/m^3)	≤5	15	转化入口SO_2浓度/%(体)	7~8
7	干燥塔酸温度/℃	~45	16	转化器一段出口温度/℃	<600
8	干燥塔酸浓度/%	92.5~93.5	17	转化器四段入口触媒层温度/℃	400~440
9	吸收塔酸浓度/%	98~99			

4. 产品性质

再生后的浓硫酸产品性能指标达到《工业硫酸》(GB/T 534—2014)技术指标中优等品的要求。具体指标见表11-10。

表11-10　再生后浓硫酸技术指标

指标名称	优等品	指标名称	优等品
硫酸含量/%	≥98.0	铅(Pb)含量/%	≤0.005
灰分/%	≤0.02	汞(Hg)含量/%	≤0.001
铁(Fe)含量/%	≤0.005	透明度/mm	≥80
砷(As)含量/%	≤0.0001	色度	不深于标准色度

5. 工业应用

南化院开发的具有自主知识产权的烷基化待生酸裂解再生技术，延续了干法裂解再生工艺成熟、稳定、安全可靠等优点，并采用专利设备——待生酸裂解炉，使得裂解反应更加高效、充分；采用空气预热技术，充分回收烟气余热，大幅度降低装置能耗。同时，由于实现技术和装备的完全国产化，大幅度降低装置建设和维护费，具有很强的市场竞争力。截至2020年年底，采用南化院烷基化待生酸裂解再生技术的装置有中国石化天津分公司、洛阳分公司、中科炼化等40余家。

二、离子液烷基化[16]

离子液体是指在室温或接近室温下呈液态，完全由阴、阳离子所组成的盐。离子液体作为一种新型的催化剂和溶剂，在20世纪末和21世纪初得到了众多研究学者的关注。在催化领域，酸性离子液体作为一类新型环保催化剂受到越来越广泛的关注。可用于C_4烷基化反应的离子液体主要有氯铝酸型、改性氯铝酸型、氯铝酸复合型和非氯铝酸型四类离子液体。氯铝酸型离子液体酸强度高，被最早应用于催化 C_4烷基化反应研究，也是各国学者研究最多的一类离子液体[17]。中国石油大学(北京)在离子液体催化 C_4 烷基化方面进行研究与开发，并于 2013 年实现工业化。2016 年，美国 UOP 公司向 Chevron 公司购买了 ISOALKY 离子液烷基化技术。据称，Chevron 公司已在其美国犹他州的盐湖城炼油厂对该工艺小型示范装置进行了 5 年的运转试验，证实该工艺工业化的可行性。2019 年 4 月，UOP 公司宣布，中化弘润将在其炼化装置中采用 ISOALKY 离子液烷基化技术。

(一)反应机理[18]

在常规氯铝酸离子液体烷基化的研究过程中，人们发现，酸性氯铝酸离子液体与浓硫酸或氢氟酸相比具有可相匹敌的强酸性且腐蚀性低，具有较高的 C_4 烷基化催化活性。常规氯铝酸离子液体反应机理与 $AlCl_3$的催化过程近似，它们都可以利用正碳离子反应机理予以解释。在 $AlCl_3$催化下，通过烯烃生成正碳离子应是烷基化反应快速进行的根本原因。常规氯铝酸离子液体存在 Lewis 酸和 Brønsted 酸两种强酸中心：$Al_2Cl_7^-$阴离子具有强 Lewis 酸酸性；当有 HCl 存在时，还具有超强酸 Brønsted 酸酸性，这使得常规氯铝酸离子液体具有较高 C_4 烷基化活性，但同时也导致了聚合和分解副反应增多。常规氯铝酸离子液体阳离子对其酸性几乎没有影响，而调变 $AlCl_3$摩尔分数并不能改变氯铝酸离子液体的酸性阴离子结构，即酸性来源及性质没变，仅改变了离子液体中强酸的量，这是导致 C_8选择性没有本质改善的根本原因。因此，要改变常规氯铝酸离子液体的酸强度，只有引入新的酸性中心或者对现有酸中心结构进行调整。

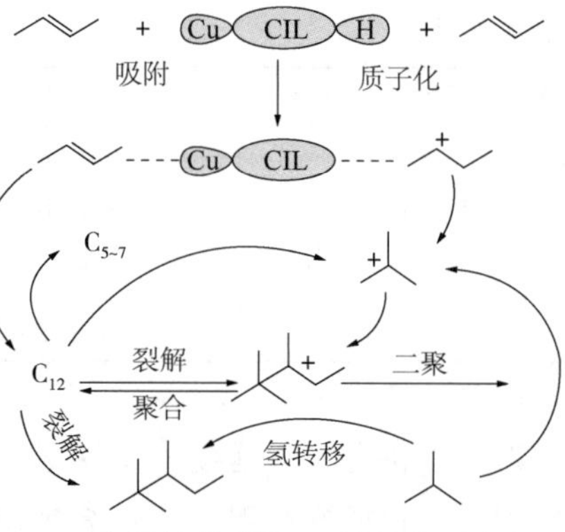

图 11-10　离子液体催化 C_4烷基化反应机理

中国石油大学(北京)[19,20]用盐酸三乙基胺($T_{E3}NHCl$)与无水 $AlCl_3$按一定摩尔比合成了含有 $AlCl_4^-$和/或 $Al_2Cl_7^-$阴离子的 $T_{E3}NHCl-AlCl_3$氯铝酸离子液体，并在氯铝酸离子液体中引入 Lewis 酸酸性较弱的金属氯化物 CuCl，合成 $T_{E3}NHCl-AlCl_3-CuCl$（CIL)复合离子液体。引入的 CuCl 能够有效地抑制烷基化过程中多聚、异构、歧化、氢转移、断裂等副反应的发生，大幅提高烷基化油中三甲基戊烷等高辛烷值组分含量。王丽红[19]等对 CIL 复合离子液体催化异丁烷与 2-丁烯的反应机理进行了研究(给出的反应机理如图 11-10 所示)，认为在离子液体中，异丁烷的自烷基化、丁烯与异丁烷的烷基化以及 C_{12}^+中间体的裂化反应，都是生成三甲基戊烷产物的主要途径。2-丁烯在离子液体中易被质子化并形成 *sec*-$C_4H_9^+$，离子液体中二甲基己烷的形成主要来自 2-丁烯与 *sec*-$C_4H_9^+$烷基化。

(二)对原料的要求与控制

不同的丁烯组成对离子液体烷基化产品的质量有着很大的影响：当用 2-丁烯和异丁烯为原料时，烷基化产品的质量很高，但当用 1-丁烯为原料时，产品中的 C_8组分接近 90%是辛烷值较低的二甲基己烷。因此，离子液体烷基化需要对 C_4 原料进行选择性加氢异构处理，使其中的 1-丁烯组分大部分异构成 2-丁烯。

由于 C_4 原料中含有的水和甲醇能够直接导致离子液体结构的破坏，二甲醚、MTBE 和含硫化合物等分子中 O 和 S 原子的孤对电子易与复合离子液体的 Al 或 Cu 形成配位，不仅影响其催化活性和选择性，而且会导致离子液体催化剂的结构受到破坏。因此，为保护离子液体催化剂，需要采用沸石干燥器严格控制原料中的水含量（<10μg/g），其余杂质组分的控制指标见表 11-11。

表 11-11　复合离子液体碳四烷基化杂质控制指标

杂质	控制指标/（μg/g）	杂质	控制指标/（μg/g）	杂质	控制指标/（μg/g）
水	<10	二甲醚	<100	总硫	<20
甲醇	<10	甲基叔丁基醚	<50		

（三）工艺流程

中国石油大学（北京）开发的复合离子液体烷基化工艺（CILA）流程示意图见图 11-11。该工艺主要包括原料预处理、烷基化反应、催化剂再生、产品分馏精制 4 个系统。

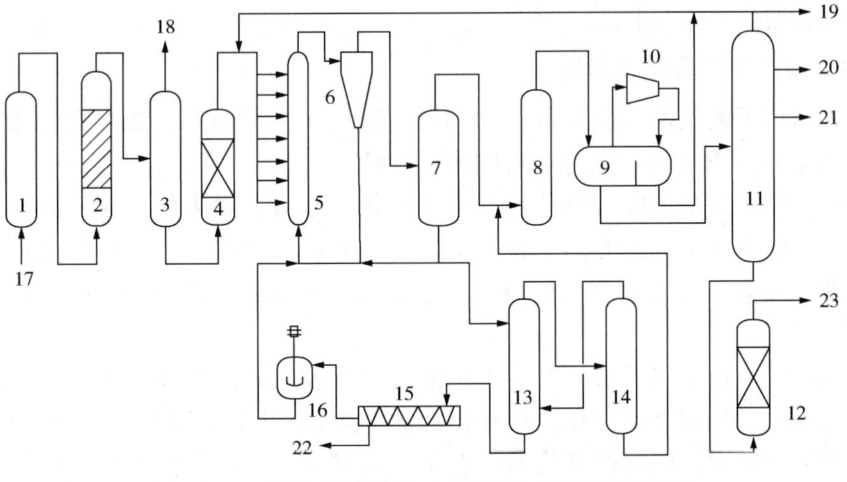

图 11-11　复合离子液体 C_4 烷基化工艺流程示意图

1—原料处理塔；2—加氢反应器；3—脱丙烷塔；4—干燥塔；5—烷基化反应器；6—旋液分离器；7—沉降罐；8—碱洗水洗塔；9—气液分离器；10—压缩机；11—脱异丁烷塔；12—脱氯塔；13—萃取塔；14—溶剂回收塔；15—液固分离器；16—再生器；17—C_4 原料；18—丙烷；19—异丁烷；20—正丁烷；21—氯代烃；22—废催化剂；23—烷基化油

（1）原料预处理系统　包括脱甲醇、脱硫、选择性加氢异构、脱丙烷和脱水干燥单元，在增强装置对原料的适应性的同时，为离子液体烷基化工艺提供优质原料。C_4 原料首先进入原料预处理塔去除其中的甲醇或硫醇等杂质，进入加氢异构反应器，将原料的丁二烯加氢为 1-丁烯，将大部分 1-丁烯异构化为 2-丁烯。加氢后的 C_4 进入脱丙烷塔，塔顶除去其中的轻烃和丙烷，脱丙烷塔底物料进入沸石干燥塔脱除水分。原料中的微量水被塔中的沸石吸附脱除，干燥后的 C_4 物料进入烷基化反应系统。

（2）反应系统　以静态混合器作为反应器并辅以多点进料保证反应器内部较高的烷烯比，在较低异丁烷循环量的前提下保证烷基化反应选择性与烷基化油品质。反应流出物进入旋液分离器以加速离子液体与烃相的快速分离，底部富含离子液体的物料进入沉降罐，底部分出的离子液体返回反应器入口，顶部流出物经碱洗水洗塔洗去溶解的痕量离子液体后进入气-液分离罐。气-液分离罐是一台带有中间隔板并有共同分离空间的卧式容器。隔板一侧供反应流出物进行气-液分离，另一侧供冷剂异丁烷进行气-液分离。分气后的反应流出物送去分馏部分进行产品分离，部分异丁烷汽化取走烷基化反应热，汽化后的异丁烷经压缩机压缩冷凝后返回气液分离罐，进行冷剂异丁烷气液分离，分气后的冷剂异丁烷返回反应器原料进料线。

（3）催化剂再生系统　采用密封卧螺沉降离心机分离体系中的固渣，采用补充氯代烃和活性组分的方式进行离子液体的再生。从沉降罐底部出来的小部分复合离子液体进入萃取塔，塔上部物料进入溶剂回收塔，回收后的溶剂进入萃取塔，溶剂回收塔底部物料返回碱水洗塔，萃取塔底部物料进入密封卧螺沉降离心机，分离出的废催化剂送出装置，回收的离子液经再生器恢复活性后返回反应系统。

（4）产品分馏精制系统　气液分离罐出来的物料进入脱异丁烷塔，塔顶分馏出大部分异丁烷返回反应器，多余的少部分异丁烷送出装置。塔中部采出正丁烷、氯代烃出装置，塔底烷基化油经脱氯后送出装置。

（四）主要操作条件及控制指标

与其他烷基化工艺类似，操作条件比如反应温度、反应时间、烷烯比、酸烃比、混合强度等对烷基化油的质量和催化剂消耗有重要影响。

（1）反应温度　反应温度对烷基化反应及产物分布有着重大的影响，离子液体烷基化的理想反应温度控制在15~25℃。反应温度高于25℃将导致烷基化油的辛烷值下降，C_{9+}重组分含量增加。反应温度低于10℃将造成离子液体黏度增加，将会导致烷基化副反应和离子液消耗量增加。

（2）反应时间　由于离子液体对异丁烷的溶解度较大，因此离子液烷基化的反应速率快，反应时间较短。反应时间过长，烷基化油的辛烷值下降比较明显；反应时间过短，会导致烯烃不能完全转化，同时烷基化油中有机氯含量增大。离子液体烷基化的反应时间一般为0.1~2min。

（3）烷烯比　众所周知，烷烯比越高对烷基化主反应越有利，烷基化油辛烷值与收率也越高，但装置能耗会相应增加，反之亦然。离子液体烷基化的烷烯比（外比）宜控制在（8~12）∶1。

（4）酸烃比　离子液体烷基化反应体系中酸相（离子液体）是连续相，烃相分散到酸相中，离子液相为连续性对烷基化反应是有利的。过高的酸烃比会导致烷烯内比下降，过低的酸烃比会导致烷基化油产品质量及酸耗的增加。离子液体烷基化的酸烃比（体积比）宜控制在1以上。

（5）离子液体活性指数　当离子液体活性指数偏高时，烷基化油中的C_5~C_7含量升高，辛烷值略减小。当离子液体活性指数偏低时，烷基化油中的C_{9+}重组分含量升高，烷基化油氯含量（脱氯前）与终馏点升高，烷基化油的辛烷值与收率降低，同时酸溶油生成量增加。活性指数一般控制在1.1~1.3。

(五)产品性质

以离子液催化异丁烷和 C_4 烯烃生产的烷基化油主要性质如表 11-12 所示。

表 11-12　产品主要性质

项　目	指　标	项　目	指　标
辛烷值 *RON*	95~98	密度(20℃)/(g/cm³)	0.696
初馏点/℃	24~40	铜片腐蚀/级	1a
终馏点/℃	187~198		
蒸气压(雷德法)/kPa	约 41.6	氯含量/(mg/L)	<5

(六)工业应用

氯铝酸型离子液体呈液态，不仅可以密闭泵输送，而且与反应物料不混溶，搅拌时呈高度分散状态，静止时与物料快速分离，依靠密度差自然沉降，这使得氯铝酸型离子液体具备了工业应用的最基本条件。国内外已有大量的离子液体催化烷基化实验室研究工作报道。异丁烷在离子液体催化剂中的溶解度高于硫酸和氢氟酸，这样使得异丁烷更易扩散发生反应，可降低反应器设计复杂性及投资成本；离子液体烷基技术不易生成乳化油，因此可使烷基化油产品与催化剂更容易分离。正是由于这些特点，中国石油大学(北京)、北京化工大学、美国辛辛那提大学、法国石油研究院、Chevron 公司及 UOP 公司等均展开了离子液体烷基化技术的相关研究。

在研究氯铝酸型离子液体催化 C_4 烷基化方面，中国石油大学(北京)开发出 CIL C_4 烷基化技术，2006 年，在兰州石化 6.5 万吨/年硫酸法烷基化装置上进行工业试验，证实了离子液体烷基化技术的可行性。2013 年，在山东德阳建成投产了 10 万吨/年的离子液体烷基化工业示范装置，离子液体烷基化工业装置主要运行数据见表 11-13。在此基础上，2018 年，中国石油哈尔滨石化 15 万吨/年复合离子液体 C_4 烷基化工业装置投产。2019 年，中国石化九江分公司、武汉分公司 30 万吨/年离子液体 C_4 烷基化装置相继建成投产。

表 11-13　离子液体烷基化工业装置主要运行数据

项　目	数　值	项　目	数　值
烷烯比	(8~12)：1	产品 *MON*	92~94
反应温度/℃	15~25	产品杂质	微量含氯
反应时间/min	0.1~2	酸耗/(kg/t)	~3
产品 *RON*	95~98.5	能耗/(kgEO/t)	~135

三、固体酸烷基化

固体酸烷基化工艺以固体酸作为催化剂，具有腐蚀性小、环境友好、本质安全、催化剂易回收再生等优点。随着安全生产和环保法规的日益严格，异丁烷/丁烯固体酸烷基化绿色工艺技术在未来汽油质量升级中将引起更多重视。传统烷基化生产工艺为液体酸法，催化剂为硫酸或氢氟酸。由于液体酸本身的腐蚀性、毒性以及工艺过程的废酸泄漏对环境的危害，烷基化油生产企业面临着很大的安全、环保压力，液体酸烷基化工艺的发展和推广应用受到了一定限制。为了解决液体酸法工艺存在的上述问题，世界上的许多大型石油公司和科研机构一直致力于固体酸烷基化工艺的研究和开发，以期用环境友好的固体酸烷基化工艺替代液体酸烷基化工艺，实现烷基化工艺的绿色化[21,22]。目前开发的固体酸烷基化主要工艺技术有 SINOPEC 的 ZCA-1 工艺、UOP 的 Alkylene 工艺、Lummus 的 AlkyClean 工艺、KBR 的 K-SAAT 工艺和 Topsφe 公司的 FBA 工艺等。其中，AlkyClean 工艺和 K-SAAT 工艺已建立了工业示范装置。

（一）固体酸催化剂[23,24]

固体酸烷基化工艺的核心是性能优良的固体酸催化剂的开发。固体酸催化剂具有不腐蚀设备、便于与产物分离、对环境污染少、运输过程安全性高等优点，是理想的烷基化催化剂。固体酸烷基化催化剂主要涉及金属卤化物、固体超强酸、负载型杂多酸和沸石型4类。其中，沸石型催化剂是研究最多的固体酸催化剂。

沸石催化剂因其具有独特的酸性质与孔结构而日益受到人们的广泛重视。目前，在异丁烷/丁烯烷基化沸石催化剂方面使用最多的催化剂主要有 X 型、Y 型沸石，MCM-22、ZSM、Beta、HY 以及 USY 系列沸石等。沸石酸性质与孔道结构对烷基化反应催化活性以及反应路径具有重要影响：较高的酸密度可以加速烷基化反应的进行，提高目标产物收率以及延长催化剂寿命，但对产物转移、中间产物的生成不利，同时也会加剧积炭的形成。酸类型对于烷基化催化性能也有重要影响，中强 B 酸是烷基化反应的活性中心，并且分布在外表面附近的 B 酸是最适宜烷基化反应的位点。在沸石孔径方面，具有较大微孔的十二圆环且孔道结构规整呈线性连接的沸石有利于烷基化目标产物的生成。

沸石催化剂也存在反应失活较快的缺点，但沸石的优势在于容易再生，且再生后不损失其活性和组成结构稳定性好。目前，研究采取的解决失活问题的措施是，通过反应工艺调控手段，不断进行催化剂的再生，但这会造成操作费用的升高。因此，如何延长沸石的使用寿命，解决催化剂失活和简单快速再生问题，是目前此类催化剂在应用中急需解决的问题。

（二）反应机理[25~27]

固体酸催化异丁烷/丁烯烷基化反应过程中，正碳离子中间体的生成伴随着一系列连续与平行反应的发生，主要包括质子化反应、加成反应、分子间负氢离子转移反应、分子内氢转移反应、分子内甲基转移反应、β 断裂反应以及去质子化反应等基元反应，如图 11-12 所示。

以沸石为催化剂的过程如下：烯烃质子化是通过正碳离子过渡态进行的，正碳离子带正电荷的中心碳原子与沸石骨架中带负电的活性氧原子存在化学作用，进而形成烷氧基团，由于该烷氧基团的中心碳原子仍然带有正电荷，因而能够与可提供电子的基团发生后续反应，即与异丁烷发生负氢离子转移反应或者与烯烃发生加成反应等。其中，TBA（叔丁基烷氧基团）与异丁烷发生负氢离子转移的具体过程如下：游离态的异丁烷分子首先进入沸石孔道形成吸附态的异丁烷分子，TBA 克服一定的能垒后，形成叔丁基正碳离子的过渡态，随后该过渡态的叔丁基正碳离子与异丁烷形成共用氢原子的中间产物，并发生旋转，之后按照对称反应完成整个负氢离子转移过程。TBA 与异丁烯发生加成反应的具体过程如下：游

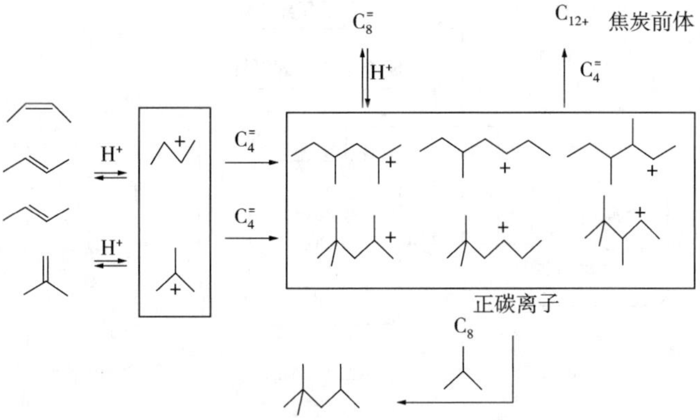

图 11-12　异丁烷/丁烯烷基化反应机理图

离态的异丁烯分子首先进入沸石孔道形成吸附态的异丁烯分子，之后，TBA 克服一定的能垒，形成叔丁基正碳离子的过渡态，过渡态的叔丁基正碳离子与异丁烯形成 C_8正碳离子并在活性位点旋转，以新的中心 C 原子吸附在活性氧原子上，最终生成 C_8烷氧基团从而完成加成反应。之后，C_8烷氧基团会发生骨架异构化、与异丁烷发生负氢离子转移等反应生成烷基化产物三甲基戊烷。另外，C_8烷氧基团也可以继续与烯烃发生加成反应，生成相对分子质量更大的烷氧基团，该烷氧基团可发生去质子化反应生成大分子烯烃吸附在活性位点，即覆盖活性位点；或者与异丁烷发生负氢离子转移反应，生成无法从催化剂孔道扩散出去的大分子烷烃，堵塞催化剂孔道。在以上情况下，催化剂都会发生活性降低，这些导致催化剂活性降低的物质被称为积炭前身物。积炭前身物不能从催化剂表面迅速脱附而覆盖在催化剂活性位或阻塞孔道，从而导致催化剂活性逐渐降低直至失活。由沸石催化烷基化反应机理可以看出，正碳离子生成是以酸中心为活性位点的反应，不同酸位点对正碳离子的吸附能力不同。氢转移反应与 B 酸性质密切相关，强化氢转移反应速率，有利于抑制或延缓催化剂失活。此外，沸石具有择形催化作用，一方面产物生成路径依赖于沸石孔道结构，另一方面沸石孔道大小也决定着产物是否容易扩散。

烷基化反应还伴随着一些包括聚合反应、歧化反应、裂解反应以及自烷基化反应等会导致烷基化油产品质量下降的副反应。沸石酸分布广泛，对包括副反应在内的不同反应均具有催化作用；同时，随着反应的进行，沸石逐渐失活使主反应发生变化，这些因素大大增加了烷基化产物的复杂性。

(三)ZCA-1 固体酸烷基化工艺流程

ZCA-1 固体酸烷基化工艺原理流程如图 11-13 所示，主要包括原料预处理、烷基化反应、催化剂再生、产品分馏精制 4 个单元部分。

烷基化原料经预处理后进入反应系统。烷基化反应部分由多台烷基化反应器组成，烷基化催化剂以固定床形式装填于反应器内。在烷基化反应条件下，反应器内的反应物料为液相状态。

在烷基化反应过程中，由副反应生成的大分子烃类逐渐覆盖催化剂表面的酸性中心或堵塞催化剂孔道，致使催化剂活性逐渐下降。这类大分子烃类通常被称为积炭前身物，积

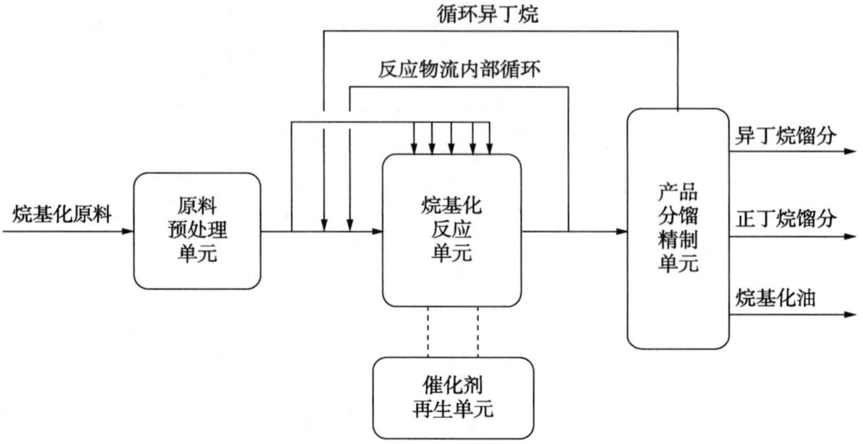

图 11-13　ZCA-1 固体酸烷基化工艺原理流程示意图

炭前身物在催化剂表面或孔道内长时间停留后，会逐渐缩合为氢碳原子比较低的积炭，并牢固附着在催化剂表面，需要采用比较苛刻的催化剂再生方法才能脱除。通过提高氢转移速率和反应器内烷烯比、强化催化剂颗粒内部的传质，能够使异丁烷与丁烯烷基化反应的选择性更高，同时抑制催化剂结焦和延缓催化剂失活。

在采用固定床反应器的烷基化反应工艺中，采用临氢再生方法脱除催化剂上沉积的积炭前身物或积炭。烷基化反应器分别处在烷基化反应操作状态和催化剂再生操作状态，烷基化反应器以一定的时间周期在两种操作状态下切换。

烷基化反应器分为数个反应段，烷基化原料注入处于烷基化反应操作状态的反应器内，烷基化原料中的丁烯与异丁烷进行烷基化反应，生成以 C_8 为主要组成的烷基化油。由于在烷基化反应条件下，反应物料中的烯烃易于发生叠合-缩合反应，将减少目的产物三甲基戊烷的收率并使烷基化油的性质变差，也会缩短催化剂的周期寿命。因此，为了提高烷基化反应的选择性，反应物料需要具有较高的烷烯比。提高烷烯比的主要方式是，使未反应的异丁烷在反应系统内循环。循环物流主要为两股，其中一股为反应器出口物流的一部分直接循环回反应器入口，另一股为分馏塔顶分离出的异丁烷循环回反应器入口。为了降低装置的能耗，应尽可能减少分馏塔顶循环回来的异丁烷，主要靠反应器出口的循环物流调整反应物流的烷烯比。

处于再生状态的反应器内，催化剂与氢气接触，催化剂表面的积炭前身物在金属的作用下与氢气反应并得以脱除。经再生后，催化剂的活性和选择性能得到完全恢复。

反应物料由处于烷基化反应操作状态下的反应器内引出，并送至分馏塔，分馏塔底得到烷基化油，分馏塔顶为异丁烷馏分，异丁烷馏分的大部分循环回反应系统，侧线抽出正丁烷作为副产品。

（四）主要操作因素和产品性质

烷基化反应的主要操作因素有反应温度、反应压力、烷烯比和空速等，对烷基化油产品的质量和催化剂活性有重要影响。ZCA-1 固体酸烷基化反应主要条件和催化剂再生的主要条件分别如表 11-14 和表 11-15 所示。

表 11-14 反应主要条件

项 目	数据	项 目	数据
反应温度/℃	40~80	内部烷烯摩尔比	300~1 000
反应压力/MPa(G)	1.5~3.5	烯烃重时空速/h^{-1}	0.05~0.30
外部烷烯摩尔比	8~25		

表 11-15 催化剂再生的主要条件

项 目	数据	项 目	数据
再生温度/℃	150~300	再生气剂体积比	300~1000
再生压力/MPa(G)	1.5~3.5	恒温时间/h	≥2

中国石化在北京燕山分公司建成 100 吨/年固体酸烷基化侧线装置，装置已经稳定运行 4000h 以上。烷基化反应的丁烯转化率 100%，装置操作和产品质量稳定；获得的烷基化油辛烷值 *RON* 大于 96，*MON* 大于 92，50%蒸发温度小于 110℃，终馏点小于 190℃，不含烯烃和芳烃，几乎不含硫，产品性质与液体酸工艺的烷基化油性质相当。

目前，该技术已完成了实验室阶段研究和百吨级工业侧线放大试验。工业侧线装置固体酸烷基化油性质如表 11-16 所示。

表 11-16 固体酸烷基化油性质

名 称	固体酸烷基化油	名 称	固体酸烷基化油
研究法辛烷值(*RON*)	95~98	密度(20℃)/(g/cm^3)	0.695~0.700
马达法辛烷值(*MON*)	92~94	未洗胶质含量/(mg/100mL)	<0.5
馏程范围/℃	36~195	诱导期/min	>1000
蒸气压(雷德法)/kPa	45~52	硫含量/(mg/L)	<0.2

第二节 甲基叔丁基醚

一、甲基叔丁基醚(MTBE)技术概况

MTBE 生产路线有异丁烯甲醇醚化、叔丁醇甲醇脱水醚化两条路线。由于叔丁醇主要来源于共氧化法生产环氧丙烷的副产物，为有机化工过程，本节仅介绍异丁烯与甲醇醚化的 MTBE 生产技术。

异丁烯和甲醇在强酸性阳离子交换树脂作用下生成的甲基叔丁基醚是一种良好的高辛烷值汽油组分，其马达法辛烷值为 101，研究法辛烷值为 117，在汽油组分中有良好的调合效应，稳定性好，而且可与烃燃料以任何比例互溶。因此，自 1973 年首套 MTBE 工业生产装置在意大利投产后该技术便得到了快速发展。国内科研单位对 MTBE 的开发试验研究做了大量工作。1983 年建成了 5500 吨/年的工业试验装置，1986 年第一套 2.75 万吨/年 MTBE 工业装置建成投产。截至 2019 年年底，我国共有 MTBE 生产装置 200 余套，总产能

约2000万吨/年，其中规模最大的MTBE生产装置为75万吨/年，为叔丁醇与甲醇脱水醚化过程，而炼油过程规模最大的MTBE生产装置为15万吨/年。可以说MTBE是近二十几年发展最快的石油化工产品之一。

我国引进的一套4万吨/年MTBE装置中采用了美国化学研究与专利公司(CR&L)和新化学公司(Neochem)的催化蒸馏技术，该装置于1988年5月建成投产。我国科研、设计单位自行开发的MTBE催化蒸馏技术，经过不断改进，在工艺流程和催化剂装填方式上，已形成我国自己的特点。由于催化蒸馏技术具有转化率高、能耗低的优点，近年来新建的MTBE生产装置多数采用催化蒸馏技术。

二、醚化反应化学

异丁烯与甲醇在催化剂作用下生成MTBE的反应式为：

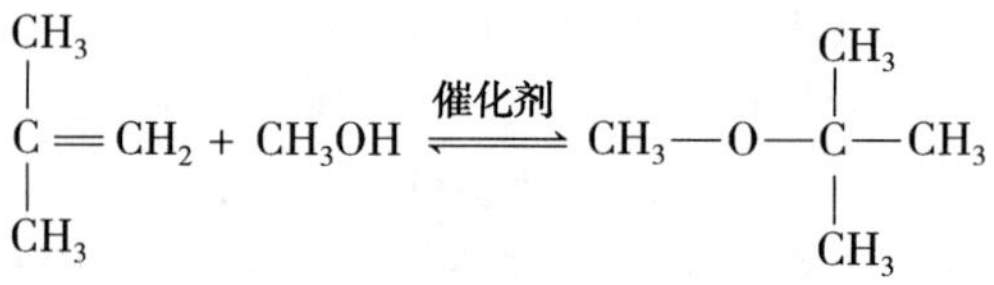

该反应为可逆的放热反应。反应温度越高，反应速率越快；反应温度越低，平衡常数越大，转化率也越高。MTBE合成反应的平衡常数如表11-17所示。

表11-17　MTBE不同反应温度下的平衡常数

项　目	1	2	3	4	5	6	7
反应温度/℃	25	40	50	60	70	80	90
平衡常数(K_c)	739	326	200	126	83	55	38

MTBE合成时主要的副反应有：

(1) 异丁烯与原料中的水反应生成叔丁醇。

(2) 甲醇脱水缩合生成二甲醚。

(3) 异丁烯聚合生成二聚物或三聚物。

控制合适的反应条件，可以减少这些副反应的产生。另外值得注意的是，MTBE合成反应的催化剂是强酸离子交换树脂，催化剂中的H^+会被异丁烯和甲醇中所含的金属阳离子置换而使催化剂失活，因此要求反应进料中的金属阳离子含量小于1μg/g。原料中若含有胺类等碱性物质，也会中和催化剂的磺酸根使催化剂失活，这类碱性物质应从原料中脱除。

原料中所含的水会与异丁烯作用生成叔丁醇，因此对原料中的含水量必须有所限制，C_4馏分的饱和含水量一般为300~500μg/g，对叔丁醇的生成量影响不大，但应脱除所含的游离水。

三、醚化工艺流程

生产MTBE的工艺流程，因对异丁烯的转化率要求和产品分离方法的不同而有所差异。现以国内自行设计建设的一套采用筒式反应器的MTBE装置的工艺流程(见图11-14)为实例进行阐述。

(一) MTBE 流程

MTBE 的工艺流程分为原料净化和反应与产品分离两部分。

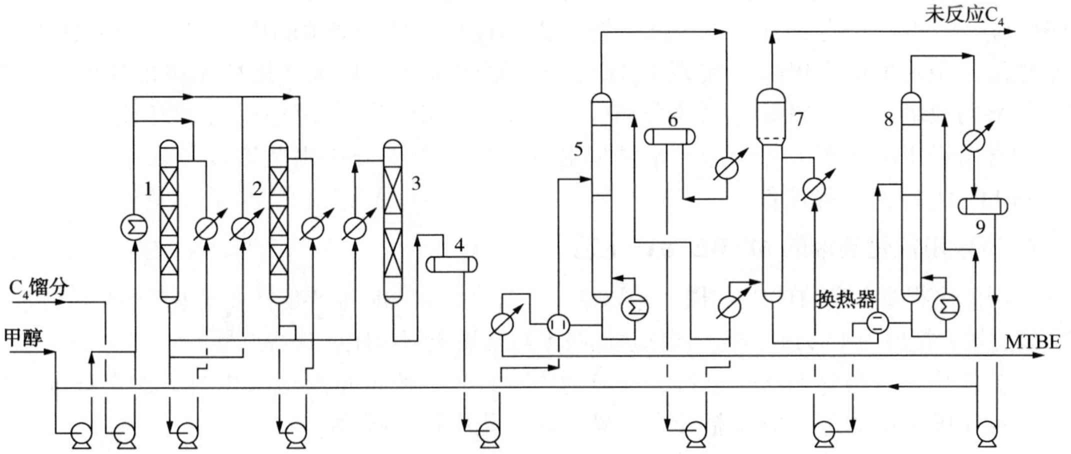

图 11-14　MTBE 装置工艺流程图

1，2—净化醚化反应器；3—醚化反应器；4—缓冲罐；5—C_4分离塔；6，9—回流罐；7—水洗塔；8—甲醇回收塔

1. *原料净化和反应*

通过原料净化可除去原料中的金属阳离子等杂质。

国内装置的净化剂采用与醚化催化剂相同型号的离子交换树脂。净化器除主要起对原料的净化作用外，尚可起一定的醚化反应作用。净化器实际上是净化-醚化反应器。装置中设两台净化-醚化反应器，切换使用。C_4馏分和甲醇按比例混合，经加热器加热至 40~50℃由上部进入净化-醚化反应器。醚化为放热反应，为控制反应温度，设有打冷循环液的设施。若需控制未反应 C_4 馏分中的二甲醚含量时，则反应出口温度不超过 65℃。

由于该装置要求异丁烯的转化深度为 90%~92%，因此只设一个反应器并在较低温度(40~45℃)下操作。当装置要求异丁烯转化率大于 92%时，需增设第二反应器，并在反应器间设蒸馏塔，用来除去第一反应器出口反应物中的 MTBE，以减少第二反应器中逆反应的生成，从而提高异丁烯转化率。

2. *产品分离*

反应流出物中含有未反应的 C_4馏分、剩余甲醇、MTBE 以及少量的副反应产物，需进行分离。根据甲醇在水中比在 C_4中的溶解度大，在一定条件下能与 C_4馏分或 MTBE 形成共沸物的特性和反应时醇烯比(甲醇与异丁烯的摩尔比)的不同，而有不同的分离流程。

1) 前水洗流程

反应产物先经甲醇水洗塔除去甲醇，然后再经分馏塔进行 C_4馏分和 MTBE 的分离。自甲醇水洗塔底出来的甲醇水溶液送往甲醇回收塔进行甲醇与水的分离。这种分离流程即所谓的“前水洗”流程，此流程操作简单，适用于各种醇烯比。其缺点是：①水洗时少量 MTBE 溶于水中，造成少量 MTBE 的损失；②从 C_4分馏塔底出来的 MTBE 中含有少量水分，需增加 MTBE 干燥设施。

2）后水洗流程

当反应醇烯比介于 1.0~1.05 时，反应流出物中的残余甲醇在一定压力下可全部与未反应 C_4馏分形成共沸物时，可采用“后水洗”分离流程，即反应流出物先经脱 C_4 馏分塔进行 MTBE 与甲醇和 C_4馏分共沸物的分离。塔底为 MTBE 产品，塔顶的甲醇与 C_4 馏分共沸物进入水洗塔，用水抽提出甲醇以实现 C_4馏分与甲醇的分离。从水洗塔底出来的甲醇水溶液，进入甲醇回收塔，进行甲醇与水的分离，塔顶出来的甲醇送往反应部分循环使用。从塔底出来的含微量甲醇的水大部分送往水洗塔循环使用，少部分排出装置以免水中所含甲醇积累。图 11-14 即为此种流程。

（二）采用催化蒸馏的 MTBE 生产工艺

我国催化蒸馏合成 MTBE 技术已很成熟[28]，新建的 MTBE 生产装置多数采用催化蒸馏技术，单套装置最大规模为 15 万吨/年。催化蒸馏技术与常规流程相比，其特点是：

（1）催化反应与蒸馏同时进行，反应物中 MTBE 的浓度在反应段中自下而上逐渐降低，从而使反应段上部的逆反应减至最小，异丁烯转化率得以提高。

（2）反应热在蒸馏过程中得到利用，节约能量。

（3）简化流程，节省投资。

混相床-催化蒸馏 MTBE 生产工艺流程见图 11-15。反应物料经预反应器，使异丁烯转化率达到 80%~90%，再经催化蒸馏塔使异丁烯转化率大于 99%。任何形式的反应器都可作为预反应器，国内以混相床反应器居多。

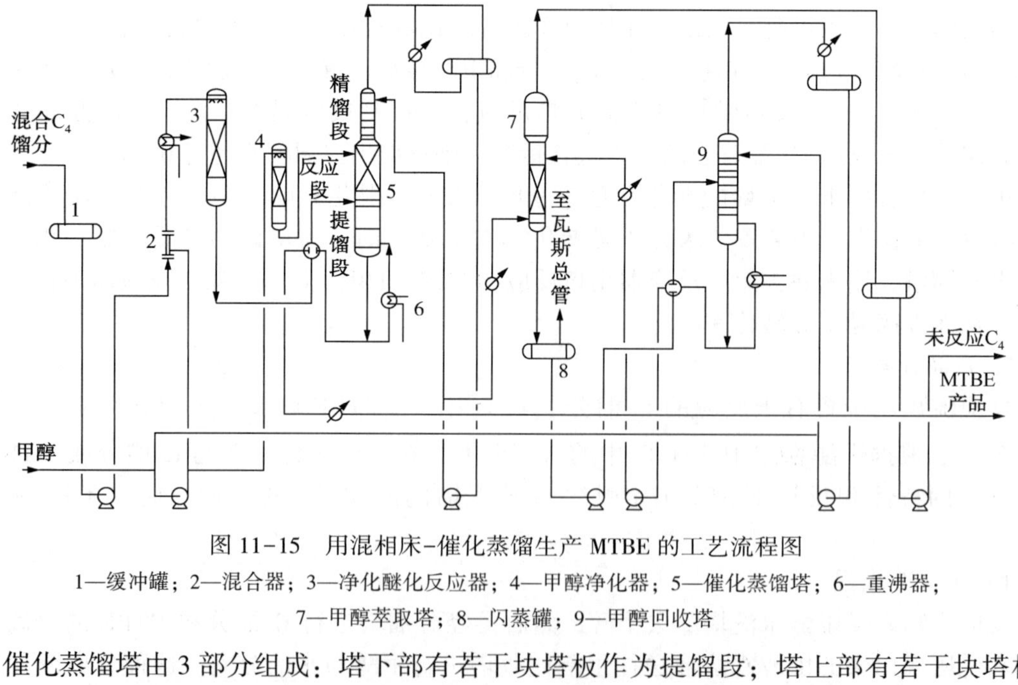

图 11-15 用混相床-催化蒸馏生产 MTBE 的工艺流程图

1—缓冲罐；2—混合器；3—净化醚化反应器；4—甲醇净化器；5—催化蒸馏塔；6—重沸器；7—甲醇萃取塔；8—闪蒸罐；9—甲醇回收塔

催化蒸馏塔由 3 部分组成：塔下部有若干块塔板作为提馏段；塔上部有若干块塔板作为精馏段；塔中部则分段装有催化剂，相邻两个催化剂床层之间至少设有一层分馏塔板。MTBE 产品从塔底采出，纯度大于 99%。未反应的 C_4与甲醇从塔顶出去，经冷凝后一部分作为塔顶回流，其余的送往水洗塔回收甲醇。

催化剂在塔内的放置方式有两种[29]。一种是催化剂散堆在床层上，床层中设有气相通道，液相物料自上部穿过催化剂床层并发生醚化反应，如图 11-16 所示。采用这种方式，塔结构比较简单，催化剂装卸方便，国内采用较多。另一种催化剂放置方式为包装式，即将催化剂包装在用多孔不锈钢板与不锈钢丝网制成的圆柱形环形空间内形成一个催化剂篮，如图 11-17(a)所示。把若干个这种催化剂篮安装在催化蒸馏塔中部反应段的塔板上，如图 11-17(b)所示，塔板上保持高液层以使催化剂篮浸没在鼓泡液层中。这种方式的优点是，催化剂使用效率较高，可以减少催化剂用量，而且传热效率高，反应温升较低；缺点是结构复杂，催化剂装卸不方便，对施工质量要求较高。

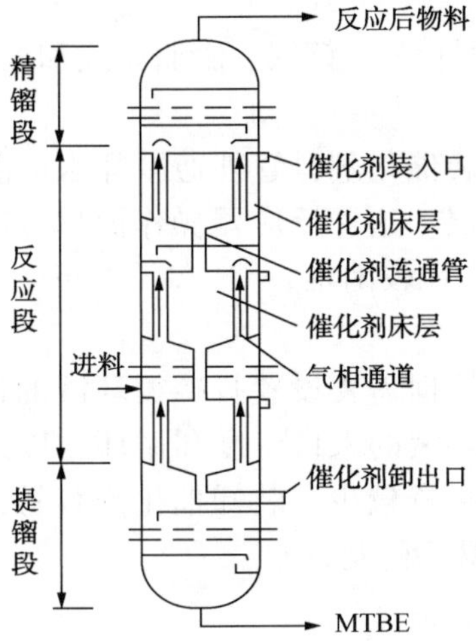

图 11-16　催化剂散装式催化蒸馏塔结构图

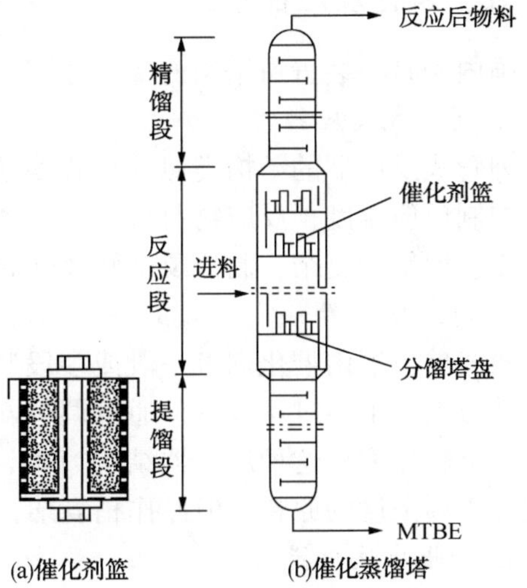

图 11-17　催化剂包装式催化蒸馏塔结构

催化蒸馏塔典型操作条件如表 11-18 所示。

表 11-18　催化蒸馏塔的典型操作条件

项　目	指标	项　目	指标
塔顶压力/MPa(G)	0.7~0.9	回流比	1.0~1.4
塔顶温度/℃	62~63	塔底温度/℃	138~144

四、醚化催化剂

MTBE 装置所用催化剂为大孔磺酸阳离子交换树脂。目前，常用的催化剂有 D005 型、D006 型、QRE 型等，其性能见表 11-19。

表 11-19　国内合成 MTBE 催化剂性能

项　目	D005 型	D006 型	QRE 型
堆积密度(干基)/(g/cm^3)	0.61	0.55	0.64
比表面积/(m^2/g)	53.59	59.77	52.34
交换容量/($mmolH^+/g$)	4.84	5.02	5.19
孔体积/(mL/g)	0.3770	0.3860	0.3576
平均孔径/nm	18.40	24.16	22.80

续表

项　目	D005 型	D006 型	QRE 型
转化率/%			
50℃，空速 $3h^{-1}$	80.96	85.16	90.70
70℃，空速 $5h^{-1}$		94.24	95.11
80℃，空速 $5h^{-1}$	92.18	92.56	93.36
粒度/mm	0.35~1.2	0.35~1.2	0.35~1.2

五、醚化反应器形式

国内 MTBE 装置所采用的反应器有 4 种形式，即列管式、筒式、膨胀床式和混相床式。

1. 列管式反应器

列管式反应器的结构类似管壳式换热器。管内填装催化剂，管外通冷却水以除去反应热，控制反应温度，反应物料自上而下通过催化剂床层。这种反应器操作简单，床层轴向温差小，但结构复杂，制造及维修较麻烦，催化剂装卸比较困难。

2. 筒式反应器

筒式反应器内催化剂可一段或多段装填，每段可根据需要设置打冷循环液的设施，反应物料自上而下通过反应器，通过调节新鲜原料与循环液的入口温度和循环比以达到所需的异丁烯转化率。这种反应器结构简单、钢材用量及投资较少、装卸催化剂容易，能适应不同异丁烯浓度的原料，但操作稍复杂，床层的轴向温差稍大。

3. 膨胀床反应器

反应物料自下而上通过膨胀床反应器，造成催化剂床层有 25%~30%的体积膨胀，因此传热较好，并可避免催化剂结块。这种反应器也具有结构简单、钢材用量及投资少、装卸催化剂容易等优点，但要求催化剂有一定的强度和抗磨能力，同时也要采取打冷循环液的措施以取出反应产生的热量。

4. 混相床反应器

混相床反应器结构与筒式反应器类似，通过控制器内压力和温度使部分反应物料吸收反应产生的热量而汽化，不需要设置外循环冷却系统，可降低能耗，节省投资。

六、醚化反应的操作条件及控制指标

(一)主要操作参数

1. 反应压力

除混相床反应器外，反应压力应使物料保持在液相状态，一般为 1~1.5MPa(G)。混相床反应器的压力，必须使反应物料处于在反应温度下的泡点状态，使部分反应物料得以汽化，因此压力较低，约为 0.7MPa(G)。

2. 反应温度

提高反应温度，可提高反应速率，但二甲醚的生成量也随反应温度的提高而增加，而且反应温度超过一定值时，还会使催化剂因结构被破坏而失活。对 QRE 型催化剂的研究发现，短时间超温至 120℃对催化剂结构影响不大，当超过 140℃，催化剂结构将被破坏。

根据放热反应的特点，反应温度越低，反应趋于平衡时异丁烯的转化率越高，因此当装置设有两台反应器时，常使一台在较高温度下操作以提高反应速率，另一台在较低温度下操作，以保证目标转化率。

3. 醇烯比

增加醇烯比可减少异丁烯生成二聚物与三聚物，但将提高产品分离部分设备的负荷与操作费用。当要求异丁烯转化率为90%~92%时，醇烯比为1~1.05(摩尔比)。当要求异丁烯转化率大于98%时，醇烯比约为1.2(摩尔比)。

4. 空速

反应空速与催化剂性能、原料中异丁烯浓度、异丁烯目标转化率、反应温度等因素有关，重时空速一般为1~2h^{-1}。

(二)操作条件及控制指标

以一段反应、后水洗流程的MTBE装置为例，其操作条件及控制指标如表11-20所示：

表11-20　MTBE装置操作条件及控制指标

项　目	指标	项　目	指标
净化-醚化反应器入口温度/℃	40~45	MTBE纯度/%	98~99
净化-醚化反应器出口温度/℃	58~60	甲醇水洗塔操作条件	
醚化反应器入口温度/℃	40	C_4馏分与水的体积比	3∶1
醚化反应器出口温度/℃	46	塔顶压力/MPa(G)	0.53
醇烯摩尔比	1.0	洗涤水温度/℃	32~34
空速/h^{-1}	1~2	塔顶C_4馏分中甲醇含量/(μg/g)	<10
异丁烯转化率/%	95.4~95.7	甲醇回收塔操作条件	
脱C_4塔操作条件		塔顶压力/MPa(G)	0.034
塔顶压力/MPa(G)	0.61	塔顶温度/℃	71~73
塔顶温度/℃	52~54	塔底温度/℃	108~109
塔底温度/℃	129~131	塔底水中甲醇含量/%	<0.1

七、产品性质与应用

(一)产品性质

工业MTBE的典型性质见表11-21。

表11-21　工业MTBE的典型性质

沸点/℃	密度(20℃)/(g/cm^3)	MTBE含量/%
52~58	0.74	>98

(二)应用研究

我国科研单位对MTBE的调合效果、理化性能和使用性能等，进行试验研究，得到结果如下[30,31]：

(1) MTBE对各种组分汽油辛烷值的计算如式(11-1)所示，其调合影响见表11-22和表11-23。

$$调合辛烷值=\frac{混合辛烷值-基础油辛烷值\times基础油百分数}{混合组分百分数} \quad (11-1)$$

表 11-22　MTBE 调合比例对不同组分辛烷值的影响

项　目	MTBE 加入量/%(体)			
	0	10	15	20
直馏轻汽油				
MON	56.2	61.6	64.6	67.9
RON	56.0	64.7	68.0	71.3
(*M*+*R*)/2	56.1	63.2	66.3	69.6
烷基化油				
MON	92.4	94.0	94.9	95.5
RON	93.4	97.1	98.9	100.7
(*M*+*R*)/2	92.9	95.6	96.9	98.1
催化裂化汽油				
MON	77.6	80.0	81.8	82.6
RON	88.3	91.6	93.3	94.4
(*M*+*R*)/2	83.0	85.8	87.6	88.5
宽馏分重整油				
MON	84.3	86.0	86.9	87.8
RON	95.4	98.6	99.6	100.9
(*M*+*R*)/2	89.9	92.3	93.3	94.4

表 11-23　MTBE 在不同组分汽油中的调合辛烷值

项　目	MTBE 加入量/%(体)		
	10	15	20
直馏轻汽油			
MON	110	114	115
RON	143	136	133
(*M*+*R*)/2	126.5	125	124
烷基化油			
MON	108	109	108
RON	130	130	130
(*M*+*R*)/2	119	119.5	119
催化裂化汽油			
MON	102	106	103
RON	121	121	119
(*M*+*R*)/2	111.5	113.5	111
宽馏分重整油			
MON	101	102	102
RON	127	123	123
(*M*+*R*)/2	114	112.5	112.5

从表 11-23 可见，MTBE 在各种组分汽油中均有良好的调合效应，其调合辛烷值均高于净辛烷值。

（2）MTBE 沸点较低(55℃)，汽油中加入一定量的 MTBE 会使汽油的 10%和 50%馏出温度略有降低，这对改善汽车的暖机性能有利。

(3) MTBE 增加了水的溶解性，属非线性增长，一般不会出现分层现象。

(4) MTBE 具有良好的化学安定性，在汽油中加入 MTBE 可提高汽油的安定性。

(5) 由于 MTBE 分子中有一个氧原子，所以发热量较烃类燃料低。汽油中加入 MTBE，热值变化呈线性关系。但是由于 MTBE 的加入使燃料的理论空燃比减小，在同样的燃烧条件下，加有 MTBE 燃料的实际消耗低于理论计算值。试验表明，MTBE 含量低于 14%的汽油，不会因 MTBE 本身的发热量低而影响发动机的动力性和经济性。

(6) 含 MTBE 的汽油有助于降低汽车排放废气中的污染物含量，可改善对环境污染。

(7) 含 MTBE 的汽油与普通烃类燃料一样，属低毒物质，对皮肤无明显的原发刺激作用。但 MTBE 在水中的溶解能力约是汽油中其他组分的 10 倍，同时它对土壤几乎没有附着力，MTBE 若不慎渗透到土壤中，会污染地下水。

第三节　轻汽油醚化

催化裂化汽油经轻汽油分馏塔分离后，轻汽油中含有大量的叔戊烯和叔己烯。催化裂化轻汽油醚化是将轻汽油中的叔戊烯、叔己烯与甲醇进行醚化反应转化为甲基叔戊基醚(TAME)和甲基叔己基醚(THxME)的过程。TAME、THxME 的辛烷值均高于对应的叔戊烯和叔己烯，因此催化裂化轻汽油醚化技术将烯烃定向转化为高辛烷值的醚类化合物，可有效降低轻汽油中的烯烃含量和提高汽油辛烷值，同时将低价值的甲醇转化为高价值的汽油，增加汽油产量[32]。

1986 年，世界上第一套催化裂化轻汽油醚化装置采用 BP 公司技术在德国沃堡石油二厂建成投产，形成最早的轻汽油醚化技术。之后，美国 CDTech、UOP、ARCO、芬兰 Neste、法国 Axens 等公司相继开发出轻汽油醚化技术[33,34]。国外开发的轻汽油醚化工艺技术不尽相同，特别在催化裂化轻汽油馏分选择上不同。

Neste 工艺将催化裂化汽油切割成轻汽油和重汽油两部分，轻汽油先经碱洗脱硫醇后进入固定床醚化反应器，在阳离子交换树脂催化剂存在下，轻汽油中的 C_5、C_6 叔碳烯烃与 CH_3OH 反应生成相应的 C_5醚和 C_6醚。

CDTech 催化蒸馏工艺先将催化裂化汽油进行选择性加氢脱除二烯烃，而后将催化裂化汽油分馏成轻汽油和重汽油。二烯烃加氢反应与蒸馏分离轻汽油在同一设备中进行，从催化蒸馏塔顶采出轻汽油，塔底采出重汽油。轻汽油经固定床进行醚化后，再经催化反应蒸馏塔深度醚化，将叔碳烯烃生成相应的醚类化合物，达到降低汽油烯烃含量，并提高催化裂化汽油辛烷值和安定性的目的。

Mobil 公司轻汽油醚化工艺是将过量的甲醇和轻汽油混合，先进行第一次醚化，然后进行分馏。轻馏分中含有甲醇和 C_5以下的烃类，重馏分中含有醚和 C_5以上的烃类。轻馏分再与甲醇进行醚化反应，生成相应的醚类化合物。其工艺特点是在第一次醚化时采用酸性催化剂，第二次醚化采用金属硅酸盐催化剂。Mobil 公司的另一种轻汽油醚化工艺是以初馏点~120℃的催化轻汽油馏分为醚化原料，并混合一定量的甲醇和氢气，先通过装有 Pd/β 沸石催化剂的临氢醚化反应器，使轻汽油中的二烯烃加氢饱和，然后再通过强酸性阳离子交换树脂催化剂进行第二次醚化，从而降低汽油中的烯烃，提高汽油辛烷值。

CDTech、Axens、UOP 等公司是国际上轻汽油醚化技术的主要供应商[35]，其中 CDTech

公司的 CDEthers 技术已有 100 多套装置采用。国内采用 CDEthers 技术相继建成南充炼化总厂 8 万吨/年、格尔木炼厂 14.5 万吨/年、乌鲁木齐石化 40 万吨/年、大连石化 100 万吨/年轻汽油醚化装置，为企业获得了较好的经济效益。

20 世纪 90 年代后期，国内抚顺石油学院、中国石油抚顺石化公司、中国石化齐鲁分公司等开发轻汽油醚化技术，取得相应成果。石化院等单位合作开展了催化裂化轻汽油醚化技术研究，形成催化裂化轻汽油醚化 LNE-1、LNE-2 和 LNE-3 系列工艺技术，在国内率先实现大规模工业应用，适时地配合了炼油厂汽油质量升级的生产技术需求，取得较好应用效果。截至 2019 年 12 月，采用 LNE 系列技术建设投产 12 套装置，年总加工能力 430 万吨，其中单套最大规模 70 万吨/年，还有 2 套装置在建设中。

(一)反应机理

催化裂化轻汽油中 $C_5 \sim C_6$ 叔碳烯烃与甲醇的反应是在液相状态下，在酸性阳离子交换树脂催化剂的作用下，$C_5 \sim C_6$ 双键位于叔碳原子上的烯烃与甲醇进行醚化反应，生成 TAME 和 THxME。其醚化反应过程如下：

C_5 叔碳烯烃的醚化反应：

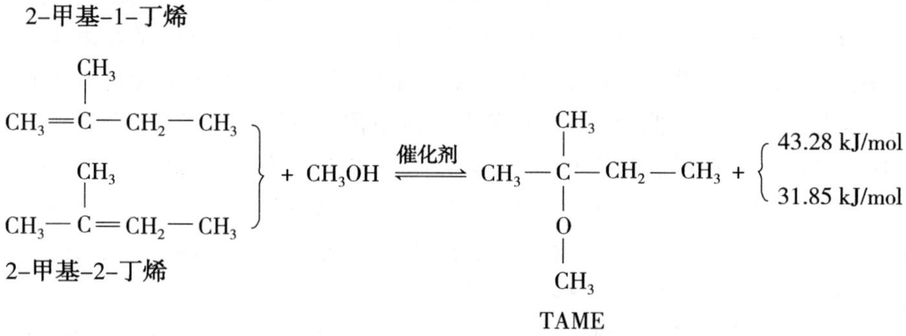

C_6 叔碳烯烃的醚化反应：

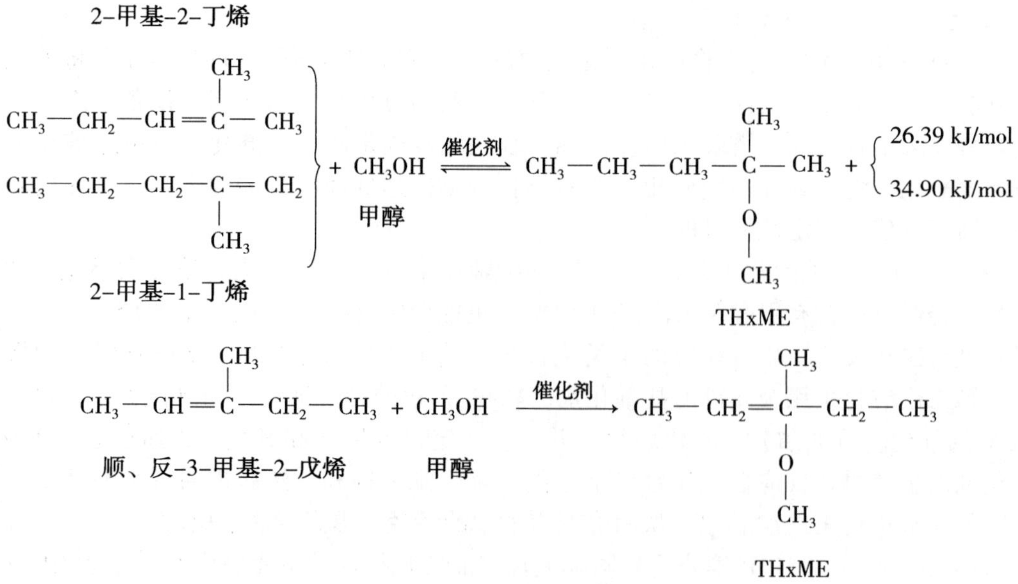

醚化反应过程为可逆放热反应，其平衡转化率受温度的影响较为显著。以合成 TAME 为例，其反应过程如下：

$$i\text{-}C_5^{=}+CH_3OH \underset{k_2}{\overset{k_1}{\rightleftharpoons}} TAME+Q$$

根据其动力学研究，反应速率为：

$$r=k_1 C_A-k_2 C_T$$

当反应温度上升时，速率常数 k 上升，转化率变大，反应受动力学控制；当反应温度达到一定值时，反应受化学平衡的限制，即受热力学控制，提高反应温度，转化率下降。

由于醚化物的 *RON* 比对应叔碳烯烃的 *RON* 高约 10 个单位，所以轻汽油经醚化后烯烃含量可降低 18~25 个百分点，*RON* 提高 2.0~2.5 个单位，蒸气压降低 15~20kPa，同时将相当于轻汽油 8%~11%的甲醇转化为高价值汽油组分，是一个汽油增量的生产过程。醚化轻汽油与重汽油调合后，可将催化裂化汽油的烯烃含量降低 6~10 个百分点，*RON* 可提高 0.7~1.0 个单位，汽油产量增加 3%~4%。

(二)对原料的要求

1. 轻汽油原料馏程的选择

催化裂化轻汽油由催化裂化全馏分汽油分馏得到，从轻汽油醚化反应动力学可知，随着轻汽油中叔碳烯烃碳原子数增加，轻汽油醚化反应速率逐渐变慢，转化率降低，反应条件也相应苛刻。同时，随着烯烃碳原子数的增加，生成相应醚的辛烷值也趋于下降。不同的醚类辛烷值见表 11-24。

表 11-24　不同醚类的辛烷值

叔碳烯烃	*RON*	沸点/℃	醚类化合物	*RON*
异丁烯	—	—	甲基叔丁基醚(C_4醚)	118
2-甲基-1-丁烯	102.5	31.16	甲基叔戊基醚(C_5醚)	112
2-甲基-2-丁烯	97.3	38.56		
2-甲基-1-戊烯	~90	62.10	甲基叔已基醚(C_6醚)	100
2-甲基-2-戊烯		67.30		
顺-3-甲基-2-戊烯		67.70		
反-3-甲基-2-戊烯		70.44		
C_7叔碳烯烃	~87	—	甲基叔庚基醚(C_7醚)	90

轻汽油中 C_7及 C_7以上的叔碳烯烃醚化转化率很低，醚化后其辛烷值提高很少。轻汽油中 C_7及 G_7 以上重组分的增加，加大醚化过程的处理量，也增加了操作成本。因此醚化原料主要选择 C_5及 C_6叔碳烯烃。故在轻汽油切割时，要尽量保证 C_5及 C_6叔碳烯烃从轻汽油分馏塔塔顶馏出，即一般选择轻汽油的终馏点不大于 75℃。

2. 轻汽油原料的一般性质

催化裂化轻汽油中可能存在的一些杂质对醚化催化剂有毒害作用，使催化剂快速失活，其主要杂质含量控制指标如表 11-25 所示。催化裂化轻汽油原料的一般性质如表 11-26 所示。

表 11-25　催化裂化轻汽油馏程及主要杂质控制指标

项　目	数据	项　目	数据
终馏点/℃	≤75	总碱性氮含量/(mg/kg)	≤10
二烯烃含量/(mg/kg)	≤300	金属离子含量/(mg/kg)	≤10

表 11-26　某装置催化裂化轻汽油原料性质

分析项目	数据	工艺要求	分析项目	数据	工艺要求
密度(20℃)/(kg/m³)	658.4	—	10%	42.0	—
硫含量/(mg/kg)	17.5	—	50%	48.0	—
硫醇硫含量/(mg/kg)	4.75	—	90%	66.0	—
碱性氮含量/(mg/kg)	1.401	≤10	终馏点	76.0	≤75
总金属离子含量/(mg/kg)	未检出	≤10	族组成/%		
二烯烃含量/(mg/kg)	未检出	≤300	烷烃	52.6	—
馏程/℃			烯烃	46.9	—
初馏点	36.5	—	芳烃	0.4	—

催化裂化轻汽油中叔碳烯烃含量如表 11-27 所示。从表中可以看出，各装置用催化裂化轻汽油原料中的叔碳烯烃含量差异较大，由于原料中可参与反应的叔碳烯烃含量不同，所以即使在基本相同的转化率下，甲醇消耗量、降烯烃幅度和辛烷值提高值均有所不同。

表 11-27　催化裂化轻汽油原料中叔碳烯烃含量　　%

装置编号	1	2	3	4	5	6
2-甲基-1-丁烯	4.04	3.68	6.69	3.77	4.09	3.38
2-甲基-2-丁烯	10.13	13.87	14.88	12.86	10.17	9.22
总叔戊烯	14.17	17.55	21.57	16.64	14.26	12.60
2-甲基-1-戊烯	1.41	0.89	1.17	1.03	1.23	1.19
2-甲基-2-戊烯	2.07	1.84	1.22	1.83	2.10	2.08
顺-3-甲基-2-戊烯	1.12	0.97	0.07	0.98	1.11	1.05
反-3-甲基-2-戊烯	1.57	1.42	0.89	1.41	1.37	1.52
总叔己烯	6.16	5.12	3.35	5.26	5.81	5.84
总叔碳烯烃	20.33	22.68	24.92	21.90	20.07	18.44

（三）工艺流程

GB 18351—2017《车用乙醇汽油(E10)》中规定，乙醇汽油中除乙醇外的其他有机含氧化合物含量(质量分数)不大于 0.5%。为此，石化院根据生产乙醇汽油和非乙醇汽油炼油厂的不同技术需求，开发了 LNE-1、LNE-2、LNE-3 三种工艺路线，均已实现工业应用。

LNE-1 工艺采用“一段一塔”流程，由一段膨胀床醚化反应、醚化产物分离及甲醇回收部分组成，不设二段醚化反应器，产品为醚化产品油和剩余 C_5，叔戊烯适度转化(70%～75%)，适用于生产部分乙醇汽油调合组分的炼油厂，工艺流程简图如图 11-18 所示。

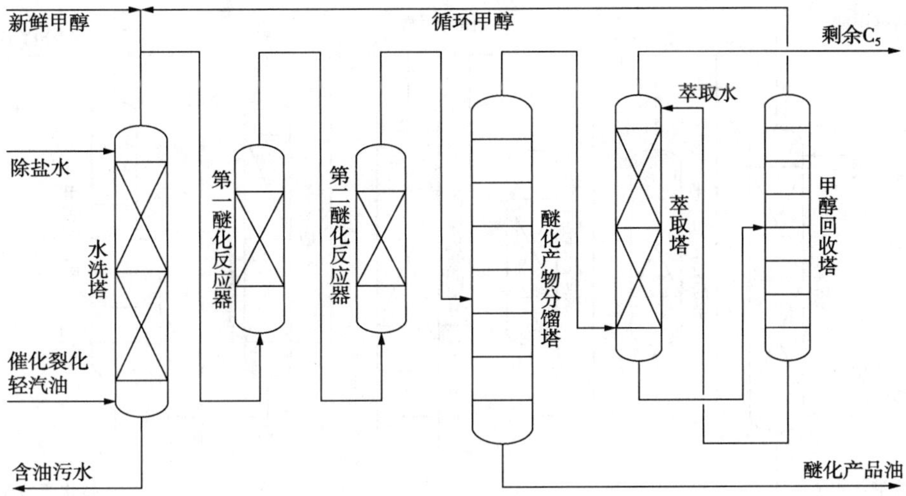

图 11-18 轻汽油醚化 LNE-1 工艺流程简图

LNE-2 工艺采用"两段一塔"流程，由一段膨胀床醚化反应、醚化产物分离、二段膨胀床醚化反应及甲醇回收部分组成，产品为醚化轻汽油，叔戊烯转化率可达 90%~93%，适用于生产非乙醇汽油的炼油厂，工艺流程简图如图 11-19 所示。

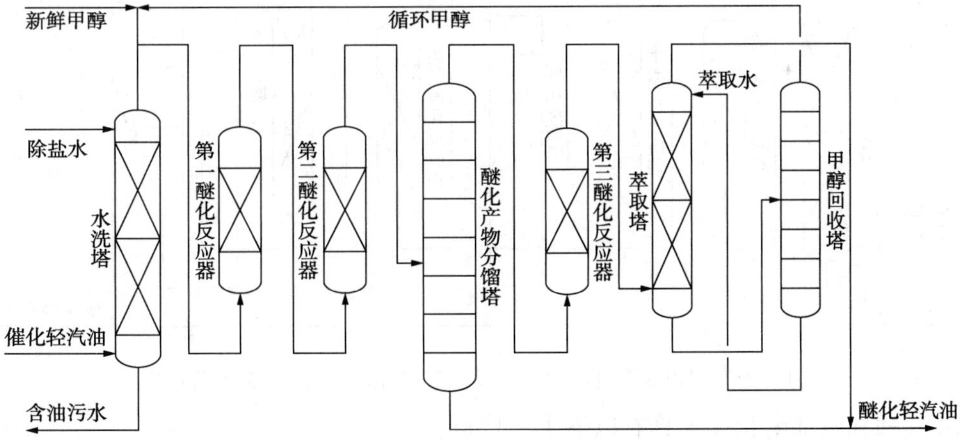

图 11-19 轻汽油醚化 LNE-2 工艺流程简图

LNE-3 工艺采用"膨胀床反应器+催化蒸馏深度醚化"组合工艺，由膨胀床醚化反应与催化蒸馏深度醚化部分、甲醇回收部分组成。LNE-3 工艺可分为两种路线，一种是催化蒸馏塔后不设第三醚化反应器，产品为醚化产品油和剩余 C_5，叔戊烯转化率可达 90%~93%，适用于生产部分乙醇汽油调合组分的炼油厂，工艺流程简图如图 11-20 所示。另一种是在催化蒸馏塔后设第三醚化反应器，叔戊烯转化率可达 93%~96%，适用于生产非乙醇汽油的炼油厂，工艺流程简图如图 11-21 所示。

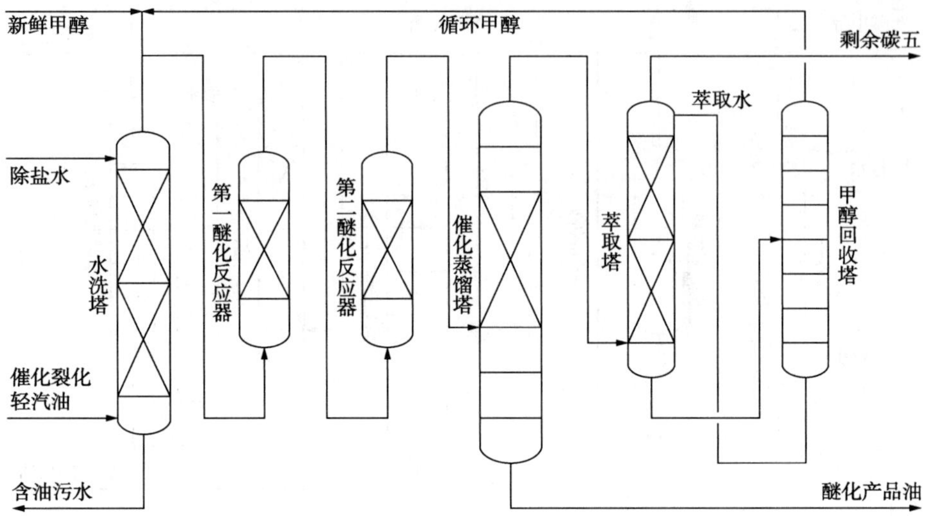

图 11-20　轻汽油醚化 LNE-3 工艺流程简图

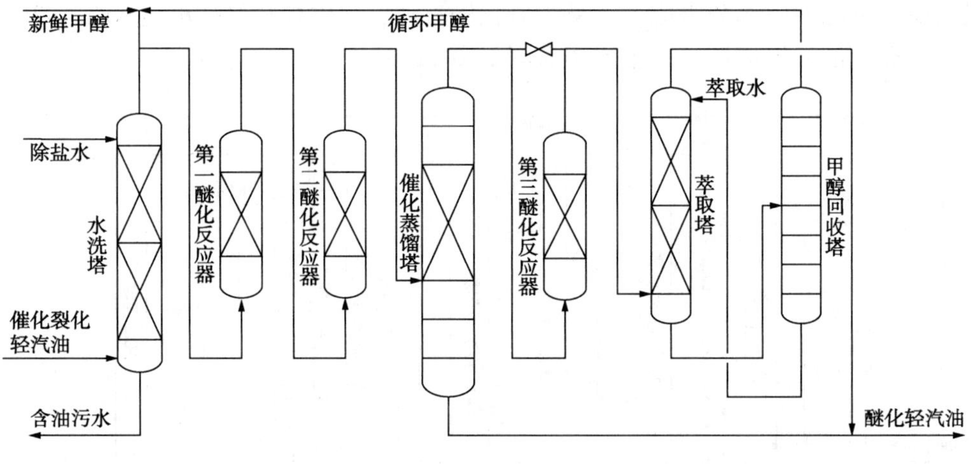

图 11-21　轻汽油醚化 LNE-3(设第三醚化反应器)工艺流程简图

LNE 系列轻汽油醚化技术具有以下主要特点：

(1) 工艺灵活，LNE-1、LNE-2、LNE-3 三种工艺流程可满足不同炼油厂对汽油调合组分的要求。

(2)一段醚化反应器采用两器串联和中间取热方式，降低了反应温度，有利于醚化反应进行。两个反应器顺序可切换使用，实现在线换剂作业，并可延长催化剂使用寿命，达到装置三年一检修的目的。

(3)催化剂分三段床层装填于膨胀床反应器中，解决流体的传质传热问题，实现了反应器的大型化。

(4)催化蒸馏塔采用规整填料催化剂装填结构，这种结构具有装置操作平稳，催化剂装卸方便等优点。

（5）在甲醇萃取塔底管线上增设净化器，减少设备和管线腐蚀，以保证装置长周期稳定运行。

（6）在混合甲醇线上设置甲醇净化器，有利于保护主反应器和催化蒸馏塔中催化剂长时间使用，保证了装置长周期稳定运行。

（四）醚化催化剂

轻汽油醚化装置使用的催化剂均为磺化聚苯乙烯系大孔强酸性阳离子交换树脂催化剂。该催化剂由苯乙烯和二乙烯基苯经悬浮共聚成小颗粒圆珠体，再经磺化反应制得大孔网状结构并带有磺酸基团的聚合物，具有适合于催化轻汽油醚化反应的孔结构、较高的比表面积和功能基团容量。其分子结构是由三部分组成，可用 $R—SO_3^-H^+$ 表示。其中，R 为具有交联网状结构的高分子聚合物母体；$—SO_3^-$ 为连接在聚合物链上的极性官能团；H^+ 为可被交换的离子，与 SO_3^- 结合在一起，形成具有催化作用的活性中心。

国内大规模商业化的轻汽油醚化催化剂主要有两类，一类是用于固定床反应器的散装催化剂，牌号有 KC116 和 D005-IIs；另一类是用于催化蒸馏塔的规整填料型模块催化剂，牌号有 KC116-BD（模块中装有 KC116）和 CDM-150（模块中装有 D005-Ⅱs）。KC116 树脂催化剂和 KC116-BD 规整填料型模块在 20 多套轻汽油醚化装置实现工业应用。D005-IIs 树脂催化剂和 CDM-150 规整填料型模块在近 40 套催化轻汽油醚化装置实现工业应用。催化剂理化指标如表 11-28 和表 11-29 所示。

表 11-28　散装催化剂理化指标

催化剂牌号	KC116	D005-Ⅱs
质量全交换容量/(mmol[H^+]/g)	≥5.4	≥5.2
含水量(湿基)/%	50~58	50~58
湿视密度/(g/mL)	0.75~0.85	0.75~0.85
湿真密度/(g/mL)	1.15~1.28	1.18~1.28
耐磨率/%	≥90	≥90
粒度范围(0.355~1.25mm)/%	≥95	≥95
最高耐热温度/℃	120	120
出厂类型	氢型	氢型
外观	深灰色或黑褐色不透明球状颗粒	棕色至棕褐色不透明球状颗粒

表 11-29　规整填料型模块理化指标

模块牌号	KC116-BD	CDM-150
元件高度/mm	200±5	200±5
元件容重/(kg/m^3)	250~320(或根据使用需求)	250~450(或根据使用需求)
催化剂型号	KC116	D005-Ⅱs
催化剂装填量/(kg/m^3)	160~220(或根据使用需求)	≥200
不锈钢菱形板网材质	316L(符合 QB/T 2929)	316L
不锈钢丝网波纹填料材质	316L(符合 HG/T 21559.3)	316L
不锈钢网袋	316L(GB/T 5330—2003)	—

(五)产品性质及应用

某装置醚化轻汽油产品基本物性如表11-30所示，族组成如表11-31所示。从表11-30可以看出，轻汽油经醚化后，醚化轻汽油产品的烯烃含量降低18.82个百分点，*RON*提高2.11个单位，蒸气压降低14.23%，密度、平均相对分子质量和终馏点均有提高。

表11-30 醚化轻汽油基本物性

项　目	催化裂化轻汽油原料	醚化轻汽油产品	备注
密度(20℃)/(kg/m^3)	648.2	668.0	
RVP/kPa	99.6	85.4	降低14.23%
平均相对分子质量	75.53	80.99	
总硫含量/(mg/kg)	23.8	22.3	
RON	92.05	94.16	增加2.11个单位
馏程/℃			
初馏点	25.0	30.7	
10%	36.7	42.5	
50%	42.2	59.1	
90%	60.3	83.2	
终馏点	65.0	96.3	
族组成/%			
烷烃	52.68	49.46	
环烷烃	1.10	1.03	
烯烃	46.21	27.39	
芳烃	0.01	0.01	
醚化物	—	22.51	

表11-31 醚化轻汽油族组成 %

碳数	正构烷烃	异构烷烃	烯烃	环烷烃	芳烃	醚化物	合计
C_4	0.14		0.94				1.08
C_5	6.12	22.27	16.06	0.71		0.01	45.17
C_6	1.48	19.04	10.36	0.32	0.01	17.84	49.05
C_7		0.01	0.03			4.66	4.70
合计	7.74	41.32	27.39	1.03	0.01	22.51	100.00

中国石油汽油质量升级过程中绝大多数采用催化裂化汽油加氢技术，总体流程为全馏分汽油选择性加氢，然后进行轻汽油和重汽油分馏，轻汽油可进行醚化，重汽油进行加氢脱硫。因此，轻汽油醚化(LNE)技术与炼油厂整体加工流程完全配套，可解决各炼油厂质量升级降烯烃的问题。

如表11-32所示，通过轻汽油醚化将汽油中的特定烯烃定向转化为醚化物，降低汽油烯烃含量，提高辛烷值，有效解决了企业汽油池烯烃含量不达标、辛烷值不足的问题。

表11-32 轻汽油醚化技术的作用与效果

装置编号	1	2	3	4	5
投产日期	2012.11	2013.11	2015.07	2015.10	2016.05
采用技术	LNE-1	LNE-2	LNE-3	LNE-3	LNE-2

续表

装置编号	1	2	3	4	5
装置规模/(kt/a)	500	400	300	300	400
催化汽油研究法辛烷值(*RON*)	90.5	91.6	88.6	88.4	92.0
催化汽油烯烃含量/%(体)	40.6	41.2	35.8	34.6	35.0
汽油池烯烃含量/%(体)	30.2	30.3	24.5	20.8	28.5
轻汽油醚化后					
催化汽油烯烃含量降低值/个百分点	6.3	8.6	4.3	4.9	6.6
催化汽油烯烃含量/%(体)	34.3	32.6	31.5	29.7	28.4
汽油池烯烃含量/%(体)	25.5	23.9	21.5	17.9	23.1
醚化后催化汽油 *RON* 增加值	0.67	0.92	0.53	0.55	0.67
作用与效果	解决国Ⅳ汽油出厂问题	解决京Ⅴ汽油出厂问题	提升辛烷值	提升辛烷值	解决国Ⅴ汽油出厂问题

第四节　C_4烯烃催化叠合

一、叠合技术概况

催化叠合是石油催化加工较早应用的工艺之一，始于20世纪30年代。由于其工艺流程简单，原料易得，产品的辛烷值高，因而是炼油厂广泛采用的气体加工手段之一。

按原料组成和目的产品不同，叠合工艺可分为两类：

(1) 选择性叠合：用组成比较单一的丙烯或丁烯馏分作为原料，选择适宜的操作条件进行特定的叠合反应，生产某种特定的产品或高辛烷值汽油组分，如丙烯选择性叠合生产四聚丙烯作为洗涤剂或增塑剂原料，异丁烯选择性叠合生产异辛烯作为精细化工原料或作为高辛烷值汽油组分等。

(2) 非选择性叠合：用未经分离的混合C_3～C_4液化气作原料，目的产品主要是高辛烷值汽油的调合组分。

早在20世纪40年代，我国建设了非选择性叠合装置，采用磷酸-硅藻土催化剂和筒式反应器。其后在50、60年代又相继建设了一批非选择性叠合装置，催化剂为磷酸-硅藻土，但反应器多采用管式反应器。至60年代后期，由于催化裂化和催化重整在我国炼油厂的迅速发展，汽油辛烷值在当时一般可满足使用要求，加上当时国产叠合催化剂活性低、寿命短、装卸困难等原因，叠合工艺发展受到影响，已建的叠合装置也大部分停产。

法国石油研究院(IFP)率先研究开发了异丁烯选择性叠合新工艺。在烷基化原料中异丁烷不足的炼油厂，将这一工艺与烷基化工艺相结合，形成生产高辛烷值汽油组分独具特色的工艺路线。我国在1987年采用这一工艺技术建设了国内首套选择性叠合装置。由于MTBE具有辛烷值高、调合性能优异、生产成本低等特点，2005年我国又开发成功叠合醚化技术，实现了 MTBE 和叠合汽油(二异丁烯)的联产。然而进入 21 世纪，由于美国发现 MTBE 的使用会对饮用水和地下水资源造成污染，导致 MTBE 产量由 2000 万吨/年降至 200 万~300 万吨/年。MTBE 禁用后，MTBE 生产装置大都改造成叠合加氢生产异辛烷装置。UOP、Snamprogetti、CDTECH、IFP、Kellogg Brown & Root 公司、Lyondell Chemical 等纷纷开发具有自身特点的 MTBE 改产异辛烷的技术。2017 年，我国颁布了乙醇汽油政策及 E10 标准，为保证我国 C_4 烯烃及后续加工过程，我国首套选择性叠合装置于 2018 年改造完成并实现了工业应用。

二、异丁烯选择性叠合技术

(一) 选择性叠合反应过程

异丁烯选择性叠合是在合适催化剂及控制反应条件下异丁烯选择性转化为异辛烯的过程。由于选择性叠合一般以混合 C_4 为原料，原料中除含有异丁烯外，还含有 1-丁烯、顺 2-丁烯和反 2-丁烯等其他 C_4 烯烃异构体，虽然这些烯烃活性不如异丁烯，但也不可避免少量参与叠合反应，并发生异构化反应。异丁烯叠合生成的异辛烯还有可能进一步与异丁烯反应生成三聚、四聚甚至多聚产物。此外，反应体系还可能含有少量水分，与混合 C_4 中叔丁烯、2-丁烯发生水合或醚化反应生成叔丁醇、仲丁醇和仲丁基叔丁基醚等。表 11-33为选择性叠合过程中典型的主副反应及产物性质。

表 11-33　选择性叠合过程典型反应及产物性质

反　　应	加氢产物	*RON*	*MON*	沸点/℃	反应类型
2 异丁烯⟶2，4，4-三甲基戊烯	2，2，4-三甲基戊烷	100	100	99.2	主反应
异丁烯+2-丁烯⟶2，3，3-三甲基戊烯	2，3，3-三甲基戊烷	106	99.4	110	主反应
异丁烯+2-丁烯⟶2，3，4-三甲基戊烯	2，3，4-三甲基戊烷	102.5	95.9	113	主反应
异丁烯+2-丁烯⟶3，4，4-三甲基戊烯	2，2，3-三甲基戊烷	109.6	99.9	112	主反应
异丁烯+1-丁烯⟶5，5-二甲基己烯	2，2-二甲基己烷	78	72	115	副反应
异丁烯+1-丁烯⟶2，5-二甲基己烯	2，5-二甲基己烷	82	76	109	副反应
2 丁烯-1 ⟶3-甲基庚烯	3-甲基庚烷	42	24	117.2	副反应
2 丁烯-2 ⟶3，4-二甲基己烯	3，4-二甲基己烷	82	76	116	副反应
异辛烯+异丁烯⟶异十二烯	异十二烷	100	89	170~180	副反应
异十二烯+异丁烯⟶异十六烯	异十六烷	—	—	205~220	副反应
异丁烯+H_2O ⟶叔丁醇	—	—	—	—	副反应
2-丁烯+H_2O ⟶仲丁醇	—	—	—	—	副反应
异丁烯+2-丁烯+H_2O ⟶仲丁基叔丁基醚	—	—	—	—	副反应
1-丁烯⟶2-丁烯	—	—	—	—	副反应

表 11-33 的数据显示，混合 C_4 叠合反应体系十分复杂。在叠合过程中，除发生异丁烯与异丁烯的二聚反应外，还存在异丁烯与 1-丁烯和 2-丁烯之间的共二聚，2-丁烯、1-丁烯的二聚及共二聚反应等，二聚产物进一步与 C_4烯烃反应生成三聚体(C_{12})、四聚体(C_{16})等一系列反应。其中，异丁烯二聚或者与 2-丁烯共二聚生成的三甲基戊烯加氢后具有较高的

辛烷值。而异丁烯与1-丁烯之间的共二聚，2-丁烯和1-丁烯的共二聚等反应，生成二甲基己烯和甲基庚烯加氢后产物辛烷值较低。从叠合产物的沸点来看，异丁烯的二聚产物是理想的汽油组分，三聚体的沸点偏高，但仍可以加入汽油中，而四聚体的沸点高出汽油沸程范围。因此在选择性叠合过程中，必须选择合适的催化剂、反应器形式，严格控制反应条件，才能提高异丁烯叠合反应选择性，获得更高辛烷值和合适馏程的叠合产物，并限制其他丁烯参与叠合或发生异构化等副反应。

(二)选择性叠合催化剂

叠合反应为典型的酸催化过程，尽管对于强酸性离子交换树脂、无定形硅铝、沸石、负载型液体酸、杂多酸、固体超强酸等固体酸，以及齐格勒型催化剂和离子液体等均相催化剂用于叠合过程已有大量研究报道，本节只对已工业应用的叠合催化剂进行介绍。

1. 磺酸型树脂

强酸性阳离子交换树脂催化剂是目前国内外广泛使用的选择性叠合催化剂。如表11-34所示，磺酸型树脂催化剂具有反应条件温和、异丁烯转化率高、催化剂价格便宜等优点。目前，KBR、Snamprogetti、UOP等公司开发的C_4烯烃选择性叠合技术均选用磺酸型树脂催化剂，具有我国自主知识产权的选择性叠合树脂催化剂也已经在选择性叠合技术中成功应用，催化效果较优。但树脂催化剂依然存在耐热性能低、在强放热的叠合反应中易失活、叠合产品的选择性差等缺点，因此需要向反应体系中加入极性溶剂，控制反应速率，提高异丁烯生成二聚产物的选择性。

表11-34　树脂型催化剂的叠合反应性能

催化剂	反应器	抑制剂	温度/℃	压力/MPa(G)	转化率/%	选择性/%
离子交换树脂	FBR	—	44~75	2.5	21~63	83~98
离子交换树脂	RD	—	—	1.5	90~99	90~95
离子交换树脂	PFR	—	90	1.5	50~95	85~96
离子交换树脂	CSTR	叔丁醇	60~120	1.48	40~60	80~90
Amberlyst-15	CSTR	甲醇，水，叔丁醇	60~90	1.3~1.5	100~10	25~100
Amberlyst-35	CSTR	叔丁醇	70~110	1.5~1.8	30~70	97
Nafion	CM	—	30~50	0.35~0.44	22~98	20~86

注：RD—催化蒸馏；PFR—平推流反应器；CM—膜催化反应器；FBR—固定床反应器；CSTR—全混流反应器。

2. 硅铝和沸石型催化剂

IFP公司最早开发了以硅铝小球为催化剂的Polynaphtha工艺，并且与石科院联合开发了ROC2型催化剂，在中石化石炼化分公司工业化应用成功。硅铝小球催化剂反应活性较高、反应条件温和、可再生，但对原料质量要求较高：要求总硫含量≤5μg/g，水含量≤10μg/g，双烯含量≤20μg/g，因此原料需要严格进行脱硫、脱水、脱双烯、脱含氧化合物处理，增加了投资和操作费用。

研究者也对β沸石，Y形沸石，ZSM-5和MZβ等沸石催化叠合反应过程进行了研究，但由于沸石表面一般具有L酸和B酸两种活性中心，容易引发正丁烯异构和烯烃多聚反应，因此Mobil公司开发的MOGD工艺采用气-固相催化反应，反应温度300℃以上，但催化剂易失活，需要频繁再生。

3. 固体磷酸催化剂

固体磷酸催化剂(SPA)是最早用于叠合反应的催化剂。1935 年，UOP 公司[36]开发的丁烯聚合技术开工投产，但是固体磷酸催化剂在使用时需要加入一定量的水，释放负载在催化剂表面的磷酸形成由正磷酸、焦磷酸和少量多磷酸组成的活性中心，使得催化剂容易泥化，寿命变短，催化剂的更换极其困难。因此，研究者对 SPA 催化剂及其工艺过程进行了大量的改进。姚亚平等[37]开发的 T-49 催化剂在反应活性和抗泥化性能方面有了较大的突破，上海石化院又在此基础上开发了 T-99 催化剂和超临界相态(SPC)和近临界相态相结合的工艺，以适应于 2-丁烯的聚合反应。InAlk 公司[38]将 SPA 催化剂用于低温齐聚反应，开发了 SPA InAlk 工艺，C_4 烯烃的选择性大于 90%，产品的 *RON* 为 97.5~100。

4. 齐格勒型催化剂和离子液体

用于催化 C_4 烯烃叠合的齐格勒型催化剂一般由镍盐、烷基铝、调节剂和溶剂四部分组成。这类催化剂的特点是反应条件缓和，催化剂活性高，选择性好。IFP 开发的 Dimersol 工艺是世界上第一个工业化的均相烯烃二聚工艺，该工艺使用 Ziegler-Natta Ni 基均相催化剂和烷基氯化铝为助催化剂在液相中催化以正丁烯为主的丁烯齐聚生产 C_8 烯。但是该催化剂需要复杂的氨洗、碱洗、水洗等后处理过程，增加了投资成本和操作费用。

随着离子液体的发展，IFP 公司利用离子液体熔点较低且对 Ni 基齐格勒催化剂具有良好的溶解性等特点，开发了基于离子液体溶剂的 Difasol 双液相工艺，使用 Ni 基催化剂，以酸性氯铝酸盐离子液体为催化剂溶剂，形成离子液相，生成的 C_8 烯烃不溶于离子液体从而易于分离。这种双液相催化体系具有较高的活性、选择性和再循环性能，具有较高的市场潜力。

(三)选择性叠合反应器形式

叠合反应为中等强度的放热反应，因此选择反应器时必须有效地移出反应热。目前，叠合过程采用的反应器主要包括浆状床、固定床和催化蒸馏反应塔。

1. 浆状床

釜式浆状床反应器具有操作简单、技术成熟、催化剂效率高等优点，是叠合反应可考虑的反应器形式之一。特别是采用均相催化剂的工艺如 Dimersol 工艺，一般采用多釜串联方式操作，反应转化率高。实验室进行催化剂评价和动力学研究过程中，也经常采用这种反应器。

2. 固定床

固定床反应器是目前广泛采用的叠合反应器形式。根据取热方式不同，大致包括图 11-22 所示的 5 种反应器类型。

图 11-22(a)为级间冷却绝热反应器，根据原料情况和对反应转化率的要求一般采用 2~4台绝热固定床反应器串联使用，反应热通过反应器间设置的换热器移走。IFP 的 Polynaphtha 工艺、Mobil 的 MODG 工艺以及 Kellogg Brown & Root 公司与 Fortum Oil and Gas oy 公司合作开发的 NExOATANE 工艺均采用这一反应器形式。

图 11-22(b)为 UOP 开发的急冷反应器。催化剂分 5 个床层装入反应器，床层间打入从反应产物闪蒸系统分离出的未反应的烷烃作为急冷油，保持催化剂床层各层温度基本相近。

图 11-22(c)为循环固定床反应器。该反应器通过部分产物的循环来稀释反应物浓度，

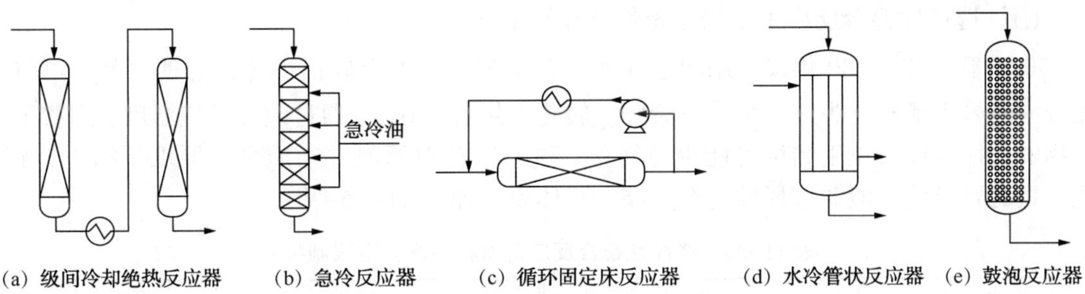

图 11-22　叠合过程采用的固定床反应器形式

控制反应的剧烈程度，并提高转化率，在循环回路中安装换热器移走反应热量。Lyondell Chemical 公司开发的叠合工艺采用这一形式的反应器。

图 11-22(d)为 Snamprogetti 公司开发的水冷管状反应器。这一反应器的特点是容易控温。反应热一旦生成，即可被水带出，保证催化剂床层温度稳定，使催化剂能稳定发挥作用，提高二聚产物的选择性和催化剂寿命。

图 11-22(e)为 CDTECH 公司开发的鼓泡反应器，反应混合物处于泡点状态，反应热通过液体的蒸发带出反应体系，反应温度始终维持在反应混合物的泡点温度。

(四)选择性叠合反应工艺流程

选择性叠合技术工艺流程见图 11-23。含异丁烯的混合 C_4 与调节剂混合后进入净化器以脱除其中的有害杂质，然后进入固定床叠合反应器系统，使异丁烯选择性二聚生产异辛烯。叠合产物进入脱 C_4 塔分离。未反应的 C_4 从塔顶排出，可作为烷基化原料。如果要求未反应 C_4 中的异丁烯含量在 1%以下，则脱 C_4 塔可采用催化精馏塔形式。从塔中部特定位置以侧线抽出调节剂循环至反应器入口。从脱 C_4 塔塔底抽出异辛烯与氢气混合进入固定床进行加氢反应，加氢产物经气液分离、稳定塔稳定后得到异辛烷产品。

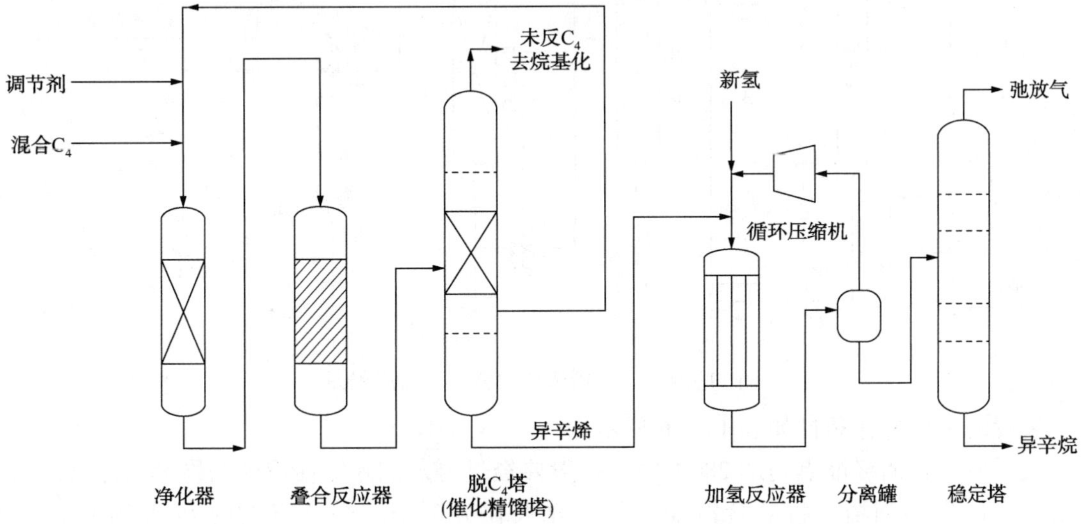

图 11-23　异丁烯选择性叠合-加氢生产异辛烷工艺流程简图

（五）选择性叠合反应主要操作条件及控制指标

我国于20世纪80年代采用的选择性叠合工艺，以国产硅铝小球作为催化剂，可将C_4馏分中的异丁烯转化为二聚物或三聚物，转化率接近100%；通过改变反应温度，可控制C_8产物的选择性以及正丁烯尽可能少地转化。这一工艺对原料中杂质含量要求严格，特别对硫含量的要求较一般非选择性叠合更高，具体要求如表11-35所示。

表11-35　选择性叠合反应对原料杂质含量限制指标

项　目	指　标	项　目	指　标
总硫/(μg/g)	≤5	碱/(μg/g)	≤0.5
乙腈/(μg/g)	≤1	氧化物/(μg/g)	≤30
氨或碱性氮/(μg/g)	≤0.5	水/(μg/g)	≤10
胺化合物/(μg/g)	≤1.0	丁二烯/%	≤0.2

所用的硅酸铝小球催化剂具有稳定性好、叠合反应条件缓和、寿命长等优点。当催化剂因表面吸附硫、氧化合物导致活性下降时，可用200℃热氮进行处理，使活性恢复。催化剂寿命约为一年。废催化剂不进行再生，催化剂单耗为1.1kg/t。

引进选择性叠合装置的工艺流程见图11-24。原料先经脱水塔，然后进入反应器，装置设有两个筒式固定床反应器，由于进料中的异丁烯含量不高，反应器温升不大，因此不需采取器内冷却措施，只在两个反应器之间设一冷却器以调节反应温度。从反应器出来的物料进入稳定塔，塔底得叠合汽油。

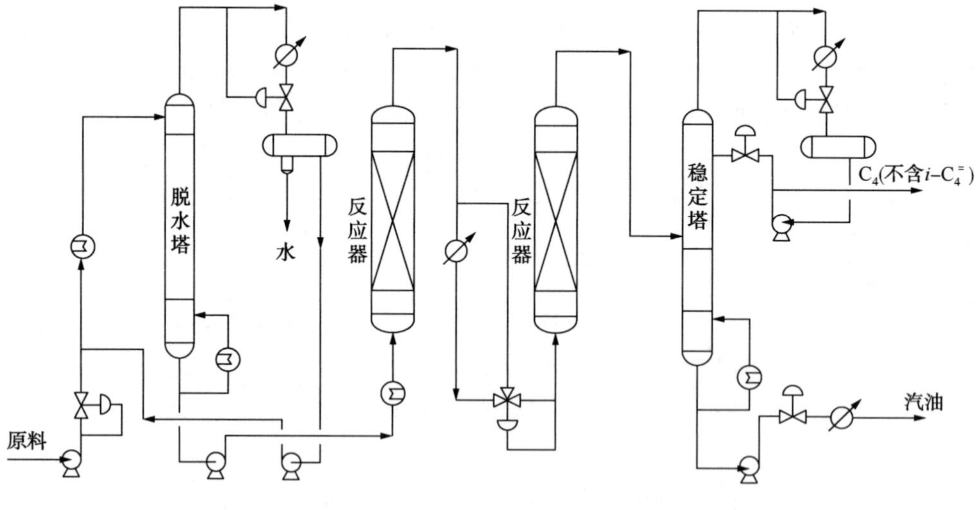

图11-24　异丁烯选择性叠合工艺流程图

装置的主要操作条件如表11-36所示。

当反应产物的终馏点高达280℃时，一般要经过再蒸馏才能使汽油的终馏点合格。引进装置中未设再蒸馏塔，将叠合汽油送至催化裂化分馏塔。叠合汽油的*RON*为97，*MON*为82。

表 11-36　装置主要操作条件

项　目	指标	项　目	指标
反应器		塔顶	0.43
压力/MPa(G)		塔底	0.48
第一反应器入口	4	温度/℃	
第二反应器入口	3.9	塔顶	46
温度/℃		塔底	50
第一反应器入口	82	稳定塔	
第一反应器出口	130	压力/MPa(G)	
第二反应器入口	124	塔顶	0.33
第二反应器出口	130	塔底	0.36
液体体积空速/h^{-1}	0.65~1.3	温度/℃	
脱水塔		塔顶	43
压力/MPa(G)		塔底	143

20 世纪 90 年代，我国研究开发了新型的固体磷酸催化剂 T-49、T-99，以丙烯为原料进行选择性叠合生产壬烯和十二烯，也可用于丙烯与苯烃化生产异丙苯[39]。

T-49 催化剂由聚合度分布合适的磷酸硅和磷酸硼组成。与传统的固体磷酸催化剂相比，T-49 催化剂具有连续的水解速率分布，因此能够在相当长的运转时间内缓慢、平稳地释放游离磷酸，而游离磷酸的浓度是影响固体磷酸催化剂活性的关键因素。只要反应进料中含水量控制合适，T-49 催化剂在使用时的表面平衡游离磷酸可保持在 10%~14%，具有较高而且稳定的反应活性。T-49 催化剂的耐水性也优于传统的固体磷酸催化剂，因此操作中床层压力降上升较慢。选择性叠合生产壬烯和十二烯的工艺流程见图 11-25。

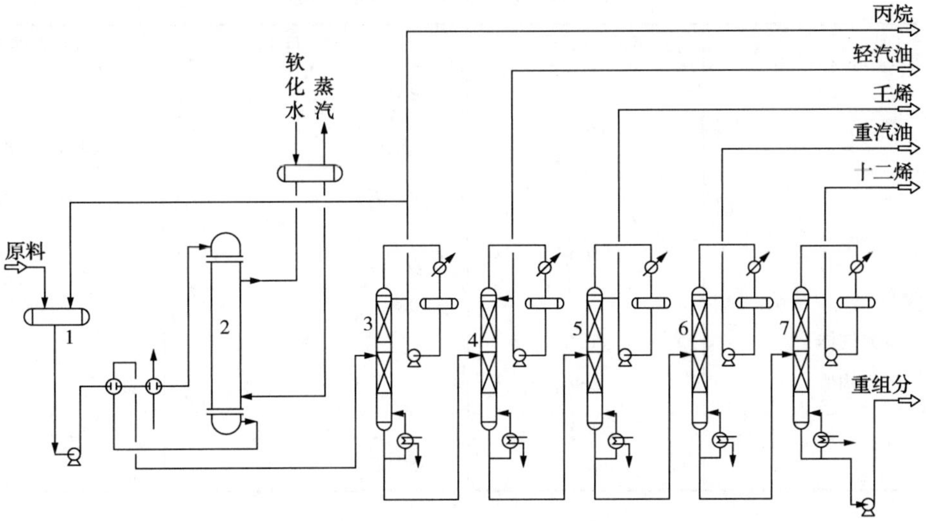

图 11-25　选择性叠合生产壬烯和十二烯工艺流程图

1—缓冲罐；2—列管式反应器；3—脱丙烷塔；4—脱轻汽油塔；5—脱壬烯塔；6—脱重汽油塔；7—脱重组分塔

T-49 催化剂对反应进料的要求如表 11-37 所示。

表 11-37　T-49 催化剂对反应进料对杂质含量限制指标

项　目	指标	项　目	指标
二烯烃或炔烃含量/%	<0.2	水含量/(μg/g)	600~1800
硫含量/(μg/g)	<20	碱性氮含量/(μg/g)	<0.61

T-49 催化剂生产壬烯和十二烯的主要操作条件和控制指标如表 11-38 所示。

表 11-38　T-49 催化剂生产壬烯和十二烯操作条件和控制指标

项　目	指标	项　目	指标
反应器进料丙烯浓度(管式反应器)/%	45~60	丙烯单程转化率/%	≥76
反应压力/MPa(G)	4.5~5.5	壬烯加十二烯选择性/%	≥80
反应重时空速/h^{-1}	1.5~2.5	十二烯与壬烯选择性比可调范围(质量比)	0.2~0.6
反应温度/℃	160~210	液产率(以单位催化剂计)/(kg/kg)	≥700

(六)选择性叠合产品的性质与应用

表 11-39 为典型叠合产物的组成和性质。由表 11-39 可见，叠合产物主要是三甲基戊烯异构体为主的 C_8烯烃，C_{12}烯烃较少，C_{16}烯烃含量仅为 0.1%。叠合产物 *RON* 为 101.6，*MON* 为 85.6；加氢后 *RON* 为 101.0，*MON* 为 99.5。可见，叠合产物是优良的高辛烷值汽油组分。其初馏点为 101.5℃，终馏点为 198℃，馏程完全符合汽油的要求。

表 11-39　叠合产物的组成和性质

项　目	测定结果	项　目	测定结果
组成/%		辛烷值	
C_8	89.4	加氢前	101.6，85.6
C_{12}	10.5	加氢后	101.0，99.5
C_{16}	0.1	馏程/℃	
合计	100	10%	103.5
C_8异构体分布/%		50%	106.0
三甲基戊烯异构体	86.8	90%	144.5
二甲基己烯异构体	8.9	终馏点	198.0
未知物	4.3		
合计	100		

三、非选择性叠合技术

(一)非选择性叠合反应过程

叠合反应遵循正碳离子反应机理，反应如下。

1. 烯烃与氢质子加成

$$C=C—C+HA \rightleftharpoons (C—C^{+}—C)A^{-}$$

2. 烯烃分子与正碳离子结合

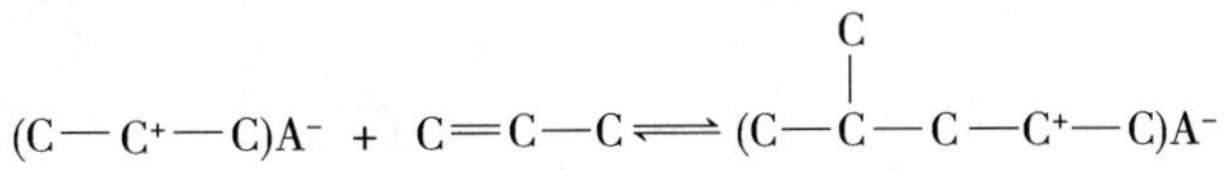

3. 质子传递给催化剂

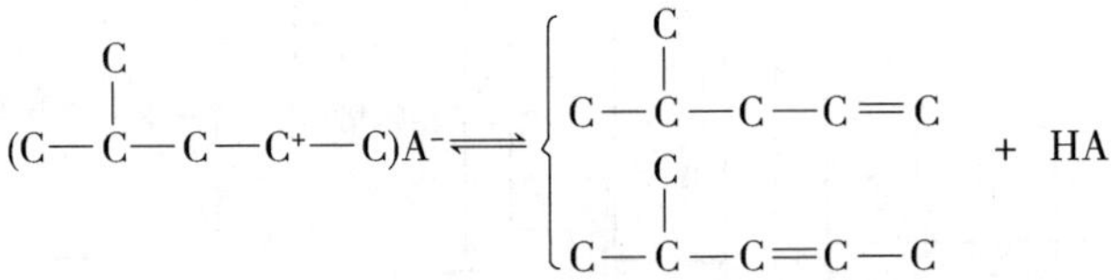

上述反应所得产品仍为烯烃，可继续进行叠合反应生成高分子量产品。生产叠合汽油时，希望只得到二聚物和三聚物，不希望产生较多高聚物，应适当控制反应条件。

在叠合反应进行时，还会伴随一些副反应，如异构化、环化、脱氢、加氢等。

(二)非选择性叠合催化剂

非选择性催化叠合工艺一直沿用固体磷酸催化剂，虽有一些改进，但无实质性突破。这种催化剂的制备方法是将硅藻土用磷酸溶液浸渍，经成型后再在300~400℃下焙烧而成。

由于磷酸中磷酸酐(P_2O_5)与水的比例不同，磷酸可形成三种化学状态，即正磷酸(H_3PO_4)、焦磷酸($H_4P_2O_7$)与偏磷酸(HPO_3)，这三种状态在一定条件下相互转化。磷酸催化剂的活性，主要依靠正磷酸和焦磷酸，而偏磷酸没有活性，因此在反应操作中，必须防止催化剂失水。

(三)非选择性叠合反应器

反应器是叠合工艺的关键设备，它的发展历程如下：

1. 筒式绝热反应器

该反应器为仅有一个床层的固定床反应器：制造简单，造价便宜，但温度不易控制，且限于小处理量($<39.7m^3/d$)，1935~1950年使用这类反应器。

2. 列管式反应器

管内装催化剂，管间用软化水取热发生蒸汽，温度容易控制，但制造费用大，装卸催化剂困难，1955年以后不再采用。

3. 多床层筒式反应器

各床层间用烷烃作为急冷油以控制温度。这种反应器造价较低，适合于大处理量，最大直径可达4m。转化率高，产品质量好，催化剂寿命长，需要大量的物料循环，操作要求高，是普遍使用的反应器。

筒式反应器每层催化剂的支撑均为翻板结构，卸催化剂时，先从最底层开始翻板，催化剂逐层脱落。脱落的催化剂从反应器底部卸料孔卸出，但催化剂如果结块，则卸出困难[40]。

(四)非选择性叠合工艺流程

我国生产叠合汽油的非选择性叠合工艺典型流程见图11-26。

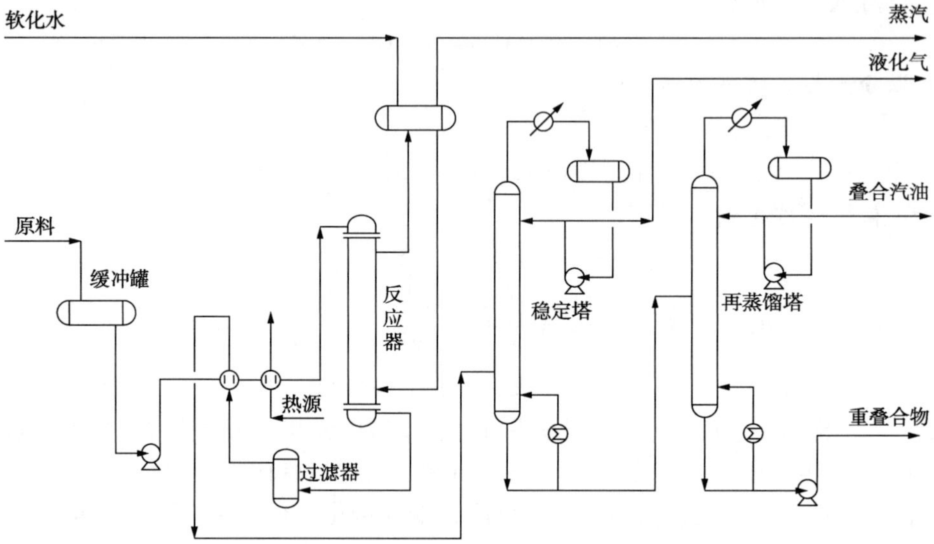

图 11-26　非选择性叠合装置的工艺流程图

（五）非选择性叠合主要操作条件及控制指标

1. 反应温度

温度低于 130℃时，叠合反应速率较慢，丙烯甚至不进行叠合反应而进行酯化反应生成磷酸酯；高温会强化氢离子转移反应，增大不饱和生胶物质的产率，导致催化剂活性下降。因此工业上一般采用的反应温度为 190～220℃。

2. 反应压力

在较低的反应压力下，催化剂上液相物料较少，不能洗去催化剂表面的生胶产物，因而使催化剂迅速失活。通常控制反应压力在 3～5MPa(G)，以使反应产物有一部分处于液相。

3. 空速

反应空速与反应温度、反应压力、催化剂活性、原料中烯烃的浓度和组成有关，国内叠合装置常用的体积空速为 $1\sim3h^{-1}$。

4. 反应进料的烯烃浓度

烯烃叠合是放热反应，若反应进料中烯烃浓度过高，反应过于剧烈，反应温度将难以控制，造成催化剂活性下降，因此常用反应后剩余的丙、丁烷来稀释反应进料中的烯烃浓度。一般控制烯烃浓度不大于 40%。管式反应器的温度比较容易控制，因此其进料中的烯烃浓度允许高一些。

5. 原料中的杂质

碱性氮化物会使催化剂的酸性中心永久失活，因此必须从反应进料中除去，其含量应小于 0.6μg/g。尽管催化剂本身具有一定的抗硫性，但为保证产品质量，进料中的硫化物也必须除去。

6. 注水

为保证催化剂的活性和寿命，需严格控制进料中的含水量，并且维持进料中的水汽分压不低于焦磷酸和正磷酸的饱和蒸气压。但水分太多催化剂易泥化结块，使反应器压降急剧上升，迫使装置停工，因此控制合适的注水量是非选择性叠合最关键的操作。

7. 操作条件

非选择性叠合操作条件见表 11-40。

表 11-40　非选择性叠合操作条件

项　目	指　标	项　目	指　标
反应温度/℃	190~220	稳定塔进料温度/℃	100~110
反应压力/MPa(G)	3~3.5	稳定塔底温度/℃	140~145
原料烯烃浓度/%(体)	45~55	再蒸馏塔塔顶压力/MPa(G)	0.04~0.08
反应进料烯烃浓度/%(体)	35~40	再蒸馏塔塔顶温度/℃	130
空速/h^{-1}	1~3	再蒸馏塔塔底温度/℃	240~250
稳定塔顶压力/MPa(G)	0.3~0.7		

(六)产品性质及应用

非选择性叠合过程生产的叠合汽油具有较高的辛烷值，*MON* 可达 82~85，*RON* 为 93~96，而且具有很好的调合性能。叠合汽油与其他组分调合时，其辛烷值增加较为明显。例如 54%催化裂化汽油(*RON* 92.6)、36%催化重整汽油(*RON* 92.9)与 10%C_3~C_4 叠合汽油(*RON* 96)调合时，所得调合汽油的 *RON* 为 94，相当于叠合汽油的调合辛烷值 *RON* 为 103。

由于叠合汽油中大部分为不饱和烃(烯烃的二聚或三聚物)在储存时不安定，因此一般只作为高辛烷值汽油组分，与其他组分调合使用，单独储存或使用时加入防胶剂。

叠合产物异辛烯最常见的加工方式为饱和加氢生成异辛烷，目前国外专利商基本采用的是 C_4 烯烃叠合成异辛烯之后再加氢制异辛烷的传统路线。而针对我国炼油的特色，以炼厂 C_4 为原料的叠合反应，异辛烯产品中含硫量较高，这将提高异辛烯的加氢成本，在 MTBE 停产的情况下，进一步降低企业利润。因此从叠合主产物异辛烯出发，生产高附加值产品的其他技术也引起了人们的重视。

1) 辛基酚

辛基苯酚俗称辛基酚，是一种重要的精细化工原料。其与醛反应可制成酚醛树脂，是橡胶良好的硫化剂和增黏剂，可广泛用于轮胎、运输带等的制造，是不可缺少的轮胎加工助剂。辛基酚和环氧乙烷反应还可制成辛基酚聚氧乙烯醚。这是一种非常重要的非离子表面活性剂，是工业及家用洗涤剂、纺织工业用的匀染剂、农药乳化剂和金属洁洗剂等的合成不可或缺的生产原料。同时，辛基酚还可以用于生产印刷油墨、涂料以及配制绝缘漆等，对人们的生活生产意义重大。

目前，工业上最常用的辛基酚生产方法为苯酚与二异丁烯的 Friedel-Crafts 反应法。根据催化剂的不同，该反应又可分为离子交换树脂法和酸性白土法两种。由于目前我国多数企业采用异丁烯和甲醇合成 MTBE 的路线消耗异丁烯，并为下游(如直接烷基化、甲乙酮、醋酸仲丁酯等)提供正构丁烯原料，因此二异丁烯原料供应严重不足；加之受到国外产品的冲击，目前国内辛基酚以进口为主。随着轮胎、表面活性剂等产业的不断发展，国内对于辛基酚的需求不断提高。如果乙醇汽油政策下 MBTE 装置转产叠合异辛烯，将为辛基酚的合成提供较为充足的二异丁烯原料。以异辛烯为原料生产辛基酚的加工路线，可较好利用 C_4 资源并得到高附加值产品，提高企业整体经济性。

2）异壬醇

异壬醇是一种重要的精细化工中间体；主要用于与苯酐反应生产增塑剂邻苯二甲酸二异壬酯(DINP)，DINP 是一种优良的通用无毒型增塑剂。与现在普遍使用的邻苯二甲酸二辛酯(DOP)相比，DINP 相对分子质量更大、碳链更长，所以拥有更好的抗老化性能、抗迁移性能、抗萃取性能，优良的耐高温性能和耐热性能等，在聚氯乙烯、氯乙烯共聚物、醋酸纤维素、乙基纤维素和合成橡胶的生产领域发挥着巨大作用，广泛应用于玩具膜、电线、电缆等领域。随着市场对 DINP 使用安全性的逐步认可，DINP 作为 DOP 的环保代替品，其需求量逐年快速增长，从而推动了异壬醇消费量的快速上升。

目前，异壬醇的合成过程一般为：辛烯氢甲酰化先得到异壬醛，再加氢生成异壬醇，其代表性生产工艺主要有美国埃克森美孚化学公司工艺和德国 Johnson Matthey 工艺。埃克森美孚化学公司工艺的异壬醇生产装置可以利用炼油厂 C_4 烯烃叠合后的异辛烯为原料，得到高度支化的以二甲基-1-庚醇为主的 C_9 醇。而中国台湾南亚塑料公司则采用的是德国的 Johnson Matthey 工艺，异壬醇装置以轻度支化的丁烯二聚物为原料，进而得到轻度支化的 C_9 醇。当前我国 C_4 资源的利用主要集中在 MTBE 合成及醚后 C_4 深加工过程，异辛烯原料紧缺，2015 年以前国内的异壬醇需求一直完全依赖进口。2015 年，中国石化广州茂名石化公司与德国巴斯夫公司以 50：50 持股比例共同出资组建了国内首套异壬醇装置，年产 18 万吨异壬醇产品，弥补了国内异壬醇生产装置的空白，但产量远远无法满足国内对异壬醇的需求。

未来异壬醇的发展将随着 DINP 对 DOP 替代程度的增加而日益壮大。目前，欧洲已经全面禁止在儿童塑料玩具中使用 DOP 作为增塑剂，美国也规定永久禁止生产和销售含有质量分数超过 0.1%的 DOP 等物质的儿童用品。可以预见，中国作为全球最大玩具出口国，DINP 市场广阔，中国企业应加快增塑剂产品结构的调整步伐。而异壬醇作为 DINP 的生产原料，国内仅有一套生产装置是无法满足日益增长的 DINP 生产需求的。截至 2018 年，全球异壬醇消费量约达 134 万吨/年，其中中国的消费量约为 50 万吨/年。以炼油厂及乙烯厂的 C_4 烯烃叠合产物异辛烯为原料，发展高碳支链醇生产，既可以提升我国增塑剂的品位，适应增塑剂市场需求，又可以提高乙醇汽油背景下 MTBE 转产的碳四烯烃利用效率。

第五节　C_5/C_6 烷烃异构化

C_5/C_6烷烃异构化技术是在催化剂作用下将轻质石脑油中的低辛烷值组分的 n-C_5、n-C_6组分发生异构化反应转化为相应的高辛烷值支链异构烷烃，从而提高汽油的辛烷值，见表 11-41，C_5/C_6异构化汽油低硫，无芳烃、烯烃，是优良的车用汽油调合组分，在汽油池中占比 10%左右。

表 11-41　C_5/C_6烷烃的物理性质

烷　烃	沸点/℃	密度/(g/cm³)	蒸气压/psi①	辛烷值	
				RON	*MON*
异戊烷	27.8	0.625	18.9	93.5	89.5
正戊烷	36.1	0.631	14.4	61.7	61.3
2,2-二甲基丁烷	49.7	0.654	9.1	94.0	95.5
2,3-二甲基丁烷	58.0	0.666	6.9	105.0	104.3
2-甲基戊烷	60.3	0.658	6.3	74.4	74.9
3-甲基戊烷	63.3	0.669	5.7	75.5	76.0
正己烷	69	0.664	4.6	31.0	30.0

①1psi=6.895kPa。

根据反应温度不同，目前工业上C_5/C_6异构化催化剂主要分为以下三种类型。

(1)沸石异构化催化剂。反应温度为230~280℃，将贵金属负载在改性沸石上制成，可多次再生，使用寿命8年甚至更长；一次通过流程的产品辛烷值(*RON*)为80左右；催化剂对原料杂质要求宽松，经常规加氢处理的原料即能满足要求。

(2)低温氯化氧化铝异构化催化剂。反应温度通常为120~180℃，采用卤化的氧化铝负载贵金属为催化剂，并需在原料油中加入适量的氯化物助剂，一般采用连续4年生产而不再生的方案；低温催化剂由于反应温度低，占据热力学的有利条件，产品辛烷值(*RON*)较中温催化剂高3~4个单位，但对原料杂质要求较苛刻，需要增加原料精制处理装置。

(3)固体超强酸异构化催化剂。催化剂的使用温度一般在140~210℃，催化剂可再生，产品辛烷值(*RON*)比沸石催化剂提高2~3个单位；对杂质的要求主要是原料中的水，要求原料中水含量低于5μg/g[41]。

受热力学平衡限制，"一次通过"异构化流程不可能将正构烷烃全部转化为异构烷烃。若要进一步提高产品辛烷值，应采用循环工艺，即将一次反应产物中的异构烷烃分离，正构烷烃返回反应器中重新进行异构化反应，从而提高异构化产物的辛烷值。

烷烃异构化工艺可分为两类，即一次通过流程和循环流程。循环流程包括nC_5循环、nC_6循环、全异构(TIP)等流程。采用不同的流程可以得到不同辛烷值的异构化油。

从国外的C_5/C_6异构化技术发展来看，异构化技术是应对汽油质量升级采取的重要措施之一。异构化技术在汽油生产中占据着重要地位。目前，欧、美等发达国家和地区C_5/C_6异构化油在汽油池中的组成为12%左右[42]。

C_5/C_6异构化工艺早在1958年已实现工业化，但直馏汽油感铅性较好，加铅后*RON*由60~70提升到86~87，所以C_5/C_6异构化工艺在20世纪80年代前发展缓慢。20世纪90年代，环保越来越受到重视，无铅汽油的大力推广使得C_5/C_6异构化工艺得到迅速发展。进入21世纪，以UOP、Axens、GTC等公司为代表的C_5/C_6异构化技术到得快速完善的发展。UOP公司拥有沸石型、固体超强酸型、氯化氧化铝型三种类型的异构化催化剂及其相关工艺[43]，Axens公司在氯化氧化铝型异构化催化剂、GTC公司在固体超强酸型异构化催化剂上具有较强的实力[44]。

我国于20世纪80年代开始对C_5/C_6异构化催化剂研究开发。2001年，石科院开发的C_5/C_6异构化技术在国内首套C_5/C_6异构化工业装置投产，催化剂属沸石型催化剂，采用

“脱异戊烷塔+一次通过”的工艺流程，异构化产品作为车用汽油调合组分，异构化技术达到国外同类技术水平[45]。2002年，世界首套钯基异构化催化剂在国内成功应用[46]。2016年，国内首套固体超强酸异构化装置投产。到目前为止，近20套C_5/C_6烷烃异构化装置投入应用，其中固体超强酸异构化催化剂因其高异构化活性、对原料杂质要求宽松等优点，具有良好的应用前景。

（一）反应机理

烷烃异构化催化剂既有沸石型催化剂，也有氯化氧化铝型催化剂和固体超强酸催化剂。三种异构化催化剂均属双功能催化剂。

对于异构化反应，正构烷烃的异构化是主反应，此外，还包括裂解反应等一些副反应。

在异构化催化剂上发生的临氢异构化反应，一般认为遵循正碳离子机理[47,48]。第一步，正构烷烃在金属中心脱氢生成正构烯烃；第二步，正构烯烃吸附在沸石的酸性中心上生成正碳离子；第三步，在沸石酸性中心，正碳离子发生骨架异构化生成异构烯烃；第四步，异构烯烃从酸性中心脱附；最后，异构烯烃在金属中心加氢生成异构烷烃。

正己烷在双功能催化剂上的异构化反应机理可表示为：

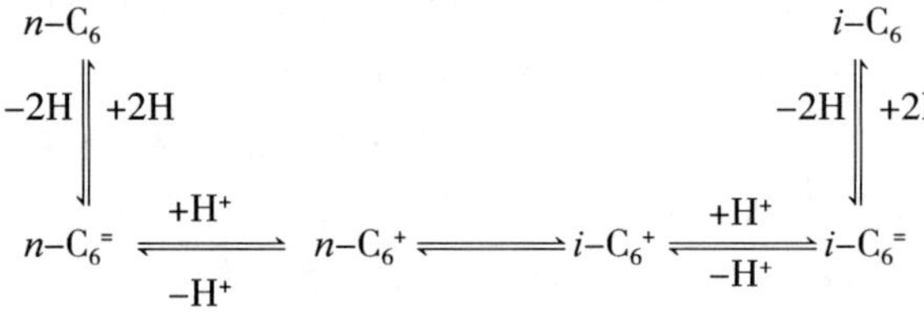

上式中，n-C_6、i-C_6表示正、异构己烷；n-$C_6^=$、i-$C_6^=$表示正、异构己烯；n-C_6^+、i-C_6^-表示正碳离子。

酸性功能和金属功能匹配合适的催化剂，异构化性能最优。通过上述机理，低辛烷值的正构烷烃转化为高辛烷值的异构烷烃。

（二）原料杂质含量限制指标

目前工业应用的C_5/C_6异构化催化剂主要有沸石、氯化氧化铝和固体超强酸三种类型催化剂。为保证催化剂的活性，三种催化剂对原料的要求差异较大，每种催化剂对原料中的杂质和重组分均有明确的控制指标。表11–42列举了三种催化剂对原料性质的基本要求。

表11–42　不同类型的催化剂对原料杂质含量限制指标

杂质含量	氯化氧化铝催化剂		沸石催化剂		固体超强酸催化剂	
	原料油	氢气	原料油	氢气	原料油	氢气
硫含量/(μg/g)	<0.1	<0.1	<35	<10	<20	<20
水含量/(μg/g)	<0.1	<0.1	<75	<30	<5	<5
氮含量/(μg/g)	<0.1	—	<1.0	—	<1.0	—
烯烃含量/%	<0.1	—	<0.1	—	<0.1	—
苯含量/%	<3	—	<3	—	<3	—
庚烷及以上含量/%	<3	—	<3	—	<3	—

（三）工艺流程

C_5/C_6异构化工艺流程分为基本工艺流程以及和分离工艺结合的组合工艺流程。基本工艺流程是异构化原料在异构化催化剂上反应后，再经稳定出装置，又称“一次通过”流程。由于异构化反应是热力学平衡控制的反应，反应产物中还含有一定量的正构烷烃，“一次通过”流程的异构化产物的*RON*为80~84，如果要进一步提高异构化产物的辛烷值，需组合分离技术将低辛烷值的C_5、C_6组分分离送回异构化反应单元。组合不同的分离工艺，可得到*RON*为85~92的异构化调合汽油。

1. 基本工艺流程

“一次通过”流程是C_5/C_6异构化装置的基本流程，装置投资低，操作简单，流程示意图见图11-27。C_5/C_6异构化原料油进入原料缓冲罐，反应原料与氢气混合经换热、加热炉加热至反应温度进入反应器发生异构化反应，反应产物经稳定后作为汽油调合组分出装置。

“一次通过”流程根据异构化催化剂种类不同会增加相应的原料精制单元，图11-27的流程可以满足沸石异构化催化剂的要求；对于固体超强酸催化剂，则需增设原料干燥脱水-再生处理单元，将原料含水量控制在5μg/g以下；对于氯化氧化铝催化剂，需增加原料脱氮、脱硫、脱氧、脱氯、脱水等精制单元，将原料中的氮、硫、氧、水含量控制在0.1μg/g以下。

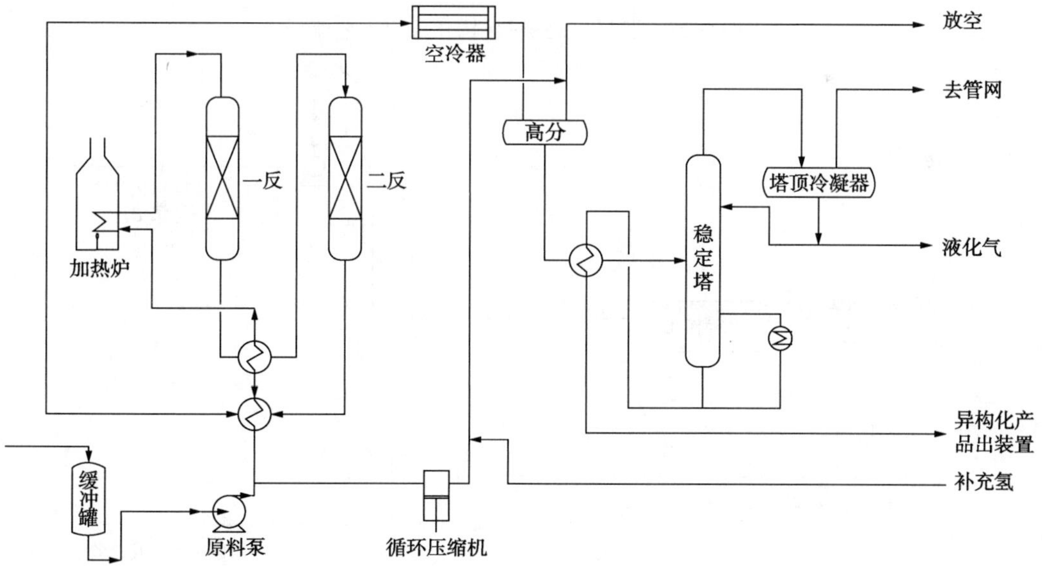

图11-27 一次通过异构化工艺流程

2. 组合工艺流程

组合工艺流程可以生产高辛烷值异构化产物。

组合工艺流程的选择与异构化原料的性质、异构化产品辛烷值要求以及设备投资有关，其中原料性质决定了采用何种组合工艺。“脱异戊烷塔+异构化反应”流程适用于异戊烷组分较多的原料，异戊烷含量越高，产品辛烷值越高；“异构化反应+脱异己烷塔”

流程适用于己烷组分较多的原料，己烷含量越高，产品辛烷值越高；全异构化组合工艺适用于 C_5、C_6组分比例相近的原料，异构化产物的 *RON* 在 90 左右。

"脱异戊烷塔+异构化反应"工艺流程、"异构化反应+脱异己烷塔"工艺流程以及"全异构化"工艺流程示意图见图 11-28～图 11-30。

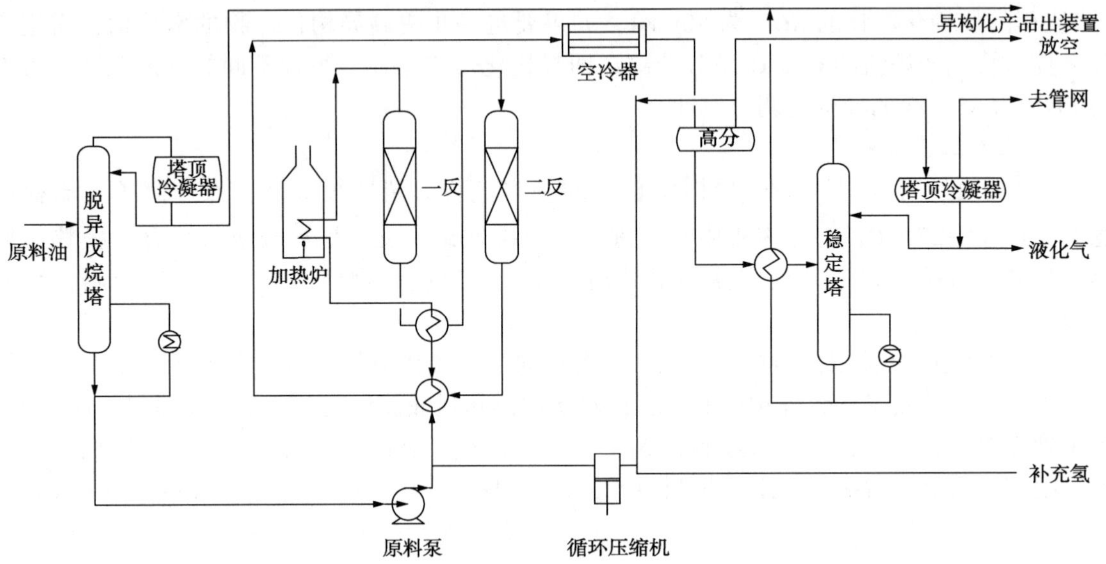

图 11-28　脱异戊烷塔+异构化反应工艺流程

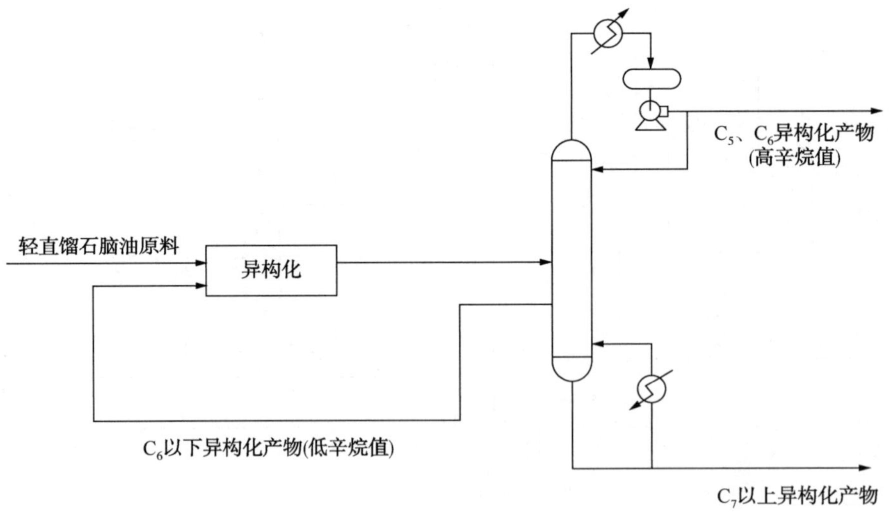

图 11-29　异构化反应+脱异己烷塔工艺流程

(四)催化剂性能

目前，已工业应用的 C_5/C_6 异构化催化剂有两种，分别为沸石催化剂(工业牌号：RISO-B)和固体超强酸异构化催化剂(工业牌号：RISO-C)。两种催化剂各有特点，下面分别介绍。

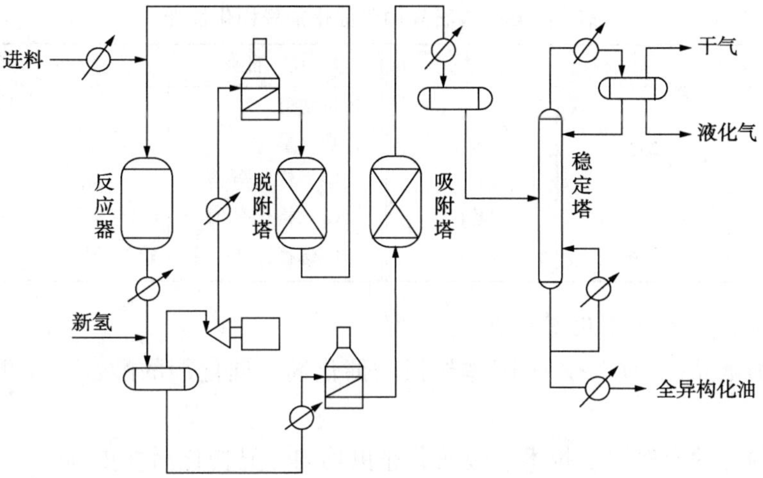

图 11-30　全异构化工艺流程

1. 沸石 C_5/C_6 异构化催化剂特点

（1）异构化催化剂是采用多组元沸石组成的复合载体，催化剂可以根据不同原料组成适当调整酸性功能，以发挥其最佳性能。

（2）异构化催化剂采用独特的浸渍技术，保证活性组分在载体上均匀分布，提高催化剂的活性，同时避免工业浸渍过程中的母液循环，减少环境污染，降低生产成本。

（3）异构化催化剂活性组分为还原态，减少工业应用还原过程中其他因素对催化剂活性的影响，简化开工步骤，开工时间短。

（4）催化剂具有良好的再生性能。

（5）可以与各种分离技术结合成生产不同辛烷值的组合工艺，产品 *RON* 可达 80~90。

（6）催化剂具有较强的抗杂质的能力。

（7）可以以较小的投资将闲置的预加氢或重整装置改建为异构化装置。某炼油厂将 30 万吨/年的闲置预加氢装置改造为 16 万吨/年的 C_5/C_6 异构化装置，采用"一次通过"工艺流程，异构化产品的 *RON* 大于 82，包括催化剂在内总投资费用 3000 万元。

工业生产的沸石异构化催化剂的物化性能见表 11-43，反应工艺条件见表 11-44，异构化性能见表 11-45。

表 11-43　沸石异构化催化剂物化指标

项　目	指　标	项　目	指　标
Pt 含量/%	0.32±0.02	外形尺寸/（直径×长度）	圆柱形 φ1.6~φ3mm×3~10mm
比表面积/（m^2/g）	>400	密度/（g/cm^3）	0.65±0.05
压碎强度/（N/cm）	>90		

表 11-44　沸石异构化催化剂工艺条件

项　目	指　标	项　目	指　标
反应温度/℃	230~280	反应重时空速/h^{-1}	约 1.0
反应压力/MPa(G)	1.3~3.5	氢油摩尔比	1~4

表 11-45　沸石异构化催化剂异构化性能

项　目	1	2	项　目	1	2
反应条件			评价结果		
温度/℃	250	260	裂解率/%	1.2	2.3
压力/MPa(G)	1.7	1.7	C_5异构化率/%	66.7	69.4
重时空速/h^{-1}	1.0	1.0	C_6异构化率/%	83.4	83.9
氢油摩尔比	2.6	2.6	C_6选择性/%	21.3	21.3

2. 固体超强酸异构化催化剂特点

（1）采用纳米晶粒 SO_4^{2-}/ZrO_2 固体超强酸催化剂，催化剂的酸性分布更合理，异构化转化率高。

（2）采用独特的金属浸渍技术，金属分布更均匀，异构化活性更高。

（3）催化剂稳定性好，工业装置单程运转周期预计 3~4 年，总寿命 10 年以上。

（4）催化剂具有良好的再生性能。

（5）可与各种分离技术结合形成生产不同辛烷值的组合工艺，产品辛烷值(*RON*)可达 82~90。

（6）超强酸异构化催化剂对异构化原料(原料油及补充氢)的杂质要求较宽松，常规加氢处理后的原料，只需增加脱水单元，将原料中的水含量降至 5mg/kg 以下即可满足要求。

工业生产的固体超强酸异构化催化剂的物化性质见表 11-46，反应工艺条件见表 11-47，异构化性能见表 11-48。

表 11-46　固体超强酸异构化催化剂物化指标

项　目	指　标	项　目	指　标
Pt 含量/%	0.25±0.02	外形尺寸(直径×长度)	圆柱形 ϕ1.6~ϕ3mm×3~10 mm
载体性质	ZrO_2、Al_2O_3		
压碎强度/(N/cm)	>90	密度/(g/cm^3)	1.35±0.05

表 11-47　固体超强酸异构化催化剂工艺条件

项　目	指　标	项　目	指　标
反应温度/℃	140~210	反应重时空速/h^{-1}	1.5~2.0
反应压力/MPa(G)	1.5~3.5	氢油摩尔比	1~4

表 11-48　固体超强酸异构化催化剂异构化性能

反应条件		评价结果	
温度/℃	140	裂解率/%	3.0
压力/MPa(G)	3.1	C_5异构化率/%	75.1
重时空速/h^{-1}	1.5	C_6异构化率/%	88.2
氢油摩尔比	2.0	C_6选择性/%	31.5

(五)主要操作参数

C_5/C_6烷烃异构化反应的主要工艺参数是异构化反应器的反应温度、反应压力、反应空速及氢油比。

1. 反应温度

异构化催化剂类型不同，所需的反应温度也不同。

反应温度是影响异构化催化剂活性的主要因素，温度提高，催化剂活性增强，C_5和C_6的转化率提高，裂解副反应随之增加。综合考虑异构化活性和产品的液体收率，反应温度应控制在一定的范围内，随着运转时间的增加，催化剂活性逐渐下降，需要适当提高温度，以弥补催化剂活性的降低。对于沸石催化剂，反应温度一般为240~300℃；固体超强酸催化剂，反应温度一般处于140~210℃。

2. 反应压力

异构化反应是等分子反应，因此反应压力对异构化反应影响不大，但为了降低催化剂结焦速率、延长催化剂的使用寿命，要维持一定的反应压力，各种异构化催化剂的反应压力一般为1.5~3.5MPa(G)。沸石催化剂尤其适合较低压力[1.3MPa(G)]的加氢装置改造用。

3. 反应空速

反应空速和催化剂的类型有关，沸石催化剂的重时空速为1.0h^{-1}左右，固体超强酸催化剂重时空速为1.5~2.0h^{-1}。

4. 氢油比

氢油比对异构化催化剂生焦(失活)速率的影响较大。氢油比降低，催化剂生焦(失活)速率加快；氢油比提高，催化剂的生焦(失活)速率降低。沸石和固体超强酸催化剂的氢油摩尔比为1~4。

温度、空速、氢油比是影响催化剂异构化性能的主要因素，三者互相调整、相互补偿，才能使催化剂在最佳的反应条件下使用。

(六)异构化反应操作及控制指标

沸石催化剂和固体超强酸催化剂的反应条件有所不同。

沸石催化剂异构化反应器和固体超强酸催化剂异构化反应器的操作和控制指标分别如表11-49和表11-50所示。

表11-49 沸石催化剂异构化反应器操作和控制指标

项目	指标	项目	指标	项目	指标
入口温度/℃	230~280	重时空速/h^{-1}	1.0	C_5转化率/%	≥62
出口温度/℃	260~290	氢油摩尔比	1~4	C_6转化率/%	≥80
反应压力/MPa(G)	1.3~3.5				

表11-50 固体超强酸催化剂异构化反应器操作和控制指标

项目	指标	项目	指标	项目	指标
入口温度/℃	130~180	重时空速/h^{-1}	1.5~2.0	C_5转化率/%	≥72
出口温度/℃	160~210	氢油摩尔比	1~4	C_6转化率/%	≥85
反应压力/MPa(G)	1.6~3.5				

(七)产品性质

异构化产品的性质与原料油组成、催化剂类型及选用的工艺流程有关。以国内某装置采用两种催化剂和“脱异戊烷塔+异构化反应”流程为例，异构化产品的性质见表11-51。

表 11-51　异构化油性质

项　目	沸石催化剂	固体超强酸催化剂
流程	脱异戊烷塔+异构化反应	脱异戊烷塔+异构化反应
密度(20℃)/(g/cm^3)	0.638	0.635
馏程/℃		
初馏点	33	30
10%	41	33
50%	50	36
90%	65	50
终馏点	80	69
RON	82.4	85
苯含量/(μg/g)	0	0
硫含量/(μg/g)	0.3	0.2

从表 11-51 可以看出，两种催化剂的异构化产品均不含烯烃、苯等汽油标准限制的成分，硫含量较低，是优质的清洁汽油调合组分。

参　考　文　献

[1] 佟艳梅，于凤和．抚顺石油二厂用烷基化裂解炉处理废硫酸[J]．辽宁城乡环境科技，1997(04)：34-10.

[2] 史一．硫酸法异丁烷/丁烯烷基化反应研究[D]．上海：华东理工大学，2012.

[3] Aiken D K, Couch K A, Daniel R S. Advances in Alkyladon Technology：In 2010 NPRA Annual Meeting[J]. Phoenizx, AZ, 2010, 146.

[4] Radler M. 1999 worldwide refiningsurvey[J]. Oil and Gas Journal, 1999, 97(51)：45-90.

[5] Koottungal L. 2009 Worldwide RefiningSurvey[J]. Oil & Gas Journal, 2007.

[6] 朱庆云，乔明，任静．液体酸烷基化油生产技术的发展趋势[J]．石化技术，2010，(4)：49-53.

[7] 耿英杰．烷基化生产工艺与技术[M]．北京：中国石化出版社，1993.

[8] 张启新．STRATCO 硫酸烷基化反应器简介[J]．石油化工设备技术，1991(01)：21.

[9] Alkylation. sulfuric acid [J]. Hydrocarbon Processing 2008 Refining processes Handbook：82-83.

[10] Hodges C. Comparison of existing and emerging alkylation technology[C]. NPRA Annual Meeting, AM-04-16 , San Antonio, TX, 2004.

[11] 董明会，宗保宁．SINOALKY 硫酸法烷基化工艺技术及其工业应用[J]．石油炼制与化工，2019，50(05)：32-35.

[12] 董明会，喻惠利，蒋斯麒，等．新型添加剂对硫酸法 C_4烷基化反应的影响[J]．炼油工艺与工程，2019，49(4)：49-55.

[13] 李睿．烷基化废酸处理技术[J]．当代化工，2016，49(2)：402-405.

[14] 申风玉，丛军．硫酸烷基化废硫酸再生工艺技术对比[J]．当代化工，2016，45(11)：2714-2716.

[15] 王强．烷基化废酸再生工艺技术比较[J]．硫酸工业，2018(10)：33-37.

[16] 孟祥海，张睿，刘海燕，等．复合离子液体碳四烷基化技术开发与应用[J]．中国科学：化学，2018(4)：307-396.

[17] 彭朴，葸雷，马传彦，等．氯铝酸型离子液体催化烷基化的研究进展及工业化前景[J]．化工进展，2007，26(4)：453-459.

[18] 李柏林，吴瑕．酸性离子液体催化异丁烷/丁烯烷基化研究进展[J]．石油化工，2016，45(10)：1272-1278.

[19] 王丽红，李瑞，刘鹰，等．离子液体中异丁烷/2-丁烯烷基化反应机理研究[J]．燃料化学学报，2016，44 (6)：738-744.

［20］黄崇品，刘植昌，徐春明，等．用 $E_{t3}NHCl-AlCl_3$ 离子液体催化异丁烷/丁烯的烷基化反应［J］．石油炼制与化工，2002，33（11）：11-13.
［21］Corma A，Martinez A. Chemistry，catalysts，and processes for isoparaffin-olefin alkylation：Actual situation and future trends［J］. Catal Rev Sci Eng，1993，35（4）：483-570.
［22］吴梅，马忠庭，张海兵．以沸石催化剂催化的 C_4 烷基化反应研究进展［J］．炼油与化工，2012，23（1）：1-3.
［23］李健，李永祥．沸石在异丁烷/丁烯烷基化中的应用研究进展［J］．化工进展，2013（S1）：122-126.
［24］何奕工，舒兴田．异丁烷与丁烯烷基化反应工艺［J］．石油化工，2002，31（9）：759-763.
［25］Feller A. Reaction mechanism and deactivation pathways in zeolite catalyzed isobutane/2-butene alkylation［J］. Journal of Catalysis，2003，220（1）：192-206.
［26］Ren K，Long J，Ren Q，et al. A multi-scale computational study on the mechanism of protonation of isobutene and 2-butene over HY zeolite［J］. Molecular Simulation，2017，43（13-16）：1348-1355.
［27］侯雅聪，张成喜，李永祥，等．沸石催化剂在异丁烷-丁烯烷基化反应中的构效关系研究进展［J］．石油学报（石油加工），2018（02）：410-418.
［28］谭捷．我国甲基叔丁基醚生产技术及市场分析［J］．乙醛醋酸化工，2020（2）：20-23.
［29］宗义山．MTBE 生产工艺路线及特点分析［J］．炼油与化工，2018（3）：4-6.
［30］何宗华，刘淑芝，达建文．MTBE 生产技术及醚化催化剂［J］．齐鲁石油化工，2012（4）：356-358.
［31］陈晶晶．甲基叔丁基醚生产工艺安全性提升发展研究［J］．当代化工，2018（9）：1965-1968.
［32］李吉春，孙世林，薛英芝，等．催化裂化轻汽油醚化技术开发及工业应用［J］．石油化工，2019，48（10）：1057-1062.
［33］Pescarollo P，Trotta P，Sarathy P R. Etherify light gasolines［J］. Hydrocarbon Process，1993，72（2）：53-60.
［34］Icnatius J，Jarvelin H，Lindqvist P. Use TAME and heavierethers to improve gasoline properties［J］. Hydrocarbon Process，1995，74（1）：51-53.
［35］刘成军，温世昌，綦振元．催化轻汽油醚化工艺技术综述［J］．石油化工技术与经济，2014，30（5）：56-61.
［36］黄福贤．烯烃齐聚用固体磷酸催化剂的研究动向［J］．石油化工动态，1996，4（11）：21-27.
［37］姚亚平，徐菁，袁梅卿，等．混合丁烯齐聚催化剂及其工艺研究（上）［J］．上海化工，2000（2）：12-13.
［38］赵燕，王景政，李琰，等．国内 C_4 烃叠合-加氢工艺制异辛烷技术进展及应前景分析［J］．化工进展，2019，38（12）：5314-5322.
［39］袁梅卿，姚亚平，徐菁，等．新一代固体磷酸催化剂 T-99 研制［J］．化学世界，2002（5）：239-242.
［40］陈文造．叠合工艺的发展与比较［J］．石油炼制，1989（2）：16-21.
［41］黄国雄，李承烈．烃类异构化［M］．北京：中国石化出版社，1992.
［42］石油化工科学研究院．C_5/C_6 烷烃异构化技术［C］．2000 年中国石化清洁燃料会议资料，北京．
［43］Anderson G C. New Solutions for Light Paraffin Isomerization［C］，NPRA Annual Meting，AM-04-46，TX，2004.
［44］Joseph C Gentry. A Proven Cost Effective Light Gasoline Isomerization Option［C］，NPRA Annual Meting，AM-10-149，Phoenix，AZ，2010.
［45］张秋平，濮仲英，等．RISO 型 C_5/C_6 烷烃异构化催化剂的工业生产及应用［J］．石油炼制与化工，2005，36（8）：1-4.
［46］吴正太．C_5/C_6 异构化催化剂的首次工业应用［J］．精细石油化工进展，2007，8（6）：42-46.
［47］Mills G A，Heinemann H，Milliken T H，et al. Ind Eng Chem，1953，45：13.
［48］Guisnet Allain J F，Magnous P，Guisnet M，et al. Appl Catal，1997，152：221.

专家话炼油

第十二章　炼厂气加工

在原油加工过程中副产大量气体，其组成为氢气、$C_1 \sim C_4$烷烃、$C_2 \sim C_4$烯烃和少量 C_5 烃以及 H_2S、CO_2等杂质。随着催化裂化、延迟焦化等加工工艺的发展和加工深度的提高，炼厂气的产量相应增加，完善炼厂气的加工和利用已成为提高炼油厂经济效益和综合利用石油资源的重要一环，越来越受到人们的重视。

炼厂气是生产石油化工产品的宝贵原料，用它可以生产出种类繁多的石油化工产品，用途极其广泛。据不完全统计，目前国内炼厂气的年产量大约 2100 万吨，液化气年产量 6400 万吨左右，图 12-1 和图 12-2 分别为 C_3 和 C_4 馏分加工利用主要途径。

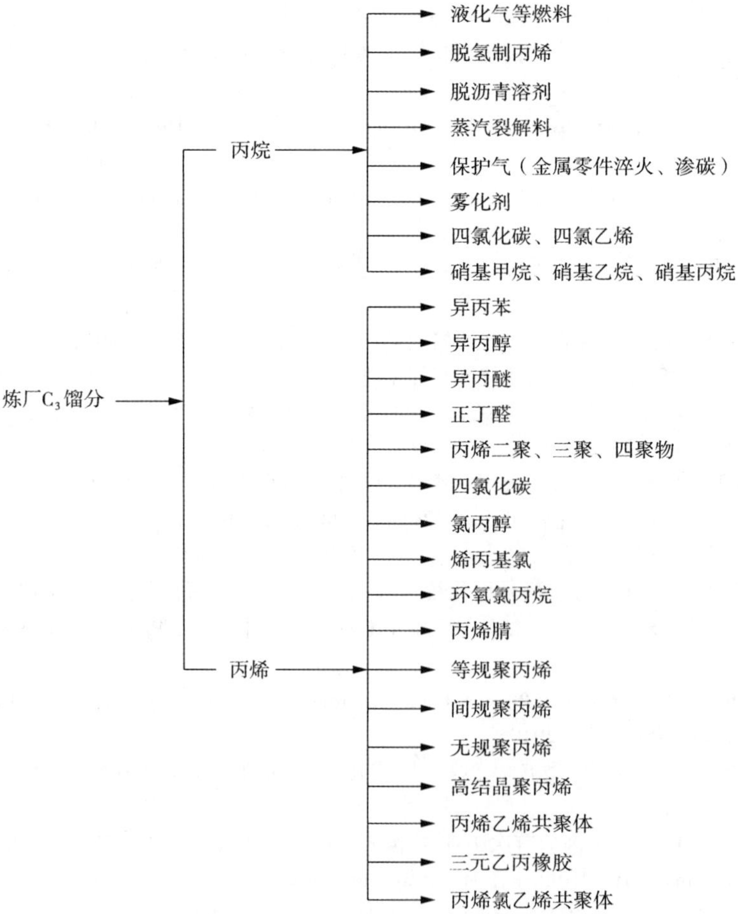

图 12-1　炼厂气 C_3 馏分的主要利用途径

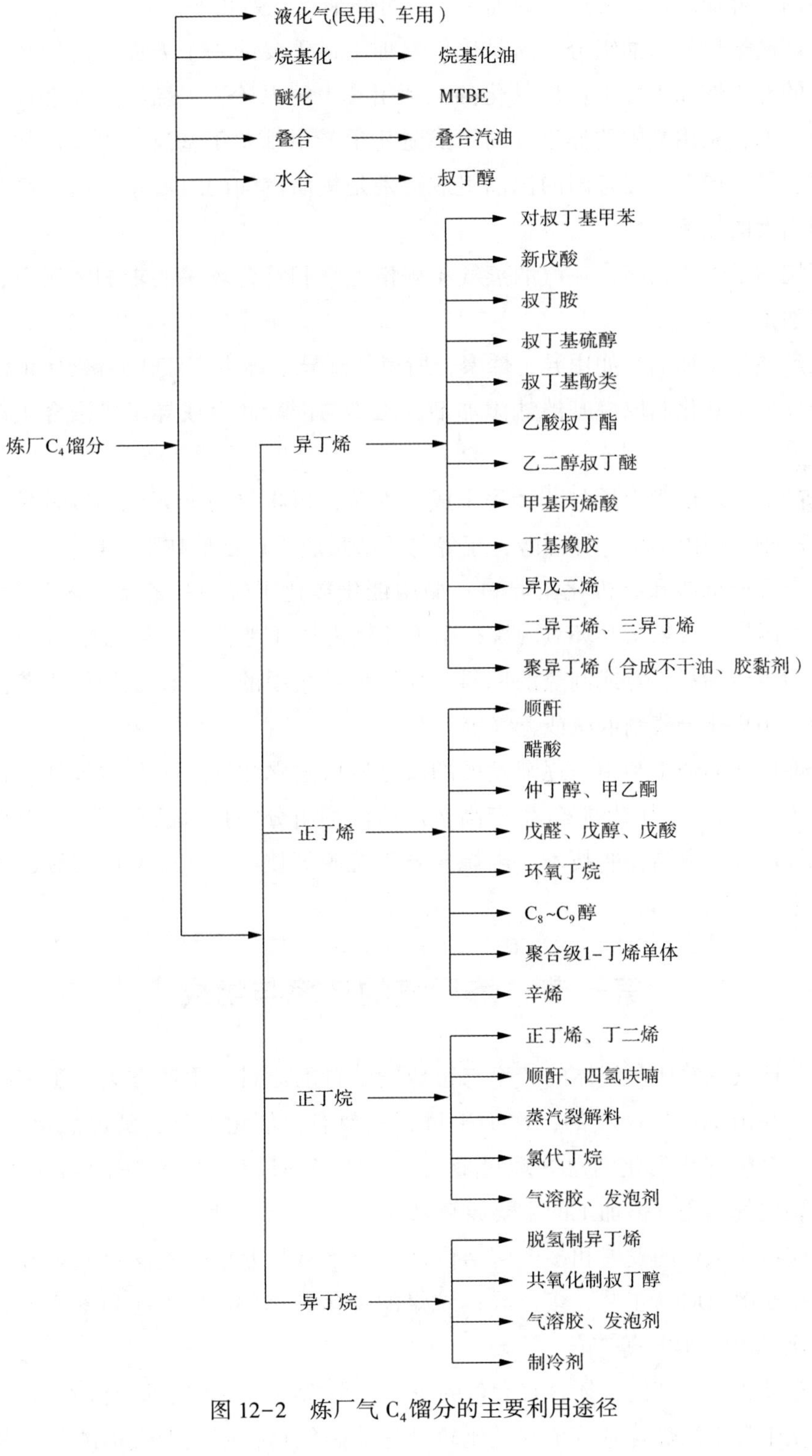

图 12-2　炼厂气 C_4馏分的主要利用途径

纵观国内外炼油厂，对炼厂气的加工大致可归纳为下列几个方面：

（1）生产高辛烷值汽油组分。这是炼厂气加工最重要的一个方面。比较普遍的是用炼厂气中所含的异丁烷和丁烯生产烷基化油；利用其中的丙烯、丁烯经选择性或非选择性叠合生产叠合汽油；利用其中的异丁烯与甲醇醚化生产甲基叔丁基醚，以及丙烯二聚、三聚生产异己烯、异壬烯等。在各国的汽油组成特别是优质汽油的组成中，这些高辛烷值汽油组分占有相当大的比例。

由于丁烷的辛烷值较高，在汽油蒸气压规格允许和符合环保要求的情况下，常将丁烷直接调入汽油中。

（2）生产油品添加剂。如用异丁烯聚合所得的聚异丁烯生产硫代磷酸盐和无灰添加剂；苯酚与叠合烯烃烷基化制取烷基酚盐添加剂；乙烯与丙烯共聚或异丁烯聚合生产黏度添加剂等。

（3）生产溶剂。如用丙烯与苯烃化生成异丙苯，再将异丙苯氧化制取苯酚、丙酮，用丁烯生产甲乙酮，用丙烯生产异丙醇，丁烯与乙酸反应生产乙酸仲丁酯等。

（4）生产合成材料和有机化工原料。如用催化裂化干气中的乙烯与苯烃化生产乙苯；用丙烯生产聚丙烯、丙烯腈和环氧丙烷，用丁烯氧化脱氢制丁二烯生产顺丁橡胶等。

（5）作为生产烯烃、氨或制氢的原料。如用炼厂气中的 C_2～C_4烷烃作为蒸汽裂解的原料制取乙烯，用焦化干气制取氨或氢气等。

我国对炼厂气的加工利用是逐渐发展的，已先后建立和发展了基本包括上述各种气体利用工艺的生产装置。利用炼厂气生产高辛烷值汽油组分的技术已在第十一章中介绍，本章主要介绍炼厂气分离与精制技术、丙烷与异丁烷脱氢技术、利用炼厂气制乙苯技术和轻烃芳构化技术。

第一节　炼厂气的产率与组成

炼油厂各产气装置所产气体的产率与组成随装置的原料、生产方案及工艺技术条件的不同而变化。我国炼油厂产气的二次加工过程主要有：催化裂化、延迟焦化、催化重整、加氢裂化等。其中催化裂化的总处理量最大，气体产率最高，气体中的烯烃含量也最多。因此，催化裂化气体是气体加工的主要原料来源。

为了适应石化工业的发展和多产清洁汽油调合组分，近年来我国研究和开发了多产低碳烯烃的催化裂解(DCC)工艺、多产异构烷烃的催化裂化(MIP)工艺和多产异构烷烃和丙烯的催化裂化(MIP-CGP)等工艺。

催化重整装置所生产的气体含有大量的氢气，是炼油厂最重要的廉价氢源。

延迟焦化干气中烯烃含量较少，是比较合适的制氢料，或经干气提浓装置处理后作乙烯裂解原料。

加氢裂化气体中含有大量异丁烷，在用催化裂化 C_4 馏分作烷基化原料时，异丁烷含量不足，可用以作为补充。

轻烃回收装置的干气以及 PSA 尾气等气体中富含乙烯、乙烷组分。

国内炼油厂各主要加工过程所产气体的产率及组成实例见表 12-1～表 12-8。

表 12-1　催化裂化典型气体产率及组成

原　料	大庆馏分油		大庆常压渣油		胜利馏分油	
气　体	干气	液化气	干气	液化气	干气	液化气
产率/%	3. 75	11. 15	2. 60	11. 22	3. 68	10. 29
组成/%(体)						
H_2	13. 2	—	40. 5	—	14. 4	—
O_2+N_2	18. 5	—	7. 1	—	20. 1	—
CO_2	4. 1	—	2. 5	—	4. 9	—
CO	0. 8	—	2. 8	—	1. 3	—
C_1	31. 6	—	18. 6	—	21. 5	—
C_2	26. 2	1. 0	20. 8	—	22. 8	—
C_3^0	1. 0	9. 0	0. 8	11. 0	2. 0	16. 7
$C_3^=$	2. 9	30. 9	2. 4	31. 6	6. 6	35. 2
C_4^0	0. 7	25. 9	2. 6	24. 2	2. 3	25. 8
$C_4^=$	1. 0	30. 7	1. 6	32. 5	1. 8	21. 9
C_5	—	2. 5	0. 1	0. 7	0. 1	0. 4
H_2S	3148mg/Nm^3	—	0. 2	—	2. 2	—

表 12-2　DCC-I 工艺典型气体产率及组成[1]

原　料	管输油 VGO		原　料	管输油 VGO	
气　体	干气	液化气	气　体	干气	液化气
产率/%	8. 64	37. 39	$C_3^=$	0. 3	53. 2
组成/%(体)			i-C_4^0	—	4. 8
H_2	24. 9	—	n-C_4^0	—	1. 7
H_2S	0. 6	—	1-$C_4^=$	—	5. 3
C_1	33. 8	—	i-$C_4^=$	—	12. 8
C_2^0	12. 6	—	2-$C_4^=$	—	12. 1
$C_2^=$	27. 7	—	C_5	—	2. 3
C_3^0	0. 1	7. 8			

表 12-3　MIP 工艺和 MIP-CGP 工艺典型气体产率及组成

工艺类型	MIP		MIP-CGP	
气　体	干气	液化气	干气	液化气
产率/%	3.0	15.0	2.5~3.0	25.0
组成/%(体)				
H_2	32.58	—	41.58	—
C_1	31.70	—	21.79	—
C_2	16.35	—	11.69	0.02
$C_2^=$	13.43	—	15.17	—
C_3^0	0.72	9.33	0.18	8.76
$C_3^=$	3.10	33.77	1.03	42.61
i-C_4^0	0.54	23.13	0.24	16.45
n-C_4^0	0.13	4.97	0.04	3.53
$C_4^=$	0.63	28.80	0.31	28.51
C_5	0.09	—	0.16	0.12
H_2S	0.73	—	2.41	

表 12-4　催化重整典型气体产率及组成

催化重整类型	半再生重整		连续重整	
原　料	大庆石脑油		大庆石脑油	
气　体	重整气	脱戊烷塔顶气	重整气	脱戊烷塔顶气
产率/%	8.63	4.08	10.00	4.96
组成/%(体)				
H_2	83.62	11.00	91.91	19.46
C_1	8.55	6.66	3.61	6.56
C_2	3.76	25.38	2.59	24.56
C_3	2.37	35.17	1.36	28.81
i-C_4	0.48	18.87	0.34	9.51
n-C_4	0.68	—	0.19	7.50
C_5	0.54	2.92	—	3.60

表 12-5　延迟焦化富气产率及组成

富气产率及组成	原　料		富气产率及组成	原　料	
	大庆减压渣油	胜利减压渣油		大庆减压渣油	胜利减压渣油
产率/%	7.46	10.69	$C_3^=$	7.4	5.69
组成/%(体)			C_4^0	6.0	5.36
H_2	6.1	6.20	$C_4^=$	4.1	4.57
C_1	31.9	40.56	C_{5+}	2.1	2.69
C_2	26.8	18.24	H_2S	1.6	3.88
C_3^0	13.1	9.74	其他	0.9	3.07

表 12-6　加氢裂化气体产率及组成

气体产率及组成	胜利馏分油		气体产率及组成	胜利馏分油	
	富气	液化气		富气	液化气
产率/%	4.9	3.2	C_3	29.40	20.13
组成/%(体)			i-C_4^0	34.17	46.22
H_2	3.64	—	n-C_4^0	15.44	26.19
C_1	4.65	0.38	$\geqslant C_5$	3.79	6.10
C_2	6.28	0.98	H_2S	1.63	—

表 12-7　脱硫醇装置净化后的干气组成

项　目	参　数	项　目	参　数
工艺类型	轻烃回收	C_3	0.51
气体	饱和干气	i-C_4^0	0.07
组成/%(体)		n-C_4^0	1.14
C_1	49.01	C_5	0.09
C_2	49.00	H_2S/(mg/Nm^3)	30

表 12-8　来自催化原料预处理装置的 PSA 尾气组成

项　目	参　数	项　目	参　数
工艺类型	PSA 尾气	C_2	26.00
气体	饱和干气	C_3	28.00
组成/%(体)		i-C_4^0	9.00
H_2	7.00	n-C_4^0	8.00
C_1	22.00	H_2S/(mg/Nm^3)	30

第二节　炼厂气精制

一、干气、液化气脱硫

根据原油的含硫量及加工深度的不同，炼油厂干气和液化气不同程度地含有 H_2S 等硫化物。例如某厂催化裂化干气中 H_2S 的体积分数约为 2.5%，催化裂化液化气中约为 1.8%；常减压装置轻烃回收干气中约为 8.2%，液化气中约为 2.8%；加氢裂化装置来的干气中约为 6.5%，液化气中约为 1.3%。随着环保要求的日益提高，干气和液化气无论用作燃料还是用作化工装置的原料，都需要先进行脱硫。

1. *炼厂气脱硫方法*

炼厂气脱硫方法主要分为两大类：一类为干法脱硫，主要用于需要较高脱硫率的场合，常用的有氧化锌法、活性炭吸附法；另一类为湿法脱硫，其中使用最普遍的为醇胺法脱硫，我国炼油厂干气脱硫绝大多数采用醇胺法。

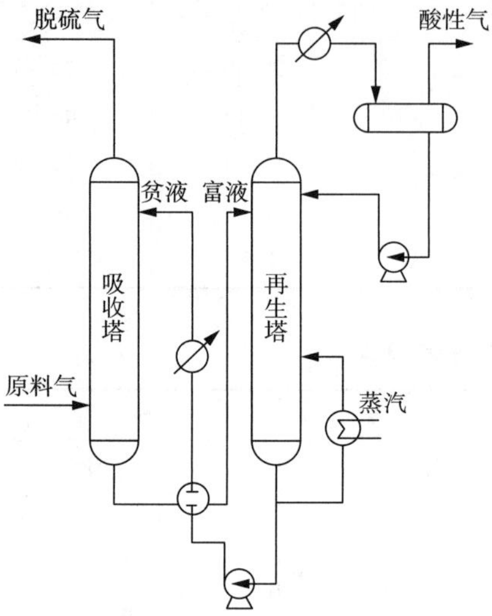

图 12-3　醇胺法脱硫工艺流程图

醇胺法脱硫是一种典型的吸收-再生反应过程，工艺流程见图 12-3。其工艺流程是以弱碱性水溶液(醇胺类)为吸收剂，在吸收塔内吸收原料气中的 H_2S(同时吸收 CO_2 和其他含硫杂质)；吸收了 H_2S 的水溶液(富液)经升温后在常压再生塔内借助塔底的重沸器加热解吸将溶液再生，再生后的贫液经冷却后送吸收塔循环使用，再生塔顶的酸性气经冷凝分液后送硫回收装置回收硫黄。

对硫化氢：

$$2RNH_2+H_2S \rightleftharpoons (RNH_3)_2S$$

$$(RNH_3)_2S+H_2S \rightleftharpoons 2RNH_3HS$$

对二氧化碳：

$$2RNH_2+H_2O+CO_2 \rightleftharpoons (RNH_3)_2CO_3$$

$$(RNH_3)_2CO_3+H_2O+CO_2 \rightleftharpoons 2RNH_3HCO_3$$

式中　R——醇基。

上述反应均为可逆反应，在较低温度(20～40℃)下，反应向右进行(吸收)，在较高温度(>105℃)下，反应向左进行(解吸)。

处理酸性气含量高于30%的气体时，也有采用改进的“分流法”流程，即将未完全解吸的半贫液自再生塔中部抽出，经换热、冷却后进入吸收塔中部；贫液自再生塔底部抽出，经换热、冷却后进入吸收塔顶部。这种流程虽然可节省能量和操作费用，但增加了投资和操作控制的复杂性。

2. 脱硫溶剂

我国炼油厂干气和液化气脱硫用的溶剂有一乙醇胺(MEA)、二乙醇胺(DEA)、二异丙醇胺(DIPA)和甲基二乙醇胺(MDEA)等多种。由于甲基二乙醇胺具有较多优点，我国炼油厂多数选择甲基二乙醇胺(MDEA)作为脱硫溶剂[2,3]，不仅在新建脱硫装置中应用，而且曾经使用一乙醇胺、二乙醇胺或二异丙醇胺等作脱硫溶剂的也基本用甲基二乙醇胺代替。本书只介绍甲基二乙醇胺溶剂脱硫工艺。

尽管甲基二乙醇胺并不具有一个理想溶剂的所有优点，但其综合性能比较优越，它的优点具体如下：

(1) 甲基二乙醇胺是一种叔胺，它与硫化氢的反应速度远大于二氧化碳，这种反应速度上的差异构成了甲基二乙醇胺作为选择吸收硫化氢溶剂的基础。由于选择性的提高，使再生后酸性气中硫化氢的浓度提高，有利于下游硫黄回收装置的操作。

(2) 甲基二乙醇胺与硫化氢、二氧化碳的反应热分别为 1.050MJ/kg 和 1.420MJ/kg，在几种醇胺脱硫溶剂中是最低的，因而在再生时酸性气容易解吸，溶剂的再生热耗低。

(3) 可采用较高的溶剂浓度(常用 30%～50%)，因此溶剂循环量小，能耗低。

(4) 甲基二乙醇胺的蒸气压低(20℃时小于 1.38Pa)，且与 CO_2、CS_2、COS 等不易发生反应，溶剂损耗小。

（5）甲基二乙醇胺的腐蚀性小，对碳钢的腐蚀速率仅为0.04mm/a。

甲基二乙醇胺的缺点是价格较其他醇胺类溶剂高。但由于其选择性高，能耗低，损耗小，在经济上仍然有利。原来用一乙醇胺、二乙醇胺、二异丙醇胺作溶剂的脱硫装置，不需作较大的改动，即可改用甲基二乙醇胺，而且还能适当提高处理能力。

市场销售的甲基二乙醇胺脱硫溶剂大多为复配型溶剂，除甲基二乙醇胺外，并配有一定比例的活化剂、消泡剂、稳定剂、缓蚀剂、抗氧剂等。

典型的甲基二乙醇胺干气脱硫操作条件及净化气质量大致如下。

项　目	指　标	项　目	指　标
吸收塔压力/MPa	0.6~1.5	溶剂浓度/%	30~50
贫溶剂温度/℃	35~45	贫溶剂含 H_2S 量/(g/L)	0.2~1.2
再生塔压力/MPa	0.07~0.09		
再生塔顶温度/℃	100~110	净化干气含 H_2S 量/(mg/m^3)	<20

典型的甲基二乙醇胺液化气脱硫操作条件及净化液化气质量大致如下。

项　目	指　标	项　目	指　标
吸收塔压力/MPa	1.6~2.4	溶剂浓度/%	30~50
贫溶剂温度/℃	35~40	贫溶剂含 H_2S 量/(g/L)	0.2~1.2
再生塔压力/MPa	0.07~0.09		
再生塔顶温度/℃	100~110	净化液化气含 H_2S 量/(mg/m^3)	<10

3. 影响气体脱硫的因素

在实际生产中，影响气体脱硫效果的因素主要有：脱硫塔的操作温度、压力、贫胺液流量、浓度、贫胺液中 H_2S 含量及脱硫塔的塔板数等。由于脱硫装置的操作压力受到上下游生产装置的制约，所以脱硫塔不能通过调节操作压力来获取较好的脱硫效果，因此不考虑压力变化对脱硫效果的影响。

1）操作温度

N-甲基二乙醇胺脱除 H_2S 反应是一个放热过程，因此操作温度越低，脱硫效果越好。从富液再生装置来的循环贫胺液的温度应尽可能低，以取得较好的脱硫效果。

2）贫胺液流量

从理论上看，贫胺液流量越高，脱硫效果越好，但随着贫胺液流量的增加，相应加重了富液再生装置的处理负荷，加大了操作费用。

在装置设计和实际生产中如何选择一个合适的贫胺液流量十分重要，可以通过分析脱后气体中 H_2S 的含量来判断。还有一种较为直观的分析方法：由于气体脱硫过程是放热反应，在脱硫塔中就表现为塔板温度的变化；如果流量增加后，下部塔板温度变化不明显，说明再继续增加贫胺液流量对脱硫效果的改善已作用不大；如果流量降低到一定程度，下部塔板温度上升很明显，说明再继续减少贫胺液流量将对脱硫效果造成不利影响。在一般情况下，塔底与塔顶温差应控制在8~12℃为宜。

3）贫胺液浓度

贫胺液浓度对脱硫效果的影响与贫胺液流量相似，浓度增加，脱硫效果更好。不宜采用低浓度、高循环量的操作方式，而应优先考虑提高贫胺液浓度，降低循环量，以降低富液再生装置的运行负荷，从而达到用最低的操作成本取得较好脱硫效果的目的。但胺液浓度的增加会使其对设备的腐蚀加剧，因此，*N*-甲基二乙醇胺的浓度一般不超过50%。

4）溶剂“发泡”及原因

溶剂“发泡”会降低装置处理量，增加溶剂损失和降低气体净化度。引起溶剂“发泡”的主要原因是溶剂中含有悬浮的固体微粒、烃类、降解产物等杂质和气液接触速度过高。

5）贫胺液中残余 H_2S 的含量

降低贫胺液中残余 H_2S 的含量对气体脱硫效果的改善非常明显，这是提高气体脱硫效果的关键因素。在实际生产中应优化富液再生塔的操作，以尽可能降低贫胺液中 H_2S 的残余量。

6）脱硫塔的塔板数

在一定范围内改变塔板数对气体脱硫效果的影响不明显。在常规的气体脱硫塔设计中，实际塔板数一般为20块，按板效率为50%估算，相当于理论塔板数为10块左右；在常规的液化气脱硫塔设计中，实际塔板数一般为30块，也可以按填料塔进行设计，填料高度一般采用12m。

二、液化气脱硫醇

炼油厂生产的液化气中一般含有一定量的硫化物，这些硫化物必须根据下游加工装置或使用的要求，用化学或吸附的方法予以去除。液化气中的硫化物主要是硫化氢和硫醇。脱硫化氢的方法与干气脱硫相同。脱硫醇的方法主要介绍催化氧化脱硫醇和纤维膜脱硫醇。

（一）催化氧化脱硫醇

1. 反应原理及典型工艺流程

催化氧化脱硫醇法是把催化剂分散到碱液中，将含硫醇的液化气与碱液接触，其中的硫醇（RSH）与碱反应生成硫醇钠（RSNa），然后将其分出并氧化为烷基二硫化物。其反应式如下：

$$RSH+NaOH = RSNa+H_2O \tag{12-1}$$

$$2RSNa+1/2O_2+H_2O = RSSR + 2NaOH \tag{12-2}$$

由于液化气中的硫醇类分子量较小，较易溶于碱液中，因此液化气脱硫一般采用液化气和碱的液-液“抽提”[反应（12-1）]与硫醇钠“氧化”[反应（12-2）]分别进行的过程。其典型工艺流程见图12-4。

（1）经碱或乙醇胺洗涤脱除 H_2S 后的液化气进入抽提塔，在塔内与带催化剂的碱液逆流接触，在小于40℃和1.37MPa的条件下，硫醇被碱液抽提，脱去硫醇的液化气与新鲜水在混合器混合，洗去残存碱液并至沉降罐与水分离后出装置。

（2）从抽提塔底出来的碱液经加热器通过蒸汽加热到65℃左右，与一定比例的压缩空气混合，在氧化塔内与填料表面充分接触，在0.6MPa压力下及一定反应时间内，硫醇钠盐

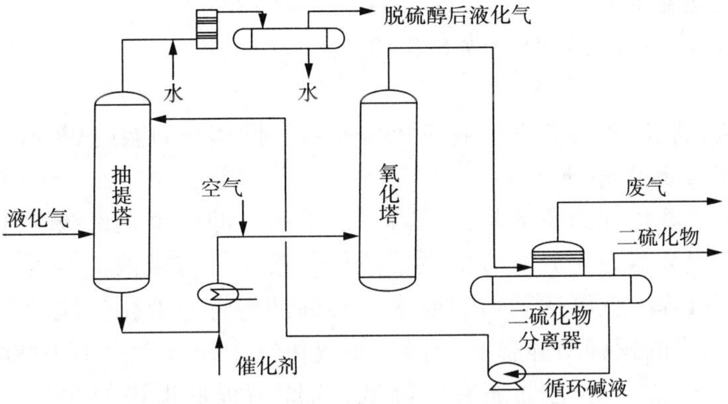

图 12-4　液化气催化氧化脱硫醇工艺流程图

氧化生成烷基二硫化物。

(3) 氧化后的气液混合物首先进入卧式分离器的分离柱中部，气体通过上部的泡沫网除去雾滴，经废气管去火炬，液体在卧式分离器中分为两相，上层为烷基二硫化物，用泵定期送出，下层的再生碱液用泵抽出送往抽提塔循环使用。

2. 催化剂

液化气脱硫醇的深度取决于抽提塔的反应深度，即硫醇与 NaOH 反应生成硫醇钠并解离成硫醇阴离子的程度。由于在实际的工艺过程中 NaOH 是回收循环使用的，因而氧化塔内的反应即反应(12-2)必须借助催化剂的作用加速进行，使 NaOH 迅速再生，以保证反应(12-1)所需的 NaOH 浓度，有利于硫醇转化为硫醇钠的反应。所用的催化剂为磺化钛菁钴或聚酞菁钴。

3. 操作控制因素

影响脱硫醇的因素首先是硫醇本身的分子量和结构组成。原料中所含硫醇的烷基链越长，硫醇的酸性越小，与 NaOH 的反应活性就越低。对相同碳数的烷基来说，其反应活性顺序为：伯硫醇>仲硫醇>叔硫醇。这说明烷基支链越多，与 NaOH 的反应活性越低。

在操作上，其主要控制因素为：

(1) 催化剂浓度的提高有利于硫醇钠的氧化，但由于催化剂在碱液中的溶解度有限，硫醇钠的氧化速度并不与催化剂用量成正比。通常工业上采用的催化剂浓度为 100~200μg/g。

(2) 碱的浓度太高会使硫醇在碱相中析出，降低抽提效果。一般采用的碱浓度为10%~15%。

(3) 硫醇钠的氧化速度随着氧分压的增大而加快，但当氧分压大于 0.06MPa(相当于总压为 0.3MPa)后，反应速度变化较小。因此在工业上一般采用总压 0.3~0.5MPa，供氧量一般为硫醇氧化理论需要量的 2 倍。

(4) 随着抽提温度的提高，硫醇盐水解常数增大，使抽提效果下降。此外，温度升高，催化剂在碱液中的稳定性也下降。因此抽提温度一般不高于 40℃。

4. 操作条件

我国液化气脱硫醇的典型操作条件如下：

(1) 抽提。碱液与原料的体积比为 0.3~0.5；碱液浓度为 10%~15%；催化剂浓度为 100μg/g；抽提温度<40℃。

（2）氧化。氧化温度为52℃；空气量为0.15~0.17Nm^3/t。

（3）水洗。水/液化气(体积比)为0.3~0.5。

5. 脱硫效果

液化气催化氧化脱硫醇的效率一般在95%左右，操作好的能达98%以上。

6. 采用静态混合器代替抽提塔

试验证明，对于液化气的脱硫醇，只需一次平衡，即一个理论级就能将烃中98%以上的硫醇脱除。静态混合器为充分混合提供了条件，液化气与碱液流经混合器一次，即相当一个理论级的抽提过程，就可达到精制要求。某炼油厂将原液化气脱硫装置的筛板抽提塔改为由12个元件组成的螺旋型静态混合器，使液化气中硫醇含量由1000~2000mg/m^3降至20mg/m^3以下。此外，静态混合器还有压降低(为原筛板抽提塔的28%)，设备结构简单，操作维修方便的优点[4]。

7. 增加汽油反抽提塔以降低精制液化气中的总硫含量

若二硫化物与循环碱液在分离器中分离不好，二硫化物会在循环碱液中积累，导致在抽提时部分二硫化物转移至精制液化气中，致使精制液化气的总硫含量偏高。在下游工艺装置对精制液化气的总硫含量有严格要求时，有的炼油厂为了可靠，对循环碱液增加了反抽提措施，即将分离器出来的循环碱液从顶部送入新增的反抽提塔，在该塔的下部送入不含硫的汽油(如重整汽油、重整预精制油或加氢汽油)作反抽提剂进行逆相抽提，使碱液中的二硫化物被汽油抽提出来，降低了循环碱液中的二硫化物含量。

汽油反抽提的操作条件为：汽油与碱的质量比为1∶3；操作温度为40℃；操作压力为0.2MPa。

(二)纤维膜脱硫醇

1. 脱硫醇机理和典型工艺流程

1）脱硫醇反应机理

纤维膜脱硫醇的反应机理与催化氧化脱硫醇机理相同，也是将硫醇(RSH)与碱反应转化为硫醇钠(RSNa)，然后将其氧化为烷基二硫化物。

2）纤维膜接触器原理

纤维膜脱硫醇技术是将碱液微滴变为附着在纤维束固体金属表面的液膜，在液膜上实现碱液和烃类中非烃杂质的萃取，增加碱液和烃类的传质界面，实现了在较小的反应空间提供较大的反应接触面积，提高了萃取反应效率。当进入纤维膜接触器的碱液穿过接触器时，包围并湿润了纤维膜表面，并在每根纤维的全部长度上形成一层薄膜。碱液附着在纤维上，液化气连续进入接触器，并在表面被碱液覆盖的纤维之间的狭窄空间中穿过。两相的界面所受到的黏性曳力协助重力沿着纤维向下拖拉碱膜。由于接触器中的纤维直径小而数量大，所以形成了巨大的界面面积。而且由于碱膜沿着纤维移动，界面处于不断地更新之中。这些因素结合起来产生了很高的传质速率，从而实现高效的精制过程。其原理如图12-5所示。

3）纤维膜脱硫醇典型工艺流程

纤维膜脱硫醇典型工艺流程如图12-6所示。

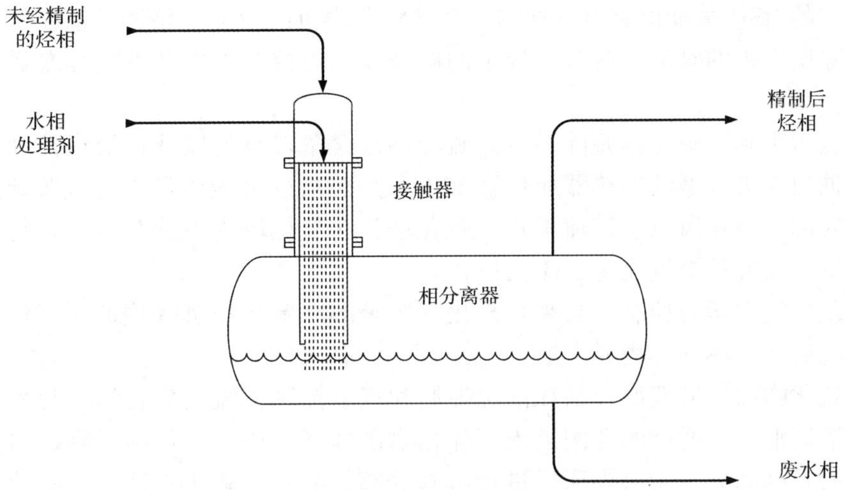

图 12-5　纤维膜接触器原理图

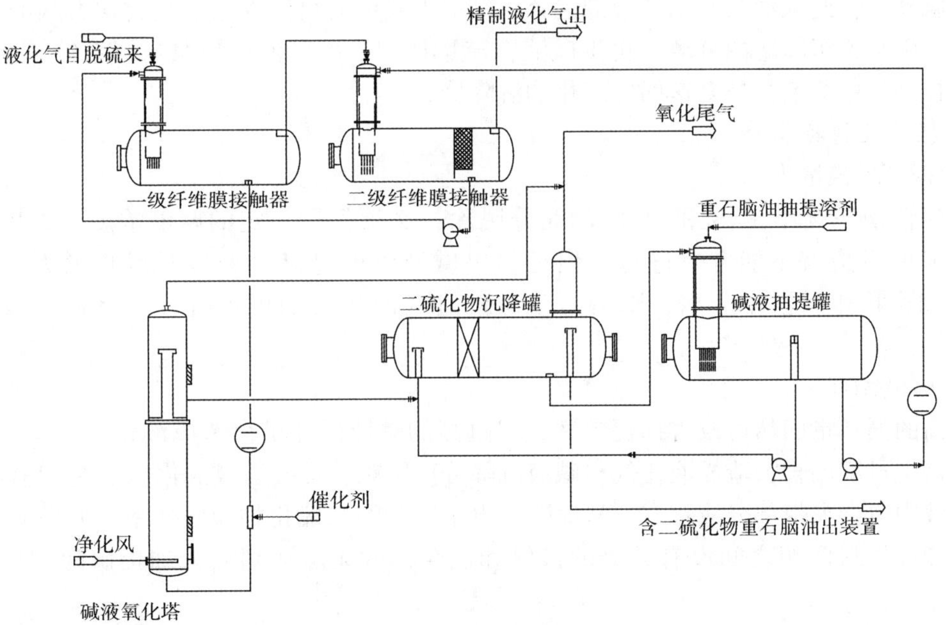

图 12-6　液化气纤维膜脱硫醇流程示意图

(1)硫醇的抽提。脱 H_2S 后的液化气经篮式粗滤器除去所含的大于 300μm 的固体颗粒，然后进入第一级接触器的顶部，与来自二级接触器底部的碱液接触，套筒内的纤维提供了有利于抽提反应进行的缓和湍流环境及充分的接触面积。在接触器内大部分 RSH 均被抽提到碱液相内，在接触器的套筒底部，液化气与纤维脱离并进入相分离器上部的烃相。经部分精制的液化气从接触器另一端流出，再进入第二级抽提系统。由于此抽提过程采用的是一种非分散性的接触方式，因此排出的液化气基本上不夹带碱液微滴，碱液顺着纤维流到相分离器底部，进入碱液相。硫醇钠含量较高的碱液在液位控制下以一定的流量流出第一级相分离器，进入再生系统进行再生。

进入第二级接触器顶部的液化气与来自再生系统的再生碱液接触。当液化气经纤维束流下时，残留的 RSH 被抽提到碱液相内，在接触器内沉降分离。精制的液化气流经聚结器填料盘，脱除所夹带的碱液，含有硫醇钠的碱液在液位控制下由碱液循环泵送入第一级纤维膜接触器。

（2）碱液再生和二硫化物脱除系统。硫醇钠盐含量较高的碱液在液位控制下从一级纤维膜接触器抽出并进入碱液加热器加热至 52℃，加热后的碱液流经液化气脱硫醇催化剂后进入氧化塔底部。净化风以一定流量进入氧化塔，在氧化塔内碱液与氧气进行接触，发生碱液再生反应，硫醇钠被氧化为二硫化物。

氧化塔顶尾气在压力控制下与来自液化气脱硫醇二硫化物沉降罐的尾气汇合，流经尾气水洗罐水洗后至加热炉火嘴或火炬。

含有二硫化物油的碱液混合物在液位控制和流量控制下流出氧化塔，与来自石脑油溶剂循环泵的溶剂汇合，通过混合阀进入二硫化物沉降罐。在二硫化物沉降罐内碱液和溶有二硫化物油的石脑油流经无烟煤床后进行沉降分离，溶有二硫化物油的石脑油形成浮在碱液之上的烃相，被送出装置。含有二硫化物油的碱液在液位控制下以一定的流量进入溶剂洗涤接触器。在此碱液与石脑油溶剂混合。碱液中残留的可溶性二硫化物被石脑油萃取出，两相在二硫化物沉降罐内分离。再生碱液在流量控制下由碱液再生泵送回系统，循环溶剂在流量控制下由溶剂循环泵送回二硫化物沉降器。

2. 操作控制因素

1）循环碱液浓度

为保证液态烃中 H_2S 和 RSH 的充分脱除，必须保持一定的碱液浓度。如果碱浓度太低，硫醇反应就不能有效进行。但是如果碱液浓度过高，碱液黏度将增大，二硫化物将难以由再生碱液中分离，随着再生碱液进入液化气抽提系统，最终造成液化气总硫升高。

2）碱液循环量

较高的循环量固然可改善抽提效率，但过高的碱液循环量会造成液化气与碱液在纤维膜接触器中过度混合，造成液化气与碱液沉降分离困难，最终造成液化气中 Na^+超标；同样循环碱液中也会夹带部分液化气，从而降低再生系统的二硫化物脱除效率。如果流量太低，在碱液和烃物料两相之间没有充分的接触和混合，就无法达到充分抽提硫醇和硫化氢的目的。

3）抽提溶剂

由氧化塔出来的碱液是二硫化物和碱液的混合物，二硫化物以液滴形式悬浮在碱液中，由于二硫化物与碱液的密度差比较小，二硫化物与碱液的分离较为困难，因此选用抽提溶剂对二硫化物进行抽提。一般选用加氢重石脑油作为抽提溶剂，加氢重石脑油作为溶剂的优点是：含硫低，能够从碱液中抽提出可溶二硫化物并增加两相之间的密度差，以加速二硫化物与碱液的分离，从而极大降低再生碱液中的总硫。一般选择相对密度在 0.6~0.8 的加氢石脑油。

4）操作压力和温度

液化气纤维膜脱硫技术对操作压力和温度没有特殊要求。压力保证稳定，确保液化气能送出装置即可。温度由进入系统的液化气的温度决定，但是温度如果低于 25℃ 会影响液化气的抽提效率。碱液的温度影响硫化钠(Na_2S)的溶解度，一旦操作温度过低，会造成硫化钠析出，导致管线堵塞，影响装置正常生产。

3. 主要操作条件

我国纤维膜液化气脱硫醇的典型操作条件如下：

(1) 碱液循环量：液化气脱硫醇的体积比为0.4~0.5；

(2) 再生操作温度：氧化温度为52℃；

(3) 操作压力：决定于液化气出装置压力；

(4) 催化剂浓度：催化剂浓度控制在200μg/g左右；

(5) 汽油(重石脑油)与碱的质量比：1∶13.5；操作温度：40℃；操作压力：0.25MPa。

4. 纤维膜脱硫醇效果

纤维膜脱硫醇的效果较好，操作正常的纤维膜脱硫醇效率在98%以上，控制好的能够达到99.5%以上。

三、液化气深度脱硫技术

针对产品质量升级对液化气硫含量的最新要求，我国开发了液化气深度脱硫技术。该技术仍然遵循抽提氧化脱硫醇技术原理，通过对原有脱硫醇流程和措施的改进和完善，强化了硫醇和羰基硫脱除深度，控制了精制液化气中二硫化物的含量，从而实现深度脱硫的目的。其主要包括四项措施：①溶剂功能强化提高溶剂抽提脱硫的能力；②三相混合再生提高再生效果，并减少溶剂对二硫化物的回带量；③固定床催化剂和贫溶剂脱氧避免抽提时发生再生反应。一般催化裂化液化气精制后总硫可以降到5μg/g以下，焦化液化气也可以降到50μg/g以下。由于该技术实现了常温再生，剂碱使用寿命延长，运行成本较传统脱硫醇有所降低。

1. 液化气深度脱硫技术工艺流程

与传统技术比较，液化气深度脱硫技术工艺流程主要有以下特点：强化预碱洗，两级抽提脱硫醇，三相混合再生及贫溶剂脱氧系统。工艺流程简述如下：

1) 预碱洗部分

预碱洗的主要目的是脱除胺洗后液化气中微量H_2S和微量的富胺液，避免脱硫醇抽提剂碱过早失活，并防止H_2S进入脱硫醇氧化环境生成单质硫，保证脱后液化气铜片腐蚀合格。强化预碱洗就是更加重视预碱洗碱烃的充分接触和充分分离。

原料液化气与来自预碱洗罐底部的碱液在文丘里管内混合，再经静态混合器充分接触反应，进预碱洗罐沉降分离，液化气中的硫化氢被脱除干净。预碱洗后的液化气从罐顶压出，去脱硫醇工序。控制界位，避免预减洗后液化气带碱。

2) 液化气抽提脱硫醇部分

剂碱抽提脱硫醇采用两级逆流抽提，一般一级抽提循环剂为来自二级抽提段的半贫剂碱，二级抽提剂则为再生后的贫剂碱；对于硫含量较高的焦化液化气，为了控制剂碱的硫负荷，减少副反应，两级抽提可以考虑都采用再生贫剂碱。

预碱洗后的液化气与来自半贫剂碱泵的半贫剂碱，经静态混合器充分混合完成一级抽提反应后进沉降罐分离，富含硫醇钠的抽提剂碱自沉降罐底部压出，经界位控制去再生工序；液化气自顶部压出进二级抽提段。

在二级抽提段，液化气与来自贫剂碱泵的再生贫剂碱逆流接触，完成反应后，精制合格的液化气从顶部送至水洗净化工序；半贫剂碱从底部经半贫剂碱泵送至一级抽提。一级抽提段要严格控制分离沉降段的界位，以确保剂碱沉降分离时间≥45min，碱液不携带液化气。

3）剂碱再生部分

脱硫醇抽提富剂碱含有硫醇钠，与液化气分离后送再生工序再生。在氧化催化剂存在下，富剂碱中的硫醇钠被氧化成二硫化物，使 NaOH 得以再生。二硫化物为油溶性物质，利用此特性，用反抽提油将二硫化物从抽提剂碱中萃取脱除。

来自一级抽提沉降罐底部的富剂碱与来自系统的氧化风、反抽提油经一组静态混合器预混合，送入剂/碱再生塔的下部，经过塔内填料段进行再生反应，抽提剂碱携带的硫醇钠被氧化成二硫化物，同时溶解于反抽提油之中。抽提剂、反抽提油自塔上部进三相分离罐分离，尾气经塔顶压控去尾气处理系统。

在三相分离罐中，没彻底分离的尾气经脱气柱压控排入尾气处理系统；在隔板前再生好的贫剂碱自罐底自压去贫溶剂脱氧系统，反抽提油越过罐内隔板，由反抽提油泵自罐底抽出，一部分经流量控制去再生塔静态混合器前循环使用，一部分经液位控制送到催化裂化粗汽油罐或经水洗、脱水后送到加氢处理装置。

自三相分离罐底部自压出来的贫剂碱经界位控制去脱氧塔顶部，进塔前先与氮气充分混合，气液两相在脱氧塔上部降压分离脱除溶解氧，尾气经塔顶排入尾气系统或直接排空；闪脱后的贫剂经过脱氧塔中下部吸附填料进一步脱除活性氧，脱氧后贫剂从脱氧塔底部出来，通过泵提压，经流量控制送至抽提脱硫醇部分。

氧化风、反抽提油进装置设流量控制和单向阀；注风点前设氧化风缓冲罐和差压快速切断阀，以避免风压波动时富剂碱及反抽提油串入净化风系统；所有混合器前后设压力表；抽提塔、再生塔上部设玻璃板液位计；设压力表、塔底设压力表和玻璃板放净液位显示；三相分离罐的隔板前设油/碱界位指示，隔板后设反抽提油液位控制，以及高低报警和压力指示；反抽提油紧急放空送油品紧急放空罐。

根据脱硫醇效果，脱硫醇循环剂碱需要定期置换；换剂操作时注意先停反抽提油的进入和循环，避免退补剂过快至反抽提油泵抽空或液位超高；装置内配剂罐和储剂罐故障时可作为系统溶剂的退剂罐。液化气深度脱硫工艺流程见图 12-7。

2. 溶剂功能强化助剂

液-液法抽提氧化脱硫醇与醇胺脱 H_2S 工艺都包括化学吸附和溶剂循环再生过程。其中，溶剂性能和再生效果决定了运行效果。首先，传统工艺采取碱液加磺化酞菁钴作循环溶剂，其中碱液为抽提剂，磺化酞菁钴为再生催化剂。因硫醇的酸性极弱，在水中溶解度很小，其与 NaOH 反应受溶解速度控制，而磺化酞菁钴在碱液中的溶解性也很小，故传统的脱硫醇溶剂抽提和再生活性都较低。其次，进料中有些杂质在反应中形成类似表面活性剂的物质，与催化剂结合吸附功能较强，会携带磺化酞菁钴向油-碱界面富集，造成循环剂碱活性迅速下降，使用寿命缩短。催化剂失活也是造成精制液化气总硫高和大量排碱渣的主要原因。

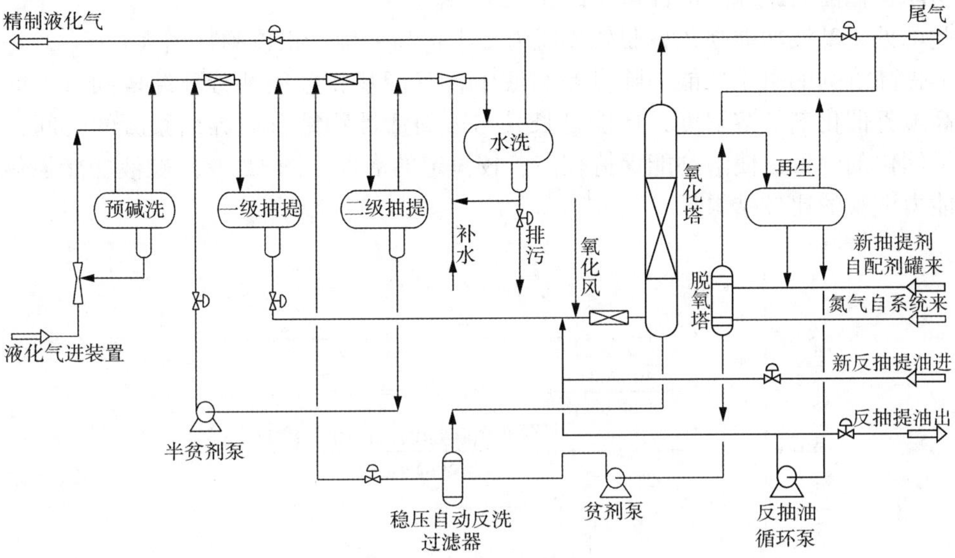

图 12-7　深度脱硫工艺流程简图

为提高脱硫醇溶剂的使用性能，采用了助溶法脱硫醇技术，即在抽提碱液中加入GL-除臭精制液(脱硫醇功能强化助剂)。该剂由抽提助剂、再生助剂和再生催化剂等复配而成，具有提高溶剂对硫醇的抽提能力、羰基硫的溶解性和循环溶剂的再生活性等作用，可提高脱硫醇溶剂抽提和再生的综合性能。功能助剂的主要成分由天然植物提取液和可生物降解组分合成，工业应用结果表明对后续生产工艺无不良影响。除臭精制液物性指标见表 12-9。

表 12-9　除臭精制液物性指标

项目	指标	项目	指标
外观	黑褐色液体	酸碱性	碱性
密度(20℃)/(g/cm³)	实测	脱硫醇活性	硫醇性硫(SRSH)<0.001%或博士试验阴性

功能强化助剂的作用及原理如下：

(1) 提高溶剂抽提硫醇的能力。根据相似相溶的原理，利用分子结构与硫醇相近、水溶性远大于硫醇的物质，提高硫醇在碱液中的溶解度。

为比较溶剂的脱硫醇活性，在实验室建立了相对活性的试验方法：在标准实验条件下用溶剂对同一油品进行脱硫醇处理，测定使其合格的处理时间 t(min)，t 的大小即代表该溶剂脱硫醇活性，时间越长活性越小。图 12-8

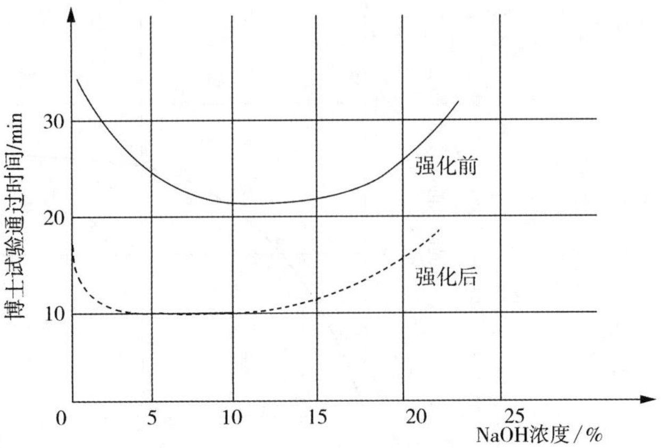

图 12-8　碱液功能强化前后脱硫醇活性的比较

是碱液功能强化前后脱硫醇活性试验的比较结果。

由此可见，碱液功能强化后脱硫醇能力至少提高一倍，操作弹性增大。

（2）提高溶剂的再生性能。除臭精制液中含有羟基和羟羧基芳环结构的再生助剂，不但能提高酞菁催化剂的溶解度，还能延长其与表面活性物结合向界面絮凝的时间，从而有效避免了催化剂中毒，使溶剂能保持较高、较恒定的活性。图 12-9 是碱液功能强化前后溶剂处理能力试验的比较结果。

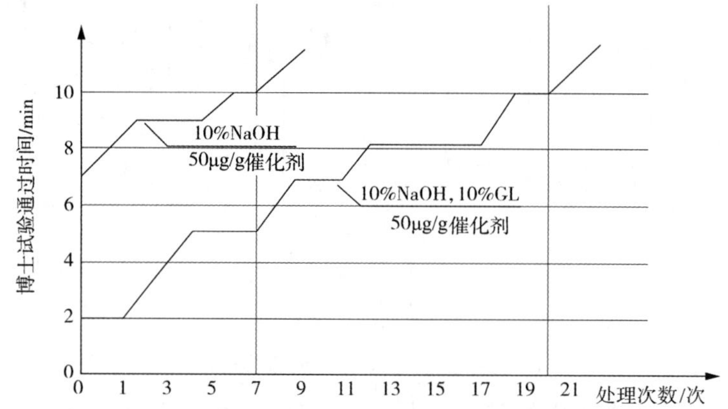

图 12-9　碱液功能强化前后处理量的比较

加入除臭精制液后，脱硫醇处理能力同比提高 1.85 倍，循环碱液有效寿命至少延长一倍，同时实现常温强化再生，有利于节能减排。

3. 三相混合氧化再生技术

液化气中的硫醇性硫以甲硫醇为主，再生形成的二硫化物以二甲基二硫为主。二甲基二硫常温下为无色至浅黄色油溶性液体，密度 1.063g/cm^3(20℃)，沸点 109.6℃。二硫化物不溶于水，但因其密度与碱液十分接近，微滴极小，实际上很难从碱液中分离出去，即使用轻油将其从碱液中反抽提出来，也需进行充分接触和较长时间。接触时间对轻油反抽提二硫化物效果的影响见图 12-10。

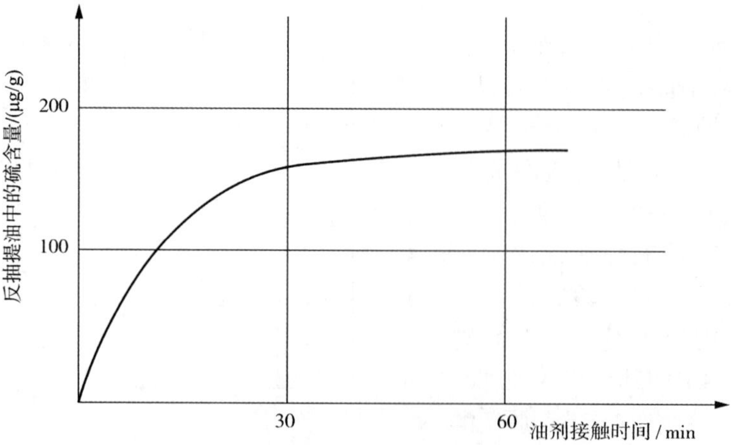

图 12-10　油剂接触时间对反抽提效果的影响

三相混合氧化再生技术，是将反抽提油直接注入再生塔前，再生形成的二硫化物能及时溶入反抽提油，从碱液中高效分离，从而明显促进硫醇钠氧化反应的进行，提高了再生效果。其次，再生过程中剂/油接触时间较长，较充分，反抽提效率高。第三，反抽提油用量少，大大减少了反抽提油后处理的成本。在实验室对两相再生和三相再生在相同条件下再生效果进行试验研究，其结果见表12-10。

表12-10　循环碱液再生效果比较

项　目	脱硫醇富液	两相再生	三相再生
二硫化物性硫含量/(μg/g)	659	826	189
硫醇性硫含量/(μg/g)	1106	483	165

从表12-10可以看出：三相混合再生有利于提高再生效果，增强反抽提效果。采用纤维膜反抽提时，受剂/烃比的限制，反抽提油量至少比循环剂大三倍；三相混合再生反抽提油量仅为循环剂的0.1倍。

4. 固定床再生催化剂技术

脱硫醇再生催化剂常用磺化酞菁钴或聚酞菁钴。实验室一般用其水溶液的吸氧量来评价其氧化活性。正是因催化剂在常温下与空气中的氧有良好的结合能力，才赋予了其氧化活性。然而传统工艺将再生催化剂溶于碱液中循环使用，当再生结束后，碱液中的催化剂已充分结合了溶解氧，具有了氧化活性，这样的碱液在进行抽提脱硫醇反应时，部分硫醇钠与再生催化剂相遇，发生了转化成二硫化物的副反应，特别是在剂碱的硫负荷较高时，副反应尤其显著。部分企业焦化液化气脱硫醇再生后采用了严格的二级反抽提措施，但精制后二硫化物含量仍很高，原因就在于此。

固定床再生催化剂技术将氧化催化剂固定在再生塔内，可明显减弱溶解氧的影响，消除抽提反应时发生再生副反应，可减少在抽提时形成的二硫化物返回精制液化气中而使其总硫升高。

第三节　干气提浓回收乙烯资源

炼油厂催化裂化及焦化等装置副产的干气目前大多数被用作工业和民用燃料，利用价值较低。在国外，从干气中提取烯烃并作为烯烃生产的重要原料已有工业化的装置运行。在国内，目前已经开始了催化裂化干气的回收利用，其中提取乙烯组分的研究已经取得成果并投入工业化生产。中国石化北京燕山石化公司30000Nm^3/h干气提浓乙烯装置利用变压吸附技术，提取催化裂化干气中的C_2及C_2以上组分，得到提浓乙烯气体产品，送往乙烯装置作为原料。该技术对催化裂化干气中的乙烯回收率可以达到85%以上，产品中乙烯含量43%~45%，乙烷含量27%~30%，丙烯含量15%~18%。产品中的甲烷、乙烯、乙烷、丙烯组分经分离精制得到乙烯、丙烯产品，乙烷循环到裂解炉再裂解并得到乙烯产品。干气经过提浓回收，为乙烯装置提供了优质资源，极大地提高了其利用价值。浅冷油吸收法回收炼油厂干气中C_2组分技术是利用气体中各组分在吸收剂中溶解度不同来进行分离，在浅冷条件下，利用C_4为吸收剂，吸收干气中的C_2及C_2以上组分。该技术的产品气(富乙烯气）吸收温度为浅冷，浅冷油吸收工艺的吸收温度在0℃以上，一般为10~15℃，产品品质高，提浓气中甲烷含量<5%，作为乙烯装置原料可有效降低乙烯装置的能耗，回收率高，C_2 回收率大于92%。

一、基本原理

1．变压吸附原理

变压吸附（Pressure Swing Adsorption，简称PSA）技术，利用吸附剂对不同吸附质的选择性、吸附特性和吸附能力随压力变化而呈现差异的特性，实现气体混合物的分离和吸附剂的再生。变压吸附基本过程如图12-11所示。

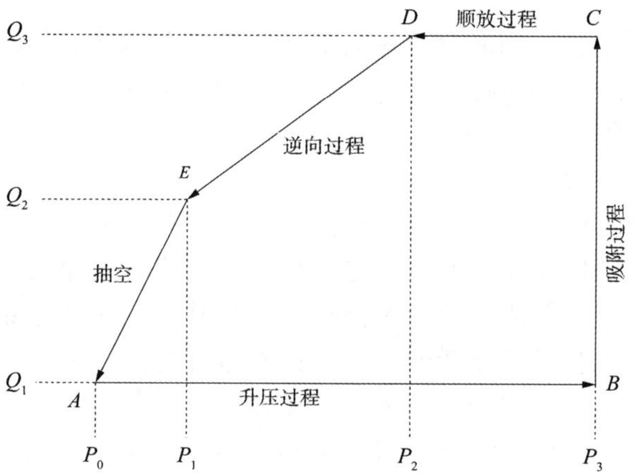

图12-11　变压吸附基本过程示意图

在同一温度下，吸附质在吸附剂上的吸附量随吸附质的分压上升而增加，所以变压吸附法在加压下进行吸附，减压下进行解吸，实现吸附剂的再生，同时回收解吸气，其基本过程如下：

1）升压过程A-B

吸附塔处于过程的最低压力 P_0，吸附剂上吸留量为 Q_1（A点），在此条件下让其他塔的吸附出口气体进入该塔，使塔压升至吸附压力 P_3，吸附剂上吸留量为 Q_1 不变（B点）。

2）吸附过程B-C

在恒定的吸附压力下原料气不断进入吸附塔，同时输出非吸附组分（混合气中的弱吸附相），吸附剂上吸留量逐步增加，当达到规定的吸留量 Q_3 时（C点），停止原料进气，吸附终止。此时吸附床上仍预留有一部分未吸附杂质的吸附剂。

3）顺放过程C-D

沿着进入原料气、输出非吸附组分的方向降低吸附塔压力，流出的气体为吸附塔内的非吸附组分，这部分气体用于其他吸附塔升压或冲洗。在此过程中，随着吸附塔压力不断下降，吸附剂上的被吸附组分不断解吸，解吸的组分又被未充分吸附的吸附剂重新吸附，因此并未离开吸附床，吸附床上吸留量 Q_3 不变。当吸附塔降压到D点时，床内吸附剂全部被占用，压力为 P_2。

4）逆放过程 D-E

逆着原料气进入的方向降低压力，直到压力为 P_1(通常接近大气压力)，吸附剂上大部分被吸附组分解吸后被排出吸附塔，吸附剂上剩余的吸留量为 Q_2。

5）抽真空过程 E-A

利用真空泵继续降低床层压力，使被吸附组分进一步解吸。抽真空一段时间后，床层压力为 P_0，吸附剂上的吸留量降低到过程的最低量 Q_1。至此，吸附塔完成了一个吸附-解吸的过程，准备升压进行下一次循环。

2. 变压吸附原理的应用

从催化裂化干气中各组分在吸附剂上的吸附力强弱来看，顺序为：$C_5>C_4>C_3>C_2>C_1>H_2$。干气提浓乙烯装置利用了变压吸附原理，在加压条件下吸附原料气中的 C_2以上有效组分，弱吸附组分 H_2、N_2、CH_4等通过床层由吸附器顶部排出，从而使气体混合物分离，减压时被吸附的 C_2以上组分解吸，得到半产品气(未经精制处理的富含乙烯的中间产品气)，同时吸附剂获得再生。故每个吸附器在实际过程中必须经过吸附和解吸两个阶段。对每个吸附器而言，制取半产品气的过程是间歇的，因此必须采用多个吸附器组合操作，才能连续制取半产品气。

3. 浅冷油吸收工艺

在浅冷条件下，利用 C_4为吸收剂，吸收干气中的 C_2及 C_2以上组分。该技术的产品气达到了国内外同类技术的领先水平，吸收剂价廉易得，吸收剂无特殊要求，C_4 可采用混合 C_4、醚后 C_4、正丁烷及液化气等，汽油吸收剂可采用稳定汽油、重石脑油及炼油厂 C_7等，来源广泛。脱除杂质气体有优势。浅冷油吸收技术的核心是“相似相溶”，干气中绝大部分的氢气、氮气、氧气、一氧化碳、NO_x 及甲烷等杂质气体因难于被吸收而从吸收塔顶脱除，综合能耗相对较低。浅冷油吸收技术可充分利用炼油厂大量富余的低温余热，作为溴化锂吸收式制冷系统、吸收-解吸塔的中沸器及再沸器的热源，节能效果显著。

二、流程简介

1. 变压吸附工艺

装置工艺流程主要包括：变压吸附单元、压缩单元、干气净化单元，见图 12-12。

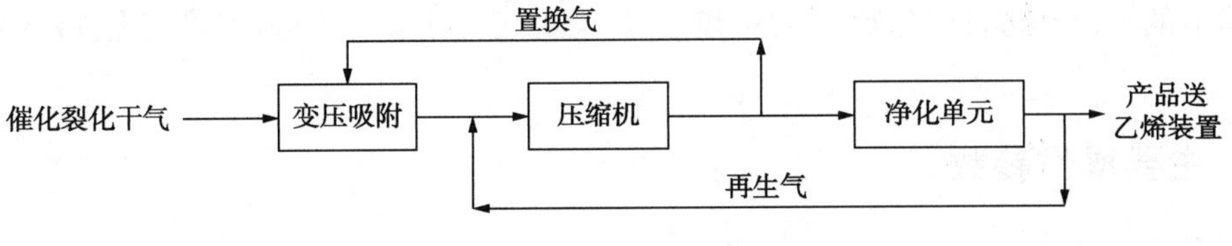

图 12-12　干气提浓乙烯装置流程示意图

来自催化裂化装置的干气作为提浓乙烯原料气，压力为0.7MPa，温度为293~313K，首先进入冷干机，分离所含的机械水和少量高碳烃冷凝液，再进入气液分离器进一步分离掉液体组分，然后进入吸附塔。在吸附塔内，C_2及 C_2以上组分被吸附，弱吸附组分

H_2、N_2、CH_4等透过床层由吸附塔顶排出，当吸附剂达到接近饱和时，通过自控程序，改变吸附塔的操作状态，对吸附剂进行解吸，同时回收解吸下来的富乙烯组分。变压吸附单元产生的富乙烯组分经过压缩机增压后，在压缩机三级分液罐内进行气液分离，液相的液态烃与液态水进行分离后送至催化裂化装置，对其中的液态烃回收利用，气相的富乙烯组分少部分作为变压吸附单元的置换气，大部分作为半产品气。为达到乙烯装置对气体原料的质量要求，自压缩单元来的提浓乙烯气，需要经过脱硫、砷、氧、水等过程，使气体里面的二氧化碳、硫化氢、氧、砷、水等组分的含量达到产品质量规格要求，合格的产品气送往乙烯装置。

2. 浅冷油吸收工艺

浅冷油吸收法回收 C_2组分装置工艺流程主要包括：压缩单元、碱洗单元、吸收解吸单元、净化单元和预分离单元。工艺流程示意图见图 12-13。

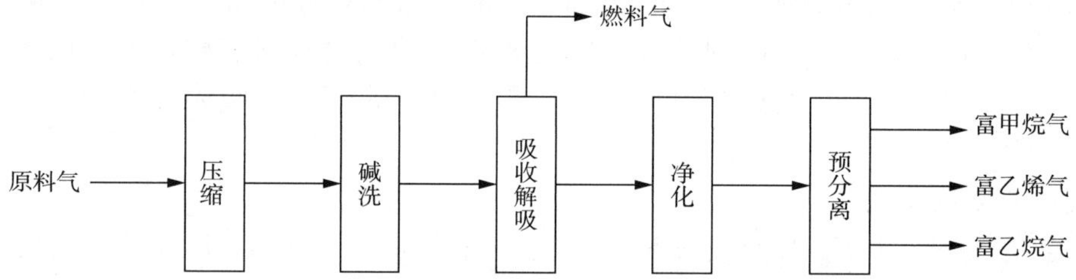

图 12-13　浅冷油吸收法回收 C_2组分装置工艺流程示意图

富甲烷气产品送往乙烯装置的脱甲烷塔，富乙烷气产品送往乙烷裂解炉，富乙烯气产品送往乙烯装置的脱甲烷塔。

原料气先进入压缩单元，经过压缩机压缩升压后进入碱洗单元，在碱洗单元的碱洗塔内原料气中剩余的 H_2S 和 CO_2得到脱除，然后送入吸收解吸单元。吸收解吸单元由 C_4 吸收塔、汽油吸收塔和 C_4 解吸塔组成，利用 C_4 为吸收剂，在 C_4 吸收塔内，吸收气体中的 C_2及 C_2以上组分。含有 C_2 组分的富吸收剂送入 C_4 解吸塔，吸收剂解吸后由塔顶得到 C_2 提浓气。提浓气送到净化单元，经脱氧反应器脱除氧、沸石干燥器脱除水之后进入预分离单元的预分塔，经预分塔分离后，富含甲烷的富甲烷气和富含乙烯的富乙烯气分别送往乙烯装置的脱甲烷塔的不同位置，富乙烷气送往乙烯装置的乙烷裂解炉。C_4 吸收塔塔顶的未被吸收的甲烷、氢、氮气等不凝气及夹带的少量 C_4 吸收剂等，送往汽油吸收塔以回收其中的 C_4 吸收剂，分离出的甲烷、氢、氮气等不凝气作为副产品燃料气送燃料气管网。

三、主要操作参数

1. 变压吸附工艺

以中国石化燕山石化公司 30000Nm^3/h 干气提浓装置为例，主要操作参数如下。

干气进变压吸附反应器操作条件见表 12-11。

表 12-11　PSA-Ⅰ变压吸附操作条件　MPa

项　目	指标	项　目	指标
吸附压力	0.65	抽空压力	0.02→-0.08
置换压力	0.65	均压升压力	-0.08→0.26
均压降压力	0.65→0.26	终充压力	0.26→0.65
逆放压力	0.26→0.02		

气体进压缩机条件见表 12-12。

表 12-12　压缩机工序操作条件　MPa

项　目	指标	项　目	指标
压缩机入口压力	0.08→0.16	置换气压力	0.65→0.70
压缩机出口压力	2.7→3.0		

粗乙烯气体进脱硫脱碳条件见表 12-13。

表 12-13　脱硫脱碳工序操作条件

项　目	指标	项　目	指标
胺液循环流量/(t/h)	11→13	一段碱洗循环量/(Nm^3/h)	6000→8000
胺洗塔操作压力/MPa	2.7→3.0	二段碱洗循环量/(Nm^3/h)	6000→8000
新碱浓度/%(体)	12→15	三段碱洗循环量/(Nm^3/h)	6000→8000

粗乙烯气体进脱氧条件见表 12-14。

表 12-14　脱氧干燥工序操作条件

项　目	指标	项　目	指标
脱氧器操作压力/MPa	2.6→2.8	干燥最高温度/℃	100→107
脱氧操作温度/℃	80→250	再生气压力/MPa	0.4→0.6
再生气流量/(Nm^3/h)	1300→1800		

2. 浅冷油吸收工艺

以某炼油厂 37000m^3/h(标准状态)浅冷油吸收法回收 C_2组分装置为例，原料气为催化裂化装置干气和延迟焦化装置干气、饱和气的混合气体，产品气为富乙烯气、富甲烷气和富乙烷气。原料气和产品气的组成见表 12-15，主要操作条件见表 12-16。

表 12-15　原料气和产品气的组成

组成/%(体)	原料	产品		
	混合气	富甲烷气	富乙烯气	富乙烷气
H_2	41.80	0.23	—	—
N_2	6.51	—	—	—
O_2	0.43	—	—	—
CO	1.05	—	—	—
CO_2	0.20	—	—	—
CH_4	20.36	24.74	0.38	
C_2H_6	17.51	2.26	17.41	80.14
C_2H_4	5.24	72.77	82.21	1
C_3H_8	3.37	—	—	11.96
C_3H_6	0.87	—	—	3.2
C_4H_{10}	1.86	—	—	2.59
C_4H_8	0.05	—	—	1.11
C_5及C_5以上	0.77	—	—	—
合计	100	100	100	100

表 12-16　主要操作条件

项　目	温度/℃	压力/MPa	项　目	温度/℃	压力/MPa
原料气压缩机			入口	—	0.01
入口	—	0.45	出口	—	0.35
出口	—	4.1	脱氧反应器	145~450	1.5~0.2
碱洗塔	35	1.95	脱硫反应器	40	2.5
C_4 吸收塔(塔顶)	15	3.8	脱砷/汞反应器	40	2.45
C_4 解吸塔(塔顶)	57	2.5	干燥器	45~220	2.4~0.45
汽油吸收塔(塔顶)	32	3.73	预分塔(塔顶)	-26	2.25
制冷压缩机					

四、物料平衡

1. 变压吸附工艺

变压吸附工艺装置总物料平衡参数见表 12-17。

表 12-17　装置总物料平衡表

序号	1		2		3		4		5		6	
名称	原料气		吸附废气		半产品气		压缩半产品气		脱硫脱碳气		产品气	
温度	40℃		40℃		40℃		40℃		40℃		40℃	
压力	0.7MPa		0.5MPa		0.01MPa		3.0MPa		2.7MPa		2.4MPa	
单位	Nm^3/h	%(体)	Nm^3/h	%(体)	Nm^3/h	%(体)	Nm^3/h	%(体)	Nm^3/h	%(体)	Nm^3/h	%(体)
H_2	6666.3	22.22	6605.6	32.13	60.7	0.64	60.7	0.64	60.7	0.68	55.5	0.62
O_2	73.0	0.24	70.4	0.34	2.6	0.03	2.6	0.03	2.6	0.03		
N_2	3518.6	11.73	3474.4	16.9	44.2	0.47	44.2	0.47	44.2	0.5	44.2	0.5
CH_4	8530.1	28.43	8010	38.96	520.1	5.51	520.1	5.51	520.1	5.86	520.1	5.87
CO	794.1	2.65	723	3.52	71.1	0.75	71.1	0.75	71.1	0.8	71.1	0.8
CO_2	627.2	2.09	106.8	0.52	520.4	5.51	520.4	5.51				
C_2H_4	4163.5	13.88	582	2.83	3581.5	37.94	3581.5	37.94	3576.5	40.3	3576.5	40.34
C_2H_6	4167.2	13.89	883.5	4.3	3283.7	34.78	3283.7	34.78	3282.7	36.99	3282.7	37.02
C_3H_6	953.5	3.18	76.7	0.37	876.8	9.29	876.8	9.29	874.8	9.86	874.8	9.87
C_3H_8	158.0	0.53	17.3	0.08	140.7	1.49	140.7	1.49	140.7	1.59	140.7	1.59
C_4H_8	131.5	0.44	4.1	0.02	127.4	1.35	127.4	1.35	124.4	1.4	124.4	1.4
C_4H_{10}	64.2	0.21	3.3	0.02	60.9	0.65	60.9	0.65	60.9	0.69	60.9	0.69
C_5H_{12}	123.2	0.41	1.8	0.01	121.4	1.29	121.4	1.29	115.4	1.3	115.4	1.3
H_2S	29.6	0.1	0.7		28.9	0.3	28.9	0.3				
合计	30000	100	20559.6	100	9440.4	100	9440.4	100	8874.1	100	8866.3	100

2. 浅冷油吸收工艺

浅冷油吸收工艺 C_2 回收装置物料平衡见表 12-18。

表 12-18　C_2 回收装置的物料平衡

kg/h

项　目	指标	备注	项　目	指标	备注
进料			出料		
催化裂化干气①	8155		燃料气	11976	燃料气
饱和干气	6405		富乙烷气	4560	乙烯料
PSA 尾气	13143		富乙烯气	11167	乙烯料
合计	27702		合计	27702	

①数据中不包括非烃组分。

五、产品质量

1. 变压吸附工艺

变压吸附工艺产品中各组分含量见表 12-19。

表 12-19　产品气中各组分含量

项　目	含量	项　目	含量	项　目	含量
C_2H_4/%(体)	约 40.34	CO/%(体)	≤0.80	H_2S/(μg/g)	≤0.1
C_2H_6/%(体)	约 37.02	O_2/(μg/g)	≤1	H_2O/(μg/g)	≤1
C_3H_6/%(体)	约 9.87				
N_2/%(体)	≤0.50	CO_2/(μg/g)	≤1	As/(ng/g)	≤5

2. 浅冷油吸收工艺

浅冷油吸收工艺主要产品组成见表 12-20。

表 12-20　主要产品组成

项　目	富乙烯气		富乙烷气	
	%(摩尔)	%	%(摩尔)	%
H_2	0.06	—	—	—
CH_4	4.24	2.18	4.03	1.97
C_2H_6	40.36	38.87	74.62	68.27
C_2H_4	43.33	38.94	—	—
C_3H_8	5.24	7.4	18.54	24.87
n-C_4	2.24	4.16	0.33	0.58
i-C_4	4.54	8.44	2.42	4.28

续表

项　目	富乙烯气		富乙烷气	
	%(摩尔)	%	%(摩尔)	%
H_2O	—	—	0.06	0.04
合计	100	100	100	100

第四节　气体分馏及丙烯精制

一、气体分馏

炼厂气体分馏的任务是按后续气体加工装置的要求，切割各种馏分。几种气体加工装置对原料纯度的要求大致如下：

丙烯腈，C_3H_6>65%；丁辛醇，C_3H_6>95%；苯酚丙酮，C_3H_6>89%；聚丙烯，C_3H_6>99.5%。

炼油厂液化气中主要成分为 C_3、C_4烯烃和烷烃。采用常规精馏方法即可切割成合乎要求的馏分。

将液化气切割成 n 个组分时，需要的分馏塔为 $n-1$ 个，其可能组合的流程方案数 N 为：

$$N=\frac{[2(n-1)]!}{n!\ (n-1)!}$$

例如需要切割成 4 个组分时，所需的分馏塔为 3 个，可能组合的方案为 5 个。

气体分馏流程方案的选择与原料组成密切相关，在满足分离要求的前提下，工艺流程应尽量使能耗和设备投资最低。最优流程需通过多方案工艺计算才能确定，下列原则可作为粗选方案时的参考：

(1) 把分馏最难分离组分的塔的进料减到最少，这样可减小设备尺寸和能耗；

(2) 尽量使塔顶和塔底的产品量接近相等；

(3) 尽量减少易聚合组分的加热次数；

(4) 使进入到系统中所有塔的总热量为最小。

我国炼油厂中气体分馏装置的典型流程见图 12-14。

原料先进入脱丙烷塔，从塔顶分出 C_2、C_3馏分，经冷凝冷却后，部分作塔顶回流，其余进入脱乙烷塔。乙烷从塔顶分出，塔底物料进入脱丙烯塔。丙烯从塔顶分出，塔底为丙烷馏分。脱丙烷塔底物料进入脱轻 C_4塔，从该塔顶分出轻 C_4馏分(主要为异丁烷、异丁烯、1-丁烯组分)，塔底物料进入脱戊烷塔，从该塔底分出戊烷，塔顶则为重 C_4馏分(主要为 2-丁烯和正丁烷)。每个塔底都有重沸器供给热量。分馏塔板一般均采用浮阀塔板，塔板数由所需产品的精度要求决定；也有采用高效塔盘，例如采用斜孔多溢流塔盘，其优点是板间距小，设备制造费用低，分离效果好等。

这一流程和所设置的塔盘数可以生产聚合级丙烯，所得到的轻 C_4 馏分可先作为甲基叔丁基醚装置的原料，然后再与重 C_4馏分一起作为烷基化装置原料。原料及产品组成举例见表 12-21。

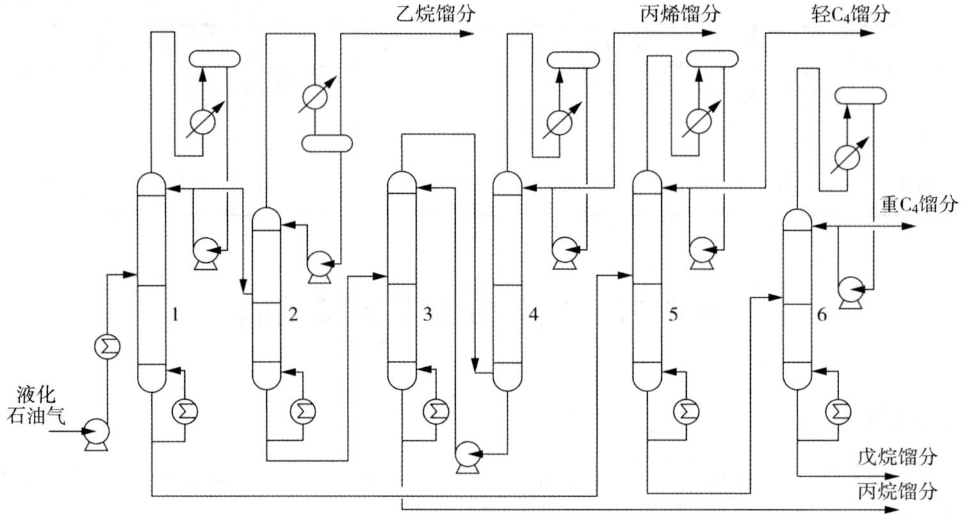

图 12-14　气体分馏装置典型流程图

1—脱丙烷塔；2—脱乙烷塔；3—脱丙烯塔(下段)；4—脱丙烯塔(上段)；5—脱异丁烷塔；6—脱戊烷塔

表 12-21　气体分馏原料及产品典型组成　%(体)

组成	原料	C_2馏分	丙烯馏分	丙烷馏分	轻 C_4馏分	重 C_4馏分	戊烷馏分
$C_2^=$	0.35	11.56					
C_2^0	0.50	16.15	0.01				
$C_3^=$	36.41	66.22	99.54	5.81	0.12		
C_3^0	11.17	6.07	0.45	93.26	0.23		
i-C_4^0	13.73			0.69	50.71	0.06	
i-$C_4^=$	8.32			0.12	25.98	6.00	0.02
1-$C_4^=$	7.70			0.09	21.16	8.89	0.04
n-C_4^0	4.55			0.01	0.42	19.15	0.82
反-2-$C_4^=$	8.70			0.01	1.11	36.32	1.37
顺-2-$C_4^=$	6.80			0.01	0.27	29.00	1.84
C_5	1.76					0.04	95.91

我国气体分馏装置很重要的技术改进是应用热泵技术以节约能量，热泵系统能将低温位热变为高温位热，以较少的能量获得较多的可利用热量。

热泵适宜用于塔底温度和塔顶温度差值较小的分馏系统，在气体分馏装置中，适宜用于丙烷-丙烯或轻 C_4(i-C_4、1-$C_4^=$)与重 C_4(n-C_4、2-$C_4^=$)的分离。目前在我国气体分馏装置中，用于丙烷-丙烯分馏塔的较多，采用的流程都为开路压缩式。压缩工作介质则有采用塔底产品的，也有采用塔顶产品的，其流程见图 12-15。

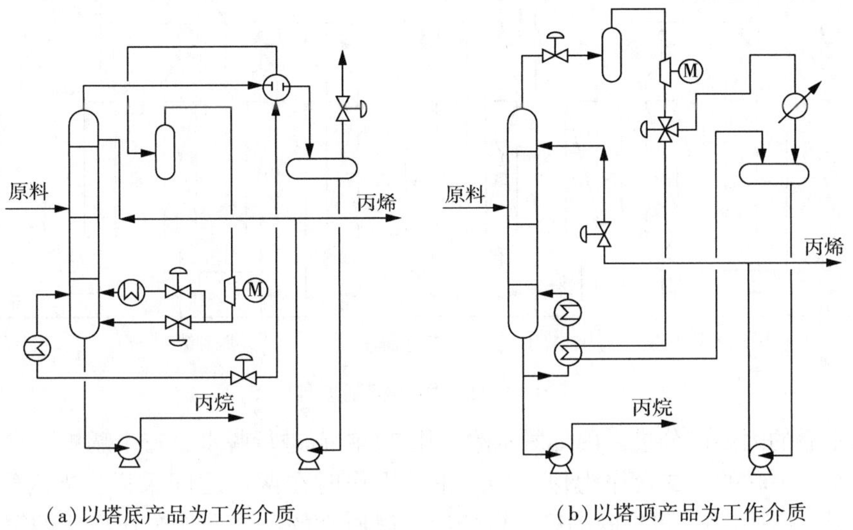

图 12-15　热泵流程

丙烷-丙烯塔应用热泵的具体效果见表 12-22。

表 12-22　丙烷-丙烯塔热泵流程与常规流程的比较[5]

项　目	常规流程	热泵流程	项　目	常规流程	热泵流程
相对公用工程费用	1	0.56	操作温度/℃		
相对主要设备投资	1	1.8	塔顶	55	35.2
操作压力/MPa			塔底	64.8	45.2
塔顶	2.1	1.4	能耗/(MJ/t)	1989.9	831.8
塔底	2.2	1.5			

二、丙烯精制

1. 精制目的

炼油厂生产丙烯的主要目的是为下游聚丙烯装置提供原料，由于经过精馏塔分离出来的丙烯组分中含有微量杂质——硫、水、砷、不凝气、二氧化碳和一氧化碳，达不到聚合级丙烯质量要求，因此通过丙烯精制系统，可以将精馏后的丙烯净化达到聚丙烯装置的要求。

2. 精制流程

自丙烯精馏塔顶来的丙烯馏分首先进入脱硫罐，如图 12-16 所示，脱硫罐共三台，正常操作时两台串联，一台备用，串联的第二台作为保护器。正常操作时在串联的两台之间采样，当发现丙烯中总硫含量>1μg/g 时，投用备用罐，将串联的第一台切出，同时以原串联的第二台作为切换后的第一台，新投用的备用罐作为第二台进行串联操作，切出的脱硫罐更换催化剂后作为备用罐。

脱硫后，丙烯馏分进入固碱脱水罐，脱去丙烯中的游离水，同时兼顾具有吸收二氧化碳的作用，固碱罐吸收游离水后形成的碱液进入废碱罐。

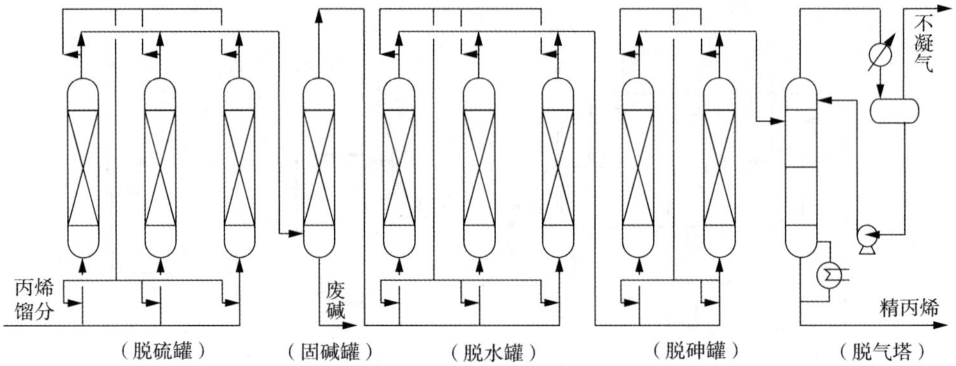

图 12-16　丙烯精制流程

固碱脱水后的丙烯馏分进入丙烯脱水罐，用3A沸石进行脱水，三个罐中一台备用，另外两台串联操作，串联的第二台作为保护器。正常操作时在两台之间采样，当丙烯中水含量>10μg/g时，投用备用罐。将串联的第一台切出，以原来的第二台作为切换后的第一台，新投用的备用罐作为第二台进行串联操作，切出的脱水罐经再生后作为备用罐备用。

脱水后的丙烯进入丙烯脱砷罐用氧化铜进行脱砷，脱砷罐共两台，正常情况下串联操作，在两台之间采样。当发现丙烯中的砷含量>30ng/g时，立即切出第一台，经过处理后更换催化剂，然后重新投入使用，与另一台串联作为备用。

经过脱硫、脱水和脱砷后的产品丙烯进换热器加热后进入到脱气塔，在脱气塔中丙烯由上而下流经填料层，塔底由重沸器提供热源使轻组分汽化上升，塔顶馏出物经塔顶冷凝器冷却后进入回流罐平衡后分离为液相和气相，回流罐中的液体经回流泵打入脱气塔顶部，回流罐中的气体由调节阀控制排向高压瓦斯线，这是排除精丙烯中CO的唯一出路，同时也有兼顾排放其他不凝气的作用，塔底产品精丙烯经过冷却后，靠自压送出装置。

3. 精制条件(表12-23)

表12-23　丙烯精制操作条件

控制指标	脱硫罐	固碱	脱水罐	脱砷罐	脱气塔
压力/MPa	2.0±0.2	2.0±0.2	2.0±0.2	2.0±0.2	2.0±0.2
温度/℃	常温	常温	常温	常温	50.5±2.0

4. 精制效果(表12-24)

表12-24　丙烯精制控制项目指标　μg/g

位置	控制项目	指标	位置	控制项目	指标
脱硫罐	总硫	≯1.0	脱砷罐	砷	≯30
	羰基硫	≯0.1	脱气塔	一氧化碳	≯0.2
固碱	水	≯20		二氧化碳	≯5.0
脱水罐	水	≯10		氧	≯5.0

第五节　稀乙烯与苯烃化制乙苯

乙苯是重要的有机化工原料，主要用于生产苯乙烯单体，进而合成聚苯乙烯(PS、EPS)、工程塑料、合成树脂、合成橡胶等高分子材料。2018 年全球乙苯产量约为 3900 万吨，我国乙苯产量 900 万吨，居世界第一。但随着我国经济建设的快速发展，乙苯需求量逐年提高，目前仍有 15%~30%的对外依存度[4,5]。

目前乙苯生产主流工艺为苯与乙烯烷基化法，根据反应工艺条件的不同，分为气相法和液相法，分别选用不同类型的酸性沸石作为催化剂。在气相烷基化法工艺中，可以采用炼油厂副产的稀乙烯尾气(干气)作为原料与苯进行烷基化反应，生产乙苯。

我国可利用的稀乙烯资源主要为催化裂化(FCC)干气以及催化裂解(DCC)干气。如将这部分稀乙烯用作燃料使用，将造成资源的严重浪费，而随着乙苯需求量的迅速增长，利用稀乙烯生产乙苯不仅有利于资源的充分利用，减少乙苯生产对石油资源的依赖，而且可以帮助企业降本增效[6,7]。

为合理利用稀乙烯资源中的乙烯，缓解乙苯供需矛盾，自 20 世纪 80 年代中期以来，我国开始开展利用 FCC 干气中乙烯与苯烷基化生产乙苯工艺及催化剂的研究工作。1993 年，我国建成了国内第一套工业化生产装置[8]。2009 年，我国又推出了全新的 SGEB 干气制乙苯技术，该技术烷基化部分采用高效 SEB-08 稀乙烯制乙苯催化剂，烷基转移部分采用高密度 AEB-1H 液相烷基转移催化剂，具有催化剂装填量少、再生周期和使用寿命长、反应温度低、二甲苯和杂质生成量低等优点。随着技术的不断革新，我国于 2014 年又推出节能型低苯/乙烯比 SEB-12 稀乙烯制乙苯催化剂，在保证反应选择性、催化剂寿命等关键技术指标的情况下，大幅减少装置中过量苯的循环量，进一步节能降耗和降低生产成本。未来该技术将有望与甲醇制烯烃(MTO)、甲醇制丙烯(MTP)、烯烃催化裂解(OCC)、乙烷裂解等技术配套，进一步促进技术整合，提高资源的利用效率，增加下游乙苯的供给。

一、化学反应

在稀乙烯与苯制乙苯工艺中，主要涉及的反应为烷基化和烷基转移。

稀乙烯中的乙烯和苯发生单次烷基化反应生成乙苯，而多次烷基化则生成二乙苯：

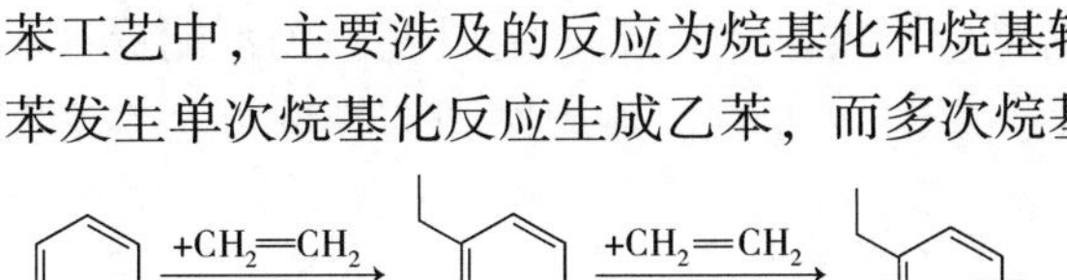

多次烷基化生成的二乙苯在另一反应器中与苯通过烷基转移反应生成乙苯：

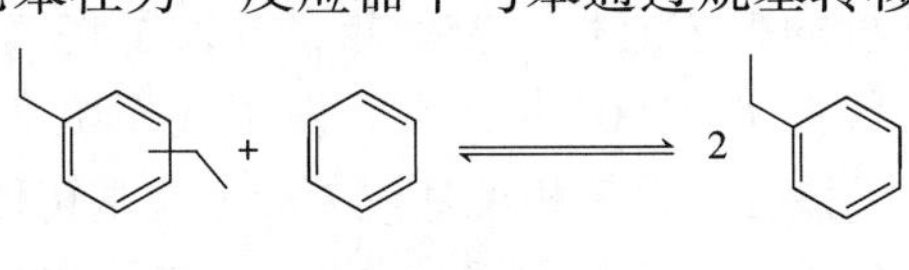

二、稀乙烯制乙苯技术对原料组成的要求

1. 稀乙烯的典型组成

稀乙烯最主要的来源是炼油厂的催化裂化(FCC)装置和催化裂解(DCC)装置的干气。

稀乙烯中除乙烯外，还有氢气、氮气、甲烷、乙烷以及少量丙烷、丙烯等组分，这些组分的含量会随着 FCC 或 DCC 装置操作条件的变化而波动。

2. 杂质及其含量的要求

丙烯由于其化学性质非常活泼，容易与苯反应生成正丙苯和异丙苯，它们在烷基化反应过程中会产生一定量的甲苯。甲苯是产生二甲苯的前身物，而二甲苯的沸点与乙苯非常接近，二者难以分离。因此若稀乙烯中丙烯含量高，不仅会增加苯耗，还会使产品乙苯的纯度降低，所以应限制干气中丙烯含量小于 0.7%。

由于催化剂在生产过程中对耐水性能进行了改进，因此稀乙烯中的饱和水对催化剂的各种性能几乎没有影响，但必须脱除游离水以减少对设备的影响。

催化剂具有较高的抗硫性能，当稀乙烯中 H_2S 含量高达 6000mg/m^{3}时，对催化剂的性能仍没有产生不利影响，因此稀乙烯不需采用脱硫预处理。但稀乙烯中过高的 H_2S 含量会导致设备的腐蚀等，因此一般应限制进入反应器的 H_2S 含量小于 20mg/m^3。

三、稀乙烯制乙苯催化剂

我国目前应用的气相烷基化催化剂为以纳米 ZSM-5 沸石为活性组分的 SEB-08、SEB-12 催化剂；烷基转移催化剂为以 Y 型沸石为活性组分的 AEB-1H 催化剂。催化剂的具体性能指标见表 12-25。

表 12-25　稀乙烯制乙苯催化剂性能指标

项　目	气相烷基化催化剂	液相烷基转移催化剂	项　目	气相烷基化催化剂	液相烷基转移催化剂
催化剂牌号	SEB-08/SEB-12	AEB-1H	乙烯平均转化率/%	>99	—
改性元素/%	无	无	乙基化选择性/%	>99	—
Na_2O/%	<0.05	<0.05	多乙苯转化率/%	—	60~70
破碎强度/(N/cm)	>70	>70	再生周期/月	12	24
堆积密度/(g/cm^3)	0.55	0.78	寿命/年	3	4
比表面积/(m^2/g)	>300	>500			

在烷基化催化剂使用过程中，乙烯转化率会随着催化剂的积炭而逐步下降，为保证乙烯完全转化，可适当提高反应温度。当提至一定温度，仍不能保证乙烯转化率大于 95%时，就需要对催化剂进行再生。经过再生后，其活性和选择性可基本恢复到新鲜催化剂的水平。

四、工艺流程

1993 年，我国开发的第一代催化裂化(FCC)干气制乙苯技术采用了将气相烷基化与气相烷基转移组合在一个反应器内进行的工艺流程。1996 年，开发了将气相烷基化与气相烷基转移分别在两个反应器内进行的第二代技术。2003 年，又开发了气相烷基化与液相烷基转移组合的第三代催化裂化干气制乙苯技术，该工艺将气相烷基化与液相烷基转移分别在两个反应器中进行。

2009 年，我国又开发出 SGEB 稀乙烯制乙苯技术，在催化剂性能、工艺流程、节能优化等方面又进行创新，其主要工艺流程包括脱丙烯部分、烷基化及烷基转移反应部分、分离部分三个主要工艺过程，不仅适用于 FCC 干气，还适用于 DCC 干气等乙烯含量较高的稀乙烯资源，具体见图 12-17。

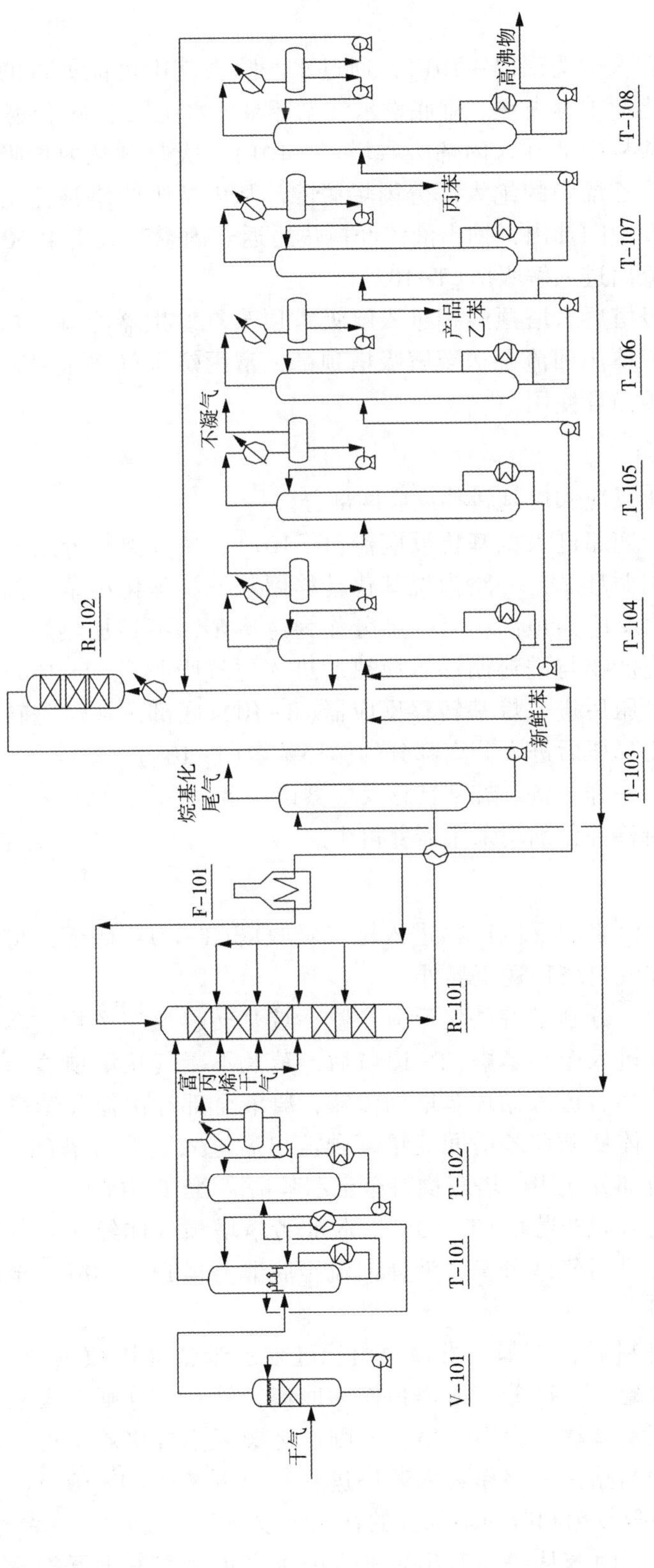

图12-17　SGEB稀乙烯制乙苯技术工艺流程示意图

V-101—水洗罐；R-101—烷基化反应器；R-102—烷基转移反应器；F-101—循环苯加热炉；T-101—丙烯吸收塔；
T-102—解吸塔；T-103—尾气吸收塔；T-104—循环苯塔；T-105—脱非芳塔；T-106—乙苯塔；T-107—丙苯塔；T-108—多乙苯塔

（一）脱丙烯部分

来自界区外的稀乙烯进入水洗罐（V-101），通过水洗除去其中可能夹带的脱硫剂二乙醇胺，以免造成烷基化催化剂中毒失活。罐底设水洗循环泵，水洗用水循环使用。

由水洗罐出来的稀乙烯从中部进入丙烯吸收塔（T-101），吸收剂从丙烯吸收塔顶部进入与稀乙烯逆向接触，将稀乙烯中的绝大部分丙烯脱除。从丙烯吸收塔顶流出的稀乙烯进入反应部分。丙烯吸收塔设中间抽出，抽出液体经换热后返至丙烯吸收塔第 50 层塔盘，富含丙烯的吸收剂从塔底部流出进入解吸塔（T-102）。

富丙烯吸收剂进入解吸塔后，塔顶气相进入解吸塔顶蒸汽发生器冷凝冷却，然后进入解吸塔回流罐，冷凝后的液体用回流泵送至解吸塔顶部，富丙烯干气送至界外。解吸塔底物冷却后返回丙烯吸收塔顶循环使用。

（二）反应部分

反应部分主要有烷基化反应和烷基转移反应两部分。

脱除丙烯后的稀乙烯分四路进入烷基化反应器（R-101）。从分离部分来的循环苯分作两路，一路为烷基化反应用循环苯，一路为烷基化转移用苯。烷基化用苯一部分经循环苯加热炉（F-101）进入烷基化反应器顶部，另一部分作为急冷苯，不经加热炉，分四段进入烷基化反应器。烷基化反应产物与进料循环苯换热后进入尾气吸收塔（T-103）。烷基转移反应用苯与多乙苯混合、升压后进入烷基转移反应器（R-102）底部。从烷基转移反应器顶部出来的烷基转移反应产物降压后进入分离部分的循环苯塔（T-104）。

烷基化反应器设两台，一开一备。烷基转移反应器设一台。

烷基化催化剂和烷基转移催化剂均采用器外再生。

（三）分离部分

自烷基化反应器（R-101）来的反应产物进入尾气吸收塔（T-103）底部，将气相中绝大部分苯和重组分吸收后，尾气自塔顶送至界外。

循环苯塔共有四股进料，分别是烷基化反应产物、烷基转移反应产物、新鲜苯及脱非芳塔塔底物料。这四股物料进入循环苯塔（T-104）后，苯及不凝气从塔顶蒸出进入循环苯塔塔顶冷凝冷却器，冷凝冷却后进入循环苯塔回流罐，凝液全部经由循环苯塔回流泵打入塔顶作为回流，未冷凝的气体从循环苯塔回流罐罐顶流出后进入脱非芳塔（T-105）。循环苯塔侧线抽出循环苯供反应部分使用。塔底物料送至乙苯精馏塔（T-106）。

脱非芳塔进料从底部进入脱非芳塔（T-105）。脱非芳塔塔顶气体经脱非芳塔顶冷凝冷却器后进入脱非芳塔回流罐进行气液分离，液体回流至脱非芳塔顶，不凝气至界外。脱非芳塔塔底物流送至循环苯塔。

乙苯精馏塔（T-106）进料后，乙苯从塔顶蒸出，进入乙苯精馏塔顶蒸汽发生器冷凝，冷凝液进入乙苯精馏塔回流罐，一部分打入塔顶作为回流，另一部分则进入乙苯产品冷却器，合格乙苯产品送至罐区乙苯罐，而不合格乙苯则送至罐区不合格乙苯罐。塔底物料经乙苯精馏塔底泵加压后分为两路：一路作为丙苯塔进料送至丙苯塔（T-107），另一路作为尾气吸收塔（T-103）的循环吸收剂和脱丙烯部分的补充吸收剂。

丙苯塔（T-107）进料后，丙苯从塔顶蒸出，进入丙苯塔顶蒸汽发生器冷凝，冷凝液进入丙苯塔回流罐，然后经丙苯塔回流泵抽出，一部分打入塔顶作为回流，另一部分则送至丙苯罐。塔底物料经丙苯塔底泵送入多乙苯塔(T-108)。

多乙苯塔(T-108)进料后，二乙苯等组分从塔顶蒸出，进入多乙苯塔顶冷凝器冷凝，冷凝液进入多乙苯塔回流罐，一部分经多乙苯塔回流泵打入塔顶作为回流，另一部分则经烷基转移料泵送入烷基转移反应部分。塔底物料经多乙苯塔塔底泵送入高沸物罐。

由于生产过程中丙苯和高沸物量很少，其送出均为间歇操作。

五、操作条件

(一)烷基化反应

(1) 反应温度。随着温度的升高，乙烯转化率也会随之提高，但乙苯选择性会略有下降。在一定的温度范围内，二者的变化幅度不大，因此较为适宜的反应温度为310~400℃。

(2) 反应压力。随压力的升高，乙烯转化率也逐渐提高，但压力高于1.0MPa后，乙烯转化率基本不变，适宜的反应压力为0.6~1.0MPa。

(3) 苯/烯比。增加苯/乙烯比，乙烯转化率及乙苯选择性均会随之提高，但过高的苯/乙烯比会提高物料循环而增加能耗，因此在一般条件下苯/乙烯摩尔比应控制在4~7为宜。

(4) 乙烯重时空速。随着乙烯重时空速的增加，反应物停留时间缩短，乙烯的转化率和乙苯的选择性都逐渐下降；而乙烯质量空速过小，会使生产负荷降低，增加企业成本。综合考虑应控制乙烯重时空速在0.4~0.6h^{-1}为宜。

(二)烷基转移反应

(1) 反应温度。温度升高，反应速度加快，二乙苯转化率升高，乙苯选择性下降，但在一定的温度范围内，二者的变化均不大。适宜的温度范围为170~270℃。

(2) 反应压力。烷基转移反应是一个等分子反应过程，因此，反应压力主要是为了使苯和多乙苯在液相的条件下进行反应，压力高低对二乙苯转化率没有影响。适宜的反应压力为3.0~4.0MPa。

(3) 苯/多乙苯比。苯/多乙苯比增加，二乙苯转化率和乙苯选择性均随之提高，但过程的能耗增加。一般控制苯/多乙苯质量比为6~8。

(4) 总物料空速。随着总物料空速的加大，二乙苯的转化率和乙苯的选择性下降。总物料空速过小，会使设备过大。综合考虑，以控制总物料空速在1.0~1.5h^{-1}为宜。

(三)典型操作条件

反应部分和分离部分的典型操作条件如表12-26和表12-27所示。

表12-26　反应部分的典型操作条件

项　目	烷基化反应		烷基转移反应
	SEB-08	SEB-12	AEB-1H
反应温度/℃	310~400		170~270
反应压力/MPa	0.6~1.0		3.0~4.0
乙烯重时空速/h^{-1}	0.4~0.6		—

续表

项　目	烷基化反应		烷基转移反应
	SEB-08	SEB-12	AEB-1H
苯/乙烯(摩尔比)	6~7	4~6	—
苯/多乙苯(质量比)	—		6~8
总物料空速/h^{-1}	—		1.0~1.5

表 12-27　分离部分的典型操作条件

项　目	吸收塔	苯塔	乙苯塔	丙苯塔	多乙苯塔
塔顶温度/℃	24	150	172	198	150
塔顶压力/MPa	0.55	0.5	0.15	0.15	0.04
塔底温度/℃	37	232	227	228	233
进料温度/℃	15	127	232	227	228

六、乙苯产品质量

稀乙烯制乙苯技术的乙苯产品质量如表 12-28 所示。

表 12-28　稀乙烯制乙苯技术的乙苯产品质量　　%

项　目	数据	项　目	数据	项　目	数据
乙苯纯度	≥99.8	异丙苯含量	≤0.03	硫含量	≤0.0003
二甲苯含量	≤0.10	二乙苯含量	≤0.001		

第六节　丙烷与异丁烷脱氢

丙烷和异丁烷脱氢工艺近年来获得了较大的发展，这一工艺过程将廉价的丙烷或异丁烷原料转变为丙烯或异丁烯等化工原料，并且副产氢气，弥补了丙烯或异丁烯的供应缺口，具有较好的经济效益。未来副产的氢气资源如果能够有效加以利用，该工艺的经济效益还会有所提升。

低碳烯烃的传统来源主要为蒸汽裂解和催化裂化(FCC)的副产物。随着蒸汽裂解装置所用原料逐步从价格较高的石脑油转向乙烷等轻质原料，其副产的丙烯、丁烯等产品不断减少。炼油厂的催化裂化(FCC)工艺通过提高加工苛刻度及选用新型裂化催化剂可以增产一定量的丙烯、异丁烯等低碳烯烃，但其增幅有限。总的来说，蒸汽裂解和催化裂化工艺无法满足市场对丙烯等低碳烯烃的需求，因此包括低碳烷烃脱氢和甲醇制烯烃在内的其他生产烯烃的替代工艺获得了迅速发展。

截至 2019 年年底，国内丙烷脱氢工艺产能已达 900 万吨/年，占国内丙烯总产能近 20%，目前还有多个装置正在规划建设中，未来丙烷脱氢的产能还会有增长，预计到 2025 年国内丙烷脱氢的产能可达 1500 万吨/年。

除丙烷脱氢外，异丁烷脱氢工艺也获得了一定程度的发展，一些位于山东、河北等省的地方炼化企业在2010年后投资建设了多套异丁烷脱氢装置，其中多数企业利用所得异丁烯生产MTBE，在一段时间这一工艺过程具有较好的经济效益，未来乙醇汽油政策的真正落地可能对以MTBE为产品的异丁烷脱氢企业有所影响，但这些企业也可以利用异丁烯来生产叠合汽油或直接作为化工原料。一些能够依托自身炼厂气资源的企业还建设了丙烷异丁烷混合脱氢装置，即采用丙烷异丁烷混合原料同时脱氢并经分离获得丙烯和异丁烯，这些装置可以较好地利用炼厂气中的丙烷和丁烷资源。

未依托于炼油厂的脱氢装置其副产的氢气大多作为燃料消耗，没有得到有效利用，而依托炼油厂的脱氢装置所产氢气可并入氢气管网供全厂使用。随着储氢技术的发展和氢燃料电池等用氢技术的规模化应用，独立的低碳烷烃脱氢企业所产的氢气有望获得高价值应用。

目前，我国石化企业采用的主流的丙烷或异丁烷脱氢工艺包括两种[9]，分别为UOP公司的Oleflex工艺和Lummus公司的Catofin工艺。Olelflex采用类似于连续重整工艺的移动床工艺，小球状的脱氢催化剂在反应器和再生器之间连续流动并循环再生；而Catofin工艺采用固定床反应器，通过不同反应器间切换反应和再生过程实现连续生产。在中国市场，相比于Catofin固定床脱氢工艺，Oleflex移动床工艺对应的丙烯和异丁烯产能占有一定优势。此外国内一些大学和公司还开发了流化床脱氢工艺。

一、化学反应

丙烷和异丁烷脱氢的反应式如下：

$$C_3H_8 \rightleftharpoons C_3H_6+H_2 \qquad \Delta H=124kJ/mol$$

$$i\text{-}C_4H_{10} \rightleftharpoons i\text{-}C_4H_8+H_2 \qquad \Delta H=122kJ/mol$$

丙烷脱氢和异丁烷脱氢生成对应的烯烃和氢气，属于强吸热反应，同时这两个反应都是可逆反应，反应的转化率受到热力学平衡限制，反应温度越高，反应压力越低，反应的转化率越高。工业装置上为了获得更高的产品收率，需要选择适宜反应条件以获得较高单程收率，同时要将未转化的原料重新分离出来进行循环转化。图12-18[10]给出了不同压力下，丙烷脱氢反应转化率随着温度的变化图，从中可以看出，随着反应温度的升高，丙烷平衡转化率增加，而随着压力的降低，丙烷平衡转化率也会提高。对于异丁烷脱氢反应来说，温度和压力对反应平衡的影响与丙烷脱氢反应类似[11]。随着反应温度的不断升高，上述两个反应都会伴随裂化、积炭等副反应的发生，从而会降低发生脱氢反应的选择性。

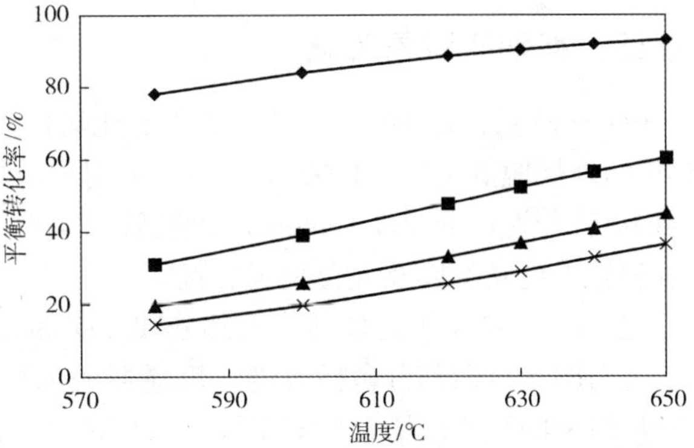

图12-18　在不同温度和压力下丙烷脱氢反应的平衡转化率
（初始状态氢气与丙烷摩尔比为0.5）
◆—0.01MPa；■—0.1MPa；▲—0.2MPa；×—0.3MPa

丙烷脱氢和异丁烷脱氢都可以产氢，氢气理论产率分别为4.5%和3.4%，是氢气产率较高的反应过程，这些副产氢气可以用于炼油厂清洁燃料的生产或者作为清洁能源使用。

通过催化剂的引入，可以有效提高丙烷、异丁烷脱氢反应的反应速率和选择性，目前工业应用的催化剂主要包括铂基催化剂和铬基催化剂，分别适用于移动床和固定床的反应工艺。

二、原料来源

随着我国炼油能力的迅猛发展，炼厂气中低碳烷烃资源不断增加，其中就包括相当数量的丙烷、丁烷资源，这部分资源长期以来主要作为燃料使用，没有得到高价值利用。将炼厂气资源中丙烷和丁烷资源进行有效分离后，通过脱氢工艺将其转变为丙烯和丁烯等化工产品，是一条可供选择的高价值利用途径。

目前国内所建的丙烷脱氢装置主要是聚丙烯等化工企业向上游领域延伸而投资兴建，并未依托炼油厂资源，其原料主要从海外购买，来源包括美国的页岩气和中东地区的油田伴生气。异丁烷脱氢装置大部分依托于炼油厂的炼厂气资源，部分企业辅以少量外购原料。国内建设的丙烷异丁烷混合脱氢装置通常既依赖于炼厂气资源，又从市场上购进一定量丙烷或丁烷作为原料。对单一的千万吨级以下的炼化企业来说其来自炼厂气的丙烷和丁烷资源相对有限，很难仅依靠自身资源建设具有经济规模的脱氢装置；千万吨级以上的大型或超大型炼油厂可以依托自身的炼厂气资源建设具备经济规模的脱氢装置。

用于脱氢工艺的丙烷或异丁烷原料相对纯度要求较高。虽然依据不同的脱氢工艺原料纯度要求有所差异，但总的来说对其中的重组分和烯烃含量有较为严格的要求，一般来说其 C_{5+} 含量一般不超过 0.1%，各种烯烃的总含量一般低于 0.5%，这就需要相关企业对自身的炼厂气资源进行合理的分离提纯才能加以利用。

三、移动床脱氢工艺

UOP 公司的 Oleflex 工艺最早的工业化案例为泰国国家石油公司于 1990 年建成的 10 万吨/年的丙烷脱氢装置，1997 年韩国也采用该工艺建成年产 25 万吨丙烯的脱氢装置。我国从 2010 后开始投资建设 Oleflex 脱氢装置，截至 2019 年年底共建成近 20 套装置，包括丙烷脱氢和异丁烷脱氢以及混合脱氢装置。

完整的 Oleflex 工艺包括分馏部分和反应部分，图 12-19 给出了丙烷脱氢装置反应部分的工艺简图。分馏部分包括对进入反应器的丙烷进料进行纯化的脱丙烷塔，除去反应产物中轻烃组分的脱乙烷塔，分离出聚合级丙烯产品的丙烷-丙烯分离塔，以及脱除未转化丙烷中二烯烃类杂质的选择性加氢反应器[9]。Oleflex 的反应部分采用类似于连续重整工艺的移动床反应工艺，小球状的脱氢催化剂在反应器和再生器之间连续流动，在反应器中丙烷在催化剂作用下脱氢生成丙烯，而催化剂则因积炭失活，失活后的催化剂被输送到再生器进行烧焦再生，烧焦后进入还原器还原，从而恢复催化剂的性能，再生还原好的催化剂继续进入反应器催化反应进行。

Oleflex 移动床脱氢工艺采用铂基催化剂，为了抑制催化剂上积炭的生成，与连续重整工艺类似，需要引入循环氢来稀释反应原料。同时铂基催化剂对重金属、烯烃等含量比较敏感，使得 Oleflex 工艺对原料的纯度要求较高，因此在工艺中要设置原料预处理单元，将

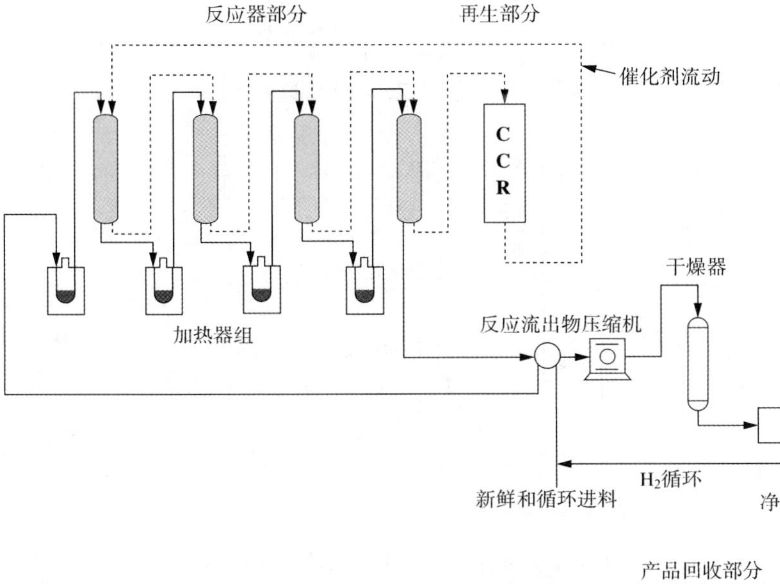

图 12-19　Oleflex 移动床丙烷脱氢工艺简图

原料中的硫、砷、重金属和烯烃等杂质脱除或转化。经过预处理的原料与未反应的循环物料和循环氢先后混合，再经过换热器与反应器流出物进行换热，随后进入进料加热炉，加热后物料进入第一反应器进行脱氢反应，因为脱氢反应是强吸热反应，从第一反应器流出的物料温度较入口温度降低，为了维持较高的反应速率和转化率，物料在进入第二反应器之前要通过中间加热炉来提高温度，同理，其他反应器之间也设有中间加热炉。通常丙烷脱氢装置包含 4 个反应器，而异丁烷脱氢或混合脱氢装置包含 3 个反应器。反应所得产物离开最后一台反应器后，经与混合原料换热即进入产物后处理和产品回收部分。

移动床异丁烷脱氢工艺与 MTBE 生产工艺联合，脱氢反应产物进入醚化单元，其中异丁烯与甲醇进行醚化反应生成 MTBE，未反应的异丁烷得以分离进而循环回反应原料中。为了更好地利用丁烷资源，异丁烷脱氢工艺单元中还设有丁烷异构单元，可以将正丁烷异构化为异丁烷。移动床丙烷异丁烷混合脱氢工艺可以将丙烷和异丁烷混合原料同时脱氢，脱氢后所得产物经过压缩及干燥处理后首先将 C_3组分与 C_4组分进行分离，C_3组分再经过分馏得到产品丙烯，而 C_4组分进入醚化单元生产 MTBE 或进行分离得到异丁烯。

Oleflex 工艺催化剂循环再生系统与连续重整工艺的催化剂循环再生单元(CCR)相似，其工艺简图如图 12-20 所示。CCR 再生部分的主要功能单元是再生器，经过反应器积炭失活的催化剂在再生器中烧焦除去积炭，并进行催化剂中铂金属的再分散。在再分散步骤中，与连续重整催化剂再生类似，也要注入含氯物质促进铂金属的有效分散。Oleflex 工艺采用铂基催化剂的活性较高，稳定性较好，一般催化剂的一个循环再生周期为 5~7 天。铂基催化剂的总寿命为 3~4 年，废弃的催化剂可进行铂金回收，回收处理成本低，环境影响较小。UOP 公司对 Oleflex 工艺和催化剂持续进行优化，大幅提高了工艺运行的稳定性，其脱氢催化剂经历多个牌号的更新，性能不断提高，通过降低铂金含量大幅降低了催化剂投资，其铂金含量从最初的 0. 75%降低到目前的 0. 30%。

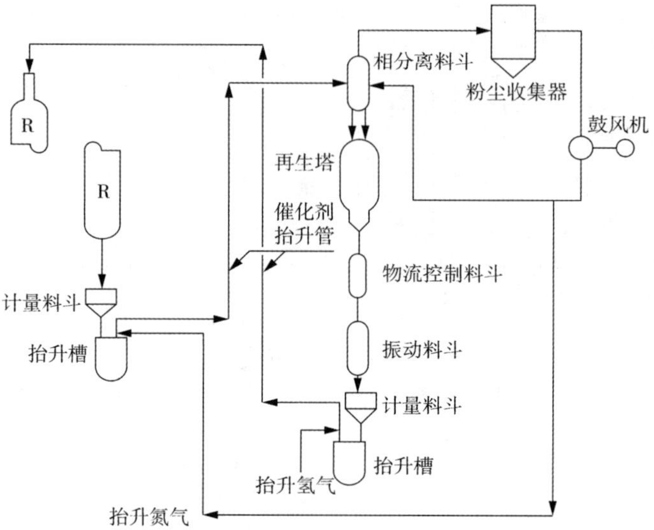

图 12-20　Oleflex 工艺催化剂循环再生系统流程简图

石科院在原有的连续重整催化剂技术基础之上，经过 10 余年的研究开发成功推出了国产移动床丙烷/异丁烷脱氢催化剂 PST-100，2018 年在国内某企业成功实现了整装工业应用，催化剂性能优异。PST-100 采用了新型氧化铝载体，具有特定的孔结构和孔分布，对载体的比表面积及表面性质进行了优化，提高了催化剂的活性和稳定性，降低了积炭速率。通过对载体微观晶相结构的合理控制，使得催化剂具有了更高的持氯能力，可以维持铂金属的高度分散，降低再生过程的注氯量，实现装置运行更加绿色环保。PST-100 催化剂的球形度、强度、抗磨性能、堆密度等满足移动床要求，其中催化剂强度和抗磨性能优异，可确保移动床工艺的长周期稳定运行。PST-100 整装应用结果证明催化剂活性和选择性高，活性稳定性好，机械性能稳定，运转过程产生的粉尘量较少，具有较长的使用寿命。截至 2019 年年底，该催化剂已在国内多家企业获得应用，为企业创造了良好的经济效益，表 12-29列出了催化剂的主要性质及工业装置运转典型数据。PST-100 脱氢催化剂的成功开发应用为国产移动床脱氢工艺奠定了基础，当前正依托该催化剂开发国产移动床脱氢工艺。

表 12-29　PST-100 催化剂主要性质及丙烷脱氢工业运转典型数据

项　目	数据	项　目	数据
催化剂性质		工艺条件	
Pt 含量/%	0.30	反应器平均入口温度/℃	632
小球粒径/mm	1.65	循环进料体积空速/h^{-1}	1.6
堆密度/(g/mL)	0.62	运行数据	
		丙烷单程转化率/%(摩尔)	32
压碎强度/N	50	丙烯选择性/%(摩尔)	88

四、固定床脱氢工艺

国内固定床脱氢工艺以 Lummus 公司的 Catofin 工艺为主，该工艺在国内已建成和正在建设的装置近10套。Catofin工艺分为4个工段，即烷烃脱氢至烯烃(反应工段)、反应器流出物料的压缩(压缩工段)、产品的回收和精制(回收工段和精制工段)，其工艺流程见图12-21。如图12-21所示，反应原料与来自产品分离塔塔底的循环原料合并作为反应器进料，进料经蒸汽加热和与反应器流出物换热达到反应温度后进入反应器进行脱氢反应，反应后经反应器流出进入压缩工段进行压缩后继而进入回收和精制工段，在精制工段通过丙烷丙烯分离塔获得产品丙烯。

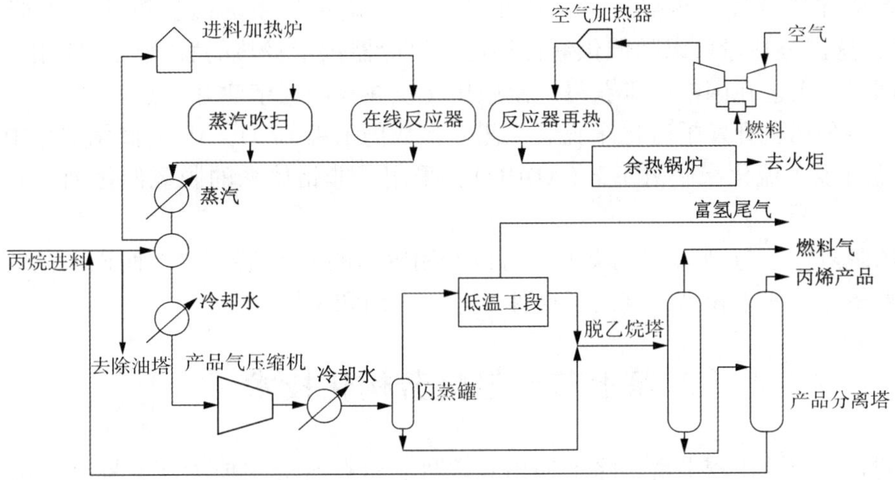

图12-21 Catofin工艺流程示意图

在反应工段，通常设置5~8台固定床反应器，装填$Cr_2O_3-Al_2O_3$催化剂，每台反应器按照脱氢反应、蒸汽吹扫、空气烧焦再生、抽空和还原这五个步骤不断循环操作，通过阀门切换上述步骤，再通过多个反应器的统筹安排实现脱氢工艺过程的连续进行。对于单一反应器而言，反应内催化剂经还原后首先进行脱氢反应，反应器中$Cr_2O_3-Al_2O_3$催化剂经过脱氢反应而积炭失活，这时首先将此反应器切换至蒸汽吹扫，从而扫去催化剂上和反应器内残余的烷烃进入后续回收工段，吹扫后经预热的再生空气进入反应器，将催化剂上的积炭烧除并作为传热介质，恢复催化剂床层的温度，再生完毕后，反应器进行抽真空，并引入氢气对催化剂进行还原，从而完成一个循环周期。上述一个循环周期仅15~30min，因此为了实现连续生产需要频繁切换相应物料管线上的阀门。这些阀门成为了整个装置安全平稳运行的核心部件。

Catofin工艺通过在反应器内引入发热材料(HGM)提高了装置的运行效益。HGM是一种金属氧化物材料，其与催化剂一同装入催化剂床层，在反应器的操作循环过程中经历氧化和还原过程，产生并储存热量，这些热量用于脱氢反应，可提高烯烃收率，降低能耗。

Catofin工艺采用负压操作，可以提高反应的平衡转化率，但是存在一定的安全隐患，而为了获得较高加工能力，反应器体积巨大，这使得装置的占地面积较大。Catofin工艺采用含铬的催化剂，催化剂用量较大，其废催化剂需进行无害化处理，处理费用较高。

五、流化床脱氢工艺

国内外相关研究人员一直以来不断寻求采用类似FCC的流化床工艺来进行低碳烷烃脱

氢，除俄罗斯 Snamprogetti 公司开发的 FBD 工艺外，近来包括中国公司在内多家公司均宣称成功开发了流化床脱氢工艺。

以 FBD 异丁烷脱氢工艺为例，其采用纯度高于 97%的异丁烷，原料中烯烃含量小于 0.5%，硫化物含量必须低于 5μm，氯含量低于 3μm。FBD 工艺采用直径为 0.1mm 的 Cr_2O_3/Al_2O_3微球催化剂，在反应温度 560~580℃、压力略高于大气压的条件下反应。采用气固逆流的进料方式，催化剂通过两套提升管在反应器和再生器之间循环，催化剂再生采用液化气燃烧加热空气，热空气进入再生器烧焦，烧焦产生的高温可使再生器温度高达 700℃以上，这部分热量可以随催化剂转移进入反应器供给吸热的脱氢反应使用，实现能量的有效利用。该工艺在国内并未获得广泛应用，仅在我国辽宁建有一套装置。

国内一些公司也开发了流化床脱氢工艺，多数仍采用 Cr_2O_3/Al_2O_3催化剂，中国石油大学(华东)也开发了流化床脱氢工艺(ADHO)，采用了非铬体系的脱氢催化剂，并进行了示范装置建设。

流化床脱氢工艺与 FCC 工艺类似，可以利用废旧的 FCC 装置，然而该工艺的催化剂消耗较大，整体加工成本较高，制约了这种工艺的应用和发展。

第七节　轻烃芳构化技术

我国的轻烃资源比较丰富，除了油田气以外，这些轻烃主要为产自炼油厂的 C_2~C_7组分。其中，C_2组分主要存在于催化裂化、延迟焦化等装置的干气产品中，由于其含有部分乙烯等烯烃，可以作为轻烃芳构化的原料生产芳烃或高辛烷值汽油调合组分。C_3、C_4组分主要存在于炼油厂的液化气产品中，是现有的轻烃芳构化技术的主要加工原料。随着我国天然气工业的发展，城市民用液化气的市场正在逐渐缩小，采用轻烃芳构化技术将这部分相对过剩的液化气资源转化为具有高附加值的 BTX 等芳烃产品具有重要的现实意义和很好的经济性。C_5~C_7组分主要产自炼油厂常压蒸馏及催化重整装置的拔头油、抽余油等轻石脑油馏分中，主要是饱和的烷烃，可以作为轻烃芳构化技术的原料。

轻烃芳构化技术主要采用改性 ZSM-5 沸石催化剂，可以将 C_2~C_7的轻烃组分转化为芳烃或富含芳烃的高辛烷值汽油调合组分，具有原料适应性广、产品价值高、工艺流程简单、建设费用低等优点，近年来发展较快，国外比较有代表性的技术包括 UOP 公司的 Cyclar 工艺[12]、Mobil 公司的 M2-Forming 工艺[13]、日本 Sanyo 公司的 Alpha 工艺[14]等。在国内，石科院、中石化洛阳工程有限公司以及大连理工大学等单位先后开发出了各自的轻烃芳构化技术，并均已实现工业化。其中石科院开发的固定床轻烃芳构化技术在国内三十余套工业装置上实现了工业应用，取得了较好的经济效益和社会效益。新开发的移动床轻烃芳构化技术填补了国内在该领域的空白，标志我国轻烃芳构化技术的水平又上了一个新的台阶[15]。

一、反应原理

轻烃原料中的主要组分是低碳烯烃和低碳烷烃，现有的研究结果表明[16,17]，低碳烯烃可以直接芳构化生成芳烃，而低碳烷烃的芳构化反应则需要经过两个步骤，第一步是低碳烷烃转化为低碳烯烃，第二步是低碳烯烃芳构化生成芳烃。在第一步中，低碳烷烃既可以在催化剂的质子酸中心上活化，通过正碳离子机理裂解为低碳烯烃和低碳烷烃，也可以在催化剂的金属中心上通过脱氢转化为低碳烯烃。在第二步中，低碳烯烃在催化剂的酸性中心上先通过叠合反应生成较大分子的烯烃，这些较大分子的烯烃再通过环化、脱氢等反应生成芳烃，具体反应过程如图 12-22 所示。

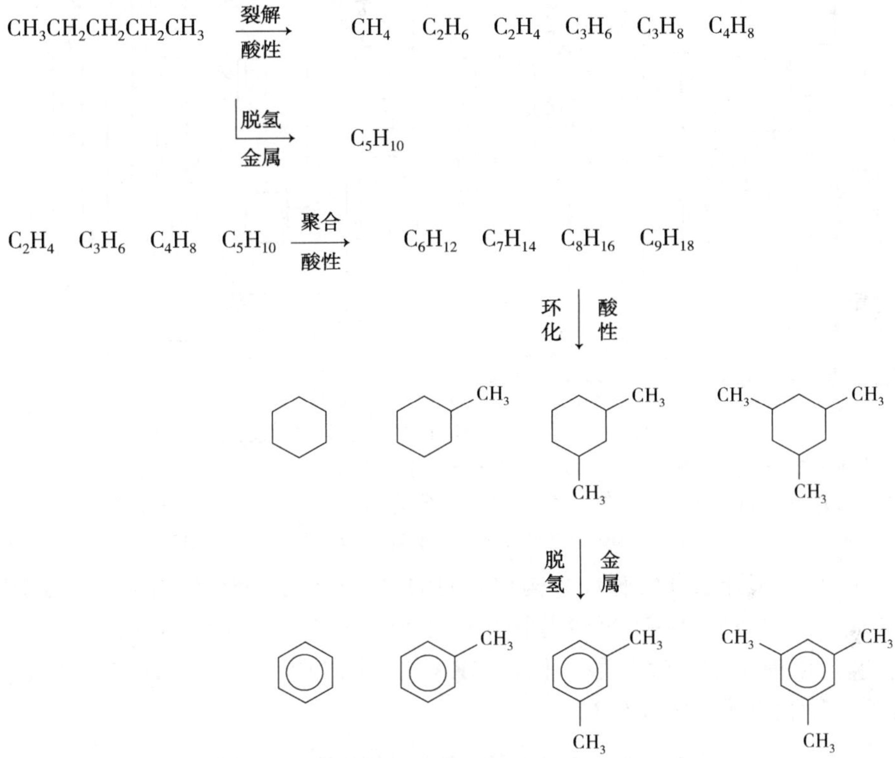

图 12-22　轻烃芳构化反应机理

二、工艺和催化剂

国内外开发出了多种轻烃芳构化工艺技术，按反应器形式的不同，可将其分为固定床工艺和移动床工艺两大类。

1. 固定床工艺和催化剂

国内的轻烃芳构化固定床工艺主要有石科院的 Light Hydrocarbon Aromatization Technology-Fixed Bed(简称 LHAT-F 工艺)、洛阳院的 GTA 工艺等。不同的固定床芳构化工艺在反应原料、反应器数量、反应器供热方式(如绝热式和等温式)、反应条件(如温度、压力、空速)等方面都有差别，但反应流程基本相似。

LHAT-F 工艺流程如图 12-23 所示。该工艺采用两列固定床反应器，一列反应一列再生，周期性切换。每列由两个串联的反应器组成，原料经换热、加热炉加热后进入第一个反应器，反应流出物经加热炉再加热后进入第二个反应器。反应产物经换热后进入气液分离罐，气液分离罐将反应产物分离为气相和液相两部分。气相部分经压缩机增压后进入吸收解吸塔，塔顶分离出富含氢气的干气，吸收解吸塔底馏分与气液分离罐分离出的液相部分进入稳定塔，塔顶分离出液化气，塔底是富含芳烃的液相产品。

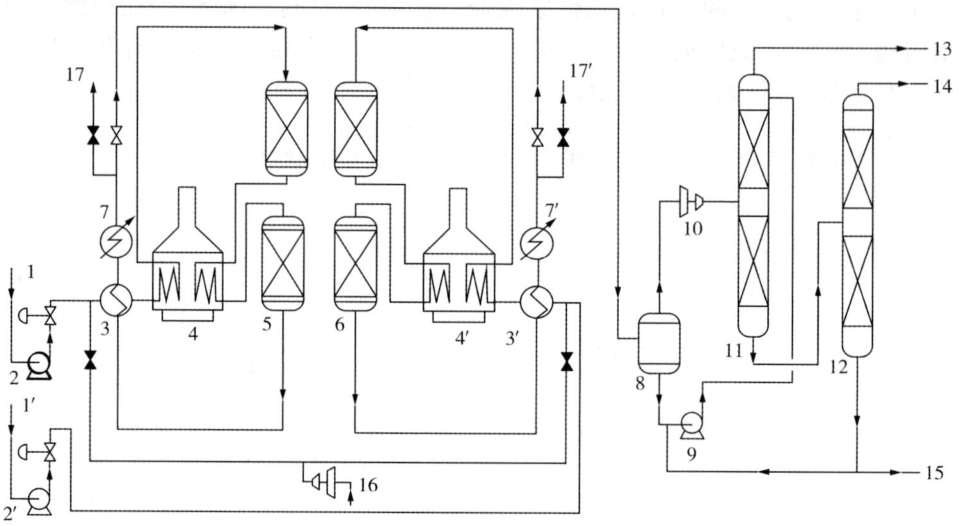

图 12-23　石科院 LHAT-F 工艺流程示意图

1、1′—原料；2、2′—原料输送泵；3、3′、7、7′—换热器；4、4′—加热炉（反应/再生）；5、6—反应器；8—分离罐；9—粗汽油泵；10—富气压缩机；11—吸收解吸塔；12—稳定塔；13—干气；14—液化气；15—混合芳烃；16—再生循环气压缩机；17、17′—再生气体

石科院从 1994 年开始开展轻烃芳构化方面的研究工作，1998 年开发出了适用于固定床工艺、不含贵金属的条形 RF-1 轻烃芳构化催化剂。由于选用了自行研制的小晶粒 ZSM-5 沸石材料，并运用独特的改性手段，使得 RF-1 催化剂具有优异的芳构化活性和稳定性。RF-1 催化剂的物化性质见表 12-30。

表 12-30　RF-1 固定床轻烃芳构化催化剂的物性

项　目	数　值	项　目	数　值
外形	直径 1.8~2.2mm 条	孔体积/(mL/g)	0.28~0.32
强度/(N/cm)	≥90	堆密度/(g/cm^3)	0.67~0.75
比表面积/(m^2/g)	300~330		

2. 移动床工艺和催化剂

由于轻烃芳构化反应条件苛刻，催化剂积炭失活速率较快，催化剂单程运转周期较短。如果采用移动床工艺条件，催化剂连续再生、反应可连续进行，就可以克服固定床工艺频繁切换再生的问题，使装置操作更加平稳，更适合于规模化连续生产，因此开发轻烃移动床芳构化工艺具有重要意义。

石科院开发的 Light Hydrocarbon Aromatization Technology-Moving Bed（简称 LHAT-M 工艺）工艺采用球型芳构化催化剂，采用移动床连续反应和再生工艺，兼顾生产汽油和芳烃流程。石科院移动床芳构化反应-再生系统如图 12-24 所示。反应部分由多个并列式移动床反应器组成，原料经换热后进入加热炉一加热至目标温度，然后进入反应器一进行芳构化反应，由于反应过程吸热量较大，反应器一的流出物需要进入加热炉二再次加热，然后进入反应器二进行反应，依次进行，直至达到所需的反应深度。反应产品经过产品分离系统分离为干气、液化气和混合芳烃。反应过程中球形芳构化催化剂由反应器上端进入反应器，在重力作用下自上而下移动，在反应器底部由提升器提升至下一个反应器的顶端，依次进行直至到达最后一个反应器出口，此时催化剂积炭量较高，由提升器提升至再生器进行烧炭再生，再生后的催化剂再提升至反应器一的顶端，从而实现催化剂的循环。

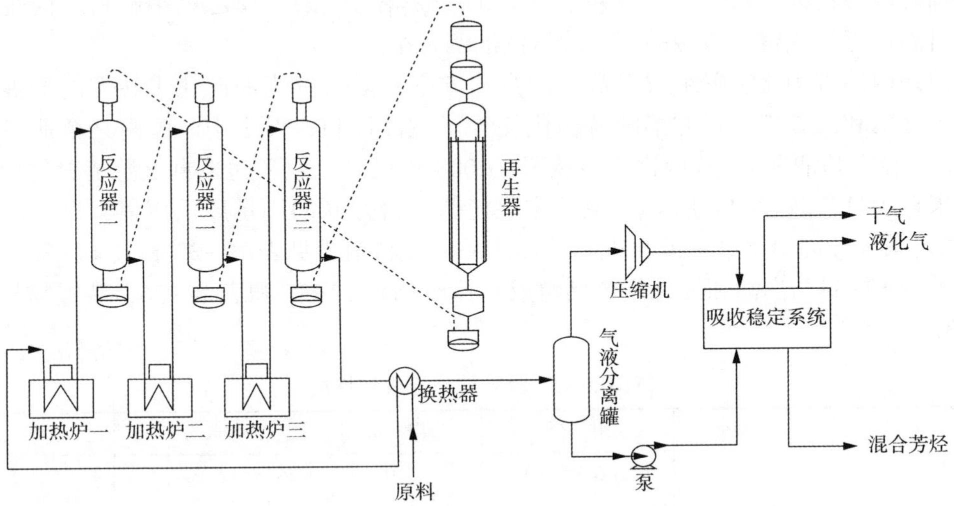

图 12-24　LHAT-M 工艺流程示意图

石科院开发出了新型含沸石小球催化剂的滴球成型工艺，研制出了适合移动床反应和再生工艺，对轻烃芳构化反应具有较高活性和优异再生性能的球形芳构化催化剂——RF-4 轻烃芳构化催化剂。RF-4 移动床球形芳构化催化剂的物化性质见表 12-31。

表 12-31　RF-4 移动床球形芳构化催化剂的物性

项　目	数　值	项　目	数　值
外形	直径 1.5~1.6mm 球	比表面积/(m^2/g)	300~350
磨损率/%	0.30~0.40	孔体积/(mL/g)	0.40~0.50
强度/(N/颗)	50~70	堆密度/(g/cm^3)	0.70~0.80

三、操作条件和产品

根据轻烃芳构化目标产物的不同，轻烃芳构化装置采用的加工方案主要有汽油方案、芳烃方案和乙烯裂解料方案三种。三种方案的最主要区别在于反应温度，汽油方案的反应温度在 300~400℃，芳烃方案的反应温度通常在 450~550℃，而乙烯裂解料方案的反应温度在二者之间，通常为 350~450℃。

芳构化汽油方案是指在 300~400℃ 的较低反应温度下，利用择形沸石催化剂将轻烃通过异构化、芳构化等过程转化为富含芳烃的汽油调合组分和部分液化气。反应原料通常是轻石脑油和/或富含烯烃的液化气如醚后 C_4 等，也可以是含烯烃的催化裂化干气。芳构化的汽油产品中含有较多的芳烃和异构烷烃，同时苯的含量较低，是优质的高辛烷值汽油调合组分，副产的液化气以丙烷和丁烷为主，可作为车用液化气或民用燃料使用。

芳构化芳烃方案是指在450~550℃的反应温度下，利用含有脱氢组元的择形沸石催化剂将轻烃转化为以苯、甲苯和二甲苯为主的芳烃，并副产干气和氢气。反应原料主要是轻石脑油、炼厂气(包括醚后 C_4、饱和液化气等)和油田气等。

芳构化乙烯裂解料方案是指在350~450℃的反应温度下，利用择形沸石将轻烃中的烯烃和异构烷烃转化为以乙烷、丙烷和丁烷等正构烷烃为主的优质乙烯裂解料或丙烷脱氢原料，同时副产芳烃或富含芳烃的高辛烷值汽油调合组分。

目前国内的芳构化装置绝大多数采用汽油方案，但随着炼油向化工转型的发展，很多采用芳烃方案和乙烯裂解料方案的芳构化装置正在设计和建设之中。国内某企业建有一套35万吨/年轻石脑油和 C_4 芳构化改质装置，2008年投产，原料为来自上游装置的拔头轻石脑油和来自MTBE装置的醚后 C_4，装置主要包括两台并联的固定床反应器，反应产物通过吸收-稳定系统分离出干气、液化气和汽油产品。原料组成见表12-32和表12-33，主要工艺条件见表12-34，汽油和液化气产品组成和性质见表12-35和表12-36，装置物料平衡见表12-37。

表12-32　轻石脑油组成和性质

组　分	组　成	组　分	组　成	组　分	组　成
异戊烷/%(体)	13.94	异己烷/%(体)	5.03	硫含量/(μg/g)	5
正戊烷/%(体)	76.01	正己烷/%(体)	0.28	辛烷值 *RON*	67.5
环戊烷/%(体)	4.71	环己烷/%(体)	0.03		

表12-33　醚后碳四组成　　%(体)

组　分	组　成	组　分	组　成	组　分	组　成
丙烯	0.1	异丁烯	0.2	2-反丁烯	16.8
丙烷	1.2	1-正丁烯	12.6	2-顺丁烯	11.6
异丁烷	44.6	正丁烷	12.9		

表12-34　装置主要工艺条件

项　目	工艺条件	项　目	工艺条件
反应进料量/(t/h)	29.00	吸收解吸塔顶压力/MPa(G)	1.05
其中：轻石脑油/(t/h)	18.45	吸收解吸塔顶温度/℃	37
C_4/(t/h)	10.55	吸收解吸塔底温度/℃	87
催化剂重时空速/h^{-1}	0.52	稳定塔顶压力/MPa(G)	0.84
反应器入口温度/℃	320	稳定塔顶温度/℃	53
反应产物气液分离罐压力/MPa(G)	0.27	稳定塔底温度/℃	143
富气压缩机出口压力/MPa(G)	1.10		

表 12-35 汽油产品性质

项　目	分析值	项　目	分析值	项　目	分析值
芳烃/%(体)	21.0	溴价/(gBr/100mL)	3.1	饱和蒸气压/kPa	86.4
烯烃/%(体)	0.5	辛烷值 *RON*	87.2	硫含量/(μg/g)	1
苯含量/%(体)	0.8	馏程范围/℃	33~213		

表 12-36 液化气产品组成

组　分	组成/%(体)	组　分	组成/%(体)	组　分	组成/%(体)
$<C_2$	0.36	异丁烷	38.55	丁烯	0.60
丙烷	33.47	正丁烷	26.50	$\geqslant C_5$	0.08
丙烯	0.44				

表 12-37 装置物料平衡

入方物料	质量分数/%	出方物料	质量分数/%
醚后 C_4	36.40	干气	0.01
轻石脑油	63.60	液化气	57.75
		改质汽油	42.24
总计	100.00	总计	100.00

装置所产汽油产品的各项指标均达到设计要求，其中辛烷值 *RON* 达到 87.2，比原料轻石脑油的辛烷值提高近 20 个单位。同时，汽油的烯烃含量很低，芳烃含量、苯含量和硫含量均可以满足国Ⅵ汽油标准，可以满足企业高辛烷值汽油生产的需求。

国内某企业建有一套 20 万吨/年移动床 C_4 芳构化装置，采用石科院开发的移动床芳构化工艺包和催化剂，2013 年装置投产。装置加工原料为 MTBE 后的醚后 C_4，目的产品是高辛烷值汽油调合组分和不含烯烃的饱和液化气。装置设两台移动床反应器和一台移动床再生器，催化剂连续再生。装置反应和催化剂再生操作条件见表 12-38，原料 C_4 和产品液化气组成见表 12-39，汽油产品和柴油产品组成和性质见表 12-40，装置物料平衡见表 12-41。

表 12-38 装置反应、催化剂再生操作条件

项　目	工艺条件	项　目	工艺条件
催化剂重时空速/h^{-1}	0.5	再生器压力/MPa(G)	~0.5
第一反应器压力/MPa(G)	~0.5	再生器温度/℃	450~480
第一反应器入口温度/℃	270	再生气剂比(摩尔比)	1000
第二反应器压力/MPa(G)	~0.45	再生气体氧含量/%	0.6~1.0
第二反应器入口温度/℃	300		

表 12-39　C_4 原料和产品液化气组成　　%(体)

组　分	C_4 原料组成	液化气产品组成	组　分	C_4 原料组成	液化气产品组成
乙烷	0.0	1.4	正丁烷	16.8	29.3
丙烷	1.5	17.1	丁烯	47.3	1.1
异丁烷	31.8	49.9	C_5	2.6	1.2

表 12-40　产品汽油和柴油性质

项　目	汽油	柴油	项　目	汽油	柴油
密度 20℃/(g/cm³)	0.70	0.83	90%	150	289
硫含量/(μg/g)	6	10	终馏点	202	317
辛烷值 *RON*	92		组成/%(体)		
馏程/℃			烯烃	15.0	—
初馏点	37	180	芳烃	31.8	—
10%	56	198	饱和烃	53.2	—
50%	90	232	苯	0.7	—

表 12-41　装置物料平衡

组　分	组　成/%	数量/(kt/a)	组　分	组　成/%	数量/(kt/a)
原料(醚后 C_4)	100.0	200.0	液化气(C_3+C_4)	57.7	115.4
产品			汽油(C_5~205℃)	40.4	80.8
干气(H_2+C_1+C_2)	0.9	1.8	柴油(>205℃)	1.0	2.0

参　考　文　献

[1] 侯祥麟．中国炼油技术新进展．北京：中国石化出版社，1998：50-57.

[2] 杨林森．炼厂气选择性溶剂脱硫技术进展[J]．炼油，1998，(2)：60-64.

[3] 李正西．炼油厂液化气脱有机硫措施[J]．石油炼制与化工，1996，(11)：27-30.

[4] 侯芙生．中国炼油技术[M]．3 版．北京：中国石化出版杜，2013：315-320.

[5] Yang W, Wang Z, Sun H, et al. Advances in development and industrial application of ethyl benzene processes [J]. Chin. J. Catal. 2016, 37(1): 16-26.

[6] 陆铭，孙洪敏，郭，等．ZSM-5 沸石催化剂的失活历程和活性稳定性[J]．石油学报(石油加工)，2001，17(4)：59-63.

[7] 杜伟彦．多乙苯转化反应器的研究[J]．石油化工，2004，33：1516-1518.

[8] 李淑红等．稀乙烯制乙苯技术浅议[J]．炼油技术与工程，2008，38(3)：24-26.

[9] 谢在库．低碳烯烃催化技术基础[M]．北京：中国石化出版社，2013：146-219.

[10] 刘昌呈，王春明，马爱增．工艺条件对 Pt-Sn-K/Al_2O_3 催化剂丙烷脱氢性能的影响[J]．石油炼制与化工，2013，44(4)：34-38.

[11] 刘洪全，于中伟，马爱增，等．异丁烷脱氢制异丁烯反应热力学分析[J]．石油学报(石油加工)，2010，27：419-423.

[12] P C Doolan, P R Pujado. Making Aromatics from LPG, Hydrocarbon Processing, 1989, 9: 72-76.

[13] Nai Y Chen, Tsoung Y Yan. M2 forming, a process for aramatization of light hydrocarbon, Ind. Eng. Chem. Process Des. Dev. 1986, 25, 1, 151-155.

[14] Y Nagamori, M Kawase. Converting light hydrocarbon containing olefins to aromatics(Alpha Process), Microporous and Mesoporous Materials, 1998, 5: 439-445.

[15] 戴厚良．芳烃技术[M]．北京：中国石化出版社，2014.

[16] 王殿中，何鸣元．稀乙烯在 ZSM-5 沸石上转化为异丁烯与汽油的反应[J]．石油炼制与化工，1995，26(8)：59-63.

[17] Ono Y, Kitagawa H, Sendoda Y. Transformation of butene into aromatic hydrocarbons over ZSM-5 zeolites [J]. J. Chem. Soc. Faraday. Trans., 1987, 83(9): 2913-2923.

专家话炼油

第十三章　石油炼制催化剂

石油炼制催化剂是炼油工业的技术核心。石油炼制催化剂的技术进步推动了中国炼油工业的发展。石油炼制催化剂主要包括催化裂化催化剂、催化重整催化剂、加氢处理和加氢裂化催化剂以及吸附剂和助剂等。这些催化剂通过活性组元的改进、制备技术的提升，一代代升级，满足了原料劣质化、产品清洁化、装置大型化、炼化一体化、过程绿色化的要求。

国内催化裂化催化剂年产量达25万吨以上，催化剂产品出口到美国、加拿大、澳大利亚、东南亚、俄罗斯、日本及韩国等海外市场，出口规模多年稳定在3万吨/年以上。近年来，新开发的催化裂化催化剂在渣油裂化抗金属方面性能优异，在平衡催化剂上总金属含量(Ni+V+Fe+Ca+Na)达2×10^4mg/L以上时仍具有较高的裂化活性；在炼油向化工转型方面也取得了显著成绩，开发了能增产丙烯和丁烯的催化裂化催化剂；在增产汽油方面，开发了专用催化剂，使汽油收率显著增加并使汽油辛烷值明显改善；在催化剂清洁生产方面，开发了节能高效、绿色环保的催化裂化催化剂生产成套技术，不仅从源头降低了氨氮污染，而且生产效率大大提高，生产能耗及成本显著降低。

催化裂化助剂类型多样化且性能进一步提升。CO助燃剂在抗SO_x失活方面得到加强，以Pd为活性组分的助燃剂可降低NO_x排放；丙烯助剂结合了多级孔新材料和改性基质技术，相同加注量下丙烯收率明显提高，增产异丁烯助剂完成工业应用试验；辛烷值桶助剂可在汽油收率提高的情况下，减少辛烷值损失；重油转化助剂方面，推出了包括原位晶化技术在内的多种技术方案，强化了重油转化能力；烟气环保助剂方面，增强型硫转移剂可降低湿法脱硫负荷和二次污染，脱硝助剂可降低脱硝设施注氨，降低余锅结盐风险，经济效益和社会效益显著。近年来，环保助剂市场需求增加明显，硫转移剂国内市场已突破1000吨，开始进入国际市场。脱硝助剂也受到国外炼厂密切关注，新型丙烯助剂开始快速推广，2020年首次进入日本市场。

国内连续重整装置总套数已经超过100套，催化剂藏量超过9000吨，年催化剂需求量在1500吨到2000吨。国内连续重整催化剂主要包括PS系列连续重整催化剂，通过不断改进，催化性能和机械性能不断提升，活性高，选择性好，积炭速率低，催化剂颗粒强度高，抗磨性能好。在装置运转过程中，PS系列催化剂流动性好，粉尘生成量少，可以确保装置高效平稳运行。此外，PS系列催化剂具有更好的持氯能力，可以大幅减少氯化物的注入量，有效降低铵盐堵塞和装置腐蚀的运行风险。PS系列连续重整催化剂因其优异的性能获得了市场的认可，在国内市场占据主导地位，有效支撑了国内连续重整工艺大规模发展。2017～2019年，PS系列连续重整催化剂总销量超过3000吨，其中2019年实现销售超过1200吨。采用国际首创“原位缓释硫化”技术开发的SR-1000新型半再生重整催化剂具有高活性、高选择性和高稳定性以及优良的再生性能，催化剂开工过程无须预硫化，开工方法简便、安全、绿色环保。与国内外同类型催化剂相比，SR-1000催化剂的辛烷值收率明显高，因此在生产高辛烷值清洁汽油组分时具有更好的技术经济性。2019 年实现国内销售 110 吨，海外出口 98 吨。在催化剂清洁化生产方面，通过技术革新，有效降低了生产工艺的原材料消耗和能量消耗，有效降低了污染物的排放，生产工艺更加绿色环保。

为应对清洁油品生产和增产石油化学品/化工料的新形势，加氢催化剂在技术方面主要是开发适应性好、针对性强、满足油化结合的全(加)氢型炼化模式需求的系列化催化剂。2019 年国内加氢催化剂总产量近 4 万吨，最近 10 年平均年增速约 20%。该催化剂加氢脱硫、脱氮、芳烃饱和和脱残炭性能优异，加氢选择性好，氢利用效率高，催化剂性能稳定，运转周期长，催化剂性价比高，用户体验好。推动了低成本绿色生产清洁汽柴油以及油化结合多产芳烃、汽油和喷气燃料等关键技术的提升和推广，为高效利用石油资源做出了重要贡献。在催化剂清洁生产方面，通过对加氢催化剂制备、催化剂装填开工、催化剂再生、废催化剂梯次使用和废剂清洁化回收等技术单元进行不断创新，实现了加氢催化剂全生命周期绿色化，为炼油企业创造更大的经济效益和社会效益。

S Zorb 技术是降低汽油硫含量的重要技术。S Zorb 系列吸附剂具有原料适应性强、产品组成可调节、辛烷值损失小、稳定性高等特点，已成功应用于国内 35 套 S Zorb 装置，汽油处理量超过 4000 万吨/年。2019 年 S Zorb 系列吸附剂产量为 1300 吨，同比增长 13%，2019 年国内销量 1150 吨。中国石化已与科莱恩公司签订了技术转让合同，实现 S Zorb 吸附剂的出口。S Zorb系列吸附剂的成功研发及应用为我国油品质量升级提供了技术保障。在吸附剂清洁生产过程方面，开发了 S Zorb 吸附剂制备优化技术，采用络合有机镍盐溶液制备的产品脱硫活性和活性稳定性指标均满足现有工业吸附剂的指标；络合剂可以实现循环利用，不仅可以降低吸附剂的生产成本，而且整体生产过程中无氨氮化合物排放，实现了 S Zorb 吸附剂的环保生产。

随着炼油化工转型趋势不断加深，大型芳烃生产联合装置建设增多，用于芳烃生产的吸附剂需求增加。中国石化自主开发的 RAX 系列芳烃吸附剂首先在中国石化系统内取得了较好的推广应用。通过工业应用实践的经验积累和产品迭代开发的技术进步，中国石化芳烃吸附剂的制造技术水平和产品性能指标不断取得新突破。吸附剂制造方面，通过持续的工艺改进，基质小球成型产品收率达到 98%以上，离子交换改性钡盐利用率提高至 90%以上，成品剂合格率达 100%；吸附剂性能提升方面，通过不断创新沸石材料合成、优化吸附剂配方和改性技术，已成功开发应用了三代 PX 吸附剂，单位吸附剂的原料处理能力提高了 41%。目前正在进行更新一代 RAX-4500 型 PX 吸附剂的开发，单位吸附剂产能可再提高 10%。当前，我国芳烃产业正处于爆发式增长期，2025 年前后随着数个在建 PX 项目投产，国内芳烃装置的吸附剂藏量将达到 4.3 万吨。本轮发展过后，吸附剂推广应用将进入换装周期，未来市场空间很大。

第一节　催化裂化催化剂

20世纪50年代初期，我国就开始了裂化催化剂研究工作，研制了天然白土催化剂。50年代中期又用不同成胶方法制备合成硅酸铝裂化催化剂。我国于1958年、1965年先后建成第一套移动床催化裂化装置和流化催化裂化装置。与此同时，开展了硅铝小球和硅铝微球裂化催化剂制备技术的研究开发工作，并于1964年和1965年相继建成这两种催化剂的生产装置。

20世纪70年代，随着我国炼油能力的不断扩大，流化催化裂化装置数量及处理量持续增加，裂化催化剂的需求量迅速增加。在此期间又建成了三套裂化催化剂生产装置以及与之配套的原料制造设施，催化剂也由普通的合成硅酸铝催化剂发展为含沸石的裂化催化剂。稀土X型沸石催化剂于1973年实现工业化生产。70年代中期，我国又研制了性能更好的稀土Y型沸石催化剂，并与提升管催化裂化新工艺配合，使我国的催化裂化加工技术达到了新的水平。

20世纪80年代，我国Y型沸石裂化催化剂的制造由采用全合成硅铝基质发展到采用高岭土基质制造半合成沸石裂化催化剂，并沿用至今。与此同时，还制造了以稀土Y型沸石、超稳Y型沸石作为活性组分的渣油裂化催化剂和生产高辛烷值汽油的裂化催化剂。80年代，还开发成功以全白土制造Y型沸石裂化催化剂的制造方法以及CO助燃剂等。

20世纪90年代，又发展了含稀土超稳沸石、高硅Y型沸石及具有择形裂解性能的ZRP沸石，并制造出能更多掺渣油、抗金属污染能力更强的渣油催化裂化催化剂，多产轻烯烃裂化催化剂，高轻质油收率并多产柴油裂化催化剂。

进入21世纪，针对汽油标准的不断升级，开发了MOY沸石、HRSY沸石，GOR、LBO系列降烯烃催化剂及MIP-CGP工艺专用系列催化剂。针对炼厂加工低价劣质油的要求，开发了结构优化的SOY、HRSY-3沸石和RICC、LDO等系列重油转化催化剂。

与此同时，为了向石油化工方向延伸，在开发多产低碳烯烃的催化裂化技术过程中，研制出能适应这些新工艺的配套催化剂MMC-2、DMMC-1、RMMC-1等，并出口泰国、沙特阿拉伯、印度等国家。

催化裂化催化剂的制备技术也不断进步，开发了催化剂的低能耗低排放制备技术及设备；在催化剂生产技术的进步过程中，催化剂的品种也在不断地升级换代，在催化剂的重油裂化能力、焦炭选择性及抗重金属方面均有进步。

一、裂化催化剂的组分

自20世纪60年代以来，裂化催化剂广泛采用沸石为活性组分，由沸石均匀分散于基质(载体)中而成。目前，工业裂化催化剂中的主要活性组元是Y型沸石，另外，MFI及β沸石也在某些专用催化剂中作为活性组元之一。常用的基质是高岭土与铝溶胶、硅溶胶等形成的半合成基质，它们在渣油裂化催化剂中具有更重要的作用。

(一) FAU结构的沸石

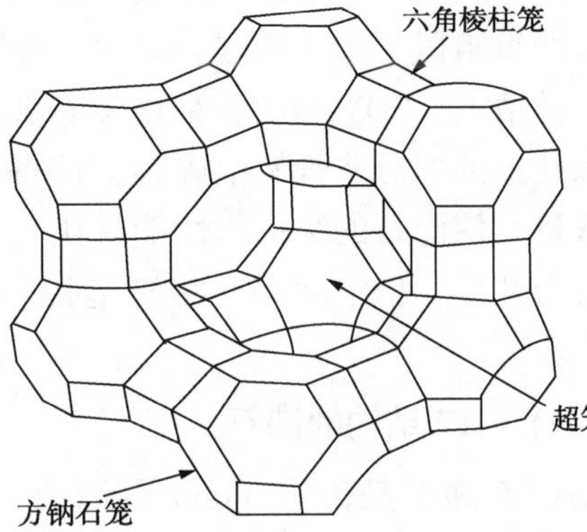

图 13-1　Y 型沸石晶体结构

Y 型沸石是一类具有 FAU 结构的合成结晶铝硅酸盐，其晶体结构如图 13-1 所示，其结构基本单元是方钠石。方钠石是由 AlO_4 和 SiO_4 四面体以氧桥相连的三维结构组成的截角八面体。每个方钠石单元与相邻 4 个方钠石单元按四面体结构通过六角棱柱体相联结，构成 Y 型沸石晶体。这种晶体中有三种晶笼，即方钠石笼、六角棱柱笼及由方钠石笼和六角棱柱笼围成的超笼。超笼与超笼通过 12 元氧环连通，方钠石笼与超笼通过 6 元氧环或 4 元氧环连通，六角棱柱笼与方钠石笼及超笼分别通过 6 元氧环及 4 元氧环连通。Y 型沸石具有很高的内表面积($500 \sim 800m^2/g$)，外表面积占总表面积不到 3%；晶体内以三维均匀孔道相通。AlO_4四面体带有一个负电荷，单位晶胞的有效电荷总数等于其 AlO_4四面体总数，这些负电荷通常由相等数目的钠离子所中和，同时这些钠离子可以被其他阳离子交换。沸石晶体中的阳离子根据不同情况分布于不同晶笼中。Y 型沸石的硅铝比(SiO_2/Al_2O_3)为 3~6，典型的 Y 钠型沸石的单位晶胞组成为 $Na_{56}(AlO_2)_{56}(SiO_2)_{136} \cdot 250H_2O$，晶胞常数为 2.467nm。

在裂化催化剂中，沸石的性能在很大程度上取决于沸石的结晶度、硅铝比及其改性后的阳离子交换度、钠含量及晶胞常数。

1. 稀土 Y 和超稳 Y 沸石

NaY 型沸石没有酸性，因而在制备沸石催化剂时需用质子氢或其他活性金属离子将钠取代。通常用铵或混合稀土等阳离子对沸石中的钠离子进行离子交换，将 NaY 转换成 HY、REY 或 REHY 型沸石。REY 沸石中的水合稀土阳离子解离析出质子，该质子与沸石的骨架氧结合生成结构羟基，产生质子酸中心；质子酸在高温时进一步脱羟基生成非质子酸中心(3 配位铝原子)[1]。另外，HY 或 REHY 沸石中的 H^+来源于 NH_4^+脱氨热分解。REHY 它兼有质子酸中心及非质子酸中心。

高温水热处理 NH_4Y 型沸石制得超稳型 Y 型沸石，即 USY 沸石。在超稳过程中，沸石中的较长的 Al-O 键(0.174nm)被较短的 Si-O 键(0.161nm)代替，使沸石的晶胞收缩而形成稳定的结构[2,3]。USY 沸石的酸中心密度下降，氢转移能力降低。因此，以 USY 沸石作为主要活性组分的催化剂裂化活性降低，产品总液收增加，焦炭选择性好。

2. MOY 和 SOY 沸石

MOY 型沸石是一种用特殊氧化物改性 REHY 型沸石制得的酸性优化沸石。与 REHY 沸石相比，MOY 沸石表面酸密度大，中强酸多，强酸中心少；并且在相同的水热处理条件下，MOY 沸石结晶保留度高，结构稳定性好。MOY 优化的表面酸性可以选择性地促进双分子氢转移反应和异构化反应，在降低汽油馏分烯烃含量的同时，增加异构烷烃含量，并避免结焦前身物因吸附于强酸位上而生成焦炭。因此，MOY 沸石常作为降烯烃催化裂化催化剂的主要活性组分。

SOY 型沸石是一种对水热超稳 Y 沸石的结构进一步优化的沸石。传统超稳沸石在水热超稳中产生大量非骨架铝碎片堵塞沸石的孔道，使二级孔孔径减小，活性中心可接近性降低，且严重阻碍了稀土离子的进入，造成沸石的稀土含量低，难以满足加工重油的要求。针对此种情形，SOY 型沸石采用沸石孔道清理改性与稀土改性协同作用新技术，清除沸石中堵塞孔道的部分非骨架铝碎片，使得孔道通畅，二级孔孔径增大，显著提高了超稳沸石稀土含量，使沸石的结构与性能最优化。以该沸石作为主要活性组元制造的催化剂，孔道结构较为开放，稳定性好，特别适用重质原料油的裂化，并且总液体收率高，焦炭选择性好。

（二）MFI 结构的沸石

ZSM-5 沸石是美国 Mobil 石油公司发明的一类由硅氧四面体和铝氧四面体组成具有 MFI 结构的沸石[4]，属正交晶系，其理想晶胞组成为 $Na_n[Al_nSi_{96-n}O_{192}]\cdot16H_2O$，$n$ 代表晶胞中的 Al 原子数，可以从 0 变到 20 左右。它的每个晶胞含有 96 个硅(铝)氧四面体，通过共用顶点氧桥形成五元环，依次连接形成两个相交、孔口为十元环的孔道体系。一组孔道平行于 a 轴，呈 Z 字形，具有近似圆形的孔口，其尺寸为 0.54nm×0.56nm；另一组平行于 b 轴，呈直通道，孔口略呈椭圆形，其尺寸为 0.51nm×0.57nm，其结构如图 13-2 所示。经过高温焙烧或某些化学处理，ZSM-5 沸石的晶体对称性有可能降低，其晶体结构可由正交晶系转变成单斜晶系[5~7]。

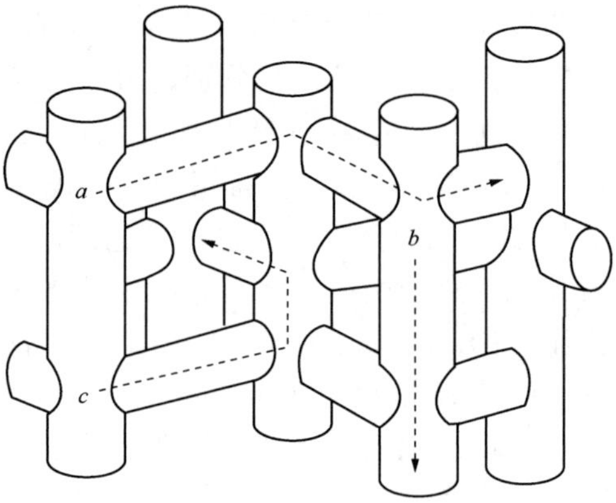

图 13-2　ZSM-5 型沸石结构

ZSM-5 的独特孔道结构可以限制反应物分子进入和产物分子离开或某些反应过渡态能否形成，包括反应物选择性、产物选择性、结束过渡态选择性和分子通行控制等四种[8]，从而形成择形催化。该沸石已应用于甲醇转化生产汽油、甲醇制丙烯(MTP)、二甲苯异构化、甲苯歧化、苯与乙烯烷基化反应生产乙苯及润滑油和馏分油脱蜡、催化裂化生产高辛烷值汽油和低碳烯烃等石油化工过程。

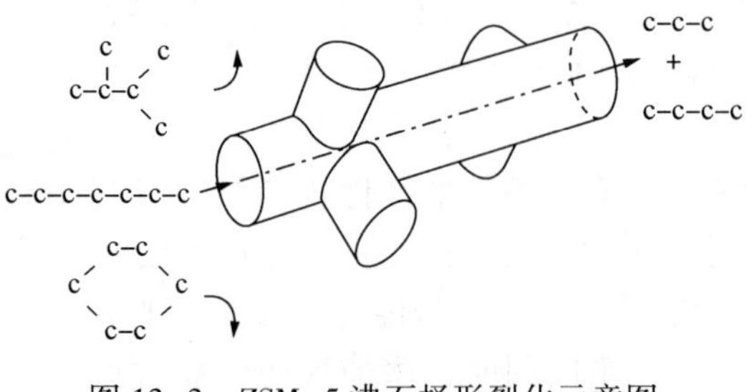

图 13-3　ZSM-5 沸石择形裂化示意图

由于 ZSM-5 孔结构限制了带支链和环状烃类进入，但允许直链和一甲基烷烃进入并裂化成较轻的产物[9]（图 13-3），所以在 FCC 催化剂制备过程作为第二活性组元，来提高汽油的辛烷值和 C_3、C_4 烯烃产率。20 世纪 80 年代中期，含 ZSM-5 沸石的催化剂在 FCC 装置上开始投入工业应用[10,11]。

(三) 堆垛层错结构的β沸石

β沸石是由美国Mobil石油公司在1967年研究开发的专利产品[12]，具有三维十二元交叉孔道结构，它的分子式为$Na_n[Al_nSi_{64-n}O_{128}]$，其中$n<7$。1988年，Higgins[13, 14]等对β沸石的晶体结构特征进行了描述：该沸石是由有序的A型、B型、C型结构沿[001]方向堆积成堆垛层错的结构。如此的层错结构在[100]和[010]方向保持了与A、B、C型一样的垂直相交的十二元环直通道，开口尺寸为0.73nm×0.60nm和0.73nm×0.68nm；[001]方向为非线性通道，开口尺寸为0.56nm×0.56nm和0.55nm×0.55nm。其中，A型为四方晶系，B型和C型为单斜晶系。β沸石的晶体结构如图13-4所示。

[100]方向　[010]方向　[001]方向

图13-4　β沸石的晶体结构

以四乙基铵阳离子为模板剂时，A、B、C三种结构均可能出现。该结构在[100]和[010]方向上的投影如图13-5所示。β沸石具有较高的硅铝比，可在几十至几百的范围内进行调变。它在加氢裂化、催化裂化、异构化、烷基化、烯烃水合、裂解、脱蜡等石油炼制和石油化工过程中是一种非常有效的催化剂活性组分[15,16]，近年来已迅速发展成为一种新型的催化材料，具有广泛的应用前景。

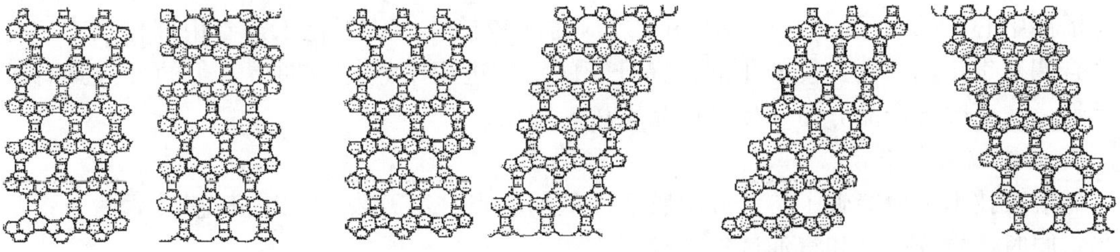
(a) A [100]　(b) A [010]　(c) C [100]　(d) C [010]　(e) B [100]　(f) B [010]

图13-5　A、B和C型β沸石[100]和[010]方向的投影

在催化裂化催化剂中加入少量β沸石或改性β沸石，便可显著提高裂化催化剂的水热稳定性、裂化活性、异构化性能、抗积炭及耐磨性能[17~19]，对掺炼渣油具有重要的意义；在FCC催化剂中加入β沸石对裂化产物具有好的选择性。在保证轻油收率的同时，可提高产品中($i-C_4^= + i-C_5^=$)的产率和汽油产品的辛烷值[20~22]，改善油品质量。

(四) 基质

自20世纪80年代我国成功开发了半合成沸石裂化催化剂以来，半合成催化剂技术一直在不断地进步和发展。半合成催化剂由基质和沸石构成，基质由黏结剂、黏土和一些特殊的功能组分构成。基质为裂化催化剂提供流化过程所需的形状、粒度和机械强度，对沸石组分起分散和保护作用。基质还可促进重油大分子的一次转化，中和原料中的碱性氮化物，包容原料中的金属。低表面积、大孔径的基质能改善催化剂的汽提性能及水热稳定性。强酸性中心数少的基质能控制过度裂化，减少焦炭的生成。基质的这些作用对劣质油催化裂化催化剂的性能尤为重要。

我国半合成催化剂的基质技术已形成如下 11 种技术平台。

1. 硅铝技术平台

硅铝技术平台是石科院 20 世纪 90 年代初开发的一种基质技术(Silica-Alu)，该基质孔体积大，基质裂化活性高，催化剂的堆积密度小，多用于多产汽油的蜡油催化裂化。

2. 改性硅铝技术平台

改性硅铝技术包括 MKC 和 MPC 基质技术，具有较大的中孔体积，提高了对重油大分子的预裂化能力。其中，MKC 基质广泛应用于 Orbit 系列和 DVR 系列渣油裂化催化剂，MPC 基质用于 RICC 等催化剂中。

3. 氧化铝基质技术平台

氧化铝基质技术平台包括铝溶胶基质技术(Al-sol)和双铝(铝溶胶和拟薄水铝石)基质技术(Double-Al)。前者粘接性好，所制备的催化剂堆积密度较高；后者更加注重催化剂的孔分布和基质参与催化反应的预裂化功能，既增加了中孔又利用了氧化铝的弱酸性，提高基质的大分子裂化功能，所制备的催化剂的堆积密度适中，对装置的适应性更强。

4. 改性氧化铝基质技术平台

改性氧化铝基质技术平台是适应渣油催化裂化技术发展而开发的，已开发了 ActM、AEP、ASP 和 CS 基质。其中，ActM 通过优化基质的表面酸性来提高催化剂的大分子裂化能力。AEP 基质对易生焦油气分子的吸附较弱，在催化剂氢转移活性较强的情况下调变催化剂的焦炭选择性。ASP 基质是高活性、优良孔分布的基质，有利于胶质沥青质组分向预裂化活性中心扩散和反应。CS 基质用于反应时间较长的催化裂化工艺专用催化剂中，与沸石复合调节生焦选择性，使催化剂在提升管的反应进程中始终对期望发生的反应具有较好的活性，从而改善产品分布和提高产品质量。

5. 硅溶胶技术平台

硅溶胶技术平台突破了传统硅溶胶活性低的弱点，所开发的 SilicaE 基质活性与铝基质相当，同时焦炭选择性和汽油选择性较好[23]。

6. 基质酸中心与孔道等级分布调控技术平台(OCK)

OCK 设计理念是从微观上将催化剂颗粒中具有一定梯度的酸中心和孔分布依照大分子的裂化及中分子的深度裂解反应进行有序排列，提高可接近性。将催化剂原材料微粒通过有序改变其外界胶体环境，严格控制粒子成胶，形成表面具有特殊结构和功能簇的胶体集团，实现活性组元和结构组元在成胶集团表相与体相的差别分布，避免体相中的活性组元损失，通过强化成胶集团间的相互作用来改善催化剂机械结构强度和活性稳定性，通过控制成胶集团大小来构建催化剂基质孔结构。

7. 强化硫转化基质技术平台

该基质技术用于降低汽油中的硫含量。开发的 FY 系列基质材料对噻吩类化合物具有很强的吸附性，吸附后经氢转移反应将噻吩饱和并裂化，将其转化为硫化氢[24]。

8. 大孔氧化铝材料基质技术平台

该基质的酸中心密度中等，弱酸中心和中等强度酸中心相匹配，几乎没有强酸中心。该基质材料中有丰富的中大孔，并且具有比表面高及孔体积大的特点，主要应用于加工中间基或环烷基原料的催化剂中，重油裂化能力强，特别是环烷烃开环能力强，并且汽油选择性好。

9. 高硅低活性基质技术平台

该基质的酸中心密度低，弱 L 酸中心以黏土填充剂提供的中小孔为主，具有稳定的中小孔分布，大孔比例较低，适用于加工 VGO 或 HVGO 原料的装置。该基质主要应用于 DCC 专用催化剂 DMMC 及以丙烯为主要目标产品之一的催化裂化装置，其氢转移活性低，具有焦炭选择性好的特点。

10. 高活性铝溶胶黏结剂基质技术

该基质酸中心密度中等，以弱酸中心为主，L 酸中心较多，有丰富的中小孔、少量的大孔和超级大孔存在，主要用于蜡油或加氢蜡油的催化裂化装置。使用该基质材料制备的催化剂焦炭和干气选择性好，氢转移活性低，堆积密度高，磨损指数和球形度均有改善。

11. 富含 B 酸的中大孔活性基质技术

该基质材料同时具备孔体积大于 0.9mL/g、孔径大于 30nm 和 B/L 酸比例大于常规基质的特点；该材料对大分子具有优异的活性可接近性，促进了原料油大分子的选择性预裂化，强化了 B 酸主导的正碳离子反应。

二、沸石的合成及改性

如上所述，沸石是裂化催化剂的活性组元。对于 Y 型沸石，通常先合成 NaY 沸石，再经各种改性方法制备成稀土 Y、超稳 Y、MOY 和 SOY 沸石。此外，ZRP、ZSP 及 β 沸石是用我国开发的独特方法来制备的。现将这些沸石的合成与改性方法分述如下。

（一）NaY 沸石的合成

1. 水玻璃晶化导向剂法合成 NaY 型沸石

NaY 沸石的合成方法有多种。从 20 世纪 70 年代开始，我国工业上采用以水玻璃和偏铝酸钠为原料，用导向剂促进晶化过程方法合成 NaY，即水玻璃晶化导向剂法[25]。该法一般采用在室温下将硅源和铝源制成凝胶，然后晶化；但是其凝胶十分黏稠，很难搅拌均匀且不便输送，还有硅排放污染问题。针对此问题，20 世纪 90 年代开发出 NaY 沸石高效合成法。该方法系将硅源、铝源及晶种在特殊工艺条件下成胶，所得胶体近于液体状，易搅拌均匀及输送，大大提高了单釜生产效率，降低了能耗及成本。NaY 沸石高效合成法自从 1996 年工业实施以来，一直在使用，与传统工艺相比，合成原料及设备均不用改动，并且 NaY 产品的质量与现有工艺相当。近年来，NaY 大型化沸石合成工艺已发展到单釜 $120m^3$，该工艺克服了许多技术难题，比如多股物料的快速、大尺度均匀混合时的液滴分子尺度剪切和高黏度物料的高效换热等问题，自 2008 年至今一直在工业上广泛应用。在此基础上，还成功开发了 NaY 母液回收工艺[26]，不仅大大提高了硅源利用率，而且可以减轻污水处理压力。表 13-1 列出了 NaY 沸石合成工艺的比较。

表 13-1　NaY 沸石合成工艺的比较

合成工艺	传统工艺	高效合成工艺	大型化合成工艺	大型化合成工艺+NaY 母液回收
相对结晶度/%	≥85	≥85	≥85	≥85
SiO_2/Al_2O_3摩尔比	5.0～5.2	5.0～5.2	5.0～5.2	5.0～5.2
晶化时间/h	28～32	24～32	24～32	24～32
单釜相对产量	基准	基准+30%	基准+300%	基准+300%
SiO_2利用率/%	53	71	72	100

2. 原位晶化合成 Y 型沸石

原位晶化合成 Y 型沸石是以天然矿物为原料，以矿物为反应物和载体原位生长出的 Y 型沸石。可用的天然矿物有三类：富铝的黏土类矿物(如高岭土、偏高岭土、多水高岭土、水铝英石和蒙脱土等)；火山玻璃类矿物(如流纹岩、玄武岩、响岩浮石等)以及高硅类矿物(如硅藻土等)[27]。目前，工业上原位晶化合成 Y 型沸石主要以高岭土为天然矿物原料。

采用高岭土为原料在合成前需要进行活化处理，即热处理(焙烧)将高岭土转化为偏高岭土，该过程中高岭土转化为具有化学活性的二氧化硅和氧化铝。采用高岭土代替偏铝酸钠、硫酸铝溶液和水玻璃为原料可以提供合成所需的铝源和部分硅源，其余的硅可以采用水玻璃或硅溶胶等硅源来补充。为了提高晶化速度和产物结晶度、硅铝比，合成过程中还需加入导向剂[28,29]。高岭土原位晶化合成 Y 型沸石的典型条件见相关文献[30]。

与水玻璃晶化导向剂法相比，原位晶化合成 Y 型沸石工艺单釜产率高，母液排放量低，废渣少，后处理工作量小，由此制备的沸石无论在活性、稳定性，还是生产成本上都具有竞争力；并且由原位晶化合成产物改性的 REY 具有较好的水热稳定性。由于天然矿物本身矿物结构和化学组成的复杂性，有些对合成有影响的杂质元素需要在洗矿过程中分离除去。

(二) 稀土 Y 型沸石的制备

含沸石催化剂的制备一般采用沸石与基质混合前进行离子交换。采用与 NaY 沸石进行交换的离子，有 H^+、NH_4^+、Ca^{2+}、Mn^{2+}、RE^{3+}等。根据试验结果，用 RE^{3+}离子交换的沸石，催化剂活性高，稳定性好。NaY 沸石制备成稀土 Y(REY) 沸石的离子交换典型流程，见图 13-6。

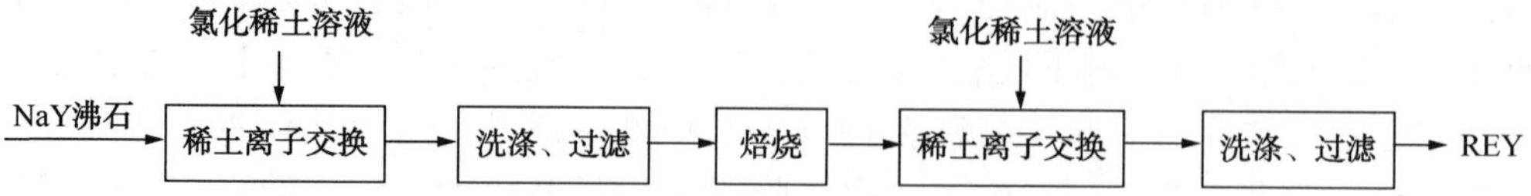

图 13-6　REY 沸石制备的典型流程

(三) 超稳 Y 型沸石的制备

制备超稳 Y 型沸石，初期采用水热脱铝，后来又开发成功化学法脱铝。

1. 水热法制备超稳 Y 型沸石

在水热法制备超稳 Y 型沸石过程中，先将 NaY 沸石与$(NH_4)_2SO_4$溶液进行离子交换，然后在焙烧炉中高温水蒸气气氛下进行超稳化。其反应式为：

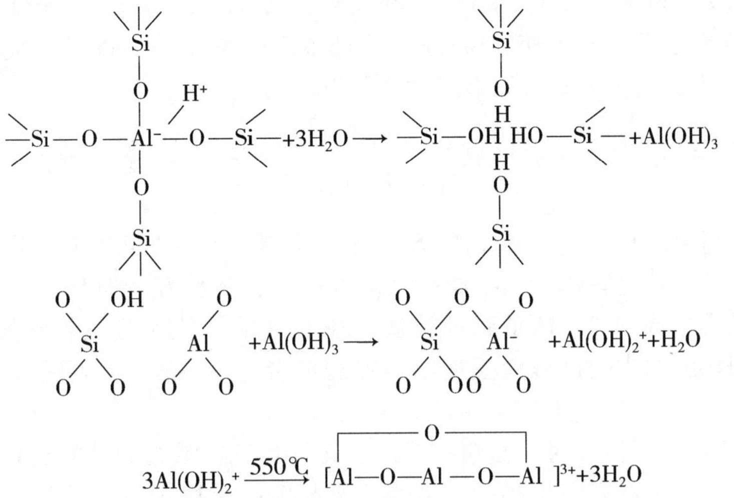

在工业生产中，可将上述过程进行两次，这就是“二交二焙”的制造工艺。

2. 氟硅酸铵溶液液相脱铝补硅方法

在氟硅酸铵溶液对 Y 型沸石液相抽铝补硅制备骨架富硅沸石的方法中，把 Y 型沸石骨架结构中的铝原子通过氟硅酸铵的作用从晶格中除去，并将硅原子重新嵌入骨架抽铝后的空穴中，从而形成比较完整的高硅铝比的 Y 型沸石。其反应式为：

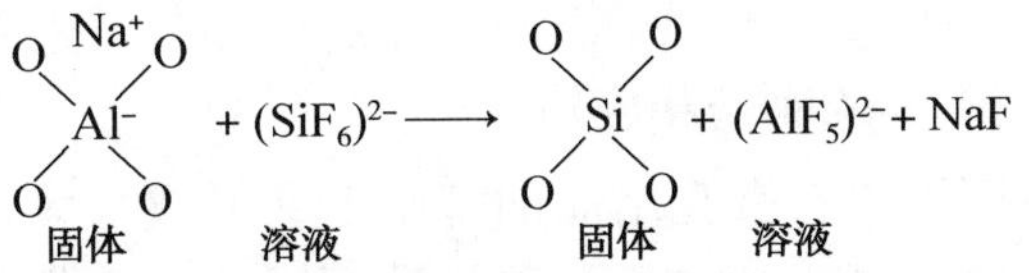

以上述方法制备的骨架富硅 Y 型沸石与水热法制备的趋稳 Y 型沸石相比，骨架羟基空穴少，沸石晶体结构完整，具有较好的结构稳定性；同时沸石中无骨架铝碎片，非选择性裂化较少，具有较好的焦炭选择性。可用该法制备性能更好的渣油裂化催化剂的活性组分。

3. 水热-化学法制备超稳 Y 型沸石

水热-化学法制备低稀土含量、稳定、脱铝的高硅 Y 型沸石已经取得了非常好的工业应用效果。其工艺流程如图 13-7 所示。近年来，将孔道清理技术和稀土改性相结合，开发了 SOY 沸石，显著提高沸石的晶内有效稀土含量，进而使改性后的沸石既有超稳沸石的结构稳定性，又有较高的裂化活性。高硅 Y 型沸石具有合适的酸中心密度、强度以及质子酸(B 酸)和非质子酸(L 酸)的比例，骨架外铝碎片被部分清除，因此沸石具有较大的二级孔体积，提高了催化剂的平衡活性，改善了选择性。

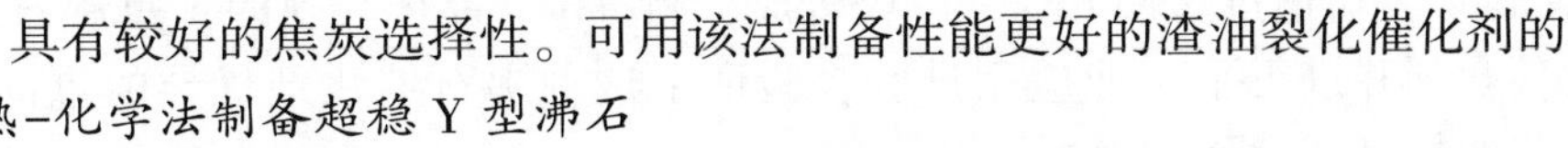

图 13-7　水热化学法制备 USY 沸石和 SOY 沸石的典型工业生产流程

结构优化沸石 SOY 及其制备技术自 2006 年成功进行工业试验以来，一直作为主要活性组分在催化裂化催化剂中广泛应用，应用情况良好。

4. 气相化学法制备超稳 Y 型沸石

气相化学法是在高温条件下利用气体 $SiCl_4$ 对 NaY 或含稀土的 Y 型沸石进行脱铝补硅制备超稳 Y 型沸石的方法。1985 年，Beyer[31] 详细报道了 $SiCl_4$ 与 NaY 作用进行脱铝补硅制备高硅 Y 型沸石，甚至纯硅 Y 型沸石。其主要的反应为：

$$Na_x[(AlO_2)_x(SiO_2)_y](固)+SiCl_4(气)\xrightarrow{高温}Na_{x-1}[(AlO_2)_{x-1}(SiO_2)_{y+1}](固)+AlCl_3(气)+NaCl(或\ NaAlCl_4)$$

气相超稳是高温气相条件下 $SiCl_4$ 的 Si 与沸石骨架中的 Al 发生同晶取代反应，使沸石骨架脱铝补硅，其特点是脱铝均匀、产品结晶度高、稳定性好。但是，由于 $SiCl_4$ 是强吸水性物质，遇水极易生成 HCl，严重腐蚀设备，$SiCl_4$ 泄漏还会造成严重环境污染。另外，该工艺还存在气固接触的均匀性以及反应物料输送携带等一系列工程问题。因此，气相法工艺一直难以工业化。

自 1988 年开始，石科院对气相超稳工艺及其所制备的沸石的性能进行研究，开发了间歇式气相超稳工艺，中试制备出晶胞常数小、结晶度高及稳定性好的超稳沸石。但是间歇式气相超稳工艺存在操作繁杂、人工劳动强度大、生产效率低及过量的 $SiCl_4$ 污染环境的缺点，仍难以实现工业化生产。对此，近年来石科院开发了适用于工业化生产的连续化气相超稳工艺[32]，在国际上首次实现了气相超稳沸石连续化长周期稳定工业生产。在此基础上，设计开发并工业生产出具有不同超稳程度的气相超稳沸石系列化产品，并被广泛用作催化裂化催化剂的活性组分。工业应用表明，采用气相超稳沸石的催化剂具有稳定性好及汽油收率高的特点。

（四）多级孔超稳 Y 型沸石的制备和应用

多级孔沸石由于其在原始沸石微孔结晶的基础上又形成了大量晶内介孔，使得其具有极其优良的烃类大分子在沸石晶内的扩散性能，沸石活性中心的可接近性大幅改善，表现出优异的重油转化能力、更好的汽提性能和更低的焦炭选择性，受到各催化剂供应商和用户的重视。Grace 公司通过收购 Rive，率先合成、制备了含晶内介孔的 Y 型沸石，用其生产了催化裂化催化剂并进行了工业应用试验，验证了这种沸石催化剂优异的重油裂化性能。目前经进一步改进已开发了两代产品。

多级孔沸石的制备方法可分为前处理和后处理两种方式。前处理主要是在沸石合成过程的特定阶段加入特种有机模板剂，诱导合成延模板剂生成介孔。此方法应用于大规模工业生成仍存在诸多困难，且有有机模板剂污染、成本过高等问题。后处理方式是将超稳化处理后的 Y 沸石在特定的碱性环境中处理，既可以简单地使用碱溶液抽取沸石骨架中的部分硅形成介孔，又可以在有特定模板剂的情况下进行脱硅重组，形成更加有序的介孔。

石科院通过大量基础探索性研究，构建了多级孔沸石制备技术平台。该平台基于 Y 沸石中硅铝原子分布差异性，采用水热-化学法耦合处理方式制备富含晶内介孔的新型超稳 HWY 沸石，于 2017 年在中国石化催化剂长岭分公司完成了首次工业放大试验。该多级孔沸石调整了晶体内部孔道窗口尺寸，制造了管道状介孔，介孔体积占沸石总孔体积比例超过 20%，使得超笼处于更好的开放状态，继而提高了石油烃分子在沸石晶体内部的扩散性能，同时该沸石相对结晶度高、水热稳定性好、重油转化能力强、产物选择性好，适于作为重油催化裂化催化剂的活性组元。以 HWY 沸石为活性组元配制的新型重油催化裂化催化剂重油转化能力显著提高，同时有良好的焦炭选择性。该剂在荆门石化新建的 280 万吨/年 MIP 催化裂化装置应用结果显示，在装置加工原油直接掺炼中间基减渣 21%以上(折合掺炼减渣 53.86%)、残炭 6.5%的情况下(MIP 装置加工原油残炭需低于 6.3%)，使用新催化剂后装置的汽油收率由换剂前的 41.93%提高至 44.14%，充分体现了其优异的重油转化能力。

(五) MFI 结构的 ZRP、ZSP、MPZ 沸石的合成与改性

为提高 ZSM-5 的水热活性稳定性，须在晶内引入既不影响酸性又能抑制脱铝的物质，引入稀土可以抑制沸石骨架脱铝。为了引入稀土，选择一类在碱性胶态体系中稀土能以离子分散态存在的物质，如选择 REY 沸石，在高温晶化过程中解聚，解聚的碎片作为晶种，稀土随着 MFI 型结构的成晶过程带入晶内，得到晶内含稀土的 MFI 型沸石。此类沸石商品牌号 ZRP[33~35]。

为了应对聚丙烯需求的迅速增长，需提高 ZSM-5 沸石的丙烯选择性，从而通过 FCC 过程增产丙烯。自 21 世纪初以来，一种用特殊的改性方法引入含磷和过渡金属的 MFI 结构沸石广泛应用于催化裂化催化剂和助剂中。该沸石具有水热稳定性好、低碳烯烃选择性高的特点，通过沸石酸性中心和金属中心的协同作用，增加对小分子直链和单支链烷烃的脱氢功能，达到干气和液化气增幅小、液化气中丙烯浓度高，从而增产丙烯的目的。此类沸石商品牌号 ZSP[36]。

ZRP、ZSP 沸石的合成与改性如图 13-8 所示。

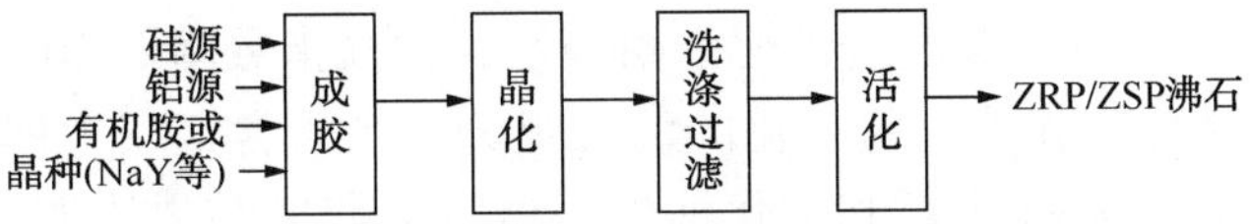

图 13-8　ZRP/ZSP 沸石制备流程

用此法制备的 ZRP/ZSP 沸石，其主要物化性能列于表 13-2 中。

表 13-2　ZRP/ZSP 沸石的主要物化性质

产品名称	化学组成/%	SiO_2/Al_2O_3摩尔比	比表面积/(m^2/g)
	Na_2O		
ZRP-1	<0.1	25~35	>260
ZRP-5	<0.1	30~200	>320
ZSP-3	<0.1	40~100	>300

ZRP 类沸石具有优异的活性稳定性，即使在 800℃高温水热老化 17h 后，裂化活性仍能较好保留。此外，ZRP 的硅/铝比可调范围较大，产品分布可实现较好的调节灵活性，可作为提高辛烷值兼顾轻油收率的重油催化裂化催化剂及多产低碳烯烃技术的专用催化剂等的重要活性组分。ZSP 类沸石是针对催化裂化增产低碳烯烃开发的改性 MFI 结构沸石，具有优异的水热稳定性及增产低碳烯烃性能，为 DCC 专用催化剂、催化裂化丙烯助剂等的主要活性组元。

多级孔沸石的制备和应用是各大公司关注的重点。石科院经数年努力，在多级孔择形沸石的研发方面取得突破，成功开发并工业生产了晶体富含介孔的多级孔 MFI 结构沸石 MPZ，其介孔体积占沸石总孔体积比例超过 40%。该沸石在烃类裂解方面表现出优异的大分子扩散性能对环烷烃开环具有高的活性，应用于 DCC 等专用催化剂可大幅提高其低碳烯烃收率。2018 年开始应用于海外数套大型 DCC 装置，其后又在国内几套装置上应用，取得了十分显著的效果。以扬州石化为例，以江苏油田的常压渣油为原料，与空白标定相比，以 MPZ 沸石为活性组元配制的新型催化剂，在提高处理量的条件下，液态烃产率提高 3.4 个百分点，轻柴油和油浆产率分别降低 2.4 个百分点和 0.7 个百分点：乙烯、丙烯和异丁烯产率分别提高 0.26、1.9 和 1.0 个百分点，展示了增产低碳烯烃的优异效果。

（六）β 沸石的合成与改性

合成β沸石的主要原料包括硅源、铝源、钠源、模板剂和水。从合成体系和方法的特点归纳起来主要有典型的三大类，即成胶晶化法、导向剂法和润湿晶化法。β沸石的合成和改性如图 13-9 所示。

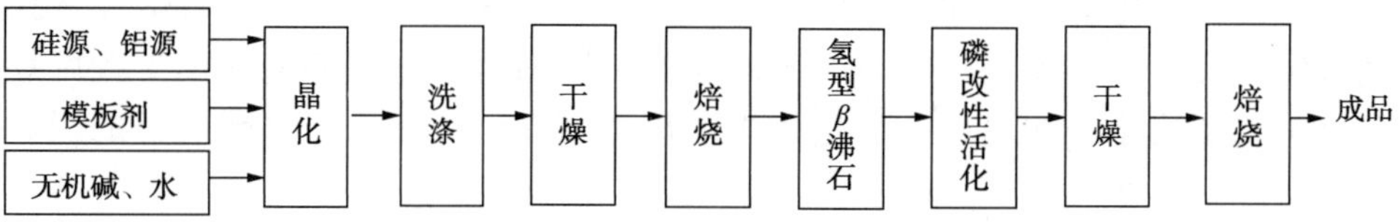

图 13-9　可用于催化裂化催化剂的β沸石合成和改性流程图

经磷改性的β沸石可以显著改进催化剂耐磨性，磨损指数降低 20%~50%。用磷元素对β沸石进行改性作为催化裂化或加氢裂化的活性组分，当磷含量仅为催化剂的 1%时，便可显著提高裂化催化剂的水热稳定性和催化活性。最近的研究结果表明，在合成体系中加入促进剂可显著提高催化剂的水热稳定性和催化活性。

由于在β沸石合成中必须使用价格昂贵的有机模板剂四乙基氢氧化铵，与 Y 型和 MFI 型沸石相比，β沸石的生产成本仍然很高。无模板剂法合成β沸石可能是降低生产成本的有效方法之一。

三、沸石裂化催化剂的制造

我国 20 世纪 70 年代的沸石裂化催化剂采用全合成的无定形硅铝为基质，加入稀土 Y 型沸石来制造。后来又发展到以高岭土和铝溶胶黏结剂形成基质，加入稀土 Y 型沸石或超稳 Y 型沸石以及 ZRP 沸石等制造成半合成 Y 型沸石裂化催化剂，还采用原位晶化制造 Y 型沸石裂化催化剂。近年来，多种改性方法制备的 Y 沸石以及 MFI 沸石引入裂化催化剂，形成了系列催化剂和助剂品牌，同时也发展了节能高效绿色环保的催化剂制备技术。

（一）半合成 Y 型沸石裂化催化剂

我国从 20 世纪 80 年代开始研制半合成稀土 Y 型沸石裂化催化剂，进入 21 世纪又陆续开发了多种半合成催化剂制备技术。半合成催化剂采用铝溶胶、硅溶胶等作为黏结剂，将沸石和黏土等组分黏合而成，具有高表观密度、高耐磨性、低比表面积、小孔容及大孔径等特点，更加适合重油裂化装置[37]。半合成催化剂的制备流程可以概括为如下几种。

1. 顺次加入制备工艺

半合成催化剂最早广泛使用的就是单罐顺次加入的制备技术，以黏土、黏结剂、沸石的顺序依次加入，该技术主要应用在氧化铝基质技术平台的催化剂。优点是工艺简单，易于操作，但是由于单罐成胶时间长，影响单位装置催化剂的生产效率。制备流程见图 13-10(单铝黏结剂)及图 13-11(双铝黏结剂)。

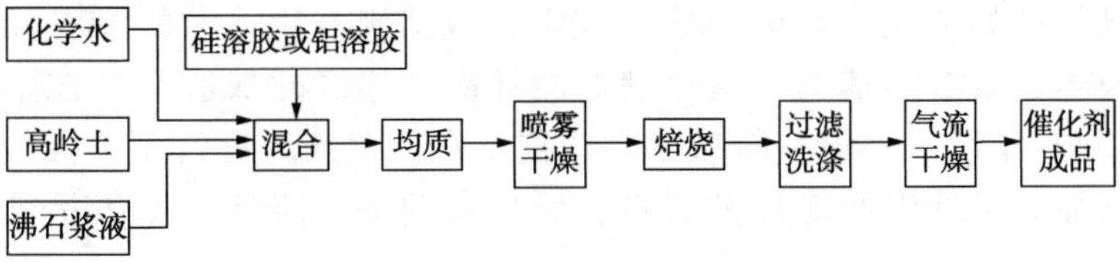

图 13-10　半合成沸石裂化催化剂的制备流程(单铝黏结剂)

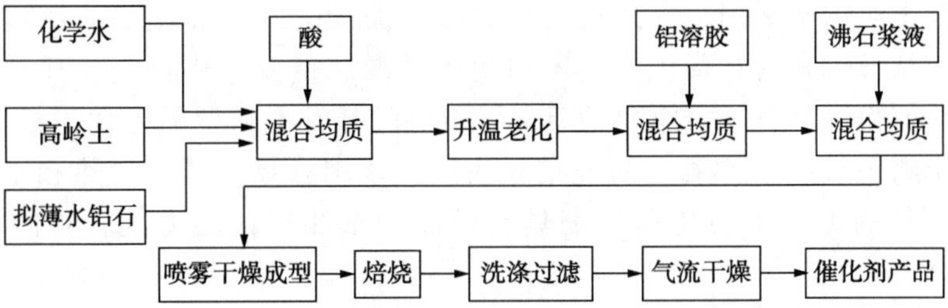

图 13-11　半合成沸石裂化催化剂的制备流程(双铝黏结剂)

2. PTI 制备工艺

PTI(Part-To-Integration)工艺，以分散打浆集中成胶来取代单罐顺次打浆成胶的过程。此过程使基质准备和沸石准备同步完成，消除了传统工艺中因升温老化带来的二者准备上的时间差距。利用 PTI 工艺，可以在催化剂中形成丰富的用于迅速包埋沉积在催化剂表面的金属 Ni 的活性 Al_2O_3 微孔结构，从而改善了催化剂抗 Ni 污染的性能。制备流程见图13-12。

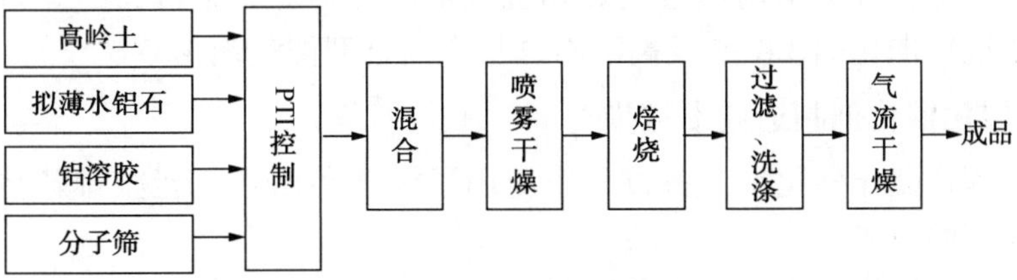

图 13-12　PTI 制备工艺流程

3. 高固含量制备工艺

石科院开发的高固含量制备技术是根据胶体的相互作用原理，通过优化各组元的混合成胶次序，使得催化剂胶体在尽可能少的分散介质下进行干燥成型。应用这种工艺制备的催化剂球形度好，有利于改善催化剂的磨损性能，同时也显著降低了能耗，提高了生产效率。流程见图 13-13。

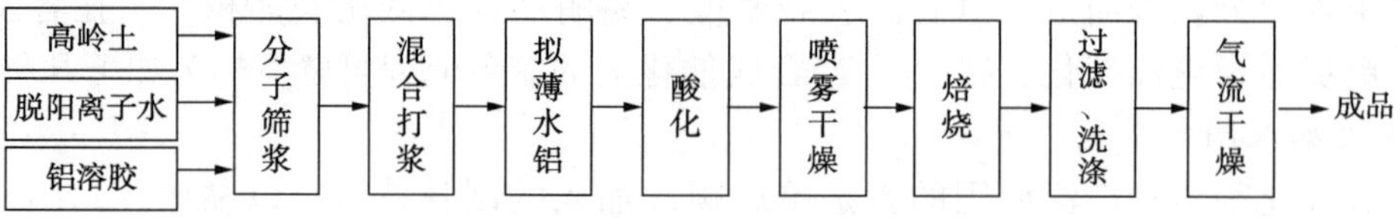

图 13-13　高固含量制备工艺流程

4. 节能减排制备技术

石科院通过对催化裂化催化剂的沸石活性组分、基质及制备工艺整体优化，开发了催化裂化催化剂生产的节能降耗减排成套技术，包括沸石生产节能减排新技术、富硅基质连续化制备技术、复合铝基基质催化剂低能耗高效连续化成胶工艺技术及氨氮废水处理新技术。自 2009 年以来，该节能减排制备技术在催化剂厂进行了全面应用，不仅大大提高生产效率，显著降低生产能耗及成本，而且从源头上降低了氨氮污染，使氨氮废水达标排放。

5. 稀土高效利用和替代制备技术

由于全球稀土供需不平衡，导致稀土价格剧烈波动，FCC 催化剂的生产成本也受到不同程度的影响。从长远来看，稀土作为不可再生资源和重要战略物资，开发替代稀土的新型金属改性裂化催化剂具有十分重要的意义。石科院开发了新型稀土替代材料和特殊工艺，制备出了非稀土离子改性 Y 沸石。研究结果表明：该沸石具有较高的热和水热稳定性，以其为活性组元制备的无稀土裂化催化剂具有较高的重油裂化能力及较强的抗重金属污染能力。

（二）全白土原位晶化 Y 型沸石裂化催化剂

20 世纪 80 年代至 90 年代中期，我国陆续开发了 LB-1 及 LB-2 系列全白土型沸石裂化催化剂。它们以高岭土为原料，经喷雾成微球，焙烧后在一定水热条件下使高岭土微粒进行晶化，部分转化为 Y 型沸石，剩余部分作为基质，再经离子交换，即得沸石催化剂。这类催化剂的制备流程见图 13-11。其制备特点是：原料单一，将活性组分和基质的制备合为一个流程，简化生产步骤。在催化剂的性能上具有磨损指数低、堆积密度大、孔径大、活性指数高、水热稳定性好、结构稳定性好和抗重金属污染能力强等特点。近年来，兰州石化公司又开发了抗钒催化剂 LB-5 及高沸石含量全白土型催化剂 LB-6[38]。

（三）催化裂化催化剂制造技术进步

近年来，在催化裂化催化剂制备过程中应用了综合利用和节能减排新技术，在以下几个方面取得了显著的效果：

（1）细粉回收、回用技术。在催化剂成型过程中的适当环节将细粉通过分离回收设备回收，再经过磨细均质后回用到催化剂成胶过程，明显降低了催化剂中的细粉量并显著提高了催化剂的产品收率。

（2）沸石母液回收技术。沸石合成过程中产生的母液含有大量的硅铝酸盐，直接排放不仅影响沸石的收率，而且污染环境。通过应用母液回收技术，将上述硅铝酸盐循环应用，显著提高了沸石的收率。

（3）高固含成胶技术。高固含成胶技术将催化剂成胶前的固含量由 25%提高到 35%以上，不仅显著降低了喷雾干燥塔的燃气消耗，而且提高了产能。

（4）热量综合利用技术。沸石焙烧炉的烟气通过回用作为沸石滤饼干燥热源，沸石焙烧炉尾气的热量可以得到充分利用。催化剂成型由高温成型改为低温成型高温焙烧，焙烧炉尾气回用，制备酸性水用于催化剂成胶，不仅节能，而且可以改善催化剂的性能。

（5）水的综合利用技术。催化剂制备过程中用水环节较多，沸石需要多次交换洗涤，催化剂也需要洗涤。20 世纪 90 年代中期，每吨催化剂的水耗是 120 吨，通过应用水的综合利用技术，2008 年每吨催化剂的水耗降低到 28 吨，2019 年每吨催化剂的水耗降低到 22 吨，节水效果显著。

（6）氨氮减排技术。生产过程中外排水中的主要污染物是氨氮。2000 年以前，外排污水中的氨氮含量超过 1000mg/L。应用氨氮减排技术后，外排污水中的氨氮降到 100mg/L 以下。再进一步经过氨氮减排生化处理后，2019 年外排污水中的氨氮降低到 4mg/L 以下。

（7）尾气吸收水回用技术。催化剂喷雾干燥塔的尾气中含有大量粉尘和酸雾，直接排放会严重污染环境。采用尾气吸收回用技术后，尾气排放不仅达到环保要求，而且每年可以回收利用上千吨的盐酸。

上述综合利用和节能减排技术应用到催化剂制备过程后，催化剂的一些制备技术指标得到了大幅度的改善。表 13-3 是某催化剂厂 1995 年、2008 年及 2019 年的部分生产数据。由此表可以看出，该厂催化剂制备技术进步非常明显。

表 13-3　某催化剂厂 1995 年、2008 年及 2019 年的部分生产数据

项　目	1995 年	2008 年	2019 年
新鲜水消耗/（t 催化剂/t）	120	28	22
能耗/（kgEO/t）	2500	900	462
催化剂收率/%	90	97	98
催化剂 0~20μm 细粉含量/%	6	2	1.3
污水中氨氮含量/（mg/L）	>1000	<100	<4

随着催化裂化催化剂制备工艺技术的进步，催化剂制备设备也取得相应的进步，主要包括三个方面：

（1）设备升级换代。用开发的带式过滤机取代了板框压滤机和转鼓过滤机，大大减少了沸石和催化剂的损失，提高了产品收率，显著降低了人工劳动强度。

（2）设备性能改进。沸石和催化剂的干燥设备、成胶设备、焙烧设备都有不同程度的改进。对沸石打浆和催化剂成胶的搅拌釜构件和搅拌桨叶进行优化设计，实现沸石打浆的快速混合和催化剂成胶的高速剪切；对催化剂的干燥塔和焙烧炉进行优化，提高热效率。

（3）设备大型化。为了提高生产效率，催化剂的单套生产规模不断扩大，如沸石的合成晶化釜扩大到 120m^3，催化剂的喷雾干燥塔直径扩大到约 10m，单套催化剂生产装置的产能达到 4 万吨/年。

四、裂化催化剂助剂

我国已成功应用于催化裂化过程的助剂主要有 11 类，简述如下。

（一）一氧化碳助燃剂

我国在 20 世纪 70 年代即研究和开发了一氧化碳助燃剂[39]，可使再生烟气中 CO 几乎全部转化为 CO_2，从而回收大量热量，并消除了 CO 对大气的污染。同时还降低了再生剂的碳含量，提高了催化剂的活性，有利于改善产品分布，提高操作灵活性。近年来，石科院通过采用高稳定性氧化铝载体和专有制备技术，开发出新型 CO-CP 系列 Pt 和 Pd 基助燃剂，具有更高的 CO 助燃活性和活性稳定性，具有较高的抗 SO_2 失活能力。

（二）金属钝化剂

在工业上广泛工业应用的是以锑为主要有效组分的钝化剂。这类钝化剂以液体形态为主，随原料被注入提升管反应器中，其中的有效成分和镍、钒作用形成稳定的金属盐，抑制重金属对催化剂活性和选择性的影响。按其功能来划分，金属钝化剂可分为钝镍剂、钝钒剂以及兼有钝镍、钒作用的复合钝化剂。

（三）SO_x 硫转移剂

催化裂化再生烟气中 SO_x 可对装置产生露点应力腐蚀，造成裂纹，严重损害装置的运转，排放到大气中还可造成酸雨污染环境。使用硫转移剂可降低 SO_x 的排放：硫转移剂在再生器中与 SO_x 形成硫酸盐，回到反应器中，硫酸盐分解成 H_2S 随裂化产物一起从沉降器排出系统，并进一步得到回收。硫转移剂以固体形态加入系统效果最优，一般分为氧化铝基和铝酸镁尖晶石基两类。自 2015 年以来，石科院对硫转移剂技术进行持续改进和升级，开发出增强型 RFS 系列烟气硫转移剂，取得很好的工业应用。

（四）辛烷值（桶）助剂

辛烷值（桶）助剂是用来提高催化裂化汽油辛烷值的助剂。在提高汽油辛烷值的同时，按照汽油损失量的多少，可分为辛烷值助剂和辛烷值桶助剂。辛烷值助剂以牺牲汽油产量为代价，进行催化裂化汽油组成的再次调节。辛烷值桶助剂在对汽油组成再次调节的同时，强化汽油保留或者柴油组分的裂化，因此汽油损失小，汽油辛烷值桶高。近年来，石科院研发了新的辛烷值（桶）助剂 HOB-A，其工业应用试验表明：在辛烷值助剂添加量约 10%、平衡剂重金属含量显著提高的情况下，汽油辛烷值（桶）相对提高约 2%。石科院开发了 LCC-A、PCA-OTC 等辛烷值助剂。其工业应用试验表明：LCC-A 助剂在系统中的藏量达到 6%左右，催化汽油辛烷值由 90.6 提高到 92.1，比使用前提高了 1.5 个单位；干气、总液收、焦炭选择性基本不变。

（五）降烯烃助剂

在掺渣比和汽油研究法辛烷值基本不变的前提下，应用降烯烃助剂可使催化裂化汽油烯烃含量降低 6~10 个体积百分点。降烯烃助剂与普通的重油裂化催化剂配合使用，按照平稳加剂的方式添加，使用量为总藏量的 5%左右。

（六）降低汽油硫含量助剂

降硫助剂是在催化裂化过程中，将噻吩硫直接转化为 H_2S，达到降低催化汽油硫含量的目的，是一种既简便又经济的降低 FCC 汽油硫含量的方法。

目前，由于汽油质量标准对硫含量要求非常苛刻，而汽油降硫助剂无法满足催化裂化汽油降硫需求，因而助剂基本被其他汽油降硫后处理技术取代。只有在少数情况下，如原料硫含量增加、汽油降硫后处理技术负荷有限，或轻汽油硫含量轻度超标但无有效后处理设施时有少量需求。

（七）增产丙烯助剂

在催化裂化过程中依靠助剂选择性增产丙烯，投资少，操作简便灵活。目前，国内外性能优良的增产丙烯助剂大多以 ZSM-5 或改性的 ZSM-5 沸石为活性组元，以磷酸铝为基质。国产 MP051 助剂工业试验结果表明：在添加量占装置催化剂藏量 3%时，LPG 产率可提高 3~4 个质量百分点，丙烯收率可提高 1 个质量百分点以上。

近年来，石科院开发的 LHP-A 增产丙烯助剂，在中国石油 10 余套催化裂化装置的工业应用结果表明：在添加量占装置催化剂藏量 8%~10%时，LPG 产率可提高 2~3 个质量百分点，丙烯收率可提高 1.0~1.5 个质量百分点以上。

（八）增产异丁烯助剂

增产异丁烯助剂是一类增加液化气收率、提高液化气中异丁烯浓度的低碳烯烃助剂。近年来，石科院以高稳定性 β 沸石作为活性组元开发了异丁烯助剂 FLOS，有效促进汽油中长链烯烃异构化，同时抑制氢转移，降低助剂生焦，增加液化气中异丁烯浓度。工业应用表明：在助剂占系统催化剂质量分数达到 6%、液化气产率增加低于 3 个百分点时，丙烯产率增加 1.04 个百分点，异丁烯产率增加 0.54 个百分点。

（九）重油裂化助剂

重油裂化助剂可深入挖掘催化裂化装置的重油裂化潜力，并灵活补充主催化剂的性能，使催化裂化装置适应原料油性质的频繁变化，确保装置的平稳运转。根据制备方法主要分为三类：原位晶化制备的助剂、含沸石的和不含沸石的半合成助剂及以改性大孔矿物黏土为特征的助剂。SLE 系列助剂是石科院近年开发的高液体收率助剂，具有丰富的中大孔，采用弱酸性基质材料，结合高稳定沸石制备的半合成助剂，可有效裂化胶质、沥青质等大分子，有效捕集重金属及促进烷基芳烃裂化。工业应用表明：在助剂占催化剂系统藏量 10.7%时，总液体收率增加 2.79 个百分点，液化气产率增加 1.82 个百分点，汽油产率增加 5.56 个百分点。

（十）降低 NO_x 排放助剂

为了降低 NO_x 排放，石科院开发出 $RDNO_x$ 系列助剂[40]。工业应用数据表明：在系统藏量 1.5%~2%的情况下，可降低烟气 NO_x 排放 45%~70%。自 2017 年以来，为了满足环保标准对 NO_x 排放更为严格的限定要求，又开发出全新 $RDNO_x$-PC 系列助剂，对烟气 NO_x 脱除率可达到 80%以上，在无脱硝设施的情况下实现 NO_x 排放稳定达到≤100mg/m^{3}的环保限值。

（十一）多效组合助剂

多数炼厂希望同时降低烟气 SO_x、NO 和 CO 排放，因而对三效或多效助剂提出了一定的市场需求。多效助剂的优点是，助剂加注过程更简单，加剂量相对少；其缺点是组成配比固定后，在原料硫、氮含量相对变化造成烟气 SO_x、NO_x 浓度不同比例变动时，响应滞后，控制效果不及单功能助剂灵活有效。国内有多家单位进行了多效组合助剂的开发，工业应用报道的有 FP-DSN 三效助剂及 TUD-DNS 三效助剂等[41,42]。自 2018 年以来，石科院研制开发了控制烟气污染物排放组合助剂 CCA-1，并在高桥石化进行了工业应用，烟气 SO_x 和 NO_x 脱除率分别达到 70%和 50%。

五、裂化催化剂的品种、牌号及主要特点

经过多年的发展，我国催化裂化催化剂已经基本形成了适合各种工业条件和生产要求的系列产品。其品种、牌号及性能见表 13-4 及表 13-5。

表 13-4　国内近几年生产的主要催化裂化催化剂和助剂的品种、牌号（Ⅰ）

产　品		牌　号	活性组分	反应性能及特点
加工重质原料的催化剂	塔底油裂化	CHZ-4	PSRY（改性 USY）	热和水热稳定性好，焦炭选择性优异，轻质油收率高，可提高掺渣比
		Comet-400	USY、REHY、ZSM-5	重油裂化能力强，可大幅度提高 $C_3^=$ 产率，汽油产率高
		Lank-98	REUSY	活性稳定性高，焦炭选择性好，总液体收率高
		CDOS、HGY	SOY、DOSY	汽油选择性好，抗重金属特别是 V 能力强，总液收高
		VRCC、COKC	SOY	重油裂化能力强，汽油选择性好，总液收高
		HSC、CHSC	HSY、PSRY、REY、USY	重油裂化能力强，汽油选择性好，兼顾丙烯产率，总液收高
		LB-5、LB-7	原位晶化型 Y 沸石	重油裂解能力强，抗重金属污染性能优异，汽油选择性好，总液收高
	抗重金属	Orbit-3000	USY、REHY	重油转化能力强，焦炭选择性好，有良好的抗重金属污染能力
		Orbit-3300	USY、REHY、ZSM-5	油浆产率低，焦炭选择性好，总液体收率高，有良好的抗重金属污染能力
		Lanet-35	REHY、改性 USY	重油裂化能力强，汽油和焦炭选择性好，总液体收率高，有良好的抗重金属污染能力
		CHV-1	PSRY（改性 USY）、REUSY	优异的抗钒性能，很强的重油转化能力
		LV-23	USY、REHY	优异的抗钒性能及良好的重油转化能力
		RICC、MAC	SOY、DOSY	良好抗 Ni、V 性能，同时较好的容 Fe、Ca 性能，重油裂化能力强
		LDC、LMC	LAY，USY、HRSY-3	优异的抗 Ni、V 性能，重油裂化能力强，汽油选择性好

续表

产品		牌号	活性组分	反应性能及特点
加工重质原料的催化剂	高掺渣比	DVR-1	改性USY、REHY	针对大庆油，有很强的重油转化能力和良好的焦炭选择性
		LVR-60	改性USY、REHY	针对新疆油，有很强的重油转化能力和良好的焦炭选择性
		SLG	HSY、REY	针对加氢催化柴油，有很强的重油转化能力和良好的焦炭选择性
		GVR	改性USY、REHY	针对管输油，有很强的重油转化能力和良好的焦炭选择性
		LZR	USY	针对中间基原油，掺渣比例超过40%的装置，有良好的重油转化能力和优异的焦炭选择性
多产柴油催化剂		MLC-500 LRC-99	改性USY、REHY	重油转化能力强，可提高柴油产率
		CC-20D	PSRY、REUSY	重油转化能力强，可提高柴油产率
		LZR-30G	MASY	重油转化能力强，大幅提高柴油产率

表13-5 国内近几年生产的主要催化裂化催化剂和助剂的品种、牌号(Ⅱ)

产品	牌号	活性组分	反应性能及特点
汽油辛烷值催化剂	DOCR-1	PSRY(改性USY)、REUSY、ZRP-3	石蜡基原料，兼顾液化气和汽油，可较大幅度提高RON和MON
	DOCP	PSRY(改性USY)、REUSY、ZRP-5	石蜡基原料，兼顾柴油收率，少产液化气，可较大幅度提高RON和MON
降烯烃催化剂	GOR-C GOR-Q GOR-Ⅱ GOR-Ⅲ LGO-20 CDC LBO-12 LBO-16 LDO-70	MOY、CDY、改性USY、ZRP	可降低汽油烯烃体积含量8% ~ 20%，汽油辛烷值不降，总液收高
降硫催化剂	DOS	DOSY	可降低汽油硫含量20%以上，重油裂化能力好
	LDO-70S	改性REY	可降低汽油硫含量40%左右，重油裂化能力强，焦炭选择性好
MGD工艺专用催化剂	RGD-1 RGD-C	ZRP-1、REY、USY、PSRY	降低汽油烯烃含量，增产液化气

续表

产品		牌号	活性组分	反应性能及特点
MIP-CGP 工艺专用催化剂		CGP-1 CGP-2 CGP-S LDR	MOY、USY、ZRP-1	多产丙烯，降低汽油烯烃含量和硫含量，生产欧Ⅲ汽油
第二代 MIP-CGP 工艺专用催化剂		RCGP HCGP RMIP HMIP LDR	HSY PSRY HRSY-4	多产汽油兼顾丙烯，降低汽油烯烃含量和硫含量，生产国Ⅵ汽油 多产汽油兼顾丙烯，降低汽油烯烃含量，降低焦炭产率
多产低碳烯烃技术专用催化剂	DCC	CIP-Ⅰ CIP-Ⅱ	ZRP-1、REY、USY	多产异丁烯、异戊烯，汽油 *RON*>96，重油转化能力强
	DCC	CRP-1 MMC DMMC RMMC OMT	ZRP-1、REY、USY ZSP、ZHP	轻烯烃选择性好，多产丙烯、液化气，重油转化能力强
	CPP	epylene	ZRP-1、REY、 USY、ZSP	轻烯烃选择性好，多产乙烯、丙烯，重油转化能力强
	ARGG	RAG-6	ZRP-1、REY、USY	结构稳定性高，气体烯烃和汽油产率高，重油裂化能力较强，焦炭产率低，抗重金属和抗碱氮能力强
催化裂化助剂	高辛烷值	CHO-1 CHO-2	ZSM-5	丙烯、丁烯和液化气产率高，汽油辛烷值高
		HOB	ZRP、ZSP	丙烯兼顾丁烯，液化气产率高，汽油辛烷值高
		FLOS	ZRP、ZSP	异丁烯兼顾丙烯，液化气产率高，汽油辛烷值高
		CA-1	ZRP-3	多产液化气、丙烯，汽油辛烷值高
	降烯烃	GORA 系列 LGOA LBO-A	MOY-2、ZRP、 改性 REY	藏量不高于 8%，降低汽油烯烃体积含量 8% ~ 12%，不影响总液体收率和汽油辛烷值 汽油烯烃体积含量降低 3%~5%；汽油辛烷值提高 0.5 个单位以上
	增产丙烯助剂	MP051 P-MAX LHP-A PCA-OD	ZSP	藏量不高于 5%，增产丙烯 1.0 个质量百分点以上（相对于催化进料），不影响总液体收率和性质。 藏量 8%~10%，增产丙烯 1.0~1.5 个质量百分点，不影响总液收和油品性质
	SO_x 转移剂	LST-1 RFS09 RFS-PRO	—	可脱除催化裂化烟气中 SO_x 25%~50%
			CeO_2/镁铝尖晶石	藏量不高于 5%，烟气硫转移效果 60%以上
	降硫含量	MS011 MS012 LGSA	DOSY、ZARY、 复合氧化物	助剂藏量质量分数不超过 10%，当平衡剂上 V 含量小于 2000μg/g 时，助剂脱硫率为 40%；当平衡剂上 V 含量高于 2000μg/g，汽油的平均脱硫率为 21%

续表

产　品		牌　号	活性组分	反应性能及特点
催化裂化助剂	重油裂化	RSA LB-1 LB-2 LHG-A	原位晶化 Y 型沸石	活性组分利用率高 抗重金属污染能力强，总液收高
		VRCC-A SLE	高稀土含量 Y 型沸石	高活性、稳定性，抗金属污染
	CO 助燃剂	5 号助燃剂	铂含量 100μg/g	氧化活性高，水热稳定性好，降低再生剂碳含量
		CO-CP 助燃剂	贵金属含量：200~500μg/g	助燃活性和活性稳定性高，抗 SO_2 失活能力较高
	金属钝化剂	LMP-7	—	钝化镍，钝化钒，钝化钠
		LMFA-1	—	钝化镍，钝化钒，助燃

第二节　催化重整催化剂

我国在 20 世纪 50~60 年代就开发了单铂重整催化剂，并成功地应用于催化重整工业装置。随着对重整生成油辛烷值和液体收率要求的提高，重整反应苛刻度也不断提高，仅靠单铂催化剂已不能满足要求。因此，于 20 世纪 70 年代初开始研发双金属和多金属催化剂。重整催化剂采用 η-Al_2O_3载体，后来使用热稳定性更好的 γ-Al_2O_3载体。1983 年开发了以 γ-Al_2O_3为载体的球形铂铼钛多金属重整催化剂。1986 年开发出以 γ-Al_2O_3为载体的球形低铂铼双金属催化剂。1990 年和 1991 年又开发出两种更低铂含量的球形高铼铂比催化剂。这些类型催化剂已在国内普遍推广使用。1995 年，新型的低铂含量的等铼铂比和高铼铂比条形催化剂在国内开发成功并投入使用。2001 年，低积炭速率高选择性的多金属铂铼系列条形催化剂在国内开发成功并投入使用。2015 年，世界首创的无须额外预硫化的低积炭速率高选择性的多金属铂铼系列条形催化剂在国内开发成功并投入使用。

自 20 世纪 80 年代起，我国开始引进连续式催化重整装置，同时开展了连续重整催化剂的研究工作，开发出一系列铂锡连续重整催化剂。自 1990 年起开始在连续重整装置上使用国产催化剂，这些国产连续重整催化剂表现出良好的活性、选择性和抗磨性能。20 世纪 90 年代后半期，我国开发出具有高水热稳定性和高活性的新型铂锡连续重整催化剂，其综合性能达到了当时的国际先进水平，在国内多家炼厂获得应用。进入 21 世纪以后，中国石化通过对金属组元、制备方法和载体进行改进，开发了 PRT 系列和 SR-1000 半再生重整催化剂，在国内外多套装置应用；基于对“金属-酸性”双功能的创新认识，先后开发了 RC011、RC031 连续重整催化剂，已在国内 70 多套工业装置上累计应用超过 100 次，在控制积炭及提高液体收率、芳烃产率、氢气产率等方面效果明显。通过对载体性质和配方的调变，2018 年成功开发了低铂含量高堆比连续重整催化剂 RC191，其具有更高的活性，较高的堆比，可以允许更大的运行空速，可应用于现有装置的扩能改造和新建的大型连续重整装置。可以说我国重整催化剂的研究开发已从“跟踪模仿”走到了“自主创新”，将来要继续沿着“自主创新”的道路走下去，为国产重整催化剂争取更大的国内和国际市场份额。

一、重整催化剂的特性及作用

催化重整是在催化剂的作用下烃类分子结构重新排列的过程。在此过程中有六元环烷脱氢、五元环烷脱氢异构、烷烃脱氢环化以及烷烃异构化等反应。这些反应可提高汽油辛烷值，获得芳烃产品或清洁汽油组分，属于重整过程中有利的反应。重整过程中还存在加氢裂化、氢解及积炭反应等不利的反应，必须设法抑制。在上述这些反应中，有的反应主要在金属中心进行，如六元环烷脱氢；有的则需要在金属中心和酸性中心的相互配合作用下进行，如五元环烷脱氢异构和烷烃脱氢环化，因此重整催化剂必须具有双功能。催化重整的总反应速率与金属中心和酸性中心各个步骤的反应速率相关，其中最慢的步骤将起决定性作用，因此金属功能与酸性功能要有机地配合。金属功能过强，很容易导致积炭和氢解反应严重，造成催化剂失活、液体收率下降、催化剂的选择性变差，也会造成超温，使催化剂受到损伤；若催化剂上酸性功能太强，则加氢裂化反应加剧，会使液体收率下降和芳构化反应选择性下降，也会促使酸性中心结焦，催化剂的稳定性降低。因此，在催化剂的制备及使用中要考虑金属功能和酸性功能的平衡问题。

将单铂催化剂发展为双、多金属催化剂，主要是为了改善催化剂上金属活性中心的性质，使其更有利于提高催化剂的活性、选择性、稳定性和再生性能。目前，国内广泛应用的双、多金属催化剂有两大系列，即 Pt-Re 和 Pt-Sn 系列。对于重整催化剂中第二金属组元 Re 或 Sn 的作用有各种解释。有人认为第二组元与 Pt 形成合金或团簇，改变了金属活性中心的性质，即改变了铂原子周围电子负荷的分布，从而对催化剂的反应活性、选择性甚至稳定性产生影响。有人则认为第二组元 Re 经硫化后生成 Re—S 键，会使铂原子团簇稀释，而一些积炭反应常常需要在多个相互邻近的铂原子所构成的多位中心进行，而第二金属组元的引入可以稀释这些多位中心，也就抑制了积炭反应。持以上观点的，基本上是考虑第二金属组元可以被还原为金属态。目前，也有些人认为在载体的作用下，第二金属组元并没有完全被还原为零价金属态，例如部分铼是以 Re^{4+} 存在的，锡则以 Sn^{2+} 或 Sn^{4+} 价态存在的，锡作为氧化态与载体相互作用从而改变载体的酸性。但是，由于反应初期 Re 组元的氢解性能较强，引入后必须经过适当硫化才能使催化剂的选择性不受损伤。而 Sn 组元引入时就不需要硫化，它的引入对催化剂的活性稍有抑制，但催化剂的选择性好，尤为适用于在低压高温条件下的连续重整工艺。

重整催化剂的酸性功能主要靠 Al_2O_3 载体提供，即 Al_2O_3 表面相邻近的 OH 基在焙烧过程中形成氧桥，通过极化作用，可以产生酸性。如下所示：

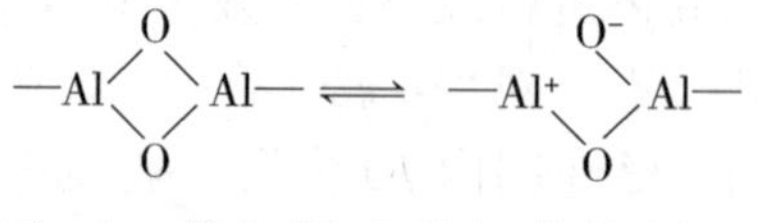

有卤素组元(如 F 或 Cl)存在时，将加强这种极化作用，从而影响催化剂的酸性。重整催化剂中引入第二金属组元时，也可能影响酸性，如 Pt/Al_2O_3 引入 Sn 后，可以在总酸性不变的情况下减少强的酸性中心。

二、重整催化剂的制备

重整催化剂是双功能催化剂，其金属功能由载体上的金属组元提供，而酸性功能则由含卤素的氧化铝载体提供。制备高质量的重整催化剂，关键是使双功能充分协调配合，曾研究过将具有金属功能及酸性功能的两种物料机械混合来制备重整催化剂[43]。目前采用的是制备负载型金属催化剂的方法，常用的有浸渍法、离子交换法、共沉淀法等。无论采用哪种方法，载体的选择都是非常重要的[44]，并需确保金属在载体上的高分散。

（一）载体的制备

最佳的载体应具有以下多方面的性能：有合适而稳定的晶相结构；有足够大的比表面积和适宜的孔分布；能确保金属活性组元高度分散并均匀分布；有高机械强度及热稳定性；能确保催化剂颗粒内及颗粒间有良好的传热和传质性能；载体的粒度适宜，在移动床使用时要具有最小的流体流动阻力和较高的抗磨损性能。

我国重整催化剂一般选用$\gamma-Al_2O_3$作载体，它的最可几孔径大，孔结构稳定性好，经过多次再生后，比表面积下降较少。这类氧化铝是由α-一水氧化铝高温焙烧脱水制成，而β-三水氧化铝经脱水则得$\eta-Al_2O_3$，因此在制备中，要有效地控制氢氧化铝的晶相组成。我国重整催化剂所用氧化铝载体的制备方法大体有如下几种。

1. 铝盐与碱中和高温成胶法

其示意流程见图 13-14。

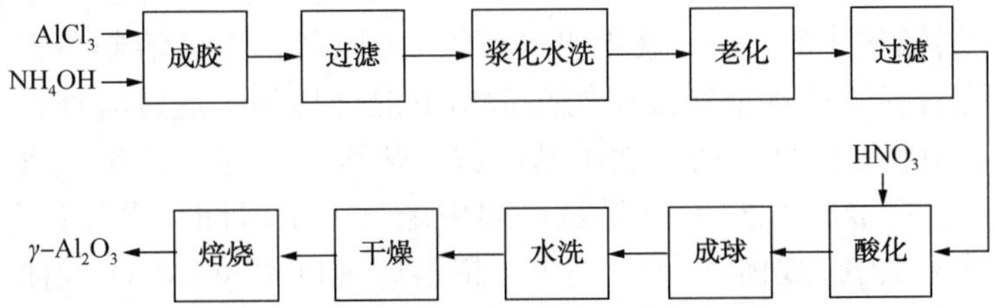

图 13-14　铝盐与碱中和高温成胶法制备流程

在成胶时要控制好反应温度、反应物浓度及 pH 值等。因为氯化铝与氨水进行中和成胶时，首先形成氢氧化铝无定形凝胶，将这种凝胶在一定温度下老化，即可以转化为β-三水氧化铝或α-一水氧化铝。氯化铝溶液与氨水中和生成凝胶时，始终维持在较高温度（大于70℃，即高温成胶法），胶体经反复过滤、洗涤后，再经老化、成型、干燥就生成α-一水氧化铝，经 500~600℃焙烧，则得$\gamma-Al_2O_3$。若中和成胶温度不高，老化温度在 40℃左右时，就可能生成β-三水氧化铝，经焙烧则得$\eta-Al_2O_3$。由于在浆化水洗及老化过程中存在相变，并且一级粒子相互结合脱水转化为二级粒子并形成孔，所以老化温度及老化 pH 值对晶相的生成以及对载体孔结构的形成均十分重要。老化后新生成的氢氧化铝，先经过滤，其滤饼可以进行酸化滴球，即将 HNO_3加入浆液中使其黏度达到一定要求，然后在油氨柱内成球。凝胶状小球经干燥、焙烧，即可得到所需氧化铝载体。另外，也可将老化后的氢氧化铝浆液先经喷雾干燥，然后挤条成型或压片成型，再经干燥、焙烧待用。用此类方法制得的$\gamma-Al_2O_3$载体，主要性能见表 13-6 和表 13-7。

表 13-6　载体杂质分析

载体名称及制备方法	杂　质/(μg/g)			
	Fe	Si	Na	Ca
γ-Al_2O_3(高温成胶法)	110	110	58	9
γ-Al_2O_3(铝溶胶油柱成球法)	50	420	8	7
γ-Al_2O_3(挤条成型法)	70	30	19	36

表 13-7　载体的孔结构(低温氮吸附测定)

载体制备方法	比表面积/(m^2/g)	孔体积/(cm^3/g)	孔径体积分布/%			
			<3.0 nm	3.0~5.0 nm	5.0~10.0 nm	>10.0 nm
高温成胶法	182	0.45		79.2	20.5	0.3
铝溶胶油柱成球法	199	0.82		10.6	89.4	
挤条成型法	202	0.49	11.0	86.3	2.2	0.5

2. 铝溶胶油柱成球法

高温成胶制备的载体，杂质含量较高，而且机械强度及热稳定性较差。连续重整工艺开发后，催化剂要在反应器内靠自身重力下移或靠气体提升，因此对催化剂的粒度及磨损强度均有更高要求。铝溶胶油柱成球法可以较好地解决这方面的问题，其主要流程见图 13-15。该工艺以金属铝和盐酸(或三氯化铝水溶液)为原料，经煮溶制备铝溶胶，再与六次甲基四胺(俗称乌洛托品)的水溶液按比例在常温下混合均匀，通过滴球盘滴入内盛热油的柱子中，液滴在油中收缩成球，而六次甲基四胺受热水解加速，产生氨气，与铝溶胶中的酸中和使液滴凝固，凝胶球在热油或热氨水罐中老化一定时间，再经过分离、热水淋洗、干燥，最后焙烧成 γ-Al_2O_3 载体[45~47]。其中，铝溶胶纯度对 γ-Al_2O_3 载体的性质有重要影响，其所含金属杂质数量取决于金属铝的纯度。若要得到杂质含量低的高纯铝溶胶，现有的方法有：一是使用高纯原料制备；二是使用低纯原料制备，通过精制脱除其中的有害杂质[48,50]。利用铝溶胶油柱成球方法生产的 γ-Al_2O_3 载体的主要性能见表 13-6 和表 13-7。

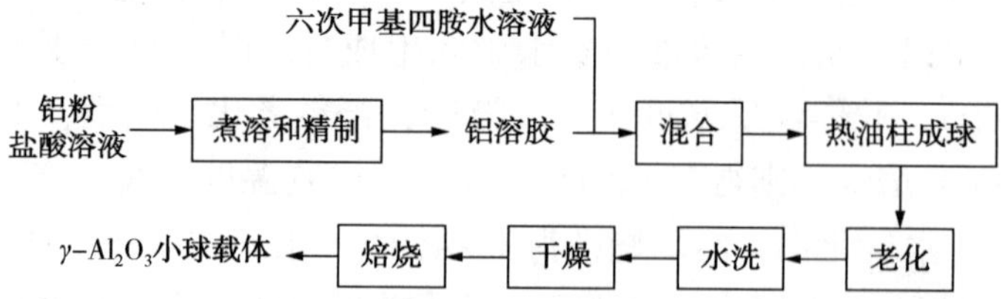

图 13-15　铝溶胶油柱成球法制备氧化铝小球载体的方块流程图

3. 挤条成型法

20 世纪 90 年代开发了以拟薄水铝石为原料，挤条成型制备重整催化剂载体的路线。采用这种方法制备重整催化剂载体时，将拟薄水铝石粉末与水、胶溶剂、助挤剂等混捏均匀后形成膏状物料，用挤条机将这种膏状物料挤出成型，控制模具的形状和尺寸可以控制载体的形状和尺寸，随后将成型的载体进行养生或预干燥、切粒、干燥、焙烧，得到γ-Al_2O_3条型载体，主要性能见表13-6、表13-7。挤条配方是挤条成型法的关键，同时挤条工艺条件对γ-Al_2O_3条型载体的物化性质也有影响。

（二）金属组元的引入

1. 铂的引入

金属铂是重整催化剂中的主要活性金属组元，一般采用浸渍法将铂引入到载体中，通常将载体放置在含有预先计量好金属组元含量的溶液中使Pt等金属吸附于载体表面。为了保证活性组元能均匀分布于颗粒的各个部位，在浸渍时须加入合适的竞争吸附剂。浸渍法所用的含铂前体通常为氯铂酸（分子式H_2PtCl_6），H_2PtCl_6在Al_2O_3载体上的浸渍一般可用Langmuir等温吸附式表示，即：

$$a_s = a_m \frac{BC}{1 + BC}$$

式中　a_s——活性组元在载体表面上的吸附量；

B——吸附平衡常数；

C——吸附时溶液浓度，当$C \to 0$，$a_s = a_m$，$BC = k_H C$；

a_m——在载体上金属活性组元单层饱和吸附的吸附量。

对于不同物质在同一载体上吸附时，常数k_H不一样。在用H_2PtCl_6与竞争吸附剂混合吸附时，要根据其k_H值认真选择竞争吸附剂，并调整其用量，以达到被浸渍的活性组元均匀分布并获得预期的浸渍量。

从宏观上看，在成型好的载体上进行浸渍的过程是溶质分子向载体表面扩散然后在其表面发生吸附的过程，其扩散动力源于溶质的浓度差。当浸渍所用的氧化铝载体为颗粒状（包括小球、条、三叶草等形状）时，金属前身物的粒子必须先沿颗粒孔隙扩散至颗粒内部，再与载体发生相互作用。当吸附过程受内扩散控制时，金属组元可能会在载体颗粒横截面上形成浓度梯度分布。为了使金属组元均匀地分布于载体颗粒上，就需要引入竞争吸附剂。竞争吸附剂是与金属前身物吸附性能相近的化合物，当与金属前身物共浸时，它能够改变金属活性组元在载体颗粒上的分布。竞争吸附剂的作用原理如下：

$$S—O—A^+ + B^+(\text{竞争吸附剂}) \longrightarrow S—O—B^+ + A^+(\text{金属离子})$$

$$S—OH_2{}^+A^- + B^-(\text{竞争吸附剂}) \longrightarrow S—OH_2{}^+B^- + A^-(\text{金属离子})$$

当溶液中有竞争吸附剂B^+或B^-存在时，反应可以向右进行，这样部分的A^+或A^-金属离子被替换下来，使得吸附前沿的A^+或A^-金属离子的浓度增大，从而使A^+或A^-向颗粒内部的扩散动力增加。控制竞争吸附剂和金属离子与氧化物表面的相互作用强弱，可以控制金属粒子在颗粒上的分布。

2. 助剂的引入

重整催化剂的助剂可以采用共沉淀法和浸渍法引入。一些金属助剂可以采用与H_2PtCl_6相似的方法通过浸渍法引入氧化铝载体，例如半再生重整催化剂的助剂铼。连续重整催化剂的助剂锡可以采用共沉淀法和浸渍法引入。由于氯化锡等前体在氧化铝载体上具有极强的吸附能力，致使浸渍法中的锡不易在载体内外均匀分布，因此锡的引入以共沉淀法为主。共沉淀法是将锡的氯化物溶于由金属铝与HCl制备的铝溶胶中，经铝溶胶油柱成球法制得含锡的氧化铝小球，用这种方法制备的含锡载体中锡的分布均匀。

浸渍活性组元和助剂后的催化剂还要经过干燥、焙烧和还原几个制备步骤。在干燥过程中要防止载体上所吸附的金属活性组元再次迁移，而造成金属组元分布不均匀，因此要认真考虑干燥温度、干燥速率等，干燥温度一般在 100～120℃。干燥后的催化剂要进行焙烧，使浸渍上的金属盐类转化为相应的氧化物，如 PtO_x，还可使载体表面上剩余的 OH^- 进一步脱水，并适当调节催化剂上的氯含量，焙烧的温度、时间和气氛会影响金属组元的分散。制备催化剂过程中，采用水氯处理就是在焙烧时引入少量水汽及氯化氢气体，以调节催化剂上氯含量，还可以增加金属组元的分散度。J P Bournoiville[49] 曾制备仅经干燥就立即进行还原的催化剂及经干燥又经焙烧然后进行还原的催化剂，分别测定两者的金属分散度，从图 13-16 可以看到前者的金属分散度低于后者。不经焙烧的催化剂含有较多水分，会促使铂在高温下迁移而造成金属晶粒的聚集。另外，焙烧温度对还原后金属的价态也会产生影响，如铂铼催化剂的焙烧温度高于 500℃时，铼的氧化物就很难被还原。不同金属组元的适宜焙烧温度也不相同。

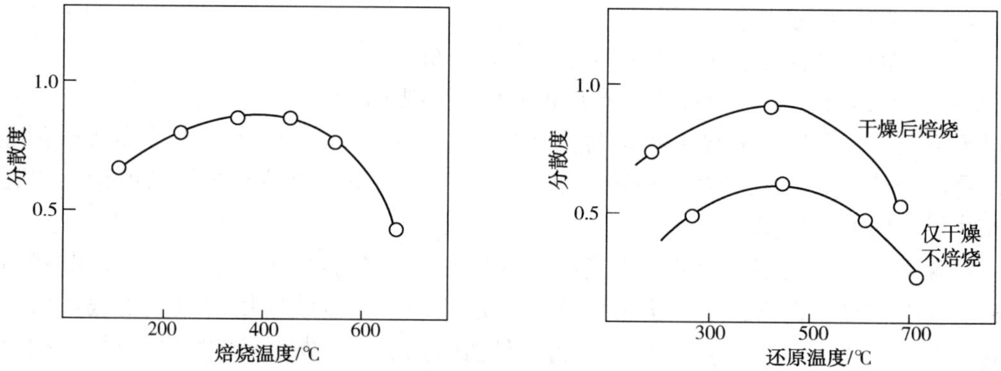

图 13-16　铂催化剂焙烧温度及还原温度对其金属分散度的影响

（焙烧条件：干空气，空速 $2000h^{-1}$，时间 2h；还原条件：氢气，空速 $2000h^{-1}$，时间 2h。）

焙烧后的催化剂在使用前要经过还原，此步骤也可以在重整装置内进行。但还原用的氢气纯度要高(最好是用电解氢)，氢气中含水量要小于 10μg/g。如氢气中含有微量氧，也要设法除掉，因为氧在还原的过程中生成水，这些水分会使还原过程中生成的金属晶粒聚集而降低活性。另外，还原时所用氢气应不含低分子烃类，因为低分子烃类会在新生的铂上加氢裂解，放出大量的热，致使催化剂表面局部超温，同时催化剂上积炭增加，活性和稳定性下降。还原时所用氢中，CO 及 CO_2 含量也要严格控制在 10μg/g 以下，否则有可能生成羰基铂等化合物，而损伤催化剂的活性。

三、铂锡和铂铼重整催化剂的开发和性能

目前，工业上使用的主要是铂铼和铂锡两大系列催化剂，均采用热稳定性好的 γ-Al_2O_3 为载体。铂铼催化剂用于固定床重整装置，铂锡催化剂用于移动床连续重整装置。重整催化剂的主要组成见表 13-8。

表 13-8　重整催化剂的主要组成

系列	组成/%		外形	催化剂牌号	系列	组成/%		外形	催化剂牌号
	Pt	助剂				Pt	助剂		
铂铼	0.50	0.30	球	CB-5B	铂锡	0.38	0.30	球	3861
	0.30	0.28	球	CB-6		0.29	0.30	球	GCR-10
	0.21	0.42	球	CB-7		0.35	0.30	球	3961
	0.15	0.30	球	CB-8		0.28	0.30	球	GCR-100
	0.25	0.30	球	CB-11		0.28	x	球	RC011
	0.25	0.25	条	CB-60(3932)		0.35	x	球	RC031
	0.21	0.46	条	CB-70(3933)		0.25	0.30	球	RC191
	0.25	0.25	条	PRT-C					
	0.21	0.47	条	PRT-D					
	0.23	0.40	条	SR-1000					

(一) 铂锡催化剂

我国早期开发的铂锡双金属重整催化剂，贵金属铂的含量较高(≥0.5%)，主要用于半再生式重整装置，虽具有液体收率高、选择性好等优点，但稳定性不如铂铼催化剂，因此铂锡双金属重整催化剂已不再用于半再生式重整工业装置。随着连续重整工艺的引进，国内于 1986 年开发成功了第一个连续重整催化剂 3861，随后又开发了一个低铂含量的 GCR-10 催化剂，于 1990 年和 1994 年分别在两套连续重整装置上工业应用。这两种催化剂均表现出良好的活性、选择性和抗磨损性能。表 13-9 列出了工业生产的 3861 和 GCR-10 催化剂的主要物理性质。

表 13-9　3861 和 GCR-10 铂锡重整催化剂的物理性质

项　目	3861	GCR-10	项　目	3861	GCR-10
铂含量/%	0.38	0.29	平均粒度/mm	1.6	1.6
堆密度/(g/cm^3)	0.56	0.56	颗粒压碎强度/N	57	59
比表面积/(m^2/g)	188	192	磨损率①/%	3.0	3.2

① RIPP 方法，规格要求<4%。

为了适应新一代连续重整工艺操作苛刻度的提高和再生频率的增加，我国开发出新一代高活性、高水热稳定性的 3961 铂锡连续重整催化剂，于 1996 年在一套引进的连续重整工业装置上使用。1998 年，低铂含量的 GCR-100 催化剂研制成功并投入工业应用。3961 催化剂的活性评价结果见表 13-10，可见其运转结果优于装置使用的原国外催化剂。

表 13-10　3961 铂锡重整催化剂活性评价结果

项　目	工况 1	工况 2	原催化剂
原料			
密度/(g/cm^3)	0.734.7	0.734.5	0.735.5
芳烃潜含量(N+A)/%	41.55	41.67	42.06
评价条件			
床层平均温度/℃	489.5	489.0	492.2
压力/MPa	0.86	0.86	0.86
体积空速/h^{-1}	0.85	0.90	0.85
评价结果			
芳烃产率/%	60.2	59.6	58.9
氢气产率/(Nm^3/t)	344	353	302

石科院通过对金属组元、载体性质和制备方法的全方位考察，获得了“两种金属中心和酸性中心作用”的创新认识，提出了调控“金属-酸性”双功能的技术方案，进而实现了两种活性中心的最佳匹配。在此基础上开发了低积炭速率高选择性连续重整催化剂 RC011，并于 2001 年 5 月在一套引进的 80 万吨/年连续重整装置上首次工业应用。与装置上使用的原催化剂相比，RC011 催化剂的积炭速率明显降低，下降幅度达 26.3%，在芳烃产率明显提高的情况下，稳定汽油产率增加 1.32%，氢气产率提高 9.5%；催化剂在运行中的细粉生成量平均为 0.7kg/d，具有良好的机械强度和抗磨损性能。经过 423 个再生周期后，该催化剂的比表面积为 $147m^2/g$，说明其具有优异的水热稳定性。上述结果表明，该剂综合性能达到国际领先水平。截至 2018 年，该剂已在国内三大石油公司及地方炼油企业的 60 套连续重整装置上成功应用，国内市场占有率超过 60%。目前已有多家国外公司对 RC011 重整催化剂表示浓厚兴趣，该剂正在走向海外市场。

继 RC011 连续重整催化剂开发成功后，通过助剂的选择和组元引入方式的改进，进一步优化金属功能和酸性功能的匹配，2004 年成功开发并工业应用了抗干扰性能更优的新一代高铂型连续重整催化剂——RC031 型连续重整催化剂，不仅成功解决了铂含量增加而引起的积炭增加的难题，而且使装置的液体收率、芳烃产率和氢气产率明显增加，操作稳定性好，特别适合芳烃生产装置使用。2018 年，新型高堆比连续重整催化剂 RC191 开发成功，其堆积密度达到 0.66g/mL，较高的堆积密度允许更高的运行空速，从而可以有效提高装置的处理能力，适用于现有装置的扩能改造和新建的大型连续重整装置。RC191 的铂含量适度降低，在保证催化剂活性的同时维持了催化剂投资基本不变。

表 13-11 列出了工业生产的新一代催化剂 3961、GCR-100、RC011、RC031 和 RC191 的主要物理性质。

表 13-11　3961、GCR-100、RC011、RC031 和 RC191 重整催化剂的物理性质

项　目	3961	GCR-100	RC011	RC031	RC191
铂含量/%	0.35	0.28	0.28	0.28	0.25
堆密度/(g/cm^3)	0.56	0.56	0.56	0.56	0.66
比表面积/(m^2/g)	206	200	196	194	200
平均粒度/mm	1.6	1.6	1.6	1.6	1.6
颗粒压碎强度/N	53	50	56	54	70
磨损率/%	2.5	1.9	1.7	2.0	1.6

(二) 铂铼催化剂

CB-5 催化剂是国内开发的第一个以 $\gamma-Al_2O_3$ 为载体的全氯型铂铼重整催化剂，该催化剂于 1983 年代替单铂催化剂开始工业应用。继 CB-5 之后，国内先后开发了低贵金属含量的铂铼催化剂 CB-6[50]，高铼铂比 CB-7 和 CB-8 催化剂。CB-6 催化剂既可以生产高辛烷值汽油，也可以生产芳烃；CB-7 和 CB-8 催化剂可以适应更高重整苛刻度的反应条件，其中 CB-7 稳定性好、容炭能力强，CB-8 反应性能和再生性能好。由于高铼铂比催化剂的稳定性优于等铼铂比催化剂，工业上已广泛采用了 1990 年开发成功的铂铼重整催化剂两段装填的重整工艺，将 CB-7、CB-8 等高铼铂比催化剂装填于反应苛刻度高的最后一个(或两个)反应器，以充分发挥其稳定性好的优越性。

自 20 世纪 90 年代以来，通过对载体的成型方法进行研究改进，开发出挤条形半再生重整催化剂。此前国产催化剂采用油氨柱成型法生产球形载体，该方法工艺较复杂，成品收率低，生产成本高。采用挤条成型的方法生产条形载体，工艺较简单，成品收率高；由于制备中选择了合适的胶溶剂和助挤剂，使得载体压碎强度得到提高；同时载体孔结构有所优化，催化剂性能得以改善。与球形载体催化剂 CB-6、CB-7 相比，条形催化剂 CB-60、CB-70 用于两段装填工艺，具有更高的活性、选择性和氢气产率。

进入 21 世纪，中国石化在金属组元配方和浸渍制备技术方面进行创新，并对载体进行优化改进，研发出选择性更高、稳定性更好的 PRT 系列催化剂。基于硫对半再生重整催化剂还原过程作用机理和反应行为影响的基础研究，突破传统认知，首创“原位缓释硫化技术”，2015 年成功开发了新型的 SR-1000 催化剂。该剂开工不需额外预硫化，开工方法更简便、绿色环保，催化剂综合性能达到国际领先水平。

PRT 系列催化剂和 SR-1000 催化剂具有优异的综合性能，对低芳烃潜含量原料，包括焦化汽油重整具有很好的适应性，目前已在国内 75 套次装置获得工业应用，基本取代了国外催化剂，在海外市场也取得不俗业绩，近年来陆续出口到了阿尔及利亚、乍得、尼日尔、哈萨克斯坦、孟加拉等国家。

表 13-12 是 PRT-C/PRT-D 催化剂在采用两段装填、两段混氢，SR-1000 催化剂采用两段混氢重整工艺的 40 万吨/年工业装置上运转的标定结果。工业运转结果表明，PRT-C/PRT-D、SR-1000 催化剂在长周期运转下具有优异的活性、选择性和稳定性。

表 13-12　PRT-C/PRT-D、SR-1000 催化剂工业标定结果

催化剂	SR-1000	PRT-C/PRT-D
原料		
馏程（ASTM D-86）/℃	81～161	80～170
N+A/%	46.0	45.7
反应条件		
加权平均床层温度/℃	462.7	469.6
重量空速/h^{-1}	2.0	1.9
平均反应压力/MPa	1.4	1.4
反应结果		
C_{6^+}收率/%	86.9	85.8
C_{6^+}辛烷值	96.1	95.7

四、主要重整催化剂牌号及特点

经过多年的发展，我国重整催化剂已经基本形成了适合连续重整和半再生工业应用的系列催化剂。

重整催化剂的牌号及主要特点见表 13-13。

表 13-13　重整催化剂的品种、牌号与特性

品种	催化剂牌号	RIPP 编号	特点
连续重整催化剂	3961/GCR-100A	PS-Ⅳ	高水热稳定性和活性、高铂
	3981/GCR-100	PS-Ⅴ	高水热稳定性和活性、低铂
	RC021F/RC011	PS-Ⅵ	高选择性、低积炭、低铂
	RC031	PS-Ⅶ	高选择性、低积炭、高铂
	RC191	PS-Ⅷ	高堆比、高活性、高选择性、低铂
半再生重整催化剂	CB-60/3932	PR-C	低铼铂比、双金属，良好的活性、选择性和稳定性
	CB-70/3933	PR-D	高铼铂比、双金属，良好的活性、选择性和稳定性
	PRT-C	PRT-C	低铼铂比、多金属，良好的活性、更高的选择性，低积炭，对原料有很好的适应性
	PRT-D	PRT-C	高铼铂比、多金属，良好的活性、更高的选择性，低积炭，对原料有很好的适应性
	SR-1000	SR-1000	无须额外预硫化，多金属，良好的活性、更高的选择性，低积炭，对原料有很好的适应性

第三节　加氢处理和加氢裂化催化剂

一、加氢处理催化剂

从20世纪50年代开始，我国着手开展加氢精制催化剂的研究工作，首先研制成功的是以活性炭为载体的硫化钼催化剂，用于页岩馏分油加氢精制，以后又改进为纯硫化钨等无载体的加氢精制催化剂。

60年代，研制生产了以氧化铝为载体的Mo-Co和Mo-Ni两种催化重整原料加氢精制催化剂。随着载体的制备路线、催化剂成型工艺的改进，又形成了Mo-Co、Mo-Ni和Mo-Ni-Co等催化重整原料加氢精制催化剂系列。

70年代，为提高二次加工油品和成品油产品质量，进一步改进Mo-Ni系加氢精制催化剂，开发了以W-Ni为主体的加氢精制催化剂；研制生产了润滑油和石蜡加氢精制催化剂，并工业化了减压馏分油、焦化馏出油的加氢精制催化剂。

80年代和90年代，研制出高空速重整预加氢催化剂、劣质柴油脱氮催化剂以及重质高硫油加氢精制催化剂等。此外，开发了渣油加氢系列催化剂，并实现工业化。

进入21世纪，汽柴油质量升级步伐加快，研制出相应的催化裂化汽油选择性加氢脱硫催化剂和柴油深度、超深度加氢脱硫催化剂，并实现工业化。同时催化裂化原料预处理技术得到推广应用，减压馏分油加氢处理催化剂和渣油加氢系列催化剂的水平得到大幅度提升。

（一）加氢处理催化剂的作用

加氢精制催化剂的主要作用是催化C—S键断裂（加氢脱硫）、C—N键断裂（加氢脱氮）、C—O键断裂（加氢脱氧）和不饱和键加氢（加氢饱和）等反应的发生。在石油馏分的加氢精制过程中，这些反应一般是同时发生的，但反应速率各不相同。根据烃类加氢目标反应侧重点的不同，可以选用不同类型的加氢催化剂强化某类反应。加氢精制催化剂载体酸性极弱，基本上没有分子量变小的反应发生。加氢处理催化剂的作用除催化C—S键断裂（加氢脱硫）、C—N键断裂（加氢脱氮）、C—O键断裂（加氢脱氧）和不饱和键加氢（加氢饱和）等反应的发生外，还会催化部分烃类分子结构的变化，其中催化C—C键断裂，导致原料油分子变小的反应发生的比例一般在10%以下。加氢处理过程中还包括烃类分子异构化反应和裂化反应等。

（二）加氢处理催化剂的种类和特点

1. *石脑油加氢催化剂*

根据不同炼油工艺来源，石脑油可以分为直馏石脑油、催化裂化汽油、焦化汽油、裂解汽油等。各种石脑油性质差别较大，这些性质也决定了对应的石脑油加氢处理催化剂的性质和特点。

直馏石脑油通常具有硫含量较高、氮含量和烯烃含量较低的特点，一些直馏石脑油还含有砷化物、氯化物等杂质，直馏石脑油加氢处理后通常作为催化重整装置的进料。由于催化重整催化剂对进料中的S、N、As等杂质含量要求非常严格，要求进料S、N含量均小于 0.5μg/g，As 含量小于 1ng/g。因此，要求重整预加氢催化剂必须在比较缓和的工艺条件下，具备优异的超深度加氢脱硫、加氢脱氮活性以及活性稳定性。该类型的石脑油加氢催化剂通常以硫化态 W-Ni、Mo-Ni 为活性组分，载体为氧化铝，具有易于硫化、金属与载体相互作用力较弱、活性金属晶粒尺寸较小、分散性好、强度高等特点。这类催化剂的典型代表包括高活性重整预加氢催化剂 RS-1、RS-40 等[51,52]。

当石脑油馏分中含有砷化物时，会造成加氢精制催化剂和重整催化剂中毒，活性下降，需要在重整预加氢前部加装脱砷催化剂对其进行加氢脱除。脱砷催化剂将有机砷化物加氢转化为无机砷化物，再进行吸附捕捉从而达到降低重整进料中砷含量的目的。脱砷催化剂既具有高的加氢脱砷活性，又具有高的容砷能力，确保经过脱砷后的石脑油中砷含量小于 1ng/g，以确保重整预加氢催化剂和重整催化剂在长周期稳定运转中不会发生砷中毒。这类催化剂普遍以 Ni 作为活性组分，并适当添加 Mo、W 等助剂。这类催化剂的典型代表包括 RAs-10、RAs-20、RAs-3 等。

2. 催化裂化汽油选择性加氢脱硫催化剂

催化裂化汽油作为我国车用汽油组成的最主要来源，其表现出硫含量高、烯烃含量高、辛烷值高的特点，为达到硫含量小于 10μg/g 的清洁汽油标准，需要采用加氢脱硫的方法脱除汽油中的硫化物，在此过程中同时会发生烯烃加氢饱和生成烷烃的副反应。烯烃是汽油中的高辛烷值组分，被加氢饱和生成烷烃后会造成汽油辛烷值下降。因此，要求催化裂化汽油加氢脱硫催化剂必须具备较高的脱硫选择性，在降低汽油硫含量的同时，尽可能避免烯烃加氢饱和，这类催化剂通常以 Mo-Co 作为活性组元，其具有较高的直接脱硫活性、低的加氢饱和活性。从催化剂结构上看，该类型催化剂具有活性相片晶尺寸大、Co-Mo-S 比例高、金属与载体相互作用力较弱等特点[53~57]，这类催化剂的典型代表有 RSDS-21、RSDS-22、RSDS-31、HR846、HR806 等。

催化裂化汽油中同时含有二烯烃，在进行选择性加氢脱硫之前必须采用加氢的方法将其脱除。二烯烃热稳定性较差，易在加氢装置的高温管壁及催化剂床层上部结焦，引起系统和催化剂床层压降，因此需要在较低反应温度的条件下使用选择性加氢催化剂将二烯烃选择性加氢饱和为单烯烃的方法将其脱除，若直接加氢成完全饱和烃则会造成汽油辛烷值下降。二烯烃选择性加氢为单烯烃的催化剂具有在低温下良好的加氢活性及选择性，这类催化剂通常具有活性金属易于硫化、载体酸性弱、金属与载体相互作用力弱等特点，催化剂稳定性好，二烯烃在这类催化剂表面反应时不易结焦。此类催化剂包括 RGO-2、RGO-3 催化剂等[58,59]。

轻汽油中的硫化物主要以硫醇硫的状态存在，可以采用对全馏分汽油进行硫醇硫醚化以使轻汽油中硫转移到重汽油中的方法，也可以采用切割后单独对轻汽油中的硫醇硫通过碱洗脱除的方法。全馏分催化裂化汽油硫醇硫醚化催化剂是在缓和的反应条件下将硫醇硫加成到二烯烃分子结构中，使其转化为硫醚类化合物。该类催化剂通常以硫化态 Ni 为活性组分，除将硫醇硫转化外，还需要在硫醇醚化的反应条件下将二烯烃选择性加氢为单烯烃。为了提高催化剂的加氢活性，通常在催化剂中加入 Mo 或 W，以改善活性相结构。该类催化剂通常具有较高的硫醇硫醚化活性，同时兼具有二烯烃选择性加氢为单烯烃的活性[60,61]，这类催化剂的典型代表包括 DDS-20、HR845 等。

3. 喷气燃料加氢脱硫醇催化剂

喷气燃料加氢装置通常以直馏煤油作为原料，其中含有的硫醇硫具有臭味和腐蚀性，需要对其进行加氢脱除，硫醇硫是喷气燃料中最容易加氢脱除的硫化物。因此，喷气燃料加氢脱硫醇反应条件相对缓和，喷气燃料加氢装置压力等级和反应温度都较低。近年来随着市场对喷气燃料需求量的增加，喷气燃料加氢脱硫醇装置的扩能、体积空速也逐渐升高，因此，喷气燃料加氢催化剂需要在低压、低温、高空速条件下具备良好的脱硫醇活性。喷气燃料加氢脱硫醇催化剂的典型代表是 RSS-1A[62]。

随着喷气燃料原料来源的多样化，喷气燃料原料中出现了更多的杂质，喷气燃料原料中的氮化物特别是碱氮化合物含量逐渐升高。碱氮是影响喷气燃料颜色安定性的主要因素，因此，喷气燃料加氢过程除了要将喷气燃料原料中的硫醇硫脱除，还需要将氮化物加氢脱除。加氢脱氮反应相比加氢脱硫反应更难进行。在脱氮反应中，加氢反应是可逆的，而 C—N 键的断裂在正常条件下是不可逆的，因此，加氢脱氮反应中要求催化剂具有较高的加氢活性。喷气燃料加氢催化剂需要从活性金属、载体、助剂和制备技术等多方面优化改进以提高催化剂脱氮活性。喷气燃料加氢脱氮催化剂的典型代表是 RSS-2、HR608 等[63,64]。

4. 柴油加氢精制和加氢处理催化剂

柴油馏分有多种来源，主要包括直馏柴油、催化裂化轻循环油(LCO)、热加工柴油(如焦化柴油、减黏裂化柴油)、加氢裂化柴油等。柴油馏分的主要用途是用作车用燃料(车用柴油)和船用燃料等。除加氢裂化柴油外，其他均需要经过加氢处理。

直馏柴油用作车用燃料时，需要经过深度或超深度的加氢处理，脱除其中的有害杂质，并大幅度降低多环芳烃含量。按照国Ⅵ柴油质量标准，其硫含量应低于 10μg/g，多环芳烃含量应不超过 7%。

焦化柴油一般含有较多的硫、氮化物，烯烃含量也较高，而且还可能含有其他污染杂质(如焦粉、硅化物等)，在加氢过程中易造成设备结焦、结垢，使压降上升过快，缩短操作周期，在催化剂级配上需要特别给予关注。

LCO 绝大部分用作车用柴油组分。LCO 在加氢脱硫的同时，需要进一步提高柴油十六烷值(芳烃加氢饱和、芳烃加氢裂化)，是目前炼油工业技术和催化剂研发的热点。

LCO 有多种加工途径，可以与直馏柴油掺炼一同加工用作车用柴油，可以经过加氢处理进入催化裂化装置用于生产高辛烷值汽油，也可以经过加氢裂化途径生产化工原料。LCO 在加工前，需要加氢脱硫、加氢脱氮，并对其中的芳烃进行饱和或裂化。

5. 减压馏分油(VGO)加氢处理催化剂

减压馏分油(VGO)加氢处理的主要作用是为催化裂化装置或加氢裂化装置提供合格的进料。

VGO 加氢处理的主要目的是降低其中的杂质含量，提高其质量和可裂化性。希望发生的化学反应主要有加氢脱金属、加氢脱残炭(五环以上稠环芳烃加氢饱和)、加氢脱硫、加氢脱氮和芳烃加氢饱和。当用于催化裂化装置进料时，通常，VGO 中的金属和残炭含量通过适宜的馏分切割措施可以控制在很低的范围内。强化 VGO 的加氢脱硫效果对于降低催化裂化烟气 SO_x 和包括催化裂化汽油在内的二次加工馏分油硫含量有很大帮助。加氢脱氮有利于保持催化裂化催化剂的活性，提高催化裂化转化率。芳烃加氢饱和有利于降低焦炭选择性并提高轻油收率，目前多以加氢后 VGO 硫含量为质量控制指标；当用于加氢裂化进料时，目前多以加氢后 VGO 氮含量为质量控制指标。

6. 渣油加氢处理催化剂

渣油加氢处理的目的与减压馏分油加氢处理基本相同，主要是降低催化裂化进料中的杂质含量，提高其质量和可裂化性。渣油加氢处理(固定床、沸腾床、浆态床)是渣油高效利用的重要手段。希望发生的化学反应主要有脱金属、脱残炭、脱除沥青质、脱硫、脱氮以及多环芳烃饱和。渣油加氢催化剂的主要作用是在一定的反应条件下，最大限度脱除渣油中的硫、氮、金属(Fe、Na、Ca、Si、Ni、V)等杂质，并使胶质、沥青质发生部分加氢降低芳烃稠环度至五环以下，降低残炭值，生产少部分轻质产品，350℃$^+$重质部分作催化裂化原料或低硫燃料油。

由于渣油中沥青质含量、金属含量和残炭值均比馏分油高，所以渣油加氢处理需要多种催化剂复合装填、配合使用。固定床渣油加氢催化剂体系可分成四大类：保护催化剂(捕捉进料中残留的固体颗粒，脱除反应活性较高的含 Fe、Ca、Na、Si 等化合物)、脱金属催化剂(主要脱除渣油中的金属 Ni 和 V，促进沥青质的转化)、脱金属脱硫过渡催化剂、脱硫脱残炭催化剂。四类催化剂的主要特点如表 13-14 所示。

表 13-14　四大类渣油加氢处理催化剂的特点比较

项　目	保护催化剂	脱金属催化剂	脱金属脱硫过渡催化剂	脱硫脱残炭催化剂
催化剂颗粒	大	小	小	小
平均孔径	最大	较大	大	较小
酸性	最弱	较弱	较弱	较弱
比表面积	最小	较小	较大	较大
孔体积	最大	较大	大	大
金属含量	最少	较少	较多	较多
作用	脱铁、钙、钠、硅	脱镍、脱钒、沥青质	脱金属、脱硫、脱氮	脱硫、脱氮、脱残炭

近年来，虽然固定床渣油加氢催化剂体系仍然以上述四大类为主，但在氢气有效利用、提高胶质与沥青质大分子的加氢转化、催化剂脱金属容金属能力、催化剂有效利用率、减少催化剂表面积炭与反应器空间利用率、降低催化剂成本等方面有了长足进步，总体性能显著提高。

1）渣油加氢保护催化剂

渣油加氢保护催化剂一般装填在反应器的顶部，主要作用是捕捉进料中残留的固体颗粒，脱除渣油原料中的 Fe、Ca、Na、Si 等化合物以及反应活性较高的结焦前身物。这类催化剂一般采用异形外观，颗粒尺寸较大，床层空隙率高，容垢能力强，可以有效防止床层压降上升，对工业装置的长周期运行具有很好的保护作用。

2）渣油加氢脱金属催化剂

渣油加氢脱金属催化剂装填在保护催化剂的后部，主要作用是脱除和容纳渣油中的 Ni、V 等金属。渣油中的金属主要分布在胶质、沥青质等大分子中，以金属卟啉化合物、金属络合物、羧酸盐、胶状无机盐等形式存在。这些大分子尺寸从几个纳米到十几个纳米不等，要求脱金属催化剂具有合适的孔结构，既要满足大分子扩散的要求，又要满足反应的要求。根据不同的反应需要，脱金属催化剂往往具有大孔和超大孔双峰孔结构，大孔用来提供反应通道，超大孔给大分子提供扩散通道。双峰孔结构的催化剂在提高脱金属活性的同时，也大大提高了催化剂的容金属能力，是延长渣油装置运行周期的关键技术。

3）渣油加氢脱金属脱硫过渡催化剂

渣油加氢脱金属脱硫过渡催化剂装填在脱金属催化剂后部，主要作用是脱除原料中残余的金属，同时脱除部分硫化物和残炭，起到有效保护后部脱硫脱残炭催化剂的作用。脱金属脱硫过渡催化剂的孔径和孔体积比脱金属催化剂的小；容纳金属的能力小于前部的脱金属催化剂，脱硫和脱残炭活性高于前部的脱金属催化剂，但低于后部的脱硫脱残炭催化剂。

4）渣油加氢脱硫脱残炭催化剂

渣油加氢脱硫脱残炭催化剂装填在反应器的最后部。经过保护催化剂、脱金属催化剂、脱金属脱硫过渡催化剂的处理后，渣油中的大部分金属及部分硫和残炭已被脱除，剩余的金属、硫化物和残炭需要更高活性的脱硫脱残炭催化剂来完成。由于渣油加氢脱硫脱残炭过程主要是脱除大分子稠环芳烃中所含硫、氮等原子，由于分子大，有一定的位阻，加氢脱硫催化剂需要有一定大直径孔道以利于反应物接触到活性中心，因此催化剂的孔径比馏分油所用催化剂略大，更重要的是采用小直径异形形状。

（三）加氢处理催化剂的制备

加氢处理催化剂一般由载体、具有加氢性能的活性金属组元和助剂构成。活性金属组元的组成、载体类型和性质、助剂种类及催化剂制备方法等均对催化剂性能有着重要影响。

加氢处理催化剂的制备技术主要有浸渍法、共沉淀法和混捏法。浸渍法制备催化剂是通过含活性组分的溶液与已经制备好的载体充分接触的方式，将活性组分负载到载体上。一般包括载体成型、干燥、焙烧、活性组分浸渍、干燥和焙烧等步骤。共沉淀法制备催化剂是使用活性组分与载体组分生成均匀共沉淀物，使活性组分与载体结合到一起，一般包括载体前躯体和活性组分前躯体共沉淀、成型、干燥、焙烧等步骤。混捏法制备催化剂是采用活性组分充分混捏的方法，将活性组分分散到载体中，一般包括载体前躯体和活性组分前躯体共同混捏成型、干燥、焙烧等步骤。

目前，多数加氢处理催化剂采用浸渍法制备，其具体流程如图 13-17 所示。从图 13-17 可知，加氢催化剂的制备过程首先是载体材料的制备，然后载体制备，最后再通过浸渍方法负载活性组分制备催化剂。

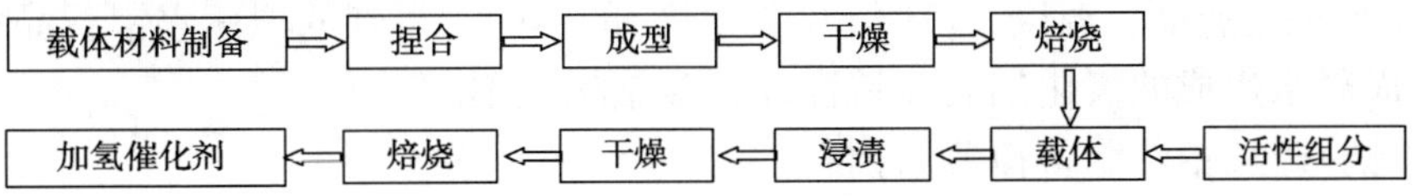

图 13-17　加氢催化剂制备流程

1. 载体要求及制备技术（包括载体基础材料制备）

载体的种类很多，氧化铝是加氢处理催化剂最常用的载体，特别是γ-活性氧化铝，这主要是因为γ-活性氧化铝是一种多孔性材料。优选的γ-活性氧化铝具有高的表面积、理想的孔结构（孔体积和孔径分布）和合适的表面性质，可以提高加氢金属组分和助剂的有效利用率，并且一定颗粒形状的氧化铝还应具有优良的机械强度、物理化学稳定性、导热性，并能提高催化剂的热稳定性。近来研究表明，氧化铝载体除起到负载活性金属的作用外，在某些情况下也可能在一定程度上参与反应。

加氢处理催化剂所处理的原料极为宽广，从气态烃直至渣油，几乎包括了石油的各个馏分，也就是从分子很小的烃类到很大很复杂的烃类。因此，根据所处理原料中分子大小的不同，制备孔体积适当、孔分布高度集中、孔直径大小不同的载体是提高加氢精制和加氢处理催化剂活性的重要手段。一般而言，馏分越重需要载体的孔直径越大。氧化铝载体由拟薄水铝石或薄水铝石经成型、干燥、焙烧制备而成，其焙烧过程主要发生脱水、脱羟基、粒子烧结等反应。随着焙烧温度的升高，氧化铝平均孔径逐渐增加（温度每升高100℃，大于20 nm的孔所占比例增加约5%），而比表面积逐渐减少[65]。

国内外高活性的馏分油加氢催化剂孔分布集中在孔直径4.0～10.0nm范围内的孔体积分率一般≥87.0%。$\gamma-Al_2O_3$载体孔分布通常在此范围之内，因此使用$\gamma-Al_2O_3$载体可以满足要求。馏分油加氢催化剂用的氧化铝载体中，还经常加入少量（质量分数约5%）SiO_2，来抑制$\gamma-Al_2O_3$晶粒增大，从而提高载体的热稳定性，阻止其过早地向无活性的$\alpha-Al_2O_3$转化。对于加氢脱氮反应，可以将SiO_2质量分数提高到10%～15%，或添加氟组分，以使催化剂具有一定的酸性，促进C—N键的断裂[66]。

渣油加氢处理催化剂体系中的四大类催化剂——保护催化剂、脱金属催化剂、脱金属脱硫过渡催化剂、脱硫脱残炭催化剂，由于进料渣油分子尺寸大，随着反应的进行，分子尺寸逐渐变小，因此要求催化剂的孔直径从大到小逐渐变化。保护催化剂和脱金属催化剂不仅需要较大的中孔孔径，还需要具有大孔径的双重孔分布的氧化铝载体。需要对氧化铝进行更高温度焙烧[67]以获得较大孔径，氧化铝载体在高温（900～1300℃）下焙烧时，比表面积、孔体积迅速降低，同时平均孔径迅速增大[68]。当焙烧温度为900℃时，会生成部分$\delta-Al_2O_3$，载体总酸量下降[69]。脱金属脱硫过渡催化剂、脱硫脱残炭催化剂则需要与馏分油加氢催化剂近似或稍大的孔直径分布，因此使用$\gamma-Al_2O_3$载体可以满足要求。

制备氧化铝载体的基础材料一般是拟薄水铝石，载体材料经过捏合、成型、干燥、焙烧制备成载体。工业上生产载体基础材料拟薄水铝石的常用方法包括：（1）铝酸钠用强酸（硝酸等）或强酸的铝盐（硫酸铝等）中和法；（2）铝酸钠用CO_2中和法；（3）氯化铝氨水（或能产生氨的母体）中和法；（4）烷基铝水解法。这些方法虽然都可以得到拟薄水铝石，但由于制备条件（如沉淀速度、温度、pH值及老化等）的不同，得到的拟薄水铝石晶粒和粒度分布不同，因而脱水生成的氧化铝表面特性和孔隙结构也不同。

1）铝酸钠+硫酸铝法制备拟薄水铝石

由铝盐和铝酸盐溶液制备氧化铝载体的基本流程示意图见图13-18。其基本反应是：

$$NaAlO_2+Al_2(SO_4)_3 \longrightarrow Al(OH)_3\downarrow +Na^+ +SO_4^{2-}$$

制备铝盐和铝酸盐溶液的原料是由铝土矿经拜尔法、烧结法或联合法生产的粗氢氧化铝。这种粗氢氧化铝的结晶形态为三水铝石(Gibbsite)。虽然它脱水后也能生成氧化铝，但由于晶粒太大、Na_2O 含量太高，通常无法制成机械强度和表面特性能满足催化剂要求的载体，必须将它重新溶解在强酸或强碱中，得到铝盐或铝酸盐溶液，再用中和法制成拟薄水铝石，然后才能制备性质符合要求的氧化铝载体。这种氧化铝的合成路线具有合成效率高、成本较低的优点，特别是石科院在原工艺[70]的基础上开发成功的环境友好高效系列化拟薄水铝石新工艺，实现了系列化产品的连续稳定生产，并提升了各类加氢处理催化剂性能，甚至用作半再生重整催化剂载体也具有很好的效果[71]，而且大幅度降低洗涤水排放量。

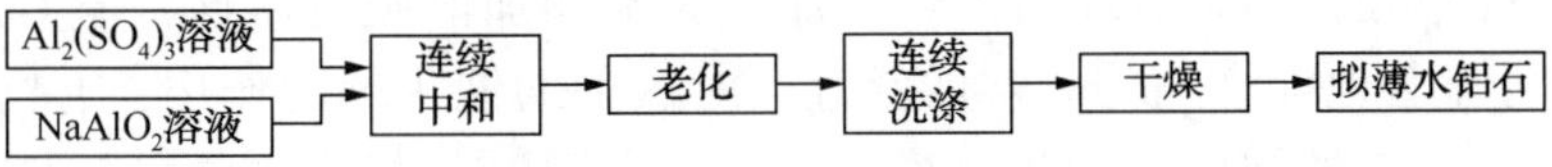

图 13-18 硫酸铝-铝酸钠法新工艺生产拟薄水铝石示意图

2）铝酸钠用 CO_2 中和法制备拟薄水铝石

CO_2-铝酸钠中和法工艺流程如图 13-19 所示，一般可以依托烧结法氧化铝生产工艺流程，以铝土矿一次溶出的铝酸钠溶液为原料，经过精制后与烧结法生产过程产生的 CO_2 废气进行间歇中和反应，制备拟薄水铝石，过滤母液和洗涤滤液可返回氧化铝流程回收利用，具有原材料成本低的优点。但是中和反应为间歇式，反应终点 pH 值对产品性质影响显著[72,73]，用于生产加氢催化剂载体用的大孔拟薄水铝石材料时，必须使用较低浓度的铝酸钠溶液[74]，从而影响生产效率。连续稳定工艺技术的开发是追求的目标[75]。

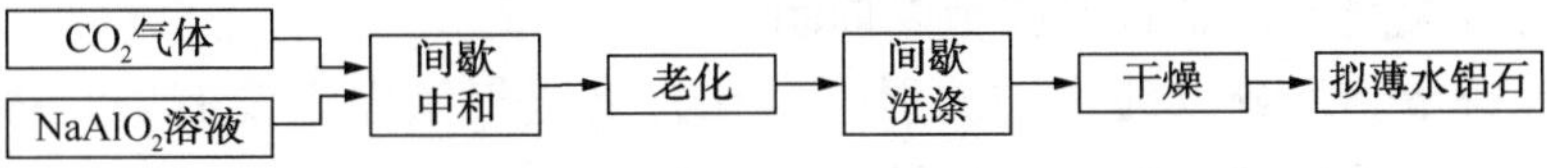

图 13-19 CO_2-铝酸钠法生产拟薄水铝石示意图

氯化铝氨水中和法和烷基铝水解法生产的拟薄水铝石及其氧化铝载体，杂质含量低，成本较高，通常用作催化重整催化剂的载体，其制备流程和方法见本章第二节中催化重整催化剂的制备。

工业上拟薄水铝石和无定型硅铝成型的方法主要有挤出法、成球法、模压法和抹板法。在以上四种方法中，现在加氢处理催化剂载体制备最常用的是挤出成型法。

2. 加氢活性组分的选择及引入技术

1）加氢活性组分的选择

加氢精制催化剂中常用的加氢组分必须具有六方或立方晶格结构及适合的原子间距离的几何特征及未充满的 d 电子层的电子特征。具有上述特征的金属通常是元素周期表中ⅥB 族和Ⅷ族的金属，包括非贵金属 W、Mo、Co、Ni 等(其中 W、Mo 为主剂，Co、Ni 为助剂)，贵金属有 Pt、Pd 等。由于非贵金属双金属组分比单金属组分加氢性能好，因此在非贵金属加氢精制催化剂中多选用双金属组分，并以硫化物形式存在，如 W、Mo、Ni、Co 的混合硫化物，而贵金属催化剂在使用条件下则以还原态存在，并且在使用过程中大多要求反应体系基本无硫化氢或其他含硫化合物存在，以避免催化剂中毒。它们对各类反应的活性顺序为：

加氢脱硫：Mo-Co>Mo-Ni>W-Ni>W-Co；

加氢脱氮：W-Ni>Mo-Ni>Mo-Co>W-Co；

加氢饱和：Pt，Pd>Ni>W-Ni>Mo-Ni>Mo-Co>W-Co。

其中，炼油加氢催化剂多以硫化物催化剂为主。常用的金属组合为 Mo-Co、Mo-Ni 和 W-Ni。

对硫化态加氢精制催化剂中金属化合物组分活性相的形成、本质及其作用机理，虽然进行了较详尽而深入的研究，但由于问题的复杂性，还很难说已经趋于完善并取得一致的结论。下面仅列出从这些研究中归纳出的几个基本观点：

（1）Co 和 Ni 单独存在只表现出极弱的加氢脱硫和加氢脱氮活性，但 Co（或 Ni）和 Mo（或 W）结合后可显著地提高 Mo 或 W 的活性，对这种助催化剂的作用，有“嵌入模型”（Co 或 Ni 嵌入 MoS_2或 WS_2的结构）、“协同模型”（Co 以 Co_9S_8存在）、“单层模型”（MoO 或 WO_3在载体上成单层分布）以及“Co-Mo-S 相模型”等来解释。深入的研究还表明，Co 或 Ni 的活性相也在加氢过程中起到很大的催化作用。

（2）催化剂中Ⅷ族金属和ⅥB 族金属原子之间存在最佳摩尔比（r）[76]，即

$r = \frac{\text{Ⅷ 族金属原子}}{(\text{Ⅷ 族金属原子} + \text{ⅥB 族金属原子})}$存在最佳值。研究表明，加氢脱氮的最佳金属摩尔比一般在 0.25 左右，加氢脱硫的最佳金属摩尔比则在 0.5 左右。

（3）根据金属负载量、载体性质及制备条件的不同，硫化后催化剂中可发现有 Co_9S_8、Ni_3S_2、$Co(Ni)Al_2O_4$、$Al_2(MoO_4)_3$及类 MoS_2、类 WS_2等物相存在，其中 Ni（Co）Al 尖晶石的生成对活性是有害无益的，制备时应予以抑制。

（4）为了保持金属组分以硫化物的形式存在，反应气氛中需要有一个最低的 P_{H_2S}/P_{H_2}比值，低于这个值，催化剂活性会逐渐降低或丧失。

2）活性金属的引入技术

加氢处理催化剂活性金属引入方式有以下几种：

（1）混捏法。在催化剂成型过程中，活性组分与载体原材料一起混合，成型、干燥、焙烧，得到催化剂成品。

（2）饱和浸渍加混捏法。此方法把部分活性金属在催化剂成型过程中引入，部分金属按照饱和浸渍法引入。

（3）过饱和浸渍法。当浸渍溶液用量大于载体饱和吸液率时，称之为过饱和浸渍，浸渍后再过滤、干燥、焙烧，完成催化剂制备。过饱和浸渍法会产生吸附后剩余的浸渍溶液，不容易对催化剂上的活性金属上量进行精准控制，且造成污染。

（4）饱和浸渍法。当浸渍溶液用量等于载体饱和吸液率时，称之为饱和浸渍（又称喷淋浸渍），此方法需要事先测定载体的饱和吸液率，把需要的活性金属配制成载体饱和吸附需要的体积，然后浸渍载体，干燥、焙烧，完成催化剂制备。饱和浸渍法中的活性组分负载量稳定，容易达到理论负载量，无浸渍后液储存或再处理问题，但在某些情况下，沿催化剂颗粒径向活性组元分布可能不均匀。

由于饱和浸渍法对催化剂上的活性金属上量可以做到精准控制，通常采用饱和浸渍法制备加氢催化剂。

无论是饱和浸渍还是过饱和浸渍，都可以分为静态浸渍和动态浸渍。从浸渍效果来看，静态浸渍容易出现不同位置催化剂活性组分负载量不同等问题，所以逐渐被动态浸渍取代。动态浸渍方式有间歇式和连续式两种形式。流化床浸渍是一种特殊的喷淋浸渍方式，在小颗粒加氢催化剂的生产中起到非常重要的作用。当催化剂上有两种或两种以上活性组分或助剂时，浸渍可采取共同浸渍或分步浸渍方式。分步浸方式工艺流程较为复杂，一般只在如下情况下考虑采用：①活性组元要求负载量过高；②两种活性组元无法同时溶解；③分步浸渍方式活性高于共同浸渍方式。

除浸渍溶液配方和浸渍方式外，浸渍时间、浸渍温度、干燥温度、干燥速度、焙烧温度、干燥焙烧气氛等均对产品催化剂性能有重要影响。同时，浸渍、干燥、焙烧条件同浸渍溶液配方等有密切关系。最新的催化剂制造技术由于在浸渍溶液配方中引入了部分有机物，所以催化剂的焙烧步骤被取消。

3. 加氢催化剂重要物化指标

加氢处理催化剂除催化剂活性金属和载体外，还有一些重要的物化指标对成品加氢催化剂的性能有重要影响，包括：

（1）催化剂的形状和粒度。催化剂的形状和粒度大小主要是由载体的形状和粒度决定的。常用的催化剂形状有球形、圆柱形、三叶草形、四叶草形（蝶形）、单孔环形（拉西环）、多孔环形（双孔、三孔、四孔、蜂窝形等）、齿轮形等。不同形状催化剂装填进反应器内后所形成的催化剂间空隙率是不同的，空隙率越大，加氢催化剂床层压降越小，容纳机械杂质的能力强，但反应器空间利用率低。对于有内扩散控制的反应，催化剂的粒度越小越好，但同时降低了催化剂床层空隙率。

（2）催化剂的强度。对于条形催化剂，一般测定其侧压强度（或称径向压碎强度）。工业实践经验表明，当条形催化剂的侧压强度大于 12N/mm（有些催化剂，如渣油加氢脱金属催化剂侧压强度大于 10N/mm）时，即可满足催化剂长周期使用的要求。需要注意的是，催化剂的径向压碎强度同条形催化剂是否易于折断没有直接关联。

（3）催化剂的堆比，即单位体积催化剂的质量。催化剂的实际装填堆比并不是一个固定值，同装填方式有很大关系。稀相装填（布袋装填）和密相装填堆比相差可达 10%左右。即使均为稀相装填，催化剂堆比也可相差 5%左右。催化剂堆比高，意味着一个固定大小的反应器中要装填更多质量的催化剂，虽然反应体积空速不变，但重时空速降低。不同类型催化剂的堆比相差很大，多数在 0.4~1.0t/m^3 范围内。

（4）催化剂的比表面、孔容、孔径和孔分布。催化剂的这些性质同载体的相应性质有很大关系，但也受到催化剂活性金属组元浸渍、干燥、焙烧等过程的显著影响。针对不同的加工原料，理想的催化剂孔径和孔分布是不同的。由于加氢精制催化剂的比表面等性质同催化剂的活性和稳定性没有确切的关系，因此该类指标仅供参考。

（四）国内加氢处理催化剂的发展

1. 国内石脑油、催化裂化汽油、喷气燃料加氢催化剂

国内从事石脑油、催化裂化汽油、喷气燃料加氢催化剂研发的机构包括石科院、大连院、中国石油大学、石化院等研发机构。催化剂牌号及各自的特点如表 13-15 所示。

表 13-15　国内石脑油、催化裂化汽油、喷气燃料加氢处理催化剂的种类和特点

原料类型	金属组成	特点及功能	典型牌号	所属公司
重整原料	W-Ni-Co	高空速，高脱硫活性	RS-1	中国石化
	Mo-Ni	高空速、高脱氮活性	RS-40	
	Ni	高脱砷活性及容砷能力	RAs-10	
	Ni	高脱砷活性及容砷能力	RAs-3	
	Mo-Ni-Co	低硫高氮石脑油	FH-40A	
	Mo-Co	高硫低氮石脑油	FH-40B	
	W-Mo-Ni-Co	高硫高氮石脑油	FH-40C	
焦化汽油	W-Ni	高脱硫脱氮活性	RS-1	
	W-Mo-Ni	高脱硫、脱氮、烯烃饱和活性	RS-1000	
	W-Mo-Ni-Co		FH-40C	
	W-Mo-Ni		FH-98	
	Mo-Ni	高容硅能力	RSi-1	
	W-Mo-Ni		FHRS-1	
	Mo-Ni		FHRS-2	
蒸汽裂解汽油	Ni	高脱二烯选择性，高稳定性	RDD-1	
催化裂化汽油	Mo-Ni	硫醇与二烯烃硫醚化	DDS-20	
	Mo-Ni	低温，高空速选择性脱二烯	RGO-2	
	Mo-Co	低温，高空速选择性脱二烯	RGO-3	
	Mo-Co	高加氢脱硫活性、选择性	RSDS-1	
	Mo-Co	高加氢脱硫活性、选择性	RSDS-21	
	Mo-Co	高加氢脱硫活性、选择性	RSDS-31	
	Mo-Co	更高加氢脱硫选择性	RSDS-22	
	Mo-Co	高加氢脱硫选择性	FGH-21	
	Mo-Co	高加氢脱硫选择性	FGH-31	
	Mo-Co	高加氢脱硫选择性	ME-1	
	Mo-Ni	脱除二烯，硫醇硫醚化	PHG-131	中国石油
	Mo-Co	高加氢脱硫选择性	PHG-111	
	Ni	精脱硫、脱硫醇	PHG-151	
煤油	Mo-Ni	脱酸活性高	RGO-1	中国石化
	W-Ni-Co	脱硫醇活性高	RSS-1A	
	Mo-Ni	高空速、高脱氮活性	RSS-2	
	Mo-Ni-Co	低硫高氮石脑油	FH-40A	
	Mo-Co	高硫低氮石脑油	FH-40B	
	W-Mo-Ni-Co	高硫高氮石脑油	FH-40C	

2. 我国柴油和减压馏分油加氢处理催化剂

随着环保法规的日益严格，柴油加氢处理的产品目标也在不断变化，如图 13-20 所示，以石科院开发的柴油加氢处理催化剂为例，国内典型柴油加氢处理催化剂的性能随年代变化不断提升。截至 2019 年，我国的柴油生产装置多数以生产硫含量小于 10μg/g 柴油产品为主。表 13-16 列出了国内研发的典型柴油加氢处理催化剂的种类的特点。

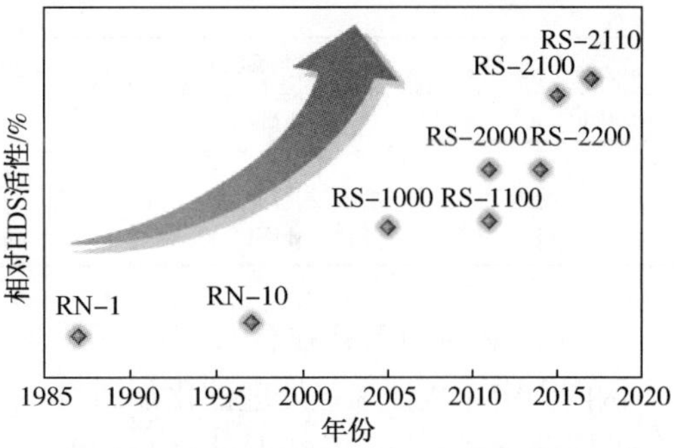

图 13-20 柴油加氢催化剂相对 HDS 活性随年份的变化

表 13-16 国内柴油加氢处理催化剂

加工原料类型	活性金属组成	功能及特点	牌号	所属公司
柴油馏分	NiMo	脱硫、脱氮性能突出，适合加工直馏柴油及含二次加工油的原料	RS-2100 RS-2110 RS-1100 FHUDS-6 FHUDS-8	中国石化
柴油馏分	CoMo	直馏柴油或掺兑催柴、焦柴混合柴油馏分，深度加氢脱硫，氢耗低	RS-2200 FHUSD-5 FHUDS-7	中国石化
柴油馏分	NiMoW	加工催柴、焦柴等劣质柴油馏分，超深度加氢脱硫	RS-1000 RS-2000	中国石化
柴油馏分	NiMo	原料适应性好、脱硫活性高、活性稳定性好	PHF-102	中国石油
柴油馏分	NiW	芳烃饱和活性、脱氮活性突出，适用于二次加工柴油或以二次加工柴油为主掺炼直馏柴油的原料	PHF-101 PHF-102	中国石油
柴油馏分	NiMo	原料适应性好，脱硫活性高，活性稳定性好	PHF-131	中国石油

催化裂化原料预加氢、加氢裂化原料预加氢虽然针对的原料比较相近，但对加氢产品的质量苛刻度要求有很大不同。目前，我国催化裂化原料预加氢产品质量多以硫含量作为控制指标，而加氢裂化原料预加氢产品质量以氮含量作为控制指标。表 13-17 列出了国内研发的典型减压馏分油加氢处理催化剂。

表 13-17 国内使用的蜡油加氢处理催化剂

加工原料类型	活性金属组成	功能及特点	牌号	所属公司
VGO	NiMo	高脱硫脱氮活性	RN-410 FF-36	中国石化
VGO	CoMo	高活性，低氢耗	RVS-420	
VGO	W-Mo-Ni	脱硫、脱氮、芳烃饱和性能高	RN-32V	
VGO	W-Mo-Ni	高脱硫、脱氮活性	FF-14，FF-18	
VGO	W-Mo-Ni	低成本，高脱硫脱氮活性	FF-24	

续表

加工原料类型	活性金属组成	功能及特点	牌号	所属公司
VGO	NiMo	高脱硫脱氮活性	PHT-01	中国石油
VGO	CoMoNi	脱硫活性高、氢耗低	PHF-121	
VGO	MoNi	高脱硫、脱氮活性	PHF-311	

3. 国内渣油加氢处理催化剂

国内固定床渣油加氢处理催化剂研发主要以石科院和大连院为主。国内研发的固定床渣油加氢处理催化剂的牌号及特点见表 13-18。

表 13-18 国内渣油加氢催化剂的牌号及特点

加工原料类型	活性金属组成	功能及特点	牌号	所属公司
AR、VR	—	位于保护床层顶部，空隙率大，容纳固体 颗粒，防止床层压降上升	RG-10	中国石化
AR、VR	—		RG-20	
AR、VR	NiM	脱除 Fe、Ca、Na 等杂质，床层空隙率高，容垢能力强，防止床层压降上升	RG-10E RG-20E RG-30E	
AR、VR	NiM	脱除 Fe、Ca、Na 等杂质，床层空隙率高，容垢能力强，防止床层压降上升	RG-10A RG-20A RG-30A	
AR、VR	NiMo	脱除 Fe、Ca、Na 等杂质，床层空隙率高，容垢能力强，防止床层压降上升	RG-10B RG-20B RG-30B	
AR、VR	NiMo	脱除 Fe、Ca、Na 等杂质，床层空隙率高，容垢能力强	RDM-35-1.8 RDM-35-3.0	
AR、VR	NiMo	脱除 Fe、Ca、Na 等杂质，床层空隙率高，容垢能力强	RDM-32-3b RDM-32-5b	
AR、VR	NiMo	高的脱沥青质能力和脱 Ni、脱 V 能力，容金属能力强	RDMA-1 RDMA-31	
AR、VR	NiMo	高的脱 Ni 和脱 V 能力，容金属能力强	RDM-32 RDM-35 RDM-201 RDM-202	
AR、VR	NiMo	高的脱 Ni 和脱 V 能力，并且具有一定的脱硫脱残炭能力	RDM-33B RDM-203	
AR、VR	CoMo	加氢脱硫活性高，并且具有一定的容金属能力和脱残炭能力	RMS-3 RMS-30	
AR、VR	NiMo	加氢脱残炭能力强，并有好的脱硫功能	RCS-30 RCS-31	
AR、VR	NiW	加氢脱氮和脱残炭能力强，并有好的脱硫功能	RSN-1	

续表

加工原料类型	活性金属组成	功能及特点	牌号	所属公司
		脱除 Fe、Ca、Na 等杂质，床层空隙率高，容垢能力强，防止床层压降上升	FZC-10Q	中国石化
AR、VR	NiM		FZC-11Q	
AR、VR	NiMo		FZC-12Q	
AR、VR	NiMo		FZC-13Q	
AR、VR	NiMo		FZC-14Q	
AR、VR	NiMo	脱除 Fe、Ca、Na 等杂质，床层空隙率高，容垢能力强	FZC-11A	
AR、VR			FZC-12A	
AR、VR			FZC-13A	
AR、VR			FZC-14A	
AR、VR	NiW	高的脱 Ni 和脱 V 能力，容金属能力强	FZC-23	
AR、VR			FZC-24	
AR、VR			FZC-25	
AR、VR			FZC-26	
AR、VR			FZC-27	
AR、VR	NiW	高的脱 Ni 和脱 V 能力，并且具有一定的脱硫脱残炭能力	FZC-28A	
AR、VR			FZC-28B	
AR、VR	NiW	加氢脱硫活性高，并且具有一定的容金属能力和脱残炭能力	FZC-33	
AR、VR			FZC-34	
AR、VR			FZC-35	
AR、VR			FZC-36	
AR、VR			FZC-33 改进型	
AR、VR			FZC-34 改进型	
AR、VR			FZC-35A 改进型	
AR、VR	NiW	加氢脱残炭能力强，并有好的脱硫功能	FZC-41	
AR、VR			FZC-41A 改进型	
AR、VR	NiMo	高脱金属及容纳金属能力	PHR-101	中国石油
AR、VR			PHR-102	
AR、VR			PHR-103	
AR、VR			PHR-104	
AR、VR	NiMo	较高的脱硫能力，兼具脱金属及容纳金属能力	PHR-201	
AR、VR		更高脱硫能力，兼具脱残炭能力	PHR-202	
AR、VR			PHR-203	
AR、VR	NiMo	高脱残炭能力，兼具脱硫能力	PHR-301	

二、加氢裂化催化剂

加氢裂化是重馏分油在高温高压临氢及催化剂存在下进行加氢、脱硫、脱氮、分子骨架结构重排和裂解等反应的一种催化转化过程，其技术的核心是加氢裂化催化剂。

我国加氢裂化催化剂的生产历史比加氢精制催化剂的历史早，1951 年生产过 MoS_2-活性白土催化剂，用于经过酸碱精制的页岩柴油加氢裂化，生产车用汽油、灯用煤油以及航空汽油，解决了我国加氢裂化工业装置初次开工的关键技术问题[77]。

20 世纪 60 年代，开发出 WS_2-活性白土(含氟)催化剂，以及两种以无定形硅酸铝为载体、以 WO_3-NiO 或 MoO_3-NiO 为加氢组分的加氢裂化催化剂，并建成相应的催化剂生产车间，满足了加工大庆原油的需要[78]。

20 世纪 70 年代，开发出以氟化氧化铝和氟化硅酸铝为载体的加氢催化剂，用于加工大庆减二、减三线 VGO，在工业装置上生产出轻质润滑油基础油。与此同时，还将沸石应用于加氢裂化催化剂，开发了以钙、稀土交换的 Y 型沸石和氧化铝两者结合作为载体，并添加金属组分的催化剂。后来又生产出中孔和大孔高硅沸石，并用这些沸石分别开发出加氢裂化和临氢降凝催化剂，满足了由减压馏分油生产低凝点轻质润滑油的需要。

20 世纪 80~90 年代，在成功开发出以 β 沸石和无定形硅酸铝为载体的加氢裂化催化剂的同时，还开发了以超稳 Y 型沸石或超稳 SSY 型沸石为主要载体的加氢裂化催化剂，使加氢裂化催化剂的生产立足于国内，并为加氢裂化技术及催化剂的进步奠定了坚实的基础[79,80]。

21 世纪以来，随着沸石改性技术和催化剂制备技术的进步，对金属加氢活性中心掌控能力的不断增强，以及通过在分子水平对加氢裂化原料、产品、催化剂组成结构及催化反应机理等进行深入研究，制备出了加氢活性中心和裂化活性中心匹配更加合理、催化性能明显改善的加氢裂化催化剂，并已形成系列化，可以根据用户特定需要对催化剂进行“量体裁衣”的开发，催化剂的整体水平已与国外先进水平同步，部分催化剂性能已处于国际领先地位，同时催化剂的生产规模和自动化程度也取得显著进步，满足了我国加氢裂化技术进一步发展的需要。

(一) 加氢裂化催化剂的作用

加氢裂化催化剂的作用是在一定压力、一定温度及氢气存在下，通过加氢饱和、裂化以及异构化，实现重质产品轻质化的选择性调变，以达到改善产品分布、提高产品质量等目的。

加氢裂化催化剂主要用于一次和二次加工过程的柴油和减压馏分油(如直馏柴油、减压馏分油、催化裂化轻循环油、焦化柴油、焦化馏分油、溶剂脱沥青油等)的高效转化，生产超清洁燃料以及优质化工轻油，满足油品质量升级以及结构调整的需求。其中，生产的煤油、喷气燃料和柴油的硫、氮和芳烃含量很低，燃烧性能很好，是优质的石油产品；轻石脑油的硫、氮、烯烃和芳烃含量均很低，既可直接用于调合生产超低硫清洁车用汽油，也可用于生产化工溶剂油，并可用作制氢和蒸汽裂解制乙烯装置进料；重石脑油的芳烃潜含量高，硫、氮含量低，是催化重整生产高辛烷值车用汽油或生产“三苯”等轻芳烃装置的优质进料；尾油的饱和烃含量高，多环芳烃含量低，是蒸汽裂解制乙烯、异构脱蜡生产高黏度指数润滑油基础油和催化裂化生产车用汽油等装置的优质进料。

（二）加氢裂化催化剂的特点和种类

1. 加氢裂化催化剂的特点

加氢裂化催化剂属于双功能催化剂，催化剂同时具有加(脱)氢功能和裂化功能。金属加氢组分是(脱)氢功能的主要来源，可以分为非贵金属和贵金属两类。载体组分是裂化功能的主要来源，可分为两大类：一类是如氧化铝、改性氧化铝等弱酸性载体，另一类是沸石和无定形硅酸铝等酸性载体，可以分别使用，也可以混合使用。

在开发加氢裂化催化剂时要综合考虑下列因素：加氢活性、裂化活性，对目的产品的选择性，对硫化合物、氮化合物及水蒸气的敏感性，运转稳定性、再生性能、机械强度、形貌和粒度大小、堆积密度等。

加氢裂化反应是催化裂化反应叠加加氢反应，其反应机理是正碳离子机理，符合β位断裂规则。与催化裂化相比，由于加氢活性中心和氢气的存在，使加氢裂化的产物基本上是饱和的，而且大部分含硫、含氮化合物等杂质都已经被除去，因此液体产品的收率高、质量好。另外，在催化裂化条件下，多环芳烃首先吸附于催化剂的表面，随即脱氢缩合成焦炭，催化剂迅速失活；而在加氢裂化过程中，多环芳烃可以加氢饱和转化为单环芳烃，很少或基本上不会生成焦炭，催化剂的寿命可延长至数年。

由于加氢裂化催化剂是固体，而反应物是气体、液体或气液混合相，且催化反应一般均在界面进行，因此加氢裂化反应属于多相催化反应。

加氢裂化过程中的主要化学反应有加氢、裂化、异构化、歧化等反应。加氢反应主要在催化剂中的加氢金属活性中心进行，裂解、异构化、歧化等反应主要在催化剂中载体所提供的酸性中心进行。其中，异构化反应是加氢裂化的重要反应，因此产物中异构烃与正构烃的比值较高。加氢反应为强放热反应，裂化反应为吸热反应，加氢裂化反应总的表现为放热反应。

2. 加氢裂化催化剂的种类

根据不同的原料和产品要求，需要对加氢功能和裂化功能进行适当的选择和匹配。由于加氢裂化所适应的原料、产品、工艺条件不同，催化剂组成也各不相同，使得其分类具有较高的复杂性。表 13-19 列出了国内外文献中常规加氢裂化催化剂的种类。

表 13-19　加氢裂化催化剂的种类

类　别	催化剂
转化深度	加氢改质、缓和加氢裂化、加氢裂化
原料类型	柴油加氢裂化、减压馏分油加氢裂化、渣油加氢裂化、煤基油品改质
产品类型	芳烃型、轻油型、中油型、灵活型、尾油型
压力等级	中压加氢裂化、高压加氢裂化
活性及选择性	高活性、低活性、高选择性、开环选择性
酸性组分	沸石型、无定型

常规工业加氢裂化催化剂可以简单地分为柴油加氢裂化催化剂和减压馏分油加氢裂化催化剂。

1）柴油加氢裂化催化剂

由于清洁燃料标准的不断提高，柴油馏分中 S 含量向 10μg/g、多环芳烃向 1%的指标逐步靠近，使得劣质柴油馏分加氢裂化成为提高柴油质量的重要手段。随着对 BTEX 等化工原料需求的逐渐增加，通过将柴油馏分转化为重整原料，将高芳烃劣质柴油直接转化为 BTEX 的深度加氢裂化也实现了工业应用。柴油加氢裂化催化剂依据转化深度主要可以分为以下四种类型：柴油临氢降凝催化剂、柴油加氢提高十六烷值催化剂、柴油加氢改质催化剂、柴油深度加氢裂化催化剂。

柴油临氢降凝催化剂：含有择形沸石，使原料中的长链烷烃等高凝点组分在临氢、一定温度和较低压力条件下选择性地裂解成小分子或者深度异构化，从而大幅度降低柴油的凝点，以满足冬季我国北方寒冷地区对不同凝点等级的低凝柴油的需求。通常要求高于 95%以上的液体收率。由于临氢降凝催化剂加氢能力很弱，基本不脱除原料中硫、氮等杂质，从而造成临氢降凝柴油产品的硫氮含量高、氧化安定性差，不能满足柴油产品质量升级的要求。因此，目前通常将临氢降凝催化剂与加氢精制催化剂和/或加氢改质催化剂联合使用。

柴油加氢提高十六烷值催化剂：以提高产品十六烷值及安定性、降低燃烧时污染物排放为目的。液体收率要求高，十六烷值提高 10 单位左右。要求催化剂具有很高的加氢脱硫、加氢脱氮、加氢脱芳、加氢脱胶质活性，和原料中的双环及双环以上组分发生选择性开环能力，同时裂化活性要限定在尽可能低的水平。因此，加氢组分通常选用 W-Ni 非贵金属组合，裂化组分通常选用活性较低的改性 Y 型沸石，并加入特种氧化铝以改善催化剂的孔结构和金属组分与载体间的相互作用。该模式比较适合于柴油产品出厂存在质量问题而同时又不希望增加石脑油产量的企业使用。

柴油加氢改质催化剂：以提高柴油产品质量并兼顾生产高芳烃潜含量石脑油为目的，由于转化深度的提高，液体收率降低，要求催化剂具有很高的加氢脱硫、加氢脱氮、加氢脱芳活性、良好的环烷烃选择性开环性能、链烷烃异构化性能，以及适度的重馏分加氢裂化性能。因此，加氢组分通常选用 W-Ni 非贵金属组合，裂化组分通常选用活性较低且具有异构性能的改性沸石和无定形硅酸铝，并加入特种氧化铝以改善催化剂的孔结构和金属组分与载体间的相互作用，如低活性且具有异构性能的中油型加氢裂化催化剂。可以根据产品要求采用常规灵活型和轻油型加氢裂化催化剂，适用于劣质柴油掺入比例较大的装置。

柴油深度加氢裂化催化剂：用于最大量生产重石脑油或者 BTEX 的装置中，要求催化剂具有很强的对多环烃类选择性开环转化和在石脑油馏分中富集单环烃类的能力。因此，加氢组分通常选用 W-Ni、Mo-Ni 非贵金属组合，裂化组分通常选用活性高的改性 Y 型沸石，如轻油型加氢裂化催化剂和灵活型加氢裂化催化剂。所采用催化剂和常规的轻油型催化剂基本相同。

2）减压馏分油加氢裂化催化剂

减压馏分油是加氢裂化加工的最主要的原料。根据主要目的产品，加氢裂化催化剂可以分为轻油型加氢裂化催化剂、灵活型加氢裂化催化剂、中油型加氢裂化催化剂、尾油型加氢裂化催化剂。

轻油型加氢裂化催化剂：主要用于最大量生产石脑油产品，作为生产芳烃或高辛烷值汽油的催化重整装置的进料。这类催化剂要求具有强的裂化活性和相对较弱的加氢活性，以满足产生必要的二次裂化以及提高开环选择性和在石脑油馏分中富集单环烃类的能力。因此，加氢组分通常选用 Mo-Ni 非贵金属组合，裂化组分通常选用活性较高的改性 Y 型沸石，并且沸石的含量较高，一般在 50%以上。

灵活型加氢裂化催化剂：可灵活地生产中间馏分油产品、石脑油产品和加氢尾油，温度敏感性高，通过改变反应温度，可显著改变产品分布，以适应市场需求的变化。这类催化剂要求具有较强的裂化活性和较强的加氢活性，并且这两种活性要相互较为平衡。因此，加氢组分通常选用 W-Ni 非贵金属组合，裂化组分通常选用活性适宜的改性 Y 型沸石，并加入特种氧化铝等以改善催化剂的孔结构和金属组分与载体间的相互作用。

中油型加氢裂化催化剂：主要用于最大量生产中间馏分油产品。这类催化剂具有相对较弱的裂化活性和较强的加氢活性。因此，加氢组分通常选用 W-Ni 非贵金属组合，裂化组分通常选用活性较低的改性 Y 型沸石、改性 β 沸石、无定形硅酸铝或它们的复合物，并且沸石的含量较低，一般在 20%以下，同时加入特种氧化铝等以改善催化剂的孔结构和金属组分与载体间的相互作用。

尾油型加氢裂化催化剂：在上述三类催化剂中通过调整加氢功能和酸性功能，兼顾尾油质量。当加氢尾油用作润滑油基础油生产原料时，要求催化剂具有很强的异构化活性以及对多环烃类选择性开环而不断链的能力，使尾油产品富含异构烷烃和单环烃类，以尽可能提高润滑油基础油的收率和质量。当加氢尾油用作蒸汽裂解制乙烯原料时，要求催化剂具有尽可能低的异构化活性和高的选择性开环转化能力，使尾油产品富含链烷烃尤其是正构烷烃和带长正构烷基侧链的单环烃类，以尽可能提高乙烯的收率。当加氢尾油用作催化裂化进料时，要求催化剂具有优先转化多环烃类的能力，使尾油产品富含少环烃类和部分加氢饱和的多环烃类，以提高催化裂化装置产品轻油的收率和质量，或者提高低碳烯烃收率。

（三）加氢裂化催化剂的制备技术

加氢裂化催化剂由加氢组分、载体和助剂三个部分组成，第九章图 9-6 示出了三者的功能、种类以及相互关系[81,82]。加氢裂化催化剂的制备包括氧化铝制备（见加氢精制催化剂部分）、沸石的制备、载体成型、助剂和活性金属组分的引入等。

加氢裂化催化剂中加氢组分的作用是使原料油中的芳烃、烯烃加氢饱和，抑制生焦。金属组分（Ni、W 或 Ni、Mo）和氧化铝组分与加氢精制催化剂中的相近。裂化组分的作用是促进 C—C 键的断裂和骨架异构化反应。常用的裂化组分有沸石和无定形硅酸铝，其结构和作用与催化裂化催化剂相同，需具有酸性、热稳定性、水热稳定性和化学稳定性。沸石种类有 Y 型、β 型、ZSM-5 型等，但最常用的还是 Y 型沸石、β 沸石。Y 型沸石开环活性高，β 沸石链烷烃转化活性高，中间馏分选择性好。还包括酸性更弱的无定形硅酸铝组分，其 B 酸量比沸石低一个数量级，但由于无定形硅酸铝的中、大孔孔容大，对大分子有较高的裂化选择性，所制备催化剂具有裂化活性与反应温度敏感性均较低、中油选择性较高、运转过程稳定等特点。

加氢裂化催化剂采用先制备载体，然后再负载加氢金属组分的方法制备，也有采用载体和金属所有组分共同沉淀的方法来制备的。

1. 载体要求及制备技术

加氢裂化催化剂的载体除了要具有一般载体的作用，如机械强度、传递热量以防止金属熔结及载体相变，提供有效表面和适合的孔结构，能与活性组分产生适宜的相互作用，能改善活性金属分散外，还要提供发生裂化反应的酸性组分。为促进 C—C 键的断裂和骨架异构化反应，载体中常含有裂化组分如沸石和无定形硅酸铝，特别是沸石。它们通称为固体酸载体，其结构和作用与催化裂化催化剂相同。催化剂成型可以采用压片、油氨柱成球和挤条等方法，其中挤条方法应用得最广。

氧化铝是加氢裂化催化剂最常用的载体组分之一，具有比表面积大、孔径分布合理、强度好、热稳定性好、吸液率大等特点，制备方法参见加氢精制催化剂一节。为了满足不同催化反应，需要对氧化铝的某些性质进行调变。目前常用的调变助剂有 P、F、B、Ti、Zr、Si、有机物等。通过助剂改性，可制备出具有不同孔结构、不同表面电性质的各种功能型氧化铝。

无定形硅酸铝的酸性强于氧化铝或改性氧化铝，其性能与制备方法、硅铝组成、脱水条件、改性方式等密切相关，制备方法主要有分步沉淀和一步沉淀两种方法。

沸石是加氢裂化催化剂载体中最重要的裂化组分，对催化剂的性能有着决定性的影响。加氢裂化催化剂中最常用的沸石是各种改性的 Y 型沸石和 β 沸石。Na 型 Y 和 β 沸石原粉是无活性的，使用前需经改性处理。沸石的改性方法包括三大类：一是非骨架元素改性，即阳离子交换，利用阳离子交换可以调节晶体内的电场、表面酸性，改变沸石的酸性位置，从而可以改变沸石的性质，调节沸石的吸附、分离和催化特性。二是结构改性，即改变沸石的 SiO_2/Al_2O_3 比，以达到改变沸石酸性和孔结构的目的。水热法脱铝、化学法脱铝、脱铝补硅、同晶取代是这类改性的主要方法。三是沸石晶体表面改性，即通过对沸石的孔口、外表面和笼内表面进行修饰来达到改性目的，化学气、液相沉积法是这类改性的典型方法。沸石改性的目的是调变其物理、化学性质和反应的性能，例如：改变骨架 SiO_2/Al_2O_3 比以调节酸性和提高热稳定性；调节非骨架（或称骨架外）铝以调节酸类型和酸性；改变阳离子类型以提高耐毒性和反应活性；改变孔结构以适应不同原料和不同目的产品的需求等。

2. 活性金属的引入技术

在加氢裂化催化剂中，加氢组分的作用是，使原料油中的芳烃尤其是多环芳烃加氢饱和，并使反应生成的烯烃迅速加氢饱和，防止不饱和烃分子吸附在催化剂表面，生成焦状缩合物而降低催化活性。加氢裂化催化剂的金属组分与加氢精制催化剂的金属组分相近（Ni、W 或 Ni、Mo），但是主要强化的是芳烃和烯烃饱和的作用。

金属组分一般随所加工原料与目的产品的不同而改变，如 Mo-Ni/沸石催化剂一般用于最大量生产汽油，而 W-Ni/沸石催化剂一般用于生产中间馏分油。在以润滑油为主要产品时，则通常采用 W-Ni 组合，以有利于脱除润滑油中最不希望存在的多环芳烃组分。

尽管加氢裂化催化剂金属组分的种类一直没有明显的变化，但通过金属负载技术的改进和各种功能型载体的开发，以及在控制金属的粒子大小、在载体上的分布、与载体的相互作用、相互组合的性能关系、最佳原子配比、可还原性能等方面的系统研究，使金属的利用效率和催化剂加氢性能得到不断提高。

加氢裂化催化剂的活性金属引入技术有浸渍、混捏、共沉淀、打浆和离子交换等方法，其中以浸渍、混捏和共沉淀法最为常用。

浸渍法是制备负载型催化剂的一种常用方法，即将已经成型的载体用含有活性金属组分的溶液浸泡，然后经干燥、焙烧等步骤，最终制成催化剂。浸渍法可以分为共浸渍法和分步浸渍法。共浸渍法又可分为过量浸渍和等量浸渍(或称饱和浸渍)两种。

混捏法是将催化剂的活性组分和载体粉料在混捏设备中充分混合，加入黏合剂进一步捏合成可塑状物，而后经过挤条、干燥、焙烧制成催化剂成品。混捏法具有设备简单、操作方便、生产效率高、生产能力大等特点，可用于制备高金属含量的多组分催化剂。但是，催化剂表面各组分(包括金属和非金属组分)之间分散的均匀性，往往不如采用浸渍法和共沉法所制备的催化剂。

共沉淀法是将制备催化剂所需的载体组分和活性金属组分同时沉淀生成凝胶的一种方法，即将催化剂的各个组分分别配制成酸性和碱性工作溶液进行成胶反应，使载体和活性金属共同沉淀生成凝胶。成胶过程可采用并流法(等 pH 值法)或变 pH 值的罐成胶法，然后经压滤、成型、洗涤、干燥和焙烧等而制成催化剂成品。共沉淀法的制备过程比较复杂，但所制备的催化剂的加氢性能较好，且可用于制备高金属含量的多组分催化剂。

(四) 我国加氢裂化催化剂的发展

21 世纪以来，随着沸石改性技术和催化剂制备技术的进步，通过在分子水平对加氢裂化原料、产品、催化剂组成结构及催化反应机理等进行深入研究，制备出了加氢活性中心和裂化活性中心匹配更加合理、催化性能明显改善的加氢裂化催化剂，并已形成系列化。

石科院、大连院、中石油石化院、中海油研究院以及多家民营企业相继开发出 3、4 代近 80 个牌号的加氢裂化催化剂，完全可以满足我国市场需求。目前，我国加氢裂化装置年处理能力达到了 9000 万吨以上，加氢裂化催化剂国内总的自给率约为 70%。根据 Oil & Gas 和 Hydrocarbon 近期统计[83]，目前国内外在用加氢裂化催化剂牌号超过 200 种。国内市场上使用的代表性牌号及特点如表 13-20、表 13-21 所示。

表 13-20 柴油馏分加氢裂化催化剂

加工原料类型	活性金属组成	功能及特点	牌号	所属公司
直馏柴油、二次加工柴油	Ni	临氢降凝催化剂： 中压，加工高蜡柴油，生产 -20#、-35#、-50# 等低凝柴油产品。降凝幅度可达 50℃ 以上。柴油收率在 65%~95%	FDW-3、FDW-4、 RDW-1 MLDW-2	DRIPP RIPP ExxonMobil

续表

加工原料类型	活性金属组成	功能及特点	牌号	所属公司
直馏柴油、二次加工柴油	NiW	异构降凝催化剂： 中压，十六烷值提高 6~12 个单位，凝点降低 5~75℃，密度和 T_{95} 明显降低，颜色和安定性好，柴油收率在 85%以上	FC-14、FC-20、MSDW-2、RHC-130	DRIPP RIPP ExxonMobil
直馏柴油、二次加工柴油	NiW	提高十六烷值催化剂： 中压，掺炼二次加工柴油，十六烷值较原料提高 8~14 个单位，密度和 T_{95} 降低，颜色和安定性好，柴油收率在 95%以上	FC-18、FC-16B RIC-2、RIC-3	DRIPP RIPP
直馏柴油、二次加工柴油	NiW	加氢改质/裂化催化剂： 中高压，石脑油产品芳烃潜含量高，柴油十六烷值提高 12~20 个单位，重石收率 10%~73%	FC-12、FC-24、FC-32A RT-5、RHC-5	DRIPP RIPP
催化裂化轻循环比	NiMo	催柴多产汽油催化剂： 中压，汽油收率 30%~55%，*RON* 88~96，柴油十六烷值 30~40	FC-24B RHC-100	DRIPP RIPP

表 13-21 减压馏分油加氢裂化催化剂

加工原料类型	活性金属组成	功能及特点	牌号	所属公司
VGO、CGO、DAO 可掺入部分柴油馏分	NiW/NiMo	轻油型催化剂： 中高压、串联全循环，重石脑油收率 35%~73%，芳潜 45~60，可兼产少量优质中间馏分油和尾油	FC-46、FC-56、FC-82 RHC-210、RHC-210F HC-185 Z-863、Z-NP10	DRIPP RIPP UOP Criteria
VGO、CGO、DAO 可掺入部分柴油馏分	NiW/NiMo	灵活型催化剂： 中高压、串联全循环，重石脑油收率 15%~35%，中间馏分收率 20%~55%，尾油收率 20%~60%，重石芳潜、煤油烟点、柴油十六烷值高，尾油 *BMCI* 值低	FC-12，FC-32 FC-76、RHC-3、RHC-220 DHC-32 Z-673、Z-3723	DRIPP RIPP UOP Criteria
VGO、CGO、DAO 可掺入部分柴油馏分	NiW/NiMo	中油型催化剂： 中高压、串联全循环，更加注重煤柴油收率，喷气燃料收率 30%~55%，柴油收率可达 30%~78%。重石芳潜、煤油烟点、柴油十六烷值高，尾油 *BMCI* 值低	FC-26、FC-40、FC-50、FC-60、FC-80 RHC-133、RHC-131、RCF-1 DHC-39、HC-115LT Z-503	DRIPP RIPP UOP Criteria

三、加氢催化剂的硫化技术

(一) 器内硫化技术

加氢催化剂的钨、钼、镍、钴等金属组分，使用前都是以氧化物的状态分散在载体表面。加氢催化剂的活性金属只有在硫化物的状态下才有高的活性和稳定性，因此加氢催化剂在使用前都要经过硫化。加氢催化剂的硫化方法主要有两种：一种是在反应器内进行，叫器内硫化；另一种是在催化剂生产厂进行的硫化，叫器外硫化。

加氢催化剂的器内硫化有气相硫化与液相硫化两种方法：

(1) 气相硫化(亦称干法硫化)，即在循环氢气存在下，注入硫化剂进行硫化。

(2) 液相硫化(亦称湿法硫化)，即在循环氢气存在下，以低含氮煤油或轻柴油为硫化油，携带硫化剂注入反应系统进行硫化。

一般以氧化铝或无定形硅铝为载体的加氢催化剂多采用液相硫化方法，而对于含沸石的加氢裂化催化剂多采用气相硫化方法，因为沸石酸性强，如采用液相硫化法，可能会因硫化油发生裂解反应致使催化剂床层超温，并生成积炭而使催化剂活性下降。气相硫化时间往往较长，温度不易控制。近年来，随着硫化技术的进步，含沸石的加氢裂化催化剂也可以采用液相硫化方法对加氢裂化催化剂进行硫化，可以缩短开工时间，降低开工风险[84~86]。

1. 器内硫化主要反应

加氢催化剂多元金属硫化物的活性中心模型是很复杂的，至今还存在多种假设。为简化起见，一般将活性金属硫化物的结构式表示如下：MoS_2、WS_2、Co_9S_8、Ni_3S_2。

催化剂预硫化反应十分复杂，在氢和硫化氢存在条件下，金属氧化物存在还原和硫化的竞争反应。以 MoO_3 为例，硫化的反应历程如图 13-21 所示[87]：

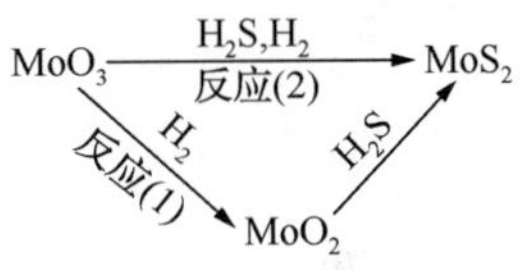

图 13-21　MoO_3在硫化过程中的反应历程

从金属氧化物转化为硫化态的过程，两种反应途径都有可能发生，主要取决于反应温度与 H_2S、H_2分压。要控制好加氢催化剂的硫化过程朝着理想的方向进行，需要注意以下几点。

(1) 如反应温度过高，H_2S 浓度过低，金属氧化物在氢气存在的条件下以还原反应为主：

$$MoO_3 + H_2 \longrightarrow MoO_2 + H_2O$$

一旦氧化态金属被氢气还原成为低价氧化物后，再与硫化氢反应时，其反应速度很慢，这将导致硫化不完全而活性下降。这种情况对 NiO 尤其明显，因为还原 Ni 被硫化后生成 NiS，它的加氢活性是很低的，所以应避免金属氧化物在高温、氢气存在条件下发生还原反应。

(2) 在硫化过程中，温度较低，硫化与还原同时进行，经硫化后的催化剂金属组分都是以硫化态的形式存在的，催化剂活性高。

(3) 在氢分压过低时，虽然不会发生金属还原反应，但在硫化后催化剂表面可能同时有 MoS_2、MoO_3、MoS_3等的混合晶体存在，致使活性变差。

(4) 氢气中硫化氢浓度决定金属组分的硫化速度，在温度达到200℃以上时，硫化氢体积浓度一般应控制在0.5%~1.0%，浓度过低，金属氧化物将被部分还原而导致硫化不完全。

2. 器内硫化的主要反应条件

1）硫化温度

不论是气相或液相硫化，硫化温度都是影响硫化反应速度的主要因素。因此，必须严格控制整个硫化过程各个阶段的温度和升温速度。

注硫温度主要取决于硫化剂的分解温度。如果采用 CS_2 为硫化剂，CS_2 与氢开始反应生成 H_2S 的温度为175℃，因此注入 CS_2 的温度应在175℃以下，使 CS_2 先在催化剂表面吸附，然后在升温过程中分解。

在反应器催化剂床层被 H_2S 穿透前，应严格控制床层温度不能超过230℃，否则一部分氧化态金属组分会被氢气还原成低价金属氧化物或金属元素，致使硫化不完全；再则还原反应与硫化反应将使催化剂颗粒产生内应力，导致催化剂的机械强度降低。

$$MoO_x \xrightarrow[\text{收缩}]{H_2} Mo \xrightarrow[\text{膨胀}]{H_2S} MoS_x$$

硫化最终温度一般为360~370℃。事实上，在每一个温度下都有一个平衡极限值[88]，即使再延长硫化时间，硫含量也不再增加，如图13-22所示。当温度达到300℃以上时，硫化反应速度已经很快，可以达到硫化完全。

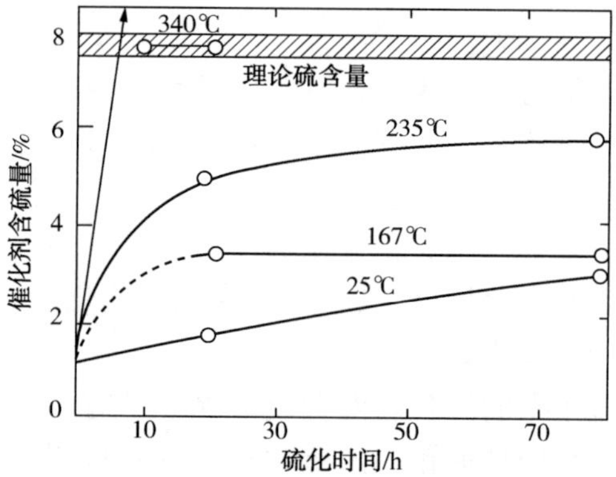

图13-22 W-Ni/Al_2O_3催化剂硫化深度与硫化温度、硫化时间的关系

催化剂：WO_3 26%，NiO 4.5%

硫化条件：总压3.0MPa，循环气空速1000h^{-1}，循环气中含 H_2S 0.7%

2）氢分压与最佳硫化温度

我国学者考察了液相硫化(以 CS_2 为硫化剂，以直馏煤油为携带剂)的氢分压、温度对RN-1(W-Ni/Al_2O_3)催化剂脱硫(HDS)、脱氮(HDN)的影响[89]，分别见图13-23和图13-24。由此可以看出，在较低的硫化压力下，随着硫化温度的升高，催化剂的HDS、HDN的活性下降；随硫化压力升高，催化剂的适宜硫化温度也提高。在液相硫化过程中，由于有携带油存在，在硫化反应进行的同时还进行着携带油的裂化反应，在硫化压力较低而温度较高时会发生缩合反应直至生成焦炭，这可能是硫化效果变差的主要原因。因此，在硫化条件的选择上，在较低压力下硫化时，应该选择较低的硫化温度；只有达到一定硫化压力(如6.4MPa)，才可以选择较高的硫化温度。

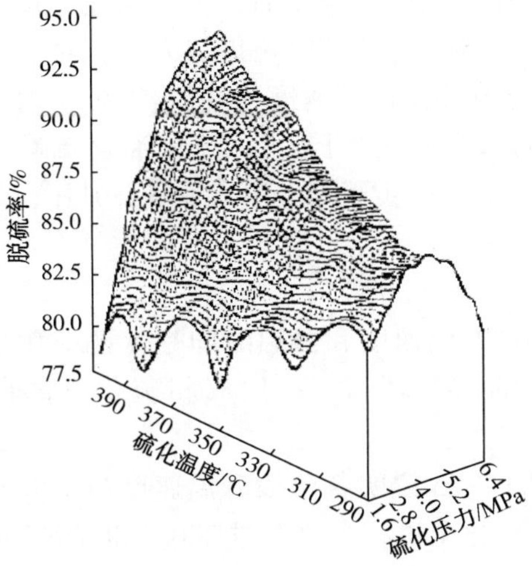

图 13-23　硫化温度及硫化压力与 HDS 活性的关系

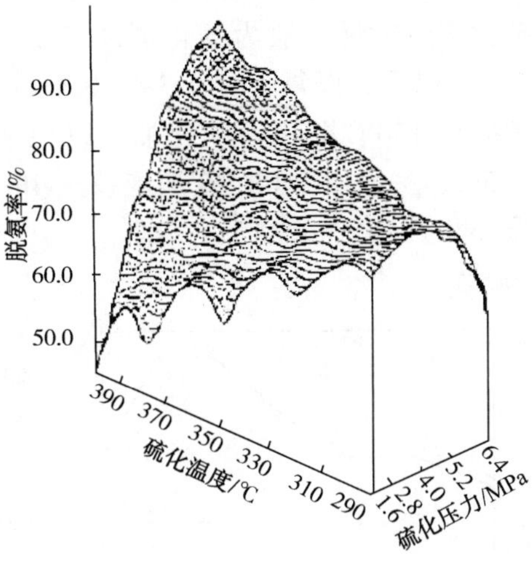

图 13-24　硫化温度及硫化压力与 HDN 活性的关系

3）硫化氢浓度

循环氢中硫化氢浓度增高，硫化反应速度加快，当硫化氢浓度增加到一定程度之后，硫化反应速度就不再增加。但是在实际硫化过程中，受反应系统材质抗硫化氢腐蚀性能的限制，不可能采用过高的硫化氢浓度。

一般在 3.4~5.8MPa 氢压下硫化。硫化各温度阶段的循环氢中硫化氢浓度的合理范围如表 13-22 所示。

表 13-22　硫化过程中的硫化氢浓度控制范围

硫化温度/℃	硫化氢浓度/%(体)	硫化温度/℃	硫化氢浓度/%(体)
175~230	0.1~0.5	>370	1.0~2.0(≮1.0)
230~370	0.5~1.0(≮0.2)		

3. 器内硫化的工艺过程

器内硫化过程一般分为催化剂干燥、硫化剂的吸附和硫化三个主要步骤。

1）催化剂干燥

催化剂载体是强吸水性多孔物质，在存放和装填过程中，常常吸附较多水分，一般为 2%~3%，有时高达 4%~5%。在硫化前必须进行干燥，尤其是液相硫化，含水催化剂遇到高温硫化油，会造成颗粒破损。

脱水介质可以用氢气或氮气。如在氢气流下，为避免金属组分被还原，必须严格控制脱水最高温度，一般不超过 200℃，最好在 180℃。如脱水介质为氮气，最高干燥温度允许达到 250℃。脱水应按规定升温速度分段进行，一般分 120℃与 180℃（或 250℃）两个阶段进行。

2）硫化剂的吸附

为了防止催化剂发生还原反应，除了必须严格控制硫化温度外，还应在硫化反应开始前，使催化剂表面预先吸附适量的硫化剂，以便在达到硫化温度后，硫化与还原反应同时进行。硫化剂吸附量一般为催化剂注硫量的30%～50%。以CS_2硫化剂为例，对于气相硫化，在230℃以下，以每小时0.3%～0.6%（对装入催化剂）的速度连续注4～6h。对于液相硫化，则应于150℃即注入硫化油，以免催化剂床层出现“干区”。硫化油含硫量一般为1.0%～1.5%，一般以2.0h^{-1}空速连续注4h。在完成这一步骤后，引入氢气并升压，然后进行气体循环和升温。

3）硫化

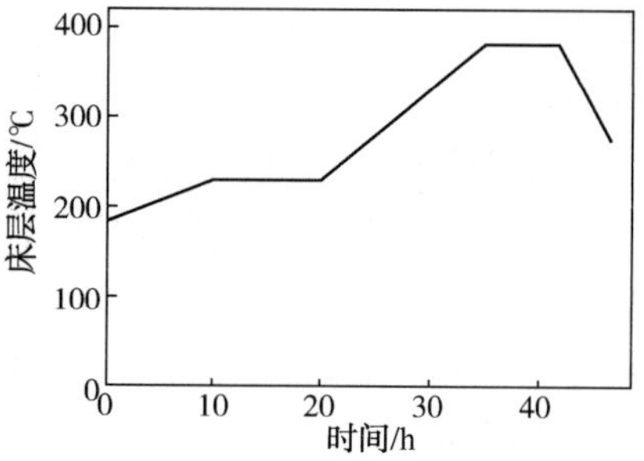

图13-25　催化剂气相硫化升温曲线

控制升温速度和恒温时间是保证硫化反应达到完全的重要环节，一般气相硫化升温曲线见图13-25。

图13-25说明各阶段升温速度与恒温时间的要求。硫化全过程主要经过230℃和370℃两次恒温硫化阶段。在230℃恒温前，必须要求硫化氢完全穿透催化剂床层（以循环氢中开始出现大量硫化氢为标志）。在恒温阶段必须按上述不同温度下对硫化氢浓度的要求严格控制，以保证硫化效果。硫化氢浓度可以通过硫化剂加入速度随时加以调整。

硫化过程是强放热反应，并有水生成，因此应密切注意反应器内各床层温度变化和循环气中的水含量。

硫化完成程度一般以全程硫化剂加入量达到催化剂（按金属计算）的理论硫含量的120%为准。

液相硫化的升温曲线与气相基本相同，主要差别有两点：（1）吸附硫化剂温度从150℃开始，升温至200℃时，用氢气置换，然后在230℃恒温硫化；（2）第2次恒温硫化为280℃。

（二）器外预硫化技术

器内硫化需要准备硫化剂，在工业装置流程上需要增加硫化剂储罐、机泵及相应的管线，这些设备管线使装置投资增加，占地面积加大。常用的硫化剂（如CS_2等）毒性较大、易挥发、闪点及沸点均较低，这些特点给硫化剂的储存及使用带来了困难，并且容易造成环境污染，影响人体健康。在工业装置开工过程中，催化剂硫化的完全与否直接关系到催化剂的活性及稳定性，因此要求严格按照催化剂硫化的工艺条件及操作步骤进行，对各硫化阶段应严密监测释放出的硫化氢浓度及注硫速度，以控制上硫量和确保催化剂硫化充分。这些严格的要求增加了器内硫化过程的操作难度。

为了克服器内硫化过程的上述缺点，国外在20世纪80年代中期出现了器外预硫化技术。器外预硫化技术是指在反应器外将氧化态催化剂进行处理，使其成为金属氧硫化态催化剂，装入反应器后在一定的条件下直接与氢气反应生成金属硫化态，而不需另外注入硫化剂的催化剂硫化技术。器外预硫化技术与传统的器内硫化技术相比有诸多优点：（1）工业装置在开工过程中不需准备硫化剂，并可省去注硫设施，从而可减少设备投资、简化工艺流程、节约占地面积及节省硫化剂的购置费用；（2）可消除硫化剂在储存运输及使用过程中对人体健康的危害以及对环境的污染；（3）可简化硫化步骤，减小硫化操作与控制的难度，显著缩短硫化时间。

无论是何种器外预硫化技术制备的预硫化态催化剂，都是将氧化态催化剂制成氧硫化态，这种氧硫化态催化剂在装入反应器后要经过一个在氢气状态下将催化剂转变成完全硫化态的过程，此过程被称为器外预硫化催化剂的活化过程。因此，器外预硫化催化剂的活化过程，实际上就是催化剂上的活性金属由氧硫化态转变为完全的硫化态的过程。以 NiW 催化剂为例，金属 W 的活化反应路径如下：

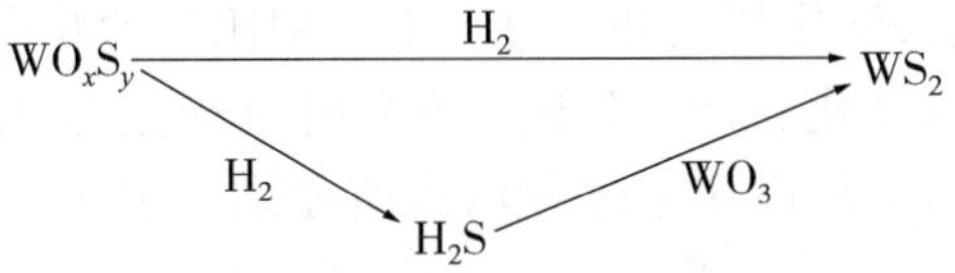

2003 年，我国器外预硫化催化剂首次实现了工业应用，该工业应用在中国石化某炼厂的一套 50 万吨/年重整预加氢装置上进行。装置采用器外预硫化的 RS-1 催化剂，工业牌号为 RS-1(s)。表 13-23 所示为器外预硫化催化剂 RS-1(s)的工业应用结果。工业应用表明，器外预硫化催化剂的活性达到并超过器内硫化的活性。因此，器外预硫化催化剂的使用达到了缩短开工时间目的，消除了硫化剂在储存和使用过程中对操作工人健康、安全的危害，也消除了硫化剂对环境的污染。

表 13-23　器外预硫化催化剂 RS-1(s)和氧化态催化剂 RS-1 工业应用效果比较

催化剂	RS-1(s)	RS-1	催化剂	RS-1(s)	RS-1
催化剂出厂状态	预硫化态	氧化态	空速/h^{-1}	3.8	4.0
催化剂开工步骤	活化	器内硫化	原料性质		
催化剂开工时间/h	14	43	硫含量/(μg/g)	470	195
催化剂使用条件			氮含量/(μg/g)	5.3	0.6
反应压力/MPa	2.01	2.08	产品性质		
反应温度/℃	280	290	硫含量/(μg/g)	<0.5	<0.5
氢油体积比	92	104	氮含量/(μg/g)	<0.5	<0.5

（三）器外真硫化技术

器内硫化技术是将氧化态加氢催化剂在加氢反应器内使用硫化剂和氢气进行原位硫化，硫化后的催化剂才可以加工原料油生产合格产品。器外预硫化技术是在加氢反应器外预先使用硫化剂对氧化态加氢催化剂进行预硫化处理，使得活性金属以氧硫化物形式存在，还不具备加氢活性，装填到加氢反应器内后，还需要使用氢气对预硫化态催化剂进行活化。活化的过程基本类似于器内硫化过程，只是无须再向加氢反应器内注入硫化剂了。经过活化后的加氢催化剂才具有真正的加氢活性，可以加工原料油。

器外真硫化技术是在加氢反应器外使用硫化剂和氢气对氧化态加氢催化剂进行真正硫化处理。活性金属以硫化物形式存在，已经具备真正加氢活性，装填到加氢反应器后，无须使用硫化剂或氢气再对真硫化态催化剂进行补充硫化或者活化，可以直接加工原料油。石科院根据器内硫化和器外预硫化技术的特点，同时结合炼厂用户的实际需求，2018 年 5 月首次开发了加氢催化剂器外真硫化技术(e-Trust)。该器外真硫化技术相比器内硫化和器外预硫化技术具有明显的技术优势，采用真硫化态催化剂开工，可以明显缩短开工时间，降低开工风险，同时开工过程绿色环保，无三废排放，符合炼厂实际需求[90]。同年，中国石油石油化工研究院研发的免活化硫化态汽油加氢系列催化剂，在中国石油两家炼厂的汽油加氢装置一次开车成功，混合汽油产品硫含量小于 10mg/kg，烯烃体积含量降幅大于10%，辛烷值损失小于 1.0，同步实现深度脱硫、大幅降烯烃和保持辛烷值三大目标，圆满完成国Ⅵ汽油质量升级。

真硫化态/免活化硫化态催化剂在开工过程中，相比其他状态的加氢催化剂具有显著的优势。表 13-24 所示为器内硫化、器外预硫化和器外真硫化态/免活化硫化态催化剂在开工过程中的特点。由于不同加氢装置开工过程均有所差别，表 13-24 以柴油加氢精制装置为例进行对比说明。

表 13-24　不同状态加氢催化剂在开工过程中的特点

项　目	器内硫化	器外预硫化	器外真硫化/免活化硫化态
开工时间/h	~120	~96	~48
安全环保	污染重	污染重	无污染
温度控制	易超温	极易超温	不超温
经济性	低	中	中
开工风险	高	高	低

从表 13-24 可以看出，各种形式加氢催化剂在开工过程中表现出不同的特点。柴油加氢精制装置的开工过程在正常情况下，系统氢气气密通过后到生产出合格的产品，氧化态催化剂需要至少 120h 的开工时间；器外预硫化态催化剂需要器内活化过程，开工时间约96h，而器外真硫化态催化剂直接进初活稳定油，开工时间仅 48h 即可进含二次加工油的原料油生产出合格产品。因此，器外真硫化催化剂在缩短开工时间上具有明显的优势。从安全环保来看，器内硫化过程需要在现场注入硫化剂，产生硫化氢和酸性污水，少量泄漏就会对安全环保产生较大影响；器外预硫化态催化剂在器内开工过程中虽然无须再注入硫化剂，但在器内活化过程中，负载在催化剂孔道中的硫化剂仍然会分解产生硫化氢，活化过程产生大量的酸性污水；而器外真硫化态/免活化硫化态催化剂在开工过程中不产生任何污染物和毒物，具有安全环保的特点。硫化过程是强放热反应，器内硫化过程易导致床层超温；器外预硫化态催化剂在器内活化过程中由于负载在催化剂孔道中的硫化剂集中分解，极易造成床层瞬间超温；而器外真硫化态/免活化硫化态催化剂在器内开工过程中无放热反应发生，安全性高。器内硫化和器外预硫化催化剂开工时间长，安全环保性差；器外真硫化态/免活化硫化态催化剂开工时间短，安全环保性好，并具有经济性高的特点。

以下从真硫化态/免活化硫化态加氢催化剂的化学原理、生产及应用等几个方面加以说明。

1. 加氢催化剂器外硫化的化学反应过程

以 Co、Mo、Ni、W 为活性组元的加氢催化剂，活性金属以相应金属氧化物形式负载在催化剂孔道中，经过硫化处理后，转变为相应的金属硫化物。化学反应方程式如图 13-26 所示。

$$MoO_3 + 2H_2S + H_2 = MoS_2 + 3H_2O$$
$$WO_3 + 2H_2S + H_2 = WS_2 + 3H_2O$$
$$3NiO + 2H_2S + H_2 = Ni_3S_2 + 3H_2O$$
$$9CoO + 8H_2S + H_2 = Co_9S_8 + 9H_2O$$

图 13-26　加氢催化剂硫化反应方程式

加氢催化剂硫化的化学反应主要发生金属氧化物与硫化氢和氢气的氧硫交换及还原反应。以 MoO_3 硫化为 MoS_2 的硫化过程为例，MoO_3 首先与硫化氢发生氧硫交换生成 MoS_3 和 H_2O，再发生还原反应生成 MoS_2。该过程为强放热过程，特别是氧硫交换过程，热效应较大，生成大量的反应热，同时产生酸性水。在加氢反应过程中，金属硫化物是加氢反应的活性中心，因此，硫化过程的好坏直接决定真硫化态/免活化硫化态催化剂的活性。

2. 真硫化态/免活化硫化态加氢催化剂的生产过程

真硫化态加氢催化剂在催化剂厂的生产过程如图 13-27 所示。

图 13-27　真硫化态/免活化硫化态加氢催化剂的生产过程

氧化态催化剂经过真硫化处理后，真硫化态/免活化硫化态催化剂在空气中不稳定，硫化态金属与氧气会发生缓慢氧化反应放热导致催化剂自热。因此，加氢催化剂经过真硫化处理后还需要对其进行表面钝化。经过钝化处理后的催化剂可以长时间放置在空气中，性能比较稳定。经过真硫化、钝化处理后的加氢催化剂经过包装后可以出厂装填到加氢反应器中。

不同类型加氢催化剂品种因为其制备方法和性质的不同，对应不同的最佳硫化条件。器内硫化时，级配装填反应器中的所有催化剂均采用相同的硫化条件，在一定程度上限制了催化剂活性的最大释放；器外真硫化技术可根据每一个催化剂的特点制定专门的硫化条件，按照活性最大化方式生产出真硫化态催化剂，再将不同牌号的真硫化态/免活化硫化态催化剂级配装填到加氢反应器中，可明显提升催化剂的整体加氢活性和稳定性。目前，所有加氢催化剂，包括汽油加氢、喷气燃料加氢、柴油加氢、减压馏分油加氢、渣油加氢及加氢裂化催化剂均可在器外使用中国石化 e-Trust 技术或中国石油免活化硫化态催化剂制备技术加工成真硫化态，在器内装填后直接进原料油开工，器外真硫化态催化剂的加氢活性普遍略优于或相当于器内硫化催化剂，具有非常显著的优势。

在催化剂厂经过真硫化生产后的真硫化态/免活化硫化态催化剂产品具有较高的加氢活性。如图 13-28 所示，在真硫化工业生产装置生产得到的真硫化态柴油加氢精制催化剂RS-2100和 RS-2200 的活性，略高于传统的器内硫化。

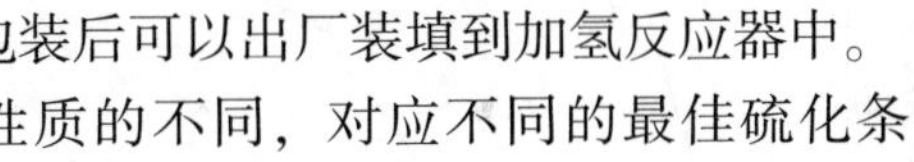

图 13-28　工业生产的真硫化态催化剂活性

3. 真硫化态催化剂在加氢装置的开工应用

真硫化态/免活化硫化态催化剂在出厂前已经过干燥和密封包装，在器内开工过程中无须再次干燥，密封反应器后先使用氮气气密，再进行氢气气密，在 150~200℃左右引油。部分催化剂需要初活稳定 48h，初活稳定结束后逐渐引入二次加工油进装置并调整反应温度正常生产，无须初活稳定过程的催化剂，可直接引原料油开工。开工过程中无硫化氢释放，无臭味，不放热，无酸性水排放，开工升温过程无氢气消耗，不产生废气。

真硫化态/免活化硫化态加氢催化剂在炼厂的开工使用流程如图 13-29 所示。

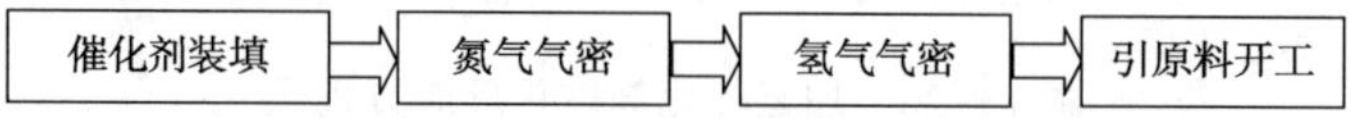

图 13-29　真硫化态加氢催化剂在炼厂的开工流程

我国已有多套加氢装置采用真硫化态/免活化硫化态催化剂开工，比较典型的装置包括中国石化安庆石化柴油加氢装置、中国石化武汉石化石脑油加氢装置、中国石油哈尔滨石化加氢裂化装置、中国石油哈尔滨石化柴油加氢装置、中国石油哈尔滨石化汽油加氢装置、中国石油庆阳石化汽油加氢装置、中国石油呼和浩特石化汽油加氢装置、中国石油玉门炼化汽油加氢装置等。下面以典型柴油加氢精制装置及汽油加氢装置为例，分别进行真硫化态柴油加氢催化剂及汽油加氢催化剂开工过程的介绍。

柴油加氢装置加氢反应器为了防止氢脆，在压力提高到 2.5MPa 之前，必须将器壁温度升高到 93℃以上。因此，气密过程需要将反应器催化剂床层温度升高，以此提高反应器壁温度。为保证氧化态催化剂中的有机物组分不被破坏，催化剂在器内硫化前不能承受高温，否则会影响器内硫化效果。因此，氧化态柴油加氢催化剂在系统气密时，床层温度设置一般不高于 150℃，这极大地影响了反应器壁的升温时间。真硫化态催化剂在器外已进行了完全硫化，可以适当提高床层温度，床层最高点温度可以设定为 200~250℃，这样大大缩短了器壁升温时间。图 13-30 所示为柴油加氢装置系统气密前的反应器器壁升温过程。使用氧化态催化剂开工，从点炉开始到反应器壁温度全部达到 93℃以上共用时近 96h；采用真硫化态催化剂开工，反应器壁温度不到 24h 就已达到要求，气密过程比较快，极大地节省了开工时间。

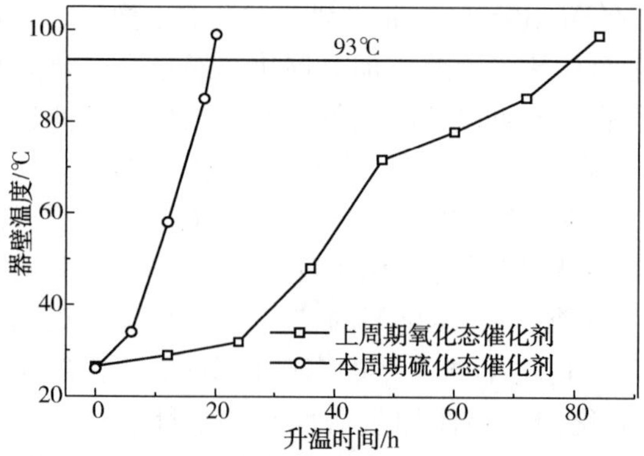

图 13-30　气密过程反应器壁温度变化

对真硫化态催化剂在整个氮气气密和氢气气密期间的循环气进行组成分析，均未发现硫化氢等有毒有害废气的释放，气密升温过程也未观察到酸性水产生。表 13-25 所示为典型的循环气组成。

表 13-25　气密期间循环气体组成　　%(体)

分析项目	氮气气密期间	氢气气密期间
N_2	99.3	11.39
O_2	0.18	0.22
H_2	未检出	88.37
H_2S	未检出	未检出
甲烷	未检出	未检出
乙烷	未检出	未检出

续表

分析项目	氮气气密期间	氢气气密期间
丙烷	0.03	0.02
正丁烷	0.02	未检出
CO	未检出	未检出
CO_2	0.43	未检出

柴油加氢装置氢气气密通过后，开始进直馏柴油升温并建立液位，反应器温度达到初活稳定温度后，开始取馏出口产品样分析，恒温约 8h 后，检测产品硫含量 6.6μg/g，装置进油后约 27h 生产出合格产品。初活稳定 3 天后，装置开始引入焦化柴油，产品硫含量始终保持在 3~6μg/g，开工过程如图 13-31 所示。相比氧化态催化剂，真硫化态催化剂开工流程更简单，开工时间更短。

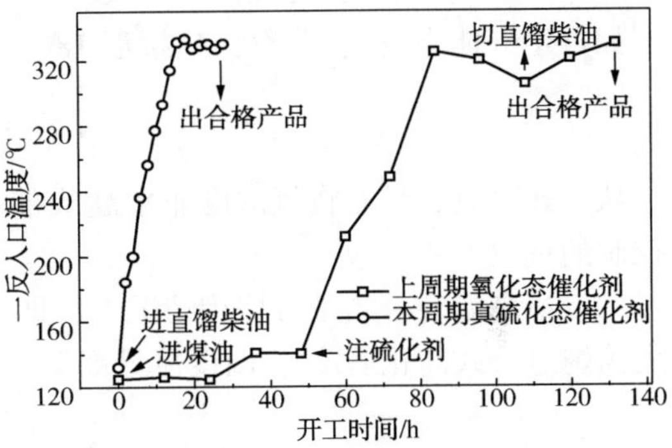

图 13-31　装置开工过程

四、加氢催化剂的再生和重生技术

催化加氢反应过程中，催化剂活性总是随着反应时间增加而逐渐降低。催化剂表面积炭一般是催化剂失活的主要原因。催化剂表面积炭的速率与原料油的性质、加氢反应条件以及催化剂的特性有密切关系。原料中的硫、氮杂环化合物以及稠环芳烃和烯烃，在加氢过程中，在催化剂表面吸附经热解缩合等反应而生成积炭。积炭导致加氢催化剂失活，属于覆盖性中毒。例如 $Ni-Mo/SiO_2 \cdot Al_2O_3$ 催化剂，其积炭量对比表面积、孔体积有明显影响。如积炭达 11.9%，比表面积由 $240m^2/g$ 下降到 $156m^2/g$，孔体积由 0.44mL/g 下降到 0.27mL/g。这种覆盖性一般可以用烧焦方法进行再生。

(一) 烧焦再生的影响因素

1. 再生温度

催化剂再生温度是决定活性恢复程度的关键。如 $Co-Mo/Al_2O_3$ 催化剂[91]，在 500℃以下烧焦，加氢与加氢脱硫活性几乎可以完全恢复。烧焦温度由 500℃提高到 700℃，活性明显降低。主要原因是：高温下的 Co^{2+} 向载体 Al_2O_3 晶体相扩散，生成不能硫化的 $CoAl_2O_4$ 尖晶石结构。而 MoO_3 在催化剂表面发生迁移，改变了原来的 Mo-Co 结构。到 800℃时，则将发生 MoO_3 升华流失。Ni^{2+} 作用与 Co^{2+} 基本相似。因此这类硫化型加氢催化剂一般再生温度应控制在 470℃以下。

2. 再生温度的控制

催化剂再生的效果，首先取决于再生温度的控制，从理论上论证了在催化剂器内再生烧焦时出现床层温度可能失控的临界条件和估算床层最高温升，对于掌握烧焦条件是十分重要的，现概述如下：

(1) 烧焦临界条件。当含氧气体通过催化剂床层烧焦时，一般有两个前峰通过床层，即烧焦前峰和热前峰。在确定合适的烧焦条件时，必须避免两个前峰同时在一个床层截面出现而致使温度失控。

有研究者[92]从这两个前峰通过床层的相对速度分析得出温度无法控制的临界条件为：

$$Y_0M = 6X_0$$

式中 Y_0——催化剂上积炭的起始质量分数；

M——气体的分子量；

X_0——气体中氧的起始摩尔分数。

如再生气体为空气-蒸汽，M 接近 18，则上式变为：

$$Y_0 = \frac{1}{3}X_0$$

从上式可见，只有在氧浓度非常高或催化剂上积炭非常低的情况下，才会出现温升无法控制的现象。

(2) 最高温升。当正常烧焦情况下，即热前峰的移动速率远远高于烧焦前峰的速率时，应用汤姆逊分式简化后[93]，温度层最高温升计算式为：

$$\Delta T = \frac{188000X_0}{M}$$

例如以空气-蒸汽烧焦时，M 接近于 18。

则：

$$\Delta T = 10000X_0$$

故当气体氧体积含量为 1%时，最高温升约为 100℃。

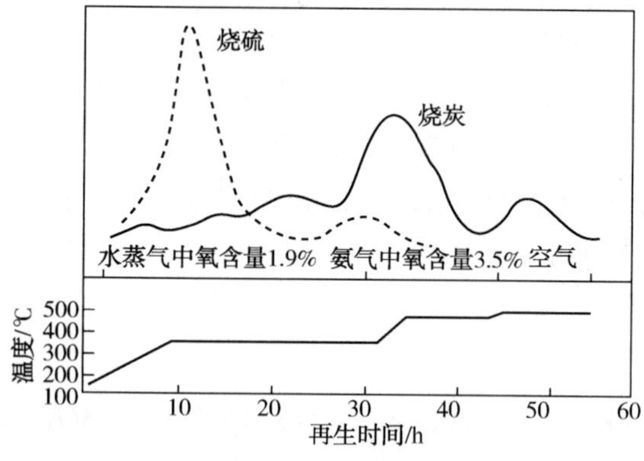

图 13-32 积炭 W-Ni/SiO_2-Al_2O_3催化剂再生（烧硫和炭）与温度的关系

3. 金属硫化物与积炭燃烧温度

在硫化型加氢催化剂烧焦再生过程中，催化剂的金属硫化物与积炭将同时燃烧，但其燃烧速率是有较大差别的。从图 13-32 可见，在再生气体含氧 1.9%~3.5%的情况下，温度达 300~350℃时，硫化物迅速燃烧，在 20h 内绝大部分硫化物已经燃烧完全。而积炭在 350℃时只有部分开始燃烧，到 400~450℃时才大量燃烧，直到 470℃时燃烧完全。

4. 再生介质

催化剂再生的实质就是加以控制的焦炭和硫化物的燃烧，为此需控制温度及氧气浓度。作为稀释氧浓度的稀释气，即再生介质，容易取得的是水蒸气和氮气。用两种介质进行 RN-1 催化剂再生研究表明[94]，水蒸气作再生介质时，再生过程中导致 WO_3晶粒增大，并生成了 $NiWO_4$结晶，明显影响催化剂脱氮活性恢复，对脱硫活性影响较小，但仍比用氮气介质时影响为大。因此，为了减少催化剂的活性损失，推荐用氮气与空气作再生介质。

（二）催化剂器内再生

早期的国内加氢装置一般采用催化剂器内再生方式。对于 γ-Al_2O_3为载体的 Ni、Mo、

W 系加氢催化剂，其烧焦介质可以为蒸汽或氮气，但对于以沸石为载体的催化剂，如再生时水蒸气分压过高，可能破坏沸石晶体结构，而失去部分活性，因此必须用氮气-空气烧焦法再生。

1. 再生前的预处理

无论再生气体介质为水蒸气还是氮气，在反应器烧焦之前，均需进行催化剂脱油与加热炉清焦。

(1) 催化剂脱油。反应器停止进油后，催化剂表面仍吸附有一定数量的油，如不事先脱除，则烧焦时，吸附油将与积炭同时燃烧，不但易引起催化剂表面超温，而且会延长烧焦时间，有时甚至因油雾随烟气带入烟囱而造成后燃烧或发生爆炸。

催化剂脱油主要采取轻油置换与热氢吹脱的办法。

装置停止进油后，待反应床层最高温度降至 390℃以下时，以轻油(煤油或轻柴油)置换催化剂表面吸附油。采用轻油循环的办法，直到高压分离器能见到轻油液面为止，一般需要 4h 左右。用于置换的轻油，芳烃含量愈高，溶解能力愈强，脱油效果愈好。

置换完成后，将炉出口温度提高到 430~480℃，以热氢将催化剂表面残留的吸附油吹脱干净。

(2) 加热炉清焦。对于采用加热炉加热原料油的装置，在再生前，加热炉管必须清焦，以免影响再生操作和增加空气耗量。

炉管清焦一般用水蒸气-空气烧焦法，烧焦时应将加热炉出、入口从反应部分切出，蒸汽压力为 0.2~0.5MPa，炉管温度为 550~620℃。可以通过固定蒸汽流量变动空气注入量或固定空气注入量变动蒸汽流量的办法来调节炉管温度。

2. 水蒸气-空气再生

这种再生方法早期曾经使用过。采用水蒸气-空气一次通过流程，工艺简单，并且不会产生尾气腐蚀后部装置和设备问题。再则，再生介质水蒸气容易得到保证，但能耗大，尾气直接排入大气，存在 SO_2、CO、CO_2等气体对环境污染问题，且如前述对催化剂活性有较大影响，因此只是在无氮气供应等特殊情况下，方才采用。

3. 氮气-空气烧焦再生

这种再生方法较水蒸气-空气再生法能耗低，无环境污染，但氮气价格高，供应量有限，故必须采用气体循环流程，这就带来燃烧生成的 SO_2、SO_3以及 CO_2等酸性气体对设备的腐蚀问题，必须采取烟气碱洗措施，因此工艺流程比水蒸气-空气再生法要复杂，操作条件要求也更严格。

(1) 再生工艺流程。再生工艺流程是在原来反应系统流程的基础上，增加和调整部分设施而成。主要内容是：增加碱罐及注碱泵、循环碱泵；增设空气供应系统；将氢气循环压缩机改作再生气循环机，将高压分离器改作碱液分离器；增加反应器后部换热及冷却系统的注碱点；增加必要的 pH 及 Fe^{2+}的检测手段。

(2) 再生工艺条件的选择。压力：增加再生压力有利于提高烧焦速度，有利于增加再生气的循环量和再生器冷凝脱水，一般压力选择为 2.0~3.0MPa。气剂比：气剂比加大有利于烧焦热量的带出，降低催化剂表面与主流体间的温差，对防止催化剂烧焦过热有利。在设备及系统压降允许的情况下，尽量采用较大的气剂比。氧气浓度及再生温度：这两个因素是密切相关的，加大氧气浓度可以提高烧焦速度，而烧焦速率又受反应温度制约，反应温度则取决于设备材质及催化剂耐受温度程度。

（3）催化剂再生过程。催化剂烧焦再生大致可以分为点火、主燃烧、烧净三个阶段。点火阶段的点火温度取决于氧气浓度、积炭量和催化剂性质。在氧气浓度为 0.2%～0.4%时，点火温度一般为 300～340℃。由于开始再生时催化剂上积炭量较大，且会有“油”存在，此时反应温度较难控制。进入主燃烧阶段后，反应温度为 330～360℃，氧气浓度为 0.3%～0.6%，此时的床层最高温度一般控制在 425～440℃，主燃烧阶段催化剂上的大部分焦炭和硫化物被烧掉。烧净阶段氧气浓度可提高至 3%以上，反应温度大约为 440℃，进一步烧去残余的硫和炭。当催化剂床层无温升、反应器出口氧气浓度无变化时，再生过程完成。

（4）再生气的碱洗与腐蚀检测。为了防止烧焦产物中酸性气体的腐蚀，必须采取防腐措施。为此要在反应器出口注氨，在换热器和空冷器间注碱液，同时为防止后部设备的“碱脆”，后部系统的温度不能超过 150℃，但为防止盐类析出，温度也不能过低。为了有效地防止设备的腐蚀，通常要连续测定循环碱液的 pH 值和 Fe^{2+} 的浓度，一般控制 pH 值为 8～10，Fe^{2+} 的浓度小于 16μg/g。

（5）再生催化剂的理化性质与活性。某炼油厂 80 万吨/年的柴油加氢精制装置，所用 RN-1 催化剂累积运转 40 个月，每千克催化剂处理柴油 50.21 吨[95]。后进行了氮气-空气器内再生，再生后催化剂性能见表 13-26 及表 13-27。由此可以看到，再生后的催化剂的理化性质与新鲜剂基本相同，脱硫活性恢复了 98%，脱氮活性恢复了 97%。

表 13-26　RN-1 再生与新鲜催化剂理化性质比较

项　目	新鲜催化剂	再生催化剂①	新催化剂规格
比表面积/(m^2/g)	126	125	≥90
孔体积/(mL/g)	0.28	0.28	≥0.27
压碎强度/(N/mm)	21.1	21.0	≥20.0
杂质含量/%			
碳	0	0.21	
硫	0	0.73	
铁	0	0.15	

①再生剂数据为反应器床层上、中、下三部分的平均值。

表 13-27　RN-1 催化剂再生后的活性

催化剂	新鲜催化剂	再生催化剂	催化剂	新鲜催化剂	再生催化剂
主要反应条件			硫含量/%	0.048	0.050
入口压力/MPa	3.5	3.7	脱硫率/%	86.5	84.8
氢油体积比	450	210	氮含量/%	0.018	0.019
空速/h^{-1}	1.35	1.35	脱氮率/%	72	70
温度(平均)/℃	301	298	相对脱硫率/%	100	98
产品性质			相对脱氮率/%	100	97.2
密度(20℃)/(g/cm^3)	0.8550	0.8510			

(三) 催化剂器外再生及重生技术

催化剂器外再生是将失活后催化剂直接卸出，运到专门的器外再生公司进行再生。与器内再生一样，失活催化剂在卸出反应器前，需要采取轻油置换和热氢吹脱的办法来脱除催化剂表面吸附的一定数量的油。

1. 器外再生相对于器内再生具有的优点

(1) 从反应装置卸出后的失活催化剂在进行器外再生前，首先需要进行过筛处理，以筛除失活催化剂中含有的粉尘、碎粒等细小颗粒。再生后的成品催化剂在出厂前，还需要进行一遍过筛处理，以筛除在再生过程中新产生的粉尘、碎粒。因此，采用器外再生，装填进反应装置的再生催化剂会保持最大的完整度，不会对装置的压降产生影响，有助于加氢装置的平稳操作。

(2) 待生催化剂经过筛后，在专用烧焦设备中再生，可准确地控制再生温度、再生空气量、再生速率。在正式再生前，可通过小型装置建立再生模型，确定烧焦再生各区段的温度、风量、速率等再生条件。可有效避免在器内再生过程中产生的飞温现象，操作的苛刻度大幅降低，再生产品的质量稳定性大幅提高。表 13-28 为某些催化剂器内外再生活性恢复率对比情况，器外再生较器内再生活性恢复率高，特别是加氢裂化催化剂差别更大。一般器外再生催化剂的费用占催化剂价格的 13%~15%。再生后的催化剂质量稳定，催化剂活性恢复良好，加氢产品分布和产品质量能满足使用要求[96]。

表 13-28　器内再生和器外再生的活性恢复率的对比

催化剂	相对于新鲜催化剂的活性恢复率/ %	
	器内再生	器外再生
加氢精制催化剂	75~90	95~98
加氢裂化催化剂	70~85	90~95

(3) 失活催化剂在烧焦过程中，会产生大量的含有 SO_2、SO_3 以及 CO_2 等酸性物质的尾气。采用器外再生，可以避免这些酸性尾气对加氢反应系统的腐蚀，减少了炼厂再生气的碱洗与腐蚀检测等设备与操作。因采用器外再生的企业具有配套的再生尾气处理系统，具有完善的环保处理措施，可有效避免再生尾气对环境的污染。

(4) 采用器外再生，使用专用工具从反应器快速卸出待生催化剂，装入备用剂(新剂或再生剂)，可以缩短停工时间，因而增加装置的经济效益。占用反应系统的时间短，有利于维修、处理高压设备问题，缩短检修时间，提高装置利用率。

2. 器外再生的主要工艺技术

我国从 20 世纪 90 年代末期，加氢催化剂的再生工艺开始使用器外再生，主要采用传送带式器外再生技术，在网带窑或转炉中进行催化剂的烧焦工艺，以空气为焙烧介质。现在，国内器内再生工艺基本上都已经被器外再生工艺取代。

3. 催化剂的重生技术

随着加氢催化剂制备技术的发展，开始出现一批脱硫和芳烃饱和活性极高的新型加氢催化剂。这类催化剂一般通过特殊的方法制备，含有金属分散度非常高的Ⅱ型活性中心。

这类加氢催化剂在运转失活后，如果仅通过高温烧焦再生的方式脱除积炭，并不能有效恢复催化剂活性。其原因是：高温烧焦会引起加氢催化剂上活性金属的聚集，从而减少活性中心数目，造成催化剂活性的大幅度下降。

针对这类加氢催化剂，开发了新的加氢催化剂再生技术，其方法包括“烧焦再生和重生”两个步骤：先通过高温烧焦再生脱除其中的积炭后，然后采用添加剂进行重生处理，使烧焦再生后催化剂上聚集的活性金属再分散，从而恢复至原来新剂的表面化学状态。

催化剂的重生工艺往往与催化剂的制备工艺相关，不同种类的催化剂，采用不同类型的添加剂进行重生处理。需要进行重生处理的催化剂，其再生过程一般采用器外再生。

采用新的方法对新型高活性加氢催化剂进行再生(烧焦再生+重生)，活性恢复率能达到新剂活性的95%以上，可以大大延长催化剂使用寿命，明显降低加氢装置运转成本。

第四节　吸附剂

一、吸附脱硫吸附剂的类型

(一) S Zorb 脱硫吸附剂

与加氢脱硫等技术不同，吸附脱硫技术因其简便、迅速的特点受到了普遍关注，成为近年来发展较快的脱硫技术之一。吸附脱硫技术最早被应用到原料气脱硫，燃料油吸附脱硫的应用是吸附脱硫技术的一大进步。

在吸附脱硫技术中，脱硫吸附剂的性能是决定吸附脱硫技术水平高低的重要因素之一。影响脱硫吸附剂性能的主要因素包括脱硫吸附剂材料的选择及吸附材料的利用水平。

吸附脱硫材料，主要包括以下几种类型。

1. 白土类吸附脱硫吸附剂

活性白土吸附剂是一种吸附性能较强的物质，能吸附有色物质、有机物质。它主要以黏土(主要是膨润土)为原料，是经无机酸化处理，再经水漂洗、干燥制成的吸附剂，外观为乳白色粉末，无臭、无味、无毒，吸附性能很强。相对于活性炭或者沸石来说，活性白土吸附剂价格较便宜，具有较好的吸附性能，受到越来越多的关注和研究。

2. 沸石类脱硫吸附剂

沸石表面积大且具有高度局部集中的极点荷，这些局部集中的极点荷能强烈吸附可极化的硫化物，且吸附后的沸石可用热蒸汽再生。沸石在较早时期就被用于脱除硫化氢，到20世纪60年代，人们开始利用沸石选择性脱除烃类中的硫醇、硫醚等有机硫。

Marathon Oil公司研究了稀土交换的USY型沸石对油中含硫化合物的吸附性能[97]。从实验结果来看，该吸附剂吸附直馏汽油中含硫化合物的能力较强，硫吸附脱除率超过40%(质量分数)；经烧焦再生后仍具有一定的吸附硫化合物能力。吸附剂中对硫吸附能力起重要作用的是硅铝比和比表面积，而不是稀土含量。

研究证明，经过不同阳离子交换处理的沸石在相同离子交换度和吸附条件下，硫吸附能力也不同[98~101]。研究发现，各种改性X型沸石从正癸烷中吸附正辛基硫醇的能力由大到小依次为HX、MgX、CaX、CoX、NaX、NiX、AgX、CuX。

大量研究证明，不同类型沸石可以吸附脱除不同类型硫化物，同一类型沸石若处理方式不同，脱硫效果也不同。即使采用相同处理方式的同种沸石，最终利用效果也不尽相同。决定材料利用效果的主要因素包括以下两类：(1)合适的沸石，它包括两个方面，一方面是分子的尺寸和几何构形的择形性，另一方面是吸附剂与要脱除的硫化物应具有较强的分子亲和力，即具有良好的脱硫吸附能力；(2)对沸石进行有效处理，使吸附剂具有优越的选择吸附性以及较易脱附的再生能力。

3. 活性炭类脱硫吸附剂

因具有较大的表面积、良好的孔结构、丰富的表面基团和较强的脱硫吸附性能，而且价格低、资源丰富，活性炭是较早用于原料气吸附脱硫的材料。20 世纪 90 年代，随着活性炭改性技术的发展，工业化产品不仅能脱除原料气中的 H_2S、COS 和 CS_2，而且对硫醇、硫醚和噻吩也具有一定的脱除能力，如湖北化工研究院开发的 T103、EAC-4 等。李春虎等[102]制成一种常温改性活性炭有机硫脱硫吸附剂，该吸附剂用球形或柱状活性炭，经水煮、真空干燥后，用占载体质量 0.5%~15%的 KOH、K_2CO_3或 KI 与乙二胺和乙醇的混合液，在室温下等体积浸渍、干燥、焙烧、活化制得，在室温下对有机硫有很好的吸附能力。

黄岳元等[103]用碳酸钠浸渍过活性炭后发现，改性后的活性炭吸附 H_2S 的能力比普通活性炭大大提高。谭小耀等[104]研究了浸渍活性炭脱除 H_2S 的反应动力学，认为脱硫过程主要是 H_2S 在活性炭的吸附水膜内离解后，被活化的氧分子以及活性氧原子氧化生成单质硫逐渐沉积在炭表面，他们还提出了脱硫动力学方程。

尽管活性炭经过改性对无机硫和有机硫已具有较好的吸附脱除能力，但对于复杂有机硫(如噻吩类硫化合物)的脱除能力仍有限，无法满足工业化要求。人们对活性炭表面基团和各类活性炭活性的认识和利用还很不够。通过有效改性，将提高活性炭表面对噻吩类硫化合物的吸附选择性，满足工业化吸附脱硫的要求。

4. 金属及其氧化物类脱硫吸附剂

金属及金属氧化物脱硫吸附剂主要包括锌基脱硫吸附剂、铁基脱硫吸附剂和锰基脱硫吸附剂等。

氧化锌脱硫剂通常在中高温条件下进行，因脱硫效率高、使用简便、性能稳定可靠、硫容高等优点而占据重要地位，如中温吸附脱硫剂 T305。20 世纪 80 年代末，随着制备工艺的改进，助催化剂成分的加入使其广泛应用于常温下的精脱硫，如常温脱硫吸附剂 KT310 等。305 和 KT 310 均为原化工部化学工业研究所开发，适用石脑油、天然气、合成气、变换气等原料气(油)脱除硫化氢。

尽管氧化锌脱硫吸附剂的吸附脱硫能力较好，但脱除有机硫的能力较弱，再生能力不高，高温下在硫化过程中被还原成锌后易气化。为了保证氧化锌在高温条件下仍能高效脱硫，人们分别研究了钛酸锌(Zn-Ti-O)和铁酸锌(Zn-Fe-O)的脱硫性能，发现氧化钛加入氧化锌能阻止氧化锌还原为挥发性锌，且脱硫效率与氧化锌相似，可将出口的硫化氢体积分数降至 1×10^{-6}~5×10^{-6}。加入氧化钛能增加吸附脱硫剂的稳定性，但因其不与硫化氢反应导致吸附剂的硫容降低；当温度高于 1193℃时易碎、易裂缝，使活性降低。添加钴可使吸附剂多次再生循环后活性不下降，添加镍能使脱硫吸附剂在中温条件下具有较好的反应活性和机械稳定性。

5. 汽油吸附脱硫吸附剂

在汽油吸附脱硫工艺过程中，吸附剂将汽油中的硫化合物吸附下来并转移到再生器中，是汽油吸附脱硫工艺发挥作用的关键因素之一。汽油吸附脱硫工艺采用流化床工艺，因此其吸附剂符合一般流化床工艺的特点，为微球吸附剂，其粒度分布集中于0~150μm。

汽油吸附脱硫剂主要由活性组分和载体组成，载体一般由金属氧化物和非金属氧化物组成，活性组分由氧化锌和活性金属组成。ZnO、MnO_2、CaO或一些复合金属氧化物对H_2S均表现出了较好的吸附性能。

传统吸附剂具有较好的脱硫活性，但在工业生产过程中，剂耗相对偏大，细粉生成速率较高，对汽油吸附脱硫的稳定生成造成了一定的影响。

（二）第一代S Zorb吸附剂

2007年，中国石化从美国康菲公司收购了S Zorb汽油吸附脱硫技术的全部知识产权，但当时的吸附剂制备技术依然在美国南方化学公司（后被瑞士克莱恩公司收购）手中。石科院通过自主研发，开发出了具有自主知识产权的第一代吸附剂FCAS-R09。

1. 第一代吸附剂FCAS-R09的组成及反应机理

第一代吸附剂FCAS-R09的主要组成为氧化锌、氧化镍以及一部分硅铝成分。在汽油吸附脱硫过程中，该吸附剂能够吸附汽油中的含硫化合物并将硫原子从分子中除去。在这个过程中，硫原子被吸附保留在吸附剂上而其余碳氢组分则返回到物料流中。

在脱硫反应过程中，镍（主要以金属镍的形式存在）主要起到催化活化含硫化合物的作用，而以氧化态存在的锌主要起到硫存储的作用。含硫化合物与金属状态的镍发生反应生成硫化镍。在氢分压较高的反应氛围中，硫化镍可以被还原为金属镍和硫化氢。由于吸附剂中同时含有对硫化氢吸收性能很好的氧化锌，产生的硫化氢还没逸出吸附剂表面就被吸收生成硫化锌。硫化氢不断被吸收，使得整个化学平衡反应不断进行下去，因此要求吸附剂中必须含有较高含量的氧化锌，以提供足够的储硫能力。

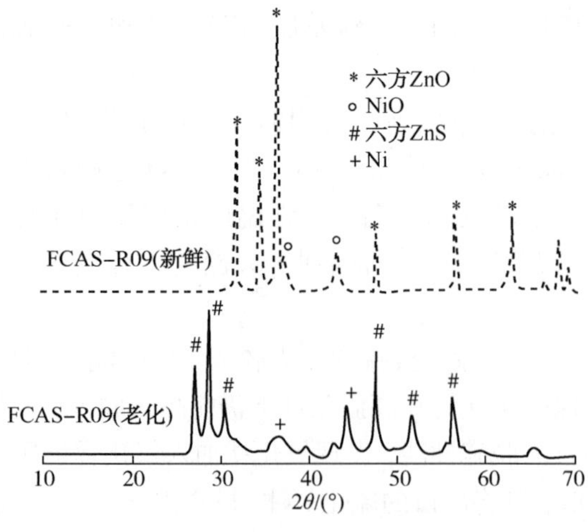

图13-33 吸收硫前后汽油吸附脱硫吸附剂的XRD谱

在这个反应过程中，吸附剂中的氧化锌转化为不具备储硫能力的硫化锌，因此当吸附剂中硫含量达到一定值时，需要经过闭锁料斗到再生器中氧化再生，重新转化为氧化锌，释放出的二氧化硫可以采用Clause法、碱洗法或其他烟气脱硫技术处理。

汽油吸附脱硫通过氧化锌和硫化锌的转化达到硫转移的目的，为了保证催化剂具有好的硫转移能力，需要较高含量的氧化锌。汽油吸附脱硫吸附剂中氧化锌和硫化锌主要以六方晶相存在。吸收硫前后的催化剂的XRD谱如图13-33所示，新鲜剂在2θ为31.52°、34.36°、36.16°、47.58°、56.46°和62.70°处出现了六方氧化锌的系列特征衍射峰，在 2θ 为 37.01°和 43.10°处出现了 NiO 物相的系列特征衍射峰；吸收硫之后的催化剂在 2θ 为 26.97°、28.52°、30.51°、47.47°、51.75°、56.40°处出现了六方硫化锌的晶相峰，在 2θ 为 36.62°、44.38°处出现了镍的晶相峰[105~110]。

六方晶相的氧化锌和硫化锌的结构如图 13-34 所示，其晶胞参数列于表 13-29。由表 13-29 可知，当氧化锌吸收硫变为硫化锌时，体积明显增加，反之体积变小。伴随着吸硫和脱硫、氧化锌与硫化锌的相互转变，催化剂的体积反复膨胀、缩小，容易发生结构性破碎；高氧化锌含量则加剧了催化剂颗粒的破碎，导致吸附剂大量跑损。

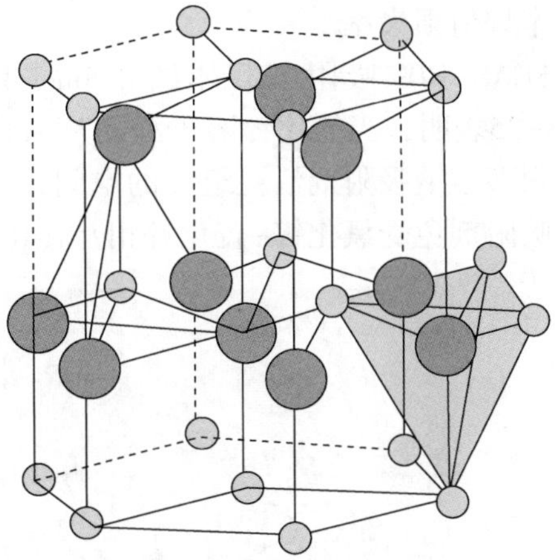

图 13-34　六方氧化锌和硫化锌的晶体结构

表 13-29　六方氧化锌和硫化锌的晶胞参数

组成	阳离子半径/nm	阴离子半径/nm	结构参数 a/nm	结构参数 c/nm	空间群
ZnO	0.074	0.140	0.325	0.521	p63mc
ZnS	0.074	0.184	0.381	0.626	p63mc

另外，由于汽油吸附脱硫技术在临氢气氛下进行，烯烃也不可避免地发生加氢反应，导致产品汽油辛烷值降低。在该反应体系中，金属镍与硫化镍始终处于动态平衡。根据对汽油吸附脱硫技术反应过程化学的研究，该反应遵循催化加氢转化脱硫原理，硫化镍含量越低，烯烃加氢越少，从而有利于汽油辛烷值的保留。当硫化镍与氧化锌的微观距离比较远时，硫从硫化镍转移到氧化锌上需要更多时间，这就增加了烯烃吸附在吸附剂表面的概率，从而有更多的烯烃发生加氢[111]。

根据上述分析，吸附剂在载体结构上应具有柔性骨架结构，给氧化锌一定的膨胀/收缩的空间，能够避免体积变化引起的结构性破碎问题；同时，为了使吸附剂具有较高的脱硫活性，并减少硫化镍对烯烃的加氢作用，必须保证活性组元与氧化锌的微观距离比较短，也就是活性金属镍应该尽可能分散于氧化锌颗粒周围，即均匀分布在吸附剂的内表面。

吸附剂 FCAS-R09 中的硅铝成分主要起到提供结构稳定性的功能，为了保证吸附剂的活性，吸附剂 FCAS-R09 中的硅铝成分含量相对较低，导致吸附剂强度相对较低。

2. 第一代吸附剂 FCAS-R09 的制备工艺及流程

根据吸附剂 FCAS-R09 结构目标，开发出具有完全自主知识产权的工业催化剂。首先，在该吸附剂微球内建立柔性骨架架构，解决了脱硫和再生过程中由于氧化锌和硫化锌之间相互转化引起吸附剂结构性破碎的问题，提高了吸附剂的耐磨损强度；其次，开发出微球瞬时均匀浸渍技术，该技术包括制备方法和专用设备，实现镍均匀浸渍在吸附剂载体内孔道并与载体中氧化锌处于最短可及距离的目标，使得吸附剂能够同时保持高的脱硫活性及低的辛烷值损失率。

FCAS-R09 吸附剂载体经 0.5mol/L 的硝酸处理 1h 后的扫描电镜照片见图 13-35。图 13-35表明，当氧化锌溶于酸而从载体中脱除后，载体的骨架结构仍然稳定，并在表面呈现很多容纳吸附剂活性组元的空间，这些空间相对独立，但又相互贯通。这种载体结构是使吸附剂免受氧化锌-硫化锌相互转化引起的吸附剂颗粒破损的主要原因。

图 13-35　汽油吸附脱硫剂载体经硝酸处理后的 SEM 照片

第一代吸附剂 FCAS-R09 的工业制备流程克服了吸附剂载体浆液运输困难、吸附剂成型不规则、活性组元镍分布不均匀及容易流失、工业使用中细粉含量偏高等一系列问题。该工业制备流程具有很好的稳定性，并且在工业放大生产中容易控制。

3. 第一代吸附剂 FCAS-R09 的工业应用结果

工业吸附剂 FCAS-R09 分别于 2010 年 7 月和 8 月进行了工业试验，整个工业试验的时间分别为 10 个月和 12 个月。整体工业应用的结果表明，吸附剂 FCAS-R09 可以满足工业装置生产需要，可以生产硫质量分数在 10μg/g 以下的汽油产品；与进口吸附剂 GenIV 相比，具有略高的脱硫反应活性及稳定性、更好的辛烷值保留能力，并且具有较好的流化性能及耐磨性能，能够满足工业装置长周期运行的需要。

吸附剂 FCAS-R09 取得了较好的工业应用，在汽油吸附脱硫装置汽油原料烯烃含量不超过 35%、硫含量不大于 600μg/g 的情况下，可以生产出硫含量不超过 10μg/g 的清洁汽油，产品汽油质量收率高于 99%，抗爆指数损失不超过 0.7。

（三）第二代吸附剂

在吸附剂的工业运转过程中，吸附剂中的活性组元氧化锌容易与氧化硅组元发生反应生成硅酸锌，使氧化锌含量降低，从而导致吸附剂的硫储运能力下降及吸附剂活性降低。在国内外的汽油吸附脱硫工业装置中，出现多起由于吸附剂中硅酸锌含量过高使得汽油脱硫效率下降、产品中硫含量超标的现象。

此外，随着汽油质量标准的提高，为了防止意外生成的高硫汽油对汽油调合造成巨大的不利影响，工业上倾向于生成尽可能低硫的汽油（汽油硫含量基本为 0）。因此，提高汽油脱硫吸附剂的平衡活性并减少辛烷值损失是汽油脱硫吸附剂面临的新挑战。这就要求平衡吸附剂上的活性组元要尽可能地保留，因此减少汽油脱硫吸附剂使用过程中硅酸锌的生成也成为一个非常关键的因素。

特别是在某些高硫含量的原料油中，由于操作条件较为苛刻，更加容易生成硅酸锌，从而导致生产波动。某些炼厂的装置中，平衡剂中的硅酸锌含量甚至超过30%。为了解决上述问题，RIPP 经过自主研发，开发出了适用于高硫原料的高稳定性吸附剂 FCAS-Ⅱ。

1. 吸附剂 FCAS-Ⅱ的配方设计和开发理念

汽油吸附脱硫技术的首要目的是生产硫含量低于10μg/g的超低硫汽油，在考虑其应用性能时，应该首先考虑其脱硫活性以及其活性稳定性。在此基础上，还可以进一步考虑辛烷值改善能力等催化性能。

由前述汽油吸附脱硫的反应原理可知，汽油脱硫吸附剂的活性主要由活性组元氧化锌和金属镍提供，特别是其中起到硫吸收和硫转移功能的氧化锌，其含量对于吸附剂活性起着至关重要的作用。

为了保证吸附剂中活性氧化锌的含量，除了需要在制备过程中提供足够的氧化锌含量外，还要减少氧化锌的副反应，防止其转化为其他惰性物质，影响吸附剂的性能。氧化锌最容易发生的副反应是硅酸锌的生成[112,113]。

2. 氧化硅源的选择及其对硅酸锌生成速率的影响

为了降低硅酸锌的生成，保证吸附剂的活性稳定性，在实验室采用了四种不同的氧化硅源来进行研究，其中原 FCAS-09 中的氧化硅源命名为 P，其余三种氧化硅源分别命名为 S、L 和 Y。采用不同氧化硅源制备的吸附剂，其在水热老化条件下的硅酸锌生成速率不同。采用低硅酸锌生成的氧化硅源 L 代替氧化硅源 P 之后，能够大大降低吸附剂在工业生产中的硅酸锌生成速率，使吸附剂具有较高的活性稳定性。

3. 吸附剂 FCAS-Ⅱ的配方设计及工业制备流程开发

根据前述的研究结果，确定了 FCAS-Ⅱ吸附剂中，以新型氧化硅源 L 代替原工业剂中的氧化硅源 P。

FCAS-Ⅱ吸附剂增加了低硅酸锌生成速率的硅源 L，为了使该吸附剂具有良好的流动性和磨损强度，需要进一步强化载体的骨架结构，且将孔体积维持在一个适中的值，以减少吸附剂在使用过程中因氧化锌和硫化锌的体积变化而造成的吸附剂破碎问题，使 FCAS-Ⅱ吸附剂具有合适的物化性质。

基于以上考虑，开发了 FCAS-Ⅱ吸附剂的工业制备流程，该工艺流程主要分为吸附剂载体制备和浸渍引入活性组元镍两个主要步骤。通过对生产过程的控制，特别是对成型过程中浆液性质的控制来保证吸附剂产品的质量。

4. 吸附剂 FCAS-Ⅱ的反应性能及中试应用

为了进一步考察吸附剂 FCAS-Ⅱ的反应性能，选取吸附剂样品 FCAS-Ⅱ进行活性稳定性评价，并与 FCAS-R09 的工业剂作为对比。原料硫含量为368μg/g，进行为期一个月的活性评价，具体评价结果如图 13-36 所示。

吸附剂 FCAS-Ⅱ以及对比剂 FCAS-R09 均具有比较高的脱硫活性及稳定性，在 22 轮活性评价过程中，脱硫活性均保持在 90 以上。对比剂 FCAS-R09 具有较高的初始活性，脱硫活性高于 96，但在循环评价过程中活性降低的速率相对较快，第 22 轮评价时脱硫活性只有 90 左右。吸附剂 FCAS-Ⅱ的初始脱硫活性较高，第 22 轮评价时脱硫活性依然保持在 92 以上。

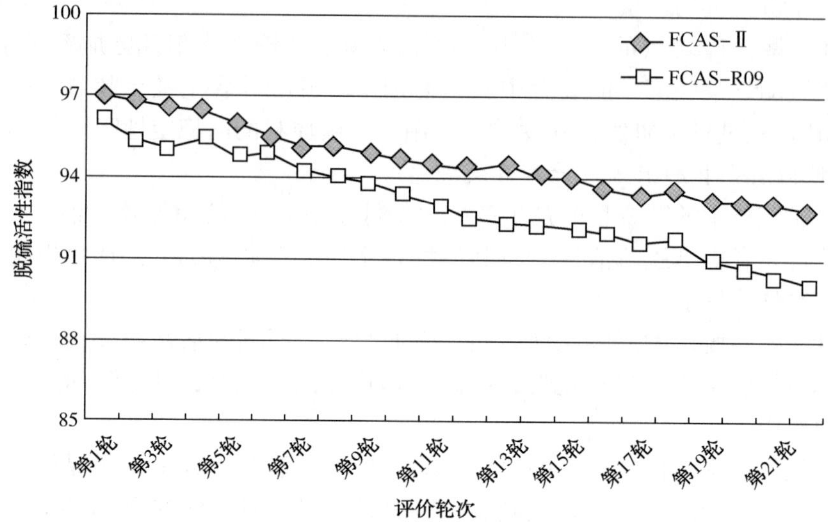

图 13-36　FCAS-Ⅱ吸附剂实验室循环评价数据

综合 FCAS-Ⅱ吸附剂的工业制备情况及工业应用情况表明：采用新配方及新生产工艺制备的 FCAS-Ⅱ吸附剂，各项性能指标均达到或优于目前工业吸附剂，工业应用情况良好，特别是具有非常低的硅酸锌生成速率，在高硫含量原料的装置上具有更加良好的应用前景和工业推广价值。

5. 吸附剂 FCAS-Ⅱ的工业应用结果

高稳定性汽油脱硫吸附剂 FCAS-Ⅱ在某公司汽油吸附脱硫装置上的工业应用结果表明：

（1）FCAS-Ⅱ催化剂具有较高的活性稳定性和较低的硅酸锌生成速率，在工业试验过程中，硅酸锌质量分数开始呈明显下降趋势，平衡状态下稳定在 19%左右。硅酸锌生成速率约为 1.1kg/（t · d），与目前工业剂 FCAS-R09 相比，硅酸锌生成速率降低 40%。平衡剂的活性一直维持在 90 以上，且辛烷值保留能力与目前工业剂相近。

（2）采用新工艺生产的 FCAS-Ⅱ催化剂，各项指标均达到或优于目前汽油吸附脱硫工业催化剂，工业应用情况良好。高稳定性吸附剂 FCAS-Ⅱ在加工超高硫原料汽油时，精制汽油硫质量分数都在 10μg/g 以下，基本稳定在 5μg/g。解决了因产品汽油硫含量超标需回炼的问题；且在异常工况下，高稳定性吸附剂有一定的调节能力，减少了整个装置更换吸附剂的需求，实现了超高硫原料长周期稳定生产清洁汽油。

（四）第三代吸附剂

我国汽油池中 60%以上为催化裂化汽油，其烯烃含量相对较高且为辛烷值的主要来源之一。在发生脱硫反应的同时降低烯烃改善辛烷值，成为炼油企业的迫切需要。为了解决上述问题，石科院通过自主研发，开发出了辛烷值改善型吸附剂 FCAS-Ⅲ，不仅可以降低汽油中的烯烃，还可以增加产品汽油的辛烷值，提高汽油吸附脱硫的整体经济性。

1. 辛烷值改善型吸附剂 FCAS-Ⅲ的开发理念

在目前汽油吸附脱硫工艺条件下，烃类可发生的化学反应主要有烯烃异构化（辛烷值增加)、烯烃加氢饱(辛烷值减少)，但是没有芳构化、裂化、烯烃骨架异构化等辛烷值增加反应。所以可以通过改善吸附剂组成，促进汽油中直链烯烃及烷烃的异构化、环烷烃脱氢芳构化以及适度的裂化等反应，来提高产品汽油的辛烷值。但是裂化反应的发生往往会造成汽油收率的降低，所以异构化及芳构化反应成为改善产品汽油辛烷值的最佳选择。将FCC汽油中低辛烷值的正构烷烃、环烷烃、直链烯烃等通过异构化和芳构化反应转化为具有较高辛烷值的异构烷烃和芳烃，可以成为在加氢脱硫的同时增加汽油辛烷值的理想途径，还能实现汽油降烯烃。

目前普遍接受的烷烃异构化和芳构化反应机理是Mills等提出的双功能反应机理。双功能催化剂需要具有两种不同的催化性能，包括酸性和金属性能，分别起异构化和加氢脱氢作用，常用的金属有贵金属、Ni等。贵金属Pt具有较强的脱氢活性，将Pt负载在具有一定量强酸中心和合适孔道结构的沸石上制得的催化剂，具有较好的正构烷烃异构化反应性能。Poldan等考察了正庚烷在不同沸石负载Pt的催化剂上的异构化反应性能。结果表明，正构烷烃的转化率主要取决于沸石的酸性。Pascal等研究发现，异构化的选择性与沸石酸性无直接关系，而与沸石的孔道结构有关。林伟等考察了正辛烷在SAPO-11、USY和ZSP-3沸石负载Ni催化剂上的异构化反应性能。结果表明，稀土改性可以调节以ZSP-3沸石为载体的催化剂表面酸中心分布，提高异构化和芳构化选择性。

环烷烃脱氢反应会有一系列副反应发生，如缩合、开环裂化、异构化等，因此催化剂在提高高辛烷值目标产物的选择性上起着重要的作用。虽然环烷烃脱氢反应可以在单一金属中心或酸中心进行，但也有研究表明，双功能催化剂上的脱氢活性高于单一活性中心。不少研究尝试考察沸石的酸性对芳构化选择性的影响，但并没有明确的结果。

2. FCAS-Ⅲ吸附剂中试评价结果

在汽油脱硫吸附剂中引入适当酸性材料，开发出FCAS-Ⅲ系列吸附剂。评价结果表明，吸附剂FCAS-Ⅲ同时具有较好的脱硫活性和辛烷值改善能力，能很好地满足深度脱硫和改善产品汽油辛烷值的功能。

对FCAS-Ⅲ吸附剂在不同温度和压力下进行了中试评价，并与第一代吸附剂FCAS-R09进行了对比。

对于工业吸附剂FCAS-R09，在不同条件下，脱硫率均超过94%，脱硫率随压力增加而变大；在不同压力条件下，温度增加，脱硫率变大。烯烃饱和是放热反应，低温对烯烃饱和有利，故温度低时，烯烃的量减少得更加明显，且烯烃更倾向于变为正构烷烃，使低温时的辛烷值损失大，RON损失大于MON损失。

辛烷值改善剂FCAS-Ⅲ的脱硫率随温度和压力变化较小，辛烷值明显得到改善，辛烷值损失小于0。虽然烯烃质量分数显著降低，但异构烷烃的量增加显著，且芳烃的量也略有增加。与工业吸附剂FCAS-R09不同，FCAS-R09烯烃减少的量主要贡献给了正构烷烃，而FCAS-Ⅲ吸附剂作用下的烯烃主要转化为异构烷烃和芳烃。

在脱硫率及产品收率相近的情况下，采用工业吸附剂FCAS-R09时，RON降低0.4个单位，而催化剂FCAS-Ⅲ反应后产品汽油的RON提高0.7左右，具有很好的经济效益，较好地验证了吸附剂的研发思路。

二、芳烃分离吸附剂

芳烃分离吸附剂主要是指从混合 C_8 芳烃异构体中分离对二甲苯(PX)的 PX 吸附剂或是分离间二甲苯(MX)的 MX 吸附剂。我国芳烃吸附剂的研发最早可追溯到 20 世纪 70 年代。当时，石油化工科学研究院综合研究所[114,115]与上海染化七厂合作，研制了 KBaY 型沸石吸附剂并进行了多柱串联吸附分离工艺试验；大庆石油化工总厂研究所[116,117]与上海试剂五厂合作进行了 KBaY 沸石吸附剂试生产，开展了该吸附剂的模拟移动床中型试验工作；20 世纪 80 年代初，北京燕山石化公司研究院[118,119]研制了 BaX 型沸石吸附剂 CBX-3，完成了吸附剂中试放大和 3. 2L 模拟移动床试验评价。在前述工作的基础上，石科院最终将自主芳烃吸附剂推向了工业应用。1996 年，KY 型沸石吸附剂 RAX-I 首次实现工业化，与多柱串联气相吸附分离工艺[120]配套使用生产高纯度间二甲苯。2004 年，第一代 RAX-2000A 型 PX 吸附剂工业应用成功[121]，吸附分离 PX 纯度大于 99. 8%，单程收率大于 98%，性能达到同期国际先进水平。其后，自主芳烃吸附研发进入快速发展阶段，至 2019 年底，中国石化已开发成功两种类型、6 个牌号的 RAX 芳烃吸附剂，形成系列化产品。

（一）芳烃分离吸附剂的特性与作用

芳烃分离吸附剂是以人工合成的八面沸石类(FAU)沸石作为活性组分，经特定的金属阳离子交换改性，在一定的吸附-解吸体系下，具有优先吸附对二甲苯或间二甲苯的特性，配合模拟移动床吸附分离工艺，用于从混合 C_8 芳烃原料中分离获得高纯度 PX 或 MX。

分离的目的产品不同，所使用的吸附剂和解吸剂也不同。现有技术从混合 C_8 芳烃中分离对二甲苯，通常采用 BaX 或 KBaX 型沸石吸附剂[122~125]，对二乙苯(PDEB)作为解吸剂，各组分吸附由强到弱顺序为 PX≈PDEB>EB>MX≈OX。也可采用甲苯(T)作为 PX 的解吸剂，各组分吸附由强到弱顺序为 PX>T>EB>MX≈OX；吸附分离间二甲苯采用 NaY 或 LiNaY 型沸石吸附剂[126~130]，甲苯作为解吸剂，各组分吸附由强到弱顺序为 MX>T>PX≈OX>EB。

（二）芳烃分离吸附剂制造

芳烃分离吸附剂的制造，包括专用沸石合成、基质小球成型、基质小球二次晶化、离子交换改性以及成品剂脱水活化等主要过程，制造原则流程如图 13-37 所示。

1. 专用沸石合成

芳烃分离吸附剂专用沸石采用添加导向剂的水热晶化法合成[131,132]，基础原料主要有液碱、硫酸、水玻璃、氢氧化铝等。液碱在沸腾条件下溶解氢氧化铝，通过调整氢氧化钠与氢氧化铝的反应摩尔比，制成高碱度偏铝酸钠(高偏)和低碱度偏铝酸钠(低偏)，分别作为合成导向剂和 NaX 与 NaY 沸石的铝源；硫酸在沸腾条件下溶解氢氧化铝制成硫酸铝作为合成 NaY 沸石的第二铝源。硅源一般采自市售浓水玻璃，加水调配至适合浓度作为导向剂和沸石的合成原料。

FAU 型沸石的合成原则流程如图 13-38 所示。首先合成导向剂，按照 $Na_2O \cdot Al_2O_3$ ：SiO_2 ：H_2O=(15~17)：(14~16)：(300~330)摩尔比范围，将水玻璃、高偏、液碱等物料在强烈搅拌条件下混合均匀，而后在一定温度条件下静止老化 24h 以上备用。

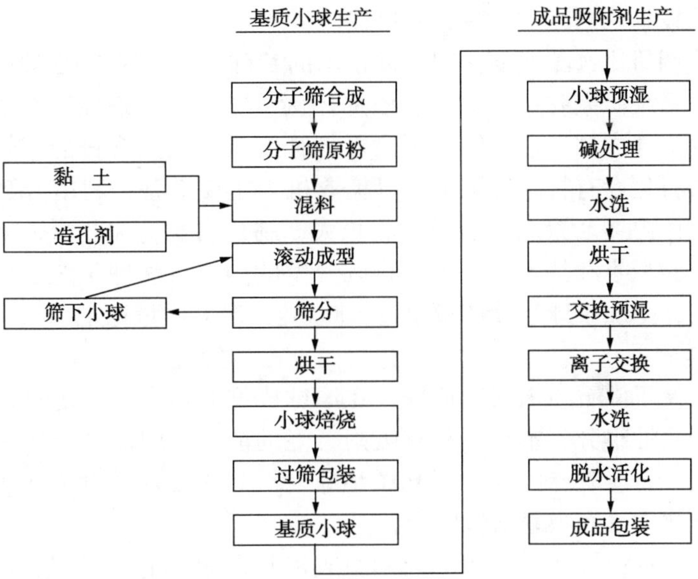

图 13-37　吸附剂制造原则流程图

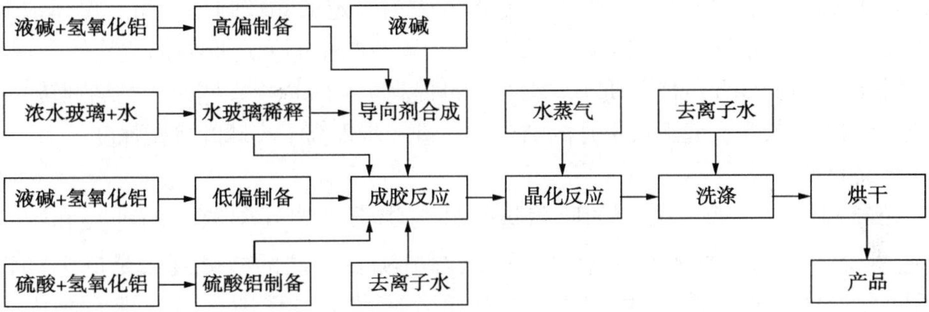

图 13-38　FAU 沸石合成原则流程图

NaX 沸石按照 $Na_2O \cdot Al_2O_3$：SiO_2：H_2O=(2.5~5.0)：(2.5~4.0)：(150~200)摩尔比范围，将水玻璃、低偏、去离子水、导向剂等在强烈搅拌条件下混合均匀，硅源和铝源发生缩聚反应形成无定形硅铝凝胶，然后采用直通蒸汽的方式将成胶反应物料快速升温至100℃左右，静止晶化 4~20h，再经过滤、洗涤、干燥获得 NaX 沸石粉末。

NaY 沸石合成与 NaX 类似，不同的是，除低偏外还要加入部分硫酸铝作为第二种铝源，用以调整晶化反应体系的碱度，投料摩尔比为 $Na_2O \cdot Al_2O_3$：SiO_2：H_2O=(2.0~4.0)：(7.0~9.0)：(150~200)，晶化时间 20~30h。

为获得理想的选择性、吸附容量以及传质性能，对制造吸附剂用沸石的硅铝比、结晶度、晶粒尺寸、结晶形貌等均有特定要求[133,134]。通过调整投料配比、导向剂添加量、老化晶化条件等可实现对上述理化指标的调控，此即体现了沸石的专用性。

2. 基质小球成型

吸附剂基质小球成型是指将沸石原粉与黏结剂、造孔剂等按一定比例混合均匀，通过适当的工艺形式将粉末物料聚结形成直径 0.3~0.8mm 的球形颗粒，以满足模拟移动床吸附分离工艺对吸附剂的机械强度、流体分布、传质性能、床层压降等宏观性质要求。成型工艺为各专利商的技术诀窍，文献中鲜有描述。

石科院在充分调研比选工业催化剂成型技术的基础上，针对 FAU 沸石粉末特性和吸附剂成型要求，通过系统研究黏结剂类型、添加比例、成型工艺条件等对成球质量的影响规律，开发了独特的滚球成型工艺，解决了高颗粒强度低黏结剂含量的芳烃吸附剂小球制造难题，形成了中国石化专有技术。该工艺以糖衣机为主要设备，利用“滚雪球”原理，使沸石粉末在转动的锅体内逐渐聚结、层层包裹长大，制造出合适粒径、强度及堆密度的小球颗粒。经过多年经验积累和技术改进，石科院开发的糖衣机滚球工艺已发展成熟，实现了工业规模批量生产，基质小球累计产量超过 5000 吨，产品质量稳定。

3. 基质小球二次晶化

如上所述，为便于沸石粉末聚结成球，在滚球成型时需添加一定量的黏结剂，相对沸石而言，黏结剂为惰性组分，本身不具有吸附芳烃的能力，因而会导致吸附剂对芳烃的吸附容量下降。为此，石科院专门开发了基质小球二次晶化技术，将滚球成型过程中引入的惰性黏结剂原位转化为具有吸附活性的沸石。

实施二次晶化的前提是，优选与沸石化学组成相近的高岭石族天然黏土作为基质小球成型黏结剂。滚制好的小球先经过高温焙烧处理[135]，黏土原有晶体结构破坏形成具有化学反应活性的无定形硅铝酸盐，并与沸石晶粒烧结在一起形成较为稳定的颗粒强度，而后再模拟 FAU 沸石的合成条件，利用复配的碱液处理焙烧小球[123,124]，源自黏土的无定形硅铝酸盐就会在小球颗粒内晶化生成新的沸石，如此可使基质小球沸石含量提高至 98%以上。同时，黏结剂转晶生成的新沸石相与原有沸石生长在一起形成更强的结合力，进一步提高了小球的机械强度。

4. 离子交换改性

C_8 芳烃异构体在 X 型沸石上的吸附选择性与沸石骨架外阳离子的种类和数量密切相关[136]。通过交换不同种类的金属阳离子可以调节沸石晶内的酸碱度或是静电场性质，改变其对不同异构体的吸附选择性。FAU 沸石通常在水钠体系中合成，沸石晶内平衡电荷的阳离子位点被钠离子占据。这种钠型 FAU 沸石对 PX 的选择性吸附能力较差，不适合从混合 C_8 芳烃中吸附分离对二甲苯，需经过钡离子或钾-钡离子交换改性以提高 PX 的吸附选择性。研究结果表明[133]，BaX 型吸附剂上 PX 相对其他异构体的分离系数随钠离子交换度提高呈单调升高的变化趋势，交换度大于 95%时，PX 的吸附选择性更优。

NaX 沸石基质小球离子交换在水溶液中进行。当一定浓度的硝酸钡或氯化钡溶液与 NaX 小球接触时，沸石晶内的 Na^+ 就会被溶液中的 Ba^{2+} 部分置换，经过多级离子交换即可达到 95%以上的交换度。离子交换可以采用釜式间歇交换和柱式连续交换两种方式。通过对比发现，柱式交换具有可连续操作、钡盐容易循环利用、交换所需时间短等优点，是比较适宜的交换方式。Ba^{2+} 交换过程受动力学控制，温度和溶液浓度对交换效果有明显影响。因 Ba^{2+} 在水溶液中以水合离子形态存在，低温时水合程度高，离子半径大，不易进入沸石晶内，升高温度则可以使 Ba^{2+} 的水合程度降低，离子半径减小，利于交换过程的进行。通过系统研究交换温度、溶液浓度、空速以及交换液/固比(Ba^{2+}/Na^+ 离子摩尔比)等条件对交换效果的影响规律，设计开发了连续逆流式离子交换工艺，所得 BaX 沸石小球的 Na^+ 交换度可达 98%，钡盐利用率大于 90%。

MX 吸附剂主要以 NaY 或 LiNaY 型沸石为活性组分，可采取釜式单级离子交换的方式，用一定浓度的氯化锂溶液处理 NaY 沸石小球获取 LiNaY 型沸石吸附剂。

5. 成品剂脱水活化

无论是PX吸附剂还是MX吸附剂，其对目标产品组分的吸附选择性均与含水率密切相关[133,134]。脱水活化是吸附剂生产的最后一道工序，其目的是将离子交换后吸附剂小球的含水率安全地降低到较低的合适水平，以满足工业装置吸附剂装填后无须再做干燥处理直接应用的要求。由于FAU沸石本身具有很强的吸水能力，需在较高的温度下才能实现深度脱水；同时，该类低硅铝比沸石的水热稳定性较差，在高温下骨架结构易发生水热破坏。因而，芳烃吸附剂脱水活化也是生产过程中的一个难点。为此，通过对干燥温度、加热介质、气氛、设备型式、脱水速率等的对比研究，石科院开发了专门的脱水活化工艺，解决了吸附剂生产难题。活化后的产品需密封包装，防止吸水。

(三) RAX系列芳烃分离吸附剂

经过20余年的研究开发和工业应用，中国石化先后研制推出了两种类型6个牌号的RAX系列芳烃分离吸附剂，由石科院负责吸附剂成套技术研发，催化剂有限公司承担各型吸附剂的生产任务，建设有2000吨/年规模的吸附剂专业生产装置，建立了系统、严格的生产管理和产品质量监控评价体系，吸附剂生产工艺成熟，产品质量稳定。

基于对FAU沸石结晶规律的研究认知，通过系统研究吸附剂配方、制造工艺与产品理化指标和吸附性能之间的构效关系，开发的RAX系列芳烃分离吸附剂具有以下技术特点：(1)以结晶形貌规整的高结晶度亚微米级沸石作为活性组分，吸附容量高，传质速率快；(2)特定硅铝比沸石和与之匹配的阳离子交换改性技术，对目的产品吸附选择性好；(3)专有基质小球成型技术，吸附剂小球颗粒强度大、球形度高、表面光洁无粉尘，长周期运行稳定，床层压降低；(4)基质小球二次晶化技术，将成型引入的惰性黏结剂原位转晶为沸石，小球活性组分含量接近100%，具有更大的原料处理能力，吸附容量高。RAX系列吸附剂可适用于不同形式的液相连续逆流模拟移动床吸附分离工艺。

1. 对二甲苯吸附剂

在达到同等产品纯度和收率的前提下，不断提高单位吸附剂的生产能力是本技术领域的总体发展趋势。通过不断改进吸附剂的配方和制造技术，中国石化已开发了RAX-2000A、RAX-3000、RAX-4000等三代PX吸附剂，吸附分离PX产品纯度≥99.8%，单程收率≥98%，产能逐代提高。PX吸附剂主要理化指标和工业应用情况见表13-30和表13-31。各牌号吸附剂的操作条件大体相同，使用温度140~190℃，使用压力0.6~1.0MPa，对二乙基苯(PDEB)作为解吸剂。其中，RAX-4000为更高容积效率的新一代PX吸附剂，在原有技术基础上进一步提高了吸附选择性和传质速率，原料处理能力较上代吸附剂提高约28%，综合性能处于同类产品先进水平。

表13-30　RAX系列PX吸附剂主要理化指标

项　目	RAX-2000A	RAX-3000	RAX-4000
外观	淡黄色小球	淡黄色小球	淡黄色小球
规格/mm	0.30~0.85	0.30~0.85	0.30~0.85
活性组分	BaX型沸石	BaX型沸石	KBaX型沸石
强度(130N压碎率)/%	≤1.0	≤0.8	≤0.8
堆密度/(kg/m^3)	820±20	840±20	900±20

续表

项　目	RAX-2000A	RAX-3000	RAX-4000
600℃灼减/%	≤6.5	≤6.5	≤6.5
相对产能/%	100	110	141

表 13-31　RAX 系列 PX 吸附剂工业应用情况

序　号	企业名称	装置规模/(10^4t/a)	应用年份	吸附剂牌号	工艺类型
1	齐鲁石化	8.0	2004	RAX-2000A	Parex 工艺
2	齐鲁石化	8.0	2010	RAX-2000A	Parex 工艺
3	扬子石化	3.0	2011	RAX-3000	SorPX 工艺
4	海南炼化	60.0	2013	RAX-3000	SorPX 工艺
5	齐鲁石化	8.0	2017	RAX-3000	Parex 工艺
6	洛阳石化	21.5	2019	RAX-3000	Parex 工艺
7	海南炼化	100.0	2019	RAX-4000	SorPX 工艺
8	金陵石化	60.0	2019	RAX-4000	Parex 工艺

2. 间二甲苯吸附剂

中国石化最早实现工业应用的间二甲苯生产技术是多柱串联气相吸附分离工艺[120]，配套应用的 RAX-I 型吸附剂优先吸附 PX，从抽余液获得 MX 产品。其后，根据工业生产需要又开发了适用于液相模拟移动床吸附分离工艺的 RAX-Ⅱ、RAX-Ⅲ两代 MX 吸附剂，吸附分离 MX 产品纯度≥99.6%，单程收率≥95%。主要理化指标见表 13-32。吸附剂使用温度 130~160℃，使用压力 0.6~1.0MPa，甲苯作为解吸剂。其中，RAX-Ⅱ型吸附剂自 2010 年 2 月工业应用以来已平稳运行 10 年，MX 产品纯度、收率稳定，吸附剂床层压降保持在较低水平；RAX-Ⅲ型吸附剂在吸附容量和选择性上取得新突破，原料处理能力较上代吸附剂提高 20%，已完成放大制造和技术评议，即将工业应用。

表 13-32　RAX 系列 MX 吸附剂主要理化指标

项　目	RAX-Ⅰ	RAX-Ⅱ	RAX-Ⅲ
外观	灰白条状	淡黄色小球	淡黄色小球
规格/mm	ϕ1.6×(5~10)	0.30~0.85	0.30~0.85
活性组分	KY 型沸石	NaY 型沸石	NaY 型沸石
强度(130N 压碎率)/%	—	≤1.5	≤1.5
堆密度/(kg/m^3)	520±20	660±20	680±20
相对产能/%	—	100	120

（四）芳烃分离吸附剂的理化指标与吸附性能

吸附剂的理化指标与吸附性能，关乎分离产品的纯度、收率、单元装置的原料处理能力以及长周期运行稳定性等诸多方面，是吸附分离装置工程设计和操作运行的重要基础数据，在吸附剂生产过程中需严格控制。

1. 理化指标

吸附剂的理化指标主要包括机械强度、堆密度、粒径分布、含水率、元素组成等。强度取决于成型工艺和二次晶化处理，要求在工况条件下小球颗粒不破碎、不粉化，满足长周期运行需要。堆密度决定单位体积的装填质量，间接反映强度和传质性能。一般堆密度越大，强度越好，但传质性能差；反之则强度小，传质性能好。粒径分布主要影响传质性能和床层压降，粒径越小，传质性能越好，但压降也越大。控制适当的粒径范围，有利于二者兼顾。适当的含水率是保持良好吸附选择性和沸石结构稳定的重要指标，含水率过低或过高均会导致吸附选择性下降，产品纯度降低。过高的含水率还会使吸附剂的部分有效孔体积被水分子占据，产品收率下降，甚至使沸石结构发生不可恢复的水热破坏。元素组成分析用于监控沸石的离子交换程度，对于PX吸附剂而言，Na^+交换度达98%时，小球中残余的Na_2O质量分数一般不超过0.4%。

2. 吸附性能

吸附容量、吸附选择性和传质速率是衡量吸附剂性能优劣的三个常用指标，综合决定着其对原料的处理能力。吸附容量决定单位吸附剂的原料处理能力。芳烃分子吸附主要发生在沸石晶内，吸附容量与沸石含量和结晶度成正比，可通过静态吸附法测定吸附剂对芳烃的饱和吸附量[133]；吸附选择性和传质速率影响产品分离提纯和装置产能，选择性越好，产品提纯越容易，传质速率越快，吸附剂的利用效率越高。一般采用脉冲试验法[133,137]测定吸附剂的选择性和传质系数。

吸附剂的综合分离性能最终要通过模拟移动床试验[138]进行评价，它可最大程度模拟工业装置实际运行状况，考察操作参数对分离效果的影响规律，取得一定进料负荷率下分离所得产品的纯度和收率，以此作为工业装置的设计依据和操作指导。

三、吸附脱砷催化剂

随着石油产业的开发，原油成分也日趋复杂，其砷化物的含量逐渐增加。原油经过常减压蒸馏和加氢裂化，无机砷被脱除或被还原成有机砷，具有不同沸点的有机胂配合物分别进入原油分馏后的各个馏分中。砷化物对催化重整、清洁油品加氢和烃类裂解催化剂等有很大危害。砷原子的$4s^24p^3$价电子结构使其易以1~3个取代烃基AsR_3(R为氢原子或烃基)的形式存在于石油烃中。AsR_3具有较强的化学配位能力，容易和第Ⅷ族元素的d轨道结合形成配位键，使催化剂永久中毒，损失部分加氢活性[139,140]。

石油烃中的砷化物组成复杂、分布范围宽，典型砷化物组成列于表13-33。根据砷的存在形式及其使催化剂中毒的原因，要脱除砷或者使其不具有毒性，就要消除R_3As最外层的孤对电子。砷化物越容易给出电子对，越容易与脱砷剂活性金属间形成稳定的配合物，越容易被脱除[141]。砷化物的给电子能力与其取代基R有关，R的斥电子能力越强，As原子上孤对电子活动性越强，越易与催化剂上活性金属配位。R斥电子能力由弱到强顺序为苯基<—CH_3<—CH_2CH_3<—H。—H斥电子能力最强，因此AsH_3最易被脱除，大分子三苯基砷最难被脱除[142]。

表13-33　石油烃中的典型砷化物及其沸点

砷化物	分子式	沸点①/℃	砷化物	分子式	沸点①/℃
砷化氢(胂)	AsH_3	-55	三甲胂	$(CH_3)_3As$	52(98)
甲胂	CH_3AsH_2	2	三乙胂	$(C_2H_5)_3As$	140(98)
二甲胂	$(CH_3)_2AsH$	35.6(100)	二苯基胂	$(C_6H_5)_2AsH$	161(3)
乙胂	$C_2H_5AsH_2$	36	三苯基胂	$(C_6H_5)_3As$	360

①括号内的数字代表指定压强，kPa；未注明的压强为101kPa。

砷化物 AsR_3具有较强的化学配位能力，容易与 Ni、Co 形成稳定的 Ni(Co)-S-As 化学键，覆盖金属的活性位，从而使其丧失加氢性能。如图 13-39 所示，Co(Ni)Mo(W)类催化剂运转一个周期后，催化剂上的积炭会使其加氢活性降低约 20%，但催化剂如再遭受砷化物中毒，则其加氢活性与新鲜剂相比降低 70%。催化剂若单纯积炭失活，再生后其活性将恢复 95%~100%；若又遭受砷中毒，则催化剂再生后将永久损失 40%的加氢活性。脱除石油烃中的砷化物对于防止加氢催化剂中毒，保证催化剂高效、长周期稳定运行，具有十分重要的意义[142]。

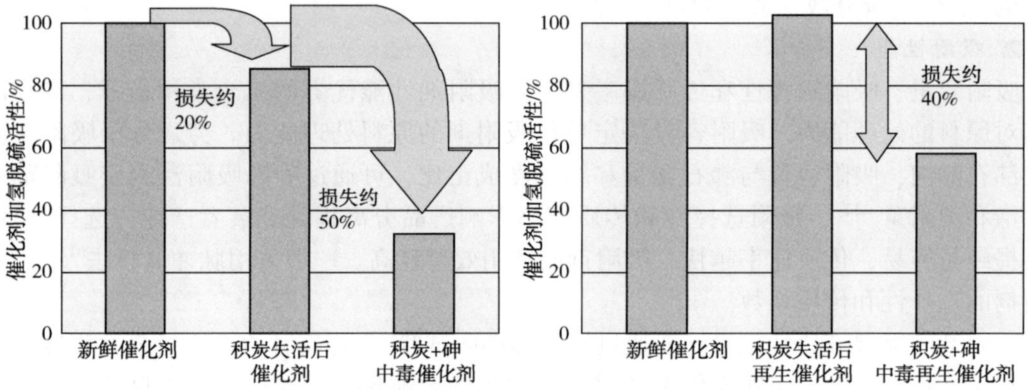

图 13-39　催化剂积炭及砷中毒对加氢活性的影响

吸附脱砷过程发生的反应主要有两类：

（1）物理/化学吸附：砷化物与脱砷剂活性金属之间以化学吸附形式结合在一起，砷同活性金属发生部分电子云转移，吸附在金属活性基团表面；

$$R_3As+M \longrightarrow R_3As^{\delta-}\cdots\cdots M^{\delta+}$$

（2）化学反应：氧化铜常温下可与砷化物发生氧化还原反应，金属砷沉积在铜上，形成铜砷合金，以达到将砷化物脱除的目的。

$$3CuO+2R_3As \longrightarrow Cu_3As+As+3R_2O$$

$$3CuO+2R_3As \longrightarrow 3Cu_3+As+3R_2O$$

影响液态石油烃脱砷的关键因素是砷化物与脱砷活性相之间的化学作用、砷化物和石油烃体积因素和脱砷剂孔结构因素[143]。脱砷操作在常温常压和较高的空速条件下进行，液态石油烃不容易在脱砷剂孔内扩散，导致液态石油烃中的砷化物不容易与脱砷剂活性相进行接触，从而脱砷效果较差。在活性组分满足砷化物选择性吸附的条件下，液态石油烃脱砷的主要控制因素为砷化物在脱砷剂内部孔道中的扩散传输[143~145]。

性能优良的脱砷催化剂，需要进一步扩大脱砷剂载体的孔道结构，方便液态石油烃介质的扩散，从而增大砷化物与活性相的作用：微孔保证催化剂具有大的比表面积，使得活性组分能够高效分散；介孔-大孔有利于液态石油烃介质的扩散，从而增大砷化物与活性相的作用，提高催化剂脱砷效率。同时，选取具有部分填充的 d 轨道、可与砷化物形成强配位作用力的 Ni、Cu 作为活性金属组分，也可提高催化剂的吸附脱砷性能。

2017 年 9 月，中国石油石化院开发的 PHG-161 吸附脱砷催化剂在抚顺石化开展工业试验。处理砷含量≤260μg/kg 的 FCC 汽油，在压力≤0.3MPa、温度≤60℃、空速为 $3.2h^{-1}$的反应条件下，运行 2 年，反应后 FCC 汽油砷含量≤30μg/kg，表现出优异的脱砷性能。

第五节　其他催化剂

一、制氢催化剂

氢能作为可循环、零污染、高效、安全的新能源，其主要来源有化石燃料制氢、电解水制氢以及新兴生物质制氢和光催化分解制氢等。

化石燃料制氢主要是天然气或石油蒸汽转化制氢以及煤气化制氢。国内化石燃料制氢装置常用催化剂已经全部国产化，且催化剂的常用种类已经形成了完整的系列，催化剂的性能对制氢装置生产效率的提高起到很大作用。制氢过程使用多种催化剂，包括脱氯剂、脱硫剂、蒸汽烃类转化催化剂、预转化催化剂、中温变换催化剂、低温变换催化剂、甲烷化催化剂等。

蒸汽烃类转化催化剂是以碱性矿物或者稀土为助剂的镍系催化剂。目前，国内已开发研制出包括轻油蒸汽转化催化剂、油田气蒸汽转化催化剂、甲醇蒸汽转化催化剂以及预转化催化剂等四大系列的烃类转化制氢催化剂，适用于重石脑油转化的催化剂 Z409/Z405G，适用于轻石脑油转化的催化剂 Z402/Z405G，适用于石脑油和炼厂气等轻烃转化的催化剂 Z417/Z418，适用于天然气转化的催化剂 Z412/Z413 和 Z416，适用于二段转化和自热转化的催化剂 QZ201/QZ202，适用于石脑油预转化的催化剂 Z501、适用于天然气预转化的 Z502 和适用于炼厂气转化的催化剂 Z503。Z417、Z418、Z419 异型化转化催化剂与传统催化剂相比，几何表面积提高 20%，堆密度降低 10%，转化活性更高。

甲醇水蒸气转化制氢已研究了 20 多年，催化剂的研究主要围绕镍系、钯系、铜系展开。在上述三大系催化剂中，铜系催化剂以活性高、选择性高而得到了广泛的研究和应用，但是铜系催化剂的热稳定性差。目前，铜系催化剂一般为 Cu-Zn-Al 催化剂，多用 Al_2O_3作载体，向其中添加 ZnO、MnO_2、Cr_2O_3、La_2O_3、V_2O_3、ZrO_2等助剂。也有添加 Ce 稀土元素促使 Cu^+生成，使催化剂长时间保持活性，以及向 CuO-ZnO-Al_2O_3催化剂中适当添加 La_2O_3制备低成本、高活性、高选择性、高稳定性的催化剂。

耐硫变换催化剂主要用于含有硫化合物的粗原料气变换过程，该类催化剂具有活性高、强度好、能再生、耐硫能力强等优点，并且正朝着宽汽气比、宽温、宽硫、节能、低成本方向发展。

甲烷化主要用于制氢过程中将少量的碳氧化物转化为惰性组分，起到净化氢气的作用。大多数的工业甲烷化催化剂以镍作为活性相，载于氧化铝、高岭土或铝酸钙等惰性载体上。

生物质制氢研究大多还处于实验室阶段，有化学法和生物法。催化剂的研究也就主要形成了化学催化和酶催化两种。化学催化主要以用于水蒸气重整反应的镍基催化剂和白云石为主。白云石的作用是消除气化气中 90%~95%的焦油。生物制氢法主要有发酵制氢和光合产氢两种。发酵制氢催化剂为一些严格厌氧菌和兼性厌氧菌；光合产氢催化剂为微型藻类。厌氧活性污泥发酵制氢具有产氢量高、持续时间长、反应条件温和等优点。微型藻类催化制氢中起催化作用的主要是固氮酶和氢化酶。固氮酶主要成分是钼铁蛋白和铁蛋白，是一种多功能的氧化还原酶。氢化酶主要成分是铁硫蛋白，是一种多酶复合物，有放氢酶和吸氢酶之分，分别催化 $2H^+ + 2e^- \rightleftharpoons H_2$的正逆反应。

不同类型制氢催化剂如表 13-34~表 13-38 所示。

表 13-34　烃类蒸气转化催化剂

<table>
<tr><th>催化剂类型</th><th>牌号</th><th>金属</th><th>载体</th><th>外形</th><th>堆密度/(g/cm³)</th><th colspan="2">特点和用途</th></tr>
<tr><td rowspan="7">烃类转化催化剂</td><td>Z417/418</td><td>Ni</td><td>铝酸钙</td><td>四孔凸面圆柱</td><td>0.95~1.1/0.9~1.05</td><td colspan="2">适用于烃类直接转化工艺和预转化工艺+转化工艺。适应原料和工艺条件宽，针对非单一原料和不同原料交替使用的情况</td></tr>
<tr><td>Z412Q/Z413Q</td><td>Ni</td><td>铝酸钙</td><td>四孔凸面圆柱</td><td>0.9~1.0</td><td colspan="2">适用于天然气、油田伴生气等气态烃原料，Z412Q 装于转化炉上部，Z413Q 装于转化炉下部</td></tr>
<tr><td>KATALCO 46</td><td>Ni</td><td>氧化铝</td><td>圆柱</td><td>0.85~1.0</td><td colspan="2">适用于石脑油蒸汽转化</td></tr>
<tr><td>KATALCO 23/25/57</td><td>Ni</td><td>氧化铝/硅酸钙</td><td>圆柱</td><td>1.1/0.87/0.85</td><td colspan="2">KATALCOJM23/57 适用于高甲烷浓度气体，25 系列和 57/23 系列结合适用于高碳烃含量高的天然气以及大部分 LPG 原料</td></tr>
<tr><td>REFORMMAX 330 LDP</td><td>Ni</td><td>铝酸钙</td><td>十孔环</td><td>0.9~1.0</td><td>适用于天然气</td><td rowspan="3">阻力降低、强度高、热通量高、使用寿命长，可有效降低水碳比</td></tr>
<tr><td>REFORMMAX 210LDP</td><td>Ni</td><td>$CaK_2Al_{22}O_{34}$</td><td>十孔环</td><td>0.9~1.0</td><td>适用于天然气/液化石油气</td></tr>
<tr><td>REFORMMAX 250</td><td>Ni</td><td>铝酸镁</td><td>十孔环</td><td>0.9~1.0</td><td>适用于石脑油</td></tr>
</table>

表 13-35　脱硫、脱氯催化剂

催化剂类型	牌号	组成	外形	堆密度/(g/cm^3)	特点和用途
脱硫脱氯催化剂	KLT-302	ZnO/MnO	球形	0.9~1.1	饱和硫容≥20%，操作温度 200~400℃，空速 500~3000h^{-1}，出口 H_2S 小于 0.1μg/g
	KLT-401	ZnO/Al_2O_3/CaO	条形	0.7~0.9	活性高、反应速度快，穿透氯容≥30%
	Actisorb S1~S3	ZnO	挤条形	0.9~1.0	ActiSorb S2 是高温、高空速工况条件下的首选，而 ActiSorb S3 适合于低空速、高入口硫含量的条件下使用。ActiSorb S1 催化剂具有较大的堆密度，适用于于含硫比较高的入口物料，以及需要较大单位体积硫容的情况

续表

催化剂类型	牌号	组成	外形	堆密度/(g/cm^3)	特点和用途
脱硫脱氯催化剂	Actisorb S6	ZnO/CuO	挤条形	0.85~0.95	在标准氧化锌反应器底部，能够在宽范围的操作条件下，将残留的H_2S脱除至10μg/kg以下
	PURASPEC 2084	ZnO/CuO	球形颗粒	0.9	深度脱硫至10μg/kg以下

表 13-36　变换催化剂

催化剂类型	牌号	活性组分及组成	载体	外形	堆密度/(g/cm^3)	特点和用途
变换催化剂	KLB-101 ShiftMax 120	Fe	$Fe_2O_3-Cr_2O_3$	圆柱 片状	1.15~1.35	适用于不含硫合成气的高中温变换，使用温度300~500℃
	KLB-201 ShiftMax200	Cu	$CuO-ZnO-Al_2O_3$	圆柱 片状	1.2~1.4	适用于不含硫合成气的低温变换，可以抑制烃类和醇类副产物的产生，使用温度180~300℃
	QCS-01/11	CoO≥3.3% MoO：7%~9%	镁铝尖晶石	条形/球形	0.75~0.8/0.8~0.9	低温变换活性和低硫变换活性好，同时对高空速、高水气比的适应能力强、稳定性好、操作弹性较大。可在高硫渣油流程一、二段变换炉使用，也可在低硫渣油流程一、二、三段变换炉使用，还可在以煤为原料的流程的各段变换炉上使用
	QCS-04/12	CoO≥1.6% MoO≥7% 助剂：K	镁铝尖晶石	条形/球形	0.9~1.0/0.85~0.95	机械强度高、低温活性好、碱金属流失速率低、使用寿命长等特点，适用于以煤、重油和渣油为原料制取变换工艺气和城市煤气的中压流程(1.0~5.0MPa)，特别适合在以煤为原料的中压制氢装置中三、四段变换使用
	K8-11系列	CoO：3.5%~4.5% MoO：7%~9%	Al_2O_3-MgO	条形	0.95~1.1	K8-11是BASF公司的最初产品，活性好、强度高，寿命长。后续衍生开发的H/G/C等产品，适用于高低不同水气比变换

表 13-37　甲醇制氢催化剂

催化剂类型	牌　号	金属	载　体	外形	特点和用途	
甲醇制氢	SCST-401	Cu	$CuO/ZnO/Al_2O_3$	圆柱	副反应少，不易结蜡，催化剂颗粒强度高，特别是还原后强度，适合在高压、高空速、高线速度条件下使用，抗水性能好，不易粉化，运行阻力低等特点	用于生产车载燃料电池的氢气、精细化工、制药以及冶金用氢的小规模制氢装置，适用于 100 ~ 3000Nm^3/h 的规模
	MWC-612	Cu	$CuO/ZnO/Al_2O_3$	圆柱	催化剂抗积炭能力显著。在 240~280℃、液体空速 1.0~1.5h^{-1} 条件下，甲醇水溶液（H_2O：CH_3OH=2：1，物质的量之比）汽化后通过催化剂床层反应，甲醇转化率可稳定在 90%~100%，反应尾气中 CO 含量小于 0.20%	
	JSC	Cu	$CuO/ZnO/Al_2O_3$	圆柱	催化剂具有活性高、选择性好、副产物含量低、机械强度好、抗硫、寿命长等特点。反应温度 200~300℃，空速 5000~10000h^{-1}	

表 13-38　甲烷化催化剂

催化剂类型	牌　号	金　属	载　体	外　形	堆密度/(g/cm^3)	特点和用途
甲烷化催化剂	KLJ-102H	Ni	Al_2O_3	球形	0.9~1.0	使用寿命长、起活温度低，适用于制氢工艺中将残留的炭的氧化物降到 10^{-6}级（体积）
	J103H	Ni	Al_2O_3	条形	0.85~1.0	活性高、耐热性能好、使用强度高、堆密度低及使用寿命长等特点。采用国外成套设备和技术生产。以镍为活性组分，以稳定的活性氧化铝为载体的甲烷化催化剂，此催化剂可用于少量的一氧化碳、二氧化碳及微量氧的加氢反应，生成甲烷和水，借以达到净化合成气或氢气的目的
	METH134/150	Ni/Ru	Al_2O_3	球形	0.9~1.0	反应活性好，起活温度低于镍基催化剂，操作温度为 170℃

二、烯烃叠合催化剂

炼厂气中的烯烃通过酸性催化剂的作用进行叠合反应，生成更大分子烯烃的过程，即催化叠合。根据原料和目的产品的不同，叠合可分为选择性叠合和非选择性叠合。选择性叠合是指采用组成比较单一的丙烯或丁烯原料，选择适宜的条件进行特定的叠合反应，生产特定的产品(如异壬烯、异辛烯)或高辛烷值组分；非选择性叠合是指将炼厂气中的丙烯、丁烯叠合成混合烯烃，生产汽油组分。

烯烃的叠合为典型的正碳离子反应机理，固体酸是叠合反应的有效催化剂。工业化应用的叠合催化剂主要有固体磷酸、强酸性离子交换树脂、沸石、无定形硅铝四类。

(1) 固体磷酸为最早工业化应用的固体叠合催化剂，主要用于丁烯的非选择性叠合反应。由二氧化硅或硅藻土负载多磷酸而成。固体磷酸催化剂制备方法有混捏法和负载法，制备过程分别见图 13-40 和图 13-41。

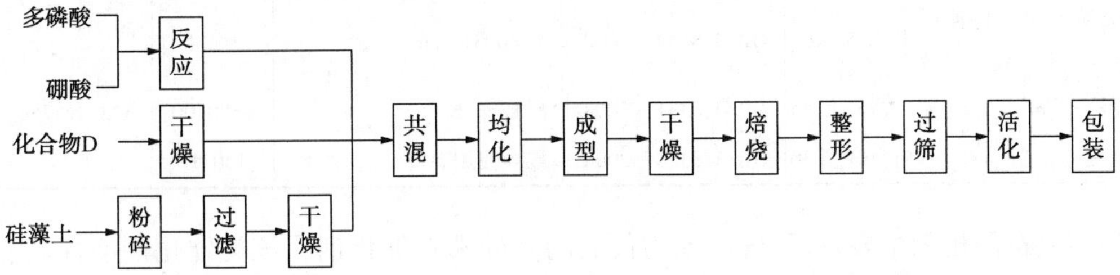

图 13-40　混捏法固体磷酸催化剂(T99，中国石化上海石油化工研究院)的制备流程

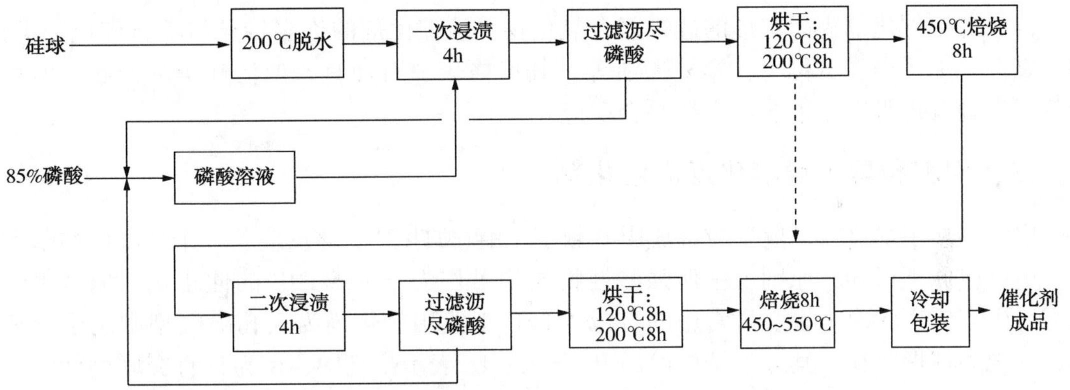

图 13-41　负载型固体磷酸催化剂(RSPA，石科院)的制备流程

表 13-39 为两种固体磷酸催化剂的主要质量指标比较。

表 13-39　两种固体磷酸催化剂的主要质量指标

项　目	混捏(T99)	负载(RSPA)	项　目	混捏(T99)	负载(RSPA)
外观	白色，圆柱形	白色，球形	总磷含量(以 P_2O_5 计)/%	64.1	≥60
颗粒直径/mm	3~5	2~4	游离磷含量(以 P_2O_5 计)/%	15.8	12~20
堆密度/(kg/L)	—	0.9~1	催化剂反应活性①	85.42	≥88
抗压碎强度	≥680N/cm	≥200N/粒			

① 以实验室丁烯齐聚反应评定的丁烯单程转化率(30 天平均值)计。

(2) 强酸性阳离子交换树脂主要是指由以二乙烯基苯为交联剂的聚苯乙烯，再经磺化反应制得大孔磺酸型树脂。此催化剂具有反应条件温和、选择性好、产物辛烷值高、价格便宜等优点，是目前国内外广泛使用的选择性叠合催化剂之一。所存在的主要缺点是，耐热性能较差，一般不能再生。一般需要在反应体系中加入醇等极性物质，以调节催化剂酸性，提高叠合反应的二聚选择性。表13-40为石科院和河北凯瑞环保科技有限公司合作开发的叠合专用树脂催化剂的物化性能指标。

表13-40　KC110型叠合催化剂物性指标

项　目	指标	分析方法	项　目	指标	分析方法
出厂型式	H型		粒度/%		GB/T 5758—2001
水含量/%	25±5	GB/T 5757—2008	0.315~1.25 mm	≥95.0	
质量交换容量(干剂)/(mmol/g)	≥5.30	GB/T 8144—2008	<0.315 mm	≤1.0	
堆密度/(g/cm^3)	0.75~0.85	GB/T 8331—2008	耐磨率/%	≥90.00	GB/T 5758—2001
湿真密度/(g/cm^3)	1.10~1.30	GB/T 8330—2008	最高使用温度/℃	140 ℃	

（3）沸石催化剂主要是以ZSM-5为代表的高硅沸石催化剂，该类催化剂活性高、能烧积炭再生，完全无腐蚀污染问题，缺点是：催化剂容易结焦，需要较为频繁进行再生，对原料中的水、硫、双烯等杂质含量要求苛刻。

（4）硅铝催化剂为无定形的硅铝复合氧化物，该催化剂的许多特点与沸石催化剂类似，如无腐蚀、无污染、可再生，容易失活等。其价格较沸石便宜，但活性不如沸石，既可用于选择性叠合也可以用于非选择性叠合反应。

三、甲醇和异丁烯醚化反应催化剂

甲醇和异丁烯进行加成反应合成甲基叔丁基醚(MTBE)，该反应是一个典型的酸催化反应。由反应原理可知，原则上任何强酸性物质均可作为合成MTBE的催化剂。但从多年的研究、生产应用状况来看，最常用的合成MTBE工业用催化剂为大孔磺酸型阳离子交换树脂，外观为球形颗粒。其分子结构可用R—SO_3—H^+表示。其中，R为具有交联网状结构的高分子聚合物母体：—SO_3—为连接在聚合物链节上的极性官能团；H^+形成具有催化作用的活性中心。

催化剂主要制备工艺：在致孔剂存在下，以苯乙烯和二乙烯基苯悬浮聚合，形成粒度适宜的大孔共聚物白球为载体，再经孔结构净化和高效磺化剂磺化后得到具有特殊孔结构的磺酸型阳离子交换树脂。

催化剂的特点：作为醚化反应的催化剂，反应条件温和，在反应温度50~80℃、压力为1.0~1.5MPa、醇烯比为1.05~1.1、空速为1~2h^{-1}时，异丁烯的单程转化率可达95%，选择性为98%[146,147]。因此要求催化剂具有：足够高的强度(耐磨率≥85%)；适宜的粒度(0.30~1.2mm)；合理的孔结构；极性溶剂中较低的溶胀性；较高的交换容量(单位质量催化剂中所含磺酸基团的毫摩尔数)。

工业常用催化剂：国外广泛用于MTBE生产的催化剂有美国Rohm and Hass公司的A-15、A-35树脂和Dow化学公司的M-31树脂。国内催化剂牌号及生产厂家主要有凯瑞环保科技股份有限公司的D006系列、KC116系列、KC116BD系列，丹东明珠特种树脂有限公司的D005型，中国石化齐鲁石化研究院的QRE-01型。2000年后，国内醚化树脂催化剂行业取得了长足发展。首先，凯瑞环保科技股份有限公司率先开发出高交换容量的异丁烯醚化生产 MTBE 的催化剂 D006，提高了异丁烯的转化率和催化剂的使用寿命。该公司先后又开发出 MTBE 生产中的催化蒸馏组件 D006 捆包、D006-BD 模块，使催化剂和塔内件形成组件，简化了塔器结构，强化了反应过程。开发出轻汽油醚化催化剂 KC116 及催化蒸馏组件 KC116-BD，以及以醚化树脂催化剂为基础开发出了碳四烯烃叠合催化剂 KC110 等。几种催化剂的主要物性指标见表 13-41。

表 13-41　MTBE 树脂催化剂的性能指标

项　目	A-15	A-35	D005 型	D006 型	QRE-01 型
H^+交换容量/(mmol/g)	4.70	5.20	4.84	5.02	5.20
堆密度(干基)/(g/cm^3)	0.77	0.80	0.61	0.55	0.64
比表面积/(m^2/g)	45	45	53	60	52
孔体积/(mL/g)	0.42	0.42	0.38	0.39	0.36
平均孔径/nm	25.0	25.0	18.4	24.2	22.8
粒度/mm	0.30~1.2	0.30~1.2	0.35~1.2	0.35~1.2	0.35~1.2
耐磨率/%	≥90	≥85	≥95	≥85	≥95

阳离子交换树脂催化合成 MTBE 的原理是：磺酸基团上的氢离子被甲醇溶剂化，溶剂化质子在树脂孔道内将异丁烯质子化，使其成为正碳离子，再与甲醇结合形成 MTBE。因此，催化剂的交换容量越高，其催化活性越高，使用寿命越长。表 13-42 为国内几种催化剂在固定床反应器中的初活性。

表 13-42　催化剂在合成 MTBE 反应中的活性

反应条件	醚化转化率/%		
	D005 型	D006 型	QRE-01 型
50℃，空速 3h^{-1}	80.96	85.16	90.70
70℃，空速 5h^{-1}		94.24	95.11
80℃，空速 5h^{-1}	92.18	92.56	93.36

阳离子交换树脂催化剂的使用会受温度的影响(一般最高使用温度仅为 120℃，常在 90℃下使用)，温度提高会导致树脂稳定型变差，寿命缩短。沸石催化剂是以多孔沸石为骨架，经加工处理并负载特定功能基后制成的，品种繁多。与树脂催化剂相比，沸石催化剂耐温性好，使用寿命长，是一种理想的适合于环境友好过程的催化剂。因此，国内外对沸石催化剂合成 MTBE 过程进行了深入的研究和工业试验。表 13-43 为气相反应沸石催化剂性能指标[148]，表 13-44 为不同沸石催化剂与 A-15 催化剂性能比较[148]。

表 13-43　气相反应沸石催化剂(反应温度 82℃)性能指标比较

项　目	醇烯比(摩尔比)	MTBE 转化率/%	MTBE 选择性/%	转化成 C_8烯烃/%
丝光沸石(26)	1.07	8.4	58.3	6.0
β沸石(22)	1.46	13.9	37.7	23.0

续表

项　目	醇烯比(摩尔比)	MTBE 转化率/%	MTBE 选择性/%	转化成 C_8烯烃/%
REHY(5.3)	1.20	11.3	96.0	0.47
REAIY9(5.1)	1.06	25.3	98.8	0.3
ZSM-5(70)	1.04	30.5	100	0
ZSM-11(25)	0.98	25.1	99.4	0.1

表 13-44　不同沸石催化剂与 A-15 催化剂性能比较

沸　石	ZSM-5	ZSM-11	A-15
醇烯比(摩尔比)	1.10	1.10	1.10
空速/h^{-1}	1.68	1.41	1.01
温度/℃	108	90	62
反应器出口温度/℃	81.7	78.9	51.1
异丁烯转化率/%	90.1	90.2	94.5
MTBE 收率/%	90.1	90.2	92.7
MTBE 选择性/%	100	100	98.1

选择一种或几种沸石合成 MTBE 催化剂，从不同方面对其进行改性系统研究并工业化试验，使其酸强度、酸类型、孔结构及孔分布、耐磨强度、机械强度等与树脂催化性能相当或性能更优，是未来合成 MTBE 催化剂的方向。

四、C_5/C_6烷烃异构化催化剂

C_5/C_6烷烃异构化是生产高辛烷值汽油调合组分的一个重要手段，它是通过将轻质石脑油中的低辛烷值组分，即 C_5/C_6正构烷烃，在催化剂上发生异构化反应转化为相应的高辛烷值支链异构烃，从而提高汽油的辛烷值[149~151]。

20 世纪 90 年代末，石科院和金陵石化研究所分别开发出载铂的沸石型异构化催化剂(RISO-B)和载钯的丝光沸石异构化催化剂(NNI-1)，其中 RISO-B 催化剂于 2001 年在国内第一套 C_5/C_6异构化工业装置上成功应用[152]，NNI-1 于 2002 年成功应用[153]。21 世纪初，石科院开发了硫酸氧化锆固体超强酸型异构化催化剂(RISO-C)，于 2016 年在国内首套 C_5/C_6异构化工业装置上成功应用。到目前为止，沸石型异构化催化剂有 8 套装置应用，超强酸型异构化催化剂有 6 套装置应用。

1. *RISO-B 沸石型异构化催化剂*

RISO-B 沸石型异构化催化剂是双功能催化剂，金属功能是由载体上的金属组元铂或钯提供，酸性功能则由丝光沸石、β 沸石等沸石组成的载体提供。沸石的金属含量、骨架硅铝比是影响催化剂酸性的主要因素，沸石的骨架硅铝比和金属含量有一定的限制：金属含量高，异构化活性低；金属含量低，则催化剂稳定性降低。沸石的硅铝比太高或太低，催化剂异构化活性均较低。性能优良的异构化催化剂，其酸性功能和金属功能有非常好的匹配：酸性太强，催化剂的裂解功能较高，影响催化剂的寿命和产品液收；金属功能太强，

则催化剂的氢解功能较高，生成干气的可能性增大。

C_5/C_6烷烃异构化催化剂的制备，以 RISO 催化剂为例，将一定量的沸石原粉和一定浓度的铵盐离子溶液以一定的液固比、在一定温度下进行离子交换，经过滤、洗涤、干燥，得到所需 Na 含量的沸石。将上述沸石用一定浓度的酸性溶液(盐酸或硝酸)在一定温度下处理一定的时间，经过滤、洗涤、干燥、焙烧，得到所需硅铝比的改性沸石。上述沸石按一定比例和 $Al(OH)_3$、助挤剂和水混合，混捏、挤条成型，经养生、切粒、整型、干燥、焙烧，得到一定粒度的合格载体，采用转鼓蒸发的浸渍金属的方法使得金属组元在载体上较好地分散，催化剂具有较高的异构化性能。浸渍金属组元的异构化催化剂，经过干燥、焙烧、活化、还原等后续处理得到成品催化剂。RISO-B 异构化催化剂工业生产的示意流程如图 13-42 所示。

表 13-45 列出了 RISO-B 异构化催化剂的物化性质。表 13-46 列出了 RISO-B 异构化催化剂的异构化性能。

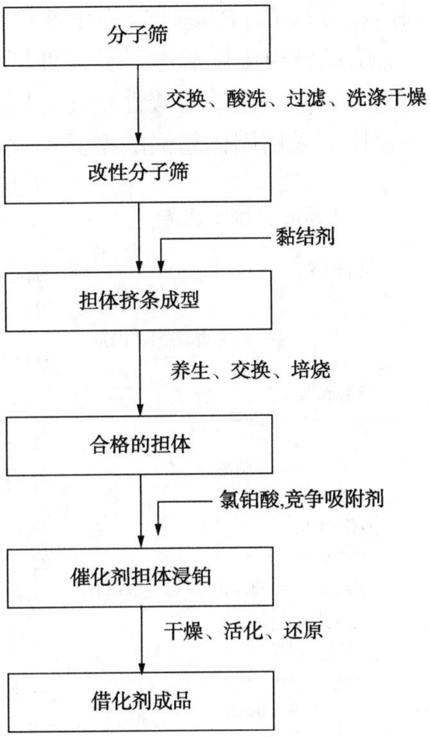

图 13-42　RISO-B 催化剂生产工艺流程

表 13-45　RISO-B 异构化催化剂物化指标

项　目	指标	项　目	指标
Pt 含量/%	0.32±0.02	外形尺寸	圆柱形，直径 1.6~3mm，长度 3~10mm
比表面积/(m^2/g)	>400		
压碎强度/(N/cm)	>90	密度/(g/cm^3)	0.65±0.05

表 13-46　RISO-B 异构化催化剂异构化性能

项　目	1	2
反应条件		
温度/℃	250	260
压力/MPa	1.7	1.7
重时空速/h^{-1}	1.0	1.0
氢油摩尔比	2.6	2.6
评价结果		
裂解率/%	1.2	2.3
C_5异构化率/%	66.7	69.4
C_6异构化率/%	83.4	83.9
C_6选择性/%	21.3	21.3

2. RISO-C 固体超强酸型异构化催化剂

固体超强酸 C_5/C_6烷烃异构化催化剂具有活性高、稳定性好、可再生等特点，固体超强酸 C_5/C_6烷烃异构化技术达到了国外同类技术的水平。固体超强酸异构化催化剂以硫酸根促进的纳米晶粒氧化锆为酸性组元，同时负载了少量金属 Pt 为加氢组元。与沸石型异构化催化剂相比，采用固体超强酸型异构化催化剂，反应温度可以降低 70℃以上，异构化产品辛烷值提高 2 个单位左右。固体超强酸催化剂对原料杂质要求较为宽松，具有更好的抗硫、水能力，原料中硫、水含量只要低于 5μg/g 即可满足工艺要求，不会产生装置腐蚀问题。配合分离技术，异构化产品的辛烷值 RON 可达 90 左右[154]。

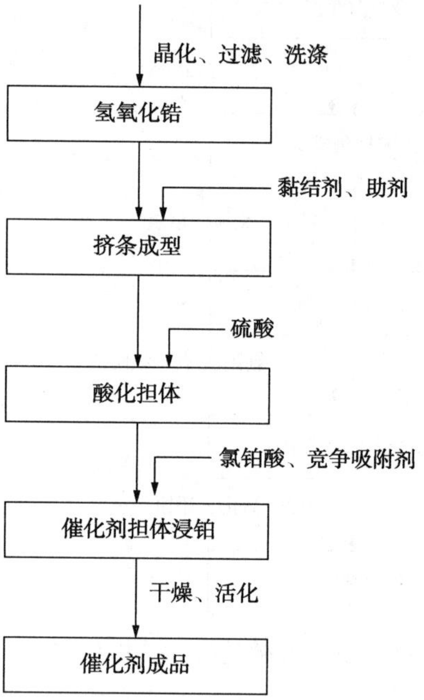

图 13-43　RISO-C 催化剂生产工艺流程

RISO-C 固体超强酸型催化剂的工业生产流程：氯氧化锆和氨水混合，调整其 pH 值，在合成釜中一定温度下晶化一定时间，洗涤、过滤，在 120℃下干燥 36h，按一定比例和 $Al(OH)_3$、助挤剂和水混合，混捏、挤条成型，经养生、切粒、整型、干燥、焙烧，得到一定粒度的合格载体，用一定量的硫酸处理酸化，干燥、焙烧，采用饱和浸渍法使得金属组元在载体上较好地分散，浸渍金属组元的载体经过干燥、焙烧、活化得到成品超强酸异构化催化剂，该催化剂具有较高的异构化性能。RISO-C 异构化催化剂工业生产的示意流程如图 13-43 所示。

表 13-47 列出了 RISO-C 异构化催化剂的物化性质。表 13-48 列出了 RISO-C 异构化催化剂的异构化性能。

表 13-47　RISO-C 异构化催化剂物化指标

项　目	指标	项　目	指标
Pt 含量/%	0.25±0.02	外型尺寸(直径×长度)	圆柱形 ϕ1.6mm~ϕ3mm×(3~10)mm
载体性质	ZrO_2、Al_2O_3		
压碎强度/(N/cm)	>90	密度/(g/cm^3)	1.35±0.05

表 13-48　RISO-C 异构化催化剂异构化性能

项　目	指标	项　目	指标
反应条件		评价结果	
温度/℃	140	裂解率/%	3.0
压力/MPa	3.1	C_5异构化率/%	75.1
重时空速/h^{-1}	1.5	C_6异构化率/%	88.2
氢油摩尔比	2.0	C_6选择性/%	31.5

五、C_8 芳烃异构化催化剂

C_8芳烃异构化催化剂用来生产对二甲苯或邻二甲苯，或同时生产对、邻二甲苯产品。

C_8芳烃异构化催化剂为贵金属/沸石型双功能催化剂，其中沸石的酸性功能和金属功能是影响催化剂性能的主要因素。催化剂组成、配比、沸石的骨架硅铝比和交换度等影响其酸性功能，载铂量、浸铂过程中竞争吸附剂的选择、催化剂的活化还原条件等主要影响金属功能。

C_8芳烃异构化催化剂的制备，以 RIC-270 型催化剂为例加以说明。根据催化剂的组成配比，加入沸石、氧化铝和助挤剂田菁粉，再加硝酸水溶液混捏均匀，然后挤条、干燥、切粒成型、焙烧、冷却后，与氯化铵溶液进行离子交换，洗涤至无 Cl^-；再加氯铂酸和竞争吸附剂混合溶液进行浸渍，除去母液，干燥、活化，即得成品催化剂。图 13-44 绘出 RIC-270催化剂制备的简单流程图。

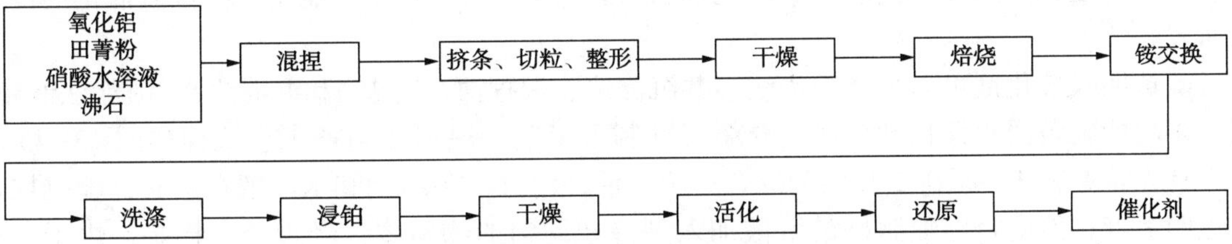

图 13-44　RIC-270 型 C_8芳烃异构化催化剂制备流程

RIC-270 型 C_8芳烃异构化催化剂的组成及物化性质列于表 13-49。

表 13-49　RIC-270 型芳烃异构化催化剂的组成及物化性质

催化剂组成		催化剂物化性质			
载体	金属	粒度/mm	堆密度/(g/cm³)	强度/(N/cm)	粉化度/%
沸石+氧化铝	Pt	ϕ1.6×2~8	0.72~0.78	> 120	<0.2

六、硫黄回收及其尾气处理催化剂

克劳斯(Claus)法从酸性气中回收硫的工艺是炼厂气(或天然气)加工的一个重要组成部分。克劳斯+尾气加氢工艺是炼厂常用的硫黄回收尾气工艺，其基本原理为：在制硫装置的酸气燃烧炉中，酸性气体中 1/3 的 H_2S 完全燃烧生成 SO_2，烃完全燃烧生成 CO_2，剩余2/3 的 H_2S 和 SO_2在催化剂的作用下进行低温反应生成单质硫。制硫装置中的硫黄尾气在加氢催化剂(见本章第二节)的作用下，SO_2、S 加氢转化成 H_2S，COS、CS_2水解生成 H_2S。H_2S 被甲基二乙醇胺(MDEA)胺液吸收，吸收 H_2S 后的胺液进行再生，MDEA 溶液继续循环使用。

硫黄回收催化剂的选择使用直接关系到装置的克劳斯转化率和总硫回收率水平。催化剂应该具备良好的克劳斯活性、有机硫水解活性、脱漏氧活性、抗积炭性能、对不同原料适应力强以及保持高效、长周期运行等特点。近年来，入口温度低的低温加氢催化剂得到长足发展。硫黄回收催化剂分为活性氧化铝催化剂、脱漏氧保护催化剂、有机硫水解催化剂、二氧化钛基催化剂、多功能硫黄回收催化剂几类。活性氧化铝催化剂具有初期活性好、压碎强度高、成本低、克劳斯硫回收率高的优点，但是易发生硫酸盐化中毒并且有机硫水解活性低。脱漏氧保护催化剂是一种含有铁助剂同时具有 O_2转化和克劳斯反应能力的催化剂，通常装填在克劳斯转化器床层上部 1/3 处。有机硫水解催化剂的有机硫水解能力较好，适用于操作稳定的普通克劳斯反应，常常为含有钛基金属组分的多元组分构成。二氧化钛基催化剂有机硫(CS_2、COS)水解活性和硫回收率高、稳定性好，不易发生硫酸盐化中毒。多功能硫黄回收催化剂采用复合载体并添加其他金属氧化物助剂来提高克劳斯活性、有机硫水解活性、脱“漏 O_2”活性和抗积炭能力。随着天然气开采量的增加，天然气净化过程中的硫黄回收催化剂以其抗二氧化碳能力和良好的水解活性得到快速发展。此外，煤化工技术的发展也带来相关领域硫回收催化剂的发展，纳米材料等新技术在催化剂研发过程中也有所进展。例如，达建文、邢伟等人采用有机硅水解得到一种纳米二氧化硅，可作为硫化氢选择氧化制硫黄催化剂新材料[155,156]。另外，节能型、低排放催化剂也成为研发趋势。

硫黄回收催化剂可以采用浸渍法、共沉淀法、混捏法(干混法和湿混法)、喷涂法制备。现以多功能硫黄回收催化剂为例，介绍三种制备工艺。混捏法制备工艺流程如图 13-45 所示，首先将原料 1、原料 2 和助剂混合均匀，活性组分、黏结剂和水溶解在一起，配成均匀的透明溶液，然后将已配制好的溶液加入到混和均匀的物料中，经捏合、挤条、烘干、焙烧制成成品催化剂。

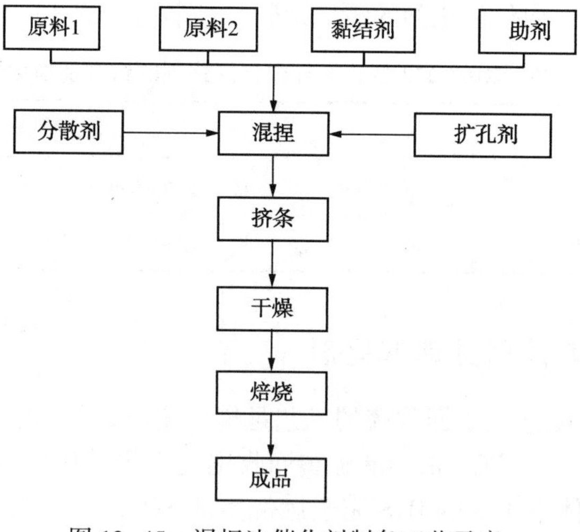

图 13-45　混捏法催化剂制备工艺示意

国内硫黄回收研发、生产、设计单位近几年技术进步较快，基本能满足国内催化剂、工艺、工程设计及开发需要。主要单位包括中国石化齐鲁分公司研究院、中国石油西南油气田分公司研究院、山东三维石化工程公司、中国石化炼化工程公司等。

浸渍法催化剂制备工艺流程如图 13-46 所示，首先将原料 1、原料 2、助剂与黏结剂、扩孔剂一起捏合、挤条、烘干、焙烧制备成载体，然后用铁盐溶液采用等体积浸渍法浸渍载体，再经烘干、焙烧制备而成。

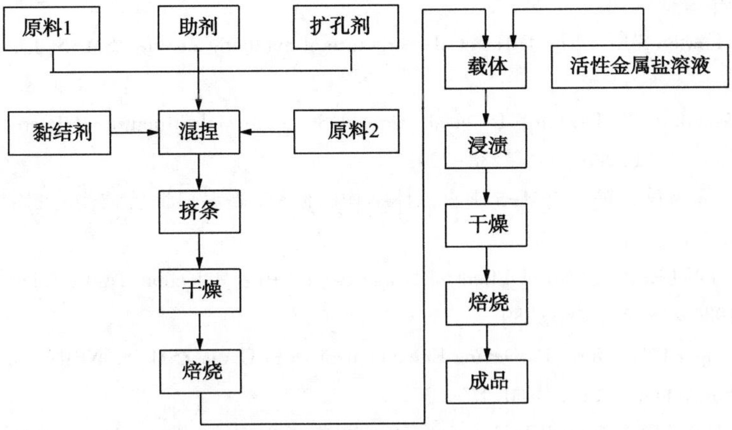

图 13-46　浸渍法催化剂制备工艺流程示意

沉淀法催化剂制备首先将氢氧化铝溶于氢氧化钠溶液中，配制成偏铝酸钠溶液，另一原料打浆，配制成浆液，采用碳化法制备工艺，在偏铝酸钠溶液一边通入二氧化碳，一边加入偏钛酸溶液，成胶反应一段时间后，加入助剂，继续反应至溶液 pH 值达到指定值，停止反应。溶液经过滤、洗涤、烘干，即得复合干胶，干胶经粉碎后，加入助剂、黏结剂，经捏合、挤条、烘干、焙烧，制备成多功能硫回收催化剂。制备流程见图 13-47。

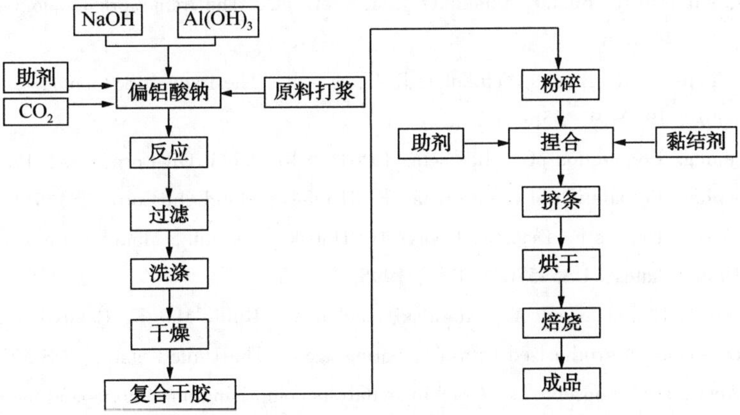

图 13-47　沉淀法催化剂制备工艺流程示意

参　考　文　献

[1] Uytterhoeven J B, Christner L G, Hall W K. Studies of the Hydrogen Held by Solids. VIII. The Decationated Zeolites[J]. J Phys Chem, 1965, 69(6): 2117-2126.

[2] Kerr, G. T. Hydrogen Zeolite Y, Ultrastable Zeolite Y, and Aluminum-Deficient Zeolites[J]. Adv. Chem. Ser, 1973, 121: 219-229.

[3] Breck D W, Skeels G W. Zeolite Chemistry IV. Evidence for the Elimination and Subsequent Reinsertion of Framework Aluminum during the Stabilization of Ammonium-Exchanged Zeolite Y In: Dr LVC Rees eds[J]. Proc 5th Int Conf Zeolite, Heyden & Son Ltd, London, 1980, 335-343.

[4] Mobil OilCorporation. Crystalline Zeolite ZSM-5 and Method of Preparing the Same. The United States. US

3702886[P], 1972.
[5] Kokotaillo G T, Lawton S L, Olson D H, et al. Structure of Synthetic Zeolite ZSM-5[J]. Nature, 1978, 272: 437-438.
[6] Olson D H, Kokotailo G T, Lawton S L, et al. Crystal Structure and Structure-Related Properties of ZSM-5 [J]. J Phys Chem, 1981, 85(15): 2238-2243.
[7] 于勤，李旺荣，张婉静，等．ZSM-5 沸石晶体结构的研究(高温焙烧后结构的测定)[J]．石油学报，1982，3：83-98.
[8] Derouane E G, Gabelica Z. A Novel Effect of Shape Selectivity: Molecular Traffic Control in Zeolite ZSM-5 [J]. J Catal, 1980, 65(2): 486-489.
[9] Dwyer F G, Schipper P H, Gorra F. Octane Enhancement In FCC Via ZSM-5. NPRA Annual Meeting, March 29-31, 1987, SanAntonio, Texas(AM-87-63).
[10] Donnelly S P, Mizrahi S, Sparrell P T, et al. How ZSM-5 Works in FCC. Div of Petrol Chem, ACS Meeting, New Orleans, Aug. 30~Sep. 4 , 1987, American Chemical Society, Washington, DC, 1987, 32(3): 621-626.
[11] Dwyer F G, Schipper P H. Ketjen Workshop "The MON of FCC Naphtha". Schiphol Hilton, 1987, 6: 25-26.
[12] Wadlinger R L, Kerr G T, Rosinski E. J. Catalytic composition of a crystalline zeolite. The United States, US3308069[P] , 1967.
[13] Higgins J. B. , Lapierre R. Bhatet, Sohlenker J. L. , et. al.. The framework topology of zeolite Beta[J]. Zeolite, 1988; 8: 446-448.
[14] Higgins J. B. , Lapierre R. Bhatet, Sohlenker J. L, et. al.. The framework topology of zeolite Beta-A correction[J]. Zeolite, 1989; 9: 358-362.
[15] Rubin Mae Koening. Preparation of zeolite beta. EP0159846, Mobil Oil Corp(US). 1982.
[16] Rubin Mae Koening. Preparation of zeolite beta. EP0159847, Mobil Oil Corp(US). 198.
[17] Robert P. L. Absil, Thomas F. Degnan, George H. Hatzikos, et. al.. Manufacture of improved zeolite beta catalyst. The United States, US5457078[P] , 1995.
[18] Robert P. L. Absil, Herbst Joseph A. , Kowalski Jocelyn A.. Rubin Mae K. Catalytic cracking process utilizing a zeolite beta catalyst synthesized with a chelating agent. The United States, US 5232579[P] , 1993.
[19] Robert P. L. Absil, Herbst Joseph A.. Cracking catalysts comprising phosphorus and method of preparing and using the same. The United States, US5231064[P] , 1993.
[20] Degnan, Thomas F.. Manufacture of improved catalyst. The United States, US5472922[P] , 1995.
[21] 顾敏仪，李才英．多产烯烃的裂化催化剂．中国，CN1099788A[P]，1995.
[22] 张淑琴，崔素新，钟孝湘，等．一种多产异丁烯和异戊烯的裂化催化剂．中国，CN1103105A[P]，1995.
[23] 田辉平，严加松，龙军，等．一种含沸石烃类裂化催化剂的制备方法．中国，ZL200410037680.0 [P]，2004.
[24] 龙军，朱玉霞，田辉平，等．一种含沸石的烃类裂化催化剂及其制备方法．中国，ZL0.137906.0 [P]，2003.
[25] 南京石油化工厂．稀土氢 Y 型沸石的半工业试生产[J]．石油炼制，1975，6(5)：39-47.
[26] 赵峰．NaY 母液回收工艺探讨[J]．石油学报(石油加工)，2012，28(S1)：149-152.
[27] 徐如人，庞文琴，屠昆岗，等．沸石的结构与合成[M]．吉林：吉林大学出版社，1987.

[28] Ducker Carl Vance McDaniel HE. Process for preparing high Silica Faujasite. The United States, US3574538 [P] , 1971.

[29] 徐如人．天然资源制取沸石的近况与前景[J]. 石油化工，1980(9)：247-255.

[30] 高大维，吕慧娟，聂启珉．苏州高岭土制 Y 型沸石的研究[J]. 石油炼制，1983(7)：12-16.

[31] Beyer H K, Belurykaya I M, Hange F. Preparation of High-Silica Faujasite by Treatment with Silicon Tetrachloide[J]. Chem Soc Faraday Trans 1, 1985, 81: 2889-2901.

[32] 周灵萍，刘子阳，张杰潇，等．一种沸石的制备方法．中国，ZL201210417837.7[P] , 2012.

[33] 舒兴田，何鸣元，傅维，等．含稀土五元环结构高硅沸石的合成．中国，ZL89108836.2[P] , 1989.

[34] 傅维，舒兴田，何鸣元．含稀土五元环结构高硅沸石的制备方法．中国，ZL90104732.5[P] , 1990.

[35] 傅维，舒兴田，何鸣元，等．具有 MFI 结构含磷和稀土的沸石．中国，ZL95116458.9[P] , 1995.

[36] 罗一斌，李明罡，舒兴田，等．一种含磷和过渡金属的 MFI 结构沸石．中国，CN1465527A [P], 2002.

[37] 范中碧，邱官增．一种新型半人造沸石裂化催化剂的特性．石油炼制与化工[J]. 1982(03)：22-28.

[38] 屈明芝，邹旭彪．原位晶化催化剂制备技术的进展和应用[J]. 甘肃科技纵横，2014, 43(04)：41-43+59.

[39] 玉门石油管理局炼油厂，等．玉门炼油厂试用一氧化碳助燃剂[J]. 石油炼制，1979, 10(10)：26-28.

[40] 宋海涛，郑学国，田辉平，等．降低 FCC 再生烟气 NO_x 排放助剂的实验室评价[J]. 环境工程学报，2009, 3(8)：1469-1472.

[41] 隋亭先，谢晨亮，林春阳，等．FP-DSN 三效助剂在催化裂化装置上的工业应用[J]. 工业催化，2017, 7：76-80.

[42] 白云波，孙学锋，张伟，等．硫转移剂协同脱硫脱硝助燃三效助剂在催化裂化装置上的应用[J]. 精细石油化工，2016, 1：50-55.

[43] Gates B C. Chemistry of CatalyticProcess (Mc Graw-Hill Series in Chemical Engineering). Mc Graw-Hill Book Company, 1979.

[44] 白崎高保，藤堂尚之．触媒调制[J]. 株式会社讲谈社，1974, 16.

[45] James Hoekstra. SPHEROIDAL ALUMINA. U. S. , US2620314, 1952.

[46] 李岳君，余立辉．炼油催化剂生产技术[M]. 北京：中国石化出版社，2007：130-133.

[47] 石油化工科学研究院 306 组．铝溶胶法油柱成型制备 γ-Al_2O_3小球担体的研究[J]. 石油炼制，1983, (5)：31-37.

[48] 吴朝华，俞佩勋，宋瑞雪，等．从低纯铝制备的铝溶胶脱除杂质的方法．中国．ZL85100219, 1985.

[49] Bournoiville J P, Franck J P, Martino G. Scientific Bases for the Preparation of Heterogeneous Catalysts[J], Third International Symposium, A6. 1-11, 1982.

[50] 石油一厂，等．PR-A 型重整催化剂工业使用试验[J]. 石油炼制，1988, 19(5)：1-5.

[51] 郭顽，于涛，郭秀梅，等．RS-1 与 Co-Mo 型催化剂在重整预加氢装置上的对比[J]. 石油炼制与化工．2004, 35(9)：30-33.

[52] 谢洪波，胡国银．硫化态和氧化态 RS-1 型加氢精制催化剂开工对比[J]. 2009, 40(9)：42-46.

[53] Mingfeng Li, Huifeng Li, Feng Jiang. The relation between morphology of (Co) MoS_2 phases and selective hydrodesulfurization for CoMo catalysts[J] . Catalysis Today, 2010(149)：35-39.

[54] 李明丰，褚阳，龙湘云．生产清洁汽油系列加氢技术的开发和应用[J]. 石油学报(石油加工)，2010 (增刊)：1-7.

[55] Mingfeng Li, Hong Nie, Yahua Shi. Selective hydrodesulfurization technology of cracked gasoline for gasoline

pool in 2005[J]. Studies in Surface Science and Catalysis, 1999(127): 409-412.

[56] 李明丰，习远兵，潘光成．催化裂化汽油选择性加氢脱硫工艺流程选择[J]．石油炼制与化工，2010，41(5)：1-6.

[57] 习远兵，高晓冬，李明丰．催化裂化汽油选择性加氢脱硫过程中烯烃加氢饱和反应动力学研究[J]．石油炼制与化工，2011，42(9)：9-12.

[58] 郑景荣，李明丰，赵阳．催化裂化汽油选择性加氢催化剂 RGO-2 的性能评价与分析[J]．工业催化，2013，21(2)：55-57.

[59] 张艳云，张学军，梁迁．操作条件对催化裂化汽油催化精馏选择性加氢脱二烯过程的影响[J]．2012，43(4)：41-45.

[60] 申志兵，柯明，张君涛．Mo-Ni/Al_2O_3催化剂对 FCC 汽油硫醚化反应的催化性能[J]．石油学报(石油加工)，2015，31(6)：1269-1274.

[61] 申志兵，柯明，刘基扬．Ni/Al_2O_3对硫醇与异戊二烯硫醚化反应的催化性能研究[J]．石油炼制与化工，2010，41(11)：37-42.

[62] 赵素芬，张洪量，马智扬．预硫化催化剂 RSS-1A(S)的工业应用[J]．石化技术，2018，15(3)：29-33.

[63] 李林，柴可明．RSS-2 催化剂在航煤加氢装置上的应用[J]．石油与天然气化工．2017，46(1)：12-16.

[64] 刘锋，夏国富，褚阳低压喷气燃料加氢脱硫反应动力学模型研究[J]．石油炼制与化工，2013，44(1)：36-40.

[65] 李广慈，赵会吉，赵瑞玉，等．不同扩孔方法对催化剂载体氧化铝孔结构的影响[J]．石油炼制与化工，2010，41(1)：49-53.

[66] 建谋，石亚华，李大东．氟在 γ-Al_2O_3及 NiW/γ-Al_2O_3催化剂中的作用 I ——氟的存在形态与表面酸性[J]．分子催化，1990，4(2)：104-111.

[67] 杨清河，戴立顺，聂红，等．渣油加氢脱金属催化剂 RDM-2 的研究[J]．石油炼制与化工，2004，35(3)：1-4.

[68] 闫翔云，马波，季洪海，等．焙烧温度对氧化铝物化性质及微观结构的影响[J]．当代化工，2011，40(3)：248-251.

[69] 闫翔云，季洪海，程福礼，等．焙烧温度对 Al_2O_3微观结构和表面酸性的影响[J]．石油炼制与化工，2011，42(11)：41-45.

[70] 长岭炼油厂加氢催化剂会战组．硫酸铝-偏铝酸钠法制备 γ-Al_2O_3的研究[J]．石油炼制，1978(11/12)：50-57.

[71] 曾双亲，聂红，杨清河，等．载体材料拟薄水铝石的研发对催化剂性能的提升作用[C]// 2017 年中国石油炼制科技大会论文集，北京：2017.

[72] 杨清河，等．$NaAlO_2$-CO_2法制备拟薄水铝石规律的研究[J]．石油炼制与化工，1999，30(4)：59-63.

[73] 杨清河，等．$NaAlO_2$-CO_2法制备拟薄水铝石过程中的转化机理[J]．催化学报 1997，18(6)：478-482.

[74] 杨清河，李大东，等．NH_4HCO_3 对氧化铝孔结构的影响[J]．催化学报，1997，18(6)：478.

[75] 曾丰，等．采用 $NaAlO_2$-CO_2连续中和法制备拟薄水铝石[J]．石油学报(石油加工)，2015，31(10)：1069-1074.

[76] 石亚华，等．Study on the Active Phases of Ni-W System Hydrotreating Catalysts[J]. ACTA PETROLEUM

SINICA，1997：50-55.
[77] 加氢二十五年(1950—1975). 抚顺：抚顺石油三厂，1976.
[78] 宋文模. 我国近代加氢裂化的 30 年[J]. 炼油设计，1996，26(4)：2-11
[79] 顾国璋，赵琰，李运鹏. 生产中间馏分油的 3824 加氢裂化催化剂性能及工业应用[J]. 石油炼制与化工，1998，29(1)：8-14.
[80] 胡永康，葛再贵，韩崇仁，等. 加氢技术[M]. 北京：中国石化出版社，2000：431-437.
[81] 高中正. 实用催化[M]. 北京：化学工业出版社，1996：26.
[82] 赵建宏，宋成盈，王留成. 催化剂的结构与分子设计[M]. 北京：中国工人出版社，1998：7.
[83] Worldwide Refinery Processing Review 2Q2019：Hydrocracking，and Product Treating and Blending Plus Latest Refining Technology Developments and Licensing[M]. Pennsylvania：Hydrocarbon Publishing Co. 2019.
[84] 王仲义，曹正凯，范思强，等. 沸石型加氢裂化催化剂湿法硫化技术的开发及应用[J]. 炼油技术与工程，2019，49(8)：57-60.
[85] 陈尊仲. 加氢裂化催化剂湿法硫化的工业应用[J]. 炼油技术与工程，2012，42(1)：52-55.
[86] 李涛，王天生，苏保权. KF848 和 FC-14 在高压加氢裂化装置的湿法硫化过程[J]. 当代化工. 2011，40(10)：1039-1041.
[87] Harman Hallie. Experience reveals best presulfiding techniques for HDS and HDN catalysts[J]. Oil and Gas J，1982，80(51)：69-74.
[88] Otto Weisser，Stanislav Landa. Sulphide Catalysts，Their Properties and Application[M]. Pergaman Press，Oxford，New York，1973：87.
[89] 高晓冬，石玉林，孙明永，等. 加氢精制催化剂预硫化工艺的研究[J]. 石油炼制与化工，1995，26(2)：40-45.
[90] 马成功，董晓猛. 器外真硫化态加氢催化剂在柴油液相加氢装置上的首次工业应用[J]. 石油炼制与化工，2019，50(6)：46-50.
[91] Arteaga A et al. Simulated regeneration of an industrial CoMo/γ-Al_2O_3 catalyst. Influence of the regeneration temperature [J]. Appl Catal，1987，34 (1)：89-107.
[92] 张福贻. 关于渣油催化裂化的调查[J]. 炼油设计，1986，16 (3)：1-10.
[93] Schulman BL. Building A Mathematical Model For Catalyst Regeneration In Fixed Beds[J]. Ind Eng Chem，1963，55 (12)：45-49.
[94] 曲良龙，孙明永等. RN-1 催化剂再生性能的研究[J]. 石油炼制与化工，1993，24 (4) ：294-33.
[95] 朱义勤，高晓冬等. RN-1 加氢精制催化剂的器内再生[J]. 炼油设计，1996，26 (6)：58-61.
[96] 李扬，单江锋，等. 加氢催化剂的器外再生[J]. 工业催化，2002，5 (3)：16-17.
[97] Mara thon oil corporation . Removal of sulfur From a hydrocarbon stream by low severity adsorption [P]. WO98/ 51762. 1999.
[98] 单国秉，刘会州，邢建民，等. 汽油吸附脱硫研究进展[J]. 现代化工，2003，23(6)：18.
[99] Song Chunshan，Ma Xiao liang . New design approachesto ultra-clean die sel fuels by deep desulfurization and deeparomatiza-tion [J] . Appf Catal，B，2003 ，41 ：207-238.
[100] Velu S ，Watanabe S ，M a X ，et a1 . Fuel cell grade gasoline production by selective adsorption for removing sulfur[J] . Petrol ChemDivPrepr ，2003，48(2)：58-59.
[101] Yang R T ，Hernandez-Maldonado A J ，Yang F H . Desulfurization of transportation fuels with zeolites underambient co nditions[J] . Science ，2003，301 ：79-81.
[102] 李春虎，郭晓汾，上官炬. 常温改性活性炭有机硫脱硫剂及制备[P] . CN 1186841 ，1998.

[103] 黄岳元，赵天成，杨一心，等．改性活性炭吸附 H_2S 和 C_2H_2 相平衡研究[J]．西北大学学报(自然科学版)2000，30(3)：275-277.

[104] 谭小耀，吴迪镛，袁权．浸渍活性炭脱除 H_2S 固定床反应器模型(Ⅱ)实验研究[J]. 化工学报，1996，047(005)：539-545.

[105] 张金昌，王艳辉，陈标华，等．负载活性炭催化脱除油品中硫化物的研究Ⅰ：脱硫实验研究[J]. 石化技术与应用，2002，(3)：149-151.

[106] 张金昌，王艳辉，陈标华，等．负载活性炭催化脱除油品中硫化物的研究Ⅱ：脱硫剂再生[J]. 石化技术与应用，2002，(4)：224-226.

[107] 张金昌，王艳辉，陈标华，等．负载活性炭催化脱除油品中硫化物的研究Ⅲ：脱硫动力学实验研究[J]．石化技术与应用，2002，(5)：299-301.

[108] Velu S，Watanabe S，Ma X，et al . Development of selective absorbent for removing sulfur from gas online for fuel application [J] . AmChem Soc Fuel Chem DivPrepr，2003，48：526~528.

[109] 高志华，阴丽华，李春虎，等．纳米 a-FeOOH 催化剂一段法脱除 COS 和 H_2S 性能的研究[J]．燃料化学学报，2003，31(3)：249-252.

[110] 龙军，林伟，代振宇．从反应化学原理到工业应用Ⅰ：S Zorb 技术特点及优势[J]. 石油学报(石油加工)，2015，31(01)：1-6.

[111] 徐莉，邹亢，徐广通，毛安国 . S Zorb 工业吸附剂结构、组成及再生行为研究[J]. 石油炼制与化工，2013，44(06)：44-48.

[112] 林伟．氧化硅源和氧化锌颗粒大小对 S Zorb 吸附剂脱硫活性的影响[J]. 石油学报(石油加工)，2012，28(05)：739-743.

[113] 邹亢，黄南贵，徐广通 . S Zorb 吸附剂 Rietveld 物相定量方法研究[J]. 石油学报(石油加工)，2012，28(04)：598-604.

[114] 上海染化七厂，石油化工研究院综合研究所．沸石吸附分离混合二甲苯的研究Ⅱ：中试阶段报告[J]. 石油化工，1973，2(3)：227-230.

[115] 黎树勋．多柱串联吸附分离过程的工艺设计[J]. 石油化工，1975，4(1)：65-72.

[116] 上海试剂五厂．吸附法分离对二甲苯的 KBaY 型沸石的实验生产[J]. 石油化工，1973，2(2)：141-143.

[117] 大庆石油化工总厂研究所．中型模拟移动床吸附分离对二甲苯(之一)[J]. 石油化工，1976，5(1)：33-36.

[118] 洪定一，王玉林，任玉敏．电子显微方法研究 BaX 沸石的形态和结构[C]. 第三次中国电子显微学会议，北京，1983.

[119] 北京燕山石化公司研究院二室．二甲苯吸附剂研制工作报告[R]，1983.

[120] 赵毓璋，杨健．二甲苯吸附分离-异构化组合工艺生产高纯度间二甲苯[J]. 石油化工，2000，29(1)：32-36.

[121] 王辉国，郁灼，王德华，马剑锋．RAX-2000A 型对二甲苯吸附剂的工业应用[J]. 石油炼制与化工，2007(09)：23-27.

[122] 策卡有限公司，法国石油公司．聚结型沸石吸附剂其制备方法及其在吸附对二甲苯中的应用：中国，98810104. 1[P]，1998.

[123] 中国石油化工股份有限公司．对二甲苯吸附剂及其制备方法：中国，CN 1565718A[P]，2003.

[124] 中国石油化工股份有限公司．聚结型沸石吸附剂及其制备方法：中国，CN 101497022B[P]，2008.

[125] 环球油品公司．无粘合剂的吸附剂及其在对二甲苯的吸附分离中的用途：中国，CN102076824[P]，2009.

[126] 环球油品公司．从芳烃中吸附分离间二甲苯的改进方法：CN1050595C[P]，1994.

[127] Santi K. Process for the adsorptive separation of metaxylene from aromatic hydrocarbons：US 5382747 [P]，1995.
[128] 法国石油公司．从芳族烃物料中分离间二甲苯的方法：中国，CN1939883A[P]，2006.
[129] 中国石油化工股份有限公司．吸附分离间二甲苯的吸附剂及其制备方法：中国，CN101745364B [P]，2008.
[130] 中国石油化工股份有限公司．吸附分离间二甲苯的吸附剂及其制备方法：中国，CN CN102167652B [P]，2010.
[131] 中国石油化工股份有限公司．一种小晶粒 X 沸石制备方法：中国，CN 1191199C[P]，2002.
[132] 中国石油化工股份有限公司．小晶粒低硅铝比 X 沸石制备方法：中国，CN 101254928B[P]，2007.
[133] 王辉国，杨彦强，王红超等．BaX 型沸石上对二甲苯吸附选择性影响因素研究[J]．石油炼制与化工，2016，47(3)：1-4.
[134] 王玉冰，王辉国．Y 型沸石上间二甲苯的吸附分离[J]．石油化工，2019，48(6)：570-574.
[135] 王辉国，李凤生，王红超，等．焙烧对球形吸附剂性能的影响[J]．石油炼制与化工，2016，47(2)：5-8.
[136] 叶振华．化工吸附分离过程[M]．北京：中国石化出版社，1992，246-250.
[137] 朱宁，王辉国，杨彦强，等．C_8芳烃异构体在 X 型沸石上的吸附平衡参数和传质系数研究[J]．石油炼制与化工，2012，43(7)：37-42.
[138] 王辉国，王德华，马剑锋，等．国产 RAX-2000A 型对二甲苯吸附剂小型模拟移动床实验[J]．石油化工，2005，34(9)：850-854.
[139] 蔡展，麦永懿，曹育才，等．石油烃脱砷研究进展[J]．精细石油化工进展，2004，5(2)：19-22.
[140] 刘坤红，鞠雅娜，兰玲，等．FCC 汽油吸附脱砷剂的表征及其脱砷机理[J]．石油学报(石油加工)，2019，35(1)：28-34.
[141] NIDHEESH P. V.，ANANTHA SINGH T. S. Arsenic removal by electrocoagulation process：Recent trends and removal mechanism [J]．Chemosphere，2017，181：418-432.
[142] HE J，YU J，WANG Z Y. Development of FDAs-1 dearsenic catalyst [J]．Industrial Catalysis，2004，12 (3)：14-16.
[143] SUSHIL，RAJ，KANEL，JEAN-MARK，GRENECHE，& HEECHUL. Arsenic(V) Removal from Groundwater Using Nano Scale Zero-Valent Iron as a Colloidal Reactive Barrier Material [J]．Environmental Science & Technology，2006，40：2045-2050.
[144] 曹育才，李猷．液态石油烃的脱砷及砷化物与亚铜探针的相互作用[J]．物理化学学报，2009，25 (8)：1495-1503.
[145] HENKE，KEVIN R. Arsenic：Environmental Chemistry，Health Threats and Waste Treatment [M]．Haris P I.，2011：9-56.
[146] 梁文杰．石油化学[M]．北京：石油大学出版社，1995.
[147] 金晓农，等．高分子载钯催化剂的合成及其对异丙叉丙酮选择加氢反应的催化性能研究[J]．离子交换与吸收，1995，11(6)：562.
[148] 程嘉豪，周伟刚，李金阳．合成 MTBE 催化剂的研究动态[J]．石化技术与应用，2000，18(5)：291-294.
[149] 张汝存．石油炼制译丛[M]．北京：烃加工出版社，1982.
[150] 吴辉．加入 WTO 对我国炼油企业的影响[C]．南京：2001 年石油炼制大会，2001.
[151] 聂晶．C_5、C_6 异构化技术的发展及其应用[C]．中国石化金陵分公司情报处，2001.

[152] 张秋平，濮仲英，等. RISO 型 C_5/C_6烷烃异构化催化剂的工业生产及应用[J]. 石油炼制与化工，2005，36(8)：1-4.
[153] 吴正太. C_5/C_6异构化催化剂的首次工业应用[J]. 精细石油化工进展，2007，8(6)：42-46.
[154] 吴惜伟，张秋平，等. C_5/C_6异构化装置升级改造技术方案[J]. 石油炼制与化工，2015，46(5)：38-42.
[155] 中国专利 CN201110255574. x.
[156] 达建文，殷树青. 硫黄回收催化剂及工艺技术[J]. 石油炼制与化工，2015(46)：107-112.

第十四章 润滑油基础油生产工艺

专家话炼油

润滑油由基础油和添加剂组成，基础油是润滑油中的主要成分，其含量在润滑油中一般为85%~99%。因此，基础油质量的高低将直接影响润滑油产品的性能。

润滑油基础油包括矿物基础油、合成基础油和其他基础油。润滑油基础油主要用于内燃机油、齿轮油、压缩机油、汽轮机油、液压油、电气绝缘油等调合。此外，白油和橡胶填充油生产工艺与润滑油基础油生产工艺相似，只是产品指标要求和用途不同，因此也在本章进行阐述。

各石油公司多以基础油黏度指数对基础油进行分类，但没有统一标准。美国石油学会(API)对内燃机润滑油使用的基础油进行分类，并得到世界范围内认可。美国石油学会在API 1509内燃机润滑油登记及认证系统中将润滑油基础油按照饱和烃含量、硫含量和黏度指数分成API Ⅰ、Ⅱ、Ⅲ、Ⅳ和Ⅴ等5类基础油，见表14-1。API Ⅰ类基础油饱和烃含量小于90%，并且(或)硫含量大于0.03%，而且黏度指数在80~<120之间。API Ⅰ类基础油一般由溶剂精制、溶剂脱蜡、白土补充精制或加氢补充精制等传统“老三套”工艺生产。API Ⅱ类基础油黏度指数与API Ⅰ类基础油要求相同，但饱和烃含量要求≥90%，并且硫含量≤0.03%。API Ⅱ类基础油一般由加氢工艺或加氢与传统溶剂精制和/或溶剂脱蜡组合工艺生产。API Ⅲ类基础油饱和烃和硫含量与API Ⅱ类基础油要求相同，但黏度指数要求≥120。API Ⅲ类基础油一般由全加氢工艺生产。API Ⅳ类基础油为聚α-烯烃油，API Ⅴ类基础油为以上四类以外能够用于生产内燃机油的其他所有基础油，包括烷基苯、烷基萘、聚酯、聚烷撑二醇、硅油和氟油等。

表14-1 API基础油分类

基础油类别	饱和烃含量/%	硫含量/%	黏度指数
Ⅰ	<90	和/或>0.03	80~<120
Ⅱ	≥90	≤0.03	80~<120
Ⅲ	≥90	≤0.03	≥120
Ⅳ	聚α-烯烃油(PAO)		
Ⅴ	以上4类以外的所有其他基础油		

我国润滑油工业起步于20世纪40年代，当时生产工艺技术简单，产品质量水平低、数量少、品种单一。50年代开始建设以“老三套”为主的润滑油基础油生产装置，60年代和70年代，新建和扩建了一些润滑油基础油生产装置，以大庆石蜡基原油为原料，产品的质量、数量、品种均有较大提升和增加，生产技术和生产能力都有较大提高。1980年开始建立我国统一的润滑油基础油质量标准，1995年中国石油化工总公司发布了润滑油基础油企

业标准 Q/SHR 001—1995，对基础油按超高、很高、高、中和低黏度指数进行了分类，并区分了通用基础油和专用基础油，该标准基础油分类见表 14-2。随着中国石油及中国石化两大石油公司的重组，各公司在 API 基础油分类的基础上，建立了各自基础油的企业标准，2018 年中国石化发布了 Q/SH PRD0731《润滑油基础油分类及规格》企业标准，该标准对基础油分类见表 14-3。到 21 世纪初，我国生产的各种润滑油基础油质量已经达到国际同类产品质量水平。内燃机油、轻负荷与重负荷工业齿轮油、液压油、特种工业润滑油等满足了我国运输业、钢铁工业和其他工业的发展需要。

表 14-2　我国润滑基础油分类

黏度指数 *VI*	超高 黏度指数 *VI*≥140	很高 黏度指数 120≤*VI*<140	高 黏度指数 90≤*VI*<120	中 黏度指数 40≤*VI*<90	低 黏度指数 *VI*<40
通用基础油	UHVI	VHVI	HVI	MVI	LVI
专用基础油					
低凝	UHVI W	VHVI W	HVI W	MVI W	—
深度精制	UHVI S	VHVI S	HVI S	MVI S	—

表 14-3　中国石化润滑基础油分类

项　目	0类	Ⅰ			Ⅱ		Ⅲ	
	MVI	HVI Ⅰa	HVI Ⅰb	HVI Ⅰc	HVI Ⅱ	HVI Ⅱ$^+$	HVI Ⅲ	HVI Ⅲ$^+$
饱和烃含量/%	<90 和/或	<90 和/或	<90 和/或	<90 和/或	≥90	≥96	≥98	≥98
硫含量/%	≥0.03	≥0.03	≥0.03	≥0.03	<0.03	<0.03	<0.03	<0.03
黏度指数	≥60	≥80	≥90	≥95	90～<110	≥110	≥120	≥130

API Ⅰ类或 HVI Ⅰ类基础油牌号按照赛氏黏度划分，其中以常减压馏分油生产的基础油按照 100°F 赛氏黏度划分为不同牌号，如 75、150、350、500、650 等，以减压渣油为原料生产的基础油称为光亮油，按照 210°F 赛氏黏度划分为不同牌号，如 120BS、150BS 等。API Ⅱ/Ⅲ类或 HVI Ⅱ/Ⅲ类基础油牌号按照 100℃运动黏度划分为不同牌号，如 2、4、5、6、8、10、12、26、30 等，其中 26、30 又可称为 120BS、150BS。国外对 API Ⅰ类基础油最早称为中性油（如 500N），溶剂精制生产的中性油称为 SN（如 500SN）。

截至 2019 年年末，我国拥有润滑油基础油及白油、橡胶油生产装置 60 多套，生产能力 1150 万吨/年，实际生产 650 万吨/年。我国基础油产能总体供过于求，特别是 API Ⅱ类基础油供大于求较为严重，但黏度指数大于 130 的 API Ⅲ$^+$类基础油和重质 API Ⅰ类基础油（HVI 500 和 150BS）产量不足。2019 年我国进口基础油 253 万吨/年，其中 API Ⅰ基础油 45 万吨/年，API Ⅱ类基础油 141 万吨/年，API Ⅲ类基础油 67 万吨/年。

我国采用溶剂精制、溶剂脱蜡和白土精制或加氢精制工艺流程生产 API Ⅰ类基础油。随着适合生产润滑油基础油的大庆等石蜡基原油资源的供应不断减少和进口原油数量和品种的增加，生产润滑油基础油原料呈不断劣质化的趋势。而汽车工业的发展对润滑油基础油质量的要求却不断提高，产品升级换代速度越来越快。国内许多炼油厂先后采用了加氢技术对基础油生产装置进行升级改造，提高润滑油基础油生产流程的灵活性和对不同原料的适应性，从而提高基础油产品质量，生产满足 API Ⅱ/Ⅲ类基础油标准要求的产品。中国石油兰州石化公司于20世纪90年代引进法国石油研究院(IFP)的高压加氢处理技术，建设了40万吨/年的高压加氢装置，于1997年开始工业试运行。中国石油大庆炼化公司引进了Chevron公司异构脱蜡技术，建设了200万吨/年基础油生产装置，并于1999年投产。中国石油克拉玛依公司、中国石化荆门分公司采用石科院开发的润滑油加氢处理技术，先后建成30万吨/年润滑油高压加氢联合装置和20万吨/年润滑油加氢处理与老三套联合装置，于2000年与2001年投产。中国石化高桥分公司引进Chevron公司技术，建设了40万吨/年全氢型润滑油异构脱蜡装置，于2004年投产。为了进一步充分利用环烷基原油资源，中国石油克拉玛依石化公司又建设了一套30万吨/年全氢型高压加氢处理-异构脱蜡装置，采用美国标准催化剂公司的催化剂，于2006年建成投产。中国海油惠州石化采用美国雪弗龙(Chevron)公司技术，以加氢裂化尾油为原料，建成40万吨/年异构脱蜡装置，于2011年投产。中国石化济南分公司采用石科院技术，建成30万吨/年加氢处理与老三套组合工艺生产 API Ⅱ类基础油装置，于2012年投产。中国石化茂名分公司采用石科院技术，以加氢裂化尾油为原料，建成40万吨/年异构脱蜡装置，生产 API Ⅲ和Ⅲ$^+$类基础油，于2016年投产。

2010年以来，我国润滑油加氢技术的应用进入快速发展时期，石科院、大连院等单位开发的润滑油异构脱蜡技术获得成功应用。至2019年，利用国内外润滑油加氢技术，我国先后建成各种类型的润滑油加氢装置30多套，对高档基础油的生产发挥了重要作用。

现代润滑油产品几乎由润滑油基础油和用于改善使用性能的各种添加剂调制而成。有关添加剂的生产以及它们之间的调合过程，将在另章中叙述。本章重点介绍我国生产 API Ⅰ、Ⅱ、Ⅲ类基础油的工艺技术，包括溶剂精制、溶剂脱蜡、白土补充精制、加氢处理、加氢裂化、临氢降凝、异构脱蜡和加氢精制等工艺过程。另外，本章还叙述了白油和橡胶填充油生产工艺。

第一节　API Ⅰ类基础油生产工艺

API Ⅰ类基础油具有较高的黏度指数，较好的抗氧化安定性和对添加剂良好的溶解性能，作为基础油，在润滑油领域应用很广泛。采用溶剂精制、溶剂脱蜡、白土补充精制或加氢补充精制等传统工艺可以生产高质量 API Ⅰ类基础油，MVI类基础油也要用类似工艺生产。要生产光亮油，减压渣油在进行溶剂精制前还需要进行溶剂脱沥青，溶剂脱沥青工艺在第四章重油加工技术中阐述。

一、润滑油基础油溶剂精制工艺

从原油中取得的馏分润滑油料及溶剂脱沥青的残渣润滑油料，含有一些对油品使用性能有害的物质和非理想组分。这些物质的存在会使油品的黏度指数降低，抗氧化安定性变差，氧化后容易产生较多的沉淀及酸性物质，会堵塞油路和腐蚀设备构件，还会使油品颜色变差。这些有害的非理想物质主要是胶质、沥青质、短侧链的中芳烃及重芳烃、环烷酸类，以及某些含硫、氮、氧的非烃化合物。

溶剂精制就是利用某些溶剂的选择性溶解能力，来脱除润滑油料中有害的及非理想物质。溶剂精制是润滑油生产过程中的一个重要步骤，润滑油基础油的黏温性能、抗氧化安定性能等重要性质除受原油性质的制约外，主要取决于溶剂精制的深度。

用于精制润滑油料的溶剂有多种，工业上应用最广泛的是糠醛和苯酚，20 世纪 70 年代发展起来的 *N*–甲基吡咯烷酮溶剂，在国外得到广泛应用，而酚精制由于环境污染问题逐渐被 *N*–甲基吡咯烷酮精制所取代。我国润滑油基础油溶剂精制所采用的溶剂主要是糠醛，也有少数装置采用 *N*–甲基吡咯烷酮精制，酚精制装置已经被淘汰。

截至 2019 年年末，我国共有糠醛精制装置 30 套，总加工能力为 831 万吨/年；*N*–甲基吡咯烷酮精制装置 1 套，加工能力为 23 万吨/年，这套装置是利用原有的酚精制装置改建的。

(一)溶剂精制的影响因素[1]

溶剂精制为物理分离过程，是利用选择性溶剂，在一定的条件下，将非理想组分和有害物质从油料中抽提分离出来，抽提过程在逆流接触的抽提塔中进行。影响润滑油溶剂精制过程的主要因素有溶剂性质、抽提温度与温度梯度、溶剂比、抽提塔的理论段数及两相接触与分离状况等。

1. 溶剂的性质

选择合适的溶剂是润滑油溶剂精制过程的关键因素之一。理想的溶剂应具备以下各项性质：

(1) 有较高的选择性，能很好地溶解油中的某一些组分，而不溶解或很少溶解另一些组分。比较理想的溶剂是溶解油中需要除去的非理想组分的能力强，而对应保留的理想组分的溶解能力弱。这是因为在通常情况下，润滑油料中需要除去的非理想组分比要保留的组分少，因而溶剂精制时用溶剂量少。糠醛、苯酚和 *N*–甲基吡咯烷酮等都属于这一类溶剂。

(2) 要有一定的溶解能力，溶解能力较大，可以用小的溶剂比，使得溶剂回收系统的负荷小。

(3) 要有一定的稳定性，受热不易分解也不易于氧化或缩合等。

(4) 与所处理油料的沸点差要大，便于用闪蒸的方法回收溶剂。

(5) 在工作条件下黏度小、密度大，在抽提过程中易于传质和分离。

(6) 毒性小，对设备腐蚀性小，来源容易，价格低廉。

在以上各项中，选择性和溶解能力为选择溶剂时需要考虑的最重要性质。几种常用溶剂的主要理化性质见表 14–4。

表 14–4　几种常用溶剂的主要理化性质

项　目	*N*–甲基吡咯烷酮	苯　酚	糠　醛
分子式	C_5H_9NO	C_6H_5OH	$C_5H_4O_2$
相对分子质量	99.13	94.11	96.09
密度(25℃)/(g/cm^3)	1.029	1.04(66℃)	1.159
熔点/℃	−24	+41	−39
沸点/℃	202	181.2	161.7
汽化热/(kJ/kg)	439	481.2	450
比热容(60℃)/[kJ/(kg·℃)]	1.758(30℃)	2.156	1.7165

续表

项　目	N-甲基吡咯烷酮	苯　酚	糠　醛
黏度(50℃)/(mPa·s)	1.01	3.42	1.15
折射率(n_D^{20})	1.4703	1.5418	1.5261
与水共沸点/℃	无共沸物	99.6	97.45
1×10^5Pa时共沸物含水/%		90.8	65
和水互溶度(40℃)/%			
水在溶剂中	完全互溶	33.2	6.4
溶剂在水中	完全互溶	9.6	6.8

2. 温度

温度不仅影响溶剂的溶解能力，也影响溶剂的选择性。在一般情况下，随着温度升高，溶剂的溶解能力增大，选择性变差。溶剂的选择性，可以用易溶组分及难溶组分在两相中分配系数的比值来评价，即溶剂萃取选择性。选择性系数β是同一组分在平衡两相中浓度之比，选择性的定义为：

$$\beta=\frac{y_a}{y_n}\times\frac{x_n}{x_a}$$

式中　y_a——易溶组分(芳烃)在抽出油中的质量分数,%；

y_n——难溶组分(饱和烃)在抽出油中的质量分数,%；

x_a——易溶组分(芳烃)在精制油中的质量分数,%；

x_n——难溶组分(饱和烃)在精制油中的质量分数,%。

β数值越大，溶剂萃取选择性越好。溶剂萃取对芳烃与饱和烃有较好的选择性，而对不同结构的饱和烃没有明显的选择性，对不同环数的芳烃具有一定的选择性。

温度是影响溶剂精制过程最灵敏最重要的因素之一，而温度对溶剂的溶解能力和选择性具有相反的影响。因此，中间有一个最佳值，此值是既要符合精制油质量要求，又最大限度地获得精制油收率的温度。对于常用溶剂，该温度是在与油的临界互溶温度以下20℃左右。

3. 溶剂比

溶剂比是在一定时间内进入抽提塔的总溶剂量与原料油量之比。在一定的抽提温度下，加大溶剂比，可以使更多的非理想组分被抽出，从而增加精制深度，改善精制油质量，但溶剂回收系统的投资和操作费用相应增加。过大的溶剂比，还会影响到装置的处理能力。

在润滑油溶剂精制中为达到一定要求的产品质量指标，在操作中可以采用较小的溶剂比与较高的温度，也可以采用较大的溶剂比与较低的温度两种操作方法。但是温度升高，溶剂的选择性变差，在同样精制油质量水平下，部分理想组分也被溶解，从而使精制油的收率降低。图14-1为以酚及糠醛为溶剂，在不同溶剂比、不同温度下，进行三次单段抽提的产品收率和产品质量的关系。在实际生产中，通常是在确定抽提温度基本不变的情况下，适当调整溶剂比，以求得在规定质量指标下获得最大的精制油收率。

4. 抽提塔理论段数

抽提塔所需要的理论段数与溶剂的选择性、采用的溶剂比及要求的产品质量、收率等都有关系。图14-2给出了以糠醛为溶剂，不同原料油、不同溶剂比生产黏度指数为95的

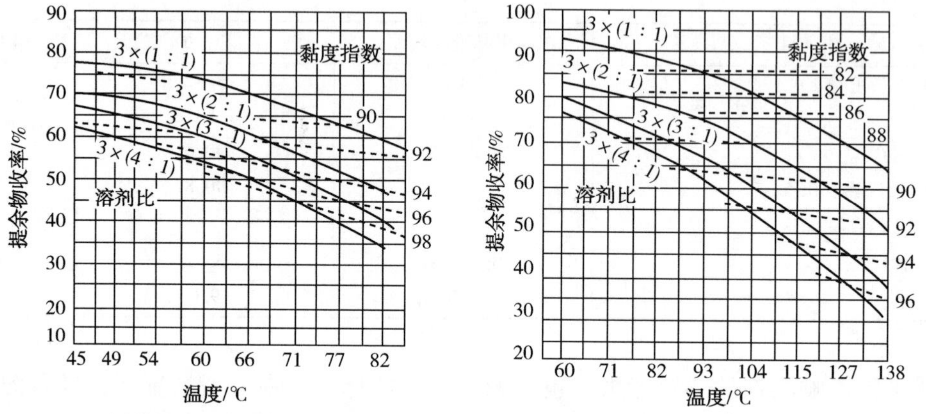

(a)酚精制脱沥青脱蜡残渣润滑油　(b)糠醛精制脱沥青脱蜡残渣润滑油

图 14-1　溶剂比及温度对产品收率和质量的影响[2]

产品时，抽提塔的理论段数与精制油收率的关系。从图中可以看出，在一定溶剂比下，不同产品所需理论段数不完全相同，但是对各种原料油都是理论段数越多，精制油收率越高，但当段数达到 6 段以后，收率就不再显著增加。因此，通常设计的抽提塔采用 6~7 个理论段，以适应不同原料及产品的要求。

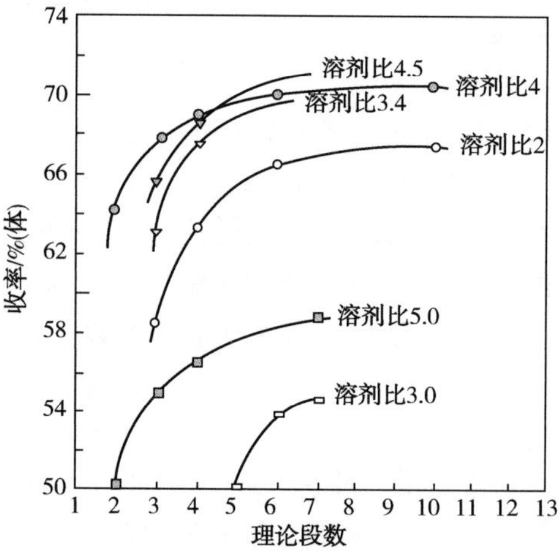

图 14-2　理论段数对收率的影响[3]

▽、▼—中质油；

○、●—重质油；□、■—脱沥青油

5. 温度梯度

为平衡温度对溶剂溶解能力和选择性的相反影响，工业上在抽提塔中常常采用上高下低的温度分布，即在抽提塔内沿塔高形成一定的温度梯度。塔顶油料已经过精制，其临界互溶温度较高，采用较高的塔顶温度可以保证精制深度，即精制油质量较高；塔底溶剂中已溶入了芳烃等非理想组分，临界互溶温度较低，采用较低的温度可以保证精制油收率。但是塔底温度过低，使溶剂不能将足够量的非理想组分抽出时，也会影响塔顶精制油质量。在塔内形成温度梯度后，塔顶溶剂中因高温而溶入的部分理想组分，当溶剂沿塔高下降时，将随温度降低而逐步析出，析出物又返回油相，形成内回流。由温度梯度形成的内回流，参与两相间的传质过程。因此，抽提塔内回流与分馏塔的回流一样，会提高抽提的分离效果。根据抽提原料的不同，一般抽提温度梯度在 30~40℃。

（二）工艺流程、工艺条件及产品性质

1. 糠醛精制

1）工艺流程

糠醛精制的典型工艺流程见图 14-3，工艺过程包括原料油脱气、溶剂抽提、精制液和

抽出液溶剂回收及溶剂干燥脱水几部分。

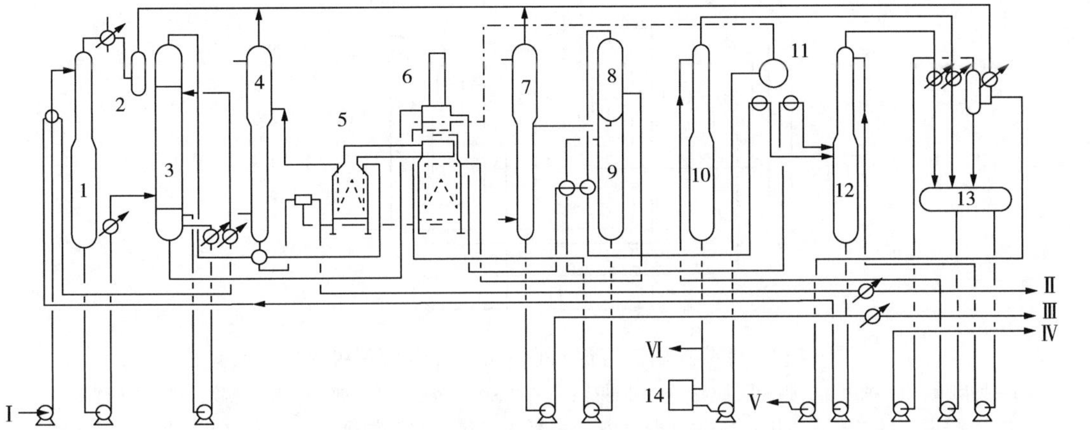

图 14-3　糠醛精制工艺流程(溶剂双塔蒸发回收)

Ⅰ—原料油；Ⅱ—精制油；Ⅲ—抽出油；Ⅳ—尾气；Ⅴ—碱液；Ⅵ—含碱污水

1—脱气塔；2—分液罐；3—抽提塔；4—精制液蒸发汽提塔；5—精制液加热炉；

6—抽出液加热炉；7—抽出液汽提塔；8—抽出液二次蒸发塔；9—抽出液一次蒸发塔；

10—脱水塔；11—蒸汽包；12—糠醛干燥塔；13—糠醛、水溶液分层罐；14—水罐

(1) 原料油脱气。原料油罐在不用惰性气体保护时，原料油中会溶入 50~100μg/g 的氧气。这些微量的氧气足以使糠醛氧化产生酸性物质，并进一步缩合生成胶质，造成设备的腐蚀与堵塞，严重地影响装置的正常生产。因此，原料油在进入抽提塔之前必须经过脱气过程。脱气一般在筛板塔内进行，利用减压和汽提使溶入油中的氧气析出而脱除。影响脱气的主要因素是脱气塔的温度、真空度和吹汽量，脱气塔在 13.3kPa(绝压)压力下操作时，可将溶入原料油中的氧气大部分脱除[4]。如果在塔底吹入少量的水蒸气进行汽提，则可以脱除 99%以上的氧气。

(2) 溶剂抽提。糠醛精制的抽提塔采用转盘塔或填料塔。原料油自脱气塔底抽出，经换热或冷却到适当的温度后，从抽提塔中下部进入抽提塔内，回收的溶剂经换热和冷却到适当温度从塔上部引入。由于抽提段有一温度梯度，此温度梯度除由进塔溶剂与原料油间的温度差形成外，还可以将塔内部分物料抽出冷却后再返回塔内的方法加以调节。抽提塔在一定压力下操作，含少量溶剂的精制液与含大量溶剂的抽出液分别从抽提塔顶部和底部排出，进入各自的溶剂回收系统。

(3) 溶剂回收。溶剂回收部分有精制液和抽出液两个系统。精制液中含溶剂少，在一个蒸发塔和一个汽提塔中即可完成全部溶剂回收。精制液蒸发塔在减压下操作，蒸出的溶剂进入糠醛干燥塔；汽提塔塔底吹入水蒸气，蒸出的溶剂及水蒸气经冷凝冷却后进入醛水分离罐。塔底精制油与精制液换热及冷却后，用泵送入精制油罐。

抽出液中含大量糠醛，采用三效蒸发回收其中溶剂，三效蒸发见图 14-4。抽出液经换热后先进入低压蒸发塔蒸出部分溶剂，低压蒸发塔底的抽出液经与高压蒸发塔顶回收的溶剂换热后进入中压蒸发塔，蒸出另一部分溶剂。中压蒸发塔底抽出液经加热炉进一步加热后，进入高压蒸发塔。最后在蒸发汽提塔中脱除残余溶剂。脱除溶剂后的抽出油经冷却送出装置。

(4) 溶剂干燥及脱水。水对糠醛的溶解能力影响极大，因此通过汽提塔进入糠醛中的

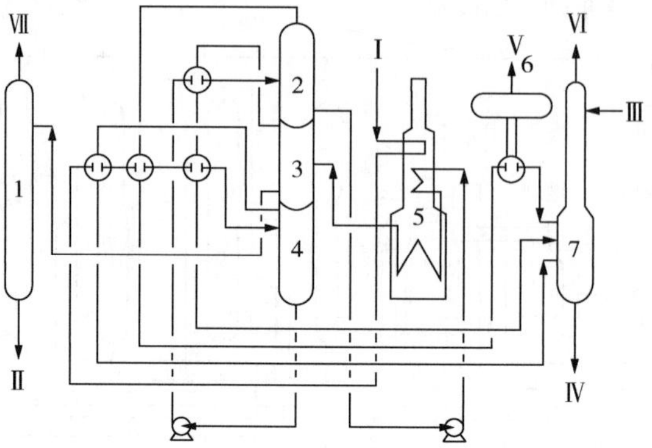

图 14-4　糠醛抽出液溶剂回收三效蒸发及溶剂脱水工艺流程

Ⅰ—抽出液；Ⅱ—抽出油；Ⅲ—湿糠醛；Ⅳ—干糠醛；Ⅴ—0.3MPa 蒸汽；Ⅵ—糠醛—水共沸物；Ⅶ—含糠醛蒸汽；
1—汽提塔；2—中压蒸发塔；3—高压蒸发塔；4—低压蒸发塔；5—加热炉；6—蒸汽发生器；7—干燥塔

水分必须及时脱除，以保持溶剂的干燥。

汽提塔顶蒸出物在醛水分离罐中分为两层，上层为富水溶液，含糠醛小于 10%，下层为富糠醛溶液，含水小于 10%。糠醛与水可形成低沸点共沸物，共沸物中含糠醛 35%。因此，醛水分离罐中富水溶液可以用水蒸气汽提的方法，将其中的糠醛以共沸物的形式在脱水塔中蒸出。水溶液从脱水塔顶进入，脱醛净水从塔底排入污水处理。脱水塔顶蒸出的共沸物经冷凝冷却后，再返回醛水分离罐进行分离。醛水分离罐中下层的富糠醛溶液则注入干燥塔进行干燥。干糠醛从干燥塔底抽出作为循环溶剂，干燥塔顶馏出的共沸物经冷凝冷却再返回醛水分离罐。

2）抽提塔

（1）转盘抽提塔。转盘塔是 20 世纪 50 年代初期发展起来的一种液-液抽提设备，它具有处理能力大、抽提效率高、操作稳定、适应性强等特点，并且结构简单、设备投资及维修费用低。

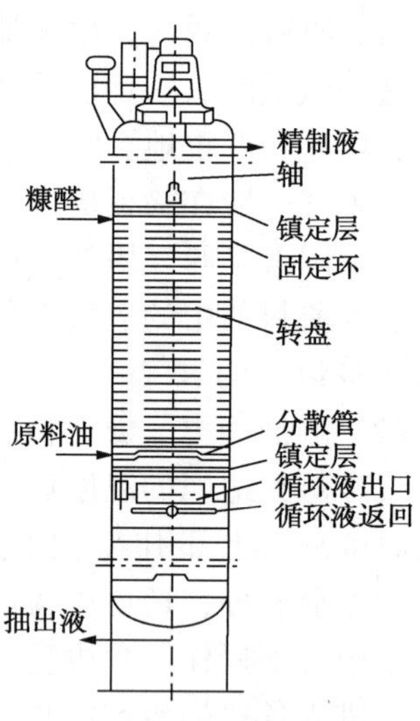

图 14-5　转盘抽提塔

① 转盘抽提塔的结构。图 14-5 为糠醛精制转盘抽提塔的结构示意图。塔体为圆柱形，塔中有若干等距离的固定环和转动盘，每一转盘置于两固定环之间，转盘直径略小于固定环开孔直径，转盘固定于一中心轴上，轴上端伸出塔外，由电动机通过可调速的减速器带动圆盘转动。溶剂和原料油分别由转盘抽提段上下两端进入。由于密度的差异，溶剂由上向下流动，油由下向上流动，形成逆流接触。转盘的转动不断使油分散为细滴，并使塔内形成如图 14-6 所示的涡流，从而加强两相的接触，促进了传质。

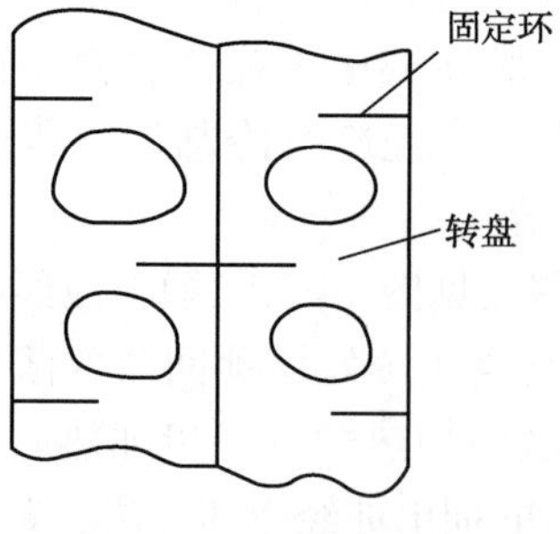

图 14-6　转盘处的涡流

② 转盘塔的操作特性。转盘塔为输入外功以强化传

质的抽提设备。增加外功输入可以加强液体分散、提高传质效率，但输入外功过大，会造成分散过度，并增大纵向返混，反而降低抽提效果，甚至形成液泛。

抽提段中单位质量液体接受外功的强度用功率因数 E 表示，E 按下式计算：

$$E=\frac{N^3\cdot D_R^5}{H\cdot D_T^2}\quad (m^2/s^3)$$

式中　N——转速，r/s；

D_R——转盘直径，m；

H——固定环间距，m；

D_T——塔内径，m。

分散相是否易于分散主要取决于两相间的界面张力。图 14-7 为转盘塔的操作区图。对于一定界面张力的体系，功率因数有其适宜的上下限。糠醛与润滑油料的界面张力只有几个 10^{-5}N/cm。在实际操作条件下，因芳烃的溶入及温度的升高其界面张力更小。

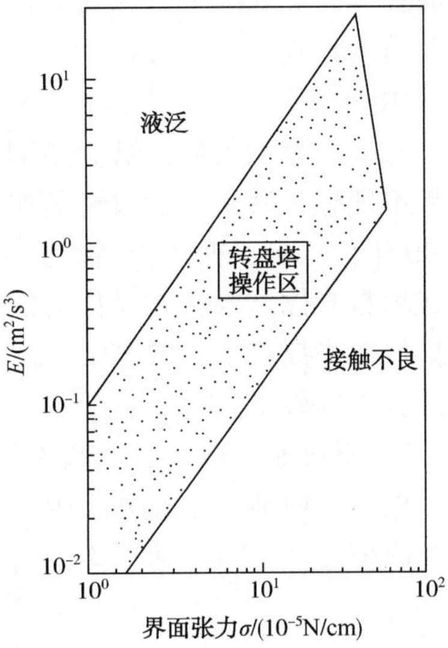

图 14-7　转盘塔的操作区

转盘塔的生产能力常以表观比负荷表示。表观比负荷为单位时间内、单位塔截面积上通过润滑油料及溶剂的总量。在达到极限负荷以前，增加比负荷会使塔的分离效率增加，但是当比负荷增加到极限值后，再增加比负荷，则使塔纵向返混明显增大而形成液泛。增加功率因数也会增大纵向返混使液泛提前到来。图 14-8 给出了功率因数与比负荷的关系。图中曲线表示不同原料在不同功率因数下的极限负荷值，通常称为泛溢曲线。从图中可以看出，增加功率因数将使塔的生产能力下降。生产能力还与塔盘结构参数及油品的性质有关。图 14-8 只表示了功率因数对表观比负荷影响的变化趋向，而不是一般应用图表。

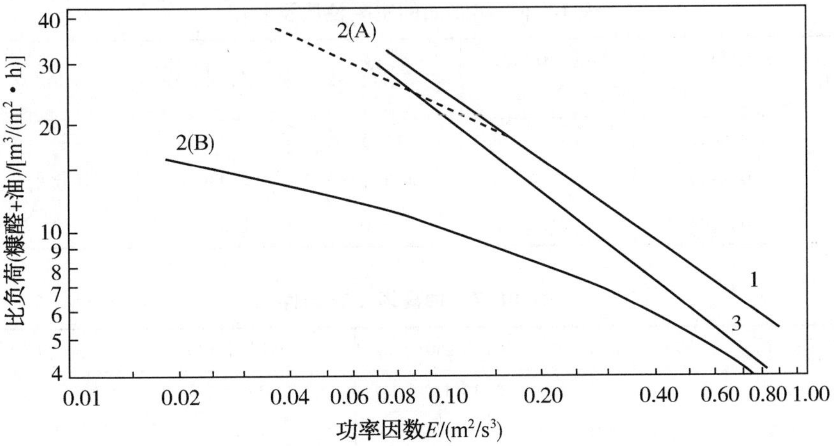

图 14-8　几种原料的泛溢曲线

(A)—强烈乳化；(B)—没有乳化

1—轻、中馏分油(溶剂比 2.0)；2—重馏分油(溶剂比 3.0)；3—脱沥青油(溶剂比 3.4)

③ 转盘抽提塔的改进。当原料油的液滴在转盘塔中与溶剂逆流接触而上升时，由于转盘的反复搅拌和粉碎，即使在体系物性保持恒定的情况下，液滴直径也会随塔高而减小，因而在抽提塔顶常易产生液泛。为克服上述缺点，我国有的炼油厂在现有转盘塔的定盘内侧设置格栅，在各定盘、格栅和塔内壁组成的小室内装入填料，构成转盘填料复合塔，填料由不锈钢丝组成，其空隙率大于90%，这种转盘填料复合塔可使被转盘旋转剪切分散的液滴在填料表面凝聚，因而提高了抽提效率，避免了液泛的产生。工业应用表明，把转盘塔改造为转盘填料复合塔后，其处理能力由原来的 $58m^3/h$ 提高到 $65m^3/h$，溶剂用量也降低了10%。

（2）新型填料抽提塔。早期糠醛精制都采用填料抽提塔，以瓷质拉西环作填料，传质效果不理想，后来逐渐被转盘抽提塔所取代。转盘抽提塔具有轴向返混严重的缺点。20世纪90年代以来，糠醛精制抽提塔采用清华大学开发的QH-1和QH-2高效填料及先进的蜂窝状填料支撑结构，并优化塔内空间布局以提高填料的利用率。采用高效填料后，抽提塔的抽提效率提高了1~2理论段，在产品质量相同的条件下，取得了降低溶剂用量，提高精制油收率的效果。

3）原料油、精制油的性质及工艺条件

以大庆原油减压馏分及脱沥青油糠醛精制为例的原料油性质见表14-5，各种精制油性质及收率见表14-6，抽提塔及溶剂回收系统工艺条件见表14-7及表14-8。

表14-5　原料油主要性质

项　目	密　度/(20℃)/(g/cm³)	黏度(100℃)/(mm²/s)	颜　色/号	闪　点/℃	残炭值/%
HVI Ⅰ150	0.8528	4.61	2.0~2.5	203	—
HVI Ⅰ500	0.8750	8.01	3.5~4.0	257	0.08
HVI Ⅰ150BS	0.8849	26.8	8.0	330	0.90

表14-6　精制油的主要性质及收率

项　目	密度(20℃)/(g/cm³)	黏度(100℃)/(mm²/s)	颜　色/号	闪　点/℃	残炭值/%	收率/%
HVI Ⅰ150	0.8427	4.13	0.5	217	—	86.8
HVI Ⅰ500	0.8579	7.23	1.0~1.5	259	0.025	86.7
HVI Ⅰ150BS	0.8788	21.2	6.0	319	0.35	83.1

表14-7　抽提塔工艺条件

项　目	HVI Ⅰ150	HVI Ⅰ500	HVI Ⅰ150BS
溶剂比	2.0∶1	2.4∶1	4.8∶1
抽提塔温度/℃			
塔顶	105	110	138
塔底	65	70	103

表 14-8 溶剂回收系统工艺条件

项目	压力/MPa	温度/℃		
		顶部	底部	进料
精制液蒸发汽提塔	0.03	130	200	207
抽出液一级蒸发塔	0.02(G)	168	169	170
抽出液二级蒸发塔	0.09(G)	185	186	188
抽出液三级蒸发塔	0.20(G)	215	218	220
抽出液汽提塔	0.018	100	170	190
干燥塔	0.01	98	150	160
水溶液汽提塔	0.01	102	108	40

双塔抽提工艺可以提高萃取效率。采用第一抽提塔精制液进第二抽提塔作抽提原料，两个抽提塔都进新鲜溶剂的双塔溶剂并联抽提工艺，在溶剂比不变的前提下，精制油收率提高 1.19 个百分点，黏度指数提高 2 个单位。糠醛精制油经白土精制后，与改造前相比，颜色降低 1~2 号，旋转氧弹提高 10%~20%[5]。

2. N-甲基吡咯烷酮精制

N-甲基吡咯烷酮(NMP)是一种对芳烃有较好溶解能力的溶剂。1975 年美国在什里夫波特首先完成了由 NMP 溶剂取代酚溶剂的改造。20 世纪 90 年代，美国和加拿大 NMP 精制已约占溶剂精制装置的 56%。而我国绝大多数溶剂精制装置采用糠醛精制。我国在研究工作的基础上，于 20 世纪 80 年代初将一套年加工能力 20 万吨/年酚精制装置改造为 NMP 精制装置。

表 14-9 及图 14-9 为大庆原油润滑油馏分用酚和 N-甲基吡咯烷酮精制的实验室对比数据。可以看出，和酚相比，N-甲基吡咯烷酮对芳烃，尤其是对重芳烃具有更强的溶解能力和更好的选择性。要得到质量相同的精制油时，可以用较小的溶剂比，并且可以得到较高的精制油收率。在精制油收率相同时，可以得到质量更好的精制油，精制油颜色浅，含重芳烃少和黏度指数略高。但 N-甲基吡咯烷酮脱除碱性氮的能力较差。

表 14-9 酚和 N-甲基吡咯烷酮溶剂精制对比(大庆原油)

溶剂	酚	N-甲基吡咯烷酮	溶剂	酚	N-甲基吡咯烷酮
溶剂比	1.15∶1	1.04∶1	精制油族组成/%		
精制油性质			饱和烃	80.84	82.22
黏度指数	102	103	轻芳烃	11.65	12.04
密度(20℃)/(g/cm^3)	0.8625	0.8687	中芳烃	5.09	2.82
折射率(20℃)	1.4823	1.4783	重芳烃	1.42	0.00
颜色/号	1.5	0.5	胶质	0.70	0.78
碱性氮含量/(μg/g)	36	95			
硫含量/(μg/g)	547	462	精制油收率/%	73.5	80.5

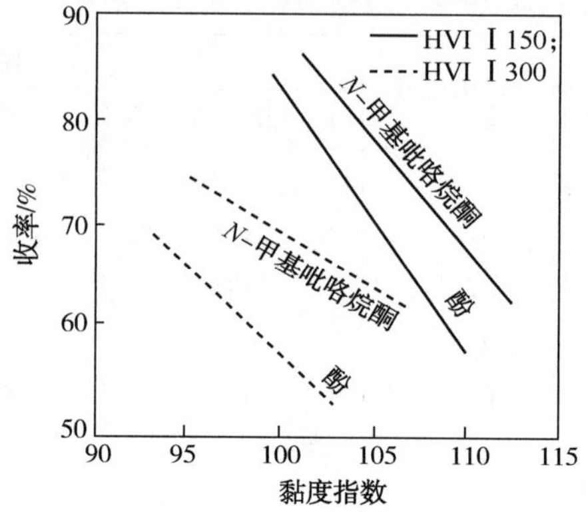

图 14-9　酚和 N-甲基吡咯烷酮
溶剂精制对比(大庆原油润滑油馏分)

1）工艺流程

图 14-10 为 N-甲基吡咯烷酮装置的工艺流程图。该装置抽出液溶剂回收采用三级蒸发、双效换热、溶剂后干燥流程。

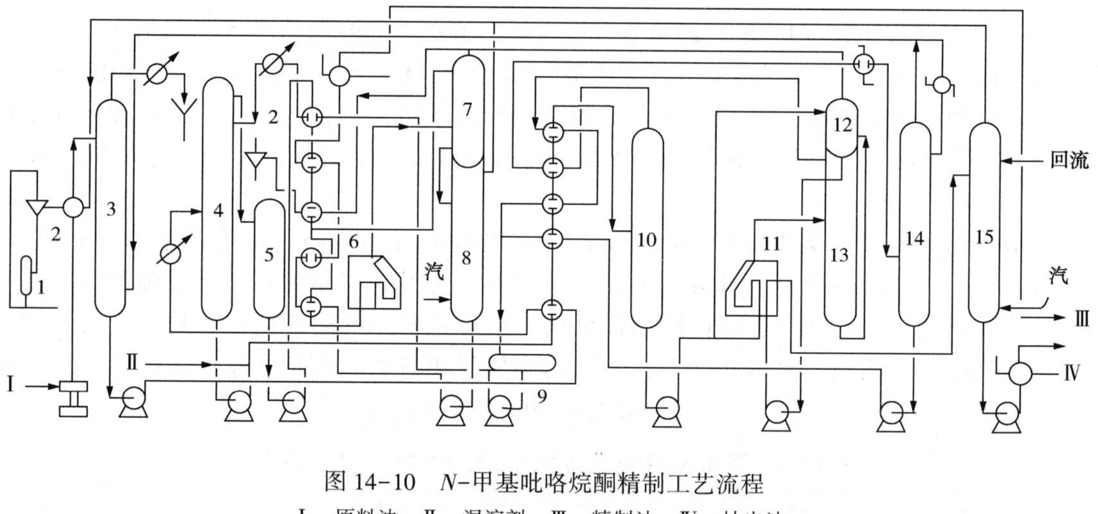

图 14-10　N-甲基吡咯烷酮精制工艺流程
Ⅰ—原料油；Ⅱ—湿溶剂；Ⅲ—精制油；Ⅳ—抽出油；
1—分液罐；2—真空泵；3—吸收塔；4—抽提塔；5—精制液罐；
6—精制液加热炉；7—精制液蒸发塔；8—精制油汽提塔；9—循环溶剂罐；
10—抽出液一级蒸发塔；11—抽出液加热炉；12—抽出液减压蒸发塔；
13—抽出液二级蒸发塔；14—溶剂干燥塔；15—抽出液汽提塔

（1）溶剂抽提。抽提塔为填料塔，使用金属阶梯环填料。溶剂从抽提塔上部进入，原料油由塔的中下部进入，二者在塔内进行逆向接触抽提。溶剂入口温度高于原料油入口温度，并通过部分塔底液冷却循环，在塔内形成上高下低的温度梯度，以改善抽提传质效果，抽提塔下部可以注入少量湿溶剂降低溶剂溶解能力以保证精制油收率。精制液从塔顶引出进入精制液中间罐。塔底的抽出液用泵直接送到抽出液溶剂回收系统。

(2) 溶剂回收。精制液自中间罐用泵抽出，先与精制油及精制液蒸发塔顶回收的溶剂换热，并经加热炉加热后进入精制液蒸发塔，精制液蒸发塔在减压下操作，先蒸出大部分溶剂，再在汽提塔中脱除残余溶剂。精制液蒸发塔上部有若干塔板，塔顶打入回流以控制塔顶温度，防止塔顶携带轻油，脱除溶剂的精制油经换热及冷却后送出装置。

抽出液中溶剂含量在90%以上，从抽出液中回收溶剂的能耗占总能耗的大部分，抽出液溶剂回收采用三级蒸发流程。抽出液先与吸收塔底原料油及干燥塔底溶剂换热，再与一级蒸发塔顶和二级蒸发塔顶回收溶剂换热后进入一级蒸发塔，蒸出部分溶剂。一级蒸发塔底液再经加热炉加热后，在二级蒸发塔中蒸出大部分溶剂。二级蒸发塔保持较高的操作压力以利于二级蒸发塔顶溶剂热量的回收利用。由于二级蒸发塔操作压力较高，塔底仍残存较多溶剂的塔底液自压到减压蒸发塔中，闪蒸出部分溶剂，最后再在汽提塔中脱除残余溶剂。精制油及抽出油汽提塔出来的湿溶剂除少量注入抽提塔下部以调节抽提操作外，其余注入抽出液中，一起进入溶剂回收系统。

(3) 溶剂干燥。系统中水分主要集中在抽出液中，由于水对 *N*-甲基吡咯烷酮的相对挥发度很大，在抽出液溶剂回收中，水又绝大部分集中到了一级蒸发塔顶蒸出的溶剂中。一级蒸发塔顶回收溶剂经适当换热后，以气液两相进入干燥塔的中下部，塔顶以其馏出物的冷凝液作回流控制温度。塔顶馏出物为含有5%～10%溶剂的水蒸气，不经冷凝直接进入吸收塔的底部，在吸收塔中与由塔顶打入的热原料油接触，溶剂被原料油吸收，残余的水蒸气从塔顶排出，经冷凝冷却后排入污水处理系统。干燥塔底溶剂可以直接进入循环溶剂罐，循环使用。本流程具有以下特点[6]：

首先，充分利用了水对 *N*-甲基吡咯烷酮的相对挥发度很大和精制中溶剂需含有适量水分的特点(溶剂含有适量水分可以调节其溶解能力与选择性，有利于提高精制油收率)，在流程中采用了后干燥的方案。抽出液与多余的湿溶剂混合后不经干燥直接进溶剂回收系统。一级蒸发塔所蒸出的溶剂虽然只占抽出液中溶剂总量的45%左右，但却带出了溶剂中水分的85%以上，流程中仅将这部分溶剂进干燥塔处理，从而节约了大量热量。同时干燥塔采用混相进料分馏的方法，从塔顶排出水汽使干燥塔底无需再设重沸器。仅用控制干燥塔进料的换热温度，以使干燥塔底保持在180～185℃，即可使塔底溶剂中含水低于1.5%～2%，干燥塔中溶剂和其他回收溶剂混合后可以直接作为循环溶剂使用。

其次，流程中精制液蒸发塔、抽出液二级蒸发塔、抽出液减压蒸发塔和两个汽提塔都用回流严格控制塔顶温度，防止了塔顶过多地携带轻油。因此，虽然 *N*-甲基吡咯烷酮回收温度较高，但仍然可用于较轻润滑油料的精制。

最后采用含油和溶剂的物料作为上述各塔的回流，进一步降低了加工能耗。

2) 原料油、精制油的性质及工艺条件[7]

中国石油兰州石化公司对比了 NMP 与酚精制工艺条件和产品质量，见表14-10，与酚精制相比，NMP 精制在较小剂油比的条件下，达到精制油较好的脱色和脱酸效果，而且精制油收率高。剂油比的降低使得溶剂精制能耗降低30%以上。

表 14-10 NMP 与酚精制对比

项目	减二线		减三线	
	NMP 精制	酚精制	NMP 精制	酚精制
工艺条件				
取塔顶温度/℃	74~77	83~87	83~85	84~87
萃取塔底温度/℃	66~70	70~74	67~71	68~76
剂油比(体积比)	1.7~1.8	2.4~3.2	2.5~3.1	3.0~4.8
精制油收率/%	78.52	74.66	70.28	64.35
精制油质量				
精制油脱色率/%	68.1	59.1	73.4	58.3
精制油脱酸率/%	96.2	95.6	98.7	94.0

二、润滑油溶剂脱蜡工艺

润滑油原料中除含有各种有害及非理想组分外，一般还含有石蜡(或微晶蜡)。蜡的存在，会影响润滑油在低温条件下的流动性。根据对各种润滑油的要求，必须进行不同程度的脱蜡。溶剂脱蜡就是采用具有选择性溶解能力的溶剂，在冷冻的条件下，脱除润滑油原料中蜡的过程。

我国润滑油生产在 20 世纪 50 年代中期即开始采用溶剂脱蜡工艺，60 年代溶剂脱蜡单装置规模达到 30 万~40 万吨/年，70 年代由单一脱蜡工艺发展为脱蜡脱油联合工艺，在一套装置上，同时生产脱蜡油和石油蜡。80 年代在脱蜡溶剂上，由丙酮-苯-甲苯混合溶剂，逐渐全部改为甲乙基酮(丁酮)-甲苯混合溶剂，并陆续采用了结晶过程多点稀释、滤液循环以及溶剂多效蒸发回收等工艺技术。截至 2019 年年末，我国共有溶剂脱蜡装置 35 套，总加工能力 900 万吨/年。

(一)溶剂脱蜡的影响因素

溶剂脱蜡是含蜡原料油在选择性溶剂存在下，降低温度使蜡形成固体结晶，并通过溶剂对油溶解而对蜡不溶或少溶的特性，形成固液两相，经过滤而达到油、蜡分离的过程。溶剂在系统中，除起选择溶解作用外，还起降低油液黏度，为结晶的形成和过滤分离创造有利条件的作用。影响润滑油溶剂脱蜡过程的主要因素有溶剂性质及组成、溶剂加入量、溶剂加入方式、冷却速度、溶剂含水量等。

1. 溶剂性质及组成

选择合适的溶剂及适宜的组成是润滑油溶剂脱蜡过程的关键因素。理想的润滑油脱蜡溶剂应具有以下几种特性：

(1) 有较强的选择性和一定的溶解能力，能在脱蜡温度下完全溶解原料油中的油，而对于蜡则不溶或极少溶解。这可使脱蜡油倾点与脱蜡过滤温度差(即脱蜡温差)小。

(2) 黏度低，使石蜡及微晶蜡的结晶容易用过滤方法从溶液中分离出来。

(3) 有较低的沸点，与所处理的原料油沸点差大，便于用闪蒸的方法回收溶剂。

(4) 有较好的化学及热稳定性，不易氧化、分解，不溶或少溶于水。

(5) 具有较低的冰点和小的比热容及蒸发潜热。

(6) 无腐蚀作用，毒性小。

(7) 来源充分，价格低廉。

在上述各项中，选择性和溶解能力为溶剂的最重要性能。丁酮-甲苯混合溶剂，既具有必要的选择性，又具有充分的溶解能力，且能满足其他各种性能要求，因而在工业上获得广泛使用。

丁酮为含氧极性溶剂，具有很好的选择性，在脱蜡低温下，对蜡不溶解，对油有一定的溶解能力。甲苯为烃类溶剂，对油与蜡都有很好的溶解能力，但选择性差。它们因在混合溶剂中的比例不同而表现出不同的性质：

(1) 溶剂中的甲苯含量高，溶剂的溶解能力大，脱蜡油收率高；但溶剂的选择性差，脱蜡温差大，过滤速度慢。

(2) 溶剂中的丁酮含量高，在一定范围内，溶剂的选择性好，蜡的结晶好，脱蜡温差小，过滤速度快。但溶剂中丁酮含量增高会使溶解能力降低，达到某一限度时，在低温下会出现油与溶剂分层现象，反而导致过滤困难、蜡饼大量带油和脱蜡油收率大幅度下降。

根据润滑油原料性质及对脱蜡深度的要求，正确选择溶剂中丁酮与甲苯的配比，使脱蜡油收率、脱蜡温差、过滤速度等之间达到综合最佳值，是溶剂脱蜡过程的关键。在通常情况下，对黏度大、难于溶解的重质馏分油，采用含酮量较少、溶解能力较大的混合溶剂；相反，黏度小，较易于溶解的轻质馏分油，采用含酮量较大、溶解能力不太大的混合溶剂。对两种不同原油的相同馏分，含蜡量高的应用含酮较高的溶剂。大庆原油不同馏分油脱蜡时所采用的溶剂组成如表 14-11 所示。

表 14-11　不同馏分油脱蜡所用溶剂的组成

原料油	溶剂组成/%		原料油	溶剂组成/%	
	丁酮	甲苯		丁酮	甲苯
HVI Ⅰ150	60~65	35~40	HVI 650	50~55	45~50
HVI Ⅰ350	58~62	38~42	HVI 150BS	40~50	50~60

2. 溶剂加入量(稀释比)

溶剂加入的总量应该满足以下要求：在过滤温度下，能够溶解全部润滑油，使溶液的黏度减小到易于过滤的程度。

在润滑油脱蜡中，溶剂加入量(即稀释比)主要决定于在套管冷却及过滤中溶液的黏度，即溶液输送和过滤的难易。因此，原料油黏度大，凝点高(含蜡多)，脱蜡深度大，温度低，需要的稀释比大。适当地增大溶剂加入量，对结晶生长有利，使蜡膏中含油量降低，脱蜡油收率提高。但是，增大溶剂加入量后，增加了溶解能力，将使脱蜡油中含蜡量增多，会造成脱蜡油倾点提高，脱蜡温差加大。溶剂量增大后，还会加大冷冻、过滤、回收几个系统的负荷，增加操作费用、能耗和建设投资。因而，溶剂加入量应在满足以上要求的基础上，以加入量尽量少即小稀释比为宜。

溶剂稀释比和过滤速度不总是成正比的关系[8]。加入溶剂可以降低油料的黏度，提高过滤速度。但是，加入溶剂后，降低了脱蜡油在滤液中的浓度。因此，加大稀释比对脱蜡油而言的过滤速度，比对整个滤液而言的过滤速度增加得少。当已达到充分稀释时，油液的黏度实质上不再因多加入溶剂而进一步下降，而由于大大降低了脱蜡油在滤液中的浓度，反而会使油的实际过滤速度降低。

3. 溶剂加入方式

溶剂加入方式和加入时的工艺条件，对脱蜡过程有很大的影响。工业上一般都采用多次稀释法，也称多点稀释。采用多次稀释方法可以改善蜡的结晶，增加过滤速度，减小脱蜡温差，提高脱蜡油收率。

原料油在冷却以前加入部分溶剂进行预稀释，可降低原料油的黏度，有利于蜡晶的生长。一般在轻质原料油脱蜡时，不采用预稀释，而在重质原料油脱蜡时采用预稀释。但预稀释溶剂量不宜过大，过大时蜡在溶液中的浓度小，也会影响大粒蜡晶的形成。

原料油冷却到蜡结晶形成相当数量时的温度（通常称为“冷点”），加入一次稀释溶剂，以后在溶液继续冷却过程中和套管结晶器出口处，再分别加入二次稀释、三次稀释或四次稀释溶剂。在采用多次稀释中，各次稀释溶剂用量，特别是一次稀释溶剂用量即一次稀释比，对脱蜡过程的影响很大。表 14-12 表明，在总稀释比不变下，一次稀释比的大小对脱蜡油收率和过滤速度的影响。从表中看出，黏度低的原料油，一次稀释比可以小些，黏度高的原料油，需要较大的一次稀释比。同时，一次稀释比小，过滤速度及脱蜡油收率均较高。但是，一次稀释比过小，溶液的黏度大，也不利于蜡晶的生长，并会使蜡中带油量增大。

表 14-12　一次稀释比大小对脱蜡油收率和过滤速度的影响（实验室数据）

原料油	一次稀释比（溶剂：油）	二次稀释比（溶剂：油）	过滤速度/[kg/(m²·h)]	脱蜡油收率/%	脱蜡油凝点/℃
减压三线油	0.8	1.7	104	57.8	-3
	1.0	1.5	93	55.1	-1
	1.2	1.3	89	54.6	-2
减压四线油	1.3	2.2	71	67.5	0
	1.6	1.9	59	63.1	+3

4. 冷却速度

蜡在溶液中生成结晶的大小与溶液的冷却速度有关。冷却速度太快，会产生许多细微结晶，使过滤速度和脱蜡油收率降低，如表 14-13 所示。

冷却速度在开始结晶初期有特别重要的影响，要求缓慢的冷却速度，以便生成较大的结晶。在以后的阶段中，由于已经有了足够大的结晶表面存在，新析出的蜡在晶体的表面上生长，而不致产生过多的新的细微晶核，因而冷却速度可以快些。结晶初期冷却速度最好控制在 1~1.3℃/min，而后期可以增加到 2~5℃/min。

表 14-13　冷却速度的影响[8]

冷却速度/(℃/min)	过滤速度（相对数据）	脱蜡油收率（相对数据）	冷却速度/(℃/min)	过滤速度（相对数据）	脱蜡油收率（相对数据）
420~480℃馏分油			500℃以上脱沥青油		
0.5	100	100	0.5	100	100
5.0	80	97	5.0	54	87

5. 溶剂含水量

溶剂回收汽提塔不断地将水带入溶剂，原料油也会带入一些水。溶剂含水量高不仅增加制冷及回收系统的负荷，能耗增大；更重要的是水会在冷却面上结冰，影响传热，增加套管结晶器的阻力；冰会堵塞过滤机滤布，在生产运行中需要定期地进行熔化即所谓的“热洗”，中断生产操作；此外，溶剂含水还会降低溶剂对油的溶解能力，从而降低脱蜡油收率。生产中为了维持一定的脱蜡油收率，往往只有采用调整溶剂组成，增加甲苯含量而降低丁酮含量的措施，其结果使脱蜡温差增大，能耗增加。

溶剂含水对套管结晶器和过滤机的使用寿命也有很大的影响。因此，需要设置溶剂干燥系统，使溶剂中的水分含量不超过 0.3%[9]。

(二)工艺流程、工艺条件及产品性质

1. 工艺流程

溶剂脱蜡由四个系统组成：结晶系统、制冷系统、过滤系统(包括真空密闭系统)、溶剂回收系统(包括溶剂干燥)，其典型工艺流程如图 14-11 及图 14-12 所示，这是一个两段溶剂脱蜡流程。

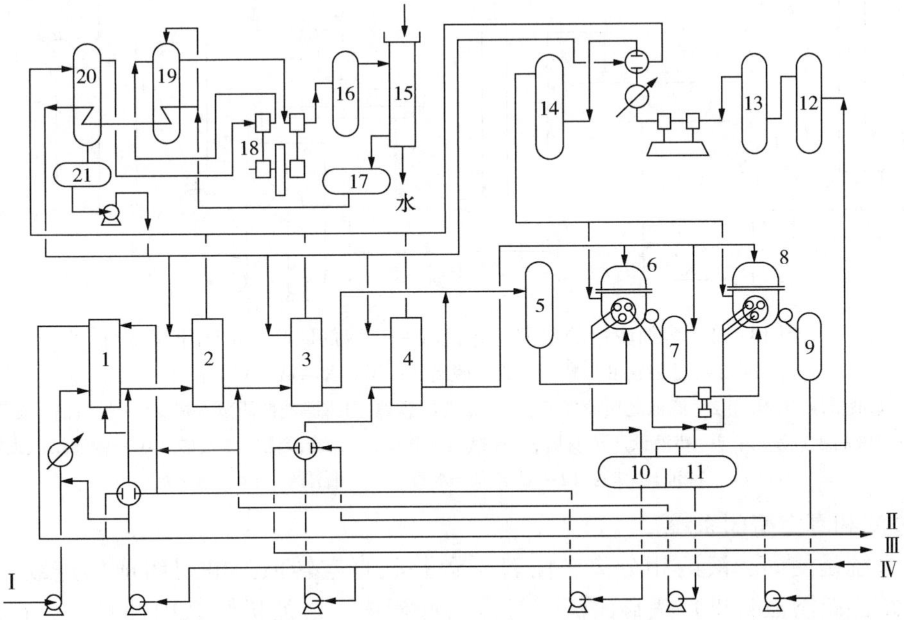

图 14-11　溶剂脱蜡的典型工艺流程——结晶、过滤、真空密闭、制冷部分

Ⅰ—原料油；Ⅱ—滤液；Ⅲ—蜡液；Ⅳ—溶剂；

1—换冷套管结晶器；2、3—氨冷套管结晶器；4—溶剂氨冷套管结晶器；5—滤机进料罐；6—一段真空过滤机；7—一段蜡液罐；8—二段真空过滤机；9—二段蜡液罐；10—一段滤液罐；11—二段滤液罐；12—真空罐；13—分液罐；14—安全气罐；15—氨冷冷却器；16—高压氨分液罐；17—液氨储罐；18—氨压缩机；19—中间冷却器；20—低压氨分离罐；21—低压氨储罐

1）结晶系统

结晶系统的流程为：原料油与预稀释溶剂(重质原料时用，轻质原料时不用)混合后，经水冷却后进入换冷套管与冷滤液换冷，使混合溶液冷却到冷点，在此点加入经预冷过的

一次稀释溶剂，然后进入氨冷套管进行氨冷。在一次氨冷套管出口处加入过滤机高部真空滤液或二段过滤的滤液作为二次稀释，再经过二次氨冷套管进行氨冷，使温度达到工艺指标。在二次氨冷套管出口处再加入经过氨冷却的三次稀释溶剂，然后进入过滤机进料罐。

溶液在套管结晶器中的冷却速度，对冷滤液换冷套管一般为 1~1.3℃/min，对于氨冷套管为 2~5℃/min。

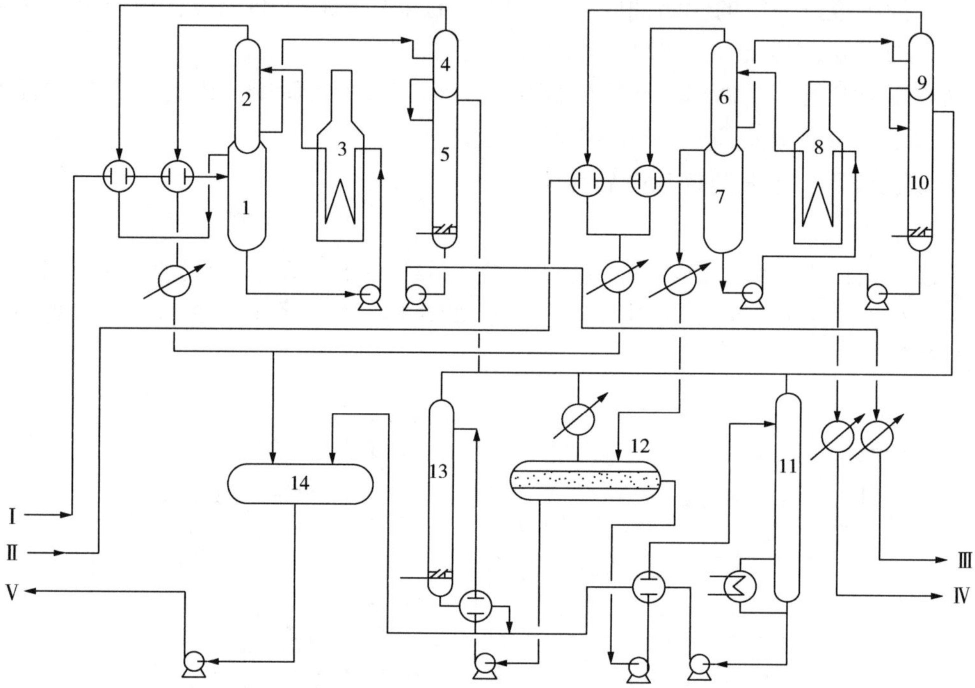

图 14-12　溶剂脱蜡的典型工艺流程——溶剂回收、溶剂干燥部分

Ⅰ—滤液；Ⅱ—蜡液；Ⅲ—脱蜡油；Ⅳ—含油蜡；Ⅴ—溶剂

1—滤液低压蒸发塔；2—滤液高压蒸发塔；3—滤液加热炉；4—滤液低压蒸发塔；5—脱蜡油汽提塔；6—蜡液高压蒸发塔；7—蜡液低压蒸发塔；8—蜡液加热炉；9—蜡液低压蒸发塔；10—含油蜡汽提塔；11—溶剂干燥塔；12—湿溶剂分水罐；13—脱酮塔；14—溶剂罐

2）过滤和真空密闭系统

过滤系统是使固、液两相分离，由若干台并联真空转鼓过滤机组成的连续操作系统。冷冻后含结晶蜡溶液自进料罐自压流入过滤机底槽内，过滤机转鼓内抽真空，在滤布内外形成压差，油和溶剂通过滤布进入中间储罐，即为滤液。滤布上的蜡饼经过喷淋溶剂洗涤和吸干后，用反吹气和刮刀从滤布上刮落，进入蜡液罐。滤液与原料油及溶剂换冷，蜡液与溶剂换冷，换冷后的滤液和蜡液分别去溶剂回收系统。

真空密闭系统（安全气系统）是为防止过滤机内由于溶剂蒸气和氧气的存在而形成爆炸性混合物，在过滤机外壳内送入安全气（即惰性气，一般采用氮气），过滤机在安全气循环密封下操作。过滤机外壳内压力稍高于壳外大气压力，以防止空气被抽入过滤机内。过滤机中安全气的氧含量控制在 5%（体积）以下。

3）制冷系统

制冷系统是独立的，它提供原料油、溶剂、安全气冷却所需的冷量，达到脱蜡所要求的温度，使脱蜡油的倾点达到质量指标。

以氨作冷冻剂，采用往复式、螺杆式或离心式冷冻机。一般采用高、低压两段蒸发操作，根据工艺需要确定氨的蒸发温度。

4）溶剂回收和溶剂干燥系统

滤液和蜡液中的溶剂通过蒸发回收，循环使用。滤液和蜡液溶剂回收系统均采用双效或三效蒸发。在图 14-12 双效蒸发中，第一蒸发塔为低压操作，热量由与第二蒸发塔顶溶剂蒸气换热提供；第二蒸发塔为高压操作，热量由加热炉供给；第三蒸发塔为降压闪蒸塔，最后在汽提塔内用蒸汽吹出残留的溶剂，得到含溶剂量和闪点合格的脱蜡油和含油蜡。三效蒸发的流程与双效蒸发基本相同，只是在低压蒸发塔与高压蒸发塔之间，增加了一个中压蒸发塔，使热量得到充分利用。各蒸发塔顶回收的溶剂经换热、冷凝、冷却后进入干或湿溶剂罐。汽提塔顶含溶剂蒸汽经冷凝、冷却后进入湿溶剂分水罐。

溶剂干燥系统是从含水湿溶剂中脱除水分，使溶剂干燥，以及从含溶剂水中回收溶剂，脱除装置系统的水。湿溶剂罐内分为两层，上层为含饱和水的溶剂，下层为含少量溶剂(主要是丁酮)的水层。含水溶剂经换热后，送入干燥塔，塔底用重沸器加热，酮与水形成低沸点共沸物，由塔顶蒸出，干燥溶剂从塔底排出，冷却后进入干溶剂罐。湿溶剂罐下层含溶剂的水经换热后，进入脱酮塔，用蒸汽直接吹脱溶剂，塔顶的含溶剂蒸汽经过冷凝冷却后，回到湿溶剂分水罐。水由塔底排出，含酮量控制在 0.002%以下。

2. 工艺条件、脱蜡油收率及产品性质

以大庆原油润滑油料为例，工艺条件、脱蜡油收率及产品性质如下。

1）工艺条件

结晶系统工艺条件见表 14-14，过滤及真空密闭系统工艺条件见表 14-15，滤液溶剂回收系统工艺条件见表 14-16，溶剂干燥系统工艺条件见表 14-17。

表 14-14　结晶系统工艺条件

油品名称	HVI Ⅰ150	HVI Ⅰ500	HVI Ⅰ650	HVI Ⅰ150BS
一次稀释溶剂比(换冷套管第八根)	0.5~0.6	0.6~0.7	0.7~0.8	0.9~1.0
二次稀释溶剂比(一次氨冷套管出口)	0.6~0.7	0.7~0.8	0.8~0.9	0.9~1.0
三次稀释溶剂比(二次氨冷套管出口)	0.6~0.7	0.8~0.9	0.9~1.0	1.0~1.1
冷洗溶剂比	0.8~0.9	1.0~1.1	1.1~1.2	1.2~1.3
总溶剂比	2.5~2.9	3.1~3.5	3.5~3.9	4.0~4.4
原料温度/℃	65~70	70~75	70~75	70~75
水冷却器出口温度/℃	50~55	55~60	55~60	55~60
原料冷点温度(换冷套管第八根)/℃	25~28	30~35	30~35	30~35
一次溶剂加入温度/℃	22~26	26~30	26~30	26~30
换冷套管出口温度/℃	12~14	12~14	12~14	12~14
一次氨冷套管出口温度/℃	-8~-10	-6~-8	-6~-8	-6~-8
二次氨冷套管出口温度/℃	-18~-20	-16~-20	-16~-20	-16~-20
二次溶剂加入温度/℃	-10~-14	-10~-15	-10~-15	-10~-15
三次溶剂加入温度/℃	-22~-28	-18~-22	-18~-22	-18~-22

表 14-15　过滤及真空密闭系统工艺条件

油品名称	HVI Ⅰ150	HVI Ⅰ500	HVI Ⅰ650	HVI Ⅰ150BS
过滤机进料温度/℃	-22~-28	-14~-18	-14~-18	-14~-18
冷洗溶剂温度/℃	-22~-28	-14~-18	-14~-18	-14~-18
去蜡油凝点/℃	-17~-20	-9~-10	-9~-10	-9~-10
脱蜡温差/℃	3~6	4~6	4~7	5~8
过滤机转速/(r/min)	1	1	1	1
过滤速度(对原料)/[kg/(m^2·h)]	180~220	100~120	80~100	70~75
过滤机底部真空度/kPa	26.7~53.4	26.7~40.0	26.7~40.0	26.7~40.0
反吹压力/kPa(G)	30~45	30~40	30~40	30~40
密封压力/kPa(G)	1.8~2.0	1.8~2.0	1.8~2.0	1.8~2.0

表 14-16　溶剂回收系统工艺条件

项　目	滤液	蜡液	项　目	滤液	蜡液
进第一蒸发塔温度/℃	89~95	96~101	第一蒸发塔压力/MPa(G)	0.01~0.03	0.03~0.05
进第二蒸发塔温度/℃	190~195	190~195	第二蒸发塔压力/MPa(G)	0.30~0.32	0.26~0.28
进第三蒸发塔温度/℃	168~178	169~174	第三蒸发塔压力/MPa(G)	0.01~0.02	0.01~0.02
进汽提塔温度/℃	160~168	160~170	汽提塔压力/MPa	0.08~0.09	0.08~0.09
加热炉出口温度/℃	190~195	190~195			

表 14-17　溶剂干燥系统工艺条件

项　目	指标	项　目	指标
脱酮塔顶温度/℃	85~87	干燥塔底温度/℃	90~95
干燥塔进料温度/℃	80~85	干燥塔顶压力/MPa	0.015~0.02

2）脱蜡油收率及性质

大庆原油润滑油料的脱蜡油收率见表 14-18，脱蜡油性质见表 14-19[10]。石科院开发了溶剂精制-加氢处理-溶剂脱蜡组合工艺，采用减压馏分油和轻脱沥青油，经糠醛精制、加氢处理和溶剂脱蜡生产 API Ⅱ类基础油。中国石化荆门分公司在原传统润滑油基础油老三套生产工艺基础上，于 2001 年建成投产一套 20 万吨/年加工能力的润滑油加氢处理装置，生产的 API Ⅱ类基础油性质见表 14-20[11]。基础油性质具有黏度指数高、颜色好、硫、氮含量低、饱和烃含量高的特点。

表 14-18　脱蜡油收率

油品名称	HVI Ⅰ150	HVI Ⅰ500	HVI Ⅰ650	HVI Ⅰ150BS
溶剂脱蜡油收率/%	54.0	54.0	48.0	43.4

表 14-19　脱蜡油性质

油品名称	HVI Ⅰ150	HVI Ⅰ500	HVI Ⅰ650	HVI Ⅰ150BS
颜色/号	1.5	2.5	3.5	7.0
黏度/(mm^2/s)				
50℃	19.63	60.02	77.50	277.9
100℃	5.03	11.01	13.24	35.00
闪点(开口)/℃	213	269	273	325
凝点/℃	-12	-12	-14	-12
残炭/%	0.008	0.076	0.13	0.71
酸值/(mgKOH/g)	0.014	0.017	0.014	0.008
苯胺点/℃	100.5	110.0	113.5	129.0
硫含量/%	0.036	0.078	0.097	0.060
氮含量/(μg/g)	107	383	458	
黏度指数	97	96	96	106
碘值/(gI_2/100g)	9.1	12.8	9.8	12.4

表 14-20　加氢处理减三线和减四线基础油性质

项目	原料油				基础油	
	减三线糠醛精制油	减四线糠醛精制油	减三线加氢处理油	减四线加氢处理油	HVI Ⅱ6	HVI Ⅱ10
运动黏度/(mm^2/s)						
40℃					35.41	89.43
100℃	7.285	10.10	5.350	9.330	6.095	10.75
黏度指数			145		119	104
密度(20℃)/(g/cm^3)	0.8765	0.8960	0.8344	0.8536		
倾点/℃			48	>50	-12	-8
颜色/号	3.0	8.0	<0.5	<0.5	<0.5	<0.5
中和值/(mgKOH/g)	0.06	0.01			0.01	0.01
硫含量/(μg/g)	3500	3900	<1.0	<1.0	<1.0	<1.0
碱性氮含量/(μg/g)	143	361	3.9	<1.0	3.6	1.0
饱和烃/%					99.27	98.07

(三)工艺特点

我国润滑油溶剂脱蜡装置在工艺上有以下特点：

1. 采用多点稀释并控制冷点温度

结晶系统稀释溶剂分 3~4 次加入。第一次稀释溶剂的加入点，从原来的原料油泵出口移至原料油冷却到比其凝点低 15~20℃的温度处。通常称此点为冷点，位置一般在换冷套管结晶器接近出口处或出口处。其余各次溶剂亦根据不同原料油控制加入点温度，为蜡晶生成和成长提供适宜条件。采用多点稀释和控制冷点温度，除可改善蜡的结晶状态、提高过滤速度外，还可提高脱蜡油收率。大庆原油润滑油料溶剂脱蜡，采用多点稀释及控制冷点温度的效果如表 14-21 所示。

表 14-21　溶剂脱蜡多点稀释及控制冷点温度的效果

油品名称	减压三线油		减压四线油	
	非多点稀释	多点稀释	非多点稀释	多点稀释
一次稀释				
比例	1. 30~1. 45	0. 87~0. 93	1. 40~1. 53	1. 15~1. 30
位置	换冷套管第 5 根出口			
油温/℃		30~35		30~35
二次稀释				
比例		0. 24~0. 28		0. 20~0. 26
位置	第一组氨冷套管出口			
三次稀释				
比例	0. 60~0. 70	0. 75~0. 80	0. 60~0. 70	0. 60~0. 70
位置	第二组氨冷套管出口			
冷洗溶剂比	0. 65~0. 70	0. 65~0. 68	0. 65~0. 70	0. 65~0. 70
总溶剂比	2. 55~2. 85	2. 51~2. 69	2. 65~2. 93	2. 60~2. 96
脱蜡油收率/%	51~52	55~58	45~48	54~55

2. 采用两段过滤和滤液循环工艺

我国生产润滑油的原油多数是含蜡高的原油。润滑油原料在脱蜡时，蜡膏量一般为原料油的 35%~52%。为了降低蜡膏中的油含量，提高脱蜡油收率，一般采用两段过滤及滤液循环工艺，其工艺流程见图 14-13。两段过滤即将第一段过滤得到的含油蜡膏加入一定量的溶剂再稀释，在比第一段温度稍高（3~5℃）或相同温度下，进行第二段过滤。第二段滤液与第一、第二段过滤高部真空抽出的滤液共同作为结晶系统的二次及三次稀释溶剂。采用二段过滤及滤液循环可使装置能耗下降，脱蜡油收率比一段过滤时提高 8~10 个百分点，蜡膏含油率由 10%~16%下降到 4%~8%，相应地使石蜡脱油（发汗）硬蜡收率提高 8 个百分点左右。微晶蜡脱油时微晶蜡收率由 8%提高到 9.5%。大庆原油润滑油料溶剂脱蜡两段过滤工艺条件及效果见表 14-22。

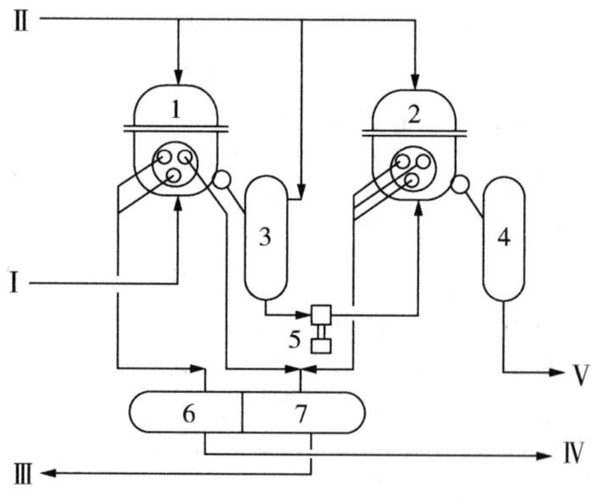

图 14-13　两段过滤和滤液循环工艺流程

Ⅰ—一段过滤进料；Ⅱ—冷洗及二段进料稀释溶剂；Ⅲ—一段过滤高部滤液及二段过滤滤液（去结晶系统）；Ⅳ—脱蜡油液；Ⅴ—蜡液；1—一段过滤机；2—二段过滤机；3—二段过滤机进料罐；4—蜡液罐；5—二段过滤进料泵；6—一段过滤滤液罐；7—二段过滤滤液罐

表 14-22　两段过滤工艺条件及效果[12]

油品名称	减压二线油①	脱沥青油②	油品名称	减压二线油①	脱沥青油②
冷洗及稀释溶剂比	2.0：1(原料油)	2.0：1(原料油)	二段过滤时脱蜡油收率/%	68~72	30~34
一段过滤温度/℃	-9~-10	-32	一段过滤时蜡膏含油/%	10~16	
二段进料稀释温度/℃	10~15	-20~-25	二段过滤时蜡膏含油/%	4~8	
二段过滤温度/℃	-5~-6	-26~-28	一段蜡膏脱油硬蜡收率/%	30~32③	8.0④
去蜡油凝点/℃	-6~-7	-21~-22	二段蜡膏脱油硬蜡收率/%	38~40③	9.5④
一段过滤时脱蜡油收率/%	60	22~24			

① 减二线油为大庆辽河混合油；② 脱沥青油为大庆油；③ 采用发汗蜡脱油的硬蜡收率；④ 采用溶剂脱油的硬蜡收率。

中国石油大庆石化公司以减二线馏分油为原料，采用一段和二段脱蜡温度分别为-10℃和0℃，新鲜溶剂比为2.5~2.8的条件，生产出含油量小于1.5%的脱油蜡，脱油蜡收率达到34%以上。

3. 采用脱蜡脱油联合及滤液三段逆流循环工艺

我国润滑油原料中含量很高的蜡，是生产石油蜡的宝贵资源，因此，在溶剂脱蜡装置上，除了采用两段过滤及滤液循环外，目前多数溶剂脱蜡装置还增加了溶剂脱油部分，构成溶剂脱蜡-脱油联合工艺流程。在原料油脱蜡的同时进行蜡膏脱油，同时得到脱蜡油和脱油石蜡。

脱蜡-脱油联合工艺流程，包括一段脱蜡两段脱油。工业上一般采用部分滤液循环的工艺，以降低新鲜溶剂用量，减少溶剂回收系统负荷，节约能耗。我国在改善蜡结晶的基础上，研究发展了滤液三段逆流循环工艺。滤液三段逆流循环是将二段脱油滤液全部作为一段脱油稀释溶剂，将一段脱油滤液的大部分用作脱蜡稀释溶剂，而小部分去蜡下油溶剂回收系统[13]。脱蜡脱油联合及滤液三段逆流工艺流程见图 14-14。

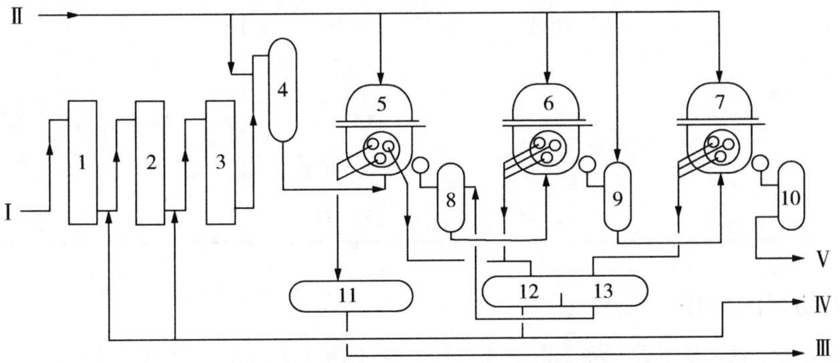

图 14-14　脱蜡脱油联合及滤液三段逆流循环工艺流程

Ⅰ—原料油；Ⅱ—溶剂(回收溶剂)；Ⅲ—脱蜡油液；Ⅳ—蜡下油液；Ⅴ—脱油蜡液

1—换冷套管结晶器；2—第一次氨冷套管结晶器；3—第二次氨冷套管结晶器；4—脱蜡过滤机进料罐；5—脱蜡过滤机；6—一段脱油过滤机；7—二段脱油过滤机；8—一段脱油过滤机进料罐；9—二段脱油过滤机进料罐；10—脱油蜡液罐；11—脱蜡滤液罐；12—一段脱油滤液罐；13—二段脱油滤液罐

利用上述工艺流程处理大庆原油 HVI Ⅰ75、HVI Ⅰ100、HVI Ⅰ150、HVI Ⅰ350 润滑油料，取得了提高收率、降低能耗的效果，其工艺条件见表 14-23。与滤液部分循环工艺相比，脱蜡油收率提高 1.4%～1.8%，脱油蜡收率提高 1.3%～3.8%，蜡下油收率下降 2.7%～5.5%；总溶剂比下降 1.2～1.4，能耗降低约 10%。

表 14-23　脱蜡脱油联合及滤液三段逆流工艺条件

油品名称	HVI Ⅰ75	HVI Ⅰ100	HVI Ⅰ150	HVI Ⅰ350
丁酮体积含量/%	59～63	59～63	59～63	39～63
脱蜡段				
一次稀释溶剂比	1.20	1.25	1.15	1.18
二次稀释溶剂比	0.40	0.45	0.35	0.42
三次稀释溶剂比	1.00	1.10	1.20	1.30
冷洗溶剂比	1.00	0.90	0.90	0.90
原料冷点温度/℃	10～11	24～26	23～26	32～34
二次稀释溶剂温度/℃	10～11	18～21	20～22	28～30
三次稀释溶剂温度/℃	-19	-21	-17	-18
冷洗温度/℃	-19	-22	-17	-17
过滤机进料温度/℃	-19	-22	-17～-18	-16～-17
脱油段				
一段稀释溶剂比(滤液)	1.90	1.90	1.80	1.80
一段冷洗溶剂比	0.50	0.50	0.50	0.50
一段进料温度/℃	6	14	13	15
二段稀释溶剂比	1.60	1.70～1.80	1.52	1.60
二段冲洗溶剂比	0.50	0.50	0.50	0.50
二段进料温度/℃	12	14	16	17
脱蜡油倾点/℃	-13～-16	-18～-20	-14～-15	-13～-14
脱油蜡油含量/%	1.50～1.95	0.66～0.88	0.32～0.90	0.27～0.65
脱油蜡熔点/℃	44～45	52～54	54.2～54.6	63.5～63.6

(四)脱蜡助剂的应用

溶剂脱蜡装置的处理量常受蜡油分离时过滤速度的限制，尤其是原料油较重时，过滤速度更慢。为了解决这个问题，可采用向脱蜡原料中添加脱蜡助剂的方法改善蜡结晶，提高过滤速度。使用脱蜡助滤剂在不增加现有装置过滤面积、冷冻负荷和蒸发容量的条件下，即可提高过滤速度，增加脱蜡油收率，扩大加工能力，同时也能起到提高装置操作弹性和节能降耗的效果。另外，无须对装置进行大规模的改造、助剂可根据需要随时添加，生产的可调性好。南阳石蜡精细化工厂采用石科院开发的脱蜡助剂 SM-40，取得了良好的效果[14]。

当加入量达到0.36%时，装置处理能力提高26.6%，脱蜡油收率提高1.9个百分点。微晶蜡含油量降低0.4个百分点，滴熔点提高4~5℃，可使产品提高一个牌号。

三、润滑油白土精制工艺

经过溶剂精制及溶剂脱蜡后的润滑油组分中，残留有少量溶剂及有害物质，这些物质的存在影响油品的颜色、安定性、抗乳化性、绝缘性和残炭等。采用白土精制，可以改善润滑油组分的上述性能。

(一)白土的组成及性质

活性白土的成分主要为SiO_2和Al_2O_3，其余为Fe_2O_3、MgO、CaO等。它是将天然白土经预热、粉碎、硫酸活化、水洗、干燥、磨细而制得的呈白色或米色粉末状物，其主要性能指标为颗粒度、比表面积、水分和活性度。天然白土与活性白土的化学组成见表14-24，活性白土规格见表14-25。

颗粒度表示白土的破碎程度。颗粒度越大，比表面积越小，吸附能力越差；反之白土颗粒度愈小，比表面积愈大，扩散半径愈小，吸附能力愈强。白土含水分的多少影响白土的吸附性能，含水量越大，吸附能力越小。过度干燥的白土，由于结晶水的散失，吸附能力很小，甚至会完全丧失活性。含水6%~8%的白土吸附能力较好，因为在高温接触精制过程中，所含水分蒸发，白土孔隙中不再含水，这时的白土具有很强的吸附性能，很容易吸附极性物质。活性度是白土对极性物质吸附能力的一项重要指标。活性度与白土的化学组成、颗粒度、水分和表面孔隙是否清洁有关。表14-25中H型和T型活性白土适合于润滑油基础油白土精制。

表14-24 天然白土与活性白土的化学组成

化学组成/%	天然白土	活性白土	化学组成/%	天然白土	活性白土
水分	24~30	6~12	Fe_2O_3	1.0~1.5	0.7~1.0
SiO_2	54~68	62~63	CaO	1.0~1.5	0.5~1.0
Al_2O_3	19~25	16~25	MgO	1.0~2.0	0.5~1.0

表14-25 活性白土规格

项目	Ⅰ类				Ⅱ类	
	H型		T型		一等品	合格品
	一等品	合格品	一等品	合格品		
脱色率/%	70	60	85	75	90	80
游离酸(以H_2SO_4计)/%	≤0.20	≤0.20	≤0.20	≤0.20	≤0.50	≤0.50
活性度(以H^+计)/(mmol/kg)	≥220	≥200	≥140	≥140	≥100	≥100
粒度(通过75μm筛网)/%	≥90	≥90	≥90	≥90	≥95	≥95
水分/%	≤8.0	≤8.0	≤10.0	≤10.0	≤12.0	≤12.0
振实密度/(g/cm^3)	0.7~1.1	0.7~1.1	0.7~1.1	0.7~1.1	0.7~1.1	0.7~1.1

白土对不同物质的吸附能力各不相同，白土吸附各组分的能力为：胶质、沥青质>芳烃>环烷烃>链烷烃。芳烃的环数越多，越容易被吸附。脱蜡后的润滑油料中，残留的少量物质为胶质、沥青质、环烷酸、氧化物、硫化物、氮化物及溶剂、水分、机械杂质等。这些物质大部分为极性物质，白土对它们具有较强的吸附能力，而对润滑油理想组分的吸附能力则极其微弱，借此使润滑油料得到精制。

(二)白土补充精制的影响因素

白土补充精制的主要工艺条件有白土用量、精制温度、接触时间等。原料油质量和白土性质对精制油的质量也是很重要的影响因素。一般来说，原料越重，对精制油质量要求越高，工艺条件就越苛刻。而当白土活性高，颗粒度和含水量适当时，在同样的工艺条件下，精制油质量将会更好。

1. 白土用量

白土用量越大，产品质量越好。但是，油品质量改善程度和白土用量并不成正比。当白土用量增加到一定量后，油品质量的提高反而不显著。在保证精制深度的前提下，白土用量要少。一般合适的白土用量为：轻质基础油 2%~3%，中质基础油 3%~4%，重质基础油 4%~5%，光亮油 6%~10%。

2. 精制温度

白土吸附原料油中有害组分的速度，与所精制原料油的黏度有关，加热温度越高，油料的黏度越低，吸附速度就越快。在实际生产过程中，加热温度以油料不发生热分解为原则。由于白土中夹带有空气，以及混合搅拌时接触空气，为了防止油品发生氧化反应(尤其在白土的作用下)，一般控制初始混合温度在 80℃以下，精制反应温度一般在 180~280℃，对轻质油采用较低的温度，对重质油采用较高的温度。超过 300℃，由于白土的催化作用，油品易分解变质。

3. 接触时间

接触时间是指白土与油品在蒸发塔内的停留时间。为了保证油品在白土中吸附和扩散的需要，一般在蒸发塔内的停留时间为 20~40min。

(三)工艺流程、工艺条件及产品性质

1. 白土精制工艺流程

如图 14-15 所示，白土精制包括原料油与白土混合、加热吸附、过滤分离三个主要过程。原料油经缓冲罐送入混合罐，白土经给料器加入混合罐，经搅拌混合，再与蒸发塔底油换热后进入加热炉，加热到所需温度后进蒸发塔。

蒸发塔采用减压操作。塔顶油气、水分经冷凝冷却后流入真空罐，再流入馏出油分水罐(罐内设有隔板)。水从罐底排出，馏出油送出装置。蒸发塔底油与原料油换热，冷却到 130℃左右，进入过滤机粗滤和细滤，分离出废白土渣，将得到的精制油冷却到 40~50℃后送出装置。

2. 工艺条件和原料、产品性质

以大庆原油脱蜡润滑油料为例，白土精制工艺条件见表 14-26，原料油性质和产品性质见表 14-27。

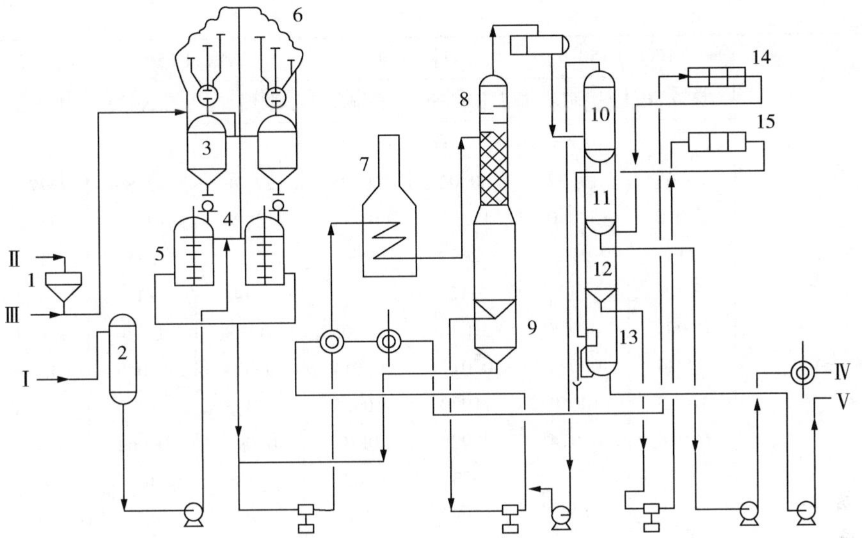

图 14-15　白土精制典型流程

Ⅰ—原料油；Ⅱ—白土；Ⅲ—压缩机；Ⅳ—精制油；Ⅴ—馏出油

1—白土地下储罐；2—原料缓冲罐；3—白土料斗；4—叶轮给料器；5—白土混合罐；6—旋风分离器；7—加热炉；8—蒸发塔；9—扫线罐；10—真空罐；11—精制油罐；12—板框进料罐；13—馏出油分水罐；14—自动板框过滤机；15—板框过滤机

随着我国经济的发展，炼油厂加工进口油的数量不断增长，以中东原油为原料采用传统工艺可以生产 API Ⅰ类基础油。表 14-28 为沙轻和伊朗原油馏分油和轻脱油经糠醛精制、溶剂脱蜡和白土补充精制生产的 API Ⅰ类基础油性质。含硫原油生产的基础油氧化安定性比低硫石蜡基原油基础油好。

表 14-26　白土补充精制工艺条件及精制油收率

油品名称	HVI Ⅰ150	HVI Ⅰ500	HVI Ⅰ650	HVI Ⅰ150BS
白土加入量/%	2.5	3.0	3.0	10
白土与油混合温度/℃	70	80	80	80
加热炉出口温度/℃	210	230	240	265
蒸发塔真空度/kPa	73.3	73.5	73.2	73.3
油白土混合物在蒸发塔内停留时间/min	~30	~30	~30	~30
一次过滤温度/℃	160	160	160	160
二次过滤温度/℃	110	130	130	140
精制油收率/%	97~98	96~97	96~97	89~92
废白土渣含油/%	20~25	25~30	25~30	25~30

表 14-27　原料油及精制油产品性质

油品名称	HVI Ⅰ150		HVI Ⅰ500		HVI Ⅰ650		HVI Ⅰ150BS	
	脱蜡油	精制油	脱蜡油	精制油	脱蜡油	精制油	脱蜡油	精制油
颜色/号	1.5	1.0	2.5	2.5	3.5	3.5	7.0	5.5

续表

油品名称	HVI Ⅰ150		HVI Ⅰ500		HVI Ⅰ650		HVI Ⅰ150BS	
	脱蜡油	精制油	脱蜡油	精制油	脱蜡油	精制油	脱蜡油	精制油
黏度/(mm^2/s)								
50℃	19.63	19.77	60.02	60.04	77.70	77.86	277.9	261.9
100℃	5.030	5.090	11.01	10.91	13.24	13.36	35.00	33.56
闪点(开口)/℃	213	213	269	269	273	275	323	317
凝点/℃	-12	-12	-12	-12	-14	-14	-12	-12
残炭/%	0.008	0.008	0.076	0.065	0.13	0.13	0.71	0.57
酸值/(mgKOH/g)	0.014	0.006	0.017	0.011	0.014	0.009	0.008	0.022
苯胺点/℃	100.5	100.0	110.0	109.5	113.5	114.0	129.0	129.0
硫含量/%	0.036	0.014	0.078	0.10	0.097	0.062	0.060	0.080
氮含量/(μg/g)	102	23	383	303	458	403		
黏度指数	97	100	96	94	96	97	106	106
碘值/(gI/100g)	9.1	9.7	12.8	11.4	9.8	10.1	12.4	12.2

表 14-28 沙轻和伊朗原油白土补充条件及精制油性质

油品名称	减二		减三		减四		脱沥青油	
	沙轻	伊朗	沙轻	伊朗	沙轻	伊朗	沙轻	伊朗
白土补充精制条件								
白土用量/%	4.0	3.7	4.0	4.0	5.1	5.1	7.1	9.4
精制温度/℃	175	190	183	200	215	210	235	250
产品性质								
密度(20℃)/(g/cm^3)	0.8600	0.8687	0.8842	0.8851	0.8917	0.8907	0.9001	0.8977
运动黏度/(mm^2/s)								
40℃	21.73	29.23	63.03	80.17	116.78	138.8	409.0	503.9
100℃	4.279	5.030	8.184	9.21	12.25	12.90	28.16	31.06
黏度指数	101	96	97	88	94	83	95	91
颜色/号	<0.5	0.5	0.5	1.0	4.5	2.5	5.0	4.0
中和值/(mgKOH/g)	0.003	0.003	0.003	0.008	0.007	0.008	0.006	0.008
残炭/%	0.00	0.00	0.01	0.00	0.11	0.08	0.69	0.49
倾点/℃	-18	-11	-13	-12	-12	-12	-12	-11
硫含量/%	0.63	0.52	0.99	0.76	1.32	0.75	1.41	0.84
碱性氮含量/(μg/g)	1.2	0.5	1.9	7	6	12	23	61
氮含量/(μg/g)	4	2.4	4	18	20	51	84	206
旋转氧弹/min	255	278	230	220	182	185	195	255
族组成/%								
饱和烃	76.3	83.5	63.9	71.7	53.9	73.5	55.2	65.4
芳烃	23.7	16.3	35.7	27.9	45.9	25.8	44.1	32.9
胶质	0.0	0.2	0.4	0.4	0.2	0.7	0.7	1.7

（四）润滑油白土精制工艺改进

由于白土精制时油品中的氮化物，特别是油品中碱性氮化物的极性比硫化物强，因此能优先被白土吸附，所以白土精制所得到的基础油具有高硫、低氮的特点。加上白土精制在改善油品的抗乳化性及空气释放性的能力比加氢补充精制强，因此，在我国的 API Ⅰ类润滑油生产厂中，仍保留有较多的白土精制装置。

为进一步降低润滑油基础油中的氮含量，1996 年我国开发了一种脱氮-白土精制组合工艺，经溶剂精制的润滑油油料在白土处理以前先用酸性脱氮剂进行络合脱氮。采用此工艺精制馏分润滑油时，不但可提高其氧化安定性，而且可降低白土用量，因此可提高润滑油基础油收率。但对于光亮油，虽然也能提高其氧化安定性，但白土用量无法显著降低，因为白土用量降低后，基础油颜色达不到规格要求。脱氮-白土精制组合工艺条件及精制油性质见表 14-29[15]。

表 14-29　脱氮-白土精制组合工艺条件及精制油性质

油品名称	HVI Ⅰ200		HVI Ⅰ400		HVI Ⅰ650	
	原料油	精制油	原料油	精制油	原料油	精制油
组合工艺条件						
油与脱氮剂质量比	—	370：1	—	270：1	—	230：1
油与白土质量比	—	100：1	—	100：1	—	100：1
原料及产品性质						
密度(20℃)/(g/cm^3)	0.8718	0.8711	0.8781	0.8791	0.8801	0.8801
运动黏度(40℃)/(mm^2/s)	37.33	37.92	79.40	77.44	123.9	122.0
闪点/℃	217	217	256	252	279	277
颜色/号	<1.0	<1.0	<2.0	<2.0	<3.0	<3.0
中和值/(mgKOH/g)	0.01	0.01	0.01	0.01	0.01	0.01
凝点/℃	-13	-13	-10	-11	-10	-10
硫含量/%	0.0600	0.0561	0.114	0.102	0.133	0.111
氮含量/(μg/g)	126	59	183	66	283	—
碱性氮含量/(μg/g)	110	14	170	45	260	130
旋转氧弹/min	141	225	147	249	118	193
抗乳化度/min	>31	5	25	5	30	5

四、润滑油加氢补充精制工艺

随着企业加工原油品种的不断变化，加工原油性质日益变差，特别是随着环保要求日异严酷，以及加工高硫原油的增多，在生产满足 API Ⅰ类基础油的过程中，加氢补充精制工艺技术得到了广泛的应用。

润滑油加氢补充精制多用作润滑油常规加工流程中的最后一道工序，替代以往的白土精制，其作用是在基本不改变进料烃类分布的前提下，脱除上游工序残留的溶剂、易于脱除的含氧化合物、部分易脱除的硫化物、少量氮化物以及其他极性物等，改善油品的色度、气味、透明度、抗乳化性与对添加剂的感受性等。这一工艺过程条件十分缓和，习惯上称为加氢补充精制。由于加氢补充精制工艺没有污染物排放，生产费用低，易于操作，在加工含硫油时得到广泛应用。但加氢补充精制工艺的精制程度浅，在加工高氮石蜡基原料时还存在倾点回升、氧化安定性及光安定性较差等问题。

（一）加氢补充精制的工艺流程[16]

典型加氢补充精制在 API Ⅰ类基础油生产工艺流程中配置见图 14-16 和图 14-17。对于不同的原料油可以采取不同的基础油生产工艺流程。对于加氢后油品倾点回升很少的原料油，如国内的胜利、任丘、大港原油，一般采用图 14-16 和图 14-17 所示的工艺流程，即加氢补充精制作为最后一道加工工序。对加氢后油品倾点回升较多的原料油，例如大庆原油，此时如在原料油中加入一定量的降凝剂，也可采用上述流程，而不会有凝点回升的问题。另外，也可采用溶剂精制-加氢精制-溶剂脱蜡流程。此工艺流程的优点是：

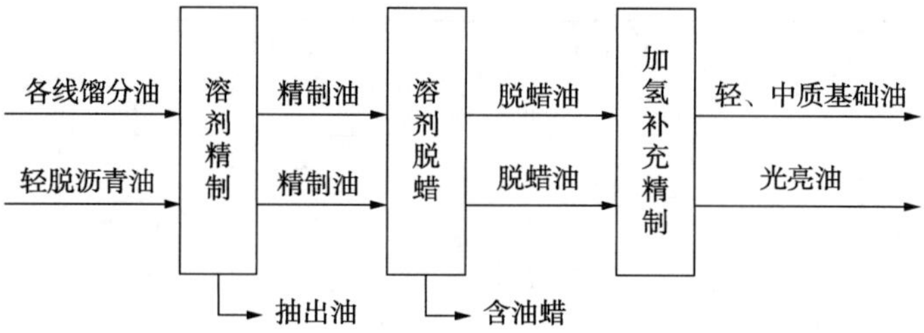

图 14-16　API Ⅰ类基础油生产工艺流程（正序流程）

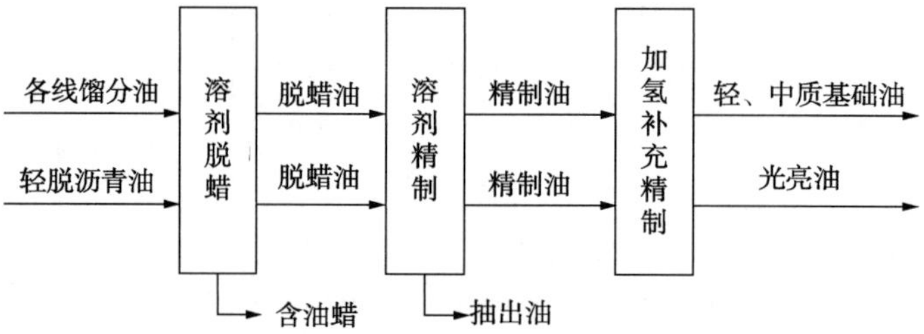

图 14-17　API Ⅰ类基础油生产工艺流程（反序流程）

（1）加氢条件的选择可不受倾点回升的限制，可以适当提高加氢深度以弥补溶剂精制的不足；

（2）脱蜡原料经过加氢后，脱除了部分杂原子化合物（包括胶质），有助于提高过滤速度，提高脱蜡装置效率。另外，原料中的蜡也得到了精制，这有助于减轻后续蜡精制装置的负荷。

润滑油加氢补充精制原则工艺流程如图 14-18 所示。它与一般汽油、柴油加氢精制流程差别不大，但也有如下特点。

（1）原料油和成品油罐均有惰性气保护，避免油和空气接触。原料进入反应器之前要经过脱气处理；

（2）因氢油比小，氢耗少，可以不设（也可设）循环氢压缩机；

(3) 因脱氮率低，生成硫氢化铵的数量少，在反应产物冷却器的进口不注水，避免了油和水的乳化；

(4) 为使生成油不带水，汽提后采用真空干燥。

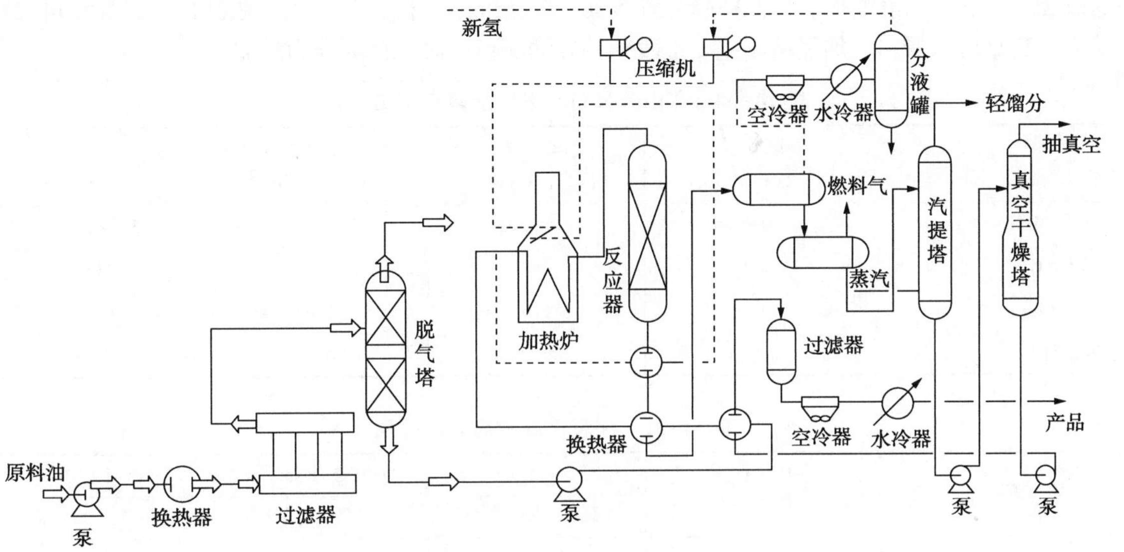

图 14-18　润滑油加氢补充精制原则工艺流程

(二) 加氢补充精制工艺条件

润滑油加氢补充精制在很缓和的条件下进行加氢处理。在该条件下，含氧(如有机酸类)、含硫、含氮化合物发生氢解反应，生成易分离的 H_2O、H_2S、NH_3，而这些化合物的烃基部分转化成的烃类留在基础油中，或经过气提、分馏，从基础油中分离出来。

加氢补充精制中的主要反应可示意如下[17]：

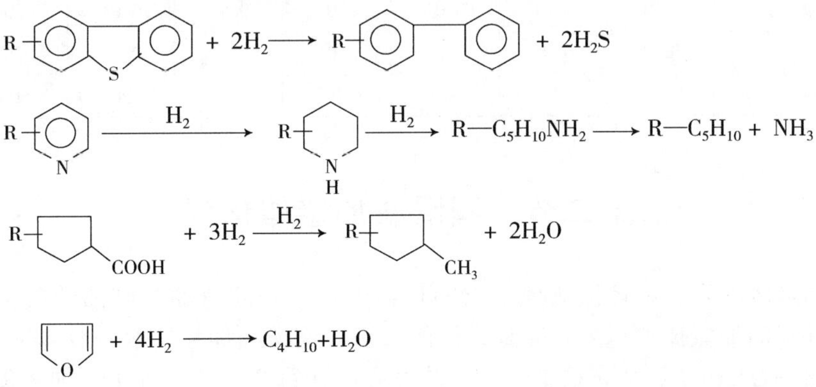

润滑油加氢补充精制的工艺条件比较缓和，一般操作氢分压为 2.0~8.0MPa，温度为 200~340℃，空速为 0.5~3.0h^{-1}，氢油比小于 500。较高的压力有利于脱除氮化物，改善产品颜色及颜色安定性。

(三) 加氢补充精制工业应用[17]

我国在 20 世纪 70 年代初建成第一套润滑油加氢补充精制装置，以后先后建成投产 7 套，加工包括大庆油、新疆油、南阳油等多种原料。国内加氢精制装置压力较低，一般在 2.5~5.5MPa，而空速较高，一般在 1.0~3.0h^{-1}，受压力较低与油品凝点回升因素的制约，反应温度不可能很高，因此精制程度较浅，主要用于脱色。中国石化燕山分公司采用石科院RN-1催化剂建成25 万吨/年润滑油加氢补充精制装置，其工艺条件与原料、产品性质见表 14-30 和表 14-31。从表中数据可以看出，加氢精制主要是改善基础油颜色，脱碱性氮能力较弱。

表 14-30　燕山分公司润滑油加氢精制工艺条件

原料油	减二线（HVI Ⅰ150）	减三线（HVI Ⅰ350）	减四线（HVI Ⅰ650）	轻脱油（HVI Ⅰ120BS）
总压/MPa	5.0~5.5	5.0~5.5	5.0~5.5	5.0~5.5
温度/℃	200	240	245	275
空速/h^{-1}	1.6	1.6	1.6	1.2
氢油体积比	80∶1	80∶1	80∶1	100∶1

表 14-31　加氢精制前后油品性质

项　目	HVI Ⅰ150		HVI Ⅰ350		HVI Ⅰ650		HVI Ⅰ120BS	
	原料	产品	原料	产品	原料	产品	原料	产品
运动黏度/（mm^2/s）								
40℃	30.53	30.23	68.28	66.27	125.38	121.76	—	—
100℃	—	—	—	—	—	—	27.93	26.61
黏度指数	102	102	95	98	97	98	95	98
颜色/号	1.5	0.5	2.0	1.0	5.0	2.5	8.0	5.0
闪点(开)/℃	200	200	222	223	256	253	258	256
凝点/℃	-15	-13	-10	-9	-9	-9	-9	-9
酸值/(mgKOH/g)	0.01	0.01	0.01	0.01	0.01	0.01	0.01	0.01
残炭/%	0.01	0.01	0.01	0.01	0.17	0.10	0.60	0.51
碱性氮含量/(μg/g)	75	72	148	107	264	242	505	497

第二节　润滑油加氢催化剂

随着我国经济的发展和环保法规要求的日益严格，对润滑油基础油的质量要求越来越高，润滑油基础油加氢技术越来越受到人们的重视。润滑油加氢技术一般包括加氢处理(加氢裂化)、催化脱蜡和加氢补充精制三个工艺过程。在每个工艺过程中，加氢催化剂起到了关键作用。

一、加氢处理催化剂

(一)基础油加氢处理流程的主要反应

加氢处理的原料有石蜡基、中间基和环烷基油等，包括各线减压馏分油(VGO)和轻脱沥青油，用于生产不同黏度等级、不同性能要求的基础油。在加氢工艺制备基础油的技术中，加氢处理单元是改善基础油性质的主要单元之一，其主要功能是提高黏度指数、改善安定性和颜色等。

1. 改善安定性的反应

基础油加氢处理过程首先要脱除原料油中含有的氧、硫、氮等杂原子，以改善基础油的安定性。API Ⅱ类基础油标准规定了基础油硫含量不超过300μg/g。含氮杂原子，尤其是碱性氮原子，是影响基础油安定性的主要杂原子之一。加氢处理过程中脱除杂原子主要有加氢脱氧(HDO)、加氢脱硫(HDS)、加氢脱氮(HDN)等。

2. 提高黏度指数的反应

(1) 芳烃饱和(HDA)。多环芳烃的黏度指数很低、凝点很高，而且芳烃的光氧化安定性较差，经过加氢饱和后，能显著改善基础油的性能。

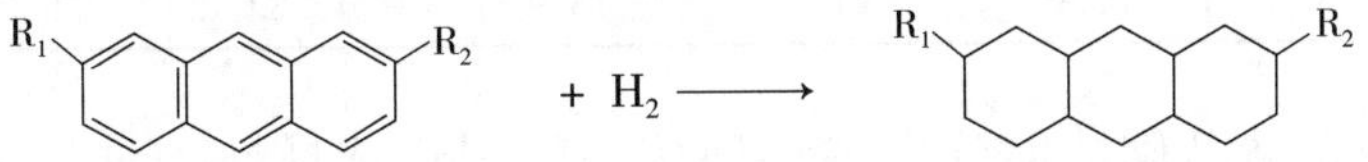

黏度指数：-60　　　　黏度指数：20

凝点：＞50℃　　　　凝点：＞20℃

(2) 多环环烷烃开环(SRO)。多环环烷烃裂化开环生成带长侧链的单环环烷烃或双环环烷烃，一方面能大幅度提高基础油的黏度指数[18]，另一方面能降低基础油的黏度，有利于生产低黏度、高黏度指数车用基础油。但是，对于黏度指数要求不高的高黏度API Ⅱ类基础油的生产，需要适度控制多环环烷烃的开环，以免黏度损失过大、基础油收率降低。

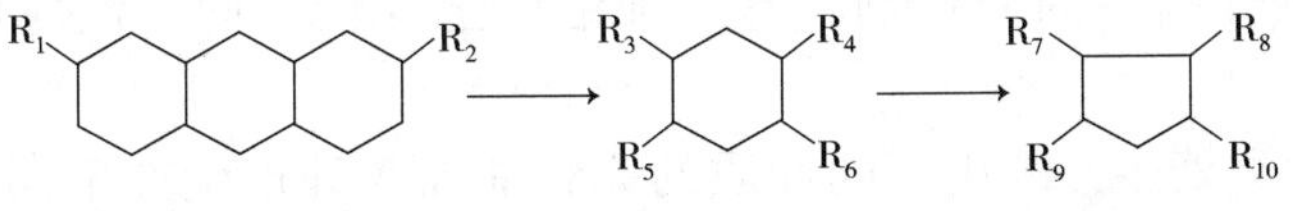

黏度指数：20　　　　黏度指数：110~140

凝点：＞20℃　　　　凝点：＜0℃

在基础油加氢处理过程中，正构烷烃和异构烷烃的加氢裂化、带长侧链环烷烃的加氢脱烷基反应则是不希望发生的反应。因为，这些反应会使加氢基础油的黏度指数降低、基础油收率减少，而且会增加氢耗。

(二)加氢处理催化剂的性能要求

如上文所述，加氢处理过程的主要反应可以分为三种类型，一是碳—杂原子键的断裂，如HDO、HDS、HDN等反应；二是碳—碳不饱和键的加氢，如HDA等；三是碳—碳饱和键的裂化，如SRO。其中，碳—杂原子键的断裂、碳—碳不饱和键的加氢要求加氢处理催化剂具有高的加氢性能，而碳—碳饱和键的裂化要求加氢处理催化剂具有高选择性的裂化性能。

1. 载体

载体的孔结构对活性金属的利用率和催化剂的长期运转有重要影响。润滑油基础油分子较大，分子碳数一般超过20，在加氢处理反应过程中，需要较大的扩散通道和可接近性好的加氢中心与酸性中心。理论上，直径大于2nm的孔道可能就不会影响基础油分子的扩散，而直径较小的孔道扩散效率较低，更容易发生积炭。文献[19]考察了不同环数芳烃积炭对相同催化剂孔结构的影响。随着积炭量的增加，直径小于 6nm 的孔道最先减少，并且反应分子越大，直径小于 6nm 的孔道减少的比例越多，见表 14-32。这说明反应分子较大时，催化剂的大孔比例越多可能越有利于减少积炭。对于润滑油基础油馏分的加氢饱和，直径为 6~12nm 的孔道可能更有利。

表 14-32　不同环数芳烃积炭时催化剂的孔结构变化

反应物	孔分布/%						比表面积/(m^2/g)
	<4nm	4~6nm	6~8nm	8~10nm	10~15nm	>15nm	
非芳烃	7.94	30.79	23.48	12.64	9.41	15.74	253.8
苯	6.16	27.59	24.34	13.62	11.05	17.24	236.1
萘	4.84	24.36	22.18	13.62	13.85	21.15	148.9
菲	4.39	23.93	21.02	13.99	13.82	22.85	124.9

载体的酸性决定着基础油馏分中多环环烷烃的裂化选择性，对基础油的黏度、黏度指数、收率等有重要影响。氟改性氧化铝、无定形硅铝和 Y 型沸石是加氢处理催化剂广泛应用的含 B 酸中心的酸性材料。氟改性氧化铝和无定形硅铝的优点是孔较大，酸中心可接近性好，但 B 酸含量较低，裂化活性较弱。Y 型沸石的孔较小，具有较高的 B 酸含量，裂化活性强，经过改性后，增加二次孔，降低酸密度，可以用于基础油加氢处理反应过程。采取无定形硅铝和改性 Y 型沸石复合的方式，充分发挥各自的优点，可以获得活性高、稳定性好的催化剂。与单独无定形硅铝载体制备的催化剂相比，采用 Y 型沸石与无定形硅铝复合载体制备的催化剂，基础油馏分选择性相同，反应温度降低，失活速率下降[20,21]。

润滑油基础油种类繁多，采用不同性质的原料油加氢处理生产不同品种的基础油对催化剂的裂化性能有不同的要求。以环烷基原料油或中间基原料油生产中高黏度的基础油，如光亮油、API Ⅱ类 10 号基础油、环烷基橡胶油，要求催化剂具有缓和的裂化性能，载体酸性材料适宜选用 F 改性 Al_2O_3、无定形硅铝等。以石蜡基原料油或中间-石蜡基原料油生产低黏度、高黏度指数的基础油，如 API Ⅲ类 4 号、6 号等基础油，要求催化剂具有较强的裂化性能，载体酸性材料适宜选用改性 Y 型沸石与无定形硅铝的复合材料等。

2. *活性金属*

催化剂的活性金属种类对其加氢性能影响较大，不同活性金属组合的加氢性能有所不同。以 γ-Al_2O_3 为载体制备催化剂，采用模型化合物系统地考察了不同活性金属组合的加氢脱硫（HDS）、加氢脱氮（HDN）、加氢脱芳烃（HDA）性能：对于 HDS 反应，活性顺序为 Co-Mo> Ni-Mo>Ni-W；对于 HDA 和 HDN 反应，活性顺序为 Ni-W>Ni-Mo>Co-Mo[22]。对于追求高加氢活性的基础油加氢处理催化剂，一般多采用 Ni-W 组合。掺加少量 Mo 的 Ni-Mo-W 组合具有更高的加氢活性。

活性金属的负载方式也对催化剂的加氢活性和稳定性有重要作用。活性金属的负载方式可以影响活性金属的分散、活性金属的硫化度、活性相的类型与形貌等。传统的活性金属负载方式包括孔饱和浸渍、高温焙烧（400~500℃）等主要过程。随着对催化剂性能要求的提高，新的活性金属负载方式得到广泛应用，通过加入络合剂、改变活化温度等方法，可以大幅度提高催化剂的加氢活性。

(三)国内加氢处理催化剂的发展

基础油质量标准的升级、原料油性质的劣化及市场对高档基础油、特种基础油的需求等因素共同推动着基础油加氢技术和加氢处理催化剂向高加氢活性、高基础油馏分选择性不断发展。

石科院通过载体前驱体的选择、载体助剂改性、活性金属的优化、催化剂制备方法的改进等，改善了载体孔分布，调节了催化剂表面酸性，提高了催化剂的加氢活性和裂化选择性，进而开发出第二代润滑油基础油加氢处理催化剂 RL-2。该催化剂具有加氢活性高、基础油馏分选择性好、改善黏度指数能力强等优点。RL-2 催化剂的物化指标见表 14-33。

表 14-33　RL-2 催化剂的物化指标

项　目		指　标	分析方法	项　目		指　标	分析方法
活性金属/%				孔容/(mL/g)	不小于	0.22	BET 法
WO_3	不小于	25	X 射线荧光法	径向压碎强度/(N/mm)	不小于	16	仪器法
NiO	不小于	2.5	X 射线荧光法	形状		蝶形	
MoO_3	不小于	2.5	X 射线荧光法	装填密度/(g/cm^3)		0.90±0.03	
比表面积/(m^2/g)	不小于	110	BET 法				

RL-2 催化剂具有良好的原料适应性和活性稳定性，可以加工环烷基、中间基、石蜡基等各类原料油的各线减压馏分油(VGO)、轻脱沥青油(DAO)，生产多种牌号的 API Ⅱ类、Ⅲ类基础油及特种基础油，特色产品有Ⅱ类 10 号基础油、120BS、150BS 以及环烷基橡胶油 N4006 和 N4010 等。RL-2 催化剂已在国内多家炼油厂工业应用。表 14-34 为 RL-2 催化剂加氢处理生产 API Ⅱ类 10 号基础油的原料油与产品性质，表 14-35 为 RL-2 催化剂加氢处理生产 API Ⅱ类 150BS 基础油的原料油与产品性质。

表 14-34　RL-2 催化剂加氢处理生产 API Ⅱ10 号基础油的原料油与产品性质

项　目	原料油	加氢处理后含蜡重质基础油	脱蜡重质基础油
运动黏度(100℃)/(mm^2/s)	12.53	8.76	9.05
黏度指数	88	123	99
闪点/℃	247	250	247
凝点/℃	>50	>50	-15
颜色/号	3.0	0.5	0.5
饱和烃含量/%	75.74	98.67	98.15
硫含量/(μg/g)	3500	<100	<100
氮含量/(μg/g)	610	<1	<1

表 14-35 RL-2 催化剂加氢处理生产 API Ⅱ150BS 的原料油与产品性质

项目	原料油	加氢处理后含蜡150BS 基础油	脱蜡150BS 基础油
运动黏度(100℃)/(mm²/s)	29.73	24.73	29.01
黏度指数	106	127	91
闪点/℃	292	308	304
凝点/℃	>50	>50	-15
颜色/号	7.5	0.5	0.5
饱和烃含量/%	73.9	99.2	98.7
硫含量/(μg/g)	3189	<20	<20
氮含量/(μg/g)	1311	<1	<1
外观	—	—	透明、无絮状物

二、催化脱蜡催化剂

生产基础油的原料经过加氢处理过程后，一般还需要进行催化脱蜡过程。原因在于加氢处理生成油中一般含有高凝点的被称为蜡的烃类分子，如长直链正构烷烃、短支链的长直链烷烃或长侧链的芳烃或环烷烃等，使得油品的低温流动性较差。20 世纪 70 年代后，开发了两种催化脱蜡技术：择形催化裂解脱蜡(即狭义的催化脱蜡，或称为临氢降凝)和择形催化异构脱蜡(即异构脱蜡)技术。

(一)临氢降凝催化剂

临氢降凝是改善油品低温流动性的重要技术。其原理是在择形沸石催化剂和氢气存在下，将油品中高凝点的烃分子选择性裂化为小分子气体或低凝点组分。

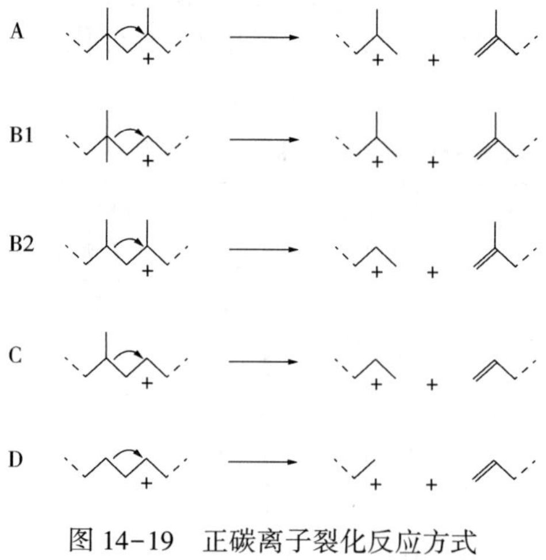

图 14-19 正碳离子裂化反应方式

1. 临氢降凝反应机理

在临氢降凝过程中，烷烃裂化反应主要在催化剂的酸中心上进行，遵循正碳离子反应机理，C—C 键断裂一般有五种方式，如图 14-19 所示[23]。其相对速度顺序为[24]：

A 型断裂>B1 型断裂>B2 型断裂>C 型断裂>D 型断裂

临氢降凝催化剂一般以 ZSM-5 沸石作为催化剂组分。由于其特殊孔道的限制，只有正构烷烃或带少量甲基侧链的直链烷烃能够进入孔道内反应。裂解产物主要为低凝点的直链烷烃、烯烃和小分子烃类(C_3、C_4)。临氢降凝有以下一些特点：

(1) 由于沸石孔道直径的限制，裂解产物不再发生环化、缩合等二次反应，防止了积炭的生成，催化剂的稳定性较好。

(2) 含硫、含氮化合物和芳烃等难以进入沸石孔道内，因此不参与反应，也不对沸石内部的酸中心产生影响。

(3) 催化剂的金属活性中心具有一定的加氢、脱氢作用，使得一部分烷烃能够脱氢转化为烯烃，而烯烃极易生成正碳离子，从而易于发生裂化反应；同时，催化剂中的沸石酸性较强，两者的共同作用使临氢降凝反应可以在较低的温度下进行，进一步抑制积炭的生成。

2. 临氢降凝催化剂的应用

与传统的润滑油溶剂脱蜡工艺相比，采用临氢降凝工艺具有投资省、操作费用低、产品质量好的优点，在润滑油生产中得到广泛的应用。即使在异构脱蜡技术出现以后，临氢降凝技术以投资低、工艺简单等特点，仍在润滑油生产中占有一席之地。

由于临氢降凝是将润滑油原料中的蜡组分选择性地裂化加以去除，因此其更适合于加工蜡含量相对较低的原料，如环烷基基础油的生产。石科院开发了 RDW-1 临氢降凝催化剂，并成功地应用于中国石油克拉玛依石化公司 40 万吨/年润滑油加氢装置，从环烷基稠油生产出 32 号、46 号冷冻机油和 45 号变压器油，其工业应用结果见表 14-36。调配后的冷冻机油基础油主要性质见表 14-37。可以看到，采用临氢降凝技术可以由环烷基原料生产性能优异的冷冻机油。由于原料中的蜡含量较少，虽然采用了选择性裂化的转化方式，产品的收率仍然达到了 97%以上，使得装置取得了非常好的经济效益。

表 14-36　RDW-1 工业应用标定结果

反应条件	*DN*60		*DN*300	
反应压力/MPa	2.8		3.1	
平均温度/℃	269		268	
空速/h^{-1}	0.9		1.0	
产品性质	原料	产物	原料	产物
运动黏度/(mm^2/s)				
20℃	9.847	11.2		
40℃			58.23	63.46
色度/号	5	1	6	2
凝点/℃	-38	-70	-23	-38
收率/%		>97.0		>97.0

表 14-37　调配后基础油主要性质

项　目	冷冻机油基础油	规格	项　目	冷冻机油基础油	规格
运动黏度(40℃)/(mm^2/s)	32.63	28.8~35.2	硫含量/%	0.0259	≯0.3
闪点/℃	168	≮165	颜色/号	0.5	≯1
倾点/℃	<-42	≯-37	介电常数/kV	39.6	≮25
絮凝点/℃	<-51	≯-47	稳定性试验/h	>96	≮96

(二) 异构脱蜡催化剂

临氢降凝工艺是通过将高凝点的烃类分子选择性地裂化以降低油品的凝点或倾点，所以不可避免地造成产率的损失。如果将油品中的高凝点正构烷烃（蜡组分）异构化为异构烷烃，则可以在降凝的同时使异构烷烃保留在基础油产品中，可以显著提高基础油的收率。因此，20 世纪 90 年代开发的异构脱蜡技术已经成为加氢法生产润滑油基础油的主要技术。

1. 异构脱蜡反应机理

异构脱蜡是将基础油中的长链正构烷烃和带少量侧链的异构烷烃（即蜡组分）在氢气存在的条件下异构化成为凝点较低的异构烷烃的过程。异构脱蜡过程中的化学反应主要是烃类的临氢异构化反应，同时还包括芳烃的加氢饱和反应、烃类的加氢裂化反应等，其中加氢裂化反应是主要的副反应，会导致润滑油基础油收率的降低，因此异构脱蜡技术的关键在于保持催化剂在较高降凝活性的基础上有较高的异构选择性。

烷烃的临氢异构化反应一般认为符合经典的正碳离子机理，即金属-酸双功能催化剂上烷烃裂化和异构化反应的机理模型。首先，烷烃吸附于金属中心并脱氢生成烯烃，烯烃在酸性中心上形成正碳离子；然后，异构化或裂化生成新的异构或小分子烯烃；最后，在金属中心上烯烃加氢生成烷烃并脱附。

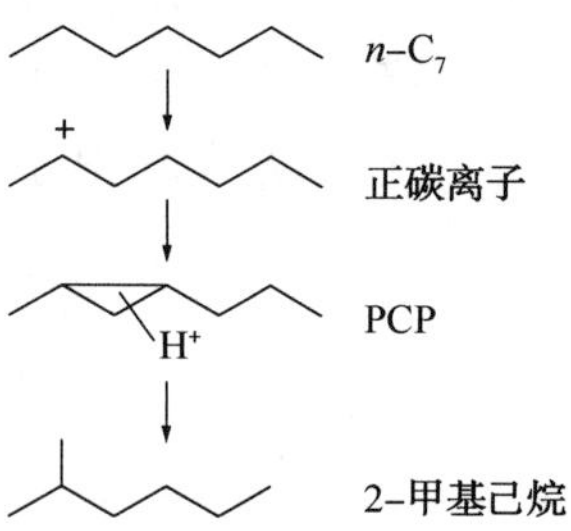

图 14-20　正庚烷异构化的质子化环丙烷机理

烷烃脱氢形成烯烃并在酸中心上形成正碳离子后，进一步异构化或裂化一般认为要经过质子化环丙烷中间体，如图 14-20 所示。而对于一维中孔沸石，如 AEL、TON、MTT 等结构的沸石，临氢异构化的机理有三种方式：①孔口催化；②过渡态择形；③产物择形。

孔口催化剂机理认为，质子化环丙烷中间体不能在沸石孔道内产生，终端甲基支链在接近沸石外表面的孔口处产生[25~27]。过渡态择形原理认为，中间过渡态的终端甲基异构体的大小与沸石孔道尺寸相当，可以在沸石孔内产生端位甲基异构体，而非端位甲基异构体在孔内难以形成[28]。产物择形则认为各种甲基支链的异构体均可以在沸石孔道内生成，而由于端甲基支链产物的脱附速度更快，不易进一步裂解，因而其选择性比中间位置甲基支链产物更高[29]。

2. 异构脱蜡催化剂及其制备技术

异构脱蜡催化剂是一种双功能催化剂，必须同时具有酸性和加氢活性。异构脱蜡催化剂的酸性组分必须对正构烷烃具有较好的反应选择性，能够优先转化正构烷烃，因此需选择适当的沸石组分，使其对正构烷烃有较好的吸附选择性，从而易于在催化剂上吸附而优先转化，而异构烷烃则不易发生反应。催化剂高的加氢活性一般由贵金属组分提供。

根据烷烃临氢异构和裂化反应机理的认识，理想的异构脱蜡催化剂必须能够高选择性地将蜡分子转化为异构烷烃，催化剂的异构选择性非常重要。为了提高选择性，首先要选择适宜的沸石组分，并且催化剂应具有高的加氢活性。一维孔道的中孔沸石如 AEL、TON、MTT 等结构的沸石对于长链正构烷烃具有较好的择形和异构选择性，适宜用于异构脱蜡过程[30]。

对催化剂的制备工艺需要进行非常精细的控制，以有效地发挥沸石的性能，并且使得金属的加氢活性能够与催化剂的酸性很好的匹配。

国内外对于工业异构脱蜡催化剂的组成、制备等一般没有正式报道，但通过专利文献可以了解催化剂可能的沸石组分。另外，从烷烃临氢异构化反应的公开文献可以推知异构脱蜡催化剂制备技术的一些有益的信息。

工业异构脱蜡催化剂的加氢组分主要采用贵金属 Pt。研究表明，催化剂的异构选择性与 Pt 的负载量并非线性关系，而是存在一个最优范围。Corma 等[31]考察了 Pt 含量对临氢异构化催化剂的影响，发现对于异构选择性，Pt 含量有一个最大值。工业异构脱蜡催化剂多采用 ZSM 系列沸石为酸性组分，如 ZSM-22、ZSM-23 等。沸石性质对催化剂的性能有较大影响，黄卫国等[32]研究了沸石结晶度、硅铝比、形貌和杂质等对催化剂活性和异构选择性的影响，在此基础上开发了一种活性和异构选择性较好的异构脱蜡催化剂 RIW-2。

3. 异构脱蜡催化剂的应用

20 世纪末，我国开始引进国外异构脱蜡技术生产 API Ⅱ类基础油。相应地，国内各研究机构开始进行异构脱蜡技术的开发。2009 年，石化院与中科院大连物化所联合开发的异构脱蜡 IAC 技术替代了国外技术，采用浅度脱蜡油、糠醛精制油和蜡下油，可以生产Ⅱ类和Ⅲ类基础油，其在中国石油大庆炼化公司应用结果见表 14-38。原料先经过加氢处理，使硫、氮等杂质含量降低，以满足异构脱蜡进料要求，同时使黏度指数得到提升，然后进行异构脱蜡。该技术对于倾点较低的脱蜡油反应温度较低，而对于倾点较高的原料需要在较高的反应温度下才能达到较好的降凝效果。

表 14-38　IAC 技术反应结果[33]

项　目	浅度脱蜡油	糠醛精制油	蜡下油
原料性质			
密度(20℃)/(g/cm³)	0.8740	0.8531	0.8558
运动黏度/(mm²/s)			
100℃	6.628	8.588	5.290
40℃	43.74	—	27.42
黏度指数	108	—	128
倾点/℃	-3	63	24
异构脱蜡反应温度/℃	346	378	369
产品性质	Ⅱ类中质基础油	Ⅲ类重质基础油	Ⅲ类中质基础油
密度(20℃)/(g/cm³)	0.8604	0.8471	—
运动黏度/(mm²/s)			
100℃	6.436	9.384	5.543
40℃	40.68	60.70	30.45
黏度指数	108	135	121
倾点/℃	-18	-15	-15

石科院在新型催化材料的研发基础上，通过调整载体酸性、改进金属浸渍条件开发了异构脱蜡催化剂 RIW-2。其具有良好的异构选择性和降凝活性，并且具有良好的抗中毒性能和原料适应性。工业应用结果(表 14-39)表明，以加氢裂化尾油为原料，可以生产黏度指数>120 的 API Ⅲ类润滑油基础油，基础油收率高[34]。石科院异构脱蜡 RIW 技术和相应的异构脱蜡催化剂 RIW-2 于 2014 年成功地应用于中国石化南阳石蜡精细化工厂费托合成

油异构脱蜡工业示范装置上，生产出了黏度指数超过 145 的超高黏度指数基础油[35]。

表 14-39　RIW-2 工业应用结果

项　目	异构原料 1	异构原料 2	项　目	异构原料 1	异构原料 2
密度(20℃)/(g/cm³)	0.8374	0.8441	异构脱蜡平均反应温度/℃	349	345
运动黏度/(mm²/s)			体积空速/h⁻¹	1.2	1.2
100℃	4.617	4.953	基础油收率/%		
80℃	6.886	7.505	2 号基础油(减二)	8.34	5.28
黏度指数	136	130	5 号基础油(减底)	72.56	76.74
凝点/℃	39	39	产品性质		
硫含量/(μg/g)	3.2	5.1	密度(20℃)/(g/cm³)	0.8402	0.8460
氮含量/(μg/g)	<1	<1	运动黏度(100℃)/(mm²/s)	5.243	5.399
反应条件			黏度指数	122	116
入口氢分压/MPa	15.0	15.0	倾点/℃	-18	-18

三、加氢精制催化剂

润滑油基础油在催化脱蜡或异构脱蜡过程中会发生裂化和多环芳烃部分饱和反应，使得油品中仍然含有一些不稳定物质如烯烃、部分饱和的多环芳烃及烯基芳烃等。这些组分容易发生氧化和自聚反应，影响油品的光稳定性和氧化安定性。而基础油对于外观(颜色)和氧化安定性都有较高的要求，因此，在经过加氢脱蜡过程后，所生产的基础油一般还需经过加氢补充精制过程，以改善光稳定性和氧化安定性。

加氢补充精制过程与加氢处理(或加氢裂化)、异构脱蜡有着明显的不同，它是在油品的平均分子量和分子结构变化很小的情况下，通过加氢饱和反应将烯烃和部分饱和的多环芳烃脱除。从热力学角度来看，上述反应都是放热的可逆反应，高压、低温有利于反应的进行，有利于深度脱除不饱和烃。

加氢精制催化剂可以为硫化态催化剂，也可以采用还原型金属催化剂。由于贵金属加氢精制催化剂具有很高的加氢活性，所需反应温度较低，从热力学上有利于芳烃和烯烃的饱和，同时也有利于降低催化剂积炭速率，延长催化剂的使用周期，因此目前主流的加氢精制催化剂多采用贵金属催化剂。在其制备过程中，载体的选择、金属的负载以及后处理等过程均对催化剂的活性有较大影响。

(一) 载体材料技术

经过加氢脱蜡过程所得到的基础油中一般仍含有少量的芳烃和烯烃，这些烃类的分子空间结构差别较大，特别是苯环上带有较多支链的稠环芳烃，由于空间位阻效应，增大了加氢饱和的难度，因此载体和催化剂的孔结构对催化剂的性能具有重要影响。

表 14-40 列出了不同孔结构载体制备的加氢精制催化剂的性能[36]。两种催化剂的比表面积相近，催化剂 B 的孔容和平均孔径较大，大于 100nm 的大孔较多。以一种芳烃含量 5.75%的原料评价两种催化剂，可以看到，催化剂 B 的脱芳性能明显优于催化剂 A。说明催化剂的大孔有利于多环芳烃的扩散、吸附和加氢产物的脱附。

表 14-40　不同孔结构载体的加氢精制催化剂性能

项　目	催化剂 A	催化剂 B	项　目	催化剂 A	催化剂 B
比表面积/(m^2/g)	328	310	产品性质		
孔容/(mL/g)	0.70	0.76	紫外吸光度		
平均孔径/nm	8.0	9.9			
≥100nm 孔/%	0	9	275nm	2.754	0.517
反应条件			295nm	0.749	0.115
氢气压力/MPa	15	15	300nm	0.756	0.120

另外，研究表明具有一定酸性的载体制备的催化剂可以显著提高芳环加氢活性，因为载体的酸性使得芳烃分子易于吸附在催化剂表面上，从而发生加氢饱和反应。无定形硅铝由于具有较适宜的酸性、较大的孔径，因此可以用作加氢补充精制催化剂的载体材料，在工业实践中得到较好的应用。

(二)催化剂制备技术

如前所述，加氢精制催化剂多为贵金属催化剂，金属负载量较低。为使催化剂的加氢活性充分发挥，活性金属的高分散是十分重要的。在载体一定的前提下，影响活性金属分散度的主要因素有金属浸渍方法、催化剂活化方法等。

加氢精制催化剂活性金属一般为 Pt、Pd 或 Pt-Pd 双金属，活性金属前驱体一般为金属络离子盐。载体在含一定浓度金属前驱体的溶液浸渍，金属络离子以吸附(或离子交换)的形式保留在载体孔道内。金属络离子在载体上的吸附作用与溶液和载体性质有关。根据不同类型载体等电点的不同，合理地选择金属络离子种类，并调节浸渍溶液的 pH 值等，可以使金属在载体表面达到理想的分散度。

在浸渍过程中，还可以在浸渍液中加入竞争吸附剂，一方面可以减小金属络离子盐在载体表面的快速吸附，有利于向载体内部扩散，另一方面在活化阶段，吸附剂的分解产物能够与金属氧化物形成更容易分散的前驱体[37]。

金属负载于载体后，还需进行焙烧和还原才能得到加氢精制成品催化剂。对于金属络离子，如 $Pt(NH_3)_4{}^{2+}$ 等，在焙烧时通入足够的氧气(或空气)是十分重要的，可以防止焙烧过程中的 NH_3 将 Pt 离子直接还原成较大的粒子，而是氧化为较小的、与载体结合较牢固的氧化物颗粒。焙烧后的氧化物颗粒在氢气气氛下还原，可以得到分散较好的加氢精制催化剂。

(三)加氢精制催化剂的应用

润滑油加氢精制的目的是改善基础油的光稳定性和氧化安定性，因此加氢精制催化剂一般与催化脱蜡或异构脱蜡催化剂配合使用。石科院开发的润滑油异构脱蜡技术于 2016 年 6 月在中国石化茂名分公司 40 万吨/年润滑油加氢异构装置成功进行了工业应用，以加氢裂化尾油生产出 API Ⅲ类基础油。其中，异构脱蜡单元采用了异构脱蜡催化剂 RIW-2，加氢补充精制单元采用催化剂 RLF-10L。生产的 API Ⅱ$^+$、Ⅲ类 4 号和Ⅲ类 6 号基础油的颜色为 +30 号，说明该加氢精制催化剂具有较高的芳烃加氢饱和性能[38]。工业应用结果表明，我国的润滑油加氢技术已经与国外先进水平相当，而加氢精制催化剂也达到了国外高性能加氢精制催化剂的水平。

第三节　API Ⅱ/Ⅲ类基础油生产工艺

基础油的质量很大程度上取决于它的黏温性能、低温流动性和抗氧化安定性。这些性能与基础油的化学组成和分子结构有关。基础油中最理想的组分是异构烷烃和带有长烷基侧链的单环环烷烃，非理想组分是稠环芳烃和稠环环烷烃。API Ⅱ/Ⅲ类基础油的质量指标要求饱和烃含量≥90%，硫含量≤0.03%。要达到这些要求，单靠“老三套”生产工艺难以生产出符合 API Ⅱ类以上质量要求的基础油，只有通过“老三套”与加氢技术相结合或全氢型加氢技术，才能生产出 API Ⅱ/Ⅲ类基础油。

要满足 API Ⅱ/Ⅲ类基础油的黏温性能、低温流动性和抗氧化安定性等质量要求，可以根据原料油特点、产品要求等选择不同的生产工艺过程。一般来讲，不同的生产工艺过程可以归结为物理加工、化学加工与物理—化学联合加工这三类工艺路线。

经不同工艺路线加工的基础油组成各不相同，对比变化见表 14-41。不论采用何种工艺路线，润滑油基础油的生产过程均可以划分为三大功能区，见图 14-21。

表 14-41　润滑油基础油在不同加工过程中原料化学组成的变化[17]

分子类型	黏度指数	“老三套”加工流程	加氢工艺流程
正构烷烃	175	大部分除去	裂化或异构化
异构烷烃	155	部分除去	大部分保留
单环环烷烃	142	大部分保留	大部分保留
双环与多环环烷烃	70	大部分保留	开环，多环向少环转化
单环、双环芳烃	<50	大部分保留	加氢饱和，开环
三环与稠环芳烃	<0	大部分除去	加氢饱和，开环
含硫化合物	—	大部分除去	转化为 H_2S 脱除
含氮化合物	—	大部分除去	转化为 NH_3脱除
含氧化合物	—	大部分除去	转化为 H_2O 脱除
胶质	很低	大部分除去	转化为低分子烃类
沥青质	很低	全部除去	转化为低分子烃类
其他非理想组分	—	大部分除去	转化为低分子烃类

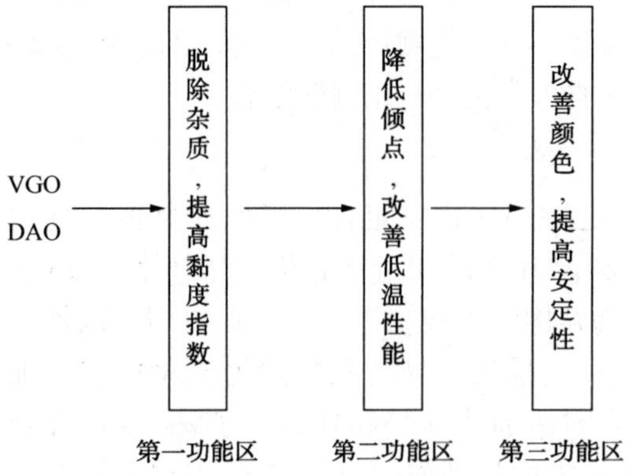

图 14-21　基础油生产过程的功能示意图

第一功能区是脱除杂质，提高产品的黏度指数，主要反应有：脱硫、脱氮，芳烃饱和及选择性开环裂化，使得物料的杂质符合后续工艺要求。在此过程中黏度会降低，黏度指数得到大幅度提高。第二功能区是降低倾点，改善流动性，主要过程有：酮苯脱蜡和催化脱蜡，催化脱蜡包括正构烃择型裂化脱蜡和正构烃异构转化。在倾点降低过程中，伴随黏度指数损失和运动黏度上升，黏度指数降低幅度通常在 8~15 个单位之间，主产品的运动黏度上升 1~2 个单位。第三功能区主要是补充精制功能，进一步脱除油品中的硫、氮等杂质元素或对不饱和烃类进行加氢饱和，以改善颜色，提高安定性。

第一功能区主要包括溶剂精制、加氢处理(裂化)等工艺过程，以及上述两者的有机结合。溶剂精制是一种物理分离过程，利用特定溶剂对不同烃类组分的溶解性不同，选择性萃取除去原料油中的重芳烃、胶质、杂环化合物等，改善油品的黏温性能，同时也有其他精制作用，如脱色、提高氧化安定性等，在生产 API Ⅰ类基础油工艺技术中有详叙。

加氢处理或加氢裂化则属于化学反应过程。润滑油加氢工艺过程中所发生的系列化学反应类型与一般燃料生产过程的加氢处理或加氢裂化所发生的反应类型相同，但由于基础油生产和一般燃料生产所关注产品的性质存在很大不同，因此，对特定反应类型选择上存在区别。除了通常的脱硫、脱氮和芳烃饱和反应外，润滑油加氢处理或加氢裂化过程强调稠环芳烃和稠环环烷烃的选择性开环裂化反应，使裂化产物具有少环结构但保持具有较长侧链的结构特征，从而提高目标产物的黏度指数，使基础油具有更好的黏温性能。这在润滑油加氢处理催化剂中已有阐述。另外，在润滑油加氢处理过程中，也存在正构烷烃或低分支异构烷烃临氢异构化为高分支异构烷烃的反应。

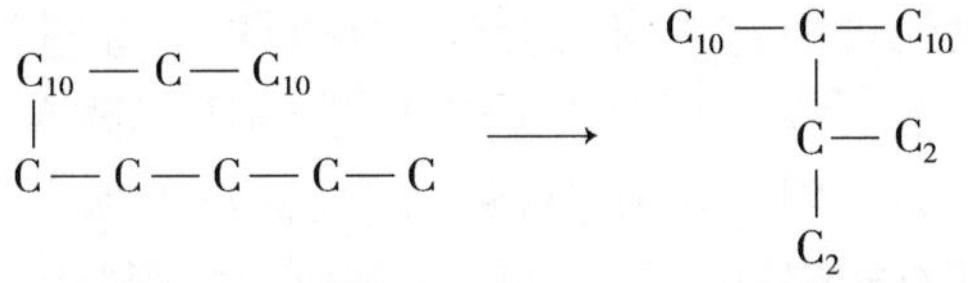

黏度指数：125　　　　黏度指数：119

凝点：19℃　　　　凝点：-40℃

第二功能区主要包括溶剂脱蜡、催化脱蜡及异构降凝等工艺技术。溶剂脱蜡属于物理过程，在溶剂存在和一定低温条件下利用不同结构的烃类在溶剂中的溶解性不同，实现正构烃或带有长侧链环状烃等高凝点组分与低凝点组分的分离，达到降低产品倾点的目的，这部分内容在生产 API Ⅰ类基础油工艺技术中有详叙。

择形裂化脱蜡和异构脱蜡是将长正构链烷烃选择性转化的化学过程。择形裂化是利用沸石将长正构链烷烃选择性地裂化，使其变成低沸点烃分子并从润滑油馏分中分离出去，从而实现降凝作用。异构脱蜡利用具有一定孔结构的沸石与金属的加氢、脱氢功能将长链正构烷烃异构化，形成具有低凝点的异构烃，达到降凝的目的。异构脱蜡过程也发生裂化反应，生成低沸点烃分子，但与择形裂化脱蜡的区别在于，择形裂化脱蜡过程将长链正构烷烃裂化，主要生成气体烃分子，而异构脱蜡过程将长链正构烷烃裂化，生成气体及不同碳数的液体异构烃，其中轻石脑油等轻液体烃小分子的生成量较大。

第三功能区主要包括白土吸附及加氢补充精制等工艺技术。白土精制及低压加氢补充精制详见第一节。高压加氢补充精制是在高压、低温条件下进一步将油品中的部分不饱和的多环芳烃及烯烃加氢饱和，改善油品的光安定性和热安定性。

一、生产 API Ⅱ/Ⅲ类基础油主要工艺技术

尽管基础油的生产过程都是由三大功能区所构成，但根据原料油的性质特点及产品结构和产品质量等级的不同，并结合工厂的实际状况，API Ⅱ/Ⅲ类基础油的生产有多种工艺流程形式，目前在国内有工业应用的主要包括以下几种。

1. 高压加氢处理—溶剂脱蜡—后精制工艺技术

该工艺流程中的加氢处理单元直接以非理想组分和杂质含量较高的减压馏分油与脱沥青油为原料，因而工艺条件比较苛刻，加氢压力一般为18.0MPa或更高。该流程具有流程简单、石脑油和煤柴油质量好，原料适应性较强等特点，但操作压力较高，反应条件比较苛刻，加氢过程黏度损失较大，主产品收率偏低。同时由于采用酮苯脱蜡过程，低黏度的基础油产品的黏度指数和颜色等指标较差。

2. 溶剂精制—中压/高压加氢处理—溶剂脱蜡—后精制工艺技术

此流程的特点是在加氢处理前首先将馏分油、脱沥青油经过适度溶剂精制，脱除胶质、沥青质、稠环芳烃及某些含硫、氮、氧等非烃类极性物质，改善加氢进料性质，加氢过程可以在中压（氢分压12.0MPa）或高压（>16.0MPa）下运行。该流程具有操作灵活，加氢反应温度较低，黏度损失小，基础油收率较高的特点。该流程可以同时生产基础油和石蜡产品，蜡产品质量好。该过程也适用于以轻脱沥青油为原料生产光亮油和微晶蜡产品，是目前中间基油生产光亮油的适宜流程，但该流程较长，能耗较高。

3. 浅度溶剂精制—高压加氢处理（裂化）—异构脱蜡—后精制工艺技术

此流程的特点是在加氢处理前首先将馏分油、脱沥青油经过浅度溶剂精制，脱除胶质、沥青质、稠环芳烃及某些含硫、氮、氧等非烃类极性物质，改善加氢进料反应性能，同时加氢处理采用较高的反应压力，因而可在保持基础油黏度等级的情况下较大幅度提高产品黏度指数，对原料油选择具有较强适应性，可采用中间基原料生产API Ⅱ/Ⅲ类基础油，同时低黏度副产品的质量也得到相应提高，但流程较长。

4. 高压加氢处理（裂化）—催化脱蜡/异构降凝—后精制工艺技术

该工艺流程主要特点是用催化脱蜡取代常规溶剂脱蜡，润滑油生产流程“全氢型”化。对于蜡含量低的环烷基原料，由于蜡含量低，可以采用临氢择形裂化脱蜡工艺降凝；对于中间基或石蜡基原料油，由于蜡含量较高，则采用异构脱蜡工艺降凝，少产气体，保证具有较高的液体收率。在采用异构脱蜡工艺时，异构脱蜡催化剂的沸石酸性组分和贵金属还原态加氢活性组分对进料质量要求较高，需要承担原料预精制的加氢处理（裂化）反应段在较苛刻操作条件下运行，因而易导致产品的黏度损失较大。该工艺目前主要侧重于生产具有较高黏度指数的中低黏度基础油产品，不适于生产高黏度等级的光亮油产品。

5. 异构降凝—后精制工艺技术

该工艺流程是以加氢裂化尾油为原料，加氢裂化尾油是很好的润滑油基础油生产原料，其主要组成为具有一定异构程度的链烷烃和少环环烷烃，芳烃含量较低，一般不超过5%。该基础油生产过程具有流程简单、产品质量好、收率高的特点，可以生产倾点很低和黏度指数很高的基础油，一般基础油综合收率不低于80%。以石蜡基原油的加氢裂化尾油为原料，甚至可以生产黏度指数>130的基础油。但限于加氢裂化尾油馏程范围偏低，一般不生产100℃运动黏度>10mm^2/s的高黏度产品，主要生产4~6mm^2/s的低黏度品种。

二、生产API Ⅱ/Ⅲ类基础油技术的工业应用

国内润滑油加氢技术工业应用的发展既有基础油生产企业采用加氢技术对现有装置进行改造，提高原料的适应性及产品质量，也有新建基础油加氢装置，生产质量更好的基础

油。近10年来，润滑油加氢技术获得了广泛应用。据统计，目前国内润滑油加氢装置的规模接近1500万吨，极大改善了API Ⅱ/Ⅲ类基础油在我国基础油消费结构中所占的份额。

(一)传统“老三套”与加氢相结合的组合工艺技术工业应用

20世纪90年代初润滑油市场开放后，国外成品润滑油大量进入国内市场，在润滑油高端产品领域占据明显优势，而国内虽然有10余家基础油生产能力20万吨/年以上的炼化企业，但基本采用溶剂精制—溶剂脱蜡—加氢或白土补充精制的“老三套”传统加工流程，所加工原油除大庆等石蜡基原油外，还有一些炼油厂以中东、新疆、南阳等中间基原油为原料。即使是大庆原油采用传统流程也很难较大幅度提高产品质量，而中间基原油由于黏温性质较差，基础油只能用于调配中、低档润滑油产品。

由于传统“老三套”加工流程中的几个加工单元基本上是物理分离过程，即使采用加氢补充精制，其工艺条件缓和，主要也仅能起到改善油品颜色的作用，不能提高基础油黏度指数。“老三套”工艺的基础油产率和质量水平主要取决于原料中润滑油理想组分的含量。

与传统的“老三套”加工流程不同，润滑油加氢将化学转化过程引入基础油的生产工艺中，采用专用催化剂，在较为苛刻的操作条件下，即较高的压力和温度、较低的空速，通过加氢饱和、开环、裂解、异构化等一系列催化反应，将原料中的一部分润滑油非理想组分转化为理想组分，改善油品的黏温性质，全面提高基础油质量。

针对国内润滑油生产企业的原油品种，市场需求与现有加工流程特点，为了适应原油与润滑油市场的变化，采用加氢工艺同传统“老三套”工艺相结合，生产高质量基础油成为各润滑油生产企业的共识。传统“老三套”与加氢相结合的组合工艺技术具有以下特点：①可以充分或部分利用润滑油传统加工流程的溶剂精制、溶剂脱蜡等装置；②以经过溶剂精制的各线油为原料，可以适当降低加氢处理压力以节省投资，降低操作费用；③根据原料性质、产品要求，可以调整各工序操作参数，具有较大的灵活性；④可以副产石蜡、微晶蜡等产品，实现油蜡并举，提高经济效益。

1. 溶剂精制—加氢处理—溶剂脱蜡组合工艺技术的工业应用[39]

中国石化荆门石化公司在2000年以前一直以南阳、江汉等中间基原油为原料，采用“老三套”流程生产MVI基础油，副产石蜡、微晶蜡等产品。为了提高基础油产量和质量，采用石科院开发的“老三套”与中压加氢处理组合技术(RLT)，对基础油生产系统进行改造，改造后的基础油生产流程见图14-22。新建一套20万吨/年润滑油加氢处理装置，用于原料的加氢改质，提高基础油黏度指数，以鲁宁管输原油或其与南阳江汉原油的混合油为原料生产基础油。

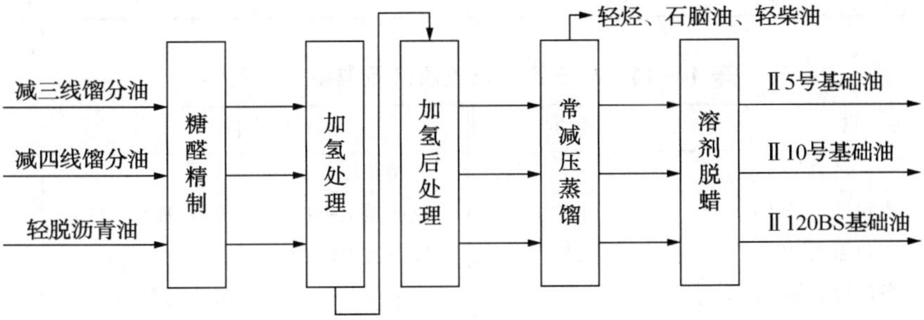

图14-22　“老三套”与加氢结合的中压加氢处理(RLT)工艺流程

由于原料经过糠醛精制，因而加氢处理采用了相对缓和的工艺条件：氢分压 10.0MPa，反应温度 350~360℃。加氢改质装置设有加氢处理反应器一台，内设 4 个床层，采用 RL-1 催化剂；设有加氢精制反应器一台，内设 2 个床层，采用 RJW-2 催化剂。同时，在加氢处理反应器床层顶部还装填少量 RG-1 保护剂。催化剂、保护剂的物化性质见表 14-42。

表 14-42 催化剂及保护剂物化性质

催化剂及保护剂		RL-1	RJW-2	RG-1
功能		加氢处理	加氢精制	保护剂
物理性质				
比表面积/(m^2/g)	不小于	90	150	180
孔体积/(mL/g)	不小于	0.24	0.32	0.60
压碎强度/(N/mm)	不小于	16	16	12
当量直径/mm		1.4	1.4	1.8/3.4
外观		三叶草形	三叶草形	三叶草形
化学组成/%				
WO_3	不小于	27.0	27.0	—
NiO	不小于	2.7	2.9	1.0
MoO_3	不小于	—	—	5.5

按照上述工艺流程，以鲁宁管输各线油为原料，可生产符合 API Ⅱ类以上质量标准的基础油。表 14-43~表 14-46 是以减三线馏分油为原料生产基础油的初期标定数据。从表中结果可见，以南阳与鲁宁管输油混合原油(混合比例约 3∶1)减三线糠醛精制油为原料，在氢分压 10.0MPa，加氢处理段反应温度 355℃，加氢处理段体积空速 0.45h^{-1}的条件下，可生产出符合 API Ⅲ类质量标准的 5 号润滑油基础油。

表 14-43 减三线馏分油加氢改质进料典型性质

项　目	数据	项　目	数据
密度(20℃)/(g/cm^3)	0.8715	碱性氮含量/(μg/g)	153
运动黏度(100℃)/(mm^2/s)	7.285	馏程/℃	
黏度指数(脱蜡后)	63	初馏点	365
凝点/℃	46	5%	433
硫含量/%	0.29	50%	464
氮含量/(μg/g)	194	90%	491

表 14-44 减三线加氢改质装置典型工艺条件

项　目	数据	项　目	数据
加氢处理段		加氢精制段	
反应器 R-101 入口压力/MPa	11.8	反应器 R-102 入口压力/MPa	11.7
反应器 R-101 入口温度/℃	355	反应器 R-102 入口温度/℃	286
反应器 R-101 各床层总温升/℃	12	反应器 R-102 各床层总温升/℃	2
体积空速/h^{-1}	0.45	体积空速/h^{-1}	0.90

表 14-45 加工减三线糠醛精制油加氢处理装置的物料平衡

项 目	数 据	项 目	数 据
入方/%		轻柴油	15.58
原料油	100.0	轻质含蜡油	12.80
新氢	1.42	重质含蜡油	63.56
合计	101.42	污油(过滤器自动反冲洗外排)	0.69
出方/%		气体及损失	2.06
石脑油	6.73	合计	101.42

表 14-46 API Ⅲ5 号加氢基础油(溶剂脱蜡后)性质

项 目	数 据	项 目	数 据
运动黏度 100℃/(mm^2/s)	5.203	硫含量/(μg/g)	8.2
黏度指数	123	外观	透明
颜色/号	<0.5	饱和烃含量/%	>90
闪点(开口)/℃	219	蒸发损失/%	10.15
倾点/℃	-15	氧化安定性(旋转氧弹法, 150℃)/ min	268
酸值/(mgKOH/g)	0.009	抗乳化度/min(54℃)	5

表 14-47~表 14-52 为以减四线馏分油为原料生产基础油的操作条件和产品数据。从表中数据可见，以鲁宁管输油减四线糠醛精制油为原料，可以生产 API Ⅱ类 10 号基础油。

表 14-47 加工减四线馏分油各工序原料油的性质

项 目	糠醛精制原料油	加氢处理原料油	酮苯脱蜡原料油
密度(20℃)/(g/cm^3)	0.9110	0.8854	0.8586
运动黏度(100℃)/(mm^2/s)	14.92	11.44	8.889
颜色/号	6.6	2.5	
残炭/%	0.37	0.04	
酸值/(mgKOH/g)	1.704	0.128	
闪点(开口)/℃	254	255	
硫含量/%	0.592	0.335	
氮含量/%	0.0897	0.0390	
馏程/℃			
初馏点/10%	401/450	386/446	407/462
30%/50%	465/480	462/476	468/480
70%	497	492	492

表 14-48 加工减四线油糠醛精制装置典型工艺参数

项 目	数 据	项 目	数 据
抽提塔		提余液溶剂回收汽提塔	
溶剂质量比	2.5∶1	塔顶温度/℃	119
塔顶温度/℃	110	塔底温度/℃	201
塔底温度/℃	70	塔顶真空度/MPa	0.08
塔顶压力/MPa(G)	0.6		

表 14-49 加工减四线油加氢处理装置典型工艺参数

项 目	数 据	项 目	数 据
加氢处理段		加氢精制段	
反应器入口压力/MPa	11.4	反应器入口压力/MPa	11.2
反应器入口温度/℃	365	反应器入口温度/℃	282
反应器各床层总温升/℃	21	反应器各床层总温升/℃	2
体积空速/h^{-1}	0.46	体积空速/h^{-1}	0.80

表 14-50 加工减四线油酮苯脱蜡装置典型工艺参数

项 目	数 据	项 目	数 据
溶剂中丁酮体积比	52~55	一段脱油	
脱蜡部分		浆化溶剂质量比	1.2~1.5(循环溶剂)
总稀释溶剂质量比	5.7~6.6	二段脱油	
过滤温度/℃	-26~-28	浆化溶剂质量比	1.2~1.4

表 14-51 加工减四线糠醛精制油加氢处理装置典型物料平衡

项 目	数 据	项 目	数 据
入方/%		轻质含蜡油	6.34
原料油	100.0	中质含蜡油	20.74
新氢	1.89	重质含蜡油	60.68
合计	101.89	污油	0.62
出方/%		气体及损失	1.91
石脑油	8.35	合计/%	101.89
轻柴油	3.25		

表 14-52 API Ⅱ 10 号加氢基础油性质

项 目	数据	项 目	数据
外观	透明	闪点(开口)/℃	244
密度(20℃)/(g/cm^3)	0.8710	倾点/℃	-12
运动黏度/(mm^2/s)		残炭/%	0.01
40℃	90.6	酸值/(mgKOH/g)	0.008
100℃	10.3	硫含量/(μg/g)	<20
黏度指数	105	饱和烃含量/%	96.1
颜色/号	0.5	氧化安定性(旋转氧弹法，150℃)/min	264

120BS 基础油生产过程各工序原料、操作条件及产品性质见表 14-53~表 14-59。在各工序段的优化操作条件下，丙烷脱沥青装置的轻脱沥青油收率 25.0%；糠醛精制装置的精制油收率 75.4%；加氢改质装置重质含蜡油收率 71.0%；酮苯脱蜡装置的脱蜡油收率 40.1%，脱油蜡(微晶蜡)收率 23.1%，油蜡综合收率达到 63.2%。

表 14-53　API Ⅱ120BS 基础油生产各工序原料油典型性质

项　目	丙烷脱沥青原料油	糠醛精制原料油	加氢处理原料油	酮苯脱蜡原料油
密度(20℃)/(g/cm³)	0.9776	0.9120	0.8929	0.8788
运动黏度(100℃)/(mm²/s)	741.1	32.16	29.86	23.58
颜色/号	>8.0	8.0	7.5	0.5
凝点/℃	34	>50	>50	>50
残炭/%	14.16	1.47	0.80	0.01
酸值/(mgKOH/g)	—	—	0.053	—
闪点(开口)/℃	307	264	270	290
硫含量/%	1.393	0.733	0.527	<0.002
碱性氮含量/(μg/g)	—	1159	688	—

表 14-54　丙烷脱沥青装置典型工艺参数

装置套号	一套	二套	装置号	一套	二套
溶剂质量比	2.82∶1	2.80∶1	萃取塔顶温度/℃	58	57
沉降塔顶温度/℃	79	79	萃取塔底温度/℃	40	40

表 14-55　糠醛精制装置典型工艺参数

项　目	数据	项　目	数据
溶剂抽提塔		提余液溶剂回收汽提塔	
溶剂质量比	3.5∶1	塔顶温度/℃	120
塔顶温度/℃	125	塔底温度/℃	202
塔底温度/℃	85	真空度/MPa	0.08
压力/MPa(G)	0.6		

表 14-56　加氢处理装置典型工艺参数

项　目	数据	项　目	数据
加氢处理段		加氢精制段	
反应器入口压力/MPa	10.5	反应器入口压力/MPa	10.4
反应器入口温度/℃	360	反应器入口温度/℃	298
反应器各床层总温升/℃	25	反应器各床层总温升/℃	2
体积空速/h^{-1}	0.41	体积空速/h^{-1}	0.80

表 14-57　酮苯脱蜡装置典型工艺参数

项　目	数据	项　目	数据
溶剂中丁酮体积比	49~52	脱油一段操作条件	
脱蜡段操作条件		稀释质量比/温度/℃	1.6/10
预稀释质量比/温度/℃	0.35/82	过滤温度/℃	3
一次稀释质量比/温度/℃	1.8/31	冲洗质量比/温度/℃	1.2/3
二次稀释质量比/温度/℃	1.55/-5	脱油二段操作条件	

续表

项　目	数据	项　目	数据
三次稀释质量比/温度/℃	2.2/-22	稀释质量比/温度/℃	1.2/10
过滤温度/℃	-22	过滤温度/℃	10
冷洗比/温度/℃	1.8/-22	冲洗质量比/温度/℃	1.0/10

表 14-58　API Ⅱ120BS 光亮油典型性质及产品指标

项　目	120BS 光亮油	标准	项　目	120BS 光亮油	标准
运动黏度(100℃)/(mm^2/s)	25.62	22.0-<28.0	黏度指数	95	≥90
倾点/℃	-12	≤-9	酸值/(mgKOH/g)	0.006	≤0.02
闪点(开口)/℃	294	≥270	旋转氧弹(150℃)/min	286	≥250
外观(目测法)	透明	透明	硫含量/%	<0.002	<0.03
颜色/号	1.5	≤1.5	饱和烃含量/%	92.7	≥90

表 14-59　加氢处理装置生产 API Ⅱ120BS 基础油副产品典型性质

项　目	石脑油	常压轻柴油	减压轻柴油	轻中含蜡油
密度(20℃)/(g/cm^3)	0.7280	0.8285	0.8518	0.8669
运动黏度/(mm^2/s)				
100℃	—	—	—	4.351
50℃	—	—	—	15.20
硫含量/(μg/g)	2.88	<3.0	<3.0	<3.0
氮含量/(μg/g)	<0.5	2.8	5.4	12.4
颜色/号	<0.5	<0.5	<0.5	0.5
凝点/℃		<-15		31
闪点(闭口)/℃		77		
馏程/℃				
初馏点/10%	43/73	203/217	315/321	367/405
50%/90%	118/156	242/305	328/335	416/445
终馏点	176	350	341	480

采用高压加氢处理与老三套技术结合，可以进一步提高产品质量和副产品的可利用性。中国石化济南炼化公司以中间基临商原油减三线馏分油、减四线馏分油和轻脱沥青油为原料，于 2012 年建成投产一套 30 万吨/年润滑油加氢处理装置，与已有老三套装置结合生产基础油。加氢处理装置设计氢分压为 16.0MPa，应用石科院开发的新一代加氢处理催化剂 RL-2 和加氢精制催化剂 RLF-2。所生产的基础油 API Ⅱ 6 黏度指数>105，颜色<0.5，饱和烃含量>98.0%；API Ⅱ 10 黏度指数>95，颜色<0.5，饱和烃含量>98.0%；API Ⅱ 26/30 光亮油黏度指数>92，颜色<1.0，饱和烃含量>96.0%。与中压加氢处理相比，基础油质量进一步提升，侧线副产品则可达到工业白油质量标准。

利用加氢处理技术改造既有老三套润滑油基础油生产系统的成功实践表明，现代加氢技术与传统“老三套”润滑油加工技术的结合，可以实现油蜡并举，是提高润滑油生产企业操作灵活性、扩大原料来源、提高产品质量的经济而有效的途径；尤其在生产光亮油等高黏度 API Ⅱ类基础油时，同其他工艺相比具有明显综合优势，是生产高黏度重质基础油的重要技术途径。

2. 溶剂精制-加氢处理-异构脱蜡组合技术工业应用[40]

中国石油大庆炼化公司 20 万吨/年润滑油异构脱蜡装置采用美国雪弗龙(Chevron)公司 IDW 技术，于 1999 年 10 月正式投产。该厂润滑油馏分加工工艺流程见图 14-23，采用了溶剂精制、溶剂脱蜡与加氢处理和异构脱蜡相结合技术，利用减二线及减三线馏分副产优质石蜡，实现油蜡并举[40]。

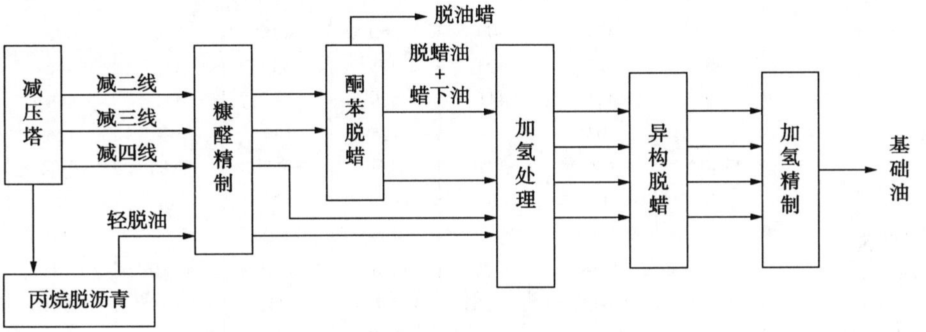

图 14-23　大庆炼化润滑油异构脱蜡装置工艺流程

该联合装置以减二、减三混合脱蜡油加蜡下油(150N 料)、减四线糠醛精制油(650N 料)及轻脱糠醛精制油(90BS 料)为原料，经加氢处理、异构脱蜡和加氢后精制，生产 API Ⅱ/Ⅲ类基础油。其中加氢处理反应器装填 ICR134KAQ 催化剂，主要作用是脱除进料中硫、氮，满足下游异构脱蜡催化剂进料要求，一般要求将硫脱除至 10μg/g 以下，氮脱除至 2μg/g 以下。此外，使大部分芳烃饱和并适当开环，提高黏度指数。异构脱蜡反应器装填 ICR404L 催化剂，主要转化石蜡等高凝点组分，降低基础油倾点。加氢后精制反应器装填 ICR403L 催化剂，主要作用是使芳烃和上游反应中产生的少量烯烃等不饱和组分深度加氢饱和，改善产品颜色和稳定性。该装置加氢处理原料及基础油性质分别列于表 14-60 和表 14-61。

表 14-60　联合装置加氢处理典型原料性质

项　目	150N 料	650N 料	90BS 料
密度(20℃)/(g/cm^3)	0.866	0.875	0.879
馏程/℃			
初馏点/50%	353/415	413/539	464/—
95%	453	—	—
硫含量/(μg/g)	131	576	793
氮含量/(μg/g)	94	126	710
残炭/%	0.01	0.07	0.40
倾点/℃	-15	54	56
运动黏度/(mm^2/s)			
40℃	29.8	—	—
100℃	5.2	12.73	31.52

表 14-61　联合装置典型基础油产品性质

项　目	150N 料		650N 料			90BS 料		
黏度等级	2.0	5.0	2.0	4.0	10.0	2.0	5.0	20.0①
倾点/℃	-37	-28	-31	-23	-15	<-40	-25	-15
闪点(开口)/℃	179	211	187	242	279	177	243	304
运动黏度/(mm^2/s)								
40℃	10.1	31.20	12.17	29.50	79.06	11.21	37.91	153.60
100℃	2.17	5.31	2.87	5.51	11.25	2.95	6.55	18.80
馏程/℃								
初馏点	299	372	300	360	415	289	402	363
50%	364	422	403	475	509	376	446	—
95%	393	451	441	529	—	421	464	—
黏度指数		103		125	132	—	126	134
外观	透明	透明	透明	透明	透明	透明	透明	透明
颜色/号	0	0	0	0	0	0	0	0
旋转氧弹/min		380		400	440		400	455
氮含量/(μg/g)	0.77	0.88	0.70	0.70	0.95	0.80	0.85	1.31
密度(20℃)/(g/cm^3)	0.83	0.8422	0.8365	0.8413	0.8457	0.8395	0.8416	0.8479
酸值/(mgKOH/g)	—	0.01	—	0.01	—	0.01	—	0.02
残炭/%	—	0.01	—	0.01	—	0.01	—	0.22

① 该产品有絮状物。

从表 14-61 可以看出，各种产品质量都明显优于常规“老三套”加工工艺生产的基础油，氧化安定性大大改善，中、重质基础油的黏度指数可达到 120 以上。

采用不同原料的操作条件见表 14-62，产品分布见表 14-63。

表 14-62　不同原料油时的实际操作条件

项　目	150N 料	650N 料	90BS 料
加氢处理反应器进料/(t/h)	29.0	25.0	20.8
加氢处理反应器床层平均温度/℃	基准	基准+40	基准+51
加氢处理反应器入口压力/MPa	基准	基准	基准
异构脱蜡反应器床层平均温度/℃	基准	基准+18	基准+29
异构脱蜡反应器入口压力/MPa	基准	基准	基准
加氢后精制反应器平均温度/℃	基准	基准+30	基准+30
各反应部分循环气纯度/%	>90	>90	>90

表 14-63　主要润滑油基础油的典型产品分布

项　目	150N 料		650N 料		90BS 料	
	质量收率/%	黏度等级(100℃)/(mm^2/s)	质量收率/%	黏度等级(100℃)/(mm^2/s)	质量收率/%	黏度等级(100℃)/(mm^2/s)
轻质润滑油	15.04	2.0	13.24	2.0	10.96	2.0
中质润滑油	—	—	6.21	4.0	10.41	5.0
重质润滑油	63.79	5.0	51.31	10.0	47.54	20.0

续表

项　目	150N 料		650N 料		90BS 料	
	质量收率/%	黏度等级(100℃)/(mm^2/s)	质量收率/%	黏度等级(100℃)/(mm^2/s)	质量收率/%	黏度等级(100℃)/(mm^2/s)
喷气燃料	4.09	—	5.47	—	5.08	—
基础油总收率/%	78.83	—	70.76	—	68.91	—

由表 14-62 可见，以轻脱沥青油为原料油生产光亮油时，加氢处理与异构脱蜡的操作条件均较苛刻。从表 14-63 可以看出，基础油的综合收率比较高，显示出异构脱蜡技术的优越性。但同时也可以看出，光亮油黏度较低，只达到 90BS 等级。此外，在生产过程中还观察到光亮油在室温环境温度下存在絮状物析出现象，外观浑浊，影响使用性能。

异构脱蜡不仅能生产高质量的基础油，其副产品具有凝点低、颜色水白、基本不含硫、氮及芳烃等特点，可调合生产高附加值的产品。大庆炼化公司以异构脱蜡装置生产的 2.0mm^2/s 基础油为原料调合成的 45 号变压器油，已通过原电力工业部热力发电设备及材料质量检验测试中心的鉴定，检测结果符合 GB 2536—2011 质量标准。利用其侧线产品调合，可生产不同黏度的工业白油。检测结果完全符合 GB 4853—2008、SH 0007—2015 和 SH/T 0006—2017 等白油质量标准。煤油馏分可作为铝箔轧制油原料，质量达到第二代铝箔轧制油的标准要求。

中国石油大庆炼化公司引进的 20 万吨/年润滑油基础油异构脱蜡装置设计原料油方案是石蜡基 150N 脱蜡油、650N 糠醛精制油及丙烷脱沥青糠醛精制油切换加工。在开工初期加工轻脱沥青油生产 90BS 过程中，发现黏度(100℃)为 20mm^2/s 的重质产品有絮状物析出，外观浑浊，且因丙烷脱沥青装置报废，自 2004 年不再有 90BS 原料油来源，原料油方案调整为 200N 脱蜡油和 650N 糠醛精制油切换加工。2013 年，中国石油全面执行新版基础油生产标准，该装置无法满足 VHVI10 基础油浊点≯-5℃标准要求，炼厂停止加工 650N 原料。为解决这一技术问题，石化院从异构化反应活性位点入手，开发出具有高活性的一维短轴形貌的纳米沸石及相关催化剂 PHI-01，于 2017 年用于该套装置，标定结果显示，在 VHVI10 浊点满足≯-5℃指标时，API Ⅲ类重质基础油收率较上一周期催化剂提高了 2 百分点，同时黏度指数达到 131[41]。

该技术工业应用时的典型原料性质、操作条件及主要产品性质见表 14-64~表 14-66。

表 14-64　原料油性质

项　目	200N 料	650N 料	项　目	200N 料	650N 料
密度(20℃)/(g/cm^3)	0.8767	0.8699	氮含量/(μg/g)	197.6	419.8
运动黏度/(mm^2/s)			蜡含量/%	—	53.38
100℃	6.761	12.03	馏程/℃		
80℃	—	20.09	初馏点/5%	349/394	435/478
40℃	45.20	—	10%/30%	403/424	505/515
黏度指数	103	133	50%/70%	434/447	524/533
倾点/℃	0	59	90%/95%	468/475	545/555
硫含量/(μg/g)	587.4	674.1	终馏点	490	568

表 14-65 主要工艺参数

反应器	原料油	平均温度/℃	氢分压/MPa	空速/h^{-1}	氢油体积比
加氢处理	200N 料	375	12.0	1.44	800
	650N 料	369	12.0	0.9	800
异构脱蜡	200N 料	基准	12.0	1.2	350
	650N 料	基准+37	12.0	0.75	560
补充精制	200N 料	229	12.0	2.0	350
	650N 料	232	12.0	1.25	560

表 14-66 典型基础油产品的主要性质

项 目	200SN 料		650SN 料	
	轻质基础油（变压器油）	中质基础油（HVIP 6）	轻质基础油（变压器油）	重质基础油（VHVI 10）
密度(20℃)/(g/cm^3)	0.8546	0.8606	0.8367	0.8576
运动黏度/(mm^2/s)				
40℃	10.62	39.23	8.726	63.94
100℃	2.712	6.323	2.414	9.542
黏度指数	89	110	93	131
倾点/℃	<-36	-21	<-36	-25
浊点/℃	—	-21	—	-7
闪点(开口)/℃	148	229	147	268
芳烃含量/%	0	0	0	0
赛波特颜色/号	+30	+30	+30	+30
收率/%	15.3	75.6	12.7	68.1

(二)全氢型润滑油基础油加工技术的工业应用

尽管生产润滑油基础油的原料品种不断变化且质量越来越差，但对产品质量要求却不断提高，特别是对基础油生产过程中产生的轻质副产品质量要求越来越高，以便于提高副产品利用附加值，从而提升润滑油生产企业的经济效益。基于此背景下，全氢型润滑油加工技术和应用得到快速发展。根据不同的原料和产品要求，全氢型技术一般包括以下三个典型的流程形式：

① 高压加氢处理—临氢降凝—加氢后精制；

② 高压加氢处理(裂化)—异构脱蜡—加氢后精制；

③ 加氢裂化(燃料型加氢裂化尾油)—异构脱蜡—加氢后精制。

1. 高压加氢处理—临氢降凝/后精制工艺技术工业应用[42]

中国石油克拉玛依石化公司是国内最大的环烷基基础油生产企业，以克拉玛依九区稠油为原料生产变压器油、冷冻机油、橡胶填充油等低倾点环烷基润滑油。

根据九区稠油的环烷基特性及市场对产品的要求，中国石油克拉玛依石化公司与石科院合作，开发了适用于环烷基原油加工的高压加氢处理—临氢降凝/后精制的全氢型工艺流程，其原则流程见图 14-24。新疆九区稠油属于重质环烷基原油，各馏分具有密度大、黏度高、酸值高、含蜡少、含硫低、凝点低等特点。流程设计充分考虑了原料性质及产品使用特点。产品结构是利用环烷基油低凝的特点，生产变压器油、冷冻机油和橡胶填充油等产品。这些产品对黏度指数没有要求，但对倾点、光安定性和热安定性指标要求较高。因此，利用高压加氢处理技术深度脱硫、脱氮和芳烃饱和，但应避免过度的开环裂化反应，从而影响产品收率。利用临氢降凝技术将原料中少量的蜡组分通过择形裂化脱除，大幅度降低产品倾点。利用加氢后精制技术对产品补充精制，将未完全饱和的稠环芳烃和临氢降凝反应过程产生的少量烯烃进行深度饱和，改善油品的颜色和氧化安定性。另外，因原料酸值较高，环烷酸腐蚀导致进料中铁离子含量高，为减缓反应器因铁离子快速沉积导致的压降升高及保护主催化剂不受污染，在加氢处理反应器前串联一台保护反应器，装入保护剂脱除金属杂质。本装置共装有 4 种催化剂，分别为 RG 系列保护剂、加氢处理催化剂、临氢降凝催化剂和加氢补充精制催化剂，其理化性质见表 14-67 和表 14-68。

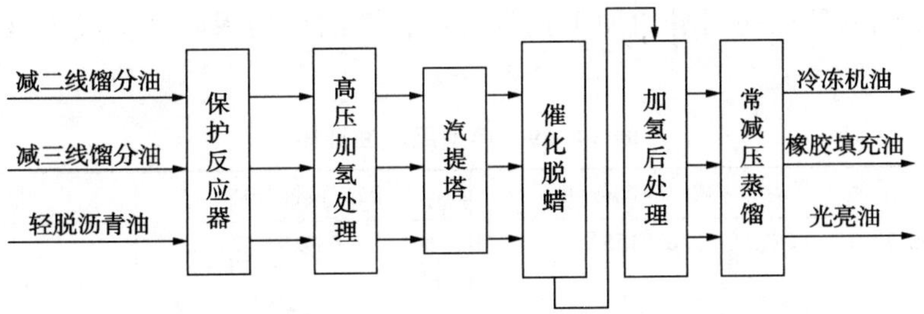

图 14-24 克拉玛依石化润滑油高压加氢装置原则流程

表 14-67 相关保护剂物化性质

保护剂牌号		RG-1	RG-10	RG-10A	RG-10B
物理性质					
比表面积/(m^2/g)	不小于	180	15	120	120
孔体积/(mL/g)	不小于	0.60	0.10	0.55	10
压碎强度/(N/mm)	不小于	12	70	10	10
当量直径/mm		1.8/3.4	16	6.0	3.5
外观		三叶草形	七孔球	拉西环	拉西环
化学组成/%					
MoO_3	不小于	5.5		2.5	5.5
NiO	不小于	1.0		0.5	1.0

表 14-68 主催化剂物化性质

催化剂牌号		RL-1	RDW-1	RJW-2
催化剂功能		加氢处理	临氢降凝	加氢精制
物理性质				
比表面积/(m^2/g)	不小于	90	280	150
孔体积/(mL/g)	不小于	0.24	0.25	0.32

续表

催化剂牌号		RL-1	RDW-1	RJW-2
压碎强度/(N/mm)	不小于	16	12	16
外观		三叶草形	三叶草形	三叶草形
化学组成/%				
WO_3	不小于	27.0		27.0
NiO	不小于	2.7	1.2	2.9

中国石油克拉玛依石化公司润滑油高压加氢装置加工规模为30万吨/年，设计氢分压为15.0MPa，原料油性质、工艺条件、产品收率、主要产品性质分别列于表14-69~表14-72。从表14-69原料油性质可以看出，几种原料油都具有酸值高、倾点低、金属含量高等特点，除轻脱沥青油外，其他各线馏分油黏度指数都比较低。从表14-70~表14-72中数据可以看出，采用全氢型工艺流程可以生产符合API Ⅱ类要求的120BS光亮油，通过调整分馏切割温度，也可以生产150BS光亮油，减二线和减三线可以生产环烷基橡胶油。该项技术填补了国内环烷基润滑油加工技术空白，产品畅销国内外，成为该公司的主要利润来源。

表14-69　典型原料油性质

原料油	减二线馏分油	减三线馏分油	轻脱沥青油
密度(20℃)/(g/cm³)	0.9155	0.9254	0.9165
运动黏度/(mm²/s)			
100℃	7.19	14.65	63.94
40℃	81.41	353.64	2788.84
黏度指数	2	-49	48
倾点/℃	19	-5	0
折射率(20℃)	1.5046	1.5084	1.5062
闪点(开)/℃	188	214	282
颜色/号	5.0	5.0	7.0
酸值/(mgKOH/g)	8.38	8.46	1.41
硫含量/(μg/g)	1031	1050	1460
氮含量/(μg/g)	1400	1800	2600
金属含量/(μg/g)			
铁	3.4	14.2	3.0
钙	0.9	1.4	1.8
镍+钒+铜	<0.1	<0.1	<0.1
馏程/℃			
初馏点/10%	313/353	342/400	382/482
30%/50%	380/401	429/442	530/551
90%	446	472	—

表 14-70　润滑油加氢各段工艺条件

项　目	减二线馏分油	减三线馏分油	轻脱沥青油
空速/h^{-1}	0.45	0.45	0.40
加氢处理段温度/℃	355	355	381
临氢降凝段温度/℃	275	275	280
加氢后精制温度/℃	235	235	252

表 14-71　润滑油加氢装置物料平衡

原料油	减二线馏分油	减三线馏分油	轻脱沥青油
入方质量分率/%			
原料油	100.00	100.00	100.00
新氢	1.15	1.31	1.88
合计	101.15	101.31	101.88
出方质量分率/%			
石脑油	2.07	2.07	2.83
煤油	1.25	1.25	2.39
轻柴油	3.71	3.71	4.13
轻润滑油	5.66	3.09	5.65
中润滑油	—	2.64	14.78
重润滑油	86.18	86.04	68.91
污油	1.45	1.45	1.39
气体及损失	0.83	1.06	1.80
合计	101.15	101.31	101.88

表 14-72　加氢基础油主要产品性质

项　目	减二线馏分油	减三线馏分油	轻脱沥青油
运动黏度/(mm^2/s)			
100℃	5.59	11.17	25.39
40℃	47.36	188.96	405.18
黏度指数	20	-13	82
倾点/℃	-36	-18	-13
颜色/号	0	0	0
组成(质谱法)/%			
链烷烃	6.6	6.1	8.4
总环烷	93.4	93.9	91.6
一环环烷	9.4	7.9	7.9
二环环烷	19.9	16.0	10.0
三环环烷	22.3	19.6	11.2
四环环烷	26.4	27.3	28.0
五环环烷	15.4	19.0	29.6
六环环烷	0.0	4.1	4.9
CH_2/CH_3(核磁共振法)	1.79	1.48	3.23

该装置副产品包括石脑油、煤油、轻柴油、轻质润滑油、中质润滑油，各产品性质见表 14-73～表 14-77。从表 14-73 分析来看，石脑油是良好的重整原料，但要控制好石脑油的干点，否则对重整催化剂不利。从表 14-74 中数据可以看出，副产的煤油是生产大密度喷气燃料的良好原料。从表 14-75 中柴油性质来看，副产的柴油是很好的低凝柴油组分，但柴油十六烷指数偏低，同时闪点又较高，可以开发一些低黏度的润滑油基础油产品。

表 14-73　石脑油产品性质

原料油	减二线馏分油	减三线馏分油	轻脱沥青油
颜色/号	1.0	<0.5	<0.5
密度(20℃)/(g/cm³)	0.7205	0.7200	0.7164
硫含量/(μg/g)	<1	<1	<1
氮含量/(μg/g)	<1	<1	<1
馏程/℃			
初馏点/5%	37/60	30/41	34/55
50%/90%	120/168	121/195	115/162
终馏点	188	213	178

表 14-74　煤油产品性质

原料油	减二线馏分油	减三线馏分油	轻脱沥青油
颜色/号	1.0	<0.5	<0.5
密度(20℃)/(g/cm³)	0.8489	0.8412	0.8357
硫含量/(μg/g)	10.0	9.3	<5
氮含量/(μg/g)	<2	<2	<2
折射率(20℃)	1.463	1.475	1.458
苯胺点/℃	60.9	70.3	61.2
馏程/℃			
初馏点/50%	189/226	200/222	184/218
90%/终馏点	251/275	253/280	230/245

表 14-75　轻柴油产品性质

原料油	减二线馏分油	减三线馏分油	轻脱沥青油
颜色/号	1.0	<0.5	<0.5
密度(20℃)/(g/cm³)	0.8835	0.8807	0.8677
运动黏度/(mm²/s)			
40℃	6.924	6.349	4.240
20℃	14.32	12.83	7.428
闪点(闭口)/℃	135	131	114
凝点/℃	-58	-66	<-70
硫含量/(μg/g)	10	8.7	<5
氮含量/(μg/g)	<5	<5	<5

续表

原料油	减二线馏分油	减三线馏分油	轻脱沥青油
折射率(20℃)	1.4797	1.481	1.4728
苯胺点/℃	74.4	71.4	71.2
十六烷指数	37	37	39
馏程/℃			
初馏点/5%	278/287	264.5/278.0	248.5/259.5
50%/95%	301/318	295.0/317.5	278.5/305.5
终馏点	326	320.5	311.5

表 14-76　轻润滑油产品性质

原料油	减二线馏分油	减三线馏分油	轻脱沥青油
颜色/号	1.0	<0.5	<0.5
密度(20℃)/(g/cm^3)	0.8850	0.8970	0.8778
运动黏度/(mm^2/s)			
100℃			2.571
40℃	15.77	15.82	10.93
20℃		43.97	25.74
闪点(闭口)/℃	168	170	166
凝点/℃	-49	-54	-65
倾点/℃	-42	-42	-57
硫含量/(μg/g)	8.6	13.6	5.3
氮含量/(μg/g)	<5	<5	7.3
折射率(20℃)	1.482	1.487	1.478
苯胺点/℃	—	—	84
馏程/℃			
初馏点/5%	264/301	279/307	260/294
50%/90%	342/363	334/354	329/362
95%	368	359	377
族组成/%			
饱和烃	92.71	90.06	89.32
芳烃	7.29	9.94	10.68

表 14-77　中润滑油产品性质

原料油	减三线馏分油	轻脱沥青油	原料油	减三线馏分油	轻脱沥青油
颜色/号	<0.5	<0.5	氮含量/(μg/g)	<5	8.9
密度(20℃)/(g/cm^3)	0.8984	0.8756	折射率(20℃)	1.4881	1.4818
运动黏度/(mm^2/s)			馏程/℃		
100℃	—	7.688	初馏点/5%	289/317	263/354
40℃	20.56	70.16	50%/90%	345/363	433/484
20℃	61.73	—	95%	369	499
闪点(闭口)/℃	>170	220(开口)	族组成/%		

续表

原料油	减三线馏分油	轻脱沥青油	原料油	减三线馏分油	轻脱沥青油
凝点/℃	-50	-47	饱和烃	91.10	94.39
倾点/℃	-42	-37	芳烃	8.90	5.61
硫含量/(μg/g)	26.4	6.4			

从表 14-76 中数据可知，轻润滑油的指标接近 25 号变压器油馏分，但由于芳烃饱和程度较高，油品中芳烃含量太少，易造成其析气性较差，不能单独作为 25 号变压器油使用，只能与传统工艺生产的变压器油馏分按一定比例调合后生产变压器油。从表 14-77 分析结果看，减三线和轻脱油的中润滑油馏分是较好的润滑油调合组分。

该公司的工业生产表明，环烷基原料油采用“加氢处理-常压汽提-临氢降凝-加氢补充精制-常减压分馏”的全氢型加工技术路线，以馏分油(VGO)和轻脱沥青油(DAO)直接作为原料，可以生产优质的环烷基润滑油基础油(变压器油及橡胶填充油)，特别是可以生产 API Ⅱ类 120BS 或 150BS 光亮油，大大提高了环烷基原油深度加工的经济效益。

2. 高压加氢裂化-异构降凝/后精制全氢型润滑油加工技术工业应用[43]

中国石化高桥石化公司引进美国雪佛龙(Chevron)的异构脱蜡技术，于 2004 年建成一套润滑油加氢装置，流程形式为：加氢裂化(HCR)-异构脱蜡(IDW)/加氢后精制(HDF)流程。以中间基或石蜡基的减压馏分油、加氢裂化尾油为原料，生产 API Ⅱ、API Ⅲ类润滑油基础油。装置设计规模为加氢裂化单元处理量 30 万吨/年，异构脱蜡、加氢后精制单元处理量 40 万吨/年。异构脱蜡原料由加氢裂化蜡油 30 万吨/年和加氢裂化尾油 10 万吨/年构成。加氢裂化尾油不经过加氢裂化段，直接进入异构脱蜡加工。润滑油加氢装置的原则流程如图 14-25 所示。

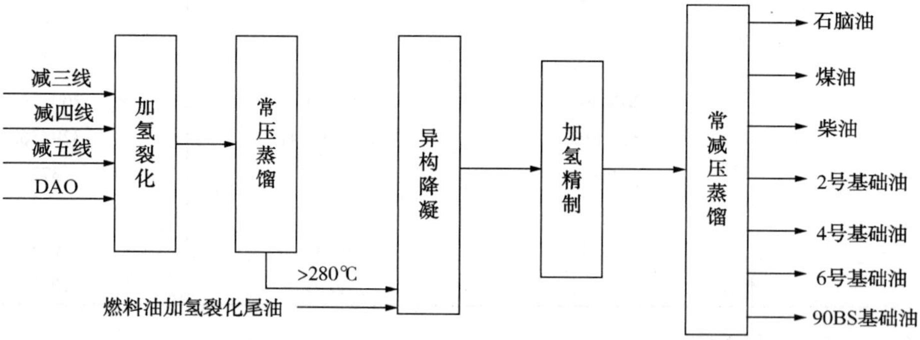

图 14-25　高桥石化润滑油加氢工艺流程

该技术的加氢裂化与用于燃料生产的常规加氢裂化不同，其转化率较低，通常不高于 50%，而常规加氢裂化装置转化率一般为 70%左右。该装置 2004 年 11 月开工，生产出合格的产品。原料采用减三线、减四线和减五线馏分油，可生产达到 API Ⅱ类、部分达到 API Ⅲ类油标准的润滑油基础油。主产品有 2 号基础油、5 号基础油、6 号基础油和 8 号基础油，副产干气、石脑油、煤油、低凝柴油等产品。装置加工的原料性质见表 14-78。

表 14-78　润滑油加氢装置原料性质

项　目	减三线	减四线	减五线
密度/(g/cm^3)	0.8831	0.8870	0.9040
硫含量/(μg/g)	0.17	0.14	0.33
氮含量/(μg/g)	688.5	1116.4	1514.3
倾点/℃	43	56	55
运动黏度/(mm^2/s)			
100℃	6.098	10.01	13.76
70℃	13.00	23.33	36.12
黏度指数	101	107	87
水分/%	0.03	0.03	0.03
蜡含量/%	25.1	51.7	27.4
脱蜡油运动黏度/(mm^2/s)			
40℃	64.45	153.2	258.7
100℃	7.073	11.66	16.12
脱蜡油黏度指数	50	44	46
馏程/℃			
5%/50%	386/443	438/493	444/493
95%	476	534	538
沥青质含量/(μg/g)	98	95	135
(镍+钒)含量/(μg/g)	<0.48	<0.15	<0.15
铁含量/(μg/g)	<0.10	<0.10	0.24
钠含量/(μg/g)	<1.0	<1.0	<1.0
氯含量/(μg/g)	1.77	0.58	1.53

该公司在生产过程中，由于原料性质波动很大，使操作调节、质量控制具有很大的难度，需要频繁调节工艺参数。典型的工艺参数见表 14-79 和表 14-80。

表 14-79　加氢裂化主要工艺参数

项　目	减三线	减四线	减五线
加氢裂化进料量/(t/h)	36.41	32.96	33.30
反应器 R101 进口温度/℃	372.6	373.6	375.1
反应器 R101 平均温度/℃	375.3	378.3	380.6
反应氢油体积比	931.09	1166.55	1074.00
循环氢流量(标准状态)/(m^3/h)	41472	44980	44986
循环氢压缩机入口分液罐压力/MPa	14.60	14.62	14.59
常压塔进料温度/℃	340.2	333.4	336.4
常压塔塔底温度/℃	315.2	319.5	320.2
常压塔塔顶温度/℃	116.8	115.5	115.7
常压塔塔顶压力/MPa(G)	0.06	0.06	0.06

表 14-80　异构脱蜡和加氢后精制主要工艺参数

项　目	减三线	减四线	减五线
异构脱蜡/后精制反应系统进料量/(t/h)	23.07	24.30	23.80
异构脱蜡反应器进口温度/℃	365.1	383.4	374.6
异构脱蜡反应器平均温度/℃	365.3	377.8	376.1
后精制反应器进口温度/℃	232.1	232.4	232.2
后精制反应器平均温度/℃	232.5	232.7	235.5
异构脱蜡/后精制反应氢油体积比	915.10	920.08	896.00
循环氢流量(标准状态)/(m^3/h)	37910	28693	28290
循环氢压缩机入口分液罐压力/MPa	14.42	14.38	14.41
常压塔进料温度/℃	313.3	314.0	307.0
常压塔塔底温度/℃	276.8	289.0	281.1
常压塔塔顶压力/MPa(G)	0.06	0.06	0.06
减压塔进料温度/℃	304.8	322.9	326.3
减压塔塔底温度/℃	235.2	245.3	248.8
减压塔塔顶压力/kPa(G)	-98.00	-98.56	-98.50

由于原料油性质变化较大，而异构脱蜡催化剂对进料硫、氮含量要求又很苛刻，致使加氢裂化段操作条件波动较大，因此引起产物分布较大的变化。润滑油加氢产品典型收率见表 14-81。轻质和减压塔底重质基础油产品性质分别见表 14-82 和表 14-83。从表 14-83 减压塔底主基础油产品质量看，减三线、减四线和减五线分别可以生产 API Ⅱ类 5 号、6 号和 8 号基础油，并且都具有较高的黏度指数、良好的抗氧化安定性和清澈透明水白外观等高品质特性。从产品的收率看，采用加氢裂化—异构降凝—后精制工艺技术，反应产物黏度损失大，低黏度的轻馏分产率高，目标产品收率较低，难以生产高黏度及高黏度指数 API Ⅲ类基础油产品。

表 14-81　润滑油加氢产品收率

项　目	减三线	减四线	减五线
入方/%			
原料油	100.00	100.00	100.00
新氢	1.93	2.02	2.11
合计	101.93	102.02	102.11
出方/%			
汽油	12.19	9.07	11.18
柴油	16.04	15.19	21.35
轻质润滑油	22.64(2 号)	15.85(2 号)	13.33(2 号)
减底润滑油	29.47(5 号)	50.43(6 号)	44.24(8 号)
污油	1.43	1.21	0.82
干气+损失	20.16	10.27	11.19
合计	101.93	102.02	102.11

表 14-82　轻质基础油产品性质

项　目	减三线	减四线	减五线
密度(20℃)/(g/cm^3)	0.836		
运动黏度/(mm^2/s)			
40℃	5.010	6.975	9.379
100℃	1.644	2.043	2.437
黏度指数	92	78	70
闪点(闭口)/℃	156	145	172
倾点/℃	-48	-60	-51
赛波特颜色/号	+30	+30	+30
旋转氧弹(150℃)/min	378		
馏程/℃			
5%/20%	289/325	26/6287	316/340
50%/70%	373/394	327/350	363/377
90%/95%	407/412	371/376	393/398

表 14-83　减底主基础油产品性质

项　目	减三线	减四线	减五线
外观	透明无絮状物	透明无絮状物	透明无絮状物
密度(20℃)/(g/cm^3)	0.8449		
运动黏度/(mm^2/s)			
40℃	27.35	43.22	68.72
100℃	5.013	6.598	8.848
黏度指数	109	104	101
闪点(开口)/℃	232	242	250
倾点/℃	-24	-18	-18
硫含量/(μg/g)	15	22	74
赛波特颜色/号	+30	+30	+30
氧化安定性(旋转氧弹，150℃)/min	300	417	514
饱和烃含量/%	—	99.42	—
馏程/℃			
5%/20%	410/424	398/428	413/438
50%/70%	440/451	460/464	447/497
90%/95%	465/474	484/498	518/528
蒸发损失/%	11.3	8.4	—

3. 异构脱蜡—加氢精制工业应用

中国石化茂名石化公司采用石科院开发的异构脱蜡技术(RIW)建成一套以生产 API Ⅲ类基础油为主的润滑油装置。该装置采用“原料预处理—异构脱蜡—加氢精制”流程，以该公司一套 240 万吨/年的燃料油加氢裂化装置副产的尾油为原料，先经减压蒸馏切割，切除不适合生产特定黏度基础油的轻组分和重组分后，再进入异构脱蜡装置。该装置设计加工规模 40 万吨/年，年产基础油产品 30 万吨/年，主要产品为 API Ⅱ$^+$4、API Ⅱ$^+$6、API Ⅲ4 和 API Ⅲ6。装置原则流程如图 14-26 所示。该装置于 2016 年 6 月建成投产，生产出合格的 API Ⅲ4 和 API Ⅲ6 基础油。

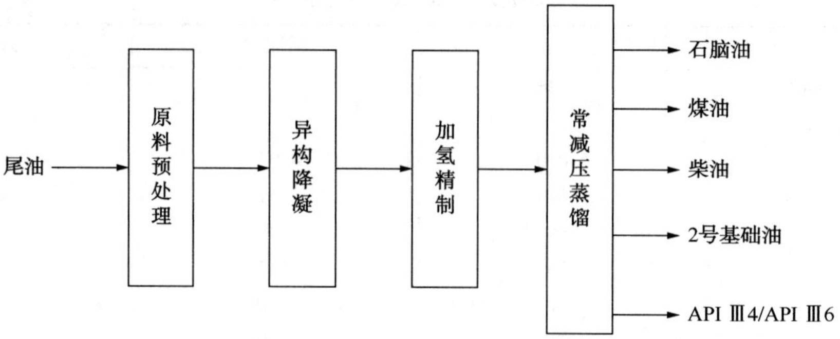

图 14-26　茂名石化润滑油异构脱蜡工艺流程

异构脱蜡进料加氢裂化尾油典型性质见表 14-84，基础油产品性质见表 14-85，典型产品分布数据见表 14-86。

表 14-84　异构脱蜡装置原料性质

项　目	数据	项　目	数据
密度/(g/cm^3)	0.8227	黏度指数	141
硫含量/(μg/g)	2.6	芳烃含量/%	2.0
氮含量/(μg/g)	<2	馏程/%	
凝固点/℃	31	初馏点/5%	252/349
运动黏度/(mm^2/s)		10%/30%	366/388
100℃	3.42	50%/70%	410/435
40℃	13.14	90%/95%	466/488

表 14-85　基础油产品典型性质

项　目	API Ⅲ4 基础油	API Ⅲ6 基础油	项　目	API Ⅲ4 基础油	API Ⅲ6 基础油
运动黏度/(mm^2/s)			饱和烃含量/%	99.98	99.90
100℃	4.238	6.006	倾点/℃	-30	-18
40℃	19.44	32.52	氧化安定性(旋转氧弹法, 150℃)/min	302	421
黏度指数	125	132	蒸发损失/%	13.73	3.91

表 14-86　异构脱蜡装置典型产品分布　　%

项　目	4 号基础油工况	6 号基础油工况	项　目	4 号基础油工况	6 号基础油工况
石脑油	4.78	4.60	4 号基础油	73.20	—
轻柴油	3.74	4.76	6 号基础油	—	79.58
2 号基础油	4.22	2.92			
3 号基础油	4.69	6.27	基础油总收率	82.11	88.77

从表14-85的产品性质可见，4号基础油黏度指数可以达到125，符合API Ⅲ类基础油标准要求，6号基础油黏度指数可以达到132，符合API Ⅲ⁺类基础油标准要求。从表14-86可见，按4号基础油工况生产时，目标4号基础油产品收率73.20%，基础油总收率达到82.11%；按6号基础油工况生产时，目标6号基础油产品收率79.58%，基础油总收率达到88.77%。可见，茂名石化公司基础油工业生产实践表明，以加氢裂化尾油为原料，采用异构脱蜡技术是生产高档基础油的有效技术模式。

目前，以加氢裂化尾油为原料，采用异构脱蜡—加氢精制工艺流程生产基础油的技术应用发展较快，国内已有20多套同类型装置建成投产，技术来源包括石科院、大连院、Chevron-Lummus、Exxon-Mobil、Shell等技术提供商，主要产品为API Ⅱ类及以上的高黏度指数基础油。

第四节　白油和橡胶填充油及其生产技术

白油和橡胶填充油是润滑油类石油产品中的两大特种产品，但使用性能要求和安全性要求与一般的润滑油基础油有很大的不同。橡胶填充油主要用于橡胶加工过程生产充油胶，也在橡胶后续加工过程作为操作油，是橡胶加工过程的重要助剂，也是生产橡胶的重要组分。橡胶经过充油后，不仅能提高橡胶的加工性能，还对提高橡胶制品的物理机械性能、降低生产成本等起到重要作用。橡胶填充油与橡胶的相容性是衡量其使用性能的重要指标，但随着环保要求的提高，橡胶填充油环保指标要求正日益受到重视。白油通常是以润滑油基础油馏分为原料生产的一类经过深度精制的特殊油品，具有无色、无味、化学惰性及优良的光安定性、热安定性等特点，广泛应用于日化、食品加工、聚合物加工、纺织、制药、玩具及农业等领域。白油产品除了使用性能方面的要求外，还具有严苛的使用安全性方面的要求，主要是在芳烃含量限制方面，必须满足食品或医药领域相关法规中苛刻的无毒性要求。橡胶填充油和白油可以是润滑油生产工艺过程的副产品，也可根据需要选择专门工艺技术从石油减压馏分中生产。

一、白油及其生产技术

白油通常是以润滑油基础油馏分为原料经过超深度精制生产的一类特殊油品。白油除了满足不同用途使用性能上的要求外，还要具备使用安全性方面的指标要求，使用安全性指标提出了对芳烃、铅、砷及其他重金属含量的限制。白油生产过程的主要任务是深度脱除白油原料中的芳烃，特别是稠环芳烃，铅、砷及其他重金属含量的限制性要求一般都容易达到。白油的烃类组成主要是链烷烃和环烷烃，基本不含芳烃及硫、氮等杂原子化合物。

白油按质量分为不同的等级，根据白油的应用领域和使用场合不同，对其使用性能的要求也不尽相同，但对于使用安全性的要求是统一的，均对芳烃含量提出了严格的限制。白油的质量分级在国内和国外有所不同，国内分为三级，即工业级、化妆级和医药及食品级白油。近年来，为满足快速发展的白油市场对产品品种和质量的要求，我国相关部门对白油的标准进行了制修订。2015年颁布了新修订的石油化工行业标准NB/SH 0007—2015化妆品级白油，2016年颁布了食品安全国家标准GB 1886.215—2016食品添加剂白油(又名液体石蜡)，2017年颁布了新修订的石油化工行业标准NB/SH/T 0006—2017工业白油。上述标准的颁布实施规范了白油产品的生产和使用，促进了行业的有序发展。国外的白油产品通常分为两类，即工业级和医药食品级白油。主要标准有 FDA(美国食品医药管理局)、DBA(德国药典)、CODEX(法国)标准及部分企业标准。

白油的生产方法主要有磺化法，包括发烟硫酸磺化和 SO_3 磺化法，吸附法、萃取法[44]以及 20 世纪 60 年代发展起来的加氢法。在传统的白油生产方法中，以硫酸磺化法应用居多，但无论采取上述何种方法，其目的都是为了脱除原料中的芳烃及含硫、氮、氧等组分，改善油品的颜色、气味、稳定性及使用安全性。多环芳烃和其他含有杂原子的多环化合物，具有致癌危险，因此在医药、食品级的白油标准中对这类物质(特别是芳烃)的含量有严格的限值要求，通常以易碳化物和不同波长的紫外光吸光度来衡量。在白油生产过程中，易碳化物和紫外吸光度为质量控制的关键指标。

通过磺化法生产白油，存在原料消耗大，收率低的缺点，特别是产生的酸渣不容易处理，对环境造成严重污染。由于磺化法生产白油采用间歇操作，产品质量也不稳定。随着环保要求的提高，目前磺化法已被淘汰，本节对磺化法不作叙述。

通过加氢法生产白油，其原料利用加氢反应脱除原料中的硫、氮等杂原子，并使芳烃深度饱和。原料中含杂原子的组分和含芳香环的组分经加氢后转化为白油组分，因此加氢法具有收率高、产品质量稳定、生产过程基本不产生废渣废溶剂污染物等优点，特别是在高黏度白油的生产方面更具有优势。近年来，随着国内润滑油加氢技术的快速发展，以异构脱蜡工艺为核心的润滑油加氢装置均可生产工业白油或食品级白油料，为后续加氢法生产高质量等级白油提供了充足的原料。白油加氢技术已成为食品级和医药级等高质量等级白油生产的专用技术。1965 年美国莱昂德贝 Lyondell 公司建成了第一套白油加氢装置。随着对白油产量、品种和质量要求的不断提高，以及环保要求越来越严格，白油加氢技术的应用得到了快速发展。目前，国外采用加氢法生产白油约占白油总产量的 90%以上[45]。随着国内对白油质量和生产过程环保要求的提高，我国白油特别是高端食品医药级白油的生产技术已经完成加氢技术对其他传统技术的完全取代。目前，全国专门用于食品、医药等高等级白油生产的加氢装置已有 10 余套，单套装置加工规模在 2 万~20 万吨/年，总产能超过 120 万吨/年，产品质量获得大幅度提升。

(一)白油加氢工艺技术概述

生产白油以基础油为原料，基础油中残存的含硫、氮等杂原子化合物会影响白油颜色和气味，而芳烃具有一定的毒性，多环芳烃除了影响白油的颜色外，还具有致癌性。白油加氢过程在较高的氢气压力下，将原料油中的硫、氮、芳烃脱除，使之满足易碳化物、紫外吸光度等质量指标要求。因此，白油加氢中发生的主要反应为杂原子化合物氢解反应和芳烃加氢饱和反应；此外，也存在少量烃类的氢解反应。烃类的氢解反应可导致轻馏分生成，影响产品的闪点。白油加氢过程产品收率较高，一般在 99%以上。生产白油的原料可以使用传统老三套生产的 API Ⅰ类基础油馏分，也可以使用加氢工艺生产的 API Ⅱ及以上的基础油馏分。由于两类基础油馏分的硫、氮及芳烃含量存在很大差异，导致白油加氢所采用的工艺流程不同，相同类型加氢反应的强度也有所不同。

(二)白油加氢工艺流程[46]

白油加氢流程有一段法工艺和两段法工艺，适用于不同的原料。一段法流程见

图 14-27，两段法流程见图 14-28。

以加氢工艺生产的润滑油基础油为原料时，由于原料中的硫、氮及芳烃含量较低，其中硫含量一般小于 10μg/g，氮含量小于 5μg/g，芳烃含量小于 5%，满足还原态非贵金属或贵金属白油加氢催化剂的进料要求，可采用一段加氢工艺，实现深度脱芳，达到白油对易碳化物和紫外吸光度指标的要求。

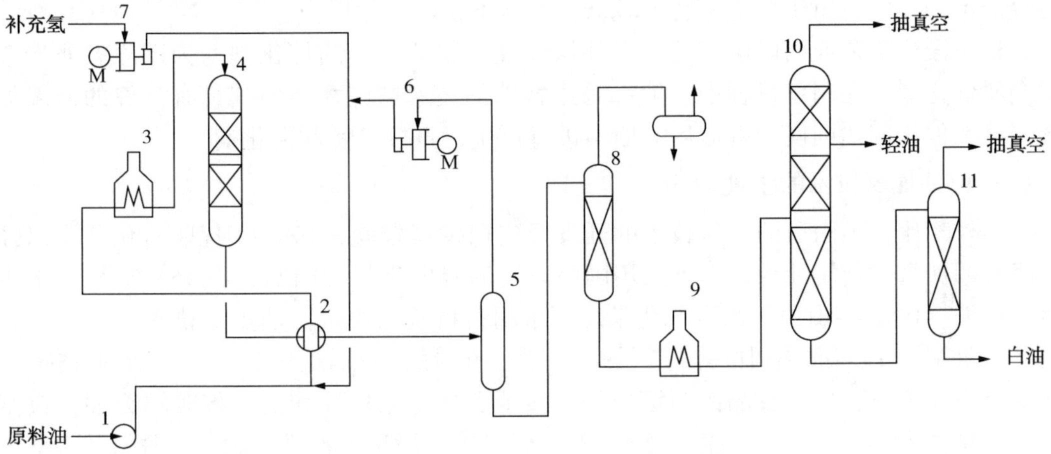

图 14-27　一段法白油加氢工艺流程

1—原料油泵；2—高压换热器；3—反应加热炉；4—反应器；5—高压分离器；6—循环氢压缩机；7—新氢压缩机；8—气提塔；9—分馏加热炉；10—减压分馏塔；11—干燥塔

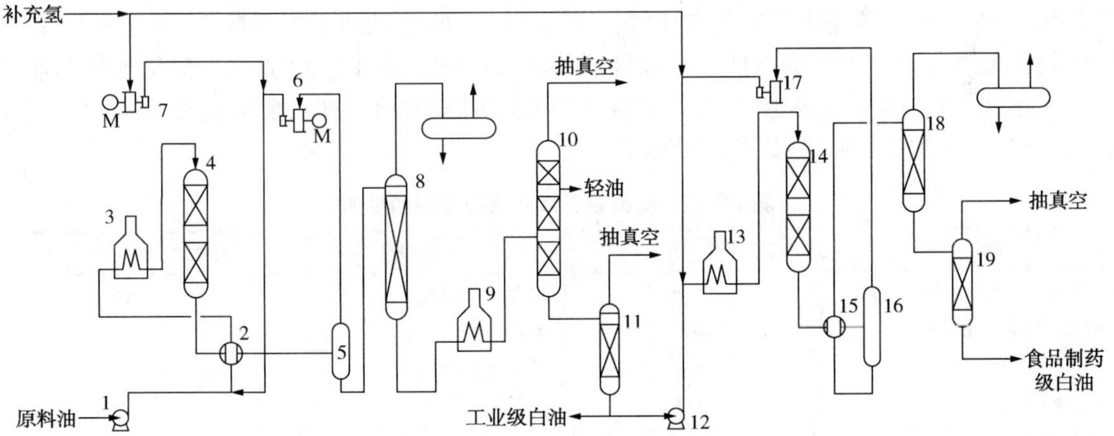

图 14-28　两段法加氢生产食品医药级白油工艺流程

1—一段原料油泵；2—一段高压换热器；3—一段反应加热炉；4—一段反应器；5—一段高压分离器；6—一段循环氢压缩机；7—新氢压缩机；8—一段汽提塔；9—分馏加热炉；10—减压分馏塔；11—干燥塔；12—二段原料油泵；13—二段反应加热炉；14—二段反应器；15—二段高压换热器；16—二段高压分离器；17—二段循环氢压缩机；18—二段汽提塔；19—减压干燥塔

以传统“老三套”加工流程生产的润滑油基础油馏分为原料时，一般采用两段流程。第一段为原料精制段，通常精制段采用非贵金属催化剂，脱除原料中的含硫和含氮化合物，同时使大部分芳烃加氢饱和。第一段一般为 NiW 或 NiMo 型硫化态催化剂。一段产物经过气提或蒸馏拔顶后进入第二段。第二段为加氢深度脱芳段，采用含第Ⅷ族的非贵金属或贵金属还原态催化剂，使残存的少量芳烃深度饱和，达到白油对易碳化物和紫外吸光度指标的要求。

两段白油加氢工艺中，第一段承担原料加氢预处理的功能，加氢生成油中的硫、氮及芳烃含量需满足下游催化剂进料的质量要求。因此，反应条件比较苛刻，反应温度较高，发生一定程度的加氢裂化反应。第二段一般设计在较高氢分压和较低的温度下进行，以利于芳烃的饱和反应。由于反应温度比较低，基本不发生裂化反应。

无论一段法工艺或两段法工艺，白油深度加氢脱芳所用的催化剂均为还原态非贵金属或贵金属催化剂，在制备过程中一般都采用特殊的技术措施才能使其具有良好的低温加氢活性。这类催化剂达到使用寿命后一般不进行再生，直接更换新催化剂。

（三）白油加氢技术的工业应用

与国外相比，国内白油加氢技术的开发及应用发展较晚，1984 年抚顺石化公司以经过临氢降凝的加氢裂化尾油为原料，采用国内开发的镍催化剂(3842)，在 15MPa 压力下生产化妆级白油。1998 年山西长治合成化学总厂采用石科院两段法白油生产技术[47,48]，以新疆中间基原油减三线糠醛精制—溶剂脱蜡—白土精制的基础油为原料，分别在 15MPa 和 20MPa 反应压力下，生产食品医药级白油、聚苯乙烯专用白油和优质橡胶填充油。典型原料油性质见表 14-87，反应条件见表 14-88。经过第一段反应器进行脱硫、脱氮及大部分的芳烃饱和等反应，反应物料进行汽提和分馏，所得重馏分作为第二段的进料。经过一段加氢后重馏分油性质见表 14-89，重馏分硫含量小于 5μg/g，原料中大约 80%以上的芳烃得到饱和，重馏分油的收率在 85%左右。一段加氢合格的重馏分油在第二段反应器中与具有高加氢活性的含 Ni 金属还原态催化剂接触，进行进一步的芳烃加氢饱和反应，产品性质以易碳化物和紫外吸光作为控制指标，产品性质见表 14-90。由于二段加氢主要是加氢精制过程，催化剂在较低的反应温度时就具有很高的芳烃加氢饱和活性，反应过程中不发生裂化反应，白油的收率达到二段进料的 99%以上。

表 14-87　新疆减三线润滑油基础油性质

项　目	数　据	项　目	数　据
运动黏度(40℃)/(mm^2/s)	85.30	硫含量/(μg/g)	596
密度(20℃)/(g/cm^3)	0.8752	氮含量/(μg/g)	61
倾点/℃	-7	芳烃含量/%	9.3
闪点(开口)/℃	247	馏程/℃	
颜色/号	2.0	初馏点/30%	399/449
折射率(20℃)	1.4808	50%/95%	466/518

表 14-88　加氢反应条件

工艺条件	第一段	第二段	工艺条件	第一段	第二段
氢分压/MPa	15.0	20.0	体积空速/h^{-1}	1.0	0.5
平均反应温度/℃	355	205			

表 14-89　第一段加氢得到的加氢油性质

项　目	数据	项　目	数据
运动黏度(40℃)/(mm^2/s)	68.74	硫含量/(μg/g)	<5
密度(20℃)/(g/cm^3)	0.8651	氮含量/(μg/g)	<5
倾点/℃	-5	蒸发损失/%	
闪点/℃	253		
颜色/号	<0.5	1.3kPa，220.0℃	0
折射率(35℃)	1.4701	1.3kPa，242.5℃	1.4

表 14-90　食品级聚苯乙烯白油性质

项　目	白油产品	规格指标
运动黏度(40℃)/(mm^2/s)	69.76	65~75(埃索公司)
密度(20℃)/(g/cm^3)	0.8646	0.852~0.869(埃索公司)
倾点/℃	-5	≤-9.4(道化学公司)
闪点/℃	257	252(埃索公司)
赛波特颜色/号	>+30	≥+30(埃索公司)
折射率(35℃)	1.4696	1.469~1.473(埃索公司)
易碳化物	通过	通过
紫外吸光度(间接法)	0.06	≤0.1
紫外吸光度(直接法)		
275nm	0.6558	≤1.6
295nm	0.0578	≤0.2
300nm	0.0532	≤0.15
蒸发损失/%		
1.3kPa，220.0℃	0.0	≤1.5(道化学公司)
1.3kPa，242.5℃	1.4	≤3.5(道化学公司)
硫含量/(μg/g)	<5	通过 USP(道化学公司)
氮含量/(μg/g)	<5	
水分/%	无	无
机械杂质/%	无	无
水溶性酸碱	无	无
悬浮物	无	无
馏程/℃		
初馏点/50%/95%	386/465/511	—

1999 年中国石化杭州石化公司引进美国 Lyondell 公司专利技术，以润滑油基础油为原料，通过两段法生产各黏度等级的工业级、化妆级和食品医药级白油，一段加氢采用硫化态 NiMo 催化剂(C-411)，二段加氢采用贵金属催化剂(LUBE-2)。

2003 年针对白油市场需求的变化，石科院开发了贵金属白油加氢催化剂(RLF-10W)，该催化剂以 Pt-Pd 双金属组元作为活性组分，在较低的温度下就具有较高的芳烃加氢饱和活性，且活性稳定。该催化剂先后在国内数套白油加氢装置上应用，产品涉及化妆级白油、医药级白油、食品级白油、聚苯乙烯专用白油、高档耐黄变橡胶填充油等领域。RLF-10W

催化剂2003年7月在大庆炼化公司3万吨/年白油加氢装置首次使用，直到2012年底更换新催化剂，累计运转9年，表现出了良好的活性稳定性[49]。其应用的原料典型性质、操作条件及产品质量分别见表14-91~表14-93。

表14-91　原料性质

项　目	轻质原料	中质原料	重质原料
运动黏度/(mm^2/s)			
40℃	9.847	36.39	58.68
100℃	2.74	5.73	9.53
闪点/℃	167	227	275
颜色/号	0	0	0.5
倾点/℃	-30	-27	-12
密度(20℃)/(g/cm^3)	0.8290	0.8552	0.8467

表14-92　装置操作条件

项　目	轻质原料	中质原料	重质原料
反应器入口压力/MPa	17.5	17.5	17.5
体积空速/h^{-1}	1.0	0.6	0.5
低压分离器压力/MPa	1.4	1.4	1.4
第一反应器入口温度/℃	191	203	208
第二反应器入口温度/℃	186	200	216

表14-93　食品级白油产品分析结果

项　目	10号	15号	26号	36号	70号①
运动黏度(40℃)/(mm^2/s)	9.851	14.70	25.29	36.38	58.73
闪点/℃	166	179	199	226	272
赛波特颜色/号	>+30	>+30	>+30	>+30	>+30
砷含量/(μg/g)	<1	<1	<1	<1	<1
铅含量/(μg/g)	<1	<1	<1	<1	<1
重金属含量/(μg/g)	<10	<10	<10	<10	<10
易碳化物	通过	通过	通过	通过	通过
固态石蜡	通过	通过	通过	通过	通过
紫外吸光度(260~420nm)②	0.021	0.024	0.074	0.046	0.058

① 达到企业标准；② 食品级白油规格要求紫外吸光度不大于0.1。

一般在高黏度白油和环烷基白油加氢时，常存在产品紫外吸光指标通过，而易碳化物却不通过的现象。研究发现，经过预加氢的高黏度白油料和环烷基白油料中所含未完全饱和的稠环芳烃含量较高，从而影响产品的易碳化物指标。为满足饱和这类稠环芳烃对催化剂活性提出的更高要求，石科院开发了第二代贵金属白油加氢催化剂(RLF-20)[50]，该催化剂以Pt-Pd双金属组元作为活性组分，采用先进制备技术提高金属分散度，大幅度提高了低温下稠环芳烃加氢饱和活性，对加工高黏度白油和环烷基白油优势明显。不同催化剂的活性对比试验结果见表 14-94 和表 14-95。

表 14-94　白油催化剂活性对比试验原料性质

项　目	数据	项　目	数据
密度(20℃)/(kg/m³)	905.6	芳烃含量/%	3.14
运动黏度/(mm²/s)		紫外吸光度	
100℃	10		
40℃	150	275nm	3.714
倾点/℃	-24	295nm	3.494
赛波特颜色/号	+25	300nm	3.476

表 14-95　白油催化剂加氢试验结果对比

项　目	RLF-20	RLF-10W	RLF-10W
反应温度/℃	基准	基准	基准
氢分压/MPa	基准	基准	基准
体积空速/h⁻¹	基准	基准	基准-0.1
生成油紫外吸光度			
275nm	0.34	2.64	0.82
295nm	0.08	0.33	0.13
300nm	0.09	0.33	0.12

新一代白油加氢催化剂 RLF-20 于 2011 年完成技术开发并成功应用，用于生产食品医药级白油和高黏度 PS 白油、锂电池膜成孔剂等。自该催化剂工业化以来，已在多套白油加氢装置及异构脱蜡装置上使用，取得了良好的效果。

二、橡胶油及其生产技术

橡胶填充油种类较多，ASTM D2226 对丁苯橡胶(SBR)和顺丁橡胶(BR)所用橡胶油进行了分类，分为 101、102、103 和 104 四个类别，其中 101 为高芳烃基型，102 为芳烃基型，103 为环烷基型，104 为石蜡基型，其主要性质区别见表 14-96。

表 14-96　ASTM D2226 推荐的橡胶油分类

分类	沥青质(max)/%	极性物/%	饱和烃/%
101	0.75	25	≤20
102	0.5	12	20.1~35
103	0.3	6	35.1~65
104	0.1	1	>65

芳烃基油与各类橡胶的相容性好，充油量大，用量大，主要用于黑色或不怕污染的橡胶制品。石蜡基油黏度指数高，闪点高，颜色稳定性好，但与一些高聚物的相容性较差，因此用量小。环烷基油的性质介于上述二者之间，颜色好，光安定性好，用量很大。

随着环保和使用安全性要求的日益提高以及对多环芳烃在致癌、基因突变、生殖毒性等方面研究的深入，提出了对橡胶填充油的多环芳烃含量限制要求。德国 GS Mark 认证 2008 年提出了苯并(a)芘及苯并(a)芘等 16 种多环芳烃的限制要求，如表 14-97 和表 14-98 所示。2015 年改为限制苯并(a)芘及苯并(a)芘等 18 种多环芳烃，见表 14-97 和表 14-99。与 2008 年对多环芳烃限制要求相比，2015 年除了对多环芳烃限制要求增加了苯并(e)芘和苯并(j)荧蒽外，其主要变化是不仅对多环芳烃总含量提出限值要求，而且对单个芳烃含量逐个提出限值要求，并且含量限值比 2008 年限制要求更加严苛。橡胶和塑料制品中添加的油品及添加剂等必须满足该限制要求。2016 年我国发布了化工行业标准 HG/T 5085—2016《橡胶增塑剂——环烷基矿物油》，该标准对 16 种多环芳烃提出了限制要求，见表 14-100。

表 14-97　德国 GS 标志认证中要求限制的多环芳烃

序号	中文名称	英文名称	缩写	芳环数量	2008 年	2015 年
1	萘	Naphthalene	NaP	2	√	√
2	苊烯	Acenaphthylene	ACY	3	√	√
3	苊	Acenaphthene	ACE	3	√	√
4	芴	Fluorene	FLE	3	√	√
5	菲	Phenanthrene	PHE	3	√	√
6	蒽	Anthracene	ANT	3	√	√
7	荧蒽	Fluoranthene	FLU	4	√	√
8	芘	Pyrene	PYR	4	√	√
9	苯并(a)蒽	Benzo(a)anthracene	BaA	4	√	√
10	䓛	Chrysene	CHR	4	√	√
11	苯并(b)荧蒽	Benzo(b)fluoranthene	BbFA	5	√	√
12	苯并(k)荧蒽	Benzo(k)fluoranthene	BkFA	5	√	√
13	苯并(a)芘	Benzo(a)pyrene	BaP	5	√	√
14	茚苯(1，2，3-cd)芘	Indeno(1，2，3-cd)pyrene	IP	6	√	√
15	二苯并(a，h)蒽	Dibenzo(a，h)anthracene	DBahA	5	√	√
16	苯并(g，h，i)苝	Benzo(g，h，i)perylene	BPer	6	√	√
17	苯并(e)芘	Benzo(e)pyrene	BeP	5		√
18	苯并(j)荧蒽	Benzo(j)fluoranthene	BjFA	5		√

表 14-98　2008 年德国 GS 标志认证对多环芳烃(PAHs)含量限制要求　μg/g

项　目	第 1 类	第 2 类	第 3 类
	与食品接触的材料、或预期放入口中的材料和 3 岁以下儿童玩具	可预见与皮肤接触超过 30s 的材料(长期皮肤接触)和第 1 类以外的玩具	可预见与皮肤接触不超过 30s 的材料(短期皮肤接触)或不与皮肤接触的材料
苯并(a)芘含量	<0.2	<1	<20
16 种多环芳烃含量总和	<0.2	<10	<200

表 14-99　2015 年德国 GS 标志认证对多环芳烃(PAHs)限制要求　　μg/g

项　目		第 1 类	第 2 类		第 3 类	
		预期放入口中的材料，或预期与皮肤长期接触（超过 30s)的玩具材料	未包含在第 1 类中，可预见与皮肤接触超过 30s(长期皮肤接触)的材料，或反复与皮肤短期接触的材料		未包含在第 1 类和第 2 类中，可预见与皮肤接触不超过 30s(短期皮肤接触)的材料	
			2009/48/EC 所列 14 岁以下儿童玩具	其他类产品	2009/48/EC 所列 14 岁以下儿童玩具	其他类产品
苯并(a)芘	<	0.2	0.2	0.5	0.5	1
苯并(e)芘	<	0.2	0.2	0.5	0.5	1
苯并(a)蒽	<	0.2	0.2	0.5	0.5	1
苯并(b)荧蒽	<	0.2	0.2	0.5	0.5	1
苯并(j)荧蒽	<	0.2	0.2	0.5	0.5	1
苯并(k)荧蒽	<	0.2	0.2	0.5	0.5	1
䓛	<	0.2	0.2	0.5	0.5	1
二苯并(a,h)蒽	<	0.2	0.2	0.5	0.5	1
苯并(g,h,i)苝	<	0.2	0.2	0.5	0.5	1
茚苯(1,2,3-cd)芘	<	0.2	0.2	0.5	0.5	1
苊烯 苊 芴 菲 芘 蒽 荧蒽	<	1(合计)	5(合计)	10(合计)	20(合计)	50(合计)
萘	<	1	2	2	10	10
18 种多环芳烃含量总和	<	1	5	10	20	50

表 14-100　橡胶增塑剂—环烷基矿物油技术要求

项　目		指　标		
		N4006	N4010	N4016
运动黏度(100℃)/(mm²/s)		5~7	9~11	15~17
颜色/号	≥	+26	+26	+20
闪点(开口)/℃	≥	185	210	220
倾点/℃	≤	-18	-15	-10
紫外吸光系数(260nm)/[L/(g·cm)]	≥	0.20	0.30	0.40
硫含量/(μg/g)	≤	10	10	10
氮含量/(μg/g)	≤	10	10	10

续表

项　目		指　标		
		N4006	N4010	N4016
稠环芳烃(PCA)含量/%	<	3	3	3
蒸发损失(107℃，22h)/%	≤	4.0	0.8	0.5
紫外光安定性/号	≥	+15	+15	+5
热安定性/号	≥	+20	+18	+10
碳型分析/%				
C_A	≤	1	1	1
C_N	≥	40	40	40
C_P		报告	报告	报告
16种多环芳烃(PAHs)含量/(μg/g)	≤		10	
其中：				
1)萘	≤		1	
2)苊烯	≤		1	
3)苊	≤		1	
4)芴	≤		1	
5)菲	≤		1	
6)蒽	≤		1	
7)荧蒽	≤		1	
8)芘	≤		1	
9)苯并[a]蒽	≤		1	
10)䓛	≤		1	
11)苯并(b)荧蒽	≤		1	
12)苯并(k)荧蒽	≤		1	
13)苯并(a)芘	≤		1	
14)二苯并(a,h)蒽	≤		1	
15)苯并(g,h,i)苝(二萘嵌苯)	≤		1	
16)茚并(1,2,3-cd)芘	≤		1	

轮胎用橡胶填充油属于芳香基橡胶油，为了使其与橡胶具有很好的相容性，要求其芳碳含量高，也即芳烃含量高。但高芳烃、高芳碳含量易导致多环芳烃较高，造成致癌、基因突变、生殖毒性等问题。为此，需要将多环芳烃脱除，而保留单双环芳烃，作为橡胶填充油的理想组分。2005年欧盟指令2005/69/EC对轮胎用橡胶油提出多环芳烃限制要求，要求苯并(a)芘含量不大于1μg/g，苯并(a)芘等8种芳烃总和不大于10μg/g，按照英国石油协会IP346方法测试的二甲基亚砜抽提物含量表示的稠环芳烃(PCA)含量小于3%。该法案从2010年1月1日起执行，所有进入欧盟的轮胎及橡胶油必须满足上述要求。欧盟指令2005/69/EC对轮胎用橡胶油限制的8种多环芳烃如表14-101所示。2016年我国发布了国

家标准 GB/T 33322—2016《橡胶增塑剂—芳香基矿物油》，见表 14-102，其对多环芳烃的限制与欧盟要求相同。

表 14-101 欧盟对轮胎用橡胶油限制的多环芳烃

序号	中文名称	英文名称	英文缩写	芳环数量
1	苯并(a)芘	Benzo(a)pyrene	BaP	5
2	苯并(e)芘	Benzo(e)pyrene	BeP	5
3	苯并(a)蒽	Benzo(a)anthracene	BaA	4
4	䓛	Chrysene	CHR	4
5	苯并(b)荧蒽	Benzo(b)fluoranthene	BbFA	5
6	苯并(j)荧蒽	Benzo(j)fluoranthene	BjFA	5
7	苯并(k)荧蒽	Benzo(k)fluoranthene	BkFA	5
8	二苯并(a, h)蒽	Dibenzo(a, h)anthracene	DBahA	5

表 14-102 橡胶增塑剂—芳香基矿物油技术要求

项目	指标						
	A0709	A1004	A1020	A1220	A1426	A1820	A2530
密度(20℃)/(g/cm³)	报告	报告	报告	报告	报告	报告	报告
运动黏度(100℃)/(mm²/s)	7~11	3~5	16~26	16~26	22~30	16~26	≥30
闪点(开口)/℃ ≥	190	165	210	210	210	220	230
倾点/℃ ≤	15	-10	15	15	15	20	20
苯胺点/℃ ≤	90	85	99	95	95	85	75
颜色/号 ≤	1.5	0.5					
酸值/(mgKOH/g) ≤	0.5	0.5					
硫含量/%	报告	报告	报告	报告	报告	报告	报告
折射率(20℃)	报告	报告	报告	报告	报告	报告	报告
黏重常数(VGC)	报告	报告	报告	报告	报告	报告	报告
稠环芳烃(PCA)含量/% <	3	3	3	3	3	3	3
碳型分析/%							
C_A ≥	7	10	10	12	14	18	25
C_N	报告	报告	报告	报告	报告	报告	报告
C_P	报告	报告	报告	报告	报告	报告	报告
8 种多环芳烃(PAHs)含量/(μg/g) ≤	10						
其中：							
1)苯并(a)芘 ≤	1						
2)苯并(e)芘	报告						
3)苯并(a)蒽	报告						
4)䓛	报告						
5)苯并(b)荧蒽	报告						
6)苯并(j)荧蒽	报告						
7)苯并(k)荧蒽	报告						
8)二苯并(a,h)蒽	报告						

（一）橡胶填充油生产技术概述

由于充油橡胶品种多，使用要求不同，合成橡胶生产厂家应用技术也有差别，因此各生产厂家对橡胶填充油也有不同的质量要求。国外橡胶填充油的生产随橡胶工业的发展经历了很长的时间，形成了生产橡胶填充油的专门技术和生产装置，各大石油公司如 Sun Oil、Esso、Nynas、Hansen & Rosenthal Group 等都有各自系列化橡胶油产品，如石蜡基、环烷基和芳香基橡胶油。随着环保要求的提高，对不同类型的橡胶油都提出了环保要求，即限制其中的多环芳烃含量。

由于不同类型的橡胶油组成不同，其生产工艺也不尽相同。石蜡基橡胶油生产工艺一般与润滑油基础油生产工艺基本相同。如果对光安定性和热安定性有较为严苛的要求，还需要深度加氢饱和芳烃。环烷基橡胶填充油由环烷基原油馏分油经加氢处理、加氢脱蜡、加氢饱和生产，如果生产高档耐黄变的橡胶油，需采用贵金属加氢精制催化剂，将芳烃含量降低到很低水平。芳香基橡胶油主要采用溶剂抽提等物理过程进行生产，其产品国外称为 TDAE(Treated Distillate Aromatic Extract，处理馏分芳烃萃取油)。芳香基橡胶油一般采用选择性溶剂，脱除原料油中的三环以上芳烃，保留单双环芳烃，即保证具有较高的芳烃含量，使其不仅与橡胶有很好的相容性，而且满足对多环芳烃含量的限制要求。芳香基橡胶油生产也可采用加氢法，脱除原料油中的多环芳烃。但单靠加氢法生产芳香基橡胶油，如果加氢深度很深，多环芳烃满足指标要求，芳烃(芳碳)含量会降得较低，其与橡胶的相容性变差；如果加氢深度较浅，保持较高的芳烃含量，多环芳烃又不能满足指标要求。因此，可以采用适当深度加氢与溶剂抽提相结合工艺路线，生产芳香基橡胶油。这样可以利用原料油中的多环芳烃组分，将其转化为橡胶油理想组分——单双环芳烃，提高产品收率。

（二）芳烃型橡胶填充油生产技术应用

中海沥青股份有限公司以环烷基原油绥中 SZ36-1 减三线馏分油为原料，采用糠醛一次抽提，抽出油再经过二次抽提，二次抽提精制油生产环保橡胶油，其工业产品性质如表14-103 所示[51]。生产的橡胶油芳碳在 12.0%~15.0%，PCA 含量在 1.7%~2.2%，苯并(α)芘等 8 种多环芳烃含量在 1.40~3.69μg/g。中国石油辽河石化公司以辽河低凝环烷基原油为原料，采用加氢精制-溶剂抽提工艺生产环保橡胶油，分别生产出芳碳含量在 12.2%和 14.1%的 NAP 系列橡胶油和芳碳含量在 21.0%和 23.3%的 AP 系列橡胶油，PCA 和苯并(α)芘等 8 种多环芳烃含量满足欧盟指令要求，见表 14-104[52,53]。

表 14-103 绥中 SZ36-1 馏分油生产橡胶油原料及产品性质

项　目	原　料	橡胶油 1	橡胶油 2	橡胶油 3
密度(20℃)/(kg/m^3)	0.9560	0.9466	0.9435	0.9472
黏度/(mm^2/s)				
40℃		895.31	756.37	781.01
100℃	18.56	20.55	20.29	17.65
倾点/℃	1	-6	-8	-11
折射率(20℃)		1.5081	1.5157	1.5161
闪点(开口)/℃	219	225	243	222

续表

项　目	原　料	橡胶油 1	橡胶油 2	橡胶油 3
黏重常数		0.8815	0.8767	0.8819
碳型分布/%				
C_A	22.0	15.0	13.0	12.0
C_N	39.0	48.0	48.0	52.5
C_P	39.0	37.0	39.0	35.5
稠环芳烃(PCA)含量/%	9.6	2.2	1.7	1.9
苯并(α)芘含量/(μg/g)	8.2			
苯并(α)芘等 8 种 PAHs 含量/(μg/g)	138.47	3.69	1.60	1.40

表 14-104　辽河原油橡胶油生产原料及产品性质

项　目	原料	NAP10	NAP14	AP19-1	AP19-2
密度(20℃)/(kg/m^3)	964.1	942.9	942.1	947.9	948.7
黏度(100℃)/(mm^2/s)	25.80	18.82	19.21	19.19	18.94
凝点/℃	13			7	10
折射率(20℃)	1.5330	1.5150	1.5165	1.5248	1.5275
闪点(开口)/℃	237	230	224	222	225
碳型分布/%					
C_A	23.0	12.2	14.1	21.0	23.3
C_N	39.5	47.4	42.9	34.6	31.2
C_P	37.5	40.4	43.0	44.4	45.5
稠环芳烃(PCA)含量/%		2.1	2.5	2.6	2.8
苯并(α)芘含量/(μg/g)				未检出	未检出
苯并(α)芘等 8 种 PAHs 含量/(μg/g)		未检出	<10	1.1	5.6

中国石化济南分公司采用石科院开发的环保型芳烃橡胶填充油 ARE 溶剂抽提工艺，2010 年 11 月建成我国首套 7 万吨/年环保型芳烃橡胶填充油生产装置，并一次开车成功。该装置以中间基原油先溶剂脱蜡后糠醛精制的基础油反序流程生产的糠醛精制抽出油为原料，生产出符合欧盟 2005/69/ EC 指令要求的环保型芳烃橡胶填充油[54]，芳碳含量在 20%以上，其原料及橡胶油产品性质见表 14-105，苯并(a)芘含量 0.26~0.42μg/g，苯并(α)芘等八种芳烃 3.31~5.22μg/g，IP346 方法测定的 PCA 在 2.1%~2.2%。采用该橡胶油生产的充油丁苯橡胶性能良好，各项指标均满足 SBR1723 环保橡胶的优级品标准要求。

表 14-105　中间基油反序抽出油生产橡胶油原料和产品性质

项　目	减三线抽出油		减四线抽出油	
	原料	橡胶油产品	原料	橡胶油产品
密度(20℃)/(kg/m^3)	1004.0	954.2	1005.5	959.0
黏度(100℃)/(mm^2/s)	22.83	15.70	42.81	22.67
倾点/℃	3	-12	12	-9
折射率(20℃)	1.5524	1.5259	1.5526	1.5293
闪点(开口)/℃	246	252	262	260

续表

项　目	减三线抽出油		减四线抽出油	
	原料	橡胶油产品	原料	橡胶油产品
苯胺点/℃	<25	60	28	65
碳型分布/%				
C_A	40.8	21.0	39.8	21.6
C_N	24.7	41.8	23.5	39.6
C_P	34.5	37.2	36.7	38.8
稠环芳烃(PCA)含量/%	25.6	2.2	22.2	2.1
苯并(a)芘含量/(μg/g)	16.56	0.26	8.84	0.42
苯并(a)芘等8种PAHs含量/(μg/g)	428.50	3.31	182.39	5.22

2012年济南石化润滑油基础油生产流程改为糠醛精制-加氢处理-溶剂脱蜡流程，馏分油正序糠醛精制生产的抽出油倾点高，不能满足橡胶油对倾点的要求。为此，2015年该企业采用石科院抽出油溶剂脱蜡技术，以润滑油正序抽出油为原料，经抽出油溶剂脱蜡，脱蜡抽出油再经ARE抽提装置继续生产环保型芳烃橡胶油，产品质量达到国际先进水平。

(三)环烷基橡胶填充油生产技术应用

环烷基油是石油中的稀缺资源，因环烷基油具有凝点低、密度大、碳型特殊等特点而应用广泛。以环烷基原油为原料生产的基础油料多数用于对黏度指数没有特殊要求，而对低温性能和相容性能有要求的电器用油、冷冻机油和聚合物添加剂等，如变压器油、冷冻机油和橡胶填充油等。

我国环烷基资源主要分布在新疆油区和环渤海油区，新疆油区包括九区、红山嘴浅区及春风油区等，环渤海油区包括大港、辽河、绥中、秦皇岛等油区。截至目前所发现的环烷基原油中，新疆环烷基油是世界上质量最好的环烷基油资源，具有凝点低、硫氮含量低、芳烃含量低等特点，是生产变压器油、冷冻机油、橡胶填充油、高密度特种燃料等的优质原料来源。

环烷基橡胶填充油包括以环烷基油为原料生产的低芳型和高芳型，其中高芳型的橡胶填充油生产工艺与前述芳香型橡胶填充油生产相同，其用途主要用于轮胎橡胶的填充，在此不须赘述。本节主要介绍低芳型橡胶填充油的生产技术及工艺。为简化起见，以下叙述中以环烷基橡胶填充油指代低芳型环烷基橡胶填充油。

环烷基橡胶填充油主要用于SBS等热塑性弹性体橡胶材料的充油和加工过程，强调与充油材料的相容性、热稳定性和光稳定性，从而满足充油材料的物理机械性能、耐候性能等。目前国内环烷基橡胶填充油生产执行化工行业标准HG/T 5085—2016《橡胶增塑剂—环烷基矿物油》，前述表14-100列出了该标准对环烷基橡胶油技术要求。

目前国内从事环烷基油橡胶填充油的生产厂家有11家，骨干企业有中国石油克拉玛依石化公司、中国石油辽河石化公司，中国兵器盘锦北方沥青股份有限公司、辽宁海化石油化工公司及中国海油泰州石化公司等企业，均采用加氢技术，全国加工规模约270万吨，其中新疆地区约80万吨/年，东北辽宁约150万吨/年，其他地区约40万吨/年。原料来源主要是新疆环烷基稠油、辽河低凝环烷基油、绥中36-1环烷基油。此外，由于环烷基资源不能满足环烷基加工企业的需求，也有部分进口环烷基油进入加工环节，如巴西荣卡多环烷基油、委内瑞拉马瑞环烷基油等。

当环烷基原油的产地不同时，其性质差异很大。有些性质如硫含量、氮含量及芳烃含量对加氢反应效果产生很大影响，并最终影响产品质量。在上文提到的环烷基原油中，新疆环烷基稠油性质优于其他品种，而委内瑞拉马瑞环烷基油是上述所有品种中硫、氮含量最高、芳烃含量最高的油种。

环烷基橡胶填充油加工主要采用加氢技术，采用高压加氢处理、催化脱蜡和加氢补充精制反应过程。目前我国环烷基橡胶油加氢技术来自石科院和大连院。石科院提供的技术采用高压加氢处理—催化降凝—加氢补充精制流程，属于两段串联工艺。目前发展了三代技术，第一代技术——催化降凝采用临氢降凝工艺，全过程均采用硫化态催化剂，以新疆九区等环烷基原油的减二线和减三线馏分油为原料生产 N4006 和 N4010 等低芳烃含量的橡胶填充油。为提高产品质量，石科院开发了第二代技术，将其开发的异构脱蜡技术用于环烷基橡胶填充油加工过程，将临氢降凝改为异构降凝，降凝反应单元和加氢补充精制单元均采用还原态贵金属催化剂，大幅度提高了产品的颜色及光、热安定性，提升了产品质量。为了满足市场对环烷基橡胶填充油的需求，增大原料来源，又开发了以绥中 36-1 环烷基原油和辽河低凝环烷基原油等高芳烃含量的减压馏分为原料生产优质橡胶填充油的第三代技术。为了应对芳烃对产品在光、热安定性的影响，第三代技术在加氢处理段增加了深度饱和芳烃的反应单元，即加氢处理段采用加氢处理和芳烃饱和两个反应器，从芳烃饱和反应器出来的物料再进异构脱蜡和后精制反应器。以第三代环烷基橡胶油加氢技术建成的 30 万吨/年橡胶油高压加氢装置于 2018 年 12 月在辽宁海化石油化工公司投产，主要以绥中 36-1 环烷基原油减二线和减三线馏分为原料生产环烷基橡胶填充油，所得产品符合 N4006 和 N4010 质量要求，具有优异的光、热安定性能，其性质见表 14-106。

表 14-106　橡胶填充油典型性质

项　目	N4006	N4010	项　目	N4006	N4010
外观	清澈透明	清澈透明	苯胺点/℃	93.9	103.0
硫含量/(μg/g)	0.4	0.9	赛波特颜色/号	+30	>+30
氮含量/(μg/g)	0.4	0.3	折射率(20℃)	1.4888	1.4949
闪点(开口)/℃	194	222	黏重常数	0.856	0.843
密度(20℃)/(g/cm^3)	0.9041	0.9122	热安定性/号	+27	+24
水分/%	痕迹	痕迹	紫外光安定性/号	+30	>+30
运动黏度/(mm^2/s)			碳型分析/%		
40℃	50.76	282.9	C_A	0.0	0.0
100℃	5.727	14.17	C_N	60.7	52.9
紫外吸光系数(260nm)/[L/(g·cm)]	<0.10	<0.10	C_P	39.3	47.1
倾点/℃	-39	-24			

大连院开发了两种类型的技术，一种是一段串联流程，另一种是两段串联流程。一段

串联流程采用三个反应器直接串联，分别装填加氢处理、临氢降凝和补充精制催化剂，催化剂均为硫化态类型。一段串联工艺加氢处理反应器和降凝反应器均在较高温度下运行，导致后精制反应器芳烃饱和深度不够，从而使产品中芳烃含量较高，致使产品的热安定性和紫外光安定性较差。二段串联工艺采用加氢处理和异构脱蜡工艺结合，可生产出光、热安定性好的产品。2019 年 8 月，二段串联工艺装置在中国石油辽河石化建成投产，以辽河低凝环烷基原油减二线和减三线馏分油为原料，生产 N4006 和 N4016 橡胶油，产品质量优良。

参 考 文 献

[1] 华东石油学院炼油工程教研室 . 石油炼制工程(下册)[M]. 北京：石油工业出版社，1982.

[2] Vladimir A Kalichevsky, Kenneth A Kobe. Petroleum Refining with Chemicals. Elserier Publishing Company, London, 1956.

[3] Reman G H. Van J G de Vusse. Petroleum Refiner, 1955, 34(9): 129-134.

[4] 王幼然 . 炼油设计 . 1985, 15(2): 27-32.

[5] 俞伯伟，曹中林，赵江，等 . 润滑油糠醛精制两段萃取工艺的工业应用[J]. 石油炼制与化工，1999, 30(4): 16-19.

[6] 王育森 . 降低润滑油溶剂精制装置能耗的探讨[J]. 石油炼制，1983(2): 1-5.

[7] 张永连，姜春华，许永莉 . 润滑油 NMP 溶剂精制的工业应用[J]. 石油炼制与化工，1996, 27(7), 1-6.

[8] 鲍格丹诺夫 HΦ 等著 . 韩瑞兴等译 . 石油产品脱蜡[M]. 北京：中国工业出版社，1963.

[9] 王育森，崔可教 . 溶剂脱蜡装置的溶剂干燥[J]. 石油炼制，1982(7): 16-24.

[10] 秦瑞岐，申士敏 . 从石蜡基原油生产润滑油中性油的几点建议[J]. 石油炼制，1986(2): 47-55.

[11] 黄灏，蒲祖国，苏光华等 . 加氢改质润滑油基础油的生产与应用[J]. 石油炼制与化工，2003, 34(9): 44-48.

[12] 秦瑞岐，李宗维 . 酮苯脱蜡工艺技术的新成果[J]. 石油炼制，1983(5): 21-23.

[13] 戴钧梁 . 滤液全面循环的溶剂脱蜡脱油工艺[J]. 石油炼制，1987(10): 1-7.

[14] 任鹏，盛奎龙，刘建平，等 . 助滤剂 SM-40 在酮苯装置微晶蜡生产中的应用[J]. 石油与天然气化工，2002, 31(2): 82-84.

[15] 张平 . WSQ-2 脱氮剂在白土精制装置上的应用[J]. 黑龙江石油化工，2001, 12(4): 13-17.

[16] 侯祥麟 . 中国炼油技术(第二版)[M]. 北京：中国石化出版社，2001: 356-363.

[17] 李大东 . 加氢处理工艺与工程[M]. 北京：中国石化出版社，2004: 1016-1048.

[18] 勒巴日 J. F. 等著，李宣文，黄志渊译 . 接触催化[M]. 北京：石油工业出版社，1984.

[19] 姚银堂，张喜文，马波，等 . 不同结构的芳烃对加氢裂化催化剂积炭的影响[J]. 燃料化学学报，2003, 31(1): 58-64.

[20] Timken H K C, Bull L M, Harris T V. Extremely low acidity ultrastable Y zeolite catalyst composition and process[P]. The United States, US 6 860 986, 2005-03-01.

[21] Timken H K C. Extremely low acidity USY and homogeneous, amorphous silica-alumina hydrocracking catalyst and process[P]. The United States, US 6 902 664, 2005-06-07.

[22] Ahuja S P, Derrien M L, Le Page J F, et al. Activity and selectivity of hydrotreating catalysts[J]. Ind Eng Chem Prod Res Dev, 1970, 9(3): 272-281.

[23] Weitkamp J, Jacobs P A, Martens J A. Isomerization and hydrocracking of C_9 through C_{16} n-alkanes on Pt/

HZSM-5 Zeolite [J]. Appl Catal, 1983, 8: 123-141.

[24] Martens J A, Jacobs P A, Weitkamp J. Attempts to rationalize the distribution of hydrocracked products. II. Relative rates of primary hydrocracking modes of long chain paraffins in open zeolites [J]. Appl Catal, 1986, 20: 283-303.

[25] Souverijns W, Martens J A, Uytterhoeven L, et al. Selective key-lock catalysis in dimethylbranching of alkanes on ton type zeolites[J]. Stud Surf Sci Catal, 1997, 105(Part B): 1285-1292.

[26] Munoz Arroyo J A, Martens G G, Froment G F, et al. Hydrocracking and isomerization of n-paraffin mixtures and a hydrotreated gasoil on Pt/zsm-22: Confirmation of pore mouth and key-lock catalysis in liquid phase[J]. Appl Catal A, 2000, 192: 9-22.

[27] Claude M C, Martens J A. Monomethyl-branching of long n-alkanes in the range from decane to tetracosane on Pt/ZSM-22 bifunctional catalyst[J]. J Catal, 2000, 190(1): 39-48.

[28] Meriaudeau P, Tuan V A, Nghiem V T, et al. Compatitive evaluation of the catalytic properties of SAPO-31 and ZSM-48 for the hydroisomerization of n-octane[J]. J Catal, 1999, 185(2): 435-444.

[29] Maesen Th L M, Schenk M, Vlugt T J H, et al. The Shape selectivity of paraffin hydroconversion on TON-, MTT- and AEL-type sieves[J]. J Catal, 1999, 188: 403-412.

[30] Miller S J. Production of low pour point lubricating oils[P]. The United States, US 4 921 594. 1987-08-17.

[31] Corma A, Miguel P J, Orchilles A V. Influence of hydrocarbon chain length and zeolite structure on the catalyst activity and deactivation for n-alkanes creacking[J]. Appl Catal, General, 1994, 117(1): 29-32.

[32] 黄卫国，方文秀，郭庆洲，等．润滑油异构脱蜡催化剂 RIW-2 的研究与开发[J]．石油炼制与化工，2019，50(5)：6-11.

[33] 胡胜，田志坚，辛公华，等．润滑油基础油异构化和非对称裂化(IA C)脱蜡技术工业应用[J]．石油炼制与化工，2011，42(5)：57-60.

[34] 王鲁强，黄卫国，郭庆洲等．加氢异构降凝催化剂 RIW-2 的开发及工业应用[J]．石油炼制与化工，2019，50(6)：1-6.

[35] 王子文，高杰，李洪辉，等．加氢法生产 HVIⅡ/Ⅲ类润滑油基础油的技术途径与实践[J]．润滑油，2017，32(3)：54-57.

[36] 胡宇辉，马莉莉，熊春珠，等．两种白油深度脱芳烃催化剂的性能比较[J]．工业催化，2006，14：177-180.

[37] 郑绳安，冯昭福，杨燕开．浸渍型催化剂制备的研究-浸渍过程宏观动力学[J]．石油炼制与化工，1979，5：33-38.

[38] 黄卫国，李洪宝，王鲁强，等．加氢补充精制贵金属催化剂 RLF-10L 的活性恢复研究[J]．石油炼制与化工，2019，50(11)：26-29.

[39] 蒲祖国，何武章．加氢处理装置生产优质润滑油基础油[J]．润滑油，2003，18(1)：26-30.

[40] 何秀云，孟凡伟，张宗保，等．异构脱蜡技术的工业应用[J]．石油炼制与化工，2001，32(4)：14-16.

[41] 谢彬，王嘉祎，刘坤红，等．润滑油加氢异构催化剂 PHI-01 的研发与应用[J]．石油炼制与化工．2021，52(4)：15-20.

[42] 李国英，范惠明，孙晓瑜，等．全氢工艺生产优质环烷基润滑油[J]．润滑油，2001，16(6)：23-27.

[43] Cao wenlei. Production of Quality Hydrogenated Base Oils through Isodewaxing Technology. China Petroleum Processing and Petrochemical Technology, 2005, No. 4: 25-35.

[44] 王辉亮，何青怡．白油及其磺化法生产[J]．广东化工，1995，2：30-32.

[45] 李立权．白油及白油生产技术[J]. 润滑油，2003，18(4)：1-6.
[46] 黄钦炎．对我国白油生产现状的看法[J]. 润滑油，2002，17(2)：7-9.
[47] 高金钟，崔保命，秦红兵，等．两段加氢法生产高粘度食品级白油[J]. 山西化工，2001，21(1)：40-42.
[48] 杨连栋，庄福成，施昌智，等．加氢法生产高粘度食品级白油的技术[J]. 石油炼制与化工，1999，30 (10)：5-8.
[49] 郭金忠，顾长生，赵飞．白油加氢技术的工业应用[J]. 石油炼制与化工，2005，36(11)：33-35.
[50] 梁维军，曾厚旭．白油加氢催化剂 RLF-20 的生产与工业应用[J]. 石油炼制与化工，2019，50(4)：27-31.
[51] 付玉娥，于恩强，商希红，等．环保橡胶油的研究开发及工业化[J]. 润滑油，2011，26(5)：7-11.
[52] 孙井侠，年成春，张戬，等．辽河环保橡胶油系列产品的开发和应用[C]. “科迈杯”第 1 2 届全国橡胶助剂生产和应用技术研讨会论文集，2016：399-403.
[53] 孙井侠，刘志刚，姚晓庆，等．辽河石化环保芳烃橡胶油试制的充油丁苯橡胶 1723 在胎面胶中的应用[C]. “万力杯”第 20 届中国轮胎技术研讨会论文集，2018：306-310.
[54] 王玉章，吴艳萍，施昌智，等．环保型芳烃橡胶填充油抽提工艺开发与工业应用[J]. 石油炼制与化工，2011，42(07)：1-4.

第十五章　润滑脂

专家话炼油

润滑脂是一类半流体状至固体状的润滑剂，是将稠化剂分散于基础油内制成，也可加入改善某些特殊性能的其他组分。润滑脂的用途广泛，用于润滑转动、机械摩擦部位，还兼有防护和密封的作用。在石油产品中，虽然润滑脂产量所占的比重不大，但品种很多，是国民经济各部门不可缺少的重要材料。

我国润滑脂工业的发展始于20世纪50年代[1,2]，经过几十年的发展，形成了具有一定规模和一定技术水平的润滑脂工业。

进入21世纪后的前十年，我国润滑脂工业获得了长足的发展，主要有以下几个特点：

1）产能扩大

产能扩大的核心是在充分优化资源配置和细化市场区分、采用先进生产设备和先进生产工艺技术、实现节能和环保的基础上，建设集约化大型润滑脂生产厂。中国石化和中国石油两大石油公司，及部分大型民营企业进行了润滑脂技术改造，其年生产能力均达到万吨以上规模，最大达到10万吨/年。

2）高质量润滑脂品种产量占比增加

在继续提高锂基润滑脂系列产品产量的基础上，高滴点、高质量润滑脂品种和产量大幅增加，复合锂基润滑脂、聚脲基润滑脂、复合磺酸钙基润滑脂、复合铝基润滑脂、复合钙基润滑脂和非皂基润滑脂等高滴点润滑脂的产量有较大幅度的增加，到2009年占润滑脂生产总量比例首次超过20%。

3）能耗降低

润滑脂生产企业把降低能耗作为技术改造的第三个主要内容。通过优化工艺、缩短流程、提高单元设备效率、内置节能电器、使用新型保温材料和热能回收等一系列措施，生产润滑脂的综合能耗大幅度降低。

4）润滑脂分析评定仪器和设备得到加强

为生产和开发高质量润滑脂产品，配备了透射电镜、光谱仪、模拟试验台架(机)等国产和进口润滑脂分析评定设备。先进配套的润滑脂分析评定仪器和设备是保证企业产品质量、开发新产品和提升企业市场竞争力的重要手段。

进入21世纪第二个十年，我国润滑脂工业呈现以下特点：

1）产量稳中有降

世界润滑脂产量相对平稳，在115万吨/年上下波动，我国润滑脂产量虽继续保持世界第一，但稳中有降，从2010年的46.8万吨/年降至2019年的39.5万吨/年，占世界产量的比例从42%下降至36%。

2）产品结构更趋合理

高滴点润滑脂代表了润滑脂工业的发展水平，表 15-1 数据显示，2019 年我国高滴点润滑脂占比为 29.57%，远高于 2010 年的 21.03%。10 年间高滴点润滑脂的比例增加了 41%，说明我国润滑脂工业水平获得了很大的提升。正是由于更多高滴点润滑脂和合成油润滑脂的使用，延长了使用寿命和换脂周期，从而减少了用量。

3）自主创新能力显著增强

在以稠化剂为代表的创新方面，出现了以聚脲、聚脲金属盐、含有脲基或氨酯基的金属皂、基于高碱值清净剂的稠化剂、基于非主族金属元素(如钛、锆等)的金属皂等为代表的一大批稠化剂，各具特殊性能，进一步拓宽了润滑脂的种类，提升了竞争能力。

表 15-1　2010 年、2019 年全国润滑脂产量与品种构成比较[3~6]

类别	2010 年				2019 年			
	产量/t	比例/%	产量/t	比例/%	产量/t	比例/%	产量/t	比例/%
高滴点润滑脂			98319	21.03			116881	29.57
复合铝基润滑脂(滴点大于 230℃)	7213	1.54			6812	1.72		
磺酸盐复合钙基润滑脂(滴点大于 230℃)	2422	0.52			9262	2.34		
复合钙基润滑脂(滴点大于 230℃)	1539	0.33			2465	0.62		
复合锂基润滑脂(滴点大于 230℃)	63541	13.59			64531	16.33		
聚脲基润滑脂(包含复合)	19558	4.18			23174	5.87		
膨润土润滑脂	4046	0.87			10637	2.69		
其他润滑脂			369357	78.97			278333	70.43
铝基润滑脂	396	0.08			638	0.16		
水化钙基润滑脂	12974	2.77			27904	7.06		
无水钙基润滑脂	27246	5.83			47918	12.13		
锂基润滑脂(滴点小于 200℃)	315635	67.49			193458	48.95		
钠基润滑脂(包含钙钠基润滑脂)	112	0.02			211	0.05		
其他金属皂	0	0			1089	0.28		
其他非皂稠化剂(除膨润土之外所有非皂稠化剂)	4242	0.91			7115	1.80		
其他	8752	1.87			0	0		
合　计	467676	100	467676	100	395214	100	395214	100

我国目前润滑脂消耗量和需求量基本持平，保持在 38 万吨左右，出口约 1 万吨；高端产品进口量较大，每年大约 2 万吨。我国与欧美发达国家差距仍较大，离润滑脂强国还有一定的差距。表 15-2 的数据显示，我国高滴点润滑脂占比 29.57%，远低于北美地区的 67.21%，也低于欧洲地区 38.04%，甚至低于全球平均水平的 36.38%；从代表“新一代”润滑脂的磺酸钙基润滑脂来看，北美地区的占比达 7.54%，欧洲也达到 6.29%，中国为 2.34%，也低于全球平均水平的 3.69%；从单位 GDP 所消耗的润滑脂来看，中国是北美地区的 3 倍左右；从使用的基础油的类别来看，我国合成油润滑脂占比为 6.81%，远低于日

本的 37.02%，也低于北美的 15.82% 和欧洲的 9.50%，甚至低于全球平均水平 7.42%。这些都说明我们需要进一步优化润滑脂的品种结构，逐步减少钙基、锂基润滑脂的产量，增加磺酸钙基润滑脂、复合锂基润滑脂及其他金属皂基润滑脂在总产量的比重。同时，继续发展非皂基润滑脂，如膨润土润滑脂、脲基润滑脂等性能优良的品种。另外，要增加合成油润滑脂的比重，以利于延长润滑脂使用寿命，进一步降低单位 GDP 润滑脂的消耗量，缩小与发达国家的差距；还要提早布局生物基润滑脂，随着环保理念和法律法规的加强，绿色环保可生物降解的生物基润滑脂将是未来新的增长点。

表 15-2 2019 年世界润滑脂各品种构成比例[5,6] %

国别地区	全球	北美	欧洲	日本	中国	印度及印度次大陆	加勒比及中南美洲	非洲及中东	太平洋及东南亚
铝基润滑脂	0.25	0	0.06	0.26	0.16	2.06	0	0	0
复合铝基润滑脂	3.24	7.72	4.93	0.84	1.72	0.13	0.28	1.73	4.60
铝基润滑脂总和	3.49	7.72	4.99	1.10	1.88	2.19	0.28	1.73	4.60
水合钙基润滑脂	4.36	0.13	2.09	3.35	7.06	3.47	5.60	5.03	11.76
无水钙基润滑脂	5.58	4.70	3.89	0.03	12.13	0.14	0.30	0.63	0.33
磺酸钙基润滑脂	3.69	7.54	6.29	0	2.34	1.43	0.51	2.09	2.40
复合钙基润滑脂	0.88	0.37	2.76	1.09	0.62	0.24	0	0	0
钙基润滑脂总和	14.51	12.74	15.03	4.47	22.15	5.28	6.41	7.75	14.49
锂基润滑脂	49.87	23.46	53.12	56.27	48.95	72.92	74.60	68.80	52.67
复合锂基润滑脂	20.15	42.04	16.09	3.73	16.33	9.77	17.37	15.99	21.19
锂基润滑脂总和	70.02	65.50	69.21	60.00	65.28	82.69	91.97	84.79	73.86
钠基润滑脂	0.40	0.40	0.20	0.01	0.05	2.36	0.92	1.17	0
其他金属皂基润滑脂	1.07	1.38	0.86	0.24	0.28	5.81	0	1.98	0.01
聚脲基润滑脂	6.19	6.27	5.24	28.47	5.87	0.47	0	0	5.32
膨润土润滑脂	2.23	3.27	2.73	0.45	2.69	0.99	0.21	1.82	1.30
其他非皂基润滑脂(不包括膨润土润滑脂)	2.08	2.72	1.73	5.26	1.80	0.21	0.21	0.76	0.42
所有润滑脂总和	100	100	100	100	100	100	100	100	100
矿物油	86.59	77.21	83.49	62.98	85.14	97.25	99.80	96.43	94.33
合成油	7.42	15.82	9.50	37.02	6.81	0.33	0.06	0.59	3.64
半合成油	5.12	6.14	3.32	0	7.98	2.16	0.14	2.98	2.02
生物质油	0.87	0.83	3.69	0	0.07	0.26	0	0	0.01
按照基础油分类合计	100	100	100	100	100	100	100	100	100

第一节　润滑脂的分类

润滑脂品种和牌号繁多。为适应各种特殊机械和润滑部件的要求，出现了多种专用润滑脂，如航空、军械、汽车、冶金、铁路等润滑脂，一般采用以下三种分类方法[7]对润滑脂进行分类。

一、按稠化剂类型分类

目前，许多国家采用按稠化剂类型对润滑脂进行分类的方法，因为润滑脂的性能特点主要是由稠化剂决定的。由稠化剂命名，可大致说明这类润滑脂的主要性能。按稠化剂类型分类，润滑脂分为皂基脂和非皂基脂两大类。

高级脂肪酸的金属皂类作为稠化剂与基础油制成的润滑脂称为皂基润滑脂。皂基润滑脂在品种上、产量上都占润滑脂总数的大部分。按照金属皂基稠化剂的不同，皂基润滑脂又分为单皂基润滑脂、混合皂基润滑脂和复合皂基润滑脂，如钙基、钠基、锂基、钙-钠基、锂-钙基和复合钙基、复合锂基润滑脂等。

非皂基润滑脂又分为烃基润滑脂、无机润滑脂和有机润滑脂。烃基润滑脂的稠化剂是烃类物质，主要有微晶蜡、石蜡和石油脂。无机润滑脂的稠化剂，常用的有膨润土、硅胶、炭黑、二硫化钼、氮化硼等。有机润滑脂使用有机物如酞菁铜、阴丹士林、脲基衍生物、酰胺、氟碳高聚物、碳氢高聚物等作为稠化剂。

二、按润滑脂使用性能分类

润滑脂按照使用性能可分为减摩润滑脂、防护润滑脂、密封润滑脂和其他用途润滑脂等四类。

三、按国家标准分类法分类

我国于 1990 年 12 月颁发了国家标准 GB/T 7631. 8—1990《润滑剂和有关产品(L 类)的分类 第 8 部分：X 组(润滑脂)》，根据润滑脂应用时的操作条件进行分类。每种润滑脂仅有一个由 5 个大写字母组成的代号，润滑脂标记的字母顺序见表 15-3，该标准是等效采用国际标准 ISO 6743/9—1987。

表 15-3　润滑脂代号的字母顺序

L	X(字母 1)	字母 2	字母 3	字母 4	字母 5	稠度等级
润滑剂类	润滑脂组别	最低温度	最高温度	水污染(抗水性、防锈性)	极压性	稠度号

润滑脂稠度按锥入度值分为 9 个等级，见表 15-4。

表 15-4　润滑脂稠度等级

NLGI 级	000	00	0	1	2	3	4	5	6
锥入度/0. 1mm	445~475	400~430	355~385	310~340	265~295	220~250	175~205	130~160	85~115

GB/T 7631.8—1990 润滑脂（X 组）的分类见表 15-5。

表 15-5　润滑脂分类

代号字母（字母 1）	总的用途	使用要求									标记	备注
		操作温度范围				水污染③	字母 4	负荷 EP	字母 5	稠度		
		最低温度①/℃	字母 2	最高温度②/℃	字母 3							
X	用润滑脂的场合	0 -20 -30 -40 <-40	A B C D E	60 90 120 140 160 180 >180	A B C D E F G	在水污染条件下润滑脂的润滑性、抗水性和防锈性	A B C D E F G H I	在高、低负荷下表示润滑脂的润滑性和极压性，A 表示非极压型，B 表示极压型	A B	可选用以下稠度号： 000 00 0 1 2 3 4 5 6	一种润滑脂的标记是有代号字母 X 和其他 4 个字母及稠度等级联系在一起来标记的	包含在本分类体系范围内的所有润滑脂是彼此不相容的。由于缺乏相容性，不同种类润滑脂相混合，可能导致润滑脂性能变坏。因此，在不同种类润滑脂相混用以前，应进行必要的混兑实验

① 设备启动或者运转时，或者泵送润滑脂时，所经历的最低温度。

② 在使用时候，被润滑部件的最高温度。

③ 见表 15-6。

表 15-6　字母 4（水污染）的确定

环境条件①	防锈性②	字母 4	环境条件①	防锈性②	字母 4
L	L	A	M	H	F
L	M	B	H	L	G
L	H	C	H	M	H
M	L	D	H	H	I
M	M	E			

① L 表示干燥环境；M 表示静态潮湿环境；H 表示水洗。

② L 表示不防锈；M 表示淡水存在下的防锈性；H 表示盐水存在下的防锈性。

举例：一种润滑脂，在下述操作条件下使用：最低操作温度，-20℃；最高操作温度，160℃；环境条件，经受水洗；防锈性，不需要防锈；负荷条件，高负荷；稠度等级，00。因此这种润滑脂的标记应为：L-XBEGB 00。

第二节　润滑脂的组分

润滑脂是一种胶体分散体系，主要由稠化剂和液体润滑剂两个基本组分组成。稠化剂胶团均匀地分散在液体介质中，当胶团分散微粒的大小为 0.01～100μm 时，即可形成稳定的胶体分散体系。

润滑脂的组分为基础油、稠化剂和添加剂等。润滑脂组分中，75%~95%为基础油。润滑脂的基础润滑性能主要取决于基础油的性能，而润滑脂的结构和特性，则主要取决于稠化剂的类型和分散的程度。为改善润滑脂某些使用性能，需加入相应的添加剂，如抗氧剂、防锈剂、极压抗磨剂、增黏剂等。大多数极性化合物添加剂对润滑脂的胶体结构会有不同程度的影响。一般来说，对润滑油使用有效的添加剂也可用于润滑脂。

一、基础油

润滑脂的基础油有石油润滑油基础油和合成润滑油基础油两大类。表 15-7 列出了各类润滑脂基础油的特性。

表 15-7　各类润滑脂基础油特性

基础油	黏温特性	耐高温性	低温流动性	氧化安定性	润滑性	抗燃性	抗辐射性
石油润滑油	一般	一般	一般	一般	良	差	一般
聚烯烃油	优	良	优	良	优	差	差
酯类油	优	一般至良	优	良	优	差	差
聚硅氧烷	优	优	优	良至优	差	良	一般
全氟烷基聚醚	一般至优	优	一般至优	优	优	优	一般至良
氟碳油	差	优	差	优	优	优	一般

（一）石油润滑油

石油润滑油具有价格低廉、润滑性能良好等优点，可以满足一般条件下运动部件润滑的需要。几乎有 90%的润滑脂产品是用石油润滑油作为基础油的。用作润滑脂基础油的石油润滑油是指经加工精制的润滑油馏分。

选择合适的润滑油，是制备结构良好、性能优良的润滑脂的重要因素。大多数的润滑脂采用中等黏度、精制的润滑油馏分作为基础油，只有少数特殊用途的润滑脂选用高黏度或低黏度的润滑油馏分作为基础油。润滑油的烃类族组成对润滑脂结构和胶体安定性有很大的影响，精制过深或者精制不好的润滑油馏分均会恶化润滑脂的氧化安定性，不宜作润滑脂的基础油。基础油性质与润滑脂性能的关系列于表 15-8。

表 15-8　基础油性质与润滑脂性能的关系

润滑油性能	对润滑脂性能的影响	基础油性质	对润滑脂性能的影响
氧化安定性	使用寿命和高温下储存寿命	烃类组成	胶体安定性和结构
凝点	低温泵送性及启动性能	黏度和黏度指数	泵送性和黏温性能

常选用的基础油黏度（40℃）一般为 50~180mm²/s，其牌号为 HVI 350、HVI 500、HVI 650，HVIW 350、HVIW 500、HVIW 650，以及 150 BS 等。用于润滑脂生产的基础油以链烷烃基础油为主，其次是中间基润滑油基础油，以环烷基为基础油润滑脂稠化性能好。表 15-9 列出润滑油通用基础油中 HVI 标准。

表 15-9　润滑油通用基础油中 HVI 基础油标准

项目		HVI(按塞氏通用黏度划分)										试验方法
		75	100	150	200	350	400	500	650	120BS	150BS	
运动黏度/(mm^2/s)												GB/T 265
40℃		13~15	20~22	28~32	38~42	65~72	74~82	95~107	120~135	报告	报告	
100℃		报告	报告	报告	报告	报告	报告	报告	报告	25~28	30~33	
外观		透明	透明	透明	透明	透明	透明	透明	透明	透明	透明	目测①
色度/号	不大于	0.5	1.0	1.5	2.0	3.0	3.5	4.0	5.0	5.5	6.0	GB/T 6540
黏度指数②	不小于	100	100	100	98	95	95	95	95	95	95	GB/T 1995
闪点(开口)/℃	不低于	175	185	200	210	220	225	235	255	265	290	GB/T 3536
倾点/℃	不高于	-9	-9	-9	-9	-5	-5	-5	-5	-5	-5	GB/T 3535
酸值/(mgKOH/g)	不大于	0.02	0.02	0.02	0.02	0.03	0.03	0.03	0.03	0.03	0.03	GB/T 4945
残炭/%	不大于	—	—	—	—	0.10	0.10	0.15	0.25	0.6	0.70	GB/T 268
密度(20℃)/(kg/m^3)		报告	报告	报告	报告	报告	报告	报告	报告	报告	报告	GB/T 1884
苯胺点/℃		报告	报告	报告	报告	报告	报告	报告	报告	报告	报告	GB/T 262
硫含量/%		报告	报告	报告	报告	报告	报告	报告	报告	报告	报告	GB/T 387
氮含量/%		报告	报告	报告	报告	报告	报告	报告	报告	报告	报告	GB/T 9170
碱性氮含量/%		报告	报告	报告	报告	报告	报告	报告	报告	报告	报告	GB/T 0162
蒸发损失(Noack 法,250℃,1h)/%		报告	报告	报告	报告	—	—	—	—	—	—	SH/T 0059
氧化安定性(旋转氧弹法,150℃)/min③	不小于	200	200	200	200	180	180	130	130	130	130	SH/T 0193

①将油品注入 100mL 洁净量筒中、油品应均匀透明，如有争议时，将油温控制在(25±2)℃，应均匀透明。

②由于原油性质所限，个别产品黏度指数可按分类标准执行。

③加 0.8%T501 后测定。

(二) 合成润滑油

作为润滑脂基础油的合成润滑油主要有酯类油(双酯、多元醇酯)、聚烯烃油、聚硅氧烷及含氟润滑油(全氟烷基聚醚、氟碳油)等。

1. 酯类油

酯类油的黏温性优于石油润滑油。二元羧酸的双酯作为合成润滑脂基础油主要有癸二酸二异辛酯、壬二酸二异辛酯、己二酸二异辛酯等；多元醇酯则主要包括三羟甲基丙烷酯、季戊四醇酯。所用的脂肪酸不同，决定了基础油的性能各异。双酯使用温度为-60~120℃，而多元醇酯的热安定性较好，可以在 200℃高温下工作。

2. 聚烯烃润滑油

用石蜡裂解所得 α-烯烃或以癸烯为原料制备的聚烯烃润滑油是一类性能优良的润滑脂基础油，它具有黏温特性好、凝点低、润滑性良好的优点，使用温度范围为-70~200℃。

3. 聚硅氧烷

其凝点低，黏温性好，并有优良的化学稳定性和热稳定性。用作润滑脂基础油有：乙基硅油(适用于-60~150℃)、甲基硅油(适用于 200℃以下)、甲基苯基硅油(适用于 250℃

以下）、甲基氯苯基硅油（适用于200℃以下）。

4. 含氟润滑油

具有良好的热稳定性、化学稳定性和优良的润滑性。这类润滑油包括全氟烷基聚醚和氟碳油。用含氟化合物（如聚四氟乙烯等）稠化剂制成润滑脂，因价格昂贵，仅限于特殊要求情况下使用。

二、稠化剂

润滑脂稠化剂的类型及品种列于表15-10，稠化剂结构形状列于表15-11和图15-1[8~13]。

表15-10　稠化剂类型

分类	类型	名称
皂基	碱（或碱土）金属的脂肪酸皂（或复合皂）稠化剂或其他金属皂	钙皂、钠皂、钙-钠皂、锂皂、铝皂、铅皂、钡皂、复合钙皂、复合锂皂、复合铝皂、复合磺酸钙皂、复合钛皂、复合锆皂等
非皂基	有机稠化剂	对苯二酸酰胺盐类、氨酯盐类、脲酯盐类、聚脲（二脲、四脲、六脲、八脲）、染料、颜料（阴丹士林、酞菁铜）、聚合物（聚烯烃、聚四氟乙烯）等
	无机稠化剂	改性膨润土、改质硅胶、二硫化钼、炭黑等
	烃类稠化剂	微晶蜡、石蜡、石油脂等

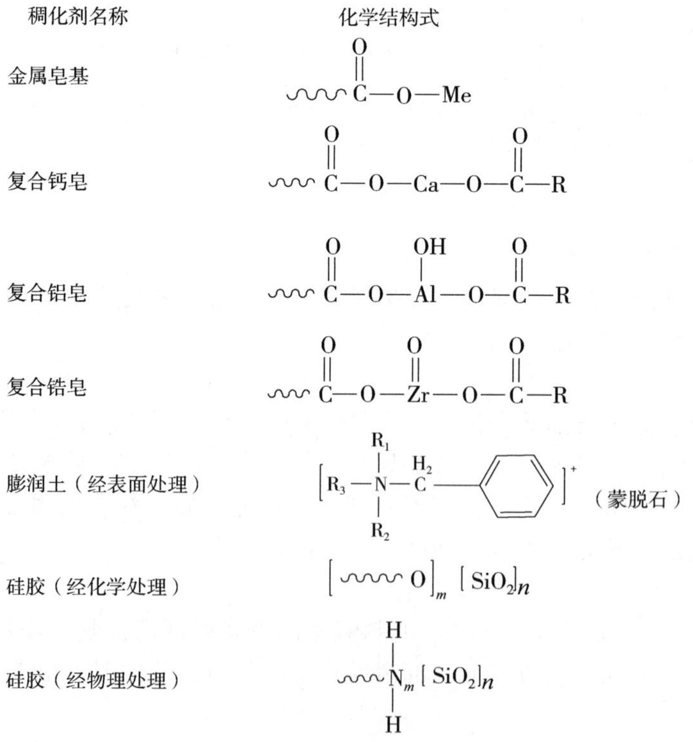

图15-1　主要稠化剂的化学结构

二脲

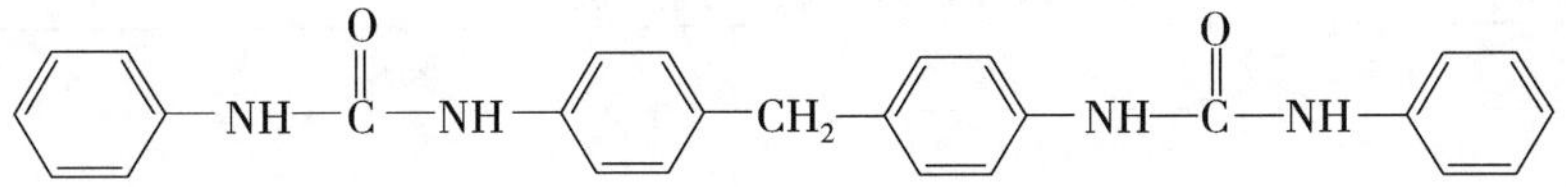

四脲

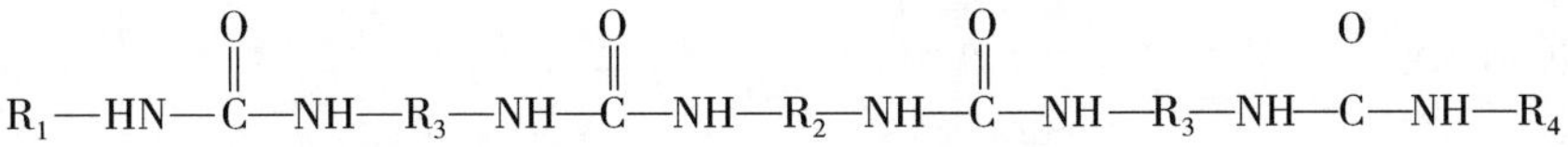

六脲

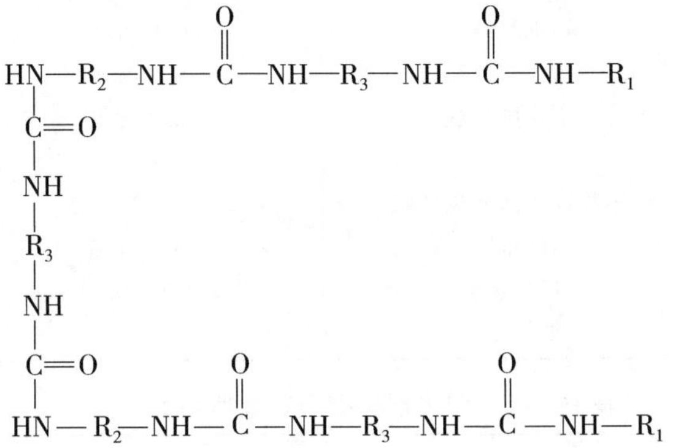

八脲

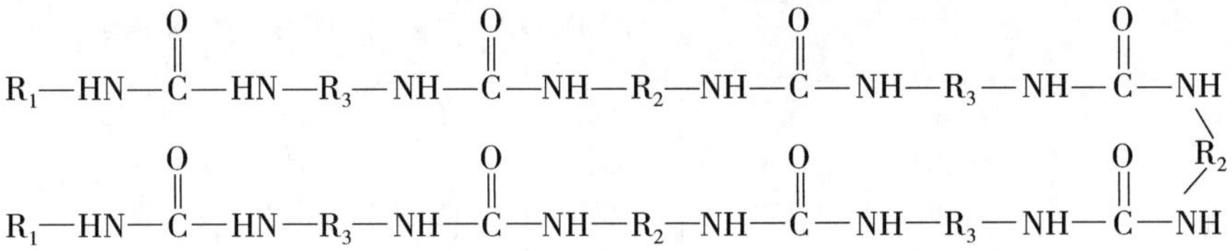

磺酸钙

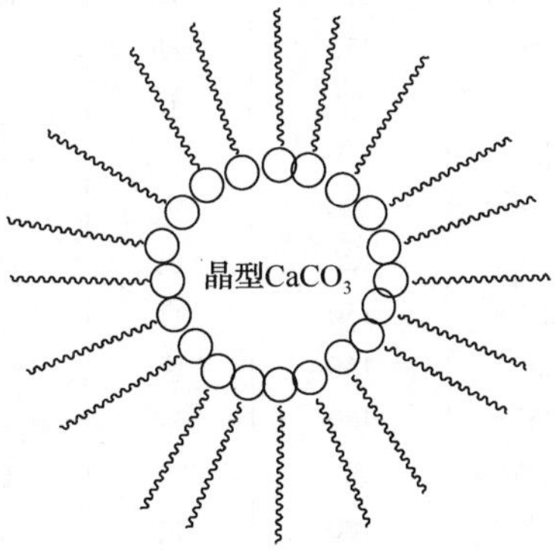

聚四氟乙烯　　$\left[CF_2-CF_2 \right]_n$

图 15-1　主要稠化剂的化学结构(续)

皂基稠化剂是由脂肪材料(或脂肪酸、芳酸、环烷酸等)和碱金属或碱土金属的氢氧化物进行皂化反应而制得的，也可以由脂肪酸、芳酸或环烷酸等与烷氧基金属(如四丁氧基钛、四异丙氧基锆等)反应而制得的。

有机稠化剂一般具有较高的耐热性和抗化学稳定性，如烷基或芳基对苯二酸酰胺钠盐稠化剂具有良好的高低温性能和抗辐射性能，而且是制备多效润滑脂的稠化剂。

使用最广泛的无机稠化剂是改性膨润土，是用季铵盐覆盖剂处理膨润土(其主要成分为蒙脱石)而制得的，具有耐热性好、价格较低的优点，是一种良好的耐热润滑脂稠化剂。

用各种稠化剂制成的润滑脂的特性列于表 15-12。

表 15-11　稠化剂形状

稠化剂	形　状	长/μm	宽/μm
皂基润滑脂			
硬脂酸锂皂	短棒状纤维	0.5～2.0	0.1～0.2
12-羟基硬脂酸锂皂	麻花状纤维	25	0.05～0.25
脂肪酸钠皂	短细长纤维	1～100	0.1～1
脂肪酸钙皂	短细状纤维	0.5～1.5	0.1
复合钙皂	细棒状纤维	0.5～1.5	0.01～0.1
铅皂	不规则片状	0.2～0.3	0.1～0.3
非皂基润滑脂			
改性膨润土	不规则片状或长片状	0.3～1.0	0.1～1.0
聚脲	纤维团	0.5～1.0	0.05～0.1
改质硅胶	球形颗粒	0.01～0.05	0.01～0.05
酞菁铜	棒状	0.2～1.0	0.02～0.05

表 15-12　稠化剂类型及其成脂特性①

稠化剂	滴点/℃	最高使用温度/℃	抗水性	机械安定性	热稳定性	防锈性	泵送性	耐低温性
含水钙皂	90～100	<80	优	好	差	—	优	良
无水钙	140～150	120	优	良	良	良	优	优
复合钙	>250	150	优	良	优	良	良	良
钠皂	150～180	150	差	良	良	—	差	良
酰钠	>250	175	良	良	优	良	良	优
铝皂	90～110	80	好	良至差	良	良	优	良
复合铝	>250	150	优	好至优	优	良	优	良
硬脂酸锂皂	170～200	120	良	差至良	良	良	良	优
羟基硬脂酸锂皂	175～200	120	良	优	良	良	优	优
复合锂皂	>250	150	良	优	优	良	优	良
聚脲	>250	150	优	良至差	优	良	优	优
有机膨润土	>250	180	良	好至差	优	良	良	优
微晶蜡	60～80	50	优	差	差	良	差	良
磺酸钙	>300	180	优	优	优	优	良	良

①润滑脂性能指标：优>良>好>差。

具有发展前途的稠化剂(就其制备的润滑脂的特性而言)是羟基酸锂皂、复合锂皂、聚脲、改性膨润土、对苯二酸酰胺金属盐(酰钠)、磺酸钙等。这些稠化剂与润滑油制备的润滑脂具有较高的滴点和优良的胶体安定性、机械安定性、抗水性，能适应近代机械工业和电子工业等对润滑条件的需求。

第三节　润滑脂的性能及应用

一、润滑脂的性能

润滑脂是由基础油、稠化剂、添加剂组成的塑性润滑材料。组成、结构不同的润滑脂具有不同的性能，而各种机械设备在不同工作条件下对润滑脂有不同的性能要求，如高低温性能、机械安定性能、胶体安定性能、润滑性能、防护性能、抗水性能、泵送性能等[14,15]。下面对润滑脂的主要性能进行分述。

（一）润滑脂的流变性能及低温性能

润滑脂的流变性能是指润滑脂在受到外力作用时所表现出来的流动和弹性变形的性质。由于润滑脂是具有结构性的非牛顿流体，其黏度与温度、剪切应力和剪切速率(简称剪速)有关。

润滑脂的低温性反映的是指润滑脂低温下黏度和稠度增大的程度。衡量润滑脂的流变与低温性的主要性能指标有稠度、强度极限、相似黏度、表观黏度、低温转矩等。

1. 稠度与机械安定性

（1）稠度

稠度是指润滑脂在受力作用时，抵抗变形的程度。稠度是塑性的一个特征，但并无明确的物理意义，它仅是反映润滑脂对变形和流动阻力的一个笼统的概念，常用锥(或针)入度来表示。

（2）锥入度的意义

表示润滑脂稠度并划分稠度级号，选用润滑脂须考虑适宜的稠度，润滑脂研制中筛选配方和生产中控制质量，以锥入度变化表示润滑脂的机械安定性、抗水性、硬化倾向和储存安定性等。

（3）机械安定性

机械安定性又称剪切安定性，是指润滑脂在机械工作条件下抵抗稠度变化的能力。润滑脂在机械中长期工作时，受到剪切稠度会发生改变，如果剪切后稠度变化小，则机械安定性好。机械安定性对润滑脂的使用有较大的意义。

2. 强度极限

润滑脂具有弹性和塑性。在受到较小的外力时，像固体一样表现出弹性；当外力逐渐增大到某一临界数值时，润滑脂开始产生不可逆的变形(开始流动)。使润滑脂开始产生流动所需的最小剪切应力(简称剪应力)，称为润滑脂的强度极限。

润滑脂的强度极限是由润滑脂的结构所决定的。由于润滑脂是一种结构分散体系，其内部有固体稠化剂粒子或皂纤维所形成的三维结构骨架而使它在受较小外力时表现为固体的特征。

3. 相似黏度

润滑脂在所受剪应力超过它的强度极限时，就会产生流动。润滑脂流动时也会出现内摩擦，用黏度表征它的内摩擦特性。

润滑脂的黏度与温度有关，同时润滑脂属于非牛顿流体，其黏度也随剪速变化，将润滑脂流动时剪切应力与剪速的比值称作相似黏度，常用 η_a 表示。

相似黏度是润滑脂的重要基本特性，对润滑脂在机械中的使用性能有很大影响。润滑脂黏度随剪速变化的性质，使它在速度经常变动的机械上使用时有特殊的适应性，其黏度随剪速的变化基本符合机械转速变化对润滑剂黏度的要求。另外，润滑脂的低温低剪速时的黏度对于润滑脂的低温启动性能影响较大，对低温或宽温度范围用的润滑脂需要规定它的低温黏度。相似黏度会影响润滑脂在集中润滑系统中的流动性及在轴承中的运转力矩等。一般要求低温用的润滑脂在低温下的相似黏度不得大于某一数值。

4. 触变性

润滑脂的触变性是指润滑脂受到剪切作用时(在一定剪速下，随着剪切时间的增加)稠度下降发生软化，而在剪切作用停止后稠度就开始上升(硬化)的性质。触变的恢复程度是不完全可逆的。

润滑脂的触变性对润滑脂的使用有实际意义，润滑脂有轻微的触变性是有益的，因为润滑脂在机械作用下产生轻微的触变，强度极限、稠度、黏度下降，可使润滑脂容易被压送，而且在机件中运动时阻力减低；当外力停止时，润滑脂的结构逐渐恢复，它的强度极限、稠度、黏度又加大，使它在机械不转动时或在机件不转动的部件上不易流失，但过大的触变性会导致润滑脂在机械作用下流失。

5. 低温转矩

润滑脂的低温转矩是指在低温时，润滑脂阻滞低速滚珠轴承转动的程度。

低温转矩是衡量润滑脂低温性能的一项重要指标，低温转矩的大小关系到用润滑脂润滑的轴承低温启动的难易和功率损失，如果低温转矩过大将使启动困难并且功率损失增多。低温转矩对于在低温使用的微型电机、精密控制仪表等特别重要。精密设备要求轴承的转矩小而稳定，以保证容易启动和灵敏、可靠地工作。

目前我国制定的低温和宽温轴承用润滑脂规格中，一般都对低温转矩做了明确的规定。

6. 低温泵送性能

润滑脂的低温性能除用低温相似黏度、低温转矩表示以外，还有低温泵送性。低温泵送性是指在压力作用下，将润滑脂送到分配系统的管道喷嘴和脂嘴等处的能力。由于集中润滑方式的发展，对润滑脂泵送性测定的要求日益迫切，因此，国外很重视研究润滑脂在各种管道及温度下的低温泵送性能，还专门建立了泵送性试验方法。

润滑脂的低温泵送性与基础油和稠化剂都有关系。基础油的凝点低、黏度小，制备成的润滑脂的泵送性好；稠化剂的种类不同，其泵送性不同。

（二）润滑脂的高温性能及轴承性能

润滑脂在受热时，性质可以发生多方面改变，例如从不流动状态变成流动状态、稠度发生变化、分油和氧化等，这些变化都会影响到润滑脂在高温下的使用性能，如在轴承中的使用寿命、漏失量、摩擦力矩等。润滑脂在高温下的这些使用性能被称为润滑脂的轴承性能。

反映润滑脂的高温性主要有以下几个指标。

1. 滴点

滴点是润滑脂在试验条件下由半固态变为液态时的温度，是润滑脂的重要质量指标之一。

由于润滑脂的滴点高低主要取决于稠化剂的类型，因此可以通过测定滴点高低来大致区别润滑脂的类型，能粗略估计润滑脂最高使用温度，通常也把它作为研制、生产、验收和储存中控制检查质量的指标之一。

2. 高温流动性

润滑脂在高温下使用，不仅要求滴点高于使用最高温度，而且要在使用温度范围内，不因过分软化或硬化等状态变化而丧失润滑性。因此，高温范围内润滑脂的稠度、黏度(相似黏度与表观黏度)随温度的变化也很重要。

3. 蒸发损失

润滑脂在高温或真空条件下基础油会发生蒸发损失。基础油蒸发损失过大，会使润滑脂稠度增大、摩擦力矩增大、使用寿命缩短，所以高温或真空等条件下使用的润滑脂及精密光学仪器润滑脂要求较低的蒸发损失。

4. 氧化安定性

润滑脂在储存和使用中抵抗氧化的能力叫作氧化安定性或抗氧化性。润滑脂氧化可引起一系列的性质变化，从外观、理化指标到内部结构都发生不同程度的改变，从而影响润滑脂的结构和性能。氧化安定性对润滑脂的储存和使用都有影响，尤其是对高温、长期使用的润滑脂，更具有重要意义。

5. 胶体安定性

润滑脂在长期储存和使用中，抵抗分油的能力称作润滑脂的胶体安定性。润滑脂的胶体结构骨架，在分散相动力聚沉或受外力作用后结构被压缩时，分散相聚结程度增大，结构骨架空隙中的基础油会有部分被挤出，从而出现分油。胶体安定性是润滑脂的一项重要指标，对储存和使用都有影响。储存润滑脂时，胶体安定性较差的润滑脂常会出现分油。出现分油的润滑脂不宜继续久存，以免大量分油，质量下降。分油和润滑脂的使用关系很大，微量的分油对使用是有利的，分出的油可起润滑作用，但当润滑脂中的油含量减少到原含量的一半左右时，就会失去润滑作用。

6. 轴承寿命

滚动轴承中约有80%以上是用脂润滑的，因此润滑脂的轴承寿命是一项极其重要的性能，它直接关系到设备维护保养和提高经济效益，尤其是对一些要求“终身润滑”的密封轴承更为重要。润滑脂的轴承寿命长，可减少设备停工维护时间、提高生产效率、节约润滑材料等。当前，润滑脂的发展趋势之一是研制长寿命润滑脂。

影响润滑脂轴承寿命的因素有很多，润滑脂本身的组成和性质以及使用条件，都会影响润滑脂的轴承寿命。例如，采用脲基稠化剂和合成基础油，润滑脂轴承寿命通常较长。润滑脂的寿命与润滑脂的氧化、分油和蒸发都有关系，在机械中长期工作和它的机械安定性、高温时的稠度变化、相似黏度的变化等也都有关。

7. 轴承漏失量

润滑脂在轴承中使用时，因自身品质或工作条件的关系，可能从轴承密封间隙中漏失，不但会影响轴承工作性能，而且漏失的油脂有时会使其他部件不能正常工作。因而漏失量反映润滑脂在轴承中的工作状态和性质，是直接与机械安定性有关的重要指标。

8. 降低噪声特性

现代设备大量使用精密轴承，而轴承工作中产生的噪声一直是人们致力解决的问题。通过控制润滑脂的胶体结构、组成和洁净度，能够有效地降低轴承的噪声。目前低噪声(或静音)润滑脂已经作为轴承的“第五元件”在精密轴承中得到重视和应用。

9. 微动磨损性能

微动磨损是当两个接触表面间存在小幅度振动的相对运动时所发生的表面损害现象，是磨损的基本类型之一。它是一种典型的复合形式磨损，包括黏着磨损、氧化磨损、磨粒磨损以及疲劳磨损等多种形式。

微动磨损涉及广泛，特别是各种紧件、万向节、齿槽配合、钢丝绳、螺栓组合体、滚珠或滚柱轴承的滚道以及各种电接触器等。如何降低微动磨损，已引起人们的广泛注意。

对于润滑脂的防微动磨损性能，在很大程度上取决于其稠化剂和基础油，与稠化剂的种类、浓度，基础油的类型和黏度以及润滑脂的稠度都有关系。

（三）润滑脂的防护性能及其他性能

1. 防护性能

润滑脂在金属表面能起到防锈、防腐蚀作用，防护效果的好坏与润滑脂的黏附性、保持能力、脂膜厚度、氧化安定性、胶体安定性、抗水性以及润滑脂是否含游离酸/碱、水分等有关，还与润滑脂中加入的防锈剂、防腐剂、金属钝化剂有关。

2. 抗水性能

润滑脂的抗水性是指润滑脂在使用过程中与水或水蒸气接触时抗水冲洗和抗乳化的能力。润滑脂的抗水性主要取决于稠化剂的类型。烃类稠化剂的抗水性最好，既不吸水又不乳化，皂基润滑脂的抗水性决定于金属皂的水溶性。

3. 橡胶相容性

润滑脂与橡胶的相容性又称橡胶适应性，是指润滑脂与橡胶接触时不使橡胶体积、重量、硬度等发生过大变化的性质。

润滑脂在使用中，有些场合会与橡胶密封元件接触，在润滑脂兼起润滑和辅助密封作用的条件下，使橡胶适当少量地膨胀对润滑和密封有利，如果它与橡胶相容性差，橡胶发生过分溶胀、变软变黏，或过分收缩、硬化，都会影响橡胶密封件工作性能。

4. 抗辐射性

润滑脂在受到核辐射的情况下，皂晶体变为非晶体物质，结构破坏开始软化，继而发生叠合而硬化或变成流体而失效。

润滑脂的抗辐射性主要取决于稠化剂和基础油的芳香烃含量，芳香烃含量愈多，其抗辐射性愈强。所以抗辐射润滑脂使用的基础油有含芳香烃多的矿物油、聚苯醚和烷基萘，稠化剂使用阴丹士林、酞菁铜、芳基脲等。

5. 储存安定性

润滑脂在储存过程中，性质可能发生一些变化。国外润滑脂规格中常规定储存安定性的指标，规定润滑脂在38℃放置6个月后，锥入度的变化值不得超过30。国内现已制定润滑脂储存安定性试验方法SH/T 0452—1992。

二、润滑脂选择及使用

润滑脂的正确选用对保证机械设备的良好润滑、防止设备损坏、延长设备使用寿命、降低润滑脂耗量有重要意义。选用润滑脂的一般原则是：根据设备工作条件，如设备类型、使用温度范围、承载负荷、转速及所接触的环境介质和其他特殊要求，参照各类润滑脂的主要性能，结合经验选择润滑脂。

（一）考虑润滑脂的使用目的

使用润滑脂的主要目的是减摩、防护、密封，而80%的润滑脂的使用目的是减摩。使用目的不同须选择不同类型的润滑脂。

1. 减摩润滑脂

减摩润滑脂的选择应根据设备类型、负荷、转速、使用温度及供脂方式等。

2. 防护密封润滑脂

防护润滑脂的选用要考虑被保护金属的种类、性质及环境条件（如温度、湿度、腐蚀性介质等）和保护期的长短。

密封润滑脂的选用首先要考虑所接触的介质，润滑脂要有对相应介质的忍耐性；其次要考虑温度、压力等条件，在使用温度下不流失，在所受压力下仍能保持密封性。

（二）根据设备工作条件并参照润滑脂的特性选用润滑脂

（1）首先根据设备运转的工作条件（如温度、速度、负荷、接触介质、供脂方式等）选定润滑脂的种类，再参照润滑脂的特性选用润滑脂。选用润滑脂时要结合应用经验。各类润滑脂的特性见表15-13，根据运转条件选用润滑脂见表15-14。

表15-13　各类润滑脂的特性

基础油	稠化剂	滴点/℃	热安定性	机械安定性	耐水性	防锈性	泵送性	低温性	橡胶相容性	最高使用温度
矿物油	钙皂	85~100	差	良	优	—	优	良	良	60
	钠皂	150~190	良	良	差	—	差	良	良	120
	钙-钠	140~150	可	良	可	可	可	良	良	100
	铝皂	70~90	差	差	优	良	优	可	良	60
	锂皂	180~200	良	良	良	良	优	良	良	150
	钡皂	130~150	可	可	良	良	良	可	良	120
	铅皂	70~130	可	良	可	可	可	良	良	100
	复合钙	>250	可	可	良	良	—	良	良	150
	复合铝	>250	良	良	良	良	优	良	良	150
	复合锂	>250	良	良	良	良	优	良	良	150~200
	改性膨润土	>250	良	良	可	差	可	良	良	150
	聚脲	>250	优	良	优	优	良	优	良	150~200
酯类油	锂皂	180~200	良	良	良	良	优	优	差	160
	改性膨润土	>250	良	良	良	良	良	优	差	150~200
	聚脲	>250	良	良	良	良	良	优	差	150~200
硅油	锂皂	180~200	良	良	良	良	优	优	良	180
	聚脲	>250	良	良	良	良	良	优	良	150~200

表15-14　根据设备运转条件选择润滑脂

润滑部件		皂基脂				非皂基脂	基础油黏度			润滑脂稠度		
		钙皂	钠皂	铝皂	锂皂		高	中	低	硬	中	软
轴承	滑动	○	○	○	○							
	滚动	○	○	×	○	○						
环境	水	○	×	○	○	○						
	化学介质	×	×	×	×	○						

续表

润滑部件		皂基脂				非皂基脂	基础油黏度			润滑脂稠度		
		钙皂	钠皂	铝皂	锂皂		高	中	低	硬	中	软
转速	高	×	○	×	○	○	×	×	○	×	○	○
	中	○	○	○	○	○	○	○	○	○	○	○
	低	○	×	×	○	○	○	×	×	○	○	○
运转条件	*DN* 值大	×	○	×	○	○	○	×	×	○	○	×
	DN 值小	○	○	○	○	○	○	○	×	×	○	○
	重负荷	×	○	○	○	×	○	×	×	○	○	×
	轻负荷	○	○	○	○	○	×	○	○		○	○
冲击负荷		×	○	○	○	×	○	○	×	○	○	×
供脂方式	人工	○	○	○	○	○	○	○	○	○	○	×
	脂杯	○	○	○	○	○	×	○	○	×	○	○
	压力	○	○	○	○	○	×	○	○	×	○	○
	集中	○	×	○	○	○	×	○	○	×	○	○

（2）根据供脂方式、运转条件选择润滑脂的稠度，润滑脂稠度与使用的关系见表 15-15。

表 15-15　润滑脂稠度与使用的关系

NLGI 稠度等级号	适用场合
000、00	开式齿轮、齿轮箱和减速箱的润滑
0	开式齿轮、齿轮箱或集中润滑系统
1	转速较高的针式轴承、滚子轴承及集中润滑系统
2	中负荷、中等转速的抗磨轴承，汽车轮轴承
3	中负荷、中等转速的抗磨轴承，汽车轮轴承
4	水泵和其他低转速、高负荷的轴承和轴颈轴承
5、6	特殊条件下的润滑，如球磨机轴颈轴承

（3）根据速度指数(*DN* 值)、温度、环境选择润滑脂的稠度见表 15-16。

表 15-16　根据速度指数等选择润滑脂

运转温度/℃	速度指数 *DN* 值	环境状况	选用润滑脂稠度等级号	
			手涂、脂杯、脂枪	集中润滑
-10~40	<8000	干燥空气	1、2	0、1
	<8000	水分或湿度	1、2	0、1
	>8000	干燥空气	2	0、1、2
	>8000	水分或湿度	2	0、1、2
40~80	<8000	干燥空气	2、3	0、1、2
	<8000	水分或湿度	2、3	0、1、2
	>8000	干燥空气	2、3	1、2
	>8000	水分或湿度	2、3	1、2
大于 80	—	—	2、3	1、2

（4）根据设备最低工作温度，选择适用于低温下使用的润滑脂见表 15-17。

表 15-17 润滑脂使用低温极限

基础油	稠化剂	润滑脂最低使用温度/℃	基础油	稠化剂	润滑脂最低使用温度/℃
矿油	钙皂	-20	双酯	膨润土	-55
矿油	钠皂	0	硅油	锂皂	-55
矿油	锂皂	-40	硅油	染料	-75
矿油	膨润土	-30	硅油	硅胶	-50
双酯	锂皂	-75			

（三）滑动轴承润滑脂的选用

滑动轴承大多采用油润滑，有一部分滑动轴承用脂润滑，如运转速度小于 2m/s、间隙运动及要对污物和水分密封时采用脂润滑。滑动轴承的接触面之间为滑动摩擦，摩擦系数较大，转速低而负荷高，要求润滑脂有足够的油膜强度和良好的润滑性；在潮湿环境或水淋条件下工作，要求润滑脂要有良好的抗水性。滑动轴承润滑脂的选用主要考虑速度、负荷、温度等。用脂润滑的滑动轴承的润滑周期见表 15-18。

表 15-18 用脂润滑的滑动轴承的润滑周期

工作条件	转速/（r/min）	润滑周期
偶然工作，不重要的部件	<200	5 天 1 次
	>200	3 天 1 次
间断工作	<200	2 天 1 次
	>200	1 天 1 次
连续工作，工作温度小于 40℃	<200	1 天 1 次
	>200	每班 1 次
连续工作，工作温度大于 40℃	<200	每班 1 次
	>200	每班 2 次

三、润滑脂应用

作为润滑剂中的典型种类，润滑脂在我国国民经济各行业领域得到广泛使用。在工业、农业、电子信息、交通运输、航空航天和国防工业及军事装备上，不同类型、性能各异的润滑脂发挥了举足轻重的作用。以下介绍一些润滑脂在主要行业的应用情况。

（一）冶金行业

冶金行业包括采矿选矿、烧结、炼铁、连铸、热轧等主要环节，每个作业点都会使用到润滑脂。冶金机械设备工作条件十分苛刻，对润滑脂的要求包括耐高温、抗水、重载、不易流失、密封性好、防锈性好、输送性好。

（二）汽车行业

汽车根据承载能力和用途分为重型车、中型车、轻型车、微型车、轿车及各种专用车辆等类型，根据汽车结构分为发动机、底盘、车身、电气设备等部分，车型各异、使用部位不同，对润滑脂的性能要求不一样，使用的润滑脂也是各不相同的。总体来讲，车用润滑脂应具备长寿命、耐高温、抗剪切、极压抗磨、抗水、密封、与橡胶材料相容、低噪声、低阻尼等性能。

（三）工程机械

工程机械主要包括履带推土机、液压挖掘机、轮式装载机、压路机、平地机、摊铺机、破碎机、叉车、带式输送机及起重机等。工程机械由于使用条件苛刻，对润滑脂有着特殊的要求，如极压抗磨性、抗氧防腐性、抗水防锈性、机械安定性、黏附性、密封性等。

工程机械用润滑脂品种较多，但许多都与汽车用润滑脂相同，如汽车通用锂基润滑脂、极压锂基润滑脂等，但也有专用润滑脂，如复合钙基润滑脂、石墨钙基润滑脂、石墨烃基润滑脂、二硫化钼复合钙基润滑脂、二硫化钼锂基润滑脂、二硫化钼膨润土润滑脂等。此外还会用到钢丝绳润滑脂、盾构机使用的主轴承密封润滑脂、盾尾密封脂等。

（四）铁路装备

铁路装备涉及润滑脂润滑的部位主要是轴承、制动装置、牵引装置、轮缘与钢轨、电力机车导线等。铁路机车(尤其是高铁)的工况对润滑脂的性能要求也有特殊之处，主要有：使用温度范围要宽、寿命长，以及对极压抗磨性、防锈性、氧化安定性、胶体安定性、机械安定性、抗水性、黏附性、泵送性以及与密封件的适应性都有要求。高铁轴箱轴承、电机轴承对润滑脂的性能要求要更高一些。

铁路机车车辆使用的润滑脂主要有铁路滚动轴承锂基润滑脂、铁路制动缸润滑脂、齿轮润滑脂、轮轨润滑脂、铁道硬干油等。

（五）农业机械

农业机械大多在室外工作，经受风吹、雨淋、日晒以及高低温自然条件，工作负荷变化大，震动颠簸剧烈、季节性使用易生锈等情况。因此，农机用润滑脂具有牌号多、极压抗磨要求高、耐水密封、防锈性好、黏温性好等特点。

目前，农业机械用润滑脂主要有钙基润滑脂、锂基润滑脂、极压锂基润滑脂、二硫化钼锂基润滑脂、石墨钙基润滑脂、钢丝绳润滑脂以及凡士林等。

（六）风电设备

风电在我国属于比较新兴的能源形式，风电设备的主要润滑介质是润滑脂。需要润滑脂润滑的风电设备主要有风电设备主轴承、发电机轴承、偏航及变桨系统轴承与齿轮等。对润滑脂高低温性、极压抗磨性、抗氧化性、防锈性、抗水性、防腐蚀性(主要是海水)、寿命等有较高的要求。

风电设备使用的润滑脂主要有风电设备主轴承润滑脂、发电机轴承润滑脂、偏航轴承润滑脂、偏航齿轮润滑脂、变桨轴承润滑脂、变桨齿轮润滑脂等。

（七）机器人

与润滑脂相关的机器人设备主要有 RV 减速机、谐波减速机、行星减速机及转角减速机等，需要润滑脂具有优良的极压抗磨性、减震减噪、高温稳定性及抗氧性、抗微动磨损性、长寿命以及有适宜的黏度和流动性。

机器人设备用润滑脂主要用在上述四种减速机中，每种减速机均有各自专用的润滑脂，目前主要以国外的润滑脂品牌为主，国内相关行业与企业也开始研发并生产机器人润滑脂，并有比较好的应用。

第四节　润滑脂生产工艺

一、润滑脂生产工艺概述

我国润滑脂工业起步较晚，始于20世纪50年代，生产工艺由建国初期的手工操作逐步实现了机械化。特别是改革开放以来，随着我国润滑脂产品结构的改善和引进技术的消化吸收，润滑脂的生产工艺有了长足的进步，生产装备的水平也有了很大提高。陆续开发了接触器、三重搅拌反应釜、三重搅拌压力反应釜、高压均化器、循环剪切器、在线过滤器、急冷混合器、输送泵等各种制脂新设备，开发了年产3000t锂基润滑脂生产工艺及成套设备、年产3000t复合锂基润滑脂生产工艺等。在生产过程的控制方面，一些润滑脂生产企业已经采用了DCS(集散控制系统)。

润滑脂种类不同，生产设备和制备方法各异。生产工艺主要包括稠化剂制备、分散、冷却和后处理等过程[16]。

稠化剂制备：在润滑脂生产中，根据润滑脂品种和工艺的要求，稠化剂的制备可以分为直接合成法和预制稠化剂法。

绝大多数润滑脂的生产均可以采用直接合成稠化剂来制造润滑脂。对于皂基润滑脂，可以在部分基础油中用脂肪或脂肪酸直接与碱类皂化反应制得皂基稠化剂；对于有些皂基润滑脂(如铝基、复合铝基、复合钛基润滑脂等)，需要在部分基础油中用金属的有机化合物与脂肪或脂肪酸反应，有时还需要用水置换未反应的有机基团而制得皂基稠化剂；对于脲基润滑脂，可以在部分基础油中用二异氰酸酯与单胺和/或多胺反应制得。

对于一些特殊润滑脂，需要用预制皂法。例如，在生产以12-羟基硬脂酸锂皂为稠化剂、合成酯类油为基础油的润滑脂时，为避免氢氧化锂与酯类油反应，需要用12-羟基硬脂酸与氢氧化锂在水相反应，然后经烘干、粉碎、过筛等过程预制成粉状锂皂后再生产润滑脂。聚脲基润滑脂也可以采用预制稠化剂生产。

分散过程：采用一定的分散方式使稠化剂分散在基础油中，形成稠化剂、基础油的分散体系(稠化剂为分散相，基础油为分散介质)，是制备润滑脂的一个重要过程。不同稠化剂在基础油中的分散方式有很大区别，主要分为高温分散、常温分散。对于大多数皂基润滑脂，皂化反应结束，一般采用高温分散，包括加热脱水、升温到最高炼制温度(使稠化剂在基础油中熔化或溶解)、自然冷却或急冷(加入部分基础油急冷或薄膜急冷)来进行分散；对于脲基润滑脂，由于异氰酸酯和胺在较高温度下反应速度很快，在反应过程中就要采取机械分散，然后通过升温进行高温分散；对于膨润土、硅胶等作为稠化剂的润滑脂，宜采用常温或加热分散方法。

冷却过程：分散过程后的润滑脂物料温度很高，通过降温或倒釜进行冷却。不同的稠化剂或稠化剂结构不同，冷却速度相差很大。对于大多数皂基润滑脂，冷却过程是皂纤维增长过程。根据润滑脂的应用要求，通过控制冷却速度，可以获得不同结构的皂纤维结构（皂纤维的长径比不同）。

后处理过程：冷却后的润滑脂要经过后处理过程才能形成润滑脂产品。后处理过程主要是机械分散过程，可以使稠化剂在润滑脂中进一步均匀分散，特别是可以使皂纤维重排，以改善润滑脂的机械安定性、胶体安定性、外观等。后处理过程一般包括循环过滤、循环剪切、均化、脱气等。其中，均化主要有四种方式：一是均化器（也称均质机）均化，二是循环剪切，三是胶体磨研磨，四是三辊机研磨。根据润滑脂稠化剂、基础油、稠度、外观的不同，可以采用一种或两种及两种以上均化方式。润滑脂的脱气主要有真空鼓（包括真空罐）式脱气、输送泵抽负压简易循环脱气、卡鲁曼均化脱气等方式。近年来，也开发了后处理和真空脱气一体化方式，简化了生产过程。

润滑脂生产工艺流程：根据上述润滑脂的生产过程，不同稠化剂、基础油的润滑脂，生产工艺有较大的区别。对于工业化和大规模生产润滑脂，在设计生产工艺流程时，尽量要使其通用化，以满足大多数润滑脂品种的生产。比较典型的润滑脂先进生产工艺流程见图 15-2 和图 15-3。

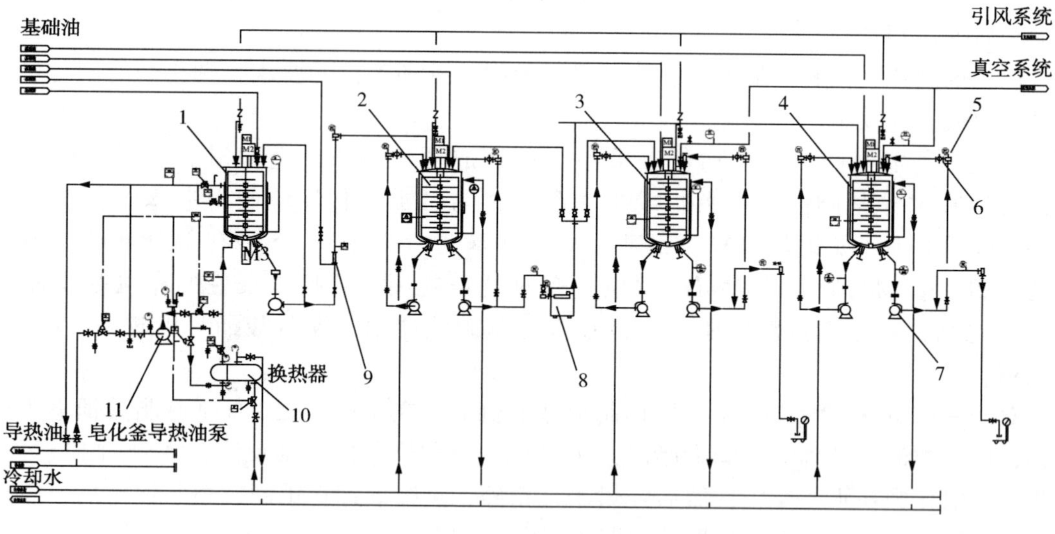

图 15-2　三重搅拌常压反应釜生产工艺流程

1—三重搅拌常压反应釜；2—双重搅拌调合釜；3—双重搅拌真空脱气釜；4—双重搅拌真空脱气釜；5—T 形过滤器；6—剪切器；7—输送泵；8—均质机；9—急冷混合器；10—导热油热交换器；11—导热油热循环泵

图 15-2 所述的三重搅拌常压反应釜生产工艺流程具有如下特点：(1)反应釜采用分段加热，在皂化反应（稠化剂合成）时用下段加热，升温过程用两段加热；(2)反应釜采用三重搅拌，能使黏稠物料充分混合，加速反应物的生成；(3)反应釜采用导热油热循环泵、换热器、自动调节三通阀等，可实现加热和冷却；(4)采用四釜（皂化反应釜、混合釜、两个

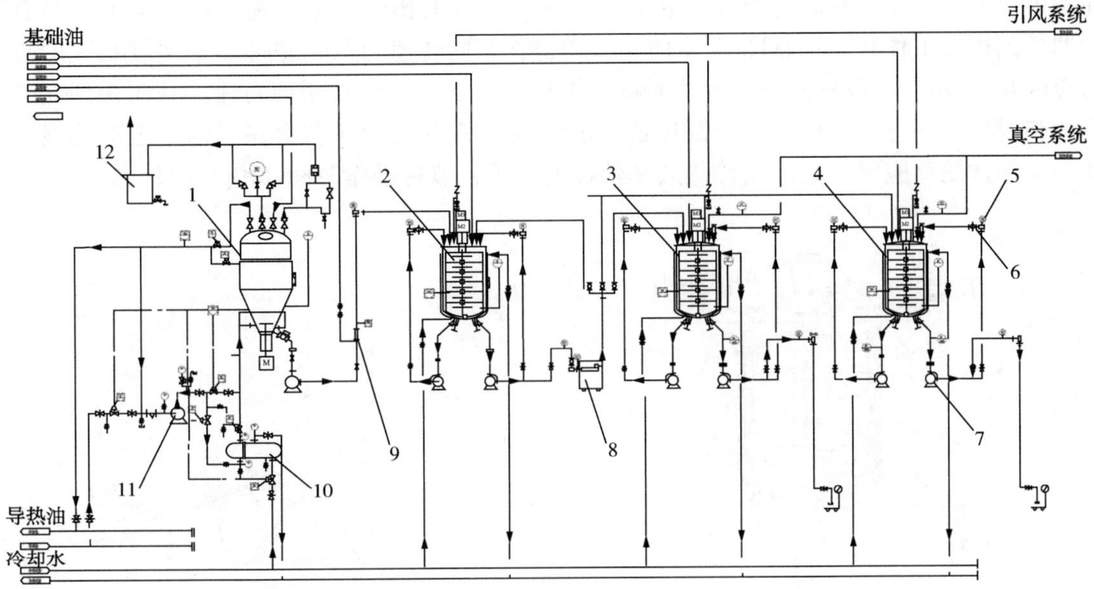

图 15-3　接触釜生产工艺流程

1—接触釜；2—双重搅拌调合釜；3—双重搅拌真空脱气釜；4—双重搅拌真空脱气釜；

5—T 形过滤器；6—剪切器；7—输送泵；8—均质机；9—急冷混合器；

10—导热油热交换器；11—导热油热循环泵；12—泄压阀

成品釜)工艺，合理分配每个釜的工艺时间以及最大限度地减少反应釜的空闲时间，采取两个成品釜可以灵活切换产品；(5)循环剪切、循环过滤和均化器并联，可以根据润滑脂生产的要求，选择一种或两种以上的后处理方式；(6)成品釜的脱气采用输送泵简易循环脱气和真空脱气并联，两种脱气方式可按先后次序或同时进行；(7)通用化程度高，可以适合大多数润滑脂的生产。

图 15-3 所述的接触釜生产工艺流程除了反应阶段采取加压反应之外，其余的特点与图 15-2所述的三重搅拌常压反应釜生产工艺流程基本一致。由于采用加压反应，缩短了皂化反应时间，可以提高生产效率。但与三重搅拌常压反应釜生产工艺流程相比，通用化程度低，只能生产反应过程可以加入水或反应产物能生成水，以及在高温下稠度低的润滑脂，如锂基润滑脂、钙基润滑脂、锂钙基润滑脂等。

二、润滑脂生产的主要设备

(一) 反应设备

润滑脂的反应设备主要有双向搅拌常压反应釜(也称开口反应釜)、三重搅拌常压反应釜、行星搅拌压力反应釜、三重搅拌压力反应釜、接触釜等。

1. 三重搅拌常压反应釜

三重搅拌常压反应釜的结构示意图如图15-4 所示。

三重搅拌常压反应釜的釜体由碳钢或不锈钢制造，带有夹套，夹套内通入导热油为釜内物料加热或冷却。顶部由电机通过减速器带动内搅拌桨和外搅拌桨以相反的方向转动，在釜内部的下方安装有高速搅拌叶轮。为了保证良好的传热效果，在外搅拌桨上安装有刮边器，刮边器工作状态示意图见图 15-5。内搅拌桨的转速为 20~60r/min，外搅拌桨的转速为 20~40r/min。工作时，三组搅拌能够使物料上、下、左、右循环对流，从而得到充分的接触和混合。同时，外搅拌桨的刮边器，能够及时有效地清除黏附在釜内壁上的物料，与双向搅拌常压反应釜相比，使传热效率效提高 3 倍，节省操作时间 30%~50%。

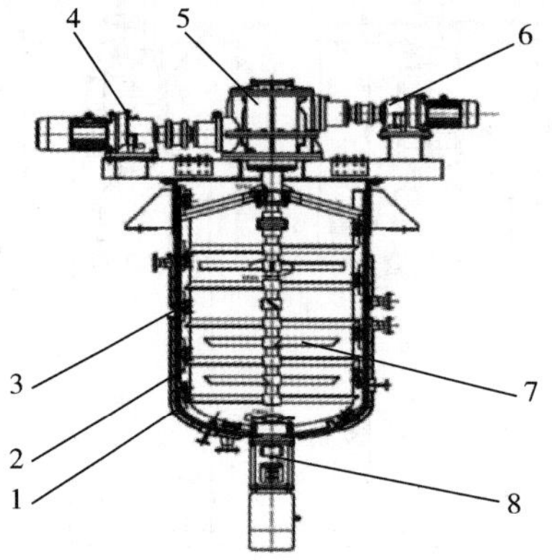

图 15-4　三重搅拌常压反应釜

1—釜体；2—外搅拌；3—刮边器；4—外搅拌电机；5—主减速器；6—内搅拌电机；7—内搅拌；8—底搅拌

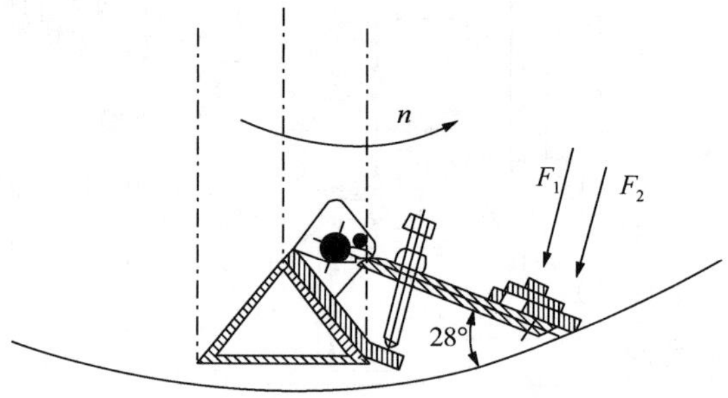

图 15-5　刮边器的工作状况

F_1—弹簧力；F_2—润滑脂压力

2. 三重搅拌压力反应釜

三重搅拌压力反应釜的结构示意图如图 15-6 所示[17]。三重搅拌压力反应釜与三重搅拌常压反应釜结构类似，釜体要承受 0.4~0.6MPa 的压力，带有夹套，夹套内通入导热油为釜内物料加热或冷却。外搅拌桨安装有刮边器。外搅拌桨套轴与釜体之间、内搅拌轴和外搅拌套轴之间、下翼轴与釜体之间装配有良好的密封。其中，外搅拌桨套轴与釜体之间、内搅拌轴和外搅拌套轴之间的密封结构如图 15-7 所示。在压力下，能够提高皂化时物料的反应温度，从而缩短皂化反应时间。

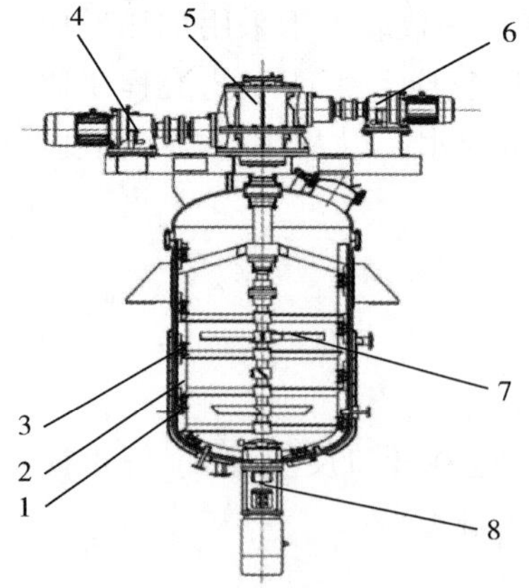

图 15-6　三重搅拌压力反应釜

1—釜体；2—外搅拌；3—刮边器；4—外搅拌电机；5—主减速器；6—内搅拌电机；7—内搅拌；8—底搅拌

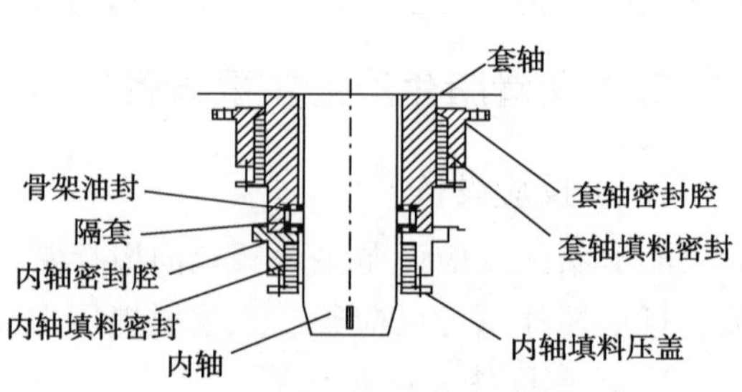

图 15-7　密封结构示意图

3. 接触釜

接触釜是一个带夹套的压力容器，釜内有一个双层壁的导流筒，底部安装有一个高速推进叶轮。结构示意图见图 15-8。物料沿着导流筒流向底部的推进叶轮，转动的叶轮又迫使物料向上流动经过釜体内壁和导流筒之间的狭缝，再从导流筒内壁流向推进叶轮，完成循环。如此往复高速循环，使物料达到充分的接触和混合。在物料高速循环过程中，双夹套允许快速升温加热，而不至于导致局部过热。内外夹套采用强制循环的导热油加热。

接触釜的特点是：升温和反应速度快、混合和热效率高、物料接触和分散好、缩短生产周期和提高产品质量。

接触釜也存在一些不足之处：操作灵活性差、生产品种有限，不适合生产反应期间不加入水或不生成水的润滑脂生产过程，也不适合生产高牌号的复合锂基润滑脂。

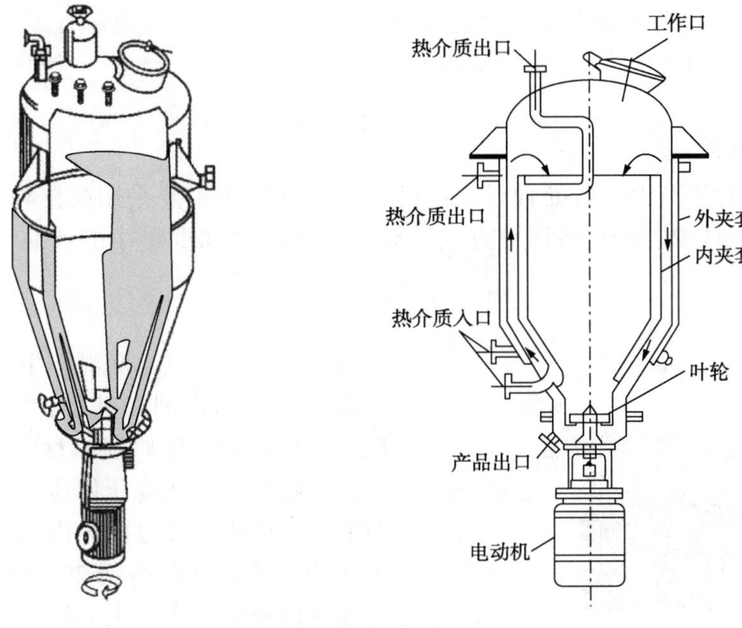

图 15-8　接触釜结构示意图

4. 混合釜

润滑脂生产过程中使用的混合釜(也称调合釜)主要有双向搅拌常压釜和行星搅拌常压釜。双向搅拌常压釜的结构与三重搅拌常压反应釜的结构类似，所不同的是没有安装下翼搅拌。双向搅拌常压釜的结构示意图见图 15-9。釜体夹套可通入冷却水冷却物料或通入蒸汽加热物料，如果通入高压蒸汽或导热油，这种混合釜也可作为皂化反应釜使用。

5. 调合/脱气成品釜[18]

调合/脱气成品釜如图 15-10 所示。在这种混合釜(调合釜)中，可以完成循环剪切、均化、调整稠度、加入添加剂、混合、脱气等后处理工艺，完成润滑脂的生产，因此也称为成品釜。

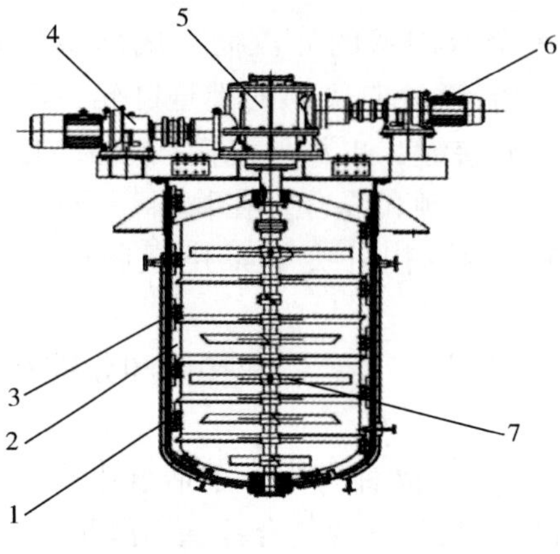

图 15-9　双向搅拌常压混合釜的结构示意图

1—釜体；2—外搅拌；3—刮边器；4—外搅拌电机；
5—主减速器；6—内搅拌电机；7—内搅拌

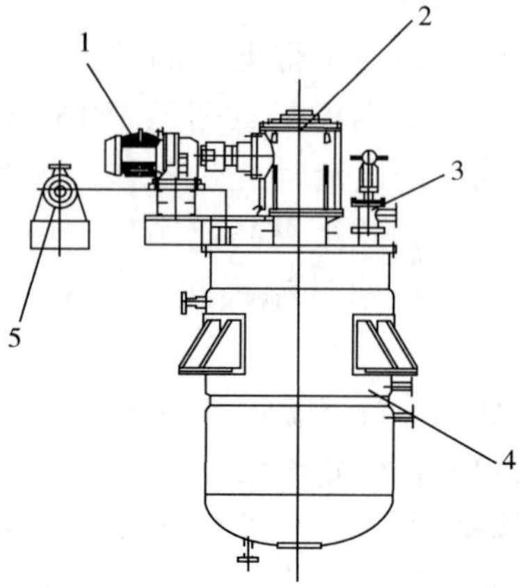

图 15-10　调合/脱气成品釜

1—电机；2—减速机；3—真空脱气阀；
4—釜体；5—真空泵

（二）均化设备

在我国润滑脂生产中，后处理过程中的均化、分散法主要采用高压均化器(也称均质机、均质泵)、胶体磨、循环剪切等方式，对于特殊产品和批量小的产品，也采用三辊机研磨。

1. 均化器

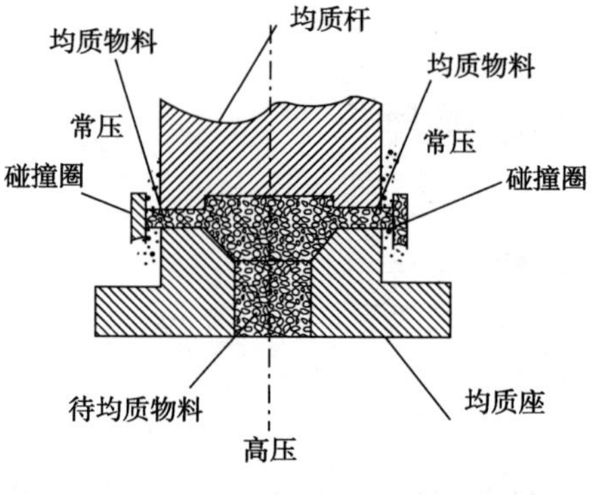

图 15-11　均化器工作原理示意图

在皂基、非皂基润滑脂生产中广泛使用均化器，以使稠化剂在基础油中有效地均匀分散。均化器的工作原理示意图见图 15-11。物料经三缸柱塞泵在高压低速下进入能够进行调节的均质阀中，经过阀体内的狭缝区时，获得极高的流速，可以达到 200～300m/s，从而在均质阀内形成一个很大的压力降。处于空穴效应、湍流和剪切的多种作用下，将原来比较粗糙的物料加工成极细微的、分散均匀的物料。均化后的物料经过碰撞圈(冲击挡圈)，再次经过强烈的碰撞和剪切，并且带有一定的压力流出。润滑脂通过均化器加工后，明显改善了产品的外观，使产品光亮、细腻、均匀，机械安定性、胶体安定性有所提高。

2. 胶体磨

胶体磨是一种常见的均化设备，有些润滑脂生产厂也在使用。它是由定子磨轮、转子磨轮和外壳及电机组成，定子磨轮或转子磨轮可以通过手轮调节间隙，最小可调节到 0.02mm。物料进入两磨轮之间，由于转子磨轮的高速旋转，使物料受到剧烈的剪切作用而达到均化的目的。胶体磨从形式上分为立式和卧式两种，相比之下，卧式胶体磨更适合润滑脂的生产，其结构示意图如图 15-12 所示。

3. 其他均化设备

除了均化器和胶体磨外，常用的均化设备还有研磨机、孔板剪切器、静态剪切器等。

常用的研磨机主要是有三辊机，它是由空心辊筒、齿轮传动机构、进料挡板、出料刮刀和冷却水管组成。当研磨机的辊筒运转时，温度较高的润滑脂在圆形辊筒上形成一薄层，由辊筒内通入的冷却水降温，通过各辊筒的速度差，即后一个辊筒比前一个转速高，对润滑脂物料产生一个剪切研磨作用，并使润滑脂经过两个相邻辊筒之间的间隙被带到最后一个也是转速最高的辊筒上，由出料刮刀刮下来落入包装桶中。冷却水的另一个作用是，冷却辊筒本身因转速不同所发生的摩擦而产生的热量。

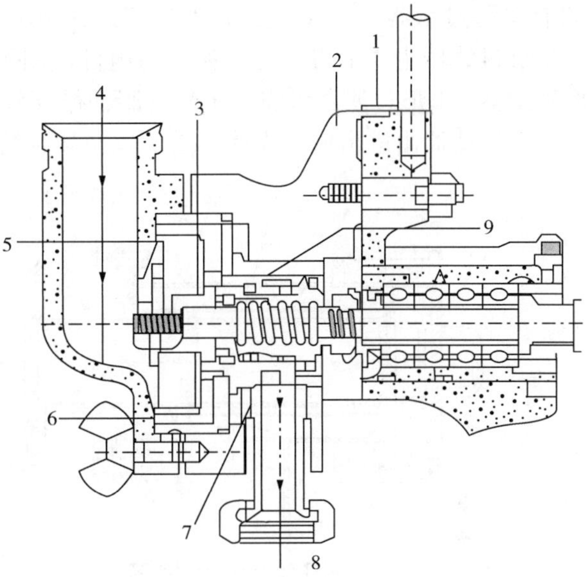

图 15-12　卧式胶体磨结构示意图

1—指示器；2—可调外壳定子；3—转子；4—进口；5—间隙；6—定子；7—水冷却套密封；8—出口；9—密封

孔板剪切器(如图 15-13 所示)是安装在润滑脂混合釜循环管线上的一种简易的均化设备。物料在压力下通过孔板时，受到剪切力的作用，使皂纤维分散而使产品得到均化。剪切板有两种规格，一是 Φ125mm×2mm，孔径 0.5mm；另一个是 Φ125mm×2.5mm，孔径 0.5mm。可通过更换不同孔径的剪切板改变剪切分散的程度。

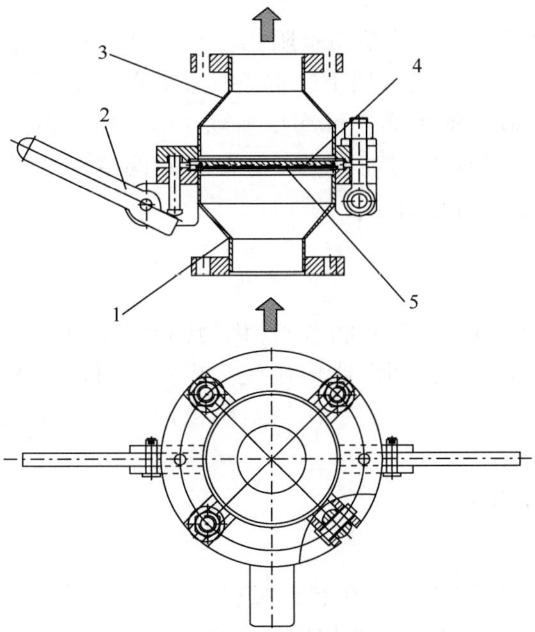

图 15-13　孔板剪切器

1—进口；2—压杆；3—出口；4—支撑板；5—孔板

静态剪切器是由本体、固定的带孔的座盘、能上下移动的带有锥形杆的阀盘、密封、阀杆和手轮等组成。润滑脂物料有横向的进口经输送泵送进，在一定的压力下，物料高速通过座盘上的圆孔，调节阀杆手轮可以改变阀盘上锥形杆在座盘圆孔中的位置，即改变圆孔的环形面积。截面积小，压力高，物料流速快。物料在受到高速挤压和强烈冲击时，达到对润滑脂产生剪切与均化的作用。

(三) 过滤设备

润滑脂生产过程中的过滤也是很重要的一个环节。因为润滑脂是黏稠物料，对过滤器的结构有特殊要求，常用的过滤器主要有T形过滤器[19]、套筒式过滤器等。其中T形过滤器的使用较为广泛。

T形过滤器主要由盖、壳体和过滤组件(滤网、骨架)组成。因外形呈T字，故称之为T形过滤器。T形过滤器可安装于润滑脂的循环管线上，也可安装于产品分装的出口处。

T形过滤器由进出口、壳体、盖、支撑架、滤芯、滤网等组成，结构图见图15-14。

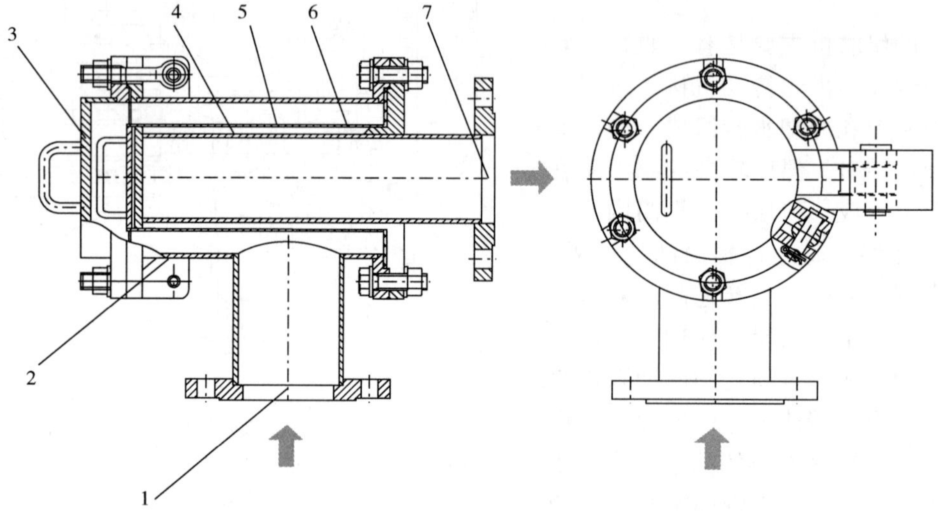

图15-14　T形过滤器

1—进口；2—壳体；3—盖；4—支撑架；5—滤芯；6—滤网；7—出口

T形过滤器进行过滤处理时，润滑脂沿滤芯的长度从滤芯的360°的圆周方向穿过，过滤面积较大。

在T形过滤器中，物料是由滤网筒外向内流入，因此杂质被阻挡在滤网筒外的过滤网外侧。打开盖就可取出过滤组件进行清洗，除去截留或阻挡下来的杂质。T形过滤器，滤网更换快捷，方便实现梯次过滤，由60目到160目或更高，可逐步进行。由于安装在润滑脂循环管线和出口处，安装和操作非常便利。采用循环过滤技术，除了去除润滑脂的机械杂质，同时对润滑脂均质和分散，对产品质量的提升也有很大的作用。

三、钙皂稠化剂润滑脂的生产工艺

以钙皂(包括复合钙皂)为稠化剂的润滑脂分为普通钙基润滑脂(称为钙基润滑脂)、无水钙基润滑脂和复合钙基润滑脂三类产品。以前，钙基润滑脂应用较为广泛。目前，无水钙基润滑脂的产量大于钙基润滑脂。钙基润滑脂中含有结构水作为结构稳定剂，所以钙基润滑脂又称为“水合钙基脂”。

下面简单介绍三种类型的钙皂稠化剂润滑脂生产工艺。

(一) 钙基润滑脂

钙基润滑脂在生产上有三个特点：(1)脂中含结构水，在制造过程中有一个“水化”过程；(2)使用脂肪作原料，皂化反应分两步完成(脂肪酸水解与酸碱中和)，皂化脱水时间较长；(3)所需设备简单。

根据所用设备及操作条件，钙基脂的生产方法有常压釜法、压力釜法和管式炉法三种。

前两种方法为间歇式生产，后一种为半连续生产，也可以连续化生产。本书仅介绍压力釜法的生产工艺过程。

压力釜法生产钙基润滑脂，可采用单台或两台釜操作。

压力釜法与常压釜法的区别在于，压力釜法所用的皂化釜是一个压力容器，可以加速皂化反应过程，缩短生产周期。

典型生产过程：将脂肪、占总量 1/3 的润滑油及定量水和氢氧化钙投入压力釜中，密闭加热升温，于 125～130℃、压力 0.18～0.20MPa 下皂化 3h 左右；加入余量润滑油调整稠度，在 85～90℃过滤，即得产品。

压力釜制造钙基润滑脂的优点为：采用压力下皂化、密闭下定量水合反应，省去了水化过程；皂化反应速度快，生产周期短，操作简便易行；同时，皂化反应生成的部分甘油，留在润滑脂中被利用。采用相同原料生产 3 号稠度的钙基润滑脂，常压釜法的脂肪用量为 17%，每批生产周期 7～8h；压力釜法制脂的脂肪用量降为 15.5%～16%，每批生产周期缩短为 5.0～5.5h。

（二）无水钙基润滑脂

无水钙基润滑脂的滴点高于钙基润滑脂，与之相比又有较好的耐温性能，其他性能也优于钙基润滑脂。在机械制造、建筑工程机械和农用机械等润滑部位得到广泛应用。

生产无水钙基润滑脂的皂化材料是 12-羟基硬脂酸或 12-羟基硬脂酸与硬脂酸的混合物，这与钙基润滑脂有很大的区别。生产过程示意图如图 15-15 所示。

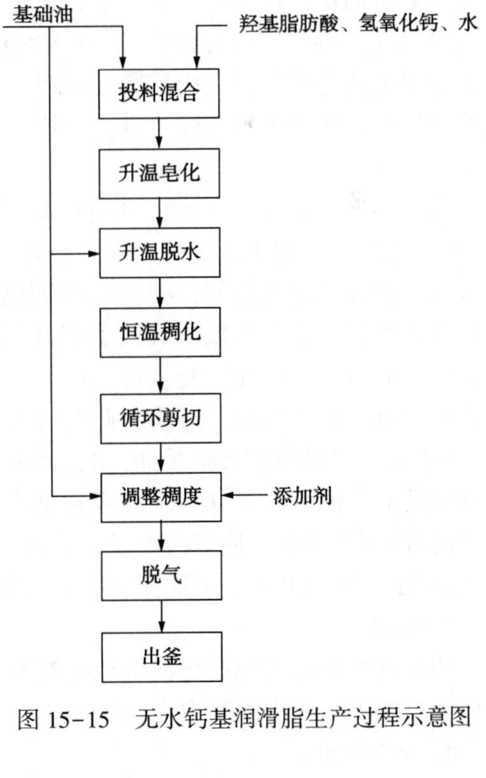

图 15-15　无水钙基润滑脂生产过程示意图

无水钙基润滑脂的生产工艺包括以下几个主要环节。

1. 皂化

常压反应釜中加入 2/3 的基础油、全部的 12-羟基硬脂酸，加热到 80～85℃，加入氢氧化钙和水，水的加入量为氢氧化钙重量的 2～4 倍。加热到 100℃，反应 2～3h。

2. 升温脱水

皂化反应结束后，升温脱水，并加入部分基础油。

3. 恒温稠化

继续加热到 140～145℃，恒温，待物料变稠后，继续恒温 30min。

4. 后处理

恒温后，转入混合釜，温度在 110℃以下时，循环过滤、剪切，加入基础油调整稠度，加入添加剂，搅拌混合后即为润滑脂成品。

上述工艺也可以采用压力釜进行皂化反应。

采用压力釜时，在釜内投入 2/3 的基础油、全部的 12-羟基硬脂酸、氢氧化钙和水，水的加入量为氢氧化钙重量的1.5~2倍。密闭反应釜，加热、升温、升压，压力控制在0.2~0.3MPa，恒温30min，然后泄压，脱水升温。其余工艺过程与常压釜工艺相同。

压力反应釜皂化时间明显低于常压釜工艺的皂化时间，缩短生产周期，可以达到节能和提高生产效率。

（三）复合钙基润滑脂的生产工艺

复合钙基润滑脂生产工艺过程可分为脂肪材料和氢氧化钙皂化工艺、低分子酸复合工艺、高温炼制成脂。其工艺特点是：皂化时在微酸性条件下进行，这样比较容易控制生产工艺条件和易于复合成脂；加入低分子酸复合时应严格控制复合温度和时间，复合完成后，再升温稠化；加完稠化油后，再分批加入余下的氢氧化钙粉，取样测皂基游离碱，在达到规定的要求范围后再升温到最高炼制温度；达到最高炼制温度后，物料经过滤后移至中间釜冷却，再经循环剪切处理制成成品脂。这样得到的复合钙基润滑脂滴点较高，极压性能好，当使用温度升高时，仍能保持其稠度，满足润滑要求。

用开口釜生产复合钙基润滑脂的典型生产工艺如下。

1. 皂化

将称量好的动物油、脂肪酸和1/3基础油加入皂化釜中，在搅拌下加热升温，物料升温至80℃时，加入称量好的氢氧化钙粉(注意留下8%~10%的氢氧化钙粉作调游离酸碱用)并加入适量的水，在100~105℃下进行皂化反应3~4h。

皂化完成后，釜内的物料应呈中性至微酸性，有利于下面工序进行复合反应和稠化成脂；如果皂化完成后，釜内容物呈碱性，则将给复合反应带来困难。皂化时选用的消石灰应严格控制碳酸钙含量不能过高。否则，皂化反应进行较缓慢，将延长生产周期。

2. 复合

完成皂化反应后，在100~140℃下缓慢加入冰乙酸进行复合反应，在复合过程要注意缓慢加入冰乙酸(约1h)。在复合反应时，升温要缓慢，防止溢釜，釜内容物必须较软并呈微酸性。若复合温度偏低，则脂肪酸钙皂与乙酸盐复合不好；如果复合温度过高，将使釜内物料脱水快，乙酸钙极易沉入釜底并结晶析出。复合过程稠度较厚时，易引起结焦，严重影响产品质量。因此，复合过程中要严格控制温度，不可过高或过低。炼制釜的框式搅拌器上如带有弹簧刮板，可避免此类现象发生。

加完冰乙酸后继续反应0.5h，取样测皂基游离碱；物料继续搅拌升温脱水，温度达到160~170℃时保持恒温20min，加入剩余基础油进行稠化；物料升温至180℃时，分批加入预先留下的氢氧化钙粉进行调灰，使釜内物料呈微碱性，并取样用酚酞试剂测试，直至呈红色。调灰结束后，继续搅拌反应0.5h，取样测皂基游离碱，若需要时，进行调整游离碱操作。

3. 高温炼制

调整好皂基游离碱的物料继续搅拌升温至最高炼制温度210~220℃，并保温一段时间，然后经过滤器移入中间釜内进行冷却。

4. 冷却研磨

高温炼制完成后，冷却研磨对产品质量具有很大影响。复合钙基润滑脂本身比较稳定，不易分离成为皂和盐类以及其他组分。但是，无论是快冷、慢冷还是搅拌冷却，最后都需要研磨至稠度不变为止。如果采用齿轮泵循环剪切，必须在合适的温度下进行循环剪切分散，否则，成品脂的机械安定性和胶体安定性较差。

当釜内润滑脂冷却到 140～130℃时，在 0.5～1.0MPa 压力下进行循环剪切 2～3h，在 130℃时加入计量的添加剂。剪切结束后，取样检测产品的锥入度，合格后，润滑脂产品经过滤、包装得成品。

四、锂基润滑脂生产工艺

在我国润滑脂的产量中，锂基润滑脂所占的比例达到50%左右，生产工艺有多种。就石油基基础油和合成烃基础油而言，生产工艺根据所用皂化反应设备的不同，主要有双重搅拌常压釜-混合釜生产工艺、三重搅拌常压反应釜-混合釜法生产工艺、接触釜-混合釜生产工艺、管式炉-混合釜生产工艺等；后处理方式也有多种，主要有循环剪切、高压均化器均化、胶体磨研磨、三辊机研磨等。

锂基润滑脂的生产过程示意图见图 15-16，主要包括投料、皂化反应、升温脱水、急冷和冷却、加入添加剂、后处理、脱气等主要过程。

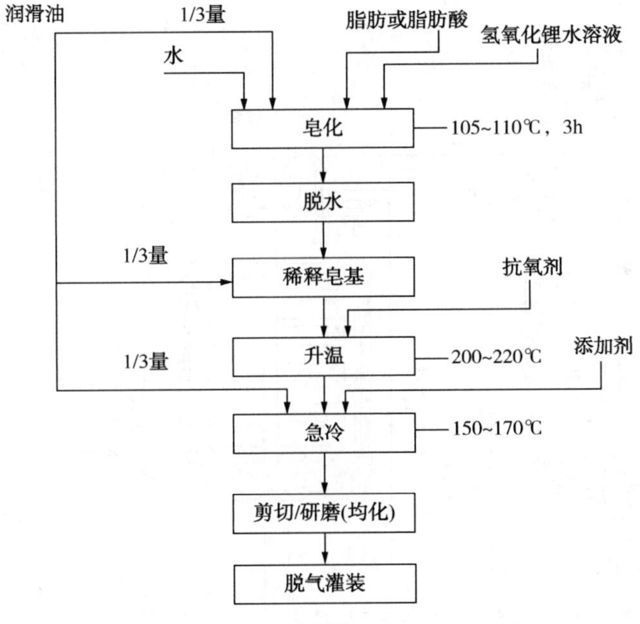

图 15-16　锂基润滑脂生产过程示意图

皂化反应是生产锂基润滑脂的一个关键过程。首先要根据脂肪酸或羟基脂肪酸的皂化值计算氢氧化锂的用量。在一般情况下，氢氧化锂要比计算量多加 2%～4%。皂化反应完全，制成的润滑脂机械安定性、胶体安定性优良，如果存在过量的游离脂肪酸，润滑脂的机械安定性、胶体安定性变差。

急冷是获得不同皂纤维结构稠化剂锂基润滑脂的关键过程。根据润滑脂的性能要求，通过控制急冷速度、急冷油量和急冷后的温度，可以得到所需要的皂纤维结构。急冷速度快，皂纤维细小；急冷速度慢，皂纤维粗大。

（一）三重搅拌常压反应釜-混合釜法生产工艺

三重搅拌常压反应釜-混合釜法生产工艺流程见图 15-17。皂化反应、升温脱水和急冷过程在三重搅拌常压反应釜中进行，冷却、后处理、加入添加剂和脱气在混合釜进行。生产过程如下：

1. 投料

在皂化反应釜中投入部分基础油、脂肪酸或羟基脂肪酸，启动搅拌，温度升到 50~60℃，加入氢氧化锂水溶液(用 5~6 倍水溶解氢氧化锂)。

2. 皂化

反应釜温度升到 100~105℃开始计时皂化，反应时间为 2~3h。

3. 升温脱水

皂化结束后，加热物料升温脱水，在 140~160℃时测定并调整游离酸碱。在此温度下可以加入部分基础油稀释皂液。

4. 急冷

升温到 200~220℃，釜内物料呈溶液状态。此时，在反应釜中快速加入部分基础油或将物料倒入预先加入部分基础油的混合釜中进行急冷，并控制急冷后的物料的温度。

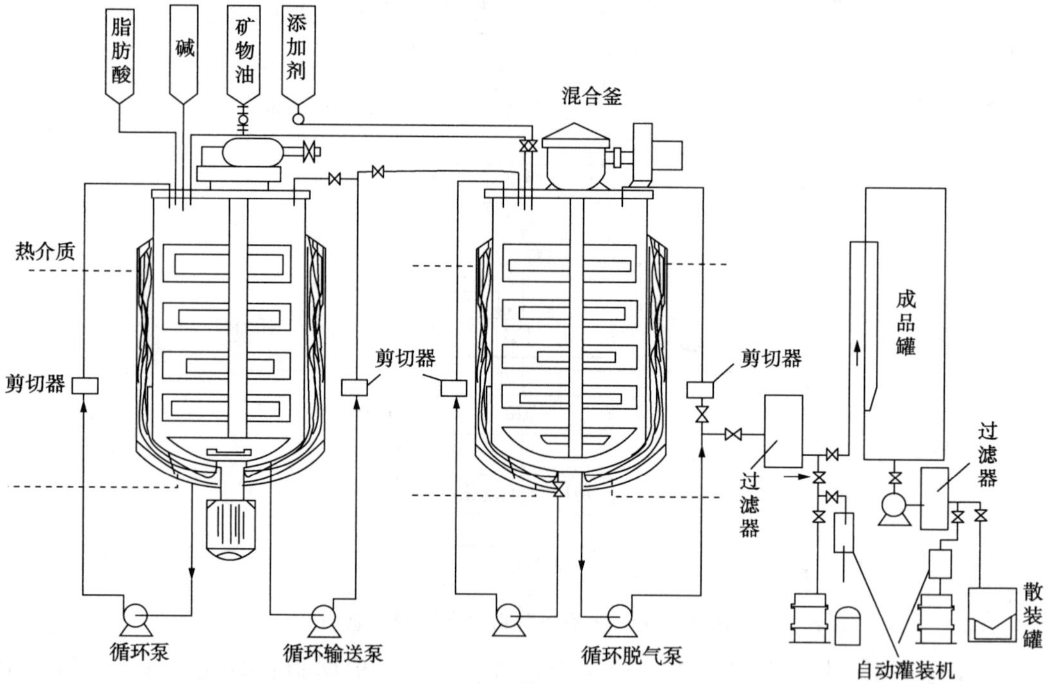

图 15-17　三重搅拌常压反应釜-混合釜法生产润滑脂生产流程简图

近年来，锂基润滑脂的生产也有用急冷混合器进行急冷，其原理是：高温物料和基础油同时进入急冷混合器，在急冷混合器内两种物料瞬时分散和混合。通过控制物料在急冷混合器出口的温度，也可以得到不同纤维结构稠化剂的锂基润滑脂。

5. 冷却

冷却急冷后的物料在反应釜或混合釜中再进行冷却。如果是在反应釜中冷却，待物料温度冷却到 140℃时，倒入混合釜。

6. 均化

混合釜内物料的温度降到120℃以下时，采用循环剪切或均化器均化，使物料进一步分散。

7. 加添加剂和脱气

在100℃以下加入添加剂，经循环、搅拌、脱气后成为锂基润滑脂。

常压皂化生产锂基润滑脂的优点是控制方便、操作灵活，不同品种、不同牌号的产品切换容易；缺点是与压力皂化反应(压力釜或接触釜)相比，生产周期长，能耗高。

(二) 接触釜-混合釜生产工艺

采用接触釜生产锂基润滑脂的工艺流程见图15-18。为提高接触釜的使用率，通常是一台接触釜配备两个或两个以上的混合釜(也称调合釜)，混合釜的容积为接触釜的两倍左右。接触釜的功能是完成皂化反应和升温过程，混合釜及后处理设备完成冷却和成脂过程。生产工艺包括如下过程：

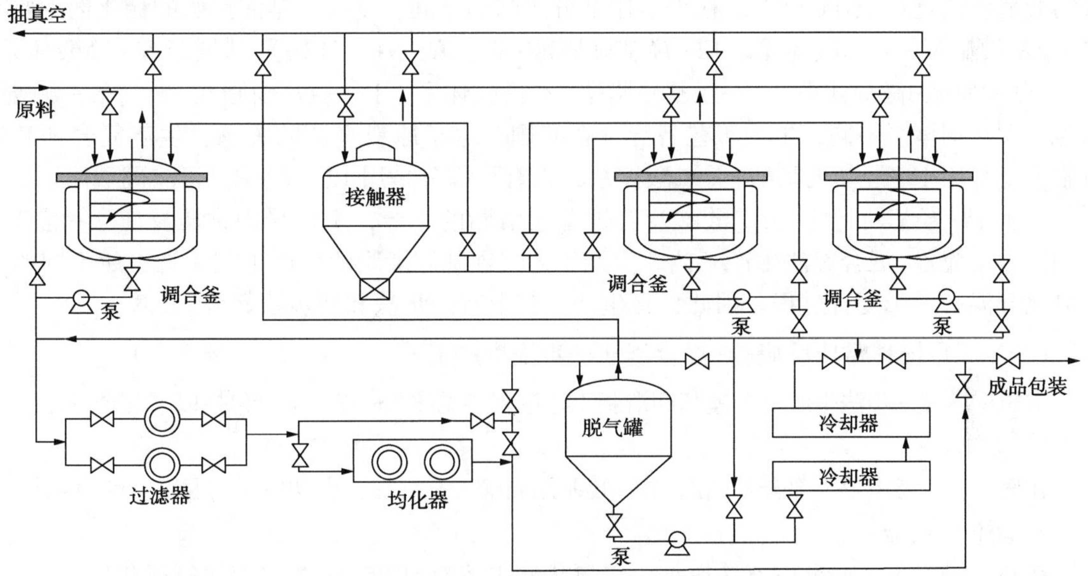

图15-18　接触釜生产锂基润滑脂的工艺流程示意图

1. 投料

在接触釜中投入部分基础油、脂肪酸或羟基脂肪酸，在40~60℃时启动搅拌，投入氢氧化锂。为使反应充分和获得水蒸气的压力，一般要在投料时加入氢氧化锂量的0.2~0.5倍的水。

2. 皂化升温

系统密封后通入导热油升温皂化。

3. 泄压脱水

接触釜的压力达到0.5~0.6MPa时，开启泄压阀排出釜内水蒸气脱水。

4. 升温到最高炼制温度

脱水后的物料加热到215~225℃或工艺要求的最高炼制温度。在一般情况下，接触釜生产锂基润滑脂的最高炼制温度要比常压釜高10℃左右。

5. 急冷

在最高炼制温度下，将物料倒入预先加入部分基础油的混合釜中进行急冷，并控制急冷后的物料的温度。也可以通过急冷混合器倒入混合釜。

冷却、均化、加入添加剂和脱气等过程与常压釜工艺相同。

接触釜-混合釜生产工艺与常压釜生产工艺相比，具有加热速度快、皂化反应时间短的优点。

五、复合锂基润滑脂生产工艺

复合锂基润滑脂除了保持着锂基润滑脂的良好性能外，还具有优异的高温性能，是一种优良的高温润滑脂，在润滑脂中所占比例呈逐年上升的趋势。

复合锂基润滑脂的稠化剂体系是由脂肪酸锂皂和低分子酸锂盐共结晶形成的，使得制备的润滑脂滴点在260℃以上。根据所用低分子酸的不同，复合锂基润滑脂的稠化剂主要有12-羟基硬脂酸-壬二酸体系、12-羟基硬脂酸-癸二酸体系、12-羟基硬脂酸-硼酸体系、12-羟基硬脂酸-磷酸体系、12-羟基硬脂酸-水杨酸体系、12-羟基硬脂酸-癸二酸-硼酸体系等。稠化剂体系不同，生产工艺各异。在我国，由于原料来源的关系，生产复合锂基润滑脂主要采用12-羟基硬脂酸-癸二酸体系，也有少部分采用12-羟基硬脂酸-硼酸体系。

对于12-羟基硬脂酸-癸二酸酸复合锂基润滑脂的生产，主要采用常压反应釜-混合釜法和压力反应釜-混合釜法生产工艺。生产工艺与锂基润滑脂的生产工艺相近，所不同的是在皂化升温有一个复合过程。因此，在生产工艺上有一步法和两步法之分。

（一）三重搅拌常压反应釜-混合釜法一步法生产工艺

常压反应釜一步法生产复合锂基润滑脂工艺流程参见图15-17，主要包括以下几个过程：

1. 投料

在皂化反应釜中投入部分基础油、12-羟基脂肪酸、癸二酸，启动搅拌，温度升到90~95℃。

2. 皂化、复合

在90~95℃下，向反应釜缓慢加入氢氧化锂水溶液(用5~6倍水溶解氢氧化锂)，反应釜的物料明显变稠，温度在100℃以上时，可以提高氢氧化锂水溶液加入速度。

在此过程中，氢氧化锂水溶液的加入温度和加入速度是生产复合锂基润滑脂的关键阶段。氢氧化锂水溶液的加入速度接近或稍高于在该温度下的水的蒸发速度时，有利于12-羟基硬脂酸锂皂和癸二酸锂盐的复合。

氢氧化锂水溶液加入后，反应釜升温，在135℃左右恒温10~30min完成复合过程。

其余过程包括升温、急冷、后处理等，与常压反应釜生产锂基润滑脂过程相同。

（二）三重搅拌压力反应釜-混合釜法生产工艺

压力反应釜一步法生产复合锂基润滑脂工艺流程与图15-18基本相同，只不过是将接触釜换成了三重搅拌压力釜。过程示意图见图15-19。主要包括以下过程：

1. 投料

在压力皂化反应釜中投入部分基础油、12-羟基脂肪酸、癸二酸和氢氧化锂、水，启动搅拌，密封系统。

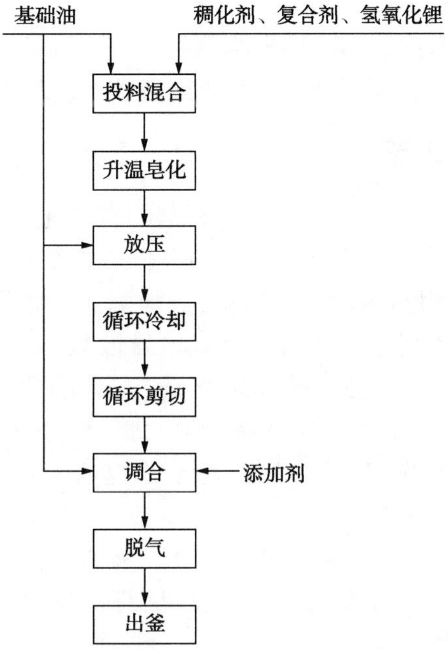

图 15-19　压力釜一步法生产复合锂基润滑脂工艺流程示意图

在此过程中，必须投入一部分水。水虽然不是复合锂基润滑脂的组分，但在压力法工艺皂化复合过程中起着重要作用，主要表现为：溶解和乳化作用，产生和维持压力的作用以及促进复合效果的作用。在压力釜工艺中，加入的羟基脂肪酸、氢氧化锂和复合剂等物料均为固态，加入一定量的水后，可以溶解一部分酸与碱，从而可促使各反应物料之间能更好地接触，有利于皂化和复合反应的进行。水在受热以后所产生的蒸汽，使反应釜内产生和维持所需要的压力，以便提高皂化和复合反应温度。加水量的多少，直接影响皂化复合的效果，具体表现为产品滴点的高低。不加水时，复合效果几乎为零，产品滴点只相当于普通锂基润滑脂的水平；随着加水量(相当于氢氧化锂重量的倍数)的增加，产品的滴点也随之提高，稠度也有所增加。但是，当加水量增加到一定程度时，产品的滴点也会下降，而且稠度也随之下降。而且加水量过多，会在操作过程中产生过多的蒸汽，导致能耗增加，延长生产周期。有关试验数据如表 15-19 所示。

表 15-19　加水量对复合锂基润滑脂的影响

水/氢氧化锂	0	0.5	1.0	1.2	1.5	1.6	2.0	2.5
滴点/℃	200	265	312	304	304	301	271	270
工作锥入度/0.1mm	—	290	295	286	286	250	303	300
10^5次锥入度/0.1mm	—	330	328	318	338	304	359	356
10^5次与 60 次锥入度差值/0.1mm	—	40	33	32	52	54	56	56

2. 升温皂化

加热升温，反应釜的压力达到 0.4～0.5MPa 时，恒温恒压 20～30min。

3. 泄压升温

很恒温恒压结束后，开启泄压阀，排出水蒸气，并升温到 190~210℃。

其余过程包括急冷、冷却、后处理等，与常压反应釜一步法生产复合锂基润滑脂工艺相同。

六、聚脲润滑脂生产工艺

聚脲润滑脂(简称聚脲脂)是由分子中含有脲基的有机化合物作为稠化剂稠化矿油或合成油所制备的润滑脂。这种稠化剂是异氰酸酯和有机胺的加成反应产物，根据稠化剂分子中脲基的多少可分为二脲和多脲润滑脂，最常见的聚脲润滑脂是二脲和四脲润滑脂。

用于生产聚脲润滑脂稠化剂的异氰酸酯有：单异氰酸酯，如苯基异氰酸酯、十八烷基异氰酸酯、环基烷异氰酸酯；二异氰酸酯，如甲苯二异氰酸酯(TDI)、二苯甲烷二异氰酸酯(MDI)等。有机胺原料包括：单胺，如十八胺、十六胺、十四胺、十二胺、十六碳烯胺、硬脂胺、环己胺、苯胺、对甲苯胺、对氯苯胺、对十二烷基苯胺等；二胺，如 1，6-己二胺、乙二胺、丙二胺、二苯甲烷二胺等。

二脲润滑脂常用的异氰酸酯主要是 TDI 和 MDI，有机胺主要是十八胺、十二胺、辛胺、环己胺、苯胺等；四脲及多脲润滑脂除了与二脲润滑脂相同的异氰酸酯和有机胺之外，还要用 1，6-己二胺、乙二胺等二胺。

聚脲润滑脂稠化剂所用异氰酸酯和胺类的不同，性能差别很大，生产工艺差别也很大。生产工艺主要有预制法生产工艺、溶剂法生产工艺和直接法生产工艺。在我国，聚脲润滑脂的生产主要采用直接法生产工艺和预制稠化剂法生产工艺。

（一）直接法生产聚脲润滑脂

直接法生产聚脲润滑脂采用三重搅拌常压釜-混合釜工艺，工艺流程参见图 15-17。工艺过程主要包括：

（1）将 1/2 基础油和有机胺加入制脂釜中混合加热至 70~80℃；将 1/2 基础油和异氰酸酯在自动混合器中混合并加热至 70~80℃；

（2）将异氰酸酯-基础油混合物加入制脂釜中与有机胺-基础油混合物，在搅拌下反应，反应温度一般控制在 110~130℃，在此温度下反应 0.5~1h。

在脲基润滑脂生产中，为了使反应完全，投入的异氰酸酯比摩尔计算量稍微过量，这会使反应后的物料中存在微量的未反应的异氰酸酯，会对润滑脂起负面作用。因此，在反应结束后，需要用傅里叶变换红外吸收光谱(FT-IR)检测物料中是否存在未反应的异氰酸酯(2270cm^{-1}的吸收峰)，如果存在未反应的异氰酸酯，可以加入脂肪醇或其他醇类化合物，反应后形成对润滑脂无害的物质，2270cm^{-1}处吸收峰消失。

（3）反应成脂后，在 160~200℃左右膨化 1~3h(不同种类的聚脲润滑脂膨化温度和时间差别很大)，加入添加剂，经研磨均化即得聚脲润滑脂产品。

在升温、恒温过程中，聚脲润滑脂的状态从较为稀软逐步转化为稠硬，达到一定稠度后，降温或倒入混合釜。在此过程中，胺与异氰酸酯形成的脲分子的氨基和相邻脲分子中的羰基形成分子间氢键。升温和恒温会使得分子间氢键的键角产生变化[20]，宏观上使润滑脂稠度增加。为判断是否膨化结束，也需要用 FT-IR 来检测。例如，脂肪族胺的聚脲，在不同温度和不同恒温时间内，1560cm^{-1}和 1580cm^{-1}的两个吸收峰会出现一系列的变化。随着升温和恒温，$1560cm^{-1}$和$1580cm^{-1}$的两个吸收峰会向高波数偏移，同时$1560cm^{-1}$吸收峰的强度会减弱，当达到与$1580cm^{-1}$的吸收峰强度接近时，膨化结束。

（二）预制稠化剂生产聚脲润滑脂[21]

预制稠化剂生产聚脲润滑脂包括两个部分：一是制备脲基稠化剂，二是用预制的稠化剂制备聚脲润滑脂。

制备脲基稠化剂是在合适的溶剂中，将胺与异氰酸酯反应，反应后蒸发溶剂，烘干，研磨成粉末，即为预制聚脲稠化剂。

将粉状的聚脲稠化剂加入基础油中，在反应釜内搅拌、加热，升温膨化，降温、均化，加入添加剂，混合、研磨即可完成聚脲润滑脂的生产。

此方法的优点在于，润滑脂生产企业可以实现聚脲润滑脂生产的短流程，即采购合适的聚脲稠化剂来生产聚脲润滑脂。

七、高碱值复合磺酸钙润滑脂生产工艺

高碱值磺酸钙作为清净添加剂，具有酸中和能力，广泛用于内燃机润滑油中。从20世纪50年代开始，国外就有人将石油磺酸钙作为稠化剂制成钙基润滑脂，其滴点远比钙基润滑脂的滴点高。但此时使用的是中性或总碱值（TBN）较低的石油磺酸钙，稠化能力很低，只能以较小的比例和传统的脂肪酸钙皂一起使用。在20世纪70年代后期，磺酸钙的高碱化技术的发展，使高碱值复合磺酸钙润滑脂的研究进入了一个新的阶段。1985年，出现了第一个高碱值复合磺酸钙润滑脂的专利[22]。高碱值复合磺酸钙润滑脂一旦形成产业化和投入使用后，以其优异的耐高温性、抗水性、极压抗磨性、防锈性等特性，使它的应用领域迅速扩大，产量也随之迅速增加。美国润滑脂协会（NLGI）统计，2019年北美的高碱值复合磺酸钙润滑脂的产量占润滑脂总产量的7.54%，欧洲占6.29%，中国占2.34%。

高碱值复合磺酸钙润滑脂的生产是采用TBN在300~400mgKOH/g的高碱值石油磺酸钙或合成磺酸钙，其中的直接碱值（DBN）不超过50mgKOH/g。在转化剂和促进剂的存在下，将牛顿体的高碱值磺酸钙转化为非牛顿体，使高碱值磺酸钙中的无定形碳酸钙（Amorphous）转化为方解石结晶型碳酸钙（Calcite），然后加入氢氧化钙、羟基脂肪酸、低分子有机酸或无机酸进行复合反应，最终生成高碱值复合磺酸钙润滑脂。如果高碱值磺酸钙的亲水性差或转化剂使用不当，会使得高碱值磺酸钙中的无定形碳酸钙转化为霰石结晶（Vaterite），最终形成的高碱值复合磺酸钙润滑脂的稠度、极压性能均会有负面影响。这三种类型的碳酸钙形态，在FT-IR检测时，会有不同波数的吸收峰。无定形碳酸钙红外吸收峰在$860\sim865cm^{-1}$，霰石结晶碳酸钙红外吸收峰在$875cm^{-1}$附近，方解石结晶碳酸钙红外吸收峰在$880\sim886cm^{-1}$。据此，在生产中，用FT-IR检测，判断是否转化为理想的方解石碳酸钙是很有必要的。

高碱值复合磺酸钙润滑脂的生产设备采用三重搅拌常压釜-混合釜，主要过程包括如下几个步骤：

1. 乳化并中和TBN

在三重搅拌常压反应釜中投入全部的高碱值磺酸钙、部分基础油、烷基苯磺酸（如果高碱值磺酸钙的TBN在10~20mgKOH/g时，可以不加）、水，烷基苯磺酸的加入量视高碱值磺酸钙的TBN高低而定。

在快速搅拌下，将反应釜升温到 50~60℃，釜内物料形成乳化状态。

2. 加入转化剂和促进剂

反应釜内的物料加热到 60~70℃，缓慢加入醋酸，搅拌 15min 后加入低分子醇。

3. 转化

反应釜加热到 80~90℃，降低搅拌速度，恒温 2~3h。从恒温 1.5h 开始，每隔 30min 用 FT-IR 检测，观察 880~886cm^{-1}和 713 cm^{-1}处的红外吸收峰，判断是否将高碱值磺酸钙中的无定形碳酸钙转化为方解石结晶型碳酸钙。

4. 复合反应

转化结束后，在反应釜内加入氢氧化钙（可以预先调制成悬浮液）、硼酸、12-羟基硬脂酸，升温到 100℃，在 100~110℃反应 1~1.5h。

5. 升温脱水

将反应釜内的物料升温到 130℃，加入部分基础油，然后继续升温到 170~180℃，恒温 10~15min。

6. 后处理

恒温结束后，反应釜降温到 150℃以下，倒入混合釜。在 120℃以下，循环过滤和循环剪切或用均化器均质。在 100℃以下加入添加剂，搅拌均匀后罐装。

八、润滑脂生产中的安全与环保

（一）生产原料的安全性

润滑脂生产中，有时会使用一些危化品。在使用、储存及运输过程中要严格按照有关操作规程进行，以及采取必要的防护措施。有些原料，挥发性很强，使用不当会对作业现场造成污染，需要在生产工艺中采取必要的措施，以避免向大气中挥发。

润滑脂生产原料的物化性能、毒性、致癌等级分类、对生物的危害、对人身的危害、对环境的影响以及储存、运输、使用的要求和防护措施等信息，都可以在原料的安全数据技术说明书（MSDS）中查找。各种原料的 MSDS 一般包括十六部分，见表 15-20。

表 15-20　MSDS 内容

序号	内容	序号	内容
第一部分	化学名称	第九部分	理化特性
第二部分	成分/组成信息	第十部分	稳定性和反应活性
第三部分	危险性概述	第十一部分	毒理学资料
第四部分	急救措施	第十二部分	生态学资料
第五部分	消防措施	第十三部分	废弃处理
第六部分	泄漏应急处理	第十四部分	运输信息
第七部分	操作处置与储存	第十五部分	法规信息
第八部分	接触控制/个人防护	第十六部分	其他信息

化学原料的 MSDS 是由原材料供应商提供的，也可以通过原料的化学登记号（CAS No.）

查到相应的数据和信息。几种常用危化品原料的化学品登记号见表15-21。

表15-21 常用原料的化学品登记号

原料名称	化学品登记号	原料名称	化学品登记号
二苯甲烷二异氰酸酯(MDI)	101-68-8	二苯甲烷二胺	101-77-9
甲苯二异氰酸酯(TDI)	584-84-9	十二胺	124-22-1
正辛胺	111-84-6	对甲苯胺	106-49-0
十八胺	124-30-1	单水氢氧化锂	1310-66-3
苯胺	62-53-3	硫化异丁烯	68511-50-2
环己胺	108-91-8	二烷基二硫代磷酸锌(ZDDP)	68469-42-3

(二)尾气处理

皂基润滑脂生产中的皂化反应过程，大多采用水作为反应介质，而且酸类化合物与碱类反应，副产物为水；脂肪类化合物与碱反应，副产物为甘油。不论是常压皂化反应，还是加压皂化反应，投料时加入的水和反应的副产物以及基础油中的一些轻组分，都会随尾气排出。由于其中含有的轻质油、甘油及其他醇类或其他原材料的挥发化，不能直接进入大气，需要进行处理，达到排放标准才能予以向大气排放。

20世纪50年代和60年代，由于生产设备的简陋，皂化反应和调和过程产生的尾气是直接排放的；自70年代后期以来，有的润滑脂生产企业仅仅采用简单的冷凝，分离出冷凝水后的气体直接排放到大气中。近年来，政府对环保要求越来越严，润滑脂企业的环保意识也在增强，采用了多种尾气处理措施。

目前，大多数润滑脂生产企业采用的尾气处理流程见图15-20。

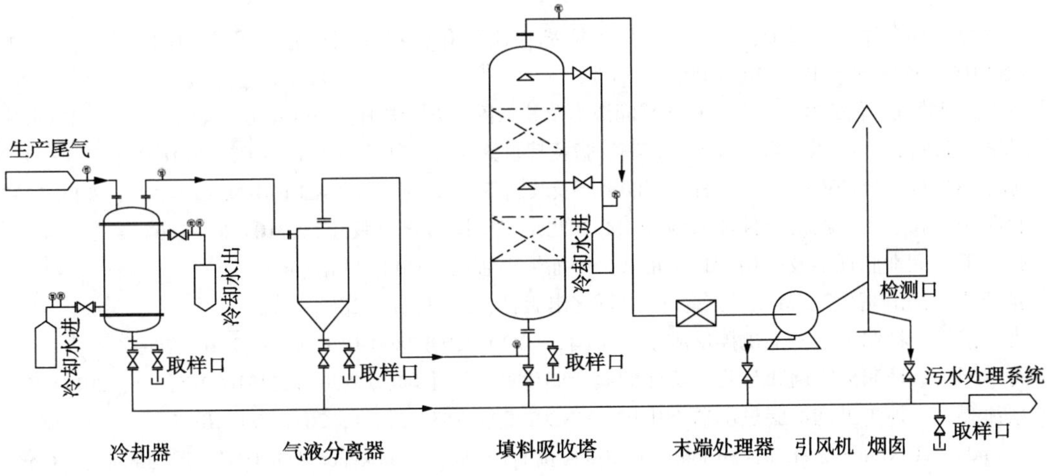

图15-20 尾气处理流程图

润滑脂反应釜的尾气(包括常压反应釜的蒸发气体和压力反应的泄压气体)在末端风机的引风下，首先进入冷凝器，分离出的冷凝水和部分凝析油进入污水系统，含油气体进入气液分离器，进一步分离出的凝析油和其他化合物也进入污水系统，气体进入吸收塔，用水吸收后的污水进入污水系统，气体再经过末端处理器(电除尘或活性炭吸附)，达到排放标准后经过引风机释放到大气中。

流程中收集到的含油污水进入污水处理设施。生产量较大的润滑脂生产企业均有自建的污水处理设施；在化工园区的润滑脂企业，将污水排入园区统一的污水处理厂进行处理；有的润滑脂企业将污水收集并转运到专业的污水处理企业进行处理。

（三）固废的处理

润滑脂生产企业的固废主要包括：①不可利用的不合格品及废弃物；②不可回收的残余危化品物料；③不能重复使用的废旧包装物；④现场及设备维修的清理物。

对于润滑脂生产过程中产生的固废，企业自行处理是很困难的，一般是将固废交给专业公司处理。

参 考 文 献

[1] C. J. 波纳尔，著．王世芳，陈绍澧，译．润滑脂的制造和应用[M]．北京：中国工业出版社，1962.
[2] 李辉．对当前润滑脂技术发展的一些思考[J]．石油商技，2006，(5)：52-54.
[3] 杨海宁，姚立丹，孙洪伟，等．2010年中国润滑脂生产情况调查报告[J]．石油商技，2011，(3)：4-8.
[4] 杨海宁，姚立丹．2010年中国及全球润滑脂生产情况分析[J]．石油商技，2011，(4)：4-13.
[5] 姚立丹，田曦，杨海宁．2019年中国润滑脂生产情况调查报告[J]．石油商技，2020，(4)：4-9.
[6] 姚立丹，杨海宁．2019年中国及全球润滑脂生产状况分析[J]．石油商技，2020，(5)：4-22.
[7] 朱廷彬．润滑脂技术大全[M]．3版．北京：中国石化出版社，2015：19-24.
[8] 王磊，李茂森，刘显秋，等．复合钛基润滑脂的制备方法及所制得的产品：中国，CN200610089029.7[P]，2009.11.11.
[9] 何懿峰，孙洪伟，段庆华，等．一种复合锆基润滑脂及其制备方法：中国，CN201110245202.9[P]，2014.10.01.
[10] 何懿峰，孙洪伟，段庆华，等．一种具有增稠作用的化合物和润滑脂以及它们的制备方法：中国，CN201610957546.5[P]，2020.09.18.
[11] 刘磊，孙洪伟，何懿峰，等．一种四脲润滑脂及其制备方法：中国，CN201010267498.X[P]，2014-07-02.
[12] 刘磊，孙洪伟，何懿峰，等．一种六脲润滑脂及其制备方法：中国，CN201010292930.0[P]，2014-03-26.
[13] 刘磊，孙洪伟，何懿峰，等．一种八脲润滑脂及其制备方法：中国，CN201010292926.4[P]，2013-12-25.
[14] 蒋明俊，郭小川．润滑脂性能及应用[M]．北京：中国石化出版社，2010：62-186.
[15] 孙全淑．润滑脂性能及应用[M]．北京：烃加工出版社，1988：145-343.
[16] 张澄清．润滑脂生产[M]．北京：中国石化出版社，2003：15-285.
[17] 肖继国．一种润滑脂三重搅拌反应釜：中国，CN201420392890.0[P]，2015-01-28.
[18] 肖继国．一种润滑脂调和与脱气功能的润滑脂生产釜：中国，CN201420391672.5[P]，2014-12-17.
[19] 余津婴．一种T型润滑脂过滤器：中国，CN201220438537.2[P]，2013-03-20.
[20] T. Endo，H. Kimura，et. al，Structure analyses of urea grease thickener "OUDM"[J]. Japanese Journal of Tribology，1990，35(5)：597-606.
[21] Xu Hui，Tian Zhiyuan. Study on the application of DPU-B prefabricated biuret(preformed diurea) thickener [J]，NLGI Spoksman，2019，83(1)：4-8.
[22] Ron Muir，William Blokhuis. High performance calcium borate modified overbased calcium sulfonate complex greases：US，4560489[P]，1985.12.24.

第十六章　合成润滑油

专家话炼油

合成润滑剂包括合成润滑油和合成润滑脂。合成润滑油是由合成基础油和添加剂组成。合成基础油是指采用化工原料通过化学合成的方法制备的液体润滑材料，其分子中，除了含碳、氢元素外，还可以分别或同时含有氧、硅、磷、氟、氯等元素中一种或多种。而合成润滑脂则是指以合成基础油或者合成稠化剂为原料生产的润滑脂。

根据化学结构的不同，合成基础油又分为几大类，包括酯类油、聚醚、聚硅氧烷(硅油和硅酸酯)、含氟油、磷酸酯和合成烃(聚 α-烯烃、烷基萘和多烷基环戊烷等)以及硅烃等。每类合成基础油都有其独特的化学结构、特定的原料和制备工艺、特殊的性能和应用范围。

一般说来，与矿物油相比，合成基础油具有优良的黏温性和低温流动性，良好的热氧化稳定性、润滑性和低挥发性，以及其他的一些特殊性能，如化学稳定性和耐辐射性等，而且各类合成润滑油的性能又各具特色，能够满足矿物油所不能满足的苛刻使用要求。因此合成润滑油可以满足特殊工况对润滑的需求，包括航空航天、核电、极寒地区等苛刻条件下的润滑。这就是合成润滑油虽然价格较贵仍能不断发展的重要原因。另一个原因则是使用合成油会减少设备维护并降低总的成本。

我国合成润滑油工业起步较早。建国初期即生产少量聚烯烃润滑油。20 世纪 50 年代后期开始研究硅油和含氟润滑油的合成工艺。20 世纪 60 年代初开展酯类油的研究，并建成生产装置，生产乙基硅油、甲基硅油、甲基苯基硅油、全氟烃、酯类航空发动机润滑油、精密仪表油和高温润滑脂基础油。20 世纪 70 年代初开展磷酸酯的研究，研发了磷酸酯航空液压油和工业难燃液压油。还研究和生产了全氟聚醚产品。20 世纪 70 年代研究了聚醚的合成及其工业应用，对石蜡裂解制聚 α-烯烃的工艺和性能进行了系统研究并开发了相应的产品。20 世纪 80 年代对合成润滑油生产工艺作了进一步研究，优化了生产工艺，使我国自主开发的酯类油、硅油和氟油等进一步拓展了使用范围。20 世纪 90 年代，合成润滑油脂在民用工业方面有了较大的发展，利用酯类油及聚 α-烯烃油先后研制成 5W/30 多级内燃机油、HS 低温液压油、75W/90 车用齿轮油以及汽车轮毂脂等。此外用蜡裂解工艺得到的聚 α-烯烃(以下简称 PAO)研制的 8 号、20 号航空润滑油也进入应用。与此同时，采用合成基础油和矿物油混合生产半合成润滑油的应用也日渐增加。进入 21 世纪初，我国开展了由癸烯聚合生产高档聚 α-烯烃油的合成及工业应用，多烷基环戊烷、硅烃和长链烷基萘基础油的研究开发，形成了多烷基环戊烷、硅烃润滑油脂等系列产品，其中空间级长链烷基萘、多烷基环戊烷以及硅烃已成功应用于空间长寿命润滑产品。其中在 PAO 生产技术方面进展最为突出，开发出三氟化硼、茂金属等催化剂体系，原料也从蜡裂烯烃扩展到 1-癸烯、脂肪醇生产 α-烯烃、费托烯烃等，可以生产从 PAO2 到 PAO40 范围内的低、高黏度 PAO 产品，

2020 年年底国内 PAO 产能达到 5.5 万吨/年。

迄今为止我国已研制和生产了酯类油、聚醚、聚硅氧烷、含氟润滑油、磷酸酯、硅烃和合成烃等各类合成润滑油以及所需的各种添加剂。产品系列有合成航空航天润滑油脂、精密仪表油脂、抗化学油脂、液压及制动液、内燃机油、齿轮油、压缩机油、金属加工液和各种高低温润滑脂等，基本满足了我国国防工业和其他工业不断发展的需要[1]。

第一节　酯类油

酯类油是由有机酸和醇通过酯化反应获得。这类油的结构特征是分子中都含有酯基官能团。酯类油主要有双酯、多元醇酯和复酯。

双酯是以二元酸与一元醇或二元醇与一元酸反应制得的，前者的通式为：

$$R'-O-\underset{\underset{O}{\|}}{C}-R-\underset{\underset{O}{\|}}{C}-O-R'$$

常用的有癸二酸、壬二酸、己二酸的 2-乙基己酯或异 $C_8 \sim C_{10}$ 醇酯，$C_7 \sim C_9$ 直链酸聚乙二醇酯。

多元醇酯是由多元醇与一元酸反应制得的。其通式为：

$$R'_n-C-(CH_2-O-\underset{\underset{O}{\|}}{C}-R)_{4-n} \qquad n=0,\ 1,\ 2$$

当 $n=0$ 时为季戊四醇酯；当 $n=1$（$R'=CH_3$ 或 C_2H_5）时为三羟甲基乙烷酯或三羟甲基丙烷酯；$n=2$ 时为新戊基二元醇酯。

常用的有 $C_5 \sim C_9$ 脂肪酸的三羟甲基丙烷酯和季戊四醇酯。

复酯是由二元酸和二元醇（或多元醇）酯化成长链分子，其端基再用一元醇或一元酸酯化而得。按其中心分子结构的不同，复酯又可分为以酸为中心结构的复酯：

一元醇—二元酸$[$二元醇—二元酸$]_n$一元醇，n 为自然数

以醇为中心结构的复酯：

一元酸—二元醇$[$二元酸—二元醇$]_n$一元酸，n 为自然数

复酯的平均相对分子质量一般为 800～1500。

一、酯类油的制备

有机酯的制备方法很多，在我国常用直接酯化法生产酯类油。酯类油的制备包括原料制备、酯化反应及粗酯精制。

（一）原料制备

酸和醇是制备酯类油的两大基本原料，是由天然油脂及石油化工产品进一步加工而来。我国生产酯类润滑油所用的脂肪酸多为石蜡氧化或植物脂肪酸裂解而来的 $C_5 \sim C_9$ 酸。为了保证酯的质量，必须对酸进行精制，以除去其中所含醛、酮等杂质。

（二）酯化反应

有机酸和醇的反应按下式进行：

$$R'-\underset{\underset{O}{\|}}{C}-OH + ROH \rightleftharpoons R'-\underset{\underset{O}{\|}}{C}-O-R + H_2O$$

酯化反应可在常压或减压下进行。常压酯化反应，一般需用苯或甲苯等作携水剂。我国现在多采用减压酯化工艺。

酯化反应早期一般在酸性催化剂存在下进行。目前常用的催化剂有钛酸酯、锡类催化剂、硫酸、硫酸氢钠、对甲苯磺酸、磷酸、磷酸酯、邻苯二甲酸酯、活性炭、氧化锌、阳离子交换树脂等。

(三)粗酯精制

酯化后的产物需要经过精制才能作为润滑油的基础油。精制的目的是除去粗酯中过剩的酸、醇和反应不完全的半酯。工业上有湿法和干法两种精制方法。

湿法处理为用氢氧化钠(或氢氧化钙、碳酸钠等)中和未蒸馏出的酸，水洗至中性，再减压蒸馏脱去轻馏分；干法处理指用吸附精制工艺处理残留的酸。

过去国内酯类油生产通常用碱洗除去残留的酸，产生大量污水，对环境产生不利影响。随着环保意识提高和排放要求日趋严格，在酯类生产过程特别是精制过程中，越来越多地采用固体吸附剂吸附以及用气体吹扫脱附等吸附脱酸工艺。

二、酯类油的性能

酯类油的性能与结构有密切关系。对其结构进行精心设计，可获得预期的性能。

(一)一般理化性能

双酯及新戊基多元醇酯的一般物理性能见表 16-1、表 16-2。

表 16-1 部分典型双酯的主要物理性能[2]

项目	40℃黏度/(mm^2/s)	100℃黏度/(mm^2/s)	黏度指数	倾点/℃	挥发性(NoVaK)/%
2-乙基己基					
己二酸酯	8.0	2.4	124	-68	44.3
壬二酸酯	10.7	3.0	137	-64	29.0
癸二酸酯	11.8	3.1	126	-60	18.3
十二双酸酯	14.3	3.8	168	-57	-
异癸基					
己二酸酯	15.2	3.6	121	-62	15.5
壬二酸酯	18.1	4.3	151	-65	9.8
癸二酸酯	20.2	4.8	169	-60	6.2
十二双酸酯	23.4	5.2	162	-41	4.3
异十三基					
己二酸酯	27.0	5.4	139	-51	4.8
癸二酸酯	36.7	6.7	141	-52	3.7
十二双酸酯	40.7	7.6	156	-50	2.9

表 16-2　部分典型多元醇酯的主要物理性能[2]

项　目	40℃黏度/(mm^2/s)	100℃黏度/(mm^2/s)	黏度指数	倾点/℃	挥发性(NoVaK)/%
新戊二醇					
n-C_7	5.6	1.9	—	-64	—
n-C_9	8.6	2.6	145	-55	31.2
n-C_8~C_{10}	8.1	2.4	119	-53	32.4
三羟甲基丙烷					
n-C_7	13.9	3.4	120	-60	11.8
n-C_9	21.0	4.6	139	-51	2.3
n-C_8~C_{10}	20.4	4.5	137	-43	2.9
油酸	46.8	9.4	191	-39	—
季戊四醇					
n-C_9	32.2	6.1	140	-7	0.9
n-C_8~C_{10}	30.0	5.9	145	-4	0.9
异-C_9	129.2	11.6	70	-22	—
n-C_5/n-C_7/异-C_9	33.7	5.9	110	-46	2.2
双季戊四醇					
n-C_5/n-C_7/异-C_9	230.0	19.5	120	-15	1.2

1. 黏度与黏度指数

酯类油的黏温性能良好，黏度指数较高。酯分子的主链越长，黏度越大，黏度指数越高；主链长度相同时，带侧链的黏度较大，黏度指数较低；带芳基侧链的，黏度指数更低。同黏度等级的双酯与多元醇酯相比，双酯黏度指数更高[3]；多元醇酯中，脂肪酸相同时，双季戊四醇酯的黏度指数高于季戊四醇酯和三羟甲基丙烷酯；季戊四醇酯又稍高于三羟甲基丙烷酯[4]。

2. 倾点

带支链醇的二元酸双酯通常具有较低的倾点。新戊基多元醇酯的倾点有如下规律：

（1）醇自身结构的对称性越高，所形成酯的倾点也越高；

（2）随着酰基链的增长，酯的倾点在一定区间有一个高-低-高的变化；

（3）支链酸酯或直链混合酸酯的倾点比单一直链酸酯的倾点低；且支链的位置越接近中心位置，倾点越低。

3. 低温黏度

同一类型的酯，随相对分子质量的增加低温黏度增大。支链酸的引入，酯的低温黏度增大。偶数碳原子脂肪酸得到的酯比奇数碳原子脂肪酸得到的酯低温黏度要大。酯化不完全，部分羟基的存在，会使酯的低温黏度明显增大。

4. 闪点及蒸发损失

同一类型的酯，随着相对分子质量的增加，闪点升高，蒸发损失降低；相对分子质量相同，带支链的酯具有较低的闪点及较高的蒸发损失。相对分子质量相同的酯，分子极性大的酯蒸发损失低。多季戊四醇酯具有优良的高温性能，蒸发损失小[5]。

(二)热稳定性

酯类油热分解的难易取决于酯的结构。不同结构的酯，在高温下热分解的机理不同，所需的活化能也不同。

一般的双酯，在高温下，其羰基氧与醇侧β碳原子氢易形成六元环，受高温作用β碳原子 C—H 键会断裂生成易腐蚀金属的酸和烯烃。

新戊基多元醇酯，由于烷基取代酯基中醇侧β碳原子上的氢，在受热分解时不再经过六元环发生β碳原子 C—H 键的断裂，而是按照自由基机理进行裂解，它不仅生成羧酸和烯烃，而且引起醇部分碳骨架的重排，这就需要更高的活化能。

除酯类自身结构外，原料中的杂质、酯化催化剂、亚稳化合物以及金属等对酯的热稳定性也有损害作用。表 16-3 列出了几种酯类油的热分解温度。

表 16-3　几种酯类油的热分解温度

酯类油	热分解温度/℃	酯类油	热分解温度/℃
季戊四醇酯(C_6)	320	2-乙基己醇癸二酸酯	297
三羟甲基丙烷酯(C_7)	316		

(三)氧化稳定性

酯类油性能的优点之一是抗氧化能力强，但也因其结构的不同而异，新戊基多元醇酯的氧化稳定性优于二元酸双酯。由于氧化是在诸多因素(氧、温度、时间、催化剂)存在下的复杂化学反应，使得酯的氧化变质温度比热分解温度低很多，因此实际使用时需要加入抗氧抗腐添加剂。

对新戊基多元醇酯而言，原料脂肪酸中所含有不饱和酸是影响酯氧化稳定性的重要因素，因此对酸或酯进行精制是极为必要的。表 16-4 列出了饱和度不同的三羟甲基丙烷酯(TMP 酯)的动态氧化及腐蚀和氧化安定性试验的结果。

表 16-4　不同饱和度的三羟甲基丙烷酯的氧化稳定性

酯类油编号①	溴值/(gBr_2/100g)	动态氧化试验				腐蚀和氧化稳定性试验(200℃，14h，空气 50L/min)		
		氧化诱导期/min	吸收 200mL 氧的时间/min	50℃运动黏度变化/%	酸值变化/(mgKOH/g)	50℃黏度变化/%	酸值变化/(mgKOH/g)	铜腐蚀/(mg/cm^2)
TMP-4	0	152	165	24	4.52	15.1	1.88	-0.98
TMP-5	4.17	51	70	35.1	67.4	31.7	3.26	-0.28
TMP-6	11.9	9	42	55.2	3.64	54.0	2.04	-2.40
TMP-7	34.3	7.5	37	91	3.32	87.2	1.95	-0.19
TMP-10	71.5	4	45	124	3.38	989.6	2.73	-0.61

① TMP-4 为 TMP 正己酸酯；TMP-5 为 TMP 己酸、3-己烯酸混合酯；TMP-6、TMP-7 为 TMP 己酸、3-己烯酸混合酯；TMP-10 为 TMP 十一烯酸酯。

用苯甲酸替代混合酸(C_5～C_{10}酸的混合酸)中的 C_{10}酸，合成的含苯甲酸混合季戊四醇酯，其高温抗氧化性能明显提高[6]。

（四）润滑性

润滑性是减摩性能、极压性能和抗磨性能的统称。由于酯分子中的酯基具有一定的极性，易吸附在金属表面上形成油膜，因此酯类油的减摩性能一般略优于同黏度的矿物油和聚 α–烯烃（简称 PAO）。少量高黏度极性酯加入至非极性的润滑油如 PAO 中可以提高其减摩性能（油性）。

但是，在更苛刻的摩擦条件下，通常需要在酯类油中加入极压抗磨添加剂，在摩擦面上形成吸附膜和化学反应膜，减少摩擦磨损，防止产生擦伤、烧结。未完全酯化的新戊基多元醇酯，由于未酯化部分存在羟基，容易把酯吸附在金属表面上，形成润滑膜，因此在工业上可用它作为金属加工的轧制液。表 16–5 列出酯类油的四球机试验及微震动摩擦磨损（SRV）试验的结果。

表 16–5　四球机及 SRV 试验结果

基础油	四球机试验①				SRV 试验②	
	最大无卡咬负荷 P_B/N	烧结负荷 P_D/N	平均赫兹负荷 ZMZ/N	磨斑直径③ d/mm	磨斑直径 d/mm	平均摩擦系数
HP–8（精制矿物油）	392	1236	162.0	0.68	0.52	—
三羟甲基丙烷酯（C_7～C_9）	441	1372	198.9	0.69	0.42	0.07
季戊四醇酯（C_5～C_8）	392	1224	222.5	0.71	0.41	0.08
双季戊四醇酯（C_5～C_8）	490	—	248.9	0.74	0.38	0.07
癸二酸二 2–乙基己酯	313.6	1234.8	227.4	0.65	0.47	0.08
新戊基二元醇双酯（C_9）	372.4	1568	309.7	0.58	0.45	0.08
二异十三醇癸二酸酯	392	1234.8	270.5	0.48	0.34	0.08
三羟甲基丙烷己二酸 C_7酸复酯	617.4	1960	360.6	0.38	0.37	0.08
二乙二醇己二酸苄醇异辛醇复酯	313.6	1568	305.8	0.75	0.32	0.07

① 四球机试验条件：1500r/min，室温。

② SRV 试验条件：100N，50Hz，振幅 0.3mm，1h，室温。

③ 负荷 196N，30min。

（五）与密封材料的相容性

酯类油在使用过程中不可避免地会与密封材料接触。一些与矿物油相适应的橡胶材料，可能对酯类油就不能适应，比如氯丁橡胶用酯类油浸泡后将产生非常严重的溶胀现象。因此使用酯类油时，橡胶密封材料最好是氟橡胶，其次为丁腈橡胶。酯基结构对橡胶的相容性有很大影响，通常随着酯基相对分子质量的增加，酯基中酰基平均碳数越大，橡胶的溶胀率就越小，详见图 16–1。

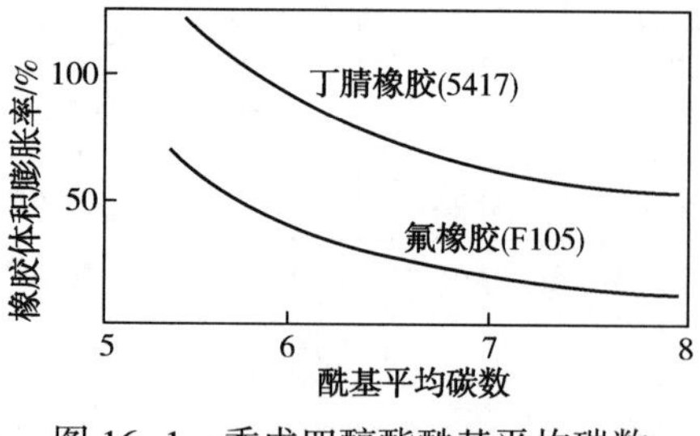

图 16–1　季戊四醇酯酰基平均碳数对橡胶膨胀率的影响

相关技术人员研究了橡胶在季戊四醇酯基础油中溶胀规律，提出抗溶胀参数（ΔAS）理论模型[7]：

$$\Delta AS = a\ Vm + b\ Ra$$

式中，a、b 值与橡胶种类有关，a 表示 Vm 对 ΔAS 的贡献大小，b 表示 Ra 对 ΔAS 的贡献大小。

线型回归的结果如下：

NBR-1 橡胶：$\Delta AS=0.086\times Vm+11.744\times Ra$；

NBR-H 橡胶：$\Delta AS=0.068\times Vm+13.458\times Ra$；

氟橡胶 FX-4：$\Delta AS=0.002\times Vm+28.358\times Ra$；

硅橡胶 XG22-70：$\Delta AS=0.211\times Vm+38.024\times Ra$；

氟硅橡胶 FS6265：$\Delta AS=0.048\times Vm+37.438\times Ra$。

在酯类油中一些添加剂对于橡胶相容性有显著的影响：比如磷酸酯极压抗磨剂可增大丁腈橡胶体积变化率，酸性磷酸胺极压抗磨剂使硅橡胶体积发生收缩，且磷酸胺极压抗磨剂与硅橡胶和氟硅橡胶可发生化学反应，破坏其链结构，使橡胶的拉伸性能大幅下降[8]。

(六) 表面张力

润滑油的表面张力影响其流散性能，这对仪表轴承的润滑特别重要。酯类油的表面张力与其结构有关。一般来讲酯分子中含芳氧基，其表面张力较高。在直链双酯和复酯结构中，按其端基基团对表面张力影响排列顺序为：

羟基(—OH)>苯氧基[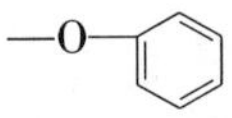]>苄基[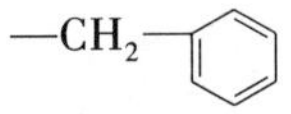]>烷基(—R)

(七) 生物降解性

由于润滑油能通过各种途径进入周围环境，严重污染土壤和水资源，破坏生态环境，因此润滑油的生物降解能力已成为新世纪润滑剂所必备的性能之一。酯类油具有优良的生物降解性能，其相对分子质量和结构影响其生物降解性。结构相近的酯，其生物降解性随相对分子质量的增加而降低；相对分子质量相近的酯，其生物降解性依下述顺序降低，即正构酯>异构酯>芳香酸酯。表 16-6 为部分典型双酯和多元醇酯的生物降解性能。

表 16-6 部分典型双酯和多元醇酯的生物降解性能[2]

典型双酯	生物降解率/CEC-L-33-A-96(21 天)/%	典型多元醇酯	生物降解率/CEC-L-33-A-96(21 天)/%
2-乙基己基		新戊基	
己二酸酯	97	$n-C_7$	100
壬二酸酯	99	$n-C_9$	97
癸二酸酯	96	$n-C_8\sim C_{10}$	100
异癸基		三羟甲基丙烷	
己二酸酯	84	$n-C_7$	100
壬二酸酯	86	$n-C_9$	100
癸二酸酯	100	$n-C_8\sim C_{10}$	96
十二双酸酯	93	油酸	100
异十三基		季戊四醇	
己二酸酯	92	$n-C_9$	100
壬二酸酯	80	$n-C_8\sim C_{10}$	100
癸二酸酯	76	异$-C_9$	8
		$n-C_5$/ $n-C_7$/异$-C_9$	69

三、酯类油的应用

酯类油有灵活多变的结构和优良的综合性能，使其应用领域由最初的航空发动机的润滑扩展到其他诸多方面，具有较广阔的应用潜力。

(一)合成航空发动机润滑油

现代航空发动机为了提高发动机推重比，导致发动机整个润滑系统温度的提高，因而对润滑油的热氧化稳定性要求越来越苛刻，不仅矿物油不能满足要求，对酯类油的热稳定性要求也越来越高。目前国外各种先进的军用飞机和大型民用客机均采用酯类油作为润滑剂。酯类航空发动机润滑油，根据其100℃时的黏度大小，可分为高黏度(7.5mm²/s)、中黏度(5mm²/s)和低黏度(3mm²/s，4mm²/s)三种。我国已研制和生产的有近10个牌号，包括3mm²/s、4mm²/s、5mm²/s、7.5mm²/s多个黏度的航空发动机润滑油，满足了国内航空工业发展的需要，并且制定了2个国家军用标准规范见表16-7。进入21世纪，我国以酯类油为基础油已研制出与美军MIL-PRF-23699G规范(HTS/CI)相当的高热安定型和防腐型航空发动机润滑油。

表16-7 GJB 135A—1998《合成航空润滑油规范》及GJB 1263—1991《航空涡轮发动机用合成润滑油》主要技术指标

项　目		GJB 135A—1998		GJB 1263—1991
		L型	H型	
酸值/(mgKOH/g)	不大于	0.3		0.50
运动黏度/(mm²/s)				
100℃		不小于3.0	不小于3.0	4.90~5.40
40℃	不小于	11.5	报告	不大于30
-40℃	不大于	—	3500	13000
-51℃	不大于	17000	—	—
低温稳定性/(mm²/s)	不大于	(-51℃)	(-50℃)	(-40℃，72h)
静置35min		17000	17000	运动黏度变化±6.0%
静置3h		17000	17000	
静置72h		17000	17000	
闪点(开口)/℃	不低于	210		246
蒸发损失(205℃±1℃，6.5h				
质量变化)/%	不大于	30.0	20.0	10
腐蚀和氧化安定性				
175℃		(96h)	(96h)	(72h)
运动黏度(40℃)变化/%		-5~+15	-5~+15	-5~+15
酸值变化/(mgKOH/g)	不大于	2.0	2.0	2.0
金属片质量变化/(mg/cm²)	不大于			
铝、银、钢、镁、钛、M50钢		±0.2	±0.2	±0.2(铝、银、钢、镁)
铜		±0.4	±0.4	±0.4
200℃		(96h)	(96h)	(204℃，72h)
运动黏度(40℃)变化/%		-5~+25	-5~+25	-5~+25
酸值变化/(mgKOH/g)	不大于	4.0	4.0	3.0

续表

项目	GJB 135A—1998		GJB 1263—1991
	L型	H型	
金属片质量变化/(mg/cm²) 不大于			
铝、银、钢、钛、M50钢	±0.2	±0.2	±0.2(含镁)
铜、镁(L、H型)	±0.4	±0.4	±0.4(不含镁)
218℃, 72h			
运动黏度(40℃)变化/%	—	—	报告
酸值变化/(mgKOH/g)	—	—	报告
金属片质量变化/(mg/cm²) 不大于			
铝、银、钢、钛	—	—	±0.2

1. 4109合成航空润滑油

4109油是低黏度航空润滑油，使用温度范围为-50～175℃，短期可达200℃。该油经过一系列模拟试验、发动机台架试验及飞行试验，证明其性能优越，能满足现代喷气发动机的工作要求。

与4109油配套使用的4209合成航空防锈油主要用于航空涡轮发动机生产过程中的短期试车和长期封存。

2. 4050、4106和925合成航空润滑油

4050、4106和925合成航空润滑油是中黏度(5 mm^2/s)航空润滑油，长时间使用温度范围-40～204℃，主要用于涡轮风扇、涡轮轴航空发动机及工业燃气轮机。与4050油配套使用的4250合成航空防锈油主要用于航空涡轮发动机生产过程中的短期试车和长期封存。

3. 4010合成航空润滑油

4010油是低黏度合成航空润滑油。该油的高低温性能比4109油有了显著的改进，经长期发动机台架试验证明，其性能优越，能满足新型航空涡轮发动机的工作要求。

4. 4108和4058高热安定型航空发动机润滑油

4108和4058油是为适应新型航空涡轮发动机高温稳定性使用要求而研发的高温型航空发动机润滑油，相当于美军MIL-PRF-23699G规范(HTS)高热稳定型和民用标准SAE AS5780B(HPC)高性能型。该油的突出特点是在高温使用条件下表现出更好的发动机清洁性能[9]，并具有优良的理化性能、润滑性能和橡胶相容性。

5. 4051、926和RIPP555合成航空润滑油

4051、926和RIPP555合成航空润滑油都是中黏度(5mm^2/s)酯型合成润滑油。4051油具有较高的承载能力，用作直升机减速器润滑油和鱼雷发动机润滑油。926油参照俄罗斯ЛЗ-240(Ty301-04-010-92)润滑油研制，满足俄制直升机的工作要求。RIPP555是直升机传动系统专用润滑油，具有突出的承载能力和腐蚀和氧化稳定性，可满足新型直升机传动系统使用要求和高载荷航空涡轮发动机使用要求，符合GJB 8447—2015直升机传动系统合成润滑油规范。

表16-8列出了我国几种合成航空润滑油的主要理化性能。

表 16-8 酯类合成航空润滑油的主要理化性能典型数据

油品名称	8 号①	4050	4051	4010	4058	4106	4108	4109	RIPP555	925	926
运动黏度/(mm^2/s)											
100℃	2.79	5.00	5.05	3.31	5.20	5.02	5.260	3.71	5.23	4.978	5.082
50℃	8.81	16.86	17.36			17.05	26.91	11.34		24.59	
-40℃	6484	9305	8750	2150	10378	8750	11040	3140	10499	9661	9925
-54℃	—	—	—	15753	—	—		—			
闪点(开口)/℃	155	250	245	225	258	255	258	232	258	262	264
倾点/℃	<-60	<-60	<-60	<-60	-60	-60	<-57	-60	-60	<-57	<-57
酸值/(mgKOH/g)	0.04	0.05	1.19	0.19	0.17	0.05	0.14	0.05	0.51	0.33	0.34
蒸发损失(204℃，6.5h)/%	27	4.85	3.81	13.36	3.55	2.20	4.66	5.82	3.68	3.24	—
腐蚀和氧化安定性											
温度/℃	150	204	175	200	204	204	204	175	204	204	200
时间/h	75	72	72	96	72	72	72	72	72	72	50
40℃黏度变化/%	—	15.60	23.00	13.99	12.64	15.00	9.25	3.10	15.17	15.70	
酸值变化/(mgKOH/g)	—	0.43	0.76	1.91	0.51	0.90	0.40	0.15	1.51	0.27	0.41
金属腐蚀/(mg/cm^2)											
钢	无	无	无	无	无	无	无	无	无	无	无
铜	无	无	-0.34	无	无	无	无	无	无	无	无
铝	无	无	无	无	无	无	无	无	无	无	无
镁	无	无	无	无	无	无	无	无	无	无	—
371℃ VPC 气相结焦②/mg					83.0		124.5				

①8 号为矿物油；②VPC 试验主要模拟发动机轴承腔排气管结焦情况。

(二)精密仪器仪表油

酯类油作为仪表油的基础油在我国已应用多年，主要用于航空、航海、航天等各种精密仪器仪表的微型电机、宝石轴承、含油轴承、齿轮转动轴承等。有低温流动性好，使用范围较广的4112通用高低温仪表油；有适用于计时仪器、宝石轴承润滑的4124系列不流散仪表油；有良好的热氧化稳定性、低饱和蒸气压、适用于航天仪表的4123号高精密长寿命陀螺马达润滑油。此外，还有适用于家用电器低噪声、长寿命要求的4303系列润滑油等。表16-9列出了主要精密仪表油的性能数据。

表16-9　主要精密仪表油的性能

油品名称	4112	4121	4123	4124-1	4124-3	4303-1	4303-2
运动黏度/(mm^2/s)							
100℃	3.51	—	—	—	—	8.31	11.49
50℃	9.44	3~5	22.50	19.09	39.94	32.19	39.67
-40℃	1740	≯500	697(20℃)	252(0℃)	806(0℃)	122(20℃)	294(0℃)
-54℃	6300	—	—	—	—	—	—
凝点/℃	-60	-65	-50	-57	-48	-60	-57
闪点/℃	227	—	270	—	—	240	248
酸值/(mgKOH/g)	0.1	1.0	0.47	1.71	1.58	0.21	0.28
氧化腐蚀试验①							
试验温度/℃	120	100	175	100	100	120	120
时间/h	72	72	50	72	72	72	72
50℃黏度变化/%	1.2	±5	7	2.7	8.8	3.8	3.5
酸值/(mgKOH/g)	0.08	0.50	0.11	1.70	1.44	0.10	0.42

① Fe、Cu、Al、Mg金属试片均无腐蚀。

(三)合成压缩机油

随着压缩机生产技术的发展，对压缩机油的热氧化稳定性等提出了更苛刻的要求，促进了合成压缩机油的发展。利用具有残炭低、热氧化稳定性好、水分离性好等性能特点的酯类油，我国已开发了32~220黏度级别的4502合成压缩机油，用于大功率旋转式螺杆压缩机、往复式压缩机等压缩机，也可代替矿物油型压缩机油，延长使用寿命，减少维修费用，提高经济效益。表16-10列出合成酯类压缩机油的主要性能。

表16-10　4502合成压缩机油主要性能

黏度级别	32	46	68
运动黏度/(mm^2/s)			
100℃	4.893	6.682	8.743
40℃	31.29	45.63	66.41
黏度指数	65	98	104
酸值/(mgKOH/g)	0.31	0.30	0.31
闪点/℃	220	226	244
倾点/℃	-43	-41	-38
蒸发度(120℃, 3h)/%	3.52	2.74	4.63(150℃, 3h)
残炭/%	0.020	0.030	0.02
氧化腐蚀试验①(6h+6h, 200℃)			
40℃运动黏度变化/%	6.32	6.29	10.7

续表

黏度级别	100	150	220
酸值/(mgKOH/g)	0.22	0.18	0.35
氧化后残炭/%	0.040	0.040	0.17
运动黏度/(mm^2/s)			
100℃	12.76	16.12	20.52
40℃	102.1	154.2	204.2
黏度指数	120	109	118
酸值/(mgKOH/g)	0.36	0.36	0.38
闪点/℃	260	260	273
倾点/℃	-37	-32	-30
蒸发度(150℃，3h)/%	3.62	3.75	3.88
残炭/%	0.030	0.040	0.070
氧化腐蚀试验①(6h+6h，200℃)			
40℃运动黏度变化/%	6.64	9.76	13.6
酸值/(mgKOH/g)	0.16	0.25	0.13
氧化后残炭/%	0.040	0.070	0.090

① Fe、Cu、Al、Mg 金属试片均无腐蚀。

(四)合成冷冻机油

随着对大气臭氧层有破坏作用的制冷剂——氟利昂的限制使用，新的替代制冷剂——氟烃类(HFC)得到了广泛的应用。采用 HFC 作为制冷剂的最大障碍是它与传统矿物冷冻机油不互溶，从而导致制冷效率降低和毛细管堵塞等问题。多元醇酯由于与 HFC 制冷剂具有优良的互溶性和润滑性，在以 HFC 作制冷剂的制冷系统中得到了普遍的应用。表 16-11 为我国开发的，以新戊基多元醇酯为基础油的 SL 系列合成冷冻机油的主要性能。该系列油品具有优良的与 HFC134A 的互溶性、良好的润滑性和热化学稳定性。

表 16-11　SL 系列合成冷冻机油的主要性能

油品名称	SL-15	SL-22	SL-32	SL-46	SL-68	SL-100
运动黏度/(mm^2/s)						
100℃	3.53	4.33	5.14	6.22	8.04	15.45
40℃	14.35	20.90	29.93	43.37	65.55	97.09
倾点/℃	-58	-59	-51	-36	-31	-30
闪点/℃	230	241	264	256	254	268
酸值/(mgKOH/g)	0.05	0.05	0.05	0.05	0.05	0.12
与 HFC134A 的临界溶解温度/℃	-54	-47	-47	-32	-31	-31

另一系列酯型冷冻机油——4525 系列合成冷冻机油，具有倾点低、闪点高、水含量低、黏度范围宽等特点；与符合环保要求的替代制冷剂 HFC134A、R404、R407 等有优异的互溶性和热化学安定性；具有良好的水解稳定性、润滑性，且无毒，可生物降解。在 HFC134A 压缩机上性能测试和 500h 寿命试验的结果表明：4525(32)号合成冷冻机油完全满足密闭式 HFC134A 制冷压缩机的使用要求。该系列产品的主要技术性能指标见表 16-12。

表 16-12　4525 系列合成冷冻机油的主要性能指标

项　　目		质量指标						
		22 号	32 号	46 号	68 号	100 号	150 号	220 号
运动黏度/(mm^2/s)		22	32	46	68	100	150	220
酸值/(mgKOH/g)	不大于	0.05			0.08	0.10	0.15	0.20
闪点(开口)/℃	不低于	220		225	230		250	
倾点/℃	不高于	-50	-42	-35	-30	-25	-20	
水含量/(μg/g)	不大于	100						
与 HFC 134A 的临界溶解温度/℃	不高于	-35	-30	-15			-5	

(五)酯型难燃液压油

为适应钢铁、煤炭、机械等行业对难燃液压油的性能要求愈来愈高的趋势，且要符合环保要求，我国也开发了酯型难燃液压油——4632 号酯型难燃液压油。该产品以新型受阻酯加多种高效添加剂复合而成，具有高闪点、高燃点、低蒸发损失、高黏度指数、良好的剪切安定性、优良的材料适应性、优异的润滑性能、可生物降解等优点，符合环境保护要求。同时为满足市场需求，开发了经济型难燃液压液——4622 酯型难燃液压液，该产品具有高闪点、高燃点、良好的阻燃性能、高黏度指数、优异的油水分离性、金属和非金属材料适应性好、优异的润滑性能等优点。

4632 酯型难燃液压液和 4622 酯型难燃液压液的主要技术性能指标分别见表 16-13 和表 16-14。

表 16-13　4632 号酯型难燃液压油的主要性能指标

项　　目		黏度级别	
		46	68
运动黏度/(mm^2/s)			
100℃	不小于	9	11
40℃		41.4~50.6	61.2~74.8
水分/%	不大于	0.06	0.06
机械杂质/%		无	无
黏度指数	不小于	180	180
闪点(开口)/℃	不低于	270	270
燃点/℃	不低于	300	300
酸值/(mgKOH/g)	不大于	4	4
凝点/℃	不高于	-26	-26
空气释放值/min	不大于	10	15
泡沫特性/(mL/mL)	不大于		
24℃		100/0	100/0
93℃		100/0	100/0
后 24℃		100/0	100/0

续表

项目		黏度级别	
		46	68
防锈性能(60℃，24h，A法)		无锈	无锈
铜片腐蚀(T2铜片，3h，100℃)/级	不大于	1b	1b
抗乳化性能(40-37-3mL，54℃)/min	不大于	30	30
歧管着火试验		通过	通过
四球试验			
磨斑直径(392N，60min)/mm	不大于	0.5	0.5
最大无卡咬负荷 P_B/N	不小于	686	686

表16-14　4622酯型难燃液压液的主要性能指标

项目		黏度级别	
		46	68
运动黏度/(mm^2/s)			
100℃	不小于	9.0	11.0
40℃		41.4~50.6	61.2~74.8
水分/%	不大于	0.03	0.03
机械杂质/%		无	无
黏度指数	不小于	160	160
闪点(开口)/℃	不低于	270	270
燃点/℃	不低于	300	300
酸值/(mgKOH/g)	不大于	2.0	2.0
倾点/℃	不高于	-15	-15
空气释放值/min	不大于	10	15
泡沫特性/(mL/mL)	不大于		
24℃		50/0	50/0
93℃		50/0	50/0
后24℃		50/0	50/0
防锈性能(60℃，24h，A法)		无锈	无锈
铜片腐蚀(T_2铜片，3h，100℃)/级	不大于	1b	1b
抗乳化性能(40-37-3mL，54℃)/min	不大于	30	30
清洁度/级	不大于	9	9
腐蚀和氧化安定性(120℃，48h，50mL空气/min)			
运动黏度变化(40℃)/%	不大于	20	20
酸值变化/(mgKOH/g)	不大于	2	2
金属片质量变化/(mg/cm^2)			
钢		±0.2	±0.2
铜		±0.2	±0.2
铝		±0.2	±0.2
镁		±0.2	±0.2

(六) 润滑脂基础油

宽温度范围使用的润滑脂、极低温脂和高温脂的性能主要取决于基础油。以矿物油为基础油的润滑脂一般很难满足在-60℃以下和150℃以上的使用要求，而以酯类油为基础油的润滑脂则显示了很大的优越性。如以酯类油为基础油的7007、7008、7011、7253、7254等通用航空润滑脂，7012极低温脂和7014、7014-1高温润滑脂等均具有良好的高、低温使用性能。

第二节　聚醚

聚醚[2]是以环氧乙烷、环氧丙烷、环氧丁烷和四氢呋喃等开环均聚或共聚制得的线型聚合物。其结构通式为：

$$\mathrm{R_1—O}\left[\overset{R_2}{\overset{|}{\mathrm{C}}}\mathrm{H—CH_2—O}\left(\mathrm{CH_2}—\overset{R_3}{\overset{|}{\mathrm{C}}}\mathrm{H}\right)_x\mathrm{O}\right]_n\mathrm{R_4} \qquad (n=2\sim500)$$

式中：R_1、R_2、R_3和R_4可以是氢，也可以是烷基；

当$x=1$，$R_2=R_3=H$时称为环氧乙烷均聚醚；

$R_2=R_3=CH_3$称为环氧丙烷均聚醚；

$R_2=CH_3$，$R_3=H$称为环氧乙烷-环氧丙烷共聚醚；

$R_2=CH_3$，$R_3=C_2H_5$，称为环氧丙烷-环氧丁烷共聚醚。

一、聚醚的制备

(一) 单体制备

环氧烷的制备方法很多，烯烃直接氧化法是我国生产环氧乙烷和环氧丙烷的主要方法。至于四氢呋喃则常用丁二醇脱水或糠醛加氢制取。

(二) 聚合

环氧烷的聚合工艺，有连续式与间歇式两种。

连续聚合适用于大规模生产，采用多塔串联流程，原料与引发剂、催化剂混合物从第一塔进入，依次通过各塔完成聚合反应，并可通过调节各塔操作条件和催化剂浓度以控制聚合物相对分子质量。

间歇聚合采用聚合釜，按加料方式又分成连续滴加聚合与一次加料聚合。连续滴加聚合是先把催化剂和引发剂加入聚合釜中，用氮气置换空气后，加热真空脱水，然后升温，单体由聚合釜的底部逐渐通入，控制加料速度和冷却水量以调节聚合温度。当计算的单体量通完后，维持一定时间，反应结束。一次加料聚合是将经过脱水的引发剂和催化剂同单体一起，按一定的比例一次加入聚合釜中，在不超过规定的压力下，逐渐升温，但最高温度不得超过120~130℃。当聚合反应逐步达到完全，釜内压力降低至常压时，反应结束。两种加料方式各有优缺点：连续滴加法反应容易控制，操作安全，但产品的相对分子质量分布范围大；而一次加料法，所得产品质量较高，相对分子质量分布范围小，但聚合操作技术要求高。

（三）后处理

聚合得到的聚醚为粗制品，含有催化剂和低聚物等杂质，色泽也较深，必须精制。后处理包括中和、过滤、蒸馏三步。中和主要是除去碱性催化剂，常采用醋酸、草酸、活性白土等；过滤是采用板框滤机以除去机械杂质或白土；蒸馏是最后脱除聚合物中的水、醛、低聚物等，采用减压蒸馏或薄膜蒸发，在低于120℃下进行。

二、聚醚的性能

聚醚的性能与其分子结构紧密相关，分子主链中环氧烷的类型与比例、末端基的类别与浓度、引发剂烃链的结构与长短，以及聚醚相对分子质量的大小与分布等都在不同程度上影响它们的黏度、黏度指数、凝点、溶解性以及热氧化稳定性。表16-15列出了一些应用较广的聚醚的主要理化性能。

表16-15　聚醚的理化性能

化学名称		聚异丙二醇单醚						环氧乙烷(EO)与环氧丙烷(PO)无规共聚单醚					聚异丙二醇三羟基醚			环氧乙烷(EO)与环氧丙烷(PO)无规共聚三羟基醚		
结构		$RO-(CH_2-CH(CH_3)-O)_nH$						$RO-(CH_2CH_2O)-(CH_2-CH(CH_3)O)_nH$					$R-[(OCH_2-C(CH_3)-)_nOH]_3$			$R[(OCH_2CH_2)_n(OCH_2-CH(CH_3))_nOH]_3$		
								EO，25%			EO，50%					EO，25%		
黏度等级		32	68	150	220	320	460	20	320	460	220	680	100	150	220	150	320	460
黏度/(mm^2/s)	100℃	6.56	12.1	26.3	36.7	52.4	68.9	38.1	59.9	86.6	42.4	117	11.8	22.0	32.4	23.3	51.9	72.6
	40℃	31.4	63.4	152	223	317	439	212	336	490	224	684	95.2	154	215	144	306	439
黏度指数		170	192	209	215	231	235	232	249	263	245	272	115	170	196	193	235	245
凝点/℃		-60	-53	-49	-44	43	-40	-48	-47	-46	-48	-30	-43	-45	-44	-46	-46-	-43
闪点/℃		214	224	224	224	224	224	226	228	230	239	259	227	227	227	235	237	238
水溶性		不溶于水						不溶于水			溶于水		不溶于水			不溶于水		

（一）黏度特性

随着聚醚相对分子质量的增加，其黏度和黏度指数相应增加。相同黏度的聚醚，黏度指数的大小按下列顺序排列：双醚>单醚>双羟基醚>三羟基醚。但这种差别随着黏度的增加而缩小，并和聚醚分子末端的羟基有关。相同黏度下，环氧乙烷与环氧丙烷的无规共聚醚比环氧丙烷均聚醚的黏度指数高；在共聚醚分子中，环氧乙烷占50%时，黏度指数最高；当向分子中引入环氧丁烷或其他长链环氧烷时，由于分子侧链增多或加长，黏度指数减小，但仍比矿物油高。

（二）低温流动性

聚醚一般具有较低的凝点，在低温下具有良好的流动性，由于分子末端羟基的影响，其凝点按双醚<单醚<双羟基醚<三羟基醚的顺序升高。环氧乙烷与环氧丙烷共聚醚的凝点比环氧丙烷均聚醚低。当环氧乙烷的比例高于70%时凝点逐渐升高，当环氧乙烷均聚醚的100℃黏度大于20mm^2/s时（相对分子质量600以上），在常温下就会凝固。

（三）溶解性

调整聚醚分子中环氧烷的比例可得到不同溶解性的聚醚。对典型的单醚来说，相对分子质量大于400的环氧丙烷均聚醚是不溶于水的，但环氧乙烷与环氧丙烷无规共聚醚，EO/PO（质量比）为25/75时就开始溶于水，并随EO/PO比例的提高、相对分子质量的降低和末端羟基比例的升高，水溶性增强。环氧乙烷与环氧丙烷共聚醚的水溶性随着温度的升高而降低。当温度升到一定高度时，聚醚析出，此性能称为逆溶性。

环氧丙烷均聚单醚在一般情况下不溶于矿物油。用高级醇做引发剂聚合的聚异丙二醇醚，或用环氧丙烷与环氧丁烷、高烷基环氧烷、四氢呋喃进行无规共聚，提高端基的亲油性，可得到溶于矿物油的聚醚。

（四）润滑性

由于聚醚分子的极性，它在摩擦面上易形成油膜，因而聚醚具有良好的润滑性能，黏度增大，其承载能力也相应提高。高分子聚醚具有很强的抗剪切能力。

（五）热氧化稳定性

与矿物油或其他合成润滑油相比，聚醚的热氧化稳定性并不优越。聚醚在氧的存在下，容易断链生成低分子的羰基和羧基化合物，在高温下迅速挥发。因此聚醚在高温下使用时，黏度会逐渐降低，不会生成沉积物和胶状物质。

聚醚对抗氧剂有良好的感受性，加入阻化酚类、芳胺类等抗氧剂后，可明显改善其热氧化稳定性。

改变聚醚结构，也可提高其热氧化稳定性。环氧乙烷均聚醚比环氧丙烷均聚醚稳定。在环氧丙烷聚醚中含次甲基（$=CH$），这种次甲基比环氧乙烷分子中的亚甲基（$=CH_2$）更不稳定，所以，环氧丙烷均聚醚容易热氧化分解。环氧乙烷与环氧丙烷无规共聚醚比环氧丙烷均聚醚稳定。以酚类、胺类为引发剂的聚醚，有较高的热氧化稳定性。

三、聚醚的应用

聚醚具有许多优良的性能，在润滑领域中用途广泛。

（一）高温润滑油

良好的黏温性能和突出的不结焦性能结合，使聚醚加入抗氧剂后成为一种优良的高温润滑剂，它可以作为玻璃、塑料、纺织印染、炼钢、陶瓷等行业中的高温齿轮、链条和轴承的润滑材料。

聚醚油还作为热载体，用于加工合成树脂的挤压机和压制加工的成型机。聚醚加入抗氧剂后，在敞口系统中，最高使用温度可达160℃，在密闭系统中，最高使用温度可达

180℃。在有氮气等惰性气体密封的系统中，可延长使用寿命。

（二）齿轮润滑油

高分子聚醚具有优良的剪切安定性，加入抗磨或极压添加剂后，是一种优良的齿轮润滑剂。用于大、中功率传动涡轮蜗杆、闭式润滑的齿轮和汽车减速传动齿轮上，可降低齿轮磨损，延长换油期和检修期。

（三）制动液

聚醚具有高沸点、对橡胶无影响等优点，用作制动液已全部取代蓖麻油-酒精或正丁醇型的低沸点制动液。

1981 年针对市售的 4603、4603-1 和 4604 醇醚型制动液制定了 SY 4004—1981 和 SY 4005—1981 制动液标准。1989 年参照国际先进标准，制定了 GB 10830—1989《汽车制动液使用技术条件》，后于 1998 年进行了修订。1991 年制定了 GB 12981—1991《HZY2、HZY3、HZY4 合成制动液》标准。2004 年，GB 10830—1998 和 GB 12981—1991 被 GB 12981—2003《机动车辆制动液》标准替代。2012 年，GB 12981《机动车辆制动液》标准进行了更新，技术规范包括了 HZY3、HZY4、HZY5、HZY6 四个质量级别的产品规格。

（四）难燃液压液

水-乙二醇型液压液是目前使用量最大的一类难燃液压液。它的组成中含有 10%~20% 的水溶性高分子聚醚作增黏剂。它的增黏效果好，而且由于分子中具有旋转的醚键，剪切安定性好，在高温下不会生成沉淀物。含 30%~50% 的乙二醇或乙二醇衍生物、35%~45% 的水和一定量的添加剂的水-乙二醇难燃液压液呈牛顿流体特征，具有优良的抗燃性、润滑性、稳定性及防锈性，适合冶金、机械制造、采矿、汽车制造及军工部门的高温及明火环境的设备使用。表 16-16 列出了两种国产水-乙二醇难燃液压液的主要性能。

表 16-16　国产水—乙二醇难燃液压液的主要性能

产品名称	4631(40)	4631(46)	产品名称	4631(40)	4631(46)
运动黏度(40℃)/(mm^2/s)	42.96	45.04	歧管抗燃试验(704℃)	不燃	不燃
黏度指数	190	194	pH 值	9.4	9.4
腐蚀(T2 铜，50℃，3h)/级	1b	1b	倾点/℃	<-50	<-50

（五）金属加工液

聚醚在金属加工方面主要用作淬火液和切削液。

由环氧烷无规共聚醚和水组成的淬火液，由于无规共聚醚具有逆溶性，在 75~80℃ 以下完全溶于水，当炽热的工件放入后，温度迅速上升，共聚醚从水中析出，在工件表面形成一连续均匀的并能导热的薄膜，克服了用纯水时在金属表面易形成大量气泡、产生冲击力、致使工件变形的缺点；随着淬火液的冷却，共聚醚又逐渐溶解到水中，降低淬火液的导热系数，使工件的冷却速度减慢，可减少工件变形。

由水溶性聚醚、乙二醇和防锈、抗磨、极压添加剂组成的水溶性切削液，使用时用水稀释，它具有水的冷却性、油的润滑性，无沉淀和起泡倾向，渗透力也好，能保证金属不受腐蚀，是一种优良的金属切削液。

(六)压缩机油、冷冻机油

由于聚醚具有良好的黏温性、低温流动性等特点，加之对烃类气体的溶解性小，所以适合用作乙烯、天然气等烃类气体压缩机油，代表性产品包括 4511 以及 4513 系列压缩机油等，它们的主要性能见表 16-17 和表 16-18。

表 16-17　4511 系列合成压缩机油的主要性能

项　目	4511	4511-1
运动黏度/(mm²/s)		
100℃	41.67	46.93
40℃	223.2	267.8
黏度指数	245	236
闪点(开口)/℃	242	257
酸值/(mg KOH/g)	0.01	0.01
凝点/℃	-40	-16

表 16-18　4513 系列合成压缩机油的主要性能

项　目	黏度等级			
	68	100	150	220
运动黏度/(mm²/s)				
100℃	14.03	19.80	28.87	39.40
40℃	68.45	101.0	151.2	221.5
黏度指数	214	220	227	231
闪点(开口)/℃	261	264	269	271
酸值/(mg KOH/g)	0.01	0.01	0.01	0.01
凝点/℃	-49	-46	-42	-40

聚醚与 HFC(氢氟烃类)制冷剂如 R134A 等具有良好的相容性，可用作与 HFC 制冷剂配套的冷冻机油，目前汽车空调用冷冻机油主要为聚醚型产品。

第三节　硅油和硅酸酯

硅油和硅酸酯是一种液体的聚硅氧烷。其结构如下[10]：

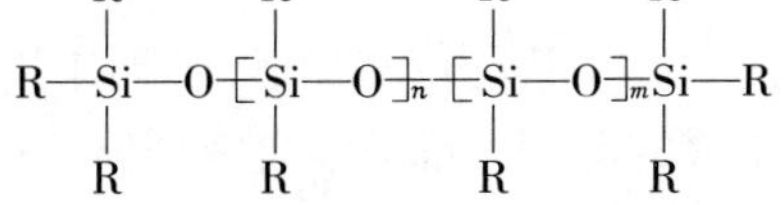

当 R 基团是氢、甲基、乙基、苯基、氯苯基等(它们可以相同或不同)时，通称硅油。作为合成润滑材料使用的主要有甲基硅油、乙基硅油、甲基苯基硅油、甲基氯苯基硅油等。

若 R 为烷氧基，就得到聚烷氧基硅氧烷，属于聚硅酸酯，能用作润滑剂的主要有原硅酸酯和二聚、三聚硅酸酯(六烷氧基二硅醚、八烷氧基三硅醚)。

聚硅氧烷以硅氧链为主链，结构上有以下特点：

Si—O 键的共价键能(453kJ/mol)比普通有机高聚物 C—C 键的共价键能(348 kJ/mol)大；Si—O 键有较大的极性，对硅原子上所连烃基有偶极感应影响，提高了所连烃基对氧化作用的稳定性；Si—O 键又是一种很稳定的 dπ-pπ 配键。因此，聚硅氧烷的热稳定性和氧化稳定性比普通有机高聚物好得多。

由于聚硅氧烷的主链是一种易绕曲的之字形链，整个—R_2Si—基团容易围绕 Si-O 键旋转，硅氧链较易缠绕和解开，在低温下也能伸展，升高温度不会引起黏度的显著下降，因此，硅油的黏温性能特别优良。

一、硅油和硅酸酯的制备

(一) 单体制备

制备硅油的基本原料是各种氯硅烷单体，工业上使用较多的有甲基、乙基、苯基、甲基苯基、含氢的氯硅烷。

甲基氯硅烷和苯基氯硅烷的主要制备方法是直接合成法，它是在较高温度和催化剂存在下使氯甲烷(氯苯)和硅直接作用生成甲基(苯基)氯硅烷的混合物，经过分馏得到所需的氯硅烷单体。

乙基氯硅烷在国内也使用过直接合成法，但主要采用的是氯乙烷、原硅酸乙酯与镁片进行格氏反应制成乙基乙氧基硅烷的工艺路线。控制反应物配比可得到一定比例的二乙基二乙氧基硅烷和三乙基乙氧基硅烷，不经分馏直接进行水解、分子重排和拔顶，就可得到不同黏度的乙基硅油。

甲基苯基的乙氧基硅烷是制备甲基苯基硅油的重要原料，国内主要采用伍尔兹法或格氏反应制备这种单体，虽然工艺上复杂一些，但使用了制备甲基氯硅烷时的副产物 CH_3SiCl_3，产品便于分离，收率也较高(可达60%以上)。

四氯化硅是制备硅酸酯的主要原料。在耐腐蚀的设备中使硅块与氯气直接反应，维持500℃左右的温度，四氯化硅的收率可达90%以上。还可以用 SiO_2 来制备，但反应温度要超过 1000℃。

用于制备甲基氯苯硅油的单体是多氯苯基三氯硅烷，它是苯基三氯硅烷经氯化得到的。以0.5%的铁粉和0.1%的 $SbCl_5$ 作为催化剂，在90℃左右通入干燥氯气，用测定反应过程中排出的HCl 量来控制反应终点，反应产物经减压分馏，得到所需要的四、五氯代苯基三氯硅烷。

(二) 水解

将有机氯硅烷加入过量水中，就可以进行水解，一般用水量是使生成的盐酸浓度不超过20%。二甲基二氯硅烷水解后，生成的硅醇一部分缩合成环体，一部分缩聚成线型低聚物：

$$n(CH_3)_2SiCl_2+nH_2O \longrightarrow [(CH_3)_2SiO]_n+2nHCl$$

环体　n=3、4、5 等。

$$n(CH_3)_2SiCl_2+(n+1)H_2O \longrightarrow HO-\underset{CH_3}{\overset{CH_3}{\underset{|}{\overset{|}{Si}}}}-\!\!\!\!\!\!\{\underset{CH_3}{\overset{CH_3}{\underset{|}{\overset{|}{Si}}}}O\}_{n-2}O-\underset{CH_3}{\overset{CH_3}{\underset{|}{\overset{|}{Si}}}}-OH+2nHCl$$

所得环体和线型体的比例与水量、溶剂及水的 pH 值有关。为进一步提纯中间体，水解后的线型体可在一定温度和 1%的 KOH 催化剂下裂解成环体。

水解设备有间歇式和连续式，国内普遍采用连续式装置。在这种装置中，二甲基二氯硅烷和水是定量加入和排出的，条件比较恒定，生产效率和产品质量都较高。

烷氧基硅烷的水解较慢，需要少量的酸或碱作催化剂并在较高温度下进行。选择适当的条件，使两种或两种以上的单体共水解可得到较均匀的缩聚体，在制备含有多种 R 基团的硅油时常被采用。

(三)分子重排

由水解得到的聚硅氧烷相对分子质量相差比较悬殊，为了得到相对分子质量比较接近的产品，需要进行分子重排或称为平衡化。通常使用酸或碱作平衡化的催化剂，最常用的酸是硫酸，常用的碱是四甲基氢氧化铵[$(CH_3)_4NOH$]、四丁基氢氧化磷[$(C_4H_9)_4POH$]等"暂时性催化剂"，它们升到一定温度就会分解并从聚合物中除去。

制备含苯基的硅油不宜用浓酸作催化剂，因为浓酸会使苯基从分子中断裂。含氯苯基的硅油不宜用碱作催化剂，因为碱会使氯苯基从分子中断裂。黏度不大的甲基硅油、乙基硅油、单体共水解的甲基氯苯基硅油，除了可以用酸作催化剂外，用活性白土、阳离子交换树脂作催化剂具有操作简便、油品外观好、电绝缘性能好、便于连续生产等优点。

(四)拔顶和过滤

重排以后的产物中含有蒸气压较大的轻馏分，需要进行减压拔顶，一般在间歇蒸馏釜中或连续式的分子蒸馏设备中进行，控制真空度和温度，达到硅油所要求的闪点和蒸发度。对拔顶后的釜底油过滤或经活性炭处理后过滤，再调配或加入适当添加剂，即得到硅油成品。

(五)硅酸酯的制备

四氯化硅与醇或酚反应是制备原硅酸酯的主要方法：

$$4ROH+SiCl_4 \longrightarrow (RO)_4Si+4HCl$$

式中的醇或酚可以是多种多样的，反应产生的氯化氢需不断地从反应系统中除去。

六烷氧基二硅醚和八烷氧基三硅醚(简称二硅醚、三硅醚)的制备，是将计量好的水分散到醇中，用湿醇与四氯化硅直接反应，以反应的副产物原硅酸酯和多聚硅酸酯(烷氧基多硅醚)作稀释剂及副产物的抑制剂。由于副产物循环使用，二、三硅醚的总收率可达 90%。主反应如下：

$$5SiCl_4+14ROH+3H_2O \longrightarrow (RO)_3SiOSi(OR)_3+(RO)_3SiOSi(OR)_2—O—Si(OR)_3+20HCl$$

反应产物经中和、减压分馏，就可得到所需的二、三硅醚。

二、硅油和硅酸酯的性能[3]

硅油具有优良的热氧化稳定性和低温流动性、防潮防水性、电气绝缘性及生理惰性，对某些材料也有较好的润滑性，有的品种还能抗辐射、耐溶剂。

(一)黏温性能

如表 16-19 所示，在各种润滑油中，硅油和硅酸酯具有最好的黏温性能，即使是中、高苯基硅油，其黏温性能也优于其他润滑油。

表 16-19　硅油与一些油品的黏温性能对比

油品名称	运动黏度/(mm²/s)			黏度系数 $\frac{v_{50}-v_{100}}{v_{50}}$	黏度比 $\frac{v_{-40}}{v_{100}}$
	100℃	50℃	-40℃		
M-30 甲基硅油	9.18	18.58	168	0.509	18.3
甲基氯苯基硅油(氯含量 5%)	7.47	15.9	410	0.53	54.9
4 号乙基硅油	7.77	19.42	379.7	0.6	48.9
六(2-乙基丁氧基)二硅醚	3.47	7.39	201	0.524	57.9
甲基苯基硅油(苯基含量 20%)	19.1	48.36	5726	0.605	300
二(2-乙基己基)癸二酸酯	3.23	8.82	1470	1.634	455
精制矿物油(8 号航空润滑油)	2.85	8.71	4840	0.673	1698

(二)热稳定性和氧化稳定性

硅油和硅酸酯具有良好的热稳定性和氧化稳定性。高温下裂解时，首先是 Si—C 键断裂形成稳定性更好的交链产物，而不是迅速生成大量的低分子化合物。表 16-20 列出了各种硅油和硅酸酯的热分解温度。

表 16-20　硅油、硅酸酯的热分解温度①

油品名称	甲基硅油	低苯基硅油	甲基氯苯基硅油	中苯基硅油	高苯基硅油	六(2-乙基丁氧基)二硅醚
热分解温度/℃	316	318	318	324	371	331

① 差热仪分析结果。

甲基硅油在 200℃以下氧化稳定性很好，200℃左右开始缓慢氧化，温度升高，氧化速度加快。甲基苯基硅油的氧化稳定性随着苯基含量的增高而增强。在苯基含量相同时，苯基在末端的比在主链的氧化稳定性更好些。见表 16-21。

表 16-21　几种硅油的氧化试验结果

试油名称		甲基硅油	甲基苯基硅油 苯基含量 5%	甲基苯基硅油 苯基含量 17%	甲基氯苯基硅油 氯含量 7.5%
50℃运动黏度/(mm²/s)		492.4	40.3	196.8	36.1
200℃，72h	50℃黏度变化率/%	+0.8	+4.2	+3.5	+7
	酸值增加值/(mgKOH/g)	0	0	0	+0.01
250℃，14h	50℃黏度变化率/%	凝胶	+10.3	+8.1	+18.5
	酸值增加值/(mgKOH/g)		+0.02	+0.01	+0.05
300℃，14h	50℃黏度变化率/%		凝胶	+105	凝胶
	酸值增加值/(mgKOH/g)			+0.05	

注：氧化试验条件，每分钟通入空气 50mL。

甲基氯苯基硅油的氧化稳定性与苯基含量相同的甲基苯基硅油相当，但在高温下产生腐蚀性物质。硅酸酯的氧化稳定性较硅油差，但可加入抗氧剂来改善。

(三)水解稳定性

硅油在一般温度下对水是很稳定的，常温黏度低于 500mm²/s 的甲基硅油、乙基硅油、甲基苯基硅油在 100℃没有任何水解现象，在 200℃和有 5%的水回流下，20h 后黏度变化也不超过 5%。

硅酸酯的水解稳定性差，只能在密封系统中使用。完全水解时生成凝胶，如在高温下使用，最后形成二氧化硅。原硅酸乙酯在室温下就迅速水解，随着硅酸酯聚合度的增大和烷氧基中烷基链长的增加，水解稳定性有所提高。加入某些抗氧剂，不仅能改善硅酸酯的氧化稳定性，还能抑制加速硅酸酯水解的过氧化物的产生，从而改善水解稳定性。

(四)电性能

硅油的电性能受温度和频率的影响较小，是良好的绝缘材料。表 16-22 列出几种硅油的电性能数据。

表 16-22 硅油的电性能

油品名称	甲基硅油	乙基硅油	甲基苯基硅油
介电常数(25℃)	2.6~2.75	2.35~2.8	2.7~2.9
介质损失角正切值(20℃，10^3Hz)	<0.0002	<0.0003	<0.0005
体积电阻率(20℃)/Ω·cm	>10^{14}	>10^{13}	>10^{14}
介电强度/(kV/mm)	≥15	≥15	≥12

(五)润滑性

与其他润滑油相比，一般说来，硅油的边界润滑性较差。如甲基硅油对钢-钢摩擦副的润滑性能较差，但对高碳钢或者镀铬高碳钢和其他金属(如铝、铜、镉等)的摩擦副及轻负荷的滚动摩擦副有较好的润滑性，黏度较大的硅油尤其适用于作塑料、橡胶等非金属摩擦部件的润滑剂。乙基硅油的润滑性较甲基硅油好。将极性基团(如氯)引入硅氧烷所得的甲基氯苯基硅油，以及将有机基团(如长链烷基)引入硅氧烷得到的甲基长链烷基硅油，其润滑性得到改善。

表 16-23 是在室温、600r/min 的四球试验机上，经 1min 测得的几种硅油的磨斑直径。可以看出，在短时间、低负荷下，硅油的润滑性尚可。

表 16-23 硅油的四球磨损试验结果

油品名称	黏度(50℃)/(mm²/s)	磨斑直径/mm(室温，600r/min，1min)		
		98N	294N	490N
甲基硅油	18.8	0.26	0.52	0.63
甲基苯基硅油	141.3	0.26	0.40	0.60
苯基含量 5%	58.2	0.34	0.53	0.65
苯基含量 20%	112.5	0.53	0.78	0.98
苯基含量 15%	22.4	0.63	0.95	1.02
乙基硅油	126	0.24	0.32	0.55

续表

油品名称	黏度(50℃)/(mm²/s)	磨斑直径/mm(室温，600r/min，1min)		
		98N	294N	490N
六(2-乙基丁氧基)二硅醚	13.54	0.27	0.38	0.41
甲基氯苯基硅油				
氯含量5%	12.9	0.29	0.58	0.64
氯含量7.5%	35.2	0.27	0.38	0.54
14号航空润滑油(聚烯烃油)	13.8	0.24	0.31	0.37

(六)其他性能

硅油的表面张力小，常温黏度为50mm²/s以上的甲基硅油的表面张力为21×10^{-5}N/cm，低于其他油品。甲基硅油与一些油品的互溶性也不好。因此，是一种用途广、效果好的抗泡剂。

低黏度的甲基硅油对橡胶、塑料、涂料有较大的溶解作用，黏度增大，这种作用减小。在高温下，硅油有溶解橡胶中增塑剂的倾向，引起橡胶收缩及硬化，只有一些特种橡胶，如氯丁橡胶、含氟橡胶等在高温下接触硅油仍能满意地工作。在200℃以下，即使有氧存在，硅油对金属也没有腐蚀。在200℃以上，除铜和铜合金以外，硅油对其他金属的腐蚀性也极小。

硅油是无生理活性的化合物，可以认为是无毒的，半致死口服剂量高于50g/kg鼠重。

三、硅油和硅酸酯的应用

硅油和硅酸酯具有许多优异的性能，广泛用于国民经济的各个领域。

(一)仪表油

用硅油作仪表油具有使用寿命长、氧化稳定性好、挥发性低及可在宽温度范围内使用的特点。我国已生产-60~120℃，-60~150℃，-60~200℃三种工作温度范围的硅油仪表油系列产品。表16-24是硅油与矿物油制成的精密仪表油及纯硅油高低温仪表油的主要理化性能。这些产品广泛用于精密仪表轴承、航空计时仪器、微型电机轴承及各种仪表的润滑。

表16-24 精密仪表油的主要理化性能

油品名称	运动黏度(50℃)/(mm²/s)	闪点(开口)/℃	凝点/℃	酸值/(mgKOH/g)	四球机试验(室温，600r/min，198N，30min)磨斑直径/mm
特3号	11.5	169	<-65	0.01	0.37
特4号	12.9	170	<-70	0.02	0.40
特5号	22.1	188	<-70	0.03	1.27
特14号	26.3	281	<-70	0.01	0.37
特16号	22.4	181	<-70	0.01	0.37

续表

油品名称	运动黏度(50℃)/(mm²/s)	闪点(开口)/℃	凝点/℃	酸值/(mgKOH/g)	四球机试验(室温，600r/min，198N，30min)磨斑直径/mm
4116 仪表油	39.8	294	-60	0.01	1.25
4116-1 仪表油	13.4	204	-70	0.01	—
4122 仪表油	32.8	284	-70	0.05	0.45

(二)特种液体

现代飞行器的制动控制系统中，大量使用的液浮陀螺、浮子式加速计、磁罗盘、传感器等，大都采用液体悬浮以减轻轴承负荷和摩擦力矩，提高灵敏度、精度和稳定性。要求使用的液体有特定的黏度和密度、好的黏温性能和低的凝点。有代表性的硅油特种液体的主要性能见表 16-25。

表 16-25　几种硅油特种液体的主要性能指标

油品名称	黏度/(mm²/s)		凝点/℃不高于	密度/(g/cm³)	蒸发度(100℃，3h)/%，不大于	腐蚀(T3 铜，100℃，3h)
	25℃	-60℃				
4118 号陀螺油	28~30	—	-68	0.95~0.97	3	合格
4119 号阻尼油	>120(50℃)	<6000	-65	0.98~1.02	2	合格
4120 号传感器油	1750~2050	—	-65	0.98~1.02	2	合格

(三)液压油和减震油

硅酸酯具有良好的热稳定性、黏温性及较好的润滑性，适于作密封系统的液压油。硅酸酯液压油有 4601、4602、4605 等牌号，其主要理化指标见表 16-26。使用温度范围，低温可达-60℃，高温分别可达 120℃、150℃和 200℃。乙基硅油、甲基氯苯基硅油都可单独或与矿物油混合后作液压油使用。

表 16-26　硅酸酯液压油的主要理化指标

产品牌号	运动黏度/(mm²/s)		闪点(开口)/℃不低于	凝点/℃不高于	酸值/(mg KOH/g)不大于	腐蚀(100℃，3h，2L10 铝、HP59-1 铜、YC-154 铁、45 钢)
	100℃	-40℃				
4601 号	>5	<420	180	-60	0.07	合格
4602 号	>7.6	<3000(-55℃)	200	-70	0.05	合格
4605 号	>3	<150(-45℃)	150	-70	0.05	合格

螺旋形的分子结构使得硅油具有非常高的压缩率，广泛用作减震油和阻尼油。高黏度硅油用作柴油发动机、汽车、坦克等曲轴传出的扭转震动及各种仪表指针摆动的减震液。

表 16-27 列出了 4609 号车辆减震液的规格和性能数据。

表 16-27　4609 号车辆减震液的性能

项　目	4609A		4609B	
	指标	实测	指标	实测
黏度/(mm^2/s)				
100℃	>7.50	8.28	>7.50	7.75
40℃				27.1
-40℃	<5000	3800	<2000	1590
黏度指数	>250	280	>270	299
闪点/℃	>160	162	>160	176
凝点/℃	<-50	<-50	<-50	<-50
蒸发度(100℃，3h)/%		15		10.2
酸值/(mgKOH/g)	<0.05	0.02	<0.05	中性
腐蚀(T3 铜片，100℃，3h)	合格	合格	合格	合格
超声波剪切试验(38℃±2℃、2×10^4Hz、10min)				
黏度变化率(40℃)/%	—	1.42	—	1.08
四球试验				
烧结负荷(P_D)/N	—	1568	—	1568
磨斑直径(室温，1500r/min，196N，0.5h)/mm	—	0.7	—	0.54

4609 号车辆减震液完全能满足油气悬挂装置的使用要求，能提高车辆的机动性，减少油品的更换及车辆维护，为推广油气悬挂技术提供了优质的配套材料。

(四)压缩机油

加入添加剂或改变了结构的甲基硅油(如甲基氯苯基硅油、甲基三氟丙基硅油)具有较好的润滑性和防腐性能以及优良的热氧化稳定性，用于回转式压缩机，可确保运转几年不换油，使用 10 年不出故障。表 16-28 是这种油的主要性能。

表 16-28　回转式压缩机用硅油的主要性能

项　目	质量指标	项　目	质量指标
黏度(25℃)/(mm^2/s)	50	凝点/℃	<-55
黏度指数	420	四球试验(75℃，1200r/min，1h，400N)	
闪点(开口)/℃	260	磨斑直径/mm	1.25

这种硅油压缩机油已在许多装置上使用，如在生产间甲酚装置上的 Sullalr24KT 旋转式空气压缩机中已运转多年，保证了压缩机的润滑和密封，也是压缩气体的冷却液。还在制造氧气(尤其是医用氧)的压缩机上得到了满意的使用。氧气压缩机油必须保证在与高压氧气接触时，绝对不燃烧，没有爆炸危险，对高纯度的氧气(>99.2%)不产生污染。在国产的几种氧气压缩机(如 G3V-20/200-Ⅰ型隔膜双缸压缩机)上，这种油已正常运转了多年。

(五)润滑脂基础油

硅油是具有各种特殊性能的润滑脂的重要组成部分。用甲基硅油、乙基硅油、甲基氯苯基硅油制成的各种真空脂、高低温润滑脂，其使用温度范围宽，低温达-40℃以下，高温分别可达

200℃、250℃、300℃，适用于高温下工作的各种转动部位的润滑。在航空、纺织、印染、化纤、机械等行业得到了广泛应用，如精密仪表、航空电机、热定型机、热熔风机、高温染缸以及各种工业隧道窑窑车等的轴承、齿轮，都大量使用以硅油为基础油的润滑脂。

此外，特种乙基硅油作为织布机牵平轴衬润滑剂已取得明显的效果。高苯基含量、低相对分子质量的甲基苯基硅油可用作真空(残压达 10Pa 以下)扩散泵油。甲基苯基硅油乳液处理玻璃纤维具有柔软性、憎水性，广泛用于过滤高温气体中的粉尘。各种黏度的甲基硅油可用作计量传递的黏度标准油，用来校验工作黏度计。高黏度的甲基硅油大量用作润滑油的消泡剂，还用作一些光学仪器的密封剂，橡胶、塑料、皮革及一些金属加工的脱模剂。硅油还大量用作织物处理剂和涤纶线及橡胶工业中的帘子线的润滑剂。在复印机、影片、唱片、录音磁带等许多非金属材料的转动部位使用甲基硅油，在润滑、抗静电防黏等方面都显示了优异的性能。硅油还可作变压器油和高档制动液。随着现代工业的发展，硅油的应用领域不断扩大。

第四节　含氟润滑油

含氟润滑油是含有氟元素的合成润滑油，较重要的有全氟烃、氟氯碳油和全氟聚醚。此外还有氟硅油、含氟三嗪、含氟腈、含氟酯以及氟溴油等。

全氟烃是烃中的氢完全被氟取代，其分子式为 C_nF_{2n+2}(直链全氟烷烃)、C_nF_{2n}(全氟环烷烃)。

氟氯碳油可视为烃中的氢被氟、氯取代，可用如下分子式表示：

$R\text{-}(C_nF_{2n-m}Cl_m)\text{-}R'$　　R，R′通常为—F，—Cl，—CF_3 或 CCl_3。

全氟聚醚目前有聚全氟异丙醚和聚全氟甲乙醚。可分别用下列分子式表示：

聚全氟异丙醚：

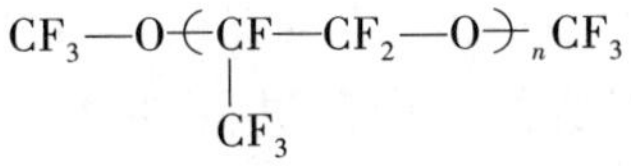

聚全氟甲乙醚：

$$CF_3—O\text{-}(CF_2—CF_2—O)_m\text{-}(CF_2—O)_n CF_3$$

氟硅油是具有含氟烷基侧链的聚硅氧烷，其独特的分子结构赋予了氟硅油优异的黏温性能和低温性能、抗氧化性能等。在我国得到应用的主要是三氟丙基类聚硅氧烷，其中三氟丙基甲基聚硅氧烷的分子式如下：

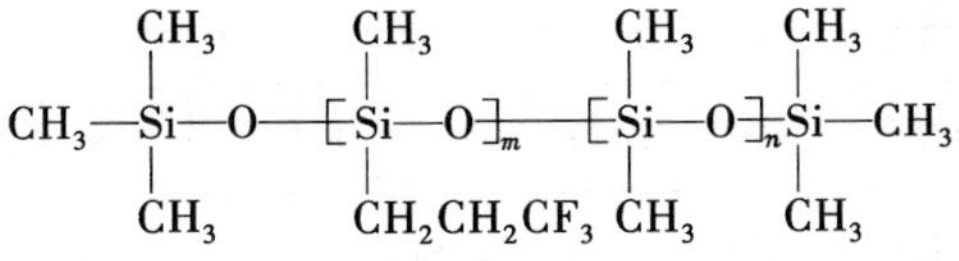

一、含氟润滑油的制备

(一)全氟烃

元素氟在一般条件下与烃接触会发生剧烈反应，使烃的碳-碳键受到破坏，不易得到较理想的全氟烃馏分。工业上通常采用金属的高价氟化物对烃进行氟化，氟化剂有三氟化锰、三氟化钴和二氟化银。

以三氟化锰对烃的氟化为例，氟化反应分两步进行：

$$2MnF_2 + F_2 \xrightarrow{\triangle} 2MnF_3$$

$$—CH_2— + 4MnF_3 \xrightarrow{\triangle} —CF_2— + 2HF + 4MnF_2$$

对高沸点烃或蜡可用二氟化银作氟化剂，此时反应温度较低，烃或蜡呈液体状态，称液相氟化反应：

$$2AgF + F_2 \xrightarrow{\triangle} 2AgF_2$$

$$—CH_2— + 4AgF_2 \xrightarrow{\triangle} —CF_2— + 2HF + 4AgF$$

气相或液相氟化生产的粗产品需再经氟化精制，其生产工艺流程简图如图 16-2 所示：

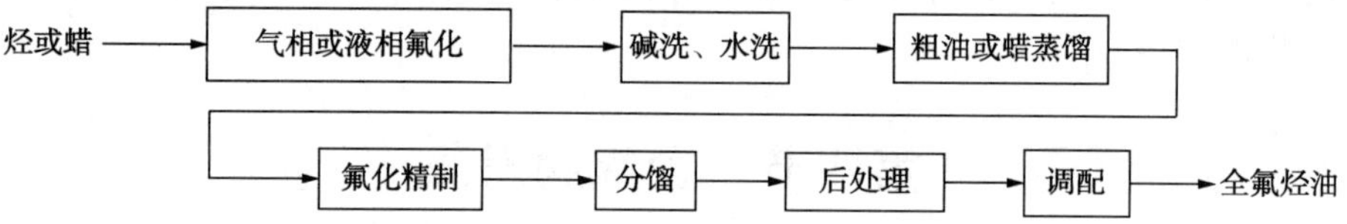

图 16-2　气相或液相氟化生产全氟烃油工艺流程简图

（二）氟氯碳油

氟氯碳油有许多制备方法，工业上主要有两种：一是热调聚法，二是裂解法。

1. 热调聚法

以 F113（三氟三氯乙烷）为原料，经锌粉脱氯得到三氟氯乙烯（$CF_2{=}CFCl$），三氟氯乙烯以四氯化碳（CCl_4）为调聚剂，在加热下聚合成三氟氯乙烯粗油。其反应式为：

$$CF_2Cl—CFCl_2 + Zn \xrightarrow{\triangle} CF_2{=}CFCl + ZnCl_2$$

$$nCF_2{=}CFCl + CCl_4 \xrightarrow{\triangle} Cl(CF_2—CFCl)_nCCl_3$$

三氟氯乙烯与四氯化碳反应形成的自由基进行自由基型调聚反应，通过调节反应温度能够改变链增长和链转移步骤的反应速度、反应压力；调节反应物的比例，可以控制粗油相对分子质量的分布。粗油再经氟化剂氟化使之稳定。

生产工艺见图 16-3。

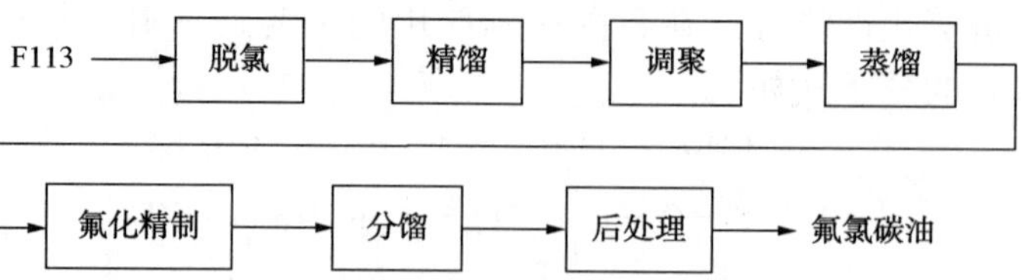

图 16-3　热调聚法生产氟氯碳油的工艺流程简图

2. 裂解法

聚三氟氯乙烯塑料粉在高温、真空、硫酸铜存在下裂解，得到的聚三氟氯乙烯粗油，精制后可得到稳定的氟氯碳油。

(三)氟溴醚油[11]

中国科学院上海有机化学研究所在原氟溴醚油基础上进一步研制出一种低凝固点、高稳定的氟溴醚陀螺仪悬浮液[11]。该氟溴醚是将溴元素引入全氟聚醚链来制备高比重、高黏度和低凝固点的陀螺仪悬浮液，该聚合物中三氟溴乙烯链段赋予聚合物高比重高黏度的特性，封端的全氟聚醚链段赋予聚合物低凝固点和高稳定性的特性。主要指标为：密度(70℃)1.9310～1.9315 g/cm^3；70℃运动黏度为165.90～382.70 mm^2/s；凝固点为−30℃。该高稳定氟溴醚油已实际应用。

(四)全氟聚醚

制备全氟聚醚的方法有光氧化聚合法和催化聚合法两种。

1. 光氧化聚合法

采用全氟烯烃，如六氟丙烯或四氟乙烯，一次性或连续通入反应器，在一定低温条件下，供给足够量的紫外光，并连续通入一定量的氧气，使之氧化聚合，以制备全氟聚醚粗油。

六氟丙烯的光氧化聚合反应用下式表示，其产物是聚全氟异丙醚。

$$nCF_3CF{=}CF_2+O_2 \xrightarrow[\text{低温}]{\text{紫外光}} CF_3{-}O{\leftarrow}\underset{\substack{|\\ CF_3}}{CF}{-}CF_2{-}O{\rightarrow_p}{\leftarrow}CF{-}O{\rightarrow_q}{\leftarrow}\underset{\substack{|\\ CF_3}}{CF}{-}O{\rightarrow_r}{\leftarrow}O{\rightarrow_s}A$$

式中，A为—COF或—CF$_2$COF或—CF$_2$CF$_2$COF；q、r、s一般接近为零，p为整数。

四氟乙烯的光氧化聚合反应用下式表示，其产物是聚全氟甲乙醚。

$$CF_2{=}CF_2+O_2 \xrightarrow[\text{低温}]{\text{紫外光}} CF_3{-}O{\leftarrow}CF_2{-}CF_2{-}O{\rightarrow_p}{\leftarrow}CF_2{-}O{\rightarrow_q}{\leftarrow}O{\rightarrow_r}A$$

式中，A为—COF或—CF$_2$COF；r一般接近为零，p、q为整数。

全氟聚醚粗油的酰氟基极不稳定，能与空气中的水分作用使酰氟基变成羧酸，所以还需通过碱洗或氟化剂氟化以脱去酰氟基和羧基。

以聚全氟异丙醚油为例，碱洗反应式如下：

$$CF_3{-}O{\leftarrow}\underset{\substack{|\\ CF_3}}{CF}{-}CF_2{-}O{\rightarrow_p}CF_2{-}COF + H_2O$$

$$\longrightarrow CF_3{-}O{\leftarrow}\underset{\substack{|\\ CF_3}}{CF}{-}CF_2{-}O{\rightarrow_p}CF_2{-}COOH + HF$$

$$CF_3{-}O{\leftarrow}\underset{\substack{|\\ CF_3}}{CF}{-}CF_2{-}O{\rightarrow_p}CF_2{-}COOH + 2KOH$$

$$\xrightarrow{\triangle} CF_3{-}O{\leftarrow}\underset{\substack{|\\ CF_3}}{CF}{-}CF_2{-}O{\rightarrow_p}CF_2H + K_2CO_3 + H_2O$$

氟化剂氟化反应后的产物分子式如下：

$$CF_3{-}O{\leftarrow}\underset{\substack{|\\ CF_3}}{CF}{-}CF_2{-}O{\rightarrow_p}CF_3$$

式中，p为整数。

生产工艺流程简图见图16-4。

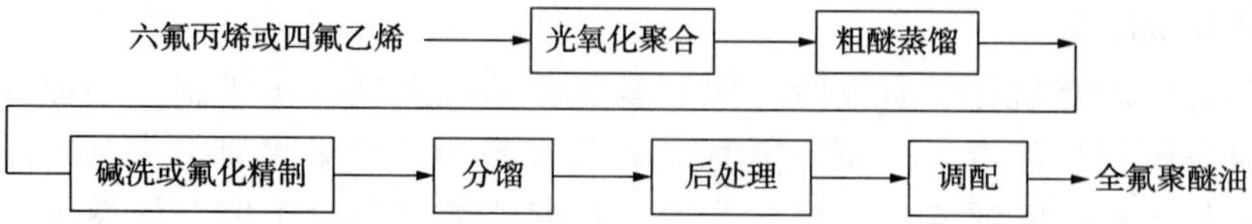

图 16-4　光氧化聚合法生产全氟聚醚油的工艺流程简图

2. 催化聚合法

首先将全氟烯烃与氧作用生成全氟环氧烷，第二步再将全氟环氧烷在氟离子催化作用下聚合成全氟聚醚粗油。其反应式为：

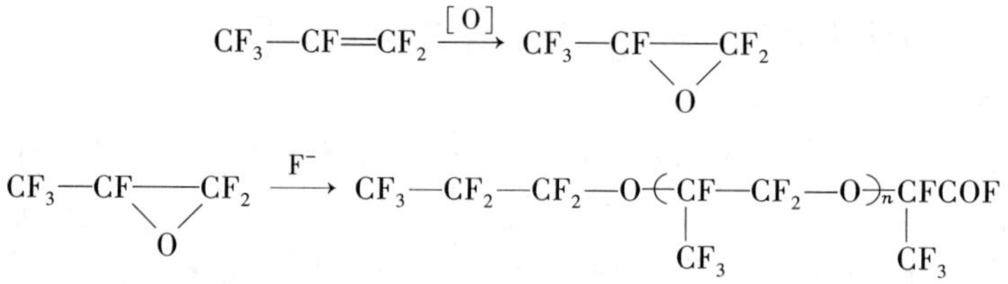

全氟聚醚粗油经过精制（方法同光氧化法）得全氟聚醚油。

（五）氟硅油

制备氟硅油[12]的常用方法为水解共聚法。反应式如下：

$$CF_3CH{=}CH_2+CH_3SiHCl_2 \xrightarrow[\text{高温，高压}]{\text{催化剂}} CH_3Si(CH_2CH_2CF_3)Cl_2$$

$$mCH_3Si(CH_2CH_2CF_3)Cl_2+n(CH_3)_2SiCl_2+2(CH_3)_3SiCl \xrightarrow{H_2O}$$

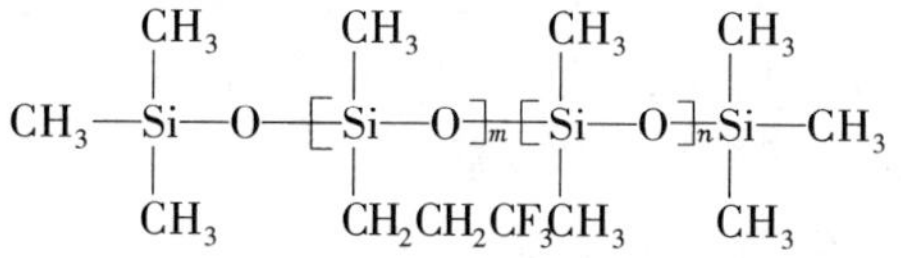

二、含氟润滑油的性能

含氟润滑油具有特殊的化学惰性、优良的抗氧化性和热稳定性以及在空气中的不燃烧等性能。

（一）化学惰性

全氟烃、氟氯碳油和全氟聚醚油都具有特殊的化学惰性。在100℃以下，与浓硝酸、浓硫酸、浓盐酸、王水、铬酸洗液和氢氧化钾、氢氧化钠的水溶液，以及氟化氢、氯化氢等接触不发生化学反应。

（二）氧化稳定性

全氟烃、氟氯碳油、全氟聚醚油在空气中加热不燃烧。与氟气、过氧化氢水溶液、高锰酸钾水溶液，在100℃以下不反应；氟氯碳油与三氟化氯气态在100℃以下或液态物均不发生反应；全氟聚醚油在300℃时与发烟硝酸或四氧化二氮接触不发生爆炸。

由于引入三氟丙基，氟硅油的热氧化稳定性与硅油相比有了明显提高，但比全氟烃、氟氯碳油、全氟聚醚油要差得多。氟硅油的氧化过程类似于烃类的氧化，属于自由基链反应过程的机理，且氧化首先从甲基开始，生成自由基$\equiv SiCH_2 \cdot$，经过一系列自由基链反应过程导致氟硅油分子间的交联，使其黏度增大，直至胶凝而失去流动性。提高氟硅油的热氧化稳定性的有效途径是采用金属有机化合物抗氧剂。图 16-5 是氟硅基础油在 250℃下的氧化曲线，从图中可以看出，氧化时间小于 48h 时，运动黏度变化曲线比较平缓，48h 后运动黏度变化急剧增长。图 16-6 是氟硅油基础油加入了适量浓度的抗氧剂后，在 250℃下运动黏度随氧化时间变化曲线，试验到 528h 时，运动黏度变化只有 25%。

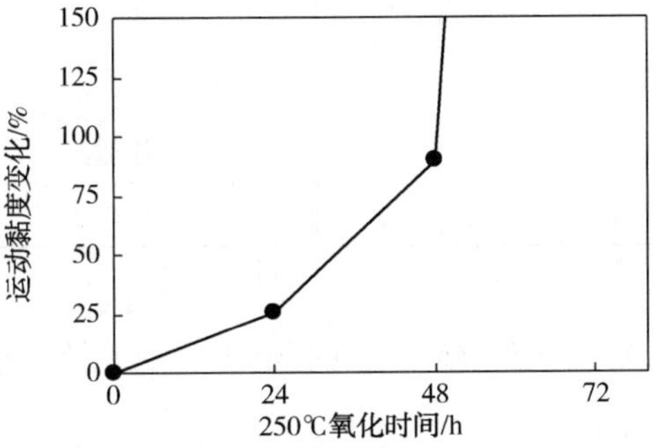

图 16-5 氟硅基础油的氧化曲线图

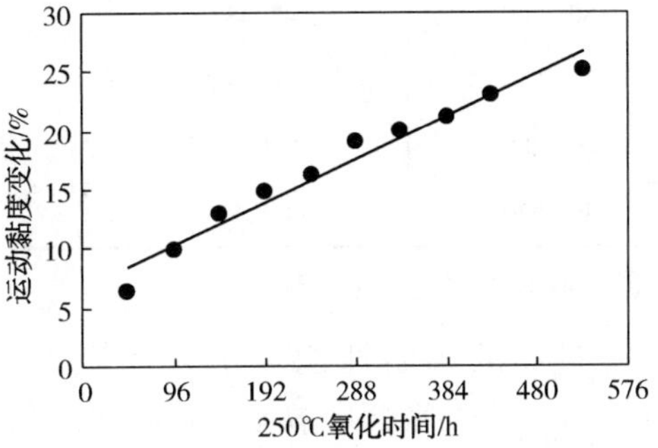

图 16-6 含 Fe 硅氧烷氟硅油的氧化曲线

(三)热稳定性

全氟烃油、氟氯碳油、全氟聚醚油的热稳定温度随精制深度的不同而异。它们的热稳定温度按如下方法测定：将油样置于磨口试管中升温，到预期温度恒温 30min。取部分油样测其酸值，若酸值不变，则剩下的油样继续升温 10℃，再恒温 30min，直到油样酸值出现明显变化为止。油样酸值明显变化前的温度为热稳定温度。聚全氟异丙醚油热稳定温度为 260~300℃，氟氯碳油为 220~280℃，全氟烃油为 220~260℃。

聚全氟异丙醚油在 250℃下加热 100h，黏度无明显变化，特别是经过氟化精制的油，颜色仍为无色，其酸值由 0.038mgKOH/g 增加到 0.056mgKOH/g。

(四)黏温性

全氟烃油在所述的三类含氟油中，黏温性最差。采用不同的原料烃，制成的全氟烃油的黏温性也会有较大差异。

氟氯碳油的黏温性较全氟烃油好(见表 16-29)，但随制备方法和加工深度的不同而有所不同。

表 16-29 氟氯碳油与全氟烃油黏温性的对比

馏程范围①/℃	运动黏度/(mm^2/s)				黏度变化(v_{20}/v_{70})	
	20℃		70℃			
	氟氯碳油	全氟烃油	氟氯碳油	全氟烃油	氟氯碳油	全氟烃油
125~135	16.68	53.43	2.84	4.72	5.87	11.32
145~155	48.99	407.7	5.05	9.92	9.7	41.1
165~175	130	1767	8.74	20.08	14.87	88

① 蒸馏压力为 1.33kPa。

全氟聚醚油分子中引入了醚键，增加了主链的活动度，因此其黏温性优于全氟烃。聚全氟异丙醚油的黏温性见表16-30。聚全氟甲乙醚的黏温性优于聚全氟异丙醚。

表16-30 聚全氟异丙醚油的黏温性

馏程范围①/℃	运动黏度/(mm^2/s)			黏度指数
	20℃	50℃	100℃	
180~200	47.43	13.1	3.58	41
220~240	144.3	32	6.77	88
260~280	299.3	58.16	11.32	109
280~370	448.7	89.69	15.84	112

① 蒸馏压力为0.04~0.1kPa。

氟硅油的黏温性能与引入的氟含量密切相关，不同氟含量的氟硅油黏温性能见表16-31。可见氟含量增加，氟硅油的黏温性能变差。

表16-31 氟硅油的黏温性能

温　度/℃	运动黏度/(mm^2/s)		温　度/℃	运动黏度/(mm^2/s)	
	氟含量19%	氟含量25%		氟含量19%	氟含量25%
-50	2000	14407	200	2.8	—
40	29.5	64.2	260	1.8	3.5
100	9.16	—			

(五)密度

全氟烃油、氟氯碳油和全氟聚醚油馏分的密度都较大，20℃时在2g/cm^3左右。馏程相同的馏分进行比较，全氟烃油馏分的密度最大，氟氯碳馏分次之，聚全氟醚馏分最小。全氟烃油与氟氯碳油的密度见表16-32，聚全氟异丙醚馏分的密度见表16-33。

表16-32 全氟烃油和氟氯碳油的密度和凝点

馏程范围①/℃	密度(20℃)/(g/cm^3)		凝　点/℃	
	全氟烃油	氟氯碳油	全氟烃油	氟氯碳油
115~125	2.0309	1.9078	-40	-38
175~185	2.0762	1.9663	1	20

① 蒸馏压力为1.33kPa(绝对压力)。

表16-33 聚全氟异丙醚馏分的密度和凝点

馏程范围①/℃	密　度(20℃)/(g/cm^3)	凝　点/℃
180~200	1.8824	-64
280~370	1.9089	-40

① 蒸馏压力为0.04~0.1kPa(绝对压力)。

(六)凝点

全氟聚醚油具有较低的凝点，全氟烃油的凝点与原料烃的凝点有关，氟氯碳油的凝点随氯含量的降低而升高。各馏分的凝点见表16-32和表16-33。

聚全氟甲乙醚油的凝点更低，例如馏程为220~290℃(900Pa绝对压力下蒸馏)的馏分的凝点可以达到-90℃。

(七)与溶剂的相溶性

全氟烃油不溶于苯、甲醇、乙醇、丙酮、四氯化碳、三氯甲烷等有机溶剂和水，但能溶于氟里昂如F113、F112等。

氟氯碳油不溶于水，但能溶于丙酮、石油醚、四氯化碳、三氯甲烷、F113、F112；在苯中的溶解度，轻油较好，重油稍差；微溶于甲醇、乙醇。

聚全氟异丙醚不溶于苯、石油醚、甲醇、乙醇、丙酮、四氯化碳、三氯甲烷、F112等有机溶剂和水，但能溶于F113。

(八)与材料的相容性

1. 与金属的相容性

全氟烃油、氟氯碳油分别与45号钢、10号钢、石墨钢、青铜、铝在150℃接触250h，没有腐蚀作用。

聚全氟异丙醚油在100℃、3h条件下对黄铜、紫铜、45号钢、铝、镁均不腐蚀。

2. 与橡胶的相容性

全氟烃油、氟氯碳油分别与天然橡胶和氟橡胶做接触溶胀实验，在60℃恒温240h，两种橡胶外形均无变化，质量变化低于1%。

与氟硅油相容的橡胶有氟硅橡胶、氟橡胶和氟醚橡胶。通常氟硅橡胶最高耐油温度为200℃，氟橡胶最低耐油温度为-40℃，耐油温度在-50~250℃温度范围的主要有氟醚橡胶。氟硅油与FM-1氟醚橡胶在100~250℃，72h相容性实验后的体积膨胀率为-2.84%~0.01%。

(九)润滑性

用四球机测定最大无卡咬负荷，氟氯碳油最高，聚全氟异丙醚油次之，全氟烃油再次之。氟氯碳油烧结负荷高于一般矿物油。见表16-34。

表16-34　氟氯碳油与几种矿物油的润滑性比较

润滑油	烧结负荷/N	摩擦系数	润滑油	烧结负荷/N	摩擦系数
氟氯碳油1号	4560	0.21	氟氯碳油50号	4325	0.18
氟氯碳油3号	4560	0.21	机械油30号	2402	0.18
氟氯碳油10号	4560	0.21	气缸油90号	2402	0.25
氟氯碳油20号	4089	0.19	车轴油60号	1687	0.16

氟硅油的润滑性能与引入的氟元素含量密切相关，不同氟含量氟硅油在四球试验机上的润滑性能见表16-35。可见随着氟含量增加，氟硅油的润滑性能明显变好。

表 16-35　氟硅油的润滑性能

润滑性能	氟含量		
	0%	19%	25%
磨斑直径/mm			
294N，0.5h	1.5	0.9	0.6
392N，1h	3.2	1.6	1.33
最大无卡咬负荷/N	<98	500	794

三、含氟润滑油的应用

自20世纪60年代以来，我国先后研制并生产了全氟烃油、氟氯碳油、聚全氟醚油以及氟溴油，至20世纪末研制并生产了氟硅油，其应用领域逐渐扩大。含氟润滑油除了可应用于航空、航天、核工业外，在其他领域也得到广泛应用。

全氟烃油、氟氯碳油和全氟聚醚油的轻油，如4850号、4830号、4830M号检漏液，可用于电子元器件壳封的检漏。单独用它们进行粗检，可剔除漏速大于10Pa·cm/s的器件。用它们与F113配合使用，对器件壳封的漏速精度可达到精密检漏的上限(1Pa·cm/s)。

全氟烃油中的全氟甲基环己烷 C_7F_{14}，广泛用于等离子蚀刻工艺的干法蚀刻，其蚀刻速度可达600~640nm/min。

全氟聚醚油可用作等离子蚀刻等工艺中机械真空泵的润滑油，可使真空泵长周期运转。

含氟油用在船舰导航的陀螺仪中，可满足船舰长期安全航行的使用要求。

含氟油可作为油田潜油泵的隔离液。为了防止潜油泵电机的机油与原油、水接触，在电机和泵之间装一个含有氟油的保护器，对电机可起到保护作用。

在石油化工厂、氯碱厂、农药厂、洗涤剂厂和其他化工厂中，用含氟油脂作为抗化学腐蚀的仪表油和润滑剂。由于含氟油不与各种酸、碱、盐、腐蚀性气体发生作用，因此可用作差压变送器、压力变送器的隔离液或传递液、液面指示液，体积流量计的润滑剂，阀的润滑剂、密封剂，搅拌机、压缩机、泵和真空泵的润滑剂，反应器的惰性密封剂，以及化学反应的惰性溶剂。

含氟油还可作为电影胶片和磁带的润滑剂，如4838号抗化学润滑油可提高胶片和磁带的耐磨性，从而延长它们的使用寿命。

全氟烃油、氟氯碳油和聚全氟醚油在纯氧中不燃烧、不爆炸，因此它们可作为抗氧润滑剂和仪表油。4839号抗化学润滑油可作氧气管线上的电动阀门齿轮的润滑剂，即使油漏入氧气管线中与氧气接触也不会爆炸。此外，含氟油也可用于膜式氧气压缩机的润滑。FLZ-1、FLZ-2及FLZ-4抗化学润滑脂(氟氯碳油脂)可用于液氧泵的润滑和特殊抗高压开关的密封脂。4836号(红色)和4837号抗化学仪表油可用作氧气系统压差计、压力计的指示液和液氧液面的指示液。

含氟油还可作为热塑性塑料挤出成型的润滑剂，用少量的含氟油即可起到良好的润滑效果。含氟油可作橡胶的离型剂，塑料、橡胶的填充剂，以改善其性能。

含氟油具有高的绝缘电阻，可作为电触点润滑剂和灭弧脂的重要组分。

用氟硅油为基础油研制的润滑油已用于远程导弹和航空发动机上。

第五节　磷 酸 酯

磷酸酯分正磷酸酯和亚磷酸酯，正磷酸酯又可分为一、二、三元磷酸酯。适于作合成润滑油和液压油的磷酸酯主要是三元磷酸酯，其结构式为[20]：

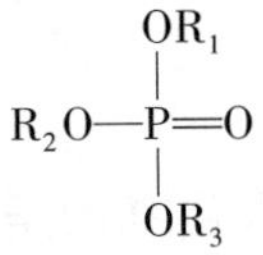

式中　R_1、R_2、R_3可为烷基或芳基。

三元磷酸酯按其取代基的不同可分为三烷基磷酸酯、三芳基磷酸酯以及烷基芳基磷酸酯，它们均可作为合成润滑油。

一、磷酸酯的制备

(一) 三芳基磷酸酯的制备

工业上最常用的方法是在催化剂存在下，酚与三氯氧磷直接反应制取：

$$3ArOH+POCl_3 \xrightarrow[加热]{催化剂} (ArO)_3PO+3HCl\uparrow$$

反应温度应在200℃以上，催化剂可采用无水氯化镁或三氯化铝。反应时应采用减压方法把反应中产生的氯化氢气体及时除去。

磷酸酯的性质与原料酚的组成和质量有密切关系。缩小原料酚的沸点范围有利于提高酯的收率和质量。原料酚中所含吡啶碱和水对酯化反应的进行和产品收率有不利影响。超过规定含量，应进行精制干燥。

反应生成的粗酯要进行水洗、碱洗，以除去反应不完全的一取代和二取代酸性磷酸酯。先用水洗的目的是除去反应产物中残留的镁及铝离子，否则碱洗时会形成胶状沉淀，造成油品乳化，影响产品收率。

不同芳基取代的三芳基磷酸酯是以混合酚与三氯氧磷为原料采用一步法或分步法制取的。分步反应时，可先将难反应的酚与三氯氧磷中第一氯反应，再用易反应的酚或制成相应的酚钠与第二、第三氯反应。

(二) 三烷基磷酸酯的制备

三烷基磷酸酯由醇和三氯氧磷直接反应制取：

$$3ROH+POCl_3 \longrightarrow (RO)_3PO+3HCl\uparrow$$

反应条件基本上与制取三芳基磷酸酯相同，但反应温度较低，一般不超过室温。由于反应生成的氯化氢气体与原料醇反应生成水，而三氯氧磷遇水又会分解，因此反应必须在无水和低温下进行，醇应过量，同时应加快除去氯化氢气体。

(三) 烷基芳基磷酸酯的制备

烷基芳基磷酸酯按其取代基有烷基二芳基磷酸酯和二烷基芳基磷酸酯之分，它们都可采用相应的醇与酚分步进行反应而制得。一般第一步是三氯氧磷与醇反应，然后将烷基取代的酸性磷酸酯再与酚钠反应制取烷基芳基磷酸酯。例如：

$$ROH+POCl_3 \longrightarrow (RO)\overset{O}{\overset{\parallel}{P}}Cl_2 + HCl\uparrow$$

$$(RO)\overset{O}{\overset{\parallel}{P}}Cl_2 + 2ArONa \longrightarrow (RO)(ArO)_2PO+2NaCl$$

二、磷酸酯的性能

磷酸酯的性能主要取决于磷酸酯中取代基的结构，随着取代基结构的不同，其性能有较大差异。几种常用磷酸酯的主要物理性能见表 16-36。

表 16-36　几种典型磷酸酯的物理性能

名　称	密度/(g/cm^3)	黏度/(mm^2/s)			黏度指数	倾点/℃
		98.9℃	37.8℃	-40℃		
三烷基磷酸酯						
三正丁基磷酸酯	—	1.09	2.68	47	118	-54
三正己基磷酸酯	0.937	1.79	4.83	780	—	-56.7
三(2-乙基己基)磷酸酯	0.926	2.23	7.98	840	94	-54
三芳基磷酸酯						
三甲苯基磷酸酯	1.61	4.37	35.11	—	—	-26.1
甲苯基二苯基磷酸酯	1.205	3.25	17.53	—	28	-34.4
二甲苯基苯基磷酸酯	1.18	3.79	24.9	—	—	-28.9
烷基二芳基磷酸酯						
正丁基二苯基磷酸酯	1.151	2.02	7.30	1700	67	<-57
正辛基二苯基磷酸酯	1.086	2.51	9.73	2200	90	<-57
(2-乙基己基)二苯基磷酸酯	1.09	2.45	10.01	5800	65	<-57
甲基二苯基磷酸酯	1.231	2.15	8.32	5500	54	<-57
(2-乙基丁基)二苯基磷酸酯	1.122	2.25	8.71	4200	65	<-57
二烷基苯基磷酸酯						
二(2-乙基己基)苯基磷酸酯	0.99	2.25	8.66	1840	67	<-54
二(正辛基)甲苯基磷酸酯	0.98	2.63	9.99	8910	108	—

（一）黏度

三烷基磷酸酯的黏度随着相对分子质量的增大而增大。直链三烷基磷酸酯的黏度要比带支链的大，并具有较高的黏度指数。三芳基磷酸酯与相同相对分子质量的三烷基磷酸酯相比黏度较大，但黏温性能较差。芳基烷基化会引起黏度增加和黏温性变差。烷基芳基磷酸酯黏度居中，并有较好黏温性。

（二）低温性能

大多数磷酸酯具有良好的低温性能，即具有较低的倾点和低温黏度。磷酸酯的低温性能取决于酯的对称性，对称性越高，低温性能越差。三烷基磷酸酯低温性能随着烷基链的增长而变差，引入支链可改善低温性能。三芳基磷酸酯的低温性能通常比三烷基磷酸酯差。

（三）抗燃性

抗燃性是磷酸酯最突出的性能之一。通常三烷基磷酸酯的抗燃性比三芳基磷酸酯差，烷基芳基磷酸酯抗燃性居中。磷酸酯在极高温度下亦能燃烧，但它不传播火焰。磷酸酯的抗燃性不能按测定石油产品的闪点和燃点来判断，自燃点能较好地表示它的抗燃性。最能真实反映磷酸酯抗燃性能的方法是进行模拟试验，例如热歧管试验等。表 16-37 列出了一些磷酸酯和矿物油的抗燃性的比较。

表 16-37 磷酸酯的抗燃性

名 称	闪点(开口)/℃	燃点/℃	自燃点/℃	热歧管试验		热板抗燃着火温度/℃
				510℃	704℃	
三乙基磷酸酯	134	151	—	通过	着火	—
三丁基磷酸酯	150	188	426	通过	着火	—
三甲苯基磷酸酯(混合)	224	360	—	通过	通过	>800
三间甲苯基磷酸酯	240	322	650	通过	通过	>800
三(二甲苯基)磷酸酯	245	340	650	通过	通过	>800
矿物油汽轮机油	200	240	<360	着火	着火	450

（四）润滑性

磷酸酯是一种很好的润滑材料。在边界润滑的条件下，由于磷酸酯在摩擦副表面与金属发生反应，生成低熔点、高塑性的磷酸盐混合物或磷化物，能重新分配摩擦表面上的负荷，因此具有很好的抗磨性能，特别是三芳基磷酸酯常用作润滑剂的抗磨添加剂。磷酸酯的抗擦伤性与水解稳定性有明显的关系，越易水解生成酸性磷酸酯的化合物，如酸性磷酸二苯酯，其抗擦伤性越好。

（五）水解稳定性

由于磷酸酯是有机醇或酚与无机磷化物的反应产物，故在一定的条件下可以水解。磷酸酯的水解稳定性一般比酯类油差，但优于硅酸酯和硼酸酯。三芳基磷酸酯的水解稳定性稍优于烷基芳基磷酸酯，但在高温下它的水解稳定性也不好。由于水解产物对金属有腐蚀性，因此在实际使用中，需要控制磷酸酯的水含量。

（六）热稳定性

磷酸酯的热稳定性通常比较好。磷酸酯的热稳定性决定于它的化学结构。三芳基磷酸酯比三烷基磷酸酯好，烷基芳基磷酸酯居中。三芳基磷酸酯随着侧链长度和数量的增加或苯环被萘环取代时，热稳定性降低。通常三芳基磷酸酯的使用温度范围不超过 150～170℃。烷基芳基磷酸酯的允许使用温度范围有的不超过 105℃，最高为 120℃。

（七）热氧化稳定性

磷酸酯的热氧化稳定性良好，远优于矿物油。三芳基磷酸酯的热氧化稳定性优于三烷基磷酸酯和烷基芳基磷酸酯。结构上的对称性是三芳基磷酸酯具有高的热氧化稳定性的重要因素。

（八）溶解性

磷酸酯对许多有机化合物具有极强的溶解能力，是一种很好的溶剂。优良的溶解性使各种添加剂易溶于磷酸酯中，有利于改善磷酸酯的性能。但极强的溶解性也给选择系统的配套非金属材料带来一定困难。与磷酸酯相适应的材料有：环氧和酚型油漆、环氧或酚型塑料、有机硅塑料和硅橡胶、尼龙、丁基橡胶、乙丙橡胶和聚四氟乙烯。与磷酸酯不适应的材料有普通工业油漆、有机玻璃、聚丙烯、苯乙烯和聚氯乙烯塑料、氯丁橡胶、丁腈橡胶。

(九)毒性

磷酸酯的毒性因结构组成不同差别很大，有的完全无毒，有的低毒，有的甚至高毒。与有毒的磷酸酯大量接触后，神经、肌肉、器官受损，呈现出四肢特别是脚发生麻痹；此外部分磷酸酯对皮肤、眼睛和呼吸道有一定刺激作用。磷酸三甲苯酯的毒性是由其中的邻位异构体引起的。表 16-38 列出了邻位磷酸三甲苯酯含量与造成动物轻度和中度麻痹剂量的关系。只要严格控制磷酸酯的结构组成和采取必要的安全措施就可降低毒性和防止危害。使用磷酸酯应查阅具体材料的安全数据资料。

表 16-38　邻位磷酸三甲苯酯含量与动物中毒剂量的关系

邻位异构体含量/%	轻度麻痹剂量/(μg/g)	中度麻痹剂量/(μg/g)	邻位异构体含量/%	轻度麻痹剂量/(μg/g)	中度麻痹剂量/(μg/g)
37	0.6	1.2	1.7	2.4	3.2
5.7	1.2	2.4	1.1	3.6	—

三、磷酸酯的应用

磷酸酯具有优良的抗燃性、良好的润滑性和低温性能，所以常用作抗燃液压油。国内将磷酸酯用于两个方面，一是在大型民航客机的液压系统中作航空抗燃液压油，二是在接近高温热源或明火附近的高温高压系统中作工业抗燃液压油。

(一)航空抗燃磷酸酯液压油

为确保民航客机的安全飞行，我国于 20 世纪 70 年代开发了磷酸酯航空抗燃液压油，研制了 4611 磷酸酯航空抗燃液压油。经过地面和飞行试验，结果证明其性能良好。4611 油的主要性能见表 16-39。

表 16-39　4611 航空抗燃磷酸酯液压油的主要性能

油品名称	4611	油品名称	4611
运动黏度/(mm^2/s)		闪点(开口)/℃	166
100℃	3.9	燃点/℃	210
50℃	9.07	动态蒸发(90℃, 6.5h)/%	2.37
25℃	17.12	氧化腐蚀(120℃, 200h, 通空气 25mL/min)①	
-40℃	563	50℃黏度变化/%	0.74
-50℃	1662.7	氧化后酸值/(mg KOH/g)	0.02
凝点/℃	<-60	四球试验(75℃, 600r/min, 1h)	

续表

油品名称	4611	油品名称	4611
酸值/(mgKOH/g)	0.02	磨斑直径/mm	
密度(20℃)/(kg/m³)	1059.4	98N	0.35
水分/%	0.54	392N	0.66

① 铁、铜、铝、镁金属试片无腐蚀现象。

"十三五"期间，石科院为配套国产大飞机C919开发了低密度、低毒性、低腐蚀性的新一代磷酸酯航空液压油RIPP®4356磷酸酯航空抗燃液压油，该油的典型性能数据见表16-40。

表16-40　RIPP®4356磷酸酯航空抗燃液压油的主要性能

项　目	RIPP®4356	项　目	RIPP®4356
运动黏度/(mm²/s)		热安定性(121℃，168h，无水)	
-54℃	1198	金属质量变化/(mg/cm²)	
40℃	10.99	钢	无变化
100℃	3.796	镀镉钢	无变化
倾点/℃	-72	铝	无变化
密度(25℃)/(kg/m³)	989.0	镁	0.17
酸值/(mgKOH/g)	0.02	铜	0.01
燃点/℃	205	酸值变化/(mgKOH/g)	0.03
自燃点/℃	455	黏度变化/(mm²/s)	
水解稳定性(82℃，168h，含水)			
金属质量变化/(mg/cm²)		40℃	0.1
		100℃	-0.02
钢	无变化	四球试验(75℃，600r/min，1h)	
镀镉钢	0.01	磨斑直径/mm	
铝	-0.01	39N	0.23
镁	0.01	98N	0.28
铜	0.00	392N	0.70
镀银钢	-0.01		
酸值变化/(mgKOH/g)	0.04		
黏度变化/(mm²/s)			
38℃	0.1		
99℃	0.03		

(二)磷酸酯工业抗燃液压油

20世纪70年代国内先后研制和生产了几种磷酸酯工业抗燃液压油，分别使用在大型轧钢机和大功率汽轮机及发电机组的液压系统中。这几种磷酸酯工业抗燃液压油的主要性能见表16-41。

表 16-41　磷酸酯工业抗燃油的性能

项　目	HP-38	HP-46	项　目	HP-38	HP-46
黏度/(mm^2/s)			四球试验(75℃，1500r/min)		
100℃	4.98	5.42	d_{60min}^{392N}	0.65	0.58
50℃	24.25	28.94	P_B/N	539	539
40℃	39	46	氧化腐蚀试验		
倾点/℃	-32	-29	氧化前黏度(50℃)/(mm^2/s)	24.25	28.94
酸值/(mg KOH/g)	中性	中性	氧化后黏度(50℃)/(mm^2/s)	24.05	28.92
密度(20℃)/(kg/m^3)	1136.3	1142.4	氧化前酸值/(mg KOH/g)	中性	0.06
闪点(开口)/℃	251	263	氧化后酸值/(mg KOH/g)	0.03	中性
			金属腐蚀(钢、铜、铝、镁)	无腐蚀	无腐蚀

21 世纪，根据国内主机厂的用油国产化需求，中国石化润滑油公司合成油脂分公司设计开发了以三芳基磷酸酯为基底的 4642 磷酸酯型抗燃液压油，该产品用于汽轮机电液调节控制系统以及高精度伺服阀的各种系统。4642 油的主要性能见表 16-42。

表 16-42　4642 磷酸酯型抗燃液压油的性能

项　目	4642 磷酸酯型抗燃液压油	项　目	4642 磷酸酯型抗燃液压油
外观	合格	泡沫特性/(mL/mL)	
颜色	浅黄	24℃	10/0
密度(20℃)/(kg/m^3)	1149.0	93.5℃	5/0
40℃运动黏度/(mm^2/s)	42.26	后 24℃	10/0
倾点/℃	-20	电阻率(20℃)/(Ω·cm)	2.1×10^{10}
闪点/℃	256	空气释放值(50℃)/min	3.8
自燃点/℃	574	水解安定性/(mgKOH/g)	0.06
颗粒污染度 SAE AS4059F/级	4	氧化安定性	
水分/(mg/L)	122	酸值/(mgKOH/g)	0.08
酸值/(mgKOH/g)	0.02	铁片质量变化/mg	0.3
氯含量/(μg/g)	≤30	铜片质量变化/mg	-0.4

第六节　合成烃润滑油

合成烃类润滑油是采用化学合成的方法得到的仅含有碳氢两种元素的烃类合成基础油，合成烃润滑油包括聚 α-烯烃油、多烷基环戊烷、烷基苯、烷基萘等。其中应用最为广泛的是聚 α-烯烃油(简称 PAO)。聚 α-烯烃合成基础油主要是以 C_8~C_{12}线性 α-烯烃为原料，经聚合、催化剂分离、加氢、馏分切割及产品调和而成的合成基础油。PAO 合成油分子全部为支链的烷烃，产品的分子量分布容易控制，因此能够根据需要合成不同黏度的低挥发性及高闪点的产品。由于具有较长的碳链结构，PAO 有良好的黏温性能；同时 PAO 整体为支链烷烃的结构，所以倾点远低于相同黏度的矿物油，具有良好的低温性能；PAO 的组成分布较窄，低分子量的物质含量较少，具有较低的蒸发损失和较高的闪点；PAO 中不含有芳烃、胶质，比矿物油具有更好的热稳定性；PAO 的氧化安定性和深度加氢矿物油没有特别明显的差别，但是其添加剂感受性更好。总的来说，PAO 具有良好的物理化学性能，是一种性能优良的润滑油基础油。PAO 分子通式为[13]：

$$R_1 \left[CH_2 - \underset{\displaystyle R_2}{\underset{|}{CH}} \right]_n R_3$$

据 Croda 润滑油公司 2015 年统计，PAO 占全球合成油总量的 42%，已经成为用量最大的合成油。目前全球 PAO 合成基础油的市场需求量约为 70 万吨/年，绝大部分是 Exxon Mobil、INEOS、ChevronPhillps 这三家公司的产品，其中低黏度 PAO 占 75%以上。目前我国 PAO 年需求量大致为 4 万吨/年，虽然已有较大的产能，但国内使用的主要为进口 PAO 产品。

国内主要的 PAO 生产企业有中国石油兰州、上海纳克、沈阳宏城以及山西潞安等。其中中国石油兰州 PAO 装置生产能力为 5000 吨/年，采用三氯化铝催化剂，用蜡裂烯烃和 1-癸烯为原料。沈阳宏城 PAO 装置生产能力 5000 吨/年，采用三氯化铝和三氟化硼作为催化剂，采用 α-烯烃为原料，上海纳克具有 1.5 万吨/年 PAO 生产能力，山西潞安具有 1.5 万吨/年 PAO 产能，采用费托烯烃为原料。

中国石化茂名分公司采用石科院技术计划于 2021 年建成 1.2 万吨/年低黏度 PAO 合成油装置，采用三氟化硼体系催化剂、原料为用中国石化北京化工研究院技术生产的乙烯齐聚制备线型 α-烯烃。同时中国石化茂名分公司引进了上海高等研究院的用茂金属催化剂生产高黏度 PAO 的技术。

目前，虽然国内能够生产低、高黏度的 PAO 产品，但在其原料价格、产品的性能、选择性等方面具有一定的差距，在高级 PAO、高黏度指数 PAO 方面才开始起步。

国内近年来也开展了一些以茂金属作为催化剂研究癸烯齐聚合成 PAO 的工作。华东理工大学江洪波等以茂金属作为催化剂研制了癸烯齐聚产物[14]，得到 100℃ 黏度为 3684.6mm^2/s 的超高黏度基础油，黏度指数为 367。大庆石油学院吕春胜以限制几何构型的茂金属催化体系研究癸烯齐聚[15]，得到平均分子质量为 620 的高黏度、低倾点的润滑油基础油，其 40℃ 黏度为 1750.74mm^2/s，100℃ 黏度为 192.11mm^2/s，黏度指数 238，凝点为-62℃。北京化工大学以茂金属作为催化剂研究了 1-癸烯的齐聚，得到二聚体、三聚体和四聚体的混合物[16]。

多烷基环戊烷基础油是由环戊二烯与醇发生烷基化反应，得到多烷基环戊二烯再加氢饱和而成。多烷基环戊烷的分子结构通式为：

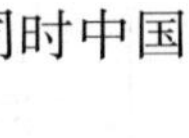（R 为链烷基或环烷基，n 为 1~5 的正整数）

多烷基环戊烷由于具有很低的饱和蒸气压等优良性能，近年来在航天润滑领域发展较快。

烷基萘是由萘和烯烃烷基化制得的一种合成烃类基础油，烷基萘的分子结构通式为：

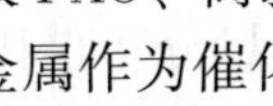　n = 1~6

作为润滑油基础油的烷基萘通常是长链烷基萘，其烷基R链长通常大于12个碳。

一、合成烃润滑油的制备

（一）聚α–烯烃基础油的制备

聚α–烯烃基础油的生产工艺包括原料α–烯烃的生产、α–烯烃的催化聚合、α–烯烃聚合物的加氢精制和蒸馏切割等几个部分组成。

1. 原料α–烯烃的生产

生产PAO的原料线性α–烯烃(简称LAO)可以通过蜡裂解法、乙烯齐聚法、费托法等方法获得。目前我国工业上比较成熟的α–烯烃生产工艺有蜡裂解法、乙烯齐聚法，也开发了费托法的相关技术。

20世纪我国工业上采用石蜡裂解生产制备PAO的原料α–烯烃。进入21世纪，我国已成功地将乙烯齐聚生产α–烯烃的技术工业化，大庆石化采用石科院技术、独山子石化采用大庆石化技术、燕山石化采用燕山石化研究院技术分别建成了年生产能力在0.5万~5万吨的乙烯齐聚生产装置。此外山西潞安纳克碳一化工有限公司开发了用费托法生产α–烯烃技术。目前，国内主要采用乙烯齐聚的α–烯烃生产PAO合成基础油[17]。

蜡裂解法是将含C_{25}~C_{35}的石蜡与过热水蒸气在高温和一定压力下进行裂解，得到分子量较低的α–烯烃产物。该方法以蜡油为原料，工艺简单，曾是国内制取α–烯烃的主要方法。蜡裂解产物的馏分碳数见表16–43。

表16–43　蜡裂解产物的馏分

馏　程	碳　数	馏　程	碳　数	馏　程	碳　数
初馏点~150℃	<C_8	150~250℃	C_9~C_{12}	250~330℃	C_{13}~C_{20}

其中制备PAO的较理想原料是C_9~C_{12}烯烃，也可将C_9~C_{12}烯烃与<C_8烯烃混合作为原料。蜡裂解法制得的α–烯烃纯度较低，分子量分布也比较宽，含有较多的正构内烯、异构烯烃、双烯等，见表16–44。用蜡裂解α–烯烃合成的PAO结构和组成复杂、纯度低，性能无法与乙烯齐聚的α–烯烃为原料生产的PAO相比较。

表16–44　不同油含量的石蜡原料裂解的烯烃组成①

油含量/%	总α–烯烃/%	正构α–烯烃/%	双烯烃/%	芳烃/%
<5	75.0	70.0	1.2	1.7
16	61.2	60.3	4.1	6.7
28	55.4	44.5	4.4	6.9

① 初馏点为250℃。

乙烯齐聚法是在铝、镍、锆等金属化合物为催化剂催化下，通过乙烯发生齐聚反应，生成较大分子量的α–烯烃，然后通过分离得到需要的产物。乙烯齐聚法制备的α–烯烃纯度高、结构规整，用之合成的PAO结构规整、纯度较高，具有较好的黏温性能、良好的低温性能和热氧化安定性，是目前国内外普遍用于制备LAO的原料[18]。

采用乙烯齐聚法进行生产，产品碳原子数为偶数。目前大部分已商业化的 LAO 装置主要生产全馏分 α-烯烃，产品碳数主要分布范围在 $C_4 \sim C_{30}$之间。

2. LAO 的聚合

PAO 合成基础油是采用线性 α-烯烃(LAO)聚合得到。LAO 聚合催化剂主要有三氯化铝催化剂、三氟化硼催化剂、Ziegler-Nata 催化剂、茂金属催化剂和离子液体催化剂等。我国目前比较成熟的技术多采用三氯化铝催化剂、三氟化硼催化剂、茂金属催化剂。

随工艺不同，α-烯烃聚合得到的 PAO 基础油黏度不同，100℃黏度在 2~10mm²/s 之间的被称之为低黏度 PAO，100℃黏度在 40~100mm²/s 之间的被称之为高黏度 PAO，100℃黏度大于 150mm²/s 的被称为高黏度指数 PAO。低黏度 PAO 多为 8~12 碳的 α-烯烃的聚合度 3~5 的聚合产物，以 1-癸烯制备的 PAO 为例，PAO40 的平均聚合度约为 16，PAO100 的平均聚合度约为 24[19]。

通常采用三氯化铝催化剂、茂金属催化剂生产高黏度 PAO。采用三氟化硼催化剂生产低黏度 PAO[20,21]。

虽然 PAO 具有相似的分子结构，但是随着原料 α-烯烃的碳数不同、聚合度的不同和聚合反应过程的差异，产物 PAO 的结构和性能也会有着较大的差别。表 16-45 是一些纯 α 烯烃低聚体的物理性能。

表 16-45　各种纯 α-烯烃三聚体和四聚体的物理性能

原料 α-烯烃	聚合度	碳数	黏度/(mm²/s)			黏度指数	倾点/℃
			100℃	40℃	-40℃		
1-己烯	三聚体	18	1.4	3.8	165	88	<-55
1-辛烯	三聚体	24	2.3	8.0	580	92	<-55
1-壬烯	三聚体	27	3.0	12.3	1450	104	<-55
1-癸烯	三聚体	30	3.7	15.6	2070	122	<-55
1-十一烯	三聚体	33	4.4	20.2	3350	131	<-55
1-十二烯	三聚体	36	5.1	24.3	13300	144	<-45
1-十四烯	三聚体	42	6.7	33.8	凝固	157	-20
1-己烯	四聚体	24	2.6	9.8	1780	94	<-55
1-辛烯	四聚体	32	4.1	20.0	4750	106	<-55
1-癸烯	四聚体	40	5.7	29.0	7457	141	<-55

可以看出，PAO 随着合成原料的碳原子数的增长，黏度增大，黏度指数增大，倾点升高，蒸发损失降低；随着聚合度的提高，PAO 的黏度增大，黏度指数增大，倾点升高，蒸发损失降低。

3. LAO 聚合物的加氢精制

LAO 聚合后的粗产品中存在的烯烃、芳烃等不饱和烃类会影响油品的氧化安定性，需对 PAO 粗产品进一步进行加氢饱和。通常采用 Pt-Pd 催化剂加氢精制[22]。

聚 α-烯烃油加氢前的粗油与加氢后成品油部分性质的典型数据如表 16-46 所示。

表 16-46 聚 α-烯烃油加氢前、后的性质

油品	加氢前粗油	一段加氢油	二段加氢油
密度（20℃）/（g/cm^3）	0.8343	0.8339	0.8331
溴值/（g Br/100g）	19.28	6.58	1.09
运动黏度/（mm^2/s）			
100℃	4.61	4.90	4.92
40℃	21.42	24.24	24.31
黏度指数	134	128	129
闪点/℃	93	98	102
凝点/℃	-61	-56	-60
氯含量/（μg/g）	80	18	13.2
硫含量/（μg/g）	15	6.1	2.6
总氮含量/（μg/g）	130	100	80

（二）多烷基环戊烷的制备

多烷基环戊烷[25]基础油的合成包括环戊二烯与醇在氢氧化钾催化下发生烷基化反应（见反应式 1），多烷基环戊二烯加氢饱和为多烷基环戊烷（见反应式 2）两步反应制得。

反应式 1

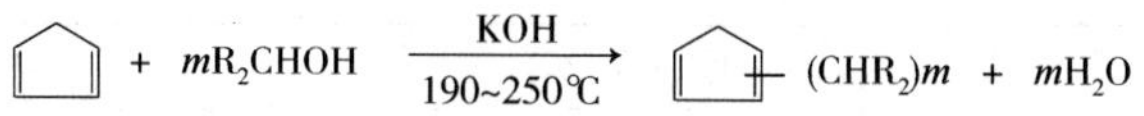

（m=2，3，4，5）

反应式 2

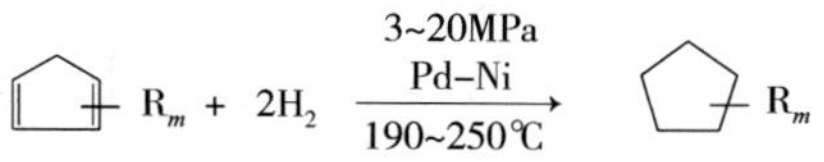

（m=2，3，4，5）

（三）烷基萘的制备

用作润滑油基础油的烷基萘通常是用长链 α-烯烃与萘烷基化反应制得的长链烷基萘，质子酸和路易斯酸都可用作烷基化催化剂，近年来通常用沸石、杂多酸等作为烷基化催化剂[26]。

反应式为：

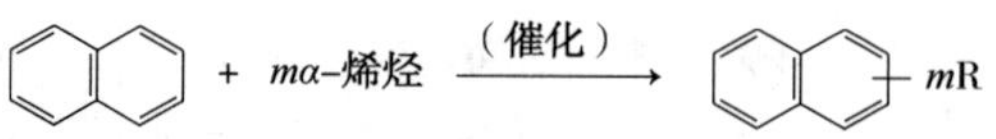

（m=1~8）

反应产物采用蒸馏或减压蒸馏分离出未反应的原料，采用白土精制可以改善产品的外观。

根据催化剂体系的不同可以得到单取代占多数或多取代占多数的混合物，可以根据沸点切割为不同黏度级别的烷基萘基础油产品。

二、合成烃润滑油的性质

（一）聚 α-烯烃合成润滑油的性质

与矿物油相比，聚 α-烯烃合成润滑油具有较高的黏度指数、闪点，较低的倾点、蒸发

损失，优良的氧化安定性能。

以茂金属为催化剂合成的PAO合成基础油被称为*m*PAO。传统PAO分子具有随机分布的长短不一的侧链，而茂金属催化剂具有的单一活性中心使制得*m*PAO分子具有独特的梳状结构，不存在梳背的侧链，这就决定了其与传统PAO产品相比具有更高的黏度指数、更好的剪切稳定性和低温性能[23]，如图16-7所示。

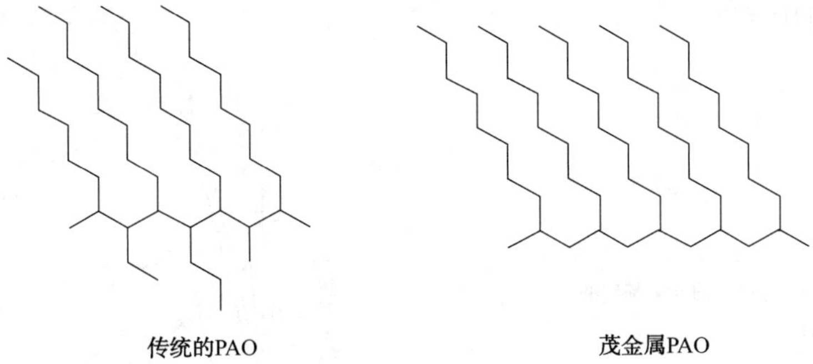

图16-7　传统PAO与茂金属PAO结构示意图

1. 黏温性能

PAO与同黏度Ⅲ类油基础油的性质对比，黏度指数、倾点和低温流动性都显著优于Ⅲ类基础油，见表16-47。

表16-47　PAO与同黏度Ⅲ类油基础油的性质对比

项目	4mm²/s		6mm²/s		8mm²/s	
	PAO	Ⅲ类油	PAO	Ⅲ类油	PAO	Ⅲ类油
运动黏度/(mm²/s)(100℃)	4.61	4.62	5.92	6.00	7.86	7.76
黏度指数	131	129	139	133	138	129
倾点/℃	<-66	-24	-54	-21	-48	-21
动力黏度/mPa·s						
-30℃	1000	1700	2260	4000	4800	8760
-40℃	3400	151000	6500	凝胶	16200	凝胶

2. 热氧化稳定性

PAO对抗氧剂的感受性特别好，加入少量抗氧剂，特别是胺类抗氧剂时，PAO表现出了优异的抗氧化稳定性。表16-48为PAO与矿物油氧化安定性对比数据。

表16-48　PAO与矿物油氧化稳定性对比(2%抗氧剂)

项　目	Ⅲ类矿物油	4mm²/s PAO	6mm²/s PAO	8mm²/s PAO
100℃运动黏度增加/%	215.7	3.5	2.6	1.8
总酸值变化/(mgKOH/g)	14.5	0.1	0.08	1.1
铅失重/mg	160.7	0.9	0.1	0.2
油泥	中度	无	无	痕迹

注：试验条件：163℃，72h。

3. 挥发性

PAO 比相同黏度矿物油的挥发性低，蒸发度对比数据见图 16-8 。

4. 与制冷剂——氟烃类 HCFC22 的互溶性

此类聚烯烃油具有与制冷剂——氟烃类 HCFC22 优良的互溶性，较高的黏度指数和良好的低温流动性，特别适用于调制空调压缩机油。图 16-9 是聚烯烃油和几种冷冻机油与 HCFC22 互溶性的比较。

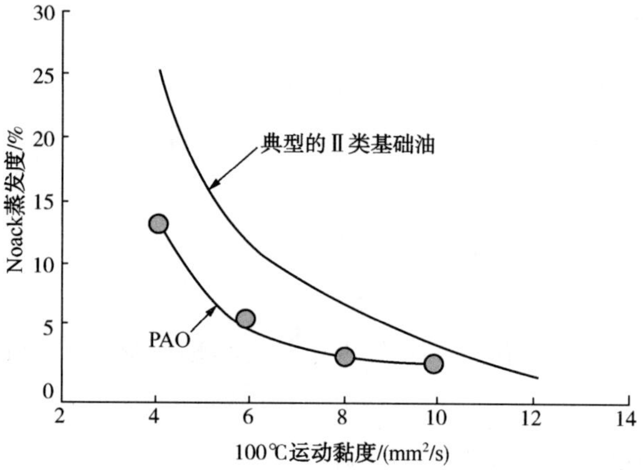

图 16-8 PAO 与矿物油的挥发性对比

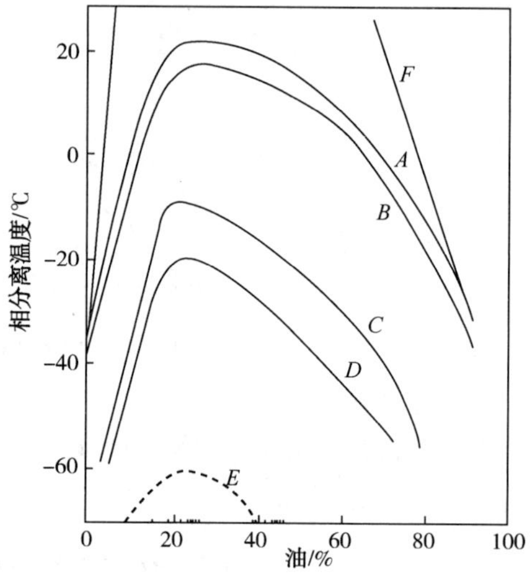

图 16-9 冷冻机油与 HCFC22 的溶解度曲线

A— 深冷脱蜡石蜡基油；*B*— 深精制环烷基油；*C*— 浅精致环烷基油；*D*— 软蜡裂解聚烯烃油；*E*— 硬性烷基苯；*F* —乙烯齐聚 α-烯烃聚合油

5. 橡胶相容性

PAO 可以使丁腈胶体积收缩，PAO 基础油的运动黏度越大，丁腈胶的收缩程度和质量损失也越大。引起体积收缩和质量损失的主要原因是丁腈胶中的配合剂析出所致[24]。在实际应用中通常用加入一定比例的酯类基础油或烷基萘基础油改善橡胶相容性。

(二) 多烷基环戊烷性质

多烷基环戊烷的性质与取代烷基的结构、链长和取代数密切相关，见表 16-49。

表 16-49 多烷基环戊烷性质

烷 基	烷基数	C_{av}	100℃黏度/(mm²/s)	黏度指数	倾 点/℃
正辛基	2	21	2. 18	158	-24
正辛基	3	29	3. 68	124	<-57
正辛基	4	37	5. 99	125	<-48
正癸基	2	25	3. 03	161	6
正癸基	3	35	5. 15	151	-27
正癸基	4	45	7. 99	143	<-60
正十二烷基	2	29	4. 13	178	21
正十二烷基	3	41	6. 99	164	-9

1. 黏度及黏温性能

多烷基环戊烷的黏度主要取决于化合物的平均相对分子质量，平均相对分子质量可以用重均碳原子数(C_{av})来衡量，多烷基环戊烷的黏度与其平均相对分子质量有如下关系：

$$\lg\nu = 1.71\lg C_{av} - 1.92$$

多烷基环戊烷的黏度指数与其烷基链的平均长度、取代基个数及支链化程度有关：烷基链平均长度越长，黏度指数越高；取代基个数及支链化程度越大，黏度指数越小。

2. 低温性能

多烷基环戊烷的倾点与其烷基链的长度、取代基个数及支链化程度有关：烷基链越长，倾点越高；取代基个数及支链化程度越大，倾点越低。一些结构的多烷基环戊烷倾点小于-60℃。

3. 添加剂感受性

与常规的低挥发合成基础油全氟聚醚、硅油相比，由于多烷基环戊烷为合成烃类基础油，因此可以溶解常用的添加剂，对常规润滑油添加剂感受性良好。

4. 热稳定性和氧化稳定性

多烷基环戊烷具有优良的热稳定性能和氧化稳定性，由于多烷基环戊烷可以溶解常用的添加剂，因此其热稳定性和氧化稳定性均可通过抗氧剂强化。多烷基环戊烷的热稳定性和氧化稳定性与 PAO 相当。

5. 润滑性能

多烷基环戊烷由于与常用的添加剂相容，在有极压抗磨剂或摩擦改进剂存在的情况下，多烷基环戊烷润滑性能较大程度地提高，多烷基环戊烷的润滑性能接近于 PAO。

6. 挥发性和饱和蒸气压

多烷基环戊烷具有低的挥发性和饱和蒸气压，特别是相对分子质量高的多烷基环戊烷在 25℃时的饱和蒸气压低至约 1×10^{-10}Pa。

(三)烷基萘的性质

1. 黏度、黏度指数和倾点

烷基萘的黏度、黏度指数和倾点与烷基取代数和烷基碳链长度有关：取代数目增加，产品的黏度、黏度指数、倾点随着升高。随着烷基碳链长度的增加，产品黏度和黏度指数、倾点都随之升高。长链烷基萘的物理性能与原料烯烃的关系见表16-50。

表 16-50 长链烷基萘的物理性能与原料烯烃的关系

项　目	癸　烯	1-十四烯	1-十六烯	1-十八烯	C_{20}~C_{24}混合烯
DSC(O_2)/℃	220	228.34	228.8	222.35	220.2
黏度/(mm^2/s)					
40℃	26.97	55.26	62.6	88.79	87.57
100℃	4.3	7.51	8.45	11.28	11.35
黏度指数	30	97	105	115	118
倾点/℃	<-60	-48	-27	-6	6
苯胺点/℃	<30.0	61.4	68.5	87.2	90.2

表 16-51 是两个烷基萘产品与进口聚 α-烯烃油产品 PAO6 数据的比较[27]。

表 16-51 烷基萘产品与 PAO 黏度、倾点比较

项目名称	PAO6	烷基萘-1	烷基萘-2
黏度/(mm^2/s)			
40℃	31	29	28.97
100℃	5.8	4.7	4.91
黏度指数	132	74	88
倾点/℃	-57	-39	-33
闪点/℃(开口)	246	222	256
色度/号	无色	0.9	0.4
DSC/℃	205.7	237.1	233.8

2. 热稳定性和氧化稳定性

烷基萘具有突出的热稳定性和氧化稳定性，烷基萘通常被作为高档润滑油调合组分加入到其他基础油(矿物油或聚 α-烯烃油)中提高热稳定性和氧化稳定性，减少结焦量。

3. 对密封材料的适应性和水解稳定性

润滑油在使用过程中不可避免地会与密封材料接触。烷基萘与酯类油相似，能够使橡胶产生一定的溶胀，但却没有酯类油容易水解的缺点。因此在新研的一些高档润滑油中，采用烷基萘作为橡胶溶胀剂，提高润滑油与密封材料的适应性。

4. 添加剂感受性

与矿物油、其他合成烃相比，烷基萘具有非常好的溶解性能，对常规添加剂特别是抗氧剂和极压抗磨剂感受性很好，可以加入高档润滑油作为增溶剂。

三、合成烃润滑油的应用

(一) 聚 α-烯烃油的应用

聚 α-烯烃油的分子为带有长侧链的线型烷烃结构，多环烃含量少，因而这类油具有低的倾点与高的黏度指数。此外还具有热氧化稳定性好、高温蒸发损失小、对添加剂的感受性好、氟利昂的相容性及电绝缘性能好等优点，可用作电器用油、航空润滑油、工业齿轮油、液压油、冷冻机油、精密仪表油等润滑油基础油，尤其适于用作寒区油。聚 α-烯烃还用于化妆品、药品中。

表 16-52 为聚 α-烯烃油与石油基润滑油对抗氧化添加剂感受性能的比较。表 16-53 是用聚 α-烯烃油调制的内燃机油多级油的主要理化性能，由于采用全合成油，生产的这两种内燃机油具有很好的高低温性能，在-35~50℃环境温度条件下可全天候使用，具有优良的低温启动性能，低挥发性以及长换油期。

表 16-52 聚 α-烯烃油与矿物油对抗氧剂感受性能的比较

项　目	聚 α-烯烃油①	矿物油②	聚 α-烯烃油①	矿物油②
添加剂	T202 0.5%	T202 0.5%	E740 4.35%	E740 4.35%
铜片腐蚀/(mg/cm^2)	-0.0001	-0.002	0.0002	0.0023

续表

项　目	聚 α-烯烃油①	矿物油②	聚 α-烯烃油①	矿物油②
评分	0.1	2	0.2	2.3
铅片腐蚀/(mg/cm^2)	-0.003	-0.3406	-0.0041	0.1634
评分	0.3	34.1	0.41	16.34
戊烷不溶物/%	0	0.2	0	0
评分	0	6	0	0
酸碱性	酸性	酸性	酸性	酸性
评分	3	3	3	3
氧化试验前黏度				
50℃/(mm^2/s)	33.98	81.78	36.65	89
氧化试验后黏度				
50℃/(mm^2/s)	34.58	292.5	36.28	113.45
黏度评分	0.35	5.15	0.2	5.5
试前透光率/%	100	94.6	96	92
试后透光率/%	94	9	96	42
颜色评分	0.2	2.83	0	1.7
总评分	3.95	53.08	3.81	28.8

① 100℃运动黏度为 7.8mm^2/s。
② 100℃运动黏度为 14.01mm^2/s。

表 16-53　国产全合成内燃机油的部分性能

项　目	SM/CF 0W-40 全合成通用内燃机油	SM/CF 0W-50 全合成通用发动机油
运动黏度 100℃/(mm^2/s)	14.4	17.63
40℃/(mm^2/s)	81.35	-
低温动力黏度(-35℃)/mPa·s	5970	6200
低温泵送黏度(-40℃)(无屈服应力)/mPa·s	21300	25500
闪点(开口)/℃	230	232
倾点/℃	-49	-55
蒸发损失(诺亚克法)/%	9.6	10.2

表 16-54 为石科院用聚 α-烯烃油加入一定比例酯类油调制的全合成 SN 0W-40 汽油机油理化分析及模拟试验结果[28]，具有优异的低温性能和良好的清净性能，见图 16-10。

表 16-54　石科院全合成 SN 0W-40 汽油机油理化分析及模拟试验结果

分析项目	分析结果	质量指标
运动黏度(100℃)/(mm^2/s)	14.3	12.5~<16.3
低温动力黏度(-35℃)/mPa·s	5550	不大于 6200
低温泵送黏度(-40℃)/mPa·s	17500	不大于 60000
闪点(开口)/℃	236	不低于 200
倾点/℃	-54	不高于-40

续表

分析项目	分析结果	质量指标
蒸发损失/%	9.7	不大于 15
密度(20℃)/(kg/m³)	841.6	报告
乳化保持性		
0℃，24h	无水层分离	无水层分离
25℃，24h	无水层分离	无水层分离
凝胶指数	4.5	不大于 12
球锈蚀平均灰度值	128	不小于 100

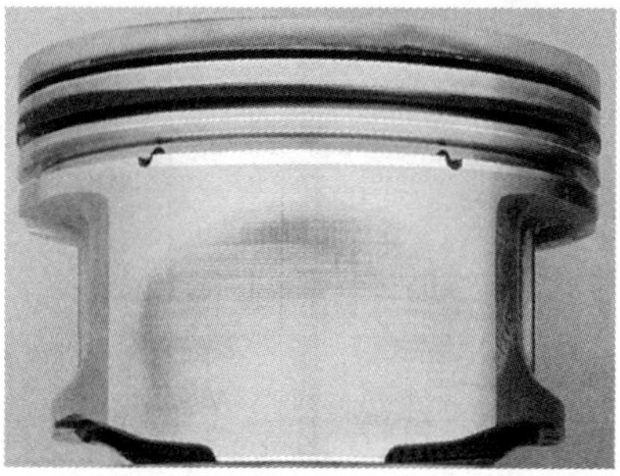

(a)RIPP SN 0 W-40汽油机油，活塞清净性评分6.04，SN规格要求大于4

(b)矿物基础油的SL 5W-40汽油机油，活塞清净性评分为2.79

图 16-10 程序ⅢG 高温抗氧发动机台架试验后活塞照片

表 16-55 为聚 α-烯烃油调制的多级齿轮油的性能。

表 16-55 按 GB 13859—1992 质量标准用聚 α-烯烃调配的多级齿轮油的性能

项目	75W		80W-90		85W-140	
	规格	聚 α-烯烃油	规格	聚 α-烯烃油	规格	聚 α-烯烃油
运动黏度/(mm²/s)						
100℃	>4.1	5.41	13.5~24.0	13.9	24.0~41	25.02
50℃	—	20.71	—	—	—	162.18
37.8℃	—	33.25	—	131.7	—	307.1
黏度指数	—	107	—	111.4	—	109
低温动力黏度/Pa·s	-40℃不超过	-40℃	-26℃不超过	-26℃	-12℃不超过	-12℃
	1500	13200	1500	<30000	1500	17000
凝点/℃	—	<-60	>165	-54℃	>180	-51
闪点(开口)/℃	>150	216	—	>230	—	>267

用聚 α-烯烃油可制备航空耐燃液压油。该油具有耐燃、剪切安定性、相容性、低温稳定性及热安定性好等特点，适用于飞机和导弹的液压系统、航空发动机压缩机及有关设备中。用聚 α-烯烃油为主要原料研制的 RP4350 合成烃航空耐燃液压油符合 GJB 5311A—2015 国家军用标准，其主要性能见表 16-56。

表 16-56　RP4350 合成烃航空耐燃液压油的主要性能

项　　目	RP4350	项　　目	RP4350
运动黏度/(mm^2/s)		四球试验(75℃)	
205℃	1.09	磨斑直径/mm	
100℃	3.56	98N	0.25
40℃	14.52	392N	0.50
-40℃	1989	氧化腐蚀安定性(135℃，168h)	
闪点/℃	230	钢、铝、镁、镉、铜失重	无
燃点/℃	256	40℃黏度变化/%	0.48
自燃点/℃	360	酸值变化/(mgKOH/g)	0.09
倾点/℃	<-60	合成橡胶膨胀(NBR-L)/%(体)	19.74

L-HS 低温液压油是以聚 α-烯烃或以它与低凝点矿物油混合为基础油，添加黏度指数改进剂和各种功能添加剂调制的在-40℃下能顺利启动的液压油。它具有优良的黏温性、极压抗磨性、热氧化安定性、空气释放性、抗泡沫性、低温流动性和冷启动性。L-HS 低温液压油在我国东北和内蒙古地区矿山大型载重自卸车上广泛使用。表 16-57 为 L-HS 低温液压油的主要性能。

表 16-57　L-HS 低温液压油的主要性能

项　　目	L-HS 22	L-HS 32	项　　目	L-HS 22	L-HS 32
黏度/(mm^2/s)			黏度指数	254	259
40℃	21.67	30.15	倾点/℃	-45	-45
100℃	6.05	8.03	闪点/℃	174	183
黏度达到 1500mm^2/s 时的温度/℃	-30	-25	氧化安定性，1000h 后酸值/(mgKOH/g)	0.3	0.3

利用聚 α-烯烃油优越的高低温性能，特别是低温性能，8 号和 20 号航空发动机润滑油在我国已生产和应用多年，并制定了国家军用标准(GJB 1219—1991)和国家标准(GB 439-1990)。近年来采用合成烃和优质矿物油混合研制了半合成的高性能活塞发动机润滑油 4060 和喷气发动机润滑油 RIPP4068[29]。其中活塞发动机润滑油 4060 符合新修订的 GJB 1219A 国家军用标准并得到生产应用。采用不同原料和技术生产的航空活塞发动机润滑油主要性能对比见表 16-58。

表 16-58　航空活塞发动机润滑油主要性能

项　　目	合成型 20 号	矿物型 20 号	半合成型多级油 4060 (15W-50)
100℃运动黏度/(mm^2/s)	21.87	21.65	20.14
黏度指数	107	87	152
低温动力黏度(-20℃)/(mPa·s)	53402	181918	6200
低温泵送黏度(-25℃)/(mPa·s)	87184	屈服应力>350	24810
高温黏度(150℃高剪切率)/mPa·s			4.77

续表

项　　目	合成型 20 号	矿物型 20 号	半合成型多级油 4060（15W-50）
倾点/℃	-42	-16	-39
闪点（开口）/℃	296	273	253
酸值/（mgKOH/g）	0.09	0.02	0.04
灰分/%	0.004	<0.002	0.007
残炭/%	0.12	0.20	<0.05
密度（20℃）/（kg/m^3）	862.6	890.6	849
水分	无	无	无
洁净度/（mg/100g 油）	44		20
铜片腐蚀/级			
3h，100℃	1a	1a	1a
3h，204℃	3b	3b	2c

用聚 α-烯烃油可制备合成压缩机油，它具有优良的热氧化稳定性、抗高温结焦性、低温流动性、黏温性等，已在离心式、螺杆式压缩机上得到广泛的应用。表 16-59 列出中国石化润滑油有限公司生产的聚 α-烯烃类压缩机油的主要性能。

表 16-59　聚 α-烯烃类压缩机油主要性能

油品名称	4506（32 号）	4506（46 号）	4506（68 号）
40℃运动黏度/（mm^2/s）	31.1	46.5	64.7
黏度指数	137	135	154
酸值/（mgKOH/g）	0.32	0.32	0.35
闪点（开口）/℃	251	256	261
凝点/℃	-51	-48	-48
抗乳化性/min	6	8	6
残炭/%	0.02	0.03	0.04
氧化腐蚀试验（200℃，12h）			
40℃运动黏度变化/%	5.18	4.62	6.34
酸值/（mgKOH/g）	0.11	0.23	0.14
钢、铜、铝、镁质量变化	无	无	无

（二）多烷基环戊烷的应用

由于具有很低的挥发性、优良的高低温性能、高的黏度指数和低的倾点，而且与常规的添加剂有良好的互溶性，因此多烷基环戊烷成为一类重要的空间润滑油基础油，特定结构的多烷基环戊烷基础油可以调制长寿命空间润滑油脂。石科院成功地研制了中、低黏度两个系列计 6 种多烷基环戊烷润滑油脂，其中以多烷基环戊烷作为基础油研制的三种的空间润滑油主要性能数据见表 16-60。

表 16-60　几种多烷基环戊烷空间润滑油的主要性能

项　目	RIPP4750	RIPP4751	RIPP4752
运动黏度/(mm^2/s)			
100℃	14.30	14.52	8.79
40℃	110.7	113.1	55.55
20℃	—	—	144.9
0℃	—	1420	578.8
-20℃	—	—	2763
黏度指数	133	131	135
倾点/℃	-54	-51	-57
闪点/℃	306	298	292
中和值/(mgKOH/g)	0.08	5.71	0.08
洁净度/级	1	1	1
饱和蒸气压(25℃)/Pa	5.3×10^{-7}	1.1×10^{-8}	6.1×10^{-7}
密度(25℃)/(g/mL)	0.8500	0.8570	0.8414
表面张力/(N/m)	0.0300	—	—

(三)长链烷基萘的应用

长链烷基萘作为高档润滑油调合组分以一定比例加入矿物油、合成烃中可以有效地提高热氧化稳定性和清净性能。

例如，在 PAO 中调合一定比例长链烷基萘后高温清净性能明显增加[30]，斜板成焦试验对比数据见表 16-61。

表 16-61　加入长链烷基萘后成焦量对比

组　成	100%PAO	PAO(80%)+AN(20%)
成焦量/mg	28.5	22.3

长链烷基萘具有优异的氧化稳定性和添加剂溶解性。通过设计取代基的碳链长度、支链情况、取代基数量及位置等，可以得到低挥发、高黏度指数和低倾点的烷基萘产品。石科院研发的 DP-1 空间扫描电机轴承润滑油，就是用长链烷基萘作为基础油调合组分，产品具有突出的使用性能，是一种长寿命空间润滑油。

长链烷基萘还可以用于制备高温润滑油脂，可以大幅度延长使用寿命。

第七节　合成润滑油用添加剂

我国合成润滑油用添加剂几乎是与合成润滑油同时发展起来的。

不同种类的合成基础油极性不同，而基础油的极性影响添加剂的溶解度。如几乎不溶于矿物油的硫氮杂蒽，却溶于酯类油和聚醚中。由于各类合成润滑油的化学结构差异很大，因而不同的合成润滑油对添加剂的溶解度和感受性也不尽相同。

合成润滑油的另一特点是使用温度范围宽，因而要求合成润滑油用添加剂也必须在较宽的温度范围内能发挥作用，特别是在较高温度（>200℃）下，某些在矿物油中表现较好的添加剂，用于合成高温润滑油中，往往效果不佳。因此合成润滑油用添加剂往往与矿物油用添加剂不同。

合成润滑油中使用最多的添加剂是抗氧化添加剂、抗腐蚀添加剂和极压抗磨添加剂，此外，还有防锈剂和抗泡剂。

合成润滑油用的主要抗氧剂是各种芳香胺的烷基化衍生物、二芳胺的甲醛缩合物、烷基化的双酚衍生物以及某些杂环化合物等，其中最重要的是芳香胺的烷基化衍生物，其通式为[31]：

$$Ar'—NH—Ar \qquad (Ⅰ)$$

常用的有二烷基二苯胺（即Ⅰ式中的 Ar′、Ar 均为 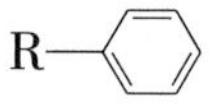 及其聚合物、*N*-烷基苯基-萘胺（即Ⅰ式中 Ar 为 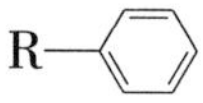，Ar′为 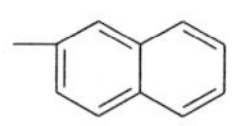 和硫氮杂蒽，硫氮杂蒽的通式为：

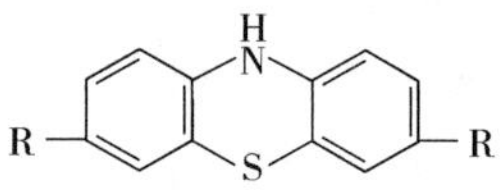

（Ⅱ）

式中　R 为 H 或叔碳烷基。

合成润滑油用的主要抗腐蚀添加剂包括各种苯并三氮唑的衍生物、氨基三氮唑的衍生物、氨基胍的衍生物、多羟基蒽醌等。最重要的苯并三氮唑衍生物的通式为：

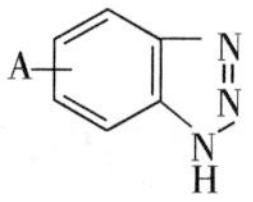

（Ⅲ）

常用的有苯并三氮唑（即Ⅲ式中 A 为 H）、烷基苯并三氮唑（即Ⅲ式中 A 为 R—）、双苯并三氮唑（即Ⅲ式中 A 为 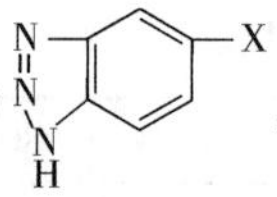，X 为—CH_2—、—O—、—S—及其他二价基团）等。

合成润滑油用极压抗磨剂也是含有 S、P、N、B 等元素的强极性化合物。代表性的有机磷化物有磷酸三甲苯酯、烷基磷酰胺酯、酸性磷酸酯及其胺盐，有机硫化合物有硫化烯烃、巯基苯并噻唑；硼化合物有碱金属硼酸盐、硼酸酯等。

此外，合成润滑油用添加剂还包括一些多效添加剂，如二（烷基二硫代）噻二氮唑是抗铜腐蚀剂和极压抗磨剂，二烷基二硫代氨基甲酸金属（Mo、Sb、Zn、Pb）盐兼有抗氧、抗腐蚀和极压抗磨剂的作用。

一、添加剂的制备

合成润滑油用添加剂品种很多，各种添加剂的组成和结构不同，因而它们的制备工艺也各具特色。下面仅以几个代表性的添加剂为例，作简要叙述。

（一）烷基化二苯胺

在添加剂分子中引入烷基取代基，可适当降低添加剂的极性，可克服添加剂本身在氧化过程中产生沉淀的问题，因此烷基化反应是制备抗氧添加剂的一个重要反应。

1. 反应原理

二苯胺与异辛烯在 $AlCl_3$ 催化剂存在的条件下按下列反应方程式发生反应：

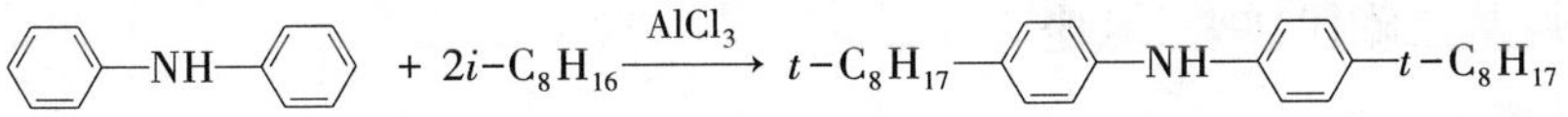

2. 制备工艺

4,4′-二叔辛基二苯胺的制备工艺流程如图 16-11 所示。

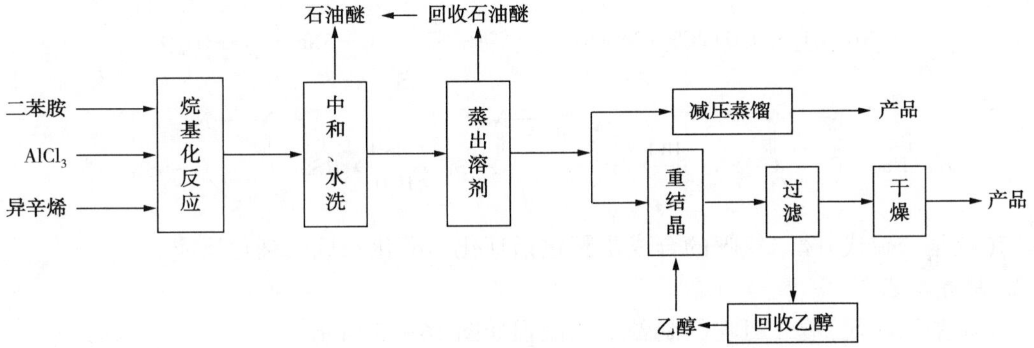

图 16-11　4，4′-二叔辛基二苯胺的制备工艺流程框图

原先采用压力法制备二叔辛基二苯胺，产品为单、双烷基二苯胺和聚异丁烯混合物，呈液体状态。后来采用一种新的常压高温法，由于反应温度高，反应速度快，克服了压力法产品不纯的缺点。

在产品精制过程中，有减压蒸馏和重结晶两种方法可供选择。前者工艺简单，收率高，产品纯度略低，但能满足使用要求；后者产品纯度高，但收率稍低。

(二)双苯并三氮唑

1. 反应原理

5，5’-位偶联的双苯并三氮唑的合成是以二氨基二苯化合物为起始原料，经乙酰化、硝化、去乙酰化、还原等步骤，得到四氨基二苯化合物，进而按下式环化成产品。

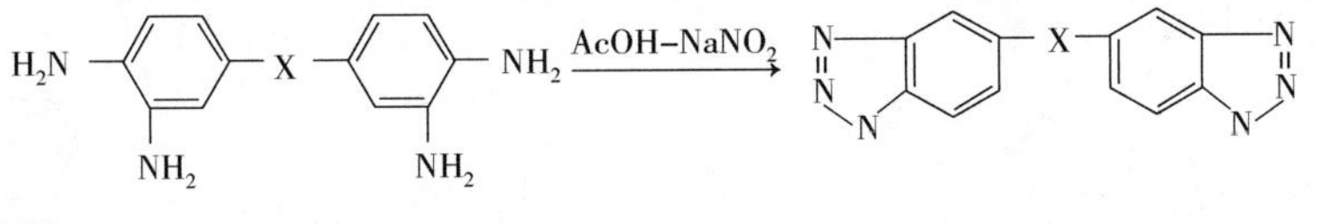

式中，X 为二价基。

2. 制备工艺

生产双苯并三氮唑的工艺过程见图 16-12。

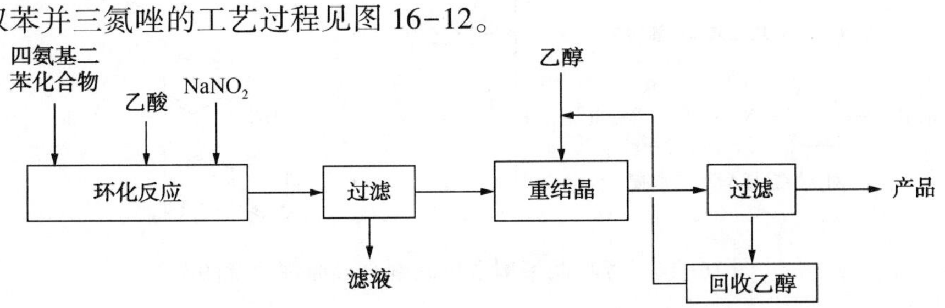

图 16-12　双苯并三氮唑制备工艺流程框图

环化反应温度和重结晶次数直接影响这一反应的收率；同时，随着上述分子式中—X—二价基的不同，其反应收率也有较大差异。

(三)二(烷基二硫代)噻二氮唑

1. 反应原理

2,5-二(烷基二硫代)-1,3,4-噻二氮唑的合成步骤如下：

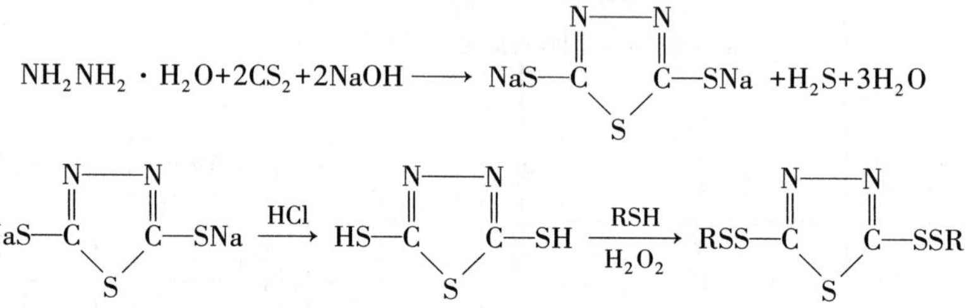

二(烷基二硫代)噻二氮唑的合成步骤包括环化、酸化和烷硫基化反应。

2. 制备工艺

二(烷基二硫代)噻二氮唑的制备工艺流程如图 16-13 所示。

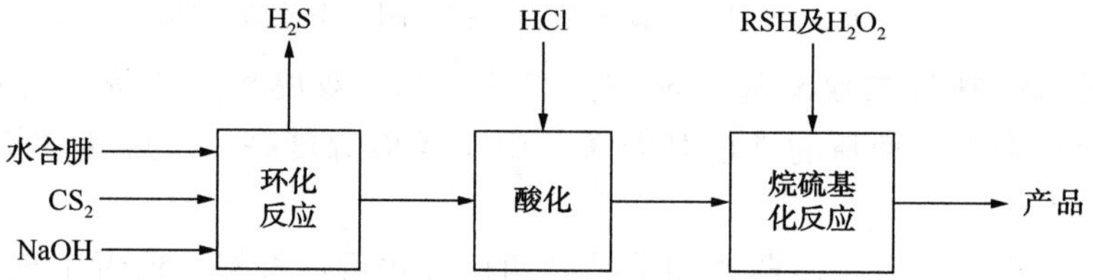

图 16-13　二(烷基二硫代)噻二氮唑的制备工艺流程框图

在环化反应过程中放出的 H_2S 可回收综合利用。

(四)芳胺低聚抗氧剂

1. 反应原理

在酯类油中，对芳胺抗氧剂在过氧化物催化下进行控制性低聚反应，得到低聚耦合抗氧剂[32]，见图 16-14。

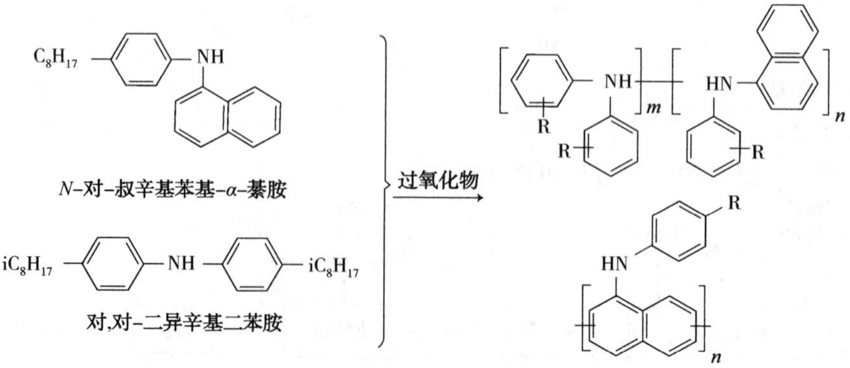

图 16-14　芳胺低聚耦合抗氧剂合成原理示意图

2. 制备工艺

芳胺低聚抗氧剂工艺流程见图 16-15。

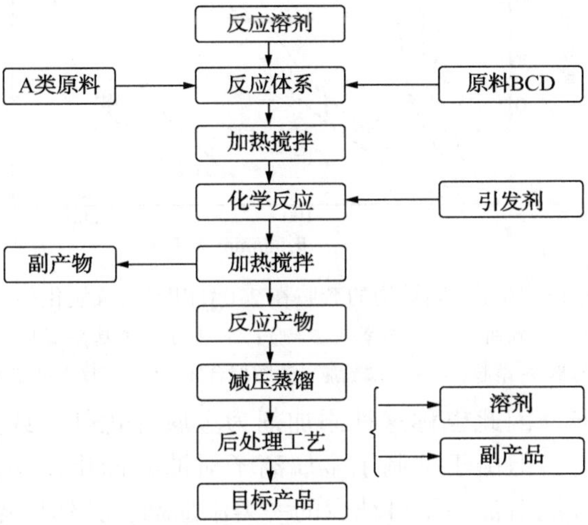

图 16-15 低聚耦合抗氧剂的制备工艺流程框图

二、合成润滑油添加剂的特性和应用

合成润滑油抗氧化添加剂的作用机理，在于抗氧剂能分解氧化过程中产生的过氧化自由基，或与链反应中的自由基形成稳定的化合物，中止链反应，从而抑制或减少基础油的氧化。矿物油中使用的大多数抗氧剂，如二烷基二硫代磷酸锌，由于它本身不耐高温而不能用于合成润滑油。胺型抗氧剂在合成润滑油中有突出的抗氧化能力。烷基化芳香胺是最好的一类抗氧剂，其特点是油溶性好，使用寿命长，长期使用不会生成沉淀。抗氧能力的高低与芳胺及烷基的结构有关，也与烷基化的程度有关，正构烷基不如异构烷基。二叔辛基二苯胺是最好的一种。不同结构的烷基化二苯胺的抗氧能力见表 16-62 和图 16-16。

表 16-62 不同结构的烷基化二苯胺的抗氧性①

添加剂	50℃黏度变化/%	氧化后酸值/(mgKOH/g)	铜腐蚀/(mg/cm^2)	沉淀
混合正烷基二苯胺	36.4	4.29	-0.25	严重
混合异烷基二苯胺	16.6	1.53	-0.13	较轻
二叔辛基二苯胺	10.3	0.42	-0.2	较轻

① 基础油：三羟甲基丙烷脂肪酸酯；添加量：1%；氧化条件：200℃，24h，50mL/min。

不同结构的胺型抗氧剂抗氧化能力的顺序是：二叔辛基二苯胺<叔丁基苯基β萘胺<叔辛基苯基β萘胺<二叔辛基二苯胺聚合体<二叔丁基二苯胺聚合体。

尽管芳香胺有较强的抗氧化能力，但却不能抑制基础油在高温下对金属，特别是对铜的腐蚀。被腐蚀的金属作为离子溶解于基础油中，又加速油的氧化，因此必须加入抗腐蚀添加剂。能作为抗腐蚀添加剂的化合物很多，其中三氮唑类化合物是用于合成润滑油脂最好的一种抗腐蚀添加剂。它们能与金属形成络合物，沉积于金属表面，成为保护层，阻止

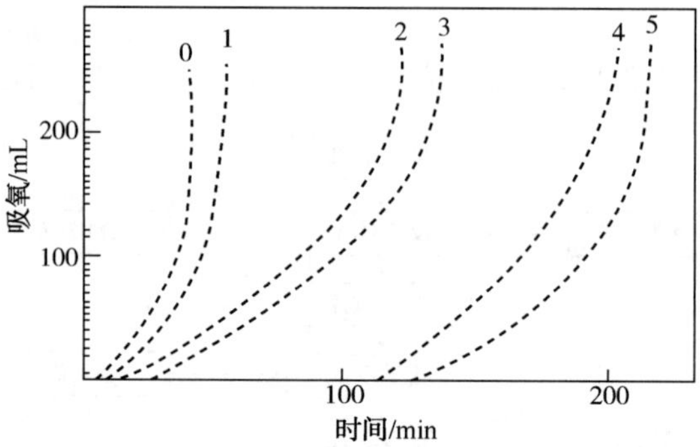

图 16-16 不同结构的芳胺在 220℃以下的抗氧化能力

0—基础油；1—二叔辛基二苯胺；2—叔丁基苯基β-萘胺；

3—叔辛基苯基β-萘胺；4—二叔辛基二苯胺聚合体；5—二叔丁基二苯胺聚合体

被氧化的酸性物侵蚀金属，因此也称这种添加剂为金属钝化剂，或金属减活剂。抗腐蚀剂虽然本身没有抗氧化能力，但由于抑制了金属离子对油的催化作用，所以也就间接地起着抗氧化的作用。它是合成润滑油中不可缺少的一类添加剂，其作用见表 16-63。

表 16-63 抗腐蚀添加剂的作用①

抗氧剂	抗腐蚀剂	50℃运动黏度变化/%	氧化后酸值/(mgKOH/g)	铜腐蚀/(mg/cm^2)
无	双苯并三氮唑 0.02%	11.30	7.76	无
胺类抗氧剂	无	63.24	2.48	-1.2
胺类抗氧剂	双苯并三氮唑 0.02%	37.56	2.76	无

① 基础油：三羟甲基丙烷脂肪酸酯；氧化条件：220℃，48h，50mL/min。

不同结构的三氮唑化合物的抗铜腐蚀能力不同。苯并三氮唑是市售的一种化工产品，在温度不太高的条件下，表现出较好的抗铜腐蚀能力；温度高于 200℃时，抗腐蚀能力变差。双苯并三氮唑和 3-氨基-1，2，4-三氮唑在 200℃以上表现出极好的抗腐蚀能力。见表 16-64。

表 16-64 不同结构的三氮唑化合物的抗腐蚀能力①

添加剂/%	氧化条件	50℃运动黏度变化/%	氧化后酸值/(mgKOH/g)	铜腐蚀性/(mg/cm^2)	沉淀
苯并三氮唑，0.1	200℃	7.03	0.16	无	无
3-氨基 1,2,4-三氮唑，0.04	50h	6.2	0.18	无	无
氧撑双苯并三氮唑，0.02	空气 50mL/min	7.49	0.21	无	无
苯并三氮唑，0.1	220℃	23.83	1.37	-0.29	无
3-氨基 1,2,4-三氮唑，0.04	48h	14.17	0.58	增重	无
氧撑双苯并三氮唑，0.02	空气 50mL/min	20	1.33	无	无

① 基础油：三羟甲基丙烷脂肪酸酯，含有相同量的胺型抗氧剂。

一般说来，合成润滑油基础油本身的润滑性比矿物油基础油好，但在成品油的配方中也必须加有改进润滑性的添加剂才能满足使用要求。在合成航空润滑油中通常加磷酸三甲苯酯，由于它的结构稳定，在发动机工作条件下，不会对基础油造成危害。而在苛刻条件下(摩擦产生的瞬时高温)，却能在摩擦副金属表面发生摩擦化学反应，形成边界润滑膜，防止摩擦副表面被擦伤。

在负荷较高的设备中，如直升机的减速器，如果使用合成润滑油，也必须加入活性较高的极压抗磨剂。但在高温下比较稳定的化合物往往极压抗磨性较差，而极压抗磨性好的化合物，易在高温下分解，破坏基础油的稳定性、腐蚀金属，见表 16-65。几种添加剂复合使用，表现出较为理想的效果见表 16-66。

表 16-65　一些添加剂的极压抗磨性和氧化稳定性

基础油和添加剂	四球机试验(1500r/min，175℃)			氧化腐蚀试验(220℃，48h)		
	P_B/N	P_D/N	磨斑直径/mm①	50℃黏度变化/%	酸值/(mgKOH/g)	铜腐蚀性③/(mg/cm²)
基础油②	353	952	0.44	17.52	0.94	无
磷酸二丁酯四丁基季铵盐，1%	392	1279	0.37	38.35	1.56	-0.32
亚磷酸二丁酯四丁基季铵盐，1%	539	1470	0.41	36.06	1.68	-1.64
N,*N*-二正己基磷酰胺酸二甲酯，1%	539	1176	0.39	34.45	2	-0.13
N-叔辛基磷酰胺酸二甲酯，1%	539	1225	0.38	33.98	1.95	-0.08
苯并噻唑，1%	470	1176	0.44	16.95	1.06	无
2-氨基苯并噻唑，1%	539	1078	0.44	23.85	1.25	无
2-巯基苯并噻唑，1%	735	2352	0.64	38.6	1.46	-5.19
苯并噻二氮唑，1%	539	1372	0.44	22.56	1.26	无
硫化甲苯，1.5%	470	1372	0.43	17.3	1.2	无
硫化 2-甲苯苯乙烯 0.1%	490	1960	0.44	15.76	0.95	无
硫化磷酸三苯酯，1%	539	1176	0.42	55.19	1.9	-0.17
硫化磷酸三(对氯苯基)酯，1%	588	1279	0.44	29.74	2.83	无
氯化二苯醚，0.5%	392	1176	0.45	15.76	0.95	无

① 负荷 196N，30min。

② 基础油为脂肪酸三羟甲基丙烷酯，并含有胺型抗氧剂、氮杂环抗腐蚀剂和磷酸三甲苯酯抗磨剂。

③ 钢、铝、镁均无腐蚀。

表 16-66　几种添加剂复合使用的效果

添加剂①/%			四球机试验(1500r/min，常温)		氧化腐蚀试验(220℃，48h)		
RH304	RH306	RH309	P_B/N	P_D/N	50℃黏度变化/%	酸值/(mgKOH/g)	铜腐蚀性②/(mg/cm²)
1	—	—	637	1274	29.79	2.63	无
—	0.1	—	735	2450	15.76	0.95	无
—	—	0.5	588	1274	22.88	1.20	无
1	0.1	—	833	2156	24.57	1.82	无
2	0.1	—	833	2254	19.17	1.97	-0.11
—	0.1	0.5	833	2254	19.24	1.86	-0.27

① 基础油为脂肪酸三羟甲基丙烷酯，并含有按性抗氧剂和氮杂环抗腐蚀剂。RH304 为硫化磷酸三(对氯苯基)酯，RH306 为硫化 2-甲基苯乙烯，RH309 为氯化二甲苯。

② 钢、镁、铝均无腐蚀。

双烷基多硫噻二氮唑类是一种多效添加剂，它能在金属表面形成络合物，防止金属对基础油的催化氧化作用，它能和基础油或其他添加剂中的元素形成结构硫，减少活性硫对金属的腐蚀。它还能在极压条件下提供足够的硫，起极压抗磨作用。这类添加剂在矿物油中用作金属钝化剂，而在合成润滑油中可用作极压抗磨剂。

低聚耦合抗氧剂特别适合提高多元醇酯基础油的氧化安定性，与使用同剂量的普通芳胺抗氧剂相比较，加入低聚耦合抗氧剂的多元醇酯基础油腐蚀和氧化安定性试验后沉积物量少、酸值变化值小以及黏度变化率低，该添加剂尤其能够提高酯类油的高温抗氧化能力。

第八节　合成润滑脂

合成润滑脂[1,33]是指使用合成基础油或者使用合成稠化剂的润滑脂。中国生产润滑脂所使用的合成基础油包括酯类油、硅油、合成烃、聚醚、含氟油等，所使用的合成稠化剂是指除脂肪酸金属皂和固体烃以外有稠化能力的有机稠化剂，包括聚脲类、酰胺类、含氟聚合物类、阴丹士林、酞菁染料、对聚苯和三嗪等。

面对现代尖端技术中高温、低温、高转速、高负荷、高真空、高能辐射、强氧化介质和长寿命等一系列润滑难题，传统的矿物润滑油脂已无能为力，合成润滑油脂却以其优异的性能——优良的黏温性和低温性，良好的高温性和热氧化稳定性，良好的润滑性和低挥发性，有的还有极好的化学稳定性和耐辐射性，满足了这些特殊领域的润滑要求，成为军事装备和现代机械必不可少的润滑材料。

中国合成润滑脂研制始于20世纪50年代末。几十年来，圆满完成了为我国航空、航天、航海、原子能和国防军工“两弹一星”等先进武器装备配套的任务。中国早期从事合成润滑油脂研究生产的单位将合成润滑脂产品按用途分为10类，并依此为其产品命名，见表16-67。

表16-67　合成润滑脂按用途分类的产品代号

产品代号	用途	产品代号	用途
70××	高低温脂	75××	真空脂
71××	仪表、阻尼、陀螺脂	76××	密封脂
72××	防护、防锈多用途脂	77××	抗辐射脂
73××	光学、电器脂	78××	抗化学脂
74××	极压、耐磨脂	79××	其他

一、合成润滑脂的生产工艺

由于使用化学特性不同的合成基础油或合成稠化剂，会影响到润滑脂的生产工艺。比如针对酯类基础油易水解、硅油的溶解性差等特点需采用不同的生产工艺。常见合成基础油类润滑脂生产工艺如下：

（一）酯类油锂基脂的制备

酯类油在氢氧化锂和水的存在下，会发生水解作用，制备出的润滑脂的一些性能受到影响，因而在制备酯类油锂基脂时一般采用预制皂的制备方法。

1. 锂皂的制备

国内采用无热风喷雾干燥连续制备工艺来制备硬脂酸锂皂、羟基硬脂酸锂皂或硬脂酸和羟基硬脂酸的混合锂皂。生产流程如图 16-17 所示。

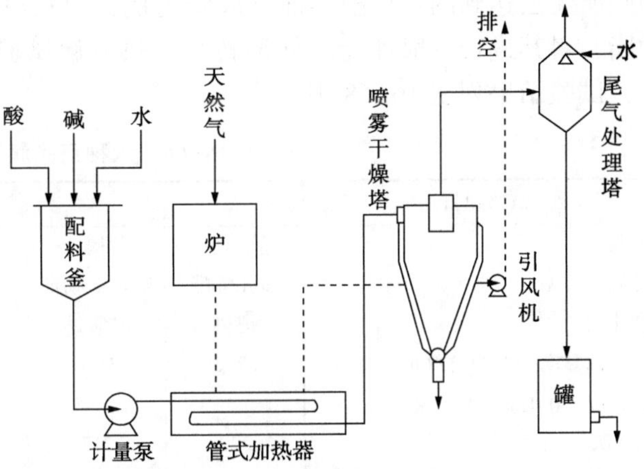

图 16-17　脂肪酸锂皂制造的生产流程

硬脂酸、12-羟基硬脂酸、水、碱液分别计量打入配料釜调配，然后连续通过计量泵打入管式加热器，经加热反应后喷入旋风喷雾干燥塔，干的锂皂粉由塔底卸出，水气由喷雾塔顶进入尾气处理塔，在喷淋水的作用下，水气冷凝并捕集夹带的少量皂粉，然后一起进入罐。炉产生的烟道气在管式加热器换热后，去旋风喷雾塔夹层保温，然后通过引风机排入大气。

这种工艺生产的锂皂，水含量小于 0.5%，符合制备润滑脂的要求。

2. 润滑脂的制备

采用间歇法生产。将酯类油和预制的锂皂加入釜中，升温达到熔融状态，在冷却转鼓上冷却成凝胶块状。将凝胶块加入螺旋搅拌器，搅拌成糊状，用泵打入胶体磨中研磨均化。为了脱除气泡，再在三轮研磨机上均化后，即为成品。

(二) 硅油锂基脂的制备

由于硅油对于锂皂的溶解能力较差，锂皂和硅油难以形成稳定的胶体结构。因而用一般的方法难以制得硅油锂基润滑脂。制备硅油锂基脂的方法有顶替法(又叫置换法)、热研磨法、高压法、助分散剂法等，其中以助分散剂法比较简便。其关键是选取合适的助分散剂，如特殊结构的硅醚化合物，其结构如下：

$$R—O\left[\underset{R_1}{\overset{R_1}{Si}}—O\right]_nR$$

式中，R、R_1为烷基。

其制备工艺如下：将硬脂酸锂、硅油、助分散剂硅醚油加入釜中，在搅拌下加热至锂皂熔融，冷却至 120℃左右加入添加剂，继续冷至室温，研磨均化，即得产品。

(三) 聚烯烃脂和含氟润滑脂的制备

聚烯烃油性质与石油润滑油相近，石油润滑脂制造方法适用于聚烯烃脂。

用微细颗粒聚四氟乙烯与含氟润滑油(全氟烷基聚醚或氟碳油)于室温下在制脂釜中搅拌混合，经胶体磨或均化器均化成适宜稠度后即为含氟润滑脂成品。

二、合成润滑脂的组成与性能

合成润滑脂具有许多优良的性能，可以满足某些苛刻工况条件的需要，这是一般矿物油脂所无法达到的。以酯类油合成脂为例，对精密球轴承用的商品润滑脂中有代表性的六种脂，对其进行一般性能、低温转矩、热分解试验和高温(125℃)润滑脂寿命运转试验评定，试验结果列表16-68中。

表16-68　六种商品润滑脂的性能

试验项目	A	B	C	D	E	F
外观	乳白色	黄褐色	乳白色	乳白色	乳白色	黄褐色
基础油类型	多元醇酯	双酯矿物油	双酯	双酯矿物油	硅油	矿物油
稠化剂	锂皂	酰胺钠	锂皂	锂皂	锂皂	锂皂
基础油黏度(37.8℃)/(mm^2/s)	37.3	31.6	12.8	15.3	—	151.6
锥入度/(0.1mm)						
0次	220	217	314	265	282	290
60次	227	230	311	275	274	271
滴点/℃	208	247	187	190	222	189
钢网分油(100℃，30h)/%	2.0	7.1	4.0	3.7	—	3.5
蒸发量(98.9℃，22h)/%	0.30	0.68	0.37	0.60	0.10	0.30
铜片腐蚀(100℃，24h)	合格	合格	合格	合格	合格	合格
抗水(38℃)/%	0.5	0.8	—	0.6	3.0	—
轴承防锈试验(25℃，2周)/级	1	1	1	1	1	1
低温转矩(-40℃)/mN·cm						
启动	20580	33320	6076	6860	—	20580
运转	7840	9114	1127	1470	—	(-20℃)5096
轴承寿命(125℃)/h (ASTM D1741)	>6000	1500	1000	1000	>4000	350
热分解试验(130℃，1000h)						
外观	暗褐色	暗褐色	—	褐色	—	褐色
蒸发损失,%	2.2	23.3	—	31.1	—	32.9
稠度变化						
锥入度/(0.1mm)						
0次	221	106	—	210	—	213
60次	230	170	—	295	—	231

表16-68中的六种润滑脂除B脂是采用酰胺钠盐为稠化剂之外，其余的均采用锂皂为稠化剂。基础油有新戊基多元醇酯、双酯、双酯矿物油的混合油、硅油和矿物油。从表16-68可以明显看出：

（1）几种合成润滑油制成的润滑脂，甚至采用双酯矿物油混合油的润滑脂，低温性能都较好，在-40℃的转矩都比较小，而基础油为矿物油的F脂，在-40℃的低温下根本无法测定，只能在-20℃的条件下测定，说明合成润滑脂具有良好的低温性能。

（2）从热分解试验的蒸发损失来看，尽管矿物油润滑脂F的基础油黏度比A脂的基础油新戊基多元醇酯的黏度大得多，但是F脂的的蒸发损失还是最大，说明合成润滑油润滑脂具有较好的热稳定性。

(3) 从润滑脂在高温下的轴承运转寿命试验来看，几种合成润滑油的润滑脂均具有较长的寿命，尤其是新戊基多元醇酯和硅油的润滑脂寿命最长。B 脂和 D 脂比较，虽然基础油均采用双酯矿物油混合油，但 B 脂是酰胺钠盐稠化的，具有较高滴点，也具有较长寿命。

上述试验结果说明，合成润滑脂在高温、低温以及轴承运转寿命方面都比矿物油润滑脂优越。

表 16-69 列出了在-60℃条件下试验的酯类油锂基脂(7007 号和 7008 号通用航空脂)和矿物油锂基脂(2 号低温脂)的性能差别。从表 16-69 中可见，采用矿物油的 2 号低温脂的蒸发损失比 7007 脂、7008 脂高 10 倍多；在机械安定性方面，2 号低温脂经 10 万次剪切后变成流体，而 7007 脂和 7008 脂依然是脂状，只是稠度变稀一些。2 号低温脂轴承中的漏失量也比较大，胶体安定性和氧化稳定性也较差，可以断定其轴承运转寿命不会长。

表 16-69　双酯锂基脂与矿物油锂基脂的性能比较

项　　目	7007 脂	7008 脂	2 号低温脂	MIL-G-3278A DTD-825B
滴点/℃	187	172	198	>163
锥入度/0.1mm				
工作前	264	272	260	≯200
工作后	273	286	280	260~310
机械安定性(工作 10 万次)/(0.1mm)	357	360	流体	≯375
蒸发度(皿式蒸发，120℃，1h)/%	0.50	0.60	6.8	—
相似黏度/Pa·s				
-50℃，$10s^{-1}$	745.0	600.0	1036.0	—
-54℃，$20s^{-1}$	686.0	—	>942.0	≯1000.0
分油量(压力法，室温)/%	17.9	17.6	20.9	—
钢网分油(100℃，30h)/%	3.33	—	5.64	≯5
氧化(100℃，784.6kPa，100h)				
压力降/kPa	0	0	16.67	≯34.32
铜腐蚀(100℃，3h)	合格	合格	合格	—
防护试验(60℃，48h)				
钢片	合格	合格	—	—
铜片	合格	合格	—	—
轴承漏失量(100℃，3h)/%	3.12	3.7	19.3	—
抗水(38℃)/%	0.85	7.54	2.54	≯20
齿轮磨损/(mg/1000 次转动)				
22.24N	0.4	0.83	2.5	≯2.5
44.48N	0.6	0.94	3.5	≯3.5

续表

项　　目	7007 脂	7008 脂	2 号低温脂	MIL-G-3278A DTD-825B
轴承试验 （120℃，1000r/min，径向，轴向负荷 22.24N）/h	>1000	>1000	—	>1000
四球（常温，1500r/min）				
最大无卡咬负荷 P_B/N	490.4	—	490.4	—
磨斑直径 d/mm	0.42	—	0.69	—
烧结负荷 P_D/N	1550	—	1216	—
负荷磨损指数 *ZMZ*	22.4	—	17.7	—
强度极限（50℃）/Pa	460.9		264.8	
机械杂质/（个数/cm^3）				
≥25μm	480	—	—	≯5000
≥75μm	无	—	—	≯1000
≥125μm	无	—	—	无

润滑脂中使用不同的合成基础油会影响润滑脂的性能和特点。常见合成基础油的部分性能特点见表 16-70。

表 16-70　常用于合成脂的合成基础油

合成基础油	突出特性
双酯	低温性能好
多元醇酯	优良的润滑性、氧化稳定性，低挥发
聚醚	残炭低
聚 α-烯烃	良好的高低温性能、氧化稳定性，低挥发
硅油	优良的高低温性能，突出的黏温性能和热氧化稳定性，化学惰性，
磷酸酯	抗燃性
含氟润滑油	突出的化学惰性、黏温性能和热氧化稳定性，非常好的低挥发性
多烷基环戊烷	很好的低挥发性，优良的氧化稳定性、润滑性
硅烃	优良的高低温性能、黏温特性和低挥发性

三、合成润滑脂的应用[34]

（一）酯类油锂基脂和复合锂基脂的典型产品及应用

1. 7007 号和 7008 号通用航空润滑脂

7007 号、7008 号属多用途航空润滑脂。适用于中小航空电机轴承和齿轮、操作机构支点、组装联接以及某些仪器仪表的润滑，也适用于高速球轴承的润滑。使用温度 -60 ~120℃。

这两种合成润滑脂不仅广泛用于各种型号的军用飞机和民用领域，例如磨床主轴、纺纱锭子轴承和寒区户外工作的机电设备(如直流发电机)球轴承、仪器仪表电机轴承、高速家用微电机(如家用粉碎机、电动剃须刀)及低温液体输送泵(如甲烷、乙烷回流泵)电机等轴承的润滑。

2. 7009 号高低温润滑脂

7009 号高低温润滑脂由复合皂稠化新戊基多元醇酯制成。将 7009 号脂用于某速率陀螺马达轴承，可满足其主机性能的要求。

3. 7123 号高速陀螺马达润滑脂

7123 号高速陀螺马达润滑脂由混合皂稠化合成润滑油制成，机械杂质含量较低、具有防锈能力。使用温度-60～120℃，短期可达 150℃。适用于陀螺马达轴承的润滑。

4. 7253 号通用航空润滑脂

7253 号通用航空润滑脂即飞机、仪表、齿轮和传动螺杆润滑脂由锂皂稠化酯类油和硅油制成，有良好的高低温性能、极压抗磨性能、氧化稳定性能、抗水性能、胶体安定性能和较好的润滑性能。适用温度范围-73～120℃。适用于滚珠、滚柱和滚针轴承、齿轮及仪表、电子设备和飞机控制系统等设备，亦适用于低启动功率设备的滚动和滑动表面，飞机的齿轮、传动螺杆、高负荷设备。

(二)酯类油无机润滑脂典型产品及应用

1. 6691 号润滑脂

6691 号润滑脂由膨润土稠化酯类油制成。其耐热性和耐低温性好，高温下不流失，-40℃时机轮容易推动；抗水性良好，潮湿环境下对金属的防护性明显优于 4 号脂。适用于超音速飞机机轮轴承的润滑，也可用于其他高温润滑部位。其使用温度为-40～180℃，短时可达 200℃。

2. 7602 号高温密封剂

7602 号高温密封剂由硅胶稠化酯类油，并加有聚烯烃及固体填料。7602 具有良好的高温稳定性、密封性，对水蒸气、水、氨、弱酸和天然气等介质均有良好的适应性，用于输送上述介质的各种高温高压调节阀杆的二次密封与润滑。介质温度可达 530℃，压力达 10.29MPa。

3. 7903 号耐油密封润滑脂

7903 号耐油密封润滑脂是由无机稠化剂稠化合成润滑油制成。7903 号耐油密封润滑脂具有良好的耐汽油、煤油、润滑油、水、乙醇、石油液化气等介质的性能。使用温度范围-10～150℃。

7903 号脂是兼有润滑作用的密封或辅助密封材料。适用于机械设备、机床、变速箱、管路、阀门及飞机燃油过滤器等与燃料油、润滑油、天然气、水或乙醇等介质接触的装配贴合面、轴封、螺纹接头、阀芯等部位的静密封和低速滑动/转动密封面的密封(或辅助密封)和润滑。

(三)硅油皂基润滑脂典型产品及应用

1. KK3 润滑脂

KK3 脂由锂皂稠化硅油制成，此脂在-60℃下有较好的启动性能，在高温下亦保持良好的胶体结构，是一种使用温度很宽的航空润滑脂。经过长达7~10年的储存，性能仍保持稳定。

KK3脂适用于中、轻负荷工作的航空电机、电器仪表、电动机等的滚动轴承，特别是对低温要求严格的产品，如陀螺电机、小功率电机、环境温度较高的微电机等。

2. 特7号、特75号、特8号、特12号精密仪表脂及特221脂

特7号、特75号精密仪表脂均用地蜡和硬脂酸锂皂稠化乙基硅油制成，特7号使用温度范围为-70~120℃，特75号脂为-70~80℃。特8号脂用地蜡稠化乙基硅油制成，使用温度范围为-60~0℃。特12号脂是用钠皂、锂皂和地蜡等稠化乙基硅油和优质矿油制成，使用温度范围为-70~110℃。它们主要用于航空仪表中的电动机构、陀螺马达、伺服机构以及直流电机、交流电机等轴承和摩擦部件上，起润滑和防护作用。特221号脂由复合钙皂稠化硅油制成。适用于工作温度较高的启动发电机、变流机等航空电机滚动轴承、操纵系统关节轴承以及金属橡胶接触面。使用温度范围为-60~150℃。

3. 7106号、7107号光学仪器润滑脂

7106号、7107号光学仪器润滑脂都是由硬脂酸铝皂稠化硅油和优质矿油制成，具有较好的低温性能(-40℃)、润滑性能、密封性能、低的蒸发量和很好的防霉防雾性能，适用于光学仪器不同间隙的滚动、滑动部位的润滑与密封。

(四)硅油无机润滑脂典型产品及应用

硅油硅胶润滑脂主要用作电子元器件的密封剂和封装剂、光学仪器的密封与防护剂、高真空下的密封与润滑剂。硅油膨润土脂则适用于高温环境润滑。

1. 7020号窑车轴承润滑脂

7020脂由无机稠化剂稠化硅油制成，具有良好的高温性能，良好的抗氧化能力，良好的抗水性、防护性，适用于高温、低速、重负荷工况下的滚动轴承润滑。

2. 7161号专用阻尼脂和7163号专用阻尼脂

7161号专用阻尼脂由无机稠化剂稠化硅油制成，具有良好的胶体安定性和低温性能，抗特殊介质，黏温特性优异，具有较长的储存寿命，专用于校定器的阻尼与润滑。

7163号专用阻尼脂由白炭黑稠化硅油制成，具有优良的高低温性能、良好的黏附性和拉丝性以及适宜的阻尼润滑性能，对丁腈胶具有良好的适应性，具有适宜的稠度，在较高温度下不流失。7163号脂用于减震平台阻尼器的专用阻尼介质，也可作为其他设备的阻尼润滑脂。

3. 7501号高真空硅脂

7501号高真空硅脂由白炭黑稠化硅油制成，具有化学稳定性好、电绝缘性好、材料适应性强、适用温度范围宽等特点，兼有密封与润滑两种功能。

7501脂的蒸发量低，可耐10^{-8}Pa以上的高真空。适用于6.65×10^{-4}Pa真空系统中的玻璃活塞及磨口接头的润滑与密封，适用温度范围：-40~200℃；适用于有溴、水和其他化学介质存在情况下的润滑与密封，也适于作电绝缘介质、液体联轴节的填充介质等。

4. 7502号、7503号硅脂

这两种脂均为白炭黑稠化硅油制成，具有良好的高低温性能、黏附性能、耐水密封性、抗溶剂性和介电性能，不腐蚀金属，与橡胶、尼龙、聚丙烯等多种非金属材料有较好的适

应性。

7502 硅脂适用于橡胶与金属间的密封与润滑，电位器的阻尼，电器的绝缘与密封，液体连轴节的填充介质等，还可用于真空度达 1.33×10^{-4}Pa 的真空系统的润滑与密封。使用温度范围为-54～205℃，短期可达 260℃。

7503 硅脂用作黑色金属零部件(带螺纹或不带螺纹)配合面的腐蚀抑制剂和润滑剂，也可用于电器的防护与绝缘。使用温度范围为-60～200℃。

(五)合成烃润滑脂典型产品及应用

合成烃油包括聚 α-烯烃、烷基苯、烷基萘、聚异丁烯等。聚 α-烯烃是合成烃油中用量最大的一种，也是最有普及应用前景的合成润滑油。

1. S-23 耐海水润滑脂

S-23 耐海水润滑脂由膨润土稠化合成烃类油制成。低温性好，使用温度范围宽，有良好的耐海水锈蚀性、湿热防护性和盐雾防护性。适用于水上飞机操纵系统轴承的润滑。使用温度为-50～100℃。S-23 脂已在新型水上飞机起落架注油嘴、方向舵等处轴承及铰链正式使用。

2. 7256 号宽温度范围航空通用润滑脂

7256 号宽温度范围航空通用润滑脂由有机膨润土稠化合成烃制成，具有良好的高低温性、氧化安定性、防腐性、抗磨性、抗水性和橡胶相容性，适用于-54～177℃的直升机尾传动轴轴承、飞机机轮轴承及其他附件的润滑。

3. 7303 号航空电器润滑脂

7303 号航空电器润滑脂由烃类油、蜡、二硫化钼和添加剂制成。具有优异的高低温性能、导电性能和润滑性能。

7303 号脂应用于航空仪表核心单元——电刷组件的润滑，其摩擦副材料为铂铱合金(电刷)/不锈钢(滑道)，仪表工作温度范围为-70～250℃，正常情况下摩擦面接触负荷为 0.1MPa。

4. 7456 号航空机轮轴承润滑脂

7456 号航空机轮轴承润滑脂由复合皂稠化聚 α-烯烃制成，具有良好的高低温性、机械安定性、胶体安定性、抗水性能和防腐蚀性、抗磨性、长的轴承运转寿命以及与橡胶密封件的相容性，使用温度范围为-55～150℃，适用于飞机机轮轴承的润滑。

(六)含氟润滑脂典型产品及应用

由含氟基础油或含氟稠化剂制得的润滑脂都可以归为这一类。

润滑脂用含氟基础油主要是全氟碳油、氟氯碳油、全氟聚醚油或氟硅油，统称氟油。以氟油为基础油制得的润滑脂可称为氟油润滑脂。氟油润滑脂的稠化剂可以是含氟稠化剂，也可用硅胶、三嗪、二硫化钼等。此处仅介绍氟油润滑脂的应用。

由于氟油与火箭燃料、酸碱不反应，与溶剂和油不起作用，用全氟碳油或全氟聚醚油作基础油的脂，能满足与强氧化介质或强还原介质以及许多溶剂接触的部位的润滑与密封要求。

全氟油脂可用于各种导弹和卫星的运载液体发动机的氧化剂泵、燃料泵和齿轮箱的润滑，以及各种零部件的润滑和密封。含氟油脂还可用于地空导弹、制导水雷、制导鱼雷等武器接触化学腐蚀剂的部件的润滑。

（1）7804 抗化学介质润滑脂由低相对分子质量 F46 塑料粉稠化聚全氟异丙醚油制成，适用于接触特殊介质的高、低速轴承或活门的润滑。

（2）7805 抗化学密封脂由氟塑料粉和聚全氟异丙醚油制成，适用于接触特殊介质的活门的密封与润滑。

（3）7058 号高低温润滑脂由混合稠化剂稠化全氟聚醚和硅油制成，具有优异的化学安定性，良好的高低温性能、抗水性能和胶体安定性，适用于导弹伺服机构电机的润滑。

（4）FLZ-1、FLZ-3 抗化学润滑脂以氟氯碳油为基础油，加入全氟树脂经稠化加工而成。具有优异的化学稳定性、润滑性和热稳定性。氟氯碳油脂在纯氧中不燃烧、不爆炸，适合作为抗氧润滑剂使用，用于接触强腐蚀性介质、强氧化剂存在的泵、阀门、丝扣的润滑与密封，是液氧泵轴承及管件的专用润滑脂。也可用于化工厂送热风干燥的风扇轴承的润滑。催化聚合真空釜密封介质用全氟聚醚脂浸透后，使用寿命可延长 6 倍。上述 FLZ 系列润滑脂也用于石油化工、矿山冶金行业的强腐蚀、强氧化环境的润滑。

（七）多烷基环戊烷润滑脂

多烷基环戊烷润滑脂由于具有很低的饱和蒸气压，可用于空间转动部件的润滑。PB 型 7551 润滑脂采用酰胺金属皂稠化多烷基环戊烷基础油，加入抗氧剂、极压抗磨剂、防锈剂等多种添加剂制成，具有优异的高低温性、氧化安定性、防腐性、抗磨性和低挥发性。使用温度为-45~125℃。适用于空间机械部件的润滑。

（八）硅烃润滑脂

硅烃润滑脂可采用金属皂稠化硅烃基础油，加入抗氧剂、防锈剂、极压抗磨剂等多种添加剂制成，稠化剂也可采用非皂基如氟碳聚合物、酰胺、膨润土、硅胶、炭黑等。由于具有极低的饱和蒸气压和较宽的使用温度范围，可用于高轨空间运动部件的润滑。

参 考 文 献

[1] 颜志光，杨正宇．合成润滑剂[M]．北京：中国石化出版社，1996.

[2] 唐俊杰．合成润滑油[M]．北京：烃加工出版社，1986.

[3] Leslie R. Rudnick，Ronald L. Shubkin. 合成润滑剂及其应用 [M]．著，第二版．李普庆等译．北京：中国石化出版社，2006

[4] 王贻全，梁宇翔．多元醇酯基础油性能-结构关系研究及在航空润滑油中的发展综述[J]．润滑油，2014，(3)：33-38.

[5] 康涛，李霞．合成超高温链条油的研制[J]．合成润滑材料，2019，46(2)：1-4.

[6] 马楷，梅莉，李霞，等．苯甲酸脂肪酸季戊四醇酯的性能研究[J]．合成润滑材料，2018，45(4)：1-3.

[7] 周少鹏，梁宇翔，尹开吉，等．橡胶在季戊四醇酯基础油中溶胀规律的理论模型[J]．石油学报(石油加工)，2019，35(5)：899-910.

[8] 周少鹏，尹开吉，梁宇翔，等．添加剂对航空润滑油橡胶相容性的影响[J]．石油炼制与化工，2019，50(5)：71-75.

[9] 尹开吉，唐红金，梁宇翔，等．高性能型航空涡轮发动机润滑油的研制[J]．石油炼制与化工，2020，

51(6)：102-107.
[10] D. 克拉曼．润滑剂及其有关产品[M]．张博译．北京：烃加工出版社，1990.
[11] 卿凤翎．高性能含氟聚合物研究应用进展[J]．宇航材料工艺，2013(1)：11-14，19.
[12] 张德琪，Tariq Aziz，范宏．氟硅油合成工艺与应用性能研究进展[J]．精细化工，2016，33(8)：841-849.
[13] 唐俊杰．合成润滑油基础知识讲座之二[J]．润滑油，1999，14(6)：59-64.
[14] 江洪波，樊守明，雪小峰．茂金属/有机硼化物催化体系催化 1-癸烯聚合[J]．化学反应工程与工艺，2015，31(4)：359-366.
[15] 吕春胜，赵俊峰．限制几何构型茂金属/硼化物催化 1-癸烯齐聚及其产物表征[J]．化工进展，2009，28(8)：1371-1375，1399.
[16] 盛亚平，黄启谷，陈伟等．茂金属催化剂/MAO 催化 1-癸烯齐聚合及其产物的结构与性能[J]．化工学报，2007，58(3)：759-764.
[17] 李彦．国内线性 α-烯烃市场竞争性及应对分析[J]．能源化工，2020，41(1)：22-27
[18] 张璐，赵旭涛，赵杨．乙烯齐聚法生产 α-烯烃的研究进展[J]．石化技术与应用，2020，38(1)：63-68
[19] 张文晓．高黏度 PAO 的聚合工艺研究[D]．上海：华东理工大学，2013.
[20] 王玉如，吴双，马立莉，等．高性能聚 α-烯烃润滑油合成技术研究进展[J]．精细石油化工进展，2020，21(2)：33-36
[21] 谭朝阳，苏亚东，赵益霏，等．茂金属/MAO 催化 1-癸烯齐聚制聚 α-烯烃[J]．石油化工，2017，46(6)：759-762
[22] 韩志波，王新苗，靳丽丽，等．高黏度聚 α-烯烃合成油加氢技术研究[J]．石油炼制与化工，2017，48(7)：70-73
[23] 王彬．茂金属聚 α-烯烃合成润滑油基础油生产工艺与市场现状[J]．精细与专用化学品，2018，26(7)：38-42
[24] 李志涛．聚 α-烯烃与丁腈胶的相容性研究[J]．合成润滑材料，2017，44(1)：1-3.
[25] 陈晓伟，梁宇翔，汪孟言．低挥发液体空间润滑剂基础油合成及性能研究[J]．石油炼制与化工，2004，35(7)：46-49.
[26] 焦广文，梁宇翔．制备长链烷基萘的方法：200610169525.3[P]．2006-12-22
[27] 梁宇翔，焦广文．长链烷基萘合成工艺研究[J]．石油炼制与化工，2009，(3)：22-25.
[28] 谢欣．高性能全合成 SN 0W-40 汽油机油自主技术的开发[J]．润滑油，2019，34(1)：6-12.
[29] 贺景坚，梁宇翔，徐敏，等．4060 航空润滑油的研制[J]．石油炼制与化工，2019，50(8)：52-57.
[30] 贺景坚，梁宇翔，崔维鑫，等．长寿命空间扫描电机轴承润滑油的研制[J]．润滑油，2019，34(4)：23-29.
[31] 黄文轩，韩长宇．润滑油及燃料添加剂手册[M]．北京：中国石化出版社，1994：58-65.
[32] 唐红金，梁宇翔．航空发动机润滑油高温抗氧剂的研究[J]．石油炼制与化工，2016，47(9)：81-86.
[33] 颜志光．新型润滑材料与润滑技术实用手册[M]．北京：国防工业出版社，1999.
[34] 钟泰岗．合成润滑油脂和现代润滑管理[J]．合成润滑材料，2000，27(2)：12-18.

专家话炼油

第十七章　润滑油和燃料添加剂

随着环保和节能要求的日益严格，润滑油品规格等级逐步提高，例如内燃机油已发展到SP/GF-6、CK-4和FA-4的规格水平，燃料油也发展到欧Ⅵ、国Ⅵ的水平。油品质量升级，对添加剂提出了更高的要求，SN^{+}、SP/GF-6和CK-4规格的内燃机油对油品的硫、磷含量及灰分提出了限制。这些限制主要涉及所使用的添加剂，因为润滑油中的硫、磷及灰分在很大程度上来源于添加剂。根据预测，全球添加剂需求量在2023年年底前将以每年0.5%的增速上涨，将从2018年的460万吨增加到2023年底的480万吨。2018年，添加剂消费量约占成品润滑剂消费量(4040万吨)的11%。车用发动机油添加剂为290万吨，其他车用润滑油添加剂为31.34万吨，金属加工液用添加剂63.32万吨，工业内燃机油添加剂49.74万吨，一般工业油添加剂15.47万吨，润滑脂添加剂7.2万吨[1]。

我国润滑油技术发展很快，内燃机油已发展到SP/GF-6和CK-4，达到了全球最高级别的技术水平。同时，风电设备、高铁齿轮箱等高端装备用润滑油也得到了蓬勃发展。在润滑油发展过程中，添加剂发挥着重要的作用，添加剂能够赋予或提高油品的使用性能，支撑着润滑油技术的发展。润滑油添加剂在关键类别及品种上都有显著的进步，例如：磺酸盐、硫化烷基酚盐、水杨酸盐、丁二酰亚胺无灰分散剂、ZDDP抗氧抗腐蚀剂、高温抗氧剂、极压抗磨剂、减摩剂、金属钝化剂、增黏剂、降凝剂等领域；在复合剂方面，内燃机油复合剂进步显著；其他复合剂，如齿轮油复合剂、液压油复合剂、汽轮机油复合剂、压缩机油复合剂、发动机冷却液复合剂也都有所进步。复合剂的市场需求快速增长，2019年，国内润滑油复合剂需求量约为36万吨，其中内燃机油约需要30万吨复合剂，液压油约需要1.5万吨复合剂，齿轮油约需要1.5万吨复合剂，其他油品约需要3万吨复合剂。

汽油、柴油燃料添加剂包括柴油流动改进剂、十六烷值改进剂、抗静电剂、金属钝化剂、抗磨剂、防冰剂、汽油和柴油清净剂等。燃料添加剂单剂总生产能力已达13万吨/年，复合剂3.06万吨/年，基本适应我国燃料发展的要求。2000年7月1日已在全国范围内停止使用和销售含铅汽油。最近，根据新能源燃料的发展，研发生产了乙醇汽油腐蚀抑制剂、清净剂和生物柴油抗氧剂。

第一节　清净剂与分散剂

清净剂与分散剂是调制内燃机油的主要添加剂，经过长期的研发，现已形成系列产品，主要品种有磺酸盐、烷基水杨酸盐、硫化烷基酚盐等清净剂及丁二酰亚胺无灰分散剂。最新发展了碱值更高的清净剂产品，例如600mgKOH/g的超高碱值磺酸钙产品、润滑脂专用高碱值磺酸钙产品、300mgKOH/g的超高碱值硫化烷基酚钙产品、340mgKOH/g的超高碱值烷基水杨酸钙产品。无灰分散剂近年来发展了硼化丁二酰亚胺分散剂、高氮热稳定型丁二酰亚胺分散剂和含有芳胺结构的、分散烟炱性能较好的丁二酰亚胺分散剂。

一、作用机理

清净剂与分散剂的作用，在于抑制内燃机运转过程中，由于燃烧产物与润滑油氧化产物形成的酸性物质及油泥、烟炱、漆状物等沉积物所导致的腐蚀、油路与滤网堵塞、活塞环粘结、磨损加剧直至发动机停止运转的现象发生。

（一）汽油机与柴油机中沉积物的形成

汽油机在运转过程中，一部分燃烧产物经过活塞与气缸壁间隙串入曲轴箱，与润滑油氧化产物一起，在发动机高温操作条件下，生成炭粒和漆状物，沉积于活塞部件表面。当发动机处于低温条件下，这些氧化产物与炭粒、无机质、水及润滑油在曲轴箱中生成油泥（低温油泥），导致润滑油路、滤清器堵塞与机件磨损。

柴油机部件上的沉积物，主要来自柴油燃烧生成的烟炱、废气再循环造成的烟炱、柴油预燃产物、氧化后生成的漆状物以及润滑油的氧化产物。

因此，对于汽油机，除了要抑制高温氧化物沉积外，还要防止低温油泥的形成；而对于柴油机，需要抑制高温氧化物的沉积，还要抑制因柴油不完全燃烧、废气再循环而造成的烟炱问题，烟炱会导致内燃机油变稠和磨损增加。

（二）清净剂与分散剂作用机理

清净剂或分散剂分子是由烃基部分与极性基团部分构成。它们溶于油中，当其分子浓度超过临界胶束浓度时，大多数形成胶束，每个胶束含有 10~40 个添加剂分子，随物质分子结构的不同而异[2]，见图 17-1。胶束的大小及形状随添加剂烃基链长短、平衡离子和油的性质以及温度而不同[3]。

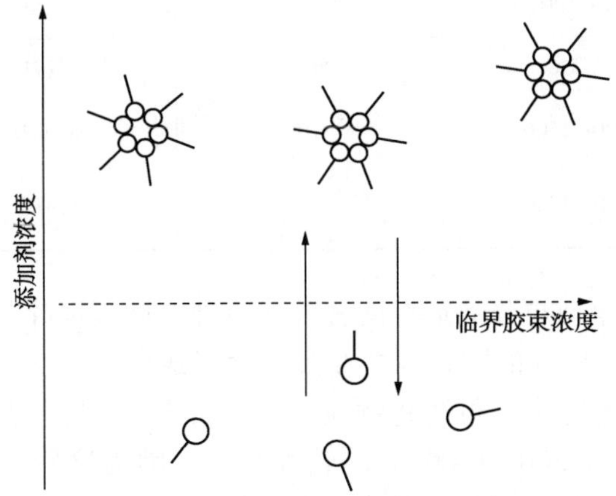

图 17-1　清净剂或分散剂胶束溶液

清净剂与分散剂主要具有四种功能，即清净作用、分散作用、增溶作用以及中和作用。

1. 清净作用

清净剂与分散剂是油溶性的表面活性剂，结构上具有极性基团和非极性基团，对内燃机油中的极性物和烟炱具有吸附性能，能够洗涤出黏附在活塞等金属表面上的漆膜、烟炱，并使其分散在油中，保持活塞等部件金属表面的清洁。

2. 分散作用

清净剂与分散剂能将润滑油中的油泥、烟炱以细小的状态分散在油中，防止它们凝聚起来形成大颗粒而黏附在气缸活塞上或在油箱里沉积为油泥。清净剂与分散剂的分散作用如图 17-2 及表 17-1 所示。

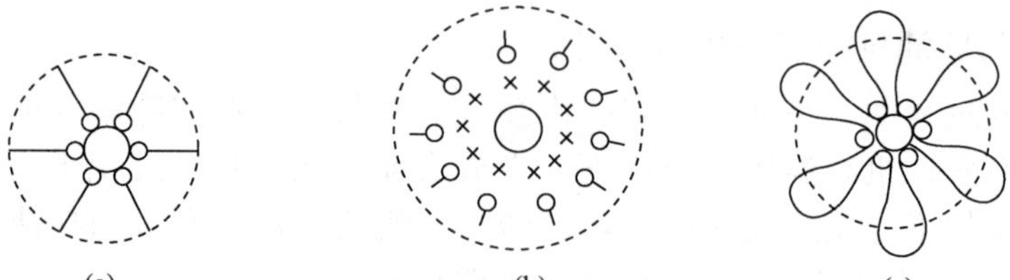

图 17-2　清净剂与分散剂胶溶微粒作用

○—微粒

表 17-1　不同清净剂与分散剂的胶溶作用[2]

添加剂类型	颗粒直径/nm	胶溶		
		膜厚度/nm	吸附机理	胶溶机理
金属盐清净剂	2~5	2~3	物理	膜屏障
	500~1500	2~3	物理	电荷斥力
聚合型无灰分散剂	2~100	20~30	氢键	膜屏障
丁二酰亚胺类无灰分散剂	2~50	10	氢键	膜屏障
	500~1500	10	形成盐	电荷斥力
	500~1500	10	物理	电荷斥力

从表 17-1 看出，清净剂与分散剂有两种胶溶机理，即膜屏障与电荷斥力。清净剂一般均能很好地胶溶直径为 2~5nm 的颗粒，并在其表面形成厚度为 2~3nm 吸附膜，见图 17-2(a)。利用膜与膜之间的屏障力，可防止颗粒进一步聚集并使颗粒悬浮于油中。此外，像磺酸盐，还能有效地胶溶直径 500~1500nm 的较大颗粒，因为这些添加剂的极性基团能使颗粒表面极化，形成双电子层，通过电子层间的电荷斥力，防止颗粒相互聚集，见图 17-2(b)。小于 500nm 的颗粒，由于电子层间的电荷斥力不足以克服颗粒间的范德华(Van der Waals)力，因此不能起到阻止颗粒聚集的作用。聚合型无灰分散剂能有效地胶溶 2~100nm 的颗粒，膜厚度 20~30nm，主要是屏障作用，见图 17-2(c)。丁二酰亚胺类无灰分散剂能有效地胶溶 2~50nm 的颗粒。它的作用是形成氢键，产生膜屏障，而且胶束稳定性比较好，

对水不敏感。因此，对于分散汽油机油中的低温油泥非常有效。此外，这类无灰添加剂在使用中，通过本身形成盐或物理吸附作用，也能胶溶直径为500~1500nm的较大颗粒，使它们具有电荷斥力，防止颗粒聚集。

3. 增溶作用

清净剂与分散剂特别是无灰分散剂，能与油中非油溶性液体含氧物质形成胶束溶存于油中，从而降低这些化合物的活性，防止其进一步氧化后聚集成沉积物或腐蚀机件表面[5]。试验表明，一定数量的胶束，还可增溶固体颗粒。图17-3为增溶作用的示意图，其中图17-3(a)为含有含氧酸的胶束，图17-3(b)为几个分散剂胶束增溶一个非油溶性微粒的情况。无灰分散剂增溶作用最好，比清净剂高出约10倍[2,4]。

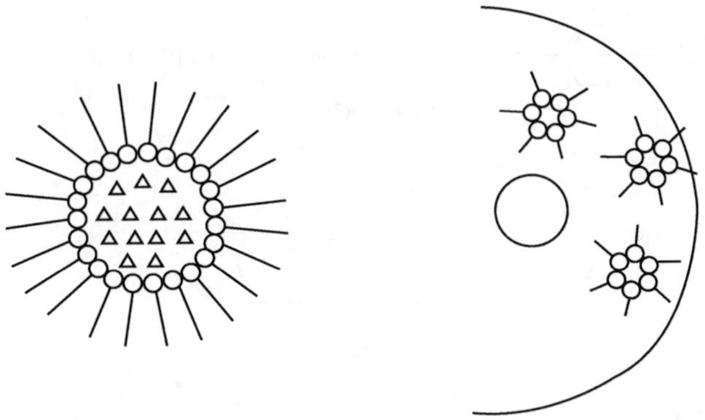

(a) (b)

图17-3 清净分散剂的增溶作用

△—含氧酸；○—微粒

4. 中和作用

清净剂或分散剂一般为碱性，特别是高碱性清净剂在其胶束中含有大量无机碱性组分，具有较大的碱储备，能够在使用过程中，持续地中和燃烧产物与润滑油氧化后产生的酸性物质，防止机件腐蚀磨损，缓解油品进一步氧化。这一点对使用高硫燃料的船舶用汽缸油尤为重要。

二、清净剂

(一)磺酸盐

磺酸盐(包括磺酸钙、磺酸镁等)是一类广泛使用的清净剂，具有很好的清净性、中和性和防锈性，以及一定的分散能力，通常多为钙盐。现以磺酸钙为主来说明其化学组成、合成工艺、典型产品及使用性能。

1. 化学组成与结构

以润滑油馏分作为原料得到的磺酸盐为石油磺酸盐，而以各种合成烷基苯为原料生产的磺酸盐为合成磺酸盐。由于种种原因前者已逐渐被淘汰。

合成磺酸钙包括高碱性、中碱性和低碱性等不同品种。其中，高碱性和中碱性磺酸钙是用平均相对分子质量400的合成烷基苯进行磺化制得的油溶性磺酸，经氧化钙或氢氧化钙中和得到中性磺酸盐，再在促进剂的作用下，通过二氧化碳进行碳酸化，使氧化钙和氢氧化钙变成碳酸钙微粒而被磺酸钙的胶束所包围的胶体分散体。低碱性磺酸钙盐，其化学组成基本上是中性磺酸钙(皂)，以及分散在其中的少量氢氧化钙。中碱性和高碱性磺酸钙化学组成的主要区别在于，胶束中被分散的无机碱性组分的含量不同，因而有高、中碱性之分。无机碱性组分含量愈高，碱储备性愈好，中和能力愈强。

磺酸盐清净剂的清净能力主要取决于中性盐(皂含量)的多少，因而低碱性磺酸钙盐有很好的清净性。磺酸盐有很好的防锈性能，能抑制发动机低温锈蚀，但抗氧性较差。

各种磺酸盐的结构示意见图17-4[5]。

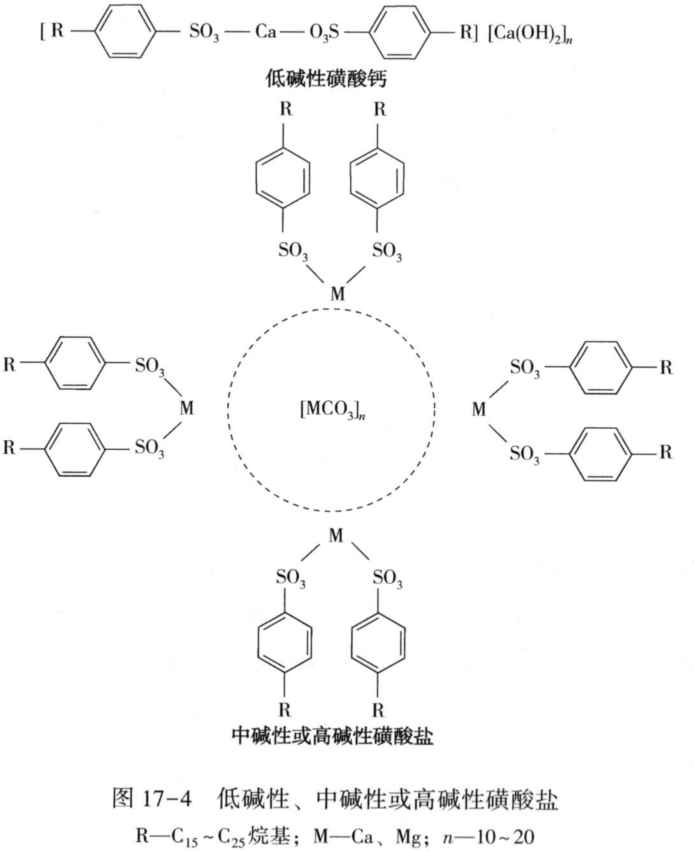

图17-4　低碱性、中碱性或高碱性磺酸盐

R—C_{15}~C_{25}烷基；M—Ca、Mg；n—10~20

2. 合成工艺

(1) 原料性质　石油磺酸盐所用原料是经过脱蜡的润滑油馏分，相对分子质量约为380。合成磺酸盐所用原料有四种：一种是用氟化氢作催化剂制取十二烷基苯的副产重烷基苯；第二种为石蜡(油含量小于5%)裂解所得烯烃(馏程为250~310℃，碳数分布范围为C_{15}~C_{20})，用三氯化铝为催化剂与苯进行烷基化制得的合成烷基苯；第三种是利用乙烯齐聚制备的C_{20}~C_{24}烯烃与苯烷基化制备的烷基苯；第四种是八聚丙烯或聚正丁烯与苯烷基化制备的烷基苯。部分烷基苯的性质列于表17-2。

表 17-2　磺酸盐三种原料的理化性质

原　　料	重烷基苯	合成烷基苯	脱蜡润滑油馏分
密度(15.6℃)/(g/cm^3)	0.880	0.860	0.800
黏度(40℃)/(mm^2/s)	26.5	23.0	45.0
闪点(开口)/℃	>184	>177	>180
平均相对分子质量	360	410	380
族组成(质谱法)/%			
烷烃	2.3	3.5	43.2
环烷烃	0	0	42.0
烷基苯类	70.3①	90.0②	5.5
环烷基苯类	9.7	4.7	2.8
双环烷基苯类	2.0	0	2.1
萘类	0	2.9	1.6
苊类	6.9	0	1.3
芴类	8.5	0	1.5

① 双烷基苯。

② 单烷基苯。

（2）磺化　由于原料的组成不同，磺化后所得油溶性磺酸的收率也各有差异。它们的比较数据列于表 17-3。

从表 17-3 可见，润滑油馏分磺化率比较低，生成的油溶性磺酸只有 12%。而一般磺酸钙添加剂中要求纯磺酸钙(皂含量)为 20%～28%，因此石油磺酸必须提浓。合成原料的磺化率高，可直接使用。以产品中皂含量 25%计算，由于磺化率的差别，生产每吨磺酸盐产品需要 2.0 吨润滑油或 0.5 吨的重烷基苯，而只需要 0.28 吨合成烷基苯。

表 17-3　不同原料、不同磺化方式的磺化结果

原料	磺化剂	磺化方式	酸渣/%	废酸/%	磺酸/%	1t 磺酸盐所需原料量及所产酸渣量/t	
						原料	酸渣
润滑油馏分	发烟硫酸	连续釜式	30	170	12	2	0.6
润滑油馏分	气体三氧化硫	间断釜式	26	0	12	2	0.5
重烷基苯	气体三氧化硫	连续喷雾	3	0	48～50	0.5	0.015
合成烷基苯	气体三氧化硫	连续喷雾	0	0	90	0.28	少量

（3）金属化　金属化工艺包括三个过程：

① 中和：石油磺酸或合成磺酸与石灰反应生成中性磺酸钙。

② 碳酸化：在醇类促进剂存在下，加入石灰并通入二氧化碳，以得到中碱性或高碱性磺酸钙盐。

③ 后处理：蒸脱溶剂并采取离心分离或过滤进行脱渣获得产品。金属化工艺的典型示

意流程如图 17-5 所示。

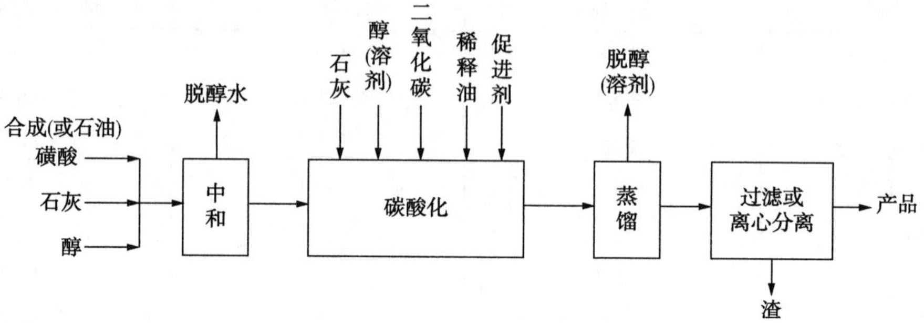

图 17-5　金属化工艺示意图

3. 产品性能

磺酸盐添加剂可用于调制各级内燃机油及某些防锈油品。近年来，国内加氢基础油的生产和应用越来越多，对磺酸盐添加剂的要求也越来越高。采用制备洗涤剂副产品重烷基苯为原料生产的高碱值磺酸钙，由于重烷基苯烷基碳链短使得高碱值磺酸钙中的碳酸钙胶团的稳定性差，造成高碱值磺酸钙产品在加氢基础油中的稳定性差，容易析出碳酸钙而造成油品浑浊或产生沉淀。

不同金属的磺酸盐在润滑油中表现不尽相同。其中，磺酸钙的综合性能较好，磺酸镁的防锈性较好，而磺酸锂的硫酸盐灰分低、清净性较好。不同金属高碱性磺酸盐在 15W-40 多级油的各项性能评价结果见表 17-4[6]。

表 17-4　不同金属高碱性磺酸盐的性能评价结果

清净剂①	高碱性长链烷基苯磺酸锂	高碱性长链烷基苯磺酸钙	高碱性长链烷基苯磺酸镁	高碱性长链烷基苯磺酸钠
色度	0.5~1.0	0.5~1.0	0.5~1.0	1.0~1.5
成焦量/mg	15.7	77	38	33.5
成漆量/mg	10.7	23.2	22.4	26.3
PDSC 诱导期/min	11.3	7.23	11.42	4.02
分散性	40.7	41.2	42.1	39.8
酸中和速度/s	1820	1953	1916	1874
胶体稳定性(沉淀量)/%	0	0	0	0
硫酸盐灰分/%	0.34	0.44	0.52	0.61
极压抗磨				
P_B/N	441	539	539	490
d_{60}^{40}/mm	0.85	0.56	0.62	0.61

① 15W-40 多级油中磺酸盐清净剂的质量分数为 1%。

磺酸盐添加剂的制备技术也在不断发展。在传统产品的基础上，研发了更为先进的高碱值化技术，制备的磺酸盐产品碱值可以达到 600 mgKOH/g 以上，数据见表17-5。

表 17-5 磺酸盐的品种及理化性质

代 号	T104	T105	T106B	T106-H	T106-S	T107
品名	低碱值合成磺酸钙	中碱值合成磺酸钙	高碱值合成磺酸钙	很高碱值合成磺酸钙	超高碱值合成磺酸钙	高碱值合成磺酸镁
总碱值/(mgKOH/g)	20~40	140~170	280~310	390~410	590~610	390~410
典型总碱值/(mgKOH/g)	26	160	300	400	600	400
钙含量/%	2.5	6.7	12	15	22	—
镁含量/%	—	—	—	—	—	9.2

T106-S 产品的碱值可以达到 600mgKOH/g 以上，是目前市场上碱值最高的磺酸钙产品，对于促进润滑油技术进步具有重要的意义。

在磺酸盐的发展中，根据市场需求，研发了润滑脂专用的高碱值磺酸钙，该磺酸钙产品的技术指标见表 17-6。应用高碱值磺酸钙产品生产的磺酸钙基润滑脂，具有优良的高温性能、机械安定性、极压抗磨性和抗水性。

表 17-6 润滑脂专用高碱值磺酸钙技术指标

项 目	指 标	项 目	指 标
外观	棕红色黏稠液体	钙含量/%	≥13
密度(20℃)/(g/cm³)	0.1100~0.1300	硫含量/%	≥1.2
运动黏度(100℃)/(mm²/s)	≤300	水分/%	≤0.2
闪点(开口)/℃	≥180	机械杂质/%	≤0.1
总碱值/(mgKOH/g)	≥390		

(二)烷基水杨酸盐

1. 化学组成与结构

烷基水杨酸盐(T109)是以烷基水杨酸为原料，经过金属化而形成的高碱性盐。烷基水杨酸盐的基本化学结构示意如下：

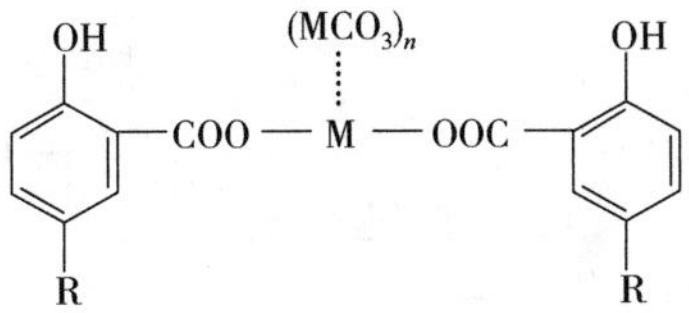

式中，M 为碱土金属，多为钙盐，烷基(R)链长为 C_{12}~C_{18}。烷基水杨酸盐的胶束结构与高碱性磺酸盐相似。

2. 合成工艺

烷基水杨酸钙传统的合成工艺如图 17-6 所示。工艺包括烷基化、羧基化与金属化三个主要过程。在烷基化工序中，由石蜡裂解所得 240～320℃的烯烃馏分与苯酚在酸性白土催化剂存在下进行反应，得到的烷基酚先制成烷基酚钠盐，干燥后再通入二氧化碳进行羧基化，一般羧基化转化率可达 70%～80%，所得烷基水杨酸钠须经酸化成为烷基水杨酸溶液，然后再进行金属化。在金属化过程中，中和与碳酸化是在同一设备中先后完成。所得产物经离心分离去渣及蒸馏回收甲醇和溶剂后，即得 T109 产品。

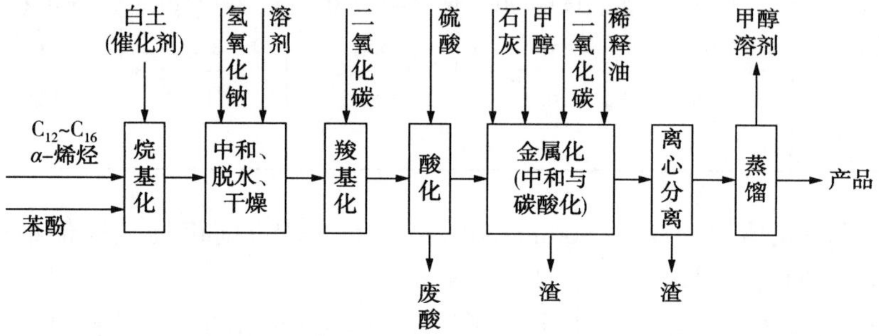

图 17-6　烷基水杨酸钙生产工艺流程

为了保证产品质量，首先应严格控制原材料质量。为此，制取烯烃的原料蜡中含油量应小于 5%，原料烯烃馏分中 α-烯烃含量不低于 60%～70%[7]。石灰的活性和铁等杂质含量也应严格控制。

对制备烷基水杨酸钙的原料路线进行了改进。以水杨酸和不同类型的混合烯烃为起始原料，在有机酸催化剂作用下进行烷基化反应，合成出不同类型的混合烷基结构烷基水杨酸，再经过钙化工艺分别合成出不同混合烷基结构的烷基水杨酸钙产品[8]。合成过程如下式表示：

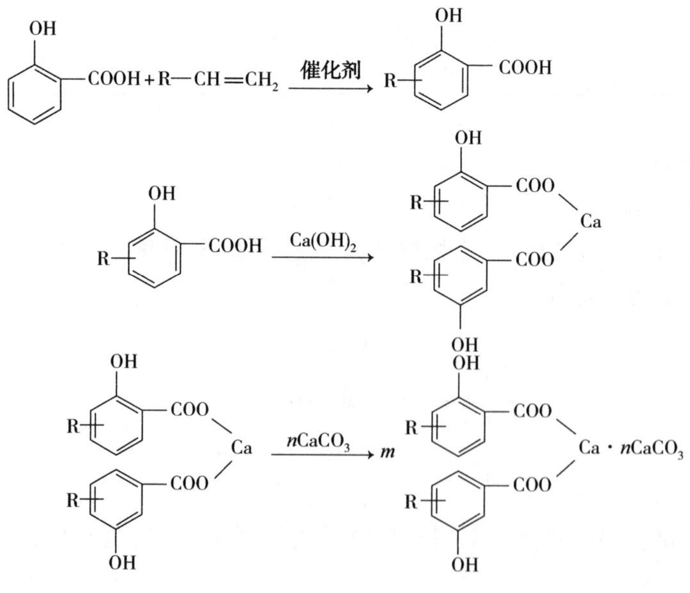

3. 产品性能

烷基水杨酸钙的理化性质见表 17-7。

表 17-7　烷基水杨酸钙的典型理化性质

性　质	T109A（低碱值水杨酸钙）	T109（中碱值水杨酸钙）	T109B（高碱值水杨酸钙）
密度（20℃）/（g/cm^3）	0.964	1.000	1.060
运动黏度（100℃）/（mm^2/s）	16.0	22.5	279.0
钙含量/%	2.28	5.50	9.71
总碱值/（mgKOH/g）	77	150	280
金属比①	1.0	2.4	4.25

①碱性盐的金属含量与中性盐金属含量的比值。

研究发现，烷基水杨酸盐高温清净性好，特别适合在重负荷、活塞温度高的大型柴油机油中使用，与其他添加剂适当复合后也可调制其他级别的内燃机油。国内发展了不同碱值的烷基水杨酸钙，以及碱值为 300mgKOH/g 和 400mgKOH/g 的烷基水杨酸镁。不同烷基水杨酸钙产品的总碱值典型数据见表 17-8。

表 17-8　烷基水杨酸钙的总碱值典型数据

代　号	T109A	T109	T109B	T109C
品名	低碱值烷基水杨酸钙	中碱值烷基水杨酸钙	高碱值烷基水杨酸钙	超高碱值烷基水杨酸钙
总碱值/（mgKOH/g）	70	155	265	340

T109C 是近年新研发的超高碱值烷基水杨酸钙产品，碱值可达到 340 mgKOH/g 以上，该产品在内燃机油中具有良好的高温清净性，特别是在船用中速机油中，具有很好的抑制沉积物生成的性能。烷基水杨酸盐不含硫，符合内燃机油低硫化的发展趋势。

（三）硫化烷基酚盐

1. 化学组成与结构

硫化烷基酚钙的化学结构如图 17-7 所示。

硫化烷基酚中的 C—S_m—C 硫醚结构使它具有较好的抗氧性能。硫化烷基酚钙除有抗氧性和中和能力外，也具有较好的高温清净性能，但无防锈功能。磺酸盐与硫化烷基酚盐复合，相互补充，可组成优化的清净剂系统。

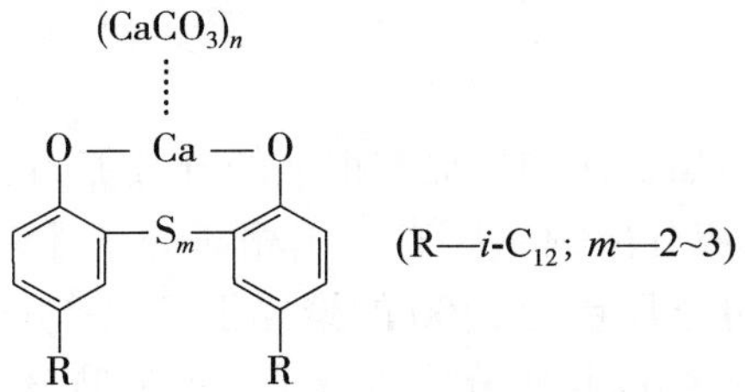

图 17-7　硫化烷基酚钙化学结构示意式

2. 合成工艺

硫化烷基酚钙合成工艺流程见图 17-8。先采用丙烯四聚物与苯酚烷基化制取烷基酚，然后在促进剂存在下进行金属化反应而得到硫化烷基酚钙。

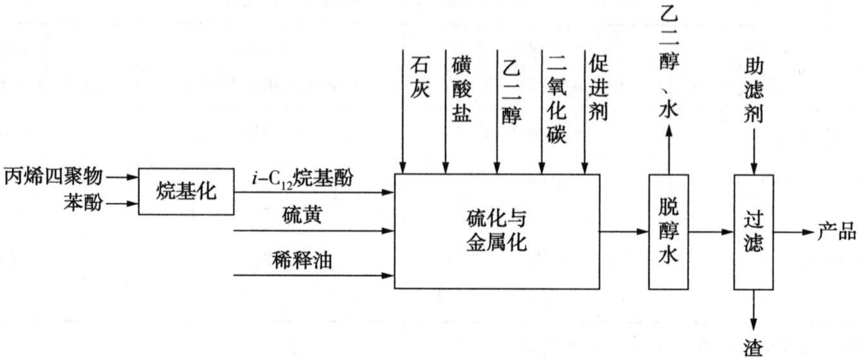

图 17-8 硫化烷基酚钙生产工艺流程

为了从酸性较弱的硫化烷基酚制得碱值较高的产品，须强化金属化过程。除用乙二醇作促进剂外，再加入磺酸盐作分散剂。同时磺酸盐分散剂的引入也有利于改善产品的性能。

3. 产品性质

表 17-9 列出国产硫化烷基酚钙产品的典型性质。

表 17-9 硫化烷基酚钙的典型理化性质

性　　质	T121(中碱值硫化烷基酚钙)	T122(高碱值硫化烷基酚钙)
运动黏度(100℃)/(mm^2/s)	226	279
钙含量/%	5.43	9.78
硫含量/%	2.56	3.08
总碱值/(mgKOH/g)	150	260

国内硫化烷基酚钙产品主要是向更高碱值的方向发展，已发展了碱值超过 300mgKOH/g 的硫化烷基酚钙产品[9]。超高碱值硫化烷基酚钙 T123 是新研发的产品，其总碱值达到 305mgKOH/g，在内燃机油中具有良好的高温清净性，特别是在船用发动机油中，具有很好的清净性和抗乳化性。

三、无灰分散剂

(一)化学组成与结构

无灰分散剂对低温油泥、黑油泥和烟炱有很强的分散能力，与清净剂复合有协同作用。国内生产的丁二酰亚胺型无灰分散剂主要有：用相对分子质量为 1000 的聚异丁烯生产的双、多丁二酰亚胺，用相对分子质量为 1300 的聚异丁烯生产的单丁二酰亚胺，用相对分子量为 2000~2300 聚异丁烯生产的高相对分子质量丁二酰亚胺分散剂[10]。单丁二酰亚胺氮含量高、低温分散能力强，双、多丁二酰亚胺热稳定性较好，而高相对分子质量丁二酰亚胺在一定程度上兼有前述各类丁二酰亚胺的优点。在实际中一般是两种以上丁二酰亚胺复合使用，以高相对分子质量丁二酰亚胺为主要分散剂。丁二酰亚胺分散剂的化学结构如图17-9 所示。

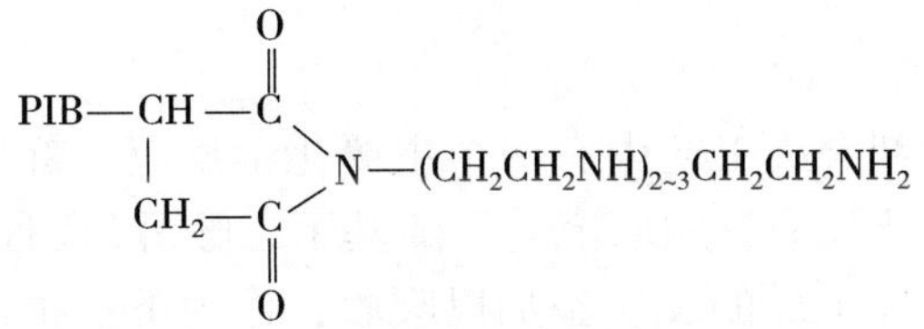

单丁二酰亚胺

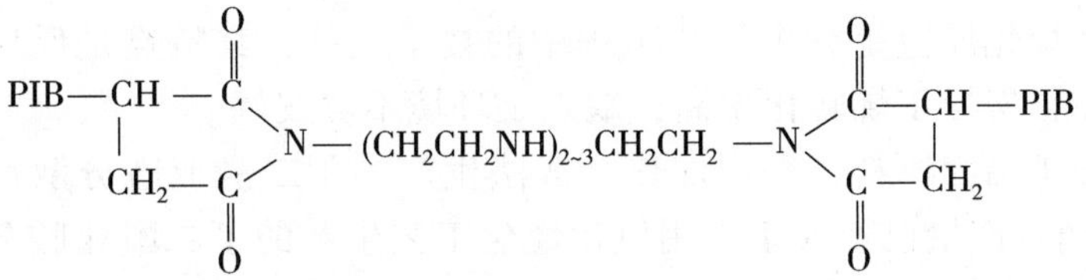

双丁二酰亚胺

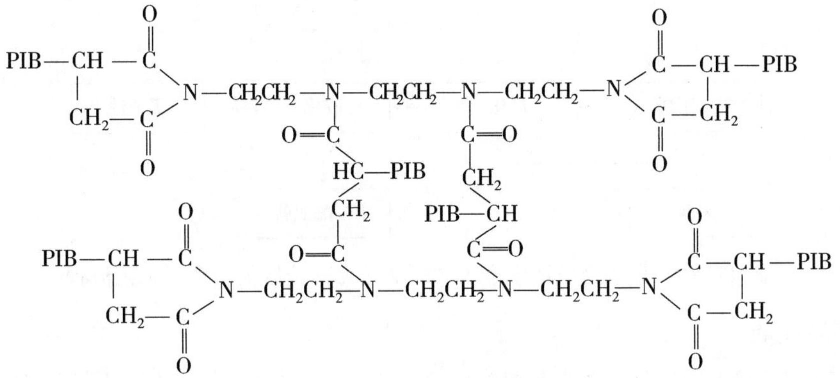

多丁二酰亚胺

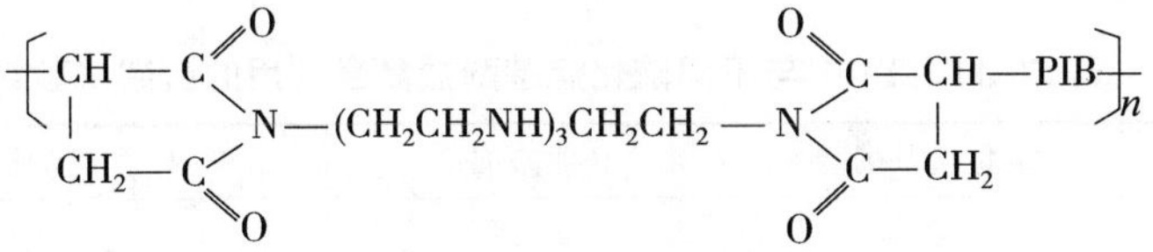

高相对分子质量丁二酰亚胺分散剂

图 17-9　丁二酰亚胺分散剂的化学结构(PIB 代表聚异丁烯)

国内生产的几种丁二酰亚胺无灰分散剂的理化性质指标见表 17-10。

表 17-10　几种无灰分散剂的典型理化性质指标

性　　质	T151	T154	T161
密度(20℃)/(g/cm³)	0.890~0.930	0.890~0.930	0.904~0.929
运动黏度(100℃)/(mm²/s)	130~250	70~150	300~500
总碱值/(mgKOH/g)	40~60	15~30	20~30
氮含量/%	≥2.0	1.1~1.3	1.0~1.3
闪点(开口)/℃	≥180	≥180	≥180
水分/%	≤0.08	≤0.08	≤0.08

（二）合成工艺

丁二酰亚胺无灰分散剂合成工艺中有两个主要化学反应。首先是聚异丁烯与顺丁烯二酸酐在氯气存在下进行烃化反应，制取聚异丁烯基丁二酸酐（简称烯酐）。未反应的顺丁烯二酸酐，进入加有新鲜聚异丁烯的反应釜加以吸收，作为下一批次烃化反应的原料，反应放出的氯化氢进入回收盐酸系统。第二个主要反应是胺化，烯酐与多烯多胺在反应釜中进行胺化。胺化产物经过滤即得产品。调节烯酐与多烯多胺的比例即可制取不同化学结构的无灰分散剂产品。烃化反应是整个工艺工程中的技术关键，其特点是反应温度较低、周期较短、不易结焦而且聚异丁烯转化率高，缺点是环境不够友好。

以高活性聚异丁烯为原料，采用加热合成法生产的丁二酰亚胺分散剂产品性良，近年来已工业化[11]，而且产量已经大于采用氯化烃化工艺生产的丁二酰亚胺分散剂。加热合成法生产丁二酰亚胺无灰分散剂的合成工艺流程见图 17-10[12]。

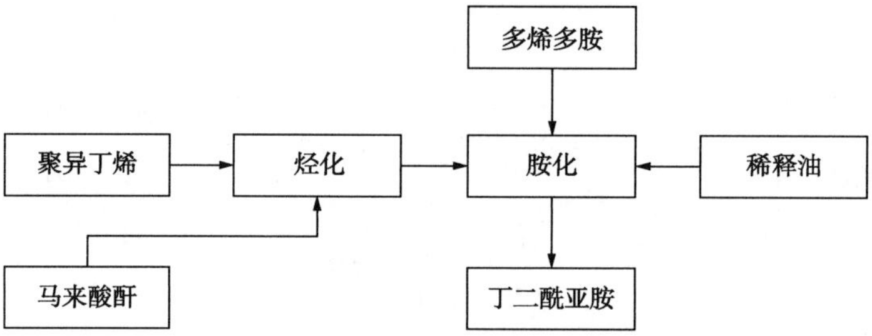

图 17-10　加热合成法生产丁二酰亚胺无灰分散剂的合成工艺流程

（三）产品性能

无灰分散剂广泛用于不同的内燃机油。表 17-11 为 T161 分别与不同的硫化烷基酚盐复合使用时ⅢE 和 Mack T-8 发动机台架试验结果。

表 17-11　T161 与不同硫化烷基酚盐复合使用的台架试验结果

<table>
<tr><th>无灰分散剂</th><th>硫化烷基酚盐</th><th>其他添加剂</th><th colspan="2">发动机台架实验结果</th></tr>
<tr><td rowspan="3">T161</td><td rowspan="3">T121</td><td rowspan="3">磺酸盐、ZDDP、高温抗氧化剂等</td><td colspan="2">程序ⅢE 试验</td></tr>
<tr><td>黏度增长率/%</td><td>油泥沉积物评分</td></tr>
<tr><td>40.24</td><td>9.62</td></tr>
<tr><td rowspan="2">T161</td><td rowspan="2">T122</td><td rowspan="2">磺酸盐、ZDDP、高温抗氧化剂等</td><td colspan="2">Mack T-8 试验，100~150h 运动黏度平均增长率(100℃)/[mm^2/(s·h)]</td></tr>
<tr><td colspan="2">0.085</td></tr>
</table>

国内无灰分散剂产品主要是向硼化丁二酰亚胺、高氮热稳定型丁二酰亚胺和含芳胺丁二酰亚胺的方向发展。硼化丁二酰亚胺分散剂除具有良好的分散性能外，还能改善油品与橡胶密封件的相容性，提高油品的抗铜、铅腐蚀的性能；高氮热稳定型丁二酰亚胺具有更好的热稳定性和分散性能，含芳胺丁二酰亚胺具有突出的烟炱分散性能。这几种产品的典型理化性质见表 17-12。

表 17-12　硼化、热稳定型及芳胺型丁二酰亚胺的典型理化性质

代　　号	T154B	T161B	T162	T165A
品　名	硼化双丁二酰亚胺	硼化高分子丁二酰亚胺	高氮热稳定型丁二酰亚胺	芳胺型丁二酰亚胺
氮含量/%	1.2	1.0	1.85	2.22
碱值/(mgKOH/g)	24	20	41.6	46.1
硼含量/%	0.35	0.35	—	—

四、清净剂与无灰分散剂的复合性能

高档内燃机油要求具有良好的清净、中和、分散和抗氧化性能，有的还要求有好的防锈性能。但各种清净剂和分散剂一般都只具备某些优点，且各有不足之处。

磺酸盐具有很好的清净性能和一定的分散性能，碱值高、中和能力强，同时具有很好的防锈功能，但有促进油品氧化的缺点。

硫化烷基酚盐的特点是具有较好的清净性与中和能力，而且兼有一定的抗氧化性，但分散性较差。

烷基水杨酸盐的抗氧化性及清净性均好，但分散性较差，特别是防锈性较差。

聚异丁烯丁二酰亚胺具有十分优良的分散性，但清净性和抗氧化性均不强。

因此，只有通过添加剂的复合作用，方能达到油品的全面性能要求。其中，硫化烷基酚盐和磺酸盐复合使用，有利于更好地控制积炭和漆膜的生成。虽然无灰分散剂改善内燃机油清净性的效果一般，但它与清净剂复合使用后有一定的协同作用。特别是近年来节能和环保要求提高，油品规格不断升级，对添加剂提出了更高的要求。SN/GF-5、SP 和CJ-4、CK-4 等规格的内燃机油对硫、磷含量及灰分提出了限制，在抗氧化性、清净性、分散性等性能上也提出了更高的要求。因此，为满足高档发动机油品的性能要求，在清净剂与无灰分散剂合理复合的基础上，还会引入高温抗氧剂以改善油品的抗氧化能力。

第二节　抗　氧　剂

油品在使用过程中不可避免地会发生氧化，使油品变质，缩短使用寿命。氧化后产生的酸、油泥和沉淀，腐蚀磨损机件，造成故障。在合理精制的基础油中加入抗氧剂，能有效地延长油品的使用周期。

润滑油中使用的抗氧剂主要有硫磷型、受阻酚型、芳胺型等。

一、作用机理

抗氧剂从作用机理来分有两类，即自由基终止剂与过氧化物分解剂。

(一) 自由基终止剂的作用机理

1. 夺氢作用

$$ROO\cdot + R'H \longrightarrow ROOH + R'\cdot \qquad (17-1)$$

$$ROO\cdot + AH \longrightarrow ROOH + A\cdot \quad (17-2)$$

$$A\cdot + ROO\cdot \longrightarrow ROOA \quad (17-3)$$

式中　ROO·——烷基过氧自由基；

AH——抗氧剂；

R′H——烃类。

在没有抗氧剂存在下，烷基过氧自由基与烃类进行氧化反应[式(17-1)]，生成氢过氧化合物和烃自由基。加入抗氧剂(如屏蔽酚型或芳胺型)后，由于抗氧剂与烷基过氧自由基ROO·的反应活性[式(17-2)]大于烃类与ROO·的反应活性[式(17-1)]，因此，抗氧剂会优先捕捉ROO·，进而抑制ROO·进攻烃类引发生成新的烃自由基的链反应。生成的抗氧剂自由基(A·)还能与ROO·结合，生成稳定的产物(ROOA)[式(17-3)]。

2. 电子转移作用

一些过渡金属的离子通过电子转移使ROO·生成过氧化负离子(ROO^-)，减少了自由基的链反应，可表示为：

$$ROO\cdot + M^{n+} \longrightarrow ROO^- + M^{(n+1)+} \quad (17-4)$$

(二)过氧化物分解剂的作用机理

氢过氧化物(ROOH)发生分枝反应：

$$ROOH \longrightarrow RO\cdot + \cdot OH$$

$$RO\cdot + RH + O_2 \longrightarrow ROO\cdot + ROH$$

$$\cdot OH + RH + O_2 \longrightarrow ROO\cdot + H_2O$$

产生自由基引发新的链反应，使氧化加速进行。过氧化物分解剂是将ROOH分解为离子，生成稳定产物。这是一类含硫或硫磷的有机化合物，矿物油中的某些有机硫化物是天然抗氧剂。硫化物分解氢过氧化物的机理是自身先被氧化，其氧化产物，例如生成的硫-氧酸(亚磺酸、磺酸、硫酸)，这些酸对ROOH进行催化分解[13]。

在内燃机油中使用最普遍的二烷基二硫代磷酸锌(ZDDP)作为抗氧剂可能具有双重作用机理[14]，其一是通过电子转移使ROO·成为ROO^-，起着终止自由基的作用；其二是分解氢过氧化物ROOH，首先是自由基分解，生成二烷基二硫代磷酰二硫化物中间体，再经过诱导期中一系列的复杂反应而生成硫酸，后者再对ROOH进行离子分解。

二、硫磷型抗氧剂

(一)化学组成

硫磷型抗氧剂最具有代表性的化合物是二烷基二硫代磷酸锌，其化学结构如下[15]：

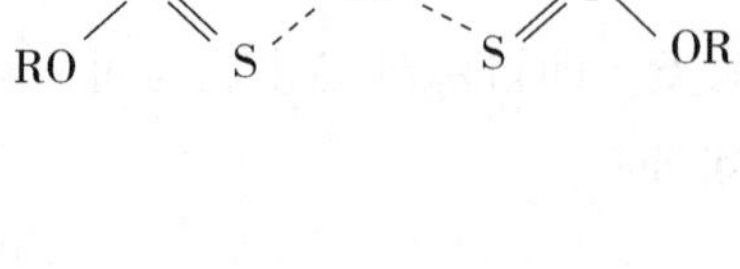

式中，R为$C_3 \sim C_8$烷基。

(二)合成工艺

二烷基二硫代磷酸锌的生产工艺流程见图17-11。五硫化二磷和醇进行硫磷化反应生成二烷基二硫代磷酸。经沉降过滤，脱除未反应的五硫化二磷，再与氧化锌在醋酸催化剂存在下进行反应，经脱水、过滤除去过剩的氧化锌而得到产品。

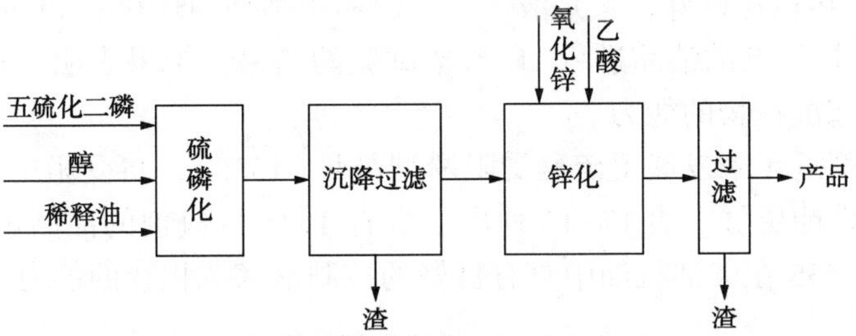

图 17-11　二烷基二硫代磷酸锌生产工艺流程

(三)产品性能

商业化的三种主要 ZnDDP 的相对抗氧化性能适中。我国生产使用的二烷基二硫代磷酸锌主要有六个品种，它们的组成分析结果见表 17-13。

表 17-13　二烷基二硫代磷酸锌组成分析结果

产品代号	醇原料	元素含量/%			盐类组成/%[16]		
		硫	磷	锌	中性盐	碱性盐	其他
T202	伯醇	15.1	8.2	8.2	68.8	23.9	7.3
T203	长链伯醇	14.0	7.7	10.2	28.3	64.1	7.6
T204	伯仲醇	16.7	8.2	9.6	62.2	27.7	10.1
T205	仲醇	16.0	8.2	9.5	69.0	18.9	12.1
T206	伯、仲醇	16.8	8.0	8.8	—	—	—
T207	伯、仲醇	16.0	8.2	9.5	—	—	—

二烷基二硫代磷酸锌兼有抗氧化、抗腐蚀、抗磨损作用，在我国广泛用于内燃机油、抗磨液压油及齿轮油等油品中。由于使用的醇结构不同，二烷基二硫代磷酸锌含中性盐、碱性盐的比例不同，其性能会各有差异。以伯醇为原料的二烷基二硫代磷酸锌产品热稳定性好，并具有较好的抗磨性，T202 多用于汽油机油；T203 碱性盐含量高，热安定性好，多用于柴油机油；从伯、仲醇制取的 T204 抗磨性能好，多用于高档汽油机油；T205 则主要用于抗磨液压油和汽油机油；T206、T207 的醇烷基链更长，多用于高档柴油机油。

三、受阻酚型、芳胺型抗氧剂

(一)受阻酚型抗氧剂

受阻酚型抗氧剂的品种和化学结构见表 17-14。

受阻酚型抗氧剂最主要的产品是 2，6-二叔丁基对甲酚(T501)。国内有两种生产工艺，一是以甲苯为原料，经磺化、中和、碱熔、酸化制取对甲酚，然后再与异丁烯经烷基化而成；另一种工艺以甲苯和丙烯为原料，进行烷基化、氧化、酸分解生成间甲酚、对甲酚和丙酮。酚类再与异丁烯烷基化，精馏分去其他烷基酚而制得产品。

T501 广泛用于工业润滑油中，适合工作温度不太高的油品。双酚型和酚酯型抗氧剂由于分子较大不易挥发，可用于内燃机油、压缩机油等工作温度较高的油品中。酚酯型抗氧剂 T512 分子较大，热稳定性好，又是液体，广泛用于高档内燃机油和其他品种润滑油。表 17-15 为含有 T512 抗氧剂的油品进行 1K 台架试验的结果，结果表明，T512 在柴油机油中具有良好的控制活塞沉积物的能力。

受阻酚型抗氧剂近年来发展了硫醚受阻酚型品种（T535），将受阻酚官能团与硫醚结合起来，高温抗氧化性能更好。表 17-16 列出了含有 T535 抗氧剂的油品进行 1P 台架试验的结果。结果表明，T535 在柴油机油中具有良好的控制活塞沉积物的能力。

表 17-14 受阻酚型抗氧剂

化学名称	产品牌号	化学结构①	外观	用途
2，6-二叔丁基对甲酚	T501	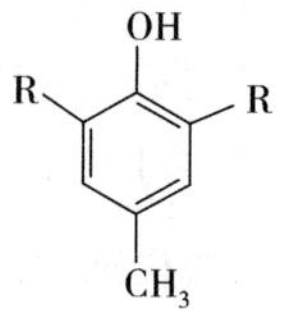	白色结晶	广泛用于工业润滑油
2，6-二叔丁基酚（混合酚）	T502A	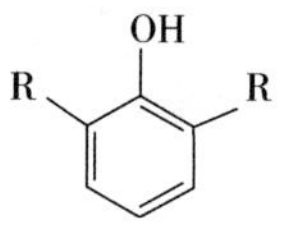	黄色液体	用于工业润滑油
4，4′-亚甲基双-（2，6-二叔丁基酚）	T511	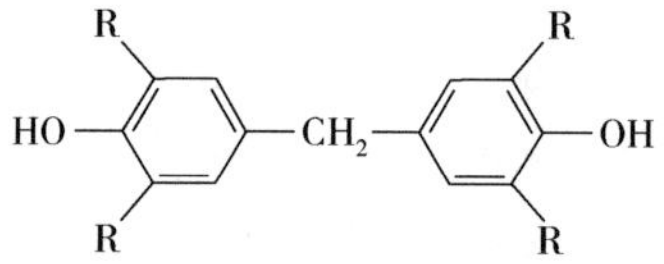	淡黄色粉末	使用温度比较高，主要用于内燃机油、压缩机油
甲叉 4，4′-硫代双-（2，6-二叔丁基酚）	—	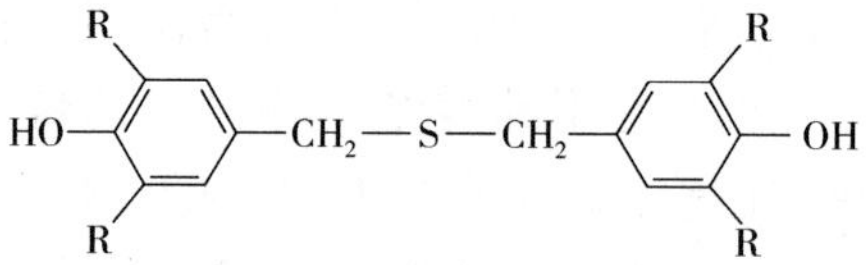	黄色固体	使用温度比较高，还可作石油产品的颜色稳定剂
3，5-二叔丁基-4-羟基苯基丙烯酸酯	T512	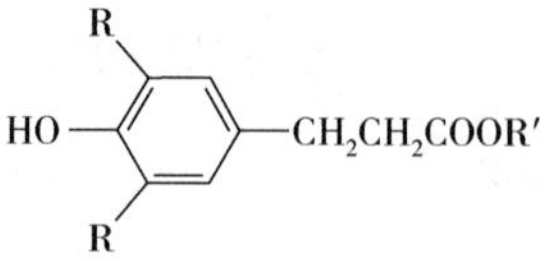	浅黄色液体	高档内燃机油及工业润滑油
硫代-二乙基-双-（3，5-二叔丁基-4-羟基苯基丙酸酯）	T535	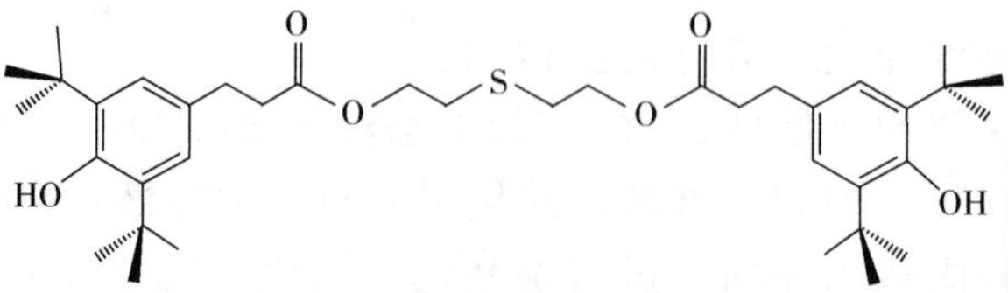	白色或微黄结晶粉末	高档内燃机油及工业润滑油

① R 为叔丁基。

表 17-15 T512 抗氧剂进行 1K 的台架试验结果

项 目	试验结果	CF-4 柴油机油通过标准
总加权评分(WDK)	175.5	≤332
一环槽充炭率(TGF)/%	23.5	≤24
一环台重炭率(TLHC)/%	0	≤4

表 17-16 T535 抗氧剂进行 1P 的台架试验结果

项 目	试验结果	CF-4 柴油机油通过标准
总加权评分(WTD)	348	<350
顶环槽充炭率(TGC)/%	30	<36
顶岸积炭率(TLC)/%	16	<40

(二) 芳胺型抗氧剂

1. 化学组成

芳胺型抗氧剂主要有对、对′-二辛基二苯胺、苯基-α-萘胺、混合烷基化二苯胺等。芳胺型抗氧剂的典型化学结构示意图如下：

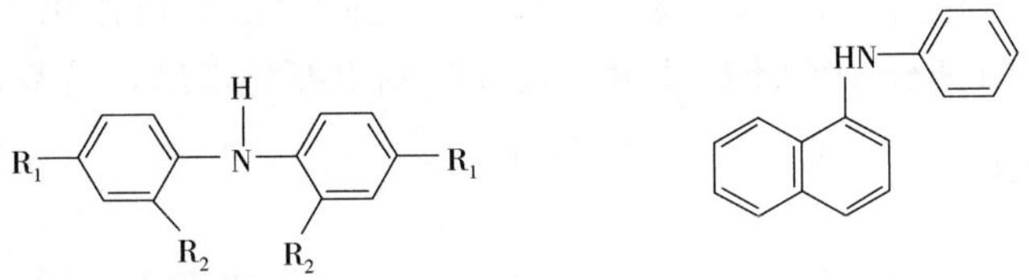

式中，R_1和R_2为 H 或C_4、C_8烷基。

2. 合成工艺

烷基化二苯胺抗氧剂的合成工艺流程如图 17-12 所示[17]。以二异丁烯在酸性催化剂存在的条件下与二苯胺反应，反应结束进行减压蒸馏蒸出未反应的烯烃原料，经过滤脱除废渣，得到烷基化二苯胺产品。

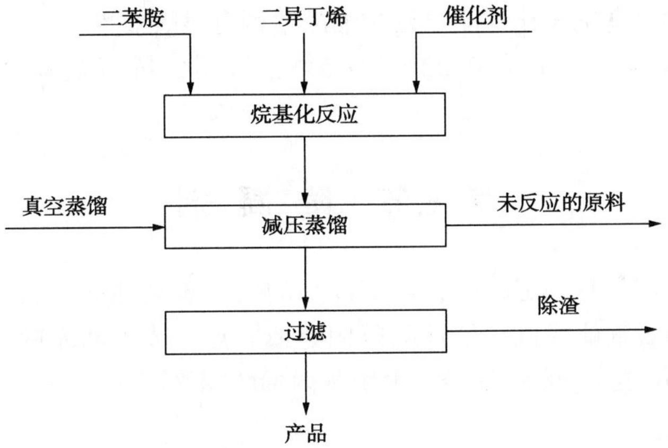

图 17-12 烷基化二苯胺的合成工艺流程示意图

芳胺型抗氧剂的工作温度比受阻酚型抗氯剂高，抗氧耐久性也比酚型好，但毒性较大，易使油品变色，应用受到一定限制。对、对′-二辛基二苯胺主要用于酯类合成油及内燃机油，苯基-α-萘胺主要与酚型抗氧剂复合用于汽轮机油、工业齿轮油等工业润滑油中。T534 是混合烷基二苯胺，高温抗氧化性能好，呈液体状态，相对于对、对′-二辛基二苯胺、苯基-α-萘胺而言，使用更为方便，广泛用于高档内燃机油和其他类型润滑油。表 17-17 为含有 T534 抗氧剂的油品进行ⅢE 台架试验的结果，结果表明，T534 在 SJ 汽油机油中具有良好的控制油品黏度增长和控制油泥生成的能力。

表 17-17　T534 抗氧剂进行ⅢE 的台架试验结果

项　　目	试 验 结 果	SJ 汽油机油通过标准
64h 试验后油品黏度(40℃)增长率/%	79	≤375
油泥平均评分	9.5	≥9.2

国内发展了二壬基二苯胺抗氧剂(T536)，与 T534 抗氧剂相比，T536 抗氧剂具有更高的热稳定性，高温抗氧化性能更好。

近年来，石科院采用计算机分子模拟手段，深入研究抗氧化作用分子机制和分子结构特性参数，发展了抗氧剂分子设计新技术，设计研制出新化学结构抗氧剂[18]。

四、其他抗氧剂

金属尤其是金属离子能引发烃类产生自由基，并促进 ROOH 分解为自由基，加速油品氧化的进行。采用属抗氧剂类的金属减活剂，能在金属表面形成保护膜，使金属难以生成金属离子，减弱了它的催化氧化作用。

常用的金属减活剂有苯并三氮唑衍生物、噻二唑衍生物。苯并三氮唑衍生物主要有苯三唑胺盐(T406)、苯三唑-甲醛-胺缩合物(T551)。这些衍生物改进了苯三唑的油溶性，适用于通用机床油、汽轮机油、变压器油、工业齿轮油。另一类是噻二唑多硫化物(T561)，适用于内燃机油，对提高抗氧化性能、延缓油品增稠有显著效果。

金属减活剂用量少，一般为 0.02%~0.5%，与其他抗氧剂复合，具有明显的增效作用。

第三节　降 凝 剂

润滑油基础油中都含有一定的蜡，影响油品的低温流动性能，润滑油降凝剂的合理使用具有重要意义。降凝剂能降低润滑油的凝固点或倾点，改善油品的低温流动性能。降凝剂的种类主要有富马酸酯、聚 α-烯烃、聚甲基丙烯酸酯等。

一、作用机理

含蜡油品在低温下失去流动性，是由于高熔点固体烃分子定向排列，形成针状或片状结晶，并相互粘结，构成三维网状结构，将油包于其中使其失去流动性。降凝剂主要是通过吸附在蜡晶表面或其分子上烷基侧链与蜡的共晶作用，改变蜡晶的生长方向和晶形，使它生成均匀松散的晶粒，从而延缓或防止导致油品凝固的三维网状结晶的形成。显然，降凝剂只有在含蜡的油品中，对蜡结晶生长方向产生了影响，才显示降凝作用。

二、富马酸酯

为适应环保、节能和延长使用期的要求，内燃机油正向低黏度化发展。欧洲、日本正从 5W 油向 0W 油过渡，而美国正从 10W 向 5W 油过渡，这对油品的低温性能提出了更高的要求。为提高油品的低温性能，国外进行了新的降凝剂的开发工作[19,20]。石科院开发了富马酸酯降凝剂技术，并进行工业化应用，满足了国内市场的需求[21]。

(一)化学组成与结构

富马酸酯类降凝剂系富马酸酯和醋酸乙烯酯在引发剂存在下进行聚合反应而得到的降凝剂，反应式如下所示。

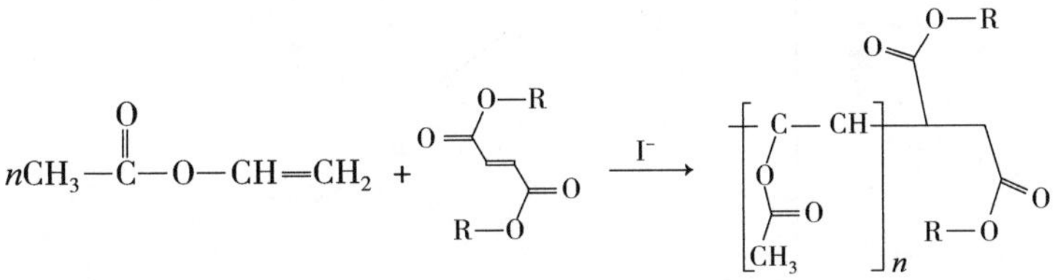

(二)合成工艺

富马酸酯降凝剂的生产工艺流程有两个过程，首先是原材料富马酸酯和醋酸乙烯酯在催化剂存在下进行聚合，然后进行调合精制，如图 17-13 所示。

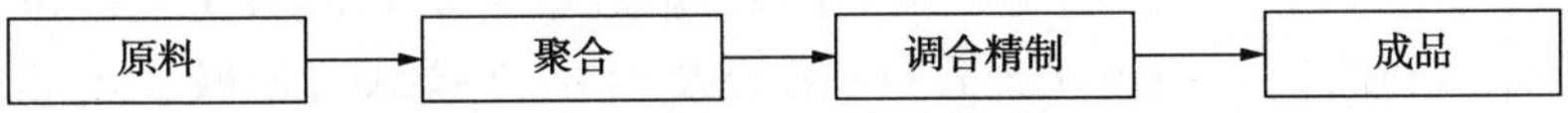

图 17-13　富马酸酯类降凝剂的生产工艺流程

(三)产品性质

富马酸酯降凝剂(T882)的典型理化指标如表 17-18 所示。

表 17-18　T882 富马酸酯降凝剂理化指标

项　目	质量指标	试验方法
外　观	黄色黏稠液体	目测
密度(20℃)/(g/cm^3)	0.850~0.960	GB/T 1884
运动黏度(100℃)/(mm^2/s)	70~300	GB/T 265
闪点(开口)/℃	≥160	GB/T 3536
水含量/%	≤0.08	GB/T 260

三、聚 α–烯烃

(一) 化学组成与结构

聚 α–烯烃降凝剂是我国独创的高效浅色降凝剂，可适用于各种润滑油中。聚 α–烯烃降凝剂的化学结构如下所示：

$$\left[CH_2-\underset{\displaystyle R}{\underset{|}{CH}} \right]_n$$

式中，R 为 $C_7 \sim C_{18}$的烷基。

聚 α–烯烃的降凝作用，主要取决于其烷基侧链的碳数和碳数分布，同时也受基础油性质的影响。对各种基础油，降凝度随聚烯烃的侧链烷基平均碳数而变化，并存在一最佳侧链平均碳数，见图 17–14。

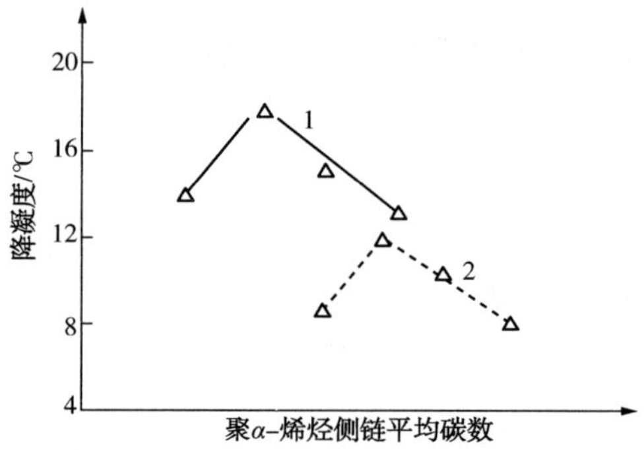

图 17–14 聚 α–烯烃侧链平均碳数和降凝作用的关系

1—基础油黏度(100℃)9.6mm²/s，凝点+2℃；2—基础油黏度(100℃)7.7mm²/s，凝点-20℃

同时从表 17–19 可以看到，用单一碳数的 α–烯烃聚合得到的聚十三碳烯烃，与用混合碳数 α–烯烃聚合得到的聚 α–烯烃(聚 α–1–烯烃及聚 α–2–烯烃)比较，虽然前者对个别基础油也显示一定的降凝效果，但对不同基础油的降凝作用相差甚大，对某些油几乎无降凝作用。而后二者则对各种基础油均有降凝效果。在适当范围内，侧链烷基碳数分布愈宽(聚 α–2–烯烃)，其降凝效果愈好。

表 17–19 聚 α–烯烃侧链碳数分布对降凝作用的影响①

基础油代号	A	B	C	D	E	F
基础油凝点/℃	-18	-18	-20	-17	-14	-13
聚 α–烯烃降凝度/℃						
聚十三碳烯烃	8	11	6	4	2	0
聚 α–1–烯烃($C_{12} \sim C_{14}$)	8	11	10	9	14	15
聚 α–2–烯烃($C_7 \sim C_{19}$)	14	18	14	9	10	15

① 聚 α–烯烃添加量为 0.25%。

(二)合成工艺

聚 α-烯烃降凝剂是采用石蜡裂解烯烃为原料，经适当精制后，在催化剂存在下进行聚合。用氢气调节相对分子质量，再经酯化、水洗脱除催化剂后得到产品(T803)。生产工艺流程见图 17-15。

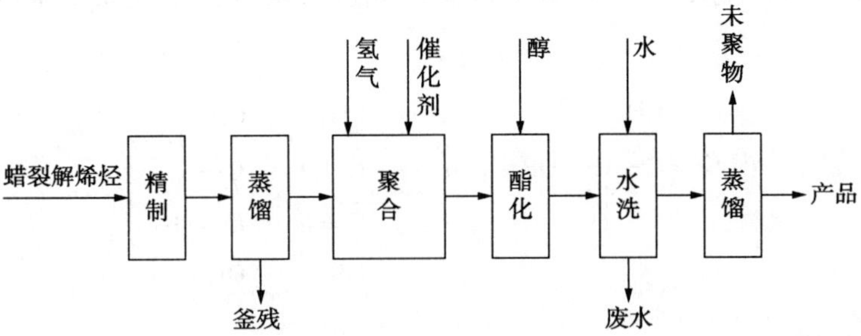

图 17-15　聚 α-烯烃降凝剂制备工艺

采用不同馏分的烯烃原料，可以得到聚 α-烯烃系列产品，适用于各种黏度和凝点的润滑油品。

(三)产品性质

聚 α-烯烃降凝剂的典型理化指标见表 17-20。

表 17-20　聚 α-烯烃降凝剂的典型理化指标

外观	闪点/℃	灰分/%	降凝度①/℃	重均相对分子质量 $\bar{M}_w$	相对分子质量分布 M_w/M_n
橘黄色	≥120	≤0.2	15~20	$(20\sim30)\times10^4$	3.2~3.5

①基础油凝点-15℃，黏度(100℃)5.2 mm^2/s；降凝剂添加量 0.5%。

四、聚甲基丙烯酸酯

(一)化学组成和结构

聚甲基丙烯酸酯是一种含有酯基，并带有一定长度烷基侧链的线形高分子聚合物，其降凝作用主要取决于侧链平均碳数和碳数分布。一般在制备聚甲基丙烯酸酯时，采用不同碳数的醇搭配，得到系列产品，其结构示意如下：

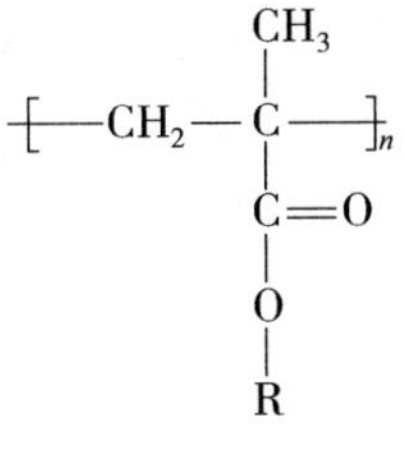

(R为C_8~C_{18}烷基)

(二)合成工艺

首先采用甲基丙烯酸和不同碳数的高级醇为原料，在催化剂作用下进行酯化反应生成甲基丙烯酸高碳醇酯，其反应式如下：

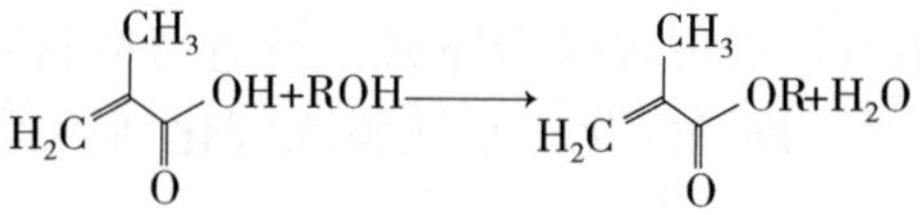

将上述制备的不同烷基的甲基丙烯酸高碳醇酯进行聚合，生成聚甲基丙烯酸高碳醇酯，其反应式如下：

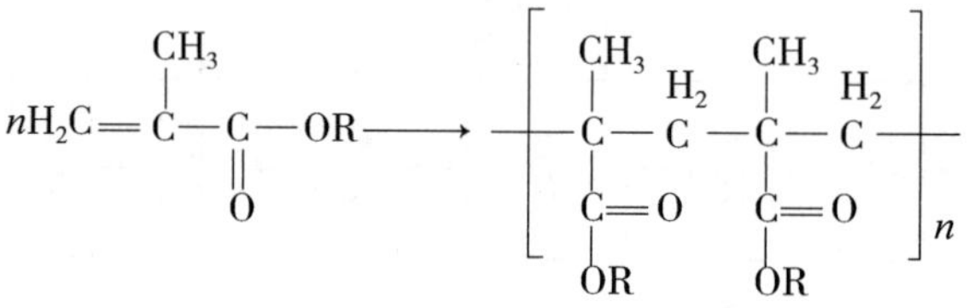

式中，R 为 C_8~C_{18}烷基。

（三）产品性质

聚甲基丙烯酸酯降凝剂（T866）的产品指标见表 17-21，T866 在不同基础油中的感受性见表 17-22。

从表 17-22 可以看出，T866 降凝剂在不同基础油中具有良好的感受性。

表 17-21　T866 降凝剂的产品指标

项　目	指　标	项　目	指　标
外　观	近无色清澈液体	密度（15℃）/（g/cm³）	0.850~0.950
闪点/℃	>160	运动黏度（100℃）/（mm²/s）	200~400

表 17-22　T866 降凝剂对不同基础油的感受性

基础油	API 分类	倾点/℃（无降凝剂）	倾点/℃（加 T866）	倾点降低值/℃
燕山 150SN	I	-12	-33	21
燕山 500SN	I	-15	-33	18
出光 150BS	I	-9	-21	12
惠州 150N	II	-18	-39	21
双龙 150N	II	-18	-39	21
高桥 100N	II	-12	-45	33
GS100N	III	-18	-42	24
双龙 250N	III	-15	-33	18
Shell 100N	III⁺	-36	-60	24
Shell 250N	III⁺	-30	-48	18

五、使用性能

各种降凝剂在不同基础油中的降凝效果见表 17-23。从表中看出聚 α-烯烃和聚甲基丙烯酸酯在各种油品的降凝效果相当，均适用于各种黏度和脱蜡深度的基础油；各种降凝剂对中间基润滑油基础油的降凝效果均好，但对残渣润滑油基础油的降凝效果均较差。

此外，聚 α-烯烃和聚甲基丙烯酸酯均系高分子聚合物，兼有一定的增黏作用。在某些情况下，可作为降凝/黏度指数改进剂使用。如用聚 α-烯烃降凝剂配制的通用车轴油，不仅凝点低，黏温性能好，可避免季节性换油，并能降低车轴温度 1~2℃。

富马酸酯降凝剂和聚甲基丙烯酸酯降凝剂均具有良好的基础油适应性，对车辆发动机油增黏剂和复合剂的感受性优于聚 α-烯烃降凝剂，满足国内中高档发动机油配方体系使用性能要求[21]。

表 17-23　各种降凝剂在不同基础油中的降凝效果

基础油	石蜡基油										中间基油		
	75HVI		150HVI		500HVI		600HVI		150BS		150 HVI	300 HVI	600 HVI
基础油凝点/℃	-18	-13	-18	-8	-9	-2	-6	3	-13	-8	-18	-18	-6
降凝剂的降凝度/℃													
烷基萘(T801)	5	6	6	12	6	9	8	19	0	0	26	22	20
聚甲基丙烯酸酯(T602)	20	19	21	13		13	12	28	6	6		25	18
聚 α-烯烃(T803)	19	15	18	20	8	18	14	25	4	10	25	25	19

① 降凝剂加入量均为 0.5%。

第四节　黏度指数改进剂

黏度指数改进剂是一种油溶性有机高分子化合物，加入黏度较低的基础油中能显著提高油品黏度和改善黏温性能，适应宽温度范围对油品黏度的要求。我国地域辽阔，各地区温差甚大，发展冬夏通用、南北通用的多级油品具有重要意义。而黏度指数改进剂是在生产多级油中使用最广的一种添加剂。

一、作用机理

基础油中添加黏度指数改进剂，可以具有更高的黏度指数和更平滑的黏温曲线。这是由于油溶性高分子化合物在不同温度下的形态不同，在较高温度下分子链伸展，在较低温度下则相反。在高温下，高分子化合物分子链伸展，其流体力学体积增大，导致液体内摩擦增大，即黏度增加，从而弥补了油品由于温度升高而黏度降低的缺陷；反之，在低温下，高分子化合物分子链收缩蜷曲，其流体力学体积变小，内摩擦变小，使油品黏度相对变小。添加了黏度指数改进剂的低黏度基础油，通常比高黏度基础油具有更好的低温性能。

二、聚甲基丙烯酸酯

聚甲基丙烯酸酯黏度指数改进剂的化学组成、原料和制备工艺流程与聚甲基丙烯酸酯降凝剂相近(见本章第三节)。聚甲基丙烯酸酯黏度指数改进剂最主要的合成工艺是溶液自由基聚合，通过选定不同侧链和比例的甲基丙烯酸酯类单体，得到无规共聚的聚合物，其相对分子质量涵盖10000~800000[22]。聚甲基丙烯酸酯作为黏度指数改进剂要求聚合度较高，烷基侧链平均碳数较小，因而工艺参数有所不同。通过调节侧链平均碳数，也可制得兼有降凝作用的黏度指数改进剂。在侧链引入极性基团，可兼有分散性能。

聚甲基丙烯酸酯黏度指数改进剂(T606)的产品指标见表17-24，其增黏能力、剪切稳定性、低温性能分别见表17-25~表17-27。

表17-24　T606黏度指数改进剂的产品指标

项　目	指　标	项　目	指　标
外　观	清澈液体	密度(15℃)/(g/cm^3)	0.850~0.950
闪点/℃	>180	运动黏度(100℃)/(mm^2/s)	300~600

表17-25　T606黏度指数改进剂的增黏能力

项　目	加入量/%	运动黏度/(mm^2/s)		*VI*	Δ*VI*	增黏能力
		40℃	100℃			
150N		31.60	5.374	103		
T606	1	35.38	6.007	115	12	0.633
参比剂	1	34.81	5.849	110	7	0.475

表17-26　T606黏度指数改进剂的剪切稳定性

项　目	T606	参比剂
加入量/%	10	10
运动黏度(100℃)/(mm^2/s)		
剪切前	19.03	16.45
剪切后	18.85	16.26
黏度下降率/%	0.893	1.16
剪切稳定性指数(SSI)	2.13	3.49

表17-27　T606黏度指数改进剂的低温性能

项　目	加入量/%	倾点/℃	倾点降低值/℃	-40℃表观黏度/(mPa·s)
基础油		-26		
T606	10	-48	22	113000
参比剂	10	-48	22	130000

从表 17-25~表 17-27 可以看出，T606 产品具有良好的增黏能力、剪切稳定性和低温性能。

三、乙烯丙烯共聚物

作为润滑油黏度指数改进剂的乙烯丙烯共聚物，可以通过乙烯和丙烯直接聚合，用氢气或三氯乙酸乙酯(ETCA)调节相对分子质量；另一种方法是先制成乙丙橡胶，再加热溶解或降解得到产品。直接合成生产工艺见图 17-16。

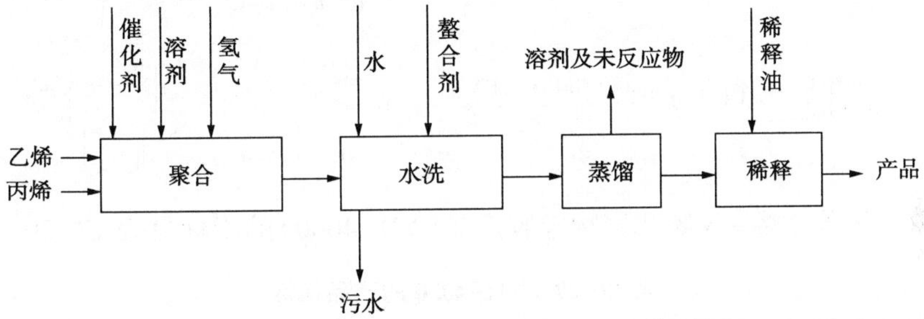

图 17-16　乙烯丙烯共聚物生产工艺流程

乙烯丙烯共聚物黏度指数改进剂所用的乙丙橡胶，近年来发展了稳定的品种 J-0010 和 J-0050，产品指标见表 17-28。

表 17-28　J-0010 和 J-0050 的产品指标

项　目	J-0010	J-0050
门尼黏度/$ML_{1+4}^{100℃}$	8~12	45~55
乙烯含量/%	50.0~54.0	48.0~52.0
相对分子质量分布	窄	窄
挥发分/%	≤1.2	≤0.75
灰分/%	≤0.10	≤0.10
钒含量/(mg/kg)	≤10	≤10

J-0010 产品和 J-0050 产品的增黏能力强，剪切稳定性好，主要用于中高档内燃机油。

四、氢化苯乙烯-双烯共聚物

氢化苯乙烯-双烯共聚物主要有苯乙烯-丁二烯和苯乙烯-异戊二烯两种共聚物。采用苯乙烯、丁二烯或异戊二烯为原料，以烷基锂为引发剂，得到苯乙烯-双烯共聚物。在聚合过程中采用不同溶剂和不同的加料方式，可以得到 1,2-结构和 1,4-结构的聚合物，或得到星形结构的聚合物。然后，聚合产物加氢便得到氢化苯乙烯-双烯共聚物橡胶。星形结构氢化苯乙烯-双烯共聚物橡胶的制备反应过程如下所示：

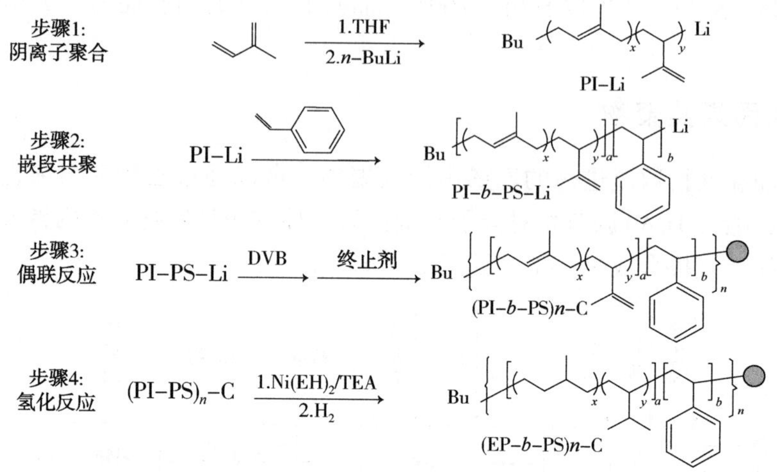

星形结构氢化苯乙烯-双烯共聚物橡胶产品(YH-4030)的指标见表17-29。

表17-29 YH-4030的产品指标

项目	指标	项目	指标
外观	白色粉末或颗粒	结合苯乙烯含量/%	5~8
挥发分/%	≤1.0	镍残留量/(μg/g)	≤10
灰分/%	≤0.5	稠化能力/(mm^2/s)	≥6.5
加氢度/%	≤97	剪切稳定指数(SSI)(100℃)	≤20

五、使用性能

不同的黏度指数改进剂各有其特点。聚甲基丙烯酸酯有利于油品燃油经济性的提升[23]，具有优异的低温性能，但增黏能力差，剪切稳定性好，适用于要求低温性能好的多级内燃机油(如5W-30)；相对分子质量较低的聚甲基丙烯酸酯适用于各种液压油和齿轮油。乙丙共聚物和氢化苯乙烯-双烯共聚物的增黏能力强，剪切稳定性适中，但低温性能较差，适合配制多级内燃机油尤其是柴油机油。当然，也可考虑将上述添加剂根据油品要求适当复合，以获得更好的综合使用效果。

乙丙共聚物黏度指数改进剂的主要性能指标列于表17-30[24]。

表17-30 乙丙共聚物黏度指数改进剂的主要性能指标

项　目		质量指标					
		T612	T612A	T613	T614	T614A	T615
稠化能力/(mm^2/s)	不小于	4.5	5.5	4.8	4.5	5.4	4.0
剪切稳定性指数(SSI)(100℃)	不大于						
超声波法		40	40	25	20	20	15
柴油喷嘴法		50	50	35	27	27	20
降凝度参数		报告	报告	报告	报告	报告	报告
低温表观黏度指数(CCSI)(-20℃)		—	—	—	—	报告	报告

第五节　载荷添加剂

载荷添加剂的作用是改善油品的润滑性，减少机械的摩擦和磨损。应用载荷添加剂是节省能量和延长机械使用寿命的一条有效途径。

一、作用机理

承载能力是润滑油重要的使用性能，其作用是保护摩擦副，防止胶合，减少摩擦和磨损，延长机械的使用寿命。当载荷不高时，摩擦副表面被连续的油膜隔开，处于流体动力润滑状态。油膜厚度与润滑油的黏度、载荷及运动速度有关，可由雷诺方程算出。随着载荷的增加，油膜厚度减少，当油膜比厚 λ 小于 1 时[25]，进入边界润滑状态，此时基础油不能有效地保护摩擦副表面，需要加入载荷添加剂。

载荷添加剂分为两类：油性剂和极压剂。载荷添加剂是通过极性基团吸附在摩擦面上，形成分子定向吸附膜，阻止金属互相间的接触，从而减少摩擦和磨损。

油性剂通常是动植物油或在烃链末端有极性基团的化合物，这些化合物对金属有很强的亲和力，其作用机理是分子中的极性基团通过范德华力(物理吸附)或化学键力(化学吸附)在金属表面上形成吸附膜，阻止金属相互间的接触，从而减少摩擦和磨损。油性剂在较低的温度和载荷下有效，温度达到 120~150℃，吸附膜会被破坏。常用的油性剂有脂肪酸、酯类化合物、硫化油酯、脂肪胺盐、有机钼化合物等，它们能降低摩擦系数，也称为摩擦改进剂。

极压剂主要是含硫、含氯或含磷的有机化合物，它在高温和高载荷下有效。磷酸酯是一类特殊的极压剂，在不太高的载荷下，能使磨损显著降低，又称作抗磨剂。在高温、高压条件下，极压剂与摩擦副表面金属反应，生成化学反应膜，剪切运动在此膜中进行，防止金属胶合。

载荷添加剂的上述分类并不严格，有时一种化合物兼有两种或两种以上功能。例如二烷基二硫代磷酸脂肪胺盐，兼有极压、抗磨和摩擦改进性能。

二、油性剂

常用的油性剂或摩擦改进剂有以下几种：

(1) 脂肪酸及二聚酸，如油酸、硬脂酸、二聚亚油酸等。

(2) 脂肪醇，如石蜡氧化脂肪醇等。

(3) 脂肪酸皂，如油酸铝、硬脂酸铝等。

(4) 酯类化合物，如油酸丁酯、油酸单甘油脂、油酸环氧酯，此外还有硫化动植物油等。

硫化鲸鱼油是一种优良的油性剂，由于原料短缺，出现了硫化鲸鱼油代用品硫化烯烃棉籽油(T405)。硫化烯烃棉籽油是由棉籽油、烯烃与硫黄反应而得，具有改进摩擦的特性，同时兼有极压性，可用于多种工业润滑油和润滑脂。其性质列于表 17-31。

表 17-31　T405 添加剂的理化性质及使用性能

项目	数据	项目	数据
添加剂性质		四球试验(GB/T 3142)	
黏度(100℃)/(mm^2/s)	26.8	ZWZ/N	442①
酸值/(mgKOH/g)	2.4	P_B/N	922
皂化值/(mgKOH/g)	142.2	P_D/N	>2452
添加剂在油品中的性能		黏滑试验	0.07②
铜片腐蚀试验(GB/T 5096)	1b①	梯姆肯试验(GB/T 11144)通过负荷/N	222③

① 10%剂量，余量是 N32 基础油。

② 在 40 号导轨油中进行试验。

③ 10%剂量，余量是 N220 基础油。

(5) 苯并三氮唑脂肪胺盐。苯并三氮唑脂肪胺盐(T406)是多效油性剂，具有降低摩擦因数、抗磨、抗氧化和防锈多种功能。

(6) 有机钼化合物。有机钼化合物有很好的减摩性，能降低运动部件之间的摩擦因数，是很好的摩擦改进剂。常用的有机钼化合物有二烷基二硫代磷酸钼、二烷基二硫代氨基甲酸氧钼等化合物，这类化合物除减摩性外还有抗氧性和极压抗磨性，用于内燃机油、工业油和润滑脂中，减小阻力，节省燃料。在高级润滑油中添加 700~1000μg/g 的油溶性有机钼(以钼计)是提高燃油经济性、持久性及抗磨持久性的有效办法[26]。二烷基二硫代氨基甲酸钼和二烷基二硫代磷酸钼的化学结构分别示意如下：

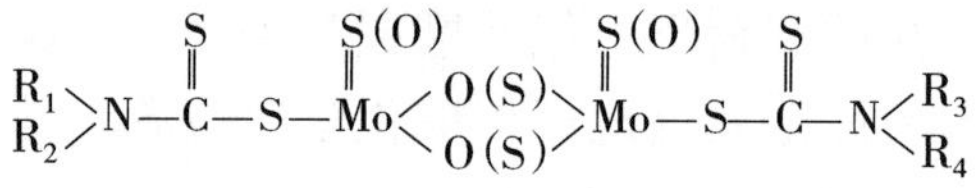

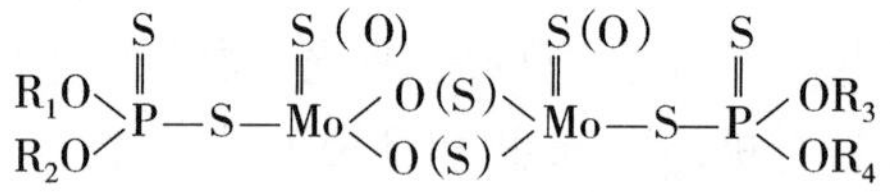

三、极压剂

(一) 含硫极压剂

含硫极压剂在高温、高压下与金属表面发生化学反应，生成硫化铁膜。硫化铁耐热性好，因此含硫极压剂烧结负荷高，但是硫化铁膜较脆，所以含硫极压剂抗磨性较差。

硫化异丁烯(T321)是获得广泛应用的含硫极压剂，其特点是含硫量高、油溶性好，具有中等化学活性，因而对铜腐蚀性较小，特别适用于配制齿轮油。

硫化异丁烯是由异丁烯、单氯化硫、硫化钠反应而成。工艺流程见图 17-17，其性质见表 17-32。

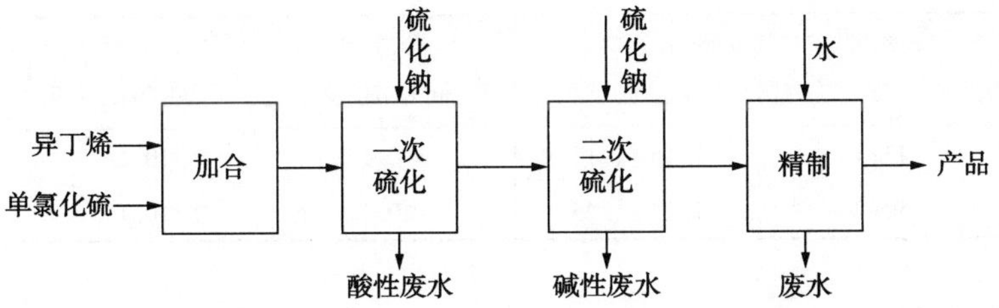

图 17-17 硫化异丁烯生产工艺流程

表 17-32 硫化异丁烯理化性质及其性能

添加剂性质	数据	添加剂在油品中的性能	数据
密度(20℃)/(g/cm^3)	1.156	铜片腐蚀试验(GB/T 5096)	
硫含量/%	40~44	100℃	1b
		121℃	2e
氯含量/%	0.50	四球试验①(GB/T 3142)	
闪点(开口)/℃	≮95	P_B/N	1275
		P_D/N	1765②

① 基础油是 N320，添加剂用量 3%；

② 磨斑直径为 1mm 时的载荷。

上述通过单氯化硫合成硫化异丁烯的工艺繁琐，“三废”严重。基于环境保护的需要，近年来开发了以异丁烯和硫黄为原料合成硫化异丁烯的高压法工艺，这种工艺是在碱性催化剂存在和高压的条件下由异丁烯和硫黄一步反应合成硫化异丁烯，然后经分离和精制后得到不同规格的产品[27]。该工艺比较简单，原材料消耗少，废水少，催化剂可以循环使用，环境影响小。高压法合成反应示意如下：

$$2R+nS \xrightarrow[\text{高温高压}]{\text{硫性催化剂}} R_2S_n$$

高压法硫化异丁烯产品不含氯元素，极压性能也好于常压硫化异丁烯。高压法硫化异丁烯产品指标见表 17-33。

表 17-33 高压法硫化异丁烯的产品指标

项 目	指标	项 目	指标
外 观	浅黄色透明液体	硫含量/%	39~45
密度(20℃)/(g/cm^3)	0.9~1.2	铜片腐蚀(121℃, 3h)/级	≤3
闪点(开口)/℃	>90		

(二)含氯极压剂

使用最多的是氯化石蜡(T301)，原料价廉易得，主要用于配制金属加工油，其理化性质见表 17-34。

表 17-34 氯化石蜡的理化性质

品 名	氯含量/%	密度(20℃)/(g/cm³)	酸值/(mgKOH/g)	碱值/(mgKOH/g)	热分解温度/℃
T301	43±1	1.16~1.17	≤0.1	≤0.1	≥120
T301A	50±2	1.24~1.25	≤0.1	≤0.1	≥120

(三)含磷极压剂

含磷极压剂中主要有亚磷酸二丁酯(T304)、酸性磷酸酯胺盐、烷基硫代磷酸-甲醛-胺缩合物(T305)、磷酸三甲酚酯(T306)等。其中酸性磷酸酯的极压性最好，但对金属腐蚀性强。中性磷酸酯腐蚀性小，但极压性较差。氨基硫代磷酸酯或氨基磷酸酯有较好的极压性，对金属腐蚀性又比较少，是具有适度化学活性的极压剂，获得了广泛的应用。

亚磷酸二丁酯是高活性极压剂，如表 17-35 所示，其中酸性酯的极压性优于中性酯。

表 17-35 亚磷酸酯和磷酸酯的极压性

添加剂	用量①/%	四球试验(GB/T 3142)	
		P_B/N	P_D②/N
亚磷酸二丁酯	1.0	1697	1716
亚磷酸三丁酯	2.0	1128	
磷酸三甲酚酯	1.9	981	1020
磷酸三丁酯	1.4	1030	1069
磷酸双-2-乙基乙酯	1.7	1226	1334

① 基础油为 N320；

② 磨痕直径为 1mm 时的载荷。

一种磷、氮型极压抗磨剂(T308B)是丁基、异辛基磷酸胺盐，具有极压抗磨、抗腐蚀、防锈等多种功能，可用于齿轮油、液压油及其他工业润滑油。

(四)金属盐极压剂

金属盐型极压剂有环烷酸铅(T341)、二烷基二硫代磷酸锌、二烷基二硫代磷酸氧钼、二烷基二硫代氨基甲酸钼、硼酸盐等。

硼酸盐极压剂实质上是一种固体润滑剂的胶态分散液。在摩擦副表面电荷作用下，分散液中的带电粒子吸附于表面上，形成黏性厚膜。硼酸盐极压剂是以碱性石油磺酸钙、硼酸、氢氧化钠为原料，经硼化反应和复分解反应制得。硼酸盐极压剂的特点是极压性好，但对水比较敏感[28]。

四、载荷添加剂的协合效应

载荷添加剂用于配制汽车齿轮油、工业齿轮油、抗磨液压油、金属加工油、极压润滑脂等。需要根据油品的工作条件选用不同的载荷添加剂。切削油应使用高活性极压剂，如含氯量较高的氯化石蜡或含硫量较高的含硫极压剂。齿轮油应使用中等活性的极压剂，如硫化烯烃和烷基硫代磷酸的含氮衍生物等。抗磨液压油应使用低活性的极压剂，如中性磷酸酯或硫代磷酸酯。

不同类型的极压剂具有不同的特点和使用范围，例如含硫极压剂抗胶合性好，抗磨性差。含磷极压剂抗磨性好，极压性较差。因此，油品配方中经常含有两种以上极压剂，某些极压剂复合使用产生协合效应，例如，硫化异丁烯和亚磷酸二丁酯共用，极压性显著增加，如表 17-36 所示。

表 17-36　硫化异丁烯与亚磷酸二丁酯的协合作用

项　目	油样 1	油样 2	油样 3	项　目	油样 1	油样 2	油样 3
亚磷酸二丁酯添加量/%	1		1	四球试验(GB/T 3142)			
				P_B①/N	1697	802	2197
硫化异丁烯添加量/%		5	5	P_D②/N	1716	1569	2550

① 基础油是 N220，P_B 为 588N；
② 基础油是 N220，磨痕直径为 1mm 时的载荷。

硫化异丁烯与苯并三氮唑脂肪胺盐复合可使梯姆肯试验通过的载荷提高[29]，如表 17-37 所示。

表 17-37　苯并三氮唑脂肪胺盐与硫化异丁烯的协合效应

油　　样	1	2	3
硫化异丁烯添加量/%	3.0		3.0
苯并三氮唑十二胺盐添加量/%		0.1	0.1
梯姆肯通过载荷(GB/T 11144—1989)①/N	133	89	222

① 基础油是 N320，通过载荷为 44N。

国内研制的载荷添加剂已应用于配制各种质量水平的车辆和工业润滑油，包括符合 API GL-5、SAE J2360、AIST 224、US224 等规格高档齿轮油，以及抗磨液压油和金属加工油等。

第六节　防锈剂、抗腐蚀剂、抗泡剂

一、防锈剂

防锈剂是一类油溶性表面活性剂，它的主要作用机理在于防锈剂分子中极性一端吸附于金属表面，烃基一端伸向油层，形成分子定向排列的致密分子膜，以阻止水分子与氧渗入金属表面而产生锈蚀。

为了提高防锈作用，要求防锈剂分子吸附膜机械强度高，遇到破坏时有恢复功能，有抗水性、水置换性、具有从金属表面除去电解质(手汗)等有害物质的性能。

伴随着工业润滑油及工艺加工用油的发展，国内的防锈剂相应得到发展，已有十几个品种投入生产与使用。主要的品种有石油磺酸钡(T701)、石油磺酸钠(T702)、环烷酸锌(T704)、二壬基萘磺酸钡(T705)、十二烯基丁二酸(T746)及十二烯基丁二酸半酯(T747)等。

石油磺酸钡或石油磺酸钠均是以润滑油馏分为原料，经磺化制得石油磺酸，再经金属化后精制而成，其合成工艺流程见图 17-18。

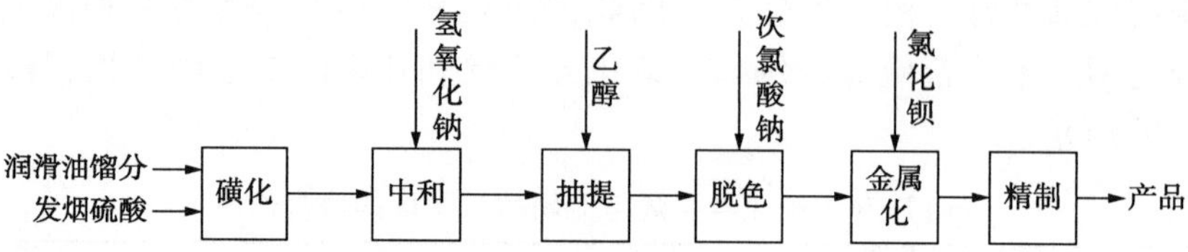

图 17-18　石油磺酸钡的生产工艺流程

石油磺酸钡的防锈性能比较好，特别是抗盐水性能比较突出，主要用于调制封存油、置换型防锈油及润滑防锈两用油等；而石油磺酸钠则多用于调制防锈乳化油(液)。石油磺酸钡或石油磺酸钠是传统的防锈剂，目前已被合成烷基苯磺酸钠、二壬基萘磺酸钡所取代。

二壬基萘磺酸钡的合成，是以壬稀为原料，与萘进行烃化反应，制取二壬基萘，再经磺化、金属化而制得。该产品油溶性很好，防锈性好，抗盐水性能不如石油磺酸钡。其用途与石油磺酸钡相似，特别适用于调制硬膜及软膜防锈油，也多用于润滑脂中。

环烷酸锌是采用石油环烷酸经锌化而制得。此剂多用于润滑防锈两用油与封存防锈油。

十二烯基丁二酸的合成，是以四聚丙烯为原料，与顺丁烯二酸酐进行加合反应，经水解后即得产品。它的特点是防锈性好、用量少、对水不十分敏感，因此多用于汽轮机油、液压油及封存防锈油。

十二烯基丁二酸半酯是用二元醇与十二烯基丁二酸酐反应制得。十二烯基丁二酸半酯产品的酸值低，防锈性能与抗乳化性能均较好，适用于抗氧防锈汽轮机油。

防锈油中一般均加有两种以上防锈剂，通过复合配方的防锈性能评选，使其具有比较全面的综合防锈性能。例如磺酸钡抗盐水性较好，耐湿热性差一些；而烷基磷酸咪唑啉、*N*-油酰肌氨酸及其盐的抗盐水性较差，耐湿热性较好。两类防锈剂复合作用，性能更为全面。另外，用于铜、铅机件润滑油的防锈剂，一般使用苯并三氮唑。

二、抗腐蚀剂

油品在氧化过程中生成的氧化产物会引起金属的腐蚀，腐蚀速率与过氧化物的生成速率和油中酸的浓度有关，其腐蚀机理如下。

$$M+ROOR' \longrightarrow MO+ROR'$$

$$MO+2HA \longrightarrow MA_2+H_2O$$

式中　ROOR′——烃过氧化物或氢过氧化物；

HA——酸。

金属是通过生成金属氧化物再与酸作用而发生腐蚀的。为了防止发动机轴承的腐蚀，首先必须防止油品的氧化。二烷基二硫代磷酸锌具有抗氧化、抗磨损和抗腐蚀的多效作用，多用于内燃机油中。一些有机多硫化物、硫磷化物具有良好的抗磨极压性能，是调制齿轮油、抗磨液压油等工业用油的主要添加剂。这些添加剂在使用过程中产生活性硫，对有色金属例如银、铜及其合金均有腐蚀作用。为此，在润滑油品中需加入抗腐蚀剂。

抗腐蚀剂的类型主要有苯并三氮唑型及噻二唑型，这类添加剂还具有金属减活、抗磨损等功能，是一种多效添加剂。

一般认为，苯并三氮唑及其衍生物的抗腐蚀机理是苯并三氮唑与铜表面形成了苯三唑铜盐，苯三唑铜盐在氧化亚铜的表面上形成覆盖膜，从而保护金属不受腐蚀[30,31]。噻二唑类的抗腐蚀机理，有人认为是噻二唑类化合物与活性硫反应生成非腐蚀性的多硫化物；也不排除在金属表面成膜的机理，认为硫化物可在金属表面形成硫化膜，同时也具有抗磨性能。

苯并三氮唑由于油溶性差，限制了它在油品中的应用。为此开发出苯并三氮唑的衍生物，例如 T406(苯三唑脂肪胺盐)、T551(苯三唑-甲醛-胺缩合物)，这些衍生物改进了油溶性，并有很好的抑制铜腐蚀效果。但由于碱性较强，它们在润滑油中与 ZDDP 容易发生作用而导致油品浑浊，主要用于齿轮油等工业润滑油中。新的杂环型抗腐蚀剂(T555)抗腐蚀的效果基本相当，但与润滑油中其他添加剂(如 ZDDP)的配伍性要好一些。

噻二唑多硫化物(T561)的油溶性好，与二烷基二硫代磷酸锌配伍性好，可用于抗磨液压油提高油品水解安定性[32]，见表 17-38。

表 17-38　T561 在抗磨液压油水解实验中的效果

油样	不加 T561	加 0.04%T561	丹尼森 HF-2 规格
铜片失重量/(mg/cm^2)	3.317	0.019	<0.5
水层酸度/(mgKOH/100mL)	0.56	1.01	<6.0
铜片外观	表面剥落无光泽	淡紫色有光泽	无灰、黑色

三、抗泡剂

润滑油特别是含有强极性添加剂的油品(内燃机油、齿轮油等)，受到振荡、搅拌等作用，不可避免地会有空气窜入油中，同时油品本身氧化分解也会产生气体，在界面张力的作用下形成泡沫。

润滑油产生泡沫会使油的冷却效果下降，管路产生气阻，致使供油量不足，机件磨损加剧，甚至发生烧结等严重事故。同时由于泡沫的存在，也促进了油品的氧化。

在润滑油中加入抗泡剂是减少泡沫的有效方法。最常用的抗泡剂是二甲基硅油(T901)。非硅型抗泡剂于 20 世纪 80 年代得到发展并投入应用。

由于硅油是一种表面活性很强的物质，当硅油粒子在泡沫液中分散并吸附于泡膜上时，使泡膜的局部表面张力显著降低，泡膜因受力不均匀而破裂。

二甲基硅油又称聚二甲基硅氧烷，其化学结构为：

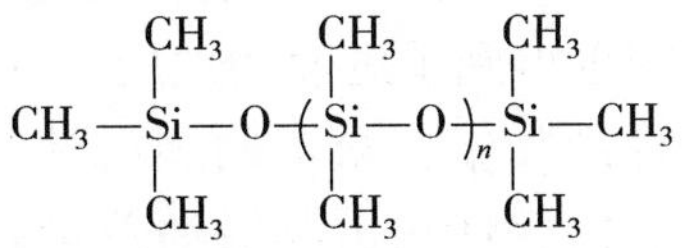

二甲基硅油按黏度区分为不同的牌号，见表 17-39。

表 17-39　二甲基硅油牌号、黏度及相对分子质量

硅油牌号	运动黏度(250℃)/(mm^2/s)	相对分子质量
201-10-20	10~20	1160~1970
201-100	100	7100
201-350	350	15800
201-500	500	19000
201-1000	1000	26500
201-7000-10000	7000~10000	60000

硅油仅在不溶于润滑油的情况下，即在分散状态时，才显示出抗泡性。不同黏度的基础油应选用不同牌号的硅油，否则，不但起不到抗泡作用，反而会引起发泡。油品黏度小，一般使用牌号大的硅油。例如，N32、N46 抗磨液压油选用 1000~10000 号；N220~N680 工业齿轮油选用 100~350 号为宜。

为了保证硅油的抗泡作用，必须使硅油极好地分散在油中。采用胶体磨法或喷雾法比高速搅拌法好，可使硅油粒度细小，不仅抗泡性好，而且储存稳定。

硅油抗泡剂具有用量少，使用范围广，抗氧化、抗高温性能好等优点，但如前所述，对调合工艺要求严格，同时在酸性介质中不稳定，因而发展了非硅型抗泡剂(T902)[5]。非硅型抗泡剂具有如下的化学结构：

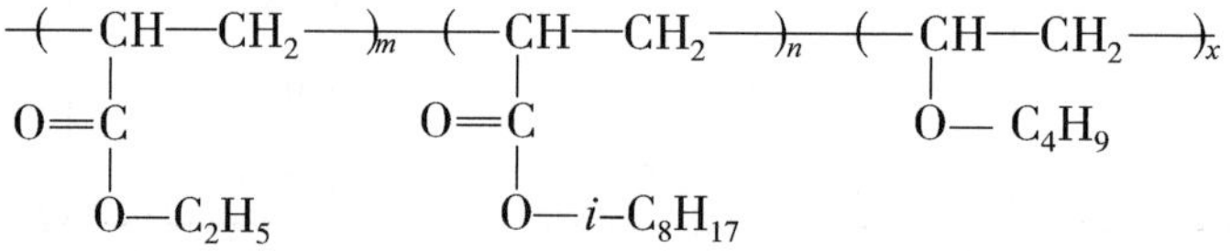

式中，m、n、x 分别为 1、2、3……。

非硅型抗泡剂对各种调合工艺适应性好，并适用于酸性介质。但其加剂量较大，在 0.001%~0.07%之间，主要适用于中、重质润滑油。用于汽轮机油、液压油中，比硅油具有较好的空气释放性，能有效减少液压系统因油中有气泡引起的噪声和振动。

当单独使用 T901 或 T902 效果都不理想时，可将二者复合使用。

第七节　润滑油复合添加剂

迄今没有一种添加剂能在单独使用的情况下满足润滑油的所有性能要求，因而必须复合使用。复合添加剂(简称复合剂)是根据基础油的性质和不同的油品性能要求，按优化组成将多种添加剂掺混在一起的组合物。所谓优化是指充分利用各种添加剂复合时的协同作用，同时尽可能抑制其对抗作用。复合添加剂不仅便于运输、储存和使用，而且可降低费用，已成为目前添加剂的发展趋势。目前，90%以上的添加剂是以复合剂的形式销售和使用。近年国内复合添加剂的研制、生产和应用也得到了迅速的发展，满足了润滑油发展的需求。

润滑油品种繁多，多达数百种产品。在众多的润滑油品种中，内燃机油、齿轮油、液压油这三类油品相对用量较大，它们合计约占润滑油总量的 70%以上。这三大类润滑油品的复合剂用量占所有润滑油添加剂用量的 90%以上。

一、内燃机油复合剂

内燃机油包括汽油机油、柴油机油、天然气发动机油、铁路机车用油、船舶柴油机油等油品。每一种内燃机油，都有相应的复合剂。内燃机油所用的复合剂占整个添加剂总量的80%以上，其中以汽油机油复合剂和柴油机油复合剂为主。

环保和节能要求日益严格，新的发动机及尾气处理技术对内燃机油的性能及油品组成提出了新的要求，这推动着内燃机油规格不断升级更新。北美汽油机油目前已发展到API SP/ ILSAC GF-6，柴油机油已经发展到API CK-4和FA-4。新规格要求内燃机油对发动机有更好的保护和更长的换油期，而且为防止进入燃烧室燃烧的发动机油的燃烧产物影响尾气处理装置的效率，对内燃机油硫含量、磷含量和灰分的限制更加严格。另外，新规格内燃机油越来越重视通过改善内燃机油性能提高燃料经济性，这促进了内燃机油黏度向低黏化方向发展。因此，复合剂要适应更低黏度内燃机油的使用要求，这大大地增加了复合剂开发的难度。新规格内燃机油也重视油品使用过程中低温性能的变化，以及与其他润滑油、(乙醇)燃料的相容性。

现代内燃机油要进行的评定台架试验数量越来越多，评定费用越来越高，复合剂的开发成本越来越高。API各级别汽油机油所需进行的发动机台架评定试验及对油品组成的要求见表17-40。各级别柴油机油所需进行的台架评定试验及对油品组成的要求见表17-41。

表17-40　API各级别汽油机油所需进行的发动机台架评定试验及对油品组成的要求

油品级别	SE、SF	SH、SJ	SL	SM	SN	SP
抗锈蚀试验	ⅡD	ⅡD	BRT	BRT	BRT	BRT
高温抗氧、抗沉积物生成、抗磨试验	ⅢD	ⅢE	ⅢF	ⅢG ⅢGA	ⅢG ⅢGA ⅢGB	ⅢH ⅢHA ⅢHB
低温抗磨试验			ⅣA	ⅣA	ⅣA	ⅣB
抗油泥生成及抗磨试验	ⅤD	ⅤE	ⅤG	ⅤG	ⅤG	ⅤH
燃料经济性试验①		Ⅵ	ⅥA	ⅥB	ⅥD	ⅥE
轴瓦腐蚀及抗剪切试验	L-38	L-38	Ⅷ	Ⅷ	ⅤⅧ	Ⅷ
低速早燃试验						Ⅸ
链条磨损试验						Ⅹ
硫含量②/%				≤0.5; ≤0.7(10W)	≤0.5; ≤0.6(10W)	≤0.5; ≤0.6(10W)
磷含量②/%		≤0.12(SH); ≤0.10(SJ);	≤0.10	≤0.08	0.06~0.08	0.06~0.08

① 仅用于API节能汽油机油和ILSAC GF系列汽油机油。

② 仅用于0W-20、5W-20、5W-30和10W-30级油。

表 17-41 API 各级别柴油机油所需进行的台架评定试验及对油品组成的要求

油品级别	CC	CD	CF-4	CH-4	CI-4	CJ-4	CK-4
清净性试验	1H2	1G2	1K(2 次)	1K 1P	1K 1P/1R	1N C13	1N C13
烟炱分散性试验	—	—	T-8A	T-8E	T-8E	T-11	T-11
缸套及活塞环磨损、轴瓦失重试验	L-38	L-38	T-9 L-38/Ⅷ	T-9	T-10	T-12	T-12
滚动随动件磨损试验	—	—	—	RFWT	RFWT	RFWT	RFWT
气门搭桥、摇臂罩、气阀机构等抗磨性能试验	—	—	—	M11 (HST)	M11 (EGR)	ISM ISB	ISM ISB
抗氧化性试验	—	—	—	ⅢE/ⅢF	ⅢF	ⅢG/ⅢF	T-13
吸气性试验	—	—	—	EOAT	EOAT	EOAT	COAT
硫含量/%	—	—	—	—	—	0.4	0.4
磷含量/%	—	—	—	—	—	0.12	0.12
硫酸灰分/%	—	—	—	—	—	1.0	1.0

内燃机油主要由基础油和复合剂等组成。为改善油品的低温性能，通常在油中还要加入降凝剂和黏度指数改进剂。复合剂是用以改善内燃机油性能的添加剂，是现代内燃机油不可缺的组分。内燃机油复合剂主要由分散剂、清净剂、ZDDP(二烷基二硫代磷酸锌)、抗氧剂、抗磨剂、减摩剂等组成。主要作用是为内燃机油提供基础油无法满足的清净分散性、抗氧抗腐性、抗磨减摩性等性能，以满足现代内燃机对油品综合性能的要求。

满足内燃机油不断提高的性能要求是复合剂技术不断发展的动力。内燃机油的发展趋势是低磷、低硫和低灰分化，更好的抗磨性、燃料经济性和更长的换油期。

国内内燃机油复合剂技术近年来发展迅速，与国外差距显著缩小。开发的内燃机油复合剂可以涵盖从 SL 到 SN 各个级别的汽油机油[33]，从 CH-4 到 CK-4 各个级别的柴油机油。石科院在 2020 年新开发出最高规格 SP 汽油机油复合剂，实现与国外同步推出。国产内燃机油复合剂可以满足绝大部分国内汽车和发动机制造行业的需求。

不同用途的内燃机油，根据性能要求的不同，相应的复合剂技术也有所不同。

(一)汽油机油复合剂

汽油机油复合剂在技术上主要是解决油品在高温下的抗氧化和抗沉积物生成性能，在较低温度下的抗油泥生成和抗磨能力，同时要满足油品规格对抗锈蚀和抗剪切的要求。ILSAC GF 系列油品和 API 的节能油品还需要有较好的燃料经济性。

油品的高温抗氧化能力可以通过添加适当量的 ZDDP 和添加适当量的辅助抗氧剂来满足。由于高档汽油机油对油品的硫磷元素含量限制越来越严，ZDDP 的用量因此受到限制。高档汽油机油对油品的高温抗氧性要求越来越高，使得辅助抗氧剂的添加量也越来越大。

油品的高温抗沉积物生成能力可以通过选用适当的清净剂、分散剂和抗氧剂来满足。

油品的分散性可以通过选用分散性好的无灰分散剂来满足。一般认为，高相对分子质量无灰分散剂的分散性能好于其他无灰分散剂。

油品的抗磨性可以通过选用适当结构的 ZDDP 来满足。具有不同结构烷基链的 ZDDP

的抗磨性不同，仲醇 ZDDP 的抗磨性要好于伯醇 ZDDP。

燃料经济性是目前绝大多数美日汽车公司对汽油机油要求的一项重要指标。一般来讲，油品的黏度和油品在边界摩擦状态下的摩擦因数对油品的燃料经济性有较大的影响。低黏度和低摩擦因数的汽油机油，燃料经济性更好。

使用磺酸盐类清净剂的配方一般有较好的防锈性能。使用剪切稳定性好的黏度指数改进剂的油品剪切稳定性好。黏度指数改进剂不包括在复合剂中，一般是在油品调配过程中直接加入。

国内研制的 SL 级汽油机油复合剂的理化指标见表 17-42。采用该复合剂以 8.5%加剂量、以 API Ⅱ类加氢基础油调制的油品通过了程序ⅢG、ⅣA、ⅤG、Ⅷ发动机台架试验和 BRT 球锈蚀试验，油品性能满足 API SL 汽油机油规格要求。

表 17-42　SL 级汽油机油复合剂的理化指标

项　目	典型数据	试验方法	项　目	典型数据	试验方法
运动黏度(100℃)/(mm^2/s)	146.5	GB/T 265	锌含量/%	0.94	GB/T 17476
密度(20℃)/(g/cm^3)	0.995	GB/T 1884	磷含量/%	0.83	GB/T 17476
闪点(开口)/℃	173	GB/T 3536	钙含量/%	2.3	GB/T 17476
总碱值/(mgKOH/g)	71	SH/T 0251	硫含量/%	3.7	GB/T 17476
硫酸盐灰分/%	9.6	GB/T 2433			

国内研制的经济性 SM 级汽油机油复合剂的理化指标见表 17-43。该复合剂以 7.5%加剂量调制的油品通过了程序ⅢG、ⅢGA、ⅣA、ⅤG、Ⅷ发动机台架试验和 BRT 球锈蚀试验，油品性能满足 API SM 汽油机油规格要求。

表 17-43　SM 级汽油机油复合剂的理化指标

项　目	典型数据	试验方法	项　目	典型数据	试验方法
运动黏度(100℃)/(mm^2/s)	108.2	GB/T 265	锌含量/%	1.12	GB/T 17476
密度(20℃)/(g/cm^3)	实测	GB/T 1884	磷含量/%	0.96	GB/T 17476
闪点(开口)/℃	198	GB/T 3536	硫含量/%	3.9	GB/T 17476
总碱值/(mgKOH/g)	91	SH/T 0251			

国内研制的经济性 SN 级汽油机油复合剂的理化指标见表 17-44。该复合剂以 9.0%加剂量调制的油品通过了程序ⅢG、ⅢGA、ⅢGB、ⅣA、ⅤG、Ⅷ发动机台架试验和 BRT 球锈蚀试验，油品性能满足 API SN 汽油机油规格要求。

表 17-44　SN 级汽油机油复合剂的理化指标

项　目	典型数据	试验方法	项　目	典型数据	试验方法
运动黏度(100℃)/(mm^2/s)	102.4	GB/T 265	锌含量/%	0.96	GB/T 17476
密度(20℃)/(g/cm^3)	实测	GB/T 1884	磷含量/%	0.81	GB/T 17476
闪点(开口)/℃	192	GB/T 3536	硫含量/%	3.3	GB/T 17476
总碱值/(mgKOH/g)	84	SH/T 0251			

（二）柴油机油复合剂

柴油机油复合剂中加入的功能添加剂种类与汽油机油复合剂类似，但由于柴油机与汽油机不同，对复合剂的要求不同，解决问题的侧重点不同。柴油机是压燃式，汽油机是点燃式，两者有所差异。一是柴油机的烟炱多，容易在顶环槽内和活塞环区形成沉积物；二是柴油机压缩比比汽油机高得多，热效率高，热负荷大，气缸区的温度高，而高温易促使润滑油氧化变质。因此要求柴油机油具有良好的高温清净性、热氧化安定性等性能。随着柴油机油的质量升级，对油品性能的要求也不断提高，高档柴油机油还要求有良好的酸中和性能、烟炱分散性和烟炱存在下的抗磨性能。柴油机油复合剂的开发要针对不同规格油品的性能要求进行功能添加剂的筛选和复配。

柴油机油的一个主要性能为高温清净性。在柴油机油复合配方中要加入较高比例的清净剂，也可以用不同类型的清净剂复配，来抑制积炭和漆膜的产生。

CC、CD级柴油机油复合剂主要是解决高温清净性问题。从CE级柴油机油开始，柴油机油要求通过评价烟炱分散性的台架试验评定，而且随着质量级别的提高，对烟炱分散性的要求越来越高。在评价烟炱分散性的Mack T-8台架试验中，在保持油品正常黏度的前提下，从CF-4(Mack T-8A)、CG-4(Mack T-8)到CH-4(Mack T-8E)，台架试验油中烟炱量从2.0%、3.8%到4.8%；CI-4(Mack T-8E)烟炱处理量虽仍然为4.8%，但指标要求比CH-4提高了30 %。目前柴油机油的最高级别CK-4及CJ-4评价分散性的台架试验改为Mack T-11，油中烟炱量为6.7%。复合剂配方中分散剂的比例也相应提高，同时要兼顾高温清净性。

从CE级柴油机油开始要求评价活塞环-缸套磨损，CG-4级柴油机油开始要求评价阀组磨损，CH-4、CI-4、CJ-4和CK-4级柴油机油，需要评价发动机多个部位的磨损。这些评价所要求的油中烟炱含量不同，发动机工作条件也不同，摩擦副之间有滑动摩擦、滚动摩擦和混合的滑动滚动摩擦。在ZDDP的选择上，除了热稳定性好以外，还要满足油品抗磨性能的需要，有可能需要使用不同类型的ZDDP复配及使用辅助抗磨剂。

抗氧化性能是内燃机油最重要的性能，一旦油品的抗氧化性能恶化，会导致油品的黏度增长，间接影响油品的清净性能、分散性能等使用性能。CK-4级之前，采用程序Ⅲ发动机试验(汽油发动机)来评价油品的抗氧性能，评价指标为由于氧化造成的黏度增长；CK-4级油品采用Mack T-13发动机试验(柴油发动机)，评价指标包括黏度增长和氧化峰高，对油品的抗氧化性能要求有了很大提高。

随着环保排放法规的日益严格，重负荷卡车制造商采用更高尾气循环比例的尾气再循环(EGR)、柴油颗粒过滤器(DPF)、选择性催化还原(SCR)等技术，来降低尾气中氮氧化物(NO_x)和颗粒物(PM)的排放。为防止催化剂中毒及堵塞DPF，CJ-4和CK-4级柴油机油对油品的硫、磷以及硫酸盐灰分含量进行了限制，要求硫含量不大于0.4%、磷含量不大于0.12%、灰分不大于1%。

国内研制的CH-4、CI-4级柴油机油复合剂的理化性质典型数据分别见表17-45和表17-46。

表 17-45　CH-4 级柴油机油复合剂的理化性质典型数据

项　目	典型数据	试验方法
运动黏度（100℃）/（mm^2/s）	142.3	GB/T 265
密度（20℃）/（g/cm^3）	0.965	GB/T 13377
闪点（开口）/℃	236	GB/T 3536
水含量/%	0.03	GB/T 260
机械杂质含量/ %	0.006	GB/T 511
总碱值/（mgKOH/g）	77.2	SH/T 0251
硫酸盐灰分/%	9.6	GB/T 2433
锌含量/%	0.77	GB/T 17476
磷含量/%	0.63	GB/T 17476
钙含量/%	2.61	GB/T 17476
硫含量/%	1.98	SH/T 0303
氮含量/%	0.59	SH/T 0656

表 17-46　CI-4 级柴油机油复合剂的理化性质典型数据

项　目	典型数据	试验方法
运动黏度（100℃）/（mm^2/s）	137.4	GB/T 265
密度（20℃）/（g/cm^3）	0.973	GB/T 13377
闪点（开口）/℃	210	GB/T 3536
水含量/%	0.06	GB/T 260
机械杂质含量/ %	0.01	GB/T 511
总碱值/（mgKOH/g）	77.3	SH/T 0251
锌含量/%	1.34	GB/T 17476
磷含量/%	1.16	GB/T 17476
钙含量/%	2.14	GB/T 17476
氮含量/%	0.80	SH/T 0656

车用内燃机油复合剂在使用时不可随意更换复合剂开发时所用基础油的类型，也不可随意改变黏度等级。在基础油必须变化时，应按照 API 1509 附录 E“轿车发动机油和柴油机油 API 基础油互换准则”进行相关的试验并保留试验结果备查；在进行黏度等级延伸时，应按照 API 1509 附录 F“SAE 黏度等级发动机试验的 API 导则”进行相关的试验并保留试验结果备查。这主要是为保证使用复合剂调配的油品的质量。

（三）船用油复合剂

船用发动机油主要的种类有：船用气缸油、船用系统油和船用中速机油。各分类的具体产品牌号和性能要求可参见标准 GB/T 38049—2019《船用内燃机油》。用于调配上述油品的复合剂分别称为船用气缸油复合剂、船用系统油复合剂和船用中速机油复合剂。

船用气缸油主要用于润滑十字头型二冲程发动机的气缸部分。船用气缸油性能要求主要有：①保持活塞环和缸套间良好润滑，减少磨损；②保持活塞环岸区清洁；③减少对发动机部件的腐蚀；④具有良好的分水作用，不生成凝胶。

船用气缸油复合剂的性能要求主要有：①具有高的碱值并具有快速的酸中和速度；②较好的清净分散性；③有较好的抗磨性能；④有较好的储存稳定性及良好的分水性。

不同的金属清净剂有不同的酸中和速度。高碱值硫化烷基酚钙的酸中和速度较快，是气缸油的首选清净剂。配方中多采用高碱值硫化烷基酚钙与其他高碱值金属清净剂复配，如高碱值环烷酸钙、高碱值水杨酸钙、高碱值磺酸钙。一般可以通过加入少量的表面活性剂提高气缸油的扩散性。油品较好的清净分散性可以通过选用适宜的金属清净剂、不同金属清净剂的复配和选用适宜的无灰分散剂来解决。在有必要的情况下，使用有效的抗磨剂可以明显提高油品的抗磨性能。高碱值硫化烷基酚钙具有良好的分水性能，而高碱值磺酸盐遇水易乳化，加量受限制。

综上所述，船用气缸油复合剂通常使用高碱值硫化烷基酚钙、高碱值环烷酸钙、高碱值磺酸钙以及少量抗磨剂和少量表面活性剂。也有公司船用气缸油复合剂使用以高碱值环烷酸钙为主或使用水杨酸盐和硫化烷基酚盐复配的体系。

船用系统油是用于十字头发动机曲轴箱润滑的润滑油。主要作用是润滑、冷却、清净、防腐和减震等。主要性能要求有：①合适的黏度与足够的载荷能力；②良好的抗氧性能；③良好的清净分散性；④良好的抗乳化分水性能；⑤良好的抗腐蚀性能；⑥好的储存稳定性。

船用系统油复合剂由金属清净剂、无灰分散剂、少量ZDDP（或不加）、辅助抗氧剂等添加剂组成。金属清净剂和无灰分散剂的复配可以使系统油有较好的清净性。由于ZDDP遇水易分解，恶化油品的分水性能，配方中一般不加或只加入少量（<0.3%）ZDDP。为了提高系统油的抗氧化性，可加入辅助抗氧剂，如胺型和酚型的抗氧剂。另外，可以在配方中加入少量金属钝化剂，保护有色金属的表面不受腐蚀。有些配方体系也加有少量防锈剂或金属钝化剂。船用系统油一般碱值不高，通常5~6mgKOH/g即可。

船用中速机油用于润滑大功率中速柴油机的各个部位。既要润滑曲轴箱中的运动部件，冷却活塞，又要润滑气缸，中速机油兼有气缸油和系统油的双重功能。船用中速机油的性能要求主要有：①酸中和性能；②清净分散性能；③润滑抗磨性能；④热氧化稳定性能；⑤抗乳化分水性能；⑥储存稳定性。

典型的中速机油复合剂是由无灰分散剂与高、低碱值磺酸盐和硫化烷基酚盐组成。由于中速机燃用残渣燃料，其燃烧产物会泄漏到曲轴箱，因而复合剂要采用酸中和性能好的清净剂，碱值要较高。磺酸盐型的中速机油比硫化烷基酚盐型的油分水困难，易乳化，使油品碱值损失，在选用磺酸盐作为中速机油清净剂时要注意。由于ZDDP遇水易分解，恶化油品的分水性能，一般配方中不加ZDDP。由于产品性能有抗锈蚀和抗腐蚀要求，有些复合剂中也加入少量防锈剂和防腐剂。

船舶发动机技术在向大缸径、长冲程、大功率、低能耗和低排放等方向发展。要求船用油具有更好的热氧化安定性和更高的酸中和能力、更快的扩散速度及优异的抗磨性能。

满足新型发动机的要求是船用油复合剂技术研究始终如一的任务，找到新型的具有优异分水性能的高碱值添加剂也是船用油复合剂技术进步的关键。

(四)二冲程汽油机油复合剂

二冲程汽油发动机由于结构简单、经济方便、单位质量功率高，所以广泛用于陆地机动自行车、摩托车、凿岩机、割草机、小发动机的发电机、链锯、雪车、舷外发动机及小型农林动力机械。但排放限制的要求，使二冲程摩托车正在加速退出市场。

按气缸冷却方式，二冲程汽油机可分为水冷和空气冷却两种类型。我国风冷二冲程汽油机油性能质量等级常用的是国际标准化组织制定的ISO L-EGB、ISO L-EGC、ISO L-EGD规格；水冷二冲程汽油机油性能质量等级为TC-W、TC-W2、TC-W3规格[SH/T 0676—2005，参照美国船舶制造协会(NMMA)制定]。

由于二冲程发动机润滑方式独特，工作条件苛刻，使得二冲程汽油机油复合剂与一般内燃机油复合剂不同。

无灰分散剂是二冲程汽油机油复合剂中的主要组分，它有助于最大限度地减少沉淀和自动点火，更好地满足二冲程发动机的清净性和润滑性要求，减少发动机排烟。清净剂一般选用清净性能好、生成积炭少的低碱值磺酸钙，辅以其他添加剂保持燃烧室尤其是活塞的清净性，减少沉积物的生成，减少火花塞的污染和排气系统的堵塞，避免环粘结造成的擦伤。

水冷二冲程汽油机油复合剂与风冷二冲程汽油机油复合剂在配方组成上有所不同。水冷式二冲程发动机对防锈性能要求较高，应适当提高防锈性能。由于容易冷却，油品工作温度在中低温区域，无灰分散剂会发挥较大作用，金属清净剂含量较低。

由于二冲程汽油机油多用于林地、草地、水面，对生物可降解二冲程汽油机油的需求将越来越大。二冲程汽油机油复合剂也将更多地采用生物可降解性好的添加剂。

二、齿轮油复合剂

齿轮油是三大类润滑油品之一，从数量上看，处于内燃机油、液压油之后，排在第三位。齿轮油分为车辆齿轮油和工业齿轮油。在车辆齿轮油方面，世界各国广泛采用美国石油学会(API)的车辆齿轮油规格，见表17-47。我国标准GB/T 28767—2012也对车辆齿轮油进行了分类，见表17-48。齿轮油的升级换代没有内燃机油那样快。目前，SAE J2360是最高级别的车辆齿轮油规格。我国的车辆齿轮油标准GB 13895—2018，基本等效采用API GL-5规格。工业齿轮油分为开式齿轮油、闭式齿轮油、蜗轮蜗杆油。美国和许多工业化国家都有自己的工业齿轮油规格。其中，美国齿轮制造者协会(AGMA)和美国钢铁公司(US Steel)的工业齿轮油规格在世界上具有代表性。当前最先进的是美钢224和AGMA250.04规格。这些规格要求比较高的指标是热氧化安定性、抗乳化性、极压抗磨性。我国标准GB 5903—2011中的L-CKC对应于AGMA9005-E02 EP规格，L-CKD对应于AGMA9005-E02 EP规格和US S224规格。L-CKC中负荷工业齿轮油一般适应于齿面应力小于1100N/mm^{2}的齿轮传动装置，L-CKD重负荷工业齿轮油则适应于齿面应力大于1100N/mm^{2}的齿轮传动装置，如冶金轧钢、采掘等高温、高冲击负荷以及含水等部位的齿轮传动。

表 17-47　美国石油学会(API)的车辆齿轮油规格

API 分类	应用场合
GL-3	手动变速箱、中等负荷螺旋伞齿轮
GL-4	螺旋伞齿轮后桥、手动变速箱、低负荷双曲线齿轮
GL-5	苛刻条件下的双曲线齿轮、手动变速箱、
MT-1	重型卡车及公共汽车的手动变速箱

表 17-48　中国车辆齿轮油的分类

应用范围	品种代号	使用说明
车辆齿轮	GL-3	适用于速度和负荷比较苛刻的汽车手动变速器及较缓和的螺旋伞齿轮驱动桥
	GL-4	适用于速度和负荷比较苛刻的螺旋伞齿轮和较缓和的准双曲面齿轮，可用于手动变速器和驱动桥
	GL-5	适用于高速冲击负荷、高速低扭矩和低速高扭矩下操作的各类齿轮，特别是准双曲面齿轮
	MT-1	适用于大型客车和重型卡车上使用的非同步手动变速器。该类润滑剂对于防止化合物热降解、部件磨损及油封劣化提供保护，这些性能是 GL-4 和 GL-5 要求的润滑剂所不具备的，MT-1 没有给出乘用车和重负荷车辆中同步器的和驱动桥的性能要求

齿轮油复合剂一般由极压抗磨剂(含硫、磷和氯的极压抗磨剂)、摩擦改进剂、抗氧剂、抗乳化剂、防锈及防腐蚀剂等复合而成。由于车辆齿轮油和工业齿轮油所用的含硫和含磷的极压抗磨剂基本相同，这就为发展通用齿轮油复合剂打下了基础。目前，单独用于车辆齿轮油或工业齿轮油复合剂越来越少，更多的是通用型复合剂。通用型齿轮油复合剂方便于用户使用，只需要改变不同的加入量，就可以满足不同类型和不同质量水平齿轮油的要求，显示出极大的优越性。

我国在 20 世纪 60 年代就研制了 S-P-Cl-Zn 型车辆齿轮油。目前已发展了 S-P-N 型齿轮油，采用的复合剂是车辆齿轮油和工业齿轮油通用型复合剂，加剂量与国外剂相当，完全能满足 US S224 规格和 GL-5 的规格要求。表 17-49 列出了一些国内研制、使用的车辆齿轮油和工业齿轮油通用型复合剂的指标、性质。近年来发展了低气味车辆齿轮油复合剂 T4208C，用于调制满足 API GL-5 规格(GB 13895—2018)的产品，其典型数据见表 17-50。

表 17-49　国内研制、使用的车辆齿轮油和工业齿轮油通用型复合剂

商品牌号	密度(20℃)/(g/cm^3)	黏度(40℃)/(mm^2/s)	闪点/℃	硫含量/%	磷含量/%	氮含量/%	性能和应用
T4201	1.050(典型值)	40~70	≮110	≥25.0	≥1.5	≥0.5	以 4.8%和 2.4%的剂量于适当的基础油中，可分别调制 GL-5 和 GL-4 质量的 SAE90、80W-90、85W-90、85W-140 黏度级别的车辆齿轮油；加 1.2%和 1.6%的量可分别调制中负荷和重负荷工业齿轮油

续表

商品牌号	密度(20℃)/(g/cm^3)	黏度(40℃)/(mm^2/s)	闪点/℃	硫含量/%	磷含量/%	氮含量/%	性能和应用
T4204	1.013(典型值)	45~65	≮80	25~35	1.2~2.8	0.5~1.0	以4.5%和2.3%的剂量于适当的基础油中，可分别调制GL-5和GL-4质量的SAE90、80W-90、85W-90、85W-140黏度级别的车辆齿轮油；加1.0%和1.5%的量可分别调制中负荷和重负荷工业齿轮油
T4205	1.015(典型值)	53.8(典型值)	102(典型值)	30.1(典型值)	1.52(典型值)	0.94(典型值)	以4.2%和2.1%的剂量于适当的基础油中，可分别调制GL-5和GL-4质量的SAE90、80W-90、85W-90、85W-140黏度级别的车辆齿轮油；加1.0%和1.5%的量可分别调制中负荷和重负荷工业齿轮油

表17-50 T4208C车辆齿轮油复合剂的典型数据

项目	典型值	试验方法
外　观	透明油状液体	目测
运动黏度(40℃)/(mm^2/s)	8.21	GB/T 265
闪点(开口)/℃	120	GB/T 3536
机械杂质/%	0.003	GB/T 511
水分/%	痕迹	GB/T 260
密度(20℃)/(g/cm^3)	1.001	GB/T 1884
酸值/(mgKOH/g)	21.0	GB/T 4945
硫含量/%	34.56	SH/T 0303
磷含量/%	1.21	GB/T 17476
氮含量/%	0.59	GB/T 17674

三、液压油复合剂

液压油是三大类润滑油品之一，从数量上看，处于内燃机油之后，排在第二位。随着液压技术的发展，液压油已成为工业润滑油中最大的品种，约占工业润滑油的40%~60%。按照ISO 6743/4的分类，液压油分为矿物型液压油、合成型液压油、难燃液压油、生物可降解液压油，我国GB 7531.2—2003基本等效采用ISO 6743-4:1999分类法。目前，世界各国没有统一的液压油标准，比较广泛采用的有德国的DIN标准，Denison、Vickers、Cincinnati等公司标准，我国采用的是GB 11118.1—2011标准。Denison标准是国内外接受程度较高的标准，Denison HF-0规格要求油品在高压下具有良好的抗磨性与润滑性，强调油品对金属材料的相容性，提出了过滤性要求和严格的水解安定性，即强调油品在苛刻条件下的操作稳定性，并提高了热氧化安定性，保证油品在热氧化条件下的长寿命。

液压油广泛应用于工业、农业、林业、建筑、采矿、运输、船舶等行业，按其性能来看，液压油有抗氧防锈液压油、抗磨液压油、低温液压油、抗燃液压油，并且要求有能满足性能要求的液压油复合添加剂。抗氧防锈液压油所用的复合剂主要是以抗氧剂、防锈剂为主要添加剂复合而成；抗磨液压油所用的复合剂主要是以抗磨剂、抗氧剂、防锈剂为主要添加剂，并加有金属钝化剂、抗乳化剂配制而成，与抗氧防锈液压油复合剂相比较，抗磨液压油复合剂不仅具有良好的防锈、抗氧性，而且抗磨性特别突出，能使泵的磨损大大降低，用不同剂调制的抗磨液压油和抗氧防锈液压油的泵试验的结果见表 17-51。

表 17-51　抗磨液压油和抗氧防锈液压油的泵试验的结果

项　目	磨损量/mg		试验方法	试验条件
	抗氧防锈液压油	抗磨液压油		
环失重	568.5	20.5	ASTM D 2882，IP281	压力 14MPa，温度 65℃
叶片失重	62.4	1.4		
总失重	630.9	21.0		

抗磨液压油复合剂，以配方类型来区别，有含锌（有灰型）和非锌（无灰型）两类。含锌型复合剂所使用的抗磨剂主要是仲醇的二烷基二硫代磷酸锌（ZDDP），这类 ZDDP 具有良好的抗磨、抗氧化性能，抗乳化、水解安定性也较好，成本较低，但其应用场合具有局限性，不太适应柱塞泵的运行要求。无锌型抗磨液压油复合剂又称为无灰抗磨液压油复合剂，它是用烃类硫化物、磷酸酯、亚磷酸酯、硫代磷酸酯及其复合使用作为抗磨剂来代替 ZDDP。无灰抗磨液压油复合剂也已经广泛使用，与含锌复合剂相比，能满足柱塞泵系统的使用要求，相对于含锌型复合剂，其价格较贵。

目前，国内抗氧防锈液压油复合剂和抗磨液压油复合剂均有研制和工业生产，其品种见表 17-52。

表 17-52　国内研制、使用的抗氧防锈液压油复合剂和抗磨液压油复合剂

商品牌号	密度（20℃）/（g/cm^3）	黏度（40℃）/（mm^2/s）	闪点/℃	硫含量/%	磷含量/%	锌含量/%	性能和应用
T6051	6.9~1.0	15~25	≮93				加 0.3%~0.6% 的量可满足 GB 11118.1 抗氧防锈液压油的质量要求
T5023	0.9~1.0	20~40	≮100	3.0~4.0	2.5~3.0	1.5~2.5	加 2%的量可满足抗磨液压油的性能要求，其质量达到 Denison HF-0 抗磨液压油的质量要求
T5024	0.9~1.0	20~40	≮100	≮4.5	≮4.0	2.0~5.0	加 0.8%~1.0%的量可满足抗磨液压油的性能要求，其质量达到 Denison HF-0 抗磨液压油的质量要求
T5032	0.8~1.0	20~35	≮100	4.5~5.5	2.0~3.0		加 1.5%的量可满足抗磨液压油的性能要求，其质量达到 Denison HF-0 抗磨液压油的质量要求

续表

商品牌号	密度(20℃)/(g/cm³)	黏度(40℃)/(mm²/s)	闪点/℃	硫含量/%	磷含量/%	锌含量/%	性能和应用
T5033	0.9~1.1	25~35	≮110	≮6.0	≮2.0		加0.7%~0.8%的量可满足抗磨液压油的性能要求，其质量达到Denison HF-0抗磨液压油的质量要求

四、涡轮(汽轮)机油复合剂

汽轮机油主要用于汽轮发电机组的润滑系统和调速系统，在汽轮机的轴承中起润滑和冷却作用，在调速系统中起着传压调速作用。汽轮机油的质量直接影响汽轮机组的安全经济运行。随着汽轮机设计制造技术的发展和国家电力工业的快速发展，现代汽轮机装机容量不断增大，汽轮机润滑油的工作环境越来越苛刻，尤其是油温和承载能力越来越高，从而对汽轮机润滑油的抗高温氧化稳定性和抗承载能力等提出了更高要求，同时也推动了汽轮机油规格的发展。我国汽轮机油质量标准经历了从GB 2537—1981《汽轮机油》(抗氧型)、SY 1230—1983《防锈汽轮机油》(抗氧防锈型)、GB 11120—1989《L-TSA 汽轮机油》到GB 11120—2011《涡轮机油》的发展过程。GB 11120—2011标准扩展了油品品种，同时包括了燃气轮机油和联合循环用油，在L—TSA品种的基础上，增加了L—TSE、L—TGA、L—TGE、L—TGSB和L—TGSE品种。此外，国内参照国外公司标准制定了适用于大型化肥装置的SH/T 0362—1996《抗氨汽轮机油》以及GJB 1601B—2015《舰用汽轮机油规范》。为满足现代汽轮机润滑需求，中国石化和中国石油两大公司都制定了高质量汽轮机油企业标准，如Q/SH 303060、Q/SH 303061等。

汽轮机油是质量要求较高的一种润滑油，要求用深度精制的基础油，添加性能优良的抗氧防锈等添加剂调制而成。随着汽轮机蒸汽温度升高到500℃以上，汽轮机油的工作环境越来越苛刻，对汽轮机油质量性能的要求在逐步提高。从20世纪50年代以来，汽轮机油的使用和生产经历了由抗氧型汽轮机油(精制矿物油)、抗氧防锈型汽轮机油、抗氧防锈抗磨型汽轮机油和抗高温氧化型汽轮机油的发展过程。

由于蒸汽轮机使用年限较长(一般为30年)，早期的汽轮机蒸汽泄漏问题较严重，因此用户对汽轮机油的分水性要求较高，其次是抗氧化性和防锈性要求。目前国内汽轮机油高、中、低档油均有使用，市场以抗氧防锈型汽轮机油为主流产品，执行标准为GB 11120—2011《涡轮机油》。汽轮机对润滑油的氧化稳定性、热稳定性、清洁性的要求大大提高。为满足新型汽轮机润滑要求，中国石化和中国石油两大润滑油生产企业已研制开发了高性能汽轮机油，如中国石化润滑油有限公司提供的“长城牌”TSA优级防锈汽轮机油、TSA/LF长寿命汽轮机油、TSE极压型汽轮机油、TSE长寿命极压型汽轮机油等基本能满足不同用户的要求。

由于某些燃气轮机的燃气温度已达到1000℃以上，因此燃气轮机对润滑油要求比蒸汽轮机苛刻，对油的高温氧化稳定性要求很高，尤其是燃气-蒸汽联合循环机组对汽轮机油要更加苛刻，汽轮机油必须满足蒸汽轮机和燃气轮机对润滑油的双重性能要求。目前，我国燃机电厂大型燃气轮机及蒸汽-燃气联合循环发电机组基本是美、英、法、德国进口机组，高档燃气轮机润滑油市场多被国外公司占领。

汽轮机油的主要性能要求有：①良好的抗氧化稳定性；②良好的黏温特性；③良好的抗乳化性能；④良好的防锈性能；⑤良好的抗泡沫性能；⑥良好的清洁度。

国内汽轮机油产品主要仍是 TSA 和 TSE 类，TGA、TGE、TGSB 和 TGSE 产品量需求较少。目前国内 TSA 类汽轮机油质量差别较大，以氧化稳定性指标为例，有 5000~10000h 的产品，也有 2000h 左右的产品，其他指标也有较大差异。

1995 年以前，国内调配汽轮机油普遍采用单剂方式，即将各组分添加剂加入基础油中调配而成，没有专用的复合剂产品，配方组分添加剂加入量较大，一般在 1.0%~2.0%。基础油以Ⅰ类油为主，产品性能不高。1997 年研制出 T6001 汽轮机油复合剂。该复合剂由多种不同功能添加剂复配而成，加剂量为 0.5%，采用深度精制的基础油或加氢基础油，可调制不同黏度级别汽轮机油，油品质量达到 GB11120 技术指标一级品要求。但该复合剂不适用于燃气轮机油，难以达到油品极压抗磨性能的要求。

国外石油添加剂公司汽轮机油复合剂有的可调配普通汽轮机油，也能调配有极压抗磨性能要求的燃气轮机油。用于调配汽轮机油和燃气轮机油，复合剂用量范围一般在 0.5%~0.8%，技术特点是一剂多用、适应性强。

为适应汽轮机油质量的提高和发展趋势，2009 年研制出 T6011(RQJ-8)汽轮机油复合剂。该复合剂选用不同功效的添加剂复配而成，推荐用量 0.5%，具有用量低、性能优异的特点。基于Ⅰ类油调配的汽轮机油的氧化安定性时间在 3500h 以上，RBOT 氧化诱导期在 600min 以上；基于Ⅱ、Ⅲ类油调配的汽轮机油的氧化安定性时间在 10000h 以上，RBOT 氧化诱导期在 1200min 以上；通过人工海水防锈试验，FZG≥10，调配的试验油品燃气轮机应用试验表现优良。该复合剂可满足大型燃气-蒸汽轮机联合循环发电机组的润滑使用要求，满足汽轮机油国家新修订标准 GB 11120—2011 的技术要求，符合 ISO 8068—2006 标准的技术规格指标要求，同时也满足 OEM 规格要求，如 GEK 101941A、GEK 107395A、BS489 等。表 17-53 列出了一些国内研制、使用的汽轮机油复合剂。

表 17-53　国内研制、使用的汽轮机油复合剂

商品牌号	密度(20℃)/(g/cm³)	黏度(40℃)/(mm²/s)	闪点/℃	酸值/(mgKOH/g)	性能和应用
T6001	0.9~1.0	25.0~40.0	≮100	30.0~40.0	加 0.4%~0.7%的量于适合的基础油中，可调配 N32、N46、N68、N100 等各种黏度级别的、满足 L-TSA 质量水平的汽轮机油
T6011	0.9~1.1	230~320	≮170	≯30	加 0.3%~0.6%的量于适合的基础油中，可调配 N32、N46、N68、N100 等各种黏度级别的、满足 GB 11120—2011 的技术要求的蒸汽-燃气轮机油

五、自动传动液复合剂

自动传动液是一种多功能、多用途的润滑油，它主要应用于轿车和轻型卡车的自动变速系统，也可用于大型装载车的变速传动箱等。重型载重车的变速传动箱、转向机构和机械行业的各种液力偶合器、液力变扭器，广泛使用液力传动油作为工作介质。自动传动液是随着汽车安装自动变速装置而发展起来的。自动变速装置能使汽车自动适应行驶阻力的变化，提高汽车的动力性能，起步无冲击，变速时震动小，乘坐舒适，驾驶方便，并可使发动机处于最佳工况。随着我国汽车工业的发展和自动换挡需求的提高，汽车自动变速箱安装率不断提高，自动传动液的需求量也在不断增加。

自动传动液中具有代表性的是通用汽车公司的 Dexron 系列规格、福特汽车公司的 Mercon 系列规格。其中，通用汽车公司的 Dexron 系列规格是世界上普遍采用的自动传动液规格[34]。

汽车自动传动装置的构成非常复杂，有液力变速器、齿轮机构、液压机构、湿式离合器和涡轮传动装置等。这些机构都用同一种汽车自动传动液来润滑、传递能量和冷却，所以对其性能要求很高。自动传动液除了要求优良的润滑性和抗氧化安定性外，对摩擦特性有较高的要求，性能要求全面，是一种专用油品，不可用其他油替代[35]。

液力变扭器要求自动传动液具有动力传递介质油的性能，齿轮机构要求自动传动液具有良好的极压抗磨性能，液压机构则要求自动传动液具有良好的低温流动性。自动传动液在运转过程中油温上升，长期使用不换油，同时又需要具有良好的清净分散性、氧化安定性、抗泡性、防橡胶膨胀性和防锈性能等[36]。摩擦特性是全部性能中最重要、又最难达到的性能。性能优良的汽车自动传动液要求动摩擦因数尽可能高，静与动摩擦因数之比要小于 1.0，在全部操作温度范围内摩擦特性保持不变。自动传动液要满足如此全面的性能，需要加入多种类型添加剂进行各方面的性能平衡来实现。一般自动传动液需要添加黏度指数改进剂、降凝剂、清净剂、分散剂、抗氧剂、抗磨剂、防锈剂、金属减活剂、摩擦改进剂、抗泡剂等多种添加剂。总剂量高达 10%~15%，其中约一半为黏度指数改进剂。

20 世纪 90 年代我国开展汽车自动传动液的研制，开发了无锌配方和低锌配方两种产品，符合 Dexron-ⅡD、Mercon、Allison C-4 规格要求[37]。2002 年发展了满足 Dexron-Ⅲ规格的汽车自动传动液[38]。表 17-54 列出了一些国内研制、使用的自动传动液复合剂的指标和性能。

表 17-54　国内研制、使用的自动传动液复合剂

商品牌号	密度(20℃)/(g/cm³)	闪点/℃	硫含量/%	磷含量/%	氮含量/%	锌含量/%	性能和应用
KT5023	实测	实测	≥11	≥5	—	≥6	加 1.0%~1.6%量于合适基础油中，可配制液力传动油
KT5026	实测	实测	≥7.5	≥5.0	—	≥4.0	液力传动油复合剂，加 1.0%~1.2%的量于合适基础油中，可配制液力传动油

续表

商品牌号	密度(20℃)/(g/cm³)	闪点/℃	硫含量/%	磷含量/%	氮含量/%	锌含量/%	性能和应用
H1060	0.900~1.100	≥100	≥2.5	≥1.5	≥0.5	—	加5.5%的量于合适的基础油中，可调配满足Dexron-Ⅲ或Mercon/C-4性能要求和低温黏度要求的自动传动液
RHY5211	0.929（典型值）	169（典型值）	—	—	0.358（典型值）	—	加6.4%的量于合适的基础油中，可调制满足GM Dexron Ⅲ等质量标准的自动传动液

六、汽车发动机防冻液添加剂

汽车发动机防冻冷却液简称冷却液或防冻液，是一种能满足液冷式汽车发动机在低温条件下正常工作要求的液体，是汽车发动机正常运转不可缺少的散热介质。防冻液对于保证发动机正常稳定、持续可靠工作具有重要作用，它具有冷却、防腐蚀、防穴蚀、防结垢、防沸、防冻等功能，其性能优劣直接影响到发动机能否正常运行以及发动机的寿命。

我国发动机防冻液的研究始于20世纪80年代，和国外发达国家相比起步较晚。1992年我国制定了行业标准SH/T 0521—1992《乙二醇型发动机冷却液及其浓缩液》，并于1999年颁布了SH/T 0521—1999《汽车及轻负荷发动机用乙二醇型冷却液》以替代原行业标准，2013我国制定了机动车发动机冷却液的国家标准GB 29743—2013，这些标准规范了发动机冷却液的质量指标。

美国DOW公司、日本CCI公司、德国BASF公司等都研制出了环保型防冻液产品并推向市场。随着环保越来越受重视，研制和使用全有机型和更高效、经济、绿色环保的新型汽车发动机防冻液是今后发展的方向。

防冻液主要由水、缓蚀剂、防冻剂、缓冲剂、显色剂、消泡剂、除垢剂等组成，水和防冻剂(乙二醇、丙二醇等)是基础液，其比例决定着防冻液的冰点和沸点。添加剂决定着防冻液的其他性能。

(一)缓蚀剂

汽车发动机的冷却系统构件材质一般由黄铜、紫铜、焊锡、铸铁、铝、钢等金属组成，一种优质的发动机防冻液应具有对不同金属都有良好的防腐蚀性能。所以，缓蚀剂一定是复合型缓蚀剂，才能达到这种缓蚀效果。缓蚀剂分两类：一类是无机化合物缓蚀剂，包括磷酸盐、硅酸盐、硼酸盐、铬酸盐、钨酸盐、钼酸盐等化合物。另一类是有机化合物缓蚀剂，包括三乙醇胺、苯并三氮唑、巯基苯并噻唑、戊酸、己二酸、辛酸、肉桂酸、羟基苯甲酸、苯甲酸钠等化合物。硅酸盐、有机酸等对钢和铁有缓蚀作用，硅酸盐、硼砂、苯甲酸钠、有机酸对铝有很好的缓蚀作用，苯三唑、噻二唑类杂环化合物等对铜有缓蚀作用。在发动机防冻液中，常用不同缓蚀剂的防腐优势和相互协同作用来达到较好的缓蚀效果。

(二)缓冲剂

防冻液在使用过程中，乙二醇在高温下会缓慢氧化变为乙醇酸、乙二酸等酸性物质，这些酸性物质会对设备产生腐蚀。因此，需有一定的缓冲物质来控制防冻液 pH 值稳定在中性至弱碱性的范围内，使防冻液对酸有一定的中和能力，以防止防冻液在长期高温状态下酸化变质。缓冲效果较好的物质有硼砂、丁二酸等化合物。

(三)显色剂

在防冻液中加入无毒的固体水溶性显色剂(染料)，便于观察发动机冷却系统中的防冻液是否渗漏，同时具有指示剂的作用。当防冻液 pH 值低于6.5时颜色会改变，以便提醒使用者对防冻液进行更换。常选用荧光黄、溴百里酚蓝、四唑兰、甲基红等作为显色剂。

(四)抗泡剂

抗泡剂可以降低防冻液的界面张力，有效消除防冻液中的泡沫。通常选用硅油、高碳醇、烷氧基非离子表面活性剂等作为抗泡剂。

(五)除垢剂

有些驾驶员在夏季将冷却液放掉而加入自来水，水中的矿物质在加热蒸发后，结成水垢沉积在金属表面，这样，一方面会导致发动机散热不良，使缸套温度升高，另一方面也会导致水箱内水温升高而“开锅”。

为防止防冻液在发动机内结垢，一般选用磷酸三钠、六偏磷酸钠和三聚磷酸钠来除去水中 Ca^{2+}、Mg^{2+} 等离子或使用纯水配制防冻液。

(六)防冻液复合剂

直接利用各种单剂生产防冻液比较繁琐。近期国内相关厂家推出了不同的防冻液复合剂，例如：XT-8015 无机型轻负荷发动机冷却液复合剂，添加量为 1.5%~2.3%；XT-8016 有机羧酸轻负荷发动机冷却液复合剂，添加量为 4.0%~5.0%；XT-8021 无机型重负荷发动机冷却液复合剂，添加量为 2.0%~2.3%。

第八节 发动机燃料添加剂

发动机燃料添加剂是应用较早的石油产品添加剂。主要应用于汽油、航空燃料、柴油中。由于发动机技术的不断进步，以及环境保护的要求不断提高，发动机燃料本身某些物理化学性能已不能适应发动机的要求。虽然炼油厂的燃料加工工艺技术进步突飞猛进，但是个别指标还不能满足发动机的使用要求，这时必须加入各种添加剂改善发动机燃料的性质。在发动机燃料中采用添加剂改善其性能，是经济有效的手段之一。例如为改善我国车用汽油的储存安定性，可以加入抗氧剂和金属钝化剂。

在 20 世纪 60 年代初，为解决喷气发动机燃烧室的金属烧蚀问题，开发了抗烧蚀添加剂，并取得了满意的效果。为进一步改进喷气燃料的使用性能，先后开发了防冰添加剂、抗静电添加剂和抗磨防锈添加剂，使我国喷气燃料质量有所提高。对于蜡含量较高的柴油，特点是凝点较高，其使用受到季节及地区的限制，当采用乙烯-醋酸乙烯酯聚合物(T 1804)添加剂后，有效地改善了柴油的低温流动性，扩大了柴油使用地域范围。为更好地改善汽车发动机工况，减少污染物排放，开发出汽油清净剂和柴油清净剂并已投入使用[39~42]。

我国燃料添加剂的品种和使用范围还在不断地发展，本节将对已使用的发动机燃料添加剂予以介绍。

一、抗氧剂和金属钝化剂

抗氧剂的作用是抑制发动机燃料氧化变质和胶质的生成。金属钝化剂用来抑制金属盐/金属离子对燃料氧化反应的催化作用。通常二者复合使用。

（一）抗氧剂

由于燃料的成分复杂，常常含有多种不饱和烃类等不安定组分，它们极易氧化形成胶质，这些胶质可能沉积在发动机燃油供给系统，如汽车的汽化器和吸气系统，造成发动机运转困难或效能降低。为了防止燃料变质，必须加入抗氧剂。使用的抗氧剂多为自由基终止剂，它们能捕捉自由基，中断连锁反应和成胶过程的进行，延长燃料的诱导期。

燃料添加抗氧剂，是通过防止自动氧化连锁反应、分解氧化过程中的过氧化物，或者和金属钝化剂一起使用。

抗氧剂按化学结构的不同可分为酚型抗氧剂和胺型抗氧剂[43]。

燃料中使用的酚型抗氧剂主要为2,6-二叔丁基对甲酚（T501），其结构式见图17-19。

燃料中使用的胺型抗氧剂主要为*N*,*N*-二仲丁基对苯二胺，其结构式如图17-20。

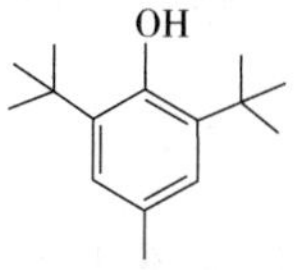

图17-19　2,6-二叔丁基对甲酚

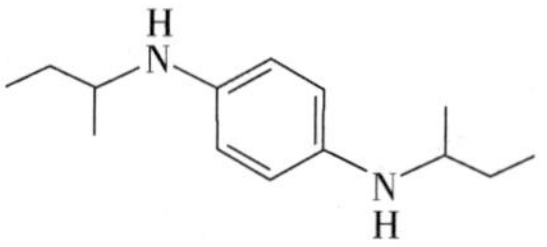

图17-20　胺型抗氧剂

在汽油和柴油中使用的抗氧剂用量一般是0~50mg/kg。表17-55列出了常见抗氧剂的组成及适用范围。

表17-55　常见抗氧剂的组成及适用范围

类型名称	商品名	适用范围
2，6-二叔基对甲酚	T501	汽油、柴油、喷气燃料
2，6-二叔丁基混合酚	T502	汽油、柴油、喷气燃料
2，4-二甲基-6-叔丁基酚	AO-30	汽油、喷气燃料
4，4-亚甲基双（2，6-二叔丁基酚）	T511	汽油、喷气燃料
2，4，6-三叔丁基酚	TTBP	汽油、柴油、喷气燃料
N，*N*-二仲丁基对苯二胺	5号防胶剂	汽油、喷气燃料
N，*N*-二叔丁基对苯二胺	AO-22	汽油
N，*N*-二异丙基对苯二胺	AO-23	汽油、柴油、喷气燃料
N-苯基-α-萘胺	T531	汽油、柴油
N-正丁基对胺基酚	UOP4	汽油、喷气燃料
2，6-二叔丁基-2-甲胺基对甲酚	T521	汽油、柴油、喷气燃料

（二）金属钝化剂

在汽油和柴油燃料中常常会溶解微量金属化合物，尤其是铜，能加速胶质的生成。这些金属离子具有加速胶质生成的催化作用。

国内使用的金属钝化剂主要为 *N*,*N*-二亚水杨基-1,2-丙二胺(T1201)。这种金属钝化剂与铜离子反应生成稳定的螯合物，其结构式见图 17-21。*N*,*N*-二亚水杨基-1,2-丙二胺的油溶性比较好，能与活泼金属离子(铜、铁、镍、锰)形成螯合物，抑制金属离子对燃料的催化作用，在燃料中应用能延长燃料储存期，降低胶质生成量。

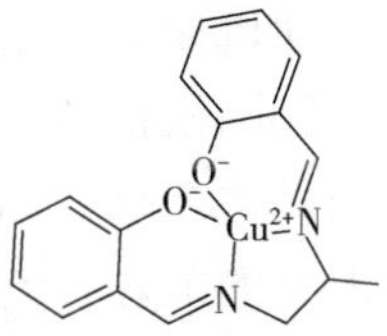

图 17-21　金属钝化剂 T1201 与铜反应生成螯合物

N,*N*-二亚水杨基-1,2-丙二胺是以水杨醛、1,2-丙二胺经缩合反应制得。产品为含金属钝化剂 30%的甲苯溶液。其质量指标见表 17-56。

表 17-56　金属钝化剂 T1201 质量指标

项　目	质量指标	测试方法
外观	棕红色液体(纯品为结晶)	目测
折射率(25℃)	1.580	GB/T 6488
密度(20℃)/(g/cm^3)	≥1.050	GB/T 1884

在汽油、喷气燃料、柴油等燃料中使用金属钝化剂 T1201，参考用量是 1～5mg/kg，可提高燃料的安定性，延长储存期。常与抗氧剂如 T501 复合使用，能提高 T501 的抗氧效果，减少 T501 的用量。

二、汽油清净剂

在汽车运行过程中，汽油会在发动机进气系统与燃烧室内产生一些沉积物，严重时会影响汽油燃料的正常喷射、雾化、混合和燃烧。同时，会造成汽车发动机尾气排放中醛类、CO、NO_x等有害物急剧增加，对大气环境构成严重的破坏[39,42,44]。

我国相继出台了不断严格的汽车排放标准。作为汽车心脏的发动机，在节能减排、环保技术方面进行了大量的研究试验和改进工作。20 世纪 80 年代，电控喷射(PFI)技术迅速发展，发动机结构得到优化，喷油嘴精密度提高，同时也对沉积物的影响更加敏感。近年来以缸内直喷(GDI)为代表的新型混合气形成模式的研究和应用，极大地提高了汽油机的燃油经济性，但由于喷油嘴积炭导致的油气混合不均匀和燃油湿壁等现象，还会导致汽油发动机的颗粒物排放显著上升。

发动机燃料系统沉积物的形成极为复杂，有燃料的因素，也有发动机设计及操作参数的影响。从燃料的角度看，汽油中的烯烃、芳烃及少量硫、含氮化合物极易产生积炭。汽油清净剂能够有效控制汽油沉积物生成，保持发动机洁净，已成为现代汽油不可或缺的组成部分。为了解决上述问题，在汽油中添加汽油清净剂是保证汽车发动机正常运转，降低排放污染物的措施之一，其成本最低、效果最好。

汽油清净剂是一种以油溶性表面活性物质为主的复合添加剂。除清净作用外，还兼有抗氧、防锈、破乳等性能，一般由清净分散剂、防锈剂、抗氧抗腐剂和破乳剂组成。它既能有效地抑制燃油系统的沉积物生成，又能将已生成的氧化沉积物迅速分散清除，确保汽车发动机动力性能正常发挥。

我国汽油清净剂的研究起步于 20 世纪 90 年代初。随着我国汽车工业的发展和环保要求的日益严格，市场对高品质的汽油需求日益增强。因此，汽油清净剂的发展也受到了前所未有的关注。与国外相比，我国的原油性质及以催化裂化为主的加工工艺决定了汽油中烯烃含量较高。烯烃与烷烃、芳烃相比，更易在燃油喷嘴、进气阀等处形成积炭或沉积物造成燃烧不完全，最终导致油耗增加，尾气排放恶化。特别是 2000 年以后，我国大部分城市使用辛烷值较高的 90 号以上的无铅汽油，在发动机内容易形成沉积物，汽油的清净性问题更加突出。加入清净剂后可使上述情况得到缓解或清除。

汽油从油箱到发动机燃烧室，经过了化油器、喷嘴、进气阀等部件，按照汽油清净剂在发动机内不同部位所起到的作用，人们将汽油清净剂的发展分为四代。第一代产品解决化油器沉积物，第二代产品解决喷嘴沉积物，第三代产品解决进气阀沉积物，第四代产品抑制燃烧室沉积物。

第一代产品是在 20 世纪 50 年代初期开发出来的。美国雪佛龙公司早在 1954 年就推荐使用汽油清净剂，是一种表面活性剂，主要成分是长链胺和羧酸胺。其作用机理是这类化合物能与汽油中的易形成沉积物的物质争夺金属表面，并使已形成的沉积物变疏松，从而被汽油带入燃烧室烧掉。

第二代产品于 20 世纪 80 年代后期出现。这个时期，发动机技术有了很大的进步。如在发动机系统中应用电子控制喷射器替代了原来的化油器，这种技术对改善汽车排放非常有效，因此得到了迅速发展。这种技术对汽油发动机的沉积物较为敏感。由于这种发动机的机身较小，部件排列紧凑，周围空间有限，在怠速或停车的情况下，燃油喷嘴周围的温度可以高达 135℃，汽油燃料中的烃类在此环境下易氧化生成漆膜或沉积物，从而堵塞喷嘴，影响雾化效果。第二代产品以高分子化合物居多，如聚异丁烯类，主要用来克服汽车行驶过程中出现的燃油喷嘴堵塞问题。

第三代产品是在 20 世纪 90 年代开发出来的。它不仅可以保持喷嘴的清净性，而且可以控制进气阀沉积物的形成。在实践中人们发现，汽油沉积物在进气阀堆积过多时，会干扰进气阀的密封，造成阀门关闭不严，导致窜气严重，最终导致发动机驱动性变差、排放污染物增加等。因此，在第二代产品的基础上，采用了带有极性的聚合物，如聚异丁烯胺类化合物，作为汽油清净剂，可以减少进气阀沉积物。

第三代产品虽然可以有效地清除进气阀沉积物，但是由于它的使用量一般偏高，又带来了其他问题，即燃烧室沉积物的形成。一旦燃烧室的沉积物形成，就会引起三种不良后果：①压缩比和混合气温度升高，使其对汽油辛烷值的要求高于原设计值；②由于燃烧室沉积物增加，会引起燃烧室温度升高，从而导致排放 NO_x 增加；③增加活塞顶部和缸盖之间的机械干扰，引起积炭敲缸，从而影响发动机寿命，严重时还会导致发动机的损坏。

第四代产品是针对第三代产品产生的问题开发出来的，它的主要作用是不仅可以有效清洁进气阀，而且能有效抑制燃烧室内形成的沉积物积炭，主要含有聚异丁烯胺和聚醚胺或复合物。聚异丁烯胺等主剂虽然可以很好地解决燃油喷嘴和进气阀沉积物问题，但因为其热稳定性较高，在燃烧室内燃烧不完全，容易导致燃烧室沉积物明显增多，而聚醚胺中

C—O—C 键易于热裂解，所以第四代汽油清净剂以聚醚胺为主剂，它在有效控制燃油喷嘴、进气阀沉积物的同时，还可以显著减少燃烧室沉积物。

车用汽油清净剂已发展到第五代，主要以聚异丁烯基苯酚曼尼希加合物为主剂，在前四代清净剂性能基础上，能够改变燃油的燃烧特性，降低燃油的消耗量，减少颗粒物和碳氢化合物等污染物的排放量。

随着我国电喷汽车技术的发展以及排放标准的提高，国内已开始使用汽油清净剂。鉴于我国汽油中催化裂化汽油占汽油总调合组分的 75%~80%，催化裂化汽油调合组分的烯烃含量一般在 15%~40%，烯烃含量过高易导致燃油系统严重污染，因而在汽油中使用清净剂显得尤为重要。

为了提高和控制汽油清净剂的质量，我国建立了评价汽油清净剂的产品标准。车用汽油清净剂的技术要求见表 17-57。

表 17-57　车用汽油清净剂的技术要求(GB 19592—2019)

项　目	技术指标	试验方法
外观	透明，无悬浮物和沉降杂质	目测
倾点/℃	≤-20	GB/T 3535
闪点(闭口)/℃	≥60	GB/T 261
氮含量/%	报告	SH/T 0224
硫含量/(μg/g)	≤50	SH/T 0689
氯含量/(μg/g)	≤10	SH/T 1757
防锈性 /锈蚀程度	≤中度锈蚀	GB/T 19230. 1
破乳性 /级		GB/T 19230. 2
界面	≤1b	
相分离	≤2	
喷嘴质量流量损失率/%	≤5	GB/T 19230. 3
模拟进气阀沉积物质量/mg	≤2. 0	GB/T 37322—2019
平均进气阀沉积物质量/mg (满足下列要求之一)		
方法 1	≤30	GB/T 19230. 6
方法 2	≤50	GB/T 19230. 5
总燃烧室沉积物质量增加率/% (满足下列要求之一)		
方法 1	≤30	GB/T 19230. 6
方法 2	≤30	GB/T 19230. 5

商品汽油清净剂是多功能复合添加剂，通常具有清净、分散、抗氧、破乳和防锈性能，主要由主剂、载体油、溶剂、抗氧抗腐剂等组成。

主剂是在汽油清净剂中起主导作用的添加剂，该添加剂通常是含有极性基和非极性基的一种表面活性物质，它能够吸附在发动机的金属表面，从而阻止汽油沉积物在金属表面生成和堆积，同时还能够分散汽油沉积物以防止沉积物聚集，如图 17-22 所示。极性基通常含有氮原子和氧原子，它们能够吸附在发动机的金属表面，起到阻止汽油沉积物在金属表面生成和堆积的作用，非极性基团主要是油溶性较好的长链烷基，以增加其在汽油中的溶解性。

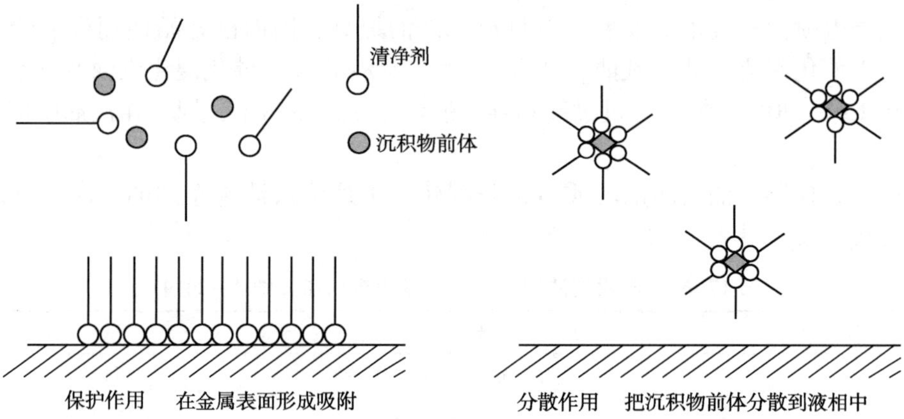

图 17-22　汽油清净剂作用机理

作为主剂的化合物通常有酰胺型、聚异丁烯胺型、曼尼希碱型、聚醚胺型等几大类物质。聚异丁烯胺型清净剂可抑制进气阀沉积物，但它的引入会比空白燃料引起更多的燃烧室沉积物，而聚醚胺型清净剂通常被认为可减少燃烧室的沉积物，降低粒子和氮氧化物的排放，并且聚醚胺型清净剂需要很少甚至根本不需要额外的载体油就可解决工业上的粘阀问题，所以更经济。

载体油的作用是保证主剂在高温下依然具有一定的活性。载体油将有助于主剂在汽油中充分溶解，随汽油进入燃烧室燃烧后尽量减少在燃烧室内表面形成沉积物。在一般情况下，矿物油、聚 α-烯烃合成油、聚烯烃及聚醚类合成油等都可作为载体油。

在汽油清净剂中，通常还有其他一些组分，如溶剂、抗氧防腐剂、破乳剂、防冰剂、金属减活剂等，以保证相应的性能要求。各种添加剂在配方中必须进行平衡，以达到性能最优。表 17-58 列出了典型汽油清净剂的物理参数。

表 17-58 典型汽油清净剂的物理参数

外观	浅黄色黏性液体	外观	浅黄色黏性液体
密度(15℃)/(g/cm^3)	0.83~0.88	闪点/℃	>60
黏度(20℃)/(mm^2/s)	60~80	溶解性	溶于有机溶剂和汽油，不溶于水
倾点/℃	<-20		

三、抗静电添加剂

抗静电添加剂是在燃料中加入微量的可以导电的化合物，使用抗静电添加剂的目的是提高燃料的电导率，消除静电危害，保证燃料的使用安全[45-46]。

静电的产生可用双电层机理解释。根据 Helmheltz-Perren 的理论设想，固体和液体交界面上的双电层是板状电容器，液相流动时带走一种电荷，而在固体表面吸附另一种相反电荷。燃料在生产、输转、灌装过程中，燃料分子与存储容器壁之间存在着偶电层，当燃料流动时，靠管壁的电荷被束缚着，不容易运动，而呈扩散状态的电荷则随燃料一起流动，使原来的偶电层发生了变化。燃料中的电荷被冲走时，原在管壁内侧被束缚的电荷由于相反电荷的离去而有条件跑到管壁外侧成为自由电荷。这部分电荷会在油管上积累，构成危险的静电。如果液体所带的总电量大，一旦发生火花放电，极易发生感应带电引起的爆炸事故。

喷气燃料的单次加油量很大，在机场往往采用高速加油，在泵送燃料时，燃料和管壁、阀门、过滤器等高速摩擦，油面会产生和积累大量的静电荷，其电势可达数千伏甚至上万伏。这样到一定程度就会产生火花放电，引起爆炸，往往酿成重大灾害。

燃料抗静电剂是通过极性基团的定向排列，使输送管线或储罐内产生的电偶层变薄或消失而达到抗静电的目的。除了具备良好的抗静电性能外，还应当不溶于水，无乳化性，低温溶解性好，燃烧后灰分少，不产生有害气体，与其它燃料添加剂并用时不产生相抵作用。

目前，我国使用的抗静电剂有 T1501 抗静电添加剂(已停产)和 T1502 无灰型抗静电添加剂。

抗静电剂(T1501)由三个组分组成，即烷基水杨酸盐、丁二酸双异辛酯磺酸钙及甲基丙烯酸酯共聚物。前两个组分不易溶于水或被水分解，二者复合使用可以互相中和对方的起电效应，尤其是等摩尔复合时，具有较低的起电性能，比单独使用时的导电效果增长数百倍以上。第三组分选用甲基丙烯酸酯共聚物起到防止前两组分被水浸流失以及提高添加剂电导率的作用。由于该添加剂含有重金属铬元素，会发生铬致癌污染问题，已经被无灰型抗静电剂所取代。

无灰型抗静电添加剂是利用有机极性聚合物来提高燃油的导电性。由有机砜和有机胺构成，商品代号是 T1502 添加剂，属无灰型添加剂。它具有以下特点：燃烧后不会发生铬致癌污染问题；提高喷气燃料导电性的能力比较高，在喷气燃料中加入量为 2mg/L 时，典型产品的电导率为 300~600pS/m；同时对喷气燃料水分离指数影响小，在实际应用过程中具有较好的抗衰减性。对长期储存后电导率衰减不合格的喷气燃料，在需要的时候也可以进行二次补加。

抗静电添加剂(T1502)的理化性质见表 17-59。

表 17-59　抗静电剂 T1502 的理化性质

项　目	指　　标	试验方法
外　观	琥珀色透明液体	目测
密度(20℃)/(g/cm^3)	0.88~0.91	GB/T 1884—1992
水分离指数	≥80	SH/T 0616—1995
电导率(20℃)/(pS/m)	≥200	GB/T 6539—1997

四、防冰剂

喷气燃料在使用时，常处于高空低温环境，使燃料中的溶解水析出，形成冰晶，严重时会堵塞发动机的油滤系统，致使供油量减少甚至中断，而导致飞机发生安全事故[47]。

防止冰晶形成的基本途径是加入防冰剂，防冰剂同时具有亲油性和亲水性，是一种既溶于油又溶于水的化学物质，它不仅可以防止喷气燃料中的水分在低温下形成结晶，还可抑制喷气燃料中微生物的繁殖。防冰剂一般为醇类及醇醚类化合物，如甲醇、乙醇、异丙醇以及二乙二醇甲醚、乙二醇甲醚和乙二醇乙醚。它们可以增加燃料对水的溶解能力，同时在燃料中与水形成低结晶点的溶液，防止水分子形成冰晶析出并能溶解已形成的冰晶，以保证燃油系统正常工作。

民用飞机对燃料低温性能要求没有军用飞机高，可以从压缩机引来少量热空气或利用润滑油的热量来加热燃油和油滤，防止冰晶的产生，因此民用飞机一般不加防冰剂。

目前我国实际使用的防冰剂为乙二醇甲醚(T1301)，添加比例为0.1%~0.15%(与燃料的体积比)。GB 6537—2018《3号喷气燃料》标准中规定还可以使用二乙二醇甲醚作为防冰剂。在使用中发现，乙二醇甲醚可以将JP-5喷气燃料的闪点降低约3℃，另外生物毒性试验表明乙二醇甲醚毒性较大。未来有可能用毒性较小的二乙二醇甲醚代替目前使用的乙二醇甲醚。

通常采用三氟化硼乙醚为催化剂，使环氧乙烷与甲醇在常压下反应而生成乙二醇甲醚，并有二乙二醇甲醚及三乙二醇甲醚等副产物生成。防冰剂(T1301)的性质列于表17-60。

表17-60　防冰剂T1301的典型性质

项　目	典型数据	项　目	典型数据
密度(20℃)/(g/cm^3)	0.966	123.3~125.5℃馏出体积/%	96.6
酸值/(mgKOH/g)	0.012	乙二醇含量/%	0.008
折射率	1.4028	水含量/%	0.034
馏程		pH值(25℃，25%水溶液)	6.92
初馏点/℃	121.2	乙二醇甲醚含量/%	99.8
终馏点/℃	125.3		

五、柴油流动性改进剂

柴油流动性改进剂是一种蜡结晶抑制剂，使用它可增产柴油，节省掺混用煤油，提高炼油厂生产灵活性。

柴油流动性改进剂的作用机理和润滑油降凝剂基本相同。它能在石蜡析出时与其共晶或吸附，抑制石蜡结晶长大，使蜡晶细化，从而改善柴油低温流动性能，见图17-23。

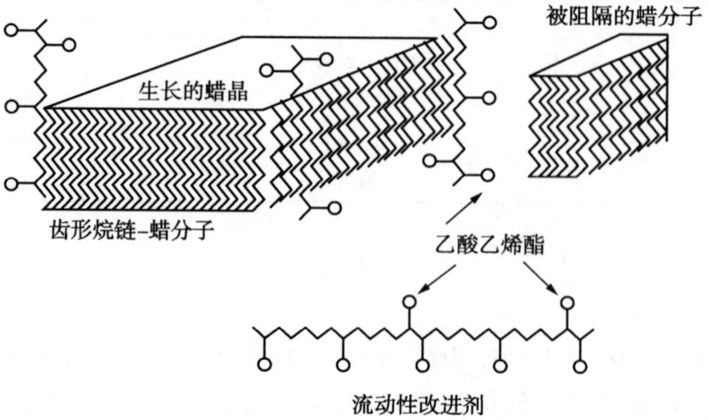

图17-23　流动性改进剂及其对蜡结晶的影响

1980年国内开始生产聚乙烯-醋酸乙烯酯柴油流动性改进剂（T1804），目前已开发成功间歇聚合和连续聚合两种工艺。产品中醋酸乙烯酯含量35%~45%，平均相对分子质量为1500~2000，支链度（$CH_3/100CH_2$）为6。

柴油流动性改进剂的加入量一般为0.01%~0.1%，其使用效果不仅决定于添加剂本身的结构，也取决于柴油的馏分和烃类组成。在柴油中的使用情况表明，环烷基油较中间基油感受性好，石蜡基油较差；不同加工工艺的柴油感受性不同，尤以催化裂化柴油、分子筛脱蜡、尿素脱蜡和临氢降凝柴油感受性较好，直馏柴油、加氢精制柴油感受性较差；从馏程来看，馏程越宽感受性越好。实际使用时，应采用合理的组分调配。T1804在国内部分柴油中的使用效果列于表17-61中。

表17-61　柴油流动性改进剂T1804的使用效果

项　目	凝　点/℃			冷滤点/℃		
	基础油	加0.1% T1804	GB252规格	基础油	加0.1% T1804	GB 252规格
-10号轻柴油	-12	-28	-10	-8	-10	-5
	-16	-40	-10	-5	-17	-5
-20号轻柴油	-20	-41	-20	-11	-27	-14
	-28	-48	-20	-11	-27	-14
-35号轻柴油	-30	-43	-35	-18	-29	-29
	-31	-43	-35	-19	-30	-29

柴油流动性改进剂的感受性，直接依赖于油品的化学组成和馏分组成。柴油生产的原油来源、生产工艺、加工方案和调油配方均有差异。因此柴油加剂感受性也是存在差异性。一般情况下柴油中正构烷烃碳数分布宽、高碳数正构烃分布宽且含量较低、最好还有少量C_{25}~C_{30}的高碳正构烃，这样的柴油加剂效果较好；从柴油族组成看，如柴油的单环芳烃含量较高，正构烷烃含量较低，加剂效果好。

六、柴油十六烷值改进剂

十六烷值是反映柴油在气缸中被压缩燃烧时的着火性能。十六烷值过低会导致延长柴油的滞燃期，甚至发动机发生爆震。十六烷值改进剂是改善这一性能的柴油添加剂。十六烷值改进剂一般为硝酸烷基酯，尤以2-乙基己基硝酸酯应用最广。该剂的使用效果取决于柴油的化学组成。烷烃含量愈高，感受性愈好；芳香烃含量愈高，感受性愈差；而环烷烃介于其间。一般采用直馏或加氢精制柴油与催化裂化轻循环油调合，加入0.02%~0.1%，可提高十六烷值4~10个单位，但柴油10%蒸余物残炭有所增大。2-乙基己基硝酸酯的理化指标见表17-62。

表 17-62　2-乙基己基硝酸酯的理化指标

项　目	质量指标	试验方法
外观	无色或淡黄色透明液体	目测
纯度/%	≥99.1	气相色谱法
密度(20℃)/(g/cm^3)	0.96~0.97	SH/T 0604
运动黏度(20℃)/(mm^2/s)	1.70~1.80	GB/T 265
闪点(闭口)/℃	≥77	GB/T 261
色度/号	≤0.5	GB/T 6540
水分/(μg/g)	≤450	SH/T 0246
酸度/(mgKOH/100mL)	≤3	GB/T 258
铜片腐蚀(50℃，3h)/级	≤1	GB/T 5096
机械杂质	无	GB/T 511

草酸二丁酯、草酸二异戊酯是一种新型柴油十六烷值改进剂，与柴油有良好的互溶性，改进柴油的效果好，且原料来源广泛，合成工艺简单。

七、柴油润滑性添加剂

与汽油发动机相比，柴油发动机具有效率高、清洁、耐用、维修费用低等优点，因此柴油发动机应用范围也日益宽广。欧洲柴油标准 EN590（欧 V）规定硫质量分数不超过 10μg/g，美国柴油标准 ASTM D975 要求低硫柴油硫质量分数不超过 15μg/g；我国车用柴油标准 GB 19147 规定硫质量分数不大于 10μg/g。由于低硫柴油生产中普遍采用苛刻的加氢脱硫工艺，柴油中的极性含氧、含氮化合物以及多环、双环芳烃含量也随之降低，因而降低了柴油的自然润滑性能。

柴油在发动机中既是燃料，也是高压油泵的润滑剂，如果柴油的润滑性不好，就无法为油泵提供可靠的润滑，使一些依靠柴油本身来进行润滑的喷油泵如旋转泵、分配泵出现磨损，配合精度下降、柴油雾化不良、发动机功率不足或怠速不稳等问题。向低硫柴油中加入润滑性添加剂即抗磨剂是最简便也是目前广泛采用的改善柴油润滑性的方法[40,48]。

我国从 20 世纪末开始研究柴油的润滑性，2006 年已经有国产柴油抗磨剂产品问世应用。2008 年，中国石化发布实施了首个柴油抗磨剂产品标准 Q/SH 0199—2008。根据应用中出现的产品质量问题和风险，多次对抗磨剂产品标准进行修订，现行标准是 Q/SH CG 57—2017，在世界范围内是最为严格的质量标准，规范了柴油抗磨剂的技术指标，从而保障了我国柴油产品质量。

柴油抗磨剂主要产品为脂肪酸型或脂肪酸酯型，脂肪酸型抗磨剂的主要成分为长链脂肪酸如油酸、亚油酸、亚麻酸等，典型产品来自精制妥尔油脂肪酸；脂肪酸酯型抗磨剂是上述脂肪酸与多元醇酯化反应的产物。在柴油中添加这些化合物，在不影响柴油其他性能的情况下，可改善柴油的润滑性能，具有简便、经济且行之有效的特点。这些化合物是油性剂，极性基是羧基及酯基，它们吸附在金属表面，减少金属的直接接触，起到边界润滑、减缓磨损的作用。柴油润滑性添加剂使用量根据柴油种类不同而异，一般在 50~

200μg/g。

为快速评价柴油的润滑性能，预测低硫柴油对高压油泵的磨损情况，人们研究了许多模拟试验方法来评价柴油的润滑性能。其中高频往复试验机法(HFRR 试验法)因其操作简便、重复性好，与实际发动机的润滑性有很好的对应性而被作为标准试验法之一。目前，柴油的磨斑直径低于460μm 这一标准被广泛采纳，我国车用柴油 GB 19147—2016 等效采用了这一标准。表 17-63 列出了柴油抗磨剂的技术指标数据。

表 17-63　柴油抗磨剂技术指标(Q/SH CG 57—2017)

项　目	脂肪酸型	脂肪酸酯型
酸值/(mgKOH/g)	185~210	≤1
凝点/℃	≤-12	≤-16
浊点/℃	≤-8	—
闪点(闭口)/℃	≥160	≥160
密度(20℃)/(g/cm³)	报告	报告
运动黏度(40℃)/(mm²/s)	报告	报告
元素含量/(μg/g)		
氮	≤200	≤200
硫	≤100	≤100
金属	≤50	≤50
磷	≤15	≤15
硼	≤15	≤15
硅	≤15	≤15
氯	≤15	≤15
饱和脂肪酸含量/%	≤2.5	≤2.5
水含量/%	痕迹	痕迹
机械杂质	无	无
加剂柴油可滤不溶物含量(加剂量 2%，7℃储存 24h)/(μg/g)	≤48	≤48
加剂柴油破乳性，水层体积/mL	≥18	
游离甘油含量/%	≤0.5	
使用试验		
WS1.4(空白柴油)/μm	521~600/570~700/>670	521~600/570~700/>670
WS1.4(加剂柴油)/μm	≤420/≤420/≤420	≤420/≤420/≤420
加剂量/(μg/g)	≤150/≤200/≤300	≤140/≤190/≤280

八、柴油清净剂

柴油清净剂是一种添加剂组合物，在柴油中使用具有保护金属表面、清洗作用、分散作用、中和作用和增溶作用等[49]。柴油清净剂主剂是表面活性剂，兼有亲水的极性基团和亲油的非极性基团，在柴油中的作用机理与汽油清净剂类似，在此不再赘述。

使用柴油清净剂是提高柴油品质、降低机动车尾气排放污染的有效简便的方法。随着我国发动机技术的进步和环保工业的严格要求，在柴油中使用无灰清净剂是必然趋势。

柴油清净剂主要两种类型：有灰型清净剂和无灰型清净剂。有灰型清净剂在助燃和消烟方面效果非常显著，但是伴有金属氧化物燃烧产物，会导致二次污染，因此应用越来越少。无灰型清净剂大多为含氮化合物或其衍生物，如丁二酰亚胺型、高氮含量的聚异丁烯胺或曼尼奇碱型、聚醚胺型等。使用无灰清净剂能明显抑制柴油对金属的锈蚀，可以降低发动机对柴油十六烷值的需求，保持和优化发动机性能，降低噪音，延长发动机寿命。

柴油清净剂中的高分子酰(亚)胺清净剂主要是聚烯烃取代的丁二酰(亚)胺。它具有相对较高的热稳定性，对发动机进气阀和喷油嘴积炭有一定清净作用，减少空气流量损失，保持供油不被堵塞。聚醚胺在清除燃烧室积炭方面有显著的优势，同时也降低了颗粒物和 NO_x 的排放。

我国于 2016 年 8 月 29 日发布了 GB/T 32859—2016《柴油清净剂》，2017 年 3 月 1 日正式实施。该标准适用于车用柴油、生物柴油调合燃料(B5)等柴油发动机燃料，规定了倾点、闪点、破乳性等使用性能技术要求；基于对油品及发动机无害化考虑，规定了硫含量、氯含量技术要求；规定了喷嘴清洁度空气流量损失率不大于 75%。

为了鉴别柴油中是否加有柴油清净剂，开发了电导率法、胶质法、紫外分光光度法、红外光谱法、薄层色谱法、进气阀沉积物模拟试验方法和标识物法等测试方法。

国家标准(GB/T 32859—2016)规定了柴油清净剂通过发动机台架试验来评定其清净性能。采用喷嘴结焦试验方法(XUD-9 法)，将流量检查合格的清洁喷嘴装配在发动机上，在方法要求的工况下，发动机运转 10h，测量试验前后喷嘴的空气流量变化，得到柴油对喷嘴的结焦性能。随着高压共轨等技术的发展，结合现有柴油发动机最新技术，开发了评价柴油机燃油喷射器焦化情况的新方法 DW10，通过测量发动机功率来判断喷油器结焦水平，可以判断柴油清净剂对喷油器的清净性能的影响。

九、生物柴油抗氧剂

生物柴油以其可再生、可生物降解等特性成为柴油替代燃料，在世界范围内得到广泛应用。生物柴油的不饱和结构决定了生物柴油在存贮过程中的氧化安定性比矿物柴油要差。在氧化降解过程中生成氢过氧化物，以及可溶性聚合物等二级氧化产物，导致油品中产生不溶物，酸值、黏度增加等，并且进一步带来引擎腐蚀，堵塞油管、油泵，使发动机功率不稳定等问题，成为其应用中必须解决的重要问题之一。

添加抗氧剂是一种提高生物柴油的氧化安定性的有效方法。

生物柴油抗氧剂分为天然抗氧剂和合成抗氧剂两大类。合成抗氧剂在生物柴油中抗氧效果显著，添加量小，应用最多，在生物柴油抗氧剂中占有非常大的比例。

合成抗氧剂主要包括酚型抗氧剂、胺型抗氧剂以及复合抗氧剂等。酚型抗氧剂有单酚类、二酚类、双酚类、多酚类、含酚硫醚等。复合型抗氧剂通过主抗氧剂与辅助抗氧剂按比例均匀混合，可以使各种抗氧剂间的性质互相补充、互相促进，发挥抗氧剂的协同作用。如常用酚类抗氧剂与胺类抗氧剂的复合；常用酚类抗氧剂或胺类抗氧剂与其他具有协同作用的抗氧剂或与金属钝化剂的复合。

在实践中发现，3-(3，5-二叔丁基-4-羟基苯基)丙酸的衍生物与具有某些特定结构的含氮基团化学键合后作为抗氧剂，可以提高生物柴油及其柴油调合燃料的抗氧化效果，如3-(3，5-二叔丁基-4-羟基苯基)-*N*-(2-(1-哌嗪基)乙基)丙酰胺，其结构式见图17-24。

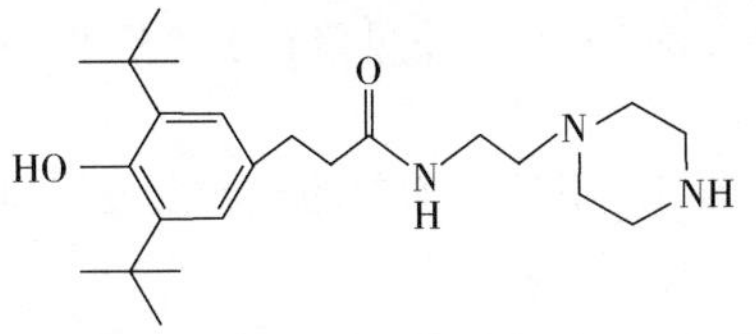

图17-24　复合生物柴油抗氧剂

十、汽油和柴油复合添加剂

汽车工业的发展带来了因尾气排放造成的空气污染问题和能源日益紧张的问题，对人类的健康、生存和发展构成了严重的威胁。车用燃料的质量对发动机燃油消耗、尾气排放、性能发挥都非常重要，与能源消耗和空气质量密切相关。因此，改善车用燃料的质量具有十分重要的意义。汽油和柴油质量与发动机要求还存在一些差异，因此，在汽油和柴油中有必要加入一些添加剂，特别是汽油和柴油复合添加剂，以更好地满足发动机动力性、经济性、排放性要求，达到环保节能的效果。

在汽油和柴油中加入复合添加剂可以很好地改善油品性能，有效提高发动机的效率，是解决汽柴油对环境污染问题的有效办法之一。

汽油和柴油清净剂正在向多功能化发展，它不仅具有清净作用，还应具有防腐、破乳、消烟及提高燃油热稳定性等功能。聚醚胺清净剂起着关键的清净分散作用，相对聚异丁烯胺来说，具有更好的进气阀清净性，能够抑制燃烧室沉积物的增加。试验表明，当聚醚胺清净剂与聚烯胺清净剂复合后，使用效果明显比清净剂单剂效果更好，能大幅度减少燃烧室与进气阀沉积物，明显降低碳氢化合物与CO排放量。

汽油和柴油复合添加剂的组成越来越复杂，如清净剂由小分子转向大分子聚合物，单一组分转向多元组分，充分利用各组分间的协同作用，可以最大限度发挥添加剂的作用。

一种柴油复合添加剂组成为：聚异丁烯胺27%、聚醚胺15%、合成油聚醚40%、抗氧剂18%。该复合添加剂的各项技术指标满足GB /T 32859—2016的要求。

参 考 文 献

[1] George G. Growth Seen Looming for Additives[R]. Lube Report Americas，2019，10.

[2] Zalai A. Additives for Lubricants and Operationl Fluids[C]// 5th International Colloquium，1986，9.4-1.

[3] Eicke H F. Surfactants in Non-Polar Solvents，in Topics in Current Chemistry[M]. Springer Verlag Berlin Heidelberg，New York，1980.

[4] Raddatz S. Additives for Lubricants and Operationl Fluids[C]// 5th International Colloquium，1986，9.1-20.

[5] 侯芙生．中国炼油技术[M].3版．北京：中国石化出版社，2011：705.

[6] 刘依农．高碱值磺酸锂的合成及其在SD15W/40和CD15W/40油品中的应用[J]. 石油学报(石油加工)，2012，28(3)：498-504.

[7] 姚文钊，薛卫国，刘雨花，等．低硫酸盐灰分、低磷和低硫发动机油添加剂发展现状及趋势[J]．润滑油，2009，24(1)：48-53.
[8] 梁依经，贾世元，管飞，等．混合烷基结构水杨酸钙的制备及性能研究[J]．润滑油，2017，32(4)：33-37.
[9] 黄文轩．润滑剂添加剂应用指南[M]．北京：中国石化出版社，2012：37.
[10] 熊崇翔，徐未，乔桂芬．后偶联高相对分子质量聚异丁烯基丁二酰亚胺分散剂[J]．石油炼制与化工，1999，30(3)：1-7.
[11] 段庆华，刘依农．中国汽车发动机润滑油添加剂的现状及发展[C]//2004 年中国润滑油国际研讨会论文集，2004：46-47.
[12] 赵敏，黄作鑫，么佳耀，等．聚异丁烯马来酰亚胺的结构与性能研究[J]．润滑油，2012，27(6)：35-38.
[13] Harpp D N，Robertson J，Laycock K，et al. Organosulfur antioxidants in hydrocarbon oils[J]. Sulfur Reports，1985，4(6)：195-227.
[14] 薛卫国，杨蕾，伏喜胜，等．润滑油抗氧剂的作用机理[J]．合成润滑材料，2015，42(2)：40-46.
[15] Leslie R Rudnick. Lubricant Additives Chemistry and Applications（Third Edition）[M]. Arizona：CRC Press，2017：38.
[16] 翟纯，范毓菊．核磁共振研究二烷基二硫代磷酸锌[J]．石油学报(石油加工)，1986(4)：78-86.
[17] 杨永璧，李新华．液态烷基化二苯胺抗氧剂的研究[J]．石油炼制与化工，2005，36(5)：38-42.
[18] 苏朔．润滑油抗氧剂的分子设计及制备研究[D]．北京：石油化工科学研究院，2014.
[19] John V Redpath. Lubricant with Higher Molecular Weight Copolymer Lube Oil Flow Improver：US Pat Appl，US 5939365[P]. 1999.
[20] Ricardo A Bloch. Carboxylate - Vinyl Ester Copolymer Blend Compositions for Lubricating Oil flow Improvement：US Pat Appl，US 6475963[P]. 2002.
[21] 李玲，段庆华，张耀，等．富马酸酯降凝剂在车用发动机油中的应用研究[J]．润滑油，2016，31(1)：40-45.
[22] Leslie R Rudnick. Lubricant Additives Chemistry and Application [M]. New York：Marcel Dekker Inc，2009. P. 329.
[23] 许金山，雷凌．不同类型黏度指数改进剂对低黏度节能型发动机油性能的影响[J]．石油商技，2017，6：20-27.
[24] 乙丙共聚物黏度指数改进剂[S]，SH/T 0622-2007.
[25] 吴邦强，葛盛年．设备用油与润滑[M]．北京：煤炭工业出版社，1989：21-22.
[26] 蒋丽娟，王澎涛，李来平，等．二烷基二硫代氨基甲酸钼添加剂的研发进展[J]．润滑油，2011，26(5)：23-27.
[27] 罗海棠，谢龙，王将兵，等，硫化异丁烯的制备工艺对其性能的影响[J]．合成润滑材料，2019，46(1)：26-28.
[28] 潘广明．一种硼酸盐极压剂的性能与应用[J]．石油炼制与化工，1982，13(8)：1-5.
[29] 仇延生，王淑瑛，王薰陶，等．极压剂复合效应的研究[J]．润滑与密封，1980(1)：5-17.
[30] 张镜诚，仲伯禹．T551、T561 金属减活剂作用机理的研究[J]．石油学报(石油加工)，1994，10(1)：88-93.
[31] 万涛，钱晖，徐松，等．T551 金属减活剂对变压器油中铜腐蚀抑制作用研究[J]．石油炼制与化工，2012，43(11)：69-72.
[32] 张镜诚．金属减活剂的结构与性能的关系[J]．石油炼制，1988，19(7)：44-46.
[33] 洪定一．炼油与石化工业技术进展[M]．北京：中国石化出版社，2009. 243-248.

[34] 陈惠卿，申宝武，杨华．汽车自动传动液的发展现状及配方筛选[J]．汽车工艺与材料，2005(1)：29-35.
[35] 伏喜胜．油品添加剂手册[M]．北京：化学工业出版社，2020：371.
[36] 黄文轩．润滑剂添加剂性质及应用[M]．北京：中国石化出版社，2012. 520-524.
[37] 唐俊杰，苍秋菊．汽车自动传动液的研制[J]．润滑油，1996，11(5)：14-31.
[38] 李韶辉．DEXRON Ⅲ 汽车自动传动液的研究．2003 年润滑油科技情报站论文，2003：136-142.
[39] 刘智峰．新一代汽油清净剂结构组成及作用机理研究进展[C]//中国润滑技术论坛(2018)暨中国汽车工程学会汽车燃料与润滑油分会第十八届年会论文专辑．2018：327-334.
[40] 尹彤华．柴油抗磨剂对柴油质量影响分析[J]．当代石油石化，2018，26(2)：37-42.
[41] 李泽振，熊云．柴油清净剂的研究进展与应用概况[J]．当代化工，2018，47(1)：190-193.
[42] 叶涛，徐少丹，廖上富，等．车用汽油及其添加剂综述[J]．精细与专用化学品，2016，24(7)：1-4.
[43] 欧阳平，邢晓晨，张贤明，等．抗氧剂的研究现状及发展趋势[J]．应用化工，2015，44(2)：344-348，354.
[44] 李航．汽油清净剂的行业现状和发展[C]//中国汽车工程学会燃料与润滑油分会第十四届年会论文集，2010：11-17.
[45] 刘婕，薛艳，李辉，等．喷气燃料添加剂对抗静电剂 T1502 感受性的影响[J]．石化技术，2012，19(2)：12-14.
[46] 赵丽萍，陶志平，张翠君，等．无灰型抗静电剂在燃油中感受性的影响因素[J]．石油与天然气化工，2010，39(3)：254-257，261.
[47] 王烨，王立．国内外防冰剂应用介绍[J]．山东化工，2017，46(22)：80-81.
[48] 王维民．车用柴油添加剂润滑性的研究[J]．石油库与加油站，2011，20(2)：34-37.
[49] 韦清华，陈义龙，张睿，等．柴油清净剂研究与应用展望[J]．油气田环境保护，2014，24(03)：67-69，82.

专家话炼油

第十八章 石油蜡生产工艺

石油蜡包括液蜡、石蜡、微晶蜡及石油脂凡士林，是具有广泛用途的一类石油产品。我国原油多数为含蜡原油，几种主要原油含蜡量均在15%~30%，蜡资源十分丰富。国产石油蜡除满足国内需求外，还有相当数量的出口。

我国石油蜡的生产已有较长的历史，早在20世纪40年代就有少量石油蜡生产，但大量工业生产是在60年代初大庆油田开发以后。随着原油产量的增加，石油蜡的产量、品种及其生产工艺获得迅速发展。石油蜡生产工艺，在陆续发展溶剂脱蜡脱油、溶剂喷雾脱油、沸石脱蜡、尿素脱蜡及加氢精制等工艺技术的同时，冷榨、发汗、白土精制等工艺仍在继续使用。

本章还介绍了费托蜡及其生产工艺。

第一节 蜡脱油工艺

一、甲乙酮-甲苯脱蜡脱油联合工艺[1~4]

甲乙酮-甲苯(MEK-TOL)脱蜡脱油联合工艺是我国润滑油型炼油厂生产石油蜡的主要方法。该工艺特点是脱蜡所得蜡膏不再经熔化结晶而直接加入溶剂再稀释，并在一定工艺条件下过滤脱油得到脱油蜡，由于过程中省去蜡膏熔化和再结晶步骤，简化了生产流程，所以降低了能耗。与其他石油蜡生产工艺比较，甲乙酮-甲苯脱蜡脱油联合工艺技术比较先进，原料适应范围广，用于生产低含油蜡是比较合适的。

我国甲乙酮-甲苯脱蜡脱油联合工艺原则流程如图18-1所示。此流程为多段滤液逆流流程。减二线或减三线含蜡原料油用一段脱油滤液稀释并在套管结晶器结晶，再用溶剂稀释后进入脱蜡滤机，脱蜡滤液经回收溶剂即得脱蜡油，蜡膏经二段脱油滤液稀释送到一段脱油滤机，一段脱油滤液大部分返回作为脱蜡稀释液，小部分经回收溶剂得蜡下油。蜡下油一般作为催化裂化原料。一段脱油得到的软蜡，尚含较高油分，熔点也低，须进一步用溶剂稀释浆化，控制在一定温度送到二段脱油滤机，将油分脱到符合商品蜡油含量水平。二段脱油滤液全部作为一段脱油过程稀释液。同时，均采用多点稀释技术，稀释点为3~6个，多点稀释对提高装置处理能力、提高油收率、降低蜡含油均有明显效果，溶剂回收应用三效蒸发，大幅度降低了装置能耗。

图18-2~图18-4为华北原油减三线馏分油在脱蜡脱油联合装置上进滤机蜡浆的蜡结晶团块显微相片。比较各图的蜡结晶，图18-2进脱蜡滤机蜡浆中蜡结晶的大小不一，小结晶较多，并夹有微晶粒；图18-3进一段脱油滤机蜡浆中的蜡结晶，小晶粒大为减少，微晶粒很少；图18-4进二段脱油滤机的蜡浆中几乎没有蜡结晶小粒，在正交偏光下呈现清晰明亮

的大粒蜡结晶。比较各图结晶状况，可明显看出进脱蜡及一段脱油滤机蜡浆中蜡结晶体基本上是圆块形，进二段脱油滤机蜡浆的蜡结晶体不再全是圆块形。

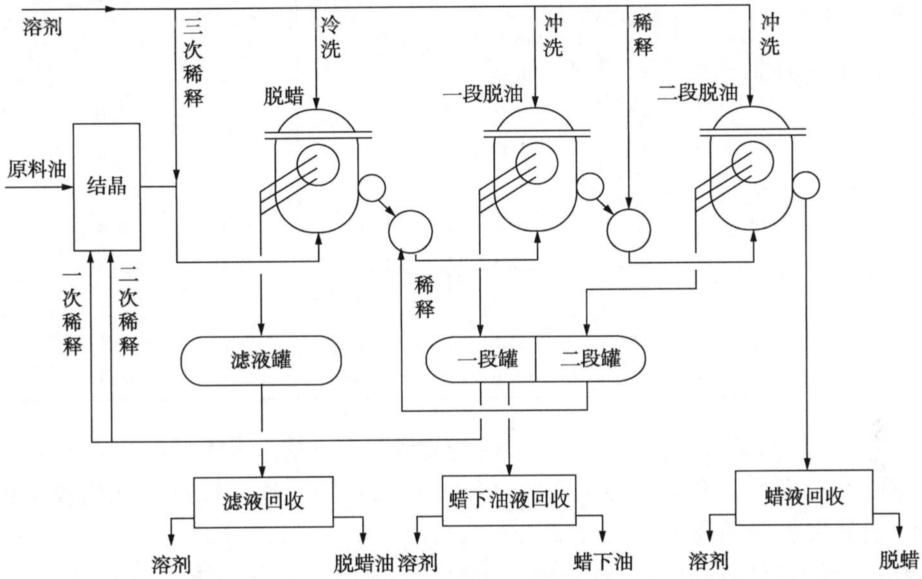

图 18-1 甲乙酮-甲苯脱蜡脱油联合装置工艺流程

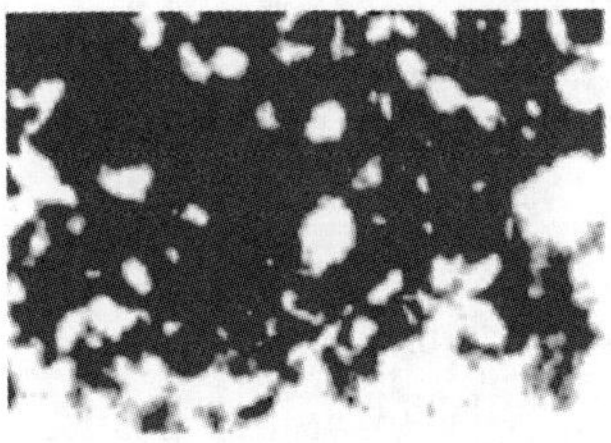

图 18-2 进脱蜡滤机蜡浆的蜡结晶(放大 170 倍)

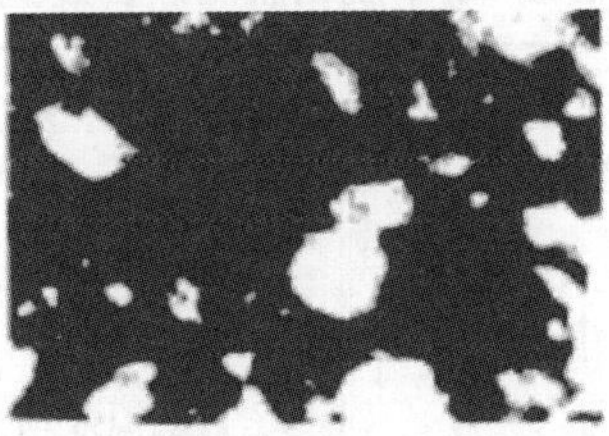

图 18-3 进一段脱油滤机蜡浆的蜡结晶(放大 170 倍)

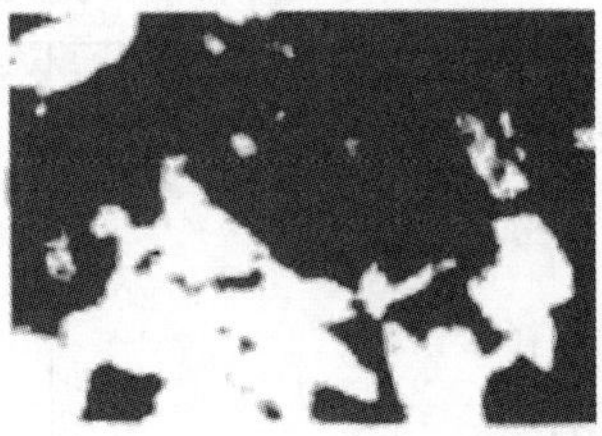

图 18-4 进二段脱油滤机蜡浆的蜡结晶(放大 170 倍)

从进滤机蜡结晶图像判断，溶剂脱油过程，主要是脱蜡后蜡膏中小粒的和较低熔点的蜡结晶，在脱油时和油分一起被选择性溶剂溶解的过程，二段脱油蜡浆中圆块形结晶体的消失，是蜡结晶团块外围软蜡被溶解的结果。

目前滤液循环技术已被广泛采用。大庆油料一、二段脱油滤液循环与非滤液循环的稀释比变化及产品收率对比如表 18-1 所示。表中还列出只有二段脱油滤液循环的生产数据。

表 18-1 大庆油料滤液循环脱蜡脱油的稀释比变化及产品收率

原料	减二线油			减三线油		
操作方式	非滤液循环	二段脱油滤液循环	一、二段脱油滤液循环	非滤液循环	二段脱油滤液循环	一、二段脱油滤液循环
原料油	1.0	1.0	1.0	1.0	1.0	1.0
脱蜡总稀释比	4.5	4.5	5.0	4.0	4.0	4.0
其中滤液	—	—	2.0	—	—	2.0
回收溶剂	4.5	4.5	3.0	4.0	4.0	2.0

续表

原　　料	减二线油			减三线油		
操作方式	非滤液循环	二段脱油滤液循环	一、二段脱油滤液循环	非滤液循环	二段脱油滤液循环	一、二段脱油滤液循环
脱油总稀释比(多脱油进料)	8.0	8.0	8.0	8.0	8.0	8.0
其中滤液	—	3.0	3.0	—	3.0	3.0
回收溶剂	8.0	5.0	5.0	8.0	5.0	5.0
脱油蜡						
油含量/%	0.4	0.4	0.4	0.4	0.4	0.4
收率/%	22.0	23.5	25.0	21.0	24.0	25.0
脱蜡油						
凝点/℃	-12	-12	-12	-8	-8	-8
收率/%	51.0	51.0	52.5	57.0	57.0	59.0

表 18-1 所列数据说明：采用一、二段脱油滤液循环工艺，脱蜡和脱油的新鲜溶剂量有较大幅度下降，从而大大降低了溶剂回收系统的负荷；同时滤液循环脱油蜡收率提高 3~4 个百分点，脱蜡油收率提高 1.5~2 个百分点。

甲乙酮-甲苯脱蜡脱油联合装置处理大庆油料的典型工艺条件如表 18-2 所示。

表 18-2　甲乙酮-甲苯脱蜡脱油联合装置操作条件

原　　料	减二线油	减三线油	原　　料	减二线油	减三线油
甲乙基酮含量/%	70~75	55~60	脱　油		
脱　蜡			一段稀释比	1.2~1.8	1.2~1.8
总稀释比	3.5	3.5	洗液比	0.4~0.6	0.4~0.6
原料温度/℃	76~77	77	脱油温度/℃	10~15	10~15
冷点溶剂温度/℃	22~26	28~32	二段稀释比	0.8~1.0	0.8~1.0
冷点原料温度/℃	26~30	32~36	洗液比	0.6	0.6
套管终冷温度/℃	-20~-22	-17	脱油温度/℃	18~22	18~22
溶剂终冷温度/℃	-23	-18	脱蜡油凝点/℃	-14	-9
滤机终冷温度/℃	-20~-22	-18	蜡熔点/℃	57	60~66
滤机真空度/kPa	20~30	20~30	蜡含油/%	0.16	0.24~0.4
滤机过滤速度/[kg/(cm^2·h)]	180	150			

甲乙酮-甲苯脱蜡脱油联合装置，采用一、二段滤液循环加工大庆油料时比非滤液循环能耗可降低 544MJ/t；加工华北原油油料时可降低 963MJ/t。

随着国内石蜡基原油减少，许多炼油厂采用进口原油或石蜡-中间基原油生产石蜡，导致酮苯装置操作及粗蜡性质变差。采用加氢处理-酮苯脱蜡脱油组合工艺[5,6]，甲乙酮-甲苯脱蜡脱油原料经加氢处理后，可脱除大部分硫、氮、氧及芳烃化合物，使装置操作得以优化，设备腐蚀降低，蜡综合收率大幅提高，如表 18-3 所示。采用高压加氢处理技术，所得的石蜡及微晶蜡质量也较好，如表 18-4 所示。

表 18-3　基础油、脱油蜡的综合收率

品　　种	油综合收率/%		蜡综合收率/%	
	设计值	实际值	设计值	实际值
HVIⅡ6 料	34.00	32.84	13.24	12.37
HVIⅡ10 料	25.39	30.77	9.54	14.92
HVIⅡ150BS 料	27.23	18.37	17.07	24.23

表 18-4　高熔点石蜡和 80 号软质微晶蜡数据

项　　目	62 号	64 号	66 号	68 号	80 号
熔　点/℃	63.95	64.52	67.30	68.50	81.0
油含量/%	0.48	0.50	0.73	0.53	2.11
赛波特颜色/号	25	24	25	26	1
光安定性/号	2	2	2	2	—
针入度(25℃)/0.1mm	13	13	14	14	24
运动黏度(100℃)/(mm^2/s)	4.570	4.538	6.450	6.074	18.38

我国用各种高蜡原油的减压渣油为原料，结合残渣润滑油的生产，经丙烷脱沥青后的脱沥青油再经溶剂精制和溶剂脱蜡脱油制取微晶蜡。微晶蜡溶剂脱蜡脱油工艺流程与石蜡生产相同。但脱沥青油相对分子质量大，溶解度低，为了获得低含油的微晶蜡产品，混合溶剂的组成需降低酮含量，同时由于高熔点大分子蜡的微晶结构特征，油蜡分离比较困难，溶液黏度大，过滤速度较慢，需要采用比石蜡生产时较大的溶剂比。

以南阳原油精制后的脱沥青油为原料，在酮苯脱蜡脱油装置上，经一段脱蜡、两段脱油生产滴熔点为 78~80℃的微晶蜡，平均蜡收率为 26%(对酮苯装置进料)，采用甲乙酮、甲苯二元溶剂，甲乙酮含量为 50%~60%，主要工艺操作条件见表 18-5。

表 18-5　酮苯脱蜡脱油生产微晶蜡的主要工艺操作条件

项　　目	参　　数	项　　目	参　　数
脱蜡总稀释比	5.5~6.0	脱蜡过滤温度/℃	-18~-21
一次稀释比	2.2~2.5	一段脱油温度/℃	15~18
二次稀释比	0.5~0.6	二段脱油温度/℃	20~25
三次稀释比	1.4	脱油总稀释比	9
冷洗稀释比	1.4~1.5		

二、单溶剂脱油工艺[7,8]

甲乙酮-甲苯脱蜡脱油工艺在处理结晶细小的微晶蜡及高熔点蜡料时，存在分离效果较差、过滤速度慢、滤机温洗频繁、溶剂消耗大等问题。甲基异丁基酮(MIBK)或甲基异丁基酮和甲乙酮混合等单类溶剂具有良好的选择性，微晶蜡及高熔点蜡料的脱蜡脱油过滤速度较快，蜡产率高，产品油含量低。

费托合成油中正构烷烃含量高，相关馏分油含量略高，单类溶剂脱油技术也适合处理该类原料，生产符合现有油含量标准的蜡产品。对于硫、氮、芳烃等杂质含量很低的费托合成油等蜡料，采用非含苯类溶剂脱油技术过程，更有利于生产医药级、食品级等高端石蜡产品。

MIBK 单溶剂脱油工艺有以下特点：

（1）脱油温度高，可以节省冷冻负荷；过滤速度快；因不需温洗，生产过程可连续化；操作平稳，生产灵活性大。

（2）溶剂比低，总溶剂回收量可比甲乙酮-甲苯少 40%，同时由于 MIBK 对水的溶解度极小，容易干燥并可在水饱和情况下使用，可以简化回收系统流程和节省投资。

（3）MIBK 沸点为 115.9℃，比甲乙酮（80℃）、甲苯（111℃）的沸点高，热稳定性也好，且几乎不溶于水，溶剂损耗小。

（4）产品蜡收率高、含油低，同等设备规模时处理量大。

三、无溶剂制蜡工艺

无溶剂制蜡工艺即压榨脱蜡-发汗脱油工艺，在我国少数燃料型炼油厂还保留使用，目前主要用于常三线和减二线含蜡馏分油生产商品石蜡及皂用蜡。

（一）压榨脱蜡

压榨脱蜡是将含蜡馏分油藉液氨蒸发而降温，使油中所含蜡呈结晶析出，再经过滤达到油与蜡分离的过程。结晶和过滤分别在套管结晶器和板框压滤机中进行，其中结晶过程是决定产品质量、收率和过滤速度的关键，结晶应在较慢的速度下进行，以便形成较大的片状蜡结晶，避免生成微小蜡粒堵塞滤布孔隙，以提高过滤速度和降低蜡饼中的油含量。

我国炼油厂采用全自动压滤机，蜡饼厚度为 25mm，考虑到套管结晶器阻力的限制，对高含蜡馏分油采用逐级降温、分次压榨的方法。通常第一次压榨脱蜡温度略高称温榨，得温榨蜡和温榨油，温榨蜡去发汗脱油，温榨油经降温结晶后再第二次压榨，得到蜡膏也作为发汗原料，脱蜡油为重柴油。为制取低凝柴油，有的还需在更低温度下进行第三次压榨。

（二）发汗脱油

由榨蜡得到的蜡膏须经进一步脱油才能符合商品蜡的油含量和熔点要求，发汗工艺是蜡膏脱油和不同熔点蜡的分离过程，这种分离决定于过程中热传导和液相的排出。当结晶后蜡料加热发汗时，由于温度上升，降低了黏度的油分，随同转为液相的低熔点蜡一起从蜡料中渗出。因为液相流动是在蜡结晶形成的毛细管中进行，流出速度很慢，发汗只能缓慢进行，需要较长的生产周期。

发汗时液相从蜡料中流出的速度，取决于蜡结晶形成毛细管的大小和液相的绝对黏度。特别是蜡结晶毛细管的大小是影响发汗能力的主要因素，故结晶是发汗的关键，在适宜的条件下得到良好的蜡结晶，才有满意的发汗效果。为防止原料馏分变重后，黏度增大和蜡结晶变小，影响发汗，发汗原料以 95%馏出温度不超过 470℃为宜。

我国发汗装置有圆形发汗罐和方箱式发汗箱两种，以圆形发汗罐为主[9~11]。发汗工艺流程如图 18-5 所示。

圆形发汗罐是发汗的主要设备。我国标准发汗罐的结构近似固定管板式热交换器，装料量为 25 吨/台，传热面积为 1148m^2，管束由长 6000mm 无缝钢管组成，管径为 ϕ25mm×

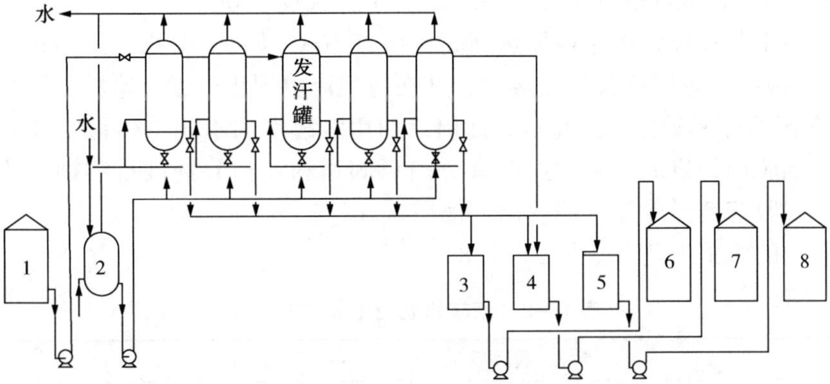

图 18-5　圆形罐发汗脱油工艺流程

1—原料储罐；2—温水罐；3—中间罐(一蜡)；4—中间罐(二蜡)；
5—中间罐(精蜡)；6—储罐(一蜡)；7—储罐(二蜡)；8—储罐(精蜡)

2.5mm，管心距为 52mm，管子正方形排列。蜡料在壳程空间，冷却水走管程。发汗操作包括冷却、升温、化蜡三个步骤，工艺操作条件见表 18-6。

表 18-6　石蜡发汗脱油主要工艺条件

项　目	参　数	项　目	参　数
冷却水初温 蜡层冷却终温 平均冷却速度	低于原料熔点 15℃ 低于原料熔点 14℃ 4~5℃/h	加热水初温 升温速度	低于原料熔点 6℃ 1℃/h

冷却时水温从高到低，防止蜡料骤冷，升温时水温从低到高，按程序升温到比原料熔点高 5~6℃时恒温，恒温到流出口蜡样的油含量合格，发汗终了。在升温过程，分离出的液相流出物熔点逐渐上升，油含量逐渐降低，生产上以含蜡量为分割标准，范围见表 18-7。

表 18-7　石蜡发汗脱油产品分割参考标准

项　目	参　数	项　目	参　数
蜡下油(一蜡)含蜡量/% 二蜡(循环发汗用)含蜡量/% 皂蜡含蜡量/%	70~74 75~78 92~94	半精炼蜡料含蜡量/% 全精炼蜡料含蜡量/%	98~98.5 99.5

我国一些发汗装置采用微机控制自动调温和程序升温，在闭路循环温水中加石油磺酸盐作为发汗罐缓蚀剂，延长罐的使用寿命。发汗过程的单程产品收率为 25%~30%，视所需石蜡产品的熔点及油含量而定。

四、喷雾蜡脱油工艺

以丁烷为溶剂的喷雾蜡脱油工艺是我国自行开发的生产石蜡工艺之一，第一套处理能力为 1250 吨/年的工业生产装置于 1974 年建成投产，1999 年第二套处理能力为 3000 吨/年的装置投入生产。运转结果表明该工艺是用蜡膏为原料生产商品石蜡的较好脱油方法，具有溶剂易得、价廉、无腐蚀、设备简单、连续生产、产品质量稳定等特点，但溶剂选择性不如甲乙酮-甲苯。商品石蜡收率高于传统的发汗法 30%~50%[12,13]。

喷雾蜡脱油工艺过程是将原料加热到高于熔点 10℃以上，在 0.7~1.0MPa 的压力下进入喷雾-抽提塔顶部，通过喷头使之雾化，并在冷气流中固化成细小蜡粒，然后落入用丁烷组分作溶剂的下部抽提段进行逆流固液抽提，利用溶解度的不同将蜡粒中油及低熔点蜡溶解并抽出，达到脱油的目的。蜡粒经沉降分离后固相和液相分别进行溶剂回收，得到脱油蜡和蜡下油，回收溶剂经冷却压缩后循环使用。

喷雾蜡脱油的主要工艺参数见表 18-8。

表 18-8　喷雾蜡脱油主要工艺条件

项　目	参　数	项　目	参　数
喷雾塔压力/MPa	0.1~0.12	进塔溶剂温度/℃	-3
溶剂比	5~7	抽提温度/℃	-1~1

第二节　石油蜡及精制工艺

石油蜡类产品广泛应用于轻工、化工、日用化工、食品和医疗等许多部门，也用于机械、冶金、电子和国防等高科技领域。

从 20 世纪 50 年代开始，我国已生产黄石蜡(粗石蜡)和白石蜡(半精炼蜡)。随着大庆油田等高含蜡原油的开发，为发展石油蜡产品提供了丰富的资源。大庆原油的蜡含量(吸附法)达 23.3%~28.7%，主要特点是：正构烷烃含量高、非烃类化合物少、硫含量低、重金属含量少、灰分低、杂质少等。我国是世界石蜡的主要出口国，其出口量约占世界石蜡总贸易量的 60%以上。

随着石油蜡品种的发展，我国已形成的产品系列如图 18-6 所示。在石油蜡产品系列中，液体石蜡、石蜡和微晶蜡是基本产品，凡士林和特种蜡是其类系物或调合产品，石蜡产品主要为全精炼石蜡和半精炼石蜡。

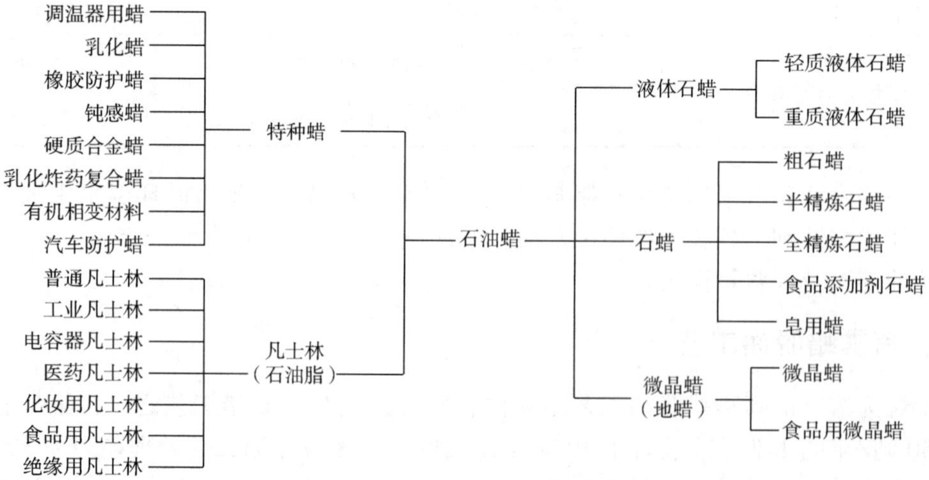

图 18-6　我国石油蜡产品的系列

一、石蜡及加氢精制

（一）石蜡的主要性质及用途

1. 石蜡主要性能要求

石蜡是由柴油馏分及润滑油馏分脱出蜡经脱油和精制后制得，呈白色至淡黄色，常温下为固态。石蜡主要由 C_{16}以上的正构(直链)烷烃组成，也含少量异构烷烃和带长侧链环烷烃。随着相对分子量增高，异构烷烃和长侧链环烷烃的含量逐渐增多。烷烃的碳链长度为 C_{16}~C_{45}，多为 C_{22}~C_{38}，平均相对分子量为300~500，沸点范围为300~550℃。

石蜡的品种和牌号很多，用于控制石蜡质量的主要性能指标是熔点、油含量、安定性和无毒性等。

1）熔点

熔点是石蜡最主要的质量指标，是产品牌号划分的基础，也是用户选用时的主要参数。石蜡的熔点表示当加热熔化后由液相转变为固相时的温度。

石蜡在塑造成各种制品的过程中，首先要加热到超过熔点温度，然后再塑制造型、浸渍涂敷或渗透到各种包装材料内。各种蜡制品都要求石蜡具有良好的耐温性能，即在特定温度下不熔化或软化变形。按照使用条件的不同，使用的地区和季节以及使用环境的差异，要求石蜡具有不同熔点的一系列牌号，以便根据蜡制品特定的要求，选用不同熔点的石油蜡。

影响石蜡熔点的主要因素是炼制时选用的原料馏分。馏分越重，成品蜡的熔点越高。如用同一馏分，当脱油深度不同时，蜡的熔点也有一定变化。熔点的测定方法为 GB 2539(与 ISO 3841 和 ASTM D87 相当)。

2）油含量

油含量是指石蜡中所含以液态油存在的环烷烃、异构烷烃、芳烃等油组分的含量。用户要求控制油含量，因为油分会影响石蜡的色泽和储存安定性，会使蜡的脆性、硬度、可塑性和透气性降低。但大部分蜡制品需要含少量油，因为适量含油会对制品的光泽、脱膜性能、黏附性等有利。

影响石油蜡油含量的主要因素是脱油工艺，通过合理选定发汗脱油的温度和时间，或选定溶剂脱油的工艺条件，可以控制蜡的油含量达到规定的控制范围。油含量测定法为 GB 3554(与 ISO 2908 和 ASTM D721 相当)。

3）安定性

石油蜡应具有良好的热安定性、氧化安定性和光安定性。由于蜡制品在造型或涂敷过程中长期处于热熔和热空气接触状态，如不监控安定性，则石蜡会逐渐氧化变质，颜色变深，甚至出现臭味。另外，在长期存放和使用下颜色也会变黄。

影响安定性的主要因素是石油蜡含有微量的硫、氮、氧化合物和不稳定的芳烃组分。为了改善安定性，通过深度精制工艺以充分脱除这些有害的杂质。需要时，可添加少量抗氧化剂和抗紫外线剂。

对安定性的监控，是经热和光照射后用 GB 3555(与 ASTM D156 相当)法测定颜色。用 SH/T 0414(与 ASTM D1833 相当)法测定嗅味，用 GB 7364(与 ASTM D612 相当)法测定易碳化物。

4）无毒性

由于不少石蜡制品与人体或食品接触，甚至被食用，因此要求石蜡不含对人体有毒有害的物质。

正构烷烃、异构和其他饱和烃一般是无毒性的安全组分。在石蜡原料馏分中往往含有的少量烯烃、芳烃、重金属以及微量稠环化合物等有害组分。其中稠环芳经含量是石蜡安全性的关键指标。已经证明并非所有的稠环芳烃都是致癌物质，GB 7363（与国际上通用的FDA 法相当）规定波长 280~400nm 范围内的极限值，主要是控制了四、五、六环芳烃的最大浓度不得高于 0.6μg/g。此极限值经过动物试验已证明完全没有致癌性及一般毒性，业已表明，经加氢精制后，石蜡中稠环芳烃的含量已少于 0.1μg/g，特别是 3,4-苯并芘的含量已降到 5μg/kg 以下。国外的一些用户还要求对石蜡中的溶剂含量进行限制，一般要求石蜡中的苯和甲苯含量要低于 2μg/g。

此外，石蜡的结晶特性与使用性能如塑性、韧性、脆性、挠性、防潮性、透气性、光泽度等有密切关系。

5）嗅味[14]

石蜡产品中的嗅味主要来源于两个方面：其一，来源于石蜡自身包含的难于脱除的芳烃及含硫、含氮、含氧等稠环和杂环化合物。其二，来源于加工处理过程中引入的未脱除溶剂。

在全精炼石蜡的生产中，原油蒸馏的切割馏分范围、糠醛精制深度、酮苯油蜡分离效果、加氢反应及在精制过程中带入的残留溶剂都会影响石蜡产品嗅味。尤其是溶剂精制和溶剂脱蜡工艺中引入的溶剂，对蜡产品嗅味的影响更加突出。

为减小蜡产品的嗅味，在原油的蒸馏操作中应尽量提高减压塔效率，优化减压蒸馏工艺，制取窄馏分的减压馏分油，减少组分中胶质、沥青质含量，以利于后续糠醛精制及溶剂脱蜡脱油等装置操作并减少溶剂携带。此外，石蜡加氢精制作为品质提升的控制过程，强化其进料脱气塔和产品汽提干燥塔的操作对降低嗅味至关重要。

2. 石蜡的分类

1）粗石蜡和精炼蜡

石蜡按照油含量和精制深度的不同，分为粗石蜡、半精炼石蜡和全精炼石蜡。前者为粗精制蜡，后两者统称为精炼蜡。这三种蜡又按熔点不同构成牌号系列，其主要质量指标要求从 GB/T 446—2010《全精炼石蜡》的质量要求可知，产品按熔点划分成 10 个牌号，熔点范围跨度为 2℃，要求无色无味，对光安定，油含量在 0.8%以下，完全与国际上通行的全精炼石蜡质量标准相当。企业亦可生产出满足国标要求的产品。

GB/T 446—2010 与 GB/T 446—1993 的主要区别是取消了分等分级，将一级品和优级品合并，对嗅味有更严格的要求，嗅味由不大于 2 号变为不大于 1 号；放宽了油含量的限制，油含量由原合格品不大于 0.8%、优级品不大于 0.5%变为不大于 0.8%；标准修订后颜色的要求基本与 1993 年版优级品的水平相当。

石蜡用途极广，现对数种消耗量较大的主要用途及要求简述如下。

（1）蜡烛用蜡　按不同季节和地区选用 52~62 号粗石蜡或半精炼蜡制成。要求点燃时不流蜡，在储存和运输期间不软化变形。石蜡含适量油对蜡烛制造过程的脱模有利，并能使烛面光洁。工艺美术蜡烛，主要用半精炼石蜡并加少量微晶蜡制成。

(2) 火柴用蜡　火柴蜡常为52~58号粗石蜡。火柴上蜡可起到药头和火柴杆中间的燃烧媒介——引燃剂的作用。熔融的石蜡为梗枝所吸收，待冷却凝固后，再沾上火药头。火柴蜡的油含量应小于2%，以避免火柴掉头或药头泛油，并要求与所沾药头的结合力在16N以上。

(3) 造纸及纸品加工用蜡　为了使纸质纤维由吸水本性转为较好的抗水性，并减少纸面起毛使之光滑美观，以改善其印刷性能和耐磨度，常在造纸过程向纸浆中加入预制的蜡乳液。蜡的熔点要求为54~58℃。为使纸品色泽稳定、洁白，一般选用半精炼石蜡。对于金属零件、纺织品等包装纸及糖果、食品等外包装用纸盒，需通过热辊或浸涂后冷辊，使这些包装纸的两面都形成一层连续的蜡膜，使其具有好的抗水性和抗透湿性。

(4) 文教用品用蜡　石蜡常用于誊写蜡纸、复写纸、蜡笔等文教用品。蜡纸是用山棉皮薄纸经热浸涂蜡加工而成。用蜡量较大，占其蜡料配方的90%。为确保长期存放不变质、不黏结，并且蜡纸不脆，书写流利，光泽好，需选用70号全精炼石蜡。复写纸则用韧薄原纸，涂以60号半精炼石蜡、非干性植物油和色素等制成。

2) 食品添加剂石蜡

我国食品用石蜡分成食品石蜡和食品包装石蜡两种。无论是食品石蜡还是食品包装石蜡，食品添加剂石蜡对稠环芳烃的限量都应符合国际上通用的美国联邦法规中对食品添加剂石蜡的规定。在我国食品添加剂石蜡标准GB 1886.26—2016《食品安全国家标准 食品添加剂 石蜡》中，还增加了监控不安定组分的易碳化物试验的要求。

食品添加剂石蜡可用作蔬菜、水果、奶酪、冷饮等的保护层，以保持食品鲜洁，减缓水分蒸发或霉烂，也可作食物的消泡剂等。食品添加剂石蜡大量用于胶姆糖和泡泡糖，含量约占总组成的5%~7%。由于胶姆糖需在口腔内不断咀嚼，要求在人体温度下有一定弹性、塑性和硬度，故常选用56~60号食品蜡。食品蜡还大量用作啤酒罐的内涂衬，以保持啤酒无臭、无毒，避免与容器发生溶解和反应。食品包装蜡更普遍用作糖果、食品的内外包装纸的涂层，以防吸水受潮。医药用中药丸装入58号食品蜡制球形蜡壳，使之不走味并防潮。食品蜡也常用作药片、药剂的包装瓶封口剂(目前食品包装石蜡的名称已经取消，相关标准还没有制定。)

3) 皂用蜡

皂用蜡是油含量较高、熔点较低的一类软蜡，用于氯化石蜡、氧化石蜡及化工产品调和组分的原料。质量要求见SH/T 0014《皂用蜡》，按油含量的大小分为优级品、一级品和合格品，其油含量分别为不大于2%、6%和8%，馏程范围约为320~460℃，碳数分布要求在C_{20}~C_{30}。

(二) 石蜡加氢精制的化学反应

石蜡加氢精制主要是在临氢条件和催化剂作用下的加氢脱硫、脱氮、脱氧和烯烃、芳烃饱和过程。我国石蜡加氢精制工艺的研究从20世纪70年代初开始，70年代末实现工业化，加氢工艺作为石蜡的精制手段，已取代曾采用的白土吸附脱色工艺[15,16]。

石蜡主要是由正构烷烃构成，还有少量的环烷烃和芳烃以及微量的非烃化合物。石蜡中的饱和烃对紫外光很安定，只有长期在日光下放置或承受高温时才会变色，而石蜡中的油分及非烃化合物却不太安定，尽管在石蜡中含量很低，也会使石蜡颜色变黄变深。这些引起石蜡变色的物质，主要是含硫、氮和氧的非烃化合物。石蜡中还含有可以致癌的3,4-苯并芘之类的稠环芳烃，也必须精制除去。

因此，对石蜡进行加氢的化学反应要求为：

（1）含硫、氮、氧的非烃类化合物加氢，除去其中的硫、氮和氧；

（2）烯烃加氢饱和；

（3）芳烃特别是稠环芳烃加氢饱和；

（4）为避免加氢石蜡油含量增加，尽量减少发生C—C键断裂生成小分子的裂解反应。

（三）石蜡加氢精制工艺

评价加氢后石蜡产品质量，通常并不直接以硫、氮或芳烃含量等化学组成的变化来表征，而是以其某些使用指标来检测，如以色度、光安定性、热安定性来表征其不安定的非烃化合物的影响，以油含量变化来表征其裂解反应情况，以易碳化物来表征其芳烃及烯烃含量变化，以紫外吸光度来表征稠环芳烃含量变化。

石蜡加氢属于典型的滴流床液相加氢过程，主要工艺参数是氢分压、空速、反应温度等。提高压力、降低空速有利于杂质脱除和芳烃类化合物饱和，反应温度不宜过高，避免蜡料裂解造成油含量回升。

和其他油品加氢一样，石蜡加氢的温度、氢分压、空速等工艺参数对产品质量的影响可以互相弥补。工业上采用的空速一般为0.5~1.5h^{-1}，氢分压不宜过低(5~10MPa)，反应温度根据催化剂的允许温度范围、活性稳定性等因素选定，一般在250~310℃。石蜡加氢反应热也很小，氢蜡比可以很低，工业装置上将氢蜡比降到100以内，仍可以得到高质量的商品蜡。

对原料蜡质量的监控也不容忽视，石蜡加氢产品的质量与原料蜡的优劣密切相关。石蜡中的杂质，主要集中分布在重馏分中。试验表明，随着原料蜡馏程变重，干点升高，油含量及胶质增加，精制产品的色度及安定性明显变差。因此，石蜡加氢精制必须控制原料蜡的质量，否则会缩短催化剂寿命，降低产品质量。

石蜡加氢精制工艺流程如图18-7所示，其特点是[17,18]：

（1）利用石蜡加氢精制氢耗量低、氢蜡比小的特点，流程中氢气可一次通过，排出的氢去其他加氢装置利用，省去氢循环压缩机。

（2）采用滴流床单反应器，炉前混氢，保持加热炉管中较大的物料流速，避免蜡在炉管中发生裂解。

（3）采用高活性的石蜡加氢专用催化剂和适当的氢分压(8MPa)，可生产食品级、全精炼及半精炼等各种石蜡产品。

石蜡加氢一般在中压下进行，但较高熔点的石蜡和微晶蜡更适合在高压下进行。2005年中国石油抚顺石化分公司建成国内首套20万吨/年的高压石蜡加氢装置，实现了54~70号多品种蜡料的切换生产。盘锦北方沥青燃料有限公司建成国内第二套10万吨/年的高压蜡加氢装置，装置设计压力15MPa，2019年9月开工生产出符合全精炼石蜡标准的优质石蜡产品，数据如表18-9所示。

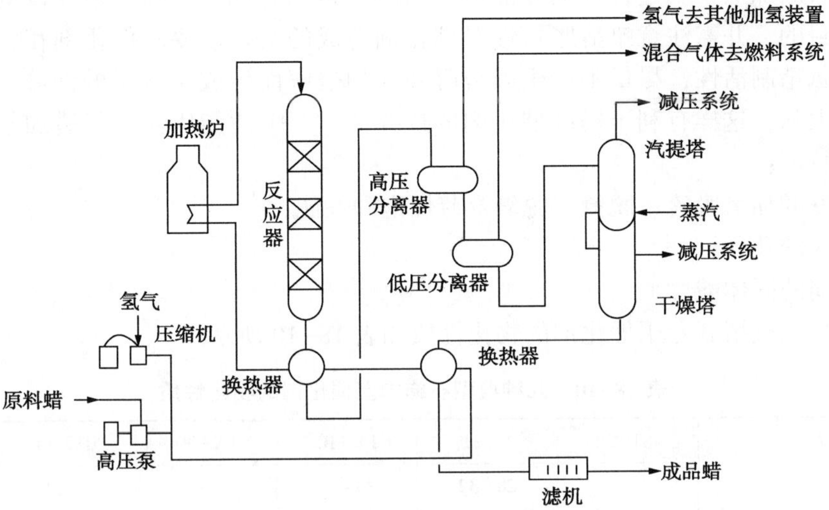

图 18-7　石蜡加氢精制工艺流程

表 18-9　石蜡高压加氢催化剂的工业应用数据对比

催化剂			工艺条件		
项　　目	SD-1	FV-10	项　　目	中国石油抚顺石化分公司	盘锦北方沥青燃料有限公司
WO_3+NiO/%	≥32	—	一反温度/℃	250	255
WO_3+MoO_3+NiO/%	—	≥31	二反温度/℃	230	252
孔容/(mL/g)	≥0.25	≥0.35	反应压力/MPa	17	12
比表面积/(m^2/g)	≥80	≥150	体积空速/h^{-1}	0.8	0.5
压碎强度/(N/cm)	≥160	≥150	氢蜡比	248	300
堆积密度/(g/cm^3)	0.80~0.90	0.82~0.88			
外观形状	三叶草	三叶草			

性　　质	中国石油抚顺石化分公司			盘锦北方沥青燃料有限公司		
	原料性质	产品性质	协议指标	原料性质	产品性质	全精炼石蜡(GB/T 446—2010)
熔点/℃	65.6	65.5	≥64.0	62.56	62.60	62~64
油含量/%	0.28	0.23	≤0.5	0.45	0.47	≯0.8
赛波特颜色/号	+1	+30	≥30	+5	+30	≮+25
光安定性/号	7	4	≤5	5	3	≯5
热安定性/号	-2	30	≥28	17	28	—

(四) 石蜡加氢精制专用催化剂[19]

石蜡加氢精制是在有催化剂和氢气存在及适宜工艺条件下进行的气-固-液多相催化反应过程。石蜡分子较大，如大庆原油 60 号石蜡的分子中碳原子数是 23~37，其骨架属于大分子结构。欲将其杂质以催化加氢方法转化掉，就要求催化剂应具有较大的孔径及充裕的表面积。但石蜡加氢精制过程与馏分油加氢精制过程稍有区别，即必须在较低温度下达到深度精制的目的，并需注意蜡溶胀特性对催化剂造成的损害。要求催化剂在较低温度下具有较高的加氢精制活性，尽量不产生因裂解和异构裂解而生成小分子的油分。为此催化剂的酸性不宜太强，这样有利于提高催化剂的选择性。一个性能优异的石蜡加氢精制催化剂应具有如下特征：

（1）良好的加氢脱硫、脱氮、脱氧及芳烃饱和性能；

（2）较大的孔径；

（3）较弱的固体酸性。

蜡系产品加氢精制专用催化剂的物化性质如表 18-10 所示。

表 18-10　几种典型石蜡加氢催化剂的物化性质

催化剂	481-2B	FV-1	FV-10	FV-30	RJW-1	SD-2
WO_3/%	—	28~32	20~23	—	≥27	≥29
MoO_3/%	17~20		7~8	18~20	—	—
NiO/%	4~5	4~5	4~6	4.5~5.5	≥3	≥3
比表面积/(m^2/g)	≥220	≥200	≥150	≥160	≥140	≥120
孔体积/(mL/g)	0.50~0.65	0.42~0.5	≥0.35	≥0.42	≥0.30	≥0.35
堆积密度/(g/cm^3)	≥0.70	0.83~0.93	0.82~0.88	0.70~0.76	0.80~0.85	0.75~0.85
形状	球形	球形	三叶草	五齿球形	三叶草	三叶草
粒度/mm	1.5~2.5	1.5~2.5	1.1~1.5	2.0~2.4	—	—

表 18-10 中的催化剂的使用性能表现如下：

（1）低温活性较好并有比较宽的使用温度范围，起始温度为 240℃，后期可达 310℃。

（2）催化剂活性稳定性好，能适应各种不同质量的原料，运转周期达 2~4 年以上，其中 FV-1 催化剂在高空速下曾创造处理蜡料 54 吨/千克催化剂的记录。

（3）催化剂强度可以满足正常生产要求，能经受住一定范围的系统内压力瞬时波动。

（五）石蜡加氢工艺条件及产品质量

不同原料和不同石蜡产品的加氢精制工艺条件及产品质量见表 18-11。不同催化剂工业应用情况列于表 18-12。

表 18-11　石蜡加氢工艺条件及成品蜡的质量

项　目	大庆原料石蜡		沈北原料石蜡	
	58 号	60 号	58 号	60 号
工艺条件				
反应温度/℃	250~260	260~270	260~270	270
总压/MPa	5.8~6.2	5.8~6.2	5.0	6.0
空速/h^{-1}	0.71~0.97	0.71~0.97	0.52	0.8
氢油比	260~330	260~330	250~300	250~300

续表

项 目	大庆原料石蜡		沈北原料石蜡	
	58 号	60 号	58 号	60 号
产品质量				
熔点/℃	56.7~59.5	60.0~62.4	57.5	60.5
油含量/%	0.27~0.8	0.2~0.8	1.43	0.15
色度/号	+30	+30	+30	+30
光安定性/号	4	4	4	3
嗅味	无	无	无	无
机械杂质及水分	无	无	无	无
水溶性酸和碱	无	无	无	无
易碳化物	通过	通过	通过	通过
紫外吸光度/nm				
280~289	0.023	0.026	0.038	0.018
290~299	0.015	0.020	0.026	0.017
300~359	0.011	0.020	0.020	0.013
360~400	0.001	0.002	0.002	0.005

表 18-12 石蜡加氢催化剂的工业应用

催化剂	FV-10		FV-30		RJW-1	
工艺条件						
反应温度/℃	255~265		250		241	
氢分压/MPa	5.9		5.3		6.5	
空速/h^{-1}	1.32		0.58		0.93	
石蜡类别	大庆蜡料	食品蜡	调和蜡料	食品蜡	南阳蜡料	食品蜡
熔点/℃	59.4	59.4	58.67	58.61	63.8	63.7
油含量/%	0.41	0.41	—	0.44	0.37	0.36
赛波特颜色/号	+12	+30	-1	+30	+12	+30
光安定性/号	7	3~4	>9	4	5	3
易碳化物	不通过	通过	不通过	通过	不通过	通过
紫外吸光度/nm						
280~289	1.810	0.004			0.097	0.005
290~299	1.385	0.002			0.118	0.004
300~359	0.998	0.000			0.145	0.003
360~400	0.080	0.000			0.003	0.000

二、微晶蜡及加氢精制[20,21]

(一) 生产微晶蜡的工业生产装置和催化剂

由减压渣油经脱沥青、溶剂精制、酮苯脱蜡脱油后得到的粗微晶蜡料尚含有较多杂质,外观呈棕色至棕黑色，酸值较大，须经进一步精制达到商品微晶蜡质量标准，我国微晶蜡精制主要采用加氢精制技术。

微晶蜡加氢精制的工艺流程和石蜡加氢相同，但由于微晶蜡原料馏分重，组分复杂，硫、氮、氧等含量也较高，故加氢精制时工艺条件要求比较苛刻。

国内于 1984 年建成一套操作压力 8MPa、加工能力 4 万吨/年的微晶蜡加氢精制装置，1995 年又增设一台反应器，改造成一段串联加氢精制装置。2005 年以微晶蜡为原料设计建造了一套 20 万吨/年的一段串联高压加氢装置。

微晶蜡加氢精制催化剂选择多与石蜡加氢精制相同，也可选用专门研制的催化剂，如 FV、RJW 系列等。

（二）微晶蜡加氢精制的工艺条件及产品性质

微晶蜡加氢精制装置开工时催化剂在 260℃ 和 300℃ 二段温度下进行预硫化。预硫化也是微晶蜡加氢精制的重要操作环节之一，经预硫化的催化剂起始反应温度可比未经预硫化的催化剂低 40℃ 左右。微晶蜡加氢工艺的典型操作条件列于表 18-13。

表 18-13　微晶蜡加氢典型操作条件

项　目	参　数	项　目	参　数
反应压力/MPa	6.5~15.0	体积空速/h^{-1}	
反应温度/℃		一反	0.5
一反	300~320	二反	0.5
二反	260~280	氢蜡体积比	≤450

加氢装置的反应温度根据产品质量要求确定，在一定范围内调整反应温度可以调整加氢精制蜡质量。微晶蜡加氢精制反应温度与产品性质关系见图 18-8。由图可知，当反应温度超过一定限度时产品质量变差。工业装置上，微晶蜡加氢精制须比石蜡加氢精制的反应温度略高。加氢前后微晶蜡质量变化见表 18-14 和表 18-15。

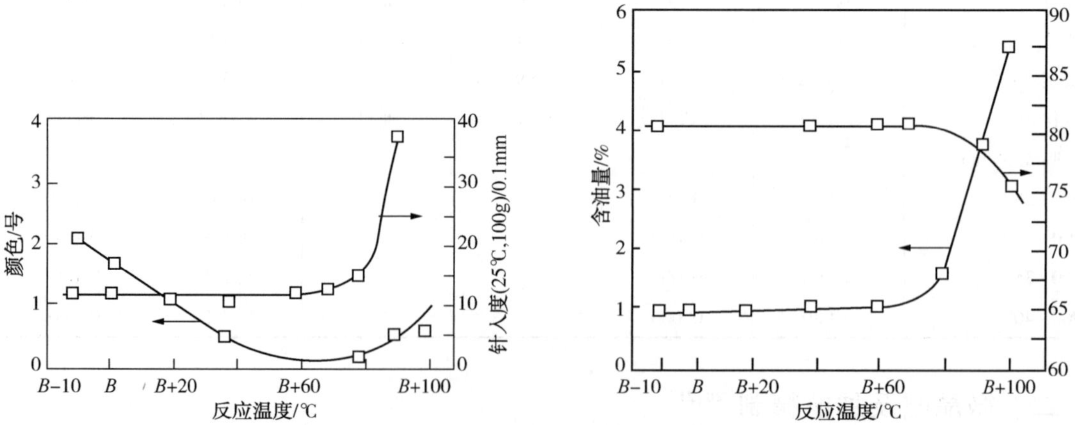

图 18-8　微晶蜡加氢精制反应温度与产品性质关系

（B—基准温度）

表 18-14 微晶蜡中压加氢工业装置数据

项目	原料	产品	项目	原料	产品
滴熔点/℃	81.8	83.2	易碳化物	不通过	通过
油含量/%	2.17	1.87	紫外吸光度/nm		
色度(GB/T 6540)/号	7	1	280~289	0.175	0.021
针入度(25℃)/0.1mm	12	10	290~299	0.155	0.015
酸值/(mgKOH/g)	0.23	0.08	300~359	0.122	0.010
光安定性①(透光率)/%	79	79	360~400	0.121	0.002

① 安定性是样品在 375W、365nm 紫外灯照射 2h 后的 450nm 透光率，透光率以空气为参比。

表 18-15 微晶蜡高压加氢数据

项目/催化剂	微晶蜡原料	FV-10	FV-1
色度(GB 6540)/号	>8.0		
赛波特颜色/号		+27	+21
滴熔点/℃	75.8	76.0	75.8
油含量/%	3.24	3.26	3.30
针入度(25℃)/0.1mm	20	22	22
易碳化物	未通过	通过	通过
稠环芳烃	未通过	通过	通过
紫外吸光度/nm			
280~289		0.007	0.010
290~299		0.016	0.015
300~359		0.030	0.035
360~400		0.001	0.001

（三）微晶蜡的主要性质和用途

微晶蜡是由减压渣油提炼光亮油时的脱出蜡，经脱油和精制后制得。其组成除正构烷烃外，还含有大量高分子异构烷烃和带长链的环烷烃，相对分子质量愈高含量愈多。微晶蜡的碳链长度为 C_{35}~C_{80}，多数为 C_{36}~C_{60}，平均相对分子质量在 500 以上。

与石蜡相比，在硬度(针入度)相同下，微晶蜡的熔点和相对分子量高，折光指数、相对密度和熔化后黏度都比石蜡大，收缩率和表面张力小。石蜡呈脆性，抗张强度高，但受力后易粉碎或断裂；微晶蜡的硬度小，柔韧性好，受力下倾向下塑性流动，延伸度大，挠性好。此外，还具有对油品的凝胶强度大等特点。

微晶蜡的组成十分复杂，由于异构烷烃、带长侧链的环烷烃和正构烷烃在物理性质上有较大差别，故可用密度、熔点、相对分子量和折光指数相互关系估算出三种烃类的大致分布状况。例如用密度和相对分子量关系可求出环值，其中正构烷烃的环值为 0；用相对分子量和熔点的关系可以求得不对称值，正构烷烃的不对称值为 0，异构烷烃为 5；而环烷烃可达 100。

根据精制深度及用途，产品标准分为微晶蜡和食品级微晶蜡，质量要求按 NB/SH/T 0013—2019 和 GB 22160—2008。按其滴熔点不低于 70℃、75℃、80℃、85℃和 90℃将微晶蜡分成 5 个牌号和 2 个等级，将食品级微晶蜡分别分成 5 个牌号。食品级微晶蜡除要求油含量、颜色、嗅味等指标以外，还对铅含量、稠环芳烃含量和5%点蒸馏碳数进行限制。我国几种原油生产的微晶蜡的主要性质如表18-16所示。由表可见，我国微晶蜡具有较大的环值和不对称值，均属微晶型，因而具有良好的密封性、防潮性、韧性和电绝缘性能，其中南充微晶蜡的性能最好。

表18-16 我国微晶蜡主要特性的实测数据

项　目	大庆原油制		南阳原油制	江汉原油制	南充原油制
	75号	80号	80号	80号	80号
滴熔点/℃	76.5	81.2	83.0	81.5	82.5
针入度(25℃)/0.1mm	12.5	7.0	10.0	14	10.0
相对密度	0.8000	0.7896	—	0.7918	0.7948
折光指数	1.4770	1.4440	—	1.4351	—
相对分子质量	653	671	—	654	748
收缩率/%(体)	12.4	14.4	13.7	12	13.4
结晶指数	100	120	113	96	110
不对称值	9.1	6.5	4.8	4.8	9
环值	17.8	6.4	6.2	16.8	7.8
总值	26.9	12.9	11.0	21.6	16.8
地蜡性能值	1.14	0.71	0.58	1.17	1.96

我国微晶蜡的主要用途之一是作润滑脂稠化剂组分。由于凝胶强度大，黏附性和防护性能好，可制造数种仪表用和密封用的烃基润滑脂，也可用作凡士林类的增稠剂。微晶蜡的微晶特征使其配成的软膏、清凉油、润面膏、胭脂、防晒防裂膏、发蜡等质地细腻、柔润性好。因此经深度精制的微晶蜡是优质的日用化工原料。微晶蜡可作为石蜡的改质剂。向石蜡中添加少量微晶蜡，即可改变石蜡的晶型，改善石蜡的透水透湿性，增加耐弯曲能力，提高塑性和挠性，从而使石蜡更适用于防水防潮、铸模、造纸等各种领域。食品级微晶蜡可用于胶姆糖和泡泡糖以及食品的添加剂。

三、凡士林及加氢精制[22]

凡士林通常是用微晶蜡生产过程的中间产物(即由残渣润滑油脱蜡所得的蜡膏)为原料，按照稠度要求掺合不同量高、中黏度润滑油，并通过不同精制深度后制成的一系列产品。

医药凡士林的质量要求见GB 1790—2012。它适用于配制医药软膏、护肤膏、冷霜、乳膏和发乳等。由于直接涂抹在人体皮肤上，故要求为无异性有机物，即不存在异味辛臭，要求控制稠环芳烃含量，还要求定期送检做眼膜急性刺激试验(生物毒理试验)。为了控制稠软程度还要求测定0℃和37℃下的锥入度。为了达到这些性能要求，必须合理选用调和组分，并通过加氢精制和白土精制以充分脱除各种有害组分。

食品级凡士林的质量要求见SH/T 0767—2005。与医药白凡士林比较，食品级凡士林行业标准中增加了易炭化物和轻组分指标，对稠环芳烃的要求非常苛刻。为了满足这些性质指标要求，在食品凡士林生产过程中必须选择适合的催化剂，并通过深度加氢精制方式脱除稠环芳烃和易炭化物。

工业凡士林的质量要求见 SH/T 0039—1990。主要用在操作温度不高、负荷较低的机械上作防护和减摩用。要求通过-30℃或-40℃的低温脆裂试验。也可用作橡胶软化剂。

电容器凡士林主要用于浸渍和浇铸电容器，也用以灌注和浸润蓄电器，其质量要求见 GB/T 6733。由于电容器凡士林必须具备受热和光的作用下在电场中仍具有高度的稳定性，故在制造过程要求深度精制，并且除常规质量控制指标外，还要求检测体积电阻率、绝缘强度和介质损失角正切值。

(一) 凡士林加氢精制工艺

凡士林是渣油蜡膏与润滑油基础油调合，再经深度精制而成的一类烃基脂。我国凡士林加氢精制工艺是在石蜡加氢精制工艺基础上发展的，采用催化剂与石蜡加氢精制相同。在我国加氢精制法已逐步取代传统的酸-白土法和三氯化铝法等老工艺，成为生产白凡士林主要方法。凡士林加氢工艺要点是在具有两个串联反应器系统中，原料经第一反应器在较高温度下深度脱硫脱氮之后，再经第二反应器在降低温度下补充进行芳烃饱和，使产品质量达到医药级白凡士林要求。第一反应器和第二反应器装填同一种催化剂，但反应温度不同。

氢分压是决定凡士林精制深度的重要因素，增加氢分压可提高产品质量，工业上有操作压力 8MPa 和操作压力 12~15MPa 两种装置。前者在加氢装置附设一个白土吸附装置，作为补充精制手段，产品质量可以达到化妆用凡士林(SH 0008—1990)标准，却难以达到高质量的产品标准要求，因此，凡士林加氢装置均采用较高的操作压力。

(二) 工艺流程和操作条件

凡士林加氢精制流程见图 18-9。

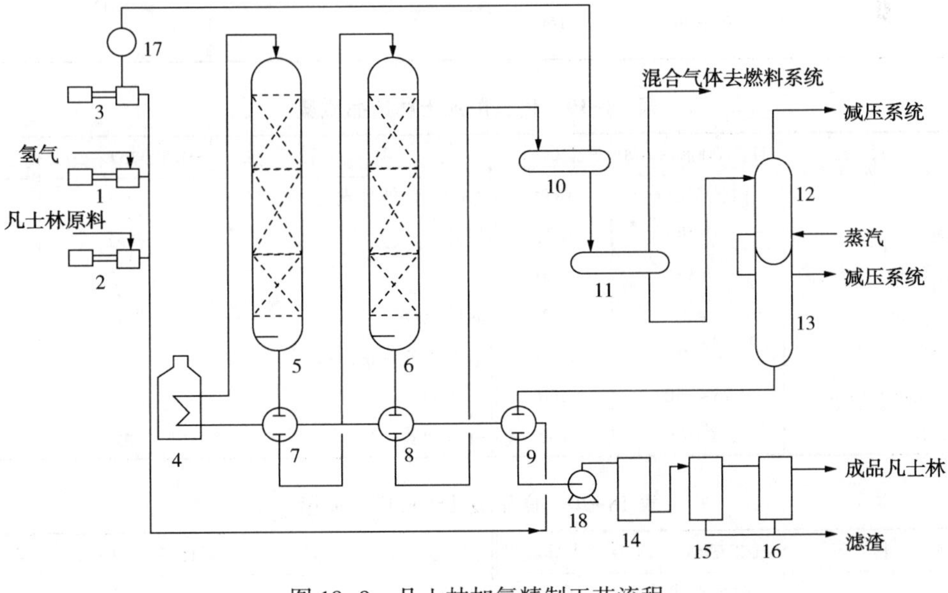

图 18-9　凡士林加氢精制工艺流程

1—氢压机；2—高压泵；3—循环氢压缩机；4—加热炉；5、6—反应器；7、8、9—换热器；10—高压分离器；11—低压分离器；12—汽提塔；13—干燥塔；14—白土吸附塔；15、16—过滤器；17—油气分离器；18—油泵对于含硫、氮等杂质较高的原料，装置中尚需增加循环气脱 H_2S、脱 NH_3 的设备(图中未示出)。

工业装置操作工艺参数见表 18-17。

表 18-17 工业装置操作工艺参数

装置类型	中压装置	高压装置	装置类型	中压装置	高压装置
反应温度(一反)/℃	340~410	340~400	空速/h^{-1}	0.1~0.15	0.14~0.15
反应温度(二反)/℃	260~300	260~300	氢油比	300~700	300~700
操作压力/MPa	8	12~15	白土用量/%	3~5	—

(三) 凡士林加氢精制的产品质量及收率[23]

加氢试验选择具有代表性的用于生产医药凡士林的原料，原料性能为：滴点为 52℃，锥入度(25℃)为 148，颜色(GB/T 6540)号<6.0，相对分子量为 550，硫含量为 875μg/g，氮含量为 197μg/g。

在压力大于 11MPa、空速大于 0.1h^{-1} 和体积氢油比大于 500 条件下，加氢精制催化剂表现出较好的脱色和脱芳能力，脱硫率和脱氮率均大于 98%。凡士林加氢精制产品质量示于表 18-18~表 18-20。

表 18-18 医药白凡士林产品质量

项　　目	GB 1790—2012	凡士林质量	项　　目	GB 1790—2012	凡士林质量
外观	白色	白色	滴点/℃	35~70	50
稠环芳烃	通过	通过	酸碱度	无	无
锥入度(150g，25℃)/0.1mm	60~300	160	硫酸盐灰分/%	≯0.02	0.02

表 18-19 化妆用凡士林产品质量

项　　目	SH/T 0008—1990	凡士林质量	项　　目	SH/T 0767—2005	凡士林质量
外观	白色至浅黄	白色	290nm 紫外吸光度	≯0.25	0.02
硫酸性试验	中性	中性	硫化物	通过	通过
重金属(铅含量)/(mg/kg)	≯30	<30	滴点/℃	45~58	50
砷含量/(mg/kg)	≯2	<2	滴熔点/℃	报告	54.2
灼烧残渣/%	≯0.05	0.01	运动黏度/(mm^2/s)		
锥入度(25℃)/0.1mm	95~250	160	100℃	8~18	8.116
闪点(开)/℃	≮190	232	有机杂质	无	无

表 18-20 食品级凡士林产品质量

项　　目	SH/T 0767—2005	凡士林质量	项　　目	SH/T 0767—2005	凡士林质量
外观	白色至浅黄	白色	颜色	合格	合格
滴点/℃	38~60	54.2	红外吸收	有特征峰	有
酸碱度	合格	合格	碳数少于 18 的分子/%	≯5	1.5

续表

项　目	SH/T 0767—2005	凡士林质量	项　目	SH/T 0767—2005	凡士林质量
相对分子质量	350~650	530	300~359	≯0.08	通过
稠环芳烃吸光度/nm			360~400	≯0.02	通过
280~289	≯0.15	通过	易炭化物	通过	通过
290~299	≯0.12	通过			

石蜡、微晶蜡和凡士林等石油蜡产品精制除上述加氢精制工艺外，加氢处理—酮苯脱蜡脱油组合工艺也得到减少应用。具体内容详见本章第一节。

第三节　费托蜡及生产工艺

费托合成蜡(费托蜡)是通过费托合成制取的固态蜡。它是亚甲基聚合物，其原料来源于合成气合成的烷烃，主要成分为C_{21}~C_{86}的烷烃，正构烷烃含量高达90%左右，硫、氮及芳烃含量低。费托蜡因在生产过程中未经过苯类等溶剂处理，可达到食品医药等高档级别蜡要求，在许多高端应用领域已经取代石油蜡。

费托蜡产品一般按照滴熔点命名，主要产品型号有60号、70号、85号、95号、100号、105号、110号等，根据其滴熔点的高低，大致可以分为三类：50℃以下为低熔点费托蜡、50~80℃为中熔点费托蜡、80℃以上为高熔点费托蜡。中熔点费托蜡的分子结构和性质与石蜡相近，可用于食品包装和蜡烛制造等领域[24]。高熔点费托蜡具有油含量低、稳定性高、晶体结构精细、坚硬耐磨的特点，拥有一般石油蜡无法比拟的性质，可用于亮光蜡、热熔胶、建筑材料、塑料加工、纺织助剂、电子、油墨、涂料、美容化妆品、食品等领域。

国内几种典型费托蜡指标如表18-21所示。作为与石油蜡性能接近的良好替代品，费托蜡将会成为蜡家族的重要成员。

表18-21　国内几种典型费托蜡指标

项　目	催化剂类别			
	Fe基催化剂		Co基催化剂	
	潞安蜡	神华蜡	榆林蜡	潞安蜡
滴熔点/℃	94~97	95~97	106~109	102~106
凝点/℃	82~85	83~85	93~95	88~93
油含量/%	3~4	3~4	3~4	2~4
赛波特颜色/号	5~15	5~15	0~10	15~25
针入度(25℃)/0.1mm	11	8	5	15
酸值/(mgKOH/g)	<0.05	<1	<1	<2
铁含量/(μg/g)	<5	<5	<15	<1

一、费托蜡的原料

费托蜡以费托合成油为原料，费托合成油的组成及性质与费托合成所选用的工艺流程、催化剂及操作温度有关。通常铁基催化剂高温费托合成产物的馏分较轻，烯烃、芳烃及含氧量较高，而中低温费托合成油馏分较重，分子聚合度及相对分子质量较大，正构烷烃含量高，基本不含硫、氮等杂原子，适于生产系列费托蜡产品，如表 18-22～表 18-24 所示[25,26]。

费托合成油组成符合 ASF(Anderson-Schulz-Flory 分布)碳数分布，低温费托合成油 α 值较高，产物的碳数分布较宽，碳数可达上百，是生产高滴熔点费托蜡的理想原料。而高温费托油 α 值较低，产物的碳数分布较窄，主要为 C_{10}以下组分，不适合生产较高熔点的费托蜡，因此，本节后续部分只讨论用中低温费托油生产费托蜡。

表 18-22　费托合成产物分布

产　物	中低温产物	高温产物	产　物	中低温产物	高温产物
烷烃/%	主产物	>10	含氧化合物/%	5～15	5～15
环烷烃/%	<1	<1	有机金属	有机酸盐	有机酸盐
烯烃/%	>10	主产物	水	主要副产物	主要副产物
芳烃/%	<1	5～10			

表 18-23　典型高温费托合成产物分布

产物名称	气相产物	液相产物		烯烃	烷烃
产量占比/%	48	40	2	53	27
碳数分布	C_1～C_5	C_5～C_{21}（低温冷凝物）	C_5～C_{40}（高温冷凝物）	C_2～C_{40}	C_1～C_{40}

表 18-24　典型低温费托合成产物分布(Co 基催化剂)

产物名称	气相产物	液相产物		烯烃		烷烃	
产量占比/%	12	41	46	40	5	59	<94
碳数分布	C_1～C_4	C_5～350℃	>350℃	C_5～C_{12}	C_{13}～C_{18}	C_5～C_{12}	C_{13}～C_{18}

二、费托蜡原料的加氢预处理

费托合成油含有大量的烯烃、含氧化合物和少量的有机金属，具有不稳定性和腐蚀性，因此在生产费托蜡前通常需加氢预处理。加氢预处理反应主要有加氢脱氧、烯烃加氢饱和及加氢脱金属等，现有处理石油馏分的加氢精制工艺技术和催化剂基本能满足相关需求。考虑到所生产蜡类产品的特殊性，加氢处理过程的反应温度不宜过高，或选用石油蜡类加氢专用催化剂，避免裂解造成油含量上升，影响蜡类产品的使用性能。典型加氢预处理的操作参数及产物性质如表 18-25 所示，颜色、光安定性、热安定性均满足全精炼蜡指标，易炭化物指标通过甚至可满足医药及食品级蜡等产品要求。

加氢精制单元以来自费托合成单元的石脑油、稳定重油和中间罐区的重蜡为混合原料。加氢精制处理产物经分馏后，得到顶部生产石脑油产品、液体石蜡、低熔点蜡料后，较重组分一般需进一步精密分馏出系列中间蜡类产物和塔底高滴熔点蜡[27]，简单工艺流程如图 18-10 所示。可根据产品指标要求决定是否配置沸石脱蜡及溶剂脱油等装置。

表 18-25　费托合成油重组分主要性质[①]

项　目	数　据		项　目	数　据	
	原　料	产　物		原　料	产　物
油含量/%	6.7	6.8	热安定性/号	+1	+28
滴熔点/℃	85.0	85.5	氧含量/%	0.44	—
针入度(25℃)/0.1mm	57	58	硫含量/(μg/g)	2	<1
赛波特颜色/号	+22	+30	氮含量/(μg/g)	2	<1
光安定性/号	6	3	易炭化物	不通过	通过

① 加氢条件为 6.0MPa、280℃、$1.0h^{-1}$。

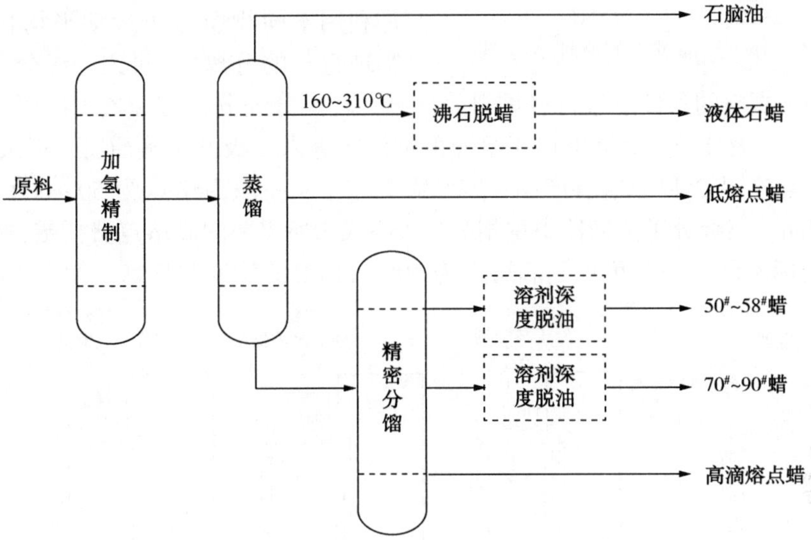

图 18-10　产品深加工方案

三、精密分馏法生产费托蜡

中低温费托合成油的重馏分中含有较多相对分子质量在 500~1000 的大分子聚合物，碳数有时可高达 C_{70}以上。由于费托合成油受热裂解敏感度强，大分子聚合物长时间停留在 300~350℃的分馏塔底极易造成裂解，进而影响费托蜡的含油等指标。生产较高熔点的费托蜡，需要在更低真空度下使物料尽快通过塔底高温区的精密分馏，以便生产高品质的费托蜡产品。采用高真空度的模拟分子蒸馏技术可作为费托蜡生产的优选方案。

模拟分子蒸馏技术是一种利用不同物质在同一温度同一真空度(压力约为 0.1Pa)下分子运动平均自由程不同而进行分离的非平衡蒸馏技术。它克服了传统蒸馏分离技术中物料长时间反复加热易变质的缺陷，不但可分离复杂的热敏性物质，还能降低分离提纯成本[28,29]。

图 18-11 给出了分子蒸馏过程的原理。在利用分子蒸馏分离物料时，待分离料液从进料口进入，在重力的作用下向下流动，轻、重组分在加热板上同时逸出，由于轻组分的平均自由程大于加热板到冷凝板的距离，可以到达冷凝板并在冷凝板上冷凝富集，而重组分

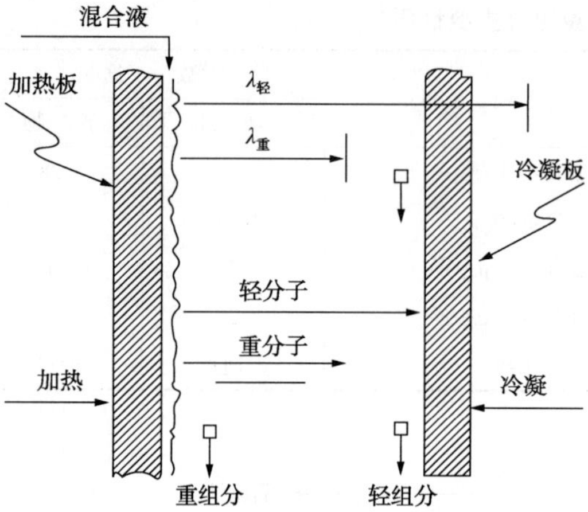

图 18-11　分子蒸馏过程的原理示意图

无法到达冷凝板而在气相中饱和并返回原来液面，从而实现了待分离料液中轻、重组分的分离，其中，轻、重组分在加热板上的蒸发是关键步骤[30]。

图 18-12 是淄博某化工公司设计的一种费托蜡分子蒸馏分离工艺。原料蜡首先进入薄膜蒸发器，经薄膜蒸发器瞬间加热到 220℃左右，在真空系统的负压作用下，轻组分经冷凝器冷凝后分离出轻相蜡油，薄膜蒸发器中重相组分进入一级分子蒸馏器(分子蒸馏器是利用不同物质分子运动平均自由程的差别实现组分的分离)，进入一级分子蒸馏器的薄膜相在高温和高真空的条件下进行轻重组分分离，轻组分经分子蒸馏器内冷凝器冷凝后成为中熔点产品 1，一级分子蒸馏器中重相组分由泵依次进入二级分子蒸馏器、三级分子蒸馏器，分别得到中熔点产品 2 和中熔点产品 3，产品 1、2、3 一般为熔点为 50~60℃、60~70℃、70~80℃的产品。三级分子蒸馏器中重相组分最终成为所需要的高熔点费托蜡，根据表 18-26 原料及控制指标不同，一般可得到滴熔点为 105~115℃的特种费托蜡，如表 18-27 所示。

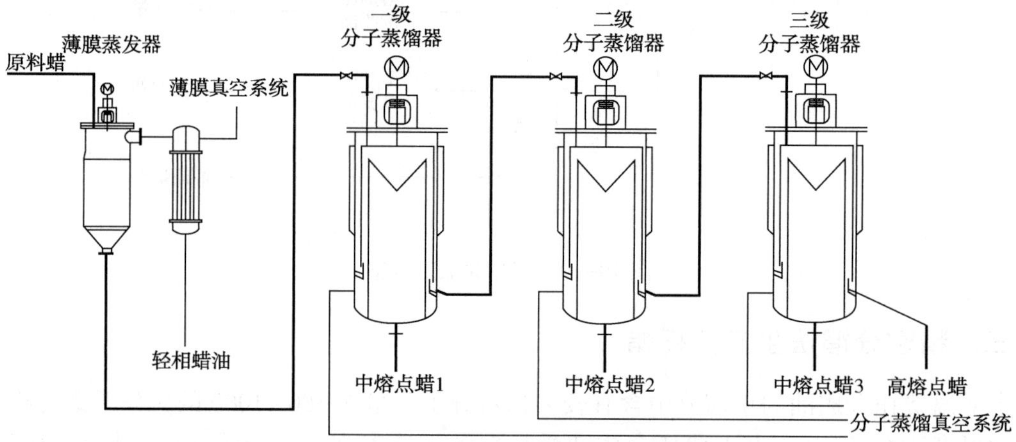

图 18-12　费托蜡分子蒸馏分离工艺

表 18-26　处理不同原料主要操作参数

项　目	潞安蜡		神华蜡		榆林蜡	
薄膜蒸发器	操作温度/℃	220~250	操作温度/℃	220~250	操作温度/℃	240~250
	压力/Pa	0~150	压力/Pa	0~100	压力/Pa	0~200
一级分子蒸馏器	操作温度/℃	235~250	操作温度/℃	240~250	操作温度/℃	230~240
	压力/Pa	0~5	压力/Pa	0~5	压力/Pa	0~5
二级分子蒸馏器	操作温度/℃	245~255	操作温度/℃	245~255	操作温度/℃	245~255
	压力/Pa	0~3	压力/Pa	0~3	压力/Pa	0~3
三级分子蒸馏器	操作温度/℃	250~260	操作温度/℃	250~260	操作温度/℃	250~260
	压力/Pa	0~3	压力/Pa	0~3	压力/Pa	0~3

表 18-27　费托精制蜡产品参数

费托精制蜡		52 号	60 号	70 号	钴基 70 号	100 号	钴基 110 号
滴熔点/℃		—	—	—	—	103~107	108~115
凝点/℃		52±2	60±3	70±2	70±2	>90	>97
油含量/%	不大于	≤15	≤6	≤4	≤1	≤2	≤0.5
颜色/赛波特号	不小于	≥20	≥20	≥20	≥20	≥15	≥15
针入度(25℃)/0.1mm		≤40	≤30	10~16	5~8	2~8	<1
运动黏度(100℃)/(mm^2/s)		2~4	3~5	6~8	—	—	—
外　观		颗粒	颗粒	颗粒	颗粒	颗粒 微珠 粉状	颗粒 微珠 粉状

四、费托蜡的应用

在化学组成上，费托蜡是含有少量甲基支链的饱和长链烷烃，常温下化学性质稳定。高滴熔点的费托蜡分子量界于石蜡与塑料之间，相对分子量分布较窄，与石蜡、微晶蜡、聚烯烃等相似，因而易于与这些物质互溶，而与其他一些塑料(PVC、ABS 等)互溶性差，因而可用作石蜡、微晶蜡的改性剂(提高滴点、硬度等)，也可用作聚烯烃的加工助剂(各种母粒、聚烯烃加工的内润滑剂等)及其他一些塑料的加工助剂(PVC、ABS 等加工的外润滑剂等)。高滴熔点费托蜡可溶于多种常规溶剂中，可用于一些溶剂型产品(如防锈等)中；高滴熔点费托蜡能形成致密的片状结晶，硬度较大，因而可用于多种上光产品；同时由于其硬度较大且脆，容易粉碎，可制成有高结晶、高硬度、高软化点特性的粒径整齐的微粉，应用于油墨、涂料等，起到抗磨、消光的作用[31]。

经过深度加工的费托蜡滴熔点可达到 110℃以上，产品应用于食品包装、一次性纸杯，避免其盛放沸水时融化，从而间接造成人体伤害；用于热熔胶、PVC、橡胶防护添加，可放缓挥发损失速度，使橡胶塑料制品长时间暴露在阳光下也不会变脆损坏；用于金属抛光、汽车蜡、化妆品等，大大提升了光泽度和顺滑感。

高熔点费托蜡经过改性后的氧化蜡，溶于水后得到蜡乳液，如果用于水果保鲜，不仅可以满足长距离运输所需，而且还能起到防虫蛀作用；微粉蜡可以用于防水油漆、地板上光、汽车蜡等，粒径达到 5μm，分散均匀，手感佳，光亮度极高[32]。

国内生产的费托蜡精制深度不足，产品分离精度不高，相对分子质量分布宽窄不一，含油等指标也无法满足现有石油蜡标准，与 Sasol 等公司的产品质量和售价上均存在较大差距。费托合成所涉技术流程较长，成本较高，费托合成油及合成蜡等产品的高附加值利用对增加社会效益及企业经济效益至关重要。

费托合成油属于洁净度较高、烃类较单一的宝贵原料，应予以更加充分合理的高效利用。费托合成油高附加值利用需要科研、生产、用户多方密切协作，在新标准体系、分析表征方法、分子层级精密分馏、高效精准催化转化技术、分子结构及含量对产品性能的影响、特种产品对应用领域的技术和经济优化提升作用等进行深入系统的研究。利用费托合成油的特性开展正构 α-烯烃分离利用、PAO 产品合成，研制包括液体石蜡、高纯蜡类相变蓄热储能材料、固体石蜡、高滴熔点蜡等正构烷烃系列产品，制备或提纯系列异构烷烃产品、超高黏度指数润滑油基础油等高档产品，进一步延伸产品链并提高附加值，为我国费托合成技术的发展提供坚实的支撑[33]。

第四节　蜡成型技术

一、链盘式成型工艺

我国炼油厂中蜡成型方法基本上已由旧式板框成型改为自动链盘式连续成型。对于某些专用蜡也发展了粒状成型技术。

（一）传统的链盘式成型工艺简介

链盘式连续蜡成型工作原理是将熔化状态的蜡注入不锈钢蜡盘中，蜡盘在链条带动下进入冷室，并层层平行上移，室内设置液氨蒸发器和鼓风机，以保持冷室温度，蜡液的热量被冷风带走后，逐渐冷却凝固成为蜡块，并离开冷室，经翻转机构使蜡块脱模，落到运输带上送去包装，链盘式成型机工艺流程如图 18-13 所示。

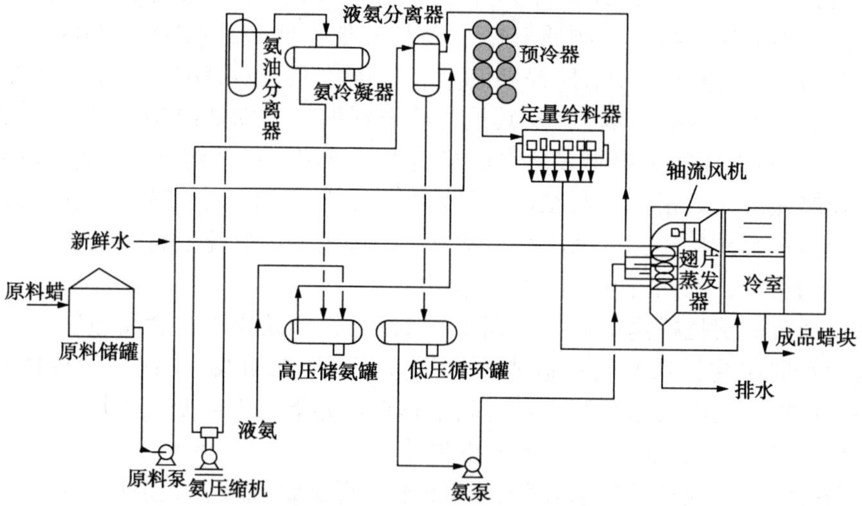

图 18-13　链盘式蜡连续成型装置流程

链盘式蜡连续成型装置主要由链盘式成型机、冷冻系统、冷室、扩散器和输送带等组成，图 18-14 为链盘式石蜡连续成型机结构示意图[34]。

将熔化的蜡经预热后送到定量给料器中，输送带上的蜡盘在装蜡之前通过电加热段，由定量给料器向每个蜡模中注入 5kg 石蜡，注入蜡的质量误差控制在±0.5%以内，然后在输送带上进入 0℃左右的恒温冷室，层层平行上移冷却。

利用经氨冷却器冷却的空气作为冷却剂，由冷空气控制冷却室温度。蜡成型时间与冷却室冷风温度的关系如图 18-15 所示。图中曲线表示，当冷风温度降到-5℃以下时，曲线斜率有变小趋势；当冷风温度在-8℃时，曲线斜率明显变化。故采用过低的冷风温度，对缩短成型时间效果不大。实际生产上控制冷风温度在 0~-5℃，并相应调节输送带的运动速度。蜡块冷却到 25~28℃成型结束，蜡盘在冷室出口翻转，蜡板从模上脱落，由蜡板输送带运到包装机。成型机有联动装置，如果由于某些原因蜡板留在模中，传送带即自动停车。

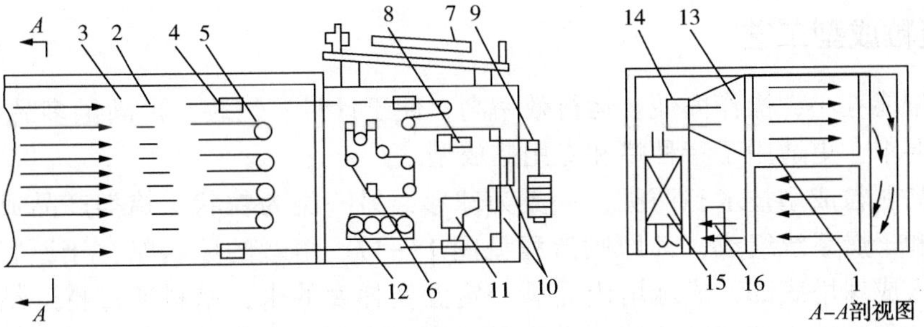

图 18-14　链盘式成型机结构示意图

1—冷却室隔板；2—蜡盘传送带；3—冷室；4—蜡盘；5—前平移机构；6—帆布输送带；7—顶冷室；8—链板输送门；9—链条外紧器；10—电加热器；11—定量结料器；12—主机传送部分；13—通风道；14—轴流风机；15—冷风机蒸发器；16—下部轴流风机

链盘式成型机采用容积注料，控制注蜡温度也是保证蜡板质量的重要因素，故成型装置上设有如图 18-16 所示的蜡预冷系统。

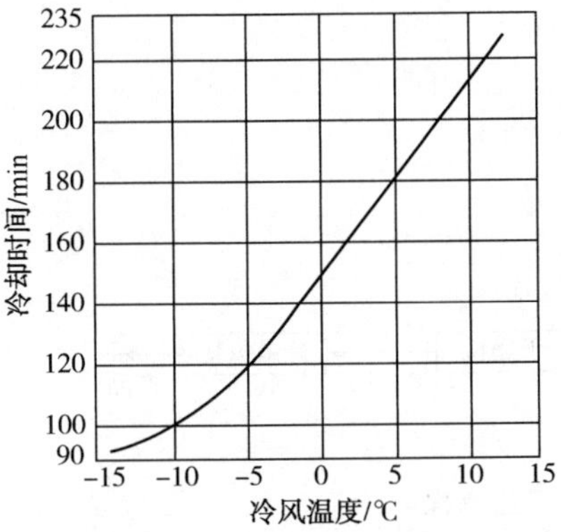

图 18-15　蜡冷却时间与冷风温度的关系曲线

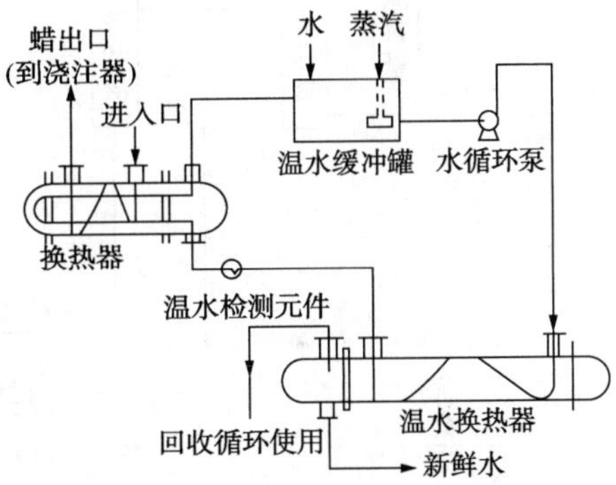

图 18-16　链盘式蜡自动成型机的预冷系统

链盘式蜡成型装置的主要操作条件为：给料温度高于蜡熔点 8～10℃，冷室温度为 0～−5℃，脱模温度为 30～35℃，蜡板成型时间为 2h 左右。

（二）蜡成型工艺的改进和自动化控制

传统的链盘式蜡连续成型装置及工艺过程的缺点是能耗较高，同时整个成型设备的冷却器和鼓风机的负荷随季节不同有很大的差异。因此，近年来基于节能角度蜡成型装置及其相应的工艺过程也有所改进。例如，在产品蜡成型的液态蜡→换热→蜡罐→称重→注蜡→冷室→凝固→卸蜡→包装过程中，采用高效换热器使液态蜡温度仅高于其熔点温度 8～12℃水平，尽量降低能量耗损。通过精准的称重计量系统，可将质量误差控制在±0.1%以内。

近年来自动化技术在蜡连续成型工艺方面也得到广泛应用，如自动蜡连续成型机主传动和卸蜡输送变频调速、平移、分层传动与拉紧、主链条拉力自动监测和故障报警等模块，设备组件包含圆角型蜡盘、连续定量注蜡、插接式冷库墙板和双轴式冷风机等结构形式。现代化控制系统使蜡成型设备的自动化程度大幅提高，提升了蜡成型的生产效率，其中的报警连锁和停机连锁子系统极大提高了装置运行的安全性能。

二、造粒成型工艺

造粒成型能耗小，操作简便，运行效率高，便于计量、包装，可满足多品种、小批量、切换频繁的要求，更适用于特种蜡和专用蜡成型。

蜡类产品颗粒成型技术有两类，一类为球形，另一类为粒状。蜡类产品成球装置主要由成球系统和干燥系统组成，其原则流程见图 18-17。熔融的原料蜡存于原料罐中，用风压将蜡料送入成球塔底部，成球塔内充满一定温度梯度的水，蜡料通过特殊结构的喷嘴喷成蜡球，蜡球借助密度差逐渐上浮，在上浮过程中冷却、固化。冷却固化了的蜡球与水进入冷却塔进一步固化，随后进入筛分机，将蜡球与水分离，分出的水经冷却后循环使用。而表面上有少量水的湿蜡球进入干燥机进行干燥，得到符合要求的球状成品蜡。整个过程的操作(包括计量、包装)是连续的，蜡球大小取决于喷头尺寸，一般蜡球直径为 5~6mm。成型前后蜡质量无变化[35]

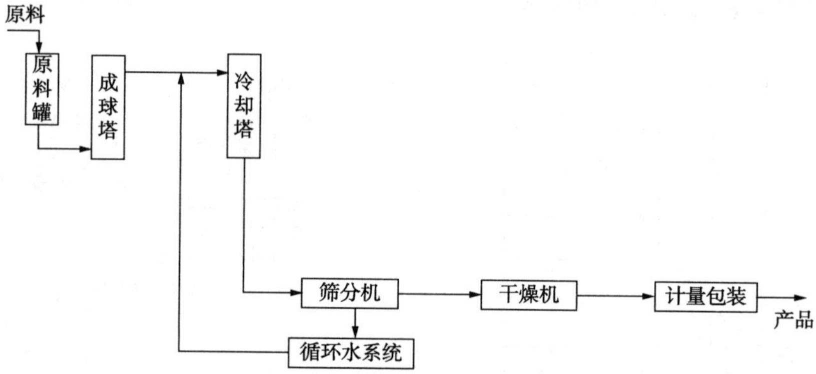

图 18-17　双蜡成球原则工艺流程

粒状成型系统主要由旋转滴流成型机、钢带冷却器、循环冷却水系统和计量、包装机组成，其示意图示于图 18-18。该工艺采用水为冷却介质，并循环使用，钢带使蜡料与冷却水隔离，防止蜡被污染。

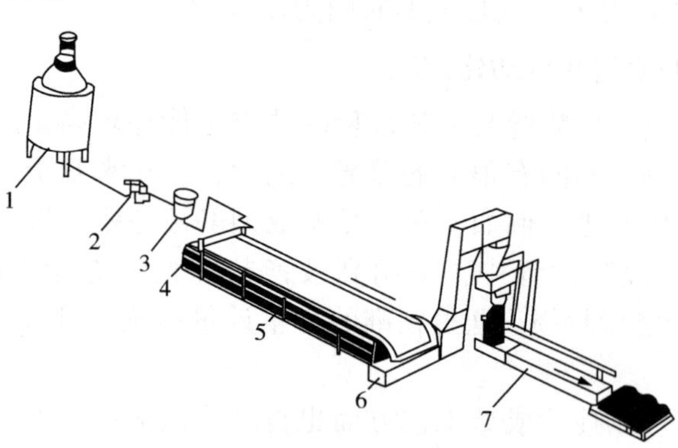

图 18-18　粒状蜡成型系统

1—给料罐；2—泵；3—过滤装置；4—落模成型机；
5—钢带冷却器；6—转载输送机；7—装袋系统

三、粉状成型工艺

超细粉体制备方法分为物理法与化学法两大类。物理法包括粉碎法与构筑法两类；化学法包括沉淀法(溶液反应法)、水解法、喷雾法及气相反应法等。

(一) 机械粉碎法

机械法超微粉碎可分为干法粉碎和湿法粉碎，根据粉碎过程中粉碎力产生的原理不同，干法粉碎有高频振动式、旋转(棒)球磨式、锤击式和自磨式等几种形式。

(二) 气流粉碎法

气流粉碎技术是利用物料在高速气流的作用下，获得巨大的动能，一般采用的气体是高速空气(300~500m/s)、过热蒸汽(300~400℃)或惰性气体，在粉碎室内造成物料颗粒之间的高速碰撞、剧烈摩擦，同时高速气流对物料产生剪切作用，粉碎后的物料被负压上升气流输送至分级区，由内分级轮筛选出的粒度即为所要求的细粉，其分级点连续可调，未满足粒度要求的粗粉返回粉碎区继续粉碎(无大颗粒产生)。合格细粉经分级轮随气流进入收集系统进行收集，含尘气体经布袋收尘器过滤净化后排入大气，从而达到粉碎物料的目的，它能将原料加工成极细的粉末。气流粉碎特别适用于低熔点、热敏性和生物活性材料制品的超细粉碎。

(三) 喷雾干燥和雾化造粒法

喷雾干燥法是将溶液喷雾至热风中，使之快速干燥的方法。这是一种适合工业化大规模生产超微粉体材料的方法。蜡乳液或熔融液用隔膜泵高压输入，通过二流体或多流体喷嘴在压力下将其在干燥塔中喷雾状液滴，然后同热空气并流下降，大部分粉粒由塔底排料口收集，废气与其所含的微小粉末经旋风分离器分离后由抽风机排出，粉末从旋风分离器下端进行收集。风机口处还可装备二级除尘装置，回收率在96%~98%以上。该工艺生产出来的蜡颗粒饱满、粒径均匀，可根据需要生产0.1~1.0mm不同粒径的产品。相关的简要工艺流程如图18-19所示。

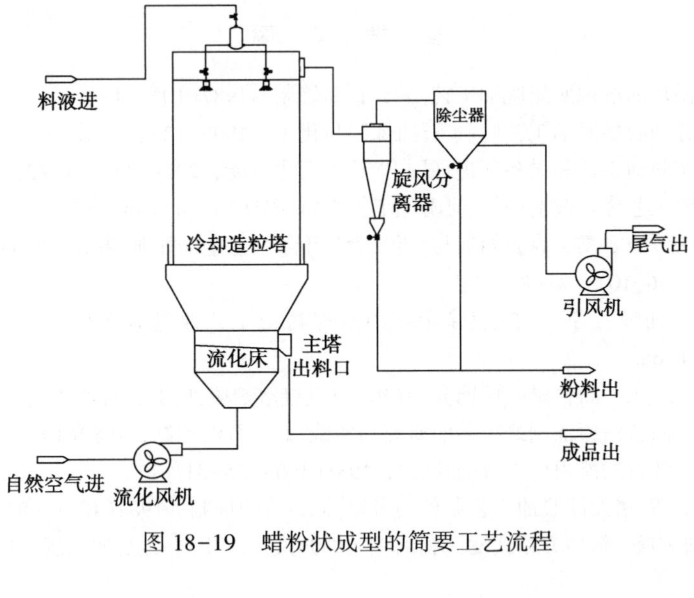

图18-19 蜡粉状成型的简要工艺流程

成型过程中可以根据要求调整喷雾干燥设备的料液泵压力、流量及喷孔的大小，通过调整相关参数可以获得一定粒度分布的球形蜡颗粒。体系中的球形颗粒主要在造粒塔出料口收集，少量的蜡粉也可在旋风分离器底部收集，而最小的粉尘及废气则由分离器顶部排出。

(四) 超临界快速膨胀技术(RESS)

超临界溶液快速膨胀(RESS)是由两个互为相反的步骤构成，即先将溶质溶解在超临界流体中，然后使超临界流体在非常短的时间内，经过特制的喷嘴喷出至低压或常压环境中进行减压膨胀，形成以音速传递的机械搅动，使溶质在瞬间形成大量晶核，并在短时间内形成晶体的生长，从而形成大量粒径及形态均一的亚微米以至纳米级微细颗粒，如图 18-20 所示。由于压力的传递几乎在瞬间完成，形成的颗粒无溶剂残留、粒径小而均匀，且可通过温度和压力的控制来调控粒度尺寸的分布，有效解决了传统方法制备微细颗粒所不能解决的问题。其特点是产品的纯度高，几何形状均一，尺寸分布范围窄，制造工艺简单，操作温度较低，适用材料范围广等。

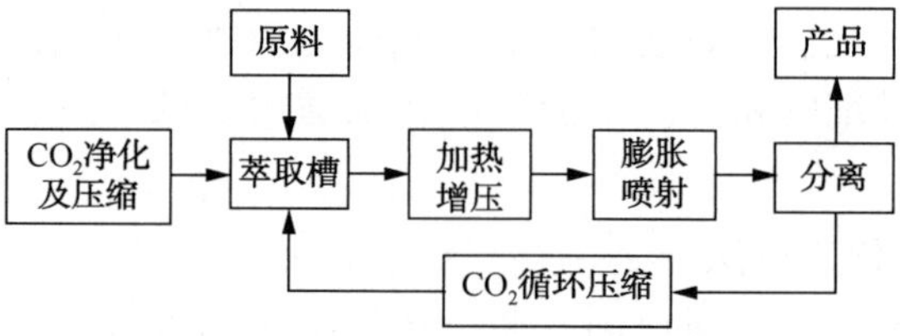

图 18-20　超临界快速膨胀工艺流程

RESS 法制备超细粒子的过程主要由四部分组成：溶液供应、泵压系统、溶液加热(加热到超过其临界温度)部件和用于超临界溶液膨胀的喷嘴、产品收集器等。CO_2 从钢瓶中经过冷却后由高压柱塞泵加压到设定的操作压力后进入萃取槽中，将原料充分溶解于超临界 CO_2 流体中。将溶解了原料的超临界 CO_2 流体加热到合适的膨胀前温度，经过喷射装置快速喷射至粒子收集器或喷雾干燥器中，以获得粒径小且均匀的微细颗粒蜡。

参 考 文 献

[1] 戴钧樑. 滤液全循环的溶剂脱蜡脱油工艺[J]. 石油炼制，1987(10)：1-4.
[2] 朱瑜芬. 大庆馏分油脱蜡脱油工艺[J]. 石油炼制与化工，1996(12)：1-4.
[3] 许金定. 酮苯脱蜡脱油工艺和设备新进展[J]. 石油石化节能，2011(2)：11-12.
[4] 李云霞. 糠醛装置工艺优化改造[J]. 河南化工，2014，31(2)：43-44.
[5] 宗军，吴艳萍，夏季祥，等. 高压加氢与“老三套”组合工艺生产重质基础油的工业应用[J]. 石油炼制与化工，2015，46(10)：77-82.
[6] 王海燕，吴艳萍，任峰，等. 石蜡嗅味影响因素探讨与工艺改进方案研究[J]. 石油炼制与化工，2017，48(6)：64-68.
[7] 苗振华，刘伟，朱瑜芬. 高含蜡减压馏分油(VGO)直接溶剂脱油[J]. 石油炼制，1990(12)：9-15.
[8] 苗振华，员华亭. 高含蜡原油制蜡工艺的研究与实践[J]. 石油炼制，1989(10)：42-47.
[9] 肖亦章. 提高发汗装置的能力[J]. 石油炼制，1981(10)：25-31.
[10] 石油一厂研究所. 石蜡发汗脱油工艺条件的考察[J]. 石油炼制，1984(10)：28-32.
[11] 抚顺石油化工研究院. 新型方箱式发汗脱油工艺的开发与应用[J]. 石油炼制，1991(5)：13-16.

[12] 兰州炼油厂. 喷雾蜡脱油新工艺[J]. 石油炼制，1976(1)：11-17.
[13] 穆忠. 采用喷雾脱油工艺生产地蜡和石蜡[J]. 石油炼制，1980(2)：16-21.
[14] 行红淼. 石蜡嗅味产生的原因及对策[J]. 广州化工，2012，40(6)：176-178.
[15] 侯祥麟. 中国炼油技术新进展[M]. 北京：中国石化出版社，1998，117-123.
[16] 林国强. 茂名石油公司石蜡加氢精制装置投产运行[J]. 石油炼制，1988(8)：22-26.
[17] 杨天健，石雅辉. 大连石油化工公司石蜡加氢装置的特点及技术分析[J]. 石油炼制，1988(8)：17-21.
[18] 吴显军，夏恩冬，王刚，等. 石蜡加氢精制催化剂(SD-1/SD-2)[J]. 石油科技论坛，2017 年增刊.
[19] 张艳侠，袁胜华，袁平飞，等. 石蜡加氢精制催化剂 FV-30 的研制及工艺条件的研究[J]. 石油化工高等学校学报，2012，25(1)：41-45.
[20] 玗满初，赵克礼，殷锡典，等. RJW-1 石蜡精制催化剂的工业应用[J]. 石油炼制，1994(1)：50-53.
[21] 张洪钧. RG-1/RJW-2 微晶蜡一段串联加氢工艺的工业应用[J]. 石油炼制与化工，1997(1)：28-30.
[22] 王家衰，具礼会，李道，等. 凡士林加氢技术的共液化[J]. 石油炼制，1989(5)：1-7.
[23] 王士新. FV-10 催化剂高压加氢制取优质凡士林[C]//第九届全国工业催化技术及应用年会论文集，2016：264-266.
[24] 孙剑锋，毕文卓，王诗语. 费-托合成蜡的性质及应用展望[J]. 当代化工，2016，45(12)：2884-2890.
[25] 李增杰，竟炜，罗春排. 费托合成油品加氢精制的工艺条件及产品分析[J]. 石油化工应用，2016，35(9)：117-120.
[26] 刘素丽，殷志宝，梁雪美，等. 低温费托生产高端润滑油基础油的研究现状[J]. 合成材料老化与应用，2016，4(6)：98-101.
[27] 王林，孔繁华，刘晓彤，等. 费托合成产物的加工利用技术探讨[J]. 炼油与化工，2015，26(5)：36-39.
[28] 邵光涛，刘素丽，袁炜，等. 分子蒸馏技术在费托合成蜡分切中的应用研究[J]. 合成材料老化与应用，2019，8(1)：111-114.
[29] 康智亮，王红. 分子蒸馏的应用及发展[J]. 现代化工，2014，34(10)：44-48.
[30] 徐婷，韩伟. 分子蒸馏的原理及其应用进展[J]. 机电信息，2015(8)：1-8.
[31] 许毅. 煤间接液化产品结构的发展方向[J]. 大氮肥，2015，38(3)：145-150.
[32] 韩建. 高端产业引领转型发展-潞安集团加强费托蜡产品研发销售计实[J]. 先锋队，2016(26)：36-37.
[33] 梁雪美，袁炜，罗春桃，等. 高熔点费托合成蜡的生产概况与应用[J]. 合成材料老化与应用，2017，46(4)：92-94.
[34] 周广文. 石蜡连续成型机概述[J]. 今日自动化，2018(5)：26-28.
[35] 柳荣堂，朱华艺，崔爱霞，等. 蜡成球工艺的研究[J]. 石油炼制与化工，1994(9)：8-12.

专家话炼油

第十九章　石油产品

石油产品在国民经济和社会发展中占有重要地位，发挥着重要的作用。我国石油炼制工业在提供石油产品的同时，相应地制定了各类石油产品标准，建立了大批石油产品分析、测试方法和有关产品使用性能的评价程序等。

我国 GB/T 498—2014《石油产品和润滑剂的总分组》将石油产品和润滑剂划分为燃料(F)、溶剂和化工原料(S)、润滑剂和有关产品(L)、蜡(W)、沥青(B)5 大类，此标准修改采用了国际标准 ISO 8681：1986《石油产品及润滑剂的分类方法和类别的确定》，具体类别和含义见表 19-1。该标准对于我国石油产品和润滑剂的研制、生产、标准化有着重要的意义。

表 19-1　石油产品和有关产品的总分类(GB/T 498—2014)

类别	含义	类别	含义	类别	含义	类别	含义	类别	含义
F	燃料	S	溶剂和化工原料	L	润滑剂和有关产品	W	蜡	B	沥青

本章仅对发动机燃料、溶剂油、润滑油、石油蜡、石油沥青及石油焦等主要产品予以简要的叙述。

第一节　发动机燃料

一、发动机燃料的品种和分类

我国燃料(F)类产品的分类标准为 GB/T 12692.1—2010《石油产品　燃料(F 类)分类　第 1 部分：总则》，此标准等同采用国际标准 ISO 8216—99：2002《石油产品　燃料(F 类)分类　第 99 部分 总则》，将石油燃料根据燃料类型分为五组，即气体燃料(G 组)、液化石油气(L 组)、馏分燃料(D 组)、残渣燃料(R 组)和石油焦(C 组)，每组定义如表 19-2 所示。发动机燃料按照其应用的发动机类型的不同，主要分为汽油、喷气燃料和柴油等。按照表 19-2 分类，该部分燃料属于馏分燃料(D 组)，为国内石油燃料中所占比例最大的品种。

表 19-2　石油燃料分类(GB/T 12692.1—2010)

组　别	组别定义
气体燃料(G 组)	主要由来源于石油的甲烷和/或乙烷组成的气体燃料
液化石油气(L 组)	主要由 C_3 和 C_4 烷烃或烯烃或其混合物组成，并且更高碳原子数的物质液体体积小于 5%的气体燃料

续表

组　别	组别定义
馏分燃料(D 组)	由原油加工或石油气分离所得到的主要来源于石油的液体燃料。轻质或中质馏分燃料中不含加工过程的残渣，而重质馏分中可含有在调合、储存和/或运输过程中引入的、规格标准限定范围内的少量残渣
残渣燃料(R 组)	含有来源于石油加工残渣的液体燃料
石油焦(C 组)	由原油或原料油深度加工所得，主要由碳组成的来源于石油的固体燃料

二、汽油

按照国家标准 GB/T 4016—2019《石油产品名词术语》，汽油是指沸程在 30~220℃范围内，可含有适当添加剂的精制石油馏分，适用于作点燃式发动机燃料。按其用途汽油可分为车用汽油和航空活塞式发动机燃料(也称航空汽油)。

(一) 我国车用汽油的发展及应用概况

车用汽油用作点燃式发动机(汽油机)燃料。自 21 世纪以来，我国机动车排放法规日益严格以满足环保的需要，2001~2020 年我国轻型汽油车排放标准从第Ⅰ阶段加严至第ⅥA 阶段，汽车排放标准的加严及汽车技术的快速发展使得对车用汽油的要求也日益加严。从 2000 年我国统一执行车用无铅汽油国家标准以来，近 20 年我国车用汽油质量升级呈现跳跃式发展。车用汽油从国Ⅰ升级至国ⅥA 阶段，经历了低硫化、无锰化、降低烯烃和芳烃等过程，我国车用汽油质量迅速与国际水平接轨。我国车用汽油各阶段主要指标变化情况参见表 19-3。

表 19-3　车用汽油主要指标各阶段的变化情况

项　目		GB 17930 国Ⅰ	GB 17930 国Ⅱ	GB 17930 国Ⅲ	GB 17930 国Ⅳ	GB 17930 国Ⅴ	GB 17930 国ⅥA/ⅥB
实施日期(全国)		2000. 1. 1	2005. 7. 1	2010. 1. 1	2014. 1. 1	2017. 1. 1	2019. 1. 1/2023. 1. 1
RON	不小于	90 93 95	90 93 97	90 93 97	90 93 97	89 92 95 98	89 92 95 98
蒸气压/kPa							
11. 1~4. 30		≤88	≤88	≤88	42~85	45~85	45~85
5. 1~10. 31		≤74	≤74	≤72	40~68	40~65	40~65
50%蒸发温度/℃	不高于	120	120	120	120	120	110
硫含量/(mg/kg)	不大于	1000/800（存在过渡期）	500	150	50	10	10
锰含量/(g/L)	不大于	0. 018	0. 018	0. 016	0. 008	0. 002	0. 002
苯含量/%(体)	不大于	2. 5	2. 5	1. 0	1. 0	1. 0	0. 8
烯烃含量①/%(体)	不大于	35	35	30	28	24	18/15
芳烃含量/%(体)	不大于	40	40(42)	40(42)	40(42)	40(42)	35
密度(20℃)/(g/cm^3)		—	—	—	—	0. 720~0. 775	0. 720~0. 775

① 98 号车用汽油(ⅥA/ⅥB)烯烃体积含量不大于 15%。

车用汽油主要由催化裂化汽油、重整汽油、芳烃、烷基化汽油、异构化汽油等馏分构成，根据各炼油企业资源的不同、产品质量的发展以及牌号的不同，不同车用汽油的构成存在差异。辛烷值是车用汽油最重要的指标之一。经过多次标准修订，目前我国车用汽油按研究法辛烷值分为 89 号、92 号、95 号和 98 号 4 个牌号。同一质量等级、不同牌号的车用汽油除抗爆性要求有所差别外，其他性能要求基本相同。我国车用汽油辛烷值要求与欧盟一致，达到了世界先进水平。随着汽油机压缩比的提高，对高牌号汽油的需求将增加。

同世界其他主要国家一样，我国把降低硫含量作为清洁燃油升级的首要目标。2000 年我国车用汽油要求硫含量不大于 1000mg/kg。经过多次炼油技术升级及装置改造，2017 年 1 月 1 日起我国全面实施硫含量不大于 10mg/kg 的技术要求，已达到国际先进水平，能够满足先进燃烧技术的使用和后处理系统的应用。

车用汽油中的芳烃、烯烃、苯影响污染物排放。GB 17930—1999《车用无铅汽油》参照欧洲标准，首次规定了汽油的组成，要求芳烃、烯烃和苯体积分数分别不大于 40%、35%、2.5%。在之后的质量升级中限值逐渐降低，2019 年 1 月 1 日起芳烃、烯烃和苯体积分数分别下降至不大于 35%、18%和 0.8%。2023 年 1 月 1 日起，烯烃含量将进一步下降至不大于 15%(体积分数)。上述汽油组成指标均达到欧盟标准水平，其中部分指标严于欧盟。

车用汽油锰含量逐步降低以减少对发动机的影响，第Ⅴ阶段起锰含量降低到不大于 2mg/L，并禁止人为加入含锰添加剂，实现无锰化，达到国际先进水平。对于蒸气压，我国车用汽油不断降低上限值以降低蒸发排放，并增设下限值以防止汽车出现冷启动问题。第Ⅴ阶段车用汽油标准首次规定了车用汽油密度，进一步保证车辆燃油经济性相对稳定。

车用汽油不得人为加入铅、铁、锰添加剂。对于其他添加剂和污染物，标准规定“车用汽油中所使用的添加剂应无公认的有害作用，并按推荐的适宜用量使用。车用汽油中不应含有任何可导致车辆无法正常运行的添加物和污染物。车用汽油中不得人为加入甲缩醛、苯胺类、卤素以及含磷、含硅等化合物”，此规定对我国车用汽油的质量稳定性起到了重要作用。

由于我国原油特点、炼油工艺和炼油装置与欧洲存在较大的区别，因而导致汽油池结构不尽相同，汽油质量指标上存在一定的差异。我国的车用汽油标准是参照了欧洲标准，同时考虑到我国炼油工业的实际情况，在满足相应排放要求的前提下经过大量试验研究下制订的。目前现有标准见表 19-4。主要质量指标已达到欧盟水平。随着汽车技术的发展以及我国环保要求的日益加严，未来车用汽油不仅需要满足日益严格的汽车排放要求，还需要满足日益严格的汽车节能要求，随着油-车相互关系及适配性研究的深入，对车用汽油提出的需求更加具体，未来车用汽油标准将根据我国汽车工业和炼油工业现状及发展情况自主制定，以促进我国相关行业持续稳定发展。

表 19-4 车用汽油(ⅥA/ⅥB)技术要求和试验方法

项　目		质量指标			试验方法
		89	92	95	
抗爆性					
研究法辛烷值(*RON*)	不小于	89	92	95	GB/T 5487
抗爆指数(*RON*+*MON*)/2	不小于	84	87	90	GB/T 503、GB/T 5487

续表

项　目		质量指标			试验方法
		89	92	95	
铅含量①/(g/L)	不大于		0.005		GB/T 8020
馏程					GB/T 6536
10%蒸发温度/℃	不高于		70		
50%蒸发温度/℃	不高于		110		
90%蒸发温度/℃	不高于		190		
终馏点/℃	不高于		205		
残留量/%(体)	不大于		2		
蒸气压/kPa					GB/T 8017
11月1日~4月30日			45~85		
5月1日~10月31日			40~65②		
胶质含量/(mg/100mL)					GB/T 8019
未洗胶质含量(加入清净剂前)	不大于		30		
溶剂洗胶质含量	不大于		5		
诱导期/min	不小于		480		GB/T 8018
硫含量/(mg/kg)	不大于		10		SH/T 0689
硫醇(博士试验)			通过		NB/SH/T 0174
铜片腐蚀(50℃，3h)/级	不大于		1		GB/T 5096
水溶性酸或碱			无		GB/T 259
机械杂质及水分			无		目测
苯含量/%(体)	不大于		0.8		SH/T 0713
芳烃含量/%(体)	不大于		35		GB/T 30519
烯烃含量/%(体)	不大于		18/15		GB/T 30519
氧含量/%	不大于		2.7		NB/SH/T 0663
甲醇含量①/%	不大于		0.3		NB/SH/T 0663
锰含量①/(g/L)	不大于		0.002		SH/T 0711
铁含量①/(g/L)	不大于		0.01		SH/T 0712
密度(20℃)/(kg/m³)			720~775		GB/T 1884、GB/T 1885

① 车用汽油中，不得人为加入甲醇以及含铅、含铁和含锰的添加剂。

② 广东、海南全年执行此项要求。

(二) 航空汽油的发展及应用概况

航空活塞式发动机燃料是指用于活塞式航空发动机的汽油，其按马达法辛烷值分为75号、UL91号、95号(含铅)、100号(含铅)和100LL号(低铅)五个品种。我国航空汽油的发展始于1959年，最初由兰州炼油厂生产并试飞成功。我国最早的航空汽油标准GB 1787—1979是参照苏联标准制定，多年后生产航空汽油的组分发生了很大的变化，为此2018年完成了对GB 1787—2008的修订，颁布了GB 1787—2018《航空活塞式发动机燃料》。

与2008版标准相比，2018版标准主要增加了UL91号、100LL号两个牌号及相应的各项指标；增加了对染料和加入量的要求；取消了碘值和实际胶质项目。GB 1787—2018《航空活塞式发动机燃料》具体的技术要求见表19-5。

表19-5　航空活塞式发动机燃料的技术要求和试验方法

项　目	质量指标					试验方法
	75号	UL91号	95号	100号	100LL号	
马达法辛烷值　不小于	75.0	91.0	95.0	99.6	99.6	GB/T 503
品　度　不小于	—	—	130	130	130	SH/T 0506
铅含量						ASTM D5059
四乙基铅/(g/kg)　不大于	—	0.028	3.2	2.4	1.2	
铅/(g/L)　不大于	—	0.013	1.48	1.12	0.56	
净热值/(MJ/kg)　不小于	—	43.5	43.5	43.5	43.5	GB/T384
颜色	无色	无色	橙色	绿色	蓝色	ASTM D2392
染色剂加入量/(mg/L)　不大于						
蓝色	—	—	—	2.7	2.7	—
黄色	—	—	—	2.8	—	—
橙色	—	—	14.5	—	—	—
密度(20℃)/(kg/m³)	报告					GB/T 1884、GB/T 1885
馏程						GB/T 6536
初馏点/℃　不低于	40	报告	40	报告		
10%蒸发温度/℃　不高于	80	75	80	75		
40%蒸发温度/℃　不低于	—	75	—	75		
50%蒸发温度/℃　不高于	105	105	105	105		
90%蒸发温度/℃　不高于	145	135	145	135		
终馏点/℃　不高于	180	170	180	170		
10%与50%蒸发温度之和/℃　不低于	—	135	—	135		
残留量/%(体)　不大于	1.5	1.5	1.5	1.5		
损失量/%(体)　不大于	1.5	1.5	1.5	1.5		
蒸气压/kPa	27.0~48.0	38.0~49.0	27.0~48.0	38.0~49.0		SH/T 0794
酸度/(mgKOH/100mL)　不大于	1.0	—	1.0	—		GB/T 258
冰点/℃　不高于	-58.0					GB/T 2430
硫含量/%　不大于	0.05					SH/T 0689
氧化安定性(5h老化)						SH/T 0585
潜在胶质/(mg/100mL)　不大于	6					
显见铅沉淀/(mg/100mL)　不大于	—		3			

续表

项　　目	质量指标					试验方法
	75 号	UL91 号	95 号	100 号	100LL 号	
铜片腐蚀(100℃，2h)/级　　不大于	1					GB/T 5096
水溶性酸或碱	无					GB/T 259
机械杂质及水分	无					目测
芳烃含量/%(体)　　不大于	30	—	35	—		GB/T 11132
水反应 体积变化/mL　　不大于	±2					GB/T 1793

(三) 汽油的主要性能要求

1. 抗爆性

抗爆性是汽油最重要的性能指标之一。一定压缩比的发动机，必须选用具有一定辛烷值的汽油，才能保证气缸内燃料的正常燃烧而不致产生爆震现象，以保证发动机的正常工作。

爆震与汽油在发动机特定条件下的燃烧有关。如果在燃烧过程中，火焰尚未到达的部分混合气内，过氧化物的浓度已经很高，其温度超过烃类自燃点，此时在未燃气体中出现许多燃烧中心，开始自燃，使得燃烧以爆炸方式进行，压力和温度骤然增加，燃烧气体猛烈撞击活塞头和气缸壁，发生金属敲击声。由于火焰的瞬间掠过，使得某些部位的燃料来不及完全燃烧而被排出，形成黑烟，这就是爆震现象。

爆震与汽油的化学组成有着密切的关系。一般而言，相对分子质量大致相近的不同烃类，其辛烷值以正构烷烃最低，高度分支的异构烷烃、异构烯烃和芳香烃的辛烷值高，环烷烃和分支少的异构烷烃、异构烯烃介于中间。对于同族烃类来说，相对分子质量越小，沸点越低，其抗爆性越好。

车用汽油的抗爆性用辛烷值来表示，包括研究法辛烷值和马达法辛烷值。研究法辛烷值(RON)是在辛烷值试验机上，以较低的混合气温度和较低的发动机转速(600r/min)下测定的辛烷值。它表示发动机低速或中速运转时燃料的抗爆震性能。马达法辛烷值(MON)测定是用900r/min 的单缸发动机测定，表示高转速时汽油的抗爆性。有时为了反映汽车在实际行车中的抗爆性，采用道路辛烷值进行评价。由于测试方法复杂，难以在日常的质量控制中应用，一般采用抗爆指数(研究法辛烷值与马达法辛烷值的平均值)表示。

2. 蒸发性

为了保证高转速点燃式发动机的正常工作，汽油需要在极短的时间内完全蒸发，并迅速扩散，与空气形成一定比例的均匀可燃混合气。汽油蒸发性越好，与空气混合就越均匀，进入气缸后燃烧也越完全，发动机工作越正常。汽油具有适度的蒸发性，对保障发动机的性能和排放至关重要。汽油蒸发性用馏程和蒸气压两个指标表示。

汽油的馏程就是通过加热测定蒸发出10%、50%、90%馏分时的温度和终馏温度。10%蒸发温度与发动机冷启动性能和气阻现象的产生有关。50%蒸发温度是为了保证汽油馏分的组成分布均匀，使发动机具有良好的加速性和平稳性，保证其最大功率和爬坡能力；

90%蒸发温度和终馏点表示汽油在气缸中蒸发的完全程度。

汽油蒸气压过高将引起气阻、油箱压力过高以及蒸发排放污染加大，蒸气压太低又不利于发动机的启动，且影响加速性能，导致燃烧不完全，增大耗油量，降低发动机功率。

3. 安定性

汽油在常温和液态下的抗氧化能力称为氧化安定性。在储存和输送过程中，氧化安定性差的汽油容易发生氧化反应，生成胶质。在油箱、滤网中形成的黏稠胶状物会影响供油；沉积在火花塞、进气阀、活塞和燃烧室的胶质会形成积炭，影响发动机正常工作。由于诱导期表示汽油在储存时生成胶质的倾向，因此，表征汽油安定性的指标除胶质含量外，诱导期也是一个重要的质量指标。一般来说，汽油的诱导期越长，其越不易氧化，胶质增长的速度较慢，氧化安定性越好。

汽油中最不安定的组分包括二烯烃、苯烯烃和非烃中的苯硫酚、吡咯及其同系物。这些组分存在于二次加工汽油中，含量很低，但用一般精制方法难以除净。它们不但易于在常温下氧化，而且对油品的氧化起到引发剂的作用，危害甚大。

4. 腐蚀性

汽油不应有腐蚀性，以免发动机部件遭受腐蚀或腐蚀磨损。发动机部件的腐蚀，主要是由汽油中的硫和含硫化合物、有机酸和水溶性酸或碱引起的。表示汽油腐蚀性的指标有水溶性酸碱、铜片腐蚀、硫醇硫和硫含量等。

汽油中的硫和含硫化合物分为活性硫和非活性硫。活性硫(硫化氢、元素硫、硫醇)会引起发动机部件严重腐蚀，特别是在有水存在的情况下腐蚀显著增加。非活性硫因结构不同，其热安定性存在差异，其中较稳定的组分以噻吩等一些环状硫化物为主，不稳定的组分以链状硫化物、加氢饱和的环状硫化物为主。对于热安定性较差的组分，受热容易分解生成活性硫，使进气阀、阀杆、阀座产生腐蚀和腐蚀磨损，而且非活性硫在发动机中燃烧后均产生硫的氧化物。

5. 氧含量

汽油中添加有机含氧化合物有助于提高汽油辛烷值，有利于改善汽油燃烧性能，可以降低汽车尾气中 CO 的排放。汽油常用的含氧化合物主要有醚类和醇类，但常用含氧化合物的体积热值一般比烃类汽油要低，大量加入将影响汽车发动机的性能，国内外车用汽油标准一般都对汽油中含氧量进行了限制。

6. 汽油中有害物质的控制

汽油中的硫是非常有害的。它的存在不仅会对发动机的零部件产生腐蚀，更为重要的是它会使汽车尾气转化控制装置中的催化剂中毒，造成转化效率下降，从而导致汽车尾气排放的增加。

汽油中的苯主要来源于催化重整和催化裂化汽油，是致癌物质，通过蒸发和尾气排放到大气中会对人类健康带来直接不利影响。

7. 烃组成

汽油中的烃类包括烷烃、烯烃、芳烃等。汽油中烯烃主要来自于催化裂化汽油，其本身具有较高辛烷值，比较活泼，挥发到大气中会发生光化学反应而加速臭氧的形成，使环境受到严重污染。此外，由于烯烃对热的不稳定性，易在喷嘴、进气阀等进气系统部件上生成沉积物。国内外很多车用汽油标准对烯烃含量进行了限制。

汽油中的芳烃也是一种高辛烷值资源，但易在发动机中形成沉积物，特别是燃烧室沉积物(CCD)。一些芳烃燃烧不完全会增加尾气中碳氢排放。国内外很多车用汽油标准对芳烃含量进行了限制。

三、喷气燃料

(一) 我国喷气燃料的发展及应用概况

喷气燃料即喷气发动机燃料，又称航空涡轮燃料，是一种轻质石油产品。喷气燃料主要由原油蒸馏的煤油馏分经精制加工，有时还加入添加剂制得，也可由原油蒸馏的重质馏分油经加氢裂化生产，广泛用于各种航空涡轮发动机。在第二次世界大战后，喷气燃料产量随喷气式飞机的发展而急剧增长，目前已远超过航空汽油。我国在 20 世纪 60 年代初期即开始生产喷气燃料。随着我国航空事业的发展，其产量和品种也在逐年增加。目前我国的喷气燃料基本分为：3 号喷气燃料、高闪点喷气燃料和大比重喷气燃料。高闪点喷气燃料和大比重喷气燃料为军队专用，在此不赘述。

1 号喷气燃料代号为 RP-1，2 号喷气燃料代号为 RP-2，两者都是煤油型的喷气燃料。目前已不再生产和使用。

3 号喷气燃料代号为 RP-3，是 20 世纪 70 年代末为适应国际通航和出口而开始研制，80 年代初得到完善并大量投入生产。我国最早的 3 号喷气燃料标准GB 6537—1986 是参照国外先进标准制订的，1994 年、2006 年、2018 年分别进行了三次修订。目前现行标准为 GB 6537—2018《3 号喷气燃料》，与 2006 版标准相比，该标准由部分强制执行改为全文强制执行，增加了密度、总芳烃、硫含量和闪点的测定方法，取消了辉光值指标及附录 A 中有关 T1601 的内容，对民用航空燃料取消了 20℃ 黏度和水反应的要求，电导率的指标上限由 450pS/m 修改为 600pS/m，新增了有关合成烃类燃料的内容。GB 6537—2018《3 号喷气燃料》具体技术要求见表 19-6。

表 19-6　3 号喷气燃料的技术要求和试验方法

项　　目		指　　标	方　　法
外　观		室温下清澈透明， 目视无不溶解水及固体物质	目测
颜　色	不小于	+25[①]	GB/T 3555
组　成			
总酸值(以 KOH 计)/(mg/g)	不大于	0.015	GB/T 12574
芳烃含量/%(体)	不大于	20.0[②]	GB/T 11132
烯烃含量/%(体)	不大于	5.0	GB/T 11132
总硫含量/%	不大于	0.20	SH/T 0689
硫醇硫含量/%	不大于	0.0020	GB/T 1792
或博士试验		通过	NB/SH/T 0174
直馏组分含量/%(体)		报告	

续表

项　　目		指　　标	方　　法
加氢精制组分/%(体)		报告	
加氢裂化组分/%(体)		报告	
合成烃组分/%(体)		报告	
挥发性			
馏　程/℃			GB/T 6536
初馏点		报告	
10%回收温度	不高于	205	
20%回收温度		报告	
50%回收温度	不高于	232	
90%回收温度		报告	
终馏点	不高于	300	
残留量/%(体)	不大于	1.5	
损失量/%(体)	不大于	1.5	
闪点(闭口)/℃	不低于	38	GB/T 21789
密度(20℃)/(kg/m^3)		775~830	GB/T 1884，GB/T 1885
流动性			
冰点/℃	不高于	-47	GB/T 2430
运动黏度/(mm^2/s)			GB/T 265
20℃	不小于	1.25③	
-20℃	不大于	8.0	
燃烧性			
净热值/(MJ/kg)	不小于	42.8	GB/T 384
烟点/mm	不小于	25.0	GB/T 382
或烟点最小为20mm时，萘烃含量/%(体)	不大于	3.0	SH/T 0181
腐蚀性			
铜片腐蚀(100℃，2h)/级	不大于	1	GB/T 5096
银片腐蚀④(50℃，4h)/级	不大于	1	SH/T0023
安定性			
热安定性(260℃，2.5h)			GB/T 9169
压力降/kPa	不大于	3.3	
管壁评级/级		小于3，且无孔雀蓝色或异常沉淀物	
洁净性			
胶质含量/(mg/100mL)	不大于	7	GB/T 8019
水反应⑤			GB/T 1793
界面情况/级	不大于	1b	
分离程度/级	不大于	2	
固体颗粒污染物含量/(mg/L)	不大于	1.0	SH/T 0093
导电性			
电导率/(pS/m)		50~600	GB/T 6539
水分离指数			
未加抗静电剂	不小于	85	SH/T 0616
或加入抗静电剂	不小于	70	

续表

项 目		指 标	方 法
润滑性			SH/T 0687
磨斑直径 WSD/mm	不大于	0.65⑥	

① 民用喷气燃料颜色为“报告”。从炼油厂输送到客户的过程中，客户接受喷气燃料，颜色若出现变化情况，执行以下要求：初始赛波特颜色大于+25，变化不大于8；初始赛波特颜色在25~15，变化不大于5；初始赛波特颜色小于15时，变化不大于3。

② 对于民用航空燃料规定为体积分数不大于25.0%。

③ 对于民用航空燃料，20℃的黏度指标不作要求。

④ 对于民用航空燃料，此项指标可不要求。

⑤ 对于民用航空燃料，对此项指标不作要求。

⑥ 民用航空燃料要求 WSD 不大于0.85mm。

(二) 喷气燃料的主要性能要求

根据发动机的工作情况，喷气燃料应有良好的燃烧性、低温性、润滑性、安定性、抗腐蚀性、安全性及洁净度等性能。

1. 燃烧性

燃料的燃烧是使其化学能转化为热能而进行做功的极其重要的过程。为确保喷气燃料的完全燃烧，对其中的芳烃含量、碳氢比、萘含量都有一定的要求。具体反映燃烧性能的指标为净热值、烟点、萘系烃含量或辉光值(目前标准中取消辉光值指标)。

烟点又称无烟火焰高度，是在特制的灯中测定燃料火焰不冒烟时的最大高度。烟点越高，燃料中芳烃含量越低，生成积炭的倾向性越小。

为了满足喷嘴能使燃料很好雾化以保证完全燃烧，在-20℃下允许的最高黏度值不应大于8.0mm^2/s。

2. 低温性

喷气燃料是在高空的低温条件下工作，必须具备在低温下能顺利通过过滤清器和用泵输送的性能，这样就要求喷气燃料在高空低温条件下不析出冰晶和蜡晶体。燃料在降温过程中出现结晶，然后开始升温，直至烃类结晶完全消失时的最低温度称为冰点。燃料的化学组成会影响燃料低温性能，一般情况下，正构烷烃和芳香烃的冰点较高，而环烷烃和烯烃较低；在同一族烃类，随沸点升高，冰点增高。

3. 抗腐蚀性

为防止喷气燃料内硫化物、微量硫醇及硫化氢对油泵精密部件的腐蚀，以酸度、总硫、铜片腐蚀和银片腐蚀等指标控制喷气燃料的质量。

4. 安定性

喷气燃料要求常温储存时不变质，具有良好的储存安定性，因此对烯烃含量、碘值、实际胶质均有要求。对于超音速飞机的燃料，要求其动态氧化热安定性也要符合要求(以过滤压降、加热管评级及加热管壁沉积物厚度等表示)。

5. 安全性

要求喷气燃料具有较高的闪点，如果油品中的电导率过低，则要求加入抗静电剂，以避免产生静电造成失火。

6. 洁净度

要求喷气燃料清澈透明不含游离水和固体机械杂质。有时，油品运输或精制过程中会混入或含有某些表面活性物质，使得喷气燃料中含的水滴悬浮在油中不容易分离，严重时会导致过滤器的堵塞。为此需要用水分离指数、水反应等指标来控制燃料的质量。

7. 润滑性

喷气发动机的高压燃料油泵是以燃料本身作为润滑剂的，因此要求燃料具有良好的润滑性能。有些喷气燃料经过深度精制，失去了燃料中固有的天然抗磨组分，会导致油泵柱塞以及其他精密摩擦部件过高的磨损。为提高润滑性，我国在喷气燃料加入环烷酸馏分或二聚酸类的添加剂。

四、柴油

（一）我国柴油的发展及应用概况

我国的柴油消费领域主要涉及道路用柴油车、铁路运输、水路运输、渔业、电力、农业机械、工程机械等多个方面。在较长的时期内，我国在柴油生产方面主要是以 GB 252《轻柴油》组织生产，汽车用的柴油一直与其他领域的柴油混用。随着国家对柴油车尾气控制的加强，柴油车的氮氧化物和颗粒物的排放开始受到关注，因此提高柴油质量，满足国家对柴油车的排放要求的呼声也越来越高。

为配合我国第Ⅱ阶段机动车排放法规的实施，2003 年 5 月 23 日，国家标准化管理委员会批准发布了我国首个车用柴油推荐性国家标准 GB/T 19147—2003《车用柴油》。在 2009 年第一次修订时，该标准由推荐性国家标准修改为强制性国家标准，以利于该标准的有效实施。近年来我国车用柴油标准升级步伐加快，车用柴油标准于 2009 年、2013 年、2016 年进行了几次修订，经过大幅度降硫、提高十六烷值、加严多环芳烃含量、增加总污染物指标等技术要求的变化，我国车用柴油满足了从国Ⅱ到国Ⅵ阶段不断严格的机动车排放法规的要求，我国车用柴油各阶段主要技术指标变化情况参见表 19-7。

表 19-7　车用柴油主要指标各阶段的变化情况

项　目		GB 252—2000 国Ⅰ	GB/T 19147—2003 国Ⅱ	GB 19147—2009 国Ⅲ	GB 19147—2013 国Ⅳ	GB 19147—2013 国Ⅴ	GB 19147—2016 国Ⅵ
标准实施日期（全国）		2002.1.1	2003.10.1	2011.7.1	2015.1.1	2017.1.1	2019.1.1
十六烷值	不小于	45	49/46/45	49/46/45	49/46/45	51/49/47	51/49/47
硫含量/（μg/g）	不大于	2000	500	350	50	10	10
多环芳烃含量/%（体）	不大于	—	—	11	11	11	7
密度（20℃）/（g/cm^3）		—	0.820~0.860	0.810~0.850/0.790~0.840	0.810~0.850/0.790~0.840	0.810~0.850/0.790~0.840	0.810~0.845/0.790~0.840
闪点（闭口）/℃	不低于	55/45	55/50/45	55/50/45	55/50/45	55/50/45	60/50/45
机械杂质			无	无	无	无	—
总污染物含量/（mg/kg）	不大于	—	—	—	—	—	24

我国现行标准 GB 19147—2016《车用柴油》在技术指标的确定上主要参考欧盟在执行欧Ⅵ排放要求时对欧洲车用柴油的技术要求，同时兼顾目前国内主要炼油生产企业及汽车行业的需求和实际情况。与 GB 19147—2013《车用柴油(Ⅴ)》相比，主要的技术差异包括：将车用柴油中的多环芳烃质量分数要求由不大于 11%降低为不大于 7%；增加车用柴油中总污染物含量的技术要求和检测方法；密度依据牌号修订为 810~845kg/m^3、790~840kg/m^3；提高了 5 号、0 号、-10 号车用柴油的闪点指标限值。GB 19147—2016《车用柴油》在主要技术指标上已经达到了欧洲现阶段车用柴油的质量要求，在个别技术要求上更是严于现行的欧盟标准，主要技术指标如表 19-8 所示。

表 19-8　车用柴油(Ⅵ)技术要求和试验方法

项目		质量指标						试验方法
		5 号	0 号	-10 号	-20 号	-35 号	-50 号	
氧化安定性(以总不溶物计)/(mg/100mL)	不大于	2.5						SH/T 0175
硫含量/(mg/kg)	不大于	10						SH/T 0689
酸度(以 KOH 计)/(mg/100mL)	不大于	7						GB/T 258
10%蒸余物残炭/%	不大于	0.3						GB/T 17144
灰分/%	不大于	0.01						GB/T 508
铜片腐蚀(50℃，3h)/级	不大于	1						GB/T 5096
水分/%(体)	不大于	痕迹						GB/T 260
润滑性 校正磨痕直径(60℃)/μm	不大于	460						SH/T 0765
多环芳烃含量/%	不大于	7						SH/T 0806
总污染物含量/(mg/kg)	不大于	24						GB/T 33400
运动黏度(20℃)/(mm^2/s)		3.0~8.0		2.5~8.0		1.8~7.0		GB/T 265
凝点/℃	不高于	5	0	-10	-20	-35	-50	GB/T 510
冷滤点/℃	不高于	8	4	-5	-14	-29	-44	SH/T 0248
闪点(闭口)/℃	不低于	60			50	45		GB/T 261
十六烷值	不小于	51			49	47		GB/T 386
十六烷指数	不小于	46			46	43		SH/T 0694
馏程 50%回收温度/℃ 90%回收温度/℃ 95%回收温度/℃	 不高于 不高于 不高于	 300 355 365						GB/T 6536
密度(20℃)/(kg/m^3)		810~845			790~840			GB/T 1884 GB/T 1885
脂肪酸甲酯含量/%(体)	不大于	1.0						NB/SH/T 0916

注：铁路内燃机车用柴油的十六烷值不小于 45，十六烷指数不小于 43，密度和多环芳烃项目指标为报告。

车用柴油的国家标准出台后，考虑到相关标准之间的协调性，对 GB 252《轻柴油》也进行了修订，2011 年版标准的名称修改为《普通柴油》，并于 2015 年再次进行了修订。普通柴油和车用柴油是使用范围和质量标准不同的两种柴油产品。为加快改善环境空气质量，打赢蓝天保卫战，2018 年 7 月，国务院发布《打赢蓝天保卫战三年行动计划》，第十六条要求“2019 年 1 月 1 日起，全国全面供应符合国六标准的车用汽柴油，停止销售低于国六标准的汽柴油，实现车用柴油、普通柴油、部分船舶用油‘三油并轨’，取消普通柴油标准，重点区域、珠三角地区、成渝地区等提前实施”。为解决普通柴油用户的用油问题，2018 年 12 月 28 日，国家标准化管理委员会批准发布 GB 19147—2016《车用柴油》国家标准第 1 号修改单，实施日期为 2019 年 1 月 1 日。修改单对标准范围等进行修订，将第 1 章范围“本标准适用于压燃式发动机汽车使用的、由石油制取或加有改善使用性能添加剂的车用柴油”修改为“本标准适用于压燃式发动机汽车使用的、由石油制取或加有改善使用性能添加剂的车用柴油，也适用于农业机械、内燃机车、工程机械和发电机组等压燃式发动机用柴油”。第 1 号修改单在车用柴油（Ⅵ）技术要求表格中增加表内段，内容为“铁路内燃机车用柴油的十六烷值不小于 45，十六烷指数不小于 43，密度和多环芳烃项目指标为报告”。2019 年 1 月 1 日，GB 252—2015《普通柴油》废止。

（二）柴油的主要性能要求

为了保证柴油能够在柴油发动机中正常燃烧，对柴油的质量要求是具有良好的燃烧性，良好的低温流动性，适当的蒸发性，良好的安定性，合适的黏度以及良好的抗腐蚀性能。

1. 柴油的燃烧性能

柴油的压燃性是主要性能指标，由燃料的自燃点决定。在产品标准中它是以柴油十六烷值和十六烷指数来作为评价指标。

柴油十六烷值是代表柴油在发动机中发火性能的一个约定量值。柴油的十六烷值高，表明该燃料在柴油发动机中的发火性能良好，滞燃期短，燃烧均匀且完全，降低发动机的燃烧噪声，使发动机工作平稳。研究表明：提高柴油的十六烷值，有助于降低柴油机的 CO、HC、NO_x 和 PM（颗粒物）的排放，同时也降低燃油消耗。

柴油的十六烷值与其组分的化学组成有关。正构烷烃的十六烷值最高，且随分子量的增加而增加；异构烷烃的十六烷值低于正构烷烃，并且随着支链数的增多而呈下降趋势；正构烯烃的十六烷值稍微低于相应的正构烷烃；环烷烃的十六烷值低于相应碳数的正构烷烃和正构烯烃，若带有支链，则十六烷值更低。无侧链和短侧链的芳香烃的十六烷值最低，且环数越多，十六烷值越低；若芳香环带有烷基侧链，则十六烷值会有所增加。

柴油的十六烷指数是表示柴油在发动机中发火性能的一个计算值。该值可由柴油的某些物化性能计算得到。一般是在没有十六烷值机或试样少到不能进行标准发动机试验时采用。

2. 柴油的雾化和蒸发性能

在燃烧室与喷油设备不变的情况下，柴油的雾化和蒸发性能决定了柴油发动机燃烧室内混合气形成的速度和质量。在产品标准中，柴油雾化和蒸发性能的主要评价指标有馏程、运动黏度、密度和闪点。

柴油馏程中的测定项目有 50%、90%和 95%回收温度。50%回收温度低，表明柴油中的轻质馏分含量多，柴油机易于启动。90%和95%回收温度低，说明柴油中重质馏分含量低，这就使得柴油的燃烧更加充分，可以提高柴油机的动力性，减少机械磨损。但是如果90%和95%回收温度高一些就会提高柴油的热值，改善燃油经济性。

黏度对柴油机的正常工作有一定的影响。如黏度过小，在供油系统中运行时，因内漏失量较多，使有效供油量减少。反之，则会造成燃烧不完全，排气冒黑烟及造成油耗上升。

柴油的闪点既是控制柴油蒸发性的指标，也是确保柴油安全性的重要指标。闪点低的柴油，因其蒸发性好，使发动机启动容易，但是闪点过低不利于柴油的安全储运。

密度是油品性能的一个主要指标，它不仅关系到油品交接、储运过程的计量问题，同时也会影响柴油的雾化和排放性能。随着柴油密度的增大，其黏度也会随之增大，这样就会影响柴油的雾化性能。同时柴油密度的升高也表明柴油中存在大量芳烃，这会导致柴油机工作粗暴。近些年的柴油机试验证明，柴油的密度对其颗粒物排放影响较大。

3. 柴油的低温流动性

柴油的低温流动性是衡量柴油在寒冷季节中流动的能力。若低温流动性差，则会造成柴油不能顺畅地供往气缸，严重时，甚至无法使车辆正常行驶。同时柴油的低温流动性能也与低温下的燃料储存、运输等有着密切的关系。评定柴油低温流动性的指标主要有柴油的凝点和冷滤点。

凝点表示在规定试验条件下，油品冷却至停止流动时的最高温度。油品的凝点与其化学组成有关。一般来讲，正构烷烃的凝点随碳原子数的增加而升高；异构烷烃的凝点要比正构烷烃的凝点低；不饱和烃的凝点比饱和烃的凝点低。为保证柴油机的正常工作，柴油的凝点应比柴油机使用地区的风险率为10%的最低气温低4~6℃。

冷滤点表示在规定条件下，燃料不能通过过滤器时的最高温度。研究表明，柴油的冷滤点与柴油实际使用的最低温度有良好的对应关系，可作为根据气温条件选用柴油的依据。

4. 柴油的安定性

柴油安定性的影响因素主要是柴油中所含的不安定组分。如烃类中的双烯、烯烃和环烷芳香烃类的化合物等，非烃类化合物中的苯硫吩类、碱性氮化物以及吡咯类等，此外在储运过程中混入的游离水、铁锈等杂质也会给其安定性带来不良的影响。目前标准中评价柴油安定性的指标有10%蒸余物残炭、氧化安定性总不溶物等指标。

10%蒸余物残炭与柴油馏程和精制程度有关。柴油的馏分越轻、精制程度越深，则残炭越小，反之柴油的残炭就会越大。

柴油的氧化安定性预示着柴油在与空气和少量水存在的情况下生成沉淀和胶质的趋势。如果柴油的安定性不好，生成的沉淀物就会堵塞过滤器、促进燃烧室内积炭的形成、在柴油喷射系统形成漆膜并使活塞环黏结和加大磨损等。

5. 柴油的抗腐蚀性和清洁性

柴油中含有一定量的杂质和腐蚀性物质，如硫及硫化物、水分及酸性物质等。这些物质的存在会对柴油的储存、运输和使用带来不良的影响，一般采用硫含量、酸度、铜片腐蚀、水含量和总污染物含量、灰分等指标进行评价。

柴油的硫可以直接影响柴油的腐蚀性能和排放性能。硫会在燃烧过程中生成 SO_2 和 SO_3，这些酸性氧化物与水蒸气作用生成酸，对发动机的部件产生强烈的腐蚀作用。同时酸性氧化物还会与发动机气缸壁上的润滑油和尚未燃烧的柴油作用，加速烃类的聚合反应，使燃烧室、活塞和排气门等部位的漆膜和积炭增加，加大零部件的磨损。同时柴油中的硫含量过高。还会使发动机总的颗粒物排放增加，后处理装置效率降低。

柴油酸度表示燃料中存在的有机酸的含量。酸度大的燃料会造成零部件的腐蚀和加剧喷油泵柱塞副的磨损，增加喷油器顶部和燃烧室的积炭，从而导致燃料雾化性的劣化以及降低柴油机输出功率和加剧气缸组件的磨损。

柴油灰分是指溶于柴油中的无机酸盐类和有机酸盐类以及不能燃烧的机械杂质经过煅烧后所剩余的物质。灰分所表示的物质能侵蚀金属，在摩擦副起磨料作用，是造成气缸壁与活塞环以及喷油泵柱塞套桶零部件磨损的主要原因之一。

由于现代柴油发动机喷油装置通常十分精密，易发生因颗粒物存在而产生磨损，或由于其他类型的污染而发生黏附的问题，因此车用柴油标准中通常都会有杂质含量的技术要求。在之前的车用柴油标准中是采用机械杂质指标来控制的，而随着车用柴油质量升级和现代柴油发动机精密喷油装置的发展变化，总污染物含量比机械杂质能更加有效地反映车用柴油的杂质含量。因此，目前采用总污染物含量指标来控制车用柴油杂质含量。

6. 润滑性

汽车发动机燃料泵系统的润滑依赖于柴油，柴油润滑性下降，就会引起喷射泵的磨损问题，导致功率和加速性能下降。研究表明，柴油的润滑性主要取决于加工工艺。加工工艺越苛刻，柴油(或馏分)中的润滑性组分就越少，其润滑性也就越低。当柴油脱硫超过一定程度时，柴油中具有润滑性的物质随硫一同被除去，同时，多环芳烃被裂解也会导致柴油润滑性能降低。

7. 多环芳烃

柴油中芳烃组分包括单环、双环及少量的三环芳烃。车用柴油标准中的多环芳烃是指除单环芳烃以外的带有双环及双环以上的芳烃，主要为萘类、苊类、联苯类、芴类和三环芳烃等。随着汽车排放法规对颗粒物排放要求的日趋严格，柴油中的多环芳烃含量也逐步受到关注。许多研究表明，柴油中的多环芳烃含量增加会增加柴油发动机的颗粒物排放量，也会增加尾气污染物排放中多环芳烃有毒物质的含量，因此车用柴油标准中对多环芳烃含量进行控制，并且随着排放法规的不断严格，其含量限值也在逐步降低。

五、船用燃料

(一) 我国船用燃料的发展及应用概况

自 20 世纪 70 年代以来，我国制造业发展迅速，引进了国外多种中、低速船用柴油机，这些柴油机具有不同程度燃用重质燃料油的能力。为此在 1998 年我国等效采用国际标准 ISO 8217：1996《石油产品-燃料(F 类)-船用燃料油》制订了我国的国家标准 GB/T 17411—1998《船用燃料油》，并同时废止了我国当时存在的重柴油国家标准。随着我国港口货物吞吐量的不断增长，船用燃料油市场的发展速度也有所增快。船用燃料油分为馏分型与残渣型两种，馏分型燃料油的主要成分为轻馏分油，常被应用在中、高速的船用柴油机中；残渣型燃料油的主要成分为直馏渣油，常被应用在大型、中低速的船用柴油机中。

近年来，国内外对船舶污染物排放的控制日益严格，对石油和航运市场都带来深远的影响。国际海事组织制订的《国际防止船舶造成污染公约》(《MARPOL 73/78 公约》)附则Ⅵ《防止船舶造成大气污染规则》要求在 2020 年 1 月 1 日以后，除排放控制区以外的全球其他海域船用燃油的最大硫含量不得超过 0.5%。2015 年，交通运输部印发《珠三角、长三角、环渤海(京津冀)水域船舶排放控制区实施方案》，通过设立船舶大气污染物排放控制区，控制我国船舶硫氧化物、氮氧化物和颗粒物排放，要求自 2019 年 1 月 1 日起，船舶进入排放控制区应使用硫含量不大于 0.5%的燃油。船用燃料低硫化是必然要求，各企业加快了低硫船用燃料油供给的步伐。

船用燃料油标准在 2012 年第一次修订，2015 年第二次修订，并将推荐性国家标准转为强制性国家标准，船用燃料油类型与 ISO 8216.1：2010 船用燃料分类一致。根据国内船舶实际燃料使用现状、相关行业经济性、船机尾气减排措施以及现行和未来船舶污染排放控制要求，将馏分燃料油和 RMA、RMB 残渣燃料油分别按照硫含量分为 3 个等级，RMD、RME、RMG 和 RMK 残渣燃料油分 2 个等级，并对硫含量项目加脚注，要求“买方应该按照船舶行驶区域的有关法规限制确定最大硫含量”。由于环保和船舶操作性的要求，考虑国内重油调合组分复杂，近年燃料油的相容性问题尤为突出，标准增加了残渣燃料油的清洁度和相容性资料性附录。我国现行的船用燃料油的技术要求见表 19-9 和表 19-10，其技术要求按馏分型和残渣型分别控制。

表 19-9　船用馏分燃料油要求和试验方法

项　目		指　标				试验方法
		MDX	DMA	DMZ	DMB	
运动黏度(40℃)/(mm^2/s)	不大于	5.500	6.000	6.000	11.00	GB/T 265
	不小于	1.400	2.000	3.000	2.000	
密度/(kg/m^3)(满足下列要求之一)						
15℃	不大于	—	890.0	890.0	900.0	GB/T 1884 和 GB/T 1885
20℃	不大于		886.5	886.5	896.5	
十六烷指数	不小于	45	40	40	35	SH/T 0694
硫含量/%	不大于					
Ⅰ		1.00	1.00	1.00	1.50	GB/T 17040
Ⅱ		0.50	0.50	0.50	0.50	
Ⅲ		0.10	0.10	0.10	0.10	
闪点(闭口)/℃	不低于	60.0	60.0	60.0	60.0	GB/T 261(步骤 A)
硫化氢/(mg/kg)	不大于	2.00	2.00	2.00	2.00	IP570(步骤 A)
酸值(以 KOH 计)/(mg/g)	不大于	0.5	0.5	0.5	0.5	GB/T 7304
总沉积物(热过滤法)/%	不大于	—	—	—	0.10	SH/T 0701
氧化安定性/(mg/100mL)	不大于	2.5	2.5	2.5	2.5	SH/T 0175

续表

项目		指标				试验方法
		MDX	DMA	DMZ	DMB	
10%蒸余物残炭/%	不大于	0.30	0.30	0.30	—	GB/T 17144
残炭/%	不大于	—	—	—	0.30	
浊点/℃	不大于	-16	—	—	—	GB/T 6986
倾点/℃	不高于					GB/T 3535
冬季		—	-6	-6	0	
夏季			0	0	6	
外观		清澈透明				目测
水分/%(体)	不大于	—	—	—	0.30	GB/T 260
灰分/%	不大于	0.010	0.010	0.010	0.010	GB/T 508
润滑性						SH/T 0765
校正磨痕直径(WSI.4)(60℃)/μm	不大于	520	520	520	520	

2018 年，交通运输部印发《船舶大气污染物排放控制区实施方案的通知》，将原只在环渤海(京津冀)、长三角、珠三角水域规定使用硫含量不大于 0.5%的船用燃料油的要求扩大至全国沿海；同时提高了海船进江要求，2020 年 1 月 1 日起进入内河排放控制区的海船应使用硫含量不大于 0.1%的船用燃料油。2018 年国务院印发的《打赢蓝天保卫战三年行动计划》要求“取消普通柴油标准”并“研究制订内河大型船舶用燃料油标准”。2019 年 1 月 1 日，GB 252—2015《普通柴油》国家标准废止，GB 17411—2015《船用燃料油》国家标准第 1 号修改单实施。GB 17411—2015《船用燃料油》第 1 号修改单增加了内河船用燃料油技术要求，内河船用燃料油硫含量指标按照车用柴油规定为不大于 10mg/kg，硫含量要求远远比海洋用船用馏分燃料油严格。内河船用燃料油按照运动黏度和十六烷指数等指标分为 DMA(S10)和 DMB(S10)两类，见表 19-11。DMA(S10)主要适用于内河中高速柴油机，DMB(S10)主要适用于大型船舶中速柴油机和江海直达船进江用油。

（二）船用燃料油的主要性能要求[1]

1. 运动黏度

船用燃料油的黏度会直接影响输送性能和柴油机的喷油雾化效果。黏度过高会增大泵送阻力，造成雾化不良，不能保证良好的燃烧；黏度过低会导致油束角加大，不能喷射到设计的位置与空气良好混合，造成燃烧不完全，导致动力的降低。船舶上一般根据燃油系统各单元的要求进行加温，使之达到合适的黏度。

2. 密度

密度是计算装载量和进行贸易交换的指标。油品的密度大小与其化学组成有关，一般而言，密度过高的燃料油，其质量热值相对较低。

3. 碳芳香度指数(CCAI)

碳芳香度指数(CCAI)由残渣燃料的密度和黏度决定，能表征残渣燃料的着火迟后期(滞燃期)，是评价残渣船舶燃料的着火性的重要指标。

表 19-10 船用残渣燃料油的技术要求和试验方法

项目		指标 RMA 10	RMB 30	RMD 80	RME 180	RMG 180	RMG 380	RMG 500	RMG 700	RMK 380	RMK 500	RMK 700	试验方法
运动黏度(50℃)/(mm^2/s)	不大于	10.00	30.00	80.00	180.0	180.0	380.0	500.0	700.0	380.0	500.0	700.0	GB/T 11137
密度/(kg/m^3)(满足下列要求之一)													GB/T 1884 和 GB/T 1885
15℃	不大于	920.0	960.0	975.0	991.0	991.0				1010.0			
20℃	不大于	916.5	956.6	971.6	987.6	987.6				1006.6			
碳芳香度指数(CCAI)	不大于	850	860	860	860	870				870			见附录 F
硫含量/%	不大于												GB/T 17040
Ⅰ		3.50		3.5									
Ⅱ		0.50		0.50									
Ⅲ		0.10											
闪点(闭口)/℃	不低于	60.0	60.0	60.0	60.0	60.0				60.0			GB/T 261(步骤 B)，参见附录 G
硫化氢/(mg/kg)	不大于	2.00	2.00	2.00	2.00	2.00				2.00			IP 570(步骤 A)
酸值(以 KOH 计)/(mg/g)	不大于	2.5	2.5	2.5	2.5	2.5				2.5			GB/T 7304
总沉积物(老化法)/%	不大于	0.10	0.10	0.10	0.10	0.10				0.10			SH/T 0702
残炭/%	不大于	2.50	10.00	14.00	15.00	18.00				20.00			GB/T 17144
倾点/℃	不高于												GB/T 3535
冬季		0	0	30	30	30				30			
夏季		6	6	30	30	30				30			
水分/%(体)	不大于	0.30	0.50	0.50	0.50	0.50				0.50			GB/T 260
灰分/%	不大于	0.040	0.070	0.070	0.070	0.100				0.150			GB/T 508
钒含量/(mg/kg)	不大于	50	150	150	150	350				450			IP 501
钠含量/(mg/kg)	不大于	50	100	100	50	100				100			IP 501
铝+硅含量/(mg/kg)	不大于	25	40	40	50	60				60			IP 501
净热值/(mL/kg)	不小于	39.8											GB/T 384
使用过的润滑油(ULO)(mg/kg)		燃料油应不含 ULO。符合下述条件之一，认为燃料油含有 ULO：											IP 501
钙和锌		钙>30 且锌> 15											
钙和磷		钙>30 且磷>15											

注：残渣燃料油的清洁度和相容性参见该标准附录 L。

表 19-11　内河船用燃料油要求和试验方法

项　目		指标		试验方法
		DMA(S10)	DMB(S10)	
运动黏度(40℃)/(mm^2/s)		2.000~6.000	2.000~11.00	GB/T 265
密度(20℃)/(kg/m^3)	不大于	886.5	896.5	GB/T 1884 和 GB/T 1885
十六烷指数	不小于	42	40	SH/T 0694
硫含量/(mg/kg)	不大于	10		SH/T 0689
闪点(闭口)/℃	不低于	60.0		GB/T 261(步骤 A)
酸值(以 KOH 计)/(mg/g)	不大于	0.5		GB/T 7304
氧化安定性(以总不溶物计)/(mg/100mL)	不大于	2.5		SH/T 0175
10%蒸余物残炭/%	不大于	0.30	—	GB/T 17144
残炭/%	不大于	—	0.30	
冷滤点/℃		报告		SH/T 0248
倾点/℃	不高于			GB/T 3535
冬季		-6	0	
夏季		0	6	
外　观		清澈透明		目测
灰分/%	不大于	0.010		GB/T 508
润滑性 校正磨痕直径(WSI.4)(60℃)/μm	不大于	520		SH/T 0765

4. 硫含量

硫的影响在于燃烧后生成的 SO_2和 SO_3。这些燃烧产物在遇到水分后会生成酸性物质，如 H_2SO_4，当温度低于露点温度时，就会凝聚在金属表面产生低温腐蚀。而且 SO_3燃气中能吸附微粒灰分，胶附在金属表面，形成沉积层，导致金属局部导热效率下降，使沉积处的表面温度相应地迅速提高，导致高温腐蚀的产生。国内外为控制船舶尾气污染，近年对船用燃料油的硫含量要求越来越苛刻。

5. 闪点

闪点是油品的安全性指标，闪点愈低，火灾危险性越大。我国船用燃料油要求各品种的闪点均不低于 60℃。

6. 倾点

倾点是衡量油品低温流动性的指标之一。如果燃料油的倾点过高，会导致油品的低温流动性变差，使用中影响泵送和过滤。

7. 残炭

残炭影响燃烧室的结焦结炭。对于气缸和活塞的磨损不仅取决于残炭的多少，还与炭质的硬度有关。含硫量高的积炭坚硬，磨损较大。

8. 灰分

灰分是指在规定的条件下，灼烧后剩余的不燃烧物质，一般为金属元素以及盐类。灰分会产生对于油泵、喷嘴和阀门等部件的磨损，同时也是造成气缸与活塞环磨损的重要原因。

9. 钒

燃料油中钒对柴油机的危害表现在两个方面。其一，钒一般是以低熔点(675℃)的V_2O_5形式存在，它易与熔化状态的Na_2SO_4结合形成低熔点的碱金属钒酸盐，会对热通道的金属产生严重的电化学腐蚀。其二，钒也会形成较高熔点的化合物，易在通道表面结垢，造成堵塞和影响传热。

10. 铝和硅

在原油加工过程中，经过催化裂化工艺，催化剂颗粒为硅和铝的化合物，经循环使用，约有5%的颗粒残留在油浆中。这些颗粒细小，既硬又脆，进入燃油系统后会对高压油泵柱塞和套筒造成异常磨损，还会使喷油器异常磨损，造成喷油雾化不良，同时也会造成缸套、活塞环、排气阀等非正常磨损。

11. 净热值

液体燃料的热值是指单位质量液体完全燃烧，燃烧产物冷却到燃烧前的温度(一般为环境温度)时所释放出来的热量，是船舶动力的主要来源。为规避劣质的调油组分，残渣燃料油规定了净热值指标。

12. 总沉积物

油品中的沉淀物会在存储、过滤、喷油过程中积累，加速设备的磨损，阻塞输油管路特别是喷嘴。总沉积物可反映燃料油在存储和使用过程中生成沉淀物的趋势，预测该油品的稳定性。

13. 清洁度和相容性

残渣型船用燃料油多为混调产品，调合组分复杂，在使用时沥青质易析出，即使总沉淀物指标合格，仍可能导致船上燃油系统沉渣和油泥堵塞。燃料油的稳定性及相容性在很大程度上与使用条件有关，标准中将残渣燃料油的清洁度和相容性列入资料性附录中。

14. 使用过的润滑油(ULO)

燃料油中掺杂使用过的润滑油会带来各种危害：润滑油在使用过程中缓慢变质，含有的酸性物质会腐蚀设备；带入的磨损颗粒会增加灰分，再次磨损燃油系统；含有的各种有害物质甚至是致癌物燃烧后排入大气污染环境并直接损害船员健康。润滑油多为钙锌配方、钙磷配方或钙锌磷配方，可据此判断是否含有润滑油。

六、生物液体燃料

(一) 车用乙醇汽油

乙醇是一种具有较高辛烷值的含氧化合物，按合适比例调入汽油中不仅可以提高汽油辛烷值，还可以降低汽车尾气中CO和CH的排放。自2001年开始，我国部分地区开始了车用乙醇汽油(E10)的应用，推广的地区逐渐增加。目前我国已经成为继美国、巴西之后世界上第三大燃料乙醇的生产国。经过近20年的推广和应用，我国车用乙醇汽油(E10)在生产、混配、储运及销售方面已拥有较成熟的技术。

车用乙醇汽油(E10)作为点燃式发动机(即汽油机)用燃料，应满足轻型汽油车排放标准的要求，近20年我国车用乙醇汽油(E10)完成了多次质量升级，质量达到世界先进水平。

我国2001年首次发布GB 18351《车用乙醇汽油》，并于2004年、2010年、2013年、2015年、2017年进行了5次修订(不含修改单)，我国车用乙醇汽油(E10)标准的制修订一直与GB 17930《车用汽油》相协调，其主要性能要求除乙醇含量、氧含量和其他有机含氧化合物外，其他技术要求基本与车用汽油一致，我国目前执行第六阶段车用乙醇汽油(E10)标准，具体技术标准见表19-12。

车用乙醇汽油是在车用乙醇汽油调合组分油中添加一定量的变性燃料乙醇后，调配而成的适用于点燃式发动机汽车的燃料，其中车用乙醇汽油调合组分油和变性燃料乙醇必须满足相应的产品标准。我国为了稳定车用乙醇汽油调合组分油质量，专门制定了《车用乙醇汽油调合组分油》国家标准，其指标一直与车用乙醇汽油相协调。

对于变性燃料乙醇，我国制订了专门的国家标准GB 18350《变性燃料乙醇》。现行标准对燃料乙醇的来源规定为“以淀粉质、糖质、纤维素等为原料，经发酵、蒸馏、脱水后制得”。我国未来将推进生物燃料乙醇的生产和推广使用车用乙醇汽油，无论是燃料乙醇的来源还是汽油产品的使用类型都是与我国政策密切相关。与车用汽油相同，未来车用乙醇汽油的发展将不仅需要满足日益严格的汽车排放要求，还需要满足日益严格的汽车节能要求。

表19-12 车用乙醇汽油(E10)(ⅥA/ⅥB)的技术要求和试验方法

项目		质量指标			试验方法
		89	92	95	
抗爆性					
研究法辛烷值(*RON*)	不小于	89	92	95	GB/T 5487
抗爆指数(*RON*+*MON*)/2	不小于	84	87	90	GB/T503、GB/T 5487
铅含量①/(g/L)	不大于	0.005			GB/T 8020
馏程/℃					GB/T 6536
10%蒸发温度	不高于	70			
50%蒸发温度	不高于	110			
90%蒸发温度	不高于	190			
终馏点	不高于	205			
残留量/%(体)	不大于	2			
蒸气压/kPa					GB/T 8017
11月1日~4月30日		45~85			
5月1日~10月31日		40~65②			
胶质含量/(mg/100mL)	不大于				GB/T 8019
未洗胶质含量(加入清净剂前)		30			
溶剂洗胶质含量		5			
诱导期/min	不小于	480			GB/T 8018
硫含量/(mg/kg)	不大于	10			SH/T 0689
硫醇(博士试验)		通过			NB/SH/T 0174
铜片腐蚀(50℃，3h)/级	不大于	1			GB/T 5096
水溶性酸或碱		无			GB/T 259

续表

项　目		质量指标			试验方法
		89	92	95	
机械杂质		无			GB/T 511
水分/%	不大于	0.20			SH/T 0246
乙醇含量/%(体)		10.0±2.0			NB/SH/T 0663
其他有机含氧化合物含量/%	不大于	0.5			NB/SH/T 0663
苯含量/%(体)	不大于	0.8			SH/T 0693
芳烃含量/%(体)	不大于	35			GB/T 30519
烯烃含量/%(体)	不大于	18/15			GB/T 30519
锰含量①/(g/L)	不大于	0.002			SH/T 0711
铁含量①/(g/L)	不大于	0.010			SH/T 0712
密度(20℃)/(kg/m^3)		720~775			GB/T 1884、GB/T 1885

① 车用乙醇汽油(E10)中，不得人为加入含铅、含铁、含锰的添加剂。

② 广西全年执行此项要求。广东、海南两省使用车用乙醇汽油(E10)的地区全年执行此项要求。

(二) 生物柴油

生物柴油是脂肪酸酯类化合物的混合物，由动植物油脂或废弃油脂与醇(例如甲醇或乙醇)反应制得的脂肪酸单烷基酯组成，最典型的为脂肪酸甲酯(FAME)，以 BD100 表示。其碳链长度主要为 13~19(12 碳酸到 18 碳酸的甲酯，因此碳数在 13~19)，与普通矿物柴油平均的 15 个碳链长度相近，其他的物理性能也与矿物柴油比较接近，可作为燃料供发动机使用。近年来，由于其优异的减排作用和可再生性，生物柴油作为新兴的可再生能源备受关注。

我国生物柴油的研究开始于 20 世纪 80 年代后期，近年来，生物柴油得到很大发展，产量逐年增加。据全国生物柴油协作组统计，2016 年产量约为 60 万吨，2017 年增加到 72 万吨，2018 年进一步增加到 102.7 万吨，2019 年全国产量为 117 万吨。但是，我国生物柴油产量在全球范围内所占的比重较小，与欧盟、美国，甚至南美地区或东南亚地区的部分国家相比还存在一定差距。为了进一步规范我国生物柴油的质量，我国 2007 年批准和发布了首个生物柴油产品国家标准 GB/T 20828—2007《柴油机燃料调合用生物柴油(BD100)》，2014 年和 2015 年分别对标准进行了修订。BD100 生物柴油现行有效的国家标准是 GB 25199—2017 中的附录 C，按产品硫含量的不同，将其分为 S50 和 S10 两个牌号。具体技术要求见表 19-13。

生物柴油可以直接以纯态的形式使用，也可以与石油基柴油以一定的比例调合使用，目前国外使用的调合比例大多为 2%~20%。2010 年我国曾在海南省推广使用的生物柴油为 B5 柴油，即 5%的 BD100 生物柴油与 95%的石油基柴油相混合。2017 年上海市在公交和环卫系统车辆中推广应用 B5 柴油，随后在中国石化的两家加油站向社会试推广使用。到 2019 年，已经有 240 余家加油站提供 B5 柴油，解决了上海市餐厨废弃油脂的回收利用问题。2010 年我国批准和发布了国内首个生物柴油调合燃料标准，即 GB/T 25199—2010《生物柴油调合燃料(B5)》，2014 年和 2015 年分别对标准进行了修订，其中 2015 版标准将推荐性国家标准修改为强制性国家标准 GB 25199—2015。现行标准为 GB 25199—2017《B5 柴油》，现阶段执行的是 B5 车用柴油(Ⅵ)规格，具体的技术要求见表 19-14。

表 19-13 BD100 生物柴油技术要求和试验方法

项　目		质量指标		试验方法
		S50	S10	
密度(20℃)/(g/cm³)		0.820~0.900		GB/T 13377
运动黏度(40℃)/(mm²/s)		1.9~6.0		GB/T 265
闪点(闭口)/℃	不低于	130		GB/T 261
冷滤点/℃		报告		SH/T 0248
硫含量/(mg/kg)	不大于	50	10	SH/T 0689
残炭/%	不大于	0.050		GB/T 17144
硫酸盐灰分/%	不大于	0.020		GB/T 2433
水分/(mg/kg)	不大于	500		SH/T 0246
机械杂质		无		GB/T 511
铜片腐蚀(50℃，3h)/级	不大于	1		GB/T 5096
十六烷值	不小于	49	51	GB/T 386
氧化安定性(110℃)/h	不小于	6.0		NB/SH/T 0825
酸值(以 KOH 计)/(mg/g)	不大于	0.50		GB/T 7304
游离甘油含量/%	不大于	0.020		SH/T 0796
单甘酯含量/%	不大于	0.80		SH/T 0796
总甘油含量/%	不大于	0.240		SH/T 0796
一价金属(Na+K)含量/(μg/g)	不大于	5		EN 14538
二价金属(Ca+Mg)含量/(μg/g)	不大于	5		EN 14538
脂肪酸甲酯含量/%	不小于	96.5		NB/SH/T 0831
磷含量/(μg/g)	不大于	10.0		EN 14107

表 19-14 B5 车用柴油(Ⅵ)技术要求和试验方法

项　目		质量指标			试验方法
		5 号	0 号	-10 号	
氧化安定性(总不溶物)/(mg/100mL)	不大于	2.5			SH/T 0175
硫含量/(mg/kg)	不大于	10			SH/T 0689
酸值(以 KOH 计)/(mg/g)	不大于	0.09			GB/T 7304
10%蒸余物残炭/%	不大于	0.3			GB/T 17144
灰分/%	不大于	0.01			GB/T 508
铜片腐蚀(50℃，3h)/级	不大于	1			GB/T 5096
水分/%	不大于	0.030			SH/T 0246
总污染物含量/(mg/kg)		24			GB/T 33400
运动黏度(20℃)/(mm²/s)		2.5~8.0			GB/T 265

续表

项　　目		质量指标			试验方法
		5号	0号	-10号	
闪点(闭口)/℃	不低于	60			GB/T 261
冷滤点/℃	不高于	8	4	-5	SH/T 0248
凝点/℃	不高于	5	0	-10	GB/T 510
十六烷值	不小于	51			GB/T 386
密度(20℃)/(kg/m^3)		810~845			GB/T 1884 GB/T 1885
馏程/℃					GB/T 6536
50%回收温度	不高于	300			
90%回收温度	不高于	355			
95%回收温度	不高于	365			
润滑性					
校正磨斑直径(60℃)/μm	不大于	460			SH/T 0765
脂肪酸甲酯(FAME)含量/%(体)	大于	1.0			GB/T 23801
	不大于	5.0			
多环芳烃含量/%	不大于	7			GB/T 25963

(三) 生物喷气燃料

为扩大喷气燃料的来源，同时为减少温室气体排放(GHGs)，世界各国积极开展行动，纷纷制订减少温室气体排放和可再生能源的开发计划。航空替代燃料问题成为行业共同关注的问题，积极开发合成烃类燃料，特别是生物质为原料的可持续生产合成烃燃料技术，调合生产喷气燃料。合成烃类燃料具有硫、氮含量极低、热值高、安定性好的优点。

生物喷气燃料的发展，离不开产品标准的制订。我国现行标准 GB 6537—2018《3 号喷气燃料》，参考英美航空涡轮燃料标准，允许调合的合成烃组分包括两种：一种是费-托合成油改质工艺生产的煤油组分(FT-SPK)，另一种是酯类和脂肪酸类加氢改质工艺生产的煤油组分(HEFA-SPK)。含 FT-SPK 或 HEFA-SPK 合成烃组分的 3 号喷气燃料的技术指标要求，还应符合以下要求：含合成烃组分的 3 号喷气燃料中，FT-SPK 或 HEFA-SPK 组分的体积分数应不高于 50%；芳烃体积分数不低于 8.0%；馏程 50%与 10%回收温度差不小于 15℃，90%与 10%回收温度差不小于 40℃。

第二节　溶剂油

溶剂油是作为溶剂使用的轻质石油产品，也称为石油溶剂，一般由原油常压蒸馏馏分油或重整抽余油加氢精制而成，也可由凝析油精馏精制获得。溶剂油的主要组成为链烷烃、环烷烃和少量芳烃，不含任何添加剂。

一、溶剂油的发展及应用概况

目前国际上溶剂油没有统一的分类和规格标准。我国溶剂油按产品用途主要分为涂料及干洗用溶剂、脱脂(洗涤)溶剂、植物油抽提(萃取)溶剂、黏结剂、喷雾剂及橡胶工业用溶剂等产品类型。

我国从20世纪70年代末逐渐形成了溶剂油系列产品，并制定了GB 1922—1980《溶剂油》。产品按照98%馏出温度或终馏点分为70号、90号、120号、190号、200号和260号。其中，70号用作香花和油脂抽提工业(又名香花溶剂油)，90号用于化学和医药试剂(90号石油醚)，120号用于橡胶工业，190号用于金属零件清洗和工农业生产，200号用于油漆工业，260号煤油型特种溶剂用于油墨溶剂或矿物浸渍剂。早期溶剂油产品性能要求只有馏程、外观、硫含量、机械杂质和水分等指标。随着社会经济和炼油技术的发展，溶剂油产品质量不断提高，品种更加细化。目前溶剂油市场产品类型主要有如下品种。

(一) 油漆及清洗用溶剂油

油漆及清洗用溶剂油主要用作油漆溶剂(或稀释剂)、干洗以及金属零部件的清洗。产品由原油漆工业用溶剂油(200号)发展为多个品种。现行油漆及清洗用溶剂油产品标准GB 1922—2006按照溶剂油馏程范围分为中沸点、高沸点低终馏点、高沸点、高沸点高闪点和煤油型五个牌号，各牌号按照芳烃含量分低芳型、中芳型和普通型。其中1号产品主要用作高档无味快干型油漆溶剂或稀释剂，使用特点是油漆干燥时间短，挥发速度快；2号全馏程产品主要用于油漆溶剂或稀释剂以及干洗溶剂，属于高沸点溶剂，作为油漆用溶剂或稀释剂时，挥发速度比1号慢，溶解能力强，所制成的油基树脂漆、醇酸树脂漆的涂膜流动性好，可防止油漆沉淀和漆膜发白，同时也可用于干洗及金属表面的清洗；3号高闪点产品用在工作环境对涂料、除油及衣物干洗剂闪点要求较高的场合；4号低终馏点产品用途与2号相同，作油漆溶剂时干燥时间较短，作干洗溶剂和清洗溶剂时，清洗物不留痕迹；5号煤油型适用于作金属表面除油污，具有低挥发、闪点高、环境污染小、易回收的特点，尤其适用于轴承及金属部件防锈油脂的脱除。

油漆及清洗用溶剂油技术要求和试验方法见表19-15。

(二) 橡胶工业用溶剂油

橡胶工业用溶剂油俗称120号溶剂油，用于轮胎、胶鞋生产过程中溶解胶料和配制胶浆等，也可用作特殊快干油漆和颜料的稀释剂，还可作为仪表的清洗剂。橡胶工业用溶剂油现行标准为SH 0004—1990《橡胶工业用溶剂油》。

橡胶工业用溶剂油一般以80~120℃窄馏分为主，含少量芳烃，以环烷基原油生产的质量为优。产品初馏点不低于80℃，终馏点一般不超过140℃。馏分过轻蒸发太快，易造成橡胶成品表面干燥，而内部又有溶剂残留，影响橡胶制品的质量，不仅浪费资源，而且还会污染环境；馏分过重则蒸发太慢，影响工序平衡，易造成橡胶制品起泡，影响质量。因此橡胶溶剂油馏程必须合适。我国橡胶工业用溶剂油技术要求和试验方法见表19-16。

(三) 植物油脂抽提用溶剂

植物油脂抽提用溶剂是利用溶剂与食用油料接触使油料中的油脂萃取以获得更高的出油率。植物油抽提溶剂的要求是对油料中油分溶解性强、无毒、无杂质，溶耗低和易回收。

表 19-15　油漆及清洗用溶剂油技术要求和试验方法

项　目		1 号		2 号			3 号			4 号			5 号		试验方法
		中芳型	低芳型	普通型	中芳型	低芳型	普通型	中芳型	低芳型	普通型	中芳型	低芳型	中芳型	低芳型	
芳烃含量①/%(体)		2~8	0~<2	8~22	2~<8	0~<2	8~22	2~<8	0~<2	8~22	2~<8	0~<2	2~8	0~<2	GB/T 11132 SH/T 0166 SH/T 0245 SH/T 0411 SH/T 0693
外　观		透明，无沉淀及悬浮物													目测
闪点(闭口)①/℃	不低于	4		38			38			60			65		SH/T 0733 GB/T 261
颜　色	不深于	赛波特色号+28 或铂-钴色号 10		赛波特色号+25 或铂-钴色号 25			赛波特色号+25 或铂-钴色号 25			赛波特色号+25 或铂-钴色号 25			赛波特色号+25		GB/T 3555 GB/T 3143
溴值/(gBr_2/100g)	不大于	5											—		GB/T 11135 SH/T 0236
博士试验		—		通过											SH/T 0174
馏程/℃															GB/T 6536
初馏点	不低于	115		150			150			175			200		
50%蒸发温度	不高于	130		175			180			200			—		
终馏点	不高于	155		185			215			215			300		
残留量/%(体)	不大于	—		1.5			1.5			1.5			—		
水溶性酸碱		—		无											GB/T 259
铜片腐蚀/级	不大于														GB/T 5096
100℃，3h		—		—			—			—			1		
50℃，3h		1		1			1			1			—		
密度(20℃)/(kg/m^3)		报告													GB/T 1884 GB/T 1885

① 表中两项技术要求为强制性，其他为推荐性。
② 如果用户要求溶剂油的贝壳松脂丁醇值，技术指标由供需双方协商，试验方法采用 GB/T 11134。

表 19-16　橡胶工业用溶剂油技术要求和试验方法

项　目		要　求			检验方法
		优级品	一级品	合格品	
密度(20℃)/(kg/m^3)	不大于	700	730	—	GB/T 1884 和 GB/T 1885
馏程					GB/T 6536
初馏点/℃	不低于	80	80	80	
110℃馏出量/%	不小于	98	93	—	
120℃馏出量/%	不小于	—	98	98	
残留量/%	不大于	1.0	1.5	—	
溴值/(gBr_2/100g)	不大于	0.12	0.14	0.31	SH/T 0236
芳烃含量/%	不大于	1.5	3.0	3.0	SH/T 0166
硫含量/%	不大于	0.018	0.020	0.050	GB/T 380
博士试验		通过	通过	—	SH/T 0174
水溶性酸或碱		无			GB/T 259
机械杂质及水分		无			
油渍试验		合格			

我国自 20 世纪 60 年代末开始采用香花溶剂油作为植物油脂抽提用溶剂，80 年代改为 70 号溶剂油，90 年代末发展为 6 号抽提溶剂油(馏程范围 60~90℃)。2008 年将 6 号抽提溶剂油更名为“植物油抽提溶剂”(馏程范围 61~76℃)。随着生活水平的提高，人们对食用油健康卫生质量要求日趋严格，油脂行业对植物油抽提溶剂的需求量和质量不断提高，植物油抽提溶剂逐步以工业己烷代替宽馏分油。

国际食品法典委员会(CAC)将正己烷列入食品加工助剂目录。美国、加拿大和日本等国均将正己烷用于食品加工助剂，并制订了食品工业用加工助剂的使用管理规定。

近年，国家卫生健康委员会为规范国内食用油脂行业用己烷溶剂的使用，专门制订了 GB 1886.52—2015《食品安全国家标准 食品添加剂 植物油抽提溶剂(又名己烷类溶剂)》和 GB 1886.258—2016《食品安全国家标准 食品添加剂 正己烷》等溶剂油标准。现行植物油抽提溶剂和正己烷的技术要求和试验方法分别见表 19-17 和表 19-18。

表 19-17　食品添加剂 植物油抽提溶剂技术要求和试验方法

项　目		要　求	检验方法
色　泽		无色	取适量样品置于清洁、干燥的比色管中，在自然光线下观察其色泽和状态
状　态		透明液体，无可见机械杂质	
馏程范围/℃		61~76	GB/T 6536
苯含量/%	不大于	0.06	GB/T 17474
蒸发残留量/(mg/L)	不大于	10	GB/T 3209
硫含量/(mg/kg)	不大于	5.0	SH/T 0253
铅含量/(mg/kg)	不大于	1.0	GB/T 5009.12
多环芳烃		通过试验	附录 A.3
pH 值		通过试验	附录 A.4

表 19-18　食品添加剂 正己烷技术要求和试验方法

项　目		要　求	检验方法
色　泽		无色	取适量样品置于清洁、干燥的比色管中，在自然光线下观察其色泽和状态
状　态		透明液体，无可见机械杂质	
正己烷含量/%	不小于	60	SH/T 0714
馏程/℃ 初馏点 终馏点	 不低于 不高于	 64 70	GB/T 6536
赛波特色度/号	不小于	28	GB/T 3555
溴指数/($mgBr_2$/100g)	不大于	50	GB/T 11136
蒸发残留量/(mg/100mL)	不大于	0.5	GB/T 3209
硫含量(以 S 计)/(μg/g)	不大于	2	SH/T 0253(仲裁法)或 SH/T 0689
苯含量/%	不大于	0.01	GB/T 17474 或 GB/T 12688.9
铅含量/(μg/g)	不大于	1.0	GB/T 5009.12
多环芳烃		通过试验	附录 A.3

(四) 工业己烷

工业己烷也是化学合成工艺的原料，例如，作为丙烯等烯烃发生聚合反应时的介质、顺丁橡胶凝聚工艺过程的溶剂等。我国于 1998 年首次制订了 GB 17602—1998《工业己烷》标准，产品适用范围包括粘接剂、涂料、油墨、化工合成原料及包括植物油脂在内的各种萃取过程的溶剂。自国家制订食品工业专用己烷标准后，2018 年将 GB 17602 由强制性标准转为推荐性，在标准适用范围中删除了食用油脂抽提用途。现行 GB/T 17602—2018(馏程范围 65~71℃)按照产品正己烷含量分为 80 号和 60 号两类，技术要求和试验方法见表 19-19。

我国近几年溶剂油年产量在 200 万吨左右，占比较大的是油漆及清洗用溶剂油和橡胶工业用溶剂油。溶剂油产品向低硫、低芳、无味等环保型发展。

表 19-19　工业己烷技术要求和试验方法

项　目		质量指标		试验方法
		80 号	60 号	
正己烷含量/%	不小于	80	60	SH/T 0714
馏程/℃ 初馏点 终馏点	 不低于 不高于	 65 71		ASTM D1078
密度(20℃)/(g/cm³)		0.655~0.680		GB/T 1884 和 GB/T 1885
贝壳松脂丁醇值		协议		GB/T 11134
苯含量/%	不大于	0.001	0.01	GB/T 12688.9
气味		无残留气味		ASTM D1296

续表

项目		质量指标		试验方法
		80号	60号	
颜色(满足下列指标之一)				
赛波特色号	不小于	+28		GB/T 3555
铂-钴色号	不大于	10		GB/T 3143
溴指数/($mgBr_2$/100g)	不大于	20	50	SH/T 0630
不挥发物含量/(mg/100mL)	不大于	1.0		附录A
硫含量/(μg/g)	不大于	1	5	SH/T 0253

二、溶剂油的主要性能要求

作为涂料、抽提、洗涤和橡胶等工业用溶剂，其既有共性，又各具特点。共性要求包括溶解性、挥发性、安全性(火灾危险性和对人体的毒性)等。产品主要性能要求如下：

(一) 馏程

馏程是溶剂油的主要性能要求之一，它决定溶剂的挥发速度、溶解性及安全性。轻质溶剂油的馏程一般用初馏点和终馏点表示，重质宽馏分溶剂油的馏程用初馏点、50%馏出温度和终馏点表示。初馏点和终馏点低，则溶剂闪点低，挥发速度快，安全性差，而过高则可能有溶剂组分不能挥发造成溶剂残留。

(二) 芳烃和苯含量

芳烃含量直接影响溶剂油的溶解性。芳烃含量越高溶剂溶解效果越好，但其对人体毒性和空气污染影响很大，苯是公认的致癌物，因此要求溶剂油含有尽量低的芳烃组分。经过加氢、脱芳烃等工艺生产的溶剂油，其芳烃和苯含量均很低。

(三) 颜色

溶剂油的颜色用色度表示。色度指标说明溶剂油是否精制和精制深度。溶剂油颜色深说明含有硫、氮等活性杂质，则储存安定性差，易变质。

(四) 博士试验和硫含量

博士试验是定性检测溶剂油中有无硫醇存在的技术指标。硫醇具有弱酸性，反应活性较强，在高温或水分存在下，易对金属造成腐蚀。随着炼油加氢工艺的技术进步，溶剂油中的硫醇和硫含量已大幅降低。

(五) 溴值

溴值反映油品中不饱和烃的含量。不饱和烃的存在影响溶剂油储存及使用过程中的稳定性。溴值越大，则不饱和烃含量越高。

(六) 铜片腐蚀

铜片腐蚀反映溶剂油中存在的硫及含硫化合物、酸性或碱性物质对有色金属的腐蚀性。

（七）贝壳松脂丁醇值

贝壳松脂丁醇值是反映烃类溶剂溶解能力常用的指标。贝壳松脂丁醇值越高，表示溶剂油溶解能力越强。石油溶剂的平均贝壳松脂丁醇值以芳香烃的数值高（大于100），脂肪烃的数值低。直馏溶剂油的贝壳松脂丁醇值主要决定于原油组成，数值一般在30~45。

（八）闪点

闪点是产品运输、储存和使用的安全性指标。溶剂油的闪点与其馏程密切相关，各类产品闪点均很低。因此溶剂油属于危化品中易燃液体。

第三节 润滑油

润滑油是石油产品中品种、牌号最多的一大类产品。随着机械工业的快速发展，润滑油的需求量不断增长，质量水平也有较大提升，中国已经成为全球第二大润滑油市场。近几年，国内润滑油行业平稳发展，润滑油消费量不断增长。随着我国汽车工业的高速发展，国内润滑油产品结构也发生了改变，车用润滑油比重已经超过工业用润滑油，在润滑油市场比重达到一半以上。

根据国际标准化分类（GB/T 7631.1），我国润滑油剂和有关产品分为18大类，从20世纪80年代初期开始，我国润滑油的研制开发和标准制定均采用国际标准化组织的分类和代号，使得润滑油的分类和命名方式与国际标准保持一致。

目前，我国润滑剂和有关产品的分类标准是参照国际标准ISO 6743-99：2002制定的，详见国家标准GB 7631.1—2008。该标准将润滑剂和有关产品分为18个组，其中有16个组我国已制定了国家标准，详细分类见表19-20。

表19-20 润滑剂、工业用油和相关产品（L类）的分类（GB/T 7631.1—2008）

组 别	应 用 场 合	已制定的国家标准编号
A	全损耗系统 Total loss systems	GB/T 7631.13
B	脱模 Mould release	—
C	齿轮 Gears	GB/T 7631.7
D	压缩机（包括冷冻机和真空泵）Compressors （including refrigeration and vacuum pumps）	GB/T 7631.9
E	内燃机油 Internal combustion engine oil	GB/T 7631.17
F	主轴、轴承和离合器 Spindle bearings，bearings and associated clutches	GB/T 7631.4
G	导轨 Slideways	GB/T 7631.11
H	液压系统 Hydraulic systems	GB/T 7631.2
M	金属加工 Metalworking	GB/T 7631.5
N	电器绝缘 Electrical insulation	GB/T 7631.15
P	气动工具 Pneumatic tools	GB/T 7631.16

续表

组　别	应　用　场　合	已制定的国家标准编号
Q	热传导液 Heat transfer fluid	GB/T 7631. 12
R	暂时保护防腐蚀 Temporary protection against corrosion	GB/T 7631. 6
T	汽轮机 Turbines	GB/T 7631. 10
U	热处理 Heat treatment	GB/T 7631. 14
X	用润滑脂的场合 Grease	GB/T 7631. 8
Y	其他应用场合 Miscellaneous	GB/T 7631. 18
Z	蒸汽气缸 Cylinders of steam machines	—

现将其中主要产品如内燃机油、齿轮油、液压油、汽轮机油和电器绝缘油，分别叙述如下。

一、内燃机油

近年来，发动机设计总体朝着提高容积功率、热效率、节约燃料消耗、降低排放量和延长使用寿命的方向发展。随着发动机性能的不断改进，运行温度不断提高，曲轴箱的容积不断缩小等，对内燃机油提出了更苛刻的要求。内燃机油的质量不仅影响着发动机的润滑状态，还影响着发动机的功率、安全运行和使用寿命以及燃料消耗和尾气排放，所以，人们对内燃机润滑油的开发、生产和使用均给予了高度关注。

（一）内燃机油的发展和应用概况

我国内燃机油主要包括汽油机油、柴油机油、农用柴油机油、摩托车油和船用油等产品，需求上绝大部分是汽油机油和柴油机油，其产品研制和开发及标准制定一直参照 API（美国石油学会）和 ILSAC（国际润滑油标准化和批准委员会）的标准体系，已经形成包括产品分类标准、黏度分类标准、使用性能评定方法、理化性能试验方法和各类产品标准的比较完整的内燃机油标准体系。产品质量水平持续升级，基本达到 API 和 ILSAC 最高质量等级。

1. 内燃机油的品种及分类

我国内燃机油的产品分类和黏度分类已经制定了相应的国家标准，如 GB/T 28772《内燃机油分类》、GB/T 7631. 17《润滑剂、工业用油和有关产品（L 类）的分类 第 17 部分：E 组（内燃机油）》和 GB/T 14906《内燃机油黏度分类》等，这对于规范内燃机油的研究和应用，起到了重要的作用。

现行的 GB/T 28772—2012《内燃机油分类》规定了汽油机油、柴油机油和农用柴油机油的代号说明和详细分类，参考国外先进标准制定，其中包括的汽油机油和柴油机油最高等级为 SN/GF-5 和 CJ-4。GB/T 7631. 17—2014《润滑剂、工业用油和有关产品（L 类）的分类 第 17 部分：E 组（内燃机油）》修改采用 ISO 6743-15：2007 制定，包括二冲程摩托车汽油机油和四冲程摩托车汽油机油。

我国内燃机油黏度分类标准已修订为 GB/T 14906—2018，见表 19-21 和表 19-22。

增加了 8、12、16 黏度等级，修订了指标项目、限值和试验方法。采用分段采标的方式，汽油机油 SF、柴油机油 CD 及以下各质量等级的中低档油的黏温性能仍可采用 GB/T 14906—1994 的标准指标，汽油机油 SG、柴油机油 CF 及以上各质量等级的高档油的黏温性能指标与国外先进标准保持一致。

表 19-21　内燃机油黏度分类

黏度等级	低温启动黏度/(mPa·s) 不大于	低温泵送黏度(无屈服应力时)/(mPa·s) 不大于	运动黏度(100℃)/(mm²/s) 不小于	运动黏度(100℃)/(mm²/s) 小于	高温高剪切黏度(150℃)/(mPa·s) 不小于
试验方法	GB/T 6538	NB/SH/T 0562	GB/T 265	GB/T 265	SH/T 0751①
0W	6200 在-35℃	60000 在-40℃	3.8	—	—
5W	6600 在-30℃	60000 在-35℃	3.8	—	—
10W	7000 在-25℃	60000 在-30℃	4.1	—	—
15W	7000 在-20℃	60000 在-25℃	5.6	—	—
20W	9500 在-15℃	60000 在-20℃	5.6	—	—
25W	13000 在-10℃	60000 在-15℃	9.3	—	—
8	—	—	4.0	6.1	1.7
12	—	—	5.0	7.1	2.0
16	—	—	6.1	8.2	2.3
20	—	—	6.9	9.3	2.6
30	—	—	9.3	12.5	2.9
40	—	—	12.5	16.3	3.5(0W-40，5W-40 和 10W-40 等级)
40	—	—	12.5	16.3	3.7(15W-40，20W-40，25W-40 和 40 等级)
50	—	—	16.3	21.9	3.7
60	—	—	21.9	26.1	3.7

① 可采用 SH/T 0618、SH/T 0703 方法，有争议时，以 SH/T 0751 为准。

表 19-22　SE、SF 质量等级汽油机油和 CC、CD 质量等级柴油机油以及农用柴油机油黏度分类

黏度等级	低温启动黏度/(mPa·s) 不大于	边界泵送温度/℃ 不高于	运动黏度(100℃)/(mm²/s) 不小于	运动黏度(100℃)/(mm²/s) 小于
试验方法	GB/T 6538	GB/T 9171	GB/T 265	GB/T 265
0W	3250 在-30℃	-35℃	3.8	—
5W	3500 在-25℃	-30℃	3.8	—
10W	3500 在-20℃	-25℃	4.1	—

续表

黏度等级	低温启动黏度/（mPa·s）不大于	边界泵送温度/℃ 不高于	运动黏度（100℃）/（mm^2/s）不小于	运动黏度（100℃）/（mm^2/s）小于
15W	3500 在-15℃	-20℃	5.6	—
20W	4500 在-10℃	-15℃	5.6	—
25W	6000 在-5℃	-10℃	9.3	—
20	—	—	5.6	9.3
30	—	—	9.3	12.5
40	—	—	12.5	16.3
50	—	—	16.3	21.9
60	—	—	21.9	26.1

2. 汽油机油的发展及应用概况

20 世纪 50 年代，我国汽油机车辆主要是解放牌 CA-10B 型卡车，使用不加添加剂的 SA 级汽油机油。自 60 年代开始，在汽油机油中添加功能添加剂，生产了添加烷基酚盐、磺酸盐与二烷基二硫代磷酸锌盐的 SB 级汽油机油，其质量水平与 API SB 级汽油机油相当。70 年代，随着汽油机压缩比和转速的提高，功率和运输负荷的日益增加，汽车保有量的急剧增加，城市交通拥挤，汽车处于停停开开的状态，燃料燃烧不完全，并产生低温油泥。对此，在汽油机油中除加有金属清净剂和抗氧抗腐蚀剂外，开始添加丁二酰亚胺无灰分散剂，生产出的 SC 级汽油机油，通过了第二汽车制造厂设计生产的东风牌 Q6100 发动机台架试验(仿 MS 程序)，性能接近 API SC 级汽油机油。90 年代以来，我国汽车工业高速发展，高速公路里程快速增加，为了适应汽车制造技术的进步和进口车辆的需要，满足节约油料及延长换油期的要求，开发了一代又一代高档汽油机油品种，研发对象基本是美国 API 系列和各大汽车公司的 OEM 用油。目前，我国生产的汽油机油已经达到 SP/GF-6 质量水平。

我国汽油机油现行国家标准为 GB 11121—2006《汽油机油》。该标准参照国外先进标准制定，品种包括 SE、SF、SG、SH、GF-1、SJ、GF-2、SL 和 GF-3 共计 9 个品种。我国汽油机油模拟性能和理化性能要求见表 19-23，使用性能要求见表 19-24。美国汽油机油最高质量等级是 SP、GF-6A 和 GF-6B，于 2020 年 5 月 1 日起开始认证，我国汽油机油国家标准正在修订，以规范和提升国内汽油机油的质量水平。

3. 柴油机油的发展及应用概况

柴油机工作方式和燃料的不同，使得柴油机油的要求也不同于汽油机油。

烟炱的生成是柴油燃烧的一个特点。随着发动机排放标准的提高，控制 NO_x 排放会生成更多的烟炱，这些烟炱进入发动机油中易引起缸套等发动机部件的机内磨损、发动机油黏度的增加等问题。

柴油机汽缸区的温度比汽油机高，随着增压技术的广泛采用和压力的提高，其第一环带温度可达 325℃以上，曲轴箱温度可达 120℃左右，从而加速了润滑油的氧化。

表 19-23　汽油机油模拟性能和理化性能要求

项　目	质量指标										试验方法
	SE	SF	SG	SH	GF-1		SJ		GF-2	SL、GF-3	
水分/%(体)　不大于	痕迹										GB/T 260
泡沫性(泡沫倾向/泡沫稳定性)/(mL/mL)											GB/T 12579
24℃　不大于	25/0		10/0				10/0			10/0	
93.5℃　不大于	150/0		50/0				50/0			50/0	
后 24℃　不大于	25/0		10/0				10/0			10/0	
150℃　不大于	—		报告				200/50			100/0	SH/T 0722
蒸发损失/%　不大于		5W-30	10W-30	15W-40	0W 和 5W	所有其他多级油	0W-20、5W-20、5W-30、10W-30	所有其他多级油			
诺亚克法(250℃，1h)	—	25	20	18	25	20	22	20	22	15	SH/T 0059
或											
气相色谱法(371℃馏出量)											
方法 1	—	20	17	15	20	17	—	—	—	—	SH/T 0558
方法 2	—	—	—	—	—	—	17	15	17	—	SH/T 0695
方法 3	—	—	—	—	—	—	17	15	17	10	ASTM D6417
过滤性/%　不大于			5W-30 10W-30	15W-40							
EOFT 流量减少	—		50	无要求	50		50		50	50	ASTM D6795
EOWTT 流量减少											
用 0.6% H_2O	—		—		—		报告		—	50	
用 1.0% H_2O	—		—		—		报告		—	50	ASTM D6794
用 2.0% H_2O	—		—		—		报告		—	50	
用 3.0% H_2O	—		—		—		报告		—	50	
均匀性和混合性	—		与 SAE 参比油混合均匀								ASTM D6922

续表

项目	质量指标								试验方法
	SE	SF	SG	SH	GF-1	SJ	GF-2	SL、GF-3	
高温沉积物/mg　不大于 TEOST TEOST MHT	— —		— —		— —	60 —	60 —	— 45	 SH/T 0750 ASTM D7097
凝胶指数　不大于	—		—		—	12　无要求	12	12	SH/T 0732
机械杂质/%　不大于	0.01								GB/T 511
闪点(开口)/℃(黏度等级)　不低于	200(0W、5W 多级油)；205(10W 多级油)；215(15W、20W 多级油)；220(30)；225(40)；230(50)								GB/T 3536
磷含量/%　不大于	报告		0.12		0.12	0.10	0.10	0.10	GB/T 17476 SH/T 0296 SH/T 0631 SH/T 0749
碱值(以 KOH 计)/(mg/g)	报告								SH/T 0251
硫酸盐灰分/%	报告								GB/T 2433
硫含量/%	报告								GB/T 387 GB/T 388 GB/T 11140 GB/T 17040 GB/T 17476 SH/T 0172 SH/T 0631 SH/T 0749
氮含量/%	报告								GB/T 9170 SH/T 0656 SH/T 0704

表 19-24　我国汽油机油使用性能要求

质量等级	项　目
SE	L-38 发动机试验、程序ⅡD 发动机试验、程序ⅢD 发动机试验、程序ⅤD 发动机试验
SF	L-38 发动机试验、程序ⅡD 发动机试验、程序ⅢD 发动机试验(64h)、程序ⅤD 发动机试验
SG	L-38 发动机试验、程序ⅡD 发动机试验、程序ⅢE 发动机试验、程序ⅤE 发动机试验
SH	L-38/程序Ⅷ发动机试验、程序ⅡD 发动机试验/球锈蚀试验、程序ⅢE/ⅢF 发动机试验、程序ⅤE/(ⅣA+ⅤG)发动机试验
GF-1	L-38 发动机试验、程序ⅡD 发动机试验、程序ⅢE 发动机试验、程序ⅤE 发动机试验、程序Ⅵ发动机试验
SJ	L-38/程序Ⅷ发动机试验、程序ⅡD 发动机试验/球锈蚀试验、程序ⅢE/ⅢF 发动机试验、程序ⅢE/(ⅣA+ⅤG)发动机试验
GF-2	L-38 发动机试验、程序ⅡD 发动机试验、程序ⅢE 发动机试验、程序ⅤE 发动机试验、程序ⅥA 发动机试验
SL	程序Ⅷ发动机试验、球锈蚀试验、程序ⅢF 发动机试验、程序ⅤE 发动机试验、程序ⅣA 阀系磨损试验、程序ⅤG 发动机试验
GF-3	程序Ⅷ发动机试验、球锈蚀试验、程序ⅢF 发动机试验、程序ⅤE 发动机试验、程序ⅣA 阀系磨损试验、程序ⅤG 发动机试验、程序ⅥB 发动机试验

由于发动机型的不断发展，加工技术的进步，部件间的间隙变小，使柴油机的热负荷增加。同时，出现了缸套抛光、卡环、擦伤、凸轮和凸轮挺杆磨损，以及润滑油的高温变稀等问题，对柴油机油的性能提出了更高的要求。因此，柴油机油应具有良好的热氧化安定性、酸中和性、高温清净性及低温分散性等。

我国在 20 世纪 60 年代初期，大宗生产的柴油机油质量水平相当于 API 分类的 CA 级柴油机油，适用于轻负荷和以低硫柴油为燃料的柴油机。从 70 年代中期开始，我国先后发展了具有能抑制高、低温沉积、锈蚀和腐蚀低的增压柴油机油，其性能水平接近于 API 分类的 CC 级柴油机油，适用于低增压、中等负荷和工作状况较苛刻的柴油机；具有防止高温沉积、低温油泥和防腐蚀性的中增压柴油机油，性能水平接近于 API 分类的 CD 级柴油机油，适用于高负荷、高转数、中增压、使用多种燃料的增压柴油机。80 年代初，将上述的低增压和中增压柴油机油分别经过配方的调整，并通过开特皮勒 1 H2、1 G2 发动机试验，产品性能已达到了 API 分类的 CC 级、CD 级柴油机油的各项要求指标，并在此基础上还发展了汽、柴油机通用的 SF/CD 级内燃机油。随着我国对环保的重视，重负荷柴油机排放的控制日益严格，发动机技术水平不断提高，对润滑油产品的可靠性、长寿命等提出更高要求，国内柴油机油产品不断升级，已研制生产了 CH-4、CI-4、CJ-4 和 CK-4 等高档柴油机油。

我国柴油机油的现行产品标准有 GB 11122—2006《柴油机油》和 GB 20419—2006《农用柴油机油》。

现行 GB 11122—2006 标准包括 CC、CD、CF、CF-4、CH-4 和 CI-4 六个品种，可用于以柴油为动力的车辆和设备发动机，如卡车、客车、货车、农业用、工业用和建设用四冲程柴油发动机，对我国柴油机用油水平的提高起到促进作用。柴油机油的理化性能要求见表 19-25，使用性能要求见表 19-26。美国 API 柴油机油规格多次修订，还包括 CJ-4、CK-4 和 FA-4 等质量等级，对硫酸盐灰分、硫和磷进行限制，提高发动机与汽车尾气后处理装置的相容性，目前柴油机油国家标准正处在修订过程中。

表 19-25　中国柴油机油理化性能要求

项　目		质量指标				试验方法
		CC CD	CF CF-4	CH-4	CI-4	
水分/%(体)	不大于	痕迹	痕迹	痕迹	痕迹	GB/T 260
泡沫性(泡沫倾向/泡沫稳定性)/(mL/mL) 24℃ 93. 5℃ 后 24℃	 不大于 不大于 不大于	 25/0 150/0 25/0	 20/0 50/0 20/0	 10/0 20/0 10/0	 10/0 20/0 10/0	GB/T 12579
蒸发损失/% 诺亚克法(250℃，1h)或 气相色谱法(371℃馏出量)	不大于	 — —	 — —	10W-30　15W-40 20　18 17　15	 15 —	 SH/T 0059 ASTM D6417
机械杂质/%	不大于	0. 01				GB/T 511
闪点(开口)/℃(黏度等级)	不低于	200(0W、5W 多级油)；205(10W 多级油)；215(15W、20W 多级油)；220(30)；225(40)；230(50)；240(60)				GB/T 3536
碱值(以 KOH 计)/(mg/g)		报　告				SH/T 0251
硫酸盐灰分/%		报　告				GB/T 2433
硫含量/%		报　告				GB/T 387、GB/T 388、GB/T 11140、GB/T 17040、GB/T 17476、SH/T 0172、SH/T 0631、SH/T 0749
磷含量/%		报　告				GB/T 17476、SH/T 0296、SH/T 0631、SH/T 0749
氮含量/%		报　告				GB/T 9170、SH/T 0656、SH/T 0704

表 19-26　中国柴油机油使用性能要求

品种代号	项　目
CC	L-38 发动机试验、高温清净性和抗磨试验(开特皮勒 1H2 法)
CD	L-38 发动机试验、高温清净性和抗磨试验(开特皮勒 1G2 法)
CF	L-38/程序Ⅷ发动机试验、开特皮勒 1M-PC 试验
CF-4	L-38/程序Ⅷ发动机试验、开特皮勒 1K 试验、Mack T-6/Mack T-9 试验、Mack T-7 试验/Mack T-8 试验(T-8A)、腐蚀试验
CH-4	柴油喷嘴剪切试验、开特皮勒 1K 试验、开特皮勒 1P 试验、Mack T-9 试验、Mack T-8 试验(T-8E)、滚轮随动件磨损试验(RFWT)、康明斯 M11(HST)试验、程序ⅢE/ⅢF 发动机试验、发动机油充气试验、高温腐蚀试验
CI-4	柴油喷嘴剪切试验、开特皮勒 1K 试验、开特皮勒 1R 试验、Mack T-10 试验、Mack T-8 试验(T-8E)、滚轮随动件磨损试验(RFWT)、康明斯 M11(EGR)试验、程序ⅢF 发动机试验、发动机油充气试验、高温腐蚀试验、低温泵送黏度、橡胶相容性

现行 GB 20419—2006《农用柴油机油》标准是根据国内的需求制定的，具有中国特色。农用柴油机油用于以单缸柴油机为动力的三轮汽车(原三轮农用运输车)、拖拉机运输机组、小型拖拉机发动机的润滑，还可用于其他以单缸柴油机为动力的小型农机具，如抽水机、发电机、捻米机、榨油机等。

农用运输车是具有中国特色的产品，发动机是国内设计生产。有必要针对农用车辆机具所用的润滑油进行包括产品研发、行车试验和发动机试验在内的系统研究，并制订相应的标准。因此，根据中国实际，将城市和高速公路行驶车辆和农村及乡间行驶的农用运输车用润滑油分为两个系列。柴油机油仍采用 API 的 C 系列，以满足高速公路和城市行驶的柴油车辆和中高档农用机械的润滑；农用柴油机油应满足农村和城镇行驶的以单缸柴油机为动力的农用车辆和机械的润滑，从指标体系上脱离柴油机油 C 系列，自成体系。标准指标见表 19-27。

国内外船用内燃机油一直没有统一的标准，2019 发布的 GB/T 38049—2019《船用内燃机油》标准包括船用气缸油、船用系统油和船用中速筒状活塞柴油机油三个品种，按 GB/T 14906《内燃机油黏度分类》和碱值等级划分为不同牌号。

表 19-27　农用柴油机油的技术要求和试验方法

项　目		质量指标						试验方法
黏度等级(按 GB/T 14906)		10W-30	15W-30	15W-40	30	40	50	
运动黏度(100℃)/(mm^2/s)		9.3~<12.5	9.3~<12.5	12.5~<16.3	9.3~<12.5	12.5~<16.3	17.0~<21.9	GB/T 265
黏度指数	不小于	—			60			GB/T 1995 GB/T 2541
闪点(开口)/℃	不低于	195	200	205	210	215	220	GB/T 3536
倾点/℃	不高于	-30	-23	-23	-12	-3	0	GB/T 3535
低温动力黏度/(mPa·s)	不大于	3500(-20℃)	3500(-15℃)	3500(-15℃)	—	—	—	GB/T 6538
铜片腐蚀/级	不大于	1						GB/T 5096
机械杂质/%	不大于	0.01						GB/T 511
水分/%(体)	不大于	痕迹						GB/T 260
泡沫性(泡沫倾向/泡沫稳定性)/(mL/mL)								GB/T 12579
24℃	不大于	25/0						
93.5℃	不大于	150/0						
后 24℃	不大于	25/0						
磷含量/%	不小于	0.04						GB/T 17476 SH/T 0296 SH/T 0631 SH/T 0749
碱值(以 KOH 计)/(mg/g)	不小于	2.0						SH/T 0251
抗磨性(四球机试验) 磨斑直径(392N/60min，75℃，1200r/min)/mm	不大于	0.55						SH/T 0189

（二）内燃机油主要性能要求

1. 黏度和黏温性

内燃机油的黏度是影响其润滑性能的重要指标，若黏度过低，则运动副得不到良好润滑，而产生磨损；若黏度过高，低温冷启动困难，泵送性变差，功率损失增加，甚至启动困难产生干摩擦。随着汽车工业越来越注重燃油经济性，为了满足日趋严苛的节能要求，在保证发动机部件正常润滑的条件下，内燃机油向低黏化发展。同时，为适应内燃机工作温度范围广的特点，内燃机油不仅需要具有适当的黏度，而且必须具有良好的黏温性能。

2. 抗氧化能力和清净分散性

内燃机油在发动机工作温度下，由于金属的催化作用，受空气作用产生氧化、聚合、缩合等反应物，如酸性物质、漆膜、油泥和积炭等，使油品的润滑性变差，甚至丧失；同时由于漆膜和积炭的生成，不仅使发动机气缸过热，活塞环密封性下降，而且使发动机的功率损失增大。为使润滑油具有抑制氧化的能力，要选择适宜的基础油和添加剂，以提高其氧化安定性。

内燃机油应具有良好的清净分散作用，使氧化产物在油中处于悬浮分散状态，不致堵塞油路、滤清器及聚结在发动机的高温部位继续氧化而生成漆膜、积炭，导致活塞环粘结、磨损加剧，直至发动机停止运转。为此，内燃机油中都加有金属清净剂和无灰分散剂，以提高其清净分散性能。

3. 抗磨性

内燃机的轴承负荷重及气缸壁上油膜的保持性很差，这就要求内燃机油具有良好的油性和抗磨性能。通常内燃机油中都加有抗磨剂和油性剂。

4. 防腐蚀性

现代内燃机的主轴承和曲轴轴承均使用机械强度较高的耐磨合金，如铜铅、镉银、锡青铜或铅青铜等合金。由于油品含有的或在氧化过程中或燃料燃烧过程中生成的酸性物质，对这些合金有很强的腐蚀作用，为此要求在油品中添加抗氧抗腐剂以阻止氧化，并中和已经形成的有机酸与无机酸。

二、齿轮油

齿轮传动是机械传动中最主要的一种传动方式。它具有能保证恒定的瞬时传动比、传递动力准确可靠、传递功率范围大效率高等特点。齿轮传动装置从简单的直齿轮到双曲线齿轮以及蜗轮齿轮，广泛应用在各种现代化机械设备中，例如矿山机械、交通运输车辆、冶金设备、电力和水泥等行业以及军事装备，齿轮油是保证齿轮传动良好运行的重要润滑材料。齿轮油的应用场合比较广泛，品种和类型繁多。组成上使用精制直馏矿物油、脂肪油和合成油等基础油，并加入化学添加剂来改善或增强产品性能。

（一）齿轮油的产品概况和发展

根据应用场合不同，齿轮油分为两大类型：工业齿轮油和车辆齿轮油。

1. 工业齿轮油

工业齿轮装置主要有闭式和开式二种情况，闭式齿轮装置带有密闭齿轮箱，是连续润滑方式；开式齿轮装置仅带有安全挡板，是间歇或浸渍或机械应用。因此，根据装置和工况对油品的要求不同，工业齿轮油又分为工业闭式齿轮油和工业开式齿轮油二种类型。

1）工业闭式齿轮油

工业闭式齿轮油目前主要有CKB、CKC、CKD、CKE、CKS和CKT六个产品类型(参见GB/T 7631.7—1995)，组成特性和典型应用详见表19-28。

表19-28　工业闭式齿轮油的产品类型

品种代号	具体应用	组成和特性	典型应用
L-CKB	连续润滑(用飞溅循环或喷射)	精制矿油，并具有抗氧、抗腐(黑色和有色金属)和抗泡性	在轻负荷下运转的齿轮
L-CKC		CKB油，并提高其极压和抗磨性	保持在正常或中等恒定油温和重负荷下运转的齿轮
L-CKD		CKC油，并提高其热/氧化安定性，能使用于较高的温度	在高的恒定油温和重负荷下运转的齿轮
L-CKE		CKB油，并具有低的摩擦系数	在高摩擦下运转的齿轮(即蜗轮)
L-CKS		在极低或极高的温度条件下使用的具有抗氧、抗摩擦和抗腐(黑色和有色金属)性的润滑剂	在更低的、低的或更高的恒定流体温度和轻负荷下运转的齿轮
L-CKT		用于极低或极高温度和重负荷下的CKS型润滑剂	在更低的、低的或更高的恒定流体温度和重负荷下运转的齿轮

GB 5903—2011《工业闭式齿轮油》产品标准参照ISO 12925-1：1996(2001)《闭式齿轮系统润滑剂规格》和国外先进标准制定。该标准取消了对原产品一等品和合格品划分，保留了仍有市场需求的低端的CKB类型，增加了CKC和CKD油的低黏度和高黏度牌号，质量指标有所细分和提高。具体技术指标详见表19-29和表19-30。

蜗轮蜗杆传动是一种特殊的交错轴斜齿轮传动，蜗杆与蜗轮齿的啮合处有较大的滑动速度，摩擦磨损情况突出并引起发热。常采用青铜作蜗轮的齿圈，与钢制蜗杆相匹配，因此蜗轮蜗杆传动不宜采用一般齿轮油来润滑。

蜗轮蜗杆油(L-CKE)早期产品研制主要参照国外先进标准自主研发制定了产品标准SH/T 0094—1991，该标准规定了L-CKE和L-CKE/P两个品种。L-CKE为复合型蜗轮蜗杆油，主要用于铜-钢配对的圆柱型和双包围等类型的承受轻负荷、传动中平稳无冲击的蜗轮蜗杆副，包括该设备的齿轮及滑动轴承、气缸、离合器等部件的润滑，及在潮湿环境下工作的其他机械设备的润滑，在使用过程中应防止局部过热和油温在100℃以上时长期运转。CKE/P为极压型蜗轮蜗杆油，主要用于铜-钢配对的圆柱形的、承受重负荷、传动中有振动和冲击的蜗轮蜗杆副，包括该设备的齿轮和直齿圆柱齿轮等部件的润滑，以及其他机械设备的润滑。如果要用双包围等类型的蜗轮蜗杆副必须有油品厂的说明。主要技术要求见表19-31。

早期研发的蜗轮蜗杆油主要是矿物油型。合成型蜗轮蜗杆油具有更好抗老化性，耐高低温性，温度范围宽(-30~+100℃)，使用寿命较长，可延长换油期，应该研发和推广使用。

表 19-29　L-CKC 的技术要求和试验方法

项　　目	质　量　指　标											试验方法
黏度等级(GB/T 3141)	32	46	68	100	150	220	320	460	680	1000	1500	
运动黏度(40℃)/(mm^2/s)	28.8~35.2	41.4~50.6	61.2~74.8	90.0~110	135~165	198~242	288~352	414~506	612~748	900~1100	1350~1650	GB/T 265
外　观	透明											目测
运动黏度(100℃)/(mm^2/s)	报告											GB/T 265
黏度指数　不小于	90								85			GB/T 1995
表观黏度达 150000mPa · s 时的温度/℃	此项目根据客户要求进行检测											GB/T 11145
倾点/℃　不高于	-12				-9				-5			GB/T 3535
闪点(开口)/℃　不低于	180			200								GB/T 3536
水分/%　不大于	痕迹											GB/T 260
机械杂质/%　不大于	0.02											GB/T 511
泡沫性(泡沫倾向/泡沫稳定性)/(mL/mL)												GB/T 12579
程序Ⅰ(24℃)　不大于	50/0								75/10			
程序Ⅱ(93.5℃)　不大于	50/0								75/10			
程序Ⅲ(后 24℃)　不大于	50/0								75/10			
铜片腐蚀(100℃，3h)/级　不大于	1											GB/T 5096
抗乳化性(82℃)												GB/T 8022
油中水/%(体)　不大于	2.0							2.0				
乳化层/mL　不大于	1.0							4.0				
总分离水/mL　不小于	80.0							50.0				
液相锈蚀(24h)	无锈											GB/T 11143(B 法)
氧化安定性(95℃，312h)												SH/T 0123
100℃运动黏度增长/%　不大于	6											
沉淀值/mL　不大于	0.1											
极压性能(梯姆肯试验机法)												GB/T 11144
OK 负荷值/N(lb)　不小于	200(45)											

续表

项　　目	质　量　指　标											试验方法
黏度等级(GB/T 3141)	32	46	68	100	150	220	320	460	680	1000	1500	
承载能力 齿轮机试验/失效级　　不小于	10		12			>12						SH/T 0306
剪切安定性(齿轮机法) 剪切后 40℃运动黏度/(mm²/s)	在黏度等级范围内											SH/T 0200

表 19-30　L-CKD 的技术要求和试验方法

项　　目	质　量　指　标								试验方法
黏度等级(GB/T 3141)	68	100	150	220	320	460	680	1000	
运动黏度(40℃)/(mm²/s)	61.2~74.8	90.0~110	135~165	198~242	288~352	414~506	612~748	900~1100	GB/T 265
外　观	透明								目测
运动黏度(100℃)/(mm²/s)	报告								GB/T 265
黏度指数　　不小于	90								GB/T 1995
表观黏度达 150000mPa·s 时的温度/℃	此项目根据客户要求进行检测								GB/T 11145
倾点/℃　　不高于	-12		-9				-5		GB/T 3535
闪点(开口)/℃　　不低于	180	200							GB/T 3536
水　分　　不大于	痕迹								GB/T 260
机械杂质　　不大于	0.02								GB/T 511
泡沫性(泡沫倾向/泡沫稳定性)/(mL/mL) 程序Ⅰ(24℃)　　不大于 程序Ⅱ(93.5℃)　　不大于 程序Ⅲ(后 24℃)　　不大于	 50/0 50/0 50/0							 75/10 75/10 75/10	GB/T 12579
铜片腐蚀(100℃，3h)/级　　不大于	1								GB/T 5096
抗乳化性(82℃) 油中水/%(体)　　不大于 乳化层/mL　　不大于 总分离水/mL　　不小于	 2.0 1.0 80.0							 2.0 4.0 50.0	GB/T 8022

续表

项目	质量指标								试验方法
黏度等级(GB/T 3141)	68	100	150	220	320	460	680	1000	
液相锈蚀(24h)	无锈								GB/T 11143(B 法)
氧化安定性(121℃，312h)									SH/T 0123
100℃运动黏度增长/% 不大于	6							报告	
沉淀值/mL 不大于	0.1							报告	
极压性能(梯姆肯试验机法)									GB/T 11144
OK 负荷值/N(lb) 不小于	267(60)								
承载能力									SH/T 0306
齿轮机试验/失效级 不小于	12			>12					
剪切安定性(齿轮机法)									SH/T 0200
剪切后 40℃运动黏度/(mm^2/s)	在黏度等级范围内								
四球机试验									GB/T 3142 SH/T 0189
烧结负荷 P_D/N(kgf) 不小于	2450(250)								
综合磨损指数/N(kgf) 不小于	441(45)								
磨斑直径(196N，60min，54℃，1800r/min)/mm 不大于	0.35								

表 19-31　L-CKE 和 L-CKE/P 的技术要求和试验方法

项目	质量指标																				试验方法
品种	L-CKE										L-CKE/P										
质量等级	一级品					合格品					一级品					合格品					
黏度等级(按 GB/T 3141)	220	320	460	680	1000	220	320	460	680	1000	220	320	460	680	1000	220	320	460	680	1000	—
运动黏度(40℃)/(mm^2/s)	198~242	288~352	414~506	612~748	900~1100	198~242	288~352	414~506	612~748	900~1100	198~242	288~352	414~506	612~748	900~1100	198~242	288~352	414~506	612~748	900~1100	GB/T 265
闪点(开口)/℃ 不低于	200		220			180					200		220			180					GB/T 3536

续表

项目		质量指标				试验方法
品种		L-CKE		L-CKE/P		
质量等级		一级品	合格品	一级品	合格品	
黏度指数	不小于	90		90		GB/T 1995
倾点/℃	不高于	-6		-12	-6	GB/T 3535
水溶性酸或碱		无		—		GB/T 259
机械杂质/%	不大于	0.02	0.05	0.02	0.05	GB/T 511
水　分	不大于	痕迹				GB/T 260
中和值/(mgKOH/g)	不大于	1.3		1.0	1.3	GB/T 4945
皂化值/(mgKOH/g)		9~25	5~25	不大于25		GB/T 8021
铜片腐蚀(铜片，100℃，3h)/级	不大于	1				GB/T 5096
液相锈蚀试验						GB/T 11143
蒸馏水		无锈		—	无锈	
合成海水		—		无锈	—	
沉淀值/mL	不大于	0.05		—		SH/T 0024
硫含量/%	不大于	1.00		1.25		SH/T 0303
氯含量/%	不大于	—		0.03	—	SH/T 0161
抗乳化性(82℃，40-37-3mL)/min	不大于	60	—	60	—	GB/T 7305
泡沫性(泡沫倾向/泡沫稳定性)/(mL/mL)						GB/T 12579
24℃	不大于	75/10		75/10	-/300	
93.5℃	不大于				-/25	
后24℃	不大于				-/300	
氧化安定性(酸值达到2mgKOH/g时间)/h	不小于	350	—	350	—	GB/T 12581
综合磨损指数(1500/min)/N		—		392		GB/T 3142
剪切安定性试验(40℃运动黏度下降率)		6	—	6	—	SH/T 0505

2）工业开式齿轮油

按照 GB/T 7631.7—1995 的规定，开式齿轮用润滑剂有 4 个类型：CKH、CKJ、CKL 和 CKM。其中，CKL 主要涉及润滑脂，开式齿轮油主要是 CKH、CKJ 和 CKM 3 种类型，见表 19-32。

目前我国仅有行业标准 SH/T 0363—1992《普通开式齿轮油》。该标准产品是以矿物油馏分为基础油并添加防锈等添加剂及适量沥青质制得，主要用于开式齿轮、链条和钢丝绳的润滑。主要技术要求见表 19-33。

表 19-32　工业开式齿轮润滑剂分类

<table>
<tr><th>品种代号</th><th>特殊应用</th><th>更具体应用</th><th>组成和特性</th><th>典型应用</th></tr>
<tr><td>L-CKH</td><td rowspan="4">装有安全挡板的开式齿轮</td><td rowspan="3">间断或浸渍或机械应用</td><td>通常具有抗腐蚀性的沥青型产品</td><td rowspan="2">在中等环境温度和通常在轻负荷下运转的圆柱型齿轮或伞齿轮</td></tr>
<tr><td>L-CKJ</td><td>CKH 型产品，并提高其极压和抗磨性</td></tr>
<tr><td>L-CKL</td><td>具有改善极压、抗磨、抗腐和热稳定性的润滑脂</td><td>在高的或更高的环境温度和重负荷下运转的圆柱形齿轮和伞齿轮</td></tr>
<tr><td>L-CKM</td><td>间断应用</td><td>为允许在极限负荷条件下使用的、改善抗擦伤性的产品和具有抗腐蚀性的产品</td><td>偶然在特殊重负荷下运转的齿轮</td></tr>
</table>

表 19-33　普通开式齿轮油的技术要求和试验方法（SH/T 0363—1992）

项　　目	质量指标					试验方法
黏度等级（按运动黏度 100℃ 划分）	68	100	150	220	320	
相近的原牌号	1 号	2 号	3 号	3 号	4 号	
运动黏度（100℃）/（mm^2/s）	60～75	90～110	135～165	200～245	290～350	附录 A
闪点（开口）/℃　不低于	200			210		GB/T 267
腐蚀试验（45 号钢片，100℃，3h）	合格					SB/T 0195
液相锈蚀试验（蒸馏水）	无锈					GB/T 11143
最大无卡咬负荷 P_B/N　不小于	686					GB/T 3142
清洁性	必须无沙子和磨料					①

① 用 5～10 倍的直馏汽油稀释、中速定量滤纸过滤、乙醇苯混合液冲洗残渣，观察滤纸必须无沙子和磨料。

2. 车辆齿轮油

车辆齿轮油是重要的车用润滑油品之一，主要用于车辆的变速箱和驱动桥中齿轮的润滑。

车辆齿轮油产品研究和标准规格随着国内外汽车设计和车辆齿轮技术的不断发展而更新。但是，由于欧洲、北美及日本三大车系的汽车在设计上有所不同，反映在汽车制造商对车辆用油的要求各有侧重，在油品规格上存在差异难以一致，在世界范围无法形成统一的产品规格，因此国际标准化组织（ISO）也一直未发布车辆齿轮油的分类标准及产品规格。尽管如此，多年来世界各国基本上认可美国石油学会 API 1560 的使用分类，产品规格以美军规格(MIL)的发展为路线。目前以美国材料与试验协会 ASTM D7450 标准以及美国汽车工程师协会 SAE J2360 标准最有代表性。

近些年来，为适应我国汽车工业的发展，在车辆齿轮油标准化方面开展了一系列工作，主要包括：①制定了 SH/T 0755—2005《手动变速箱油和后桥用油的热氧化安定性评定法(L-60-1 法)》；②制定了 NB/SH/T 0845—2010《传动润滑剂黏度剪切安定性的测定　圆锥滚子轴承试验机法》；③制定了 GB/T 28767—2012《车辆齿轮油分类》；④修订完成了 GB/T 17477—2012《汽车齿轮润滑剂黏度分类》；⑤修订完成了 NB/SH/T 0517—2014《车辆齿轮油防锈性能的评定(L-33-1)》和 NB/SH/T 0518—2016《车辆齿轮油承载能力的评定(L-37 法)》；⑥在上述一系列标准制修订工作的基础上，修订完成了 GB 13895—2018《重负荷车辆齿轮油(GL-5)》。

1）车辆齿轮油的产品分类

美国石油学会(API)很早就提出了汽车手动变速器和驱动桥用润滑剂使用分类 API 1560，该分类是根据齿轮的形式、负载情况等使用要求对齿轮油进行划分。世界各国基本上认同此分类，普遍采用了该分类的代号。2012 年我国重新制定了车辆齿轮油分类标准 GB/T 28767—2012，该分类根据国内情况将汽车手动变速器和驱动桥用润滑剂划分为四个类别，与 API 1560：1995 基本一致，其详细的使用分类见表 19-34。该标准给出的分类代号与我国市场上车辆齿轮油产品类型的对应关系见表 19-35。

表 19-34　车辆齿轮油的详细分类(GB/T 28767)

应用范围	品种代号	使用说明
车辆齿轮	GL-3	适用于速度和负荷比较苛刻的汽车手动变速器及较缓和的螺旋伞齿轮驱动桥
	GL-4	适用于速度和负荷比较苛刻的螺旋伞齿轮和较缓和的双曲线齿轮，可用于手动变速器和驱动桥
	GL-5	适用于高速冲击负荷、高速低扭矩和低速高扭矩下操作的各种齿轮，特别是准双曲线齿轮
	MT-1	适用于在大型客车和重型卡车上使用的非同步手动变速器。该类润滑剂对于防止化合物热降解、部件磨损及油封劣化提供保护，这些性能是 GL-4 和 GL-5 要求的润滑剂所不具有的。 MT-1 没有给出乘用车和重负荷车辆中同步器的和驱动桥的性能要求

表 19-35　分类与中国车辆齿轮油名称的对应关系

分类类型	油品名称(执行标准)
GL-3	普通车辆齿轮油(SH/T 0350—1992，2018 年废止)
GL-4	中负荷车辆齿轮油(GL-4)
GL-5	重负荷车辆齿轮油(GL-5)(GB 13895—2018)
MT-1	手动变速箱油(非同步器)

2）车辆齿轮油的黏度分类

1998 年我国发布了车辆齿轮油黏度分类标准 GB/T 17477—1998《驱动桥和手动变速器润滑剂黏度分类》，与世界各国普遍认可的美国汽车工程师协会标准 SAE J306—1991 一致。

随着汽车工业的发展和燃油经济性的要求，对汽车传动系统用油的黏度更为细化，特别是对油品的剪切安定性提出了要求，使油品更加适合汽车齿轮的用油要求。最新版 GB/T 17477—2012《汽车齿轮润滑剂黏度分类》与国际汽车齿轮用油的发展趋势及 SAE J306—2005 保持一致，该标准增加和细化黏度级别，并对黏度剪切安定性提出了要求，黏度分类详见表 19-36。

表 19-36　汽车齿轮润滑剂黏度分类

黏度等级	最高温度（黏度达到 150000mPa·s）/℃	运动黏度(100℃)/(mm/s^2)　最小	运动黏度(100℃)/(mm/s^2)　最大
70W	-55	4.1	—
75W	-40	4.1	—
80W	-26	7.0	—
85W	-12	11.0	—
80	—	7.0	<11.0
85	—	11.0	<13.5
90	—	13.5	<18.5
110	—	18.5	<24.0
140	—	24.0	<32.5
190	—	32.5	<41.0
250	—	41.0	—

3）车辆齿轮油产品标准[2]

20 世纪 80 年代初，为改进解放牌、跃进牌等汽车长期使用渣油型齿轮油的状况，研制生产了馏分型的普通车辆齿轮油，制定了行业标准 SH 0350—1992《普通车辆齿轮油》，其质量等级基本相当于 API GL-3 水平。随着我国汽车工业的发展，该档油品质量水平已经十分落后，因此 2018 年废止了 SH 0350—1992《普通车辆齿轮油》。

国家“六五”“七五”及“八五”期间，为适应汽车工业发展的要求，提高车辆齿轮油的质量水平，组织了润滑油和添加剂的研究院所、生产企业和汽车制造厂等多方协作攻关，研发出了产品配方体系、建立了一系列试验方法和台架评定试验，并进行了大量的行车试验，为我国车辆齿轮油技术打下了坚实的基础。此间研制生产了相当于 API GL-5 的重负荷车辆齿轮油，制定了 GB 13895—1992《重负荷车辆齿轮油(GL-5)》产品标准。性能优异的重负荷车辆齿轮油(GL-5)一直以来成为我国车辆齿轮油市场的中流砥柱，沿用多年。

车辆设备的结构和性能持续改进。齿轮箱体积变小而车速及负荷加大、经济性和传动性要求更合适的黏度范围及更长换油期甚至全寿命等等，这些都促使现代车辆齿轮油的黏温性能、剪切性能、热氧化稳定性及密封件相容性等方面进一步优化和改善。

车辆齿轮油相关标准的制修订工作持续跟进。在一系列相关标准的制修订之后，为修订 GB 13895—1992《重负荷车辆齿轮油(GL-5)》奠定了基础。对于 GB 13895—2018《重负荷车辆齿轮油(GL-5)》的推出，市场呼之已久。该标准产品质量等级达到 ASTM D7450-08

《API GL-5 类后桥齿轮润滑油的性能规格标准》的水平，黏度级别符合 GB/T 17477—2012 的划分。产品的适用范围明确规定为“主要适用于汽车驱动桥，特别适用于在高速冲击负荷、高速低扭矩和低速高扭矩工况下应用的双曲面齿轮”，取消了“也可用于手动变速器”。该标准的技术指标和试验方法详见表 19-37。

GL-4 是用于中负荷齿轮传动的一档油品，由于其油品评定方法的备件国外早已不再生产，因而在国家“六五”“七五”润滑油研制攻关期间，中国石化在组织研制 GL-5 时，采纳了国外石油公司普遍采用的配方延伸技术即通过 GL-5 台架试验的添加剂配方剂量减半生产 GL-4，进行了行车试验，制定了“硫磷型中负荷(GL-4)车辆齿轮油”暂定技术要求。各大石化企业基本上按照该暂定技术要求制定了各自的企业标准进行生产，满足了农用车、皮卡及厢式货车等的用油要求，这一技术路线沿用至今。

(二）齿轮油的主要性能要求

根据齿轮工作情况和润滑特点，对齿轮油的性能提出如下要求：

(1) 适宜的黏度　黏度是齿轮油的主要质量指标。根据应用场合的不同，黏度等级可从低黏度 VG 32 到高黏度 VG 1500，在某些特殊场合，黏度等级可能要求得更高。黏度大其耐负荷能力大，但黏度过大也会给循环润滑带来困难，增加齿轮的运动阻力，以致发热而造成动力损失。因而，黏度一定要合适，特别是加有极压抗磨剂的齿轮油，其耐负荷性能主要靠极压抗磨剂，这类油更不能追求高黏度。

(2) 良好的热氧化安定性　热氧化安定性也是齿轮油的重要性能之一。当齿轮油在工作时，被激烈搅动，与空气接触充分，加上水分、杂质及金属的作用，特别在较高的油温下(重负荷车辆后桥齿轮箱，油温可高达 150~160℃及以上)，更易加快氧化速度，使油品的性质劣化，造成齿轮腐蚀、磨损。

(3) 良好的抗磨损、耐负荷性能　为了使齿轮传递负荷时齿面不会擦伤、磨损和胶合，要求齿轮油有耐负荷性能。在中等负荷下，用含油性剂和中等极压剂的齿轮油；重负荷的齿轮传动，使用含强极压剂的重负荷齿轮油。齿轮油的极压添加剂都是一些活性很强的添加剂，在高温摩擦面上其活性元素与金属表面发生反应，形成化学膜，这种膜的抗磨损、抗胶合能力很强。

(4) 良好的抗泡沫性能　由于齿轮在运转中的激烈搅动，或油循环系统轴承等的搅动，以及向油箱回流都易产生泡沫。如果齿轮油的泡沫不能很快消除，将影响齿轮啮合油膜的形成。

(5) 良好的防锈、防腐性　由于齿轮油极压添加剂的化学活性强，在低温下容易和金属表面发生反应产生腐蚀；在使用中发生分解或氧化反应所产生的酸类和胶质，特别是在和水接触时，容易产生腐蚀和锈蚀。因此，要求齿轮油要有良好的防腐蚀防锈能力。

(6) 良好的抗乳化性能　由于齿轮油(特别是工业开式齿轮油)在齿轮运转中不可避免地接触水分，如果油的抗乳化性不良，会使齿轮油产生乳化，进而油膜强度降低或破裂或油品变质。

(7) 良好的抗剪切安定性　齿轮油在使用期间，由于齿轮啮合运动所引起的剪切作用会引起黏度的变化，最容易受剪切影响的成分是聚合物。因此，为保持齿轮油的黏度，不允许添加抗剪切性能差的黏度指数改进剂。

此外，还有其他性能要求，如良好的低温流动性、与密封材料的适应性、储存安定性，开式齿轮油还要求有黏附性等。

表 19-37　重负荷车辆齿轮油(GL-5)的技术要求和试验方法

分析项目		质量指标										试验方法
黏度等级		75W-90	80W-90	80W-110	80W-140	85W-90	85W-110	85W-140	90	110	140	
运动黏度(100℃)/(mm²/s)		13.5~<18.5	13.5~<18.5	18.5~<24.0	24.0~<32.5	13.5~<18.5	18.5~<24.0	24.0~<32.5	13.5~<18.5	18.5~<24.0	24.0~<32.5	GB/T 265
倾点/℃		报告	报告	报告	报告	报告	报告	报告	不大于 -12	不大于 -9	不大于 -6	GB/T 3535
表观黏度(-40℃)/(mPa·s)	不大于	150000	—	—	—	—	—	—	—	—	—	GB/T 11145
表观黏度(-26℃)/(mPa·s)	不大于	—	150000	150000	150000	—	—	—	—	—	—	
表观黏度(-12℃)/(mPa·s)	不大于	—	—	—	—	150000	150000	150000	—	—	—	
闪点(开口)/℃	不低于	150	165	170	180	165	170	180	180	190	200	GB/T 3536
黏度指数		报告							不小于 75			GB/T 1995
泡沫性(泡沫倾向)/mL 24℃ 93.5℃ 后 24℃	 不大于 不大于 不大于	 20 50 20										GB/T 12579
铜片腐蚀(121℃, 3h)/级	不大于	3										GB/T 5096
机械杂质/%	不大于	0.05										GB/T 511
水分	不大于	痕迹										GB/T 260
戊烷不溶物/%		报告										GB/T 8926 A 法
硫酸盐灰分/%		报告										GB/T 2433
KRL 剪切安定性(20h) 剪切后 100℃运动黏度/(mm²/s)		在黏度等级范围内										NB/SH/T 0845

续表

分析项目		质量指标										试验方法
黏度等级		75W-90	80W-90	80W-110	80W-140	85W-90	85W-110	85W-140	90	110	140	
硫含量/%		报告										GB/T 17040
磷含量/%		报告										GB/T 17476
氮含量/%		报告										NB/SH/T 0704
钙含量/%		报告										GB/T 17476
储存稳定性												SH/T 0037
液体沉淀物/%(体)	不大于	0.5										
固体沉淀物/%	不大于	0.25										
锈蚀性试验												NB/SH/T 0517
最终锈蚀性能评价	不小于	9.0										
承载能力试验												SH/T 0518
驱动小齿轮和环形齿轮												
螺脊	不低于	8										
波纹	不低于	8										
磨损	不低于	5										
点蚀/剥落	不低于	9.3										
擦伤	不低于	10										
抗擦伤试验		优于参比油或与参比油性能相当										SH/T 0519
热氧化稳定性												SH/T 0520
100℃运动黏度增长/%	不大于	100										GB/T 265
戊烷不溶物/%	不大于	3										GB/T 8926 A 法
甲苯不溶物/%	不大于	2										GB/T 8926 A 法

三、液压油

能量的传递方式很多，由于液力传动具有很多优点，所以在机床、冶金、汽车、船舶、农业机械、建筑、矿山、石油化工及航空、宇航等行业都得到广泛的应用。液压油是液力传动中最重要的能量传递介质。

（一）液压油的发展和应用概况

我国液压油的现行分类标准 GB/T 7631.2—2003《润滑剂、工业用油和相关产品（L 类）的分类　第 2 部分：H 组（液压系统）》中，包括流体静压系统用油和流体动力系统用油两大类产品。流体静压系统用油又分为 4 个小类，即矿物油型和合成烃型液压油、用于要求使用环境可接受液压液的场合的环保型液压液、用于液压导轨系统的液压导轨油和用于使用难燃液压液场合的难燃液压液，具体分类见表 19-38。

表 19-38　液压液的分类

组别符号	应用范围	特殊应用	更具体应用	组成和特性	产品符号 ISO-L	典型应用	备　注
H	液压系统	流体静压系统		无抑制剂的精制矿油	HH		
				精制矿油，并改善其防锈和抗氧性	HL		
				HL 油，并改善其抗磨性	HM	有高负荷部件的一般液压系统	
				HL 油，并改善其黏温性	HR		
				HM 油，并改善其黏温性	HV	建筑和船舶设备	
				无特定难燃性的合成液	HS		特殊性能
			用于要求使用环境可接受液压液的场合	甘油三酸酯	HETG	一般液压系统（可移动式）	每个品种的基础液的最小含量应不少于 70%
				聚乙二醇	HEPG		
				合成酯	HEES		
				聚 α-烯烃和相关烃类产品	HEPR		
			液压导轨系统	HM 油，并具有抗黏-滑性	HG	液压和滑动轴承导轨润滑系统合用的机床在低速下使振动或间断滑动（黏-滑）减为最小	这种液体具有多种用途，但并非在所有液压应用中皆有效
			用于使用难燃液压液的场合	水包油型乳化液	HFAE		通常含水量大于 80%
				化学水溶液	HFAS		通常含水量大于 80%
				油包水乳化液	HFB		
				含聚合物水溶液[①]	HFC		通常含水量大于 80%
				磷酸酯无水合成液[①]	HFDR		
				其他成分的无水合成液[①]	HFDU		

续表

组别符号	应用范围	特殊应用	更具体应用	组成和特性	产品符号 ISO-L	典型应用	备　注
H	液压系统	流体动力系统	自动传动系统		HA		与这些应用有关的分类尚未进行详细的研究，以后可以增加
			耦合器和变矩器		HN		

注：这类液体可以满足 HE 品种规定的生物降解性和毒性要求。

我国不生产 HH 型普通液压油，可用 HL 油代替。

抗氧防锈液压油是由深度精制的矿物油和抗氧、防锈剂调制而成，还可调入聚合物型降凝剂。适用于换油期较长的及低压循环的液压系统，属于 HL 型液压油。

HR 油是在 HL 油的基础上改善了黏温性能的一类油，我国的产量很少，其使用范围较窄，可用 HV 油代替。

我国于 20 世纪 80 年代初研制生产了通用型机床润滑油 L-HL 和抗磨液压油 HM，20 世纪 90 年代初研制生产了 L-HV 和 L-HS 低温抗磨液压油。随后在“八五”(1991 年~1995 年)科技攻关中，又研制了能用于各种泵型(齿轮泵、柱塞泵和叶片泵)摩擦副的高压抗磨液压油，以满足不同时期液压设备的需求。

由深度精制的矿物油和抗氧、防锈、抗磨损和抗乳化等添加剂调合而成的抗磨液压油 HM，适用于中、高压液压系统，可适用于青铜、钢材质摩擦副的高压柱塞泵，是目前用量最大的一类油，HM 油分高压抗磨液压油和普通抗磨液压油，不仅适用于室内固定液压设备，还适用于露天移动式液压设备。由于中高压液压系统的工况条件复杂多变，因此，要求抗磨液压油有较好的黏温性能，这样才能在减少机械设备磨损的同时，延长液压油的使用周期，从而达到提高设备综合经济效益的目的。

目前，液压技术迅速发展，对液压油的质量提出了更高的要求。为了满足市场的需求，出现了以优质加氢基础油、合成烃油或优质加氢基础油与合成烃混合为基础油加入抗氧剂、抗磨剂、防锈剂等添加剂调制而成的长寿命液压油，也出现了适用于对油品清洁度要求较高的液压设备用清洁液压油，以及适用于高温、高速和高负荷的叶片泵和/或柱塞泵液压系统的高压抗磨液压油。液压油的质量水平在不断提高。

我国北方寒冷地区野外操作的大型机具液压装置用油，除具有抗磨液压油的性能外，还应具有优良的低凝点、低黏度和高黏度指数的质量特性。一般由合成油或半合成油作基础油，添加黏度指数改进剂和其他添加剂调合而成的低温液压油，根据温度划分为 HS 级和 HV 级低温液压油。

在抗磨液压油的基础上改善了黏滑性能的液压导轨油 HG，用于液压和导轨润滑为一个油路系统的精密机床，HG 油具有抗磨液压油和导轨油双重使用性能，除具有良好的抗氧化性、抗磨性、抗乳化性和抗泡性外，为防止导轨爬行，还要求油品具有良好的防爬性和黏附性。

随着汽车工业的发展，20 世纪 90 年代又研制生产了汽车自动传动液。

液压油广泛用于机床、冶金机械、工程机械、矿山机械、农业机械、汽车和飞机、船舶等行业。各品种液压油的部分应用场合见表19-39。液压系统压力低于6.3MPa的液压介质，可用抗氧防锈液压油；当压力在6.3~16.0MPa下的液压介质可用普通抗磨液压油；当压力高于16.0MPa时，可用高压抗磨液压油；当环境温度在-25~-5℃时，可用HV级低温液压油；当环境温度在-40~-5℃时，可用HS级低温液压油。

表19-39　各品种液压油的部分应用场合

产品符号	部分应用
HL	用于中低压液压系统，例如精密机床。也可用于要求换油期较长的轻负荷机械的油浴式非循环润滑系统
HM	用于中高压液压系统，例如冶金机械的各类炼炉的炉顶机械，也可用于其他中等负荷机械润滑部位
HV或HS	矿山机械中的提升机、破碎机、穿孔设备和矿山专用起运设备等都是野外作业，尤其在严寒地区，环境温度在-15℃以下，应使用低温抗磨液压油HV或HS，才能保证在低温易于启动，并较快地达到正常的工作温度
HG	用于液压和导轨润滑系统合用的机床，也适用于其他要求油有良好黏滑性的机械润滑部位

现行标准为GB 11118.1—2011《液压油(L-HL、L-HM、L-HV、L-HS、L-HG)》，其中用量最大的L-HM抗磨液压油分为L-HM(高压)和L-HM(普通)，以便适用于不同压力的液压系统设备，其质量指标见表19-40。

(二) 液压油的主要性能

随着液压技术向高压、高速和大流量的方向发展，各种摩擦元件经常处于边界润滑状态，摩擦已成为影响液压装置性能，产生故障及缩短运行周期的主要原因。为此液压油应具有良好的润滑性、水解安定性、热安定性、抗磨性、密封性、分水性、排气性和介质相容性等性能。选用合适的评价方法，解决基础油和添加剂的配伍性，达到上述要求。

1. 黏度和黏度指数

黏度是液压油重要性能之一。液压设备的类型、应用的场合、工况(温度、压力、转速、负荷等)、工作环境(环境温度、湿度、接触介质等)不同对液压油黏度的要求也不同。在相同压力下，油品黏度大会增加内摩擦阻力，使压力降和功率损失大，冷却效果不好；黏度过小，会降低容积效率和系统压力，增大磨损和泄漏，甚至液压控制失调。

油泵对黏度的变化最为敏感，泵的允许黏度是确定油品黏度的依据。最小黏度取决于轴承润滑、摩擦副的最小摩擦量和间隙密封；最大允许黏度取决于泵的吸力；最佳黏度则根据机械效率和容积效率之间的平衡而确定。一般最佳黏度接近于最小黏度，还要求工作中黏度变化小，即油品有较高的黏度指数。

2. 热稳定性

由于液压装置功率的增加、油箱体积的缩小，单位时间内液压油循环次数增加，油温已由55~65℃，上升到80~100℃，甚至达到120℃。由于液压压力的增高，溶解于油中的空气量增大，促使液压油的早期老化产生油泥，堵塞过滤器等；随着液压装置运行期的延长，要求换油期也相应地延长。

表 19-40 L-HM 抗磨液压油(高压、普通)的技术要求和试验方法

项目		质量指标										试验方法
		L-HM(高压)				L-HM(普通)						
黏度等级(GB/T 3141)		32	46	68	100	22	32	46	68	100	150	
密度(20℃)/(kg/m^3)		报告				报告						GB/T 1884 和 GB/T 1885
色度/号		报告				报告						GB/T 6540
外　观		透明				透明						目测
闪点(开口)/℃	不低于	175	185	195	205	165	175	185	195	205	215	GB/T 3536
运动黏度/(mm^2/s) 40℃		28.8~35.2	41.4~50.6	61.2~74.8	90~110	19.8~24.2	28.8~35.2	41.4~50.6	61.2~74.8	90~110	135~165	GB/T 265
0℃	不大于	—	—	—	—	300	420	780	1400	2560	—	
黏度指数	不小于	95				85						GB/T 1995
倾点/℃	不高于	-15	-9	-9	-9	-15	-15	-9	-9	-9	-9	GB/T 3535
酸值(以 KOH 计)/(mg/g)		报告				报告						GB/T 4945
水分/%	不大于	痕迹				痕迹						GB/T 260
机械杂质		无				无						GB/T 511
清洁度		由供需双方协商确定，也包括用 NAS1638 分级				由供需双方协商确定，也包括用 NAS1638 分级						DL/T 432 和 GB/T 14039
铜片腐蚀(100℃，3h)/级	不大于	1				1						GB/T 5096
硫酸盐灰分/%		报告				报告						GB/T 2433
液相锈蚀(24h) A 法		—				无锈						GB/T 11143
B 法		无锈				—						

续表

项目		质量指标										试验方法
		L-HM(高压)				L-HM(普通)						
黏度等级(GB/T 3141)		32	46	68	100	22	32	46	68	100	150	
泡沫性(泡沫倾向/泡沫稳定性)/(mL/mL)												GB/T 12579
程序Ⅰ(24℃)	不大于	150/0				150/0						
程序Ⅱ(93.5℃)	不大于	75/0				75/0						
程序Ⅲ(后24℃)	不大于	150/0				150/0						
空气释放值(50℃)/min	不大于	6	10	13	报告	5	6	10	13	报告	报告	SH/T 0308
抗乳化性(乳化液到3mL的时间)/min												GB/T 7305
54℃	不大于	30	30	30	—	30	30	30	30	—	—	
82℃	不大于	—	—	—	30	—	—	—	—	30	30	
密封适应性指数	不大于	12	10	8	报告	13	12	10	8	报告	报告	SH/T 0305
氧化安定性												
1500h后总酸值(以KOH计)/(mg/g)	不大于	2.0				—						GB/T 12581
1000h后总酸值(以KOH计)/(mg/g)	不大于	—				2.0						GB/T 12581
1000h后油泥/mg		报告				报告						SH/T 0565
旋转氧弹(150℃)/min		报告				报告						SH/T 0193
抗磨性												
齿轮机试验/失效级	不小于	10	10	10	10	—	10	10	10	10	10	NB/SH/T 0306
叶片泵试验(100h，总失重)/mg	不大于	—	—	—	—	100	100	100	100	100	100	SH/T 0307
磨斑直径(392N，60min，75℃，1200r/min)/mm		报告				报告						NB/SH/T 0189
双泵(T6H20C)试验												附录A
叶片和柱销总失重/mg	不大于	15				—						
柱塞总失重/mg	不大于	300				—						

续表

项目	质量指标										试验方法
	L-HM(高压)				L-HM(普通)						
黏度等级(GB/T 3141)	32	46	68	100	22	32	46	68	100	150	
水解安定性											SH/T 0301
铜片失重/(mg/cm²) 不大于	0.2				—						
水层总酸度(以 mgKOH 计)/mg 不大于	4.0				—						
铜片外观	未出现灰、黑色				—						
热稳定性(135℃, 168h)											SH/T 0209
铜棒失重/(mg/200mL) 不大于	10				—						
钢棒失重/(mg/200mL)	报告				—						
总沉渣重/(mg/100mL) 不大于	100				—						
40℃运动黏度变化率/%	报告				—						
酸值变化率/%	报告				—						
铜棒外观	报告				—						
钢棒外观	不变色				—						
过滤性/s											SH/T 0210
无水 不大于	600				—						
2%水 不大于	600				—						
剪切安定性(250 次循环后, 40℃运动黏度下降率)/% 不大于	1				—						SH/T 0103

3. 防锈性和防腐蚀性

由于空气和水的作用，液压元件产生锈蚀，而且液压油中加入的抗氧抗腐剂二烷基二硫代磷酸锌盐（ZDDP）遇水水解生成水溶性酸，也引起腐蚀和锈蚀，影响着液压元件的配合精度和表面光洁度，甚至锈粒脱落增大磨损，同时加剧油品的氧化和乳化，影响液压装置的安全运行。

腐蚀试验通常是检验石油产品中硫醇、元素硫或碱性和酸性物质等对金属腐蚀的情况，同时考察石油产品在规定温度和时间受热情况下有无腐蚀性物质的产生。

4. 抗乳化性和水解安定性

在液压元件的剧烈搅动下，液压油中的表面活性物质易生成乳化液，引起锈蚀、腐蚀沉淀致使含脂类液压油的水解变质，从而腐蚀铜和铜合金的轴向柱塞泵，降低使用性能。

5. 氧化安定性

氧化安定性即抑制氧化产生酸和油泥的倾向性，是液压油的重要性能。该性能受基础油的性质和添加剂类型的影响。

6. 剪切安定性

液压油在高压高速使用条件下，通过泵、阀件、微孔等元件时，要经受很高剪切速率的剪切作用。液压油中的聚合型增黏剂的黏度与剪切速率的变化尤其密切相关。有增黏剂的液压油，属非牛顿液体，如其剪切安定性不好，会影响机械效率和磨损。

7. 排气性

随着液压油循环次数增加，溶于油中的空气量也随之增加，导致气泡的生成，影响液压机构传递能量的稳定性及效率。因此要求液压油具有良好的空气释放能力和消泡能力。

8. 抗磨性

由于液压系统向高压、高速化发展，润滑条件苛刻，要求液压油具有良好的抗磨性能。对于大型液压机械设备，由于包括柱塞泵和齿轮泵，其使用的高压抗磨液压油、低温液压油和超低温度液压油，需考察叶片泵、柱塞泵磨损及磨斑直径，同时通过 FZG 齿轮机试验评定液压油的承载能力。

除上述性能外，还要求液压油具有良好的过滤性和对密封材料的适应性，对于环保型液压油还应具有无毒等性能，对于难燃液压液还应具有抗燃性等。

四、涡轮机油

涡轮机又称透平机，按工作介质分为蒸汽轮机、燃气轮机和水轮机等，按照应用场合分为电站涡轮机、工业涡轮机和舰船用涡轮机等。涡轮机是火力发电厂的主要设备之一，涡轮机油主要用于涡轮机润滑和调速系统，在涡轮机的轴承中起润滑和冷却作用，在调速系统中起着调速作用，同时也是电站涡轮机整个发电机组辅助设备用润滑油。涡轮机油直接影响发电机组的安全经济运行。

（一）涡轮机油的品种及分类

蒸汽轮机是以高温高压蒸汽推动动力叶片高速旋转做功，把蒸汽的能量转换为机械功的旋转式动力机械。蒸汽轮机从 19 世纪末发展到现在已有百余年历史，电站蒸汽轮机单机功率已从 20 世纪初的 10MW 发展到现在的 1000MW 以上。

我国从20世纪50年代开始生产汽轮机油，采用深度精制的基础油添加抗氧化剂生产抗氧型的汽轮机油，70年代，由于使用中发现了锈蚀，生产了抗氧防锈型汽轮机油，即TSA类汽轮机油。

燃气轮机以空气及气体或液体燃料连续燃烧产生高温高压烟气，推动动力叶片高速旋转做功。燃气轮机运行可靠、排烟温度高、联合循环组合效率高，主要用于联合循环发电、热电联产。

随着涡轮机技术的发展，涡轮机油的种类不断增加。我国修改采用ISO 6743-5：2006《润滑剂，工业用油和有关产品(L类)—分类—第5部分：T组(涡轮机)》分类标准和ISO 8068：2006《润滑剂，工业用油和有关产品(L类)—T组(涡轮机)—涡轮机润滑油规格》标准，分别制定了GB/T 7631.10《润滑剂、工业用油和有关产品(L类)的分类 第10部分：T组(涡轮机)》分类标准和GB 11120—2011《涡轮机油》产品标准。

(二) 涡轮机油的主要性能要求

随着涡轮机设计制造技术和电力工业的快速发展，现代蒸汽轮机的蒸汽温度和工作压力不断提高，装机容量不断增大；国内引进了多套欧美等国家的高效率燃气轮机和大型燃气-蒸汽联合循环发电机组。单轴相连的循环发电机组使得燃气轮机和蒸汽轮机共用一个润滑系统，因此对涡轮机油提出了新的或更高的性能要求。

由于涡轮机设计构造及工作温度和压力等工况不同，对涡轮机油的具体要求有一定差异，其中以燃气-蒸汽联合循环机组工作条件最为苛刻，对涡轮机油要求最为严格。下面简单介绍我国市场上现有涡轮机油主要性能要求。

1.(蒸)汽轮机油主要性能要求

在蒸汽轮机运转中，蒸汽和水不可避免地会从轴封或冷油器等部位漏进汽轮机油中，因此，蒸汽轮机油要求具有良好的抗乳化性和防腐性，同时由于电站汽轮机油箱较大，油品使用寿命较长，长期运转要求其具有很好的抗氧化安定性等特殊要求，其主要技术性能要求如下。

1）黏度指数

黏度随着油品的温度升降而变化。通常汽轮机油在轴承处的温度最高，在工作系统中各部位温差较大，要求油品黏度随着温度变化越小越好。因此均采用高黏度指数的基础油调制汽轮机油。目前国内生产的TSA类汽轮机油绝大多数产品的黏度指数在90以上，少量为采用中黏度指数基础油调制的汽轮机油。

2）酸值

酸值表示润滑油中酸性物质的含量。油中酸类物质可侵蚀金属部件，会引起严重系统故障。未使用过油品的酸性主要来自添加剂，在用油品的酸性主要来自油品的氧化变质，酸值是评价汽轮机油状况的质量指标之一。

3）空气释放性

在电站汽轮机润滑系统中，主油泵将油从油箱抽进控制和轴承供应油路中，循环回路中空气会分散或溶解到油中，要求油在油箱停留时间内混入的空气能完全释放出来。要求汽轮机油有好的空气释放性。

4）泡沫性

汽轮机油使用时需泵送到各润滑部位，属于强迫循环，油液容易产生泡沫。泡沫的存在会阻碍油膜的形成，产生磨损，在控制系统会影响速度调节，严重时会在油箱中发生外溢。因此要求汽轮机油具有良好的抗泡沫性能。

5）抗乳化性

在蒸汽轮机中，机组在运行中蒸汽不可避免地进入油系统，为了避免油与水形成稳定的乳化液而破坏润滑性能和机组的安全运行，要求汽轮机油有良好的抗乳化性能，使漏入润滑系统内的水在油箱内能迅速分离。由于国内早期设备蒸汽渗漏问题较严重，根据电力系统用户要求，我国32号和46号汽轮机油的破乳化时间为15min，抗乳化性要求较国外标准规定的30min严格。

6）清洁度(颗粒污染度)

现代汽轮机的机件精密度、自动化程度越来越高，油中含有磨损颗粒和被氧化的产物，特别是坚硬的固体颗粒，可引起调速系统卡涩、机组转动部位的磨损，严重时可威胁机组运行安全，因此对汽轮机油的清洁度提出了更高要求。

早期的汽轮机油采用GB/T 511试验方法测定机械杂质控制污染物，该方法无法考察污染物颗粒度范围和数量。目前国外汽轮机油多采用颗粒污染度指标考察新汽轮机油和电厂在用油的污染倾向(油品颗粒污染度等级)，即检测100mL液体试样内的颗粒数目和尺寸，根据颗粒尺寸及其数量进行分级。

7）过滤性

为了最大程度地降低机件磨损，减少循环系统中硬质颗粒物、氧化产物及水分等污染物，在润滑油循环系统中均装有过滤装置，将油中产生的污染物随时过滤掉。润滑油通过一定规格的精细过滤器而不发生堵塞的能力称为过滤性。新汽轮机油规格增加了对油品过滤性的要求，其中干法(纯油)过滤性要不小于85%，湿法(含水)过滤性不小于50%为通过。2019年ISO发布了ISO 8068：2006《润滑剂　工业用油和有关产品(L类)—T组(涡轮机)—涡轮机润滑油规格》第1号修改单，修改单降低了对涡轮机油过滤性的要求，其中对于蒸汽和蒸汽燃气联合循环涡轮机油，干法的过滤性由不小于85%修改为“阶段Ⅰ不小于80%，阶段Ⅱ为‘报告’”；湿法由“通过”修改为不小于50%；对燃气轮机油取消了湿法过滤性的要求。

8）橡胶相容性

与密封材料具有兼容性是对润滑剂的基本要求。所用评定方法是将密封材料(标准橡胶)在一定温度下浸入油中一段时间后，测试密封材料的体积变化和机械性能的改变。汽轮机油采用橡胶相容性指数评定其与汽轮机密封材料的兼容性。

9）氧化安定性

电站汽轮机油正常使用寿命一般为10~20年，油品在润滑系统中长期与空气和水分等杂质接触，并在较高温度和压力下循环多次，容易氧化变质，氧化的产物会影响汽轮机安全运行。因此要求油品具有很好的氧化安定性，以延长换油期。

2. 燃气和燃气-蒸汽联合循环用涡轮机油主要性能要求

目前国内已有进口大型燃气轮机及燃气-蒸汽联合循环发电机组，使用的涡轮机油主要是涡轮机设备制造商推荐的产品，属于TGA、TGE、TGSB和TGSE等涡轮机油品种。

燃气轮机及联合循环发电机组用油与蒸汽轮机主要区别是油品增加了高温氧化安定性和改进的旋转氧弹试验(将油样在121℃温度下，通入清洁干燥的氮气48h后，再按照SH/T 0193

进行试验，试验结果不应低于改进前的85%）要求。

目前高温氧化安定性试验指标仅在ISO 8068：2006涡轮机油标准中有具体要求，而改进的旋转氧弹在国际标准（ISO 8068：2006）、美国和德国高温用途涡轮机油国家标准中规定有具体指标，目的是检验涡轮机油中所使用的抗氧剂在高温下不发生分解，确保油品具有高温氧化安定性能。

对于具有齿轮传动的涡轮发电机组，要求润滑油具有更好的抗磨性。产品配方中需加入适当的抗磨添加剂，以改善齿轮承载能力，通常采用FZG齿轮试验机考察其抗磨性。我国新的涡轮机油标准中TSE、TGE和TGSE类产品属于改善齿轮承载能力的涡轮机油品种。我国GB 11120—2011《涡轮机油》标准涉及的产品类型、技术要求及主要试验方法见表19-41～表19-45。

表19-41　GB 11120采用的涡轮机油的种类

组别符号	一般应用	特殊应用	更具体应用	产品类型和/或性能要求	符号ISO-L	典型应用
T	涡轮机	蒸汽	一般用途	具有防锈和抗氧化性的深度精制的石油基润滑油	TSA	不需要抗燃性要求的发电、工业驱动装置和相配套的控制机构和不需改善齿轮承载能力的船舶驱动装置
			齿轮连接到负荷	具有防锈、抗氧化性和高承载能力的深度精制的石油基润滑油	TSE	需要改善齿轮承载能力的发电、工业驱动装置、船舶齿轮装置及其相配套的控制系统
		燃气直接驱动或齿轮连接驱动	一般用途	具有防锈和抗氧化性的深度精制的石油基润滑油	TGA	不需要抗燃要求的发电、工业驱动装置、相配套的控制机构和不需改善齿轮承载能力的船舶驱动装置
			高承载能力	具有防锈、抗氧化性和高承载能力的深度精制的石油基润滑油	TGE	需要改善齿轮承载能力的发电、工业驱动装置、船舶齿轮装置及其相配套的控制系统
		具有公共润滑系统，单轴连接的循环涡轮机	高温使用	具有防锈和抗氧化性的深度精制的石油基或合成基润滑油	TGSB	不需要抗燃要求的发电和控制系统
			高温使用和高承载能力	具有高承载能力、防锈和抗氧化性的深度精制的石油基或合成基润滑油	TGSE	不需要抗燃要求，需要改善齿轮承载能力的发电和控制系统

表19-42　涡轮机油橡胶相容性指数的试验条件及可接受的性能变化范围

液体	代号	适用橡胶	试验温度/℃	试验周期①/h	
矿物油	TSA、TGA TSE、TGE TGSB TGSE	NBR 1，2（丁腈橡胶）	100±1	168±2	1000±2
		HNBR 1（氢化丁腈橡胶）	130±1		
		FKM2（氟橡胶）	150±1		

浸入时间/h	最大体积膨胀率/%	最大体积收缩率/%	硬度变化/IRHD	最大拉力变化率/%	最大延长变化率/%
168	15	4	±8	-20	-20
1000	20	5	±10	-50	-50

① 长周期使用液体会使橡胶发生变化，建议评定1000h的橡胶相容性。

表 19-43 L-TSA 和 L-TSE 汽轮机油技术要求

项目		质量指标							试验方法
		A 级			B 级				
黏度等级(GB/T 3141)		32	46	68	32	46	68	100	
外观		透明			透明				目测
色度/号		报告			报告				GB/T 6540
运动黏度(40℃)/(mm^2/s)		28.8~35.2	41.4~50.6	61.2~74.8	28.8~35.2	41.4~50.6	61.2~74.8	90.0~110.0	GB/T 265
黏度指数	不小于	90			85				GB/T 1995
倾点/℃	不高于	-6			-6				GB/T 3535
密度(20℃)/(kg/m^3)		报告			报告				GB/T 1884 和 GB/T 1885
闪点(开口)/℃	不低于	186		195	186		195		GB/T 3536
酸值(以 KOH 计)/(mg/g)	不大于	0.2			0.2				GB/T 4945
水分/%	不大于	0.02			0.02				GB/T 11133
泡沫性(泡沫倾向/泡沫稳定性)/(mL/mL) 程序Ⅰ(24℃) 程序Ⅱ(93.5℃) 程序Ⅲ(后 24℃)	不大于	 450/0 50/0 450/0			 450/0 100/0 450/0				GB/T 12579
空气释放值(50℃)/min	不大于	5		6	5	6	8	—	SH/T 0308
铜片腐蚀(100℃，3h)/级	不大于	1			1				GB/T 5096
液相锈蚀(24h)		无锈			无锈				GB/T 11143(B 法)
抗乳化性(乳化液达到 3mL 的时间)/min 54℃ 82℃	不大于	 15 —		 30 —	 15 —		 30 —	 — 30	GB/T 7305
旋转氧弹/min		报告			报告				SH/T 0193
氧化安定性									
1000h 后总酸值(以 KOH 计)/(mg/g)	不大于	0.3	0.3	0.3	报告	报告	报告	—	GB/T 12581
总酸值达 2.0mg KOH/g 的时间/h	不小于	3500	3000	2500	2000	2000	1500	1000	GB/T 12581
1000h 后油泥/mg	不大于	200	200	200	报告	报告	报告	—	SH/T 0565
承载能力① 齿轮机试验/失效级	不小于	8	9	10	—				GB/T 19936.1
过滤性 干法/% 湿法	不小于	 85 通过			 报告 报告				SH/T 0805
清洁度/级	不大于	—/18/15			报告				GB/T 14039

① 仅适用于 TSE。

② L-TSA 类分 A 级和 B 级，B 级不适用于 L-TSE 类。

表 19-44　L-TGA 和 L-TGE 燃气轮机油技术要求

项　目		质量指标						试验方法
		L-TGA			L-TGE			
黏度等级(GB/T 3141)		32	46	68	32	46	68	
外观		透明			透明			目测
色度/号		报告			报告			GB/T 6540
运动黏度(40℃)/(mm^2/s)		28.8~35.2	41.4~50.6	61.2~74.8	28.8~35.2	41.4~50.6	61.2~74.8	GB/T 265
黏度指数	不小于	90			90			GB/T 1995
倾点/℃	不高于	-6			-6			GB/T 3535
密度(20℃)/(kg/m^3)		报告			报告			GB/T 1884 和 GB/T 1885
闪点/℃	不低于							
开口		186			186			GB/T 3536
闭口		170			170			GB/T 261
酸值(以 KOH 计)/(mg/g)	不大于	0.2			0.2			GB/T 4945
水分/%	不大于	0.02			0.02			GB/T 11133
泡沫性(泡沫倾向/泡沫稳定性)/(mL/mL)	不大于							GB/T 12579
程序Ⅰ(24℃)		450/0			450/0			
程序Ⅱ(93.5℃)		50/0			50/0			
程序Ⅲ(后 24℃)		450/0			450/0			
空气释放值(50℃)/min	不大于	5		6	5		6	SH/T 0308
铜片腐蚀(100℃，3h)/级	不大于	1			1			GB/T 5096
液相锈蚀(24h)		无锈			无锈			GB/T 11143(B 法)
旋转氧弹/min		报告			报告			SH/T 0193
氧化安定性								
1000h 后总酸值(以 KOH 计)/(mg/g)	不大于	0.3	0.3	0.3	0.3	0.3	0.3	GB/T 12581
总酸值达 2.0mgKOH/g 的时间/h	不小于	3500	3000	2500	3500	3000	2500	GB/T 12581
1000h 后油泥/mg	不大于	200	200	200	200	200	200	SH/T 0565
承载能力								
齿轮机试验/失效级	不小于	—			8	9	10	GB/T 19936.1
过滤性								SH/T 0805
干法/%	不小于	85			85			
湿法		通过			通过			
清洁度	不大于	—/17/14			—/17/14			GB/T 14039

表 19-45　L-TGSB 和 L-TGSE 燃/汽轮机油技术要求

项　目	质量指标						试验方法
	L-TGSB			L-TGSE			
黏度等级(GB/T 3141)	32	46	68	32	46	68	
外观	透明			透明			目测
色度/号	报告			报告			GB/T 6540

续表

项目		质量指标						试验方法
		L-TGSB			L-TGSE			
黏度等级(GB/T 3141)		32	46	68	32	46	68	
运动黏度(40℃)/(mm^2/s)		28.8~35.2	41.4~50.6	61.2~74.8	28.8~35.2	41.4~50.6	61.2~74.8	GB/T 265
黏度指数	不小于	90			90			GB/T 1995
倾点/℃	不高于	-6			-6			GB/T 3535
密度(20℃)/(kg/m^3)		报告			报告			GB/T 1884 和 GB/T 1885
闪点/℃ 开口 闭口	不低于	 200 190			 200 190			 GB/T 3536 GB/T 261
酸值(以 KOH 计)/(mg/g)	不大于	0.2			0.2			GB/T 4945
水分/%	不大于	0.02			0.02			GB/T 11133
泡沫性(泡沫倾向/泡沫稳定性)/(mL/mL) 程序Ⅰ(24℃) 程序Ⅱ(93.5℃) 程序Ⅲ(后 24℃)	不大于	 450/0 50/0 450/0			 50/0 50/0 50/0			GB/T 12579
空气释放值(50℃)/min	不大于	5	5	6	5	5	6	SH/T 0308
铜片腐蚀(3h，100℃)/级	不大于	1			1			GB/T 5096
液相锈蚀(24h)		无锈			无锈			GB/T 11143(B 法)
抗乳化性(54℃，乳化液达到 3mL 的时间)/min	不大于	30			30			GB/T 7305
旋转氧弹/min	不小于	750			750			SH/T 0193
改进旋转氧弹/%	不小于	85			85			SH/T 0193
氧化安定性 总酸值达 2.0mg/g(以 KOH 计)的时间/h	不小于	3500	3000	2500	3500	3000	2500	GB/T 12581
高温氧化安定性(175℃，72h) 黏度变化/% 酸值变化(以 KOH 计)/(mg/g) 金属片质量变化/(mg/cm^2) 钢 铝 镉 铜 镁		 报告 报告 ±0.250 ±0.250 ±0.250 ±0.250 ±0.250			 报告 报告 ±0.250 ±0.250 ±0.250 ±0.250 ±0.250			ASTM D4636
承载能力 齿轮机试验/失效级	不小于	—			8	9	10	GB/T 19936.1

续表

项　　目		质量指标						试验方法
		L-TGSB			L-TGSE			
黏度等级(GB/T 3141)		32	46	68	32	46	68	
过滤性								
干法/%	不小于	85			85			SH/T 0805
湿法		通过			通过			
清洁度	不大于	—/17/14			—/17/14			GB/T 14039

五、电气绝缘油

电气绝缘油主要包括：变压器油、断路器油和其他电气用油，其中变压器油为电气绝缘油的主要产品。

(一) 电气绝缘油的发展及应用概况

由于无需经过额外的脱蜡工序，从环烷基油中制取电气绝缘油的方法在近一个世纪中被公认为是经济、有效的途径。

我国在20世纪50年代初，电气绝缘油质量较差(主要从苏联进口)，使用期仅为半年左右。60年代以后，加工工艺不断改进。目前，在电气绝缘油的生产上，一般采用精制工艺和加氢工艺生产基础油，通过加或不加抗氧化剂生产各类电气绝缘油，使产品使用寿命大幅延长至15~20年。

我国国家标准GB 2536—2011《电工流体　变压器和开关用的未使用过的矿物绝缘油》参照IEC 60296：2003标准制定，包括的电气绝缘油品种有：

(1) 变压器油(通用)　适用于变压器、电抗器、互感器、套管等充油电气设备，能起绝缘和冷却作用的一种绝缘油品，见表19-46。

(2) 变压器油(特殊)　对于在较高温度下运行的变压器或为延长使用寿命而设计的变压器的用油，应满足变压器油(特殊)技术要求，见表19-47。

表19-46　变压器油(通用)技术要求

项　　目		质量指标					试验方法
最低冷态投运温度(LCSET)		0℃	-10℃	-20℃	-30℃	-40℃	
功能特性							
倾点/℃	不高于	-10	-20	-30	-40	-50	GB/T 3535
运动黏度/(mm²/s)	不大于						
40℃		12	12	12	12	12	GB/T 265
0℃		1800	—	—	—	—	
-10℃		—	1800	—	—	—	
-20℃		—	—	1800	—	—	
-30℃		—	—	—	1800	—	
-40℃		—	—	—	—	2500	NB/SH/T 0837

续表

<table>
<tr><th colspan="2">项　　目</th><th colspan="5">质量指标</th><th rowspan="2">试验方法</th></tr>
<tr><th colspan="2">最低冷态投运温度(LCSET)</th><th>0℃</th><th>-10℃</th><th>-20℃</th><th>-30℃</th><th>-40℃</th></tr>
<tr><td colspan="2">水含量/(mg/kg)　　不大于</td><td colspan="5">30/40</td><td>GB/T 7600</td></tr>
<tr><td colspan="2">击穿电压(满足下列要求之一)/kV　　不小于
未处理油
经处理油</td><td colspan="5">
30
70</td><td>GB/T 507</td></tr>
<tr><td colspan="2">密度(20℃)/(kg/m³)　　不大于</td><td colspan="5">895</td><td>GB/T 1884 和 GB/T 1885</td></tr>
<tr><td colspan="2">介质损耗因数(90℃)　　不大于</td><td colspan="5">0.005</td><td>GB/T 5654</td></tr>
<tr><td colspan="2">精制/稳定特性</td><td colspan="5"></td><td></td></tr>
<tr><td colspan="2">外观</td><td colspan="5">清澈透明、无沉淀物和悬浮物</td><td>目测</td></tr>
<tr><td colspan="2">酸值(以 KOH 计)/(mg/g)　　不大于</td><td colspan="5">0.01</td><td>NB/SH/T 0836</td></tr>
<tr><td colspan="2">水溶性酸或碱</td><td colspan="5">无</td><td>GB/T 259</td></tr>
<tr><td colspan="2">界面张力/(mN/m)　　不小于</td><td colspan="5">40</td><td>GB/T 6541</td></tr>
<tr><td colspan="2">总硫含量/%</td><td colspan="5">无通用要求</td><td>SH/T 0689</td></tr>
<tr><td colspan="2">腐蚀性硫</td><td colspan="5">非腐蚀性</td><td>SH/T 0804</td></tr>
<tr><td colspan="2">抗氧化添加剂含量/%
不含抗氧化添加剂油(U)
含微抗氧化添加剂油(T)　　不大于
含抗氧化添加剂油(I)</td><td colspan="5">
检测不出
0.08
0.08~0.40</td><td>SH/T 0802</td></tr>
<tr><td colspan="2">2-糠醛含量/(mg/kg)　　不大于</td><td colspan="5">0.1</td><td>NB/SH/T 0812</td></tr>
<tr><td colspan="2">运行特性</td><td colspan="5"></td><td></td></tr>
<tr><td colspan="2">氧化安定性(120℃)</td><td colspan="5" rowspan="2">1.2</td><td rowspan="3">NB/SH/T 0811</td></tr>
<tr><td rowspan="3">试验时间
(U)不含抗氧化添加剂油：164h
(T)含微量抗氧化添加剂油：332h
(I)含抗氧化添加剂油：500h</td><td>总酸值(以 KOH 计)/(mg/g)　　不大于</td></tr>
<tr><td>油泥/%　　不大于</td><td colspan="5">0.8</td></tr>
<tr><td>介质损耗因数(90℃)　　不大于</td><td colspan="5">0.500</td><td>GB/T 5654</td></tr>
<tr><td colspan="2">析气性/(mm³/min)</td><td colspan="5">无通用要求</td><td>NB/SH/T 0810</td></tr>
<tr><td colspan="2">健康、安全和环保特性(HSE)</td><td colspan="5"></td><td></td></tr>
<tr><td colspan="2">闪点(闭口)/℃　　不低于</td><td colspan="5">135</td><td>GB/T 261</td></tr>
<tr><td colspan="2">稠环芳烃(PCA)含量/%　　不大于</td><td colspan="5">3</td><td>NB/SH/T 0838</td></tr>
<tr><td colspan="2">多氯联苯(PCB)含量/(mg/kg)</td><td colspan="5">检测不出</td><td>SH/T 0803</td></tr>
</table>

表 19-47　变压器油(特殊)技术要求

项　　目		质量指标					试验方法
最低冷态投运温度(LCSET)		0℃	-10℃	-20℃	-30℃	-40℃	
功能特性							
倾点/℃	不高于	-10	-20	-30	-40	-50	GB/T 3535
运动黏度/(mm^2/s)	不大于						
40℃		12	12	12	12	12	GB/T 265
0℃		1800	—	—	—	—	
-10℃		—	1800	—	—	—	
-20℃		—	—	1800	—	—	
-30℃		—	—	—	1800	—	
-40℃		—	—	—	—	2500	NB/SH/T 0837
水含量/(mg/kg)	不大于	30/40					GB/T 7600
击穿电压(满足下列要求之一)/kV	不小于						GB/T 507
未处理油		30					
经处理油		70					
密度(20℃)/(kg/m^3)	不大于	895					GB/T 1884 和 GB/T 1885
苯胺点/℃		报告					GB/T 262
介质损耗因数(90℃)	不大于	0.005					GB/T 5654
精制/稳定特性							
外观		清澈透明、无沉淀物和悬浮物					目测
酸值(以 KOH 计)/(mg/g)	不大于	0.01					NB/SH/T 0836
水溶性酸或碱		无					GB/T 259
界面张力/(mN/m)	不小于	40					GB/T 6541
总硫含量/%	不大于	0.15					SH/T 0689
腐蚀性硫		非腐蚀性					SH/T 0804
抗氧化添加剂含量/%							
含抗氧化添加剂油(I)		0.08~0.40					SH/T 0802
2-糠醛含量/(mg/kg)	不大于	0.05					NB/SH/T 0812
运行特性							
氧化安定性(120℃)							
试验时间：(I)含抗氧化添加剂油：500h　总酸值(以 KOH 计)/(mg/g)	不大于	0.3					NB/SH/T 0811
试验时间：(I)含抗氧化添加剂油：500h　油泥/%	不大于	0.05					NB/SH/T 0811
试验时间：(I)含抗氧化添加剂油：500h　介质损耗因数(90℃)	不大于	0.050					GB/T 5654
析气性/(mm^3/min)		报告					NB/SH/T 0810
带电倾向(ECT)/($\mu C/m^3$)		报告					DL/T 385
健康、安全和环保特性(HSE)							
闪点(闭口)/℃	不低于	135					GB/T 261
稠环芳烃(PCA)含量/%	不大于	3					NB/SH/T 0838
多氯联苯(PCB)含量/(mg/kg)		检测不出					SH/T 0803

（3）低温开关油　在户外寒冷气候条件下，用于油浸开关起绝缘和灭弧作用的一种绝缘油品，其技术要求见表 19-48。

表 19-48　低温开关油技术要求

项　目			质量指标	试验方法
最低冷态投运温度(LCSET)			-40℃	
功能特性				
倾点/℃		不高于	-60	GB/T 3535
运动黏度/(mm²/s)		不大于		GB/T 265
40℃			3.5	
-40℃			400	NB/SH/T 0837
水分/(mg/kg)		不大于	30/40	GB/T 7600
击穿电压(需满足下列要求之一)/kV		不小于		GB/T 507
未处理油			30	
经处理油			70	
密度(20℃)/(kg/m³)		不大于	895	GB/T 1884 和 GB/T 1885
介质损耗因数(90℃)		不大于	0.005	GB/T 5654
精制/稳定特性				
外观			清澈透明、无沉淀物和悬浮物	目测
酸值(以 KOH 计)/(mg/g)		不大于	0.01	NB/SH/T 0836
水溶性酸或碱			无	GB/T 259
界面张力/(mN/m)		不小于	40	GB/T 6541
总硫含量/%			无通用要求	SH/T 0689
腐蚀性硫			非腐蚀性	SH/T 0804
抗氧化添加剂含量/%				SH/T 0802
含抗氧化添加剂油(Ⅰ)			0.08～0.40	
2-糠醛含量/(mg/kg)		不大于	0.1	NB/SH/T 0812
运行特性				
氧化安定性(120℃)				
试验时间：(Ⅰ)含抗氧化添加剂油：500h	总酸值(以 KOH 计)/(mg/g)	不大于	1.2	NB/SH/T 0811
	油泥/%	不大于	0.8	
	介质损耗因数(90℃)	不大于	0.500	GB/T 5654
析气性/(mm³/min)			无通用要求	NB/SH/T 0810
健康、安全和环保特性(HSE)				
闪点(闭口)/℃		不低于	100	GB/T 261
稠环芳烃(PCA)含量/%		不大于	3	NB/SH/T 0838
多氯联苯(PCB)含量/(mg/kg)			检测不出	SH/T 0803

上述三类产品适用于变压器、开关及需要用油作绝缘和传热介质的类似电气设备，不适用于在电缆或电容器中用作浸渍剂。国际上因为腐蚀性硫而造成的变电器故障经常出现，IEC 60296 在 2020 年修订为第五版，增加了潜在腐蚀性硫和量二苄基二硫(DBDS)指标。我国变压器产品品种、水平及高电压变压器容量都有了大幅度提高，对变压器油产品质量提出了更高的要求，目前 GB 2536 正在进行修订。

(二) 电气绝缘油的主要性能要求

各种电气绝缘油，由于使用条件不同而有各自独特的性能要求，共有的主要性能要求包括：

(1) 电气性能　电气绝缘油的电气性能要求主要有两项：一是绝缘击穿电压，根据输变电系统的运行电压而定。二是介质损失角正切值，它表示在电场作用下，电介质的极化和电导所引起的电能损失。介质损失的大小与电压的平方成正比，因此电压越高，要求绝缘油的介质损失角正切值越低。

(2) 黏度　黏度是电气绝缘油的一项重要质量指标。对变压器油来说，是靠油的循环流动来散热的，黏度过大会影响油的循环导致变压器超温而不能正常工作；对充油电缆油和电容器油来说，一般要求在保证安全闪点下，有较低的黏度，同时还要有较好的黏温特性。黏度小，对绝缘纸及膜容易浸渍，不易形成空隙，同时有利于油的对流和散热。此外，黏度小，黏温性能好，也有利于保证油品在低温下的析气性能。

(3) 热氧化安定性　它是表征油抵抗大气(或氧气)的作用而保持其性质不发生永久变化的能力。氧化安定性是电气绝缘油的一项重要的性能指标。变压器油、电缆油及电容器油一般都在 60~80℃下工作，长期与空气、铁和铜等金属接触，导致油品氧化，产生水、低分子酸和高分子聚合物，不仅破坏了油的电气性能，而且造成腐蚀，缩短设备的使用寿命。绝缘油的抗热氧化能力与其精制深度有关，一般经深度精制和加抗氧剂的油热氧化安定性较好。

(4) 析气性　电气绝缘油的析气性，是指油品在高电场强度下，由于发生瞬间放电或边缘放电，使油品发生脱氢，而脱出的氢气又能被油品本身吸收，不致在油中形成气泡，破坏油的电气性能或使设备发生爆裂。这对密闭的电缆、电容器和大容量的全密闭型变压器特别重要。绝缘油吸收或析出氢气的性能和其组成有关。在高电场强度下，芳烃和不饱和烃是吸氢的，而烷烃则是放氢的，因此，绝缘油中应含有一定量的芳烃，特别是单环、双环芳烃。

研究表明，烃类组成与杂质含量对绝缘油性能有很大的影响。

(1) 环烷烃　环烷烃有很好的电气性能。尽管抗氧化性能较差，但对抗氧剂的感受性好。且一般凝点低，是绝缘油较理想的组分。因此，世界各国都首先选用环烷基原油生产绝缘油。由于环烷基原油的储量少，因此才发展从中间基，甚至石蜡基原油生产绝缘油。

(2) 烷烃　烷烃的电气性能和抗氧化性能与环烷烃差不多，特别是异构烷烃在电场中的稳定性非常好。然而烷烃的析气性在三种烃类中是最差的，在强电场作用下，容易发生脱氢反应，产生高分子的聚合物，通常称为 X 蜡。

(3) 芳烃　一般地，芳烃的抗氧化性能差而吸氢的性能好。芳烃的分子结构不同，对绝缘油的性质影响也各不相同。单环芳烃的电气性能较好，但抗氧化性能差，特别是带环烷的单环芳烃最差。双环芳烃比单环芳烃的抗氧化性能好。多环芳烃虽然是很好的天然抗氧剂，但容易氧化产生沉淀，同时使油的颜色变浑，它对抗氧剂的感受性也不好。多环芳烃的介质损失角正切值比单、双环芳烃大得多。吸氢能力随芳环数的增加而降低。因此，多环芳烃在绝缘油中属于不理想物质，在加工过程中要尽量除去。

(4) 含氮化合物　氮的化合物极不稳定，容易氧化产生沉淀和变色，对添加剂的感受性也不好，因此脱氮是绝缘油加工过程中的一项重要任务。而氮和某些多环芳烃在加氢中常常是难于除去的，这也是硫酸精制仍然被一些国家保留使用的原因。

(5) 含硫化合物　尽管绝缘油中对含硫量的控制不像氮那样严格，但是为了防止电气设备被腐蚀，对于在较高温度下运行的变压器或为延长使用寿命而设计的变压器的用油，规定了总硫含量指标限值，对于通用变压器和开关用的未使用过的矿物绝缘油，没有规定总硫含量的限值要求。硫含量过低，会使氧化后油的酸值增大。

(6) 含氧化合物　含氧化合物以酸性物质存在于油中，其中大部分在精制过程中被除去，只有环状结构中的氧很难除去，但这部分极少的物质，对油的性能影响不大。

(7) 胶质　胶质非常容易被氧化，而且不受抗氧剂的抑制。少量胶质的存在即会极大地降低油品的氧化安定性，而使绝缘油的介质损耗因数剧增。因此，在精制过程中，应尽可能地除去胶质。

综上所述，电气绝缘油的理想烃组分是环烷烃，其次是烷烃，特别是异构烷烃。一定量的单环和双环芳烃也是必要的。多环芳烃、胶质及含氮化合物等是精制中要被除去的主要物质。这些是在根据某种原油的性质，选择绝缘油精制工艺路线和确定工艺操作条件的主要依据。

第四节　石油蜡

石油蜡类产品按其特点及共性分为石蜡、微晶蜡、液体石蜡、凡士林(石油脂)、特种蜡及白油(矿物油)六大类。

一、石蜡

石蜡是由柴油馏分及润滑油馏分的脱出蜡经脱油和精制后制得，呈白色至淡黄色，常温下为固态。石蜡主要由 C_{16}以上的正构(直链)烷烃组成，也含少量异构烷烃和带长侧链环烷烃。随着相对分子质量增高，异构烷烃和长侧链环烷烃的含量逐渐增多。烷烃的碳链长度为C_{16}~C_{45}，多为 C_{22}~C_{38}，平均相对分子质量为 300~500，沸点范围为 300~550℃。

(一) 粗石蜡和精炼蜡

石蜡按照油含量和精制深度的不同，分粗石蜡、半精炼石蜡和全精炼石蜡。前者为粗精制蜡，后两者统称为精炼蜡，其中半精炼石蜡原称白石蜡，是石油蜡类产量最大、应用面最广的品种；全精炼石蜡又称精白蜡，是经深度脱油和精制制成。为了确保热氧化安定性和光安定性符合要求，有时还向精炼蜡中加入抗氧剂和紫外线吸收剂。GB/T 1202—2016 版粗石蜡标准较 GB/T 1202—1987 版增加了 62 号、64 号、66 号、68 号和 70 号产品的技术要求、修改了颜色指标限值。这三种蜡又按熔点不同构成牌号系列，其主要质量指标要求如表 19-49 所示（详见 GB/T 1202 粗石蜡，GB/T 254 半精炼石蜡，GB/T 446 全精炼石蜡）。

表 19-49　石蜡的主要质量指标

项　目		粗石蜡		半精炼石蜡	全精炼石蜡	
牌　号		50~58 号	60~70 号	50~70 号	52~58 号	60~70 号
油含量/%	不大于	2.0	3.0	2.0	0.8	
颜色						
赛波特颜色/号	不小于	-5	—	+18	+27	+25
号	不大于	—	2	—	—	—
嗅味/号	不大于	3	—	2	1	1
光安定性/号	不大于	—	—	6~7	4	5

石蜡用途极广，现对几种消耗量较大的产品主要用途及要求简述如下。

（1）蜡烛用蜡　按不同季节和地区选用 52~62 号粗石蜡或半精炼蜡制成。要求点燃时不流蜡，在储存和运输期间不软化变形。石蜡含适量油对蜡烛制造过程的脱模有利，并能使烛面光洁。工艺美术蜡烛，主要用半精炼石蜡并加少量微晶蜡制成。

（2）火柴用蜡　火柴用蜡常为 52~58 号粗石蜡。火柴上蜡可起到药头和火柴杆中间的燃烧媒介——引燃剂的作用。熔融的石蜡为梗枝所吸收，待冷却凝固后，再粘上火药头。火柴用蜡的油含量应小于 2%，以避免火柴掉头或药头泛油，并要求与所粘药头的结合力在 16N 以上。

（3）造纸及纸品加工用蜡　为了使纸质纤维由吸水本性转为较好的抗水性，并减少纸面起毛使之光滑美观，以改善其印刷性能和耐磨度，常在造纸过程向纸浆中加入预制的蜡乳液。蜡的熔点要求为 54~58℃。为使纸品色泽稳定、洁白，一般选用半精炼石蜡。对于金属零件、纺织品等包装纸及糖果、食品等外包装用纸盒，需通过热辊或浸涂后冷辊，使这些包装纸的两面都形成一层连续的蜡膜，使其具有好的抗水性和抗透湿性。

（4）文教用品用蜡　石蜡常用于誊写蜡纸、复写纸、蜡笔等文教用品。蜡纸是用山棉皮薄纸经热浸涂蜡加工而成。用蜡量较大，占其蜡料配方的 90%。为确保长期存放不变质、不黏结，并且蜡纸不脆，书写流利，光泽好，需选用 70 号全精炼石蜡。复写纸则用韧薄原纸，涂以 60 号半精炼石蜡、非干性植物油和色素等制成。

（二）食品安全国家标准食品添加剂石蜡

2014 年国标委对涉及食品安全的国家标准进行梳理，将《食品级石蜡》定为食品安全标准，由食药总局组织制定。2015 年国家卫生和计划生育委员会发布 GB 1886.26—2016《食品安全国家标准 食品添加剂 石蜡》，该标准代替 GB 7189—2010《食品级石蜡》中食品石蜡部分，仅对标准名称进行修改，修订后的理化指标见表 19-50。

食品安全国家标准食品添加剂石蜡可作食物的消泡剂等，大量用于胶姆糖和泡泡糖，含量约占总组成的 5%~7%。由于胶姆糖需在口腔内不断咀嚼，要求在人体温度下有一定弹性、塑性和硬度，故常选用 56~60 号食品添加剂石蜡。此外，食品用石蜡也已大量应用于化妆品、日用品等领域。

表 19-50 食品安全国家标准 食品添加剂 石蜡理化指标

项目 / 牌号		指标								试验方法
		52 号	54 号	56 号	58 号	60 号	62 号	64 号	66 号	
熔点/℃	≥	52	54	56	58	60	62	64	66	GB/T 2539
	<	54	56	58	60	62	64	66	68	
油含量/%	≤	0.5								GB/T 3554
颜色/赛波特颜色号	≥	+28								GB/T 3555
光安定性/号	≤	4.0								SH/T 0404
针入度(25℃)/(1/10mm)	≤	18.0				16.0				GB/T 4985
运动黏度(100℃)/(mm²/s)		报告								GB/T 265
嗅味/号	≤	0								SH/T 0414
水溶性酸或碱		—								NB/SH/T 0407
机械杂质及水		通过试验								附录 A
易炭化物		通过试验								GB/T 7364
稠环芳烃紫外吸光度/cm										GB/T 7363
280~289nm	≤	0.15								
290~299nm	≤	0.12								
300~359nm	≤	0.08								
360~400nm	≤	0.02								

（三）专用包装蜡

由于 GB 1886.26—2016《食品安全国家标准 食品添加剂 石蜡》只转化了 GB 7189—2010《食品级石蜡》中食品石蜡部分，GB 7189—2010《食品级石蜡》作废导致其所含食品包装蜡部分同时失效。2018 年以原 GB 7189—2010 中食品包装蜡为基础重新制定了专用包装蜡石化行业标准 NB/SH/T 6021—2020，该标准技术要求见表 19-51。

表 19-51 专用包装蜡技术要求和试验方法

项目 / 牌号		质量指标								试验方法
		52 号	54 号	56 号	58 号	60 号	62 号	64 号	66 号	
熔点/℃	≥	52	54	56	58	60	62	64	66	GB/T 2539
	<	54	56	58	60	62	64	66	68	
油含量/%	≤	0.8								GB/T 3554
颜色/赛波特颜色号	≥	+28								GB/T 3555
光安定性/号	≤	4								SH/T 0404
针入度(25℃)/(1/10mm)	≤	20				18				GB/T 4985
针入度(37.8℃)/(1/10mm)		报告								GB/T 4985
运动黏度(100℃)/(mm²/s)		报告								GB/T 265
嗅味/号	≤	1								SH/T 0414
水溶性酸或碱		无								NB/SH/T 0407
机械杂质及水		无								目测

续表

项　　目	质量指标								试验方法
牌　　号	52号	54号	56号	58号	60号	62号	64号	66号	
稠环芳烃/(紫外吸光度/cm)									GB/T 7363
280～289nm　≤	0.15								
290～299nm　≤	0.12								
300～359nm　≤	0.08								
360～400nm　≤	0.02								

专用包装蜡可用作包装容器、包装材料的浸渍用蜡及封口涂敷用蜡。例如，专用包装蜡涂敷于包装容器、包装材料上作保护层，用于保鲜、减缓水分蒸发或霉烂，防吸水受潮，避免被包装物与容器发生溶解和反应；医药用中药丸装入58号专用包装蜡制球形蜡壳，使之不走味并起到防潮的作用；还可用作药片、药剂的包装瓶封口剂。

（四）皂用蜡

皂用蜡是油含量较高、熔点较低的一类软蜡，用于氯化石蜡、氧化石蜡及化工产品调合组分的原料。质量要求见SH/T 0014，按油含量的大小分为优级品、一级品和合格品，其油含量分别为不大于2%、6%和8%，馏程范围约320～460℃，碳数分布要求在C_{20}～C_{30}。

（五）石蜡的主要性能要求

石蜡的品种和牌号很多，常用于控制石蜡质量的主要性能指标是熔点、油含量、安定性和无毒性等。

1. 熔点

熔点是石蜡最主要的质量指标，是产品牌号划分的基础，也是用户选用时的主要参数。石蜡的熔点表示当加热熔化后由固相转变为液相时的最低温度。

石蜡在塑造成各种制品的过程，首先要加热到超过熔点温度，然后再塑制造型、浸渍涂敷或渗透到各种包装材料内。各种蜡制品都对石蜡要求有良好的耐温性能，即在特定温度下不熔化或软化变形。按照使用条件的不同，使用的地区和季节以及使用环境的差异，要求石蜡具有不同熔点的一系列牌号，以便根据蜡制品特定的要求，选用不同熔点的石油蜡。

影响石蜡熔点的主要因素是炼制时选用的原料馏分。馏分越重，成品蜡的熔点越高。如用同一馏分，当脱油深度不同时，蜡的熔点也有一定变化。

2. 油含量

油含量是指石蜡中所含以液态油存在的环烷烃、异构烷烃、芳烃等油组分的含量。含油组分会影响石蜡的色泽和储存安定性，会使蜡的脆性、硬度、可塑性和透气性降低。但大部分蜡制品需要含少量油，因为适量含油会对制品的光泽、脱膜性能、黏附性等有利。

影响石油蜡油含量的主要因素是脱油工艺，通过合理选定发汗脱油的温度和时间，或选定溶剂脱油的工艺条件，可以控制蜡的油含量达到规定的控制范围。

3. 安定性

石油蜡应具有良好的热安定性、氧化安定性和光安定性。由于蜡制品在造型或涂敷过程，长期处于热熔和热空气接触状态，如不监控安定性，则石蜡会逐渐氧化变质，颜色变深，甚至出现异味。另外，在长期存放和使用下颜色也会变黄。

影响安定性的主要因素是石油蜡含有微量的硫、氮、氧化合物和不稳定的芳烃组分。为了改善安定性，通过深度精制工艺以充分脱除这些有害的杂质。需要时，可添加少量抗氧化剂和抗紫外线剂。

4. 无毒性

由于不少石蜡制品与人体或食品接触，甚至食用，因此要求石蜡不含对人体有害、有毒的物质。

正构烷烃、异构和其他饱和烃一般是无毒性的安全组分。在石蜡原料馏分中往往含有少量烯烃、芳烃、重金属以及微量稠环化合物等有害组分。其中，稠环芳烃含量是石蜡安全性的关键指标。已经证明并非所有的稠环芳烃都是致癌物质，GB/T 7363 规定波长 280~400nm 范围内的极限值，主要是控制了四、五、六环芳烃的最大浓度不得高于 0.6mg/kg。此极限值经过动物试验证明已完全没有致癌性及一般毒性。业已表明，经加氢精制后，石蜡中稠环芳烃的含量已少于 0.1mg/kg，特别是 3,4-苯并吡的含量已降到 5μg/kg 以下。国外的一些用户还要求对石蜡中的溶剂含量进行限制，一般要求石蜡中的苯和甲苯含量要低于 2mg/kg。

此外，石蜡的结晶特性与使用性能如塑性、韧性、脆性、挠性、防潮性、透气性、光泽度等有密切关系。

二、微晶蜡

微晶蜡是减压渣油提炼光亮油时的脱出蜡，经脱油和精制后制得。其组成除正构烷烃外，还含有大量高分子异构烷烃和带长链的环烷烃，相对分子质量愈高含量愈多。微晶蜡的碳链长度为 C_{35}~C_{80}，多数为 C_{36}~C_{60}，平均相对分子质量在 500 以上。

与石蜡相比，在硬度(针入度)相同时，微晶蜡的熔点和相对分子质量高，折射率、相对密度和熔化后黏度都比石蜡大，收缩率和表面张力小。石蜡呈脆性，抗张强度高，但受力后易粉碎或断裂；微晶蜡的硬度小，柔韧性好，受力下倾向于塑性流动，延伸度大，挠性好。此外，还具有对油品的凝胶强度大等特点。

微晶蜡的组成十分复杂，由于异构烷烃、带长侧链的环烷烃和正构烷烃在物理性质上有较大差别，故可用密度、熔点、相对分子质量和折射率相互关系估算出三种烃类的大致分布状况。例如，用密度和相对分子质量关系可求出环值，其中正构烷烃的环值为 0；用相对分子质量和熔点的关系可以求得不对称值，正构烷烃的不对称值为 0，异构烷烃为 5；而环烷烃可达 100。

根据精制深度及用途，产品标准分为微晶蜡和食品级微晶蜡。随着微晶蜡产品种类不断更新、人们对产品品质需求的提升、微晶蜡生产技术的进步，对 SH/T 0013—2008《微晶蜡》进行了修订。NB/SH/T 0013—2019《微晶蜡》与 SH/T 0013—2008《微晶蜡》主要差异如下：将各牌号产品分为 A、B 两档，80A/80B 微晶蜡 25℃针入度修改为不大于 30，A 档微晶蜡的颜色不大于 1.0 号，增加微晶蜡 C_{60}及以下总正构烷烃含量的技术指标和 C_{60}及以下总非正构烷烃含量的技术指标。食品级微晶蜡除要求油含量、颜色、嗅味等指标以外，还对铅含量、稠环芳烃含量和 5%蒸馏点碳数进行限制。NB/SH/T 0013—2019《微晶蜡》和 GB 22160—2008《食品级微晶蜡》技术要求和试验方法见表 19-52 和表 19-53。

表 19-52 微晶蜡技术要求和试验方法

项 目		技术指标										试验方法
牌 号		70		75		80		85		90		
		70A/70B		75A/75B		80A/80B		85A/85B		90A/90B		
滴熔点/℃	不低于	67		72		77		82		87		GB/T 8026
	低 于	72		77		82		87		92		
颜色/号	不大于	1.0	3.0	1.0	3.0	1.0	3.0	1.0	3.0	1.0	3.0	GB/T 6540
针入度/(1/10mm)												GB/T 4985
25℃	不大于	30						18		14		
35℃		报告										
油含量/%	不大于	3.0										SH/T 0638
运动黏度(100℃)/(mm^2/s)	不小于	6.0		10.0								GB/T 265
C_{60}及以下总正构烷烃含量/%		报告										附录 A
C_{60}及以下总非正构烷烃含量/%		报告										附录 A
水溶性酸或碱		无										NB/SH/T 0407

表 19-53 食品级微晶蜡技术要求和试验方法

项 目		技术指标					试验方法
牌 号		70	75	80	85	90	
滴熔点/℃	不低于	67	72	77	82	87	GB/T 8026
	低 于	72	77	82	87	92	
针入度(25℃)/(1/10mm)	不大于	35	35	30	23	15	GB/T 4985
油含量/%	不大于	3.0					SH/T 0638
颜色/号	不大于	1.5					GB/T 6540
运动黏度(100℃)/(mm^2/s)	不小于	6.0	10.0				GB/T 265
5%蒸馏点碳数	不小于	25					SH/T 0653
平均相对分子质量	不小于	500					SH/T 0398
灼烧残渣/%	不大于	0.1					附录 A SH/T 0129
铅含量/(mg/kg)	不大于	3					附录 B GB/T 5009.75
嗅味/号	不大于	1					SH/T 0414
稠环芳烃/(紫外吸光度/cm)							GB/T 7363
280~289nm	不大于	0.15					
290~299nm	不大于	0.12					
300~359nm	不大于	0.08					
360~400nm	不大于	0.02					

我国微晶蜡的主要用途之一是作润滑脂稠化剂组分。由于凝胶强度大，黏附性和防护性能好，可制造数种仪表用和密封用的烃基润滑脂，也可用作凡士林类的增稠剂。微晶蜡的微晶特征使其配成的软膏、清凉油、润面膏、胭脂、防晒防裂膏、发蜡等，质地细腻、柔润性好。因此经深度精制的微晶蜡是优质的日用化工原料。微晶蜡也是制造一系列特种

蜡的基本材料。微晶蜡还可作为石蜡的改质剂。向石蜡中添加少量微晶蜡，即可改变石蜡的晶型，改善石蜡的透水透湿性，增加耐弯曲能力，提高塑性和挠性，从而使石蜡更适用于防水防潮、铸模、造纸等各种领域。

食品级微晶蜡可用于胶姆糖和泡泡糖以及其他食品的添加剂。

三、液体石蜡

液体石蜡是指以煤油或柴油馏分为原料，经沸石吸附分离或尿素脱蜡，得到的含正构烷烃的石蜡，因常温下呈透明无色或浅黄色液体，故称液体石蜡。根据馏分，可以分为轻质液体石蜡（简称轻蜡）和重质液体石蜡（简称重蜡），轻蜡的碳原子数一般在 $C_9 \sim C_{13}$，重蜡的碳原子数为 $C_{14} \sim C_{16}$。

液体石蜡是一种重要的化工原料，从它可以制得一系列化工产品，如氯化石蜡、农药乳化剂、脂肪醇、合成洗涤剂、塑料增塑剂、化肥添加剂、化妆品及蛋白浓缩物等。液体石蜡还是合成烷基苯，成为生产油田地下驱油剂的原料。目前还有许多新用途正在开发之中，由于新用途的不断拓展，加上我国经济的快速发展，其市场潜力巨大。

2013 年《液体石蜡》标准修订为 NB/SH/T 0417—2013《轻质液体石蜡》，与 SH/T 0417—1992《液体石蜡》的主要差异为：标准名称由液体石蜡修订为轻质液体石蜡，机械杂质及水修订为外观，取消了馏程指标，增加了碳数分布、溴指数、赛波特颜色、硫含量和平均分子量等指标，正构烷烃总含量修订为不小于 98.5%，芳烃含量修订为不大于 0.4%，见表 19-54。

《重质液体石蜡》标准近 10 年经历 2 次修订，NB/SH/T 0416—2014 比 SH/T 0416—1992 正构烷烃含量由 90%提高到 92%；NB/SH/T 0416—2019 比 NB/SH/T 0416—2014 扩大了适用范围，增加了产品分类，增加了正构烷烃含量、芳香烃含量、溴指数的测定方法，修改了初馏点、溴指数和闪点的质量指标，见表 19-55。

表 19-54　轻质液体石蜡要求和试验方法

项　目		质量指标		试验方法
牌　号		1号	2号	
外观		透明液体，无不溶水及机械杂质		目测
赛波特颜色/号	不低于	+30	+30	GB/T 3555
氮含量/(mg/kg)	不大于	1.0		SH/T 0657
硫含量/(mg/kg)	不大于	3.0		SH/T 0689 SH/T 0253
溴指数/($mgBr_2$/100g)	不大于	25		SH/T 0630
芳烃含量/%	不大于	0.4		SH/T 0409
正构烷烃总含量/%	不小于	98.5	98.5	SH/T 0410
正构烷烃组成				SH/T 0410
小于等于 C_9 组分/%	不大于	0.5		
小于等于 C_{10} 组分/%	不大于		0.5	
C_{10} 组分/%		报告		

续表

项　　目		质量指标		试验方法
牌　　号		1号	2号	
C_{11}组分/%		报告	报告	SH/T 0410
C_{12}组分/%		报告	报告	
C_{13}组分/%		报告	报告	
C_{14}组分/%			报告	
大于等于C_{14}组分/%	不大于	0.5		
大于等于C_{15}组分/%	不大于		0.5	

表 19-55　重质液体石蜡技术要求和试验方法

项　　目		质量指标		试验方法
		1号	2号	
馏程/℃				
初馏点	不低于	200		GB/T 6536
98%回收温度	不高于	310		
颜色/赛波特颜色号	不小于	+23	+15	GB/T 3555
芳香烃含量①/%	不大于	0.5	1.0	SH/T 0411
正构烷烃含量/%	不小于	97.5	92	NB/SH/T 0889
溴指数/($mgBr_2$/100g)	不大于	100	1000	NB/SH/T 0995
闪点(闭口)/℃	不低于	90		GB/T 261
水溶性酸或碱		无		GB/T 259
水分②/%		无		GB/T 260
机械杂质③/%		无		GB/T 511

① 可采用 SH/T 0409 和 NB/SH/T 0966 进行测定。如有争议，以 SH/T 0411 为准。

② 可采用目测法。如有争议，以 GB/T 260 为准。

③ 可采用目测法。如有争议，以 GB/T 511 为准。

四、凡士林(石油脂)

凡士林通常是用微晶蜡生产过程的中间产物(由残渣润滑油脱蜡所得的蜡膏)为原料，按照稠度要求掺合不同量高、中黏度润滑油，并通过不同深度精制后制成的一系列产品。现行凡士林产品标准有 4 个。

适用于食品加工中的润滑剂、脱模剂、防护涂层、消泡剂等用途的凡士林，由于直接与食品接触，故要求控制稠环芳烃、铅含量。为了达到这些性能要求，必须合理选用调合组分，并通过加氢精制和白土精制以充分脱除各种有害组分。食品级凡士林 SH/T 0767—2005 技术要求见表 19-56。

化妆用凡士林的质量要求见 SH/T 0008，主要用作发蜡、香脂、润肤脂等化妆品工业原料。

表 19-56 食品级凡士林技术要求及试验方法

项 目		质量指标	试验方法
外 观		白色到淡黄色或浅琥珀色的半固体物质，薄层时透明，几乎无荧光	目测
滴熔点/℃		38~60	GB/T 8026
红外吸收			附录 B
$3000\sim2800cm^{-1}$		高强度	
$1500\sim1300cm^{-1}$		中等强度	
$750\sim700cm^{-1}$		低等强度	
运动黏度(100℃)/(mm^2/s)		3~20	GB/T 265
碳数少于 18 的分子/%(体)	不大于	5	SH/T 0558
平均相对分子质量		350~650	SH/T 0398
灼烧残渣/%	不大于	0.05	SH/T 0129
颜 色		合格	附录 C
酸碱度		合格	附录 D
硫含量		合格	附录 E
易炭化物		通过	附录 F
铅含量/(μg/g)		2	GB/T 8449 或原子吸收法
稠环芳烃/(紫外吸光度/cm)			SH/T 0655
280~289nm	≤	0.15	
290~299nm	≤	0.12	
300~359nm	≤	0.08	
360~400nm	≤	0.02	

工业凡士林的质量要求见 SH/T 0039。主要用在操作温度不高、负荷较低的机械上作防护和减摩，也可用作橡胶软化剂，但要求通过-30℃或-40℃的低温脆裂试验。

电容器凡士林主要用于浸渍和浇铸电容器，也用以灌注和浸润蓄电器，其质量要求见 GB/T 6733。由于电容器凡士林必须具备受热和光的作用下在电场中仍具有高度的稳定性，故在制造过程要求深度精制，并且除常规质量控制指标外，还要求检测体积电阻率、绝缘强度和介质损失角正切值。

五、特种蜡

以石蜡和微晶蜡为基本原料，通过特殊加工或添加组分调合，可以制出适应特种性能和特定使用部位要求的特种蜡，下面列举数种。

（一）调温器用蜡

蜡式感温元件的灵敏材料是感温蜡。当石油蜡由固态转变为液态时，体积急剧膨胀达 15%，可作为原动力将热能转变为机械能。已在汽车、内燃机车、船舶上得到应用。控制温度范围为 45~95℃，形成 18 个牌号。

（二）电子工业用蜡

在电子工业中，可用石油蜡作为电容器、彩色延迟线等电子元器件的浸渍料和固封料。

这种蜡具有适宜的高温性能，防湿、防潮性能好，滴点很高，可满足75℃、100℃、125℃等不同工作温度的元件要求。电子工业中还使用助焊蜡、电频蜡、陶瓷电容器黏合蜡和封固蜡等。自愈式金属化电容器用蜡技术要求见NB/SH/T 0866。

（三）橡胶防护蜡

在橡胶制品中石蜡的用量很大，石蜡是橡胶制品的软化剂、防老化剂和脱膜剂，可提高橡胶的塑性、润滑性、防潮性、耐臭氧、耐热老化性等，如在绝缘电缆用的乙丙橡胶中以石蜡作为软化剂，可改善硫化滞后性，提高电性能，绝缘电阻好。石蜡在橡胶中能迁移到表面形成蜡膜，起着不使橡胶与臭氧接触的屏障作用，从而达到延缓橡胶老化作用。橡胶防护蜡最大的用户是作为子午线轮胎的物理防老化专用蜡，其需求量大，是最具有发展潜力的品种。技术要求见NB/SH/T 0871。

（四）炸药专用复合蜡

炸药专用复合蜡是在乳化炸药研究开发中同步发展起来的。由于其性能优异和使用安全方便正在逐步成为乳化炸药的关键组分之一。所谓的炸药专用复合蜡作为乳化炸药的油相材料，占整个炸药组分约4%~7%，为炸药提供良好的抗水性能和爆炸性能。炸药专用复合蜡所含组分主要有重质馏分油、蜡下油、石蜡、微晶蜡、脱沥青蜡膏、凡士林、机油等，其技术要求见SH/T 0807。

（五）汽车防护蜡

汽车防锈保护蜡用于汽车、拖拉机底盘、农用机械、某些工具、机械配件防锈保护处理。由于该蜡剂与漆面附着力好，蜡膜具有一定的弹性，与石子等物品碰撞后，蜡膜能够基本保持完好，从而可保持较长时间的效果。其包括汽车内腔防护蜡、汽车底盘保护蜡、汽车面漆保护蜡等多个品种。汽车内腔防护蜡主要用于汽车内腔长期保护，使之在露天存放或出口漂洋过海期间免遭雨水潮湿，海水盐雾等恶劣环境的侵蚀，具有防锈期长、耐温性能好、表面附着力强、产品储存稳定性高等特点。汽车底盘保护蜡是由蜡、树脂、金属缓蚀剂经乳化制成的水基环保型产品。产品粒径细小、均匀，无毒无味，对人无危害作用。喷涂在金属漆面上，可形成一层保护膜；该保护膜附着力强，具有弹性，既能保护金属漆面长时间不被水、雾气侵蚀，也能抗击或减轻汽车行驶时砂、石子对漆面碰撞产生的破坏。汽车面漆保护蜡用于各种汽车面漆及其他漆面的防锈保护。溶剂型汽车防腐蜡技术要求见NB/SH/T 0942，水基型汽车内腔防腐蜡技术要求见NB/SH/T 6022。

（六）农业用蜡

农业用蜡以石油蜡为主要原料，添加某些助剂，根据农业使用要求，可以是固体产品，也可以制成乳化性产品。主要用途有：①林木果树保水防冻剂；②蜡剂农药增效剂；③水果保鲜剂；④果实防锈剂；⑤种子浸种剂。

此外，在军火工业上需用特种钝感蜡；在生鸡、鸭、鹅、猪等屠宰行业需用的家禽拔毛专用蜡（技术要求见NB/SH/T 0875）；在冶金工业中作硬质合金的成型蜡的硬质合金专用蜡（技术要求见NB/SH/T 0888）；用石油蜡作熔模精密铸造时提高铸件的精度和光洁度的精密铸造专用蜡（技术要求见NB/SH/T 0941），也可用于高频瓷和高铝瓷热铸成型，还可制造航空航天工业用冲压蜡和高韧性蜡；另一些特种蜡如电镜用蜡、生物切片专用蜡（NB/SH/T 0887）以及影片用字幕蜡、木质人造板用乳化蜡（NB/SH/T 0965）、油墨专用蜡（NB/SH/T 0988）等。

六、白油

白油是120~320℃范围内的石油馏分或合成油馏分经加氢精制及精密分馏，以及石油的润滑油馏分经脱蜡、化学精制或加氢精制而得到的产品，主要由烷烃和环烷烃组成。

（一）粗白油

粗白油是白油的初级产品，主要用于生产纺丝油、涂料、胶水、金属加工液等，经过深度精制、馏分切割，可以作为轻质白油、工业白油、化妆品级白油、食品添加剂白油等生产的原料。技术要求见表19-57。

（二）轻质白油

世界每年消耗轻质白油产品1000万吨以上，我国轻质白油年产量约200万吨，潜在市场广阔。轻质白油具有馏程范围窄、硫含量和芳烃含量低等特点，适用于专用设备校验、金属加工、日用化学品等行业。按照芳烃含量、颜色、硫含量、溴指数的不同，将轻质白油产品分为轻质白油（Ⅰ）和轻质白油（Ⅱ）两类，技术要求分别见表19-58和表19-59。

（三）工业白油

工业白油是经过深度精制除去润滑油馏分中芳烃和硫化物等杂质而得到的一类石油产品。高档工业白油无色无味、透明、无荧光，基本组成为饱和烃，芳香烃、含氮、氧、硫等物质近似于零。在化纤生产中可用作合成纤维表面处理剂、润滑剂，以改善合成纤维的集束性和平滑性；在塑料工业中，可用作润滑剂、脱模剂和增塑剂；在普通生产过程中可用作惰性介质；在纺织机械及精密仪器的润滑，压缩机密封用油，铝材加工等方面也有广泛应用。技术要求见表19-60和表19-61。

（四）化妆品级白油

化妆品级白油主要作为化妆品工业原料，可用于生产保湿剂、防晒剂、润肤油、沐浴油、护发产品以及油膏的基础油，亦可用于其他化妆品成分的中性和保护性稀释剂等、化妆品的生产机械的润滑、包装容器的脱模剂等。技术要求见表19-62。

（五）食品机械专用白油

食品机械专用白油用于与食品非直接接触的食品加工机械设备的润滑，包括粮油加工、水果蔬菜加工、乳制品加工等食品工业加工设备的润滑。技术要求见GB 12494。

（六）食品添加剂白油

食品添加剂白油：主要用于食品上光、防粘、脱膜、消泡、密封、抛光和手术器械的防锈、润滑及延长酒、醋、水果、蔬菜、罐头的储存期等。稠环芳烃是致癌物之一，而铅、砷和重金属可导致多种疾病，有些也是潜在的致癌物。所以对食品添加剂白油中的稠环芳烃、铅、砷和重金属等指标必须加以控制。感官要求和理化指标见表19-63。

表 19-57 粗白油的技术要求和试验方法

项目		3号	5号	7号	10号	15号	22号	32号	46号	68号	100号	试验方法
运动黏度(40℃)/(mm^2/s)		1~<3	3~<6	6~<8	8~<12	12~<18	18~<26	26~<38	38~<56	56~<82	82~<120	GB/T 265
运动黏度(100℃)/(mm^2/s)		—				报告						GB/T 265
密度(20℃)/(kg/m^3)		报告										GB/T 1884、GB/T 1885
倾点/℃	不高于	—	3		-6							GB/T 3535
闪点(开口)/℃	不低于	—	110	120	140	160	180		200	210	220	GB/T 3536
闪点(闭口)/℃	不低于	65	—	—	—							GB/T 261
颜色(赛波特颜色号)	不小于	+20										GB/T 3555
机械杂质/%		无										GB/T 511
水含量/%	不大于	无										GB/T 260
铜片腐蚀(50℃，3h)/级	不大于	1		—								GB/T 5096
铜片腐蚀(100℃，3h)/级	不大于	—		1								GB/T 5096
硫含量/(mg/kg)	不大于	10		50								GB/T 11140
芳烃含量/%	不大于	10			—							SH/T 0606
芳烃含量/%	不大于	—			10							SH/T 0753
氮含量/(mg/kg)	不大于	100									—	SH/T 0657
氮含量/(mg/kg)	不大于	—									100	NB/SH/T 0704

表 19-58　轻质白油（Ⅰ）技术要求和试验方法

项目		质量指标														试验方法
		W1-TA	W1-20	W1-30	W1-40	W1-60	W1-70	W1-80	W1-90	W1-100	W1-110	W1-120	W1-130	W1-140	W1-TB	
馏程/℃																GB/T 6536
初馏点	不低于	150	120	135	155	185	195	205	215	230	245	260	275	280	210	
终馏点	不高于	275	160	170	200	225	235	245	255	270	285	300	315	320	320	
闪点（闭口）/℃	不低于	38	实测	30	40	60	70	80	90	100	110	120	130	140	80	GB/T 261
运动黏度（40℃）/（mm^2/s）		1.0~2.7	—	—	—	1.2~1.5	1.3~1.7	1.6~1.9	1.8~2.3	2.1~2.7	2.3~3.0	2.7~4.3	3.3~4.5	3.5~5.0	2.0~5.0	GB/T 265
芳烃含量/%	不大于	0.2						0.5								附录 A
倾点/℃	不高于	—									-3					GB/T 3535
密度（20℃）/（kg/m^3）		报告														GB/T 1884 GB/T 1885
颜色（赛波特颜色号）	不低于	+28														GB/T 3555
硫含量/（mg/kg）	不大于	2														SH/T 0689
铜片腐蚀（50℃，3h）/级	不大于	1														GB/T 5096
溴指数/（$mgBr_2/100g$）	不大于	100														SH/T 0630
机械杂质及水分		无														目测

表 19-59　轻质白油(Ⅱ)技术要求和试验方法

项　　目		质量指标														试验方法
		W2-TA	W2-20	W2-30	W2-40	W2-60	W2-70	W2-80	W2-90	W2-100	W2-110	W2-120	W2-130	W2-140	W2-TB	
馏程/℃																GB/T 6536
初馏点	不低于	150	120	135	155	185	195	205	215	230	245	260	275	280	210	
终馏点	不高于	275	160	170	200	225	235	245	255	270	285	300	315	320	320	
闪点(闭口)/℃	不低于	38	实测	30	40	60	70	80	90	100	110	120	130	140	80	GB/T 261
运动黏度(40℃)/(mm^2/s)		1.0~2.7	—	—	—	1.2~1.5	1.3~1.7	1.6~1.9	1.8~2.3	2.1~2.7	2.3~3.0	2.7~4.3	3.3~4.5	3.5~5.0	2.0~5.0	GB/T 265
芳烃含量/%	不大于	0.01						0.05								附录 A
倾点/℃	不高于	—									-3					GB/T 3535
易炭化物		—									通过					GB/T 11079
密度(20℃)/(kg/m^3)		报告														GB/T 1884 GB/T 1885
颜色/号(赛波特颜色号)	不低于	+30														GB/T 3555
硫含量/(mg/kg)	不大于	1														SH/T 0689
铜片腐蚀(50℃，3h)/级	不大于	1														GB/T 5096
溴指数/($mgBr_2$/100g)	不大于	50														SH/T 0630
机械杂质及水		无														目测

表 19-60　工业白油(Ⅰ)技术要求和试验方法

项　　目		质量指标												试验方法
牌　　号		5	7	10	15	22	32	46	68	100	150	220	320	
运动黏度(40℃)/(mm^2/s)		4.14~5.06	6.12~7.48	9.00~11.0	13.5~16.5	18.0~26.0	28.8~35.2	38.0~56.0	61.2~74.8	90.0~110	报告	报告	报告	GB/T 265
运动黏度(100℃)/(mm^2/s)		—	—	—	—	—	—	—	—	—	13.0~16.5	17.0~21.0	21.5~26.5	GB/T 265
闪点(开口)/℃	不低于	120	130	140	150	160	180	190	200	200	210	220	230	GB/T 3536
倾点/℃	不高于	0	-6											GB/T 3535
颜色(赛波特颜色号)	不低于	+25					+23							GB/T 3555
铜片腐蚀(50℃，3h)/级		1	—											GB/T 5096
铜片腐蚀(100℃，3h)/级		—	1											GB/T 5096
硫含量/(mg/kg)	不大于	10												SH/T 0689
芳烃含量/%	不大于	5												NB/SH/T 0966
水分/%		无												GB/T 260
机械杂质/%		无												GB/T 511
水溶性酸或碱		无												GB/T 259
外　观		无色、无味、无荧光、透明的液体												目测

表 19-61　工业白油(Ⅱ)技术要求和试验方法

项　目		质量指标												试验方法
牌　号		5	7	10	15	22	32	46	68	100	150	220	320	
运动黏度(40℃)/(mm^2/s)		4.14~5.06	6.12~7.48	9.00~11.0	13.5~16.5	18.0~26.0	28.8~35.2	38.0~56.0	61.2~74.8	90.0~110	报告	报告	报告	GB/T 265
运动黏度(100℃)/(mm^2/s)		—	—	—	—	—	—	—	—	—	13.0~16.5	17.0~21.0	21.5~26.5	GB/T 265
闪点(开口)/℃	不低于	120	130	140	150	160	180	190	200	200	210	220	230	GB/T 3536
倾点/℃	不高于	-3	-9											GB/T 3535
颜色(赛波特颜色号)	不低于	+30												GB/T 3555
铜片腐蚀(50℃, 3h)/级		1	—											GB/T 5096
铜片腐蚀(100℃, 3h)/级		—	1											GB/T 5096
硫含量/(mg/kg)	不大于	5												SH/T 0689
芳烃含量/%	不大于	0.2												NB/SH/T 0966
水分/%		无												GB/T 260
机械杂质/%		无												GB/T 511
水溶性酸或碱		无												GB/T 259
硫酸显色		通过												附录 A
硝基萘		通过												附录 B
外　观		无色、无味、无荧光、透明的液体												目测

表 19-62　化妆品级白油的技术要求和试验方法

项　　目		质　量　指　标						试验方法
牌　　号		10	15	26	36	50	70	
运动黏度(40℃)/(mm^2/s)		7.6~12.4	12.5~17.5	24.0~28.0	32.5~39.5	45.0~55.0	63.0~77.0	GB/T 265
闪点(开口)/℃	不低于	150		160		200		GB/T 3536
易炭化物		通过						附录 A
颜色(赛波特颜色号)	不小于	+30						GB/T 3555
重金属含量/(mg/kg)	不大于	10						SH/T 0128
铅含量/(mg/kg)	不大于	1						GB 5009.12
砷含量/(mg/kg)	不大于	1						GB/T 5009.11
稠环芳烃，紫外吸光度/cm (260~420nm)	不大于	0.1						GB/T 11081
水溶性酸或碱		无						GB/T 259
固态石蜡		通过						SH/T 0134
机械杂质		无						GB/T 511
性　状		无色、无味、无荧光透明油状液体						目测

表 19-63　食品添加剂白油感官要求和理化指标

项　　目		理化指标					试验方法
		低、中黏度				高黏度	
		1 号	2 号	3 号	4 号	5 号	
运动黏度/(mm^2/s) 100℃ 40℃		2.0~3.0 符合声称	3.0~7.0 符合声称	7.0~8.5 符合声称	8.5~11 符合声称	≥11 符合声称	GB/T 265
初馏点/℃	大于	230	230	230	230	350	SH/T 0558
5%蒸馏点碳数	不小于	14	17	22	25	28	SH/T 0558
5%蒸馏点温度/℃	大于	235	287	356	391	422	SH/T 0558
平均相对分子质量	不小于	250	300	400	480	500	GB/T 17282
颜色/赛氏号	不小于	+30	+30	+30	+30	+30	GB/T 3555
稠环芳烃，紫外吸光度(260~420nm)/cm	不大于	0.1	0.1	0.1	0.1	0.1	GB/T 11081
铅含量/(mg/kg)	不大于	1.0	1.0	1.0	1.0	1.0	附录 A
砷含量/(mg/kg)	不大于	1.0	1.0	1.0	1.0	1.0	GB/T 5009.76
重金属(以 Pb 计)/(mg/kg)	不大于	10	10	10	10	10	GB/T 5009.74
易炭化物		通过试验	通过试验	通过试验	通过试验	通过试验	GB/T 11079
固态石蜡		通过试验	通过试验	通过试验	通过试验	通过试验	SH/T 0134
水溶性酸或碱		不得检出	不得检出	不得检出	不得检出	不得检出	GB/T 259

项　　目	感官要求	
	要　　求	检验方法
色　泽	无色透明，没有荧光	取适量试样于清洁干燥的烧杯中，在自然光下观察其色泽、状态并嗅其气味
状　态	油状液体	
气　味	无味	

第五节 石油沥青

石油沥青是一类重要的石油产品，是国民经济必不可少的物资。石油沥青主要分为道路石油沥青、建筑沥青和专用沥青[3~4]。

一、道路石油沥青

道路石油沥青主要用于铺设各种道路路面，是不可或缺的道路铺筑材料。

（一）普通道路石油沥青

我国普通道路沥青按25℃针入度划分为5个牌号，其质量指标详见NB/SH/T 0522[5]。该标准于1992年开始实施，并于2000年修订，调整了部分牌号沥青的针入度范围，60号和100号蒸发后针入度比改为实测值，增加了薄膜烘箱试验后残余物质量损失、针入度比和延度的测定。该标准于2010年又作修订，调整了软化点范围，增加了密度、蜡含量指标，增加了薄膜烘箱试验后质量变化的指标要求。2010年修订后标准的技术指标要求见表19-64。

表19-64 道路石油沥青技术要求(NB/SH/T 0522—2010)

项目		质量指标					试验方法
		200号	180号	140号	100号	60号	
针入度(25℃，100g，5s)/(0.1mm)		200~300	150~200	110~150	80~110	50~80	GB/T 4509
延度①(25℃)/cm	不小于	20	100	100	90	70	GB/T 4508
软化点/℃		30~48	35~48	38~51	42~55	45~58	GB/T 4507
溶解度/%	不小于	99.0					GB/T 11148
闪点(开口)/℃	不低于	180	200	230			GB/T 267
密度(25℃)/(g/cm³)		报告					GB/T 8928
蜡含量/%	不大于	4.5					SH/T 0425
薄膜烘箱试验(163℃，5h)							
质量变化/%	不大于	1.3	1.3	1.3	1.2	1.0	GB/T 5304
针入度比/%		报告					GB/T 4509
延度(25℃)/cm		报告					GB/T 4508

① 如25℃延度达不到要求，15℃延度达到时，也认为是合格的，指标要求与25℃延度一致。

用户按路面结构、气候条件及施工要求、矿料尺寸等条件选用各种道路石油沥青的牌号。一般说来，沥青的稠度较小，对砂石料有良好的浸润性和黏结性，并有适度的弹性，常用于道路的基础层，如透层、粘层和下封层，也用于喷洒浸透法作道路施工和路面补修，并用作乳化沥青、改性沥青、稀释沥青或调合其他标号沥青的基本材料；稠度适中的沥青兼有上述各种用途外，主要用于路面上封层的铺设；稠度较大的沥青还用在加热混合法铺装沥青混凝土路面的砂石结合料上。

表19-65列出了几种100号道路沥青的实际测定结果。

表 19-65　100 号道路石油沥青的质量要求和产品的典型数据

项　　目	NB/SH/T 0522—2010 质量指标	产品典型数据			
	100 号	100 号-1	100 号-2	100 号-3	100 号-4
针入度(25℃，100g)/(0.1mm)	80~110	105	109	80	103
延度(25℃)/cm	≥90	>150	>150	>150	144
软化点(环球法)/℃	42~55	43.2	45.2	47.2	45.8
溶解度/%	≥99.0	99.97	99.98	99.97	99.98
闪点(开口)/℃	≥230	292	>320	256	288
密度(25℃)/(g/cm^3)	报告	1.046	1.014	1.042	1.004
蜡含量/%	≤4.5	3.1	2.5	3.0	3.3
薄膜烘箱试验(163℃，5h)					
质量变化/%	≤1.2	0.562	0.196	0.635	0.580
针入度比/%	报告	43	59	39	51
延度(25℃)/cm	报告	>150	>150	>150	61

这类道路石油沥青主要用于 3 级及 3 级以下公路的各个层次，适用于中、低等级道路和城市道路非主干道的道路沥青路面，也可作为乳化沥青和稀释沥青的原料。

（二）重交通道路石油沥青

重交通道路石油沥青主要用在高速公路和重负荷交通道路上。这类沥青是指后轴重 10t 的重型车辆日通过量在 500 辆以上，或后轴重 4t 的车辆日通过量在 5000 辆以上的道路。由于这种道路要求承受重负荷，交通量也比较大，易发生道路变形和开裂，因此要求道路有更好的承载能力。高速公路的特点是交通量大，车辆行驶速度快，对路面平整度要求高，加之车辆单向行驶渠化交通比较明显，沿着一个方向承受压力也易引起道路变形和开裂，因此与一般路面用道路石油沥青要求有所不同。

我国于 1994 年提出了高等级道路石油沥青标准(GB/T 15180)，但该标准当时没有规定沥青蜡含量和低温延度的指标。在 2000 年对该标准进行修订时，标准的名称修改为重交通道路石油沥青，并且增加了沥青蜡含量和低温延度指标。该标准于 2010 年又进行了修订，根据使用区域的需求增加了 AH-30 牌号及其技术要求，并对薄膜烘箱试验后延度指标进行了修订，修订后标准的技术指标要求[6]见表 19-66。选用合适的原油品种，如绥中 36-1、欢喜岭、克拉玛依以及某些进口原油，可以生产出符合标准要求的重交通道路石油沥青。

表 19-66　重交通道路石油沥青技术要求(GB/T 15180—2010)

项　　目		质量指标						试验方法
		AH-130	AH-110	AH-90	AH-70	AH-50	AH-30	
针入度(25℃，100g，5s)/(0.1mm)		120~140	100~120	80~100	60~80	40~60	20~40	GB/T 4509
延度(15℃)/cm	不小于	100	100	100	100	80	报告①	GB/T 4508
软化点/℃		38~51	40~53	42~55	44~57	45~58	50~65	GB/T 4507
溶解度/%	不小于	99.0	99.0	99.0	99.0	99.0	99.0	GB/T 11148

续表

项目		质量指标						试验方法
		AH-130	AH-110	AH-90	AH-70	AH-50	AH-30	
闪点(开口杯)/℃	不低于	230					260	GB/T 267
密度(25℃)/(kg/cm^3)		报告						GB/T 8928
蜡含量/%	不大于	3.0	3.0	3.0	3.0	3.0	3.0	SH/T 0425
薄膜烘箱试验(163℃,5h)								
质量变化/%	不大于	1.3	1.2	1.0	0.8	0.6	0.5	GB/T 5304
针入度比/%	不小于	45	48	50	55	58	60	GB/T 4509
延度(15℃)/cm	不小于	100	50	40	30	报告	报告	GB/T 4508

交通部公路科学研究所根据以往的研究成果、国内外相关标准的变化和实体工程，于2004年对《公路沥青路面施工技术规范》[7]进行了修订，提出了气候分区的概念，依据指标将沥青划分为A、B、C三个等级，并确定了各等级沥青的适用范围，新增加了针入度指数、60℃动力黏度和低温延度指标。修订后标准的技术指标要求见表19-67。公路沥青路面施工规范(JTG F40—2004)中A级沥青的技术指标要求高于GB/T 15180—2010；B级沥青的技术指标要求与GB/T 15180—2010相当；C级沥青的技术指标要求与NB/SH/T 0522—2010相当。

目前机场跑道采用沥青混凝土铺面的情况日益增多，由于大型飞机的起飞全重约400t，轮胎接地压力达1.4MPa，也对沥青提出更苛刻的要求，具体见MH/T 5011—2019[8]。

(三) 改性道路沥青

由于道路交通量逐年增加、车载加重等原因，一方面，易引起路面出现车辙、疲劳开裂、温度收缩裂缝等病害，对路面提出了新的要求。另一方面，沥青生产由传统的固定供油方式变为多种油源混炼生产，造成沥青本身性质发生变化，难以保证所生产的沥青都能达到规格指标的要求。因此，需要借助于改性以达到对沥青的技术要求。改性沥青所用的改性剂种类繁多，目前我国已制定了聚合物改性沥青的行业标准：石化行业制定了聚合物改性沥青的产品标准，具体技术指标要求见表19-68；交通部门在公路沥青路面施工技术规范中也提出了聚合物改性沥青的指标要求，具体见JTG F40—2004《公路沥青路面施工技术规范》。

二、建筑石油沥青

建筑石油沥青主要指用于建筑防水工程，并满足相关性能要求的沥青产品，建筑行业使用的沥青除了氧化沥青以外，还有改性沥青、调合沥青等。这类沥青要求硬度大，耐温性好，并具有良好的粘结性和防水性能；在炎热日照下不流淌，在冬季不龟裂。此外，还具有较好的抗氧化性和抗热老化能力。

我国建筑石油沥青按针入度划分为三个牌号，即10号、30号和40号，其产品标准GB/T 494的技术要求和国产建筑沥青产品的实际测定结果见表19-69。

表 19-67　道路石油沥青技术要求(JTG F40—2004)

项　　目		等级	沥青标号																试验方法
			160 号	130 号	110 号			90 号					70 号					50 号	30 号	
针入度(25℃，5s，100g)/(0.1mm)			140~200	120~140	100~120			80~100					60~80					40~60	20~40	T 0604
适用的气候分区			①	①	2-1	2-2	3-2	1-1	1-2	1-3	2-2	2-3	1-3	1-4	2-2	2-3	2-4	1-4	①	附录 A
针入度指数 *PI*		A	-1.5~+1.0																	T 0604
		B	-1.8~+1.0																	
软化点(R&B)/℃	不小于	A	38	40	43			45			44		46		45			49	55	T 0606
		B	36	39	42			43			42		44		43			46	53	
		C	35	37	41			42					43					45	50	
60℃动力黏度/(Pa·s)	不小于	A	—	60	120			160			140		180		160			200	260	T 0620
10℃延度/cm	不小于	A	50	50	40			45	30	20	30	20	20	15	25	20	15	15	10	T 0605
		B	30	30	30			30	20	15	20	15	15	10	20	15	10	10	8	
15℃延度/cm	不小于	A、B	100															80	50	
		C	80	80	60			50					40					30	20	
蜡含量(蒸馏法)/%	不大于	A	2.2																	T 0615
		B	3.0																	
		C	4.5																	
闪点/℃	不小于		230					245					260							T 0611
溶解度/%	不小于		99.5																	T 0607
密度(15℃)/(g/cm³)			实测记录																	T 0603
TFOT(或 RTFOT)后																				T 0610 或 T 0609
质量变化/%	不大于		±0.8																	
残留针入度比/%	不小于	A	48	54	55			57					61					63	65	T 0604
		B	45	50	52			54					58					60	62	
		C	40	45	48			50					54					58	60	
残留延度(10℃)/cm	不小于	A	12	12	10			8					6					4	—	T 0605
		B	10	10	8			6					4					2	—	
残留延度(15℃)/cm	不小于	C	40	35	30			20					15					10	—	T 0605

① 30 号沥青仅适用于沥青稳定基层。130 号和 160 号沥青除寒冷地区可直接在中低级公路上直接应用外，通常用作乳化沥青、稀释沥青、改性沥青的基质沥青。

表 19-68　聚合物改性道路沥青技术要求(SH/T 0734—2003)

项　　目		SBS 类(Ⅰ类)				SBR 类(Ⅱ)		EVA、PE 类(Ⅲ类)				试验方法
		Ⅰ-A	Ⅰ-B	Ⅰ-C	Ⅰ-D	Ⅱ-A	Ⅱ-B	Ⅲ-A	Ⅲ-B	Ⅲ-C	Ⅲ-D	
针入度(25℃，100g，5s)/(0.1mm)		100~150	75~100	50~75	40~75	≥100	≥80	≥80	≥60	≥40	≥30	GB/T 4509
针入度指数 *PI*		报告										
延度(5℃，5cm/min)/cm	大于	50	40	30	20	60	50					GB/T 4508
软化点/℃	大于	45	50	60	65	45	48	51	54	57	60	GB/T 4507
黏度(135℃)/(Pa·s)		<3				>0.3		0.15~1.5				SH/T 0739
闪点(开口杯)/℃	大于	230				230		230				GB/T 267
溶解度/%	不小于	99				99						SH/T 0738
离析(软化点差)/℃		≤2.5						无改性剂明显析出、凝聚①				SH/T 0740
弹性恢复(25℃)/%	不小于	65	70	75	80							SH/T 0737
黏韧性/(N·m)						≥5						SH/T 0735
韧性/(N·m)						≥2.5						
旋转薄膜烘箱后												
质量损失/%	不大于	1.0										SH/T 0739
针入度比/%	大于	50	55	60	65	50	55	50	55	58	60	GB/T 4509
延度(5℃，5cm/min)/cm	大于	30	25	20	15	30	20					GB/T 4508

① 定性观测法见 SH/T 0740—2003《聚合物改性沥青离析试验法》的附录 A。

表 19-69　建筑石油沥青的质量要求和产品的典型数据

项　　目		GB/T 494—2010 质量要求			试验方法	产品典型数据			
		10 号	30 号	40 号		10 号-1	10 号-2	30 号-1	30 号-2
针入度/(0.1mm)									
25℃，100g，5s		10~25	26~35	36~50	GB/T 4509	14	19	28	30
46℃，100g，5s		报告①	报告①	报告①		—	—	—	—
0℃，200g，5s	不小于	3	6	6		—	—	—	—
延度(25℃)/cm	不小于	1.5	2.5	3.5	GB/T 4508	2.8	2.8	4.2	4.3
软化点(环球法)/℃	不低于	95	75	60	GB/T 4507	103.0	119.0	75.0	89.0
溶解度(三氯乙烯)/%	不小于	99.0			GB/T 11148	99.8	99.7	99.8	99.8
蒸发损失(160℃，5h)/%	不大于	1			GB/T 11964	0	0.014	0 032	0.023
蒸发后针入度比/%	不小于	65			GB/T 4509	78.5	81.5	89.0	81.3
闪点(开口)/℃	不低于	260			GB/T 267	327	315	275	315

① 报告应为实测值。

10 号建筑沥青主要用作涂抹于屋顶沥青防水层或屋顶防水用油毡的外层涂层以及油毡纸防水层的粘结材料，也可用于低温保温及防潮材料的浸渍或涂抹。

30 号、40 号建筑沥青是用作屋面或地下的油毡防水层的胶结料，也广泛用于生产建筑或防潮用的包装纸和油毡。

建筑石油沥青的应用范围很广，按照使用特点，屋面用和防水防潮用沥青的性能要求有所不同。后者要求有更好的抗温度变形能力，粘结性要求更高，并需控制垂长度。为了保证低温性能，要求更低的脆点温度。

由于石油沥青具有良好的粘结性、黏弹性和防水性能，不仅在公路交通和屋面防水等领域得到广泛应用，而且作为防渗材料成功地应用于水利建筑工程，并且在水利工程上应用日益广泛。用水工沥青制成的沥青混凝土，可用作海堤和江河堤坝的护坡，以防止海浪和水涌冲击；可作水渠和蓄水池的防水涂层，以及大型水库水坝表面的防水层。采用沥青混凝土作为防渗面墙或心墙的主要原因是沥青的水渗透系数极低，为 10^{-10} ~ 10^{-17}cm/s，优于钢筋混凝土；且有较好的塑性和柔性，可适应坝面的适量不均匀变形。水工沥青要求延伸性和黏附性好，并需控制 0℃和 46℃针入度或针入度指数。

水工沥青混凝土防渗工程始于 20 世纪 30 年代初，著名的格里布（Ghrib）水库大坝于 1936 年在阿尔及利亚建成。我国对沥青混凝土防渗技术的应用起步较晚，始于 20 世纪 70 年代[9]。虽然国内已有约四十座水利水电工程，但是到 2006 年，我国水工沥青产品仍无统一的产品标准。为了规范和指导企业生产，于 2006 年制定了水工石油沥青企业标准，石化行业于 2007 年制定了水工石油沥青产品的行业标准，具体技术指标见 SH/T 0799—2007。

三、专用石油沥青

专用石油沥青的品种很多，现举三种加以说明。

（一）绝缘石油沥青

由于直馏沥青的耐电强度为 10 ~ 30kV/mm（20℃），一般氧化沥青可达 25 ~ 35kV/mm（20℃），它的导电率约为 $1\times10^{13}\Omega^{-1}\cdot cm^{-1}$，介电常数为 3.2~3.3，加上耐化学性好，故广泛应用于电器工业和电力工程上。该类产品按软化点分为 70 号、90 号、110 号、130 号、140 号、150 号六个牌号，其中 70 号、90 号、110 号绝缘石油沥青适用于灌注电缆接线中间盒和终端盒做绝缘填充用。130 号、140 号、150 号绝缘石油沥青适用于灌注继电器、镇流器、汽车点火线圈等电器，或作为调制特种蓄电池封口剂及蓄电池壳体的配料，也适用于做电解槽涂料及其他需要高软化点沥青的场合。规格要求中除了针入度、软化点外，增加了冻裂点、绝缘电压、收缩率以及粘附率等，具体的技术指标参见石油化工行业标准 SH/T 0419—1994。

（二）油漆沥青

由于沥青对水、酸、碱和化学药品有良好的稳定性，易溶于苯或其他溶剂，因此常用于配制各种清漆和烘漆，如沥青清漆、含油沥青树脂漆，也可制成沥青磁漆、沥青底漆、沥青绝缘漆等。油漆沥青质量要求见 SH/T 0523—1992，适用于石油渣油经加工制得的油漆石油沥青。根据使用特性油漆沥青分 1 号、2 号和 3 号三个牌号，其中专门控制了油溶性指标。

该指标要求不同牌号沥青在高温下与亚麻仁油分别以1∶0.5、1∶1、1∶1比例混合时，达到完全溶解。适于制造沥青漆的沥青应该是黑色纯正、有光泽、在一定温度下有黏附力，要求沥青含蜡量和油分少，否则成漆后，会使漆层脱落、发暗，干燥性能差。

（三）管道防腐沥青

管道防腐沥青是天然石油减压渣油经氧化或经溶剂脱沥青工艺制得的。主要用于地面或埋入地下的管道和电缆的防腐、防潮，是主要的防护涂层。防腐沥青的质量要求符合SH/T 0098—1991规定，按管道输送介质温度要求分为两个牌号，输送介质温度低于50℃者称为1号，输送介质温度在51~80℃者称为2号。1号管道防腐沥青的软化点要求在95~110℃，针入度不小于15，2号管道防腐沥青的软化点要求在125~140℃，针入度不小于5。

用于输油、输气管线的防腐沥青，对粘结力和高低温性能等要求更高。因在输油管线中，油温甚高，如果沥青的高温黏度小则易流淌，在铺设管道时又要求低温施工，故需控制低温脆点。

四、主要性能要求

石油沥青是由大分子烃类和非烃类等各种结构极为复杂的化合物组成的胶体分散体系。沥青的一系列特性与其四种组分（饱和分、芳香分、胶质和沥青质）的分布及各组分的组成有密切关系。

1. 流变性

这是石油沥青性能的主要要求，它表示沥青在受到温度和有外力影响的情况下产生变形的能力，针入度、软化点、黏度以及脆点等均属于这一类性质。

（1）针入度　针入度的测定是在一定温度条件下，一定重量的负荷（100g）下，在一定时间内（5s），标准针穿入沥青样品的深度以0.1mm单位表示。它实质上反映在该温度下沥青的黏度，表示沥青的软硬程度。我国目前用25℃的针入度来划分沥青的牌号。针入度越小，说明沥青越硬。决定沥青针入度的主要因素是所选择加工的原油和生产的工艺及条件。

（2）软化点　软化点表示在一定外力（小钢球）的存在下，沥青受热从固态转变为具有一定流动能力时的温度。软化点实质上代表沥青具有一定黏度时的温度，即等黏温度。之所以在规格标准中规定软化点，是因为要求在较高的环境温度和有车辆行驶的条件下，沥青路面不产生变形。软化点在一定程度上反映沥青抵抗高温变形的能力。软化点主要与沥青中的沥青质含量有关，沥青质含量越高，沥青的胶体结构越紧密，软化点也越高。为了提高沥青的软化点，可以采用吹风氧化工艺。

（3）延度　延度表示沥青受力拉伸至断裂前的变形能力（测定条件一般为25℃、15℃或10℃，拉伸速度5cm/min）。延度反映沥青在受到机械应力作用能发生一定程度的形变而不致被破坏的能力。延度与沥青的胶体结构有关，蜡含量愈多，沥青质含量愈高，延度愈小。

（4）黏度　黏度在沥青生产、储运以及使用过程中，都是一项十分重要的性能。它反映沥青运动时分子间的摩擦力。它与沥青的组成有关，具有同样针入度的沥青，当受热流动时，黏度会相差很大。有些国家已将黏度指标作为沥青分类的依据。

（5）脆点　当涂在金属上的沥青在特定条件下，因被冷却和弯曲而出现裂纹时的温度，即为脆点。脆点表示沥青由黏弹性体转变为弹脆性体的温度，是关系到石油沥青低温流变性的重要性质，是具有相等柔量时的温度。

2. 耐久性

石油沥青要求使用寿命长，耐久性好。在使用过程中由于长期暴露于空气中，加上温度日光等环境条件的影响，沥青会发生一些物理、化学变化，如蒸发、氧化、缩合等，沥青的性质会逐渐变硬、变脆、开裂等，这些不可逆转的变化称为老化[10]。

沥青的耐久性取决于组成内的不安定组分和使用期间的环境。按照沥青品种的特点，选用不同原料和生产工艺，有可能改善抗老化性。

实验室监控沥青耐久性的主要方法是薄膜烘箱试验(或旋转薄膜烘箱试验)。此法模拟了铺装至路面之前，道路沥青在预热拌合期间的状况，以观测试验前后沥青性能的变化来表征。由于热和空气的作用，使沥青轻质组分蒸发或发生吸氧反应，黏附性变差，针入度减小，软化点升高和延度下降。旋转薄膜烘箱试验是在沥青膜更薄、转动和通风等更为苛刻的条件下进行，更接近于沥青在苛刻条件下使用的实际情况。

用试验前后的黏度比值——老化指数(*AI*)还能定量表示抗老化性能，故可作为评价老化性能的指标。国产几种100号道路沥青的老化指数见文献[11]。几种道路石油沥青薄膜烘箱试验前后性质变化如表19-70所示。

表19-70　道路石油沥青薄膜烘箱试验前后性质的变化

沥　青	针入度(25℃)/(0.1mm)	软化点/℃	延度(15℃)/cm	薄膜烘箱试验后性质			
				针入度(25℃)/(0.1mm)	软化点/℃	延度(15℃)/cm	针入度比/%
欢喜岭	104	46.6	>100	59	53	39	57
辽　河	144	44.2	>100	85	49	49	59
克拉玛依	90	47.2	>100	70	53	>100	78
茂　名	72	49.5	>100	47	52	16	65
沙特轻调合	92	46.5	>100	60	—	>100	65
渤36-1	72	46.0	>140	48	—	>140	67
沙特中质	89	45.0	>150	72	—	>150	81

3. 粘结性及其他

（1）粘结性　粘结性是指石油沥青与石料或其他材料的粘结能力。因为石油沥青含有许多极性官能团，故粘结性一般均佳，我国并不将此项指标列入要求中。

（2）蜡含量　鉴于蜡含量大的沥青粘结性差，沥青的自愈能力低，所铺路面刹车性能差，路面容易损坏，故在重交通道路沥青国家标准(GB/T 15180—2010)、公路沥青路面施工技术规范(JTG F40—2004)中都提出了蜡含量指标要求。

（3）密度　因为沥青密度是反映其组成的重要指标，而且在使用、储运中要采用它作为体积度量的依据，故在道路沥青指标要求中，往往将它列为控制指标之一。

（4）溶解度　石油沥青溶解度是指其在特定溶剂中可溶物质的质量百分数，能够反映石油沥青中有效成分的含量。是控制沥青的质量控制指标。

（5）闪点　闪点是在特定的试验条件之下，借助点火器加热到测试样品蒸气发生闪火的最低温度，是石油沥青在生产、储存、运输及使用过程中的安全性指标。

第六节　石油焦

石油焦是黑色或暗灰色的坚硬固体，带有金属光泽，呈多孔性，是由微小的石墨结晶形成粒状、柱状或针状构成的炭体物。

一、我国石油焦的发展和应用概况

石油焦有生焦和熟焦(煅烧焦)之分，目前，我国生产的石油焦均以生焦形式出厂，用户根据具体使用情况进行煅烧。石油焦(生焦)根据延迟石油焦的结构和外观，分为石油针状焦、海绵焦(普通焦)和弹丸焦。

在产品标准 NB/SH/T 0527—2019《石油焦(生焦)》中，包括普通石油焦(生焦)和石油针状焦(生焦)。普通石油焦(生焦)适用于作普通功率石墨电极、铝用炭素原料以及燃料等，石油针状焦(生焦)适用于作超高功率、高功率石墨电极以及锂离子电池负极材料原料等。

由于我国进口原油的比例增加，原油的硫含量增大，因此，我国延迟焦化装置生产的普通石油焦的硫含量也逐渐增大。目前 CFB 锅炉技术是较为清洁的燃烧技术。高硫普通石油焦在炼油厂 CFB 锅炉中使用时，一般通过炉内脱硫(锅炉内直接加入石灰石等脱硫剂。在炉内高温条件下，脱硫剂受热分解生成 CaO，并与燃料燃烧后产生的 SO_2 发生化合反应，最终以固体硫化物的形态随锅炉灰渣排出炉外)。CFB 锅炉采用石灰石脱硫，对于不同硫含量的石油焦，通过调整石灰石比例和其他条件后，CFB 锅炉脱硫率一般都能达到 90%以上，通过增加二级脱硫措施可以实现超低排放。另外，也可以采用烟气脱硫(大多使用消石灰、氨水等)来满足较低排放要求。国内各地方制定了严格的锅炉大气污染物排放标准，对二氧化硫的排放均有严格的控制。

未来石油焦市场增长最快的是炼铝工业用石油焦，尽管我国延迟焦化发展很快，但远远不能满足炼铝工业发展对石油焦的市场需求。所以积极开拓石油焦市场，保证石油焦的质量，满足用户需求，是今后延迟石油焦发展的必然趋势。

（一）普通石油焦

1. 石化行业普通石油焦标准

目前现行的石油焦石化行业标准为 NB/SH/T 0527—2019《石油焦(生焦)》，包括普通石油焦(生焦)和石油针状焦(生焦)。该标准规定了以石油加工的渣油或重油为原料经过延迟焦化生产的石油焦(生焦)的产品分类、要求和试验方法、检验规则及标志、包装、运输和储存。普通石油焦分七个牌号：1 号、2A、2B、2C、3A、3B、3C。1 号普通石油焦(生焦)主要适用于炼钢工业中制作普通功率石墨电极，也适用于炼铝工业中制作铝用炭素；2A、2B、2C 普通石油焦(生焦)主要适用于炼铝工业中制作铝用炭素；3A、3B、3C 普通石油焦(生焦)主要适用于制作碳化硅、工业硅、炼铝工业中制作铝用炭素等。普通石油焦(生焦)技术要求见表 19-71。

表 19-71　NB/SH/T 0527—2019 普通石油焦(生焦)

项　　目		质量指标							试验方法
		1 号	2A	2B	2C	3A	3B	3C	
硫含量[①]/%	不大于	0. 5	1. 0	1. 5	1. 5	2. 0	2. 5	3. 0	GB/T 214—2007(第 4 章)
挥发分/%	不大于	12. 0	12. 0	12. 0	12. 0	12. 0	12. 0	12. 0	SH/T 0026
灰分/%	不大于	0. 30	0. 35	0. 40	0. 45	0. 50	0. 50	0. 50	SH/T 0029
总水分[②]/%		报告							SH/T 0032、GB/T 211
真密度(煅烧 1300℃，5h)/(g/cm^3)	不小于	2. 05	—	—	—	—	—	—	SH/T 0033
粉焦量[③]/%	不大于	35	报告	报告	报告	—	—	—	附录 A
微量元素/(mg/kg)	不大于								YS/T 63. 16
硅		300	300	报告	—	—	—	—	
钒		150	300	报告	—	—	—	—	
铁		250	300	报告	—	—	—	—	
钙		200	300	报告	—	—	—	—	
镍		150	250	报告	—	—	—	—	
钠		100	200	报告	—	—	—	—	
氮含量/%		报告	—	—	—	—	—	—	NB/SH/T 0656

① 铝用炭素原料由石油焦生产企业与使用企业协商确定。
② 参照总水分，由供需双方协商确定扣水率。
③ 用户对普通石油焦(生焦)有其他块粒大小的要求时，可与生产单位协商。

2. 有色金属行业普通石油焦标准

目前，现行石油焦有色金属行业标准为：YS/T 843—2012《预焙阳极用石油焦原料技术要求》，规定了预焙阳极用石油焦原料的要求、试验方法、检验规则、包装、标志、运输和储存及订货单(或合同)等内容。适用于预焙阳极用石油焦原料。技术要求见表 19-72 和表 19-73。

表 19-72　YS/T 843—2012 预焙阳极用石油焦原料技术要求

项　　目		指　　标		试验方法
		YBYJJ-1	YBYJJ-2	
硫含量/%	不大于	2. 00	4. 00	GB/T 387
挥发分/%	不大于	10. 00	12. 00	SH/T 0026
灰分/%	不大于	0. 30	0. 50	SH/T 0029
粉焦量(<8mm)/%	不大于	30. 0	40. 0	SH/T 0527—1992 附录 A
固定碳/%	不小于	85. 0	85. 0	SN/T 0992
水分		水分含量以报告值为准，产品计重由供需双方协商确定		SH/T 0032
弹丸焦		石油焦中不允许含有弹丸焦		目视检测

表 19-73　YS/T 843—2012 预焙阳极用石油焦原料的微量元素要求和试验方法　μg/g

项　　目		YBYJJ-1	YBYJJ-2	试验方法
钠含量	不大于	100	150	YS/T 63.16
硅含量	不大于	200	300	
钙含量	不大于	200	380	
钒含量	不大于	200	380	
铁含量	不大于	200	400	
镍含量	不大于	150	250	

（二）石油针状焦

1. 石油针状焦推荐性国家标准

延迟焦化在一般条件下主要生产普通石油焦。为了在延迟焦化装置上生产优质针状焦，需对原料油和工艺操作条件作适当调整，以利于中间相小球体的出现、长大、融并、定向、固化，以达到分子有序排列，最后转化成细纤维结构的石油针状焦。我国从 20 世纪 70 年代开始石油针状焦生产技术的研究与开发。1995 年 11 月，锦州石化公司石油针状焦生产装置投产，结束了我国石油针状焦不能连续生产的历史。但鉴于目前各炼油厂的生产条件及各种情况，生产石油针状焦的炼油厂只有锦州某石化公司一家，此外，山东某新材料公司和山东某科技公司也可生产石油针状焦。

目前国内现行的石油针状焦国家标准为 GB/T 37308—2019《油系针状焦》，是由中国钢铁工业协会提出，全国钢标准化技术委员会（SAC/TC183）归口，山东益大新材料有限公司等单位起草的。该标准包括锂离子电池负极材料用煅前油系针状焦、锂离子电池负极材料用煅后油系针状焦、石墨电极用煅后油系针状焦，它们的技术指标详见表 19-74～表 19-76，并规定有特殊需求时由供需双方协商确定。

该标准规定了油系针状焦的产品分类、技术要求、试验方法、检验规则、包装、标志、储存、运输和质量证明书。适用于以含芳烃的石油类重质油为原料，经原料预处理、延迟焦化生产的煅前针状焦及再经煅烧的煅后针状焦，可用作石墨电极、锂离子电池负极材料、特种炭素制品等的原料。

表 19-74　GB/T 37308—2019 锂离子电池负极材料用煅前油系针状焦

项　　目		指　　标	
		YFDQ-Ⅰ	YFDQ-Ⅱ
真密度/(g/cm³)	不小于	1.35	1.35
硫含量/%	不大于	0.40	0.50
氮含量/%	不大于	0.50	0.60
挥发分/%		5～12	5～12
灰分/%	不大于	0.10	0.40
干燥基水分/%	不大于	5.0	5.0

表 19-75　GB/T 37308—2019 锂离子电池负极材料用煅后油系针状焦

项　目		指　标	
		YFDH-Ⅰ	YFDH-Ⅱ
真密度/(g/cm³)	不小于	2.12	2.10
硫含量/%	不大于	0.40	0.50
氮含量/%	不大于	0.40	0.50
挥发分/%	不大于	0.30	0.40
灰分/%	不大于	0.20	0.50
干燥基水分/%	不大于	0.15	0.15
振实密度(1~2mm)/(g/cm³)	不小于	0.88	0.85

表 19-76　GB/T 37308—2019 石墨电极用煅后油系针状焦

项　目		指　标	
		YDDH-Ⅰ	YDDH-Ⅱ
真密度/(g/cm³)	不小于	2.13	2.12
硫含量/%	不大于	0.40	0.50
氮含量/%	不大于	0.40	0.50
挥发分/%	不大于	0.30	0.40
灰分/%	不大于	0.15	0.30
干燥基水分/%	不大于	0.15	0.15
热膨胀系数(室温~600℃)(CTE)/(10^{-6}/℃)	不大于	1.0	1.3
振实密度(1~2mm)/(g/cm³)	不小于	0.88	0.85

2. *石化行业石油针状焦标准*

目前，现行的石化行业标准 NB/SH/T 0527—2019《石油焦(生焦)》中，包括石油针状焦(生焦)，石油针状焦(生焦)分三个牌号：1 号、2 号、3 号。1 号石油针状焦(生焦)主要适用于制作超高、高功率石墨电极；2 号、3 号石油针状焦(生焦)主要适用于制作高功率石墨电极。1 号、2 号石油针状焦(生焦)可适用于制作锂离子电池负极材料。石油针状焦(生焦)的技术要求见表 19-77。

表 19-77　NB/SH/T 0527—2019 石油针状焦(生焦)

项　目		质量指标			试验方法
		1 号	2 号	3 号	
硫含量/%	不大于	0.4	0.5	0.5	GB/T 214—2007(第 4 章)
挥发分/%	不大于	6.00	8.00	10.0	SH/T 0026
灰分/%	不大于	0.10	0.25	0.30	SH/T 0029
总水分①/%	不大于	报告	报告	报告	SH/T 0032 GB/T 211
真密度(煅烧 1300℃，5h)/(g/cm³)	不小于	2.12	2.11	2.10	SH/T 0033

续表

项　　目		质量指标			试验方法
		1号	2号	3号	
粉焦量[2]/%	不大于	35	报告	报告	附录 A
热膨胀系数(CTE)(室温~600℃)/(10^{-6}/℃)	不大于	1.3	1.5	1.7	GB/T 3074.4
微量元素/(mg/kg)	不大于				YS/T 63.16
硅		100	报告	报告	
钒		80	报告	报告	
铁		150	报告	报告	
钙		100	报告	报告	
镍		100	报告	报告	
钠		100	报告	报告	
氮含量/%	不大于	0.5	0.6	报告	NB/SH/T 0656

① 参照总水分，由供需双方协商确定扣水率。

② 用户对石油针状焦(生焦)有其他块粒大小的要求时，可与生产单位协商。

二、石油焦的主要性能

(一) 普通石油焦的主要性能要求

我国生产的延迟石油焦具有下列主要性质：

(1) 硫含量　石油焦的硫含量高低直接影响电极的质量和炼钢的质量。由于石油分子中 C═S 键的结合能力较大，在一般焦化温度下硫不易分解，气化排出，而存在大部分残留在石油焦中的现象。即使在生产石墨电极的高温石墨化过程中也不可能全部分解出来，而会有一部分残留在石墨电极里。但在1500℃以上的高温下硫会被分解出来，硫含量过高使电极产生晶体膨胀，致使电极出现裂纹，对电极炭素的致密和强度均有影响，因此在生产电极石墨化过程中，硫含量增多将会增加耗电量。在生产电解铝过程中，硫含量过高既助长了硫对阳极棒及电解槽的腐蚀，同时又增大了阳极电阻，致使能耗升高，电流效率降低。另外，石油焦作为燃料使用时，燃烧废气必须经过脱硫处理，符合相关行业的排放标准要求才能排放。因此，根据石油焦的不同用途控制硫含量是非常必要的。

(2) 灰分　延迟石油焦的灰分，特别是某些微量金属，如硅、钒、铁的存在将会影响到生产电极和阳极糊的质量。灰分的存在会使成品电极的机械强度降低，电阻系数增加，影响到石墨化时的孔隙度；灰分中的矿物粒子进入铝中会使质量变差。所以，灰分也是一项重要的质量控制指标。

(3) 挥发分　延迟石油焦的挥发分一般来说不会直接影响到所制作电极及其他产品的性能和质量，但若生焦的挥发分太高，会增加煅烧消耗且降低设备生产能力，使煅烧焦的收率受到影响。

为了使石油焦适应使用要求，在制造炼钢用石墨电极或制铝、制镁用阳极糊(融熔电极)时，必须对生焦进行煅烧。煅烧温度一般为1300℃左右，以便将石油焦的挥发分尽量除掉。这样可使石油焦再制品的氢含量减少、石墨化程度提高，使石墨电极在高温下强度高，耐热性能好，比电阻小，并改善电导率等性能。生焦不经煅烧可直接用于生产碳化钙作电石的主料，生产碳化硅和碳化硼作研磨材料等。

（二）石油针状焦的主要性能要求

石油针状焦的主要质量指标除硫含量、灰分和挥发分外，对真密度需予以控制，真密度的大小在某种程度上可以用来表示石油焦的密度，焦中有机物的含量，也可以反映出石油焦做成石墨制品后热膨胀系数的大小，以及孔隙度和导电率等性能指标。因此，控制真密度，以确保致密度大、气孔率小，使成品电极的机械强度增高。

热膨胀系数是石油针状焦的重要质量控制项目，一般要求在 2.6 以下，它直接与石墨制品的抗热震性能有关，即它的高低可反映出生产的电极热稳定性的优劣。在某种程度上甚至作为划分石油针状焦质量、用途和等级的主要指标。

石油针状焦主要作炼钢用高功率和超高功率的石墨电极使用。用石油针状焦生产的石墨电极具有低热膨胀系数、低电阻、高结晶度、高纯度、高密度等性能。由于石墨化程度高、电热效率高、机械强度大，因此可提高电炉温度，加大电极尺寸，增加电炉炼钢处理量，从而提高冶炼效率和钢产量，节约电耗和原材料消耗。

参 考 文 献

[1] 张锁华. 浅谈船用重质燃料油质量指标及其影响[J]. 江苏船舶，2010，27(3)：42-44.

[2] 许淑艳. 车辆齿轮油标准化研究[J]. 润滑油，2004(4)：55-58.

[3] 张德勤. 石油沥青的生产与应用[M]. 北京：中国石化出版社，2001.

[4] 陈慧敏. 石油沥青产品手册[M]. 北京：石油工业出版社，2001. 7.

[5] 石油产品行业标准汇编 2016[S]. 北京：中国石化出版社，2017. 1.

[6] 石油产品国家标准汇编 2016[S]. 北京：中国标准出版社，2016. 3.

[7] JTG F40—2004，公路沥青路面施工技术规范[S]. 北京：人民交通出版社，2004.

[8] MH/T 5011—2019，民用机场沥青道面施工技术规范[S]. 北京：中国民航出版社，2019. 8.

[9] 张怀生. 水工沥青混凝土[M]. 北京：中国水利水电出版社，2005. 1.

[10] 凌逸群. 沥青生产与应用技术手册[M]. 北京：中国石化出版社，2010. 5.

[11] 范耀华，丁国靖，刘国祥. 石油沥青抗老化性能研究[J]. 石油沥青，1997(1)：1-12.

第二十章　氢气回收利用、制氢与氢气管理

专家话炼油

氢气是重要的石油化工原料，也是一种重要的二次能源，应用领域十分广泛。氢气在原油加工过程的主要作用有二：一是用于脱除油品中的有害杂质，如硫和氮以及重金属，并可降低残炭；二是改变油品的分子结构，提高氢碳比，如烯烃的饱和以及芳烃、环烷烃的开环，以及重质烃的裂化。

随着世界原油资源日益短缺，原油品质劣质化、重质化趋势明显。按照预测，世界原油的 API 度(加权平均值)将从 2011 年的 36.1 降到 2023 年的 35.5。原油的硫含量持续上升，将从 2011 年的 1.2%上升到 2030 年的 1.35%[1]。另外，全社会环境保护意识的逐渐提高，对石油产品的品质要求也在提升，要求炼油企业提供更加环境友好的石油产品。作为提高油品质量和原油轻质化重要手段的各种加氢工艺得到了普遍重视和快速发展，加氢工艺已经成为炼油工业的核心技术之一。这种发展趋势使得炼油企业对氢气的需求量大幅增加，氢气成本在炼油企业运营成本的比例逐渐加大。寻求低成本氢源，提高炼油企业氢气综合利用率，成为新时期降本增效、节能减排的重要课题。

与我国石油炼制行业的发展同步，我国制氢技术不断发展，已掌握多种制氢工艺技术，形成各类不同的制氢路线，制氢原料也在不断扩大，炼油厂已经实现了从天然气、炼厂气、液化石油气、轻油到渣油、煤和石油焦为原料制氢的多种氢气供应方式。我国 2018 年用氢量约 2500 万吨，主要用于炼油、合成氨和生产甲醇，其中炼油用氢占 39%，合成氨用氢占 33%，生产甲醇用氢占 23%。从生产氢气的原料来看，2018 年统计，我国氢气产量的 39%来自煤制氢，12%来自天然气制氢，13%来自炼厂气或轻烃制氢，另外还有约 33%的氢气来自工业副产[2]。

制氢装置的氢气生产一般由生产富含氢气和一氧化碳的合成气(也被称作造气)和氢气提纯两部分组成。目前，国内炼油企业的氢气生产通常采用以下几种工艺路线：

(1) 烃类水蒸气转化制氢。以轻质原料(包括天然气、含氢炼厂气、催化裂化和焦化干气、饱和液化气和轻石脑油等)为原料，采用水蒸气转化法生产富氢气体，再经提纯获得高纯度氢气。目前国内炼油企业，以轻质原料采用水蒸气转化工艺技术生产氢气仍占重要地位。国际上，尤其在欧洲、北美及中东地区，有着丰富的天然气资源，这些地区绝大部分炼油厂的氢气生产装置都是采用天然气水蒸气转化工艺路线。我国的天然气资源相对较少，价格较高，制氢装置的原料首先考虑炼油厂尾气，补充天然气、液化气和轻油。随着国际能源价格的不断提升，以及炼油厂各种轻质原料的进一步加工和综合利用，以轻质原料生产氢气的成本不断上涨。

(2) 重油、煤或石油焦的部分氧化工艺制氢。重质原料如常减压的渣油和溶脱装置的

脱油沥青，以及煤和石油焦等，都可以采用部分氧化工艺路线生产氢气。这种工艺是在高温和氧气存在的条件下，重质原料与氧气和水蒸气分别发生部分氧化反应和气化反应，获得富含氢气和一氧化碳的合成气，再经过变换、酸性气脱除和氢气提纯，获得加氢装置所需的高纯度氢气。由于我国“多煤、少气、缺油”的化石资源禀赋，也得益于气化技术进步以及对气化技术的掌握，采用气化制氢路线为炼油厂生产氢气近年来得到了快速发展，如福建联合石化、中国石化金陵石化、中国石化茂名石化、中国石化九江石化的气化制氢装置。我国煤炭价格相对较低、天然气价格相对较高的实情，突显煤气化制氢的成本优势。

（3）甲醇水蒸气转化制氢。在没有廉价天然气和轻烃且制氢规模不大的情况下，也可用甲醇为原料，以甲醇水蒸气转化工艺生产富含氢气的转化气，再经过提纯得到高纯度氢气。这种工艺路线流程短、投资低，但原料的成本高，不适合大规模氢气的生产。国内已建成装置有山东科力达石油化工科技有限公司甲醇水蒸气转化制氢装置、山东寿光鲁清石化有限公司甲醇水蒸气转化制氢装置。

经过多年的发展，过去10年，炼油企业新建水蒸气转化制氢装置大多采用国内技术，使用国内技术单系列制氢已达10万Nm^3/h氢气产能；甲醇水蒸气转化制氢装置基本都是采用国内技术；煤气化制氢装置的核心气化技术也开始逐渐采用国内技术，只有重油气化制氢还都采用引进技术。

第一节　炼油厂氢源和氢气用户

一、炼油厂氢源

1. 炼油厂氢气资源

炼油企业氢气主要来源分为三类：工艺装置副产氢气，制氢装置产氢以及化工过剩氢（如乙烯氢、化肥氢等）。

工艺装置副产氢气主要来自重整装置的重整氢，另外加氢装置低分气、催化装置的催化干气含有一定数量的氢气，在一些场合也被用来提纯后作为炼油厂氢气使用。

工艺副产氢气是未经过造气直接从工艺装置获取的富氢气体，经提纯后就可以作为氢气使用，其成本低于制氢装置生产的氢气，因此炼油厂的氢气资源应该首先考虑副产氢气的利用和富氢气体的提纯利用。

重整氢气数量大、纯度高，是炼油企业重要的氢气来源。由于近年对二甲苯供需缺口以及汽油标准对苯和芳烃含量的限制，新近建设和规划的大型炼油厂都建设了规模较大的对二甲苯联合装置以及与之配套的连续重整装置，在获取化工原料的同时提供可观的重整氢气。重整氢气可以直接供下游氢气用户使用，也可以进一步提纯后使用。重整氢气是否需要提纯要根据炼油企业的氢气管网设置和用氢装置对于氢气的要求确定。

加氢装置低分气的氢气体积浓度一般在80%左右，需要经过提纯后才能作为产品氢气为下游用户提供。

在炼化一体化企业中，化工部分副产的氢气一般会有富余，可以作为炼油装置的氢气来源。主要有乙烯装置副产的氢气和丙烷、丁烷脱氢装置副产的氢气，在一些建有合成氨装置的一体化企业，如化肥装置产量富裕，也可以提供一部分氢气资源。

炼油厂原油与产品中的氢元素平衡对比显示，炼油企业副产氢气不能完全满足全厂氢气需要。以一座1000万吨/年规模炼油、配有100万吨/年对二甲苯(PX)和80万吨/年乙烯的炼油企业为例，氢源中重整氢约占56%，制氢氢占29%，化工和回收氢占15%。

典型炼油厂氢源组成见表20-1。氢气生产产率的典型数据见表20-2。

表20-1　炼油厂典型氢源组成

组　　成	连续重整氢	半再生重整氢	制氢氢	乙烯氢	化肥氢
H_2/%(体)	94.7	91.36	99.9	95.65	75
CH_4/%(体)	1.63	2.84	0.1	4.35	
C_2^+/%(体)	余量	余量			
N_2/%(体)	—	—	—	—	25
$CO+CO_2$/(mg/Nm^3)	20	—	20		
H_2S/(mg/L)	—	—	—	1.5~7.5	—

表20-2　氢气生产产率典型数据[3]

过　　程	产率(占进料质量数)/%	过　　程	产率(占进料质量数)/%
半再生式重整	2.0~2.5	催化裂化干气水蒸气转化(变压吸附流程)	23.5
连续再生式重整	3.5		
催化裂化	0.1	沥青部分氧化(变压吸附流程)	20
抽余油水蒸气转化(常规流程)	37	石脑油裂解制乙烯副产氢	0.76~0.89
拔头油水蒸气转化(变压吸附流程)	27.8	柴油裂解制乙烯副产氢	0.58
焦化干气水蒸气转化(常规流程)	40	加氢尾油裂解制乙烯副产氢	0.46~0.69
焦化干气水蒸气转化(变压吸附流程)	28.5	乙烷裂解制乙烯副产氢	3.86~5.0

2. 炼油厂氢源的特点

炼油厂用氢装置除关注氢气的纯度外，还对一些关键组分有特殊要求。如一氧化碳和二氧化碳会在加氢装置的反应器中发生甲烷化反应，造成催化剂床层超温，因此加氢装置对新氢中的一氧化碳和二氧化碳含量有严格的限制要求。

可以根据氢气的纯度、杂质气体中一氧化碳和二氧化碳含量，以及硫化氢含量，划分氢源品质。

根据品质及用途，炼油厂可利用氢气资源分为以下几类。

(1) 高纯氢：氢纯度体积分数达到99.9%以上，$CO+CO_2$浓度小于1.25mg/Nm^3。

(2) 纯氢：氢纯度体积分数达到99.9%以上，$CO+CO_2$浓度小于25mg/Nm^3。

(3) 高品质氢：惰性气体体积含量小于3%的氢气。

(4) 低品质氢：惰性气体体积含量大于3%的氢气。

一般而言，炼油企业的制氢装置，无论采用水蒸气转化工艺还是采用部分氧化工艺，只要原料中有元素碳，在造气过程中，伴随氢气的产生会同时生成一氧化碳和二氧化碳，因此制氢装置的产品氢气多少会含有一定数量的一氧化碳和二氧化碳，对于产品氢气质量的控制主要是控制一氧化碳和二氧化碳含量。

炼油厂副产氢气，如重整氢气和加氢低分气，来自炼油生产过程，其主要杂质是轻烃，即便含有一氧化碳和二氧化碳也是微量的（重整氢会因再生的催化剂带给重整产氢少量再生过程产生的微量一氧化碳和二氧化碳）。

高纯氢主要用于对氢气品质要求高的化工装置，在炼油企业中，多用于使用铂、钯等贵金属催化剂、低反应温度下使用镍系催化剂的聚烯烃装置，以防止羰基反应的发生。炼油企业的高纯氢主要采用化学吸收或变压吸附净化提纯获取，或通过膜分离、变压吸附对纯氢进行二次提纯得到。

纯氢主要用于反应中易产生甲烷、对循环氢纯度敏感的加氢装置，如渣油加氢、蜡油加氢处理等装置，以提高反应氢分压。炼油企业中的纯氢主要采用化学吸收或变压吸附净化制取。

高品质氢气主要指不含一氧化碳、二氧化碳等有害杂质经过提纯后的重整等工艺装置副产氢。炼油企业的高品质氢中的惰性气体含量较低，对循环氢纯度影响较小，可直接作为加氢裂化、馏分油加氢精制等加氢装置的补充氢。高品质氢气的直接利用率，是影响炼油企业氢气综合利用率的主要因素。

低品质氢气主要指不含一氧化碳、二氧化碳等有害杂质的化工氢、部分工艺装置排放氢等氢源。由于惰性气体含量高，不宜用于渣油加氢、加氢裂化等装置。根据 C_2 以上烃类在高压下易溶于轻质油品的特性，低品质氢气可作为馏分油加氢精制装置补充氢。

二、炼油厂的氢气用户

氢气在炼油厂主要用作加氢过程的原料和聚烯烃相对分子质量的调节剂。许多工艺装置都设有加氢过程，用来精制原料，如水蒸气转化制氢装置本身的原料精制部分的加氢过程和烷基化装置用于饱和二烯烃的原料预处理，以及硫黄回收装置尾气的加氢转化。不过，炼油企业氢气的最主要用户还是加氢装置。主要加氢装置的氢气用量参见表 20-3。

表 20-3　主要加氢装置的氢气用量[3]

序　号	加氢过程	化学耗氢量(对进料)/%
1	减压馏分油一段加氢裂化一次通过	2.0
	尾油循环	2.5~3.0
2	减压馏分油两段加氢裂化	2.4~4.1
3	直馏柴油加氢处理	0.5~0.6
4	催化裂化轻循环油或焦化柴油加氢处理	0.8~1.0
5	焦化汽油和柴油加氢处理	1.2
6	重整原料预加氢处理	0.05~0.1
7	催化裂化轻循环油深度脱硫、芳烃饱和	
	产品硫≤0.0003%，芳烃≤0.25%	2.0
	产品硫≤0.0003%，芳烃≤0.15%	3.2
8	催化裂化汽油加氢处理	0.8~1.2
9	汽油吸附脱硫	0.3~1.0

加氢装置的操作压力是根据反应过程所需的氢分压决定的，为降低装置的设计压力，减少建设投资，希望提高氢气的纯度。在装置设计压力确定的情况下，当氢分压达不到要求时，需要定期排放一部分循环氢以提高循环氢中的氢气含量，增加了氢气的损失和操作费用。据测算，新氢中甲烷含量每升高 1 个百分点，循环氢纯度下降约 6 个百分点[4]。就不同类型的加氢装置而言，渣油加氢脱硫和加氢裂化装置的操作压力最高，且氢气需要量大，提高新氢中氢气的纯度对装置操作压力的影响最大。因此，供给这类加氢装置的氢气都是经过变压吸附提纯、氢气体积含量在 99.9%以上的纯氢，即便使用重整氢，也需先经变压吸附提纯。如前所述，无论用于何种加氢装置，氢气必须满足对一氧化碳和二氧化碳含量的限制要求，避免在加氢反应器中发生甲烷化反应导致局部过热最终引起超温。

聚烯烃装置也需要少量氢气，作为聚合的链转移剂(又称作分子量调节剂)，用来调节聚烯烃产品的分子量以控制产品熔体流动速率。聚烯烃生产过程中的这一控制过程被称作“氢调”。聚烯烃装置所需氢气的用量少，但纯度要求高。典型的聚烯烃装置所需氢气的指标见表 20-4。一座 80 万吨/年的乙烯工厂的聚丙烯装置氢气用量在 $100Nm^3/h$ 左右。

表 20-4　典型的聚烯烃装置的氢气控制指标

项　　目	聚乙烯	聚丙烯	项　　目	聚乙烯	聚丙烯
氢气/%(体)	99.9	99.9	氧气+一氧化碳/(mg/Nm^3)	4	4
甲烷+乙烷/(mg/Nm^3)	余量	余量	水蒸气/(mg/Nm^3)	5	5
乙炔/(mg/Nm^3)	10	10	总硫/(mg/Nm^3)	1	1
一氧化碳/(mg/Nm^3)	1	1	其他烃类/(mg/Nm^3)	20	20

硫黄回收装置的尾气处理如采用加氢转化工艺，也需要少量的氢气。斯考特加氢法尾气处理用氢气将二氧化硫转化为硫化氢再经吸收后脱除，加氢过程在略高于环境压力的低压下操作，可以使用体积含量在 91%左右的较低纯度的氢气[5]。一套规模 10 万吨/年的硫黄装置的氢气用量在 $600Nm^3/h$ 左右。

第二节　低浓度氢的回收和提纯

如本章第一节所述，炼油企业的生产过程会产生一部分富氢气体，尤其是临氢装置。这部分富氢气体的提纯和利用是炼油企业重要的氢气来源。由于这部分富氢气体是工艺装置副产物，获得过程没有生产富氢气体的造气过程，因此提纯后也是炼油企业较为廉价的氢气来源。炼油厂的氢气资源总是首先考虑从富氢气体中获取氢气，在不能满足氢气需求时，才考虑建设制氢装置。

氢气提纯有多种方法，工业上应用广泛的主要有深冷分离、膜分离和变压吸附分离三种工艺。深冷分离工艺是最早工业应用的氢气提纯方法，用于含氢 30%～70%(体)、含甲烷较高的气体中的氢气回收和提纯。深冷分离是利用原料气中杂质组分的沸点远高于氢气沸点(-252.6℃)的特性，在较高压力下[2.0～4.0MPa(G)]采用蒸馏的方法获得高纯度的氢气。采用深冷分离提纯工艺，氢气回收率较高，可达 98%左右。但该工艺需要在超低温下操作，投资高、能耗高，产品纯度相对较低[92%～95%(体)]，操作弹性受限[6]。由于深冷分离氢气提纯的这些特点，炼油企业主要用在生产高纯度聚合物单体同时副产氢气的场合，如乙烯裂解装置裂解气中副产氢气的获取[7]。

20 世纪 70 年代和 80 年代，膜分离技术和变压吸附氢气提纯工艺成功开发并应用于工业生产装置后，这两种方法广泛使用在我国炼油厂，适用于含氢 60%(体积分数)以上的富氢气体的氢气提纯。本节主要介绍这两种氢气提纯技术。

一、膜分离

1. 膜分离氢气的原理

用作提纯氢气的膜分离技术根据混合气体中各组分在压力的推动下通过中空纤维管状薄膜的传递速率不同，从而达到分离目的。对不同结构的膜，气体通过膜传递扩散的方式不同，因而分离机理也相异。常见气体通过膜的分离机理有两种，即气体通过多孔膜的微孔扩散机理和气体通过非多孔膜的溶解-扩散机理[8]。

多孔膜中，气体的传递机理可以用微孔扩散机理解释，包括分子扩散、黏性流动、努森扩散及表面扩散。由于多孔膜孔径及内孔表面性质的差异，气体分子与多孔膜介质之间的相互作用程度有所不同，从而表现出不同的传递特征。

气体通过非多孔膜的传递过程可以用溶解-扩散机理来解释。气体通过膜的过程可分作三步：气体在膜的上游侧表面吸附溶解的吸着过程，吸附溶解在膜上游表面的气体在浓度差的推动下扩散通过膜的扩散过程，膜下游侧表面的气体解吸的解吸过程。一般来说，气体在膜表面的吸着和解吸过程都能较快地达到平衡，气体在膜内的渗透扩散过程较慢，是气体通过膜的速率控制步骤。

表征各种选择性分离膜的特性指标主要有渗透系数和分离系数。

渗透系数表示一种气体通过某种膜的难易程度，用下式表示[9]：

$$P_i = \frac{Q_i I}{A(P_{i2} - P_{i1})} \tag{20-1}$$

式中 Q_i——成分 i 的流量，mL/s；

P_i——成分 i 的渗透系数，mL/(s · cm · mmHg)；

I——有效薄膜厚度，cm；

A——薄膜面积，cm^2；

P_{i2}，P_{i1}——薄膜高压侧及低压侧成分 i 的分压，mmHg。

分离系数表示膜对不同介质的分离选择性，用下式表示：

$$\alpha_{i/j} = \frac{P_i}{P_j} \tag{20-2}$$

式中 P_i——成分 i 的流量，mL/s；

P_j——成分 j 的流量，mL/s；

$\alpha_{i/j}$——膜对成分 i 和成分 j 之间的分离系数。

不同膜材料对于不同气体组分的渗透系数不同，表征了这种膜材料对不同气体的通过能力的大小。另外，对于每种膜材料，针对混合气体中的两个组分，有一个相对固定的分离系数，表征这种膜材料对于这两种气体组分之间分离的难易程度。实际上，膜分离提纯氢气是根据不同气体通过膜介质的“快”“慢”程度不同来实现混合气体的分离的。“快”气容易通过膜介质，经过膜后得以富集；“慢”气通过膜材料的速度慢，结果被膜材料“挡”住了。不同气体在聚酯膜材料上的渗透系数和分离系数见表 20-5。

表 20-5　不同气体在聚酯膜上的渗透率[9]

气　体	渗透系数/[10^{12}mL/(s·cm·mmHg)]	分离系数(CO=1)	气　体	渗透系数/[10^{12}mL/(s·cm·mmHg)]	分离系数(CO=1)
H_2	165.0	61.1	CH_4	3.5	1.3
CO_2	31.0	11.5	N_2	3.1	1.2
Ar	7.5	2.8	CO	2.7	1.0

高分子气体分离膜可用聚砜、聚酯、醋酸纤维、聚酰亚胺等不同材料制成，依其断面结构可分为均质膜、非对称复合膜、超薄层复合膜、非对称膜等几种。工业上使用的膜分离器的膜组件主要有中空纤维式和卷式两种。

2. 膜分离器

我国生产的气体膜分离器采用聚砜材料制成的中空纤维管，管外还有一层厚约 1μm 的硅酮涂料，以堵塞致密层的微孔，防止气体短路。

膜分离器是由一个耐压钢壳和安装在钢壳里的一束(1 万~10 万根)中空纤维管组成(见图 20-1)，分离器的形状和作用类似管壳式换热器。中空纤维管顺其长度方向，成束地装填在耐压的金属壳内，纤维管束一端用环氧树脂密封，另一端开放，类似管壳式换热器的管程。原料气进入钢壳充满纤维管外部，经渗透提浓后的氢气进入纤维管内，从管束开放端回收。

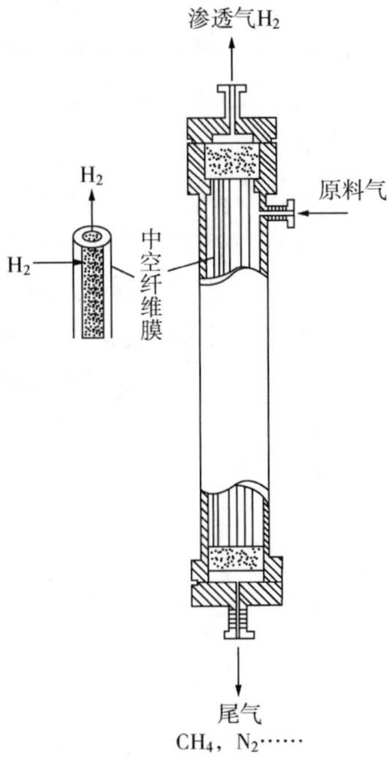

图 20-1　中空纤维膜气体分离器

膜分离器最大操作压力依据原料富氢气体的压力而确定，富氢气体压力越高，获得渗透气中氢气的浓度也越高。一般膜分离器原料富氢气和渗透气之间合适的氢分压差为 1.0~11.6MPa，适宜的操作温度为 35~82℃。操作温度应高于出口尾气中各组分的露点 11℃以上，以免生成液滴堵塞薄膜；温度也不宜过高，否则会降低分离的选择性，甚至损伤薄膜的材料。

采用膜分离工艺回收的产品氢纯度可达 86%~95%(体)，最高可达 99%(体)。但纯度愈高，氢气回收率愈低，每一级分离器提纯的程度决定于一定的氢分压差。因此除一般要求进料气中氢体积分数大于 60%外，采用加压操作或多级分离的方法，以保持在一定的氢纯度下提高氢回收率，氢回收率一般可达 50%~80%。

3. 膜分离设施

膜分离设施由原料预处理、预热、膜分离器几个部分组成。富氢气体在预处理部分去除可能携带的液体颗粒和固体颗粒，这些物质会堵塞膜内的微孔，对膜产生损害。预热是要保证进入膜分离器的富氢气体过热，避免在膜表面凝结，通常要高于富氢气体露点温度20℃以上。经过预处理和预热后的富氢气体进入膜分离器，穿过膜的渗透气的氢气浓度提高，氢气得以提纯。未渗透气中的氢气浓度会较原料气降低很多，作为尾气送出。

与变压吸附相比，膜分离氢气提纯有两个主要特点：一是采用膜分离技术获得的提纯氢气来自穿过膜的渗透气，因此压力损失大，得到的产品氢气压力低，不利于提纯氢气的使用；二是膜分离是根据不同气体穿过膜的速率“快”“慢”来实现氢气提纯的，这决定了产品渗透气中很难达到某个组分完全脱除。

因此，一般情况下对进气压力较高、气量较小、回收氢纯度要求不高、原料气洁净时，则可选用膜分离技术。炼油企业中多用于中高压加氢装置循环氢杂质的脱除。在进料气压力较低、气量较大而对产品氢的纯度要求较高时，宜选用变压吸附法。

二、变压吸附氢气提纯

变压吸附气体分离技术是在20世纪60年代由美国联合碳化物公司（UCC）开发并实现工业应用。20世纪80年代初变压吸附技术在我国实现工业应用后，这项技术广泛应用在气体净化和提纯中，包括氢气提纯、一氧化碳提纯、二氧化碳提纯、空分制氧气和氮气、天然气脱水和炼油厂的碳二分离等方面[10]。变压吸附是炼油企业应用最多的氢气提纯工艺，经过几十年的研发，变压吸附氢气提纯技术和装备已经完全实现了国产化。

1. 变压吸附氢气提纯的原理

变压吸附提纯氢气的基本原理是，利用不同气体在吸附剂表面的吸附能力不同来实现气体的分离，利用吸附床在高压下吸附、低压下解吸实现吸附剂的再生，利用多个处于吸附、均压、解吸等不同步序的吸附罐的顺序控制实现连续操作。

吸附分离利用吸附剂对不同气体组分的吸附力的不同，吸附力强的气体被吸附剂吸附，留在吸附床内，吸附力弱的气体组分只有少部分被吸附，大部分穿透吸附床从而实现了气体的净化。常见气体在沸石吸附剂上的吸附力由强到弱的顺序如下：

水>苯>硫化氢>丙烯>丙烷>乙烯>乙烷>二氧化碳>甲烷>一氧化碳>氮气>氩气>氧气>氢气>氦气

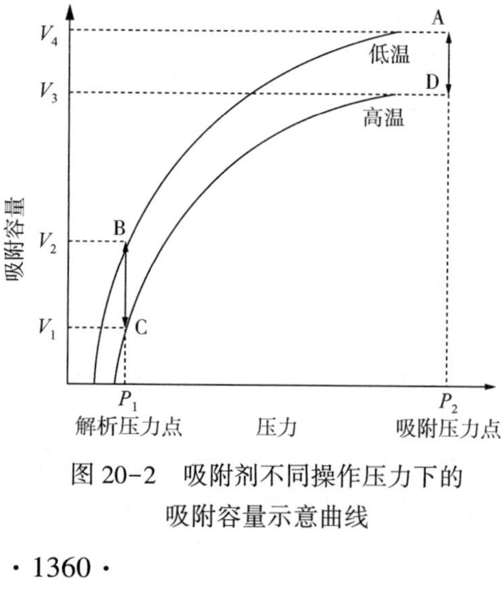

图20-2 吸附剂不同操作压力下的吸附容量示意曲线

沸石对氦气和氢气的吸附力最弱，利用吸附的方法提纯氢气是一种很有效的方法，得到了广泛的应用。

变压吸附氢气提纯工艺在温度不变的条件下，利用高压下吸附剂的吸附容量大、低压下吸附剂的吸附容量小的特点，将吸附饱和了杂质气体的吸附剂在降低压力后脱出大部分的杂质气体，吸附剂得到再生，可以重复使用，保证了吸附剂的连续使用（见图20-2）[11]。

变压吸附氢气提纯装置设置有多个吸附罐，每个吸附罐依次经历吸附（A）、均压降（ED）、顺放（P）、逆放（D）、冲洗（PP）、均压升（ER）、终充压(FR)若干步序实现从吸附到再生再到准备再次进入吸附步骤的完整过程。多个处于不同步序的吸附罐在顺控程序的控制下，实现装置对氢气提纯的连续操作。

2. 变压吸附的影响因素

影响变压吸附过程的主要因素有温度、压力、均压次数、原料气组成及吸附剂性能等。

1）温度

如图 20-2 所示，低温下气体在吸附剂上的吸附容量增加，利于吸附，但并非一切条件下越低越好。当吸附质分子大小与吸附剂孔径接近时，在低温下，由于吸附剂孔径收缩，吸附质分子在吸附剂晶孔中扩散困难，吸附量反而会下降。另外，还应注意低温的经济合理性问题。所以，通常选择吸附温度为常温(40℃)附近。吸附热比较小，一般在沸石吸附剂上的吸附热相当于液化热(凝聚热)的 1~2 倍。吸附时床层温度虽有上升，但在再生绝热膨胀及排放阶段热量又被释放带出，保持床层温度基本不变。

2）压力

压力对变压吸附的影响包括进气压力和解吸压力(尾气压力)两种。通常进气压力升高，吸附剂的吸附容量增加，同样的吸附剂用量可以吸附更多的杂质气体，对变压吸附有利。但是，进气压力提高，会造成设备和管道阀门的设计压力升高，增加装置的建设投资。分析图 20-2，随着吸附压力的提高，吸附剂的吸附容量不是直线上升的，随着压力的不断提高，吸附容量的增加会越来越缓慢，到一定压力后再提高吸附压力，吸附容量增加很小，徒劳地增大了装置的建设投资。综合考虑吸附容量和建设投资，变压吸附氢气提纯的适宜进气压力在 1.3~3.1MPa 范围内。

解吸压力越低，越有利于吸附剂的再生，参见图 20-2。在变压吸附循环过程的冲洗(PP)步序，还需要用氢气对再生后的吸附床层进行冲洗，实现彻底的再生和净化。这个过程中的冲洗用氢气以及在逆排(D)过程中排放的气体中所含的氢气都损失掉了。很明显，降低再生压力，可以减少吸附床再生的几个过程中的氢气损失，因此一般需要尽可能降低再生压力，也就是尾气压力。但是，变压吸附的尾气中含有氢气和一些其他可燃气体(如甲烷和一氧化碳)，这部分气体需要升压后重新利用，过低的压力会造成压缩功耗的迅速增加。基于这种考虑，变压吸附尾气的压力一般在 0.13~0.15MPa 之间。

3）均压

均压是完成吸附、需要降压解吸的吸附床分别向需要升压的不同的吸附床充压，需降压解吸的吸附床压力逐级下降，而需要升压的吸附床的压力得到逐级升高，从而使吸附床降压排出的有用气体得到有效利用的过程。

增加均压次数，可回收更多的有用气体，产品氢气的回收率提高。均压次数与吸附(进料气)压力和解吸气(尾气)压力有关，两者压力差越大，均压的可能次数越多。但是，增加均压次数还需要增加程控阀门的数量甚至吸附床的数量，从而增加建设投资，因此，并不是均压次数越多越好。一般来说，从一次均压增加到二次均压，氢气回收率的提高明显，从四次均压增加到五次均压，氢气回收率的提高就不十分明显了。因此变压吸附氢气提纯装置通常采用三四次均压。

4）原料气的性质

原料气性质直接影响变压吸附过程中压力等参数的选择。吸附力越大的气体组分越容易被吸附分离，但不易于再生，需要更低的分压才能达到预期的再生效果，因此不得不进一步降低再生的压力，如抽真空再生，或者需要更多的产品氢气反吹(PP)，降低了氢气的回收率。

如原料气是水蒸气转化制氢的粗氢气，各组分在吸附床内被吸附的次序大致是 H_2O、CO_2、CH_4、CO、N_2、H_2，其中水蒸气最易被吸附。原料气中含水蒸气多时，既影响吸附效率，又会降低吸附剂强度，增大床层压降，故对原料气含水量须严格控制。一般在进入变压吸附前采用多段脱水措施，并在吸附塔底部装入一定量的硅胶，脱除原料气中的饱和水蒸气。

对于同种原料气，当氢浓度增加时，氢回收率增高。但当氢浓度增到一定程度后，收率的提高变缓。一般认为原料气含氢体积分数在60%以上，采用变压吸附提纯氢气比较经济。

5）吸附剂性能

变压吸附常用吸附剂为钙沸石(4A、5A、13X 沸石)、活性炭、硅胶和活性氧化铝等多孔性物质。同其他吸附剂相比，沸石孔径均匀，呈极性，故其吸附的选择性强，同时吸附容量大，即使在低分压、低浓度、高温、高速的苛刻条件下，仍具有相当高的吸附能力，并且吸附速率快，常压下较易脱附。活性炭的比表面积大，对甲烷和二氧化碳有很好的吸附容量。硅胶对于原料气中携带的水蒸气有很好的吸附效果，可以保护活性炭不受水的损害。一般工业上针对富氢气体的组成，选择不同的沸石、活性炭和硅胶的装填比例，达到最佳的工艺效果。

3. 工艺过程

用于从富氢气体中提纯氢气的变压吸附工艺过程经常采用4~10床等多种系统。10床变压吸附工艺流程图见图20-3。

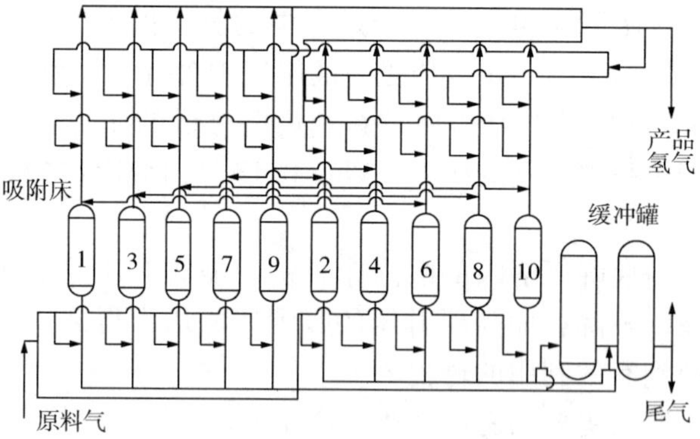

图20-3　10床变压吸附工艺流程简图

原料气从下部经阀门进入吸附罐，在较高的压力下进行选择性吸附，产品氢气经阀门从上部排出，下部床层逐渐达到饱和，但不能让吸附质穿透床层。按照设计，定量通入原料气，使吸附床层自下到上分为饱和区、传质区和未用区等三个区，以保证氢气纯度。脱附后的排出气经阀门从床层下部排出。对每台吸附罐来说，吸附、再生是交替进行的，吸附再生周期都要进行吸附(A)、均压降(ED)、顺放(P)、逆放(D)、冲洗(PP)、均压升(ER)、终充压(FR)等若干步骤(见表20-6)，但对整个系统来说，生产是连续的。如十台吸附器串联操作时，总有三台在吸附，七台在再生，即所谓 10-3-3 工艺(10 台吸附罐，同时 3 台吸附，3 次均压)。

表 20-6　10 床流程分步操作

步骤名称	符号	步骤时间/s	压力状态/MPa(G)	流向说明
吸附	A	180	2.25	原料底部入，产品顶部出
均压降 1	E1D	30	2.25~1.84	顺流泄压，泄压氢用于 5 号床 E1R 升压
均压降 2	E2D	30	1.84~1.38	顺流泄压，泄压氢用于 6 号床 E2R 升压
均压降 3	E3D	30	1.38~0.92	顺流泄压，泄压氢用于 7 号床 E3R 升压
顺放	PP	90	0.92~0.46	顺流泄压，泄压氢用于 9 号床 0.05MPa 吹扫
逆放	D	30	0.46~0.20	逆向排放，大部分进缓冲罐，其余进混合罐
吹扫	P	90	0.05	3 号床吹扫，泄压氢作逆向吹扫
均压升 3	E3R	30	0.46~0.92	4 号床 E3R 泄压氢进行升压
均压升 2	E3R	30	0.92~1.38	5 号床 E2R 泄压氢进行升压
均压升 1	E1R	30	1.38~1.84	6 号床 E1R 泄压氢进行升压
终充	FR	30	1.84~2.25	产品氢充压到吸附压力 2.49MPa

4. 变压吸附氢气提纯技术的发展

1）真空变压吸附

真空变压吸附装置设置真空泵，采用抽真空方式进一步降低解吸(尾气)压力，减少逆放(D)、吹扫(P)步序的氢气损失。对于以 2.2MPa(G)压力的水蒸气转化中变气为原料、采用 10-3-3 工艺的变压吸附氢气提纯装置，采用抽真空工艺后，氢气的回收率可以从 89%提高到 96%。

由于增加抽真空设施，装置的电耗大大增加，而且增加了连续运行的不可靠因素，同时变压吸附的尾气还要作为转化炉的原料，提高收率后还需要增加燃料气的用量。更重要的是，吸附罐在真空下解吸操作，增加了空气漏入吸附罐或管道的风险，因此在水蒸气转化制氢装置中，真空变压吸附技术应用较少。

2）顺放罐的设置和应用

大型变压吸附氢气提纯装置，通过增加两台顺放罐，将 10 床变压吸附分成两个系列，每个系列配置一台顺放罐。在吸附罐顺放步序(P)，这种改进可将顺放气排放到对应系列的顺放罐内暂存，在本系列某个吸附罐处于吹扫(PP)阶段时，可以从顺放罐排放气体用于该吸附罐的吹扫。

设置顺放罐后，在保证同样再生时间的前提下，较传统工艺大大缩短了顺放时间。因此在同样均压次数下，可以缩短吸附时间，减小吸附剂用量和吸附罐体积。还可以实现两个系列吸附罐的分别冲洗或交叉冲洗，具有更好的再生效果，从而提高氢气的回收率。和传统变压吸附氢气提纯相比，采用顺放罐技术，氢气回收率可以提高 1%。流程参见图 20-4。

顺放罐变压吸附氢气提纯工艺需要增加两个体积很大的顺放罐，会增加建设投资。对于大型变压吸附氢气提纯装置，氢气回收率的提高可以补偿投资的增加，并增加装置的经济性。这项技术已成功用于多套大型变压吸附氢气提纯装置[12]。

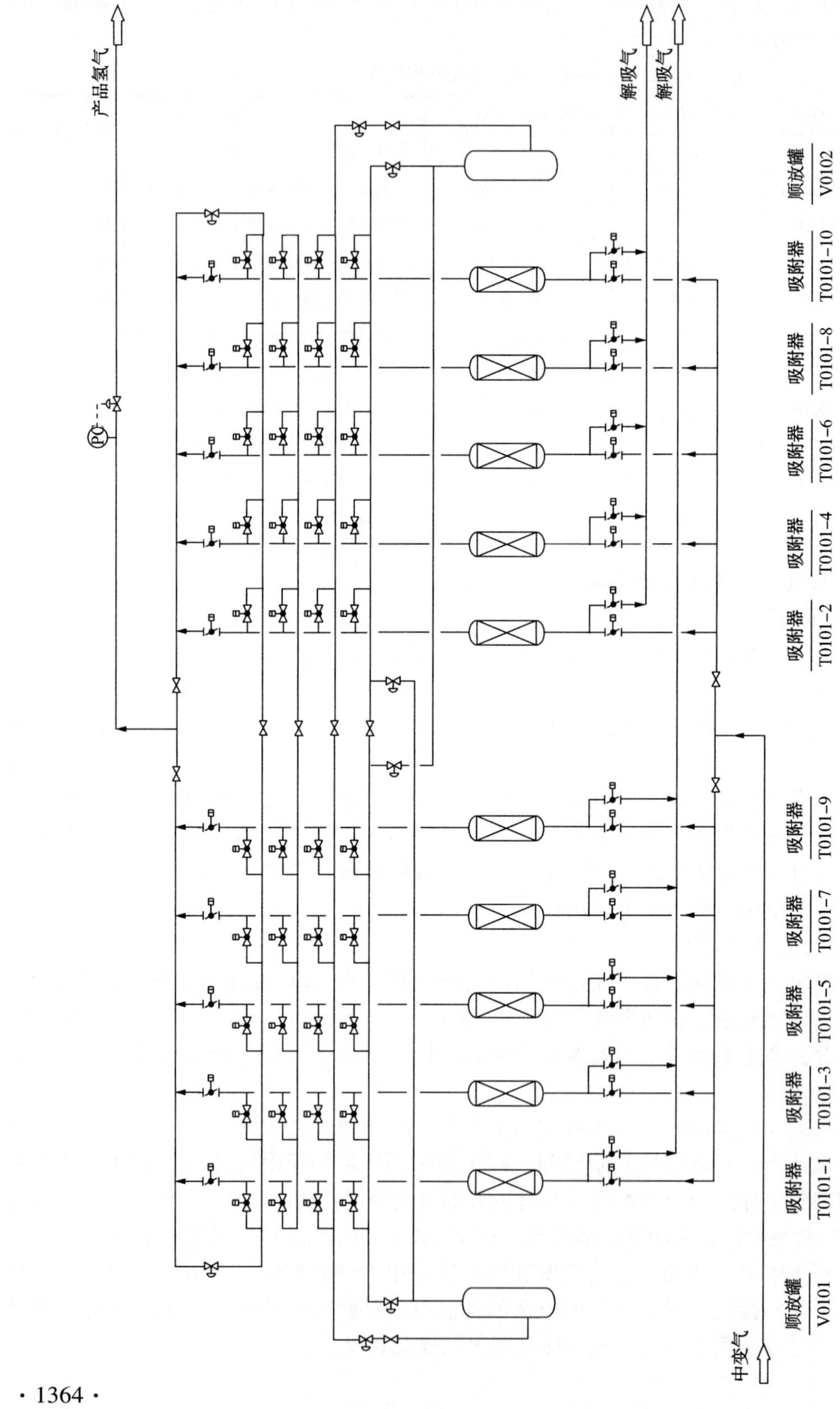

图20-4　带两个顺放罐的10-3-4变压吸附氢气提纯示意流程

3）两段变压吸附氢气提纯

两段变压吸附氢气提纯技术将两个变压吸附单元有机地串联在一起，水蒸气转化所获得的中变气先进入一段变压吸附单元，获得杂质体积含量在10%左右的提浓氢气。由于提浓氢气的纯度比传统变压吸附氢气提浓装置杂质体积含量(0.1%)低得多，因此，一段变压吸附具有很高的氢气回收率。

提浓氢气再进入二段变压吸附单元，将氢气提纯到传统变压吸附相同的产品氢气纯度。二段变压吸附再生过程中的尾气没有排放，而是送回到一段用于吹扫。这样，通过两级变压吸附单元的有机结合，两段变压吸附工艺的氢气回收率可以提高6%~8%。

两段变压吸附虽然可以提高氢气的回收率，但设备数量增加一倍，占地也增加较多，因此在制氢装置中很少应用[13]。

第三节　水蒸气转化制氢

烃类水蒸气转化工艺一直是炼油企业获取氢气最重要的工艺路线。在我国炼油企业，已投产运行的单系列水蒸气转化制氢装置的最大产氢能力达14万Nm^3/h。

轻烃水蒸气转化制氢的原料可选范围很广，从甲烷、气态烃直到干点达220℃、密度760kg/m^3的重石脑油都可以作为原料。已经实现工业应用的原料包括天然气、油田伴生气、液化气，C_5、C_6原料，焦化干气、催化裂化干气、加氢干气等富烃炼厂气，轻石脑油、拔头油、重整抽余油、重石脑油等。

一、水蒸气转化制氢工艺及流程

按照富氢气体提纯方式的不同，水蒸气转化制氢工艺可以分为变压吸附流程和化学吸收净化流程。前者将中变后的富氢气体送入变压吸附单元，直接获得高纯度的工业氢气，变压吸附尾气用作转化炉的燃料。后者是将中变后的变换气，经过低变，脱除其中大部分的一氧化碳，同时增加氢气的产率，再经过化学吸收脱除变换气中的二氧化碳，最后经甲烷化过程，将富氢气体中的一氧化碳和二氧化碳与氢气反应，转化为甲烷，满足工业氢中一氧化碳和二氧化碳的指标要求。

水蒸气转化制氢工艺流程可以分成原料预处理、轻烃水蒸气转化、变换、热量回收和酸性凝结水处理、氢气提纯几个部分，见图20-5。

（一）原料预处理

烃类水蒸气转化制氢装置使用多种催化剂，这些催化剂的操作条件苛刻，具有很高的活性和选择性，对毒物和杂质非常敏感，需要在进入催化剂床层前脱除对催化剂有毒害作用的杂质。对制氢催化剂有毒害的杂质主要是硫、氯和砷，由于制氢原料很少含有砷，原料预处理很少设置脱砷设施。

原料预处理流程的设置主要依据不同原料所含杂质的特点和烯烃含量，采用加氢转化和吸附脱除的工艺[14]。加氢转化过程将原料中的硫化物转化为硫化氢，氯化物转化为氯化氢，在随后的吸附反应器中选择不同的吸附剂将其脱除。净化原料中硫的含量要求在0.3μL/L以下，氯的含量要求在0.2μL/L以下，烯烃的体积含量小于0.1%。如果原料中含有烯烃，加氢转化过程中烯烃在硫和氯转化前首先饱和，并引起原料气自身的温度升高，如含有7%(体)烯烃的焦化干气完全饱和的温升达到140℃。针对原料气中烯烃含量的不同，我国工程技术人员开发出一次通过式加氢预处理流程和两段加氢预处理流程，很好地解决了焦化干气和催化裂化干气用作制氢原料时的原料精制问题，见图20-6。

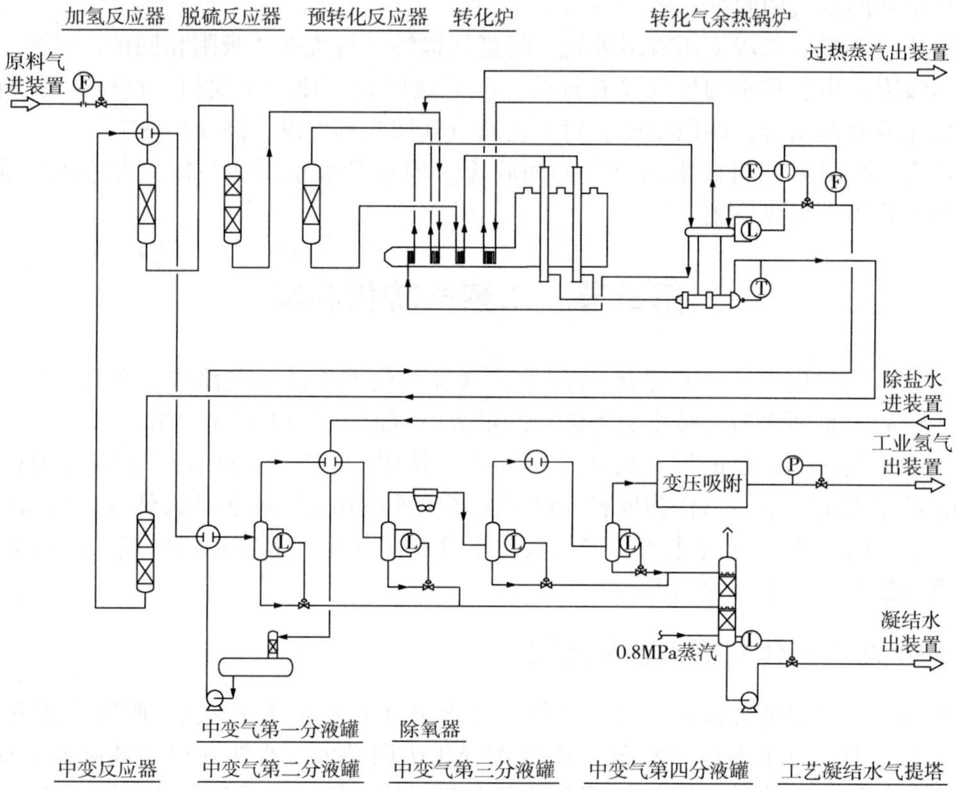

图20-5　烃类水蒸气转化制氢示意流程

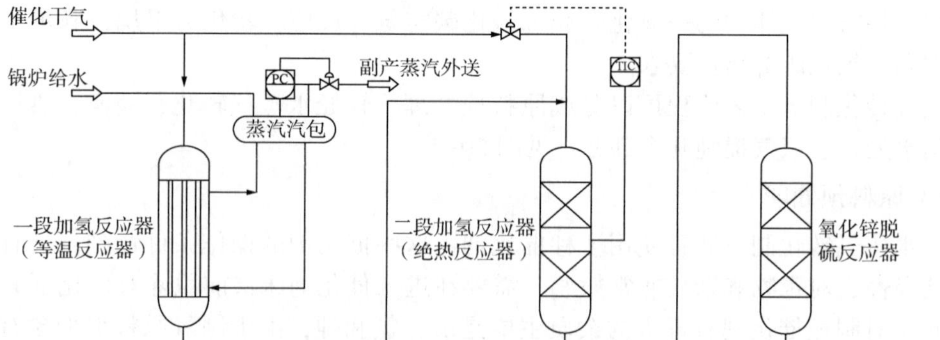

图20-6　两段加氢脱硫示意流程

针对催化裂化干气这类烯烃含量超过10%(体)的原料，烯烃饱和释放的热量引起的原料气温升已经超过催化剂所能承受的范围。两段加氢脱硫工艺中设置了两台可串并联的加氢反应器，用以饱和烯烃并达到脱硫所需的最佳反应温度。两台反应器分别采用等温反应器和绝热反应器，通过等温反应器，最大限度地实现烯烃的饱和。通过原料在两台反应器之间的串并联，调整绝热反应器入口的烯烃含量，保证在绝热反应器中能够达到脱硫所需的最佳温度。

参照图 20-5，常规的原料预处理流程简述如下：

原料轻烃与少量循环氢或其他少量富氢气体混合后，经换热达到预定温度进入加氢反应器，在反应器催化剂床层上，原料轻烃中的烯烃被饱和，有机硫加氢转化为硫化氢，有机氯加氢转化为氯化氢。离开加氢反应器的原料气流过脱硫反应器的脱硫床层和脱氯床层，其中的硫化氢和氯化氢分别被化学吸附在催化剂床层中，实现原料轻烃的净化。

(二) 烃类水蒸气转化

轻烃水蒸气转化是烃类水蒸气转化制氢装置的核心，其作用是在高温和催化剂存在的条件下，轻烃与水蒸气发生转化反应，获得富含氢气和一氧化碳的转化气。

1. 轻烃水蒸气转化反应

轻烃的水蒸气转化过程在转化炉管内的催化剂床层上进行，主要包括轻烃的水蒸气转化反应及一氧化碳的变换反应。以甲烷为例，其反应方程式为：

$$CH_4+H_2O \xlongequal{} CO+3H_2 \qquad +206\text{kJ/mol} \qquad (20\text{-}3)$$

$$CO+H_2O \xlongequal{} CO_2+H_2 \qquad -41.2\text{kJ/mol} \qquad (20\text{-}4)$$

对多碳的烷烃和烯烃的水蒸气转化，其反应方程式可表示为：

$$C_nH_{2n+2}+nH_2O \xlongequal{} nCO+(2n+1)H_2 \qquad +Q(\text{吸热}) \qquad (20\text{-}5)$$

$$C_nH_{2n}+nH_2O \xlongequal{} nCO+(2n)H_2 \qquad +Q(\text{吸热}) \qquad (20\text{-}6)$$

甲烷转化反应热随温度的升高而增大，其数值见表 20-7。

表 20-7　甲烷转化反应热与温度的关系

反应温度/℃	反应热/(kJ/mol)	反应温度/℃	反应热/(kJ/mol)
0	191.8	700	220.31
300	206.03	800	222.43
400	210.47	900	224.09
500	214.36	1000	225.31
600	217.6		

综合在转化催化剂上进行的水蒸气转化反应和一氧化碳变换反应，总的热效应是吸热反应，为了维持反应的进行需要不断地补充反应过程所需要的热量。

2. 轻烃水蒸气转化反应的动力学

轻烃水蒸气转化反应是在金属镍催化剂上进行的气-固非均相催化反应过程。在无催化剂的条件下，甲烷水蒸气转化反应的速度很慢，1300℃以上才有足够的反应速率。在有催化剂的条件下，转化反应的速率大大增加，700~800℃时已经有令人满意的反应速率。有关研究表明：

(1) 在合适催化剂存在的条件下，轻烃水蒸气转化速度很快。

(2) 甲烷转化和一氧化碳变换反应速度很快，可视为达到化学平衡。

(3) 反应速度与甲烷分压的一次方成正比（在炉管进料端 1/3 长度段可完成反应约 50%），其动力学方程式为：

$$r=kP_{CH_4} \tag{20-7}$$

式中 r——反应速度；

k——与温度有关的反应速度常数；

P_{CH_4}——甲烷在反应气体中的分压。

提高甲烷分压，对增加反应速度有利，可减少催化剂用量。提高温度可增加反应速度，但在工业装置上，反应受到内扩散的严重影响。宏观动力学方程式为：

$$r=kP_{CH_4}^{0.8} \tag{20-8}$$

反应后的气体组成，在平衡状态时，由下列两平衡式决定：

$$k_1=\frac{[H_2]^3[CO]}{[CH_4][H_2O]} \tag{20-9}$$

$$k_2=\frac{[H_2][CO_2]}{[H_2O][CO]} \tag{20-10}$$

在一定的条件下，化学平衡可以随水碳比和反应压力的变化而变动。

3. 水蒸气转化工艺流程

水蒸气转化反应是在转化炉管内的催化剂床层上进行的，通过转化炉膛内燃料的燃烧提供转化反应所需的热量。流程设置是利用转化炉高温烟气的热将混合了水蒸气的原料气预热到设定温度后送入转化炉管内实现转化反应。

如图 20-5 所示，水蒸气转化部分的流程简述如下：

净化原料气与装置内自产并过热的高压蒸汽混合，在转化炉对流段预热到指定温度（如 520℃）后通过集合管分布为若干路送入转化炉管，在转化炉管内的催化剂床层上，轻烃与水蒸气发生转化反应，反应所需的热由管外高温烟气提供。离开转化炉管的富含氢气和一氧化碳的转化气经出口集合管汇集后送入转化气余热锅炉冷却，同时发生高压蒸汽。冷却后的转化气送入变换反应器。

随着装置的大型化以及不断提高的对装置能耗的要求，大型制氢装置在转化炉前设置了预转化反应器，一部分转化反应在预转化反应器中进行，降低了转化炉的负荷。对于预转化反应器的讨论，见本节“二、水蒸气转化制氢装置主要操作因素”部分。

（三）变换

变换是在比转化反应更低的温度下操作的变换反应器中进行的，转化气中的一氧化碳与水蒸气进一步反应生成二氧化碳和氢气。通过变换过程，氢气的产率将得到提高。变换也是化学净化法制氢工艺降低一氧化碳含量以及提纯氢气的一个手段。

1. 变换反应特点和影响因素

变换反应方程式见式(20-4)。变换反应为放热反应，低温对变换平衡有利，可得到较高的一氧化碳转化率，进而可提高单位原料的产氢量。变换反应是等体积反应，压力对反应平衡没有影响，因此变换反应可以适应不同的上游操作压力。

变换反应温度与一氧化碳转化率之间的关系见图 20-7。经过变换，变换气中的残余一氧化碳含量是由变换反应器入口转化气中一氧化碳含量和变换反应的一氧化碳转化率决定的。为了降低变换气中残余一氧化碳的含量，工业上通常采用降低反应温度和增加反应段数来实现。反应温度的降低受到反应器入口温度下水蒸气露点温度的限制，这对于低温变换尤为重要。

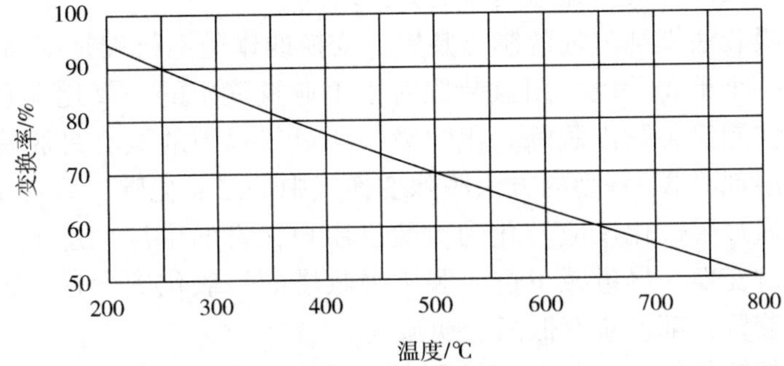

图 20-7 反应温度与 CO 变换率的关系

中温变换采用铁-铬系催化剂，反应温度为 330~450℃。当空速 1000~2000h^{-1}（以入口干气计），H_2O/CO 摩尔比=2~4 时，变换气中一氧化碳下降至 1%~3%（体）。变换气降低温度后进入低温变换反应器。低温变换催化剂为铜-锌系，反应温度 180~230℃，空速 1000~2000h^{-1}，H_2O/CO 摩尔比≥7，经低温变换后，变换气中一氧化碳含量可降至 0.1%~0.5%（体）。

催化剂活性决定了反应温度。为进一步提高变换率，可加入过量的水蒸气。水蒸气用量和变换率关系见图 20-8。由图 20-8 可知，H_2O/CO 摩尔比>7 时，过量的水蒸气对变换率影响逐渐变小。在实际生产中，由于上一工序的过剩水蒸气很多，中温变换段，H_2O/CO 摩尔比=8~11，低温变换段 H_2O/CO 摩尔比在 30 以上。

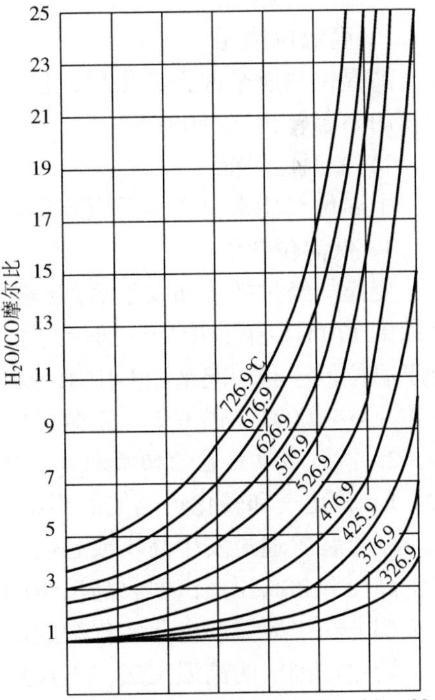

图 20-8 H_2O/CO 摩尔比和 CO 变换率的关系

2. 变换的流程设置

针对变压吸附法和化学吸收法两种氢气提纯工艺，变换部分在制氢装置中的作用不完全相同，因此存在中变流程和中变+低变串联流程。所谓低变是根据变换反应为放热过程、降低反应温度有利于反应平衡向产物方移动的特性，将中变气冷却到更低的温度下继续与水蒸气反应，进一步生成氢气和二氧化碳，将残余一氧化碳的体积含量从干基组成不大于 3%降低到不大于 0.3%。

对于采用变压吸附法提纯氢气的制氢装置，采用低温变换，虽然可以降低变换气中的一氧化碳含量，但这部分一氧化碳经过变压吸附后进入尾气，用作转化炉的燃料。随着变换气中残余一氧化碳数量的减少，不得不补充更多的燃料气。这种中变+低变流程比较适合于当原料很贵而燃料很便宜的工况。炼油企业制氢装置的原料一般选择天然气和/或炼厂尾气，与燃料气的价格相近，因此设置低温变换进一步降低变换气中一氧化碳含量的必要性不大，取消低变可以降低流程的复杂程度，减少投资，缩短装置的开工时间。

对于采用化学吸收法提纯氢气的制氢装置，变换的作用不仅仅是提高原料的氢气产量，而且是氢气提纯的一个重要手段。用氢装置对于工业氢气中的一氧化碳和二氧化碳有着很严格的要求，需要在制氢装置内脱除。化学吸收法氢气提纯的核心是脱除二氧化碳和甲烷化过程，前者采用溶剂吸收-解吸的方法脱除变换气中的二氧化碳，后者是将残余的微量一氧化碳和二氧化碳通过甲烷化反应转化为对氢气用户无害的甲烷。这个过程没有直接脱除一氧化碳，而是通过变换，尽量减少进入脱碳吸收塔的一氧化碳含量。因此采用化学吸收法氢气提纯的制氢装置，都设置有低温变换流程。

离开转化炉管的转化气中一氧化碳的干基体积含量在10%~20%，经过中温变换反应器，中变气中一氧化碳的干基体积含量可以降低到3%以下，再经过低温变换反应器，低变气中一氧化碳的干基体积含量可以降低到0.3%以下。

（四）热量回收和酸性凝结水处理

1. 水蒸气转化制氢装置的热量

水蒸气转化制氢装置包含多个化学反应过程的工艺特点，决定了装置内存在高、中、低不同温位的热能。

1）高温位热能

高温位热能来源于转化炉，包括离开转化炉辐射段的高温烟气（约1000℃）和离开转化炉管的高温转化气（800~870℃）。

2）中温位热能

中温位热能来自变换反应器出口的变换气，温度一般在400~420℃。

3）低温位热能

变换气经过换热和发生蒸汽（需要时）后，200℃以下的变换气携带大量的热能，特别是冷却到170℃以下，中变气携带的水蒸气开始冷凝，同时放出大量的热能，但是这部分热能由于温位低，利用起来相对困难。转化炉的高温烟气，经过发生蒸汽和预热原料后温度仍然在300~400℃，仍携带一定数量的低温位热能。

2. 不同温位热量的回收及工艺流程

1）转化气和转化炉烟气的高温位热的利用

制氢装置通过发生高压或超高压蒸汽可以回收转化气和转化炉烟气的高温位热。通过发生高压和超高压蒸汽回收高温位的热量，反应过程所需的蒸汽可以全部由装置自产提供，富余部分送出装置。由此转化炉的高温位热量得到了有效的利用[15]。

转化炉烟气的高温位热，不仅用于发生过热高压蒸汽，还用于预热进入转化炉混合了水蒸气的原料气，通常原料气进入转化炉管前，温度需要预热到520~630℃。进入转化炉管的原料气温度越高，转化炉的燃料消耗越低。

2）中温位热能的利用

中温位热主要是中温变换反应器出口的中变气，一般用于预热进入加氢反应器原料或者发生 3.5MPa 饱和蒸汽。

3）低温位热的利用

中变气的低温热用来预热装置内发生蒸汽所需要的除盐水。水的预热分成两个部分：除盐水与中变气换热后进入除氧器，离开除氧器的除氧水再与中变气换热后进入蒸汽发生器的汽包。回收低温热后的中变气温度在 140℃左右，除非装置内有其他需要预热的热源（如伴热用热水），一般都直接进入空冷器冷却。中变气中携带了大量的水蒸气，在 170℃以下会随着温度降低不断冷凝，这部分低温热的数量很大，还没有好的回收和利用措施。

转化炉的烟气通过预热燃烧用空气回收其中的低温热，预热后的燃烧用空气温度可以达到 300~350℃，送入转化炉后可以节省燃料消耗。

参见图 20-5，热量回收部分的流程简述如下：

离开转化炉管的转化气经转化气余热锅炉发生高压蒸汽、自身冷却到 340~360℃进入中变反应器，约 410℃的中变气离开中变反应器后，经预热原料和除氧水后进入中变气第一分液罐分出冷凝水后与除盐水换热，冷却后的中变气进入第二分液罐分液后进入空冷和水冷，再经分液后送到变压吸附单元。一般设置 3~4 台分液罐，根据预热除盐水后的温度确定是空冷后分液，还是与除盐水换热后分液，如果与除盐水换热后分液，则空冷器出口不设分液罐。

3. 酸性冷凝水的处理

为最大限度地生产氢气，在转化反应部分，水蒸气都是大大过量的，体现在进入炉管的原料水碳摩尔比高出化学反应计量比许多。这部分蒸汽在中变气换热冷却部分冷凝并收集成为酸性冷凝水。酸性冷凝水除含有溶解的二氧化碳外，还含有从上游催化剂中释放的金属离子和颗粒以及管道腐蚀后溶解的金属离子。这部分酸性凝结水量很大，也不能直接用作锅炉给水，大多数制氢装置将这部分凝结水在装置内经过水蒸气汽提，脱除溶解的二氧化碳后送到工厂的凝结水站处理后，作为除盐水或除氧水使用[16,17]。

考虑装置的能耗和减少外排，制氢装置寻找酸性凝结水装置内自用不外排的方案，其中双汽包方案已成功商业应用。其思路是设置双汽包，将酸性凝结水发生蒸汽和锅炉给水发生蒸汽分开，酸性凝结水发生的蒸汽全部用作装置内的反应原料，除氧水发生的蒸汽在装置内过热后，一部分补充反应蒸汽的不足，其余部分送出装置作为动力蒸汽[16,17]。

（五）氢气提纯

氢气提纯部分是对造气部分所获得的富氢气体进行提纯，得到高纯度的工业氢气。主要有变压吸附法氢气提纯和化学法氢气提纯。前者在本章的第二节有详细介绍，这里主要介绍化学法氢气提纯。

对采用化学法提纯工艺的制氢装置，氢气提纯部分和造气部分的分界不是非常清晰，其中一氧化碳低温变换可算作氢气提纯，也可以算作造气。化学法氢气提纯的流程包括三个部分。

低温变换⟹二氧化碳脱除⟹甲烷化

低温变换在“（三）变换”部分已做介绍，其目的是进一步降低中变气中的一氧化碳含量。

1. 二氧化碳脱除

二氧化碳脱除采用溶剂吸收-解吸的方法脱除低变气中的二氧化碳。低变气中含二氧化碳体积分数约为21%，脱除二氧化碳后的净化气中的二氧化碳体积含量不大于0.1%。有多种溶剂可以用于低变气中二氧化碳的脱除，使用较多的有热碳酸钾(苯菲尔法)和MDEA(N-甲基二乙醇胺)。苯菲尔法脱碳和MDEA法脱碳工艺流程相近，只是操作条件有所不同。近年来，国内几套苯菲尔脱碳装置相继改造为MDEA工艺[18]。

本部分以一种国内开发并实际应用的MDEA法为例，介绍二氧化碳脱除工艺[19]。

MDEA法脱碳的溶剂是N-甲基二乙醇胺，与二氧化碳的反应如下：

$$CO_2+H_2O \longrightarrow H^++HCO_3^- \tag{20-11}$$

$$H^++R_2CH_3N \longrightarrow R_2CH_3NH^+ \tag{20-12}$$

总反应式：

$$R_2CH_3N+CO_2+H_2O \longrightarrow R_2CH_3NH^+ \cdot HCO_3^- \tag{20-13}$$

总反应速度受式(20-11)控制，式(20-11)是二氧化碳的水化反应，速度很慢。

在MDEA溶液中加入少量的活化剂R'_2NH后，吸收二氧化碳的反应按下面历程进行：

$$R'_2NH+CO_2 \longrightarrow R'_2NCOOH \tag{20-14}$$

$$R'_2NCOOH+R_2CH_3N+H_2O \longrightarrow R'_2NH+R_2CH_3NH^+ \cdot HCO_3^- \tag{20-15}$$

上述两反应式之和的总反应：

$$R_2CH_3N+CO_2+H_2O \longrightarrow R_2CH_3NH^+ \cdot HCO_3^- \tag{20-16}$$

加入活化剂后二氧化碳的吸收速率大大加快。

MDEA法脱除二氧化碳有贫液流程和半贫液流程。半贫液流程能够节省能耗，但流程复杂，投资高。一般小规模富氢气体脱除二氧化碳都选择贫液流程。图20-9是典型的MDEA法脱除二氧化碳的半贫液流程。

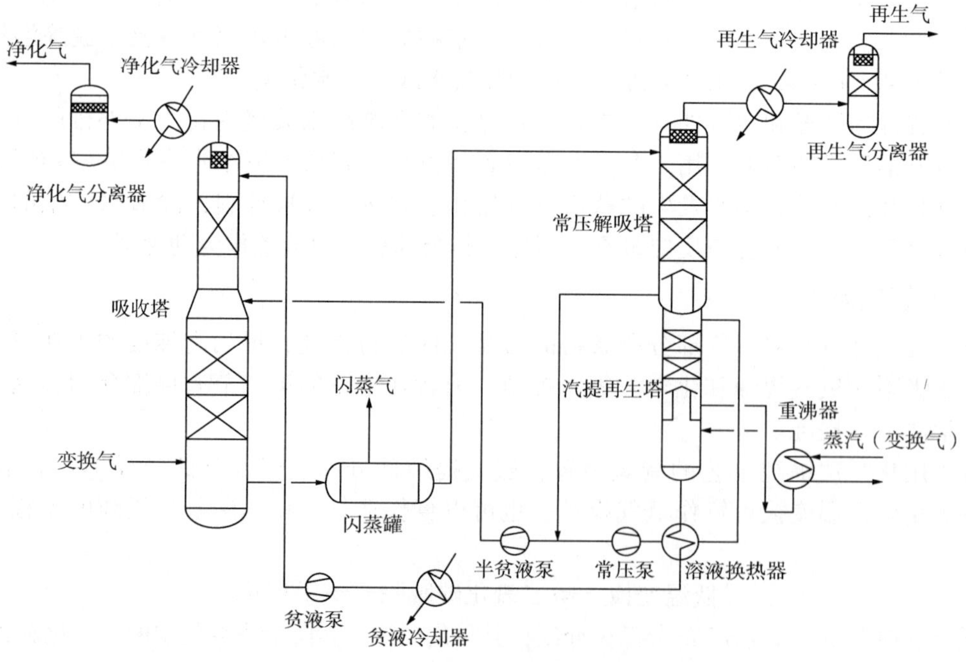

图20-9　典型的MDEA半贫液脱除二氧化碳流程

半贫液流程采用两段吸收、两段再生。低变气冷却到70℃左右进入吸收塔下部，自下而上先后与半贫液和贫液逆流接触，在塔内填料床层上发生传质与传热过程。变换气中的二氧化碳被脱除，离开吸收塔顶的变换气中二氧化碳体积含量小于0.1%。吸收了二氧化碳的MDEA富液减压闪蒸，脱除溶解的部分氢气和甲烷后，进入常压解吸塔顶。在吸收塔内，富液与汽提再生塔底重沸器产生的蒸汽逆流接触，脱除溶解的二氧化碳，在常压解吸塔底获得部分再生后的MDEA半贫液。一部分半贫液经半贫液泵升压后返回吸收塔中部循环使用，其余半贫液经升压、换热后送到汽提再生塔顶。在汽提再生塔内，半贫液与塔底重沸器产生的蒸汽逆流接触，进一步脱除其中的二氧化碳后作为贫液离开塔底，经换热、升压后送到吸收塔顶。采用这种方式，与全部MDEA都从解吸塔底以贫液形式抽出相比可以减少重沸器的热负荷。

解吸塔操作压力越低，越有利于二氧化碳的脱除，通常压力在0.05MPa(G)左右，塔底温度112℃，半贫液抽出温度72～75℃，半贫液和贫液的用量比一般为3∶1。

2. 甲烷化过程

脱碳后的氢气尚含有少量的二氧化碳和一氧化碳[二氧化碳<0.1%(体)，一氧化碳<0.3%(体)]，这些杂质会使用氢装置的加氢催化剂中毒，所以最后用甲烷化方法将其转化为甲烷脱除：

$$CO+3H_2 \longrightarrow CH_4+H_2O \qquad +206kJ/mol \tag{20-17}$$

$$CO_2+4H_2 \longrightarrow CH_4+2H_2O \qquad +165.4kJ/mol \tag{20-18}$$

甲烷化反应为强烈的放热反应，从化学平衡观点来看，温度低对甲烷化反应有利。如含0.2%(体)一氧化碳、0.05%(体)二氧化碳的原料气在327℃时，一氧化碳、二氧化碳的平衡浓度小于1μg/g；而在827℃时，二者几乎不进行甲烷化反应。甲烷化的反应温度取决于催化剂的活性温度，镍催化剂的活性温度为300～350℃。化学法氢气提纯工艺的制氢装置氢气提纯部分甲烷化反应器入口温度一般在300℃。

二、水蒸气转化制氢装置主要操作因素

影响水蒸气转化制氢装置的操作因素有转化炉管的出口温度和压力、水碳比以及是否设置预转化反应器。

1. 转化炉管出口温度

轻烃与水蒸气在转化炉管内发生反应的总热效应是强吸热过程，从化学平衡而言，反应温度越高，反应平衡向产物方向移动，对原料的转化反应进行得越彻底。从反应速度而言，温度越高，反应速度越快，越有利于反应接近平衡。提高反应温度无论对转化反应的化学平衡还是反应速度都是有利的。

因此，转化气出口温度是影响轻烃转化率的主要控制因素。压力和水碳比一定，转化炉管出口温度由750℃升高到920℃时，残余甲烷体积含量就由16%降至约2%，如图20-10所示。

工业应用上，为满足高温转化反应的工艺要求，提高转化反应的转化率，降低转化气中的甲烷含量，工艺上应维持较高的转化气出口温度，以降低原料消耗。但是，提高反应

温度受到反应炉管及出口管系材质最高允许使用温度的限制，已经实现工业应用的转化炉出口温度一般在 750~920℃。

根据计算，转化炉温度从 820℃提高到 870℃，原料的消耗可以减少 3%，原料+燃料的消耗可以减少 2%。综合能耗(只记入原料+燃料+外送蒸汽)可以降低约 3%。可见，提高转化温度是制氢装置节能降耗的最有效手段。随着能源价格的上涨和各种性能优良的新型耐高温炉管的出现，以及转化炉出口高温管系的工程设计、建设水平的提高，转化反应的操作温度不断提升。据调查，在同样采用 HP 型炉管的情况下，国外转化炉出口的设计温度已达 860~920℃，国内实现长周期工业应用的转化炉管出口温度也达 870℃左右。

提高转化炉出口温度，不仅可以提高原料的转化率，还可以改变产品转化气中的氢气和一氧化碳的比值。从图 20-11 中可以看到，在与图 20-10 相同的操作条件下，操作温度由 750℃提高到 920℃，转化气中氢气和一氧化碳的摩尔比从 9.01 降低到 4.85。

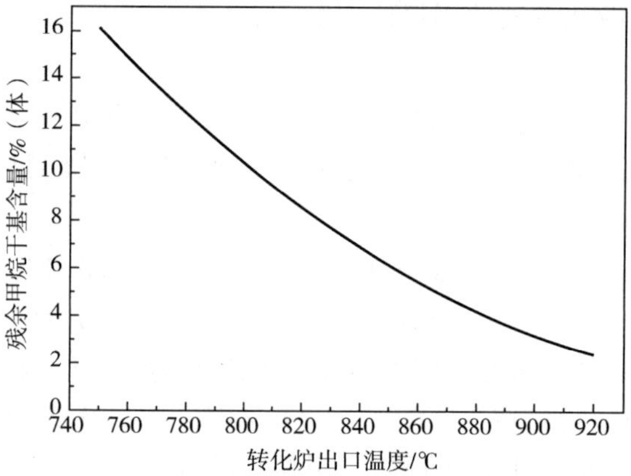

图 20-10　转化炉出口温度与残余甲烷含量的关系

基准：$H_2O/C=3.2$，出口压力 2.6MPa(G)

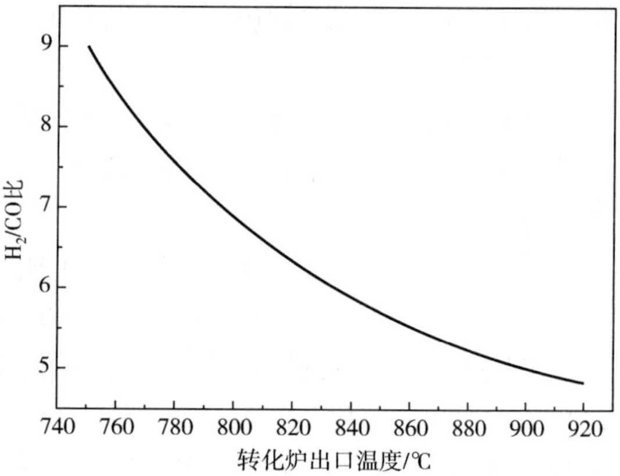

图 20-11　转化炉出口温度对氢气/一氧化碳比的影响

基准：$H_2O/C=3.2$，出口压力 2.6MPa(G)

2. 水碳比

水碳比是转化炉管进料中的水蒸气分子的摩尔数与碳原子的摩尔数之比，是转化操作中另一重要的控制因素。水碳比高，意味着反应物中水蒸气较化学反应计量比过剩的多，有利于轻烃的转化，但过高的水碳比会增加装置的能耗。水碳比由下列因素决定：

原料气的组成：原料中烃类含碳量愈多，所需蒸汽量也愈大，水碳比也愈高。

炭沉积的影响：轻烃蒸汽转化过程中，如蒸汽量不足，会产生烃类裂解反应：

$$CH_4 \longrightarrow C+2H_2 \qquad -75.7kJ/mol \tag{20-19}$$

从而在催化剂表面或孔隙中沉积焦炭，使催化剂丧失活性，甚至破裂粉碎。甲烷热裂解积炭温度为 700~750℃，而有 3~4 倍水蒸气存在时，其裂解积炭温度为 890℃，所以选定的水碳比必须大于催化剂规定允许的最小值，工程设计中为尽量减少燃料消耗，一般选用较低的水碳比，如 3.0 左右。图 20-12 和图 20-13 分别给出了在一定出口温度和压力下，水碳比为 2.2~4.0，转化炉出口残余甲烷含量和装置综合能耗(只记入原料+燃料+外送蒸汽)的变化曲线。

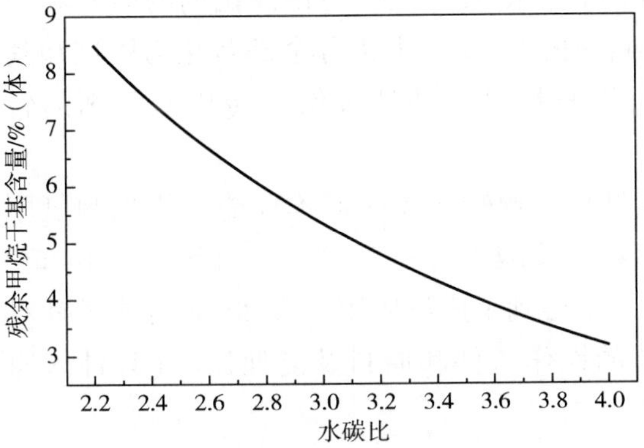

图 20-12　水碳比对出口残余甲烷的影响

基准：出口温度 870℃，出口压力 2.6MPa(G)

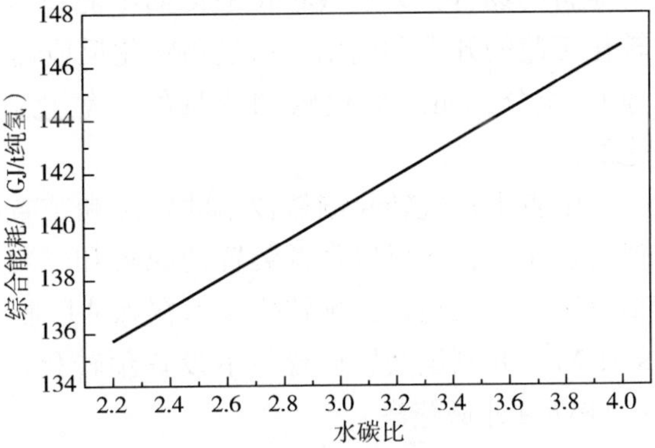

图 20-13　水碳比对综合能耗的影响

基准：出口温度 870℃，出口压力 2.6MPa(G)

随着国内外制氢工艺流程的不断优化及转化催化剂性能的不断提高，为不断降低装置能耗，选用的水碳比也在不断降低。据了解，国内已有新建制氢装置转化炉管进口的水碳比最低可达 2.2。

3. 压力

轻烃水蒸气转化反应是一个体积大为增加的过程，在化学反应平衡方面，降低压力有利于反应平衡向产物方向移动。但是，降低压力不利于富氢气体的净化过程，特别是对于采用变压吸附氢气提纯路线的制氢装置，也不利于下游装置对于氢气的使用。

压力条件的选择是由工业氢纯度要求、水碳比、炉管热强度、系统能耗等几个因素综合考虑决定的。转化炉管出口压力，不仅影响出口的残余甲烷含量，还影响氢气和一氧化碳的比例。图 20-14 和图 20-15 展示了规定水碳比和出口温度，不同出口压力下残余甲烷的含量变化以及不同出口压力下氢气/一氧化碳比例的变化。

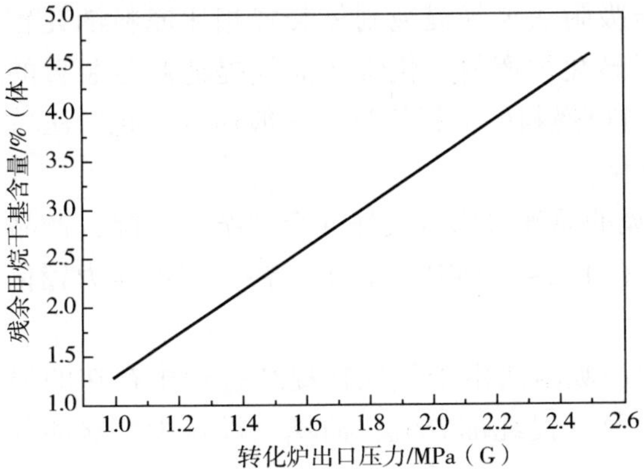

图 20-14　出口压力对残余甲烷的影响

基准：$H_2O/C=3.2$，出口温度 870℃

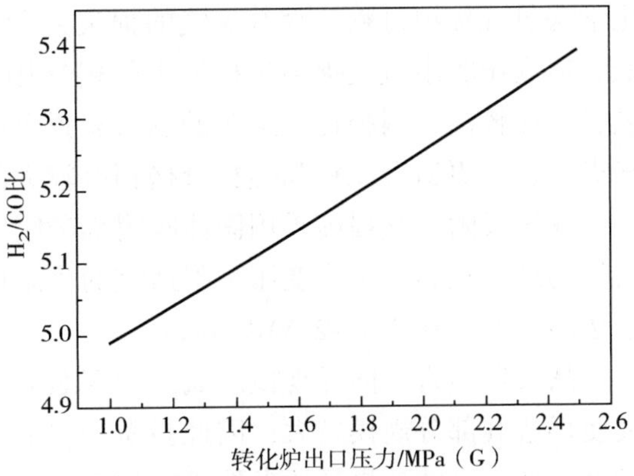

图 20-15　出口压力对氢气/一氧化碳比例的影响

基准：$H_2O/C=3.2$，出口温度 870℃

4. 预转化反应器

最早的转化催化剂是基于天然气原料开发的，在没有天然气资源、需要炼厂气或轻烃为原料的场合，天然气转化催化剂不能适应轻烃原料，促成了轻烃转化催化剂的研发和预转化工艺的开发和应用。通过预转化反应器，原料中的 C_2 及以上组分全部转化为甲烷和其他 C_1 组分，如二氧化碳和微量的一氧化碳，可以直接进入装填天然气转化催化剂的转化炉。

随着水蒸气转化制氢技术的发展和装置的大型化，预转化反应器不仅能够增加制氢原料的适应性，还可以降低装置的原料和燃料的消耗以及减少外送蒸汽量。因此，近年随着制氢装置的大型化，预转化技术在炼油厂制氢装置中得到了广泛应用。表 20-8 对比了针对 8 万 Nm^3/h 制氢装置设置与不设置预转化反应器的操作条件和原料及能耗比较（只计入原料+燃料+外送蒸汽）。

表 20-8 设置与不设置预转化反应器对制氢装置的影响

项 目	无预转化反应器	有预转化反应器	项 目	无预转化反应器	有预转化反应器
转化炉出口压力/MPa(G)	2.6	2.6	燃料消耗/(kg/h)	4632	1368
转化炉入口温度/℃	500	630	原料+燃料消耗/(kg/h)	24429	22876
转化炉出口温度/℃	870	870	外送蒸汽量/(kg/h)	49202	27927
水碳比/(mol/mol)	3.5	2.8	综合能耗/(GJ/t 纯氢)	144.57	144.67
原料消耗/(kg/h)	19797	21508			

5. 化学法氢气提纯制氢装置和变压吸附法氢气提纯装置的操作条件比较

化学法氢气提纯过程只是去除了气体中的一氧化碳和二氧化碳，富氢气体中的甲烷仍然保留。虽然甲烷对于炼油厂用氢装置的催化剂没有毒害作用，但毕竟降低了工业氢气的纯度，因此需要在转化过程中尽量降低残余甲烷的含量，这样转化炉需要在较低的压力、较高的水碳比下操作，产品氢气的压力和氢气的纯度较低，通常的产品氢气压力为 1.2MPa(G)。化学法氢气提纯过程，没有氢气的损失，和变压吸附法氢气提纯制氢装置相比原料消耗较低。但变压吸附氢气提纯过程损失的尾气用作了转化炉燃料，化学法氢气提纯制氢装置的燃料消耗较高，两种提纯工艺的制氢装置总的原料+燃料的消耗相近。一般而言，化学法氢气提纯装置更适合原料和燃料价格相差较大的场合。

变压吸附氢气提纯采用固体吸附剂吸附-解吸的原理将除氢气外的全部杂质去除，产品氢气的纯度较高。多床变压吸附适宜的吸附压力在 1.2~3.1MPa，因此产品氢气的压力较化学法高，通常在 2.1~2.5MPa(G)。

从投资而言，同样规模产氢的制氢装置，变压吸附法由于氢气在提纯过程中存在的损失使得造气部分规模较大，因此投资也高些，而氢气提纯部分流程简单、设备少，这部分投资略低。总的效果是两者的投资相近。

随着装置的大型化和人工费用的增长，采用变压吸附法氢气提纯的制氢装置因其流程短、操作简单、综合能耗较低，已成为炼油企业水蒸气转化制氢装置的主流。表 20-9 列出了 8 万 Nm^3/h 制氢装置采用化学法氢气提纯和变压吸附法氢气提纯的主要参数和指标比较。

表 20-9　化学法氢气提纯和变压吸附法氢气提纯制氢装置的比较

项　目	化学法氢气提纯	变压吸附法氢气提纯	项　目	化学法氢气提纯	变压吸附法氢气提纯
产氢量/(Nm^3/h)	80000	80000	水碳摩尔比	4.5	3.2
产品氢气压力/MPa(G)	1.1	2.2	原料量/(kg/h)	15277	20431
产品氢气纯度/%(体)	97.7	99.9	燃料量/(kg/h)	8742	4408
转化炉出口压力/MPa(G)	1.6	2.6	原料+燃料/(kg/h)	24019	24839
转化炉入口温度/℃	520	520	外送蒸汽量/(kg/h)	23590	61311
转化炉出口温度/℃	870	870	综合能耗/(MJ/kg)	154.83	141.23

三、水蒸气转化制氢催化剂

轻烃水蒸气转化制氢过程使用多种催化剂，催化剂性能对制氢装置的建设投资和生产效率起极大的作用。

20 世纪 70 年代以来，我国在制氢催化剂方面做了大量工作，研制了抗积炭的烃转化催化剂，改进了一氧化碳变换催化剂，针对不同的原料，开发了不同的加氢催化剂和脱硫、脱氯吸附剂，已能生产性能优良的多种品牌和牌号。详细的描述见第十三章有关内容。

四、核心设备

转化炉是制氢装置的关键设备，它不但投资大(约占制氢装置总投资的四分之一)，结构复杂，操作调节苛刻，而且操作的好坏对氢气的产率和质量影响很大。

转化炉实际上是一台外供热的并联多管式反应器，转化炉炉管直立安装在炉子中间，管中装有烃类转化催化剂，混合了水蒸气的原料气在转化炉对流段预热后经由转化炉顶部的集合管，通过对应每个炉管的小直径的上尾管均匀地分布到各个转化管内。离开转化炉管的转化气则由出口小口径管进入下集合管，汇集成一根总管后送入转化气余热锅炉回收热量。

根据燃烧器布置，转化炉有顶烧、侧烧和梯台式三种，国内常用的是顶烧和侧烧。

侧烧式转化炉每个炉膛内布置一排炉管，反应所需的热量通过布置在侧墙的多排燃烧器提供，每排燃烧器的燃料气总管上设置一台调节阀。这种方式可以根据反应所需的热量分别调整每排燃烧器的供热量，较为方便地控制炉管壁温。另外，炉膛内的烟气上行，有利于烟气在炉膛内的流动。缺点是占地大，燃料气的流程复杂，投资高，不利于装置的大型化，参见图 20-16。

顶烧式转化炉的辐射室呈箱式结构，可以布置多排转化炉管，每排炉管间布置多台燃烧器提供反应所需的热量。炉膛内高温燃烧气体与反应炉管内气体并流，沿炉管的供热量与反应的需热量基本一致，因此炉管表面温度不会过高，而传热量大。愈往下炉管内外气流之间温差愈小，所以炉管表面温度比较均匀。顶烧式转化炉可以布置较多的炉管，有利于装置的大型化，但沿着炉管方向燃料气的供热分布调节困难，不利于操作温度的进一步提高(见图 20-17)。顶烧炉的烟气下行，与烟气的自然流动方向相反，必须设置鼓风机和引风机保证烟气的流动。

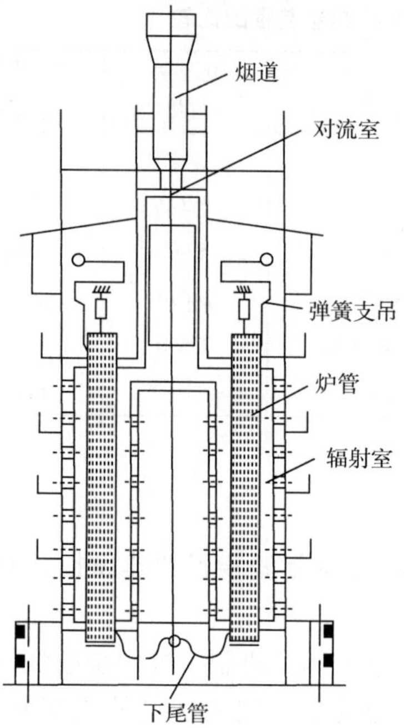

图 20-16　侧烧式转化炉

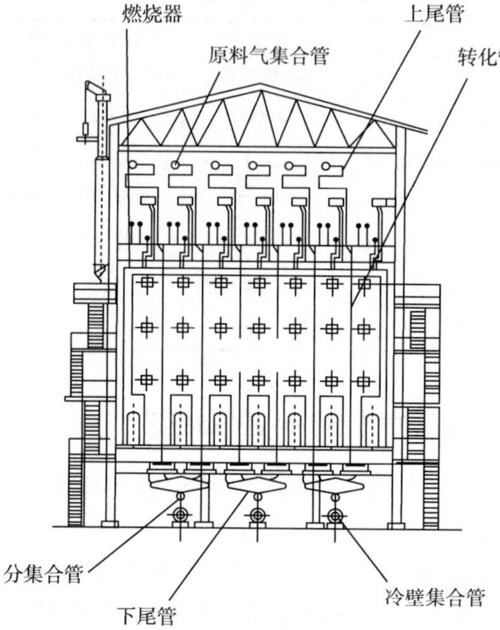

图 20-17　顶烧式转化炉

转化炉是炼油厂操作条件最为苛刻加热炉，炉管内的操作温度最高达到 870～920℃，管外烟气温度在 1000℃左右，炉管的壁温最高达到了 900℃，接近材料的屈服极限。因此在转化炉设计过程中，转化炉管系的设计和炉膛内温度分布尤为重要。

转化炉管系包括上集合管、上尾管、转化管和下尾管、下集合管。管系的设计既要保证能够承受操作过程的高温，还要能够适应高温带来的管线热膨胀和热位移。设计中采用长度较长的上、下尾管来解决管系的热膨胀和热位移。随着操作温度的进一步提高，转化炉出口采用尾管的形式已经不能适应，国内外工程公司开发了多种出口管和集合管形式来解决高温和热膨胀带来的问题，其中一个共同点是出口集合管采用了冷壁结构，减小主集合管的热膨胀量[20]。

转化炉管操作条件苛刻，一般选用高合金材料，如 HK-40 离心铸造合金管，其中含 Cr25%、Ni20%，设计寿命约 1 万小时。在 HK-40 合金中加入 1.5%的铌(HP-40)，可使炉管寿命延长 25%。

对于一定的传热量，小管径炉管的相对表面积大，管壁温度相对较大管径管子低，同时管内径向温差小，催化剂使用寿命较长，但较小的炉管直径会增加炉管的数量，不利于装置的大型化。工业上常用的炉管管径为 75～150mm。

五、甲醇水蒸气转化制氢

工业上生产甲醇大多采用氢气与一氧化碳的合成反应过程，也就是甲醇来自氢气，因此一般不用甲醇生产氢气。由于甲醇运输较为方便，在一些没有天然气和轻烃资源，规模相对较小，不适合采用煤气化工艺，或者煤炭的来源和使用受限的场合，也有工厂利用甲醇生产氢气。过去一段时间，山东的地方炼油企业建设了多套甲醇制氢装置。

(一) 甲醇制氢的原理

以甲醇为原料制取氢气有三种主要工艺：甲醇裂解、甲醇水蒸气转化和甲醇部分氧化[21]。其反应原理如下：

1）甲醇裂解

$$CH_3OH = CO+2H_2 \qquad +90.7kJ/mol \qquad (20-20)$$

该过程是甲醇的直接裂解，可以看作甲醇合成反应的逆反应，1mol 的甲醇可以直接获得 2mol 的氢气。生产氢气还需将裂解获得的合成气进一步变换后进行提纯。

2）甲醇水蒸气转化(或称甲醇水蒸气重整)

$$CH_3OH+H_2O = CO_2+3H_2 \qquad +49.5kJ/mol \qquad (20-21)$$

该过程的原料为甲醇和水蒸气，可以看作是甲醇裂解反应和一氧化碳变换反应的总反应。1mol 甲醇可以直接获得 3mol 氢气。

3）甲醇部分氧化

$$2CH_3OH+O_2 = 2CO_2+4H_2 \qquad (20-22)$$

该过程生产氢气需要纯氧。1mol 甲醇可以生产 2mol 氢气。

以甲醇为原料生产氢气的装置基本上都是采用水蒸气转化工艺。采用这个工艺，通过甲醇水蒸气转化，可以获得富氢气体，再经过变压吸附提纯获得纯氢，不需要变换过程。

(二) 甲醇水蒸气转化制氢的工艺及主要控制参数

1. 工艺流程

甲醇水蒸气转化制氢装置的示意流程见图 20-18。与烃类水蒸气转化制氢流程相比，流程简单。

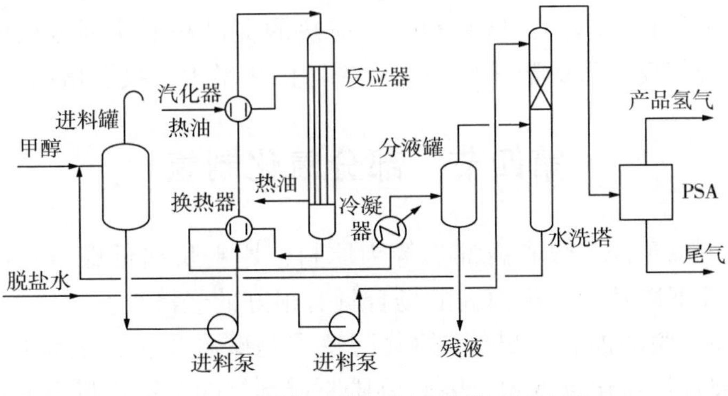

图 20-18　甲醇水蒸气转化制氢示意流程

(1) 甲醇本身不含硫、氯等杂质，不需要原料净化部分。离开甲醇转化反应器的合成气只含 1%(体)左右的一氧化碳，因此不需要变换过程。

(2) 甲醇水蒸气转化过程的反应温度在 230~280℃，不需要高温反应炉，可以采用列管式反应器，利用导热油提供所需的反应热。

(3) 甲醇水蒸气转化过程冷凝的凝液和合成气水洗后的洗涤水，可以直接与甲醇混合后作为原料使用，没有凝液回收和预处理设施。

参照图 20-18，主要流程简述如下。

原料甲醇进入装置与除盐水和循环凝液混合后，与离开甲醇转化反应器的合成气换热，再与导热油换热到230~280℃后进入转化反应器，反应所需的热量由导热油提供。离开转化反应器的合成气经与原料换热和水冷后，分出凝液进入水洗塔去除少量未反应的甲醇，之后进入变压吸附部分提纯氢气。转化反应器出口的合成气中(干基)含有74%~75%(体)的氢气，24%~25%(体)的二氧化碳，1%(体)左右的一氧化碳，和几百个μL/L的未反应甲醇，以及过剩的水蒸气。

2. 主要操作条件

1）反应温度

甲醇水蒸气转化反应是吸热反应，温度升高有利于甲醇的转化和反应物的生成。随着反应温度的升高，甲醇的转化率提高，但合成气中一氧化碳的含量增加。通常转化催化剂采用铜系催化剂，温度高会引起晶粒的长大。因此反应温度在230~280℃。

2）水醇比

水醇比的提高有利于醇的转化，增加水醇比会提高甲醇的转化率，同时也降低了合成气中的一氧化碳含量。但是，过高的水醇比会造成较高的能耗，通常工业装置采用的水醇摩尔比在1.5~2.0。

3. 催化剂

甲醇水蒸气转化催化剂有铜系、镍系和贵金属催化剂，工业上使用较多的是铜系催化剂。研究发现，甲醇水蒸气转化的活性随着铜含量的增加而升高。催化剂除含有铜外，也含有氧化锌和三氧化二铝。

4. 甲醇水蒸气转化反应器

甲醇水蒸气转化反应器是列管式反应器，立式布置，管内装有催化剂，管外为提供反应热的导热油。管子的直径越小，越有利于反应热的提供和催化剂床层的径向温度分布均匀。但过小的管径会使反应管的数量增加，反应器体积增大，投资增高。

第四节　部分氧化制氢

部分氧化制氢可以重油、煤和石油焦等为原料，原料价格低廉，在没有价格合理的天然气和轻烃资源条件下以及产氢规模大的场合具有很好的经济性。

重质原料(渣油、脱油沥青、煤等)的共同特点是碳含量多，氢含量少，杂质多(灰分多，尤其是煤)，硫含量变化范围大。因此重质原料制氢的关键是将重质原料气化，将其转变成可利用的氢和一氧化碳，所基于的化学反应原理是重质原料的部分氧化反应。这里将基于部分氧化反应原理的气化技术作为核心的制氢工艺统称为部分氧化制氢。

部分氧化是在氧气存在的条件下，燃料发生不完全燃烧反应获取富含一氧化碳和氢气(共称有效气体)的合成气的工艺过程。部分氧化工艺可以将重质原料(如重油、石油焦和煤)转化为合成气，再根据目标产品的不同通过下游工艺获得甲醇、多元醇、合成液体燃料、合成氨等化学品或氢气。

重质原料特别是煤的气化技术是基于煤炭的清洁利用(发电)和生产化工品(最初主要是合成氨)开发和发展起来的。对于煤的气化技术，按照进入气化炉的煤炭的颗粒大小以及煤在气化炉内的流动形式，分成固定床(亦称移动床)、流化床、气流床三种类型，应用最多也是最为成熟的是气流床气化技术。过去近 20 年时间，国内煤化工行业快速发展，以及国际上煤炭清洁利用的推进，促成了许多气化技术的出现、发展和逐步成熟。如国际上采用水煤浆进料方式属于气流床气化的 GE 水煤浆气化、E-gas 气化，采用煤粉进料方式属于气流床气化的 Shell 粉煤气化、GSP 粉煤气化，属于固定床气化的 Lurgi 的固定床气化、BGL 固定床气化技术，都在我国实现了工业应用。国内开发的气化技术包括：水煤浆进料属于气流床气化的华东理工大学的多喷嘴对置水煤浆气化，中国石化与华东理工大学联合开发的 SE 平推流水煤浆气化，清华大学开发的晋华炉水煤浆气化，采用粉煤进料方式属于气流床气化技术的北京航天煤化工工程公司开发的(HT-L)航天炉粉煤气化，中国石化与华东理工大学联合开发的东方炉(SE)粉煤气化，西安热工研究院开发的两段干煤粉气化技术，神华宁煤开发的神宁炉干煤粉气化，属于流化床气化技术的中科院山西煤化所开发的灰熔聚流化床气化技术。这些技术也都建有工业装置，实现了商业运行。国内的气化技术在过去十几年间得到了快速发展，一些技术迅速推广，建设了大量工业装置并出口海外。

气化技术是煤化工行业的一个重要领域，有众多论文和专著发表出版。本节以炼油厂制氢装置为目标，选择几种有代表性的、用于生产氢气的国内气化技术进行介绍，目的是说明部分氧化制氢技术的特点和过去 10 年在国内的发展。

就气流床气化技术而言，进料方式是各种气化技术的一个重要代表性特征。除重油气化的直接进料方式外，固态燃料的气流床气化技术都需要对原料煤进行处理和制备，按照进料方式分成水煤浆进料气化和粉煤进料气化。本节按照两种进料方式对两类气化技术进行分类介绍，并简单介绍重油气化技术。

一、部分氧化制氢的装置构成

部分氧化制氢装置的总流程组成相近，都是由备煤(重油进料没有该部分)、气化、变换、酸性气脱除、制冷、氢气提纯和空分几个部分组成，参见图 20-19。

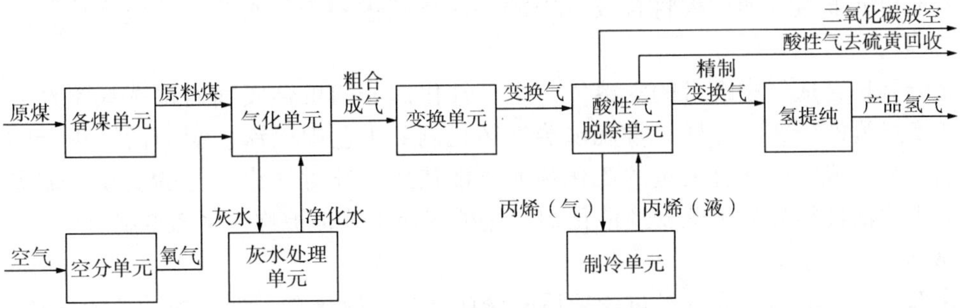

图 20-19　部分氧化制氢装置方框流程示意图

几个部分的主要功能和技术简述如下。

1. 气化单元

以制备好的原料煤/石油焦为原料，或直接以重油为原料，与来自空分的氧气在气化炉内发生部分氧化反应，获得富含一氧化碳和氢气的合成气，气化炉内的反应温度通常在 1200～1500℃。根据合成气冷却方式的不同，气化工艺可以分成激冷流程和余热锅炉流程。

激冷流程中，高温合成气直接与激冷水接触混合而被冷却降温，同时大量的激冷水汽化进入合成气，合成气中的水蒸气含量大为增加。余热锅炉流程通过间接换热发生超高压饱和蒸汽回收合成气中的高温位热量，将合成气冷却降温。

余热锅炉流程的能效利用更为合理，但余热锅炉本身的投资很高，操作和管理复杂。同时，高温合成气中携带大量的固体颗粒，容易发生高温腐蚀、冲蚀、堵塞，造成装置的非计划停车，影响装置的连续运行周期。

合成气用于生产氢气时，需要通过变换将其中的一氧化碳继续与水蒸气反应生成氢气和二氧化碳以提高氢气的产率。为此，在进入变换反应器前，合成气需要达到一定的汽/气比例，激冷流程在冷却过程汽化的水正好补充了变换所需的水蒸气。因此，就生产氢气而言，余热锅炉流程较高能量利用效率的优势不明显。从国内外建成装置来看，生产氢气和化学品的工厂，选择气化技术大多采用激冷流程，而IGCC电厂，为追求综合发电效率，加上激冷过程所带入的水蒸气没有使用价值，还需要在进入燃气轮机前冷却分出，因此都是选择余热锅炉流程的气化技术。

气化单元由于操作条件苛刻、原料条件复杂，特别是所含固体的磨蚀和堵塞，单系列气化很难达到炼油厂对氢气长周期(如3年或更长)连续供应的要求，用于煤气化制氢装置的气化单元不得不设置备用气化炉系列，以满足气化单元本身连续供应合成气的可靠性要求。

和水煤浆气化技术相比，粉煤气化技术的单炉连续运行周期要长很多，但还是远不能达到炼油厂运行周期的要求，在用作炼油厂煤制氢装置时，还需要设置备用气化系列。通常，相同规模的粉煤气化单系列的投资比水煤浆气化单系列投资高出许多，再考虑建设备用系列，气化装置本身的投资将更高，因此已经建成的炼油厂气化制氢装置大多选择了水煤浆气化工艺。

2. 变换单元

来自气化单元合成气的有效气体中，一氧化碳的体积含量都在50%以上，为生产氢气，需要在变换单元通过变换过程将合成气中的一氧化碳进一步与水蒸气反应生成氢气和二氧化碳。

为充分利用合成气中携带的水蒸气，来自气化部分的粗合成气通常选择不经脱硫而直接进行变换过程的方式。这样，常规水蒸气转化制氢工艺中以铁、铜为活性组分的常规变换催化剂，因合成气中含有大量的硫化物而不能使用。针对气化工艺的变换，需要采用以钴和钼为主要活性组分的耐硫变换催化剂，这种变换工艺也被称作耐硫变换。

3. 酸性气脱除单元

气化部分生产的粗合成气经过变换后的变换气含有硫化氢、少量的其他硫化物(如羰基硫)以及大量的二氧化碳，需要在酸性气脱除单元中予以脱除。

目前还没有在较高温度下大规模脱硫和脱除二氧化碳的成熟技术，大规模的脱硫和脱除二氧化碳还是采用低温溶剂吸收解吸工艺。与气化工艺相伴的脱硫脱碳使用的溶剂包括：甲醇，相应工艺称作低温甲醇洗；聚乙二醇二甲醚，对应国外工艺技术称作Selexol，国内工艺技术称作NHD；MDEA，国外技术称作活化MDEA工艺，国内没有专门的技术名称，但国产MDEA溶剂吸收解吸技术在炼油厂气脱硫和天然气化工的脱碳领域有着广泛的应用。

三种溶剂对应的工艺，从脱除大量二氧化碳和净化变换气中的二氧化碳及硫化氢含量指标两方面来看，低温甲醇洗工艺最为有效，因此在气化领域应用最为广泛。但低温甲醇洗工艺相对于其他两种工艺，建设投资最高，需要的吸收温度最低，因此为之配套的制冷单元的能力和能耗最大。这样在规模不太大的气化单元下游，综合酸性气脱除单元和制冷单元的投资和能耗，采用低温甲醇洗工艺就不如NHD和MEDA工艺，因此国内小规模气化装置下游有配置NHD工艺和MDEA工艺的工厂实例。

4. 氢提纯单元

氢提纯单元将净化变换气进一步净化，获取满足炼油厂要求的工业氢气。氢气提纯单元最主要的控制指标是一氧化碳和二氧化碳含量，与水蒸气转化制氢装置类似，采用的工艺有变压吸附和甲烷化。

5. 制冷单元

无论是低温甲醇洗工艺还是NHD工艺，都需要在低于环境温度的条件下操作，制冷单元为酸性气脱除单元提供所需的冷量。

气化制氢装置的制冷单元，一般都采用压缩制冷工艺，制冷介质有氨和丙烯两种。综合投资和操作费用，采用氨和丙烯制冷剂的差别不大。由于氨对周边的环境影响更大，需要专门的放空火炬，而炼油厂的丙烯较好获得，一般有现成的储运设施，因此，炼油厂气化制氢装置的制冷单元大多选择丙烯压缩制冷技术[22]。

6. 空分

空分单元为气化单元提供部分氧化反应所需的氧气，也为采用低温甲醇洗工艺的酸性气脱除单元提供所需的气提用氮气以及气化制氢装置所需的公用工程氮气。

煤制氢装置所配空分单元均采用深冷分离工艺。由于空分行业相当成熟，且空分可以同时为多个工厂和装置提供几种不同气体，大多炼油厂建设气化制氢装置选择第三方供氧气的模式来降低建设投资和氧气价格。

二、水煤浆气化

水煤浆气化属于气流床气化工艺，是目前工业应用最广泛的煤气化工艺之一。其特点是将煤或石油焦与水混合，一起磨制成符合一定粒径分布的水煤浆或水焦浆，采用液体泵输送的方式将反应原料煤通过气化喷嘴送入气化炉。从气化喷嘴不同通道送入的氧气高速喷出与煤浆并流混合雾化，在高温和高压下发生气化反应生成富含一氧化碳和氢气的粗合成气，灰渣采用液态排渣。

相对于粉煤进料气化工艺，水煤浆气化的进料方式简单、可靠。由于制得的水煤浆中的固体含量受磨制技术的制约，煤浆中的水含量远超化学计量所需；同时也由于大多数水煤浆气化炉采用高铬砖隔热，受砖使用条件的限制，水煤浆气化技术的反应温度比粉煤气化低，限制了使用较高灰熔点的煤。

（一）适合水煤浆气化的煤质要求

水煤浆气化工艺首先考虑煤种成浆性，成浆性差的煤种不适宜采用水煤浆气化技术。从经济性方面来考虑，水煤浆气化煤种内水含量以不大于8%为宜，灰分宜小于15%，灰熔点流动温度(FT)宜低于1300℃。

（二）制浆

1. 工艺过程

经破碎的煤(粒径<10mm)计量后送入湿式磨煤机，按照一定比例加入水、添加剂、助熔剂(如果需要)，磨制成质量含固量60%~70%的水煤浆。

2. 主要控制指标

直接影响水煤浆气化装置经济性的煤浆浓度与粒度分布是制浆单元的主要控制指标。煤粒度越小，煤浆浓度越高，黏度越大。水煤浆的流变性能、储运中的稳定性与煤种、煤粉的细度、含固量、添加剂种类以及浓度等参数有关。为保证水煤浆气化装置的经济性，一般要求水煤浆组成中煤的质量分数大于60%，动力黏度为1.0~1.5Pa·s，对于已确定的原料煤，可以通过添加适当的添加剂和采用分级磨煤，调整颗粒的粒度分布，提高煤浆的浓度[23]。

（三）水煤浆气化过程

煤的气化是一个复杂的物理化学过程。化学过程包括煤的燃烧、裂解等过程，物理过程包括物料及气化剂的传质、传热、流体力学等过程[24]。

煤气化过程的基本反应可以分成燃烧反应、气化反应和微量组分的形成反应三类，这三类反应在气流床气化炉内同时进行，是一个非常复杂的反应过程。

燃烧反应是气化炉内原料和产物及中间产物与氧气的反应。最主要的两个反应是碳的部分氧化反应和完全燃烧反应，还包括煤中挥发分烃类和产物(如一氧化碳、氢气)与氧气发生的反应：

$$2C+O_2 = 2CO \quad (20-23)$$

$$C+O_2 = CO_2 \quad (20-24)$$

气化反应是未完全燃烧的残炭(焦)与进料气化剂中的水以及燃烧反应产物之间的化学反应。最重要的反应包括甲烷的水蒸气转化反应和一氧化碳的变换反应，如下所示：

$$CH_4 + H_2 = CO+3H_2 \quad (20-25)$$

$$CO+H_2O = CO_2+H_2 \quad (20-26)$$

微量组分的形成反应主要是煤中氮元素和硫元素的反应，主要包括氨、氢氰酸和羰基硫的生成和分解反应：

$$COS + H_2 = H_2S+CO \quad (20-27)$$

$$N_2+3H_2 = 2NH_3 \quad (20-28)$$

$$HCN+3H_2 = NH_3+CH_4 \quad (20-29)$$

煤的气化是煤的部分燃烧与气化过程的组合。在无外界提供热源的情况下，气化炉内的气化热源依靠部分煤的完全燃烧生成二氧化碳，并放出热量，为煤的气化过程提供必要的热力反应条件。气化温度越高，需要完全燃烧消耗的煤和氧气就越多，气化过程的经济性越差。气流床气化工艺都是液态排渣，气化温度需要高于原料煤中灰组分的流动温度(FT)。从经济性来看，气流床气化对高灰熔点煤的经济性不如灰熔点相对较低的煤。

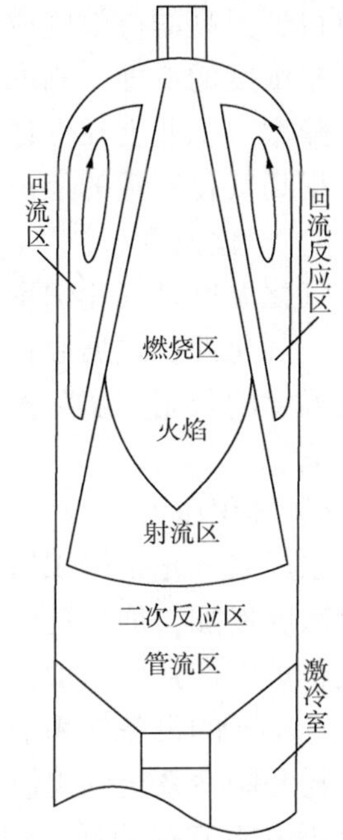

图 20-20 气化炉内流场分布

单喷嘴顶烧下喷式水煤浆气化炉内的流场可以分成三个区域(见图 20-20)：正对喷嘴的三角形射流区，射流区下面的管流区和射流区与气化炉顶和外壁之间的回流区。射流区是燃烧反应进行的主要区域，雾化后的水煤浆接受炉膛辐射传热并与来自回流区的高温气体迅速混合、升温、水分挥发、挥发分释放。通常认为，在射流区氧气消耗殆尽之前的区域，碳的非均相转化反应以燃烧反应为主，产物主要有一氧化碳和二氧化碳。由于气相一氧化碳与氧气的反应十分迅速，其产物以二氧化碳为主，这个反应区域称作一次反应区。射流区氧气消耗殆尽的区域与管流区一起称作二次反应区，这里主要发生气化反应，也称气化反应区。回流区中的介质为在射流卷吸作用下来自射流区域的燃烧产物、残炭、水蒸气及少量氧气，其反应既包括一次反应，也包括二次反应，这个区域称作一、二级反应共存区[25]。

(四) 操作参数的影响

影响水煤浆气化的主要参数有氧煤比、煤浆的成分和浓度、气化压力、气化温度、燃烧室的形状和尺寸等。对已建成的气化装置，燃烧室的形状和尺寸、气化压力已定，可调整的操作参数只限于氧煤比、水煤浆浓度、气化温度、气化压力。

1）氧煤比

氧煤比是最重要的操作参数，气化炉的反应温度主要靠调节氧煤比来控制。如图 20-21 和图 20-22 所示，气化反应温度和碳转化率都随氧煤比的增高而增高。由此可见，氧煤比是影响气化过程碳转化率以及出口粗合成气成分的关键因素。降低氧煤比，出口粗合成气有效成分 $CO+H_2$上升。为顺利排渣，气化操作温度需要高于灰熔点 50℃以上，这便限制了最低的氧煤比。提高氧煤比，碳转化率升高，气化炉温度升高，在升高至一定温度后，有效成分 $CO+H_2$下降。因此，要在保证经济性的前提下，根据煤种的特性确定合理的氧煤比[26]。

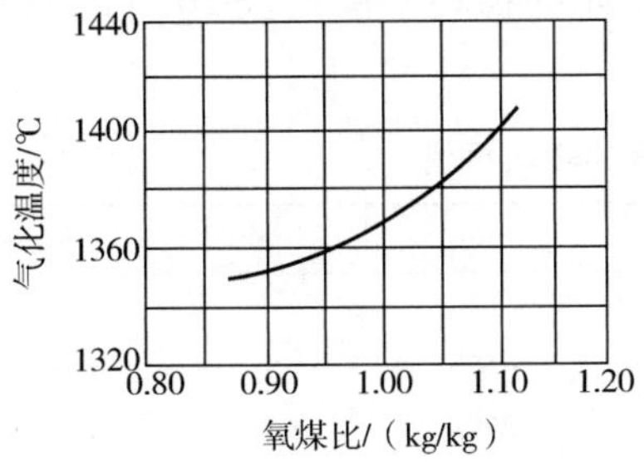

图 20-21 氧煤比与气化温度的关系

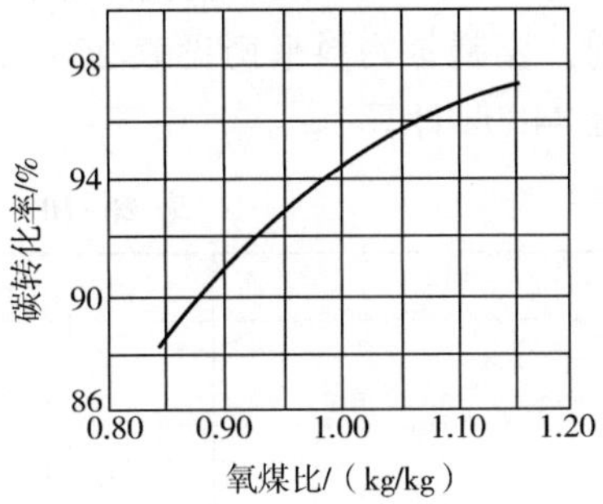

图 20-22 氧煤比与碳转化率的关系

2）水煤浆浓度

随着水煤浆浓度的增加，有效气成分不断提高，氧耗和煤耗降低，气化系统的经济性提高[27]。因此，对于一定的原料煤，在保证顺利排渣的气化温度下，应尽可能提高煤浆浓度以得到更高的有效气成分。煤浆浓度的提高受到煤种本身的内水、煤浆黏度的限制。随着煤浆浓度的增加，黏度也将上升。过高的黏度将影响煤浆输送泵的稳定性，增加供浆系统故障率。工业上在保证炉温、顺利供浆和合适的碳转化率条件下，应尽可能提高煤浆浓度，提高气化装置的经济性。

3）气化温度

气化温度是气化炉重要的控制目标参数，直接受氧煤比的影响。在水煤浆气化操作过程中，气化温度根据原料煤的灰熔点确定，对于采用高铬保温砖隔热的炉型，同时受炉砖使用温度的限制。实际操作的气化温度，要在气化炉内耐火砖不烧坏的前提下确保液态顺利排渣。

4）气化压力

水煤浆气化是体积增大的反应，从反应平衡来看，提高压力不利。但提高压力可使反应物浓度增加，加快反应速度，有利于反应接近平衡。从工程方面来分析，提高操作压力使气化炉生产强度增加，也有利于下游合成气净化装置（如耐硫变换、酸性气体脱除、氢气提纯等单元的设备体积缩小），且压力提高有利于酸性气脱除单元低温甲醇的吸收能力，降低能耗和制冷系统的规模，在下游合成气用户装置压力要求较高而设置有压缩机时，提高气化压力能节省功耗。但气化压力提高，还要遵循经济性原则。水煤浆气化压力系列有4.0MPa、6.5MPa、8.7MPa等级。

（五）水煤浆气化技术的主要操作条件和物料平衡

1. 主要操作条件

6.5MPa压力等级气化炉针对神府煤的主要操作条件：

气化温度：1355℃。

气化炉压力：6.5MPa(G)。

合成气离开洗涤塔顶温度：240℃。

合成气离开洗涤塔顶压力：6.2MPa(G)。

2. 物料平衡

以一套20万Nm^3/h工业氢产能，神府煤为原料，采用变压吸附氢气提纯工艺的煤制氢装置为例，煤制氢物料平衡见表20-10，其中气化单元的物料平衡见表20-11（物料平衡均按年运行8400h计算）。

表20-10　水煤浆制氢装置的物料平衡

项　目	kg/h	t/d	$10^4t/a$
入　方			
原料煤（收到基）	171028	4105	143.66
氧　气	124966	2999	104.97
配置水煤浆用补新鲜水	13711	329	11.52
补充除盐水	110194	2645	92.56
入方小计	419898	10078	352.71
出　方			
氢　气	17700	425	14.87

续表

项　　目	kg/h	t/d	10^4t/a
变压吸附尾气	5399	130	4.53
二氧化碳放空	347326	8336	291.75
酸性气	4806	115	4.04
渣(湿基)	28040	673	23.55
滤饼(湿基)	8763	210	7.36
外排污水	7866	189	6.61
出方小计	419898	10078	352.71

表 20-11　水煤浆气化单元的物料平衡

项　　目	kg/h	t/d	10^4t/a
入　方			
原料煤(收到基)	171028	4105	143.66
氧　气	124966	2999	104.97
配置水煤浆用补充新鲜水	13711	329	11.52
洗涤塔凝结水	267637	6423	224.81
入方小计	577341	13856	484.97
出　方			
合成气(干基)	278715	6689	234.12
水蒸气(含于粗合成气中)	252791	6067	212.34
酸性气	1167	28	0.98
渣(湿基)	28040	673	23.55
滤饼(湿基)	8763	210	7.36
外排污水	7866	189	6.61
出方小计	577341	13856	484.97

(六) 两种国产水煤浆气化技术简介

前已叙及，国内外实现商业运行的水煤浆气化技术有很多，本部分主要介绍应用较为广泛的国内自行开发的多喷嘴对置水煤浆气化技术和 SE 平推流水煤浆气化技术。

1. 多喷嘴对置式水煤浆气化技术

多喷嘴对置式水煤浆气化技术是由华东理工大学与山东兖矿集团有限公司合作开发的气化技术，是目前国内应用实例最多的气化技术之一[28]。

1）工艺过程

多喷嘴对置式水煤浆气化工艺示意流程见图 20-23，主要包括煤浆制备、气化和煤气初步净化、渣水处理等部分。

从制浆单元送来的水煤浆经两台高压煤浆泵送入气化炉工艺烧嘴，每台高压煤浆泵为两台对置的工艺烧嘴输送原料煤浆。流经喷嘴不同通道的氧气与煤浆一起通过四台对称布置在同一水平面的工艺烧嘴同轴射流进入气化炉内，在气化炉燃烧室内进行气化反应。气化炉燃烧室排出的高温气体和灰渣并流向下，穿过洗涤冷却水分布环，沿洗涤冷却管进入

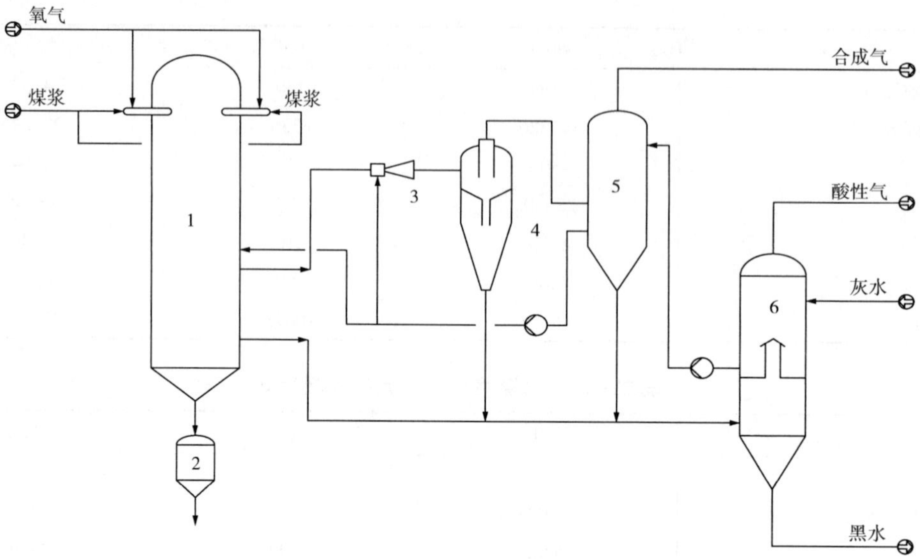

图 20-23　多喷嘴对置式水煤浆气化示意工艺流程

1—气化炉；2—锁斗；3—混合器；4—旋风分离器；5—水洗塔；6—蒸发热水塔

洗涤冷却室的水浴中，粗合成气经多层横向分隔器破泡洗涤后流出洗涤冷却室。经洗涤冷却室洗涤的饱和合成气进入混合器，与高温热水泵送来的灰水混合，润湿合成气夹带的固体颗粒后进入旋风分离器。离开旋风分离器的合成气进入水洗塔的中部，合成气向上穿过多层塔板，依次与循环灰水、高温变换冷凝液或锅炉给水逆流直接接触，洗涤剩余的固体颗粒后送入下游单元。气化炉洗涤冷却室下方连接锁斗，粗渣通过锁斗定期排出界外。洗涤冷却室、旋风分离器、水洗塔的高温黑水经调节阀连续排出，送入渣水处理单元。渣水处理单元再生的灰水，经蒸发热水塔预热后返回水洗塔循环使用。

2）气化技术特点

多喷嘴对置水煤浆气化技术在设备和工艺方面都展现了一系列的创新，具有自主知识产权，包括多喷嘴对置式气流床气化炉、预膜式气化喷嘴、交叉流式洗涤水分布器、复合床高温煤气冷却洗涤设备、分级净化的煤气初步净化工艺、蒸发分离直接换热式含渣水处理及热回收工艺[29]。

多喷嘴对置式水煤浆气化技术除了具有水煤浆气化固有特点外，还具有一些独特的特点：①气化炉采用撞击流技术来强化和促进混合、传质、传热；②洗涤冷却室采用喷淋床和鼓泡床结合的复合床技术；③在混合器与水洗塔之间增设旋风分离器，提高水洗塔的洗涤效果；④水洗塔中部设置筛孔塔盘，返回的灰水对合成气进行洗涤，水洗塔上部设置泡罩塔盘，清洁冷凝液对合成气进行最终洗涤；⑤蒸发热水塔的设置避免了高压闪蒸换热器因结垢堵塞降低设备效率的弊端，同时又可直接加热灰水，提高了热传递效率；⑥采用预膜式烧嘴可实现煤浆和氧气的高效混合、雾化。

3）气化指标

气化指标与装置操作的稳定性、负荷率、原料品质、煤浆质量、雾化效果、停留时间以及操作方法有关。气化温度控制在 1300℃左右，操作压力有 4.0MPa、6.5MPa 等级别，碳转化率可达98%以上，冷煤气效率在75%左右。表20-12列出了典型煤种(典型神华煤)的气化指标。

表 20-12　多喷嘴对置式气化炉气化指标

项　目	指　标	项　目	指　标
比氧耗①/($Nm^3/10^3Nm^3$ 有效气②)	约 360	氢气(干基)/%(体)	约 36
比标煤耗①/(g/Nm^3 有效气)	约 566	甲烷(干基)/%(体)	约 0.1
粗合成气干基组成		灰渣比	4∶6~3∶7
二氧化碳(干基)/%(体)	17~20	碳转化率/%	约 98.5
一氧化碳(干基)/%(体)	约 46		

① 采用典型神华煤，指标与煤质有关。

② 有效气指一氧化碳+氢气。

2. SE 平推流水煤浆气化技术

SE 平推流水煤浆气化技术由中国石化与华东理工大学合作开发，为顶置单喷嘴、激冷流程水煤(焦)浆加压气化工艺。

1) 工艺过程

SE 水煤浆气化成套技术由煤(焦)浆制备单元、单喷嘴气化炉及合成气激冷—洗涤—渣水处理系统组成，示意流程见图 20-24，主要包括煤浆制备、气化和煤气初步净化、渣水处理等工艺单元。

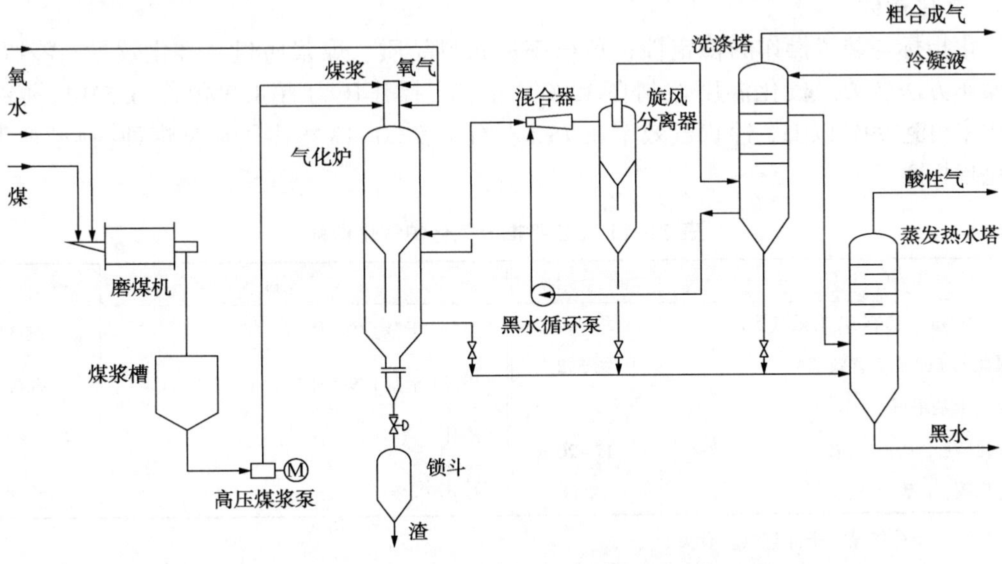

图 20-24　SE 水煤浆气化工艺流程图

工艺流程简述如下：从制浆单元送来的水煤浆经高压煤浆泵加压后，分两路进入工艺烧嘴(四通道烧嘴)内侧煤浆通道和外侧煤浆通道。氧气进入界区后分流成两路，分别进入工艺烧嘴的中心通道和外通道。水煤浆和氧气通过布置在气化炉顶部的多通道工艺烧嘴同轴射流进入气化炉内，在气化炉燃烧室内进行气化反应。气化炉燃烧室排出的高温气体和灰渣并流向下，穿过洗涤冷却水分布环，沿洗涤冷却管进入洗涤冷却室的水浴中，粗合成气经多层横向分隔器破泡洗涤后流出洗涤冷却室。经洗涤冷却室洗涤的饱和合成气进入混合器，与高温热水泵送来的灰水混合润湿合成气携带的固体颗粒后进入旋风分离器。离开旋风分离器的合成气进入水洗塔的中部，合成气向上穿过多层塔板，依次与循环灰水、高温变换冷凝液或锅炉给水逆流直接接触，洗涤剩余的固体颗粒后送入下游单元。气化炉洗涤冷却室下方连接锁斗，粗渣通过锁斗定期排出界外。洗涤冷却室、旋风分离器、水洗塔的高温黑水经调节阀连续排出，送入渣水处理单元。渣水处理单元再生的灰水，经蒸发热水塔预热后返回水洗塔。

2）气化技术特点

相比于同类水煤浆气化技术，SE 水煤浆气化技术在烧嘴、气化炉、煤浆通道等方面进行了改进，提高了碳转化率、耐火砖寿命延长、操作更加简便。主要技术特点：①采用双煤(焦)浆通道气化喷嘴(四通道烧嘴，双通道煤浆和双通道氧气)，以最外侧通道的水煤浆作为冷却介质强化了烧嘴自冷却保护，烧嘴使用寿命长；②采用分支流和节流部件组合的煤浆多通道的分配技术，实现了双股煤浆的自适应分配；③采用自主知识产权的耐火衬里气流床气化炉，顶置单喷嘴气化炉内平推流为主的工业化气化炉流场结构，显著优化反应物颗粒停留时间分布和炉温分布，提高碳转化率和渣口砖寿命；④基于煤焦浆双通道管道和流体特性的不同质量控制设计理念，采用以高效煤浆过滤设施为核心的煤浆质量控制系统；⑤配置气化喷嘴等运行应急保护系统，自动化程度高，实现一键投料，无扰动切换，运行平稳可靠。

3）气化指标

气化指标与装置操作的稳定性、负荷率、原料品质、煤浆质量、雾化效果、停留时间以及操作方法有关。气化温度控制在 1300℃左右，操作压力有 4.0MPa、6.5MPa 等级别，碳转化率可达 99%以上，冷煤气效率在 75%左右。表 20-13 给出了典型煤种(典型神华煤)的气化指标。

表 20-13　SE 平推流气化炉气化指标

项　目	指　标	项　目	指　标
比氧耗①/($Nm^3/10^3Nm^3$ 有效气②)	约 354	氢气(干基)/%(体)	约 34
比标煤耗①/(g/Nm^3 有效气)	约 592	甲烷(干基)/%(体)	约 0.1
粗合成气干基组成			
二氧化碳(干基)/%(体)	17~20	灰渣比	4∶6~3∶7
一氧化碳(干基)/%(体)	约 48	碳转化率/%	约 99

① 采用典型神华煤，指标与煤质有关。

② 有效气指一氧化碳+氢气。

3. 几种水煤浆气化技术的比较

国内已开发并建设有工业化装置的水煤浆气化技术有 10 余种，各技术的主要区别在烧嘴类型和布置方式、耐火内衬方式、合成气热量回收方式等。按照烧嘴设置方式可以分为多喷嘴和单喷嘴气化；按照耐火内衬方式分为耐火砖和水冷壁气化；按照回收高温合成气显热的方式可以分为余热锅流程和激冷流程气化。主流的水煤浆气化采用耐火砖激冷流程，气化炉结构简单、造价低，投资相对较低，技术成熟。

上面介绍的具有自主知识产权的两种水煤浆气化技术与国际上应用广泛的GE水煤浆激冷技术的比较见表20-14。

表20-14　多喷嘴对置水煤浆气化、SE平推流水煤浆气化和GE水煤浆气化的比较

项　目	GE水煤浆气化	多喷嘴对置水煤浆气化	SE平推流水煤浆气化
技术来源和特点	GE水煤浆气化技术典型工艺流程包括煤的研磨与煤浆制备、水煤浆气化、气化炉排渣系统、水煤气洗涤及黑水闪蒸、黑水处理系统等主要工艺单元。根据煤气用途不同可用直接水激冷或余锅回收热量	多喷嘴对置气化技术属水煤浆进料，华东理工大学和兖矿合作开发。4个对称布置的喷嘴，在炉内进行部分氧化反应。流程包括多喷嘴对置式水煤浆气化炉、采用节能高效的分级式合成气初步净化系统和采用直接换热技术的渣水处理系统	SE平推流水煤浆气化技术由中国石化与华东理工大学合作开发。采用四通道烧嘴，最外侧可通煤浆、废弃物等浆体；采用平推流水煤浆气化炉；节能高效的分级式合成气初步净化系统和采用直接换热技术的渣水处理系统
原料处理	磨煤、制浆	磨煤、制浆	磨煤、制浆
进料方式	水煤浆 煤浆泵	水煤浆 煤浆泵	水煤浆 煤浆泵
烧嘴数量	1	4	1
进料位置	气化炉顶部	气化炉侧部	气化炉顶部
合成气出口位置	气化炉下部	气化炉下部	气化炉下部
热回收方式	激冷/废锅	激冷/废锅	激冷
合成气冷却方式	冷却液激冷	冷却液激冷	冷却液激冷
操作压力/MPa	2.0~8.7	2.0~6.5	2.0~6.5
操作温度/℃	1100~1480	1100~1480	1100~1480
单炉处理能力/(t/d)	1000~2500	1000~3000	1000~2500
H_2/CO	0.7~1.1	0.7~1.1	0.7~1.1
$H_2O/(H_2+CO)$	1.3~1.4	1.3~1.4	1.3~1.4

三、粉煤气化

粉煤气化工艺是另一类工业上应用广泛的气流床煤气化工艺。粉煤气化将原煤干燥并磨制成满足一定粒径分布的粉煤，再通过载气输送进入气化炉，粉煤与氧气在气化炉的高温高压下发生燃烧和气化反应，生成以一氧化碳和氢气为主要组分的粗合成气，灰渣采用液态排渣。

（一）粉煤气化技术对进炉煤的要求

粉煤气化技术采用煤粉进料方式，为保证煤粉的输送，避免加压和输送过程煤粉的结块和堵塞，同时保证炉内煤粉的反应效率，需要对气化炉进料煤粉的粒度分布和含水量进行控制。考虑到粉煤输送要求，干燥和磨制后的煤粉中水的质量分率<2%。从气化效率和粉煤输送出发，入炉粉煤颗粒分布要求：粒径小于或等于90μm的颗粒占比≥90%，粒径小于5μm的颗粒占比≤10%[30]。另外，从装置的原煤消耗和经济性出发，灰分含量宜小于30%。与水煤浆气化相比，粉煤气化可以适应更高灰熔点的煤。

（二）煤粉制备[31]

煤粉制备是加压粉煤气化工艺不可缺少的组成部分，其作用是将原煤干燥并磨制成粒度符合要求的煤粉。常用的煤粉制备设施包括称重给料机、磨煤机、惰性气体发生器（热风炉）、煤粉袋式过滤器和循环风机。其原理是利用来自热风炉发生的热风送入磨煤机，在磨煤的同时实现煤粉的干燥。磨制完成并脱水后的煤粉在煤粉袋式过滤器中分离，落入常压煤粉储槽暂存。分离出的烟气部分排空，大部分经循环风机送回热风炉循环使用。

采用热风干燥，为避免在煤粉磨制和干燥过程以及煤粉袋式过滤器中引起煤粉的燃烧和爆燃，需要严格控制热风中的氧气含量，一般要控制氧气体积含量小于8%，甚至更严格的要求在6%以下。

（三）粉煤加压进煤[32]

暂存在常压粉煤储槽内的煤粉采用闭锁料斗系统实现升压并通过输送气体送入气化炉烧嘴，参见图20-29。粉煤靠重力由粉煤锁斗流入粉煤给料罐，当粉煤锁斗排空后，关闭粉煤锁斗底部与粉煤给料罐之间的切断阀，实现与粉煤给料罐隔离。粉煤锁斗开始卸压，泄压后重新接受来自常压粉煤储罐的干煤粉，待料位达到预定值后关闭粉煤锁斗顶部与常压煤粉储罐之间的切断阀，实现粉煤锁斗与常压粉煤储罐之间的隔离。隔离后的粉煤锁斗开始用惰性气体(可以是氮气或二氧化碳)充压，达到与其下游的粉煤给料罐相同的压力后停止充压。此时，重新开启粉煤锁斗和粉煤给料罐之间的切断阀，实现向粉煤给料罐的送料。粉煤锁斗的操作有接料、加压、卸料、卸压4个不同过程循环操作，将粉煤由常压加压输送至高压系统。通常设置至少两组上述粉煤锁斗系统，一台锁斗接受粉煤，一台将升压后的煤粉送入粉煤给料罐。

粉煤给料罐内的粉煤从底部用氮气送往粉煤烧嘴。为维持粉煤给料罐与气化炉间的压差，稳定气化炉的运行，粉煤给料罐内通入惰性气以维持物料的输送和保护设备管线内介质的安全。

（四）粉煤气化原理与主要操作参数

1. 粉煤气化反应原理

粉煤气化过程实际上是煤粉在高温、氧气和水蒸气存在的条件下发生的热化学反应过程。由于在气化炉内高温条件下发生多相反应，反应过程极为复杂，可进行的化学反应很多，在高温条件下，生成粗合成气。粉煤气流床气化炉中进行的气化反应过程可概括为煤的干燥及裂解与挥发物的燃烧气化、固体颗粒与气化剂(氧气、水蒸气)间的反应、生成的气体与固体颗粒间的反应、反应生成气体彼此间进行的反应等。

与水煤浆气化进料不同，粉煤气化进料中水的含量少，如果不加入一定数量的蒸汽进行缓释，气化炉的反应温度会非常高。虽然粉煤气化炉都采用了水冷壁结构以适应更高的反应温度，但由于煤粉气化也是采用液态排渣，反应温度也需满足排渣要求，过高的反应温度不仅徒劳地增加比煤耗和比氧耗，而且还增加了操作的难度。所以，一般气流床粉煤气化炉在喷嘴喷入煤粉、氧气的同时也喷入一部分蒸汽，帮助原料煤进入气化炉雾化的同时适当降低气化反应温度。

粉煤气化技术的另一个原理是“以渣抗渣”。实现商业运行的气流床粉煤气化技术都采用水冷壁隔热结构的气化炉。为保证气化产生的飞灰和渣不损坏水冷壁，气化炉开工阶段需要在水冷壁向火的内表面形成保护渣层——气化过程熔融的液态渣接触水冷壁后凝结固化，形成一层固态渣层，后面再接触的熔渣沿着水冷壁的固体渣层向下流动，构成一层流动的渣层。这样，在水冷壁的内表面建立了一层“自修复”的保护渣层，实现了“以渣抗渣”方式的水冷壁保护。实际上，固态渣层和流动渣层没有一个固定和明确的边界，随着操作条件特别是温度的变化，渣层的厚度也会相应变化。这种保护原理要求熔渣具有一定的黏度，黏度过小，形成不了稳定的流动渣层，因此对原料煤的黏温曲线有一定的要求。

2. 粉煤气化的主要操作参数

影响粉煤气化装置操作的主要参数包括氧煤比、气化温度和汽煤比。

1）氧煤比

与水煤浆气化装置类似，氧煤比是最重要操作参数，也是控制气化反应温度的主要手段。随着氧煤比的提高，气化温度不断升高，碳转化率也逐渐升高，接近100%后基本不变，气化效率先增后降，有效气体的含量(一氧化碳+氢气)也是先增后降，参见图20-25和图20-26[33]。氧煤比的选择，首先要考虑能够保证顺利排渣，就是要保证气化温度高于灰熔点(流动温度)，并留有一定的余量，在此基础上再考虑最佳的气化效率。

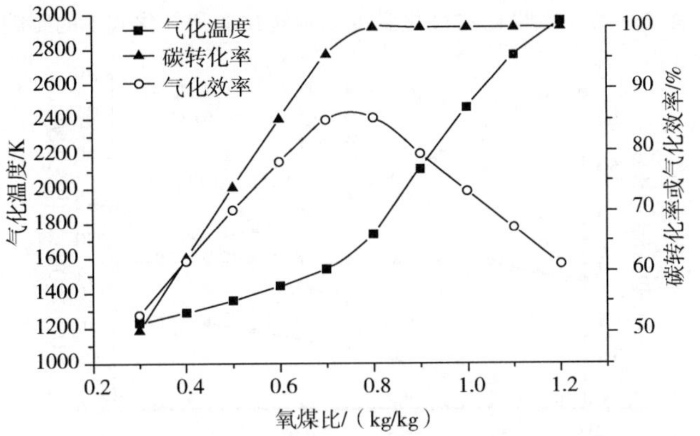

图20-25　氧煤比对气化温度、碳转化率和气化效率的影响

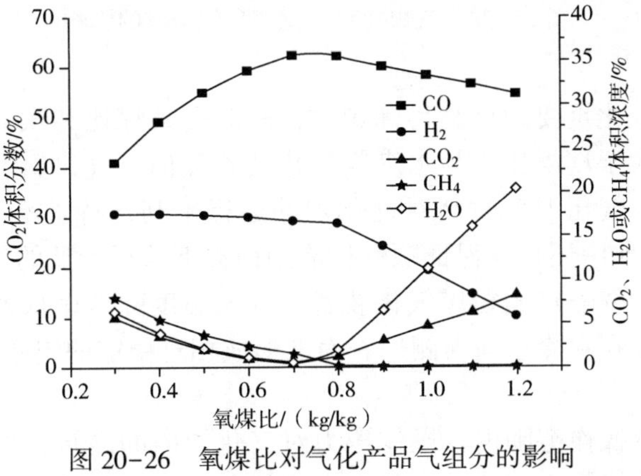

图20-26　氧煤比对气化产品气组分的影响

2）汽煤比

汽煤比是从喷嘴带入的水蒸气与煤的质量比。水蒸气作为气化剂，在与煤中碳反应生成一氧化碳和氢气的同时，能抑制燃烧，有效降低气化炉的温度，使气化温度不至于过高。

在一定的氧煤比下，提高汽煤比，气化温度降低，碳转化率和气化效率均有所增加，直到达到并维持在最大值，产品粗合成气中的一氧化碳浓度下降而氢气浓度增高，水蒸气和二氧化碳浓度都有增加，参见图 20-27 和图 20-28[33]。汽煤比的选择也是首先考虑有效的控制气化温度在合理的范围内，既满足气化炉顺利排渣又不至于温度过高危害设备的运行。

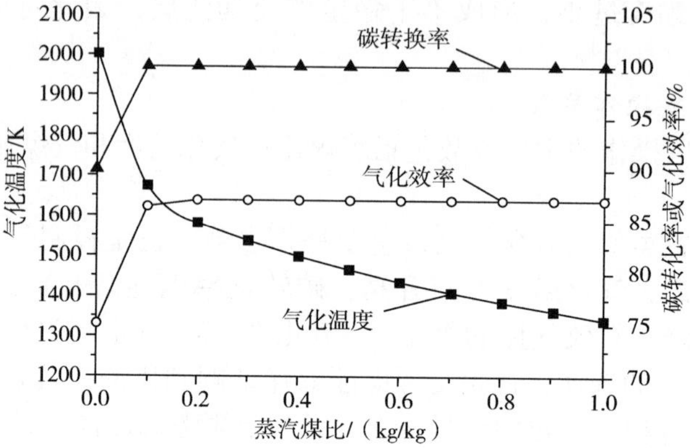

图 20-27　汽煤比对气化温度、碳转化率和气化效率的影响

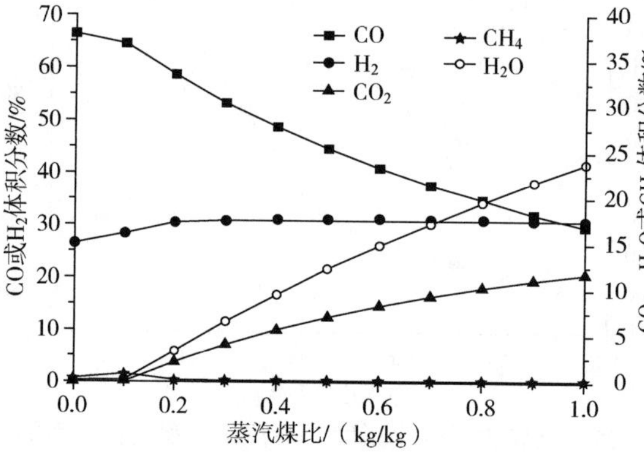

图 20-28　汽煤比对气化产品气组成的影响

3）气化温度

气化温度是粉煤气化重要的控制目标参数，同时受氧煤比和汽煤比的影响，但氧煤比对气化温度的影响远大于汽煤比。与水煤浆气化装置类似，气化温度根据原料煤的灰熔点确定，确保顺利排渣。气化温度过高对气化炉的运行不利，特别不利于对水冷壁“以渣抗渣”式的保护。实际操作中还是在保证顺利排渣的前提下选择较低的气化温度。与水煤浆气化略有不同，采用水冷壁隔热的粉煤气化装置，气化温度除考虑煤的灰熔点外，还需关注煤渣的黏温曲线，保证在水冷壁向火侧外表面能形成相对稳定的渣层。

4）气化压力

在工业装置实际的操作范围内，操作压力对气化炉内的碳转化率和气化效率的影响甚微，对产品气体的成分影响也很小，一般不考虑操作压力对这些参数的影响。但是，提高气化压力，可以增加气化炉的生产强度，降低设备尺寸，有利于提高装置的经济性。与水煤浆气化相比，粉煤气化炉的气化压力等级的数量相对较少，一般是 4.0MPa 等级。

（五）粉煤气化的主要操作参数

以神木煤为例，4.0MPa 压力等级气化炉的主要操作条件：

气化温度：1450℃。

气化炉压力：4.0MPa(G)。

合成气离开洗涤塔顶温度：209℃。

合成气离开洗涤塔顶压力：3.7MPa(G)。

（六）典型粉煤气化技术

国内有近 10 种实现工业运行的粉煤气化工艺，各种气化技术的主要区别在于烧嘴类型和布置方式、合成气热量回收方式等。按照烧嘴设置方式可以分为多喷嘴和单喷嘴气化；按照回收高温合成气显热的方式可以分为废锅流程和激冷流程气化。

作为示例，本部分介绍两种国内自行开发并广泛应用的 SE-东方炉粉煤气化技术和 HT-L 航天加压粉煤气化技术。

1. SE-东方炉粉煤气化技术

SE-东方炉粉煤气化技术是中国石化和华东理工大学联合开发并具有自主知识产权的单喷嘴水冷壁式粉煤加压气化技术，简称 SE-东方炉工艺。

1）工艺流程

SE-东方炉粉煤气化技术采用干煤粉加压气化加激冷流程，核心技术为单喷嘴水冷壁气化炉，其示意流程见图 20-29，主要包括磨煤及干燥、煤粉加压及给料、气化及合成气洗涤、除渣、灰水处理等系统。其主要工艺过程：从磨煤干燥单元送来的合格粉煤经锁斗加

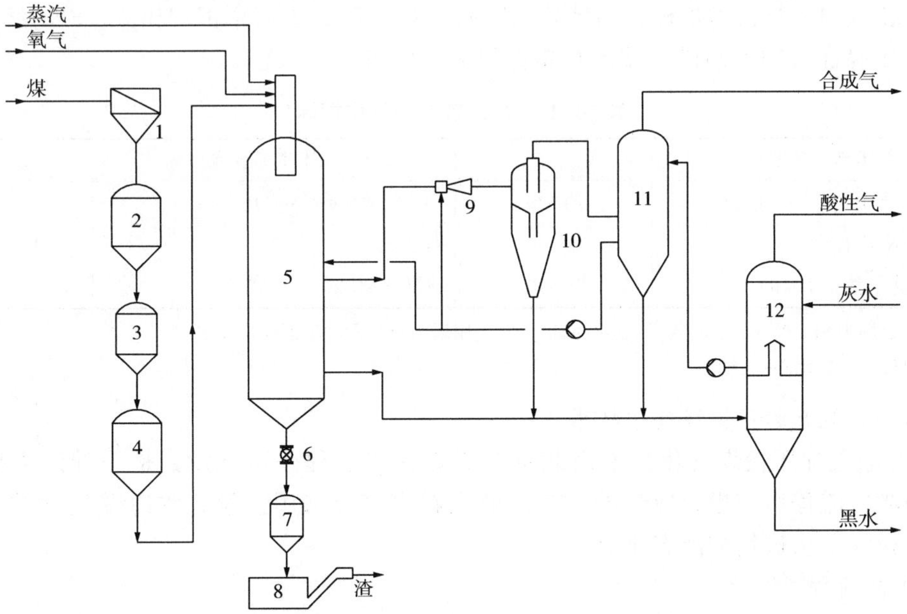

图 20-29　SE-东方炉气化技术示意流程

1—布袋除尘器；2—粉煤储罐；3—粉煤锁斗；4—粉煤给料罐；5—气化炉；6—破渣机；7—渣放料罐；8—渣池；9—混合器；10—旋风分离器；11—洗涤塔；12—蒸发热水塔

压输送送入气化炉工艺烧嘴，和氧气、蒸汽（单独通道）一起经工艺烧嘴喷入气化炉内，在气化炉燃烧室内进行气化反应。气化炉燃烧室排出的高温气体和熔渣经激冷环被水激冷后，沿下降管导入激冷室水浴，熔渣迅速固化，水煤气被水饱和。出气化炉的粗合成气再经混合器、旋风分离器和洗涤塔用水进一步润湿洗涤，除去残余的飞灰后作为气化装置的产品粗合成气送出。燃烧室生成的灰渣留在激冷室的水中，绝大部分迅速沉淀并通过锁渣罐系统定期排出界外。激冷室和洗涤塔排出黑水中的细灰（包括未转换的炭黑）通过灰水处理系统经沉降槽沉降除去，澄清的灰水返回工艺系统循环使用。

2）气化技术特点[34]

SE-东方炉粉煤气化技术主要技术特点：①直流式同轴受限射流流场，气化烧嘴为多功能集成复合式气化烧嘴，集点火、开工升温、操作运行功能于一体；②稳定可靠的煤粉供料与输送系统；③可实现粉煤输送的在线标定，及时纠正因煤种或物性变化引起的偏差；④采用了针对高含灰量合成气的分级多功能湿法除灰技术，实现了现行工业装置高灰分煤生成细灰的有效洗涤分离；⑤配备了智能化的先进、安全可靠的气化操作控制、联锁逻辑系统，气化炉点火、开工、投煤自动控制，在根据开车优化参数整定后，可实现一键式点火、投煤操作；⑥气化炉配置的可视化的火焰可视检测装置（FVS）可直观观察和检测气化炉点火、升温、投煤时的炉内火焰情况，消除了投煤瞬间黑区现象（煤气化普遍存在的30秒内不能确认是否投煤成功）；⑦气化炉配置的水冷壁炉膛直接测温装置（DTM）安装于反应室水冷壁内的多层特殊测温装置，可较准确判断投煤条件（尤其是初次投煤）和水冷壁挂渣情况，可更加直观地判断炉膛内温度分布。

3）SE-东方炉主要技术指标[35]

气化装置的运行技术指标，与装置的运行平稳程度、负荷率密切相关。SE-东方炉使用贵州和神华混合煤（3∶2）的主要运行指标见表20-15。

表20-15　SE-东方炉气化指标①

技术指标名称	数　值	技术指标名称	数　值
比氧耗/（$Nm^3/10^3Nm^3$ 有效气②）	约340	CH_4含量/（mg/Nm^3）	20~130
比煤耗/（g/Nm^3 有效气）	约580	灰渣比	4∶6~3∶7
有效气含量（干基）/%（体）	88~90	碳转化率/%	>98

① 以上数据为SE-东方炉示范装置的运行结果，气化用煤为贵州和神华混煤（3∶2）。

② 有效气指一氧化碳+氢气。

2. HT-L航天加压粉煤气化技术

HT-L航天加压粉煤气化技术由北京航天煤化工工程公司开发，是一种以干煤粉为原料，采用激冷流程生产粗合成气的工艺。航天粉煤气化采用盘管式水冷壁气化炉、顶烧式单烧嘴、粉煤干法进料和液态排渣。

1）工艺流程[36]

HT-L航天加压粉煤气化工艺流程包括磨煤及干燥、煤加压及进煤、气化及合成气洗涤、渣及灰水处理四个主要工艺单元和气化公用工程单元。工艺流程示意见图20-30。主要流程简述如下。

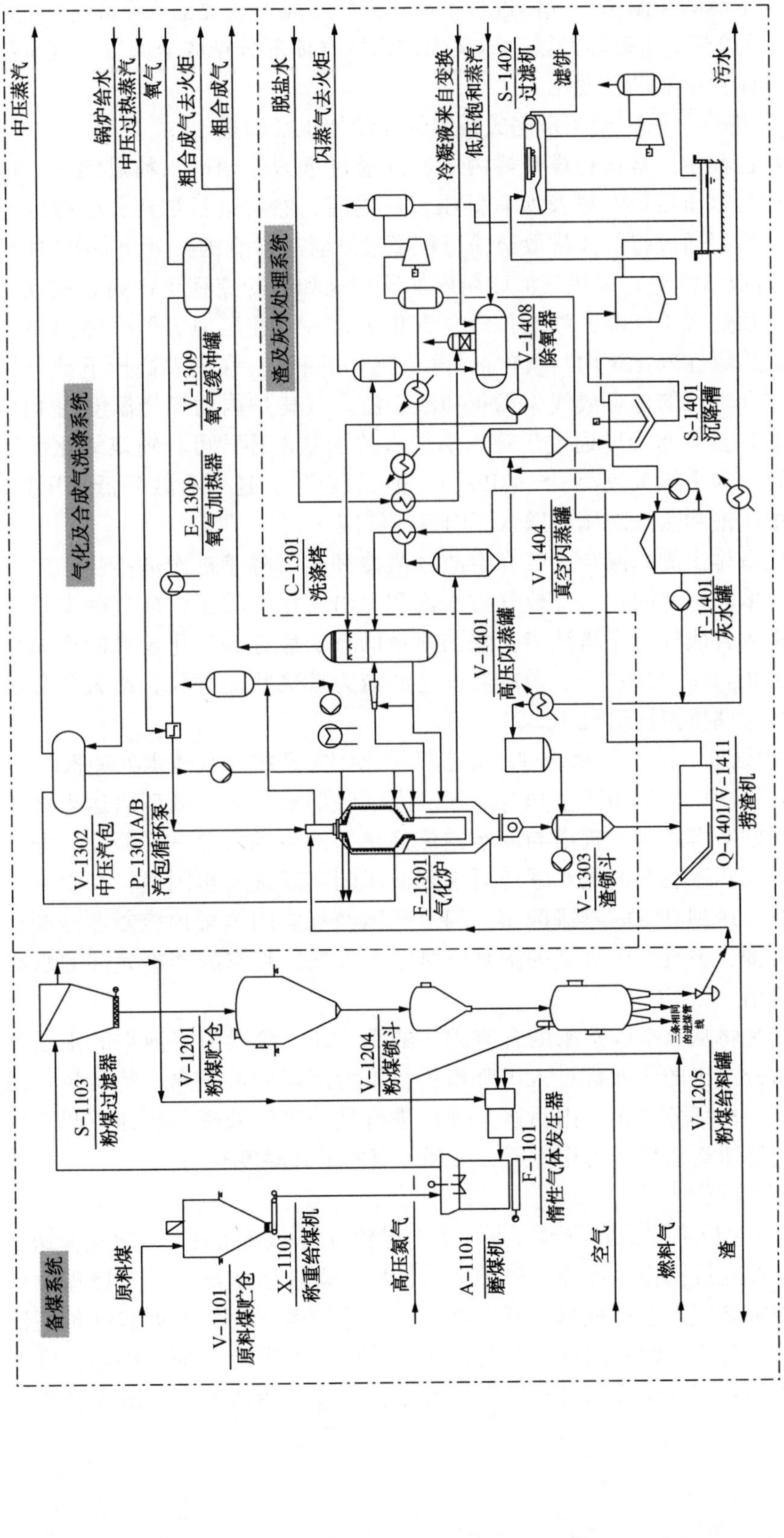

图20-30　HT-L航天加压粉煤气化技术示意流程

① 磨煤及干燥。原料煤贮仓的碎煤落入磨煤机，被轧辊在研磨台上磨成粉状，同时由来自惰性气体发生器的高温惰性气体进行干燥，并将干燥的粉煤输送至粉煤过滤器（袋式过滤器）进行分离后送至常压粉煤贮罐。分离出的惰性气体部分排放至大气，其余部分经循环风机进入惰性气体发生器循环使用。

② 煤加压及进煤。采用锁斗来完成粉煤的连续加压及输送。

在一次加料过程中，常压粉煤贮罐内的粉煤通过重力作用进入粉煤锁斗。粉煤锁斗内充满粉煤后，即与常压粉煤贮罐及所有低压设备隔离，然后进行加压，随后进行卸料。粉煤锁斗卸料完成后，通过将气体排放至粉煤贮罐过滤器进行泄压，至此一次加料完成。

③ 气化及合成气洗涤。采用气流床粉煤加压气化和激冷流程生产粗合成气。气化炉采用水冷壁结构，顶烧式单烧嘴，液态排渣。气化炉是一个在压力容器壳体内装有水冷壁的膜式壁反应器。粉煤在气化炉内与气化剂（蒸汽稀释的氧气）在高温高压下部分氧化反应生成富含一氧化碳和氢气的粗合成气、飞灰和液态渣。气化炉内的燃烧温度约 1450℃，压力 4.0MPa（G）。炉内盘管水冷壁通过盘管内锅炉水的强制循环，可将粉煤氧化反应产生的部分热量回收，转化为中压蒸汽[约 5.4MPa（G）饱和蒸汽]，还可有效降低承压壳体的温度。气化炉产出的中压饱和蒸汽减压后送入厂内蒸汽管网。

气化炉反应室排出的高温合成气和熔渣经激冷环及下降管被水激冷后，沿下降管导入激冷室的水浴，熔渣迅速固化，合成气被水饱和。出气化炉的粗合成气经文丘里洗涤器与水混合润湿后进入合成气洗涤塔洗涤，除去残余的飞灰后作为气化装置的产品粗合成气送出装置[约 3.7MPa（G），209℃]。激冷后固化的渣为玻璃状的颗粒，绝大部分迅速沉淀并通过渣锁斗系统定期排至捞渣机中。

④ 渣及灰水处理。渣及灰水处理单元包括黑水闪蒸系统和灰渣水处理系统。

黑水闪蒸是将从气化炉激冷室和合成气洗涤塔底部来的灰水减压后送入高压闪蒸罐进行闪蒸，闪蒸出的蒸汽进入汽提塔与灰水逆流换热，然后进入蒸汽冷凝器，分离出的不凝气送火炬。高压闪蒸罐底部的黑水减压后送到低压闪蒸罐进一步闪蒸，真空闪蒸罐底部的水和固体混合物再送到真空闪蒸罐闪蒸，闪蒸气体经真空闪蒸罐顶冷凝器冷凝后，分离出来的水送至沉降槽，不凝气由真空闪蒸真空泵排至大气，真空闪蒸罐底部的水和固体混合物自流进入沉降槽。

灰渣水处理是将从真空闪蒸来的含有固体的水、开工阶段由渣池来的水以及由后续的真空带式过滤机分离出的滤液都进入沉降槽进行重力沉降固液分离。经初步处理后的水大部分循环使用，一小部分送至厂内污水处理厂进行进一步的处理，起到平衡灰水中盐分的作用。过滤后的滤饼送出界区另作他用，实现了煤的最大限度利用。

2）气化技术特点[37]

HT-L 航天气化技术的主要技术特点：①干煤粉进料，氮气或二氧化碳输送；②水冷壁结构，气化炉炉膛允许操作温度高，煤种适应性广，碳转化率高；③单烧嘴顶烧组合燃烧器，集高能电点火装置、点火烧嘴、开工烧嘴、工艺烧嘴于一体，拆装维护调试方便，炉内流场分布合理，反应停留时间满足气化要求，采用水冷夹套式烧嘴冷却，可保证烧嘴长周期运行稳定可靠；④密闭式盘管水冷壁炉膛结构；⑤采用激冷、水浴式合成气冷却及洗涤设施。

3）HT-L航天加压粉煤气化技术主要工艺技术指标[38]

HT-L航天加压粉煤气化技术的典型运行指标见表20-16。

表20-16 HT-L航天加压粉煤气化技术的典型运行指标

技术指标名称	数值	技术指标名称	数值
比氧耗/(Nm^3/10^3Nm^3 有效气①)	330~360	CH_4含量/(mg/L)	≤130
比煤耗/(g/Nm^3 有效气)	约610	碳转化率/%	>98
有效气含量/%	89~91		

① 有效气指一氧化碳+氢气。

3. 几种干粉煤气化技术的比较

上述两种具有代表性的国内自主开发的气流床粉煤气化技术与国际上代表性的Shell粉煤气化技术的比较见表20-17。

表20-17 SE-东方炉粉煤气化技术、HT-L航天加压粉煤气化技术与Shell粉煤气化技术的比较

项目	Shell	SE粉煤(东方炉)	航天炉
技术来源	Shell粉煤气化技术采用水冷壁炉，废锅回收热，产生高压蒸汽，亦可采用水激冷。具有煤种适应范围宽、气化效率高、环保性能优良等特点	SE-东方炉气化技术是中国石化和华东理工大学联合创新开发的气化技术。采用激冷流程、多管路粉煤输送、膜式水冷壁气化炉、顶置多功能复合式烧嘴和分级多功能湿法除灰技术	航天炉工艺(HT-L)由北京航天煤化工工程公司开发，采用激冷流程生产粗合成气的工艺。采用盘管式水冷壁气化炉、顶烧式单烧嘴、粉煤干法进料和湿法除渣
原料处理	磨煤、干燥	磨煤、干燥	磨煤、干燥
进料方式	干粉 气力输送	干粉 气力输送	干粉 气力输送
进料位置	气化炉下部	气化炉上部	气化炉上部
烧嘴数量	4~6	1	1
合成气出口位置	气化炉上部	气化炉下侧部	气化炉下侧部
合成气冷却方式	循环气激冷 或冷却液激冷	冷却液激冷	冷却液激冷
热回收方式	废锅/激冷	激冷流程实现工业应用	激冷流程实现工业应用
操作压力/MPa	2.0~4.0	2.0~4.0	2.0~4.0
操作温度/℃	1300~1600	1300~1600	1300~1600
单炉处理能力/(t煤/d)	2000~3000	1000~2000	1000~2000
氢气/一氧化碳	0.4~0.5	0.4~0.7	0.4~0.7
水蒸气/(一氧化碳+氢气)	约0.2	约1.1	约1.1
冷煤气效率	80~83	80~83	80~83
合成气循环压缩机	需要	无	无

四、重油气化

重油气化将炼油厂的减压渣油或脱油沥青气化获得富含一氧化碳和氢气的粗合成气。

这项技术主要用于获取生产化工品所需的一氧化碳。在 20 世纪末和 21 世纪前 10 年，欧美一些炼油厂采用这个路线生产炼油厂所需氢气和/或通过多联产生产蒸汽和发电[39]。

根据我国的资源禀赋，炼油企业引入价格更为低廉的煤炭作为炼油厂制氢和生产蒸汽的原料。这样，过去 10 年国内炼油厂很少有建设重油气化制氢装置，技术开发和推广应用与煤气化相比驱动不足，没有突出的进展，国内已经建成的重油气化还多是采用 GE 和 Shell 的引进技术。

近年，由于悬浮床加氢和浆态床加氢技术的应用，产生的未转化油尚未发现较好的利用方案。通过重油气化，在回收未转化油所具有的热值的同时，将未转化油中的重金属富集在滤饼中，为进一步的处理和回收利用提供了方便。因此，配合浆态床加氢装置，国内建设了几套未转化油气化装置。另外，煤炭的使用受到越来越严格的限制，在没有煤炭指标且没有天然气资源的地方，也考虑建设重油气化装置用于生产氢气，如山东的地方炼油厂。这些气化装置都采用引进技术。

因此，本部分介绍重油气化技术以 Shell 的重油气化为例，说明重油气化技术本身及用于部分氧化制氢的特点。

如前所述，重油气化制氢是部分氧化制氢工艺的一种，除气化装置本身外，其他构成部分与煤制氢相同。

1. 重油气化工艺原理

重油气化是重油在氧气存在条件下的不完全燃烧反应过程，是在气化炉内的高温高压环境下完成的。原料在气化炉内 1300~1400℃ 高温下部分氧化获得富含一氧化碳和氢气的粗合成气，在装置内经过冷却和初步净化后作为本装置的产品送出。气化炉内重油的反应也可分成燃烧反应、气化反应和微量组分的反应三类。主要反应包括重烃的部分氧化和完全氧化反应、重烃的水蒸气转化反应和一氧化碳的变换反应。

部分氧化反应，适度放热：

$$C_nH_m+n/2O_2 \longrightarrow nCO+m/2H_2 \tag{20-30}$$

为保持所需的反应温度，部分原料通过完全燃烧反应被完全氧化，大量放热：

$$C_nH_m+(n+m/4)O_2 \longrightarrow nCO_2+m/2H_2O \tag{20-31}$$

合成气体的成分取决于烃类的水蒸气转化反应(吸热)和适度放热的一氧化碳变换反应：

$$C_nH_m+nH_2O = nCO+(m/2+n)H_2 \tag{20-32}$$

$$CO+H_2O = CO_2+H_2 \tag{20-33}$$

气化过程可分成三个阶段，依次为反应物混合、原料加热裂解及部分燃烧、剩余烃的均热和气化。碳的转化主要与气化温度(反应温度)、缓蚀剂(蒸汽)量和停留时间有关。

2. 重油气化的主要操作参数[40]

有三股物流进入重油气化炉：渣油、氧化剂(纯氧)和缓蚀剂(蒸汽)。缓蚀剂的加入有利于降低反应温度并提高碳的转化率。影响渣油气化的操作参数主要有温度、压力、氧油比、蒸汽油比，这些参数对气化过程的影响与粉煤气化相似，不再赘述。

目前生产中氧油比一般在 0.7~0.8 范围内，蒸汽油比一般在 0.3~0.6 范围内，加压气化的氧油比和蒸汽油比实际操作时一般取上述范围的低值。

3. 工艺流程分类及特点[41]

重油部分氧化法制合成气的生产流程可概括为原料供应、气化反应、高温粗合成气热量回收、粗合成气洗涤、炭黑回收及黑水处理几个部分。和煤/石油焦气化相比，重油气化没有原料煤制备部分，直接用泵将重油升压后送入气化炉。重油只含原油中的重金属固体，不含煤中的灰渣，固体产物远少于煤的气化，因此重油气化装置没有排渣设施，重油中的重金属成为飞灰进入水中，经过黑水处理部分过滤以滤饼方式送出。相比而言，重油气化装置比煤/石油焦气化装置要简单许多。

按照高温粗合成气余热回收方式，重油气化可分为余热锅炉流程和激冷流程两类。GE和Shell的重油气化技术都有各自的余热锅炉流程和激冷流程。

1）激冷流程

激冷流程将高温粗合成气直接与热水接触进行热量和质量交换，瞬间降低合成气温度并使合成气中的水蒸气含量迅速增加，接近相应温度下的饱和湿含量。这种流程有利于生产氢气，在变换过程中可以不添加或只需添加少量蒸汽即可满足一氧化碳变换反应所需要的蒸汽比例。

2）余热锅炉流程

气化所产高温合成气通过余热锅炉间接换热，在自身冷却的同时副产蒸汽可供炼油厂使用。需要指出的是，副产的蒸汽没有过热，还需要设置专门的过热设施。余热锅炉流程的能量利用更为合理，但余热锅炉本身费用高，装置的建设投资增加许多，还增加了非计划停工的风险。用于气化制氢，由于余热锅炉流程所生产的粗合成气中的蒸汽比例低，需要在变换单元添加相当数量的水蒸气，降低了余热锅炉流程的能量利用率较高的优势。

Shell余热锅流程重油气化装置示意流程参见图20-31[42]。

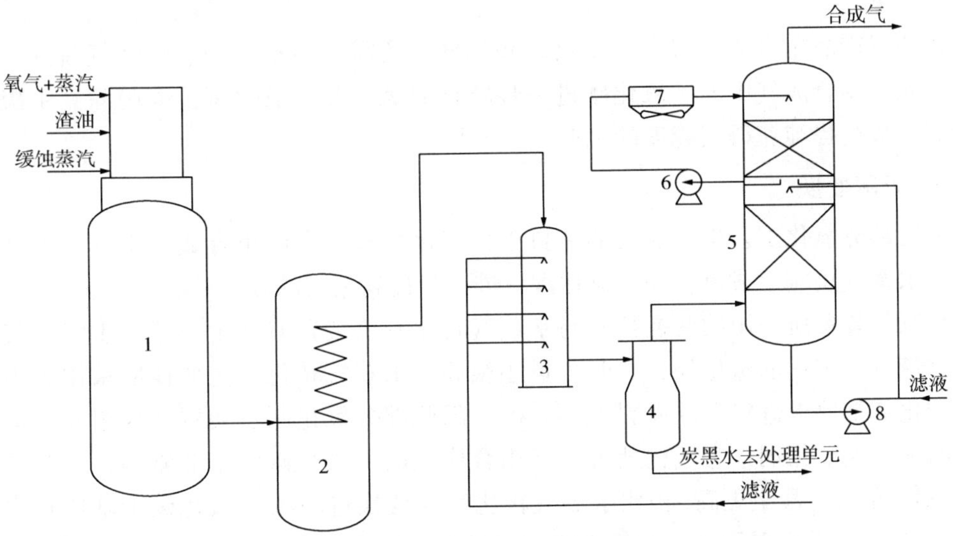

图20-31　Shell渣油气化流程示意图

1—气化炉；2—废热锅炉；3—急冷罐；4—炭黑分离罐；5—炭黑洗涤塔；6—塔顶循环泵；7—塔顶空冷器；8—塔底泵

4. 重油气化制氢与煤气化制氢的二氧化碳排放比较

从元素的利用而言，重质燃料气化制氢不是一个很好的氢气生产工艺。无论是重油还是煤或石油焦，其组成都以碳元素为主，用于生产氢气，这些碳元素没有得到利用，只是利用了它们的热值，最后都是作为二氧化碳排放了。部分氧化制氢所生产氢气中的氢元素主要来源于水，但由于原料价格的低廉，生产的氢气价格低，受到炼油企业的青睐。

对于部分氧化制氢路线，原料中有用的元素是氢和碳，元素氢在气化过程中转变成氢气，碳转化为一氧化碳和二氧化碳；在变换单元，一氧化碳与水蒸气反应继续转化为氢气和二氧化碳。重油的氢碳比一般在10%左右（氢/碳），气化制氢常用的烟煤的氢碳比只有5%左右，石油焦更低。在部分氧化制氢过程中，碳都转化为二氧化碳排放了，从这一角度分析，重油气化制氢的碳排放要低于煤气化制氢。

一个15万吨/年的部分氧化工艺制氢装置，以神华煤为原料，采用水煤浆气化、变压吸附氢气提纯路线，年排放二氧化碳约300万吨。同样规模的制氢装置，以脱油沥青为原料，采用重油气化、变压吸附氢气提纯路线，年排放二氧化碳只有210万吨，相比而言二氧化碳的排放远少于煤气化制氢。

从经济上分析，1吨脱油沥青的热值与1.5吨烟煤相近，但1吨脱油沥青的价格是1吨烟煤价格的3倍。这使得煤气化制氢的氢气价格低于重油气化制氢，在国内炼油厂得到较为广泛的应用。

如果未来二氧化碳排放的限制越来越严，并且征收碳税予以实施，重油气化制氢的优势将逐渐体现。

五、一氧化碳的变换及氢气的净化提纯

气化装置产品粗合成气富含一氧化碳和氢气，还需要经过变换、酸性气脱除、氢气提纯几个单元，将合成气中的一氧化碳进一步转化成氢气和二氧化碳，并脱除其中硫化物和二氧化碳，最终提纯获得高纯度的工业氢气产品。

（一）耐硫变换

在采用部分氧化工艺生产氢气的装置中，气化装置所生产粗合成气中的一氧化碳在变换单元与水蒸气反应生成氢气和二氧化碳，进一步提高氢气的收率。

气化制氢装置所采用的变换技术与水蒸气转化制氢装置有几个不同：①气化装置粗合成气通常带有一定量的硫化物，有时含量还很高，水蒸气转化工艺变换所采用的中温和低温变换催化剂都要求进料中的原料气不含硫，因此部分氧化制氢装置变换单元的催化剂需要使用耐硫变换催化剂；②气化装置所产粗合成气的一氧化碳含量非常高，干基成分通常在50%（体）左右，甚至更高（相比水蒸气转化制氢变换进料中一氧化碳干基体积含量一般在12%~15%），需要采用多级变换串联，同时有大量的反应热放出；③根据所选气化技术的不同，变换装置进料中的水蒸气和干气的摩尔比变化较大，范围从0.15到1.5，参见表20-18。因此气化制氢装置中的耐硫变换技术，从催化剂、流程设置和反应器形式都有独特的特点。

表 20-18　典型气化技术所产粗合成气特点[43]

项　　目	水煤浆气化余锅流程	水煤浆气化激冷流程	粉煤气化余锅流程	粉煤气化激冷流程
操作压力/MPa(G)	约 4.0	4.0~8.5	约 3.8	约 4.0
一氧化碳浓度干基/(体)	42~47	42~47	60~70	60~70
水气摩尔比	0.35~0.4	1.3~1.5	约 0.2	0.7~1.0

1. 耐硫变换催化剂

目前广泛应用的耐硫变换催化剂都是钴-钼系催化剂。钴钼系耐硫变换催化剂具有较宽的使用温度区间(200~500℃)、催化活性高、耐硫性能好、不易中毒、操作弹性大、使用寿命长等优点。钴-钼系催化剂主要活性组分为 MoO_3，催化剂只有在硫化态时才具有变换活性。但是，钴-钼系耐硫变换催化剂的硫化过程存在反硫化反应，会造成硫元素的流失，因此原料中必须含有一定的硫化氢。

钴-钼系耐硫变换催化剂对高含一氧化碳的粗合成气有激活甲烷化反应的倾向，在原料气的水气比较低和床层温度较高的条件下，这种倾向越发严重[44]。甲烷化反应会导致催化剂床层温度的快速上升，损坏催化剂和反应器，甚至造成安全事故。一些工作者从合成气的水气比和绝热变换反应器的平衡温度入手，得出变换工艺需要避开的易发生甲烷化反应的区域，参见图 20-32[45]。变换反应器设计，应该尽量避开这个区域。

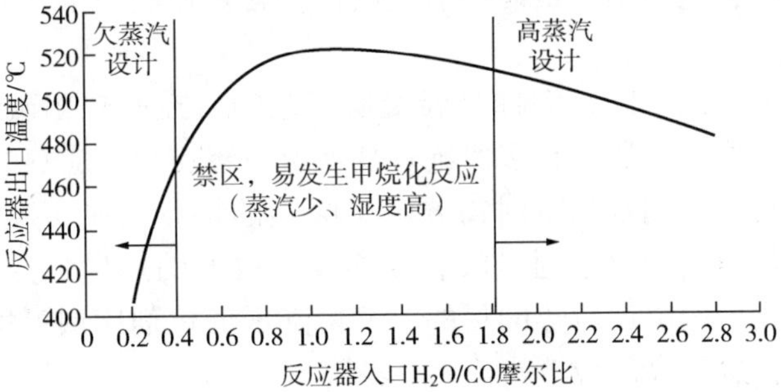

图 20-32　绝热变换反应器出口温度与进口水气摩尔比的关系

针对粉煤气化粗合成气水气比低的特点，国内开发了低水气比耐硫变换催化剂，通过添加助剂，抑制或降低低水气比条件下甲烷化反应的发生[46]。

2. 工艺流程

部分氧化制氢装置的变换单元要求尽可能将气化装置所产合成气中的一氧化碳全部转化成氢气，这一方面可以提高氢气的产率，另一方面可以减轻下游氢气提纯特别是采用甲烷化工艺氢提纯单元的操作苛刻度。根据上游气化装置选择技术的不同，粗合成气中的水气比相差较大，按照水气比的差异，分别设计不同的变换流程。

1）高水气比变换工艺

水煤浆气化全激冷工艺产生的粗合成气中一氧化碳干基含量在42%~47%(体)，水气比高，一般在1.0~1.5。这种一氧化碳含量和水气比，不易发生甲烷化副反应，可以直接进入变换反应器。通常采用“脱毒槽+两段中温耐硫变换+低温耐硫变换”的工艺流程，两段中温耐硫变换主要起主变换反应功能；低温耐硫变换主要起平衡的作用，降低末级反应器床层出口温度，减少出口残余一氧化碳含量。通常，高水气比原料的三级变换可以将离开变换单元的一氧化碳体积含量降低到0.4%(干基)。

2）低水气比变换工艺

采用余热锅炉流程的粉煤气化工艺，其粗合成气中一氧化碳体积含量在60%(干基)以上，水气比0.2左右。针对这种粗合成气，通过控制工艺气中的水气比和催化剂的装填量来控制反应器发生变换反应的深度和催化剂床层的热点温度，避免甲烷化反应的发生。因此设置了三段串联的变换反应器，一段变换反应器在控制热点温度较低、不发生甲烷化反应的条件下，高浓度一氧化碳发生部分变换反应，然后通过二段和三段变换反应器继续变换，最终达到工艺要求的变换深度。经过三段变换的出口变换气中，一氧化碳体积含量可以达到0.5%(干基)左右。

3）中低水气比变换工艺

粉煤气化激冷型流程，如HT-L航天粉煤加压气化和SE-东方炉粉煤气化工艺，其所生产的粗合成气中一氧化碳体积含量达到54%~70%(干基)，水气比为0.7~1.0，变换放热剧烈且处于甲烷化反应易于发生的条件区域。流程设置仍可采用串联的三段变换，一段反应器直接利用粗合成气中的饱和水完成变换反应，不补加蒸汽。同时，第一变换反应器采用分层进气，采用动力学计算最低负荷开车时催化剂装填量，并根据催化剂装填量设置分层进气的副线，可灵活调节和控制一段反应器的热点温度。然后通过在二段和三段反应器采用锅炉水增加水汽，变换出口最终一氧化碳体积含量控制小于0.4%(干基)。

4）等温变换工艺

与上述的各种变换工艺不同，俗称等温变换工艺的可控移热耐硫变换工艺，是在变换工艺流程中采用等温变换反应器代替多段绝热变换反应器实现反应热的取出。

等温变换反应器巧妙利用水相变时需要大量吸热的特点，在变换反应器的催化剂床层内置多组换热管束，管内锅炉给水通过吸收变换反应放出的热量自身汽化发生蒸汽，既实现了及时移走变换催化剂床层反应热的目的，又可降低催化剂床层温度，提高反应推动力，集中回收变换反应热，副产高品位蒸汽。

3. 变换反应器的型式

变换反应器是变换过程的关键设备，承受较高的操作温度和压力。根据反应器内介质流向的不同，变换反应器主要分为轴向反应器、轴径向反应器，针对等温变换工艺，还有等温变换反应器。

1）轴向变换反应器

轴向固定床反应器是工业中应用最广泛和成熟的变换反应器，属于典型的固定床反应器，其结构简图如图20-33所示。轴向变换反应器结构简单，轴向返混较小，床层压降较大。

2）轴径向变换反应器

针对轴向反应器床层压降大而开发的轴径向变换反应器，结构简图见图20-34。轴径向变换反应器的气体大部分沿着半径方向、自反应器器壁内侧流向中心，流动距离减小，流动截面积大，具有流体分布更均匀、床层压力降小的特点。此外，轴径向变换反应器的径向气流方式还避免了高温产品变换气直接接触反应器外壳，使壳体在相对低温下操作，壳体、中心管、出口管和下封头选材时按照冷热区进行针对选材，经济性好，操作运行更加安全可靠。因此，轴径向变换反应器多用于绝热温升较高的中温变换反应中。

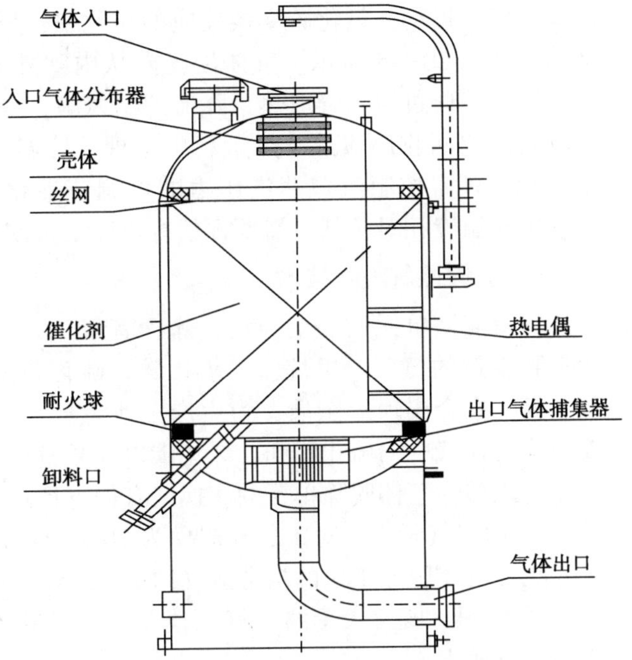

图 20-33　轴向变换反应器示意图

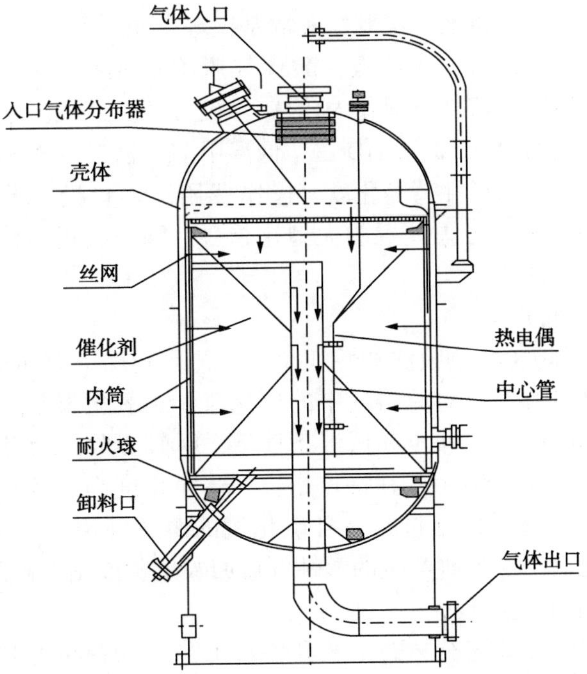

图 20-34　轴径向变换反应器示意图

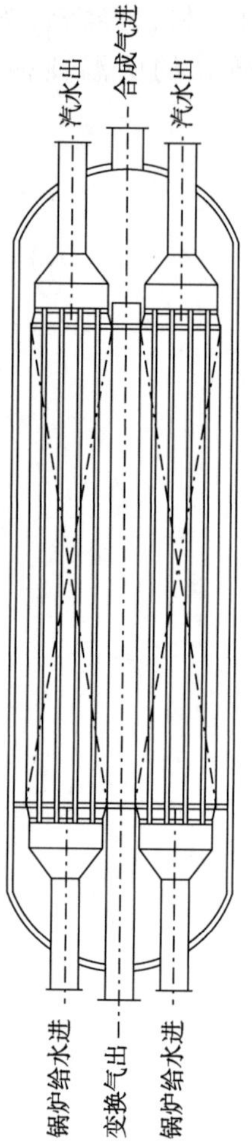

图 20-35　等温变换反应器示意图

3）等温反应器

等温反应器用于等温变换流程，及时移走反应热，维持催化剂床层在相对较低温度下稳定运行。采用等温反应器可以降低反应器出口温度，提高一氧化碳变换反应的转化率，反应器内平面温差小，其结构如图 20-35 所示。气体沿径向从内到外通过催化剂床层，压力降较小；通过换热管取热，降低超温风险，延长催化剂使用寿命；以较高温位回收反应热，热量利用合理；等温反应器操作简单、易于控制，只需控制汽包蒸汽压力即可调节催化剂床层稳定。但是，考虑反应温度相对较低，需要评估有机硫是否彻底转化。

（二）酸性气脱除技术

耐硫变换单元产品变换气，除含有氢气外，还含有大量的二氧化碳和少量的氮气、甲烷、一氧化碳、硫化氢、羰基硫以及微量的氯、氨、重金属镍等杂质，为生产工业氢气，在酸性气脱除单元需要脱除变换气中的硫化物和二氧化碳以及微量杂质。

进入酸性气体脱除单元的变换气有如下特点：

① 原料气量大，对于氢气规模为 10 万 Nm^3/h 的制氢装置来说，进入酸性气体脱除工段的粗合成气约 18 万 Nm^3/h；

② 原料气既含大量的二氧化碳又含少量的硫化氢，二氧化碳含量高、分压大；

③ 原料气中杂质含量较高，进气中含有气化所产生的氨、羰基硫、氢氰酸、羰基铁和羰基镍等杂质。

针对上述特点，酸性气脱除单元都选择溶剂吸收解吸的方法，使用的溶剂有活化 MDEA、聚乙二醇二甲醚和甲醇，对应的技术有活化 MDEA 法、NHD 法、低温甲醇洗法。在溶液吸收能力和溶液循环量、选择性、净化度、操作费用、装置投资等方面，三种工艺各有所长，但综合考虑上述因素并考虑装置的大型化趋势，国内新近建成的大型部分氧化制氢装置大都选择了低温甲醇洗工艺。

1）低温甲醇洗技术特点

低温甲醇洗属于物理吸收-解吸法酸性气净化工艺，利用甲醇在低温下（-60℃左右）对酸性气溶解度极大的优良特性，对原料气中的硫化氢、二氧化碳及各种有机硫等杂质分段吸收，其过程属于物理吸收。在加压和低温条件下，甲醇吸收二氧化碳和硫化氢，富液通过减压闪蒸和加热再生并循环使用。其特点是：气体净化度高、选择性好，气体的脱硫和脱碳在同一个塔内分段、选择性地进行，且硫化氢的溶解度比二氧化碳的溶解度大得多，可以选择性地脱除硫化氢，再生所产生的酸性气可回收硫黄或制取硫酸。

2）低温甲醇洗技术工艺流程

国外典型的低温甲醇洗工艺有林德工艺和鲁奇工艺，二者在工艺流程设计、设备设计和工程实施上各有特点，且形成了自己的专利技术，工业化应用多。国内中国石化宁波工程有限公司、大连理工大学等经过多年研究和积累，成功开发了自主的低温甲醇洗工艺软件包，并在国内多套煤化工装置上获得了应用。

上述几种低温甲醇洗技术的基本原理相同，主工艺流程相似。煤制氢装置配套的低温甲醇洗流程主要包括：原料气冷却、原料气脱硫脱碳、中压闪蒸回收有效气、H_2S 气提富集（含 CO_2 低压闪蒸）、甲醇热再生及尾气洗涤放空。典型的工艺流程见图 20-36，其主要流程简述如下：

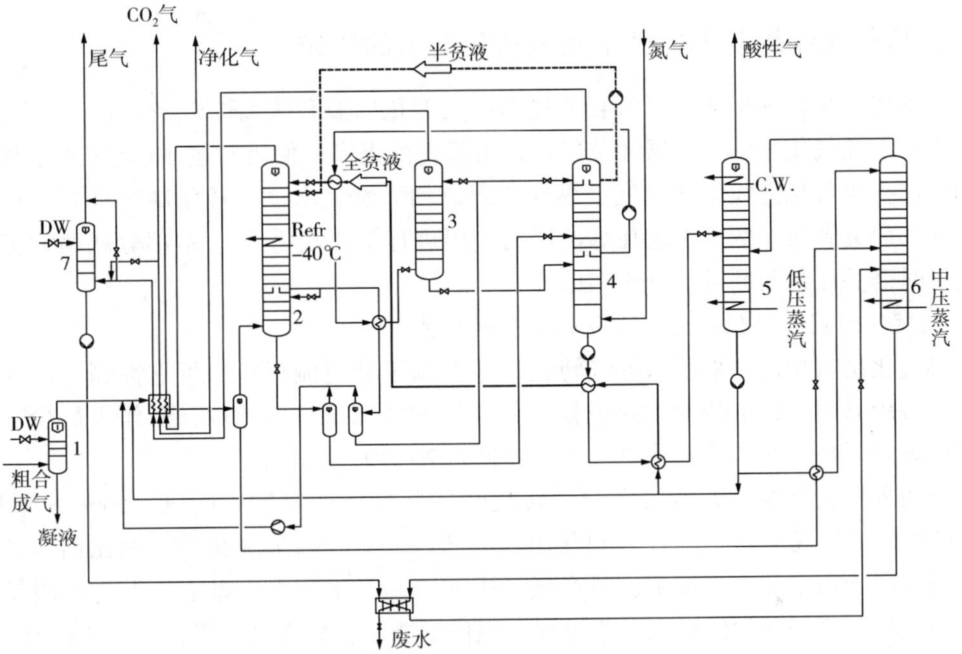

图 20-36　典型低温甲醇洗工艺流程

1—洗氨塔；2—吸收塔；3—CO_2产品塔；4—H_2S 富集塔；

5—热再生塔；6—甲醇/水分离塔；7—尾气洗涤塔

进入低温甲醇洗系统的原料气经换热冷却后进入气液分离系统，分离的液相为甲醇/水混合物送至甲醇水分离塔回收甲醇，气相进入吸收塔用冷贫甲醇和半贫甲醇洗涤脱除硫化氢和二氧化碳，净化后的粗氢气经复热后送往下游进一步提纯氢气。吸收了硫化氢和二氧化碳的富甲醇经减压后进入中压闪蒸系统，回收其中溶解的氢气、一氧化碳等有效气。经中压闪蒸后的富甲醇进入二氧化碳低压闪蒸系统，其中不含硫的富甲醇通过低压闪蒸得到纯度较高的二氧化碳产品气，液相作为半贫甲醇送吸收塔；含硫的富甲醇经氮气气提后将溶解的二氧化碳脱出，实现硫化氢的富集。气提出的气体经复热洗涤后作为尾气放空，气提后的富甲醇送至热再生系统，利用低压蒸汽间接换热进行热再生，再生后的甲醇经冷却增压送至吸收塔作为洗涤用贫甲醇，实现甲醇的循环使用，解吸出的高浓度酸性气送往硫回收装置。

中国石化的 S-AGR 酸性气体脱除技术，在二氧化碳低压闪蒸系统中，采用两段式升温闪蒸和氮气气提，得到比半贫甲醇中二氧化碳含量更低的准贫甲醇，送往吸收塔作为洗涤甲醇，降低了系统甲醇循环量；在硫化氢气提富集系统，采用两段式预提浓设计，对富硫化氢甲醇依次进行闪蒸和氮气气提，提高了送往下游硫回收装置的酸性气浓度。

（三）氢气提纯

经过酸性气脱除后的精制变换气，在氢气提纯单元实现最终提纯，通常采用甲烷化工艺和变压吸附工艺。氢气提纯单元最主要目标是控制产品气体中的杂质含量，控制一氧化碳和二氧化碳的含量。变压吸附工艺和甲烷化工艺在本章的第二节和第三节有较为详细的介绍，这里不再赘述。

六、煤气化制氢与天然气水蒸气转化制氢的比较

原油价格的高位和炼油厂制氢装置规模的大型化以及我国“多煤、少气、缺油”的能源禀赋，再加上煤气化技术的发展和装置运行可靠性的提高，使得过去 10 余年越来越多的大型炼油厂选择煤气化路线生产氢气。煤气化制氢和天然气水蒸气转化制氢有着各自显著的特点，许多研究者对于两种工艺在炼油厂的应用进行了比较[47~50]。本部分就两种工艺的特点和选择时需关注的问题进行分析和梳理。

1. 天然气水蒸气转化制氢和煤气化制氢的特点

与煤气化制氢相比，采用水蒸气转化工艺的制氢装置流程短、可靠性高，造气部分不需要设置备用系列，整个装置的建设投资低，操作费用低，占地少，操作人员少，但原料的成本比煤制氢高。两工艺的主要特点比较见表 20-19。

分析两种工艺路线，天然气水蒸气转化制氢装置所产氢气中的氢，50%来自天然气，50%来自水，天然气中的碳没有得到利用，全部以二氧化碳形式排放。相比而言，煤气化制氢的原料由于煤中氢含量很少，所产氢气中的氢基本来自水，煤中的大量的碳没有进入产品得到利用，只是作为燃料在工艺过程中提供了能量，最终以二氧化碳形式排放。

就一套生产 20 万 Nm^3/h 氢气的制氢装置而言，天然气水蒸气转化制氢装置的二氧化碳排放约 72 万吨/年。同样规模，采用水煤浆气化工艺的煤制氢装置的二氧化碳排放约 300 万吨/年左右，是天然气制氢碳排放的 4 倍。因此，无论从元素的利用以及碳排放和综合能耗分析，采用煤气化制氢都不是一个理想的方式，毕竟煤中大量的碳没有成为产品。

表 20-19　天然气水蒸气转化制氢和煤气化制氢的特点比较

项　目	天然气水蒸气转化制氢	煤气化制氢	项　目	天然气水蒸气转化制氢	煤气化制氢
工艺流程	简单	复杂	占地	小	大
操作可靠性	高	低，气化需要设置备用系列	操作人员数量/(人/班)	4~5	18~20
建设投资	低	高，通常为 2.5 倍			
操作费用(不计原料)	低	高	原料费用	高	低
			碳排放	少	多
环境排放物	少	多，特别是固体渣量大			

从经济上分析，按照煤的价格 450 元/吨，平均热值 580 万卡/千克，折算为 1 吨标油的热值(1000 万卡/千克标油)，煤炭的费用只需 775 元。相对于天然气价格 2.5 元/Nm^3，同样折算为 1 吨标油的热值，天然气的费用达到了 2930 元，接近煤炭费用的 4 倍。也就是

说，采用煤气化工艺制氢的原料费用远低于天然气制氢，这是煤气化制氢近年在炼油厂得以快速推广的主要原因。

2. 天然气制氢和煤气化制氢的经济分析

从氢气成本构成来分析，天然气制氢和煤气化制氢有着很大的差异。表 20-20 给出了针对一套 9 万 Nm^3/h 制氢装置采用两种路线的成本构成，测算的基准是天然气到厂价 2.5 元/Nm^3（不含税），煤炭价格 450 元/吨（不含税），氧气外购，价格 0.5 元/Nm^3，3.5MPa 蒸汽价格 100 元/吨，1.0MPa 蒸汽价格 70 元/吨，电价 0.56 元/度[48]，煤气化制氢采用水煤浆激冷工艺。

表 20-20　天然气水蒸气转化制氢和煤气化制氢的成本构成

项　目	天然气制氢	煤气化制氢	项　目	天然气制氢	煤气化制氢
原料成本/%	73.4	36.9	制造及财务费用/%	9.3	22.6
燃料气成本/%	13.7	—	其他/%	1.2	6.7
氧气成本/%	—	25.9	合计/%	100.0	100.0
燃动成本/%	2.4	7.9			

如果天然气同时作为原料和燃料，天然气制氢中的天然气费用占氢气成本的比例超过 85%，从敏感性角度来看，天然气价格对氢气成本有着决定性的影响。在煤气化制氢的氢气成本中，煤的价格、氧气价格和建设投资占据了相近的比例。煤炭价格对氢气成本影响的敏感度较低，被氧气价格和建设投资分担。因此煤气化装置更需要关注氧气的来源和制氢装置的建设投资，也就是对于规模较大的制氢装置，建设投资所占比例会随着规模效应有所降低，因此对于大型制氢装置采用煤气化制氢更为有利。

3. 制氢路线选择考虑因素

制氢路线的选择对炼油厂的经济效益有着越来越大的影响。选择天然气水蒸气转化路线还是煤气化制氢路线，需要对下面因素进行分析。

1）资源的可获得性和可使用性

天然气价格地域性很强，在天然气的产地，价格可以很低。在我国西部的天然气产区，天然气价格基本为 1.1~1.6 元/Nm^3，无疑这些地方选择天然气制氢更为合适。

由于各国政府对使用煤炭污染环境的担心，许多环境敏感地区对煤炭的使用采用了限制总量并逐年消减的政策，这些地区也很难采用煤气化制氢路线。

2）装置的规模

煤气化制氢的投资占氢气成本的比例较高，而且人工成本也较高，这样，对于规模较小的制氢装置，采用水蒸气转化工艺，虽然原料费用较高，但是用量少，在总经济性方面更为合适。

3）经济性比较

对于大型制氢装置，且天然气和煤炭都可获可用，需要根据天然气和煤炭的价格进行技术经济的比较。天然气和煤炭的价格随着地域的不同差别很大，无法对两种工艺的经济性优劣一概而论，需要对不同的项目进行具体的经济比较。

4）碳排放的影响

已经建成的煤气化制氢装置都没有考虑碳税对经济性的影响。征收碳税对煤气化制氢的影响远高于天然气制氢，对二者的经济性对比有着重要影响。

5）灰渣的处理

天然气制氢除催化剂外，没有其他的固体废弃物排放。煤气化制氢有大量的灰渣排放，对于一套20万Nm^3/h的煤气化制氢装置，如果煤中的灰含量在10%左右，一年所排放的灰渣按干基计算有15万吨之多，需要寻找合适的下游用户或堆填场地。

第五节　氢气网络和氢气管理

一、炼油企业的氢气网络

炼油企业的氢气网络是将供氢装置、用氢装置相互连接，通过设置的自动控制设施实现氢气可靠、稳定供应、供需平衡的复杂管网系统。一个理想的氢气网络，既要保证工厂正常稳定运行时氢气的平衡，保证用氢装置和供氢装置操作波动时通过自动控制设施达到新的氢气平衡，也要保证氢气排放最少、供氢的成本最低，还要保证整个氢气系统的安全。

1. 氢气管网的设置

炼油企业通常建设有多套用氢装置，也建设有多套氢气生产装置，包括氢气的回收提纯装置和制氢装置。这些装置对氢气的要求和所供氢气的条件不尽相同，主要关注参数是氢气压力、氢气纯度和微量杂质（主要是一氧化碳和二氧化碳）含量。就加氢装置而言，新氢压力越高、氢气纯度越高，对加氢装置的操作越有利、越经济。但提纯氢气，不论采用变压吸附工艺还是膜分离工艺，不仅需要增加投资和操作费用，而且都有一定的氢气损失。因此，从整个氢气网络系统而言，所有用氢装置全部使用纯度为99.9%（体）的纯氢，综合考虑用氢装置和供氢装置，整体经济性并不最优。

1）根据氢气纯度设置高纯氢气管网和低纯氢气管网

炼油企业的氢气主要来自重整装置的副产氢气和制氢装置生产的氢气。重整装置副产氢气在以生产运输燃料油品为主的炼油厂占用氢量的30%以上，氢气的纯度在92%~95%（体）。如果采用变压吸附工艺进一步提纯这部分氢气，会有10%左右的氢气损失，增加了用氢成本。另外，氢气纯度对于不同用氢装置的经济性影响是不相同的，一些氢气用户可以直接使用重整氢气，如硫黄回收装置和氢分压较低的汽油加氢精制和柴油加氢精制装置的用氢。这样，以重整氢气的条件设置氢气纯度相对较低的高品质氢气管网，以制氢装置产氢的条件设置高纯氢气管网，构建高纯氢气和高品质氢气两个管网，可以根据整个氢气网络的经济性，决定不同氢气用户分别从这两个管网获取氢气。

除聚烯烃装置对氢气中一氧化碳的体积含量要求小于1μL/L外，炼油厂其他氢气用户要求氢气中一氧化碳和二氧化碳的总量小于20μL/L。聚烯烃装置的氢气用量很少，为达到聚烯烃装置的要求，提高整个高纯氢气管网的氢气纯度是不经济的。单独设置一套小规模的氢气提纯变压吸附设施，将一部分高纯氢管网的氢气进一步提纯后用于聚烯烃装置，产生的尾气升压后送高品质氢气管网。这样既满足了聚烯烃对氢气纯度的要求，又避免了氢气的损失。

2）根据氢气压力设置高压氢气系统和低压氢气系统。

炼油企业的氢气管网是根据供氢气装置的最佳操作条件来确定管网压力的，通常按照重整副产氢气的压力和制氢装置产品氢气的压力来确定。三级压缩并经过再接触提纯的重整氢气压力一般在2.0~2.4MPa(G)，通常将这个压力确定为低压氢气管网的操作压力。如前所述，这也是纯度相对较低的高品质氢气管网。

根据制氢工艺不同，制氢装置产品氢气压力不同。采用水蒸气转化、变压吸附氢气提纯工艺的制氢装置产品氢气合理压力在2.1~2.5MPa(G)。采用部分氧化工艺，以煤炭、石油焦或重油为原料的制氢装置，根据选择气化技术的不同，产品氢气压力一般在3.5MPa以上，也有4.0~5.0MPa(G)，构成高压氢气管网。超过4.0MPa压力，已超出变压吸附技术最适宜的操作压力范围，因此比4.0MPa更高压力的氢气管网不多见，除非采用甲烷化的氢气提纯工艺，但这降低了高压氢气管网的氢气纯度。通常，高压氢气管网也是高纯氢气管网，这种设置方式有利于氢气管网的控制。

2. 氢气管网的控制

氢气管网的控制要求包括：

① 适应用氢装置对于氢气需求量的波动。

② 最大限度地使用回收氢气，减少制氢装置的氢气供应量。

③ 减少氢气的排放。

一般而言，从炼油厂富氢气体中获取的提纯氢气的成本低于制氢装置生产氢气的成本，因此，氢气管网控制的基本原则是，首先使用回收氢气，不足部分再用制氢装置的产氢补充。制氢装置是全厂的最高级别的氢源，通过调节其负荷，实现炼油厂的氢气平衡。基于这个原则，在高压、高纯度氢气管网和低压、高品质氢气管网，以及燃料气管网之间，通过设置合理的控制设施，可以实现上述要求。接下来的部分将结合氢气管网示例，说明氢气管网的控制方案。

3. 氢气管网设置示例

图20-37是一座以生产运输燃料油品为主的千万吨级炼油厂的氢气管网示意图。图中，*P*表示氢气压力，单位MPa(G)；*T*表示氢气温度，单位℃；*F*表示氢气流量，单位万吨/年纯氢。

该炼油厂设置了1#和2#两个氢气管网。其中1#氢气管网为重整氢气，管网的压力2.35MPa(G)，氢气纯度93.0%(体)，属于低压、高品质氢气管网。2#氢气管网为制氢装置产品氢气和富氢气体提纯后的氢气，管网压力2.4MPa(G)，氢气纯度99.9%(体)，属于高压、高纯氢气管网。

以重整氢为主的1#氢气管网主要为氢分压较低的中压加氢裂化装置提供氢气，以制氢装置产氢为主的2#氢气管网主要为氢分压较高的高压加氢裂化装置提供氢气。最高级别的氢源是天然气制氢装置所产氢气。

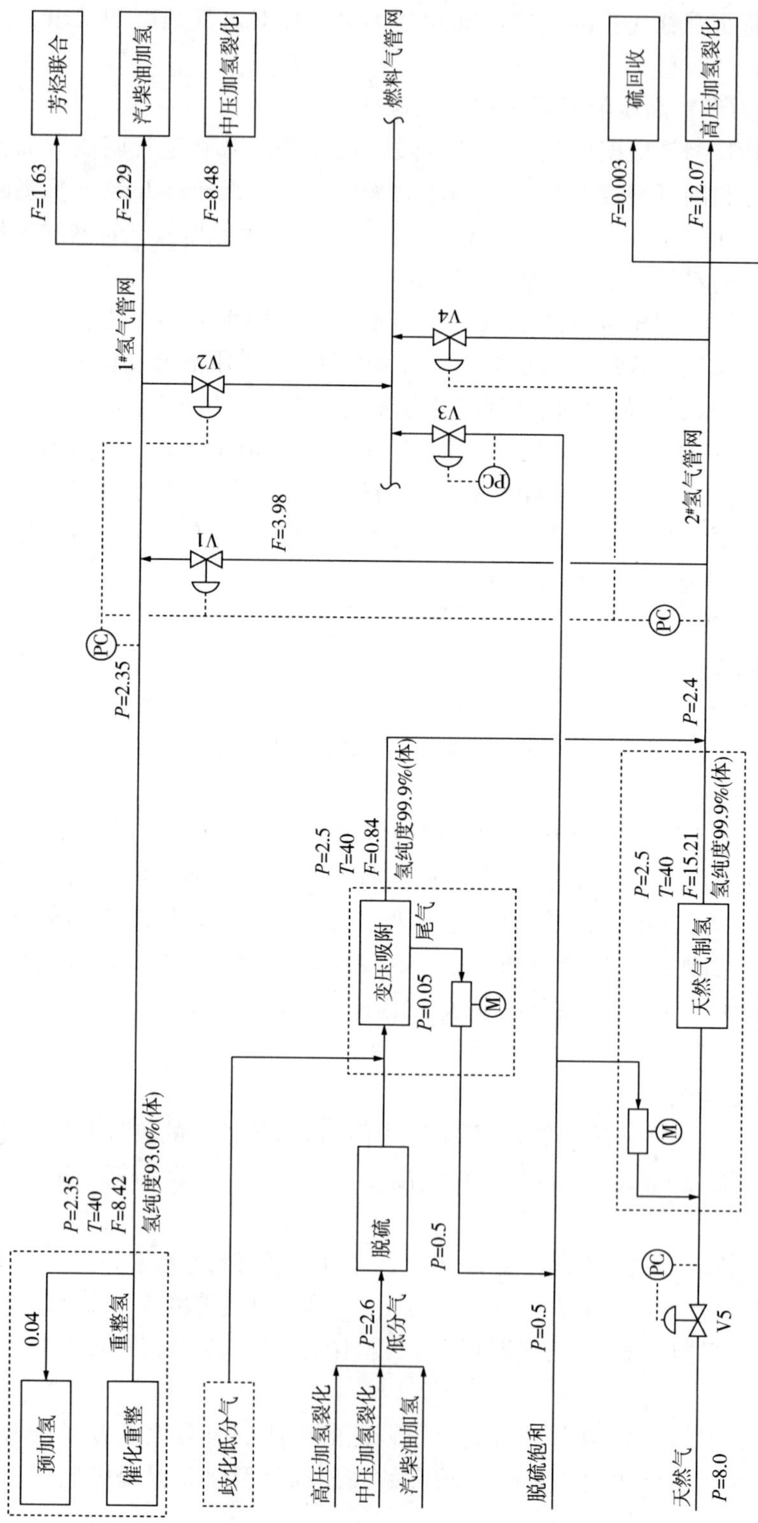

图20-37　某千万吨级燃料型炼厂的氢气管网示意图

整个氢气管网中设置了 5 组调节阀(V1～V5)用来实现氢气平衡。由于 $2^{\#}$ 氢气管网的氢气无论压力和纯度都高于 $1^{\#}$ 氢气管网，这使得任何条件下从 $2^{\#}$ 氢气管网向 $1^{\#}$ 氢气管网补充氢气成为可能。

① 正常操作时，$1^{\#}$ 管网的重整氢为中压加氢裂化和汽油、柴油加氢和芳烃联合装置供氢，不足部分通过调节阀组 V1，从 $2^{\#}$ 氢气管网补充。

② 回收氢气送入 $2^{\#}$ 管网，保证了首先使用回收氢，$2^{\#}$ 管网不足部分由天然气制氢装置补足。

③ 为控制两个管网的氢气压力，设置了 2 组调节阀(V2 和 V4)，可以分别从两个管网向燃料气管网排放氢气，正常条件下这两组调节阀是关闭的。

④ $1^{\#}$ 管网压力升高，首先调整调节阀组 V1，减少来自 $2^{\#}$ 管网的氢气，如果由于某种情形管网压力不能及时恢复正常，可以开启调节阀组 V2，将多余氢气排放到燃料气管网。$1^{\#}$ 管网压力降低，首先确定调节阀组 V2 是否完全关闭，如果已经关闭，调整调节阀组 V1，增加来自 $2^{\#}$ 管网的氢气直到压力恢复。

⑤ $2^{\#}$ 管网压力升高，可以减少天然气制氢的产氢量。调整过程中可先通过调节阀组 V1 和 V2 将 $2^{\#}$ 管网的氢气送入 $1^{\#}$ 管网再放入燃料气管网，也可以直接从调节阀组 V4 直接放空到燃料气管网。$2^{\#}$ 氢气管网的压力降低，首先确定放空调节阀组 V4 和 V2 是否全关，如果全关，可以增加天然气制氢装置的产氢量。

上述氢气管网的设置和控制策略，可以较好地满足氢气用户和供氢装置之间的氢气平衡，同时避免平稳操作状况下的氢气排放，并使得回收氢气得以首先利用，且尽可能维持天然气制氢装置的产氢量最低。

二、炼油厂氢气的管理

随着氢气在炼油企业成本所占比例不断升高，氢气的管理越来越受到重视。氢气管理的目的是在满足所有生产工艺要求和实现炼油厂正常生产的物料平衡条件下，通过合理匹配所有或部分供氢装置与用氢装置，充分回收和利用过程中的氢气，实现整个生产过程中氢气利用率最大化，尽可能降低用氢成本。这包括两个方面，一是降低氢气用量，二是降低氢气费用，即尽可能使用低成本的氢气。

1. 炼油厂氢气管理的主要工作

氢气管理的最简单形式是，统筹安排氢气的生产和使用，实现工厂的氢气平衡。由于氢气资源条件不同，需要充分考虑氢气管理策略与产氢、耗氢装置在操作参数之间的相互关系，以及用氢装置操作波动和氢气管网安全多个方面，使得氢气管理非常复杂[51]。

氢气管理最主要的工作有两项：弄清氢气资源、氢气用户的情况；之后，把氢气平衡作为一个网络系统进行分析，优化整个工厂的氢气资源使用。

氢气资源收集包括工艺副产氢气、制氢装置产氢和富氢气体的情况。氢气用户情况收集包括用氢装置对于耗氢量、氢气纯度和有害杂质的要求，必要时还需了解装置操作对氢分压的要求。这些工作是进行氢气管理的基础，据此可以获得工厂的初步氢气平衡，由此方可分析富氢气体的提纯方案和建设制氢装置的必要性及规模。

氢气网络的优化成为过去十几年间研究和应用的热点工作，取得了较好的经济效益[52,53]。

氢气网络优化方法主要有氢夹点分析法和超结构法[54]，氢夹点分析法以图形法为基础，物理意义明确，通过对夹点图的分析可以得到氢气系统公用工程耗氢量的最小值，也就是需要建设制氢装置的最小规模，因此在国内氢气网络优化实践中应用更为广泛。通过氢气网络优化，可以找到最佳的供氢和用氢之间的匹配，也可发现需要提纯的富氢气体物流及合理的纯度目标。在炼油厂氢气管理工作中，氢气网络优化是解决已建成炼油厂氢气不足问题的最为经济的方法，参见表 20-21。

表 20-21　满足额外氢气需求的几种方案的典型成本[55]

方　案	投资成本/[\$/(Nm^3·d)]	操作成本/(\$/Nm^3)	年总成本/百万美元
提高制氢装置产量	0	0.0706	7
扩建制氢装置	7.06~35.3	0.0741	8~10
新建制氢装置	35.3	0.0671	9
新增氢气提纯	3.53~14.12	0.0177~0.0353	2~4
界外购买氢气	0	0.0353~0.177	3~17
改造氢气网络	3.53	0	0.3

注：以日产能 283300Nm^3、资本费用 25%为基础。新增提纯的操作成本包括未进入燃料系统的氢气的热值。

氢气管理除上述两项主要工作外，还需要考虑尽可能降低氢气的成本。一般而言，副产氢气成本最低，富氢气体提纯回收氢气的成本次之，制氢装置产氢成本最高。炼油厂副产氢气主要来自重整装置，富氢气体主要是加氢装置的低分气和干气以及催化装置的干气。在这些气体中，重整氢作为炼油厂主要氢源直接利用，各种加氢装置的低分气经过提纯作为回收氢气使用，加氢干气和催化干气的氢气含量相对较低，压力也较低，回收氢气的收率低，成本相对较高，而且这些气体是炼油厂燃料气的主要来源，因此是否需要回收这些气体中的氢气需要进行具体的对比分析。

降低氢气成本的另一个重要方面是降低制氢装置产氢的成本。已建成炼油厂的制氢装置工艺路线已经确定，氢气管理工作可以根据市场价格情况选择相对廉价的装置原料，从而降低产氢的成本。如水蒸气转化制氢装置的原料可以在炼厂干气、外购天然气或炼油厂饱和液化气中选择，根据一段时期的价格情况，选择最为廉价的原料，降低产品氢气的成本。

2. 炼油厂氢气管理考虑的主要因素

在氢气管理过程中，一些炼油厂通过重点关注下列因素取得了一定的效果。

(1) 重视工艺副产氢气的利用和富氢气体中氢气的回收。

炼油厂中工艺装置副产氢气和富氢气体回收氢气的成本远低于制氢装置的产氢，氢气管理要首先利用好工艺副产氢气，最大限度地回收富氢气体中的氢气，达到尽量减少制氢装置产氢的目的。

(2) 合理设计供氢路线，避免炼油厂工艺装置副产高品质氢气二次提纯的损失。

不同加氢装置，对补充氢气品质要求不同，一般高纯氢优先考虑供给渣油加氢、蜡油加氢处理、高压加氢裂化等高压加氢装置补充氢气。

如果所有加氢装置设计都采用高纯氢作为补充新氢来保证循环氢纯度，对氢提纯装置处理能力需求大，那么炼油厂副产氢气(如重整氢气)不得不进行二次提纯，建设成本及生产运营成本增加，还增加了氢气的损失。

近年来，有些炼油企业尝试转变运行方式，对于一些压力要求不是很高的加氢装置，放宽补充氢纯度指标，提高高分外排氢流量的生产模式，取得了良好的效果。由于补充氢选取范围变广，重整装置副产氢气可以直接使用，氢提纯装置仅需处理少量高分排放氢，氢气损失大幅度降低。如果结合压力逐级利用理念，采用氢气一次通过、循环氢梯级使用的流程，将多套加氢装置串联起来，将进一步提高氢气利用率，降低装置能耗。

(3) 富氢气体回收管网考虑按纯度分级利用，集中设置氢气提纯装置，节省投资和减少氢气损失。

对于氢含量较高的高分气考虑脱硫后直接利用；将原料杂质种类相近的几股富氢气体，如几套加氢装置的低分气，尽可能设置相近的操作压力，集中脱硫、脱重烃，采用膜或PSA 工艺提纯氢气，尾气作为制氢原料。

(4) 在满足装置操作要求的前提下，根据原料性质，优化加氢装置的操作，减少氢耗[56,57]。

(5) 压力等级相近的加氢装置考虑集中升压，分散使用。压力逐级降低的装置，通过循环氢逐级利用，减少压力能量损失。

(6) 不同品质氢气单独输送，减少降质损失。

氢气品质不同，成本相差较大。根据原料气品质及工艺的不同，吨氢气提纯成本为2000~9000 元。应根据氢气品质分别设立管网，避免混合输送，造成氢气降质使用。

其中，高纯氢杂质含量要求高，提纯成本高，供氢宜采用设立单独提纯模块，设置单独的管网。可对工艺装置的副产氢气和炼油厂富氢气体进行提纯，采用直接输送的方式，提纯过程排放尾气可用作制氢装置原料。

(7) 重视氢气管网的供氢安全，充分分析氢气系统对于全厂操作的影响。

氢气系统如同工厂的公用工程系统，管理时必须考虑部分供氢装置出现故障、非计划停工对于整个工厂操作的影响。在工艺装置副产氢气、制氢氢气或回收氢气等氢源中，当一个氢源由于非计划原因不能供应氢气，在争取尽快恢复供氢的同时，需要做好减量操作和对全厂总流程影响最小的运行方案的研究。

(8) 优化制氢原料和工艺，降低制氢装置产氢成本。

制氢装置已经不单是采用水蒸气转化工艺以气体或轻烃为原料，根据实际情况，一些新建大型炼油厂制氢装置的原料选择了更为低廉的重油、石油焦和煤，采用部分氧化工艺，其目的是获取最廉价的氢气。

总之，氢气管理应该根据各企业具体情况，在保证氢气系统安全和供氢稳定、可靠的前提下，尽可能减少氢气用量，同时降低氢气生产成本。

参　考　文　献

[1] 陈蕊. 未来原油品质变化趋势及其对炼油行业的影响[J]. 国际石油经济，2012(5)：39-43.
[2] 程一步，王晓明，李杨楠，等. 中国氢能产业步入快速发展机遇期石化企业可大有作为[J]. 石油石化

绿色低碳，2020，5(1)：1-9.
[3] 李大东，聂红，孙丽丽. 加氢处理工艺与工程(第二版)[M]. 北京：中国石化出版社，2016.
[4] 崔祥勇，张利，李鹏，等. 炼油厂氢管网优化研究[J]. 广东化工，2017，44(21)：60-62.
[5] 陶卫东，徐翠翠，刘爱华，等. 低纯氢氢源在硫黄回收装置的工业应用试验[J]. 齐鲁石油化工，2016，44(4)：251-255.
[6] 于永洋，景毓秀，赵静涛. 膜分离和PSA耦合工艺在某千万吨炼油厂氢气回收装置的应用及运行情况分析[J]. 化工技术与开发，2018，47(10)：55-59.
[7] 高斌，赵百仁. 乙烯装置提高氢气回收率的研究[J]. 乙烯工业，2017，29(3)：12-16.
[8] 林刚，陈晓惠，金石，等. 气体膜分离原理、动态与展望[J]. 低温与特气，2003. 21(2)：15-18.
[9] 王学松. 气体膜分离技术及其开发与进展[J]. 化学进展，1992(2)：107-122.
[10] 魏玺群，陈健. 变压吸附气体分离技术的应用和发展[J]. 低温与特气，2002，20(6)：1-4.
[11] 王爱平. 50000Nm^3/h变压吸附分离制氢技术的工业应用[J]. 广州化工，2010，38(4)：195-201.
[12] 李克兵，曾凡华，殷文华，等. 带两个顺放罐的大型变压吸附制氢新技术[J]. 天然气化工，2009(34)，2：60-63.
[13] 宋宇文，苟灵红，田军. 新型变压吸附技术的开发应用[J]. 化肥工业，2009(36)，6：1-5.
[14] 戴文松. 炼油厂制氢原料预处理流程的选择[J]. 炼油技术与工程，2004，34(4)：14-17.
[15] 方友. 100000Nm^3/h制氢装置的技术特点及节能措施[J]. 广州化工，2010，38(5)：238-240.
[16] 娄俊毅，李至禹. 烃类蒸汽转化制氢装置工艺凝结水的回收利用分析[J]. 炼油技术与工程，2019，49(4)：4-9.
[17] 季文中. 10万立方每小时天然气制氢工艺冷凝液的直接回用[J]. 广州化工，2012，40(5)：147-149.
[18] 崔国星. 活化MDEA脱碳法对苯菲尔脱碳装置的技术改造[J]. 化肥设计，2005，43(4)：50-53.
[19] 张学模. 多胺法(改良MDEA)脱碳工艺[J]. 化学工程，2008，26(4)：17-23.
[20] 王德瑞. 国内外制氢转化炉出口管系技术[J]. 炼油技术与工程，2009，39(3)：1-6.
[21] 王东军，明利鹏，王桂芝，等. 国外甲醇制氢催化剂研究进展[J]. 天然气化工，2011，36(5)：73-76.
[22] 孟令凯. 丙烯压缩制冷与氨压缩制冷的比较[J]. 大氮肥，2015(38)，4：284-286.
[23] 李发林. 高浓度气化水煤浆制备技术[J]. 煤化工，2019(46)，1：34-37.
[24] 卓建坤，陈超，姚强. 洁净煤技术[M]. 2版. 北京：化学工业出版社，2016.
[25] 吴韬，龚欣，王辅臣，等. 6.5MPa水煤浆气化反应过程剖析[J]. 大氮肥，1997(20)，5：323-326.
[26] 于海龙，赵翔，周志军，等. 氧煤比对水煤浆气化影响的数值模拟[J]. 煤炭学报，2004(29)，5：606-610.
[27] 邹杰，徐玲玉. 水煤浆浓度变化对煤气化工艺的能耗影响分析[J]. 煤化工，2016(44)，2：50-53.
[28] 郭庆华，王亦飞，陈雪莉，等. 多喷嘴对置式水煤浆气化技术进展及工艺应用[J]. 氮肥与合成气，2019(47)，1：1-11.
[29] 李伟锋，于广锁，龚欣，等. 多喷嘴对置式煤气化技术[J]. 氮肥技术，2008(29)，6：1-6.
[30] 李晓方，蒋苏政，郑力攀. 煤粉制备指标控制及对壳牌工艺的影响[J]. 河北化工，2013(36)，1：124-126.
[31] 葛卫学. 煤气化粉煤制备技术特点与安全、质量控制要点[J]. 硫黄设计与粉体工程，2019，1：1-4.
[32] 施建设. 煤粉进料控制的实施和优化[J]. 大氮肥，2016(39)，4：263-265.
[33] 杨震，郭琴琴，刘银河. 煤粉加压气化炉操作参数对气化特性的影响[J]. 锅炉技术，2016(47)，3：5-9.

[34] 中石化宁波工程公司，宁波技术研究院. 中国石化 SE-东方炉技术单喷嘴冷壁式粉煤加压气化技术[C]//2014 新型煤气化技术与煤质专题技术研讨会文集，2014：132-148.
[35] 张炜. SE-东方炉煤气化技术及工业应用[C]//第二十二届全国大型合成氨装置技术年会，2015：1-5.
[36] 姜从斌，刘晓军，葛超伟. HT-L 航天粉煤加压气化装置运行情况[J]. 化工设计通讯，2011(37)，4：24-28.
[37] 卢正滔，姜从斌. 航天粉煤加压气化技术(HT-L)的进展及装置运行情况[J]. 化肥工业，2012(39)，4：1-3.
[38] 褚嘉易. 国内粉煤气化工艺研究进展[J]. 氮肥技术，2019(40)，1：8-16.
[39] 李现勇，孙永斌，李惠民. 国外 IGCC 项目发展现状概述[J]. 电力勘测设计，2009，3：28-33.
[40] 汪静，雷培德，等. 化肥厂重油气化工序流程模拟[J]. 化肥设计，2003(41)，5：19-24.
[41] 齐亚平. 德士古和谢尔渣油气化工艺设计与应用比较[J]. 大氮肥，2005(28)，2：98-101.
[42] 李君. 谢尔气化技术在甲醇装置上的应用[J]. 大氮肥，1994，1：50-56.
[43] 王照成，严义刚，李繁荣. 耐硫变换技术及其在煤化工中的应用[J]. 化肥设计，2017(55)，3：22-26.
[44] 纵秋云. Shell 粉煤气化工艺中甲烷化副反应问题探讨[J]. 中氮肥，2004，3：15-17.
[45] 闫志者. 耐硫变换技术的现状及展望[J]. 炼油技术与工程，2018(48)，9：5-9.
[46] 纵秋云. QDB-05 型低水气比耐硫变换催化剂的性能及工业应用[J]. 化肥工业，2013(40)，3：49-52.
[47] 尹忠辉. 煤及天然气两种制氢路线的比较[J]. 石油化工他技术与经济，2009(25)，3：60-62.
[48] 张彩丽. 煤制氢与天然气制氢成本分析及发展建议[J]. 石油炼制与化工，2018(49)，1：94-98.
[49] 李庆勋，刘晓彤，刘克峰，等. 大规模工业制氢工艺技术及其经济性比较[J]. 天然气化工，2015(40)，1：78-82.
[50] 刘书朋. 煤和天然气制氢工艺技术经济分析[J]. 炼油技术与工程，2010(40)，7：56-60.
[51] 石宝明，廖健，白雪松. 炼油厂氢气的管理[J]. 化工技术经济，2003(21)，1：55-60.
[52] 郭亚逢，郭宏新，张楠，等. 炼油厂氢气网络优化的工程设计应用[J]. 石油学报(石油加工)，2012(28)，1：107-114.
[53] 顾兴平. 上海石化氢气系统优化的研究[J]. 石油化工技术与经济，2012(28)，5：12-17.
[54] 康永波，曹萃文，于腾. 炼油厂氢气网络优化方法研究现状及展望[J]. 石油学报(石油加工)，2016(32)，3：645-658.
[55] 瞿国华. 炼油厂用氢的低成本战略探讨[J]. 石油化工技术经济. 2007(23)，2：19-22.
[56] 单云峰. 降低高压加氢炼化装置氢耗的措施探讨[J]. 中外能源. 2013(18)，5：85-87.
[57] 李晓东，王旭，徐青青，等. 炼油厂氢气系统优化运行探讨[J]. 中外能源. 2017(22)，8：76-80.

专家话炼油

第二十一章　硫黄回收及尾气处理

在炼油加工过程中，会伴随产生一些含 H_2S 的酸性水和酸性气，如常减压蒸馏装置、催化裂化装置、加氢精制装置和加氢裂化装置、焦化装置等均产生含 H_2S 的酸性水和酸性气。这些酸性水和酸性气中含有浓度较高的 H_2S，还含有氨、酚、氰化物和油等污染物，如果不除去会污染环境，破坏环境的正常生态体系。

为保证水质和气体符合排放要求，一般采用酸性水汽提技术处理酸性水，采用胺吸收技术吸收气体中的 H_2S，释放出的 H_2S 大多采用克劳斯(Claus)硫黄回收技术回收硫黄，变废为宝。

克劳斯法是目前国内外应用最广、技术最成熟的硫黄回收工艺，其原理基于克劳斯反应，即酸性气中的 H_2S 通过克劳斯反应炉内的高温热反应和克劳斯反应器内的低温催化反应，使其转化为单质硫。克劳斯反应是可逆反应，受反应温度下化学平衡的限制，即使采用活性良好的催化剂，硫回收率也只能达 97%左右，尾气中尚含有约 1%~3%(体积分数)的 H_2S、二氧化硫、硫蒸气和有机硫化物。

1996~2015 年我国执行《大气污染物综合排放标准》GB 16297—1996，该标准规定硫黄装置烟气二氧化硫排放浓度限值 960mg/m^3。2015 年国家发布了国际上最严格的《石油炼制工业污染物排放标准》GB 31570—2015，要求重点地区的企业硫黄装置烟气二氧化硫排放限值为 100mg/m^3；一般地区执行硫黄装置烟气二氧化硫排放限值为 400mg/m^3。由于单纯的克劳斯硫黄回收甚至再加上尾气处理装置仍不能满足日趋严格的环保标准要求，势必将推动尾气处理技术不断发展。

第一节　基本原理

一、酸性水汽提反应原理[1,2]

污水中的 H_2S、NH_3 以两种形式存在：离子形式不能挥发，称“固定态”；分子形式可以挥发，称“游离态”。硫氢化铵是 H_2S 和氨反应后的产物，当温度高于 120℃后就会分解成氨和 H_2S 气体。硫氢化铵能溶于水，在水溶液中又能大量水解重新生成游离的氨和 H_2S 分子：

$$NH_4HS \xrightleftharpoons{\text{电离}} NH_4^+ + HS^- \xrightleftharpoons{\text{水解}} NH_3 + H_2S$$

其中水解常数随温度升高而增加，随温度降低而减少，当温度升高时，硫氢化铵不断水解，溶液中游离的氨和 H_2S 分子逐渐增多，相应气相中的 H_2S 和氨分压也随之升高。

含硫污水汽提的主要目的是去除并回收 NH_3 和 H_2S。因此了解 NH_3—H_2S—H_2O 三元体系的热力学性质可以更好地理解汽提法的原理和操作。

（一）三元体系的形成

NH_3、H_2S 和 H_2O 都是挥发性弱电解质，能电离成离子；氨和 H_2S 能以不同程度溶解于水。因此 $NH_3—H_2S—H_2O$ 三元体系是一个化学、电离和相平衡共存的复杂体系。

（1）氨溶于水后一部分以游离氨存在，一部分被电离成 NH_4^+ 和 OH^-。

$$NH_3+H_2O \rightleftharpoons NH_4^+ +OH^-$$

氨溶解于水是放热的，故温度升高，电离常数 K_A 随温度升高而降低，且温度越高，K_A 降低越明显，K_A 很小（10^{-5}），因此氨在水中主要是游离的氨分子，仅有极少量的铵离子。

（2）H_2S 在水中也有少许电离：

$$H_2S \rightleftharpoons H^+ +HS^-$$

H_2S 在水中的电离常数 K_s 也受温度影响，但与 K_A 不同，温度对 K_s 的影响可分为两种情况：第一，当温度低于 125℃时，K_s 随温度升高而升高；第二，当温度高于 125℃时，K_s 随温度升高而降低，且 K_s 值比 K_A 还小（10^{-7}），所以 H_2S 在水中几乎全部以游离的 H_2S 分子存在。

（3）当氨和 H_2S 同时存在时，则生成硫氢化铵，它是弱酸和弱碱生成的盐，在水中被大量地水解又重新生成游离的氨和 H_2S 分子。即：

$$NH_4^+ +HS^- \rightleftharpoons (NH_3+H_2S)\text{液}$$

在液相中的游离氨和 H_2S 分子又与气相中的氨和 H_2S 呈相平衡：

$$(NH_3+H_2S)\text{液} \rightleftharpoons (NH_3+H_2S)\text{气}$$

综合上述公式：

$$NH_4^+ +HS^-(NH_4HS) \rightleftharpoons (NH_3+H_2S)\text{液} \rightleftharpoons (NH_3+H_2S)\text{气}$$

在汽提操作条件下，气相中氨和 H_2S 是分子态，液相中氨和 H_2S 有离子和分子两种形式，离子不能挥发，故可称固定态，分子可以挥发，故可称游离或自由态。氨和 H_2S 在水中主要是离子态，还是主要以分子态存在，与温度、压力及溶解在水中的浓度有关。

（二）三元体系的热力学性质

1. 水解常数

$$\text{水解常数 } K_H=\frac{[H_2S]\cdot[NH_3]}{[HS^-]\cdot[NH_4^+]}$$

硫氢化铵在水中进行的水解反应，其水解常数 K_H 同样受温度影响，温度升高，K_H 增加，温度降低，K_H 减少。当温度降低时，K_H 减小，故溶液中 NH_4^+ 和 HS^- 离子浓度增加，因此在低温段是以离解反应为主。

当温度升高时，K_H 值增加，此时硫氢化铵不断水解，溶液中游离的氨和 H_2S 分子逐渐增加，相应气相中 NH_3 和 H_2S 的分压也随之升高，因此在高温段是以 H_2S 的水解反应为主。由实验知道，低温段与高温段的界限约为 110℃，低于 110℃对 K_H 的影响不大，K_H 较低；高于 110℃，K_H 随温度升高迅速增加。

2. 溶解度

氨和 H_2S 在水中溶解度与气相分压遵循亨利定律

$$N=P/H$$

式中 N——气体溶解度；

H——亨利常数；

P——气体分压。

氨和 H_2S 溶解度随温度升高而降低，随压力增加而增加。

NH_3—H_2O 二元体系的气液平衡数据见表 21-1，H_2S—H_2O 二元体系的气液平衡数据见表 21-2。

表 21-1 NH_3—H_2O 二元体系的气液平衡数据

温度/℃	压力/MPa	液相组成 NH_3/%	气相组成 NH_3/%
40.0	0.697	60.14	99.90
39.9	0.484	52.73	99.41
39.9	0.305	44.78	98.41
39.9	0.213	40.32	97.58
39.9	0.099	32.88	97.10

表 21-2 H_2S—H_2O 二元体系的气液平衡数据

温度/℃	压力/MPa	液相组成 H_2S/%	气相组成 H_2S/%
37.8	0.387	1.13	99.32
37.8	0.581	1.58	99.52
37.8	0.924	2.26	99.65
37.8	1.263	3.11	99.76
37.8	1.662	3.93	99.82

比较表 21-1 和表 21-2 可见，氨在水中溶解度远远大于 H_2S 在水中溶解度，但若是在 H_2S 水溶液中通入氨，则 H_2S 的溶解度就大大提高。表 21-3 给出了 NH_3—H_2S—H_2O 三元体系的气液平衡数据。

表 21-3 NH_3—H_2S—H_2O 三元体系的气液平衡数据

温度/℃	压力/MPa	NH_3—H_2S—H_2O 三元体系	
		H_2S/%	NH_3/%
38.0	0.148	19.34	50.67

NH_3或 H_2S 单独在水中，两者都主要以游离的分子态存在。但是一定量的 H_2S 和氨同时在水中，则由于酸碱反应，NH_4^+和 HS^-离子浓度迅速增加。当温度等于 32.2℃，NH_3 和 H_2S 分子比为 1 时，有 98.44%的氨或 H_2S 以离子形式存在。NH_3和 H_2S 的离解度不仅与温度压力有关，且还与液相中 NH_3和 H_2S 的浓度有关。例如在 38.22℃和 0.446MPa 时，液相中氨和 H_2S 浓度分别为 $c(NH_3)=51.5\%$和 $c(H_2S)=17.08\%$，相应的游离氨和 H_2S 分别占其总量的 83.45%(mol)和 0.17%(mol)。也就是说，38℃、0.446MPa 的条件下，当氨和 H_2S 分子比大于 5 时，溶解于水的氨只有 16.54%被电离成 NH_4^+，而 H_2S 却有 99.8%被电离成 HS^-，游离的 H_2S 分子极少，溶液中几乎都是以 HS^-形式被“固定”在液相中。

3. 挥发度

虽然 H_2S 的溶解度远小于氨，但其饱和蒸气压比同温度下的氨大得多，故其相对挥发度也就比氨大，因此，只要溶液中有一定数量的游离 H_2S 分子存在，则与其呈平衡的气相中的 H_2S 浓度就很可观。例如在 $H_2S—H_2O$ 体系中，液相中含游离的 H_2S 浓度为 1.127%时，与其呈平衡的气相中的 H_2S 含量(体积分数)则高达 99.318%，正是由于氨的溶解度比 H_2S 大得多，而 H_2S 的相对挥发度比氨大得多，所以，单塔侧线流程的汽提塔在低温的顶部可以获得含 NH_3很少的酸性气体。

二、硫黄回收反应机理及动力学[3~8]

(一) 克劳斯反应原理

1. 克劳斯反应方程式

克劳斯反应按照反应发生的区域可以分为高温热反应和低温催化反应两部分。按照反应产物来分类可分为主反应和副反应。由于原料酸性气成分复杂，无论是在反应炉内发生的高温热反应还是在克劳斯反应器内发生的低温催化反应均存在多种主反应和副反应。

(1) 反应炉内的高温热反应　酸性气反应炉内发生的总反应为 H_2S 氧化为单质硫，其总反应式是：

$$3H_2S+3/2\ O_2 \longleftrightarrow \frac{3}{x}S_x+3H_2O$$

实际上，反应分为两步进行：

$$H_2S+3/2\ O_2 \rightleftharpoons SO_2+H_2O$$

$$2H_2S+SO_2 \rightleftharpoons \frac{3}{x}S_x+2H_2O$$

第一步是参与反应的三分之一 H_2S 与 O_2反应生成 SO_2和 H_2O，第二步是剩余三分之二的 H_2S 与第一步反应生成的 SO_2反应，转化为单质硫。

(2) 克劳斯反应器内的低温催化反应　H_2S 和 SO_2 在克劳斯反应器内进行如下反应：

$$2H_2S+SO_2 \rightleftharpoons \frac{3}{x}S_x+2H_2O$$

从理论上讲，反应温度越低，转化率越高，但当温度低于硫露点温度时，会使液硫沉积在催化剂表面而使催化剂失去活性，因此通常应在硫露点温度以上 30℃左右操作。

(3) 不同形态的硫相互转化的反应　元素硫的形态非常复杂，无论是液态还是气态均是不同形态的硫组分的混合物。液态硫是由环状 S_8和链状多硫 S_x的混合物，而气态硫形态更多，包含 S_1～S_8等组分。研究认为，当温度高于 700K 时硫蒸气主要由 S_2组成，而在 700K 以下时主要以 S_6和 S_8为主。通常在工程上克劳斯过程中发生的主要硫形态转化反应可以用如下几式描述：

$$3S_2 \rightleftharpoons S_6 \qquad +272.2kJ$$

$$4S_2 \rightleftharpoons S_8 \qquad +404.4kJ$$

$$4S_6 \rightleftharpoons 3S_8 \qquad +124.5kJ$$

2. 克劳斯工艺的主要副反应

(1) 反应炉内发生的副反应[3~5]

酸性气中除 H_2S 外，一般还含有烃类、CO_2 和 H_2O，炼油厂酸性气中还含有 NH_3 或 HCN 等物质，因此酸性气反应炉内的反应非常复杂。其中主要副反应有：氨和烃类的氧化反应；生成或消耗 COS 和 CS_2 的副反应；生成或消耗 CO 和 H_2 的副反应；S 形态转化的副反应。由于副反应多，因而反应后的气体组成很复杂。一般气体中的 H_2 主要来源于 H_2S 的热分解和烃类的燃烧；CO 来源于 CO_2 和 H_2S 的反应、H_2 的还原反应和烃的氧化反应；COS 和 CS_2 来源于烃和 SO_2 的反应，CO、CO_2 和硫蒸气的反应。酸性气反应炉内主要反应及其反应热见表 21-4。

表 21-4　酸性气反应炉内发生的反应及其反应热

反应方程		反应热[①]/(kJ/mol)	
		927℃	1204℃
1)硫、硫化物及烃类的氧化反应			
1	$3H_2S+\frac{3}{2}O_2 \rightleftharpoons SO_2+H_2O+2H_2S$	-519.6	-519.2
2	$2H_2S+SO_2 \rightleftharpoons \frac{3}{2}S_2+2H_2O$	42.1	41.3
3	$3H_2S+\frac{3}{2}O_2 \rightleftharpoons \frac{3}{2}S_2+3H_2O$	-475.4	-477.9
4	$H_2S+\frac{1}{2}O_2 \rightleftharpoons H_2O+S_1$	58.0	57.5
5	$S_1+O_2 \rightleftharpoons SO_2$	-577.1	-577.5
6	$2S_1 \rightleftharpoons S_2$	-432.8	-434.5
7	$S_2+2O_2 \rightleftharpoons 2SO_2$	-721.4	-720.6
8	$CH_4+2O_2 \rightleftharpoons CO_2+2H_2O$	-797.3	-801.5
9	$C_2H_6+\frac{7}{2}O_2 \rightleftharpoons 2CO_2+3H_2O$	-1424.9	-1429.5
10	$CH_4+\frac{3}{2}O_2 \rightleftharpoons CO+2H_2O$	-518.3	-522.1
11	$CH_4+O_2 \rightleftharpoons CO+H_2O+H_2$	-270.2	-272.9
12	$CH_4+2H_2O \rightleftharpoons CO_2+4H_2$	193.5	196.0
2)生成或消耗 CO 及 H_2 的反应			
13	$H_2+CO_2 \rightleftharpoons CO+H_2O$	32.9	31.7
14	$CO_2+H_2S \rightleftharpoons CO+H_2O+\frac{1}{2}S_2$	114.7(1639℃)	113.8(1927℃)
15	$2CO_2+H_2S \rightleftharpoons 2CO+H_2+SO_2$	284.8(1639℃)	281.5(1927℃)
16	$H_2S \rightleftharpoons \frac{1}{2}S_2+H_2$	89.2(1639℃)	88.8(1927℃)
17	$2CO+O_2 \rightleftharpoons 2CO_2$	-561.7	-599.2
18	$4CO+2SO_2 \rightleftharpoons 4CO_2+S_2$	-402.4	-397.8
19	$H_2+\frac{1}{2}O_2 \rightleftharpoons H_2O$	-248.1	-249.4
20	$H_2+\frac{1}{2}S_2 \rightleftharpoons H_2S$	-89.7	-89.2
3)生成或消耗 COS 的反应			
21	$2CH_4+3SO_2 \rightleftharpoons 2COS+\frac{1}{2}S_2+4H_2O$	-130.9	-135.9
22	$2CO_2+3S_1 \rightleftharpoons 2COS+SO_2$	-624.2	-625.5
23	$CS_2+CO_2 \rightleftharpoons 2COS$	2.5	2.9
24	$2S_1+2CO_2 \rightleftharpoons COS+CO+SO_2$	-319.8	-321.9
25	$CO+S_1 \rightleftharpoons COS$	-304.4	-303.6
26	$CH_4+SO_2 \rightleftharpoons COS+H_2O+H_2$	2.5	-1.3
27	$CS_2+H_2O \rightleftharpoons COS+H_2S$	-31.7	-30.9

续表

反应方程		反应热①/(kJ/mol)	
		927℃	1204℃
28	$COS+H_2O \rightleftharpoons H_2S+CO_2$	-34.6	-33.8
29	$2COS+SO_2 \rightleftharpoons \frac{2}{3}S_2+2CO_2$	-25.0	-26.3
30	$COS+CO+SO_2 \rightleftharpoons S_2+2CO_2$	-113.0	-112.6
31	$COS+H_2 \rightleftharpoons CO+H_2S$	-2.1	-3.8
32	$COS+3/2O_2 \rightleftharpoons CO_2+SO_2$	-553.4	-553.4
33	$COS \rightleftharpoons CO+\frac{1}{2}S_2$	88.0	86.3
4)生成或消耗 CS_2 的反应			
34	$C_1+2S_1 \rightleftharpoons CS_2$	-443.7	-444.9
35	$CH_4+2H_2S \rightleftharpoons CS_2+4H_2$	259.8	260.6
36	$CH_4+4S_1 \rightleftharpoons CS_2+2H_2S$	-965.8	-967.9
37	$CH_4+2S_2 \rightleftharpoons CS_2+2H_2S$	-99.7	-99.2
38	$CO_2+3S_1 \rightleftharpoons CS_2+SO_2$	-627.2	-628.0
39	$C_2H_6+\frac{7}{2}S_2 \rightleftharpoons 2CS_2+3H_2S$	-183.9	-183.9
40	$C_3H_8+5S_2 \rightleftharpoons 3CS_2+4H_2S$	-261.5	-262.3
41	$CS_2+2H_2O \rightleftharpoons CO_2+2H_2S$	-66.3	-64.6
42	$CS_2+SO_2 \rightleftharpoons CO_2+\frac{3}{2}S_2$	-22.5	-23.4
43	$CS_2+CO_2 \longrightarrow 2CO+S_2$	178.9	175.6

① 负值表示放热反应。

（2）克劳斯反应器内发生的副反应　主要副反应是 COS 和 CS_2 的水解反应：

$$COS+H_2O \rightleftharpoons CO_2+H_2S$$

$$CS_2+2H_2O \rightleftharpoons CO_2+2H_2S$$

由于有机硫难以通过还原吸收法完全去除，因此上述副反应在克劳斯反应器中十分重要。上述反应随温度的升高而增加，因而通常采用提高一级反应器床层操作温度或在一级反应器催化剂床层的下部使用专门的有机硫水解催化剂，也可同时使用上述两种手段，以促进 COS 和 CS_2 的水解，提高装置转化率，维持下游操作的稳定性。

3. *反应炉中高温区的反应机理*

反应炉内的化学反应相当复杂。相关研究报告表明，如假设通过燃料气进入反应炉的原料酸性气中仅包含 H_2S、CH_4 和 NH_3 等三种可供氧化的物质，H_2S 将首先氧化生成 S_2 和 H_2O，并消耗掉大部分的氧，故这是炉内发生的主要反应，在使用高强度的燃烧器时，反应炉内氧化反应的次序及历程依次如下：

$$6H_2S+3O_2 \rightleftharpoons 3S_2+6H_2O$$

$$3S_2+4H_2O \rightleftharpoons 4H_2S+2SO_2$$

$$S_2+2O_2 \rightleftharpoons 2SO_2$$

S_2 是继 H_2S 后第 2 个被氧化的物质，此反应生成的 SO_2 是作为烃类及 NH_3 的氧化剂。因此，克劳斯装置反应炉内物质被氧化的次序大致为：

$$H_2S>S_2>CH_4>NH_3$$

以上反应是建立在原料酸性气中仅包含 H_2S、CH_4和 NH_3等三种可供氧化的物质的假设前提下发生的，实际情况则更加复杂。

1）CH_4的氧化反应与 CO、H_2及有机硫化合物的生成[6~8]

在自由火焰及其周围的高温反应区内，部分 CH_4氧化生成 CO 和 H_2，并消耗一定量的 O_2，部分 CH_4与 H_2O 反应而生成 CO 和 H_2。这两个反应是反应炉内生成 CO 和 H_2的主要(副)反应。在自由火焰区内未被氧化掉的 CH_4，将在反应炉内转化为 CS_2、COS、CO、CO_2和 C(烟炱)，这是炉内生成有机硫化合物的主要(副)反应。研究表明，在反应炉的反应条件下由 CO/CO_2不可能生成 CS_2，后者是通过烃类与 S_2和/或 H_2S 的反应生成。因此，当原料酸气中烃类含量较高而不能在自由火焰区内完全被燃烧(或氧化)掉时，过程气中 CS_2的生成率将增加。CS_2和 COS 在反应炉内的生成及转化涉及的反应途径非常复杂，Clark 等将有关反应途径进行了归纳，如图 21-1 所示。

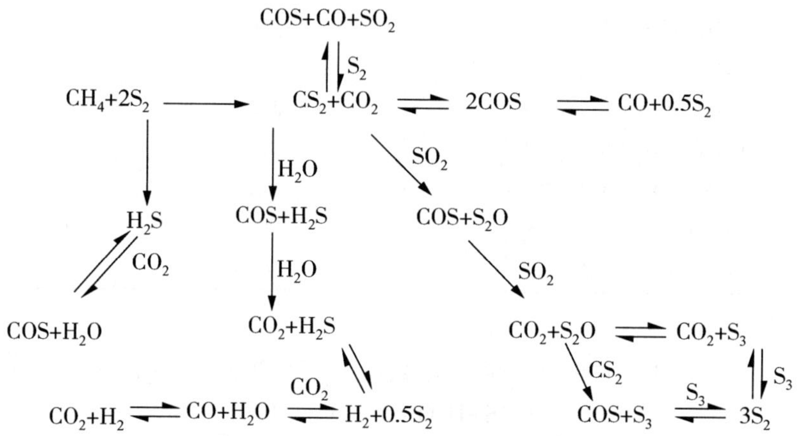

图 21-1　CS_2和 COS 的生成与转化途径

2）H_2S 热裂解生成 H_2和 S_2的反应

$$2H_2S \rightleftharpoons 2H_2+S_2$$

$$SO_2+2H_2 \rightleftharpoons 1/2S_2+2H_2O$$

在反应炉前端的自由火焰区的高温条件下，会有少量 H_2S 被热裂解而生成 H_2和 S_2。但当有大量 H_2S 被热裂解后，在反应炉后端温度相对较低的部位(燃烧室)H_2与 S_2会重新结合而生成 H_2S。因此，最终 H_2的量取决于火焰温度、燃烧(室)温度和过程气在反应炉蒸汽发生器中的冷却速度。

3）NH_3的分解机理[9]

NH_3的部分氧化：　　$2NH_3+3/2O_2 = N_2+3H_2O$

NH_3在反应炉中分解的一个重要途径是通过上式所示的部分氧化反应，但根据近年来的研究发现，在模拟克劳斯装置反应炉的工况条件下，上述反应需在炉温达到 700℃时才开始，炉温达到 1000℃时，NH_3的转化率仅为 4.9%。然而，H_2S 部分氧化为 SO_2的反应在 300℃时即开始，炉温达到 600℃时 H_2S 的转化率已接近 100%，故上述反应不可能是 NH_3在炉内分解的主要途径。不同温度下 NH_3 部分氧化反应的转化率见表 21-5。

表 21-5 不同温度下 NH_3 部分氧化反应的转化率

温度/℃	700	800	900	1000	1100	1200	1300
NH_3 转化率/%	1.4(0.55)	2.4(0.5)	2.9(0.46)	4.9(0.42)	5.9(0.39)	34.5(0.15)	98.7(0.14)

注：括号内为停留时间，单位为 s。

NH_3 的热分解反应： $2NH_3 \longrightarrow N_2+3H_2$

除氧化反应外，NH_3 在反应炉内分解的另外一个重要途径是热分解反应。

NH_3 与其他氧化剂的反应：

$$2NH_3+S_2 = H_2S_2+N_2+2H_2$$
$$2NH_3+CO_2 = CO+H_2O+2H_2+N_2$$
$$2NH_3+SO_2 = 2H_2O+H_2S+N_2$$

S_2 和 CO_2 作为 NH_3 氧化反应的氧化剂，通过上述反应式分解 NH_3。

通过对 NH_3 分解的各种途径的反应机理研究表明：H_2S 与 O_2 的反应速率远大于 NH_3，故部分氧化反应并不是炉内分解 NH_3 的主要途径。在反应炉内存在大量的 H_2S 和 H_2O，由于它们对 NH_3 热裂解反应的强烈抑制作用，由此即使在 1300℃左右的高温下，热裂解反应也未必是 NH_3 分解的主要途径。NH_3 与 SO_2 的部分氧化反应在相对较低的温度下（如 700℃）NH_3 的转化率即可达到 50%左右。由此可以推测，与 SO_2 氧化反应很可能是 NH_3 分解的主要反应。NH_3 与 SO_2 反应的主要产物是 S_2、H_2S、N_2 和 H_2。反应产物的测定结果与以最小自由能法计算的平衡产率相比较表明，动力学控制因素对转化率有重要影响。

4）芳香烃（BTX）的分解机理[10,11]

在克劳斯装置反应炉的工况条件下，由于二甲苯、甲苯和苯分子争夺 O_2 的能力远低于 H_2S、H_2 及在自由火焰区生成的多种游离基，故 BTX 的氧化和/或部分氧化速率极低，很可能是通过图 21-2 所示的途径进行热分解。

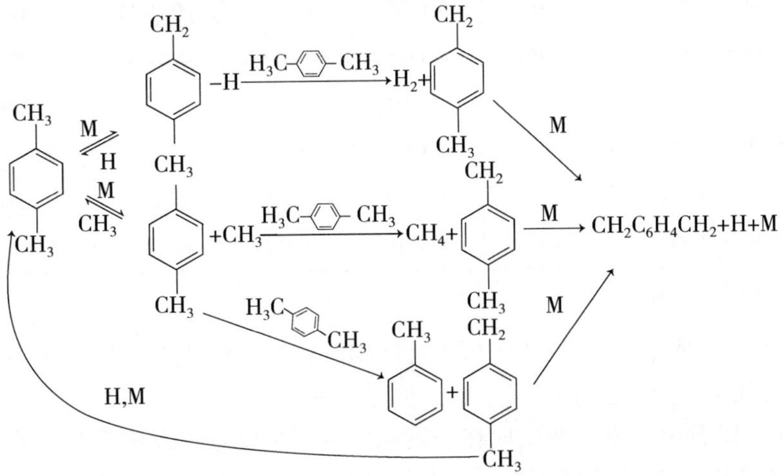

图 21-2 二甲苯热分解为甲苯的反应机理

相对于甲苯和苯，二甲苯受热除去一个 H 原子或一个甲基($—CH_3$)所需的能量是最低的，故二甲苯分子首先与其他分子碰撞发生脱甲基反应或脱氢反应。上述反应一旦引发，所有生成的4-甲基苄基最终都将转化为甲苯。按照同样的反应机理，甲苯也将被热分解而转化为苯。如果反应炉的温度足够高，苯也将进一步分解为 CH_4 等轻烃而被氧化分解；若炉温不够高，则可能会有大量苯进入下游催化转化反应段而导致催化剂失活。

（二）克劳斯反应平衡

1. 克劳斯反应的平衡常数

关于克劳斯反应的热力学研究有很多，主要围绕着热反应的化学平衡来开展。一般来说，反应温度是化学平衡中的关键因素。由于在反应炉中反应物和产物均为气相，正向反应速率与 H_2S 和 O_2的分压呈正比；逆向反应速率与硫蒸气和水蒸气的分压呈正比。将正反应速率表示为 $k_1(P_{H_2S})(P_{O_2})^{1/2}$，逆反应速率表示为 $k_2(P_{S_x})^{1/x}(P_{H_2O})$，则当正向反应速率和逆向反应速率相等时达到平衡状态：

$$k_1(P_{H_2S})(P_{O_2})^{1/2}=k_2(P_{S_x})^{1/x}\cdot(P_{H_2O})$$

化学反应平衡常数定义为：

$$K=(P_{S_x})^{1/x}(P_{H_2O})/[(P_{H_2S})(P_{O_2})^{1/2}]=k_1/k_2$$

根据热力学的原理，平衡常数 K 的数值取决于反应温度，因此温度是反应进行程度的重要影响因素。表 21-6 列出了克劳斯工艺中主要的化学反应平衡常数与温度的关系。

表 21-6 克劳斯工艺主要化学反应的平衡常数 K_P①

化学反应式	$\ln K_P=A/T+B\ln T+CT+DT^2+I$					温度区间/K
	A	B	$C\times10^3$	$D\times10^6$	I	
$H_2S+0.5O_2$ ══ $H_2O+0.75S_2$	-4438	1.3260	-1.58	0.2611	-2.1235	≥900
$COS+H_2S$ ══ CS_2+H_2O	-3122	3.8559	-3.2763	0.51	-27.2885	718~1500
H_2S+CO_2 ══ $COS+H_2O$	-4819	0.0319	-0.7166	-0.0242	2.8177	718~1500
H_2+CO_2 ══ $CO+H_2O$	-5030	0.1115	-1.4317	0.2441	5.1289	298~2000
$COS+H_2O \rightleftharpoons H_2S+CO_2$	4077	-0.031	0.72	0.024	-1.5299	298~700
$CS_2+2H_2O \rightleftharpoons 2H_2S+CO_2$	7258	-3.88	3.99	-0.48	24.67	298~700
$2H_2S+SO_2 \rightleftharpoons 2H_2O+0.5S_6$	12954	5.6699	-5.1394	0.839	-50.3414	298~700
$2H_2S+SO_2 \rightleftharpoons 2H_2O+3/8S_8$	14596	5.9181	-5.1329	0.7829	-54.7634	298~700

① K_P 计算式中分压以 kPa 计。

另外，也可从美国气体处理和供应商协会(GPSA)提供的克劳斯反应平衡常数和温度对应关系图中获得几个主要反应的平衡常数，见图 21-3。

从图 21-3 可以看出，克劳斯反应在一定温度以下温度越低反应进行越充分，当超过一定温度时，由于产物 S_2组分的增加，温度越高正向反应越完全。因此，在反应炉中由于高温环境，温度越高对 H_2S 的转化越有利。而在一级、二级克劳斯反应器中，较低的温度对反应平衡向右移动更有利。但由于一级反应器还兼顾有机硫的水解功能，水解需要一定的

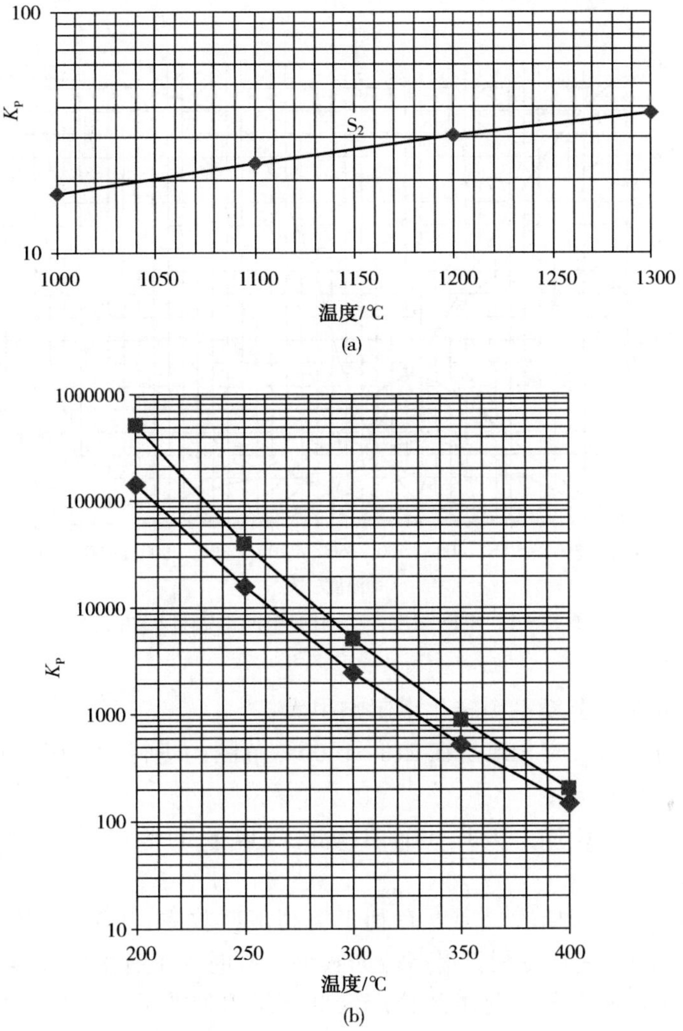

图 21-3　克劳斯反应平衡常数 K_P 与温度的关系

—◆—S_6；—■—S_8

起始温度，因此，通常在生产中需要保证一反的入口温度高于水解反应发生的起点，二级反应器入口温度可稍低，只需高于硫的露点温度即可。

虽然根据热力学原理反应平衡常数仅和温度相关，与反应物的初始浓度无关，然而实际生产是一个动态过程，当酸性气成分改变时，反应温度也将随之改变，因此各原料酸性气的初始浓度也将对化学平衡常数产生影响。原料中的 H_2S 浓度越高，热反应的温度就越高，平衡常数就越大。

2. 硫蒸气的平衡组成[8]

硫蒸气的组成非常复杂，温度对蒸气平衡影响很大。在大量研究确认了 S_3、S_4、S_5 和 S_7 等种类的硫存在后，不同温度下硫蒸气中不同种类硫的组成如图 21-4 所示。

从图 21-4 中可看出，在低温下分子量较大的硫占主要地位，相应的硫蒸气分压较低，有利于平衡向右移动，而当温度较高时，S_2等小分子的硫形态开始主导，硫蒸气分压升高。

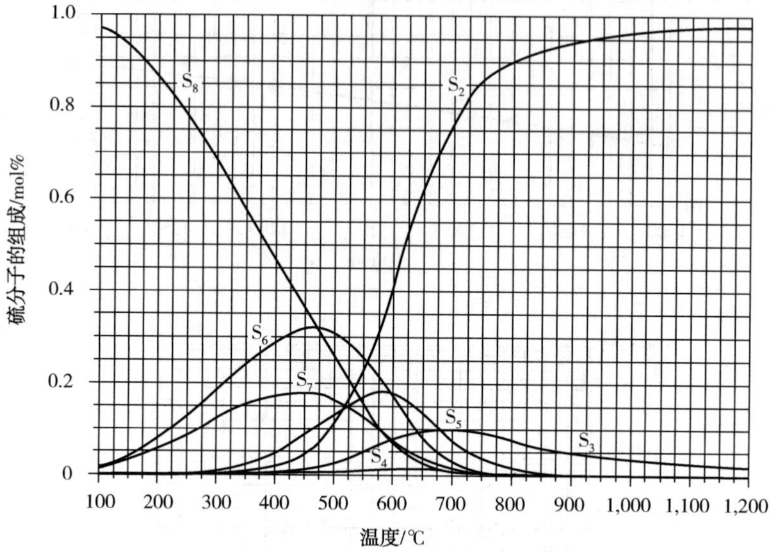

图 21-4　不同温度下气相中不同形态硫的组成

综合分析可以得出：

（1）硫蒸气组成对克劳斯平衡转化率影响很大；

（2）H_2S 转化为硫的反应大致是在 218～1400℃范围内进行的，因此在热力学计算中可简化模型只考虑 S_2、S_6 和 S_8；

（3）当温度高于 925℃时，几乎 100%的硫蒸气以 S_2 的形式存在；温度低于 205℃时，几乎所有硫形态为 S_8。

降低克劳斯尾气出克劳斯段的温度有利于提高硫回收率，因此，将三级硫冷凝器的过程气出口温度降至 120℃左右更利于提高硫回收率。有时为了有更好的能量利用率，也可将三级硫冷凝器壳程分成两部分，前半部分产低低压蒸汽回收热量，后半部分产乏汽以求降低过程气的出口温度。

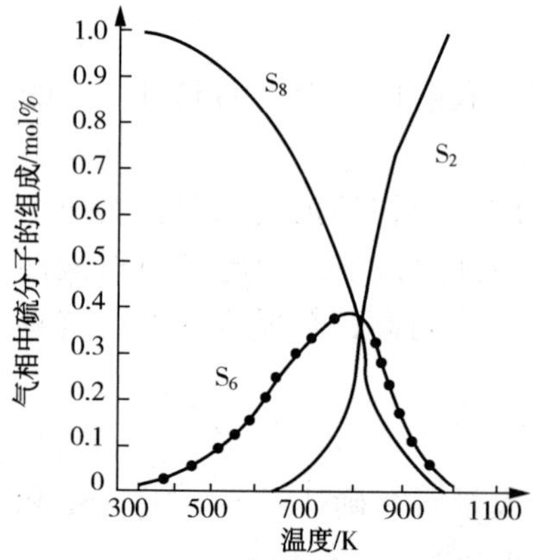

图 21-5　平衡时气相中各种硫组分比例关系

3. 不同温度下硫组分的形态分布

气相的单质硫存在多个分子形态，在不同温度下硫组分的分布是不同的。当在某个温度下达到气-液平衡时，液态硫的蒸气压 ps(Pa) 与温度的关系式可表达如下：

$$\ln p_s = 9.9087 + 5.42412\times10^{-3}T + 1439.83/T - 2.20858\times10^{6}/T^{2}$$

平衡时气相组分中各种硫组分的比例与温度关系如图 21-5 所示。

4. 反应温度与转化率的关系[4,5]

考虑硫蒸气平衡的影响，基于更精确的热力学数据，对转化率与反应温度之间关系进行回归计算，结果见图 21-6。

从图 21-6 可以归纳要点如下：

（1）以 550℃为分界，平衡转化率曲线分为两个部分，右边体现了反应炉中的主要反应情况，在这个区间内 H_2S 的转化率随温度的升高而增加；曲线左边代表克劳斯反应器中的反应情况，在此区域内 H_2S 的转化率随温度的降低而迅速增加。

（2）虽然化学平衡不受动力学的影响，但是化学平衡也是制约硫回收率的重要因素。从反应动力学分析，随着温度降低反应速率也逐渐变慢，经过试验证明低于 350℃时反应速率已经不能满足工业化的要求，必须引入催化剂加速反应过程，以求在尽可能低的温度下完成反应，提高转化率，并大大缩短达到平衡的时间，从而降低所需的反应空速，减小反应器体积以达到工业化要求。

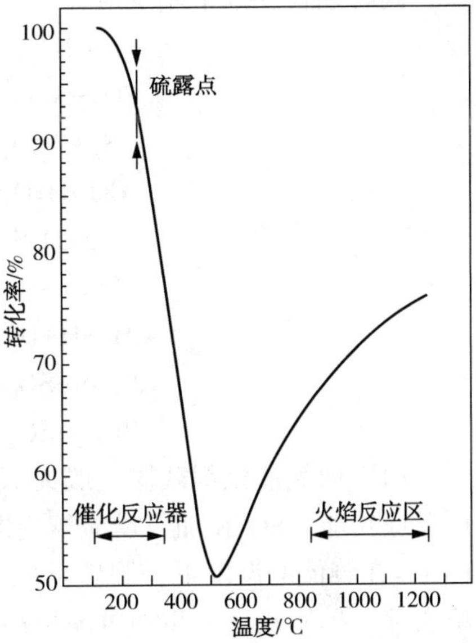

图 21-6　H_2S 转化为硫的平衡转化率

（3）从化学平衡关系式看，O_2 过量不能提高转化率，因为多余的 O_2 将会和 H_2S 反应生成 SO_2，但提高 O_2 在空气中的浓度和酸性气中 H_2S 的浓度有利于提高转化率。

（4）降低过程气中的硫蒸气分压有利于平衡向右边移动，且硫蒸气远比过程气中其他组分更容易冷凝，因此在工业生产中会在反应器之间设置硫冷凝器。同时，硫组分被冷凝后也降低了过程气的硫露点，有利于下一级反应在更低的温度下操作，从而达到更高的平衡转化率。

三、尾气处理反应机理及动力学

（一）尾气处理反应机理[12,13]

尾气处理大多采用还原吸收法处理工艺（SCOT），基本原理是采用钴钼催化剂，将常规克劳斯工艺尾气中的 SO_2、有机硫、单质硫等所有硫化物，经加氢还原转化为 H_2S 后，用醇胺脱硫溶液吸收方法将 H_2S 提浓，再将提浓的 H_2S 返回到克劳斯装置进行再次转化处理。经处理后尾气残余硫含量甚低，可直接焚烧后排入大气。

常规 SCOT 尾气处理装置需要在还原反应器的进气温度达到 280~300℃的条件下才能运行，以便实现所有硫化物向 H_2S 的完全转化。

在加氢催化剂作用下，克劳斯尾气加氢反应器内发生的主要反应：

$$S_8+8H_2 = 8H_2S \qquad +335kJ/mol$$

$$SO_2+3H_2 = 2H_2S+H_2O \qquad +214kJ/mol$$

$$CS_2+4H_2 = 2H_2S+CH_4 \qquad +232kJ/mol$$

$$COS+4H_2 = H_2S+CO \qquad +Q$$

$$COS+H_2O \rightleftharpoons H_2S+CO_2 \qquad -35kJ/mol$$

$$CS_2+H_2O \rightleftharpoons H_2S+COS \qquad -67kJ/mol$$

同时还存在以下副反应：

$$SO_2+2H_2S = 3S+2H_2O \quad +233kJ/mol$$
$$SO_2+3CO = COS+2CO_2$$
$$S_8+8CO = 8COS$$
$$CO+H_2O = CO_2+H_2 \quad +41kJ/mol$$
$$CO+H_2S = COS+H_2$$
$$CS_2+3H_2 = CH_3SH+H_2S$$
$$CH_3SH+H_2 = H_2S+CH_4$$
$$2COS+SO_2 = 2CO_2+3/8S_8$$
$$2CS_2+SO_2 = 2COS+3/8S_8$$

由于加氢催化剂载体一般为氧化铝或氧化钛，因此，加氢催化剂同时具有加氢和克劳斯反应功能。SO_2在加氢反应器内既可发生克劳斯反应生成单质硫，又可进行加氢反应生成H_2S。在较低的温度下，制硫反应的反应速率大于加氢反应，一旦有H_2S存在便迅速转化为单质硫，单质硫进一步加氢还可生成H_2S。性能优异的催化剂可将加氢和水解反应进行彻底，最终将含硫化合物全部转化为H_2S。如加氢催化剂加氢和水解活性稍差，会导致加氢反应器出口有机硫较高，而且生成的硫醇不能彻底加氢转化为H_2S。

（二）尾气处理反应动力学[14,15]

1. COS 和 CO 转换动力学

一般认为 COS、CO 和 CS_2的转化动力学为“可逆一级反应”，如果考虑到 COS 的水解，该方程可以写为：

$$r(COS)=k[COS]$$
$$k=-GHSV\cdot\ln(1-x_{eq}),\ x_{eq}=(C_{in}-C_{out})/(C_{in}-C_{eq})$$

式中 $GHSV$——实际空速，$m^3/(m^3\cdot h)$；

C_{in}——原料气中 COS 的体积浓度；

C_{out}——出口 COS 的体积浓度；

C_{eq}——COS 的平衡体积浓度。

可以看到，反应平衡决定了 C_{eq}，从 C_{out}到 C_{eq}的方式很关键，其由催化剂的性能特点决定。COS 浓度对 COS 转化率的影响见图 21-7。

由图 21-7 可以看出，COS 的入口浓度对其出口浓度影响很小，因此，COS 的入口浓度可以显著地影响 COS 的转化率，这说明 COS 的转化不遵循可逆一级反应动力学。

CO_2和 H_2S 浓度升高会降低 COS 的转化率。图 21-8 显示原料气入口 CO 的浓度不利于 COS 和 CO 的转化，图中 CO 的浓度在正常范围内(一般是 0.2%~10%)。不同原因引起 CO 浓度的增加使得 COS 的转化率有 15%的差异，这说明预测催化剂低温性能，必须考虑原料气中 CO 的浓度。

将 COS 和 CO 的浓度变化定义为：

$$d[COS]/dt=-(d\delta/dt)_3+(d\delta/dt)_{14}-(d\delta/dt)_{10}$$
$$d[CO]/dt=-(d\delta/dt)_5+(d\delta/dt)_{10}$$

图 21-9 给出了 COS 反应器催化剂床层的深度对 COS 水解和加氢转化率的影响。由图 21-9 可以看出，在反应器的初始位置(反应器催化剂床层上部)，COS 和 H_2的反应最快，同时伴随着 COS 的水解反应。

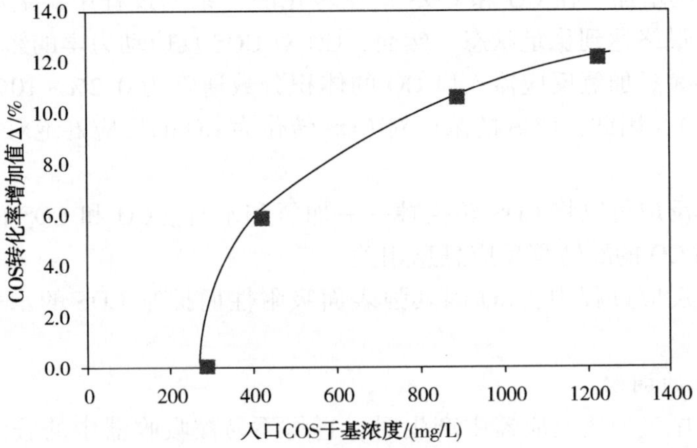

图 21-7　COS 浓度对 COS 转化率的影响

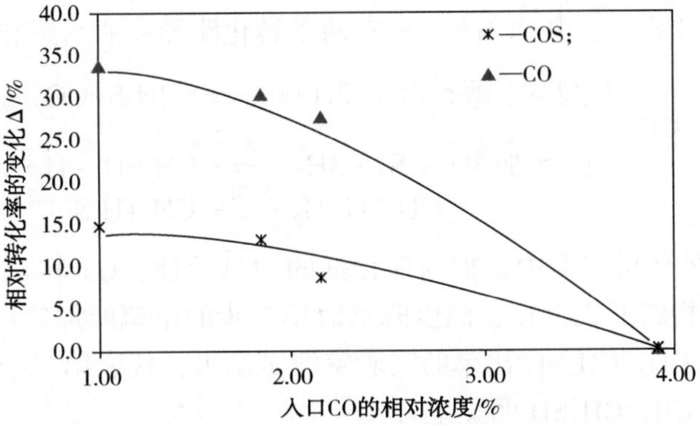

图 21-8　CO 浓度对 COS 和 CO 转化率的影响

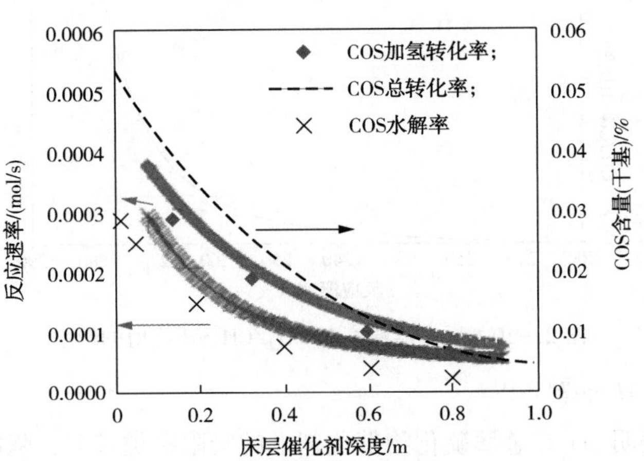

图 21-9　COS 反应器深度对 COS 水解和加氢转化率的影响

随着 COS 浓度的降低，加氢反应对降低 COS 总浓度的贡献越来越少。COS 加氢反应是 SCOT 过程中 COS 的水解反应动力学不遵循可逆一级动力学的重要因素之一。

CO 和 COS 是相互制约的，当其中一个化合物(A)的浓度减少时，另一个化合物(B)就会使这个浓度(A)的增加。在 CO 和 COS 相互转化的一系列过程中，最后两个化合物的浓度都会逐渐降低并最终达到稳定状态。然而，CO 对 COS 反应动力学的影响比 COS 对 CO 反应动力学的影响要大。加氢反应器入口 CO 的体积分数通常为 0.2%~10%，要比 COS 高得多(100~1000mg/L)，因此，COS 的浓度对 COS 转化为 CO 的反应的绝对贡献要远远小于对逆向反应的贡献。

总之，有两个反应可以将 COS 转换掉——加氢和水解。CO 和 COS 的相互转换反应与 COS 的加氢反应和 CO 的酸转移反应息息相关。

此外，在低温反应过程中，CO 因其强表面吸附性而抑制 COS 的水解以及 CO 的变换反应。

2. *甲硫醇形成的调控*

当甲基硫醇在尾气加氢反应器中产生时，它将不易被吸收器中的胺溶液吸收，从而增加了总有机硫的排放量，理解此过程并控制这一现象，对于减少二氧化硫排放尤为重要。

当温度低于 300℃时，氧化铝催化剂不能很好地催化 CS_2 的转化。低温下 CS_2 在尾气加氢反应器中的转换率非常高，其原因是 CS_2 有两条转化路径——水解和加氢。

CS_2 $\xrightarrow{H_2O}$ 水解：$CS_2 + 2H_2O \rightleftharpoons 2H_2S + CO_2$

CS_2 $\xrightarrow{H_2}$ 加氢：$CS_2 + 3H_2 \xrightleftharpoons{k_1} CH_3SH + H_2S$

$$CH_3SH + H_2 \xrightleftharpoons{k_2} CH_4 + H_2S$$

因此，在 SCOT 催化反应器中，提高催化剂的加氢活性，CS_2 转化率提高。加氢反应过程中甲硫醇以中间产物的形式存在，温度降低时第二步的甲硫醇加氢反应速率降低。

图 21-10 给出了 CH_4/CH_3SH 比率的实验室测试结果，代表第二个反应相比第一反应的相对强度，温度升高 CH_4/CH_3SH 明显上升。

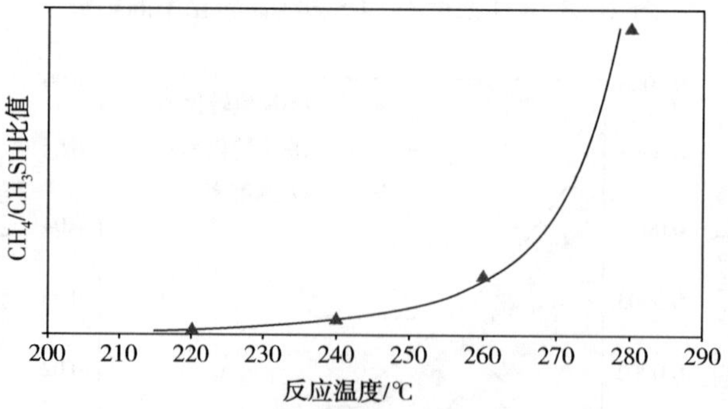

图 21-10　反应器温度对 CH_4/CH_3SH 比值的影响

3. *SO_2 加氢反应动力学*[12,13]

PS-SO_2-TPD 表明 SO_2 在金属硫化物催化剂上的吸附种类较多，强吸附量较大，同样会导致 SO_2+H_2 反应变得复杂化。为了简化计算，仅从原料消耗角度探讨 SO_2+H_2 反应动力学。

回归动力学方程：

$$r=-\frac{\mathrm{d}p_{SO_2}}{\mathrm{d}t}=7193\mathrm{e}^{-\frac{65610}{RT}}p_{SO_2}^{0.92}p_{H_2}^{1.34}$$

从线性回归分析的相关系数 $R^2=0.998$ 和 95%置信误差看，回归模型和实验数据具有较好的相关性和较小的误差。从回归分析得到的动力学参数看，SO_2加氢反应的活化能为 65.61kJ/mol，属于比较容易进行的反应，催化剂具有良好的SO_2加氢反应活性。圆整后SO_2和H_2的反应级数分别为 1 和 1.5，说明SO_2吸附较强，而H_2的吸附相对而言较弱，增加H_2的分压更利于提高SO_2反应速率。

SO_2加氢反应的线性回归残差正负分布均匀，回归值与实验值偏差很小，残差期望值接近于 0，说明所得到的SO_2加氢反应动力学模型是有效的。

第二节　酸性水汽提技术

炼油污水中含有浓度较高的H_2S和氨，同时含有酚、氰化物和油等污染物，如果不除去就会污染环境。为保证污水处理场的正常运转和出水水质符合排放要求，常采用蒸汽汽提法处理酸性水，该方法能满足酸性水净化排放标准和上游装置回用水质的要求，并可根据需要回收H_2S和NH_3。该法根据H_2S和氨的回收要求可分为单塔汽提、单塔加压汽提及双塔加压汽提三种类型。

一、原料和产品

（一）原料

大型炼油厂一般按加氢型、非加氢型分为两个酸性水管网，将酸性水送至不同的酸性水汽提装置处理，产生的净化水也分为不同管网分开回用，以免影响上游装置。

酸性水的组成和性质与炼油厂加工流程、原油中硫、氮含量有关，加氢型酸性水的硫和氨浓度较高，非加氢型酸性水的硫和氨浓度较低，海洋原油的酸性水中氨含量高，高酸原油的酸性水 pH 值低。表 21-7 和表 21-8 为炼油厂典型的酸性水组成。

表 21-7　非加氢型酸性水组成

装　置	温度/℃	压力/MPa(G)	流量/(kg/h)	组成/(mg/L)		
				H_2S	NH_3	H_2O
常减压	40	0.5	56320	1891	8694	989416
延迟焦化	50	0.8	44750	14000	8818	977182
	66	0.8	31511①	180	139	999681
催化裂化	40	0.5	25990	1000	3000	996000
合计(平均浓度)	—	—	291152	5163	6372	

① 该流量及组成均为平均数值。

表 21-8 加氢型酸性水组成

装置	温度/℃	压力/MPa(G)	流量/(kg/h)	组成/(mg/L)		
				H_2S	NH_3	H_2O
	1#	2#	3#	4#	5#	6#
轻烃回收	40	0.8	2000	28025	16247	955729
蜡油加氢处理	39.3	0.8	117997	39980	19490	940530
加氢裂化	52.3	0.8	43469	28025	16247	955729
石脑油加氢	51	0.7	14219	7861	4480	987660
航煤加氢改质	48	0.8	2233	930	450	998620
柴油加氢改质	41.8	0.8	40254	21080	10290	968630
硫黄回收	40	0.6	31360	50	100	999850
合计			291786	26747	13485	

注：酸性水中其他组成(参考数据)：HCN<50mg/L、苯酚<300mg/L、Cl^-<100mg/L、硫醇<50mg/L。

（二）产品指标

1. 净化水

硫化物(S^{2-})：小于20mg/L；氨氮(NH_3—N)：小于50mg/L；油：小于50mg/L；COD：小于1000mg/L；pH值：6~9。

2. 液氨

氨含量(体积分数)≥99.6%；H_2S含量≤10mg/L；油含量≤100mg/L。

二、单塔汽提工艺

单塔低压汽提工艺是指尽可能低的汽提塔操作压力下，将酸性水中的H_2S和NH_3全部汽提出去，一般为0.05~0.07MPa(G)，塔顶酸性气经过冷却，含氨和H_2S的酸性气送至硫黄回收装置的反应炉(H_2S转化为硫，氨转化为氮回收热)，塔底净化水可回用。该工艺具有流程简单，设备少，投资和占地面积省，能耗低，操作灵活，净化水质好和腐蚀较轻等特点。

（一）工艺流程

低压单塔汽提工艺根据塔顶冷却方式不同可分为酸性气冷却流程和回流液冷却流程。酸性气冷却流程为：自各上游装置来的酸性水经过脱气和除油后进入储罐，酸性水通过泵加压、净化水换热后(100℃)进入汽提塔上部。汽提塔上部设一段填料，下部设塔盘，酸性水在汽提塔中自上而下流动，由汽提塔底重沸器汽提后，H_2S和NH_3组分自酸性水中逸出，由下而上从塔顶分出。塔顶酸性气经塔顶空冷器冷却至90℃后进入塔顶回流罐进行气液分离，分离后的酸性气去硫黄回收装置，酸性液则由塔顶回流泵升压返回到塔顶作回流。回流液冷却流程为：汽提塔上部设两段填料，下部设塔盘，酸性水换热后进入汽提塔最高层塔盘，酸性水在汽提塔中自上而下流动，由汽提塔底重沸器汽提后，H_2S和NH_3组分自酸性水中逸出，填料段下方设置集液箱，抽出部分酸性水进入空冷冷却后，由泵升压回流至塔顶，控制塔顶酸性气温度为90℃，塔顶90℃酸性气送硫黄回收装置。塔底液体经重沸器加热(129℃)后，变成气液两相返回至汽提塔，气体在塔内参与传质，液体作为净化水由净化水泵升压和原料水/净化水换热器换热(68℃)，再经净化水空冷器和净化水冷却器冷却至40℃后送出装置。汽提蒸汽由系统管网来，作重沸器的热源，其凝结水送出装置。工艺流程示意见图21-11。

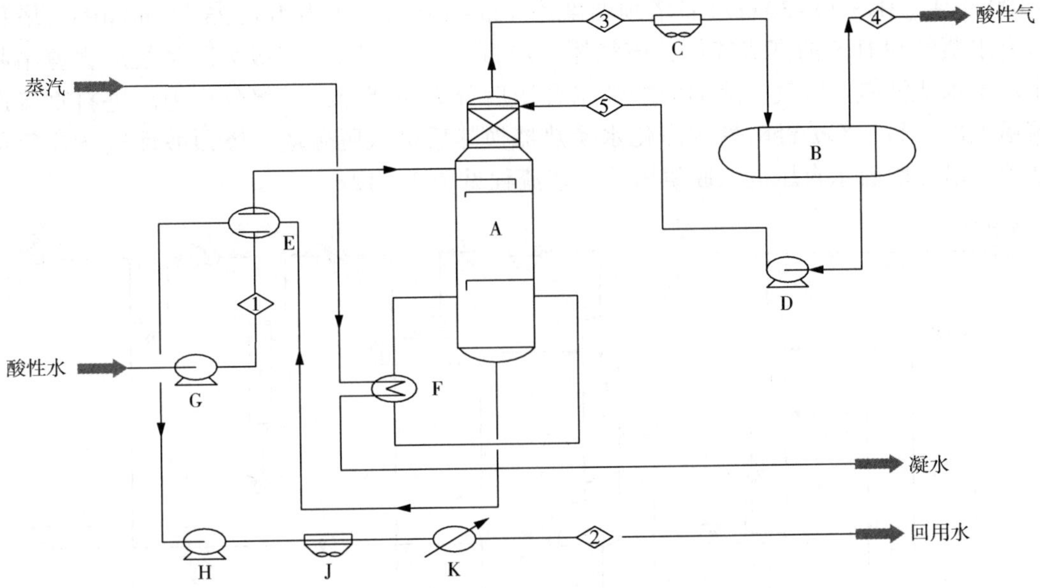

图21-11　单塔汽提工艺流程示意图

A—汽提塔；B—回流罐；C—酸性气空冷器；D—回流泵；E—酸性水/净化水换热器；F—重沸器；G—酸性水加压泵；H—净化水加压泵；J—净化水空冷器；K—净化水冷却器

(二) 操作条件

单塔汽提工艺装置主要操作条件见表21-9。

表21-9　单塔汽提工艺装置主要操作条件

项　目	设计值	项　目	设计值
塔顶压力/MPa(G)	0.13	塔顶回流温度/℃	90
进料温度/℃	100	塔底温度/℃	129
塔顶温度(酸性气冷却流程)/℃	110		

三、双塔汽提工艺

双塔加压汽提工艺操作平稳可靠，但流程和设备较复杂，投资也较高，适用于H_2S和NH_3浓度较高的酸性水。

(一) 工艺流程

在双塔加压汽提工艺中，有两座汽提塔，简称H_2S塔和NH_3塔。酸性水是先进H_2S塔(这种流程易操作，能耗低)。进H_2S塔酸性水分为两路，进塔顶的一部分称为冷进料；另一部分与塔底热水换热后进塔的中上部，称为热进料；塔底直接通入水蒸气或用重沸器将部分塔底液转化为水蒸气汽提，塔底温度为160~170℃。为得到高纯度酸性气，塔顶要有适宜的温度和压力，一般为35~40℃，0.5~0.7MPa。此时，冷进料可使塔内上升气流中的氨被洗涤吸收而进入液相，酸性气中NH_3含量可小于1.5%，满足硫回收装置要求。塔底出水换热后进入NH_3塔中上部，塔底汽提，塔底温度为135~155℃，塔底净化水可达到NH_3 50~100mg/L、H_2S 20~30mg/L；塔顶温度为125~145℃，压力为0.25~0.40MPa，塔顶排出含有水蒸气和H_2S的富氨气体，该气体可经过一级、二级、三级分凝系统后去氨精制系统生产氨水或液氨。脱气、除油的酸性水升压后分为两部分，一部分作为冷进料直接进入脱硫塔上部，另一部分经酸性水净化水换热器换热后进入脱硫塔。塔顶酸性气送往硫黄回收装置，塔底脱硫水自压进入脱氨塔。工艺流程见图21-12。

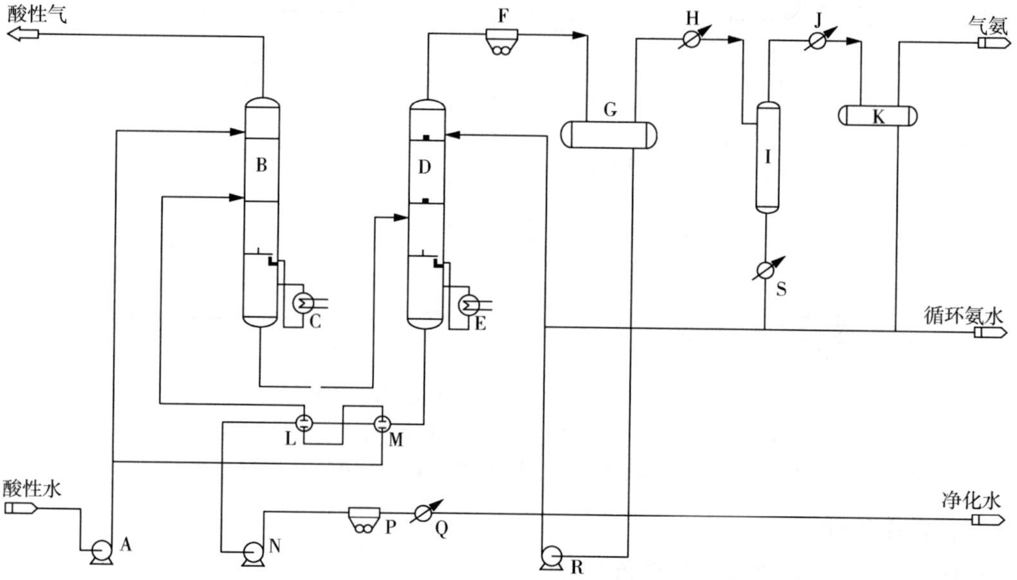

图21-12　双塔汽提工艺流程示意图

A—原料泵；B—脱硫塔；C—脱硫塔重沸器；D—脱氨塔；E—脱氨塔重沸器；F—脱氨塔顶空冷器；G—一级分液罐；H—二级冷凝器；I—二级分液罐；J—三级冷凝器；K—三级分液罐；L、M—酸性水净化水换热器；N—净化水泵；P—净化水空冷器；Q—净化水冷却器；R—脱氨塔回流泵；S—二级凝液冷却器

（二）操作条件

双塔汽提主要工艺指标见表21-10。

表21-10　双塔汽提主要工艺指标

项　目	工艺指标	项　目	工艺指标
脱硫塔塔顶压力/MPa(G)	0.5~0.65	脱氨塔塔顶温度/℃	110~145
脱硫塔塔顶温度/℃	40~55	脱氨塔塔底温度/℃	130~160
脱硫塔塔底温度/℃	145~170		
脱氨塔塔顶压力/MPa(G)	0.23~0.4	净化水出装置温度/℃	≤40

四、单塔加压汽提工艺

单塔加压汽提是用一个塔完成酸性水的净化、H_2S及氨的分离回收。可处理H_2S、NH_3和CO_2的综合浓度为5000~55000mg/L的酸性水。利用H_2S的相对挥发度比NH_3高的特点，首先将H_2S从汽提塔的顶部汽提出去，塔顶的酸性气送硫黄回收装置。液相中的NH_3和剩余的H_2S在汽提蒸汽的作用下，在汽提塔下部被驱除到气相，使净化水质满足要求，并在塔中部形成较高的富NH_3气体，抽出富NH_3气体，经三级冷凝得到粗NH_3。该工艺流程和设备较简单，操作平稳可靠，投资和操作费用较低，能耗低。

（一）工艺流程

自上游各装置来的酸性水经过脱气除油后由酸性水泵加压，酸性水分为两路进入汽提塔，其中一路经冷进料冷却器冷却后进入汽提塔顶；另一路经二级冷凝冷却器、原料水-净化水一级换热器、一级冷却器和原料水-净化水二级换热器，分别与净化水、侧线气、净化水换热至150℃后，进入汽提塔的第1层塔盘。塔底通过重沸器用蒸汽加热汽提。

汽提塔顶酸性气进入酸性气分液罐，分液后酸性气送硫黄回收装置，汽提塔底净化水分别通过原料水-净化水二级换热器和原料水-净化水一级换热器后，再经净化水泵加压，进净化水空冷器和水冷器冷却至40℃出装置。

侧线气由主汽提塔第18层塔盘抽出后进入三级分凝系统，经一级冷却器与原料水换热后，侧线气进入一级分凝器；分凝后的侧线气再经过二级冷却器冷却、二级分凝器分凝；再经三级冷凝冷却器冷却至40℃左右，最后进入三级分凝器分凝，得到的粗氨气送至氨精制系统。一级、二级分凝液分别经一级分凝液冷却器、二级分凝液冷却器后与三级分凝液合并，一起返回到酸性水原料罐。汽提塔底净化水与原料水换热后，经过净化水空冷器、净化水冷却器冷却至45℃，进入净化水罐，并经净化水泵加压后送至装置外。汽提塔顶酸性气经冷却、分液后送至硫黄回收单元，事故状态设专线至火炬。

自三级分凝器来的富气氨，进入氨精制塔，氨精制塔温度由液氨贮罐来的液氨进行蒸发降温，维持-4~8℃的操作温度，以脱除氨气中的H_2S，含硫含氨污水间断排入原料水罐。塔顶氨气经分液后进入脱硫反应器进一步脱硫，经氨气过滤器，进入氨压机。压缩机出口的氨气经氨油分离器分油后，再经脱氯反应器高温脱氯后，氨冷却器冷凝后，液氨自流进入液氨储罐。工艺流程示意图见图21-13。

（二）操作条件

单塔加压汽提装置主要操作条件见表21-11。

表21-11 单塔加压汽提装置主要操作条件

项目	数值	项目	数值
汽提塔塔顶压力/MPa(G)	0.5	汽提塔塔底温度/℃	162
汽提塔冷进料温度/℃	38	一级分凝器温度/℃	125
汽提塔热进料温度/℃	150	一级分凝器压力/MPa(G)	0.45
汽提塔侧线气氨抽出温度/℃	150	二级分凝器温度/℃	90

续表

项　　目	数　　值	项　　目	数　　值
二级分凝器压力/MPa(G)	0.34	汽提塔顶酸性气温度/℃	40
三级分凝器温度/℃	40		
三级分凝器压力/MPa(G)	0.25	净化水出装置温度/℃	40

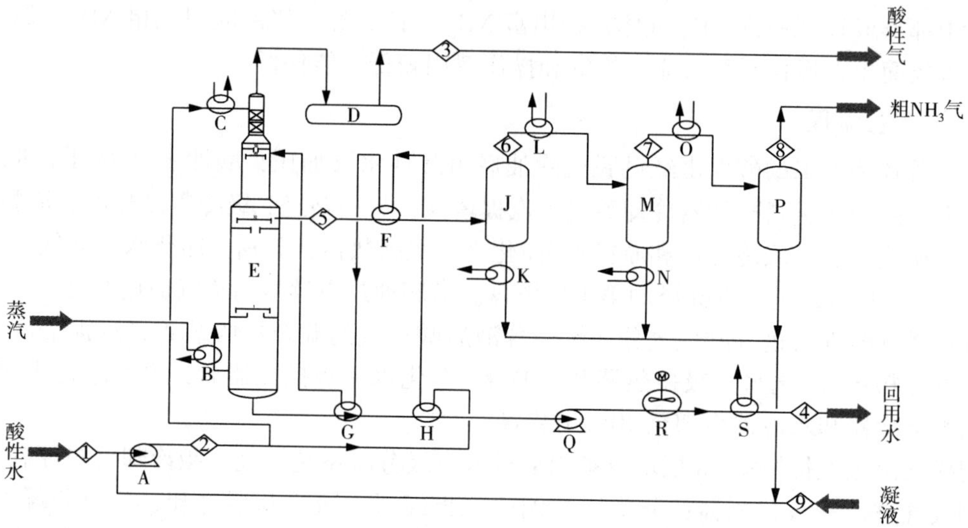

图 21-13　单塔加压侧线汽提工艺流程示意图

A—酸性水加压泵；B—重沸器；C—冷污水冷却器；D—酸性气脱液罐；E—汽提塔；
F——级冷却器；G—净化水/污水二级换热器；H—净化水/污水一级换热器；J——级分液罐；
K——级分凝液冷却器；L—二级冷却器；M—二级分液罐；N—二级分凝液冷却器；O—三级冷却器；
P—三级分液罐；Q—净化水泵；R—净化水空冷器；S—净化水冷却器

第三节　硫黄回收技术

一、硫黄回收工艺类型

由于炼油装置产生的酸性气性质差别很大，近年来国内外对于硫黄回收技术的研究也呈现多样化的发展趋势，主要趋势是简化工艺、简化操作、降低成本、提高装置的安全性。严格的环境保护法规的实施以及在节省能源消耗指导方面的战略，对硫黄回收技术的研究主要集中于降低硫排放、节省能耗等方面。目前工业上广泛采用的克劳斯(Claus)工艺属于干法氧化工艺，并衍生出富氧 Claus、低温 Claus 以及 Claus 加选择性氧化法等改良型 Claus 工艺，使得硫回收率持续提高，可达 99.9%以上。

（一）Claus 法硫黄回收工艺

1. Claus 工艺[4,5]

自 20 世纪 30 年代经德国法本公司改良的克劳斯工艺工业化以来，以 H_2S 酸性气为原料的硫黄回收生产装置得以迅速发展。经过几十年的发展，Claus 工艺在催化剂、自控仪表、设备结构和材质等方面取得很大的进展。经典的 Claus 硫黄回收工艺的主要流程通常包括制硫部分和尾气处理部分。制硫部分一般采用部分燃烧法、二级或三级转化 Claus 工艺，原料酸性气在经过热反应阶段和催化反应阶段两个过程后，其中大部分的 H_2S 转化为液相的单质硫，剩余部分残留在尾气中。以最为常见的两级转化 Claus 工艺为例，其典型的工艺流程如图 21-14 所示。

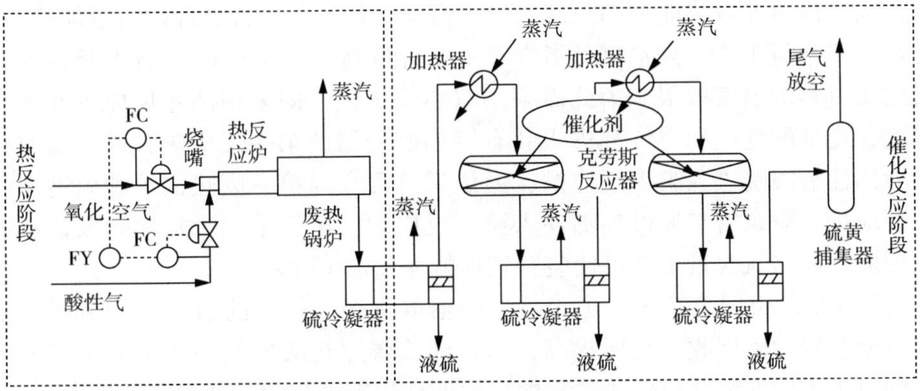

图 21-14 Claus 工艺示意流程

采用 Claus 工艺从酸性气中回收单质硫时，由于受反应温度下化学平衡及可逆反应的限制，即使在设备和操作条件良好的情况下，使用活性好的催化剂和三级 Claus 工艺，硫黄回收率最高也只能达到 96%~97%，仍有 3%~4%的硫残留在尾气中。

2. 富氧 Claus 工艺[16,17]

随着炼化的大型化发展趋势，以及高硫原油、高硫煤资源的大量开发，硫黄回收装置的规模也在不断扩大。在这样的背景下，富氧 Claus 技术得到快速发展，富氧 Claus 是指以氧气或者富氧空气代替空气来增加装置处理能力并提高回收率的一系列新型克劳斯工艺。自 20 世纪 90 年代开发并工业化后，富氧硫回收技术在改扩建旧 Claus 装置上得到广泛应用。

在不同 H_2S 浓度下，装置处理能力的增加和空气中氧含量的关系见图 21-15。

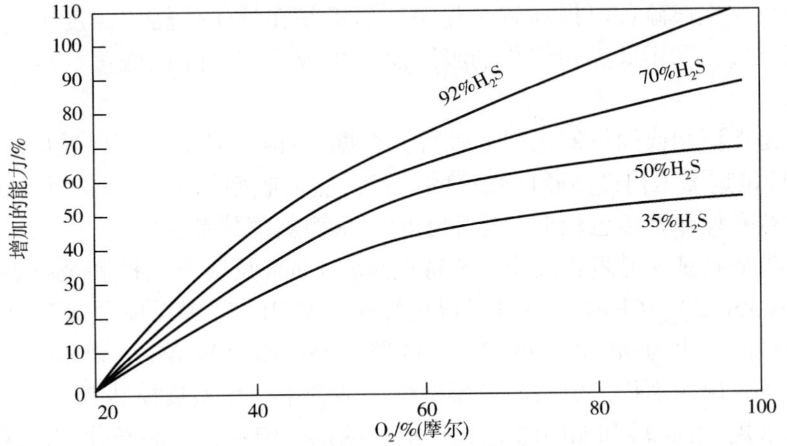

图 21-15 装置处理量和空气中氧含量的关系

该工艺根据空气中氧含量的高低可分为以下三种：

（1）低富氧含量工艺　空气中氧含量小于28%（体），此时只要将纯氧气或富氧空气掺入到燃烧用空气中即可，硫黄回收装置无须改动设备，装置处理能力增加20%。

（2）中等富氧含量工艺　中等富氧指空气中氧含量为28%～45%（体）。当空气中氧含量超过28%，原采用的燃烧器不能承受更高的燃烧温度，需更换为专用燃烧器；此外废热锅炉和一级硫冷凝器产生的蒸汽量及过程气出口温度增加，影响硫回收率，因而还要受废热锅炉和一级硫冷凝器取热能力的限制。中等富氧含量工艺装置处理能力增加约75%。

（3）高富氧含量工艺　高富氧是指空气中氧含量高于45%（体）。此时反应炉炉膛温度就会超过耐火材料的温度极限，为此需采用双燃烧工艺，即采用两座反应炉和两台废热锅炉串联排列，全部酸性气和空气都进入装有专用燃烧器的第一反应炉，部分富氧通过专用燃烧器的专用注氧喷嘴进入第一反应炉，燃烧后过程气经第一废热锅炉和硫冷凝器冷却后进入第二反应炉，剩余富氧通过喷嘴注入第二反应炉，再经第二废热锅炉及硫冷凝器进入催化反应部分。高富氧含量工艺可使装置处理能力增加150%。

采用富氧 Claus 硫回收工艺，由于进燃烧器的混合气体中的 H_2S 分压和燃烧温度的提高，不仅可使装置的硫回收率有所提高，而且能改善原料酸性气中的重质芳烃和 NH_3 的分解问题，同时也为原料浓度较低的贫酸性气的处理带来了高效、低投资的技术路线。

3. 低温 Claus 工艺[18,19]

低温 Claus 工艺又称亚露点硫黄回收工艺，从20世纪70年代以来迅速发展。从热力学及化学反应动力学的角度分析，经典 Claus 工艺中 H_2S 最高可达到的转化率只决定于最后一级 Claus 反应器的反应温度。而受到气相中硫露点的限制，一般情况下反应温度最低控制在180～200℃，因此经典的 Claus 工艺即使使用三级催化反应器，硫回收率也只能达到97%左右，远远不能跟上日趋严格的环保要求。亚露点硫黄回收工艺突破了硫露点温度的限制，以低于硫露点温度的操作条件进行 Claus 反应，使得反应能进行得更加完全，从而获得更高的硫回收率。

亚露点硫黄回收工艺的主要特点是在液相或固体催化剂上进行低温克劳斯反应。前者是在加有特殊催化剂的有机溶剂中，在略高于硫熔点的温度下，使尾气中的 H_2S 和 SO_2 继续进行克劳斯反应生成硫黄以提高硫转化率；后者是在低于硫露点温度下，在固体催化剂上发生克劳斯反应，利用低温和催化剂吸附反应生成的硫，降低硫蒸气压，进一步提高平衡转化率。

无论反应是在液相或固体催化剂上进行，根据 Claus 反应式，可以看出，控制过程气中 H_2S/SO_2 的比例是这类工艺提高硫回收率的关键，硫回收率约为98.5%～99.5%。这类工艺流程简单，投资和操作费用也较低，适用于中、小型规模装置。

MCRC 工艺是亚露点工艺的代表，其特点是将 Claus 反应条件扩展至露点以下、凝点以上的低温（130～150℃），Claus 反应进行得更完全。MCRC 装置反应器级数有三级和四级两种，三级的硫黄回收率为98.5%～99.2%，四级为99.3%～99.4%。MCRC 法流程简单，工艺成熟，不产生二次污染物，硫黄回收率适中，适合中、小型规模装置。

该工艺由常规 Claus 段和 MCRC 催化反应段两部分组成，三级转化和四级转化的 MCRC 装置常规 Claus 段都相同，包括酸性气反应炉、废热锅炉、一级硫冷凝器和一级反应器；

MCRC 反应段的反应器数量有两个和三个两种类型，分别称为三级和四级 MCRC 装置。三级 MCRC(具有两个 MCRC 反应器)流程见图 21-16。

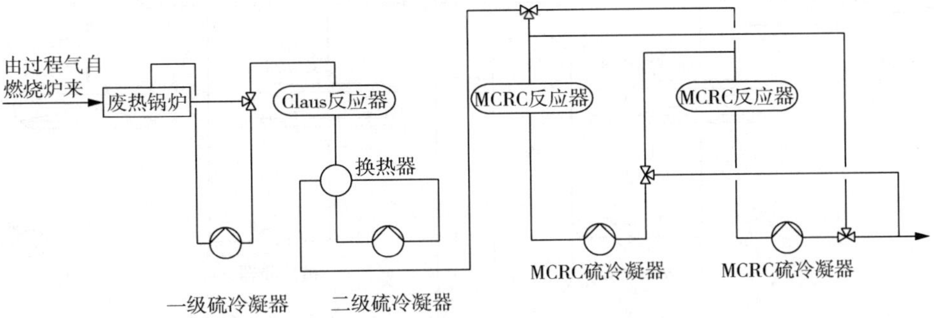

图 21-16　三级 MCRC 工艺示意流程图

当 MCRC 反应段具有两个反应器时，其中一个反应器处于高温再生，并同时进行常规 Claus 反应，另一个反应器处于低温 Claus 反应和吸附；当具有三个反应器时，反应器按再生、一级亚露点和二级亚露点顺序定期切换，用时间程序控制器控制。

(二) 选择氧化法硫黄回收工艺[20,21]

以超级 Claus 工艺、超优 Claus 工艺为代表的选择性氧化硫黄回收工艺被视为是 Claus 工艺问世以来的显著技术进步之一。其工艺的特点就是在常规 Claus 反应器后增加一台选择性催化氧化反应器，利用催化剂使尾气中的残余 H_2S 直接转化为单质硫，从而提高总硫回收率。常规的三级 Claus 装置很容易改造为超级 Claus 装置，总硫回收率可达 98%~99%，而投资仅比三级克劳斯装置增加 10%~15%，该投资包括专利使用费和催化剂费用。由于超级 Claus 工艺催化剂不受水蒸气的影响，流程中就不需要急冷塔，即使流程更简单，也可避免酸性水的二次污染。因此该工艺特别适合于中、小规模装置。

超级 Claus 工艺又有 Super Claus99 和 Super Claus99. 5 两种流程。

选择性氧化工艺的技术关键是催化剂，由于开发了对水蒸气不敏感的超级 Claus 催化剂，流程中就不需要急冷和再热等过程，使流程更简单，投资更节省，又因 Super Claus 催化剂的不断更新换代，反应器入口温度降低，能耗也随之减少。

该工艺流程的前端部分类似还原吸收类工艺，即加氢还原后的尾气经废热锅炉回收热量后，在急冷塔中进一步冷却，使过程气中的水分含量从约 30%降至约 5%，尾气经再热并与空气混合后进入 Selectox 反应器，反应器内装有选择性氧化催化剂，使尾气中约 80%的 H_2S 直接氧化为硫元素，总硫回收率可达 98. 5%~99%，若再增加一个 Claus 反应器，总硫回收率可达 99. 5%以上。工艺流程见图 21-17。

(三) 液相氧化法硫黄回收工艺[22,23]

1. LO-CAT 工艺

液相氧化法也是重要的硫黄回收工艺技术之一，通常具有操作弹性大、原料适应性强等特点，代表性的工艺有 LO-CAT 工艺和生物法脱硫工艺。该工艺在常温下操作，采用水基的多元螯合铁催化剂，将 H_2S 转化为单质硫，能够处理几 mg/m^3 到 100%等不同含量的 H_2S 气体，适用于产量在 200kg/d~20t/d 的小规模硫黄回收装置，硫回收率高，可达

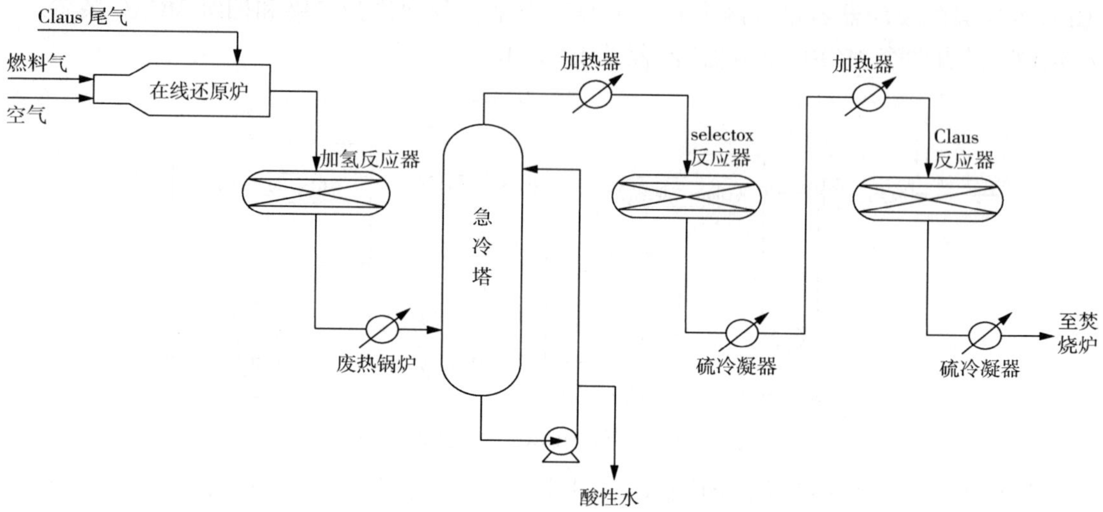

图 21-17　BSR-Selectox 工艺示意流程

99.9%以上，处理后的净化气体中 H_2S 质量浓度可达 $10mg/m^3$ 以下。整个反应为改进的 Claus 反应，但完成该反应的机理与 Claus 工艺大不相同。该工艺为液相、室温过程，而 Claus 工艺为气相、高温过程。

该技术工艺流程简单，操作弹性大，占地面积小，初次投资费用低，但运行成本高，化学溶剂消耗大，不适合规模较大的脱硫装置，含铁污水难处理。该工艺生成的硫黄产品质量不高，所产硫黄可直接用于农业的土壤改性剂和农用杀虫剂，也可用于医疗卫生垃圾的处理剂，经熔硫设备提炼后，可为硫酸厂和化肥厂提供原料。

1）反应原理

该工艺依靠络合铁溶液将 H_2S 转化为单质硫，含有 H_2S 的气体进入吸收装置后与络合铁催化剂溶液接触，H_2S 被 Fe^{3+} 转化成单质硫，同时 Fe^{3+} 转化为 Fe^{2+}。净化后的气体离开吸收装置，含硫溶液进入氧化分离装置，用空气氧化 Fe^{2+} 为 Fe^{3+}，达到催化剂再生的目的，再生溶液重新返回吸收装置利用。单质硫沉淀在装置底部形成浓缩的硫浆，硫浆进入过滤器以固体硫黄的形式回收，滤液回流至氧化分离装置。

（1）吸收反应过程：

$$H_2S+2Fe^{3+}(L)+2OH^- \xlongequal{} 2Fe^{2+}(L)+S\downarrow+2H_2O$$

（2）再生反应过程：

$$O_2(L)+4Fe^{2+}(L)+2H_2O \xlongequal{} 4Fe^{3+}(L)+4OH^-$$

（3）脱硫总反应：

$$2H_2S+O_2 \xlongequal{} 2H_2O+S$$

2）工艺流程

湿法脱硫分为常规流程和自循环流程。

（1）常规流程　如图 21-18 所示，原料气进入吸收塔内，与络合铁催化剂逆流接触，H_2S 被氧化成单质硫。净化气从塔顶排出装置，反应后的催化剂溶液进入氧化罐与空气反应，达到催化剂再生的目的。再生后的催化剂经溶液循环泵打入吸收塔。

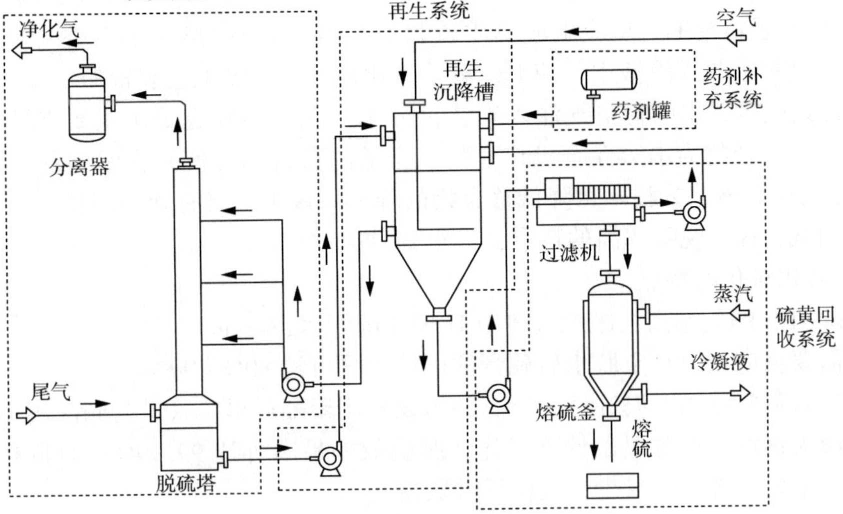

图 21-18　湿法脱硫常规流程示意

（2）自循环流程　与常规流程主要区别在于吸收器和氧化器被整合为一个装置，从而减少一个容器，也省去溶液循环泵以及相关的管道等设备。同时该工艺能够处理压力更高的酸性气，并能脱除 CO_2，适用于处理含胺酸气及其他非易燃低压气体。酸性气体从吸收/氧化塔的吸收区进入，在络合铁催化剂的作用下发生反应，生成单质硫。反应后的混合液从吸收区上部溢流到氧化区，铁催化剂被从氧化区底部送入的空气氧化再生，不断地循环使用。沉降富集在反应器底部的硫黄经浆液泵送至过滤机过滤，生成产品硫块。为进一步提升产品硫的质量，可将硫块送至熔炉进一步加工。该工艺包括吸收和再生两部分，如图 21-19 所示。

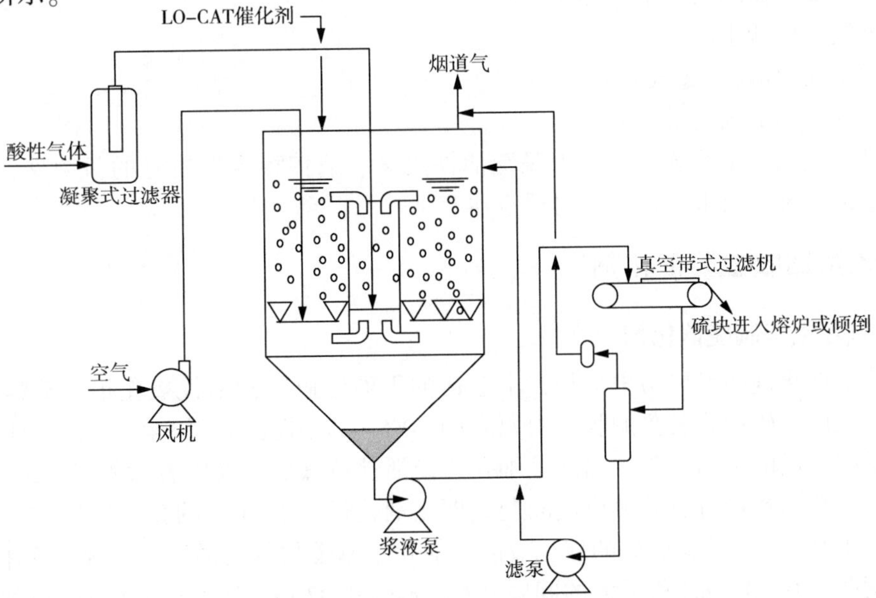

图 21-19　湿法脱硫自循环流程示意

在吸收段，气体物流中 H_2S 被吸收到脱硫溶液中，一旦被吸收，H_2S 就离子化为 H^+ 和 HS^- 离子，HS^- 离子再与 Fe^{3+} 反应生成单质硫和 Fe^{2+} 离子。Fe^{2+} 离子不会进一步还原，在氧化喷注空气，氧被吸收入溶液中，使 Fe^{2+} 离子氧化成 Fe^{3+}。该工艺装置的主要动力消耗是 2 台 65kW 旋转式风机，用以将空气注入工艺过程中。化学品补充费用主要来源于铁和螯合物化学品及碱。螯合物为水溶性有机化合物，合适的螯合物可使铁在水中的溶解度从百万分之几增加到 5%。该工艺技术可降低螯合物的降解。该工艺具有动力消耗低、化学品费用和后处理费用低，H_2S 脱除率高的特点，已得到迅速推广。

3）湿法液相氧化的特点

（1）脱除 H_2S 的效率高，净化气体中 H_2S 含量可达 $2mg/m^3$。

（2）不需要反应槽，真空脱水后硫膏的固体含量可达 80%～90%。

（3）该法溶剂对碳钢有腐蚀性，所有碳钢设备用聚酯衬里，管道与阀门用不锈钢材料。

（4）溶液无毒性，在常温条件下操作，脱硫效率最高可达 99.99%，且固体盐生成少，空气量及压力不大，洗液用量少，机械设计紧凑。

2. 生物脱硫工艺

从国内外的研究成果看，可以将微生物脱硫技术与目前广泛使用的湿法脱硫相结合，用微生物水溶液或悬浮乳液吸收气相中的硫化物，然后利用微生物脱除液相中溶解的硫化物。将湿法脱硫工程经验和硫回收技术与微生物脱硫技术联合开发生物脱硫新技术形成优势互补，对推动生物脱硫技术的发展和应用具有十分重要的现实意义。国内该技术仍处于初始研究阶段，工业化程度不高。随着基因工程技术的快速发展，构建脱硫性能稳定、繁殖速度快、脱硫产物能够再利用的工业微生物将是未来微生物脱硫的发展方向之一。今后生物法要注重以下方面优化：

（1）培育新型高效脱硫菌种，提升菌种脱硫活性；

（2）生物反应器结构简单、体积小；

（3）降低硫酸盐生成量；

（4）减少动力消耗（曝气）；

（5）减少化学试剂用量。

重点研究领域一是筛选和分离出脱硫活性更高、遗传稳定性更好的新菌株，二是开发出高效、连续、流动效果稳定的生物反应器。

二、硫黄回收主要催化剂

（一）氧化铝基制硫催化剂[24～26]

氧化铝基催化剂的发展历史最长，由最初的天然铝矾土到活性氧化铝，整整经历了 10 年的改进，从而使硫回收装置的收率由原来的 80%～85%提高到了 94%以上。Al_2O_3 在低温情况下，反应生成的硫易冷凝，堵塞毛细孔道使活性位减少，其比表面积损失最多达 55%。增加催化剂大孔的数量可有效解决此问题。催化剂孔径大于 1μm 的孔体积与小于 1μm 的孔体积之比大于 0.7，则具有最好的催化效能。氧化铝基催化剂的活性与常规、简单的孔结构即最小的微孔（<0.003μm）和最大的间隙孔（0.003～0.02μm）及大孔（>0.1μm）的比例以及添加的各种助剂有关。

硫黄回收催化剂国内主要有中国石化齐鲁分公司研究院研究（以下简称齐鲁院）开发的LS系列硫回收催化剂和中国石油西南油气田公司天然气研究院（以下简称西南院）的CT系列硫回收催化剂，主要品种及牌号见表21-12。

表21-12　国内硫黄回收催化剂主要品种及牌号

企　业	催化剂	外　观	主要组成	用　途
中国石化齐鲁分公司研究院	LS-300	球形	活性 Al_2O_3	常规Claus反应
	LS-971	球形	Al_2O_3+助剂	具有脱漏氧和制硫双重功能
	LS-901	条形	TiO_2	有机硫化物的水解和Claus反应
	LS-981	条形	Ti-Al复合载体	具有耐硫酸盐化、脱漏氧保护、有机硫化物水解及抗结炭性能
	LS-981G	三叶草形	TiO_2	有机硫化物的水解和Claus反应
	LS-02	球形	活性 Al_2O_3	常规Claus反应
中国石油西南油气田公司天然气研究院	CT6-2B	球形	活性 Al_2O_3	常规Claus反应
	CT6-4	球形	Al_2O_3+助剂	低温Claus反应
	CT6-4B	球形	Al_2O_3+助剂	具有脱漏氧和制硫双重功能
	CT6-6	球形	Al_2O_3+助剂	催化氧化反应
	CT6-7	球形	Al_2O_3+助剂	常规Claus，MCRC
	CT6-8	条形	TiO_2	高效有机硫水解

晶体学研究已经表明 Al_2O_3 表面存在酸性中心和碱性中心，是Claus催化剂重要的表面化学性质，是其水合物在脱水过程中产生的。这一过程大体可以写成：

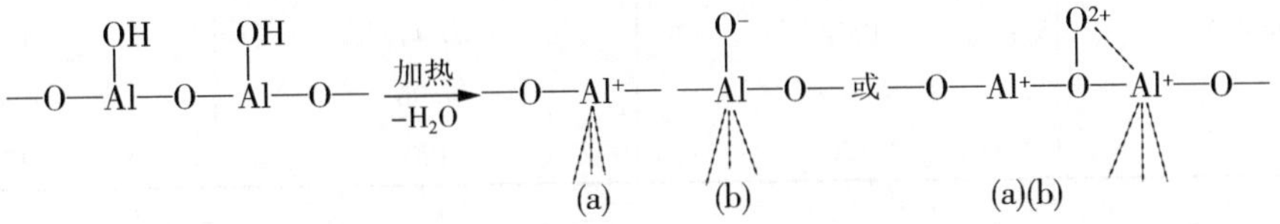

其中，(a)表示路易斯酸性部位，属于缺电子中心；(b)表示碱性部位属于带电子中心。上述过程与焙烧时氧化铝脱水程度以及氧化铝的晶型有关。焙烧温度升高，脱水量增多，因而表面—OH基减少。H_2S 和 SO_2 的Claus催化反应发生在 Al_2O_3 表面—OH基部位，高频伸缩振动OH基的催化能力最强，表面酸对催化活性的影响似乎关系不大。

活性氧化铝催化剂优点：催化剂具有颗粒均匀、磨耗小、活性高和稳定性好等特点。催化剂外形为球形，流动性好，易于装卸；孔结构呈双峰分布，大孔较多，有利于气体的扩散；比表面积较大，具有较多的活性中心；压碎强度高，为催化剂长周期稳定运转提供保证；杂质含量低，钠含量小于0.2%，水热稳定性好。氧化铝基催化剂一般具有初期活性好、压碎强度高、成本低的优点。

活性氧化铝催化剂缺点：易发生硫酸盐化中毒，结构稳定性差，活性下降速度快，CS_2、COS等有机硫水解活性较低。

近年来氧化铝基硫回收催化剂向大比表面、大孔体积方向发展，比表面积由目前大于

300m²/g 提高到大于 350m²/g，孔体积由大于 0.40mL/g 提高到大于 0.45mL/g。新型氧化铝基硫回收催化剂具有一定程度超大孔(孔径大于 0.1μm)，超大孔的孔容占总孔容的 30%以上。其转化率更高，使用寿命更长，抗硫酸盐化性能更好。目前，该类催化剂牌号主要为德国 BASF 公司的 DD-431、美国 Porocel 公司的 Maxcel727、Axens 公司的 CR-3S、齐鲁分公司研究院 LS-02 等。表 21-13 给出了常规氧化铝催化剂物化性质，表 21-14 给出了新型氧化铝催化剂物化性质。

表 21-13　常规氧化铝催化剂物化性质

项　目	LS-300	CT6-2B	S-201
外　观	白色小球	白色小球	白色小球
外形尺寸/mm	ϕ4~6	ϕ4~6	ϕ4~6
比表面积/(m^2/g)	315	280	305
孔容/(mL/g)	0.41	0.42	0.41
大孔体积/(mL/g)	0.05	0.04	0.05
平均孔径/nm	4.40	4.30	4.20
强度/(N/颗)	150	140	150

表 21-14　新型氧化铝催化剂物化性质

项　目	CR-3S	727	LS-02
外　观	白色小球	白色小球	白色小球
外形尺寸/mm	ϕ3~5	ϕ3~5	ϕ3~5
比表面积/(m^2/g)	360	371	365
孔容/(mL/g)	0.47	0.48	0.48
大孔体积/(mL/g)	0.14	0.17	0.17
平均孔径/nm	4.89	4.96	4.88
强度/(N/颗)	120	120	120

（二）氧化钛基有机硫水解催化剂[27,28]

二氧化钛基硫回收催化剂主要以偏钛酸为主要原料，添加少量成型助剂采用挤出成型工艺制备，催化剂中氧化钛含量一般在 85%以上。表 21-15 给出了二氧化钛基催化剂物化性质。

表 21-15　二氧化钛基催化剂物化性质

项　目	LS-901	LS-981G
外　观	白色条形	白色条形
外形尺寸/mm	ϕ3×(2~15)	ϕ3×(2~15)
比表面积/(m^2/g)	110	130
孔容/(mL/g)	0.20	0.25
强度/(N/cm)	140	200
TiO_2/%	85	85

二氧化钛基催化剂优点：该催化剂对有机硫化物的水解反应和 H_2S 与 SO_2 的 Claus 反应具有更高的催化活性，几近达到热力学平衡；对于“O_2”中毒不敏感，水解反应耐“O_2”中毒能力为 0.2%（体积分数），Claus 反应时则高达 1%（体积分数），并且一旦排除了高浓度 O_2 的影响，活性几乎得到完全恢复；对达到相同的转化率水平，允许更短的接触时间（约 3s），相当于 1000～1200h^{-1}空速，因此可以缩小反应器体积。

二氧化钛基催化剂缺点：制造成本较高，孔体积和比表面积较小，磨耗大，抗结炭性能差。

二氧化钛基催化剂使用范围：特别适用于过程气中有机硫含量较高的反应过程或者没有 Claus 尾气处理单元的硫回收装置，以提高硫回收率、减少硫的排放。

由于 TiO_2 的化学活泼性，TiO_2 的氧或部分失氧还原后产生的低价钛或氧空位均可参与 H_2S 的转化反应。而 Al_2O_3 则没有这种性质，致使 TiO_2 和 Al_2O_3 对 H_2S 的作用表现出明显不同的特性，图 21-20 为 TiO_2 和 Al_2O_3 吸附 H_2S 后的 TPD 曲线。由 TiO_2 曲线看出，在 TiO_2 上吸附的 H_2S 分别在 40～450℃温区有两个脱附峰，前者是 H_2S，后者为 SO_2。同时反应管壁上有硫析出。由 TiO_2 和元素硫机械混合样品的 TPD 结果（TiO_2+4%S 曲线）表明，元素硫也可被转化为 SO_2，说明吸附在 TiO_2 上的 H_2S 在一定温度下发生转化，生成硫并进一步转化为 SO_2。对比 Al_2O_3 曲线和 TiO_2 曲线看出，在 Al_2O_3 上吸附的 H_2S 是一个 40～500℃宽温区的脱附峰，并且没有明显的转化产品。因此，H_2S 在 Al_2O_3 上的行为同 TiO_2 不一样。

图 21-21 为 TiO_2 和 Al_2O_3 吸附 SO_2 的 TPD 曲线。

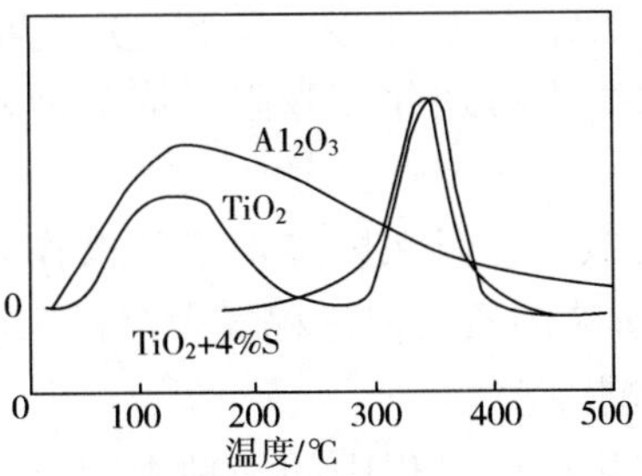

图 21-20　不同样品上吸附 H_2S 后的 TPD 谱图

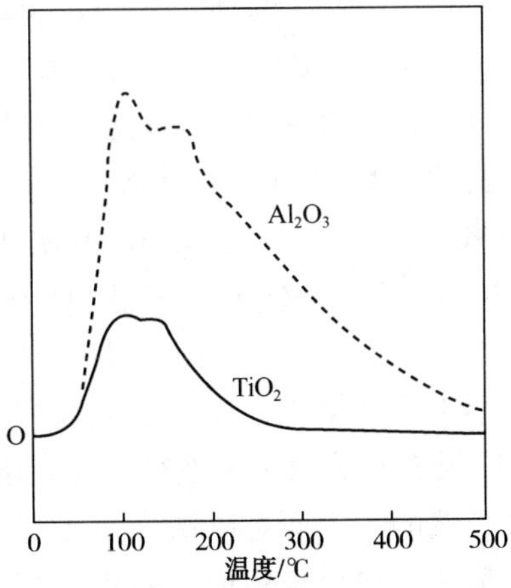

图 21-21　TiO_2 和 Al_2O_3 吸附 SO_2 的 TPD 谱图

由图 21-21 看出，TiO_2 上吸附 SO_2 的 TPD 结果和 H_2S 不同，在 300℃可基本脱附完，并且没有明显的转化发生。在 Al_2O_3 上吸附 SO_2 的 TPD 结果同吸附 H_2S 的 TPD 结果相似，有一个 40～500℃的宽温区脱附峰，并存在多种吸附态。从 Al_2O_3 上 H_2S、SO_2 吸附的 TPD 结果表明，在 Al_2O_3 表面存在着很难脱附的 H_2S、SO_2 吸附物种。这种强吸附态的存在不仅占据了表面活性位置，而且易发生硫酸盐化，而 TiO_2 由于 H_2S、SO_2 都较易脱除，从而不易发生硫酸盐化。因此 TiO_2 可保持较高的催化活性。

二氧化钛基催化剂由于 TiO_2 具有变价性能，H_2S 和 SO_2 在 TiO_2 表面容易脱附，不易发生硫酸盐化，催化剂可保持较高的催化活性。同时由于氧化钛的表面酸性较弱，碱性中心较多，而有机硫的水解反应是在催化剂的碱性中心进行，因此，钛基催化剂的有机硫水解活性较高，稳定性较好。

（三）脱漏氧保护双功能催化剂

脱漏氧保护催化剂以专用氧化铝为载体，浸渍专利活性组分制备而成。脱漏氧保护催化剂代表性催化剂为齐鲁院 LS-971 催化剂、西南院 CT6-4B 催化剂，两种催化剂的物化性质见表 21-16。

表 21-16　脱漏氧保护催化剂物化性质

项　目	LS-971	CT6-4B	项　目	LS-971	CT6-4B
外观/mm	褐色小球	褐色小球	平均孔径/nm	4.6	4.5
外形尺寸/mm	Φ4~6	Φ4~6	强度/(N/颗)	150	140
比表面积/(m^2/g)	240	240	Al_2O_3/%	80	80
孔容/(mL/g)	0.35	0.34	$FeSO_4$/%	5	5

脱漏氧保护催化剂的优点：含有铁助剂，具有脱“漏 O_2”保护功能。该催化剂既保护了同床层下部催化剂，也具有硫回收功能，其活性与氧化铝基催化剂基本相似。

1. 催化剂硫酸盐化的机理[29,30]

Claus 氧化铝基催化剂的硫酸盐化中毒机理是一个比较复杂的过程，受到多种因素例如 SO_4^{2-}、硫沉积、积炭和表面积丧失等的影响，其中硫酸盐化作用是造成催化剂活性降低的主要原因。Claus 活性损失与催化剂的 SO_4^{2-} 含量密切有关，当 SO_4^{2-}(%)与比表面积(m^2/g)的比值>0.03 时，两者成正比关系，有机硫水解反应受 SO_4^{2-} 的影响程度更大。

硫酸盐化成因来自三条途径：一是 Al_2O_3 与 SO_3 直接反应成为 $Al_2(SO_4)_3$，即 $Al_2O_3+3SO_3 = Al_2(SO_4)_3$；二是 SO_2 和 O_2 在 Al_2O_3 上催化反应，随后生成 $Al_2(SO_4)_3$，即 $Al_2O_3+3SO_2+3/2O_2 = Al_2(SO_4)_3$；三是 SO_2 在 Al_2O_3 表面发生不可逆化学吸附形成类似硫酸盐的构造。

（1）第 1 个和第 2 个途径生成硫酸盐的机理是类似的，但在燃烧炉正常操作时炉内生成的 SO_3 量很少，故第 1 个途径并非硫酸盐化的主要影响因素。但过程气中存在一定量的剩余氧则是必然的，因而可以认为第 2 个途径是主要影响因素。

（2）第 3 个途径自然形成的硫酸盐可以认为是催化反应过程中的一种中间产物，且后者对 H_2S/SO_2 的转化反应是必不可少的。同时，由此途径生成的大部分硫酸盐很可能会按下式被 H_2S 还原而使催化剂的活性得到恢复，故不会对活性中心造成永久性的伤害(失活)。研究结果也表明，温度和 H_2S 分压愈高则还原程度愈高。

$$Al_2(SO_4)_3+9H_2S = Al_2O_3+9H_2O+3/2S_8$$

（3）工业实践表明，由第 2 个途径生成的硫酸盐难以在 Claus 装置的操作条件下还原，故很可能对活性氧化铝催化剂表面的活性中心造成永久性的伤害。研制和应用漏氧保护催化剂，尽可能地降低过程气中氧含量，从而降低催化剂表面的硫酸盐生成量。

（4）催化剂硫酸盐化后的影响主要反映在两个方面：一是导致 Claus 反应的转化率下

降，对操作温度较低的二级和三级转化器此影响尤其严重；二是影响催化剂对 CS_2 的转化效率，因为硫酸盐对 CS_2 的转化是重要的影响因素。

2. 漏氧保护催化剂的作用机理

当前国内外常用的漏氧保护催化剂皆属负载型活性氧化铝，负载的活性金属化合物比活性氧化铝更容易发生硫酸盐化反应；同时，生成的硫酸盐可以很容易地被过程气中的 H_2S 还原。

如果以 MO 表示所负载的金属活性化合物的氧化态，则后者首先在 H_2S 存在的条件下发生硫化反应：

$$MO+H_2S = MS+H_2O$$

与此同时，也有部分 MO 经催化氧化转化为硫酸盐：

$$MO+SO_2+O_2 = MSO_4$$

硫化态的金属活性化合物极易发生下列两个氧化反应：

$$2MS+3O_2 = 2MO+2SO_2$$

$$MS+2O_2 = MSO_4$$

在 H_2S 存在的条件下，同时还发生 MSO_4 的还原及生成单质硫的反应：

$$2MSO_4+8H_2S = 2MS+8H_2O+S_8$$

综上所述，负载有活性金属的漏氧保护催化剂的作用机理主要包括硫化、吸氧(脱氧)和还原三个步骤，来防止活性氧化铝表面的硫酸盐化。脱氧可以在相对较低的温度下即可进行，并且产生大量的反应热，故使用漏氧保护催化剂不仅能降低活性氧化铝表面上的硫酸盐生成量，还能在一定程度上提高 Claus 反应转化率。

(四) 选择氧化催化剂[31]

H_2S 选择氧化催化剂是配合 Super Claus 工艺成功开发的。Super Claus 硫黄回收工艺是传统 Claus 工艺的延伸。在常规 Claus 工艺基础上，添加一个选择性催化氧化反应段，将来自最后一级 Claus 段的过程气中残余 H_2S 选择氧化为单质硫。基于这样的理念，Super Claus 工艺的 Claus 部分不再控制 $H_2S:SO_2=2:1$，而是控制最后一级 Claus 反应器出口的 H_2S 浓度。其反应方程式为：$H_2S+1/2\ O_2 \longrightarrow S+H_2O$。由于该反应是热力学完全反应，所以可以获得较高的硫黄回收率(99.0%以上)。Super Claus 工艺的核心技术在于反应段采用了先进的 H_2S 选择氧化催化剂，反应过程打破了常规 Claus 过程的化学平衡因素限制，才可以将 Claus 尾气中大部分 H_2S 直接氧化成元素硫，所以催化剂的性能起着决定性的作用。

在 Super Claus 反应过程中主要进行以下反应：

主反应：$2H_2S+O_2 = 2S+2H_2O$

副反应：$1/n\ S_n+O_2 = SO_2$

Claus 平衡反应的逆反应：$3/n\ S_n+2H_2O = 2H_2S+SO_2$

在 Super Claus 反应过程中，应尽量避免副反应的发生，同时最大限度地进行主反应，对 H_2S 选择氧化催化剂提出了特殊要求。首先，催化剂应具有极高的对硫的选择性，不显示或者不具备 Claus 活性，对水、过量氧均不敏感，从而不会促使硫蒸气与水汽发生 Claus

逆反应或者单质硫的进一步氧化反应。其次，该催化剂对孔结构也有要求，在较高的比表面积的情况下小孔太多，硫会在这些孔内滞留时间过长，就有被继续氧化为SO_2的危险，而比表面积过低则孔径太大，活性组分的负载量较低。

H_2S 选择氧化催化剂具有以下性能特点：

（1）在 H_2S 选择氧化催化剂的作用下，85%的 H_2S 转变成硫黄；

（2）对于过量的 O_2，不是很敏感；

（3）对于高 H_2O 含量不敏感；

（4）不发生 Claus 反应，也不促进 Claus 的逆反应；

（5）无 CO/H_2氧化反应发生；

（6）在 Super Claus 反应段，无 COS/CS_2的生成；

（7）Super Claus 催化剂寿命长，通常大于 10 年。

齐鲁院开发的 LS-03 H_2S 选择氧化催化剂具有优异的催化性能，在 H_2S 体积浓度为 1%～3%、气体体积空速为 400～1600h^{-1}、反应温度为 200℃ 条件下，H_2S 的转化率达到 95%以上，硫黄产率达到 90%以上，催化剂在物化性质和催化性能上达到或优于国外同类催化剂水平。在神华宁煤煤炭化学工业公司甲醇厂 6 千吨/年硫回收装置上的工业应用结果表明：催化剂的转化率保持在 97%以上，硫产率在 90%以上，装置烟气 SO_2排放浓度均低于 550mg/m^3，达到装置设计指标，低于国家环保法规规定的 960mg/m^3的排放标准。LS-03 催化剂的物化性质见表 21-17。

表 21-17　LS-03 催化剂的物化性质

项　目	指　标	项　目	指　标
外观	红褐色条形	孔分布	
外形尺寸/mm	ϕ3	<30nm/%	3.1
比表面积/(m^2/g)	42	30～100nm/%	60.3
孔容/(mL/g)	0.54	>100nm/%	36.6
强度/(N/cm)	108	物相	无定形

H_2S 选择氧化制硫催化剂的发展方向为新型催化剂载体的开发，碳化硅陶质材料现已广泛应用于半导体、光学元件、医学等领域，它们具有的高导热率、高抗氧化性、高机械强度和化学稳定性，也使之成为开发催化氧化制硫工艺催化剂的理想载体。此类材料克服了氧化铝基克劳斯催化剂固有的热老化、水热老化、硫酸盐化等缺陷。

三、硫黄回收单元主要设备

（一）燃烧器

1. 反应炉燃烧器

反应炉燃烧器是整个硫回收装置最核心的设备之一，因为酸性气当中的硫主要是通过 Claus 热反应(燃烧反应)来进行回收的。热反应阶段回收的硫黄总量约占到整个装置硫黄回收量的 60%～70%，因此反应炉燃烧器的运行情况决定着整个装置的操作水平。反应炉燃烧器要通过控制燃烧完成将 H_2S 转化为硫黄单质工艺反应，因此其是工艺类型的燃烧器而非加热类型的燃烧器。另外反应炉也是单燃烧器炉体，即整台炉子的运行仅有一台燃烧器，燃烧器运行成败与炉膛的运行效果正相关。这两个特点是硫黄回收主燃烧器区别于其他装置燃烧器最显著的特点，也是反应炉燃烧器作用重要、技术复杂的主要原因。

1）工作原理

反应炉燃烧器的混合燃烧形式主要有外混式燃烧和预混式燃烧。其工作原理是按照 Claus 欠氧配风原理配比空气和酸气的流量，完成 Claus 制硫热反应。外混式燃烧即酸性气和空气在喷入燃烧器的燃烧室前不混合，进入燃烧器的燃烧室后边混合边燃烧反应。预混式燃烧即酸性气和空气在喷入燃烧器的燃烧室前先进行混合，混合后的酸气和空气混合气体进入燃烧器的燃烧室即开始燃烧和反应。目前市场上使用的硫黄回收燃烧器以预混式为主。

2）常见结构

作为一种高能燃烧器，反应炉燃烧器主要分为中心气枪、前端不带耐火材料的风箱和后部带耐火材料的燃烧室。保证燃烧混合的导流器等部件位于风箱内。带有耐火材料的燃烧器燃烧室通过法兰或焊接再与反应炉进行连接。从燃烧器喉口开始发生燃烧反应到反应炉出口的空间为整个反应炉的停留时间。反应炉燃烧器结构见图 21-22，反应炉燃烧器及燃烧炉结构见图 21-23。

图 21-22　反应炉燃烧器的结构示意图

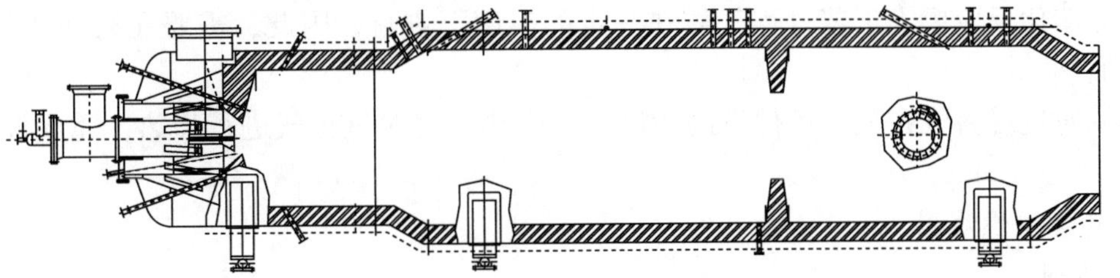

图 21-23　反应炉燃烧器及燃烧炉结构示意图

3）主要工艺特点

（1）通过 Claus 欠氧配风燃烧达到酸性气和空气的最佳混合燃烧，从而最大程度回收硫黄；

（2）通过充分混合燃烧，在整体欠氧燃烧条件下将酸性气中的杂质（NH_3、烃类、甲醇、HCN 等）完全分解或燃烧掉，并且不能产生积炭、结焦、NO_x 等影响下游装置的有害物质；

（3）通过充分的混合燃烧来避免残余的氧气对下游催化剂的负面影响；

（4）保证燃烧气体在反应炉内仍处于涡流混合状态，有利于 Claus 热反应制硫的充分进行。

2. 在线加热炉燃烧器

1）工作原理

在线加热炉又称为再热炉，主要作用是通过燃料气在欠氧条件下的燃烧，产生热烟气对过程气进行加热，完成催化 Claus 反应。在线加热炉燃烧器的结构、原理与反应炉类似，而且燃烧空气配比也是欠氧配风。但不同于反应炉燃烧器的地方是通过空气和燃料气的欠氧配风来进行燃烧，燃烧产生的热量对来自上游一级冷凝器的工艺过程气进行加热。工艺气从加热炉入口到出口的时间为在线加热炉的停留时间。

2）结构

在线加热炉燃烧器及燃烧炉常见结构见图 21-24。

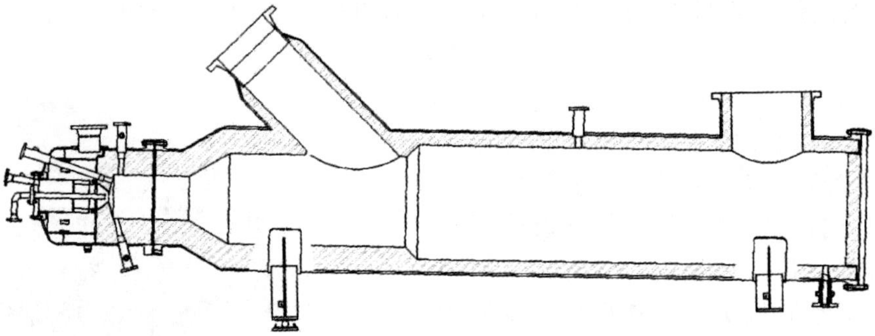

图 21-24　在线加热炉燃烧器及燃烧炉结构示意图

3）主要工艺特点

（1）从反应炉出来的过程气体经过一级硫冷凝器后温度降低，而后进入催化反应器。在反应器内通过催化反应再进一步完成 Claus 反应，将 H_2S 深度转化为硫黄。

（2）催化反应要求工艺过程气体在一定的温度下进行，因此，需要在线加热炉对过程气进行加热。

（3）通过燃料气在欠氧条件下的燃烧，产生热烟气对过程气进行加热，完成催化 Claus 反应。

3. 焚烧炉燃烧器

1）结构

焚烧炉燃烧器及燃烧炉结构见图 21-25。

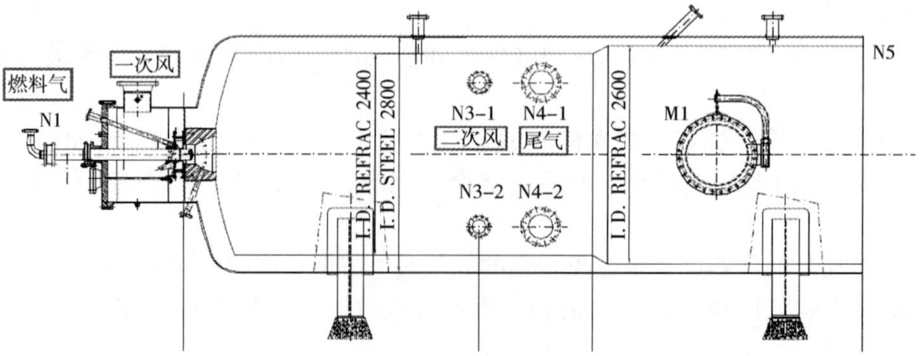

图 21-25　焚烧炉燃烧器及燃烧炉结构示意图

2）主要工艺特点

（1）从尾气加氢单元冷却塔出来的Claus尾气还会含有一定量的H_2S等有害物质，这些有害物质必须通过焚烧炉进行焚烧将H_2S尽可能地氧化成SO_2等，而后进行排放。

（2）尾气焚烧炉及其燃烧器是硫黄回收装置当中唯一采用过氧配风的燃烧设备。其主要运行要点是首要在不产生超标氮氧化物的条件下保证焚烧炉燃烧器火焰的稳定，而后用稳定的火焰来焚烧Claus尾气。在焚烧Claus尾气的前提条件下，还要保证排放的NO_x、H_2S、SO_2、CO等满足排放要求。

（3）根据焚烧炉及其燃烧器特点，一般采用分级燃烧配风技术来达到上述工艺要求。从燃烧器注入的空气一般仅为燃料气当量燃烧需要的空气量的80%，剩余的空气以及Claus尾气均从炉膛注入。从炉膛注入的空气流量用于燃料气的进一步充分燃烧和Claus尾气的焚烧。为避免从炉膛注入的空气和尾气对燃烧器的火焰造成干扰，一般都要求二者在炉膛上的注入位置要大于火焰测长度。在炉膛空气和尾气注入之前的燃烧器和炉体内，燃料气和空气接近当量燃烧，为高温段。尾气注入后的炉膛空间为炉膛的低温段，低温段的空间决定着Claus尾气焚烧的停留时间。

（4）焚烧炉炉膛的温度、燃料气的组成、Claus尾气的组成都会对焚烧炉出口的排放指标造成影响。对于不同的项目要依据上述因素确定燃烧器和炉膛的结构、空气的分布位置等来最终达到最佳的焚烧和排放效果。目前在尾气焚烧炉出口NO_x的排放指标可以控制在不高于100mg/Nm^3（干基，氧为3%的条件下），也有的装置达到了不高于50mg/Nm^3。但一般来讲，排放标准越苛刻，对应的焚烧炉高温段、低温段各自长度就越长、投资成本也会相应地增加。

（二）硫黄的成型设备

目前国内外硫黄成型工艺主要有回转钢带冷凝造粒、转筒喷浆造粒和水下湿法造粒三种。

1. 湿法成型造粒

国内湿法硫黄成型装备技术已全面实现国产化，如中国石化洛阳石化的(4+4)万吨/年的硫黄回收采用洛阳涧光特种装备股份有限公司生产的湿法造粒成型设备等。

1）工艺流程

液硫经液硫泵输送至成型装置上部的分布盘，均匀流入成型盘中，经成型盘底部的小孔滴入充满工艺水的成型罐中，在成型罐中冷却成型为固体硫黄颗粒。硫黄颗粒连同部分工艺水从成型罐底部排到振动筛脱水干燥，干燥后的硫黄送至料仓，采用包装机进行包装或输送机转运。由振动筛筛分出来的，粒径不符合要求的小颗粒连同工艺水流至沉淀罐中，小颗粒在下部锥体中沉积，通过螺旋输送机将小颗粒从水中分离出来，进入再熔罐融化后送回液硫池。工艺水则流回热水槽，经过换热器冷却后再送至成型罐中，形成循环。振动筛、成型罐及熔硫罐处的废气由排气风机引至除尘器处理后排入大气。其工艺流程见图21-26。

2）技术特点

（1）液硫与水直接换热，生产能力强，产量调节范围大。

（2）硫黄颗粒大小均匀，硬度高，粉碎度低。

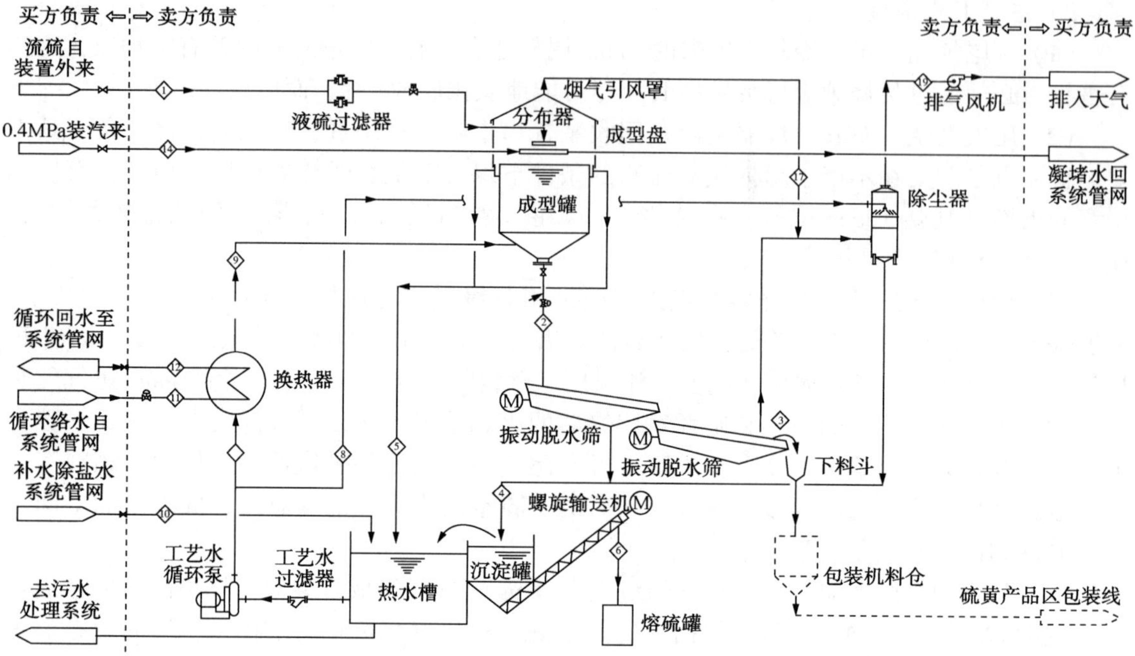

（3）静设备为主，易损件较少，长周期维护运行成本低。

（4）产品含水量满足 GB/T 2449. 1—2014《工业硫黄　第 1 部分：固体产品》的要求。

（5）对温度、液位、重量等数据实行集中控制，自动化程度高。

（6）公用工程耗量低。

（7）占地面积小，项目总投资费用低。

2. 回转带式冷凝造粒

回转带式冷凝造粒机是硫黄成型中使用台数最多的造粒成型设备，具有功耗小、颗粒均匀特点。但生产能力较小，要求操作水平高，维护工作量较大。该设备国内主要制造厂家为南京三普造粒装备有限公司。多数企业常以下面三种方法进行硫黄成型。

① 冷却破碎法：直接将液硫注入到水泥池中，靠其自然冷却，然后由人工破碎包装，现场存在的主要问题是生产环境差、生产效率低。

② 转鼓切片法：充满冷却水的转鼓下面局部浸在液硫中，使液硫冷却黏附在转鼓上，转到大半圈冷却后由刮刀铲下。

③ 熔铸法：将液硫注入链条挂的料斗中，然后沉入水池冷却后由链条带出水面，落模形成块状硫黄。该方式设备投资大，冷却水处理困难。

1）工艺流程

回转带式冷凝造粒机的工作原理是利用物料的低熔点特性，根据物料熔融态时的黏度范围，通过特殊的布料装置将熔融液料均布在其下方匀速移动的钢带上，同时在钢带下方设置的连续喷淋装置的强制冷却作用下，使得物料在移动、输送过程中得以冷却、固化，从而达到连续造粒成型的目的。典型的工艺流程见图 21-27。

2）性能特点

（1）连续冷凝固化、造粒成型，生产效率、操作环境得到大大改善。

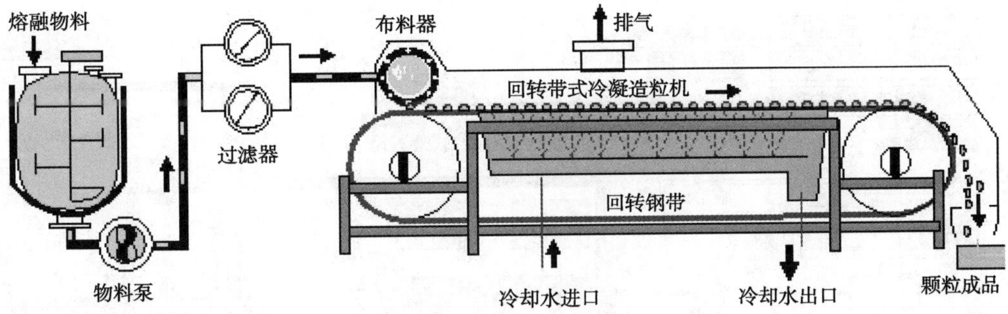

图 21-27　回转带式冷凝造粒机典型的工艺流程

(2) 颗粒成品形状规整，无锐角，成粒率几乎接近 100%。成品的物理性能得到大大提高，产品竞争力增强。

(3) 通过布料器转速或进料流量的调节，可在一定范围有效地调整成品粒度。

(4) 采用薄钢带传热和雾化喷淋强制冷却，使熔融物料得到迅速冷凝固化和造粒成型。

(5) 由于传输钢带在卸料端处的换向弯曲，使钢带固化物料与钢带的结合面产生分离，卸料时粉尘极少，颗粒形状得到有效保护。

(6) 布料器与钢带均采用变频调速控制器，可根据生产能力、操作工艺及环境的变化，方便地进行调整与控制。

(7) 造粒装置采用三段温度智能控制，确保系统操作稳定、可靠。

3. 转筒硫黄造粒

转筒硫黄造粒机在硫黄成型上的应用最早于 20 世纪 70 年代，国内主要是由南京三普造粒装备有限公司研制并生产。特点是生产能力范围广，占地少，效率高，设备模块化设计，建设周期短。

1) 工艺流程

来自脱硫工段的液硫由硫黄泵将硫黄直接打入旋转的硫黄转筒喷浆造粒机当中；当液硫由雾化喷嘴喷入转筒内后，同时启动高压水泵，将新鲜水也以雾化的状态喷入转筒内对液硫进行冷却固化。通过检测造粒机内的物料温度和气体温度来控制喷硫量和喷水量，使之得到 2~8mm 的球形硫黄颗粒。因硫黄固化产生的汽化尾气由引风机抽出并送入水膜除尘器中进行湿法除尘，净化后的尾气直接排入大气中。水膜除尘器的除尘效率>98%，尾气含湿量<10%，进口尾气温度低于 70℃，排出的气体温度 40~60℃，空气中粉尘含量小于 10mg/m^3；SO_2 和 H_2S 均小于 8mg/m^3，脱硫除尘效率高，这在国内外湿法除尘器中是少有的。在使用该除尘器后，达到了在大气环境中的排放标准，该装置完全有条件在一类地区使用。由转筒造粒机出来的硫黄颗粒性质符合 GB/T 2449. 1—2014《工业硫黄 第 1 部分：固体产品》。工艺流程简图见图 21-28。

2) 性能特点

(1) 生产能力范围广，目前国外设备生产能力在 8~70t/h；国内设备生产能力在 8~30t/h。

(2) 颗粒为 2~8mm 球形，产品堆密度在 1. 15~1. 3kg/L，含水量低于 0. 5%。

(3) 占地少，效率高，设备模块化设计；降低安装成本，建设周期短。

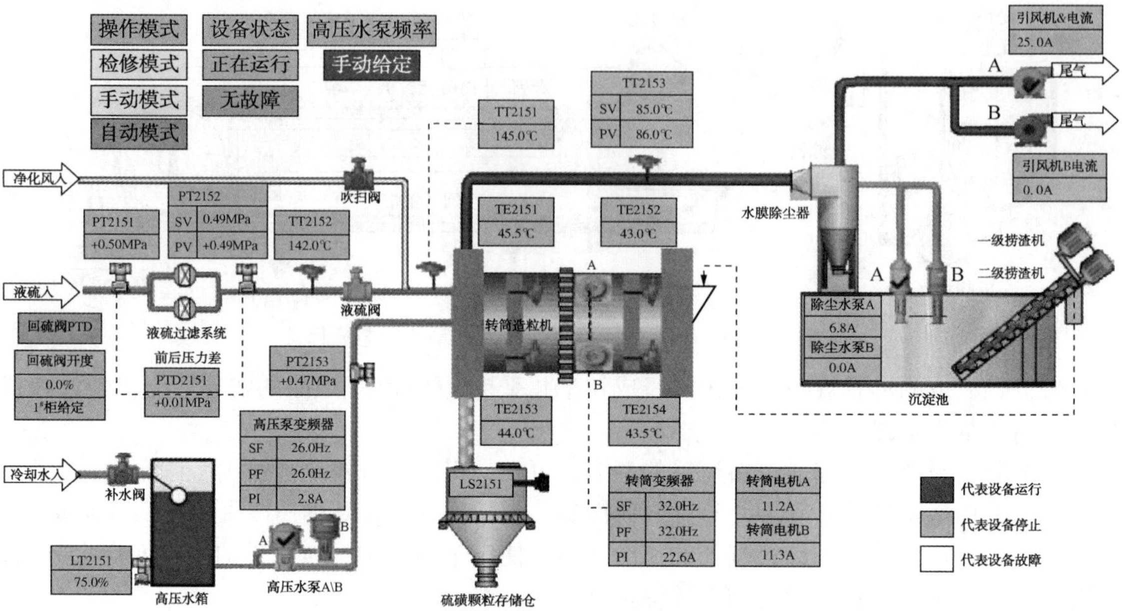

图 21-28　转筒硫黄造粒机的工艺流程

（4）设备结构简单，易损件少，降低维护成本。

（5）造粒生产过程在一个密闭的微负压空间内，没有硫黄跑、冒、滴、漏的问题，生产现场环境得以改善。

（6）造粒过程所产生的尾气由专用的水膜除尘器进行水洗除尘处理，除尘率达 98%，尾气粉尘含量≤10mg/m^3；达到环保排放标准。

第四节　尾气处理

Claus 反应是可逆反应，受反应温度下化学平衡的限制，即使采用活性良好的催化剂和三级转化，硫回收率也只能达 97%左右，尾气中尚含有约 1%～3%（体积分数）的 H_2S、SO_2、硫蒸气和有机硫化物，如果灼烧后硫元素以 SO_2 的形式排入大气，不仅浪费了硫资源，而且将产生严重的大气污染。日趋严格的环保法规推动着尾气处理技术不断发展。根据硫回收率和工艺路线的不同，尾气处理技术主要有以下几类：还原吸收法类尾气处理技术、低温尾气处理技术、催化氧化尾气处理技术、氨法尾气处理技术、尾气焚烧处理技术、干法尾气处理技术、碱法烟气处理工艺、湿法氧化尾气处理技术和有机胺可再生烟气处理技术等。不同的尾气处理技术适用于不同的硫黄回收工况，并可取得不同的硫黄回收率，符合不同的环保法规要求。

一、国内外尾气处理工艺类型及特点

（一）还原吸收类尾气处理工艺

还原吸收类硫黄回收尾气处理技术是基于在一种钴-钼型催化剂上，用氢或氢和一氧化

碳混合气体做还原气体，将尾气中所有含硫组分 SO_2、S_x、COS 和 CS_2 还原成 H_2S，然后用胺法脱硫溶剂进行化学性选择吸收，吸收 H_2S 后的溶剂经再生或汽提后，含 H_2S 的酸性气循环至 Claus 装置继续回收单质硫。加氢工艺的投资和操作费用较高，但由于该工艺可达到相当高的硫回收率(99.8%以上)，在环保要求高的国家和地区得到广泛应用。

在上游的 Claus 装置产生大幅波动，仍可获得较好的总硫回收率，而且开工率高，计划外停工不到 1%，使 SCOT 工艺取得了迅猛发展。在尾气处理装置中得到了广泛的应用，成为众多尾气处理工艺中应用最广泛的一种，随着含硫原油加工量的增加以及环保要求的日益严格，SCOT 工艺具有广阔的发展前景。

国内的硫回收尾气处理技术主要以 LQSR 节能型硫黄尾气处理技术、ZSHR 硫回收技术和 SSR 硫回收技术为主。为了满足日趋严格的环保标准要求，齐鲁院开发了 LS-DeGAS 降低硫黄装置烟气二氧化硫排放成套技术，至 2020 年底已有 70 余套装置采用此技术，实施后烟气二氧化硫排放浓度稳定低于 100mg/m^3，优化装置操作后，烟气二氧化硫排放浓度稳定低于 50mg/m^3。

1. LQSR 节能型硫黄尾气处理技术

1）技术简介

基于美国 Shell 公司和法国 Axens 公司低温 Claus 尾气加氢催化剂的开发成功，荷兰 Comprimo 公司采用低温加氢催化剂，开发了具有良好发展前景的低温 SCOT 尾气处理新技术(LT-SCOT)[32,33]。该技术可使 Claus 尾气加氢反应器入口温度由常规的 280~300℃降至 220~240℃，烟气 SO_2 的浓度降低到 450mg/m^3 以下。

国内代表性的低温 SCOT 尾气处理技术为 LQSR 硫黄回收工艺技术，该技术是由洛阳院与齐鲁院共同开发。LQSR 硫黄回收工艺技术包括克劳斯制硫、尾气处理及焚烧、尾气处理溶剂再生、液硫脱气四个部分。在应用专有低温尾气加氢催化剂的基础上，简化加氢反应器入口尾气的加热方式，可使用自产过热蒸汽配合电加热器的预热形式，能有效降低能耗、减少装置投资，同时还有助于提高装置运行的可靠性。

为了应对 GB 31570—2015《石油炼制工业污染排放标准》特别地区排放限值烟气中 SO_2 小于 100mg/Nm^3 的要求，LQSR 工艺也在持续改进：

（1）升级催化剂　在一级反应器中装填新型克劳斯催化剂和钛基催化剂，以强化一反的转化率，并促进有机硫水解；升级加氢催化剂，改装低温耐氧高活性的新型尾气加氢催化剂，进一步节省能量，并在提高有机硫水解率的同时增加催化剂寿命与抗波动的能力。

（2）优化操作条件　降低三冷出口过程气的温度，减少被过程气夹带的硫，直接提高 Claus 部分的回收率。降低吸收塔温度，采取两级吸收的方法，或采用进口高效脱硫溶剂及新型复配脱硫溶剂，降低尾气中的硫含量，达到提高总硫回收率的目的。

（3）优化液硫脱气流程　采用齐鲁研究院的 LS-DeGAS 工艺，使用尾气注入硫池的形式对液硫进行吹脱，并引入加氢反应器进一步回收其中的硫。

2）工艺流程

LQSR 工艺也是还原吸收工艺的一种，Claus 部分改良的两级 Claus 工艺流程，尾气处理部分采用 LQSR 节能型还原吸收技术，其典型流程如图 21-29 和图 21-30 所示。

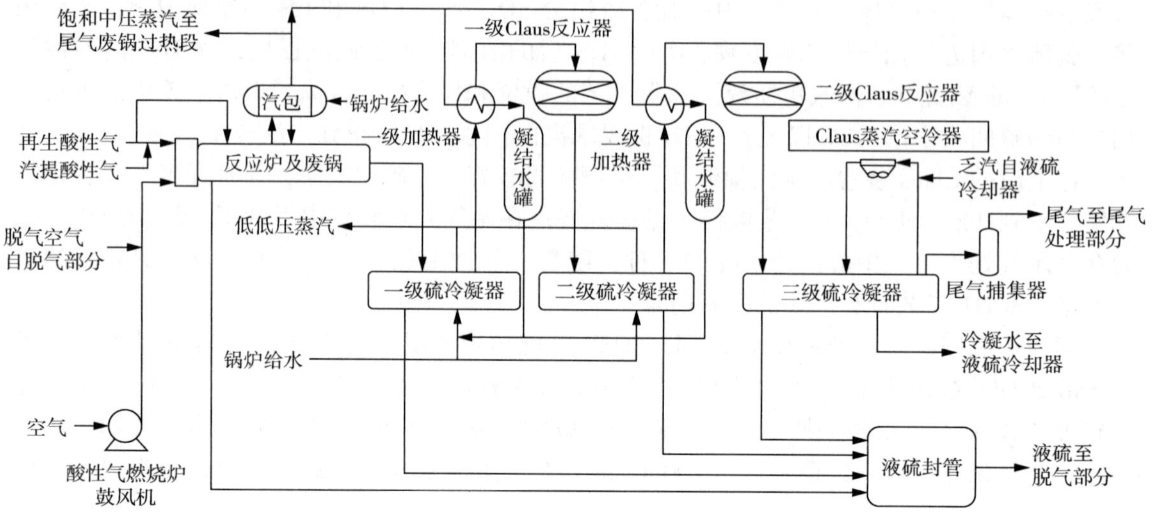

图 21-29　LQSR 工艺 Claus 反应部分典型流程

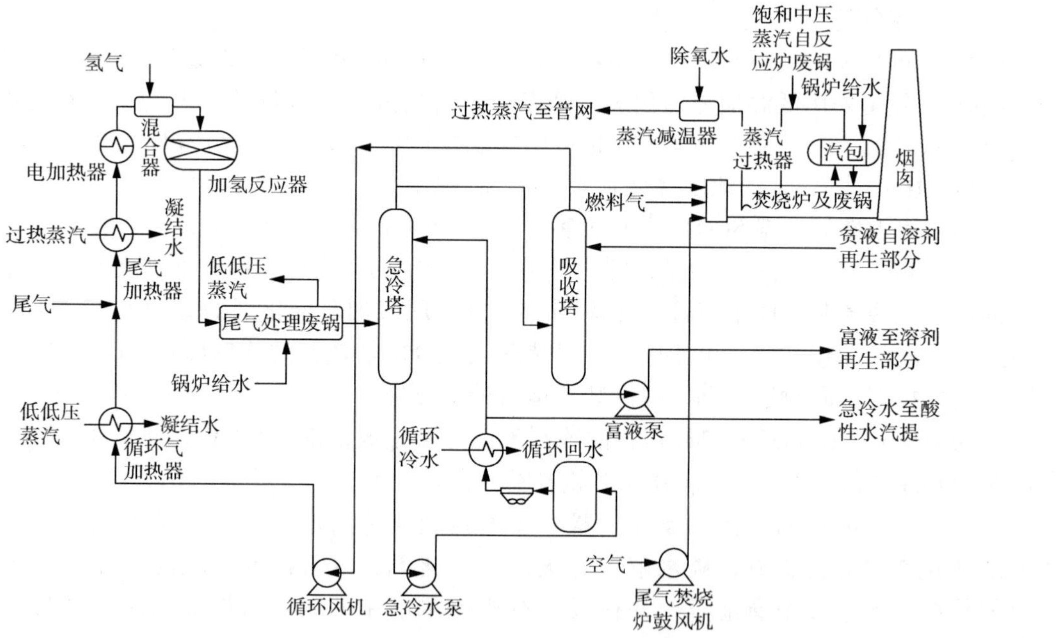

图 21-30　LQSR 工艺尾气处理部分典型流程

流程简述如下：含氨酸性气进入反应炉一区；不含氨酸性气一路经酸性气预热器加热后与含氨酸性气合并进入反应炉的一区，剩余部分进入反应炉的二区。助燃空气由反应炉风机经空气预热器预热后进入反应炉，配风量按烃类完全燃烧和 1/3H_2S 生成二氧化硫来控制。进炉酸性气与燃烧炉空气采用主回路比例调节，尾气管道上设置 H_2S/SO_2 比例在线分析仪，连续分析尾气的组成，反馈微调进炉空气，使过程气中 H_2S/SO_2 尽量接近 2∶1，最大限度提高H_2S 转化率，提高 Claus 部分硫回收率。燃烧后高温过程气进入废热锅炉冷却，经一级冷凝器冷却、分离液硫，过程气用自产中压蒸汽加热至所需温度后，进入一级反应器，进行克劳斯反应，然后经二级冷凝分离液硫；过程气用用废热锅炉产生的中压蒸汽加热至所需温度后进入二级反应器，进行克劳斯反应，然后进入三级冷凝器分离出液硫；过程气(尾气)再经液硫捕集器进一步捕集硫雾后，送至尾气处理部分。

由各硫冷凝器冷凝分离出的液硫经硫封至硫池未脱气部分，未脱气的液硫经液硫脱气泵加压送至液硫冷却器，冷却后的液硫送至液硫脱气塔。在液硫脱气塔中，液硫与来自工厂管网的非净化压缩空气直接接触以脱除液硫中溶解的 H_2S。液硫脱气塔顶排出的含 H_2S 的空气送至反应炉，与进炉助燃空气合并后进入燃烧器。脱气后的液硫自液硫脱气塔底部进入液硫池已脱气部分储存，一部分用液硫泵送至液硫成型机进行成型，固体硫黄经计量、包装、缝袋后储存在仓库内或直接销售至厂外，剩余部分送至液硫储罐，由液硫装车设施装车后外运。

自液硫捕集器来的尾气采用中压蒸汽加热升温，增设电加热器用于运行末期加氢反应初始温度保证手段，并设置外补氢气源保持尾气加氢反应所需的氢气浓度。过程气和氢气混合后进入加氢反应器，其中的各种硫化物被水解加氢还原为 H_2S，加氢后过程气经尾气处理废热锅炉冷却后送入急冷塔进一步冷却，其中的水蒸气组分被冷却分离，产生的急冷水由急冷水泵送至酸性水汽提装置处理。急冷后的尾气进入尾气吸收塔，与脱硫溶剂分段逆流接触，其中的 H_2S 和少部分 CO_2 被溶剂吸收，脱硫溶剂经再生循环使用。尾气吸收塔顶出来的尾气进入焚烧炉，用燃料气助燃进行热焚烧，使硫化物焚烧为 SO_2，焚烧炉烟道气经中压蒸汽过热器和废热锅炉冷却，烟道气降温后经烟囱排空。

反应炉及尾气焚烧炉余热锅炉发生的中压蒸汽除一部分用于一级过程气加热器、二级过程气加热器及尾气加热器外，其余部分经蒸汽过热器过热后并入工厂中压蒸汽管网。

一、二级硫冷凝器和尾气处理废热锅炉产生的低低蒸汽供装置内保温、伴热用，剩余部分送至溶剂再生部分使用。三级硫冷凝器和液硫冷却器产生的乏汽经空冷冷凝后循环使用。

3）工艺特点[34,35]

LQSR 节能型硫黄尾气处理技术为典型的还原吸收工艺，其主要工艺特点如下：

采用装置自产的中压蒸汽加热过程气，取代了传统的在线加热炉或管式加热炉等，具有工艺优化、控制简单、占地少、投资省、能耗低等优点。开发出的有机硫深度水解催化剂具有良好的有机硫水解性能，低温加氢催化剂具有良好的水解、耐氧、耐水热稳定性等性能，通过优化催化剂级配方案，采用该技术烟气中 SO_2 排放浓度低于 $100mg/Nm^3$。

(1) 使用低温型加氢催化剂，保证转化率的同时降低初始反应温度要求；

(2) 开发出的有机硫深度水解催化剂具有良好的有机硫水解性能，低温加氢催化剂具有良好的水解、耐氧、耐水热稳定性等性能，操作稳定，催化剂更换周期长；

(3) 使用自产中压蒸汽加热尾气，配以电加热器作为补充热源，节能、投资少、占地小、运行稳定；

(4) 液硫脱气采用空气加压吹脱(硫池外)或 LS-DeGAS 工艺，在液硫中 H_2S 达标的同时回收硫池中的硫蒸汽；

(5) 降低三级冷却器出口温度(130~140℃)，提高克劳斯部分的硫回收率。三冷所产乏汽可与液硫冷却器(如液硫脱气采用加压汽提工艺)合并冷却循环使用，简化流程。

2. ZSHR 硫回收技术[36]

ZHSR 硫回收技术属于尾气加氢还原类工艺，由镇海石化工程股份有限公司于 20 世纪

90年代初开发，形成了具有自主知识产权，适合中国企业的ZHSR国产化大型硫黄回收技术，打破了大型硫黄回收技术依靠国外引进的格局。

镇海石化工程股份有限公司结合设计和生产运行经验，完善ZHSR技术，相继开发出低硫排放的LS-ZHSR技术、超低硫排放的LS-ZHSR技术(烟气钠法脱硫技术)。

1）工艺流程

（1）克劳斯硫回收单元　胺液再生装置的清洁酸性气进入酸性气预热器预热，升温后进入脱硫酸性气分液罐，以分离出酸性气中的冷凝液和夹带的液体；酸性水汽提装置含氨酸性气进入含氨酸性气分液罐，以分离出酸性气中的冷凝液和夹带的液体，分离出的液体进入酸性水排液罐，再由氮气压至系统酸性水管网。

自清洁酸性气分液罐顶部出来的脱硫酸性气分成两股，一股脱硫酸性气与自含氨酸性气分液罐顶部出来的含氨酸性气混合后与反应炉风机来的适量空气在主燃烧器内混合进行燃烧反应，另一股脱硫酸性气直接进入燃烧室后区，生成的过程气经余热锅炉取热发生4.0MPa蒸汽后冷却，进入第一硫冷凝器被除氧水冷却，其中的硫蒸气被冷凝、捕集分离。第一硫冷凝器出来的过程气进入第一再热器，被自产的4.0MPa蒸汽加热至合适温度后进入第一级Claus反应器，在催化剂作用下发生Claus反应，过程气出反应器后进入第二硫冷凝器被除氧水冷却，其中的硫蒸气被冷凝，捕集分离。第二硫冷凝器出来的过程气进入第二再热器，由自产的4.0MPa蒸汽加热至合适温度后进入第二级Claus反应器，在催化剂作用下发生Claus反应，过程气出反应器后进入第三硫冷凝器被除氧水冷却，其中的硫蒸气被冷凝，捕集分离。第三硫冷凝器出来的Claus尾气进入尾气净化单元。

各个硫冷凝器分离出来的液硫经硫封罐后汇集到液硫池，液硫池中的液硫经过空气鼓泡器脱除H_2S，出液硫池的废气经蒸汽喷射器或增压机加压送至燃烧炉回收硫，液硫经泵送至成型机成型固硫后出厂或经泵送至液硫罐区。

（2）尾气净化单元　Claus硫回收单元尾气经过4.0MPa蒸汽或在线炉加热至合适温度后进入加氢反应器，当其产生的还原气不足时，可由系统外供氢。在加氢反应器中，在催化剂作用下发生水解还原反应，尾气中的各种硫化物水解、加氢还原为H_2S，加氢尾气出加氢反应器后进入蒸汽发生器被除氧水冷却，产生0.4MPa蒸汽充分回收能量。尾气出蒸汽发生器后进入急冷塔下部，过程气在急冷塔中被逆流来的冷却水冷却，其中水蒸气组分被冷凝成工艺水。

自急冷塔上部出来的冷却气进入吸收塔，其中的H_2S和部分二氧化碳等气体被脱硫溶剂吸收，吸收塔顶的尾气进入焚烧室焚烧。燃料气在燃烧器与来自焚烧炉风机的空气焚烧，燃烧气与尾气混合至适当的焚烧温度。焚烧后的高温尾气经随后的蒸汽过热器取热产生过热蒸汽，再经焚烧炉余热锅炉取热发生4.0MPa蒸汽，冷却后的尾气由烟囱高空排放。出急冷塔底的急冷水由泵送至急冷水空冷器、急冷水后冷器冷却后循环使用，多余的水被送至酸性水汽提装置。

吸收了H_2S和部分二氧化碳等气体的富溶剂从吸收塔底进入富液泵，升压后送至贫液-富液换热器换热，进入再生塔再生，再生后的贫液由泵送至贫液-富液换热器、贫液空冷器冷却后进入吸收塔，溶剂循环使用。再生塔顶出来的酸性气经冷却后进入回流罐，经分离后气相返回至Claus单元。回流罐底的凝液经回流泵升压后返回再生塔上部回流。

尾气净化单元在开车或长期低负荷运行时，需要惰性气体循环。此循环利用喷射器来进行。工艺流程见图 21-31。

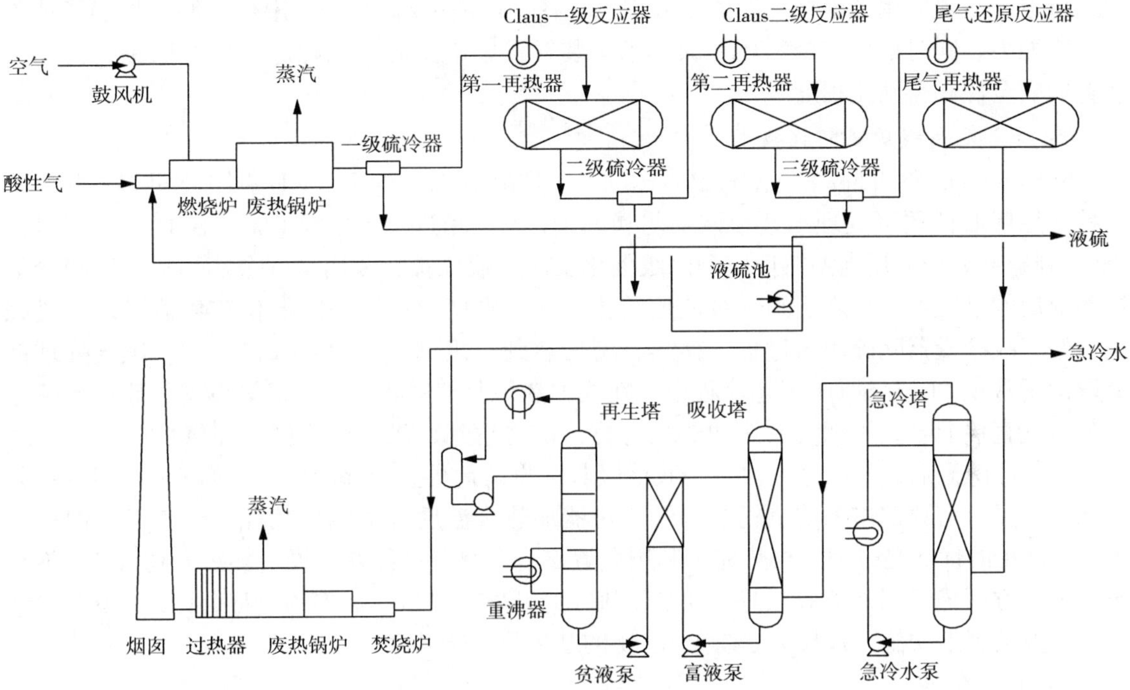

图 21-31　硫黄回收装置工艺示意图

2）工艺特点

（1）装置采用二级常规 Claus 制硫和加氢还原尾气净化工艺。该工艺具有工艺成熟、硫回收率高、操作弹性大、灵活、适应性强等优点。

（2）克劳斯部分采用蒸汽加热流程，此流程成熟、可靠、操作方便，同时升温快捷，负荷波动适应性强。尾气加氢部分采用蒸汽加热或在线加热炉流程，此流程成熟、可靠，方便加氢催化剂预硫化和钝化的操作。

（3）尾气净化部分采用两级吸收、两段再生的专利技术，可使净化后尾气的 $H_2S\leqslant$ 15mg/m^3，同时具有较低的能耗。

（4）液硫脱气采用空气鼓泡脱气+尾气回收的专利工艺，该工艺流程简单、脱气后液硫中 H_2S 质量含量 0.001%，尾气增压后返回至反应炉回收硫。

（5）尾气加氢单元的开停工循环采用蒸汽抽射器，蒸汽抽射器比循环风机投资低、操作简单、维护方便，使设备运行更加可靠。

（6）装置硫回收单元的反应炉、锅炉、硫冷器、加热器、反应器、硫封罐、液硫池采用特殊的布置方式，使生成的液硫自动全部流入液硫池，全装置无低点积硫。

（7）尾气焚烧采用热焚烧工艺，确保排放烟气中 H_2S 含量小于 15mg/m^3，焚烧炉后设蒸汽过热器和蒸汽发生器，以充分回收能量。

（8）尾气焚烧炉设多级空气配风，并设置 O_2分析仪，实现闭环控制，根据尾气中 O_2的含量调节焚烧炉配风以降低 NO_x的生成，并能节约能耗。

（9）焚烧炉后烟气采用钠碱法脱硫专利技术，排放烟气中二氧化硫浓度低于 $10mg/m^3$。

（10）整个工艺控制过程采用 DCS 控制系统。针对硫黄装置原料酸性气流量、组成波动大的特点，装置采用了串接、比值、分程、选择、前馈-反馈和交叉限位控制，加强了装置的适应能力。同时根据安全和环保的要求，装置设置必要的开工程序和停车联锁，提高了装置的安全性和自动化程度。

3. SSR 无在线炉硫回收技术[37]

SSR(Sinopec Sulphur Recovery Process)工艺是由山东三维石化工程有限公司为主开发的一种还原吸收法尾气处理工艺。该工艺和 SCOT 工艺相近，与常规 Claus+SCOT 工艺相比，Claus 制硫部分仍采用高温热反应和两级催化反应生成硫黄，改用烟气余热加热经一级冷凝器除硫后的过程气，使之达到一级催化转化器入口温度。利用一级催化转化器出口的过程气与经二级冷凝器除硫后的过程气换热，使之达到二级催化转化器入口温度。尾气处理部分取消了常规 Claus+SCOT 工艺流程中的在线加热炉及其配套的鼓风机等设备，改用制硫尾气与氢气直接混合利用烟气余热加热混合物，使之达到加氢反应温度。加氢后的过程气经蒸汽发生器降温后，依次经过水洗、胺液吸收，将溶剂再生脱除的酸气返回 Claus 制硫部分作原料。吸收塔顶部出来的尾气经烟气余热器加热升温后进焚烧炉焚烧，烟气经烟囱排入大气。SSR 的优势是过程气再热完全利用装置自身余热，在能耗、投资、污染物(SO_2)绝对排放量等方面优于国外类似工艺。经过了研究、开发、完善、成熟的过程，已经在国内 150 多套工业装置上实施，规模大于 7 万吨/年的装置有二十几套。

1）工艺流程

SSR 工艺制硫部分采用一级高温反应，两级催化转化的部分燃烧法硫回收工艺。尾气处理部分采用外供氢源的加氢还原吸收工艺。SSR 工艺是完全用自身反应热做再热热源的硫回收工艺。其过程气的再热完全利用装置自身的余热，不使用再热炉、电能、燃料气和蒸汽等外供能源，在能耗、投资、污染物(SO_2)绝对排放量等方面优于类似工艺。工艺流程见图 21-32。

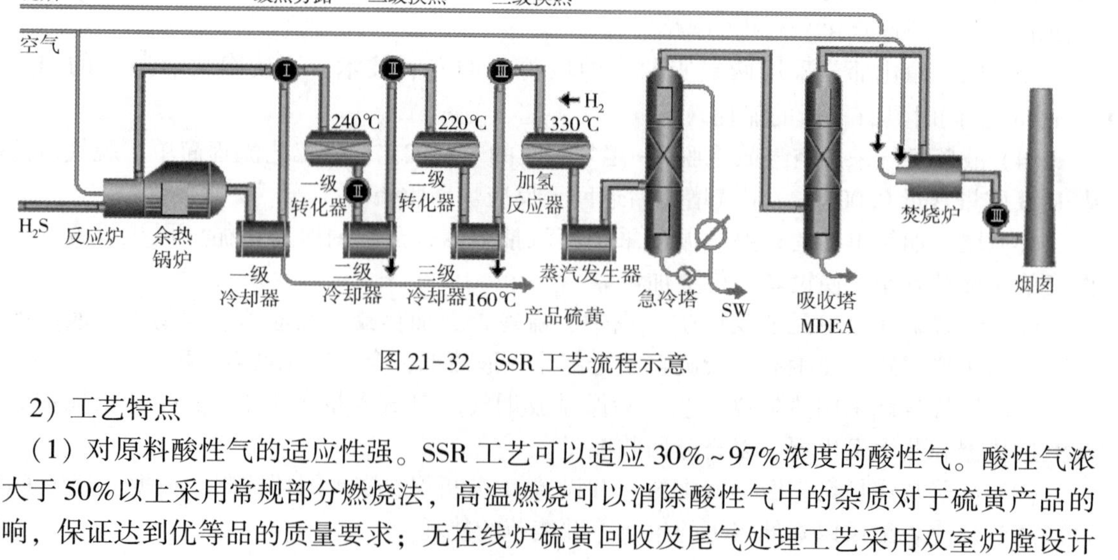

图 21-32　SSR 工艺流程示意

2）工艺特点

（1）对原料酸性气的适应性强。SSR 工艺可以适应 30%～97%浓度的酸性气。酸性气浓度大于 50%以上采用常规部分燃烧法，高温燃烧可以消除酸性气中的杂质对于硫黄产品的影响，保证达到优等品的质量要求；无在线炉硫黄回收及尾气处理工艺采用双室炉膛设计替代分流法，解决了分流法工艺酸性气中杂质不能完全分解的问题，使30%～50%浓度的酸性气得以顺利处理；当酸性气浓度低于21%时，火焰燃烧处于不稳定状态，空气以及酸性气流量的波动已经严重影响火焰燃烧，采用伴烧、富氧措施可以稳定火焰，消除残氧对于克劳斯工艺的影响，保证装置平稳运行。

烃类甚至少量的芳烃往往会引起大量烟炱的产生，严重影响硫黄回收装置的长周期运行。无在线炉硫黄回收及尾气处理工艺通过燃烧炉的温度以及停留时间的核定，使该工艺处理含烃类酸性气的能力得到大幅度提高，在用装置酸性气中的烃含量最高达到12%(以甲烷计)；该工艺可以有效分解酸性气中的NH_3，已投产的装置酸性气的NH_3浓度最高达到22%。

(2) SSR工艺可以适用于各种规模的硫回收装置，已经投产的装置，规模最小的日产硫黄4吨；规模最大的日产硫黄360吨。

(3) 低负荷工况可操作性能好。装置设计操作下限保证值为30%；已经投用的生产装置有15%低负荷运行的先例。低浓度低负荷运行：采用伴烧工艺，提高炉膛温度消除残氧的同时增加过程气总量，避免反应器分布不均；高浓度低负荷运行：精确控制反应器入口温度，防止露点凝结。

(4) SSR工艺从制硫至尾气处理全过程，只有制硫燃烧炉和尾气焚烧炉，中间过程没有任何在线加热炉或外供能源的加热设备，使装置的设备台数、控制回路数均少于类似工艺，形成了投资省、能耗低、占地较少的特点。

(5) SSR工艺的过程气再热，全部利用装置自身的反应余热，不使用任何外供能源(如燃料气、蒸汽、电能)的加热设备，SSR工艺装置能耗是同类工艺中较低的。

(6) SSR工艺技术不使用在线加热炉，避免了在线炉燃烧产生的惰性气体进入系统，过程气总量比有在线炉的同类工艺减少5%～15%，工艺设备规格和工艺管道规格较小；在同等尾气净化度下，尾气排放量和污染物(SO_2)绝对排放量相对较少。

(7) SSR工艺是使用外供氢作氢源，但对外供氢纯度要求不高，从而使该工艺对石油化工企业硫回收装置具有广泛的适应性。CO、H_2都可以作为氢源；为防止出现结焦增加加氢催化剂床层的压力降，氢源中不建议出现C_3以上重烃；对于无任何氢源的精细化工企业，可以设置在线氢气发生炉用于补充氢源的不足，同时提高过程气温度。

(8) SSR工艺的主要设备均使用碳钢制造，且都可国内制造，从而形成了投资低、国产化率高的特点。传统的硫冷凝器使用寿命短，易出现泄漏。SSR工艺设备研发期间针对上述问题对传统硫冷凝器的结构进行了独特的改进，取消了壳体上的膨胀节，不仅消除了硫冷凝器的薄弱环节，而且最大程度地减少了换热管对管板的作用力，使硫冷凝器的使用寿命大大延长。余热锅炉管板采用独特的管板焊接结构，使挠性管板的受力更加均匀。

(9) 工艺控制方式灵活。转化器入口过程气再热方式可以采用高温掺和或自产蒸汽加热，控制简单、灵活，生产装置最长使用周期已经达到5年以上，卧式蒸汽加热器可以实现中压4.0MPa蒸汽加热过程气至240℃。

(10) 开发的“制硫燃烧炉”，采用刚玉莫来石大砖结构，生产装置最长使用周期已经达到7年以上。

(11) 无在线炉硫黄回收及尾气处理工艺可以实现制硫与尾气处理同时开工、停工而不相互影响，减少了装置的开工时间和停工处理时间。

4. LS-DeGAS 尾气处理技术

齐鲁院开发了 LS-DeGAS 降低硫黄装置烟气二氧化硫排放技术。

对目前普遍使用的硫回收+尾气处理工艺而言，影响硫黄回收装置 SO_2 排放浓度的主要因素为 Claus 尾气净化气和液硫脱气的废气中含有一定量的硫化物[38,39]。净化尾气的总硫含量与脱硫剂的净化度和催化剂的转化率(特别是有机硫转化率)密切相关。净化尾气主要含有未被吸收的 H_2S 和有机硫，如果经焚烧炉焚烧后转化为 SO_2，可增加硫黄回收装置 SO_2 排放浓度 150～500mg/m^3。提高净化气的净化度，将净化气中 H_2S 降至 50mg/m^3，甚至 20mg/m^3 以下，烟气中 SO_2 浓度将会显著下降。

液硫脱气是硫回收装置安全生产环节中一个十分重要的保障措施。克劳斯法生产的硫黄 H_2S 含量通常在 300～500mg/kg，液硫中 H_2S 若不能有效的脱除，在液硫装车现场及固体硫黄成型生产单元异味较大，液硫在运输过程中也存在安全隐患，易引起 H_2S 聚集，发生爆炸危险。而且未脱气硫黄成型的固体硫黄易碎性高，在装卸和运输过程中会产生更多的硫黄细粒和粉尘。因此，液硫必须经过脱气处理。液硫脱气产生的废气通常引入焚烧炉焚烧后排放，可增加硫黄回收装置 SO_2 排放浓度 100～200mg/m^3。因此，硫黄回收装置 SO_2 排放浓度要想降至 100mg/m^3 以下，必须降低净化尾气总硫含量，并且合理处理液硫脱气的废气。

1）LS-DeGAS 降低硫黄装置烟气二氧化硫排放技术[40]

（1）该技术采用硫黄装置自身的净化尾气作为液硫脱气鼓泡的气源，节约了氮气、蒸汽的用量，在满足液硫脱气质量要求的前提下使液硫中 H_2S 满足小于 10mg/kg 的指标要求。

（2）合理处理液硫脱气废气　该技术开发了低温耐氧高水热稳定性 LSH-03A 液硫脱气废气加氢专用催化剂，将液硫脱气的废气引入硫黄装置加氢反应器处理。催化剂特点为：

① 低温活性好。LSH－03A 催化剂使用温度低，可将尾气加氢反应器入口温度降至 220℃。

② 耐硫酸盐化能力强。由于液硫脱气废气中 O_2 含量较高(1%以上)，常规 Claus 尾气中 O_2 含量小于 0.05%。较高浓度的 O_2 如不能全部加氢，会导致加氢催化剂反硫化，而且载体氧化铝在 SO_2 存在的工况下，会发生硫酸盐化，最终导致催化剂失活。因此，适合液硫脱气废气加氢的催化剂应具备不易反硫化及耐硫酸盐化的特点。

③ 催化剂加氢活性高。LSH-03A 尾气加氢催化剂为高耐氧低温加氢催化剂，较普通催化剂活性提高 30%以上，催化剂应同时具有脱氧、有机硫水解、SO_2 和 S 加氢等多种功能，使非 H_2S 的含硫物质在瞬间加氢或水解转化为 H_2S，避免硫穿透现象发生。

④ 具有良好的脱氧活性。液硫脱气废气氧含量较高，加氢催化剂的活化状态为硫化态，氧会导致催化剂由硫化态变为氧化态而失去活性，添加助剂后，在 H_2S 存在的情况下，催化剂快速由氧化态变为硫化态而恢复活性，从而将过程气中的氧气脱除，避免后续胺液氧化变质。

同时，脱氧反应会释放出大量的反应热，从而提高了加氢反应器的床层温度和反应温升。利用此原理，可灵活调整加氢反应器的床层温度，以此来保证有机硫在加氢反应器的水解和氢解率，降低加氢反应器出口过程气中有机硫的含量。特别是，目前大多数硫黄回收装置 SCOT 单元加氢反应器的再热采用中压饱和蒸汽，过程气进入加氢反应器的最高温度

240℃，在装置运行末期，催化剂的有机硫水解活性会随运行时间延长而降低。较高的反应温度有利于提高有机硫的水解率。采用LS-DeGAS技术降低烟气二氧化硫排放浓度的硫黄回收装置，可以利用抽入加氢反应器的液硫池废气中夹带的氧气，调整加氢反应器的床层温度和床层温升，使有机硫保持较高的水解率，以及烟气保持较低的二氧化硫排放浓度。

⑤ 具有良好的水热稳定性。液硫脱气废气中水含量高达40%以上，要求加氢催化剂具有良好的耐水热稳定性，添加骨架稳定剂可提高催化剂的水热稳定性，满足长周期高水蒸气含量运行的要求。

（3）降低尾气吸收单元温度　保证吸收塔塔顶温度低于35℃，同时选用H_2S解析效果较佳的高效脱硫溶剂，可将胺液中的H_2S降低至0.2g/L，净化气中H_2S含量降至$20mg/m^3$以下，对烟气SO_2贡献值小于$40mg/m^3$。

（4）该工艺通过对制硫单元催化剂装填方案进行合理级配，提高有机硫的水解转化率，降低过程气中COS的含量，净化气中COS含量降至$20mg/m^3$以下。LS-DeGAS成套技术工艺流程见图21-33。

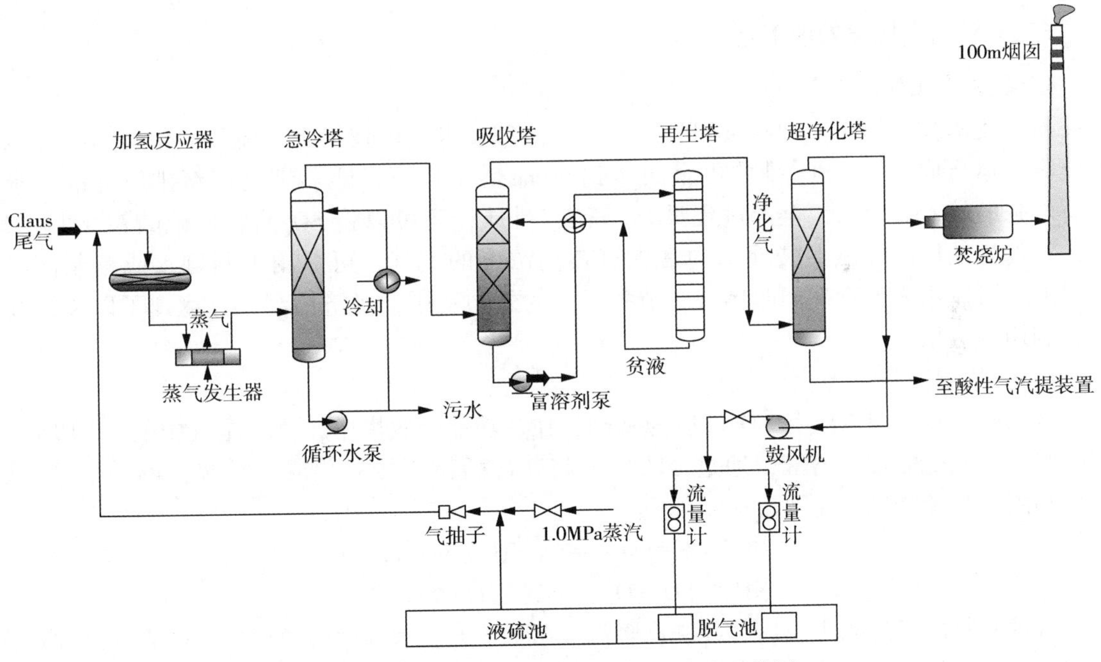

图21-33　LS-DeGAS成套技术工艺流程简图

2）主要操作条件

（1）液硫脱气主要工艺操作条件如下：

项　目	指　标	项　目	指　标
吹脱比（净化尾气/液硫）（体积比）	80~100	液硫吹脱废气氧含量/%	≤1
液硫温度/℃	140~160	加氢反应器出口气体中COS含量/（mg/m^3）	≤20
净化尾气温度/℃	20~35	蒸汽喷射器蒸汽入口压力/MPa（G）	1.0~1.3
吸收塔顶净化气中H_2S含量/（mg/m^3）	≤20		

（2）净化塔主要工艺操作条件如下：

项目	指标	项目	指标
停留时间/s	6	净化塔入口气体中 H_2S 含量/(mg/m³)	≤50
超净化塔塔顶温度/℃	30~40	净化塔入口气体中 COS 含量/(mg/m³)	≤20
气体入塔温度/℃	20~35	净化塔入口气体中 CO_2 含量/%(体)	≤5

3）实施效果

截至2020年12月底，使用LS-DeGAS降低二氧化硫排放成套技术的硫黄装置共计70余套，包括中国石化、中国石油、中国化工、中国海油和一些民营企业等。该技术具有投资低，运行成本低，清洁环保，无二次污染的特点。实施后烟气 SO_2 实现瞬时值达标（小于 $100mg/m^3$）合格率99.9%以上，小时平均值合格率100%。在没有设置前后碱洗的情况下，实际排烟 SO_2 稳定在 $50mg/m^3$ 以下，远低于GB 31570—2015《石油炼制工业污染物排放标准》所规定的重点区域小于 $100mg/m^3$ 的要求。

（二）氧化类尾气处理工艺

1. 氨法尾气处理工艺[41,42]

氨法脱硫技术作为一种硫黄回收装置尾气治理技术，该技术工艺流程简单、运行可靠、投资省、运行成本低，SO_2 排放可全面达到 $50mg/Nm^3$ 以下，能够满足最新排放标准要求，具有较强的技术竞争力。全部过程没有"三废"排放，还可以将 SO_2 回收成硫酸铵化肥。此外，石油炼油厂的加氢型酸性水中常含有较高浓度的氨气，可以用来制氨水或精制液氨，制得的氨可以用来处理硫回收尾气，节省了氨的外购费用，经济性高，且达到了以废治废、废物利用的效果。

1）工艺流程

氨法脱硫技术以 NH_3 和 SO_2 反应为基础，在多功能吸收塔中，氨将尾气中的 SO_2 吸收得到中间产品亚硫酸铵的溶液，通过鼓入空气将亚硫酸铵直接氧化成硫酸铵，再经结晶、烘干得到副产品硫酸铵。主要反应式如下：

$$2NH_3OH+SO_2 \rightleftharpoons (NH_4)_2SO_3+H_2O$$

$$(NH_4)_2SO_3+O_2 = 2(NH_4)_2SO_4$$

硫黄回收尾气送入吸收塔，经洗涤降温、吸收 SO_2、除雾后的净烟气送去界区外原烟囱排放。尾气中的二氧化硫被吸收，形成的亚硫酸铵溶液，经氧化、浓缩，得到一定浓度的硫酸铵溶液，再送入蒸发结晶系统，经蒸发、结晶，得到一定固含量的硫酸铵浆液。一定固含量的硫酸铵浆液，再经旋流器、离心机、干燥机后，得到水分<1%的硫酸铵，再进入自动包装机包装即可得到商品硫酸铵。

工艺系统包括尾气系统、吸收循环系统、氧化空气系统、蒸发结晶系统、硫酸铵后处理系统、吸收剂系统检、修排空系统、工艺水系统等。工艺流程见图21-34。

2）技术特点

（1）资源可回收，真正实现循环经济。氨法脱硫技术可实现硫资源高效回收，系统不产生污水，治理污染的同时又变废为宝，真正实现了循环经济。

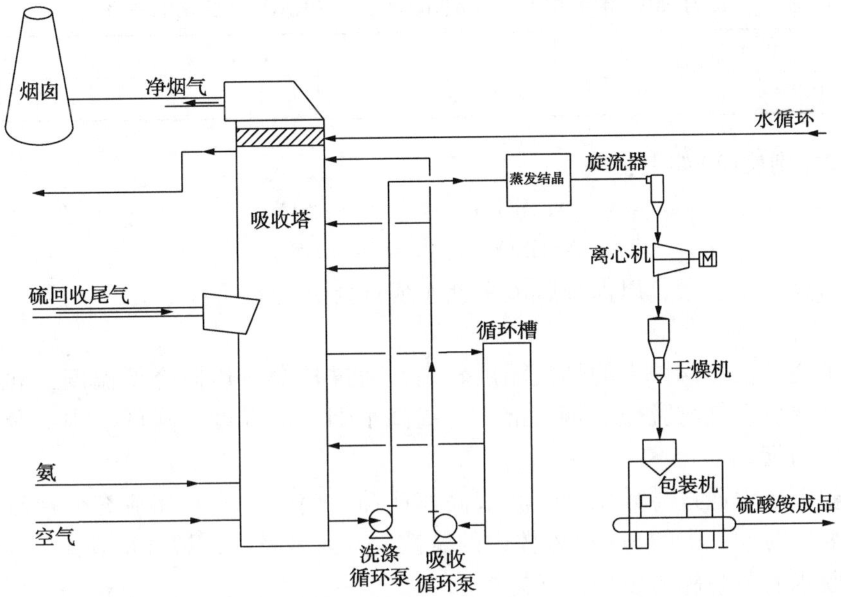

图 21-34 氨法脱硫技术工艺流程示意图

(2) 系统能耗低，无阻塞，装置设备占地面积小。氨法液气比较低，系统阻力小；无原料预处理工序，系统简单，流程短，设备少，能耗低，占地面积小；工艺设计合理，避免了阻塞现象；脱硫吸收与硫酸铵生产系统可以相互独立布置，具有较大灵活性。能耗低，是 SCOT 工艺能耗的 1/3，无加氢催化剂、溶剂和氢气消耗，运行成本大幅降低。

(3) 二氧化硫浓度适应强。氨法可用于 300~30000mg/Nm^3甚至更高二氧化硫浓度的烟气，且应用于中、高 SO_2浓度时经济性更加突出，SO_2浓度越高，副产品硫酸铵产量越大，脱除单位 SO_2的运行费用越低，环保效益、经济效益一举两得。经处理后的硫黄尾气二氧化硫浓度可达 35mg/Nm^3以下。

(4) 无二次污染。氨法技术在高效脱除烟气中 SO_2的同时，整个过程无污水和废渣排放，不产生二次污染。

(5) 解决硫回收开停工工况不达标问题。氨法脱硫工艺具有操作弹性大、适用范围广的特点。氨法可用于 300~30000mg/Nm^3甚至更高二氧化硫浓度的烟气。当硫回收单元开停工或转化率有波动时，可自动调整循环液的 pH 值，及时调整吸收剂的加入量，增大氧化风量，确保烟气二氧化硫达标排放。氨法脱硫循环液是缓冲溶液，循环槽内的溶液有很大的吸收缓冲能力。

2. 碱法烟气处理工艺[43,44]

碱法烟气脱硫系统主要由烟气换热系统、SO_2 吸收系统和污水氧化系统组成。使用 NaOH 溶液在塔内吸收烟气中的 SO_2，生成 HSO_3^-、SO_3^{2-}与 SO_4^{2-}，反应方程式如下：

$$2NaOH+SO_2 \rightleftharpoons Na_2SO_3+H_2O$$

$$Na_2SO_3+SO_2+H_2O \rightleftharpoons 2NaHSO_3$$

在常温下，用 Na_2SO_3溶液吸收 SO_2时，溶液 pH 值随 $n(SO_3^{2-}):n(HSO_3^-)$变化的关系如表 21-18。

表 21-18　溶液中 pH 随 $n(SO_3^{2-}):n(HSO_3^-)$ 变化的关系

$n(SO_3^{2-}):n(HSO_3^-)$	91 : 9	1 : 1	9 : 91
pH 值	8.2	7.2	6.2

氧化过程(副反应)如下：

$$Na_2SO_3+\frac{1}{2}O_2 = Na_2SO_4$$

$$NaHSO_3+\frac{1}{2}O_2 = NaHSO_4$$

系统将考虑备用容量，以保证脱硫系统连续安全稳定运行。

1）工艺流程

从硫黄焚烧炉余热锅炉来的烟气温度较高，通过相变换热器降低温度，同时回收热量加热空气，加热后空气与脱硫后烟气混合，提高了烟气的温度，降低了水的分压，确保排放烟气不产生白烟。

烟气在脱硫塔内通过与雾化的吸收液高速碰撞，使气、液两相流充分接触，烟气温度被急冷下来，同时烟气中的 SO_2 被液体中的碱性成分大量吸收，烟气得到充分净化。烟气经丝网除雾器脱水后由脱硫塔顶部达标排放。

脱硫后的吸收液进入塔底，吸收液在塔底与空气接触，部分亚硫酸盐氧化生成硫酸盐，由脱硫循环泵继续送至塔体循环使用。为了防止吸收液的硫酸盐积聚，堵塞设备和管线，控制塔釜 Na_2SO_4 溶液浓度 5%~15%，需要有少量的污水外排，此污水还有较高的化学耗氧量，其进入氧化罐，通过罐内搅拌使空气和吸收液充分接触，进一步氧化，合格后污水送出装置。烟气钠法脱硫工艺流程见图 21-35。

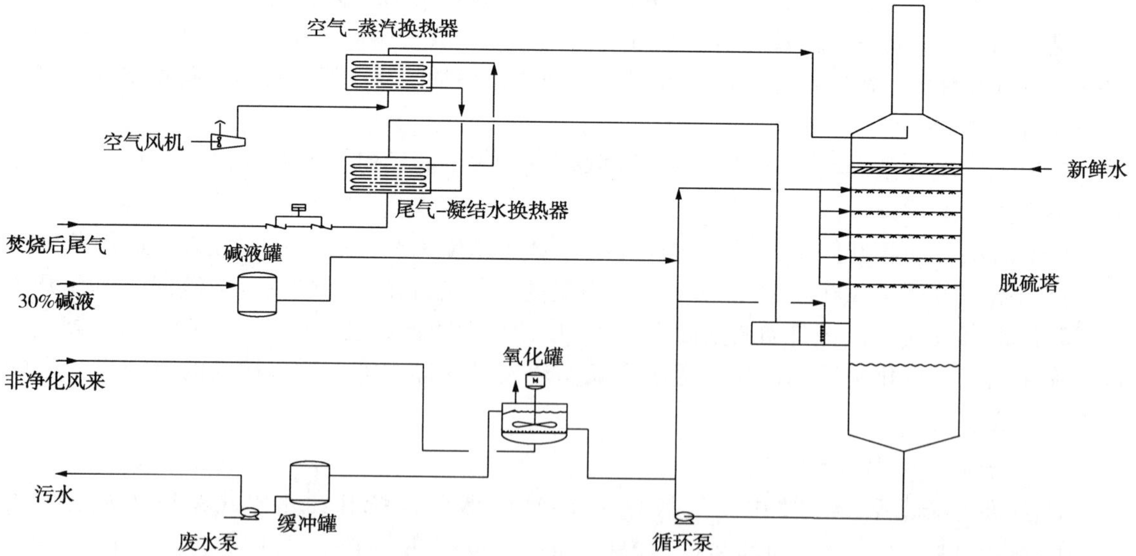

图 21-35　烟气钠法脱硫工艺流程图

为控制塔釜 pH 值在 7 左右需不断向塔釜补入 NaOH 溶液。脱硫塔的热量通过水蒸发带走，脱硫系统的液位会下降，需补充水以维持脱硫塔液位。

2）操作参数

（1）烟气入脱硫塔温度200℃；

（2）烟气脱硫塔急冷后温度60℃；

（3）烟气排放温度90℃（目标不冒白烟）；

（4）空气预热后温度150℃；

（5）相变换热器管束温度180℃；

（6）烟气钠法脱硫总压力降3kPa；

（7）脱硫塔塔釜pH值为7（设计），实际控制在6~9；

（8）污水出装置pH值为6~9，COD小于50mg/L；

（9）烟气二氧化硫排放浓度小于10mg/m^3（氧浓度3%）。

3）技术特点

（1）技术成熟、流程简单、操作方便；

（2）脱硫效率可以达到98%~99%，二氧化硫排放控制在10mg/m^{3}以下；

（3）相对投资低；

（4）有碱液消耗，增加了一定的运行成本；

（5）有硫酸钠废液的产生。

3. 有机胺湿法可再生尾气处理技术[45,46]

中国石化炼化工程（集团）股份有限公司洛阳技术研发中心开发了具有自主知识产权的吸收剂LAS（Liquid Absorbent of SO_2）及配套的可再生湿法烟气脱硫（Regenerable Absorption Process for SO_x Cleanup，简称RASOC工艺），主要针对炼油厂催化裂化装置烟气脱硫，亦可用于硫黄装置尾气、S Zorb再生烟气、冶炼尾气和燃煤锅炉烟气的脱硫。RASOC工艺详细论述见第二十四章。

该工艺可以选择性地吸收克劳斯工艺尾气中的SO_2，SO_2浓度可降至<10mg/L。吸收SO_2时CO_2的选择性是50000∶1。因为尾气是在过量空气中燃烧，所以其中所有的硫化合物都会转化为SO_2。与传统的气体处理相比，该工艺用能较少，所以在工程上可以设计使用低质量废热。

为了满足硫黄回收装置尾气排放新标准要求，在可再生湿法烟气脱硫（RASOC）的基础上，整合Claus-RASOC工艺，开发一种新型硫黄回收组合工艺技术，以更短的流程、更高的效率提高硫黄回收装置总硫回收率，实现尾气超低排放。

1）Claus+RASOC硫黄回收组合工艺流程

Claus装置尾气及来自其他装置的含硫废气进焚烧炉焚烧，经焚烧、余热回收后的烟气送入RASOC工艺急冷工段冷却降温，冷却、除雾后的烟气在脱硫工段与LAS吸收剂接触，脱除烟气中的SO_2后达标排放。吸收了SO_2的富液在吸收剂再生工段进行解吸，再生后的吸收剂贫液返回吸收塔循环使用；回收的高纯度SO_2返回克劳斯装置生产硫黄。Claus+RASOC硫黄回收组合工艺流程见图21-36。

本工艺采用专用LAS吸收剂，通过吸收-解吸循环，实现SO_2的资源化回收。LAS吸收剂是一种具有特殊双胺官能团的有机胺衍生物，具有吸收速度快、吸收容量大、再生效果好、蒸发损失小等优点，在SO_2含量为500~100000mg/m^{3}范围内，均可达到良好的脱硫效果。

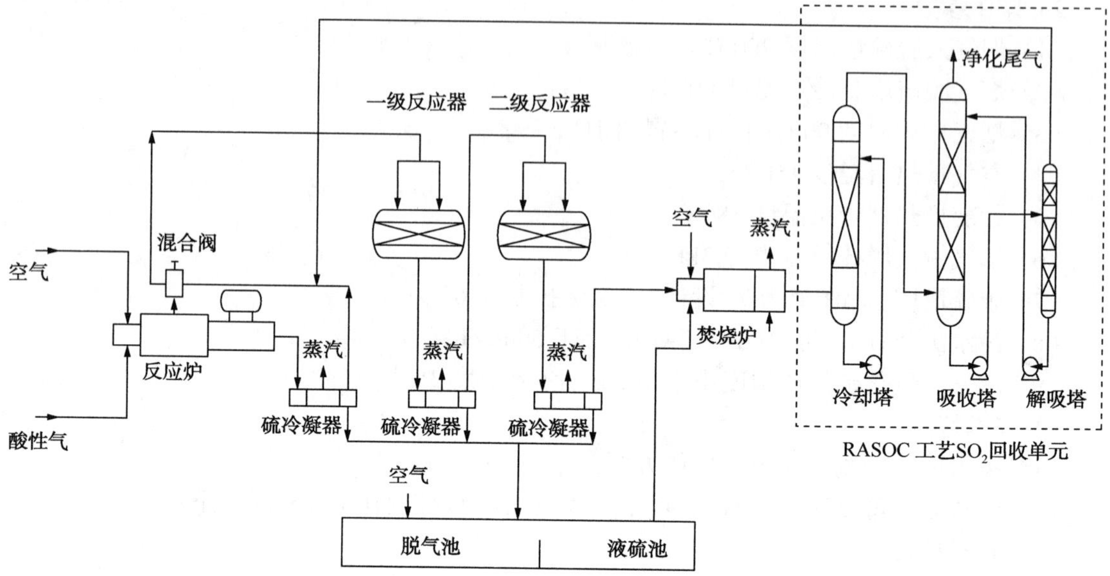

图 21-36　Claus+RASOC 硫黄回收组合工艺流程图

2）技术指标

原烟气：SO_x 含量 500~100000mg/Nm^3；

颗粒物：70~1000mg/Nm^3；

净化气：① 净化烟气中 SO_2≤50mg/Nm^3；

② 净化烟气中颗粒物≤30mg/Nm^3；

③ 回收的 SO_2纯度≥99.9%（干基）。

4. 湿式氧化尾气脱硫技术

有关湿法氧化工艺技术在硫黄回收工艺类型部分已经进行了详述。湿法氧化工艺可单独使用，也可与 Claus 工艺组合使用，形成 Claus+加氢还原+湿法氧化尾气处理技术，用于尾气的达标治理。

1）工艺流程

齐鲁石化研究院与北京化工大学合作开发了具有自主知识产权的 Claus+加氢还原+湿法氧化组合工艺，简称 CHL 硫黄回收及尾气处理工艺，工艺流程见图 21-37。

2）技术特点

（1）开发了一种非水相的脱硫液，可以直接将 H_2S 氧化为单质硫，脱硫液的硫容大（1g/L）、活性成分不降解，硫黄与脱硫液易于分离。

（2）疏水性脱硫液活性成分含量高，添加特殊助剂，有机硫脱除率 80%以上。

（3）脱硫液使用无需辅剂，酸性脱硫无需调控脱硫液 pH 值，硫黄自沉分离，开放式熔硫，无副盐产生，无“三废”排放。

（4）工艺绿色化、流程简单、流程短、适用范围广、在低温和高温条件下均可进行湿法氧化脱硫。

（5）能耗低，相比 Claus+SCOT+烟气碱洗技术降低 20%以上。

（6）配合使用高效有机硫水解催化剂和加氢催化剂，净化尾气 H_2S 含量小于 $5mg/m^3$，有机硫小于 $5mg/m^3$，总硫小于 $10mg/m^3$；烟气 SO_2 排放浓度小于 $30mg/m^3$。

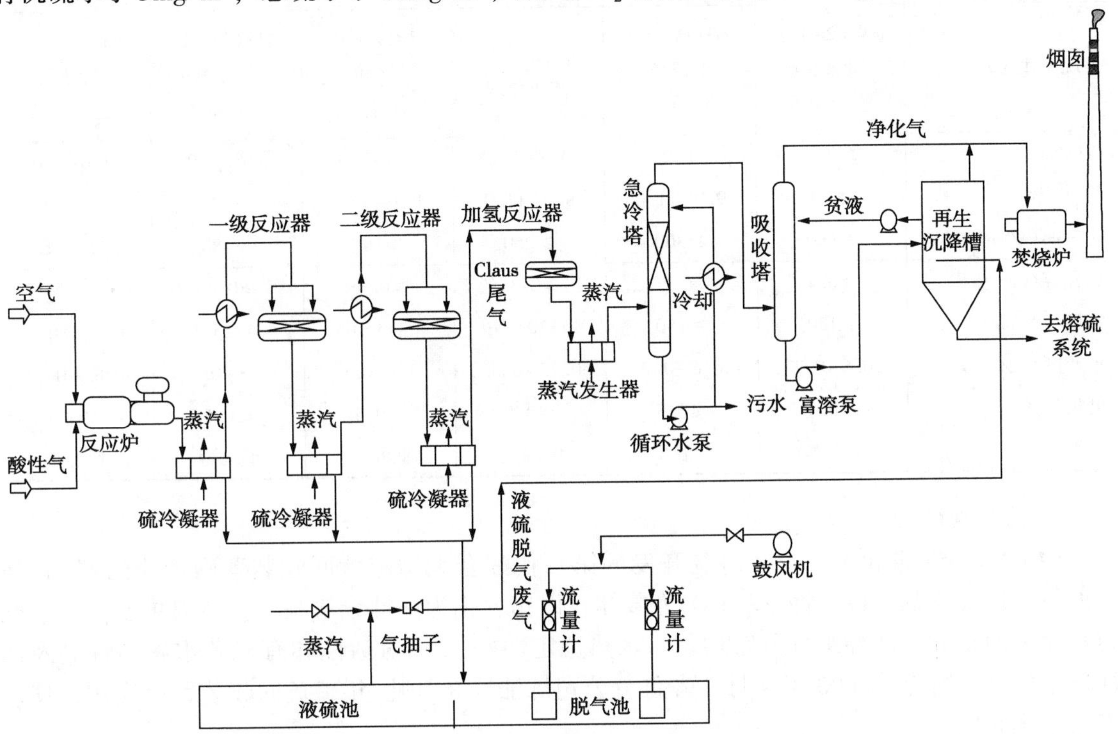

图 21-37　CHL 硫黄回收及尾气处理工艺流程示意图

3）主要工艺条件

（1）吸收温度：常温；

（2）再生温度：常温；

（3）硫黄纯化温度：130～150℃；

（4）可省去焚烧炉，尾气直排大气，异常工况设置碱洗塔。

二、尾气处理主要催化剂[47~49]

Claus 尾气加氢催化剂一般根据使用温度可以分为常规克劳斯尾气加氢催化剂和低温克劳斯尾气加氢催化剂。常规克劳斯尾气加氢催化剂主要活性组分为 Co 和/或 Ni 和 Mo、Al_2O_3作为载体材料。催化剂床层操作温度较高，一般为 300～330℃，经加氢后的尾气中非 H_2S 的总硫含量小于 300μg/g。为简化加氢段再热操作，减小加氢反应器下游段冷却器热负荷，降低能耗，国内外开发出更低入口温度的加氢催化剂。Criterion 公司提供了可以在反应器入口温度为 225～240℃ 范围内操作运行的 Criterion 234 低温加氢催化剂，最新开发的 Criterion734 催化剂可在反应器入口温度为 200℃ 下运行。齐鲁院已开发出 LSH-02 低温尾气加氢催化剂，可满足加氢反应器入口温度 220℃ 的使用要求，已应用于国内多套硫黄回收装置，并出口多个国家。

国内尾气加氢催化剂主要研究单位为齐鲁院和西南院，表 21-19 给出了齐鲁院开发的 Claus 尾气加氢催化剂的物化性质。

表 21-19　LS 系列 Claus 尾气加氢催化剂的物化性质

项　　目	LS-951	LS-951T	LS-951Q	LSH-02	LSH-03	LSH-03A
外观尺寸/mm	φ3×(2~10) 蓝灰色 三叶草条	φ3×(2~8) 蓝灰色 三叶草条	φ3~5 蓝灰色球	φ3×(2~10) 灰绿色 三叶草条	φ3×(2~10) 灰绿色 三叶草条	φ3×(2~10) 灰绿色 三叶草条
CoO/%	≥2.5	1.8~2.2	1.8~2.2	1.6~2.0	1.6~2.0	1.6~2.0
MoO_3/%	≥10	9.0~11.0	9.0~11.0	10~13	10~13	10~13
比表面积/(m^2/g)	≥260	≥300	≥260	≥180	≥180	≥200
比孔容/(mL/g)	≥0.4	≥0.50	≥0.35	≥0.35	≥0.30	≥0.35
强度/(N/cm)	≥120	≥150	≥120N/颗	≥150	≥150	≥180
堆密度/(g/mL)	0.6~0.7	0.6~0.7	0.75~0.85	0.7~0.8	0.7~0.8	0.65~0.75
磨损率/%	≤0.5	≤0.5	≤0.5	≤0.5	≤0.5	≤0.5
类型	常温型	常温型	常温型	低温型	低温型	低温型

1. 催化剂的种类

（1）LS-951 催化剂　是齐鲁院开发的第一代配套大型硫黄回收装置国产化的 Claus 尾气加氢专用催化剂，以改性 γ-Al_2O_3为载体，以钴、钼为活性金属组分。具有堆密度小、孔容和比表面积大、活性组分分布均匀、水热稳定性好 、加氢活性和有机硫水解活性高及活性稳定性好等特点。2000 年 9 月在齐鲁分公司炼油厂 8 万吨/年硫黄回收装置上应用，使用寿命达到 8 年。

（2）LS-951T 催化剂　是在 LS-951 Claus 尾气加氢催化剂的基础上，通过制备工艺和活性组分的优化，开发成功的性能更加优异的催化剂。该催化剂外观为三叶草形，有效降低催化剂床层的阻力降，侧压强度高，磨耗低，耐水热稳定性好，抗粉化能力强，孔容、比表面积大，活性组分高度分散，堆密度小，相同体积，可减少催化剂 1/3 的装量，降低企业生产成本。LS-951T 催化剂的使用温度较 LS-951 催化剂可以降低 20℃。

（3）LS-951Q 催化剂　外观设计为球形，流动性好，易于装卸，同时压碎强度高，磨耗低，具有良好的抗工况波动性能，耐水热稳定性好，抗粉化性能优良，孔容、比表面积大，具有较多的活性中心。其综合性能与美国标准公司的 C-534 催化剂相当。

（4）LSH-02 低温型克劳斯尾气加氢催化剂　实现了低温型克劳斯尾气加氢催化剂的国产化。该催化剂采用钛铝复合氧化物为载体，增加催化剂的低温有机硫水解活性和低温硫化性能；优化了制备工艺及活性组分，采用三元金属作为活性组分，提高催化剂的低温还原性能和二氧化硫加氢活性；催化剂活性组分分布均匀，加氢活性高；催化剂具有良好的低温加氢活性和水解活性，使用温度较普通 Claus 尾气加氢催化剂降低 60℃以上，加氢反应器入口最低可降至 220℃。该催化剂综合性能达到了国际先进水平。

（5）针对 S Zorb 装置再生烟气及液硫脱气废气引入硫黄回收装置尾气加氢单元的处理方案，专门开发出了低温耐氧高活性的 LSH-03、LSH-03A 和 LSH-03G 三种加氢催化剂。该催化剂是以钛铝复合氧化物为载体，钴、钼等为活性金属组分制备而成。催化剂具有低温活性好、SO_2加氢能力及耐硫酸盐化能力强、易于硫化、不易反硫化的特点，通过添加耐氧助剂，具有良好的耐氧、脱氧功能，当 Claus 尾气中氧含量不高于 0.5%时，催化剂的加氢活性和水解活性不受影响。同时其使用温度较低，加氢反应器入口最低可降至 220℃，可以大大降低 Claus 尾气加氢装置的能耗。其中，LSH-03 催化剂为 S Zorb 再生烟气引入加氢处理专用催化剂；LSH-03A 催化剂是在 LSH-03 催化剂的基础上，添加了助剂，提高了催化剂耐氧能力和水热稳定性，为液硫脱气废气引入加氢反应器处理专用催化剂；LSH-03G 催化剂是在上述两种催化剂的基础上，提高了 CO 和水蒸气的变换性能，抑制了 CO 在反应过程中有机硫的生成，提高了有机硫水解率，特别适用于过程气 CO 和 CO_2 含量较高的工况，深度脱除有机硫。

2. 催化剂的特性

三种耐氧型催化剂的特点为：

（1）低温活性好　由于液硫脱气废气从液硫池脱出温度较低（100～120℃），与原硫黄回收装置 Claus 尾气混合后，会导致加氢反应器入口温度降低。如使用低温 Claus 尾气加氢催化剂，不需要增设加热或换热设施，混合后可直接进 Claus 尾气加氢反应器，减少装置投资。因此，催化剂具有良好的低温加氢活性是十分必要的。LSH-03A 催化剂使用温度低，可将尾气加氢反应器入口温度降至 220℃，节能效果显著。

（2）耐硫酸盐化能力强　由于液硫脱气废气中 O_2 含量较高（1%以上），常规 Claus 尾气中 O_2 含量小于 0.05%。较高浓度的 O_2 如不能全部加氢，会导致加氢催化剂反硫化，而且载体氧化铝在 SO_2 存在的工况下，会发生硫酸盐化，最终导致催化剂失活。因此，适合液硫脱气废气加氢的催化剂应具备不易反硫化及耐硫酸盐化的特点。本技术开发了钛铝复合载体作为催化剂的专用载体。催化剂反硫化的机理如下：

$$MoS_2+O_2 \rightleftharpoons MoO_2+2S$$

$$2CoS+O_2 \rightleftharpoons 2CoO+2S$$

硫酸盐化的机理如下：

$$2Al_2O_3+6SO_2+3O_2 \rightleftharpoons 2Al_2(SO_4)_3$$

（3）催化剂加氢活性高　由于液硫脱气废气中含有一定量的单质硫，如催化剂活性低，不能满足单质硫加氢的要求，装置很容易发生硫穿透催化剂床层，急冷塔堵塔的现象。因此，适合液硫脱气废气加氢的催化剂应该较常规催化剂具有更高的加氢活性。

耐氧型低温加氢催化剂较普通催化剂活性提高 30%以上，催化剂应同时具有脱氧、有机硫水解、SO_2 和硫加氢等多种功能，保证非 H_2S 的含硫物质在瞬间加氢或水解转化为 H_2S，避免硫穿透现象发生。并且液硫脱气废气引入加氢反应器后，可提高加氢反应器床层温升，增加有机硫的水解效果。在保证节能效果的同时，降低烟气二氧化硫排放浓度。

（4）具有良好的脱氧活性　液硫脱气废气氧含量较高，加氢催化剂的活化状态为硫化态，氧会导致催化剂由硫化态变为氧化态而失去活性，添加助剂后，在 H_2S 存在的情况下，催化剂快速由氧化态变为硫化态而恢复活性，从而将过程气中的氧气脱除，避免后续胺液氧化变质。脱氧反应机理如下：

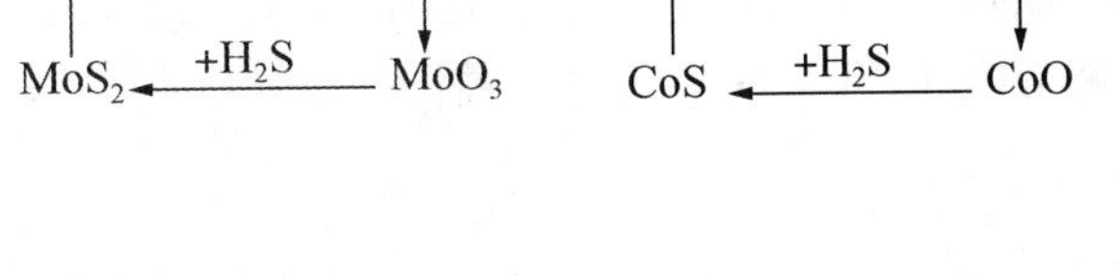

脱氧反应会释放出大量的反应热，从而提高了加氢反应器的床层温度和反应温升。利用此原理，可灵活调整加氢反应器的床层温度，以此来保证有机硫在加氢反应器的水解和氢解率，降低加氢反应器出口过程气中有机硫的含量。特别是，目前大多数硫黄回收装置SCOT单元加氢反应器的再热采用中压饱和蒸汽，过程气进入加氢反应器的最高温度240℃，在装置运行末期，催化剂的有机硫水解活性会随运行时间延长而降低。较高的反应温度有利于提高有机硫的水解率，因此，采用LS-DeGAS技术降低烟气二氧化硫排放浓度的硫黄回收装置，可以利用抽入加氢反应器的液硫池废气中夹带的氧气，调整加氢反应器的床层温度和床层温升。如果加氢反应器入口温度控制220~240℃，1%体积分数的氧气进入加氢反应器，带来的床层温升为120℃，再加上硫化物和元素硫加氢的正常温升30~50℃，因此，加氢反应器的床层温升可以非常灵活地在50~120℃调节，即床层温度可以非常灵活地在260~350℃调节，以此，确保有机硫保持较高的水解率，以及烟气保持较低的二氧化硫排放浓度。

低温耐氧高活性尾气加氢催化剂可以满足液硫脱气废气含氧及高水蒸气含量的使用工况，液硫脱气废气可直接引入加氢反应器，经加氢转化为 H_2S，并通过胺液吸收返回制硫单元回收单质硫，避免该废气进入焚烧炉引起的排放影响。

（5）具有良好的水热稳定性　液硫脱气废气中水含量高达40%以上，要求加氢催化剂具有良好的耐水热稳定性，添加骨架稳定剂可提高催化剂的水热稳定性，满足长周期高水蒸气含量运行的要求。

第五节　绿色开停工

一、硫黄回收装置绿色开工

（一）加氢催化剂提前预硫化

加氢催化剂的加氢脱硫活性只有在其钴、钼组分处于硫化态下才具备。在更换催化剂或催化剂再生后，其钴、钼组分处于氧化态，所以必须对加氢催化剂进行预硫化操作。预硫化操作在耐火材料干燥之后进行，预硫化反应如下：

$$MoO_3+H_2+2H_2S = MoS_2+3H_2O$$

$$9CoO+H_2+8H_2S = Co_9S_8+9H_2O$$

预硫化期间有如下注意事项：

（1）预硫化反应是放热反应，会使床层温度上升。在催化剂预硫化操作期间，要避免催化剂被部分或全部硫化之后，反应器入口气体中存在游离氧气。当游离氧气接触预硫化催化剂时，会使催化剂发生氧化失活、温度失控等负面操作。

（2）在没有硫黄尾气存在的情况下，应避免氢气与催化剂在高于200℃时接触。

传统加氢催化剂预硫化工艺是采用制硫单元引酸气反应后的过程气来进行，目前还有大量企业在使用该工艺。其工艺流程见图21-38。

传统工艺预硫化操作期间，尾气中 SO_2 排放值在10000mg/m^3 以上的时间长达约24h，在当前环保形势日趋严峻的形势下，该工艺将会被淘汰。

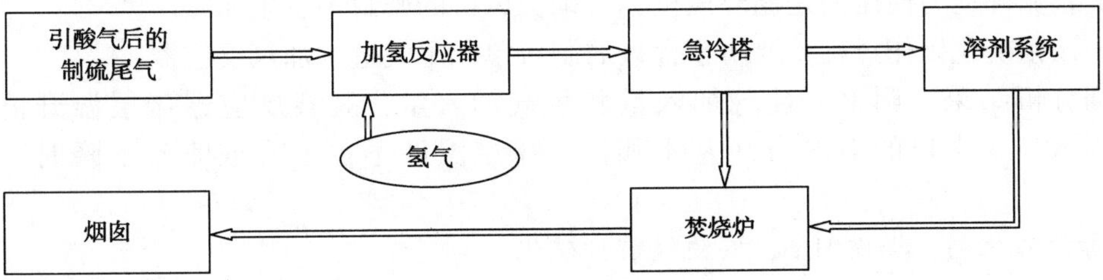

图 21-38　传统加氢催化剂预硫化示意图

1. 直接用 H_2S 预硫化的工艺

直接用 H_2S 预硫化的工艺适用于有多套硫黄装置且不是同步开停工的工厂中应用，工艺流程见图 21-39。

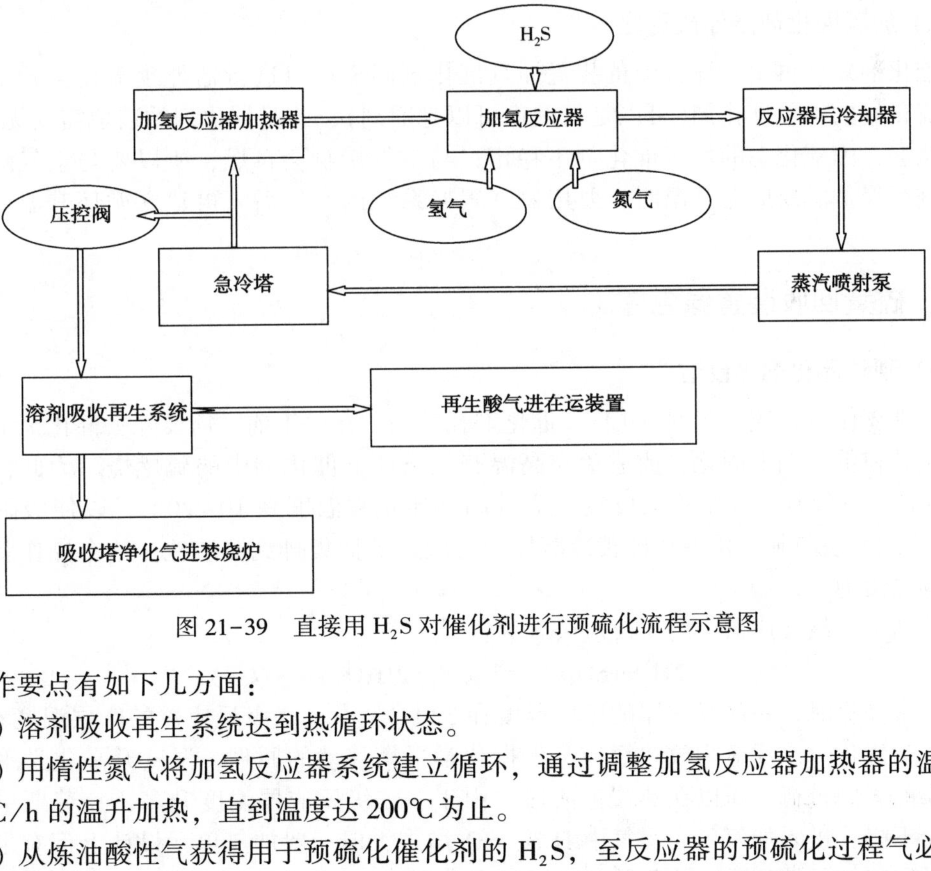

图 21-39　直接用 H_2S 对催化剂进行预硫化流程示意图

操作要点有如下几方面：

（1）溶剂吸收再生系统达到热循环状态。

（2）用惰性氮气将加氢反应器系统建立循环，通过调整加氢反应器加热器的温度，以 20~30℃/h 的温升加热，直到温度达 200℃为止。

（3）从炼油酸性气获得用于预硫化催化剂的 H_2S，至反应器的预硫化过程气必须含有体积分数分别为 1%~2%的 H_2S 和 3%左右的氢气。使用比长管分析预硫化期间加氢反应器的入口和出口气流中的 H_2S 含量。

（4）以 20℃/h 的速度提高加氢反应器床层温度至 260℃，继续预硫化。

（5）若循环气中的压力偏高，则通过压控阀将多余的含 H_2S 气流排入溶剂吸收再生系统，在吸收塔内进行 H_2S 的吸收反应，吸收塔出来的富液进入再生塔再生，再生后的气体进入正常生产的硫黄装置处理。

（6）若循环动力使用的是循环风机，要确保风机的密封不发生泄漏。

（7）该预硫化操作过程，要防止含氧的制硫单元尾气进入加氢反应器。

根据分析结果，调整酸性气加入量和氢气加入量，观察反应器床层温升情况，直至反应器入口、出口的 H_2S 分压基本相同，床层温度不再上升或略有下降时，预硫化结束。

2. 加注硫化剂，提供 H_2S，实施提前预硫化

借鉴炼油行业中汽柴油加氢装置催化剂预硫化的经验，在没有酸性气的情况下采用加注硫化剂(一般为二甲基二硫或二硫化碳)的办法来进行预硫化。其主要原理是，硫化剂在约180℃时发生热分解，产生 H_2S，供催化剂预硫化使用。只需在加氢反应器入口加热器后增加注剂流程和相应注剂设施即可。中国石化齐鲁分公司的第五套硫黄装置分别在2015年3月首次开工和2016年9月第二次开工过程中采用了此方案，经验证完全可行。

（二）加氢催化剂器外预硫化

与催化剂器外再生一样，硫黄装置加氢催化剂同样可以进行器外预硫化，开工前装填已经预硫化好的加氢催化剂(可以是新剂也可以是旧剂)，此时催化剂的装填需要无氧作业。在闲置状态，因硫化态的加氢催化剂不稳定，与空气接触会自燃，所以要与空气隔离，并用氮气进行保护。反应器升温时，要用氮气置换系统内空气后，再建立循环升温，防止空气进入。

二、硫黄回收装置绿色停工

（一）制硫催化剂热浸泡

在正常操作时，硫被吸附到Claus催化剂孔隙中。在停工前，需要除去催化剂上吸附的硫，防止其在催化剂上固化，或避免在高温有氧条件下催化剂中的硫燃烧。为此，在装置停工前48h，克劳斯反应器的入口温度应升高到比正常温度高10~20℃，以使吸附的硫从Claus催化剂床层脱附，接着在硫黄冷凝器中冷凝并被捕集排到液硫池。这个操作就是克劳斯催化剂热浸泡。

克劳斯一二级反应器中的主反应公式为：

$$2H_2S+SO_2 \rightleftharpoons 3/x\ S_x+2H_2O \qquad +Q$$

在正常操作时，一级反应器的床层温度在320℃左右，二级反应器的床层温度在240℃左右时最为优化。该反应为放热反应，根据化学平衡移动的原理，温度升高化学平衡向着吸热反应的方向进行。所以在热浸泡阶段，由于一二级反应器温度升高，克劳斯单元的硫转化率会下降，进入加氢单元尾气中 H_2S、SO_2 增多，但一般加氢单元设计上都有足够的余量，经过尾气加氢处理后，装置总的硫回收率并没有变化。所以在热浸泡阶段，SO_2 排放是达标的。

（二）加氢催化剂停工阶段钝化

1. 钝化过程

加氢催化剂的钝化过程是指催化剂表面的FeS、最活泼的 MoS_2 和 Co_9S_8 与通入反应器中的 O_2 发生反应，防止检修期间催化剂在常温下与空气接触时自燃，引起“飞温”而损坏催化

剂、设备或严重污染空气环境，甚至发生有人员吸入 SO_2 中毒的严重气防事故。

钝化的主要反应是：

$$MoS_2+7/2O_2 = MoO_3+2SO_2 \qquad +Q$$
$$Co_9S_8+25/2O_2 = 9CoO+8SO_2 \qquad +Q$$
$$2FeS+7/2O_2 = Fe_2O_3+2SO_2 \qquad +Q$$

钝化过程是将加氢反应器加热器、加氢反应器、反应器后蒸汽发生器、蒸汽喷射泵、急冷塔等设备分别与 Claus、MDEA 系统隔离断开，建立一个闭路流程。将这个闭路流程通入氮气，启动蒸汽喷射泵(或循环风机)，建立过程气闭路循环工况。为防止蒸汽喷射泵启动后加氢单元产生真空，抽入不需要的空气，加氢单元需补充氮气，维持系统压力不小于 10kPa。若系统压力升高可通过急冷塔顶开车排放线上的压力控制阀将尾气排入焚烧炉。通过调节加氢反应器加热器的手段，控制加氢反应器催化剂床层在温度 100~120℃，然后向氮气循环气体中缓慢加入空气，控制循环气中的氧体积分数为 0.5%，期间可使用手提式分析仪检查循环气中 O_2、SO_2 浓度。钝化操作过程中要密切观察催化剂床层温升情况，有温升则表示催化剂钝化反应已开始，随后反应器床层温升慢慢扩散，直到任何测温点都不再测到温升为止。加氢反应器在钝化过程中生成了 SO_2，因而整个反应器的温度都会上升，此温升往往也会限制停工的速度。通常反应器入口处体积分数为 0.5%的氧气会使床层温度升高约 56℃，为此必须严格监控所有反应器床层温度以及反应器入口和出口的氧含量，不允许反应器床层温度超过 200℃。如果反应器床层温度接近 200℃，要降低反应器入口过程气的氧含量，以控制反应器床层温升。反应器床层温度恢复到 120℃时，再以每次 0.25%的增量将反应器入口过程气的氧气体积含量提高到 1%，继续对反应器催化剂进行钝化，并控制反应器床层温度不高于 200℃。当离开反应器的气体氧气体积含量等于 1%时，可提高氧气含量以每小时 1%的增量，将氧气体积含量提高到 5%。每次提高气体氧气含量前，都须等待反应器床层温升结束、温度回归到 120℃左右再调整，直至切断氮气并逐渐增加循环气中的氧气含量。若此时催化剂仍没有温升，催化剂床层温度状态为逐步下降，检测离开床层的气体氧气含量与进入床层气体氧气含量基本相同，系统中无 SO_2，钝化过程结束。加氢反应器钝化循环气流程示意见图 21-40。

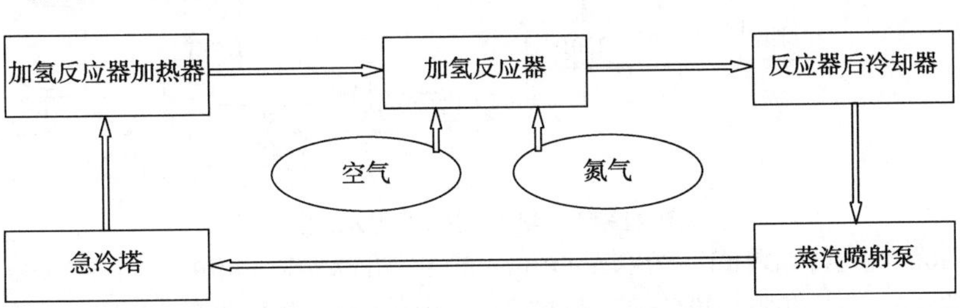

图 21-40　加氢反应器钝化循环气流程示意图

SO_2 易溶于水，SO_2 的水溶液称为亚硫酸，属于中强酸，对钢材的腐蚀速度快，但实际证明 SO_2 在没有饱和水存在下，在水蒸气环境下对钢材的腐蚀并不明显。加氢反应器催化剂钝化过程中产生的 SO_2，可以从两方面来应对其腐蚀性强的负面影响：一是急冷塔安装酸碱 pH 在线分析仪，当循环气中的 SO_2 溶于急冷塔的循环水中，造成 pH 低于 7 时，则往急冷塔中注入氨水或碱液中和，控制 pH 值在 7~9；二是蒸汽喷射泵设计安装在急冷塔前，因为该部位温度较高，没有饱和水，腐蚀较小。

若加氢催化剂不需要更换，则可以不选择钝化处理。这时的催化剂是以 MoS_2 和 Co_9S_8 的形态存在，是一个不稳定的状态，常温下遇到空气会发生自燃。则按照图 21-40 的流程，建立氮气循环气的闭路循环，调节加氢反应器加热器的温度，使催化剂降到常温。此过程要严防空气进入循环气，避免发生氧化反应，造成催化剂失去加氢反应的活性。催化剂温度降到常温后，反应器出入口加盲板隔离，注入氮气微正压惰性保护，防止游离氧进入，只要不发生自燃现象，该方案可达到环保停工。

2. 热氮吹硫工艺[50]

热氮吹硫工艺为：反应炉酸性气和风量切除，改通热氮（加热器将冷氮加热至 220℃左右），分别进入 Claus 单元余热锅炉后部、一级反应器入口、二级反应器入口，对系统中的残硫进行吹扫。同时对于系统中的硫化亚铁采取炉头注入空气，逐步提高吹硫气体氧含量的办法将其全部燃烧。之后含有 SO_2 和单质硫的吹硫烟气进入加氢反应器加氢，并进入急冷塔冷却，然后进入吸收塔进行过程气净化，吸收塔出来的富液进入再生塔再生，再生后的气体进入正常生产的硫黄装置处理或用其他办法处理。热氮吹硫工艺流程见图 21-41。

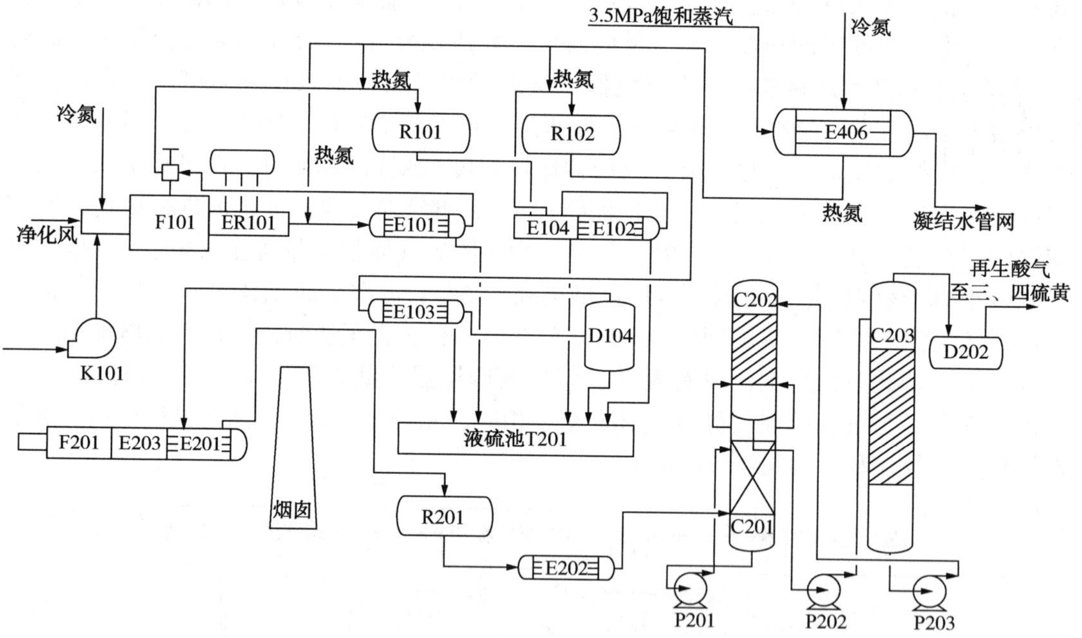

图 21-41　热氮吹硫流程示意图

K101—制硫风机；F101—反应炉；ER101—反应炉蒸汽发生器；E101—第一硫冷凝器；R101—克劳斯一级反应器；E102—第二硫冷凝器；R102—Claus 二级反应器；E103—第三硫冷凝器；D104—硫捕集器；E406—氮气加热器；F201—焚烧炉；E201—尾气加热器；E203—蒸汽过热器；R201—加氢反应器；C201—急冷塔；C202—吸收塔；C-203—再生塔

该工艺 Claus 单元吹硫与 Claus 单元的催化剂提氧钝化是同步进行的。吹硫钝化结束的标准是在有少量氧气（体积分数 1%）存在的情况下，检测 Claus 单元吹扫气中无 SO_2 存在；进液硫池前液硫线排污无硫黄存在，两者具备，吹硫结束。在“热氮吹硫”结束后，将 Claus 单元与尾气加氢单元断开，加氢反应系统与溶剂系统断开。Claus 单元进行反应炉给氮气降温，吹扫气进焚烧炉；尾气加氢部分的加氢催化剂进行氮气的循环降温；溶剂部分开始再生、降温、退胺等操作。

热氮吹硫工艺利用氮气(惰性气体)不易发生化学反应的原理进行吹硫，与传统“瓦斯吹硫”工艺、“天然气燃烧气吹硫”工艺的区别主要有以下几点：

(1) 无副反应，对系统及吹硫效果不会产生其他影响。

(2) 钝化空气气量小，加氢反应器反应温升可控度大。

(3) 吸收塔负荷小，吸收塔出口 H_2S 含量低，使装置排放烟气中 SO_2 含量低。该工艺能够有效降低停工期间烟气 SO_2 浓度。采用热氮气吹硫操作烟气排放 SO_2 含量最高值位于吹硫开始阶段，通过优化操作烟气 SO_2 排放浓度能够控制在 100mg/m^3 以下。中后期吹硫操作稳定后，烟气 SO_2 排放浓度可控制在 20~40mg/m^3，远远低于多年来采用“瓦斯吹硫”的烟气 SO_2 排放浓度，达到最新排放标准要求，能够实现装置停工期间全过程烟气达标排放。

(4) 采用“热氮吹硫”不仅避免了“瓦斯吹硫”析碳污染催化剂事件的发生，同时也杜绝出现“瓦斯吹硫”过氧造成反应器床层严重超温的现象，延长了催化剂的使用寿命。

(5) 热氮吹硫结束后，反应炉、废热锅炉、硫冷凝器处理较干净，无残硫存在，设备打开后，无自燃事故发生。

(6) 避免了“瓦斯吹硫”工艺、“天然气燃烧气吹硫”工艺在硫黄回收装置全面交付检修后，反应炉温度偏高的问题。在交付检修后，炉温度即刻降至常温，方便检修。

参 考 文 献

[1] American Petroleum Institute. API STD 2000~2014 Venting Atmospheric and Low-pressure Storage Tanks [S]. 2014.

[2] U. S. EPA 40 CFR Part 60 Subpart Kb-Standards of Performance for Volatile Organic Liquid Storage Vessels (Including Petroleum Liquid Storage Vessels) for Which Construction, Reconstruction, or Modification Commenced After July 23, 1984.

[3] GPSA. Engineering Data Book[M]. 13th Edition. GPSA Press, 2012: Volume Ⅱ, Section 22.

[4] 陈赓良，肖学兰，杨仲熙，等. 克劳斯法硫黄回收工艺技术[M]. 北京，石油工业出版社，2007.

[5] 李菁菁，闫振乾. 硫黄回收技术与工程[M]. 北京：石油工业出版社，2010：32.

[6] S. Mohammed et al. Chemical Engineering Science, 2015(137): 91-105.

[7] H. Selim et al. Applied Energy, 2012(93): 116-124.

[8] B. Mahmoodi et al. Applied Thermal Engineering, 2017(123): 699-710.

[9] Monnery et al, Ind. Eng. Chem. Res. 2001, 40, 144-151.

[10] J. Norman et. al, Oxygen; the solution for sulfur recovery and BTX. The Proceedings of Laurance Reid Gas Conditioning Conference(2002): 225.

[11] A. K. Gupta et al. Progress in Energy and Combustion Science, 2016(54): 65-92.

[12] 许金山，商剑锋，刘爱华，等. 影响 Claus 尾气加氢催化剂性能的动力学研究[J]. 当代石油化工，2018，26(1)：24-29.

[13] 钱炜鑫，刘增让，马宏方，等. 基于改进遗传算法的 Claus 脱硫尾气加氢反应动力学[J]. 华东理工大学学报(自然科学版)，2018，44(1)：139-144.

[14] 朱宏韬. 硫黄回收装置中加氢水解反应器的动态模拟与优化[J]. 计算机与应用化学，2007，24(6)：754-757.

[15] Eri Ito, Yasaman Mirfendereski, et al. Lower SO_2 Emissions and Energy Requirement By Implementing Process improvement by Better Understanding of LT SCOT© Process & Sulphur Degasser Chemistryc-234 反应机理, Final Shell Paper LRGCC 2011. doc.
[16] 张鑫，仇广金，李胜利. 富氧燃烧硫黄回收装置重要控制方案的探讨[J]. 石油化工自动化，2017，(1)：30-32，40.
[17] 陈赓良，富氧硫黄回收工艺技术的开发与应用[J]. 天然气与石油，2016，45(2)：1-6.
[18] 傅敬强，万义秀. 五种克劳斯延伸硫黄回收装置运行情况的对比分析[J]. 石油与天然气化工，2012，41(2)：150.
[19] 林宵红. MCRC 硫黄回收技术[J]. 石油化工环境保护，1998，(2)：37-41.
[20] SUPERCLAUS. Jacobs company website. http://www.jacobs.com/projects.aspx? id = 6292 (accessed Feb. 1, 2012).
[21] EUROCLAUS. Jacobs company website. http://www.jacobs.com/products.aspx? id = 6304 (accessed Feb. 1, 2012).
[22] 刘宏伟，徐西娥. Lo-Cat 硫黄回收技术在炼油厂硫黄回收装置中的应用[J]. 石油与天然气化工，2009，38(4)：322-326.
[23] 胡尧良. 高效脱除 H_2S 的工艺 Lo-Cat[J]. 炼油技术与工程，2007，37(11)：30-35.
[24] 徐翠翠，达建文，刘爱华，等. LS-02 催化剂的工业放大生产及应用[J]. 齐鲁石油化工，2014，42(3)：181-184.
[25] 商剑锋，刘爱华，罗保军，等. 新型氧化铝基制硫催化剂的研制[J]. 齐鲁石油化工，2012，40(4)：276-281.
[26] 殷树青. 硫黄回收催化剂及工艺技术综述[J]. 硫酸工业，2016(3)：33-38.
[27] Mophett E M. A Case Study Using a New Titania Claus Catalyst[C]//Spring National Meeting. AIChE, April 2005.
[28] Criterion Catalyst & Technologies. Product bulletin: Criterion 099 catalytic incineration catalyst. http: // www. criterioncatalysts. com/.
[29] 殷树青. 克劳斯催化剂失活机理及再生工艺[J]. 精细石油化工进展，2001，2(5)：44-46.
[30] Clark P D, Dowling N I, Huang M. Practical Aspects of Claus Catalysis, Alberta Sulfur Research LTD, Bulletin No. 131, December 2004.
[31] 许金山，刘爱华，刘剑利. H_2S 选择性氧化催化剂 LS-06 的研究与开发[J]. 石油炼制与化工，2017，48(10)：22-27.
[32] Bloemendal, Gerrit and Ticheler, Ellen. Low temperature SCOT catalyst pays off, Hydrocarbon Engineering, December 2004.
[33] GerritBloemendal, Frank Scheel, Juste Meijer. 低温尾气处理工艺展现科技进步优势[J]. 烃加工，2007(12)：80-86.
[34] 高礼芳，刘剑利，刘爱华，等. LQSR 节能型硫黄回收尾气处理技术开发与应用[J]. 硫酸工业，2018(3)：32-35.
[35] 李海燕，刘增让，刘爱华，等. LQSR 节能型硫黄回收尾气处理技术在 70kt/a 装置的工业应用[J]. 齐鲁石油化工，2017，45(4)：289-292.
[36] 朱元彪，陈奎. ZHSR 硫回收技术[J]. 炼油技术与工程，2008，38(11)：6-10.
[37] 范西四，曲思秋. 不断完善走向成熟的 SSR 工艺技术[J]. 当代石油石化，2007，11：37-40.
[38] 李鹏，刘爱华. 影响硫黄回收装置 SO_2 排放浓度的因素分析[J]. 石油炼制与化工，2013(4)：75~77.
[39] 刘爱华，刘剑利，陶卫东，等. 降低硫黄回收装置尾气 SO_2 排放浓度的研究[J]. 硫酸工业，2014

(1)：18~22.
[40] 刘爱华，刘剑利，刘增让，等. LS-DeGAS 降低硫黄装置烟气 SO_2 排放成套技术工业应用[J]. 齐鲁石油化工，2016，44(3)：167-171.
[41] 梁兴举，徐长香，傅国光. 适用于不同含硫煤烟气的氨法脱硫技术[J]. 中国环保产业，2013，02：67-69.
[42] 刘德友，褚才全，徐长香. 烟气氨法脱硫技术在石化热电厂的应用[J]. 中国环保产业，2008，11：28-30.
[43] 周涛. 烟气碱洗工艺在降低硫黄装置排放中的应用[J]. 齐鲁石油化工，2018，46(3)：188-193.
[44] 何晓方，马金林，任国君. 钠碱洗技术处理煤化工硫回收尾气的生产实践[J]. 煤化工，2018，46(6)：30-32.
[45] Sarlis J N. Review of Cansolv SO_2 Scrubbing System's First Commercial Operations in the Oil. Refining Industry. In 2005 NPRA Annual Meeling，San Francisco，CA，March 13-15，2005[CD-ROM]；National Petrochemical and Refiners Assoc.：Washington，D. C.，2005；Paper AM-05-19.
[46] 邵维彧，陈卫红，丁洪生，等. 催化裂化烟气脱硫实验研究[J]. 炼油技术与工程，2012，42(12)：51-54.
[47] 刘爱华，张孔远，燕京. LS-951T 新型 Claus 尾气加氢催化剂的工业应用[J]. 中外能源，2007，12(4)：91-94.
[48] 张绍光. LSH-02 低温硫黄尾气加氢催化剂的工业应用[J]. 化工进展，2010，29(4)：782-787.
[49] 刘爱华，徐翠翠，陶卫东，等. S Zorb 再生烟气处理专用催化剂 LSH-03 的开发及应用[J]. 硫酸工业，2014(2)：22-25.
[50] 王吉平，刘爱华，刘剑利. 热氮吹硫停工工艺的开发及应用[J]. 硫酸工业，2018(12)：27-29.

国家出版基金资助项目

中国炼油技术

(第四版)

(下册)

汪燮卿　主编

中国石化出版社
HTTP://WWW.SINOPEC-PRESS.COM

内 容 提 要

本书集中展现我国炼油技术发展历程，传承和弘扬在中国共产党的领导下我国炼油技术所取得的巨大成就。全书紧密围绕关键词“中国”“炼油技术”，全面系统介绍我国炼油技术的进展和成果，详细阐述原油的分析评价、各种加工工艺技术、石油产品的生产和评定、炼油催化剂、油品添加剂、油品储运、炼油厂节能、炼油厂安全环保、炼油厂信息化与智能化、生物液体燃料及炼油厂加工流程与经济性分析等内容。重点介绍了我国已工业化应用的技术，此外还介绍了即将工业化应用的有竞争力的、体现中国新水平的技术，以更加全面地展现我国当前炼油技术的总体水平。

本书可供从事石油化工行业的技术管理人员、科研设计人员参考阅读，也适合石油化工相关专业院校师生作为教材使用。

图书在版编目（CIP）数据

中国炼油技术／汪燮卿主编．—4版．—北京：中国石化出版社，2021.5
ISBN 978-7-5114-6245-9

Ⅰ.①中… Ⅱ.①汪… Ⅲ.①石油炼制-技术-中国 Ⅳ.①TE62

中国版本图书馆CIP数据核字（2021）第067704号

中国石化出版社出版发行

地址：北京市东城区安定门外大街58号
邮编：100011　电话：(010)57512500
发行部电话：(010)57512575
http://www.sinopec-press.com
E-mail:press@sinopec.com
北京科信印刷有限公司印刷
全国各地新华书店经销

*

787×1092毫米16开本138印张3232千字
2021年6月第4版　2021年6月第1次印刷
定价：980.00元（上、中、下册）

目录

CONTENTS

下　册

第二十二章　原油与产品调合

专家话炼油

大多数石油产品都是经过调合而成的调制品。调合通常可分为两种类型：一是油品组分的调合，是将各种油品的基础组分，按经科学研究确定的配方比例调合成基础油或成品油；二是基础油与添加剂的调合。

产品调合的作用与目的在于：

(1) 使油品具有符合国家或企业规格标准，满足使用要求的各种性质与性能，并保持产品质量的稳定性。

(2) 提高产品的质量等级，改善油品的使用性能，以获得较大的经济效益和社会效益。

(3) 组分合理使用，可以有效地提高产品的收率，增加产量。

原油调合与产品调合有所区别，通过混合不同种类的原油，为蒸馏装置提供稳定的进料，同时在不同的加工方案切换时提供更适宜的进料性质和组成。

原油调合与石油产品调合可以统称为油品调合，目前已成为炼油厂必要的生产工序。随着现代工业和科学技术的发展，炼油厂的大型化、油品质量升级、高档润滑油和生物燃料的应用，对石油产品的质量提出更高的要求，有力地促进了油品调合技术的发展。油品调合直接决定了油品质量和成本，提高调合的技术水平是炼油厂效益挖潜的重要途径之一，和各工艺装置的技术进步一样具有重要的地位。油品调合技术主要进展如下：

(1) 原油调合迅速发展。国内炼油厂大量加工进口原油，原油品种显著增多，同时原油总体重质化、劣质化和性质波动，这些变化使得以往原油随着存储、输送过程自然混合的方式已经无法适应炼油厂的原料供应需求，必须依靠专用的调合设施和先进的调合技术。

(2) 产品调合的技术水平持续提高。一方面，国内新建改建了多座年加工千万吨级的炼油化工一体化企业，并且出现了 2000 万吨至 4000 万吨级别原油年加工能力的基地；另一方面，油品质量升级到世界先进水平，原油和成品油价格受政策、社会和市场因素影响时常出现波动。炼油厂的竞争日益激烈，产品调合已经成为决定盈利能力的关键环节之一。最典型如汽油调合，新建或改建项目几乎全部配套采用先进的管道调合技术。

(3) 生物燃料的应用推广对调合技术提出需求。车用乙醇汽油 E10 在全国的推广应用仍在持续进行中，含脂肪酸甲脂的生物柴油 B5 在海南等地区进行了试用，生物喷气燃料在民用航空企业的应用也是具有标志性的事件。生物燃料一般都需要和同类的石油基燃料调合后使用。

本章除对调合的机理和调合的方法进行阐述外，还对几种主要油品的特性如车用汽油的抗爆性能、柴油的凝点和润滑油的黏度等进行研究，以掌握油品的调合规律，达到优化调合的目的。

第一节　调合工艺

一、调合机理

各种油品的调合，除个别的添加剂调合以外，大部分为液-液相系互相溶解的均相调合，是分子扩散、涡流扩散和主体对流扩散三种扩散机理的综合作用[1,2]。

分子扩散：由分子的相对运动所引起的物质传递，是在分子尺度的空间内进行的。

涡流扩散(或称湍流扩散)：当机械能传递给液体物料时，处于高速流体与低速流体分界面上的流体受到强烈的剪切作用，产生大量漩涡，造成涡流扩散，是在局部范围的涡旋尺度空间内进行的。

主体对流扩散：包括一切不属于分子运动或涡流运动而使大范围的全部液体循环流动所引起的物质传递，是在大尺度空间内进行的。

主体对流扩散能将不同物料按较大“团块”混合起来，通过大“团块”界面间的涡流扩散，把不均匀程度迅速降低到漩流本身的大小，再通过分子扩散使全部物料达到均匀的分布状态。对于高黏度的液体，如重质润滑油和重质燃料油的调合，则与低黏度的液体不同，在调合过程中主要是“剪切作用”，把待调合的物料撕拉成越来越薄的薄层，逐步减小被一种物料占有的区域尺寸，最后区域消灭而达到全部调合。

油品调合的特性表现在调合产品与组分性质的线性或非线性关系上，即表现在组分间有无加和效应的关系上。某一性质等于其中各个组分按其配方比例叠加的称为线性调合，反之称为非线性调合[3]。调合后的数值高于线性估测值的叫正偏差，低于线性估测值的叫负偏差。之所以出现这种调合效应，一般都与油品的化学组成有很大关系。油品的组成十分复杂，因此大多属于非线性调合。以车用汽油和车用柴油的关键性质为例：

对于车用汽油，在多个组分调合后，它们燃烧的中间产物可能产生相互作用并可能改变原来的燃烧反应历程，中间产物既可能作为活化剂使预燃反应加速，也可能作为抑制剂使预燃反应变慢，结果使得车用汽油的调合辛烷值不再和其中所含组分的辛烷值呈线性关系。这种在燃烧过程中相互作用的效应，一般和其敏感性(*RON*-*MON*)有关，烷烃和环烷烃的敏感性基本上为零，在调合时没有明显的相互作用，基本上是线性调合，而烯烃和芳烃则相反，表现为非线性调合。因而对于烷基化汽油、催化裂化汽油与重整汽油，它们之间相互调合的配方改变，调合辛烷值偏离线性估测值的大小亦随之改变，即调合效应随之改变。但在多组分调合中，各种正负效应可能互相抵销，因而在精度要求不高的场合，仍可按线性关系大致估算组分的调合配方或调合汽油的辛烷值。

柴油的燃烧性能是采用十六烷值的高低来加以评定的。烷烃的十六烷值最高，分子越不对称，十六烷值越低；环烷烃和烯烃次之；芳香烃最低，环数越多，十六烷值越低。由于柴油的生产工艺不同，族组成和沸点范围也各有差异，在调合中偏离线性关系是普遍存在的。这种偏离有时也会带来奇特的增效作用，如大庆原油的170~360℃直馏馏分(凝点-3℃)与催化裂化的同样馏分(凝点-6℃)按1∶1调合，调合油的凝点可降至-14℃，这一现象大大有利于柴油的增产。

二、调合方法

目前常用的调合方法可分为两大类，即油罐调合和管道调合。油罐调合可分为泵循环喷嘴和机械搅拌两种。至于压缩空气调合，由于易使油品氧化变质，还有造成污染和挥发损失等缺点，一般已不采用。

（一）泵循环喷嘴油罐调合

先将组分油和添加剂送入罐内，用泵不断地从罐内抽出部分油品再返回，通过装在罐内的喷嘴射流混合。高速射流在低速流体中穿过时，推动其前方的液体运动，同时在射流边界上存在的高剪切速率造成大量漩涡把周围液体卷入射流中，这样把动量传给低速流体，同时使两部分流体很好混合。这一方法适用于调合比例变化范围较大、批量较大和中、低黏度油品的调合，设备简单，效率高，操作方便。喷嘴有单喷嘴和多喷嘴两种。

（二）机械搅拌调合

使用机械搅拌也是油罐调合的常用方法，适用于批量不大的成品油的调合。调合设施的搅拌器安装方式，主要有罐侧壁伸入及罐顶中央伸入两大类。

1. 罐侧壁伸入式搅拌调合

搅拌器由罐侧壁伸入罐内，每个罐可装一个或几个，搅拌器的叶轮是船用推进式螺旋桨型。螺旋桨转动时，罐内油品产生两个方向运动：一是沿桨的轴线方向向前运动，受到罐壁障碍时，沿罐壁上升至另一侧下降，形成垂直方向的圆周运动；另一是沿桨的旋转方向成圆周运动，使油品上下翻腾(见图 22-1)，最终达到均匀混合的目的。

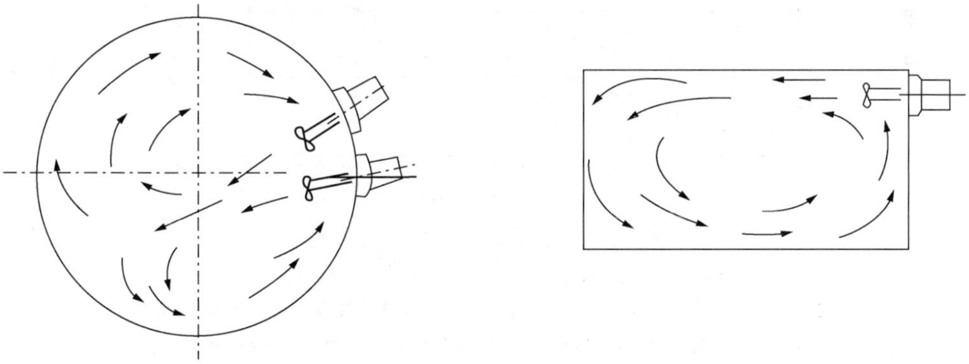

图 22-1　侧壁伸入式搅拌器油品的流动状态

影响搅拌调合所需功率的几个因素：

(1) 罐的容积与高径比。一般认为搅拌器叶轮排出油品的体积等于罐内油品容量的 2~3 倍，即罐内油品全部被搅拌循环 2~3 次时，调合即达均匀，因此罐容积是选择搅拌器功率最重要的依据，容积越大，所需总功率越大。罐的高度与直径之比(H/D)越大，静压头就越大，所需总功率也越大，比值等于或小于 0.8 时，即可不考虑对所需功率的额外影响。

(2) 介质黏度。油品黏度越高，则流动阻力越大，搅拌功率就相应增大。当黏度较小时，可不特殊考虑黏度对功率的影响。

(3) 搅拌时间。连续搅拌时间长，则所需搅拌器功率较小，反之，要求短时间内完成调合就要使用较大功率。

(4) 搅拌运行方式。以两组分为例，可有三种运行方式：①两组分同时进罐，边进边搅，全部进罐后继续搅拌 2h；②组分 A 先全部进罐，组分 B 开始进入时启动搅拌，组分 B 进完后继续搅拌 2h；③两组分全进罐后才启动搅拌，可要求在 8h、2h 甚至 1h 内达到调合均匀。实测结果表明第一种方式单位容积能耗最小，见图 22-2。

根据经验及实测数据，每 1000m^3油品所需搅拌总功率，可根据油品黏度及不同操作运行方式从图 22-2 中查出。据此，按油罐总容积及搅拌器布置台数确定每台搅拌器的功率。

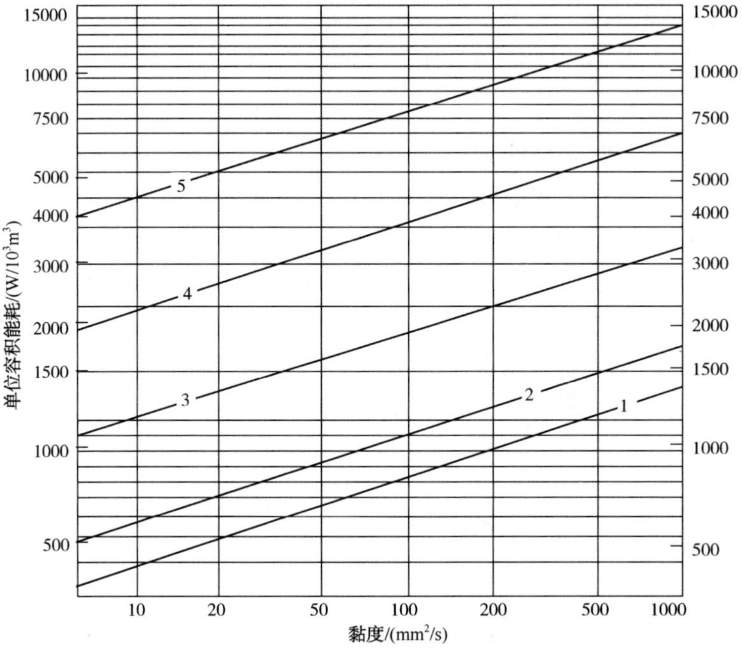

图 22-2 油罐调合搅拌总功率图

1—两组分同时进罐，边进边搅拌，装满后再继续搅拌 2h；

2—组分 A 先进罐，组分 B 开始进罐时启动搅拌，装满后再继续搅拌 2h；

3、4、5—两组分全部进罐后启动搅拌分别于 8h、2h、1h 内达到均匀

搅拌器布置，按目前使用情况，可归纳如下：不论使用几台搅拌器(一般最多不超过 4 台)，应集中布置在罐壁圆周 1/4 的范围内；如组分进罐时不启动搅拌器，则油罐出、入管线的位置对搅拌器布置无影响；如在油品进、出过程中需要开动搅拌器，则出、入口离搅拌器宜有 30°的夹角；可将搅拌器轴心线对油罐中心线偏离一定角度(一般偏 7°～12°，小罐取下限，大罐取上限)；搅拌器轴心线离罐底的距离，取桨叶直径的 1.5 倍。

2. 罐顶中央进入式搅拌调合

只使用在小型(容积约 20m^3以下)立式调合罐上，适用于小批量而质量、配比等要求严格的特种油品的调合，如特种润滑油的调合，便于小包装灌桶作业以及稀释添加剂的基础液等。搅拌器有桨式与推进式两种。

（1）桨式搅拌器是一种低速搅拌器，油品的流动状态保持层流，可不另设挡板，罐内径与桨叶外径之比为1.25～2.0。低速搅拌需要较长的调合时间，但优点是所需功率小。

（2）推进式搅拌器的转速较高，桨叶有单层或双层。液层较浅、黏度低（小于100mm^2/s）的油品调合可用直径较大的单层桨叶，反之可用双层桨叶。罐内还应增设挡板，使流型保持在湍流状态。

（三）管道调合

管道调合是将各个组分和添加剂按预定比例同时送入总管进行均匀混合的方法。总管中经常设置管道混合器（常用的是静态混合器），其作用在于流体逐次流过混合器内每一混合元件前缘时，即被分割一次并交替变换，最后由分子扩散达到均匀混合状态。管道调合具有下列优点：

（1）可减少基础调合组分的储存罐，取消专用调合罐，成品油可随用随调，这样可减少油品的非生产性储存，合理利用油罐容量。

（2）管道调合过程中可精确调整各组分的比例，准确定量加入添加剂，可进一步配合在线分析和在线优化控制，既避免质量不合格，又避免质量过剩，可以合理利用调合组分，同时提高一次调合合格率，提高经济效益。

（3）自动化程度高，可减少人工频繁操作设备和采样分析等，节省人力。

（4）取消多次油泵转送和混合搅拌，从而节约时间、降低能耗；全部过程密闭操作，可减少油品氧化蒸发，降低损耗。

管道调合适用于大批量的调合。根据用户需求和实际条件，既可利用先进的在线分析和控制、优化技术，使用计算机实现高自动化程度的管道调合方式；也可使用常规自控仪表、人工给定调合比例的手动操作管道调合；或者是介于两者之间的半自动调合系统。近年来，采用成套先进调合技术的管道调合系统明显增多。图22-3所示为采用在线分析和在线优化控制的汽油管道调合系统。

20世纪90年代后期，我国润滑油调合厂建立了同步计量调合和自动批量调合装置。该类装置自动化水平高，可根据润滑油调合的数量和品种灵活选用任一调合方式。同步计量调合装置示意见图22-4，包括基础油组分、功能添加剂品种、黏度指数改进剂以及降凝剂、抗泡剂等。自动批量调合装置示意见图22-5。

第二节　原油混输和调合

我国炼油厂加工原油的品种普遍较多，厂内同时储存和加工数种原油是普遍情况。这些原油的组成、API度、酸含量、硫含量等差异巨大，无法单独作为原料进入蒸馏装置，必须混合进料。由于原油的储运流程长、占用储罐多，部分炼油厂还存在不同罐区之间的长输管线、接卸油的码头等，因此将原油从进入炼油厂到供料之间的储运工艺过程统称为原油混输和调合，简称原油调合。

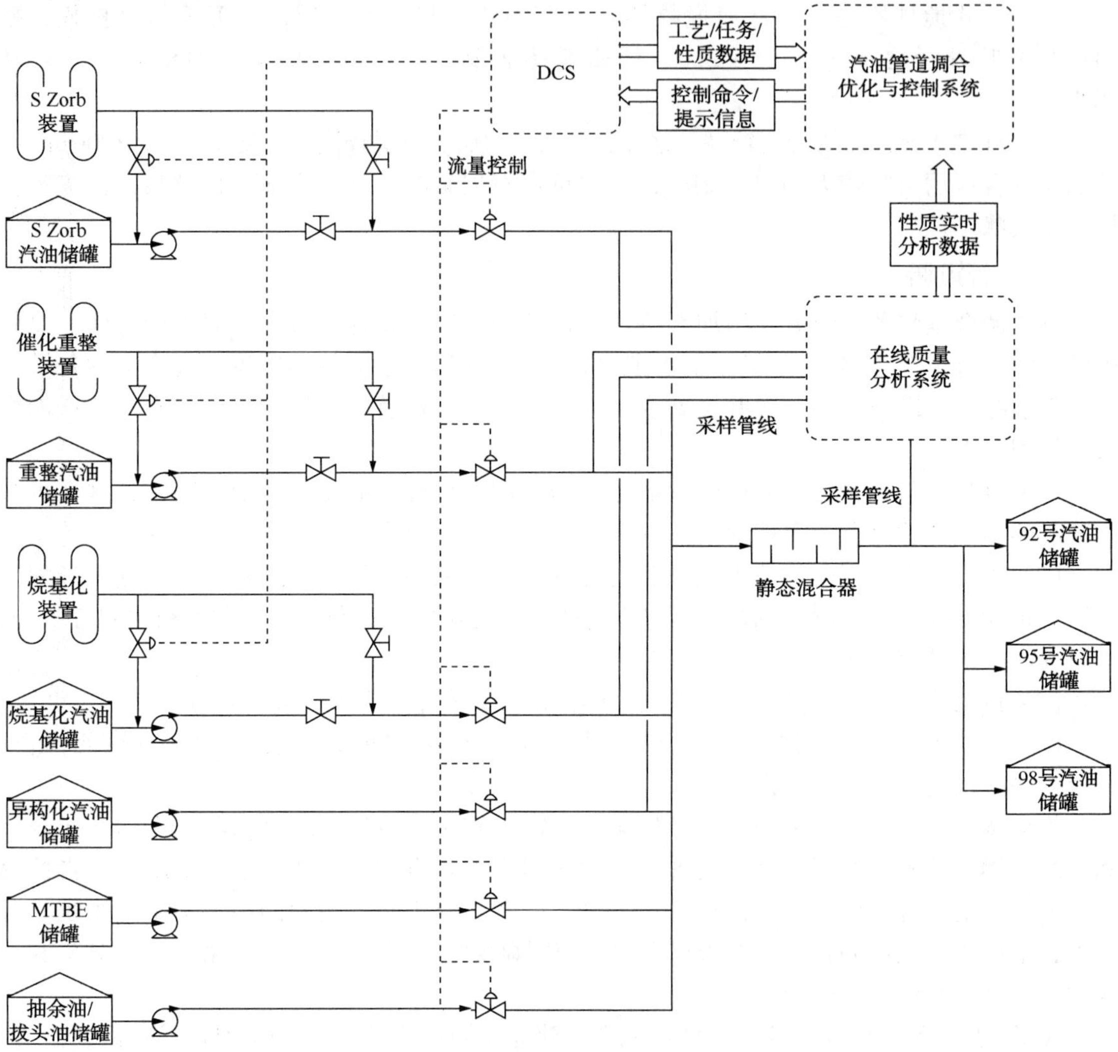

图 22-3　汽油管道调合系统示意图

原油混输和调合是炼油厂的龙头。一方面，炼油厂加工总流程和单元装置的设计决定了对于原油选择的限制；另一方面，产品需求和加工工艺又进一步影响原油选择与加工。相对成品油的调合，原油调合更加复杂，影响面更广。原油作为蒸馏装置进料，如果进料切换频率增加，进料性质不稳定、超限，会严重影响蒸馏装置乃至全厂其他装置的平稳操作，甚至引发安全事故。很多炼油厂已由供应燃油为主转为燃油和石油化工产品相结合，多种生产方案的切换进一步提高了对精确选择原油进料的要求。原油混输和调合应同时关注调度和操作两个层面，如采用先进的管道调合成套技术，可依据蒸馏装置的设防值精确控制进料性质，发掘加工更高比例劣质原油和机会原油的潜力，降低原油采购成本；显著降低蒸馏装置进料性质的波动，进而实现全厂装置的平稳操作；合理利用原油储运设施，减少非必要周转和存储带来的原油损耗和电力能耗；提高生产自动化和管理信息化水平。应用先进的原油调合技术可以为炼油厂带来显著的经济效益。

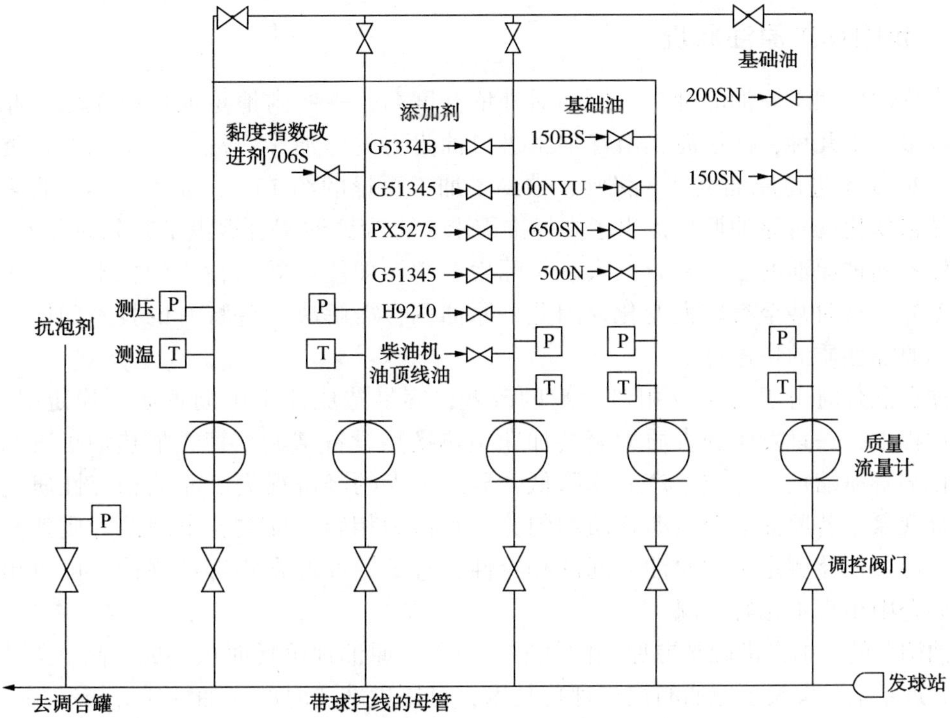

图 22-4　同步计量调合(SMB)装置示意图

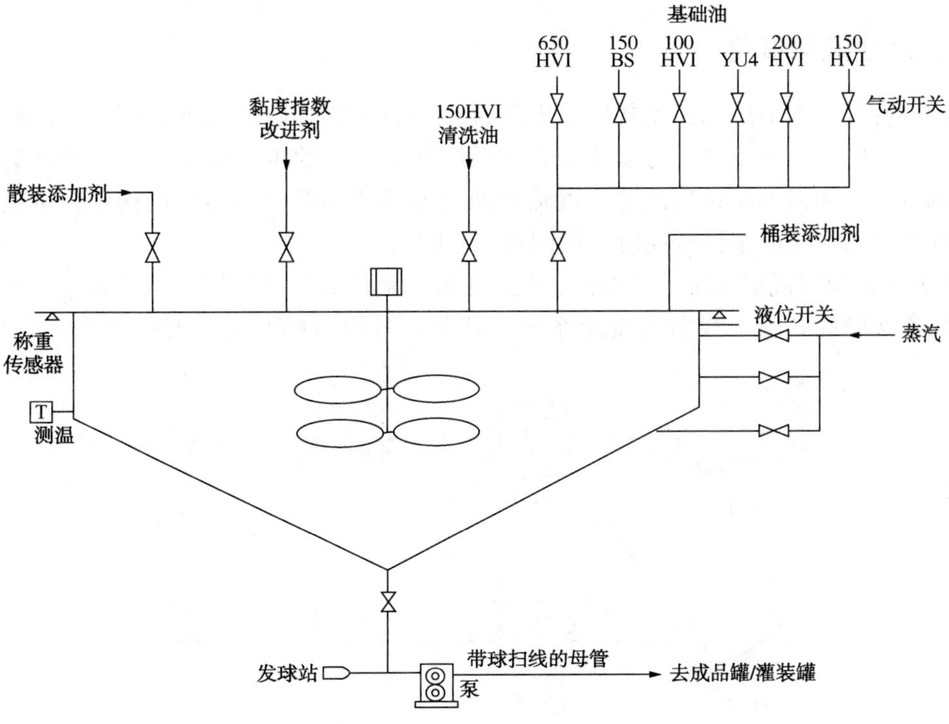

图 22-5　自动批量调合(ABB)装置示意图

一、我国加工原油状况

国内炼油厂加工原油品种多，原油对外依存度高，一些内地炼油厂每年炼制原油种类少则几种多则十几种，而沿海、沿江加工进口油为主的炼油厂，每年加工原油种类已经达几十种。2019 年进口原油突破 5 亿吨，占到了加工总量的约 73%，品种多达一百多种。多油种的频繁变化既对原油调合提出了高标准需求，也为原油调合提供了充分的发挥空间。

显然不同种原油的性质差异巨大。实际生产中，即使是同一种原油，不同批次的性质也会有差异，有时甚至有较大变化。因此，原油调合需解决一些特有的技术问题，如原油相容性和原油性质的快速评价。

原油在混合时由于各组分相对含量的改变，容易造成体系中沥青质不稳定引发絮凝。在生产过程中，一旦发生沥青质絮凝会加速预热换热设备结垢、管式加热炉炉管结焦，并会使催化剂寿命缩短，造成生产效率降低，导致重大的经济损失。原油相容性研究主要是考察混合现象，若原油混合后沥青质均匀分散则认为相容，反之若出现沥青质絮凝则认为不相容。通过仪器测定不同原油之间的相容性，总结原油混合相容性规律，可以预测并避免原油调合中出现不相容情况。

原油调合的依据是准确掌握原油的性质，而传统原油评价耗时长、成本高，无法适应调合需求。近年来，发展了原油的快速评价技术，可提供准实时的原油性质分析结果，主要由近红外光谱仪或核磁分析仪、原油快评软件、原油谱图数据库以及原油评价数据库等组成。原油快评技术可在数分钟内得到单一原油或混合原油的几十个重要性质，足以支持原油调合。

二、原油混输调度

原油调合处于炼油厂工艺流程的最上游，对于加工混合原油的炼油厂，原油调合是整个炼油生产中的第一个工序，与蒸馏装置和后续加工流程的生产相互影响，因此必须重视并解决调度层面如何编制合理的原油混输和调合方案的问题。在实际操作中，调度人员往往认为原油相关方案的编排最耗时、最困难、影响最大。

图 22-6 是原油混输系统的示意图，包含油轮、码头罐、厂区罐、蒸馏装置以及不同设备之间的连接管线和辅助设备的复杂系统。其调度过程可归纳为：安排未来一段时间内，

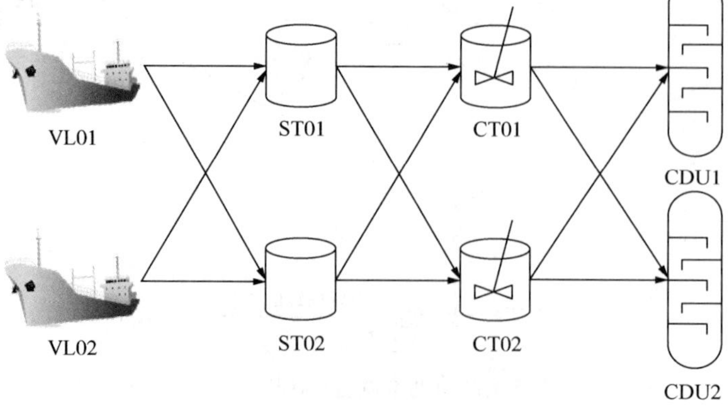

图 22-6　原油混输系统示意图

在原油卸载、储存、运输、混合和蒸馏装置加工过程中各操作的执行时间、执行顺序和原油操作量。一个优化的原油混输调度方案能够减少装置进料切换，保证装置运行平稳，避免油轮滞期，在满足装置进料设防值要求的前提下尽可能多地加工劣质原油。

原油混输调度的方案编制有以下三种方法：

1. 手工法

调度人员依靠丰富的工作经验，借助 EXCEL 电子表格等简单工具，通过不断试算迭代，能够编制出易于操作的调度方案。但是，手工编制方式存在以下不足之处：

(1) 由于调度人员的经验和精力是有限的，编制出的方案往往只能立足于局部，很难实现全过程资源的均衡分配。

(2) 由于缺乏优化评估机制，所以很难编制出油轮滞期最短、装置操作最为平稳、加工经济效益最好等实现一定优化目标的调度方案。

(3) 耗时较长，编制 1 旬的调度方案往往需要消耗调度人员 1 天的工作时间。

(4) 很难对诸如油轮到港延误、蒸馏装置加工需求变化等突发情况做出及时响应。

2. 商业调度软件

随着技术的不断发展，炼油厂开始引入商业调度软件来辅助编制原油调度方案，其中发展比较成熟的软件有 Aspen ORION、Honeywell Production Scheduler、M3Tech SIMTO Scheduling 等。不过这些调度软件只是起着模拟器或者计算器的作用，调度人员仍需人工编制初始方案，然后通过软件模拟确定初始方案的可行性，根据软件提示逐步调整，最终制定决策方案。虽然商业调度软件可以提升调度人员的编制效率，但是这些软件仍然以调度经验为导向，并未实现方案的自动编制，也不具有自动优化调度方案的功能。

3. 数学模型法

为了更好地应对原油混输调度问题，可以利用数学规划法、约束规划法、启发式算法和元启发式算法，搭建原油调度数学模型，通过计算机测算实现自动编制原油调度方案。

数学模型法的基本思路是将整个原油混输过程描述为一个优化模型，以经济效益和操作优化为目标，以物料平衡、操作规则和装置要求为约束，并应用数学规划等方法进行求解以获得最优或较优的调度方案[4]。通过数据接口和人机交互的操作，计算机可自动获取建模所需参数，优化计算出原油混输调度方案，具有速度快、方案优的特点，大幅提高了原油调合的技术水平。

数学模型法对基础模型和应用技巧都有较高要求。对复杂原油混输系统建立的模型是包含大量整数变量、非线性约束、时间序列的超大规模优化模型，其求解是一个典型的混合整数非线性规则(NINLP)问题，如果没有高超的建模技巧和强大的求解能力，往往无法在有限时间内完成计算。同时，实际生产中各种工艺限制和调度人员的意图等，必须要及时准确地输入数学模型中，否则编制的方案可能不具备可行性。目前，国内研究机构在数学模型法上已有较为成熟的技术成果，开发的软件工具已应用于工业生产中。

三、原油调合工艺

在生产操作层面，原油调合工艺可分为管道调合和油罐调合两大类，其中管道调合主要采用泵出口管道调合和泵入口管道调合，油罐调合主要采用罐内循环调合和批次调合。

（一）泵出口管道调合

泵出口管道调合是先进的调合工艺，又被称为在线调合。参与调合的原油分别储存在组分罐内，通过输送泵按照调合比例分别抽出引至泵出口总管，各种原油在管道内充分混合后，进入混合原油罐。各组分原油管线上设置流量计和调节阀，泵出口总管可以设置静态混合器以提高混合效果，采用DCS等进行自动控制。

该方法能比较高效地实现原油组分混合，操作简便，调合精度高；流程比较复杂，要求组分罐数量较多，要求泵、阀、流量计、管线等设备设施齐全，设备投资较大，运行费用较高。

为充分发挥调合工艺的优势，在线调合设施往往配合先进的原油快评[5]和调合优化控制技术，形成原油在线调合系统。这一技术应用可使原油资源利用更加合理，可以提高炼油厂加工劣质原油的能力，改善蒸馏装置以及下游二次加工装置的运行操作，提高原油调合的自动化和信息化水平，减轻操作岗位的劳动强度，是当前原油调合技术的主要发展方向。典型的原油在线调合控制流程如图22-7所示。

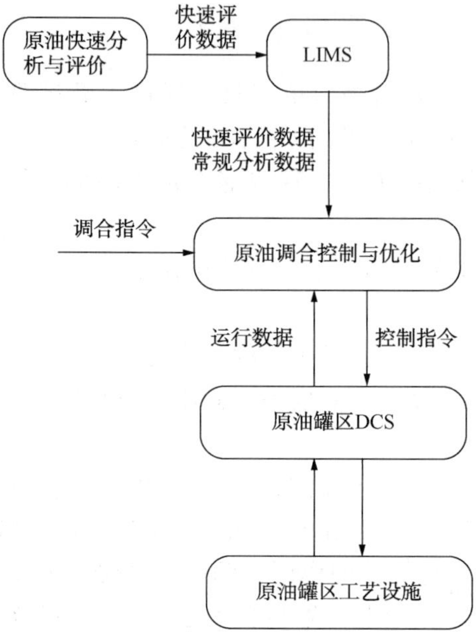

图22-7　原油在线调合控制流程

（二）泵入口管道调合

一种相对简单的管道调合工艺，组分罐内的不同原油先在管道内混合后再经原油输送泵进入混合原油罐。不需要设置流量计、调节阀和自动控制系统，通过观察罐内液位变化估算各组分用量，人工手动调节组分罐的出口阀门开度来控制各原油组分的抽出量，实现原油按比例调合。

该方法运行费用比较低，设备条件要求不高，我国很多炼油厂采用该工艺。主要缺点是调合比例不易精确掌握和控制，受油罐液位计量以及人工操作水平影响较大，调合后容易混合不均。一般适用于两个原油组分罐液位相似、以1∶1的大致比例调合原油的情况。

（三）罐内循环调合

将原油组分按照调合配方所要求的数量，依次打入原油调合罐，然后通过循环泵或者在罐壁设机械搅拌器，完成原油在罐内的调合。

该方法调合的均匀程度比较高，对于性质相差较大的原油调合也可达到预期效果。但目前国内炼油厂的原油罐基本都是底进底出，循环费时费力，调合周期长，运行费用比较高，不适用于原油库容低的炼油厂。

（四）原油批次调合

原油批次调合本质上仍是罐调合，但取消了罐外循环步骤，而是通过设置不同密度原油的进罐次序，在重力作用下实现自行混合。优点是工艺简单，比例准确，运行费用低，对原油储罐没有特殊要求。但由于需要沉降一段时间（通常为24h），调合周期长，不适用于原油库容低或罐容紧张的炼油厂，对密度差别不大的原油调合效果也不好。

除以上介绍的炼油厂原油调合外，管网公司在通过长距离输送管线向其他罐区或炼油厂输送混合原油时，也存在原油调合的需求。相比炼油厂，长输管线上的原油调合所需工艺设施和控制设备类似；对输送方案的编制要求更高，需考虑长周期的原油收付平衡，多用户存在时的原油需求协调和配方优化，以及长距离输送产生的油头位置计算、切换等；对混合原油性质稳定的控制精度可低于炼油厂。

第三节　车用汽油的调合

进入21世纪后，特别是2010年以后，随着汽车工业和交通运输的快速发展，车用燃料的需求量越来越大，同时对人民健康和环境保护的要求更加严格，中国的机动车排放标准和清洁油品质量标准迅速提高，在十几年时间内实现了从国Ⅱ到国Ⅵ的跨越，目前已和世界先进国家的标准处于同一水平。

车用汽油质量标准的迅速升级，一方面要求各炼油厂改造或新建汽油组分生产装置，另一方面必须依靠汽油调合以保证产品质量合格。之前，汽油调合可以只控制辛烷值等单一重要指标，使其达到规格标准的要求，而其余指标通常都是在组分油加工过程中采取适当的工艺和操作条件进行控制与调整；现在，辛烷值、烯烃、芳烃、蒸气压、馏程、密度等多个性质同时成为成品汽油的出厂限制条件，已经很难甚至无法仅仅通过上游生产装置的调整保证合格。此外，汽油组分种类的增加、汽油产品对炼油厂经济效益的重要影响、炼油厂的安全生产和环境保护等，都进一步提高了对汽油调合的技术水平要求，提升了汽油调合的重要性。

一、我国汽油池组成与组分性质

随着各炼油厂应对汽油质量标准提高而进行的汽油生产升级，目前我国炼油厂汽油池组成主要有催化裂化汽油（经过选择性加氢脱硫或者吸附脱硫）、重整汽油、烷基化油、C_5/C_6异构烷烃以及甲基叔丁基醚（MTBE）等。其中催化裂化汽油比重最大，约占比60%，其次重整汽油等芳烃类组分约占比30%，烷基化油和异构烷烃共占比5%左右，MTBE约占比5%。与国Ⅲ、国Ⅳ阶段的汽油池纵向比较，催化裂化汽油比例下降，烷基化和异构化等优质汽油组分比例提高；与欧美横向比较，仍然具有催化裂化汽油比例偏高、饱和烃类组分不足的特点。

催化裂化汽油仍是我国用量最多的调合组分，辛烷值为89~93，为满足硫含量的指标要求，必须经过选择性加氢脱硫或者吸附脱硫等工艺进行处理，处理后的汽油辛烷值和烯烃含量均有所降低。催化重整汽油的芳烃含量为65%~75%，辛烷值为100左右，汽油中100℃以上馏程的辛烷值主要来自芳烃组分。烷基化汽油其主要组分是异辛烷等，辛烷值为94左右，敏感性小，不含烯烃和芳烃，硫含量很低，有好的挥发性和燃烧清洁性，是理想的调合组分，目前国内烷基化装置生产能力正在迅速提高[6]。异构化油烯烃和芳烃含量均很低，辛烷值在85~88，且蒸气压较高。MTBE是可用于调合各种标号汽油的高辛烷值组分，辛烷值为117，但其调合比例受到氧含量限制，无法用于乙醇汽油组分油调合，还受到环保因素的制约。各组分油性质如表22-1所示。

表 22-1　汽油池主要组分性质

项　目	催化裂化汽油	催化重整汽油	烷基化油	异构化油	MTBE
辛烷值(*RON*)	89~93	100	94	85~88	117
蒸气压/kPa	65~80	5~20	40~55	~100	~55
氧含量/%	0	0	0	0	18.2
密度(20℃)/(kg/m^3)	715	840	690	640	740
烯烃含量/%(体)	30~55	<1.0	<1.0	<0.5	0
芳烃含量/%(体)	11~25	65~75	<0.5	<0.5	0

二、调合效应与产品性质计算

在汽油调合中，各调合组分间存在着调合效应，一般用调合辛烷值表示。调合辛烷值 *BON* 是基础调合组分的辛烷值及调合组分调入量的函数，可以下式表示：

$$BON=A+\frac{(C-A)100}{\alpha}$$

式中　*A*——基础调合组分的辛烷值；

C——混合油的辛烷值；

α——调合组分的调入量,%。

调合辛烷值大于组分净辛烷值时为正调合效应，反之，为负调合效应。表 22-2 列举催化裂化汽油在各种基础调合组分中的调合效应。将催化裂化汽油调入重整全馏分和重整重馏分中，两者的辛烷值均低于净辛烷值，而调入重整轻馏分中则均高于净辛烷值；调入烷基化油中，*MON* 小于净辛烷值，*RON* 与净辛烷值基本相同。用调合辛烷值的概念可以判断油品的调合效应，从而使油品在调合中尽可能发挥正效应，提高经济效益。

表 22-2　催化裂化汽油①的调合效应

基础调合组分	催化裂化汽油调入量/%(体)	0	20	40	60	80
宽馏分重整生成油	*MON*	86.4		75.4	76.9	77.5
	RON	98.1		83.6	83.9	84.2
轻质重整生成油	*MON*	68.8	86.3	84.8	81.3	78.8
	RON	72.2	93.7	92.2	89.7	88.2
重质重整生成油	*MON*	93.2		71.2	75.5	76.7
	RON	104.9		85.7	85.4	85.8
烷基化油	*MON*	91.7	74.2	74.7	77.4	77.3
	RON	94	87.5	88	87.5	86.8

① 催化裂化汽油的净辛烷值：*MON* 为 78.2，*RON* 为 88.0。

调合辛烷值量化表示了调合效应，但需要依靠大量的实测。实际生产中，为了预测产品辛烷值，可以建立成品油与组分油之间的辛烷值计算方法或模型，即调合规则。最简单的调合规则是线性加和，但精度较低。考虑调合效应的非线性调合规则可以分为三类，分别是汽油组分模型、交互作用模型和数学回归模型。

汽油组分模型认为汽油辛烷值与调合组分的族组成有关，如 ETHYL 公司提出的 RT-70 辛烷值计算公式。基本思路是将辛烷值与汽油详细的族组成关联起来，用转换计算的方法预测汽油辛烷值。组分模型的特点是模型简单，计算结果受公式中参数影响较大。

交互作用模型认为汽油辛烷值与调合组分之间的交互作用系数有关，模型计算准确，但所有组分之间的交互作用参数很多，模型建立非常复杂。

数学回归模型就是对调合汽油实验数据进行非线性回归得到的模型，计算简便、迅速，缺点是模型适应性比较差。

随着对油品的精细分析能力以及对组成与宏观性质规律的认识水平提高，建立分子水平的调合规则成为可能[7]。在汽油馏分段的烃类(及必要的含氧化合物)分子调合辛烷值数据库支持下，可直接根据汽油分子组成，利用公式计算其辛烷值。与以实际汽油组分为计算对象的传统方法不同，分子水平的调合规则不受调合组分种类、数量和性质的限制，从根本上解决了调合规则适用性差和维护量大的问题。目前的研究成果表明，可以考虑数百种汽油组成分子，预测精度与传统方法相当，已经达到实际应用的水平，但仍受到工业环境下分析能力等限制。

除研究法辛烷值和马达法辛烷值(抗爆指数)外，汽油调合产品的蒸气压也可采用非线性调合规则进行预测，而烯烃含量、芳烃含量、苯含量、氧含量等一般按线性计算。

三、MTBE 等含氧化合物的调合

甲基叔丁基醚(MTBE)的辛烷值很高，实测值 *MON* 为 101、*RON* 为 117，对催化裂化汽油、宽馏分重整汽油和烷基化油均有良好的调合效应，调合辛烷值和调合抗爆指数均高于它的净辛烷值和净抗爆指数，而对于双组分调合汽油和三组分调合汽油，MTBE 的调合辛烷值与净辛烷值接近。在汽油组分类的调合规则中，一般将 MTBE 单独处理。

MTBE 在我国的汽油调合生产中广泛使用，尤其是在高标号汽油中作为重要组分。有两点需说明：①MTBE 的最大可加入量受到汽油质量标准中氧含量的限制，并且不能用于调合乙醇汽油；②由于 MTBE 泄漏后会对地下水源造成污染，部分国家限制甚至完全禁止 MTBE 作为组分参与汽油调合。

MTBE 的含氧化合物类替代品主要可分为醚类与醇类。醚类替代物主要为乙基叔丁基醚(ETBE)、叔戊基甲基醚(TAME)以及二异丙醚(DIPE)等；醇类替代物主要为甲醇、乙醇、叔丁醇等。特性对比见表 22-3。

表 22-3　MTBE、ETBE、TAME 和生物乙醇特性

添加剂	MTBE	ETBE	TAME	生物乙醇
原料	甲醇、异丁烯	乙醇、异丁烯	甲醇、异戊烯	甘蔗、玉米、薯类等农作物
RON	117	117	114	120
MON	101	101	100	99
(*MON*+*RON*)/2	109	109	107	110
雷氏蒸气压/psi	7	4	2	17
氧含量/%	18.2	15.7	15.7	34.7

注：1psi≈6.895kPa。

ETBE 辛烷值高、沸点高和蒸气压低，是一种性能优良的高辛烷值汽油调合组分，与 MTBE 性质近似，可在炼油厂直接掺配，不需修改引擎供油系统。汽油中 ETBE 的最大添加量为 17%(体积分数)。ETBE 沸点较高，可与烃类物质相混不生成共沸化合物，这样既可以减少发动机内的气阻，又可降低蒸发损耗。ETBE 还能被好氧性微生物分解，环保性好。因此 ETBE 不仅可提高汽油的辛烷值，而且还可改善汽油的经济性和安全性。ETBE 生产成本较 MTBE 与乙醇高、产量较少。

TAME 辛烷值略低于 MTBE，但在蒸气压、水溶解性等指标方面优于 MTBE。TAME 将易挥发、高反应活性的 C_5烯烃转换成蒸气压非常低的醚，减小光化学烟雾等对空气的污染。此外，TAME 以甲醇和异戊烯为原料，价格较低，有望代替 MTBE。

生物乙醇取代 MTBE 主要分为两种情况，一是乙醇直接作为组分生产乙醇汽油，二是乙醇和异丁烯合成 ETBE。乙醇汽油具有良好的抗爆性和低污染排放优势，但存在汽化和储存性能差、热值低、油耗量高、蒸气压高等问题。

此外，碳酸二甲酯(DMC)等酯类添加剂也备受关注，DMC 的 *RON* 和 *MON* 分别为 110 和 97，加入 DMC 会使汽油的燃烧热值有所降低，冰点及氧含量升高，对汽油的馏程、蒸气压及水溶性基本上没有影响。

四、汽油管道调合技术

汽油调合传统工艺为手工操作的罐调合，自动化程度和生产效率低，调合时间长，容易出现调合产品质量不合格或者质量过剩的状况，不能充分利用调合组分，成品汽油出厂量和汽油罐容间有时矛盾尖锐，与上游生产装置相比，技术水平相对落后。采用先进的管道调合工艺，已成为炼油厂解决汽油调合问题的有效途径和必要手段，得到广泛应用。

2006 年以后国内设计新建或改建的炼油厂汽油罐区，基本都建设了汽油管道调合装置，其中大部分炼油厂采用的配套技术为国内自主研发，但技术水平和运行效果不一。其中华南某炼油厂使用国产成套工艺技术建立的汽油管道调合装置，经过多次技术升级和改造，实现十多年的长周期运行，保持了良好的系统功能，取得明显效益，是国内成功应用汽油管道调合技术的代表案例[8]。

如图 22-3 所示，典型的汽油管道调合系统应具有三个相对独立的子系统，即“工艺设施”“在线质量分析系统”和“在线优化与控制系统”[9]。

(一) 汽油管道调合工艺

如图 22-3 所示的工艺流程，S Zorb 汽油、重整汽油、烷基化汽油、MTBE 等各种汽油组分，来自生产装置或者来自中间储罐，以一定的比例(配方)汇总进入调合总管，在调合头(静态混合器)中混合均匀，生产出满足一定质量规格的成品汽油。涉及的设施设备包括管道、静态混合器、组分罐、产品罐、添加剂罐、组分泵、增压泵、组分调节阀、组分流量计、添加剂流量计、背压阀等。调合工艺应具备准确灵活、平稳可靠的特点，以满足汽油管道调合生产的需要。

(二) 在线质量分析系统

在线质量分析系统的功能，是在油品调合的生产过程中，实时、准确地提供各种组分和产品的各项重要性质数值，例如汽油的研究法辛烷值、马达法辛烷值、烯烃含量、芳烃含量、苯含量、氧含量、蒸气压等。系统包括分析小屋、采样管线、预处理、样品回收和在线分析仪等硬件，以及分析软件和分析模型等。其中核心的在线分析仪，在国际及国内绝大多数调合装置中均采用在线近红外光谱仪，具有分析速度快、测量精度高、可同时测量多种物料的多种性质等特点。由于近红外光谱属于间接分析方法，因此分析模型的优劣是影响分析效果的重要因素，尤其是随着用户原料和工艺变化，需要不定期对分析模型进行修正。在线质量分析系统的具体组成和技术方案可根据用户需求调整，例如国Ⅴ及之后阶段的汽油调合中可以不配备在线总硫分析仪，依靠对组分生产的控制来保证硫含量不超标。

（三）在线优化与控制系统

在线优化与控制系统在油品管道调合中的作用是：自动控制调合生产过程，生产指定数量、指定规格的成品汽油，同时优化生产过程以提高调合的经济效益。系统由底层控制系统（如 DCS 或 PLC）、上位机、配套调合软件等构成，可以根据用户需求进行组态和设置，实现生产过程自动化、调合比例控制、生产方案优化等功能，并适应调合任务复杂、多变和繁重的特性。

汽油管道调合系统的应用效果体现在：提高调合生产的自动化水平和精度，保证运行平稳安全；减少质量过剩，避免辛烷值资源浪费；提高一次调合合格率，减少重调，降低能耗，减少加工损失；加快储罐周转，节省罐容资源；降低调合成本，优化使用组分。

汽油管道调合系统是包含多项先进技术，经过技术集成的综合系统。并且，油品调合位于炼油厂油品生产工艺链的末端，上游的任何原料、工艺或装置变化都会对调合产生影响。因此，为了使管道调合系统长期有效运行，应对调合软件的功能和参数设置、近红外分析模型等进行不定期的维护。

五、汽油调合优化

汽油调合优化的基本优化变量就是调合配方。考虑到辛烷值和蒸气压等具有非线性调合效应的性质，以及同时控制产品的多个性质，可以使用非线性规划来进行更精确的调合配方计算。基本公式如下：

$$\min F(R)$$
$$G(R) \leqslant 0$$

其中，R 为所有调合组分的配方，是主要的优化变量；$F(R)$ 为优化目标函数，可以是质量过剩最小、调合利润最高、最接近目标配方，也可以是这些目标的组合；$G(R)$ 为模型约束，包括了产品质量合格、组分资源约束等，反映设备、工艺、调度等多方面因素在调合中的限制和需求。

该优化模型具有以下特点：

（1）可同时控制多个产品性质。例如，汽油的辛烷值、烯烃含量、芳烃含量、苯含量和蒸气压等。其中，使用非线性调合规则预测产品的辛烷值和蒸气压，可更精确地反映出不同组分之间的调合效应，更符合高标准油品调合的需要。

(2) 考虑调合的经济性。由于优化目标中可以包括经济目标，因此所得优化配方不但保证产品质量合格(质量过剩较多也认为不合格)，而且能以最合理(调合利润高，或者满足调度要求)的方式调整组分的使用比例。

(3) 可用于离线或在线计算。除了进行调合开始前的离线计算，用于罐调合或者手动操作管道调合外，配合在线质量分析系统，通过计算机自动求解，非线性规划模型可用于管道调合过程中的在线计算和实时控制，保证在组分性质出现波动，或者产品种类变化时迅速予以调节。

汽油调合优化除了针对产品性质和组分配方外，还可以考虑总体经济效益、优化产品数量，例如某厂有四种汽油组分，可生产两种成品汽油，已知每种组分可用量、辛烷值、结算价，以及产品售价，求如何调合可取得最大经济效益。如果辛烷值按线性计算，那么这就是一个典型的线性规划问题。

更加复杂的汽油调合优化模型，可以将所描述的问题扩展到一段时间内多个调合批次，将各组分物料平衡、各牌号产品数量、调合次序、储罐接卸、操作步骤等均作为模型约束或者目标，那么优化模型将进阶为汽油调合生产调度方案的优化，类似于原油调合中的原油混输调度优化，建模和求解方法也类似。

第四节　车用柴油的调合

自 2003 年发布车用柴油国家推荐标准 GB/T 19147—2003(俗称国Ⅱ标准)以来，我国车用柴油质量指标迅速提高。目前已公布实施的 GB 19147—2016《车用柴油》，规定了俗称国Ⅵ的车用柴油最新标准，变化趋势为低硫含量、低多环芳烃、高十六烷值、确保润滑性，以适应对柴油车尾气排放逐步严格的要求。

柴油用于压燃式发动机，要求柴油容易雾化、具有良好的蒸发性能、容易燃烧，同时还需具有良好的燃料供给性能；不能腐蚀发动机的金属部件，在受热条件下，具有良好的热安定性，在储存过程中保持稳定，不发生变质。柴油的主要质量指标有氧化安定性、硫含量、酸度、10%蒸余物残炭、灰分、铜片腐蚀、水含量、润滑性、多环芳烃含量、运动黏度、凝点、冷滤点、闪点(闭口)、十六烷值、十六烷指数、馏程、密度和脂肪酸甲酯含量等。考虑到性质和成本，车用柴油需要通过不同组分调合而得。

一、我国柴油组分状况

随着柴油质量标准升级，以及我国炼油厂加氢装置的广泛应用，我国柴油组分的构成也发生较大变化，从主要以直馏柴油和催化裂化轻循环油为主，调合少量热加工柴油和加氢柴油，转变为以各种加氢精制和加氢改质柴油为主。此外，随着我国经济增速放缓、结构调整，导致柴油需求量降低，消费柴汽比已从 2005 年的最高点 2.3 降到 2019 年的 1.17，持续处于下降通道，因此大量炼油厂主动调整了柴油组分生产，对柴油调合也有显著影响。

加氢柴油会由于不同的原料、工艺条件、催化剂等而在性质上有非常大的差异。经过加氢后柴油的十六烷值会有一定程度的提高，凝点会有所降低，这与柴油质量标准升级、降低硫含量、保持燃烧性能基本不变的趋势相符，因此加氢柴油组分比例会随着柴油质量标准升级而增加。同时，与其他柴油调合组分相比，加氢柴油的生产成本会更高。

由于催化裂化轻循环油（以前国内称为催化裂化柴油）的性质较差，目前对其利用思路是进一步加工为其他类型产品，不再参与柴油调合。

二、非线性调合性质计算

柴油质量指标的项目有几十个，但在实际生产中通过调合控制的油品质量项目主要是十六烷值、硫含量、凝点、芳烃、多环芳烃和馏程等。其中有些项目在调合过程中呈现线性加成关系，如硫含量、芳烃含量等；有些则呈现非线性关系，如十六烷值、凝点、黏度等。对于非线性调合性质计算不仅不同性质之间计算方法不同，而且同一性质也存在多种不同的计算方法。一些柴油的性质见表22-4。

由表22-4可知，催化裂化轻循环油的十六烷指数都较低，尤其是沙特中质原油，且凝点很低，需要与直馏柴油调合后才能出厂。大庆原油的直馏柴油与催化裂化轻循环油的十六烷指数和凝点的调合效应见表22-5。

表22-4　我国加工的主要原油柴油组分的十六烷指数及凝点

原　油	直馏柴油			催化裂化轻循环油		
	馏分/℃	十六烷指数	凝点/℃	进料	十六烷指数	凝点/℃
大　庆	200~320	68.5	-15	减压馏分油	40~42	-5~12
	200~350	67.0	-5	—	—	—
	230~330	67.2	-6	减压渣油	27~29	-8~-10
胜　利	180~350	56.2	-12	—	—	—
	230~350	56.5	-10	减压馏分油	32~36	-2~-8
	240~400	57.0	10	—	—	—
辽　河	180~400	53.4	-5	—	—	—
	200~350	52.0	-10	减压馏分油	28~32	-2~-8
	230~300	50.2	-18	—	—	—
沙　特	180~365	52.4	-19	减压渣油	27	-5

表22-5　大庆柴油馏分调合效应

油样名称	馏　程/℃						凝点/℃	闪点/℃	十六烷指数
	初馏点	10%	50%	90%	95%	终馏点			
大庆直馏轻柴油	202	230	266	307	315	—	-5	89	65
	192	224	169	315	323	—	-3	79	66
	179	214	275	326	335	—	0	75	68
	166	200	278	337	345	349	5	70	69
	162	190	282	341	347	350	6	63	71
	147	186	280	337	345	345	6	53	72

续表

油样名称	馏程/℃						凝点/℃	闪点/℃	十六烷指数
	初馏点	10%	50%	90%	95%	终馏点			
大庆催化裂化轻循环油	—	—	247	312	319	324	-12	74	40
	—	—	246	322	327	332	-6	70	42
	—	—	241	323	331	336	-5	63	43
	153	173	228	324	332	339	-3	47	42
	145	160	217	323	331	335	-6	43	41
	137	156	211	324	332	338	-6	39	41
调合柴油①	183	201	258	306	317	321	-8	82	53
	176	200	259	317	327	330	-14	75	55
	168	188	262	326	334	339	-6	68	57
	168	182	265	334	342	347	0	59	59
	147	171	262	333	342	346	-3	52	60
	137	166	252	332	340	345	-3	50	59

① 大庆直馏轻柴油与大庆催化裂化轻循环油按 1：1 调合的对应结果。

从表 22-5 看出，十六烷指数的调合效应接近于线性调合并均为正偏差。催化裂化轻循环油与直馏柴油以 1：1 调合，十六烷指数有所提高，凝点的调合则有明显的增效效应。如凝点为-3℃的直馏柴油与凝点为-6℃的催化裂化轻循环油调合的凝点为-14℃，凝点为 0℃的直馏柴油与凝点为-5℃的催化裂化轻循环油调合的凝点为-6℃等，这一效应对于增产柴油有利。

柴油的燃烧性能以十六烷值表示，其大小与柴油化学组成有密切关系。十六烷值必须在专门的设备上测定，也可用由理化指标计算出的十六烷指数(ASTM D976)来相对地评定柴油的燃烧性能。十六烷指数计算方法较为简单，可以找出十六烷值与十六烷指数之间的关联性，先计算十六烷指数值然后计算十六烷值，也可以根据十六烷值与苯胺点的关系，先计算出柴油调合的苯胺点，然后再用下式计算十六烷值。

$$CN=16.419-1.1332\left(\frac{AP}{100}\right)+12.9676\left(\frac{AP}{100}\right)^2-0.205\left(\frac{AP}{100}\right)^3+1.1723\left(\frac{AP}{100}\right)^4$$

式中 CN——十六烷值；

AP——苯胺点。

柴油组分调合的凝点一般采用与质量为线性关系的凝点换算因子进行计算。当两组分的馏程接近时，调合柴油的闪点可用包含闪点调合系数的公式近似计算。具体计算可通过查表或调合计算图完成。

三、柴油调合技术

柴油调合的工艺和技术与汽油调合既有类似之处也有明显区别。整体工艺类型和控制方法上，柴油与汽油调合类似。由于柴油生产能力大于汽油，柴油调合组分相对较少、质量变化比汽油复杂，在柴油调合生产中较少单独设置组分罐，特别是一些大型炼油厂，往往直接将装置来的组分油送入产品罐，具体工艺可以采用罐调合，也可以采用管道调合。柴油调合的控制与优化可根据工艺设施条件和实际需求，选择采用离线配方优化和在线优化控制。

柴油调合的特点之一是需要多种添加剂。汽油调合在禁用 MMT 等含重金属的辛烷值改进剂后，炼油厂调合基本只加入抗静电剂。而柴油调合会通过添加剂改善产品使用性能，提高产品质量。比较常用的有：流动改进剂(降凝剂)、十六烷值改进剂、抗磨剂、抗静电剂等。

流动改进剂经过研究开发的类型众多，实现工业生产应用的主要是低分子量的乙烯-乙酸乙酯共聚物和乙烯-丙烯醋酸酯共聚物等。不同品种的流动改进剂用量在 0.01%~0.1%，可不同程度地降低柴油的凝点和冷滤点，实际效果与柴油的化学组成相关，受到生产柴油的原油种类、工艺、馏程分布等影响。一般而言，含蜡较少的环烷基和中间基原油所产柴油改进效果更好；催化裂化轻循环油、沸石脱蜡油、尿素脱蜡油改进效果优于加氢裂化柴油；馏程分布偏低或馏分较宽的柴油改进效果较好。

多种物质具备改善柴油十六烷值的作用，其中包括硝基化合物、亚硝基化合物、芳基硝化物、多硫化合物、氧化生成物、过氧化物、金属有机化合物、杂环类化合物、脂肪烃等，以及它们的复合物。通常，具有使用价值的十六烷值改进剂是以硝酸烷基酯类为主，如：硝酸辛酯、硝酸戊酯，添加量为 0.1%~0.3%，可调高 2~9 个单位，不同柴油的感受性不同。

柴油组分在经过加氢脱硫处理后，原有的含硫化合物作为组分中天然润滑剂的作用消失，导致测定的磨痕直径增大，需要在调合中加入抗磨剂以改善柴油的润滑性。目前主要使用的是脂肪酸型抗磨剂，但需要控制添加比例，防止柴油酸度超标，并注意对柴油腐蚀性、氧化安定性和十六烷值的负面影响。

第五节　生物燃料的调合

近年来，世界石油、天然气等化石燃料供应量受国际政治、经济等影响，价格剧烈波动，对我国炼油石化行业造成显著影响；同时考虑可持续发展的要求，炼化行业积极转向可再生能源，关注生物燃料的发展。我国已进行了多年的生物燃料技术研发和生产销售工作，其中乙醇汽油已经开始区域性的推广应用，生物柴油已制定相关使用标准，生物喷气燃料已完成商业使用的认证。

一、车用乙醇汽油的调合

乙醇汽油是一种由粮食及各种植物纤维加工成的燃料乙醇和普通汽油按一定比例混配形成的新型替代能源。我国车用乙醇汽油是指在不添加含氧化合物的车用乙醇汽油调合组分油中加入 10%(体积分数)的变性燃料乙醇调合而成的，用作车用点燃式发动机的燃料，又称为 E10。2017 年 9 月，经国务院同意，国家发展改革委、国家能源局等十五部门联合印发《关于扩大生物燃料乙醇生产和推广使用车用乙醇汽油的实施方案》，要求在全国范围内推广使用车用乙醇汽油。

目前我国颁布执行的与乙醇汽油相关的标准包括：GB 18351—2017《车用乙醇汽油(E10)》、GB 22030—2017《车用乙醇汽油调合组分油》以及 GB 18350—2013《变性燃料乙醇》，对乙醇汽油的技术指标、调合比例、组分油性质以及所添加的变性燃料乙醇性质作出了具体规定。在车用乙醇汽油(E10)标准的限值中，辛烷值、烯烃含量、芳烃含量、硫含量、蒸气压、馏程等主要指标与车用汽油一致，对乙醇的添加体积分数规定为10%±2%，同时要求乙醇汽油中的“其他有机含氧化合物”的质量分数不大于0.5%，这一规定相当于限制了以MTBE为代表的其他种类含氧化合物的使用。

变性燃料乙醇是指在脱水后的燃料乙醇中加入所谓变性剂，即一种添加剂，使得燃料乙醇不可饮用，但适用于生产燃料。对变性燃料乙醇中的乙醇体积分数规定为大于等于92.1%。

车用乙醇汽油调合组分油是指由炼油厂或石油化工厂生产出的车用汽油半成品，主要作为不同牌号车用乙醇汽油的调合组分，除不允许加入含氧化合物外，其余组分来源和调合方式与车用汽油没有区别。在乙醇汽油调合组分油标准中，辛烷值、烯烃含量、芳烃含量、馏程等指标的限值相比较车用汽油略有宽松，但蒸气压指标上限有所降低以保证添加变性燃料乙醇后总蒸气压不过高。

车用乙醇汽油的调合，指车用乙醇汽油调合组分油加入变性燃料乙醇以及金属腐蚀抑制剂等添加剂的过程，通常在终端销售部门如石油公司油库或调配中心完成。常用的调合方法有油罐调合和管道调合两种：

油罐调合是将车用乙醇汽油组分油和变性燃料乙醇分别装入油罐内完成调合。采用油罐调合，应保证油罐内干净、不含水，且在加入变性燃料乙醇前先加入乙醇汽油调合组分油。

管道调合是指车用乙醇汽油组分油和变性燃料乙醇通过计算机控制调合设备在管道中完成调合，如采用双泵单鹤管或双泵多鹤管流程。当采用双泵多鹤管流程时，调合泵宜采用变频调速电机或设置变频器。

乙醇吸水性强，因此在调合、运输、储存和加油站各个环节要加强防护以满足国家标准规定的水分含量不大于0.2%的要求。调合前要控制好组分的水分指标，并在各调合环节中防止水分摄入，调合操作后及时关闭各阀门。试验表明，装有车用乙醇汽油的容器敞口放置48h后，其水含量将增加一倍[10]。车用乙醇汽油储罐应保证罐底坡向排水孔。当采用罐调合工艺发生相分离时，分离出的水要进行专门处理。

二、生物柴油的调合

生物柴油是指动植物油脂或废弃油脂与醇(例如甲醇或乙醇)反应制得的脂肪酸单烷基酯，最典型的为脂肪酸甲酯，称为BD100，可以作为调合组分，与石油基柴油调合成车用燃料。我国现行的生物柴油质量标准有GB 25199—2017《B5柴油》，以及GB/T 20828—2015《柴油机燃料调合用生物柴油(BD100)》。

B5柴油是以体积分数为1%~5%的BD100生物柴油和95%~99%的石油基柴油进行调合而得，B5柴油的评价指标参照普通车用柴油，主要有十六烷值、硫含量、密度、氧化安定性、水含量、多环芳烃含量等。生物柴油的化学特性使之能以任何比例与石油基柴油混合，混合后均匀性和稳定性好[11]，常用的调合方法有油罐调合和管道调合两种，调合、储存与运输过程中无特殊要求。

三、生物喷气燃料的调合

生物喷气燃料是指以动植物油脂等生物质为原料，生产适用于喷气式航空发动机的燃料，并作为组分加入石油基喷气燃料中。生物喷气燃料对我国民航业及上下游产业链实现可持续发展的意义重大。我国于2009年开始生物喷气燃料研发工作，2011年中国石化建成一套生物喷气燃料工业装置及调合设施，实现生物喷气燃料的自主研发生产，2013年使用1号生物喷气燃料的商业客机在上海首次试飞成功。

我国现行的标准GB 6537—2018《3号喷气燃料》，规定了喷气燃料和非石油基喷气燃料调合组分的技术要求和试验方法，生物喷气燃料及调合后的产品应符合该标准。同时，由于应用于民用航空业的特殊性，我国的生物喷气燃料生产和调合必须参考一系列国际标准，如ASTM D7566、ASTM D1655和国际民航组织《航空替代燃料可持续性标准》等。

生物喷气燃料由于不含芳烃，而芳烃能够使作为密封剂的橡胶产生溶胀作用而防止油样泄露，所以不能单独使用，必须与石油基喷气燃料进行调合后使用[12]，生物喷气燃料调合比例不超过50%。调合工艺一般采用储罐调合，除组分油外还需要加入抗静电剂、抗氧剂、抗磨剂、防冰剂、金属钝化剂等添加剂。

第六节　润滑油的调合

润滑油是一种高技术含量的炼油产品，附加价值高，经济效益显著。在过去几十年的发展中，由于科研、生产、销售、使用等部门的密切合作，使我国润滑油的生产技术、种类、产量、质量均有了很大的发展。目前中国的汽车产销量多年保持世界第一，对发动机油的需求是包括调合在内的润滑油生产增长的关键推动力。表22-6列出了我国2015~2019年润滑油、基础油供需情况。

表22-6　中国2015~2019年润滑油、基础油供需数据　　10^4t

项　目	2015年	2016年	2017年	2018年	2019年
成品润滑油消费量	857	922	941	954	965
基础油产量	248	246	267	280	283
基础油消费量	504	526	544	550	549

润滑油生产涉及基础油生产、添加剂生产、配方研究、油品评定和润滑油调合等五个方面的技术。随着社会各行各业对润滑油性能不断提出新的要求，各种新添加剂的诞生，优质基础油产量的增长，多级油、通用油、长寿命油等新产品的不断出现，把润滑油工业推向新的水平，对润滑油调合的要求也随之提高。

润滑油调合的特点是：原料品种多，产品种类多，生产批量有大有小。一个大型的润滑油调合厂可能要调合出几十种基础油和使用上百种添加剂，生产数百种产品，与汽油、柴油相比每批产品产量较小。润滑油调合的特点对调合的工艺管理和设备的发展有重要的影响。

一、润滑油调合工艺

润滑油调合的典型过程为：通过计量将配方规定的各种原料(基础油和添加剂)加入调合罐，通过搅拌和加热等方法，使各原料组分混合均匀，按检验规范取样、化验分析，各项指标合格后，润滑油调合完成。

润滑油调合一般分为两种类型：罐式调合和管道调合。罐式调合包括传统的罐式调合和自动批量调合，管道调合包括机械式管道调合、在线调合和同步计量调合。

罐式调合是将基础油和添加剂经计量后直接加入调合罐，搅拌均匀后，成为成品油。罐式调合适用于调合次数少、每批产量较小的产品生产。管道调合设有一组计量通道，基础油和添加剂分别进入设定的计量通道，计量后的原料组分由集合管送入调合罐，搅拌均匀后，成为成品油。管道调合需要使用散装添加剂，适用于大批量产品的生产。为满足用户对各种批量产品订货的要求，调合厂一般会同时设置罐式调合和管道调合装置。

润滑油调合的工艺管理主要控制以下几方面：

1. 配方和计量精度控制

润滑油配方和产品检验规范是根据油品研究和评定确定的，各种基础油和添加剂的比例在配方中已明确规定。通过调整组分配方，可以预测并控制油品黏度。

黏度计算公式为：

$$\lg\nu_{m} = \sum x_i \lg\nu_i$$

式中 ν_m——油品混合后在同温下的黏度，mm^2/s；

ν_i——组分油在同温下的黏度，mm^2/s；

x_i——组分的摩尔分数或体积分数,%。

产品的其他各项性质如：黏度指数、低温动力黏度、低温泵送性、碱值、元素含量、倾点、灰分等指标的合格，均是以原料的质量和计量精度来保证的。确保调合原料的质量、严格配方管理和确保计量精度是工艺管理的关键点。

2. 产品搅拌混合均匀度的控制

各原料组分进入调合罐后，如果混合不均匀，取样分析的结果与加料比例不准确的结果相似，通常会使多项指标不合格。

3. 调合温度的控制

为保证基础油、添加剂和成品油顺利输送，保证成品油混合均匀，对原料和成品油进行温度控制是十分必要的。提高温度可以使油品黏度降低，提高输送速度并提高计量精度。原料组分在调合罐中搅拌混合时，加热可以提高混合效果，保证混合均匀。但如果加热温度过高，会使添加剂受热分解，加速油品氧化变质。润滑油调合厂一般会对各原料和成品油的加热温度作出规定并严格控制。

4. 杂质、污染源控制

润滑油调合装置是通用设备，一套生产装置要生产多种产品，可能会发生配方外的物质污染产品的情况，如罐底和罐壁残留油品会造成对下一批产品的污染。为防止污染，每种原料应尽量配备专罐，并专线输送，否则应抽尽罐底残油，必要时用基础油洗罐。

5. 不合格品的处置

在润滑油生产中，通过加强管理，规范操作，严格执行工艺纪律，在保证计量精度、油品加热、搅拌混合效果的情况下，在采取各项防止油品污染的措施后，先进的自动调合装置一次调合合格率可以达到98%以上。但由于投料计量、设备故障、操作不规范等多种原因，调合生产中仍会有一些不合格品产生。调合厂一般均制定了不合格品的处置预案，除了将不合格品重调合格外，还要通过预防措施避免不合格品重复产生。

二、润滑油调合设备

润滑油调合设备的不断改进主要是为了提高生产效率，降低生产成本；提高计量精度，保证产品质量；改善生产环境，减少污染。采用自动化技术和各种新设备，润滑油调合由手工操作转变为全自动生产，是润滑油调合设备和装置的发展趋势。润滑油调合设备整体上可分为两类：罐式调合设备和管道调合设备，以及球扫线设备、全自动管汇和自动抽桶装置等专用设备。

（一）罐式调合设备

1. 传统的罐式调合设备

主要设备是调合罐(一般兼作成品罐)，在调合罐上或调合罐周围安装有计量器具、搅拌设备、加热系统、温度计、液位计、散装和桶装添加剂的加入装置、机泵和管线等设施。操作过程包括投料计量、加热、混合、出料、扫线五个步骤。目前，我国的调合厂大部分使用的仍是传统的罐式调合设备。

2. 自动批量调合设备

在传统的罐式调合设备基础上引入自动控制系统、自动计量设备和桶装添加剂自动抽取装置后，发展成为全自动的罐式调合装置，也称作自动批量调合装置。自动批量调合与传统罐式调合的操作过程基本相同，其区别在于全自动操作和手工操作。

自动批量调合装置的调合罐架设在称重传感器上，通过称重传感器称重，生产时依次控制各自动阀的开闭来完成各组分的加料和计量。调合罐上装有加热夹套、温控仪表和搅拌器，可由计算机控制完成加热和搅拌混合。出料过程和用球扫线对管线进行清扫的过程均可以自动完成。自动批量调合装置示意见图22-5。

自动批量调合装置的优点是：直接称重计量，对于固体添加剂可以直接使用，操作简便，生产灵活性强，适用于小批量、多品种生产。缺点是：各种基础油和添加剂需要依次加入，生产速度较慢。

（二）管道调合设备

1. 机械式管道调合设备

最早的管道调合是由计量泵排列组成的机械式调合设备，计量泵的入口接各原料管线，出口汇入集合管，集合管上安装搅拌(混合)器。各计量泵按配方的比例将各原料组分同时输入集合管，经搅拌后，物料在集合管的出口已成为产品，所以称为管道调合。

2. 在线调合设备

在线调合设备是在机械式管道调合基础上结合计算机技术而发展起来的。在线调合设备一般设有多个计量通道，使用时每个计量通道对应配方中一个组分。每个计量通道上依次配备自控阀、流量计、温度计(早期设备配有脱气罐)，计算机根据产品配方中各组分的比例和设定的产品总量，自动计算各原料组分的流量和总量，并根据温度信号由计算机控制自控阀完成对计量的温度补偿。生产中给在线调合装置配置的成品罐实际上是具有搅拌功能的调合罐。在线调合的优点是计量精度高、大批量生产时效率高。

润滑油产品分析项目多，能在生产进行过程中同时完成分析项目的在线分析仪器目前技术尚不成熟。利用在线分析仪器，对产品质量进行实时检测和闭环控制并直接生产出指标合格的产品，目前在润滑油生产中还无法实现。

3. 同步计量调合设备

针对在线调合的缺点，20 世纪 90 年代提出了同步计量调合的概念。同步计量调合和在线调合的设备相似，都由流量计和自控阀组成的若干计量通道和一条集合管所组成。使用时基础油和散装添加剂从各原料罐通过专用管线用泵输送到各计量通道入口，利用自控阀来控制组分的进料并计量。生产过程由计算机控制自动完成。同步计量调合装置示意见图 22-4。

（三）球扫线设备

每套球扫线设备由一个发球站、一个收球站、若干个中间站(三通或四通分配阀)和控制系统组成。在计算机上设定扫线任务后，操作全部自动完成。使用球扫线技术可以减少管道内残留的原料，提高调合的整体计量精度。

（四）全自动管汇

全自动管汇是油品输送系统中的专用切换设备，主要用于润滑油成品的输送。一个成品罐的产品可能要送往多条灌装线，每条灌装线可能要接受多个成品罐送来的油品，对于大型的调合厂，由于产品多、包装形式多和灌装线多，成品油的输送构成了一个复杂的系统。

（五）自动抽桶装置

自动抽桶装置主要包括一个两侧连接传送带的称重台，一根可移动的抽杆，一个可称重、可自动加热的清洗油罐，一台泵和一套控制系统。使用时将装有添加剂的桶运上传送带并开盖，其后的操作自动完成，包括抽取添加剂、清洗空添加剂桶、清洗抽杆和抽剂系统、处理清洗罐中剩余的基础油等。自动抽桶装置的使用提高了桶装添加剂的加剂计量精度，提高了生产效率，减轻了劳动强度。

第七节　燃料油的调合

燃料油广泛用于电厂发电、船舶锅炉燃料、加热炉燃料、冶金炉和其他工业炉燃料。燃料油作为炼油工艺过程中的一种产品，其质量控制有着较强的特殊性，燃料油生产受到原油品种、加工工艺、加工深度等许多因素的制约。根据不同的标准，燃料油可以进行以下分类：

（1）根据出厂时是否形成商品，燃料油可以分为商品燃料油和自用燃料油。商品燃料油指在出厂环节形成商品的燃料油；自用燃料油用于炼油厂生产。

（2）根据用途，燃料油分为船用燃料油(以下简称船燃)和炉用燃料油两大类。

（3）根据炼油加工工艺流程，燃料油包括常压渣油、减压渣油、减黏渣油、催化裂化油浆或它们的混合油，可分为馏分油和残渣油两大类。馏分油一般是由直馏重油和一定比例的柴油混合而成，用于中速或高速船用柴油机和小型锅炉；残渣油主要是减压渣油、二次加工渣油或二者的混合物，或调入适量二次加工轻油制成的重质燃料油，其特点是黏度大，含非烃化合物、胶质、沥青质多，供低速柴油机、部分中速柴油机、各种工业炉或锅炉作为燃料。

一、船燃调合组分和工艺

船燃通常是向重油组分中掺入轻油组分调合而成，这不仅是为达到黏度和凝点等指标要求，而且可防止船用燃料油中沥青质和油泥凝聚生成沉淀。调合时要注意保持燃料油的良好安定性和配伍性，以免在实际使用中出现储罐内沉积、离心机超载和过滤器堵塞等现象。掺入轻油的性质和数量对船用燃料油的安定性和配伍性有很大的影响。掺入轻油超过一定的比例，会打破沥青质和油状烃类介质之间的平衡，造成沥青质凝聚而沉淀。由于其对沥青质的相溶性(或亲和力)大，掺入芳烃含量高的轻油不易造成离析，因此一般多采用芳烃含量较多的二次加工重馏分油进行调合。

随着环保要求日趋严格，全球大部分地区要求船用燃料油硫含量在2020年降到0.5%以下。鉴于为船舶尾气安装烟气洗涤器的脱硫改造能力不足，以及低硫馏分型船燃价格较高，综合燃料成本、使用性能和可操作性，发展低硫重质船燃更具有优势。低硫重质船燃以脱固低硫油浆、乙烯焦油、回炼油、催化裂化轻循环油、低硫加氢渣油以及减压渣油等作为调合组分。其中，油浆临氢脱固脱硫深度加工，可得净化油浆，用于船燃调合。渣油经加氢处理可用于燃料油调合，但成本较高，开发低氢耗高脱硫选择性渣油加氢技术可以解决成本过高问题。

燃料油调合生产中，依据牌号规格，采用离线配方优化计算，根据可以利用的组分及其性质，算出配方比例，再进行罐调合或者管道调合，经分析质量指标得到最终产品。

二、船燃调合性质计算

船用燃料油的主要指标包括运动黏度、硫含量、倾点、闪点、碳芳香度指数等，其中运动黏度是船燃产品牌号指标，如RMG180、RMG380，分别限定燃料油在50℃的运动黏度不高于$180mm^2/s$和$380mm^2/s$。船燃在调合过程中，硫含量、密度等具有简单的线性调合特性，而黏度、倾点、闪点为非线性调合特性，难以准确预测。常见的黏度调合规则有双对数模型、Cragoe模型、Chervon模型等，公式和特点见表22-7。船燃闪点、倾点等非线性调合规则的研究相对较少，一般可借鉴柴油的闪点和倾点调合规则来处理。

表22-7　船燃运动黏度调合模型

黏度调合模型	公　式	特　点
双对数模型	$\mathrm{lglg}\nu_m = \sum_{i=1}^{n} m_i \mathrm{lglg}\nu_i$	船燃调合应用较多，但忽略了组分油中的非牛顿流体，计算存在一定误差
Cragoe模型	$\nu_m = 5\times10^{-4}\exp(1000\ln20/L_m)$ $L_m = \sum_{i=1}^{n} m_i L_i$ $L_i = 1000\ln20/[\ln\nu_i - \ln(5\times10^{-4})]$ $\sum_{i=1}^{n} m_i = 1$	提出表征流体流动的流函数L，与黏度关联，适用于各黏度比体系

续表

黏度调合模型	公　式	特　点
Chervon 模型	$VBI_i=\frac{\lg\nu_i}{3+\lg\mu_i}$ $VBI_\beta=\sum_{i=1}^{n}\varphi_i VBI_i$ $\nu_m=10^{\left(\frac{3VBI_\beta}{1-VBI_\beta}\right)}$	引入黏度掺混系数，计算掺混黏度

注：ν_m为调合产品黏度；ν_i为调合组分黏度；m_i为调合组分质量分数；φ_i为调合组分体积分数。

参　考　文　献

[1] 丁绪淮，周理. 液体搅拌[M]. 北京：化学工业出版社，1983.

[2] 时钧，汪家鼎，余国琮，等. 化学工程手册[M]. 第2版. 北京：化学工业出版社，1996.

[3] 彭朴，陆婉珍. 汽油辛烷值和组成的关系[J]. 石油炼制，1981，12(6)：27-38.

[4] 周祥，郭锦标，周涵，等. 原油混输调度的模型法研究[J]. 石油炼制与化工，2008，39(10)：49-52.

[5] 褚小立，陈瀑，许育鹏，等. 化学计量学方法在石油分析中的研究与应用进展[J]. 石油学报(石油加工)，2017，33(6)：1029-1038.

[6] 李娜，郭莘，陶志平. 汽油调合组分性质及其调合特点的研究[J]. 石油炼制与化工，2015，46(2)：12-17.

[7] 焦国凤，周祥，孟繁磊，等. 分子水平预测汽油馏分的蒸气压[J]. 石油学报(石油加工)，2017，33(4)：662-666.

[8] 王雁君，张蕾，房韡，等. RIPP 汽油精准调合技术[J]. 计算机与应用化学，2019，36(1)：84-90.

[9] 陆婉珍，梁永超，郭锦标. 清洁油品管道调合技术开发与应用[C]//中国化工学会 2010 年学术年会论文集. 上海，2010.

[10] 赵广明. 车用乙醇汽油调合及储运问题的探讨[J]. 炼油设计，2002，32(2)：44-47.

[11] 丁泠然. 生物柴油的特性及其与石化柴油的调合和储运[J]. 石油库与加油站，2016，25(5)：662-666.

[12] 史作然，陶志平，龚冬梅. 生物喷气燃料的组成及基本性质研究[J]. 石油炼制与化工，2013，44(9)：30-33.

第二十三章　油品储运

专家话炼油

截至2020年底，国内炼油能力已超过9亿吨/年。随着石油市场准入不断放开，地方炼油厂产能急剧增长，比重已超过20%。受油源供应及运输环境等条件所限，国内炼油产能分布并不均衡，由此形成了以炼油厂为中心，以长输管道、铁路、水路、公路各种运输方式构成的复合运输网络辐射消费区的庞大油品储运体系，弥补了区域供需失衡的不足，建成了完善的原油、成品油储存和运输配套设施。

本章是对液体石油产品[包括原油、成品油(气)]流通过程的介绍，内容涵盖炼油厂原油、辅助生产用料储存、进厂，中间产品输转到成品油出厂、运输、储存、分销各环节的技术和设施，形成一个完整的由储罐、长输管道、装卸油设施、泵站、加油(气)站及多种运输工具共同组成的油品储运系统。通过这个系统的运行，炼油厂才得以进行正常的生产作业，石油产品才得以完成炼制，成为终端消费产品并通过分销进入消费终端，以燃料能源的形态供应消费者，保障社会经济的平稳运行。

第一节　油品储存

油品储运主要包括原油、中间产品、产品的储存和运输及分销系统。油品的储运设施主要有：①原油罐区、成品油罐区、中间原料罐区；②油品装卸设施，包括水运装卸设施和陆运装卸设施；③油品管网输送系统。

储罐是油品储运系统中的主体设施之一。随着炼油能力的不断增大，储罐向大型化发展是必然趋势。储罐的形式已发展成为多样化、配套化、系列化，其中立式浮顶油罐和立式、卧式金属球顶油罐使用最为广泛。我国炼油厂对原油、各种成品油以及中间油品的存储，普遍采用钢制储罐。

国内已基本形成了功能相对完善的原油储运体系，掌握了大型油罐制作技术，高强度钢材的生产、设计及施工技术得到全面应用。自建的100000m^3浮顶储罐，最大150000m^3的储油罐已投入运营。采用大容量甚至超大容量油罐储油具有节省钢材、减少占地面积、方便操作管理、减少油罐附件及管线长度和节省投资等优点。在总库容相同的情况下，由大型油罐组成的罐区更节省投资。

一、储罐的类型及其应用

我国采用的钢制储罐可分为固定顶立式储罐、浮顶立式储罐、压力储罐和低温常压储罐四类。

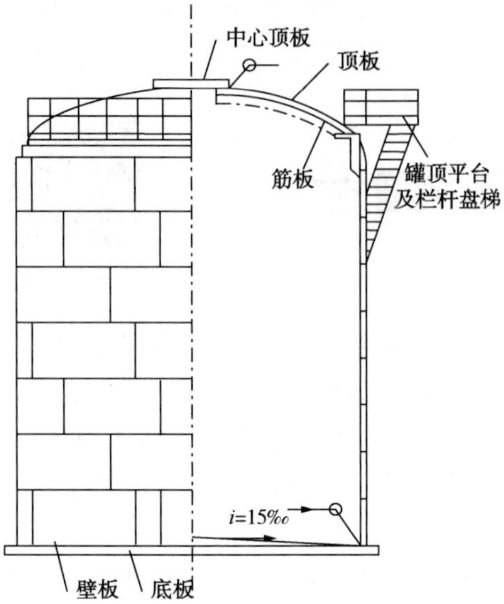

图 23-1　拱顶罐
（设计压力：正压 6000Pa，负压 490Pa）

（一）固定顶立式储罐

按罐顶结构形式的不同，分为拱形顶、锥形顶两种，以拱形顶居多。拱形顶罐的顶盖需用筋板加强，结构简单稳定，见图 23-1。当罐直径大于 32m 时，拱顶需用桁架加强，用钢量大而经济性变差。因而增加了 20000m^3 和 30000m^3 网架结构罐顶的系列，以改善拱顶结构大型化的经济性。小型锥形顶罐顶盖为自支撑结构。对相同容积的罐，拱顶罐与锥顶罐的用钢量相差不大。但因结构和施工等原因，一般锥顶结构只用于较小容积的罐。

固定顶罐顶部留有一定容量的气相空间，其中以拱顶罐为最大，锥顶罐次之。气相空间大，会使罐内油品的蒸发损耗加大，所以固定顶罐不适宜储存轻质油品和原油，主要用于储存低挥发性油品（如柴油）及重质油品（如燃料油、液体沥青）。

（二）浮顶立式储罐

浮顶立式储罐是广泛使用的一种油罐，根据油罐外壳是否封顶分为外浮顶油罐和内浮顶油罐两种形式。外浮顶油罐通常用于储存原油，内浮顶油罐一般用来储存轻质油品。浮顶罐将罐顶设计成浮盘，随液面上下浮动，浮盘周边与罐壁之间的环形空间，用密封装置加以封闭。浮盘有浅盘、单盘和双盘三种形式。

浅盘式是初期的一种形式，它存在着一些严重的缺陷，一是当浮船出现泄流时，极容易引起浮顶下沉；二是遇有雪或雨水等附加载荷时，可能严重影响浮船的稳定性；三是由于只有一层钢板，直接接触液体，阳光直接照射在浮顶上，可能导致顶板下部高挥发性流体沸腾。由于存在上述缺点，这种形式的浮顶罐已很少使用。

双盘式有上、下两层盖板，两层盖板之间有边缘环板，径向隔板和环向隔板分隔为若干互不相通、互不渗漏的隔舱。双盘式主要用于油罐容积在 1000～5000m^3 范围内的浮顶油罐。由于它的隔热性能好，又多用于轻质油罐。

单盘式浮顶的周边为环形浮船，中间为单层钢板，单层钢板与浮船之间用连接角钢连接。浮船内部同样由径向隔板分隔为若干互不相通的隔板，以便个别隔舱渗漏后不致使浮顶沉没。浮船顶板和底板均有坡向中央的坡度，顶板坡度是为了排除雨水，底板坡度是为了使油面上的气汇聚于单盘的边缘，以便压力达到一定数值后由盘边的透气阀排出。因此，我国应用最广泛的是单盘式浮顶。由于中心板仍为单板，在阳光直接照射下，依然可能导致高挥发性油品沸腾，不适宜用于储存轻质油品。但是当油罐容积大于 5000m^3时，为了节省钢材，多采用单盘式浮顶，见图 23-2。

浮顶罐对气相空间有限制，从而大大降低了蒸发损耗，用于原油及高挥发性油品（如汽油、石脑油）的储存。多数原油蜡含量大，所以储存原油的浮顶周边一般设置刮蜡装置以防止罐壁结蜡，妨碍浮盘活动或蜡块局部跌塌损坏浮盘。

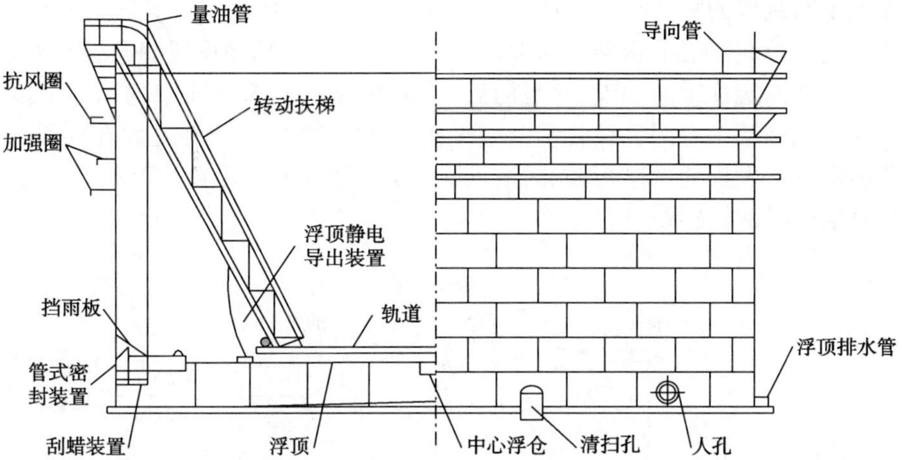

图 23-2　单盘式浮顶罐

为保证浮顶能随液面升降而上下移动，在浮顶外缘环板与罐壁之间的环形空间径向间距偏差为±100mm 时，密封装置应仍能保持良好密封效果，防止油品蒸发的气体从此间隙逸出。密封装置既要压紧罐壁，减少油品蒸发损耗，防止风沙、尘土和雨雪对油品的污染，又不能影响浮顶随油面上下移动。密封装置应有良好的密封性能，坚固耐用，结构简单，施工和维修方便，成本低廉。

密封装置的形式有很多种，大致可分为三大类：机械密封装置、弹性填料密封装置和管式密封装置。早期使用的主要是机械密封，目前多使用弹性填料密封或管式密封，统称为软密封。弹性填料密封主要由密封袋和软填料组成。密封袋使用尼龙布，外涂耐油、耐老化的丁腈橡胶制成，袋内填充具有压缩弹性的聚氨酯泡沫塑料。管式密封是由耐油密封管和吊带组成，管内根据当地气温条件及罐装油品性质选用轻柴油或水等作填充液。软密封储存轻质油品与拱顶罐相比可减少蒸发损耗 90%以上，因此这两种密封装置得到了广泛应用，见图 23-3。

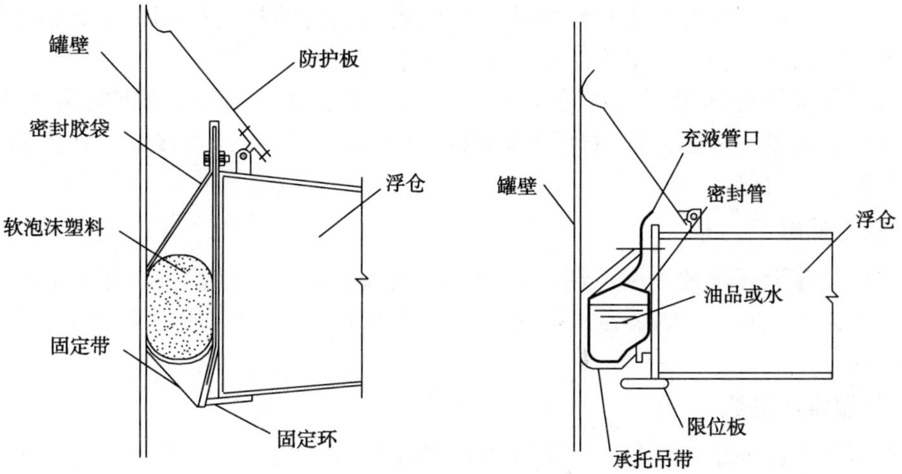

图 23-3　软密封装置

由于浮顶密封装置的材料是绝缘的，就会使油品在进罐时所带的静电电荷和浮盘上下移动引起的静电电荷在浮盘上积聚，为保证安全，在浮盘上都须设置静电导出装置。

内浮顶罐是在固定顶罐内加设一个浮盘，为防止浮盘上部空间中的油气浓度积聚到爆炸极限内，在罐顶和罐壁上部开设若干个通气孔，见图 23-4。这种罐兼有拱顶罐和浮顶罐的优点，既能降低蒸发损耗，又可防止雨、雪、沙尘等侵入。因此广泛用于汽油和质量要求严格的挥发性油品的储存。

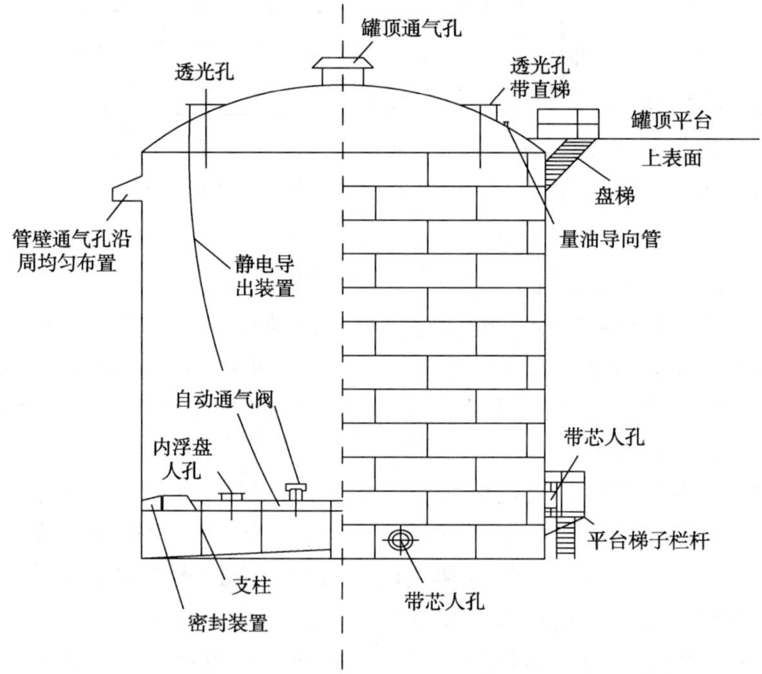

图 23-4　内浮顶罐

内浮盘本身通常采用现场组装、螺栓连接的铝合金浮盘，铝合金抗腐蚀能力强且质量轻，使用寿命长，适用于现有拱顶罐的改造。但受到本身结构的限制，设有铝浮盘的储罐不得用气体介质向罐内扫线，也不能用于外浮顶罐。

由于内浮顶罐具有固定顶盖可防止雨、雪、沙尘等侵入，因而其密封装置比较简单，一般采用舌形密封带，内芯为聚氨酯泡沫塑料，外包耐油橡胶，直接固定在浮盘上，接合部位均涂上耐油密封胶。

（三）压力储罐

有卧式罐与球形罐两种。用于储存液化气、丙烷、丁烷、液氨等。压力卧罐一般容积较小，通常不大于 $100m^3$。球罐容积系列为 $120 \sim 2000m^3$。罐体材质为含锰碳素钢，结构采用立柱支承式。

（四）低温常压储罐

低温常压储罐按外罐壳体材料可分为金属外壳和混凝土外壳两大类。金属外壳低温常压储罐可分为吊顶单壳体储罐、吊顶双壳体储罐和双拱顶双壳体储罐三种。混凝土外壳低温常压储罐可分为预应力混凝土（PC）吊顶双壳体储罐、预应力混凝土外壳（PC）双拱双壳体储罐和环形承压混凝土外壳(RC)吊顶双壳体储罐三种。

低温常压储罐用于储存低温液化气(主要是丙烷，储存温度为-42～-43℃；丁烷，储存温度为-3～-5℃)和低温液态乙烯(储存温度为-107℃)。

为了降低单位容积的造价，低温常压储罐单罐的容量较大，一般有25000m^3、30000m^3、40000m^3、50000m^3、80000m^3、100000m^3、200000m^3几种。目前国内已建有容量为25000m^3、50000m^3、80000m^3和160000m^3低温储罐。

各种钢制储罐的容积系列及具体应用范围见表23-1。

表23-1　各类储罐的容积系列及具体应用范围

类　型		罐容系列/m^3	结构特点	适宜储存的油品
常压储存①	固定顶	100，200，300，400，500，700，1000，2000，3000，4000，5000，7000，10000	拱顶或锥顶	(1) 闪点≥60℃的各种馏分油及重油、燃料油 (2) 灯用煤油
		20000，30000	网架结构罐顶	
	内浮顶	100，200，300，400，500，700，1000，2000，3000，4000，5000，7000，10000，20000，30000	铝制内浮顶 普通钢制内浮顶 不锈钢制内浮顶	(1) 航空汽油，喷气燃料，芳烃 (2) 车用汽油、溶剂油、重整原料油及类似的轻质油 (3) 灯用煤油、原油
	浮顶	1000，2000，3000，5000	双盘式浮顶	(1) 原油 (2) 车用汽油、溶剂油及性质相似的轻质油
		10000，20000，30000，50000，70000，100000	单盘式浮顶	
压力储存	球形	50，120，200，400，650，1000，2000，3000，4000，5000，10000	三带、五带、七带	液化气、丙烷、丁烷
	卧式	根据需要设计，一般不大于100		(1) 轻质油品、液化气 (2) 化学试剂等 (3) 回流油
低温常压储存	单壳体	25000，30000，40000，50000，80000，100000，160000，200000	吊顶	低温液化气、丙烷、丁烷、丙烯等
			拱顶	

① 适用条件：温度≤200℃，正压200mmH_2O柱(1.96kPa)，负压50mmH_2O柱(0.49kPa)，储存加氢原料油时，须配备氨封系统。

二、储罐的加热与保温

我国原油一般含蜡多、凝点高，如大庆原油凝点为30～33℃，胜利原油凝点为28～29℃，因而炼油厂储存原油、含蜡馏分油及渣油等储罐均需设置加热和保温设施，以保证油料必要的流动性。

(一) 油品的储存温度与加热方法

油品的储存温度过低会使其失去流动性而造成抽出困难，而过高的储存温度不仅会消耗大量水蒸气或热水，还会增大油品的蒸发损耗和导致油品变质。油品的最低储存温度应比凝点高10～15℃。原油的最高储存温度不得高于初馏点。在确定油品的输送温度时，应保证泵吸入操作能正常进行，并使油泵输油所耗功率与加热油品所耗能量之和最小。一般在输送温度下，油品的黏度宜小于60mm²/s。润滑油成品的储存温度应不会使油品内部添加剂分解和影响油品质量。对于燃料油和常减压渣油，若要考虑油品在储罐中脱水和沉降杂质时，油品的储存温度宜为油品黏度接近100mm²/s时的温度，且不得高于95℃。从装置来的热油温度一般宜为120~180℃，并应比油品闪点低15~20℃。

炼油厂中储罐加热的热源应优先考虑利用厂内的低温热源，如95℃的热水或0.3~0.6MPa的饱和水蒸气，只有储存温度为120~180℃的热罐，才采用接近1.0MPa的蒸汽作热源。储罐加热设施的配置一般采用罐底加热排管，以维持罐内的最低储存温度，在罐出口处安装局部加热管以提高油料的出罐温度，保证油料在输转管道中的流动性；对含水量有严格要求的油品，一般采用U形管加热器。为了节约能源，对维持油品温度的加热器和需要升温的加热器要设置温度控制装置。

（二）储罐的保温

下列储罐均须设罐壁保温层：油品须在储罐内维持温度或加热升温的储罐；储存石蜡基原油时，要求防止罐壁结蜡的浮顶罐；会因储存期间降温而影响输送的120~180℃热油储罐；储存温度大于120℃的储罐罐顶也应设保温层。

储罐的保温材料可根据储罐所在地区的具体情况，因地制宜地选用符合要求的保温材料。目前常用的保温材料有水泥珍珠岩制品、岩棉制品和复合硅酸盐制品。储罐的保温材料和保温厚度的选择，应使保温投资年分摊费用与年热损耗费用之和为最低值。

三、油品计量

计量是实现单位统一、量值准确可靠的测量过程。在油品储运过程中进行计量以确定油品储运的数量，并计算油品在储运过程中发生的损耗。

按照介质状态，油品计量可分为动态计量和静态计量；按照结算类型，油品计量可分为体积计量和质量计量。

原油、天然气交接以及成品油零售均采用体积交接，仅在成品油大宗交易和直销批发环节、液化天然气(LNG)交接采用质量计量，按照国家改革要求，部分地区的天然气零售也已改为质量交接。目前在成品油质量交接过程中，我国采用油品在空气中的质量作为贸易结算依据，因此在油量计算过程中需要进行空气浮力修正。按照国家标准中的规定，空气浮力修正系数取1.1kg/m³。

（一）动态计量

油品动态计量一般指使用流量计在油品流动过程中进行计量。按介质分类可将流量计分为液体流量计和气体流量计。液体流量计有很多种类，包括质量式、容积式、速度式、电磁式、差压式、涡轮、涡街、转子流量计等；气体流量计也有质量式、容积式、涡街和孔板流量计等多种类型。

1. 质量流量计

质量流量计(简称CMF)利用科里奥利原理，驱使流体在振动管中流动，测量该过程中产生的与质量流量成正比的科里奥利力而制成的一种直接式质量流量仪表。

科里奥利质量流量计准确度高、重复性好、稳定性强，而且在流体通道内没有阻流元件和可动部件，因而其可靠性好，使用寿命长，还能测量高黏度流体和高压气体的流量，在原油、成品油、天然气计量中都有广泛的应用。加气机多以质量流量计为内部核心计量器件。

2. 体积流量计

体积计量可通过容积、速度、差压、刮板、涡街等不同方式计量油品单位时间流量。在质量流量计问世之前几乎垄断了动态计量的应用场合。

由于体积受到温度、压力的影响较为明显，在计量气体介质时尤为突出，因此需要对体积流量进行温度和压力修正。尽管准确度略逊，体积流量计仍以成本低廉、维护便捷等特点在油品计量中应用广泛。油库发油系统、加油机多以体积式质量流量计为核心计量部件。

动态计量多用于生产过程监控、管道输送、油品收发等过程性监控，通过流量计量得出单位时间内经过该节点的油品数量。国家标准 GB/T 9109《石油和液体石油产品动态计量》系列中对动态计量一般原则、设备的安装和油量计量方法均做了明确的规定。

（二）静态计量

静态计量主要指对立/卧式油罐、铁路槽车、汽车罐车等容器中油量存量的计量。

油罐等油品容器首先要具备合法、有效的容积表，再通过人工或自动计量按照国家标准规定的测量方法计量油品的液位（GB/T 13894）、温度（GB/T 8927）、密度（GB/T 1884）或压力等参数，再按照国家标准 GB/T 19779《石油和液体石油产品油量计算 静态计量》中规定的计算方法计算油品体积和质量。

立式金属油罐液位高度的测量有两种方法，一种是人工检尺法，应用于国内企业间石油和液体石油化工产品的商品的交接计量，也应用于进出口贸易的交接计量；另一种是液位计法，作为各类油库油品储运过程中的检测工具。

油品温度采用杯盒温度计、充溢盒温度计或便携式电子温度计在油品的不同高度取得温度点样，再按照国家标准要求进行加权计算，得到油品的加权平均温度。一般在液面下1/6、1/2、5/6 处取样，当相邻两点温度差异超过 1℃时，在两点之间加测温度，按照油品体积加权后获得油品平均温度。

油品密度测量也有多种方法，可以按照 GB/T 4756—2015《石油液体手工取样法》的要求将样品取回，再按照 GB/T 1884—2000《原油和液体石油产品密度实验室测定法（密度计法）》中规定的方法进行密度测量，也可以利用便携式密度计或伺服密度计，利用谐振原理直接测量油罐中密度点样，再按照体积权重计算得出油品平均密度。

1. 立式金属罐液位人工测量的方法

这种方法的特点是设备简单，便于操作，能取得较高的测量精度，目前油罐油品交接数量的认定，仍以人工操作所取得的数据为准。但所需人力多、劳动条件差和劳动强度大。这种方法根据罐内油品的种类分为直接测量（实高测量）和间接测量（空高测量）。

1）直接测量（实高测量）

直接测量主要用于轻质油品，例如汽油、煤油、柴油和轻质润滑油。测量的位置应在计量口下尺槽。下尺前要了解油罐的参照高度，并估计好液面的大致高度再下尺。轻质油易挥发，读数应迅速、准确。连续测量两次，两次读数误差不大于 1mm，取前一次读数，超过时应重新检尺。国内不少企业已采用便携式电子计量装置作为油罐计量中液位测量的标准设备，并规定了相应的技术条件和校准方法。便携式电子计量装置具有多种功能，不仅可以测量油品的空高、油水界面的空高和检尺口总高，从而间接获得油品的实高和游离水的实高，而且可以测量油品的温度和密度。通过探头上的传感器感应油面和油水界面，通过探头上的温度传感器测量温度，有效地扩展了应用场景，能够同时完成多种参数的计量。

浮顶罐液位实高测量见图 23-5 所示。

2）间接测量(空高测量)

间接测量主要用于对原油、重质燃料油、重质润滑油液位高度测量，即测量液面至上部基准点之间的空间高度(俗称检空高)，空高测量时的投尺操作与直接测量基本相同。其区别是，当尺带进入液面后，停止下尺，用手握住尺带上某一整数的刻度，用 H_1 表示；再下尺，当该整数的刻度对准计量口上部基准点时，再提尺读数，读得被油浸没部分高度为 H_2，如图 23-6 所示。则液位高度 h 可用下式计算

$$h = H - H_1 + H_2 \qquad (23-1)$$

式中　h——液位高度，m；

H——参照高度，m；

H_1——尺带对准计量口上部基准点读数，m；

H_2——尺带被油浸没部分读数，m。

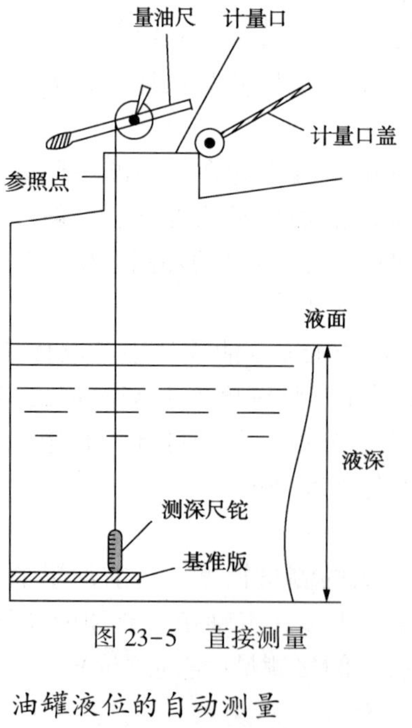

图 23-5　直接测量

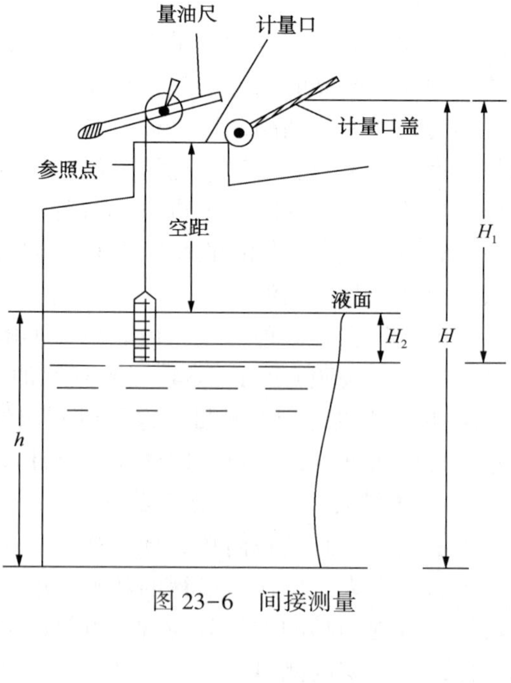

图 23-6　间接测量

2. 油罐液位的自动测量

目前国内有大量油罐安装了自动计量系统，逐步实现了从单一型液位计量向混合型油罐计量发展，国内普遍使用的自动计量系统主要有三种模式：第一种是压力传感器配液位

计和多点温度计，可以自动测量液体静压、液位和温度，按静压原理计算出罐内油品的质量、密度和体积，更适合于石油产品的质量计量，称为静压式油罐计量，但该方法存在油品密度测量死区，且无法识别油品密度分层；第二种是多层静压式油罐计量系统，由多个固定间距的压力变送器之间的压力差就算得出不同层之间的油品密度，解决了第一种方法无法识别密度分层的缺陷，并通过底层高精度压力变送器测量底层油品密度，解决第一种方法无法测量死区油品密度的不足；第三种是伺服液位计配伺服密度计的混合式自动计量系统，实现所有计量参数的在线自动计量，适合于低黏度石油产品的体积和质量计量。

油罐自动计量的关键仪表主要是液位计。液位计是工业过程测量和控制系统中用以指示和控制液位的仪表。液位计按功能可分为基地式（现场指示）和远传式（远传显示、控制）两大类。远传式液位计，通常将现场的液位状况转换成电信号传递到需要监控的场所，或用液位变送器配以显示仪表达到远传显示的目的。液位的控制通常用位式控制方式来实现。

常用的液位计包括雷达液位计、浮子式钢带液位计和伺服式液位计。

1）浮子式钢带液位计

浮子式钢带液位计主要由检测部分（浮子及导向钢丝）、传送部分（穿孔钢带及滑轮组）和指示部分（恒力盘簧、链轮、钢带及收、放轮和盘簧轮）组成。浮子为扁平柱形，采用导向钢丝由弹簧张紧器紧固在油罐内，当液位变化时，浮子在两导向钢丝之间滑动，具有抗扰性，平稳、可靠、灵敏。

浮子所受的浮力 F，重力 W，以及恒力弹簧提供的拉力 P，这三个力的合力为零，浮子呈静止状态。即：

$$F+W+P=0 \tag{23-2}$$

2）伺服式液位计

伺服液位计是20世纪50年代出现的液位测量仪表。随着电子技术的飞速发展，该产品现已发展到第六代产品。伺服液位计在轻质油、化工产品、液化石油气、天然气方面应用得比较广泛。

浮子由一根强度和柔性很高的钢丝悬挂于测量鼓上。浮子的密度大于被测液体的密度，浮子的一部分浸没于被测液体中，根据阿基米德浮力原理，浮子受到一个向上正好等于浮子所排开液体重量的浮力。

浮子所受到向上的拉力即钢丝上的张力等于浮子重量减去它所受向上的浮力，根据杠杆滑轮原理，钢丝上的张力直接被传到高准确度的力传感器上。力传感器不断地测量钢丝上的张力。当液位下降时，浮子失去向上的浮力，则力传感器测到的张力增加，力传感器和伺服控制器进行力的比较，使伺服马达带动测量鼓放下测量钢丝、浮子去追踪液位，直到浮子所受的拉力即钢丝上的张力等于力传感器设定的拉力。同理当液位上升时，这个过程相反。

在测量油水界面时，只要将伺服机构控制器中拉力的设定值减小，浮子则会自动地从液位下降至油水界面。在测量密度时，伺服式液位计会自动地根据当地液位，命令浮子分10点浸入液下，测得各点的密度和平均密度。

四、油品储运损耗及降耗措施

在石油的炼制、储运、销售及应用过程中，不可避免地会有一部分较轻的液态组分汽化，排入大气，造成油品的损耗。为避免油品的损耗、减少环境污染，确保安全，人们采取了许多措施，降低了油品的损耗量。所以，保护环境和提高经济效益的共同要求，使降低损耗技术的研究及推广应用显得更加迫切和重要。

油品损耗按照来源可分为蒸发损耗、事故损耗和计量误差三种。按照环节可以分为运输损耗、装卸损耗、储存损耗、加工损耗等。为了降低损耗可采用如下措施。

（一）发展浮顶和内浮顶储罐

我国目前已有浮顶储罐和内浮顶储罐的标准系列。近年来各炼油厂新建的原油和轻质油储罐全部为浮顶或内浮顶罐，大部分炼油厂已将原来储存轻油的固定顶储罐改造为内浮顶罐。由于内浮顶上有固定顶，油品蒸发受大气流动影响小，因而防损耗效果优于浮顶罐。在正常情况下，内浮顶罐与拱顶罐比较，总损耗降低率可达90%以上。南、北方地区炼油厂两种油罐蒸发损失标定对比见表23-2。

表23-2 油品蒸发损失标定对比表①

炼油厂位置	油罐类型	储存介质	油气平均浓度/(g/m^3)	进油量/t	进油体积/m^3	每次油损失量/kg	油损失率/%	小呼吸损失量/(t/a)	大呼吸损失量/(t/a)	总损失量/(t/a)	总损失降低率/%
北方地区炼油厂	内浮顶罐	石油脑	3.66	3507	4369	16	0.00046	1.164	0.8	1.964	97.5
	拱顶罐	石油脑	215.3	3434	4512.3	977.7	0.0281	29.1	48.9	78.0	
南方地区炼油厂	内浮顶罐	汽油	15.0	3275.3	4549	68.92	0.0021	3.84	3.45	7.29	98.5
	拱顶罐	汽油	1254.4	3297.4	4535	8083.8	0.2	76.9	404.2	481.1	

① 每年周转次数按50次计算，油罐容量为5000m^3。

（二）加设呼吸阀挡板

在储存轻质油品的固定顶油罐的呼吸阀短管下方安装一挡板，借以改变进入储罐空气的流动方向，避免空气流直接冲击罐内液面上的高浓度气层而引起的对流搅动，使油罐上部空间保持较低的油气浓度，从而减少油品的蒸发损失。

测定结果表明，在汽油罐上安装呼吸阀挡板，对储罐大呼吸损耗和小呼吸损耗均可降低20%~30%[3]。呼吸阀挡板虽不是一项降低储罐蒸发损耗的根本措施，但简单易行，效果明显。

（三）采用油气回收工艺

在油品生产区域、储罐区、装卸区以及油库发油区、加油站销售终端安装油气回收装置，将各环节油品流通过程中因大小呼吸作用产生的油气排放经油气回收管道回收到指定油罐，并利用炭吸附、油品喷淋和油品循环将油气重新溶解在油品当中，从而降低油品损耗。在成品油流通环节，在油库立式罐、油罐车、加油站卧式罐、汽车油箱这一油品分销路径中的油气回收比例可以达到0.09%。

（四）采用氮封系统

对某些油品，如加氢精制原料油和催化重整原料油等，在储存过程中，既要减少油品蒸发损耗，又要尽量避免与空气接触，防止氧化变质，此时，在固定顶储罐上采用氮气密封系统是有效的(如在固定顶罐内加设内浮盘，其效果更好)。通过调节阀的作用，罐内气相空间保持恒定的正压氮气，使其中油气浓度相对降低，从而降低蒸发损耗。氮封的流程示意图如图 23-7 所示。

(五) 采用自动切水器和二次脱水法降低油料脱水损耗

储罐自动切水器(见图 23-8)以重力为动力源，应用液体在容器内部的压强和油水之间的密度差，可产生较高的浮力。采用浮体和高灵敏度的杠杆原理，通过放大机构控制特制的无背压阀门开启和关闭。利用旋流导板加速油水分离，并将分离出的油品自动快速地返回储罐内，以达到自动排水截油的目的。所谓二次脱水是将储罐中排出的含油水进入一低位的油水分离器，进行再次沉降分离，必要时可在油水进入分离器前加入破乳剂以促进油水分离。采用储罐自动切水器和二次脱水法在操作良好的情况下，可将排放污水中的油含量从千分之几降到十万分之几以下。

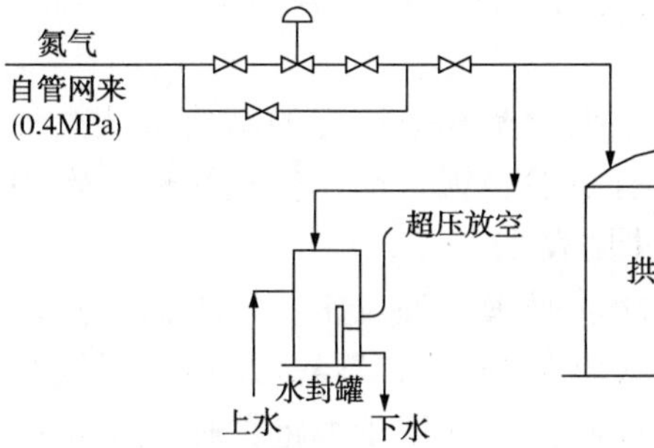

图 23-7　氮封流程图

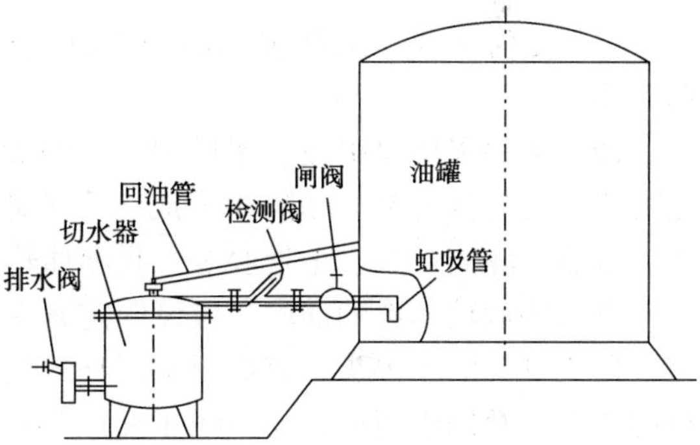

图 23-8　储罐自动切水器

(六) 采用搅拌器，减少清罐次数

进入储罐的原油和重油中夹带的泥沙杂质会絮凝成油泥沉淀物沉积罐底。定期清扫会造成大量损耗，如在罐内设置侧壁搅拌器，进行连续或间断的搅拌，可大大减少油泥的沉积和清罐次数。

(七) 安装还原吸收器

还原吸收器是一立式圆筒，内装隔板，隔板间装有活性炭或者充满煤油、润滑油。当油罐呼气时，油蒸气中的部分轻质油被吸收，当油罐吸气时，大气通过还原器携带部分石油分子进入油罐，以减少罐内液体的再蒸发。经实验表明，还原吸收器可以减少油气蒸发损失的 40%。

(八) 加强管理，改进操作

规范现场操作，优化业务流程，减少油品大小呼吸损耗；加强设备设施维护，识别、排除储存环节油品泄漏风险，制定应急预案，减少油品事故损失；提高设备精度，提高计量水平，优化计量节点，减少因计量操作引入的虚假损溢。

第二节　油品装卸

一、油品水运装卸

油品水上运输按其航行的区域大体可划分为远洋运输、沿海运输和内河运输三种类型。与其他运输方式相比，水上运输的载运量大，能耗少，成本低，劳动生产率高，污染轻，是一种很有竞争力的运输方式。由于我国炼油厂遍布全国各地，又有绵长的海岸线和可供航行的江河湖泊，以及油船运输本身的经济性，所以拥有大批的各种类型的油船来运输油品。为适应国内日益增长的油品需求，各大港口企业和大型石油企业合作，着力建设不同等级的码头群，特别是大型原油码头及配套工程，与中小型油气中转码头、油品管道等运输系统相配合，形成了完善的油品运输系统，显著降低运输过程中的油品损耗和运输成本。

（一）油轮及码头结构简介

油船是海运或河运散装油品的工具。根据有无自航能力，油船可以分为油驳、油轮、储油船。

油轮大都采用单甲板、尾机型，货油舱多为双层底、纵舱壁和双层壳的结构形式。油轮的货油舱与其他部分相隔而形成一个整体，另外还设有机舱、锅炉舱、货油泵舱、专用压载水舱、隔离空舱、干货舱等。我国油轮设计船型尺寸见表23-3。

靠水路运输油料的油库，应设固定码头卸油设施或浮动码头卸油设施。按平面布置形状，码头可分顺岸码头、突堤码头、岛式码头、栈桥岛式码头等。顺岸码头是指与岸线平行的码头，常用于河港；与岸线正交或斜交的，称为突堤码头，常用于海港；孤立于水中的码头称作岛式码头；如用栈桥（引桥）与岸连接，则叫栈桥岛式码头。

表23-3　油船设计船型尺寸

船舶吨级/DWT	设计船型尺寸/m				船舶吨级/DWT	设计船型尺寸/m			
	总长 *L*	型宽 *B*	型深	满载吃水/T		总长 *L*	型宽 *B*	型深	满载吃水/T
1000（1000～1500）	68	10	5.3	4.3	80000（65001～85000）	250	38	19	13.6
2000（1501～2500）	75	12	6.8	5.3	100000（85001～105000）	268	39	21.2	15.2
3000（2501～4500）	100	14	7.5	5.7	120000（105001～135000）	279	42	23.1	16.9
5000（4501～7500）	110	15	9.0	6.5	150000（135001～175000	294	46	24.0	17.7
10000（7501～12500）	150	20	11.4	9.0	200000（175001～215000）	326	50	25.6	19.1
20000（12501～27500）	182	25	13.0	10.0	225000（215001～235000）	329	52	27.2	20.5
30000（27501～45000）	212	29	15.4	11.4	250000（235001～275000）	346	54	27.6	20.8
50000（45001～65000）	235	32	17.4	12.6	300000（275001～375000）	358	56	29.4	22.4

（二）港口泊位和装卸时间

码头上靠泊船只的位置叫泊位。一座码头上可以同时靠泊一艘或多艘船舶。需要的泊

位数可按下面的公式进行计算

$$N=N_1+\eta \tag{23-3}$$

$$N_1=\frac{n}{m} \tag{23-4}$$

$$N_1=\frac{p}{G} \tag{23-5}$$

$$m=\frac{T_y}{t_1+t} \tag{23-6}$$

式中　N——泊位数(整数)；

η——裕量；

N_1——最少泊位数；

n——年需要船次数(整数)；

m——一个泊位年最多靠船次数；

P——年装卸量；

G——设计船型每船次装卸量；

T_y——年工作时间；

t_1——每船次占用泊位的时间；

t——两次停泊时间之间的空档时间。

在我国港口工程规范中，规定了10万吨级以下原油码头的油轮净装卸油的时间，见表23-4和表23-5。其中对成品油的装卸时间未作规定。

表23-4　装油港泊位净装油时间

油轮泊位吨级/DWT	500	1000	2000	3000	5000	10000
净装油时间/h	3~5	5~7	7~9	8~10	9~11	10~12
油轮泊位吨级/DWT	20000	30000	50000	80000	100000	120000
净装油时间/h	12~14	12~15	12~16	14~17	15~18	15~18
油轮泊位吨级/DWT	150000	200000	250000	300000		
净装油时间/h	16~20	20	20	20		

表23-5　卸油港泊位净卸油时间

油轮泊位吨级/DWT	500	1000	2000	3000	5000	10000
净卸油时间/h	4~6	6~8	8~10	9~11	11~13	12~15
油轮泊位吨级/DWT	20000	30000	50000	80000	100000	120000
净卸油时间/h	12~15	15~18	17~18	22~25	24~27	24~27
油轮泊位吨级/DWT	150000	200000	250000	300000		
净卸油时间/h	26~30	30~35	35~40	35~40		

目前，我国万吨级以上的原油或成品油轮的实际净装卸油时间比表规定的时间要略长些。

（三）码头输油臂的布置

输油臂一般由立柱、内臂、外臂、回转接头以及与油船接油口连接的接管器组成。船用输油臂用于在码头与油轮的管道系统之间输转液体和气体产品，口径大都在 *DN*100~600。根据输转介质种类和温度的不同，材质可以是碳钢、不锈钢或 PTFE 衬里。根据口径、负载的不同，可采用手动操作或电液操作。在介质输转过程中，在船舶的正常漂移范围内，输油臂的管系可以与船舶随动。有的输油臂还装有范围监测系统，在船舶接合管漂移出正常工作范围时，提供声光报警。输油臂上还配有双球阀紧急脱离系统，当出现锚链拉断，船舶从泊位漂移出去，失火、超载、突然发生暴风雨天气等危险情况时，输油臂与油轮迅速脱离。装卸液化气或需要油气回收的输油臂还装有油气回输管，有的输油臂还带有伴热设施。

我国港口工程规范中，对 10 万吨级及其以下的油轮泊位的输油臂数量及布置做了规定，见表 23-6。

表 23-6　油轮泊位输油臂及布置参数

油轮泊位吨级/DWT	输油臂口径/mm	输油臂台数/台	输油臂中心与作业平台边缘距离/m	输油臂间距/m	输油臂驱动方式
10000	200	2~3	1.5	2~2.5	手动
20000	200~250	3	2	2~2.5	手动、液压
30000	250	3	2	2.5~3.0	手动、液压
50000	300	3~4	2.0~2.5	3.0~3.5	液压
80000	300	4	2.0~2.5	3.0~3.5	液压
100000	300~400	4	2.5	3.5	液压

（四）系船浮筒卸油系统

在外海系泊超级油轮，除修建孤立的岛式码头外，还可以采用浮筒系泊。采用多个浮筒多条缆索系船的叫“多点系泊”。近年更多采用“单点系泊”，即在海中只设一个特殊的浮筒或塔架系住船首，系船部分有转轴，油轮可随水流和风向变化而改变方位。单点系泊的构成见图 23-9。

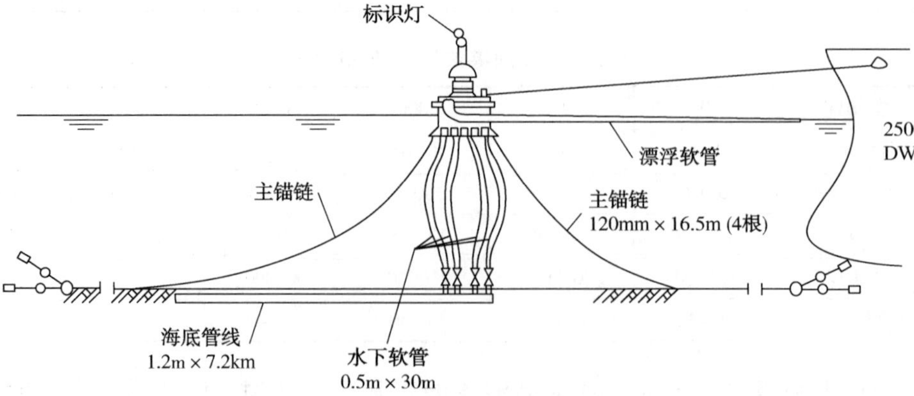

图 23-9　单点系泊构成图

我国第一套25万吨级单点系泊原油接卸系统于1994年在茂名建成投产。该系统由一条管径为864mm，长15.23km的海底管道和一个位于水东港外海域的单点浮筒组成。单点浮筒直径11.5m，高3.65m，上面有2条长270m，直径为500mm的漂浮软管，浮筒下面有2条长30m，直径为500mm的水下软管，该单点系统接卸25万吨级油轮时，输油22万吨，卸油时间79.4h。还接卸过28万吨级超级油轮(长322m，宽56m，吃水深21.6m)。

二、油品的陆运装卸

(一) 油品卸车

1. 原油卸车

铁路油罐车卸车设施由卸油栈台、汇油总管、导油管、零位罐及转油泵等组成，原油罐车一般是成列运行，所以原油卸油栈台的车位均与铁路列车辆数相适应，卸油台可以是单面或双面的。油罐车都设有下卸口，通过导油管流入零位罐中。转油泵可以是立式泵直接安装在零位罐顶上，也可以是卧式泵安装在罐底侧或地下泵房内。图23-10为典型的油罐车卸车设施流程示意图。

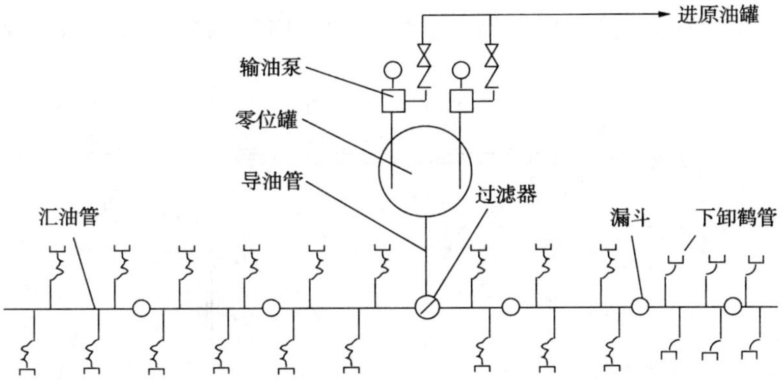

图23-10　原油铁路罐车卸油流程

我国原油多属高含蜡原油，在冬季铁路长距离运输中，部分石蜡会析出并附着在油罐车壁上而使卸油困难，因而必须在油罐车夹套通蒸汽加热化蜡。据某厂实测，加热化蜡所耗热量高达11.7kJ/t，为了节省能源，我国制定和采用了改进的油罐车加热方法，即一改过去的全过程加热为卸油开始和结束前的两头加热方法。当原油开始从油罐车流出后即停止通汽，直至油流停止再通汽以融化罐车壁上的挂蜡。实践证明，采用新的加热方法可以节约蒸汽耗量约40%，并且卸油时间无需延长。

2. 轻、重成品油卸车

我国目前的铁路油罐车中，轻质油的罐车无下卸口，所以只能上卸，只有重质油(燃料油、重质润滑油)的油罐车才有下卸口，可以下卸。重质油的下卸工艺与原油相似。在国内绝大部分炼油厂和油库的轻质油上卸都采用真空系统卸油工艺，其流程见图23-11。近年来在市场上出现的滑片式管道泵可直接用于接卸轻质油，简化了上卸工艺，减少了卸油设备。

在轻质油上卸系统中，卸油鹤管最高点处的管内压力小于或等于操作温度下该油品的饱和蒸气压时油品就会在该处迅速汽化，从而使卸油泵发生断流，这就是轻油上卸的气阻问题，在夏季气温较高时经常会发生。

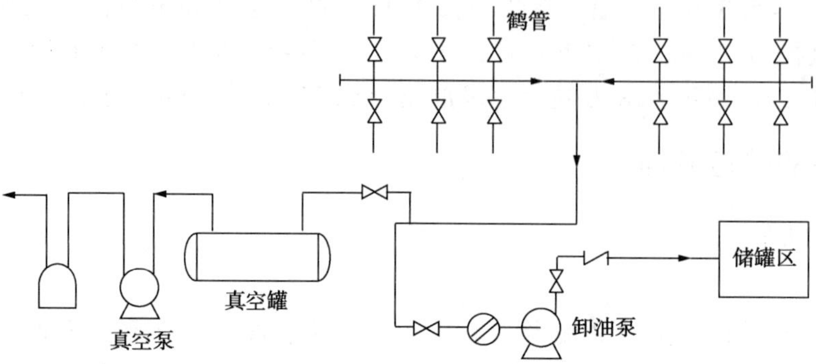

图 23-11　上卸工艺流程图

克服气阻的许多方案都已获得成功。如 YQY 型液动卸槽潜油泵，可将卸油泵设置在鹤管端部，解决了气温高、气压低地区上卸轻质油的气阻问题，其卸油装置见图 23-12。防阻式上卸鹤管也取得了成功，它利用原有的卸车系统，只是将卸油泵出口的油流用一条辅助管道引到设在鹤管端部的喷射增压器上，使卸油管内的压力增大，从而克服鹤管高点处的气阻。

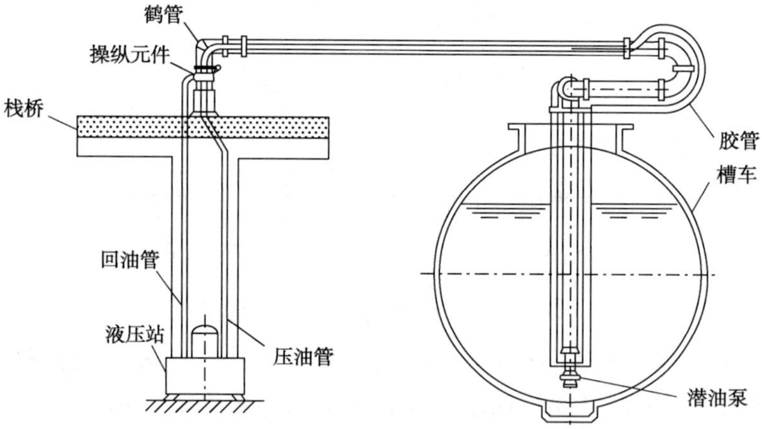

图 23-12　液动卸槽潜油泵装置图

（二）油品装车

1. 小鹤管装车

按照鹤管伸入罐车的高度不同，分为浸没式和非浸没式两种。浸没式鹤管端口深入罐车底部，离车底 100~125mm。开始装油时控制低流速，待端口浸没后，加大装油流率。由于油面扰动减少，装油损耗明显降低。根据实测灌装一辆 $60m^3$ 罐车的汽油，平均损耗率为 0.044%~0.049%。非浸没式鹤管只伸入罐车内不到罐径高度的一半。在装油时油流自管口自由落下，由于装车时油品静电的产生和环保的要求，此种方法不适合轻质油品的装载，只适用于重质油品的多罐车同时装载。小鹤管装车可同时多辆罐车装油，但需配置多个鹤管，装油台长，管道多，操作人员也多。

2. 大鹤管装车

大鹤管装车采用大口径浸没式鹤管和程序控制装置进行单车逐个装油。装车自动化程度高，装油台短，操作人员少，但设备复杂。其控制流程示意图见图 23-13。

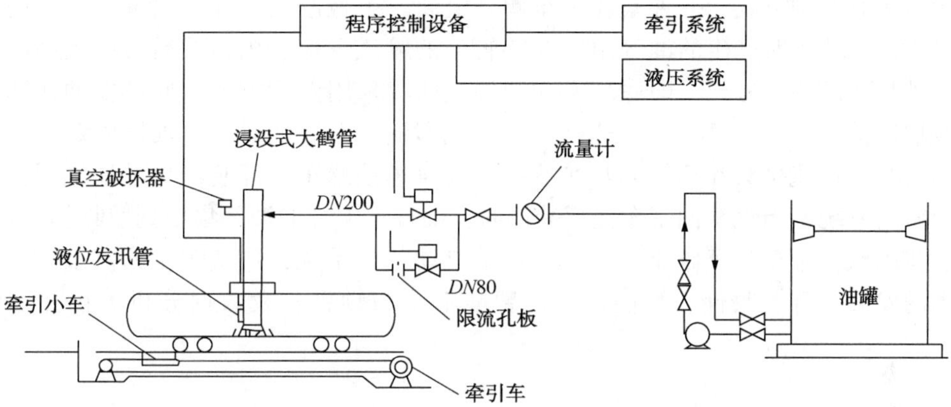

图 23-13 浸没式大鹤管装油工艺及控制流程

为避免轻质油品装车时产生的静电危害，控制鹤管出口流速是一个重要手段。当浸没式鹤管口未被淹没前，管口流速一般控制在 1m/s 以下；当管口被淹没后，根据经验，允许流速按下式计算：

$$VD \leqslant 0.8 \quad (适用于铁路罐车)$$

$$VD \leqslant 0.5 \quad (适用于汽车罐车)$$

式中 V——鹤管端口的油料流速，m/s；

D——鹤管内径，m。

在生产中采用两种方法控制鹤管出口流速，一是在连接鹤管的支线上，安装一个两位阀，起始阀位开度控制管口限速不大于 1m/s，管口淹没后，通过仪表控制阀位全开；二是在连接鹤管支线切断阀旁设置一带有阀门和限流孔板的副线，开始装油时先经副线以限制流速。

3. 汽车装车

汽车罐车运输散装油品是油品运输的一种重要方式。汽车罐车灌装方法有多种，可采用储罐直接自流灌装、高架罐自流灌装和泵送灌装。当有地形高差可利用时，采用由储罐自流灌装是最经济的。若受地形限制，也可用泵将油品送至高架罐，然后利用高差自流装车。由于采用流量计及电磁阀控制系统，需要的阻力降较大，利用高架罐难以满足要求，较常采用的是泵送灌装方式。

汽车装车分上部灌装和下部灌装两种方式。向汽车罐车发原油应采用顶部浸没式或底部发油方式，顶部浸没式灌装鹤管出口距离罐底高度应小于 200mm。向汽车罐车发其他油品应采用底部发油方式。

汽车罐车上部灌装有敞开浸没式、敞开喷溅式和密闭式三种。敞开喷溅式把鹤管略插入装油口装油。这种方式油气损耗大，易产生静电，油气污染大气，影响操作人员身体健康，现在这种装车方式仅在灌装重油和液体沥青时采用。轻质油均采用浸没式装车，即把鹤管插入罐车底部，在开始装车时，保持油品流速在1m/s以内，待装油口浸没在油品中后再加大流量。这种方式同样会产生损耗和污染，但损耗量比喷溅式装车要减少90%左右。

密闭装车有两种方式，一种是在装车鹤管上装一个橡胶盖，在鹤管插入罐车时，橡胶盖封住罐车口，装车时产生的油气由附在鹤管上的输气管道引出，然后集中到回收装置处理。另一种是底部装车方式，即底部发油和油气回收采用鹤管方式。底部发油快速接头和油气回收快速接头均采用密封式快速接头。在汽车油罐车装油时，发油区固定位置设置的一端封闭的装油快速接头和油气回收快速接头与汽车油罐车底部装油口及油气回收口相连接，形成密闭系统。当汽车油罐车底部装油时，油罐车上部的油气集中到回收装置处理。

目前我国汽车罐车装车作业大部分为定量自动装车系统，均实现了密闭装车。随着计算机技术的发展，智能收储、智能监控、智能消防与预警、大数据分析等正在逐步推广应用。

第三节　油品输送

一、概述

1. 国内输油管道概况

管道运输是我国石油和天然气最主要的运输方式，经过60多年的发展，我国原油输送干线管道目前已形成贯通东北、华东、华中和中南地区的东部输油管网和西北局部管网。虽然目前成品油管道运输能力仍未达到全国成品油运输量的主导地位，但进入21世纪以来，我国加快了成品油管道的建设，到2018年管道里程已达27000km：全长1247km的兰成渝成品油管道于2002年建成投产；以湛江为起点，以茂名为枢纽，以深圳为终点、全长1135km的珠三角成品油管道工程2004年2月动工建设，2006年12月建成投产；以千万吨级炼油基地茂名为起点、昆明为终点的全长1740km西南成品油管道自2003年9月开工建设，2005年12月28日全线贯通输油；从乌鲁木齐至兰州干线长1858km西部成品油管道于2006年9月投产；西起甘肃兰州，经甘肃、陕西、河南、湖北、湖南5省共67个县市，终点到达湖南长沙，干线全长2069公里的兰郑长管道于2007年8月18日开工建设，2009年基本全线投产；西南管道南线自广西北海，经百色至云南大理，2016年6月建成投油；抚顺至锦州的成品油管道于2018年9月开始投油。这标志着我国成品油管道已经进入一个发展期，管道成品油的运量比例将大幅提高。

2017年，为贯彻落实《中共中央国务院关于深化石油天然气体制改革的若干意见》和《能源生产和消费革命战略(2016~2030)》要求，国家发改委、国家能源局制定了《中长期油气管网规划》，对中国未来的油气管网建设提出了具体目标，到2025年我国成品油管道里程将达到40000km，网络覆盖进一步扩大。

油品管道运输具有效率高、损耗低等优势。管道运输比水上运输受地理环境限制小；比铁路运输成本低，并且不受铁路运力的限制；比公路运输量高，运费少，尤其适于长途运输。

2. 长输管道发展趋势

从世界范围看，长距离输油管道的发展趋势体现以下几点。

1）原油管道常温输送工艺研究活跃

目前，世界各国尤其是盛产含蜡黏性原油的国家，都在进行长距离管道常温输送工艺的试验研究，新型、多样化的输送工艺研究非常活跃。随着含蜡高黏原油开采量的增加，以及原油开采向深海发展，特别重视对高含蜡高黏原油输送及流动保障技术研究。

2）成品油管道输送技术趋于成熟

成品油管道具有安全、稳定、损耗低、对环境污染小、经济性好等特点，已成为世界各国普遍采用的运输方式之一。近十几年来，成品油管道发展的特点是长距离、大口径、多分支的复杂输油管网，高度自动化控制。随着计算机技术的发展，成品油管道的设计、运行和管理技术更趋于成熟。成品油管道运输的优越性同现代计算机控制技术的结合，必将使这一运输方式更趋完善。

3）建设大口径、高压力的大型输油管道

当其他条件基本相同时，随管径增大，输油成本降低。在油气资源丰富、油源有保证的前提下，建设大口径管道的效益更好。目前原油管道最大直径为1442mm。提高管道工作压力，可以增加输量、增大泵站间距、减小泵站数、使投资减少、输油成本降低。目前输油管道的最大设计压力已经超过10.0MPa。

4）采用高强度、韧性及可焊性良好的管材

随着输油管道向大口径、高压力方向发展，对管材的要求也日益提高。为了减少钢材耗量，要求提高管材的强度，为了防止断裂事故、保证管道的焊接质量，要求管材有良好的韧性及可焊性。20世纪70年代以来推出的X70号钢(按API标准划分)已经得到越来越广泛的应用。目前X80高钢级大口径螺旋焊管、直缝焊管、热煨弯管和热拔三通管件4大类7项新产品全部研制成功，X80钢管现场焊接工艺等6项研究已取得重大突破，并开始应用。

5）不断采用新技术

各种新技术的应用使管道工业的技术革新不断发展。其中，遥感和数据成像技术、地理信息系统(GIS)、地球卫星定位系统(GPS)和新的管道施工技术的应用，便于在复杂地形、地质条件下确定最优线路，改善工作条件，提高管道选线、勘察设计和铺设的质量和效率；管道在线自动监测技术不断改进；计算机监控系统及卫星和光纤通信系统实现了管道系统的数据采集和遥控。

6）应用现代安全管理体系和安全技术，持续改进管道系统的安全

管道建设和营运中更加重视安全和环境保护。输油管道上应用安全系统工程的原理，采用风险管理技术，实施在役管道完整性管理。

7）管道智能化、智慧化管理

世界工业发展经历了机械化、电气化、自动化阶段，正在进入智能化、智慧化阶段。作为世界五大运输方式之一的管道运输，也必须加快智能化、智慧化方向发展。相比于传统的管理方式，智能化、智慧化将实现管理模式的变革，变被动管理为主动预防、变人工协调为系统自动化、变独立模块分析为专家系统管理分析以及变数据采集为自动数据采集识别并调整状态。

二、输油泵站及管道的工作特性

1. 离心输油泵的工作特性

泵站所供应的压力能由站上所装备的输油泵机组来完成。所以泵站的工作特性也就是运行泵机组的联合工作特性。单台泵机组的工作特性取决于泵的类型和规格以及驱动泵的原动机的类型。长输管道上最常用的泵机组为离心泵机组。

在恒定转速下，泵的扬程与排量($H-Q$)的变化关系称为泵的工作特性，其特性方程可近似表示为：

$$H=a-bQ^{2-m} \tag{23-7}$$

式中　a、b——常数；

m——管道流量-压降公式(列宾宗公式)的指数，可根据管内流态取值。

2. 泵站的工作特性

输油泵站的工作任务就是不断地向管道输入一定量的油品，并给油流供应一定的压力能，维持管内油品的流动。泵站的工作特性就是指泵站的排量与扬程之间的相互关系。根据泵机组的组合方式，一般离心泵站的 $Q-H$ 特性也可用类似于描述泵特性的二次方程来描述

$$H_c=A-BQ^{2-m} \tag{23-8}$$

式中　H_c——泵站扬程，m；

Q——泵站排量，m^3/s；

A、B——由离心泵特性及组合方式确定的常系数。

(1) 多台泵串联的泵站特性　通过每台泵的排量相同，均等于泵站排量；泵站扬程等于各泵扬程之和。

(2) 多台泵并联的泵站特性　每台泵提供的扬程相同，均应等于泵站扬程，泵站的排量为每台泵的排量之和。

(3) 多台泵串联、并联的泵站特性　当输油站上的泵机组既串联又并联工作时，应先由各泵机组特性串联和并联相加得到泵站的特性曲线，然后在特性曲线上取点，回归出泵站特性方程。如图 23-14 所示的四台泵机组的组合方式，其泵站特性曲线可由单泵特性曲线串联相加后再并联得到，如图 23-15(a)所示。当然，也可以由单泵特性曲线并联后再串联相加而得，如图 23-15(b)所示。

图 23-14　离心泵的串、并联工作

3. 管道的工作特性

管道的工作特性是指管径、管长一定的某管道，在输送性质一定的某种油品时，管道压降 H 随流量 Q 变化的关系。可由如下数学关系式表示

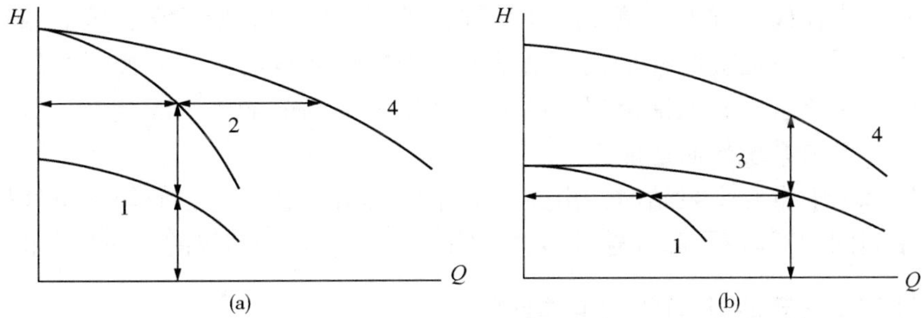

图 23-15　泵站的特性曲线

$$H=\beta\frac{\nu^{m}L}{d^{5-m}}Q^{2-m}+\frac{8\xi}{\pi^{2}d^{4}g}Q^{2}+(Z_{Z}-Z_{Q}) \tag{23-9}$$

式中　H——管道压降，m 液柱；

ν——油品运动黏度，m^2/s；

L——管道长度，m；

Q——管道流量，m^3/s；

d——管道内直径，m；

ξ——阻力系数；

g——重力加速度，m/s^2；

β，m——与流态相关的量；

Z_Z——管道终点高程，m；

Z_Q——管道起点高程，m。

局部阻力总是占长距离管道摩阻很少的一部分，所以上式的第二项可以忽略不计。式(23-9)可用图 23-16 的曲线表示，该曲线就称为管道的工作特性曲线。当高程差 $\Delta Z=Z_Z-Z_Q=0$ 时，管道的特性曲线通过坐标原点。当 $\Delta Z\neq0$ 时，纵截距即为 ΔZ 值。当 $\Delta Z<0$，曲线由低于坐标原点 ΔZ 处开始。随着流态变化，各区管道特性曲线的曲率也相应变化。实际应用中一般只画出管道实际流量范围的一段曲线，应用它来定性分析管道摩阻的变化情况较为直观、方便。也可用图解法确定泵与管道系统的工作点。当一条管道(d、L、ΔZ)，输送一种油品(ν 一定)时，有一条一定的特性曲线。当 d、L、ΔZ 和 ν 中有一个参数发生变化时，就有另一条特性曲线。

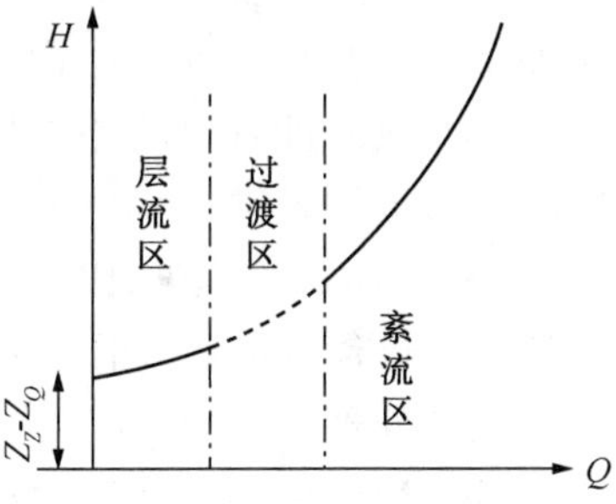

图 23-16　管道特性曲线

4. 泵站-管道系统的工作点

泵站和管道组成了一个统一的水力系统，管道所消耗的能量(包括终点所要求的剩余压力)等于泵站所提供的压力能，也就是二者必然会保持能量供求的平衡关系。管道的流量就等于泵站的排量，泵站的总扬程等于管道需要的总压能。泵站-管道系统的工作点是指在压力供需平衡的条件下，管道流量与泵站进、出站压力等参数之间的关系。以全线仅有一座泵站的管道系统为例，如图 23-17 所示，曲线 C 为泵站出站压头随排量的变化关系，G 为管道特性曲线，忽略进站压头，二者交点称为系统的工作点，即泵站的排量为 Q_A，出站压头为 H_A。

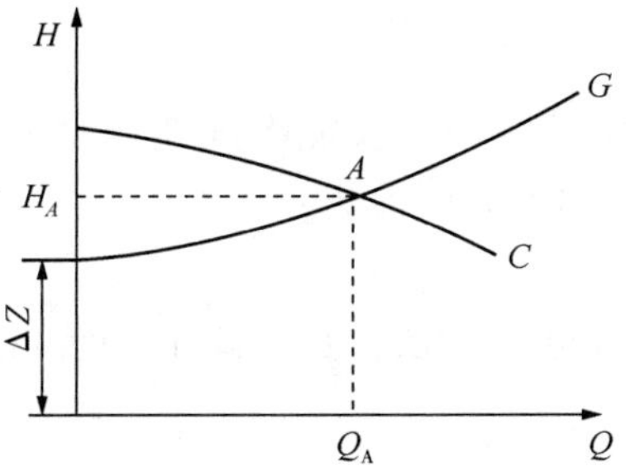

图 23-17　泵站与管道的工作点

泵站或管道中任何一方工作情况的变化都会破坏系统的能量平衡，因此系统必将自动建立新的平衡关系，以适应这种变化。泵站或管道特性曲线的改变，使系统转入新的工作点处运行，改变了流量。若欲保持原来的流量，须采取调节措施，改变泵站或管道的工作特性曲线，恢复管道系统的输送能力。

当某长输管道上有几个泵站时，由这些泵站所给出的总扬程，应等于全线管道所需的压头，各泵站间的相互联系方式(输油方式)不同，泵站-管道系统的工作特点也就不同。

三、长距离成品油管道的顺序输送

成品油管道顺序输送是指在同一条管线内按照一定的顺序连续地全线密闭输送几种油品的输送方式，并采用现代自动化控制技术实现工艺监控，实现全线无人操作、有人值守的数字化信息管道。

1. 成品油顺序输送的特点

(1) 成品油管道输送的是直接进入市场的最终产品，对所输产品的质量和各种油品沿途的分输量均有严格要求。

(2) 成品油管道依托市场生存，要能适应市场的变化。

(3) 成品油管道大都是多分支、多出口，以方便向管道沿线及附近的城市供油。使成品油生产企业与市场通过管道连通，形成成品油管道输送网络，形成油品储运销售体系。

(4) 成品油管道的相邻批次油品之间必然产生混油，混油段的跟踪和混油量的控制是成品油管道的关键技术。

(5) 与原油管道相比，首、末站，分输、注入站需要的罐容大、数量多，需要足够容量的油罐进行油品收发作业；末站除了油品的收发作业外，还需要考虑油品的调合、混油的存储和处理。

(6) 当多种油品在管内运移时，随着不同油品在管内运行长度和位置的变化，管道的工艺参数随时间而缓慢变化。

2. 混油量的计算方法

顺序输送管道混油量的计算，对于顺序输送管道的优化运行有着十分重要的意义。混油量计算公式一般分为理论公式和经验公式两类。顺序输送混油量计算的经验公式一般采用 Austin-Palfrey 公式，该公式由生产实践总结得来，不考虑输送次序对混油的影响，把前行油品浓度为99%~1%的两界面间的距离定义为混油段的长度。

3. 混油段的检测方法

及时准确地跟踪管内流动的两油品界面是非常重要的。跟踪界面不仅能准确地切割油品，而且对管线的安全运行也十分有利。有以下方法可以进行油品界面检测。

1) 密度计

密度型界面检测系统是国内外成品油管道顺序输送中最普遍的方法，在管路上安装自动测量的密度计，利用测量管内不同油品的密度来检测其界面。

2) 超声波界面检测器

超声波检测是利用声波在液体中的传播速度与液体的性质有关这一特点来设计的。油品密度不同，声波的传播速度亦不相同，例如在常态柴油中的传播速度为1375~1390m/s，汽油中为1175~1190m/s。利用这一原理连续测量并记录声波通过输油管道的时间，就可分辨管内油流的品种和混油浓度。

3）记号型界面检测系统

记号型界面检测系统是把作为记号的物质溶解在有机溶剂中制成示踪物。在首站将示踪物注入界面，在末站检测记号物质即可得知混油段。随界面的变化，示踪物会扩散开来，在末站的有关仪表上可记录到强度信号，由此可确定混油头和混油尾。

4）光学界面检测系统

利用不同油品对光的折射率不同检测油品界面。兰成渝成品油管道试用美国的KAM(OID)界面检测仪的结果表明，仪器安装简单，维护方便，且对信号反应灵敏，可以用于两种汽油之间或其他油品之间的界面检测，该仪器对油品中的杂质非常敏感。

5）其他方法

除了上面介绍的4种混油段检测方法之外还有一些其他方法，如色度计、电容型界面检测系统和放射型界面检测系统等。

4. 混油切割

对于需要长期储存的油品，在掺入混油后，尽管油品当时的各项指标都合格，但在长期储存时可能会影响其安定性，因此尽可能不进行掺混，而是采取将混油装入专用混油罐的方式另行处理。对于混油段有以下切割方式：

（1）两段切割　将混油段切割成两部分，收入两种纯净油品的储罐内。例如92号汽油和95号汽油的切割即可采取此种方法。

（2）三段切割　将能够掺入前后两种纯净油品罐内的混油切入两种纯净油品的储罐内，其余混油进入混油罐。

（3）四段切割　将能够掺入前后两种纯净油品罐内的混油切入两种纯净油品的储罐内；其余混油按50%分成两部分，前部分富含A油，后部分富含B油，分别切入两个不同的混油罐中。然后把富含A油的混油(体积为V_A)准备掺混到纯净的A油中，把富含B油的混油(体积为V_B)准备掺混到纯净的B油中。

（4）混油段的五段切割(或三段切割)　一般采用将含有后行油品1%的混油段直接切入前行油品中；将含有1%~33%后行油品的混油段切入富含前行油品的混油罐中，以便按照比例回掺入前行油品中；将含有33%~66%后行油的混油段切入中间混油罐中，以便利用混油处理装置将两种油品分离；将含有66%~99%后行油品的混油段切入富含后行油品的混油罐中，以便按照比例回掺入后行油品中；将含有后行油品99%的混油段直接切入后行油品中。

按照俄罗斯《石油产品管道输送规程》，当沿着长度为L(m)和恒定内径为d(m)的管道，在连续状态下顺序输送(不考虑原始工艺混油)时，在石油产品批次的每一个分界面上形成的混油的体积V_c(m^3)根据下列公式进行计算：

$$V_c = 1000 \cdot (\lambda_1^{1.8} + \lambda_2^{1.8}) \cdot \left(\frac{d}{L}\right)^{0.43} \cdot V_T \qquad (23\text{-}10)$$

式中　V_T——管道内体积(m^3)，$V_T = L \cdot \pi \cdot d^2/4$；

λ_1和λ_2——水力摩阻系数，根据该输送速度的接触石油产品参数W来进行计算。

水力摩阻系数根据下列通用公式进行计算：

$$\lambda = 0.11 \cdot \left(\frac{\Delta}{d} + \frac{68}{Re}\right)^{0.25} \tag{23-11}$$

式中 Δ——管道内表面的绝对粗糙度，通常 $\Delta \approx 0.00025 \sim 0.00050$m（对于长期使用的管道达 0.00070m）；

Re——雷诺数，根据下列公式进行计算：

$$Re = \frac{W \cdot d}{v} \tag{23-12}$$

式中 W——石油产品在管道中的速度，m/s；

v——石油产品的运动黏度，m^2/s。

$$W = 4Q/(3600 \cdot \pi \cdot d^2)$$

式中 Q——输送流量，m^3/h。

5. 混油处理

（1）一般方法 国内外对混油的处理方法一般有两种：一种是就近送回炼油厂重新加工，另一种是掺混后供用户使用或降级处理。以掺混方式处理顺序输送所产生的混油，是目前国内外所通用的一种行之有效的经济且简便的方法。

（2）混油处理装置 成品油顺序输送管道末站必须建混油罐，以用于储存混油。若末站距离炼油厂较远，末站可设置一套混油处理装置，一般是采用简单的常压蒸馏工艺。混油处理装置年设计处理量的确定取决于需处理的混油量及装置建设和运行的综合费用。

四、长距离原油输送管道

对于易凝固、高黏度的油品，当其凝点高于管道周围环境温度，或在环境温度下油流黏度很高时，不能直接采用等温（常温）输送方法。过高的黏度会使管道的压降剧增，往往在工程上难以实现或不经济、不安全，因而必须采用降凝、降黏等改性输送措施。加热输送是目前最常用的方法。加热输送提高了输送温度使油品黏度降低，减少摩阻损失，降低管输压力，或使管内最低的油温维持在凝点以上，保证了安全输送。我国有些地区地形复杂，所修建的长距离输油管道要穿越崇山峻岭。如果不加以控制，大落差管道可能出现不满流现象，给运行控制造成困难。因此采用了大落差地段输油管道的运行控制技术。

1. 原油加热的方法

1）直接加热

直接加热就是采用直接式加热炉对原油加热。这种加热方式用加热炉直接加热油品，设备简单，投资省，应用很普遍。但是，油品在炉管内直接加热，存在结焦的可能。一旦断流或偏流，容易因炉管过热使原油结焦甚至烧穿炉管而造成事故。

直接加热炉主要有两种：

① 圆筒型加热炉。圆筒型加热炉的下部是圆筒形辐射室，上部为长方形对流室，烟囱设在对流室顶部。这种加热炉构造简单，占地面积小，热效率高，建造、维护及操作方便。

② 卧式圆筒型加热炉。该炉型吸取了炼油厂加热炉及引进的热媒炉的优点。辐射室为卧式圆筒型，对流室为直立方型，底盘为撬座结构，其间用短节加紧固件连接。全炉可拆

卸为辐射室、对流室、烟囱和附件四大部分。

2）间接加热

间接加热系统由热媒加热炉、换热器、热媒罐、热媒泵、检测及控制仪表组成。

热媒是一种化学性质较稳定的液体，在很宽的温度范围内不冻结，高温时蒸气压较低，也不存在结焦的可能，对金属没有腐蚀性，黏度较小，低温时也可泵送。

热媒加热炉的原理、结构与直接加热的加热炉相似，只是炉管内加热的是热媒而不是原油。由于热媒在炉内的温度可高达150℃以上，故热媒的用量少，加热炉的体积小。热媒无腐蚀性，进炉温度高(约120℃以上)，可以防止低温腐蚀。

热媒在炉中加热至260~315℃，进入管壳式换热器中加热原油。热媒走管程，原油走壳程。原油的压降不大于0.05MPa。

2. 热油管道沿程温降计算

对于热油管道，油流在加热站加热到一定温度后进入管道。油流沿管道流动中不断向周围介质散热，使油流温度降低。散热量及沿线油温分布取决于很多因素，如输油量、加热温度、环境条件、管道散热条件等。严格意义上，这些因素是随时间变化的，所以热油管道经常处于热力不稳定状态。但工程上将正常运行工况近似为热力、水力稳定状态，在此前提下进行轴向温降计算。

假设管长 L 的段内总传热系数 K 为常数，忽略水力坡降 i 沿管长的变化，经过数学推导，可得列宾宗沿程温降计算式

$$\ln\frac{T_R-T_0-b}{T_L-T_0-b}=aL \tag{23-13}$$

式中 L——管道加热输送的长度，m；

K——管道总传热系数，W/(m^2·℃)；

T_R——管道起点油温，℃；

T_L——距起点 L 处油温，℃；

T_0——周围介质温度，其中，埋地管道取管中心埋深处自然地温，℃；

i——油流水力坡降；

g——重力加速度，m/s^2；

a，b——参数，$a=\frac{K\pi D}{Gc}$，$b=\frac{giG}{K\pi D}$；

G——油品的质量流量，kg/s；

c——输油平均温度下油品的比热容，J/(kg·℃)；

D——管道外直径，m。

若加热站出站油温 T_R 为定值，则管道沿程的温度分布可用式(23-14)表示：

$$T_L=(T_o+b)+[T_R-(T_0+b)]e^{-aL} \tag{23-14}$$

对于距离不长、管径小、流速较低、温降较大的管道，摩擦热对沿程温降影响不大的情况下，或概略计算温降时，可以忽略摩擦热的作用。令 $b=0$，代入式(23-13)，得到苏霍夫公式

$$\ln\frac{T_R-T_0}{T_L-T_0}=aL \tag{23-15}$$

3. 管路加热膨胀的处理技术

当热应力超过管路的许用应力时，需要寻求减小热应力的方法，这些方法称为热补偿。具体做法包括自体补偿、曲管补偿、填料式补偿和波纹管补偿等。这些补偿方法是通过其本身柔性(即伸缩性)来减小热应力的。因此这些补偿装置也称作伸缩器。

1）自体补偿

管路本身布置就具有一定曲折形式。这些转折有一定的柔性，可以吸收管路的热应力。设计时应充分利用管路本身的这种特点进行自体补偿。

2）曲管补偿

当管路较长，自体补偿不能满足时，可在直线部分加装其他形式的伸缩器。应用最广泛的是曲管伸缩器，其形式有 Ω 型和 Π 型，如图 23-18 所示。。

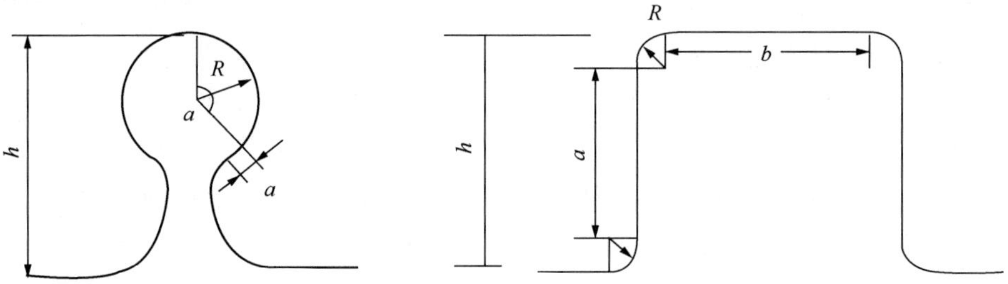

(a) Ω型伸缩器　　(b) Π型伸缩器

图 23-18　Ω 型及 Π 型伸缩器

（a）Ω 型，一般取 $\alpha=75℃$，$R=4D$，直管段 $\alpha=\dfrac{h-2R(1+\cos\alpha)}{\sin\alpha}=\dfrac{h-10D}{0.966}$；

（b）Π 型，$R=4D$；$a=h-8D$。

式中　R——曲管弯曲半径；

D——管外径。

这类伸缩器制造简单，应用较为普遍。缺点是尺寸较大，在一些地形受限制的地段无法安装。

3）填料补偿器

这种补偿器，由管体和滑动套筒组成，利用填料保持伸缩的严密性，为了防止套筒被管内油品压力自管体内拔出，管体上装有防止脱落的凸缘。填料函式伸缩器因导管内压力不平衡，所以管路终端固定支座将承受一个不平衡推力 $N=\pi D^2p/4$。其中，D 和 p 分别为管路外径和内压力。当管路较大时，这个不平衡推力同样较大。

填料函式伸缩器的优点是体积小、伸缩能力大；缺点是不够严密，必须按期换装填料，而且当管路支座发生沉陷时，还有卡住危险。

4）波纹补偿器

波纹补偿器是由许多压制的波纹组成。每一波纹的伸缩能力为 5～8mm。波纹伸缩器构造简单、严密、体积小，适用于场地受到限制的地方。

4. 停输再启动技术要求和方法

热油管道的计划检修和事故抢修都可能在全线停输的情况下进行，此外，当油量不足时，为节省动力保持一定的热力条件，也有用间歇输送的办法来代替反输。热油管道停输后，由于管内油温不断下降，原油黏度增大、形成网络结构并胶凝，管道再启动时的阻力显著增加。如停输时间过长，管道再启动所需压力超过泵的扬程或管道强度，则正常启动失败，必须采用分段顶挤等事故应急处理措施。热油管道停输再启动涉及两个关键问题，即停输过程的温降和管道再启动所需的压力。

长输管道开始停输时，沿线各点的油温是不同的，在加热站间的前段，油温较高，而后段则油温较低。尽管油温高处的温降比油温低处快，但在停输若干时间后，沿线仍有一定的温度梯度。为此，根据停输时间、管道敷设方式和埋设状况、管径和原油流变性等的不同，管道再启动时，管内原油的状态是不同的。若停输时间较短，再启动时管内大部分甚至全部管段内的原油均未胶凝，只是管壁处有不同程度的凝油层增厚现象。一般情况下，在各长输管道运行规程规定的允许停输时间内管道的停输再启动属于这种情况，全管或大部分管段原油均胶凝的情况并不多见。对于埋地大口径热油管道，当管内出现凝油层后，由于凝油层的保温作用，管道横截面上所有原油完全胶凝需要比较长的时间。但是，当停输时间很长，或管道直径较小时，就可能出现管内原油完全胶凝的情况。

必须强调指出，对于管道沿线有某些热力情况很差的特殊段落，如管沟浸水的坡地、严重塌陷、覆土很浅的段落以及有地下水流过管沟的地方，管内存油的温降可能像水中或架空的裸管那样快，出现整个管道横截面原油胶凝的情况，并且随着温度的降低，原油网络结构不断增加。在计算再启动压力及确定允许停输时间时，要注意考虑这些困难段落。

对于停输时间较长、管内原油大部分已胶凝的管道，一般是在管道允许的最大工作压力下，用热油、低黏油品、或热水作顶挤介质，以尽快把管内存油顶挤出去。若在泵正常排量下顶挤压力超高时，需通过旁路调节减小顶挤流量，维持顶挤压力在允许范围内。若采用高压离心泵顶挤，离心泵排量应维持在泵允许的流量范围之内。

随着冷油被顶出管道，流量将逐渐增大，直至达到泵的正常排量。这阶段是在最大顶挤压力下流量逐渐增大的过程。为了尽快恢复正常输送，应在管道强度允许的压力范围内，尽可能加大排量。因为流速愈高，对管壁上凝油层的剪切力愈大，可以带走更多凝油。流量恢复过程的长短取决于再启动压力、管道长度、停输时间、预挤液的性质及管内存油的流变性等一系列因素。达到正常流量后，随着土壤温度场逐渐恢复，泵出口压力也将逐渐下降，直至管道完全恢复到正常运行状态。

五、油轮运输

我国具有长达 1.8 万公里的海岸线，并且具有良好的港湾和优越的建港条件。从北到南沿海已建成能停靠万吨级以上油轮的港口有大连鲇鱼湾、秦皇岛、山东黄岛、浙江乍浦、镇海算山、福建惠安、广州、湛江等十多处。我国的内河运输以长江、珠江、黑龙江和大运河的航线为主。我国内河运输，大都是东西走向的横干线，而海上运输则是南北纵向，它把沿海各地和陆地上主要的东西走向的运输线连接起来，成为我国东部的一条纵向运输线。随着我国经济的高速发展，对油料的需求量有了很大提高，对水上运输方式提出了升级要求。2009年我国炼油能力进一步增至4.83亿吨/年，成为仅次于美国的全球第二大炼油国，原油进口量继续增长，原油对外依存度首次超过50%。国内加快了原油专业化码头建设，沿海已建成、在建和近期将建的30万吨级原油码头近20座，其中不乏能够接卸45万吨级超级油轮的大吨位原油码头，并改造了一批已有的码头及其配套工程。原油经油库中转，分送到炼油厂。30万吨级原油码头是输油管线长、泊位疏浚深、施工难度大的建设项目。采用带有紧急脱离装置的输油臂系统，确保在紧急情况下能够使码头和船舶快速安全分离；使用计算机自动控制的快速脱缰反应系统、自动消防系统及激光安全测距靠泊系统，有效确保码头和船舶作业安全高效；选用先进的大直径全自动电动阀门及电伴热系统，确保输油管线的安全畅通。同时推进以长江三角洲、珠江三角洲等高等级航道网为重点的内河水运建设，形成石油产品专业化的运输系统。

1. 港口和码头

港口由水域和陆域两部分组成。水域是供船舶进出、运输、锚泊和装卸作业使用的。陆域包括码头、泊位、道路、仓储区、装卸设施和辅助生产设施(包括给水排水和消防系统、输电及配电系统、办公、维修、生活用建筑物、工作船基地等)。

港口中供船舶停靠的水工建筑物称作码头。码头前沿线通常即为港口的生产线，也是港口水域和陆域的交界线。

码头上停靠船舶的位置叫泊位，也称船位。一个泊位可供一艘船停泊，一座码头可同时停泊一艘或多艘船只，即一座码头可同时有一个或多个泊位。泊位的长度要与船型的长度相适应。在同一条线上的两个泊位间还要留出两船之间的距离，以便船舶系解缆绳，因此码头线长度是由泊位数和每个泊位所需长度决定的。

2. 油船

油船是油品水上运输的主体。我国自主研发的30万吨级大型油船等一批具有高技术含量的船型对国内炼油能力的提升起到重要作用。运油船为单甲板、尾机型，过去是单层底和设置纵舱壁，现在多为双层底、纵舱壁和双层壳的结构形式。

油船上除货油舱外，还设有机舱、锅炉舱、油泵舱、专用压载水舱、隔离空舱、干货舱等。为满足操作安全和生活的需要，油船上有多种管系。一般有输油管系、货油泵舱管系、扫舱管系、蒸汽加热管系、专用压载水管系、灭火管系、通风管系等等。穿梭油轮是专门用于海上油田向陆地运送石油的油轮。我国自主设计的15.2万吨穿梭油轮已投入使用。该船装备有先进的动力定位系统，可实现自动导航、无人机舱等系统功能，满足复杂海况下的作业要求，进行采油平台、岸基之间的原油驳运。

液化气(LPG)船与油船总体设计相似，呈尾机型，由于LPG很轻，货舱不能用作压载舱，所以船的干舷都很高。目前我国不仅实现了147000m^3 LPG船的批量建造，而且自主研发了160000m^3、175000m^3和220000m^3三种新船型，其中175000m^3已投入批量供应。

LPG船通常分为全压式、半压/半制冷式、半压/全制冷式和全制冷式4种。全压式LPG船的液货舱设计压力通常为1.75MPa，总货舱容积在3000m^3以下，一般采用球型结构或圆柱形结构。半压/半制冷式LPG船液货舱的设计压力通常为0.8MPa，最大容积可达5000m^3，液货制冷到5℃装运，液货舱通常为卧式圆柱形。半压/全制冷式LPG船能装多种液货，适用范围广，这种船在卸货时能对LPG加热，在航行时能对LPG迅速制冷。液货舱的设计压力为 0.8MPa，其温度可维持在-48℃（装乙烯的货舱可维持-105℃）。液货舱形状通常为圆柱形或球形，采用耐低温的碳钢或镍合金钢制作。

全制冷式 LPG 船液货舱的最大设计压力为 0.025MPa，容积为 10000～100000m^3。适应的最低营运温度为-48℃（运输丙烷）或-104℃（运输乙烯）。液货舱壁用玻璃纤维或聚氨酯泡沫塑料绝热。在液货舱与船壳间充有惰性气体，液货舱呈棱柱形。

第四节　加油、加气站

给汽车加注燃料的专门场所统称为汽车加油加气站。加油加气站是石油商品营销的终端环节，是油品批发与零售的载体，从商品流通的角度看，它是石油产品的小型集散地，发挥着商品集散功能，起着促进商品流通、扩大销售的作用。加油加气站的根本任务是给各类车辆加注燃料，补充其动力能源，以保障车辆继续行驶，从而保障交通运输正常运转。

一、汽车加油站

1. 加油站卸油工艺流程

加油站将油槽车运来的汽油、柴油卸入站内的储油罐时，必须采用密闭卸油方式。为实现密闭卸油，加油站内的油罐必须设置专用进油管道和油气回收管道，卸油管出油口距罐底高度应小于 0.2m。卸油和油气回收接口应安装直径为 100mm 的截流阀（或密封式快速接头）和帽盖。油罐车卸油连接软管应采用直径为 100mm 的密封式快速接头。严禁采用敞口卸油方式。密闭卸油系统如图 23-19 所示。

为了限制加油站卸油时油气的向外扩散，减少挥发性有机物（VOCs）的排放，加油站应采用卸油密闭油气回收系统，如图 23-20 所示。

2. 加油站加油工艺流程

1）自吸式加油机加油工艺流程

为保证加油机正常加注油品，当采用自吸式加油机时，每台加油机应按加油品种单独设置进油管，如图 23-21 所示。如果几台加油机共用一根接自油罐的出油管，会造成互相影响，流量不均。当一台加油机停泵时，还有抽入空气的可能，影响加油机的正常吸入性能和计量的准确度，甚至出现断流现象。

2）潜泵式加油机加油工艺流程

随着加油站技术发展，加油站宜采用油罐装设潜油泵的一泵供多机（枪）的配套加油工艺，如图 23-22 所示。与自吸式加油机相比，其最大特点是：油罐正压出油，技术先进，加油噪声小，工艺简单，一般不受油罐液位低和管线长等条件的限制。

3）悬挂式加油机加油工艺流程

悬挂式加油机，是一种新型的加油设备，其特点是：①可以充分利用有限空间，提高场地利用率，提升加油效率，以纵向空间换取横向空间，解决城市型加油站场地狭小、空间紧张的问题，可以让顾客加油时无需考虑加油口位置，提高车辆通过率；②加油机主体集中安放，便于管理和维修，同时泵岛上加油机主体的体积大大缩小，节省了泵岛空间，同时还避免胶管被车辆碾压的风险，如图 23-23 所示。

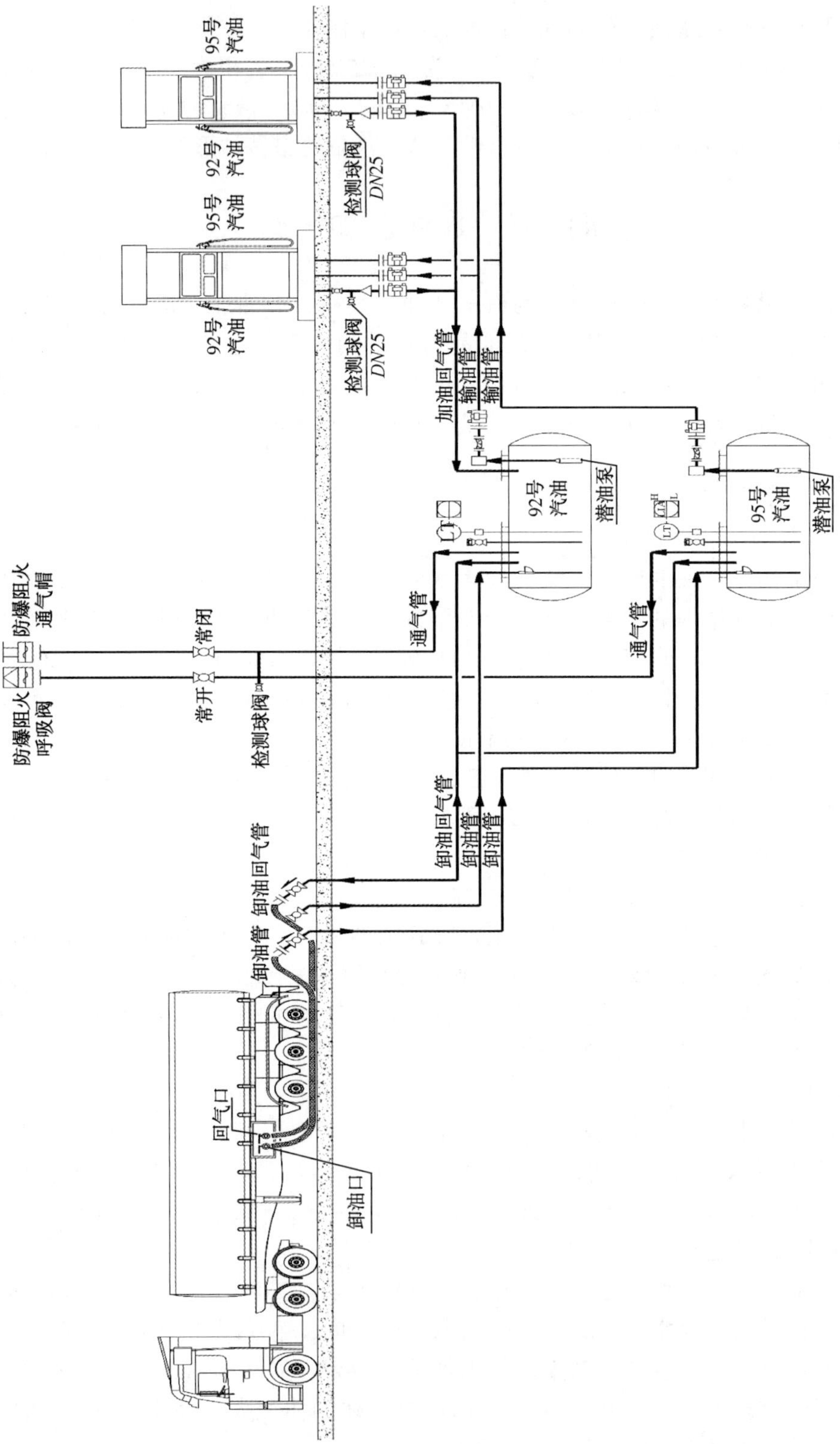

图23-19 加油站密闭卸油系统

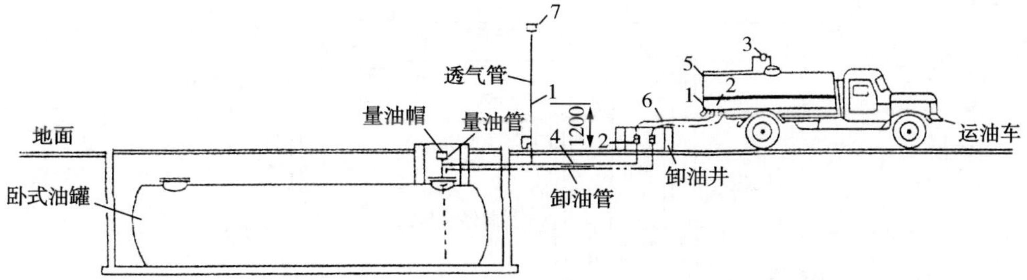

图 23-20 油罐车卸油密闭油气回收系统

1—旋塞(X13W-6T*DN*50)；2—快速接头(*DN*50)；3—活接头 *DN*50；
4—油气管(埋地)，为镀锌钢管 *DN*50；5—油气管(油车)，为镀锌钢管 *DN*50；
6—油气管(连接)，为耐油胶管 *DN*50；7—呼吸阀(组装件 *DN*50)

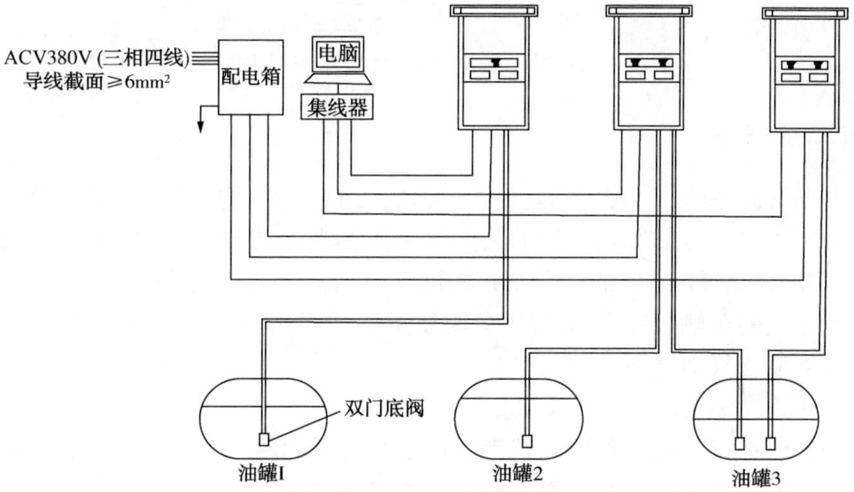

图 23-21 自吸式加油机加油系统示意图

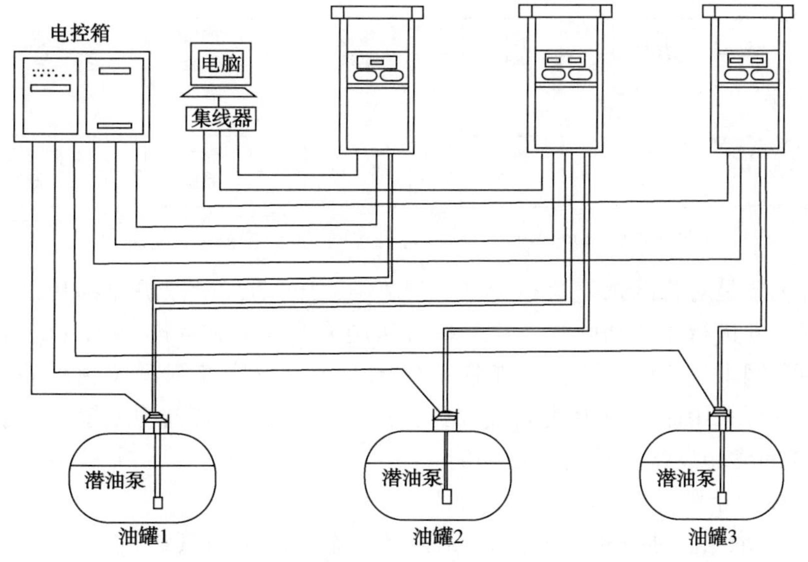

图 23-22 潜油泵加油机加油系统示意图

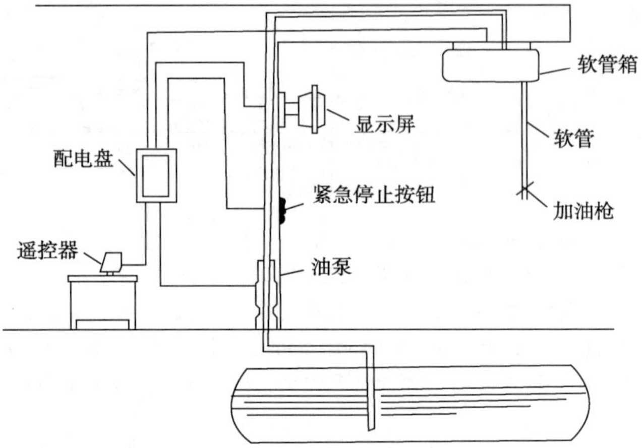

图 23-23 悬挂式加油机系统示意图

二、汽车加气站

加气站根据气源不同，一般分为三种，即液化气(LPG)加气站、压缩天然气(CNG)加气站和液化天然气(LNG)加气站。压缩天然气(CNG)加气站分为 CNG 常规加气站(亦称标准站)、CNG 加气母站和 CNG 加气子站；按储气量的大小可分为一级、二级、三级站。由于我国使用液化气的车辆较少，大部分车辆使用压缩天然气(CNG)或液化天然气(LNG)。因此，不再赘述液化气加气站。

1. 压缩天然气常规加气站(标准站)工艺流程

标准站一般建在有天然气管网的城市，位于其管网的附近，直接从管网中吸取天然气，经压缩机压缩后输入储气瓶，通过售气机给燃气汽车供气。

典型的标准站工艺流程见图 23-24。

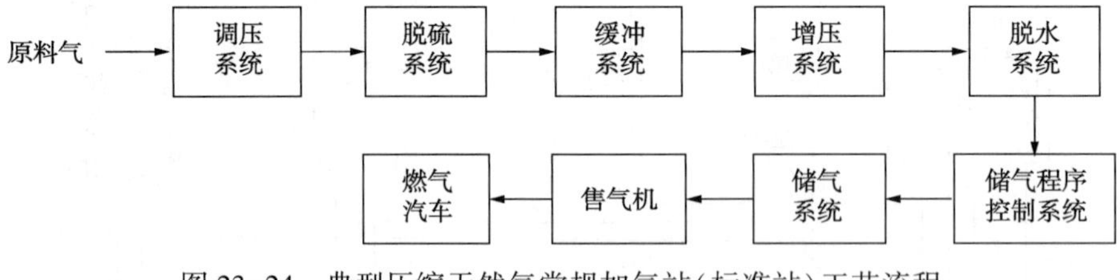

图 23-24 典型压缩天然气常规加气站(标准站)工艺流程

调压系统主要是对管网来气进行调压，减小压力波动，以保护压缩机。脱硫、脱水设备用于对管网来气进行脱硫和脱水，使其符合车用天然气国家标准要求的硫含量及水含量。压缩机用于为管网来气增压，达到给车瓶补气的压力。程序控制盘控制压缩机给储气系统补气；储气系统可采用储气瓶组或储气井，作用在于减少压缩机的频繁启停。售气机是向汽车充装 CNG 的终端设备，具备计量功能。

2. 压缩天然气子站工艺流程

在无气源处所设立的加气子站，天然气由气源处以压缩气态的形式运输或者以液体状态运输而来。子站的作用是为保证气体以要求的压力充入汽车储气瓶中，按照规定运输压力槽罐的压力不应超过 20MPa。加气子站应设置增压系统。典型的子站工艺流程见图 23-25。

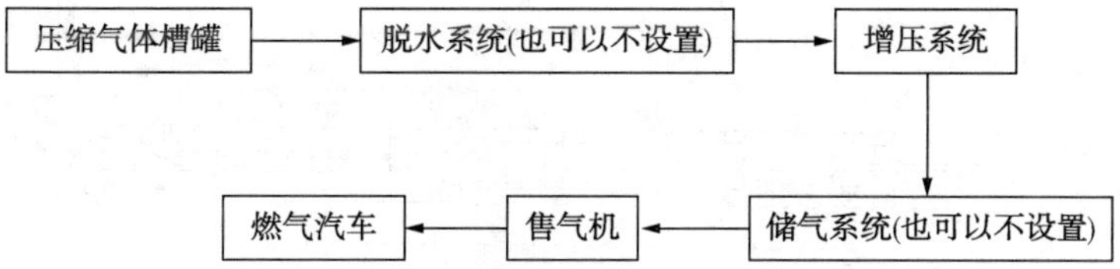

图 23-25　压缩天然气子站工艺流程图

三、油气回收

随着我国机动车保有量的快速增长，汽油的使用量也不断增加。汽油中挥发性较强的烃类物质，在储存、运输和加注过程中能够挥发到大气中，污染大气环境。油气是典型的挥发性有机物(VOCs)，含有 BTEX(苯、甲苯、乙苯和二甲苯的合称)、甲基叔丁基醚、烯烃和芳烃等物质，大部分成分具有大气化学活性，不但容易与其他污染物形成固态、液态或二者并存的二次细颗粒物(PM2.5)，同时也是造成光化学污染的主要前体物之一，在光照作用下与氮氧化物等作用形成臭氧。VOCs 作为 PM2.5 和 O_3 污染的重要前体物，进一步改善和控制油库、运油车辆、加油站 VOCs 的排放，对改善我国城市空气质量具有积极的意义。我国自 2007 年开始，逐步在北京、天津、广州、上海等地开展了油库、加油站及运油车的油气回收改造工作，取得了显著的效果。2012 年年底全国已经全面完成了加油站、运油车辆及油库的油气回收改造工作。加油站、油库的油气排放实现了在线监控。

1. 加油密闭油气回收系统工艺流程

加油油气回收是指汽车加油时，利用加油枪上的特殊装置，将原本会由汽车油箱溢散于空气中的油气，经带油气回收系统的加油枪、抽气泵进行回收，并将回收的油气储存在地下储油罐内保压，油气不排放于周围大气。常见的油气回收系统包括蒸气平衡式和真空辅助式 2 种。蒸气平衡式油气回收系统是利用加油枪抽气量 A 与加油量 L 的比值(A/L)接近于 1∶1 的原理进行回收。即从油罐中加出去的油量与从加油枪回收到油罐中的油气量相一致，使油罐达到压力平衡。真空辅助式油气回收系统，是指在给车辆加油的同时利用真空泵产生的吸力进行油气回收。在加油时，油品从同轴软管的外层流出，通过回收型加油枪注入车辆油箱，产生的油气在真空泵作用下从回收型加油枪经同轴软管的内层及分离器进入回收泵，然后流回地下储油罐。我国普遍使用的加油油气回收设备为真空辅助式油气回收系统。工艺流程见图 23-26 所示。

2. 油气回收系统设备

1）油气回收油枪

要实现油气回收功能，加油作业时需使用油气回收专用油枪。该油枪的基本功能与一般自动油枪相同，具有三段出油速度调整功能。当加油满至枪头回气孔时，可自动跳脱，另在回气孔之后有一圈八个油气回收孔，真空泵由这些孔将油气吸回油罐。与一般自动油枪不同的，也是该油枪最大的优点：不全速加油或慢速加油均可将加油与吸气比例调整到

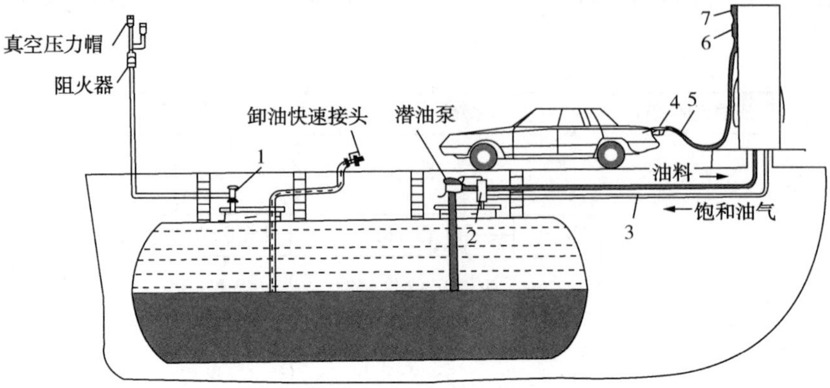

图 23-26　第二阶段油气回收系统示意图

1—油气回收快速接头；2—真空泵；3—油气回收管；4—油气回收油枪；
5—同轴胶管；6—胶管脱离器；7—油气分离转换接头

接近 1∶1。这一点能保证每发 1L 油可回收相当于 1L 体积的油气，确保加油时油气回收顺利完成。

2）真空泵

真空泵是整套油气回收系统的核心设备。根据其形式的不同，可分为中央吸取式真空泵及分散吸取式真空泵。分散吸取式真空泵一般设置于各台加油机内，通常采用涡轮叶片式真空泵连结一条与输油管平行的油气回收管线和地下储油罐连结。当加油时电机带动涡轮叶片式真空泵产生真空，通过回收油枪达到回收车辆油箱内挥发油气。中央吸取式真空泵直接利用潜油泵所提升的油品压力来驱动，无需额外增加驱动动力，目前以中央吸取式真空泵应用最为广泛。中央吸取式真空泵结构简单，安装方便，一般与潜油泵相接并一起安装于人孔盖板上(见图 23-26)，靠潜油泵动作时产生动力的油品推动其喷射器而产生真空吸力，并通过油气回收管道将加油机该油品的油气吸收回油罐。

3）油气回收管道专用附件

（1）胶管脱离器　设计在承受 100～200kg(980～1960N)拉力时即被分为两截，避免加油机受损。脱离器在被拉开时，油、气的通路同时被封住，阻止油品喷出，提高油站工作人员及客户的安全。

（2）油气回收快速接头　接头只用于地下储油罐收油阶段的油气回收系统，集回气管线快速接头与放空管线开关于一体。在卸油时，油车回气管接上时自动顶开回气管。卸油作业完成后，油车回气管取出时，自动关闭一次回收管线，可避免卸油时油气外泄。

（3）同轴胶管　它是油气回收加油枪的专用软管，采用套管式结构，中间是油气回收气管，外圈是输油管。

（4）油气分离转换接头　通过该接头可将油和气一齐接入油气回收专用油枪内。

（5）浮球阀　将它安装在人孔盖板上，连接放空管线。在卸油时，油位到达浮球阀位置时，浮球阀内部的浮球会浮起，阻止油品流入放空管线内。

4）油气回收系统监控设备

为了对油气回收系统进行监控，确保其运作正常，加油站油气回收系统一般需在油站监控室内安装一个油气回收系统监控器；其监控系统分为两部分，真空泵前段为真空度监控，后段为油罐及管线内油品压力的监控；若系统内真空吸力不够或油罐油气向外过度排放时，监控器会亮起警示灯并做记录。

3. 系统安装

加油站在进行油气回收系统安装时，加设油气回收管道一般可采用两种方法：一是多台真空泵共用一条油气回收主管；二是每台真空泵各设一根独立的油气回收主管。无论采用何种方法，在铺设油气回收管道时，均应保证油气回收管道有一定的倾斜坡度坡向油罐，以使管内积油顺势流回油罐内。另外，为了使油罐内能提供最大空间来储存回收的油气，可将所有汽油类油罐的排气管道连通，见图 23-27。

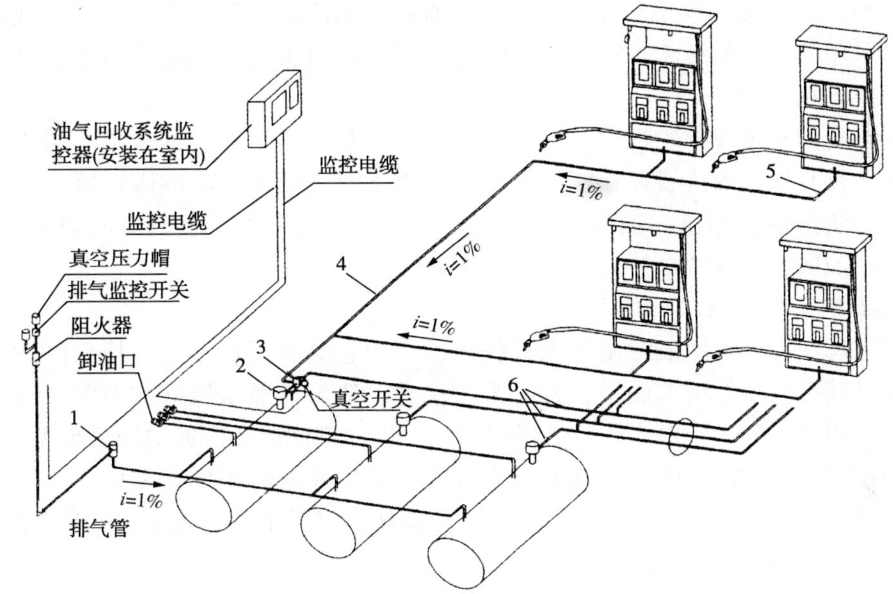

图 23-27　加油站油气回收系统安装示意图

1—油气回收快速接头；2—潜油泵；3—真空泵；4—油气回收主管；5—油气回收支管；6—输油管

第五节　油品储运安全

油品储运工程生产介质是原油、成品油及其相关产品，具有易燃性、易爆性、毒性、热膨胀性等危险特性，在油品储运系统生产过程中发生事故的可能性大，事故后果严重，安全管理至关重要。

一、油品储罐安全

石油库属于爆炸和火灾危险性设施，所以必须做到安全可靠。技术先进是安全的有效保证，是实现本质安全的基础。油库是储存、输转、收发油品的仓库，而储罐是油库最重要的设施，做好油品储罐的安全管理是油库安全管理的重要部分。

（一）储罐的泡沫灭火系统

对易燃和可燃液体储罐灭火，最有效的灭火手段是用泡沫液产生空气泡沫进行灭火，空气泡沫可扑救各种形式的油品火灾。我国 GB 50196《高倍数、中倍数泡沫灭火系统设计规范》中规定，油罐灭火系统宜选用混合比为6%型的中倍数泡沫液。除油罐以外的防护区，宜选用高倍数泡沫液。GB 50151《低倍数泡沫灭火系统设计规范》中对非水溶性甲、乙、丙类液体储罐低倍数泡沫液的选择规定为：当采用液上喷射系统时，应选用蛋白、氟蛋白、成膜氟蛋白或水成膜泡沫液。外浮顶和内浮顶储罐应选用液上喷射系统。泡沫混合装置宜采用压力比例泡沫混合或平衡比例泡沫混合等流程。目前国内外对于非水溶性甲、乙、丙类液体，采用低倍数泡沫灭火方式——液上喷射泡沫和液下喷射泡沫。因为采用液上喷射泡沫，泡沫不经过油层，泡沫不含油，所以普通蛋白泡沫液、氟蛋白泡沫或水成膜泡沫液均可采用；采用液下喷射泡沫，泡沫一定经过油层，所以蛋白泡沫液不适合以液下喷射的方式扑救油类火灾。

泡沫剂本身是不燃或难燃物质，与大量水混合时具有一定的表面张力，引入空气即生成大量泡沫，具有很强的持续存在能力。当油罐着火时，从设在罐周围或罐下部的泡沫喷射管喷射出大量泡沫，漂浮在油面上，不仅使油面与空气隔绝，且具有吸热降温的作用，泡沫覆盖整个油面，火被窒息扑灭。

1. 低倍数液上喷射泡沫灭火系统

这是国内炼油厂和油库最常用的灭火技术，因为它具有操作方便、扑灭储罐火灾可靠等特点。而且其灭火器材结构简单，容易维护保养，造价低廉。低倍数泡沫灭火剂根据发泡剂的类型和用途可分为蛋白泡沫、氟蛋白泡沫、水成型泡沫和合成泡沫等类型。

液上喷射泡沫灭火由于泡沫是从液面上方喷入的，并由罐周围流向中央，不可避免地受到罐体上部高温罐壁与火焰的影响，部分遭受破坏，降低了灭火效率，这是它的缺点。

2. 低倍数液下喷射泡沫灭火系统

这种灭火系统一般选用氟蛋白泡沫剂。氟蛋白泡沫剂是一种疏油性很强的泡沫剂，当储罐着火时，泡沫剂与水混合，由安装在罐区围堤外的高背压泡沫发生器经喷出管在罐底喷入。当泡沫通过油层时，部分油品被分离为小型油滴并被泡沫所包围，迅速上浮在燃烧液面上形成包着油滴的泡沫覆盖层与空气隔绝，同时当泡沫上升时，将下部温度较低的油品带往上层，有助于降低液面油温。泡沫剂与水的混合液必须有较大的供给强度，按储罐截面积计算，应不小于 6L/(min·m^2)，泡沫发泡倍数宜按 3 倍计算，泡沫喷入速度不大于 3m/s。图 23-28 为液下喷射泡沫灭火流程示意图。

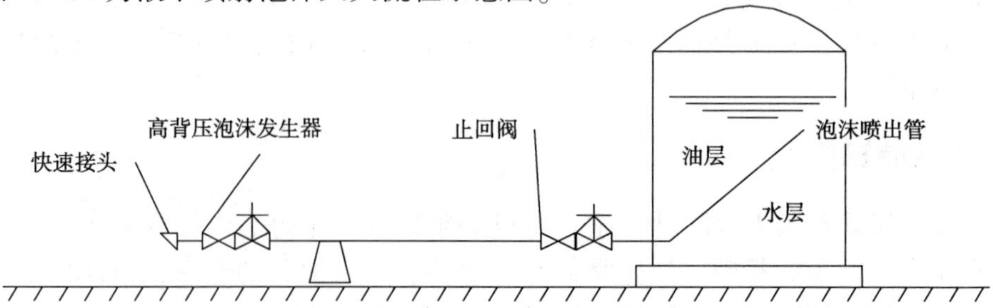

图 23-28　液下喷射泡沫灭火流程图

国产 YEF3 型氟蛋白泡沫剂的性能指标见表 23-7，多次试验的平均数据见表 23-8。

表 23-7　国产 YEF3 型氟蛋白泡沫剂的性能及技术

项　目	YEF3 型氟蛋白泡沫灭火剂	GA 219—1999 标准	项　目	YEF3 型氟蛋白泡沫灭火剂	GA 219—1999 标准
相对密度(20℃)			稳定性③		
3%①	1.18	1.1~1.2	沉降物/%	1.10	≤0.2
pH 值(20℃)	7.0	6.0~7.5	沉淀物/%	微量	≤0.1
黏度(20℃)/(mPa·s)			腐蚀率/[mg/(d·dm^2)]	25	≤15
<6%①	—	<15	发泡倍数(20℃)	8.1	≥6.5
3%①	—	<50	25%析水时间(20℃)/min	8.57	≥6.0
流动点/℃	-15	≤-10	90%火焰控制时间/s	33.6	≥60
沉降物②/%	0.04	≤0.2	灭火时间/s	46.5	≤90
沉淀物②/%	微量	≤0.1	抗烧时间/mm	18.8	≥12

① 表示该剂与水的混合比例。

② 混合均匀的泡沫液先测沉降物，再取沉降物分层的上层清液配制混合液测定沉淀物。

③ 稳定性测定的混合均匀的泡沫液，在电热干燥箱内恒温 24h，再冷却至室温搅拌匀样品先测沉降物，后测沉淀物。

表 23-8　多次试验的平均数据

项　目	车用汽油($3m^2$油盘)	车用汽油($10m^2$油盘)	喷气燃料($10m^2$油盘)
发泡倍数	9.5	7.2	6.9
25%析液时间/min	—	3.24	3.36
燃料层厚度/min	12	15	15
混合比/%	6.0	2.8	3.1
混合液供给强度/[L/(min·m^2)]	—	5.2	5.3
预燃时间/s	60	60	60
90%火焰控制时间/s	24.4	26.1	25
灭火时间/s	33.3	57	51.1
备注	用 61 型氟蛋白泡沫灭火器试验	用 50L/min 泡沫管枪产生泡沫	用 50L/min 泡沫管枪产生泡沫

3. 抗溶泡沫灭火系统

在蛋白泡沫中添加一定比例的碱金属，稳定后生成抗溶性泡沫，可用来扑灭能溶于水的易燃液体的火灾，例如醇类、酮类、醚类等。

(二) 储罐的防雷

雷电对储罐的危害很大，依据 GB 50074—2014《石油库设计规范》和 GB 15599—2009《石油与石油设施雷电安全规范》，在生产、输送、储存过程中为避免或减少油库石油设施雷电危害，必须采取有效的防雷措施。油库防止雷电引燃引爆的措施主要有四种：一是设置避雷装置(如接闪杆)，将雷电流导入大地；二是采用电气连接，防止放电；三是在雷雨时及雷雨前严格控制油气排放；四是油气呼吸管路装设阻火器。

对于金属储罐，预防雷电危害的技术措施主要有：

（1）装有阻火器的地上卧式储罐的壁厚和地上固定顶钢储罐的顶板厚度大于或等于4mm时，不应装设接闪杆(网)；铝顶储罐和顶板厚度小于4mm的钢储罐，应装设接闪杆(网)，接闪杆(网)应保护整个储罐。外浮顶储罐或内浮顶储罐不应装设接闪杆(网)，但应采用两根导线将浮顶与罐体做电气连接。

（2）金属储罐应做环形防雷接地，其接地点不应少于2处，并应沿罐壁四周均匀或对称布置，连接点沿罐壁周长的间距不应大于30m，接地体距罐壁的距离应大于3m。引下线宜在地面0.3~1.0m之间装设断接卡，用2个型号为M12的不锈钢螺栓加防松垫片连接。宜将储罐基础自然接地体与人工接地装置相连接，其接地点不应少于2处，冲击接地电阻不宜大于10Ω。

（3）浮顶金属油罐应采用2根截面积不小于50mm^{2}的扁平镀锡软铜复绞线或绝缘阻燃护套软铜复绞线将浮顶与罐体进行良好的电气连接，其连接点不应少于2处。宜采用有效、可靠的连接方式将浮顶与罐体沿罐壁四周做均布的电气连接，连接点沿罐壁周长的间距不应大于30m。

（4）金属储罐的阻火器、呼吸阀、量油孔、人孔、切水管、透光孔等金属附件应等电位连接。

（5）与金属储罐相连的电气、仪表配线应采用金属管屏蔽保护。配线金属管上、下两端与罐壁应做电气连接。在相应的被保护设备处应安装与设备耐压水平相适应的浪涌保护器。

（6）对于覆土油罐层，因为油罐埋在土里，受到土壤的屏蔽作用，当雷击油罐顶部时，土层可将雷电流疏散导走，起到保护作用，所以覆土厚度在0.5m以上的油罐，可不装防雷装置。但是覆土油罐的罐体和罐室的金属构件以及呼吸阀、量油孔法兰连接处等金属附件一般都没有覆土层，故应做良好的电气连接并接地，接地电阻不应大于10Ω。

（7）装于地上钢储罐上的仪表及控制系统的配线电缆应采用屏蔽电缆，并穿镀锌钢管进行保护，保护管两端与罐体做电气连接。

（8）石油库内的信号电缆宜埋地敷设，宜采用屏蔽电缆。当采用铠装电缆时，电缆的首末端铠装金属应接地；当电缆采用穿钢管敷设时，钢管在进入建筑物处应接地。

（三）储罐的防静电

油库内可能导致引燃引爆的静电来源主要有3个方面：一是油料在储运、加工过程中产生的静电；二是人员行走、穿脱衣服等活动产生的静电；三是其他物体摩擦产生的静电。

1. 防止油品静电引燃引爆

油品在储存、输转过程中，由于摩擦总是存在，静电的产生不可避免，因此必须尽量减少静电的产生和积累，以防火花放电引燃引爆。

1）减少产生静电的措施

（1）控制流速　油品在管道中流动产生的流动电荷和电流密度的饱和值与油料流速有

很大的关系。GB 50074—2014 中规定，从上部向铁路罐车灌装甲 B、乙、丙 A 类液体时，应采用插到罐车底部的鹤管。鹤管内的液体流速，在鹤管浸没于液体之前不应大于 1m/s，浸没于液体之后不应大于 4.5m/s。SY/T 7385《防静电安全技术规范》中规定：当固定顶储罐内液位低于进油口顶面以上 610mm，或浮顶罐浮盘未浮起之前，储罐收油线及收油口的流速不应大于 1m/s，当液位淹没进油口以上 610mm 或浮盘浮起后，可逐步提高流速，但不应大于 4.5m/s。

（2）控制加油方式　油罐车从顶部喷溅装油时，会产生大量静电，同时也会增加油品的蒸发，从而增大了火灾危险性。采用顶部装油时，鹤管应放入到罐的底部。鹤管出口与槽车的底部距离不应大于 200mm。装油完毕，达到静置时间后，再进行提取鹤管、采样、测温、检尺、拆除地线等工作。油罐车顶部装油见图 23-29。GB 50074—2014 规定：向汽车罐车灌装甲 B 乙 A 类液体，应采用密闭装车方式，并应按现行 GB 50759《油品装卸系统油气回收设施设计规范》的有关规定设置油气回收设施。

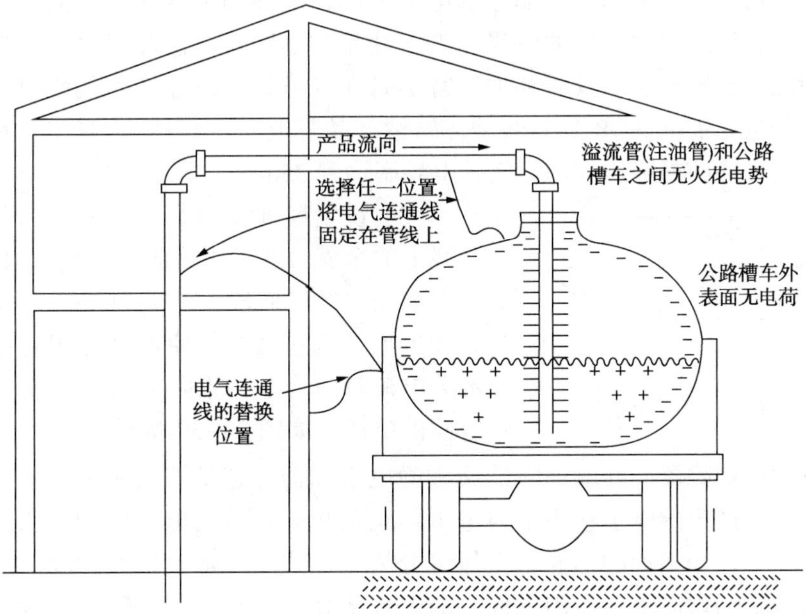

图 23-29　油罐车顶部装油示意图

（3）防止不同油品相混或油品含水和空气　当不同油品混合或油中含有水时，都会使静电量增加。因此，在油罐换装油品时必须清洗，防止不同油品相混。另外，应充分注意使用压缩空气进行油品调合与通风的危险性。在清洗轻油罐等容器时，若油品未除净，不应用高压水或压缩空气冲洗，以免发生火灾。严禁使用压缩空气进行甲、乙类油料的调合作业和清扫作业。

（4）设计上尽量减少弯头、阀门等附件　当油品经过弯头、阀门等附件时，由于油品流动状态的改变将导致油品摩擦加剧，产生的电荷量大大增加，因此从减少静电产生的角度，应尽可能减少弯头和阀门的数量。另外必须使用软管的地方应优先选用导电橡胶或导电塑料管。

2）加速静电的泄漏，防止或减少静电的积聚

油品由于电阻率较高，其中的电荷不易泄漏，因而不断产生的静电荷越积越多。为了加速油品电荷的泄漏，可以采用以下措施：

（1）接地和跨接　静电接地是将油罐等设施、设备通过导线接地体等手段与大地连成阻值较小的通路，以使电荷导入大地。对于带电导体，接地后其电荷会迅速导入大地。

在油库中，所有固定的储输油设施、设备除了有特殊要求(如阴极保护的设备)都应接地，所有移动设备，如测量、取样容器、油桶、车辆等在作业过程中都应接地，为了减少接地体的当量数量及操作难度，在许可的情况下，可以采用先跨接再集中接地的方法。单纯静电接地的接地电阻应小于 100Ω，与防雷接地合用时，接地电阻应小于 10Ω。GB 50074—2014 中规定：储存甲、乙、丙 A 类油料的钢油罐，应采取防静电措施；钢油罐的防雷接地装置可兼作防静电接地装置。

（2）加防静电添加剂　加入微量的防静电添加剂可以成十倍、成百倍地增加油品的电导率，使油品电荷得不发生积聚，加速静电的泄漏，消除静电危险。加剂量不能太低，一般为百万分之一，以防出现相反的效果。由于油品在输转、运输过程中安全静置时的电导率会降低，因此，在输转后须及时补加。特别是在管道长距离输送喷气燃料时，一般会在下载站补加防静电添加剂。GB 13348《液体石油产品静电安全规程》中规定：在油品中可以加入微量的油溶性的防静电添加剂，使其电导率达到 250pS/m 以上。

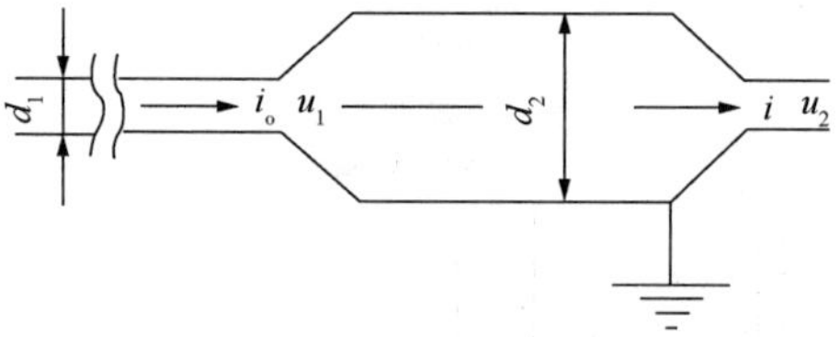

图 23-30　静电缓和器

（3）设置静电缓和器　静电缓和器是一个装在管线上的金属容器，可看成一个扩大直径的管线段，带电油品先经过此段，然后再进入容器，由于管线直径扩大，流速减慢，使油品有相对停留时间，大部分电荷趋向管壁，流向大地，从而大大减少进入容器的电荷，如图 23-30 所示。

（4）设置静电消除器　静电消除器又称静电中和器，它是消除或减少带电体电荷的装置。静电消除器所产生的电子和离子与带电体正负相反符号的电荷中和，从而消除静电的危险。按照工作原理和结构的不同，大体可分为感应式、外加电压式、放射线式和离子流式四种。因感应式结构简单、使用方便，消电效率高，且后三种对石油工业不安全或安全措施复杂，所以灌装油罐车中仅使用感应式静电消除器。

（5）足够的漏电时间　经过过滤器和泵的油品，会发生剧烈摩擦，增加了接触和分离的强度，可使油品携带大量的静电荷进入其后的容器(油罐或罐车)。因此为了避免静电事故，油品在经过过滤器和泵之后应有一定的缓和长度或足够的泄漏时间。将各静电荷泄漏导至地下，一般规定有 30s 的时间才允许进入容器。

3）消除火花放电

采取了减少静电产生和积累的措施已为消除火花放电提供了预防手段，但仍有放电的危险。火花放电的危险之一是油罐、油罐车等及其附近设备之间的放电；防止的办法是将它们都跨接起来，与减少静电积累的方法相同，既做良好的电气连接，又做可靠的接地；危险之二是容器内的油品与容器内壁及其他的突出金属(如毛刺、加油栓、鹤管口等)发生

放电，或油面上的金属漂浮物(如垫片、量油桶、浮子等)与容器壁发生放电。防止这种火花放电的方法是严格执行有关规定，主要有以下四方面。

(1) 在装油过程中，严禁上罐或罐车进行人工检尺、测温、采样等作业。装油完成后，必须静置一段时间才能进行以上作业，铁路油罐车静置应大于5min，汽车油罐车静置应大于2min，油罐的静置时间应满足表23-9规定。

表23-9　油品在油罐中的静置时间　　min

液体电导率/(S/m)	液体容积/m^3			
	<10	10~50(不含)	50~5000(不含)	>5000
$>10^{-8}$	1	1	1	2
$10^{-12}\sim10^{-8}$	2	3	20	30
$10^{-14}\sim10^{-12}$	4	5	60	120
$<10^{-14}$	10	15	120	240

注：若容器内设有专用量槽时，则按液体容器$<1\times10m^3$取值。

(2) 在给油罐车加油时，鹤管管口应插至罐车底部。

(3) 油品加注用车辆运输等过程中，及未达到静置时间时，严禁有任何金属体落入容器内或不接地的金属物体浮于油品表面。

(4) 内浮顶油罐在运行作业中，严禁浮盘落底。浮盘落底是指因储罐液位过低，浮盘落在支撑腿上。因浮盘落底后会在浮盘和油面之间形成气相空间，在物料流速过快时物料管线管口静电易聚集，极易引发着火爆炸事故，因此内浮顶油罐在运行作业时，严禁浮盘落底。

2. 防止人体静电引燃引爆

在油库中，人体静电的危害主要存在两个方面：一是人体静电放电可能引起油品的燃烧和爆炸事故；二是人体静电放电产生的电击可能引起人体的不适和恐惧，而导致工作效率降低甚至事故。油库防止人体静电危害的措施主要有以下四方面。

1) 设人体排静电体

在爆炸危险场所的人口处(如储油洞口、泵房门上、露天油罐上梯口等)应设置人体排静电体，也可直接利用接地的金属门、拉杆、支架等作为人体手握接地体。人体进入场所前，应将手或带防静电手套触摸人体排静电体，以导走所带静电，当环境相对湿度大于80%时，进入危险场所前可不触摸人体排静电体。

2) 穿戴防静电服

防静电服是指为了防止人体静电积聚，以防静电织物为衣料而缝制的工作服，应符合GB 12014—2019《防护服装 防静电服》的要求。穿着防静电服不仅可以降低人体电位，还可以避免服装带高电位引起的灾害。防静电鞋是指鞋底用电阻较小的导电性材料制作的鞋，不仅具有防止人体静电积聚的性能，而且还能防止因触及工频电而导致人体电击。在0级、1级爆炸危险场所，工作人员应穿着防静电服或棉布工作服和防静电鞋。在罐车储罐上测量和收发作业时，必须穿着防静电服。

3）危险场所严禁穿脱衣服

在危险场所作业时，不准穿脱衣服。因为在脱衣服时，人体和衣服上产生的静电可能达到数千伏的高电位，相应形成的火花放电可点燃可燃性混合气体最终导致爆炸；在危险场所不应穿戴非导电手套操作，防护手套要符合防静电的要求。

4）工作地面导电化

有效地消除人体静电的先决条件是操作人员必须站在导电性地板上，为此必须使工作地面导电化。一般在有可能产生爆炸和火灾危险的场所，地面泄漏电阻应低于100Ω。

3. 防止其他物体摩擦产生的静电引燃引爆

在油库中，除了油品在储存和输转过程中产生的静电和人体静电易引起静电火灾以外，其他物体摩擦产生的静电也不容忽视。对于易燃易爆场所中可能存在的相对移动的物体，应避免选用电阻率高的绝缘材料，且相对移动速度应控制在较小范围内，以防止静电引燃引爆。在以下两种作业中应特别注意。

1）检尺、测温和采样作业

测温盒和取样器严禁选用绝缘绳套。应选用防静电测绳或有色金属编织绳，使用时绳套末端应与罐体作等电位连接。储罐测量口必须装有钢(铝)测量护板、量油尺、测温盒(绳)、取样器(绳)进入油罐时必须紧贴板下落和上提。在检尺、测温和采样作业时不得猛拉猛提，上提速度不能大于0.5m/s，下落速度不大于1m/s。严禁在测量口附近使用化纤材质布料擦拭检尺、测温盒(绳)和取样器(绳)。

2）设备、器具清洗作业

严禁在爆炸场所内使用化纤丝绸材质制成的拖布拖擦物体和设备；严禁用汽油、煤油洗涤化纤衣服。

二、输油管道安全

（一）输油站场安全管理

输油站场输送的是原油和成品油等流体，这些流体具有易燃、易爆、易挥发以及容易产生静电积聚的特性。输油站场输送、储存着大量油品，各种工艺操作频繁，一旦输油站场发生事故，泄漏的油气不仅污染环境，还可能引发燃烧、爆炸等恶性事故，造成财产损失和人员伤亡。提高输油站场的安全管理水平，是保证输油管道安全运行，提高企业综合效益及竞争力的重要手段。

1. 工艺运行要求

(1) 应按输油计划编制管道运行方案，定期对管道运行进行分析，并对存在问题提出调整措施。对管道所输油物性的检测每年不应少于两次，检测内容应包括所输原油凝点、密度及输油温度范围的黏温曲线。

(2) 对沿线落差大的管道，应保证管道运行时大落差段动水压力和停输时的静水压力不超过此段管道的最大许用操作压力。管道运行参数需超过允许值时，应进行相应的论证并提前报企业主管部门批准，根据管道情况制定事故预想和处理方案。

(3) 根据输油量确定运行方案和运行参数，以确保成本最低和管道运行安全。若原油凝点低于管道沿线最低地层温度，应采用常温输送方式。对添加降凝剂改性处理后的原油和物性差别较大混合后的原油，在其凝点低于管道沿线最低地层温度5℃时，宜采用常温输送。加降凝剂改性处理原油输送管道不得反输。

（4）对输送高含蜡原油的管道应定期分析其结蜡状况，根据输油量、运行压力、运行温度、油品性质等制定管道合理的清管周期。应定期对运行设备进行效率测试，对系统效率进行评价，及时调整或更换低效设备。

2. 工艺流程操作

应在仪表指示准确、安全保护和报警系统良好、通信线路畅通的情况下进行流程切换。流程操作应先开后关。操作具有高低压衔接的流程时，应先倒通低压，后倒通高压；反之，先切断高压，后切断低压。在调整全线输量或切换流程时，应及时监控各站油罐液位变化。在变换运行方式或进行流程切换前，根据管道运行情况应考虑对相关各站和设备负荷的影响，并提前采取相应措施。输油站在停用时，应按规定时间提前停止加热设备运行。人工进行流程操作时，应执行操作票制度。

3. 设备与管道维护

（1）对新建或检修后重新投用的设备必须按规定进行验收后方可投入运行。应及时对运行设备进行监控和检查，并记录主要运行数据。设备宜在高效区运行，不应超压、超温、超速、超负荷运行。应按制定的操作规程启、停输油泵。在切换输油泵时，应采用先启后停操作方式，启动前先降低运行泵排量。输油泵机组的监视报警等保护系统应完好。

（2）应按制定的操作规范启、停加热设备。运行中应按时对炉体、附件和辅助系统（燃油和助燃风系统、自控和仪表系统热媒系统）进行检查。设备运行的各项参数应在规定范围内。应定期对炉体、炉管进行检测，对间接加热设备还应定期检测热媒性能。应减少加热设备在运行和清灰过程中对环境造成的污染。加热设备监视、报警等保护系统应完好。

（3）储油罐的液位应在规定的安全液位范围内；要超出安全液位范围的，应报请上级主管批准，但也不应超过油罐极限液位。油罐运行应按 SY/T 5920—2007《原油及轻烃站（库）运行管理规范》的规定执行。

（4）对有特殊用途的调节阀、减压阀、安全阀、高（低）压泄压阀等主要阀门应按相应运行和维护规程进行操作和维护，并按规定定期校验。

（5）输油站的电气设备运行管理执行 SY/T 6325—2011《输油管道电气设备管理规范》规定要求。管道的自动化运行管理执行 SY/T 6069—2011 规定要求。

（6）输油站消防设施的管理执行 SY/T 5225—2019《石油天然气钻井、开发、储运防火防爆安全生产技术规程》的规定。加热设备运行管理执行 SY/T 6382—2016《输油管道加热设备技术管理规定》规定要求，对站内管网必须采取有效的保护措施；对热油和热力管线应进行有效的保温；站内地上管网的外表面应按要求涂刷颜色和标记，应定期维护管网上的阀件和管件，以防锈死或残缺。

4. 密闭输送工艺的安全管理

密闭输送的关键是解决水击问题。在输油工况中，突然开阀或关阀、开泵或关泵，供电发生故障、设备及管线泄漏、误操作等都可能造成输油工况的不稳定，严重时将发生水击。因此，密闭输油管道的控制与保护技术就是在输油站场对输油压力的调节及对水击的控制，水击保护设施是进行密闭输油的保证。密闭输送要求全线统一调度，各泵站协调动作，因此，全线要求有较高的自动化控制水平。

压力保护包括针对超低压和超高压而采取的安全保护措施。超低压会破坏泵的入口条件，超高压则是针对水击，按照保护对象的不同对于干线的保护常用“泄放保护”和“超前保护”两种方法。超前保护依赖数据采集与监视控制（SCADA）系统的支持，对水击保护更加安全可靠。SCADA 系统具有全线工艺参数的控制功能，能够做到水击超前保护，可自动调节压力，保持泵入口和出口压力在正常范围内。泄放保护设施的更新发展已使得水击保护非常可靠。

压力保护可采取下列方式：①采用出口调节阀，当泵出口压力超高时，调节阀节流，然后顺序停泵，最后泄放保护，这种条件下可不设超前保护系统；②采用气体缓冲罐，输油站场中设置气体缓冲罐，例如汇管上安装容量为 50~100L 的缓冲罐，罐内充入惰性压缩气体，当水击发生时，受压液体进入缓冲罐，使罐内气体受压而消耗水击能量；③采用双功能泄压阀，一是能有效控制水击增压速率，二是控制增压幅值，有效地防止水击危害和非水击的超压危害，既能保障管道系统的安全，又能提高管道运行效益，其控制原理和直接用缓冲罐相同。

（二）输油管道安全管理

管道安全管理可以使管道运行处于最佳状态，能够在一定投资、生产成本等约束条件下，把发生事故的可能性及造成的损失降低到可接受的水平。

1. 管道系统设备的安全

1）输油泵机组

① 严格按照操作规程启、停输油泵。

② 切换输油泵时，应采用先启动、后停运的操作方式、启泵前先降低运行泵的排量。

③ 应保持输油泵机组的监测、报警等保护系统完好，及时检测并记录输油泵机组的主要运行数据。

④ 设备检修后重新投入使用时必须按规定进行验收，合格后才能投运。

2）加热炉

① 严格按操作规程启动、停运加热炉。

② 在用于直接加热的加热炉运行中，要防止炉管中油流的流速过低或偏流现象。

③ 运行中应按时对炉体、附件和辅助系统进行检查。

④ 定期对加热炉的炉管进行检测、维修。

⑤ 定期清灰，并力求减少清灰过程中对环境的污染。

⑥ 加强对备用加热炉的管理。

3）油罐

在严格按照有关的安全设计、运行规范建设油罐和运行操作的基础上，需要注意的主要问题有：

① 防止油罐“冒顶”事故。

② 防止油罐发生瘪罐、胀裂。

③ 防止浮顶油罐的浮顶沉没。

④ 防止静电、雷击引发油罐火灾、爆炸事故。

⑤ 防止油罐腐蚀。

⑥ 做到信号报警、联锁。

2. 输油管道系统安全运行管理

在长输管道的安全生产管理过程中，必须从生产调度管理、运行安全管理制度及员工的模拟操作培训加以强调。从 20 世纪 80 年代起国外开始出现管道操作的仿真培训系统，现在仿真培训已成为许多管道公司员工培训的主要手段。仿真培训系统是建立在计算机网络系统上的离线仿真模拟系统，具有直观、生动，易于更新和维护的优点。随着数字孪生技术的发展，输油管道系统的安全管理将实现可预警、可预测。

3. 输油管道维修和抢修的安全措施

输油管道事故主要有管道穿孔、破裂、蜡堵、凝管和伴随上述事故可能出现的跑油及火灾等。由于长输管道具有高压、易燃、易爆、站多线长、连续运行等特点，因此，一旦出现事故，必须立即组织进行抢修处理。

1）管道穿孔

管道穿孔事故一般有腐蚀穿孔、砂眼孔、缝隙孔和裂缝孔等。常用的处理措施有：

① 管道降压后，先用木楔把孔堵死，然后带油外焊加强板，或在漏点处贴压内衬耐油胶垫的钢板，用卡具在管道上卡紧而进行补焊。

② 当漏油量较大，漏油处有一定压力显示时，一般需采用专用的抢修器材，如胶囊式封堵器。

2）管道破裂

① 对小裂缝，可用带引流口的引流封堵器。

② 对管道不规则的裂缝，可用由内衬耐油橡胶垫和薄钢板构成的“多项丝”封堵器进行封堵。

③ 对需要更换管段、更换阀门、裂缝比较大的管道事故，可使用 DN 型管道封堵器进行封堵，截断油流，进行作业。

3）凝管

高凝点原油在管道输送过程中，有时因输油流速大幅度低于正常运行参数，油品性质突然变化(如改变热处理或化学处理输送工艺的交替过程)，正、反输交替过程，停输时间过长等原因，都可能造成凝管事故。凝管事故是管道最严重的恶性事故。

① 管道出现凝管苗头，处于初凝阶段时，可采取升温加压的方法顶挤。

② 当管道开孔泄流后，管内输量仍继续下降，管道将进入凝结阶段，此时可采用在沿线干管上开孔、分段顶挤的方法，排出管内凝油。

(三) 作业安全技术措施要求

涉及输油管道的企业在日常工作中存在各类施工、改造、检维修作业，如外管道改线、换管，站内工艺设备改造，油罐清罐大修等。这些作业过程中涉及各种具体的作业类型，其中，安全风险较大的是用火、进入受限空间、高处、动土、起重、盲板抽堵、临时用电、进入易燃易爆区域等作业。

用火作业指在具有火灾爆炸危险场所内进行的涉火施工作业，其主要危险在于火灾、爆炸风险。

进入受限空间作业指进出口受限，通风不良，可能存在易燃易爆、有毒有害物质或缺氧，对进入或探入人员的身体健康和生命安全构成威胁的封闭、半封闭设施及场所。进入受限空间作业主要危险在于人员窒息、中毒以及受限空间内火灾爆炸事故。

高处作业是指在距离坠落高度基准面 2m 以上（含 2m）有坠落可能的位置进行的作业，包括上下攀援等空中移动过程，常见的高处作业有油罐建设、清罐脚手架、管廊、深基坑等。其主要危害在于坍塌、人员高处坠落、高空抛物砸伤人员等方面。

动土作业指在输油站辖区内的生产运行区域（含该区域内生产生活区域），地下管道、电缆、电信、隐蔽设施等影响范围内，以及在交通道路、消防通道上进行的挖土、打桩、钻探、坑探地锚入土深度在 0.5m 以上的作业；使用推土机、压路机等施工机械进行填土或平整场地等可能对地下隐蔽设施产生影响的作业。其主要危险在于坍塌以及破坏地下设施，如管线、电力及通信电缆、阳极床等。

起重作业指采用桥式起重机、门式起重机、装卸桥、缆索起重机、汽车起重机、轮胎起重机、履带起重机、铁路起重机、塔式起重机、门座起重机、桅杆起重机、液压提升装置、升降机、电葫芦及简易起重设备和辅助用具（如吊篮）等作业，其主要危险在于挤压、撞击、钩挂、坠落、出轨、倒塌、倾翻、折断、触电等。

盲板抽堵作业指在设备抢修、检修及设备开停工过程中，设备、管道内可能存有物料（气、液、固态）及一定温度、压力情况时的盲板抽堵，或设备、管道内物料经吹扫、置换、清洗后的盲板抽堵，一般发生在工艺设备改造、检维修作业时对工艺管道、设施进行隔离，其主要危险在于未有效开展盲板抽堵而引起火灾、爆炸、中毒、窒息、混油等事故。

三、加油站安全

（一）加油站的消防

1. 消防器材的配置

国家标准 GB 50156—2012《汽车加油加气站设计与施工规范》（2014 年修订）中规定，加油站消防器材的配置如下：

（1）每 2 台加油机应配置不少于 2 具 4kg 手提式干粉灭火器，或 1 具 4kg 手提式干粉灭火器和 1 具 6L 泡沫灭火器。加油机不足 2 台应按 2 台配置。

（2）地下储罐应配置 1 台不小于 35kg 推车式干粉灭火器。当两种介质储罐之间的距离超过 15m 时，应分别配置。

（3）一、二级加油站应配置灭火毯 5 块、沙子 $2m^3$；三级加油站应配置灭火毯不少于 2 块、沙子 $2m^3$。加油加气合建站应按同级别的加油站配置灭火毯和沙子。

（4）其余建筑的灭火器配置，应符合现行国家标准 GB 50140《建筑灭火器配置设计规范》的有关规定。

2. 灭火器具的管理

（1）加油站应当按照规定配置配齐灭火器具，定期检查保养，定期更换药并及时充气，登记药剂更换日期。

（2）正确使用灭火器具，并经常检查保养，做到压力合格，外壳整洁，钢瓶字迹清晰，油漆无脱落、无锈蚀、无损伤，附件完整无损，铅封无破坏，定期更换药剂。

（二）加油站的防火

1. 加油站用火管理

（1）加油站应按照"谁主管谁负责、谁用火谁负责"的原则，从严控制加油站危险区域内使用各种明火、电加温器、电钻、砂轮、风镐、钢锯等非防爆电器，以及进行其他可能产生火花的用火作业。

（2）加油站根据用火场所、部位的危险程度分为一级用火、二级用火、三级用火。

① 一级用火　在带有油气的油罐罐体、油泵、加油(气)机、油(气)管道等储输油设备设施上的直接用火，为一级用火。

② 二级用火　带油气的罐区、装卸油作业区等非设备本体爆炸危险区域内的用火作业。或经清洗、处理、检验分析合格，并与系统采取有效隔离、不再释放可燃气体的设备本体的用火作业，为二级用火。

③ 三级用火　加油站站区内除一级、二级用火范围以外的用火，为三级用火。

（3）加油站用火作业前，应当根据作业内容确定用火区别，向上级提出用火书面申请，说明用火理由、种类、地点、时间、项目、工作量、施工人员以及用火防护安全措施，并填写《加油站用火作业审批表》。

（4）加油站用火作业应当按照权限报批，未经批准，任何单位和个人不得用火。用火作业审批人和用火安全监督员必须经过安全培训且持证上岗。

（5）加油站用火作业应当按照下列程序和要求组织实施：

① 用火作业前，作业单位应会同施工单位针对现场和作业过程中可能存在的危害因素运用 JSA 等方法进行风险分析，制定相应的作业程序及安全措施；

② 用火作业期间，加油站领导必须亲自组织，并指定现场用火安全监督员，属于一、二级用火的，上级管理部门应当派专人赴现场指导用火作业；

③ 各类作业人员应当严守岗位，各司其职，严格按照用火作业方案和操作规程实施和监督用火作业，并及时掌握用火安全情况，发现异常，立即采取措施，防止发生事故；

④ 收发、测量和加注油料期间，禁止用火；

⑤ 爆炸危险场所可燃气体浓度高于爆炸下限 40%时，不得用火。作业现场必须备足灭火器具；

⑥ 施工结束，检查余火，清理用火现场，确认无隐患后方可撤离。承担用火作业的外来施工单位和人员，对用火作业负有直接安全责任；

⑦ 一张用火作业许可证只限一处用火，实行一处(一个用火地点)、一证(用火作业许可证)、一人(用火安全监督员)，不能用一张许可证进行多处用火。

2. 禁火要求

加油站应当按照下列要求实施禁火管理。

（1）严禁携带火种和穿钉子鞋进入收、发、储油区；

（2）实施明火作业必须严格履行报批手续，不得自行变更或者扩大用火范围，严禁违章动火；

（3）机动车辆加油应当熄火，进入收、储油区必须带防火星罩，禁止在收、储油区现场维修车辆；

（4）生活固定用火点，必须符合规定的防火距离要求。

3. 加油站警语标志

加油站应当设置严禁烟火、车辆限速、限高等警语警示标志，并摆放嵌挂整齐，位置适当。

（三）加油站的防爆

1. 防爆要求

加油站应当按照规定划分爆炸危险区域，选择安装符合防爆要求的电气设备，对防爆设备及接线定期检修保养。禁止在收、储油区使用非防爆通信设备。

2. 防爆电气管理

（1）加油站应当按照防爆安全要求划分爆炸危险场所，建立防爆电气设备检查、保养、检修制度，作业场所应按 GB 2894、GB 15630 规定设置安全标志；

（2）防爆电气设备的安装、接线、专业性检修必须由经过防爆技术培训的电气技术人员负责，其他人员不得擅自操作；

（3）加油站应当经常检查保养防爆电气设备，确保其符合相关要求。

（四）加油站防雷与防静电

1. 加油站防雷技术措施要求

（1）储油罐必须设置防雷接地装置，接地点不应少于 2 处，防雷接地电阻不得大于 10Ω，防雷接地与电气设备保护接地共用接地装置的，接地电阻不得大于 4Ω。

（2）建筑物、构筑物应当根据需要安装独立的避雷带(网)。

（3）进入变(配)电室的高压电路应当安装与设备耐压水平相适应的过电压(电涌)保护器。

（4）信息系统配电线路的首、末端与电子器件连接时，应当装设与电子器件耐压水平相适应的过电压(电涌)保护器。

（5）信息系统应当采用铠装电缆或者钢管配线，电缆金属外皮的两端或者保护钢管的两端均应接地。

2. 加油站防静电技术措施要求

（1）加油站应当设置防静电接地的相关设施设备有：

① 金属油罐及其通气管；

② 汽车油罐车、加油站工艺设备；

③ 输油管道及阀门；

设施设备设有防雷接地的可以不另做防静电接地。

(2) 加油站设施设备的防静电接地要求如下：

① 防静电接地、防感应雷接地和电气设备接地可以共同设置，防静电接地装置单独设置的，接地电阻不得大于100Ω，防静电接地与防雷接地共用接地装置的，接地电阻不得大于10Ω，防静电接地与电气设备保护接地共用接地装置的，接地电阻不得大于4Ω；

② 设施设备和车辆的防静电接地，不得使用链条，类导体连线；

③ 防静电接地连线不得使用防直接雷引下线和电气工作零线；

④ 防静电接地的测量点位置不宜设在爆炸危险区域内；

⑤ 设备、管道的法兰连接处，当连接螺栓少于5根的，应当设置防静电跨接连线；

⑥ 检修设备、管道可能导致防静电接地系统断路时，应当预先设置临时性接地，检修完毕后及时恢复。

(3) 加油站移动设备的防静电接地要求如下：

① 在爆炸危险场所作业的运输车辆，应当设置接地端板，作业前接好防静电接地，作业后待罐装油料达到规定的静置时间，方可拆除静电接地线；

② 移动设备的防静电接地线必须连接在作业场所的专用防静电接地点上，并不得采用缠绕等不可靠的连接方法；

③ 移动设备的防静电接地线应当采用铜芯软绞线，横截面积不得小于$10mm^2$；

④ 装卸油料的输油软管，应当使用耐油导静电软管，作业时软管两端的导静电钢(铜)丝必须与设备可靠连接并接地；

(4) 人工检测罐内油面高度、油品温度和油品采样的防静电要求如下：

① 测量人员必须按照规定着装并消除人体静电；

② 测量盒和采样器的绳索必须导静电，绳索末端与罐体应当可靠接地；

③ 钢制检尺、测温盒绳、采样器绳进入油罐必须紧贴护板，轻落轻提。

(5) 清洗设备、器具的防静电规定如下：

① 严禁用汽油、苯等易燃品清洗设备、器具和地坪；

② 严禁用压缩空气清扫储存易燃油品油罐；

③ 严禁使用化纤、塑料、丝绸等容易产生静电的制品擦拭物体及设备；

④ 严禁在一个油罐内同时采用人工和机械设备两种清洗方法作业；

⑤ 清洗易燃油品储罐时，作业人员必须按照规定着装并消除人体静电。

参 考 文 献

[1] 杨筱蘅. 输油管道设计与管理[M]. 山东东营：中国石油大学出版社，2006.
[2] 曲慎扬. 原油管道工程[M]. 北京：石油工业出版社，1991.
[3] 曾多礼. 成品油管道输送技术[M]. 北京：石油工业出版社，2002.
[4] 严大凡，张劲军. 油气储运工程[M]. 北京：中国石化出版社，2007.
[5] 郭光臣等. 炼油厂油品储运[M]. 北京：中国石化出版社，1999.
[6] 汪楠，刘德俊. 油库技术与管理[M]. 北京：中国石化出版社，2014.
[7] 陈利琼. 油气储运安全技术与管理[M]. 北京：石油工业出版社，2018.
[8] 田中山. 成品油管道运行与管理[M]. 北京：中国石化出版社，2019.

[9] 马秀让，纪连好. 加油站建设与管理手册[M]. 北京：中国石化出版社，2013.
[10] 孟庆海. 炼油厂油品储运设计[M]. 北京：中国石化出版社，2018.
[11] 吴玉国. 油气计量原理与技术[M]. 北京：中国石化出版社，2016.
[12] 黄维和、王立昕. 油气储运[M]. 北京：石油工业出版社，2019.
[13] 中国石化管道储运有限公司. 管道运行技术与管理[M]. 北京：中国石化出版社，2019.
[14] 陈保东，马贵阳. 油品储运技术[M]. 北京：中国石化出版社，2009.
[15] 樊宝德，朱焕勤. 加油加气站设计与技术管理[M]. 北京：中国石化出版社，2009.
[16] 白世贞. 石油储运与安全管理[M]. 北京：化学工业出版社，2004.

第二十四章　炼油厂环境保护

专家话炼油

第一节　概　　述

在石油炼制的物理分离或化学反应过程中会产生各类环境污染。污水中所含的污染物主要有石油类、有机物、氨氮、总氮和硫化物等；废气中所含的污染物有粉尘、硫化物、氮氧化物、挥发性有机物及恶臭物质等；固废则包括油泥、碱渣、废催化剂、废白土和剩余活性污泥等。在石油加工过程中，污染物的产生，实质是物料的流失与转移。污水、废气和固废的治理，需达到国家规定的污染物排放标准或得到资源化利用。

炼油领域的环境保护工作自1953年页岩油提炼的污水处理起始，20世纪60年代随着大庆油田开发和炼油工业发展，以早期建设的"隔油—气浮—生化"老三套污水处理工艺为标志，逐步开展环境污染防治工作。进入80年代，随着水污染、酸雨、沙尘等环境问题的日益凸显，国家对生态环境的保护提出了更高要求。为对应有关法规和标准不断出台，石油炼制领域污水方面开发了碱渣湿式氧化预处理技术，研制并应用了各种高效絮凝剂、破乳剂以及旋流器、聚结器等除油药剂和设备，在生化处理上应用了旨在脱氮的A/O、SBR、氧化沟等活性污泥工艺，以及接触氧化、曝气生物滤池、生物活性炭等生物膜工艺，部分企业采用后絮凝及膜法脱盐等后处理措施，进一步提高了处理效果，实现了污水的回用；废气处理方面开发了除尘脱硫技术以及硫化氢制硫黄技术，采用浮顶油罐、轻质油密闭装车等技术措施减少烃类气体的扩散污染；固废治理方面则发展了各种含油污泥的脱水、干化技术和焚烧设施等。进入21世纪，国家对环境保护的要求不断提高，以高级氧化联合生物膜技术为核心的污水深度处理技术、反渗透膜浓缩技术、SCR脱硝技术、LDAR监测技术及以吸收、吸附和氧化为代表的VOCs治理技术得到成功开发，环境保护技术在石油炼制行业的推广和应用向深度和广度不断发展。

凡与工艺生产过程密切相关的污染防治措施，如酸性水汽提工艺、噪声治理等，已在本书有关章节中述及，本章不再叙述。

第二节　污染物末端治理技术

一、污水处理

(一) 炼油厂污水来源与性质

炼油厂新鲜水的用途大致可分为：工艺用水、纯水(锅炉给水)、循环冷却水、生活用水和消防用水等五类。这五类用水在炼油厂总取水中所占的比例各不相同，国内炼油厂的纯水、循环水补充水、工艺水(包括生活水和消防水)分别约占炼油厂总取水的 50%、35% 和 15%。不同炼油厂加工每吨原油的新鲜水耗量差别也很大，国际先进水平小于 0.5 吨，我国多数炼油厂 2020 年为 0.26~0.8 吨，平均为 0.43 吨。

炼油厂在生产过程中，产生和排出含污染物的工业污水有：原油脱盐水、产品洗涤水、汽提蒸汽冷凝水、除盐水站排放水、油罐脱水、机泵冷却水、冷却塔和锅炉排放污水、冲洗地面水及初期雨水等。所产生的污水量随炼油厂类型及加工工艺的不同而异。2020 年我国多数炼油厂加工每吨原油的污水排放量为 0.1~0.4 吨，平均为 0.18 吨。

1. 炼油厂污水的污染源及其性质

加工含硫原油(以胜利原油为例)的燃料型炼油厂，主要污水的污染源及其性质见表 24-1。从表中可见，不同来源的污水，其污染程度和所含污染物有很大差异。例如，油罐区排水中的污染物主要是石油烃类；生产装置如催化裂化排水中的污染物，除烃类物质外还含有较多的含硫化合物、含氨化合物及酚类化合物等。

表 24-1　炼油厂污水的污染源及其性质①

装置名称	电脱盐	常减压蒸馏	催化裂化	延迟焦化	硫酸法烷基化	加氢精制	沥青氧化	环烷酸回收	原油和成品罐
石油类									
浓度/(mg/L)	133	210	122	146	42	830	211	1140	9475
等标污染负荷率/%	1.20	2.17	0.78	0.50	0.19	1.25	0.32	4.16	89.61
硫化物									
浓度/(mg/L)	4.3	1206	1688	3828	0.24	5418	18	20	16
等标污染负荷率/%	0.09	27.98	24.16	28.73	0.01	18.48	0.06	0.17	0.33
挥发酚									
浓度/(mg/L)	1.4	40.9	259	18.0	0.04	14.0	3.9	298	27
等标污染负荷率/%	0.57	13.05	46.62	1.67	0.01	0.6	0.17	30.57	7.14
COD									
浓度/(mg/L)	1257	3933	3818	12203	68	8606	4249	4176	23321
等标污染负荷率/%	3.08	10.92	6.55	10.96	0.09	3.5	1.74	4.1	59.05
氰化物									
浓度/(mg/L)	3.5	162.5	1180	19.0	0.29	1077	12.5	18.3	1.6
等标污染负荷率/%	0.29	15.22	68.24	0.53	0.01	14.94	0.04	0.11	0.14
污染源等标污染负荷率/%	0.41	19.83	33.69	15.44	0.04	13.6	0.18	3.38	13.52

①加工胜利原油，原油加工量 500 万吨/年。

污染物的等标污染负荷　　$P_i = \frac{C_i Q_i}{C_{\phi_i}}$(kg/h)

污染物的等标污染负荷率　　$R_i = \frac{P_i}{\sum_{i=1}^{N} P_i} \times 100(\%)$

污染源的等标污染负荷率　　$R_n = \frac{P_n}{\sum_{i=1}^{K} P_n} \times 100(\%)$

式中　Q_i——含 i 污染物的污水排放量，m^3/h；

C_i——i 污染物的实测浓度，mg/L；

$C_{\phi i}$——i 污染物污水排放标准，mg/L；

N——i 污染物的种数；

K——污染源的个数。

等标污染负荷：是在污染物排放标准的基础上反映各污染物相互间可比较的相对(等标)的污染负荷。

从排水污染程度看，用等标污染负荷率评价，催化裂化装置的污水最为严重，其次为常减压蒸馏装置、延迟焦化装置、加氢裂化及加氢精制装置的污水。对加工低硫原油的炼油厂污水来说，虽然其含污量在绝对数量上有所不同，但污染物的种类则基本相似，因而我国各炼油厂所采取的污水处理过程类似，主流程基本上是“隔油—气浮—生化”处理工艺，对排放标准要求较高或较难处理的污水，有时还增加预处理或后处理工艺。特别是 GB 31570—2015《石油炼制工业污染物排放标准》发布后，为应对 COD、氨氮、总氮等标准限值的严格，主流程又普遍增加了提标处理工艺。其中 COD、氨氮处理多采用高级氧化、曝气生物滤池等工艺，总氮处理多采用后置反硝化工艺。

2. 炼油厂的排水系统

我国炼油厂排放的污水主要划分为含油污水、含硫污水(含硫含氨污水)、含盐污水、含碱污水、循环冷却水排水等类型。各种污水系统水质的典型数据(以加工胜利原油的燃料型炼油厂为例)见表 24-2。含油、含盐等污水可以直接进入污水处理场处理，而含硫污水(含硫含氨污水)、含碱污水则由于含有高浓度的 COD、氨氮或硫化物，一般需要经过预处理，否则会影响生化处理过程，甚至污水处理场出水的达标排放。含硫污水的具体处理方法在第 21 章详述。

表 24-2　各种污水系统水质的典型数据

项　目	含油污水	含硫污水	含盐污水	含碱污水
$c(CN^-)$/(mg/L)	0.49	11.22	3.51	14.27
$c(S^{2-})$/(mg/L)	1.26	21.14	4.32	42.86
挥发酚/(mg/L)	8.14	117.14	1.41	242.38
COD/(mg/L)	543	2329	1257	42169

上述污水排放系统的划分主要依据污水中所含污染物的可处理性能，未考虑净化水的回用和再资源化，因而，在目前新划分系统时，增加了蒸汽冷凝水、锅炉排污水、循环水场排水及工艺污水的净化水等排放系统。考虑高含盐污水与低含盐污水的分流，也可以形

成杂用水管网(或称为中水)，如图 24-1。系统划分的细化为提高水的利用率、降低新鲜水单耗创造条件。

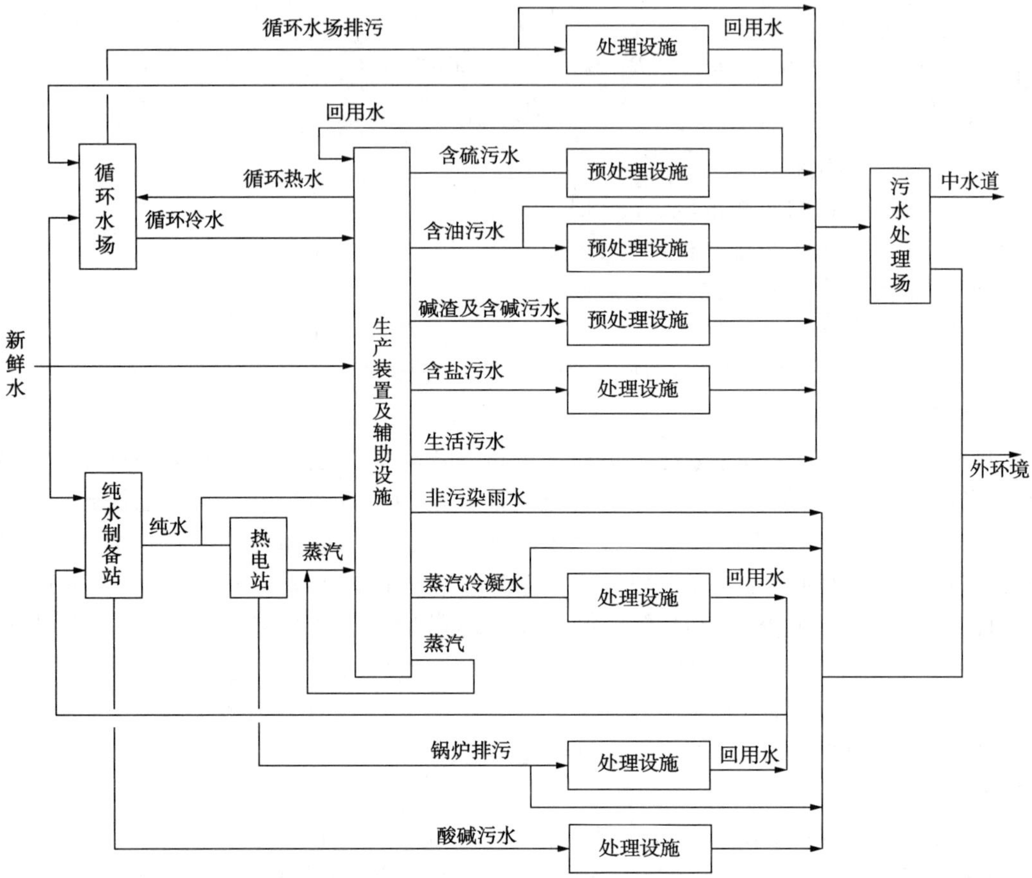

图 24-1　给排水系统图

(二)污水排放标准

2015 年发布的 GB 31570—2015《石油炼制工业污染物排放标准》，规定了石油炼制工业企业及其生产设施的水污染物排放限值、监测和监督管理要求。新建企业自 2015 年 7 月 1 日起，现有企业自 2017 年 7 月 1 日起按该标准的规定执行，不再执行 GB 8978—1996《污水综合排放标准》。

(三)综合污水处理

炼油综合污水的处理以“隔油—气浮—生化”老三套工艺为主体。随着标准的提高，后续增加了提标改造措施。

1. 隔油

隔油是重力分离方法的一种，浮油、粗分散油和悬浮物利用两相的重力差进行分离，分离设施有平流、多层平板、斜板和斜管隔油池等。多层平板和斜板、斜管隔油池的分离规律是：沉降澄清液量与沉降槽的总表面积成正比(即与多层板各板表面积的总和成正比)，沉降所需时间与沉降垂直距离成正比(即与多层板的板间距成正比)。因此，它们的分离效率远优于一般平流隔油池。

油珠在污水中的上浮速度是隔油池设计的主要依据，一般认为油珠上浮速度主要取决于粒径的大小及油品的密度和黏度。当油珠粒径越大，油品和水的密度差越大，污水黏度越小时，则隔油效果越好。隔油池去除油珠粒径的范围见表24-3。

表24-3　隔油池去除油珠的粒径范围

油珠粒径/μm	平流隔油池去除率/%	斜板隔油池去除率/%	油珠粒径/μm	平流隔油池去除率/%	斜板隔油池去除率/%
150	100	100	60~90	64	94
120~150	83	100	30~60	43	81
90~120	75	100	0~30	23	49

2. 气浮

石油类物质在炼油厂污水中的形态分布(以加工大庆原油装置为例)见表24-4。数据表明各种类型炼油装置的污水中都含有一定量的乳化油和溶解油，它们难以在上述的隔油设备中与水分离。

表24-4　部分炼油装置污水中烃类的形态分布

污水种类	pH值	形　态		
		分散油/(mg/L)	乳化油/(mg/L)	浮油/(mg/L)
催化裂化含硫污水	9.1	48	23	—
常减压蒸馏污水	9.4	68	13	346
沸石脱蜡污水	8.3	66	31	295
糠醛精制污水	7.9	89	36	—
加氢精制含硫污水	11.4	65	14	72
酮苯脱蜡污水	7.2	—	32	73
重整污水	8.4	48	10	82

溶气气浮分离，是将油珠或颗粒物强制吸附在微细空气泡表面上，使其形成比水轻的颗粒体浮上水面和水分离。油珠等黏附在空气泡表面的概率，首先取决于油珠和空气泡之间的碰撞速度和碰撞率。另外，其黏附情况是和气泡的气相、油珠的液相及水的三相间的界面张力，即和其相互之间的接触角有密切关系。

溶气气浮分离法的种类很多，其中最常用的是加压溶气气浮法。其过程是首先用泵将污水送入溶气罐，加压到0.30~0.55MPa，同时注入空气，使空气在压力下溶解和分散于污水，一般溶气时间在1~3min，然后污水通过释放器进入气浮池，由于骤然减压，便形成许多微细气泡逸出，从而捕集水中分散油和悬浮物并实现上浮分离。其主要优点是气泡直径小，一般为30~120μm。因此，在供气量相同的情况下，气泡的总表面积越大，吸附能力越大；同时气泡上浮的速度慢，与被吸附杂质的接触时间长，从而提高气浮效果。

另一种普遍采用的是涡凹气浮法。涡凹气浮(CAF，Cavitation Air Floatation)系统是专门为去除工业和城市污水中的油脂、胶状物及固体悬浮物而设计的系统。经过预处理后的污水流入装有涡凹曝气机的小型充气段，污水在上升过程中通过充气段与曝气机产生的微气泡充分混合，曝气机将水面上的空气通过抽风管道转移到水下。曝气机的工作原理是利用空气输送管底部散气叶轮的高速转动在水中形成一个真空区，液面上的空气通过曝气机输入水中，填补真空，微气泡随之产生并螺旋形地上升到水面，空气中的氧气也随之溶入水中。大量试验和生产运行实践证明，采用气浮法处理含油污水，在不投加凝聚剂时分散油的去除率仅为40%左右，而投加适合的凝聚剂时分散油的去除率可提高到70%左右。常用的无机凝聚剂主要缺点是浮渣量大，含水率高，后续处理比较困难。为克服此缺点，近年来合成和筛选了一些有机高分子凝聚剂，见表24-5。

表 24-5　国产有机高分子絮凝剂一览表

名　称(型号)	性　质	用途及用量
THg-B 等	破乳剂	用于隔油池的破乳，40~60mg/L
CE-QM	阳离子聚丙烯酰胺	用于浮选，与 PAC(聚氯化铝)复合使用
PHM-Y	多组分复合型高分子絮凝剂	用于浮选，>100mg/L
HCA	强阳离子有机絮凝剂	用于浮选，3~5mg/L
NCF	天然高分子絮凝剂	用于浮选，NCF 15mg/L+PAC 20~25mg/L
ZG-4108	阳离子聚胺型有机絮凝剂	用于浮选，5~20mg/L
ZB-4109	阳离子季铵型有机絮凝剂	用于浮选，5~20mg/L
CC-A	聚季铵型有机絮凝剂	用于浮选，10mg/L
ZBH-208	多元聚合絮凝剂(具有破乳絮凝功能)	用于浮选除油，15~30mg/L
ZBH-210	多组分复合絮凝剂	浮选沉淀均可用，>50mg/L
ZBH-231	除油絮凝剂	用于浮选，15~30mg/L
ZBH-232	精制除油絮凝剂	用于浮选，5~10mg/L
PtC	脱水剂	用于油泥脱水，0.05%~0.30%
ZDM-97	聚丙烯酰胺型脱水剂	用于油泥脱水，0.10%~0.35%
ZF-3	阳离子及阴离子聚丙烯酰胺	用于油泥脱水，ZF-3 0.03%~0.05%
ZF-2	阳离子及阴离子聚丙烯酰胺	用于油泥脱水，ZF-2 0.15%~0.24%

3. 生物处理

生物处理技术是利用微生物的生命活动过程对污水中的污染物进行转移和转化，从而使污水得到净化的处理方法。由于反应过程、条件和参与反应的微生物不同，可简单分为好氧与厌氧两个过程；从处理工艺上可划分为活性污泥法(包括 A/O 和 SBR 等)和生物膜法(包括 BAF、MBBR 等)以及二者相结合，是一种经济有效的污水处理手段。

由于我国石油化工行业规模迅速发展，污水量日益增多，成分日益复杂，同时对出水水质要求也日益提高，一些工艺的处理能力已难以满足实际需求。尤其当污水中含暂时性有毒难处理的物质时，由于能去除该类物质的微生物在处理系统中的种类、数量较少，同时它们在种间竞争中常处于劣势，传统的处理工艺更是难以达到理想的效果，并且也会给原有系统的平衡和稳定运行带来很大的风险，在上述背景下产生了生物强化技术。生物强化技术(Bioaugmentation)是指通过向传统的生物处理系统中引入具有特定功能的微生物或某些基质，提高有效微生物的生物量，增强对特定污染物的降解能力，从而改善整个污水处理体系的处理效果。可以通过直接投加特效降解微生物或共代谢基质类物质、固定化技术、生物强化制剂和采用固定化技术生物强化工艺等方面来实现。以“石化污水脱氮生物制剂”为核心的成套脱氮技术是典型的生物强化与工艺相结合的组合工艺技术，自 2016 年 7 月在中国石化催化剂抚顺分公司投入工业化应用以来，实现了含氮污染物的达标处理，出水氨氮浓度小于 5mg/L、总氮浓度小于 15mg/L 的排放要求，较好地解决了含氮污水达标处理技术难题。

4. 提标改造

在石油炼制的物理分离或化学反应过程中，大量污染物从油品或中间物料转入工艺排水系统，导致进入污水处理场污染物浓度增加。同时，各地方近年来陆续颁布了极其严格的标准，各指标中 *COD* 和总氮浓度两项指标最引人注目。对于 *COD* 排放限值的进一步提高，各地控制排放标准一般为 60mg/L 或 50mg/L，少部分地区要求小于 30mg/L。对氮的控制主要是由氨氮扩展至总氮。如 GB 31570—2015《石油炼制工业污染物排放标准》规定总氮的排放限值和特别排放限值分别为 40mg/L 和 30mg/L；标准极为严格的 DB 11/307—2013《北京市水污染物综合排放标准》中规定排入地表水体的总氮 A 排放限值和 B 排放限值的分别为 10mg/L 和 15mg/L。在原有工艺流程基础上增加高级氧化与生物处理组合工艺，是实现上述目标的重要原因。

高级氧化技术(Advanced Oxidation Process，AOPs)是处理难降解有机污水最具有应用前景的方法之一。AOPs 的核心是通过外界能量(光、电、超声、磁等)和氧化剂(O_3、H_2O_2 等)的引入，经过一系列物理过程和化学反应，产生具有强氧化性的羟基自由基(·OH)，将污水中的有机污染物氧化成小分子有机物、CO_2、H_2O 和无机盐等。羟基自由基氧化电位高达 2.8V，可以对污水中的有机物进行无差别氧化。依据羟基自由基产生机理而区分的不同，高级氧化方法可分为臭氧氧化法、Fenton 氧化法、电化学氧化法、超声高级氧化法、湿式氧化法、光催化氧化法等。而曝气生物滤池(BAF)、反硝化滤池(DNF)、膜生物反应器(MBR)、粉末活性炭活性污泥+湿式空气再生(PACT+WAR)等生物工艺也在提标改造中得以应用。BAF 集生物接触氧化与滤床截留功能于一体。DNF 是在 BAF 基础上，取消了曝气并投加碳源，通过反硝化作用去除总氮。MBR 将膜分离与生化工艺相结合，能够维持较高的污泥浓度提升降解能力，并强化固液分离，出水可以直接回用。PACT-WAR 将粉末活性炭与生化工艺相结合，并设置了粉末活性炭再生回收，可以提升系统处理效果和抗冲击能力，并削减污泥量。

(四)盐分的处理

近年来水污染物排放标准日趋严格，部分地区开始控制外排污水中的含盐量。如北京市 DB 11/307—2013《水污染物综合排放标准》规定可溶性固体总量分别为 1000mg/L(A 排放限值)和 1600mg/L(B 排放限值)；山东省 DB 37/3416—2018《流域水污染物综合排放标准》规定小清河、半岛等多个流域执行全盐量 1600mg/L。炼油厂目前普遍实施了污水回用，导致外排污水含盐量较高，特别是采用双膜深度处理回用技术，浓缩后的外排污水含盐量一般大于 2000mg/L，不能满足上述排放标准要求。污水中盐的达标排放是炼油厂面临的环保难题。

1. 污水中盐的来源

炼油厂生产过程中用到的原料主要有原油、燃料、新鲜水、各类助剂和药剂等，结合全厂水平衡、硫平衡等物料平衡可以分析得出，污水中的盐主要有以下三个来源。

(1)原油带入　原油中含有一定量的盐、硫等杂质，在加工过程中会部分进入到生产污水中形成盐类。主要途径有：①原油中的盐经电脱盐处理后进入污水。原油中通常含有一定浓度的盐(平均值40~50mg/L)，为减轻设备腐蚀，在进入常减压蒸馏装置之前，原油需经电脱盐系统进行注水、脱盐、脱水处理。处理后大部分盐进入到电脱盐排水，最终汇入生产污水中。②原油中的硫经加工处理后大部分送至硫黄装置，但仍有一部分会进入污水。例如油品精制产生的碱渣中含有大量硫化物，经缓和湿式氧化处理后转化为硫酸盐进入污水；部分硫转化为催化裂化装置再生烟气、硫黄装置尾气等废气中的二氧化硫，经钠碱法脱硫系统处理后也转化为污水中的硫酸盐、亚硫酸盐。这几类污水中盐浓度一般可达几万mg/L。

(2)新鲜水带入　如前所述，炼油生产过程中新鲜水用量较大。新鲜水来源多采用地表水或地下水，其盐浓度一般为100~800mg/L，因此随新鲜水带入的盐量也较大。炼油厂所用新鲜水一部分进入除盐水站生产除盐水，所含的盐被反渗透(RO)系统和树脂系统截留后，随着除盐水站的两股浓排水，即RO浓水和树脂酸碱再生水进入污水系统；另一部分新鲜水直接用作生产补水、循环水补水等，所含的盐最终随生产污水、循环水排污水等进入污水系统。

(3)各类助剂和药剂投加带入　在炼油生产过程以及水处理过程中，有多个环节需要投加酸、碱等助剂和药剂，例如常减压装置注碱、油品精制用碱、烟气湿法脱硫用碱、除盐水站树脂再生用酸和碱、碱渣中和用酸等。这些投加的酸、碱等最终都会以盐的形式进入污水系统中，这也是炼油污水中盐的最主要来源。

以上来源的盐随不同污水汇入至污水处理场，且主要以氯化钠和硫酸钠的形式存在。某炼油厂各类污水中总溶解固体(TDS)以及硫酸盐、氯化物的含量汇总见表24-6。

表24-6　某炼油厂不同污水中盐浓度汇总

污水种类	水量/(m^3/h)	*TDS*/(mg/L)	硫酸盐/(mg/L)	氯化物/(mg/L)	盐量占总盐量比例/%
生产污水	300	1600	350	600	17.5
碱渣(经生化预处理)	6	20000	11500	500	4.4
除盐水站RO浓水	90	2500	750	450	8.2
除盐水站树脂再生水	25	21000	1600	9000	19.2
催化裂化烟气脱硫水	40	32500	21000	330	47.4
循环水排污水	50	1800	400	500	3.3

从表中统计数据可以看出，盐浓度较高的污水有催化裂化烟气脱硫水、除盐水站树脂酸碱再生水和碱渣，其*TDS*≥20000mg/L，属于高含盐污水。其中催化裂化烟气脱硫水盐量占比最大，达到47.4%；除盐水站的RO浓水和树脂再生水两股浓排水合计盐量占比也达到27.4%；碱渣由于水量很小，盐量占比只有4.4%。另外生产污水水量最大，虽然*TDS*浓

度较低，但盐量占比也有17.5%。

从盐种类上分析，催化裂化烟气脱硫水和碱渣中90%以上的盐为硫酸钠；除盐水站酸碱中和水则主要取决于树脂再生是用盐酸还是硫酸，表24-6中该企业是用盐酸再生，因此氯化钠浓度相对更高。其余来源的污水中氯化钠、硫酸钠浓度与新鲜水、原油中的盐种类有关，不同企业存在差异。

2. 处理对象

近年来新建的煤化工企业由于未设置污水排放口，普遍实施了污水“近零排放”，处理成本高，运行维护难度大。而炼油厂均有符合规定的污水排放口，并不需要做到全厂污水“近零排放”。因此实施“局部零排放”，选取盐量占比高的污水进行脱盐处理，使其余污水达标排放是行之有效的手段。结合前述分析结果，适合脱盐处理的对象如下。

(1)高含盐污水脱盐　催化裂化烟气脱硫水和除盐水站树脂再生水两股水合计占全厂污水总盐量的65%以上，进行脱盐处理后可大幅减少外排盐量；处理过程中产生的RO产水、冷凝水等低含盐回用水可作为生产补水和循环水补水，又能够进一步降低生产污水、循环水排污水的盐浓度。

另一方面，将除盐水站树脂再生方式统一改为硫酸再生后，两股污水中的盐主要都是硫酸钠，可以不用设置分盐单元，经预处理和浓缩后直接结晶生产硫酸钠和少量杂盐，简化处理流程。

(2)新鲜水前脱盐　表24-6列举的炼油厂，按照其新鲜水水量和*TDS*浓度核算，新鲜水带入盐量占污水总盐量的17.8%，也不容忽视。结合新鲜水的使用去向，可以采用除盐水站RO浓水不与其他污水混合，直接脱盐处理的前置脱盐路线。其优点为：①新鲜水中COD、硬度等各类污染物浓度相对较低，脱盐预处理流程简单；②新鲜水盐浓度较低，除盐水站RO浓水一般*TDS*也不超过5000mg/L，再经多级浓缩后，水量大幅度减少，蒸发结晶装置规模小，整体投资和运行成本低；③新鲜水尚未与炼油生产流程接触，其含有的各类杂质均来自水源，可考虑直接生产杂盐；同时由于盐浓度低，杂盐产量也较少，后续固废处置难度小；④脱盐过程中产生的RO产水、冷凝水都可以回用，相当于增加了除盐水站的制水率，反过来又能减少新鲜水用量，进而减少新鲜水盐带入量。

更进一步讲，可以扩大除盐水站双膜系统的规模，以低盐的RO产水作为生产用水、循环水补水等，从源头上降低生产污水含盐量。通过以上部分高含盐污水脱盐和新鲜水前脱盐等控制措施，可实现外排污水含盐量达标，同时可改善全厂水系统的水质，提高水回用率，降低新鲜水消耗量和污水排放量，提升企业的环保水平和清洁生产水平。

3. 典型工艺流程

参考煤化工等行业的污水脱盐项目，其工艺流程一般包括“预处理—浓缩—结晶”三个部分。处理后盐形成硫酸钠、氯化钠结晶盐或杂盐；产水可回用作除盐水站补水或循环水补水。基于“局部零排放”原则，典型的脱盐工艺流程如下。

(1)高含盐污水脱盐　催化裂化烟气脱硫水和除盐水站树脂再生水两股高含盐污水合建一套脱盐设施。除盐水站混床树脂统一使用硫酸再生，不设置分盐单元，直接生产硫酸钠结晶盐和少量杂盐。工艺流程见图24-2。

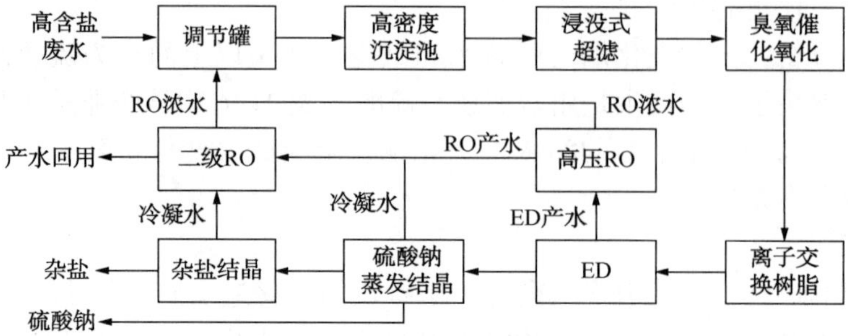

图 24-2　高含盐污水脱盐工艺流程

高含盐污水首先经高密度沉淀池和浸没式超滤处理，脱除大部分钙、镁、悬浮物和胶体；浸没式超滤出水进入臭氧催化氧化单元脱除部分 COD 后，再经离子交换树脂进一步软化。由于来水 *TDS* 已经大于 20000mg/L，因此直接进入电渗析(ED)单元深度浓缩减量；ED 浓水进入硫酸钠蒸发结晶器使大部分硫酸钠结晶析出，母液再进入杂盐结晶器产生少量杂盐。ED 淡水经高压 RO 处理后，浓水返回至调节罐；高压 RO 产水以及结晶器产生的冷凝水经二级 RO 处理后回用。

高密度沉淀池是采用纯碱-烧碱(石灰)法的化学软化方法，去除水中的钙、镁硬度，即向池内投加氢氧化钠/氢氧化钙、碳酸钠、混凝剂、絮凝剂等药剂，将水中的 Ca^{2+}、Mg^{2+} 转化为 $CaCO_3$、$Mg(OH)_2$ 等难溶化合物。再通过混凝、絮凝作用，使水中的悬浮物、胶体及部分有机物凝聚成较大的絮凝物，通过沉淀作用分离。高密度沉淀池可以去除水中的大部分硬度，此过程中 pH 值的控制、混凝剂/絮凝剂的选取以及反应池设计是技术关键。

高密度沉淀池出水中可能携带有未沉降完全的悬浮物，通过过滤单元去除，此方案中采用了浸没式超滤。其他常用的形式还有砂滤(V 型砂滤池、流沙过滤器等)、管式膜超滤等。

由于高含盐污水中的盐对微生物有抑制作用，常规的生化处理工艺已不适用，因此高级氧化技术成为去除有机污染物的首选工艺，其中最常用的就是臭氧催化氧化。臭氧发生器产生的臭氧在催化剂作用下形成强氧化性的羟基自由基，高效氧化降解水中的有机污染物；其中催化剂的性能、使用寿命以及臭氧投加量尤为重要。

离子交换树脂用于污水中残余钙、镁硬度的精处理，为后续 ED 单元提供良好进水条件，减少膜结垢与污堵，延长运行周期。多采用工作交换容量大的大孔型弱酸性阳离子交换树脂。

电渗析(ED)是将一系列阴、阳离子交换膜交替排列于两电极之间，形成多个隔室。接入直流电后，基于电驱动膜对不同离子的选择性透过作用，高含盐污水中的阴、阳离子分别定向迁移；部分隔室离子浓度降低成为淡水室，与淡水室相邻的隔室离子浓度升高成为浓水室，淡水室和浓水室的出水即分别为 ED 产水和 ED 浓水。ED 浓水 *TDS* 最高可达 200000mg/L 以上，可直接进入结晶单元。该工艺与蒸发浓缩相比没有水的相变过程，运行费用更低。

大连院完成了“预处理—ED 浓缩”处理高含盐污水的现场中试，结果表明 ED 浓水 *TDS* ≥220000mg/L，满足结晶单元进水要求，ED 产水 *TDS* 约为 20000mg/L，满足回流到反渗透浓缩单元的进水要求；系统运行稳定，试验流程运行成本小于 18 元/吨(基于 *TDS* = 20000mg/L 的原水)。

(2)新鲜水前脱盐 将除盐水站的全树脂工艺改造为双膜+混床工艺后，产生的 RO 浓水进行脱盐处理。设计的工艺流程见图 24-3。

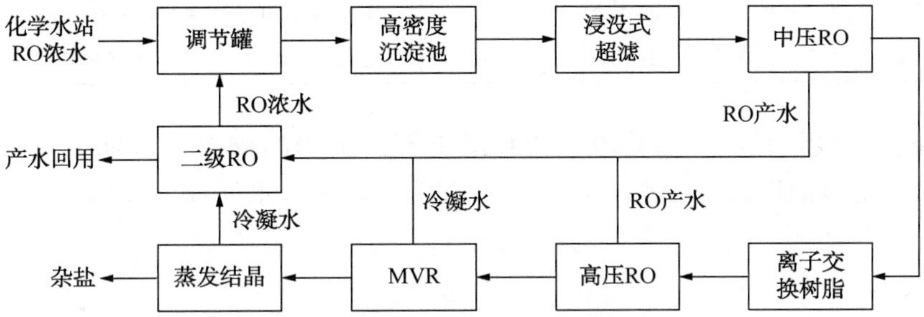

图 24-3 除盐水站 RO 浓水脱盐工艺流程

除盐水站 RO 浓水首先进入高密度沉淀池和浸没式超滤，通过投加碱、混凝剂、絮凝剂等药剂以及膜的截留作用，脱除大部分钙、镁、悬浮物和胶体；浸没式超滤出水经中压反渗透、高压反渗透、机械式蒸汽再压缩(MVR)多级浓缩后，盐浓度提高 50~70 倍，水量大幅减少；随后进入蒸发结晶系统产生杂盐。为保证运行效果，在高压反渗透之前设置离子交换树脂软化。中压 RO、高压 RO 产水，以及 MVR、多效蒸发的冷凝水，经二级 RO 处理后作为除盐水站补水或其他生产用水。

由于除盐水站 RO 浓水盐含量相对较低(3000mg/L 左右)，首先通过中压反渗透-高压反渗透系统浓缩减量，将盐含量提高至 30000mg/L 以上。后续深度浓缩时，由于此流程生产杂盐，为简化预处理流程，选择了对进水水质适应范围更宽的 MVR 浓缩和结晶蒸发工艺。

(五)废碱液处理

1. *废碱液成分*

为了减少燃料油的硫含量或为了达到油品的某一指标(如酸值、腐蚀性等)，在许多油品精制过程中采用碱精制工艺。常用的常减压蒸馏碱精制装置、催化裂化碱精制装置以及液化气碱洗装置在对柴油、催化裂化汽油和液化气等原料和产品进行碱精制时会产生一种含有大量硫化物、硫醇、酚类、石油类、环烷酸等有毒有害污染物的碱性废液，呈黑褐色，并带有恶臭气味。由于该类污水的污染物浓度高、碱性大，统称为废碱液。

废碱液的组成取决于原料的来源、种类以及不同的生产过程，因此其组成差别较大，主要污染物有 Na_2S、NaOH、硫醇、硫醚、硫酚、噻吩、酚类和环烷酸等。表 24-7 所列为国内炼油厂废碱液来源以及污染物组成。

表 24-7 炼油厂废碱液来源及组成

碱液种类	游离 NaOH/%	中性油/%	环烷酸/%	硫化物/(mg/L)	挥发酚/(mg/L)	*COD*/(mg/L)
液化气	4.0~10.0	0.19	—	1189~141600	12~3000	33071~300000
常压塔顶	1.4~6.0	0.01~5.00	0.25	2000~15000	835~4762	20000~43000

续表

碱液种类	游离NaOH/%	中性油/%	环烷酸/%	硫化物/(mg/L)	挥发酚/(mg/L)	*COD*/(mg/L)
常一、二、三线	1.2~3.5	1.06~18.66	5.5~13.7	60~1479	229~1680	204261~393662
催化裂化汽油	5.0~10.7	0.20~4.20	—	8100~26150	40200~160000	30000~535750
催化裂化轻循环油	1.9~13.0	1.20~4.00	—	1345~5044	4705~53000	10000~515000

炼油废碱液排放量较小，但其硫化物和酚类等污染物的排放量占炼油厂污染物排放量的20%~50%，是炼油厂的主要恶臭污染源，直接影响了污水处理设施的正常运转和污水处理合格率。

2. 处理技术

废碱液的特征污染物是硫化物，硫化物也是废碱液中的恶臭污染源之一，炼油废碱液的可生化性能差，因此，必须采用预处理技术除去硫化物和其他污染物，改善废碱液的生物降解性能，为后续处理奠定基础。20世纪80年代至90年代末，国内主要采用硫酸酸化-汽提法、CO_2中和法处理炼化废碱液，其目的是回收废碱液中的有价物质(酚和环烷酸)，但这些方法在运行过程中会产生二次污染问题。随着环境保护法规要求的不断提高和环境保护技术的发展，这些方法已逐渐被取代。国内目前的废碱液处理方法主要有缓和湿式空气氧化法、高温高压湿式空气氧化法、生物法和焚烧法。

1)缓和湿式空气氧化法

①工艺原理。缓和湿式空气氧化法是在反应温度150~210℃、压力0.9~3.5MPa的条件下，以空气中的氧为氧化剂，将废碱液中的硫化物氧化为硫酸盐或硫代硫酸盐等，达到除硫、脱臭的目的。其反应式为：

$$2S^{2-}+2O_2+H_2O \longrightarrow S_2O_3^{2-}+2OH^-$$

$$S_2O_3^{2-}+2OH^-+2O_2 \longrightarrow 2SO_4^{2-}+H_2O$$

②工艺流程。该技术主要包括废碱液中污染物的氧化分解以及氧化后物料的冷凝冷却，其工业装置工艺流程如图24-4所示。来自于碱精制装置的废碱液经进料泵加压后，从反应器的上部进入反应器，与来自反应器底部的空气和蒸汽形成高温内回流，在回流的过程中污染物被氧化分解。氧化后的气液混合物从反应器的上部排出，经减压后进入洗涤塔，经气液分离、洗涤和冷却后，气相从洗涤塔的顶部排出，液相经换热后一部分作为冷进料回流到洗涤塔的中上部洗涤尾气，另一部分作为最终产物送至后续处理系统。

表24-8给出了缓和湿式氧化法处理炼油废碱液的运行结果，特点如下：①可以将废碱液中Na_2S氧化为$S_2O_3^{2-}$和SO_4^{2-}，氧化效率可达99%~100%；②排出的氧化尾气中以H_2S为主的恶臭污染物基本消除。

2)高温高压湿式空气氧化法

①工艺原理。高温高压湿式空气氧化处理技术是在一定的反应温度(220~270℃)及在反应器内保持水为液相的反应压力(4.0~9.0MPa)下，利用空气中的氧为氧化剂，把废碱液中的Na_2S及有机硫化物中的硫氧化为SO_4^{2-}，少量以硫代硫酸盐(≤500mg/L)的形式存在。其反应式为：

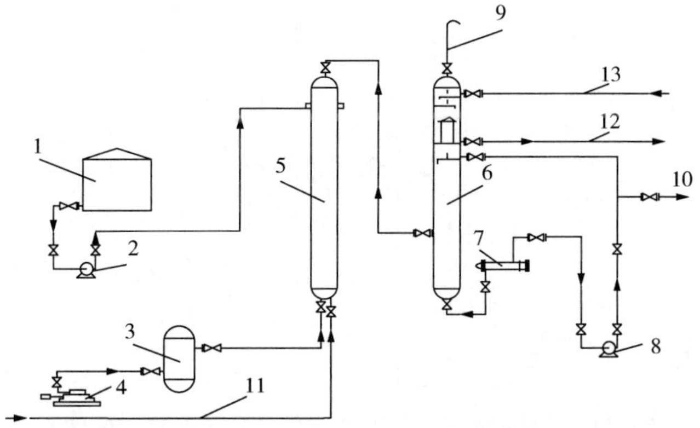

图 24-4　碱液缓和湿式空气氧化工业装置原理流程

1—废碱液储罐；2—废碱液进料泵；3—压缩空气缓冲罐；4—空气压缩机；
5—湿式空气氧化反应器；6—洗涤塔；7—冷却器；8—循环泵；9—尾气放空管；
10—氧化后排出管；11—蒸汽管；12—洗涤水排出管；13—洗涤水管

表 24-8　典型处理装置出水结果

应用厂家	*COD*/(mg/L)			S^{2-}/(mg/L)		
	进水	出水	去除率/%	进水	出水	去除率/%
A	237120	116116	51.0	3780	1.60	99.96
	114608	75667	34.0	3480	3.10	99.91
B	133000	37400	71.9	10703	0.83	99.99
	122000	39100	68.0	10537	1.02	99.99
C	97412	31219	68.0	20778.3	0.01	99.99

硫化物：

$$2S^{2-}+2O_2+H_2O \longrightarrow S_2O_3^{2-}+2OH^-$$

$$S_2O_3{}^{2-}+2OH^-+2O_2 \longrightarrow 2SO_4^{2-}+H_2O$$

有机物：

$$R-H+O_2+NaOH \longrightarrow 2NaOOC-R'+H_2O$$

$$NaOR+O_2+NaOH \longrightarrow NaOOR'+NaHCO_3$$

$$NaOOR'+O_2+NaOH \longrightarrow NaOOR'+NaHCO_3$$

②工艺流程。该技术主要包括废碱液的预热、废碱液中污染物的氧化分解以及氧化后物料的冷凝冷却，其工艺流程见图 24-5。来自于碱精制装置的废碱液经进料泵 2 加压后，送到进/出料换热器 7 的管程入口，经与来自湿式氧化反应器 6 的热排放物换热至 160～170℃后进入湿式氧化反应器。氧化后的气液混合物从反应器的上部排出经减压、与进料换热后进入洗涤塔经气液分离、洗涤和冷却，气相从洗涤塔的顶部排出，液相经换热后一部分作为冷进料回流到洗涤塔 9 的中上部洗涤尾气，另一部分作为最终产物送至污水处理场进一步生化处理。

高温高压湿式空气氧化工艺可以把废碱液中 Na_2S 和有机硫化物中的硫氧化为 $S_2O_3^{2-}$ 和

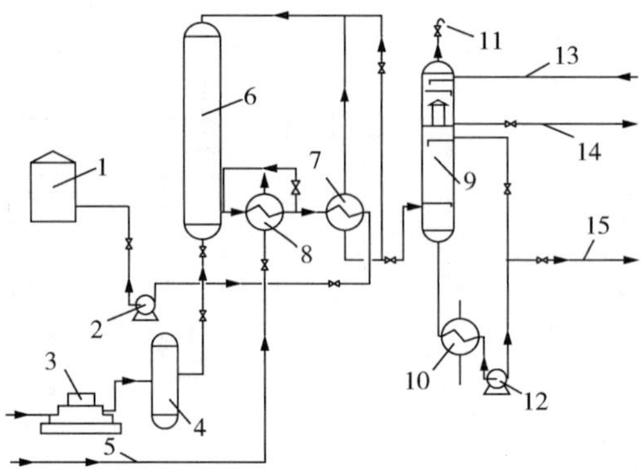

图 24-5　废碱液高温高压湿式空气氧化工业装置原理流程

1—废碱液储罐；2—废碱液进料泵；3—空气压缩机；4—压缩空气缓冲罐；5—蒸汽管；6—湿式空气氧化反应器；7—进/出料换热器；8—蒸汽预热器；9—洗涤塔；10—冷却器；11—尾气放空管；12—循环泵；13—洗涤水管；14—洗涤水排出管；15—氧化后排出管

SO_4^{2-}，其中 $S_2O_3^{2-}$ 浓度小于 500mg/L，氧化效率可达 99%～100%，COD 去除率大于 80%；排出的氧化尾气及酸化释放气中不含 H_2S、有机硫化物、酚类等恶臭污染物，出水可直接排入下游生化处理装置，保证后续污水处理系统的正常运转和达标排放。

3）生物法

生物法废碱液处理装置用来处理炼油厂汽油废碱液和柴油废碱液。处理装置包括废碱液处理和废气处理两个部分。

废碱液首先与硫酸中和，调节 pH 值至 2～4，反应得到硫化氢气体、酚或者环烷酸和污水。硫化氢气体去废气处理系统，分离出的酚或环烷酸分别送产品罐，废液经泵送至生化处理系统，由于加酸预处理回收了酚或环烷酸，废碱液中的有机物含量大幅下降。生化处理采用 QBR（Quick BioReactor）生化处理技术，该技术是利用高效微生物，将传统生物法难以处理的高浓度有毒污水比较经济地处理成低浓度、易生化的污水生物前处理工艺。QBR 生化处理技术可根据用户不同水质特点培育筛选适合的微生物菌群，能适应实际操作中水质及水量的变化，具有操作弹性大、处理效率高等优点。废碱液经 QBR 处理后，COD 浓度可控制在 1000mg/L 以下、挥发酚和硫化物浓度都在 10mg/L 以下，可送污水处理厂进行再处理。

4）焚烧法

焚烧法是一种可靠的氧化处理法，它能使硫化物在高温和常压下氧化生成硫酸盐，有机碳氢化合物生成 CO_2 和 H_2O，NaOH 转化为碳酸钠。但由于废碱液含水量大，热值低，单独焚烧处理会造成燃料气的单耗增大，操作成本较高。国内某炼油厂利用皂化废液焚烧装置掺烧炼油废碱液，炼油废碱液处理量为 1t/h，占皂化废碱液的 10%，处理装置运行平稳，处理过程对焚烧装置产品质量无明显影响。

（六）凝结水回收

在炼油厂的生产过程中，大量使用蒸汽加热、伴热和驱动蒸汽轮机发电，因而产生大量的凝结水。这些凝结水品质优良，且携带一定热量，具有重要的回收利用价值。提高凝结水回收回用率，可以大幅度降低企业的取水、能耗和化学水制水成本，因而得到了国内外炼油厂的广泛重视。

国外炼油厂对蒸汽凝结水回收方面研究较早，凝结水回收率已超过85%。在我国开展节水减排工作以前，炼油厂的凝结水回收长期以来采用开式回收技术，回收率一般小于30%，且造成凝结水中蕴含的30%~80%热量损失。凝结水闭式回收技术正逐渐取代传统的开式回收技术，凝结水除油脱铁技术同步得到了推广应用，大部分炼油厂蒸汽冷凝水回收率都可超过60%，其中大型石油化工型企业蒸汽凝结水回收率指标的平均值大于70%，先进企业可超过80%。

1. 凝结水的性质

炼油厂的凝结水主要来源于汽轮机、主风机的冷凝水，换热器冷凝水(包括加热蒸汽冷凝水)，伴热线冷凝水(包括易凝原料及产品在输送过程中的泵类及管线伴热蒸汽冷凝水)，暖气冷凝水等。不同用途产生的凝结水水质和水量不同，蒸汽轮机产生的凝结水水质好、水量大，一般不需要进行处理可以直接回用于锅炉；但其他来源的凝结水在水质、水量和温度等方面表现出差异，一些凝结水中含油，一些凝结水中含铁，还有一些凝结水既含油又含铁。因此，凝结水一般具有如下特点：

(1)总体品质好。凝结水由蒸汽冷凝而来，含盐和杂质极少，品质较好，与锅炉给水标准十分接近。如铜、钠、二氧化硅和pH值能够达到锅炉给水标准，电导率一般小于10μS/cm，仅略超锅炉给水标准。

(2)含少量油。蒸汽在给不同工艺介质加热和伴热过程中，由于少量介质的进入，使凝结水受到污染而含有少量油。炼油厂的凝结水含油一般在2mg/L左右，化工厂的凝结水含油比炼油厂低，一般在1mg/L左右。

(3)含少量氧化铁。蒸汽在输送和使用过程，因设备和管线的腐蚀产生少量的腐蚀产物，进入凝结水中导致凝结水含铁。炼油厂的凝结水含铁一般在1mg/L左右，虽然不高，但超过了锅炉给水标准。

(4)点多点散。炼油过程需要加热和伴热的工艺很多，产生的凝结水总量虽然很大(相当于企业取水量的45%)，但由于加热和伴热过程遍布全厂，因而凝结水的排放点很多、很散，每个点的排放量较少。

(5)温度较高。炼油厂的凝结水温度一般在75℃左右，但部分温度高的可以达到95℃，温度低的在50℃左右。

凝结水含油和含铁是影响直接回用锅炉的关键因素，排放点多、点散是凝结水回收率低的主要原因。

2. 凝结水除油除铁技术

1)凝结水除油技术

根据凝结水含油量、含油性质、水温不同，目前开发和应用的主要除油技术包括：澄清过滤除油、吸附过滤除油和超滤膜过滤除油等技术。

澄清过滤除油技术是利用多孔材料的截留、沉积、扩散、吸附及凝聚等作用，将过滤液中的杂质阻截于过滤层中。如采用1~2mm的焦炭作为过滤材料时，出水含油一般在3~10mg/L。该技术常常也是作为精除油的预处理。

吸附过滤除油技术是利用吸附材料表面大量的活性官能团，对各种性质的有机物发生化学吸附作用而进行除油。该技术最常使用的吸附材料是活性炭和特种树脂，经活性炭吸附过滤器装置处理的出水油含量一般在1~3mg/L，经特种树脂吸附过滤装置处理的出水油含量一般小于1mg/L。

超滤膜过滤除油脱铁技术主要是利用超滤膜的细小孔道(孔径在5~100nm)，将直径大于0.1μm的悬浮态含油截留而进行的除油。当进水含油不大于100mg/L时，出水含油一般小于1mg/L。当处理的水温较高时，一般采用无机陶瓷超滤膜；当处理的水温在40℃左右时，可以使用有机超滤膜。

2)凝结水除铁技术

凝结水中的含铁绝大多数以氧化物如Fe_2O_3、Fe_3O_4形态存在，并悬浮于水中，以离子态存在的含铁一般小于50μg/L，因此，采用过滤措施一般可以将凝结水中的含铁降低到锅炉给水要求。当前采用的除铁技术包括精密过滤除铁、复合膜过滤除铁和超滤膜过滤除铁等技术。

精密过滤除铁技术是采用微米级过滤设备，滤芯按照过滤介质层各个不同密度的部位捕集不同大小的颗粒设计，可以截留大于1μm的氧化铁颗粒，出水含铁一般在1000μg/L左右。

复合膜过滤除铁技术是采用特殊具有极细微孔、吸附能力很强、化学稳定性好的粉状物，通过机械阻留、吸附、重叠、架桥作用，去除凝结水中的含铁。该技术由于具有吸附功能，较精密过滤技术的除铁效果更好。

超滤膜过滤除铁技术与超滤膜过滤除油技术一样，也是利用超滤膜的细小孔道(孔径在5~100nm)，将直径大于0.1μm的氧化铁截留而进行的除铁。当进水含铁不大于500μg/L时，出水含铁一般小于50μg/L。无机陶瓷超滤膜可以用于高温凝结水除铁，出水含铁一般可以达到锅炉给水标准。

凝结水除油脱铁技术经过多年发展，处理效果不断改进，从初期的粗处理发展到精处理；处理功能不断增加，从除油或脱铁单一功能发展到同时具有除油脱铁的双重功能；处理温度不断提高，从常温发展到高温处理。

(七)污水的分级控制

炼油厂根据污水的性质划分为含油污水、含盐污水、含硫污水、生活污水等，并按质进行分类收集和处理。在实施“污污分流、污污分治”的基础上，加强对污水排放浓度的分级控制管理，从源头上削减污染物，及时回收有利用价值的物料，有效减少各装置石油类等污染物对后续污水预处理装置及污水处理场的冲击和影响。炼油厂可根据自身的实际情况，借鉴国内外先进的管理经验，按照炼油种类、装置规模和工艺路线等制定相关的分级控制指标，见表24-9。

表 24-9　某炼油厂部分装置的分级控制指标

分级控制点名称	控制指标/(mg/L)(pH 值除外)					分级控制点名称	控制指标/(mg/L)(pH 值除外)				
	石油类	pH 值	*COD*	NH_3—N	S^{2-}		石油类	pH 值	*COD*	NH_3—N	S^{2-}
电脱盐污水	≤300	—	—	—	—	加氢精制含硫污水	≤250	—	—	—	—
常减压三顶污水	≤300	—	—	—	—	脱硫净化水	—	6.0~9.5	—	≤60	≤20
催化裂化含硫污水	≤200	—	—	—	—	PX 联合装置含油污水	≤200	—	≤500	—	—
加氢裂化含油污水	≤200	—	≤500	—	—	重油罐区脱水	≤500	—	—	—	—
加氢裂化含硫污水	≤150	—	—	—	—	轻油罐区脱水	≤150	—	—	—	—
连续重整含硫污水	≤250	—	—	—	—	化学水站中和水	—	6.0~9.0	—	—	—
延迟焦化含硫污水	≤400	—	—	—	—	碱渣污水	—	6.0~11.5	≤60000	—	≤5000

二、挥发性有机物的治理

(一)性质与来源

1. 挥发性有机物性质

挥发性有机物(VOCs)一般指参与大气光化学反应的有机化合物或根据规定的方法测量或核算确定的有机化合物。标准大气压(101.325kPa)下 VOCs 沸点一般低于 250℃，排放的 VOCs 废气在大气中会与 NO_x 反应形成大气二次污染物，如对流层的臭氧、过氧乙酰硝酸酯(PANs)、次生有机气溶胶等，引起光化学烟雾。VOCs 组成复杂，包括烷烃、烯烃、芳香烃、卤代烃、含氧烃、氮烃、硫烃、低沸点多环芳烃等。近年来，我国大气环境问题也日渐突出，光化学烟雾和雾霾等现象频繁出现，而且 VOCs 是雾霾和 PM2.5 形成的前体物，这些环境问题使得 VOCs 的污染控制得到了国家和社会的热切关注。2017 年环境保护部等有关部门发布《“十三五”挥发性有机物污染治理工作方案》，对化工等重点行业实施严格排放标准，以确保污染物达标排放，促进环境空气质量持续改善和产业绿色发展。

2. 挥发性有机物来源

炼油工业是 VOCs 的来源之一，具有排放集中、排放强度大、浓度波动性大、组分复杂等特点。按照排放形式，炼油厂的 VOCs 排放源主要分为有组织排放和无组织排放两种，其中，有组织排放是指污染源经排气筒的规则排放，无组织排放是指污染源不经过排气筒的无规则排放。根据排放来源，炼油行业 VOCs 可分为设备动静密封点泄漏、有机液体储存与调和挥发损失、有机液体装卸挥发损失、污水处理处置过程逸散、燃烧烟气排放、工艺有组织排放、工艺无组织排放、采样过程排放、火炬排放、非正常工况(含开停工及维修)排放、冷却塔/循环水冷却系统释放、事故排放等，共 12 类源项。

(二)排放标准

目前我国已制定的挥发性有机物排放国家标准及行业标准，主要以控制非甲烷总烃、臭气浓度为主，同时对相应的特征污染物也制定了严格的控制指标。北京市、天津市和河北省、山东省等省市制定了更为严格的地方排放标准，对各行业大气污染物，特别是炼油与石油化学工业大气污染物排放浓度进行控制，强化对炼油厂 VOCs 排放的管控。

《石油炼制工业污染物排放标准》(GB 31570—2015)规定了石油炼制工业大气污染物排放限值、检测和监督管理要求，主要如下：①污水集输、储存、处理处置过程产生的 VOCs 废气应接入回收或处理装置，装置出口非甲烷总烃含量≤120mg/Nm^3，苯含量≤4mg/Nm^3，甲苯含量≤15mg/Nm^3，二甲苯含量≤20mg/Nm^3；②有机废气排放口非甲烷总烃去除率≥95%(特别排放限值 97%)；③挥发性有机液体储罐，储存真实蒸汽压≥76.6kPa 的挥发性有机液体应采用压力储罐；④储存真实蒸汽压≥5.2kPa 但<27.6kPa 的设计容积≥150m^3 的挥发性有机液体储罐，以及储存真实蒸汽压≥27.6kPa 但<76.6kPa 的设计容积≥75m^3 的挥发性有机液体储罐，应采用具有(液体镶嵌式、机械式鞋型、双封式等)高效密封的浮顶罐，或采用固定顶罐且安装密闭排气系统至 VOCs 去除效率≥95%(或 97%)的处理装置，对浮盘检查至少每 6 个月一次，是否在工作状态密闭并及时维修；⑤设备与管线组件泄漏控制，开展泄漏检测与修复(LDAR)工作；⑥挥发性有机液体装车(船)、传输、接驳，原油及成品油(汽油、煤油、喷气燃料、化工轻油、有机化学品)装车(船)应密闭并设置油气处理装置，VOCs 去除效率≥95%(或 97%)；⑦有机废气收集、传输与处理，空气氧化反应器产生的 VOCs 尾气、有机固体物料气体输送废气、有机物料容器抽真空的真空泵排气、安全阀泄放 VOCs 废气、生产装置和设备开停工及检维修排放的 VOCs 废气，应保证不能向大气泄漏，VOCs 去除率≥95%(或 97%)；⑧厂界及周边污染控制要求：企业边界任何 1h 大气污染物平均浓度规定的限值如表 24-10 所示。

表 24-10 炼油厂边界大气污染物浓度限值

污染物项目	限值/(mg/Nm^3)	污染物项目	限值/(mg/Nm^3)
颗粒物	1.0	甲苯	0.8
氯化氢	0.2		
苯并芘	0.000008	二甲苯	0.8
苯	0.4	非甲烷总烃	4.0

(三)处理技术

VOCs 的末端净化处理技术包括回收和消除两种方式。回收技术属于物理性方法，包括吸附、吸收、膜分离和冷凝等技术，对 VOCs 不产生破坏或是较少破坏，并进行有效回收或无害化的治理。消除技术是利用化学或生化方法破坏 VOCs 的化学结构，使之分解矿化为无机的小分子 CO_2、H_2O 等及其他的副产物，包括各类氧化技术(蓄热氧化、催化氧化、低温等离子体)、生物技术及集成技术等。随着国家对 VOCs 污染的日益重视和环境法规的不断严格，VOCs 治理技术也在不断地改进和优化。

1. 回收技术

(1)吸附技术　是处理低浓度 VOCs 传统技术之一，根据吸附类型可分为物理吸附和化学吸附。该方法中吸附材料可以通过热解吸或真空解吸重新使用，被认为是一种有效而经济的控制方法。吸附法净化 VOCs 的效率与吸附剂种类、VOCs 的浓度及组成和工艺操作条件(温度、湿度、流速)等相关。常见的吸附剂有碳材料、沸石、硅胶、活性氧化铝和黏土矿石等。吸附法可将有价值的VOCs进行回收，常用的吸附装置有固定床、移动床和转轮浓缩等。

(2)吸收技术　是将气相VOCs与液相吸收剂充分接触，使VOCs从气相转移到液相而达到净化目的的技术。常用的吸收剂有柴油、煤油、水、表面活性剂等，吸收设备有填料塔、板式塔、喷淋塔、文丘里洗涤器等，吸收法可用于高浓度、有价值的VOCs进行回收。大连院研发了低温柴油吸收法高效回收储运罐油气、装车装船挥发油气及恶臭气体治理技术，如图24-6所示。该技术目前已经广泛应用到各炼油厂，通过降低油气的吸收温度、增加吸收压力，实现在一个吸收塔中同时回收多种油气，油气回收率达97%以上。吸收法工艺运行简单，但难以获得较高的VOCs去除效率，因此常作为预处理设施与其他工艺联合运行，以提高VOCs的去除能力，满足国家严格的排放要求。

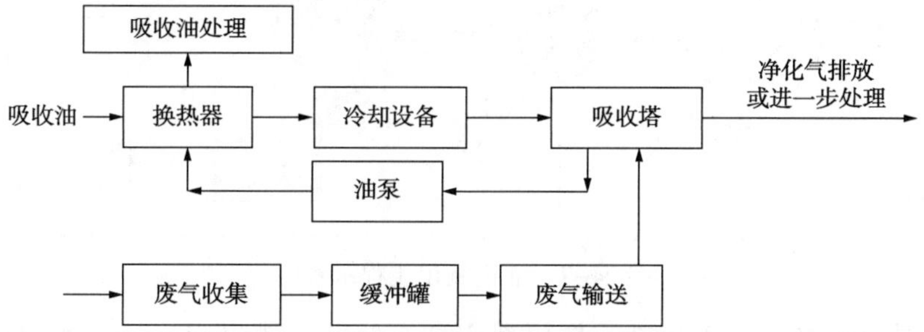

图24-6　低温柴油吸收油气回收工艺流程

(3)冷凝技术　随着冷冻技术的发展，冷凝技术回收气体也得到了升级。冷凝法是将具有不同蒸汽压的VOCs，通过加压、降温使得VOCs冷凝成为液体，从废气中分离出来并直接回收。冷凝法适用于浓度≥5000mg/Nm^3 的VOCs治理，其效率介于50%~85%之间；当浓度≥1%以上时，回收效率则可能达到90%以上。冷凝法只有在较低温度下才能达到较高的回收率，且一般作为预处理设施与其他技术如吸附、吸收法等进行联用，目前工业上主要采用三级冷凝工艺。

(4)膜分离技术　是利用对有机物有选择渗透性的聚合物膜，膜分离主要分为单级膜分离系统和多级膜分离系统，单级膜分离是直接将压缩的废气通过膜，达到分离的效果，但是分离程度较低，分离效率较差；多级膜分离系统会增加设备的投资，使废气回收成本加大，膜技术较适宜回收高浓度VOCs，对于低浓度VOCs废气的处理经济性较差，随着新的高效膜开发及系统技术成本的降低，膜技术将会成为一种重要的回收手段。

2. 消除技术

(1)蓄热氧化技术(RTO)　燃烧消除技术是利用高温燃烧来消除有机物，需要操作温度在700~1000℃，这使得燃料的成本较高，而蓄热氧化技术是通过蓄热体高效回收反应热来实现高温操作，从而降低了整个系统的费用。与直燃式热氧化炉相比，蓄热氧化技术具有热效率高、运行成本低等特点，通过控制温度、停留时间、湍流系数和氧量将VOCs转化为二氧化碳和水，并可以回收热量，达到环保节能的双重目的。

蓄热式热氧化装置主要分为旋转床和固定床。固定床三室RTO装置应用较多，通过切换阀改变气流进入的方向，实现蓄热区和放热区的交替。利用 RTO 技术处理 VOCs，处理后的非甲烷总烃质量浓度在 20mg/Nm^3 以下，去除效率在 95%以上。RTO 对 VOCs 的去除效率高。

(2)催化氧化技术(CO)　是利用催化剂降低废气中有机物活化能的技术，如图 24-7 所示，废气在较低温度下(200~500℃)下氧化分解，达到净化的目的。其原理主要是气体引入催化剂中，被吸附在催化剂的表面，在一定温度下发生催化氧化，氧化分解为二氧化碳和水。CO 对 VOCs 去除率在 95%以上。

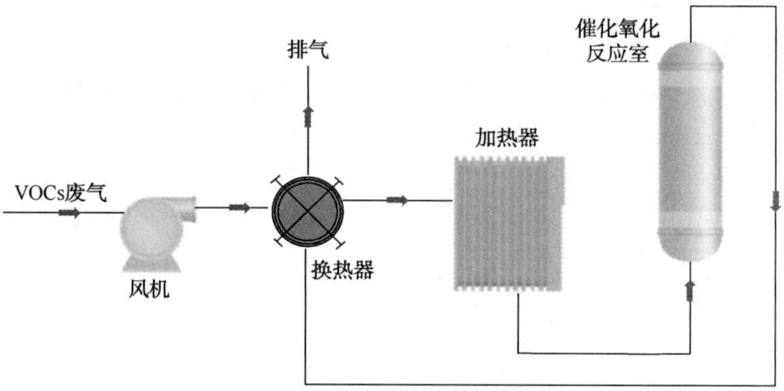

图 24-7　催化氧化流程示意图

催化氧化技术的核心是催化剂，催化剂应具有较低起燃温度、较宽的温度窗口及良好的稳定性等。目前常用的催化剂为贵金属催化剂和非贵金属催化剂，贵金属催化剂具有催化活性高，起燃温度低等优势。例如大连院的 WSH-5 型催化氧化催化剂，具有贵金属含量低、活性高的特点，非甲烷总烃浓度最低可至 20mg/Nm^3 以下。催化氧化用于废气的末端处理，适用于中等浓度(1000~8000mg/Nm^3)的 VOCs 处理。

(3)其他热氧化技术　除了蓄热氧化和催化氧化热氧化技术之外，也可以就近利用厂区的加热炉、焚烧炉、锅炉等高温热氧化设备对 VOCs 废气的深度治理。当废气中存在硫化物、含氮有机物等时，如果后续热氧化设备没有脱硫脱硝设施，应考虑进行脱硫脱硝处理。就近利用生产装置的热氧化设备进行废气处理时，还应考虑当生产装置停工时的废气处理去向，避免废气直排。

(4)低温等离子体处理技术　其原理是利用高能电子或被高能电子激发所产生的强氧化性的自由基破坏有机物的 C—H、C—C 键，从而使有机污染物降解为 CO_2、H_2O 等小分子。该技术在常温常压下可进行，可处理低浓度(<100mg/Nm^3)到高浓度(>1000mg/Nm^3)的高流量污染物，对于甲苯、苯、丙酮、三氯乙烯等 VOCs 具有良好的处理效果。

3. 集成技术

对于 VOCs 的治理，单一技术很难达到国家规定的排放标准，工业 VOCs 废气处理经常选用集成工艺，例如“冷凝-吸附”“吸附浓缩-催化氧化”“吸收-催化氧化”“吸收-吸附”“吸收-膜分离”等。冷凝-吸附工艺将冷凝和吸附耦合在同一通道内同时进行，可以缩短流程，延长吸附剂的寿命，提高能源利用率和 VOCs 的回收效率。“吸附浓缩-催化氧化”VOCs 的去除率较高，而且脱附浓度产生的反应热可满足起活温度，使催化氧化设备自热稳定进行。“吸收-催化氧化”工艺，一般适于处理高浓度废气，首先通过吸收回收废气中的 VOCs 组分，降低废气浓度后进行催化氧化处理。

(四)污水处理场 VOCs 的治理

1. 排放特征

炼油厂的污水处理场在污水处理过程中 VOCs 浓度较高，并且随污水不断搅动而逸散，其主要成分是甲烷、苯、二甲苯、环己烷等低相对分子质量的烃类，以及一些低相对分子质量的含硫化合物，如硫化氢，甲硫醇、二甲二硫(DMDS)等，此外还含有少量的低分子有机酸、氨类(见表 24-11)。根据浓度和气量的不同，可将炼油厂污水处理场散发的废气分为两类：一类废气以污水总进口、隔油池、浮选池等逸散的气体为代表，其废气气量和污染物浓度波动范围大，所含挥发性有机物浓度高达数千到数万 mg/Nm^3，毒性大，不慎吸入易发生急性中毒事件；另一类以曝气池、污泥浓缩池、氧化沟等逸散的气体为代表，废气气量大，浓度在数十到数百 mg/Nm^3。

表 24-11　某炼油厂污水处理场隔油池逸散气体的烃类组成

烃类组分	浓度/(mg/Nm^3)	烃类组分	浓度/(mg/Nm^3)
甲　烷	21.9	苯	300.1
丙　烷	25.7	环己烷	115.0
1-丁烯	13.2	2-甲基己烷	84.7
正丁烷	80.9	2，3 二甲基戊烷	31.7
2，2-二甲基丙烷	14.4	3-甲基己烷	93.8
异戊烷	234.6	顺 1，3-二甲基环戊烷	25.1
1-戊烯	29.5	反 1，3-二甲基环戊烷	27.9
正戊烷	297.9	反 1，2-二甲基环戊烷	53.3
2-戊烯	40.8	正庚烷	201.3
2，2-二甲基丁烷	34.8	甲基环己烷	186.0
环戊烷	54.6	甲　苯	151.2
2-甲基戊烷	216.7	2-甲基庚烷	57.7
3-甲基戊烷	128.6	其他烃类	151.8
正己烷	310.5	总　烃	3136.1
甲基环戊烷	152.4		

2. 处理技术

污水集输、储存、处理处置过程中的集水井(池)、调节池、隔油池、曝气池、气浮池、浓缩池等高浓度 VOCs 逸散环节应采用密闭收集措施。污水处理场废气治理首先要从源头抓起，通过加强管理减少污水的排放，从而减少废气的无组织排放。总体来说，污水处理场废气的总烃浓度波动较大，并且含有苯系物、硫化物等毒性物质，不适于生物处理方法，而吸附、洗涤及冷凝等方法难以达到排放标准。

“脱硫及总烃浓度均化-催化氧化”工艺中，废气依次通过阻火器、脱硫及总烃浓度均化罐、风机、过滤器、加热器、反应器、换热器进行冷却排放，见图 24-8。该技术的核心是催化氧化，即废气中的有机物在适宜的温度和催化氧化催化剂作用下，与氧气发生氧化反应，生成 H_2O 和 CO_2。脱硫及总烃浓度均化罐中装有 H_2S 和有机硫脱除剂，防止催化剂中毒；同时通过吸附与解吸作用使总烃浓度得到均化，防止反应器温度剧烈波动。由于 VOCs 催化氧化是放热反应，可以利用换热器充分回收反应热，在 VOCs 达到一定浓度后，可以在没有外部热量输入的情况下实现自持。处理后净化气中的苯小于 4mg/Nm^3，甲苯浓度小于 15mg/Nm^3，二甲苯浓度小于 20mg/Nm^3，非甲烷总烃小于 120mg/Nm^3，净化气体达到排放标准。

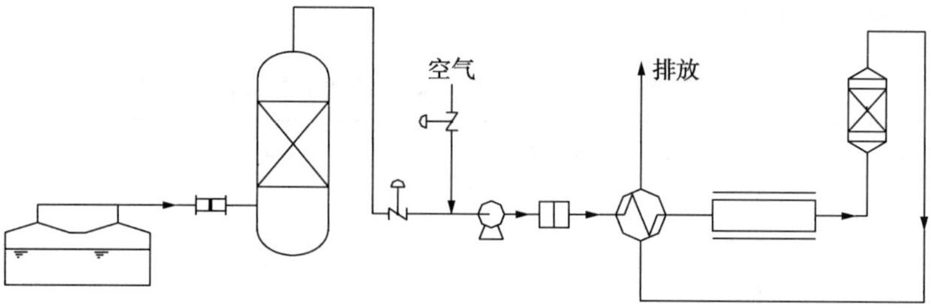

图 24-8 “脱硫及总烃浓度均化-催化氧化”工艺流程

对于隔油池、气浮池、调节池等高浓度废气，可以直接采用“脱硫及总烃浓度均化—催化氧化”工艺进行处理；但对于曝气池、氧化沟等低浓度废气来说，由于废气浓度较低，催化氧化放热难以维持装置的运转，造成装置能耗过大。因此，对于低浓度废气，需要首先进行预吸附浓缩，利用活性炭吸附罐或活性炭蜂窝转轮将废气浓度提浓后再进行催化氧化处理。吸附过程中，废气中的烃类化合物被吸附罐中的活性炭吸附得到净化后排放；当活性炭吸附饱和后，用来自催化氧化反应器出口的热气体对其进行脱附再生，产生的高浓度再生气进入催化氧化装置处理。

（五）储罐 VOCs 废气的治理

1. 排放特征

石油化工的液态油品在储罐进料、出料及储存过程中会不断逸散 VOCs，通常分为“大呼吸”和“小呼吸”。“大呼吸”是指储罐在进料时，罐内液位升高，挤压罐内空间，当空间压力超过呼吸阀的呼出控制压力时，将 VOCs 排放到大气中；“小呼吸”是指随着气温升高，伴随着热胀冷缩效应，罐内液体发生气体体积膨胀，将空间 VOCs 气体排放到大气中。罐顶气相关数据归纳总结如表 24-12 所示。

表 24-12　炼油厂罐顶气中主要污染物浓度

储罐种类	主要污染物浓度/(mg/Nm^3)
酸性水拱顶罐	H_2S 为 1000~100000，NH_3 为 400~5000，有机硫化物为 50~2000，NMHC(非甲烷总烃)为 100000~800000，苯系物为 500~40000，臭气浓度为 12700000
污油拱顶罐	H_2S 为 10~6000，有机硫化物为 50~1000，NMHC 为 80000~600000，高浓度水蒸气
粗柴油拱顶罐	H_2S 为 50~3000，有机硫化物为 30~500，苯系物为 500~1000，NMHC 为 10000~80000
成品汽油内浮顶罐	苯系物为 100~400，NMHC 为 1000~50000
成品柴油内浮顶罐	苯系物为 20~100，NMHC 为 500~4000
成品喷气燃料浮顶罐	苯系物为 100~140，有机硫化物为 10~20，NMHC 为 1000~4000
高温沥青拱顶罐	H_2S 为 20~500，苯系物为 500~1500，有机硫化物为 20~500，NMHC 为 2000~200000
高温蜡油拱顶罐	H_2S 为 10~20000，苯系物为 500~40000，有机硫化物为 20~5000，NMHC 为 2000~200000

2. 处理技术

成品汽油、石脑油、煤油、柴油、溶剂油罐区等排放气需要治理时，可选用吸附、吸收等回收技术；经过吸收、吸附等方法处理后不能达到环境保护标准要求时，可进入氧化装置或加热炉进一步处理。针对储罐排放 VOCs 废气的特点，“低温柴油吸收—碱液脱硫”技术在各罐区 VOCs 治理中应用广泛。经过“低温柴油吸收—碱液脱硫”处理，大部分 VOCs 和硫化物被脱除，处理后废气中非甲烷总烃的质量浓度<25g/Nm^3，硫化氢去除率 99%以上，有机硫化物去除率接近 100%，有效控制了恶臭污染和 VOCs 排放。

2016 年某炼油厂建成了国内外首套罐顶气“低温柴油吸收—脱硫均化—催化氧化”项目，工艺流程如图 24-9 所示。储罐废气通过汇总管进入低温柴油吸收塔吸收，吸收温度 5~15℃，柴油经制冷机组降温后进入柴油低温吸收塔，废气经过“低温柴油吸收-脱硫装置”净化后进入缓冲罐稳定废气中的烃浓度，再经过适当稀释使废气总烃浓度降至 6000 mg/Nm^3 以下，进入催化氧化反应器。该工业装置投产后运行良好，其中低温柴油吸收油气回收率约 76%，甲硫醇、硫化氢去除率近 100%；催化氧化净化气非甲烷总烃的质量浓度小

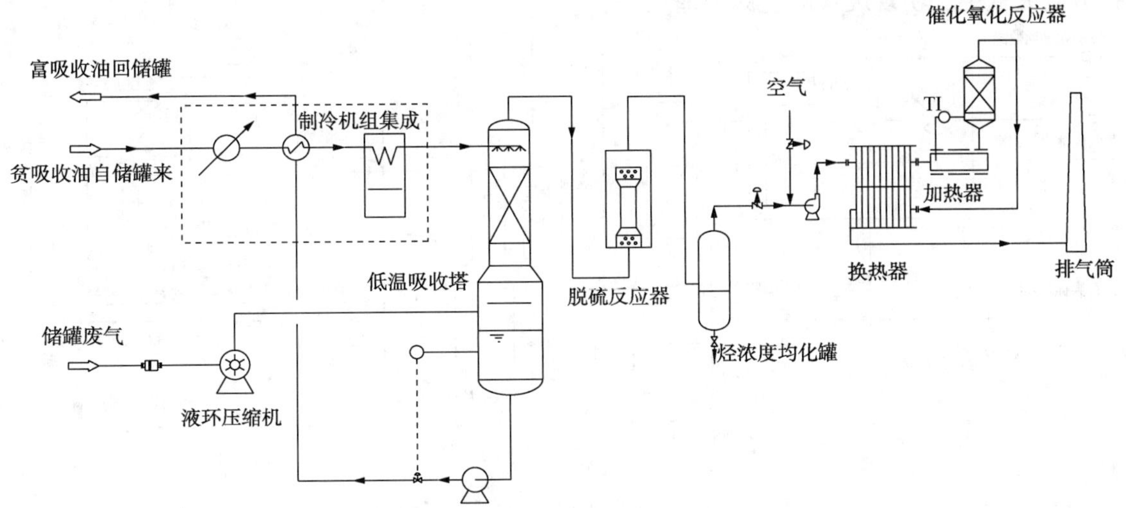

图 24-9　储罐废气深度处理工艺流程

于 10mg/Nm³，苯、甲苯、二甲苯浓度低于检出限，净化气满足国家和地方的排放标准。

（六）挥发性有机液体装载作业尾气治理

油品、化学品的装车装船过程中逸散的油气，是烃类资源损失的主要排放源之一，并导致周边 VOCs 污染较为严重。挥发性有机液体装载作业排放的非甲烷总烃浓度随作业过程和季节的变化而不同，其中夏季温度最高，非甲烷总烃浓度也相对较高。通过装载作业中烃类的回收和处理，可大幅减少 VOCs 排放量，降低油品损耗。

1. 排放特征

挥发性有机液体种类不同，蒸汽压则不同，逸散浓度有较大差异。汽油、石脑油、喷气燃料等轻质油品逸散的浓度较高，汽油装车时逸散浓度可达 300~800g/Nm³。苯系物装车时，苯浓度可达 500g/Nm³，二甲苯浓度达 70g/Nm³。石脑油装船时，逸散油气中同时含有有机硫化物，有机硫化物浓度为 30~40mg/Nm³。炼油厂内的汽油、喷气燃料等轻质油品装车、装船逸散油气必须进行回收和治理。

2. 处理技术

炼油厂挥发性有机液体装载作业具有其自身特点，主要是装载作业种类多、组分复杂、轮船或槽车规格不统一等。随着排放标准的日趋严格，采用传统的回收法如吸附法、冷凝法、吸收法等技术降低排放尾气中 VOCs 浓度已不能满足新标准的要求。以沥青储运过程中废气深度处理为例，采用以蓄热燃烧为核心的处理过程如图 24-10 所示。沥青储运过程废气通过引气设备提压后，送至低温柴油吸收-脱硫成套设备处理。柴油经降温后进入吸收塔吸收油气，富吸收剂在富油泵的驱动下，经冷量回收后返回柴油储罐。低温柴油吸收大部分油气并有效脱除有机硫化物以及部分硫化氢，废气经吸收回收烃和脱除有机硫后，再进入脱硫反应器用碱液脱除剩余的硫化氢。吸收后的废气总烃浓度约 20000mg/Nm³，进入烃浓度均化罐，通过均化剂的吸附/解吸功能进行浓度均匀化处理，之后用空气调节废气总烃浓度降至 4000mg/Nm³ 以下，再进入 Y 形三床蓄热氧化反应器进行高温氧化处理。在温度为 750~850℃的氧化室中，废气中有机污染物最终被氧化成 CO_2 和 H_2O，净化气经排气筒排放到大气中，实现废气的达标治理。

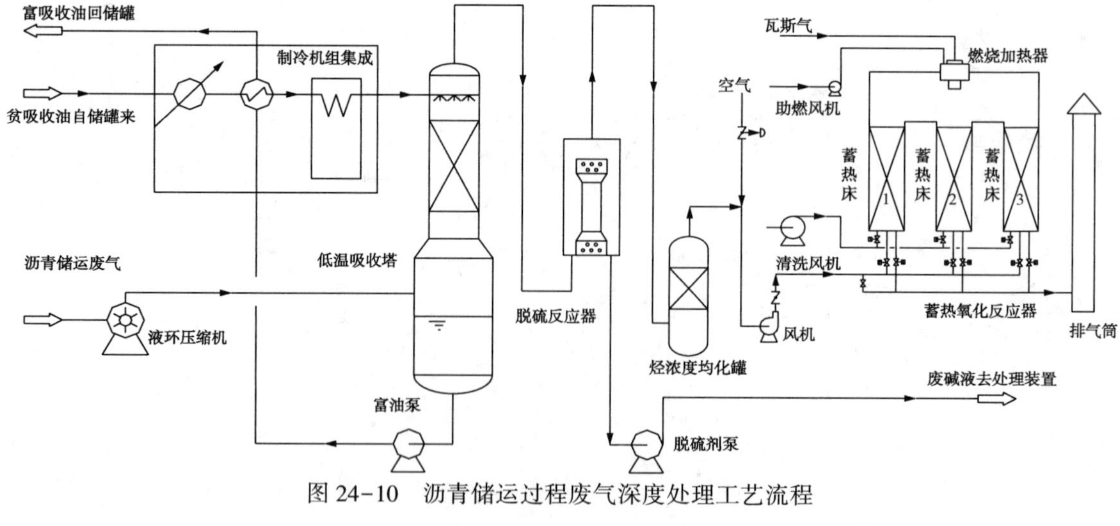

图 24-10 沥青储运过程废气深度处理工艺流程

三、烟气脱硫

(一) SO_2 来源

炼油厂排放的 SO_2 主要来自燃煤锅炉、FCC 和克劳斯尾气焚烧炉。燃煤锅炉烟气中的 SO_2 来自煤中的硫化物。FCC 烟气中的 SO_2 来自 FCC 原料，FCC 原料中硫约 5%~15%进入到焦炭中，随后在烧焦过程中，这部分硫转化为 SO_2 和 SO_3。

(二) 排放标准

为控制大气污染，我国从 20 世纪 70 年代就开始制定有关环境空气质量标准和大气污染物排放标准。针对有关 SO_2 和 NO_x 的环境污染物排放标准体系，按照综合性排放和行业性排放标准不交叉执行的原则，火电厂执行 GB 13223—2011《火电厂大气污染物排放标准》，锅炉执行 GB 13271—2014《锅炉大气污染物排放》。炼油厂的催化裂化装置执行 GB 31570—2015《石油炼制工业污染物排放标准》，动力锅炉执行 GB 13223—2011《火电厂大气污染物排放标准》或 GB 13271—2014《锅炉大气污染物排放》。

(三) 脱硫技术

1. 燃煤锅炉烟气脱硫技术

炼油厂燃煤锅炉均已建成脱硫装置，从采用的脱硫工艺来看，“石灰石-石膏湿法”占比最高，其余依次是氨法、双碱法、半干法、钠法、湿式镁法等。

石灰石-石膏湿法脱硫工艺是目前世界上应用比较广泛和较成熟的工艺，适用于大型烟气脱硫工程。该工艺以石灰石浆液作为吸收剂，通过石灰石浆液在吸收塔内对烟气进行洗涤，发生反应，以去除烟气中的 SO_2，反应产生的亚硫酸钙通过强制氧化生成含两个结晶水的硫酸钙(石膏)。其主要特点为：①具有较高的脱硫效率，脱硫效率可达 90%~95%；②具有较低的吸收剂化学计量比，可低至 1.03；③采用空塔形式，使得烟气流速有较大幅度的提高，吸收塔内径有大幅度的减小；④系统具有较高的可靠性，系统可用率可达 98%以上；⑤对锅炉燃煤煤质变化适应性好，当燃煤含硫量增加时，仍可保持较高的脱硫效率；⑥对锅炉负荷变化有良好的适应性，在不同的烟气负荷及 SO_2 浓度下，脱硫系统仍可保持较高的脱硫效率及系统稳定性。该工艺的缺点主要是：①系统复杂，占地面积大；②造价较高，一次性投资较大；③副产品石膏数量大，不易处理，同时会产生污水排放，易产生二次污染。

2. FCC 烟气脱硫技术

1) 湿式湍冲文丘里脱硫技术

湿式湍冲文丘里脱硫技术由大连院和宁波工程公司开发，以 NaOH 溶液作为吸收剂，采用文丘里组件和湍冲组件，以高效双塔双循环烟气脱硫系统为核心，烟气分级处理、吸收液分级配置。湿式湍冲文丘里脱硫技术由烟气系统、洗涤吸收系统和脱硫污水处理系统三部分组成，工艺流程如图 24-11 所示。来自催化装置余热锅炉出口烟气经水封罐后进入吸收塔，在吸收塔湍冲除尘急冷段分别经过文丘里和喷淋层，降温至饱和状态，脱除大颗粒和绝大部分 SO_2；经消泡器脱除较小颗粒；经除雾器除去水雾后，通过在吸收塔上方设置的烟囱直接排放。碱液作为脱硫剂和工艺水分别送往吸收塔；浆液分别通过文氏浆液循环泵、逆喷文氏浆液循环泵和消泡器文氏浆液循环泵送入除尘激冷塔和消泡器，浆液在塔内通过喷嘴与烟气进行逆向接触，充分进行反应。浆液由泵打入胀鼓式过滤器进行固液分离，下排浓浆液通过真空带式脱水机沉淀脱水后形成泥饼，拉出厂外填埋；上排清液进入氧化罐再次氧化后达标排放。

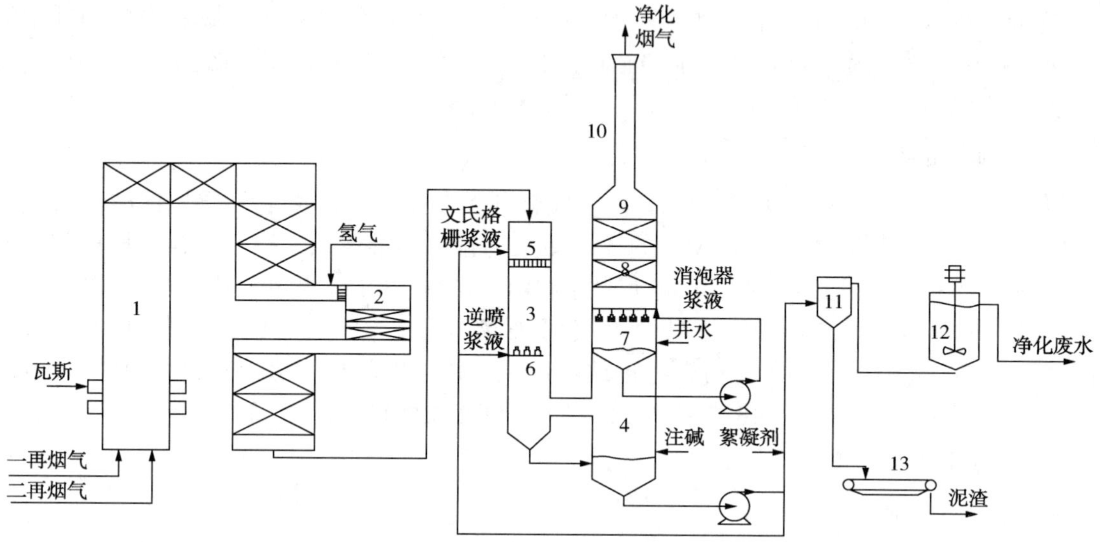

图 24-11　湿式湍冲文丘里脱硫技术泡沫区形成示意图

1—CO 锅炉；2—SCR 反应器；3—激冷塔；4—综合塔；5—文氏格栅；6—逆喷喷嘴；7—消泡器；8—人形补沫器；9—圆桶除雾器；10—烟囱；11—胀鼓式过滤器；12—氧化罐；13—真空带式脱水机

湿式湍冲文丘里脱硫技术具有脱硫效率高、装置规模小、系统压降较小、抗粉尘冲击能力强等优点。

2) 有机胺脱硫技术

(1) RASOC 技术　采用中国石化自主知识产权的 LAS 吸收剂，该吸收剂是具有特殊的双胺官能团的有机胺衍生物，具有吸附容量大、再生效果好、沸点高、蒸发损失小等特点，采用 RASOC 技术可以得到高纯度的 SO_2 气体。RASOC 技术主要由烟气洗涤系统、吸收系统和再生系统构成。催化裂化烟气先在烟气洗涤塔中进行水洗，温度由 160～200℃降到 50～60℃，同时除去催化剂粉尘及强酸性气体。经过洗涤的烟气从吸收塔底部进入，与吸收液进行逆向接触，烟气中 SO_2 被吸收液吸收，净化后的烟气直接放空，吸收了 SO_2 的富吸收液一部分打循环，一部分去再生塔。吸收了 SO_2 的富吸收液经过换热器换热后，进入再生塔，经过蒸汽汽提，SO_2 脱附成为纯度较高的副产品，再生后的吸收液经过换热器冷却后返回吸收塔。解吸出来的高纯度 SO_2 副产品可以生产液体 SO_2，也可与克劳斯工艺相结合生产硫黄，还可生产硫酸。其工艺流程见图 24-12。

在整个吸收-再生过程中，由于氧化作用，有少量的 SO_2 转化为 SO_3，从而以 SO_4^{2-} 的形式存在于吸收液中。这种盐不能通过加热的方法除去，称为热稳定盐。随着吸收液的循环使用，热稳定盐不断累积，影响吸收液的吸收容量及脱硫效果，必须将其除去。将一部分含有热稳定盐的吸收液通过热稳定盐脱除系统除去热稳定盐，维持吸收-再生系统中的离子平衡，保证吸收液的脱硫效率。

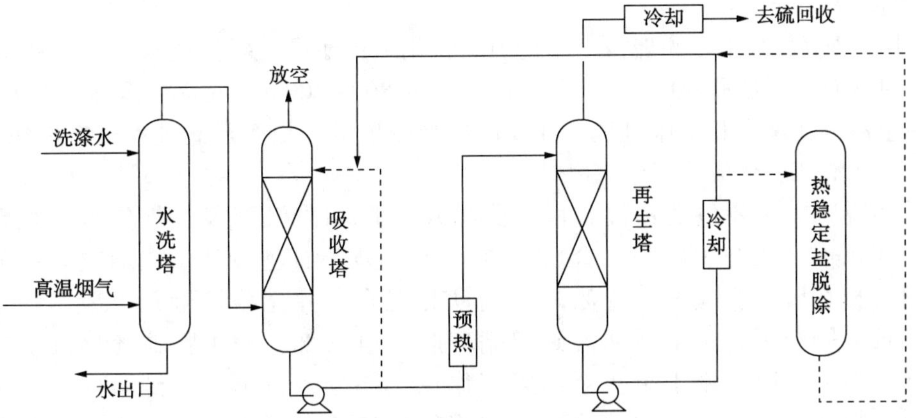

图 24-12　RASOC 技术工艺流程

(2) Lextran 技术　中国石化工程建设有限公司-中悦浦利莱联合开发的有机催化烟气脱硫技术(Lextran)集成了脱硫、脱硝、脱重金属等作用，其核心是采用了一种有机催化剂。该催化剂具有对 SO_2 等酸性气体的强烈捕捉能力，并对脱硫具有正向反应的促进作用，同时还对重金属具有极强的物理吸附作用，可以持续地对烟气中含量很少的重金属进行吸附、富集，当催化剂吸收重金属饱和后，可再进行在线分离(化学的方法进行洗涤，并回收重金属及有机催化剂)，重金属(汞、铅、铬等)的存在不对有机催化剂的脱硫能力产生任何影响。

Lextran 技术脱硫塔采用喷淋塔，塔内设三层喷淋、塔顶设有二级除雾器，塔上配有直排烟囱，塔内装有机液体催化剂。SO_2 在吸收塔内在催化剂作用下被脱除和氧化，硫铵盐液也在吸收塔内生成。循环系统采用单元制设计，每个喷淋层都配有一台吸收塔循环泵，保证吸收塔内 200%以上的吸收浆液覆盖率。喷淋组件及喷嘴的布置设计成均匀覆盖吸收塔的横截面，如图 24-13 所示。

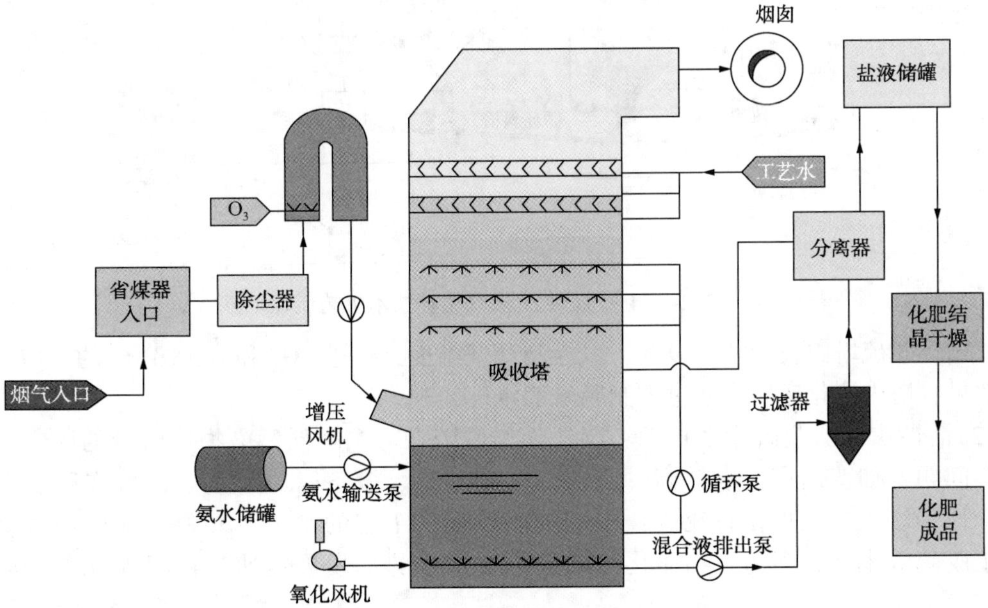

图 24-13　Lextran 脱硫脱硝一体化工艺流程

3)其他脱硫技术

(1)半干法双循环烟气脱硫技术　是中国石化工程建设有限公司基于 CFB-FGD 工艺的特点，针对现有半干法脱硫塔(出口烟气粉尘浓度 800~1000g/Nm^3)结构特点，吸收 S Zorb 反应器降尘器创新理念和工作机理，开发出新型脱硫塔，从而降低进入布袋过滤器气体的含尘量，并在清江石化成功工业应用。

双循环脱硫塔主要包括预混合段、脱硫反应段和内沉降段。烟气从双循环脱硫塔底进入，在预混合段与脱硫剂混合后，进入文丘里管加速，对脱硫剂进行提升和流化后，气固两相在脱硫反应段产生激烈的湍动和混合，并充分接触及反应。随烟气的上升，部分较大颗粒因自重重新回流到双循环脱硫塔下部，较小颗粒随烟气上升被携带至塔上部的阻灰器时，由于阻灰器的阻挡作用，部分颗粒再次回到塔内，减少了小颗粒的逃逸。阻灰器及防返混构件的组合作用使烟气流向发生折返，增加了颗粒流动阻力，使颗粒在内沉降段灰斗沉积，进一步降低了烟气中携带的颗粒，减少布袋除尘器除尘负荷。在顶部沉降段内的脱硫剂通过循环斜管回流到双循环脱硫塔底部与烟气重新混合并反应，形成了脱硫剂内循环。塔顶部出来的净化后的烟气携带部分脱硫剂进入布袋除尘器，经布袋除尘器气固分离后，烟气排入烟囱。半干法双循环脱硫工艺流程示意见图 24-14。

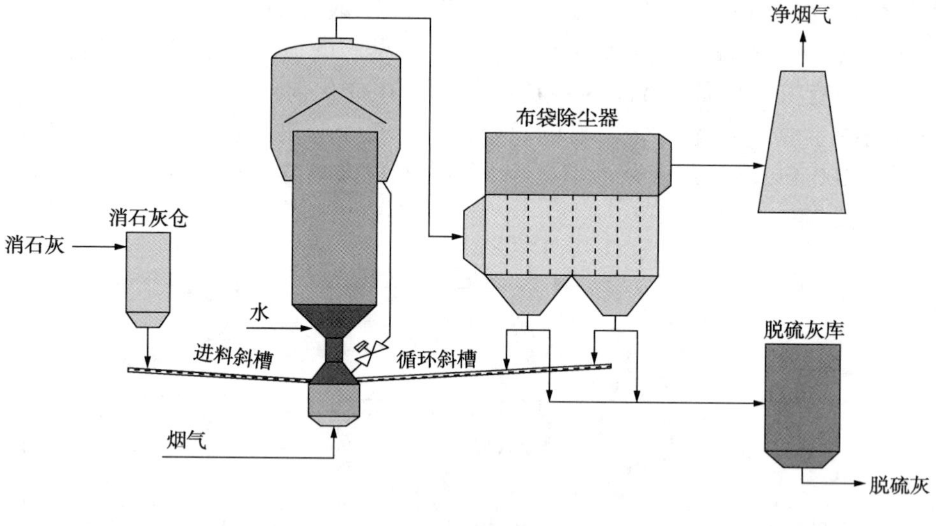

图 24-14　SEI 半干法双循环技术工艺流程

双循环脱硫塔内设置喷水设施，以控制烟气温度，促进 SO_2 和 $Ca(OH)_2$ 的反应，保证脱硫效果；塔内流化床压降通过控制脱硫剂浓度实现。

(2)活性焦干法脱硫除尘技术　湿法烟气脱硫在大幅降低污染物排放量的同时，也存在诸多问题，如普遍存在水耗高、脱硫污水处理难、设备腐蚀严重、蓝烟拖尾及白色烟羽等。而干法工艺是指在脱硫过程中烟气始终保持干态的工艺。其中活性焦干法净化技术由于脱硫效率高、多污染物净化效果好等突出优势而发展迅速，在国内外工业应用稳定增加。

四、烟气脱硝

(一) NO_x 来源

炼油厂排放的 NO_x 主要来自燃煤锅炉和 FCC。燃煤锅炉生成的 NO_x 主要有三种类型：热力型、快速型和燃料型。热力型 NO_x 是由于燃烧用空气中的氮气在高温下氧化生成；快速型是由于碳氢燃料过浓燃烧而生成的 NO_x；燃料型 NO_x 来自燃料中含氮化合物的氧化燃烧。FCC 烟气中的 NO_x 几乎全部来自 FCC 原料中的氮化物，FCC 原料中的氮约 45%进入液体产品，约 10%进入气体产品，其余进入焦炭中。在烧焦过程中，焦炭中的氮约 10%～30%以 NO_x 形式进入到烟气中，其余以 N_2 进入烟气中。

(二) 脱硝技术

1. 燃煤锅炉烟气脱硝技术

自备电厂是炼油厂 NO_x 主要排放源，其所排放的 NO_x 占炼油厂 NO_x 排放总量的 60%～70%。控制燃煤锅炉烟气 NO_x 排放的技术有低氮燃烧技术、氨选择性非催化还原(SNCR)、氨选择性催化还原(SCR)等。低氮燃烧技术控制 NO_x 的生成，主要有燃料分级燃烧、空气分级燃烧和烟气再循环等方式，脱硝率为 30%～50%。选择性催化还原(SCR)技术原理是将 NH_3 作还原剂喷入含 NO_x 的烟气中，在催化剂存在的条件下，反应温度 300～400℃，NH_3 与 NO_x 发生氧化还原反应，反应产物为 N_2 和 H_2O，脱硝率最高可达 95%以上。选择性催化还原法(SCR)是脱硝效率最高、最为成熟的工艺技术。由于低氮燃烧技术、氨选择性非催化还原(SNCR)技术很难将烟气中的 NO_x 降到很低的水平，因此随着烟气排放要求越来越严，燃煤锅炉多采用组合工艺进行脱硝治理，如低氮+SCR、SNCR+SCR 和低氮+SNCR+SCR 等。将三种电厂燃煤锅炉脱硝主流技术的对比情况列于表 24-13。

表 24-13　三种 NO_x 控制技术对比

项　目	SCR	SNCR	低氮燃烧技术
反应类型	氧化还原	氧化还原	氧化还原
反应进料	NO_x	NO_x	O_2，燃料
反应产物	N_2、H_2O	N_2、H_2O	N_2、H_2O
反应温度/℃	200～400	870～1100	500～1400
相对能耗	小	大	小
现场环境	有 NH_3 泄漏及安全隐患	很差	无 NH_3 泄漏
NO_x 去除率/%	80～95	20～50	30～40
是否工业化	已工业化	已工业化	已工业化
应用范围	广泛	小	广泛
应用数量	多	少	广泛
综合评价	存在氨泄漏隐患，操作和投资费用高。技术成熟，脱除率高，是目前最好的烟气脱硝技术	技术成熟，效率不高，逃逸氨导致二次污染，温控较难，操作费用较低	存在 NO_x 达标控制困难，对锅炉效率有影响

2. FCC 烟气脱硝技术

1）选择性催化还原技术

选择性催化还原技术（Selective Catalytic Reduction，简称 SCR）是指在催化剂的存在下，利用氨、尿素或氰酸等还原剂与烟气中的 NO_x 反应生成氮气和水，从而去除烟气中的 NO_x，脱硝效率可达 95%以上。大连院开发了以 FN-2 催化剂为核心的适用于 FCC 烟气的 SCR 工艺，2012 年在镇海炼化建成国内首套 FCC 烟气脱硝装置。SCR 烟气脱硝系统包括还原剂制备单元和 SCR 脱硝反应单元两部分。图 24-15 为 SCR 烟气脱硝工艺流程。

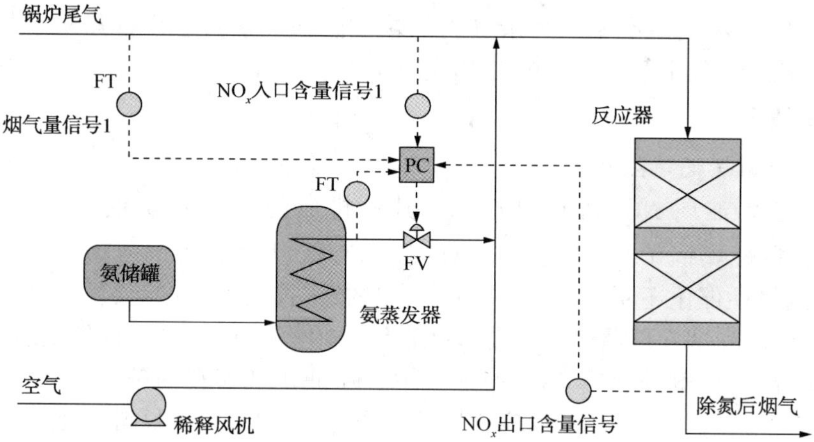

图 24-15　SCR 脱硝工艺流程

FCC 烟气脱硝由还原剂制备和 SCR 脱硝反应单元两个部分构成。

（1）还原剂制备单元　由厂区来的液氨首先进入液氨蒸发器，经厂区热水换热升温汽化，进入氨气缓冲罐待用。

（2）SCR 脱硝反应单元　引自余热锅炉蒸发段的锅炉烟气，经烟道进入 SCR 脱硝反应器；来自脱硝剂制备单元氨气缓冲罐的氨气进入氨/空气混合器，与来自稀释风机的空气按一定比例混合，氨/空气混合气体经氨喷射系统自 SCR 脱硝反应器前部烟道喷入原烟气中，并与原烟气均匀混合，然后进入 SCR 脱硝反应器；在 SCR 脱硝反应器中，氨与烟气中的 NO_x 在催化剂的作用下发生还原反应，生成 N_2 和 H_2O，净化后的烟气返回省煤器继续回收热量。

2）选择性非催化还原技术

选择性非催化还原技术（Selective Non-Catalytic Reduction，简称 SNCR）是指在无催化剂的作用下，在烟气温度 850~1100℃范围内，将氨、尿素或氰酸等还原剂喷入烟气中，还原剂迅速热分解成 NH_3 并与烟气中的 NO_x 反应生成 N_2 和 H_2O，其反应机理与 SCR 一样。SNCR 具有脱硝效率适中（30%~60%）、成本低、占地小和对锅炉改动少等优点，其工艺流程示意如图 24-16 所示。

SNCR 反应温度高，在催化裂化装置中，仅 CO 焚烧锅炉炉膛或并列式两段再生混合燃烧烟道的温度可以满足要求。因此，SNCR 仅适用于采用不完全再生且烟气中 NO_x 含量较低的催化裂化装置。

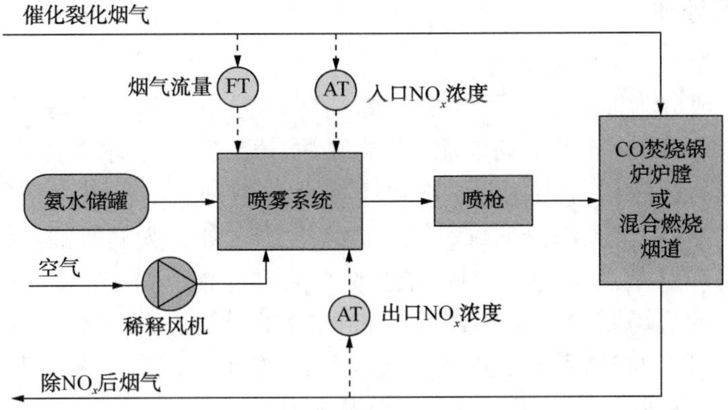

图 24-16　SNCR 工艺流程

五、固体废物处理

（一）来源及性质

根据《中华人民共和国固体废物污染防治法》《固体废物鉴别标准　通则》《危险废物鉴别标准 通则》《国家危险废物名录》等规定，固体废物是指生产、生活和其他活动中产生的所有被抛弃、被放弃的物质或不符合产品质量标准的物质，包括了除废水、废气、放射性固体废物之外的所有固态、半固态、液态和置于容器中的气态的物质；危险废物是具有腐蚀性、毒性、易燃性、反应性或者感染性等一种或者一种以上危险特性的固体废物，包括被列入《国家危险废物名录》的物质，以及根据国家规定的危险废物鉴别标准和鉴别方法认定的具有危险特性的固体废物。

炼油厂固体废物可分为一般固体废物和危险废物两类。一般固体废物主要为粉煤灰、炉渣、脱硫石膏、废弃保温材料、建筑垃圾、废包装木等。一般工业固体废物主要为无机物，企业内无法自行利用，主要采用外委用于生产建筑材料、筑路材料、水泥等，能较好实现资源化利用目标。危险废物主要是被列入《国家危险废物名录》的固体废物，主要类别有废矿物油（HW08）、废催化剂（HW50）、废碱（HW35）、其他废物（HW49）、含镍废物（HW46）、蒸馏残渣（HW11）、废有机树脂类（HW13）、废有机溶剂（HW06）、废酸（HW34）等类别。其中，前五类是炼油厂产生的主要危险废物，是炼油厂危险废物处置工作的重点。

（二）固体废物污染防治原则

固体废物污染环境防治坚持减量化、资源化和无害化的原则。任何单位和个人都应当采取措施，减少固体废物的产生量，促进固体废物的综合利用，降低固体废物的危害性。国家推行绿色发展方式，促进清洁生产和循环经济发展，进一步明确固体废物污染防治以减量化和循环利用为根本途径。固体废物及危险废物产生者，是固体废物鉴别和危险废物鉴别的责任主体。企业必须准确鉴别其产生的固体废物和危险废物，主要《中华人民共和国固体废物污染环境防治法》和 GB 34330—2017《固体废物鉴别标准 通则》鉴别。

（三）含油污泥处理

1. 概述

含油污泥主要成分为油、水、固体物。炼油厂油泥主要为油罐底泥（原油罐、成品油罐、中间油品罐、重油罐）、污水场油泥（罐池底泥、浮渣）、含水含固废油（炼油装置外甩污油、污水场回收的污油）、含油白土（来自于润滑油精制、喷气燃气精制、石蜡精制等过程）、废滑润油等。其中，大部分油罐底泥、含水含固污油、废润滑油等以送装置回炼利用为主。含油污泥处理的重点是污水场隔油池或除油罐底泥、浮渣，以及少部分油罐底泥、含水含固污油等。污水场剩余活性污泥不含油或含微量油，部分地区将其列为一般固废，可以单独处理，也可以与油泥合并处理。含油污泥的处理技术主要有脱水、焚烧、填埋、水洗、热解、焦化、萃取、等离子气化、超临界氧化等。

2. 污泥脱水

从污水处理装置排出的油泥、浮渣通常含有大量的游离水，从罐区排出的油泥及含水含固污油有时也含有大量的游离水，需要先送入沉降浓缩罐进行处理，然后再送脱水机进一步进行机械脱水。因水质不同、排泥方式不同，污水处理场油泥浮渣组成存在较大变化。从装置排出的新鲜油泥、浮渣含水率一般高达99%以上，组成见表24-14。

表 24-14　污水处理场油泥浮渣中的主要污染物

项　目	油/(mg/L)	硫化物/(mg/L)	酚/(mg/L)	COD/(mg/L)	含水率/%
油泥	5754	103	9	22895	99.44
浮渣	1531	94	5	42186	99.48
活性污泥	187	4	2	15730	99.81

含油污泥的含油量不同，其密度也不同。污泥中既有比水轻的物料，也有比水重的物料。当污泥含有大量游离水时，储罐重力沉降过程中，污泥会因密度差原因在沉降罐内分层。含油多、比水轻的物料会聚积在储罐的上部。含油少、比水重的物料沉积于储罐的下部。机械脱水是含油污泥减量化的重要手段，脱水设备主要有板框压滤机、真空过滤机、带式压滤机、离心机、叠螺机等。沉降脱水后油泥含水率一般在90%~97%，机械脱水后油泥含水率可降至60%~85%。沉降脱水后的油泥和机械脱水后的油泥大致组成见表24-15。

表 24-15　机械脱水前后含油污泥组成

名称		含水率/%	含油率/%	含固率/%
沉降脱水后油泥	污水场油泥	90~95	2~5	2~5
	污水场浮渣	92~97	1~10	1~5
	油罐底泥	20~80	15~45	5~35
	含水含固污油	18~60	30~80	2~10
	剩余活性污泥	97~99	0~2	1~3
机械脱水后油泥	污水场油泥	55~85	5~40	5~15
	污水场浮渣	65~85	9~32	3~18
	油罐底泥	10~50	35~45	15~45
	含水含固污油	15~25	30~80	5~45
	剩余活性污泥	75~85	0~5	10~25

因污泥体积与污泥含水率大小有关，沉降脱水和机械脱水可以实际污泥大幅减量。含

水率与污泥体积关系见表 24-16。当污泥的含水率从 99.8%降到 80%时，污泥的体积从 $100m^3$ 变为 $1m^3$。因此，油泥在进行无害化处理前或外运前必须先进行沉降脱水和机械脱水，以减轻后续污泥处理成本。

表 24-16　污泥含水率与体积关系

含水率/%	体积/m^3	含水率/%	体积/m^3	含水率/%	体积/m^3
99.8	100.00	96.0	5.00	70.0	0.60
99.5	40.00	93.0	2.86	60.0	0.50
99.0	20.00	90.0	2.00	50.0	0.40
98.0	10.00	80.0	1.00		

(1)板框压滤　对含油污泥进行脱水的原理是过滤和挤压形成滤饼。板框压滤一般用于剩余活性污泥处理，也可以处理油含量较低的油泥浮渣，或剩余活性污泥与油泥的混合物，但不适用单独处理油泥。脱水过程投加药剂进行辅助，一般采用 4%~6%(干基)的聚合铝絮凝剂对污泥进行调质，以增大颗粒度和改进脱水性能，也可采用石灰、聚丙烯酰胺等助滤剂来改进其过滤性。板框过滤机的典型操作参数和运行结果见表 24-17。

表 24-17　板框压滤脱水的实际运行效果

污泥种类	过滤面积/m^2	聚合铝(干基)/%	石灰(湿基)/%	污泥含水率/%	滤饼含水率/%	过滤速度/[kg/(h·m^2)]	操作压力/kPa
剩余活性污泥	70	1~2	3	99.8	64	2.9	147~196
油泥浮渣	70	1~2	6	98.0	70	2.9	98~568

(2)带式压滤　带式压滤机在脱水过程中，向含油污泥及剩余活性污泥中加入高分子聚合物或聚合铝絮凝剂，在正常条件下可将含水率从 97.7%降至 80%~86%。压滤机滤布是用聚酯纤维织成的山形斜纹布，絮凝剂使用阳离子高分子聚合物(相对分子质量约 7×10^6，离子度 45%)时，加入量为 1%(体)；使用聚合铝时加入量为 0.5%~1%(折合 Al_2O_3 含量/污泥干重)。典型参数见表 24-18。

表 24-18　带式压滤机操作参数

污泥含水率/%	滤布速度/(m/min)	重力脱水时间/s	压力脱水时间/min	过滤速度/[kg/(h·m^2)]	滤饼含水率/%
<98	4~5	10~20	1~5	32	84

(3)离心脱水　是目前普遍采用的机械脱水方法。离心机能够分离比水重的油泥，脱水后油泥含水率可降至 75%~85%。沉降罐沉降分离后的油泥进入离心机后，比水重的油泥将沉降至离心转鼓上，并在螺旋与转鼓间的转数差作用下，将油泥推至排泥口排出。水及轻质油泥向离心机的中心区转移，并从排水口排出。我国现多采用卧式转鼓离心机，分离液和泥饼形成逆流运行。连续操作卧式转桶离心机操作参数及脱水性能见表 24-19，表 24-20 是采用某型离心机处理剩余活性污泥的工作条件及处理结果。

表 24-19　卧式转桶离心机操作参数

油泥种类	聚丙烯酰胺投加量(占干基)/%	泥渣含水率(滤后)/%	处理量/(m^3/h)	转速/(r/min)	功率/kW
剩余活性污泥	0.5	86~88	1.2	4000	15
油泥及气浮渣	0.6	79	5	3290	37

表 24-20　某型离心机工作条件及结果

实　验	转速/(r/min)	进料流量/(m^3/h)	加药浓度/‰	加药量/(m^3/h)	扭矩/kPa	差转速/(r/min)	清液情况	出渣含水率/%
1	3170	5	1	0.5	1900	3.3	清	70.55
2	3170	5	1	0.5	3000	3.3	清	69.78

(4)真空过滤　真空过滤机的脱水原理是抽真空过滤，即利用抽真空造成滤布两侧的压力差，作为过滤的推动力使固液分离。工业上常用的真空过滤机是真空转鼓过滤机。传统真空转鼓过滤机的过滤介质(滤布)固定在转鼓上，因运转过程中滤布得不到清洗，容易阻塞。后来被改装成折带式真空转鼓过滤机，折带式真空转鼓过滤机通过几个转轴将滤布从转鼓表面引出，滤布每运转一周都可以得到清洗和吹扫，减少阻塞，延长使用周期。过滤速度一般可达 5~15kg/(h·m^2)，滤饼含水率降至 75%~85%。但含油较高的污泥脱离滤布性能较差。

(5)叠螺脱水　叠螺机脱水后油泥含水率可达到 65%~85%。同其他设备相比，叠螺机具有如下明显的优点：①对轻质油泥、重质油泥均能有效脱水；②具有自净作用，过滤孔道无堵塞；③能耗低，相同处理规模的能耗只有离心机的 1/10~1/5；④噪声低、投资低、占地小、操作简单。某型叠螺机脱水效果见表 24-21。

表 24-21　某型叠螺机效果及操作参数

油泥种类	聚丙烯酰胺投加量(占干基)/%	脱水前含水率/%	脱水后含水率/%	处理量/(m^3/h)	功率/kW
剩余活性污泥	0.2~0.5	93~98	72~79	5	1.5
油泥及气浮渣	0.2~0.6	89~92	52~68	5	1.5

3. 污泥的焦化利用

早在 20 世纪 70 年代中期就提出将含油污泥送入焦化装置，利用焦化过程的热量使污泥中矿物油经高温热裂解变为焦化气液产物和石油焦，灰分也被石油焦捕获并沉积在石油焦上形成产品，从根本上消除炼油厂污泥后续处置问题。用炼油厂焦化装置处理油泥是一种资源化利用技术，它不需要进行污泥的深度脱水，也无须建设新的处理设备，并充分利用了焦化装置的余热，回收油泥中的烃类物质，对具有焦化装置的企业无疑是简便和经济的方法。

采用焦化工艺实施油泥的处理可在生焦和冷焦两个阶段进行，可归纳为四种技术路线：①掺入焦化进料进行处理；②作为焦化急冷液的一部分进行处理；③作为焦化急冷油使用；④作为除焦前的冷焦水使用。油泥作冷焦水使用时的处理示意见图 24-17。

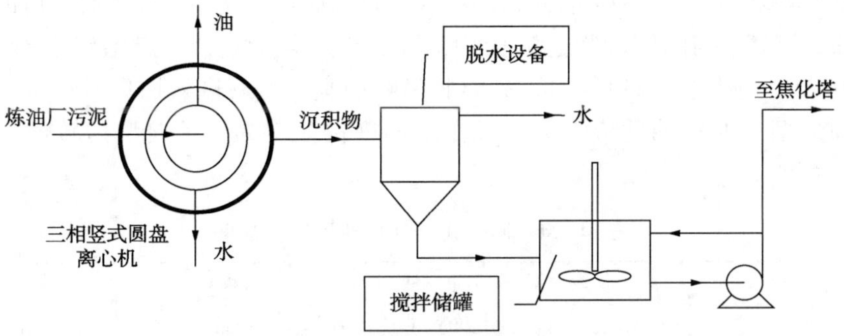

图 24-17　油泥作冷焦水使用示意图

焦化过程在约 500℃高温条件下完成，当焦化塔累积焦炭到一定高度时，将进料切换到另一塔，而充满焦炭的塔实施冷却准备出焦。将含水污泥直接引入焦化塔，或将污泥与急冷水进行调制，成为冷却水的一部分进入焦化塔。据了解部分企业将污泥作为焦化急冷油使用，这种方法不受焦化塔的温度控制，但污泥的投加量仍然受限。油泥不论作为急冷水使用还是急冷油使用，都不可避免的增加了焦炭的挥发分和灰分的含量，如表 24-22 所示。

表 24-22　焦化装置注入浮渣前后焦炭质量的对比

注渣前	挥发分/%	水分/%	灰分/%	硫分/%	注渣后	挥发分/%	水分/%	灰分/%	硫分/%
上　层	28.63	0.26	0.26	1.30	上　层	29.48	0.26	0.32	1.42
中　层	9.27	0.21	0.20	1.26	中　层	9.14	0.28	0.21	1.05
下　层	10.20	0.23	0.22	1.29	下　层	10.19	0.25	0.21	1.41
混合样	11.23	0.24	0.23	1.29	混合样	11.33	0.27	0.27	1.40

实际上，在采用焦化法处理油泥时存在两个问题：一是油泥的物料均质性差，每一批送焦化的物料组成都差别较大，特别是没有经离心脱水的油泥送焦化后带来的问题更明显，给焦化操作和产品质量带来一定的影响；二是油泥的含水率高，遇到高温迅速气化，缩短了物料在焦化的停留时间，部分物料没有来得及反应就带出焦化塔，导致焦化塔与分馏塔连接管结焦问题。

4. 油泥的焚烧处理

污水处理场的油泥，经适度脱水后再进行焚烧处理。采用的焚烧炉型有固定床层的箱式焚烧炉、回转式焚烧炉和流化床焚烧炉。从表 24-23 所示的干基发热量和灰分的性质看，油泥经脱水后具有良好的燃烧性能。

表 24-23　油的燃烧特性

油泥种类	热值(干基)/(MJ/kg)	灰分性质		
		变形点/℃	软化点/℃	熔化点/℃
油　泥	21.5	1270	1310	1330
浮　渣	23.7	1240	1350	1500
剩余活性污泥	16.8	1310	>1500	—

(1)回转式焚烧炉　是一种带有倾角的卧式旋转圆筒炉，从炉头加入脱水后的油泥，在前端燃烧区加热，燃烧气与固体废物逆流接触，进行干燥与焚烧，二燃室温度不小于1100℃。当排出烟气有味时，则先将出口气引入高温脱臭炉脱臭，然后进入捕集器除尘，再由烟囱排入大气。这种炉型对原料的适应性大，操作及温度控制较易，其典型运转数据如表24-24所示。

表24-24　回转式焚烧炉典型运行数据

项　目	数　据	项　目	数　据
筒体厚度/mm	ϕ1500×1200(内径ϕ1200)	回转炉转速/(r/min)	0.5~0.3
筒体斜度/%	2	燃料油耗量/(kg/h)	58
处理量/(kg/h)	700(灰渣量0.4)	停留时间/h	2
污泥在炉内转向速度/(m/min)	0.08~0.12	排烟含尘量/(mg/m^3)	16~24

(2)流化床焚烧炉　是以沙粒为热载体，以热烟气为流化介质，使床层形成高温的流化湍动层。喷入的油泥在流化床层中燃烧，燃烧后的烟气进入热交换器，与空气换热后再经除尘器排入烟囱。油泥在流化床层中的砂粒热载体中进行干燥、气化、裂解、焚烧和在稀相空间进行二次燃烧。其运转参数见表24-25。

表24-25　流化床焚烧炉有关参数

参数名称	推荐值	参数名称	推荐值
流化硅砂粒径/mm	0.5~1.5	床层压降	14.7
炉床体积热负荷/[GJ/(m^3·h)]	18.8	高径比	4~6.1
炉床面积热负荷/[GJ/(m^2·h)]	25.1	风帽侧孔风速	>50
焚烧温度/℃	700~800	床层操作线速	0.6~1.0
炉内停留时间/s	>10		

5. 热萃取技术

油泥中的油、水及固体物的分离难度在于污泥为团状物，无明显的游离相存在，而且内部存在着强极性水化膜，对溶剂萃取、洗涤阻止作用明显。另外，油泥含水量低、黏度大、导热性能差，采用蒸发、干燥等热处理方法难以脱出污泥内部的水和油。针对油泥处理，油泥热萃取技术以馏分油为输送和传热介质，以低压蒸汽为热源，利用相似相溶原理，并通过加热破坏油泥内部的水化膜，改变油固界面的化学性质，使水分离出去，油溶解到萃取油中，污泥中的少量固体物经沉降分离和汽提脱油形成粉状固体物，最终实现油泥减量化，并通过原油回收和粉状固体进一步利用，实现油泥全部资源化利用。

含油污泥热萃取处理工艺将含油污泥与馏分油按一定比例混合后送入萃取塔，通过低压蒸汽进行加热，并在强制循环条件下对油泥进行热萃取和脱水。过程主要由三个单元组成，即热萃取单元、沉降分离单元和固体物脱油单元，工艺流程见图24-18。

热萃取目前最大处理规模为5t/h，处理对象包括污水场油泥、浮渣，以及各种来源的罐底油泥(如原油罐、重质油罐、中间油品罐、成品油罐、化工原料罐)。某项目典型进料

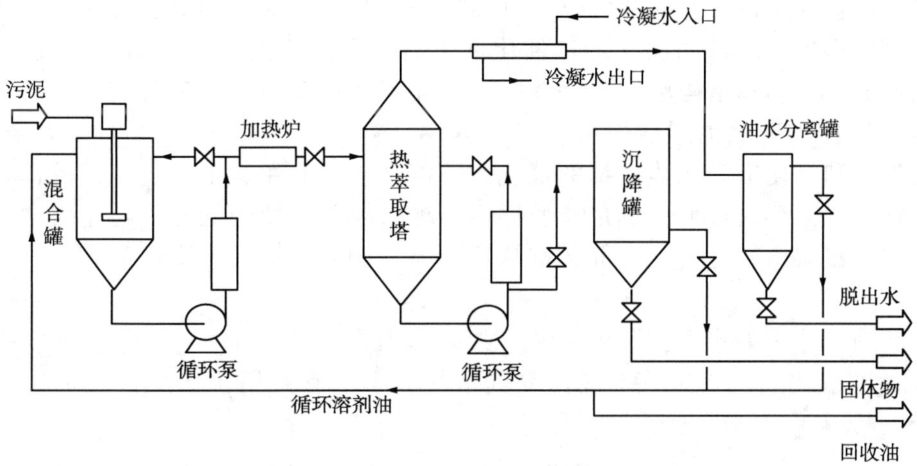

图 24-18　含油污泥热萃取处理工艺流程

组成为含水率 66%~82%，平均 78%；含油率 8%~21%，平均 15%；含固率 3%~15%，平均 7%。处理后生成三种产物，分别是油、粉状固体物和水。每吨油泥可回收 110~140kg 油，作为产品外卖或送炼油装置回炼，实现资源化利用；粉状固体物含油量小于 2%，可控制送锅炉作燃料利用，也可送水泥窑作生产原料；排水进入污水处理场。

(四)剩余活性污泥

剩余活性污泥可以采用好氧消化、焚烧、水泥窑等进行处置，也可以采用厌氧制气、堆肥等进行利用。剩余活性污泥处理的难点是固体物和有机质含量低，含水率高，需要大幅脱水或干化提浓后才能有效利用和处置。

(1)热干化　热干化处理的对象是机械脱水后剩余活性污泥，原理是利用蒸汽或烟道气间壁加热或直接接触加热方式，使污泥中水分汽化，并利用空气或氮气作载气，将水汽携带出来，使污泥深度脱水。在热干化过程中，温度一般控制在 135℃以下，并需要控制氧含量，防止污泥过度干燥出现自燃、闪爆等问题。与机械脱水前污泥相比，污泥含水率从 98%降至 30%，可作燃料利用或水泥窑利用。

(2)化学干化　在污泥浓缩脱水和机械脱水过程中，为降低污泥含水率，向剩余活性污泥中加入氧化钙等助剂。微生物细胞壁破碎释放出来的水分不仅与氧化钙反应生成氢氧化钙，而且还释放出大量的热量，使水分进一步蒸发，最终使污泥得到干化，并形成粉状物料。

(3)厌氧制气技术　剩余活性污泥厌氧消化制沼气技术，是一种已工业化的利用技术，不仅生成的沼气可用作燃气，而且消化后的污泥可用有机肥料。厌氧消化过程的限速步骤是水解反应，为了加速厌氧消化的速率，缩短污泥停留时间，减少污泥量和消化体积，细胞破壁技术成为技术方向。目的是破坏污泥的结构及细胞壁，使污泥的絮体结构发生变化，细胞内含物溶出，在胞外酶的作用下快速水解为小分子化合物，提高厌氧消化的速率。目前可用的破壁技术主要有热分解、化学分解、氧化分解和超声分解等技术。

(五)废催化剂

1. 废加氢催化剂

加氢催化剂可分为加氢精制、加氢处理、缓和加氢裂化、加氢裂化等类型。废加氢催化剂的可再生性及再生价值，可以通过由炼油厂与催化剂专利商进行预评估的方法认定，原则上可再生一次或两次。加氢催化剂失活的主要原因是积碳结焦和重金属沉积。结焦积炭造成催化剂孔结构堵塞、活性中心覆盖和活性金属组分迁移或聚集等问题，可以通过再生处理实现催化剂活性恢复。金属 Ni、V、Fe、Na、Ca、Si、As 等杂质沉积、沸石结构塌陷和氧化铝等载体烧结的催化剂不能被再生利用。工业上使用的催化剂再生方法有两种，一为器内再生，二是器外再生。越来越普遍使用的器外再生方法，它是将待再生的积碳覆盖型暂时失活的催化剂从反应器中卸出，运送到专门的催化剂再生工厂进行再生。

催化剂的再生只能恢复基本活性，既不能提高也不能产生新的活性，被判断为永久性失活的催化剂，烧焦后不能恢复其活性，不具有使用价值。催化剂再生效果见表 24-26。

表 24-26 某加氢裂化催化剂器外再生效果

催化剂	新鲜	二次失活	二次再生
碳含量/%	—	3.78	0.26
硫含量/%	—	7.74	1.02
孔容/(mL/g)	0.318	0.220	0.317
表面积/(m^2/g)	247	102	182
烧炭率/%	—	—	93.1
烧硫率/%	—	—	86.8
孔容恢复率/%	—	—	99.7
表面积恢复率/%	—	—	73.7
反应温度/℃	405	—	412
产物分布/%			
石脑油	11.9	—	12.4
喷气燃料	28.0	—	29.7
柴油	15.5	—	14.4
尾油	39.9	—	37.7
液体收率/%	95.3	—	94.2

2. 催化裂化废催化剂

催化裂化废催化剂废弃的主要原因是原料油中镍、钒、锑、铁、钙等组分沉积在催化剂上，同时也会有少量的钠、镁、磷、砷、铜等组分沉积在催化剂上，使催化剂的活性下降，产品分布变差。新鲜催化剂中铁含量一般在 0.13%~0.33%，几乎不含镍、钒元素。废催化剂分离及资源化利用方法主要有磁选分离法、送水泥窑作原料利用法和分解回收原料法。磁选分离后的低磁剂重新做平衡剂回用，或加入复活剂重新合成催化裂化催化剂。分解回收原料是废催化剂资源化利用的重要方向之一。通过磁选、打浆、酸溶、闪蒸、过滤、除镍、除稀土、重结晶等过程，最终分离成复活催化剂、铵明矾、硅粉、硫酸稀土和镍盐等产品。

（六）废白土

在润滑油、石蜡、喷气燃料等产品的生产过程中，为了获取色度好、透明度高、安定性好、抗乳化性能强的产品，须采用白土补充精制方法去除其中的胶质、含硫化合物、含氮化合物、有机酸、水等极性物质。来自润滑油和石蜡精制工序的废白土通常为灰黑色泥土状，并带有轻微溶剂气味，含油或蜡在30%左右，是国家规定的危险废物，必须处理达到无害化。废白土的主要处置方式为外委填埋、焚烧和脱油处理等。脱油后废白土的复活再利用，是今后研究工作开展的重要方向之一。

六、土壤和地下水防治

炼油厂场地土壤污染多为历史遗留问题，污染物多以挥发性石油烃为主兼有高浓度苯系物、低浓度多环芳烃以及更低浓度重金属。污染组分相对复杂、流动性强、易扩散，场地污染主要源于污染物随地下水迁移扩散以及地表漫流，局域小面积高浓度复合污染和广域低浓度复合污染并存；地下水、土壤和包气带污染并存；呈现旧迹、多源、复合、量大、面广、持久、毒害大等污染特征突出等特点。

炼油厂由于其生产装置规模较大，产品类型复杂多样，一旦发生土壤与地下水污染修复难度极大，污染类型复合多样，因此采取科学合理的污染风险源头控制技术尤为重要。从发达国家的经验来看，污染地块治理和修复需要投入巨额资金，而我国污染地块修复研究处于起步阶段，不具备大规模全面修复的技术和资金。在役石化场地由于生产装置设施的特殊性，更难以进行大规模的全面修复治理。目前，用于土壤和地下水治理的技术主要有：阻隔技术、可渗透反应墙技术、原位修复技术和异位修复技术等，各项技术均有自身的适应性和局限性，单项技术受到众多因素的限制，影响修复处理效果。在目前情况下，风险管控是土壤和地下水防治的重要手段，通过制定和实施企业制度、条例、标准、导则、行政和法律手段等管理措施，减少污染物的“跑、冒、滴、漏”等，实现减少污染物排放，降低场地污染的潜在危害。

总之，污染土壤和地下水的修复治理是一项系统性、复杂性的工程，未来有关污染土壤修复治理方面的总体发展方向应为：①向绿色和环境友好型的土壤修复技术方向发展；②从单项技术向多项联合修复技术发展；③向处理成本低、综合治理效果好的多重原位修复土壤修复技术发展。

第三节　源头减量技术

从源头减少污染物排放比末端治理，理念更先进，环保更有效，因而得到国内外企业的高度重视，开发了一系列行之有效的源头减量技术和工艺。特别是进入21世纪以来，源头减量技术在炼油厂得到推广应用。企业不但取得了显著的环保效益，而且降低了污染物的治理费用，如循环水处理的低磷和无磷技术，较好避免了排污水需要进行的除磷处理；生化过程剩余污泥减量技术，大幅减少了剩余污泥产量和剩余污泥处理费用。这些源头减量技术较末端治理技术显示出更加突出的技术优势。

一、低磷水处理技术

(一)技术背景

循环水系统是炼油与化工装置十分重要的组成部分。循环水在运行过程中设备会出现腐蚀、结垢和滋生生物黏泥等问题，影响生产装置的正常运行，因此必须进行控制。采用水处理剂对循环水进行处理是一种最有效和最经济的方法，特别是使用的磷(膦)酸盐，抑制设备腐蚀的效果十分有效，因而在炼油厂得到了广泛应用。由于磷酸盐排放对环境造成富营养化污染，导致蓝藻暴发，因而在2017年实行的国家环境保护标准(GB 31570—2015)对磷的排放提出了严格限制，要求外排污水中的磷酸盐浓度一般小于1.0mg/L(以磷计)。如果循环水采用传统的磷酸盐处理方案，排污水就必须进行除磷处理，因此从源头降低磷酸盐浓度，不但可以减少磷排放对环境的污染，而且可以避免排污水需要进行除磷处理。

(二)技术原理

缓蚀剂的作用是其在金属表面与腐蚀介质两相之间形成一层保护膜，通常可分为三种类型：氧化膜、沉淀膜和吸附膜，见图24-19。形成氧化膜的缓蚀剂主要为无机盐氧化剂，如铬酸盐、重铬酸盐、钼酸盐、钨酸盐、亚硝酸盐等；形成沉积膜的缓蚀剂主要为有机盐，如羧酸盐、有机磷酸、聚磷酸盐等，它们与水中的 Ca^{2+} 等两价金属离子或作为缓蚀剂加入的 Zn^{2+} 作用，在金属表面形成难溶性沉积膜；形成吸附膜的缓蚀剂主要为某些含O、N、S等杂原子、具有表面活性的有机物，如有机胺类、硫脲类、咪唑啉类、芳香唑类等，它们大都具有能吸附于金属表面的亲水基团和遮蔽金属表面的疏水基团，在清洁的金属表面形成覆盖膜，从而抑制腐蚀。

对低磷水处理技术，由于磷酸盐浓度降低，一定程度影响其缓蚀效果，因而必须与其他类型的缓蚀剂如锌盐进行复合，利用两者之间存在的协同增效作用原理，弥补了因磷酸盐浓度降低而影响循环水处理的缓蚀效果。

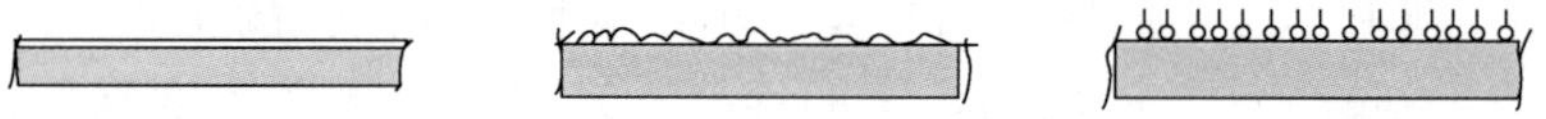

(a) 氧化膜　(b) 沉积膜　(c)吸附膜

图24-19　缓蚀剂在金属表面形成的3种保护膜示意图

(三)应用案例

1. 水质

北方某超大型炼油厂，循环水系统使用市政中水作为补充水，主要水质如表24-27。硬度、氯离子和电导率较高，分别达到151.0mg/L、162.1mg/L和1008μS/cm。这种水质既具有较强的腐蚀性、又具有较强的结垢性，是一种比较难处理的水质；COD、BOD和氨氮质量浓度较低，分别为12.1mg/L、4.0mg/L和0.38mg/L，符合回用循环水对水质的要求。

表 24-27　北方某炼油厂回用的市政污水水质

项　目	分析结果	最大值	平均值
pH 值	7.03	*COD*/(mg/L)	12.1
浊度/NTU	0.43	BOD_5/(mg/L)	4.0
电导率/(μS/cm)	1008	氨氮/(mg/L)	0.38
总铁/(mg/L)	0.12	总硬度($CaCO_3$ 计)/(mg/L)	219.0
Cl^-/(mg/L)	162.1	钙硬度($CaCO_3$ 计)/(mg/L)	150.96
悬浮物/(mg/L)	4.0	总碱度($CaCO_3$ 计)/(mg/L)	86.01
总溶固/(mg/L)	530.2	总磷(PO_4^{3-} 计)/(mg/L)	0.61
余氯/(mg/L)	0.08	异养菌总数/(个/mL)	144

2. 主要技术参数

使用市政中水的两个循环水系统的主要技术参数如表 24-28。两个系统的循环水量较大，分别为 9000m^3/h 和 16000m^3/h；系统保有水量分别为 4000m^3 和 5300m^3，循环水量与系统保有水量比分别为 2.25：1 和 3.02：1；给回水温差分别为 6℃和 7℃。

水质控制关键技术参数：浓缩倍数 5.0~6.0，总磷 2.0~3.0mg/L(以 PO_4^{3-} 计，下同)。

表 24-28　循环水系统主要技术参数

循环水系统	循环水量/(m^3/h)	保有水量/m^3	温差/℃
Ⅱ-2	9000	4000	6
Ⅱ-2	16000	5300	7

3. 运行效果

(1)处理效果　循环水系统从 2019 年 10 月开始采用石科院研制的新一代低磷水处理技术，两个循环水系统的运行效果分别如图 24-20 所示。可以看出，循环水处理的关键技术指标——现场监测试管的平均腐蚀速率分别为 0.042mm/a 和 0.045mm/a，平均黏附速度分别为 5mg/(cm^2·月)(简称 mcm)和 7.2mcm，处理效果优于循环水处理指标，满足生产装置长周期运行对水处理效果的要求。

(2)排污水质　循环水使用磷系水处理剂处理，虽然较好解决了系统运行过程的设备腐蚀问题，但导致排污水中含有一定浓度的磷酸盐。该企业在使用低磷水处理技术前，循环水系统排污水中正磷酸盐平均浓度为 6.5mg/L，远远超过了 GB 31570—2015 中 1.0mg/L 的限值。自 2019 年 10 月采用低磷水处理技术后，循环水系统排污水中正磷酸盐浓度平均为 0.9mg/L(以 P 计约 0.3mg/L)，正磷酸盐浓度较使用低磷水处理技术前降低了 5.6mg/L，避免了排污水需要进行除磷处理，显示出良好的环保效益。

二、无磷水处理技术

(一)技术背景

自 20 世纪 40 年代初，磷系水处理剂的研发并广泛应用于工业循环水处理以来，因其

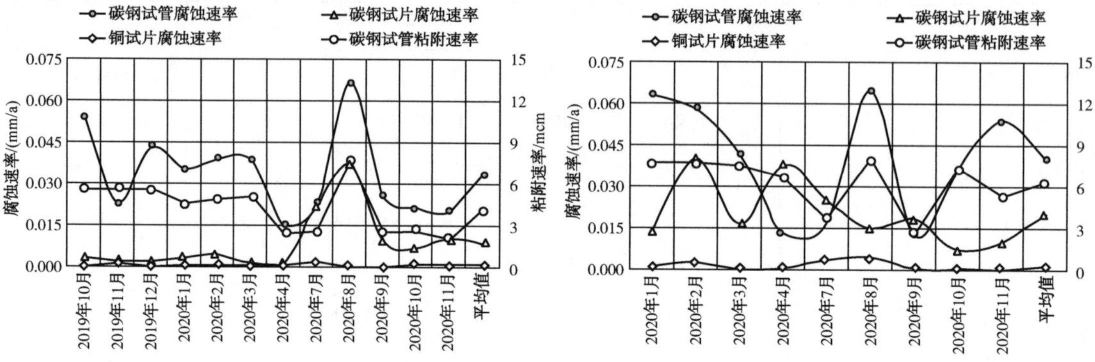

(a) 北方某炼厂Ⅱ-2循应用结果　　(b)北方某炼厂Ⅱ-3循应用结果

图 24-20　低磷水处理剂在某炼油厂Ⅱ-2 和Ⅱ-3 循环水系统的运行结果

优异的缓蚀效果，以及无毒和廉价等优势，在循环水处理领域长期占据主导地位，为解决工业循环水系统的设备腐蚀和结垢问题发挥了巨大作用。与此同时，大量使用的磷酸盐排放引起水体富营养化污染日趋严重，导致湖水水华、海水赤潮等危害频繁爆发。因此，欧美等发达国家颁布了限磷和禁磷相关法律，如德国要求污水磷排放浓度小于 1.0mg/L。我国也出台了更为严格的限磷标准，2017 年 7 月 1 日全面施行的 GB 31570—2015《石油炼制工业污染物排放标准》和 GB 31571—2015《石油化学工业污染物排放标准》，规定总磷一般排放限值为 1.0mg/L、特别排放限值为 0.5mg/L。因此，对炼油厂的循环水处理提出了挑战，满足排放要求的低磷和无磷水处理技术成为企业循环水处理技术的首选。

(二)技术原理

在循环水处理技术领域，由于当前尚无特效的无磷缓蚀剂，因此，无磷水处理技术解决循环水系统设备腐蚀主要是利用无机锌盐与其他类型的缓蚀剂之间存在的协同增效作用，提高其缓蚀剂效果，解决设备腐蚀。并利用具有优异阻垢分散效果的多元共聚物，解决设备的结垢。使用低毒高效的杀生剂，控制滋生生物黏泥，从而使循环水的处理效果满足生产装置长周期运行的需要。

(三)应用案例

1. 水质

南方某超大型炼油厂循环水系统使用地表水作为补充水，主要水质如表 24-29 所示。其中，水的 pH 值为 5.21，是弱酸性水质；总硬度为 36.0mg/L(以 $CaCO_3$ 计，下同)，总碱度为 29.9mg/L(以 $CaCO_3$ 计，下同)，是一种超低硬度碱度水质。氯离子、硫酸根离子和电导率分别为 11.5mg/L、7.1mg/L 和 107.3μS/cm，含盐较低。这种水质的突出特性是对设备的腐蚀性极强，基本不结垢。因此，处理这类循环水的关键是解决设备的腐蚀问题。

2. 主要技术参数

采用石科院研制的无磷水处理技术的北二循，主要技术参数如表 24-30 所示。循环水量 2921m^3/h，保有水量 2200m^3，温差 9.7℃，蒸发水量 31.0m^3/h，排污水量 7.0m^3/h，补充水量 38.0m^3/h，是一个中型的循环水系统。

表 24-29　南方某超大型炼油厂循环水系统使用的新水主要水质

项　目	分析结果	项　目	分析结果
pH 值	5.21	Cl^-/(mg/L)	11.5
钙硬(以 $CaCO_3$ 计)/(mg/L)	24.0	SO_4^{2-}/(mg/L)	7.1
总硬(以 $CaCO_3$ 计)/(mg/L)	36.0	电导率/(μS/cm)	107.3
总碱(以 $CaCO_3$ 计)/(mg/L)	29.0		

表 24-30　南方某超大型炼油厂北二循主要技术参数

项　目	分析结果	项　目	分析结果
循环水量/(m^3/h)	2921	排污水量(计算值)/(m^3/h)	7.0
系统保有水量/m^3	2200	补充水量(计算值)/(m^3/h)	38.0
给回水温差/℃	9.7	旁滤水量/(m^3/h)	132.0
蒸发水量(计算值)/(m^3/h)	31.0		

3. 运行效果

(1)处理效果　无磷水处理剂工业应用结果如表 24-31 所示，自 2010 年 6 月开始进行工业应用，现场监测试管的平均腐蚀速率 0.034mm/a、黏附速度 2.97mcm、生物黏泥 0.16mL/m^3，关键技术指标均优于含磷水处理剂，完全满足生产装置长周期运行要求。

表 24-31　无磷水处理剂在南方某企业应用结果

时间	试管腐蚀速率/(mm/a)	试管黏附速率/mcm①	黏泥/(mL/m^3)	时间	试管腐蚀速率/(mm/a)	试管黏附速率/mcm	黏泥/(mL/m^3)
2010.06	0.008	3.12	0.14	2010.11	0.012	0.98	0.19
2010.07	0.033	0.69	0.13	2010.12	0.070	7.21	0.16
2010.08	0.031	2.14	0.14	2011.01	0.063	6.51	0.12
2010.09	0.009	0.41	0.26	2011.02	0.021	1.85	0.13
2010.10	0.063	3.83	0.20	平均值	0.034	2.97	0.16

①单位 mcm 为 mg/(cm^2·月)的简写。

(2)排污水质　北二循进行无磷水处理剂前，采用中高浓度的磷系水处理剂，循环水系统排污水中磷酸盐平均质量浓度为 7.2mg/L。采用无磷水处理剂后，排污水中磷酸盐浓度降低到零，每年减少磷酸盐排放 441.5kg，排污水无需进行除磷处理，环境效益和经济效益显著。

三、剩余污泥减量生化技术

(一)技术背景

活性污泥法作为当今应用最广泛的污水处理方法，由于其处理效率高、出水水质稳定、处理成本低廉、操作运营方便等优势，被国际上超过 80%的污水处理厂使用。但传统的生物处理技术在运行中产生大量的剩余污泥，产量(含水率 98%)一般约为污水处理量的

0.6%，如1000万吨/年级炼油装置和100万吨/年级乙烯装置的污水处理系统，每年产生剩余污泥（含水率98%）分别约1000m^3和40000m^3。由于剩余污泥成分十分复杂，对环境污染严重，处理和处置难度大，处理和处置费用一般占污水处理运行费用的26%～65%，不但给企业带来巨大的环保压力，同时还要付出高昂的处理和处置费用。因此，开发剩余污泥量少的生化技术，从源头减少剩余污泥产量，对炼油厂的环保和降低污泥处理和处置费用都具有十分重要的意义。

（二）典型技术

当前开发的剩余污泥减量的生化工艺技术类型较多，如好氧—沉淀—厌氧（OSA）工艺、高浓度溶解氧工艺、谢解偶联活性污泥工艺、与臭氧结合的活性污泥工艺等，其中活性污泥与分离膜结合形成的膜生物反应器（MBR）技术最具代表性。1969年Smith等首先报道的由超滤代替沉淀池技术，不但提高了污水处理的效果和效率，而且大幅减少了剩余污泥产量，较传统的污水生化处理技术显示出明显优势，因而成为研发热点。MBR技术经过此后的不断完善，技术优势在工业应用中进了验证，膜池MLSS质量浓度达到8000～14000mg/L、剩余污泥量减少1/3以上、占地减少1/2～2/3等。因而到20世纪90年代，在美国、日本等发达国家的市政污水处理、工业污水处理等领域得到了推广应用。我国自2003年工业化应用成功以来，在广州、洛阳、九江分公司等炼油厂的污水处理、污水回用、污水提质中得到了推广应用，取得了良好的环境效益和经济效益。

（三）应用案例

案例一：沿江某炼油厂污水总量1000m^3/h，分为含油、含盐两个系列，采用均质—两级隔油—沃凹气浮—溶气气浮—水解酸化—缺氧—好氧—二沉组合工艺进行处理，水质达不到回用循环水要求。2005年在含油污水系列的末端增设两套处理能力分别为250m^3/h的MBR进一步处理后，出水水质较好，COD平均质量浓度54mg/L、氨氮平均质量浓度3.0mg/L、浊度平均2.0NTU，水质满足回用循环水要求，MBR单元产生的剩余污泥量减少约30%。

案例二：南方某炼油厂的污水总量300m^3/h，采用浮动循环除油—CIP油水分离—沃凹气浮—溶气气浮-好氧Ⅰ—沉淀—好氧Ⅱ—MBR—臭氧氧化—活性炭组合工艺进行处理，出水水质较好，COD质量浓度小于40mg/L、氨氮质量浓度小于1.0mg/L、浊度小于2.0NTU，水质完全满足回用循环水要求，其中MBR单元产生的剩余污泥量较传统活性污泥技术减少1/3。

第四节　污水资源化技术

污水资源化，不但可以节约水资源，缓解企业发展的水资源供求矛盾，而且可以减少污水外排，保护环境，社会效益和经济效益十分显著，因而得到了我国炼油厂的高度重视。我国自2000年开始大力开展节水减排工作以来，已成功开发出达标污水适度处理回用循环水、达标污水深度处理脱盐回用锅炉水、市政中水利用等一系列污水资源化技术，较好地支撑了快速发展的炼油厂节水减排工作，使加工吨原油取水和排污得到了大幅降低。

一、污水适度处理回用技术

炼化污水经过处理后，水质得到了显著改善，污染物浓度达到了国家环保排放标准要求，但水质仍劣于新水，主要污染物如COD、氨氮、悬浮物等浓度高于新水数倍或数十倍，不能满足生产用水要求，需要进一步处理。污水适度处理回用是指对含盐较低的达标污水进行再处理，使水质得到进一步改善，满足循环水对水质的要求，再与循环水处理技术结合，解决污水回用后带来的设备腐蚀、结垢和生物黏泥滋生等水质问题，使其满足生产装置长周期运行对循环水处理效果的要求。

（一）水质指标

炼油厂生产工艺各种各样，不同工艺对用水水质的要求也不同，如耗水第二大用户的循环水系统，对水质要求相对较低，允许水中含有一定浓度的盐和污染物，达标外排污水经过适度处理，水质即可满足要求，表24-32是国内外污水回用循环水水质指标。

表24-32　污水回用于循环水水质指标

指标名称	中国指标	美国指标	东京指标
pH值	6.5~9.0	5.0~8.7	6.8
COD/(mg/L)	≤60.0	≤75	≤9.6
BOD_5/(mg/L)	≤10.0	—	≤12.2
氨氮/(mg/L)	≤10.0	—	≤12
悬浮物/(mg/L)	≤30.0	—	
浊度/NTU	≤5.0	—	≤1.5
硫化物/(mg/L)	—	—	
石油烃/(mg/L)	—	—	
挥发酚/(mg/L)	—	—	
钙硬(以$CaCO_3$计)/(mg/L)	—	—	
总硬(以$CaCO_3$计)/(mg/L)	≤450	≤650	≤111
总碱(以$CaCO_3$计)/(mg/L)	≤350	≤350	≤83
氯离子/(mg/L)	≤250	≤500	≤67
游离余氯/(mg/L)	0.1~0.2	—	
硫酸根离子/(mg/L)	—	—	
总磷(以P计)/(mg/L)	≤1	—	
总铁/(mg/L)	≤0.3	≤0.5	≤0.2
Mn/(mg/L)	≤0.2	—	
电导率/(μS/cm)	—	—	
溶解性固体/(mg/L)	≤1000	—	≤343
粪大肠菌落/(个/L)	—	—	

（二）技术原理

达标外排污水中的主要污染物是BOD、氨氮、悬浮物、COD等，进入循环水系统容易引起生物黏泥滋生、设备腐蚀和结垢，影响生产装置正常运行，因此需要进行适度处理，进一步降低污染物浓度，并对循环水进行处理，满足生产装置长周期运行要求。

利用好氧性微生物在好氧环境中对有机物的代谢作用，将BOD分解为二氧化碳和水；利用硝化菌和反硝化菌的作用将氨氮转化为氮气，是最有效且最经济的处理方法。

悬浮物成分十分复杂，既有有机悬浮物，还有无机悬浮物。由于粒径小，因而具有较大的比表面，影响水质特性，需要将其去除。过滤是去除悬浮物的最有效方法，也是最常用的方法，主要是利用滤料层截留、吸附、接触凝聚等作用，将悬浮物从水中去除。

污水中残留的COD生化性很差，不能直接采用生化方法处理，需要结合高级氧化方法，利用强氧化作用将难生化的COD转化为小分子含氧化合物，提高其可生化性，再利用好氧生化方法处理。这种组合工艺对COD的处理效果好，一般可将COD降低到30mg/L以下。

采用具有缓蚀、阻垢和杀生作用的水处理剂对循环水进行处理，是一种十分有效和廉价的方法，因而得到了广泛应用。缓蚀剂与水中金属离子作用在设备表面形成致密的保护膜，可以有效抑制金属设备的腐蚀。阻垢分散剂由于具有螯合增溶、晶格畸变、分散和溶限效应等方面的作用，因而可以有效阻止难溶盐结晶析出和阻止晶体长大，并将其分散于水中，从而抑制形成水垢。杀生剂由于具有抑制细胞壁的合成、改变细胞膜性质、破坏合成代谢、破坏营养物质、破坏酶系统等方面的作用，可以将微生物杀灭，有效解决生物黏泥滋生问题。

（三）应用案例

我国炼油厂和化工厂达标污水适度处理回用循环水技术，自2000年工业化成功以来，经过20余年不断完善和发展，技术已经成熟。南方某大型炼油厂使用低硬度碱度水质，排污水量约100m^3/h，采用常规“老三套”工艺进行处理，表24-33为处理后的外排污水主要水质。COD、氨氮等主要污染物浓度较低，分别为50.6mg/L和1.2mg/L，优于国家排放标准，基本达到回用循环水系统要求；钙硬和碱度分别为37.6mg/L和115.8mg/L，为低硬度碱度水质。针对这种水质腐蚀性强的特性开发循环水处理配方和运行方案，使其实现外排污水适度处理回用循环水系统。针对这种外排污水水质，采用如下工艺流程进行适度处理：达标外排污水→高级氧化→过滤→循环水处理。

表24-33　某大型炼油厂外排污水主要水质

指标名称	分析结果	指标名称	分析结果
COD/(mg/L)	50.6	总硬(以$CaCO_3$计)/(mg/L)	74.0
氨氮/(mg/L)	1.2	总碱(以$CaCO_3$计)/(mg/L)	115.8
SS/(mg/L)	70.0	Cl^-/(mg/L)	108.1
pH值	7.56	SO_4^{2-}/(mg/L)	76.8
钙硬(以$CaCO_3$计)/(mg/L)	37.6	*TDS*/(mg/L)	360.0

2000年8月开始在一套炼油装置循环水系统进行污水适度处理回用工业化试验，在当年12月生产装置扩能改造前，循环水系统的循环水量为5600m^3/h，给回水温差5.5℃，补充水量约60m^3/h；12月扩容改造后，循环水量增加到7300m^3/h，给回水温差提高到7.1℃，补充水量约100m^3/h，表24-34为实施污水适度处理回用期间的污水回用量、新水量和排污水量统计。2000年8月至2001年4月，回用污水量逐月增加、新水量逐月减少。试验进行到2001年5月，循环水系统的补充水全部用回用污水替代，不再补充新水。试验进行到2002年5月，连续运行19个月，累计回用外排污水达到$72.4\times10^4m^3$、补充新水量降低到$33.2\times10^4m^3$，污水外排量减少到$24.1\times10^4m^3$。采用污水适度处理回用循环水技术后，在19个月的工业化试验期间，累计节约新水和减少污水外排分别达到$72.4\times10^4m^3$，节水减排效益和社会效益显著。

在实施达标污水适度处理回用的19个月期间，现场监测的水处理效果如表24-35。结果显示：监测碳钢试管的平均腐蚀速率0.053mm/a、黏附速率8.62mg/(cm^2·月)，处理效果均优于中国石化循环水系统使用新水的0.10mm/a和20mg/(cm^2·月)技术指标，完全满足生产装置的要求。

采用达标外排污水适度处理回用循环水技术的运行成本折合人民币1.2元/m^3，该成本包括污水的适度处理费和循环水系统运行使用的水处理药剂费两部分，运行成本较低，与使用新水相比，企业可获得较好的经济效益。

表24-34 南方某大型炼油厂回用污水量、新水量和污水外排量 m^3

运行日期	回用污水	补新水	外排污水	运行日期	回用污水	补新水	外排污水
2000.07	0	47112	47835	2001.08	48183	4853	0
2000.08	11937	52245	45957	2001.10	10473	45779	0
2000.09	30850	24334	28214	2001.11	47388	2335	0
2000.10	19922	32002	47776	2001.12	47669	9013	0
2000.11	36771	13098	12286	2002.01	49533	5566	0
2001.02	11180	39326	51980	2002.02	44957	6763	0
2001.03	43828	17531	39821	2002.03	49102	11766	0
2001.04	45031	9006	14697	2002.04	45473	8860	0
2001.05	48150	7206	0	2002.05	52685	18642	0
2001.06	41722	18508	0	合计	723942	332165	240731
2001.07	39088	5602	0				

表24-35 外排污水回用期间循环水系统的现场监测结果

运行日期	运行时间/d	试片腐蚀速率/(mm/a)	监测试管	
			腐蚀速率/(mm/a)	黏附速率/[mg/(cm^2·月)]
2000.10	25	0.0433	0.1413	14.57
2000.11	27	0.0375	0.1018	9.75
2001.02	35	0.0121	0.0259	3.20

续表

运行日期	运行时间/d	试片腐蚀速率/(mm/a)	监测试管	
			腐蚀速率/(mm/a)	黏附速率/[mg/(cm² · 月)]
2001.03	32	0.0174	0.0280	4.23
2001.04	98	0.0110	0.0694	9.24
2001.05	29	0.0146	0.0407	5.31
2001.06	92	0.0181	0.0134	2.54
2001.07	63	0.0221	0.0243	6.00
2001.08	41	—	0.0481	4.92
2001.08	232	0.0131	0.0217	3.61
2001.10	—	0.0006	—	—
2001.11	32	0.0089	0.0169	1.88
2001.12	28	0.0013	0.0796	13.65
2002.01	60/84	0.0015/0.0049	0.0341	10.67
2002.02	28/123	0.0070/0.0040	0.0242	12.96
2002.03	—	0.0013/0.0021	0.1010	15.29
2002.04	77/100	0.0010/0.0056	0.0765	18.76
2002.05	32	0.0050	0.0593	10.01
平均	—	0.0163	0.0533	8.62

(四)注意事项

由于达标污水适度处理的水质仍比新水差，在应用时注意以下两方面问题：

(1)解决循环水运行过程中的设备腐蚀、结垢和生物黏泥问题，因此，应重点针对回用污水特性开发相应的循环水处理配方和运行方案。

(2)循环水系统排污水将导致污水含盐升高问题。污水回用循环水系统后，循环水系统排污水一般需返回到污水处理系统处理，这将导致污水含盐升高。

二、污水深度处理脱盐回用技术

污水深度处理脱盐回用是指对含盐较高的达标污水进行处理，将其污染物浓度降低到反渗透膜对水质要求，再进行脱盐生产准一级脱盐水的过程。

(一)污水预处理

达到国家排放标准要求的污水，水中污染物浓度仍然较高，特别是COD、悬浮物等污染物浓度较高，不满足反渗透膜对进水水质要求，需要进一步处理。随着研究和实践的深入，人们已经认识到污水预处理是污水“双膜”脱盐成功的关键。污水预处理一般包括以下过程。

(1)臭氧氧化　污水经过两级生化，水中可生化的COD基本被去除，残留的COD可生化很差，*BOC/COD*(*B/C*)比值一般小于0.1，再直接用生化方法处理的效果很差。大量研究表明，采用高级氧化方法处理，既可去除部分COD，又可改善污水可生化特性，提高污水的*B/C*比值。因而在污水三级处理中得到了广泛应用。臭氧是一种强氧化剂，氧化能力仅次于氟、·OH和O(原子氧)，其氧化能力是单质氯的1.52倍，因而被广泛应用于污水三级处理。

(2)曝气生物滤池(BAF)　按水流方向分上向流和下向流。下向流曝气生物滤池在进水的同时，采用水气逆向的工艺路线，使介质表面形成生物膜，当污水流过滤床时，污染物首先被过滤和吸附。形成的生物膜进一步“俘获”基质，将其同化、代谢、降解。生物滤池在降解有机物的同时，还具有生物絮凝和吸附过滤的作用。由于生物膜附着在滤料上，活性一般很高，不受污泥龄限制，对污染物的降解十分有利。随着处理过程的进行，在滤料缝隙间的悬浮状活性污泥在滤料缝隙间形成污泥滤层，在降解污水中有机物的同时，起到了进一步吸附过滤作用，从而能使有机物及悬浮物均能得到比较彻底的清除。

(3)过滤　流砂过滤器是一种新型过滤器，是移动床向上流连续过滤器的简称。流砂过滤器与以往的固定床过滤器不同，无需每天停机1~2次，再用大功率反冲洗水泵进行反冲洗，以清除截流在滤床上的杂质。原水由过滤器底部进入滤床，并向上流与滤床充分接触。所含悬浮物被截留在滤床上，清水由顶部的出水堰溢流排出。截留污染物的石英砂通过底部的提砂装置提升到顶部的洗砂装置中进行清洗。由于空气、水、砂子在提砂管内剧烈摩擦作用，砂子截留的杂物被洗脱。洗净后的砂在洗砂器中因重力自上而下重新回到滤床中，洗砂水则通过单独的管路排放，完成整个过程。

(二)污水脱盐

只允许溶剂通过而不允许溶质通过的现象称作渗透，产生这种现象的膜称为半渗透膜。使用这种半渗透膜将盐水和淡水或两种浓度不同的溶液隔开，则可以发现水将从淡水侧或浓度较低的一侧通过膜自动渗透到盐水或浓度较高的溶液一侧，盐水体积逐渐增加，在达到某一高度后便自行停止，此时即达到了平衡状态，这种作用称为渗透作用。当渗透达到平衡时，溶液两侧液面的静水压差称为渗透压。如果在盐水面上施加大于渗透压的压力，则盐水中的水就会流向淡水侧，这种现象称为反渗透(RO)。

任何溶液都具有相应的渗透压，但需要利用半透膜才能表现出来。渗透压与溶液的性质、浓度和温度有关，而与膜无关。反渗透不能自发进行，为了产生反渗透作用，必须加压。只有当工作压力大于溶液的渗透压时，反渗透才能进行。在反渗透过程中，溶液的浓度逐渐增高，因此，反渗透设备的工作压力必须超过与浓水出口处浓度相应的渗透压。

(三)反渗透浓水处理

反渗透浓水的COD质量浓度一般在120mg/L左右，可生化性很差，首先需要提高其可生化性。最有效的方法是高级氧化，将COD转化为小分子含氧化合物。再采用好氧生化方法进行处理，通过微生物作用将其转化为CO_2和H_2O，从而实现对COD的去除，因此，反渗透浓水一般需要采用高级氧化+生化组合工艺进行处理。

(四)工艺流程

外排污水深度处理回用是指水质达标国家二级以上排放标准的污水，再经过一定工艺将污染物深度脱除后，采用RO膜进行脱盐，生产准一级脱盐水的过程。该工艺适合含盐较高的外排污水，或需要生产较高质量的产品水。一般工艺流程为：达标污水→BAF→絮凝沉淀→高级氧化→过滤→活性炭吸附→杀菌→UF→RO→脱盐水。

达标污水首先进入BAF单元，利用生物作用去除BOD和氨氮等污染物；BAF出水进入沉淀池沉淀，出水进入高级氧化单元，利用氧化作用进一步去除COD和氨氮；氧化出水经过过滤器过滤，利用过滤器的分离作用去除悬浮物；过滤后的出水进入活性炭吸附单元，利用活性炭对有机物的吸附作用，进一步将*COD*降低到30mg/L以下；再进入超滤(UF)单元，利用UF膜精细分离作用，将悬浮物较彻底去除，使污染指数(SDI_5)小于3，满足RO膜要求；UF出水进入RO单元，利用RO膜进行盐脱，将水中98%以上的盐脱除，得到准一级脱盐水。

该工艺流程的核心技术虽然是UF膜技术和RO膜技术，但确保UF膜和RO膜实现正常运行的关键是污水的深度预处理。如果污水预处理效果得不到保证，将使UF膜和RO膜产生严重污堵，通量快速下降，不仅大幅增加运行成本，而且严重影响膜的使用寿命。因此，应确保外排污水的预处理效果。

(五)典型案例

北方某大型炼油厂使用的新水水质为高硬度碱度水质，生产过程产生的污水含盐较高，表24-36为该炼油厂达标外排污水主要水质，*COD*<80mg/L、氨氮浓度<50mg/L，这些污染物浓度虽然达到国家老标准排放要求，但超过了回用指标；电导率在1400~1900μS/cm，大大超过了一般用户要求，因此，这种污水需要进行脱盐，才能满足回用要求。

根据这种外排污水水质特性，该公司在2004年建设了一套生产准一级脱盐水410m³/h能力的污水深度处理脱盐装置，采用的预处理工艺流程如下：达标外排污水→BAF→絮凝→高级氧化→过滤→活性炭→杀菌。

外排污水首先进入BAF，将*COD*和氨氮进一步降低。出水再经絮凝沉淀，去除非溶解性*COD*后，经高级氧化、过滤和活性炭吸附，进一步去除其他污染物，出水水质如表24-37。污水经过预处理后，水质得到了大幅改善，出水*COD*、*BOD*、氨氮和*SS*分别降低到40mg/L、5mg/L、5mg/L和5mg/L以下，满足UF对进水水质要求。再经过UF对悬浮物进行精处理，使水质的污染指数(SDI_5)降低到3以下，使其满足RO膜的要求。UF出水进RO装置进行脱盐，产水电导率<50μS/cm、*TDS*<24mg/L，达到准一级脱盐水质指标。

该污水回用装置设计脱盐水生产能力410m³/h，采用一级二段工艺，脱盐率>95%、产水率75%~78%，2004年底投入运行至2009年的5年中，累计生产准一级脱盐水950×10⁴m³。

表24-36　北方某大型炼油厂炼油外排污水主要水质

项　目	分析结果	项　目	分析结果
COD/(mg/L)	~80	pH值	7.0~8.4
BOD_5/(mg/L)	~20	总硬(以$CaCO_3$计)/(mg/L)	300~500
氨氮/(mg/L)	<15	总碱(以$CaCO_3$计)/(mg/L)	50~150
SS/(mg/L)	<70	Cl^-/(mg/L)	150~400
电导率/(μS/cm)	1400~1900	SO_4^{2-}/(mg/L)	150~260

运行费用包括达标污水深度预处理费用、电费、阻垢剂费用、氧化剂费用、还原剂费用、UF和RO更换费用、清洗剂费用等(不包括折旧、人工、财务、管理等费用应)，表24-38为实际运行费用构成，生产1吨准一级脱盐水的运行费用为4.01元。如果准一级

脱盐水价按照6元/吨计，采用污水深度处理脱盐回用技术具有一定的经济效益。

表 24-37　炼油外排污水经预处理活性炭出水水质

项　目	分析结果	项　目	分析结果
COD/(mg/L)	<40	SS/(mg/L)	<5
BOD_5/(mg/L)	<5	pH 值	7.8~9.0
氨氮/(mg/L)	<5		

表 24-38　炼油外排污水深度处理脱盐装置运行费用

项　目	单价	总费用/元	成本/(元/t)
污水深度预处理	2.0元/t	577	2.81
电	0.52元/(kW·h)	152	0.19
阻垢剂	45000元/t	12.3	0.17
氧化剂	1846元/t	231	0.13
还原剂	2564元/t	246	0.02
RO膜(按3年更换)	5000元/支	662400	0.20
UF膜(按5年更换)	12000元/支	1440000	0.44
清洗	—	131200	0.04
合计			4.01

三、市政中水脱盐回用技术

(一)市政中水水质

市政污水是指排入城镇污水系统的污水统称。在合流制排水系统中，还包括该区域内的生产污水及截留的雨水。以生活污水为主的市政污水，由城市排水管网汇集并输送到污水处理厂处理达到排放要求的污水称为市政中水。

市政污水中的主要污染物包括：①悬浮物，一般为200~500mg/L；②病原体，包括病菌、寄生虫、病毒三类；③耗氧有机物，包括碳水化合物、蛋白质、油脂、氨基酸、脂肪酸、酯类等。BOD_5 一般为300~500mg/L；④植物营养素：污水中都含有植物的营养物质——氮和磷。除这四类污染物外，还可能含有多种无机污染物和有机污染物，如氟、砷、重金属、酚、氰、有机氯农药、多氯联苯、多环芳烃等，这些污染物经过市政污水系统处理，水质得到显著改善。表24-39是某市污水经过处理得到的中水主要水质分析情况。

表 24-39　某水质污水处理系统出水水质

项目名称	分析结果	项目名称	分析结果
BOD_5/(mg/L)	10	总氮(以N计)/(mg/L)	15
COD/(mg/L)	50	氨氮(以N计)/(mg/L)	5(8)
动植物油/(mg/L)	1	总磷(以P计)/(mg/L)	1
石油类/(mg/L)	1	色度	30
阴离子表面活性剂/(mg/L)	0.5	SS	10
pH 值	6~9	类大肠菌群/(个/mL)	10^3

（二）利用市政中水可行性

市政中水具有水量大、相对集中、分布区域广阔、水质较为稳定的特点，便于就地取材。到 2019 年底，全国城市污水处理率基本达到 90%，年处理能力超过 $600\times10^8m^3$。在"水十条"等政策推动下，出水水质标准都在不断地提高，个别地区城市污水厂的提标改造工程执行要求更高的地方标准，有利于中水回用。中水作为城市可替代的水源，不受气候、季节、距离等条件的限制，比地下水再生能力强，比跨区域、跨流域的远程调水工程更经济，可以满足我国高速发展的城市化和工业化进程中所需要的水量。

（三）应用案例

北方某炼油厂以达到 GB 18918—2002 一级 A 的市政中水为水源，制备一级除盐水，采用如图 24-21 所示的工艺。工艺流程主要包括三个部分：第一部分为超滤系统，辅以多介质过滤为预处理，即 MMF+UF；第二部分为 RO 脱盐系统；第三部分为离子交换系统。

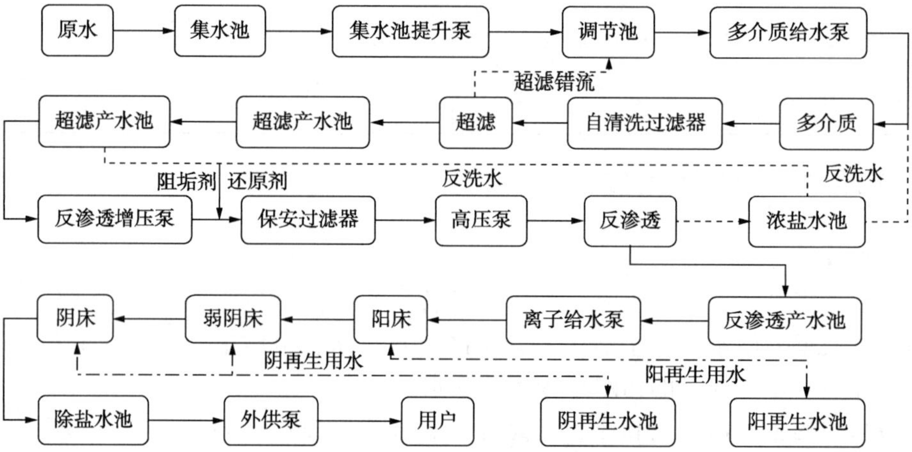

图 24-21　市政中水制备工艺流程

该市政中水回用装置产水主要水质指标共 10 项，如表 24-40 所示。实际产水水质远好于一级除盐水水质标准要求。在运行初期，除"水温"项外，有 6 项指标的去除率达到 100%，3 项达到 90%以上。水质优良，性质稳定，可以满足锅炉运行对水质的要求。

表 24-40　市政中水回用装置产水水质

项目名称	限值	实际值	项目名称	限值	实际值
浊度/NTU	≤1.0	0	Cu^{2+}/(μg/L)	≤10	0
游离余氯/(mg/L)	≤0.1	0	油/(mg/L)	0	0
COD_{Mn}/(mg/L)	≤2.0	0	Na^{+}/(μg/L)	≤300	15(平均值)
水温	5~35	20	SiO_2/(μg/L)	≤100	12(平均值)
Fe^{3+}/(μg/L)	≤50	0	电导率/(μS/cm)	≤5	0.25(平均值)

第五节　环境监测

环境监测是炼油厂污染控制与治理、环境管理和监督评价的依据，其作用主要是监控石油化企业特征污染物排放，引领炼油厂污染排放管控与科学高效治理。炼油厂应清查本单位的污染源、污染物指标和环境影响，参照 HJ 880—2017《排污单位自行监测技术指南石油炼制工业》要求，制定监测方案，设置和维护监测设施，按照监测方案开展自行监测，做好质量保证和质量控制，记录和保存监测数据，依法向社会公开监测结果。

能源化工行业绿色发展和城市炼油厂可持续发展要求，以及技术进步和法规、标准升级，面向炼油行业生产源头、过程和末端排污的新型监测逐步兴起，在广度上构建智能化和信息化的多维立体污染物排放体系，在深度上向全面分子表征及迁移、转化机理发展，在时间上向实施在线监测、连续监测、厂区原位监测、移动快速响应监测及离线监测复合监控发展，最终实现污染物排放总量、浓度、组成、时间、空间、分布全覆盖。

一、设备密封泄漏检测与修复

设备密封点泄漏是炼油厂最主要的 VOCs 无组织排放源，其最佳实用控制技术为泄漏检测与修复(LDAR)。LDAR 是将设备与管线上涉及 VOCs 物料的阀、泵、法兰、接头、开口管线等处的密封点编号，并纳入数据库管理，采用便携式有机气体分析仪以一定频次进行检测，发现泄漏并在规定期限内对泄漏密封件进行修复和复检。据估算，一座千万吨炼油厂设备密封数量约 50 万点，按石化行业现行标准要求每年需检测约 150 万点次，整体工作量巨大，过程复杂，管理难度高。

2015 年起 LDAR 已纳入国家环境保护标准 GB 31570—2015《石油炼制工业污染物排放标准》和 GB 37822—2019《挥发性有机物无组织排放控制标准》，相关技术规定也通过不断地修订日趋完善，从目前最新的技术规范修订结果来看，未来 LDAR 工作将更加注重源头控制，提倡采用低渗漏设备(如屏蔽泵、磁力泵、隔膜泵、波纹管泵等)；同时，不断细化检测频次和泄漏阈值的要求，将密封点的检测频次与其泄漏率挂钩，实行动态管理；此外，持续加强质控管理，推荐采用电子化数据记录、传输和管理，鼓励企业平台与地方政府联网。总体上，国家和地方的 LDAR 标准规范逐步收严，监管力度逐步加大，专业化水平要求也逐步提高，在控制策略上，提倡源头控制和消减，鼓励采用低渗漏设备；在管理上，进一步细化相关管控指标，实现动态和差异化管理；在技术上，鼓励电子化、信息化和自动化数据应用，强化政府监管。

二、VOCs 及异味污染物无组织排放监测

石油炼制行业是重要的 VOCs 排放源，其 VOCs 排放大部分来自无组织源，包括设备密封的随机泄漏、各类贮罐的大小呼吸与泄漏、污水处理系统等开放空间逸散、轻质油品装车过程油气挥发、停工检修气排放、火炬未点燃或燃烧不充分排放、换热器渗漏的轻物料经由循环水冷却塔逸散排放、焦化装置的切焦、冷焦及其他放空工艺尾气等。这些 VOCs 排放源数以千计且分散，排放点多、面广、量大、无规则，总体表现为典型面源或体积源，

监控与排放核算极其困难和复杂，单一监测方法已无法满足监管和控制需求。为有效控制炼油厂 VOCs 排放和异味污染，需要复合应用点、线、面和通量监测技术，结合离线、在线或移动监测设计，形成覆盖排放类型、时间、空间、组成、浓度和排放量的多元化、网络化和立体化监控体系。

（一）炼油厂监测场景

源头监测主要监控设备密封泄漏、储运设施排放、焦化装置等无组织工艺尾气、VOCs 治理设施排放等，采集贮罐等各类排放气，全面分析 VOCs、HAPs 和异味组成及指纹特征，建立溯源基础数据库；部分 VOCs 无组织排放气(如污水处理场逸散、油品装卸尾、部分贮罐呼吸等)转化为有组织排放处理后，采用连续在线监测。过程监控主要采用 LDAR 动态控制炼油装置和储运设施等涉 VOCs 设备密封泄漏。厂区监测主要排查、监控与预警厂区 VOCs 及异味排放，建立网格化监测和溯源体系，优化筛选重点监控点位，设置非甲烷总烃、三苯和硫化氢在线监测。厂界监测主要监控厂界 VOCs 无组织排放达标情况、企业运行工况和 VOCs 排放控制状况、VOCs 排放总量及分布等，同时预警和反馈 VOCs 异常排放，通过离线或在线监测非甲烷总烃、三苯和硫化氢等特征污染指标；采用红外掩日通量遥感(SOF)等技术监测 VOCs 排放三维立体通量，实测 VOCs 排放总量及其在厂区排放分布，校验和修订排放清单，评估 LDAR 等 VOCs 无组织排放管控治理措施效果。非正常工况监测主要监控和预警停工检维修、清罐作业等特殊工况 VOCs 排放。炼油厂周边社区 VOCs 监测可采用在线监测和移动快速响应监测监控、预警、反馈和评估 VOCs 无组织排放的环境影响。

（二）监测技术

炼油厂 VOCs 无组织排放监测技术主要包括常规离线监测、现场原位监测、总量控制监测、实时在线监测和移动事件监测等五类。

(1)常规离线监测　采用气袋、苏玛罐、固体吸附管在现场采集样品，运回实验室采用气相色谱/质谱法或气相色谱法分析非甲烷总烃、苯系物、VOCs 组成等。离线点监测技术较为成熟和常规，VOCs 组成分析精确，中国、美国和欧盟空气和废气 VOCs 标准分析方法多采用此类技术。常规离线监测基本满足现行标准厂界排放监测要求，但点式采样覆盖的空间有限，且监测时间滞后。

(2)现场原位监测　采用便携式或车载仪器检测 VOCs 排放，如用便携式有机气体检测仪检测设备密封泄漏，用红外气体相机检测和定位非常规排放源，用被动式红外光谱仪检测火炬燃烧效率等。

(3)排放通量监测　炼油厂 VOCs 无组织排放通量监测技术主要有遥感监测和间接测量两类。遥感监测直接测量 VOCs 排放烟羽剖面或柱浓度(mg/m^2)，并结合风速和风向同步测量计算 VOCs 排放通量，主要包括径向羽映射(RPM)、DIAL 和 SOF 等技术。间接测量技术通过监测排放烟羽中 VOCs 和示踪剂的浓度，结合迁移扩散数学模型或示踪剂与 VOCs 浓度相关性估算 VOCs 排放通量，主要包括示踪技术(TCT)和反向扩散模型(RDM)等。遥感监测准确可靠，但技术相对复杂，仪器及测量费用较高，其中 DIAL 和 SOF 技术成熟，应用较广，为 VOCs 无组织排放通量监测最佳实用技术。

(4)实时在线监测　可用于排放口、厂界以及厂区网格化监测。排放口在线监测一般采用火焰离子化检测分析仪测量非甲烷有机物总量；厂界在线监测一般采用自动气相色谱(Auto-GC)等点监测仪器或开放光路长光程光谱仪等线监测仪器测量VOCs和苯系物的总量及组成等；厂区网格化监测一般采用传感器、GC-FID和质谱类仪器，实时监测重点区域非甲烷总烃、恶臭和重点污染源特征污染物等。Auto-GC技术成熟，但采样分析周期较长，难以实现严格意义上的实时在线监测，且成本和运维费用较高，监测覆盖的时空有限。开放光路光谱监测响应迅速，空间覆盖能力优于点监测，但VOCs组成分辨能力不足，监测结果为路径积分浓度。紫外差分吸收光谱法(UV-DOAS)监测苯系物技术可靠，OP-FTIR监测VOCs的种类较多，有一定应用，但仪器及运维成本较高，长期运行可靠性待改进。

(5)移动事件监测　将外观紧凑、功耗低、灵敏度高、响应快、坚固耐用的车载快速响应分析仪器(总烃分析仪、CRDS、FTIR或PTR-MS等)安装于监测车，可用于应对投诉或异常工况等事件时快速响应或应急监测，也可结合GPS、卫星地图和时间同步定位，走航监测非甲烷总烃、苯系物和硫化氢等污染物时空浓度分布。

第六节　城市炼油厂的环境保护

一、概述

城市炼油厂是指因城市发展导致厂区进入城区或城市周边的炼油厂，其生产过程中的安全和环保风险直接关系到城市居民的安全和健康。炼油厂作为地方经济和能源安全的“支柱”，在带动配套工业、商贸等行业发展的同时，围绕着炼油企业在当地会逐渐发展形成工业、商业、城市生活共存的局面，这是经济发展的必然趋势。从世界范围来看，多数大型化工园区都与城市相邻相伴，如欧洲莱茵河畔的路德维希港市，在城市中拥有超过160家企业，形成世界上最大的综合工业园；鹿特丹黄金水道边的鹿特丹港化工区拥有多家大型炼油厂；日本多数化工企业也紧邻城市，如紧邻市原市区的千叶石化区等。在中国，目前紧邻城市的炼油厂有数十家，完全被城市包围的也有十余家。

随着经济的发展，居民对美好生活的向往日益强烈，生态文明建设逐步提上日程。党的十九届五中全会提出“建设人与自然和谐共生的现代化”，这对城市炼油厂的环保提出了更高的要求，也将推动其向更高水平发展。

纵观我国炼油厂的环境保护发展历程，自20世纪70年代以来，经历了多轮环保标准提升，目前部分炼油厂排放水平已达到甚至优于国外同行水平。外排污水主要污染物COD、氨氮指标的水平不断提升，个别企业已实现污水近零排放的目标；外排废气已完成酸雨治理，目前正处于提升NO_x、VOCs排放标准阶段；固废处理方面，从填埋、焚烧等末端处理为逐步发展到资源化综合利用。虽然我国炼油厂的环境保护取得了显著进步，但与人民的期望相比仍有差距，尤其在创新管理模式、创新治理技术等方面还有提升潜力。未来城市炼油厂，需要用颠覆性的技术、革命性的创新、科学化的管理提升环保水平，建设人与自然和谐共生的现代化企业。

二、未来发展趋势

在可预见的未来，通过组合成熟技术，适度改进现有技术，借鉴国外成功案例，城市炼油厂环保水平还将进一步提升。

（一）监测技术发展趋势

监测技术是环境保护治理的基础，监测技术的发展使环境保护在预警、溯源、消除方面得到大幅提升。现阶段，环保监测多数属于点监测、线监测，未来将发展为面检测，甚至向空间立体监测发展，实现企业所在空间的全过程、全方位实时监测。

监测精度的提升，有助于更早发现问题，实现“早发现，早处理”。现监测精度已达ppb级，未来将向更高精度发展，实现更高精度的溯源。目前部分炼油企业的监测管理模式比较松散，分散在环保、生产、消防等各个部门，未来向着建立集监测、报警、预警、安防、消防为一体的HSE集中管理模式发展。

1. 监测技术

炼油厂现有的环保监测主要由大气监测站、LDAR、手持检测仪器、固定排放口监测、走航监测车等点监测、线监测技术组成。而部分企业通过组合原有的点监测、线监测技术，形成平面监测，建成了覆盖整个厂区的监测平面，例如安庆石化。未来可以融合现有的各类气体网格化、污水网格化、噪声网格化形成平面网格管理，对厂区环保情况进行实时监测。甚至可以利用日光光谱、激光、无人机、环保雷达等技术，打造覆盖全厂的立体网格，由平面监测提升到空间立体监测，实现空间立体的监测、预警、溯源，如图24-22所示。

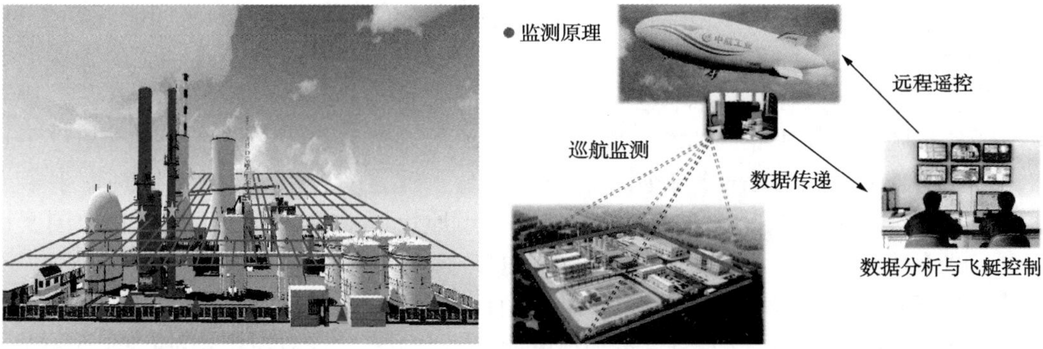

图24-22　立体监测示意图

2. 监测精度

监测仪器的发展带动了监测精度的提高，监测精度现在已经达到ppb级，未来甚至会向更高的ppt级发展。ppb级监测精度可以监测出细微的泄漏问题，能在问题出现初期进行预警，达到提前发现、提前处理的效果。监测精度的提升使得监测数据能反馈出更明显的变化，通过大数据技术、人工智能技术能更精确的追溯到异味的源头。在对异味源头的处理过程中，ppb级的LDAR监测技术，能更好地消除异味源。

3. 集中监测

随着监测技术的不断发展，监测精度的不断升级，原有松散的管理体系不足以处理越来越庞大的监测数据，一个集中的管理机构（HSE管理中心）能有效地沟通各个部门，协调全厂的环保力量。

未来HSE管理中心的职责将涵盖环境监测、日常监测、应急监测，数据报警、人员报警，车辆监控、视频监控，以及消防器械位置、环保措施状态跟踪等内容。该中心可以有效整合企业原先分散的安全环保力量，实现风险隐患从监测到报警、处置全流程、一体化、集中化管理，是提升炼油厂 HSE 管理能力与水平，推动实现本质安全环保的有效管理手段。

(二)环保治理技术的进展

1. 硫黄尾气的零排放技术

通过对硫黄装置自身工艺流程的优化，可以实现 SO_2 排放降低，结合尾气末端治理技术，可以实现 SO_2 零排放。例如安庆石化硫黄装置利用 LS-DeGAS 技术，使 SO_2 排放降低，通过将该技术与后碱洗技术结合，实现了 SO_2 零排放目标，如图 24-23 所示。

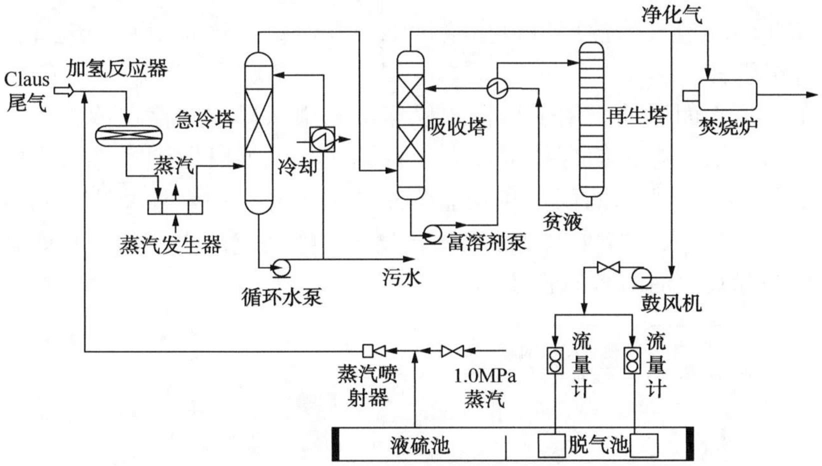

图 24-23　LS-DeGAS 技术与后碱洗

2. 工艺炉烟气近零排放技术

工艺炉烟气排放的主要污染物是 NO_x 和 SO_x，通过改进燃烧器和脱硫技术，可以实现近零排放的目标。

现有的燃烧器产品技术已经可以实现排放值小于 40mg/m^3，通过采用新的低氮燃烧技术，NO_x 有望实现减半排放。例如采用低氮技术全预混设计，燃料在进入燃烧器之前与空气充分混合，在很小的过剩空气下完成充分燃烧，NO_x 可以实现小于 20mg/m^3。炼油厂工艺炉燃料主要为炼油厂干气，要实现烟气中 SO_x 小于 10mg/m^3，在现有脱硫化氢的基础上，加入有机碱类的复合配方(Ubs)脱有机硫、位阻胺的复配技术，可以实现上述目标。

这些技术的组合，可以使工艺炉烟气的 NO_x 排放量小于 20mg/m^3，SO_x 小于 10mg/m^3，实现工艺炉烟气近零排放。

3. VOCs 近零排放技术

VOCs 治理是当前炼油厂大气污染防治工作中面临的新问题，通过组合应用现有成熟技术，可以实现 VOCs 近零排放。

城市炼油厂对 VOCs 尾气进行预处理，将尾气回用到现有工艺流程中，实现零排放。例如广州石化酸性水罐顶气体经水洗塔除氨、MDEA 胺洗脱硫，预处理后的尾气回用到低压瓦斯系统。

对已采用吸附法、冷却法以及一些经过初级处理，VOCs 含量依旧略高的尾气，提倡采用 RTO/RCO 等焚烧处理措施，实现 VOCs 低于 $10mg/m^3$，实现 VOCs 近零排放。

4. 热电锅炉烟气洁净排放技术

城市炼油厂多数配备有燃煤的热电锅炉，执行国家相关大气污染物排放标准以来，炼油厂通过改造锅炉，烟气排放均达到国家要求。但电力行业不断改进烟气脱硫除尘技术，如低氮燃烧器、高效 SCR 脱硝、静电除尘、湿式电除尘等，已经实现 NO_x 小于 $25mg/Nm^3$，SO_2 小于 $17mg/Nm^3$，粉尘小于 $5mg/Nm^3$。城市炼油厂可以借鉴电力行业自我加压的成功案例，参考其排放标准，使炼油厂的锅炉排放达到或超过电力行业锅炉的标准，实现 NO_x 小于 $25mg/m^3$，SO_2 小于 $17mg/Nm^3$，粉尘小于 $5mg/Nm^3$，做到烟气的洁净排放。

5. 雨水分级管控技术

雨水管控一直是难点和薄弱环节，炼油厂可以借鉴污水处理经验，建立雨水分级管控体系，实现厂区内雨水的分级管控。

过去，炼油厂依靠人工辨别水面浮油、用手持检测仪器检测雨水异味，存在覆盖程度和监测精度不足等问题。当前，结合电子信息技术和人工智能技术，可以做到污染雨水的自动辨识。未来可以设立如图 24-24 所示的雨水自动监测站，组合现有的紫外光法监测浮油技术、VOC_S 监测雨水带油技术、人工智能识别液面油花技术，实现对雨水带油的智能判别，并通过网格化技术实现溯源及含油雨水的管控。

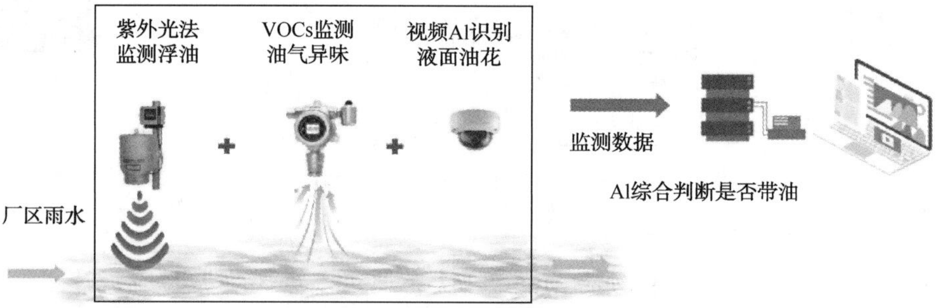

图 24-24　雨水监测

三、环保新理念

(一) 打造无烟企业

烟囱林立，浓烟滚滚，过去一直是工业文明的象征，但同时也是污染、落后的标志。进入 21 世纪，人民群众对烟囱提出更高的要求，不仅要实现达标排放，还要减少烟囱的数量，降低烟囱带来的视觉污染。国外及国内部分炼油厂已经做到在设计之初就实现烟囱的集中排放；部分企业还采用了干法脱硫等技术，消除了烟囱中水蒸气形成的白烟视觉污染。未来，城市炼油厂应当优化提高设计标准，通过烟气合并排放等措施，大幅减少烟囱数量；在技术选择上从源头解决蓝烟、白烟等视觉污染，实现打造无烟(少烟)炼油厂的目标，促进炼油厂更好地融入城市烟囱治理效果对比如图 24-25 所示。

(二) 打造宁静企业

炼油厂在生产过程中存在较多高噪声污染源，主要有大机组噪声、机泵噪声、风机噪声、管道噪声、高压排气噪声等，这些噪声对周边居民的生活造成一定影响。

图 24-25　国内某炼油厂烟囱白烟治理效果对比图

未来可以引用电子行业的成熟技术，对主风机、机泵等高噪音污染源采用反相位声波抑噪技术如图 24-26 所示，通过发射反向位声波与原声波抵消，抑制噪声。对于大型设备，还可以引用潜艇消音降噪的成熟技术，通过安装减震浮筏等措施，实现源头降噪。对于大机组等可以封闭噪声源，采用消音墙实现全封闭降噪。管理中，推行噪声网格化监测，强化噪声分区域管理。

通过采用上述成熟技术，未来可以实现炼油厂噪声的大幅降低，将厂界噪声控制在 50dB 以下，打造宁静炼油厂。

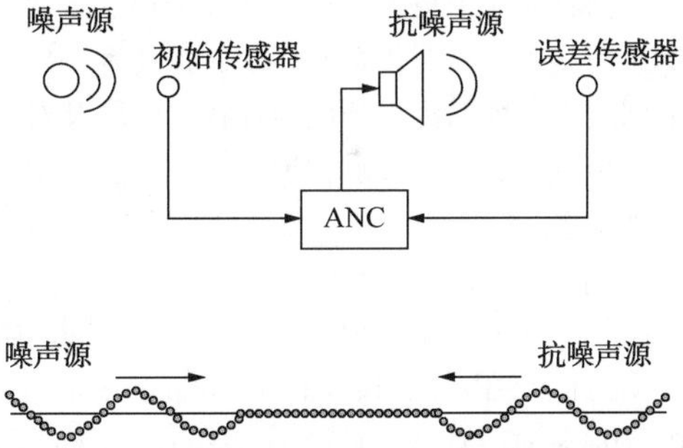

图 24-26　反相位声波主动抑噪技术

(三)打造花香企业

除视觉、听觉感受提升外，炼油厂还应在嗅觉方面，为民众和职工提供舒适的生活工作感受，具体可以从抑制恶臭物质和增加花香物质两方面考虑。

在恶臭监测方面，我国环保标准监测 8 种物质，而日本则多达 22 种。因此可以借鉴日本等国家的先进经验，扩大监测种类，并采取网格化分级管控的措施，对全厂恶臭物质进行监测与控制，彻底消除厂区恶臭味。

在绿化治理方面，要从过去单一绿化向多彩发展，从无味向花香发展，不仅要种植大量绿植，还需种植桂花、丁香、茉莉等产生令人愉悦气味的香花，让全厂一年四季花香四溢。多措并举后，一座座既绿化又多彩、更有花香的花园式炼油厂将呈现在人们面前；厂区内春有百色秋有香、夏有鸟鸣冬有绿，员工穿梭于恬淡花香的塔林间，舒适性、幸福感将大幅提高。

四、生态文明下的炼油厂环保蓝图

在国家生态文明加速推进，人民生活品质日益提高的背景下，城市炼油厂的环保理念、排放标准都不断提升。“十四五”期间，各炼油厂要进一步坚定做好环保工作的信念，以习近平总书记生态文明思想引领绿色工厂建设，全面践行“生态优先，绿色发展”的科学内涵，从规划源头落实绿色发展理念，并将其渗透进企业生产经营的方方面面，全力呵护一方碧水蓝天，还城市一座美好家园。

通过运用成熟技术、坚持科学管理，城市炼油厂将实现花园式炼油厂的目标，空中无异味，处处飘花香，流水可见底，厂内静悄悄。烟囱林立、浓烟滚滚的景象将不复存在，仅有的数个烟囱，将实现烟气近零排放，视觉无污染；排放的污水经处理后，水质甚至优于自然水体，流水潺潺，鱼儿自在游；无论白天还是深夜，厂内外均寂静生产，不打扰市民的正常生活，炼油厂已成为城市中的一道风景线。民众可通过工业旅游零距离接触炼油厂，亲身感受到企业与城市和谐共存的景象。不仅如此，市民还因为炼油厂的存在，生活品质得以提升，如在传统非供暖区域，冬季供暖、夏季供冷，从而让炼油厂为提升人民的生活质量服务。

站在生态文明的视角下，城市炼油厂唯有不断提升环保理念与治理效果，才能让城市居民的心理从排斥转为接纳、欢迎，走出一条共赢的发展之路。

参 考 文 献

[1] 李本高. 现代工业水处理技术与应用[M]. 北京：中国石化出版社，2004.

[2] 李本高. 工业水处理技术[M]. 北京：中国石化出版社，2006.

[3] 王开岳. 天然气净化工艺[M]. 北京：石油工业出版社，2005.

[4] 中国石油化工集团公司安全环保局. 石油石化环境保护技术[M]. 北京：中国石化出版社，2006.

[5] 方向晨. 石油石化企业环境保护技术[M]. 北京：中国石化出版社. 2016.

[6] 郭宏山. 炼油污水处理的现状、问题及对策[J]. 化工环保，2010，30(2)：93-99.

[7] 马传军. 炼油厂节水和污水资源化过程中的问题与对策[J]. 工业水处理，2014，34(8)：6-13.

[8] 李宝忠，郭宏山，王雪清. 炼油工业污水局部零排放技术策略[J]. 安全、健康和环境，2018，18(4)：30-34.

[9] He C., Cheng J., Zhang X., et al., Recent Advances in the Catalytic Oxidation of Volatile Organic Compounds：A Review Based on Pollutant Sorts and Sources[J]. Chem. Rev. 2019，119(7)：4471-4568.

[10] Huang H，Xu Y，Feng Q，et al. Low temperature catalytic oxidation of volatile organic compounds：a review [J]. Catalysis Science & Technology，2015，5(5)：2649-2669.

[11] 刘忠生，王海波，王新. 汽油、喷气燃料、苯乙烯、甲醇等装车(船)挥发性有机物废气深度净化技术[J]. 石油炼制与化工，2018，49(7)：73-80.

[12] 方向晨，刘忠生，王学海. 炼油厂恶臭气体治理技术[J]. 石油化工安全环保技术，2008，24(05)：48-50.

[13] 刘忠生，王海波，王新. 炼油厂储罐 VOCs 和恶臭治理新技术[J]. 炼油技术与工程，2018，6(48)：60-64.

[14] Li Lingbo，Yan Song，Han Congbi，et al. Comprehensive characterization of oil refinery effluent-derived humic substances using various spectroscopic approaches[J]. Chemosphere，2005，60(4)：467-476.

[15] 李凌波，李龙，程梦婷. 石化企业挥发性有机物(VOCs)无组织排放监测技术进展[J]. 化工进展，2020，39(3)：1196-1208.

[16] 李凌波，程梦婷，李龙. 炼油厂 VOCs 无组织排放通量监测的现状与发展[J]. 中国环境监测，2020，36(3)：19-26.

第二十五章　炼油厂节能

专家话炼油

炼油厂既是重要的能源生产企业，也是主要的能源消耗企业。节能有助于降低炼油生产成本和提高企业综合竞争力，并通过源头降低温室气体排放实现绿色低碳发展。

国内炼油节能技术的发展可大致分为三个阶段。第一阶段是20世纪60~70年代；第二阶段是20世纪80年代至21世纪初，是炼油能耗下降较快的时期；第三阶段可看作是从2010年开始，炼油能耗下降速度放缓，尤其是近几年有缓慢上升趋势。

我国炼油工业在20世纪60年代就开始研究如何使能源和资源在生产过程中得到充分有效利用的技术，建成了原油蒸馏、催化裂化、延迟焦化、气体分馏等工艺组成的联合装置，采用热进料、取消中间冷却过程使热量充分交换和利用，有效地降低了能耗。到70年代末期，以能量利用情况调查为起点，进入了有组织的全面节能新阶段。

20世纪80年代至21世纪初，把加强能源管理和节能技术改造紧密地结合在一起，以节能技术进步促进节能工作不断深入，主要体现在以下几个方面：

(1)作为全面、系统、深入节能的起步措施，从加强能源的计量、管理入手，消除和减少生产中各种可见的能量浪费现象，同时以主要生产装置(如原油蒸馏等)和主要耗能设备(如加热炉等)为对象进行节能技术改造，推动节能工作全面展开。

(2)对合理利用能源的基础理论进行深入研究和应用，通过能量平衡分析和㶲分析等手段，评价用能水平，分析节能潜力，制定节能规划，指导生产装置和公用工程系统不断进行节能技术改造。

(3)积极开发和应用能量系统优化技术，优化生产方案、操作条件，以及全厂各装置及辅助单元之间统筹优化，实现生产合理用能，不断提高能源利用效率，不断开发和应用各种优化用能的计算机软件和装备，使节能工作达到新水平。

(4)在积极推进节能技术进步的同时，强化能源管理。建立扁平化的节能领导机构，逐步健全和完善包括核查和激励机制在内的能源综合管理体系，开展全员有效用能管理。

(5)2000~2010年，我国炼油能耗下降趋势明显。期间，新建及改扩建成一批千万吨级炼油厂，主要装置普遍实现大型化。企业在新建和改扩建过程中十分重视局部装置和单元节能，大量采用先进、成熟的节能技术，如高能效加热炉、压缩机、机泵等，以及换热网络优化、液力透平等节能技术广泛应用，使得原油蒸馏、催化裂化、连续重整、加氢处理、加氢精制等炼油主要装置和炼油全厂能耗得以大幅度降低。

炼油节能面临新的形势，尤其是2010年以后炼油能耗降低趋势减缓。一是随着节能工作的不断深入开展，炼油主要装置和全厂能耗降低到了相对稳定的先进水平，进一步节能降耗的空间缩小；二是油品质量不断升级、需要新增工艺装置并消耗额外能源支持硫、烯烃、芳烃等关键指标调整；三是执行的污染物环保排放标准更加严格，需要增建烟气脱硫、

VOCs 治理等设施，客观增加炼油能耗；四是我国油品消费结构发生变化，质量不断升级，延长了炼油总加工工艺流程。炼油节能面临越来越严峻和复杂的形势，各项节能技术在第二阶段的基础上，有了进一步发展和更为深入地应用。

第一节　节能技术进展

（一）能耗指标

1. 炼油能耗

我国炼油厂用能水平通常用炼油综合能耗和单位能量因数能耗两个指标来表征。炼油综合能耗是指炼油综合能源消耗量与原油及外购原料油加工量之和的比值。单位能量因数能耗是指炼油综合能耗与炼油能量因数的比值。炼油能耗历年情况见表 25-1。

表 25-1　炼油能耗历年情况

年　代	炼油综合能耗/(GJ/t)	单位能量因数能耗/[MJ/(t·因数)]	能量因数
1978	4.41	1198	3.68
1988	2.90	650	4.29
1998	3.69	597	6.20
2008	2.67	410	6.52
2019	2.48	331	7.48

中国石油和化学工业联合会发布的 2019 年度炼油行业能效“领跑者”标杆企业中，中国石化的青岛炼化单位能量因数能耗为 270MJ/(t·因数)，中国化工的泉州石化单位能量因数能耗为 287MJ/(t·因数)，中国石油的云南石化单位能量因数能耗为 289MJ/(t·因数)。

2. 装置能耗

在炼油厂的能耗中，生产装置所消耗的能量约占 75%，随着新建装置采用较为先进的工艺和对老装置持续地节能技术改造，使得我国炼油装置能耗都有较大幅度的下降。部分装置能耗水平见表 25-2。

表 25-2　部分生产装置能耗水平

装置名称	能耗(最低/平均)/(MJ/t)					总降低率①/%
	1978 年	1988 年	1997 年	2008 年	2019 年	
原油蒸馏	796/1184	461/553	410/518	363/426	292/366	69.1
催化裂化	3268/4616	2528/3258	2258/2919	1917/2232	1654/1916	58.5
催化重整	4810/8300	5789/6427	2464/5401	2661/3168	2052/2707	67.4
延迟焦化	1898/2572	993/1261	959/1204	798/1067	816/961	62.6
酮苯脱蜡	3871/4830	2406/2841	2237/2770	1601/1792	2470/2741	43.3

①按平均数计算，以 1978 年为基础。

（二）节能技术主要策略

新建以及改扩建炼油厂应用的节能技术主要集中在全局能量优化、局部能量优化、应用高效节能设备，以及应用信息化手段等方面。

1. 全局能量优化

炼油全局节能是一项复杂系统工程，需要采集和处理大量信息，包括原油性质、产品品质、总加工工艺流程、装置工艺特点、生产辅助及附属装置和设施的配备情况、关键耗能设备的基本信息和配备情况等，还应熟悉全厂工艺、设备等典型的节能技术，掌握全局节能方法，技术门槛相对较高，多数企业不具备较高水平开展全厂用能优化的能力，一般由设计院、研究院或专业节能公司完成。

2. 局部能量优化

相对于全局能量优化，各企业多采用局部节能技术来降低全厂能源消耗。

(1)氢气网络优化。炼油厂氢气系统的优化主要有两种方法：夹点分析法和数学规划法。英国曼彻斯特工艺过程集成有限公司设计开发了一款专用的优化软件 i-H_2，用于炼油厂氢气系统模拟和优化；UOP 公司、KBC 公司也开发了相关软件，提高炼油厂对氢气系统的模拟、核算、优化分析能力。国内炼油厂氢气资源优化研究应用起步晚，浙大中控、西安交通大学的团队、大连院也开发了相关软件用于炼油厂氢气网络优化。

(2)物料热储。随着“热进料、热出料”工艺被广泛采用，为减少上、下游装置之间物料由于不足或过剩导致的装置处理量波动，物料热罐存储技术被逐渐应用。

(3)蒸汽动力优化。炼油厂的蒸汽动力系统安全、稳定运行是炼油厂安全、稳定、长周期运行的基础，其合理用能对整个生产过程的能量利用和经济性具有重要影响。国内、国外均有成熟的蒸汽动力系统模拟优化软件，不仅可以进行离线能量优化，还可以通过数据接口与企业数据库相连，实现蒸汽动力系统的在线优化运行。

(4)低温热利用。炼油厂有大量的低温余热，除装置间热联合、生产生活供暖以及热水伴热外，应用低温热发电有所增加。低温热水发电、汽油吸附脱硫装置的精制汽油发电、柴油加氢装置的精制柴油发电均取得了较好的节能效果。

(5)循环水优化。循环水系统进行循环水串联使用、主管线降压分管线按需升压、低压降单向阀、高效水泵、水场高效风机等改造，节电效果明显。

3. 高效节能设备应用

(1)工艺加热炉。工艺加热炉用能水平不断提高，多数炼油厂的加热炉平均热效率达到92%以上，个别炼油厂的连续重整四合一加热炉热效率达到94%以上。清洁燃料、节能环保型高效燃烧器以及高效空气预热器的采用，为加热炉热效率的提高提供了可靠保障。

(2)机组节能。汽轮机采用优化控制、催化裂化装置烟机采用高效叶片改造、压缩机进行余隙调节或无极气量调节技术改造，显著提升了炼油厂各大机组用能效率。

(3)高效换热器。为提升换热效率，高通量换热器、螺旋波纹管换热器、螺旋折流板换热器、螺旋扭曲管换热器、螺旋缠绕管换热器等高效换热器有了较为广泛地应用。

(4)新型保温材料技术。纳米陶瓷等新型保温材料用于部分高温管线保温改造，散热损失显著降低。

(5)高效机泵。企业按国家淘汰目录及时更换高耗低效机泵，并结合企业实际广泛采用机泵变频调速、液力耦合调速、永磁调速等技术进行节能改造。

(6)汽轮机通流改造。对早期采用相对落后技术设计制造的或长期运行已老化、经济性、可靠性较低的在役汽轮机的通流部分进行改造，提高汽轮机运行的效率和经济性。

4. 信息化技术节能应用

(1)先进控制。许多炼油厂在广泛应用集散型控制仪表的基础上，采用了各种先进控制(APC)技术，在保证质量、提高效率的同时，提高了复杂工艺过程的控制品质，增强了系统的抗干扰能力和鲁棒性，取得了节能降耗的效果，提高了企业的综合效益和竞争力。

(2)流程模拟。在炼油厂节能优化和节能方案的制定过程中，流程模拟技术起到很好的技术支撑作用。目前 Aspen Plus/HYSYS 和 Petro-SIM 模拟软件较为常用。

(3)能源管理平台。随着信息技术的发展和能源计量仪表的完善，企业建设能源管理信息化平台，为企业能源管理系统提供了有力支撑，显著提高了能源管理效率。

第二节　用能分析与评价

能量分析和㶲分析的基本任务是：确定炼油过程中能量损失或㶲损失的大小、原因及其分布，确定过程的效率，为制定节能措施、改进操作和工艺条件，以及为不同过程的评比、实现生产和设计的最佳化提供依据。

一、“三环节”能量平衡

按照能量变化线索研究工艺过程的用能规律，发现炼油过程用能有以下三大特点：

一是过程用能的主要形式是热、流动功和蒸汽，而热、流动功和蒸汽又是由电和燃料转化来的。一般是通过转换设备，如炉、机泵等实现能量转换。

二是转换设备提供的热、流动功、蒸汽等形式的能量进入工艺核心环节(塔、反应器等)，连同回收循环能量一起推动工艺过程完成后，除部分能量转入到产品中，其余能量均进入能量回收系统。

三是能量在工艺核心环节完成其使命后，质量下降，但尚具较高的温度和压力，在很大程度上可以通过换热设备、换功设备(如液力透平)等回收利用，以减少转换设备提供的能量。但是受工程和经济条件约束，不能全部回收，最终通过循环水或空冷冷却、散热等渠道排弃到环境中。连同转换环节的损失能构成了装置数量上的能耗。

因此，炼油过程用能存在三大环节，即将一次能源转换为工艺过程能够直接利用能量形式的能量转换环节、完成工艺核心过程的能量利用环节以及从工艺利用环节排出能量中进一步回收再利用的能量回收环节，即用能分析三环节，如图 25-1 所示。

用能分析三环节模型的特点包括：按照能量的变化规律而不是物料变化规律对过程用能进行分析评价；不计原料化学能，把原料和产品化学能的差异归于热力学能耗中；把过程分为能量转换、工艺利用和能量回收三个环节，分别考察能量利用的数量和质量变化情况。

1. 外供入能 E_P

外供入能 E_P 由转换环节的设备供入能项汇总，包括供入燃料、供入焦炭(包括催化裂化烧焦)、外供入蒸汽、供入电(包括装置耗电与水、压缩空气折电)、外供热包括装置热进料(超出规定温度以上部分)和回收环节回收后用于转换环节的能量(如加热炉用空气，转换环节用自发汽等)、原料带入化学能等。

2. 转换输出能 E_B

转换输出能 E_B 是指从转换环节输出到装置外的能量，主要包括：汽轮机抽汽或背压蒸汽、加热炉等加热外装置物料等热量、转换环节热电联产供装置外电量。

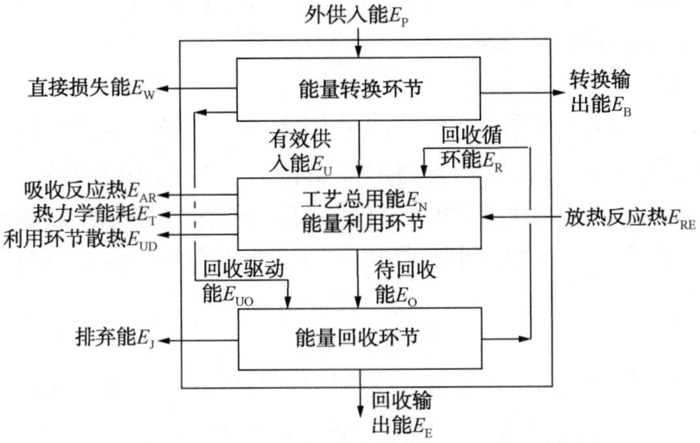

图 25-1　石化炼油过程三环节能量平衡模型

3. 直接损失能 E_W

直接损失能 E_W 包括排烟热损失、废热锅炉等排污，蒸汽输送泄漏损失、散热损失和无效动力能等。排烟热损失，包括加热炉燃烧排烟损失，化学不完全燃烧损失，机械不完全燃烧损失，加热炉雾化蒸汽(以在排烟温度下的焓进行计算)，加热炉用电(风机)的有效动力等。散热损失，包括转换设备散热，热出料，外供热及蒸汽传输热损失，受热流体由转换设备至工艺设备间的传输热损失等。无效动力能，指工艺机泵、水与压缩空气折电的无效动力，汽动泵(蒸汽往复泵、蒸汽喷射泵)的无效动力(由总供入蒸汽能减去有效功计算)。

4. 回收驱动能 E_{UO}

回收驱动能 E_{UO} 指未进入工艺流体的机泵等有效动力，主要为水、压缩空气折电及空冷风机的有效动力，以及其他非工艺流体的有效动力。

5. 有效供入能 E_U

有效供入能 E_U 指外供入能 E_P 中经能量转换环节供出的有效能量，包括加热炉、再生器、机泵和蒸汽输送的能量等项。

6. 工艺总用能 E_N

工艺总用能 E_N 指在测试工况下，体系工艺设备利用能量的实际数量(不包括原料化学能)，即 $E_N=E_U+E_R+E_{RE}$，其中 E_{RE} 为放热反应热，若过程为吸热反应时，$E_{RE}=0$。

7. 热力学能耗 E_T

热力学能耗 E_T 指工艺过程消耗的能量中转化到产品中的能量。它等于产品带出与原料带入能量之差(包括物理能和化学能)。在不计原料化学能的能量平衡体系中，热力学能耗 E_T 由产品和原料的物理能差加上体系基准温度下的反应热求得，即：

$$E_T=E_{TT}+E_{AR}-E_{RE} \tag{25-1}$$

式中　E_{TT}——物理能差；

E_{AR}——吸收反应热；

E_{UD}——利用环节散热。

8. 待回收能 E_O

工艺总用能中除热力学能耗和利用环节的散热外，其余均进入回收环节，为待回收能。待回收能不包括装置输出产品的化学能。

9. 回收循环能 E_R

回收循环能 E_R 是从待回收能 E_O 中回收并用于本装置内工艺利用环节的能量，包括：换热回收能量中用于提高进入工艺设备物流能量品位，并与有效供入能互为消长的能量；回收环节发汽，并用于工艺利用环节的部分(注意区分自发汽中用于转换环节的蒸汽和外输的蒸汽)；液力透平从高压工艺物流中回收功带动工艺机泵的能量；以物流形式带入利用设备的能量。

10. 回收输出能 E_E

从待回收能 E_O 回收，而用于本装置工艺利用环节以外的能量，包括：装置热出料能量(规定温度以上部分)；与其他装置换热输出能量；预热炉用空气、发汽用于转换环节的能量。

11. 排弃能 E_J

排弃能 E_J 指待回收能 E_O 中以各种方式排弃到环境中的能量，包括散热、冷却、物流(凝结水、乏汽等)及其他排弃能。

二、工艺装置能量平衡

工艺装置用能平衡按照用能“三环节”进行计算，即能量转换、能量利用和能量回收三个环节进行汇总及平衡计算。

(一)能量转换环节

1. 总供入能 E_P 及㶲 Ex_P 和净供入能 E'_P 及㶲 Ex'_P

总供入能和净供入能的区别为：

$$E_P = E'_P + E_B \tag{25-2}$$

(1)加热炉燃料能 E_{PF} 及㶲 Ex_{PF}，注意应把再生器燃烧油、CO 锅炉补充燃料归入此项。

(2)催化裂化烧焦 E_{PG}(Ex_{PG})，仅对于催化裂化装置的汇总有用，可由催化裂化再生器计算结果得出。

(3)供入蒸汽 E_{PS}(Ex_{PS})。

(4)供入电 E_{PE}(Ex_{PE})。

(5)供入热 E_{PH}(Ex_{PH})。装置供入热由以下几部分组成：①进料高出规定温度部分的热；②装置间换热，原料在外装置取得的能量和㶲计入此项；③公用介质带入的能量，如装置用除氧水带入的热能等；④装置回收环节回收又循环利用到转换环节去的能量，也称为供入热，在出方亦计为供出热。

总供入能：

$$E_P = E_{PF} + E_{PG} + E_{PS} + E_{PE} + E_{PH} \tag{25-3}$$

总供入㶲：

$$Ex_{P}=Ex_{PF}+Ex_{PG}+Ex_{PS}+Ex_{PE}+Ex_{PH} \tag{25-4}$$

(6)转换环节供出能 E_{B} 和 Ex_{B}，主要包括：①汽轮机抽出或背压蒸汽；②加热炉等加热外装置物料等的热量；③转换环节热电联产供装置外电量。

(7)净供入能 E'_{P} 和㶲 Ex'_{P}：

$$E'_{P}=E_{P}-E_{B} \tag{25-5}$$

$$Ex'_{P}=Ex_{P}-Ex_{B} \tag{25-6}$$

2. 直接损失能 E_{W} 和㶲 Ex_{W}

在供入能中，一部分能量在转换和输送过程中直接损失于环境，这部分损失能量，在进入工艺能量利用环节之前已损失掉，与工艺用能无关。大体包括三个方面：

(1)物流排弃损失能 E_{WX} 及㶲 Ex_{WX}，主要包括排烟的显热损失、汽包排污、加热炉雾化用蒸汽随烟气带走的能量、蒸汽传输泄漏、不完全燃烧产物的颗粒及可燃气体(CO 等)，可由转换环节设备计算结果汇总。

(2)直接散热损失 E_{WD} 和 Ex_{WD}，指在能量转换环节中，设备和管线的表面散热损失。包括：加热炉、再生器等表面散热；外供热的传输过程散热；主要受热流体或烟气中间传输管线的散热，该部分散热在炉效率中一般不体现，但由于这部分散热损失使得进入工艺设备的能量减少，应在转换环节予以核定。

(3)无效动力 E_{WP}，指在动力转换环节中，供入能量与输出有效功之差。分为两部分：①电动机泵的无效动力，包括机泵的效率损失和电机的效率损失，也等于机泵的过程㶲损失；②蒸汽驱动机泵的无效动力，为供入能量与有效功之差。供入能量也应以蒸汽的实际焓值(差)计算。

直接损失能：

$$E_{W}=E_{WX}+E_{WD}+E_{WP} \tag{25-7}$$

直接损失㶲：

$$Ex_{W}=Ex_{WX}+Ex_{WD} \tag{25-8}$$

3. 回收驱动能 E_{UO} 及㶲 Ex_{UO}

指没有进入工艺物流的能量，因而也不能作为有效动力带入工艺设备。主要包括用水、用风折电的有效动力、炉用和空冷风机的有效动力、照明用电等。非工艺流体有效动力，亦属转换环节有效供㶲。

4. 转换环节供出有效能 E_{U}，有效㶲 Ex_{U}

指供入能量在转换环节中经过外部损失和内部不可逆损失后扣除供转换输出和非工艺物流有效动力后，可向工艺能量利用环节中供入的能量和㶲。

由转换环节供出的能量(㶲)主要包括：①加热炉或催化裂化主要加热各物流的有效能量(㶲)；②各机泵输出的有效动力(扣除非工艺流体有效动力)；③进入利用环节的蒸汽携带的能量和㶲；④热进料或外供入热携带的能量和㶲等。

转换环节供出的有效转换能：

$$E_{U}=E_{P}-E_{B}-E_{UO}-E_{W} \tag{25-9}$$

转换环节的过程㶲损耗为 D_{KU}，可由各转换设备的过程㶲损加和得到。主要是燃料(焦炭)化学能转换为工艺物流热能的加热炉的燃烧和传热不可逆㶲损、电动机泵的无效动力和蒸汽驱动机泵无效动力中的㶲损。

转换环节供出的有效转换㶲：

$$Ex_U = Ex_P - Ex_B - Ex_{UO} - Ex_W - D_{KU} \tag{25-10}$$

5. 能量转换效率

能量转换效率：

$$\eta = \frac{E_U + E_{UO} + E_B}{E_P} \times 100\% \tag{25-11}$$

㶲转换效率：

$$\eta_X = \frac{Ex_U + Ex_{UO} + Ex_B}{Ex_P} \times 100\% \tag{25-12}$$

(二)能量利用环节

1. 回收循环能 E_R 和㶲 Ex_R

回收循环能(㶲)指的是从待回收能(㶲)中被回收并循环用于工艺利用环节的能量(㶲)。包括两部分：①换热循环能(㶲)，指具有待回收的热能物流通过换热设备、预热原料或发生蒸汽进入工艺利用环节的能量；②循环物流回收能(㶲)，指物流直接由下游设备带回到上游设备的能量(㶲)。

2. 工艺总用能 E_N 和㶲 Ex_N

工艺总用能 E_N 是反映工艺设备在其操作和设备条件下所利用能量的数量，体现了设计和操作水平，按其用能形式可分为蒸汽工艺总用能 E_{NS}、工艺总用热 E_{NH} 和动力工艺总用能 E_{NP} 三类。一般在平衡条件下可先由总有效供入能、回收循环能及反应过程放热三项求出工艺总用能 E_N：

$$E_N = E_U + E_R + E_{RE} \tag{25-13}$$

再由蒸汽和电平衡确定出的蒸汽总用能 E_{NS} 和动力总用能 E_{NP} 进而反求出工艺总用热 E_{NH}：

$$E_{NH} = E_N - E_{NS} - E_{NP} \tag{25-14}$$

工艺总用㶲：

$$Ex_N = Ex_U + Ex_R + Ex_{RE} \tag{25-15}$$

工艺总用热㶲：

$$Ex_{NH} = Ex_N - Ex_{NS} - Ex_{NP} \tag{25-16}$$

3. 热力学能耗 E_T 和㶲耗 D_T

当原料带入热大于产品带出热时，物理能差 E_{TT} 为负，反之为正。

当反应过程为放热时热效应为负值，吸热则为正。因此，当原料温度较高，出装置产品温度较低，而过程又为放热时，热力学能耗为负，相应的热力学㶲耗亦为负值，反之亦然。

4. 工艺利用环节的散热 E_D，㶲 Ex_D 及过程㶲损 D_{KP}

工艺利用环节的能量损失主要是设备的散热损失。实际工艺过程的不可逆性㶲损，按其类型可分为塔设备的传热和传质㶲损及反应设备的传热与反应过程㶲损。大量㶲损失于过程的不可逆性，从而降低了待回收㶲的量。工艺利用环节的过程㶲损可由核心工艺设备的㶲损加和求得。

5. 待回收能 E_O 和㶲 Ex_O

待回收能指离开工艺利用环节进入回收环节中"等待"进一步回收利用的能量，可由离开工艺设备各产品及取热物流携带的能量(热、动力、蒸汽)汇总得出。其中物流携带能量计算至产品出装置温度。也可由工艺能量利用环节的能量参数平衡求得：

$$E_O = E_N - E_T - E_{UD} - E_{RE} \tag{25-17}$$

$$Ex_O = Ex_N - D_T - D_{JP} - D_{KP} - Ex_{RE} \tag{25-18}$$

6. 能量利用环节的效率

能量利用环节的能量效率仅为散热一项引起。相对于工艺总用能，散热所占的比例较小，能量效率接近 1。对于放热反应热 E_{RE}(Ex_{RE})，则作为供入环节的能量，已计入 E_N 中。因此，E_T 和 E_O 均为有效供出利用环节的能量，能量效率为：

$$\eta = \frac{E_T + E_O}{E_N} \times 100\% \tag{25-19}$$

㶲效率：

$$\eta_x = \frac{D_T + Ex_O}{Ex_N} \times 100\% = \left(1 - \frac{D_{KP} + Ex_D}{Ex_N}\right) \times 100\% \tag{25-20}$$

(三)能量回收环节

自能量利用环节排出的待回收能(㶲)进入能量回收环节，一般以四种形式回收和排弃，即回收循环、回收输出、排弃损失于环境和回收过程引起的不可逆㶲损。

1. 回收循环能 E_R 和㶲 Ex_R

详见(二)能量利用环节。

2. 回收输出能 E_E 和 Ex_E

回收输出能指从待回收能(㶲)中回收，而用于能量利用环节以外的热量(㶲)。包括两类：①换热输出，指用于加热能量利用环节以外的物料，回收热量发生蒸汽并送到装置外或转换环节的，也属于换热回收输出类；②热出料，包括向外装置输送高于规定温度的热原料，炉用燃料等。

3. 排弃能 E_J 和㶲 D_J

排弃能指待回收能(㶲)中以各种不同方式排入环境的能量(㶲)。在待回收能中，除回收循环和回收输出外的能量均进入排弃能。而排弃㶲则在待回收㶲中除回收循环和回收输出外，还应扣除回收环节过程㶲损。包括以下四项：①冷却排弃能，通过冷却介质(水或空气)携带的能量(㶲)间接或直接排入环境的能量，冷却介质的流动㶲损不在设备内体现，统一计入其他㶲损；②散热排弃能，指离开工艺能量利用环节的物流携带的待回收能，在输送和回收的过程中通过设备表面散失到环境中的能量，不包括转换和工艺利用环节的散热损失；③物流排弃能，指以物流形式携带到环境中的能量；④其他排弃能，流体的有效动力进入体系后，在工艺利用和回收环节中流动造成㶲损，能量平衡中归为其他排弃能。但在㶲平衡中没有其他排弃㶲项。

4. 回收环节过程㶲损

回收环节过程㶲损指能量回收环节中，回收设备和过程的不可逆损失。包括两项：①冷换设备的传热和流动过程㶲损失；②其他过程㶲损，包括非工艺流体的有效动力、照明用电和其他过程㶲损，在数值上等于能量平衡中的其他有效动力。

5. 能量回收效率

能量回收率：

$$\eta=(E_{\mathrm{R}}+E_{\mathrm{E}})/(E_{\mathrm{O}}+E_{\mathrm{UO}})\times100\% \tag{25-21}$$

㶲回收率：

$$\eta_x=(Ex_{\mathrm{R}}+Ex_{\mathrm{E}})/(Ex_{\mathrm{O}}+Ex_{\mathrm{UO}})\times100\% \tag{25-22}$$

（四）全装置平衡汇总

在进行全厂的能量平衡时，由于测量和计算的误差，可能出现不平衡项。平衡计算应允许有不平衡项的存在，但不能太大，应小于能耗或㶲损的2%。能量不平衡项并入其他排弃能，㶲不平衡项并入排弃㶲中。

三、系统能量平衡分析

（一）供热系统的能量平衡

供热系统包括用于发生蒸汽（或热水）的工业锅炉、汽轮机发电机组、蒸汽（包括冷凝水）和热水的输送管网。

1. 水处理站的能量平衡

水处理站供入能主要由水、电、汽和供入热四项组成。①水耗按供水车间的实际单耗（或对比单耗）计算用水能耗；②电耗以本厂实际或统一折算指标计算用电；③汽耗按本厂实际产汽能耗计算；④供热包括由装置提供的低温热和凝结水携带的能量，对于工业锅炉排污水闪蒸并用于加热软化水的能量亦计入此项。

注意事项：①既生产软化水又生产除氧水的水处理站，可先根据用水、用电消耗，核算出生产每吨软化水能耗，再根据供热和供汽能耗及除氧水产量，计算出除氧水用汽、用热能耗，两者之和为除氧水能耗；②水处理站的损失部分如机泵的无效动力、物流带出能等不在此核定，统一放入工业锅炉能量平衡中予以核定。

2. 工业锅炉能量平衡

工业锅炉的能量平衡，要核准能量的损失及效率，并核准单位产汽的一次能耗。

注意事项：①锅炉核定的产汽量应与测试期内全厂蒸汽平衡结果一致；②工业锅炉的能量平衡以产汽量为计算基准；③工艺装置（系统）低温热送至水处理站或预热锅炉给水计为供入热；④能量平衡计算的基准温度应与全厂一致；⑤热效率应以能量平衡为准，供出能量由供入能减去损失能确定。

工业锅炉的热效率：

$$\eta=\frac{\text{供出能量}}{\text{供入能量}}\times 100\% \tag{25-23}$$

3. 全厂蒸汽平衡

全厂按不同压力等级的蒸汽进行蒸汽平衡，除氧水(软化水)亦应平衡。平衡按公用工程、辅助系统、工艺装置三类分类分项统计。锅炉自用部分计入公用工程。除氧水按供出系统的数量平衡，不包括锅炉发汽所用部分。

4. 动力发电机组能量平衡

许多企业都设有自备电站。发电机组的效率为供入能量的综合效率，即供出能量与供入能量之比。

应注意的是：在平衡计算中将电站的自用电计入消耗的能量，同时作为输出电量计入出方。

5. 全厂热力管网的能量平衡

全厂热力管网是指由锅炉产出蒸汽或厂外购入蒸汽向各用汽单元供汽的热力系统管线及热水系统输送管线。对于常温输送的软化水和凝结水管线不包括在内。

应注意的是：①因管网压降对蒸汽焓值影响不大，能量损失主要为散热损失；②若测定终了点的压力和温度表明蒸汽已达到饱和状态，则管线内必有凝结水析出，并且以冷凝潜热的形式放出或损失的能量。由于压力和温度参数改变难以反映出来，此时，须通过流量测定，核查凝结水量和相应的潜热损失。

(二)供电系统的能量平衡

供电系统的能量平衡包括企业从外部和自发电的各级变压器、配电、输送线路等各项电能损失的测定，供电网络的电量平衡及企业电能利用率的计算。

供入企业并耗用的总电量中，扣除各种损失，被企业有效利用的部分的比率称为企业电能利用率。

$$\eta=(1-\sum W_{S}/\sum W_{zw})\times 100\% \tag{25-24}$$

式中　W_{zw}——全厂消耗的总电量，kW·h；

$\sum W_S$——全厂总的电能损失量，kW·h。

(三)储运系统

储运系统的各部分能量消耗可归结为储运单元消耗，统一进行能量平衡。储运消耗的能源主要是蒸汽、电、水及供入热四项。除少部分提高产品出厂温度，进入热力学能耗 E_T 及部分蒸汽冷凝水可用于回收外，其余大部分排弃损失于环境。

四、全厂能量平衡与能耗评价

全厂能量平衡是工艺装置及辅助系统的汇总表示，炼油厂全厂能量平衡范围及其各部分能耗之间的关系见图25-2。

炼油厂能量平衡体系包括厂区范围内工艺装置、公用工程(供热、供汽、供电、供水、供风等)和辅助系统(储运和污水处理场及厂区内化验、科研、仓库和消防等)三部分。

完成装置、公用工程及辅助系统的能量平衡后，可以对全厂进行能量平衡汇总。将整个炼油厂看作一个体系，对组成各个装置和系统的单元过程设备，按其能量利用功能划分为转换、工艺利用和回收三个环节进行汇总。

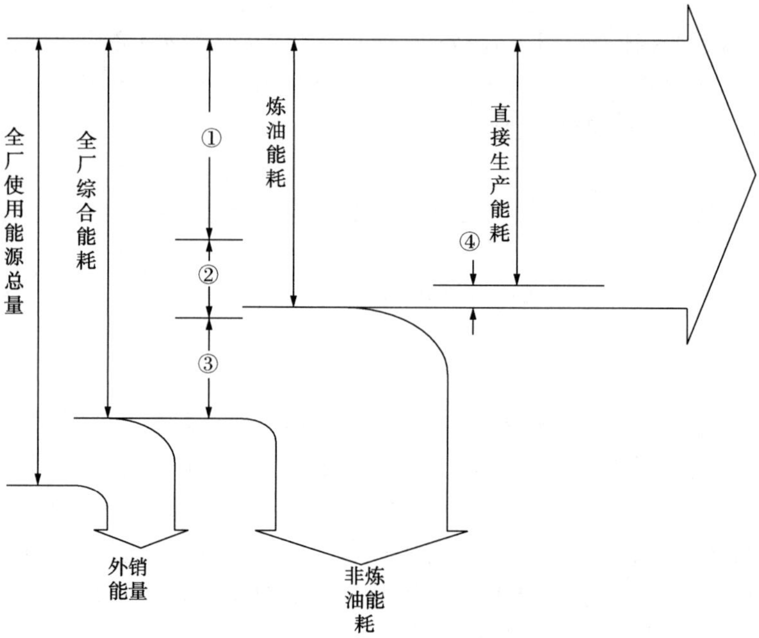

图 25-2　炼油厂能耗统计范围示意图

①炼油装置能耗；②非炼油装置能耗；③辅助系统能耗；④非直接生产的辅助能耗

进行全厂能量平衡汇总时，如果装置的汇总基准不同于全厂的汇总基准，应予以修正。

(1)工艺装置、公用工程及辅助系统的能量平衡结果汇总为企业能量平衡时，须乘以处理量或产品量折算系数：

$$\delta_i = G_i / G \tag{25-25}$$

式中　G_i——某装置或系统作为计算基准的处理量或产品量，t/h；

G——全厂计算基准的处理量或产品量，t/h。

(2)企业的能量平衡测试，要求各装置的产品量(或加工量)应与全厂的物料平衡(生产流程)一致。如不满足，应该对各单元水、电、汽和燃料测试消耗量及能量平衡参数乘以修正系数。

$$a_i = \frac{G_i}{G_{io}} \tag{25-26}$$

式中　a_i——i 单元的水、电、汽、燃料耗量修正系数；

G_{io}——测试期 i 单元全厂平衡的处理量或产品量，t/h。

全厂能量按照“三环节”模型对各项进行汇总。

(一)总供入能 E_P

总供入能 E_P 包括以下几项：

(1)锅炉燃料 E_{PB}；

(2)加热炉燃料 E_{PF}，由各单元的 E_{PF} 项乘以 δ_i 后累加求得；

(3)催化裂化烧焦 E_{PG}，由催化裂化单元的数据乘以 δ_i，进行汇总；

(4)购入蒸汽 E_{PS}，按照炼油厂与供汽单位(如电厂)签订的协议，购入蒸汽能量若不是从管线进厂区起算而是从离开供方厂区起算，则在统计全厂蒸汽管网损失时须加上进厂前这一段管网损失；

(5)购入电 E_{PE}，对于购入水的应按实际折电计算；

(6)内部循环能 E_{PR}，作全厂平衡时，只须由各单元数据乘以相应的折算系数 δ_i 累加求和即可。

(二)转换输出能 E_B

炼油厂向能量平衡体系以外输出的能量，大多是从转换环节和公用工程单元供出的，称为转换输出能，可归结为汽、电、热三类。在能量平衡中，均以当量热值进行，不折算为一次能源，即以实际参数下的焓值或能量计算。

(三)净供入能 E_A

$$E_A = E_P - E_B \tag{25-27}$$

(四)直接损失能 E_W

包括转换物流排弃能 E_{WX}、散热排弃能 E_{WD} 和动力转换损失能 E_{WP}。

(五)回收驱动能 E_{UO}

指在转换环节是有效的，但在平衡中未进入工艺利用环节直接进入回收环节的水、风等有效动力。供水、供风系统的有效动力均属此项。

(六)有效转换能 E_U

指由转换环节提供进入能量利用环节的能量，可由转换环节平衡求出：

$$E_U = E_P - E_B - E_W - E_{UO} \tag{25-28}$$

(七)工艺总用能 E_N

$$E_N = E_U + E_R + E_{RE} \tag{25-29}$$

并按下式进行校核：

$$E_N = \sum(E_{Ni})\delta_i \tag{25-30}$$

由于空压站，供水系统提供的有效动力，不进入工艺利用环节，不属于工艺总用能，故无此项校核。

(八)热力学能耗 E_T

$$E_{TR} = \sum(E_{TR})_i \delta_i \tag{25-31}$$

E_{TR} 为各装置的基准温度反应热的代数和(吸热为正，放热为负)：

$$E_O = E_N - E_T - E_{UD} - E_{RE} \tag{25-32}$$

E_{TT} 为全部出厂产品(包括自用燃料加工损失)和进厂所有原料的物理能差。

(九)工艺利用环节散热能 E_{UD}

E_{UD} 是指在工艺设备中散失到环境中的能量。

（十）待回收能 E_O

E_O 是指从工艺用能环节进入能量回收环节的能量。

（十一）回收输出能 E_E

E_E 指从待回收能中回收用于工艺能量利用环节以外的有效利用的能量。包括两部分：①输出到能量平衡体系以外的有效能量；②从待回收能中回收又循环用于体系转换环节设备的能量。

（十二）回收循环能 E_R

$$E_R = \sum \delta_i (E_{Ri} + E_{Ei}) - E_E \tag{25-33}$$

式中 E_E——体系回收输出能；

E_{Ri}——装置或单元的循环回收能；

E_{Ei}——装置或单元的回收输出能。

注意：公用工程系统均属于转换环节，因而没有回收循环能等问题。

（十三）排弃能 E_J

$$E_J = E_O - E_R - E_E + E_{UO} \tag{25-34}$$

用下式校核：

$$E_J = E_{JC} + E_{JD} + E_{JM} + E_{JO} \tag{25-35}$$

式中 E_{JC}——冷却排弃能；

E_{JD}——散热排弃能；

E_{JM}——物流排弃能；

E_{JO}——其他排弃能。

（十四）全厂能量平衡评价指标

1. 能量转换效率

$$\eta = \frac{E_U + E_{UO} + E_B}{E_P} \times 100\% \tag{25-36}$$

2. 能量回收效率

$$\eta = \frac{E_R + E_E}{E_O + E_{UO}} \times 100\% \tag{25-37}$$

3. 全厂工艺总用能

$$E_N = E_U + E_R + E_{RE} \tag{25-38}$$

4. 全厂有效利用能

$$E_{有效} = E_U + E_{UO} + E_B \tag{25-39}$$

5. 全厂一次能耗

$$E_C = E_A + \Delta E_m + E_{IC} \tag{25-40}$$

$$\Delta E_m = \sum_{i=1}^{m} (\pm E_i \xi_i) \tag{25-41}$$

$$\xi_i = (\text{生产能源 } i \text{ 的一次能耗/实际焓值}) - 1$$

$$E_A = E_W + E_J + E_{UD} + E_\tau \tag{25-42}$$

或

$$E_A = E_P - E_B - E_E \tag{25-43}$$

式中　E_{IC}——原料在基准温度下的化学能，不计化学能的企业，则视 $E_{IC} \approx 0$；

E_i——i 种能源或载能工质供入能量；

ξ_i——i 种能源或载能工质折算系数；

E_A——全厂净能耗。

6. 企业能源利用率

$$\eta = \frac{E_U + E_B + E_{UO}}{E_{PC}} \times 100\% \tag{25-44}$$

企业综合能耗为总供入能加上折一次能源修正值：

$$E_{PC} = E_P + \Delta E_m \tag{25-45}$$

五、换热网络夹点技术应用

夹点技术是以热力学为基础，从宏观的角度分析过程系统中能量流沿温度的分布，从中发现系统用能的“瓶颈”所在，并给以“脱瓶颈”的一种方法。

在工业生产过程中，一些工艺物流需要加热，另一些工艺物流需要冷却。如何合理地把这些物流匹配在一起，充分利用热物流去加热冷物流，提高过程的热回收效率，尽可能地减少公用工程的加热和冷却负荷，这就提出了如何确定物流间匹配换热的结构以及相应的换热负荷分配问题。

换热器网络的综合就是针对上述问题确定出这样的换热器网络，它具有最小的设备（换热器、加热器和冷却器）投资和操作（公用工程等）费用和，从而满足把每一个过程物流由初始温度达到指定目标温度。当然，还要求网络具有好的柔性、操作性和可控性等。

Whistler 最早研究了原油蒸馏装置中换热器网络的综合问题。Hohmann 提出，当给定了冷、热工艺物流数据时，即可确定出最小公用工程用量及所需的最小设备单元数。Umeda 等基于热力学原理，采用有效能图，提出分组综合的方法。Linnhoff 等提出夹点设计法，这在换热器网络综合的理论和实践方面具有突破性的意义。研究者以及工程设计人员致力于综合出的换热网络更接近实用，考虑了诸多工程因素，如：物流间匹配换热具有不同的适宜传热温差，不同物流具有不同传热膜系数，不同换热器的材料费相差很大，物流间匹配换热有限制，系统存在多个夹点，具有门槛问题等。

石化工业换热器网络的设计，大都以总的年费用最小为目标。总的年费用包括操作费和设备投资年费，这是一个综合指标，要兼顾多个目标：公用工程负荷最小，换热面积最小，换热设备数量最少，简单的拓扑结构，考虑不同换热器具有不同的适宜传热温差，换热器的材质及类型不同，各换热器的传热系数相差很大，以及设备的基础、泵的布置、管路走向、框架、换热器的重叠等具体工程因素。

影响总的年费用的一个主要参数是换热器网络最小允许传热温差 ΔT_{min}，该值需要优选。Linnhoff 和 Ahmad 提出以年总费用为目标来优选 ΔT_{min} 的方法，这样便于后续的换热网络的严格优化设计。在工程实践中，不同的工业装置一般也有经验的 $\Delta T_{\min}$ 数值，这些数值一般综合考虑热回收率，系列化的设备尺寸，网络的复杂程度，网络的弹性及可调节性等因素。

换热网络的设计工作，一般包括如下步骤：

(1)选择过程物流以及所需采用的公用工程加热、冷却物流的等级；

(2)确定适宜的物流间匹配换热的最小允许传热温差(或每一物流的最小允许传热温差贡献值)，以及公用工程加热与冷却负荷；

(3)综合出一组候选的换热网络；

(4)对上述网络进行调优，得出适宜的方案；

(5)对换热设备进行详细设计，得出工程网络；

(6)对工程网络做模拟计算，进行技术经济评估和系统操作性分析。如对结果不满意，返回第(2)步，重复上述步骤，直至满意。

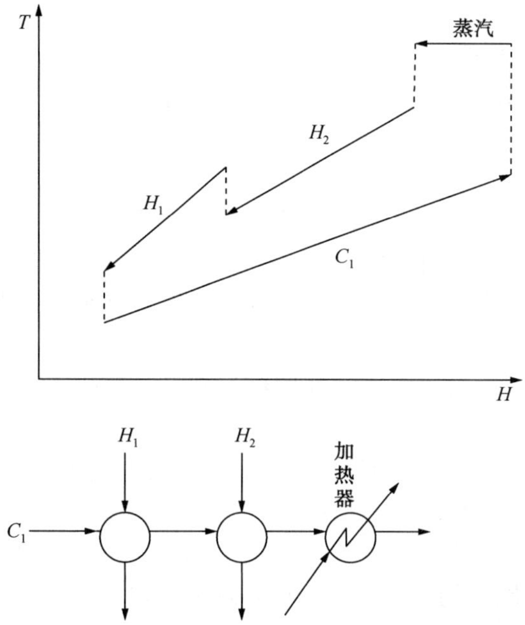

图 25-3　T-H 图及其与换热网络结构的对应

不同的综合方法，主要体现在第(2)、(3)步。

(一)温-焓图与换热网络结构

在温-焓图上可以充分地描述工艺物流及公用工程物流的热特性，使用方便、简单明了。一个物流标绘在 T-H 图上为一线段，该线段可以沿横轴移动而不改变其表达的含义。在图中，将热物流线段标绘在冷物流线段的上方，可用来表示两者的匹配，该两线段之间的垂直距离即为传热温差。图 25-3 表明了 1 个冷物流 C_1，2 个热物流 H_1、H_2 以及 1 种加热蒸汽之间的匹配换热及其对应的换热器网络结构。

一个物流在 T-H 图上标绘如下：假定该物流的热容流率 C_p 为常数，其初始温度为 T_s，终温为 T_t，则该物流对应的热焓为

$$Q=\int_{T_s}^{T_t} C_p \cdot dT=C_p(T_t-T_s)=\Delta H \quad (25-46)$$

该物流在 T-H 图上的标绘结果如图 25-4 中的线段 AB 所示，显然，线段 AB 的斜率为

$$\frac{dT}{dH}=\frac{T_t-T_s}{\Delta H}=\frac{1}{C_p} \quad (25-47)$$

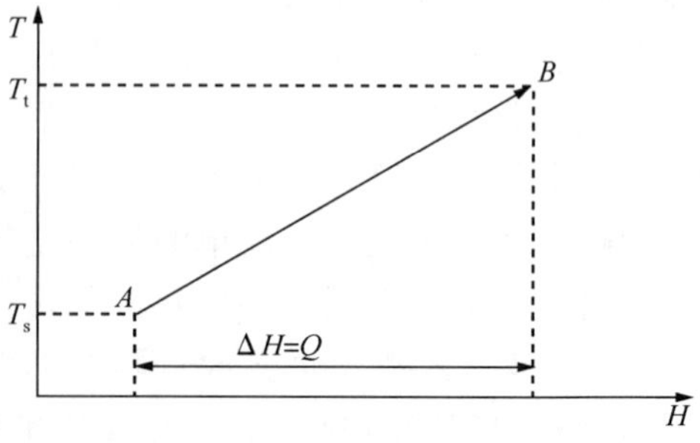

图 25-4　过程物流在 T-H 图上的标绘

若干个热物流和冷物流可分别用热的组合曲线和冷的组合曲线在 T-H 图上表达。例如，冷的

过程物流 C_1 和 C_2 在 $T-H$ 图上分别表示为线段 AB 和 CD，见图 25-5(a)。图 25-5(b) 表示 C_1 和 C_2 两个冷物流的组合曲线的构造过程。首先将线段 CD 水平移动至点 B 与点 C 在同一垂线上，即物流 C_1 和 C_2“首尾相接”，然后沿点 B、点 C 分别作水平线，交 CD 于点 F，交 AB 于点 E，这表明物流 C_1 的 EB 部分与物流 C_2 的 CF 部分位于同一温度区间，可用一个虚拟物流，即线段 EF(对角线)，表示区间内的 C_1 和 C_2 两个物流的组合。EF 的热负荷等于 $(EB+CF)$ 的热负荷，且在同一温度区间。图 25-5(c) 表示最终得到的冷物流 C_1 和 C_2 的组合曲线 $AEFD$。

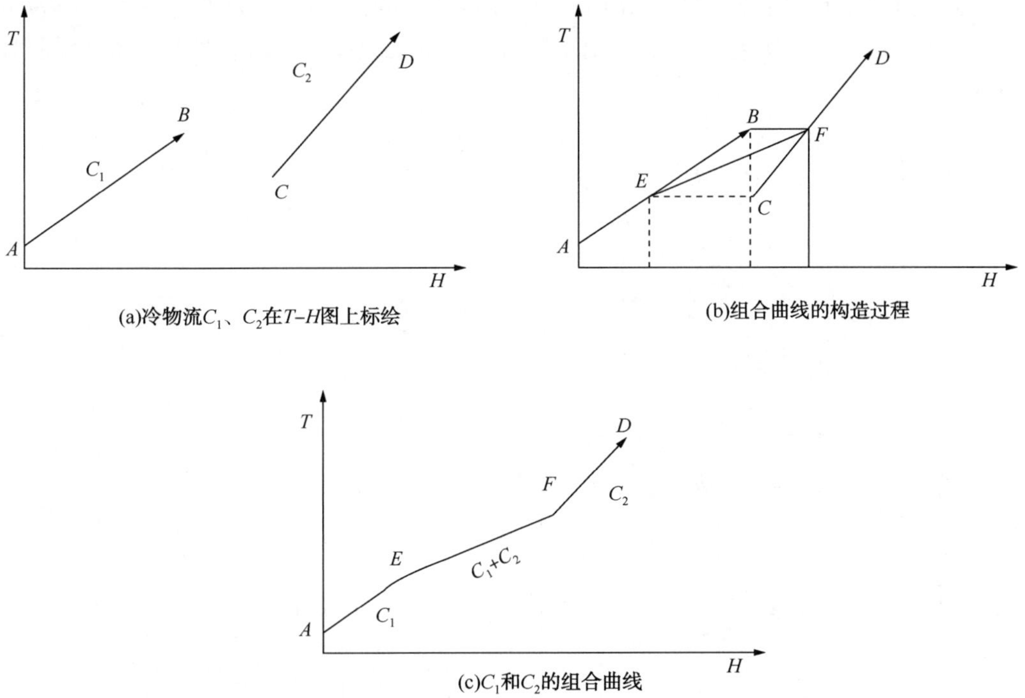

(a)冷物流 C_1、C_2 在 $T-H$ 图上标绘

(b)组合曲线的构造过程

(c) C_1 和 C_2 的组合曲线

图 25-5　组合曲线的构造

多个热物流或多个冷物流的组合曲线的作法同前，只要把相同温度区间内物流的热负荷累加起来，然后在该温度区间中用一个具有累加热负荷值的虚拟物流来代表即可。

进行构造组合曲线的相反过程，就可以由组合曲线分解出各物流的单个线段。组合曲线的合成可以帮助确定夹点位置及预测换热终温，其分解则可以帮助确定物流间匹配换热的结构及换热负荷分配。

(二)热力学最小传热面积网络的综合

在 $T-H$ 图上实现物流间的合理匹配，能够有效地利用温位，合理地分配传热温差和传热负荷，使得换热网络原则上实现逆流操作，这样就能得到满足规定热负荷前提下的热力学最小传热面积网络。最小传热面积网络的综合可按下面步骤进行：

(1)根据热交换系统的给定条件，如过程物流的质量流量、输入温度、输出温度等，搜集有关的热力学和物理性质，如比热容、焓、汽化热等；

(2)在 $T-H$ 图上标绘各物流，进而构造出热物流的组合曲线和冷物流的组合曲线；

(3)在 $T-H$ 图上水平移动组合曲线，使热、冷物流的组合曲线间传热温差的最小值等于最小允许传热温差 $\Delta T_{\min}$，由此确定出过程物流间最大的热交换量；

(4)对于(3)中确定的最大热交换量，在 $T-H$ 图上按着作组合曲线相反的过程进行分解，得出热、冷物流间的匹配关系，得到热力学最小传热面积网络的结构。

步骤(4)的具体做法说明如下：

例如，对一换热器系统，包含 2 个热物流 H_1、H_2 和 1 个冷物流 C_1，经上述步骤(1)(2)(3)后，在 $T-H$ 图上得到的结果如图 25-6(a)所示。线段 AE、FD、GH 分别表示物流 H_2、H_1、C_1。热物流的组合曲线为 $ABCD$。物流间最大的热交换量为 Q_R，所需的最小公用工程冷却负荷为 $Q_{c,\min}$，所需的最小公用工程加热负荷为 $Q_{H,\min}$。组合曲线间的分隔可参看图 25-6(b)。

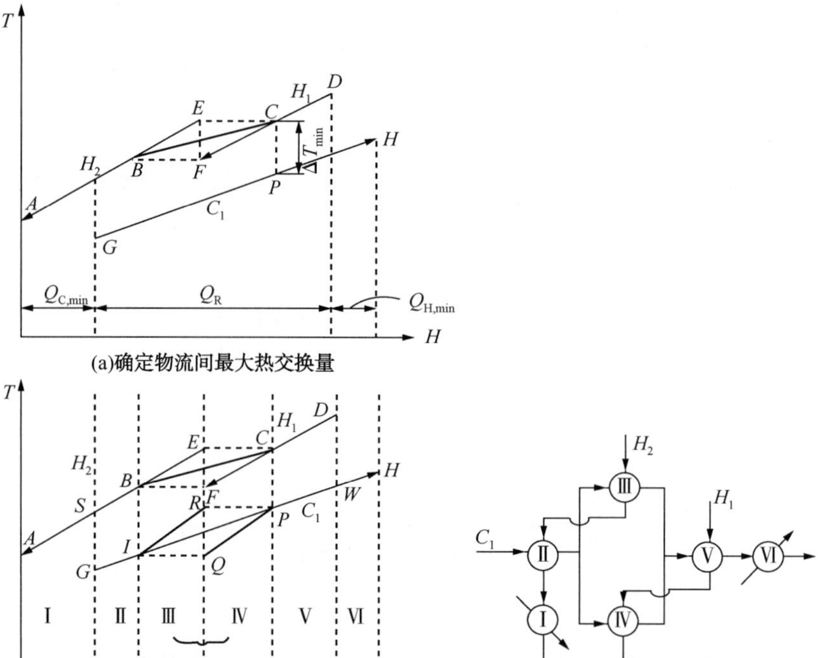

(a)确定物流间最大热交换量

(b)分隔区间确定匹配关系

(c)对应图(b)的换热网络

图 25-6 热力学最小传热面积网络的构建过程

由热物流组合曲线的折点 B 和 C，分别引垂线交冷物流线段 GH 于点 I 和 P，则表明冷物流 C_1 的 IP 线段要同热物流 H_1 的 CF 线段及热物流 H_2 的 BE 部分匹配换热，为此要把冷物流 IP 部分分解为两股物流 IR 及 PQ(即，IR 和 PQ 两者的组合曲线为 IP)，使得 BE 同 IR 匹配，CF 同 PQ 匹配。现在，分别通过点 A、G、B、E、C、D 和 H 作垂线，在图上分隔出区间Ⅰ、Ⅱ、Ⅲ、Ⅵ、Ⅴ和Ⅵ，每一区间内热、冷物流都满足热平衡关系，也就表明了物流间的匹配关系。

区间Ⅰ，热物流 H_2 的低温段 AS 部分同公用工程冷却物流匹配换热。

区间Ⅱ，热物流 H_2 的 SB 部分同冷物流 C_1 的 GI 部分匹配。

区间Ⅲ，热物流 H_2 的 BE 部分同冷物流 C_1 的分支 IR 匹配。

区间Ⅳ，热物流 H_1 的 FC 部分同冷物流 C_1 的分支 QP 匹配。

区间Ⅴ，热物流 H_1 的 CD 部分同冷物流 C_1 的 PW 匹配。

区间Ⅳ，冷物流 C_1 的高温段 WH 同公用工程加热物流匹配。

基于此，按着图 25-6(b)可画出该换热网络的拓扑结构，如图 25-6(c)所示。

(三)热力学最小传热面积网络的改进

上述构造最小传热面积网络的过程，并没有考虑各种换热器传热系数 U 的大小以及单位传热面积费用 a 的区别。在实际的换热网络中，考虑换热物流的流量、温度、压力以及物性等因素的区别，需要选择不同型式、不同材质的换热器，U 值、a 值对不同的换热器相差几倍是常见的。同时，综合最小传热面积网络的过程中，在 $T-H$ 图上分隔区间，不可避免地产生过程物流的分支、混合，以及出现一些区间的热负荷很小的现象，这就使得换热网络的结构复杂化，给操作、控制、调节和安全方面带来麻烦，并且由于换热器数目过多，增加了设备投资费。为此，最小传热面积网络需要进行改进。

(1)对于不同传热系数和不同单位传热面积费用的情况，应使各换热器的传热系数除以传热面积单位费用的商的平方根乘以传热温差($\sqrt{U/a}\cdot\Delta T$)的值相近。对于具有一个热阱(或热源)和多个热源(或热阱)的情况，Nishimura 等用 Pontryagin 极大值原理证明了满足上述条件时，单位热负荷所需的传热面积最小。对于多个热源和多个热阱的情况，上述条件也可作为一个近似规则使用。各个换热器的传热系数 U 和传热温差 ΔT 的数值可通过对换热网络的模拟计算获得。

(2)对于出现多次物流的分支、混合，以及存在小热负荷换热器的情况，此时可在 $T-H$ 图上把原来垂直分隔的区间给以适当合并，可减少物流的分支与混合，并把小负荷换热器合并到相邻的换热器上。

值得注意的是，由于在 $T-H$ 图上把原来的区间予以合并，简化了匹配换热关系，但却改变了最小传热面积网络的温度分布，因而需要增加传热面积才能完成原规定的热负荷，所以应当尽可能接近最小传热面积网络时的温度匹配关系，使所需增加的传热面积不致太多。

(四)夹点匹配的可行性规则

基于夹点技术进行设计的方法称为夹点设计法。该方法的核心是三条基本原则，第一，应该避免有热流量通过夹点；第二，夹点上方应该避免引入公用工程冷却物流；第三，夹点下方应该避免引入公用工程加热物流。如违背上述三条基本原则，就会增大公用工程负荷及相应的设备投资。

夹点处热、冷物流之间的传热温差最小，而且为了达到最大的热回收(或需用最小的公用工程加热及冷却负荷)，必须保证没有热量通过夹点，这说明夹点处是进行过程系统设计时约束最多的地方，所以要先从夹点处着手进行物流间匹配换热的设计，离开夹点后，约束条件减少了，允许设计者更灵活地选择换热方案，但应当遵循尽可能地减少换热设备个数的设计原则，以减少设备投资费。由此，过程系统物流间的匹配换热应从夹点开始，分别向夹点上、夹点下进行匹配。

首先定义一个名词，即夹点匹配，参看图 25-7，换热器 1 为夹点匹配，其热物流 H_1 与冷物流 C_1 直接与夹点相通，即换热器 1 的右端传热温度差已达到 ΔT_{min}，不能再小了。换热器 2 不是夹点匹配，因为其中之热物流 H_1 与夹点区隔着换热器 1。图 25-8 中，换热器 1 及换热器 2 皆为夹点匹配，换热器 3 不是夹点匹配。

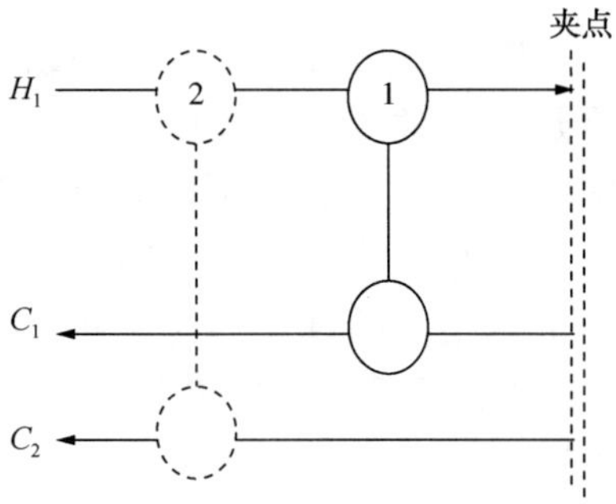

图 25-7　换热器 1 为夹点匹配，换热器 2 不是夹点匹配

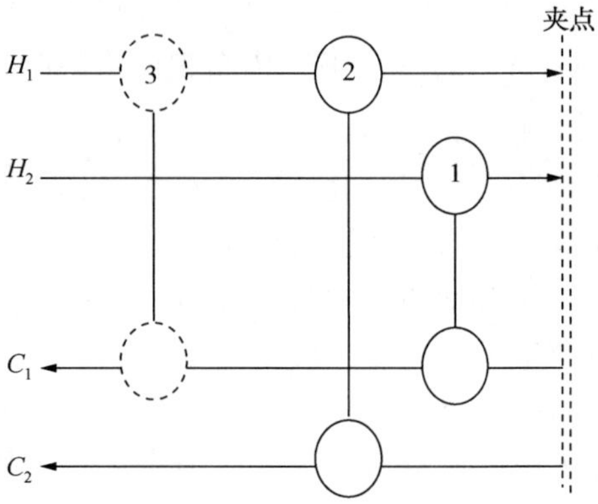

图 25-8　换热器 1，2 为夹点匹配，换热器 3 不是夹点匹配

1. 夹点匹配可行性规则 1

对于夹点上方(热端)，热物流包括其分支物流数目 N_H 不大于冷物流包括其分支物流数目 N_C，即 $N_H \leqslant N_C$。

当冷物流数少于热物流数时，可以通过对冷物流进行分支的办法实现夹点匹配，满足夹点设计基本原则。当冷物流数多于热物流数时，若冷物流找不到热物流同其匹配，则可引入公用工程加热物流把其加热到目标温度，即设置加热器 H，这是允许的，并不违背前述的夹点设计基本原则。

对于夹点下方(冷端)，可行性规则 1 可描述为：热物流包括其分支物流数目 N_H 不小于冷物流包括其分支物流数目 N_C，即 $N_H \geqslant N_C$。

该不等式刚好与夹点上方(热端)的情况相反。该不等式实际上是前述基本原则之三的具体化，即夹点下方应尽量不引入公用工程加热物流，否则会造成公用工程加热与冷却负荷的双倍消耗。当热物流数少于冷物流数时，可以通过对热物流进行分支的办法实现夹点匹配，满足夹点设计基本原则。当热物流找不到冷物流与其匹配时，可引入公用工程冷却物流把其冷却到目标温度，即设置冷却器 C。这是允许的，并不违背前述的夹点设计基本原则。

2. 夹点匹配可行性规则 2

对于夹点上方，每一夹点匹配中热物流或其分支的热容流率 C_{P_H} 要小于或等于冷物流或其分支的热容流率 C_{P_C}，即 $C_{P_H} \leqslant C_{P_C}$。

对于夹点下方，则上面不等式变向，即 $C_{P_H} \geqslant C_{P_C}$。

这一规则是为了保证夹点匹配中的传热温差不小于允许的 ΔT_{min}。离开夹点后，由于物流间的传热温差都增大了，所以不必一定遵循该规则。为了满足可行性规则 2，有时需要把物流分支，分支物流的热容流率将会变小，重新进行匹配后满足可行性规则2。

(五)夹点匹配的经验规则

基于热力学和传热学原理，以及减少从设备投资费用出发，下面的两条经验规则是有一定的实用价值的。

经验规则1：选择每个换热器的热负荷等于该特定匹配的冷、热物流中热负荷较小者，使一次匹配换热完成一个物流(即热负荷较小者)由初始温度到达终了温度，这样的匹配，系统所需的换热设备数目最小，减少了投资费用。

经验规则2：在考虑经验规则1的前提下，如有可能，应尽量选择热容流率值相近的冷、热物流进行匹配换热，这就使得所选的换热器在结构上相对简单、费用低；同时由于冷、热物流热容流率接近，换热器两端传热温差也接近，在满足最小传热温差 ΔT_{min} 的约束条件下，传热过程的不可逆性最小，对相同热负荷情况下传热过程的有效能损失最小。

需要指出的是，采用上述规则时经验规则1要优先于经验规则2，并且还要兼顾换热系统的操作性、安全性、可调节性等因素，根据设计者的经验和对工作对象的深入了解来灵活运用。更具实践意义的是，上述经验规则不仅适用于夹点匹配，对离开夹点的其余物流匹配换热的选择也是适用的。

综上，将夹点设计法的要点归纳如下：

(1)以夹点为界，把换热网络分隔开，形成夹点上下两段(热端及冷端)子问题分别处理；

(2)对每个子问题，先从夹点开始设计，采用夹点匹配可行性规则及经验规则，决定物流间匹配换热的选择以及物流是否需要分支；

(3)离开夹点后，确定物流间匹配换热的选择有较多的自由度，可采用前述的经验规则，但在传热温差的约束仍比较紧张的场合(即某处传热温差比允许的 ΔT_{min} 大不了多少的情况)夹点匹配的可行性规则还是需要尽可能遵循的；

(4)考虑换热系统的操作性、安全性、可调节性，以及生产工艺上特殊规定等要求，如具体的物流间不允许相互匹配换热，或规定其间一定要匹配换热等。

第三节　主要节能技术

一、全厂节能

随着技术经济、产品需求以及环保要求的变化，炼油节能面临新的动向和压力。一是受国家、地方政策因素影响，炼油厂的外部能源供应形势发生变化，炼油厂能源消耗将面临“能源供应受限”的新约束；二是为提升新建炼油厂的综合竞争力，工程设计过程更加注重基于炼油总加工流程及工艺装置能源消耗特点的全厂能源配置规划。面对不断变化的外部环境和不断更新的知识经验，开展炼油全局节能研究，建立指导炼油全厂节能的方法论，对于清除炼油单位能耗降低瓶颈的约束、持续推进炼油厂节能降耗，显得更为重要。

(一)全局优化的顶层设计策略

全局优化是炼油能量系统集成的重要策略。传统全局优化从单元过程优化开始，单元优化结束后将结果输入子系统并进行优化，子系统优化结果输入全局层次再开展全局优化，最后按照全局优化结果对子系统、单元进行反馈调节，如图 25-9(a)所示。炼油过程采用这种优化策略会更加注重单元、子系统自身的优化，弱化了全局优化对单元、子系统的约束，使得单元、工艺过程能源消耗需求基本按照“给齐补足”进行配置，公用工程系统在全厂能源配置中处于被动服从地位，在新形势下不利于实现炼油节能全局优化。

借鉴顶层设计的理念，结合炼油厂用能特征，以顶层设计为导向的炼油全局节能优化策略如图 25-9(b)和图 25-9(c)所示。从全局优化开始，基于知识、经验与既有信息，开展初步优化，优化结果输出到子系统、单元层次，子系统优化与单元优化需要结合全局优化和自身优化的双目标，并结合工程实际向全局反馈，进而实现全局优化。按照顶层设计导向的炼油全局节能优化策略，通过提升公用工程系统在能源配置中影响力，更易实现炼油全局优化节能。

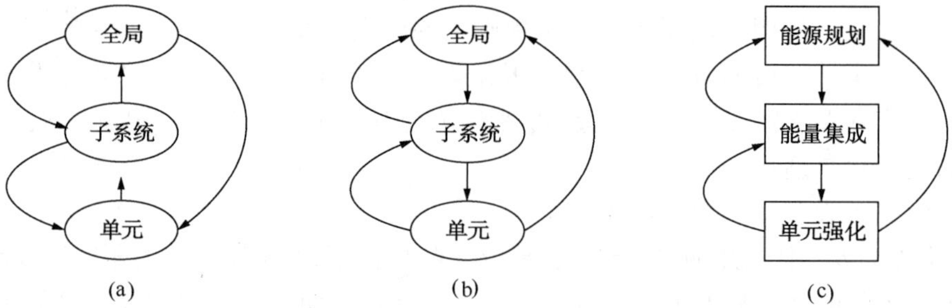

图 25-9　顶层设计导向的炼油全局优化策略逻辑图

(二)顶层设计导向的炼油全局节能方法

1. 多层次分解协调方法

“顶层设计导向的炼油全局节能方法”包含能源规划、能量集成、单元强化三个层次，相关内容及相互关系如图 25-10 所示。

从图 25-10 可以看出，能源规划是第一层次，主要基于总加工工艺流程优化和外部能源供给情况等开展节能顶层设计，提出企业能源配置规划、能量集成方案、能源消耗建议、关键设备能效建议等，明确节能工作的方向与目标，指导、约束能量集成层次和单元强化层次开展工作，并根据下两个层次的反馈优化调整相关规划、方案和建议。

能量集成为第二层次，主要以第一层次的能源配置规划、能量集成方案、能源消耗建议为指导，开展工艺装置、公用工程系统及附属、辅助生产系统用能优化，并在全厂层次开展热能、压力能等的集成协调优化，以减缓能量降质，提高能量利用效率，降低能源消耗成本。同时，根据工程实际要求对能源规划层次进行反馈协调，并根据能量集成需要，对关键耗能单元提出能效提升要求，指导单元强化层次开展工作。

单元强化作为第三层次，主要通过采用满足技术经济要求的节能技术，实现能源规划层次提出的关键耗能设备能效建议，以及能量集成层次提出的关键耗能单元能效提升要求，并根据工程实际目标，对能源规划、能量集成层次进行反馈协调。

2. 能源规划实施策略

能源规划层次主要包含四部分工作：一是优化炼油总加工工艺流程；二是测算既定总

加工工艺流程的能源消耗；三是制定能源配置规划、能量集成方案、能源消耗建议、关键设备能效建议等；四是根据能量集成、单元强化层次的反馈，协调优化能源配置规划、能量集成方案、能源消耗建议、关键设备能效建议等。

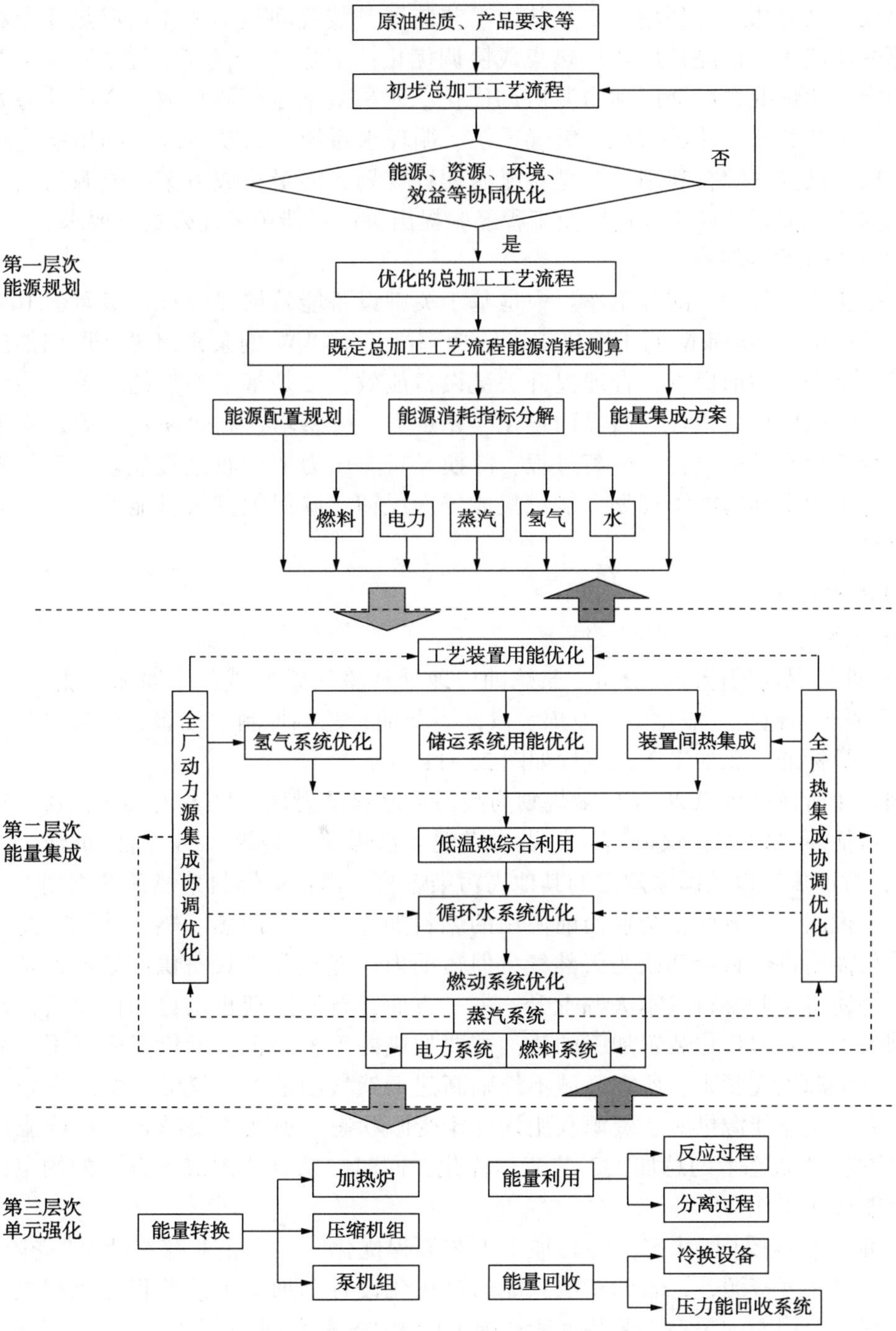

图 25-10　顶层设计导向的炼油全局节能方法

3. 能量集成实施策略

能量集成主要包含五部分工作：一是基于能源配置规划、能量集成方案、能源消耗建议开展工艺装置、储运系统、氢气系统、循环水系统、燃料动力系统等的用能优化以及装置间热集成、低温热综合利用；二是基于工艺装置、装置间热集成、低温热综合利用、蒸汽系统等的用能优化情况开展全厂热集成协调优化；三是基于氢气系统、循环水系统、蒸汽系统用能优化情况开展全厂动力源协调优化；四是基于全厂热集成、全厂动力源协调优化结果完善工艺装置、储运系统、氢气系统、循环水系统、燃动系统等的用能优化以及装置间热集成、低温热综合利用；五是对能源配置规划、能量集成方案、能源消耗建议形成反馈，根据能源消耗建议完成情况及工程经验提出关键耗能单元能效提升要求。

4. 单元强化实施策略

单元强化主要包含三部分工作：一是基于关键设备能效情况，对功率高于 10MW 的加热炉、轴功率高于 1000kW 的压缩机组、轴功率高于 160kW 的泵机组等开展用能优化，在满足技术经济条件的前提下，合理提升关键设备能效；二是基于关键耗能单元能效提升要求，积极关注应用反应耦合、微界面强化、超重力、分壁塔、高效换热器等过程强化技术及装备，合理提升反应过程、分离过程、冷换设备、压力能回收过程能效；三是根据单元强化效果与工程实际向能源规划、能量集成层次反馈，确保关键设备能效、关键耗能单元能效的合理性。

(三)案例研究

1. 能源规划

(1)企业概况与用能问题分析。某炼油厂地处环境敏感区域，原油加工能力为 1000 万吨/年，主要产品包括：液化气、航煤、汽油、柴油、乙烯原料、沥青、焦炭等，车用燃料油品执行国Ⅵ标准，总加工工艺流程如图 25-11 所示。

案例企业所在区域 2020 年底被规划为高污染燃料禁燃区，区域内禁止销售、使用高污染燃料，包括原(散)煤、煤矸石、粉煤、煤泥、水煤浆、型煤、燃料油(重油、渣油、重柴油等)、石油焦等以及国家规定的其他高污染燃料。高污染燃料禁燃区的规划，对企业生存带来巨大挑战，一方面，企业当前使用的燃料如煤炭、石油焦、燃料油均将受限，实现能源清洁化需要将燃料全部改为天然气，但短期内天然气并不具备供应条件，特别是，耗用天然气将使得企业燃料成本大幅上升；另一方面，石油焦禁止销售和使用后，延迟焦化装置必须关停，延迟焦化装置加工的渣油需要加氢处理，而企业近年完成车用油品质量升级后，氢气资源供应紧张，所在区域不鼓励新建天然气制氢，氢气资源将成为企业发展新的巨大约束。企业能源供应、资源利用均处于受限状态，迫切需要结合全厂能源规划开展“能源供应受限”状态下的总加工工艺流程优化，同时，结合能源成本升高的约束，开展炼油全局节能优化工作。

(2)“能源供应受限”状态下的总加工工艺流程优化。案例企业存在两个“受限”，一是燃料气，二是氢气资源，二者的获取只能通过优化设置总加工工艺流程优化解决。针对现有加工流程，应用添加关键工艺装置能耗模型的 PIMS 软件进行优化、对比，提出应用“减压渣油高拔出率溶剂脱沥青+脱沥青油加氢+沥青造气组合工艺”，总加工工艺流程如图 25-12 所示。

图 25-11 案例企业基准总加工工艺流程(单位:万吨)

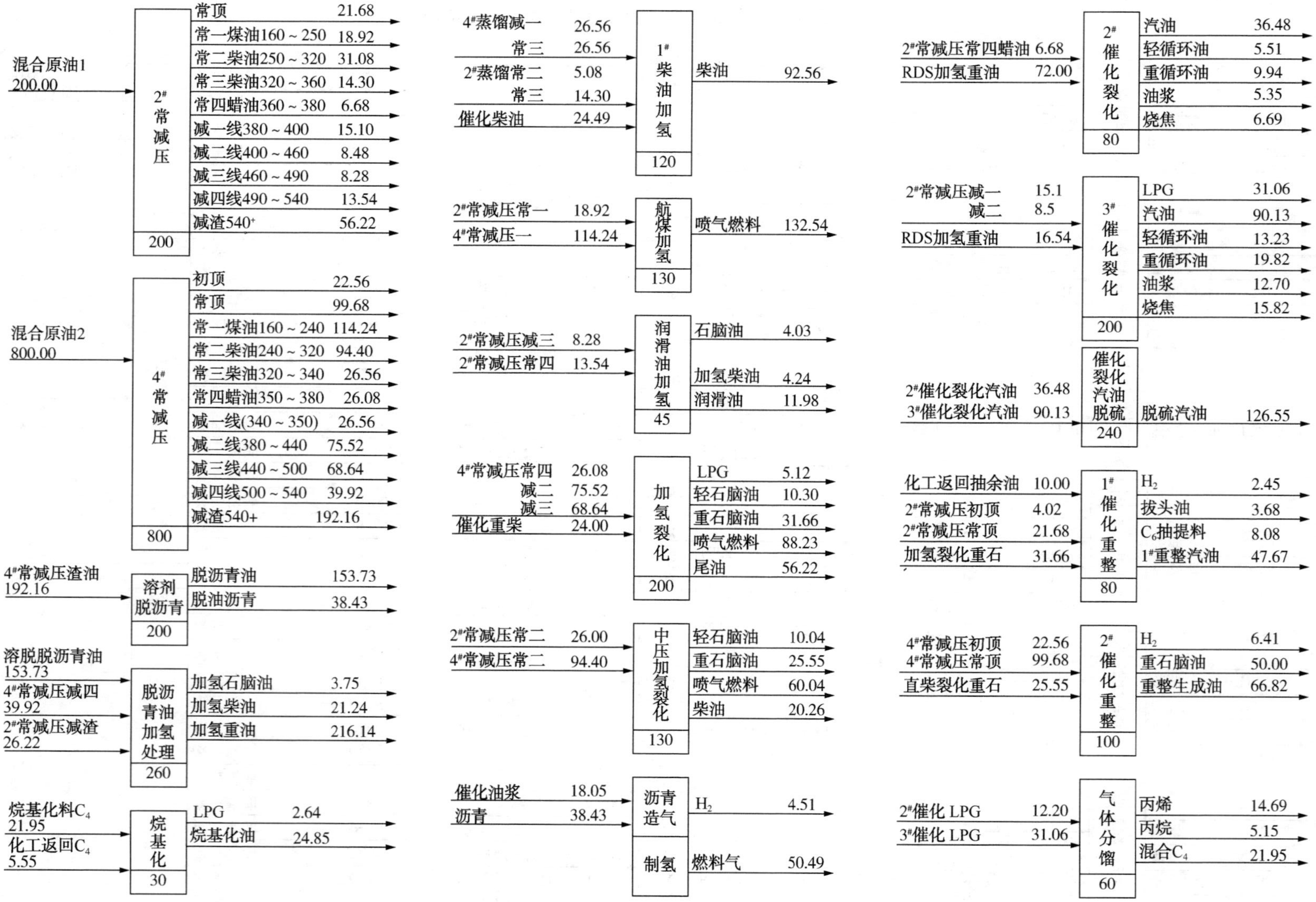

图 25－12　案例企业优化总加工工艺流程（单位：万吨）

(3)燃料气、氢气配置规划与指标分解。基于优化的总加工工艺流程，并结合现有装置能源数据，给出燃料气、氢气配置方案及各工艺装置指标分解，见表25-3。

表25-3　燃料气、氢气配置方案

项　目	燃料气		氢气	
	产量/万吨	消耗量/万吨	产量/万吨	消耗量/万吨
2#常减压	—	1.50	—	—
4#常减压	—	6.75	—	—
溶剂脱沥青	—	1.60	—	—
中压加氢	—	2.80	—	2.08
航煤加氢	—	0.71	—	0.12
润滑油加氢	—	0.37	—	—
加氢裂化	—	1.88	—	5.89
1#柴油加氢	—	0.57	—	1.40
催化裂化汽油脱硫	—	0.52	—	—
1#连续重整	—	3.46	1.88	—
2#连续重整	—	6.57	4.94	—
烷基化	—	1.10	—	0.04
硫黄回收	—	0.07	—	—
脱沥青油加氢处理	—	1.66	—	4.25
润滑油加氢	—	—	—	0.59
催化汽油脱硫	—	—	—	0.67
干气提浓膜回收	—	—	0.56	—
饱和气体回收	—	—	0.57	—
化工氢	—	—	2.60	—
沥青造气制氢	—	—	4.51	—
送动力站燃料气	—	13.74	—	—
装置自产燃料气	22.39	—	—	—
沥青造气(标准燃料气)	20.91	—	—	—
合　计	43.30	43.30	15.04	15.04

由表25-3可知，基于“减压渣油高拔出率溶剂脱沥青+脱沥青油加氢+沥青造气组合工艺”替代现有延迟焦化工艺路线，可同时满足炼油部分自用氢气和燃料气，并可为动力站提供部分燃料气，减少企业天然气的用量，降低燃料成本。

(4)能量集成方案与关键设备能效提升措施。燃料气、氢气是案例企业能源消耗的主要约束，通过设置沥青造气制氢装置满足了炼油部分自用氢气和燃料气，但动力站仍然需要购买一定量的天然气。对于沥青造气装置，多产氢气则少产燃料气。因此，案例企业节能目标是：合理节约燃料气、氢气。围绕这一目标，制定案例企业能量集成方案。

①工艺装置用能优化。对主要工艺装置换热网络进行优化，如原油蒸馏装置综合权衡原油性质、产物分布、总加工工艺流程优化改进换热网络，合理降低燃料气消耗；通过开发、优选新型高效催化剂和新工艺技术，从全流程角度优化产品反应深度，合理降低加氢类工艺装置反应苛刻度及氢气消耗。

②氢气系统优化。考虑总图布局优化利用氢气资源，结合总图布置、管网压力、区域加氢装置氢气消耗特点等合理优化氢气平衡；结合总图、氢阱压力需求、压缩机级数设置等优化设置氢气管网压力；优化确定氢气经济回收浓度，如结合低温热制冷等条件强化氢气回收。

③储运系统用能优化。优化罐区加热方式，设置物料带温进罐，优先采用热媒水作为热源等多途径节约伴热、维温蒸汽；合理利用工艺装置进料缓冲罐，通过调度优化减少中间油品进罐区。

④装置间热集成。基于总加工工艺流程、总图布置及工程热直供料温度，实现关键工艺装置间热直供料；按照炼油多装置热集成策略开展装置间热集成。

⑤低温热综合利用。通过循环热媒水流程的串、并联设计实现低温热的大系统集成回收；考虑炼油厂用能、用热、总图实际情况，合理优化组合低温余热资源实现分布式按级匹配与升级利用。

⑥循环水系统优化。按照全厂工艺物流冷却温度需求，合理设置循环水串级利用，降低循环水总量；统筹水冷台位设置高度及压力需求，通过分压供水、局部增压等合理降低循环水系统运行压力。

⑦燃动系统优化。考虑关键工艺装置蒸汽产耗规律及工艺参数波动、季节性温差等因素对蒸汽动力系统的影响，优化供汽系统，实行热电联供，实现炼油厂在复杂工况下的蒸汽平衡与优化，避免不必要的减温减压和蒸汽放空；基于全厂蒸汽平衡并结合燃料成本、电力成本优化协调全厂大型动设备的驱动源；开展全厂燃料、除盐水、除氧水、蒸汽凝结水平衡优化。

(5)关键设备能效提升措施。根据案例企业节能目标，合理节约燃料气、氢气，提出关键设备能效提升建议，如优化提升炼油厂所有加热炉热效率至92%以上，重整四合一炉热效率提升至94%以上。

2. 能量集成

按照能量集成实施策略和能量集成建议，结合工艺装置实际，开展案例企业能量集成工作，主要涉及关键工艺装置热直供料、低温热综合利用、循环水系统节能优化等节能措施。

能量集成工作开展过程中，考虑到成熟的节能技术大多已应用，建议重点关注强化反应、分离过程的新催化剂、新技术和新装备等单元强化措施，以进一步降低工艺过程总用能。

(1)多装置热集成。图25-13给出了案例企业原油蒸馏—溶剂脱沥青—固定床加氢—催化裂化装置间的热量集成关联关系。减压渣油热出料至溶剂脱沥青装置，脱沥青油热出料至固定床加氢装置，加氢重油取消发生1.0MPa、0.5MPa蒸汽。热出料至催化裂化装置，在不影响原油蒸馏换热终温的前提下，降低了溶剂脱沥青、固定床加氢装置燃料消耗，催化裂化装置多产3.5MPa蒸汽。

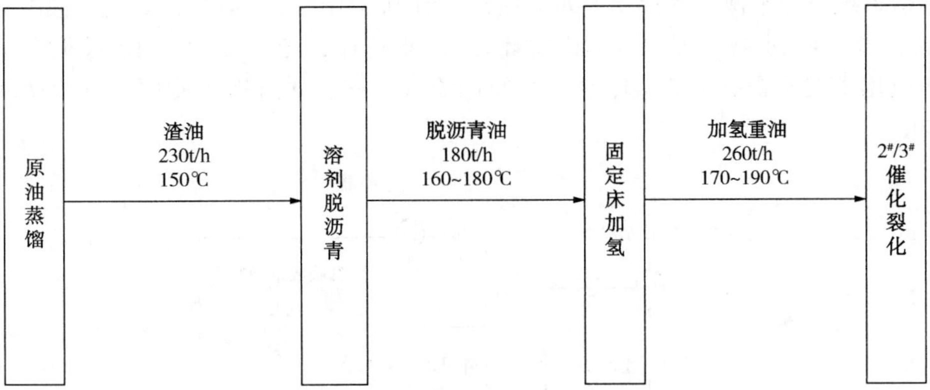

图 25-13　多装置热量集成示意图

(2)低温热综合利用的"集成回收与分布利用"。低温热综合利用过程应采用"集成回收、分布利用"原则，首先通过串并联设计设置一个或多个全厂性的低温热回收利用系统，大系统回收全厂低温余热资源。其次，在保证统计可利用低温热后，分布式设置 ORC 发电、溴化锂制冷、第二类热泵制蒸汽等低温热升级利用技术，如图 25-14 所示。

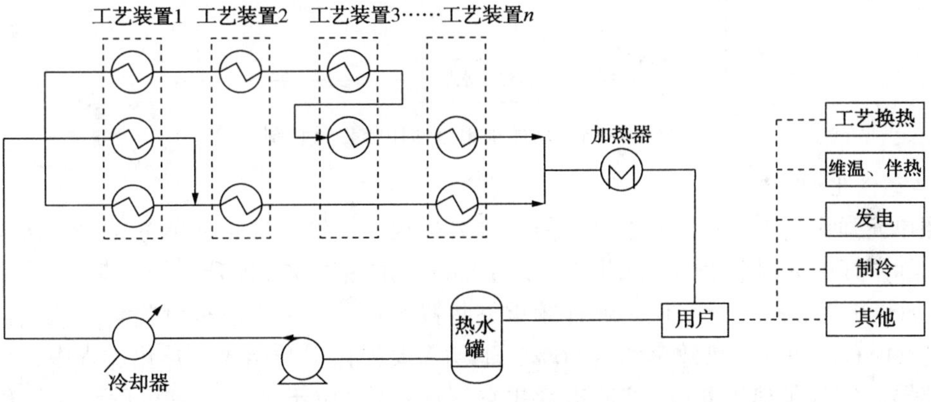

图 25-14　低温热综合利用示意图

案例企业规划了 3 个低温热回收利用系统：一是现有的催化裂化-气体分馏低温热回收利用系统；二是炼油厂南部低温热回收利用系统，用于预热锅炉给水和设置溴化锂制冷，回收炼油厂轻烃中的 C_3 组分；三是设置炼油厂北部低温热回收利用系统，采暖季为居民区提供采暖热源，非采暖季，高温位工艺物流设置 ORC 发电，在航煤加氢装置、S Zorb 装置设置 ORC 发电。项目实施后，全厂增加回收利用低温余热资源约 42MW，炼油厂能耗降低约 2. 0kgEO/t 原油。

(3)"压差、温差"协同优化的循环水系统节能。案例企业循环水系统电消耗约占全厂总用电量的 8%~10%，采用敞开式循环冷却水系统，存在"大供水流量、小回水温差、高运行压力"问题。分析发现，炼油厂中的水冷设备布置高度不同，被冷却工艺物流的温度需求也不同，而循环水系统设计一般采用统一的 10℃温差和压差，为了保证布置位置高的水冷设备冷却能力，需要增大整个循环水系统的运行压力。基于此，提出案例企业"压差、温差"协同考虑的循环水系统节能改进方案：①诊断系统供水约束瓶颈，通过分压供水、局部增压等调整系统压力平衡，确保循环水系统压力在0.3MPa左右运行；②统筹被冷却工艺物流的温度需求，通过局部适度设置循环水串级利用，增大温差，降低循环水总量。图25-15给出了案例企业局部循环水串级使用流程简图，通过串级使用，节约循环冷却水约1000t/h。

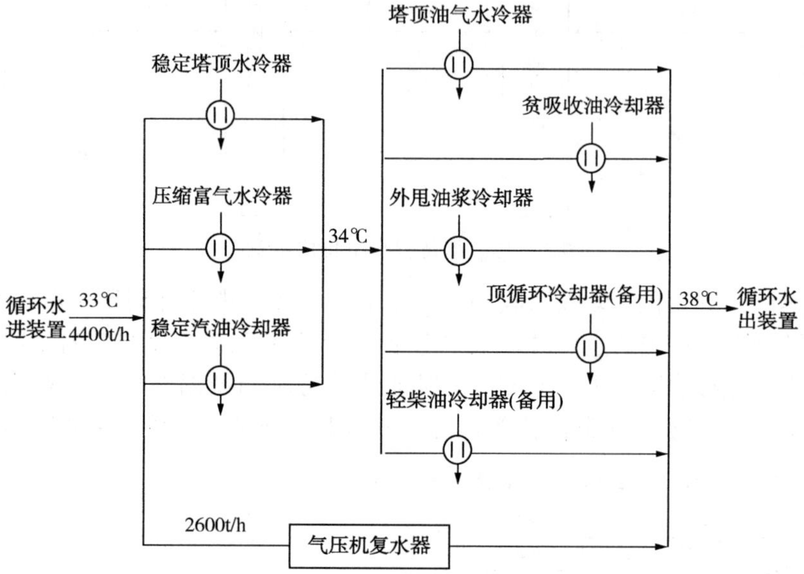

图25-15　循环水串级使用流程示意图

3. 单元强化

按照单元强化实施策略、关键设备能效提升建议、关键耗能单元能效提升要求，结合工艺装置实际，开展案例企业单元强化工作，主要涉及加热炉能效提升、分壁塔应用等措施。

(1)加热炉能效提升　案例企业连续重整装置四合一炉由于没有设置空气预热器，排烟温度高达249℃，加热炉热效率约为86%，迫切需要强化提升能效。强化过程中，设置两段空气预热器，空气预热器Ⅱ段(玻璃板管式空气预热器)位于烟气引风机后，空气预热器Ⅰ段(金属-玻璃复合板管式空气预热器)位于烟气引风机前。自四合一重整炉来的249℃高温烟气首先进入空气预热器Ⅰ段，与空气预热器Ⅱ段来的经初步预热至78℃的空气进行换热，空气温度升至210℃，烟气温度降至142℃后通过烟气引风机进入空气预热器Ⅱ段，与鼓风机来的空气继续换热至90℃进入烟囱，如图25-16所示。改造后，加热炉炉效率由原来的86.0%提高至94.6%，排烟温度由原来的249℃降至90℃，烟气侧压降不大于1000Pa，空气侧压降不大于1200Pa，空气预热器及引风机不产生酸露点腐蚀。

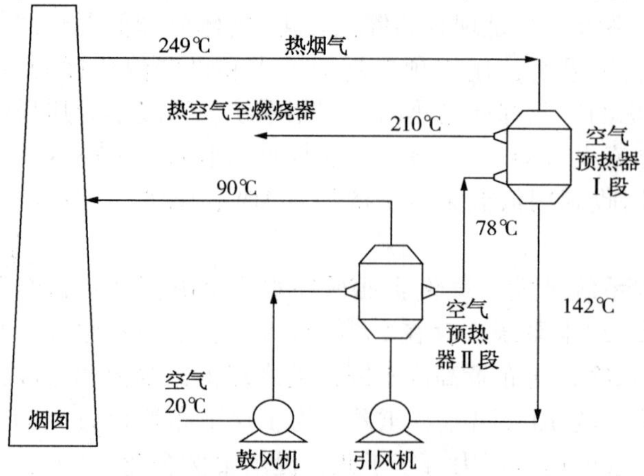

图25-16　加热炉能效强化流程示意图

(2)分壁塔强化重整产物分离　分壁塔是在塔内部增设一块或多块一定长度竖立的隔板，采用一套汽化冷凝系统，同时分离得到三种以上产品的精馏技术。案例企业应用分壁塔技术强化重整产物分离，用一个分壁塔替代脱 C_6 塔和脱 C_7 塔，如图 25-17 所示。

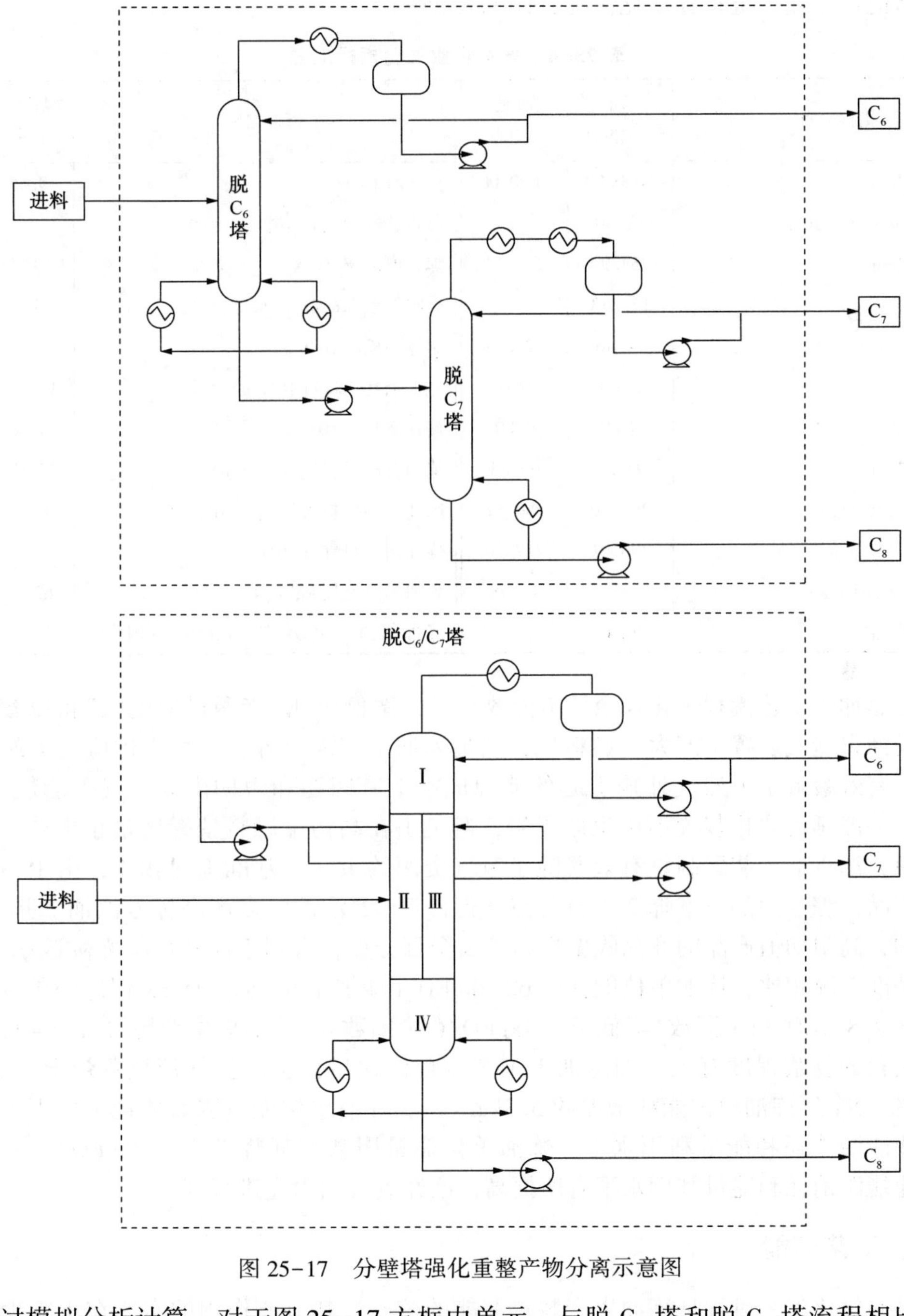

图 25-17　分壁塔强化重整产物分离示意图

通过模拟分析计算，对于图 25-17 方框内单元，与脱 C_6 塔和脱 C_7 塔流程相比，分壁塔流程在保证分离精度的前提下，可实现再沸器热源成本降低约 30%，投资费用降低约 20%。

4. 节能效果

以基准工况总加工工艺流程当年企业能耗为基准，对比分析总加工工艺流程优化及开展全厂节能后企业关键指标变化情况，详见表 25-4。

表 25-4　案例企业关键指标汇总

指标名称	基准工况	改进工况	指标名称	基准工况	改进工况
原油/(10^4t/a)	1000.00	1000.00	焦炭/(10^4t/a)	49.45	—
外购原料天然气/(10^4t/a)	17.40	—	沥青造气(标准燃料气)/(10^4t/a)	—	20.91
汽油/(10^4t/a)	253.99	236.14	综合商品率/%	94	92
92 号	173.73	—	高附加值商品收率/%	87	90
95 号	74.46	225.34	制氢规模/(10^4t/a)	3.60	4.51
98 号	5.00	10.00	氢气消耗总量/(10^4t/a)	12.01	15.04
航空汽油	0.80	0.80	催化烧焦/(10^4t/a)	24.48	22.50
柴油/(10^4t/a)	93.51	96.88	炼油自产燃料气/(10^4t/a)	27.17	22.39
喷气燃料/(10^4t/a)	268.66	280.81	炼油外购燃料天然气/(10^4t/a)	3.55	—
乙烯原料/(10^4t/a)	206.01	217.16	炼油用燃料气/(10^4t/a)	30.72	29.56
基础油 $Ⅱ^+$/(10^4t/a)	—	11.98	炼油单位能耗 kgEO/t	62.2	67.8
沥青/(10^4t/a)	20.43	—	炼油单位能量因数能耗/[kgEO/(t·因数)]	7.80	7.40

实施总加工工艺流程优化及全厂节能改进后，案例企业“能源供应受限”得以缓解和消除，一是沥青造气装置生产大量燃料气，满足炼油生产需要外，还可以供应动力站一部分燃料气，有效缓解了天然气外购引起的能源成本上升问题和短期内天然气不能供应问题；二是顺利关停延迟焦化装置不再生产焦炭，避免了在高污染燃料禁燃区禁止生产、销售石油焦约束，沥青造气装置制氢有效脱除了氢气资源约束。与基准工况相比，由于不出焦炭和沥青产品，综合商品率下降 2 个百分点，但停产 92# 汽油、多产高标号汽油，并生产 $Ⅱ^+$ 类基础油，高附加值产品的商品收率提高了 3 个百分点，有利于提升企业盈利能力。

与基准工况相比，炼油单位能耗由 62.2kgEO/t 增加至 67.8kgEO/t，但炼油单位能量因数能耗从 7.8kgEO/(t·因数)降低至 7.4kgEO/(t·因数)。炼油单位能耗的增加与炼油厂二次加工装置的复杂程度有关，如总加工工艺流程优化后，全厂氢气消耗总量上升 3.03 万吨/年，折合全厂炼油单位能耗增加约 3.3kgEO/t。炼油单位能量因数能耗可以更为科学地评价企业能源消耗和能量利用水平，炼油单位能量因数能耗降低至 7.4kgEO/(t·因数)，表明企业能源消耗和能量利用水平有所提高，已经进入国内先进行列。

二、工艺节能

改进并优化工艺过程是炼油生产装置节能的核心，其节能作用的本质在于减少工艺过程对能量的总需求量，不仅可以减少各种能源的供入，而且还可以避免转换和回收环节的效率降低。

（一）原油蒸馏

原油蒸馏装置是炼油厂的“龙头”装置，其操作好坏，对原油有效利用、下游装置的优化操作、全厂能耗具有重要影响。对于现有企业来说，在炼油生产装置构成、原料和产品品种数量、规模都已确定的情况下，通过合理安排生产流程可以起到显著节能作用。优先选用加工路线短、能耗低的节能生产流程；控制产品的分离精度，尽量降低 VGO 和 CGO 中 350℃以下馏分的含量，避免将轻组分带入下游高能耗的催化裂化装置；在保证产品质量的前提下，通过优化控制分馏塔的回流比、中段回流取热、实施卡边操作，可以取得明显的节能效果。装置日常管理可以考虑如下优化措施：

（1）制定减压深拔操作的标准化操作卡，在非深拔操作时停下增压器节省蒸汽用量，并减少减压炉炉管注汽量；

（2）加工轻质原油时，减少塔底和侧线产品汽提蒸汽量；

（3）在电脱盐脱后含盐合格的情况下，电脱盐注水改注汽提净化水，在三塔顶含硫污水氯离子合格的情况下，塔顶注水改注汽提净化水；

（4）加热炉排烟温度控制不高于 110℃；

（5）在冬季气温低时，在保证出装置温度不超工艺指标情况下，及时停用侧线空冷；

（6）根据侧线水冷器换热效果，定期安排清洗。

（二）延迟焦化

延迟焦化具有操作简单、工艺简单、反应装置灵活等优势，已发展成为工业应用最多的焦化工艺。为进一步降低能耗成本，各企业对延迟焦化工艺进行了许多优化，降低操作压力和循环比、缩短生焦时间、提高焦化加热炉的效率和延长操作周期等。装置日常管理可以考虑如下优化措施：

（1）提高原料进装置温度，提高换热终温，降低加热炉热负荷；

（2）提高焦化馏分油、柴油、稳定汽油出装置温度，及时停空冷，加强与下游装置的热联合；

（3）优化焦化馏分油回流温度，提高换热终温；

（4）减少汽包产汽，以减少加热炉燃料气的耗量；

（5）减少吸收稳定取热量，提高原料换热终温，在保证解吸塔底解吸效果的前提下，柴油热源改部分旁路，以提高渣油原料进装置温度；

（6）充分利用焦化大吹汽原有的热量，优先使用边沟水和焦池的回用水；

（7）制作标准化操作卡，固化班组的操作，使用信息化手段监控优化指标。

（三）高效催化剂

对于催化加氢、催化重整等涉及催化剂的炼油生产装置，催化剂是技术的关键和核心。有针对性地开发高活性、高选择性和高稳定性催化剂，可以有效提高收率、减少物耗和能耗，使过程更经济、资源利用更高效。新工艺和节能工程技术的开发，有利于改善化学过程“三传一反”（质量传递、热量传递、动量传递和化学反应），对于延长催化剂寿命、改善操作、节能降耗等都会起到积极的作用。测量技术的进步推进了对反应器内各部分三传一反的深入了解，可以促进催化剂级配技术的提高，提高反应选择性和降低氢耗。随着对硫、氮化合物的认识达到分子水平以及床层中物流测量技术的不断进步，人们可以更深入了解反应器内各个区域中硫、氮化合物发生的化学反应过程，可以更科学地按区域反应需要来选择催化剂和匹配催化剂，达到提高反应效率、降低能耗和氢耗的目的。未来固定床加氢技术仍然是劣质重油/渣油加氢的主流技术。按照反应过程优化的固定床加氢催化剂级配技术将继续更好地发展，固定床加氢的操作周期在催化剂、工艺与工程技术进步基础上将大幅延长，能处理更加劣质原料的沸腾床和悬浮床加氢技术也将获得推广应用。

(四)液相循环加氢

该技术将氢气溶解于原料油中，依靠液相产品大量循环时携带进反应系统的溶解氢来提供反应所需氢气，反应器采用与滴流床反应器相近结构。液相循环加氢技术的优点是消除了催化剂的润湿因子影响，具有良好的气液分散性，能较大程度稀释原料中的杂质浓度，对结构复杂硫化物的脱除率较高。由于循环油的比热容大，从而大大降低反应器的温升，提高催化剂的利用效率，并降低裂化等副反应。与常规柴油加氢技术相比，液相循环加氢技术反应部分不设置循环氢压缩机系统、循环氢脱硫塔，装置高压设备少，热量损失小，过程能耗、氢耗、操作成本更低，装置操作能耗能够降低 4. 15kgEO/t 原料油，约为常规柴油加氢装置操作能耗的 40%左右，对氢耗较低的加氢反应过程具有较大优势。九江石化新建 150 万吨/年柴油加氢装置和湛江东兴石化 200 万吨/年柴油加氢等装置均采用该技术。新建液相循环加氢装置中只有加热炉、反应器、氢气混合器等设备，不设循环氢压缩机、高压分离器等高压设备，九江石化 150 万吨/年柴油加氢装置综合能耗约为 5kgEO/t 原料油。

(五)加氢裂化

在加氢裂化/改质装置设计(或改造)中，可以采用 SHEER(Sinopec Hydrocracking Efficient Energy Reduction)加氢裂化/改质成套技术，该技术具有以下特点：①优化催化剂级配方法，提高反应热利用率，大幅减少冷氢用量，降低动力消耗；②只设反应开工炉，降低装置工程投资和操作费用；③采用“部分自供热”的加氢装置开工方法；④集成应用高温高压逆流传热技术、非直接接触在线防除垢技术、微旋流分离技术和反应器内构件技术。以 200 万吨/年柴油加氢改质装置能耗为基准，同规模的 SHEER 加氢装置能耗可以降低 20%~50%。广州石化应用该技术，2012 年 5 月建成世界首套低能耗、低投资、只设置小功率开工加热炉的 200 万吨/年柴油加氢改质装置，实现了长周期稳定运行，装置综合能耗约 6. 3kgEO/t 原料油。

(六)加氢催化剂的级配

加氢催化剂的级配技术是指在生产中根据原料性质、操作条件和产品质量的要求，将具有不同功能的催化剂“联合”使用，在不同的床层装填不同类型的催化剂，使其性能互补，从而实现烃类组分在目标产品中的富集，最大限度提高产品质量；同时优化加氢反应器各床层的温升分配，减少反应器床层冷氢量，提高反应器出口温度，有利于提高原料换热效果，降低加热炉负荷。镇海炼化 150 万吨/年加氢裂化装置采用催化剂级配技术后，喷气燃料烟点提高 1~2 个单位，尾油 BMCI 值降低 2~4 个单位，冷氢用量减少，加热炉负荷降低，能耗降低约 1kgEO/t 原料油。

（七）催化裂化汽油吸附脱硫技术

汽油吸附脱硫技术通过吸附剂选择性地吸附硫醇、二硫化物、硫醚和噻吩类等含硫化合物中的硫原子而达到脱硫的目的，吸附的硫在吸附剂再生过程中变为二氧化硫进入再生烟气中。该技术的反应器和再生器均采用流化床，吸附、再生连续进行；由于反应产物中没有 H_2S、加氢条件缓和，避免生成硫醇，较易得到低硫产品；烯烃饱和程度低、氢耗低，产品辛烷值损失少；不需要对汽油进行轻重切割处理、装置能耗低。与固定床催化汽油加氢装置相比，催化裂化汽油吸附脱硫（S Zorb）装置的能耗低约 5 个单位。以金陵石化 150 万吨/年 S Zorb 装置为例，装置能耗仅为 5～6kgEO/t 原料油。

（八）重馏分油加氢、渣油加氢取消分馏系统节能技术

重馏分油加氢、渣油加氢取消分馏系统节能技术是将原料油经加氢脱硫处理后脱除硫化氢即作为进料直接进入催化裂化装置。由于原料油切割较清晰，分馏塔除重馏分油产品外其他产品较少，因而可以降低分馏操作温度，停运分馏加热炉，不出柴油产品，柴油与重馏分油一起进催化裂化装置。分馏系统调整到位后，可以实现分馏加热炉主烧嘴全部熄灭，只留长明灯；停出柴油，停运柴油泵；停分馏塔汽提蒸汽，停分馏塔塔顶空冷。采用该节能技术后加氢处理装置能耗可以降低 1～4kgEO/t。洛阳石化重馏分油加氢处理取消分馏系统后，低硫柴油及石脑油进入精制重馏分油，重馏分油收率增加 5.25 个百分点，降低了精制重馏分油硫含量，经过分馏系统深度优化，装置能耗最大降幅为 3.89kgEO/t；广州石化重馏分油加氢分馏系统停运加热炉后，对精制重馏分油产品质量没有影响，综合能耗下降约 1.94kgEO/t。

（九）加氢装置间一体化设计技术

以加氢装置部分单元独立设计，公用工程、循环氢系统、DCS 等设施共用的形式，通过选取最佳组合工艺，实现装置部分设备联合共用，达到联合装置灵活操作、能耗最低和投资最省的目的。与加氢装置分别设计、运行相比，采用装置间一体化设计，联合设计的加氢装置总能耗可以降低 0.5～1kgEO/t。青岛炼化将 410 万吨/年柴油加氢精制装置与 100 万吨/年航煤加氢精制装置联合布置，柴油加氢装置新氢压缩机同时为航煤加氢装置提供氢气，与分别设置循环氢系统的方案相比，共同方案的电耗降低 0.91kgEO/t 原料油。同时，柴油加氢装置与航煤加氢装置实现胺液系统、公用工程系统、余热回收系统共用，达到降低投资和节能降耗的目的。

三、热量集成节能

热力学第二定律表明：在没有输入功的情况下，能量总是从高品级向低品级变化，即“水往低处流”，表明了能量的重要因素——质（品位）。从热力学第二定律得到的节能启示是：高级高用、低级低用。要达到这样的效果，必须在更多的装置之间或装置与公用工程系统之间进行热量交换，这就是热联合或热集成。

（一）工艺装置之间的热进料、热出料

热出料使上游装置换热网络的热流减少，下游装置换热网络中的热源增加，两个换热网络都需重新匹配。这给上下游装置能量的工艺利用环节提供了改进的机遇。由于技术经济条件的变化，包括：①能源与设备比价的提高；②原料、产品性质和要求的改变；③工艺、设备等技术的更新换代，能量利用环节存在着改进的空间。换热网络的重新匹配就提供了装置在利用环节、回收环节和转换环节的一次全面改进的机会。

（二）热储存

设计温度高于100℃的储罐称为热储存罐。非热储存设计的储罐在温度高于100℃时，储罐底部的存水会发生沸腾、储罐压力陡然上升，容易导致储罐溢流、倾翻、甚至爆炸等事故发生，所以过去储罐温度一般控制在90℃以下。

当上、下游装置之间因物料不足或过剩等原因不能用作热出料或热进料时，采用热储罐有利于减少上游装置的冷却用能、储罐自身的维温用能以及下游装置的加热用能。低温罐改热储罐需要进行适当改造，如选用适合的材质、罐底进行耐温处理等，并设置必要的防范措施，避免突沸事故的发生。

（三）工艺装置之间的热联合

工艺装置之间热联合的节能潜力很大，但不利的条件也很多，主要有工艺路线复杂、加工的原料品种多且需要分开处理、已有装置和新建装置在流程和平面布置方面未充分考虑热联合等。随着市场经济的发展，产品结构、加工方案多变，给装置的热联合带来很大的难度。另外，装置实行了热联合，相互之间有着密切的牵制，给正常操作、开停工、意外事故处理和安全生产都带来直接影响，尤其在仪表控制系统水平不高的情况下更为突出。归纳起来主要受到现有设备和平面布置、安全操作控制、原料品种、加工量及加工方案几大因素制约，使决策者难以下决心。为此，必须进行深入细致的前期方案制定和论证工作，使装置正常操作与安全生产得到可靠保证，相互热联合的装置要有冷、热进料的适应性并具有一定的操作弹性等。在此前提条件下，权衡投资与效益的关系方能作出正确的决策。

1. 原油蒸馏装置与催化裂化装置的热联合

原油蒸馏装置中间馏分或渣油进催化裂化采用热进料，催化裂化主分馏塔的余热加热原油蒸馏装置的原油或初馏塔底油，这种双向联合的结果是原油蒸馏装置加热炉节省了高品位的能源——燃料，而催化裂化装置的低温位热源得到充分利用。

2. 催化裂化与其后加工装置的热联合

气体分馏和脱硫、烷基化、污水汽提等装置需要的都是低温热，催化裂化主分馏塔顶、顶循环回流、出装置轻循环油等的余热完全可以作为这些装置的热源，一般来说，它们开停工同步，相距较近，热联合最为有利。例如，催化裂化顶循环回流与气体分馏热联合等。

四、公用工程节能

（一）氢气系统

1. 氢气优化重要性

随着原油重质化劣质化趋势加剧、油品质量升级步伐加快及产品结构调整变化，各炼油厂对氢气的需求量不断增加，氢气已成为炼油厂原料成本中仅次于原油的第二大成本。开展氢气资源优化研究，最优化装置用氢，寻求低成本氢源，提高氢气资源利用效率，保障用氢安全稳定，对企业节能降本增效具有重大意义。

2. 氢气系统概况

炼油厂氢气系统主要由供氢单元、耗氢单元、氢回收单元及氢气管网构成。常见的供氢单元主要有天然气制氢装置、煤制氢装置、连续(半再生)重整装置、乙烯装置等，其中重整装置、乙烯装置均属副产氢单元，各类制氢装置是炼油厂氢气平衡调节的重要手段。耗氢单元包括各类临氢装置，如汽油加氢装置、柴油加氢装置、重馏分油加氢装置、渣油加氢装置、加氢裂化装置等，是氢气资源利用的主要场所。由于深冷回收氢气能耗高、成本高，在炼油厂氢气提浓领域应用较少，因此氢气回收单元主要包括膜分离装置、PSA 装置。氢气管网是连接“供氢单元—耗氢单元—氢回收单元”的桥梁，是氢气资源传递的重要支撑，氢气管网的优化布置及管网安全性输送也是氢气优化重要研究内容。

3. 氢优化技术基本方法

炼油厂氢气系统的优化设计主要有两种方法：夹点分析法和数学规划法。

(1)氢网络夹点分析法。1999 年，Alves 提出氢气网络夹点分析及优化方法，该方法基于换热网络的夹点分析技术，通过找出氢气网络的夹点，确定整个氢气网络的瓶颈所在，并系统分析不同纯度级别的氢气用量。继曼彻斯特理工大学提出氢夹点概念以来，该方法得到了一系列的发展，形成了剩余氢量图解法、严格氢夹点图解法、氢负荷-流量图法、源组合曲线法、多杂质赤字率夹点法等不同表现形式的氢夹点分析技术，其特点如下：

①剩余氢量图解法对每种装置需要和产生氢气的纯度和流量能够简单直观地表示，并且能够在网络设计之前直接得到氢气的最小公用工程用量，该方法需要进行大量迭代计算，不适用于有压力约束和多杂质氢气系统；

②严格氢夹点图解法与源组合曲线法无需多次迭代计算，但是严格氢夹点图解法要求系统所用氢气公用工程为纯氢，源组合曲线法只考虑了单杂质因素，并且源组合曲线是折线不易理解；

③氢负荷-流量图法以及考虑提纯回用的氢负荷-流量图法简单高效，易于理解，避免了严格氢夹点图解法必须使用纯氢作为公用工程的缺点，但这两种方法不可用于有压力约束和含多种杂质的氢气系统；

④多杂质赤字率夹点法和改进的多杂质赤字率夹点法可以用于多杂质系统，且都可以在网络设计之前直接得到氢气最小公用工程用量，改进的多杂质赤字率夹点法省去了多杂质赤字率夹点法需要选择不同杂质排序，多次重复计算的过程，计算效率大幅提高，但存在计算准确性、精度不够高等问题。

综上分析可知，剩余氢量图解法虽然计算过程复杂，但其表现形式直观、简洁；严格氢夹点法、氢负荷-流量图法等虽然从不同角度完善了剩余氢量图解法的不足，但这些分析方法存在计算准确度不高、不易理解等问题。

(2)氢网络数学规划法。数学规划法的原理在于将氢气系统优化过程转化成数学建模方程的求解过程。数学规划法将优化目的转化为目标函数，根据炼油厂实际情况设定约束条件，比如，可根据年度运行和投资的总费用或部分关键费用，在氢气系统模型中添加氢气年度成本、压缩机年度成本、作为燃料的废气年度收益以及压缩机、提纯装置和管道的投资等众多约束条件，最后利用易于收敛的求算方法求取目标函数的最优解，实现全厂效益的最大化或氢气消耗的最小化。但是模型越严格，包含的变量、约束就越多，使用和求解越复杂，甚至可能得不到最优解。所以，根据目的和要求的不同，数学规划法要选择不同数量和范围的变量与约束条件。

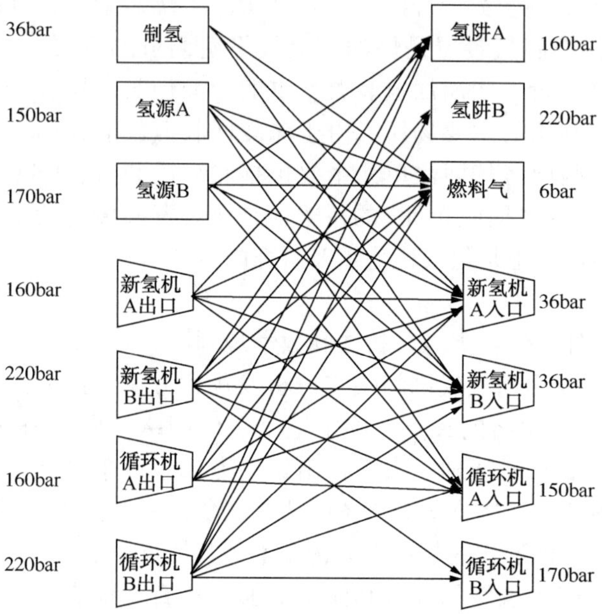

图 25-18 氢网络优化超结构模型示意图

（注：1bar=100kPa）

Hallale 和 Liu 在 2001 年将氢网络中的压力条件、压缩机配置等纳入氢气系统设计，提出了基于超结构的数学优化模型。主要特点是将各台压缩机也作为氢源和氢阱，即压缩机进口为氢阱，出口为氢源，而超结构的含义是数学模型中包含所有现有和潜在的网络连接，由优化算法对所有的设计方案进行筛选，得到最终的氢优化网络方案。氢网络优化超结构模型示意图如图 25-18 所示。

（二）蒸汽动力系统

蒸汽动力系统是石油石化行业公用工程的重要组成部分，其任务是将一次能源（石油、煤炭等）转换成二次能源（电、蒸汽、热水等），为过程系统提供需要的动力、热能、电力、蒸汽等公用工程。蒸汽动力系统通常由产汽、输送、用汽和凝结水回收四个环节组成，这些环节不仅涉及全厂工艺装置的构成、加工路线、装置内的换热流程和装置间的热联合等用能水平，而且也与全厂公用工程系统的用能构成直接相关，它的安全、稳定运行是炼油厂安全、稳定、长周期运行的基础。蒸汽动力系统的合理用能对整个生产过程的能量利用率和经济性具有重要影响，因此对蒸汽动力系统进行模拟计算和运行优化具有非常重要的意义。蒸汽动力优化一般从以下几方面进行：

1. 关键节点参数优化

通过搭建详细的蒸汽系统模型，实现系统保温评价管理和瓶颈识别。充分考虑取汽点、供汽点、管径限制，以及对应的流量、温度、压力等参数，通过改进操作、更换管线及保温，优化蒸汽透平进口温度、进口压力、锅炉给水温度等关键节点参数。并针对超温、超压、流量超限、水击、蒸汽品质不满足工艺需求等异常现象，制定最佳优化策略。

2. 机、炉负荷优化匹配

对动力站锅炉产汽效率，汽轮机的各级发电效率进行计算，通过进汽蒸汽状态和各级的出口状态计算得到汽轮机的中抽效率、低抽效率及真空度。在保持锅炉总产汽、中抽总量、低抽总量不变的情况下，根据各效率不同进行锅炉、汽轮机的负荷分配优化。

3. 蒸汽管网压力与动力站汽轮机抽汽压力优化匹配

对于全厂蒸汽管网，提高中压管网压力、降低低压管网压力，能够减小工艺透平的汽耗量。使用系统模型在管网允许压力区间进行测算，在满足工艺装置产用汽条件下，找到蒸汽管网压力与动力站汽轮机抽汽压力最优匹配值，实现减少汽轮机抽汽流量，从而减少锅炉供汽，增加汽机发电量。

4. 在线管理与优化

在系统离线模拟基础上，综合数据校正、神经网络、模糊算法等建立蒸汽动力及管网系统的软测量模型，开发实时监测、用能诊断、运行优化、动力排产和能耗管理等核心功能，建立适用于全厂蒸汽动力系统的在线监控与优化平台，不仅可以实时监控整个蒸汽动力系统的能源消耗情况，也可对设备进行诊断分析，实现全厂范围的运行优化，提高全厂运营效益，同时辅助工艺人员优化系统操作、识别系统瓶颈、精细化日常管理。

(三)用风系统

1. 空气压缩

压缩空气是经过空气压缩机压缩，并根据需要进行冷却、气液分离、干燥，制取工业生产所需仪表风、工厂风等。根据驱动机的不同，空气压缩过程主要消耗电能或蒸汽，以及冷却用循环水。

空气的压缩为多变过程，理论压缩功为

$$W=\frac{k}{k-1}RT_0(\varepsilon^{\frac{k-1}{k}}-1) \tag{25-48}$$

式中　W——压缩功；

k——绝热指数；

R——气体常数；

ε——压缩比；

T_0——入口温度。

由式可见，工厂中压缩空气的节能可采取如下措施：

(1)控制降低入口温度。不论是单级压缩还是多级压缩，各级入口温度的升高均会造成电耗的增加。降低冷却水温和提高冷却效率，可提高空气压缩机效率，降低功耗。

(2)保持空压机入口过滤器阻力在较低的范围。过滤器阻力增大，空压机入口压力降低，压缩比提高，造成电耗增加。

(3)降低供气压力。输送管路压降的增加和用气侧压力的提高，均需要提高压缩机出口压力，造成压缩比提高，电耗增加。在满足用气点工艺和使用要求的情况下，适时调整降低气液分离器、干燥器等设备局部阻力，尽可能地降低供气压力。

(4)杜绝管网泄漏。输送过程的泄漏，会增加空压机负荷，造成用电增加。

(5)减少空压机放空。当用气负荷有较大变化时，需及时调节空压机投用的台数或空压机负荷，避免过度供应造成的浪费。

(6)用好空气压缩后余热。在空气压缩过程中，空气内能提高，温度提高。可根据用途，采用余热再生式干燥器、锅炉低温补充水与高温压缩空气换热等方式，回收压缩后余热。

2. 空气分离

空气分离是利用物理或者化学方法，将空气混合物各组分分离，获得高纯氧气和高纯氮气以及其他稀有气体。工业上大多采用深冷法，对空气通过压缩、膨胀和降温，直至空气液化，分离出氧、氮等组分。空分装置的节能主要体现在降低大型压缩机能耗、外送低温物料冷量回收等方面，具体措施如下。

(1)合理规划空分装置负荷，空分装置负荷与工艺装置用气量相匹配，选取高效、可靠压缩机组。

(2)做好压缩机节能，调整并降低入口过滤器、输送管线压降，控制降低各级入口温度，对透平驱动的凝汽器控制处于较高真空度运行，减少压缩机电耗、汽耗。

(3)做好换热设备设施管理，强化并提高主冷凝蒸发器、沸石加热器换热效率，加强设备、管道保温保冷选材与管理。

(4)优化系统操作，提高装置氧气提取率，降低装置负荷；优化减少后备低温液体供应，减少冷量损失。

(5)利用先进控制技术，降低机组防喘振开度，减少机组放空。

(四)循环水系统

炼油厂循环水系统一般由多设备、多支路组成，最佳供水量受生产装置工艺热负荷、污垢系数、环境温度、换热器性能等多种因素影响，具有复杂多发的典型特征。为了安全生产，循环水系统常处于超量供给状态，导致系统能耗普遍偏高。循环水系统节能可从水量优化、总管压力优化、节能节电优化等几方面进行。

1. 水量优化

(1)通过优化工艺热出料和低温余热回收，减少工艺物料冷却负荷需求；

(2)对换热器逐台进行核算，确定最佳的冷却器结构和工艺侧运行参数，实现单台用水量最小化；

(3)采用冷却水串级利用等措施，提高上回水温差，实现总用水量最小化。

循环水冷却设备的循环水一般设计为一次通过式，每台冷却器之间并联，且循环水上水和回水的温差≥10℃。但水冷器实际运行过程中上回水温差一般小于设计值。因此对于位置较近的水冷器在用水量匹配时，对循环水回水和上水温差<10℃的水冷器可以进行水冷器之间的循环水串级优化，节约循环水用量。

对两组换热器进行循环水串级利用时，应考虑由于压降增大对第一级换热器的影响，以及由于水温升高对第二级换热器的影响。根据需要对换热器进行相应的改造，通常情况下改造的方法是更换换热器。也可考虑改变管壳式换热器管程数的方法，无需更换换热器，只需对管束和管箱进行改造即可改变换热器的程数，大幅度降低改造费用。

2. 总管压力优化

(1)构建全厂循环水系统模型，利用夹点技术对整个循环水系统的设备和管路进行核算；

(2)通过管路调整、低压降单向阀改造、局部增压等措施，使循环水总管压力最低化。

3. 机泵节电优化

(1)在前两步优化完成的基础上，按照新的工况需要，对循环水场机泵的流量和扬程进行适应性改造，机泵可考虑采用高效机泵或永磁调速等技术改造；

(2)采用高效风机等专用技术降低风机用电；

(3)机泵和风机负荷，随环境和工艺工况变化进行自动化控制。

（五）低温热系统

工艺装置及装置间的热量优化后，大部分温度在130℃以下的剩余热量称为低温余热，是工艺装置、系统部分通过内部优化改造后仍很难或者无法利用的热量。炼油厂低温余热实质上来源于炼油厂所耗用的燃料，其来源是燃料热能的转化形式。而回收利用的低温热量又会用于炼油厂内部，其节省的能量就是消耗的燃料，因此，低温余热利用是利用低品位热能，而节省的是高品位燃料，同时又可减少冷却负荷。

低温热在工艺装置内部难以回收利用，需要纳入全厂大系统，充分考虑和平衡各种因素，以期实现整体最有效的回收和利用，特别是随着节能工作的不断深入，低温热的回收利用是炼油能量优化过程必不可少的一个方面。

1. 低温热特点与分布

（1）低温热的特点　低品位的能量主要包括低温热能、低压动能、低纯化学能、低效电能、低温冷能、排弃热能等。低温热量回收利用相对比较困难，主要原因有以下几点：

①低温热能量品质低。低温热因温度较低，能量的品质低，可逆转化能力小，即使温度达到130℃，其能级低于0.2，理论上最多20%的热量可以转化成其他能量，因此低温热能回收只有直接换热替代高温位热量才是最佳的利用途径。回收低温热应注重热源与热阱温度的匹配，通过逐级利用，充分回收低温热可用能。

②低温热源影响因素多。在炼油生产过程中，低温热源总量受工艺生产流程（工艺参数）影响较大，工艺条件的变化对低温热量会产生影响，甚至会消失。如催化裂化分馏塔塔顶低温热受多种因素影响，包括催化裂化装置加工量、催化裂化反应转化率、进料喷嘴雾化蒸汽流量、分馏塔顶操作参数变化、全塔取热分配调整等。装置低温热受生产负荷、外界环境温度、工艺生产方案、设备类型等因素的制约，因此，低温热资源的回收利用改造必须在工艺条件相对稳定、生产操作处于优化的状态下进行。

③低温热阱的波动性较大。低温热阱受季节变化（如采暖、伴热等）、工艺参数、总图布置、保温工艺等因素的影响。热源、热阱始终波动变化，造成低温热能回收难以遵循“热源与热阱温度逐级匹配”的原则，致使部分企业低温热能回收系统偏离最优化状态。

④低温热源和热阱点多面广。从全厂装置的总图布置上看，低温热源多为工艺余热，集中于主要工艺装置；热阱包括生产、辅助和生活三类，优质热阱则集中在气体分离、乙苯/苯乙烯脱轻液、烷基化脱轻烃与脱异丁烷等低温操作塔和蜡油罐、原油罐以及管线维温伴热等。而多数企业的原油罐（低温热阱）远离装置区；部分企业气体分离装置远离催化裂化装置，使得热阱总量虽然较大，因热源与热阱间距离过长，使低温热能难以充分回收。因此，设计阶段的总图布置对运行后的低温热回收存在较大的影响。

⑤低温热回收受蒸汽管网平衡影响。炼油能量系统优化中回收的低温热能用于温位多为90~130℃的热阱，可替代大量0.3~1.0MPa蒸汽，减少低压蒸汽用量，因此，会导致全厂蒸汽管网平衡发生变化，或导致低压蒸汽过剩而放空，影响了更高能级的蒸汽管网运行优化。因此，低温热能回收利用需要结合全厂蒸汽平衡格局综合考虑。从全局角度来综合考虑，实现最大节能。

（2）低温热的分布　通常炼油厂的主要低温热源包括原油蒸馏装置的常压塔顶油气、减压塔顶循环油、稳定汽油、柴油、减压馏分油等，催化裂化装置分馏塔顶油气、顶循、轻

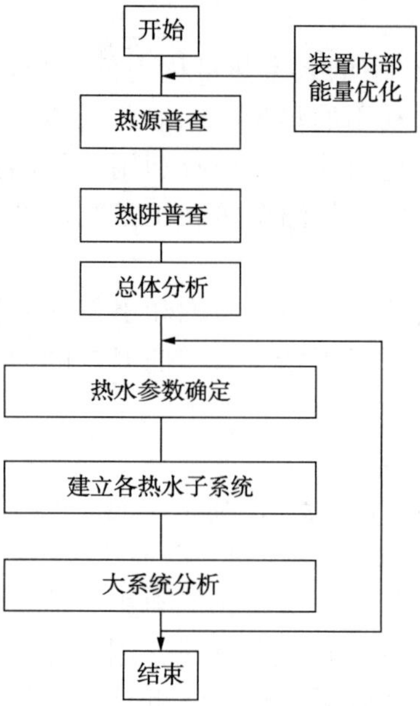

图 25-19　低温热媒水系统设置步骤

循环油，柴油加氢装置的精制柴油，加氢裂化装置的分馏塔顶气、重石脑油、柴油和加氢裂化尾油，渣油加氢装置的柴油、渣油，污水汽提装置的净化水，溶剂脱沥青装置的高压溶剂、洗涤油、脱沥青油，焦化装置的大吹汽，苯抽提装置的脱庚烷塔顶油、二甲苯塔底油，S Zorb 装置的稳定汽油，催化裂化油浆拔头装置的塔底油浆，以及各装置的加热炉烟气、再生烟气、各类乏汽、胺液等。部分炼油厂的低温热总量在 80MW 以上。

2. 低温热利用步骤

低温余热回收利用系统的建立，要充分调查分析热源和热阱，通常包括以下步骤，如图 25-19 所示。

(1)对企业的低温热源和热阱进行调研，确定各热源和热阱低温余热品质类型、能级、总量等，对热源和热阱情况进行汇总分析。低温热源包括需冷却的工艺物流、凝结水、排放乏汽、加热炉和锅炉排放的烟气等方面；低温热阱包括需加热的低温位工艺物流、伴热、维温、锅炉给水、采暖、制冷、储运维温等，以及向企业生产、生活设施供冷和供热等方面。

(2)根据“温度对口、逐级利用”的原则，对调研的热源和热阱进行合理匹配，选择适宜的热源和热阱，在技术上和经济上可行，确定低温余热在各装置间的流向与利用。

(3)根据各装置热源与热阱负荷，合理设置低温热系统(含热媒水在各装置进出口温度、流量)，优化取热与利用换热网络及流程。

(4)对低温余热量较大、无法直接利用的低温余热可进行升级利用，待提高余热品位后再利用，以提高低温余热的利用率。

(5)为保证低温余热系统的正常运行，引入温度调节系统，控制低温热系统的温度。在充分考虑炼油厂全局范围内低温热源、热阱的量、温位及平面布置等具体条件下，首先进行循环热媒水低温热系统的优化设置，然后通过循环热媒水流程的串、并联设计，实现冷热物流的匹配优化以及热量回收与利用的最大化，如图 25-20 所示。

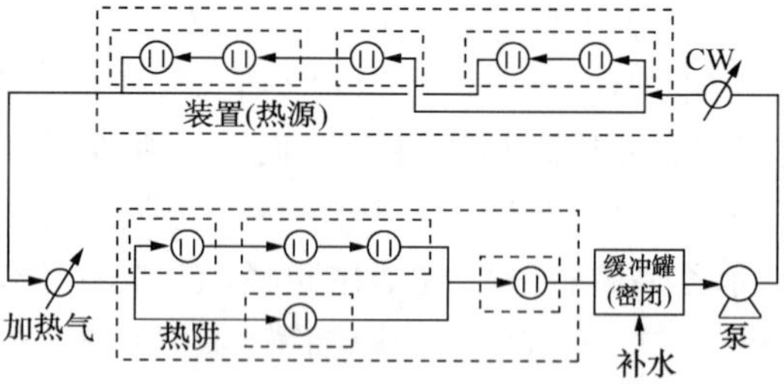

图 25-20　热媒水循环低温热回收利用流程简图

3. 低温热利用原则

低温热作为炼油厂能量系统产生的余热资源，其优化利用的原则包括：①采用装置能量综合优化和热集成方式减少低温热的产生；②充分挖掘和利用各种低温热阱，主要是工艺分离、储运单元、管线伴热、厂内外生活和采暖用热等，合理匹配；③低温热利用必须在系统全局范围内统筹考虑和规划，不能分散、孤立地考虑，要在全系统(全厂)或距离较近的、相对集中的装置群内对已明确的低温热源和热阱实施优化匹配；④所有的低温热利用措施都有子系统优化设计问题，与换热网络综合优化相似，并且两者间有密切联系；

⑤以上措施回收利用后若仍有剩余，可同步考虑低温热升级利用措施，同时要兼顾投资回报期。

4. 低温热利用方式

低温余热资源主要利用途径：一是按级匹配利用，即向温位更低的物流换热利用，例如为低温再沸器提供热源、预热空气、储罐维温与管线伴热、锅炉给水加热、冬季采暖、提供生活热水等；二是升级利用，即热升级、制冷、做功等，例如热泵、溴化锂制冷、低温发电等。

(1)低温热按级匹配利用　根据低温热回收的温位，选择适宜的用户，把用户原使用的高、中温热源顶替下来，同时又降低了其使用高、中温热源时能量传递损失，这是低温热利用中的最佳方案。

①装置间低温热联合。因生产用热大多为连续用热，热负荷相对稳定，在温度低于110℃以下的地方使用低温热的节能效益更好。如：气体分馏、烷基化、乙苯/苯乙烯、溶剂回收等装置的原料和塔底再沸器加热(可考虑直接用上游装置低温物料为其加热，也可通过热媒水系统为其加热)；加热炉用空气(用加热炉烟气比较多)及燃料、动力系统生水、进除氧器的除盐水、补充化学水、新鲜水等；生产辅助系统，用于原油、蜡油罐区等加热维温和装置轻油类管线、仪表伴热等。

②生活用热。炼油厂的办公楼、生产管控中心、操作室、油品分析化验室等冬季采暖、夏季制冷也消耗不少能源，且温位不高，如用低温热取代其能源消耗，可降低全厂综合能耗。一是办公和生活采暖，用低温热水代替空调为办公楼宇生活取暖、制冷，虽然是季节性的，但可回收不少热量，降低冷却负荷。二是加热生活用水，这种用热一方面提高了职工生活水平，另一方面节省已存在的用液化石油气加热热水的能源，这种用热的特点为一年四季均需要，但用热负荷随昼夜变化而变化。因此，在制定方案时，应考虑用热量减少时，如何保持系统平衡，取出热量。

以某炼油厂低温热按级匹配利用为例，其低温热回收利用流程如图25-21所示。该低温热系统是在统筹考虑原油蒸馏、催化裂化分馏、溶剂脱沥青、气体分馏、乙苯/苯乙烯、烷基化、动力、储运及生产热水、生活采暖等20余个热源和热阱的基础上而设计的全厂大系统低温热利用流程。热源部分按照温度高低递进为热媒水供热，热媒水共取热4491×10^4kcal/h，热阱部分按照温度高低递进自热媒水取热，共用热4285×10^4kcal/h，折算节约低压蒸汽约28t/h(低温热能量利用按50%计算)，低压蒸汽120元/t，装置年开工8400h计，该低温热系统年节约2822万元，投资回收期不超过2年。

(2)低温热升级利用　低温热在优先用于连续、稳定的热阱之后，过剩部分可考虑升级利用。

①低温热制冷。制冷是低温热利用的一项很重要的内容，低温热制冷主要采用吸收式制冷。低温热制冷的用途有两种：

一是产品冷却。在南方炎热的夏季，气温和循环水温度较高，产品的冷却温度难以满足要求，致使产品收率下降，损失增大。为此，在解决催化裂化、焦化以及轻烃等吸收稳定“干气不干”，以及硫黄加氢尾气至吸收塔的温度高、污水汽提原料水罐罐顶气烃组分含量高等问题时，除了从工艺上改进外，利用低温热制取5~10℃冷冻水进一步冷却，可改善吸收稳定操作，增加液化石油气收率、降低硫黄烟气中 SO_2 含量等。

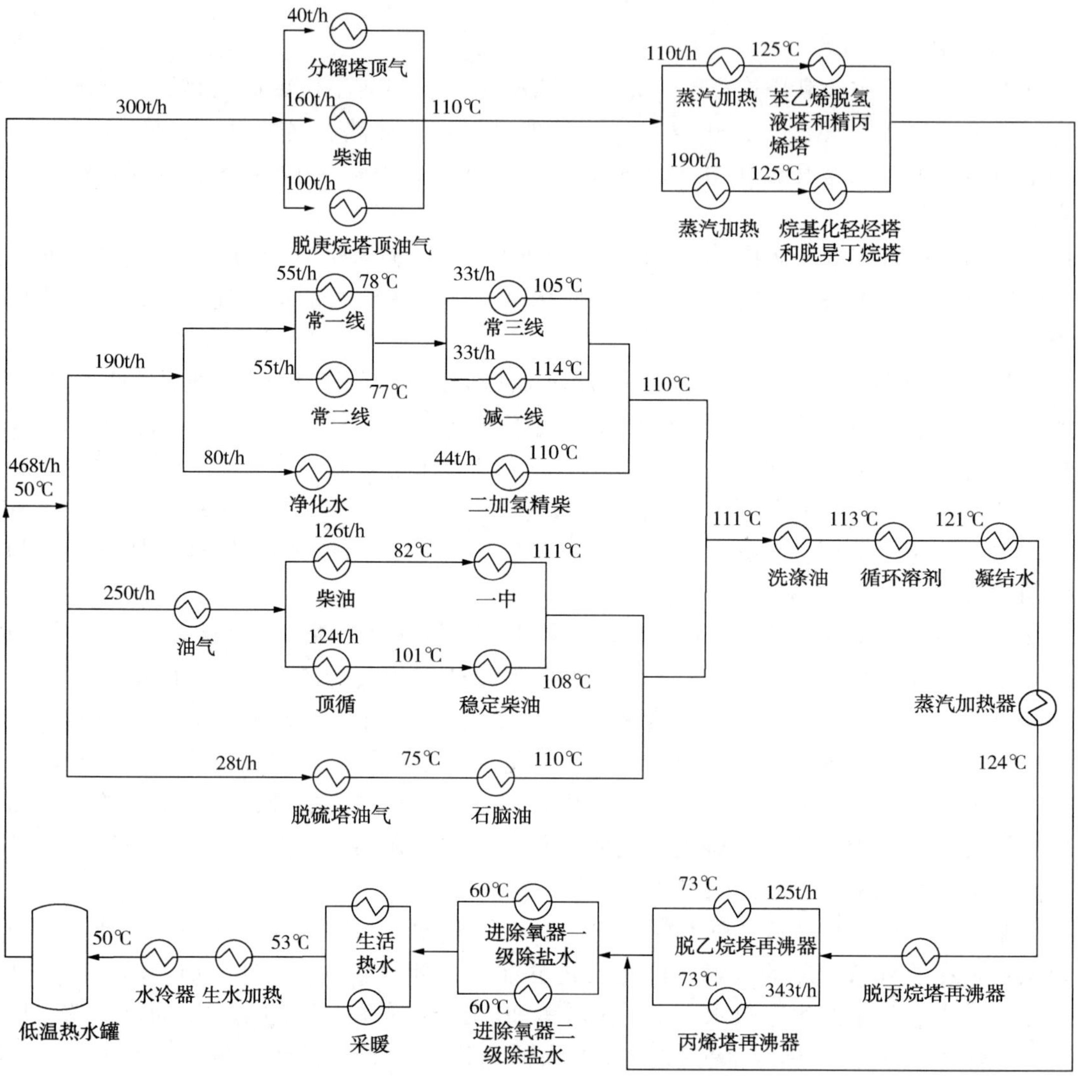

图 25-21　循环热媒低温热回收利用流程简图

二是办公用。主要用于办公室、中心控制室、操作室、化验室等制冷、替代空调。

吸收式溴化锂吸收制冷已得到普遍应用，用低温热代替蒸汽热源的吸收制冷也已投入工业应用。如，九江石化采用 98℃的低温热水（100t/h）制冷冻水（455t/h），冷冻水用于生产和办公，如图 25-22 所示。

②低温热发电。低温热发电也是低温热能量回收的一种方式，在大量过剩的低温热难以找到适宜的同级利用时，采用低温热发电，可将低温热能转化成高品质的电能进行回收利用。但单纯采用低温热发电可能会出现投资大、发电效率低、投资回收期长等问题，因此要与生产供热、供冷结合起来，根据不同的温位安排不同的用途，形成整体优化方案。

九江石化采用有机朗肯循环（Organic Rankine Cycle，简称 ORC）发电技术，以低沸点有机物作为工质，取得比较好的回收效果，其简化的工艺流程如图 25-23 所示。

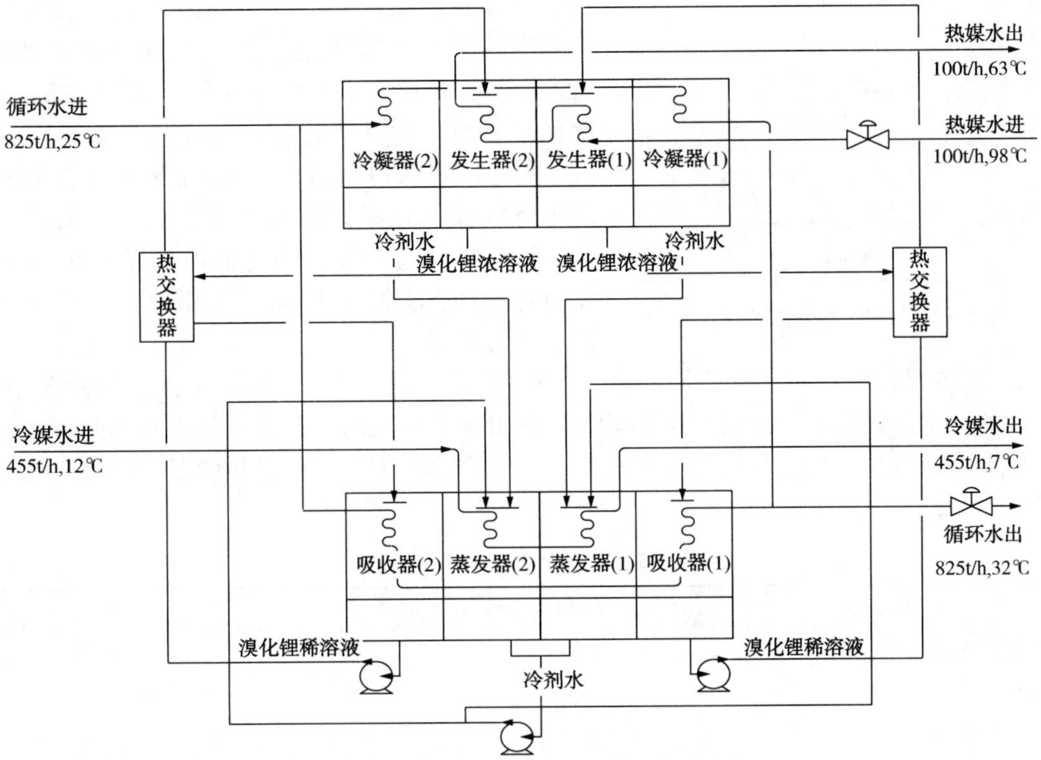

图 25-22　热水两段型溴化锂吸收式制冷机组工作流程简图

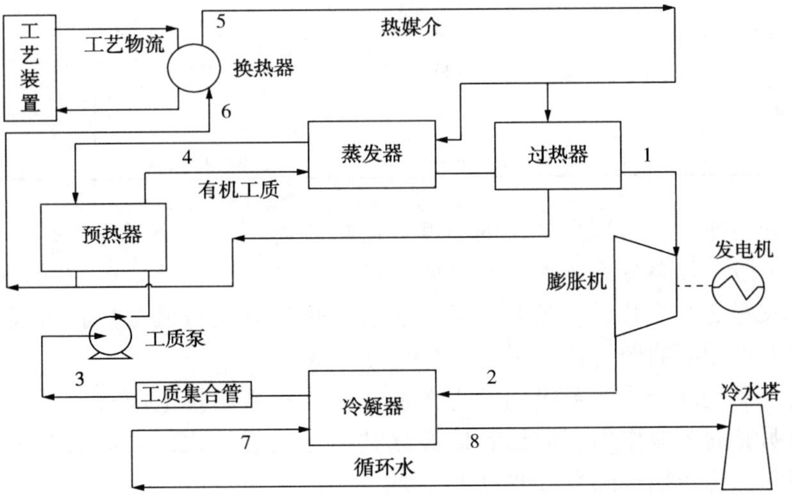

图 25-23　ORC 发电技术示意图

ORC 发电技术包括有机工质循环、热媒介循环、循环水循环三个部分(图 25-24)。有机工质循环是指有机工质(如异丁烷)在发生器中被加热后，少量携带的液相经过过热器后蒸发为蒸汽(状态点 1)，随后蒸汽进入汽轮机完成做功、发电过程。汽轮机出口的乏汽(状态点 2)进入冷凝器完全冷凝为液态(状态点 3)，循环工质经过加压泵升压预热后(状态点 4)，进蒸发器中蒸发至饱和态(状态点 4′)，随后进入下一次循环。热媒介可以是油品，也可

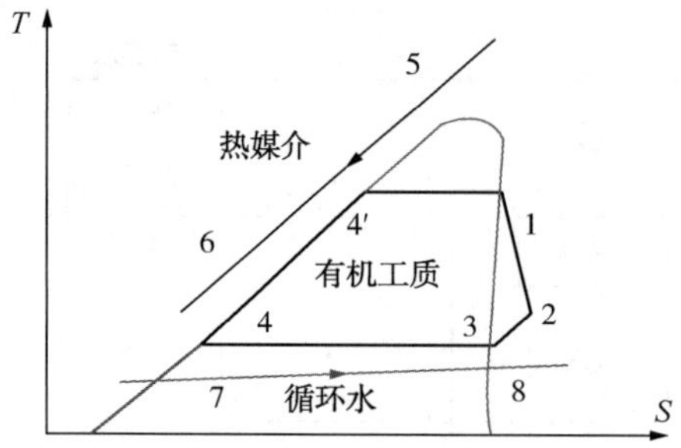

图 25-24　ORC 发电技术温熵图

以是热媒水，热媒介循环是指经工艺装置取热的油品、热媒水（状态点 5）进入蒸发器和过热器换热后（状态点 6）送回工艺装置取热，取热后进入下一次循环。循环水循环是指经冷水塔冷却的循环水（状态点 7）进入冷凝器冷却工质后（状态点 8）返回冷水塔冷却，并开始新的循环。其中，有机工质多在亚临界状态工作，理想的亚临界 ORC 循环主要由等压吸热、等熵膨胀、等压放热和等熵压缩四个过程组成。

表 25-5 是低温热利用的三个案例。案例 1 为某炼油厂利用 S Zorb 装置稳定塔塔底汽油作热源的低温余热发电；案例 2 为某炼油厂利用集中回收的工艺装置热媒水作热源的低温余热发电；案例 3 为某企业低温热媒水发电。根据表中数据，低温热的温位越高发电效率越高。

表 25-5　案例 1~3 主要数据表

项　目	案例 1	案例 2	案例 3
低温热供给热量/kW	7000	24000	17000
低温热供给温度/℃	140	95	98
低温热返回温度/℃	70	70	78
产品能源	电	电	电
发电机组装机功率/kW · h	1000	1000	1600
发电机组毛发电量/kW · h	720	760	1000
发电机组自用电量/kW · h	120	130	185
发电机组净发电量/kW · h	600	630	815
发电机组效率/%	10. 28	3. 17	5. 88

③热泵。利用热泵技术提高物流的温度，使物流再用于生产过程，是一种有效利用低温热能的技术手段。热泵分为压缩式和吸收式两类。许多炼化装置已成功地使用了压缩式热泵，取得了较好的节能效果。热泵一般用于需用热量温度与低温热物流温度差别不大的场合。温差过大可能影响经济性，制定方案时要慎重。

压缩式热泵在气体分馏装置应用较为普遍，用少量高质量电能代替原加热介质，如蒸汽，起到较为明显的节能作用。但随着低温热利用方案的优化，采用低温热水代替蒸汽作塔底重沸器热源，比压缩式热泵方案更为经济。

溴化锂吸收式热泵是一种升温型热泵，以低温热源为驱动力用来提高其他物料温位的设备，其性能系数（COP）总是小于 1，一般为 0. 47~0. 5，该热泵包括发生器、吸收器、蒸发器、冷凝器、热交换器、溶液泵、溶剂泵、热水泵等。主要用于制取低压蒸汽，携带低温余热的工艺物流首先进入蒸发器，加热蒸发器中的冷剂，使得冷剂汽化成为冷剂蒸汽。然后，冷剂蒸汽进入吸收器，被溴化锂浓溶液吸收，变为溴化锂稀溶液，此过程释放的热量加热除氧水制取 0. 35MPa 的蒸汽。随后，吸收器中的溴化锂稀溶液与来自发生器的溴化锂浓溶液换热温度降低后，进入发生器，在压力较低的发生器内被携带低温余热的工艺物流加热，浓缩成溴化锂浓溶液，再由溶液泵加压送往吸收器。最后，溴化锂稀溶液浓缩过程产生的冷剂蒸汽进入冷凝器，被循环水冷却成冷剂水(溴化锂稀溶液)，由冷剂泵送回蒸发器，这样往复循环达到利用工艺物流低温余热连续制取 0. 35MPa 蒸汽的目的。溴化锂吸收式热泵制取低压蒸汽原理图如图 25-25 所示。

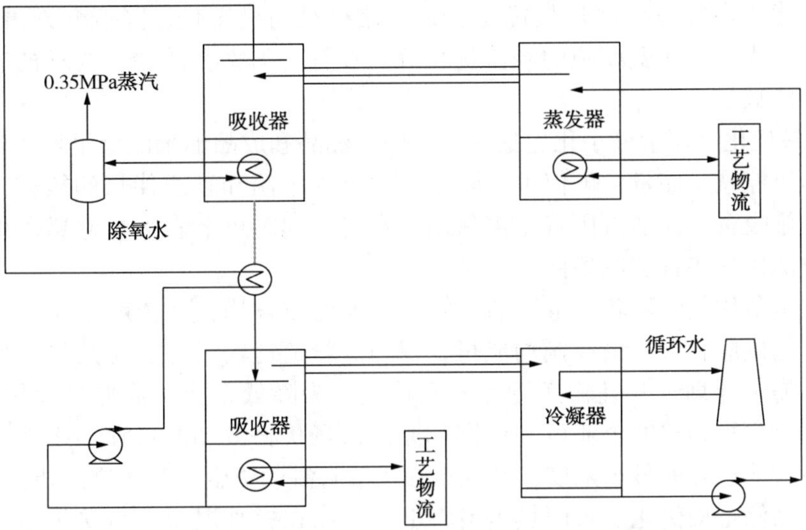

图 25-25　吸收式热泵制取低压蒸汽示意图

基于溴化锂吸收式热泵的大温差换热器的基本原理与上述制取低压蒸汽的原理大致相同，不同之处是考虑到蒸发器需要的热源温度高于吸收器需要的热源温度，因此，将工艺装置提供的低温余热资源串联使用，先为蒸发器提供热源，再为吸收器提供热源。

表 25-6 是关于热泵应用的两个案例。案例 1 是某炼油厂利用 130℃ 的工艺物流，10500kW 的热量作为热源设置了低压蒸汽制取系统，产生 8t/h 0. 35MPa 蒸汽；案例 2 是某炼油厂应用大温差换热器回收 130℃的工艺物流，10500kW 低温余热资源制热媒水作为生活区供暖热源。

表 25-6　案例 1~2 主要数据

项　目	案例 1	案例 2	项　目	案例 1	案例 2
低温热供给热量/kW	10500	10500	产品能源数量/(t/h)	8. 0	240
低温热供给温度/℃	130	130			
低温热返回温度/℃	85	30	产品能源温度/℃	144	90
产品能源	0. 35MPa 蒸汽	热媒水	产品能源热量/kW	5100	9500

从热效率和㶲效率指标数值分析，由于低温余热资源利用过程的能源能级提升难度降低，吸收式热泵技术优于低温热发电技术。但从产品能源能级分析，电的能级远高于 0. 35MPa 蒸汽和 90℃的热媒水，低温热发电技术又优于吸收式热泵技术。

炼油厂的低温余热资源利用应符合下述条件：一是完成全厂用能分析，低温余热资源稳定存在；二是在全厂范围内统筹考虑低温余热按级匹配利用；三是对剩余的低温余热资源可考虑升级利用；四是要兼顾投资回收率。

（六）储运系统

1. 储运系统节能技术

储运系统是炼油厂的重要组成部分，储运用能与蒸汽动力系统和低温热系统密切相关，储运系统节能优化内容包括储量最优化、必要储存时间最短化、降低允许最低储存温度、提高进罐温度的优化和保温设施的经济优化等。在符合国家石油储备要求的前提下，减少高温储油品种的数量。

（1）储量最优化　储量最小化包括原油、中间油品和成品油罐的储量最优化。在保障生产的情况下尽可能减少储量，不但可以降低大量罐内维温和管线伴热的能耗，而且也为企业节省储运设施投资、储油占用资金需付出的利息，同时可节省大量储罐占地，为新建装置、扩建装置的优化布置创造条件。

①原油储量最优化。随着大量原油中转库基地建成投用，从依赖车船运输改为管道运输，原油按计划供应和含水量控制均能得到保障。管道运输具有良好的供应保障能力，能够满足企业的需求计划，并且输送更加安全稳定，为降低企业原油储量提供了有力支撑。除了拥有部分自主采购权的企业可利用国际原油市场价格波动低价存油之外，宜把原油储量保持在防备管输意外的最小限度，其优点在于节省流动资金，节省维温能耗。

②中间油品储量最优化。采用热出料将上游产品在较高温位下直接供给下游装置，正常操作时，只有很少部分上游产品经过中间罐，用中间罐液位平衡两个装置加工量的波动。对于蜡油等较重油品，还可以把储罐改为“热罐”，使少量经过中间罐的油品也不必经冷却器，只在非正常停工时需临时储存较大量的油品，这就大大减少了中间罐需要的罐容，节省泵送功耗、重油维温热负荷和轻油罐的呼吸损失。

此外，中间储罐一般都位于装置附近的厂区中心，在新一轮以热出料为契机的改造规划中，如果能够显著减少中间罐的数量，可空出宝贵的用地，重新安排装置布局，将更有利于热出料和热联合方案的制订。

③成品油储量最优化。随着原油的深度加工，炼油厂的产物分布也发生变化，轻质的汽柴油产品增加，重油如燃料油和渣油的份额减少。质量仪表和在线调合技术的进步，使得越来越多的企业改进了传统调合方式，不再采用分罐储存各种半成品油、按调度要求倒罐操作进行离线调合的工艺。在线调合技术使得调合生产过程缩短，不但节省功耗，也减少了半成品油罐和调合罐的数量以及油品占用流动资金的时间，经济效益显著。

（2）储存工艺参数最优化　储存工艺参数优化，是指合理提高进罐油品温度，降低允许储存温度，同时优化储罐的保温设施，使得在最小储量对应的最短必要储存时间内，油品由进罐温度降温到出罐温度所释放出的显热，能够平衡油罐在此期间的大部分散热损失，使必须由外部补充的维温热负荷减到最小。

①储存时间。通过前述储量的优化，各罐区储量减少，但收付流量不变时，物料的存储时间、温度变化和热损失都相应有所降低，从而减少维温热负荷，可以提高物料的出罐温度、减少下游负荷。同时，原料油尽量不要在罐区进行脱水，以节省原料油在罐区的停留时间，避免产生水沉降分层。

②适当降低允许储存温度。允许储存温度影响油品黏度，从而与输送泵的功耗呈负相关。但允许储存温度越高，能够利用的油品显热就越少，散热推动力(即允许储存温度与环境温度差值)越大，从而与储罐的维温热耗正相关。运用数值计算法可得到泵输送功耗与散热损失费用之和最小的经济储存温度。

③适当提高进罐温度。提高油品进罐温度，在储存时间内，油品由进罐温度自然温降所释放出的显热就更多，就能够平衡更多的通过罐表面的散热损失，从而减少用于维温的公用工程热负荷，有时甚至可以不用维温加热。提高进罐温度还可降低油品出装置的公用工程冷负荷。

(3)选择适宜的加热方式　一般加热方式有以下几种：

①热媒水作热源。传统的罐底蒸汽盘管加热维温设施，管外油品自然对流膜传热系数低，依靠1.0MPa蒸汽(饱和温度180℃)与油品之间的大传热温差(通常大于100℃)来维持热强度，高能低用。但是简单地用90℃左右的低温热媒水替代蒸汽却不行，因总传热温差ΔT大幅度降低，传热量Q会成倍下降。不过在上述储运参数优化的条件下，由于存储时间缩短和油品携入显热大幅度增加，维温热负荷也恰好成倍减少。这就有可能以热媒水替代蒸汽，通过盘管维温，实现能量的梯级利用。

②管壳式换热器。在盘管传热面积不够的情况下，可以采用提高传热系数的其他加热方式来实现能量梯级利用。例如，在进(出)罐油品管线上，采用高传热系数的管壳式换热器，便可以用80~90℃的热媒水，在传热温差20℃条件下使油品升温，且管壳式换热器在物料流量波动时，便于调整操作参数以适应变化。

③抽吸式加热器。在罐出口或泵入口设置抽吸式加热器，只加热抽出部分的油品，从而可以保证泵送油黏度要求。重质油品，如沥青，低温黏度较大、流动性差，若在罐区储存时维持高的存储温度，将耗费很多的维温热能。此时可采取平时维持较低的存储时间，只在需要外送时加热的策略。为保证送油时达到黏度要求，可在罐内底部靠近泵入口处增设抽吸式加热器，它是类似管壳式的换热器，但远端无封头，热流走管程，油品走壳程，以蒸汽或热媒水作热源，低温油品从远端吸入，从近端出换热器进泵时已被加热升温，黏度达到要求，确保物料正常出罐。

④储罐及管线保温。储罐及管线绝热应符合GB 50264要求，优化维温温度和维温介质，罐型选择应符合现行设计规范。

2. 储运系统节能实例

对某炼油厂油品储运系统进行调研发现，虽然已有部分装置实施了直供料，罐区实行了活罐供应，减少了罐区加热和动力负荷，节省了蒸汽和电，但由于流程设计限制和装置不配套的原因，大部分装置间供料需要通过罐区。存在的问题主要有：

(1)进入罐区中转的油品在上游装置冷却，到罐区后又耗用1.0MPa蒸汽加热，如原油蒸馏装置的渣油进罐区之前存在冷却现象，到罐区之后用1.0MPa蒸汽加热后去焦化或丙烷脱沥青装置。

(2)中间物料进入罐区中转，增加了物料传输的功耗。

(3)罐区加热和维温都是采用蒸汽，而且没有对罐区的储存温度、储存时间和加热方式进行优化。

(4)部分储罐维温需要加强，如重油罐。

针对该厂实际，罐区用能优化主要结合全厂的低温热利用，改进罐区的维温方法，优化物料储存时间，调整罐区操作方式，以降低蒸汽消耗。原油、馏分油、渣油罐区和原油返输年均消耗 1.0MPa 蒸汽 6万吨，润滑油罐区年均消耗 1.0MPa 蒸汽 4万吨。该炼油厂因地处南方，冬夏蒸汽消耗差别不明显。各种油品消耗蒸汽数据见表 25-7。

针对不同罐区，制定不同优化方案：

(1)原油和润滑油罐区　该炼油厂原油主要是从码头输到罐区，根据不同原油种类，维温略有区别，原油维温的目标温度一般不低于 30℃，重质原油维温温度略高，蒸汽消耗约 2 万吨/年。

润滑油罐区，现有连续重整和污水汽提供给部分低温热水供罐区维温，但因低温热水供应不足，消耗蒸汽约 4 万吨/年，储罐温度不低于 60℃。

表 25-7　罐区伴热维温蒸汽消耗数据

种类	储量			目标温度/℃	操作最高允许温度/℃	蒸汽消耗/(kt/a)	备注
	罐容/(10^4m^3)	个数	总计				
原油罐区	2	3	54	≮30	—	20	主要是冬天维温，夏季基本不用
	3	6					
	5	6					
馏分油	1	4	12.9	≮60	≯100	20	冬夏都需维温，已有汽提净化水 70℃进入馏分油罐区，但温度偏低，无法达到维温要求
	1.1	5					
	0.5	6					
	0.2	2					
渣油	1.1	8	8.8	≮90	≯135	18	—
润滑油罐区	—	—	—	≮70	—	40	已使用部分低温热维温，由硫黄回收装置提供热水，约 130℃
原油返输	—	—	—	≮45	—	11	每年返输约 60 万~70 万吨
合计	—	—	—	—	—	109	—

根据原油维温要求，对储运系统的用能改进采用循环热媒水，替代蒸汽供原油罐区维温。

(2)馏分油罐区　首先选择热进出料，尽可能地降低中间产品的库存水平。其次，在罐区操作条件允许的情况下中间产品进罐温度尽可能提高，在上游取消中间产品冷却，直接进入热罐，不仅降低上游装置冷却负荷，而且可以减少相应储罐的加热负荷。同时实施活罐供料，尽量减少不必要的维温，降低能耗。最后，在必须维温的情况下尽可能地选择热媒水作为热源，在热媒水温位不够的条件下再使用蒸汽补充。

(3)渣油罐区　活罐供料对于中间产品罐区的节能降耗至关重要，尤其是渣油等重质油品。中间产品在装置未经冷却时的温度都比较高，如渣油 130℃，重馏分油 120℃，重柴油

100℃。因此，在上述中间物料不能实施热进出料的过程中，可以不经冷却直接进入罐区，在操作上可以采用轮流活罐供料的方式以节约维温蒸汽。例如：渣油最低储存温度为 90℃，渣油进入罐区温度 130℃，自然降温速度按照约 3℃/d 计算(可以根据罐的容量进行计算)，则至少可以保证 13 天内温度不会低于储存温度。操作员可以在储存时间达到 13 天、罐内温度接近最低温度时使用该罐向下游装置供料，同时将热的渣油来料切换至其他的渣油储罐，如此循环，可以节约维温能耗。

在直供料和活罐供料都不能满足储运要求的情况下，就选择对罐区进行加热和维温。根据维温要求，渣油要保持在 90℃以上。由于渣油维温温度要求相对较高，热媒水不易达到维温要求，因此储运系统优化未考虑改变渣油的维温方式，仍然采用蒸汽维温。

通过上述储运系统优化改造后，节省 1.0MPa 蒸汽　7.1 万吨/年。

五、设备节能

设备运行节能始终是节能工作中的一项重要内容，贯穿企业整个生命周期。随着技术进步和发展，节能理念与方式方法也在与时俱进。在炼化设备运行节能方面，其本质则始终为设备能量传输和转换效率的提高以及富余能量的有效回收，在满足功能需求的情况下，通过减少无用能耗，实现装置、设备整体能耗消减与降低。

(一)静设备

1. 加热炉节能技术

工艺加热炉(以下简称加热炉)是炼油化工装置的主要工艺设备，也是耗能大户，其燃料消耗量占炼油厂总能耗的 50%以上。加热炉燃料消耗量每降低 1%，炼油厂总能耗可降低 0.5%，减少加热炉的燃料消耗量对降低炼油厂总能耗及提高经济效益意义重大。加热炉节能主要从降低过剩空气系数和排烟温度两方面进行。

(1) CO 燃烧控制技术　过量空气系数直接影响着加热炉的排烟热损失和未完全燃烧热损失，从而影响热效率。各加热炉主要通过监测出口烟气中的氧气含量(一般控制在 2%~4%)来控制过量空气系数的大小。大量测试数据研究表明，加热炉烟气中的 O_2、CO 和 NO_x 含量存在一定的关系，通过调整燃烧，将 CO 控制在一定范围，既可以保证烟气中较低的含氧量即较低的过量空气系数，同时也可使 NO_x 处于较低水平。采用 CO 燃烧控制技术，精确控制 CO 并对氧含量进行监测，使过量空气处于最优状态，既保证了燃料较完全的燃烧，同时又减少了排烟热损失，由此获得更高的热效率。CO 燃烧控制技术具有以下优势：CO 含量直接反映燃烧状况，控制 CO 含量就意味着控制可燃物的量；CO 分析仪光束横向穿过烟气检测更具代表性，数据更准确；CO 分析仪响应快，能适应燃料热值的波动和燃烧率的变化；空气泄漏会致使 O_2 出现 20%~50%的偏差，直接导致 O_2 控制处于不安全状态，但对 CO 控制方式的影响不大。

(2) 高效空气预热器　排烟热损失是燃烧各项热损失中最大的一项。一般而言，排烟温度每升高 15~20℃，热损失会增加 1%。因此，回收烟气余热，降低排烟温度，是提高加热炉热效率、节能降耗的有效措施。石化行业加热炉广泛采用空气预热器进行烟气余热回收，目前，空气预热器的种类众多，材料多样，合理选择空气预热器，避免露点腐蚀，深度回收烟气余热、降低排烟温度，可以有效助力加热炉高效节能运行。应用较多的空气预热器有以下几种形式。

①扰流子空气预热器。利用扰流器件破坏流体边界层，增加流体扰动，强化流体传热，有效提高预热器整体换热系数，较适用于300℃以上的高温位烟气段。

②复合相变换热器。采用热管原理，充分利用汽(化)液(化)间“两相相同流动”“气液相变换热”和“工质自然循环”，将汽化与液化交替进行，实现热量转移与传递，在大幅度降低排烟温度的前提下又能有效防止尾部受热面的低温露点腐蚀。

③石墨空气预热器。以石墨为制备空气预热器芯体的材料，利用石墨超强的抗酸腐蚀性和良好的导热能力，跨越烟气低温腐蚀障碍，实现在烟气露点温度以下长期安全运行。采用新型石墨空气预热器后，加热炉排烟温度可以降低到90~100℃。

④玻璃板式空气预热器。采用特种玻璃作为换热原件，采用特殊密封结构，具有抗露点腐蚀、不易积灰、易清洗的优势，但是由于玻璃板传热性能低，其结构体积较为庞大，此外，在应用施工过程中，还要注意防止玻璃器件破损。

⑤新型复合板式空气预热器。以带有涂层的金属复合板作为换热原件，并采用专有密封结构的一种空气预热器，具有良好的导热性能和抗低温露点腐蚀性能，结构紧凑、强度高、阻力降较低、并具有良好的耐温性能。

此外，采用新技术、新材料、新设备进行节能改造，例如高效燃烧器、复合衬里、高效吹灰设施、加热炉在线监测、检测与自动诊断系统、耐高温辐射涂料和保温涂料等，也均能有效提高加热炉热效率。

2. 高效换热设备及辅助监测系统

换热设备是炼化生产中的重要设备之一，以原油蒸馏为例，其换热器可多达近百台。因此，换热设备运行效率的高低直接影响装置生产平稳性和能耗。

(1)高效换热器　高通量换热器，是一种采用表面多孔高效强化传热管件制备的高效换热器，采用粉末冶金方法在光管(沸腾侧)内表面或者外表面烧结一薄层多孔层，显著强化沸腾传热，传热系数可比光管提高一个数量级，可适用于烷烃、烯烃、芳烃、醇、水、氟利昂、液氮等多种工质。

螺旋波纹管换热器，采用螺旋波纹管为管程，利用管壁面的凸凹增大流体边界层扰动，实现管程-壳程双侧强化传热，利用场协同效应以增强换热效果。螺旋波纹具有三角形、梯形、半圆形等多种形式，适用于大流量、小压差的物流换热。

螺旋折流板换热器，用连续螺旋状的支撑板支持换热管，使壳程介质形成连续的螺旋状流动，以夹角持续冲刷换热管束，打破传热层流区，减少液膜厚度，避免传热和流动死区，显著提高换热效率，大幅降低压力降和结垢的可能性，减少管材的用量以降低设备投资。在同等壳体尺寸条件下，与普通弓形折流板换热器相比，螺旋折流板换热器可以有效延缓壳程结垢，壳程压力可降低70%以上。

螺旋扭曲管换热器，以螺旋扭曲管代替光管，通过管内纵向旋流和垂直于主流方向的二次旋流，提高了温度场和速度场的协同性和均匀性，从而实现整体强化传热，但是相应增加了流动阻力。螺旋扭曲管换热器更适用于 *Re* 数较低的层流与过渡流工况以及高黏度的油类等 *Pr* 数较大的介质。此外，由于管程结构复杂，清洗困难，螺旋扭曲管换热器更适用于较清洁的工艺物料。

螺旋缠绕管换热器，换热管按螺旋线形状交替缠绕而成，与列管式换热器相比，在同等轴向长度情况下增加了换热管长度，保证换热物流有足够的流通和热交换流程，同时，换热管内旋流流动，流场发展充分，没有流动死区，实现小温差下的高效换热，提高了整体换热效率与传热能力。此类换热器已在重整装置、加氢裂化装置得到成功应用。

（2）污垢热阻预测与分析技术　炼油厂换热设备长周期运行中，始终面临着沉积结垢而造成的换热效率下降问题。目前，还没有严格的理论分析可以支撑提出一个普遍、精确表征污垢特性的理论模型，但通过对换热设备污垢发生和成长进行持续的监检测，全面掌握污垢热阻现状、结垢发生与发展的核心因素、预测污垢热阻发展趋势等，则可以有效指导生产优化，通过针对性的阻垢策略帮助企业提高换热设备的运行效率，实现设备高效节能。

3. 高效变压器

配电变压器是电力系统的末级变压器，其损耗约占全网损耗的20%左右。变压器运行时的有功损耗包括空载有功损耗和负载有功损耗，俗称“铁损”和“铜损”，其中铁损主要由变压器铁芯在工作时的磁滞损耗所造成，大小与电压相关。高效节能变压器通过采用先进的超低损耗硅钢片或非晶合金铁芯并利用计算机优化设计来降低铁损。目前，节能型的高效配电变压器主要型号有S11型（硅钢）、S13型（硅钢）和SH15型（非晶合金）等。以S11型变压器为参照，S13型变压器的空载损耗可以降低20%～30%，SH15型变压器的空载损耗可以降低60%～70%。

4. 保温强化节能技术

炼油厂设备及管道的散热损失是炼油生产过程中能量损失的主要形式之一。由于保温使用时间较长、保温工程投资不足等原因，有些企业的管线保温材料陈旧，材料脱落、破损现象时有发生，散热损失较大。如某企业蒸汽管线，蒸汽从汽源产出，经管网输送至用户的过程中损失掉5%～20%的热量，雨雪天气热损失则更高。因此，企业应该加强保温工作的日常管理，定期进行普查并及时修复。

在保温检修过程中，根据近些年企业保温改造和运行经验，保温工程的实际效果主要受材料质量和施工技术的影响。保温材料方面，传统的保温材料有岩棉、硅酸盐等，新型的保温材料以纳米陶瓷绝热材料为主。与传统保温材料相比，纳米陶瓷绝热材料具有更好的保温效果，但是其成本较高，性价比稍差，不利于大规模推广，适用于对部分高温管线、异型管件进行保温改造。在相同材料的情况下，施工工艺和技术的好坏则显著影响保温工程的实际效果，例如施工过程中保温材料保存状况、蒸汽管线管托、弯头处施工精细程度、保温材料接缝的朝向以及“复合保温”技术的应用等。良好的施工工艺和技术能在降低散热损失和造价的同时，能够延长保温使用寿命，提高保温改造项目的工程效果。

5. 压力能回收技术

在炼油生产过程中存在大量带压流体通过减压设备进行减压而造成能量浪费，对这些物流的压力能进行回收是一种有效的节能手段，并逐步发展出一系列的节能技术、装置和设备。

在已工业应用的技术中，除了螺杆膨胀技术、活塞膨胀技术之外，绝大多数是以透平类机械为核心，利用流体高压推动透平做功，将压力能转换为透平的机械能，并以轴功率的形式输出达到回收能量的目的。石化行业典型的余压能回收利用有：催化烟气能量回收利用——烟机；高压工艺物流余压回收利用——液力透平；蒸汽(乏汽)压力能利用——减温减压透平、乏汽发电等。

除以上所列的常规的压力能回收利用方式之外，压力能在线回收技术也获得了显著的进步。该技术通过采用涡轮式压力转换设备，将高压流体工质中所蕴含的能量在线(直接)转换成其他工质的机械能。该技术不用通过离合器或其他转化设备，实现两种流体工质压力的在线交换，其特点如下：设备叶轮自适应性强，受高压液体流量和压力的变化影响较小，有利于保持高效运行；结构简单，转动部件少，没有机械密封、滚动轴承、离合器和润滑系统，故障率低，运行可靠性高；设备占地少，安装简单。可与普通增压泵串联工作，分级提升流体压力，降低增压泵的扬程，减少配套电动机功耗。

(二)动设备

1. 机泵节能

机泵在炼油厂中起着流体输送、加压等作用，其长期可靠地运行是企业连续稳定生产至关重要的先决条件之一，同时也是企业中耗电的主要设备。根据统计，在机泵整个使用寿命周期内，电耗可占泵采购、维护和运行总费用的75%以上，因此，机泵高效运行对节约能耗、提高企业经济效益具有重要作用。

生产企业应该积极采用高效机泵，提高机泵本身运行效率，实现源头节能。在依法合规生产经营过程中，通过严把物资采购关，杜绝列入《高耗能落后机电设备(产品)淘汰目录》的机电设备进入新建或改扩建项目现场，并有计划地淘汰企业已有的淘汰目录中的高耗能落后机电设备。部分生产装置中存在的“大马拉小车”现象，即机泵功率和生产负荷偏差较大，个别电机有效功耗仅为实际功耗的30%~40%，导致大部分电能消耗在调节阀的节流控制上。对此，除了采用切削机泵叶轮以降低扬程之外，还可以采用变频调节、液力耦合调速、永磁调速等技术，实现负荷匹配，从而降低无效功耗，提高系统效率。

(1)高效节能机泵　高效节能机泵在叶轮、泵壳、附属组件等多个方面进行改进，提高了机泵的整体效率。目前，高效机泵的最高运行效率可达92%以上，有效节约了泵的运行费用。

(2)叶轮更换、切削　炼油厂许多机泵由于设计选型不精确、生产运营负荷改变等因素，存在机泵扬程过高问题。对于此类扬程过高且流量较为稳定的机泵，通过更换、抽级或切削等办法，可以显著降低电机功耗，实现机泵节能。此方法已在原油蒸馏、溶剂再生、循环水等众多装置及系统的机泵改造中得到成功应用。

(3)机泵调速技术　主要有以下三种：

①变频调速技术。变频调速在节能领域应用中主要采用基频以下调速，通过将机泵的控制方案与实际负荷相匹配，从而降低无效功耗，提高系统效率。实际应用中一般采用U/f恒定控制方式，即采用变电压、变频率的变频器，通过保持电机主磁通恒定，以改变频率来改变电机转速，进而实现恒转矩调速。变频调节的控制精度高，节电率最高可达70%以上。对于实际流量在额定值50%~90%范围内、压头低于额定值较多的风机和机泵，可以考虑增上变频措施以节约电能。此外，在变频应用过程中，应提前做好场地规划，根据现场条件进行合理安排。在大规模应用变频调节过程中，还应及时进行电网稳定性监测与评估，确保企业电网平稳运行。

②液力耦合调速技术。液力耦合调速是以液体为介质进行功率传递。当电机通过液力耦合器的输入轴驱动耦合器的泵轮旋转时，进入泵轮叶片间的油在叶片的作用下沿径向离心运动，形成高压高速液流冲向涡轮叶片，使涡轮跟随泵轮作同向旋转，油在涡轮叶片中沿径向向心运动同时减压减速，然后在涡轮壁约束下又流入泵轮。在这种循环过程中，泵轮将电机的机械能转变成油的动能和势能，通过涡轮转变成输出轴的机械能，从而实现能量的柔性传递。在输入转速不变的情况下，通过改变耦合器工作腔液体的充满度来改变输出转速及力矩，实现机泵的无极调速。因此，液力耦合调速具有过载保护性能和启动性能好、转速比在0.95以上时仍可获得较高效率、壳体自然散热等优点。通过采用液力耦合调速节能技术，电机运行电流可得到显著降低，节能率可达20%以上。

③永磁调速技术。永磁调速技术是应用永磁材料产生的磁力作用，实现力或者力矩无接触传递的一种调速技术。该技术装置包括永磁磁力耦合器和永磁调速传动装置等，由于电机启动时不需要克服负载惯性，大大减小了峰值电流，缩短浪涌持续时间，从而节约能源，大幅减少设备磨损，保证设备的可靠运转。技术特点如下：平滑无级调速，调速范围0~98%，实现高效节能，节电率为10%~50%；柔性启动，减少电机的冲击电流，延长设备使用寿命；隔离振动，无机械连接，安装简便，容忍较大的对中误差；能适应各种恶劣环境，包括电网电压波动大、谐波严重、易燃易爆、潮湿、粉尘等场所。

2. 压缩机控制优化与调节技术

(1)透平机组控制优化技术　企业生产过程中，透平机组的运行常常由于操作人员无从得知真实的喘振线，人为设置过量的安全余度以保证工艺的正常生产，从而造成不必要的中压蒸汽消耗；或者由于机组的负荷未实现自动控制，在工况突然变化时来不及做出相应调整，加大了停车概率。对此，透平机组控制优化技术根据压缩机的设计理论、喘振理论和实际应用经验，将多变的入口条件的喘振曲线转化成与入口条件无关的曲线，实现喘振算法和控制算法能够在自动状态下测量喘振曲线，并在以转速调节控制、超速保护控制、防喘振控制、机组性能控制等为主要控制策略的基础上，根据机组运行需要，满足机组防喘振实测与优化、控制程序优化、速度与防喘阀解耦功能优化控制、压力与防喘阀解耦功能优化控制等众多需求，实现压缩机精确的工艺过程控制，使其贴近喘振极限位置运行，减少回流开度，避免不必要的停车，有效降低机组工作电流，使机组更经济、可靠地运行。

(2)往复式压缩机气量调节技术　往复式压缩机一般是根据装置所需最大气量并按设计气量3%~5%以内的正偏差来确定，在实际运行中，考虑到装置负荷变化、入口条件改变等因素，往复式压缩机气量大都有较大的富余量。为此，传统气量调节常采用顶开气阀、固定余隙调节以及旁路调节等方法，但是在实际应用中发现，这些方法不同程度存在机组长周期运行障碍、耗功和气量调节不显著、压缩机气量与指示功不成正比、功耗高等问题。对此，通过研发改进，逐步发展形成余隙自动调节技术和压缩机无级气量调节技术。

①余隙自动调节技术。余隙自动调节技术是在固定余隙调节的基础上，通过在往复式压缩机气缸缸盖处增加余隙调节气缸并增设与之匹配的电液控制智能调节系统，将固定余隙改变成余隙容积连续可调。余隙自动调节技术实现了根据确认的主控变量对压缩机排气量在65%~90%额定负荷下的DCS和现场手动无级调节，使压缩机在调节范围内排气量与轴功率成正比，始终运行在最佳工作状态，有效地解决了无用功耗问题，降低机组能耗。

②无级气量调节技术。往复式压缩机无级气量调节技术通过计算机即时处理压缩机运行过程中的状态数据，并将信号反馈至执行机构内电子模块，通过液压执行机构来控制进气阀的开启与关闭时间，实现压缩机排气量在全行程范围的无级调节，技术特点如下：实现0~100%压缩机负荷的气量无级调节；只对实际需要的气量进行压缩，余下的气体在压缩行程的开始阶段回流到进气腔内，通过回流省功降低能耗；对压缩机总入口或出口压力进行自动控制，仅需输入要求的压力值，系统即可自动跟踪并稳定此压力；对压缩机级间压力进行自动控制，维持压缩机各级的正常压比；当系统自身故障时，可自动切除无级气量调节系统，采用原控制系统，旁通阀打开，压缩机进入100%负荷运行；压缩机能平稳启动、加载、切换和停机。

3. 高效烟机

催化裂化装置的高温再生烟气所含能量约占整个装置能耗的四分之一，因此，利用烟气轮机高效回收再生烟气的热能和压力能具有重要意义。随着催化装置处理量、再生器顶部温度、再生器压力不断提高，烟气通过烟气轮机的焓降不断增大。在高压比、高温度和高负荷下，烟机功率可达到33000kW以上，烟气轮机也由单级发展成两级或多级。

双级或多级烟机效率较高，可达82%以上，但是在长期生产应用实践中发现，影响催化烟机长周期运行最突出的因素是烟机结垢和叶片断裂，双级或多级烟机极容易因为结垢导致转子不平衡而引起烟机震动，并由于结垢脱落致使叶片破损、断裂。此外，随着大焓降叶片设计与生产技术的发展，单级烟机的处理能力和效率得到有效提升，由于设备结构简单、操作简便，可满足长周期运行需求，且维护费用低，单级烟机体现出更加优异的运行经济性。

在运行节能方面，应该重点关注烟机机组和催化裂化装置匹配问题，尽量避免烟机处理能力裕量过大而造成的效率下降甚至无法开工等问题。通过选用高效烟机，以及应用振动敏感性分析、新型可调静叶等技术，提高烟机自身运行周期和效率。此外，加强烟机上下游的烟气流道管理，例如做好烟机前管线保温、更换新型低压降水封罐、梳理管线压降异常节点、排除管线上严重过剩的降压阻件等，从而提高烟机入口温度和压力，并尽可能降低烟机出口压力，提高烟机做功能力。

4. 汽轮机通流改造

汽轮机通流改造技术为国家发改委《国家重点节能技术推广目录》(第一批)中推荐的节能技术，是一种经验证技术成熟、节能效果显著的节能技术。汽轮机通流改造是采用先进成熟的气动热力设计技术、结构强度设计技术以及先进的机械加工技术，对早期采用相对落后技术设计制造的或长期运行已老化，经济性、可靠性较低的在役汽轮机的通流部分进行改造，以提高汽轮机运行的经济性、可靠性和灵活性，并延长其服役寿命的一种改造技术。

六、信息技术节能

炼油厂信息化项目，按其目的大致可以分为两类：一类是提高企业整体的管理运营水平，如企业资源规划(ERP)、实验室信息管理系统(LIMS)、办公信息化系统、知识管理系统(KMS)；另一类是直接与生产过程相结合产生经济效益，比如生产制造执行系统(MES)、先进控制(APC)、流程模拟、实时优化(RTO)等。这两类信息化项目的建设，一方面实现降本增效，提升企业的市场竞争力；另一方面可促进企业升级改革，向现代化智能炼油厂的方向迈进。

(一)流程模拟技术节能

流程模拟技术是一种采用数学方法来描述过程的静态/动态特性，通过计算机进行物料平衡、热平衡、化学平衡、压力平衡等计算，对生产过程进行模拟的过程。流程模拟技术可以在项目规划阶段对工艺过程进行可行性分析，评价各种方案；在研究阶段进行概念设计，弄清研究的重点，在进行实验室研究的同时开展数学模型的研究，进行模拟实验，使两者互相补充，提高研究质量，加快研究进度；在工程设计阶段对初步设计进行方案比较，寻求最优设计；在生产阶段通过对过程性能进行监控，克服“瓶颈”，实现操作优化，离线指导生产来达到企业节能降耗、挖潜增效、提高经济效益的目的。

针对炼油生产装置，通过应用流程模拟技术，对生产装置的产品方案、工艺技术参数、装置潜力和瓶颈进行经常性的定量分析和诊断，优化产品结构和生产操作，解决装置实际生产中出现的问题。中国石化推广应用流程模拟软件和技术近 20 年，对常减压、延迟焦化、连续重整、催化裂化、加氢裂化、加氢精制、加氢处理、加氢改制、渣油加氢、S Zorb、芳烃、气体分离、MTBE、硫黄回收、制氢、溶剂脱沥青等 16 类装置建立了模型，并取得了较好的节能效果，其应用举例及效果见表 25-8。

表 25-8　流程模拟具体应用举例及效果

措施分类	应用举例及节能效果
优化生产装置、公用工程操作参数，实现节能降耗	1. 催化裂化主分馏塔减少冷回流，中段回流取热比例优化、多产中压蒸汽； 2. 重整装置反应器优化，优化氢油比，在降低装置能耗的前提下，提高产品辛烷值； 3. 装置内与装置间的热集成，热供料带动的联合装置换热网络优化，降低加热炉燃料气消耗以及公用工程消耗； 4. 胺液系统建模优化，统筹分析吸收与再生系统，提出最低系统能耗下的最佳胺液质量与循环量； 5. 企业工业水系统优化，降低新鲜水需求量，降低动设备电耗
优化生产装置操作参数，提高目标产品收率，增加企业利润	1. 原油蒸馏装置在不同加工方案的指导下，通过流程模拟技术，优化现场操作参数，合理切割各产品，提高生产效益； 2. 催化装置通过建模优化，降低轻循环油与汽油化，减少“干气不干”现象，优化稳定塔操作，控制稳定汽油合理蒸汽压，达到目标产品最大化； 3. 加氢装置通过实现精馏塔卡边操作，增加目的产品收率，为企业带来可观的利润
诊断装置问题，寻找装置生产瓶颈	1. 通过流程模拟技术，进行装置换热网络优化，分析换热器换热能力，判断换热器结垢与堵塞问题； 2. 对塔进行水力学计算，分析各塔盘负荷性能图，查找并解决精馏塔液泛、漏液与冲塔等问题； 3. 对设备或管网进行动态模拟研究，分析设备与管网性能随加工负荷的变化情况，以提前预判突发情况； 4. 精馏塔最佳进料位置与最佳侧线采出位置分析

续表

措施分类	应用举例及节能效果
现场操作控制系统优化	利用动态流程模拟技术，对现场各控制系统进行精确的仿真模拟。在对控制方案的设计分析、控制策略的改善、可操作性工程研究(开停车与工况切换)以及安全性分析等方面均有成效
辅助技术改造与装置改扩建	企业的技改技措，在立项前和实施前后，利用流程模拟计算，可以更好地把握技术改造方案，发挥最大效益

(二)先进控制技术节能

许多炼油厂在广泛应用集散型控制仪表的基础上，采用了各种先进控制(APC)技术，在保证质量、提高效率的同时，提高了复杂工业过程的控制品质，增强了系统的抗干扰能力和鲁棒性，取得了节能降耗的效果，提高了企业的综合效益和竞争力。总体来说，通过先进控制技术的实施，助力炼油生产企业改善过程动态控制的性能，减少过程变量的波动幅度，实现生产装置卡边控制，增强装置运行的稳定性和安全性，保证产品质量的均匀性，提高目标产品收率，增加装置处理量，降低运行成本。

先进控制的作用主要表现在以下几个方面：

(1)提高了装置平稳率，减轻了操作人员的劳动强度。APC 的应用使装置的运行参数保持平稳，减小了操作波动，提高了装置平稳率。炼油装置主要被控工艺参数的平均方差降低了 20%以上，化工装置主要被控工艺参数的平均方差降低了 15%以上；APC 根据设定目标值实时自动调节多个相关参数，改变了以前人工单回路调节的装置操作模式，减轻了操作人员的劳动强度，统一了操作方法，减少了人工调节所带来的干扰。

(2)实现了卡边控制，提高了产品收率。APC 不仅使装置运行更加平稳，并且实时进行卡边控制，提高了目标产品收率。原油蒸馏、催化裂化、延迟焦化、催化裂解、加氢裂化等装置主要产品的收率提高了 0.25%以上。

(3)降低了单位增加值能耗，节能降耗效果明显。APC 综合考虑加热炉的各种工艺约束和设备限制，平衡加热炉各支路流量和温度等，从而降低燃气消耗和排烟温度，提高能源使用效率。APC 投用后，装置能耗降低 0.25%以上；加氢精制、硫黄回收、酸性水处理、制氢等装置能耗降低 0.5%以上。

(三)在线实时优化技术节能

在线实时优化技术(Real Time Optimization，RTO)是集离线分析、实时优化、数据处理、在线性能监控等多种功能于一身的先进优化控制技术。流程模拟技术最基本的“what…if”模拟分析方法，可以对假定的各种变化因素进行分析，给生产计划和调度提供最优的决策；实时优化技术则可将最优决策信息快速作用于生产，提高生产过程的响应执行速度；同时，实时优化技术能实现根据实时数据库进行模型关键参数的持续调校，不断更新模型中的数据，使模型中的数据与生产实际同步运行；另外，实时优化技术与生产调度、生产计划优化相辅相成，RTO 可以实时跟踪原料性质的变化，在满足工艺、设备约束的前提下，以原料、产品、公用工程价格为导向，持续不断地对装置进行优化计算，再与生产操作管理和控制过程相互配合，使装置整体的优化效果达到最佳的同时，也达到节能降耗的效果。在线优化与先进控制对比效果见图 25-26。

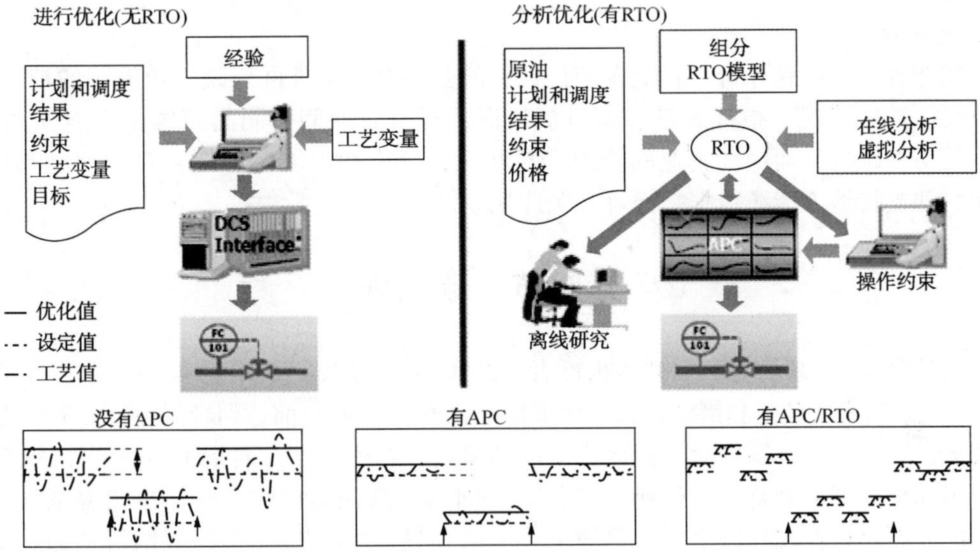

图 25-26　APC 与 RTO 技术应用对比图

(四) 能源管理平台

企业建立能源管理平台，有利于企业用能实现“说得清”“说得准”“管得住”“管得好”到“省得下”“省得多”的目标。

能源管理平台一般应具有如下功能：

1. 能源计划

实现能源计划闭环管理。通过制定优化的用能计划、产能计划、二者结合三个部分实现优化的能源计划编制和发布工作，同时做到计划可跟踪。

2. 能源运行

实现能源数据收集、确认。能源运行是能源管理系统的最基础应用，实现企业所有供、产、输、转、耗全能源业务流程范围内能源相关数据的收集、确认，以及对日常能源产耗过程的监控和管理，为能源优化提供数据支撑。

3. 能源统计

实现管网平衡。能源统计是以装置投入产出量值、管网（区域）节点计量量值、外部结算的量值为基础，以能源管网为企业能源平衡的核心，按照一定的平衡规则，对管网的外购、外售、供入、供出、自产、消耗、自用、损失、不平衡量的数据进行平衡，并按照规定进行指标核算、产耗统计，最终生成能源产耗统计报表，给 ERP 及管理部门提供数据支撑。

4. 能源优化

实现能源生产的在线开环优化。通过动力在线优化技术和蒸汽管网优化技术构建热电系统能源优化模型，以能源生产主要单元为核心、能源成本最低化为目标，优化燃料选择、动力锅炉负荷、汽机负荷、发电发汽热电联产和蒸汽管网运行等能源生产操作策略，指导、评定生产优化操作的过程及结果，以此来实现能源生产的在线开环优化，达到安全生产、节能减排的目标。

5. 能源评价

实现能源产耗问题评价。在能源统计数据的基础上，多维度反映企业能源的消耗状况、计量情况、损失状况、指标波动、碳排放情况，通过企业间、同类装置及自身历史对比，发现不足与差距，从而明确企业的能源产耗状况，分析找出能源产耗存在的问题和可优化的空间，并支持地方能源数据报送等相关应用。

第四节　碳减排

中国是落实《巴黎协定》的积极践行者，2020 年 9 月我国提出将提高国家自主贡献力度，采取更加有力的政策和措施，二氧化碳排放力争于2030年前达到峰值，努力争取2060年前实现碳中和。这为我国应对气候变化、推动绿色发展提供了方向指引、擘画了宏伟蓝图，得到了国际社会高度赞誉和广泛响应。作为我国六大高耗能行业之一，控制温室气体排放增长已成为石化行业发展的重大外部约束。可以预见，“十四五”期间炼油行业面临的低碳发展约束将更为严格，在产能严重过剩的现状下，行业将承受巨大的碳排放成本和转型压力，碳减排任务十分艰巨。建设安全、高效、绿色可持续发展的炼油厂，具有非常重大的社会经济意义和战略意义。

一、二氧化碳排放

炼油厂的 CO_2 排放总量等于核算边界内化石燃料燃烧 CO_2 排放量、火炬系统燃烧 CO_2 排放量、产品生产过程 CO_2 排放量、企业购入电力及热力对应的生产环节 CO_2 排放量汇总后扣除 CO_2 回收利用量、企业输出电力及热力所对应的 CO_2 排放量，按式(25-49)计算。

$$E = E_{\text{燃烧}} + E_{\text{火炬}} + E_{\text{过程}} + E_{\text{购入电}} + E_{\text{购入热}} - R_{\text{回收}} - E_{\text{输出电}} - E_{\text{输出热}} \tag{25-49}$$

式中　E——炼油厂 CO_2 排放总量，t；

$E_{\text{燃烧}}$——炼油厂化石燃料燃烧 CO_2 排放量，t；

$E_{\text{火炬}}$——炼油厂火炬系统燃烧 CO_2 排放量，t；

$E_{\text{过程}}$——炼油厂产品生产过程的 CO_2 排放量，t；

$E_{\text{购入电}}$——炼油厂购入电力对应的 CO_2 排放量，t；

$E_{\text{购入热}}$——炼油厂购入热力对应的 CO_2 排放量，t；

$E_{\text{回收}}$——炼油厂免于排放到大气中的 CO_2 回收量，t；

$E_{\text{输出电}}$——炼油厂输出电力对应的 CO_2 排放量，t；

$E_{\text{输出热}}$——炼油厂输出热力对应的 CO_2 排放量，t。

化石燃料燃烧排放量主要基于企业边界内各个燃烧设施分品种的化石燃料燃烧量，乘以相应的燃料含碳量、碳氧化率和相应系数，再逐层累加汇总得到。

企业火炬系统燃烧排放可分为正常工况下的火炬气燃烧排放及由于事故导致的火炬气燃烧排放，排放量为两种工况排放量之和。

过程排放涉及的装置主要包括：催化裂化装置、催化重整装置、制氢装置、焦化装置。过程排放量为各装置的生产过程二氧化碳排放之和。

二氧化碳回收利用量指炼油厂回收且免于排放到大气中的二氧化碳量。

购入和输出的电力、热力对应的排放量指购入和输出的电力及热力对应的二氧化碳排放量。

二、二氧化碳捕集

二氧化碳捕集是指针对工业生产过程中产生的含 CO_2 的气体，对其进行分离和富集的过程。捕集对象包括：烟道气、炼油厂气以及合成气等。捕集方法有吸附法、吸收法、膜法等。

针对 CO_2 捕集技术，能耗、二氧化碳浓度、压力和总量是目前衡量其捕集经济性的关键因素。尽管以胺类吸收剂为代表的捕集技术已经实现商业化，但从综合能耗、吸收剂的损耗、设备投资规模和收益等能源和经济因素综合考虑，该技术仍然存在改进空间。此外，发展新一代二氧化碳吸收剂，同时探索膜吸收、膜分离技术等低能耗捕集技术，可以进一步改进目前设备投资过大、工艺流程过长的问题。若能使成本进一步降低，二氧化碳捕集技术将展示出极强的生命力。

对炼油厂而言，当前碳减排面临的最主要问题是高昂的 CO_2 回收成本。回收 1 吨 CO_2，采用变压吸附法约需 400 元，采用乙醇胺法需 183.6～380 元，采用膜吸收法需 137.5～175.5 元。单靠出售回收的 CO_2，除了市场容量这一因素外，其有限的经济效益制约了炼油厂碳回收的积极性。

(一)吸附法

利用固体吸附剂对混合气体中 CO_2 进行选择性吸附，然后在一定的再生条件下将 CO_2 解吸，实现 CO_2 的富集。该法适用于天然气、炼油厂气以及合成气等。根据再生方式的不同，吸附法可分为变压吸附(PSA)和变温吸附(TSA)。其技术特点如下：

(1)产品纯度高，对于绝大多数气源，能够得到纯度 90%～99.999%的产品；

(2)工艺流程短，在多数情况下可以一步将各种杂质脱除而获得所需产品；

(3)原料气适应性强，可适用于含 H_2O、N_2、O_2、CO、CO_2、烃类、硫化物、氮氧化物等多种组分的复杂气源；

(4)操作简便，吸附装置的设备简单，动设备少，自动化程度高，开停车时间短；

(5)能耗低、运行费用少，基本不消耗蒸汽、冷却水。

(二)吸收法

吸收法脱碳按原理可分为物理吸收、化学吸收和物理化学联合吸收三种。物理吸收法总能耗最小，适用于 CO_2 分压较高，脱碳度要求相对较低情况。化学吸收法在吸收剂再生时需加热，能耗较高，适用于 CO_2 分压较低、脱碳度要求高的情况。物理化学吸收法总能耗介于化学吸收法和物理吸收法之间，适用于脱碳度要求较高的情况。

1. 物理吸收法

吸收剂对 CO_2 的吸收是按物理溶解的方法进行的，所采用的吸收剂对 CO_2 的溶解度要高于其他气体组分，且对吸收 CO_2 具有一定的选择性。该法适用于天然气、炼油厂气以及合成气等。常用的吸收剂有：聚乙二醇二甲醚、低温甲醇、N-甲基吡咯烷酮、碳酸丙烯酯等。

2. 化学吸收法

利用吸收剂与CO_2接触并发生化学反应，形成不稳定的盐类，而盐类在一定的条件下会逆向分解释放出CO_2而再生，从而将CO_2分离脱除。该技术适用于烟气、天然气、炼油厂气、合成气等。常用的吸收剂有：热碳酸钾、有机胺以及氨水等碱性溶液。

化学吸收法由于发生了化学反应，再生必须通过破坏化学键才能解吸出CO_2，因此，能耗较高。物理吸收法在解吸时虽然不需要破坏化学键来产生CO_2，但是选择性差，回收率低。为了兼顾吸收和再生性能，工业上常用的物理化学吸收法有活化 MDEA 法、砜胺法(Sulfinol)和常温甲醇洗(Amisol)。

(三)膜法

膜法分为膜吸收法和膜分离法。

膜吸收法是将膜和普通吸收相结合而出现的一种新型吸收过程，适用于烟道气脱除CO_2。技术特点是：气液两相的界面是固定的，分别存在于膜的两侧表面处；气液两相互不分散于另一相，气液两相的流动互不干扰，流动特性各自可以进行调整；使用膜可以产生很大的比表面积，有效提高气液接触面积；操作简便，节省成本。

膜分离法是利用不同气体分子在分离膜中渗透速率的差异而实现物质分离的一种化工单元操作，其传质驱动力为膜两端的分压差。适用于沼气、天然气、合成气、烟道气中脱除CO_2。技术特点是：工艺流程简单，设备少，占地面积小，经济性好；无“三废”排放，无二次污染；系统放大简单，可大规模集成等。

(四)其他方法

1. 离子液体法

为解决捕集过程中溶剂损耗、降解以及腐蚀等问题，离子液体脱碳技术成为研究热点。其技术特点是：蒸汽压低、不易挥发；具有良好的热稳定性和化学稳定性；毒性低、绿色环保；腐蚀性比 MEA 低；符合“高效低耗”的目标。采用离子液体捕集烟气中的CO_2，为开发高效、清洁、节能的新工艺及新过程带来了机遇和前景。该技术得到了广泛重视，也取得了显著进展。但离子液体成本高、黏度大以及长周期运行损耗等问题亟待系统深入地研究。

2. 相变吸收法

为解决捕集过程再生能耗高的问题，利用相变原理开发节能降耗、绿色环保新技术。两大类相变吸收剂的研究方向：一是自浓缩相转移吸收剂——吸收前均相，吸收过程中逐渐转为非均相；二是热致相变溶剂——吸收前非均相，吸收过程中逐渐转为均相，加热后又转为非均相。

3. 氨基酸盐法

采用氨基酸盐吸收剂捕集烟气中CO_2，开发与其相适应的高效、抗降解、低损耗、环境友好的二氧化碳捕集工艺。技术特点是：捕集性能较 MEA 好；运行损耗极小；热氧稳定性好；环境友好、无毒。该技术还处在实验室研究阶段。

三、二氧化碳利用

二氧化碳利用技术是指利用二氧化碳生产具有商业价值的产品，且与其他生产相同产品或者具有相同功效的工艺相比，可实现二氧化碳减排效果的工农业利用技术。目前，部分炼油厂制氢装置的 CO_2 捕集后作为产品销售，中国石化的中原石油化工有限责任公司捕集催化裂化装置烟气中的 CO_2 用于油田驱油。CO_2 利用应尽量遵循如下原则：选择 CO_2 集中排放源，用于捕获并尽可能靠近利用现场；使用 CO_2 取代在现有化学过程中有毒的或者效率不高的物质；在 CO_2 转换和利用过程中尽量使用可再生资源或废弃能源。下面简单介绍 CO_2 的化学利用、物理利用以及生物利用技术。

(一)化学利用

1. 工业化技术

已实现工业化利用的技术有：CO_2 与氨气合成尿素、CO_2 与氨气合成碳铵、CO_2 与氯化钠生成纯碱、CO_2 与环氧烷烃合成碳酸酯、CO_2 合成水杨酸。

(1) CO_2 与氨气合成尿素，是 CO_2 在化工利用中最大规模的应用。但尿素行业存在着库存量高、产能过剩的问题；由于尿素的原料 NH_3 在合成过程中需要使用 H_2，而目前 H_2 的主要来源为燃料气化，而燃料气化过程中除产生 H_2 外还会产生 CO_2，在多数情况下，这部分 CO_2 可以满足后续尿素生产对 CO_2 的需求，因此，作为目前 CO_2 化工利用规模最大的合成尿素，并不能成为有效的 CO_2 减排手段。

(2) CO_2 与氨气合成碳酸氢铵。碳铵是我国独具特色的化肥产品，在相当长的一段时间里，碳铵都是我国最主要的化肥品种，曾为我国的农业发展做出巨大的贡献。虽然近年来碳铵的产销量均呈下降之势，在我国仍是除尿素外使用最广泛的一种氮肥产品。但是由于碳铵具有化学稳定性较差、易分解、易潮解、易挥发和结块、含氮量低、实际肥效不高等缺点，其前景不容乐观，由于肥料的高效化、复合化是大势所趋，碳铵市场需求量越来越小，市场空间越来越狭窄。因此，将 CO_2 用于生产碳酸氢铵前景不大。

(3) CO_2 与 NaCl 制纯碱。目前主流的制碱技术主要有两种：氨碱法，即索尔维制碱法；联碱法，即侯氏制碱法。三废治理特别是碱渣的治理成为制约国内纯碱行业发展的瓶颈；在纯碱生产过程中，由于工艺过程中存在 $CaCO_3$ 分解产生 CO_2 的过程，且由于整个工艺过程中部分 CO_2 是循环使用的，因此，无法真正实现大规模的二氧化碳减排。

(4) CO_2 与环氧烷烃合成碳酸酯，主要产品有碳酸乙烯酯(EC)和碳酸丙烯酯(PC)。碳酸乙烯酯和碳酸丙烯酯作为中间体用于生产碳酸二甲酯的工艺流程比较复杂，CO_2 直接合成碳酸二甲酯引起了广泛的关注，但是后者工艺还不够成熟，未能实现大规模工业化。目前我国生产的碳酸乙烯酯产品性能指标偏低、多作为有机溶剂，而高质量的电池级碳酸乙烯酯则依赖进口。CO_2 与环氧丙烷合成碳酸丙烯酯的工艺已十分成熟，但由于该反应过程中产生的热量很大，工艺上仍需对各装置的能量进行合理的耦合，以实现能量的有效利用。

(5) CO_2 合成水杨酸。以苯酚和二氧化碳等为原料的苯酚法是目前工业上生产水杨酸的主要方法。由于反应时间长、热能消耗大、溶剂回收过程繁杂、污染严重等缺点，逐渐被淘汰。

2. 研发阶段技术

CO_2 化学利用还可用于制备能源、化学品以及新材料等，但从目前的研究水平来看，CO_2 在这些领域的化学转化还处于研究阶段。

1）制备能源

①CO_2 与甲烷重整制合成气。该技术仍处于中试阶段。由于 CO_2 重整是强吸热反应，CO_2 重整所需的能量大于其转化的化学品作为能源放出的能量。也就是说，如果其消耗的能量由化石燃料燃烧提供的话，非但不能减排还增加排放。该技术只有与太阳能技术结合才有利用价值。

②CO_2 制备汽油技术。中科院大连化学物理研究所的团队发现了 CO_2 高效转化新过程，并设计了一种新型多功能复合催化剂，首次实现了 CO_2 直接加氢制取高辛烷值汽油。该技术不仅为 CO_2 加氢制液体燃料的研究拓展了新思路，还为间歇性可再生能源（风能、太阳能、水能等）的利用提供了新途径。

2）制备化学品

①CO_2 加氢制甲烷技术，CO_2 与 H_2 按一定比例混合后，在 Ru、Ni、Co 等催化剂条件下，可反应生成 CH_4。我国 CO_2 甲烷化研究起步较晚，尚处于理论研究阶段。

②CO_2 加氢制备甲醇技术，一方面可以打破甲醇生产对化石能源的高度依赖，促进解决化石能源储量不足和世界经济持续快速发展之间的矛盾；另一方面，该技术能够真正实现碳的循环利用，有利于解决温室效应逐渐恶化的问题。该技术存在的问题是：催化剂活性和稳定性难于兼顾，而且用现有煤制氢、天然气制氢等技术生产的氢气为原料无法实现真正的减排，应利用可再生能源、核能电解水产生的“绿氢”实现减排。冰岛已建成 CO_2 加氢制甲醇商业化工厂，但主要得益于当地丰富的地热资源，用地热发的电通过电解水得到廉价氢气。

③CO_2 制备甲酸，主要有催化加氢法、光催化法、电化学还原法等。该反应的研究仍然处于实验室阶段，催化剂的反应活性和选择性普遍性不高。发展方向是研制具有高活性和选择性的催化剂。

④CO_2 制备有机碳酸酯，主要是 CO_2 制碳酸二甲酯（DMC）和 CO_2 制环状碳酸酯两种技术。DMC 是一种公认的环境友好、绿色无毒的有机合成原料及中间体，广泛应用于有机合成；可用作汽油添加剂，有效提高汽油辛烷值；与其他溶剂相容性好，适于在特种油漆、药物制造行业使用。其制备有 CO_2 与醇直接合成法、尿素醇解法、CO_2 与环氧化物加成法三种工艺路线。CO_2 制环状碳酸酯技术，关键条件是高效催化体系（均相 & 多相），但产物与催化剂分离困难。

⑤CO_2 矿化利用制备无机化学品。CO_2 矿化主要有四条主要途径：首先，可以利用氯化镁矿化 CO_2 联产盐酸和碳酸镁；其次，可以利用固废磷石膏矿化 CO_2 联产硫基复合肥；第三，利用钾长石矿化 CO_2，通过特殊的催化高温反应，钾长石可将 CO_2 矿化为稳定的固体碳酸盐，与此同时，利用氯化钙作为助剂还可生成可溶性氯化钾，用于生产钾肥；第四，采用钢渣碳酸化固定 CO_2 工艺路线，实现工业废气中 CO_2 原位直接固定与钙基大宗工业固废协同利用，副产耐火砖等建材原料及制品。从我国已实施的几个示范工程来看，一方面矿化产品附加值低，难以实现盈亏平衡；另一方面 CO_2 净减排量不高，矿化全生命周期过

程本身能耗较高，由此产生的碳排放在很大程度上抵消了矿化过程固定的 CO_2 总量，产生的碳盈余效益有限。

3）制备材料

CO_2 制备聚碳酸酯类可降解聚合物材料。传统的聚合物材料使用后不能降解，“白色污染”已经严重影响生态环境。CO_2 从结构上可视为碳酸的酸酐，且具有不饱和键，原理上具有通过共缩聚或加成共聚形成聚合物材料的可能性，拓宽聚合物材料的来源。从 CO_2 直接合成的聚合物材料主要是 CO_2 与环氧化物反应合成的脂肪族聚碳酸酯、芳香族聚碳酸酯。CO_2 基聚合物具有良好的生物相容性和生物降解性，对其合成的研究将会加快生物可降解塑料的研究和开发，并具有非常广阔的前景。由于 CO_2 热力学上的稳定性及动力学上的惰性，CO_2 基聚合物材料的合成开发主要就是相关催化剂的开发。现有催化剂活性低、选择性不高，且绝大部分聚合物的制备仅停留在实验室水平。因此，未来高活性、高选择性催化剂的开发成为 CO_2 基聚合物材料走向大规模应用的基础。

（二）物理利用

CO_2 物理利用主要在以下几个方面：通过干冰用于人工降雨、保存食物以及制造舞台烟幕效果等；用于油田驱油；用于消防灭火；用于制作碳酸饮料；用于医用局部麻醉；用于谷物熏蒸消灭害虫等。

其中 CO_2 驱油技术是将 CO_2 注入油层中提高油田采油率的技术。该技术不仅适用于常规油藏，尤其对低渗透、特低渗透油藏可明显提高原油采收率，还可以解决 CO_2 的封存问题，保护大气环境，抑制温室效应。炼油厂的 CO_2 用于驱油一方面受限于 CO_2 捕集成本；另一方面也受限于多数炼油厂距离油田远，运输成本高，需综合考虑原油成本和碳价。

（三）生物利用

1. 气肥

CO_2 可用作植物的气肥，提高光合作用的效率，使产品早熟，产量提高。

2. 果蔬保鲜剂

通过注入高浓度 CO_2，降低 O_2 含量，以抑制果蔬中微生物呼吸和病菌发生。

3. 微藻制油

种植速生草本植物，利用光合作用将大气圈中的二氧化碳转入生物圈中形成固态的有机碳化合物，获得大气碳资源，是具有社会经济效益的碳捕捉方法之一。2009 年国内启动了微藻制油技术研发，2010 年 10 月，微藻养殖实验室建成并投入运行，已经开展了一系列 CO_2—微藻养殖—制油的科学研究。

CO_2 引发的全球变暖问题，已在全球范围内受到广泛关注。炼油行业作为碳排放大户，更应重视 CO_2 的减排。当前炼油厂采取优化工艺、改变能源结构等一系列节能措施，仍是助力碳达峰、碳中和目标实现的重要措施。通过延伸 CO_2 的价值链，提高其经济附加值，实现 CO_2 资源化，不仅可弥补 CO_2 高回收成本，同时可使炼油厂收获环境、经济及社会三重效益，是炼油厂碳减排的重要方向。

21 世纪是经济、资源、能源、环保相互协调的时代，是经济可持续发展的时代，随着科技的不断进步，CO_2 资源化利用的前景必然越来越广。

参 考 文 献

[1] 华贲．炼油厂能量系统优化技术研究和应用[M]．北京：中国石化出版社，2009.
[2] 华贲．工艺过程用能分析及综合[M]，北京：烃加工出版社，1989.
[3] 冯霄．化工节能原理与技术[M]．4 版．北京：化学工业出版社，2015.
[4] 陈安民．石油化工过程节能方法和技术．北京：中国石化出版社，1995.
[5] 姚平经．过程系统工程[M]．上海：华东理工大学出版社，2009.
[6] 魏志强．炼油厂节能设计方法与技术[M]．北京：中国石化出版社，2018.
[7] 赵晓敏．炼油厂低温余热综合利用的技术路线[J]．炼油技术与工程，2016，46(11)：53-56.
[8] 赵晓敏，佟玉文．常减压蒸馏装置用能调研分析[J]．石化技术，2016，23(10)：1-3.
[9] 赵晓敏．炼油厂节能减排循环经济的实施案例与效果[J]．炼油技术与工程，2017，47(9)：60-64.
[10] 孙丽丽，蒋荣兴，魏志强．创新系统化节能方法与应用方案研究[J]．石油石化节能与减排，2015，5(4)：1-5.
[11] 孙丽丽．创新强化传热策略与应用提升炼油厂竞争力[J]．化工进展，2019，38(2)：709-707.
[12] 方向晨，郭蓉，刘继华，等．生产超低硫柴油的加氢脱硫催化剂级配技术[J]．化学反应工程与工艺，2014，30(5)：432-439.
[13] 王北星，田涛，陈清林，等．炼油厂全厂能量系统优化节能技术研究与应用实践[J]．当代石油石化，2011，19(11)：13-17.
[14] 谢小华．石化企业蒸汽过剩原因分析及对策[J]．炼油技术与工程，2020(01)：60-54.
[15] 魏志强．新形势下炼油厂深化节能降耗的思路与建议[J]．当代石油石化，2019，27(5)：36-40.
[16] 魏志强，孙丽丽．基于夹点技术的炼油过程多装置热集成策略研究与应用[J]．石油学报(石油加工)，2016，30(4)：748-755.
[17] 郭土，张英，邢献杰．大型炼油厂蒸汽动力系统优化研究[J]．炼油技术与工程，2017，47(09):52-55.
[18] 刘二恒，华贲．炼油厂全局能量优化中的储运系统节能[J]．中外能源，2009，4(4)：92-95.
[19] 张青，魏志强．炼油厂油品质量升级过程中氢气系统优化与改进[J]．石油石化绿色低碳，2017，2(3)：6-8.
[20] 薄德臣，周政，陈建兵．高效抗堵塔盘开发及工业应用研究[J]．现代化工，2019，39(01):188-191.
[21] 厉勇，邢兵，张英．基于循环水修正的炼油厂低温热潜力快速评价方法研究[J]．石油炼制与化工，2018，49(08)：87-93.
[22] 张胜中，秦丽姣，黄志壮．地区氢气资源协同优化供应方法研究[J]．现代化工，2018，38(10):226-230.
[23] 邢兵，厉勇，张英．循环水闭式运行系统在石化行业的应用研究[J]．当代化工，2017，46(06)：1168-1171，1175.
[24] 张龙，杜胜民，张英．炼油厂胺液吸收梯级利用研究[J]．现代化工，2017，37(08)：190-194.
[25] 王鹏翔．馏分油液相加氢技术工业应用前景展望[J]．炼油技术与工程，2019，49(8)：10-13.
[26] 彭冲，方向晨，曾榕辉，等．高能效 SHEER 加氢成套技术开发及工业应用[J]．石油学报(石油加工)，2015，31(3)：657-662.
[27] 童军，李霄涵，何亮，等．催化剂级配技术在 300 万吨/年柴油加氢裂化增产化工原料装置中的应用[J]．现代化工，2019，39(11)：193-197.
[28] 顾兴平．S Zorb 催化裂化汽油吸附脱硫技术[J]．石油化工技术与经济，2012，28(03)：59-62.
[29] Dejanovic I，MatijaševicL，Olujic Ž．Dividing wall column—A breakthrough towards sustainable distilling[J]．Chemical Engineering and Processing：Process Intensification，2010，(10)：559-580.
[30] Klemeša J. J.，Varbanova P. S.，Kravanja Z. Recent developments in Process Integration[J]．Chemical Engineering Research and Design，2013，91(10)：2037-2053.

第二十六章　炼油厂自动化、信息化与智能化

专家话炼油

第一节　概　　述

20世纪50年代前，炼油厂自动化工作只是解决自动检测、计量的问题，50年代后才开始进行过程控制工作。以基地式调节器为基础的单回路控制为开端，使用气动单元组合仪表将车间或大型装置向集中控制过渡。

60年代以后，随着电子技术的迅速发展，在常规控制仪表方面，为了满足定型、灵活、多功能的要求，又出现了组装式电动单元组合仪表。

到70年代以后，大规模集成电路问世，微处理器诞生，控制技术、显示技术、计算机技术、通信技术等进一步发展，逐步形成了集中分散计算机分级控制思想，可将整个企业通过计算机实现科学管理，实现设定值控制，也可通过直接数字控制方便地实现诸如前馈、自适应、多变量、最优等各种高级控制。

80年代以来，主要炼油装置陆续建立了分散控制系统(DCS)，提高了生产操作水平。

90年代后，随着电子元器件和外部设备的小型化、大容量化，我国炼油工业自动化在测量技术和控制器技术等方面不断更新升级，已经由现场手工操作发展到自动控制，由原始的单回路控制发展到高级复杂系统控制，直到管控一体化，自动化技术水平、控制规模、安全等级等方面都有了很大提高，生产企业使用的控制工具也不断更新，DCS系统已经广泛应用。

炼油厂自动化发展的实践表明自动化系统仅解决装置的基本自动控制。为了装置更优控制，针对控制优化层，自动化将控制论与工程系统结合在一起，研究控制科学和系统科学，针对被控对象和环境特性，通过能动地采集和运用信息施加控制作用而使系统正常运行并具有预定的功能。随着炼油工业规模的逐年扩展，装置快速反应、临界条件下的稳定工艺技术、能量综合平衡等工艺的开发逐渐成功，对自动化技术都提出了更高的控制要求。起初，我国通过独立自主开发和消化吸收引进软件，开发了催化裂化、催化重整、加氢裂化、加氢精制、延迟焦化等反应过程的转化率和产品收率预测软件，这些软件的应用为我国炼油装置实施先进控制技术打下了良好的基础。

现今传统的按偏差的比例(Proportional，P)、积分(Integral，I)和微分(Differential，D)进行控制的控制技术(简称PID调节)，仍然是DCS控制的主流，在各种工业生产中得到了广泛的应用。但在一些工业生产过程中，会出现复杂且具有很大不确定性和非线性的特征。此时，先进控制技术(APC)能够适应这些需要复杂控制的特点，为企业带来较大的利益，

现已取得较大范围的应用，并且随着控制理论的发展，它也将得到越来越多的认可和应用。与此同时，实时在线优化技术(RTO)也在炼油厂中开始应用，该技术既可以和APC构成在线、实时优化的闭环控制系统，又可以对装置性能进行在线评估，包括对塔盘效率、换热器传热系数、催化剂寿命、机组效能、液泛等生产性能指标在线模拟计算，即“数字孪生”应用。

现在面对的都是大规模的生产系统，变量很多，关系复杂，往往纯粹的先进控制系统也难以完全满足生产要求。比如要控制一个高分子产品的质量，它的影响因素除了直接的有显著影响的变量之外，还取决于原料的性质、催化剂的性质，甚至天气温度和大气湿度，这些因素都是难以测量，或者是只能用间接的变量去表征，这需要同时用很多的变量才能建立因果关系，这种因果关系对于具体的任何一个变量来讲都是非常小的，甚至能和那个变量的噪声在一个数量级，这样就不能说它有很明确的传统意义上的因果关系了。如果按传统的因果变量方法去设计这类系统的自动化，就会遇到非常大的困难，设计出来的系统也不可能有效工作。处理这一类系统的控制问题，需要用概率和统计的思想方法，比如现在常用的随机过程理论、数据挖掘算法、机器学习算法等。现在发展很快的数据挖掘技术，或者叫机器学习算法处理这种问题就表现出了极大的优越性，这也可以说是人工智能对炼油领域最深远的影响。

以上还是仅限于装置生产层面的技术革新，针对全厂信息化方面，从20世纪90年代开始，我国炼油工业开始同期逐步推广使用生产管理信息系统，此阶段信息技术的应用还是以企业分散建设为主，以生产操作层面DCS的应用和经营管理层面管理信息系统(MIS)的建设为阶段性标志，同时信息网络也初步形成一定规模。

2000年之后，炼油工业领域的信息化建设进入快速发展阶段。在经营管理方面，企业资源计划(ERP)系统建设全面开展，并建立了供应链和电子商务等信息系统。在生产执行方面，完成了生产执行系统(MES)的建设，使得生产数据的覆盖范围更广、频度更高、粒度更细、准确性更高。信息技术在企业生产计划优化、调度优化和流程模拟等方面的应用，提高了工作效率和排产精度，实现了资源和加工流程的优化。在过程控制方面，炼油工业绝大部分装置都采用了DCS，实时数据库基本普及，已成为生产管理与控制信息集成的关键平台；APC的推广应用增强了生产过程操作的平稳性，提高了产品质量合格率；化验室信息管理系统(LIMS)规范了化验分析的工作流程，提高了分析速度和质量。

从技术层面的角度，我国炼油工业与发达国家及世界先进水平总体上差距不是很大，已经具备了传统工业化中机械化、电气化、自动化的基本特征，差距主要体现在信息化方面。信息化是中国加快实现工业化和现代化的必然选择。炼油产业中信息化技术平台的构建充分地展示出了炼油产业在原有技术功能的基础上进行拓展和创新，适应新型炼化企业在一体化、大型化、规模化发展和能源、资源多元化发展的要求，更加重视信息化对炼油业务能力提升和产品销售模式的创新。信息化新技术(云计算、大数据、物联网、移动应用、社交媒体等)改变了炼化的"生产、销售和管理决策"等业务模式，推动着炼油厂的数字化转型。构建数字化炼油厂和智能炼油厂，从生产、经营和管控等领域进行优化，提高炼油厂生产经营效益，使其更加高效绿色低碳，已经成为炼油行业的重点工作。炼化行业的信息化智能化发展与转型升级就是从数字炼化经由智能炼化最后迈向智慧炼化的过程，而数字化是基础，智能化是核心，智慧化是目标，所以智能炼化建设是一个分步实施的过程。数字化是智能化的基础和前提，实现数字化后，实时信息可以由两维变三维；实时信息由孤岛变为集中共享；实时工作描述由写意到写实；实时培训由抽象到虚拟仿真，实时预案由文字到虚拟现实模拟；实时生产运维由静态到时空结合转变。

走进新时代，信息化新技术、两化融合和“互联网+”等正在改变炼化产品的市场格局和用户消费行为，炼化生产、管控和营销的变革等新变化正在推动炼油厂开创新征程，一一瞄准智能炼化建设目标，实施炼油厂数字化发展与转型升级。未来，炼油厂将以“智能炼化”为方向从根本上改头换面。

智能工厂是近年来最热的话题，各行各业都趋之若鹜，截至2020年年底虽然还没有统一的标准及技术规范，技术上还存在"瓶颈"，但是丝毫不降低各企业追逐的热情。目前智能工厂建设正处在抢占技术制高点的阶段，国外各大公司都在发力攻关，纷纷推出智能工厂模型及解决方案。国内炼油厂也不甘落后，积极行动，中华人民共和国工业和信息化部(以下简称工信部)已经推出一系列石化和煤化工的智能工厂试点示范企业，包括中国石化九江石化，中国石化镇海炼化，中国石油长庆石化，中煤陕西榆林能源化工，新疆天业，中国海油惠州石化，中国石化茂名石化，万华化学，以及新疆中泰等。中国石化智能工厂于2012年开展总体设计，2013年开始在燕山石化、镇海炼化、茂名石化、九江石化4家企业试点建设，2015年底，智能工厂试点项目上线运行，2018年底，镇海炼化、茂名石化两家企业提升项目整体上线。2017年，以石化智能工厂2.0为起点，启动中科炼化智能工厂基础设计；中煤陕西榆林智能工厂启动信息化项目深化应用。

传统炼油行业的控制系统一般只提供基于经典控制理论的常规和复杂控制，但炼油过程中存在着动态响应滞后、动态响应非线性、干扰互相耦合等特性，传统的PID控制不能满足要求，这就促进了先进控制的发展。在炼油厂信息化体系中，生产执行层将生产现场的信息进行及时收集、上传和处理，是非常重要的传递系统，生产执行层的重要作用是使用模型技术对生产过程进行分析、优化和预测，模型技术是IT、工艺和数学技术的融合，与炼油技术高度关联，线性规划技术和流程模拟技术是两类优化建模技术。21世纪新一轮工业革命不断发展，信息技术和工业技术迎来新浪潮，如何利用新兴信息化技术来提升工业的智能化水平，进而提高工业在全球市场竞争力具有重要意义，工业开始迈入智能化时代。国内炼油行业的大数据应用相对其他行业较晚，但是与全球相同领域基本同步。

第二节　仪表及自动控制系统

一、概述

炼油生产过程仪表自动化经历了气动单元组合仪表、电动单元组合仪表和数字式仪表的发展与变迁。随着生产和科学技术的发展，特别是石油炼制工业的大型化、复杂化，又出现了高密度仪表以及计算机控制为主体的直接数字控制系统(DDC)和计算机监督控制系统(SCC)，促进了装置经济且高效能运转的最佳控制与自动化，在短短的半个世纪内，仪表技术飞跃发展。

随着炼油生产规模的不断扩大、生产过程的强化，以及对产品质量的严格要求，人工操作和一般的控制已远远不能满足现代化生产的要求，过程控制系统已成为炼油生产过程必不可少的设备，它是保证现代化企业安全、优化、低耗和高效生产的主要技术手段。现代制造企业开始追求更加准确、高效率信息传递模式以及设备控制方法。以工业计算机为基础的工业过程控制系统(PCS)得到普及，它在自动化技术领域中产生了极大的影响和推动作用。

现代自动化控制依托于工业计算机、监控体系、I/O 装置，实现了低成本及高效稳定控制，在各大炼油厂快速普及。在现代炼油过程中，运用自动化技术，采用成熟的控制算法和控制方案，实现控制理论和工程技术的协调，从原料加工到成品产出的整个过程纳入自动化控制系统，实现过程中对温度、压力、流量、液位等参数的控制。现代炼油装置中使用的主要控制系统有：可编程逻辑控制器(PLC)、分散控制系统(DCS)、现场总线控制系统(FCS)和安全仪表系统(SIS)。

PLC 是一种基于数字计算机技术，专为在工业环境下应用而设计的一种工业控制计算机，已经成为电气控制系统中应用最为广泛的核心装备。它不仅能实现复杂的逻辑控制，而且还能完成各种顺序控制或定时的闭环控制功能，抗干扰能力强、可靠性高，能在恶劣的环境下长时间、不间断运行，平均无故障时间一般可达 10 万小时。虽然 PLC 有着强大的控制能力，但对于大型、复杂的石油炼制过程来说，仅依靠 PLC 并不能实现安全稳定的控制，此时 DCS 就有了不可替代的作用。DCS 系统已经经历了数十年的发展，国内 DCS 系统发展起步于 20 世纪 70 年代，时至今日，化纤、乙烯、化肥、建材、电力等制造企业均已经安装 DCS 系统，尤其在石油炼制企业，DCS 已经成为生产控制必不可少的装备设施。80~90 年代中国石化齐鲁石化、大庆石化、吉林石化、上海石化、扬子石化及茂名石化公司先后建成年产 30 万吨乙烯工厂，其中有些已采用 DCS 系统，有些仍采用模拟仪表控制。90 年代中期开始，乙烯装置改扩建到 65 万~70 万吨/年，控制系统均改造为 DCS 或 DCS 系统升级。从“九五”到“十三五”期间，国内的 DCS 系统制造企业林立，且在不断发展，例如浙江中控、航天测控、电科院等，其技术水准已经基本和国外持平，这就大幅度平抑了 DCS 系统的价格，为国内工业应用 DCS 系统创造了良好的环境。

随着控制、计算机、通信和网络技术的发展，信息交换的领域正在迅速覆盖从工厂的现场设备层到控制、管理的各个层次，从工段、车间、工厂、企业乃至世界各地的市场。信息技术的飞速发展，引起了自动化系统结构的变革，逐步形成以网络集成自动化系统为基础的企业信息系统，现场总线系统(FCS)就是顺应这一形势发展起来的新技术。FCS 是继基地式气动仪表系统、电动单元组合式模拟仪表控制系统、集中式数字控制系统、DCS 后的新一代控制系统。由于它顺应了工业控制系统向数字化、分散化、网络化、智能化发展的方向，给自动化系统的最终用户带来更大实惠和更多方便。

PLC、DCS 及 FCS 能够控制装置按要求运转，但要保障装置安全，需要安全仪表系统(SIS)来实现，SIS 的主要作用就是在工艺生产过程发生危险、故障时将其自动或手动带回到预先设计的安全状态，以确保工艺装置的生产安全，避免重大人身伤害及重大设备损坏事故。SIS 应独立于基本过程控制系统，独立完成安全保护功能，安全仪表系统的检测元件、控制单元和执行机构应单独设置。如果工艺要求同时进行联锁和控制的情况下，安全仪表系统和基本过程控制系统应各自设置独立的检测元件和取源点(个别特殊情况除外，例如配置三取二检测元件，进DCS信号三取中值，进安全仪表系统三取二，经过信号分配器共用检测元件)。如需要，SIS应能通过数据通信连接以只读方式与DCS通信，但禁止DCS通过该通信连接向安全仪表系统写信息。安全仪表系统应配置独立的通信网络，包括独立的网络交换机、服务器、工程师站等，采用冗余电源，由独立的双路配电回路供电，应避免安全仪表系统和基本过程控制系统的信号接线出现同一接线箱、中间接线柜和控制柜内。

除了PLC、DCS、FCS、SIS，为满足企业的不同需求，过程控制系统的设置更加精细，现代炼油装置中使用的控制系统还有数据采集与监视控制系统(SCADA)、压缩机组控制系统(CCS)、操作员培训仿真系统(OTS)等。

SCADA系统是以计算机为基础的DCS与电力自动化监控系统，可应用于电力、冶金、石油、化工、燃气、铁路等领域的数据采集与监视控制以及过程控制等诸多领域，并能显著降低劳动力成本、改善工厂的性能，同时节省管理时间；另外因SCADA在中心位置收集信息，所以人员无需在现场漫步。SCADA系统自诞生之日起就与计算机技术的发展紧密相关，至今已发展三代系统。

CCS系统是为压缩机配备的过程控制系统。作为动力、冶金、石化、气体分离及天然气输送等工业部门的关键设备，压缩机是必不可少的装备，从稳定工况、安全生产角度出发，需要配备CCS。

OTS系统的核心是仿真模拟技术，即在计算机上仿真模拟化工、石化、炼油等行业各流程的真实生产过程，建立对应的“虚拟工厂”，包含生产过程及其控制逻辑。在此基础上，实现对工厂过程和控制逻辑的模拟、调整和培训，减少开车、停车、故障、装置事故等情况下的事故损失。早期开发的仿真系统，把已经停运的小规模的实际装置作为模型，进行仿真练习，这种方法受运转特性的限定。另外，过分固定的模型对多种类型的操作培训是不合适的。为了增强培训效果，后来则把实际装置上运转操作的主题部分(如泵的运转、阀门的开关等)和过程控制部分分开训练。

世界范围内石油炼制技术不断进步，我国石油炼制行业也正加快与国际接轨的步伐，石油炼制的不断发展促进了自动化技术的发展，进而为炼油厂长周期、满负荷、高质量、多品种、安全稳定运行、提高经济效益提供了可靠保证。

二、炼油厂自动化仪表应用

炼油厂仪表及自动化，最早出现在20世纪40年代，那时的仪表体积大、精度低。60年代后半期，随着半导体和集成电路的进一步发展，自动化仪表便向着小体积、高性能的方向迅速发展并实现了用计算机作数据处理的自动化方案。70年代以来，仪表和自动化技术又有了迅猛的发展，新技术、新产品层出不穷，多功能组装式仪表也投入运行。

随着信息化的不断发展，企业及国家经济发展对石油炼制工业自动化仪表的使用提出了更高的要求，在此背景下，检测仪表的智能化程度得到了全面提升。过程检测仪表的主要作用是对石油炼制作业过程中的供给参数进行记录、智能检测与控制。现阶段常用的自动化仪表通常是以嵌入式单片机为核心的，该单片机模式的使用进一步提升了监测仪表的智能化与数字化程度。

在炼油工业仪表控制系统制造及应用领域，随着新技术、新工艺、新材料，尤其是计算机技术、显示技术、通信技术的飞速发展及应用，炼油工业仪表自动化呈现出一些新的特点和趋势——炼油工业仪表朝着小型化、模块化、高可靠性、智能化方向发展。仪表的智能化是指采用大规模集成电路技术、微处理器技术、接口通信技术，并利用嵌入式软件协调内部操作，使仪表具有智能化处理的功能，便于信息沟通，智能化仪表还可通过网络组成新型的、开放式的测控系统。炼油工业仪表的另一个特征就是总线化、数字化、无线化。现场仪表的总线化，使得现场仪表可以通过广泛应用于计算机领域的现场总线技术进行互联。现场总线技术的广泛应用，使得组建集中和分布式控测系统变得更为容易。现场仪表总线化是数字化的基础，也是未来智能工厂及物联网的发展方向。现场仪表通过无线通信技术与控制系统互联也是一个发展趋势，目前无线智能变送器，在偏远无人值守的站场应用越来越普遍。基于炼油工业仪表近些年的网络化发展，仪表通过现场总线技术及计算机数字化通信技术，使自动控制系统与现场设备加入工厂信息网络，成为企业信息网络的底层，可使智能仪表的作用得以充分发挥。随着工业信息网络技术的发展，以网络结构体系为主要特征的新型自动化仪表系统已经形成。数字化、开放性的自动化仪表系统具备计算机系统所需要的所有接入方式，完善的通信接口以及标准化的通信协议可连接多种现场测控仪表或执行器设备，在过程控制系统主机的支持下，通过网络形成具有特定功能的测控系统，实现了多种智能化现场测控设备的开放式互联系统，真正做到了数据资源共享。

石油炼制的过程比较复杂，对变送器也有各种各样的要求。虽然目前国内压力差压变送器市场仍不能满足石油化工装置对高端变送器的需求，但是已取得长足进步。首先，国内市场的需求非常强劲，其次，国家非常重视重大装备自主生产，北京和利时公司、浙江中控公司、北京国电智深公司等控制系统生产厂在新产品开发方面非常活跃。国内变送器的生产厂家目前在产品核心技术方面有所突破，在变送器的传感器部分、电路板部分加大了投入，例如伟岸测器投建了从原材料购进到精密数控加工、光学研磨、镀摸、真空热处理、烧结等集多种产业为一体的综合研发体系，从而完成“隔离型悬浮式复合传感器”及数字化专用转换芯片的研发。

三、过程控制系统

（一）分散控制系统

分散控制系统（DCS）是一个由过程控制级和过程监控级组成的以通信网络为纽带的多级计算机系统，综合了计算机（Computer）、通讯（Communication）、显示（CRT）和控制（Control）等 4C 技术，其基本思想是分散控制、集中操作、分级管理、配置灵活、组态方便。

自 1975 年 Honeywell 公司推出的 TDC2000 集散控制系统以来，DCS 在多年的发展过程中逐步完善、成熟，目前在石油、化工、冶金等行业获得了广泛应用，在控制品质、系统安全可靠性等方面较传统的控制系统有明显的优势，显示了强大的生命力。在当今的各炼油装置中，DCS 几乎是不可缺少的过程控制系统。DCS 除了完成工艺装置的基本过程控制、操作、监视、管理之外，还完成顺序控制、一般工艺联锁，以及部分先进过程控制。

DCS 的主要特点如下：

(1)分级递阶结构　DCS 的最主要的特点是分级结构，如图 26-1 所示。这种结构方案是从系统工程出发，考虑功能分散、危险分散、提高可靠性、强化系统应用灵活性、减少设备的复杂性与投资成本，并且便于维修和技术更新等优化选择而得出的。分级递阶结构通常为四级，每一级由若干子系统组成，形成金字塔结构。同一级的各级决策子系统可同时对下级施加作用，同时又受上级的干预，子系统可通过上级互相交换信息。第一级为过程控制，根据上级决策直接控制生产过程，具体承担信号的变换、输入、运算和输出的分散控制任务；第二级为控制管理级，对生产过程实现集中操作和统一管理；第三级为生产管理级，承担全工厂或全公司的最优化；第四级为经营管理级，根据市场需求、各种与经营有关的信息因素和生产管理的信息，做出全面的综合性经营管理和决策。

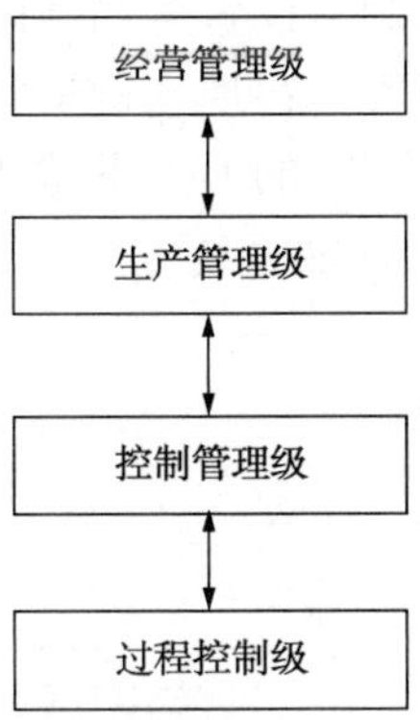

图 26-1　DCS 结构

(2)高可靠性　由于 DCS 将系统控制功能分散在各台计算机上实现，系统结构采用容错设计，因此某一台计算机在出现故障时不会导致系统的其他功能丧失。此外，由于系统中各台计算机所承担的任务比较单一，可以针对需要实现的功能采用具有特定结构和软件的专用计算机，从而使系统中每台计算机的可靠性也得到提高。

(3)开放性　DCS 采用开放式、标准化、模块化和系列化设计，系统中各台计算机采用局域网方式通信，实现信息传输。当需要改变或扩充系统功能时，可将新增计算机方便地连入系统通信网络或从网络中卸下，几乎不影响系统其他计算机的工作。

(4)灵活性　通过组态软件根据不同的流程应用对象进行软硬件组态，即确定测量与控制信号及相互间连接关系，从控制算法库选择适用的控制规律以及从图形库调用基本图形组成所需的各种监控和报警画面，从而方便地构成所需的控制系统。

(5)易于维护　功能单一的小型或微型专用计算机，具有维护简单、方便的特点。当某一局部或某个计算机出现故障时，可以在不影响整个系统运行的情况下在线更换，迅速排除故障。

(6)协调性　各工作站之间通过通信网络传送各种数据，整个系统信息共享，协调工作，以完成控制系统的总体功能和优化处理。

(7)控制功能齐全　控制算法丰富，集连续控制、顺序控制和批处理控制于一体，可实现串级、前馈、解耦、自适应和预测控制等先进控制，并可方便地加入所需的特殊控制算法。

DCS 的硬件系统通常由工程师站、操作员站、服务器、操作台、打印机、控制站、输入/输出卡件、仪表柜、电源、通信卡件及网络设备等组成；软件系统通常可以为用户提供相当丰富的功能软件模块和功能软件包，控制工程师利用 DCS 提供的组态软件，将各种功能软件进行适当的“组装连接”组态，生成满足控制系统要求的各种应用软件。软件主要分为系统软件、应用软件、通信软件及组态软件，如图 26-2 所示。

现代炼油化工企业通常采用全厂中心控制室和多个现场机柜室及少量现场控制室模式，在中心控制室对全厂主要工艺装置及辅助系统进行操作管理。DCS 操作站设置在中心控制室的操作区，操作站通常根据工艺装置相互关系，生产操作管理的岗位分工等因素进行联合分区设置；DCS 的控制站及相应的过程接口单元等设置在相应的现场机柜室。通常在中心控制室设置全局性的工程师站，用于整个 DCS 的软件组态、系统调试、日常维护、故障诊断等，在现场机柜室内设装置或区域级的工程师站，用于现场调试、开车及维护等。中心控制室的 DCS 设备与各现场机柜室的 DCS 设备采用冗余光缆或电缆进行连接构成一个完整的 DCS 系统。

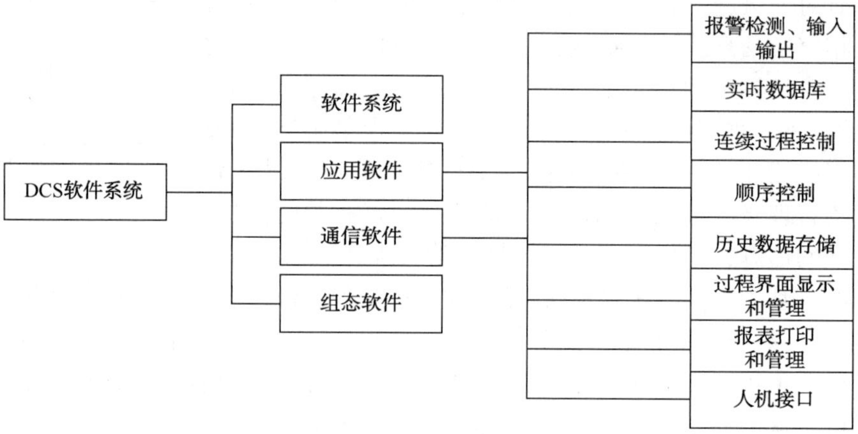

图 26-2　DCS 的软件系统

（二）现场总线控制系统

现场总线控制系统（FCS）是 20 世纪 80 年代中后期随着控制、计算机、通信以及模块化集成等技术发展出现的工业控制系统，是控制技术又一个新时代的开始，是在分散控制系统（DCS）的基础上产生。根据国际电工委员会（IEC）标准和现场总线基金会（FF）的定义：现场总线是连接智能现场设备和自动化系统的数字式、双向传输、多分支结构的通信网络。现场总线的含义表现在以下五个方面：现场通信网络、互操作性、分散功能块、通信线供电和开放式互联网络。

FCS 把 DCS 中的集中与分散相结合的概念变成了新型的全分布式测控系统。作为工厂数字通信网络的基础，FCS 沟通了生产过程现场控制设备之间及其与更高控制管理层之间的联系。它向下深入到现场的每一台仪表、执行机构，把控制功能彻底放到现场，依靠现场智能设备本身便可实现基本控制功能；向上连接到生产管理、企业经营的方方面面，为企业提供全面的解决方案。

在 FCS 中，模拟信号仪表被符合现场总线标准的双向通信全数字智能仪表所代替，实现传输信号数字化，转变为全数字控制系统。FCS 的开放性解决了数字系统的兼容性问题，协议的完全开放使得不同生产商的产品之间可以互换和互操作。这不但给生产商和用户带来极大的方便，而且突破了 DCS 中专用网络的封闭系统所造成的缺陷，把封闭、专用的解决方案变成了开放、标准化的解决方案。

与传统的 DCS 相比，FCS 将控制功能由控制站分散到了现场中完成，现场数据直接通过数字信号远传到操作站中。对比图 26-3 所示的 DCS 的控制层和图 26-4 所示的 FCS 的控制层，可以归纳出 DCS 与 FCS 的区别，见表 26-1。

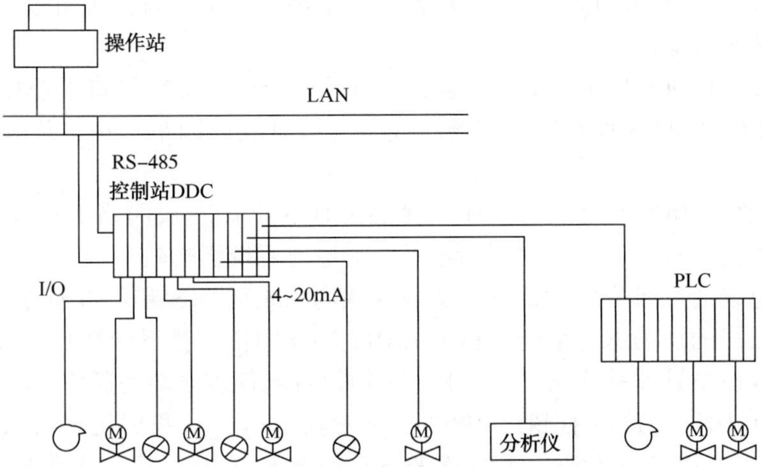

图 26-3　DCS 的控制层

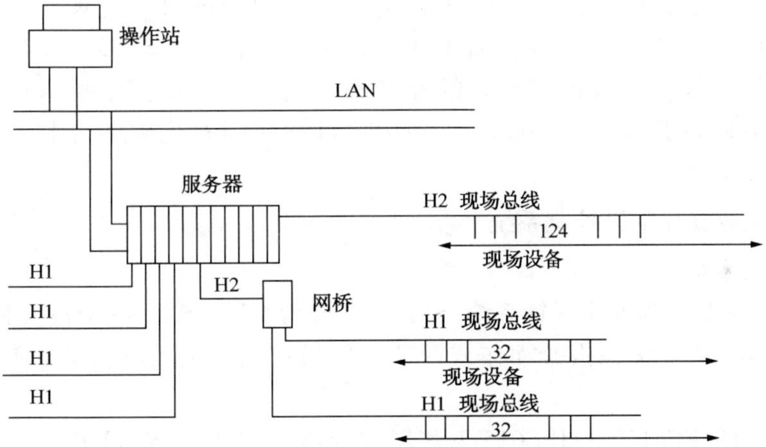

图 26-4　FCS 的控制层

表 26-1　集散控制系统(DCS)与现场总线系统(FCS)的区别

项　目	集散控制系统(DCS)	现场总线系统(FCS)
设备名称	现场设备的上一层，称为控制站	现场设备的上一层，称为服务器
硬线连线	控制站以上为网络，控制站以下为一对一(I/O)的设备连接	服务器以上为网络，服务器以下为网络，即网络延伸至现场设备级
控制功能	控制功能集中在控制器上	控制功能分散至现场仪表
传输线的功能	信号传输	可用通信线供电，通常为双绞线
信号的类型	部分数字信号，部分模拟	全数字信号

FCS 的出现促进了现场设备的数字化和网络化，并且使现场控制的功能更加强大。但 DCS 作为底层控制仍占有炼油装置大部分份额。FCS 是发展方向，从走向应用考虑，在现阶段应使 FCS 系统和传统的 DCS 系统尽可能地协同工作，这种集成方案能够更灵活地进行

系统组态，得到更广泛的应用且具有实用价值。单纯从技术而言，现阶段 FCS 集成于 DCS 可以有三种方式来考虑。

(1)现场总线于 DCS I/O 总线上的集成—通过一个现场总线接口卡挂在 DCS 的 I/O 总线上，使得在 DCS 控制器所看到的现场总线来的信息就如同来自一个传统的 DCS 设备卡一样。

(2)现场总线于 DCS 网络层的集成—就是在 DCS 更高一层网络上集成现场总线系统，这种集成方式不需要对 DCS 控制站进行改动，对原有系统影响较小。

(3) 现场总线通过网关与 DCS 并行集成—现场总线和 DCS 还可以通过网关桥接实现并行集成。如某公司的现场总线系统，利用 HART 协议网桥连接系统操作站和现场仪表，从而实现现场总线设备管理系统操作站与 HART 协议现场仪表之间的通信功能。

目前 FCS 在国际上已经有超过 4000 个系统在运行。在我国已经投入运行的 FCS 也已经接近 100 个。从当前炼油化工装置来看，越来越多的新建装置采取 FCS 或 FCS 和 DCS 协同集成的方式来实现控制，FCS 的开放性使得其使用也越来越多。FCS 作为 DCS 后的新一代控制系统，近年国内相关企业参与到中国自己的现场总线技术开发应用和提升。近些年包括上海赛科、福建联合石化、中科炼化等多套大型炼化装置均采用了现场总线控制技术，取得了良好的经济和实用效果。浙江中控为福建联合石油化工有限公司油品质量升级 30 万吨/年烷基化项目和荆门石化硫酸等装置提供现场总线技术，支持工业应用。

(三)炼油工业其他常见控制系统

1. 安全仪表系统

安全仪表系统又称为安全联锁系统(SIS)，主要为工厂控制系统中报警和联锁部分，对控制系统中检测的结果实施报警动作或调节或停机控制，是工厂自动控制中的重要组成部分。

根据安全标准 IEC61508、IEC61511 和《安全监督管理总局第 40 号令》的规定，不同等级的重大危险源应进行辨识分级和安全评估，并配备相应的 SIS。进行安全功能设计可有效确保工业过程处于安全状态。SIS 不仅可以将危险事故降低到最小，而且还能够避免工业生产中重大事故、灾害的发生。对于具体的工艺装置而言，是否需要设置安全仪表系统或设置何种安全仪表系统，由工艺装置对安全仪表功能的安全完整性等级(SIL)要求来决定。

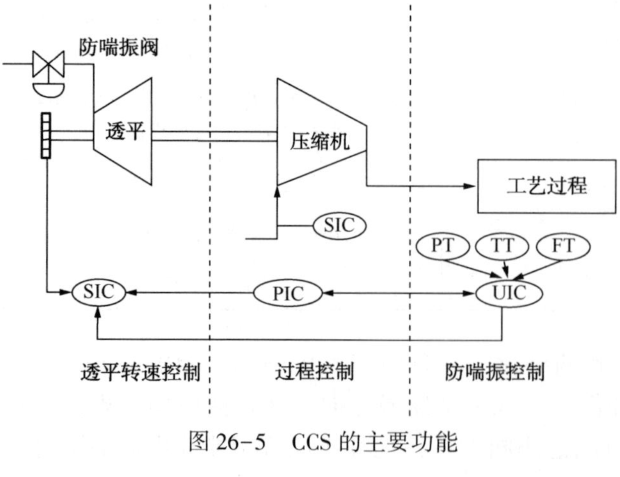

图 26-5　CCS 的主要功能

2. 压缩机组控制系统

压缩机组控制系统(CCS)通常是指一套独立的控制系统，用于完成压缩机组的监控、调速、防喘振控制及相关过程控制监视等功能，主要功能为：透平转速控制、防喘振控制、过程控制，如图 26-5 所示。通常 CCS 也兼顾压缩机的联锁功能。

3. 可燃及有毒气体检测系统

可燃及有毒气体的检测系统（GDS）几乎在所有的炼油装置中都需要。在工艺装置及辅助设施内可能存在泄漏或聚积可燃气体、有毒气体的地方，设置GDS。

在以往的部分实践中，企业将GDS合并在DCS系统中，此做法与单独设置GDS相比安全性能降低，在响应时间、设备可靠性和人员安全上都存在隐患。

4. 智能仪表设备管理系统

智能仪表设备管理系统（IDM），是便于现场智能仪表的调校、诊断、维护、管理等的系统。由于智能仪表（智能变送器、智能阀门定位器等）的普及，IDM已在炼油化工项目中普遍应用。

IDM通常与DCS系统联合配置，在基本的DCS系统基础上配置相应的信号处理单元、服务器、客户端、相关的软件等。IDM服务器可设置在中心控制室或现场机柜室，通过DCS系统局域网和相应的FF或HART智能仪表信号通信连接。在中心控制室的工程师站内可设有公共IDM工作站，对所有装置单元的现场智能仪表进行维护和管理。

5. 专有控制系统

在一些炼油工艺装置中，常常会遇到因特殊设备或工艺过程等原因，如：专利技术特殊的控制过程、工程执行过程中的特殊需要等，采用独立的控制系统，也可称其为专用的控制系统（根据其特定的功能可给予缩写命名）。该系统通常包括控制器、通信模块、输入输出模块、操作站等，是一个完整的控制系统。例如，中国石化为其自主芳烃技术配套的模拟移动床专有控制系统即为此类系统。

专有控制系统设置原则上与主装置一致，以降低备品、备件和维护的费用。但专有控制系统通常包含专利商的核心技术秘密，专利商通常采用指定的控制系统，此时，应分清边界和分工，做好资料收存，以备维护及技术服务。

6. 过程控制计算机系统

过程控制计算机系统（PCCS）用于实现先进控制和实时优化。当炼油装置有先进控制和实时优化控制需求时，配置PCCS。通常以基本过程控制系统——DCS为基础，配置所需的上位机和通信服务器等硬件设备，以及相关的先进控制、优化控制软件及建模软件、监控软件等构成PCCS，框图如图26-6所示。

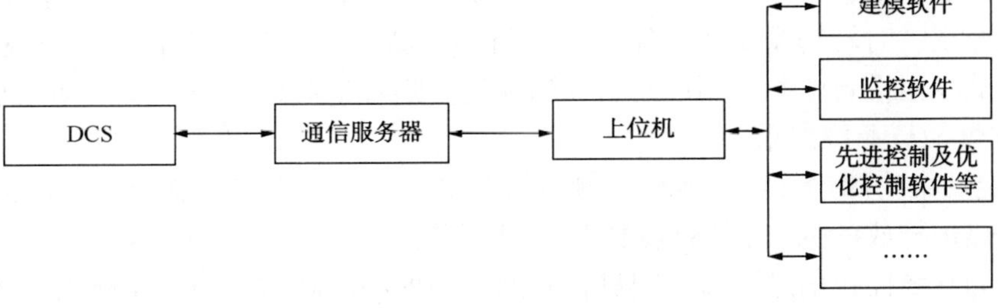

图26-6　PCCS的组成框图

PCCS的关键之一，是上位机和DCS系统的通信，通常采用OPC技术。该技术为了给工业控制系统应用程序之间的通信建立一个接口标准，在工业控制设备与控制软件之间建立统一的数据存取规范。

随着工厂信息化及智能化的发展，PCCS 在炼油装置使用越来越多，是装置智能化的重要组成部分。但 PCCS 最终起作用仍要通过 DCS。PCCS 在设置时应考虑紧急时刻切换至 DCS 的功能。

7. 操作员培训仿真系统

操作员仿真系统(OTS)已越来越受到重视，国内外一些先进炼油厂的重要生产装置配备有操作员培训仿真系统，用于操作培训，以提高其技术水平，有的还利用仿真系统来分析生产过程中存在的问题。

在 OTS 中培训操作人员，包括开车、正常生产、正常停车、紧急停车、负荷调整等操作，并对操作人员的操作技能进行评估和考核。OTS 使用独立的局域网，通常包括模型服务器、现场站、教员站、DCS 操作站、模拟站(DCS 控制器)等组成，见图 26-7。

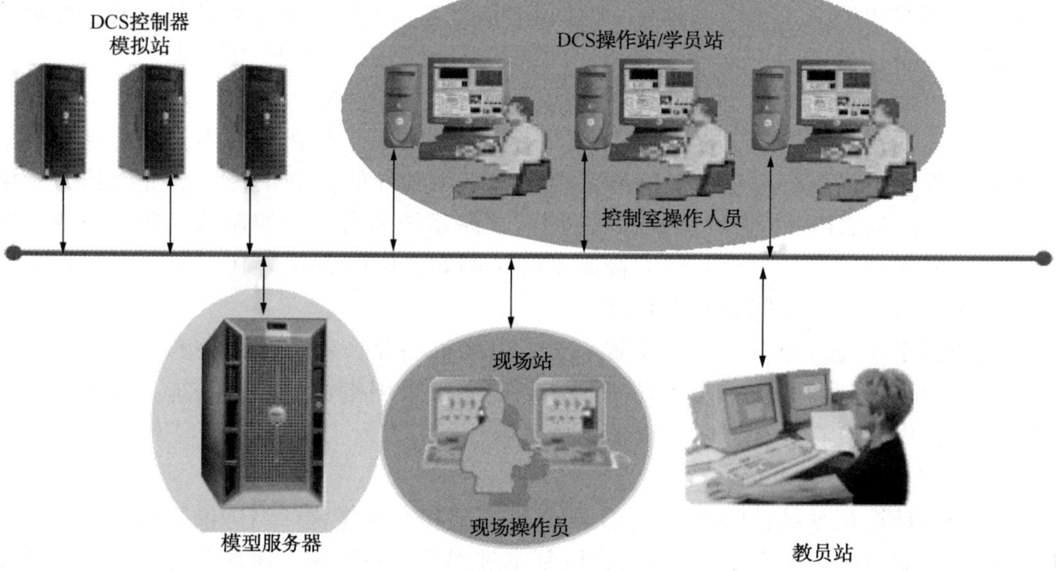

图 26-7　OTS 系统的组成

除上述介绍的几种控制系统外，在炼油装置中，还有以下几种控制系统：

(1)转动设备监测系统(MMS)　主要用于透平机、压缩机和关键机泵等重要转动设备参数的在线监视，对转动设备的性能进行分析和诊断，支持转动设备的故障预维护，降低维护成本，减少因设备的非计划停车造成的损失。随着工业信息技术及自动化水平的提高，MMS 逐步在炼油行业推广采用。

(2)固定污染物源烟气排放连续监测系统(CEMS)　用于连续监视固定污染物源(如炼油装置中加热炉排放的烟气)的颗粒物和/或气态污染物浓度和排放率监测系统。CEMS 需与当地环保局在线监控信息平台之间进行联网，环保部门随时监视污染物的相关排放参数，设置的 CEMS 方案经环保局监测技术部门认可。目前催化裂化烟气、硫黄回收尾气、装置加热炉等大部分烟气排放部位设置了 CEMS。

(3)在线腐蚀监测系统(CDS)　用于对生产装置的设备及管道的腐蚀状态进行监测和分析，

及时掌握由各种因素导致的腐蚀变化的趋势和规律，以便采取得当的预防措施，消除因腐蚀引起的事故隐患。CDS 逐步得到推广应用，特别是当装置属于含高腐蚀性原料时应考虑设置在线腐蚀检测系统。

(4)操作数据管理系统(ODS)　在 DCS 的基础上配置相应的数据服务器等硬件及相关的软件，从 DCS 中自动收集实时数据，部分必要的数据也可以离线人工输入，或通过上层网络获取。ODS 将获取的数据储存至实时数据库，根据需要进行与操作管理相关的各类处理。系统最终给出可用于操作管理的、直观的相关数据及信息，并通过数字、图形、表格等形式提供给使用者。企业管理员可以用生产运行管理系统、企业资源计划系统及其他系统通过工厂网络访问该系统。

(5)在线分析仪系统(PAS)　用于在线分析仪的维护管理系统，通常是在装置中含有较多相对复杂的在线分析仪时，如含有多套色谱分析仪的装置时，为了便于分析仪的维护管理，设置在线分析仪系统，将各分析仪通过通信接口连接到在线分析仪系统网络，配置 PAS 管理站用于对各分析仪进行运行状态监视、故障诊断、事故处理、调试等。炼油装置在现阶段设置 PAS 的情况还较少。

四、炼油装置过程控制系统应用情况

本节介绍了十余种过程控制系统类型，但在炼油装置中并非全部使用，对于具体的炼油装置究竟会采用哪些控制系统要取决于工艺装置对控制系统的要求以及企业对自动控制水平的要求等因素。在新建炼油装置中，通过使用 DCS 实现底层的控制，通过使用 SIS 系统实现紧急停车的安全保护，通过使用 GDS 实现可燃及毒气的检测，通过使用 IDM 实现仪表的信息化管理，此四种过程控制系统使用非常普遍，越来越多的装置使用 FCS 或 DCS 和 FCS 集成系统替代 DCS，少数装置不需要 SIS。CCS 在具有大型机组等设备的炼油装置中使用，专有控制系统在具有特殊控制过程或专利控制系统中使用，PCCS 和 OTS 在业主有优化提升要求时候使用。其他过程控制系统类型根据业主需要选配，截至 2020 年年底还使用较少。主要炼油装置控制系统配置如表 26-2 所示。

表 26-2　主要炼油装置控制系统配置

装置名称	DCS	SIS	GDS	CCS	IDM	专有控制系统	备注
常减压蒸馏装置	√	√	√		√		
轻烃回收装置	√		√		√		
催化裂化装置	√	√	√	√①	√		
延迟焦化装置	√	√②	√	√	√	②	
煤油加氢精制装置	√	√	√		√		
柴油加氢精制装置	√	√	√	√	√		
加氢裂化装置	√	√	√	√	√	⑥	
渣油加氢处理装置	√	√	√	√	√	⑥	
连续重整装置	√	√	√	√	√	CRCS③	
异构化装置	√	√	√		√	DRCS④	

续表

装置名称	DCS	SIS	GDS	CCS	IDM	专有控制系统	备注
吸附分离装置	√	√⑤	√		√	MCS 或 RACS⑤	
芳烃抽提装置	√	√	√		√		
液化气脱硫脱硫醇	√		√		√		
MTBE	√	√	√		√		
聚丙烯装置	√	√	√	√	√		
硫黄回收装置	√	√	√	√	√		

①催化裂化装置的装置机组控制系统通常设置二套，一套用于主风机和烟机，一套用于富气压缩机。

②延迟焦化装置的水力除焦部分通常带专用的 PLC 控制系统，越来越多的延迟焦化装置趋于设置独立的焦炭塔安全操作系统，而装置的其他联锁保护也归属到此系统。

③，④分别为催化剂再生控制系统(CRCS)和干燥剂再生控制系统(DRCS)。

⑤模拟移动床控制系统(MCS)或(RACS)，是中国石化为其芳烃吸附分离技术开发的专有控制系统，专门用于模拟移动床的控制。

⑥加氢裂化、渣油加氢等装置的原料反冲洗过滤器通常采用专有控制系统型式，此控制系统一般安装在现场设备旁。

随着经济全球化和国际竞争的加剧，对企业效益和效率的要求进一步提高，炼油厂的自动化不满足于装置自动化水平的提高，而是把整个工厂甚至整个企业集团作为一个可控、健康的有机体来运行，要求其具备系统性、全面性、智能性、实时性和准确性。越来越多类型的过程控制系统将在石油炼制企业中应用，助力企业的智能化提升。

第三节　过程控制及优化

一、概述

目前，炼油行业的 DCS 系统一般只提供基于经典控制理论的常规控制和复杂控制。随着生产规模的扩大，生产要求越来越高，装置控制难度越来越大，基于经典理论的常规控制不能满足要求。在典型的炼油装置生产操作过程中，存在着动态响应时间滞后、变量未能在线测量、动态响应非线性、干扰相互偶合、约束、大的外部干扰等特性，从而导致传统的 PID 控制效果不佳。为此，学术界提出以多变量预估控制为核心的先进控制(APC)理论，根据装置运行的实时数据，采用多变量模型预估技术，计算出最佳的设定值，送往控制器执行。多变量预估控制范围不再只是针对某个具体的工艺测量值或与之有关的变量，而是根据相关的测量值乃至整个装置的所有变量。通过实施 APC，可以改善过程动态控制的性能，减少过程变量的波动幅度，使生产装置在接近其约束边界的条件下运行(卡边操作)。

先进控制可以保证该控制环节稳定运行在给定工况，但先进控制不能确定装置的最优工况及对应的生产参数。针对该问题，在先进控制的基础上，进一步研发出针对整个装置的在线、闭环实时优化(RTO)技术。实时优化是模拟和控制的紧密结合，在装置稳态模型的基础上，通过数据校正和更新模型参数，根据经济数据与约束条件进行模拟和优化，并将优化结果传送到先进控制系统。

先进控制与实时优化是确保炼油厂“安、稳、长、满、优”生产的重要手段，是现代控制理论与信息技术结合的产物。近些年来，实时优化和先进控制的集成已经成为过程工业的热点，国外炼油厂纷纷在主要装置实施实时优化，以获取最大经济效益。

先进控制和实时优化不仅是生产过程最高层面，更是企业信息化的最基础工作。应从企业信息化建设规划中加以统筹，实现 MES、APS、ERP 等信息系统及 DCS、PLC 等控制系统的有机整合。炼油厂应积极做好先进控制与实时优化的实施配套工作，充分考虑生产和信息化对先进控制与实时优化的需求，对于已投产企业要在生产和企业信息化改造增加该项内容和费用，对于新建装置要直接纳入企业信息化进行统筹规划和建设，做好在炼油厂的应用，从而促进自动化和信息化融合，完成企业信息化应该完成的任务。

二、PID 控制与参数整定

基于偏差的比例(Proportional)、积分(Integral)和微分(Derivative)的控制器简称为 PID 控制器，它是石油炼制过程控制中最常见的一种过程控制器。由于 PID 控制器算法简单、鲁棒性强，因而被广泛应用于石油化工、冶金、机械、热工和轻工等工业过程控制系统中。尽管工业自动化飞速发展，但是 PID 控制技术仍然是工业过程控制的基础。

PID 调节器从问世至今已历经了半个多世纪，在这几十年中，人们努力发展和推广它，使之成为工业过程控制中主要的可靠技术工具。即使在微处理技术迅速发展的今天，过程控制中大部分控制规律都未能离开 PID，这充分说明 PID 控制仍具有很强的生命力。

PID 控制中一个至关重要的问题，就是控制器三参数(比例系数、积分时间、微分时间)的整定。整定质量不但会影响到控制质量，而且还会影响到控制器的鲁棒性。此外，现代工业控制系统中存在很多不确定性，这些不确定性能造成模型参数变化甚至模型结构突变，使得原整定参数无法保证系统继续良好地运行，这时就要求 PID 控制器具有在线修正参数的功能，这是自从使用 PID 控制以来人们始终关注的重要问题之一。

PID 控制是当前石油炼制生产的主要控制形式，其控制作用的好坏取决于 PID 参数是否合适，PID 参数的整定有两种方法，即人工整定和自整定。人工整定由于 PID 参数存在整定困难、费时费力，且严重依赖整定人员的实际经验等问题，导致 PID 应用效果不理想。自整定方法分为以下几类：

(1)基于非参数模型的自整定方法。工程上常用、经典的有：Z-N 法、R-ZN 法、Cohen-Coon 法、ISTE 最优设定法、Astrom-Hagglund 的继电 PID 自整定法、基于相位裕度和幅值裕度的 PM 整定法、SPAM 整定法、相位和幅值裕度与时间优化结合的方法等。

(2)基于参数模型的自整定方法。如 IMC(内模控制)-PID、自适应 PID、预测控制-PID 等。

(3)基于规则的自整定方法。在基于规则的自整定方法中，不用获得过程实验模型，而是根据被控过程的特性基于规则整定控制器参数(类似有经验的操作者的手动整定)。

(4)基于系统输出特性的自整定方法。如基于遗传算法 PID 参数自整定、基于浮点数编码遗传算法(FCGA)等。

(5)智能自整定。利用神经网络、模糊控制和专家控制去整定控制器的参数，如神经网络自整定方法、基于模糊控制的自整定方法、专家式自整定方法、自学习自整定方法等。这些 PID 参数的自整定产品，在实际应用中取得了一定的效果，但仍然难以克服装置中的控制回路存在关联和耦合、装置加工量和热负荷失配等因素的影响，使得 PID 控制效果难以满足生产现场的需要。

北京化工大学研发的 PID 模型整定和全流程优化专利技术采用先进的模式辨识技术实现 PID 参数优化达到自控回路的高投控率。它的全流程优化技术能很好地解决装置控制回路存在的关联和耦合现象，装置间的互供料和热联合能得到有效的平衡控制。该技术已在中国石化燕山石化等 20 多家大型石化企业推广应用，其中北京燕山石化的 39 套炼化装置采用该项技术控制回路投用率都达到 98%以上，有很多装置的自控率达到 100%，实现了黑屏操作。

三、先进控制技术原理

20 世纪 80 年代中期，国内开始先进控制技术的研究，开发出多套先进控制软件，在催化裂化、常减压蒸馏装置上应用。先进控制包括：预测控制、多变量控制、自适应控制、模糊控制、推断控制等控制算法及其综合。在我国，先进控制常采用以多变量模型预测控制技术为核心的控制策略。

多变量模型预测控制是指对具有多个输入输出的过程采用过程模型预测输出，用实际过程输出与模型预测输出差值修正过程模型，同时实现最优控制的一类算法。预测控制由三个基本部分组成：预测模型、滚动优化和反馈校正。

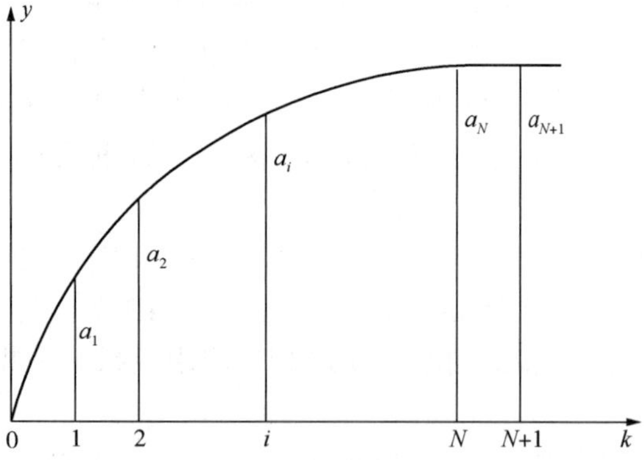

图 26-8　被控对象输出幅值与时间的关系

(一)预测模型

预测模型是描述过程行为的数字化动态响应模型，可通过机理建模或/和系统辨识实验方法获得。该模型能根据系统现状和未来输入推算未来输出，具有“预测”功能。由于把被控对象未来的动态变化预测作为当前控制的依据，所以过程信息更全面，控制作用克服各种不确定因素的能力更强，得到的控制效果比常规控制更好。如图 26-8 所示。

(二)滚动优化

滚动优化是一种最优控制算法，采用有限时域的滚动优化策略调整和实现当前优化目标。滚动优化策略虽然不能得到全局最优解，但可对模型失配、时变和各种干扰等引起的不确定性进行及时反馈校正，始终使新的优化性能指标与系统现实状态相吻合，保证较好的动态控制性能。

(三) 反馈修正

在预测控制中，通过比较输出测量值与模型预测值，得出模型预测误差，再利用该误差校正模型预测值，从而得到更加准确的预测值。采用反馈校正策略使预测控制具有更强的抗干扰和克服模型失配的能力。

预估控制的上述三个基本特征，是控制论中模型、反馈控制、优化概念的具体体现。它继承了最优的思想，提高了鲁棒性，可处理多目标及各种约束，因而符合工业过程的实际要求，故在理论和应用中得到迅速发展。

某炼油厂的一个闪蒸罐液位控制回路存在大滞后与强噪声干扰等不利因素，常规控制难以对其实施有效控制。在采用先进控制后，通过综合考虑进、出料对液位变化的影响，采用模型对液位变化进行提前预测，展现了优异的控制性能，长期运行平稳。预测控制实施前后效果如图 26-9 所示。该图是某日 3:00~20:00 控制器投用前后液位控制效果对比。11:30 后，预测控制器投用运行，控制液位在 50%附近，有效降低液位波动幅度。长期运行统计显示，液位超限时间减少 90%，原油流量波动降低 37%，大幅提高装置生产运行的平稳率。

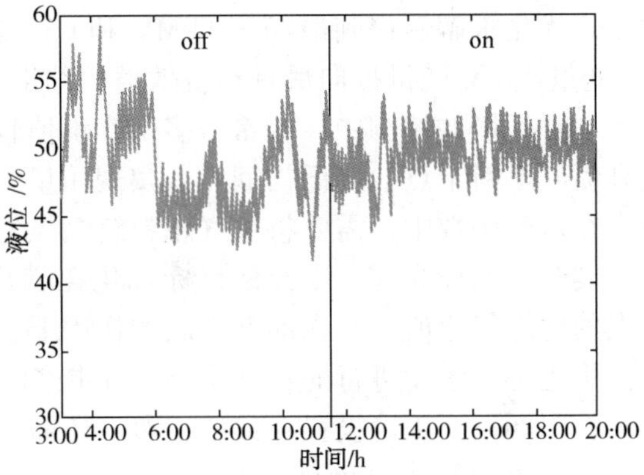

图 26-9　预测控制实施前后对比

四、先进控制技术的实现

(一) 变量定义和选择

控制器涉及三类过程变量的选择，即被控变量(CV)、操作变量(MV)和干扰变量(DV)。CV 是待控制的过程变量，这些变量要维持在给定点上或区间范围之内。MV 是对过程的控制手段，为了把 CV 维持在操作范围之内和对过程进行优化，控制器要调节这些操作变量，与此同时须确保 MV 不超出其约束范围。DV 是过程中影响 CV 的可测量的扰动变量，DV 不受控制器控制，但却影响 CV 的值。通过预测 DV 对 CV 未来的影响，控制器能采取措施，防止 CV 在变化中超出约束限。DV 为控制器提供前馈信息。

以常压塔控制器塔顶部分为例，CV 变量可以有多种选择方案：①直接质量指标，如常压塔顶汽油干点，通常通过软测量计算获得；②间接质量指标，如常压塔顶温度；③常压塔顶汽油干点和温度均作为 CV，但一个变量作为约束变量，允许较大区域范围内变化。MV 通常是常压塔顶温度控制设定值或塔顶回流量。而影响塔顶汽油干点或温度的扰动变量 DV 包括常压塔顶压力、进料温度和流量等，在确定 DV 时，要根据装置实际情况选择主要的扰动变量。

(二) 控制自由度与经济目标优化

控制器中有效 CV 与可用 MV 的数量关系决定了控制自由度。当有效 CV 的数量大于可用 MV 时，说明没有足够的调节手段实现控制目标，控制自由度不足。此时，控制器预测各 CV 超限后的危害程度大小，自动将控制偏差均匀地分散在相关 CV 之间，最大程度降低因 CV 超限造成的危害。当有效 CV 数量小于可用 MV 数量时，说明除了满足控制目标要求之外，还有多余的调节手段可用，自由度过剩。此时，多余的 MV 可用于优化目标函数，在满足基本控制的前提下对变量进行经济目标优化。

经济目标优化是通过选取需要优化的 MV 变量和 CV 变量，建立线性规划或二次规划命题，经优化求解后得到最经济的 MV 和 CV 变量值。通过经济目标优化先进控制器能够将 MV 变量或 CV 变量推向最具经济效益的约束边界或定值处，在稳定控制上实现优化控制。

在常压塔的控制中，若希望多生产价值较高的喷气燃料组分，则可在质量合格前提下，提高喷气燃料干点，降低初馏点，实现质量卡边操作，增产喷气燃料。

在目标函数中，需要将喷气燃料终馏点 CV 的系数设为负值，初馏点 CV 的系数设为正值，其余系数设为零。则经济目标优化在满足约束条件的前提下，给出喷气燃料干点和初馏点的稳态优化值，并在动态控制的作用下，调整相关 MV，向这一稳态优化值靠近。经济目标优化也是滚动进行的，到了下一个控制周期，重新计算稳态优化值。若存在多个优化目标，则不仅要正确设置系数的正负，还需要合理地设置其大小，以体现目标的重要性。

(三)非常规变量测量

控制器中多数是温度、压力、流量以及液位四大常规变量，除此之外，还涉及诸如凝固点等产品性质、汽化率等关键工艺变量这些非常规变量。对非常规变量的测量可通过在线仪表或软测量技术实现。

在线仪表是通过添加硬件的方式实现非常规变量的测量，一般能测量产品的馏程、组分含量等性质。使用专业的在线仪表测量精度较高，稳定性较好，但也存在设备投资大、维护成本高等缺点。此外，并非所有变量都有相应的在线仪表，如热负荷、塔板液泛点等。软测量技术不需要添加额外的硬件，而是通过选择与被估计变量相关的一组可测量变量，构造某种以常规变量为输入、被估计变量为输出的数学模型，用计算机软件得到变量的值。采用软测量技术实时性好，但是也存在测量模型维护、测量数据校正等问题；也可将软测量技术与在线仪表结合使用。

软仪表的建模方法可分为机理建模和数据驱动建模，以及二者的结合。机理建模是在对过程深入了解的基础上，从过程内在的物理和化学规律出发，通过物料平衡、能量平衡和动量平衡等建立软测量模型。机理模型容易接受，在机理较为清晰的场合，往往可取得较好的效果，推广性能好。但对某些复杂的过程难以建模，并且难以形成通用的软测量技术。数据驱动建模方法基于实测数据，用数学回归方法，如部分最小二乘法(PLS)、神经网络和支持向量机等方法建立软测量模型。数据驱动的建模方法易于形成通用的软测量技术。

五、我国炼油工业先进控制技术的应用实践

20 世纪 90 年代开始，我国炼油工业在常减压、催化裂化、催化加氢、重整、延迟焦化和气分等工艺装置上应用了先进控制技术并取得了很好的效果，由于催化加氢装置种类繁多，先进控制技术应用尚不能一概而论，本节限于篇幅，仅对上述成熟应用进行阐述。

(一)常减压蒸馏装置

常减压蒸馏装置是炼油厂的“龙头”装置。目前，我国进口原油的品种和数量越来越多，

常减压装置的原料性质变化频繁，装置平稳操作的难度加大，依靠常规控制难以达到较好的效果，而采用先进控制技术可以提高装置的平稳性。

我国常减压装置先进控制通常选择初馏塔、常减压塔、常减压加热炉作为实施对象。采用初馏塔/常压塔控制器、加热炉控制器和减压塔控制器。

主要控制目标是平稳装置操作、提高轻油收率、提高拔出率、控制过汽化率等。主要的控制器变量见表 26-3 和表 26-4。

表 26-3 初馏塔/常压塔控制器变量

被控变量	操作变量	干扰变量
初顶汽油终馏点	初顶温度或回流量	常压塔进料量
常顶汽油终馏点	常顶温度或回流量	初馏塔顶压力
喷气燃料终馏点	常压炉出口温度	常压塔顶压力
喷气燃料冰点	常一线抽出量	
喷气燃料闪点	常二线抽出量(如果有)	
常三线 95%点	常三线抽出量	
	常顶循流量	
过汽化率或常四线流量	常一中流量	
	常二中流量	

表 26-4 常/减压进料加热炉控制器变量

被控变量	操作变量	干扰变量
加热炉烟气氧含量	鼓风机变频(调节挡扳)	
加热炉炉膛负压	引风机变频(调节挡板)	
各支路出口与总管出口温度差值	各支路流量	—
支路流量与平均值之差的最大值	—	
加热炉进料总量	—	

上述变量表中，产品 95%点、终馏点、闪点、冰点、馏程宽度、黏度等需要在线分析仪或软测量技术获得。随着我国原油对外依存度不断升高，原油性质变化日趋频繁，原油和产品的在线质量分析技术应用也日渐增加。

常减压装置实施先进控制后，明显改善了装置运行的平稳性，产品质量控制标准偏差有所降低，产品质量更加稳定。另外，在操作变量允许的范围内，实现喷气燃料干点卡上限、闪点卡下限、冰点卡上限的控制目标，从而将常二线柴油组分中的喷气燃料组分上拔到常一线喷气燃料中，使得喷气燃料收率提高 0.3~1.0 个百分点。同样，通过卡边控制和优化减压炉出口温度，可以提高减压塔总拔出率，有效提高总液收。

提高常减压先进控制的应用效果，需要针对上述问题，增加在线分析仪投入；强化分析仪维护和日常保养，确保其运行良好；加强化验管理或采取技术措施确保化验采样时刻、数值的准确性；采取技术措施提高加热炉燃料气热值稳定性，提高加热炉温度控制平稳性。

(二)催化裂化装置

催化裂化是炼油工业中装置数量多、加工能力大、效益较好的重要加工装置，特别在我国，催化裂化装置是炼油厂加工重质蜡油和渣油的主要手段。

催化裂化装置在实施先进控制时，常采用反再、主分馏塔和吸收稳定三个控制器。对于反应再生部分，先进控制器主要用于控制反应深度和产品分布，在安全平稳生产的前提下，能以较大处理量、较高目的产品收率、较好的产品质量和较低能耗，实现最好的生产效果。反应再生控制器的主要变量如表 26-5 所示。

表 26-5　催化裂化装置反应再生控制器变量

被控变量	操作变量	干扰变量
再生器密相温度	新鲜进料流量	再生器总风量
再生器稀相温度	掺渣比(如果有)	
再生烟气氧含量	原料预热温度	
再生滑阀阀位(压降)	提升管出口温度	
反应转化率	回炼油量	
气体产品产率	再生器主风量	
原料罐液位	外取热滑阀开度	
回炼油罐液位	外取热器风量	

上述变量中，再生器稀相温度和再生滑阀压降为安全约束变量。再生器烧焦效果、反应生焦量、密相温度均会影响稀相温度，在先进控制策略中，与此相关的各操作变量，其调节范围需要遵守该约束。

而再生滑阀阀位或压降作为催化剂循环量的间接表征，操作变量“提升管出口温度”的调节，要首先保证再生滑阀阀位在设定的约束范围。

对于催化裂化的反应-再生过程，未来的努力方向主要有两方面：①通过技术手段，提高反应转化率、气体产品产率、生焦量的实时计算精度，在此基础上，再进一步提升或实现反应-再生过程的先进控制；②采取 RTO 实时优化技术，将调度安排的反应进料流量、提升管出口温度两个主要调节手段纳入 RTO 优化调节，再结合回炼、掺渣等调节手段，通过实时寻优，提高反应转化率。

主分馏塔控制器的目标是在设备约束范围内，提高装置操作的平稳度，提高产品分离精度，如降低汽、柴油重叠度，稳定产品质量。主要控制器变量如表 26-6 所示。

表 26-6　催化裂化装置主分馏塔控制器变量

被控变量	操作变量	干扰变量
粗汽油终馏点	顶循环返塔温控	提升管出口温度
柴油初馏点	顶循环回流量	新鲜进料量
柴油 95%馏程温度	一中流量	回炼油量
柴油抽出温度	一中返塔温控	富吸收油流量
脱过热段气相温度	油浆上、下返塔流量	
油浆循环流量下限	油浆返塔温控	
塔底油浆温度	汽提蒸汽流量	

吸收稳定控制器的主要控制目标是，提高产品纯度，改善产品质量，如干气中 C_{3+} 含量尽可能少，稳定汽油蒸汽压合格。主要控制器变量如表 26-7 所示。

表 26-7　催化裂化装置吸收稳定控制器变量

被控变量	操作变量	干扰变量
干气 C_{3+} 含量	补充吸收剂流量	粗汽油流量
液化气 C_2 含量	再吸收剂流量	吸收塔富气进料量
液化气 C_{5+} 含量	再吸收塔压力	补充吸收剂温度
稳定汽油蒸气压	解吸塔进料温度	富气进料温度
吸收塔进料液气比	解吸塔重沸返塔温度	稳定塔进料量
解吸塔顶温度	稳定塔顶压力	稳定塔进料温度
稳定塔顶压控阀位(或不凝气流量)	稳定塔顶温控(或回流量)	
稳定塔底温度	稳定塔重沸器返塔温度	

催化裂化先进控制器投用后，主要被控变量的标准偏差都有不同幅度的减少，下降幅度一般在 30%以上，说明先进控制在系统平稳操作方面发挥了显著作用。将预测产品转化率作为控制变量，在满足各变量约束的条件下，通过改变提升管出口温度、回炼油量等操作变量，汽油产品的收率提高 0.5%~2%。先进控制器还能通过多变量解耦，充分发挥装置潜能，提高装置处理量或掺渣比达 2%左右。先进控制器在主分馏塔和吸收稳定系统所起的主要作用在于：稳定产品质量，提高产品质量合格率；通过产品质量卡边控制，提高产品轻收。

(三) 延迟焦化装置

我国延迟焦化装置通常由加热炉、焦炭塔和分馏塔三部分组成，多数采用一炉两塔工艺。焦化装置存在周期性切塔操作，严重影响装置平稳运行。

延迟焦化装置实施先进控制时通常采用加热炉反应控制器和分馏塔控制器。总体控制目标是：平抑焦炭塔切换带来的干扰，平稳操作，减少质量波动，提高装置处理量，降低装置能耗。

影响装置平稳操作的最大因素是生产过程中的小吹汽、大吹汽、暖塔等。将上述操作假定为扰动事件，通过焦炭塔温度、压力等参数计算得到事件模型，作为干扰变量，使控制器能根据事件的发生提前采取补偿动作，实现装置平稳操作。此外，加热炉烟气氧含量、炉支路出口温度平衡等对安全生产、降低能耗具有重要意义。主要控制器变量见表 26-8 和表 26-9。

表 26-8　延迟焦化装置加热炉反应控制器变量

被控变量	操作变量	干扰变量
辐射段支路出口温度偏差	对流段支路流量	分馏塔塔底温度
焦炭塔入口温度	辐射段支路流量	新鲜进料温度
炉膛最高温度	辐射段支路出口温度	
炉膛压力	支路烟气挡板开度	
炉管最高温度	鼓风机变频(或挡板开度)	

续表

被控变量	操作变量	干扰变量
烟气含氧量 烟气出口温度 焦炭塔焦高 分馏塔塔底液位	引风机变频(或挡板开度)	

表 26-9　延迟焦化装置分馏塔控制器变量

被控变量	操作变量	干扰变量
汽油终馏点	顶循流量	暖塔事件
塔顶温度	柴油上回流冷流量	切塔事件
柴油95%点温度	柴油抽出流量	小吹汽事件
柴油气相温度	柴油下回流热流量	大吹汽事件
柴油抽出温度	中段回流流量	油气温度
柴油集液箱液位	蜡油上回流流量	
蜡油抽出温度	蜡油下回流流量	
联合循环比	蜡油回流温度控制	
蒸发段温度		
塔底温度		

变量列表中的被控变量，如产品质量点、联合循环比、事件等需要在线分析仪或软测量技术获得。

通过对焦高的预测控制能灵活调整处理量。在满足加热炉、主分馏塔约束的前提下，提高装置的新鲜进料。先进控制器投用后，通过调整焦高控制目标，一般能提高装置处理量达1.5%。在分馏塔平稳控制的基础上，对产品质量进行卡边控制，能提高目的产品收率。在装置进料相对稳定的情况下，先进控制器投用后轻质油收率一般提高约1%。

(四)催化重整装置

催化重整装置种类繁多，本书以连续重整工艺为例，讨论重整反应和脱戊烷塔的先进控制。

提高芳烃产率或辛烷值桶收率是重整先进控制器的主要目标，实现此目标须控制重整反应深度。在实施先进控制时，常用反应器加权平均入口温度（WAIT)和反应器加权平均床层温度（WABT)等软测量值表示反应器温度。主要变量如表26-10所示。

表 26-10　连续重整反应控制器变量

被控变量	操作变量	干扰变量
反应器加权平均入口温度	加热炉出口温度设定	燃料气压力
各床层温差	加热炉风门开度	进料芳烃潜含量
反应器加权平均床层温度	加热炉烟气挡板开度	重整进料量
烟气含氧量		

续表

被控变量	操作变量	干扰变量
炉膛负压 加热炉管壁最高温度 重整生成油芳烃含量(或辛烷值) 产品辛烷值桶收率	—	—

重整装置脱戊烷塔先进控制总体目标是：平稳操作，提高分离精度。主要控制器变量见表 26-11 所示。

表 26-11　脱戊烷塔控制器变量

被控变量	操作变量	干扰变量
灵敏板温度	再沸炉出口温度设定(加热蒸汽量)	塔进料量
回流比	塔顶回流	塔进料温度
塔顶温度	塔底抽出量	塔顶回流温度
塔底温度		
塔釜液位		

反应控制器将产品质量和液收要求转化为反应温度要求，由加热炉出口温度设定进行控制。采用常规控制，当进料发生变化时，反应温度保持不变，造成产品质量的波动，而采用先进控制器后，能够优化反应深度、克服进料干扰，在保持产品质量平稳的基础上，稳定提高产品质量。实施先进控制后，重整汽油的辛烷值一般能够增加 0.5~1 个单位。先进控制还能利用多变量解耦，在满足变量约束的前提下，优化反应温度，可提高重整汽油液体收率约 1 个百分点。催化重整装置加热炉较多，先进控制器在满足加热炉安全运行的前提下，通过调节风门开度和烟道挡板开度等，提高加热炉热效率。塔釜液位和灵敏板温度是体现脱戊烷塔平稳运行最重要的两个参数，先进控制器投用后，灵敏板温度、塔釜液位波动减少，塔工况更加稳定。

(五)气分装置先进控制

气分装置是多塔串联的工业精馏塔系，干扰易在整个装置内快速传播。塔系统中的热集成，增强了装置工艺参数耦合，装置抗干扰性差。

气分装置通常采用三个控制器，分别控制脱乙烷塔、脱丙烷塔和精丙烯塔。由于装置压力不易稳定，实施先进控制时，需要对温度进行压力补偿计算，具体方法可采用 Antonie 方程，而气体组成测量则主要依赖在线色谱分析。

脱乙烷塔控制器主要目标是减少塔顶 C_3 损失和塔釜 C_2 含量，塔顶放空和塔釜温度控制是重要手段。主要变量如表 26-12 所示。

脱丙烷塔控制器主要目标是塔关键参数在规定范围内、减少进料和换热介质波动对丙烷塔的影响、减少塔底 C_3 含量和塔顶 C_4 含量。主要变量如表 26-13 所示。

表 26-12 脱乙烷塔控制器变量

被控变量	操作变量	干扰变量
灵敏板压力补偿温度	塔釜温度控制	塔进料流量
塔顶压力补偿温度	塔顶放空流量控制	
塔顶温度	塔顶温度控制	
塔顶压力		
塔底 C_2 浓度		

表 26-13 脱丙烷塔控制器变量

被控变量	操作变量	干扰变量
塔顶 C_4 含量 塔底 C_3 含量	塔釜温度控制	塔进料流量
灵敏板压力补偿温度	塔顶压力控制	塔进料温度
塔顶回流罐液位	塔顶回流控制（塔顶温度）	塔底再沸器供热介质温度
塔顶压力补偿温度		
回流比		

与脱丙烷塔控制器类似，除了稳定塔操作外，精丙烯塔控制器更重要的目标是减少精丙烯质量过剩，提高产品收率。主要变量如表 26-14 所示。若采用热泵流程，控制策略需要作适当调整。

表 26-14 精丙烯塔控制器变量

被控变量	操作变量	干扰变量
精丙烯纯度	低温热水流量控制	热水温度
精丙烯塔顶压力补偿温度	精丙烯塔顶回流量控制	精丙烯塔顶压力
精丙烯塔灵敏板压力补偿温度	精丙烯出装置量控制	精丙烯塔回流温度
精丙烯塔底温度	提馏段塔温度控制	提馏段进料温度
提丙烯塔灵敏板压力补偿温度		提馏段进料量
精丙烯塔顶回流罐液位		
精丙烯塔回流比		

由于气分装置的工艺特点，特别是丙烯塔，存在操作滞后、变量耦合严重等现象，常规控制装置平稳性较差，产品质量易波动，产品收率较低。采用先进控制技术后，主要变量标准偏差都有较大幅度减少，装置运行平稳性得到显著提高。炼油厂精丙烯纯度指标一般在 99.5% 以上，采用常规控制时，为保证产品合格，实际精丙烯纯度高出指标值约 0.3%，产品质量裕度较大。先进控制器投用后，产品质量得到平稳控制，质量裕度控制平稳，可以提高精丙烯收率达 0.3 个百分点。

六、RTO 技术及炼油厂应用

RTO(Real Time Optimizer)技术是实现炼油厂生产操作智能化的主要技术路径，是实时在线优化技术的英文简称，是指设定一定的目标，让装置围绕该目标对操作进行在线优化的一种技术。炼油 RTO 是以现场操作数据、产品及原料分析数据、物料价格数据为计算输入，以装置模型为计算依据，以效益最大化为目标，对生产装置关键操作参数进行优化计算并自动执行，使装置始终处于高效、低耗和安全的运行状态。RTO 技术既可以和 APC 构成在线、实时优化、闭环控制系统，称之为在线实时优化系统；又可以对装置性能进行在线评估，包括对塔盘效率、换热器传热系数、催化剂寿命、机组效能、液泛等生产性能指标在线模拟计算，即“数字孪生”应用。实时优化在生产计划和自动控制之间起到纽带的作用，生产计划是 RTO 的约束条件，RTO 的计算结果是 APC 的执行目标。

用形象的话说，RTO 技术就是炼油工业的无人驾驶技术，是炼油工业的 AI。表 26-15 将炼油 RTO 技术与无人驾驶技术进行了比较。

表 26-15　炼油 RTO 与无人驾驶技术的比较

对象	优化目标	约束条件	信息感知(输入)	优化变量(输出)
无人驾驶	到达目的地时间最短	道路规则 驾驶安全条件 交通规则 设备性能	雷达信息 照相视频 GPS 道路拥堵信息	速度 方向 开停状态
RTO	效益最大化	参数安全操作边界 质量指标约束 能耗指标约束 设备性能约束 产品产量约束 原料量约束 化工机理约束	原料在线分析 产品或中间产品在线分析 当前操作参数 当前价格体系	关键控制参数(反应温度，反应分压，空速，压缩机转速，灵敏板温度，塔顶/侧线/塔釜回流量、温度、采出量等)

(一)RTO 技术

炼油 RTO 按技术的实现路径分为稳态实时优化技术、动态实时优化技术和基于神经网络的实时优化技术。主要区别是：稳态实时优化技术在对工艺过程的描述方面基于全过程的严格化工机理进行建模；动态实时优化技术对工艺过程的每台设备用数学回归进行建模，也有一些公司将装置中的部分设备用机理模型进行表达，或将部分设备基于机理模型构建数学回归的代理模型，然后从各设备模型中抽提关键指标构建目标函数进行优化求解，这种方法大大简化了模型，提高了计算效率，存在的问题是未考虑工艺过程(设备间)的组分传递、热量传递、动量传递；而神经网络模型的总体方法与动态实时优化技术类似，只是单台设备的模型采用神经网络模型进行建立。整体而言，稳态实时优化技术无论是单台设备还是整个工艺过程的描述都更加符合化工机理，虽然稳态优化方程规模大、计算效率低，但更容易让炼油厂和工艺人员理解和接受，故国内外炼油厂采用的实时优化技术大多是稳态实时优化技术。表 26-16 为三种技术的对比。鉴于应用的普及性，本节的技术介绍均基于稳态实时优化技术。

表 26-16　稳态实时优化、动态实时优化、基于神经网络的实时优化技术对比

项　目	稳态实时优化技术	动态实时优化技术	基于神经网络的实时优化技术
技术特点	全流程严格机理模型(严格工艺计算) 优化过程中，需要对装置进行稳态检测 优化周期(小时级) 可以离线或在线运行 非线性优化 利用机理模型和优化算法进行数据调和	本质是 APC 的协同优化 以数学模型为主 优化过程中，不需要对装置进行稳态检测 优化周期(分钟级) 线性或非线性优化 可以处理装置间过程动态和非稳态操作 利用反馈方法进行数据调和	利用现场历史数据和流程模拟数据做样本回归设备神经网络模型，用于模拟计算每台设备的投入产出 当生产工况超出神经网络模型范围时，用外延法进行计算，可能会出现较大的偏差 因为国内炼化生产原料更新快，神经网络模型失效速度快，需要持续维护模型，该维护对人员要求高
适用场景	单装置 预测仿真 过程检测与诊断 离线推演	单装置 多装置形成的区域	单装置
代表软件	AVEVA 的 ROMeo、AspenTech 公司的 RT-OPT	Honeywell 公司的 Profit Optimizer、AspenTech 公司 GDOT	曼彻斯特大学

(二) RTO 与相关技术的关系

1. RTO 与 APC 的关系

APC(先进过程控制)本质是控制技术，靠建立数学模型，对装置进行卡边操作、保证产品质量合格。APC 不能自动给出装置的最佳操作方案，需要靠操作员凭经验人工设定操作变量(CV)的卡边范围，再由 CV 和 MV(操纵变量)的增益关系转化成具体操纵变量的值进行执行。

RTO 是优化技术，且基于严格机理建立模型，而不是数学模型。RTO 代替优化工程师在线计算装置关键操作变量的最佳值，也即自动给出装置的最佳操作方案。

由“RTO 模型+APC”构成的在线、实时优化、闭环控制系统，其中 RTO 模型负责优化计算，具体流程为：操作数据及在线分析数据→DCS→实时数据库→RTO 模型→得出操作变量(CV)最优解。APC 负责执行操作变量最优解，具体流程为：RTO 求解的操作变量(CV)最优解→实时数据库→进入 APC 并作为 APC 的 CV 值的设定值→APC 求解 MV 值→DCS 执行。

2. RTO 技术与流程模拟的关系

流程模拟用于对工艺过程的模拟计算，而非优化计算。装置优化工程师一般采用多方案模拟、再比对的方法找到相对优异的操作方案。另外，流程模拟是离线工具，只能离线、人工使用。流程模拟大多用在工程师进行离线预测、工艺分析的环节，也被设计院用在工艺设计中。

RTO 技术用于对工艺过程的优化计算，而且是在线自动优化计算，目的是实现工艺过程由“人优化控制”向“人机协同优化控制”的转变。

两者在模型构成的方式及求解方法上也有很大的区别。RTO 采用 EO 模型及序列二次规划(SQP)算法求解，而流程模拟是基于序贯法求解。

RTO 技术是流程模拟技术的继承，二者采用一致的热力学模型，均基于严格机理，两者分别从离线和在线角度共同支撑了企业装置操作优化工作。

3. RTO 技术与 LP 技术的关系

LP 是线性规划技术，是计划优化的基础与工具。计划优化是从全局、从整体考虑全厂物料分配的优化、装置加工负荷的优化、产品产量和品种的优化。计划优化是离线优化。RTO 技术是装置操作优化的工具，用来计算装置运行效益最大化下的操作方案。RTO 的模型是基于机理的非线性模型，求解器也是非线性优化求解器。RTO 是在线优化。

RTO 作为生产计划向操作控制转换的纽带，它接收计划或调度排产中装置投入产出的指标要求作为其优化模型的约束条件，以效益最大化为目标转化求解对应装置的操作方案，两者处在不同层次但内在统一的炼化生产优化体系中。

(三) RTO 的核心技术

总结而言，RTO 有三大核心技术：对工艺过程的精确描述(遵循严格机理建模)，持续可靠的优化计算(模型在线整定)，以及强大的优化计算能力(大规模非线性方程求解)。

与流程模拟技术类似，RTO 可对物流、反应器、塔器、换热设备(换热器、冷却器、加热炉)、压力转化设备(泵、压缩机、阀门)基于严格机理建模，使得模型可以较为准确地模拟炼油化工过程的化学、物理变化，并保证质量、能量守恒，实现物性传递。

随着催化剂失活、设备结垢、结焦或磨损，RTO 模型中的结构参数也需要随之调整才能与生产实际匹配。RTO 具有模型结构参数在线整定功能，可对仪表和模型结构参数(例如换热系数、板效率、反应动力学参数等)进行在线的、自动整定。数据整定通过规定原料条件、产品条件和操作条件，反向调整需整定的变量参数，使得计算值与实际测量值匹配，从而找出需整定变量参数的合理值。

RTO 模型所生成的方程规模巨大。如某装置的 RTO 模型包括 12 万个变量、12 万个方程式，数据矩阵中超过 426 万个非零值。另外，按照炼油化工机理建模形成的方程，大多是非线性方程，部分方程是微分方程甚至偏微分方程，RTO 软件一般利用正交配置的方法对微分方程离散化，利用 SQP 进行求解，一般能在 10min 左右完成优化求解计算。

(四) RTO 在炼油厂的应用

RTO 技术一经推出，在全球炼油化工企业迅速推广。20 世纪 90 年代，先是在北美的先进炼油厂进行应用，如 SHELL 牌的北美炼油厂、ExxonMobil、BP 等。进入 21 世纪，开始在亚太、南美的先进炼油厂推广应用，如 SK、GS Caltex、巴西石油、Reliance。2013 年起，中国石化开始推进 RTO 系统建设，首先建设的是乙烯装置，目前镇海炼化、燕山石化、茂名石化的乙烯装置 RTO 系统已经投用，普遍达到了吨乙烯 20 元以上的收益。2019 年中国石化开始启动炼油装置的 RTO 试点建设，首批试点装置为镇海炼化的连续重整、齐鲁石化的常减压装置、扬子石化的常减压装置，目前尚在试点建设期间，尚无相关资料。

从国际经验来看，RTO收益表现在两个方面，一是可观的经济效益，二是由RTO模型支撑数字孪生应用。从经济效益的视角来看，RTO相当于给装置配了个实时在线的优化工程师，随着装置进料组成、进料量、产品价格、设备性能等的波动，实时在线计算出该工况下效益最大的操作参数，交给APC进行操作调整并将装置推向最佳操作工况，这让装置操作既稳又优成为可能。而传统炼油厂，靠操作工和APC控制，目前只能做到平稳操作、卡边操作。部分炼油厂配备了优化工程师，但靠人力也无法做到在线优化分析。表26-17给出了国际统计的RTO系统面对不同工艺的单位收益。从数字孪生的视角，RTO相当于给装置配了一个设备可靠性在线评估工程师，可以1天24小时、1周7天不间断地对模型所构建的设备的性能进行监控和研究，如对仪表偏差进行在线整定，推送偏差较大的仪表列表；计算换热器污垢系数，提示装置何时进行换热器清洗；对压缩机性能曲线监控，提示压缩机节能方向；计算塔板效率，提示塔板检修更换策略等。

表26-17　四类典型炼油装置RTO单位收益

常减压 /($/t原油)	重整 /($/t原料)	催化 /($/t原料)	加氢裂化/渣油加氢裂化 /($/t原料)
0.21~0.35	0.2~0.9	0.7~1.4	0.9~1.9

第四节　生产执行层优化的实现及应用

一、生产执行层概述

在炼油厂信息化体系中，一般分为三个层次，即经营管理层、生产执行层和过程控制层，其中生产执行层又称为MES。MES在1990年由美国先进制造研究机构(Advanced Manufacturing Research，AMR)提出并使用，是将制造业经营管理系统(例如MRP Ⅱ/ERP/SCM等)和过程控制系统(例如DCS、SCADA、PLC等)集成在一起的中间层，是位于管理层与控制层之间的执行系统。MES是一个特定集合的总称，包括一些特定功能的集合以及实现这些特定功能的产品，是应用于各种制造业的重要信息系统。MES的任务是将管理系统的指令传达到生产现场，并将生产现场的信息及时收集、上传和处理，是上下两层之间信息的传递系统。

国际仪表学会(ISA)从1997年开始编制ISA-SP95（企业控制系统集成标准），该标准目前已经成为世界公认的MES标准。基于该标准体系，面向炼油工业，国内外均研发了配套的MES软件。国外如霍尼米尔、阿斯本、OSI、Schneider等公司均有面向炼油工业的MES产品。国内则以石化盈科信息技术有限责任公司为代表，自2004年起，该公司在国家863项目的资助下牵头组织了能源化工行业国产MES软件的研发。2006年发布了SMES1.0版本，到2012年发布了SMES3.0版本。该系列软件在中国石化、中国化工、神华、中煤等国内能源化工企业里广泛应用。2012年后，随着工业互联网概念的兴起，石化盈科公司在业内率先开展能源化工行业工业互联网平台的研发，即ProMACE平台，目前已发布到ProMACE2.2版本。ProMACE平台是MES的延续，它使得炼油工厂内部高度集成和自动化的生产执行系统变为一个互联网下的流程制造业云生态系统，支持多个工厂间的集成共享，协同工作，旨在进一步提升生产企业全面感知、预测预警、协同优化、科学决策能力。

随着技术的发展，不同于底层技术架构上的快速变化，MES在炼油厂的应用架构上相对稳定。图26-10为某炼油厂生产执行层和过程控制层信息化体系架构，其中MES主要聚焦于L3生产管理。

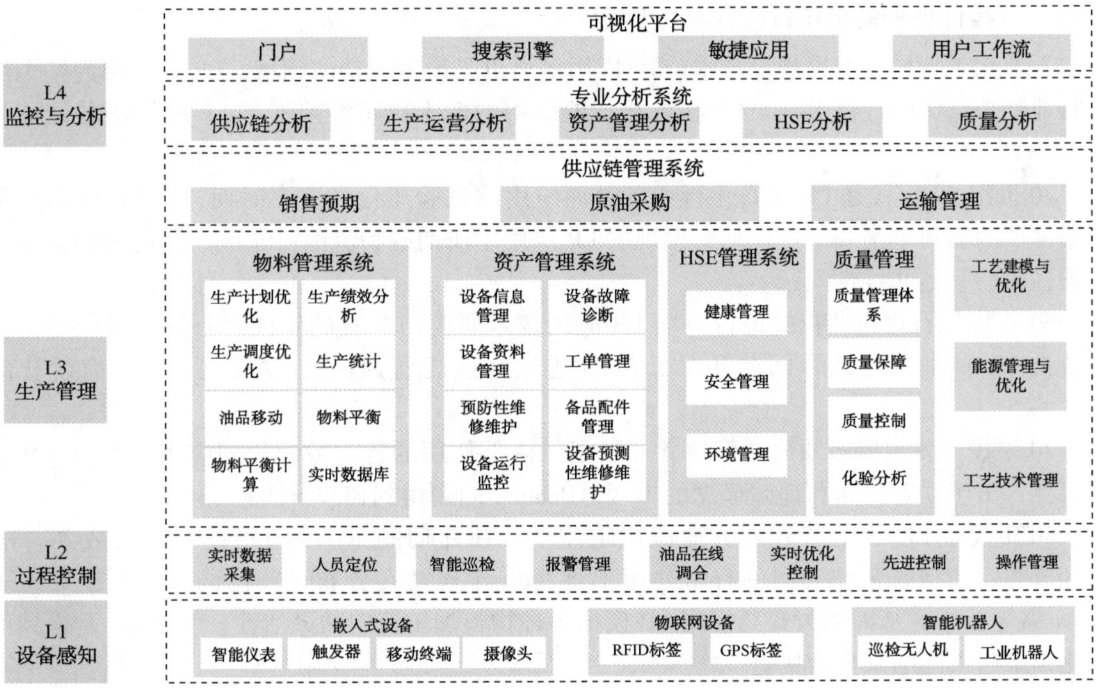

图26-10　某炼油厂生产执行层、过程控制层信息化体系架构

在炼油工业中，人们最初把MES聚焦于生产过程的管理，而生产过程又以物料平衡为核心，所以无论国内外的MES无一不把物料管理作为最核心、最基础的模块。围绕炼油厂的物料加工、流转过程，物料管理一般包括生产计划优化与编制、调度作业计划优化与编制、油品调合作业计划优化与编制、操作指令、油品移动(原料进厂、装置与罐间的移动、罐与罐间的移动、产品出厂、计量等)、生产平衡、生产统计、生产绩效等。围绕物料转换的主线，MES又包含了质量管理、能源管理、设备管理、工艺管理、安全管理、环保管理等一系列生产相关专业模块。MES在IT技术层面强调统一的数据标准、统一的技术平台，以充分实现数据的集成共享和业务的协同。MES在业务的支撑方面主要表现为三个方面：一是对生产过程进行数据采集、加工计算和监控；二是将工作流程标准化、表单化，规范生产作业过程；三是用模型技术对生产过程进行分析、优化和预测。对于前两个方面，主要的实现方法是IT技术，而模型技术则是IT、工艺和数学技术的融合，与炼油技术关联度较高，故本节后续内容将重点介绍两类优化建模技术：线性规划

技术和流程模拟技术。

二、线性规划技术及炼油厂应用

石油化工行业自20世纪50年代起开始应用线性规划技术，线性规划的应用为该行业带来了巨大的经济效益。如今，线性规划技术已经成为炼化行业不可或缺的计算工具。中国石化自2001年引进美国艾斯本公司(Aspen Tech)流程工业线性规划软件(PIMS)后，成功地将PIMS软件在公司内所有炼油厂推广应用，取得了显著的经济效益和良好的社会效益。

(一)线性规划模型在石化行业的发展

石油化工领域是线性规划技术(LP)应用最早也是最为成功的领域，LP的应用为整个炼化行业带来巨大的经济效益。LP在炼化行业应用的两大决定性因素是LP的算法和计算机技术。

20世纪50年代是LP在石化行业各方面应用的试验年代。这一时期，将LP成功应用到炼油厂的物料平衡和生产计划，发现了LP应用中所谓的物流池(Pooling)问题和包括调合性质在内的其他非线性问题。

60年代是石化行业积极进行各项LP应用技术研究与开发的年代。当时针对产品调合中各类性质的非线性调合问题开发了SLP(连续线性规划)技术，从而提高了调合优化的精度。

70年代，各主要石油公司都独立开发了供内部使用的各类数学规划应用平台，SLP已经成熟，由于误差分布和递归概念的出现，Pooling问题得到初步解决。

80年代是LP在生产计划方面应用定型期，在此期间重要的LP技术均已成熟，LP已经成为发达国家石油公司的日常使用工具。80年代初在分布递归法的基础上，开发了Delta-base技术，从而大大提高了用LP模拟各种物料加工流向的灵活性，使得LP所得到的优化结果与实际结果更为接近。

90年代初，我国的分布递归技术开发成功，90年代中期，我国解决了二次加工装置的收率问题。

由于分布递归技术的引入，使得物性的传递得以实现，也使得复杂的蒸馏装置模型和油品调合模型的构建得以简化。

但是分布递归会产生局部优解，近些年来，为了消除局部优解，很多公司和专家都做了大量的工作，目前比较常见的做法是使用泰勒级数展开将非线性问题转换为明确的线性问题，并将其应用于目前比较成熟的炼油厂优化的商业软件中。

(二)炼油厂优化模型的种类

优化模型的可以分为单厂单周期模型、单厂多周期模型、多厂单周期模型、多厂多周期模型。

多周期模型具有优化库存管理、优化产品调合、安排装置检修、应对市场变化的功能。其优越性在于既能在一个大周期内同时考虑各个小周期内的生产状况(如装置的检修、装置的开停)、公用工程的供应、工艺流程、原料供应、产品结构等生产条件和生产环境的区别以及市场的变化(价格的变化、需求的变化)，又能在大周期内进行整体优化，统一安排并优化资源的生产和库存，以保证生产、供应和销售平稳、稳定进行。鉴于多周期模型的这些优越性，多周期模型已被广泛应用于长远规划、中长期计划以及短期计划、作业计划、油品调合和检修计划等领域。

多厂模型是单厂模型应用的另一扩充，大的联合企业、集团等都有多个下属企业，每个下属企业均构建了 LP 模型，如果在总部这一层构建计划模型，就需要使用多厂模型技术。可以将多厂模型技术看作是多个 LP 模型的紧密集成的技术。

(三)线性规划模型技术在炼油厂生产计划优化中的应用

生产计划优化模型在我国炼油厂得到广泛应用，并取得丰硕的成果。应用领域涉及生产计划的编制、原油资源优化、企业加工流程优化、装置检修方案设计、产品调合优化等多个方面，经济效益十分明显。

1. 生产计划的编制

计划编制及优化是 LP 模型最基本的应用。目前我国多数炼油厂应用 LP 模型编制企业中、长期计划，某石化集团公司层面利用 LP 模型进行总部与下属企业的排产对接，在年度和季度的排产中，模型的使用为总部和企业两个层面进行优化管理提供了统一的应用平台。LP 模型的应用提升了生产计划的精确性和优化水平，为指导企业充分发挥已建成装置生产潜力、优化原料配置提供了很好的工具。

2. 原油选择优化

原油选择优化是 LP 模型应用的一个重要内容。根据原油市场价格变化，选择既适合企业加工，又具有价格优势的原油，可以为企业带来巨大经济效益。例如，某炼油厂通过 LP 模型分析了不同原油的加工特性，最终选择用中间基原油代替部分石蜡基原油，石蜡基原油加工的比例减少 20%以上，从而使加工原油的平均价格下降，每吨原油减少 28 元，经济效益明显。通过计算原油盈亏平衡值，可为原油采购提供基准点。对同类原油进行加工效益排序，可为企业优选原油加工提供依据。

国内企业加工的原油来源复杂，部分沿海企业加工的原油甚至全部来自国外，原油加工受原油到厂时间、运输船规格以及炼油厂已有原油和库容的影响，在编制生产计划时，采用多周期技术，按照原油的到港时间划分周期个数及周期长短，反映了原油供应量不均匀对生产的影响，这样可以使模型的运行结果更接近企业生产实际，也为原油调度的进一步优化奠定了技术基础。

3. 企业加工方案优化

炼油厂的加工流程复杂，通过优化生产方案可以提高企业加工效益。例如，若有催化裂化、加氢裂化、蜡油加氢、渣油加氢及焦化等多种重油加工手段可供选择，蜡油、渣油在这些装置中的加工比例不同，就将对炼油厂加工效率产生很大影响。某企业利用 LP 模型进行测算，发现随着蜡油加氢负荷的增加，可提高渣油加氢中渣油进料的比例，减少燃料油产量，同时改善催化装置的产品分布，提高轻质油收率。炼油厂根据这一结果安排生产计划，经济效益十分可观。

在炼油化工一体化企业中，可以通过优化乙烯原料结构，提高整体加工效益。例如，某企业的模型测算结果表明，乙烯装置多加工加氢尾油、少加工重裂解料(AGO)有利于炼油化工整体效益的提高，因此，在实际生产安排时，提高了中压加氢裂化装置的加工负荷，以多产尾油，每月可多供乙烯装置9000吨尾油，乙烯收率相应提高。此举既保障了优质裂解原料的供应，又增加了汽柴油的产量，按照当时价格计算，每月增加毛利200多万元。

装置的停工检修会对整个加工流程产生影响，合理安排装置检修的时间及多个装置停工检修次序，实现检修顺利进行，并使炼油厂效益损失最小的目标。建立检修模型，将装置停工时间、检修时间、开工时间与生产加工计划、库存进行匹配，寻求最佳的停工时间，并验证检修计划的可行性。对于多个装置需要检修的情况，可以优化装置的停工次序，对不同的检修方案组合进行测算，从而比较各个检修方案对炼油厂效益的影响。

4. 加工流程优化

在现有炼油厂中，采用LP模型模拟加工流程，可检测生产流程中的加工“瓶颈”，为企业进一步优化装置配置提出建议。通过模型的测算对比，可以预测新建或改扩建装置对全厂加工流程的影响，比较不同改造方案的经济效益，为企业决策提供技术支撑。如在企业产品质量升级改造中，用LP模型可测算出影响产品质量升级的主要因素，对比不同解决方案的经济效益，以及对产品结构和经济技术指标的影响。

LP模型在新建炼油厂总流程优化测算中也起着重要作用。根据加工原油特性和目标产品的要求规划加工路线。例如，比较重油加工采用加氢或脱碳工艺对产品质量的影响，选择不同工艺组合时产品结构的差异，同一价格体系下不同加工流程的效益变化，不同价格体系对产品结构及经济效益的影响等。

5. 产品调合优化

产品调合优化是企业提高加工效益的重要手段。多数企业通过所建立的全厂加工模型，优化调合组分生产，计算汽、柴油等产品的组分配比，得到更为经济合理的产品结构。企业针对汽油产品牌号多、可调合组分品种多、质量控制指标复杂的特点，可建立独立的汽油调合模型，用于汽油调合调度计划的编制。优化目标是减少产品辛烷值的浪费，降低高辛烷值组分的用量。例如，某企业采用汽油调合优化模型编制调合周计划，在调合95号国Ⅵ清洁汽油时，用烷基化油代替MTBE；调合95号国Ⅵ乙醇汽油基础油时，用烷基化油代替重芳。在保证产品质量合格的前提下，平均每周节省相当于约10~30吨的MTBE汽油组分，在该方案编制期间，MTBE与烷基化油价差约670元/吨，相当于每年节省调合成本35万~100万元左右。

（四）线性规划模型技术在炼油厂调度排产中的应用

1. 调度排产优化

生产调度是执行企业生产经营计划、保证生产正常进行的协调指挥部门。该部门根据生产的情况、原油评价数据进行原油的优化配比；按照生产装置加工状况、全面考虑各个装置的加工方案，动态调整装置操作方案，给出加工路线；根据组分油生产质量情况，罐区库存等约束条件，制定成品油调合方案，控制成品油调合操作等。

生产调度作业计划优化以月度生产计划为约束，通过选择、优化实现途径，保证月度计划在生产上的可操作性。调度优化方法主要分为三类——优化型、智能型和模拟型[4]。优化型调度系统将调度问题转换为某种形式的数学模型，通过求解，得到最优结果；智能型调度系统模仿调度人员的决策过程，将调度人员的经验转化为经验模型表达，应用到具体的调度中，形成可行方案；模拟型调度系统对调度的各个环节进行动态模拟，预测调度事件发生时的相应后果，以检验调度方案的可行性。

法国某公司的 FORWARD 软件采用智能型——专家系统推理法，这种方法目前工业应用较少。而 Aspen Tech 公司的 ORION 系统，Honeywell 公司的 PS 系统等，则以模拟方式为主，在局部采用优化模型计算。这种方法目前占工业应用的主流，该类系统依据生产流程建立模型，将调度作业计划分解成调度事件进行生产过程模拟，测算调度作业计划能否满足设备、原料、产品质量指标、产品数量需求、出厂能力、库容能力及月度生产计划的条件约束，并预测在此调度作业计划下炼油厂的运行情况及效益。中国石油、中国石化下属炼油厂以模拟为主的调度优化系统已经得到广泛应用，用于原油接收、物料流向、装置生产方案选择、油品调合和产品出厂运输等多种调度业务的测算工作。例如中国石化天津石化公司应用调度系统预测意外事件对原油接卸的影响，保证原油加工的平稳进行；中国石化茂名分公司炼油厂将调度优化系统应用于旬和 3 天计划的排产；中国石油锦西炼油厂应用调度软件，建立了全厂调度模型，实现从原油进厂、调合、加工、成品油调合到出厂的调度管理。

1996 年以来，人们开始尝试用线性混合整数规划(MILP)和非线性混合整数规划(MINLP)方法解决炼油调度问题(特别是原油调度)，这是一种优化型调度系统。而在这之前，MILP 和 MINLP 模型调度方法主要用于解决炼化行业中间歇过程的调度问题，而对于连续生产问题却鲜有报道。由于调度问题的复杂性，严格意义上的优化型调度系统还不能实现全厂规模的调度优化，只能实现局部的优化，如原油调度，产品调合调度等。优化型调度系统一般使用 GAMS/Cplex 软件工具进行模型的建立和求解。

优化型调度模型的特点主要有：

(1)建立调度的线性(非线性)规划模型。调度模型用线性规划(LP)、线性混合整数规划(MILP)和非线性混合整数规划(MINLP)技术，建立数学规划模型，描述炼油调度过程的“事件”。根据调度的实际情况，建立线性(非线性)规划数学模型。其数学模型中主要包括物料平衡方程、事件的起始时间控制和次序方程、能力约束方程、需求约束方程、操作规则方程、目标函数方程等。

(2)按照不同的调度测算目标建立模型，基本是局部模型，而不是全厂模型。如汽油调合调度模型，只考虑汽油生产相关装置及汽油调合设施、汽油储罐和汽油出厂设施，调合配方可以按比例给定，也可以用质量方程进行约束，后者可以优化调合产品结构，使关键质量指标卡边，多销售高标号产品，也可以解决组分物性时间分段的问题。

(3)人工智能经验数学化。将人工调度经验纳入模型，例如在给定罐与罐流向时规定优先次序；调度人员希望尽量首先使用哪些组分，或尽量多保留某些组分；将人工经验和要求描述为数学公式加入模型，使模型与人工经验相结合。如果模型数据不合理，得不到可行调度方案，系统可以输出指导信息，例如哪种组分量不足或哪种性质不能达标等。

(4)对用户的调度需求进行优化。在模型中，根据不同用户对调度关注点的不同，可以在模型目标函数中加入罚款变量和罚款系数，以达到用户所希望的目的，例如指定某些事件(如调合次数)发生次数最小，消耗量最少等。

2. 油品调合优化

从 20 世纪 70 年代起，面对经常变化的原油品质、原油价格以及不断推出的政府环保法规，国外的一些炼油厂就意识到了油品调合优化的必要性，并在80年代初开发了最早的离线调合优化系统，用于指导调合操作。进入90年代，随着油品性质在线分析技术（主要是近红外分析技术）的日趋成熟，一些控制软件厂商如Honeywell、ABB、SetPint（后被Aspen Tech收购）等，纷纷针对在线管道调合开发了各自的调合优化软件包。这些软件包基本都采用了分级优化的思想，即计划优化到油品配方离线优化，再将离线得出的优化配方作为在线优化的初始配方，进一步在线优化控制结构。国外炼油厂也广泛应用了这些调合优化系统，并取得了良好的经济效益。

2000年以来，国内少数炼油厂引进了国外的调合优化软件，成本较高。之后，国内炼油厂和科研机构在油品调合模型研究方面做了大量工作，国产化油品调合技术或软件取得快速突破和应用。国产化调合软件一般同时支持离线调合和在线优化控制，其中离线调合功能采用线性规划建模，主要用于得出调合的初始配方；在线优化控制一般与在线分析仪集成，用于调合过程中指标的在线监控、调合比例的在线优化控制。

国内外流行的商业调合软件主要有Honeywell的调合优化系统、Aspen公司的MBO+Blend组合、Shell公司的Star Blend、Foxboro公司的BOSS、北京汉盟公司的TurboBlend，中科院研发的汽油在线优化调合系统以及石科院研发的汽油调合系统和原油调合系统等。在中国炼油领域应用的主要有：

（1）Aspen公司的MBO。这是一个多周期离线调合优化工具，可以在多周期的基础上为每次调合任务生成最优的调合配方，并且支持将最优配方通过调合控制接口BCI自动调入在线调合控制系统。

（2）Aspen公司的Blend。该软件将Aspen PIMS优化器和DMCplus多变量动态矩阵控制器结合到一起，以实现每次调合过程的优化控制。在调合过程中，通过对调度优化产生的配方的在线调整，保证产品的质量指标在线卡边，同时优化组分的使用。

（3）中科院研发的汽油在线优化调合系统。该系统将配方在线优化、实时控制以及罐区计量等应用集成一体，该技术已经自中国石油、中国石化重点企业得到应用。

（4）石科院研发的具有自主知识产权的汽油调合系统和原油调合系统。汽油管道调合工艺成套技术包括在线近红外质量分析仪、汽油管道调合优化与控制软件、调合规则模型和系统集成技术，该技术已在中国石化广州分公司成功应用；采用先进计算方法，在原油评价数据库和原油光谱库所采集的大数据基础上，通过原油品种和数量的巧妙搭配，得到与目标原油性质十分接近的多种配方原油，为炼油厂原油采购及加工原油的性质长期稳定提供技术支持，该技术已在中国石化镇海炼化进行成功应用。

三、流程模拟技术应用

通用流程模拟平台提供了丰富的物性数据库、热力学方程、热物理性质计算关联式等一系列基础数据和基础工具，为用户建立特定问题的模型提供了便利的计算环境。一般通用流程模拟平台不提供特定行业的专用反应器模型，而是提供给用户二次开发的接口，由用户开发专用的反应器模型。为适应炼油工业用户众数多且遍及全球需要，部分通用流程模拟平台也提供了专用的系列炼油反应器模型，如催化裂化、加氢裂化、连续重整等。

中国石化对应用炼油装置的机理模型做了大量有益的工作，总结起来可以分为装置故障诊断、操作参数优化、催化剂寿命评估、产品性质预测、长周期操作因素评估等等。由于有大量实际应用案例，受篇幅限制，仅列出部分供参考。

(一)常减压蒸馏装置

1. 故障诊断

某常减压蒸馏装置，开工后350℃前常底渣油体积含量由7%~8%上升到12%~13%，通过调整装置负荷、常压炉出口温度和塔底吹汽量，均无法使常三线95%点馏出温度和常渣350℃前含量同时达到工艺要求。γ射线扫描常压塔，未能给出肯定的故障判断。应用模型，给出了较准确的故障判断。

调整试算模型中常压塔盘效率，直到各侧线95%点馏出温度和正常值一致，此时350℃前常渣体积含量为8.52%(体)，见表26-18。但现场实际350℃前常渣体积含量达13%，表明塔盘出现了某种故障，导致常渣350℃前含量明显升高。

表26-18 正常塔盘效率时常压塔各侧线产品量 万吨/年

项 目	数 据	项 目	数 据
原油加工量	625.00	常三线	45.00
常顶油	17.28	常渣	387.77
常一线	93.72	常渣350℃含量	8.52
常二线	20.00		

以塔顶为第一块板向塔底计数，该塔进料板为第44块板，常三线为第33块板抽出，无侧线汽提塔，常二中为第26块板抽出，第23块板返回。

模拟第44块板上升的气相体积分数80%直接旁路到第33块下进料、第33块板上升的气相体积分数22%直接旁路到第26块板下进料，结果350℃常渣含量升高到13.5%，且常压塔塔盘温度分布、各侧线产率、产品质量和现场吻合。由此判断第43~33层塔板80%塔板失效，第33~27层22%塔盘失效。停工开塔检查发现，第33层到43层(常三线抽出板)板之间的10块塔盘掉落8块，第27至31层即常二中抽出至常三线抽出板之间，中间偏东侧部分塔盘出现不规则翻落，实际情况与模型计算一致。

塔盘翻落不能使用默弗里效率模拟，如果塔内气液两相没有接触，如塔盘吹翻、掉落或通道板没封等情况，应用气相旁路的模拟方法能取得较好的效果。

2. 减压深拔

某常减压装置负荷率只有设计的63%，但从全厂增效的角度出发，要求实施减压深拔操作。在模拟计算之前，通常的想法是加工量下降，减压炉管中流体流速降低，因此相同温度下更容易结焦。为此得出在负荷较低的情况下，因炉管更容易结焦，从而应该避免减压深拔操作的结论。应用模型测算后，得出了不同的结论，图26-11给出减压炉在不同负荷情况下，炉管停留时间随炉管表面温度的变化情况。

由图可见，在低温区，相同的炉管表面温度下，负荷低时，炉管中的油气汽化率较低，油气在加热炉管中的停留时间更长；但在高温区，在相同温度下，负荷低时，炉管中油气汽化率更高，流速更快，停留时间更短。由此在负荷低时，在低温区更接近结焦条件，在高温区反而更远离结焦条件。

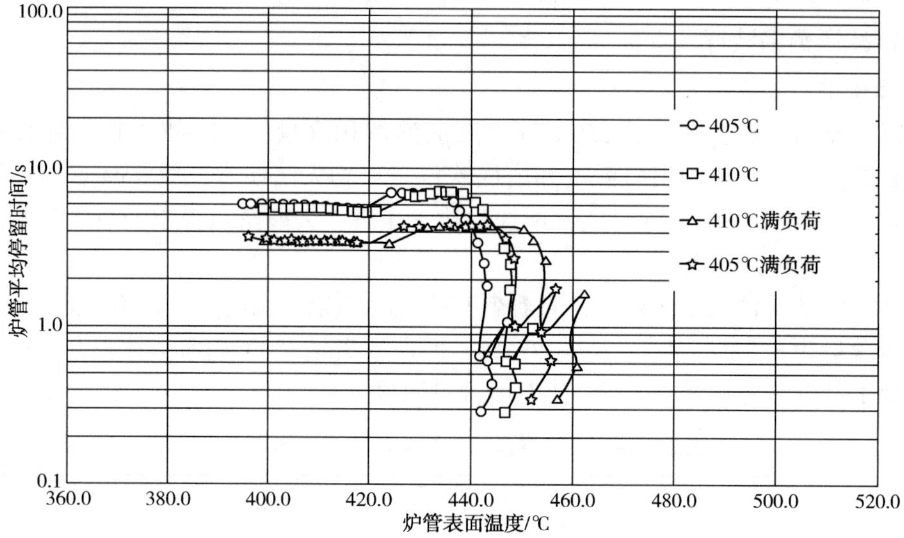

图 26-11 不同负荷、不同减压炉出口温度对应的炉管结焦曲线

在实际生产中，该装置提高了减压炉管的注汽量，并在低负荷下，进行了一个周期的减压深拔操作，停工检查表明炉管没有结焦。增加炉管注汽后，该加热炉的结焦曲线如图 26-12 所示，可见明显远离了结焦区。

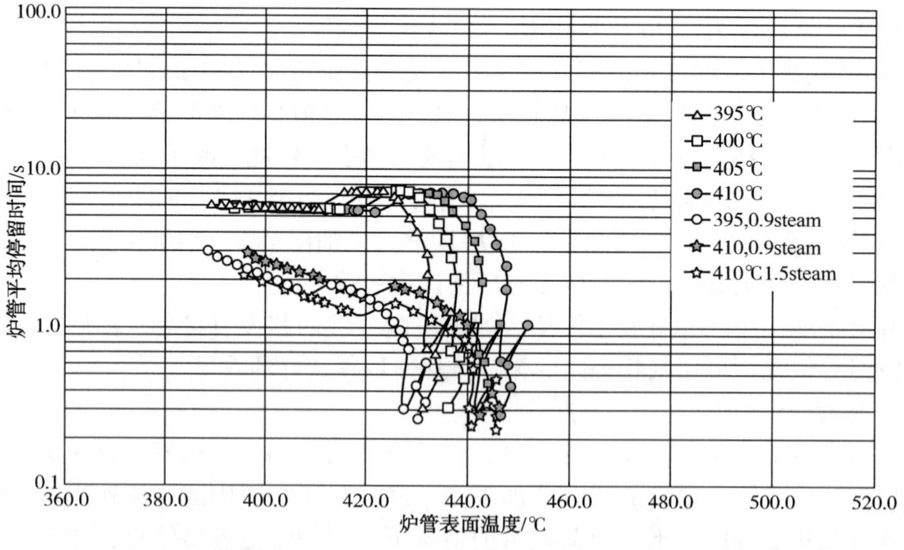

图 26-12 低负荷、不同减压炉出口温度、不同注汽量对应的炉管结焦曲线

3. 操作优化

常减压的操作优化经常要权衡是提高分离效率还是节能降耗，在不同的产品、公用工程价格情况下，这两种优化方案会给出明显不同的结果。应用常减压蒸馏装置的联立方程模型(EO)可以很好地解决这类问题。以下以某 1000 万吨/年的常减压装置为例，描述了利用

EO 模型解决常减压装置操作优化问题。

常减压装置操作优化受换热网络、加热炉负荷、处理能力、产品质量、减压加热炉炉管、减压塔填料和减压塔底结焦等因素的制约，操作优化方向是在满足安全、环保和上述约束的前提下，提高经济效益。由于常减压装置的分馏塔和换热器高度耦合，同时加工的原油性质多变、测量和分析数据存在误差、模型参数确定和模型物性方法选择也会造成不小的误差，由此可见常减压蒸馏装置的计算机模拟优化问题一般是比较困难的，目前比较适合解决该问题的是 EO 建模和求解方法。对于千万吨级带复杂换热网络的常减压装置，EO 模型求解操作优化问题只需约 10min。优化前后各操作变量的变化情况如表 26-19 所示。

表 25-19　常减压蒸馏装置工艺参数优化前后对比

优化变量	优化值-初始值	优化变量	优化值-初始值
电脱盐前换热分支一流量比例/%	-0.15	常一线流量/(t/h)	7.94
电脱盐前换热分支二流量比例/%	0.116	常二线流量/(t/h)	-72.39
电脱盐前换热分支三流量比例/%	-0.15	常三线流量/(t/h)	65.18
电脱盐后换热分支一流量比例/%	-0.0515	常压炉出口温度/℃	6.2
电脱盐后换热分支二流量比例/%	0.1362	常压塔底吹汽提/(t/h)	0.23
电脱盐后换热分支三流量比例/%	-0.1186	常一线侧线汽提蒸汽/(t/h)	1.2
初馏塔底换热分支一流量比例/%	0.0149	常二线侧线汽提蒸汽/(t/h)	0.7
初馏塔顶石脑油流量/(t/h)	-1.34	常三线侧线汽提蒸汽/(t/h)	1.21
初馏塔侧线流量/(t/h)	3.96	减顶循流量/(t/h)	15
常顶石脑油流量/(t/h)	23.54	减一中流量/(t/h)	-281.36
常顶循流量/(t/h)	110	减二中流量/(t/h)	300
常一中流量/(t/h)	100	减一线流量/(t/h)	5.99
常二中流量/(t/h)	-156.66	减三线流量/(t/h)	64.44

从计算结果分析，对于 1000 万吨/年的常减压而言，增效 3000 万元/年以上。上述常减压装置操作优化方向是：①降低常二中的取热，提高常顶循的取热，这与我们通常的操作相反，可见经验并不总是正确；②提高减二中的取热，降低减一中的取热，这与节能理念吻合，但对减压深拔稍有影响；③常二线要少抽，常三线要多抽，才能多产喷气燃料。

(二)催化裂化装置

1. 故障诊断

某催化由于主分馏塔油浆返塔搅拌环管振动逐渐增大，经一个多月的排查，判断可能是油浆搅拌环发生结焦，分布孔堵塞导致管线振动，振幅持续增加，只能被迫停工处理。同时发现油浆上、下返塔温度缓慢降低至 245℃以下。经模拟测算，发现换后温度和实际不一致，且更换油浆循环量孔板差压变送器后，循环量测量值不变。初步判断可能是油浆蒸汽发生器发生内漏，饱和水漏进油浆管线后经降压升温，使得孔板测量出的体积流速显著增大，造成孔板测量的油浆循环量偏大。

模拟计算得出内漏水量约 300kg/h，但泄漏到油浆中[压力只有 1.0MPa(G)，温度 245℃]

后汽化，造成孔板测量的油浆循环量偏大100t/h。据此，对油浆蒸汽发生器逐台拆保温后测量温度，最终发现E-208/1油浆换后温度异常低，将其切除后塔底搅拌油浆环管振动大的问题彻底解决。

2. 反应再生优化

催化裂化反应再生系统的操作参数较多，反再系统的约束条件也较多，这些变量之间的关系复杂，再加上催化裂化原料多变、催化剂性能各不相同，因此催化裂化操作参数的模拟和优化一直是炼油厂的热点和难点问题。

常见的催化裂化反应与再生动力学模型有Petro-SIM FCC-SIM、Aspen Hysys FCC和ROMeo FCC等。Petro-SIM FCC-SIM采用SM建模技术，Aspen Hysys FCC和ROMeo FCC采用EO建模技术。为此以Petro-SIM(V7.0) FCC-SIM作为建模工具，演示操作参数优化问题。以下为并流两段再生的案例。

该工艺一再按部分燃烧模式，二再完全燃烧，二再高温烟气不经过烟机。一再有外取热器，二再无外取热器。当主风总量已达上限、一再外取热器负荷也达上限的情况下，以经济效益最大化为目标，用机理模型优化装置操作条件，研究是否还存在优化空间。

优化工况：用Petro-SIM V7.0对该催化裂化装置建模，经优化计算后给出如表26-20所示的操作参数(处理量不变的情况下)和表26-21所示的产品分布。

表26-20　并流两段再生优化工况的操作和约束变量

操作变量	基础工况	优化工况	变化
处理量/(t/h)	190.00	190.00	0.00
原料预热温度/℃	205.00	200.00	-5.00
提升管出口温度/℃	510.00	511.26	1.30
雾化蒸汽/(t/h)	4.25	4.30	0.10
一再密相取热/(Gcal/h)	15.00	15.00	0.00
半再生催化剂碳含量/%	0.26	0.26	0.00
二再主风流量/(km^3/h)	31.00	28.89	-2.10
平衡催化剂活性/%	62.50	62.54	0.00
富气压缩机入口压力/kPa	187.00	200.00	13.00
约束变量	下限	当前值	上限
一再烟气氧含量/%(体)	0.5855	0.6222	0.0367
一再烟气CO/CO_2	0.5757	0.5757	0.0000
一再烟气温度/℃	668.50	671.20	2.80
一再稀相温度/℃	667.30	669.60	2.30
一再密相温度/℃	677.10	679.20	2.10
二再烟气温度/℃	672.90	667.60	-5.30
二再稀相温度/℃	684.70	683.40	-1.30
二再密相温度/℃	729.80	730.00	0.200

续表

操作变量	基础工况	优化工况	变化
二再烟气氧含量/%(体)	4.20	3.50	-0.70
再生催化剂碳含量/ %	0.0145	0.0160	0.0015
一再烧焦比例	0.811	0.819	0.008
一、二再总风量/(kNm^3/h)	131.97	132.00	0.03
油浆相对密度(d_4^{20})	1.0940	1.0751	-0.0189
毛利/(元/h)	88024	—	2039

优化后产生的毛利为 88024 元/h，其中外取热器 15Gcal/h、主风 132kNm^3/h 已到上限，和优化前相比增效 2039 元/h。分析操作条件和产品分布变化，可看出优化的方向是通过提高提升管出口温度、降低原料预热温度、提高剂油比来改善生焦选择性，降低油浆和催化裂化轻循环油的收率，提高液化气的收率，汽油收率基本保持不变。

表 26-21　基础和优化工况的产品分布对比

项　目	基础产量/(t/h)	基础收率/%	优化产量/(t/h)	优化收率/%	收率差/%
原料	190.00		190.00		
酸性气	0.06	0.03	0.06	0.03	0.00
干气	5.36	2.82	5.40	2.84	0.02
丙烷	2.54	1.34	2.57	1.36	0.02
丙烯	14.01	7.37	14.18	7.46	0.09
异丁烯	3.63	1.91	3.68	1.94	0.03
异丁烷	7.31	3.85	7.44	3.92	0.07
丁烯	11.81	6.22	11.96	6.29	0.08
正丁烷	2.71	1.42	2.73	1.44	0.01
催化裂化液化气	42.00	22.11	42.56	22.40	0.29
催化裂化汽油	71.09	37.41	71.19	37.47	0.05
催化裂化轻循环油	45.29	23.84	44.87	23.62	-0.22
催化裂化油浆	12.00	6.32	11.57	6.09	-0.23
焦炭	14.20	7.47	14.35	7.55	0.08
总和	190.00	100.00	190.00	100.00	0.00

分析计算结果可知，优化方向是降低原料处理量，但提高提升管出口温度、提高平衡催化剂活性、降低雾化蒸汽流量、提高二再主风流量和二再烟气出口氧含量，降低一再主风流量，提高剂油比等。以上例子说明，即便主风和外取热器均已达上限，反再操作条件仍有优化的空间。

第五节　数字化转型与智能化发展

一、概述

人类工业已经历了机械化、电气化、信息化三个时代。1776 年瓦特发明蒸汽机后，蒸汽机作为动力源被广泛使用，社会生产方式由此巨变，人类社会进入机械化时代，也即工业 1.0。工业 1.0 最早出现在工场手工业最为发达的纺织业，机器代替了手工劳动，随后大量使用机器生产的现代工厂代替了以往的手工工场。19 世纪 60 年代起，德国发起电气化技术革命。首先是西门子发明了发电机，随后电动机、电灯、电话、电钻、电报、电车先后问世，尤其是火力发电输电网络和交流电机广泛使用后，工业文明由蒸汽时代进行入电气化时代，即工业 2.0。大约从 20 世纪 50 年代开始，计算机和微电子芯片的出现，工业进入了信息化时代，即工业 3.0。信息化时代是信息产生价值的时代。以信息技术为主体，创造和开发知识。首先在生产活动中引入信息处理技术，从而使这些活动的自动化达到一个新的水平；其次，电讯与计算机系统合二为一，信息可以快速、便捷地进行传递；最后，信息和信息机器积极参与人类的一切活动，甚至是知觉活动、概念活动、原创性活动，信息正以系统的方式被应用于变革物质资源，正在替代劳动成为国民生产中“附加值”的源泉，信息(或知识)成为社会的重要财富。

进入 21 世纪，随着新一轮工业革命的发展，工业转型的呼声日渐高涨，面对信息技术和工业技术的革新浪潮，德国提出了工业 4.0 战略，美国出台了先进制造业回流计划，中国加紧推进两化深度融合，并于 2015 年发布了中国制造 2025 战略。这些战略的核心都是利用新兴信息化技术来提升工业的智能化应用水平，进而提升工业在全球市场的竞争力。人类工业开始迈入智能化时代，人们也把智能化时代称为工业 4.0，或第四次工业革命。

对于工业的智能化，目前学术界并没有完全一致的定义。无论是国家战略、行业发展还是企业规划，信息化、数字化和智能化的表述较为常见，但似乎三者之间并没有清晰的边界。事实上，这三者之间是继承的关系，是工业发展的不同阶段。即使实现全面智能化，也少不了信息化、数字化的支撑。以下介绍德国工业 4.0 和美国 SPM 协会一些有关工业智能化的概念，以便分析研究。

德国定义的工业 4.0 是以分散式智能制造为方向的全新生产管理模式。工业 4.0 将在制造领域的所有因素和资源间形成全新的“社会—技术”互动水平，它将使生产资源(生产设备、机器人、传送装置、仓储系统和生产设施)形成一个循环网络。这些生产资源将具有以下特性：自主性、可自我调节、可自我配置，同时它也包含相关的计划与管理系统。作为工业 4.0 的一个核心组成，智能工厂将渗透到公司间的价值网络中，并最终促使数字世界和现实的完美结合。在德国的愿景中工业 4.0 是一种高度自动化、高度信息化、高度网络化的生产状态，工厂内人、机、料自主协同组织、高效运转；工厂外通过端对端集成、横向集成，价值链的共享、协作，效率、成本、质量、个性化都得到了质的飞跃。但是要达到工业 4.0，首先要实现数字化制造。采用数学化的仿真手段，对制造过程制造装备、制造系统以及产品性能进行定量描述。工艺设计从基于经验的试差向基于数学模型、科学推理转变是数字化制造的主要特征。数字化制造的技术体系包括了产品表达的数字化、制造装备的数字化、制造工艺的数字化和制造系统的数字化。

2009 年 11 月美国智能流程制造组织（SPM）发表了《智能流程制造——运营和技术路线图》。SPM 定义的智能制造是一种集成的、知识驱动的、多模型的企业，具备以下十大特征。

（1）智能化运作与应对 决策与活动具有可自适应性、预见性、前瞻性。通过合理计划和持续监控，在知识管理体系的支撑下，准确应对计划内的和意外的情况，实现效率最大化。

（2）集成与自我感知 所有资产（人力、装置、设备、知识、模型、数据等）实现有效集成和自我感知。现场设备、控制器、操作单元利用传感器实现自我感知，并具有智能处理能力。所有系统都能够清楚了解自身状态并发布必要信息，以使该系统以及相关系统能够作出迅速的、正确的响应。

（3）监控与可适应性 通过评估当前的情况和使用持续积累的知识，智能工厂能够识别并采取最佳的措施应对工况的变化，如因为原料供应、工艺改变、设备故障等引起的进料变化或装置波动。生产过程应具有很强的柔性和鲁棒性。

（4）知识与信息共享 具有高效的信息知识管理体系。任何人和系统都能够在其需要时候快速地、正确地找到所需的信息，并且这些信息或知识的表现形式易于理解和使用。

（5）实时信息支撑 具备完善的实时数据采集系统，以便及时发现问题，主动采取措施，最大限度地避免故障发生。

（6）快速及时反应 必须具有实时测量和主动控制能力，能够快速地进行响应，尤其在毫秒级物料转化的生产过程中。

（7）环境友好 从产品和过程的循环利用角度进行生产，并且持续地进行监测和调整，从而将对环境的影响降到最小，包括用能、用水、排放等。

（8）充分发挥人的作用 人在智能工厂中依然起着决定性作用，需要具有知识丰富、训练有素、分工明确、紧密协作，有能力不断调整和改进企业绩效。

（9）人机协同 鉴于自动化系统功能的有限性，智能工厂通过提供必要信息和相关分析结果，为训练有素的操作员和管理层提供帮助，使他们能够更好地发挥人的智慧，做出最优的决策，采取正确的措施。

（10）注重整体绩效 通过人员培训和部署推动企业绩效的整体提升，使掌握先进技术的人与最好的装备与系统相融合，在瞬息万变、充满风险和不确定的环境中做到最好。

SPM 定义智能制造要经过五个演进阶段：①收集和解释数据，即将数据转化为知识；②决定什么模式和模型是工厂经营所需要的，即知识产生运营和操作模型；③将这些模型都运用到工厂操作中，即运营和操作模型成为企业关键资产，工厂的运营将向“弹性的、主动的工厂运营方式”的方向发展；④虽然最初的重点是工厂和其运作，但也必须关注劳动力的培训和过渡，以及面向全局发展的思维和决策；⑤在灵活主动的工厂操作方法中，越来越多的需要考虑管理和决策的新方式，知识驱动全局业务，增强企业在同行业中的竞争力。当这些都被充分考虑到，构建“人、知识、模型构建复合型 KPI”，即模型推动全局应用，在全球范围内一种新型的劳动力与弹性的主动的过程合并，智能流程制造将最终成形。

从以上的一些描述中不难发现，智能化并不是脱离信息化、数字化的全新阶段，智能化包括信息化、数字化、模型化、网络化、集成化、自动化等一系列特征。信息化、数字化、智能化这三个阶段也不完全是递进关系，也会有重合。

从1950年到2010年可被视为以信息化为主的时代。信息化将企业的生产过程、物料移动、事务处理、现金流动、客户交易等业务过程，通过各种信息系统、网络加工生成新的信息资源。它可以使企业内各个层级的人员清楚地了解“业务现在是什么情况”“流程进展到哪个阶段”等一切动态业务信息，从而做出有利于生产要素组合优化的决策，合理配置资源，增强企业应变能力，获得最大的经济效益。简言之，信息化就是将企业的日常业务流程固化下来，并自动做好记录，以降低基层人员的工作难度，提高基层人员的工作效率。

进入21世纪，随着物联网技术的快速发展，信息的采集面越来越广，采集频率越来越高，大数据技术兴起，人们纷纷意识到“数据也是资产”，出现了数字化概念。数字化基于大量的数据，对企业的运作逻辑进行数学建模、优化，反过来再指导企业日常运行。这实际上就是一个“机器学习”的过程，系统反复学习企业的数据和运营模式，然后变得更专业和更了解企业，并反过来指导企业运营。也就是说，数字化是将企业管理经验模型化，自动分析系统记录的各项数据，并给出分析报告和解决方案，管理人员拿到报告和方案后，依据现实情况，修正解决方案，系统通过不断学习、调整解决方案，最终会给出最适合的方案，从而降低中层管理人员的工作难度，提高中层管理人员的工作效率。数字化过程，需要IT专家、数字专家、行业专家、企业管理专家等各界专家的深度融合，才能打造出适合某一行业的数字化系统。

智能化概念是2010年左右产生的，是指事物在工业互联网、大数据、物联网和人工智能等技术的支持下(数字化产生的结果)，所具有的能动地满足各种需求的属性(系统直接进行决策，并指挥相应的部门执行决策)。通俗而言，智能化将决策机制模型化后，直接指挥执行单元，执行单元接到指令后可以自动执行，从而降低了管理人员决策的工作难度，提高决策效率。

进一步总结，信息化、智能化代表着第三次和第四次工业革命的典型特征，当前时代正位于第三次工业革命到第四次工业革命的过渡期，信息化到智能化需要夯实数字化基础。工业革命的本质是利用先进技术使生产力得到跨越式发展，而生产力跨越式的发展也需要生产关系进行转换和支撑。这也是为什么人们谈到智能化、数字化时总是提及“转型”这个词。工业、行业或企业在发展智能化时，不能单就技术而技术，还需要从业务形态、组织模式、人力资源等方面进行配套改革。

回归到炼油厂的智能化，国内最早将智能化纳入企业发展战略的是中国石化。2012年，中国石化启动了智能工厂规划；2013年，中国石化下属的镇海炼化、茂名石化、九江石化、燕山石化启动了智能工厂1.0建设；2017年起，青岛炼化、齐鲁石化、海南炼化、金陵石化、中科炼化等企业也纷纷开展了智能工厂1.0建设。2015年起，中海油、中石油、中国化工、神华、中煤旗下的炼油化工企业，也开始启动智能工厂建设。

从当前国内炼油厂的智能化发展方向来看，技术层面强调五个方面：一是强调物联网技术的应用，以进一步丰富数据采集的范围、提升采集频次，强化企业信息感知能力；二是强调工业互联网、云和集成技术，如中国石化旗下的石化盈科公司打造了 ProMACE 平台，就是专用于能源化工行业的工业互联网平台，旨在实现信息的集成、共享，企业的互联，提供强大的计算资源支撑等；三是强调工业大数据及人工智能等技术在工业建模、模拟预测的应用；四是强调三维数字化技术在虚拟现实工厂中的应用；五是强调机理模型在优化控制方向的应用。对于前两类技术更偏向 IT 技术本身，提升数据的采集、共享能力，从而进一步加强生产过程的监控能力；而后三类技术则需要与炼油技术深度融合，强调模型化，通过模型强化对工业过程的预测、模拟、预判、优化甚至主动决策、主动控制能力。机理模型在优化控制方向的应用，是智能化炼油厂最为重要的技术依托，已在前述章节的 RTO 及流程模拟部分有了详细介绍，本节后续的技术介绍将着重介绍第三、第四类技术。

二、大数据技术及炼油厂应用

国内炼油行业的大数据应用相对其他行业起步较晚，但在全球相同领域里几乎同步。2013 年，国内炼油行业以中国石化九江石化催化裂化装置大数据分析试点项目为起点，现已将大数据应用技术逐渐推广到工艺、质量、设备、安全、环保等多个业务领域，并取得一定的成效。

大数据是指需要新处理模式才能具有更强的决策力、洞察力和流程优化能力的海量、高增长率、多样化的信息资产。从各种类型的数据中，快速获得有价值信息的能力，就是大数据技术。同时，大数据、云计算、人工智能三者之间有着不可分割、相互影响的关联。

(一) 大数据的分析技术

大数据的分析技术主要基于人工智能、机器学习、模式学习、统计学等。通过对大数据高度自动化地分析，做出归纳性的推理，从中挖掘出潜在的模式，可以帮助人们做出正确的决策。大数据分析从不同的角度对数据进行挖掘，常用的方法有分类、回归分析、聚类、降维、关联规则、神经网络方法等。

1. 分类

分类从离散数据集中提取描述数据类的一个函数或模型(也常称为分类器)，把数据集中的每个对象归结到某个已知的对象类中。从机器学习的角度判断，分类技术是一种有指导的学习，形成表达数据对象与类标识间对应的知识，适用于预测一个类别的概率。

分类挖掘所获得的分类模型有多种形式，主要表示方法有分类规则、决策树、数学公式、神经网络、粗糙集等。

2. 回归分析

回归分析是一种预测性的建模技术，研究的是因变量(目标)和自变量(预测器)之间的关系。通常用于预测分析、时间序列模型以及发现变量之间的因果关系。用于预测的回归技术有很多，主要有三个度量：自变量的个数，因变量的类型以及回归线的形状。回归方法包括线性回归、逻辑回归、多项式回归、逐步回归、岭回归、套索回归、ElasticNet 回归等。

3. 聚类

聚类是没有标注的无监督学习，在不知道划分类的情况下，根据信息相似度原则进行信息聚类的方法，使同类别的对象之间的差别尽可能小，而不同类别上的对象的差别尽可能的大。聚类的意义就在于将数据组织成类分层结构，能够识别密集的和稀疏的区域，发现全局的分布模式，以及数据属性之间的关系。

聚类代表性的技术是基于几何距离的方法，如欧氏距离、曼哈坦距离、明考斯基距离等。

4. 降维

降维是指将原高维空间中的数据点映射到低维度的空间中，减少原始的高维空间中包含有冗余信息和噪声信息，在图像识别中通过降维减少误差提高识别精度；或者通过降维寻找数据内部的本质结构特征。典型算法有主成分分析（PCA）、线性降维分析（LDA）等。

5. 关联规则

关联规则可以根据一个数据项的出现推导出其他数据项的出现，在数据项目中找出所有的并发关系。关联规则的挖掘过程包括两个阶段：第一阶段是从海量原始数据中找出所有的高频项目组；第二阶段是从高频项目组产生关联规则。

关联规则挖掘使用基于演绎原理的 Aprioris 算法，还有一些改进算法，例如最小支持度的关联规则挖掘（MS-Apriori）算法，分类关联规则挖掘（CAR）。

6. 神经网络

神经网络是借鉴了生物神经网络工作原理的模型，多用于有监督的任务，如分类、视觉识别等，但也可以用于无监督的任务。神经网络模型分为三类：第一类是用于分类预测和模式识别的前馈式神经网络模型，以函数型网络、感知机为代表；第二类是用于联想记忆和优化算法的反馈式神经网络模型，以 Hopfield 的离散模型和连续模型为代表；第三类是用于聚类的自组织映射方法，以 ART 模型为代表。

（二）大数据分析的建模方法

1. 业务应用场景分析

首先在业务策略上，选择通过数据挖掘获得的数学经验模型就能满足应用精度要求的场景。这类场景一般无成熟的机理方法，或有机理方法但实现成本很高。通过大数据挖掘分析方法，希望带来可观的经济效益或社会效益。

其次，在确定业务应用方向后，需进一步对业务分析路径进行细化，包括可行的数据分析路径、分析结论、支持决策，逻辑上要完整、正确、可行。然后，确定分析所需要的业务数据范围，包括数据种类、数据粒度、数据质量、采集难度，判断数据规模，确定应用策略，判断系统建设难度，最终确定完整的分析应用场景。

2. 收集整理数据

数据包括原料性质数据、操作数据、产品质量数据、设备运行数据、环境数据等，通常从计算机系统角度划分成：结构化数据，例如实验室数据、MES 数据；半结构化数据，例如实时数据、文档数据；非结构化数据，例如视频、音频、图片、流式数据、矢量数据等。

通过收集历史数据建立最初的分析模型，数据整理包括数据质量判断、缺失数据处理、主数据整理、数据时间对齐、数据规则整理等。

3. 分析建模

面向确定分析目标的实际分析建模过程，一般步骤包括：数据降维、数据建模、模型的自适应。

(1)数据降维　针对业务上的分析目标，结合业务先验知识判断数据的相关性。例如从先验知识上判断哪些操作参数会对分析产生直接的影响实现降维。在此基础上再通过相关性分析、主成分分析等大数据分析工具进行降维。

(2)数据建模　用业务先验知识结合分析目标和数据特征，判断使用哪类算法完成建模，例如：用原料关键物性指标划分不同的生产数据样本集，通过深度学习类算法加载训练数据集完成模型训练，用业务知识检验模型对测试数据的输出结果，判断是否符合业务逻辑，精度是否满足业务分析的要求。

(3)模型的自适应　由于生产过程中参数会发生变化，已经训练好的模型经过一段时间后将不再适用。这时需要监测模型的有效性，如果模型误差超出预定的范围，则加载新近的数据重新训练模型，通过版本管理更新模型，适应外部参数的变化。

4. 工业验证

大数据应用的效果一般通过工业验证来检验，检验的方法主要是计算结果与实际生产数据的比对。例如，用大数据预测的产品质量与实际化验值的比对等。

(三)大数据技术在炼油厂生产操作的应用

在炼油计划优化业务领域，基于大数据技术的投入产出预测模型与线性规划的计划优化模型相结合，可以提升计划优化模型的精度。面向炼油装置生产运行，大数据模型可用于操作分析、产品分布预测、质量预测、设备健康评估等；在生产安全领域中，大数据模型可用于操作报警根原分析、火灾识别等。

下面以连续重整装置收率预测模型、加氢裂化装置馏出口质量预测模型为例，介绍大数据技术在炼油生产操作领域的应用。

1. 连续重整装置的产品分布模型

通过收集某连续重整装置的原料性质数据、操作数据、产品质量分析数据等历史数据，应用深度学习算法建模和训练，生成产品分布模型。加载装置在线生产数据，模型可以预测 10min 后各项产品分布数值，预测的产品包括：液态烃、戊烷油、非芳、苯、甲苯、C_8A、C_9A、重芳烃。该模型采用的原料性质数据、过程数据见表 26-22 和表 26-23。

表 26-22　连续重整装置原料性质数据

检测项目	检测单项								
直馏石脑油原料	密度(20℃)	密度(20℃)(底)	初馏点	10%	50%	90%	终馏点	芳潜	
重石脑油原料	密度(20℃)	密度(20℃)(底)	初馏点	10%	50%	90%	终馏点	140℃馏出量	芳潜
重整进料	初馏点	10%	50%	90%	终馏点				
脱戊烷塔底液	初馏点	10%	50%	90%	终馏点				

表 26-23　连续重整装置生产过程数据

仪表位号描述			
1	预加氢反应器入口压力	38	二甲苯塔底温度
2	预加氢反应器出口压力	39	重芳烃塔底温度
3	预加氢循环氢压缩机出口压力	40	二甲苯脱烯烃罐入口温度控制
4	预加氢反应器入口温度	41	抽提进料温度控制
5	预加氢反应器出口温度	42	抽提进料贫溶剂温度控制
6	预加氢氢油体积比	43	抽提蒸馏塔 4#塔盘温度控制
7	预加氢压降	44	抽提蒸馏塔底温度
8	预加氢进料加热炉出口温度控制	45	非芳蒸馏塔塔底出温度
9	预处理高分压力控制	46	溶剂回收塔塔底出温度
10	汽提塔底出温度	47	溶剂再生塔塔釜温度
11	分馏塔底出温度	48	苯塔底温度
12	汽提塔回流罐压力控制	49	甲苯塔底温度
13	分馏塔回流罐压力控制	50	混芳白土塔进料温度控制
14	汽提塔重沸炉出口温度	51	重整高分压力串级控制
15	预处理循环氢流量	52	再接触罐压力控制
16	重整反应器差压	53	脱戊烷塔压力控制
17	重整反应器入口	54	C_4/C_5 塔压力分程控制
18	重整反应器出口	55	再生器缓冲区压力显示
19	重整反应总压降	56	重整油分馏塔回流罐压力分程控制
20	重整反应总温降	57	二甲苯塔顶压力串级控制
21	重整反应空速	58	重芳烃塔顶压力控制
22	重整加热炉出口温度控制	59	非芳蒸馏塔回流罐压力分程控制
23	再接触罐入口温度	60	溶剂回收塔回流罐压力分程控制
24	脱戊烷塔底温度	61	苯塔回流罐压力分程控制
25	C_4/C_5 塔底温度	62	甲苯塔回流罐压力分程控制
26	氢油比	63	混芳白土塔出口压力串级控制
27	重整循环氢流量	64	再生还原氢流量
28	再生注氯量	65	重整进料流量控制
29	催化剂循环速率	66	C_4/C_5 塔回流量控制
30	烧焦区入口氧含量	67	再生还原氢流量控制
31	烧焦区入口流量	68	二甲苯塔进料流量控制
32	烧焦区电加热器出口温度控制	69	二甲苯塔回流串级控制
33	过热区电加热器出口温度控制	70	重芳烃塔进料流量控制
34	焙烧段电加热器出口温度控制	71	重芳烃塔回流流量控制
35	再生器烧焦床层温度	72	抽提进料/贫溶剂流量比值控制
36	还原氢电加热器出口温度控制	73	非芳蒸馏塔回流流量控制
37	重整油分馏塔底温度	74	苯塔进料流量串级控制

该模型的预测结果与装置实际生产数据吻合度较高。图 26-13 为 C_9A 的模型预测值与装置实际统计值的比对，整体平均相对偏差不到 2%。

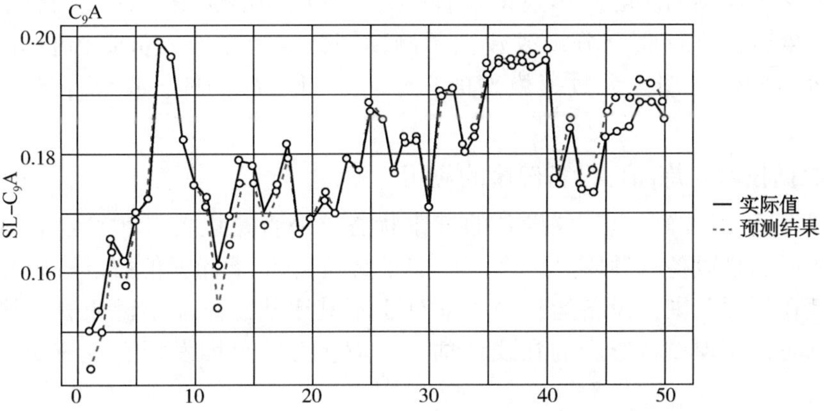

图 26-13　C_9A 产品收率预测结果

2. 加氢裂化装置石脑油终馏点质量预测模型

某加氢裂化装置的实际生产过程中，石脑油馏程分析频次为 1 次/8h。该装置石脑油为重整装置原料，因重整装置原料供应要求，需要加氢裂化装置石脑油终馏点按较窄范围控制，装置控制难度高。为做好石脑油馏出口指标控制，企业尝试采用大数据技术构建石脑油馏程预测模型。

该模型样本数据主要包括过程操作数据、APC 数据、在线仪表数据、LIMS 系统化验分析数据，采用深度学习算法进行算法建模，实现指标的实时预测，为操作人员提供数据支持。该模型采纳的基础样本数据、实际效果见表 26-24 和表 26-25。

表 26-24　模型选取的加氢裂化装置操作条件数据

仪表位号描述			
1	分馏塔顶压力	7	分馏塔进料温度
2	分馏塔顶回流	8	喷气燃料抽出量
3	分馏塔顶温度	9	冷低分油流量
4	石脑油抽出温度	10	热低分油流量
5	分馏塔进料流量	11	硫化氢汽提塔进料量
6	分馏塔底温度	12	柴油抽出量

表 26-25　加氢裂化装置石脑油终馏点预测效果

时间点	实际测量值/℃	实时预测值/℃	误差/℃
8:00	170	168	-2
16:00	170	170	0
24:00	167	166	-1
16:00	170	170	0

通过以上两个模型的实际应用效果来看，大数据应用能够很好地挖掘企业现有数据的价值，把多维度数据进行联合分析或建立预测模型，成为操作人员管控装置的重要工具。相比传统的数据回归模型，大数据模型的自学习、自适应功能，保证了模型精度的持续可靠。

(四)大数据技术在炼油厂设备健康的应用

如何在线评估动、静、电、仪设备的健康状态，一直是设备及生产运行人员探索解决的问题。主要原因是设备的健康是一个“状态”，不是单个指标就能描述。即使设备的所有可测量指标都在规程范围，设备运行也可能处于不健康状态。而不健康状态则是设备发生故障的早期状态，实现设备健康的在线评估、故障状态的早期发现和规避对控制生产运行风险意义重大。

某企业以离心压缩机、离心泵为研究对象，建立了设备健康在线评估模型。该模型建设过程中，广泛采集设备本体及相关系统数据，对数据进行标准化处理，然后进行分组及降维处理，最终将设备的健康状态综合成6个维度指标来表达，可以实时在线评估设备健康。以下以其中的渣油加氢新氢机健康模型为例进行介绍。

该设备可在线采集的数据有99个，涉及振动检测数据、工艺数据、质量数据。数据降维后形成设备本体、润滑系统、密封系统、工艺系统等6个综合指标，用这六个指标的雷达图表达设备健康状况。模型相关信息见表26-26和图26-14。

表26-26 采集的CD101D新氢机组数据

数 据	指标数	数 据	指标数
维度	6	总点位数据数量	27416466
指标总数	99		

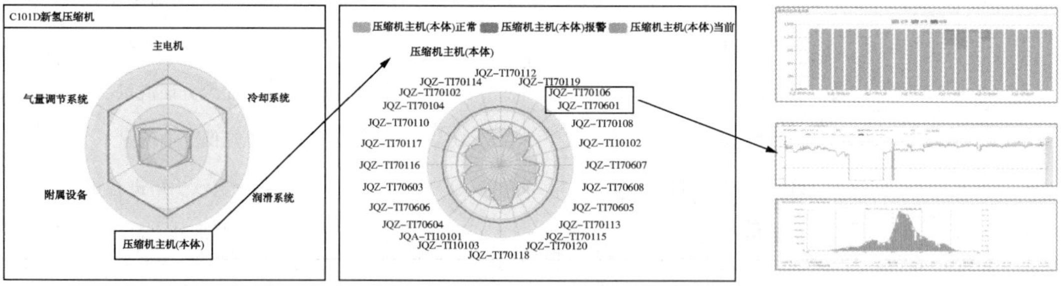

图26-14 C101D指标降维后形成的六维健康评估模型及挖掘分析界面

该模型投用后不久，于2016年12月7日给用户主动推送了设备不健康报警，虽然用户发现当时设备所有测量指标均处在正常区间，依然派操作人员进行了现场监护。约2h后该压缩机二级东填料轴承温度开始出现超标，并持续向劣化方向发展。设备人员果断决定启动备机运行，将该机停机进行拆解检查，发现填料泄漏并导致轴承摩擦加剧。

三、三维数字化及炼油厂应用

三维数字化是运用三维工具(软件或仪器)人工获取物品的外形数据，将获得的数据信息进行加工拼接，通过建模的方式加以整理，将各个孤立的单视角三维数字模型无缝集成，经过贴图、渲染处理以后，形成三维数据文件，来实现模型的虚拟创建、修改、完善、分析等一系列的数字化操作，从而达到需求目的。其特点是数字化、可视化、集成化。

(一)三维数字化平台技术

三维数字化平台技术主要有以下三类。

(1)基于地理信息系统(GIS)技术的平台。此类平台以三维 GIS 为基础，支持地理信息数据实时、快速、有效的采集与更新，较大规模场景的可视化表达与可视化分析。但其技术关注点是“空间数据”，在生产类企业业务应用中的存在很大局限性，难以满足对企业级大规模、高精度(装置、设备等往往需要毫米甚至更高设计级别的精度)、高仿真度要求。

(2)基于虚拟现实(VR)技术的平台。虚拟现实技术是一种可以创建和体验虚拟世界的计算机仿真系统，具有实时三维计算机图形、实时环境渲染、实时交互式操作、全维度用户感知的特点。此类产品基于虚拟现实工具或引擎技术实现对三维对象的调度操作、与外部系统数据交换，进而附加定制应用开发或构建开发平台。

(3)基于三维设计软件厂商技术(如 Autodesk、AVEVA)的延伸或衍生产品。此类技术核心定位偏重指导设计、施工以及建设期数据的资产管理，难以支撑超大场景渲染交互。但随着技术的发展，工程数字化交付中普遍采用此类技术。

(二)三维数字化建模方法

三维建模方法主要三维设计软件建模法、三维激光扫描法、全景影像建模法三种方法。

(1)三维设计软件建模法　通过专用三维制作软件构建出具有接近真实空间的三维数据的模型。

(2)三维激光扫描法　又被称为实景复制法，通过高速激光扫描测量，大面积高分辨率地快速获取被测对象表面的三维坐标数据的方法。此方法多用于稀疏目标点的高精度测量，在图纸不完整的情况，可进行快速逆向建模，其建模成本高于设计软件建模。

(3)全景影像建模法　把相机环 360 度拍摄的一组或多组照片拼接成一个全景图像，经过一系列的数学计算可以得到其球形全景的矩形投影图，或者立方体图，然后通过计算机技术实现全方位互动式观看的真实场景还原展示。该方法方便快捷，但模型精细程度不高，适用于 GIS 系统。

(三)炼油厂三维数字化工厂构建

三维数字化工厂概念很广，不同行业有不同的内涵和外延。就炼油厂而言，三维数字化工厂，是把“实体空间”和“虚拟呈现”融合在一起，通过传感器采集“实体空间”生产制造过程中的所有静、动态数据，在“虚拟呈现”环境中实现三维集成展示及更多的分析、模拟、演练、培训、监控功能，使虚拟环境中的生产仿真与现实中的生产无缝融合，利用虚拟工厂的灵活优势，促进现实工厂的生产。

三维数字化工厂的具体内涵是建立一个以三维数字化平台为管理基础的数字化工厂，

应用数字化模型、大数据分析、物联网等技术，集成工程设计、生产运营、静动设备、安全环保、产品质量、视频监控等各种静、动态数据和各专业信息管理系统的结果数据，为规划、设计、施工、运营等部门提供准确数据支持的管理环境，实现监控、指导、优化生产的目的。

1. 建设三维数字化工厂难点

三维数字化工厂是企业推进建设基于信息物理系统(CPS)的智能工厂基础平台，已成为研究的热点和建设的重点。炼油厂由于数据量大、装置数量多且模型精度、真实度、交互性高等要求，对三维平台的需求与技术适应性要求非常高，在三维数字化工厂实际建设中，主要面临以下几个问题：

(1)投资大　每套装置三维模型建设及深化应用需要近百万资金，每一家炼油厂有几十套装置，建成三维数字化工厂资金需数千万元。

(2)平台模型兼容性问题　目前国内外三维设计软件众多，如：AVEVA(PDMS)、鹰图(PDS、S3D、CadWorx)、AutoDesk(P3D、AutoCAD、3DMax)、Bentley(icrostation 系列)、天正(天正 CAD)、中科辅龙(PDsoft)等国内外主流设计软件。国内工程设计院在设计时会根据各种因素选用合适的三维软件进行设计，势必在数字化移交过程中出现多种格式的三维模型。对于多则几十套装置的炼油厂来说，实现全厂的三维数字化工厂，平台必须解决装置模型兼容性问题。

(3)系统运行性能问题　所有装置模型、相关属性及深化应用数据集成一个平台，海量的数据将可能导致系统运行瘫痪，必须从技术上、设计上解决运行性能问题。

(4)深化应用问题　三维平台建成后，其核心是要与生产结合，以业务需求推动深化应用，不断拓展深化应用领域。

2. 对三维数字化平台的技术要求

三维数字化工厂建设目标是实现虚拟空间与物理空间精确映射，逐步建成具有状态感知、实时分析、自主决策、精确执行的信息物理系统。通过对不同三维数字化技术的分析，应用的场景不同，则选择的技术也不同，如基于 VR 技术的数字工厂平台支持高仿真度的业务场景及复杂业务开发，对模型、场景以及场景调度算法、渲染算法优化后，能满足超大规模场景承载力。

平台采用 C/S 和 B/S 结合的部署方式，对于企业级大规模场景采用“C/S+系统自动更新”的方式部署，以保证场景运行的流畅度和数据及时性。平台技术架构主要由三大部分构成，包括基于企业云的基础设施层、组件化服务层、客户端场景调度应用层，支持多种三维引擎的客户端数据显示及交互平台，以及模型优化、场景定义等，如图 26-15 所示。

结合石化行业智能化工厂建设目标，平台总体应满足以下技术要求：

(1)支持多源格式数据接口集成，包含各类三维模型、地理信息及业务系统等数据。

(2)支持海量数据存储及运行：为保证企业级数字化工厂的设计、建造及运营全生命周期业务数据的展示及应用，并应支持大场景调度及实时渲染。

(3)支持高仿真性：在满足核心业务的基础上提供最优的虚拟仿真度和视觉、交互满意度，包含现场环境、物理、声音等自然现象模拟。

(4)具备高可配置性：支持业务数据结构和规则库自定义，基本交互操作和业务流程、

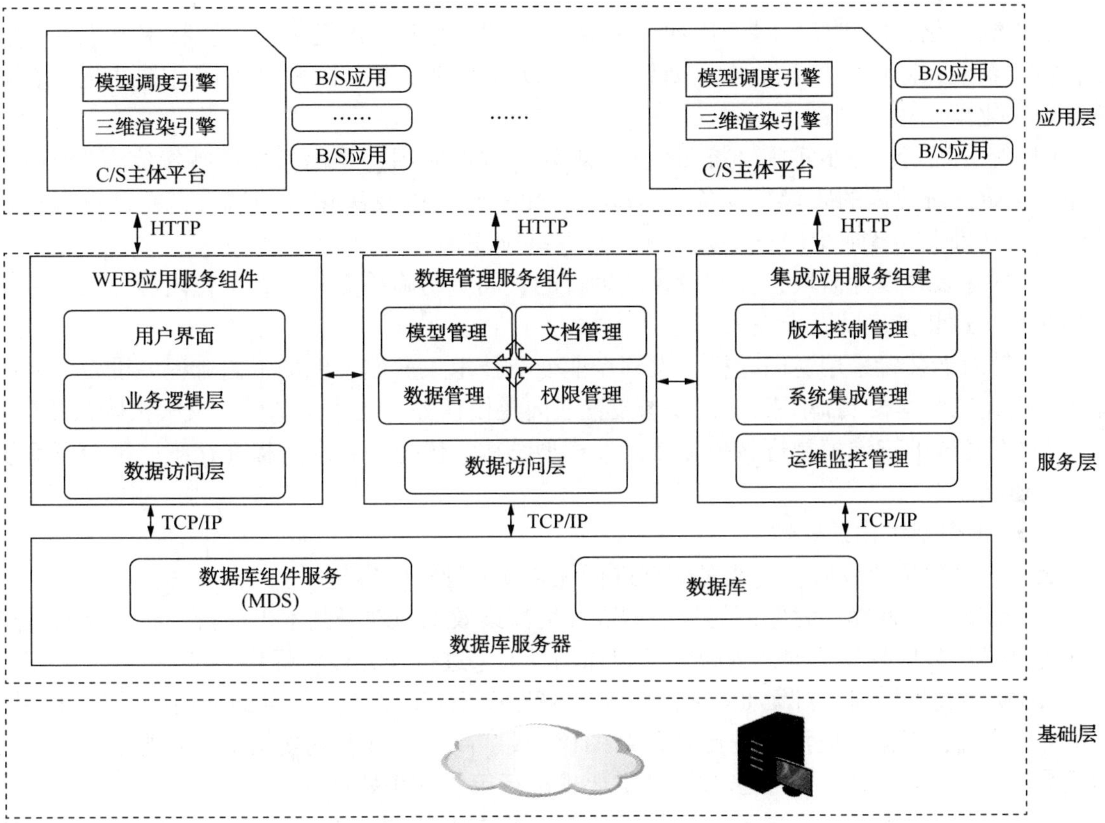

图 26-15　数字化炼油厂平台技术架构

应用扩展可配置化，简化设计、施工及运营期的数据组装及业务应用，满足用户快速实施。

(5)具备数字化交付数据的自动化及智能化加载：支持对工程设计及施工乃至运营阶段数字化交付标准移交数据的导入和智能化校验，并实现自动数据关联。

3. 三维数字化工厂建立路径

建立三维数字化工厂是建设一个以三维模型为基础的集成管理平台，集成工程设计、生产运营、安全环保、质量分析等各种动静态信息，运用三维可视化技术，提供企业资产信息全生命周期管理、具备高度可配置化应用的系统，从物资资产产生、运营到报废的全过程提供资产信息的工程设计、数字资产移交、整合与生命周期管理、技改变更、运行维护、动态展示、信息查询和模拟演示，能够为规划、设计、施工、运营等部门提供准确数据支持的管理环境。

三维建模是数字化工厂的基础。对于三维数字化工厂而言，建模内容包括：装置正向(逆向)建模、设备结构建模、总平面建模、管架建模。装置三维建模内容包括但不限于工程中基座、结构(框架、平台、楼梯、扶手栏杆、基脚)、管道、静设备(塔类、容器、反应器、换热器、物料罐、工业炉)、机械设备(泵、压缩机、风机)、阀门类(含法兰、垫片、弯头)、消防设备、电气、仪表、采样设施、分析仪器、报警仪(可燃气体、有毒有害气体)、监控设备等。

1）三维模型建立

三维数字化工厂建设，对于炼油厂来说，具有投资大、建设周期长、技术要求高等特点，需要企业在建设中打破常规、创新方法，以最少的投资，探索一条适合石油化工企业三维数字化工厂建设之路。

(1)统一规划、分步实施。按照“整体规划、试点应用、全面实施、持续完善”的建设思路，选定三维建模的装置、设备，实施数字化平台建设及深化应用试点，在试点取得成功经验的基础上，建成全厂三维数字化工厂并持续完善。

(2)新建装置设计阶段，在与设计院签订的合同中明确移交装置数字化内容，三维数字化移交与新建装置建设同步完成。

(3)针对老装置采用逆向建模，发挥企业专业技术人员熟悉现场工艺流程、设备结构的优势，组建三维建模实施团队，完成老装置逆向建模任务，既锻炼队伍，又大大降低投资。

(4)对建成的三维模型进行模型效果、模型结构等优化预处理，提高在统一平台下系统的运行速度。

2）三维模型优化预处理

装置三维模型建成后，需要对模型进行优化预处理，内容包括：

(1)现场影像整理　为保证场景模型及环境渲染效果与现场基本上保持一致，需对现场情况进行影像数据收集整理，为缺失模型和场景效果进行补充建模提供参考。

(2)模型效果处理　对无UV(指U、V纹理贴图坐标的简称)信息的模型(正逆向模型)附加UV信息，根据相应情况进行各种贴图(法线、高光、漫反射等等)满足视觉效果；为满足大场景的使用要求，对模型按照视觉要求进行等级优化处理。

(3)模型结构优化　为满足大场景及业务的需要对提供的三维模型结构进行拆分和优化，以达到应用效果。

(4)精细模型导出　按照视觉效果、业务需求将模型分层、分堆导出，满足三维引擎调度需要。

3）场景集成与优化

将优化后模型包括模型所附属的编码数据、设备及管线的设计参数按照现实场景指定坐标进行场景装载。为保证海量业务集成数据下的超大规模场景实时交互，需运用裁切算法(如视锥体裁切等)、多细节层次模型技术(LOD)、各种剔除算法(背面剔除、遮挡剔除等)、渲染状态分组等技术对场景进行优化。

4）数据与应用集成

系统集成主要采取两种方式：数据集成和页面集成。

(1)数据集成　按照企业需求集成不同业务数据，包含设计数据、工程数据、运营数据等，则通过接口标准化规范对接口进行编码，提取数据结构并进行存储，待业务应用时动态解析并获取呈现业务数据。

(2)页面集成　将已开发好的分散于不同系统的功能页面，通过接口或服务调用等技术方式嵌入到三维场景。

(四)炼油厂三维数字化工厂应用

三维数字化工厂的应用改变了传统的工作方式，建立起炼油厂资产管理新观念，可以应用于应急反应、安全演练、安全隐患分析模拟等。

1. 炼油厂设备三维可视化

使用多种建模技术，对炼油厂地上地下设备、管线进行三维建模，生成代表工厂竣工数据的三维模型场景，立体展示工厂的物理分布情况和各设备属性数据，是企业介绍和演示的有效工具。在设计阶段可以提高企业规划设计的效率，进行模拟评价，避免产生巨大的工程变更。

2. 炼油厂工程信息管理

数字化工厂能为炼油厂建立一个包含从设计、施工、开工全过程的电子化工程数据仓库，全面涵盖工厂结构、属性、设备关联关系等各种结构化数据，以及记录、规范、工程图纸、报告、电子邮件、设计和许可文件等非结构化数据，为工程质量、进度、成本等的精确量化评估提供了有效信息支持，为进一步实现工程全生命周期的管理提供了条件。

3. 日常安全管理

实现生产隐患、重大危险源可视化标注，设计安全巡检路线，风险的可视化模拟评估，提高危险的预测、监控、处理能力，有效促进企业对隐患的精细化管理。通过虚拟模拟，可以进行灾难评审、讨论和模拟各种情景的可能应对行动，并且确认每个人行动的生存能力和可接受程度，提高灾难培训质量，为管理者趋势分析、风险预判、事故预防与应急预案制定工作提供依据。

4. 预案和应急管理

实施预案管理标准化和规范化，实现预案模拟，能够及时检验预案的合理性和有效性；辅助应急响应与决策，提高紧急情况下信息获取效率，提高应急救援的准确性和有效性；为指挥救援、现场控制及事故原因调查提供指导，提高灾害事故的现场处置水平。模拟预测事故发展态势，实现各级救援指挥部门联合制定救援措施、采取统一的救援行动、实时反映救援信息，使指挥中心能够以前所未有的清晰方式调度协调。

5. 生产运营信息集成

与炼油厂现有 MES、ERP、HSSE、LIMS、技术分析与远程诊断系统、设备管理系统、生产运营指挥系统、工业电视视频系统等各类信息系统进行数据集成，提供单一信息源，能够更好、更全面地整合财务、安全、质量、生产、技术、设备、计划、计量等各类生产信息。

6. 培训演练

虚拟环境基于真实的企业环境，可提高培训演练的真实性和有效性，减少培训演练成本。操作人员使用虚拟现实设备，即可进入虚拟工厂，针对厂区内的设备巡检、设备拆解、装置开停工处置等典型场景进行培训。不仅减少培训演练成本，还可提高培训演练的真实性和有效性。

7. 维护工单

以前维护工单以文本方式存入计算机，难以查阅和分析，多个工单之间的合理性也难以整体考虑。通过虚拟化模型和实时工况信息可以使工单更合理，多工种之间合理性分析保证相邻工作人员的工作内容不互相干扰。通过基于颜色编码的资产模型，计划人员可以看到已计划的、正在进行的和完成状态的工单。

从信息化到智能化是第三次工业革命到第四次工业革命的过程，当前正处在转型过渡期。人类工业的发展，始终以科学技术突破为基础。信息化到智能化的过程，则面临着比以往更多学科的技术突破和跨学科融合，这个过程不是一蹴而就的。除了技术的突破，信息化到智能化的过程还需要工业企业从业务形态、组织模式、运营模式进行变革。

早在2012年中国石化就开始智能工厂的规划，2013年启动了智能工厂第一阶段试点建设，这比许多西方先进炼油化工企业启动得还要早。首批四家试点中的九江石化、镇海炼化、茂名石化被工信部评为智能制造示范企业，燕山石化被评为北京市绿色工厂。通过智能工厂1.0的建设，四家企业自动化、可视化、数字化程度得到了显著提升。生产数据自动采集率提高10%，达到95%以上；先进控制投用率提高10%，达到90%以上；重点环境排放点实现100%实时监控与分析预警；能源管理实现能源可视化、在线可优化；生产优化从局部优化、月优化向一体化优化、在线优化转变；劳动生产率提高10%以上。在生产操作协同联动领域，通过应用工业4G无线网和智能巡检设备，实现外操巡检数字化和内操巡检自动化，提高了现场处置效率，操作平稳率提高5.3%，操作合格率从90.7%提升至99%。取得了良好的社会效益和经济效益。

在炼油厂数字化转型与智能化发展的过程中，也面临诸多困难，需要持续的探索、不断的突破。正所谓道阻且长，行则将至；行而不辍，未来可期。

参 考 文 献

[1] 吴青．智能炼化建设——从数字化迈向智慧化[M]．北京：中国石化出版社，2018.
[2] 王华．炼油厂生产过程的信息化与智能化[J]．计算机与应用化学，2013，30(11)：1367-1370.
[3] 刘现军．石化企业信息系统架构分析[J]．微型机与应用，2007(S1)：206-208，210.
[4] 王立行．炼油厂信息化建设现状及展望[J]．当代石油石化，2006(04)：24-27，50.
[5] 李德芳，等．大型石化集团基于两化深度融合的新型能力建设．企业现代化创新成果奖.
[6] 刘昕．石油化工过程控制自动化及其发展[J]．低碳世界，2016.
[7] 高晓新，等．浅谈复杂控制系统在化工仿真DCS中的应用[J]．广州化工，2013.
[8] 于世恒．炼油化工仪表自动化特点及发展趋势[J]．石油化工自动化，2017.
[9] 黄步余．关于石油化工自动化的新发展[J]．自动化博览，2003.
[10] 周泽魁．控制仪表与计算机控制装置[M]．北京：化学工业出版社，2014.
[11] 郭琼等．现场总线技术及其应用[M]．北京：机械工业出版社，2018.
[12] 刘瑞．集散控制系统与现场总线控制系统的比较[J]．装备制造技术，2015(2)，229-230.
[13] 吕业博．ITCC综合控制系统在压缩机组控制中的应用研究[J]．现代盐化工，2017(4)，11-14.
[14] 刘明鑫．浅析可燃和有毒有害气体检测报警系统的设计及应用[J]．仪器仪表用户，2016(4)，41-43.
[15] 夏建全．工业计算机控制技术原理与应用[M]．北京：北京交通大学出版社，2006.
[16] 俞金寿．工业过程先进控制[M]．北京：中国石化出版社，2002.
[17] R Rouhani，R K Mehra. Model Algorithmic Control(MAC)：Basic theoretical properties[J]. Automatica，1982，18(4)：401-414.
[18] 孙林娟，王树利，倪源，等．先进控制技术在常减压装置的应用[J]．石油化工自动化，2007(6)：36-39.
[19] 徐世泰，关新虎．催化裂化装置先进控制策略及应用[J]．石油炼制与化工，2006，31(6)：36-40.
[20] 陈波．优化生产提高重油催化裂化装置经济效益[J]．炼油技术与工程，2003，33(3)：42-46.
[21] 王传斌，夏茂森，竺建敏，等．DMCplus先进控制技术在吸收稳定单元上的应用[J]．石油化工自动

化，2002(5)：43-46.
[22] 王锋，郭锦标，房韡，等．鲁棒多变量预估技术在延迟焦化装置的应用[J]．控制工程，2008(S1)：14-17.
[23] 王强，冯少辉．气体分馏装置先进控制系统的开发与应用[J]．数字石油和化工，2009(07)：36-42.
[24] 王国光，杨忠义．气体分馏装置先进控制技术应用[J]．中外能源，2009，14(12)：94-97.
[25] 何银仁，解增忠．炼油生产经营优化应用案例[M]．北京：中国石化出版社，2018.
[26] 郭锦标．线性规划技术在石油化工行业的应用——生产计划优化的历史、现状[J]．计算机与应用化学，2004(01)：1-5.
[27] 许明春．炼油厂 LP 技术的发展综述[C]//炼油厂级 PIMS 模型应用交流会报告论文集．153-177.
[28] 刘涛等．炼油厂生产调度系统优化方法[J]．石油规划设计，2007，18(6)：12-16.
[29] 王军．炼油厂 Aspen Orion 系统开发与应用[J]．石油化工自动化，2004(5)：69-73.
[30] 蔡智，黄维秋，李伟明，等．油品调合技术[M]．北京：中国石化出版社，2006.
[31] 沈红彦，李宏．石油化工过程先进控制和实时优化技术木[J]．当代化工，2010，39(2)：153 -155.
[32] 王雁君等．汽油管道调合配方优化控制及其应用[J]．计算机与应用化学，2009，26(8)：1053-1056.
[33] 中国石化石油化工科学研究院配方原油技术解决炼油厂难题[J]．石油炼制与化工，2016，47(12)：86.
[34] 郑文刚．计算机模型模拟诊断塔盘故障[J]．中外能源，2018，123(7)：66-72.
[35] 郑文刚．EO 模型应用-CDU&FCC 物性方法、参数估计、操作优化和装置改造[R]．北京：AspenTech. Optimization Summit，2018.
[36] 陈希孺，王松桂．近代回归分析[M]．合肥：安徽教育出版社，1987.
[37] 陆婉珍等．现代近红外光谱分析技术[M]．北京：中国石化出版社，2007.
[38] 高喜奎等．在线分析系统工程技术[M]．北京：化学工业出版社，2013.
[39] Stuart J. Russell，Peter Norvig．人工智能：一种现代的方法(第 3 版)[M]．殷建平等译．北京：清华大学出版社，2013.
[40] Ian Goodfellow，Yoshua Bengio，Aaron Courv. Deep Learning[M]．北京：人民邮电出版社，2017.
[41] Richard S. Sutton. 强化学习(第 2 版)[M]．俞凯译．北京：电子工业出版社，2019.
[42] Jeff Hawkins. 人工智能的未来[M]．贺俊杰译．西安：陕西科学技术出版社，2006.
[43] JakeVanderPlas. Python 数据科学手册[M]．陶俊杰译．北京：人民邮电出版社，2018.
[44] Francois Chollet. Python 深度学习[M]．张亮译．北京：人民邮电出版社，2018.
[45] 徐燕平．三维数字化工厂的实践探索[J]．流程工业．2015(22)：38-41.
[46] 李海涛，赵小平．三维数字化工厂技术在中石油炼油厂中的应用[J]．中国信息界，2012(09)：44-47.
[47] 王国胜，张声圳．基于 GIS 的输电线路三维数字化管理系统的设计[J]．电工技术，2013(09)：6-8.
[48] 宋扬．大数据技术在催化裂化装置运行分析中的应用分析[J]．中国新技术新产品，2016(16)：4.
[49] 赵长青，苏乐，廖万勇．三维数字化电力技术的研究与应用[J]．数字技术与应用，2013，(7)：53-55.
[50] 张宁，吴嘉辉．基于三维数字化测量技术的逆向工厂应用研究[J]．长春大学学报，2013，23(12)：1555-1560.
[51] 郑午．三维工厂设计[M]．北京：化学工业出版社，2005.
[52] 吴青．炼油厂数字化工厂建设及其关键技术研究[J]．无机盐工业，2018，50(02)：1-7.
[53] 许建玉，王鹏．数字化工厂三维建模方法研究[J]．信息系统工程，2016(10)：17.
[54] 李海涛，赵小平．三维数字化工厂技术在中石油炼油厂中的应用[J]．中国信息界，2012(09)：44-47.
[55] 黄靖丽．三维数字化技术在数字化工厂的应用[J]．中国管理信息化，2018，367(01)：57-59.
[56] 覃伟中，谢道雄，赵劲松．石油化工智能制造[M]．北京：化学工业出版社，2019.
[57] 吴晓辉，王瑞来．三维地理信息系统在电力系统应用中的关键技术研究[J]．河南电力，2013，41(04)：8-9；17.
[58] 丁剑博，冯恒东．基于三维模型装置大检修的创新与实践[J]．化工自动化及仪表，2014，41(12)：1451-1453.

专家话炼油

第二十七章　炼油装置腐蚀与控制

第一节　炼油装置典型的腐蚀类型

炼油装置常见的腐蚀包括硫腐蚀、环烷酸腐蚀、高温氢腐蚀、水腐蚀，此外还有氯化物、胺盐或碱引起的应力腐蚀开裂、高温炉管的高温氧化与渗碳、保温层下腐蚀、大气腐蚀、土壤腐蚀等。本节主要介绍硫腐蚀、环烷酸腐蚀、高温氢腐蚀和水腐蚀[1~3]。

一、硫腐蚀

从炼油厂设备腐蚀与防护的角度考虑，一般将原油中存在的硫分为活性硫和非活性硫，活性硫(元素硫、硫化氢和低分子硫醇等)能直接与金属作用而引起设备的腐蚀；非活性硫(硫醚、二硫化物、噻吩等)不能直接与金属作用，在高温、高压、催化剂的作用下可部分分解为活性硫。

原油中的总含硫量与原油腐蚀性之间并无精确的对应关系，原油的腐蚀性主要取决于硫化物的种类、含量和稳定性，如果原油中的非活性硫化物易于转化为活性硫，即使含硫量很低的原油，也将对设备造成严重的腐蚀。这种变化使硫化物的腐蚀发生在低温及高温各部位。不同来源的原油中硫化物的存在形式和含量有很大差别，且分布不均匀，硫醇硫和硫化氢主要集中在50~250℃馏分中，单质硫、二硫化物以及少量烷基噻吩主要集中在100~250℃馏分中，在高于350℃的渣油馏分中含量较少；硫醚和芳基噻吩等残余硫化物则主要分布在高于200℃以上的馏分中。随着沸点的增加，含硫化合物结构越来越复杂，多为富含芳环的苯并噻吩、二苯并噻吩及苯并萘并噻吩类化合物，稳定性相对较高。虽然活性硫主要存在于原油低沸点馏分中，而且所占比例很少，它们对设备的腐蚀能力却不容忽视。

API 571对炼油厂出现的硫腐蚀(高温硫腐蚀、低温硫腐蚀及应力腐蚀开裂)的腐蚀损伤机理、形态、影响因素、发生的装置和设备以及检验、监检测、预防和减缓措施做了较为详细的介绍。我国通过近几年的生产实践和研究，制定了一些行业标准和管理规定来指导企业的设备防腐管理，如SH/T 3096—2012《高硫原油加工装置设备和管道设计选材导则》。

(一)高温硫腐蚀

高温硫腐蚀分为无氢存在和有氢存在两种情况，高温硫化物的腐蚀(无氢)环境是指240℃以上的重油部位硫、硫化氢和硫醇形成的腐蚀环境。在高温条件下，活性硫与金属直接反应，它出现在与物流接触的各个部位，表现为均匀腐蚀，其中硫化氢的腐蚀性很强。典型的高温硫化物腐蚀环境存在于蒸馏装置常、减压塔的下部及塔底管线，常压重油和减压渣油换热器等，流化催化裂化装置主分馏塔的下部、延迟焦化装置主分馏塔的下部及其管线等。有氢存在时的高温硫化物腐蚀（H_2S/H_2 腐蚀）比没有氢存在时的高温硫化物腐蚀更为严重。原子氢会向表面 FeS 膜中渗透，使 FeS 膜变得疏松多孔，容易破裂剥落。氢还会把有机硫化合物转化成硫化氢，并且随硫化氢浓度或分压的增加，腐蚀会加剧。H_2S/H_2 腐蚀主要发生在催化裂化原料加氢预处理装置、加氢脱硫装置以及加氢裂化装置氢注入点的下游。

高温硫腐蚀速率的大小，取决于原油中活性硫的多少，与总硫量也有关系。受温度的影响，当温度升高时，一方面促进活性硫化物与金属的化学反应，同时又促进非活性硫的分解。在材料选择和预测原油及其各种成分的相对腐蚀性时，可以应用比较成熟的工程经验曲线 McConomy（高温硫腐蚀速率预测曲线）以及 Copper 曲线（高温 H_2S/H_2 腐蚀速率预测曲线，如图 27-1 所示。高温硫腐蚀，开始时速率很快，一定时间后腐蚀速率会稳定下来，这是因为生成了硫化铁保护膜的缘故。而介质的流速越高，保护膜越容易脱落，腐蚀将重新开始。此外，环烷酸会破坏硫化氢腐蚀产物，生成可溶于油的环烷酸铁和硫化氢，使腐蚀继续进行。若硫含量高于临界值，硫化物在金属表面生成稳定的 FeS 保护膜，则减缓了环烷酸的腐蚀作用，即低硫高酸比高硫高酸腐蚀还严重[4]。

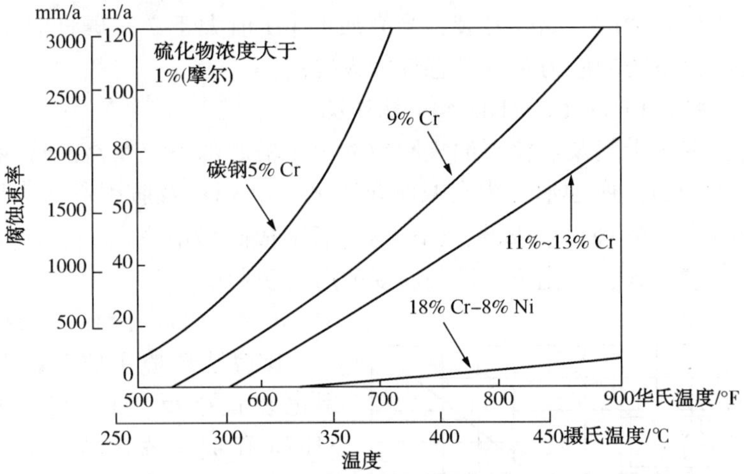

图 27-1　H_2S-H_2 环境中的腐蚀速率曲线

（二）低温硫腐蚀

原油中存在的硫以及有机硫化物在不同条件下逐步分解生成 H_2S 等低分子的活性硫，与原油加工过程中生成的腐蚀性介质（如 HCl、NH_3、CO_2 等）和人为加入的腐蚀性介质（如乙醇胺、糠醛、水等）共同形成腐蚀性环境，在装置的低温部位（特别是气液相变部位）造成严重的腐蚀。典型的有蒸馏装置常、减压塔顶的 $HCl+H_2S+H_2O$ 型腐蚀环境，催化裂化装置分馏塔顶的 $HCN+H_2S+H_2O$ 型腐蚀环境，加氢裂化和加氢精制装置流出物空冷器的 $H_2S+NH_3+H_2O$ 腐蚀环境，干气脱硫装置再生塔和气体吸收塔的 RNH_2（乙醇胺）$+CO_2+H_2S+H_2O$ 型腐蚀环境等。

1. $HCl+H_2S+H_2O$ 型腐蚀环境

该腐蚀环境主要存在于常减压蒸馏装置塔顶及其冷凝冷却系统、温度低于 120℃的部位，如常压塔、初馏塔、减压塔顶部塔体、塔盘或填料、塔顶冷凝冷却系统。一般气相部位腐蚀较轻，液相部位腐蚀较重，气液相变部位即露点部位最为严重。

在 $HCl+H_2S+H_2O$ 型腐蚀环境中，碳钢表现为均匀腐蚀，0Cr13 表现为孔蚀（俗称点蚀），奥氏体不锈钢表现为氯化物应力腐蚀开裂，双相不锈钢和钛材具有优异的耐腐蚀性能。

2. $HCN+H_2S+H_2O$ 型腐蚀环境

催化原料油中的硫和硫化物在催化裂化反应条件下反应生成 H_2S，造成催化富气中 H_2S 浓度很高。原料油中的氮化物在催化裂化反应条件下有 10%～15%转化成 NH_4^+，有 1%～2%则转化成 HCN。在吸收稳定系统的温度（40～50℃）和水存在条件下，形成了 $HCN+H_2S+H_2O$ 型腐蚀环境。

由于 $HCN+H_2S+H_2O$ 型腐蚀环境中 CN^-的存在使得硫化氢腐蚀环境变得复杂，它促进腐蚀。对于均匀腐蚀，一般来说，H_2S 和铁生成 FeS，在 pH 值大于 6 时能覆盖在钢表面形成致密的保护膜，但是由于 CN^-能使 FeS 保护膜溶解生成络合离子 $Fe(CN)_6^{4-}$，加速腐蚀反应的进行；对于氢鼓泡，由于碳钢和低合金钢在 $Fe(CN)_6^{4-}$存在条件下，可以大大加剧原子氢的渗透，阻碍原子氢结合成分子氢，使溶液中保持较高浓度的原子氢，使氢鼓泡的发生率大大提高；对于硫化物应力腐蚀开裂，当介质的 pH 值大于 7 呈碱性时，开裂较难发生，但当有 CN^-存在时，系统的应力腐蚀敏感性大大提高。

3. RNH_2（乙醇胺）$+CO_2+H_2S+H_2O$ 型腐蚀环境

该腐蚀环境存在于干气及液化石油气脱硫的再生塔底部系统及富液管线系统（温度高于 90℃，压力约 0.2MPa）。腐蚀形态为在碱性介质下，由 CO_2 及胺引起应力腐蚀开裂和均匀减薄。均匀腐蚀主要是由 CO_2 引起的，CO_2 溶解后形成碳酸电离出 H^+与金属反应。应力腐蚀开裂是由胺、二氧化碳、硫化氢和设备所受的应力引起的。

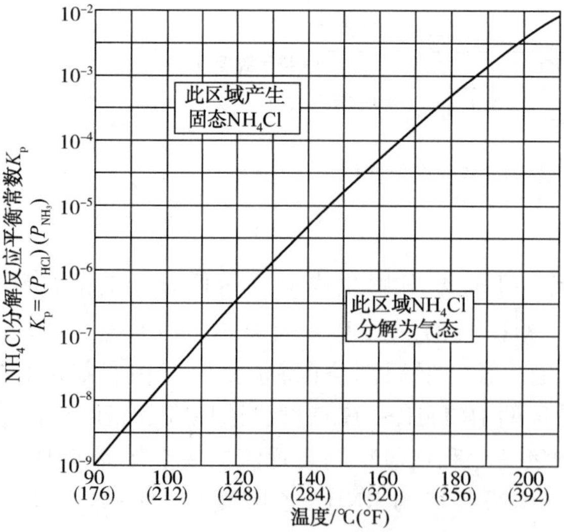

图 27-2　API RP 932B 中提供的 NH_4Cl 结晶温度与 K_p 值关系曲线

4. NH_4Cl+NH_4HS 结垢腐蚀

该腐蚀环境主要存在于加氢精制加氢裂化装置中反应流出物空冷器中，由于 NH_4Cl 在加氢装置高压空冷器中的结晶温度为 175～230℃，而 NH_4HS 在加氢装置高压空冷器中的结晶温度为 25～65℃，均在一般加氢装置高压空冷器的进口温度和出口温度的范围内，因此在加氢装置高压空冷器中极易形成 NH_4Cl 和 NH_4HS 结晶析出，在空冷器流速低的部位由于 NH_4Cl 和 NH_4HS 结垢沉积，造成电化学垢下腐蚀，形成蚀坑，最终形成穿孔。

API RP 932B 中提供的 NH_4Cl 结晶温度、NH_4HS 结晶温度与 K_p 值关系曲线见图 27-2 和图 27-3。

5. $CO_2+H_2S+H_2O$ 型腐蚀环境

该腐蚀环境存在于气体脱硫装置的溶剂再生塔顶及其冷凝冷却系统，温度为40～60℃酸性气体部位。其腐蚀主要是酸性气中 CO_2、H_2S 遇水造成的低温腐蚀。在该腐蚀环境中，碳钢为均匀腐蚀、氢鼓泡、焊缝应力腐蚀开裂。奥氏体不锈钢焊缝会出现应力腐蚀开裂。

6. H_2S+H_2O 型腐蚀环境

该腐蚀环境存在于液化气球罐、轻油罐顶部、气柜、加氢精制装置后冷器内浮头螺栓等部位。湿硫化氢环境广泛存在于炼油厂二次加工装置的轻油部位，如流化催化裂化装置的吸收稳定部分、产品精制装置中的干气及液化石油气脱硫部分、酸性水汽提装置的汽提塔、加氢裂化装置和加氢脱硫装置冷却器、高压分离器及其下游的过程设备。

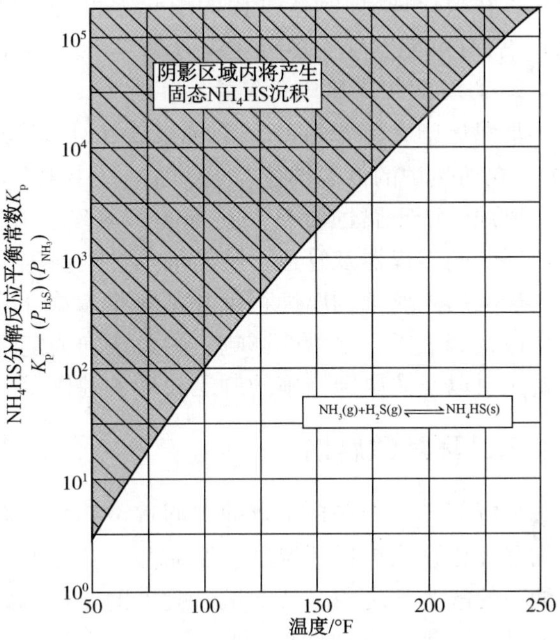

图 27-3　API RP 932B 中提供的 NH_4HS 结晶温度与 K_p 值关系曲线

湿硫化氢对碳钢设备可以形成两方面的腐蚀：均匀腐蚀和湿硫化氢应力腐蚀开裂。湿硫化氢应力腐蚀开裂的形式包括 HB(氢鼓泡)、HIC(氢致开裂)、SSCC(硫化物应力腐蚀开裂)和 SOHIC(应力导向氢致开裂)。

国内的腐蚀调查报告显示，湿硫化氢对碳钢设备的均匀腐蚀随温度的升高而加剧。在80℃时腐蚀速率最高，在 110～120℃时腐蚀率最低。另外，在开工的最初几天，腐蚀速率可达 10mm/a 以上；随着时间的增长形成 FeS 保护膜腐蚀速率迅速下降，到 1500～2000h后，其腐蚀速率趋于 0.3mm/a。最近的研究还发现，从酸性环境(pH<5.5)到碱性环境(pH>7.5)，湿硫化氢应力腐蚀开裂均能发生。湿硫化氢引起压力容器开裂临界浓度目前尚不明确，但工业上的经验值为 50mg/L。NACE RP0103 标准将湿硫化氢腐蚀环境下的压力容器分为两类，即 H_2S 浓度大于 50mg/L、氰化物浓度大于 20mg/L 和 H_2S 浓度大于 50mg/L，并规定了每种类型的重点检查项目。

(三)其他类型的硫腐蚀

1. 停工期间的连多硫酸腐蚀

连多硫酸应力腐蚀开裂最易发生在石化系统中由敏化不锈钢制造的设备上，一般是高温、高压含氢环境下的反应塔器及其衬里和内构件、储罐、换热器、管线、加热炉炉管，特别在加氢脱硫、加氢裂化、催化重整等系统中用奥氏体钢制成的设备上。这些设备在高温、高压、缺氧、缺水的干燥条件下运行时一般不会形成连多硫酸。但当装置运行期间遭受硫的腐蚀并在设备表面生成硫化物，在装置停工期间，氧(空气)和水进入并与设备表面生成的硫化物反应生成连多硫酸($H_2S_xO_6$)，即使在设备停工时通常也存在拉伸应力(包括残余应力和外加应力)，在连多硫酸和这种拉伸应力的共同作用下，奥氏体不锈钢和其他高合金存在敏化现象(制造过程的敏化温度为427~650℃时，此温度下长期操作也会形成敏化)，就有可能发生连多硫酸应力腐蚀开裂(SCC)[1]。

2. 高温烟气硫酸露点腐蚀

加热炉中含硫燃料油在燃烧过程中生成高温烟气，高温烟气中含有一定量的 SO_2 和 SO_3。在加热炉的低温部位，SO_3 与空气中水分共同在露点部位冷凝。生成硫酸，产生硫酸露点腐蚀，严重腐蚀设备。在炼油厂多发生在加热炉的低温部位，如空气预热器和烟道、废热锅炉的省煤器及管道、圆筒加热炉炉壁等位置。

硫酸露点腐蚀的腐蚀程度并不完全取决于燃料油中的含硫量，还受到 SO_2 向 SO_3 的转化率以及烟气中含水量的影响。因此正确测定烟气的露点对确定加热炉装置的易腐蚀部位、设备选材以及防腐蚀措施的制定起着关键作用。

二、环烷酸腐蚀

环烷酸是一种存在于石油中的含饱和环状结构的有机酸，其通式为 RCH_2COOH。石油中的酸性化合物包括环烷酸、脂肪酸、芳香酸以及酚类，而以环烷酸含量最多，故一般称石油中的酸为环烷酸。其含量一般借助非水滴定测定的酸度(mgKOH/100mL 油，适用于轻质油品)或酸值(mgKOH/g 油，适用于重质油品)来间接表示，可依据 GB/T 18609—2011《原油酸值的测定电位滴定法》、GB/T 7304—2014《石油产品酸值的测定电位滴定法》执行。

原油酸值的增加，特别是高酸原油的加工，使得环烷酸引起的设备和管线的腐蚀尤为严重。环烷酸可能因为原油的产地不同而导致腐蚀性差异很大，同一种原油中的环烷酸也可能因为相对分子质量或者分子结构的不同而腐蚀性各异。目前，对环烷酸在工业实际中各馏分的分布及其相对分子质量大小了解不多，更缺乏对不同馏分中环烷酸腐蚀性的研究。一般认为，只有在177~371℃的温度范围内，环烷酸才具有腐蚀性，并且大约在276℃时，其腐蚀性最强。当总酸值大于0.5mgKOH/g 时，普遍都会引起环烷酸腐蚀。环烷酸腐蚀的温度范围为230~400℃。有些文献认为：环烷酸腐蚀有两个峰值，第一个高峰出现在270~280℃，当温度高于280℃时，腐蚀速率开始下降，但当温度达到350~400℃时，出现第二个高峰。在235℃时，酸值提高1倍，碳钢、7Cr-1/2Mo 钢、9Cr-1Mo 钢的腐蚀速率约增加2.5倍，而410不锈钢的腐蚀速率提高近4.6倍。腐蚀速率也受流体速度的影响。当速度超过30m/s 时，炉管和提升管就会受到严重影响[5~7]。油气中硫含量的多少也影响环烷酸腐蚀，硫化物在高温下会释放出 H_2S，H_2S 与钢铁反应生成 FeS，覆盖在金属表面形成保护膜。这层保护膜不能完全阻止环烷酸的作用，但它的存在显然减缓了环烷酸的腐蚀。

环烷酸引起的腐蚀主要发生在常减压装置，尤其是减压塔高温部位及附属管线，环烷酸腐蚀严重。由于环烷酸腐蚀形成的环烷酸铁是油溶性的，在原油的高温高流速区域，环烷酸腐蚀呈顺流向产生的锐缘的流线沟槽；在低流速区域，则呈边缘锐利的凹坑状。

三、高温氢腐蚀[8~10]

高温氢腐蚀是在高温高压条件下扩散侵入钢中的氢与不稳定的碳化物发生化学反应，生成甲烷气泡(包含甲烷的成核过程和成长)，即 $Fe_3C+2H_2 \longrightarrow CH_4+3Fe$，并在晶间空穴和非金属夹杂部位聚集，引起钢的强度、延性和韧性下降与劣化，同时发生晶间断裂。由于这种脆化现象是发生化学反应的结果，所以它具有不可逆的性质，也称永久脆化现象。有关高温氢腐蚀机理详见本章第十节。高温氢腐蚀主要发生在加氢和裂解等临氢装置中，主要表现为两种形式：一是表面脱碳；二是内部脱碳。表面脱碳不产生裂纹，其钢材的强度和硬度局部有所下降而延性提高。内部脱碳是由于氢扩散侵入到钢中发生反应生成了甲烷，而甲烷又不能扩散出钢外，就聚集于晶界空穴和夹杂物附近，形成了很高的局部应力，使钢产生龟裂、裂纹或鼓包，其力学性能发生显著的劣化。

四、水介质腐蚀

除以上提到的含水环境的腐蚀外，循环水的腐蚀在炼油装置中占有很大的比例，主要发生在水冷换热器、冷却塔及管线中。此外还有含油污水、含硫污水、含酚污水、含碱污水、含盐污水、生产污水及生活污水等处理设备及管线。主要的腐蚀类型有以下几种。

1. 异种金属接触引起的电偶腐蚀

当两种电极电位不同的金属或合金相接触并放入电解质溶液中时，可发现电位较低的金属腐蚀加速，而电位较高的金属腐蚀减慢(得到了保护)。这种在一定条件(如电解质溶液或大气)下产生的电化学腐蚀，即由于同电极电位较高的金属接触而引起腐蚀速率增大的现象，称为电偶腐蚀或双金属腐蚀，也叫接触腐蚀。

电偶腐蚀是一种局部腐蚀，在两种不同金属的连接处腐蚀速率最大，离连接处的距离越远，腐蚀速率越小。一般来说，两种金属的电极电位差越大，电偶腐蚀就越严重。

循环水系统中存在电偶腐蚀，如某厂的一台换热器管板为碳钢，管束为不锈钢，由于不锈钢和碳钢之间存在电位差，碳钢作为阳极腐蚀严重，不锈钢腐蚀轻微。

2. 溶解氧导致的腐蚀

冷却水系统常采用敞开式循环冷却水系统，由于金属的电极电位比氧的电极电位低，金属受水中溶解氧的腐蚀是一种电化学腐蚀，其中金属是阳极，发生氧化反应，氧是阴极，发生还原反应。反应式如下：

阳极过程为 $M \longrightarrow M^{2+}+2e^-$；

阴极过程为 $1/2O_2+H_2O \longrightarrow 2OH^-$。

在冷凝器等热交换器的碳钢面板也常见到黄褐色或砖红色的鼓包，敲破鼓包后，下面是黑色粉末状物，这些都是腐蚀产物。当将这些腐蚀产物清除后，便会出现因腐蚀而造成的陷坑。出现这种现象的过程如下：当铁受腐蚀后生成 Fe^{2+}，它与水中的氧进一步反应生成黄褐色的结构疏松的 $Fe(OH)_3$ 二次产物层，即 $Fe^{2+}+2OH^- \longrightarrow Fe(OH)_2$，$4Fe(OH)_2+2H_2O+O_2 \longrightarrow 4Fe(OH)_3$。

由于腐蚀产物的阻挡，水中的溶解氧到达这个腐蚀点的速度减慢，形成腐蚀点四周的氧浓度大于腐蚀点的氧浓度。这样，腐蚀点的四周便成为阴极，腐蚀点本身成为阳极，腐蚀继续进行。此时，腐蚀产生的 Fe^{2+} 通过疏松的二次产物层向外扩散，当它遇到水中的 OH^- 或 O_2 时，便又产生新的二次产物，积累在原有的二次产物层中。所以二次产物层越积越厚，形成鼓包，鼓包下面越腐蚀越深，形成陷坑。

腐蚀产物中的黑色粉末层是 Fe_3O_4，它的形成机理是内层的两价铁产物与外层的三价铁反应而形成的：$Fe(OH)_2+2Fe(OH)_3 \longrightarrow Fe_3O_4+4H_2O$。

在金属与金属之间连接的缝隙处，水垢及微生物泥垢、泥沙等沉积物下的金属表面，由于水的对流不畅使氧贫化，也会造成类似的腐蚀。特别是水垢等沉积物下的腐蚀，由于腐蚀产物被沉积物覆盖，循环水显得清澈透明，给人以金属未遭到腐蚀的假象。此时再想采取水处理措施已太晚，因为某些腐蚀严重的部位金属本体层已很薄，若用化学清洗或其他方法去除污垢层后很可能造成系统漏水[2]。

3. 氯离子引起的腐蚀

氯离子具有离子半径小、穿透能力强、能够被金属表面较强吸附、易在孔隙或缝隙中富集等特点，氯离子浓度越高，导电性越强，电解质的电阻就越低，氯离子越容易到达金属表面，加快局部腐蚀的进程，形成腐蚀原电池。金属在蚀孔内或缝隙内腐蚀而溶解，生成 Fe^{2+}，引起腐蚀部位周围的溶液中产生过量的正电荷，吸引水中的氯离子迁移到腐蚀部位周围以维持电中性，因此腐蚀部位周围会产生高浓度的金属氯化物 MCl_2，之后 MCl_2 会水解生成不溶性的金属氢氧化物和可溶性的盐酸，即 $MCl_2+2H_2O \longrightarrow M(OH)_2\downarrow+2H^++Cl^-$。

盐酸是强腐蚀性的酸，能加速多种金属和合金的溶解。

由于常采用游离氯或化合氯杀菌，循环水中的氯离子含量高。有些采用软水作为补充水源的系统，由于树脂再生时控制不当，也会造成氯化钠进入系统的可能。

一些采用不锈钢或合金作热交换器，要特别提防氯离子的进入，因为氯离子对不锈钢或合金的应力腐蚀开裂危害更大。应力腐蚀开裂是在腐蚀与拉伸应力的共同作用下发生的自裂。有关应力腐蚀开裂的机理，有两种被广泛接受的理论：阳极溶解和应力吸附开裂。拉伸应力越大，发生腐蚀破坏所需要的时间越短，开裂形式有穿晶开裂和晶界开裂两种。

当工业冷却需 0℃以下的冷媒水时，不宜加氯化钠来降低水的冰点，可改用亚硝酸钠和碳酸钠或乙二醇等。

4. 微生物引起的腐蚀

循环水系统含有微生物，控制不当时易导致生物黏泥附着金属表面。另外，污水在经过生化处理后，水溶液中会存在很多细菌。细菌腐蚀并非其本身对金属的侵蚀作用，而是细菌生命活动的结果间接对金属腐蚀的电化学过程产生影响。

(1)新陈代谢产物的腐蚀作用：细菌能产生具有腐蚀性的代谢产物，如硫酸、有机酸和硫化物等，恶化金属所处的腐蚀环境。

(2)生命活动影响电极反应的动力学过程：如硫酸盐还原菌活动过程对腐蚀的阴极去极化过程起促进作用。

(3)改变金属所处环境的状况：如氧浓度、盐浓度、pH 值等。

(4)破坏金属表面有保护性的非金属覆盖层或缓蚀剂的稳定性。

细菌腐蚀的一个显著特点是在金属表面伴随有黏泥的沉积。金属遭受细菌腐蚀程度往往和黏泥积聚的数量有密切关系。另一个特点是腐蚀部位总带有孔蚀的迹象。黏泥使附着部位金属表面成为贫氧区。常见的腐蚀性细菌分为好氧菌(铁细菌和硫氧化菌)和厌氧菌(硫酸盐还原菌)。其中，铁细菌中与腐蚀有关的主要是氧化铁杆菌，其活动特点是能在中性介质中依靠 $Fe^{2+} \longrightarrow Fe^{3+}+e^-$ 反应获得新陈代谢的能量，而高价铁盐的氧化力很强，可把硫化物氧化成硫酸；硫氧化菌中与腐蚀有关的主要是硫杆菌，它可以把元素硫、硫代硫酸盐氧化成硫酸；硫酸盐还原菌的特点是把硫酸盐还原为硫化物，如硫化氢[11]。

5. 其他腐蚀因素

一些重金属离子(如铜、银、铅)对钢、铝、镁、锌等起有害作用。在酸性溶液中，Fe^{3+}具有强烈的腐蚀性。

循环水中往往含有泥土、砂粒、焊渣、腐蚀产物等不溶性物质，这些物质有些是从空气中进入的，有些是安装时带入的，也可能是在运行中生成的。这些不溶物一方面易在滞流区域沉积造成垢下腐蚀，另一方面随水流冲击管壁，对硬度较低的金属或合金(例如铜管)产生磨损腐蚀。

第二节　炼油装置腐蚀监检测技术

炼油装置腐蚀监检测技术是腐蚀控制的重要手段之一，属于涉及多个学科和技术门类的交叉领域[12]。国内外的腐蚀监检测技术和方法种类繁多，各具特点，本节尽可能地介绍各类常用的腐蚀监检测方法、技术原理与应用，涵盖腐蚀监检测前沿技术。

一、腐蚀监检测的意义和目的[13,14]

腐蚀监检测可以分为两大类——在线监检测法和离线监检测法。在线监检测法是指在设备运行的过程中对设备腐蚀或破坏进行连续的系统测量，获得的是设备腐蚀过程的现象及有关信息，揭示腐蚀的过程，确定材料在工艺介质环境中的腐蚀速率，及时为工程技术人员反馈设备腐蚀信息，以便迅速判断设备的情况和所存在的隐患，从而采取有效措施减缓腐蚀，避免腐蚀事故的发生。

因此，通过腐蚀监检测，工厂不仅可以预防腐蚀事故的发生，还可以及时调节腐蚀控制方案，减少不必要的腐蚀控制费用，获得最大的经济效益。

腐蚀监检测方法种类繁多，按腐蚀结果是否直接获得可以分为直接监测和间接监测两种。可直接得到一个腐蚀结果(如腐蚀失重、腐蚀电流等)的腐蚀监测称为直接监测，否则为间接监测。直接腐蚀监测技术包括腐蚀挂片、电阻探针、线性极化电阻探针、交流阻抗探针、电化学噪声探针等，间接腐蚀监测技术包括超声波检测(测厚)、脉冲涡流检测技术、射线照片、红外热成像技术等。炼油厂常采用的腐蚀监检测方法有在线与离线两种，挂片法、电阻探针法、电化学法、磁感法等均属于在线监检测方法；而离线监检测法是指对在役设备进行检测有无裂纹、有无局部腐蚀穿孔以及剩余壁厚等，主要是防止突发事故，获得的是腐蚀结果，如超声波法、漏磁法等。目前，炼油厂常用的腐蚀监检测技术主要有以下 11 种：腐蚀介质分析技术、腐蚀产物分析技术、超声波测厚监测技术、定点测厚技术、在线腐蚀探针监测技术、质量损失法(腐蚀挂片)监测技术、氢渗透测量技术、脉冲涡流检测技术、红外热成像技术、烟气露点监测技术、装置停工腐蚀检查技术等。

二、腐蚀介质分析技术

腐蚀介质分析技术是炼油装置腐蚀监检测技术的重要组成部分。装置的腐蚀控制，应先从腐蚀介质分析入手，充分掌握装置的腐蚀介质分布以及含量，才能有的放矢地控制腐蚀。

1. 分析内容

（1）对油品中腐蚀介质或腐蚀产物的监测。油品中的主要腐蚀介质是酸值、硫含量、无机或有机氯和氮含量等。

（2）对工艺冷凝水中腐蚀介质或腐蚀产物的监测。腐蚀介质主要为工艺冷凝水中的Cl^-、硫化物、有机酸或无机酸、溶解氧、CO_2或CO_3^{2-}、$SO_4{}^{2-}$和氨氮等，腐蚀产物主要是Fe^{2+}，Fe^{3+}及其他与系统主体设备或管道材质成分相关的金属离子。

2. 检测的目的

（1）检测油品或工艺冷凝水中腐蚀介质的组分和含量。

（2）监测设备或管道材质在腐蚀环境中被腐蚀后的金属离子组分或含量。

（3）评判系统中腐蚀程度的依据和进行腐蚀原因分析的依据。

3. 炼油厂腐蚀介质常用分析方法

常用腐蚀介质分析技术包括常减顶冷凝水分析、催化装置酸性水分析、加氢装置酸性水分析、脱硫装置再生塔顶酸性水分析、进装置原油硫和酸值分析、电脱盐前后原油含盐含水分析、常减压侧线油活性硫及总硫分析、常减压侧线油酸值（度）分析、减压侧线油铁离子或铁镍比分析等项目，具体分析项目及方法见表27-1。腐蚀介质分析可以判断被监测部位总的腐蚀情况，以便于及时调整工艺操作，减轻腐蚀。此外，腐蚀介质分析还可以用于监测、评价工艺防腐措施的使用效果。

表27-1　腐蚀介质常用分析方法

序号	项目名称	分析方法
1	原油含盐量	①电量法；②电位滴定法；③电导法[15]；④GB/T 6532
2	油品硫含量	①波长色散X射线荧光光谱法；②电量法；③燃灯法；④紫外荧光法
3	油品总酸值（*TAN*）	①电位滴定法；②终点滴定法
4	pH值	pH计法
5	铁离子	①磺基水杨酸分光光度法；②EDTA（乙二胺四乙酸）配位滴定法；③原子吸收法；④邻菲啰啉比色法；⑤邻菲啰啉分光光度法；⑥电化学溶出伏安法
6	氯离子	①硝酸银滴定法；②硝酸汞滴定法；③电位滴定法；④摩尔法；⑤分光光度法；⑥浊度法；⑦离子色谱法；⑧流动注射法
7	总硫	①能量色散X射线荧光光谱法；②GB/T 17040—2019；③GB/T 387—1990；④SH/T 0253—1992；⑤GB/T 34100—2017
8	活性硫	电位滴定法（NB/SH/T 0915—2015）
9	侧线油中铁离子	①原子吸收光谱法（GB/T 18608—2012）；②Fe^{2+}/Fe^{3+}硫氢酸钾分光光度法（GB 9739—2006）；③Cl^- $AgNO_3$滴定法（GB/T 15453—2018）；④S^{2-}碘量法（GB 8538—2016）

三、腐蚀产物分析技术

在装置运行或检修期间，对腐蚀设备进行腐蚀产物取样分析，通过定性和定量分析，结合设备实际工艺操作条件(温度、压力、介质等)，判断腐蚀产物组成，为确定腐蚀机理提供依据。腐蚀产物的采集是确保分析准确的一个重要环节，如果采集不准确将直接影响分析结果。采样方法可以参照石油天然气行业标准 SY/T 0546—2016《腐蚀产物的采集与鉴定技术规范》进行。目前常用的腐蚀产物分析方法有显微镜法(包括光学显微镜、电子显微镜、扫描电镜等)、X 射线衍射法、火焰光谱法、化学分析等。如果需要，还可以采用电子探针、红外光谱、紫外/可见光谱、质谱分析等方法进行更为细致的分析。

四、腐蚀检/监测技术

1. *超声波测厚监测*[16]

超声波测厚采用超声波脉冲反射原理，通过探头发射超声波脉冲到达金属材料表面，超声波会在材料里传播，当到达材料分界面时，脉冲被反射回探头，通过测量超声波在材料中传播的时间来确定被测金属材料的厚度。

通常对在运装置设备、管道测厚时，存在由温度引起的测量误差以及耦合剂选用不当引起的无法读数问题，难以得到精准的测量数据。GB/T 11344—2008《无损检测　接触式超声脉冲回波法测厚方法》规定了高温材料测厚校正方法，即温度升高时，测量结果增大，试样温度每升高 55℃，厚度读数增加大约 1%，测量温度最高为 540℃。

2. *定点测厚*

定点测厚是常用的腐蚀监测技术。它采用超声波测厚方法，通过测量壁厚的减薄来反映设备管线的腐蚀速率。测厚通常包括普查测厚和定点测厚。定点测厚分为在线定点测厚、定期测厚和检修期间定点测厚。管道的普查测厚应结合承压特种设备的检验工作进行。普查测厚点应包括全部定点测厚点。

1)一般原则

测厚监测主要针对设备、管道的均匀腐蚀和冲刷腐蚀，对于氢腐蚀、应力腐蚀等应通过其他检测手段进行监测。在高温硫和高温环烷酸腐蚀环境下，应重点对碳钢、铬钼合金钢制设备、管道进行测厚监测。新建装置或新投用的设备及管道，在投用前就应确定定点测厚的位置，并取得原始壁厚数据。

生产装置上的测厚检查原则上都应定点。重要生产装置(包括常减压蒸馏、延迟焦化、催化裂化、加氢裂化、渣油加氢、汽煤柴油加氢、重整、硫黄、S Zorb 装置等)必须建立本装置的定点测厚布点图，其他生产装置也应逐步建立本装置的定点测厚布点图。

2)定点测厚点必须有明显的标识和编号

在裸管上的测厚点，可用耐候耐温漆涂一个直径为 3cm 的圆做标记；有保温层的设备及管道上的测厚点，应安装可拆卸式保温罩(盒)并标上编号。对于有保温的设备管道定点，目前国内各企业采取方法各不相同，有采用活动保温套方法、插拔式保温塞方法或开关式保温塞方法等。选点布点规定如下。

(1)选点　定点测厚的选点应由设备管理部门组织车间的设备及工艺技术人员根据工艺工况及介质的腐蚀性和历年的腐蚀检查情况确定，应能覆盖全厂的腐蚀部位。

(2)布点原则　定点测厚布点原则应参考中国石油天然气行业标准 SY/T 6553—2003《管道检验规范　在用管道系统检验、修理、改造和再定级》和中国石化《加工高含硫原油装置设备及管道测厚管理规定》进行。

(3)定点测厚频率的确定　定点测厚频率应根据设备管线腐蚀程度、剩余寿命、腐蚀危害性程度等进行确定，可以参照中国石化《加工高含硫原油装置设备及管道测厚管理规定》执行。

(4)高温测厚在线监测系统简介　这是近年从国外引进的高温定点在线测厚技术，已经在不少炼油厂应用，该系统可提供连续高频率、精确及成本效益最有效的腐蚀状况变化监测，向用户提供在线及时和直观的设备和管道完整性状况，并可集成提升工厂的预防性维修策略。高温测厚在线监测系统见图 27-4。

3. 在线腐蚀探针监测[17]

在线腐蚀探针监测是探针直接安装在设备或管道中，监测金属材质在腐蚀性介质中腐蚀变化情况的方法。通过计算可以将数据转化为该种材料在这种腐蚀介质中的腐蚀速率。近年来，在线腐蚀监测探针技术发展迅速，工业应用的主要有电化学探针、电阻探针及电感探针、场指纹腐蚀监测(FSM)、电化学噪声技术(EN)。

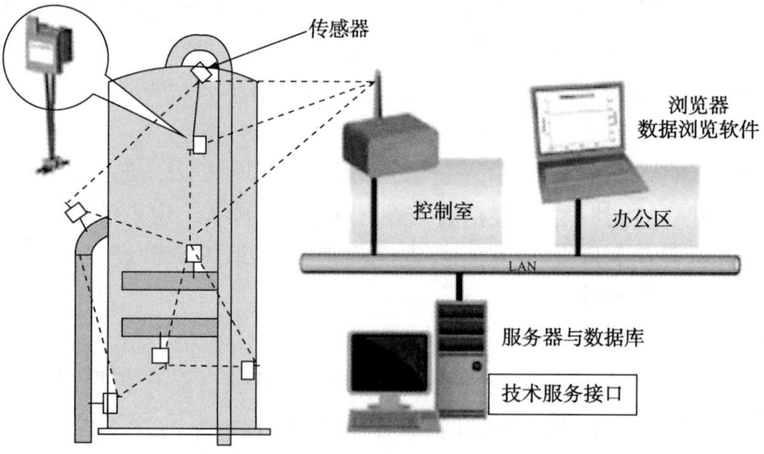

图 27-4　高温测厚在线监测系统示意图

利用电化学技术测量腐蚀速率的方法有很多，如电化学噪声技术、交流阻抗技术、线形极化法和恒电量技术等，这些方法大都用在实验室研究方面。工业环境广泛应用的电化学探针基于线性极化法或弱极化法，现场测量具有快速、简单的优点，主要用于循环水系统的腐蚀监测。电极的极化是指电流通过电极时引起电极电位移动的现象，变化结果使腐蚀原电池两极之间的电位差(电动势)减小，腐蚀电流亦相应减小，但线性极化技术现场测量误差较大。为减小误差，有学者发明了弱极化法测量技术，进而采用交流阻抗与弱极化相结合的技术，以减小介质电阻产生的测量误差。电化学噪声技术作为一门新兴的监测手段，近年来在腐蚀防护领域得到了发展。中国石化青岛安全工程研究院(以下简称安工院)在国内率先在某炼化公司 1#常压塔塔顶空冷器入口位置安装了基于线性极化电阻技术以及电化学噪声技术的 Concerto MK Ⅱ腐蚀监测系统，通过对 2010 年 11 月~2013 年 3 月期间的测量参数为技术人员提供实时、直观的腐蚀信息以及腐蚀规律变化。

电阻探针是利用探针在腐蚀介质中腐蚀后截面积减小、电阻增大的原理实现腐蚀速率测量的技术，其优点是不受介质是否为电解质的影响，缺点是受腐蚀产物及介质电阻率影响。此外，探针若发生局部腐蚀，则误差较大。

电感探针的工作原理是：金属试样置于测试线圈的磁场中，对试样施加高频电流感应信号，腐蚀减薄所引起线圈内空气中磁力线长度增大，通过检测电感变化量，推算出金属试片的腐蚀减薄量。电感探针一般为管状结构，有学者为解决现场管径小于 *DN*150 管道探针安装问题，研发了片状电感探针。电感探针的优点是不受介质是否为电解质的影响、灵敏度高且实时性好，目前广泛应用于炼油厂工艺介质腐蚀监测。

场指纹腐蚀监测(FSM)技术基本原理是：基于欧姆定律的一种无损监测技术，在监测的金属管段上通直流电，通过测量所测部件上微小的电位差确定电场模式。将电位差进行适当的解剖或直接根据电位差的变化来判断整个设备的壁厚减薄。FSM 技术的独特之处在于将所有测量的电位同监测的初始值相比较。这些初始值代表了部件最初的几何形状，可以将它们看成部件的“指纹”。

阵列电极技术基本原理是：阵列电极，又称丝束电极或微电极阵列，是由一系列规则排列的电极丝组成的复合电极。它是基于微积分的原理，将一个大面积电极分割成若干个微电极，然后将这些微电极重新组合排列，互相绝缘并进行封装来模拟大面积电极。各个微电极既能相互耦合作为大面积电极使用，给出大面积电极所提供的统计平均信号，又能作为独立的微小探头，分别测试该微小区域的电化学参数，给出大面积电极无法提供的表面参数分布及差异大小等重要信息，表征出电极表面的电化学不均匀性。可用于监测冷却水管道系统中碳钢的局部腐蚀。结果表明，阵列电极技术测定的碳钢电极的点蚀深度与现场人工测得碳钢试片的点蚀深度非常相近。

4. *质量损失法监测*

常用的质量损失法监测技术有两种：一种是利用停工检修将不同材质挂片安装在设备内部进行监测，下一检修周期再取出计算腐蚀速率，缺点是监测周期长；另一种是采用在线旁路釜监测技术。

在线旁路釜监测技术是与被监测腐蚀系统同步运行的一种釜体装置。在主管线安装副线，两端带有截止阀，内装不同材质挂片，通过定期对装置内装挂片的腐蚀分析，可以同步获得多种腐蚀信息。在旁路实验装置中挂不同材质试片，每种材质试片 2 个，保证有平行样；把旁路实验装置通过旁路设置的方式安装在所监测的腐蚀系统的主管线旁边，与主管线温度、流速及压力保持一致；通过旁路实验装置的介质采取与工艺介质一致的流动形式；旁路实验装置的两端设立阀门，保证能随时连通或切开旁路实验装置；记录好开始和结束的可靠时间。监测时间一般为 3~6 个月；完成监测后的试片须进行可靠处理，掌握各种试片的全面腐蚀信息，包括均匀腐蚀、坑蚀、点蚀和晶间腐蚀等信息。腐蚀速率计算公式如下：

$$v=(W_0-W_1)\times 8.76/(S\times t\times\rho_1)$$

式中，v 为腐蚀速率，mm/a；W_0 为试片的初始质量，g；W_1 为清除了腐蚀产物后的试片质量，g；S 为金属的面积，m^2；t 为腐蚀进行的时间，h；ρ 为金属的密度，g/cm^3。

5. *氢渗透测量*

活性的氢原子渗透穿过钢本体，称为氢渗透，是氢损伤的必要条件，包括氢致开裂

(HIC)、应力导向氢致开裂(SOHIC)、硫化物应力腐蚀开裂(SSCC)和剥离。氢原子从管道或者容器内表面或者外表面的穿过量被称为氢渗透量或者氢通量。

英国 Ion science 公司开发的氢通量腐蚀监测技术(Hydrosteel)是目前国内外比较热门的腐蚀监测技术之一。该技术与传统压力和电化学氢测量技术一样，原理都是基于测量设备管线外壁渗出的氢原子量来反映设备内部的腐蚀程度，见图 27-5。与传统方法不同的是，该测量方法采用光电离(photoionization)微元素测量技术，属于典型的分析化学技术。

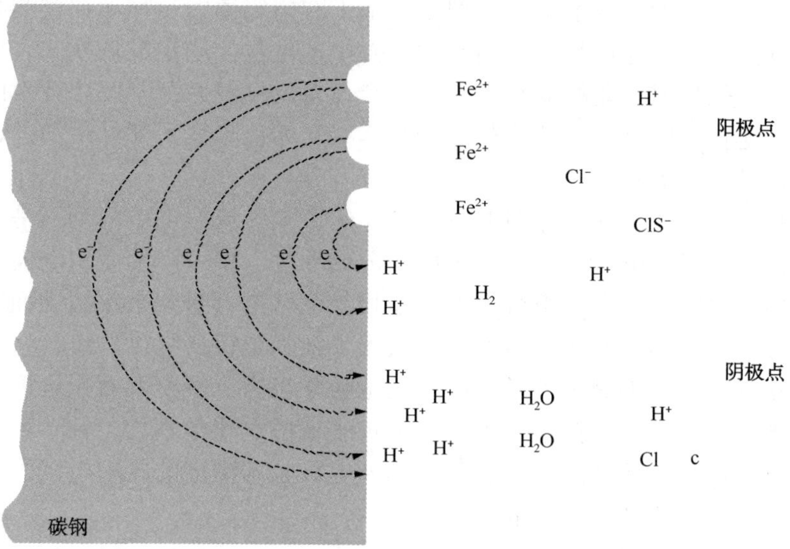

图 27-5　氢通量监测腐蚀原理

光电离微元素测量由气体收集导管、光电离室、传感器和综合分析装置组成。被测量气体通过气体收集导管进入光电离室，其中的紫外线发射器会发出高强度紫外线，使气体电离并具有导电性。此后，传感器可以把可导电气流中的电流强弱变化以数字信号的形式输入综合分析器，将电流大小及变化规律等信息输出，从而分析气体电离前的成分及浓度。整个分析过程可以在几到十几秒内完成。

基于以上技术性能，Hydrosteel 技术具有灵敏度极高[分辨率为 10～12L/(cm^2·s)]、响应速度快(可以在几分钟到十几分钟内完成测量过程)、非插入式安装、测量数据稳定、高温 500℃以下测量等优点。

该技术常用于高温环烷酸腐蚀、湿 H_2S 环境下的腐蚀、HF 烷基化中的腐蚀、各种形式的氢损伤、焊接除氢监测、焊前除氢工艺的控制等，并用于工艺防腐注剂的评价和实时控制。

6. 脉冲涡流检测[18]

脉冲涡流(pulsed eddy current，PEC)检测技术的基本原理是：在线圈中通入恒定电流或施加恒定电压，则在一定时间内，被测构件中会产生稳定的磁场，当断开输入时，线圈周围会产生电磁场，该电磁场由直接从线圈中耦合出的一次电磁场和构件中感应出的涡流场产生的二次电磁场两部分叠加而成，且后者包含了构件本身的厚度或缺陷等信息，采取合适的方法和检测元件对二次电磁场进行测量，分析测量信号，即可得到被测构件信息。

与传统涡流检测不同，脉冲涡流检测采用方波或阶跃而不是正弦波激励，接收元件拾取的电磁信号通常被称为脉冲涡流信号，是以构件为中心的系统脉冲或者阶跃响应。相比于涡流检测方法，PEC 检测方法优势主要体现如下：

(1) PEC 信号频率成分丰富，其中包含的超低频涡流信号能够穿过薄的金属护层和较厚的非金属层，实现被测构件深处缺陷检测，提取构件较深层次信息，克服了传统涡流检测中趋肤效应的影响。

(2) 与传统涡流传感器比较，PEC 传感器激励线圈激发的磁场幅值大，因此在较强的提离效应下仍可得到检测信号；同时 PEC 传感器覆盖面积大，能够检测大面积的金属腐蚀。

7. 红外热成像

我国从 20 世纪 80 年代开始在石化系统采用红外成像监测技术，主要用于监测诊断加热炉炉管、加热炉衬里、反再系统衬里、蒸汽管线、烟气管道等设备故障，评价炉管寿命、衬里损伤和保温效果。根据斯蒂芬-波尔兹曼定律：

$$E=\varepsilon \cdot \sigma \cdot T^4$$

式中 E——物体的辐射能，kW/m^2；

ε——物体的辐射率；

σ——斯蒂芬-波尔兹曼常数，值为 $5.673\times10^{-11}kW/(m^2 \cdot K^4)$；

T——物体的绝对温度，K。

红外成像监测通过探测器测出物体表面的辐射能，根据物体的辐射率，得到物体的绝对温度，从而实现物体温度分布的测量。通过对温度分布结果的分析，找出温度异常的部位，总结出被监测设备的运行状态。目前，国内多家炼油厂将其用于炉管剩余寿命评估、反应器衬里损伤评估、加热炉保温效果评估等。

借助通信技术的不断发展(4G、5G、工业物联网等)，能够将采集到的现场数据实时反馈，同时对监测到的图像数据进行基于数据驱动的大数据分析，实现基础于红外热成像实时监测基础上的设备安全状态、监测和研制，目前正在开发基于红外热成像的智能监控云系统。

8. 烟气露点监测

为了节能降耗，对于加热炉常采用降低排烟温度的方法来提高热效率，但这会造成空气预热器、余热锅炉等余热回收设备的换热面上产生强烈的低温露点腐蚀，甚至在不到一年的运转时间内，换热面就严重腐蚀穿孔，使加热炉无法正常运行。因此要准确判断烟气露点温度，保证排烟温度尽量低且不造成设备腐蚀。

露点温度的确定有计算法、图表曲线法、实测法等。由于影响烟气露点温度的因素有很多，而且各因素又与实际操作条件有关，用理论方法进行准确计算很困难，一般用经验方法估算，但容易造成误差。因此，准确判断加热炉烟气露点温度的方法是采用露点测试仪实际测量。

英国 S-660 型酸露点仪的标准探头为 1.2m 的不锈钢结构，探测单元位于探头的顶端，探头尾部带有电子和空气连接机构。探测单元有两个铂电极埋入玻璃表面下，使用时可及时测出两电极之间任何冷凝硫酸液的电子传导系数，内部两个电极形成铂热电偶，用来测量探头的表面温度。当酸液的冷凝速率与酸液的蒸发速率相同时，两电极间的电流将趋于稳定状态，这时探头所测出的温度即为烟气的露点温度。

9. 超声导波检测

利用某些特定频率的超声波可以在线状材料中长距离传播而衰减较小的特点，开发出了专门用于埋地或带保温层管道腐蚀的超声导波检测仪器。该技术采用一种其频率仅略高于声频的低频导波信号，此信号由安装在管道上的环形传感器发出，通过在传感器的背面采用机械和气压的方法使得传感器与管体表面能良好接触以实现耦合效果。通过采用计算机控制下的电信号激发传感器，可在传感器和管体表面之间的均匀空间产生导波，这些导波可在管体内沿着轴向向管道的两边均匀传播，就像一个环形的波在扫查整个管道。导波的传播受到波的频率和材料厚度的影响，当波在前进方向上遇到管壁厚度的变化时（无论是增大还是减小），其一部分能量即被反射回传感器，这就是检测管道的“不连续性”的机制。如在管道的某一部位发生腐蚀，局部的厚度就会减薄，这就导致缺陷波除了反射外还会发生散射，同时还会发生模式的转换，反射波具有缺陷波叠加转换波形成分，而由非均匀的源产生的转换波可能揭示出管道在某处出现了弯曲。该技术对于“截面损失率>9%”的腐蚀检出率为100%，对于“3%<截面损失率<9%”的腐蚀视具体情况检出率不等，一次检测长度分别为±100m（清洁、装满液体和带环氧涂层管道）、±35m（严重腐蚀管道）、±15m（带沥青涂层管道），对于埋地管道一次检测长度会有所缩短，腐蚀部位定位精度为±100mm，采用聚焦技术能够发现截面损失率>3%的腐蚀。

10. 装置停工期间腐蚀检查

设备的腐蚀情况仅靠正常生产中的腐蚀监检测是不够的，设备内部的腐蚀情况还必须靠装置停工期间的腐蚀检查工作来完成。该项工作与设备腐蚀第一手资料的积累和设备的科学管理等有着直接关系。

在装置停工检修前，需要根据装置运行情况制订出腐蚀检查方案，以确保检修期间腐蚀检测工作的顺利进行。在装置停工期间，要成立专业腐蚀检查队伍，对停工装置进行全面的腐蚀检查并进行腐蚀评级（水冷器要进行腐蚀评级，有企标），对腐蚀严重的部位进行照相，并采集腐蚀产物进行分析。对于检修中发现的腐蚀问题，有关部门要及时采取防护措施。检修结束后，要提交各装置的腐蚀调查报告。各套装置的重点腐蚀检查部位和各类设备的腐蚀检查规范可以参考中国石化企业标准《炼油装置停工腐蚀检查导则》和管理制度《关于加强炼油装置腐蚀检查工作的管理规定》。

第三节　炼油装置腐蚀控制体系

目前炼油企业面对原料劣化、长周期运行、环保法规逐年严格等现状，需要根据各生产装置的腐蚀特点，通过将工艺、设备、监检测等多专业领域防腐知识体系进行有机结合，建立“腐蚀监测、控制、管理一体化”的腐蚀控制体系，形成规范的操作流程和标准化技术规范，并建立腐蚀回路控制窗口，从而实现炼油厂的防腐蚀全流程管理，指导企业人员及时掌握腐蚀状况，了解腐蚀变化趋势，并为企业人员开展腐蚀原因分析、制定腐蚀控制措施提供依据，保障生产装置的安全稳定长周期运行。

一、炼油装置腐蚀流程分析[19,20]

炼油装置腐蚀流程分析是腐蚀控制体系开展的基础和理论参考。其主要任务是：依据标准 API RP 571《炼油工业静设备损伤机理》和 GB/T 30579《承压设备损伤模式识别》，基于具体加工装置的工艺流程、原料性质、设备和管道信息，梳理并分析主要腐蚀类型，总结归纳各加工装置主要腐蚀类型，分析每种腐蚀类型的腐蚀机理、敏感材料、影响因素、易腐蚀部位设备和管道；然后，针对不同加工装置的工艺流程、操作参数、物流性质、设备管线等信息明确各装置的主要腐蚀类型及重点腐蚀区域，以列表的方式进行索引，便于腐蚀工程师等技术和设备管理人员查阅和参考。腐蚀流程分析工作流程如图 27-6 所示，主要步骤如下：

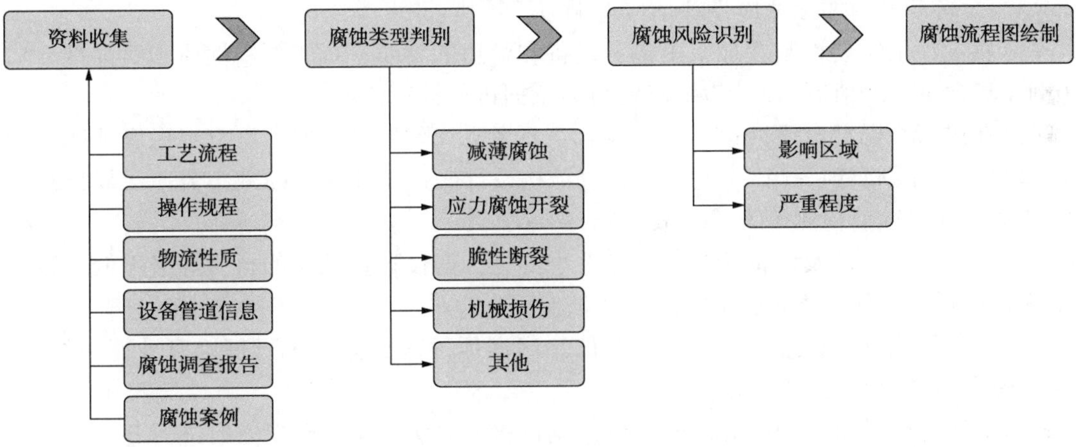

图 27-6　炼油装置腐蚀流程分析工作流程示意图

(1)资料收集：收集开展腐蚀流程分析工作所需要的相关资料，通常包括装置工艺流程图(PFD)、装置操作规程、装置物流及相关性质(组分、腐蚀性物质含量等)、设备管道材质及壁厚等相关信息、装置历次腐蚀调查报告、相关腐蚀案例等。

(2)腐蚀类型判别：根据装置相关信息和数据等资料，以及相关标准、规范及经验，判断装置可能发生的主要腐蚀类型，分析相关机理和主要影响因素，并分类汇总。

(3)根据装置工艺流程、操作条件、设备管道相关信息识别主要腐蚀类型发生的重点区域及严重程度，分列索引。

(4)在腐蚀类型判别和腐蚀风险识别的基础上，根据腐蚀流程图绘制原则，绘制装置腐蚀流程图，更加直观地表达各装置的腐蚀类型及其严重程度。

腐蚀流程图绘制[21]是指依据工艺介质、操作条件、设备管道选材等情况，定性描述加工过程中设备和管道可能发生的腐蚀类型及其严重程度，并将结果绘制在炼油装置的工艺流程图上。同时为了直观明确表达各装置的腐蚀类型及其严重程度，采用不同颜色代表不同腐蚀类型。腐蚀流程图绘制工作是在腐蚀流程分析的基础上开展并完成的。腐蚀流程图是腐蚀流程分析的可视化、重点突出化展示。在腐蚀流程图绘制过程中，腐蚀类型的严重程度通常依据碳钢材质的腐蚀速率进行划分，也可根据需要依据装置具体的选材情况对腐蚀严重程度进行定性。腐蚀流程图中考虑的腐蚀类型主要为均匀腐蚀、局部腐蚀和部分应力腐蚀开裂等装置重点腐蚀类型，不包括材质劣化和机械损伤等方面的腐蚀类型。其中，应力腐蚀开裂类型仅采用文字描述方式，未采用颜色对其风险高低进行分级。

二、炼油设备腐蚀评估

炼油设备和管道腐蚀评估是基于加工装置的腐蚀流程分析和腐蚀流程图，依据标准API RP 581《基于风险的检验方法》、SH/T 3096《高硫原油加工装置设备和管道设计选材导则》和 SH/T 3129《高酸原油加工装置设备和管道设计选材导则》，结合加工装置物流性质、工艺条件和设备管道材质，进行炼油装置设备和管道腐蚀严重程度的定量评估，一方面针对装置瓶颈部位制定材质升级方案，另一方面基于腐蚀评估结果确定各原料性质控制指标，有效控制装置腐蚀风险[22]。

炼油设备和管道腐蚀适应性评估应遵循以下原则：

(1)腐蚀评估主要以装置加工工艺、设备和管道的材质、加工原料性质和腐蚀性介质含量(例如硫含量、酸值等)以及检维修资料为依据进行计算。

(2)在进行高温部位腐蚀速率的测算时，只考虑均匀腐蚀情况，没有考虑腐蚀环境中存在局部腐蚀、冲刷腐蚀等(该类腐蚀应通过结构设计改进、加大直径减小流速、局部加防冲挡板或者加强腐蚀监检测等方式来减缓)。

(3)评估通常不涉及设备接管和管道上小支管，假设这些部位的材质等级不低于设备本体或主管道材质，如不确定，需要进一步核实。

(4)在装置实际运行过程中，可能会加注高温缓蚀剂，但在进行理论腐蚀速率核算时，并未考虑高温缓蚀剂的影响。

(5)对于评估结果中的高温薄弱部位，制订材质升级方案，建议及时进行升级。

(6)对于评估结果中的低温薄弱部位，在工艺防腐蚀措施和管理良好的前提下，原则上不推荐升级材质，建议企业根据停工期间的检查情况自行确定是否更换或升级。

三、腐蚀监检测实施方案

腐蚀监检测是通过多种腐蚀监检测技术方法对设备和管线的腐蚀状况进行检查，预防事故的发生。通过腐蚀监检测的实施可以分析腐蚀原因、预测设备和管线的寿命以及评价工艺防腐方案的防腐效果，指导预防性维修。另外，通过收集和积累腐蚀监检测数据，可以为装置制定检维修策略提供基础数据，并为下一生产周期积累经验。腐蚀监检测实施方案的制定，是在装置腐蚀流程分析的基础上，依据装置的腐蚀流程图、设备和管道的材质以及工艺防腐措施，通过系统分析装置腐蚀类型及其特点，确定各装置的腐蚀监检测部位和方式[23]。

制订炼油装置监检测方案应依据加工装置腐蚀流程图、设备和管线的材质，从全流程层面分析腐蚀及其特点，确定各种腐蚀的监测方式。另外，腐蚀监检测方案制订过程中还应考虑如下原则：

(1)多种检测方式相结合原则：如化学分析、定点测厚、腐蚀挂片、氢通量检测、腐蚀探针、红外热测试、不定期巡检、定期探伤等，不依赖特定方式。

(2)长期监测与短期监测相结合原则：如腐蚀挂片(长期)具有较高的置信度，可用于腐蚀分析。短期(实时)监测方式具有反应快的优点，可用于物理监测的防腐效果。

(3)化学分析和物理监测相结合原则：化学分析数据不但可以反映腐蚀的实时状态，而且经过长期的数据积累可以与腐蚀速率关联，结合物理监测情况，评估腐蚀状态。

(4)检测部位应在系统层面结合现场实际情况确定。一般来说，对设备管道真正造成威胁的是局部腐蚀，因此要监测设备管道腐蚀相对严重的部位。这些部位随着设备管道工艺条件、材质、结构等不同而变化，通常需要注意以下几个腐蚀严重的部位：

①有水凝结的部位，尤其是初凝区。

②腐蚀介质被浓缩的部位。

③设备管道高湍流区域，如管道的弯头等。

④高温高压腐蚀严重的部位。

⑤事故发生频繁的设备管道。

⑥下周期计划更换的设备管道。

(5)监测方式的选择应根据腐蚀的特点，结合现场情况确定。

(6)对于直接伸入腐蚀介质的在线监测方式，如电阻式腐蚀探针、电化学测试探针等，要考虑温度和压力的影响，如各种加氢装置，尽可能不采用这些方式进行腐蚀监测。

(7)工艺防腐措施实施效果评估原则：针对工艺防腐类型，安排相应检测方式对防腐效果进行评估，以便及时调整工艺防腐措施，避免发生严重腐蚀。

腐蚀监检测方案的实施过程应根据实际工况的变化不断调整，确保腐蚀监测的结果能够反映设备、管道的实际状况：

(1)腐蚀监/校测是保障炼油厂设备、管线安全运行的重要方面，其结果也是腐蚀状态分析的基础。

(2)腐蚀监/校测方案应根据原料的性质变化进行调整。

(3)腐蚀监/校测方案应根据工艺防腐的变化进行调整。

(4)腐蚀监/校测方案的实施应考虑经济因素，检测频率或项目应根据检测结果调整，保证监测方案的经济性(性价比)。具体措施包括延长或缩短检测周期、取消或增加监测项目等。

(5)监/校测结果的收集、整理与分析应及时，以便及时发现异常波动。

四、基于腐蚀控制回路的工艺防腐管理

腐蚀控制回路操作窗口是借鉴腐蚀回路和完整性操作窗口[24]的理念，针对装置重点腐蚀部位，尤其是低温腐蚀的高风险部位，建立重点操作参数、工艺防腐参数及腐蚀监检测参数等的管控清单，并集成在同一操作窗口内进行显示及管理。通过对关键操作参数进行核算，以腐蚀控制回路操作窗口为基础，可在装置运行期间开展防腐日常管理，有效监控工艺防腐措施实施效果及装置腐蚀状态，及时发现腐蚀隐患，便于分析异常原因、提出应对措施，以保障装置的安全稳定运行。

其中，所借鉴的腐蚀回路(Corrosion Loop)是将流程中具有相同工艺介质、相近的操作温度和压力(温度差<13℃，压力差<0.4MPa)、相同或相近损伤机理的结构材料、相同的相变状态的设备和管线划分为同一条回路，通过对装置高腐蚀风险部位编制腐蚀回路，确定对应的防腐措施和监检测方案，或对装置进行腐蚀适应性评估。

所借鉴的完整性操作窗口(Integrity Operating Windows)是预先设定并建立一些工艺操作边界或工艺参数的临界值，使操作或工艺严格控制在这些界定的范围内，在此范围内的腐蚀速率是可预测、可接受的。建立和维护这个操作边界，有助于防止因工艺条件由缓慢变化到可能导致设备严重劣化的程度。任何超出操作边界的操作都会引起变更管理(MOC)过程。由于几个相互关联的工艺参数会影响到腐蚀潜在的可能性，因此很难准确建立操作边界。需要仔细考虑每个工艺参数的影响，以及对腐蚀的任何协同效应。在某些情况下，特定类型装置的成功经验有助于更好地理解该类型装置的腐蚀特性，并且可能增强操作边界设置的灵活性。这种经验具有很强的针对性，并不一定广泛适用，因此需要针对装置具体情况及相关特性进行总结和积累。

腐蚀控制回路的选取通常依据腐蚀流程分析结果，围绕低温腐蚀重点部位进行，便于工艺防腐措施的有效实施。例如，针对常减压蒸馏装置，通常选取三顶冷凝冷却系统建立腐蚀控制回路；对于加氢类装置，通常选取反应流出物系统和分馏塔顶系统建立腐蚀控制回路；对于焦化装置，通常选取焦化分馏塔顶系统建立腐蚀控制回路。

腐蚀控制回路选定后，需要针对每一腐蚀控制回路，选取关键控制参数，并依据工艺防腐实施细则等标准，确定控制参数操作范围，必要时需针对特定关键参数的操作范围进行核算。然后针对每一项选定的腐蚀控制回路建立操作窗口，腐蚀控制回路操作操作窗口中关键工艺操作参数可实时显示，关键物流性质可链接到化学分析系统实时查询，在线腐蚀监测数据可链接到相关管理系统进行监控，便于技术人员针对关键控制参数的有效监控。

五、腐蚀软测量模型

由于原油加工过程中介质环境复杂、操作条件相对苛刻，目前还是主要依托人工采样分析和定点测厚的方式进行设备腐蚀程度判断，基于物联网的在线监测技术、腐蚀风险预测模型、故障诊断和预知性维修等方面的研究以及成功应用案例并不多见。这就在一定程度上延迟了对设备风险的预警，并且难以实现科学有效的精准化设备管理。

针对此问题，一方面，腐蚀介质性质的化验分析还是主要依靠人工，当工艺状态或原料发生波动时，不能实时掌握腐蚀环境的变化并开展腐蚀风险评估，进而影响腐蚀管理策略的及时调整。另一方面，现已有较为成熟的腐蚀在线监测技术(包括腐蚀探针、在线测厚等)，并已经在不少炼油厂应用。在线测厚技术可连续高频率、精确地监测设备腐蚀状况变化，适用于高温高压环境，解决了高温设备难以监测的难题。但是腐蚀发生及发展与设备操作条件、介质以及材料特性有关，在线监测很难准确捕捉到实时腐蚀影响因素的变化，监测到的数据通常在时间上落后于腐蚀的发生。另外，这些在线监测技术属于单点监测，布点位置通常依靠技术人员的经验，缺乏科学依据，监测点很难与腐蚀实际发生的位置重合，即腐蚀监测数据存在空间不对应和时间不对应问题，往往导致难以有效捕捉到严重腐蚀风险部位的状态。此外，很多参数无法通过在线仪器检测到，因此出于成本、技术、生产安全和管理模式考虑，在线腐蚀监测使用也并不十分全面和广泛。

此时，软测量模型就显现出其优势。例如塔顶系统低温腐蚀，腐蚀模型可以简单地分成经验型和机理型两类。经验型模型通过实验或现场监测数据建立金属的腐蚀行为与材料和环境性质的关系，例如 Cragnolino 等介绍了一种预测局部腐蚀的方法，是基于对孔蚀阻力与离子浓度关系的多元回归分析。经验型模型更多的是对腐蚀结果和趋势的预测，缺乏对腐蚀过程的描述能力，在这一点上，机理型模型具有不可替代的优势。机理型的腐蚀预测模型重点是考虑电化学反应动力学以及传质过程。例如 Sridhar 等针对金属海水体系建立了电化学机理模型，能够计算腐蚀电位与氧和氯化物浓度的关系。陈冰川等运用 CFD 仿真软件对注水后管道内的多相组分进行模拟，建立传热传质模型，计算了腐蚀介质的参数(如不同部位水相的 pH 值)，预测了塔顶露点腐蚀的状态。

另外，基于大数据技术的软测量近年来发展迅速。Mohamed 等利用人工神经网络对海量的漏磁检测数据进行训练，建立根据漏磁信号幅值与面积预测缺陷厚度的方法。中国石化安工院研究人员利用支持向量机回归分析方法，建立了常压塔顶回流罐水质数据与装置工艺数据、水质分析数据之间的关联关系，并根据当前运行状态预测回流罐中关键离子浓度，预测精度>90%。华南理工大学李杰团队利用过程模型，采用人工神经网络和支持向量机方法，对常压塔产品质量和过程参数进行软测量。张梦秋等利用 LABVIEW 虚拟仪器与 MATLAB 结合，构建了一个软测量传感器，采用神经网络方式和标准遗传算法，建立软测量模型，对污水水质进行预测，包括水质参数生化需氧量等的监测，替代了常规化验仪器。杨栋伟等也以人工神经网络为基础进行软测量建模，通过检测水质常规五项参数(pH、温度、溶解氧、电导率、浊度)软测量计算出水质中的 COD 参数。

六、腐蚀管理体系建设[25]

1. 防腐目标及管理制度

设备防腐管理体系是设备完整性管理体系的分支，其主要目的是有效掌握装置设备腐蚀状态，控制腐蚀风险，保障装置长周期安全稳定运行。为了保障防腐战略目标的实现，需要根据炼油厂特点，并借鉴国内外相关标准、导则，形成具有企业特色的防腐管理制度体系，为防腐管理工作的开展形成指导方针、行为规范和理论依据。表 27-2 为腐蚀控制标准体系主要相关管理规定、标准及导则和出版物，可供参考。

表 27-2　腐蚀控制标准体系相关管理规定、标准及导则

类　别	管理规定、标准及导则名称
中国石化管理规定	中国石化炼〔2011〕614 号《中国石化炼油厂设备防腐蚀管理规定》 中国石化炼〔2011〕339 号《中国石化炼油工艺防腐蚀管理规定》 中国石化炼〔2018〕128 号《中国石化炼油工艺防腐蚀管理规定实施细则》(第二版) 中国石化炼〔2011〕618 号《加工高含硫原油装置设备及管道测厚管理规定》
企业管理规定	《企业装置工艺技术规程》 《企业测厚管理规定》 《企业储罐防腐技术管理规定》 《企业设备防腐管理制度》 《企业干式气柜使用、维护检修管理制度》 《企业工艺物料管线划分管理规定》 《企业压力容器管理制度》 《企业锅炉设备及运行管理规定》 《企业加热炉管理规定》

续表

类　别	管理规定、标准及导则名称
中石化炼化工程公司标准	RAD-T-GS1401—2015《炼油装置腐蚀流程图绘制规定》 RAD-T-OP1401—2015《炼油装置腐蚀类型判别方法手册》 RAD-T-OP1402—2015《石油化工装置定点测厚及命名规定》 RAD-T-OP1403—2015《石油化工装置腐蚀探针设计及安装规定》 RAD-T-OP1404—2015《石油化工装置腐蚀挂片设计及安装规定》 RAD-T-TR2403—2015《原油蒸馏装置工艺防腐及腐蚀监测方案规定》 RAD-T-TR2401—2015《延迟焦化装置工艺防腐及腐蚀监测方案规定》 RAD-T-TR2402—2015《加氢裂化装置工艺防腐及腐蚀监测方案规定》
国内标准	SH/T 3096《高硫原油加工装置设备和管道设计选材导则》 GB/T 30579《承压设备损伤模式识别》 GB/T 26610《承压设备系统基于风险的检验实施导则》 SH/T 3193《石油化工湿硫化氢环境设备设计导则》 GB/T 50050《工业循环冷却水处理设计规范》 GB/T 33314—2016《腐蚀控制工程生命周期》
国外标准	API RP 510 Pressure Vessel Inspection Code：In-service Inspection，Rating，Repair，and Alteration API RP 570 Piping Inspection Code：In-service Inspection，Rating，Repair，and Alteration of Piping Systems API RP 571 Damage Mechanisms Affecting Fixed Equipment in the Refining Industry API RP 581 Risk-based Inspection Methodology API RP 584 Integrity Operating Windows API RP 970 Corrosion Control Documents NACE 34109 Crude Distillation Unit-Distillation Tower Overhead System Corrosion
其他	《炼油厂检修管理指南》 《石油化工厂设备检查指南》 《炼油装置防腐策略》

2. 腐蚀管理组织机构

为了保证防腐管理工作有序开展、防腐管理相关制度贯彻执行，炼油厂需要建立专业的设备防腐管理团队，并作为企业设备管理组织机构的一个分支。图 27-7 为某企业设备管理专家团队组织机构示意图，设备腐蚀管理是其设备管理体系的重要组成部分。为了增强企业防腐专业技术实力，可以聘请专业防腐技术人员担任设备防腐管理团队成员，开展防腐技术分析、防腐方案编制及日常防腐监检测跟踪等防腐技术工作。

（三）日常防腐管理工作的开展

开展日常防腐管理工作，针对工艺防腐、在线腐蚀监测等跟踪分析及预警，针对异常情况及时分析原因，提出优化建议；同时开展针对性测厚、红外等检查工作，排查腐蚀隐患，评估腐蚀状况，对于重点腐蚀问题，进行关联分析，提出防腐建议，定期编写防腐报告，总结腐蚀问题及防腐工作经验。

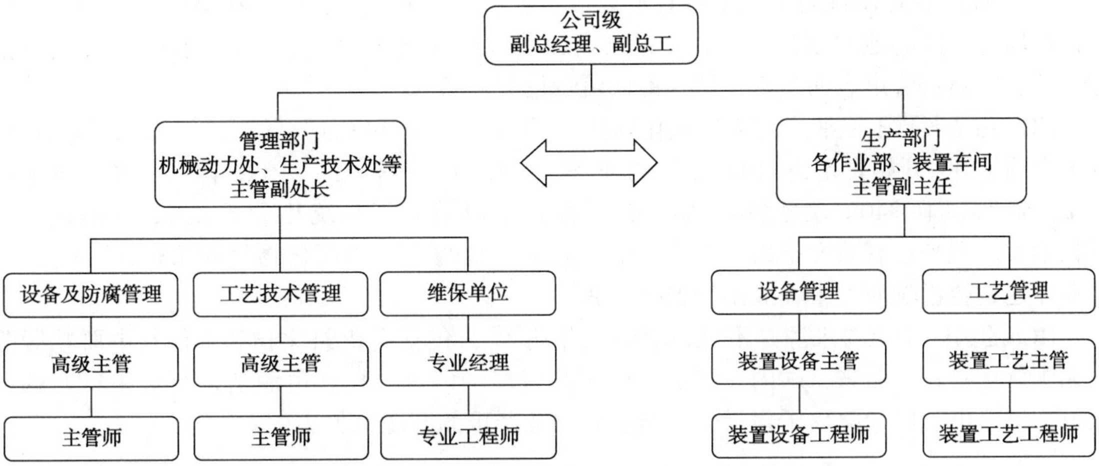

图 27-7　设备防腐管理团队组织机构示例

第四节　蒸馏装置腐蚀与防腐

原油中少量杂质如硫化物、氮化物、氯化物、金属化合物、水以及机械杂质等在原油加工过程中会产生腐蚀性环境。当原油进入蒸馏装置时，所有的杂质还未经脱除，因此蒸馏装置往往是炼油厂腐蚀问题最为突出的装置。

蒸馏装置典型的腐蚀主要包括塔顶系统的露点腐蚀和铵/胺盐腐蚀、232℃以上设备和管线的高温硫和环烷酸腐蚀、加热炉对流段炉管及空气预热器的烟气露点腐蚀等。

一、腐蚀机理与部位

(一)塔顶系统的低温腐蚀

塔顶系统存在的腐蚀机理包括盐酸露点腐蚀、铵/胺盐沉积与垢下腐蚀、湿硫化氢腐蚀、低分子有机酸与 CO_2 等酸性物质腐蚀和溶解氧加速腐蚀。其中最为普遍和严重的是盐酸露点腐蚀和铵/胺盐垢下腐蚀。

1. 盐酸露点腐蚀

HCl 在初凝区最具腐蚀性，此处大量 HCl 进入少量水相，而由于露点处温度较高 NH_3 却不易溶于水，pH 值最低可达 1~2，主要取决于进入塔顶的氯离子量。随着塔顶物料的冷却，更多的水凝结，由于稀释、NH_3 溶解量增大以及降温的作用，pH 值开始上升。即使回流罐排水的 pH 值为中性，露点处仍可能产生极低的 pH 值，这就是盐酸露点腐蚀的原因。图 27-8 显示了一个典型的塔顶系统水相 pH 值分布

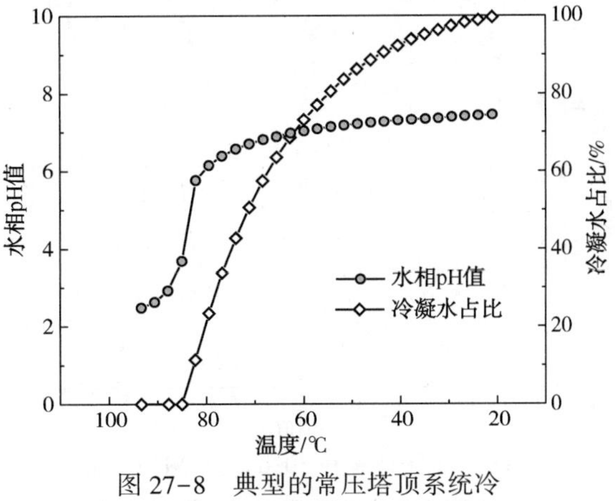

图 27-8　典型的常压塔顶系统冷凝水相 pH 值变化示意图

情况[26]。盐酸露点腐蚀通常发生在有水凝结的塔顶设备或管线，有时在整体温度高于露点但存在局部冷区的地方也会发生盐酸露点腐蚀，这种情况通常发生在塔顶挥发线注剂点附近区域、换热器管束表面、常压塔顶冷回流返塔区域等。

HCl 主要来源于原油中的无机氯化物盐（主要是 $MgCl_2$ 和 $CaCl_2$）的分解，其中 $MgCl_2$ 的分解大约 120℃开始发生，340℃分解约 90%；$CaCl_2$ 的分解大约 210℃开始，340℃分解约 10%；而 NaCl 在 340℃仅分解约 2%，因此通常 NaCl 在常压系统几乎不水解，对塔顶腐蚀贡献不大。但是也有研究指出，当原油中含有的环烷酸会促进氯化物盐的水解，因此 NaCl 的存在还是会影响原油中释放出的 HCl 的量。

HCl 的另一个重要来源是不可萃取的氯化物[27]，包括有机氯化物和不能在电脱盐脱除的无机氯化物。近年来，国内一些加工中东高硫原油的炼油厂在电脱盐运行效果良好的情况下，仍然出现塔顶氯离子含量高、结盐和腐蚀严重的问题，见表 27-3。

表 27-3　国内某几套常减压装置塔顶氯化物转化情况

项　目	YS4	QD	TJ3
主要加工油种	伊重、沙中、巴士拉等	科威特、巴士拉、伊重、沙中等	巴士拉、沙重、科威特、伊重等
脱后原油总氯/(μg/g)	3.16	9.53	10.62
脱后原油含盐/(mgNaCl/L)	2.56	2.60	2.58
脱后原油有机氯/(μg/g)	1.61	7.71	9.05
常顶注水总量/(t/h)	3.1	22	20
注水水源	净化水	净化水	减顶排水
注水氯离子/(mg/L)	4.4	32	15
常顶排水氯离子/(mg/L)	122	65	180(一级回流罐) 26(二级回流罐)
塔顶系统工艺流程	单级冷凝	单级冷凝	二级冷凝
是否注碱	否	是	否

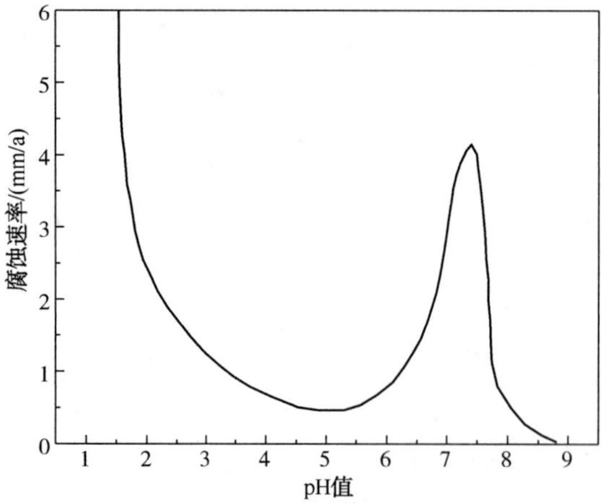

图 27-9　60℃下碳钢在 5000mg/L NH_4Cl 饱和 H_2S 水溶液中腐蚀速率与 pH 值的关系

2. 铵/胺盐沉积与垢下腐蚀

HCl 能与 NH_3 从气相直接反应产生 NH_4Cl 结晶，结晶温度取决于 HCl 和 NH_3 的分压。NH_4Cl 具有很强的吸湿性，湿 NH_4Cl 对许多材料具有很强的腐蚀性（见图 27-9），尤其是在露点附近较高温度下，奥氏体不锈钢和普通双相钢可产生严重的点蚀，甚至钛材和 625 等高等级材质也有发生腐蚀的报道。NH_4Cl 的沉积和腐蚀常发生在常压塔顶内部、塔顶管线、冷换设备滞留区域、顶循环回路以及塔顶保温不好的接管、盲头等部位。塔顶的结盐与塔顶操作温度有关，也可能由于塔顶回流罐分离效果不好导致回流带水，盐随水返回塔内。另外，由盐酸露点腐蚀产生的氯化铁会与 H_2S 反应生成难溶的硫化亚铁，导致结垢问题。

HCl 还可以与有机胺结合生成与 NH_4Cl 具有相似性质的氯化胺，通常越大分子的胺越不易结盐，另外还有些氯化胺是液态的。许多有机胺盐也会在高于露点的温度形成，导致结垢和腐蚀。有机氯化胺盐的腐蚀性取决于胺的碱性：胺的碱性越弱，产生的氯化胺酸性越强。

3. 硫化氢(H_2S)腐蚀

H_2S 的主要来源是原油中溶解以及其他含硫化合物的热分解。H_2S 溶于水产生 HS^-，在塔顶低温腐蚀环境中，最主要的去极化剂就是 H^+ 和 HS^-，它们消耗阳极金属溶解释放的电子而加速了碳钢的腐蚀，显示了碳钢在 $HCl-H_2S-NH_3$ 环境中腐蚀速率随 pH 值的变化趋势。在较高的温度和低 pH 值条件下，H_2S 在水相的溶解度较低，因此在初凝区的冲击远不及 HCl，随着塔顶物料的冷凝及 pH 值的上升，H_2S 溶解度增大，腐蚀加速。当 pH 值进一步上升至 8 以上时，由于腐蚀产物 FeS 膜变得致密，腐蚀速率又迅速下降，但是在较高的 pH 值下，由于 FeS 可以稳定存在，结垢的情况加剧。

在有水凝结的区域，H_2S 还可促发湿 H_2S 开裂，NACE MR0103[29]归纳了可促发湿 H_2S 开裂的环境。总体而言，蒸馏装置塔顶系统发生湿 H_2S 开裂的可能性相对较小，最容易出现的部位是焊缝。

4. 其他酸腐蚀

除了 HCl 和 H_2S，塔顶系统还存在其他一些酸性物质，如低分子有机酸、CO_2 及硫基酸等，其中低分子有机酸通常来自原油中高分子量有机酸(环烷酸)的热分解，也有一些情况来自上游的脱水器或炼油厂的电脱盐设备加入的脱钙剂(如乙酸)。一般而言，低分子量有机酸比高分子量有机酸更具腐蚀性。CO_2 可能在油田驱油操作中溶解于原油或者来自环烷酸的热分解。硫基酸主要包括亚硫酸和硫酸，它们可能是随原油带进装置或者由于装置进入空气而氧化生成的。上述这些酸性物质通常含量很低，不是塔顶腐蚀首要考虑的因素，一般只有在出现问题时才会开展相关分析。另外，由于弱酸的缓冲作用，在注入中和剂时将 pH 值提高到中性或更高来避免塔顶系统酸腐蚀的方法是不经济的。

5. 氧加速腐蚀

即使低浓度的溶解氧，也常常会强烈地加速碳钢、蒙乃尔 400 合金、铜合金等材料的腐蚀。其中蒙乃尔 400 合金在酸性服役环境下对溶解氧十分敏感。对于塔顶系统，氧加速腐蚀并不常见，比较典型的情况容易出现在塔顶泄漏的水冷器、空冷器管束，尤其是存在负压的减顶系统，以及在设备停工检修期间暴露于空气中的存在 NH_4Cl 沉积的碳钢换热器管束。

(二)高温硫腐蚀

蒸馏装置存在的高温硫腐蚀是不含 H_2 的高温硫腐蚀，一般表现为均匀的腐蚀减薄。高温硫腐蚀主要发生在 232~454℃ 的温度区间，也有文献提出在 204℃ 以上[30]。原油中所含各种活性硫化物在高温下逐渐分解成相对分子质量更小的硫化物，并与钢发生反应。

$$Fe+H_2S \longrightarrow FeS+H_2$$

$$Fe+S \longrightarrow FeS$$

$$Fe+RSH+Fe \longrightarrow FeS+\text{不饱和烃}+H_2$$

高温硫腐蚀与硫化物类型及含量有关，原油中含有各种硫化物，包括 H_2S、硫醇、元素硫、多硫化物、脂肪族硫化物、脂肪族二硫化物及噻吩等，不同硫化物具有不同的转化规律，对腐蚀的影响也不同。另外，不同原油中硫化物种类和含量差别很大，要建立与腐蚀速率的准确定量关系很难，目前工程上通常依据总硫含量来预测腐蚀速率。

温度是影响高温硫腐蚀的重要因素，温度的升高一方面加速活性硫与金属的反应，同时又促进非活性硫分解产生活性硫。按照一般的规律，硫醚和二硫化物在 130～160℃ 即开始分解产生 H_2S，其他硫化物在 240℃ 以上开始分解，当温度达到 340～400℃ 时，H_2S 开始分解为 H_2 和 S，而在各类型硫化物中，其腐蚀性排序为 S＞RSH＞H_2S＞脂肪族硫化物＞RSSR′。一般认为，高温硫腐蚀在 425℃ 左右达到峰值，温度继续升高，腐蚀速率降低。其原因存在多种解释，包括结焦产生保护作用、活性硫分解完成以及形成更加稳定的垢物层[31]。

蒸馏装置接触原油和馏分油的高温部位均处于高温硫腐蚀环境，包括温度高于 232℃ 的管道和管件，常压塔和减压塔下部塔壁、内件和抽出侧线，常压炉和减压炉炉管、高温换热器、高温机泵等。根据实际运行经验，最为严重的腐蚀部位常常出现在减压塔减二线、减三线、减四线段及其侧线，常压和减压转油线，以及一些错误使用材质的管段。

（三）高温环烷酸腐蚀

原油中含有一些有机酸，包括环烷酸、脂肪酸、芳香酸以及酚类等，其中以环烷酸含量最多，因此通常统称为环烷酸。环烷酸在蒸馏过程中，随原油一起被加热、分馏，并溶于与之沸点相同的馏分。环烷酸一方面与铁反应形成油溶性的环烷酸铁，另一方面可溶解硫化铁垢以降低其保护作用，从而加速腐蚀。环烷酸腐蚀一般发生在局部，金属表面比较光滑、无垢，高流速区域呈顺流向沟槽状，低流速区域呈点蚀、坑蚀或局部减薄。

$$Fe+2RCOOH \longrightarrow Fe(RCOO)_2+H_2$$

$$FeS+2RCOOH \longrightarrow Fe(RCOO)_2+H_2S$$

环烷酸是复杂的混合物，其分子量和沸点范围差别很大，其中以带有单个羧基的饱和五元环和六元环状结构最为主要，更高分子量的环烷酸还包含由环戊烷、环己烷构成的多环，甚至环烷-芳香混合环结构。工程上通常以总酸值（*TAN*）作为表征环烷酸腐蚀的重要参数，一般随着 *TAN* 增大腐蚀加剧。不过，原油中有机酸的分子结构对其腐蚀性影响显著，低沸点酸（一般是脂肪酸和酚类）在较低温度下就会发生热分解，因此对腐蚀不会产生显著影响，但是会对基于中和滴定测定的 *TAN* 值产生贡献。而高分子量环烷酸一般也被认为腐蚀性较低。对于碳钢和低合金钢，一般当 *TAN* 超过 0.3mgKOH/g 时即应当考虑环烷酸腐蚀，但当硫含量很低时，即使 *TAN* 低至 0.1mgKOH/g，仍可能导致腐蚀问题。

温度是影响环烷酸腐蚀的重要因素，低温下环烷酸没有明显腐蚀性，环烷酸腐蚀只发生在液相；处于沸腾状态的环烷酸腐蚀性最强，因此气液两相区往往环烷酸腐蚀剧烈；当温度超过 400℃ 后，由于环烷酸的分解或者气化，腐蚀减弱。另外，不同组分的环烷酸会随着不同温度进入相应馏分。有文献认为环烷酸腐蚀存在两个峰值，第一个高峰出现在 270～280℃，第二个高峰出现在350~400℃[32]。

流速和流态是影响环烷酸腐蚀的另一个重要因素，由于高流速促进了硫化物腐蚀产物膜的去除，因此环烷酸腐蚀随流速增加而加速。实际上，与腐蚀速率直接相关的是壁面剪切应力，它不仅与流速相关，还受流体性质、管道结构和表面粗糙度以及流态的影响。对于蒸馏装置，充满液相的单相流管道一般壁面剪切应力较低，而在相变剧烈的气液两相流、高流速以及湍流区域则会导致高的壁面剪切应力。

高温环烷酸腐蚀部位主要有常压炉和减压炉炉管、常压和减压转油线、减底管线及高温循环回流管线，常压塔和减压塔内存在相变、高速雾沫夹带的区域，存在高流速、湍流或流向变化的设备及管道，如泵叶轮、泵进出口阀阀芯、弯头、三通等以及管道内容易引起扰动的焊瘤、热偶套管等部位。

(四)加热炉烟气露点腐蚀

燃烧含硫燃料会在烟气中产生SO_2和SO_3，当温度较低时，烟气中的SO_3与水蒸气会在露点部位冷凝，生成硫酸，导致严重腐蚀。腐蚀形貌多表现为大面积浅蚀坑直至腐蚀穿孔。温度是影响烟气露点腐蚀的关键因素，当接触烟气的金属表面操作温度高于酸的露点温度时，不会产生烟气露点腐蚀。硫酸露点温度取决于烟气中SO_3和H_2O的含量，其中SO_3的含量一般由烟气中SO_2、SO_2向SO_3的转化率或O_2含量计算。蒸馏装置的烟气露点腐蚀常发生在加热炉的低温部位，如对流段、空气预热器和烟道等部位。

二、防腐对策

(一)工艺防腐

传统上，工艺防腐是指为解决蒸馏装置塔顶系统腐蚀所采取的“一脱三注”或“一脱四注”(电脱盐、注碱、注中和剂、注缓蚀剂、注水)为主要内容的腐蚀控制措施。从广义上说，对于炼油装置，选择耐蚀材料、表面处理或涂层属于材料防腐的范畴，而控制腐蚀环境条件的防腐措施都可以归入工艺防腐。对于蒸馏装置塔顶低温系统，单纯依靠材质升级往往事倍功半，即使升级到双相钢甚至镍基合金或钛材等高等级材质，仍然可能发生腐蚀；而良好的工艺防腐则能够高效地实现防腐效果，是控制塔顶系统低温腐蚀的关键。另外，工艺防腐作为一个数据获取—数据分析—反馈控制的过程，十分适合与腐蚀监检测、腐蚀预测技术相结合，迅速对出现的腐蚀问题做出响应，顺应信息化、智能化的发展方向。

1. 原料预处理

1)罐区预处理

原油中含有各种各样的杂质，包括泥沙、黏土、原油开采所带的流动性砂石、铁的氧化物和硫化物，沥青质、树脂、蜡、有机酸、H_2S、CO_2、重金属，各种化学助剂，含有钠、镁、钙的氯化物、碳酸盐及硫化物的乳化水等等。在原油罐区乃至原油卸船或管输过程就开始进行预处理，可以使原油进入电脱盐装置之前的水、盐和固体颗粒等杂质含量更少，也更加干净、更容易混炼，减轻了电脱盐的压力。

以下列出了关于原油预处理的一些良好实践：

原油在罐区应当进行沉降脱水，保证进入蒸馏装置原油含水量不大于0.5%[33]，并尽量避免原油罐边进边出操作。条件允许时应在码头即进行脱水操作。进入蒸馏装置的原油应当控制其硫含量，酸值不能超过设防值；盐含量、有机氯含量也应当设定控制指标，可以通过原油混兑等方式控制原料腐蚀性介质含量。一些原油单炼或混炼时会发生沥青质失稳析出，形成稳定乳化液，导致结垢、发泡、排水带油等问题，因此有必要对原油沥青质稳定性进行测试，根据需要加入沥青质稳定剂和分散剂。如果原油使用脱硫剂，不允许含强碱，否则会引起设备碱脆；也不允许含强氧化剂，否则容易破坏设备表面保护膜，形成胶质与结垢[33]。

根据需要，原油进罐之前可以加入低温破乳剂等预处理药剂，通过快速聚结水和润湿固体颗粒，将油包水乳化液分散成相对不含水和固体的油及较为清澈的含盐污水，达到减少油泥和净化排水的效果。注入点应尽量靠近上游，停留时间越长，破乳脱水效果越好。

2)原油电脱盐

电脱盐通过向原油中注水，通过充分混合使原油中所含盐分溶于水相；再通过注破乳剂等措施，降低水滴界面张力和界面膜强度；同时利用高压电场，使分散在原油中的小水滴产生极化、振荡、碰撞、电泳等作用，聚结成较大水滴；借助油水密度差使水滴沉降脱除，从而使原油中所含的盐及固体颗粒等杂质随之脱除。

国内电脱盐技术在引进和消化国外技术的基础上，先后研发了交流电脱盐、100%全阻抗变压器、交直流电脱盐、平流鼠笼式电脱盐、高速电脱盐、脉冲变压器、超声脉冲电脱盐技术、智能调压电脱盐、双进油双电场电脱盐等技术，目前国内应用较为广泛的主要是交直流电脱盐、交流电脱盐和高速电脱盐技术，处理流程多为两级。在加工原油劣质化以及装置大型化的背景下，以交直流电脱盐和高速电脱盐为基础开发的各型电脱盐罐结构及电气和控制系统成为主要的应用类型，包括高效和节能的电场设计、智能响应电场控制以及脉冲高压电源设备等。近年来，一些炼油厂开始通过增设三级电脱盐、强化罐区预处理或污油处理等手段达到深度脱盐的效果。

目前，国内炼油厂一般要求在原油蒸馏之前将原油中含盐量降低至 3mgNaCl/L 以下，以减轻设备腐蚀。表 27-4 为中国石化对于电脱盐效果的控制指标[33]。

表 27-4　中国石化对原油电脱盐的控制指标

项　目	指　标	测定方法
脱后原油含盐/(mgNaCl/L)	≤3	SY/T 0536
脱后原油含水/%	≤0.3	GB/T 260
电脱盐排水含油/(mg/L)	≤200	SY/T 0530

3)注碱

注碱对于控制蒸馏装置塔顶系统的腐蚀是一项有效措施，其基本原理是：将原油中易分解的氯化钙、氯化镁等氯化物转化为氯化钠，而氯化钠在蒸馏装置预热流程或加热炉环境中很少分解，从而抑制了 HCl 的生成，减轻塔顶系统腐蚀。但是注碱存在副作用，例如引起原油预热换热器结垢、加热炉结焦、常压塔和焦化分馏塔顶发生发泡、高温下碳钢的碱脆和碱开裂，增加渣油中的钠含量、影响重油和石油焦质量，以及导致重油催化裂化和重油加氢等催化剂中毒。20 世纪 80 年代后期，国内大部分炼油厂停止注碱，目前仅有少数常减压蒸馏装置采取了注碱的措施[34,35]。不过注碱对于抑制塔顶系统腐蚀是一种经济而有效的手段，在国外炼油厂仍是一项普遍采用的工艺防腐措施。

通常做法是向脱后原油中注入低浓度的 NaOH 水溶液，目标一般是将塔顶排水的氯离子控制在 20~30mg/L 以内[36,37]，典型注入量不超过 6mgNaOH/L 原油[26]。

2. 塔顶“三注”

1）注水

注水的作用是稀释酸性物质，提高初凝区 pH 值，将沉积的盐洗走，以及从气相中洗去可能结盐的物质。由于注水会导致水露点温度升高，因此初凝区的位置会随注水量发生变化。影响注水的关键因素包括注水量、注水水质、注水位置以及相关的注入设备等。注水量应使注入点存在足量液态水，典型注入量是使注水点气相水达到饱和所需水量再加上 25%。注水水质应当具有无氧、适中的 pH 值、低的铁含量及总悬浮固含量，常见的注水来源是汽提脱硫净化水或回用的本装置塔顶含硫污水。注水位置一般在塔顶挥发线及多列塔顶冷换设备的入口，国内多数设计塔顶注水点位于中和剂、缓蚀剂注入点之后的塔顶油气管线上，这种设计的主要问题是容易产生注水分散不均，以及注水点距离弯头太近造成腐蚀。注水应采用雾化喷头以提供良好的气-液接触和分散效果，注水系统应配备过滤器及流量计，并且注水泵应保证足够的裕量，国内炼油厂在注水管理方面相对粗放，不过近年来开始重视，如采取雾化喷头、独立注水泵等。

2）注中和剂

注中和剂的作用是中和塔顶物流中的酸性物质，提高凝液的 pH 值。中和剂的成分为氨水或有机胺，氨水对于将塔顶水相 pH 值整体提高到安全的范围是有效的，但是由于在较高的露点温度下不易溶于水相，因此在初凝区不能有效起到中和作用，不建议单独使用。有机胺中和剂可能为单一有机胺或多种有机胺复配，其挥发性应当能够在略高于水露点的条件下处于气相，同时又能随水一起冷凝。选择的中和剂应当在水中比油中更易溶，具有较高的中和效率，形成的盐酸盐具有较低的熔点或升华温度、较高的饱和蒸气压以降低结盐风险。pH 值控制指标参考表 27-5，过量注入中和剂可引起氯化铵沉积，并导致腐蚀。中和剂通常在水露点之前注入，有时随注水注入，但最好与缓蚀剂分开注入。

3）注缓蚀剂

注缓蚀剂的作用是在钢铁表面形成一层保护膜，从而抑制腐蚀。缓蚀剂主要分为油溶性和水溶性，应当根据塔顶系统液相水与烃量之比、是否有注水及注水位置等选择。在一般情况下，缓蚀剂注入后呈液态，需要使用载流稀释并最好设置喷头以提高其分散性。水溶性缓蚀剂有时随水注入，油溶性缓蚀剂最常见的载流是石脑油或汽油。许多浓缩的缓蚀剂在较高温度下本身也可导致腐蚀，因此缓蚀剂注入管或喷头应选择高等级材质，使用具有足够高沸点的载流。选择的缓蚀剂应当具有不低于 90% 的缓蚀率，油溶性缓蚀剂典型加注量为 3~10mg/kg，水溶性缓蚀剂典型加注量为 10~20mg/kg（均为相对于塔顶馏出量），在加注初期或波动时可临时提高。缓蚀剂注入量一般参考塔顶铁离子和腐蚀速率调整（见表 27-4），过量注入也可能产生副作用，例如导致油水乳化或者发泡。缓蚀剂通常在水露点之前注入，并且为了保证分散效果，多点注入比较常见。

表 27-5　中国石化对“三注”塔顶冷凝水的控制指标[33]

项　目	指　标	测定方法
pH 值	5.5~7.5（注有机胺时） 7.0~9.0（注氨水时） 6.5~8.0（有机胺+氨水）	GB/T 6920
铁离子含量/（mg/L）	≤3	HJ/T 345
氯离子含量/（mg/L）	≤30	GB/T 15453
平均腐蚀速率/（mm/a）	≤0.2	在线腐蚀探针或挂片

3. 高温缓蚀剂

加工高酸或含酸原油的蒸馏装置，可以通过在高温侧线注入高温缓蚀剂来抑制环烷酸腐蚀。通常，炼油厂为应对环烷酸腐蚀会采取一些措施，如将高酸原油与低酸原油混兑、脱除或者中和原油中的环烷酸、升级高等级材质等，这些措施的成本很高或需要停工实施，而高温缓蚀剂提供了一种相对经济并且方便实施的抑制高温环烷酸腐蚀的手段。

目前市售高温缓蚀剂多为专利产品，主要为磷基、硫基或磷/硫混合基团的有机物，其基本原理是：缓蚀剂中的活性成分在高温下与钢铁作用，在其表面形成保护膜，从而抑制环烷酸腐蚀。由于微量磷进入下游加工装置可能会对催化剂产生不良作用，因此目前国内多推荐使用无磷高温缓蚀剂。高温缓蚀剂的注入位置通常在环烷酸腐蚀严重的高温侧线，如减压塔的一中回流、二中回流、减二线、减三线、减四线等，一般材质为碳钢和低合金钢。高温缓蚀剂的典型注入量一般不超过 10mg/kg（相对于侧线抽出量），在加注初期可适当提高。缓蚀效果应当通过适当监测来进行评估，例如监测侧线馏分油的铁含量或设置在线腐蚀探针。

4. 工艺控制

炼油厂加工方案和工艺流程的变化、操作条件的波动等因素都会对装置的腐蚀部位和腐蚀程度产生影响，将流速、温度、压力等工艺条件控制在适宜的范围对于腐蚀控制非常重要。

1）流速

当装置处于超负荷运行、加工含酸原油或轻组分较多的原油时，因高流速导致的腐蚀比较常见。冲刷腐蚀与多相流环境及流态密切相关，实际上应当采用壁面剪切应力来表征其严苛性，比采用流速作为表征参数更为恰当。高剪切应力往往会破坏保护膜（在蒸馏装置中，通常是铁的硫化物），将新鲜金属表面暴露于腐蚀环境，从而加速了该部位的腐蚀。另外，环烷酸、低 pH 值的酸性液滴以及固体颗粒等都会削弱腐蚀产物膜，从而使破坏保护膜所需的剪切应力更低。

在蒸馏装置中，冲刷腐蚀经常出现在存在环烷酸的高流速或湍流部位的设备及管道、气速较高的塔顶冷换设备入口等。对于塔顶系统，工业经验显示，气速在 15m/s 以下时，冲刷腐蚀风险较低；气速超过 20m/s 时，有可能产生中等至严重的腐蚀。对于高温环烷酸腐蚀，有研究表明，当壁面剪切应力低于 70Pa（流速 5~6m/s）时，对腐蚀速率影响不明显；当壁面剪切应力上升至 135Pa（流速 8~9m/s）时，腐蚀速率超过原来的 2 倍；而当流速上升至 30m/s 时，腐蚀速率可上升至原来的 5 倍[30]。

此外，低流速也可能带来因积液或盐沉积导致的腐蚀，这种情况多发生在一些冷换设备流动不良区域或塔顶系统的接管、盲头等流动死区。

对于流速相关的腐蚀问题，除了通过合理设计降低流速、避免湍流、防止冲击，在工艺控制方面应对流速进行核算，合理控制负荷，降低冲刷腐蚀风险。

2)温度

将操作温度保持在水露点及氯化铵/胺盐结晶温度之上，对于抑制常压塔顶部和顶循环回路中因酸液或结盐导致的腐蚀是一项有效措施，不过温度的调整往往受限于工艺和质量方面的考虑。通常要求塔顶操作温度高于计算的水露点温度14℃以上。国内有很多常压塔采用冷回流，在返塔部位容易产生局部低温腐蚀环境，可以通过提高回流温度或者与顶循环混合后返塔等措施缓解。另外，采用二级回流的常压塔顶系统的温度通常较高，常压塔顶部产生腐蚀的风险相对较低，但是有些装置第一级塔顶回流罐仍然在水露点或结盐温度以下运行，仍存在腐蚀环境，并且当只有少量水冷凝时，腐蚀控制可能变得非常困难。

即使塔顶整体操作温度高于水露点或结盐温度，在局部区域(如接管、盲头、注入点等)仍然可能产生露点或结盐环境，对于这些区域应进行充分保温，在寒冷天气下有时还要采用伴热，以降低腐蚀风险。

将排烟温度提高到烟气露点以上，可以预防烟气露点腐蚀的发生，烟气露点温度可以通过露点检测仪测量或者根据经验模型计算，一般要求管壁温度高于烟气露点8℃以上[33]。由于实际运行中一般测的是烟气温度，建议空气预热器烟气出口温度高于烟气露点15℃以上。

3)压力

塔顶系统的操作压力会影响水露点或氯化铵/胺结晶温度，在系统中腐蚀性介质(如H_2O、HCl和NH_3)组成不变的条件下，提高系统压力使其相应分压上升，导致水露点温度或结盐温度上升，更容易产生露点或结盐环境。原则上，提高系统温度和降低系统压力对于抑制蒸馏装置塔顶低温腐蚀是有利条件。

(二)选材

1. 蒸馏装置选材原则

1)塔顶低温系统选材

塔顶系统存在氯离子，不应选择022Cr19Ni10或06Cr19Ni10等奥氏体不锈钢，采用022Cr23Ni5Mo3N双相钢也有产生严重腐蚀的报道，如果单纯依靠材质升级进行防腐，则需要采用NS6400(蒙乃尔400合金)、NS3304(合金C276)、NS3306(合金625)或钛材等耐盐酸腐蚀的材料，这将产生巨大的成本。目前国内工程应用上还是以碳钢、碳钢+06Cr13为主，通过做好工艺防腐来抑制塔顶低温腐蚀。对于腐蚀严重的局部设备或管线，考虑更换或内衬高等级材料，同时应注意异种金属接触引起的电偶腐蚀。

NS6400在酸性服役环境下对氧非常敏感，另外当常压塔顶注氨水且为冷回流时，也不宜采用NS6400。

钛材在氧化条件下耐蚀性优异，但是在缺水的HCl环境下由于表面钝化态被破坏可能快速失效。

对于腐蚀严重的塔顶管线、冷却器或空冷器管束也可以采取非金属涂层或钎涂等表面处理技术进行防护。

管壳式水冷器在水侧采用防腐涂料是较好选择，但需要注意在检修、开停工中蒸汽吹扫容易损坏涂层，应在采购、制造、安装、使用的各个阶段采取有利于保证涂层质量、保护涂层完好的措施。

塔顶含硫污水与瓦斯系统属于湿 H_2S 腐蚀环境，材料主要选用碳钢，为避免湿 H_2S 环境下的应力腐蚀开裂，设备与管道焊后消除应力热处理，使其满足硬度小于 200HBW。容器可采用不锈钢复合板或采用涂料隔绝 H_2S 的腐蚀，腐蚀严重时可采用抗 HIC 钢。

2）高温部位选材

蒸馏装置高温部位存在高温硫和环烷酸腐蚀环境，一般在温度 240℃以下国内选用碳钢材料，超过此温度则选用含铬的合金钢或不锈钢。高温硫腐蚀产生铁的硫化物（$Fe_{1-x}S$）垢层可以减缓腐蚀速率，含 Cr 合金钢能够产生双层垢层。随着合金中 Cr 含量的增加，内层由 $Fe_{1-x}S$ 加 $FeCr_2S_4$ 混合组成变为单相 $FeCr_2S_4$。硫属尖晶石化合物 $FeCr_2S_4$ 比 $Fe_{1-x}S$ 更稳定也更具保护性，另有文献报道 Cr 对含硫化合物的催化分解产生抑制作用。总之，提高钢材耐高温硫腐蚀性能随合金中的 Cr 含量增加而提升。若没有环烷酸影响，针对高温硫腐蚀的选材，主要参照修正的 McConomy 曲线及相关工程经验，选择 12Cr5Mo、06Cr13、022Cr19Ni10、06Cr19Ni10 等材料。

当介质中存在环烷酸，由于高温硫腐蚀和环烷酸腐蚀交互作用，选择高 Mo 含量不锈钢可提高耐环烷酸腐蚀性能，可以参照 API 581 中高温硫和环烷酸腐蚀速率表、实际测试数据及相关工程经验，选择 022Cr19Ni10、022Cr17Ni12Mo2、022Cr19Ni13Mo3 等材料。

2. 加工高硫和高酸原油选材

针对加工原油劣质化的趋势，国内通过广泛调研、总结实践经验、参考有关国际标准和国外先进标准编制了“选材导则”，为加工高硫（总硫含量≥1.0%）、高酸（总酸值≥0.5mgKOH/g）原油的重点装置主要设备和管道的设计选材提供了依据，最新版为 2012 年发布。

（三）腐蚀监测与诊断

为了了解蒸馏装置腐蚀状况，从而确定腐蚀控制策略，需要进行腐蚀监测与必要的腐蚀评估。目前，国内炼油厂常规的腐蚀监测内容主要包括介质化验分析、腐蚀监检测、腐蚀检查，这几方面的内容详见本章第二节。另外，还有腐蚀风险评估技术。

除了常规的腐蚀监测，国内许多炼油厂还会对蒸馏装置进行腐蚀评估，分析腐蚀风险位置及程度，进而确定相应的工艺操作界限、选材、检测和检修计划等。腐蚀评估通常根据企业和装置实际需要，针对特定的腐蚀机理和腐蚀回路建立模型，预测腐蚀速率及其他关键腐蚀参量，同时结合腐蚀监测数据、相关的标准规范及最佳实践开展。以中国石化为例，各炼油厂的常减压蒸馏装置普遍开展设防值评估和工艺防腐评估。目前，腐蚀评估涉及的模型以机理型或经验型模型为主，随着大数据和物联网技术的发展，数据驱动型的腐蚀预测模型将得到越来越多的研究和应用，成为传统模型的有益补充。

1. 材质适应性与设防值评估[40]

材质适应性与设防值评估一般在加工原油变化、装置改造时开展，主要针对高温硫腐蚀和环烷酸腐蚀机理，通过相关模型或经验曲线预测高温部位腐蚀速率，结合装置实际腐蚀情况确定薄弱部位，给出材质升级和腐蚀监测建议以及在当前材质条件下装置所能加工的原油硫含量、酸值上限，从而在保障装置腐蚀风险可控的前提下，在安全运行与经济性之间找到平衡。

2. 塔顶低温腐蚀与工艺防腐评估

塔顶低温腐蚀与工艺防腐评估主要针对蒸馏装置塔顶系统存在的露点腐蚀、氯化铵/胺盐腐蚀、湿硫化氢腐蚀等腐蚀机理，通过相关模型预测水露点、铵/胺盐结晶温度、理论注水量、气相流速等参数[41]，结合装置实际腐蚀情况评估塔顶腐蚀风险部位及程度，为“一脱三注”工艺防腐提供科学指导。

第五节　延迟焦化装置腐蚀与防腐

一、腐蚀部位与机理

1. 高温硫腐蚀

高温硫腐蚀主要取决于介质中硫化物种类、含量和稳定性。活性硫化物含量越高，腐蚀越严重，当温度升高时，非活性硫化物也加速分解生成活性硫化物。高温硫腐蚀与温度有关，温度升高时，活性硫化物与金属的反应增强，在343~371℃时硫化物分解生成H_2S最快；在350~400℃时，H_2S还能够分解生成S和H_2，S的活性比H_2S更强，所以腐蚀更加剧烈。到430℃时，腐蚀最为剧烈；在480℃以上时，硫化物分解接近完全，腐蚀速率开始下降。

图27-10为修正的McConomy曲线，反映了温度与各种钢高温硫腐蚀的关系。可以看出，Cr含量越高，受高温硫腐蚀的速率越小；在370℃时，4-6Cr钢的腐蚀速率达约0.625mm/a；而在此温度下，18-8(18Cr-8Ni)系列不锈钢的腐蚀速率只有0.01mm/a。

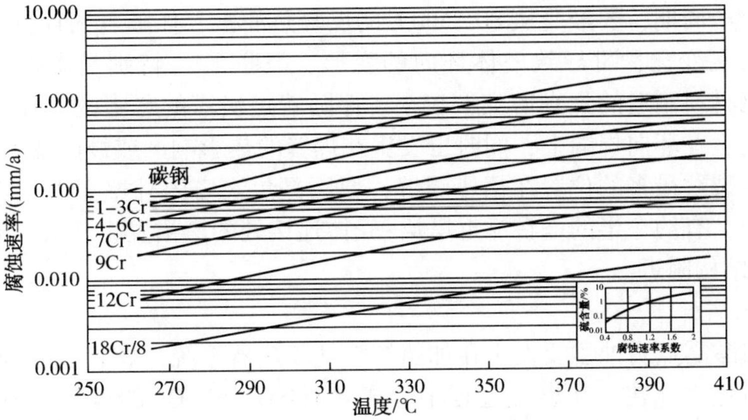

图27-10　修正的McConomy曲线

硫腐蚀还与流速有关，流速越高的地方，保护性的硫化物膜被去除得越多，腐蚀越严重。尤其当介质中含有环烷酸的时候，流速的影响更明显。

高温硫腐蚀发生在温度高于232℃以上的高温重油部位，如分馏塔的底部、蜡油段和柴油段以及分馏塔下部的高温重油管线及管件、焦化炉前的原料油管线、焦化炉炉管、焦炭塔等，特别是当这些部位的材质为碳钢时，腐蚀更加严重。

2. 铵盐（$H_2S+HCl+NH_3+H_2O$）腐蚀

渣油中硫化物、氯化物、氮化物在高温下裂解产生 H_2S、HCl 和 NH_3，当有液态水存在时形成 $H_2S+HCl+NH_3+H_2O$ 腐蚀；尤其是232℃以内，液态水量较少，介质中容易析出 NH_4Cl，在分馏塔顶塔盘以及冷凝冷换设备等处，根据介质流速的高低，造成由铵盐引起的冲刷腐蚀或垢下腐蚀。

铵盐腐蚀的主要部位是分馏塔上部的塔壁及内构件、顶循系统的设备及管道、塔顶冷凝系统的设备及管道。

3. 湿 H_2S（H_2S+H_2O）的腐蚀

焦化汽油、焦化干气、焦化液化气等轻组分中仍携带有少量活性硫化物，这些活性硫化物在吸收稳定系统、干气系统、液化气系统等的低温环境下容易产生湿 H_2S 腐蚀，当汽油中含有少量氰化物时，腐蚀将加剧。一般来说，H_2S 和铁生成 FeS 能覆盖在铁表面形成致密的保护膜，但是由于 CN^- 能使 FeS 保护膜溶解生成络合离子 $Fe(CN)_6^{4-}$，$Fe(CN)_6^{4-}$ 继续和铁反应生成 $Fe_2[Fe(CN)_6]$，加速腐蚀。腐蚀形貌表现为均匀腐蚀、氢鼓包、氢脆、氢致开裂、硫化物引起的应力腐蚀开裂等。

湿 H_2S 腐蚀一般发生在吸收、解吸、再吸收、稳定等塔上部及冷凝系统中，以及干气和液化气系统有液态水存在的区域。

4. 高温氧化

焦化炉在运行过程中，辐射段炉管外壁温度为580~700℃，对流段炉管外壁温度为350~400℃。在350~400℃温度范围内，炉管外壁发生高温氧化腐蚀，温度越高，氧化越严重。随着炉管表面不断氧化，氧化层就越来越厚，最后掉皮剥落。

5. 焦炭塔的塔体变形和焊缝开裂

焦炭塔经过蒸汽预热、油气预热、换塔、进油生焦、吹蒸汽、水冷却、放水和除焦等阶段完成每一生产周期，要经受从80~500℃的反复热冲击，伴随着长期反复冷却和反复加热以及载荷的反复变化，可导致塔体环向的变形、鼓胀[43]，特别是碳钢材质制造的焦炭塔，铬钼合金钢材料制造的焦炭塔变形较小。伴随着焦炭塔的恶劣的工作条件下产生的壳体破裂，主要发生在环向焊缝上，同时也发生在焊缝的热影响区或鼓凸变形的波峰或波谷。

焦炭塔发生裂纹最多的位置在裙座焊缝，原因是焦炭塔内外壁温差太大造成很大的热应力。焦炭塔中，有约一半的塔在靠近塔裙-壳体连接处的塔裙发生开裂，开裂常常发生在塔裙-壳体连接结构附近。

6. 硫酸露点腐蚀

高温烟气硫酸露点腐蚀主要发生在加热炉空气预热器系统。燃料气虽经过了脱硫过程，但仍有少量的硫化物存在，在燃烧过程中生成含有 SO_2 和 SO_3 的烟气。随着温度的降低，SO_2 和 SO_3 与烟气中水分形成酸性介质，尤其是水的初凝区更易形成高浓度的硫酸，产生硫酸露点腐蚀。硫酸的露点取决于烟气中 SO_3 的浓度等因素，通常为130~150℃。

7. 保温层下腐蚀(CUI)

带保温层的设备或管道在实际工况下，若蒸汽屏障、防雨材料和保温材料安装不合格，或保温外防护层在使用过程中受到外界损伤、性能劣化，都有可能造成外部水分的渗入而使得保温材料受潮或受湿，将逐渐在保温层与金属外表面形成潮湿腐蚀环境，随着薄层电解质液膜的聚集，保温层包裹下的设备和管道外表面将发生腐蚀，即保温层下腐蚀。大量工程案例和实验研究表明，碳钢和低合金钢在保温层下常发生均匀腐蚀和点蚀，而奥氏体不锈钢多为外应力腐蚀开裂和点蚀。

碳钢和低合金钢发生腐蚀时，主要表现为覆盖层下局部腐蚀。将碳钢和低合金钢的隔热材料拆除后，隔热层下腐蚀常形成覆盖在腐蚀部件表面的片状疏松锈皮。300系列不锈钢、400系列不锈钢及双相不锈钢会产生点蚀和局部腐蚀。对于300系列不锈钢，尤其隔热材料为老旧硅酸盐(含氯化物)，还可能发生氯化物应力腐蚀开裂，在80~149℃范围时尤其明显，而双相不锈钢对此开裂敏感性较低。保温层下腐蚀主要发生在以下部位：

(1)温度接近常温的管线及部位，如加热炉的瓦斯线、设备及管线的蒸汽吹扫线、设备的放空线等。

(2)管径较小的管线及引出管，如排凝管。

(3)保温有破损或不连接处的部位，抑或管线下部有雨水存积的管件处。

(4)塔壁或罐壁的直梯焊接处或保温的支撑圈处。

(5)污水管线的地表以上50mm处。

(6)使用石棉绳加玻璃丝布进行保温的管线。

(7)穿平台管线的平台以下第一个发生走向变化的管件。

8. 除焦水及冷焦水的腐蚀

除焦水及冷焦水一般为蒸汽凝结水和补充除盐水，循环使用。运转初期对所有材质腐蚀轻微，循环利用后水中的杂质含量变高，水的腐蚀性介质增加，对设备及管道产生腐蚀并随条件变换开始加重，腐蚀类型为局部冲刷腐蚀和点蚀。冷焦除焦系统的腐蚀通常是溶解的气体、O_2 和 CO_2 所致。O_2 所致腐蚀往往是点蚀类型的损伤，而且会出现在系统的任何位置，温度升高腐蚀加重。当 CO_2 溶于水形成碳酸时，CO_2 腐蚀出现。酸会降低pH值，且当酸量充足时会促成碳钢的全面腐蚀或点蚀。影响 CO_2 腐蚀的关键因素主要是 CO_2 的分压、pH值和温度，增加 CO_2 的分压会造成水pH值降低和腐蚀率增加。

二、防腐对策

塔顶低温部位主要以工艺防腐为主，高温部位采取提高选材与加强监测来保护。

(一)工艺防腐

分馏塔顶冷凝冷却系统除了合理选择耐蚀材料外，注水和注缓蚀剂是很好的工艺防腐措施。注水可以洗去 NH_4Cl 结晶，注抗 H_2S 和HCl缓蚀剂10~20mg/L，就可使该系统获得较为满意的缓蚀效果。

此外，精心控制工艺操作参数也是焦化装置控制腐蚀的重要因素：

(1)严格控制原料油中的硫含量和酸值在限定制范围内，加强进装置原料油的管理，进行原料油的适当配比，避免油性剧烈波动。

(2)严格控制分馏塔顶的操作温度和操作压力，同时控制好塔顶回流温度，减少铵盐结晶带来的冲刷腐蚀或垢下腐蚀。

(3)注入的软化水应通过热力除氧器使其成为除氧水，减少焦化炉对流室注水管的腐蚀。

(4)提高燃料气脱硫效果，降低硫含量，可有效缓减炉管高温硫腐蚀和空气预热器的低温露点腐蚀。

(5)火嘴火焰要短而有力，严禁偏火。

(6)完善塔体保温结构，避免局部冷区。

(7)严控焊接质量，降低焊接应力，裙座与焦炭塔锥体之间可设热盒，减小温度梯度和热应力，防止焊缝裂纹。

(8)对于直接加工高硫高酸重质原油的焦化装置，在可能产生严重高温环烷酸腐蚀的部位加注高温缓蚀剂，是控制腐蚀的一个措施。

(二)选材

在延迟焦化装置的各种防腐措施中，正确选材是最基本的防腐措施。焦化装置的设备和管道选材应按严重硫腐蚀来考虑，同时在一些部位还需要考虑高温环烷酸的协同腐蚀。加工高硫低酸和高酸高硫原油的延迟焦化装置设备和管道的推荐用材参考 SH/T 3096《高硫原油加工装置设备和管道设计选材导则》与 SH/T 3129《高酸原油加工装置设备和管道设计选材导则》。

(1)焦炭塔　国内外普遍使用的基体材质为铬钼钢，如 15CrMoR、1Cr-0.5Mo、1.25Cr-0.5Mo、14Cr1MoR、2.25Cr-1.0Mo、12Cr2Mo1R 等，尽管制造有一定的难度，需要热处理等，但其耐热强度高，具有较高的屈服强度、蠕变强度和抗蠕变疲劳能力，能更好地抵抗热循环。SH/T 3096—2012《高硫原油加工装置设备和管道设计选材导则》中，焦炭塔取消了碳钢材料选项，推荐下部壳体采用铬钼钢，从顶部至泡沫层以下 1500~2000mm 处采用不锈钢复合板，复层为 06Cr13。实践表明，焦炭塔复合层的焊缝也会发生裂纹。为了减少裂纹产生，有人建议采用 625 合金代替常用的 06Cr13 作为复合层，其优点是不但抗腐蚀性能更好，更为重要的是复合层与基体之间因热膨胀差异产生的热应力少，不易产生裂纹。

(2)分馏塔　焦化分馏塔顶封头、上部 4~5 层塔盘筒体选用碳钢+06Cr13(06Cr13Al)，其他筒体与底封头在介质温度≤350℃时选用碳钢+06Cr13(06Cr13Al)，在介质温度>350℃时选用碳钢+022Cr19Ni10。塔顶冷换设备采用抗氢致开裂碳钢。当炼制原料油中含硫含酸较高时，分馏塔的高温重油部位塔壁应采用碳钢+316L(或 321)，塔盘应采用 0Cr18Ni9 或 00Cr19Ni10。

(3)焦化炉炉管　对流炉管选用 1Cr5Mo/06Cr18Ni11Ti，辐射炉管选用 1Cr9Mo/06Cr18Ni11Ti；当流速大于或等于 30m/s 时，炉管采用 07Cr17Ni12Mo2(材料中的钼含量不小于 2.5%)，进口管道选用 1Cr5Mo/1Cr9Mo/022Cr19Ni10/022Cr17Ni12Mo2，出口管道选用 1Cr5Mo/1Cr9Mo。空气预热器热管外壁涂有机硅耐蚀涂料和喷涂陶瓷是防止烟气露点腐蚀的有效措施。另外，近年研制的新钢种 12Cr2AlMoV 对耐 H_2S+H_2O 系统的腐蚀有良好的性能；09CrCuSb 能在排烟温度降至露点或低于 130℃时，显著降低腐蚀速率。

(4)油-油换热器　当介质温度<240℃时，壳体和管束可以使用碳钢；当介质温度≥240℃时，壳体采用碳钢+022Cr19Ni10，管束可采用022Cr19Ni10。

(5)空冷器　分馏塔顶空冷器管箱推荐选用抗氢致开裂碳钢，其他空冷器管箱可选用碳钢，管束一般选用碳钢。当加工高硫原油时，为了减轻冲刷腐蚀，一般应在入口处加设450mm左右长的钛衬管。

(6)工艺管道及管件　温度低于240℃的轻油部位管道可用碳钢，240~288℃的高温重油部位管道推荐选用1Cr5Mo/1Cr9Mo，温度高于288℃的高温重油管道选用1Cr9Mo/022Cr19Ni10/022Cr17Ni12Mo2。焦炭塔顶大油气线由于口径大于500mm，采用碳钢+0Cr13Al复合板卷制。阀门阀体如采取和管道相同材质，其腐蚀裕度应等于或大于管道的腐蚀裕度，或者选用高一等级的材料。同时需防止材质错用，尤其是仪表接管、平衡管、小短节等细小部位材质不能低于主工艺管线，否则导致这些部位腐蚀加剧、穿孔泄漏。

第六节　催化裂化装置腐蚀与防腐

催化裂化装置中主要的腐蚀介质来自催化原料油中含的酸、硫及硫化物、氮、氯、氧元素[45]等，这些腐蚀介质在不同的环境因素作用下，引起各种不同类型的腐蚀，主要包括高温气体腐蚀、应力腐蚀开裂、催化剂冲刷腐蚀和磨蚀、高温硫腐蚀、低温湿H_2S腐蚀、硫酸露点腐蚀和铵盐腐蚀[46]。

一、腐蚀机理与部位

(一)反应再生系统

反应-再生设备是催化裂化的核心，腐蚀主要表现为高温烟气腐蚀、催化剂引起的磨蚀和冲刷腐蚀、应力腐蚀开裂等。

1. 高温烟气腐蚀

催化剂再生过程中烧焦时产生700℃左右的烟气，其主要成分为CO_2、CO、O_2、N_2、SO_x、NO_x和水蒸气等。主要腐蚀部位是再生器至放空烟囱之间以及烟气接触的设备和构件，腐蚀表现为钢材丧失金属的一切特征(包括强度)、氧化、脱碳、硫化、龟裂和粉碎。在温度高时，相关设备同时容易产生高温氧腐蚀，高温氧腐蚀主要表现为内构件的氧化减薄。

2. 催化剂引起的磨蚀和冲刷腐蚀

随反应油气和再生烟气流动的催化剂，会对构件表面产生冲刷磨损作用，使构件大面积减薄，甚至局部穿孔。影响催化剂磨蚀和冲刷腐蚀的因素包括催化剂形状、硬度、流速、流动状态、流化状态下的密度等，一般催化剂形状越不规则、硬度越大、流速越快、湍流程度越高、稀相或密相密度越高，磨蚀或冲刷腐蚀就越严重；催化剂流向改变的地方，磨蚀或冲刷腐蚀就越严重。主要腐蚀部位包括提升管预提升蒸汽喷嘴、原料油喷嘴、主风分布管、提升管出口快速分离设施、烟气和油气管道上弯头及其他滑阀阀板、热电偶套管、内取热管等。腐蚀形态多表现为大面积减薄、局部穿孔及冲刷腐蚀沟槽。

3. 应力腐蚀开裂

1)硝酸盐应力腐蚀开裂

再生器器壁焊缝开裂是常见的一种腐蚀形态，多发于再生器和三旋等部位，以环向裂纹居多，多集中于焊缝上。主要是由于器壁温度低于烟气露点温度，产生高浓度酸性溶液，形成 $NO_x+SO_x+H_2O$ 腐蚀环境，促进了硝酸盐应力腐蚀开裂。防止的办法是更换耐热衬里，提高导热系数以达到提高器壁温度在烟气露点温度之上，也可以在器壁外增加外保温。

2)热应力焊缝开裂

热应力焊缝开裂主要发生在主风管与再生器壳体的连接处，以及异种钢连接的焊缝、旋风分离器料腿拉杆及两端焊接固定的松动风管、测压管等。

3)氯化物应力腐蚀开裂

对于再生系统烟道膨胀节，常用材料有 0Cr18Ni9、0Cr17Ni12Mo2、B315、FN2 等。烟气冷凝时，膨胀节处在 $SO_x+Cl^-+H_2O$ 腐蚀环境中，易发生点蚀穿孔和应力腐蚀开裂，可采取保温或伴热措施提高壁温，防止烟气冷凝避免其开裂。在特别苛刻的环境下，可考虑合金 625 材料[46]。

(二)分馏系统

分馏系统的腐蚀主要是分馏塔底的高温硫腐蚀、分馏塔顶的冷凝冷却系统与顶循环回流系统低温湿硫化氢腐蚀，以及在油浆系统中硫腐蚀与催化剂的磨蚀。

1. 高温硫腐蚀

这类腐蚀主要来源于油品所含的活性硫，腐蚀部位主要集中于分馏塔 240℃以上的高温部位、高温侧线和分馏塔进料段、人字挡板、油浆抽出线等，腐蚀形貌表现为均匀腐蚀、坑蚀等。

2. 分馏塔顶低温腐蚀

分馏塔顶的腐蚀环境是 $H_2S+HCl+NH_3+CO_2+HCN+H_2O$ 型，此反应容易产生疏松盐垢层，盐垢层的主要成分包括大量的 NH_4Cl 和少量的 $(NH_4)_2S$、沉积的催化剂、$Fe[Fe(CN)_6]$、$Fe_4[Fe(CN)_6]_3$、FeS、$FeCl_2$、Na_2CO_3、$NaHCO_3$ 等，易脱落在塔内堆积。垢层的形成会改变原有的腐蚀电位，形成腐蚀原电池，加速腐蚀。主要发生部位有塔顶的上部塔盘、降液管(板)、塔顶内壁和塔顶线、塔顶罐顶部和塔顶冷换设备等[47]。

3. 氨盐结晶

催化反应及油品馏分中生成的 HCl、NH_3 反应生成 NH_4Cl，在低温下结晶形成氨盐。结晶沉积部位在降液槽下部，堵塞溢流口造成淹塔。吸水所形成的 $HCl+H_2S+H_2O$ 酸性环境造成回流系统腐蚀，腐蚀形貌表现为均匀腐蚀和坑蚀。NH_3 和 H_2S 反应形成的氨盐易在塔顶空冷管束中结晶。

4. 油浆蒸汽发生器管板应力腐蚀开裂

重油催化裂化装置的油浆蒸汽发生器管板与换热管焊接处及管板常出现大面积开裂，裂纹大多由壳程穿透至管板，表现为管板上的换热管焊缝开裂和管桥之间开裂。裂纹通常都集中在第一管程，此处正好是油浆进口处，温度最高。分析认为，由于管板和管束贴胀不好，它们之间有间隙，锅炉水在间隙中不断蒸发造成碱性物质浓缩。在温度和残余应力作用下形成的碱脆开裂，其特点是穿透性的沿晶开裂。其他装置的蒸汽发生器也有同样的开裂现象。因此，制造时的正确贴胀工艺是关键。油浆蒸汽发生器的换热管正确选材是碳钢，有些炼油厂选用不锈钢后出现氯离子的应力腐蚀开裂。目前认为，此类腐蚀是蒸汽发生器在疲劳破坏和应力腐蚀双重作用下失效所致。管板和管束胀接处有沟痕，产生应力集中，导致裂纹源。管束的振动、温差应力促进了疲劳，疲劳加速了应力腐蚀开裂，使得管板快速开裂，以致失效。管板开裂主要原因是，在油浆和水蒸气造成的工作应力、管板与管束焊接中的残余应力下以及重油 H_2S、除氧水中的氧腐蚀环境下引起的应力腐蚀破裂。

5. 催化剂磨蚀

催化油浆中携带一定量的催化剂，在油浆系统管线的流量调节阀、手阀等限制流量部位以及管线弯头等易磨蚀部位，会因催化剂磨蚀产生泄漏[48]。

(三)吸收稳定系统

吸收稳定系统中存在着一定量的氨、氰化物、硫化物等腐蚀介质，其腐蚀体系主要是 $H_2S+HCN+H_2O+NH_3$ 型腐蚀。腐蚀类型有局部腐蚀、氢腐蚀与硫化物应力腐蚀开裂。

1. 局部腐蚀

H_2S 和铁生成的 FeS，而 FeS 不稳定，与轻质油品中的 CN^- 生成络合离子 $Fe(CN)_6^{4-}$，然后和游离铁反应生成亚铁氰化亚铁，在停工时被氧化为亚铁氰化铁，呈普鲁士蓝色。这一腐蚀多发于吸收解吸塔顶部、稳定塔顶部和中部。在吸收塔顶部和中部[49]，属于减薄腐蚀，形貌为坑蚀或穿孔。

2. 氢腐蚀

这类腐蚀多发于解吸塔顶和解吸气空冷器至后冷器的管线弯头、解吸塔后冷器壳体、凝缩油沉降罐罐壁、吸收塔壁。腐蚀形貌一般为氢鼓泡和氢鼓泡开裂。

3. 硫化物应力腐蚀开裂

这类腐蚀主要是针对一些敏感材料，常见于处于拉应力、H_2S+H_2O 腐蚀环境下高硬度的焊缝与热影响区材料。

(四)能量回收系统

能量回收系统的腐蚀主要有三种：高温烟气的冲刷腐蚀和磨蚀、硫酸的露点腐蚀、Cl^- 引起的奥氏体不锈钢的应力腐蚀开裂。

1. 高温烟气的冲刷腐蚀和磨蚀

这类腐蚀常见于旋风分离器的分离单管，尤其是单管下端的卸料盘，双动滑阀的阀板、阀座、导轨及临界流速喷嘴的喷孔板，烟气轮机的叶片等部位。腐蚀形貌多为沟槽、裂纹、衬里脱落、局部减薄。减少高温烟气磨蚀的手段主要是采用耐磨钢(或耐磨衬里)和降低烟气中催化剂含量。

2. 硫酸的露点腐蚀与奥氏体不锈钢管线及构件的应力腐蚀开裂

这类腐蚀常见于膨胀节的波纹管，其破坏的形式包括：波纹管与筒节焊缝开裂；波纹管穿孔；波纹管变形挤压；波纹管鼓泡。

（五）烟气脱硫脱硝系统

1. 省煤器至脱硫塔烟气入口区

催化装置再生若采用不完全再生工艺或者 SCR 脱硝单元，烟气中就会含有相当量的 NH_3，NH_3 能够和烟气中的 SO_3 结合生成硫酸氢铵，硫酸氢铵在省煤器及下游区域析出附着在器壁、换热管束等部位。硫酸氢铵是极易吸潮的物质，吸潮后的硫酸氢铵一方面和烟气中的灰尘结合成附着力较强的垢，另一方面还会形成强酸腐蚀环境，产生硫酸氢铵垢下腐蚀。常被腐蚀的部位有省煤器换热管束、省煤器之后的膨胀节。

2. 脱硫塔入口干湿交替区

在吸收塔或者激冷塔的烟气入口都存在一个干湿界面的区域，在该区域，高温烟气(一般 180~230℃)与浆液接触激冷降温除尘。烟气中的 SO_3、SO_2 等物质溶解在液体中，会在设备表面凝结水滴，形成强酸溶液(pH 值小于 1，有时甚至小于 0)，界面区域存在强酸腐蚀和大量颗粒物的磨蚀，环境相当恶劣。高温烟气又不断蒸发酸液中的水分形成含有高浓度可溶性盐的沉积物，形成干湿交替的环境。该部位的腐蚀环境相当恶劣，普通不锈钢腐蚀非常严重。

3. 消泡器至静电除雾器区域

SO_3 能够和水蒸气结合形成硫酸气溶胶，很难被脱除。静电除雾器能够捕集湿烟气中的自由水、硫酸气溶胶和灰尘、凝聚下来形成酸性溶液。捕集下来的酸液浓度与硫酸气溶胶浓度和脱除率有关，这些酸性冷凝液中还含有氯离子等介质(氯化物浓度在 100~500μg/g)，腐蚀性极强。

4. 湿式静电除雾器

引起湿式静电除雾器不能平稳运行的原因有两个：一是阴极线腐蚀；二是阴极固定器短路。

1)阴极线腐蚀

引起阴极线腐蚀的介质与消泡器至静电除雾器区域的腐蚀介质相同，都是除雾器捕集下来的硫酸溶液。湿式静电除雾器的阴极线一旦断掉，极易搭接到阳极圆筒上造成电路短路，导致湿式静电除雾器不能工作。

2)阴极固定器短路

阴极固定器是为了降低阴极线因烟气扰动而导致的摆动幅度，它由绝缘箱、玻璃固定板、金属连接器、绝缘瓷瓶、金属拉杆和玻璃钢固定架组成。为避免干燥器短路，需连续通入足够的干燥风保持玻璃钢湿式静电除雾器固定板和金属连接器处干燥。湿式静电除雾器固定器玻璃钢固定板、金属拉杆和玻璃钢固定架之间的金属夹头易发生损坏或减薄。阴极固定器损坏是由干燥箱不能保持干燥引起的，若干燥器不能有效工作，静电除雾器、金属连接器和金属拉杆会通过液体介质形成三个串联电解池，导致腐蚀发生。

5. 吸收塔顶部和烟囱

进入脱硫装置的催化再生烟气中 SO_3 和水蒸气形成的气溶胶极不容易被脱除。进入烟囱的净化烟气远低于硫酸露点温度，SO_3 会在吸收塔顶部(这里是指湍冲文丘里脱硫装置静电除雾器以上的区域，若没有静电除雾器，则是除雾器以上的区域)和烟囱壁面上析出生成稀硫酸溶液。溶液还会吸收烟气中的 SO_2 进一步酸化，凝析液的 pH 值为 2~6。这样就会导致吸收塔顶部与烟囱存在硫酸腐蚀，当凝析液的 pH 值较低时，就会引起不锈钢腐蚀。不锈钢焊缝很容易存在微孔、微裂纹等焊接缺陷，若焊接工艺控制不好，焊缝部位会发生腐蚀穿孔。

综合塔塔顶至烟囱变径段是腐蚀严重的区域。主要是由于自上部流下来的硫酸凝析液与自下部来的烟气在这个区域的流向发生改变，两种流体相遇产生复杂的流动状态加速了腐蚀。

6. 玻璃钢浆液管道和喷淋管

部分企业脱硫装置消泡器喷淋管采用玻璃钢材质，装置喷头因玻璃钢折断而脱落，致使除尘脱硫效率降低。

二、防腐对策

(一) 工艺防腐

对于催化裂化装置而言，工艺防腐措施主要是注缓蚀剂、注碱和注水。加注部位主要有分馏塔顶和气压机富气出口管线。对于分馏塔顶油气管线，缓蚀剂注入一般不超过 20μg/g，分馏塔顶出口管线注水水质要达标，排水 pH 值应控制小于 8.5，铁离子含量应不高于 3mg/L；对于富气压缩机出口管线，注缓蚀剂一般不超过 20μg/g，注水时也应控制排水 pH 值在 8.5 以下。强化电脱盐操作管理，保证脱盐效果，脱后含盐稳定在 3mg/L 以下。

防止露点腐蚀的主要措施有：①适当降低过剩空气系数，通过减少 O_2 含量来降低 SO_3 含量；②适当降低烟气中 H_2O(蒸汽) 含量；③在停工阶段加强保护，以减少局部积水[47]。

(二) 材料防腐

催化裂化装置的腐蚀主要来源于硫腐蚀、催化剂的磨蚀等，设备管线的选材应根据所加工油品的性质，参照 SH/T 3129—2012《高酸原油加工装置设备和管道设计选材导则》和 SH/T 3096—2012《高硫原油加工装置设备和管道设计选材导则》及相关导则。

1. 反应再生系统

本系统中，针对高温气体腐蚀通常采用的防护措施有使用非金属衬里、采用耐蚀金属材料等。为防止催化剂磨蚀，常采用的防护措施有加耐磨衬里、改善结构设计、堆焊硬质合金、材质表面处理、使用高温陶瓷等。对热应力引起的焊缝开裂等，常用的防护措施有尽量减少异种钢焊接、保证焊接质量、保证隔热衬里质量。

对于再生器取热管腐蚀的防护措施主要有：①不用奥氏体不锈钢，采用 20g 材料；②在结构设计上保证水流通畅，有足够的膨胀补偿；③防止热冲击，开停工升降温时，采用适当的蒸汽保护措施，不得中途停止供水。

预防再生器器壁焊缝开裂的办法是：更换耐热衬里，提高导热系数以达到提高壁温在烟气露点温度之上，也可以在器壁外增加外保温。

对催化裂化装置滑阀螺栓开裂的防护措施有：①每三年对螺栓进行全部更换；②严格工艺操作，保证不超温运行；一旦出现超温运行，必须对紧固螺栓进行更换；③进行材料化验，防止代料。

随着原油的劣质化，催化进料系统腐蚀日渐严重，这类腐蚀包括硫腐蚀和环烷酸腐蚀。针对这一部位，应在加强监测的条件下，根据 McConomy 曲线及 API 581 综合考虑硫和酸腐蚀的影响，适当提升材质。

2. 分馏系统

针对油浆蒸汽发生器管板开裂，防护措施主要有：①消除管板与管子间隙，采用高精度管，管板钻孔杜绝一次成型，要一次钻孔、二次铰孔。②改进管子与管板的连接形式，管子与管板的连接形式原为“强度焊+贴胀”，将其改为“强度焊+强度胀”。③改进生产使用条件，控制装置开、停工时的管程油浆投用速度：停工时，缓慢关闭油浆入口阀，减少产气量，监测现场设备管程壁表温度差的减小速度，当温差变化很缓慢时，则完全关闭油浆出口阀，将管程切除，壳程置换排水；开工时，建好汽包除氧水液面，通过逐步关小副线，同时缓慢开启管程入口阀和出口阀，控制投用速度，检测蒸汽产量，通过控制油浆进入的速度，保障蒸汽产量缓慢上升；缓慢停开对防止管板产生冷热疲劳开裂、控制破坏程度有很好的作用。

3. 吸收稳定系统

为提高轻油收率，企业在再生器内加注 CO 助燃剂后，稳定吸收系统中的 HCN(含量大为降低)，一般均匀腐蚀、氢鼓泡减轻很多，系统基本变为 H_2S+H_2O 型腐蚀环境。但鉴于原油劣质化会导致这一系统的腐蚀加剧，所以其选材还应严格参照导则。

4. 能量回收系统

能量回收系统的腐蚀问题主要是膨胀节破损开裂，其防护措施主要有：①在反再系统尽量选用 316L 或 B315 等材质，要求固溶化处理。②烟机或其他部位尽量选用多层。如果单层太薄，容易引起腐蚀穿孔或鼓泡，一般宜用厚度为 1mm 的钢板 3 层，以减少穿孔或鼓泡损伤。③在结构上进行改良，去除吹扫蒸汽用陶纤塞入导流筒和膨胀节内，同时增加密封板，密封板内用不锈钢网塞紧，防止陶纤被高温气流抽走，同时阻止烟气进入波纹管内。④对必须设置吹扫蒸汽的膨胀节，在开停工时膨胀节底部的防空排凝阀要打开。装置开工过程中，不要急于打开吹扫蒸汽，开阀前先排凝并注意不要通汽过快，以免膨胀节鼓泡变形。⑤对烟机入口膨胀节进行外部保温，提高膨胀节外壁温度，防止冷凝液的产生。

5. 烟气脱硫脱硝系统

烟气脱硫脱硝系统的防护措施主要有：①省煤器至脱硫塔入口区域存在硫酸氢铵垢下腐蚀，需要通过工艺调整进行控制。②脱硫塔的烟气入口区域存在严重的硫酸腐蚀，结构材料和内件应选用 20 合金和 6Mo 超级奥氏体不锈钢，并保证耐蚀合金保护的区域足够长。③湿式静电除雾器能够捕集硫酸酸雾形成高浓度的硫酸溶液，阴极线和消泡器至除雾器之间的塔壁和内件处在恶劣的腐蚀环境中，需选用高等级的耐蚀合金。如吸收塔塔壁可选用 2507 双相不锈钢，内部支撑梁可选用 316L 不锈钢，阴极线可选用 C276 合金。④湿式静电除雾器采用固定器固定阴极线时，需保证固定器电气绝缘，否则将引起阴阳极短路，导致湿式静电除雾器不能正常工作。⑤推荐湍冲文丘里脱硫工艺消泡器喷淋管以上至 1m 高烟囱腐蚀严重的区域选用整体 316L 不锈钢，烟囱其他区域以及 Belco EDV®脱硫工艺的整个烟囱选用整体 304L 或者 316L 不锈钢复合板，选用复合板时应严格控制焊接工艺。⑥循环浆液管道和消泡器喷淋管采用玻璃钢时不能稳定运行，建议更换为 304L 不锈钢管道。

第七节　催化重整装置腐蚀与防腐

催化重整装置的易腐蚀部位主要包括：预处理部分的预分馏塔塔顶系统、预加氢进料及反应产物馏出系统、预加氢反应换热器和空冷；重整部分重整塔塔顶及反应产物后冷系统；抽提部分汽提塔、再生塔、回收塔、塔底重沸器等；临氢设备管线；加热炉等。

一、腐蚀机理与部位

1. 高温 H_2+H_2S 腐蚀

在预加氢反应中，会生成 H_2S，通常生成的 H_2S 会与金属表面反应生成一层致密的硫化物，这层硫化物能阻止 H_2S 进一步腐蚀金属从而保护金属。但是在有 H_2 存在的情况下，高温 H_2 会破坏这层硫化物保护膜，导致设备不断减薄[50]。在氢气环境中，高温 H_2/H_2S 腐蚀体系比单纯的氢损伤和单纯的 H_2S 腐蚀更严重，这是因为氢和 H_2S 对金属的腐蚀是相互促进的：氢腐蚀夺走了钢材中的碳，使铁游离出来，加快了 H_2S 与铁的腐蚀。另外，物流运动时，会持续冲刷金属表面，对 H_2/H_2S 化学腐蚀的疏松多孔产物不断进行冲刷。

高温 H_2+H_2S 腐蚀主要发生在加氢反应器、反应产物换热器及相应的管道上。腐蚀形态为均匀腐蚀。

2. 低温 H_2S 腐蚀

由于重整原料中含有一定量的硫、氮、氧、氯等化合物，在预加氢过程中会与氢反应生成 H_2S、NH_3、HCl 等，都以干态的形式存在，所以设备的腐蚀以 H_2S 为主，氢气和氯化氢的存在加速了 H_2S 的腐蚀，氢气通过与 FeS 的还原反应（生成铁粉）和渗透作用破坏 FeS 保护膜而加速腐蚀。另外，虽然干态的 HCl 对设备和管线没有腐蚀性，但在有水存在的条件下却有强腐蚀性。一方面，重整原料油中水含量较高，经预分馏塔操作后，预加氢进料中仍含有微量水，加上预加氢系统中有 HCl 存在，对管线造成很强的腐蚀性；另一方面，当预加氢系统中发现已有铵盐结晶后，重整装置常采用注水的办法来解决铵盐结晶堵塞设备和管道的问题。预加氢反应器后系统含有少量 H_2S，它与设备或管线发生腐蚀反应生成硫化亚铁。本来硫化亚铁具有一定的保护作用，但在 HCl 存在条件下，FeS 钝化膜被破坏，使金属重新暴露腐蚀，即预加氢低温部位存在 H_2S+HCl+H_2O 腐蚀环境。

另外，HCl 的存在使预加氢和重整的部分设备，尤其是奥氏体不锈钢设备产生氯离子应力腐蚀破裂和严重的点蚀。

由于 H_2S 的存在，预加氢单元的原料与产物换热器、产物空冷、分馏塔塔顶及汽提塔塔顶存在湿 H_2S 环境，设备与管道有 HB/HIC/SOHIC 氢致开裂问题。

3. 铵盐腐蚀

加氢反应后的腐蚀产物有 NH_4Cl 和 NH_4HS 铵盐，在一定温度下结晶，造成管线、冷换设备管束堵塞及垢下腐蚀。铵盐如遇水会形成腐蚀性极强的酸性环境，造成碳钢或不锈钢腐蚀。为防止氨盐结晶，需在空冷前注水，形成的酸性水在一定流速下对碳钢设备冲刷腐蚀。

预加氢部分的氮脱除不干净而带入重整反应系统，就会与氢反应生成 NH_3、H_2S 和氯，在反应空冷器、换热器的管束和其连接管道等处聚集，引起腐蚀，严重情况下可引起管道堵塞、系统压降增大，甚至造成加氢压缩机气阀动作失灵，导致加氢压缩机无法正常运行[51]。

容易腐蚀的部位主要集中在反应产物空冷器、后冷器、油气分离器和氢气压缩机入口分液罐等部位。

4. 氯化物腐蚀

原油开采过程会带入含有部分氯化钠、氯化镁和氯化钙的水，氯化镁和氯化钙受热后极易分解，在预处理过程中可生成氯化氢，其具有强烈腐蚀性[52]。反应流出物气体温度一旦降至露点，水冷凝形成稀盐酸腐蚀环境，则对钢铁产生严重腐蚀与破坏。反应气体中 H_2S 存在会加速腐蚀反应的进行，H_2S 和 HCl 相互促进使腐蚀加剧。预分馏塔塔顶馏出系统的挥发线、空冷器进出口管线、空冷器管束为发生腐蚀的主要部位。

5. 金属粉化[1]

发生在重整工段的高温材料金属粉化是金属在渗碳气体和/或含碳和氢的工艺流体中发生的局部点蚀加速的一种渗碳形式。侵蚀经常是局部的，表现为深而圆的凹坑，可能表面有石墨粉尘。低合金钢、300 系列不锈钢、镍基合金和耐热合金在 482~816℃运行温度范围内都有可能发生金属粉化。

金属粉化在催化重整装置加热炉管、焦化装置加热炉，燃气透平机、甲醇重整装置出口管道和热加氢脱烷炉以及反应炉中发生。主要在辐射炉管的出口段和集合管内表面。1Cr5Mo 金属表面温度达到 600~650℃，管内烃介质在此温度下有裂解的可能，由于没有 H_2S 或水蒸气的保护，金属表面不能形成保护性的膜，极易形成渗碳。

6. 环丁砜溶剂腐蚀

在正常操作条件下，环丁砜抽提工艺是不存在腐蚀问题的，但当循环系统密闭性失效，环丁砜与系统中的微量氧接触，就会逐渐氧化变质，生成 H_2S 和二氧化硫等酸性腐蚀介质和弱酸性聚合物。溶剂的温度和酸值是影响该腐蚀的主要因素，在一般情况下，温度升高，腐蚀加剧，并在温度达到酸的沸点时，腐蚀性最强；酸值升高，腐蚀也随之加剧。另外，环丁砜中存在环丁烯砜杂质，环丁烯砜受热分解产生 SO_2，SO_2 再与不饱和醛等发生可逆反应生成腐蚀性很强的酸、硫醇、硫醚及 H_2S 等腐蚀介质，不但加重了设备的腐蚀，而且加速了环丁砜降解生成酸性物质。

腐蚀部位主要涉及芳烃抽提部分汽提水与溶剂换热器、汽提塔底重沸器、减压塔进料加热器以及汽提塔侧线空气冷却器，减压塔底循环泵、循环溶剂泵及出入口管线。腐蚀形态为均匀腐蚀和局部坑点腐蚀。

7. 其他腐蚀

其他腐蚀与加氢装置相同，如氢腐蚀、铬-钼钢的回火脆化、不锈钢的氯离子应力腐蚀、不锈钢停工期间的连多硫酸开裂等。

二、防腐对策

（一）工艺防腐

催化重整装置工艺防腐主要针对两方面进行：一是防止预加氢和重整反应部分的 HCl

腐蚀，二是防止芳烃抽提部分溶剂降解产物造成的腐蚀。

对于 HCl 造成的腐蚀，通常采取以下工艺防腐措施。

1. 控制氯含量

可增加脱氯罐，脱氯罐建议选择立式压力容器，应保证具有一定的高径比，最小值建议为 3，以防在高空速下氯来不及被脱氯剂吸收并带出脱氯罐[52]。另外，最好采取两台脱氯罐并联的方式，这样在一个脱氯罐换剂时可以切换至另一个脱氯罐操作。根据原料组分及氯含量选取合适的脱氯剂，及时、定期检测系统油和气中的氯含量，当脱氯罐外送氢气中氯化氢含量达到 1μg/g 时，应立即切换脱氯罐或更换脱氯剂[51]。

2. 注水或注氨水

预加氢反应产物管线及氢气管线容易发生 NH_4Cl 结盐，通常采用注水的方法，有企业采用注氨水的方法，可以提高溶液 pH 值，同时可以抑制 NH_4Cl 分解。

3. 原料或产品脱水

因为 HCl 在干环境下腐蚀轻微，因此避免外来水进入系统可以有效防止腐蚀，可以在原料或产品线上增加脱水罐，降低进入系统内的水。

4. 加注缓蚀剂和中和剂

在预加氢汽提塔塔顶挥发线和重整馏出物系统可以加注缓蚀剂和中和剂来抑制腐蚀。有企业在预加氢汽提塔塔顶挥发线加注 WS-1 型缓蚀剂，结果表明：在 pH 值 > 6 时，缓蚀率可达 97%以上；而当 pH 值小于 4. 5 时，缓蚀剂不能有效发挥作用，必须结合使用中和剂。

5. 做好水氯平衡，尽可能减少再生注氯量，减小洗涤系统负荷

对于溶剂降解产物造成酸性物质腐蚀，通常采取以下工艺防腐措施：

(1)加注缓蚀剂可以有效抑制环丁砜在系统中循环使用导致的腐蚀，且对工艺过程无不良影响。加注位置在再生塔顶挥发线。

(2)适时、合理添加中和剂。根据资料介绍，二异丙醇胺对碳钢腐蚀速率远小于同等条件下单乙醇胺的腐蚀速率。

(3)控制塔的操作温度，将再生塔底的操作温度降低到 160℃以下时，可以有效防止溶剂的降解。

(4)定期排放废溶剂，及时补充新溶剂，防止含高浓度的腐蚀性溶剂长期在塔内循环。

(5)加强系统密封，避免空气进入系统，减轻环丁砜的降解。

(6)充分利用贫溶剂过滤器和抽提原料过滤器，去除有机垢物与机械杂质。

(7)用阴离子交换树脂法可有效净化溶剂。

(二)材料防腐选材[53]

1. 预加氢部分

在预加氢工艺临氢设备中，氢腐蚀应符合 API 941 标准，按 Nelson 曲线进行选材。由于氢和 H_2S 的同时作用，选材还应满足 Couper-Gorman 预测腐蚀曲线，采用不锈钢或铬钼钢+不锈钢复合板。与低温湿 H_2S 有关的设备选择抗 HIC 钢或碳钢+不锈钢的复合板，碳钢材料的设备与管道必须进行焊后热处理，控制硬度大于 200HB。预加氢系统塔体材质可使用碳钢或碳钢+0Cr13Al，塔内构件可以选用碳钢或 0Cr13。冷换设备和管线可以采用 Ni-P 镀、双相钢、涂料等方法防腐，慎用易敏化型不锈钢材质。

2. 重整部分

重整部分设备管线气体干燥可以使用碳钢或低合金钢。对于脱戊烷稳定塔塔顶系统，采用碳钢基本可以满足要求，如果腐蚀严重，可以采用注氨和碱洗的措施来控制。重整反应产物后冷却器如果腐蚀严重可以采用含 Mo 的 316L 或 317L。

催化重整高温临氢设备的选材应符合 API 941 标准。应根据操作工况，针对氢损伤问题，将操作时的最高工作温度及最高氢分压分别提高 28℃和 0. 35MPa 后，按 Nelson 曲线进行选材，临氢管线多选用 1. 25Cr-0. 5Mo。当选择加热炉管时，例如，根据金属温度选择抗氢钢，通常要比工艺温度高 55℃。对于预加氢部分，要考虑 H_2S 的影响，选材还应满足 Copper 曲线。预加氢加热炉炉管通常采用 Cr5Mo 材质，反应器筒体早期采用 20g 或 16MnR 钢内衬隔热衬里，现在采用 2. 25Cr-1Mo 材料。

重整反应器目前多采用热壁反应器，由于反应温度为 540℃，筒体通常采用抗高温氢腐蚀的铬钼钢。除了考虑材料的抗氢性能以外，还应考虑材料的抗高温蠕变性能。当温度超过 500℃时，1Cr-0. 5Mo 和 1. 25Cr-0. 5Mo 管嘴发生过蠕变开裂，原因是在低韧性、粗晶粒焊接热影响区存在应力集中。为了避免这个问题，一些炼油厂要求采用 2. 25Cr-1Mo，其他炼油厂要求 1. 25Cr-0. 5Mo 热处理消除应力和回火，抑或采取其他热处理来提供退火性能。另外，当使用 1. 25Cr-0. 5Mo 时，要限制 C 含量低于 0. 14%，S 和 P 含量低于 0. 005%。

在重整部分，因为介质中 H_2S 很少，因此加热炉炉管有金属粉化或碳化的可能。考虑炉管抗高温氧化性能，炉管由过去的 1Cr5Mo 提高到 P9，壁温限制到 650℃。

3. 催化剂再生部分

催化剂再生部分的选材要考虑工况，烧焦再生阶段要求材料耐高温氧化，通常选用 06Cr17Ni12Mo2。在氯化阶段要求材料耐氯离子腐蚀，现一般采用 06Cr18Ni11Ti，但要注意避免应力集中。还原阶段要求材料耐高温 H_2 腐蚀，由于环境温度高(600℃)，容易发生表面脱碳，应采用(06Cr17Ni12Mo2)304H 和 316H。催化剂输送管道温度较低，采用碳钢可以满足要求，但考虑到耐磨蚀且防止腐蚀产生的铁离子污染催化剂，一般采用 0Cr18Ni9。

4. 芳烃抽提部分

芳烃抽提部分的腐蚀是由抽提溶剂降解造成的。目前，常用抽提溶剂主要是环丁砜。在系统中存在的少量氧的作用下，这些溶剂在一定的温度条件下会发生降解，生成有机酸或无机酸产物，造成设备腐蚀。芳烃抽提部分的设备管线通常采用碳钢，腐蚀严重的部位可以采用耐酸不锈钢。

第八节　炼厂气加工装置腐蚀与防腐

本节分别描述酸性气脱硫与溶剂再生装置、烷基化装置与 MTBE 装置的腐蚀机理、腐蚀部位与防腐措施。

一、酸性气脱硫与溶剂再生装置

(一)腐蚀机理与部位

炼油厂干气不同程度地含有 H_2S 等硫化物，目前最普遍采用的脱硫方法是醇胺法。利用贫溶剂吸收原料气中的 H_2S（同时吸收 CO_2），富溶剂经再生循环使用。醇胺法脱硫装置的腐蚀主要由溶解的酸性气体（H_2S 和 CO_2）、胺降解产物、热稳定盐、硫氢化铵等污染物产生，另外还存在湿 H_2S 损伤和胺开裂，表现形式一般为局部减薄和应力腐蚀开裂。

1. 局部减薄

胺腐蚀常常发生于胺处理气体装置的碳钢设备和管线上，如再生塔、再生塔底重沸器、富液管线等部位，采用不锈钢或不锈钢内衬的设备和管线腐蚀相对轻微。影响胺腐蚀的因素主要有胺液降解、流速与流态等。

胺液储罐若没有采取惰性气体密封，且整个系统没有过滤沉降措施，会造成胺液降解严重，胺液中杂质、热稳定盐（HSAS）浓度增加。热稳定盐主要是进入系统中的氧或其他杂质与醇胺反应生成的酸性盐，一旦生成很难再生。胺液再生系统再生塔底重沸器中的蒸汽温度过高，容易造成胺液的热降解。胺类按腐蚀性从大到小排序：单乙醇胺（MEA）、二甘醇胺（DGA）、二异丙胺（DIPA）、二乙醇胺（DEA）和甲基二乙醇胺（MDEA）。MDEA 是目前应用最普遍的溶剂，其主要发生氧降解和热降解，对化学降解稳定。当任何一种热稳定性盐或其总量超标时，溶液中会出现悬浮硫化亚铁或其他固体，胺液颜色变深，并容易发泡。

较高的流速或紊流可导致酸气从溶液中析出，特别是在弯头和发生压力降的位置，例如胺液再生塔顶出口管线和循环系统。当装置负荷增大或阀门勒量，造成局部流速过高，导致阀门及后部管线发生腐蚀减薄或穿孔，还可能产生酸气闪蒸、空泡腐蚀或者液滴冲击，造成硫化铁保护膜破裂，表现为点蚀或坑蚀。典型的是再生塔底虹吸式重沸器，由于其蒸发空间较小，容易造成管束上部和壳体出口管线发生空泡腐蚀。重沸器管束上的折流板会造成紊流现象，使更多的酸性气被释放，造成严重腐蚀。

另外，再生塔顶冷凝系统胺浓度低，主要为 $CO_2+H_2S+H_2O$ 腐蚀环境，并可能聚集高浓度的硫氢化铵进而导致腐蚀。

2. 应力腐蚀开裂

胺处理气体装置的开裂主要发生在碳钢设备的高硬度区和高残余应力区，铁素体低合金钢也具有开裂敏感性。在富胺液中的开裂属于湿 H_2S 损伤，如硫化物应力腐蚀（SSC）、氢致开裂（HIC）和应力导向氢致开裂（SOHIC），多发生于吸收塔或接触器的下半部。贫胺液中存在碱应力腐蚀开裂（ASCC），一般发生在与强碱且含有很低浓度酸性气体的贫烷醇胺溶液接触的碳钢设备焊缝与热影响区。裂纹主要产生在晶间，呈非常细的网状分布，且裂纹中充满氧化物。

影响胺开裂的因素主要有胺的种类、胺液成分、温度和应力水平。一项 NACE 调查显示，胺开裂最常见于乙醇胺（MEA）和二异丙醇胺（DIPA）装置，其次出现在二乙醇胺（DEA）装置中，很少出现在甲基二乙醇胺（MDEA）、亚砜和二甘醇胺（DGA）装置中[54]。高温下，胺开裂敏感性较高。焊接态和冷弯态碳钢和低合金钢制件残留的残余应力高而对胺开裂敏感，消除应力热处理可有效防止胺开裂。

（二）防腐对策

1. 工艺操作[55]

（1）防止原料中 H_2S 超过设计值：原料发生变化时，应适时调整工艺操作，或进行材质升级。要注意对 MDEA 中酸性气负荷进行核算，保证其在控制指标内。过滤器应经常清洗，在选型时要注意其易清扫、易操作性。此外，再生塔进料温度不应过高，应控制在90~95℃，防止H_2S释放量增大。处理原料气中的总酸气含H_2S低于1%的装置，认为是处理CO_2的装置，选择材料要比处理H_2S的高。

(2)加强胺液质量的监控，应定期检查贫胺液pH值，观察胺液颜色气味及固体颗粒含量。使用一段时间后，胺液由淡黄色透明液逐渐变成黑色带褐色，并有强烈的氨味，同时胺液的pH值也逐步降低，说明已经发生了比较严重的降解。

(3)建议采用0.3MPa左右的低压蒸汽作为重沸器热源，控制重沸器操作温度不高于149℃，防止胺液发生热降解。

(4)杜绝氧进入系统。首先要加强胺液储罐的氮封、水封管理，同时维持泵入口正压操作，防止空气从溶液泵填料进入系统。此外，配制胺液应采用除氧水，若系统不可避免与空气接触，可以考虑加入适量的脱氧剂，如$NaSO_3$或$N_2H_4 \cdot H_2O$。

(5)确保胺液能够有效沉降，可以通过增加沉降时间或增加沉降罐等方式实现。同时采取有效过滤措施(如二级机械过滤、活性炭过滤、布袋式过滤等方法)来去除系统内的烃类、降解产物及粒度在5μm以上的机械杂质。如果使用了过滤器，溶液的过滤量不应小于循环胺液的5%或者使溶液中的固含量低于0.1%。此外，还可以采用离子交换树脂系统去除系统内生成的热稳定性盐。

(6)要密切关注富液线和再生塔顶酸性水的流速。对于碳钢，富胺液在管道内的流速应不高于1.8m/s，在换热器管程中的流速不超过0.9m/s，富液进再生塔流速不高于1.2m/s。再生塔顶酸性水系统碳钢管线控制流速不超过5m/s，022Cr19Ni10管线控制流速小于15m/s。应尽量避免超负荷运行，同时要注意阀门开度，防止勒量造成流速加大。

2. 设计制造[55]

(1)通过增大管径、取消大小头、选用大型节流阀、安装防冲板等措施来降低由于高流速和湍流造成的冲刷腐蚀。

(2)富胺液走贫富液换热器的管程侧。在最后一个换热器下游安装节流阀，以避免贫富液换热器中酸性气从物料中闪蒸出来，防止酸性气释放到换热器中增加流速。

(3)重沸器要保证一定的蒸发空间，防止内部出现阻流现象，同时保证管束要始终浸入在液相中，采用釜式重沸器可以有效解决这个问题。有单位对虹吸式重沸器进行了改造，增大了上部的蒸发空间，可以一定程度地缓解腐蚀[56]。企业在重沸器前安装蒸汽流量阀，有利于防止水蒸气冷凝造成管束泛管。

(4)接触贫富液的碳钢管线必须进行焊后消除应力热处理。对于MDEA装置，所有温度超过82℃的与胺接触的碳钢设备管线，都应进行焊后消除应力热处理。应当考虑与胺接触的金属部件的最大操作温度以及伴热和蒸汽吹扫的影响。消除应力后的焊缝硬度不超过200HBW。

3. 选材

胺处理气体装置参考SH/T 3096《高硫原油加工装置设备和管道设计选材导则》，管道材料以碳钢为主，并根据工艺操作条件考虑湿H_2S腐蚀环境的影响：腐蚀严重时，采用抗HIC钢。当操作温度达到一定值(例如MDEA溶液82℃)时，应注意胺液的应力腐蚀开裂。对于重沸器，管束可根据实际运行情况和使用经验选用022Cr19Ni10或022Cr17Ni12Mo2。

此外，处理 CO_2 或富 CO_2 装置的选材要比处理 H_2S 的高，腐蚀严重部位需要升级至内衬 022Cr19Ni10 或 022Cr17Ni12Mo2 不锈钢。

1)气体脱硫装置

干气脱硫塔、液化石油气脱硫抽提塔、液化石油气脱硫醇抽提塔、液化石油气砂滤塔与氧化塔的壳体材料为碳钢，塔盘材料为 06Cr13，金属填料为 022Cr19Ni10。

二硫化物分离罐壳体材料为碳钢+022Cr19Ni10，金属填料为 022Cr19Ni10，其他容器选择碳钢。

换热器材料为碳钢，当介质为碱液时，碳钢设备应注意碱应力腐蚀破裂。

2)溶剂再生装置

再生塔壳体为碳钢+022Cr19Ni10，塔盘为 022Cr19Ni10，再生塔入口富溶剂管道可选择碳钢 022Cr19Ni10/022Cr17Ni12Mo2，塔顶酸性气管道可选择 022Cr19Ni10/022Cr17Ni12Mo2，塔底贫溶剂管道材料为碳钢。再生塔顶空冷器管束材料选用 022Cr17Ni14Mo2，进出口管道选用 022Cr19Ni10/022Cr17Ni12Mo2，贫液空冷器材料为碳钢。

贫富液换热器管束材料为 022Cr19Ni10，贫液冷却器材料为碳钢，再生塔顶冷却器管束材料为 022Cr17Ni12Mo2，重沸器管束材料为 022Cr19Ni10（当腐蚀严重时，采用 022Cr17Ni12Mo2），塔底重沸器进口管道为碳钢，出口管道选用 022Cr19Ni10/022Cr17Ni12Mo2（当塔底重复器结构型式有挥发空间时，出口管道可选用碳钢）。

二、烷基化装置

烷基化装置的腐蚀主要由氢氟酸或硫酸造成。

（一）氢氟酸烷基化装置

1. 腐蚀机理与部位[57]

氢氟酸是一种剧毒和强腐蚀性的物质，其本身易挥发并且能与水完全互溶而引起强烈腐蚀。一般来讲，氢氟酸的腐蚀性不如盐酸，因为它能够形成氟化物保护膜而使大多数金属被钝化。只要进料能够保持干燥，就能够用碳钢制造容器、管道和阀体。大多数腐蚀问题是在停工后发生的，因为设备低凹部位已经存留有水。氢氟酸烷基化装置主要腐蚀部位有酸排放系统、脱丁烷塔进料与塔顶等汽提塔进料和塔顶系统、酸再生与再蒸馏塔和塔顶管道、丙烷/丁烷接受系统以及泵和阀门铸件等。

1)均匀腐蚀

氢氟酸在常温下就能和大多数金属反应，生成氟化物并释放出氢原子。氢氟酸与碳钢、NS6400（蒙乃尔 400 合金）反应分别生成氟化铁和氟化镍，附着于金属表面形成致密的保护膜。温度越高，产物膜越厚；但高到一定程度（碳钢 65℃，蒙乃尔 149℃）时，膜的致密程度将变差，附着程度减弱；若温度继续升高（碳钢 72℃，蒙乃尔 171℃以上），膜将脱落或不能形成，腐蚀加速。

氢氟酸烷基化工艺反应温和，温度和压力均不高，绝大部分部件由碳钢制造，例如酸沉降罐、酸再接触器、酸冷却器、主分馏塔等部件一般均由碳钢制造。主要的腐蚀现象表现为管道或容器壁附着相对致密的不完整的片状腐蚀层，在塔盘、罐底等低洼地带堆积部分脱落的片状腐蚀物，主要为氟化铁腐蚀垢。塔盘与塔壁支撑圈等内构件由于冲刷的原因，腐蚀相对严重。此外，液位观察排酸管等附属的盲管、短接头腐蚀严重。

2）氢鼓泡和氢脆

腐蚀反应生成的氢原子对钢材具有很强的渗透能力，若钢材内部存有缺陷，如晶格缺陷、气孔、夹杂、夹层等时，氢原子在该处聚集形成氢分子，体积膨胀使材料出现氢鼓泡和氢脆。

一般来讲，氢氟酸烷基化装置的氢鼓泡和氢脆通常发生在 HF 浓度 70%以上的部位。碳钢及低合金钢连接件、管道通常不会发生氢鼓泡，这可能和碳钢及低合金钢中一般没有大尺度的夹渣物有关。

3）应力腐蚀

应力腐蚀的特征和湿 H_2S 应力腐蚀开裂一样，表现为氢致开裂（HIC）和应力导向氢致开裂（SOHIC）。在氢氟酸中，碳钢和蒙乃尔合金均可能发生应力腐蚀开裂，敏感部位主要是焊接部位。选择低含硫的钢材可降低开裂的敏感性，也可以采取设备焊后进行热处理，要求热处理后的硬度值控制在 200HBW 以下。

4）缝隙腐蚀

在设备焊接间隙、焊缝裂纹、垫片与密封面之间的间隙、螺母接触面间隙等处可能积聚少量 HF 酸液，形成缝隙腐蚀，生成的氟化铁或氟化镍在缝隙间膨胀，可导致焊缝开裂乃至破坏事故。

2. 防腐对策

1）工艺防腐控制

影响氢氟酸腐蚀的主要因素[57]：

（1）氢氟酸浓度　浓的氢氟酸腐蚀性微弱，稀的氢氟酸具有很强腐蚀性，氢氟酸腐蚀性随浓度的降低而增强。一般碳钢使用温度不高于 65℃，氢氟酸浓度在 75%以上，最好是在 98%。即使在低温下，碳钢因含水量增加，其腐蚀率也继续增加。含水量一般控制在 1.5%~2%为好；当水含量超标时，需要把酸送到再生塔中脱水再生，不过水分含量又不宜太少，因为烷基化油的辛烷值随水含量的增加而提高。

（2）温度　当使用温度高于 65℃时，因氟化铁膜失去保护作用，碳钢的腐蚀急速加剧，一般温度升高 10℃，腐蚀速率可增加 1~3 倍，建议选用蒙乃尔合金。高浓度氢氟酸的汽化温度很低，常压下为 20℃左右。实验表明，液相氢氟酸的腐蚀性远高于气相氢氟酸，碳钢在液相中只能用到 65℃，而在气相中可用到 300℃[58]。

（3）流速　介质流速过高，保护膜受到介质冲刷极易脱落，使金属的腐蚀速率加剧。铜的保护膜附着力最差，钢的次之，蒙乃尔合金生成的氟化镍保护膜致密，附着力最强。

（4）氧　酸中带进的氧可破坏氟化物致密性并作为去极化剂，使腐蚀加速，金属在含氧 1%的氢氟酸中腐蚀速率最大。蒙乃尔合金的氧加速腐蚀非常明显，当氧含量大于 1000mg/L 后，氢氟酸对蒙乃尔合金腐蚀速率明显提高；在饱和氧的氢氟酸中，蒙乃尔 400 合金的腐蚀速率为 23.7mm/a，而在无氧氢氟酸中仅为 0.246mm/a，相差两个数量级。

氢氟酸烷基化装置的工艺防腐从以下四个方面入手：

（1）加强 C_4 原料的脱水预处理，严格控制干燥后原料的含水量。严格控制 HF 酸中含水量，确保在 2%~3%以下，当含水超标时，应及时再生脱水。

(2)加强循环水中HF酸泄漏监测，泄漏后及时采取措施，尽可能避免或减轻HF酸泄漏对循环水系统的腐蚀。

(3)严格控制操作温度，禁止超温、超流量运行。

(4)应尽量减少装置开停工次数，避免空气进入系统。需要用氮气对设备及管道进行多次吹扫、置换。提高氮气质量，尤其是降低氮气中的水含量、氧含量都会延缓设备的腐蚀。

2)选材[59]

碳钢在一定范围内能耐氢氟酸腐蚀。在无水氢氟酸中(酸浓度85%~100%，酸中含水≤3%)，碳钢使用温度不高于71℃。但也有资料报道：在60℃以下，浓度大于75%以上的氢氟酸可以选用碳钢。烷基化设备使用的碳钢是镇静钢，不使用沸腾钢，因沸腾钢气孔多，且有重皮和夹渣，氢原子易透到基体内部形成氢鼓泡和氢脆。碳钢的成分简单、合金元素含量少，有利于耐蚀。由于氢氟酸对硅有很强的腐蚀性，所以碳钢中的硅含量对腐蚀影响很大，因此采用镇静钢控制硅含量不大于0.1%、碳含量不大于0.25%更为合适。装置主要使用20号碳钢，在强度要求不高的地方，少量使用10号碳钢，不使用45号和Q345R钢。

NS6400是目前抗氢氟酸腐蚀较好的金属材料之一，与氢氟酸作用后生成氟化镍，较氟化铁更致密，且与基体结合牢固，形成不易脱落的保护膜，有极好的抗氢氟酸腐蚀性能。蒙乃尔合金在任意浓度的氢氟酸中长期使用温度不超过149℃，短期使用温度不超过649℃。在50%~100%氢氟酸中，蒙乃尔合金的腐蚀速率是碳钢的1/10倍。

高铬钢和铬镍不锈钢在氢氟酸浓度高于50%的介质中有严重的点蚀。06Cr13Al和06Cr18Ni9Ti等不锈钢在氢氟酸中生成的保护膜致密性差，即使在常温下也能为氢氟酸所破坏，一般不选用。

铸铁本身性脆，机械性能差，碳、硫、磷、硅含量较高，不耐氢氟酸腐蚀。

金、银、铂等贵重金属抗氟化氢腐蚀较蒙乃尔合金好，但价格昂贵，一般不选用，只有少数仪表零件必要时选用。使用银时，介质中不允许含有H_2S。

非金属材料中聚四氟乙烯、橡胶对氢氟酸有较好的耐腐蚀性，可用作密封材料。

(二)硫酸烷基化装置

1. 腐蚀机理与部位

1)硫酸腐蚀

由稀硫酸引起的钢腐蚀通常表现为全面减薄或点蚀。碳钢焊缝和热影响区易遭受腐蚀，在焊接接头部位、管道和储罐里，硫酸停滞或缓慢流动的部位，会发生沟槽状腐蚀。浓硫酸多在与金属接触部位形成局部腐蚀，但可引起钢制容器或构件的钝化。常见材料抗硫酸腐蚀能力为：碳钢<022Cr17Ni12Mo2<NS1403<高硅铸铁<高镍铸铁<NS3202<NS3304[60]。一般来说，硫酸和原料混合物的腐蚀性一般没有硫酸强，因此，如果处在适宜的硫酸浓度、温度和流速范围内，采用碳钢制造即可满足安全要求[61]。

易受硫酸腐蚀部位包括烷基化反应器及其废气管线、酸沉降罐、废酸再沉降罐及废酸排污系统、制冷压缩系统(如压缩机入口分液罐、制冷压缩机、压缩机空冷、制冷剂罐等)、再沸器、脱异丁烷塔塔顶系统和苛性碱处理工段(如碱洗罐、水洗罐等)。

2)碱致应力腐蚀开裂(碱致脆化)和碱腐蚀

碱液对碳钢的腐蚀主要表现为拉应力与碱液共同作用下的应力腐蚀开裂[62]，其特征是裂纹出现在暴露于碱性环境的管道和设备(主要临近非焊后热处理焊缝)表面[60]。碱腐蚀会导致局部腐蚀或均匀腐蚀，这取决于碱或碱性溶液的强度。碳钢、低合金钢和300系列不锈钢对碱致应力腐蚀开裂和碱腐蚀均较为敏感。易发生这两种腐蚀的部位主要为因中和硫酸而采用碱的设备和管道，如碱洗罐、水洗罐、循环碱液泵、水洗泵、烷油-碱液换热器、循环碱液加热器、混合器等设备及相关管道。

3)其他腐蚀

正常生产中，反应流出物虽然经过了酸洗、碱洗、水洗等工艺，但其中携带的酸酯类杂质并不能完全脱除，会在下游的脱异丁烷塔的高温条件下分解产生SO_2，和水接触生成亚硫酸，造成腐蚀。塔底重沸器介质中的烷基硫酸盐和硫酸酯在高温下发生分解和聚合，导致重沸器管束积垢，引起垢下腐蚀及局部超温[62]。

在碱洗注入点、碱混合器入口处易发生循环碱液冲刷腐蚀。

烷基化装置中的低温设备会发生水汽凝结现象，特别是在湿润的南方，容易产生保温层下腐蚀[63]。

2. 防腐对策

1)工艺防腐控制

多数腐蚀问题发生在分馏段。腐蚀破坏问题出现在反应器流出物管线、塔顶系统和重沸器里。在脱异丁烷塔的塔顶系统，腐蚀破坏特别严重。

(1)酸浓度　酸浓度低于65%，则碳钢腐蚀速率较大。

(2)碱强度　如果存在浓缩的情况，则在碱液浓度较低时也会出现开裂，在这种情况下，碱液浓度在50~100mg/L就足以引起裂纹[60]。

(3)流速　在高浓度硫酸中，碳钢表面形成硫酸亚铁保护膜而具有防腐性能，但是，如果流速太高或者有湍流破坏了这层保护膜，那么腐蚀将十分严重。通常将含有大量浓硫酸的流体流速限制在0.6~0.9m/s。

(4)温度　与水混合的混合点会因放热导致温度升高，腐蚀速率较大。

(5)腐蚀杂质　氧化剂的存在可大大加快腐蚀速率。

(6)进料杂质　水、硫醇、二烯烃等杂质会促使酸乳状液稳定，最终这些杂质会造成反应器下游发生腐蚀问题。

(7)酸携带　在酸与烃分离器的下游，正常情况下，反应器流出物含有50~500μg/g的酸催化剂。配管设计时要特别消除低点部位，减少酸的聚集。

2)选材

(1)碳钢　在较低温度下(接近环境温度)，碳钢能够耐受浓酸侵蚀，硫酸烷基化装置主要用碳钢制造，一般在有硫酸的部位，采用6mm腐蚀裕量。在分馏段，塔器可以采用3mm腐蚀裕量。在有些情况下，与硫酸接触的碳钢焊缝可能要焊后热处理，防止焊缝和焊接热影响区优先发生腐蚀。焊接的根部焊道常用氩弧焊(GTAW)而非手工电弧焊(SMAW)，以消除表面凸起造成湍流而导致腐蚀加速。冷作金属(通常是弯头)要消除应力。管道厚度的过渡部位要开坡口。

(2)合金材料　阀门、泵内部构件、注入喷嘴和混合喷嘴采用特种合金。处理段碱洗和水洗注入点上游和下游的管段，常要选择适宜的合金材料。

碳钢严重腐蚀的地方，专门设计采用 NS1403(合金 20)防止硫酸腐蚀，通常比较适合的还有 NS3202(合金 B-2)、NS3305(合金 C-4)或者 NS3304(合金 C-276)、高硅铸铁或高镍铸铁。应当指出，酸中存在氧化剂或空气污染的地方，NS3202 容易有较高的腐蚀速率。

实际上，在浓硫酸和废硫酸使用环境中的阀门和泵常用 NS1403 或者类似的合金 CN7M 铸造而成。如果烃流体里含有痕量浓硫酸或稀硫酸，钢体阀门能够采用 06Cr17Ni12Mo2 或 NS1403 铸造。在这样的使用条件下，有时在钢质泵壳体上堆焊铝青铜，该做法已经取得成功，也常采用高硅铁泵叶轮。

在反应器前面的烃与酸的混合物管线可能需要采用 NS1403，因为进料中的水污染能够造成碳钢严重腐蚀。已经发现，碱洗注入点附近的反应器流出物管线可以用 NS6400。塔顶冷凝器的管线已经用 NS6400 和 TA2 钛材取代碳钢或海军黄铜。

大多数有机涂料无法耐受浓硫酸，但是像聚四氟乙烯这样的氟聚合物具有极好的耐蚀性能，广泛用于垫片、泵和阀门盘根、混合喷嘴等。

三、MTBE 装置

MTBE 装置的腐蚀问题主要出现在催化蒸馏塔和甲醇回收系统，是由原料中的杂质和物料中的酸引起的电化学腐蚀，一般表现为均匀腐蚀。

(一)腐蚀机理与部位

MTBE 装置引起腐蚀的酸的来源有以下几种：

(1)碳四和甲醇原料中含有的金属阳离子(Na^+、Ca^{2+}、Fe^{2+})会置换催化剂中的 H^+ 产生酸，同时使被置换的催化剂失活。例如，甲醇携带少量的甲酸钠，其中的 Na^+ 会置换磺酸中的 H^+ 产生甲酸。

(2)在有水、酸和高温等条件下，催化剂上的磺酸根会脱落，导致催化剂失活。催化剂的磺酸在 120℃以上才能有明显的脱落，在低于 80℃的反应温度下，催化剂几乎不发生磺酸根的脱落。磺酸根脱落后产生苯磺酸(标准沸点 137℃)或者磺酸(标准沸点 167℃)，主要存在于 MTBE 产品中，很难随碳四烃类进入甲醇水洗系统。在实际运行过程中，一旦甲醇泵突然停运或醇烯比过低，造成反应系统缺甲醇，就会发生异丁烯自聚，急剧放出大量的热量，导致催化剂床层“飞温”，甚至温度高达 200℃以上。催化剂因高温作用，大量的磺酸基团快速脱落，能够造成 MTBE 设备的严重腐蚀。

(3)原料甲醇中含有微量甲酸，目前 MTBE 装置所用甲醇均执行工业甲醇国标优等品甲醇指标，实际采购的甲醇原料中的甲酸质量分数通常都在 0.0004%左右。工业甲醇中还含有甲酸甲酯，甲酸甲酯很容易水解，甚至潮湿空气中的水分也会使其发生水解，生成甲酸和甲醇。

(二)防腐对策

(1)严格控制碳四原料金属阳离子(Na^+、Ca^{2+}、Fe^{2+})、硫化物和碱性物质等的含量。

(2)优化操作，减少净化器新鲜催化剂更换频率，减少催化剂游离酸进入系统；严格操作，尤其是净化器更换催化剂投用时，避免“飞温”现象造成的催化剂中磺酸基团的脱落。

(3)定期检测萃取水的 pH 值并置换萃取水；在萃取水流程上增加净化器，及时脱除系统中产生的酸性物质，避免酸在系统中累积。

(4)对甲醇原料要增加甲酸甲酯和甲酸的定量分析，定期监控，对供应商提出质量要求，降低甲酸和甲酸甲酯的含量。

第九节　加氢处理和加氢裂化装置腐蚀与防腐

一、腐蚀机理与部位

(一)高温部位腐蚀与损伤

1. 高温氢损伤

高温高压氢引起的损伤包括氢脆、氢致应力开裂以及氢腐蚀。氢脆和氢致应力开裂是由于高温(200℃以上)下，氢分子分解为氢原子，在高压下渗透进入钢中，冷却时来不及扩散释放，在150℃以下氢过饱和，造成材料的塑性、韧性降低，当停车降温速度过快时，在结构应力集中部位造成脆性开裂。加氢反应器最易发生开裂的部位是主法兰梯形密封槽底部拐角处和催化剂支撑凸台等高应力部位。堆焊层剥离也是一种氢致开裂形式。堆焊层为奥氏体组织，氢扩散慢但氢溶解度大，母材为铁素体组织，氢扩散快但氢溶解度小。在降温速度高时，母材和堆焊层之间的界面部位就会形成氢浓度的峰值，造成晶格畸变，引起较大的组织应力。在多次升温降温循环条件下，母材和堆焊层之间由于热膨胀系数不同而引起热应力，导致堆焊层沿熔合线的碳化铬析出区或粗大的奥氏体晶界剥离。预防方法是：在停工过程中严格执行热开停工程序，停工过程应严格控制降温速度，开车时先升温后升压，停车时先降压后降温，保证在壁温为150℃以下时介质压力小于正常操作压力的三分之一。停工工序中增加适当的脱氢过程，以降低停工后器壁中的残留氢浓度，可在250～350℃保温一段时间进行消氢处理。操作中应防止反应器的飞温和急冷，保证操作参数的平稳。

高温氢腐蚀是在高温高压条件下扩散侵入钢中的氢与不稳定的碳化物发生化学反应，生成甲烷气泡。由于生成的甲烷在钢中的扩散能力很小，易在晶间空穴和非金属夹杂部位聚集，引起钢的强度、延性和韧性下降与劣化，进而导致材料破裂。这种脆化现象是发生化学反应的结果，具有不可逆的性质，也称永久脆化现象。高温氢腐蚀有两种形式：一是表面脱碳，二是内部脱碳。表面脱碳不会产生裂纹，这与钢材暴露在空气、氧气或二氧化碳等气体中所产生的脱碳相似。表面脱碳的影响一般很轻，其钢材的强度和硬度局部有所下降而延展性提高。内部脱碳是由于氢扩散侵入到钢中反应后生成了甲烷，而甲烷不能扩散出钢外，就聚集于晶界空穴和夹杂物附近，形成了很高的局部应力，使钢产生龟裂、裂纹或鼓包，其力学性能发生显著的劣化。影响高温氢腐蚀敏感性最关键的因素是孕育时间、操作温度、氢分压、钢材化学成分、是否进行焊后热处理。

1)孕育时间

高温氢腐蚀对钢材造成损伤之前，在一段时间内用普通的力学试验方法检验不出机械性能有明显变化。经过这段时间以后，材料产生损伤而导致强度和延性下降。在能够用普通力学试验方法测出高温氢腐蚀以前的这段时间被称为孕育期。孕育期随钢的类型和暴露条件的苛刻情况而变，在极端的条件下，仅能维持几小时，而在较低的温度和氢分压下维持时间可逐渐变长。在缓和的条件下，某些钢材甚至暴露很多年后，用普通力学试验方法也检验不出有损伤情况。孕育期的长短非常关键，它决定发生高温氢侵蚀条件下钢材的有效寿命，图 27-11 给出了碳钢高温氢腐蚀的孕育期曲线。

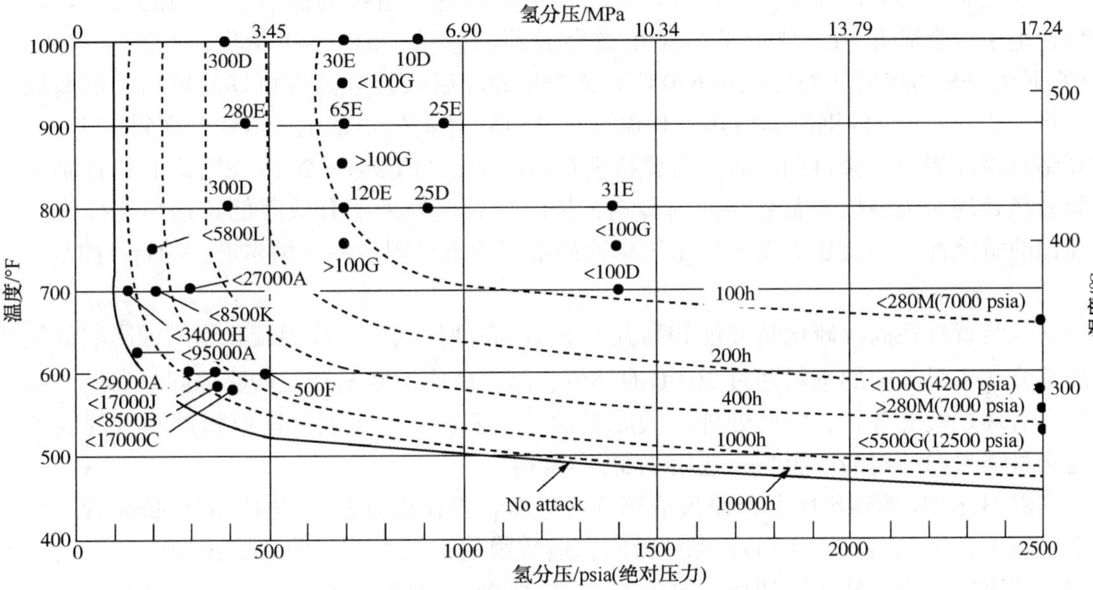

图 27-11　碳钢高温氢腐蚀的孕育期曲线[72]

注：1psia = 6.89×10⁻³MPa

2) 操作温度

温度越高，氢腐蚀越严重。在大多数情况下，操作温度对高温氢腐蚀的影响比氢分压更大。以 200℃左右为界线，当介质操作温度低于此值时，钢材的高温氢腐蚀不明显；高于此值时，高温氢腐蚀的程度会随着温度的提高而变重，选择的材料也需要相应调整。所以在高温氢腐蚀选材时，首先要考虑操作温度，即使对于复合板设备或堆焊设备，基层也应考虑高温氢腐蚀。

3) 氢分压

高温氢腐蚀主要与氢分压有关，与操作总压关系不大。扩散入钢材内部的氢浓度可反映氢分压和操作温度对材料高温氢腐蚀的影响。氢在钢中的平衡浓度可用下式表示：

$$C = 134.9 \cdot \sqrt{p} \cdot \exp\left(\frac{-3280}{T}\right)$$

式中，C 为钢材中的氢浓度，μg/g；p 为氢分压，MPa；T 为温度，K。

从上式可以看出，氢浓度与氢分压的平方根成正比关系，氢分压越高，高温氢腐蚀越严重；同时氢浓度与温度倒数成指数关系，说明温度对氢浓度的影响更明显，氢腐蚀的程度和温度关系密切。

4) 合金元素

如前所述，高温氢腐蚀是由于扩散入钢中的氢与钢中的碳元素作用，进而生成甲烷所致。为此，可在钢材中添加能形成稳定碳化物的元素，使碳的活性降低或使碳被固定，从而避免或减少能形成甲烷的碳的数量，进而提高材料抗高温氢腐蚀的能力。稳定碳化物的元素有很多，主要有铬、钼、钒、钛等。

5)焊后热处理的影响

工业经验和实验研究都显示出焊后热处理可以改善钢材抗高温氢腐蚀的能力，焊后热处理稳定了合金碳化物，减少了与氢相结合的碳的数量。API 941 指出，2.25Cr-1Mo 在 691℃下经 16h 的焊后热处理比在 630℃下经 24h 的焊后热处理具有更好的抗高温氢腐蚀能力。将 1.25Cr-0.5Mo 钢的焊后热处理温度从 ASTM 规定的最低值 593℃提高到 677℃，其抗高温氢腐蚀能力也会得到改善。需要特别指出的是，API 941—2016 在附录 F 中特别强调了焊后热处理对碳钢抗高温氢腐蚀的影响，指出焊后热处理能有效降低碳钢焊接接头高温氢腐蚀的敏感性，为此还更新了高温氢腐蚀最常用的选材图表——纳尔逊(Nelson)曲线。

2. 高温硫腐蚀

加氢装置存在高温硫化物腐蚀和高温 H_2S/H_2 腐蚀。其中，高温硫化物腐蚀影响部位是反应部分在未混氢前的进料超过 204℃的部位。高温硫腐蚀常与环烷酸腐蚀同时发生，由于注氢点后环烷酸会分解，因此处理高酸原料油的加氢装置，在混氢前原料油经过的设备和管道选材需考虑环烷酸的影响，选用 316L 不锈钢。

高温 H_2S/H_2 腐蚀影响部位是反应部分含氢物料操作温度超过 204℃的设备和管道。在富氢环境中，H_2 能够渗透到 FeS 保护膜内，造成膜的疏松多孔，使之剥离脱落，露出新鲜金属继续腐蚀反应，使腐蚀加快。对于 H_2S/H_2 腐蚀，装置反应区高温临氢部位在设计时，应严格按照 Couper-Gorman 曲线进行选材和结构设计。

有经验表明，纯气相环境下的 H_2S/H_2 腐蚀速率远高于气液混相环境，可能达到 6 倍[64]。另外，氢含量增加会降低硫化物活性，低氢分压下的 H_2S/H_2 腐蚀速率高于高氢分压。当存在较高氢分压时(例如在加氢反应部分)，这种效果并不明显，但是在去除氢后的分馏部分可能观察到腐蚀速率增加，高于 Couper-Gorman 曲线预测。局部(如高流速或湍流区，或分馏系统重沸炉水平炉管顶部)腐蚀速率会很高，12Cr5Mo 和 12Cr9Mo 材料的腐蚀速率都会很高，与碳钢相当，即使总硫含量低至几个 μg/g，仍可能产生高腐蚀速率[65]。

3. 铬钼钢的回火脆化[64]

回火脆化是指低合金钢长期在 343~593℃范围内使用时，操作温度下材料韧性没有明显降低，但材料组织微观结构已变化，降低温度后(如停工检修期间)发生脆性开裂的过程。一些加氢装置的反应器就长期在这一温度范围内操作，需重点关注。通过目视检测难以发现回火脆化损伤，拉伸性能无明显差别，只能采用夏比 V 形缺口冲击实验测试。常用的铬钼钢由于铬含量不同，获得的金相组织不同，回火脆化敏感性也不同。2.25Cr-1Mo 多获得均匀分布的细晶粒贝氏体组织，故回火脆化敏感性较高；1Cr-0.5Mo 和 1.25Cr-0.5Mo 的金相组织以珠光体为主，几乎没有回火脆化敏感性。回火脆化材料的韧脆转变温度较非脆化材料升高。大量实验研究表明，产生回火脆化的根本原因是：铬钼钢在一定温度回火、回火后冷却或时效过程中 P、Sn、Sb、As 等有害元素在奥氏体晶界处偏聚，当材料经受冲击或拉伸时，界面能已下降的晶界处很容易首先开裂。P 是最能增强回火脆化敏感性的元素，其次是 Sn，再次是 As 和 Sb。Si 本身不会引起脆化，而是对 P 的脆化起了促进作用。脆化是可逆的，严重脆化了的材料，在 593℃以上加热一段时间后便可脱脆。

回火脆化最初都采用回火时快冷与缓冷后的室温冲击韧度的比值评价，或者以韧性状态与脆化状态的室温冲击韧度的比值评价。为了对现有钢材和焊接接头的抗回火脆化性能进行评价，美国 SOCAL 公司开发了第 1 号加速脆化的程序，称为步冷(Step Cooling)脆化处理程序。步冷处理工艺程序如图 27-12 所示。根据 API 934 中规定，步冷实验程序如下：

(1)材料以任意速度加热至 316℃。

(2)以最高 56℃/h 的速度加热至 593℃，保温至少 1h。

(3)以最高 6℃/h 的速度冷却至 538℃，保温至少 15h。

(4)以最高 6℃/h 的速度冷却至 524℃，保温至少 24h。

(5)以最高 6℃/h 的速度冷却至 496℃，保温至少 60h。

(6)以最高 3℃/h 的速度冷却至 468℃，保温至少 100h。

(7)以最高 28℃/h 的速度冷却至 316℃。

(8)在静止空气中冷却至环境温度。

将经步冷处理和未经步冷处理的材料分别进行冲击试验，分别测出 A_{Kv} 值为 54J 时的相应温度 V_{Tr54} 及其变化量 $\Delta Tr54$。$\Delta Tr54$ 越大，说明材料的回火脆化敏感性越高。通常按下式来判定材料的回火脆化敏感性。

$$V_{Tr54} + X\Delta Tr54 < t$$

式中，V_{Tr54} 为步冷处理前夏比冲击功为 54J 时相应的转变温度,℃；$\Delta Tr54$ 为步冷工艺处理前后夏比冲击功为 54J 时转变温度的增量,℃；X 为脆化处理产生的脆化量与长期高温停留产生实际脆化量的差别的调整系数；t 为钢材长期高温停留后允许的脆化转变温度,℃。

API 934 推荐的 X 和 t 值分别为 2.5 和 10。随着炼钢技术的不断提高，钢材抗回火脆化的能力已经大大改善，已经允许 X 值增加到 3，t 值降低到 0℃。

(二)低温部位腐蚀与损伤

1. 氯化铵垢下腐蚀

氯化铵相对密度 1.527，加热至 337.8℃分解，在 350℃升华，沸点 520℃，易于吸潮形成酸性环境，腐蚀性很强。当流体温度达到氯化铵沉积点以下时，固态的 NH_4Cl 盐就会从含 NH_3 和 HCl 的流体中析出，堵塞换热器管束与塔盘。NH_4Cl 沉积的温度随着 NH_3 和 HCl 浓度的增加而提高，或随着操作压力的升高而相应提高。主要影响加氢处理装置中反应流出物换热流程后部的高压换热器、热高分器(热低分气)冷却换热器、空气冷却器、循环氢压机系统管路、汽提塔顶部位的管道等。一般认为，在反应流出物或热高分气 232～176℃[66]的冷换设备中，加氢反应生成的 HCl 与 NH_3 反应生成 NH_4Cl 结晶出来，堵塞换热器管束，引起垢下腐蚀和冲蚀。依据图 27-12 可物流的成分估计 NH_4Cl 的沉积温度，图中的 K_p 值是 NH_3 分压与 HCl 分压的乘积。

湿 NH_4Cl 盐或者 NH_4Cl 水溶液对碳钢的腐蚀类型体现为局部腐蚀，可产生数十毫米每年的腐蚀速率，即使对抗腐蚀性很强的镍基合金和钛合金也可能产生点蚀。NS3306(合金 625)和 NS3304(合金 C-276)在氯化铵环境下耐蚀性较好。

2. 含硫污水腐蚀

含硫污水腐蚀是由于加氢反应产生的 H_2S 和 NH_3 溶于水或生成 NH_4HS 结晶析出引起的冲刷腐蚀和垢下腐蚀，影响腐蚀的主要因素是 NH_4HS 的浓度和流速，次要因素是 pH 值、氰化物含量和氧含量等，主要发生在高压空冷器和相连管线，以及低压空冷器和相连管线。主要通过注软化水、合理选材与控制 K_p 值、流速和水中 NH_4HS 含量来控制，并可考虑注缓蚀剂。

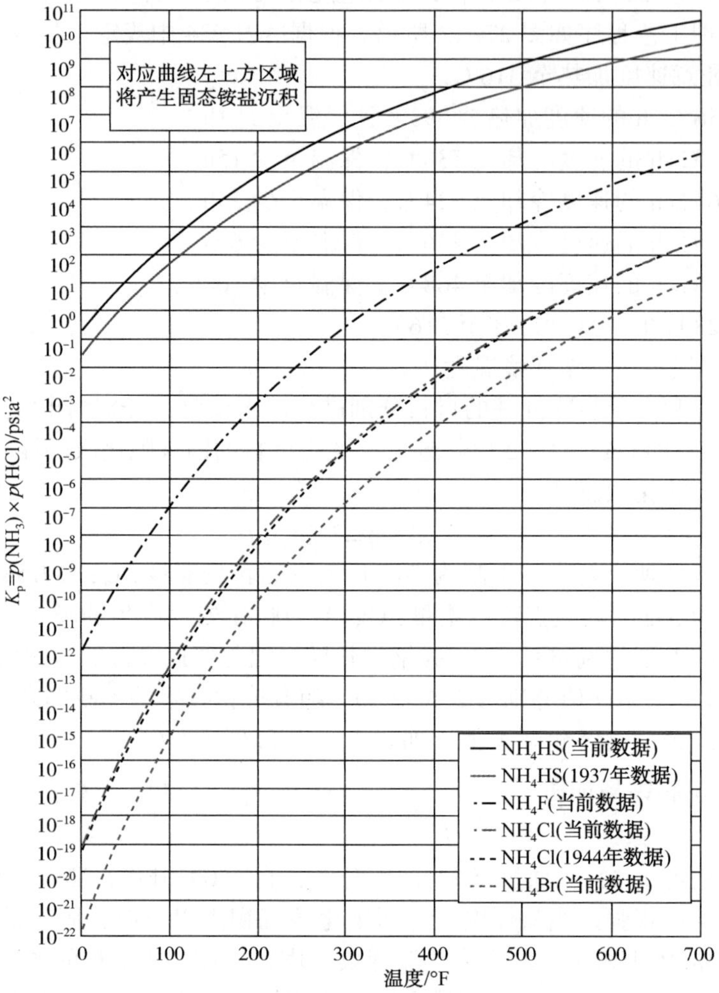

图 27-12　从物流成分估计铵盐沉积的曲线[67]

NH_4HS 的沉积与 NH_4Cl 类似，可以根据 K_p 值来估计。NH_4HS 结晶温度远低于 NH_4Cl，一般在 25~65℃[66,68]，往往也低于水露点而观察不到 NH_4HS 沉积。不过，如果不加控制会因结盐堵塞空冷器管束，造成压降上升和偏流以及严重腐蚀。通常在流出物空冷器之前注水溶解硫氢铵，防止沉积。由于氨的存在可以溶解更多的 H_2S，高浓度的硫氢铵具有很强的腐蚀性，碳氢铵浓度超过 35%时，碳钢和 022Cr19Ni10 不锈钢即使在静止状态也会发生严重的腐蚀。酸性水会导致冲刷腐蚀，因此在加氢反应流出物系统中的空气冷却器流速超过 6m/s 时不能采用碳钢材料，应选择高等级材料。在工艺流体中存在的少量氰化物、氧或氯化铵会进一步加剧硫氢铵腐蚀。

3. 湿硫化氢开裂

硫化氢水溶液的腐蚀为电化学腐蚀，能够引起钢的腐蚀减薄、氢鼓泡、氢致开裂、应力导向氢致开裂和硫化物应力腐蚀开裂。湿硫化氢对碳钢和低合金钢的腐蚀减薄速率与水中 H_2S 浓度、pH 和流速有关；而湿硫化氢开裂多发生在高强度钢或碳钢、低合金钢的焊缝与热影响区等高硬度部位。硬度和应力水平是两个影响湿硫化氢应力腐蚀的重要因素，进行焊后消除应力热处理可防止应力腐蚀发生。存在该种失效模式的部位有冷高压分离器和冷低压分离器、硫化氢汽提塔和分馏塔塔顶系统、循环氢脱硫塔与低分气脱硫塔下部和富胺液闪蒸罐等。

氢致开裂是钢材中不同平面的临近氢鼓泡连接或连接到金属表面形成的一种阶梯状内部裂纹，形成氢致开裂不需要外力，开裂的驱动力是渗透到钢材内部的氢引起的局部高压。渗透进入钢材的氢是由于湿 H_2S 腐蚀产生的氢，氢原子渗透到钢中的非金属夹杂部位积聚，形成氢分子，氰根(CN^-)的存在使开裂加剧。氢的渗入通量与环境 pH 值和水中 H_2S 浓度有关，钢中氢通量在 pH 值接近中性的溶液中最低，而在 pH 值较高或较低的溶液中都将增加。较低 pH 值下的腐蚀是由 H_2S 引起的，而 pH 值较高的溶液中的腐蚀是由高浓度硫氢根离子造成的。在高 pH 值溶液中，氰化物的存在会加剧氢渗透到钢中，氢渗透量随水中 H_2S 含量的增加而增大。氢致开裂主要发生在以铁素体+珠光体为典型组织的低碳钢和低合金钢上，低合金调质高强度钢则对氢致开裂不敏感。氢致开裂的发生及严重程度与钢中杂质含量和显微组织密切相关。S 是非常有害的元素，因为 MnS 夹杂物是钢中氢聚集的主要部位。采用电炉冶炼、真空精炼，有利于减少钢中有害元素(S、P、As、Sb 等)的含量，提高纯净度；适当减少 Mn 含量，同时利用惰性气体保护浇铸，改进轧制和热处理工艺，有利于减少型材的带状组织特征。钢中加入 Cu，加 Ca 控制非金属夹杂物的形状，能够显著改善钢的抗氢致开裂性能。

应力导向氢致开裂是在应力作用下，使得在钢中的夹杂物、组织缺陷处聚集的氢分子形成的近似同向排列的小裂纹沿着与外加应力垂直的方向发展而形成的。应力导向氢致开裂通常发生在焊接接头、结构不连续和应力集中等高应力部位，或存在机械损伤、应力腐蚀开裂形成的表面缺陷处。预防应力导向氢致开裂除了选用抗氢致开裂钢外，还要采取措施降低局部应力水平，尽可能消除残余应力。

4. 氯化物应力腐蚀开裂

加氢装置中的氯化物来源于原料中含的氯盐和有机氯化物、重整氢含氯以及有机氯加氢产生的氯化氢。水相中含有氯离子时，会引起碳钢设备和管道的腐蚀减薄，以及奥氏体不锈钢设备和管道的应力腐蚀开裂。氯化物应力腐蚀开裂主要发生在低温部位，如介质的气相冷凝部位，设备和管道的排液短节等温度较低的部位，是在拉应力和氯化物溶液的作用下发生的表面开裂。影响氯化物应力腐蚀因素有温度(60℃以上)、氯化物浓度、残余应力水平、载荷或结构等造成的局部高应力与敏化的材料。反应流出物系统中 300 系列不锈钢管道与换热器管束是氯化物应力腐蚀开裂敏感性较高的部位。特别要引起注意的是，这些管道低点导凝管在装置检修后，重新投产不久就可能会发生失效事故。在停工冲洗阶段或在管道暴露于大气中时，含有氯化物的水会聚集在管线中。重新投产后，支管里的温度升到超过 60℃，残留的水就开始挥发，氯化物发生浓缩，没有消除应力的焊缝大多数会发生开裂和泄漏。可以采取对排水管线进行消除应力处理措施，或者换用更高等级的材料，如 NS1403 或 NS1402。最彻底的措施是取消管线的导凝管，我国新设计的有些装置中已取消导凝管。

5. 连多硫酸应力腐蚀开裂

连多硫酸（$H_2S_xO_6$，$x=3\sim6$）是停工期间设备表面的硫化物腐蚀产物与空气和水反应形成的，对于敏化后的奥氏体不锈钢易引起应力腐蚀开裂，一般为晶间裂纹。这种腐蚀破坏会给设备造成严重的损坏，通常靠近焊缝或高应力区域，开裂蔓延迅速，在数分钟至数小时内就会穿透管线和部件的壁厚，而且非常不容易发现，直到开工或有时在操作中出现裂纹时才发现。在加氢处理装置中，由于存在 H_2S 和氢气使环境条件更具还原性，这会导致 FeS 垢物生成，一旦奥氏体材料已被敏化，在停工检修期间会出现问题。

用于减缓连多硫酸应力腐蚀开裂的其他方法涉及消除连多硫酸的生成。这些方法包括：炼油厂检修期间设备和管道采用充氮保护、使金属温度保持高于水露点、用纯碱溶液清洗等[69]。

二、防腐对策

（一）原料控制

装置加工的原料油须符合设计要求，各种有害杂质含量应严格控制在设计值和装置工艺卡片规定值范围内。原料油每罐均应进行分析，分析项目包括硫、氮、氯、铁离子和金属含量等；采用热联合的装置，原料油至少每周分析 1 次。原料油氯、氮含量和氮转化情况对铵盐的形成有较大影响，运行中应进行重点关注，一般设计要求原料氯含量小于 1mg/L。新氢须符合设计要求，其中氯含量应小于 1mg/L，循环氢脱硫系统胺液热稳盐和有机酸等杂质的含量应做好分析和控制。运行中要做好原料油罐的气封，防止氧气进入引起原料油的氧化。

（二）工艺防腐

1. 开停工工艺操作

为防止高压 Cr-Mo 钢设备因氢脆或回火脆化等引起的应力集中部位的脆性开裂，应采取如下操作措施：

（1）开工和停工时的升温与降温速度分别不要超过 25～30℃/h 和 25℃/h。

（2）在操作上采用热态型开停工方案：开工时先升温后升压，停工时先降压后降温。采用较缓慢的升降温速度，当温度小于设计推荐值（如 93℃）时，反应器内产生的应力小于材料屈服强度的 20%。

（3）反应器的停工程序中就应加入“脱氢处理”过程，即从操作温度冷却到 260～350℃范围内，恒温保持一段时间，尽量减少器壁中残留的氢含量。

装置停工期间，为防止奥氏体不锈钢材料发生连多硫酸应力腐蚀开裂，对于停工检修时不需要打开的设备，需要严加防护，防止外界的氧和水分等有害物质进入系统。对于需要打开检修设备，在打开前应按 NACE SP0170—2012 进行碱洗防护。

2. 注水

反应产物换热流程后部的高压换热器处在氯铵结晶温度（176～232℃）范围。为了防止堵塞换热管，在换热器入口管线注水洗去氯化铵，一般采用间断注水，通过对高压换热器的压降进行监控，在压降超过临界值时进行注水。在不注水时，注水点阀门要关严，防止水泄漏进入系统，形成高浓度酸性溶液，以致加快腐蚀。高压空冷器和低分气空冷器处在 NH_4HS 结晶温度范围，通过在入口管线连续注水洗去硫氢铵结晶，防止换热管堵塞。

其中，高压空冷器操作压力高，氨和硫化氢含量高，铵盐结晶趋势大。注水量一般不低于装置处理量的6%，并确保冷高压分离器酸性水中硫氢铵的质量浓度不超过8%，建议控制在4%，同时要保证总注水量的25%在注水部位为液相。洗涤水的质量要符合设计要求(见表27-6)，并且要加强注水系统的氮封，防止空气串入系统。

表27-6　注水水质要求表[67]

成　分	最高值	期望值
氧含量/(μg/kg)	50	15
pH值	9.5	7.0~9.0
总硬度(钙硬度)/(μg/g)	1	0.1
溶解的铁离子/(μg/g)	1	0.1
氯离子/(μg/g)	100	5
硫化氢/(μg/g)	—	<1000
氨含量/(μg/g)	—	<1000
CN^-/(μg/g)	—	0
固体悬浮物/(μg/g)	0.2	少到可忽略

3. 注缓蚀剂

根据需要，高压空冷注水可以注多硫化物缓蚀剂，这种缓蚀剂可以把氰离子转换成硫氰根离子，减缓湿硫化氢腐蚀引起的氢渗透，同时使材料表面的硫化物腐蚀产物更加致密，有效减缓腐蚀。

根据实际腐蚀情况，可以在脱硫化氢汽提塔或脱丁烷汽提塔塔顶空冷器入口管线注入缓蚀剂，通过腐蚀监测情况和塔顶回流罐酸性水分析结果对缓蚀剂的注入进行调整。

(三)选材

1. 反应器

加氢反应器材料包括母材和堆焊层材料。考虑高温高压氢损伤，热壁加氢反应器母材根据Nelson曲线[70]选材合适的Cr-Mo钢，选材要对温度和压力留出适当的裕度(一般可取压力裕度0.35MPa、温度裕度28℃)，对钢材、焊接材料的化学成分提出相应的要求。母材的 J 系数和焊接材料的 X 系数满足相应的要求，钢材要采用电炉+炉外精炼技术(如真空碳脱氧工艺及其他新的冶炼工艺的应用)进行冶炼。母材可选择的Cr-Mo钢类型有2.25Cr-1Mo、2.25Cr-1Mo-0.25V、3Cr-1Mo-0.25V和1.25Cr-0.5Mo，堆焊层选择309L+347双层堆焊，或单层堆焊347(或06Cr18Ni11Ti)，反应器内件选用06Cr18Ni11Ti或06Cr18Ni11Nb。

2. 反应流出物换热器

反应流出物(原料油)、氢气或混氢油换热器管束材料选用06Cr18Ni11Ti或06Cr18Ni11Nb(管箱材料根据操作条件参照Nelson曲线选定，复层材料同反应器)；热高分气/(原料油)、氢气或低分油换热器(或没有热高压分离器时换热流程后部的反应流出换热器)，处在氯化铵结晶温度范围，根据腐蚀环境情况，管束材料选用NS1402/022Cr23Ni5Mo3N或022Cr25Ni7Mo4N/06Cr18Ni11Ti/15CrMo/14Cr1Mo(管箱材料根据操作条件参照Nelson曲线选定，复层材料同反应器)，热低分气/冷低分液换热器管束材料选用15CrMo，管程热低分气侧壳体材料选用碳钢+022Cr19Ni10。

3. 高压空冷器

高压空冷器根据K_p值和流速等因素进行选材。

$$K_p = n_{H_2S} \times n_{NH_3}$$

式中　n_{H_2S}——H_2S的摩尔分数,%；

n_{NH_3}——干基气相中NH_3的摩尔分数,%。

在$K_p<0.07$，或在$K_p=0.1\sim0.5$且流速为4.6~6.1m/s时可以选用碳钢或15CrMo(温度超过碳钢使用温度时选用)，管箱选用抗HIC碳钢或15CrMo；$K_p>0.5$时不能选用碳钢，可选用材料有NS1402、022Cr23Ni5Mo3N、022Cr25Ni7Mo4N，且流速应小于9m/s。换热管选用NS1402时，管箱选用碳钢(或15CrMo)复合NS1402以防止电偶腐蚀；换热管选用022Cr23Ni5Mo3N、022Cr25Ni7Mo4N时，管箱选用碳钢(或15CrMo)并进行焊后热处理。换热管选用碳钢(或15CrMo)时，在换热管流体入口部位设置长度不小于300mm的022Cr17Ni12Mo2衬管，衬管与换热管应紧密贴合，衬管尾部应为喇叭口，斜度不大于1∶4。

空冷器管箱结构应选择丝堵管箱，管箱设计应使换热管入口流体均匀分配，空冷的布置应完全对称。

4. 分馏单元塔器

加氢装置分馏单元塔器可包括脱硫化氢汽提塔、脱丁烷塔、脱乙烷塔和分馏塔。脱硫化氢汽提塔、脱丁烷塔、脱乙烷塔操作温度低于分馏塔，进料硫化氢含量高于分馏塔，主要考虑材料的湿硫化氢环境腐蚀。脱硫化氢汽提塔在进料口以下1m以上的塔体选材碳钢+06Cr13Al(或06Cr13)复合板，其余塔体选材碳钢，塔盘选材06Cr13。脱丁烷塔、脱乙烷塔在顶部5层塔盘以上塔体选材碳钢+06Cr13Al(或06Cr13)复合板，其余部分塔体选材碳钢，塔盘选材06Cr13。分馏塔一般塔体选材碳钢，在物料温度高于288℃的部位塔盘选材06Cr13，其余部位选材碳钢。在实际生产中，许多企业分馏塔下部塔体腐蚀微弱，但也发现部分企业分馏塔下部塔体存在明显腐蚀，这时需要把物料温度高于288℃的部位塔体选材碳钢+06Cr13。

第十节　制氢装置腐蚀与防腐

本节适用的制氢过程是以石脑油或天然气为原料，与水蒸气混合在镍系催化剂作用下，经加热至700~850℃反应而制取氢气。

一、腐蚀机理与部位

制氢装置主要腐蚀介质是氢气、二氧化碳和苯菲尔溶液中的碳酸钾，同时在高温高压操作条件下，材料也会产生劣化失效、蠕变和高温氧化、硫化。另外，若水质控制不好，锅炉及蒸汽发生器高温高压水侧会出现氧腐蚀；若加热炉燃料的硫含量高，加热炉对流段可能产生烟气露点腐蚀。在含有氯离子的溶液中，300 系列奥氏体不锈钢在应力作用下易发生应力腐蚀开裂。该装置主要易腐蚀部位包括烃类蒸汽转化炉炉管、变换系统的铬钼钢设备与不锈钢管道、苯菲尔脱碳系统的 CO_2 吸收塔、再生塔、再生塔底重沸器、贫液及半贫液泵、CO_2 冷凝器及以上设备的附属工艺管线等[71]。

(一) 氢腐蚀

氢腐蚀机理可见本章第一节“常见的腐蚀机理”。氢腐蚀的部位有原料预处理的加氢反应部分、转化炉到变换部分的温度超过 200℃的设备与管道。

(二) H_2S+H_2O 腐蚀

装置外来的原料含硫化氢与微量水，H_2S+H_2O 腐蚀发生在原料预处理部分的储罐与进料缓冲罐水相。当碳钢和低合金钢材暴露在含有大约 50mg/L 或更多硫化氢的液体水时，发生湿硫化氢破坏，包括氢鼓泡、氢致开裂、应力导向氢致开裂和硫化物应力腐蚀开裂四种形式。当环境 pH 值小于 5. 5 时，形成硫化铁保护膜不坚固，易剥离同时又造成氢渗透量增加，氢致开裂敏感性增大。

(三) CO_2+H_2O 腐蚀

转化气中含的水蒸气在温度不断下降过程中冷凝，吸收了转化气中 CO_2 形成碳酸腐蚀环境。腐蚀反应是 $H_2O+CO_2+Fe \longrightarrow FeCO_3+H_2$。腐蚀多发生于气液相界面和液相系统内，以及可能产生冷凝液的气相系统冷凝液部位；腐蚀区域壁厚局部减薄，可能形成蚀坑或蚀孔；介质流动冲刷或冲击作用的部位可能形成腐蚀沟槽，典型腐蚀部位如焊缝根部。碳素钢、低合金钢容易受到腐蚀，300 系列不锈钢一般能有效抵抗 CO_2 腐蚀，可用于 CO_2 分离设备，同时须注意避免奥氏体不锈钢在现场焊接施工可能造成的敏化。奥氏体不锈钢和双相不锈钢具有良好的耐腐蚀性。

腐蚀的特点如下：

(1) 浓度(pH 值)　CO_2 浓度增高，pH 值降低，腐蚀性增强。

(2) 温度　温度低于 60℃，主要发生均匀腐蚀，腐蚀速率较低；温度升高至 60～110℃，金属表面可生成具有一定保护性的腐蚀产物膜，未得到保护部位发生局部腐蚀，腐蚀速率较大；温度继续升高至 110～150℃，均匀腐蚀速率高，且局部腐蚀严重(可形成深腐蚀孔)，腐蚀产物为厚而松的 $FeCO_3$ 粗结晶；温度超过 150℃时，形成细致 $FeCO_3$ 和 Fe_3O_4 膜，腐蚀速率较低。

(3) 腐蚀杂质　Cl^-的存在可使 CO_2 在溶液中的溶解度减少，腐蚀速率有一定程度的降低；含有 H_2S 杂质时，腐蚀速率增大；介质中的 HCO_3^- 会抑制 $FeCO_3$ 的溶解，促进钝化膜的形成，降低腐蚀速率；介质中 Ca^{2+}、Mg^{2+}的存在增大溶液离子浓度，使 CO_2 溶解量减少，结垢倾向增大，均匀腐蚀速率降低，局部腐蚀速率增大；介质中存在 O_2 时可引起严重腐蚀。

(4) 流速　流速越大，腐蚀速率越大。

(5) 腐蚀产物膜　腐蚀产物膜可由 $Fe(HCO_3)_2$、$FeCO_3$、Fe_3O_4、FeS 及金属氧化物等不同的物质组成。

（四）锅炉水介质腐蚀

锅炉水介质腐蚀是指锅炉系统和蒸汽冷凝水回水管道上发生的均匀腐蚀和点蚀。锅炉冷凝水中溶解氧的腐蚀为点蚀，多呈溃疡状。溶解的 CO_2 腐蚀为均匀腐蚀，形成光滑的腐蚀沟槽，锅炉水除氧不彻底时同时发生点蚀。腐蚀速率的主要影响因素有溶解氧浓度、CO_2 浓度、温度以及 pH 值等。控制锅炉水介质腐蚀需将锅炉水进行除氧处理、控制 pH 值和添加缓蚀剂。由于制氢装置废热锅炉自产蒸汽是本装置转化反应的原料，因此对水质的要求很高，特别是氯离子的含量，以防含碳酸的转换气冷凝水对下游奥氏体不锈钢设备和管道的应力腐蚀。锅炉水质控制应按照 GB/T 1576—2018《工业锅炉水质》的规定，其中给水 pH 值、溶解氧、硬度和 SiO_2 含量应符合中国石化 2012 版《炼油工艺防腐蚀管理规定》实施细则的要求。

溶解氧腐蚀：$Fe \longrightarrow Fe^{2+}+2e^-$　$O_2+2H_2O+4e^- \longrightarrow 4OH^-$

（五）脱碳系统的高温碳酸钾碱液腐蚀

脱碳工艺有热碳酸钾溶液（苯菲尔法）与变压吸附两种，碳酸钾溶液脱碳属于淘汰工艺。

脱碳系统的作用是脱除制氢原料经过转化、变换后生成的大量二氧化碳。由低温变换反应器出来的低变气经过换热降温，脱除冷凝水后进入脱碳系统。采用热碳酸钾溶液脱除低变气中的二氧化碳，使从该系统出来的粗氢中二氧化碳含量小于 2‰。该系统是制氢腐蚀严重的区域，其腐蚀的特点如下：

1. 电化学腐蚀

碳酸钾溶液属于强电解质溶液，其中还溶解有大量的二氧化碳，对碳钢会发生强烈的电化学腐蚀。

2. 空泡腐蚀

这种现象常见于贫液泵和半贫液泵内的零部件上，如叶轮、轴套、口环等。钾碱液中的二氧化碳在高流速和压力变化时，很容易析出二氧化碳气泡。当压力增加时，气泡破裂产生极高的压力，类似泵入口的气蚀现象，造成金属材料表面的破坏。

3. 冲刷腐蚀

高速流动的液体，可能还带有固态颗粒和气泡，所产生的剪应力将破坏金属表面的钝化膜，造成表面的冲刷腐蚀现象。在弯头、大小头、调节阀后等部位形成冲刷腐蚀，该现象往往和气蚀同时发生。冲刷腐蚀与设备管道结构、介质相态和流速等因素有关，在弯头、大小头、调节阀后和设备进出口等流道结构突变部位易于发生冲刷腐蚀。气液两相流体易于发生冲刷腐蚀，流速超过一定值后冲刷腐蚀加重。判断冲刷腐蚀的严重程度可用 ρv^2（其中，ρ 为介质密度，kg/m^3；v 为介质流速，m/s）进行判定，如下所示：

对于单相流体，$\rho v^2 \geqslant 2230$，冲刷腐蚀加重；

对于两相流体，$\rho v^2 \geqslant 740$，冲刷腐蚀加重。

4. 缝隙腐蚀

缝隙腐蚀常见于重沸器两端的管子胀接处，如果制造质量不好，存在能进入溶液的缝隙，在缝隙内碳酸钾溶液出现浓缩，从而造成材料的碱脆开裂。氯离子也可在缝隙内浓缩，使不锈钢材料出现点蚀，或在残余应力高的部位发生应力腐蚀开裂。

5. 碱应力腐蚀开裂

碱应力腐蚀开裂是一种发生在暴露于碱溶液中的设备和管道表面的应力腐蚀开裂现象，

多数情况下出现在未经消除应力热处理的焊缝附近。碳钢、低合金钢和300系列不锈钢都有可能发生碱应力腐蚀开裂现象。制氢装置容易出现问题的部位有余热锅炉的过热蒸汽盘管、转化炉管下部有冷凝水存积部位。碱质量分数超过5%时开裂将发生，随着碱浓度的增加开裂敏感性会增加。温度在46℃以上，有残余应力，如果存在浓缩条件（如干湿交替、局部热点或高温吹汽等），50～100mg/L的碱浓度就足以引起开裂。

6. 氯化物应力腐蚀开裂

氯化物应力腐蚀开裂是指300系列奥氏体开裂的不锈钢和镍基合金在拉应力和氯化物溶液的作用下发生的表面开裂。影响氯化物应力腐蚀因素有金属温度60℃以上、氯化物浓度、残余应力、载荷或结构等造成的局部高应力与敏化的材料。材料敏化通常是冷加工后形成的应变马氏体没有经过固溶化热处理或在材料敏化温度下停留造成。容易出现氯化物的部位有反应器进料与反应流出物系统300系列不锈钢管道与换热器管束等。制氢装置变换系统的18Cr-10Ni-Ti材料出现过一些焊缝与管件的开裂，这些部位的材料经检验已经敏化了，在氯离子含量高或氯离子浓缩环境下引起开裂。转化炉管也出现过0Cr18Ni9Ti材料炉管法兰的开裂，原因是法兰保温套筒与炉管壁的间隙温度比较低，如果其温度低至转化气露点温度以下，水蒸气冷凝将带来氯离子的应力腐蚀开裂。

7. 高合金材料材质劣化

高合金材料系统是指转化炉高温炉管系统，包括转化炉管、下猪尾管、集合管等。转化炉管的工作条件苛刻，原料气入口温度450～550℃，转化气出炉温度高达760～880℃，炉膛温度高达1400℃以上，管壁工作温度高（850～920℃），内外壁温差大（28～101℃），能够承受内压引起的工作应力和自重应力，并经受开停工引起的热疲劳和热冲击。由于高温与高应力，金属材料发生变化，出现强度降低、脆性增加。材料高温劣化的腐蚀机理有蠕变、碳化物形态变化、金属粉化、σ相脆化等。

8. 高温氧化

高温氧化是指高温下金属与氧气发生反应生成金属氧化物的过程。碳钢和其他合金的抗氧化能力是由材料中的铬含量决定的。氧化腐蚀易发生在加热炉、锅炉和其他火焰加热器等高温环境中运行的设备，尤其是温度超过538℃的设备和管道中。转化炉管壁温度在1000℃左右，选择高合金材料可以满足抗氧化要求。

9. 耐火材料的硅迁移

在800℃以上的氢气流中，保温材料与高温含氢气体接触有“硅迁移”的问题。含硅的耐火材料会发生二氧化硅还原成挥发性的一氧化硅的化学反应；而在温度低于700℃时，一氧化硅又能被氧化成固态的二氧化硅，迁移到下游的二氧化硅堵塞设备，在催化剂表面覆盖上一层二氧化硅而丧失催化剂活性，耐火材料也因大量丧失二氧化硅而强度下降。因此，工程上要选择二氧化硅含量不大于0.5%的材料。

10. 加热炉烟气露点腐蚀

燃烧含硫燃料烟气中的SO_3与燃烧生成的蒸汽形成硫酸，其生成温度是硫酸露点温度。管壁低于此温度时，硫酸冷凝造成酸性腐蚀。制氢装置虽然燃烧脱硫瓦斯，但尾部空气预热器还是出现过露点腐蚀问题。

二、防腐对策

（一）工艺措施

1. 转化工段

（1）防止硫的腐蚀，必须对燃料充分脱除硫，要求燃料气硫含量小于 20mg/L，液态烃燃料硫含量应小于 100μg/g，控制瓦斯压力平稳。

（2）尽量减少氯化物，原料预处理过程要进行脱氯，锅炉给水采用除盐除氧水。

（3）为防止局部过热与热冲击，应尽量减少开停工次数，特别要避免事故情况下的紧急停炉，精心调整好火嘴的火焰。

（4）运行中要防止管内催化剂架桥、结焦和粉碎堵塞，避免偏流而造成局部过热。

（5）严格控制水碳比，避免高水碳比情况下会造成下游冷凝过程的水露点升高，腐蚀部位前移到铬钼钢材料部位。

2. 碳酸钾脱碳系统

（1）防止系统中生成和从外界混入固体颗粒，加强对钾碱液的过滤以减少机械杂质的磨损。流速低于 1.5m/s 以下的部位可用碳钢。

（2）配制钾碱液的原料中的碳酸钾含量应不低于 96%，含氯量应低于 0.01%。

（3）控制碳酸钾溶液的浓度低于 10%，重沸器中的加热蒸汽温度应低于 149℃。当操作温度过高时，管表面的溶液就会急剧沸腾汽化，在气液交替处存在爆沸现象，使腐蚀加剧。

（4）钾碱溶液中加入五氧化二钒缓蚀剂，能使金属表面氧化生成一层连续的、黏附性很强的金属氧化膜，这层致密的钝化膜具有良好的保护性能。

（5）五氧化二钒缓蚀剂在使用过程中，生成的偏钒酸钾的质量分数要达到 0.6%～0.9%。由于还原性物质的作用，五价钒会逐渐还原为四价钒，四价钒虽不能形成保护膜，但当五价钒在金属表面形成保护膜之后，它却具有维持保护膜的作用。如果膜遭到破坏或磨损，溶液中只要含有五价钒，保护膜就能得到修复。生产中保持溶液中五价钒含量占总钒含量的 20%以上，就能够保证安全运行。

（6）溶液中铁含量在短时间内有明显增加，就表明存在局部腐蚀。如果铁含量继续增长，最后就会发生铁钒共沉淀，造成大量钒损失而使腐蚀加剧。一般铁含量为 200～300μg/g，就认为腐蚀严重。当总钒浓度低于 0.15%、正五价钒浓度低于 0.1%时，就需要补加五氧化二钒，使溶液中偏钒酸钾（KVO_3）的浓度提高到 0.7%～0.8%。此时最好切断工艺气体，进行 20～28h 的系统钝化处理，或将部分钾碱液引入储罐，在罐内通入工业风，温度维持在 70～80℃，经氧化后的溶液再补入系统中去，该法能使部分钒转化为五价钒[72]。

（二）材料选择

1. 转化炉管

为了提高轻烃的转化率，转化气的出口温度一再提高。一般是 800～850℃，国内最高 860℃，国外最高达 915℃，这就要求转化管的材质具有更高的高温强度。随着高性能合金材料的发展，转化管的材质也越来越高级。20 世纪 60 年代以前用低碳的不锈钢轧制管，60 年代以后用 HK40（25Cr/20Ni）离心铸造管，70 年代中后期用 IN-519（24Cr/24Ni）离心铸造管，80 年代到 90 年代中期用 HP40Nb(25Cr/35NiNb)离心铸造管，以后开始使用 Micro 合金离心铸造管(HP40Nb 外加稀有元素)。国内转化管由于使用温度较低，至今仍用 HP40Nb。

2. 转化炉管系

(1)管系入口部分由入口集气总管、入口集气支管和入口尾管组成。由于工艺气体入口温度一般不超过 600℃，入口集气总管和支管的材质通常是 P11 或 P22，个别也有用 P5 的。入口尾管的材质一般与总管相同，但当应力计算不能满足要求时，也有用 TP321 的。当采用预转化和对流室再次加热工艺流程时，工艺气体入口温度超过 600℃时，入口集气管和尾管材质都应升级。入口尾管主要用来补偿转化管垂直向上约 200mm 的热膨胀及入口总管和支管在水平方向上的热膨胀。为了避免入口尾管与转化管和集气管焊接接头受力损坏，包括入口尾管在内的整个入口管系都是用恒力弹簧吊架悬吊的。

(2)管系出口集气管有热壁、冷热壁混合和冷壁炉衬三种。热壁集气管系既要承受转化气的高温(800~900℃)，又要承受转化气的压力(2.0~2.5MPa)，还要解决集气管高温热膨胀的问题。材质用到 UNS N08810 锻造管或低碳 20Cr-32Ni-Nb 离心铸造管。冷热壁混合集气管系仅将主集气管改为冷壁，支集气管和尾管仍为热壁。直插式全冷壁集气管系内部衬有耐火隔热料。出口尾管变成一端固定、另一端自由的内衬套。内导管与过渡管中间有隔热耐火材料。工艺气体通过内导管进入集气管的内衬套。内导管和集气管的内衬套不承受压力，只承受工艺气体的高温，相互之间采用承插结构，以补偿工艺气体高温引起的热膨胀。内衬套与集气管外壳之间有隔热耐火材料。集气管的外壳和过渡管只承受工艺气体的压力和转化管部分重量。由于内部衬有耐火材料，外壁温度只有 200℃左右，因此外壳可以用碳钢制造。热壁集气管系统的缺点是容易破裂，需要高合金材料，还要解决高温热膨胀。采用直插式全冷壁集气管系统消除了这个问题，把既承受高温又承受高压的危险点减到最少[73]。

3. 中压蒸汽发生器

中压蒸汽发生器选用的材料应有良好的耐热性和抗氢性能。高温转化气入口端的管板常采用耐火绝热炉衬加以防护(06Cr18Ni11Ti+绝热衬里)。管板端部插入套管(Cr20-Ni32)，套管与换热管间采用装填高硅玻璃棉或陶瓷纤维隔热层。

4. 变换反应器

中温变换反应器是中温临氢设备，一般选用 15CrMo 钢，以避免发生表面脱碳和内部脱碳。

5. 二氧化碳分液罐与配管

考虑耐碳酸腐蚀，材料选用 06Cr18Ni11Ti。

6. 碳酸钾脱碳系统

二氧化碳冷凝液流经的部位，如冷凝冷却器、分液罐及其系统管线推荐用 06Cr18Ni11Ti；再生塔顶、二氧化碳空冷器用铝合金管或 06Cr18Ni11T，再生塔顶挥发线由于气相腐蚀较轻可用碳钢管。

碳酸钾净化液在流速较高、有节流或流向改变等部位容易产生冷蚀、冲刷腐蚀。例如，贫液泵、半贫液泵、泵进出口管线、阀门、重沸器、能量回收透平、压力表和温度计管嘴等均推荐用 06Cr18Ni11Ti 钢，流速低于 1.5m/s 以下的部位可用碳钢。

防止系统中生成和从外界混入固体颗粒，加强对钾碱液的过滤以减少机械杂质的磨损。吸收塔和再生塔塔体推荐用 Q245R 钢，但在再生塔顶封头至顶部塔盘的筒体部分因接触湿二氧化碳，可内衬 06Cr18Ni11Ti。在使用含钒缓蚀剂的情况下，塔盘亦可使用碳钢制作。如果塔盘使用不锈钢，则与碳钢塔体相焊接的塔内构件可作为牺牲阳极而使用碳钢，以保护塔体免遭电化学腐蚀。为了避免碱的应力腐蚀开裂，使用温度超过 90℃ 的主要设备，如碳钢制造的吸收塔和再生塔，应进行焊后热处理以消除残余应力。热处理后硬度值不大于 HB200，且不得在设备上再进行任何焊接。

7. 变压吸附(PSA)

变压吸附装置操作温度不高，气体经过脱水后，二氧化碳已没有腐蚀性，材料选用碳钢。变压吸附装置中的吸附塔在工作中要承受交变应力载荷，介质的升压、降压频率一般为 5 分钟一次，除了在结构上要按疲劳要求进行设计外，还要以静力进行强度计算和以交变应力幅来验算疲劳寿命。因此，变压吸附装置中的吸附塔设计寿命可达 12 万小时。

第十一节　汽油吸附脱硫装置腐蚀与防腐

在汽油质量升级的过程中，中国石化用于催化裂化汽油深度脱硫的 S Zorb 技术发挥了越来越重要的作用，该技术具有脱硫率高、氢耗低、辛烷值损失小、液体收率高等优点[74]。

目前，国内已有 36 套 S Zorb 工业装置可以长期稳定地生产超低硫清洁汽油，总处理能力达 4700 万吨/年以上，加工的催化汽油超过了催化裂化汽油总产量的 50%。

一、腐蚀部位与机理

要了解装置的腐蚀部位，首先应了解装置组成，其次是根据装置工艺流程、腐蚀介质含量绘出装置腐蚀分布图。

(一)装置组成

汽油吸附脱硫装置主要包括进料与脱硫反应、吸附剂再生、吸附剂循环和产品稳定四个部分，每个部分所包括的设备如表 27-7 所示。

表 27-7　装置组成

序号	名称	包括的设备
1	进料与脱硫反应部分	原料罐、进料泵、进料换热器、加热炉、反应器等
2	吸附剂再生部分	再生器、取热系统、吸附剂储罐等
3	吸附剂循环部分	闭锁料斗系统
4	产品稳定部分	稳定塔系统

从表 27-6 可见，装备主要包括静设备、动设备、加热炉、电气和仪表，其中脱硫反应器和再生器是反应系统和吸附剂再生系统的核心设备，稳定塔是产品稳定系统的核心设备，吸附剂循环系统中还有众多的过滤器[78]。装置原料中的腐蚀性介质含量一般为：硫，1000μg/g；硫醇硫，53μg/g；总氯，<0.5μg/g。

(二)腐蚀部位

由于装置物料含有氢、硫化物等腐蚀性介质，装置的反应和再生部分操作温度较高，可能出现的设备材料腐蚀损伤种类很多，需了解装置的腐蚀部位，如图 27-13 所示。

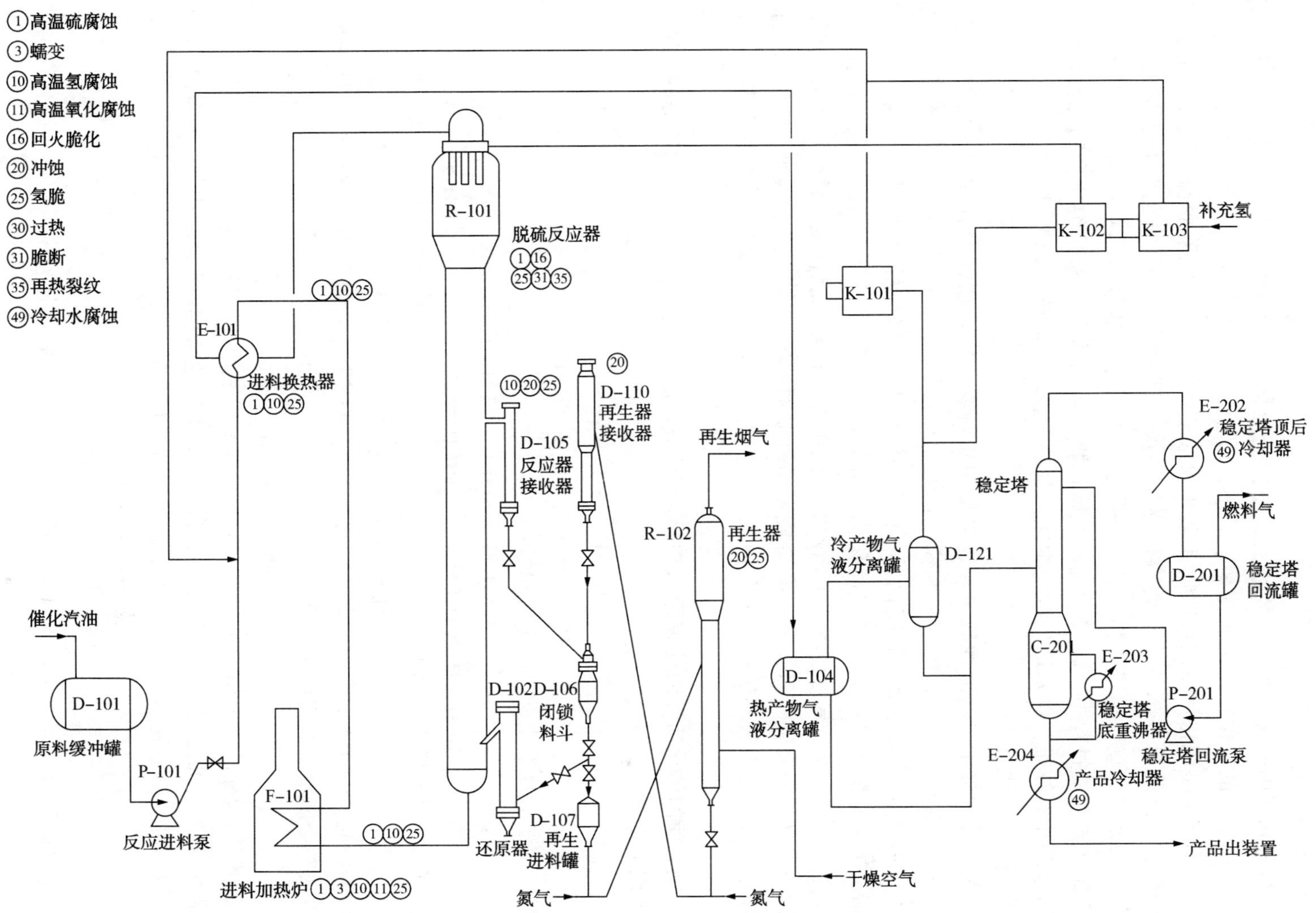

图 27－13　汽油吸附脱硫装置的材料损伤分布图

（三）腐蚀机理

1. 主要腐蚀介质分析

从装置各物料中所含的腐蚀介质来看，主要是硫化物，还有氢化物、氧化物胶质。通常催化汽油中主要的硫化物种类有硫醇、硫醚、噻吩、烷基取代噻吩、苯并噻吩、甲基苯并噻吩等。不同类型硫化物在汽油吸附工艺中反应速率不同。经吸附脱硫工艺加工后，原料中的硫醇、硫醚及甲基苯并噻吩类硫化物几乎被全部脱除。产品中仍含有少量的噻吩、烷基取代噻吩及苯并噻吩类硫化物，且烷基噻吩中取代基碳数越多，在产品中所占比例越高。在吸附脱硫反应过程中，硫醇、硫醚等硫化物较容易脱除，噻吩类化合物尤其是烷基取代噻吩脱除相对较难，烷基取代噻吩中取代基碳数越高，脱除率越低[78]。

1）硫醇的腐蚀机理

硫醇是原油中最主要的活性硫之一，多集中于轻组分中。在轻馏分油中，硫醇一般占硫含量的40%~50%，甚至更高。硫醇不溶于水，低分子的硫醇有强烈的臭味。硫醇在高温下可分解，300℃时分解为硫醚和硫化氢；在更高温度下，可分解为烯烃和硫化氢；在有氧存在的情况下，硫醇还可以氧化成二硫化物。硫醇具有弱酸性，反应活性较强。在温度超过100℃后，对铜、镉等有色金属产生强烈的腐蚀作用。硫醇也能直接与铁作用生成硫醇铁而腐蚀设备。燃料中有硫醇时，不仅会造成发动机输油系统的腐蚀，还能加速燃料的生胶作用。如果汽油中含有较多硫醇，不仅使汽油产生恶臭，而且会引起腐蚀和加速某些塑料部件的溶胀。

由于钢表面的催化活性而使硫醇基SH断裂变成自由基，引起与未分解的硫醇的连锁反应作用生成硫化氢：

$$C_5H_{11}SH \longrightarrow C_5H_{11}+SH$$

$$C_5H_{11}SH+SH \longrightarrow C_5H_{10}SH+H_2S$$

硫醇、硫醚的热裂化反应产生硫化氢：

$$RCH_2CH_2SH \longrightarrow RCH{=}CH_2+H_2S$$

$$RCH_2CH_2SCH_2CH_2R' \longrightarrow RCH{=}CH_2+R'CH{=}CH_2+H_2S$$

硫化氢与金属的反应式如下：

$$H_2S+Fe \longrightarrow FeS+H_2$$

在高温（340~400℃）下，硫化氢也可发生分解而产生比本身具有更强腐蚀活性的硫，这时硫直接与金属发生的反应更强烈：

$$H_2S \longrightarrow S+H_2$$

在汽油吸附脱硫的加氢精制过程中，形成具有高腐蚀活性的硫化物。

高温下（350~400℃），硫能直接与金属发生反应，生成金属的硫化物，而H_2S即在200℃时就能开始与Fe发生反应，其主要腐蚀反应过程为：

$$S+Fe \longrightarrow FeS$$

$$H_2S+Fe \longrightarrow FeS+H_2$$

原油中含的部分硫醇，在高温下（200℃以上）也可以与铁直接发生反应产生硫化铁腐蚀产物：

$$RCH_2CH_2SH+Fe \longrightarrow RCHCH_2+FeS+H_2$$

2)硫醚、噻吩等非活性硫的腐蚀机理

硫醚类硫化物和噻吩类硫化物是主要的非活性硫，噻吩类硫化物又可占到总非活性硫的70%~80%。硫醚和噻吩主要分布在200℃以上的馏分中。

装置物料中的非活性硫在炼制过程中主要是转化为活性硫而腐蚀设备。硫醚和噻吩是原料中的主要硫化物之一。在较低的温度下，硫醚的性质比较稳定，不会与金属反应，但在高温下，硫醚会分解成活性硫而腐蚀设备。由于噻吩为共轭体系，因而它的稳定性好，不易裂解。在高温下，噻吩类硫化物一般发生侧链断裂生成小分子噻吩化合物，即使在催化裂化条件下也仅有约10%的噻吩裂化得到 H_2S，绝大部分得以保留进入石油产品中。

当原料中噻吩类化合物含量较高时，应该通过适当调整反应温度，同时通过适当提高氢分压、降低反应质量空速、增加吸附剂硫差等方式增加脱硫效果。

3)高温氢腐蚀机理

高温氢腐蚀是在高温高压条件下扩散侵入钢中的氢与不稳定的碳化物发生化学反应，生成甲烷气泡：

$$Fe_3C+2H_2 \longrightarrow CH_4+3Fe$$

$$C+4H \longrightarrow CH_4 \quad 或 \quad C+2H_2 \longrightarrow CH_4$$

生成的甲烷在钢中的扩散能力很小，易在晶间空穴和非金属夹杂部位聚集，引起钢的强度、延性和韧性下降与劣化，进而导致材料破裂。这种脆化现象是发生化学反应的结果，所以它具有不可逆的性质，也称永久脆化现象。

高温氢腐蚀有两种形式：一是表面脱碳；二是内部脱碳。表面脱碳不会产生裂纹，这与钢材暴露在空气、氧气或二氧化碳等气体中所产生的脱碳相似。表面脱碳的影响一般很轻，其钢材的强度和硬度局部有所下降而延展性提高。内部脱碳是由于氢扩散侵入到钢中反应后生成了甲烷，而甲烷不能扩散出钢外，就聚集于晶界空穴和夹杂物附近，形成了很高的局部应力，使钢产生龟裂、裂纹或鼓包，其力学性能发生显著劣化。

高温氢腐蚀大致分为如下三个阶段。

(1)孕育期。氢与碳反应会使钢材表面脱碳，若碳向表面扩散速度慢，脱碳会向内部发展，在晶界或夹杂界面的缝隙形成甲烷鼓泡，可通过扫描电镜观察到鼓泡。

(2)快速发展期。鼓泡长大到某一临界点后沿晶界连接起来形成微裂纹，钢的体积膨胀，强度和塑性迅速下降，超声波测厚时可能会表现为异常“增厚”。

(3)饱和期。在显微镜下观察试样，可看到脱碳和/或微裂纹，有时现场金相分析也能观察到裂纹彼此连接，钢材力学性能和体积变化减趋停止。图27-14为已出现内部脱碳和微裂损伤的碳钢试件的金相照片[79]，材料对应的操作温度为421℃，氢分压为2.93MPa，操作时间接近65000h。

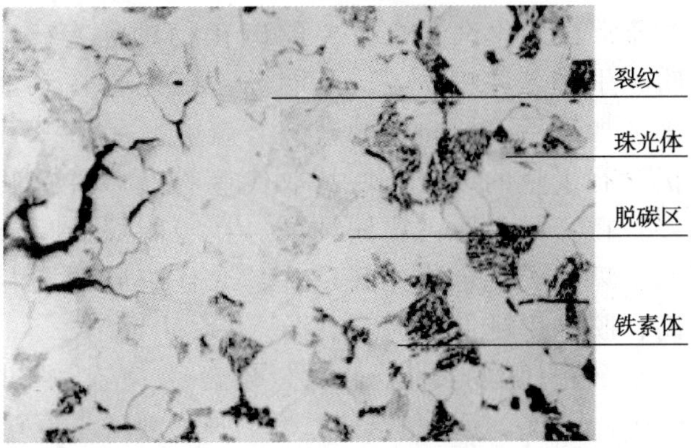

图27-14　碳钢在高温氢环境中发生的内部脱碳和微裂损伤金相图

高温氢腐蚀的主要影响因素：

影响高温氢腐蚀敏感性最关键的因素是孕育时间、操作温度、氢分压、钢材化学成分、容器是否进行焊后热处理。

4）氧化物胶质腐蚀机理

当原料汽油中的二烯烃含量相对较高时，可能会形成氧化物胶质或硫化物杂质，容易造成装置进料换热器管程结垢及压差的增加，降低装置进料换热器换热能力。在实际操作中，应注意分析原料中的胶质含量，同时对原料罐区储罐进行氮封改造，防止原料汽油接触氧气形成胶质及杂质。

2. 装置的材料损伤形式

API RP571—2011 总结了炼油装置涉及的材料损伤形式，通常包括 63 种[80]，编号从 1~63，汽油吸附脱硫装置涉及的材料损伤形式共有 11 种，如表 27-8 所示。为在汽油吸附脱硫装置工艺流程图上标出相关的材料损伤形式，考虑的因素包括腐蚀介质种类和含量、工艺参数（温度、压力等）和所用的材料种类等。

表 27-8 汽油吸附脱硫装置的材料损伤形式

编 号	名 称	编 号	名 称
1	高温硫腐蚀	25	氢脆
3	蠕变	30	过热
10	高温氢腐蚀	31	脆断
11	高温氧化腐蚀	35	再热裂纹
16	回火脆化	49	循环水腐蚀
20	冲刷腐蚀		

二、防腐对策

（一）工艺方面

尽管催化裂化汽油腐蚀介质含量不高，工艺上还是应设置监测与分析措施。从原料所含的腐蚀介质入手进行分析。

通常，催化汽油中主要的硫化物种类有硫醇、硫醚、噻吩、烷基取代噻吩、苯并噻吩、甲基苯并噻吩等。不同类型硫化物在汽油吸附工艺中反应速率不同。经吸附脱硫工艺加工后，原料中的硫醇、硫醚及甲基苯并噻吩类硫化物几乎被全部脱除。产品中仍含有少量的噻吩、烷基取代噻吩及苯并噻吩类硫化物，且烷基噻吩中取代基碳数越多，在产品中所占比例越高。在吸附脱硫反应过程中，硫醇、硫醚等硫化物较容易脱除，噻吩类化合物尤其是烷基取代噻吩脱除相对较难，烷基取代噻吩中取代基碳数越高，脱除率越低。

当原料中噻吩类化合物含量较高时，应该通过适当调整反应温度，同时通过适当提高氢分压、降低反应质量空速、增加吸附剂硫差等方式增加脱硫效果。

当原料汽油中的二烯烃含量相对较高时，可能会形成氧化物胶质或硫化物杂质，容易造成装置进料换热器管程结垢及压差的增加，降低装置进料换热器换热能力。在实际操作中，可以采取分析原料中的胶质含量并对其进行跟踪，同时对原料罐区储罐进行氮封改造，防止原料汽油接触氧气形成胶质及杂质。

(二)材料方面

钢材发生高温氢腐蚀有一个起始温度和起始压强。起始温度是指在一定的压强下开始发生高温氢腐蚀的通常温度，低于这个温度不是没有氢腐蚀发生，而是氢与钢中的碳反应速度很慢，以至孕育期超过了设备的正常使用寿命。起始压强是指在一定的温度下开始发生高温氢腐蚀的压强，低于该压强时，钢中平衡溶解氢浓度较低，也不会发生高温氢腐蚀。

API RP 941“炼油厂和石油化工厂高温高压临氢作业用钢”提供了石油化工厂高温高压氢气的设备和管线用钢的操作极限，曲线如图 27-15 所示。这条曲线通常称为纳尔逊曲线，它给出了各种 Cr-Mo 钢和碳钢的抗高温氢腐蚀的性能。纳尔逊曲线的衡量指标是操作温度和氢分压，根据操作温度和氢分压可以从纳尔逊曲线中选定相应的材料。在纳尔逊曲线中，操作工况处于实线的上部时表示会发生高温氢腐蚀，处于虚线上部时表示会发生表面脱碳。当操作氢分压或操作温度低于某一临界值时，高温氢腐蚀不明显。纳尔逊曲线已经成为一个单独的指导性资料，它与工程经验相结合，可作为选择高温高压临氢设备和管线的抗高温氢腐蚀材料的准则。根据 API RP 941 的建议，纳尔逊曲线在使用时应增加一定的安全裕度。

(三)氢脆的控制措施

氢脆的预防和控制。一方面要阻止氢自环境进入金属，去除金属中已含有的氢；另一方面是降低材料对氢脆的敏感性。阻止氢进入金属可以使用增加涂层、堆焊不锈钢或设置其他保护衬里的方法。关于材料对氢脆的敏感性，如前所示，材料的强度水平对氢脆敏感性有着重要的影响，氢脆敏感性随着钢材强度的提高而增高，因而应优先考虑使用低强度钢。使用高强度钢时，应采取多种措施降低材料对氢脆的敏感性。

(1)降低高强度钢氢脆敏感性的首要措施是采取适当的热处理工艺，降低钢中的氢含量。

(2)在焊接过程中使用低氢型焊材，并应在焊接之后及时进行消氢或中间消除应力热处理，以去除钢材中的氢。

(3)铬、钼、钨、钛、钒等碳化物形成元素能细化晶粒，提高钢的塑韧性，对降低氢脆敏感性是有利的。

(4)降低能导致回火脆化的杂质，如硫、磷、砷、锡、锑等，这对抗氢脆是有利的。

(5)材料及设计若有缺口，应增加缺口根部半径，采用局部热处理等措施降低关键部位(如缺口根部)的局部强度。

(四)铬钼钢回火脆化的控制措施

化学成分及金属元素含量对于铬钼钢回火脆化影响很大，铬钼钢应对有害元素进行严格控制，尽量降低其含量。日本学者渡边等根据相关的研究结果，提出了 Cr-Mo 钢的脆化敏感系数，称为 J 系数，如下式所示：

$$J=(m_{Si}+m_{Mn})(m_P+m_{Sn})\times10^4$$

式中，元素以质量分数代入，如 0.12%应以 0.12 代入。

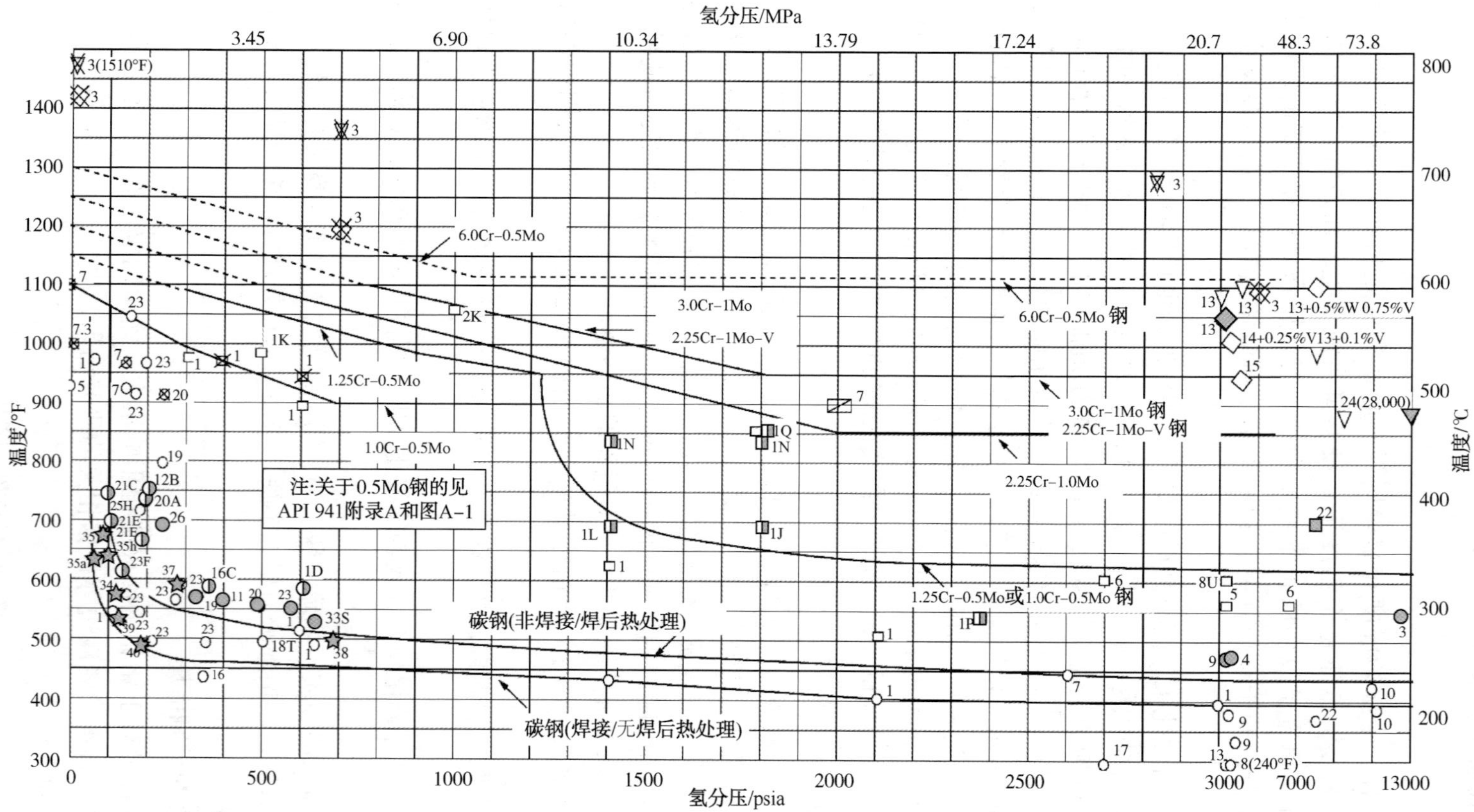

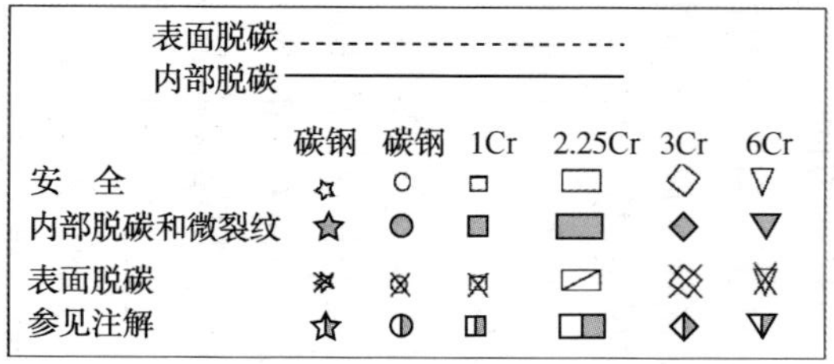

1.曲线的极限是基于Nelson收集的操作经验,补充数据由API征集。

2.在任何温度和氢压条件下奥氏体不锈钢一般不会脱碳。

3.曲线的极限是基于铸钢及退火钢和正火钢采用ASME规范第Ⅷ篇第1分篇应力值的使用经验,补充资料见API941的5.3和5.4节。

4.安全区内有几个1.25Cr-0.5Mo钢的事故点,详见API 941的附录B。

5.2.25Cr-1Mo-V钢使用极限是基于10万小时实验室结果,该合金至少等同于3Cr-1Mo钢,详见API 941的参考文献22。

图 27-15　临氢作业用钢防止脱碳和微裂纹的操作极限

伯拉斯柯托提出了预计焊缝金属脆化敏感性系数，如下式所示：

$$\bar{x}=(10m_{P}+5m_{Sb}+4m_{Sn}+m_{As})\times10^{-2}$$

式中，元素以质量分数(μg/g)代入，如0.012%，应以120μg/g代入。

随着国内外炼钢技术的不断提高，钢材的纯净度能达到较好的控制指标，人们对钢材脆化敏感性系数提出更严格的要求。目前，多数工程公司对于2.25Cr-1Mo钢一般要求为$J\leqslant100$，$\bar{x}\leqslant15$。

设计设备应选用磷、锡、锑和砷等杂质元素含量低的材质，进行适当的焊后热处理，适当降低材料强度等级。在役设备则应避免在材料回火脆化温度范围内服役，装置开车过程中，若设备温度低于最低升压温度时，操作压力应至少降至最低设计压力的25%。采用焊补修复的部位应加热至620℃并快速水冷，使回火脆化得到暂时逆转。

(五)高温硫腐蚀的控制措施

材料耐硫化物腐蚀性能取决于反应产生的硫化物膜保护能力。铬能有效提高钢材耐高温硫腐蚀的性能，这是因为含铬钢在表面能生成双层垢，外层为多孔的硫化亚铁，内层为致密的Cr_2O_3，阻止或减缓高温硫化物的发生。根据高温硫腐蚀的程度，可以从碳钢、Cr5Mo、Cr9Mo、不锈钢等材料中选取合适的材料。

(六)冲刷腐蚀的控制措施

装置的冲刷腐蚀表现较为突出，需要综合控制。对气固相的冲刷腐蚀可从以下角度考虑。

(1)设计优化，增加设备和管道直径降低介质流速，加大弯管的弯曲半径，采用流线型弯头等。

(2)改进设备结构，在设备介质进口加设防冲板，加厚易承受冲刷腐蚀部位，并使之易于更换。

(3)选择合适的材料，采用耐蚀金属、耐磨金属，形成更致密的保护膜，增设耐磨衬里，进行表面强化处理等。

(七)其他防腐控制措施

按S Zorb装置工艺流程，考虑主要影响因素，提出相应的解决措施，用于指导装置的防腐蚀控制。

1)装置静设备防腐需注意的问题

S Zorb装置中静设备操作条件差异较大，部分设备操作温度高于420℃，有些操作温度高于200℃，同时介质含有氢气，这类静设备、管道等大多采用铬钼钢。其他温度较低操作介质中不含氢气的静设备则以碳钢为主。

面对长周期，需要考虑的是防止局部超温操作，防止临氢部位的铬钼钢高温氢损伤、高温蠕变。

2)装置动设备防腐需注意的问题

S Zorb装置包括三台氢气压缩机，均为往复式。工艺泵以离心式为主，并设有一台圆筒式加热炉用于加热进料。另有一些氢气、氮气等加热设备，由于所需热负荷较小，一般采用电加热器。

面对长周期，需要考虑因腐蚀磨损导致的以下主要影响因素：

(1)往复式压缩机采用无级调量时考虑反向角问题，易形成十字头瓦和大头瓦磨损，入口超温。建议措施：①计算反向角与流量的关系，保持必要的反向角。原则上应大于出厂最小反转角，如无相应数据可参考15°(有槽)、45°(无槽)或有条件时进行现场试验确定角度。②大回流时注意调整出口冷却器，控制回流温度保持平稳。

(2)离心泵需要考虑的是防抽空引起密封泄漏和泵体振动。

(3)加热炉方面是要防止炉管偏流、低流量过热、炉管受力状态变化、炉温降低导致露点腐蚀、过低流量火嘴燃烧不稳定等。由于全部炉管材质为Cr9Mo，辐射段立管采用光管，对流段除最下面三排遮蔽管为光管外，其余均采用翅片管，因此炉管的最高温度不超过500℃。

3)装置过滤器防腐需注意的问题

S Zorb装置一大特点是有十余台的过滤器，其作用是气固分离，将工艺介质携带的吸附剂颗粒分离出来，在净化工艺介质的同时，使吸附剂循环使用。

长周期运行时，应密切关注各台过滤器分离效果，正确调整操作，防止发生不可逆转的堵塞。虽然滤芯的材料选择已考虑到工作温度高(441℃)、使用环境中存在腐蚀性介质，用了热强型不锈钢310S(0Cr25Ni20)，但也不能掉以轻心。

4)反再系统闭锁料斗阶段性故障

(1)闭锁料斗是S Zorb装置吸附剂反应部分、再生部分循环的核心设备，它能够将已吸附了硫的吸附剂自反应部分输送至再生部分，然后将再生后的吸附剂自再生部分送回至反应系统。在正常操作中，待再生吸附剂和再生过的吸附剂分批地交替通过闭锁料斗。闭锁料斗的每个循环的设计时间为20min，通过程序控制31个程控阀的开和关，在确保安全的条件下相继完成待定的吹扫、充压、泄压、装料、排料等9个步骤。在高频次、高苛刻度的运转状态下，闭锁料斗的故障频率相对较高。

(2)闭锁料斗故障主要为闭锁料斗程序故障、闭锁料斗低料位开关故障、仪表引压管线堵塞等，但对装置运行和产品质量影响最大的还是闭锁料斗程控阀故障。闭锁料斗程控阀超高的使用频次和吸附剂较小的颗粒度(65μm)以及阀门安装位置的特殊性，是导致程控阀门频繁故障的主要原因。阀门是装置硬件，将其对装置的影响降到最低，行之有效的方法就是及时地发现和更换。建议采取的措施是：①建立阀门更换应急机制，提高响应速度；②建立定期阀门更换机制，避免被动换阀；③对部分阀门支撑做好状态调整，避免受力不均；④采购部分新阀，确保备用阀门的完好状态。

5)再生系统转剂线泄漏故障

(1)泄漏因素：S Zorb装置再生系统转剂线是吸附剂循环的重要环节，主要包括两条：负责将再生进料罐(D107)中的待生剂提升到再生器(R102)中进行再生；再生后的再生剂通过转剂线提升到再生器接收器(D110)中，然后通过闭锁料斗输送到反应系统(R101)，实现吸附剂的循环使用。这两条转剂线一旦泄漏，吸附剂循环中断，如果处理时间较长，再生器熄火，生产波动，产品质量受到影响。低负荷下由于气相、固相转剂线速变化大，极易出现泄漏故障。

(2)泄漏现象：①泄漏点或减薄点发生在氮气与吸附剂混合的转剂线水平管段上侧；②吸附剂介质向上或向下改变方向的弯管外侧容易发生泄漏；③吸附剂由水平变为垂直向上

的 90°弯管没有发现减薄和泄漏。

(3)采取的措施包括如下方面。

①工艺控制，适当降低提升气量。气速是影响管道磨损的一个重要因素，所以在满足闭锁料斗转剂速率、满足吸附剂输送的前提下尽量减小转剂线的提升气量，降低转剂线内气固两相流的流速，可以减缓管道磨损。在实际操作过程中，以设计给出的气提量为依据，结合实际工况，逐渐降低气提量，摸索所需要的最小气提量。

②控制反再系统循环的细粉量，减少吸附剂反应器、接收器顶气相线的气固夹带。

③提高管道壁厚等级。目前再生系统的两条转剂线壁厚设计等级是 SCH80，将这两条转剂线壁厚等级升至 SCH160，通过提高转剂线的壁厚，延缓管道冲蚀穿透的时间。

④合理安排测厚时间和布点范围。定点测厚是监控管道腐蚀的重要手段，从已知的转剂线泄漏部位来看，泄漏点主要分布于转剂线混合区的水平段，以及转剂线由垂直方向向水平方向改变的弯管外侧，这些部位要重点监测，提高测厚频率，增加布点范围；其他弯管、弯管的内侧、直管段测厚也要适当考虑。

⑤耐磨管件的使用。中国石化率先在卸剂线上使用一种内衬陶瓷管，内衬层莫氏硬度大于 9 级。还有企业试用一种耐磨管件，其防护层与基体的结合强度为 70MPa 以上，不存在冲刷疲劳脱落现象。耐磨管件的使用是解决吸附剂管道磨损的一个方向。

⑥转剂线设计改进，优化转剂线设计，尽量减少弯管数量，尤其是垂直方向变水平方向的弯管数量，必要时采取一些特殊的弯管形式，如 T 形弯头、夹层弯头等。优化吸附剂进入 R102、D110 的方向，尽量避免吸附剂管道在进入容器前采用弯管的形式。优化汽提氮气与吸附剂在管道内的混合形式，避免吸附剂冲刷直管段。

第十二节　污水汽提与硫黄回收装置腐蚀与防腐

本节分别描述酸性水汽提装置与硫黄回收及尾气处理装置的腐蚀机理、腐蚀部位与防腐措施。

一、酸性水汽提装置

进酸性水汽提装置的酸性水中一般含有硫化物、NH_3、CO_2、硫醇、酚类、氰化物、有机酸和无机盐、游离的和溶解的油类。其腐蚀介质主要是 H_2S、CO_2、NH_3 和 CN^-等，以及由它们之间的反应生成的 NH_4HS 和 NH_4HCO_3。影响酸性水腐蚀的主要因素是 H_2S 的浓度和流速。H_2S 或 NH_4HS 在 CN^-以及 CO_2 等的存在是造成腐蚀加重的主要原因。

(一)腐蚀机理与部位

1. 湿硫化氢腐蚀

湿硫化氢腐蚀的特征是均匀腐蚀和腐蚀开裂，其中，腐蚀开裂包括氢诱发的断裂和硫化物应力腐蚀开裂[82]。氢诱发的断裂又可分为氢鼓泡、氢致开裂、应力导向氢致开裂。涉及的部位主要是汽提塔顶酸性气系统、回流系统、原料污水罐和酸性水进汽提塔的管线上。

2. 铵盐腐蚀

酸性水汽提装置中的铵盐腐蚀即碱性酸性水腐蚀，通常是在碱性 pH 值的范围中含水，

H_2S 和 NH_3 反应生成的 NH_4HS 造成的腐蚀。在温度低于 120℃左右时，NH_4HS 结晶析出，在管线阀门或设备的低点、死角等部位结垢。结垢不仅会造成堵塞，还会引起垢下腐蚀，在流速较大的地方还会引起铵盐的冲刷腐蚀。主要发生在酸性水进料系统、汽提塔顶酸性气系统和回流系统。

3. 冲刷腐蚀

冲刷腐蚀主要是结晶铵盐在工艺物料流速较快的地方对管内壁造成的冲刷磨损。铵盐溶液的冲刷造成腐蚀产物脱落，冲刷越大，脱落越大，露出新鲜的活性表面后又促进了新的腐蚀，循环交替，加快了设备腐蚀[82,83]。主要发生在汽提塔顶系统和回流系统。

4. 保温层下腐蚀

操作温度低于 150℃的设备和管线，尤其是温度反复变化的部位，容易出现保温层下腐蚀。造成保温层下腐蚀的主要因素是，保温层受潮污染后在潮湿环境中对设备的腐蚀。空气中的氯化物、硫化物等物质进入保温层也会促进保温层下腐蚀的发生。

5. 涂层的鼓泡和断裂

酸性水中含有的氯离子，由于其离子半径较小且穿透性较强，容易穿透涂层到达金属基体表面。此外，酸性水中的酚与氨、水等小分子介质相互作用，也具有很强的穿透性。氯离子、酚共同作用，使有机涂层的分子结构发生溶胀、断裂和鼓泡[83]。主要发生在罐底与罐壁。

(二)防腐对策

1. 工艺防腐

(1)为减缓铵盐的冲刷腐蚀，应控制流体流速，通常限制在 6m/s 以下；酸性水进料线和回流循环线的进料速度宜控制在 0.9～1.8m/s；汽提塔顶管线中气体的流速应低于 15.2m/s[82]。

(2)为防止塔顶冷凝器由于铵盐结晶引起的堵塞和腐蚀，可采取间断注水或用蒸汽加热的措施去除结晶物。

(3)在汽提塔塔顶馏出线部位注入成膜型缓蚀剂。

(4)腐蚀严重时，适度降低酸性水的汽提深度，使汽提塔顶酸性气中 H_2S、NH_3 的质量浓度降低，减轻塔顶系统的腐蚀程度[83]。

(5)对垢腐蚀的防护应在循环水使用合理浓度的除菌除氧抑制剂，同时控制水的硬度、pH 值和碱浓度，并做到定期清理垢物，保证有效过滤及输水畅通。

2. 材料防腐

酸性水汽提装置大部分设备和工艺管线都采用普通碳钢，主要腐蚀形式为氢鼓泡，应选用镇静碳素钢。所有材料必须考虑湿硫化氢的应力腐蚀开裂问题，由于抗氢致开裂钢价格昂贵，也可采用不锈钢复合板或涂料防腐。暴露在湿 H_2S 环境中的设备与管道必须应力消除，控制硬度不大于 200HBW。

腐蚀严重部位，当工艺防腐措施无法实施或无可靠保证时，如塔顶和回流系统可选用 Cr18-Ni8 型奥氏体不锈钢[84]。容易堵塞的和造成腐蚀的部位，如冷凝器、换热器的管束等，可选用 09Cr2AlMoRe 或 08Cr2AlMo[85]。铵盐浓度较高、流速较大部位可选合金 825 或双相钢等耐蚀结构材质。主汽提塔可选用抗氢致开裂钢，也可上部采用 Q245R + 022Cr19Ni10，下部采用 Q245R。原料水-净化水换热器与重沸器管束与管箱材料选用 022Cr19Ni10 与 20R+022Cr19Ni10 复合板。注意保温层密封，定期更换保温层。

酸性水中的氨能导致含铜合金的快速腐蚀，并可能产生应力腐蚀开裂，因此，酸性水汽提装置中不允许使用铜或含铜合金。

二、硫黄回收及尾气处理装置

来自硫黄回收装置的酸性气主要是 H_2S，其次是 NH_3、CO_2 和不同程度含量的烃类以及某些有机物，诸如羰基硫、二硫化碳、溶剂等。由于制硫生产的工艺特点，装置设备主要存在高温硫化腐蚀、露点腐蚀、低温硫化氢腐蚀、胺环境下腐蚀、应力腐蚀和二氧化碳腐蚀。

(一)腐蚀机理与部位

1. 高温硫化腐蚀

在高温条件下(通常指 310℃以上)，系统中的 H_2S 和 S 等活性硫与金属铁直接反应生成 FeS，使设备发生严重的高温硫化腐蚀[86]。高温硫化腐蚀最明显的外观变化是材料厚度增加，硫化产物变脆易脱落。硫化(硫化氢与铁发生反应)生成的硫化铁(FeS)垢膜，这是一种半透性垢膜，往往成片状，并且几乎很难阻止垢膜的进一步生成。由硫化生成的硫化铁垢膜属于自燃物，暴露在空气中就会瞬间自燃。另外，当温度变化较大或材料的应力值处于接近或超过该材料的屈服值的高应力作用下时，硫化铁垢膜就会开裂和片落。垢膜的开裂和片落加快了腐蚀速率。硫化反应速度与硫化氢浓度和温度正相关，主要发生在装置的高温部位，如燃烧炉、催化反应器、尾气焚烧炉、废热锅炉和火炬等设备。

2. 硫酸和亚硫酸露点腐蚀

在硫黄回收反应过程中，过程气里含有少量 SO_3 和大量的 SO_2，造成设备的低温 SO_2 露点腐蚀和低温 SO_3 露点腐蚀。SO_2 在水和水蒸气存在条件下生成 H_2SO_3，可引起硫冷凝器、尾气部分过程气管线及与过程气相连的接管短节部位严重腐蚀。当温度在 200~250℃时，过程气中的 SO_3 很少，变成稀硫酸；当温度低于 110℃时，SO_3 几乎全部与水蒸气结合形成 H_2SO_4，从而形成对设备的腐蚀。硫冷凝器、尾气部分过程气管线的 H_2SO_4 腐蚀主要在容器和管道壁附近形成，尤其是在温度比容器和管道平均温度低的低凹部位。烟气露点腐蚀在装置经常非计划停工过程中特别突出。此外，设备制造时，如果没有消除应力，露点腐蚀还能与拉伸应力配合，引起应力腐蚀断裂。

烟气露点腐蚀主要发生在装置中温度低于露点的组成部位，如过程气管线、尾气管线、液硫脱气管线、硫冷凝器的出口、捕集器、与过程气相连的接管易冷凝部位以及烟囱的顶部。

3. 低温硫化氢腐蚀

低温湿硫化氢腐蚀通常发生在装置的低温部位，腐蚀类型为 H_2S+H_2O 型，其影响因素主要有 pH 值、H_2S 含量、温度、焊缝硬度和焊后热处理情况等。湿硫化氢环境腐蚀损伤类型为均匀腐蚀减薄、氢鼓泡、氢致开裂、应力导向氢致开裂和硫化物应力腐蚀开裂[86]。

低温 H_2S 腐蚀主要发生在装置中温度较低部位，如原料气管线、原料气分液罐、硫冷凝器出口、尾气分液罐、急冷水系统和再生塔顶等部位。

4. 胺环境下腐蚀

胺环境下腐蚀主要包括胺腐蚀和胺应力腐蚀开裂。

胺腐蚀并非由胺本身引起，而由溶解的 CO_2、H_2S、胺降解产物、热稳态盐以及其他污染物引起，主要发生在温度较高区域，主要影响因素为 CO_2、RNH_2。随着 CO_2 浓度增加，胺液腐蚀越严重，当体积为 20%~30%时，碳钢腐蚀速率达 0.76mm/a。通常，该腐蚀发生的部位有胺系统贫富液管线、再生塔及其底部沸器，其中再生塔塔底再沸器及其出入口管线、贫富液换热器最为严重。

胺应力腐蚀开裂是指在拉应力和腐蚀的共同作用下产生的开裂现象，是一种碱性应力腐蚀开裂形式，常见于贫胺液环境中未经焊后热处理的碳钢管道和设备上。裂纹在管道和设备的内表面萌生，主要发生在焊缝热影响区，沿着焊缝平行的方向扩展，并可能有平行裂纹。

5. 应力腐蚀

热应力腐蚀多数情况下发生在一级、二级或三级冷凝冷却器中。当温度较高的气体经过冷却设备的时候，管板的两面在温差的作用下产生显著的热应力。而管子和管板的结合，受到较大的热负荷，在受热不均匀的情况会出现热应力；另外，在焊缝的地方，最容易出现腐蚀。在高温环境中完成焊接，加热和冷却必然不均匀，就会有预应力产生，在化学介质的接触和反应条件下，会产生应力腐蚀。

6. 二氧化碳腐蚀

硫黄回收装置工艺中也经常会发现装置被二氧化碳腐蚀的情况。尤其是在硫黄回收的再生环节，二氧化碳在高温或者有水分的状况下与铁发生化学反应生成的碳酸铁，物质形态比较疏松，无法起到保护基体的作用，在流体的冲刷作用下脱离金属表面[87]。

7. 大气腐蚀

硫黄装置排放及泄漏的废气和废料和其他炼油装置相比，所含的硫化物较多。在潮湿多雨环境下，金属表面温度低时会形成电化学腐蚀环境。工业大气的腐蚀造成装置设备、框架结构的防护涂层过早损坏脱落，金属保温铁皮腐蚀损坏穿孔，雨雪漏入保温层内造成设备和管道的腐蚀、焊缝开裂。

（二）防腐对策

1. 工艺防腐

（1）控制温度，尽量保持操作温度平稳，主燃烧炉废热锅炉管程出口温度为 250~320℃，焚烧炉蒸汽过热器管程出口温度为 280~350℃，一级、二级、三级冷却器管程出口温度控在 150~170℃。

（2）避免酸性腐蚀的操作方法是严格配风，提高硫转化率，防止产生过多 SO_2，完善 H_2S/SO_2 比值分析仪、SO_2 在线分析仪等配置[88]。

（3）为确保尾气系统，须加氨水确保急冷水 pH 值维持在 7~8，控制氯离子含量不大于

150mg/L。

(4)为防止露点腐蚀，硫黄回收装置管线外壳温度一般要求为150~250℃。

(5)为防止废热锅炉出口管箱及出口管线遭受高温硫化腐蚀，废热锅炉的过程气出口气流温度限制在310℃以下。

(6)硫冷凝器。壳程发生蒸汽时，宜选用带蒸发空间的固定管板换热器，设备需消除应力热处理。

(7)为防止高温硫化腐蚀，转化器应设耐热衬里，并能适应催化剂再生的高温条件。转化器底部出口管嘴应与转化器内表面齐平，避免腐蚀产物积存及发生垢下腐蚀。转化器外表面应设保温层。

(8)胺液中一般都会存在固体颗粒，主要有FeS、$FeCO_3$、热稳态盐和其他杂质等，加强对胺液的过滤，使其内部的固体及污染物被过滤掉。

(9)做好开停工保护，减少开停工次数。装置停工后，设备管线内不应有任何酸性介质(残硫、过程气)存在于设备和管线内。凡不需打开检查的设备和管线应充满氮气，保持密封，防止系统中湿气的冷凝，保持温度在系统压力所对应的露点以上。当设备打开检查或检修时，应用惰性气体吹扫设备，酸性介质及腐蚀产物不应滞留。废热锅炉炉管、硫冷凝器内腐蚀产物(硫化亚铁、泥状沉积物等)清洗后，表面喷洒碱水保护。

(10)根据尾气停工情况对设备进行注氮保护，保持系统处于微正压状态，并且与开工设备隔离好，防止氧气、水、过程气串入，造成腐蚀。

(11)控制好配风，防止系统O_2含量超标，造成加氢反应器飞温或胺液发生降解。

(12)酸气中的烃类应限制在4%以下，防止烃类突增，造成不完全燃烧，影响硫黄质量和炉温的升高，导致耐火衬里损坏，以及燃烧过程气窜入炉壁产生腐蚀[89]。

2. 材料防腐

硫黄回收装置设备用材应遵循的原则是：一般的设备和管线可用碳钢材料制造；与高温(≥310℃)接触的设备和管线可用耐热耐火材料衬里或不锈钢保护。具体材料选择参考SH/T 3096《高硫原油加工装置设备和管道设计选材导则》。对于高温硫腐蚀可依据经修正的McConomy曲线(SH/T 3075)估算腐蚀速率来确定材料。

(1)反应器　壳体碳钢+内衬隔热耐酸衬里，内构件材料采用06Cr13。

(2)塔类　急冷塔壳体材料碳钢+022Cr17Ni12Mo2，尾气吸收塔壳体材料碳钢，塔盘06Cr13，金属填料022Cr19Ni10。

(3)容器类　硫池槽体采用碳钢内衬隔热耐酸衬里，酸性气分液罐与其他容器采用碳钢。

(4)空冷器　急冷水空冷器管子022Cr17Ni12Mo2，其他空冷材料为碳钢。

(5)换热器　硫冷凝器管束采用碳钢，如果介质温度低于露点温度，选用09CrCuSb；过程气加热器管束用碳钢、过程气侧介质温度≥310℃时，材料采用022Cr19Ni10；急冷水冷却器管束材料022Cr17Ni12Mo2(急冷水注氨后的空冷器或冷却器可采用碳钢)。

(6)加热炉　酸性气燃烧炉内构件材料不锈钢，铬镍合金、尾气加热炉与尾气焚烧炉内构件材料不锈钢。

(7)废热锅炉　燃烧炉废热锅炉管程碳钢内衬耐火耐酸衬里，管子采用碳钢入口加保护套管；尾气废热锅炉与焚烧炉废热锅炉管程采用碳钢内衬耐火耐酸衬里，管子碳钢；中压蒸汽过热器管束材料采用12Cr1MoVG。

(8)烟囱内衬　耐火耐酸衬里，上部应考虑耐稀硫酸腐蚀的材料。

(9)烟气碱洗装置　碱洗塔022Cr17Ni12Mo2、合金C-276，氧化罐、循环碱液管道022Cr19Ni10，烟气换热器022Cr17Ni12Mo2，烟道022Cr17Ni12Mo2、L245。

第十三节　循环水系统腐蚀与防腐

一、腐蚀机理

循环水系统中的腐蚀主要是由于循环水中溶解的盐、气体、有机化合物或微生物造成的，可以导致不同形式的损伤，包括均匀腐蚀、孔蚀(俗称点蚀)、微生物腐蚀、应力腐蚀开裂和垢下腐蚀等。主要的腐蚀类型见第一节中的水介质腐蚀。

影响循环水系统设备的腐蚀速率主要因素包括pH值、硬度、碱度、浓缩倍数、卤素离子、微生物、浊度、溶解气体、氨氮、悬浮物、温度和流速等。

二、防腐对策

循环水系统的腐蚀可以通过循环水水质控制、水冷器清洗预膜、工艺参数控制、设计选材以及腐蚀监检测等方面开展防护[90]。

(一)水质控制

水质控制是防止循环水系统腐蚀的最有效且最经济的方法，循环冷却水水质应符合GB 50050循环冷却水水质的控制指标要求。使用再生水作为补充水应符合Q/SH 0628.2《水务管理技术要求　第2部分：循环水》要求。

1. 腐蚀控制措施

1)适当提高循环水pH值

铁、铜等金属氧化物易溶于酸性溶液中，而在碱性条件下溶解较慢，因此提高pH值可以减缓阳极此类金属的溶解的速率，同时由于循环水中(OH^-)浓度的提高，也可以抑制阴极溶解氧的反应过程，从而使金属腐蚀速率大大降低[94]。

但pH值不可太高，碱性太强时，某些两性金属，例如铝、镀锌管表面的锌能与碱反应生成盐，温度较高时，铁也能溶解生成铁酸盐。另外，pH值过高，一些行之有效的缓蚀剂将失去缓蚀能力。例如聚磷酸盐，适宜的pH值为5.0~7.0值，锌盐适宜的pH值一般不超过8.0；此外，pH值太高将引起严重结垢。

2)采用缓蚀剂[95]

这是一种行之有效的方法，只要缓蚀剂选用得当，一般都能把腐蚀率控制在允许的范围内，并且还能与阻垢结合起来选用药剂，既抑制腐蚀，又抑制结垢。当前常用的缓蚀剂有有机膦酸盐、磷酸盐、锌盐、聚磷酸盐等，每种类型的缓蚀剂都有各自的优缺点，某些缓蚀剂的缓蚀对象具有专一性，如聚磷酸盐、有机膦酸盐对碳钢具有很好的缓蚀作用，但对铜及铜合金无缓蚀效果；任何缓蚀剂都有适宜的pH值要求，例如聚磷酸盐最适宜的pH为6.5~7.0，锌盐在pH值超过8就会发生沉淀，而有机膦酸盐、水玻璃则须在弱碱性条件下运行，MBT适宜的pH值范围较宽，在pH值3~10之间都有很好的缓蚀作用。缓蚀剂对浊度也有一定要求，浊度越高缓蚀效果一般越差，如锌盐的缓蚀作用大大降低。同时，水的硬度对缓蚀剂的选用影响也很大，硬度太高，水玻璃容易生成硅垢；硬度太低，聚磷酸盐和有机膦酸盐的缓蚀效果很差；余氯的氧化作用很强，对有机缓蚀剂具有较强的分解作用，如MBT很容易被余氯氧化分解，缓蚀效果随余氯浓度增加而大幅度下降。

聚磷酸盐、有机膦酸盐不但有缓蚀作用，还具有较好的阻垢作用，但正磷酸、水玻璃等都有增加结垢的趋势，所以须配合阻垢剂使用。

根据缓蚀剂的协同作用及综合考虑缓蚀和阻垢的性能把两种或几种缓蚀剂按一定的比例混合的缓蚀剂称复合缓蚀剂，表27-9是一些常用的复合缓蚀剂。

表27-9　复合缓蚀剂及其主要成分

分　类	主要成分
磷酸盐系(膦系)	聚磷酸盐-锌盐 聚磷酸盐-有机膦酸盐 聚磷酸盐-有机膦酸盐-锌盐 聚磷酸盐-有机膦酸盐-巯基苯并噻唑 聚磷酸盐-有机膦酸盐-正磷酸盐-丙烯酸三元共聚物
锌盐系(锌系)	锌盐-有机膦酸盐 锌盐-膦羧酸分散剂 锌盐-多元醇磷酸脂-磺化木质素
硅酸盐系(硅系)	硅酸盐-有机磷酸盐-苯并三唑
钼酸盐系(钼系)	钼酸盐-葡萄糖酸钠-锌盐-有机膦酸盐-聚丙烯酸 钼酸盐-正磷酸盐-唑类 钼酸盐-有机膦酸盐-唑类
全有机系	有机膦酸盐-聚羧酸盐-唑类 有机膦酸盐-唑类-木质素 有机膦酸盐-聚羧酸

3)采用阻垢分散剂

采用阻垢分散剂控制循环水结垢是最常用也最经济的方法。常用的阻垢分散剂有聚磷酸盐、有机膦酸、膦羧酸、有机膦酸酯、聚羧酸、多元羧酸共聚物等，其中聚磷酸盐主要有三聚磷酸钠和六偏磷酸钠，有机膦酸有氨基三亚甲基膦酸(ATMP)、乙二胺四亚甲基膦酸(EDTMP)、羟基亚乙基二膦酸(HEDP)、二亚乙基三胺五亚甲基膦酸(DTPMP)，膦羧酸有乙-膦酸基丁烷-1，2，4-三羧酸(PBTCA)，聚羧酸有聚丙烯酸、聚甲基丙烯酸、丙烯酸与丙烯酸羟丙酯共聚物、丙烯酸与丙烯酸酯共聚物。

4)投加杀菌剂[98,100]

投加杀生剂(也称杀菌灭藻剂)是控制循环水微生物繁殖的最有效、最常用的方法之一。

只要选药得当，方法合适，可有效控制微生物生长和繁殖。当前使用的杀菌剂主要包括氧化性杀菌剂和非氧化性杀菌剂两类，循环冷却水微生物日常控制以氧化型杀菌剂为主，非氧化型杀菌剂为辅。氧化性杀菌剂基本上都是卤族或者衍生物，包括氯气、溴、二氧化氯、次氯酸盐、二氯异氰脲酸、三氯异氰尿酸钠等，除此之外还有臭氧、过氧化氢等，某些强氧化剂也可包括在杀菌剂范畴，比如高锰酸钾、高铁酸钾等。最常用的氧化性杀菌剂是次氯酸钠10%、次氯酸钙、二氯和三氯，杀菌效果好、杀菌速度快，但灭藻效果稍差，渗透性也没有某些非氧化杀菌剂好，而且产生的余氯浓度如果过高，会促进金属腐蚀和有机缓蚀阻垢剂的分解。氧化型杀菌剂一般采用连续投加，余氯浓度控制在0.1～0.5mg/L。非氧化性杀菌剂主要有1227、异噻唑啉酮、聚季铵盐等。非氧化性杀菌剂投加可用于黏泥剥离（大剂量投加）和日常杀菌等，杀菌灭藻效果都很明显。非氧化性杀菌剂长期连续投加微生物容易产生抗药性，而且由于药剂降解时间较长，容易进入下游污水处理厂。如果进入生化系统，可能会导致活性污泥部分失活。非氧化型杀菌剂一般应选择多种交替使用。

（二）工艺参数控制

循环水系统水冷器水流速度不能太低，以减缓水垢沉积，但也不能太高，以避免冲刷腐蚀。一定要制定运行的最低流速和最高流速限值，流速一般应大于1m/s。

控制循环冷却水出换热器的温度推荐不超过50℃。

（三）主要设备设计选材

（1）冷却塔目前多采用耐腐蚀玻璃钢制作，腐蚀问题并不突出。过去冷却塔多采用混凝土构架，可以采用涂料的方法进行防护，有企业采用环氧煤沥青涂料，成功解决了混凝土冷却塔塔体的腐蚀问题。

（2）冷却器选材要根据管程和壳程的操作条件、操作温度综合考虑，一般冷却器的常用材质有碳钢、低合金钢、奥氏体不锈钢、钛、双相钢、Monel等。由于循环水浓缩导致系统氯离子高，因此选择不锈钢时要注意。对于微生物腐蚀，选材可以按照以下顺序进行：钛>不锈钢>黄铜>纯铜>硬铝>碳钢。

炼油厂冷却器通常采用碳钢+表面处理的方式。表面处理方法有涂料、镍磷镀等。其中涂料防腐应用比较成功，常用冷却器用涂料有TH-847、TH-901、PVA-B等。采用表面处理技术要注意施工质量管理，同时要防止针孔等现象的发生。

（3）循环水系统管线基本选用碳钢材质，要注意管线内垢下腐蚀和管线外腐蚀。管线内腐蚀可以通过控制水质、流速减少沉积等方法控制。管线外腐蚀可以通过防腐涂层和阴极保护来进行防护。

（四）腐蚀监测

冷却水系统应该监测影响腐蚀和结垢的几个关键参数：pH、硬度、碱度、电导率、氯离子浓度以及冷却水出口温度。为及时了解循环水系统运行情况（有无酸性、碱性等冷却介质泄漏）及腐蚀结垢状况，按照中国石化要求，要对水质进行常规分析检测，同时要在每个循环水场均设有监测模拟换热器及挂片器，以检测换热设备及管道的腐蚀结垢状况，每个月进行一次监测，根据测取的监测试管腐蚀速率和黏附速率并结合水质分析情况，确定水处理的效果，把握循环水的腐蚀结垢状况，并据此进行相应调整。现场监测换热器碳钢试管腐蚀速率≤0.075mm/a、黏附速度≤20mg/(cm^2·月)，生物黏泥应≤3mL/m^3。为了规范监测换热器的配置规格、安装方式、运行控制、数据处理及评价等环节，提高循环水系统管理水平和服务保障能力，规范监测换热器监测标准，中国石化集团公司于2017年8月发布了Q/SH 0725.1—2017《循环水处理效果监控方法　第1部分：监测换热器法》；2020年3月颁布了Q/SH 0725.2—2020《循环水处理效果监控方法　第2部分：水质监测法》和Q/SH 0725.3—2020《循环水处理效果监控方法　第3部分：装置水冷器法》。对于使用了阴极保护的管线，应该进行电位测试以判定阴极保护状态。

第十四节　油品储运系统腐蚀与防腐

随着加工高含硫原油比例升高，油罐(包括附件)的腐蚀越来越严重。就钢质储罐的腐蚀风险排序来看，按照介质应是轻质油储罐(包括含油污水罐)的腐蚀风险高于原油罐；如果按照罐的结构类型来排序，腐蚀风险排序应是内浮盘罐>外浮盘罐>拱顶罐[101]。

一、轻质油罐的腐蚀与防护

(一)腐蚀机理与部位

轻质油罐主要是指储存汽油、柴油、煤油等轻质油品的储罐。其中轻质油中的汽油、石脑油罐的腐蚀尤为突出。

油罐的内腐蚀与储存介质的种类、性质、温度和油罐型式等因素有关。油罐内部存在两个腐蚀环境：液相和气相。对于温度小于100℃且存在水相的油罐，液相又分为两层，除油层外在油罐底部通常有水层。

1. 内浮顶石脑油罐的腐蚀

除含硫污水罐以外，轻质油中间油罐一般采用内浮顶或浮顶结构。通过现有案例表明内浮顶罐的腐蚀部位一般出现在罐体中间壁板部分，往往是在罐顶及顶第一圈板、罐底及底第一圈板涂层非常完好的情况下，罐体其余部分涂层已损坏严重、钢板减薄并出现大量硫化铁。采用内浮顶的油罐，一旦其浮盘失效，油气无法密封时，顶板腐蚀将比壁板严重。

油罐任何部位的腐蚀都是由氧和水(液态)的参与而发生的，酸、硫化氢和二氧化碳等腐蚀介质，特别是硫化氢的存在加剧了罐体的腐蚀。当罐内涂层被破坏或涂层质量较差时，腐蚀过程在溶解有硫化氢、二氧化碳、蒸汽及氧的水薄膜下进行；当油面下降或气温降低时，罐壁暴露在气相部分。当轻烃和水汽在罐壁上凝结，使罐壁上形成一层液膜时，金属液膜下的腐蚀速率是在大量液体中的几十倍。这是油气相交替部位腐蚀最快原因之一，腐蚀表现主要是电化学腐蚀，硫化物的存在使化学腐蚀和电化学腐蚀同时发生。

发生电化学及化学腐蚀的原因及表现均十分复杂，腐蚀速率取决于油品中的硫化物、气相中的氧、二氧化碳和空气湿度等多方面因素。油品中硫化氢的含量越大，腐蚀速率越快，硫化氢含量的绝对值并不起主要作用。研究表明当介质中氧与硫化氢的比例为114∶1时，腐蚀最大，空气中的相对湿度越大，腐蚀速率越快；介质温度越高，腐蚀速率越快。这也正是南方地区油罐腐蚀远较北方严重的原因之一。当油罐内壁涂层破坏严重，涂层囊孔内生成的硫铁类物质很多，在油罐付油时，从透气孔补充的新鲜空气富含氧，硫铁类物质与油罐本体发生氧化反应与氧发生放热反应：

$$Fe+S \longrightarrow FeS \quad (310℃以上)$$

$$FeS_2+O_2 \longrightarrow FeS+SO_2 \quad +222.3kJ$$

$$2FeS+3O_2 \longrightarrow 2FeO+2SO_2 \quad +98kJ$$

反应的热量在被破坏的涂料层内大量积聚，囊孔内的物质温度急速升高，在达到硫铁类物质的自燃点后发生燃烧。总的来讲，未精制汽油馏分的氧含量和硫化氢含量最高，故腐蚀最严重。

2. 外浮顶石脑油罐的腐蚀

外浮顶石脑油罐的主要腐蚀部位在罐内壁自浮船起浮高度(约 2.0m)到安全高度间。外浮顶罐有充分的空气和水分，涂层一旦被破坏或涂层致密性不好，水分及氧、硫化氢等介质就会渗进涂层内部，发生电化学反应造成罐体腐蚀加剧。大部分罐都是内壁先产生大量铁锈，然后使涂层成片剥离。外浮顶罐同内浮顶罐腐蚀机理相类似。因为空气充分，生成的硫铁类物质很快氧化且散热快，故不会发生自燃的危险。

3. 拱顶石脑油罐的腐蚀

拱顶罐的腐蚀部位主要在气相，罐底存水部位也较严重。腐蚀机理同内浮顶罐腐蚀机理相类似。

(二)防腐措施

目前对高含硫腐蚀介质的汽油、石脑油等储罐的防护，涂料防腐蚀仍是最重要的手段，不能采用碳系列材料作导静电填料，应选择具有良好的致密性、优良的耐腐蚀性能的涂料。综合各种防腐涂料防腐性能分析及试验情况，在目前技术条件下，石脑油储罐、焦化汽油储罐、催化汽油储罐和轻污油储罐等罐内防腐底漆宜采用无机富锌或环氧导静电类涂料，面漆宜采用环氧或聚氨酯类耐热耐油性导静电涂料，涂层厚度不应小于 250μm；对内外浮顶结构的轻油罐应特别重视对浮盘运行区间壁板的防腐；对外浮顶的轻油罐，要求涂料除耐油品中的腐蚀介质外，还需要涂料具有优良的耐候性及耐磨性。实践证明，用聚氨酯改性的环氧涂料较适合这种环境。罐内防腐表面处理应采用磨料喷射处理，内防腐表面至少达到 Sa2.5 级。

在涂层保护的基础上添加缓蚀剂也是防止腐蚀的一种简单而有效的方法。添加缓蚀剂的关键在于合理地选择缓蚀剂。在含有水和 H_2S 的轻烃液体中通常使用吸附型膜缓蚀剂，因为这种缓蚀剂分子中有极性基团，能在金属表面吸附成膜，并由分子中的疏水基团来阻碍水和去极化剂到达金属表面，从而保护金属。

二、原油储罐的腐蚀与防护

原油油罐的腐蚀理论上有土壤腐蚀、大气腐蚀和介质腐蚀 3 种形式。为了进一步研究钢质原油罐的腐蚀特征，做好腐蚀预防，根据储罐不同部位所处的腐蚀环境不同、腐蚀介质的相同，将储罐分为罐壁与罐顶外表面(与空气接触部位，不包括罐外底板)、罐顶内表面(包括浮顶下表面与油气接触的部位)、罐壁内表面(与油接触的部位)、罐底板上表面(与沉积水接触的部位)、罐底板下表面(与砂层或土壤接触)5 个不同的部位。

对原油储罐的腐蚀防护可参考 GB/T 50393—2017《钢质石油储罐防腐蚀工程技术标准》中的相关规定。

(一)储罐外壁的腐蚀与防护

储罐外壁接触大气，主要发生大气腐蚀。原油储罐所处的大气环境中的氧、水蒸气、二氧化碳可导致原油储罐罐体的腐蚀。储罐周边的环境一般为石油化工企业，工业大气中含有二氧化硫、硫化氢、二氧化氮等有害气体。由于吸附作用、冷凝作用或下雨等原因，空气中的水汽或雨水在储罐外壁形成水膜，这种水中可能溶有酸、碱、盐类和其他杂质，会起到电解液的作用，使金属表面发生电化学腐蚀。因电解液层比较薄，所以外壁电化学腐蚀比较轻微，而且腐蚀也比较均匀。但在罐顶凹陷处、焊缝凹陷处、保温层易进水的地方、抗风圈与罐壁连接处以及其他易积水的地方，会形成较为严重的局部腐蚀。储罐外壁的腐蚀发生过程是：

阳极反应：$Fe \longrightarrow Fe^{2+}+2e^-$

阴极反应：$O_2+2H_2O+4e^- \longrightarrow 4OH^-$

总反应：$2Fe+2H_2O+O_2 \longrightarrow 2Fe(OH)_2\downarrow$

氢氧化亚铁在大气环境下转变为三氧化二铁或四氧化三铁，形成疏松的氧化层。在锈层表面，空气中的氧与水不断进行阴极反应，而在锈层与金属的结合面，则不断进行阳极反应。这种氧浓差电池引起的大阳极小阴极反应，又由于氯离子的存在，反应进行得相当快，从而形成局部腐蚀。

海洋大气腐蚀发生在直接置于海洋大气中的罐体金属表面，如罐外壁、罐顶上表面。海边年平均湿度较大，达到70%~80%，金属表面在潮湿大气中会吸附一层很薄的水膜，构成电化学腐蚀的电解液膜。随着水分的凝聚，水膜溶入大气中的各种组分，如 CO_2、H_2S、SO_2 和 NaCl 等。Cl^- 具有很强的侵蚀性，提高了液膜中的导电性和腐蚀性，加速腐蚀，腐蚀速率可达 0.1mm/a。沿海地区油罐外表面腐蚀较严重，尤其以边缘板腐蚀较为突出。以原油储罐为例，腐蚀形态主要为均匀腐蚀减薄，腐蚀产物如千层饼状，边缘板上表面存在蚀坑，下表面与水泥罐基础之间有缝隙，存在缝隙腐蚀。现场测厚表明，当腐蚀减薄达 30%以上时，腐蚀向罐壁发展，将严重影响油罐的安全运行。根据资料介绍，约有 25%的油罐失效由边缘板腐蚀造成。

对于沿海地区储罐外表面防腐层的要求是能耐近海洋大气腐蚀、大气老化、气温变化、干湿变化及风沙的吹打等。目前应用较多的防腐层有氯磺化聚乙烯、高氯化聚乙烯、锌铝金属覆盖层、高氯乙烯树脂等。

不同环境下油罐外壁防腐涂料及涂层结构适应范围详见表 27-10。

表 27-10 不同环境下油罐外壁防腐涂料及涂层结构适应范围

项　目	干燥少雨区	四季分明区	多雨潮湿区	滨海区
底漆	与面漆同类的配套底漆、环氧铁红涂料	与面漆同类的配套底漆、无机富锌涂料、环氧铁红涂料	环氧富锌涂料、环氧铁红涂料	环氧富锌涂料、环氧铁红涂料
中涂	—	—	环氧云铁涂料、环氧玻璃鳞片涂料	环氧云铁涂料
面漆	醇酸涂料、氯磺化聚乙烯涂料、聚氨酯涂料、丙烯酸聚氨酯涂料	氯磺化聚乙烯涂料、聚氨酯涂料、丙烯酸聚氨酯涂料、氯化橡胶涂料	氟碳涂料、氯化橡胶涂料、乙烯涂料	氟碳涂料氯化橡胶涂料、乙烯涂料、聚氨酯涂料

(二)罐底板下表面腐蚀与防护

罐底板下表面发生腐蚀类型可分为土壤腐蚀、氧浓差电池腐蚀和杂散电流的腐蚀。

(1)土壤腐蚀。储罐基础以砂层和沥青砂为主要构造，罐底板坐落在沥青砂面上。由于罐中满载和空载交替，冬季和夏季温度及地下水的影响，使得沥青砂层上出现裂缝，致使地下水上升，接近罐的底板，造成腐蚀。当油罐的温度较高时，罐底板周围地下水蒸发，使盐分浓度增加，增大了腐蚀程度。

原油储罐的土壤腐蚀实际是电化学腐蚀，其阴极过程为还原反应：

①有氧条件：$O_2+2H_2O+4e^- \longrightarrow OH^-$

②缺氧条件：$SO_4^{2-}+4H_2O \longrightarrow S^{2-}+8OH^-$

其阳极过程为氧化反应：

①$Fe \longrightarrow Fe^{2+}+2e^-$　$Fe^{2+}+2OH^- \longrightarrow Fe(OH)_2$　（绿色腐蚀产物）

②$2Fe(OH)_2+H_2O+1/2O_2 \longrightarrow Fe(OH)_3$　$Fe(OH)_3 \longrightarrow FeOOH+H_2O$（赤色腐蚀产物）

③$Fe(OH)_3 \longrightarrow Fe_2O_3 \cdot 3H_2O$（黑色腐蚀产物）　$Fe^{2+}+CO_3^{2-} \longrightarrow FeCO_3$

④$Fe^{2+}+S^{2-} \longrightarrow FeS$

(2)氧浓差电池腐蚀。罐底板与砂基础接触不良，易产生氧浓差。满载和空载比较，空载时接触不良；大直径油罐不均匀沉降时，也会因罐底土壤的充气不均而形成氧浓差电池。此时，罐底中心部分往往 O_2 少而成为阳极，使它成为被腐蚀的部位。

(3)杂散电流的腐蚀。罐区是地中电流较为复杂的区域。当站内管网有阴极保护而储罐未受保护时，则可能形成杂散电流干扰影响；当周围有电焊机施工、电气化铁路、直流用电设备时，则可能产生杂散电流。

底板外壁的腐蚀程度要比罐壁严重，有时甚至会产生腐蚀穿孔而出现漏油现象，因此有必要对其采取有效措施进行防护。

沿海地区土壤为富含盐的盐碱性土壤，大气为海洋大气，介质为高硫重质原油，因此腐蚀更严重。盐碱性土壤腐蚀主要发生在油罐底板与基础表面接触的一面，油罐底板或与含盐土壤直接接触，或与罐基础表面的沥青砂垫层接触，若储罐基础密实不均，加之海边土质沙化且疏松，试水后易造成沉降致使基础处土壤充气不均，形成氧浓差电池，引起罐底板腐蚀。

沿海地区土壤电阻率较低，从经济上考虑宜采用牺牲阳极保护，如镁阳极带、锌阳极块、铝阳极块等，但目前普遍采用外加电流阴极保护法，相对于饱和铜/硫酸铜参比电极将储罐阴极保护电位控制在-0.85~1.5V。该保护法的关键是阳极材料的选择，常用阳极材料主要包括石墨、高硅高铬铸铁、柔性阳极、混合金属氧化物钛阳极等。对新建储罐底板下表面的阴极保护推荐使用混合金属氧化物网状阳极系统，如大连能源岗区国际原油储备库。网状阳极是贵金属氧化物带状阳极与钛基金属连接片交叉焊接组成的外加电流阴极保护辅助阳极。将该阳极网预埋在储罐基础中或罐底板与防渗膜、混凝土基础之间，为储罐底板提供保护电流，该方法安装简单，电流分布均匀，输出可调，充分保护储罐，使用寿命长。

网状阳极外加电流阴极保护设施包括阴极保护仪、混合金属氧化物阳极网、汇流点、接线箱、长效参比电极($Cu/CuSO_4$)、阳极电缆等。工作原理是：阴极保护仪将交流电转换成直流电，由参比电极控制其电流输出，阴极电缆连接在储罐上，阳极电缆连接在混合金属氧化物阳极网系统上。工作时，电流从阳极网释放到砂层中并流入储罐底板，通过电缆返回到阴极保护仪的负极。当储罐罐底的保护电流达到一定密度后，罐底将停止腐蚀。为监测储罐罐底外壁的阴极保护效果，在储罐底板中心、底板中心至罐壁半径方向、罐周围埋设长效参比电极。

大型储罐通常每罐使用一套阴极保护设备，可以使每个储罐的底板得到充足的保护电流，且便于阴极保护设备的调试，这种方法在国内的大型储罐工程(国家石油储备库)中已经应用。

(三)罐顶内表面腐蚀与防护

罐顶和罐壁上部不直接与油品相接触，属气相腐蚀。主要腐蚀因素为 O_2、水蒸气、H_2S 及温度等。由于温度的变化，水蒸气易在罐顶和罐壁上部内壁凝结成水膜，气相中 SO_2、H_2S、CO_2、挥发酚等溶解在凝结水膜中，构成电解质体系。由于 O_2 很容易通过薄层液膜扩散到金属表面，因此，气相过程的阴极过程主要发生氧的去极化反应，发生不均匀的轻腐蚀。

1. 二氧化碳腐蚀

二氧化碳溶于水形成弱酸，基本化学反应式如下：

$$CO_2+H_2O \longrightarrow H_2CO_3$$

$$H_2CO_3+Fe \longrightarrow FeCO_3+H_2\uparrow$$

阳极反应：$$Fe \longrightarrow Fe^{2+}+2e^-$$

阴极反应：$$H_2CO_3 \longrightarrow H^++HCO_3^- \quad 2H^++2e^- \longrightarrow H_2\uparrow$$

二氧化碳常常造成坑点腐蚀、片状腐蚀等局部腐蚀。

2. 硫腐蚀

硫腐蚀以元素硫和硫化氢为主。在无水的情况下，油品中的硫化氢对金属无腐蚀作用；湿硫化氢与酸性介质共同存在时，腐蚀速率会成倍增加。硫化氢在水中发生的电离式如下：

$$H_2S \longrightarrow H^++HS^-$$

$$HS^- \longrightarrow H^++S^{2-}$$

在湿硫化氢的腐蚀环境中的氢离子、硫氢根离子、硫离子和硫化氢对金属腐蚀为氢去极化作用，其反应式如下：

阳极反应：$$Fe \longrightarrow Fe^{2+}+2e^-$$

$$Fe^{2+}+S^{2-} \longrightarrow FeS \text{ 或 } Fe^{2+}+HS^- \longrightarrow FeS+H^++e^-$$

阴极反应：$$2H^++2e^- \longrightarrow H_2\uparrow$$

硫化物腐蚀产物多以固态形式出现，在静态或流速不太大的环境和适当的 pH 下，硫化物能在罐壁内表面上形成膜，在适当的条件下，甚至会导致储罐自燃事故的发生。

3. 氧腐蚀

油罐气体空间内壁，由于含有氧和水，也会造成化学腐蚀和电化学腐蚀，反应式如下：

$$2Fe+2H_2O+O_2 \longrightarrow 2Fe(OH)_2 \longrightarrow 2(FeO\cdot H_2O)$$

$$3FeO+H_2O \longrightarrow Fe_3O_4+H_2$$

$$Fe_3O_4+H_2+O_2 \longrightarrow 3Fe_2O_3\cdot H_2O$$

随着腐蚀反应的进行，将产生 $Fe(OH)_2$、FeO、Fe_3O_4 和 Fe_2O_3，Fe_2O_3 能促使钢板进一步腐蚀，出现点蚀和全面腐蚀。

可以采用金属热喷涂与涂层相结合的方式进行腐蚀防护。钢铁构筑物进行热喷涂加涂料封闭防腐处理的工艺流程为：表面预处理→热喷涂→涂料封闭。

热喷涂前钢铁构件表面必须进行预处理，以达到干燥、洁净、粗糙的要求。可采用喷砂工艺进行表面预处理，所用砂子为干燥而无泥土的石英砂，粒度为 6~12 目，其具有坚硬而有棱角的特点。喷砂时空气压力为 0.5~0.6MPa。经喷砂处理后的工件要求达到均匀粗糙，呈金属光泽，无锈迹、污迹和水分。

经喷砂处理后的工件，要尽快进行热喷涂，一般不超过两小时，潮湿气候条件下，不超过半小时。通常根据使用环境确定金属喷涂层厚度，喷铝层一般为 120~150mm，喷锌层一般为 200~300mm，喷涂层与基体之间应有很好的结合力且均匀细致，无大熔滴。

由于热喷涂层存在一定的孔隙，因此为提高防腐效果，需进行封闭处理。封闭涂料可采用环氧抗静电涂料、环氧氯磺化聚乙烯抗静电涂料、聚氨酯抗静电类涂料等。其中第一道黏度要稍低些，使其尽可能渗入喷涂层的孔隙中。

（四）罐壁内表面

该部位直接与原油接触，罐壁上黏结了一层相当于保护膜的原油，因而腐蚀速率较低，一般不会造成危险，但是在罐壁液位波动处，由于油品内和油面上部气体空间中含氧量的不同，形成氧浓差电池而造成腐蚀。还可因液位处干湿状况频繁交替导致沉淀物的积聚而形成垢下腐蚀。在储罐进出料过程中，液位的变化及搅动作用，更加速了这两种腐蚀。

（五）罐底板内表面

储罐底板的介质侧一般腐蚀得会比壁板更加严重，有时甚至会腐蚀穿孔而出现泄漏现象。这些腐蚀主要源于灌内的沉积水，虽然原油储罐都设计有排水管，但由于排水管的中心线一般比罐底约高 300mm，所以罐底始终有 200~300mm 的水；再加上受液体流动的黏滞性及罐底板不平等因素的影响，罐底长期处于浸水状态，沉积水中的硫化物、氯化物、氧等物质会与金属发生反应，造成电化学腐蚀[104]。

另外，在物料的注入部位，由于流体的冲刷，可能形成局部的冲刷腐蚀。立柱在灌装、提取、液流运动等正常状态下，都可能与底板发生摩擦和振动，这种机械磨损配合缝隙腐蚀，可导致立柱下底板的腐蚀穿孔。

根据罐底沉积物、沉积水的化学可推断罐底的腐蚀类型及过程如下。

1. 硫化物、氯化物对罐底的电化学腐蚀

S^{2-}的存在不但使阳极反应受到催化，而且还使溶液中的亚铁离子的浓度大大降低，从而使阳极反应的起始电位更负及阳极极化曲线向负方向运动，造成阴极控制过程的腐蚀电流有较显著的增加，最终导致罐底板腐蚀的加剧。Cl^-具有直径小、穿透性强等特点，优先有选择地吸附在涂层缺陷部位，与金属结合成可溶性氯化物，在罐底板表面形成点蚀核，逐步发展长大，形成孔蚀源。Cl^-向坑内移动浓缩酸化，进一步加速腐蚀，使蚀坑逐渐加深、扩大。

$$Fe^{2+}+S^{2-} \longrightarrow FeS$$

$$Fe^{2+}+2Cl^{-} \longrightarrow FeCl_2$$

$$Fe^{2+}+SO_4{}^{2-} \longrightarrow FeSO_4$$

2. 溶解氧对罐底产生的电化学腐蚀

$Fe^{2+}+Fe^{3+}+O_2 \longrightarrow FeO$，$Fe_3O_4 \cdot nH_2O$，$Fe_2O_3$ 等。

3. 硫酸盐还原菌的腐蚀

微生物对原油的腐蚀研究已经很充分，其中硫酸盐还原菌(SRB)最具有代表性，硫酸盐还原菌腐蚀的典型特征是孔蚀。近年来对其腐蚀机理的研究得到进一步的发展，机理如下：

它在厌氧条件下能够利用附着于金属表面的有机物作为碳源，并利用细菌生物膜内产生的氢将硫酸盐还原成硫化物：

$$SO_4{}^{2-}+8H \longrightarrow S^{2-}+4H_2O$$

罐底水溶液中氢原子不断被硫酸盐还原菌代谢反应消耗，结果造成罐底防腐层部分脱落，钢板表面电化学腐蚀过程中的阴极反应不断进行下去：

$$Fe^{2+}+S^{2-} \longrightarrow FeS\uparrow \text{(黑色铁锈)}$$

$$Fe \longrightarrow Fe^{2+}+2e^{-}$$

这将促进罐底钢板表面的阳极离子化反应，加速了罐底板的腐蚀过程。

据国外资料报道，活性硫化氢的存在，使得平均腐蚀速率提高到0.5~1.5mm/a，使得罐龄降低3~5年。

4. 缝隙腐蚀

原油罐立柱下的底板，在静止状态下主要发生缝隙腐蚀，但原油罐在灌装、提取、液流运动等正常状态下又会造成支柱与底板的摩擦与振动，在机械磨损和腐蚀的协同作用下，容易造成立柱底板的腐蚀穿孔。

针对罐底板内部的腐蚀现状，主要采用涂层与牺牲阳极联合防护法进行内防腐，而所选用的涂层与罐壁的涂层材料有所不同。为防止导静电涂料与牺牲阳极并用加速牺牲阳极的溶解，失去应有的阴极保护作用，应采用非导静电的涂层材料，如重型玻璃鳞片涂料、有机环氧富锌漆或聚氨酯富锌漆等。

牺牲阳极阴极保护是控制钢质储罐腐蚀的有效方法，有效弥补了涂层缺陷而引起的腐蚀，能大大延长储罐的使用寿命。牺牲阳极保护的设计过程如下：首先确定保护电流密度和被保护面积，计算出总电流；计算单支阳极的输出电流，确定所需阳极支数和保护年限；最后设计合理的阳极分布。牺牲阳极阴极保护范围为整个罐底板及罐壁下部(底圈壁板腐蚀严重，处于300mm以下)1m高的表面。采用的牺牲阳极为铝合金阳极，一般采用Al-Zn-In-Cd阳极，也可采用Al-Zn-In-Sn阳极或Al-Zn-Cd-Sn阳极。牺牲阳极易于安装，而且当阳极消耗为初始重量的85%时，可以利用清罐机会进行更换。

参 考 文 献

[1] Damage Mechanisms Affecting Fixed Equipment in the Refining Industry, API Recommended Practice 571, Second edition, April 2011.

[2] NACE International. Corrosion Controlin The Refining Industry[R]. NACE International Publication 34109 (2009 Edition), December 2009.

[3] Adrian V. Gheorghe, Old Dominion University, Norfolk, VA, USA. Corrosion Problems and Solutions in Oil Refining and Petrochemical Industry[M]. Springer Nature, 2017.

[4] 慕金枫．石油加工过程中硫化物的腐蚀与防护[J]. 化工管理，2020(02)：160-161.

[5] 王阅兵，孔雪．常减压蒸馏装置环烷酸腐蚀及防治对策[J]. 化工管理，2019(18)：149-150.

[6] 王天宇．常减压装置加工高酸原油防腐分析与措施探讨[J]. 中国石油和化工标准与质量，2018，38(23)：127-128.

[7] Peng Jin, Winston Robbins, Gheorghe Bota. Kinetic Reaction Modeling of Naphthenic Acid Corrosion and Sulfidation in Refineries-A Mechanistic Model[J]. Corrosion, 2018, 74(12).

[8] M. L. Martin, M. Dadfarnia, S. Orwig, etc. A microstructure-based mechanism of cracking in high temperature hydrogen attack[J]. Acta Materialia, 2017, 140.

[9] 方煜，刘小辉．对美国一起高温氢腐蚀重大事故的反思[J]. 安全、健康和环境，2014，14(09)：4-7，11.

[10] Daniel J Benac, Paul McAndrew. Reducing the Risk of High Temperature Hydrogen Attack (HTHA) Failures[J]. Journal of Failure Analysis and Prevention, 2012, 12(6).

[11] 周锋．化工设备中循环水换热器的腐蚀与防护技术[J]. 设备管理与维修，2019(10)：136-138.

[12] Yang, L. Techniques for corrosion monitoring [M]. Woodhead Publishing Limited, 2008.

[13] 崔轲龙．炼化装置腐蚀监检测技术及发展趋势[J]. 石油化工腐蚀与防护，2017，34(5)：1-5.

[14] 郑丽群，等．炼化装置腐蚀监测技术应用及进展[J]. 石油化工腐蚀与防护，2012，29(2)：4-7.

[15] ASTM D3230—2007. Standard Test Method for Salts in CrudeOil(Electrometric Method) [S].

[16] 木合塔尔·买买提，等．高温测厚在线监测系统在克拉玛依石化公司的应用[J]. 石油化工设备技术，2018，39(5)：53-63.

[17] 赵大伟，桂晶，李大朋，等，石油行业腐蚀监测技术研究现状及发展趋势[J]. 全面腐蚀控制，2019，33(9)：45-49.

[18] 武新军，张卿，沈功田，脉冲涡流无损检测技术综述[J]. 仪器仪表学报，2016，37(8):1698-1699.

[19] 于凤昌，崔新安．中石化加工劣质原油腐蚀及控制研究进展[C]. 中国国际腐蚀控制大会．

[20] 张宏飞，于凤昌，陈崇刚，等．炼油厂腐蚀保运技术的工业应用实践——常减压蒸馏装置[J]. 炼油技术与工程，2019，049(010)：56-60.

[21] RAD-T-GS1401-2015. 炼油装置腐蚀流程图绘制规定[S]. 中石化炼化工程(集团)股份有限公司. 2015.5.

[22] 于凤昌，段永锋．原油高温腐蚀评价及预测技术的研究进展[J]. 材料保护，2013，46(006):55-59.

[23] RAD-T-TR2403-2015. 原油蒸馏装置工艺防腐及腐蚀监测方案规定[S]. 中石化炼化工程(集团)股份有限公司．2015.5.

[24] API RP 584, Integrity Operating Windows[S]. Washington, D. C,: American Petroleum Institute, 2014.

[25] NACE International IMPACT. International Measures of Prevention, Application, and Economics of Corrosion Technologies Study[C]. 2016 by NACE International, 15835 Park Ten Place, Houston, TX 77084.

[26] NACE International Task Group 342. Crude distillation unit—distillation tower overhead system corrosion[R]. NACE International Publication 34109, 2009 Edition, Houston: NACE International, 2009.

[27] NACE International Tack Group 274. Effect on nonextractable chlorides on refinery corrosion and fouling[R]. NACE International Publication 34105, Houston: NACE International, 2005.

[28] J. E. Lack. An in-depth look at amine behavior in crude units using electrolyte-based simulation[C]. NACE CORROSION 2005, paper No. 05570, Houston, 2005.

[29] ISO/TC 67. Materials Resistant to Sulfide Stress Cracking in Corrosive Petroleum Refining Environments[S].

ANSI/NACE MR0103/ISO 17945, Geneva: International Organization for Standardization/Houston: NACE International, 2015.

[30] American Petroleum Institute. Risk-based Inspection Methodology[S]. API Recommended Practice 581, Third edition, Washington DC: American Petroleum Institute, 2016.

[31] American Petroleum Institute. Guidelines for Avoiding Sulfidation(Sulfidic) Corrosion Failures in Oil Refineries[S]. API Recommended Practice 939 - C, First edition, Washington DC: American Petroleum Institute, 2009.

[32] 张德义．含硫含酸原油加工技术[M]. 北京：中国石化出版社，2013.

[33] 中国石油化工股份有限公司炼油事业部．中国石化《炼油工艺防腐蚀管理规定》实施细则(第二版)，2018.

[34] 廖芝文．原油注碱防腐技术在常减压装置中的应用[J]. 石化技术与应用，2007，25(5)：437-441.

[35] 段永锋，王宁，侯艳宏，等．常减压蒸馏装置原油注碱技术的探讨与实践[J]. 石油炼制与化工，2019，50(7)：58-62.

[36] A Bagdasarian, J Feather, B Hull, etc. Crude unit corrosion and corrosion control[C]. NACE CORROSION 1996, paper No. 96615, Denver, 1996.

[37] A S Al-Omari, A M Al-Zahrani. Refinery caustic injection systems: design, operation, and case studies, NACE CORROSION 2008, paper No. 08551, New Orleans, 2008.

[38] NACE International Task Group 174. Refinery injection and process mix points[S]. NACE Standard Practice 0114, Houston: NACE International, 2014.

[39] 中国石油化工集团公司．炼油装置停工腐蚀检查导则[S]. Q/SH 0752—2019.

[40] 刘小辉，李贵军，兰正贵，等．炼油装置防腐蚀设防值研究[J]. 石油化工腐蚀与防护，2012，29(1)：27-29.

[41] 韩磊，刘小辉，屈定荣．常减压装置塔顶低温腐蚀评估中的相关计算[J]. 腐蚀与防护，2019，40(5)：374-378.

[42] 冯声波．延迟焦化装置设备腐蚀原因分析及防护策略探讨[J]. 中国石油和化工标准与质量，2019，39(12)：19-20.

[43] 李鹏飞，钟其华．延迟焦化装置常见腐蚀部位分析及防腐方法[J]. 化工管理，2018(24)：62.

[44] 徐先财，盛健，曹雪．加热炉空气预热器腐蚀分析及防护措施[J]. 石油化工腐蚀与防护，2019，36(06)：62-64.

[45] 赵敏．催化裂化装置腐蚀原因分析及防护建议[J]. 石油化工设备，2017，46(05)：70-76.

[46] 李贵军，刘小辉．催化裂化装置设备和管道的腐蚀分析[J]. 石油化工设备技术，2010，31(06)：53-56，26.

[47] 张向阳．重油催化裂化装置的典型腐蚀及防护措施[J]. 石油化工腐蚀与防护，2019，36(02)：16-21.

[48] 富思超，赵佳一，崔秀梅．催化裂化装置分馏稳定单元腐蚀与防护[J]. 技术与教育，2019，33(01)：19-24，65.

[49] 刘涛．催化裂化装置分馏稳定单元腐蚀与防护[J]. 化工管理，2020(04)：146-147.

[50] 刘达．连续重整装置的腐蚀与控制[J]. 化工管理，2019(11)：135-136.

[51] 李强，代风姣．催化重整装置的氯化铵结盐与腐蚀问题研究[J]. 中国石油石化，2016(S1)：135.

[52] 高晗，王玉龙，金书含，等．催化重整装置预处理系统的腐蚀分析与防护措施[J]. 化工技术与开发，2017，46(01)：48-49，43.

[53] Steels for Hydrogen Service at Elevated Temperatures and Pressures in Petroleum Refineries and petrochemical plants.

[54] American Petroleum Institute. Risk-based Inspection Methodology[S]. API Recommended Practice 581, Third edition, Washington DC: American Petroleum Institute, 2016.
[55] American Petroleum Institute. Avoid environmental cracking in amine units[S]. API Recommended Practice 945, Third edition, Washington DC: American Petroleum Institute, 2008.
[56] 中国石油化工集团公司．高硫原油加工装置设备和管道设计选材导则，SH/T 3096-2012 [S]. 北京：中国石化出版社，2013.
[57] 屈定荣，刘小辉，蒋秀，等．氢氟酸烷基化装置腐蚀风险分析及对策：石油和化工设备、管道防腐技术与对策专题研讨会论文集[C]. 厦门，2010.
[58] T. F. Degnan. Materials of construction for hydrofluoric acid and hydrogen fluoride[M]. B. J. Moniz, W. I. Pollock, Ed., Process Industries Corrosion, Houston: NACE, 1986.
[59] NACE International Task Group 358. Materials for storing and handling commercial grades of aqueous hydrofluoric acid and anhydrous hydrogen fluoride[R]. NACE International Publication 5A171, 2007 edition, Houston: NACE International, 2007.
[60] American Petroleum Institute. Damage mechanisms affecting fixed equipment in the refining industry[S]. API Recommended Practice 571, Second edition, Washington DC: American Petroleum Institute, 2011.
[61] 姜万军，潘晓斐，杨冬伟．硫酸烷基化装置的管道材料设计[J]. 石油化工腐蚀与防护，2017，34(3)：33-36.
[62] 曲豫．硫酸烷基化装置腐蚀原因分析及预防措施[J]. 石油化工腐蚀与防护，2015，32(4)：40-42.
[63] 崔彩云．DUPONT 工艺硫酸烷基化装置的腐蚀与防护探讨[J]. 化工中间体，2015，11(5)：97.
[64] American Petroleum Institute. Guidelines for Avoiding Sulfidation(Sulfidic) Corrosion Failures in Oil Refineries[S]. API Recommended Practice 939 - C, First edition, Washington DC: American Petroleum Institute, 2009.
[65] NACE International Task Group 176. Overview of sulfidation (sulfidic) corrosion in petroleum refining hydroprocessing units [R]. NACE International Publication 34103, 2014 Edition, Houston: NACE International, 2014.
[66] J. Turner, Design of hydroprocessing effluent water wash systems[C]. NACE CORROSION 1998, paper No. 98593, San Diego, 1998.
[67] American Petroleum Institute. Design, materials, fabrication, operation, and inspection guidelines for corrosion control in hydroprocessing reactor effluent air cooler (REAC) systems[S]. API Recommended Practice 932-B, 2nd edition, Washington DC: American Petroleum Institute, 2012.
[68] American Petroleum Institute. A study of corrosion in hydroprocess reactor effluent air cooler systems[R]. API Publication 932-A, Washington DC: American Petroleum Institute, 2002.
[69] NACE International Task Group 173. Protection of austenitic stainless steels and other austenitic alloys from polythionic acid stress corrosion cracking during a shutdown of refinery equipment[S]. NACE Standard Practice 0170, Houston: NACE International, 2012.
[70] American Petroleum Institute. Steels for hydrogen service at elevated temperatures and pressures in petroleum refineries and petrochemical plants[S]. API Recommended Practice 941, Eighth edition, Washington DC: American Petroleum Institute, 2016.
[71] Damage Mechanisms Affecting Fixed Equipment in the Refining Industry, API Recommended Practice 571, Second edition, April 2011.
[72] 孙广辉．制氢装置腐蚀分析及应对措施[J]. 石化技术，2017，24(04)：8-9.
[73] 王涛，闫芳．制氢装置的腐蚀研究[J]. 化工管理，2016(24)：188.
[74] 吴德飞．S Zorb 技术国产化改进与应用[J]. 石油炼制与化工，2012，43(7)：76-79.
[75] 李鹏，田健辉．汽油吸附脱硫 S Zorb 技术进展综述[J]. 炼油技术与工程，2014，44(1)：2-6.
[76] 宁玮，彭晨，张学恒，等．S Zorb 汽油精制脱硫装置运行常见问题分析及解决方法[J]. 石油炼制与化工，2018，49(3)：60-65.
[77] 张树广．S Zorb 大型化工业装置特点及运行总结[J]. 石油炼制与化工，2019，50(3)；77-79.

[78] 孙丽丽 汽油吸附脱硫工艺与工程[M]. 北京：中国石化出版社 2019.
[79] API RP 941—2016. Steels for Hydogen Service at Elevated Temperatures and Pressures in Petroleum Refineries and Petrochemical Plants [S].
[80] API RP571—2011 Damage Mechanisms Affecting Fixed Equipment in the Refining Industry.
[81] API RP 939-C—2009 Guidelines for Avoiding Sulfidation(Sulfidc) Corrosion Failures in Oil Refineries.
[82] 李璐，刘文彬，杨剑锋，等. 酸性水汽提装置的腐蚀与防护分析[J]. 全面腐蚀控制，2016，30(10)：68-74.
[83] 马红杰，龚树鹏. 加氢型酸性水汽提装置腐蚀分析与防护[J]. 石油化工设备，2018，47(01)：73-77.
[84] 刘龙军. 酸性水汽提装置腐蚀及防护分析[J]. 化工设计通讯，2018，44(04)：102.
[85] 胡安定. 炼油化工设备腐蚀与防护案例[M]. 北京：中国石化出版社，2011.
[86] 彭礼成. 硫黄回收联合装置的腐蚀与防护[J]. 石油化工腐蚀与防护，2019，36(01)：31-36.
[87] 王华雨. 硫黄回收装置工艺设备腐蚀成因与防护措施[J]. 化工管理，2019(06)：107.
[88] 殷瑞哲. 硫黄回收装置设备腐蚀原因及防腐措施[J]. 硫酸工业，2015(05)：32-34.
[89] 朱燕玲. 硫黄回收装置的腐蚀与防护[J]. 石油化工腐蚀与防护，2016，33(04)：25-28.
[90] 周锋. 化工设备中循环水换热器的腐蚀与防护技术[J]. 设备管理与维修，2019(10)：136-138.
[91] 周倩颖，刘艳玲，刘禹源，等. 炼油循环水系统腐蚀研究及有效防护[J]. 化工管理，2018(18)：218-219.
[92] 王昕，朱丰可. 炼油厂循环水设备腐蚀原因及对策[J]. 化工管理，2018(15)：192.
[93] 石福琛，冯李杨，蒋毅. 浅谈循环水换热器的腐蚀与防护[J]. 化工设计通讯，2017，43(11)：132+135.
[94] 罗晗月. 提升回用水 pH 值减缓循环水系统腐蚀[J]. 全面腐蚀控制，2019，33(11)：82-83.
[95] 朱红进. 工业循环水处理药剂行业发展现状[J]. 化工设计通讯，2017，43(10)：209+232.
[96] 刘沛，潘新明. 无磷水处理方案在循环冷却水系统的应用[J]. 石油化工应用，2019，38(02)：108-110.
[97] 杨庆军，杭志莹，史鹤鹤，等. 无磷环保阻垢缓蚀剂在循环水系统中的应用[J]. 清洗世界，2018，34(12)：50-52.
[98] 王增科，余嵘，刘扬，等. 阻垢杀菌常用药剂的应用研究[J]. 当代化工，2019，48(12)：2930-2933.
[99] 吉倩倩. 水处理工业杀菌技术[J]. 当代化工，2019，48(09)：2010-2012，2016.
[100] 李涛，刘伟，吴丹，等. 含溴杀菌剂在工业循环冷却水中的应用进展[J]. 盐科学与化工，2019，48(06)：6-10.
[101] 李武平，武玉双，曹雅洁，等. 钢质储油罐腐蚀原因分析及防护措施[J]. 石油库与加油站，2019，28(06)：1-5+54.
[102] 任贵风. 储油罐腐蚀及其防护措施探究[J]. 全面腐蚀控制，2019，33(06)：104-106.
[103] 刘杰. 油罐的腐蚀与防护[J]. 全面腐蚀控制，2014，28(04)：28-29.
[104] 汪文强. 原油储罐内底板腐蚀机理分析与涂层防腐蚀技术研究[D]. 华东理工大学，2014.

第二十八章　炼油厂安全

专家话炼油

第一节　炼油厂安全概述

炼油厂物料多为易燃、易爆、有毒、有害物质，工艺过程高温高压，控制不当会发生火灾、爆炸、中毒等严重事故。随着装置的大型化，事故后果严重程度也越来越高。安全是炼油厂生存的基础，只有将安全贯穿在设计、建设、运行、检维修、废弃等各个过程，融入工艺、设备、工程等各个专业，才能确保企业可持续发展、高质量发展。

炼油厂安全管理经历了以事故教训为导向的事故管理、强化隐患排查和检查监督的制度管理阶段。在当前科技发展和经济发展形势下，先进的安全管理是以本质安全理念、全过程风险管理理念为基础的系统化、科学化管理。

本质安全理念是指从工艺、源头上永久地消除风险，而不是靠控制系统、联锁、报警的使用来减小事故发生概率和减轻事故后果严重性的理念。而广义上本质安全被认为是通过设计等手段使生产设备或生产系统本身具有安全性，即使在误操作或发生故障的情况下也不会造成事故。

在石油化工流程中，实现广义上的装置本质安全，首先要理解保护层原理。保护层模型见图 28-1。为了避免物料泄放或异常反应引起火灾、爆炸等事故，典型的工艺单元的保护层包括：工艺设计、控制系统、关键报警和人员干预、安全仪表功能、物理保护（释放设施）、释放后物理保护（如防火堤）、厂区的应急响应、周围社区的应急响应等。单一的保护层故障或失效一般不会导致事故，事故发生往往是多个保护层同时失效导致的。

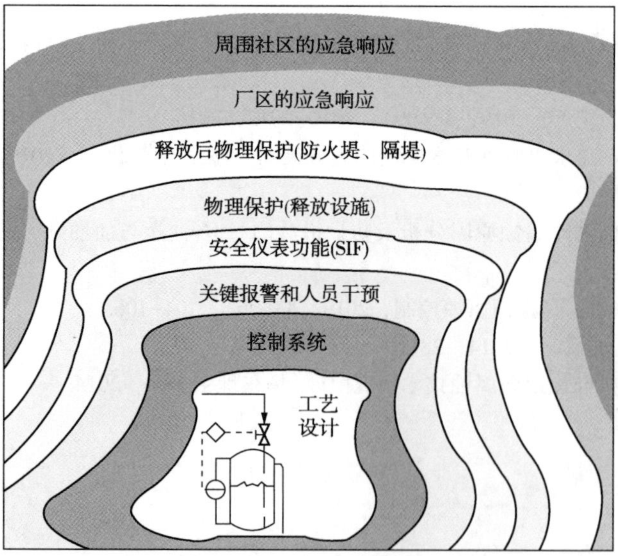

图 28-1　保护层模型

在设计时如何确保保护层的完整性，一方面是基于事故经验和标准规范，另一方面是基于各种事故模型、故障失效模型和风险分析技术。国际上先进的做法是将已有标准作为最低要求来设计和管理各个保护层，但注重采取更个性化、更科学的基于风险的方法。基于风险的方法借助先进的风险分析技术，实现经济技术合理的优化设计和管理，将风险控制到尽可能低的合理水平。

基于风险的方法贯彻到工厂全生命周期和各个专业中，称为全过程风险管理。各专业人员注重应用科学的风险评估方法、量化的数据分析进行专业决策和管理，达到经济效益和安全效益最优化。全过程风险管理体现在：

(1)设计过程应在概念设计时根据物料和工艺条件的安全分析提出安全设计策略，如阀门的防火防爆等级、密封策略、安全仪表等级、管道等级、设备材料要求等。

(2)工艺单元进行的危险与可操作性分析(HAZOP)、保护层分析(LOPA)、安全完整性等级(SIL)等过程危害分析，能够识别到高风险的操作程序、关键设备、安全仪表，可指导确定操作规程重点、培训重点与预防性维护重点。

(3)设备的故障失效分析、基于风险的检验(RBI)分析可指导设备检测频率、大检修方案、预防性维护方案等。

为了确保装置的完整性、可靠性，确保运行的平稳性、作业的安全性，单一地强调人员能力、制度规程或设备维护等都是不够的，系统化的管理是工厂安全生产的保障。过程安全管理体系是适合炼油厂的一种安全管理体系，其基于风险的管理理念使工厂将资源优先投入高风险预防中，持续改进机制可以确保工厂自我发现问题、解决问题。企业也需有意识地培育企业安全文化，使组织中的所有人保持良好的安全意识和态度，做好烦冗的安全工作，及时发现隐患，高效解决问题。

第二节　炼油工艺本质安全化技术

传统炼油工艺中的安全控制手段主要是通过了解危险介质的危险特性，控制好装置关键工序工艺参数，严格按照规程做好要害和关键装置的安全管控。但是，随着时代的发展、科学的进步和装置的大型集成化，过去传统的安全控制方法目前已经显得捉襟见肘。本质安全是指系统本身具有安全性，即使在自然灾害或人为失误的情况下也不会造成事故，是一种理想状态。本质安全化是将本质安全的内涵加以外延，指通过设计等手段使生产设备或生产系统本身具有安全性，即使在误操作或发生故障的情况下也不会造成事故。由于真正的本质安全是不存在的，所以炼化过程安全研究的重点一直是本质安全化技术，即综合利用现代科技手段，使整个工艺装置具有可靠的预防事故和失效保护机能。

一、本质安全化技术的发展现状

20 世纪中叶，伴随着世界科技的迅猛发展，各种新型的工业灾难也在不断发生，各国科学家逐渐形成了在源头消灭危险的研究思路，提出了本质安全(Intrinsic safety)的理念，主要针对机器、设备本身所具有的安全性能，在电气仪表领域进行应用，目的是设计出使电子设备在危险环境及不正常操作条件下可以安全运作的保护技术。在石油化工行业，本质安全概念最早由英国化工安全专家 Trevor Kletz 在 1977 提出[1]。1984 年 Kletz 教授又在其著作中提出了本质安全化的概念[2]，继而在 1991 年 Kletz 出版的专著中提出了本质安全化设计(ISD)的理念[3]。本质安全化理念认为消除事故的最佳方法是在研发设计阶段运用科学的方法从源头消除或降低风险，是一种源头控制的风险管控方法，通常包括替代、缓解、简化、避免联锁后果、防止错误安装、简化控制手段、容错、合理的管理控制规程等10余项原则，在此基础上，美国化工过程安全中心(CCPS)将所有设计原则划分为4个大组，主要包括最小化(Minimizing)、替代(Substituting)、缓和(Moderating)、简化(Simplifying)，即通过减少危险物料用量、替代危险物料、缓和工艺条件以及简化工艺流程等4个设计策略来提升工艺的本质安全化水平。

在本质安全概念的基础上，国内外学者对实现本质安全开展了系列研究，提出并不断完善了一些本质安全评价方法和指标，在工业实践领域也开展了大量探索。目前，国外大型石油化工企业普遍接受了本质安全化的管理和技术理念，基本上在工艺设计初期就全面开展了本质安全化技术的应用，并将相关策略关联到了企业的过程安全管理中。目前对本质安全化技术的研究主要包括以下三个方面：①评估方法——炼化过程安全的影响因素通常具有多变、不确定性，需要建立客观、直接、全面的评估方法；②设计优化——设计新的工艺路线避开各种易燃、易爆、有毒的物料体系，选取易于控制的反应形式，提出针对在役装置安全控制优化升级的可靠安全边界条件；③系统安全策略应用——综合运用各种策略，基于保护层的理论建立一套整体的安全运行控制方案，如在工艺运行阶段建立反应失控抑制、气相燃爆惰化、多相流泄放为一体的多层次紧急处置方法，实现工艺灾变的早期发现、快速诊断、高效处置，避免事故的发生。

在项目设计初期应用本质安全化设计方法的效果最为明显，但工程人员首先需要评估了解工艺的安全化水平，这就需要开发合适的安全评估工具。20世纪90年代初，化工行业已经出现了多种安全评估工具，如HAZOP分析、DOW火灾和爆炸指数(F&EI)、蒙德指数等。这些工具在化工领域应用较多，尤其是HAZOP分析已基本成为我国化工装置安全评估必用的方法工具。然而，在项目设计初期，这些工具往往不适用，如HAZOP分析需要结合系统的工艺仪表流程图，这在项目初期是无法提供的。DOW火灾和爆炸指数可用来分析基本流程设计的安全性，但是该指数也需要提供设备尺寸、布置、物料量等细节信息，分析时往往需要做很多假设。因此，有必要分析合适的本质安全化评估工具，得到最适用于项目设计初期的方法，使本质安全化设计取得最好的效果。

为实现快速、直观地评估工艺安全性，有学者提出了安全指数方法，安全指数使用安全指标评估几种替代工艺之间的相对安全水平，这些指标一般由各种工艺参数得到，通常表示为数值，是工艺安全程度的基本量，可能因不同目的形成不同组合，指标组合值越低，工艺设计与备选方案相比就越安全。Edwards和Lawrence提出的本质安全原型指数(Prototype Index for Inherent Safety，PIIS)方法是最典型的针对本质安全化开发的指数型评价方法[4]，该方法主要包括两个部分：一部分是化学物质指数，主要包括存储量、燃爆特性和毒性；另一部分是工艺过程指数，主要包括温度、压力和产率等指标。后续的方法多数是基于该方法的改进或具体指数的调整[5]。

二、炼油工艺中的本质安全化支撑技术

目前，围绕炼油工艺的本质安全化也形成了一系列支撑技术手段，如：危险化学品热稳定性表征技术、反应失控解析与防控技术、气相燃爆预防与消减技术等。

炼油工艺中的原料、产品、助剂等物料涉及数量庞大的危险化学品，炼油工艺通常在高温下操作，一些危险化学品在高温下自身容易发生分解、聚合等反应，在热量不能及时移出的情况下容易发生热失控。危险化学品的热稳定性一定程度上制约着炼油装置操作与运行的安全性。要实现炼油工艺的本质安全化，首先要对炼油工艺中涉及的危险化学品的热稳定性进行表征，掌握其热力学和动力学参数如反应热、绝热温升、初始放热温度、自加速分解温度等，为工艺安全操作提供依据。目前对危化品热稳定性的表征主要通过理论分析和实验测试两种手段，物质的热稳定性可以通过化学品的分子结构与热稳定性的构效关系、基团贡献法等进行分析预测，但理论分析能够获取的物质热稳定性数据十分有限，通常作为定性的判断，多数热稳定性数据要通过实验测试获取。国内外已建立了较为完善的物质热稳定性测试标准和方法，通常采用的实验测试方法包括差式扫描量热法、微量热法、绝热加速量热法等，基于热稳定性实验数据，可以进一步获取危化品自反应过程的动力学参数，目前国内应用比较成熟的商业软件有法国 SETARAM 公司的 AKTS 软件，俄罗斯 Cheminform St-Petersburg 公司的 CISP 软件，等等。

炼油工艺中涉及的加氢、烷基化等反应过程均为放热反应，是国家重点监管的危险化工工艺。放热反应存在发生反应失控的风险，需要明确炼油工艺中的反应失控风险，并采取相应的安全防控措施。首先要从分子尺度上对反应失控的微观致灾机理进行解析，掌握化学反应失控过程的反应路径和状态，为风险表征和安全控制提供理论依据。其次要通过反应量热方法获取反应热力学和动力学参数，结合工艺参数来评估反应热失控风险等级。目前对反应热失控风险评估建立了较为完善的方法，这对炼油工艺中的连续反应过程有一定指导意义。

炼油工艺中涉及大量易燃易爆物料，一般又在高温、高压条件下操作，在接触空气或氧气等氧化性介质时，很容易发生火灾、爆炸事故，因此炼油工艺中气相燃爆的预防与消减十分必要。可燃物料气相燃爆涉及的安全参数包括爆炸极限、自燃点、爆炸压力、极限氧含量等，这些参数能够量化表征爆炸发生的条件和后果，为装置运行的报警、联锁、应急处置等提供依据。对于在常压、200℃以内的物质的气相燃爆参数可通过查询物质安全技术说明书、实验测试等方法获取，在常温常压下这类数据的测试方法已经较为完善。然而，炼油工艺通常涉及高温高压工况、复杂多组分混合物，这就要结合具体工艺条件设计气相爆炸实验，获取相应的爆炸参数，在高温高压极端条件下的实验测试标准方法有待完善。基于工况条件下的安全参数，可以对装置的燃爆风险进行评估，如果风险较高则要设计相应的预防与消减措施。例如，通过惰性气体惰化、控制氧化性介质含量等手段使体系远离爆炸区间，或通过泄放、阻火等措施减轻发生气相燃爆的危险后果。

三、炼油工艺中的本质安全化技术实践

炼油工艺中本质安全化最终需要落实到工程实践中，即通过技术升级和改造，将最小化策略、替代策略、缓和策略、简化策略应用到具体的工艺装置中。

（一）最小化策略在炼油工艺中的应用

最小化是指减少制造过程或工厂中所含的材料或能量的量，或能量密度。减小危险物质量可直接降低体系风险，最受工程技术关注。过程最小化通常是将创新的新技术应用于

化学过程的结果，最小化设备的尺寸不仅可以提高固有的过程安全性，而且通常可以节省资金。最小化策略的实践包括以下新技术和设计：

(1)反应器：旋转圆盘反应器、振荡折流板反应器、膜反应器、微反应器等；

(2)换热设备：紧凑型和微型热交换器；

(3)其他设备：填充床接触器和离心吸收器；

(4)强化混合：旋转圆盘、感应加热、在线混合器；

(5)强化分离：离心、膜、吸附；

(6)替代能源：离心流体、超声波、太阳能、微波、电场等离子体技术。

最小化策略在炼油工艺中具有广泛的应用。加氢工艺是生产清洁油品、提高产品品质所不可或缺的主要手段，是炼油化工一体化的核心，存在投资和操作成本高、能耗高等问题，不符合石油化工企业实现可持续发展要求。随着最小化策略在炼油工艺中的应用，我国在低投资、低能耗加氢技术方面取得了很大的进步，主要包括强化催化反应过程的加氢裂化催化剂级配技术[6~9]，强化反应条件的催化裂化轻循环油加氢转化技术[10~15]，强化传热过程的低能耗、低投资中国石化低功耗加氢技术(SHEER)[16~18]以及强化传质过程的液相循环加氢技术[19]。加氢技术通过耦合完善的过程强化技术实现协同螺旋式升级，将进一步实现分子间作用效率的最大化、分子历程的一致化、过程驱动力作用方式的最优化、协同效应布局的合理化。升级后的加氢技术削弱了反应分离等化工单元操作中的传递过程阻力，使得复杂体系的反应行为接近本征反应状态，加氢炼油过程将实现高度的原子经济性，加氢工艺过程将变得更高效、更经济、更环保、更节能、更安全。最小化策略在催化裂化装置也有广泛的应用，特别是随着加工原料种类、装置规模等方面的快速发展，最小化策略发挥着越来越重要的作用。

(二)替代策略在炼油工艺中的应用

在本质安全化理念中，替代是指采用另一种可减少或消除危险的方式替代原有的危险材料或工艺。替代原则在化学反应路径、绿色化学以及溶剂、冷却介质、灭火剂、传热介质的使用方面均有应用。在石油化工领域，以反应路线、溶剂、传热介质的替代为主。在替代原则适宜应用在化工过程初步设计阶段，在装置建成后替代危险的原材料和中间体，虽然在某些情况下是可能的，但通常具有一定难度。在反应路线替代应用方面，工艺中采用危险性较小的材料或者化学反应在提高本质安全化方面极具前景，可有效减少危险材料的存储量或者降低反应条件。采用催化剂能够提高反应选择性的同时允许反应在更低的温度、压力下进行，是开发本质安全型化学反应路线的关键。例如，丙烯腈可以通过乙炔与氢氰酸进行反应获得，可替代的工艺中采用丙烯与氨气、氧气共同反应，反应物料危险性明显降低，但在反应过程中也会产生少量氢氰酸副产物，Puranik 开发了一种具有高选择性的催化剂[20]，将氨氧化反应与后续的氧氰酸化反应进行耦合，将副产物 HCN 转化为丙烯腈。溶剂替代则是采用水溶液或者危险性小的溶剂替代易燃或有毒的有机溶剂。导热油会在高于其闪点的温度下进行使用，一旦泄漏可能导致火灾。采用高沸点传热介质是一种本质上更安全的选择(即适度)。在更高温度下，如 200~2000℃，可以使用熔盐进行替代，实现本质安全。使用蒸汽作为加热介质本身也是一种更安全的选择，消除了释放时燃烧的可能性(即替代)，但是蒸汽的泄漏也会带来对附近人员造成伤害的风险。

在炼油工艺中，甲基叔丁基醚的合成需采用酸性组分作为催化剂，在反应体系中酸性组分游离易造成设备腐蚀与后续分离问题，通过聚合物负载的形式采用聚苯乙烯磺酸催化剂与甲醇和异丁烯进行商业化生产[21]，具有活性的酸性组分固定在聚合物表面，使有毒、有害或易被腐蚀性的材料更加安全。

烷基化汽油具有高辛烷值、无硫、无烯、无芳等优点，是理想的汽油调合组分。烷基化工艺中催化剂的不断更新替代，从液态氢氟酸、固体氢氟酸、硫酸到离子液体，逐步实现烷基化工艺的本质安全。炼油厂采用硫酸作为烷基化催化剂[22]，虽然催化剂的效率较低，但证明了用危险性较小的替代品替代氢氟酸的可行性。如果发生事故，氢氟酸泄漏通常会对装置及其周边造成巨大影响，而硫酸通常只对直接释放区域的人员造成危害，且作为液体，风险更容易控制。然而，炼油厂的烷基化装置中使用硫酸存在风险转移问题，硫酸烷基化过程中会产生大量硫酸-碳氢化合物混合物，废酸燃烧会引发爆炸火灾，在运输与后处理过程中存在风险。硫酸的增量需求会提高三氧化硫与二氧化硫的使用量，在原料的生产过程中也会增加风险。

(三)缓和策略在炼油工艺中的应用

缓和是在较低危险或能量条件下进行生产，或设计设备以减轻危险引起的事故的影响。工艺条件的缓和可通过物理(低温、稀释)或化学(反应条件温和)手段来实现。事故后果的缓和可通过物理控制或隔离来实现。

炼油装置中工艺条件的缓和稀释策略可通过两种方式降低与运输、储存和使用低沸点危险品相关的危险：①降低物料反应的温度、压力；②如果有气体释放，可以降低初始气体浓度[23]。例如，用盐酸或氢氟酸代替无水氯化氢气体或氟化氢；用稀硝酸或硫酸代替浓烟化硝酸或发烟硫酸(硫酸中的三氧化硫溶液)等[24]。

基于缓和冷藏策略，炼油工艺中许多有毒、有害物质，如氨和氯，可以通过制冷方式储存在其沸点以下[25]。因此，在炼油工艺中低温储藏可以降低油气等危险物料储存压力、减少泄漏油气的迅速蒸发以及泄漏油气后续产生的蒸汽可能性。制冷和稀释一样，降低了油气储存的压力，从而降低了驱动力(气体压力从安全容器泄漏到外部环境)。如有可能，应将危险物料冷却至或低于大气压力沸点[26]。在这个温度下液体泄漏的流速仅取决于液体压头或压力，不受物质蒸汽压的影响，流动通过蒸汽空间中的任何孔都将很小且仅限于呼吸和扩散。

炼油装置中使用的围堰和堤坝虽然不能消除或防止泄漏，但可显著减轻影响，将工艺装置与人员聚集区隔离也是重要的风险降低措施。围堰和堤坝属于被动保护的系统，它们不能消除或防止泄漏，但它们可以显著缓和影响，无须任何积极措施对策。安全保护层系统虽然可以从建筑外部增加安全防护，但是建筑物内部的小泄漏，增加了人员的风险。必须制定相关规定，以确保工人在某一过程中在安全壳内得到保护，例如监测安全壳结构中的危险气体，远程控制从安全壳结构外部操作，限制进入，进入现场时需要适当的个人防护装备。

(四)简化策略在炼油工艺中的应用

在本质安全化研究的背景下，简化策略则是在设计或操作过程中通过减少或消除不必要工艺设备或单元以达到降低或消除化工过程中安全隐患的目的[27]。简化策略可降低过程复杂度并实现化工过程的本质安全，其主要实现途径如下：①最小化或消除因故障而导致安全事故的额外设备；②减少或消除危险条件下的额外处理步骤；③减少化学品的种类与用量。最终目标是使工艺更简单、更安全、更具成本效益。Kletz[28]提出了流程设计复杂性的几个原因：①危险源控制的必要性；②过分追求完美技术；③危害分析的滞后性；④标准和规范使用不合规；⑤设备灵活性和冗余设计复杂。

Kletz[29]建议使用简单技术代替高科技或更先进的技术来解决某些问题。例如：火炬系统应尽可能简单，并且不额外配备其他附件(阻火器、水封、过滤器等)。上述建议描述了一种设计理念，即若采用简单技术与复杂技术一样有效，那么在采取复杂的解决办法之前，应尽可能地采用简化策略这种设计理念，以达到解决问题的目的。简化策略的应用包括以下 8 个方面。

(1)设备简化。设备的简化技术是将两个或多个容器或设备的功能组合为一个，以减少冗余设备。例如，采用不保温蒸汽管线来代替反激式冷凝器；采用反应蒸馏技术将反应步骤和一级分离步骤合并到一个容器中，简化反应和后续分离过程。

(2)备用设备消减。在许多工厂中，备用泵的安装是一种标准设计，然而没有根据其功能要求对备用设备的运用进行适当分析，不但会造成成本的增加，还会增加管道中不必要的容纳体积，增加不必要的风险。

(3)使用高鲁棒性设备。在许多情况下，设计出足够余量的工艺设备，以承受最坏工况下引起的最大正压或负压(即最大压力或最大真空度)[30]。该设备如果能够承受所有危险条件下的苛刻要求，那么可以认为这是一种本质上更安全的设计。否则，就采用防护措施，通过压力检测，对潜在超压或真空的可能性进行防护设计。法规与工程实践证明可采用紧急泄压装置(爆破片或泄压阀)以保证设备的安全性，但其尺寸和泄压能力以及与开启泄压装置相关的危险性需要减少或消除。总之，当设备设计从根本上消除设备故障时，可以认为它是本质上更安全的设计。若无法从本质上进行安全设计，可采用其他防护措施。

(4)简化加料顺序。选择反应物的添加顺序以减轻或消除潜在的失控反应，从而降低与过程相关的危险性，并且可以起到简化紧急泄放系统作用。但该步骤必须理解失控条件下的反应机理、热力学和动力学的变化，以保证设备的安全性。

(5)简化换热网络。在可能的情况下，应简化冷却系统，使其能够通过自然对流将足够热量进行冷却。但需要理解由于温度差异产生的水力学状况变化，从而建立准确的传质传热机理模型。例如，“鳍片风扇”型空气冷却器使用自然气流而不是强制风扇气流。

(6)简化液体输送系统。简化液体传输系统可以有效降低输送过程危险性。例如，借用输送过程中出现的重力或压力/真空差、运用惰性气体或动力流体进行介质传输；两个流体止回阀(也称为二极管)可以组合在一起以代替流体泵。

(7)拆分复杂工艺步骤。多步骤的批处理过程可以在单个容器中进行，或在多个容器中进行，每个容器都针对单个处理步骤进行优化。如果其中一种中间产物有剧毒，则最好使用单反应器(“一锅法”工艺)以避免有毒中间产物的转移。然而，类型的最小化和步骤的简化可能会对过程动力学产生不利影响，从而导致可控性降低。

(8)简化人机界面。尽可能地简化人机界面，优化操作人员与流程的互动方式，减少错误的可能性。人机界面包括过程的所有方面(设备布局、可访问性、可操作性、可维护性、控件功能等)，而不仅仅是操作过程的计算机屏幕或控制面板。

第三节　异常预警与安全控制技术

为了防范事故的发生，炼油装置往往都设计了层层的安全防护措施。其中，报警系统的可靠性与操作人员对异常处置的合理性是避免突发事故的关键环节，在紧急情况下还需要具有紧急停车功能的安全仪表系统。目前，主要安全控制技术包括异常工况监测预警与诊断技术、基于风险的报警评估及优化技术、基于可靠性工程的安全联锁定级与验证评估技术、异常智能预警与安全控制系统可靠性分析优化平台 4 个方面。

一、异常工况监测预警与诊断技术

异常工况监测预警与诊断技术的原理是当生产过程偏离正常但还未达到恶化状态时，采用数学推理的方法和专家知识，定位导致异常的原因，预测可能出现的后果，并提出解决问题的方案。运用人工智能分析技术提升现有炼油生产过程的异常工况监测预警与诊断是解决异常工况监测预警不到位、异常处置专家经验无法继承的有效手段。

异常工况监测预警系统是集计算机技术与人工智能技术于一体的计算机软件系统，当工艺波动导致生产偏离正常状态时，异常工况监测预警系统就会通过推理引擎，结合已经建立的模型和专家知识库，定位导致生产状态偏离正常的原因，并预测可能产生的后果，给出建议处理措施。在大多数应用中，异常工况管理系统扮演顾问的角色，以“最优秀操作员”的身份，指导操作员及时采取校正措施。其主要功能如下：

(1)对异常的前期征兆进行诊断，辅助操作人员/工程师分析原因结果。

(2)从复杂的工艺以及控制系统中提炼出更多的有效信息，帮助操作人员/工程师诊断原因，分析后果，决策动作。

(3)异常工况最佳实践/规范帮助操作人员避免响应迟缓、判断失误、误操作等引起更坏的情况。

(4)异常工况监测预警系统不仅是发生事故时的应急和指导系统，对于日常生产活动中的扰动问题，它同样也能诊断扰动的原因，并提供解决措施，从而稳定装置的正常生产并避免由异常工况所造成的损失。因此，异常工况管理系统不仅能保证装置的安全，而且可以提高企业的经济效益，符合化工装置的长周期安全稳定运行的策略。

异常工况管理技术在国外石油化工生产过程中已得到广泛的应用。例如，美国霍尼韦尔(Honeywell)公司研发的过程异常状态管理相关产品已陆续上市，并完成报警管理、事件追踪分析与故障诊断软件工具的研发工作，其成果已应用于石化相关企业；美国艾默生公司的 AMS Suite 产品可以用于设备健康管理和故障诊断；英国 INPACT 公司其相关故障诊断监控应用产品已进入测试及上市阶段；法国 IFP 研究机构已在厂区应用集成化全厂级监控、报警及应变系统软件，大幅度提升应变决策质量。

国内科研机构也针对异常工况监测诊断技术进行了研究[31,32]。中国石化安全工程研究院提出了基于信息融合的异常工况监测诊断技术，该技术的主要特征是对异常工况进行分类，针对不同类型的异常工况采用不同的诊断策略。异常工况类型按照其发生规律及操作人员的反馈可分为“确定型”和“不确定型”，“确定型”异常工况是指操作人员可以预计会发生的，发生原因、异常传播路径、表现非常明确的异常工况；“不确定型”异常工况是指操作人员未遇到过并很难预计会发生的、产生的原因可能是随机的异常工况。二者各有特点，因此应采用不同的方法进行处理。对于“确定型”异常工况，基于机理定量模型、故障树、专家系统等方法效果较好；对于“不确定型”异常工况，采用数理统计、符号有向图等效果较好。

基于信息融合的异常工况监测诊断技术针对石化过程故障模式与特点，运用多种定性推理技术与定量征兆提取技术，实现异常工况的监测预警、根原因分析及决策支持。以炼油装置的多源数据和多源知识的融合为基础，进行了信息获取与处理、异常工况识别、异常工况诊断 3 个层次的研究。所采用的技术路线如图 28-2 所示。

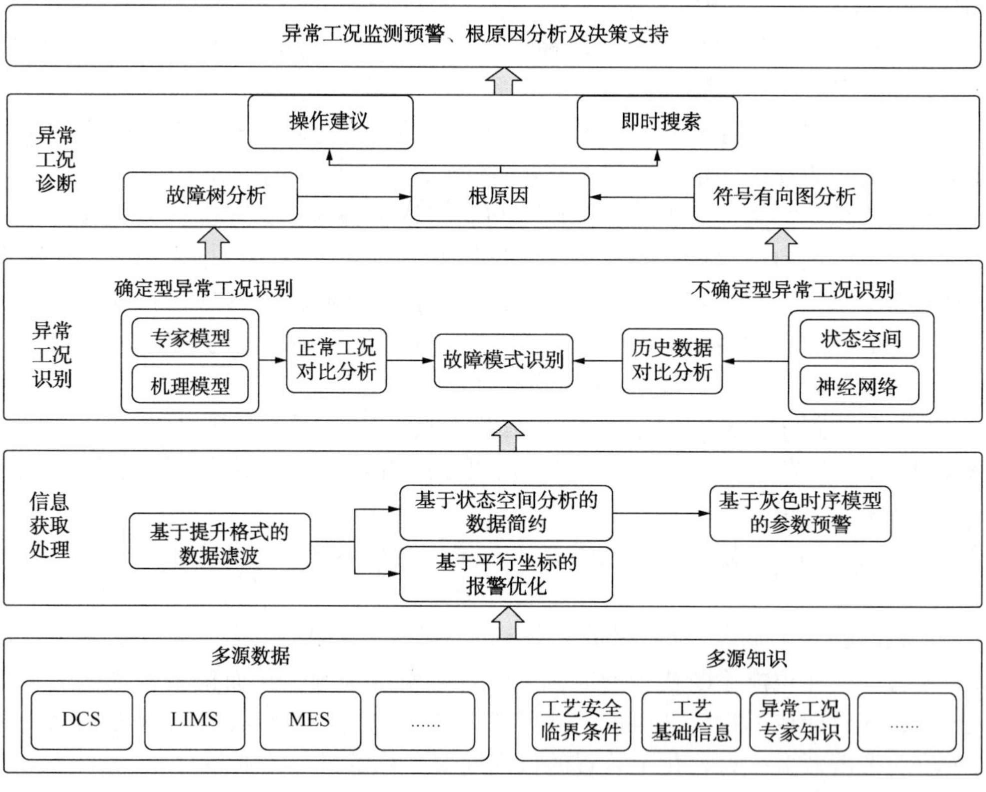

图 28-2　技术路线

在异常工况识别阶段，针对确定型异常工况识别，采用基于专家系统和机理模型监测推理技术，通过与已定义正常工况对比分析，实现确定型异常工况的识别；针对不确定型异常工况识别，采用基于状态空间分析和神经网络技术，进行历史数据对比分析，实现确定型异常工况的识别。

在“智能诊断”阶段，对于识别出的确定型异常工况，采用基于故障树分析技术进行根原因的推理分析。对于不确定型异常工况，采用基于符号有向图技术进行根原因的推理分析，并由报警点的偏离程度，结合模糊规则，在故障逻辑关系模型里找到异常最有可能发生的根原因。对于确定型的异常工况可以根据其已有操作方案直接给出操作指导；对于不确定型异常工况，研究了基于网络的即时搜索技术，通过关键词匹配帮助从异常工况多元知识库中查找相关信息与案例，辅助进行操作指导。

二、基于风险的报警评估与优化技术

有效的报警应该提示操作员哪里有问题，而不是用无关的信息和没有指导意义的报警打扰他们。设计良好的报警可以告知需要操作员采取动作，同时告知操作员采取什么动作；设计低劣的报警系统会导致操作人员丢失关键警报，或者对报警做出错误的响应，进而导致非预期关机、产品质量降低、设备损坏或者更严重的问题。操作人员越来越少，相应地，每个操作人员的职责就越大(每个工作人员负责更多的回路)，这进一步加剧了报警的问题。

由于设计的随意性较大，产生的报警数据中存在大量的冗余和虚假信息，称为无效报警，而真正有效的信息却淹没其中，反而影响了报警的效果。很多操作员凭借经验，对大量报警视而不见，使报警无法发挥最佳效果。这种报警通常是由于维护问题造成的，消除这种报警是改进报警系统的主要目标。

报警管理，即报警系统管理，是对报警系统完成决策、建档、设计、运行、监控、维护等任务的全过程。其作用是防止故障影响进一步扩大，导致紧急停车系统启动甚至更严重后果。报警管理是一个过程，通过这一过程实现报警的监测、管理和工程化，从而保证安全、可靠的操作。过度频繁的报警会干扰操作人员的判断与处置，而缺少关键的报警则导致不能及时发现和处理生产过程中存在的风险，带来严重的安全隐患。

报警是异常工况的直接体现，减少不必要的报警数量，提升报警质量，可以提升操作人员发现装置异常工况的准确率，降低操作人员的精神负荷，提高装置的安全平稳运行水平。一个优秀的报警管理系统应能指导操作员快速定位故障，及时响应处置，减轻操作员负荷；引导操作员优先操作优先级别高的报警，减少事故和停工，改善过程控制，提高安全性；减少系统对操作员经验的依赖；预防、预测、提早发现隐患；并使管理员能够更加快速地对以往的事故进行查看，对生产的安全性进行量化管理。

实现报警的有效管理具有非常重要的现实意义。它不仅是安全管理的需要，而且能够提高装置的平稳率。它的重要性通常体现在以下几个方面：①在工艺过程波动时帮助操作员操作；②减少工艺过程故障停工；③在工艺过程波动时避免控制系统超载；④帮助及时发现问题；⑤识别出可以改进的区域；⑥及时发现需要维护的仪表；⑦识别出在工艺过程、控制和操作方面需要改进的地方。

报警管理的相关技术标准是以人的可靠性为依据而建立的标准，依托人机工程学，它定义的原则、评估的性能指标等都是从人员可接受的负荷、人员的失效概率等方面定义的。如报警时需要人员响应，报警评估的等级以平均报警率、峰值报警率和扰动率 3 个指标确定，具体化为每 1h(或 10min)的报警数量。报警优先级的确定也是为了避免异常工况发生时出现报警泛滥，报警优先级高的要少，当出现异常报警过多时，直接可以过滤中级和低级报警，只关注高级报警。

报警分析是通过对海量报警信息的全面挖掘计算得出的对整个流程工业生产线的一个整体水平的评估。它通过在海量报警中对所有报警信息计算获取的指标与基准指标对比来反映整个系统的状况，并根据指标对比给出整个系统的性能报告。这些报警的数量远远超出 ISA 18. 2—2016《过程工业报警系统的管理》中给出的合理报警个数。该标准指出，操作员能有效处理的报警数为每天 144 个(每 10min 一个报警)，而最大报警数不超过每天 288 个(每 5min 一个报警)。基于工程设备和材料用户协会(EEMUA)标准，整个流程工业生产线的基准指标如下：

(1)该时间段的报警数。报警数的趋势对比可以横向反映出整个流程工业生产线近期的一个大体情况；与以往的数据对比可以分析出近期的改动和设计是否导致整个系统的情况有所好转。

(2)该时间段的平均报警率。通过对平均报警率的分析可以判断当前报警系统的状态情况。EEMUA 标准同时提供了可以被接受的报警率，协助操作员进行报警系统状况判断。该标准接受的平均报警率以每个报警位号点作为评判单位，如表 28-1 所示。

表 28-1 EEMUA 标准接受的平均报警率

非常可能被接受报警率	最大可管理报警率	非常可能被接受报警率	最大可管理报警率
150 条/d 6 条/h(平均)	300 条/d 12 条/h(平均)	1 条/10min(平均)	2 条/10min(平均)

(3)该时间段的最大报警率　最大报警率以 10min 为时间段。计算获得的最大报警率可以看出系统最糟糕时的状况，帮助操作员判断当前系统的情况。同时，根据平均报警率和最大报警率的综合判断，可以判定一个操作系统当前的状况，如图 28-3 所示。

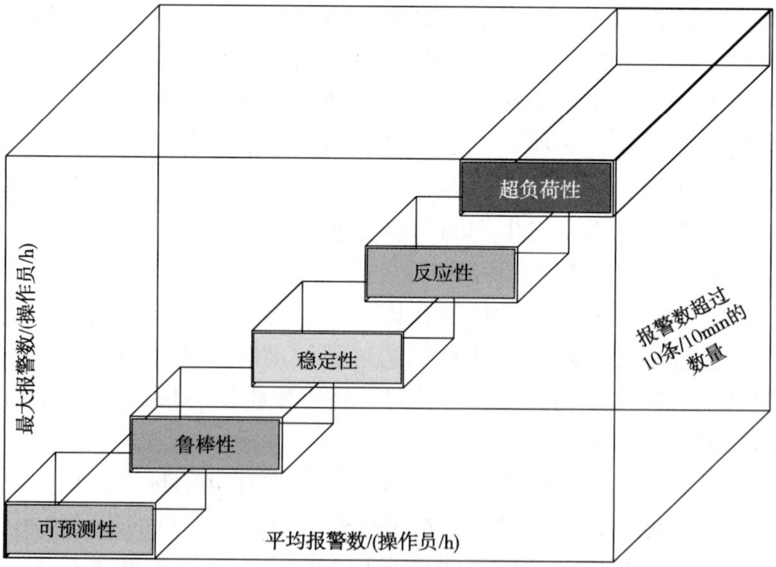

图 28-3　报警性能分级矩阵

三、基于可靠性工程的安全联锁定级与验证评估技术

安全仪表系统作为安全控制中的重要手段广泛应用于炼油装置中，伴随着炼油装置大型化、集约化的发展，潜在的事故风险日益加大，安全仪表系统的作用也日益凸显，已成为大

型炼油过程设备及成套设备不可或缺的保护措施。国内外典型事故案例表明，绝大多数重大安全事故都与安全仪表系统设置不当以及非正常失效有关。安全仪表系统的可靠性指标关系到炼油装置是否能够安稳运行，是否能够有效地避免事故以及非计划停车带来的经济损失。

基于可靠性工程的安全联锁定级与验证评估技术主要包括以下内容：

(1)采用过程危险分析技术，明确安全仪表系统安全仪表功能要检测的危险情况和所要避免的危险事件以及设计意图，实现对安全仪表系统的联锁功能分析。

清晰、准确地辨识安全仪表功能，是安全仪表系统评估的首要工作，安全仪表功能就是当潜在危险发生时为了整个过程的安全而采取动作。如：高压分离器液位过低时关闭出口阀，防止串压至下游设备造成超压爆炸。图 28-4 为典型的安全仪表功能。

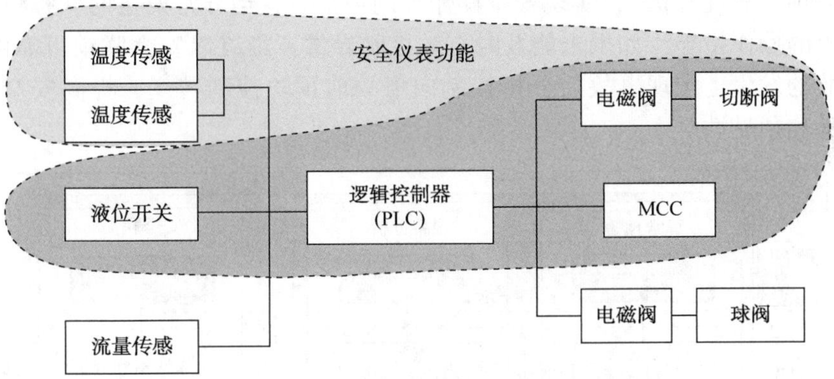

图 28-4 典型的安全仪表功能

(2)在联锁功能分析的基础上，基于过程风险降低理论，开展安全仪表系统可靠性指标分析，确定安全仪表功能的风险降低要求，即安全完整性等级。

安全完整性等级确定方法主要有风险矩阵、风险图、保护层分析[33]，炼油装置通常采用保护层分析方法来确定安全仪表功能的安全完整性等级。保护层分析方法从危险和可操作性分析导出的数据着手，通过文档化引发原因和预防或减轻危险的保护层计算每个识别的危险，确定风险降低的总量以及是否需要进一步降低所分析的风险。如需附加的风险降低并且如果是以一个仪表安全功能的形式提供这种降低，保护层分析方法允许确定合适的安全仪表功能的安全完整性等级。保护层分析的基本程序如图 28-5 所示。

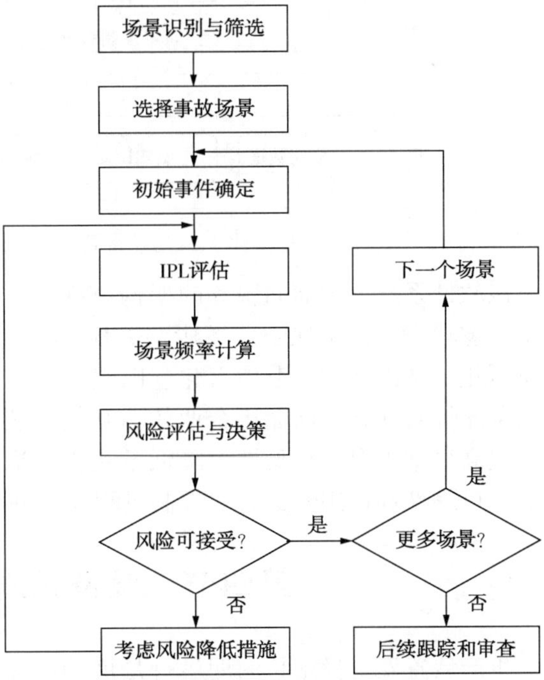

图 28-5 保护层分析的基本程序

(3)对于基于安全完整性等级(SIL)完成的安全仪表功能设计方案，应根据所选择仪表设备和冗余容错结构建立可靠性模型，并利用所收集的设备失效数据，根据期望的检验测试周期，进行SIL验证计算，判断安全仪表功能(SIF)回路是否满足风险降低要求，针对具体情况提出满足安全仪表系统安全可靠性和可用性指标的技术方案，确保装置安稳运行。

四、异常智能预警与安全控制系统可靠性分析优化平台

异常智能预警与安全控制系统可靠性分析优化平台是对上述技术方法进行有机融合与集成，见图28-6。首先，分别进行异常工况、系统报警以及联锁功能的分析，找到装置存在的风险，为安全设计和管理提供参考依据；其次，通过“异常工况监测预警→报警根原因分析→安全联锁可靠性分析”，实现安全操作辅助；最后，当异常发生时，提供操作人员异常工况和报警的操作指导，如果未能及时有效控制异常，最终以安全联锁可靠停车为保障，避免重大事故的发生，实现事故后分析控制向事故前预防控制转变，提高安全预警、事故控制的主动性和预见性。

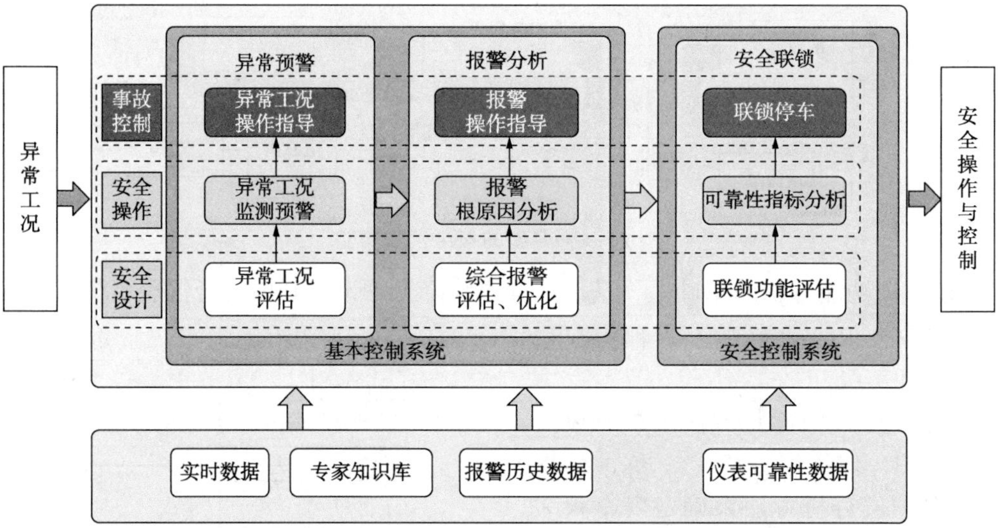

图28-6 危险化工工艺异常智能预警与安全控制系统可靠性分析优化平台

该软件系统采用面向服务的架构(SOA)，可以将服务任意编排和序列化从而执行不同的工业逻辑需求，实现工业逻辑与系统框架逻辑的分离。该系统已在中国石化青岛炼化、齐鲁石化、济南炼化、燕山石化、巴陵石化、镇海炼化等炼油厂和胜利油田、黄岛国家石油储备库等石油开采与储运企业的200余套装置上进行了应用。应用效果表明，该技术能显著提高异常工况的预见性，降低干扰报警数量，提升报警系统性能；提高安全仪表系统的安全可靠性和可用性，有效控制过程风险并大大减少非计划停工次数。

第四节 设备长周期运行保障技术

生产装置安全稳定长周期运行是炼油厂保增长、保市场的前提，是提升市场竞争力的基础，是充分发挥炼化一体化优势的保障，是降本增效的有效手段。以中国石化每年数亿

吨原油加工能力测算，与“一年一修”相比，炼油装置整体实现“三年一修”和“四年一修”分别可避免加工能力放空1600万吨/年和2000万吨/年[34]。长周期运行一直是炼油厂持续追求的目标，在设备运行管理上不断创新、不断进步，形成了很多行之有效的管理方法和管理技术。

一、设备长周期运行现状

生产装置的长周期运行水平，是企业综合水平的具体体现，更是设备管理水平的直接体现。炼油装置与化工装置的长周期运行水平有所不同，主要是因为炼油技术的发展基本上是走我国自主研发的路线，无论是设计还是装备制造均立足于国产化；化工装置尤其是乙烯装置在发展初期，基本上是全盘引进国外先进技术和设备，所以炼油装置基于自身的特点，其长周期运行水平低于化工装置[35]。

炼油生产装置从20世纪60~70年代开始的“一年一大修，大修保一年”，到80~90年代“三年两修”、21世纪初的“两年一修”，一直到“十二五”时期的“三年一修”，“十三五”时期的“四年一修”，设备长周期运行水平不断提升。在“十三五”期间，国内多家炼油厂实现了全厂性的“四年一修”，并全面向“五年一修”的国际先进水平挺进。

虽然近年来设备长周期安全运行取得了长足的发展，但仍然面临着以下方面的挑战[36]：①设备腐蚀问题仍然是影响设备长周期运行的重要因素；②大型机组故障多发是影响设备长周期运行的瓶颈；③设备基础管理滑坡、操作技能下降、全过程管理不到位；④风险技术应用不深不广，设备风险管理理念不够；⑤设备管理基于制度和经验积累，呈现碎片式，没有形成统一的管理体系和标准，设备管理效率低下。

二、腐蚀风险预警与管控技术

(一)原料控制

对进入炼油厂或加工装置的原料性质进行控制是解决设备腐蚀问题的重要措施，但是在实践中往往存在一定困难。例如，为了追求经济效益而采购劣质原油，就需要评估原料中腐蚀性杂质对设备的影响程度，对原料性质进行管控。这包括开展设防值评估，见图28-7，原油种类及性质的全面分析，污油/回炼油来源和杂质分析，硫、氯、氮、酸等腐蚀性介质的分布和平衡分析等，从而指导原油采购、混兑、掺炼、储罐操作、污油处理等，从源头减轻装置腐蚀压力。

(二)工艺控制

控制腐蚀环境条件的防腐措施都可以归入工艺防腐的范畴，包括温度、压力、流速等工艺参量控制，低温腐蚀和结盐的预测、含硫污水或其他物料腐蚀介质在线监测与控制、药剂的评价筛选等。良好的工艺防腐能够高效地实现防腐效果，是控制炼油厂低温腐蚀问题的关键，炼油厂应当开展工艺防腐评估确保其高效运行，如图28-8所示。

(三)材料控制

设备腐蚀是由于材料与环境交互作用产生的，如果说工艺防腐是控制腐蚀环境，则材料防腐是通过控制材料抑制腐蚀，包括恰当选材、表面处理和涂层等[37]。恰当选材是腐蚀控制的首要基础，在炼油装置的选材方面，SH/T 3096—2012《高硫原油加工装置设备和管道设计选材导则》和 SH/T 3129—2012《高酸原油加工装置设备和管道设计选材导则》是重要参考。当加工原料发生变化或装置在改造时，原设计材质可能不再满足要求，这时应当开展材质适应性评估，确定装置薄弱部位，通过材质升级或加强监测等手段保证腐蚀风险可控。

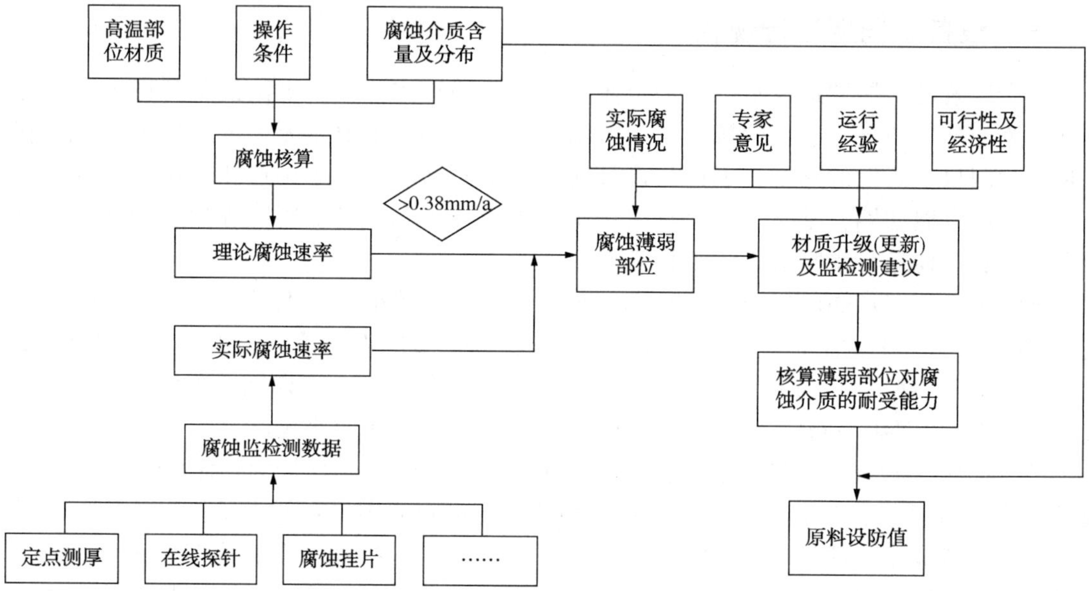

图 28-7　原料设防值评估流程

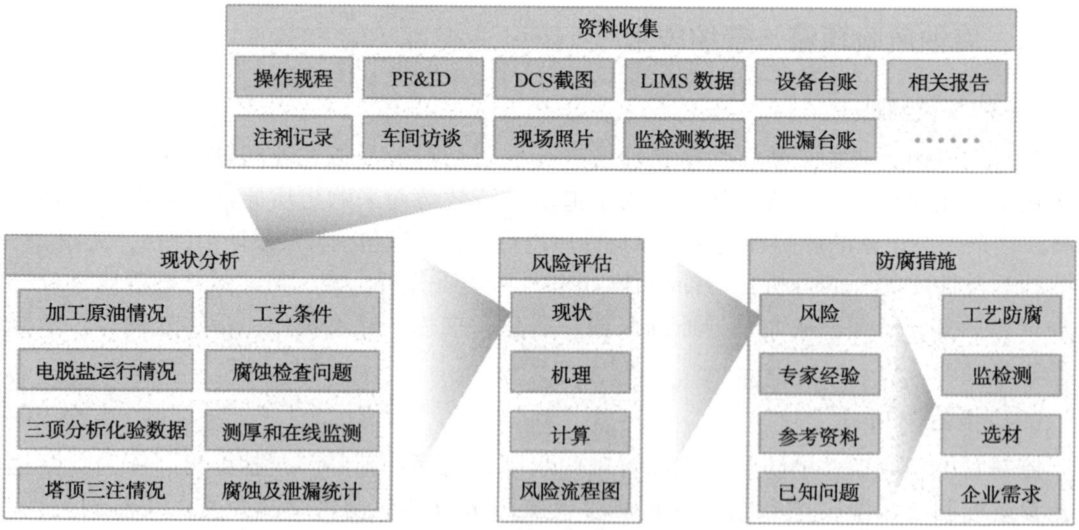

图 28-8　工艺防腐评估框架

（四）腐蚀监检测

炼化装置的腐蚀类型十分复杂，腐蚀监检测技术种类繁多。按照不同的分类标准，可以分为直接监检测和间接监检测，也可以分为侵入式监检测技术和非侵入式监检测技术，还可以分为在线监检测技术和离线监检测技术。每种技术都有它各自的优点与局限性，往往需要同时采用多种腐蚀监检测技术，充分发挥不同监检测技术的优势，弥补各自的缺点，才能有效监测装置的腐蚀状况。

1. 电学及电化学腐蚀监检测技术

利用电信号或者电化学信号能够方便、快速地检测到材料的腐蚀状况。采用在线监测方式，将探针直接安装在设备和管道中，通过监测探针的电阻、电感等电参数，计算可以将这些数据转化为腐蚀速率，从而反映被监测设备或管道的腐蚀变化情况。还可以通过监测腐蚀过程中金属与溶液介质之间发生的电化学反应，实现对腐蚀过程的快速测量。电学及电化学腐蚀监检测技术发展迅速，常用的主要有电阻探针(ER)监测技术、电感探针监测技术、电场指纹(FSM)监测技术、斯特恩(Stern)法监测技术、电化学噪声(EN)监测技术等。

2. 基于声学原理的腐蚀监检测技术

超声波检测技术是目前国内外应用最广泛、使用频度最高且发展最快的一种无损检测技术。超声波检测技术是用灵敏的仪器接收和处理采集到的声发射信号，通过对声发射源特征参数的分析和研究，推断出材料或结构内部缺陷的位置、状态变化程度和发展趋势。超声波检测技术一般用于测量金属损失(测厚)、裂纹或缺陷检测，或者通过重复(周期性)测试，可以确定缺陷的发展速率。超声波检测技术可以用于检测疲劳、穿晶、晶间、应力腐蚀，以及蠕变、氢脆、复合板开裂等缺陷。常用的主要包括超声测厚、超声探伤、超声相控阵(TOFD)、超声导波(Guided Wave)检测和声发射(Acoustic Emission，简称 AE)等。

3. 基于电磁原理的腐蚀监检测技术

涡流检测技术是一种比较法检测，首先要对相近材质、已知尺寸的工件进行检测，建立比较基准。涡流检测设备便携，对点蚀、均匀腐蚀、冲蚀、磨蚀、鼓泡、开裂、镀层及脱合金腐蚀等缺陷都十分敏感，可在条件受限的情况下，用于换热器管束的快速检测。设备表面加工程度可能影响仪器灵敏度。检测信号可能受局部渗磁及温度的影响，无法用于非磁性材料缺陷的检测。缺陷深度越深，检测灵敏度越低。温度高于材料居里温度的设备无法用涡流检测。涡流检测只能对被检测设备的表面进行检测，而超声波检测技术能够对检测设备的腐蚀深度进行测量，所以在检测领域广泛使用的方法是将涡流检测和超声波检测相结合，从而更多地获得腐蚀信息。

漏磁检测(Magnetic Fluxleakage Testing)技术是指铁磁材料被磁化后，其表面和近表面缺陷在材料表面形成漏磁场，通过检测漏磁场以发现缺陷的无损检测技术。被检测的铁磁材料磁化后，若材料的材质是连续、均匀的，则材料中的磁感应线将被约束在材料中，磁通平行于材料表面，几乎没有磁感应线从表面穿出，被检表面没有磁场。当材料中存在着切割磁力线的缺陷时，材料表面的缺陷或组织状态变化会使磁导率发生变化。由于缺陷处的磁导率很小，磁阻很大，使得磁路中的磁通发生畸变，磁感应线会改变途径，除了一部分的磁通会直接通过缺陷或是在材料内部绕过缺陷外，还有部分磁通会离开材料的表面，通过空气绕过缺陷再重新进入材料，在材料表面缺陷处形成漏磁场。因此，通过磁敏感传感器检测带缺陷材料漏磁场的分布及大小，就能达到无损检测的目的。

4. 基于光学和辐射原理的腐蚀监检测技术

射线检测技术可以用来检测管道局部腐蚀，借助标准图像特性显示仪可以测量壁厚。

该技术几乎适用于所有管道材料，对检测物体形状及表面粗糙度无严格要求，对管道焊缝中的气孔、夹渣和疏松等体积型缺陷的检测灵敏度较高，对平面缺陷的检测灵敏度较低。射线检测技术的优点是可得到永久性记录，结果直观，检测技术简单，辐照范围广，检测时不需去掉被检工件上的保温层。为防止人员受到辐射，射线检测时检测人员必须采取严格的防护措施。随着计算机技术、数字图像处理技术及电子测量技术的飞速发展，数字射线检测技术日趋成熟，并已得到广泛应用。

内窥镜技术检测操作方便、效率高，可清晰地探测到表面破损及表面裂纹等缺陷。工业内窥镜检测是集光学、精细机械、电子机械、电子技术和显微摄像技术于一体的新型检测方法。内窥镜技术突破了人眼观察的局限性，用于常规无损探伤技术无法触及、非可视部位外表缺陷的检测。由光纤传输照明光、显微摄像、视频信号经过处置放大、送监视器显像，在明晰的图像上，可供多人同时察看和剖析缺陷情况。

5. 其他腐蚀监检测技术

氢渗透腐蚀监测技术，氢去极化的酸性腐蚀环境中，阴极会产生氢原子。氢原子由于体积极小，可以渗透入金属当中。活性的氢原子渗透穿过钢本体，会导致多种氢损伤，包括氢致开裂(HIC)、应力导致氢致开裂(SOHIC)和剥离。氢原子从管道或者容器内表面或者外表面的穿过量被称为氢渗透或氢通量。氢通量检测通过检测渗透入金属、并穿过金属基体，到达表面的氢原子的量，从而表征被检工件内部的腐蚀程度。当前，氢渗透检测技术主要有以下几种形式：密封腔氢压力(或真空)探针、带有氢分析仪的非密封式外部贴片探针、电化学贴片探针、光电离氢元素检测、氢燃料电池探针。

腐蚀挂片监测技术是腐蚀监测最基本的方法之一，具有操作简单，数据可靠性高等特点。美国材料试验协会标准 ASTM64 给出了工业腐蚀挂片监测的步骤。标准 ASTM G(1)列出了挂片的准备、清洗和称重步骤。

(五)大修腐蚀调查技术

随着装置大型化、运行周期延长，其停工检修期间的腐蚀检查越来越重要，依靠专业检测设备、专业人员及标准化方法进行检查，帮助企业及时发现隐藏的设备缺陷及隐患，提出追加检修工程计划；收集腐蚀数据并分析腐蚀原因，为预测下周期发展趋势提供依据；全面识别和掌握装置腐蚀风险，提升安全长周期运行管理水平。

该技术包括：结合装置运行情况、腐蚀风险分析、历史问题、检修计划、压检方案等制定腐蚀检查方案，对设备进行分级，采取不同检查措施；开展现场条件的准备，宏观检查、测厚等专业仪器检查、采样、记录等现场实施工作；检查中发现的问题随时通过日报、紧急汇报等方式通知企业，及时采取措施处理重点问题；数据整理、分析化验、编制报告；开展保温层下腐蚀(CUI)检查、小接管检查、空冷器或换热器管束检查等专项检查。

大修腐蚀调查技术，设备的腐蚀情况仅靠正常生产中的腐蚀监检测是不够的，设备内部的腐蚀情况还必须靠装置停工期间的腐蚀检查工作来完成。该项工作与设备腐蚀第一手资料的积累和设备的科学管理等有着直接关系。停工期间的腐蚀检查主要通过宏观检查、测厚、垢样分析等方法，采用内窥镜、照相机、蚀坑深度计、测厚仪等设备，对腐蚀形貌进行观察以及测量。装置停工期间的腐蚀检查可以快速检查大面积区域，并发现局部腐蚀，可使用特定设备对实际蚀坑深度、点蚀率等进行测量。

（六）腐蚀风险评估与管理系统

该系统集成与防腐相关的工艺、设备、化验、监检测数据，建立一体化数据平台；建立报警阈值，划分腐蚀回路、开发相应腐蚀预测模型和寿命预测模型，实现腐蚀速率和腐蚀风险等级动态计算和预警；开发腐蚀风险报警、防腐月报、监测计划、静设备防腐绩效评价指标（KPI）计算等功能，为腐蚀控制、监检测及检维修决策提供依据，实现防腐闭环管理。腐蚀风险评估与管理系统架构如图 28-9 所示。该技术包括多相流腐蚀、高温环烷酸腐蚀、高温硫腐蚀、低温腐蚀、铵盐结晶等模型，测厚数据回归预测算法等关键技术，已在部分炼油装置开展试点应用。

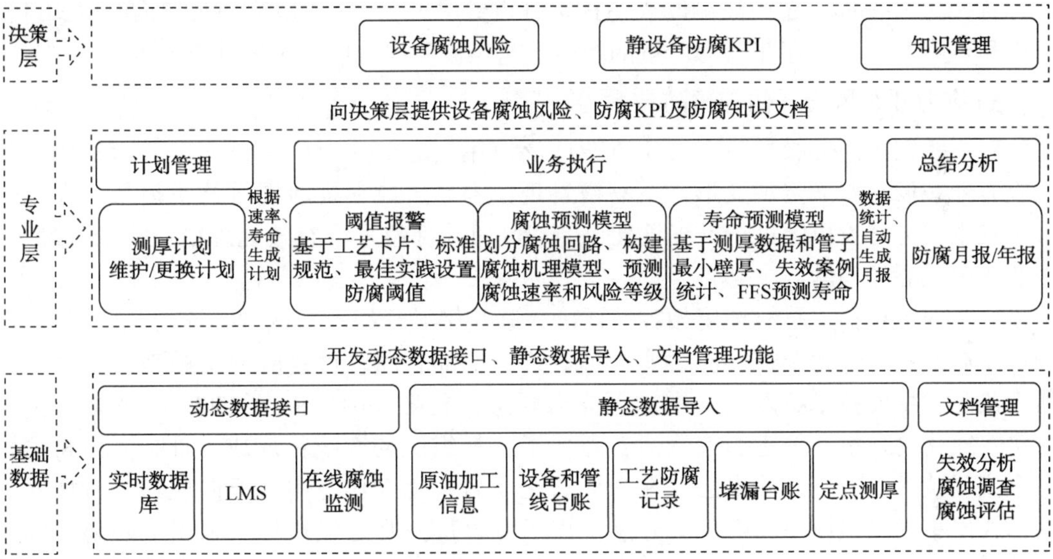

图 28-9　腐蚀风险评估与管理系统架构

三、设备状态监测与智能诊断技术

（一）红外热成像智能监控

在炼油厂安全生产过程中，各种设备和管道随着时间的推移可能产生腐蚀变薄、破损、管道结垢堵塞、保温层脱落、接电端接触不良、阀门泄漏等问题，造成局部温度场发生改变。目前对于设备超温监测主要依靠温度传感器或人工巡视监测，无法实现实时精准监测。若无法及时发现局部异常温变趋势，极易造成危险缺陷积累，成为各种重大事故发生的导火索。

红外热成像技术包括优化红外数据采集方法，规范数据管理流程，解决目前企业红外数据杂乱无序、不标准、分析价值低、人工分析经验水平参差不齐、无法及时反馈异常等亟待解决的问题。结合机器学习算法，改变传统红外单一的超限值报警模式，研发以温变速率为标准的红外温度趋势预警、报警功能，解决“装置未知薄弱区域温变剧烈，传统单一超阈值方式无法监测”的难题。结合热力学理论，研发基于红外技术的设备健康度快评系统，全面提升设备健康状态评估能力。

（二）脉冲涡流检测技术

脉冲涡流是测量工件经过快速剧烈的电磁转换后，其内部电磁信号变化的技术。检测过程分为3个阶段：探头受设备的脉冲信号影响，快速产生一个电磁场，磁场贯穿工件外部结构，磁化待检测工件；切断脉冲信号时，探头停止发射磁场，工件表面存在涡流信号；探头进入接收阶段，探头监测工件表面涡流信号的衰减时间，达到测量壁厚变化的目的。检测能力最小可检测到的缺陷是覆盖长度区域内部体积的15%，这是由于信号幅值在探头磁性线圈的中心最大，轴方向和横向信号遵循钟形曲线减小；覆盖长度是探头覆盖区域内的1/2的波峰的区域的长度。该技术已经应用在中国石化青岛炼化S Zorb装置脱气线，管道公称直径为100mm，超声波测厚表明正常管道壁厚14.1mm，检测采用扫描的方式进行检测，检测表明弯头部位存在较为严重的减薄，超声波测厚表明管道减薄至9.8mm。

（三）应力开裂风险评估与预防技术

随着不锈钢等高等级材料在石化行业广泛应用，应力开裂成为石化设备面临的重要风险。应力开裂没有明显宏观变形，不易被发现，容易造成突发泄漏等严重后果。在失效之前就对发生应力开裂风险进行准确评估，并对高风险部位采取有效处理措施降低开裂风险，是企业普遍关心的问题。

该技术内容包括：材料环境相容性评价，避开材料开裂敏感区间；应力的定量/定性无损测量及局部残余应力调控；应力腐蚀抑制剂；局部表面改性；应力腐蚀裂纹的早期检测及活性监测。主要技术特点为：增加了应力要素；温度范围扩展至250℃；增加了pH值、氧含量、氰化物含量等关键影响因素；考虑了材料组织的影响；形成了评估、监检测、防治等全流程技术能力。该技术已经在中国石化茂名石化成功应用。根据现场运行情况开展评估，找出了高风险设备和部位，并反推出了氯含量控制建议指标。采用电磁超声和磁滞评估两种技术进行了应力状况评价。黑水系统带焊缝C形环挂片验证实验佐证了评估结果。

（四）设备动态风险评估与智能运维决策

炼化装置总体运行平稳，但非计划停工屡屡发生，非正常生产波动接连不断，潜在的设备风险没有得到及时评价和有效管控。目前，大部分设备风险分析方法和分析过程都是基于静态风险模型，在某一特定状态下对风险进行分析，不能准确定位设备风险，不能很好地评价事故发展的动态随机过程，不能分析危险因素的动态变化对生产状态的影响，不能及时预测出事故的发展趋势以及后果，无法做出准确的防范决策。国内基于风险的检验（RBI）、以可靠性为中心的维修（RCM）、安全完整性等级（SIL）等设备风险技术的应用是孤立的，采用设计参数，没有与企业实时数据库关联，建立完整的风险评估数据体系和动态风险评估模型等，属于静态风险评价，不能准确评估设备潜在风险，并及时采取安全运行保障措施，规避设备安全事故发生。为此，研发和应用设备动态风险评估技术，准确评价和有效管控设备潜在风险，是实现炼化装置安全可靠运行的需要。

该技术的主要内容是建立基于实时数据的承压设备健康度及动态风险（动态RBI）评价模型；建立了基于状态监测数据的转动设备健康度及动态风险（动态RCM）评价模型；建立设备早期故障预警方法；开发了炼化设备动态风险评估和智能运维决策系统，包括设备状态信息、早期故障预警、健康度评价、动态风险评价、知识库维护、系统设置等功能模块，技术路线如图 28-10 所示。依托炼化设备动态风险评估与智能运维决策系统，利用设备或关键部件运行状态数据、故障案例数据，开展基于可靠度函数趋势滤波的设备早期故障状况分析，开展基于故障案例监督学习的设备健康状况评价，进一步开展动态风险（动态 RBI、动态 RCM）评价，从而根据动态风险等级制定设备检维修策略，实现设备智能运维决策，保障装置长周期安全运行。

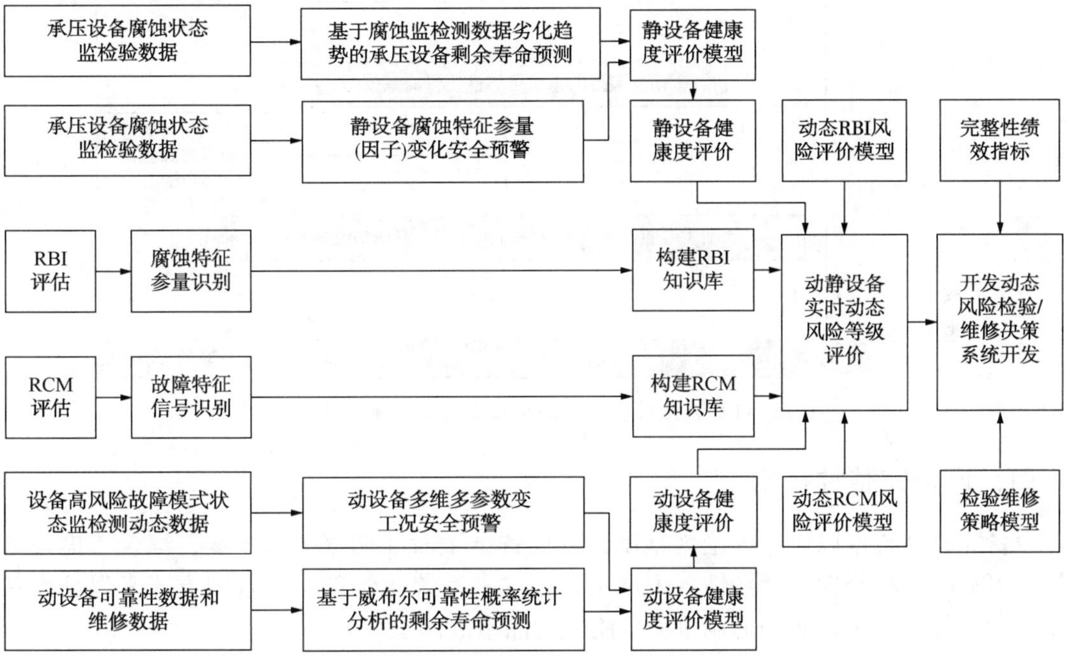

图 28-10　设备动态风险评估与智能运维决策技术路线图

（五）装置可靠性评估与安全寿命预测技术

设备可靠性既是企业设备长周期安全运行的根本保障，又是设备维修管理决策的依据[38]。目前国内石油化工行业没有一个统一的、标准化的设备可靠性数据库，设备故障和维修数据分布零散，数据分析工作开展困难。很多情况下只能参考国外的相关标准和数据库，除了要缴纳高昂的使用费外，由于运行工况、设备制造质量等存在明显差异，使用起来也存在严重"水土不服"的问题。炼油厂难以实行以可靠性为中心的预防性维修理根本原因就在于缺乏可靠性数据的支持。建立可靠性数据库能为设备完整性管理、风险评估、安全关键系统完整性分析、备品配件管理优化，以及供应商管理等领域提供技术支持。

该技术的主要内容是基于企业的设备故障维修历史数据，建立符合企业实际的设备可靠性评价方法与可靠度预警模型；建立装置系统可靠性分析及安全寿命预测技术；开发基于可靠性分析的炼油装置安全寿命预测系统，技术路线如图 28-11 所示。依托炼油装置可靠性评价及安全寿命预测系统，利用装置设备故障历史数据，开展基于韦伯分布的单体设备可靠性评价和基于可靠性逻辑关系框图（RBD）的装置系统可靠性评价，进一步进行基于可靠性评价的装置寿命预测，从而保障装置长周期安全运行。

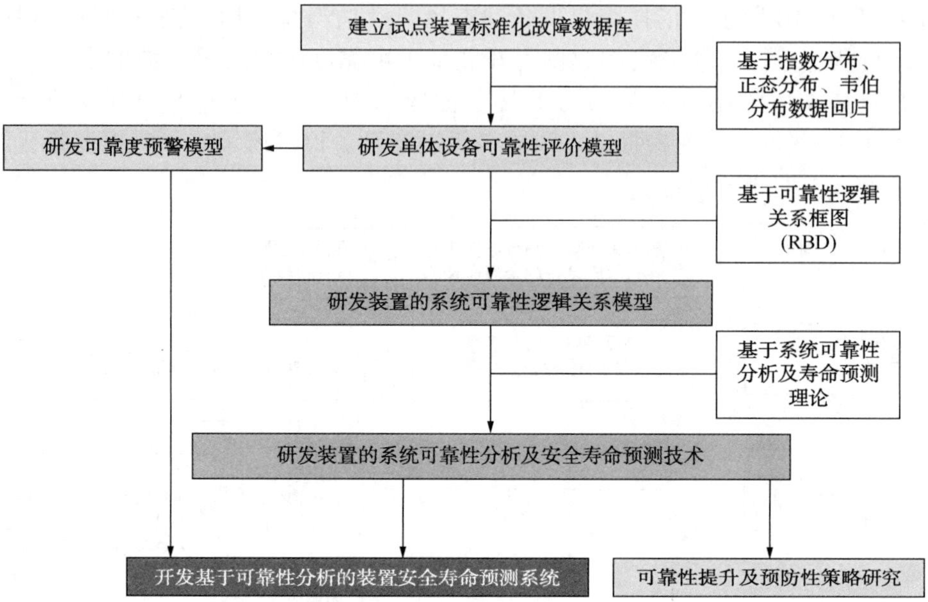

图 28-11　装置可靠性评估与安全寿命预测技术路线图

四、设备完整性技术

设备完整性技术以风险理论为基础，以设备全生命周期管理为主线，综合考虑设备安全性、可靠性、维修性及经济性，采用工程技术和系统化管理相结合的方式来保证设备功能状态的完好，用于预防和遏制重大危险化学品事故的发生。

设备完整性技术包括设备管理状况量化评估技术、设备完整性管理体系、设备完整性管理关键支撑技术、设备管理绩效评价指标(KPI)及其算法、设备完整性管理信息平台等内容。

通过指导企业搭建并运行设备完整性管理体系，建立设备管理状况量化评估方法和KPI，集成应用设备完整性管理关键支撑技术，依托完整性信息化管理平台，实现企业全方位、全过程、全专业的设备完整性管理模式，从管理和技术层面提升现有设备管理的水平，促进企业长周期安全运行。

(一)设备管理状况量化评估技术

按照设备完整性管理体系的组织环境、领导作用、策划、支持、运行(设备分级管理、设备风险管理、过程质量管理、检验测试和预防性维修、设备缺陷管理、设备变更管理、定时事务、专业管理和技术管理等)、绩效评价、改进等管理要素，结合设备专业管理，确定评价要素及其权重；确定动设备、静设备、电气设备、仪表设备、综合管理等专业类别及权重；综合评价要素、设备专业类别、评估方法、评估问项、评定标准、问项完善度、问项后果严重性、风险等级、发现事项及意见等，建立了设备完整性管理量化评估方法及题库，设置动、静、电、仪、综合专业检查问项 438 项。应用雷达图、柱状图、风险矩阵等工具，对评价分数进行统计分析，如图 28-12 所示，获得设备风险等级及设备管理量化评估状况。该技术以完整性体系化的思维审视企业的设备管理工作，通过多种数据分析规则，发现体系方面和专业管理方面的不足，效果较好。

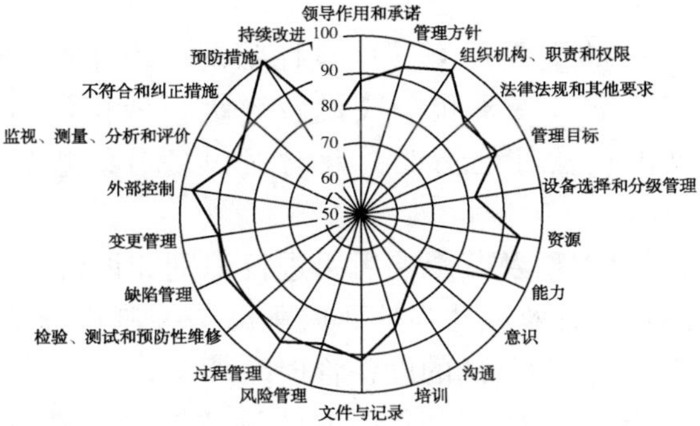

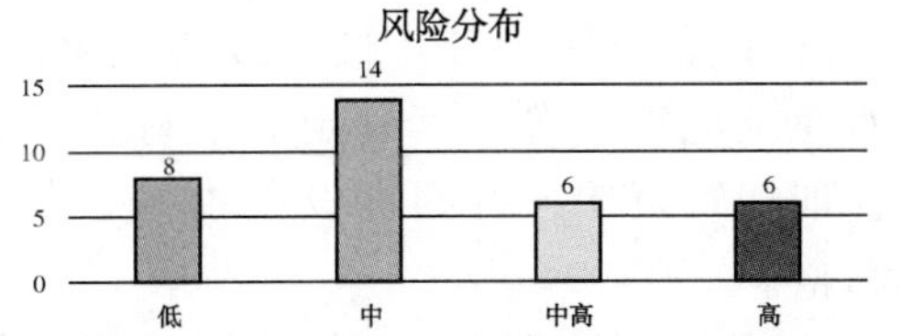

重要度	差异程度			
	A	B	C	D
高	1	2	2	1
中	3	6	2	3
低	4	4	4	2

图 28-12　数据量化分析

(二) 基于风险的设备完整性管理体系

炼油厂设备完整性管理体系遵循 ISO 管理体系标准（MSS）的结构，借鉴国外完整性管理的主要内容，结合国内炼油厂设备管理特色活动，设置了组织环境、领导作用、策划、支持、运行、绩效评价和改进一级要素；设备分级管理，风险管理，过程质量管理，检验、检测和预防性维修，缺陷管理，变更管理，定时事务，专业管理，技术管理等二级要素。要素之间相互关联、相互渗透，以确保体系的系统性、统一性，如图 28-13 所示。

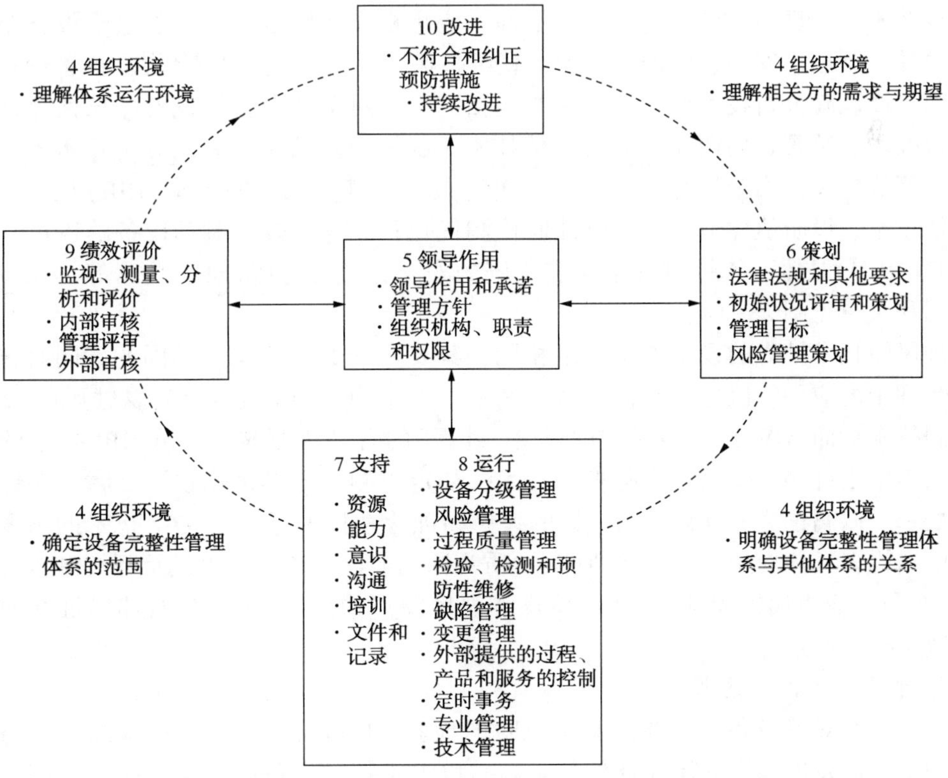

图 28-13　炼油厂设备完整性管理体系架构

设备完整性管理体系的几个关键要素如下：

(1)设备分级管理。按照设备在生产过程中的重要程度、可靠性状况、发生故障的可能性及危害性等因素制定分级标准，确定关键、主要和一般设备等级。依据设备等级合理配置资源，并根据设备检修、装置改扩建及其他情况，及时对设备分级进行动态调整。

(2)设备风险管理。对设备管理过程中的风险因素及其影响后果进行识别和评价分析，确定风险的严重程度和可能影响的最大范围，采取有效或适当的风险削减与控制措施，把风险降到最低或控制在可以承受的程度，实现以风险为基础的设备管理。

(3)设备缺陷管理。建立设备缺陷识别标准，针对全生命周期的设备缺陷，进行有效的识别、响应、传达、消除，实现对缺陷的闭环管理。避免设备失效，确保设备完好，遏制事故的发生。设备缺陷一般分为一类缺陷(故障)、二类缺陷、三类缺陷和四类缺陷。

(4)定时事务。包括需要定时召开的各类会议、定时开展的专业管理和其他定时性工作等。企业应确定、执行并检查定时事务，确保其符合管理要求。规范定时事务的操作流程，明确职责分工，统一操作标准，提高工作时效性，实现管理的规范化、标准化、程序化与表单化。

(三)设备完整性管理关键支撑技术

设备完整性管理是采取技术改进和规范管理相结合的方式来保证设备运行状态的完好性，包含技术和管理两个层面。在管理层面，应重视设备综合管理，着眼于设备全过程管理，从设计、制造、安装、使用、维护，直至报废，是一种基于风险的设备管理理念；在技术层面，以风险分析技术作支撑，主要包括：①针对全部设备的设备可靠性评估及维护策略优化技术、装置长周期安全运行评估技术、腐蚀检查技术、失效分析技术等；②针对静设备、管线的设备安全运行边界评估(IOW)技术、基于风险的检验(RBI)技术、腐蚀适应性评估技术、设防值评估技术、腐蚀监检测优化技术等；③针对动设备的以可靠性为中心的维修(RCM)技术；④针对安全仪表系统的安全完整性等级(SIL)技术等。风险技术的应用范围和关系见图28-14。

各种风险技术针对的设备类型并不相同，其要实现的功能也是不同的。同时，在设备完整性管理中的应用阶段也不相同。从时间顺序上来说，RBI技术是对腐蚀风险“结果”的管理控制技术，而IOW技术是对腐蚀风险“过程”的管理控制技术。从RBI技术的角度出发，可以引申出许多具体腐蚀风险控制技术，如定点测厚方案优化技术、腐蚀探针监测方案优化技术、以腐蚀适应性评估为指导的大修腐蚀检查技术等；从IOW技术的角度出发也可以引申出许多具体应用，如设防值(其本质为原油或原料油中硫含量及环烷酸含量的操作窗口的设定)、露点腐蚀控制(具体部位操作温度窗口的设定)及其他具体腐蚀介质或工艺操作参数指标的设定等。

1. 基于风险的检验技术

该技术是针对静设备、管线的基于风险的检验(RBI)技术，它是将腐蚀科学与安全工程技术相结合而发展起来的风险评估技术。它以追求特种设备系统安全性与经济性统一为理念，对特种设备系统中固有的或潜在的危险进行科学分析，给出风险排序，找出薄弱环

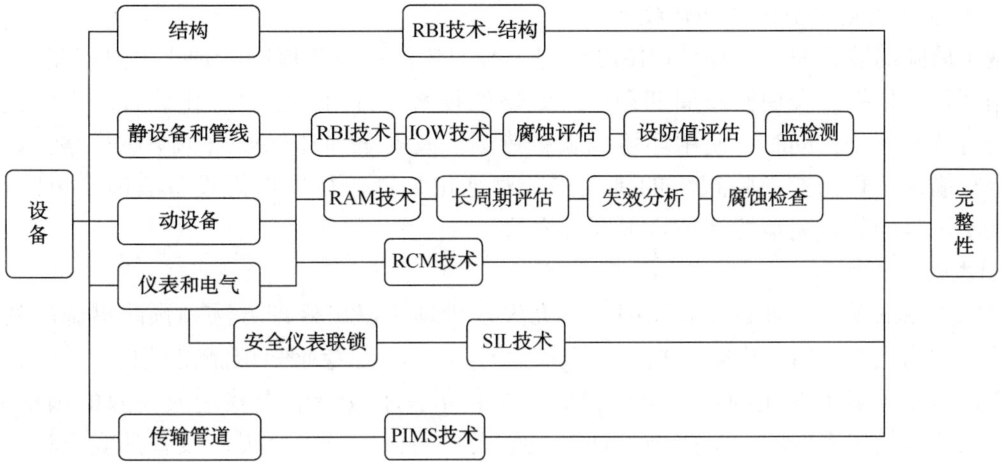

图 28-14　风险技术应用范围和关系

节，以确保特种设备本质安全和减少运行费用。21 世纪初，我国引进 RBI 技术，由于其在延长装置开工周期方面的显著优势，在炼油装置得到了广泛应用。该技术关注因材料腐蚀退化造成的设备失效而引起的危险物质泄漏的风险，并通过实施有效的检验来控制风险，以降低因失效造成的安全及环境损失，其最终焦点是制定设备与管道优化的检验策略。

2. 以可靠性为中心的维修技术

以可靠性为中心的维修(RCM)是目前国际上通用的、用以确定资产预防性维修需求、优化维修制度的一种系统工程方法。它的基本思路是：对系统进行功能与故障分析，明确系统内各故障的后果；用规范化的逻辑决断方法，确定出各故障后果的预防性对策；通过现场故障数据统计、专家评估、定量化建模等手段在保证安全性和完好性的前提下，以维修停机损失最小为目标优化系统的维修策略。其目的是提高动设备的可靠性，降低因失效造成的生产损失。

3. 设备完整性操作窗口技术

设备完整性操作窗口(IOW)技术可实现对关键设备的在线监控，使操作或工艺严格控制在临界值内，一旦操作或工艺超过临界值，IOW 将反馈一个警报，提示操作已越界，并给出调整操作建议，从而起到预防设备提前劣化或发生突然破裂泄漏并造成装置非计划停车事故的作用，提高设备运行可靠性。该技术是 RBI 技术的进一步发展，其管理形式由被动管理向主动管理转变。

4. 设备可靠性评估及维护策略优化技术

设备可靠性评估通过对历史数据的回归或专家经验的总结，对故障发生的概率进行计算，从而量化风险，提出风险可能发生的概率或概率范围；通过对预防该风险而实行的监测、检测或检修的不同预防与预测方案的优劣进行量化比较，从而辅助管理层做出正确决策。通过考察设备或系统的可靠性，提出工厂最佳的设备维修和检测方案，从而最终减少工厂因设备故障带来的损失。该技术的最终目标是寻求最优生命周期成本设备管理方案(包括设计、生产、维修及退役阶段)，可为企业带来显著经济效益。设备可靠性评估可作为

RCM、RBI、SIL 等技术的基础，是设备完整性管理不可缺少的环节。

5. 装置长周期安全运行评估技术

基于风险的装置完整性评估(RBPIA)是一种对炼油厂设备风险管理水平进行量化评估，并根据评估结果提出合理检修周期和运维策略的技术。目前，随着炼化装置的大型化和加工原料持续劣质化，同时，使用环境越来越苛刻以及安全和环保要求越来越严格，炼化装置安全长周期运行仍然面临很大的挑战。针对炼化装置运行周期内设备故障及风险情况，开展基于风险的装置完整性评估是很有必要的。

6. 失效分析技术

判断失效的模式，查找失效原因，研究失效机理，提出处理方法和预防措施的技术和管理活动称为失效分析。失效分析是一门交叉学科，所需专业知识涵盖材料、力学、热工学和流体力学等多个专业领域。运用失效分析技术，不仅能够查找造成失效的根本原因，根据失效原因给出有效的防治措施，抑制类似失效的再次发生，提高设备的安全性，而且能够帮助企业发现管理和操作上的不足，进一步提高管理水平和操作水平。分析的结果也可为设计和制造单位提供重要的参考数据和设计依据，促进设计制造水平的提高。

(四)设备管理绩效评价指标(KPI)及其算法

常见的设备管理绩效指标包括静密封泄漏率、设备完好率等，数据的可采集性较差，真实性存疑，对专业管理的指导意义有限，需要建立新型 KPI，与国际接轨可比，增强专

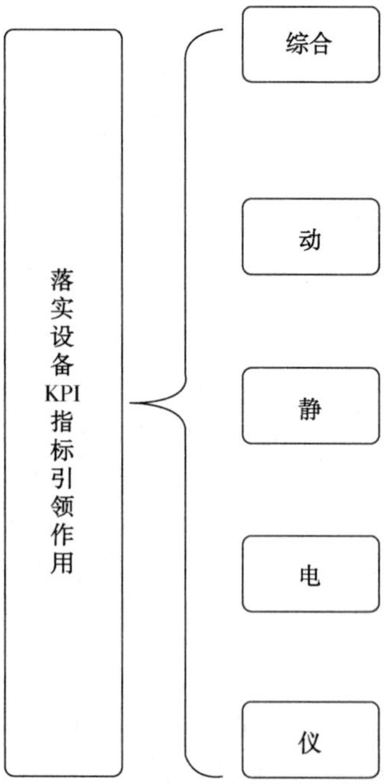

综合专业 | 动专业 | 静专业 | 电气专业 | 仪控专业

序号	指标名称	1月	2月	3月
1	维修费用指数	9.09	18.18	27.27
2	装置可靠性指数	98.9	90.93	98.9
3	设备引起的非计划停工次数	0	0	0
4	大机组故障率	0	0	0
5	转动设备故障维修率	2	0.5	1.5
6	千台离心泵密封消耗量年度滚动值(催化、常减压、焦化)	281	285	277
7	压力管道取证率	100	100	100
8	压力容器取证率	100	100	100
9	换热设备切除检修率	0	0.23	1.95
10	自控率	98.44	98.54	96.97

综合专业 | 动专业 | 静专业 | 电气专业 | 仪控专业

序号	指标名称	1月	2月	3月
1	机组平均效率	72	68	69
2	检修一次合格率	100	100	100
3	紧急抢修工时率	4	0	2
4	往复机组故障率	0	0	0
5	主要机泵平均效率	58	54	55
6	机泵平均无故障间隔时间	34	39	41
7	百台机泵年度重复检修台次	0	0	0
8	轴承平均寿命(企业总计)	56772	57727	59361
9	机械密封平均寿命(企业总计)	25502	25915	26137
10	轴承平均寿命(催化、常减压、焦化)	53430	54204	55094
11	机械密封平均寿命(催化、常减压、焦化)	21978	22317	22537
12	大机组故障率	0	0	0
13	转动设备故障维修率	2	0.5	1.5
14	千台离心泵密封消耗量年度滚动值(催化、常减压、焦化)	281	285	277

图 28-15　炼油厂各专业设备管理绩效指标体系(以综合专业、动专业为例)

业引领性。虽然一些指标设置已经向可靠性、维修性、经济性等方面转变，但与国际大型石化公司相比经济性指标、领先型指标设置偏少。在KPI的具体实现过程中，大部分指标需要落实到装置纬度统计计算，甚至到设备级，目前在具体实现上有较大差距。设备管理KPI的运行机制未全面建立，尚处于初步建设阶段。指标由人工线下统计分析逐步向信息化迈进，但基础数据不能完全满足自动取数计算的要求，部分指标数据难于实现自动取数计算。

炼油厂设备管理绩效指标评价与表征技术包括：以装置为基本单元，建立炼油装置设备KPI的分级管控量化指标，涵盖动、静、电、仪、综合专业的45个设备KPI指标，其中动设备14个，静设备16个，电气设备7个，仪表设备5个，综合设备3个，如图28-15所示。计算参数近600个，信息化基础较好的企业，75%参数可以自动采集，10%为常量数据，15%需要人工填报。

结合企业设备KPI数据源情况，明确设备KPI的计算公式和取数途径与方式，实现绩效指标的自动采集与自动计算，可对典型设备管理业务进行衡量、监控，实现不同维度的统计分析，目前已在20余家炼油厂应用。

第五节　专项安全技术

一、雷电静电安全防控技术

(一)雷电监测预警和防护技术

雷电灾害被联合国列为十大自然灾害之一。我国炼油厂多数分布在沿江或沿海等雷电灾害频发地区，雷击损坏事故逐年增多。炼油厂装置区域中大部分属于易燃易爆的危险环境，装置、仪表设备多，一旦出现雷击事故将会造成巨大经济损失，严重危害企业的安全生产。例如，在电力系统中产生过电压，对供电系统产生影响；干扰炼油厂自动控制系统，造成装置不必要的停车；雷击储罐导致火灾，威胁大型油罐安全运行等。炼油厂防雷是一项综合性的工作，不能有漏洞和死角，体系防雷很重要，非常有必要形成综合立体全方位的预警和防护技术[39]。

1. 雷电监测预警

目前，广泛使用的雷电监测预警方式主要有大气电场监测、卫星闪电监测、气象雷达雷暴监测等。卫星闪电监测、气象雷达雷暴监测等系统的监测范围一般在几百公里至上千公里，适用于大范围的雷电监测，不适用于炼油厂这种小区域范围的精确雷电监测预警。大气电场监测是现代小区域雷电监测预警的重要手段之一，大气电场是一个非常重要的雷电参数，雷电的发生总是与大气电场密切相关，当大气电场值达到大气的击穿电位梯度时，将有雷电发生。基于大气电场探测的雷电预警装置(大气电场仪)是用来测量大气电场及其变化的设备，可以对局部地区潜在的雷暴活动及静电电击的危险性做出短期预报。探测范围约为几公里，根据测得的大气电场变化曲线可以监测几公里范围内的雷暴活动，提前5~30min发出雷电预警信息，非常适合石油化工行业的雷电监测预警。

传统的基于大气电场探测的雷电预警装置，大多采用机械式结构，防水防尘、防腐等级较低，不具备防爆功能，造价和维护成本较高。通过采用电子调制固态雷电预警探测器可以弥补传统机械式预警装置防腐性差、维护困难的缺点，更能适应炼油厂复杂环境的要求。采用多站点蜂窝组网的方式，可以实现探测器异常工况点自动剔除、雷云运动轨迹拟合及运动趋势预测等功能，提高预警准确率。目前国际先进的雷电预警系统有效率达到了80%以上，实现提前10~30min邻近精确预警，能及时为炼油厂提供所处小区域雷电活动情况。企业结合应急预案，开展生产调度、事故防范和应急准备，规避在雷电气象条件下的重大事故。

2. 电力系统防雷

随着炼油厂生产规模和工艺系统复杂性的增加，以及新型用电设备和控制系统的大量应用，对供电系统连续供电的可靠性和电能质量的要求越来越高，石化企业输变电系统雷击问题可能造成的损失也越来越大[40]。近年来，我国炼油厂输变电系统因雷击造成的生产事故也时有发生，特别是齐鲁石化"8·14"雷击停电事故、茂名石化乙烯"6·3"雷击停电事故，均导致装置停车，给企业造成生产事故和巨大的损失。

雷电对石化电力系统危害形式有多种，造成电力装置损坏，晃电引起跳闸等。近年来主要从两个方面改善防雷工作，提高运行安全可靠性，一是从终端负荷的上级、由不同电源、输配电线路、变配电设施等构成主电网系统及其运行的宏观方面加以完善，提高防御能力，通过安装多间隙灭弧避雷器和线路防绕击避雷针等手段，有效降低线路跳闸率；二是从负荷终端的微观方面入手，主要是配电及用电设备，如生产装置变电所、电动机、继电保护及自动装置、UPS、自动控制电源等电气设备本质安全以及辅助系统完好，提高抗干扰能力。

3. 弱电系统防雷

炼油厂电子设备、仪表、控制、信息系统等多高度集成、智能化程度高，对电磁环境稳定性要求高。雷击可在极短时间内产生极高过电压和极大的冲击放电电流，从而对周围用电设备形成过电压的侵入或干扰，雷电感应则以电磁脉冲的形式对电子设备造成影响，导致弱电系统本身受到损坏，或造成误动，引起炼油厂装置的非计划停车等后果。弱电设备遭受雷电过电压入侵的主要途径是电源通道，仪表现场信号，电仪联系信号，电气数据信号通道，通过继电保护入侵以及地电位反击引起的入侵等。

炼油厂弱电信息系统的防雷，应按照"整体防御、综合治理、分区保护、层层设防"的原则进行设计和治理，包括：①通过外部保护，将对电力系统有威胁的绝大部分雷电流直接引入地下泄散，如避雷针(线)等；②对因雷电波侵入等诱因产生的过电压，采取电泳保护器(SPD)、防雷栅等措施，必须在各个电压等级和可能遭受过电压侵入设备及系统上设置避雷装置；③采取屏蔽保护、等电位连接等有效措施，防止雷电造成地电位反击；④保证正确可靠的接地，要求有一个良好的接地系统。

4. 储罐防雷

储罐雷击着火的主要原因是直击雷或雷电感应造成浮盘与罐壁间发生火花放电，引燃密封圈空间内的油气混合物，从而导致储罐发火灾爆炸事故。在实际运行中，外浮顶储罐的油气浓度难以有效控制，因此对于金属储罐，最有效、最重要的雷电防护措施是设计合理的电流泄放通道，消除储罐的雷电火花放电隐患点。

当雷击储罐时，浮盘上的电荷通过与罐壁相连的各通道进行泄放，浮盘与罐壁相连的通道主要包括导静电线、导电片、机械密封金属件、导向柱、刮蜡器等。这些泄放通道是产生火花放电的关键部位，消除大型浮顶储罐的雷击火花放电隐患的关键就是要对这些部位加强防护。通过改进二次密封橡胶刮板、安装导向柱设施绝缘装置等减少打火点装备，从根本上消除大型浮顶储罐的雷击火花放电隐患；加强浮顶油罐浮盘与整个罐体的等电位连接，增加浮盘与罐壁的电气导通，通过安装可伸缩式接地装置等加速雷电流泄放措施，使发生雷击时浮盘上的束缚电荷能够迅速有效地传导入地，消除或降低浮盘与罐体之间的电位差导致的火花，有效控制浮顶油罐因雷击而引发的火灾。

近几年，随着物联网技术、传感器技术、智能算法、嵌入式技术等的快速发展，防雷领域也正在向智能化、信息化发展。研发智能雷电检测及雷电防护装置，开发远程监控综合防雷平台，实现炼油厂智能化防雷，可有效克服防雷失效造成的威胁及设备损坏、防雷装置参数变化造成的防雷质量下降的问题，实现炼油厂全范围各区域的电涌入侵、电涌保护器(SPD)劣化监测管理、接地状态及接地电阻等要素的实时在线监测管理，防雷设施一旦出现问题，实时远程报警并准确定位，无须人员巡查，即可在第一时间掌握现场情况，并迅速安排处理。

(二)静电预防与控制技术

1. 炼油厂静电产生及危害

液-固、液-气、液-液等相界面间因接触、分离会发生电荷转移，导致不同介质间带有极性相反的静电荷[41]。炼油厂内静电产生途径主要有：原油、低电导率成品油等不同烃类在流动、搅拌时与泵、管道、过滤器、罐壁等摩擦带电；油品装卸、泄漏时油品喷溅带电[42]；油中水杂、铁锈等沉降以及油内气泡上升等导致油品沉降带电；另外，采用非金属复合管道等输送油品时管道表面带电；储罐清洗时高压水冲击储罐带电；操作人员因走动等导致人体携带静电等。

静电荷积聚到一定程度可发生静电放电现象。静电放电是导致油品在收付、调合、装卸、运输过程中闪燃或爆炸事故的重要原因之一，其作为点火源引燃油气，必须具备以下条件：

(1)油品通过输运等方式产生静电荷。

(2)静电荷积聚到一定程度足够产生静电放电。

(3)存在处于爆炸极限范围内的油气-空气混合物。

(4)静电放电所产生的电火花能量达到或大于油品蒸汽引燃的最小能量(0.2~0.25mJ)。

2. 预防静电危害的措施

静电危害防控原则是减少静电荷产生、防止静电荷积聚、抑制静电放电发生以及防止爆炸性混合气体形成等。

(1)接地和跨接。静电接地和跨接是使设备、管道表面静电荷快速消散、抑制静电积聚的重要方式，同时各设备间等电位连接可防止出现高电位[43~46]。如防静电接地装置的接地电阻，不宜大于100Ω；石油库内防雷接地、防静电接地、电气设备的工作接地、保护接地及信息系统的接地等，宜共用接地装置，其接地电阻不应大于4Ω。油罐接地点应设两处以上，沿油罐外围均匀布置，其间距不应大于30m等。

(2)控制油品流速。管道内流动油品流速越大，油品产生的静电量越多，故通过限制油品流速可抑制静电产生。对于电导率低于 50pS/m 的油品或管道内明显存在不相容的第二物相时，需降低输油速率。在油罐注入口未浸没前，初始流速不应大于 1m/s，当注入口浸没 200mm 后，可逐步提高流速，但最大流速不应大于 7m/s(铁路罐车装车出口流速不应大于 5m/s)。

(3)提高油品电导率。在油品中添加抗静电剂可提高油品电导率，促进静电荷的消散速率，有效抑制油品中静电荷积聚[47]。为此，通过在成品油中加入微量的油溶性防静电添加剂(如无灰型抗静电剂 T1502 等[48])，调整喷气燃料安全静止电导率为 50~600pS/m，汽油、煤油、柴油安全静止电导率值应大于 50pS/m，甚至 250pS/m 以上。

(4)改善操作工艺条件。采取促进静电荷消散措施抑制静电积聚，如油品通过精细过滤器时，从其出口到储器应留有 30s 的缓和时间，缓和时间不足时采用缓和器。带电油品在缓和器内停留时间一般按缓和时间的 3 倍设计，其中缓和时间

$$t=\varepsilon_r\varepsilon_0/\sigma$$

式中 t——缓和时间，s；

ε_r——油品相对介电常数；

ε_0——真空介电常数，pF/m；

σ——油品电导率，pS/m。

在油品灌装过程中，装油方式应尽量采用底部装油，降低顶部装油时鹤管口油品喷溅带电；防止不同性质油品混装，同时降低油中水杂含量；油罐收油、槽车装卸时需使油品静置一段时间，再进行采样、测温、检尺等作业。

(5)管输油品静电在线监测与联锁控制。为控制油品静电，需降低油品带电过高诱导的静电放电风险。利用安装在输油管道上油品电荷密度表，实时监测管道内流动油品静电电荷密度值，同时将油品电荷密度表输出信号作为溢油静电保护器控制器或其他付油控制系统一次仪表信号，可组成油品付油(输运)联锁控制系统，控制装油/进油过程，一旦超过设定阈值(如 30μC/m^3)，则发出静电超值警报信号，并联锁控制付油系统降低油速，甚至停止付油[49]。

(6)强化人体静电防护。带电人体靠近接地导体，若发生静电放电可引燃挥发性油气。进入作业场所，操作人员必须进行人体静电泄放，按要求穿合格的防静电鞋和防静电服(带电电荷量不应大于 0.60μC/套，点与接地点之间的电阻应为：$1.0\times10^5\sim1.0\times10^9\Omega$[50])，避免剧烈运动并禁止穿、脱衣物。

二、炼油厂供电系统安全技术

炼油厂供电系统是保障生产装置安全、稳定、长周期、满负荷、优质运行的基础。炼油装置不断扩能的滚动发展，对供电系统的可靠性要求越来越高，生产过程中一旦突发断电、系统晃电，将造成装置大面积非计划停工，引起重大经济损失，甚至引发火灾、爆炸等严重事故。

(一)炼油厂供电系统组成及特点

炼油厂供电系统是一个功能齐全、与地方电网强连接且相对独立的复杂网络，主要包

含发电系统、输电系统、变电系统、配电系统以及用电系统五大部分。

炼油厂供电系统具有以下特点：

(1)系统网架结构复杂。电网采用放射式结构，内部电网是发供一体的企业电力系统，既有电源又有电力网络，还有终端用电负荷，并与外电网进行电能交换交易；供电电压等级多，变配电站多而分布较散，高压输电线路纵横交错，电缆配电系统庞大。

(2)供电负荷大，供电可靠性要求较高。大型炼油厂总的负荷较大，一般都有几十兆瓦，用电负荷80%为一级负荷，在生产过程中需要连续、稳定运行，对供配电系统的可靠性要求较高，几个周波的供电系统短时故障都可能造成大量生产装置停工，带来巨大的经济损失。

(3)负荷以电动机为主，大型电动机启动及多台电动机群起对系统影响较大。

(4)具有自备热电站，其规模与企业的规模和地域需求有关。一旦供电系统发生故障造成企业大面积停电，生产装置蒸汽用量会大幅波动，难以保证汽轮发电机的稳定运行。

基于以上几个方面，炼油厂对电网供电的安全性、供电裕度、供电质量、供电可靠性的要求要比常规电力系统要高，要求有足够的安全性、可靠性、经济性、灵敏性，做到有机统一。

(二)供电系统晃电对装置平稳运行的影响及措施

在实际生产过程中有很多不确定因素，如系统电源联络线电压等级低易受雷击、老旧电气设备发生短路故障等，这些因素很容易对供电系统产生影响，使企业内部供电电源电压暂降或短时中断后又恢复供电，造成电压波动，在炼油厂内，一般将这种电压暂降现象称为“晃电”。

在连续性的生产过程中，晃电作为炼油厂供电系统中的突出问题之一，其对工艺的影响是巨大的：造成低压电动机群停止运行，电网电压恢复正常后，电动机群不能自动恢复运行，需要由工艺和电气人员配合进行人工恢复。人工恢复因操作复杂和恢复时间长严重影响产品质量，轻者造成装置生产过程的波动，重者造成装置生产过程的中断。

对于供电网中的负载，如果电压发生变动或者突然变化将导致其不能正常工作或者功能下降，一般称这类负载为电压敏感性负载。炼油厂常见的几种电压敏感性负荷有交流接触器、变频调速器、低压电机等。

1. 供电系统晃电对交流接触器的暂态特性影响

交流接触器在工业生产中常被用来接通或分断带负载的交流主电路或大容量控制电路，如用于电动机的启动与控制。由于交流接触器的线圈呈感性，当线圈两端电压突然跌落，即发生电压暂降时，电感电流不可能发生突变，而是逐渐衰减的，电磁吸力也伴随着线圈电流而减小，当电磁吸力小于交流接触器弹簧拉力时，触点断开，接触器脱扣。

2. 供电系统晃电对变频器的暂态特性影响

变频器是一类典型的广泛应用于炼油厂的设备，一旦企业电网发生电压暂降，便会触发接入电网的变频器直流母线低电压保护，从而导致变频器输出闭锁、辅机停机。

发生电压暂降时，输入端的交流电压突然降低，变频器无法从输入端获取足够的能量，而输出端所带的负载功率基本不变，两者之间的不平衡功率需要由变频器直流侧电容放电提供，造成了变频器直流侧电压下降，当直流母线电压低于保护阈值时，保护电路动作，变频器跳闸。此外，若暂降持续时间过短，未能触发低电压保护，电压暂降过程中，负载功率在短时间内基本保持不变，此时输入电压降低，输入电流相应地增大；暂降发生结束后，恢复后的输入电压对电容充电引起过电流，这两种状况下，均有可能触发过电流保护，使变频器跳闸。

3. 供电系统晃电对低压电机的暂态特性影响

电压暂降发生时，电机电磁转矩下降，电磁转矩与机械转矩之间的平衡关系被破坏，电机转速逐渐下降，此时存在临界转速，若暂降恢复后实际转速大于临界转速，则电机可恢复至电压暂降前的稳定状态；若实际转速小于临界转速，则会导致接触器脱扣，电机跳闸断电，电机无法正常工作。

抗晃电措施可分为主动式和被动式两大类，主动式是指在一定范围内抑制电压波动的相关技术措施，如提升系统电源联络线电压等级、建设更高电压等级枢纽变电站、采用动态电压调节器等装置；被动式是指即使电压发生波动设备也能维持运行的措施，如采用抗晃电型接触器、再启动继电器等装置。

（三）炼油厂供电系统安全提升技术

炼油厂供电稳定性是个系统、复杂的问题，基于目前的以设备为主的电气管理水平已不能满足装置安、稳、长、满、优的运行要求，仅靠单元或局部措施已难以解决这一复杂问题，亟须采用系统化的思维，从源头杜绝隐患。为全面提升供电可靠性水平，真正做到“安全第一、预防为主”，可从以下几个方面开展安全保障工作：

（1）开展电力系统的 HALOPA 风险评估及电力系统仿真计算，用科学、系统的方法全面辨识供电系统发、输、变、配、用各个环节的重大运行风险，提前制定防范措施。

（2）持续开展电气隐患治理，不断完善主网结构，优化系统运行方式，提高系统适应性；强化继电保护、自动装置、稳控系统配置，落实“三道防线”相关措施。

（3）逐一梳理各炼化装置的关键敏感负荷及连锁停车的条件，结合电气、工艺、设备、仪表等专业，制定科学解决办法。

（4）逐步淘汰安全可靠性低、技术落后的电气设备，将现役系统逐步升级改造成为安全型、高可靠性数字化变电站，提升设备本质安全水平。

（5）推动电气设备局部放电、超声、红外等多方法融合的智能化状态检修水平，做到电气隐患提早发现、及早治理，实现从人防到技防的转变，解决人员少、监管难的问题，逐步实现设备状态检修。

（6）以保障电网安全可靠及经济运行为目标，引入先进的管理理念，提高炼油厂电气全过程管理水平，推动企业技术进步，促进降耗节电，解决电力资源有效利用、电力高效管理等问题。

三、泄漏监测报警技术

（一）可燃有毒气体泄漏监测技术

GB 50493—2009《石油化工可燃气体和有毒气体检测报警设计规范》对气体泄漏报警器检测点的确定、可燃气体和有毒气体检测报警系统以及探测器和指示报警设备的安装等进行了详细规范。炼化装置在设计建造过程中，依照该规范要求，对涉及可燃有毒气体泄漏的工艺装置和储运设施区域，安装了气体探测报警器，泄漏信号通过有线方式传输到监控中心，超出报警限值及时发出报警提醒，在炼油厂安全生产中发挥了重要作用。目前，普遍采用了催化燃烧传感原理监测可燃气体泄漏、采用电化学传感原理监测有毒气体泄漏。

炼油厂常见的烷烃类、烯烃类、苯系物等可燃气体与氧气容易发生燃烧反应，催化燃烧传感原理就是利用这一特性发明的。图 28-16 所示为催化燃烧传感检测气体浓度示意图，其核心是一个带催化剂的敏感元件 B 和一个不带催化剂的补偿元件 A 组成的惠斯通测量电路，敏感元件 B 一般是表面涂有催化剂的铂丝电阻，R_1 和 R_2 为一定阻值的标准电阻。当敏感元件 B 接触到可燃气体时，在催化剂的作用下，可燃气体与氧气发生无焰燃烧，热量的变化引起敏感元件 B 阻值发生变化，从而导致惠斯通电桥失去平衡，产生的输出信号与敏感元件 B 阻值的变化量成正比，而敏感元件 B 的变化量又与可燃气体浓度一一对应，通过检测信号量的变化实现了气体浓度检测。该方法检测可燃气体浓度稳定性好、重复性高，制造工艺成熟、成本低，已在炼油厂广泛应用。但是，该方法不适用于密闭缺氧(氧含量体积浓度小于 10%)环境下的可燃气体泄漏检测，并且对于多种可燃气体混合检测时，受不同可燃气体燃烧热值差别的影响会产生一定误差。

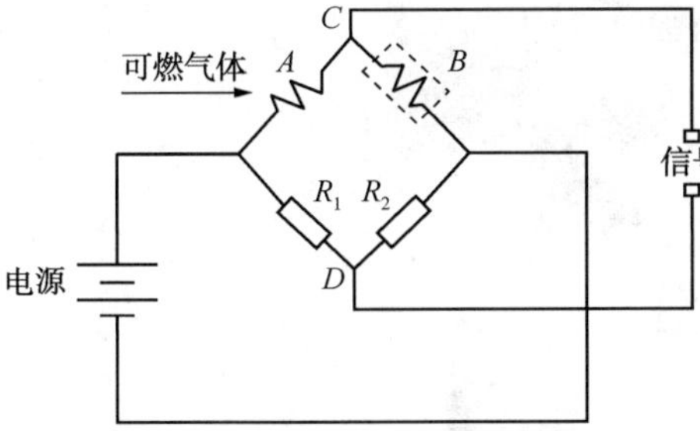

图 28-16　催化燃烧可燃气体检测原理示意

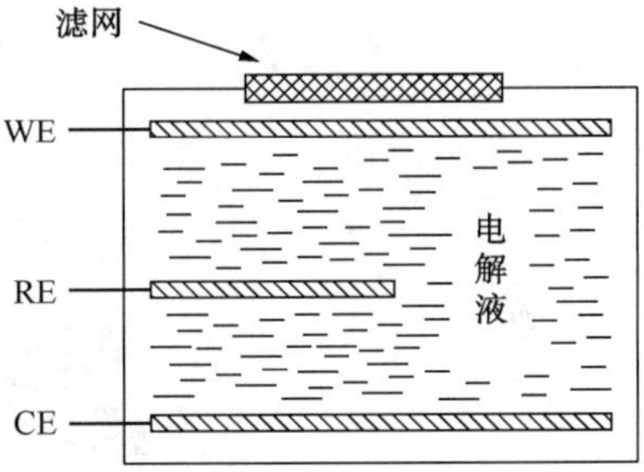

图 28-17　电化学有毒气体检测原理示意

炼油厂常见的硫化氢、氨气等有毒气体与电解质发生反应，产生与气体浓度成正比的电流信号，为了达到良好的稳定性，通常使用 3 个电极彼此并联堆叠，他们之间由电解质薄层分隔，电解质在电极之间提供了离子的电接触，电化学式有毒气体传感器原理图如图 28-17 所示。工作电极(WE)与有毒气体的电化学反应，产生正比于气体浓度的电流，参考电极(RE)使工作电极固定在正确的电势上工作，减少退化并维持一个恒定的且线性良好的灵敏度，气体浓度引发的电流变化通过计数电极(CE)导出，通过采集该电路的变化量从而得到气体浓度。电化学传感检测单一种类有毒气体时具有良好的选择性、可靠性和较长的预期寿命，制造工艺成熟、成本低，已在炼油厂广泛应用。但是，在选型应用时，要充分考虑混合气体、温湿度等环境因素对器件的交叉干扰影响，并且，预期寿命受该器件所暴露的有毒气体总量影响较大。

根据催化燃烧、电化学气体传感检测技术原理和特点可知，该类气体泄漏检测技术长期使用的准确性易受使用环境的影响，并且作为一种安全防护类的计量仪器，根据国家相关要求，需要实行周期性检定或校准。为了准确及时地检测泄漏，炼油厂通常执行 JJG

693—2011《可燃气体检测报警器》、JJG 695—2019《硫化氢气体检测仪》等规程要求，采用与报警器检测气体种类相同的气体标准物质进行检定或校准，以保证现场使用的气体泄漏报警器处于正常工作状态。可燃有毒气体报警器数据接入监控中心后，通过报警设置实现了检测泄漏气体浓度超报警值后自动报警，可燃气体报警值根据对应物质的爆炸下限体积分数百分比来设定，有毒气体报警值参照该物质职业卫生接触限值来设定。目前，炼油厂可燃有毒气体泄漏监测通常采用二级报警。此外，针对现场作业人员的安全监护，针对不同装置、不同物料泄漏风险，炼油厂普遍配备了对应的便携式可燃有毒气体报警器，及时给现场人员提供泄漏检测报警提示。

（二）泄漏监测联动报警技术

在早期设计建造的炼油厂中使用的可燃有毒气体泄漏检测报警器检测到气体浓度超报警值时，报警器并不能发出声音、灯光等警示提醒，导致现场作业人员容易闯入正在泄漏的区域。2016 年起，大部分炼油厂实施了泄漏检测报警器现场声光报警改造，在监测到气体泄漏浓度超报警值后，现场及时发出声光报警，警示现场作业人员出现了泄漏。随着无线传输、高精度定位等技术的广泛应用与普及，近年来部分炼油厂部署了气体泄漏无线监测联动报警系统，如图 28-18 所示。

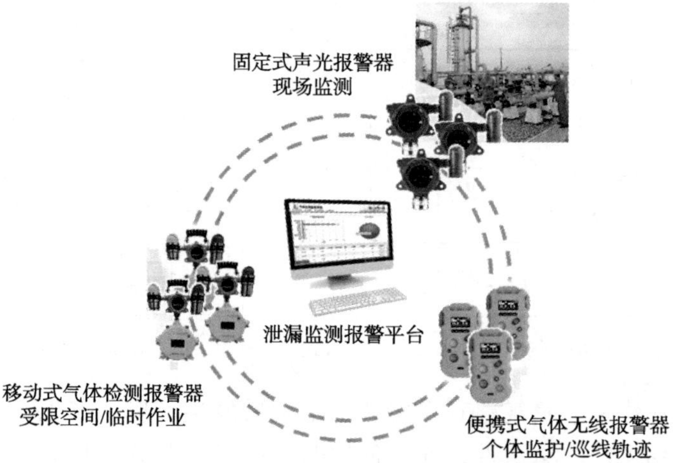

图 28-18　气体泄漏无线监测联动报警系统

该系统由移动式气体检测报警器、固定安装的声光报警器、便携式气体无线报警器以及泄漏监测报警平台组成。移动式气体检测报警器用于受限空间、临时施工作业等现场多种气体泄漏实时监测，数据通过无线传输接入泄漏监测报警平台；便携式气体无线报警器除了气体浓度检测与报警以外，还具备高精度定位和检测数据实时无线传输功能；泄漏监测报警平台实时接入固定式、移动式、便携式泄漏检测设备实时数据，一旦出现气体浓度超报警值，及时给携带有便携式气体无线检测报警器的现场作业人员推送报警警示，与此同时，固定式、移动式、便携式各类设备之间直接触发报警，实现泄漏监测报警区域联动，极大地提升了泄漏监测报警水平。

（三）光谱成像泄漏检测技术

据英国安全和健康执行局的案例统计，仅有 60%左右的泄漏才能够被现有泄漏探测技术监测到，国内炼油厂的泄漏检测统计数据显示，大部分泄漏是通过人工排查才发现的，泄漏检测报警器并没有及时报警，主要是由于传统的点式泄漏检测技术的局限性造成。近年来，炼油厂普遍采用了气体光谱成像泄漏检测技术开展泄漏排查检测，取得了良好效果。光谱成像泄漏检测技术利用烷烃、烯烃等物质的红外光谱指纹吸收特征，以红外热成像为工具，在特定的光谱范围内对特定的气体目标成像，使得肉眼无法看到的气体红外线辐射成为可见影像，直观可视的查看某种物质的存在，该物质分子产生的无规则运动愈剧烈，红外辐射的能量愈大，越容易被成像探测，图 28-19 所示为光谱成像泄漏检测技术的应用效果图。该技术具有检测范围广、直观形象、使用方便等特点，特别适用于泄漏快速排查，现场人员难以到达的管廊、高空平台等场合的检测。但是，该技术检测物料泄漏的检出限较高，难以发现低浓度的物料泄漏，并且无法对泄漏物料定量检测。

2019 年修订发布的 GB 50493—2019《石油化工可燃气体和有毒气体检测报警设计规范》提出了气体泄漏探测系统设计的相容性、独立性和可靠性要求，并且增加了开路式激光红外探测技术，可燃和有毒气体检测报警系统(GDS)独立设置的要求，为泄漏监测报警技术的发展指明了方向。随着气敏传感材料稳定性的提升、光谱成像快速监测技术产业链的成熟、工业互联网的深入推进，通过泄漏探测布点和布置技术的优化完善，将会极大提升泄漏监测报警技术水平，有望出现基于无人机、机器人等移动载体的泄漏智能检测技术在炼油厂的应用。

图 28-19　光谱成像泄漏检测技术应用

四、现场作业安全技术

(一)能量隔离技术

炼油厂不少事故是在检维修过程中因碰触危险能量导致的。危险能量是指任何一种电、机械、水力、气动、化学、热或任何其他如不加控制可能造成人员伤害或财产损失的能源。常见的危险能量包括电能、机械能和化学能。这些危险在诸如安装、制造、服务和维修管道、容器或清洁有关设备时都可能存在。其他危险能量还包括探伤、激光等电离和非电离辐射、高温或低温导致伤害的热能等。

当要实施进入、改造或维修某个设备、设施及装置时，需要识别来自其外部的能量源对设备、设施及装置所带来的影响以及对操作人员的危险，应由对本设备、设施及装置了解的技术人员对该设备及系统的能量源进行隔断，将作业活动风险降低到合理可行的程度。针对不同的能量源，隔离技术也不同。

1. 工艺流程隔离

(1)单阀隔离，即采用关闭设备、设施及装置进出口单个阀门的方法来实现设备的隔离要求。适用于隔离级别要求较低的系统的隔离。一般情况下不允许采用单阀隔离方法对油气管线进行隔离操作。单阀隔离状态下的作业应是短期的，如果时间过长，应考虑改变隔离方法。禁止在单阀隔离的区域进行动火作业。

(2)双阀隔离加泄放法，即采用关闭设备、设施及装置进出口的双重隔离阀，同时泄放双阀之间的介质(如导淋)的一种隔离方法。

(3)单阀隔离加盲板，即采用关闭设备、设施及装置进出口的单个隔离阀，同时排空管线中的介质，插入盲板，达到最终设备隔离的目的。

2. 电气隔离

将电气设备的输电线路在输电源头进行切断，确保维修人员在电气设备上安全地作业。电气隔离的安全做法是在设备、设施及装置系统的配电源头，即系统的主配电箱对所要输送的电气系统线路进行切断，同时为防止隔离点被意外移动而导致隔离失败，应使用隔离挂锁对隔离点进行锁定。

仪表及控制信号的隔离归结为电气隔离的特殊形式，适用于需要将设备、设施及装置的远程探测、感应以及驱动等信号源的隔离及旁通。

3. 机械隔离

(1)如果采用蝶阀做隔离，应考虑蝶阀的密实性较差情况，导致隔离作用可能不充分。必要时，要对其隔离的效果进行风险评价并制定隔离失效的补救措施。

(2)如果使用驱动器控制的阀门，应在作业开始之前，对阀门的驱动装置进行隔离，以确保任何外来动力源都无法驱动其驱动装置。

(二)危险作业安全技术措施

炼油厂的动火作业、受限空间作业是事故频率高、后果严重的危险作业，高处作业、起重作业是事故率较高的作业，其他危险作业还包括临时用电作业、高压水冲洗作业、打开容器、挖掘作业等。针对这些高风险作业，工厂均建立了相应的作业许可制度，要求严格执行作业申请、作业前危害识别、签发作业票、作业交底、现场监护等，且要求作业监护人、授权人都应进行培训。动火作业和受限空间作业前必须采取管线拆卸隔离法或双隔断及插盲板法来切断工艺物料管线，保证不会造成物料意外串入引起火灾、爆炸或人员中毒事故。

除了以上危险作业外，炼油厂硫化亚铁自燃事故也时有发生[51]，应予以重视。石油化工装置长时间运行后装置内部会堆积大量具有自燃活性的硫化亚铁(FeS)。在装置检修过程中，堆积的 FeS 接触到空气开始氧化并发生自热反应，会导致罐、塔融化或火灾。如 2006 年惠州某石化公司油品车间石脑油罐发生闪爆，事故调查结果显示事故是由罐内硫腐蚀产物自燃引起；2016 年国内某输油站 2000m^3 拱顶泄压罐清罐作业过程中 FeS 自燃导致泄压罐发生爆燃。

为预防石油化工装置 FeS 自燃事故的发生，现有的技术手段主要包括：隔离法、清洗法和钝化法[52]。隔离法一般采用氮气或水封等技术手段防止 FeS 与空气中的氧气接触。该方法适用于在线保护，但在检修过程中很难有效防止 FeS 自燃。清洗法是使用机械法或化学试剂对设备进行清洗。钝化法是用钝化剂进行设备处理，将易自燃的 FeS 转变为较稳定的化合物，从而防止 FeS 自燃。工厂应识别含有 FeS 的部位，检修前建立具体的 FeS 清洗钝化方案，并对清出的含 FeS 废料做好降温、喷水，尽快填埋，防止火灾事故发生。

(三)先进作业安全技术

1. 高风险现场作业移动监控监测技术

高风险现场作业移动监控检测技术利用移动监控、手持终端等设备，并结合移动视频技术、远程通信技术、气体探测及位置服务等进行集成应用开发，形成高效联动的作业现场全过程监控解决方案，有序地对相关信息进行管理、显示和控制，并通过督察大队、属地单位及上级监管部门等联合监控，提高风险发现、监控、预警、分析研判和应急处置能力，实现炼油厂高风险作业的全过程有效监控[53]，见图 28-20。主要功能有：

(1)持续检测和获取现场情况，全面掌控。

(2)实时监测与调用。

(3)多级连接，风险预警预处理。

(4)同步保留历史气体浓度、坐标、视频图像和时间，更好地帮助企业进行事故分析。

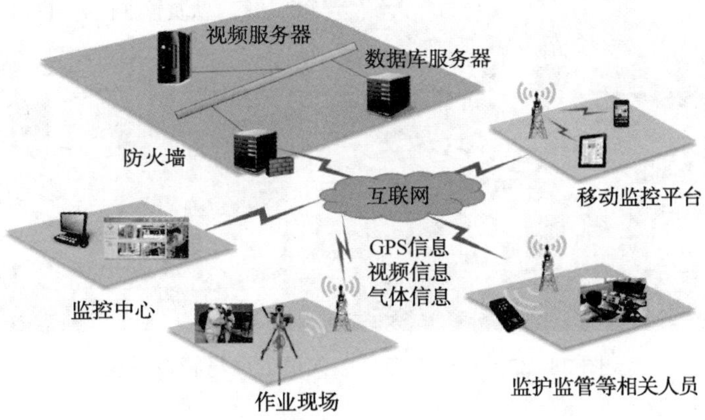

图 28-20　高风险现场作业移动监控监测技术

2. 作业现场违章行为智能识别系统

作业现场违章行为智能识别系统基于机器学习与神经网络算法，对作业现场人员典型违章行为与典型现场异常状态特征进行解构和描述，同时研究基于风险的视频分类分级管理、视频图像智能识别与检测、视频数据结构化描述处理、海量视频分析计算与事件标识、异常特征搜索与视频文件快速定位、视频智能摘要检索分析等技术，实现人员典型违章与生产异常的自动抓拍、实时报警与信息主动推送等联动功能[54~56]，见图 28-21。

图 28-21　作业现场违章行为智能识别系统

3. 石化企业厂区人员定位与管控系统

针对人证不一、一卡多用，非授权人员随意进入高风险区域，进入厂区人员数量、位置不清，无法提供全面研判信息，紧急情况下难以第一时间救援，难以通知紧急撤离等问题，建立人员位置行为分析计算方法和构建相关模型，见图 28-22。安装适用于炼化厂区的人员位置精确追踪硬件，通过 WiFi 和 4G 两种网络传输方式，本安级别防爆，同时安装具有虚拟电子围栏报警联动技术的人员定位与预警系统，实现厂区风险部位网格化、标准化分级分类管理。

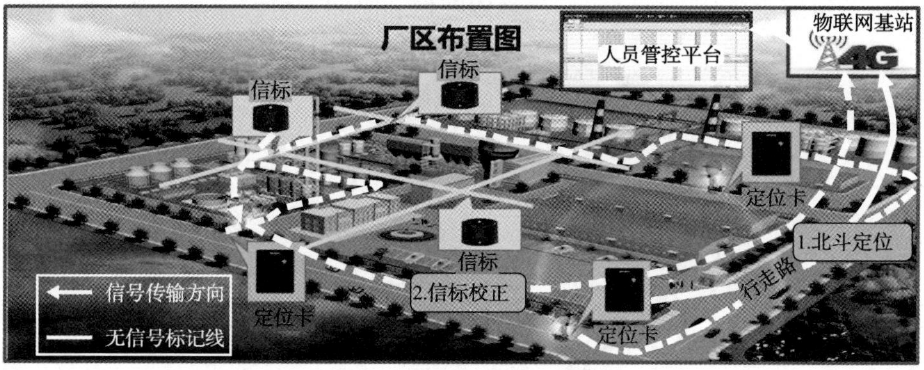

图 28-22　石化企业厂区人员定位与管控系统

第六节　事故应急救援与消防技术

一、事故应急救援技术

（一）炼油厂事故应急处置概述

1. 事故分类与分级

依据事故伤害方式，可将炼油厂事故大体上划分为 6 类：火灾事故、爆炸事故、中毒和窒息事故、灼伤事故、泄漏事故和其他事故等。

按照事故灾难的可控性、严重程度和影响范围，可将事故应急响应分为 4 个级别：Ⅰ级（特别重大事故）响应、Ⅱ级（重大事故）响应、Ⅲ级（较大事故）响应、Ⅳ级（一般事故）响应。

2. 事故应急处置基本原则与程序

应急处置是指在造成或可能造成人员伤害、财产损失和环境污染及其他较大社会危害时，为及时控制事故源，抢救受害人员，指导群众防护和组织撤离，清除危害后果而采取的措施或组织的救援活动。在进行事故应急处置时，需遵循以人为本原则、环境保护原则、统一指挥原则、先控制再处置原则以及新闻发布原则。

正确有效的应急处置程序，可以避免紧急情况下的盲目性和随意性，防止事故扩大。基本的应急处置程序包括：①了解事故基本情况；②事故现场部署；③现场侦察与检测；④建立警戒区和控制区；⑤人员疏散；⑥现场控制；⑦人员救护；⑧应急人员的个体防护；

⑨现场清理和洗消。

3. 事故应急救援技术

事故应急救援是指遇到突发事故时应当采取的正确的救援方法。广义而言，事故在应急准备、处置和恢复等阶段中涉及的救援方法和技术，都可以称为事故应急救援技术，如事故模拟计算与分析技术、事故现场洗消技术、虚拟现实(VR)及交互式应急推演技术、典型情景构建技术、现场应急指挥系统等。

(二)事故模拟计算与分析技术

事故模拟采用数值模拟计算技术，通过求解描述事故物理现象的数学模型，对事故进行模拟仿真，可以得到泄漏物质在时间空间上的浓度分布，爆炸冲击波影响范围以及火灾事故的蔓延和辐射热分布，从而为划定事故控制区、警戒区范围以及事故应急处置提供辅助决策。

1. 事故模拟计算技术

化学事故的主要形态包括泄漏、火灾和爆炸三大类。利用数值计算方法和计算机技术，对事故的灾害过程进行模拟，可以预测事故的发生过程及事故后果的影响范围，从而能更加形象直观地认识所评价单元或系统的危险及危害性，为人员紧急疏散以及制定必要的应对措施提供科学依据。

进行化学事故模拟，需要选择合适的事故模型，通常包括3种类别：

(1)半经验事故模型　该模型计算简便、省时、便于理解，利用经验或实验公式描述泄漏火灾爆炸后果参数的影响等，不用于对火灾等事故本身的详细描述。常用于一般事故的估算、后果预估、灾害评价等，一般是一维的计算。

(2)数学模型　化学事故模拟分析数学模型是根据事故模型和事故假设建立起来的积分模型，结合初始化条件进行推导形成的事故后果参数的积分描述。这些模型包括：池火灾模型、喷射火灾模型、蒸气云爆炸模型、沸腾液体膨胀蒸气爆炸模型、凝聚相爆炸模型、泄漏速度模型和重气扩散模型。

(3)精细事故模拟　利用先进的计算流体力学方法，构建描述事故过程的基础三维数学模型(质量、动量、能量方程的偏微分形式)，并根据事故现场的情况(包括气象条件、装置设备的尺寸大小、储存条件等)和有关危险物质的物性参数，利用计算机模拟并输出模拟结果的过程。

2. 事故模拟方法及软件系统

目前，主要利用开发的后果预测模型对可能发生的化学事故后果进行模拟计算。后果预测模型可以大体分成工程化模型和场模型2种类型。

(1)工程化模型模拟方法　工程化模型是使用最广泛的传统型方法，主要是从物理模型出发结合实验结果最终形成的工程化方法。针对泄漏、火灾、爆炸不同的事故形式，形成专门的计算模型，并基于已有的计算模型开发得到了DNV PHAST、ALOHA等工程化模拟软件。工程化模型软件可以快速计算事故后果，为应急救援提供数据支持。但由于模拟计算过程中没有考虑地形等因素的影响，在模拟复杂地形条件下及复杂装置中的事故时，会出现模拟结果与实际情况相差较大的情况。

(2)场模型模拟方法　为了解决工程化模拟软件存在的不足，研究人员开发了基于场模型的三维模拟软件，软件基于计算流体动力学（Computational Fluid Dynamics，CFD）方法对化学事故的发生过程进行求解分析并给出更贴合实际的评估结果。常见的三维事故模拟软件有FDS、ANSYS、FLACS、FLUIDYN，但由于其需要高性能的计算机以及模拟计算时间长等缺点，使得此方法在事故模拟方面的应用和推广受到限制。

对化学事故进行模拟分析的软件系统主要功能包括：①危险介质泄漏扩散、火灾、爆炸灾害过程的动态模拟；②根据灾害类型和危险介质的特性分析模拟计算结果，划定灾害事故影响区域；③根据灾害模拟分析模型精确计算各种参数，如危险介质泄漏扩散后随时间在空间的浓度分布、热辐射通量及爆炸冲击波在空间的分布等；④模拟分析结果能给事故应急救援和救灾决策提供依据。

（三）事故现场洗消技术

洗消是事故抢险救援工作中一个必不可少的环节。由于事故中的化学品具有一定的毒害性，对人员、器材装备和环境均能造成污染，在处置事故后，必须因地制宜地对染毒体进行洗消，使救援工作做到既消除了灾害，又彻底消除了污染。

1. 事故现场及染毒区洗消

对事故现场及污染区的洗消作业包括对现场地面、道路、建筑物表面的消毒。对染毒地面，应根据洗消面积的大小，集中洗消车辆，将消毒区划分成若干条和块，一次或多次反复作业。应该注意，对危险区域的地面洗消，不宜集中过多的车辆，可采取轮班作业的方法。对建筑物表面或染毒区附近设施表面的洗消，都必须达到消毒标准，因为喷洒一次消毒剂，并不等于一定能彻底消除危害。

2. 染毒人员洗消

对染毒人员进行洗消，一般可用大量清水或温水进行；如果泄漏毒物的毒性大，仅使用普通清水无法达到洗消效果时，应该使用加入相应消毒剂的水进行洗消。

对皮肤的洗消，可按“吸、消、洗”的顺序实施。首先用纱布、棉花或纸片等将明显的毒剂液滴轻轻吸掉，然后用细纱布浸渍皮肤消毒液，对染毒部位从外向里进行擦拭，重复消毒2~3次。数分钟后，用纱布或毛巾等浸上干净的温水，将皮肤消毒部位擦净。眼睛和面部的消毒要深呼吸，憋住气，脱掉面具，立即用水冲洗眼睛。冲洗时应闭嘴，防止液体流入嘴内。对面部和面罩，可将皮肤消毒液浸在纱布上，进行擦拭消毒，然后用干净的温水冲洗干净。当伤口感染时，必须立即用纱布将伤口内的毒剂液滴吸掉。肢体部位负伤，应在其上端扎上止血带或其他代用品，用皮肤消毒液加数倍水或用大量清水反复冲洗伤口，然后包扎。

人员的洗消需要大量的洁净温水，有条件的可通过洗消装置或喷洗装置对人员进行喷淋冲洗。对人员洗消的场所必须密闭，同时要保障大量的温水供应。染毒人员在洗消后经检测合格，方可离开洗消站。否则，染毒人员在需要重新洗消、检测，直到检测合格。

3. 染毒器材装备洗消

由于不同的器材装备使用的材质不同，因此其染毒程度和洗消方法也有差异。对金属、玻璃等坚硬的材料，毒物不易渗入，只需表面洗消即可；对木质、橡胶、皮革等松软的材料，毒物容易渗透，需要多次进行洗消。在洗消时，应根据不同的材料，确定消毒液的用量和消毒次数。

对器材装备的局部，若进行擦拭消毒，应按自上而下，从前至后，自外向里，分段逐面的顺序，先吸去明显毒剂液滴，然后用消毒液擦拭 2~3 次，对人员经常接触的部位及缝隙、沟槽和油垢较多的部位，应用铁丝或细木棍等缠上棉花或布，蘸消毒液擦拭。消毒 10~15 分钟后，用清水冲洗干净，并擦干上油保养。

对染毒器材可采用喷洗或高压冲洗的办法进行洗消。

对忌水性的精密仪器，可用药棉蘸取洗消剂反复擦拭，经检测合格，方可离开洗消现场。

对染毒车辆的洗消应使用高压清洗机、高压水枪等射水器材，实施自上而下的洗消。特别对车辆的隐蔽部位、轮胎等难以洗涤的部位，要用高压水流彻底消毒。各部位经检测合格，上油保养后，方可驶离现场。

(四)虚拟现实(VR)及交互式应急推演技术

虚拟现实技术(Virtual Reality，简称 VR)为事故应急推演提供了一种全新的实践模式，其以可视、直观、动态、交互及网络化等特点，能够全方位、多角度展示事故演化过程及周边环境，用其特有形象化可视功能、强大的交互性能和对物理世界的模拟功能，使得应急人员能够从不同角度、不同空间去面对事故、采取应急处置措施，产生身临其境的事故真实体验。虚拟现实技术为事故应急推演提供了一种全新的实践模式，能够全方位、多角度展示事故演化过程及周边环境，以其真实性、交互性、科学性、协同性等特性，使人员产生身临其境的事故真实体验。该技术能够提高人员对事故的应对能力，并且可以打破空间和时间的限制，随时随地对事故进行推演，必将成为应急推演未来发展的趋势。

基于 VR 的交互式应急推演技术，通过将事故现场模拟到虚拟场景中，根据事故机理不断模拟事故演化过程及影响范围，组织演练人员切身进入事故中。人员可以在模拟生成事故环境中获得最真实的体验，其身临其境的沉浸感和自然友好的人机交互可以直观地刺激参演人员做出响应。交互式应急推演技术能够全方位地检验应急救援的响应、指挥、处置、保障、恢复等各阶段任务，通过虚拟演练暴露所制定的应急预案和应急程序所存在的缺陷，弥补应急管理中人力、物力、资源、通信等应急资源配备的不足，改善应急管理部门与作业人员之间协调，明确岗位职责，提高应急人员的熟练程度和技术水平，加强事故的应急意识与处置的能力，真正实现“一厂出事故、万厂受教育，一地有隐患、全国受警示”的目的。

基于 VR 的交互式应急推演技术已经体现出其明显的优势，主要包括两个方面：一方面对员工进行培训，有一种真实感和全新交互体验，可降低实战演练的成本和危险性，并将应急预案文本转化为逼真的演练场景，增强培训效果和提高应急能力；另一方面也可以对应急预案的处理流程进行检验和优化。通过虚拟场景的反复推演，在模拟的实际应用场景中得到验证，并根据反馈进行优化。基于 VR 的交互式应急推演技术保证了人们面对事故时的应对技能和应对决策，提高对事故的应对能力，并且可以打破空间和时间的限制，方便地组织各地人员对事故进行推演，必将是今后应急推演的一个趋势。

(五)典型情景构建技术

为有效预防与应对重大突发事件，必须加强预防与应急准备、监测预警、应急响应与救援、事后恢复等全过程的应急管理。对于发生概率较低但后果极其严重的特别重大突发事件，采用“情景—应对”的理论与方法，提前开展战略性研究和应急准备工作，是近年来提出的一种行之有效的科学手段。

情景构建是组织基于特定方法而开展的情景筛选、情景开发、情景应用、情景评审与改进等一系列动作。探索归纳行业重大事故的共性规律，采用统一化、结构化的方法对重大事故演化规律和响应要点进行系统化地研究和表述，开展情景构建工作对引导企业开展标准化、规范化的应急管理与应急响应具有重要意义。

(1)明确应急准备目标　应急响应能力对突发事件应急管理来说至关重要，应急响应能力的提升需要持续性的应急准备作保障，重大突发事件情景提供了应急准备的目标与方向，使参与应急管理的单位与人员的工作目标更加统一、行动更加协调，使应急准备活动“有的放矢”。

(2)为预案体系优化提供重要基础　按照“情景—任务—能力”应急预案编制技术方法，情景在应急预案管理的每个环节都应发挥关键性基础作用。在情景规划过程中，需要明确各部门在情景中需要承担和完成的任务需求，有助于对应急预案的职责和内容进行整合与分配，保障应急响应与指挥协调的通畅。

(3)为应急培训演练规划提供依据　重大突发事件情景凝练集成了应急响应的主要活动，情景中的组成要素为应急演练的规划制定、应急培训教材编写、演练与培训科目设置及考核评估提供了可衡量的依据，使培训演练能达到一致性的目标和要求。

通过开展重大安全风险情景构建，将事故演化过程推理、数值模拟结果和应急资源优化相结合，通过“情景构建—应急程序梳理—应急能力评估—应急演练—改进措施”的流程，完善应急预案体系，评估现有应急资源状况，明确应急准备目标，加强应急培训与应急演练，提高事故风险防控与应急能力。

(六)现场应急指挥系统

事故应急指挥需要大量的现场实时数据、应急基础数据以及专业的辅助决策软件系统支撑。因此，突发事件现场，需构建一套“全域覆盖、全网融合、通信可达、指挥可视”的现场应急指挥系统，完成事故现场信息获取、数据传输、辅助决策、指令下达等工作。通过快速、高效、科学、有序的应急指挥，实现应急指挥以下目标：

(1)快速感知、实时监测　接入现场视频、无人机、气体浓度、气象、定位等多种传感器数据及事故现场三维数据，构建现场危害态势图，快速、实时和全面感知事故现场态势。

(2)动态研判、科学决策　基于数学模型计算结果和事故态势，快速生成事故应急处置方案，为应急指挥人员决策提供技术支撑。

(3)联动处置、协同指挥　建立融合通信网络，保障应急指令上传下达的稳定传输，对事故发展进行快速响应和指挥。

(4)追根溯源、事后复盘　事故应急指挥过程中，按照时间线进行记录汇总，便于事故结束后进行复盘。

二、火灾报警系统

炼油厂的火灾自动报警系统主要由感温光纤、感温电缆、感烟探测器、感温探测器、火焰探测器、手动火灾报警按钮等火灾探测器、报警主机等组件组成，还包含了可燃气体探测报警系统、电气火灾监控系统等，对及时发现火灾并快速组织抢险扑救具有积极作用。

(一) 基于视频的火灾探测报警系统

该系统主要是利用摄像机获得视频图像来探测火灾，具有不受环境中温度、粉尘和湿度影响，探测速度与火灾产物扩散速度无关。基于视频的火灾探测报警系统与传统的火灾探测器相比具有如下优势：可以利用现场防爆摄像机的视频图像进行远程实时视频监视，图像传感器(CCD 或 CMOS)以及镜头在防爆防护罩内，不受外界温度、湿度等环境影响，探测灵敏度可以得到保障；可以解决红外或紫外、双波段等一般光敏火灾探测器的误报问题，不受太阳光的紫外线和红外线、电焊辐射、热辐射气体排放等干扰源的影响；系统可以利用原有生产场所工业电视系统改造，信号接入消防控制中心的视频监控系统和火灾自动报警系统，可记录火情信息和现场视频图像，并利用声光警报器等讯响设施通知人员疏散，可联动各种灭火设施。随着图像识别技术和信号处理技术的逐步成熟，基于视频的火灾探测报警系统的性能不断提升，已经成为炼油厂罐区不可或缺的特种火灾探测方式之一。

(二) 分布式光纤测温预警系统

该系统用于实时监控环境温度场的线性传感系统，可广泛应用于火灾报警、过程监控、气体液体泄漏监测以及故障诊断等领域，具有连续分布式监测、多种设备实时同步检测、抗电磁干扰、抗腐蚀、测量距离远、适于远程监控、灵敏度及测量精度高等优势。系统将光纤自身作为温度的感应器和传输介质，通过解析散射回来的反向拉曼散射光信号，即可检测出光纤沿线全程的温度分布和变化情况。同时通过采集光信号的返回时间，对温度变化的位置进行准确定位，从而达到实时监测光纤沿线温度变化的目的。

分布式光纤传感技术具有抗电磁场干扰、信号传输带宽大等特点，能够连续测量光纤沿线所处的温度，测量距离可达几千米，空间定位精度达到米的数量级，可不间断自动测量，特别适用于需要大范围多点测量的应用场合，如储罐罐顶、罐体、输油管道、阀门等易产生发热的部位。在系统中光纤既是传输媒体也是传感媒体，可防爆、抗腐蚀、抗电磁干扰、实时快速测温并准确定位，且具有自检功能，是集光机电、计算机一体化的先进火灾报警监测系统。

(三) 无线储罐火灾报警系统

无线储罐火灾报警系统具有较好的可靠性和稳定性，具有以下优势：

(1) 无线测温探头属于直接接触式温度测量，直接反映了浮顶储罐浮盘二次密封处的实际温度，测量结果准确，精度高，受外界影响小，误报率低；不易受环境影响，在高温、寒潮、高湿度等恶劣环境下也能正常工作。

(2) 每个探头都带有唯一 ID 号，可灵活分布和单独安装，并在上位机独立显示测量温度，有助于快速定位升温异常位置。相比其他系统的分区域温度显示，有很大提升。

(3) 无线测温探头的安装无须有线光缆，只需用导热硅胶将探头安装在二次密封钢板上即可，安装方便简单，施工工程量极小。由于不涉及动火作业，使用中的储罐也可进行改造。

(4) 无线测温探头的维修维护极为方便，只需针对单点故障设备，取下离罐后再进行维修或更换电池等工作。此外，接收仪有无线信号强度和电池剩余电量提醒，可以有效帮助库区维护人员进行预防性维护和检修。

三、消防技术

国内大型联合生产装置规模越来越大，生产流程越来越长，储罐区密集布置，储罐数量和单罐容积逐步增大，炼油厂火灾爆炸风险增高，单一设备的燃爆事故往往会引发多设备的事故，甚至促成多米诺骨牌效应，形成多灾种耦合的复杂事故场景。在这种安全形势下，炼油厂消防系统的配置显得尤为重要。目前，炼油厂的消防系统主要包括各类灭火剂、消防水系统、泡沫系统、干粉系统等。根据不同的保护对象和应用场景，选择不同的灭火剂及灭火系统。应用方式为固定式消防系统、半固定式消防系统及移动式消防装备。

（一）灭火剂

1. 泡沫灭火剂

泡沫灭火剂是与水混溶、通过化学反应或机械方法产生泡沫的灭火剂。泡沫灭火剂按发泡交联或基质分为很多类，按发泡倍数可分为低倍数泡沫、中倍数泡沫和高倍数泡沫 3 类；按其使用场所和特点可分为 A 类泡沫灭火剂和 B 类泡沫灭火剂；按合成泡沫的基质可分为蛋白型泡沫灭火剂和合成泡沫灭火剂；按照泡沫液与水混合的比例可分为 1%型、1.5%型、3%型、6%型等，一般常用 3%、6%两种类型；按成膜性分为成膜泡沫灭火剂和非成膜泡沫灭火剂。

（1）合成类泡沫灭火剂　主要有合成泡沫、水成膜泡沫、抗溶水成膜、A 类泡沫、高倍泡沫、中倍泡沫及高中低倍数通用泡沫灭火剂等。

水成膜泡沫灭火剂是以碳氢表面活性剂与氟碳表面活性剂为基料，并能在某些烃类液体表面形成一层水膜的泡沫灭火剂。它具有灭火速度快、效力高、封闭性能好、储存期长等特点，已普遍应用此类灭火剂，其市场占有率已升至 80%以上。

抗溶水成膜泡沫灭火剂是适用于扑灭水溶性液体燃料火灾的水成膜泡沫灭火剂，在水成膜泡沫灭火剂基础上，添加抗溶高分子等成分，即可形成抗溶水成膜泡沫灭火剂。

合成泡沫灭火剂是以表面活性剂和适量的添加剂为基料制成的泡沫灭火剂。

（2）蛋白类泡沫灭火剂　主要有蛋白泡沫、氟蛋白泡沫、成膜氟蛋白泡沫、抗溶蛋白泡沫及抗溶成膜氟蛋白泡沫灭火剂。

蛋白泡沫灭火剂是以动物蛋白或植物蛋白质的水解浓缩液为基料，并含有适当的稳定、防腐、防冻等添加剂的泡沫灭火剂。因储存时间短、气味大、清洗困难等问题应用较少。

氟蛋白泡沫灭火剂是在蛋白泡沫灭火剂中加入适当的氟碳表面活性剂配制而成的泡沫灭火剂。由于氟碳表面活性剂的作用，使得该灭火剂除具有蛋白泡沫灭火剂的灭火性能外，还可以采用“液下喷射”的方法扑救大型油类产品贮罐的火灾，也可以与干粉灭火剂联用灭火，其灭火速度比蛋白泡沫灭火剂快三分之一。

成膜氟蛋白泡沫灭火剂是一种将水成膜泡沫的薄膜与稳固的蛋白层混合而成的蛋白泡沫灭火剂。国内蛋白类泡沫灭火剂一般采用动物的蹄、角、毛、血、皮等屠宰场下脚料做原料。

（3）低沸点易燃介质专用泡沫灭火剂　环氧丙烷、乙醚、戊烷等低沸点易燃液体由于其沸点低、易挥发、燃烧剧烈、火焰温度高等特性，低沸点热蒸汽易穿透泡沫层，在泡沫层表面不断闪燃，发生火灾时很难扑灭。低沸点专用泡沫灭火剂主要增加其抗烧性以抵御过高的火焰温度，增强抗溶薄膜的柔韧性以形成致密的黏稠胶膜使燃料不易穿透，能够满足灭火要求。

(4)环保型泡沫灭火剂　全氟辛基磺酸(PFOS)因其高表面活性、高化学稳定性、高热稳定性被广泛应用在泡沫灭火剂中，但因PFOS难以降解，具有生物累积性，存在严重的生态危害和环境污染问题，因此世界各国相继出台相应法律法规限制其生产和使用。目前国内外环保型泡沫灭火剂主要包括3类：一类是以易降解短氟碳链氟碳表面活性剂(C4-C6)为核心的含氟泡沫灭火剂；另一类是蛋白型泡沫灭火剂；还有一类是以高表面活性的非氟碳表面活性剂，比如有机硅表面活性剂为核心的无氟环保型泡沫灭火剂。环保型泡沫灭火剂未来的研发方向将会是在保证一定的灭火性能基础上，产品中彻底不包含任何类型的氟碳表面活性剂。

2. 干粉灭火剂

干粉灭火剂粉体具有干燥、粒径尺寸小、易于流动的特点，主要由一种或多种无机灭火组分、性能改善组分及惰性添加剂组成。灭火组分多为磷酸二氢铵、硫酸铵、碳酸氢钠、氯化钠等。为了改善单独使用灭火组分时出现的吸潮结块、流动性差、储存不便的问题，通常加入防结块剂、流动促进剂、润滑剂、防潮剂等组分以进行性能改善。此外，干粉灭火剂中还须加入染色剂以便于观察识别[57]。

干粉灭火剂可用于扑灭各种水溶性和非水溶性可燃液体火灾、可燃易燃气体火灾、电气设备火灾和忌水性物质所引起的火灾。目前主流使用的干粉灭火剂按照灭火种类和应用场合可分为ABC干粉灭火剂、BC干粉灭火剂及D类干粉灭火剂。

超细干粉灭火剂是指粒径极细的无机灭火粒子如聚磷酸铵、磷酸二氢铵、碳酸氢钠等分散在气体中形成的胶体灭火剂。超细干粉灭火技术(也称作非高温气溶胶灭火技术)是为解决常规干粉灭火剂灭火效率低下，以及热气溶胶应用时遇到热反应而引起的连带问题而开发的一种新型灭火技术，它既能保证外喷安全、环保无毒、高效灭火，又无因高温反应引起的系列连带问题[58]。

(二)灭火技术

1. 泡沫灭火

1)常规泡沫灭火系统

泡沫灭火系统是扑救石油、化工企业、油库、地下车库场所B类大面积液体火灾最有效的灭火系统，完整的系统由消防泵、泡沫贮罐、比例混合器、泡沫产生装置、阀门及管道、电气控制装置组成，通过机械作用将泡沫灭火剂、水与空气充分混合并产生泡沫实施灭火。泡沫灭火剂与水按比例混合为泡沫混合液，泡沫混合液与空气混合产生泡沫。泡沫灭火系统主要通过隔氧窒息作用、辐射热阻隔作用、吸热冷却作用进行灭火。

现行国家标准GB 50160《石油化工企业设计防火规范》、GB 50074《石油库设计规范》、GB 50183《石油天然气工程设计防火规范》分别对各自行业设置固定式、半固定式和移动式泡沫灭火系统的场所进行了规定。

常规泡沫系统根据泡沫的发泡倍数划分为低倍数、中倍数和高倍数泡沫系统。低倍数泡沫灭火系统：发泡倍数小于20的泡沫灭火系统，是甲、乙、丙类液体储罐及石油化工装置区等场所的首选灭火系统；中倍数泡沫灭火系统：发泡倍数为20~200的泡沫灭火系统，实际中应用较少，多用作辅助灭火设施；高倍数泡沫系统：发泡倍数大于200的泡沫灭火系统。

2）压缩空气泡沫系统

压缩空气泡沫系统（Compress Air Foam System，CAFS）技术是一项扑救火灾的先进技术，近年，在美国、加拿大和德国等发达国家得到应用，国内部分企业也在进行试点应用。压缩空气泡沫系统将压缩空气正压注入泡沫发生器中与泡沫混合液进行充分混合，产生均匀细腻、稳定性好的泡沫，具有水带载荷量小、灭火效率高、用水量少、射程远等特点，可以缩短灭火时间，提升抗复燃能力。

传统的压缩空气泡沫灭火通常采用气体压缩机、高压气体管网或压缩气体钢瓶等方式进行供气，而气体压缩机及压缩气体钢瓶供气量有限，无法满足大流量、高压力、长时间供气的要求，且绝大多数场所没有高压气体管网。目前压缩空气泡沫系统消防车能达到的泡沫混合液流量仅为6~18L/s，且供气机组的体积庞大，空压机的产气能力限制了压缩空气泡沫系统在大型火灾扑救中的应用，如何提供大流量高压压缩气体是将压缩空气泡沫灭火技术应用于石化领域重大火灾扑救的关键。

3）石化行业大流量高效消防装备

石油化工火灾蔓延迅速，易发生爆炸及次生灾害，形成多点燃烧的复合型火灾。目前国内消防设备配置只满足一般规模的火灾扑救，重大火灾扑救能力偏弱。长时间的供水保障、提高灭火泡沫供给强度以及提升灭火效率，是扑救石化重大火灾的关键要素。

（1）远程供水系统和大流量拖车炮。远程供水系统可有效保障大流量、长时间的供水需求。该系统一般是指可实现每分钟供水量超过10000L，并且供水距离达到1~3km甚至6km以上车载系统，一般由取水部分和输水部分组成。取水部分利用漂浮液压潜水泵，将其放入水源中而将水直接推上来。目前，一般采用柴油发动机+液压泵+液压发动机+潜水泵的组合型式，即由柴油发动机驱动液压泵，通过液压油管将液压油输送到液压发动机，由液压发动机提供压力来驱动潜水泵工作。当潜水泵将水“推”上之后，再由增压泵增压克服远距离输送的沿程压力损失。

输水部分指的是架设供水干线，即水带敷设系统。水带敷设系统一般由水带储存箱、水带敷设机构、收带机构、控制系统组成，由于敷设的过程需要采用移动的方式，故还须设立行走机构。同时，远程供水通常使用大口径、长米数的水带，要求行走机构必须有一定的承载能力。因此，水带敷设系统一般以水带敷设消防车的形式来实现。

远程供水系统搭配大流量拖车炮可有效满足重大火灾时的泡沫供给强度要求，通过超大流量的泡沫喷射满足灭火要求。大流量拖车炮一般为水、泡沫两用，工作压力一般为0.7~1.0MPa，射程超过80m，流量大于10000L/min。世界储罐最大着火纪录由大流量拖车炮完成灭火，储罐直径82m、高9.76m；当时满罐，燃烧17h后2台拖车炮达到现场，流量分别是36400L/min和18200L/min，12min内即已经控制住了火焰，65min完成灭火。共消耗3%的泡沫原液127.4m^3。灭火后，继续喷射泡沫55min，用于油面覆盖冷却。

（2）液氮泡沫灭火系统。大流量拖车炮产生的泡沫为吸气式泡沫，如前文所述，吸气式泡沫性能偏低，泡沫稳定性差，因此灭火时所需的供给强度更高，耗水量巨大。压缩空气泡沫由于发泡方式的改变，使得泡沫性能更加优异，灭火供给强度可有效降低，耗水量减少，但受限于供气能力，无法满足大流量喷射。

液氮泡沫灭火系统可有效解决压缩空气泡沫系统无法大流量供气的问题，中国石化安全工程研究院研发了液氮泡沫系统（LNFS）技术[59]。该系统利用液氮代替空压机、气瓶供气，液氮与泡沫混合液在专用发泡装置中，经过充分换热、气化及扰流混合，通过改变两相流体流场，形成致密稳定的泡沫。由于液氮在常压下的膨胀比通常为600以上，即1体积的液氮通常可以提供约600体积以上的常压氮气，由液氮产生的气体的体积与液氮本身体积相比大大增加，而常规压缩空气的压缩比不超过20，由此，在获得相同量气体的情况下，液氮供气的方式可大大减少气体源的体积，为实现大流量供气提供了技术条件。液氮泡沫系统可使用B类泡沫灭火剂，通过液氮比例调控实现泡沫干湿程度的调节，满足不同使用需求。

通过直径26m油盘（10000m^3储罐）全面积火大尺度灭火测试结果，在泡沫混合液供给强度8.6L/(min·m^3)下，液氮泡沫灭火用时61s，吸气式泡沫用时215s。灭火效能大幅提升。通过大尺度油盘的灭火对比测试，以液氮气化发泡为核心技术的大流量液氮泡沫灭火装置，与国内外现有泡沫灭火装置相比，具有如下优势：

①液氮泡沫层稳定性高，抗复燃能力强。液氮泡沫的发泡倍数控制在6~8，液氮泡沫层的稳定时间可达240min以上。在大尺度油盘的灭火实验中，液氮泡沫覆盖的着火区域未发生复燃，而吸气式泡沫覆盖的区域因其周边持续燃烧，造成泡沫层破裂，发生了局部油面复燃，主要原因是液氮泡沫因气泡小且均匀，耐热膨胀能力高，不易被高温破坏。

②氮气窒息与泡沫双重灭火作用。液氮泡沫喷入着火油面后，泡沫落入的区域燃烧抑制明显，火势明显变小，主要原因是液氮泡沫破裂后释放出氮气，随着液氮泡沫的持续喷入，释放的氮气在火焰内形成了局部阻燃区。而负压式泡沫喷入燃烧油面后，火焰瞬间明显增强，燃烧加剧，该现象归因于泡沫层破裂后释放出空气，在火焰内起到助燃作用。

③液氮泡沫温度低，冷却效果好。液氮在泡沫混合液内气化发泡时会大量吸热，使得泡沫液温度降低1~2℃，泡沫层的吸热效果增强，提升了灭火作用。而吸气式泡沫设备吸收灭火现场的高温空气后发泡，泡沫层的温度远高于常温泡沫，所形成的泡沫层冷却效果相对偏低。

④实现了液氮泡沫的大流量喷射。因液氮气化比高达600，少量的液氮气化即可产生大量的氮气。该技术实现了压缩气体泡沫系统的大流量高压持续供气，从而使得压缩空气泡沫系统可进行大流量喷射。

⑤供气设备成本低，操作简单。目前，液氮采用液氮罐储存与输出，技术成熟，无动设备，系统的故障率低，相对于欧美国家压缩空气泡沫灭火设备制造商采用的空压机供气方式，采用液氮气化供气方式可大大降低供气设备的成本与操作难度，提高设备运行的可靠性，可实现供气设备的长时间运行。

2. 固定式干粉灭火系统

干粉灭火系统是依靠高压惰性气体与干粉灭火剂混合、并携带干粉灭火剂喷向火源进行灭火。在灭火过程中，粉雾与火焰接触，发生一系列的物理和化学反应，从而阻断燃烧的链式反应。这些反应均为吸热过程，吸收火焰中的部分热量。同时分解出一些非活性气体，如二氧化碳气体、水蒸气等，对燃烧的氧浓度也具有一定的稀释作用，从而达到灭火的效果。

干粉灭火系统由干粉灭火剂贮存装置、氮气驱动装置、喷射装置(如干粉炮、手持干粉枪、固定喷射器等)、现场控制柜、管道、阀门等组成。干粉灭火剂贮存装置用来贮存干粉灭火剂，氮气驱动装置由氮气瓶组、氮气驱动瓶瓶组、集流管等组成，主要作用是给干粉灭火系统提供动力气源。

当火灾探测系统探测到火灾信号之后，通过控制柜将信号传递给高压氮气瓶组，利用氮气瓶组内的高压氮气经减压阀减压后，使氮气进入干粉罐，其中一部分被送到罐的底部，起到松散干粉灭火剂的作用。随着罐内压力的升高，使部分干粉灭火剂随氮气进入出粉管被送到干粉炮、干粉枪或干粉固定喷嘴的喷嘴中喷出，破坏燃烧链，起到迅速扑灭或抑制火灾的作用。应用方式包括管网式灭火系统、干粉炮灭火系统等。

1)智能管网式干粉灭火系统

智能长距离管网式干粉灭火系统具有结构简单、适应性强、自动灭火等特点。其灭火效率高、速度快，不受任何环境影响，能多次灭火，分区、分点灭火。该系统结构主要包括干粉储罐、储气瓶、瓶头阀、管网、喷头、火焰探测、压力调节、管网内气粉压力和气粉混合比调节装置等，在监控技术上实现终端零距离接近、远程监控和自动操作及人工远程干预。当监控系统发现防护区发生火情时，智能系统自行启动，动力气体向干粉储罐内充气增压并与罐内干粉灭火剂按特定比例充分混匀，压力值达到预先设定值时，释放阀开启后干粉进入管网，同时切换充气增压阀，停止下充气，干粉罐上方开始补气。此时，干粉罐上方的气固混合比将迅速增大、干粉浓度降低，形成一道无边界的过渡性隔膜，后续补压的氮气将干粉罐内已混合好的气固两相态灭火剂从干粉罐下方喇叭口压入内吸管，混合灭火剂再经干粉释放球阀、管网等部件，经系统喷放器喷出，在预定的时间进行灭火[60]。

智能长距离管网式干粉灭火系统具有监控能力强、灭火响应快、灭火速度快、消防效率高等特点；不受环境气候影响，在特殊火灾环境条件下能多次启动系统；根据火情分布和发展情况实现分区、分点，有针对性地自动灭火；根据环境自然风力的大小自动调节压力；对 A、B、C、E 类火灾，能实现迅速有效的扑灭火灾，起到有效预防和灭火的效果。

2)远控干粉炮

氮气瓶组内的高压氮气经减压阀减压后进入干粉罐，其中一部分被送到罐底松散干粉灭火剂。随着罐内压力升高，使部分干粉灭火剂随氮气进入出粉管被送到干粉炮。启动电驱液压泵，实现干粉炮上下、左右动作，准确定位着火点，有效快速扑灭火源。干粉炮常用于保护体积较大的装置，如三乙基铝装置、LNG 接收站等。

三乙基铝常温下为无色透明液体，化学性质极其活泼，与氧反应剧烈，在空气中能自燃，遇水爆炸分解成氢氧化铝和乙烷，热稳定性差。三乙基铝火灾根据国际上火灾分类划为 D 类火灾。采用惰性气体驱动，将 D 类干粉从管道输送到喷放组件，进而喷向防护区或具体保护对象灭火。灭火机理以化学灭火为主，通过化学、物理双重灭火机理扑灭火焰，在三乙基铝罐或管道发生火情时，由自动灭火装置释放出的干粉与燃烧物火焰接触，化学反应夺取燃烧自由基与热量，切断燃烧链实现对火焰扑灭，灭火剂与火焰反应产生大量玻璃状物质吸附在三乙基铝表面形成隔离层，实现物理空气隔绝，以防其复燃。

全自动干粉灭火系统由控制系统、管网系统以及干粉罐三部分组成。控制系统由控制盘、火焰探测器、蜂鸣器及闪灯、警铃、释放装置等部分组成；管网系统由干粉罐、容器阀、安全泄压装置、驱动气体(氮气)钢瓶、输粉管道等组成。火灾发生时，灭火控制系统发出指令给灭火系统启动机构，打开氮气钢瓶组，高压氮气经稳压阀减压后进入干粉罐搅动罐中干粉，使罐压力快速升高形成粉气混合流。待达到工作压力后爆破片开启，并根据控制盘指令打开通向防护区保护对象的选择阀。干粉灭火剂被气体带动，把干粉灭火剂喷向保护对象，迅速转压力能为速度能，输送到发生火情的对应保护区进行灭火，隔绝空气，破坏燃烧链，起到迅速熄灭火焰且防止二次火灾目的。

3)悬挂式超细干粉灭火装置

储压灭火装置是指压力气体和灭火剂贮存在同一个容器中，发生火灾时通过压力气体推动灭火剂喷放灭火的灭火装置。该类灭火装置灭火剂喷射扩散性能好，灭火效率高，使用安全可靠，而普遍用于各种场所扑救火灾。非贮压悬挂式超细干粉灭火装置遵循快速响应、早期抑制的原则，由上向下向保护物体或设备直接喷放干粉灭火剂，形成“全淹没”状态。采用自动联锁控制方式，灭火效率高，速度快；灭火装置无储压。非储压悬挂式超细干粉灭火装置可采用自动连锁控制和手动控制启动。当防护区内的火灾探测器遇火情报警，或现场工作人员发现火情后也可按下专用手动紧急启动按钮，超细干粉灭火装置内的产气剂被激活，壳体内气体迅速膨胀，壳体内部压力增大，将下喷口铝膜冲破，干粉灭火剂向保护区快速喷射并迅速向四周弥漫，形成全淹没灭火状态，火焰在干粉灭火剂的物理和化学双重作用下被扑灭。

3. 固定式消防水系统

炼油厂消防给水系统包括高压消防给水系统、稳高压消防给水系统、临时高压消防给水系统和低压消防给水系统四种形式。

高压消防给水系统利用地势高差设高位水池(或高位水塔)使消防给水管网始终保持一定的压力和流量，满足全部消防设备投入使用的要求。发生火灾时，不需要使用其他消防给水设备对此给水系统进行加压。

临时高压消防给水系统平时不能满足消防设施系统投入使用所需要的工作压力和流量，火灾时能自动启动消防水泵以满足消防设施系统所需要的工作压力和流量的供水系统。

绝大部分炼油厂采用稳高压消防给水系统，本文重点介绍稳高压消防水系统。

稳高压消防给水系统是指系统平时采用稳压设施维持管网消防水压力大于或等于0.70MPa，但不能满足消防时消防用水量要求的供水系统，系统需设置有消防水泵、稳压泵及稳压罐等，火灾时消防水泵依靠压力开关传递的管网压降信号自动启动，以满足水灭火设施所需的工作压力和流量的供水系统，并且消防稳压系统还可以提供联动自动停止运行。

稳高压消防供水系统的构成如下：

(1)消防水源有消防水池和消防水罐两种储存方式。消防水池采用钢筋混凝土结构。钢制水罐采用地上型式，相比消防水池，占地面积小，易检修、操作，平面布置不影响厂区的美观。消防储水设施有效容积应满足火灾延续时间内消防用水总量的要求。当发生火灾能保证向水池连续补水时，其容量可减去火灾延续时间内的补充水量。消防储水设施与全厂性生活或生产储水设施合建时，应有消防用水不作他用的技术措施。

(2)在全厂性或比较重要的联合装置的稳高压消防给水系统中，消防给水主泵即使在有双电源或双回路电源供电时，其备用泵仍建议采用柴油泵，以保证消防给水主泵有更可靠的动力供应。消防供水主泵配置和技术参数的确定消防供水主泵的配置建议选择两电两柴，消防供水主泵配置数量，应由单台水泵功率决定，配置合理，可节省工程投资。消防给水主泵的流量应满足系统供水范围内最大消防用水量的设计流量。

消防稳压泵流量、扬程的确定消防稳压泵的流量是稳高压系统的重要设计参数，它直接关系到稳压泵的选择及系统的安全经济性。消防稳压泵扬程应根据消防系统要求确定，可低于消防主泵扬程要求，但最小不得小于最不利点消防设施所需的消防供水压力。稳压压力不宜过高，压力高对管网材质和施工要求高，整个系统易发生泄漏现象。

炼油厂采用全厂性稳高压消防给水系统既保证了消防用水的水压和流量，消防给水主泵、消防稳压水泵依靠管网压力自动工作，实现无人化操作，供水速度快，能够及时将火灾在初期阶段扑灭或有效控制，满足了企业消防设施需要投入使用快的要求。此系统便于操作、管理、维修和日后的扩展，稳高压消防给水系统在石油化工企业消防方面起到十分重要的作用。

参 考 文 献

[1] T. A. Kletz. What you don't have, can't leak[J]. Chem Ind, 1978(6): 287-292.

[2] T. A. Kletz. Cheaper, Safer Plants or Wealth and Safety at Work-Notes on Inherently Safer and Simpler Plants[M]. IChemE, Rugby, UK, 1984.

[3] T. A. Kletz. Process plants: A handbook for inherently safer design[M]. Taylor & Francis, Bristol, PA, 1998.

[4] EDWARDS, DAVID W, DUNCAN L. Assessing the inherent safety of chemical process routes: is there a relation between plant costs and inherent safety? [J]. Process Safety and Environmental Protection, 1993, 71: 252-258.

[5] JAFARI M J, MOHAMMADI H, RENIERS G, et al. Exploring inherent process safety indicators and approaches for their estimation: A systematic review[J]. Journal of Loss Prevention in the Process Industries, 2018, 52: 66-80.

[6] 彭冲，曾榕辉，吴子明，等. 高效加氢裂化催化剂级配技术开发及应用[J]. 炼油技术与工程，2016，46(3)：49-51.

[7] 韩龙年，方向晨，彭冲，等. 加氢裂化催化剂级配工艺研究[J]. 石油与天然气化工，2014，43(1)：12-16.

[8] 张飞，呼晓昌，李斌. 催化剂级配技术在加氢裂化装置上的工业应用[J]. 炼油技术与工程，2019，49(8)：53-56.

[9] PENG Chong, DU Yanze, FENG Xiang, et al. Research and development of hydrocracking catalysts and technologies in China[J]. Frontiers of Chemical Science and Engineering, 2018, 12(4): 867-877.

[10] PENG Chong, ZHOU Zhiming, CHENG Zhenmin, et al. Upgrading of light cycle oil to high-octane gasoline through selective hydrocracking over non-noble metal bifunctional catalysts[J]. Energy & Fuels, 2019, 33(2): 1090-1097.

[11] PENG Chong, YANG Xuejing, FANG Xiangchen, et al. Development of light cycle oil (LCO) hydrocracking technology over a commercial W-Ni based catalyst[J]. China Petroleum Processing and Petrochemical Technology, 2015(4): 30-36.

[12] PENG Chong, HUANG Xinlu , DUAN Xuezhi , et al. Direct production of high octane gasoline and ULSD blend stocks by LCO hydrocracking [J]. Catalysis Today, 2016, 271: 149-153.
[13] PENG Chong, FANG Xiangchen, ZENG Ronghui, et al. Commercial analysis of catalytic hydroprocessing technologies in producing diesel and gasoline by light cycle oil[J]. Catalysis Today, 2016, 276: 11-18.
[14] PENG Chong, LIU Bin, FENG Xiang, et al. Engineering dual bed hydrocracking catalyst towards enhanced high-octane gasoline generation from light cycle oil[J]. Chemical Engineering Journal, 2020, 389.
[15] 陈俊森，彭冲，方向晨，等. NiMo/HY 催化剂上四氢萘加氢裂化反应网络与热力学平衡分析[J]. 化工学报，2018，69(2)：709-717.
[16] 彭冲，方向晨，曾榕辉，等. 高能效 SHEER 加氢成套技术开发及工业应用[J]. 石油学报(石油加工)，2015，31(3)：657-662.
[17] 李立权，陈崇刚. Sheer 加氢裂化技术——第一代 Sheer 加氢裂化技术开发[J]. 炼油技术与工程，2013，43(2)：1-5.
[18] 李立权，陈崇刚，裘峰，等 . Sheer 加氢裂化技术——第二代 Sheer 加氢裂化工程化技术[J]. 炼油技术与工程，2019，49(9)：1-4.
[19] 宋永一，方向晨，刘继华. SRH 液相循环加氢技术的开发及工业应用[J]. 化工进展，2012，31(1)：240-245.
[20] Puranik, S. A., Hathi, K. K., Sengupta, R.,. Prevention of hazards through technological alternatives [J]. IChemE Symposium Series, no. 120. Rugby, Warwickshire, U. K.: The Institution of Chemical Engineers, 1990.
[21] Sherringron, D. C. Polymer supported systems: Towards clean chemistry? [J]. Chemistry and Industry, 1991.
[22] Norton Engineering. Alkylation Technology Study: Final Report. South Coast Air Quality Management District, 2016.
[23] 田洪舟，杨高东，杨国强，等. 微界面强化重油浆态床低压加氢的传质基础[J]. 化工学报，2020，71(11)：4927-4935.
[24] Allen, D., The role of catalysis in industrial waste reduction. In D. T. Sawyer and A. E. Martell (Eds.) [M]. Industrial Environmental Chemistry. New York: Plenum Press, 1992.
[25] Althaus, V. E., Mahalingam, S.. Inherently safer process designs. In W. F. Early, V. H. Edwards, and E. A. Waltz (Eds.). South Texas Section AIChE Process Plant Safety Symposium, 1992. Houston, TX: American Institute of Chemical Engineers South Texas Section, 1992.
[26] CCPS. Guidelines for Engineering Design for Process Safety. New York: American Institute of Chemical Engineers, 1993.
[27] Guidelines for Inherently Safer Chemical Processes: A Life Cycle Approach. 3rd Edition. The Center for Chemical Process Safety (CCPS) of the American Institute of Chemical Engineers (AIChE), New York, 2020.
[28] Kletz, T. A.. Process Plants: A Handbook for Inherently Safer Design. Philadelphia[M]. PA: Taylor & Francis, 1998.
[29] Kletz, T. A. Amyotte, P.. Process Plants: A Handbook for Inherently Safer Design[M]. Second Edition. CRC Press, 2010.
[30] Agreda, V. H., Partin, L. R. Heise, W. H.. High-purity methyl acetate via reactive distillation [J].. Chemical Engineering Progress, 1990, 86 (2): 40-46.
[31] 王春利，张卫华，吴重光. 故障诊断技术理论与发展趋势及其在石化领域的应用[J]. 石油化工自动化，2008，44(06)：7-13.
[32] 李传坤，王春利，高新江，等. 石化装置异常工况监测预警系统研究[J]. 安全、健康和环境，2015，15(11)：8-13.
[33] 李荣强，姜巍巍，曹德舜. 保护层分析在确定安全完整性等级中的应用[J]. 安全、健康和环境，

2016，16(12)：14-17.
[34] 王建军，吕伟. 炼油装置长周期运行管理技术[J]. 石油化工设备技术，2018，39(6)：1-5.
[35] 朱建民，杨锋，王建军，等. 石油化工设备完整性管理[M]. 北京：中国石化出版社，2019.
[36] 许述剑，杨锋，朱建民，等. 炼油厂设备完整性管理模式创新与实践[J]. 安全、健康和环境，2020，20(11)：86-91.
[37] 李贵军，单广斌. 腐蚀失效分析与装置的安全运行[J]. 安全、健康和环境，2018，18(02)：28-32.
[38] 陈文武，韩磊，屈定荣，等. 炼油装置运行周期评估技术及应用[J]. 安全、健康和环境，2020，20(05)：8-13.
[39] 张长秀，牟善军，刘全桢，等. 海南地区新型雷电预警系统预警效率的评估与分析[J]. 安全、健康和环境，2019，19(03)：7-10.
[40] 张长秀，姜辉，刘宝全，等. 石化企业输电线路区域闪电活动特征分析[J]. 安全、健康和环境，2020，20(09)：11-15.
[41] 刘尚合，武占成. 静电放电及危害防护[M]. 北京：北京邮电大学出版社，2004.
[42] 秦国明，李义鹏. 成品油转运过程中的静电风险及预防措施[J]. 安全、健康和环境，2019，19(07)：33-36.
[43] 中国石油化工股份有限公司青岛安全工程研究院，化学品安全控制国家重点实验室. GB 13348—2009 液体石油产品静电安全规程[S]. 北京：中国标准出版社，2009.
[44] 北京市劳动保护科学研究所. GB 12158—2006 防止静电事故通用导则[S]. 北京：中国标准出版社，2006
[45] 中国石油化工股份有限公司. GB 50074—2014 石油库设计规范[S]. 北京：中国计划出版社，2015.
[46] 中国石化工程建设有限公司. SH 3097—2017 石油化工静电接地设计规范[S]. 北京：中国标准出版社，2017.
[47] 李亮亮，赵清山，李义鹏，等. 电导率对成品油静电特性影响试验研究[J]. 工业安全与环保，2018，44(7)：9-12.
[48] 刘婕，张庆森，沈虹滨，等. T1502 和 Stadis450 抗静电添加剂感受性对比[J]. 润滑油与燃料，2009，19(89)：33，38-39.
[49] 李亮亮，孙立富，刘全桢，等. 管输油流静电监测与联锁控制技术及试验应用[J]. 油气储运，2017，36(4)：426-429.
[50] GB 12014—2019 防护服装 防静电服[S].
[51] 张德全，王延平，姜春明，等. 炼油厂含油水罐事故分析与防范措施研究[J]. 安全、健康和环境，2020，20(04)：4-8.
[52] 王慧欣，谢传欣，黄飞，等. FeS 自燃特性的分析[J]. 大庆石油学院学报，2007(06)：81-83，129.
[53] 王廷春，张亚丽，穆波，等. 移动式多功能防爆监控终端研制及远程监控平台研发[J]. 石油化工自动化，2019，55(02)：39-44.
[54] 李千登，王廷春，崔靖文，等. 基于深度学习算法的叉车危险操作行为检测[J]. 中国安全生产科学技术，2020，16(05)：155-159.
[55] 王文正，吴德松，李千登. 钻井过程人员异常行为视频智能识别系统[J]. 安全、健康和环境，2020，20(02)：15-20.
[56] 李千登，王廷春，郝文亮，等. 钻井作业典型违章行为视频监控智能分析技术研究[J]. 工业安全与环保，2019，45(12)：46-49.
[57] 李姝. 干粉灭火剂主要原材料性能及技术要求[J]. 消防科学与技术，2018，37(09)：1255-1257.
[58] 周文英，吕晓东，胡新赞，等. 超细干粉灭火剂研究进展[J]. 消防技术与产品信息，2016(3)：14-20.
[59] 牟小冬，郎需庆，尚祖政，等. 液氮泡沫灭火系统研发[J]. 安全、健康和环境，2019，19(07)：52-55.
[60] 李焕宏，汤立清，凌文祥. 智能管网式干粉灭火系统[J]. 消防科学与技术，2018，37(1)：53-55.

第二十九章　煤制油

专家话炼油

化石能源在我国能源一次消费结构中占比约为90%。从资源角度来看，“富煤、贫油、少气”是我国化石能源的总体特点。我国煤炭探明可采储量达1145亿吨，居世界第3位[1]。2018年，我国煤炭产量达到36.8亿吨，是世界上最大的煤炭生产国和消费国[2,3]。随着我国国民经济的快速发展，石油、天然气进口量逐年大幅增加，我国已成为世界上石油和天然气最大进口国，石油和天然气对外依存度分别达到70.8%和43.2%，严重影响了能源安全[4]。另外，基于环保压力和能源清洁化的需要，我国一次能源消费结构预计将发生显著变化，其中煤炭占比将从2015年的65.1%降至2035年的50.1%[5]。煤制油是把固体状态的煤炭经过一系列化学加工过程，使其转化成汽油、柴油、液化石油气等液态烃类燃料的洁净煤技术，包含传统的煤干馏及煤直接液化和煤间接液化技术。可见，煤制油可实现煤炭清洁化利用，同时可提高我国能源战略安全。因此，近年来煤制油受到国家层面的高度重视，相关技术研发和工业应用均得到了较快速发展。

煤干馏过程能产出3%~15%的煤焦油，在煤炭干馏消费量巨大的情况下，产出的煤焦油量也很大。这部分煤焦油可以作为有机化工原料，在燃油缺乏形势下也可以作为燃油。一般煤干馏有中低温干馏和高温干馏两种工业化模式。煤低温干馏作为低阶煤高效利用技术获得普遍认可和重视，其应用在我国也获得了较好的发展。低温干馏指的是将煤在隔绝空气条件下加热到500~600℃，受热分解产生煤气、焦油和半焦的过程；副产的焦油经加氢提质后可生产清洁的燃料油产品，作为我国液体燃料补充的一条途径。高温干馏主要生产冶金焦炭，副产煤焦油。2018年国内低温煤焦油产量约649万吨，高温煤焦油产量1802万吨[6]。

现代煤化工的煤液化可分为直接液化和间接液化两大类。煤直接液化制油技术是在高温高压条件下，煤在氢气、溶剂和催化剂的共同作用下，于反应器中经过热萃取、溶解、分解和加氢等物理化学过程，脱除硫、氮、氧等杂原子，最终将固体煤转化成液态的粗油，再经加氢工艺提质最终生产得到清洁的油品。煤间接液化是煤在高温下与氧气、水蒸气反应，使煤气化、转化成合成气(主要成分为一氧化碳和氢气)，合成气经净化处理后在催化剂的作用下合成为液体燃料，再经加氢提质生产清洁油品的工艺技术。中国石油和化学工业联合会公布数据显示，2018年包括间接液化和直接液化的煤制油总产能为953万吨，各类油品总产量为618万吨。直接液化2018年累计生产各类油品83万吨，增量主要在间接液化方面。

本章将重点介绍我国煤干馏及副产焦油加工技术、煤直接液化和煤间接液化技术的开发和应用情况。

第一节　煤干馏及副产焦油加工技术

一、煤干馏

煤中的有机质主要由碳、氢元素构成，含一定量的氧、氮、硫等杂元素。根据煤化程度的不同，煤可被分为褐煤、烟煤和无烟煤，其中褐煤与部分烟煤被称为低阶煤。烟煤有24个类别，焦煤及适合炼焦的煤种属于中等变质烟煤。

煤一般在300℃开始热裂解（热解），褐煤热解温度甚至更低。根据热解温度的不同，可将500～700℃范围无氧环境下的热解称为低温热解（或低温干馏），700～900℃范围无氧热解称为中温热解，900～1050℃范围无氧热解称为高温热解（或焦化）。煤的热解主要生成煤气、煤焦油和半焦。中低温干馏主要以低阶煤为原料，固体产物为半焦（或兰炭），且煤焦油产率较高；高温干馏则以生产焦炭为目的，副产煤焦油。原料煤煤种以及干馏温度不同，导致两种干馏过程产生的煤焦油性质有所差异，形成了中低温煤焦油和高温煤焦油。

我国煤储量中的低阶煤约占一半，主要分布在新疆、内蒙古和云南等地。低阶煤特点是水分、挥发分以及氧含量高，热值较低。低阶煤热解产物分布中的煤焦油占比高，分级或分质利用是通过低温干馏技术从低阶煤分解出煤焦油和煤气，旨在缓解我国对石油和天然气的依赖。中国煤炭工业协会发布数据显示，2018年我国煤炭产量36.8亿吨，如果对低阶煤采用“拔头”技术，估计可产煤焦油1.3亿吨。

我国煤炭焦化最早可追溯到明朝。1919年，依靠外国技术和设备建造了中国第一座焦炉；1949年，全国焦炭产量仅52万吨；至1978年，全国焦炭产量达到469万吨；2013年，国内焦炭产量4.81亿吨。在满足同期冶金用焦的同时，以煤焦油为原料的煤化工也得到了发展。

早期的高温干馏是土法炼焦，不回收气相产物，环境污染严重。19世纪中期出现了倒焰式炼焦炉，以燃烧方式利用了气相产物的化学能，同样不副产煤焦油。后续发展相继出现了大容积焦炉、巨型炼焦反应器、捣固焦炉、干法息焦、煤预热、型煤炼焦等多种技术。新技术的不断涌现，提高了热利用效率和自动化水平，降低了环境污染，拓展了煤种范围。由此，焦化装置大型化成为发展方向。大批炭化室高度小于4.3m的焦炉（我国2016年共902座）被淘汰。炭化室高度7.63m、有效容积76.25m^3的焦炉成为先进焦炉的代表。

2017年底，我国焦化生产企业470多家，总焦炭产能6.5亿吨/年。在结构优化、环境友好约束下，目前产能控制在6.3亿吨/年以下，由此估算高温煤焦油潜在产能约2800万吨/年。

国外现代低温干馏技术始于19世纪初[7]。19世纪中期，低温干馏生产灯油和石蜡技术得到发展。19世纪后期，石油开采工业兴起，低温干馏趋于没落。后来，随着原油供应的涨落，低温干馏技术的发展时兴时衰。

国内低温干馏技术可追溯到新中国成立前。新中国成立后，由于石油短缺，国家曾大力发展油页岩和煤低温干馏制油技术。大庆油田发现后，石油供应缓解，煤低温干馏技术发展逐渐停滞。进入21世纪后，我国车用油料需求大增，国内原油供应趋紧，煤焦油生产油品再次进入人们视线，低阶煤低温干馏技术的应用与发展再次活跃起来。

低温干馏技术较多，根据供热方式可分为三类，即外热式、内热式和内外混合供热形式；基于反应器形式可分为固定床、回转窑（运动床）和流化床等。目前，国内的低温干馏技术以固定床和回转窑为主，并副产大量兰炭。2018 年，全国兰炭总产能达 1 亿多吨，兰炭产量达 6302 万吨[8]。兰炭相关企业约 126 家，形成电石、铁合金、合成氨、清洁燃料油、金属镁等下游产业群。

（一）煤干馏的化学反应与影响因素

煤干馏主要发生热解反应、自由基稳定反应和缩聚反应。热解反应包括煤中各种桥键或支链的断裂过程。热解反应首先发生在温度达到裂解温度的部位，对单个煤颗粒，通常外表面先发生热解，随着热量向颗粒内部的传递，热解反应向颗粒内部延伸；自由基稳定反应是指各种类型和大小的裂解物（自由基）通过相互碰撞、重组形成稳定物的反应。其中，较大的自由基重组形成焦炭，轻质自由基则相互结合形成煤气和煤焦油等轻质化合物。轻质化合物从煤颗粒内外逸出后，如果颗粒仍处于热解温度，则余下焦炭的稠环芳烃主要发生缩聚反应，释放气体以氢气和甲烷为主。

高温干馏时，轻质化合物逸出，半焦在高温下持续释放气体，半焦块则发生一系列变化，体积收缩、裂纹出现或合并、气体逸出，强度、反应性能和耐磨性逐步达到焦炭指标要求。

裂解反应与自由基稳定反应基本上是同时进行，综合热效应较小，一般表现为弱吸热。低温干馏所需热量主要用于原料煤的干燥和升温。

影响低温干馏反应的因素包括煤种、煤粒尺寸、加热速率、加热终温、反应气氛、反应压力、反应时间等。热解反应动力学模型可由单颗粒的缩核模型和整体反应模型描述。

低温干馏一般选择低阶煤为原料。其平均分子结构中，芳核较小、桥键丰富，羰基、羧基、亚甲基、羟基、巯基等数量较多，键能较低。随着温度的升高，120℃之前，煤中水分基本脱除，完成干燥过程；继续升温，吸附于孔道中的少量气体，如 CO_2、CO、CH_4、H_2O 等逸出，结晶水分解；温度接近 300℃时，键能低的羧基、羰基等桥键开始断裂，见表 29-1。起始热解温度随煤化程度的增高而升高，褐煤起始温度在 200~290℃范围，长烟煤或气煤的起始温度约为 320℃，肥煤的起始温度约为 350℃，焦煤的起始温度则约是 360℃。当温度升至 450℃左右时，煤中大量桥键断裂，析出煤气与煤焦油。与此同时，煤颗粒表面结构与内部结构发生变化。颗粒中芳核失去桥键的自由基端会相互闭合，形成的小尺寸自由基得到稳定后成为有机分子，或以少量自由基形态稳定于煤焦油中。煤焦油中自由基的种类很多，如 $C_6H_5—CH_2·$、$C_6H_5—O·$、$C_6H_5—CH_2—S·$ 等。

由此可见，煤颗粒越小，越易逸出煤焦油和煤气。在粒度相同情况下，升温速率快，则煤焦油产率较高，气体产率偏低，半焦产率减少。加热终温提高，气体产物增加。一般温度在 550℃时大量煤焦油释放结束；继续升高温度，则气体产量增加；温度大于 700℃时，半焦向焦炭方向转化；温度最高达到 1050℃时，焦炭中挥发分降低到 0.9%~1.0%，标志着焦炭成熟。

反应系统压力升高，煤焦油产率下降，煤气和半焦产率上升，半焦强度会增加。颗粒大小、反应终温以及供热方式对热解反应时间影响较大。在相同条件下，颗粒越小，反应时间越短；终温越高，反应时间越短。供热方式的影响较复杂，本节后续展开讨论。

热解反应气氛一般为无氧或还原性气氛。还原性气氛有利于煤焦油的生成，例如临氢热解反应。

表 29-1　煤分子中部分键能数据

化学键类型	键能/(kJ/mol)	化学键类型	键能/(kJ/mol)
$C_a—C_a$①	2057	$C_{10}H_7—CH_2—CH_3$	284
$C_a—H$	425	$C_{14}H_9—CH_2—CH_3$	251
$C_{al}—H$②	392	$C_6H_5CH_2—COCH_2C_6H_5$	273
$C_a—C_{al}$	332	$C_6H_5CH_2—COOH$	280
$C_{al}—O$	314	$(C_6H_5)_2CH—COOH$	248
$C_{al}—C_{al}$	297	$CH_3—OC_6H_5$	280
$C_6H_5—CH_2—C_6H_5$	339	$CH_3—OCH_2C_6H_5$	238
$C_6H_5—CH_2—CH_2—CH_2—C_6H_5$	284	$CH_3—SC_6H_5$	290
$C_6H_5—CH_2—CH_3$	301	$CH_3—SCH_2C_6H_5$	256

① Ca 表示芳环碳；

②C_{al} 表示烷基碳。

（二）煤质对干馏反应的影响

低温干馏的原料煤一般为褐煤或次烟煤，属于不黏煤或弱黏煤。而高温干馏的原料煤一般为烟煤，如焦煤和 1/3 焦煤。在配煤技术支持下，炼焦煤种范围扩大，肥煤、气煤、瘦煤等可以按比例配入。煤质对干馏反应的影响主要表现在煤化程度、颗粒尺寸、水分、灰分、硫含量等影响方面。

煤化程度增加，煤中氧含量降低、水分降低。铝甑干馏试验数据显示，褐煤的半焦产率一般为 50.0%~75.0%，焦油产率为 4.0%~10.0%，总水分产率为 10.0%~30.0%；烟煤的半焦产率一般为 70.0%~90.0%，焦油产率为 2.0%~15.0%，总水分产率为 1.0%~10.0%；无烟煤的半焦产率一般为 90.0%~99.0%，焦油产率为 0~2.5%，总水分产率为 0~6.0%[9]。

对于以块煤为原料的固定床或回转窑，机械化采煤形成的末煤还需经过型煤单元将末煤压制成块煤。固定床干馏煤的粒度在 13~80mm 范围，限制小颗粒主要满足床层的透气性要求。同时，要求原料煤的黏结指数小于 30(按 GB/T 5447 标准测定)，收到基固定碳 FC_{ar} 在 55%~63%范围。回转窑要求原料煤的粒度小于 30mm。流化床干馏的原料煤粒度小于 8mm。气流床干馏时，原料煤粒度小于 0.15mm。

焦化用煤以满足焦炭质量为主。焦化原料煤变质程度较高，化学结构单元中多环芳烃环数多，支链较短。因此副产的煤焦油产率较低，焦油中重质组分含量较高。

水分主要影响能耗以及干馏时间，一般要求水分含量小于 16%，流化床和气流床干馏时要求原料煤水分小于 10%。原料煤水分较高时，热解油气携带的水蒸气较多，冷凝后有机污水较多。灰分的影响主要表现在灰含量、灰组成和灰熔点方面。用于冶金的兰炭对硫、磷、铝等含量要求较高，见表 29-2。用于固定床气化炉制气的兰炭，则要求原料煤的灰熔点大于 1300℃。

表 29-2　兰炭用煤技术要求(GB/T 25210—2010)

项　目	等　级	技术要求	试验方法
粒度[①]/mm		>13~50(<13mm 的≤20%) >13~80(<13mm 的≤18%)	GB/T 17608
全水分(M_t)/%	Ⅰ级 Ⅱ级 Ⅲ级	≤8.0 >8.0~12.0 >12.0~16.0	GB/T 211
灰分(A_d)/%	Ⅰ级 Ⅱ级 Ⅲ级	≤5.0 >5.0~10.0 >10.0~15.0	GB/T 212
全硫($S_{t,d}$)/%	Ⅰ级 Ⅱ级 Ⅲ级	≤0.30 >0.30~0.50 >0.50~1.00	GB/T 214
磷(P_d)/%	Ⅰ级 Ⅱ级	≤0.01 >0.01~0.03	GB/T 216
氧化铝[②]($w_{Al_2O_3}$)/%	Ⅰ级 Ⅱ级 Ⅲ级	≤1.0 >1.0~2.0 >2.0~3.0	GB/T 1574

①特殊工艺生产兰炭时，可使用粒度小于 13mm 的末煤。

②煤中氧化铝含量由灰中氧化铝含量换算得出。

(三)煤干馏技术及应用

1. 固定床干馏

中低温干馏和高温干馏均可以采用固定床干馏。

高温干馏一般都是间歇式固定床操作。如图 29-1 所示，大型炭化室平均宽度 0.59m(A-B 截面)，有效高度 7.18m，有效长度 18m，容积约 76.25m³。数十个炭化室并排组合，且燃烧室数量比炭化室数量多一个。虽然每个炭化室都是间歇操作，但是炭化室达到一定数量后，整个焦化装置的装煤和卸焦操作变为连续操作模式，气体和煤焦油也连续流出。

高温干馏一般要求原料煤或配煤的灰分≤10%、硫≤0.9%、挥发分 24%~30%、黏结指数 58~72、最大胶质层厚度 12~20mm，原料煤被粉碎至≤3mm 颗粒占 85%以上的粒度分布。配煤比例通过实验确定，以满足炼焦指标。例如，某配煤比例为肥煤 35%、焦煤 42%、1/3 焦煤 9%、瘦煤 12%、气煤 2%。

上一轮炭化室出焦后，准备下一轮加料。原料煤从炭化室顶部的加料口进入炭化室，装煤操作要求装满、装平、定量、均衡、减少烟尘排放。装好的煤在炭化室受到两面燃烧室(温度 1300℃)火墙传递的热量，以及炉底面传递的热量，从受热面开始经过干燥、热解、产生胶质体和气体、胶质体固化、气体逸出、半焦收缩、焦炭熟化等过程。当炭化室中心温度达到 1000℃左右时，炭化室的焦饼成熟，进一步观察上升管处粗煤气颜色发蓝、透明，则完成焦化，进入下一环节(焖焦、推焦、息焦等)。焦化时间与炭化室宽度关系密切，宽度为 0.45m 的炭化室，焦化时间约 17h。

炭化室的高温焦炭被推焦机推出，利用冷却介质快速冷却，称为息焦。在环境保护驱使下，湿法熄焦逐步被干法息焦取代。焦炭冷却后，经过筛分，满足一定粒度分布要求后成为焦炭产品。

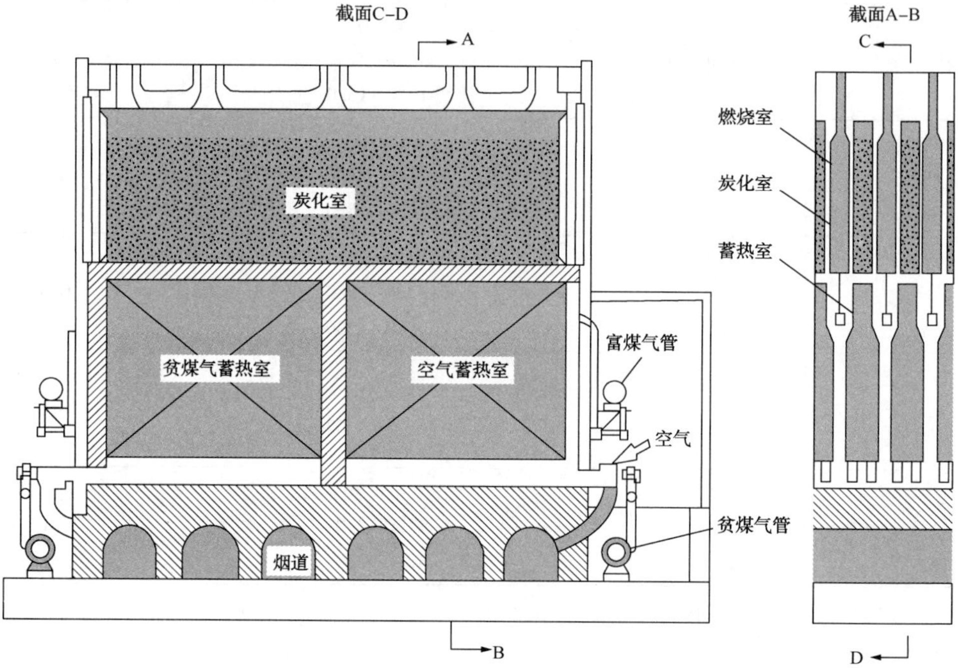

图 29–1　焦炉截面示意图

炭化室逸出的热解气含煤焦油，称为荒煤气。荒煤气从炭化室顶部出来，经上升管和桥管汇入集气管。在桥管和集气管处喷入循环氨水，使高温(<700℃)荒煤气冷却至 80~90℃。煤气中焦油冷凝，与氨水混合，随后进入分离器分离煤气与焦油氨水。

粗煤气经两级冷却，冷却过程形成的冷凝液进入各自的循环槽，循环使用。冷却、分离后的煤气经煤气压缩机升压后，送往电捕油器。被捕集油雾后的煤气送往脱硫工段脱除煤气中的硫。然后，煤气经脱氨塔和脱苯塔，脱除氨气和粗苯后，部分供焦化单元使用，剩余部分送往煤气柜，可外供利用。

分离器出来的焦油氨水被送往机械化氨水澄清槽。在此，氨水、焦油和焦渣被分离。氨水循环利用，部分外供。焦油被送往槽罐，可进一步加工分离，也可以焦油形式出售。焦油渣定期送往煤场，掺混炼焦。

煤气在脱苯塔(见图 29–2)脱除的粗苯组成为：苯 55%~70%、甲苯 11%~22%、二甲苯 2.5%~6%、不饱和化合物 7%~12%，以及少量硫化物。粗苯还可以进一步精细分离出二硫化碳、苯、甲苯、二甲苯、环戊二烯、噻吩、三甲苯、茚、氧茚等。

中低温固定床干馏技术中的外热式炉代表技术有伍德炉(W–D)和考伯斯炉(Koppers)。20 世纪 20 年代初和 30 年代初，大连煤气公司一厂和上海先后利用伍德炉生产煤气。20 世纪 80 年代末，大连市煤气公司由德国引进考伯斯炉，单炉生产能力可达 10 万吨/年。

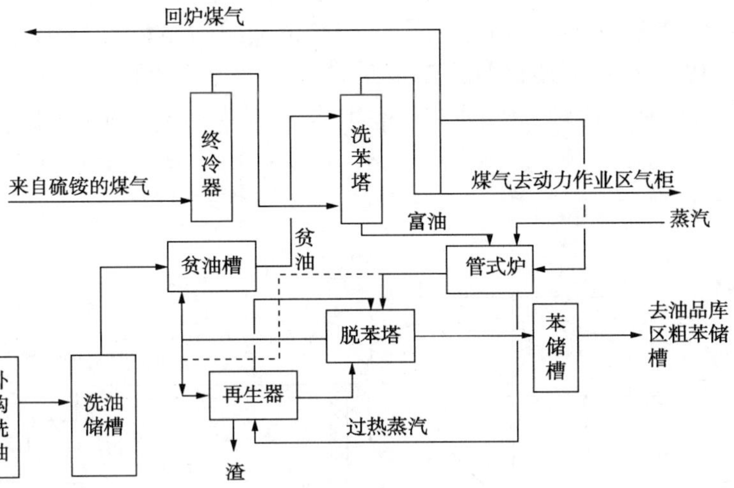

图 29-2　煤气脱苯单元

外热式固定床干馏炉主要由储煤箱、升气管、炭化室(干馏室)、排焦箱等构成。排焦箱是直立炉生产过程中的主要部分之一，由顶箱、上箱、中箱、下箱及水封式放焦阀等五段箱体组成。原料煤(粒度 13~75mm)从储煤箱缓慢向下移动，与上升的煤气换热，得到干燥。干煤进入干馏室内，在 500~650℃温度下完成热解反应，热量通过炉墙导入。炉墙外部燃烧煤气或半焦作为热源。干馏形成的半焦从炉底排焦箱定期卸出。煤气从炉顶流出，经水洗、降温，分离出煤气、焦油和冷凝水。干馏室需要定期清理煤垢，一般 4~20 周清理一次，清理周期与原料煤性质有关。

外热式固定床干馏炉主要优点是：干馏室与燃烧室不连通，干馏挥发产物不被稀释，煤气热值较高(16~18MJ/m^3)，煤气产率 300~320m^3/t 焦。其主要缺点是：原料煤导热系数小，加热时间长，煤料受热不均，半焦质量不均匀，焦油产率(7%~8%)较低。

经过技术改造，国内的外热式直立炉也用于低温干馏。内蒙古伊东集团外热式直立炉生产规模达到 60 万吨/年兰炭，联产 10 万吨/年甲醇，原料煤用量 100 万吨/年。

原料煤工业分析结果为：水分(M_{ad})≤7%、灰分(A_d)≤8%、挥发分(V_{ad})≥26%、全硫(S_{td})≤1%，入炉粒度 25~100mm，矸石含量≤5%。干馏时间 5h。

煤焦油产量 5 万吨/年，粗苯 5000 吨/年，煤气产率 380~450m^3/t 煤(标准状态)。

煤气组成：$H_2$48.0%~50.8%、CO_2 6.0%~28.0%、CH_4 10.0%~12.0%、CO 4.0%~8.0%、低碳烃 0.5%~1.0%。

煤焦油性质：密度 1.05~1.08 g/cm^3、黏度(E80)≤1.5~2.0mPa · s、酚含量 10%~10.5%、萘含量 1.0%~2.0%、沥青质 32.0%~33.0%。兰炭工业分析结果：M_{ad}≤6.0%、A_d≤10.0%、V_{ad}≤4.0%、固定碳(FC_{ad})≥80.0%。

内热式固定床干馏炉以德国研制的鲁奇炉(Lurgi)为代表。1944 年，日立造船株式会社在锦西建设完成一、二部鲁奇低温干馏炉，当年干馏煤 10.2 万吨。1952 年 9 月，东北石油五厂转入恢复性建设。1955 年 1 月，煤低温干馏车间成立。由于传热效率提高，单炉加工能力可达15万吨/年。热解所需热量由高温烟气提供，这部分气体与干馏气合为一体。因此，热解气流产率大增($800 \sim 1000m^3/t$焦)，但热值大减($7.54 \sim 8.36MJ/m^3$)。

鲁奇干馏炉1954年在锦西修复，李道负责开工，分干燥段、干馏段和半焦冷却段操作，所以也被称为鲁奇三段炉，见图29-3。块状原料煤(15~50mm)由输煤设备送入干燥

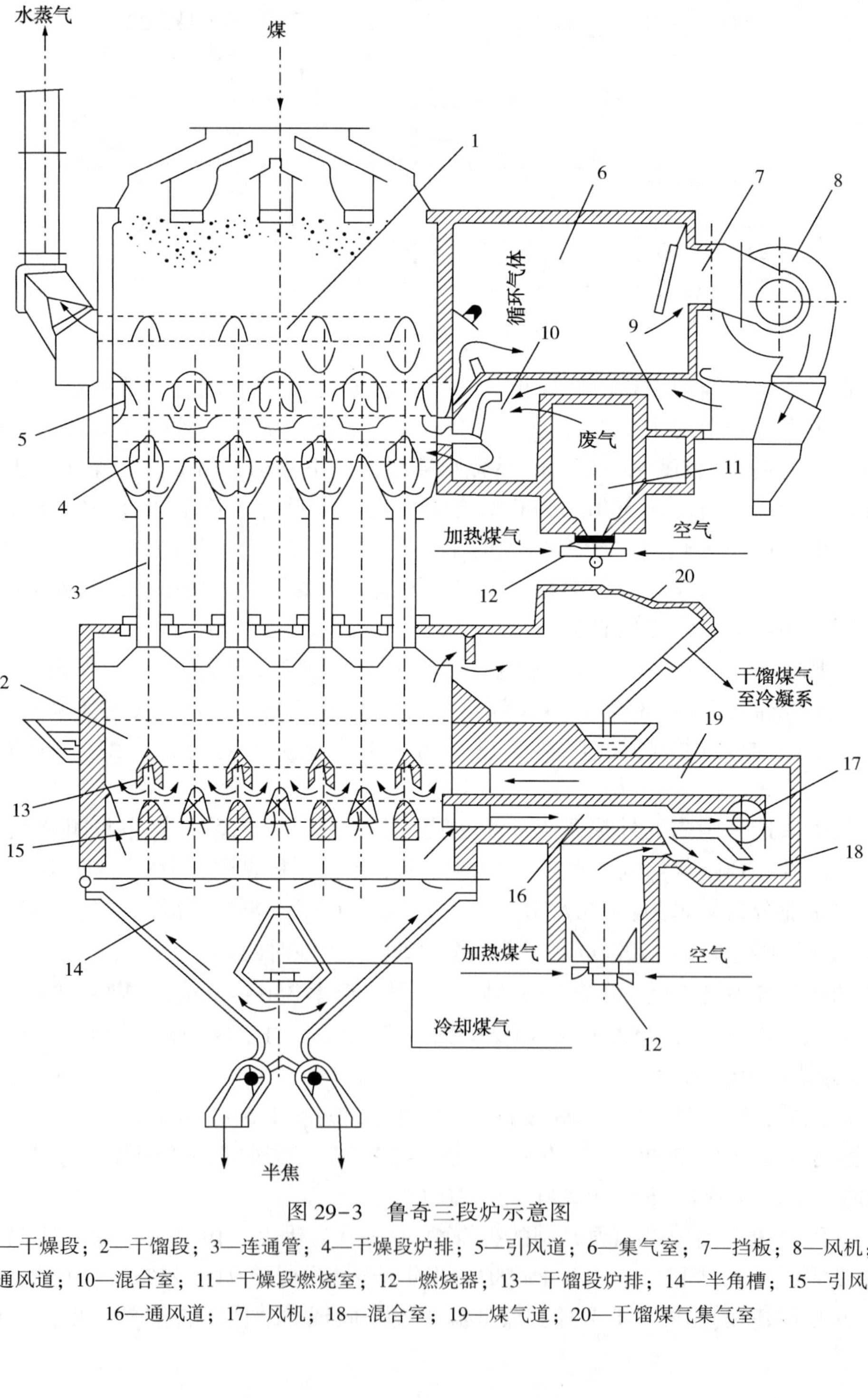

图29-3 鲁奇三段炉示意图

1—干燥段；2—干馏段；3—连通管；4—干燥段炉排；5—引风道；6—集气室；7—挡板；8—风机；9—通风道；10—混合室；11—干燥段燃烧室；12—燃烧器；13—干馏段炉排；14—半角槽；15—引风道；16—通风道；17—风机；18—混合室；19—煤气道；20—干馏煤气集气室

段，由加热气体供热，温度升至130～200℃，煤中水分进入气相。干燥后的煤从上到下进入干馏段，高温气体提供热量，将煤升温至500～700℃进行热解反应。气体携带煤焦油经集气管汇流，导入冷凝分离单元，分离出煤焦油的气体作为燃气供热。半焦落入冷却段，冷却到一定温度后卸出。

国内在内热式直立炉方面投入较多，针对环保要求和生产效率进行了一些改进。装置最大规模达到60万吨/年。主要炉型有RNZL干馏直立炉、SH2007直立炭化炉、SJ干馏方炉、GF干馏直立炉等。内热式供热烟气温度在800℃左右。原料煤为陕北或内蒙古的次烟煤或褐煤。煤气产率约500Nm^3/t煤，煤焦油产率2%～5%，半焦产率40%～60%。煤气主要组成：H_2 20%～24%、CO 12%～17%、CH_4 5%～8%、N_2 40%～50%。

2. 回转干馏

回转干馏也分外热式和内热式。图29-4为多段外热式回转干馏炉，煤炭科学研究总院北京煤化分院开发过此类干馏炉。其特点是根据产品的用途调整工艺，从而得到粒度和挥发分不同的粒状煤焦产品，从焦油中可回收酚类、燃料油、重油和沥青等多种化工产品。该工艺形成的煤气热值高，可作为回转炉热源，也可向系统外提供煤气。

西安三瑞实业有限公司开发的外热式回转炉，单台兰炭产能达20万吨/年。以神府煤为原料，粒度在30mm以下，热解温度600℃左右，热解时间约1h。兰炭产率65%～70%，煤焦油产率7%～8%，煤气产率200Nm^3/t煤左右。

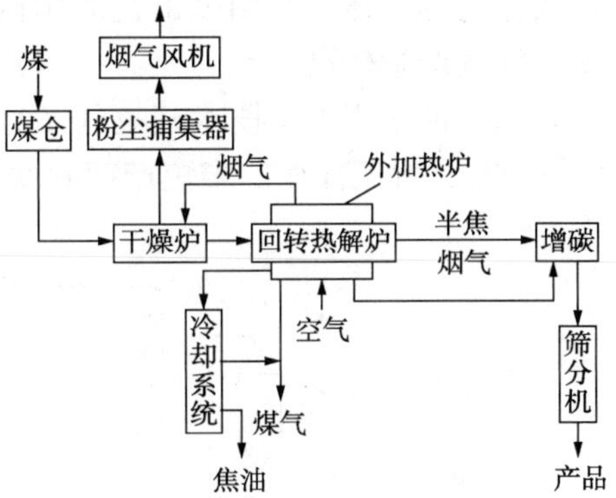

图29-4　外热式回转干馏炉示意

兰炭性质（质量分数）：M_{ad}≤4.0%、A_d5.0～7.0%、V_{daf}<6.0%、P<0.017%、S<2.1%、Al_2O_3 1.0%～2.0%、热值6000～6700kcal/kg。

煤焦油性质：20℃的密度1.0g/cm^3、甲苯不溶物3.5%、灰分≤0.13%、水分≤4.0%、黏度（E80）2.8。馏程：<170℃ 12.6%、170～210℃ 4.6%、210～230℃ 5.2%、230～300℃ 32.6%、>300℃ 45.0%。

煤气体积分数：H_2 40.0%～46.0%、CH_4 30.0%～35.0%、CO 10.0%～15.0%、CO_2 6.5%～9.5%、H_2S 0.02%～0.04%、N_2 0.5%～3.0%。煤气热值≥4200kcal/m^3（标准状态）。

内热式回转炉有两种供热模式。一种是高温烟气供热，另一种是固体热载体供热，如高温瓷球或高温半焦供热。与内热式固定床（直立炉）相似，高温烟气供热的内热式回转炉产出煤气的热值较低，气量较大，优势不明显[10]。

煤炭科学研究总院相继将内热式和外热式回转炉研发至工业试验，工业试验规模均为5.5万吨/年。外热式回转炉入炉料粒度为6～30mm，内热式回转炉入炉料粒度为6～8mm。

固体热载体供热回转炉生产的煤气热值高。典型炉型是美国油页岩公司20世纪70年代开发的Toscoal炉。用于褐煤低温干馏时，原料煤粒度小于12.7mm，瓷球粒度稍大于原料煤粒度，生产的半焦粒度小于6.3mm。Toscoal炉开发的最初思路是加工油页岩，干馏温度低于500℃，用于干馏褐煤时半焦热解不完全。国内的国电锡林河能源公司将瓷球热载体回转炉开发至1万吨/年工业示范规模，原料煤粒度为6～8mm。

3. 流化床热解

流化床热解技术的研发始于 20 世纪初[11]。由于流化床热解原料煤粒度较小，热解速率较快，装置的加工能力较大，并且随着机械化采煤的发展，末煤量较大，所以流化床热解技术发展较快，技术种类较多。总体来说，流化床热解都采用内热式供热，但供热介质有高温气体(烟气或合成气)和固体热载体两类。典型工艺技术包括德国的鲁奇-鲁尔(L-R)工艺、苏联克拉斯若雅尔斯克电厂的 ETCh-175 工艺、日本煤炭能源中心与日本钢铁集团开发的粉煤快速热解技术、美国食品机械公司(FMC)和煤炭研究办公室(OCR)开发的 COED 工艺、美国煤气工艺研究所(IGT)开发的 HYGAS 工艺、澳大利亚联邦科学与工业研究开发的 CSIRO 工艺、中国的 DG 工艺等。进入 21 世纪以来，国内研究开发机构在流化床热解气化(或燃烧)方面积极研发各自的工艺技术。

DG 工艺由大连理工大学开发，见图 29-5。150 吨/天工业试验装置流程由备煤、干燥、流化提升加热焦粉、冷粉煤与热粉焦混合换热、煤热解、煤气冷却、输送和净化等单元组成。DG 工艺以热解产生的半焦作为热载体，将热载体与原料煤混合后送入干馏槽，发生低温快速热解反应。产生的气体经分离后作为煤气，一部分半焦进入提升管下部燃烧，一部分回收作为热载体。利用该工艺对国内多种褐煤进行了试验研究，得到的半焦活性好，焦油量和煤气产量较高。

神木富油采用 DG 技术建立了 60 万吨/年规模装置。原料粒度在 0～6mm，热解温度 500～540℃，常压操作。半焦产率 60%，煤焦油产率约 10%，煤气产率约 200m^3/t 煤(标准状态)。

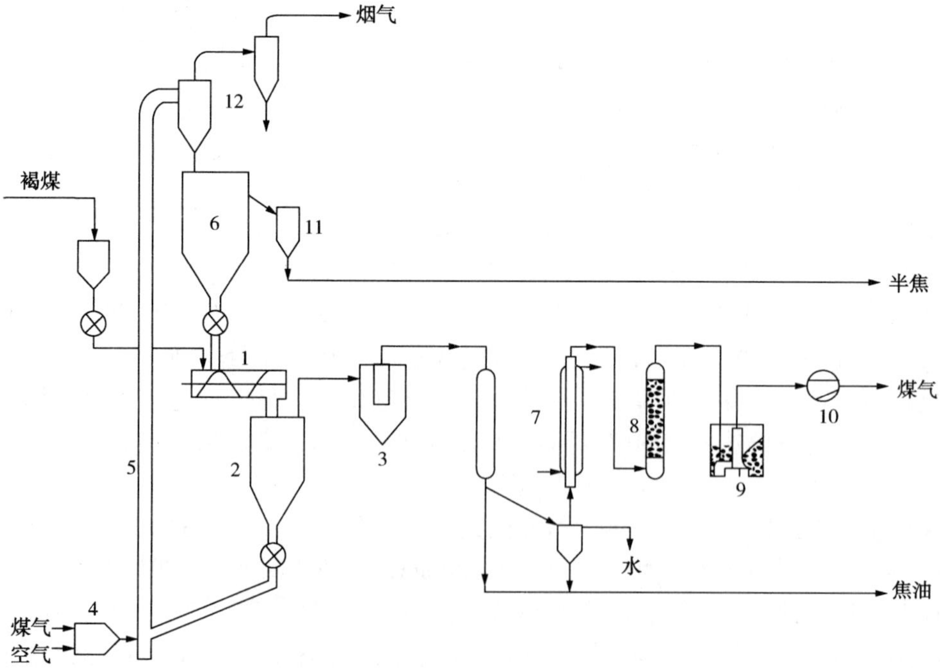

图 29-5 DG 热解流程示意图

1—混合器；2—干馏槽；3—除尘器；4—燃烧炉；5—提升管；6—接收罐；
7—冷却器；8—干燥器；9—冷冻干燥；10—抽气机；11—半焦槽；12—旋风分离

浙江大学正在开发的流化床热解与 CFB 锅炉耦合技术以高温煤灰为热解供热，见图 29-6。来自 CFB 锅炉的高温灰温度 850~950℃，热解温度 550~750℃，在一定循环比操作下，可以维持热量的供需平衡。以这种工艺过程为平台，可以实现油、气、碳一化学品、电等多联产。该工艺的工业示范规模达到每天 1000 吨。

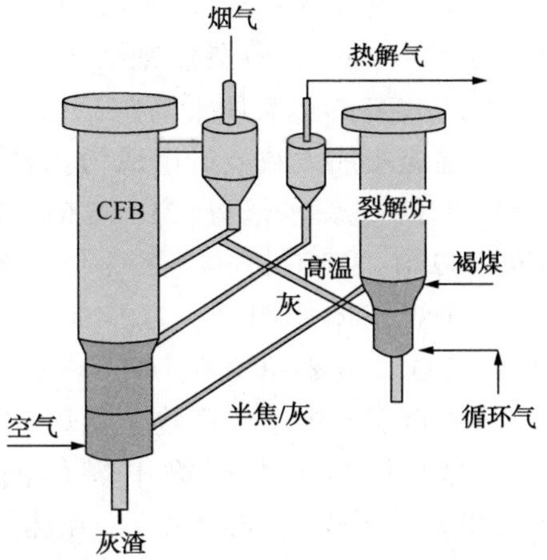

图 29-6　浙江大学热解气化工艺

热解原料煤粒度 0~8mm，热解温度 580~600℃，中间产物半焦产率约 40%，煤焦油产率 1.98%，煤气产率 100~200m^3/t 煤(标准状态)。

模拟计算显示[12]，该工艺投煤量约 446t/h 时，可联产燃料油约 16t/h，发电量约 880MW，产甲醇约 23t/h，副产硫黄约 0.5t/h，净能量转化效率约 49%，内部收益率约 25.7%，动态投资回报期约 7 年。不确定性分析显示，多产方案具有良好市场波动抗压能力。

陕西延长石油(集团)有限责任公司碳氢高效利用技术研究中心研发的粉煤热解-气化一体化技术(CCSI)，将粉煤热解与粉焦气化结合在一个反应器内完成，煤炭分级转化成煤焦油和粗合成气，不仅煤焦油收率高，还实现了粉焦高效转化。在万吨级中试装置试验数据基础上，于 2019 年 7 月完成了每天 3600 吨 CCSI 产业化装置工艺包的编制。

4. 加氢热解

加氢热解主要目的是提高煤焦油产量与品质，提高煤焦油中 BTX(苯、甲苯、二甲苯)和 PCX(酚、甲酚、二甲酚)含量。反应原理是利用加氢反应对热解形成的自由基加氢稳定，减少自由基相互结合形成大分子或焦炭，从而提高轻质油收率。国内加氢热解仍处于实验室研究阶段。

5. 共热解

我国农作物秸秆的年产量约有 6 亿吨，稻壳约 5000 万吨，林业加工过程中产生的残余物约 3000 万吨，三项总计折合标准煤约 2.15 亿吨[13]。同时，国内还存在大量废塑料、废旧轮胎等有机废料。

有机废料的共同特点是在 300~600℃ 发生热解反应，这与煤热解温度重叠。由于单纯煤热解的煤焦油产率不高，因此，研究人员希望煤与有机废料一起热解时发生协同作用，从而多产液体产物。

煤与有机废料共热解时均产生大量自由基，由于反应体系的特殊性，协同作用并不明显[14]。到目前为止，共热解基本处于研究阶段。在向工业化推进过程中，需要解决的问题还很多。

(四)煤干馏主要产品

煤高温干馏主要产品及分布(质量组成)为：煤气 15%~19%、焦炭 72%~76%、焦油 3.5%~4.2%、粗苯 0.8%~1.4%、氨 0.22%~0.25%、硫黄 0.3%~0.6%、其他 0.3%~0.5%。

焦炭质量要求：水分<6%、灰分11%~15%、挥发分<1.2%、硫分<1.0%。高炉焦要求粒度为25~80mm，铸造焦则要求粒度≥80mm。冶金焦还有抗碎强度和抗磨强度的要求。一般大约85%的焦炭用于高炉，10%左右用于其他冶金，约5%用于气化和电石行业。

高温煤焦油大致质量组成为：轻油馏分（<170℃）0.4%~0.8%、酚油馏分（170~210℃）2.0%~2.5%、萘油馏分（210~230℃）10%~13%、洗油馏分（230~300℃）4.5%~7%、一蒽油馏分（280~360℃）16%~22%、二蒽油馏分（310~400℃）4%~8%、沥青50%~56%。

焦炉煤气体积组成：$H_2$54%~59%、CH_4 24%~28%、CO 5.5%~7.0%、N_2 3.0%~5.0%、CO_2 1.0%~3.0%、O_2 0.3%~0.7%。

煤中低温干馏主要产物包括煤气、煤焦油和半焦（或兰炭）。

一般煤低温干馏产物中煤焦油产率6%~25%，半焦产率50%~70%，煤气产率80~200m^3/t干煤（标准状态）。在热解气化工艺中，半焦被转化为合成气；在热解燃烧工艺中，半焦被转化为热能或电能。

煤气、合成气、煤焦油、半焦等均可以进一步加工为各种产品，电能则作为清洁能源使用。

低温干馏煤气密度为0.9~1.2kg/m^3，主要成分为甲烷、一氧化碳和氢气，同时含低碳烃、氨气和硫化氢等。煤气组成因原料煤不同有较大差异。低温干馏煤气主要用作加热燃料，多余的煤气作为民用煤气或化学合成原料气，向C_1化学方向转化。

低温煤焦油是黑色液体，密度一般小于1g/cm^3。原料煤性质和低温干馏方法不同，煤焦油密度也不同，通常在0.95~1.1g/cm^3。主要用途有：①发动机燃料、生产酚类和烃类；②提取的有机物可用于生产塑性物、合成纤维、医药等产品；③褐煤焦油中含有大量蜡类，是生产表面活性剂和洗涤剂的原料。

低温煤焦油比高温煤焦油轻，含酚类、有机碱、烷烃和烯烃、沥青、芳烃等。酚类可达35%，烷烃2%~10%，烯烃3%~5%，环烷烃约10%，芳烃15%~20%，中性含氧化合物20%~25%，中性含氮化合物2%~3%，有机碱1%~2%，沥青约10%。进一步加工得到酚、甲酚、二甲酚、吡啶、甲基吡啶、喹啉、萘、蒽、醌等，是精细化工的理想原料。

低温干馏半焦基本不含挥发分，且原料中的无机质富集于半焦。半焦孔隙率为30%~50%，1050℃时二氧化碳反应性和比电阻都高于高温焦炭（煤的变质程度越低，其半焦反应性和比电阻越高）。半焦机械强度一般不高，低于高温焦炭。半焦燃烧无烟，不生成焦油，热效率高，有一定块度，可用于民用和动力燃料。比电阻高的半焦可用作铁合金的碳料。此外，冶金型焦中间产品、粉矿烧结、高炉炼铁的喷吹料都用到半焦。

二、煤焦油加工

（一）煤焦油性质

煤焦油是煤在干馏、气化等工艺加工过程中副产的具有刺激性臭味、外观呈现黑色或黑褐色的黏稠状液体，具有生产成本低、组成复杂、可利用价值高等特性[15]。根据煤热解温度不同，可分为低温煤焦油（450~600℃）、中温煤焦油（700~900℃）和高温煤焦油（>1000℃），不同干馏温度下的煤焦油主要性质如表29-3所示[16]。从化合物组成来看，煤焦油主要由芳香烃组成，同时含有部分烷烃、环烷烃等各项烃类物质以及硫、氮、氧和金属等非烃化合物[17]。

表 29-3　不同煤焦油主要性质

基本性质	低温煤焦油（600℃）	中温煤焦油（800℃）	高温煤焦油（1000℃）
产率/%	9~10	5~6	3.0~3.5
密度(20℃)/(g/cm^3)	0.9427	1.0293	1.1204
黏度(50℃)/(mm^2/s)	59.6	124.3	159.4
杂元素组成/%			
氮含量	0.69	0.75	0.72
硫含量	0.29	0.32	0.36
氧含量	8.31	7.43	6.99
金属含量/(μg/g)			
铁	37.42	64.42	52.72
钠	4.04	3.96	4.21
镁	4.12	3.64	3.94
四组分/%			
饱和分	25.12	22.68	17.33
芳香分	28.43	27.96	27.34
胶质	28.49	27.12	31.41
沥青质	17.96	22.24	23.62

（二）煤焦油加氢化学反应与影响因素

煤焦油含有大量的氧、硫、氮、金属、不饱和烃类以及其他固体杂质，直接作为低档燃料油燃烧不仅造成资源浪费，更会污染环境。加氢是煤焦油轻质化和清洁化的有效方法之一。临氢条件下，煤焦油中多环芳烃饱和并开环裂化成轻质组分，大分子的胶质、沥青质分解成小分子的烃类，硫、氮、氧等杂原子脱除后烃类组分可作清洁燃料使用。

1. 煤焦油加氢化学反应

煤焦油在加氢过程中发生的化学反应主要有加氢精制和加氢裂化，加氢精制包括加氢脱硫、氮、氧、金属和不饱和烃的加氢饱和等反应[15,16]。

1）加氢脱硫反应

煤焦油中的硫化物主要以元素硫、硫醇、硫醚、二硫化物等形态存在。煤焦油加氢精制过程中，含硫化合物发生氢解转化成相应的烃类化合物和 H_2S，达到脱硫的目的。硫醇、硫醚、二硫化物的加氢脱硫反应较容易进行，反应过程中只需断裂 C—C 键或 C—S 键，而噻吩类化合物由于需要开环脱硫，所以相对困难。

2）加氢脱氮反应

煤焦油中的含氮化合物主要有胺类、吡啶类碱性氮化物和吡咯类非碱性氮化物，经加氢脱氮反应转化为相应的烃类化合物和 NH_3。不同于加氢脱硫反应，由于氮杂环的芳香性比芳环弱，一般需要使含氮杂环完全加氢饱和后才能进行氢解脱除氮原子，因而加氢脱氮反应通常分为加氢饱和及 C—N 键断裂两步，导致脱氮反应活性一般较低，且需要较高的压力和温度。

3）加氢脱氧反应

原油中的含氧量较低（一般低于2%），以环烷酸为主，而煤焦油中的含氧量通常高达6%~8%，煤焦油中含氧化合物包括酚类、有机酸、呋喃等，以酚类为主。通过加氢脱氧反应可将煤焦油中含氧化合物转为相应的烃类化合物。

4）加氢脱金属

煤焦油中金属元素主要有Ca、Fe、Mg、Na等，通常以三种形式分散在煤焦油中：悬浮在煤焦油表面的固体杂质、煤焦油水相溶解的无机盐类（Na、K、Mg、Ca等）、煤焦油油相中溶解的金属有机物（Fe等）。金属元素的存在会对后续加工过程产生严重危害，不仅会引起催化剂床层的堵塞及腐蚀输送管道，还可能造成催化剂的不可逆失活，带来严重经济损失[18]。加氢脱金属技术可以将金属杂质脱除沉积在催化剂表面，降低原料中金属含量，满足后续加工生产需求。

5）加氢饱和反应

煤焦油中的不饱和烃有烯烃和芳香烃。烯烃含量很少，加氢饱和反应可将大部分烯烃转化为烷烃。煤焦油中不饱和烃绝大部分是芳香化合物，且大多数是双环以上的芳香族化合物。芳烃化合物中的芳香核十分稳定，很难直接开环加氢裂化，多环芳香烃的加氢和开环通常是先加氢成环烷烃，然后开环成链烷烃。通常芳环越多，第一个芳环的加氢最易进行，最后一个芳环最难加氢。

6）加氢裂化反应

煤焦油中的加氢裂化反应主要包括长链烷烃断链和环烷烃的开环裂化。原始煤焦油中环烷烃极少，通过加氢反应后，大量的芳香化合物会转化为环烷烃。

2. 煤焦油加氢的影响因素

1）煤焦油的性质

煤焦油原料的性质会对加氢过程及最终产品有较大影响。低温煤焦油轻质油组分含量较多，高温煤焦油沥青质等重组分含量较多，所以高温煤焦油加氢难度更大，所需的操作压力、温度、氢耗远高于低温煤焦油。与原油相比，煤焦油中氮含量较高，过高的氮含量会严重抑制脱硫深度，还会加快催化剂中毒失活。

2）反应温度

加氢反应是放热反应，较低的温度热力学有利，但反应速率较低，温度升高会加快煤焦油加氢精制和加氢裂化反应速率。硫、氮、氧等杂原子的氢解不受热力学平衡限制，反应速率随温度升高而加快，在高温下可较好脱除。但是，芳烃加氢饱和受热力学平衡限制，一定程度内随着温度升高会发生单环和双环环烷烃脱氢逆反应，使多环芳烃的脱除不理想，多环芳烃含量无法满足质量要求。

3）反应压力

反应压力的影响主要通过氢分压体现。氢分压越高，杂质脱除率和多环芳烃饱和率越高，利于改善产品质量。提高氢分压还可以延缓催化剂结焦失活，延长使用寿命。但压力的提高，导致投资费用增加和氢耗增大。因此，煤焦油加氢中，在达到预期效果和保证催化剂寿命前提下，应尽可能使用较低反应压力。

4) 氢油比

氢油比影响着加氢反应过程、催化剂寿命以及装置投资费用。提高氢油比可以提高氢分压，有利于提高反应深度，抑制催化剂结焦失活。但氢油比过高会增加装置动力消耗，使得操作费用增加，因此，要根据具体条件选择适宜的氢油比。

5) 空速

空速反映的是煤焦油加氢装置的处理能力，提高反应空速，装置的处理能力增加。煤焦油加氢中，若进料性质和其他参数不变，提高空速，加氢过程中的硫、氮、氧等杂质脱除率将下降；反之，若降低空速，杂质的脱除率将会提高。

(三) 煤焦油加氢工艺技术与应用

煤焦油加氢技术工业实施过程中，由于高温煤焦油氢耗量高且加氢柴油质量较差，因此在氢气成本较高的工厂通常不作为加氢原料。本章非特殊说明时，加氢原料均指中低温煤焦油。

1. 煤焦油轻馏分加氢技术

煤焦油轻馏分加氢技术是指原料煤焦油先经过蒸馏装置切割成轻馏分油和重油（切割点大多为 350~420℃）；重油部分通常被直接用作燃料油或沥青；轻馏分油进入固定床加氢反应器，最终得到石脑油和低硫柴油馏分[19~21]。高温和中低温煤焦油的轻馏分油都可作为原料，典型工艺流程如图 29-7 所示[21]。

煤焦油轻馏分加氢技术工艺流程简单、工程投资费用少、相对运行费用较低、操作稳定性好[19,20]。由于该技术路线切除了原料中大量的煤沥青，轻油收率低，约占煤焦油全馏分的 42%~60%，造成资源利用率较低[19]；柴油馏分的十六烷值较低、密度大，以中低温煤焦油作为原料时其十六烷值为 40 左右，以高温煤焦油作为原料时其十六烷值一般小于 38[19]，通常被用作柴油产品的调合组分。

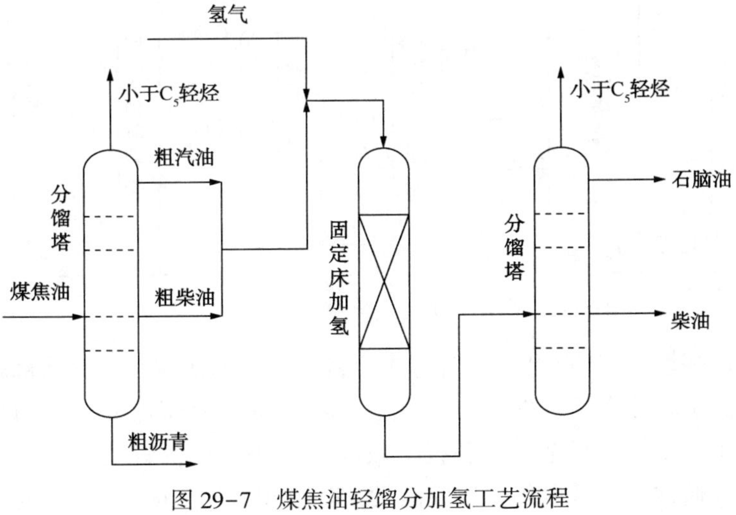

图 29-7　煤焦油轻馏分加氢工艺流程

本技术操作条件通常为：加氢反应温度 300~420℃、反应压力 10~20MPa、空速 0.2~4.0h^{-1}、氢油体积比 400~3000。加氢产品性质见表 29-4[120]。

表 29-4　煤焦油轻馏分加氢技术典型产品性质

项　目	石脑油	柴油	项　目	石脑油	柴油
密度(20℃)/(g/cm^3)	0.78	0.85	十六烷指数	—	37
硫含量/(μg/g)	15	18	馏程/℃		
氮含量/(μg/g)	8	200	初馏点/10%	70/90	180/200
溴价/(gBr_2/100g)	1.0	—	50%/90%	120/150	240/320
凝点/℃	—	-2	终馏点	190	353

中煤龙化哈尔滨煤制油有限公司于 2003 年建成投产了 5 万吨/年的轻质煤焦油加氢装置，以第四代鲁奇炉生产的副产煤焦油为原料，采用固定床加氢工艺及专用催化剂生产优质石脑油和柴油组分。该工艺技术生产的柴油密度为 0.85g/cm^3、十六烷指数为 37。

2. 煤焦油焦化-加氢技术

延迟焦化工艺可以提高重质煤焦油的轻质油收率，与加氢工艺结合能够大幅提高轻质油品的产率[22]。煤焦油焦化-加氢技术是通过延迟焦化作为前处理技术，使原料煤焦油中的重质馏分发生热裂化反应，得到气体和轻馏分油，同时将胶质和沥青等物质缩聚结焦得到焦炭；轻馏分油进入固定床加氢反应器进行加氢反应，最终得到石脑油和柴油[19,20]。

煤焦油焦化-加氢技术分为全馏分延迟焦化-加氢和重馏分延迟焦化-加氢两类技术[20]。全馏分延迟焦化-加氢技术是将原料煤焦油全部经过延迟焦化，典型工艺流程如图 29-8 所示。重馏分延迟焦化-加氢技术是先将煤焦油原料经过蒸馏装置，切割成轻馏分油和重馏分油，重馏分油经过延迟焦化装置[22]，典型工艺流程如图 29-9 所示。

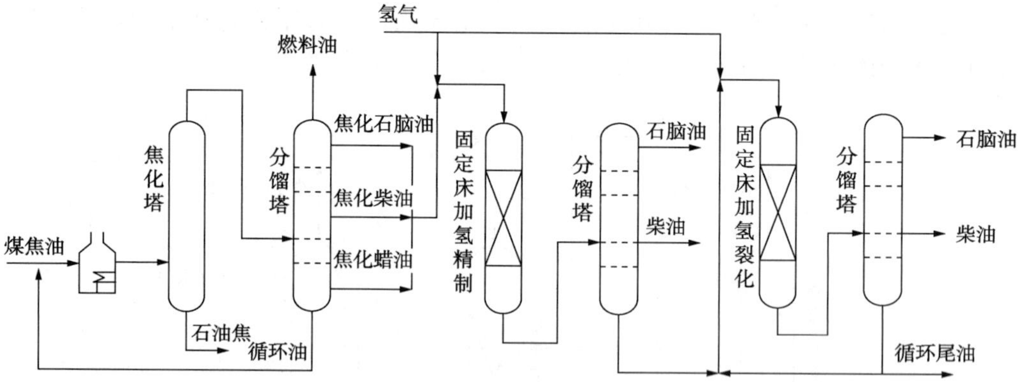

图 29-8　全馏分延迟焦化-固定床加氢工艺流程

延迟焦化-加氢技术的优点是：①对劣质原料有较高的适应性；②将部分重煤焦油转化为轻油产品，提高了轻油产品收率[19,23]。缺点是：①将部分煤焦油转化为焦炭，煤焦油资源未得到充分利用；②工艺复杂，设备投资较高。总体来看，该技术对原料煤焦油性质要求不高。操作条件通常为：延迟焦化反应温度 450~550℃、反应压力 0.1~3.0MPa；加氢反应温度 300~450℃、反应压力 6.0~20.0MPa[22]。全馏分延迟焦化-加氢技术产品的主要性质见表 29-5[22]。目前采用延迟焦化-加氢技术的企业有神木天元化工、神木东鑫垣化工，两家企业技术来源均为神木天元自主开发的相关技术。

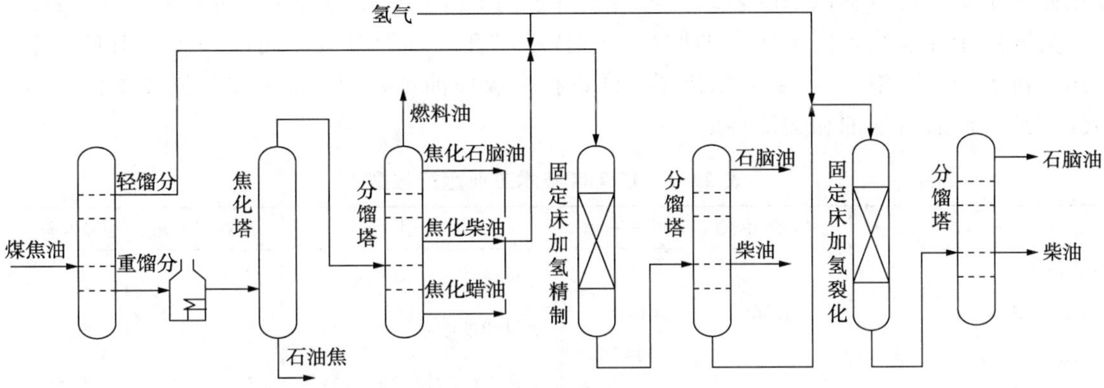

图 29-9　重馏分延迟焦化-固定床加氢工艺流程

表 29-5　全馏分延迟焦化-加氢技术产品的主要性质

项　目	石脑油	柴　油	项　目	石脑油	柴　油	项　目	石脑油	柴　油
馏分范围/℃	<180	180~360	密度(20℃)/(g/cm^3)	0.7520	0.8537	十六烷值	—	44.5

3. 煤焦油全馏分固定床加氢技术

煤焦油全馏分固定床加氢工艺是指原料煤焦油经过滤、电脱盐、脱水等预处理工艺，脱除固体杂质、金属等，然后将煤焦油全馏分进行加氢精制和加氢裂化，生成油经分馏装置，得到石脑油、柴油和尾油，尾油循环进入加氢反应器[19,20]，工艺流程见图 29-10。

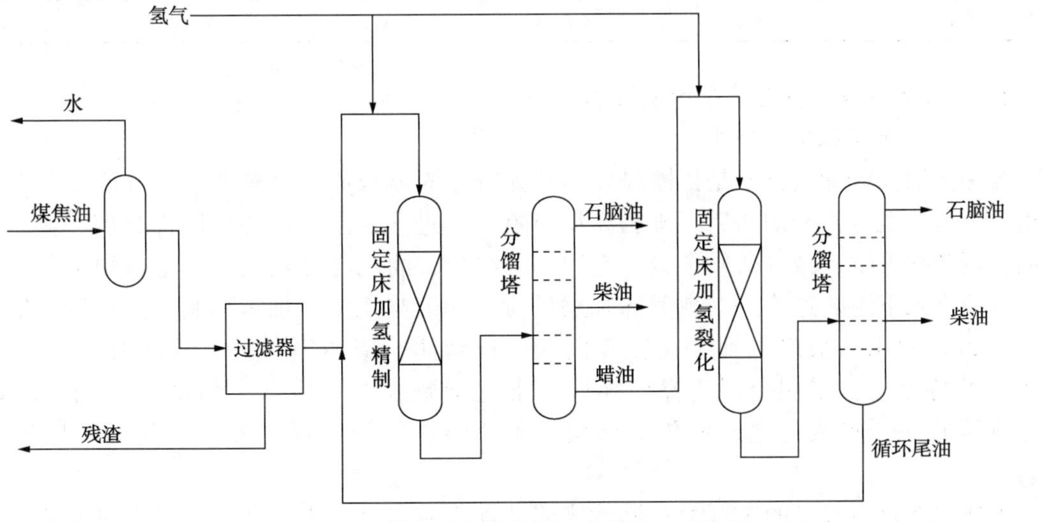

图 29-10　煤焦油全馏分固定床加氢工艺流程

全馏分加氢技术将部分重油与沥青质转变为轻质油，提高了燃料油收率，但煤焦油中沥青质含量为 10%~20%，金属含量高达 100μg/g 以上。沥青质和金属会严重影响催化剂的活性和催化剂运转稳定性，影响装置的长周期稳定运转。

因此，煤焦油全馏分固定床加氢技术的技术关键在于煤焦油预处理，石科院开发了低压固定床预处理技术及煤焦油全馏分加氢技术(CTUG 技术)[24]。与高压预处理技术相比，该预处理系统投资可降低80%左右。经过预处理后的煤焦油全馏分金属可降低至20μg/g以下，为固定床加氢装置提供优良的原料。该技术已在新疆万顺发、河南利源、山东汇东等公司进行了工业实施。表29-6给出了CTUG技术煤焦油预处理及加氢单元操作条件和净化后煤焦油、加氢石脑油和柴油性质。

表29-6　CTUG技术工业运行数据

项　目	预处理单元	加氢单元	项　目	预处理单元	加氢单元
反应条件			机械杂质/(μg/g)	<100	—
压力/MPa	1.56	14.5	加氢柴油产品		
氢油体积比	—	1500~2500			
反应温度/℃	220~300	320~400	密度(20℃)/(g/cm^3)	—	0.865
预处理产品			硫含量/(μg/g)	—	1.5
金属含量/(μg/g)	16.5	—	十六烷值	—	40

神木富油自主研发了中低温煤焦油全馏分加氢多产中间馏分油成套工业化FTH技术。2012年，采用该技术建成120kt/a全馏分煤焦油加氢生产装置。FTH技术主要操作条件：反应温度350~400℃、反应压力12~14MPa、氢油体积比1500~2100。主要产品性质见表29-7。

表29-7　FTH技术工业运行数据

加氢柴油产品	参数	加氢柴油产品	参数	加氢柴油产品	参数
密度(20℃)/(g/cm^3)	0.880	硫含量/%	0.03	冷滤点/℃	-4

4. 煤焦油沸腾床与悬浮床加氢技术

1)煤焦油沸腾床加氢技术

煤焦油沸腾床加氢技术是指原料煤焦油先脱除固体残渣，煤焦油全馏分或经分馏后的重组分与氢气混合，经加热后从沸腾床反应器底部进入反应，反应脱除部分硫、氮、氧等杂质，氢解缩聚物，减少杂质含量，饱和部分组分，油气与催化剂在反应器顶部分离，改质煤焦油进入下游装置[25,26]。沸腾床加氢反应器一般与固定床加氢精制和固定床加氢裂化反应器组合使用，最终得到干气、液化气、石脑油、柴油等[25,26]。沸腾床加氢反应器最主要的特点是，采用全混流操作模式，催化剂颗粒在反应器中借助反应油气的动力而呈沸腾状态，形成稳定的催化剂床层，不会随物料排出反应器，催化剂可以进行在线装卸。

大连院在自主开发的STRONG沸腾床渣油加氢技术基础上，开发出了煤焦油沸腾床加氢预处理-固定床加氢联合工艺，工艺流程见图29-11[26]。该技术已于2020年在陕西精益化工有限公司应用。

沸腾床加氢工艺主要操作条件见表29-8，产品性质见表29-9。

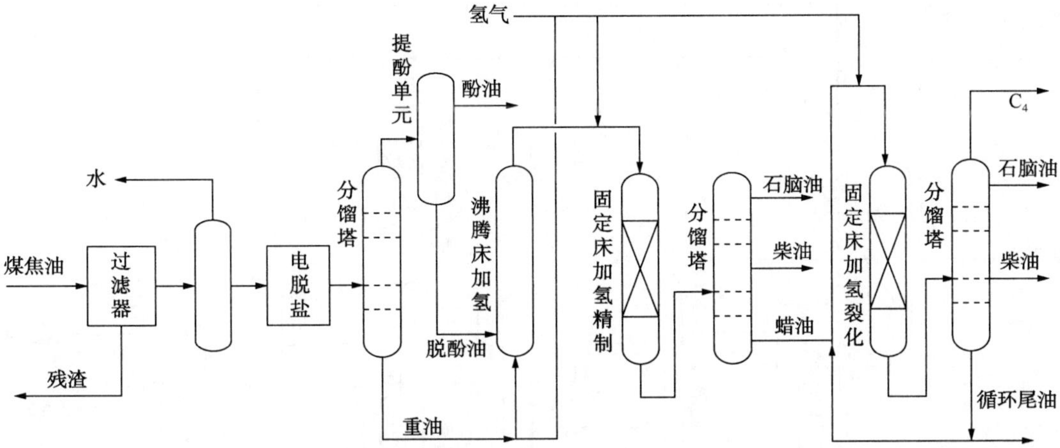

图 29-11　煤焦油沸腾床加氢工艺流程

表 29-8　煤焦油沸腾床加氢技术的主要操作条件

操作条件	沸腾床加氢反应器	加氢精制反应器	加氢裂化反应器
反应温度/℃	390	370	390
压力/MPa	15	15	15
氢油体积比	800	1000	1000
体积空速/h^{-1}	0.5	1.2/1.0	1.0

表 29-9　沸腾床加氢技术产品的主要性质

加氢产品主要性质	石脑油	柴油
密度(20℃)/(g/cm^3)	0.7507	0.8415
硫含量/(μg/g)	5.5	5
氮含量/(μg/g)	1.0	1.0

2)煤焦油悬浮床加氢技术

煤焦油悬浮床(也称浆态床)加氢技术是重质油轻质化的理想方法之一，分为均相悬浮床加氢和非均相悬浮床加氢[15]。主要工艺流程：分散型催化剂与原料煤焦油均匀混合，一起进入悬浮床反应器，临氢条件下发生裂化反应和加氢反应，液相产品出反应器后进入分馏装置，改质产品进入下游装置，最终得到优质汽油、柴油等产品。其主要工艺流程如图 29-12 所示[23]。

悬浮床煤焦油加氢技术原料适应性广，对原料油中杂质含量限制低，可加工高金属、高残碳、高颗粒物的重劣质油，实现煤焦油全馏分加氢[26]。

表 29-10 给出了煤焦油悬浮床加氢操作条件，表 29-11 给出了煤焦油悬浮床-固定床加氢产品主要性质[27]。国内三聚环保公司开发的 MCT 技术已在鹤壁华石能源公司应用。

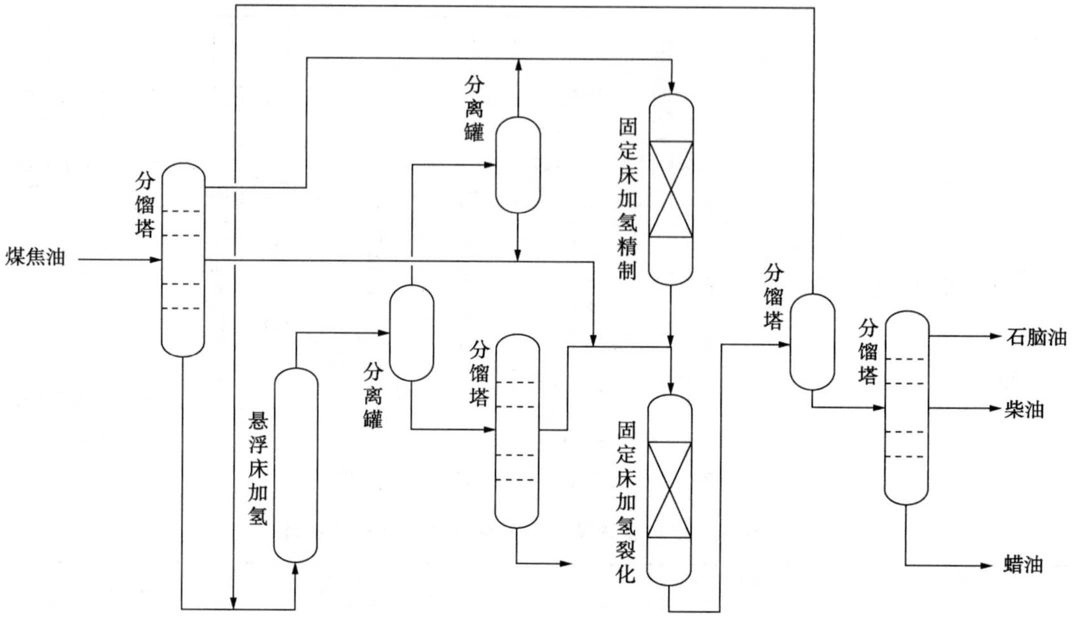

图 29-12　中低温煤焦油悬浮床加氢-固定床加氢联合工艺流程

表 29-10　煤焦油悬浮床加氢主要操作条件

操作条件	悬浮床加氢反应器	加氢精制反应器	加氢裂化反应器
反应温度/℃	410	360	380
压力/MPa	20	20	20
空速/h^{-1}	0.3	0.7	0.7
氢油体积比	1300	700	800

表 29-11　煤焦油悬浮床加氢产品性质

主要性质	石脑油	柴油	主要性质	石脑油	柴油
密度(20℃)/(g/cm^3)	0.7~0.8	0.8~0.9	氮含量/(μg/g)	≤20	≤20
馏程/℃	45~205	150~365	闪点/℃	—	45~70
硫含量/(μg/g)	≤10	≤10	凝点/℃	—	≤10

5. 高温煤焦油加氢技术

干馏温度对生成煤焦油的性质影响较大。高温煤焦油的密度较大，一般在 1.10~1.21g/cm^3。高温煤焦油的芳烃、胶质、沥青质及机械杂质含量较中低温煤焦油高，其沥青质含量通常高达 50%~60%，饱和烃与氧含量较中低温煤焦油低。

由于高温煤焦油沥青含量很高，无法直接作为固定床加氢的进料。高温煤焦油加氢的典型工艺流程(见图 29-13)为：高温煤焦油先经过蒸馏进行馏分切割，将分馏出的轻质馏分进入固定床加氢精制，重质馏分作为煤沥青产品外售。加氢进料经加氢精制后进入分馏塔，切割出石脑油与柴油馏分，塔底尾油可作为催化裂化或加氢裂化的原料[28,29]。

我国首套高温煤焦油加氢装置为黑龙江宝泰隆 10 万吨/年高温煤焦油固定床加氢装置，

其于2009年7月投产，2011年4月达到稳定生产。该装置采用减压馏分油固定床加氢裂化技术，在固定床加氢精制技术工艺流程的基础上增加了固定床加氢裂化，成功实现工业化，其原料干点控制在400℃左右。

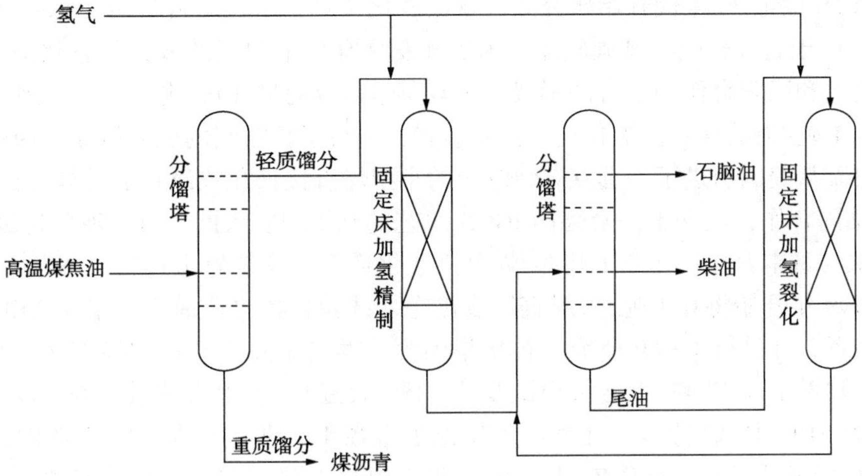

图29-13　高温煤焦油固定床加氢典型工艺流程

由于高温煤焦油原料密度高、氢含量低，因此其加氢过程氢耗较高，通常在1000Nm^3/t原料。并且其生产出的柴油密度高，通常均高于为0.88g/cm^3，十六烷值一般小于38[30]。

第二节　煤直接液化

煤直接液化是指将煤磨碎成细粉后，与循环溶剂油混合制成煤浆，然后在高温、高压和催化剂存在的条件下，通过加氢使煤直接转化为液体燃料和其他化学产品的过程[1,31]。

煤直接液化技术最早起源于德国，由德国人Bergius在1913年发明。1927年德国IG公司开始建设第一座煤直接液化工厂，1931年第一座煤直接液化工厂投产生产出液体产品。石油工业大发展前，美国继承了德国的大部分煤液化技术，并相继开发了系列煤直接液化技术。

20世纪50年代，由于中东地区大量廉价石油的开发，煤加氢液化技术在经济上失去了竞争力。20世纪70年代世界石油危机发生后，煤液化技术的研究和工艺开发掀起了高潮，相继开发了多种新工艺，代表性工艺有美国Hydrocarbon Research Inc.(HRI)开发的氢煤法工艺(H-Coal)、德国矿冶科研和测试技术有限公司开发的煤直接液化与油精炼集成工艺(IGOR$^+$)、日本新能源产业技术机构联合多家公司开发的NEDOL烟煤直接液化工艺及中国神华集团(现国家能源集团)开发的神华工艺等。200~600吨/天H-Coal工艺装置1980年开始运转，1983年运转结束；采用IGOR$^+$工艺在德国建设了200吨/天工业试验装置，1981年至1987年间，从17万吨煤中生产出超过8.5万吨的油品；150吨/天NEDOL工艺1996年开始运转研究。试运转发现一些设备问题，改造后，在1997和1998两年间，150吨/天PP对三个煤种(印度尼西亚的Wyoming煤、Tanit Harum煤和日本的池岛煤)进行了7个条件、累计进煤259天的试验，单次连续进煤时间达到80天(1920h)。中国神华集团开发的神华工艺于2008年在内蒙古鄂尔多斯建成了世界首套百万吨级(6000吨/天)煤直接液化工业化生产装置，2008年投煤试生产后，已运转十多年，单次连续最长运行时间达到了420天。

我国从20世纪70年代开始研究煤炭直接液化技术，由煤炭科学研究总院(CCRI)具体实施[32,33]。由于起步较晚、基础较差，为了开发具有自主知识产权的煤直接液化工艺，采用了技术攻关和国际合作相结合的形式。煤炭科学研究总院1982年与日本合作，在国内建立了一套0.1吨/天的煤直接液化连续试验装置，进行了长时间的试验研究。1983年，煤炭科学研究总院从美国引进了一套0.02吨/天的小型煤直接液化连续试验装置并进行了研究。1986年与德国合作，建立了一套德国IGOR工艺的0.12吨/天的煤直接液化连续试验装置。1990年再次与日本合作，在0.1吨/天煤直接液化连续试验装置上进行了NEDOL工艺的运转研究。1999年开始将0.1吨/天煤直接液化连续试验装置改造成完全采用NEDOL工艺模式的试验装置，并进行了运转研究。神华集团为开发自主知识产权的煤直接液化工艺技术先后在北京建设了0.12吨/天连续小试装置(BSU装置)，在上海建设了66吨/天煤直接液化中试装置(PDU中试装置)。此外，还建设了直径1m的反应器冷模试验装置[34]。基于BSU和PDU的成功运行，神华集团于2008年在内蒙古鄂尔多斯建成全球首套百万吨级煤直接液化工业示范项目。项目于2009年投入稳定运行，至今已平稳运转10多年。煤直接液化单元采用的是神华自主知识产权技术，稳定加氢单元采用法国Axens公司开发的沸腾床加工T-star工艺，直接液化轻油加氢改质采用的是石科院开发的RCHU技术。神华百万吨级煤直接液化示范工程加工总流程示意图见图29-14。煤直接液化主要由煤直接液化、稳定加氢和加氢改质等三大反应单元构成。其中，煤直接液化单元主要包括催化剂和油

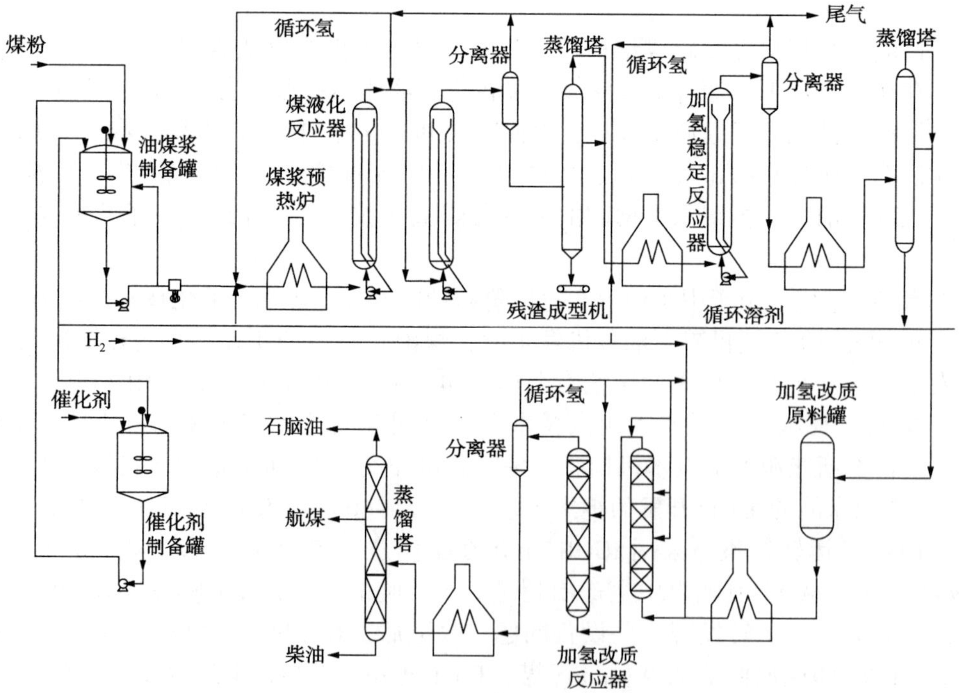

图29-14 神华百万吨级煤直接液化示范工程加工流程示意

浆制备部分、反应部分、分馏部分、残渣成型部分和公用工程部分；稳定加氢和加氢改质单元主要包括反应进料部分和分馏部分。下面将分单元对工艺流程和反应特点进行介绍。

一、煤直接液化单元

(一)煤直接液化反应机理

从化学反应的角度来讲，煤直接液化过程主要包括煤的热解、氢转移和加氢反应三个步骤[35]。

在煤直接液化过程中，原煤经干燥破碎至 0.16mm 左右与溶剂充分混合后在 H_2 氛围中逐渐升温，在供氢溶剂、催化剂的协同作用下生成油、气等低相对分子质量产品。在干燥脱水阶段，煤中微孔吸附的水、CH_4、CO_2 和 N_2 等被脱除。供氢溶剂与煤充分混合后，随着温度的升高，煤结构单元之间的桥键、脂肪侧链、含氧官能团及低分子化合物先后发生断裂，生成自由基碎片。上述热解产物随着反应时间延长和温度变化还会发生二次热解。煤大分子结构的分解通过加热实现，煤结构单元之间的桥键在加热到 300℃ 以上时部分弱键开始断裂，随着温度的进一步升高，键能较高的桥键也会断裂[36]。桥键断裂产生以结构单元为基础的自由基。在不同加热温度条件下，自由基浓度的变化见图 29-15。

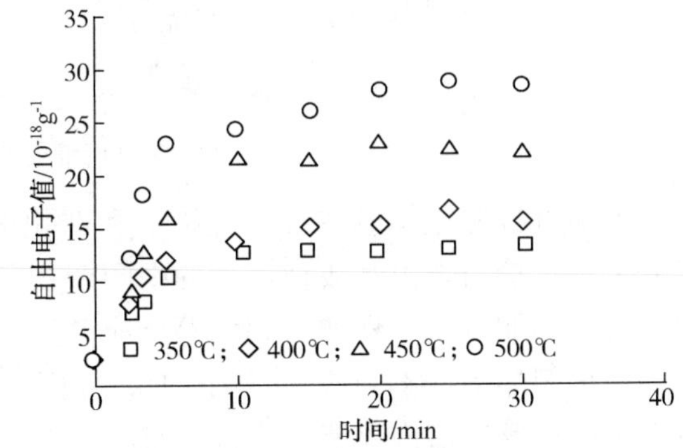

图 29-15　自由基浓度随反应温度和停留时间变化情况

自由基非常不稳定，在高压氢气环境和有溶剂分子分隔的条件下，它被加氢生成稳定的低分子产物(液态的油和水及少量气体)。加氢所需活性氢主要来源为：①煤自身提供的活性氢；②供氢溶剂提供的活性氢；③氢气在催化剂表面解离提供的活性氢。

煤自身提供的活性氢主要来自煤在低温热解条件下，连接在碳环、杂环和侧链上的大部分共价键开始断裂，同时煤三维网状结构中的低分子化合物以及煤的大分子网状结构的芳环结构主体会发生裂解和缩合反应，释放 ·H、·COOH、·OCH_3 等自由基。由于煤直接液化的反应温度相对较低(低于 500℃)，低温热解产生的焦油量很少。上述自由基在焦油中的浓度很高，易相互发生反应生成 H_2、CO、CO_2、CH_4 和少量 C_2 以上烃类等气体释放出来[36]。而在煤炭直接液化体系内，供氢溶剂能有效溶解和分散热解所产生的上述自由基，并与煤热解产生的大分子自由基反应。

供氢溶剂提供的活性氢主要来自四氢萘类结构的烃类或混合原料。供氢溶剂不仅在反应过程中提供不可或缺的活性氢，在煤浆制备和输送阶段，供氢溶剂与煤粉制备成煤浆，在混合、输送的过程中充当了输送介质并分散煤粒。与煤浆进入反应器后，供氢溶剂一方面溶解和分散煤颗粒热解产生的自由基，另一方面向自由基传递自身裂解产生的氢原子(活性氢)以及作为气态氢与自由基反应的传递介质，使得气、液、固三相系统处于一个均匀的体系内，能有效促进自由基碎片加氢，同时抑制缩聚反应[37]。

氢气在反应器中与具有活化氢气功能的金属活性位接触，从而解离出活性氢[38]，此类金属包括 Fe、Ni、Mo、Co、W 等，其活化过程与常规石油基加氢反应过程相同。

在没有高压氢气和溶剂分子存在时，自由基会相互结合生成较大分子[36]。图 29-16 表示了自由基产生和反应的过程。在实际煤炭直接液化工艺中，煤分子结构单元之间的桥链断裂和自由基稳定的步骤在高温(450℃左右)、高压(17~30MPa)氢气气氛中实现。

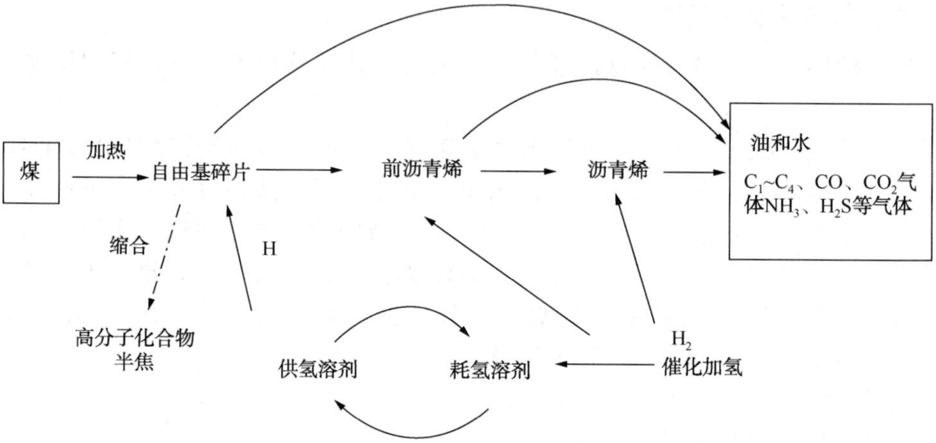

图 29-16　煤直接液化自由基产生和反应过程[35]

当煤直接液化反应在氢气气氛下和催化剂存在时，氢气分子被催化剂活化，活化后的氢分子可直接与自由基或稳定后的中间产物分子反应。主要发生芳烃加氢饱和、加氢脱氧、加氢脱硫、加氢脱氮和加氢裂化等反应。

催化剂的活性不同或加氢条件的苛刻度不同，煤直接液化加氢反应的深度也不同，在煤直接液化反应器内仅能完成部分加氢反应。煤直接液化产生的一次液化油还含有大量芳烃和含氧、硫、氮杂原子的化合物，必须对液化油进一步加氢才能使芳烃饱和及脱除杂原子，生产出满足汽柴油标准的产品。第二步再加氢被称为液化油的提质加工。

煤炭经过加氢液化后剩余的无机矿物质和少量未反应的煤呈固态，可应用各种不同的固液分离方法进行分离。常用的有减压蒸馏、加压过滤、离心沉降、溶剂萃取等固液分离方法。

(二)煤质与煤的液化特性

1. 煤阶与液化特性的关系

大量实验研究表明，煤直接液化的难度随煤的变质程度的增加而增加[39]，即泥炭<年轻褐煤<褐煤<高挥发分烟煤<低挥发分烟煤。图 29-17 是煤阶按 O/C 比和 H/C 的分类图。

图 29-17 中以碳含量从高到低可大致分出无烟煤、烟煤、褐煤等煤化程度不同的煤所处范围。可以看出，褐煤和年轻烟煤的 H/C 原子比相对较高，它们易于加氢液化，并且 H/C 原子比越高，液化时消耗的氢越少，通常选 H/C 原子比大于 0.8 的煤作为直接液化用煤。挥发分的高低是煤阶高低的一种表征指标，越年轻的煤挥发分越高、越易液化，通常选择挥发分大于 35%的煤作为直接液化煤种。从制取油的角度出发，通常选用高挥发分烟煤和褐煤为液化用煤。

2. 煤的岩相组成与液化特性的关系

从煤岩学角度来分析，煤加氢液化过程中镜质组、半镜质组、壳质组作为活性组分加氢反应的活性顺序为：壳质组>镜质组>半镜质组[40]。同一煤化程度的煤，由于形成煤的原始植物种类和成分的不同、成煤初期沉积环境的不同，导致煤岩相组成也有所不同，其加氢液化的难易程度也不同。研究表明，煤中惰质组(主要丝质组分)在通常的液化反应条件下难以加氢液化，而镜质组、半镜质组和壳质组较容易加氢液化，所以将它们统称为活性组分。有学者对内蒙古东胜马家塔煤及其分离出的“纯镜质组”和“纯惰质组”进行液化试验证实，它们的液化特性存在明显差别，表 29-12 给出了试验结果。试验还发现，原料煤的转化率及油产率高于纯煤岩组分试验结果的线性叠加，说明各煤岩组分在液化反应过程中具有协同作用。

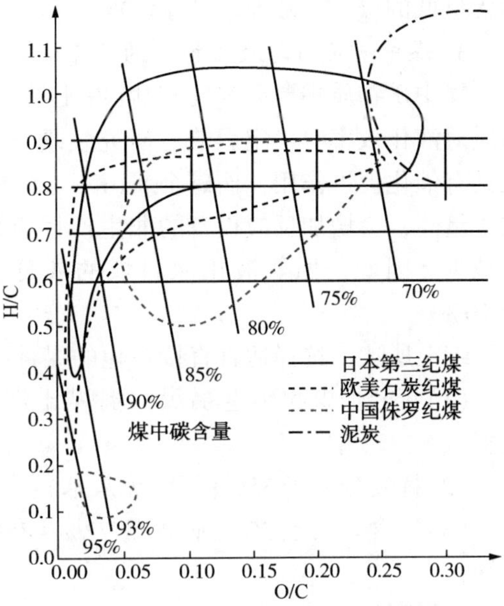

图 29-17　煤阶按 O/C 比和 H/C 的分类图[35]

表 29-12　内蒙古东胜马家塔原煤及其纯煤岩组分的液化试验结果[35]

项　目	原煤	纯镜质组	纯惰质组
镜质组/%	60. 04	97. 55	2. 73
壳质组/%	1. 5	0. 38	0. 36
惰质组/%	36. 48	1. 51	96. 90
矿物质/%	1. 88	0. 57	0. 36
挥发分/%	36. 43	39. 60	25. 3
灰分/%	4. 42	2. 37	3. 54
元素组成			
碳/%	79. 77	77. 83	82. 63
氢/%	4. 67	5. 03	3. 77
氮/%	0. 99	1. 01	0. 80
硫/%	0. 20	0. 19	0. 18
氧/%	14. 37	15. 94	12. 62
试验条件	反应温度 450℃，氢初压 10MPa，催化剂 Fe_2O_3 加入量 3%，溶剂：煤 1. 5：1		
试验结果			
转化率/%	90. 24	83. 17	62. 33
油产率/%	56. 07	50. 10	27. 16
氢耗/%	5. 99	6. 52	4. 69

虽然惰质组在较苛刻条件也能部分液化，但基于经济性，直接液化应尽可能选择惰质

组含量低的煤，一般要求低于30%。

3. 煤中矿物质与液化特性的关系

煤中矿物质主要分为硅酸盐(黏土类)、氧化物、硫化物、硫酸盐和碳酸盐五大类。矿物质对液化效率有一定影响。研究发现，煤中Fe、S、Cl等元素尤其是黄铁矿对煤直接液化具有催化促进作用，而碱金属(K、Na)和碱土金属(Ca)对某些催化剂起毒化作用。矿物质含量高，会增加反应设备的非生产性负荷。灰渣易磨损设备，且因分离困难而造成油收率减少。因此，加氢液化原料煤的灰分较低为宜，一般认为液化用原料煤的灰分应小于10%。

综上所述，选择适宜直接液化的煤种一般原则如下：

(1)年轻烟煤和年老褐煤，褐煤比烟煤活性高，但褐煤氧含量高，液化过程中氢耗量多；

(2)挥发分大于35%(无水无灰基)；

(3)氢含量大于5%，碳含量72%~85%，H/C原子比愈高愈好，同时希望氧含量愈低愈好；

(4)活性组分大于80%；

(5)灰分小于10%(干燥基)，矿物质中最好富含硫铁矿。

选择具有良好液化性能的煤种不仅可以得到高的转化率和油收率，还可以降低操作费用，降低生产成本。

我国现已探明的煤炭资源中，约12.8%为褐煤，32.3%为不黏煤、长焰煤和弱黏煤，还有13%是气煤。低变质程度的年轻煤占总储量的一半以上，主要分布在我国的东北、西北、华东和西南地区。近年来，几个储量大且质量较高的褐煤和长焰煤煤田相继探明并投入开发，我国可供选择的直接液化煤炭资源极其丰富。

(三)煤直接液化的溶剂和催化剂

1. 煤直接液化溶剂

在煤炭加氢液化过程中，溶剂的作用为：

(1)与煤配成煤浆，便于煤的输送和加压；

(2)溶解煤，防止煤热解产生的自由基碎片缩聚；

(3)溶解气相氢，使氢分子向煤或催化剂表面扩散；

(4)向自由基碎片直接供氢或传递氢。

根据相似相溶原理，溶剂结构与煤分子近似的多环芳烃对煤热解的自由基碎片有较强的溶解能力。溶剂溶解氢气的量符合亨利定律，氢气压力越高，溶解的氢气越多。溶解系数与溶剂性质及体系温度有关，氢气不同于其他气体，温度越高其溶解系数越大。溶剂直接向自由基碎片供氢是煤直接液化过程中溶剂的特殊功能，研究发现，部分氢化的多环芳烃(如二氢菲、二氢蒽等)具有强的供氢性能。

表29-13是不同的供氢性溶剂的煤直接液化试验结果。从表中可以看出：萘分子中只有芳环，供氢性差；十氢萘分子中碳原子已全部氢化，供氢性也差；而四氢萘和二氢萘分子中有一个芳环和部分饱和的六元环，供氢能力明显增强。

表 29-13　几种烃类的供氢能力　%

溶剂名称	煤转化率	溶剂名称	煤转化率
萘	29.7	1，2-二氢萘	71.3
十氢萘	32.5		
四氢萘	70.2	1，4-二氢萘	81.4

煤直接液化装置连续运转时，实际使用的溶剂是煤直接液化产生的中质油和重质油的混合油，称为循环溶剂，其主要组成是 2~4 环的芳烃和氢化芳烃。循环溶剂经过预加氢，提高了溶剂中氢化芳烃的含量，从而提高溶剂的供氢能力。

2. 煤直接液化催化剂

煤直接液化催化剂是煤直接液化技术的核心，对于煤直接液化过程的效率具有十分重要的影响，其性能和成本一直是煤直接液化技术领域关注的热点。

煤直接液化催化剂主要有三类。第一类是加氢活性高的 Ni、Co、W、Mo 等金属/金属化合物，其中以 Mo 系催化剂研究最多。Mo 系催化剂多采用钼酸盐、氧化钼或硫化钼，具有活性高、添加量少的特点，其添加量可低至干基煤的 0.05%。但 Mo 价格较高、资源储量有限，回收过程相对复杂、回收成本较高、回收率较低，制约了 Mo 系催化剂的工业化应用。第二类以 $ZnCl_2$、$SnCl_2$ 为代表的金属氯化物酸性催化剂。此类催化剂活性较高，但其强酸性导致高腐蚀性，也难以工业应用。第三类是铁系催化剂。铁系催化剂成本低，易获取和制备，环境友好，无须回收，适合悬浮床、沸腾床等反应器和一次通过模式的煤直接液化工艺，因此得到了广泛研究和应用。目前，铁系催化剂包括以下几种：①含铁工业废渣，如赤泥、冶金飞灰和其他类炼锌铁残渣等；②天然含铁矿物，如黄铁矿、褐铁矿、磁黄铁矿等；③合成铁化合物，例如氧化铁和氢氧化铁、硫化铁(如 FeS、FeS_2、Fe_2S_3)及担载铁等。其中，合成铁基催化剂制备方法多样、物化性质可调、性能提升空间大，以超细纯态铁催化剂和担载铁催化剂最受关注。超细纯态铁催化剂颗粒小，小颗粒催化剂与煤的接触效率更高，有助于充分发挥催化剂性能。煤炭科学研究总院及三井造船株式会社开发的纳米级 γ-FeOOH 催化剂[41]，采用工业废料替代 $FeSO_4$ 原料，成本明显降低，且结合了纳米催化剂小尺寸的优点，催化活性较高，工艺相对成熟。担载铁催化剂中铁物种呈高分散性，铁原子利用率高，活性中心数量多且可接近性好，具有成本低、活性高等特点，也是煤直接液化催化剂发展的重要方向之一。

目前，在没有研发经济可行的金属回收技术之前，铁系催化剂是相对较好的选择。许多研究机构仍在致力于提升铁系催化剂的性能，包括助剂改性[42]、增加晶体缺陷位[43]、强化负载效应[44]等。同时，针对其他金属体系催化剂以及相关的金属回收工艺也在持续开展研究，期待取得根本性突破，使煤直接液化催化剂具有多种选择。

(四)煤直接液化工艺条件对液化反应的影响

煤直接液化工艺主要参数包括压力、温度、停留时间和气液比等。下面简要介绍几种工艺参数对煤直接液化过程的影响。

1. 反应温度

在氢气、催化剂和溶剂存在的条件下，加热煤会发生一系列反应。首先煤发生膨胀，局部溶解，此时不消耗氢气，说明煤尚未开始液化。随着温度升高，煤发生解聚、分解、加氢等反应，未溶解的煤继续热溶解，转化率和氢耗量同时增加。当反应温度达到420~450℃最佳范围时，转化率和油收率最高，催化剂类型对煤热解的反应温度也有一定影响。如果温度进一步升高，分解反应超过加氢反应，综合反应也随之加强，转化率和油收率减少，气体产率和半焦产率增加，对液化不利。

反应温度对煤直接液化反应最敏感，原因有二：氢气在溶剂中的溶解度增加；反应速度随温度的增加呈指数增加。所以提高反应温度是最有效地提高反应速率的方法。但是，提高反应温度会造成不利影响：反应温度提高后，反应热随反应速度的增加而成倍增加，使反应器的温度更加难以控制；反应温度提高后，裂化反应加剧，气体量必然增加，可能造成液化油的产率并没有增加。

因此，煤直接液化反应温度需根据原料煤性质、溶剂质量、反应压力以及催化剂特性等因素综合考虑。

2. 反应压力

反应压力主要影响反应过程中参加反应的氢气量，从而直接影响加氢反应速率。煤在催化剂存在下的液相加氢速率与催化剂表面直接接触的液体层中氢气浓度正相关。如图29-18所示，在35MPa以前，反应速率和压力成正比。氢气压力提高，有利于氢气在催化剂表面吸附，有利于氢分子向催化剂内表面活性中心的扩散，使催化剂活性中心得到充分利用。

压力提高，煤直接液化反应速率提高，同时抑制了自由基进一步发生缩聚生成半焦的反应，使低分子物质稳定，从而提高油收率；提高压力，还使煤直接液化过程中可能采用更高的反应温度。由图29-19可知，H_2初压从10.3MPa提高到17.2MPa，煤的转化率提高20%以上；在较低压力下，反应温度超过440℃时，转化率下降，而在较高压力下，反应温度超过470℃时，转化率才开始下降。

但是，提高分压要求增加设备的投资、能耗和氢耗等，产品成本相应提高。所以，根

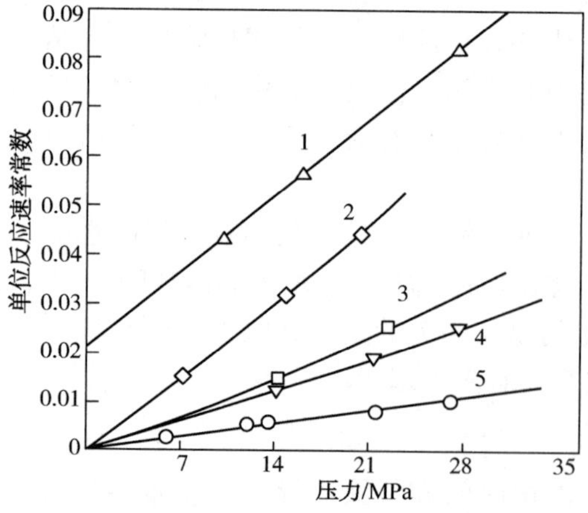

图29-18　压力对加氢反应速率的影响[33]

1—烟煤+Mo；2—烟煤+Sn；3—褐煤+Mo；4—褐煤+Sn；5—烟煤和褐煤不加催化剂。

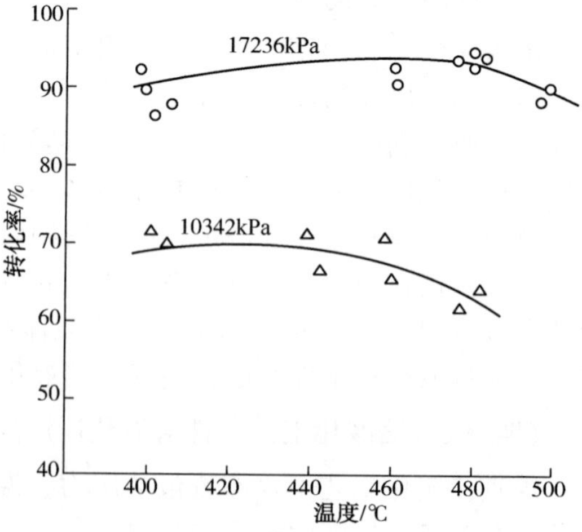

图29-19　压力和反应温度对转化率的影响[33]

催化剂：钼酸铵+硫酸，反应时间：1h。

据原料煤性质、催化剂活性和操作温度等，选择合适的氢分压。

3. 反应时间

反应时间是反应物在反应器内的停留时间。在合适的反应温度和足够的氢气供应下进行煤加氢液化反应，随着反应时间的延长，液化率开始增加较快，以后逐渐减慢，而沥青烯和油收率相应增加，并逐渐达到最高点，气体产率开始增加，同时氢耗也随之增加。表29-14 列出了煤直接液化加氢反应过程中，反应时间对转化率的影响。

表 29-14 反应时间对转化率的影响[33]

反应温度/℃	反应时间/min	转化率/%	沥青烯/%	油/%
410	~0(瞬时)	33	31	2
	10	55	40	14
	30	64	46	18
	60	74	47	26
	120	76	48	27
435	~0(瞬时)	46	41	5
	10	66	40	26
	30	79	50	28
	50	79	39	36
455	~0(瞬时)	47	32	15
	10	67	43	23
	30	73	51	20
	60	77	44	26

具体的反应时间与煤种、催化剂、反应温度、压力和溶剂以及对产品的性质要求等因素相关。

4. 气液比

气液比通常用标准状态下的气体体积流量(m^3/h)与煤浆体积流量(m^3/h)之比来表示。因煤浆的密度略大于1000kg/m^3，所以也可用标准状态下的气体体积流量与煤浆质量流量之比来表示。实际上对反应起影响作用的是在反应条件下气体实际体积流量与液体体积流量之比。主要原因是：在反应器内液体(包括溶剂和煤直接液化产生的液化油)各组分分子在液相和气相中必然达到气液平衡，而与气液平衡有关的是反应器内气相与液相的实际体积流量之比。

当气液比提高时，液相的较小分子更多地进入气相中，而气体在反应器内的停留时间远低于液相停留时间，相应减少了小分子的液化油继续发生裂化反应的可能性，增加了液相中大分子的沥青烯在反应器内的停留时间，从而提高了煤的转化率。另外，气液比的提高会增加液相的返混程度，对反应也有利。

但提高气液比也会有负面影响，如气液比提高会使反应器内气含率(气相所占的反应空间与整个反应器容积之比)增加，使液相所占空间减小，这样就使液相停留时间缩短，反而对反应不利。另外，提高气液比还会增加循环压缩机负荷，增加能量消耗。

以上分析表明，煤直接液化反应的气液比有一个最佳范围，大量试验研究结果得出的最佳范围在700~1100m^3/t(标准状态)[35]。

(五)神华示范工程煤直接液化

神华煤直接液化工艺流程示意图见图29-20[45]，采用烟煤为原料制出氢气。洗精煤经洗选后，制合格粒度的煤粉，将煤粉和催化剂与循环溶剂配制成油煤浆，经升压、加热进入两台串联的悬浮床煤直接液化反应器，在反应温度445~460℃、压力18.5~19.5MPa条件下，与氢气发生加氢裂化反应，实现了固体煤粉颗粒转化成液态油品的过程。含未转化煤粉、催化剂和灰分的反应产物依次通过不同温度和压力等级的6台分离器，实现循环氢、油相和水相的分离，中间高压至中压产物经过一开三备的减压阀。产物油相经过常压塔和减压塔后，实现了油相和固相的有效分离。常、减压塔侧线产品混合后，全部送至加氢稳定装置(沸腾床反应器)，进行全馏分加氢精制，提高油品供氢性的同时，脱除硫、氮、氧和金属等杂质。反应产物经分馏切割后的重组分可作为循环溶剂油，较轻的组分送至下游的加氢改质装置(固定床反应器)，生产柴油产品和石脑油。

煤直接液化装置的公称规模为200万吨/年最大含水4%的煤，年操作7440h。实际进料为250t/h干煤，调节能力为设计能力的70%。油渣成型装置设计年处理液体油渣61万吨(82t/h)，装置最大液体油渣处理能力为90t/h。

煤直接液化单元主要包括催化剂和油浆制备部分、反应部分、分馏部分、残渣成型部分和公用工程部分。

催化剂和油煤浆制备部分：煤粉和催化剂的储存，煤粉、催化剂和供氢溶剂的混捏，油煤浆的制备以及与催化剂油煤浆的混合，油煤浆升压和注硫措施。其中催化剂采用具有自主知识产权的“863”催化剂。“863”高效煤直接液化催化剂是增加煤直接液化转化率、液体产物收率和降低煤直接液化反应条件苛刻度的关键技术之一。采用该催化剂，可解决沉淀和氧化过程中的纳米微粒二次聚合问题，且催化剂制备方法简单易操作，催化剂制备重复性好。采用神华自主知识产权的催化剂制备工艺，实现了在中试装置基础上放大1000倍

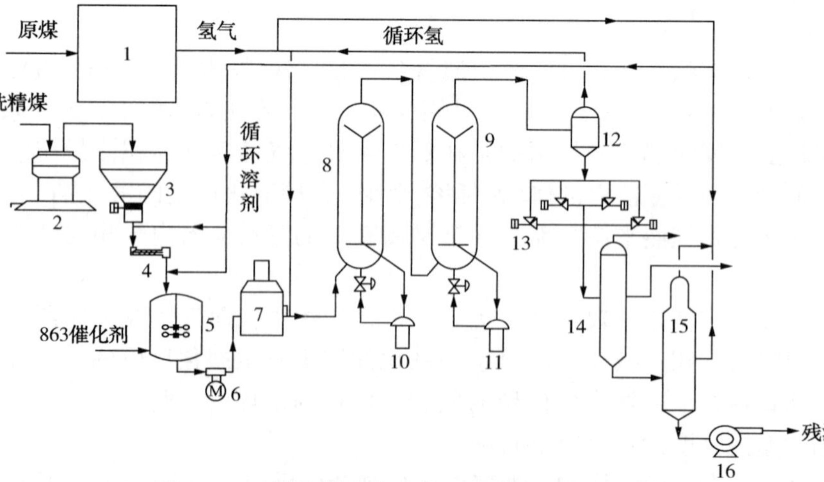

图29-20　神华煤直接液化工艺总流程示意图[45]

1—煤制氢装置；2—磨煤机；3—煤粉仓；4—混捏机；5—煤浆罐；6—进料泵；7—加热炉；8、9—悬浮床反应器；10、11、17—循环泵；12—分离器(共6台)；13—五通式减压阀；14—常压塔；15—减压塔；16—减底泵

的工业应用，并得到了成功验证。

反应部分：神华煤直接液化示范工程的核心设备是世界最大的两台串联式悬浮床反应器。该反应器结构设计充分考虑了偏流、漩涡流和操作条件等多因素的影响，有效地防止了反应器内结焦。两台煤直接液化反应器内，沿径向均匀分布 4 个温度计套管，每个套管内沿轴向均匀分布 8 个测温点，每个测温点有两个互为备用的热偶探头。床层反应温度的控制范围为 435~465℃，反应压力控制范围为 17.5~18.6MPa。

分馏部分：常压塔系统和减压塔系统。

辅助系统和公用工程系统包括放空系统、污油系统、冲洗系统、氮气、蒸汽、风、燃料气等配套系统等。其中，高压放空系统、冲洗系统、污油系统、风和燃料气系统为煤直接液化装置和加氢稳定装置共用。

油渣成型系统包括油渣冷却固化成型系统、固态油渣输送系统、废气洗涤处理系统、油渣事故排放池、独立循环水收集池、机柜室及外操室。

二、稳定加氢单元

(一)煤直接液化粗油性质特点

煤直接液化所生产的液化油(煤直接液化粗油)保留了煤的一些性质特点，如芳烃含量高、氮和氧杂原子含量高[46]以及储存稳定性较差等。

不同的煤种和不同的液化工艺得到的煤直接液化油的组成不同，表 29-15 列出了某些煤直接液化粗油的性质。煤直接液化粗油中的硫含量范围为 0.05%~2.5%，通常为 0.3%~0.7%，主要为苯并噻吩和二苯并噻吩衍生物。

氮含量范围为 0.2%~2.0%，通常为 0.9%~1.1%，远高于常规石油基馏分[47]。主要以咔唑、喹啉、氮杂菲、氮蒽、氮杂芘和氮杂萤蒽的形式存在。随着馏分变重，硫和氮的含量升高。

氧含量范围为 1.5%~7.0%，通常为 4.0%~5.0%，主要取决于煤种和液化工艺，氧元素主要以苯酚和萘酚及其衍生物的形式存在。

煤直接液化粗油的烃类构成中，芳烃含量为 65%~75%，主要为 1~5 环，环烷烃含量为 10%~20%，还有不到 10%的环烯烃。

表 29-15　煤直接液化粗油性质

粗油性质	H-Coal 工艺	SRC-Ⅱ工艺	粗油性质	H-Coal 工艺	SRC-Ⅱ工艺
密度(20℃)/(g/cm^3)	0.8995	0.9427	馏程/℃		
残炭/%	0.29	0.70	初馏点	13	13
正庚烷不溶物含量/%	0.35	0.047	10%	101	116
溴价/(gBr_2/100g)	42	70	30%	167	193
碳含量/%	86.96	84.61	50%	207	218
氢含量/%	11.39	10.46	70%	247	245
氧含量/%	1.80	3.79	90%	309	294
硫含量/%	0.32	0.29	95%	346	339
氮含量/%	0.46	0.85	99%	407	438

（二）稳定加氢工艺过程及主要化学反应

煤直接液化粗油的加工通常包含两个步骤：稳定加氢和加氢改质。稳定加氢主要是改善煤直接液化粗油的性质，提高其稳定性，同时使煤直接液化粗油中双环及多环芳烃部分饱和，以便提供煤直接液化过程所需的活性氢[48]，稳定加氢处理后的重质油馏分循环回煤直接液化装置作为循环供氢溶剂。另外，对煤直接液化粗油的稳定加氢，可为后续加氢改质提供较为稳定的原料[49]。加氢改质主要是对原料油进行深度加氢处理和改质，其目的是脱除原料中的硫、氮、氧杂原子，同时提高柴油的十六烷值。

稳定加氢分为在线加氢和离线加氢。在线加氢是指在煤直接液化装置的高温分离器后串联在线加氢反应器，对液化油进行加氢精制，HTI 工艺采用该流程，见图 29-21[35]；离线加氢是指煤直接液化油经分馏后再进行加氢精制。根据进加氢精制反应器原料馏程的不同，离线加氢有全馏分加氢和循环溶剂加氢之分，NEDOL 工艺采用离线加氢方式，见图 29-22[35]。

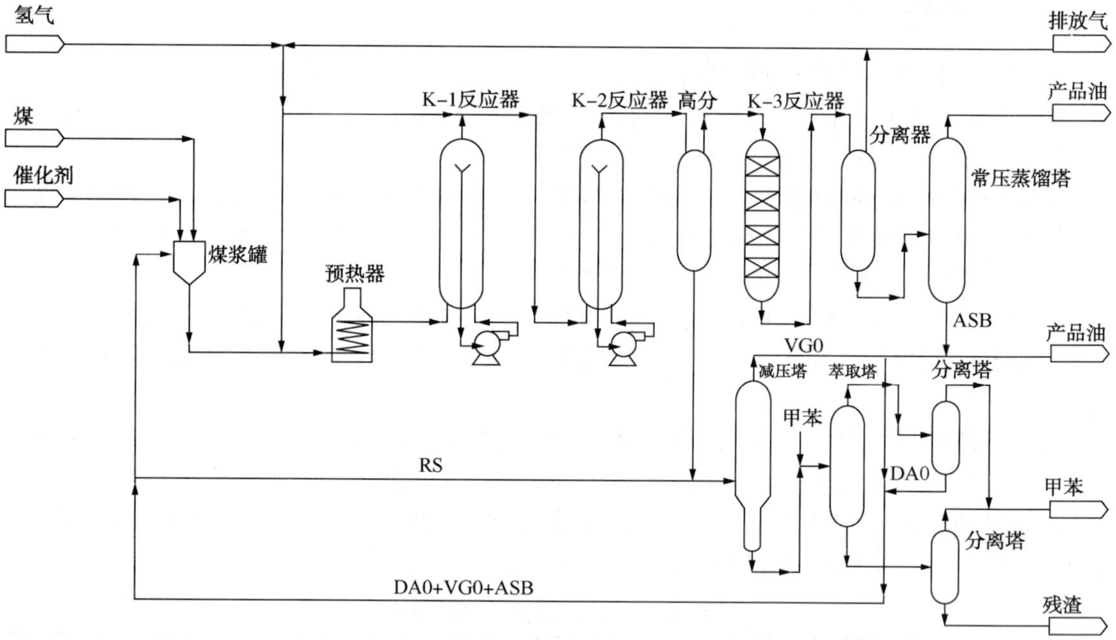

图 29-21　HTI 工艺的在线稳定加氢流程

在线加氢将煤直接液化反应和稳定加氢反应集中在一套高压系统内，不仅降低了整个反应系统的能量损失，还降低了设备投资。但在线加氢对催化剂性能有较高的要求，如必须能耐较高的水蒸气分压和较高的 CO、CO_2 分压，必须能适应原料油中沥青质含量高的特点。采用离线加氢的方式可以通过对进料馏程的控制，较为灵活地调节进入稳定加氢单元的原料性质，进而延长稳定加氢装置的运转周期，对固定床加氢装置尤为重要。

煤直接液化粗油的稳定加氢过程主要发生的反应为加氢饱和，除此之外还伴随有加氢脱氧、加氢脱硫、加氢脱氮反应，通过这些反应脱除原料中的杂原子；加氢改质过程主要发生的反应为加氢裂化反应，另外还伴随有加氢饱和、加氢脱氧、加氢脱硫、加氢脱氮反应。

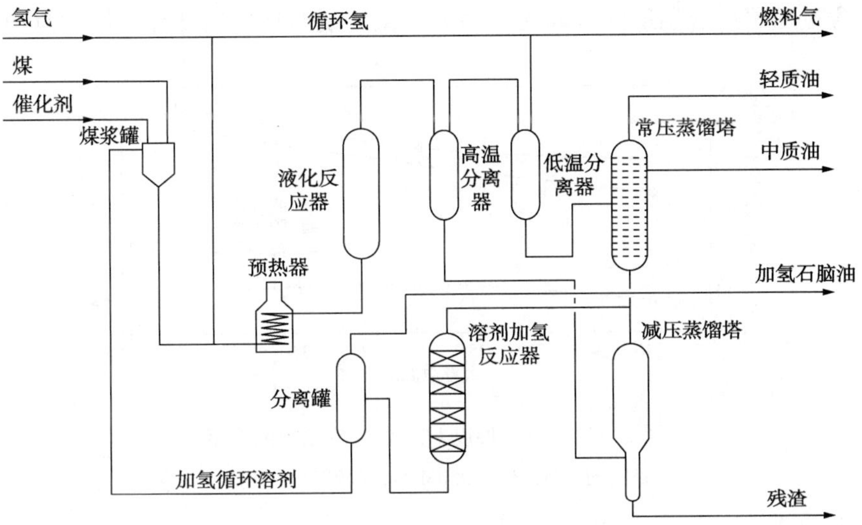

图 29-22　NEDOL 工艺的离线稳定加氢流程

(三)稳定加氢催化剂

煤直接液化粗油中硫含量高，芳烃含量和氮含量高，并含有大量烯烃和一定量的氧化物、部分氯和 10μg/g 左右的金属杂质，如不进行预处理，极易影响后续运输和加工。稳定加氢处理的目的是饱和烯烃，脱除氧，最大限度地脱除硫、氮等杂原子并部分饱和芳烃，以改善煤直接液化粗油的性质，提高其稳定性。对于煤直接液化粗油稳定加氢而言，其难点主要在于加氢脱氮、加氢脱氧和芳烃饱和。因此，需要较高的脱氮、脱氧和芳烃饱和性能，对脱硫性能要求则不高，这与石油馏分加氢催化剂不同。另外，直接液化粗油包含轻、中、重等馏分，并含有一定量的沥青质，其相对分子质量分布范围很宽。因此，要求催化剂的孔结构相应调整，这也是直接将石油馏分加氢催化剂用于直接液化粗油稳定加氢效果不太理想的原因[50]。因此，加氢稳定催化剂必须基于煤直接液化油的特点进行适应性设计和调控。

目前，国内煤直接液化油稳定加氢催化剂仍多采用类似石油馏分加氢催化剂的活性金属体系，活性金属多选自 Co、Ni 与 Mo、W 的不同组合。在脱氮性能方面，Ni-W、Ni-Mo 优于 Co-Mo，这与石油馏分加氢所观察到的顺序一致。

稳定加氢催化剂使用的载体包括氧化铝载体、沸石载体、活性炭载体和膨润土载体。目前，已经工业应用的催化剂载体多为氧化铝或者改性氧化铝。研究发现，较大的孔径对提高催化剂的脱氧和脱氮活性有利。

国内比较典型的煤直接液化油稳定加氢催化剂主要有 RTC-2/RTC-3 系列和 FFT-1B[51]等。RTC 系列催化剂的特点是加氢脱氮活性高、稳定性好，可以较好地满足煤直接液化油稳定加氢的要求。

(四)稳定加氢工艺条件对产品性质的影响

稳定加氢通常以加氢脱硫(HDS)率、加氢脱氮(HDN)率及部分氢化芳烃含量为指标评定其性能。

1. *反应温度*

如图 29-23 所示，随着反应温度升高，煤直接液化粗油 HDS 率、HDN 率逐渐升高；部分氢化芳烃含量随着反应温度的升高先升高后降低，说明加氢温度存在最优范围。

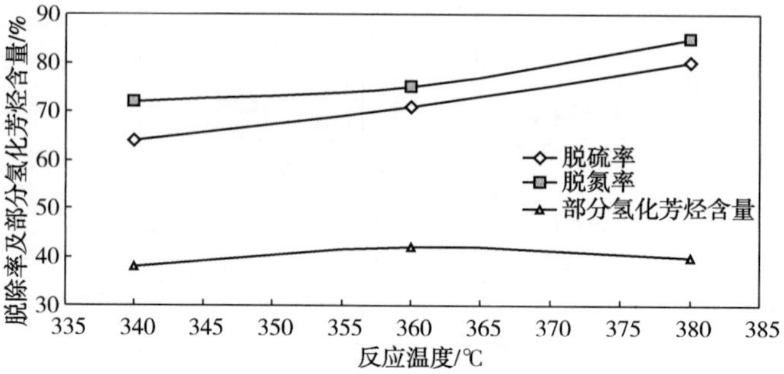

图 29-23　反应温度对煤直接液化粗油稳定加氢的影响（P=10.0MPa，$LHSV$=0.8h^{-1}）

2. 反应压力

如图 29-24 所示，随着氢分压的升高，煤直接液化粗油 HDS 率、HDN 率逐渐升高；在氢分压 10MPa 以下，部分氢化芳烃含量随着氢分压的升高缓慢升高；在氢分压 10MPa 以上，氢化芳烃含量显著降低[52]。

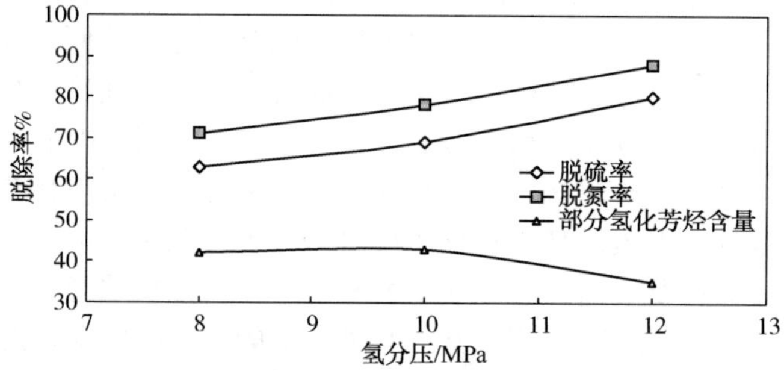

图 29-24　氢分压对煤直接液化粗油稳定加氢的影响（T=360℃，$LHSV$=0.8h^{-1}）

3. 空速

如图 29-25 所示，随着空速的提高，煤直接液化粗油 HDS、HDN 率逐渐降低，部分氢化芳烃含量轻微降低，说明空速对部分氢化芳烃含量的影响不大[52]。

（五）稳定加氢产品性质

表 29-16 给出了煤直接液化粗油及其稳定加氢产物的性质[52]。粗油经过稳定加氢后，其密度明显降低，氢碳摩尔比增加，硫、氮含量也显著降低；稳定加氢产物中部分氢化芳烃含量提高至 41.29%，为煤直接液化单元较好的供氢溶剂。

稳定加氢产品石脑油和柴油馏分的性质见表 29-17。石脑油辛烷值较低，芳潜达 75.58%，经过进一步脱硫脱氮后可作为催化重整原料。柴油馏分密度较高，十六烷值很低，需要进一步加氢改质后才能满足车用柴油标准。

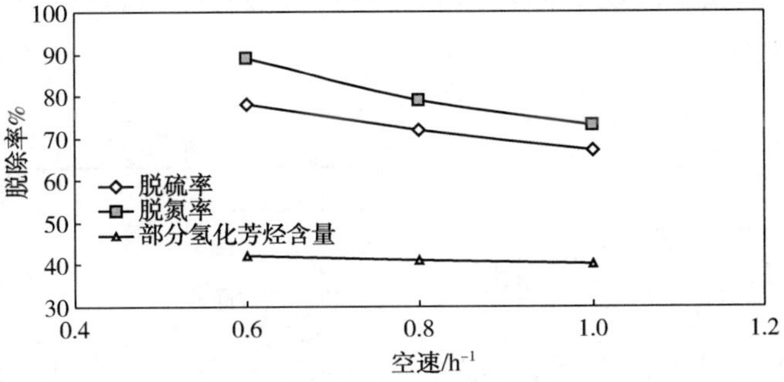

图 29-25 空速对煤直接液化粗油稳定加氢的影响(T=360℃，P=10.0MPa)

表 29-16 煤直接液化粗油稳定加氢产品

产品性质	煤直接液化粗油	稳定加氢产物	产品性质	煤直接液化粗油	稳定加氢产物
密度(20℃)/(g/cm^3)	1.023	0.956	馏程/℃		
			初馏点	91	72
部分氢化芳烃含量/%	10.66	41.29	10%	207	193
H/C 摩尔比	1.21	1.37	30%	259	245
硫含量/(μg/g)	294	84.8	50%	297	274
			70%	331	305
氮含量/(μg/g)	2127	451	90%	—	350

表 29-17 煤直接液化粗油稳定加氢石脑油和柴油性质

产品性质	石脑油	柴油	产品性质	石脑油	柴油
密度(20℃)/(g/cm^3)	0.767	0.8867	馏程/℃		
硫含量/(μg/g)	57.5	120.8	初馏点	73	178
氮含量/(μg/g)	7.9	346.7	10%	91	201
RON/MON	66.4/65.7	—	30%	99	230
芳烃潜含量/%	75.58	—	50%	107	271
十六烷值	—	20.1	70%	118	307
凝点/℃	—	-20	90%	137	347
实际胶质/(mg/100mL)	—	21	终馏点	176	359

(六)神华煤直接液化示范工程稳定加氢单元

神华煤直接液化工厂中的煤直接液化粗油稳定加氢单元采用法国 AXENS 公司的 T-star 工艺[53]进行加工，T-star 的工艺流程见图 29-26。

T-star 工艺有如下特点：①单台反应器的处理能力大，故可减少反应器台数和系列数；②可以在线不断补充新催化剂并排出废催化剂，从而实现装置长周期连续运转；③采用上流式反应器，反应物与催化剂呈返混状态，保证了反应物与催化剂之间良好接触，有利于传热和传质，反应器内温度比较均匀；④对原料的适应性强，可加工多种硫、金属、残炭含量高的重质油料；⑤反应温度比固定床高，原料轻质化率可根据实际需要进行调整，最高可达55%~60%。

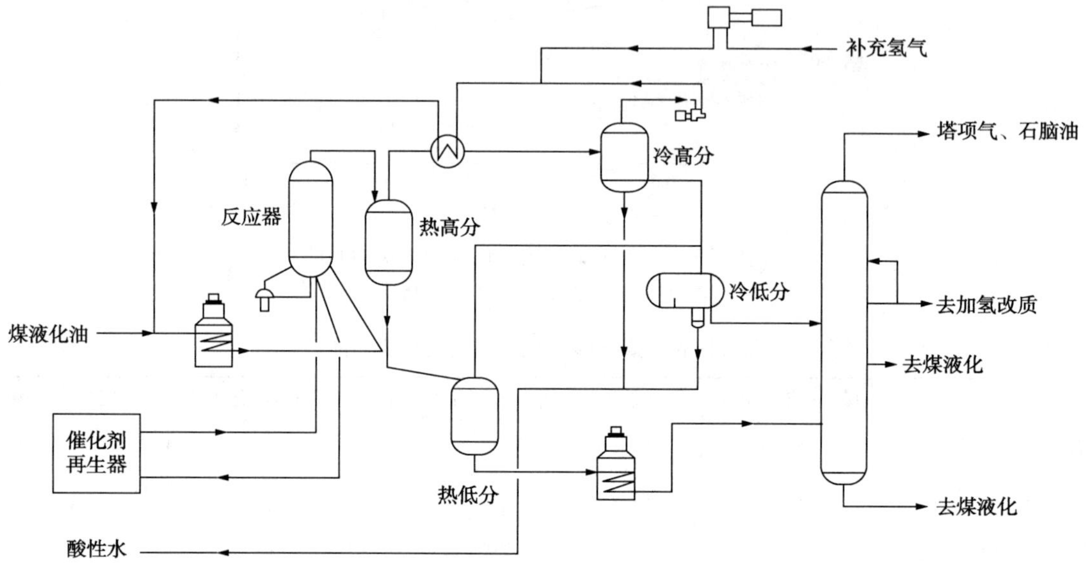

图 29-26　神华煤直接液化工厂中稳定加氢单元 T-star 工艺流程示意图

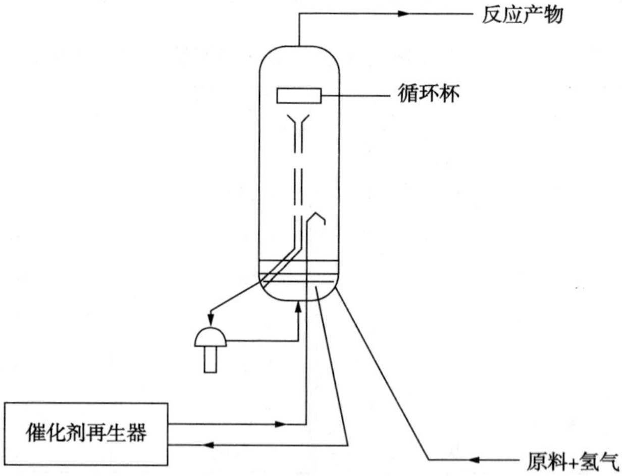

图 29-27　神华煤制油公司 T-star 反应器结构示意图

该厂的 T-star 反应器在德士古T-star 反应器基础上进行了改造。德士古反应器的产物经高压分离器后，再经沸腾泵升压回到反应器，实现床层的沸腾；神华公司的 T-star 反应器内设循环杯，采用直接强制循环工艺，即产物从反应器底部流出后直接经强制循环泵回到反应器。该工艺反应器内液速高，没有矿物质沉积。同时，由于反应器设有内循环杯，较好地实现了气液分离。该厂的反应器结构见图 29-27[53]，该装置的主要操作参数及原料、产品性质见表 29-18。

表 29-18 神华煤直接液化油稳定加氢装置运行数据

操作条件	参数	
反应温度/℃	380~399	
反应压力/MPa	13.5	
反应器压差/kPa	150~160	
催化剂补加量/(t/d)	1.2	

油品性质	原料	产品	
		分馏塔侧线油	分馏塔塔底油
馏程范围/℃		221~344	253~404
密度(20℃)/(g/cm^3)	0.962	0.918	0.968
硫含量/(μg/g)	500	5.5	5.2
氮含量/(μg/g)	2000	142.8	236.7

三、加氢改质单元

(一)煤直接液化轻油性质特点

经稳定加氢单元处理后的煤直接液化油大部分作为煤直接液化单元的供氢溶剂循环回煤直接液化单元，部分轻组分(包括柴油馏分和石脑油馏分)产品作为下游加工单元的原料，这部分原料可称为煤直接液化轻油。煤直接液化轻油具有芳烃含量和氮含量高以及十六烷值低的性质特点，未经加氢改质，不能满足现有柴油质量标准。

加氢改质的主要目的是对煤直接液化轻油进行质量提升，深度降低硫、氮含量，降低柴油密度，提高柴油的十六烷值，生产合格的柴油产品以及高芳潜的重整原料。

表 29-19 给出了煤直接液化粗油石脑油馏分加氢改质前后的性质及产品石脑油催化重整后的汽油辛烷值。表 29-20 给出了煤直接液化粗油柴油馏分加氢改质主要条件及产品性质[35]。表 29-21 给出了煤直接液化轻油宽馏分的加氢改质主要条件及原料和产品性质[54]。煤直接液化粗油石脑油馏分加氢改质后环烷烃和芳烃含量很高，硫氮含量也可以降至催化重整进料要求，是非常好的重整原料，其重整汽油的辛烷值可达 100 左右。煤直接液化粗油柴油馏分加氢改质后的硫氮含量均很低，凝点可满足-35 号柴油要求，十六烷值为 38~40。

表 29-19 煤直接液化轻油石脑油馏分加氢改质数据

石脑油原料性质	SRC-Ⅱ工艺		EDS 工艺	
	原料	产品	原料	产品
密度(20℃)/(g/cm^3)	0.826	0.771	0.833	0.806
硫含量/(μg/g)	4400	0.2	9978	0.1
氮含量/(μg/g)	5140	0.8	2097	0.2
氧含量/(μg/g)	7814	—	13700	—
辛烷值	80.8	70.9	83.2	64.5
环烷烃+芳烃含量/%	53.3	74.8	68.2	87.1
重整汽油辛烷值	—	99.9	—	101.5

表 29-20 煤直接液化轻油柴油馏分加氢改质数据

柴油原料性质	SRC-II 工艺		H-Coal 工艺	
催化剂	雪佛龙 ICR106		雪佛龙 ICR106	
反应温度/℃	399		399	
反应压力/MPa	15.6		16.1	
空速/h^{-1}	0.5		0.5	
氢油体积比	1800		3037	
油品性质	原料	加氢柴油	原料	加氢柴油
馏程范围/℃	177~288	—	177~316	—
密度(20℃)/(g/cm^3)	0.973	~0.85	0.942	~0.84
硫含量/(μg/g)	1800	2	960	1
氮含量/(μg/g)	9900	—	4900	—
氧含量/(μg/g)	38000	—	19200	—
芳烃含量/%	81.0	3.8	71.2	2.7
凝点/℃	—	-45.5	—	-62
十六烷值	—	38	—	42

表 29-21 煤直接液化轻油宽馏分的加氢改质数据

催化剂	RIPP 的 RNC-1/RCC-1		
反应温度/℃	360		
反应压力/MPa	12.5		
空速/h^{-1}	0.74		
氢油体积比	800		
油品性质	原料宽馏分	改质石脑油	改质柴油
馏程范围/℃	90~323	<180	>180
密度(20℃)/(g/cm^3)	0.860	0.752	0.855
硫含量/(μg/g)	464	<0.5	<0.5
氮含量/(μg/g)	539	<0.5	<0.5
氧含量/(μg/g)	3500	—	—
芳潜含量/%	—	68.6	—
十六烷值	—	—	38.4

经过加氢改质处理后煤直接液化柴油产品的十六烷值仍然较低，不能达到国 V 柴油要求，因此通过与高十六烷值的煤间接液化柴油进行调合的工艺，可以生产出高十六烷值的柴油产品。国家能源集团于 2020 年 9 月发布了国内首个煤基调合柴油标准，见表 29-22。

表 29-22　煤基调合柴油标准

项　目		质量指标						试验方法
		5号	0号	-10号	-20号	-35号	-50号	
氧化安定性(以总不溶物计)/(mg/100mL)	≤	1.0						SH/T 0175
硫含量/(mg/kg)	≤	8						SH/T 0689
酸度(以 KOH 计)/(mg/100mL)	≤	7						GB/T 258
10%蒸余物残炭/%	≤	0.1						GB/T 17144
灰分/%	≤	0.01						GB/T 508
铜片腐蚀(50℃，3h)/级	≤	1						GB/T 5096
水含量/%(体)	≤	痕迹						GB/T 260
润滑性								SH/T 0765
校正磨痕直径(60℃)/μm	≤	460						
多环芳烃含量/%	≤	2						SH/T 0806
总污染物含量/(mg/kg)	≤	24						GB/T 33400
运动黏度(20℃)/(mm^2/s)		2.5~7.5		2.0~7.5		1.5~6.5		GB/T 265
凝点/℃	≤	5	0	-10	-20	-35	-50	GB/T 510
冷滤点/℃	≤	8	4	-5	-14	-29	-44	SH/T 0248
闪点(闭口)/℃	≥	60			50	45		GB/T 261
十六烷值	≥	51			49	47		GB/T 386
十六烷指数	≥	46			46	43		GB/T 11139
馏程/℃								GB/T 6536
50%回收温度	≤	300						
90%回收温度	≤	355						
95%回收温度	≤	365						
密度(20℃)/(kg/m^3)		810~845			790~840			GB/T 1884 GB/T 1885
脂肪酸甲酯含量/%(体)	≤	0.5						NB/SH/T 0916

(二)煤直接液化轻油加氢改质工艺过程及主要化学反应

煤直接液化轻油的加氢改质过程主要包括加氢精制和选择性加氢裂化过程。其中，加氢精制过程主要发生芳烃深度加氢饱和以提高产品柴油的十六烷值(CN)，其柴油收率较高，同时也发生加氢脱硫和加氢脱氮等反应；第二部分加氢裂化过程中，加氢精制后的产品中含有较多的环烷烃，将其进行开环裂化来提高油品中的烷烃含量，达到进一步提高柴油产品十六烷值的目的。然而在发生开环裂化的过程中，不可避免地会发生断侧链反应，导致柴油产品收率降低，石脑油收率提高，因此需控制加氢裂化过程的反应深度，以适应产品各方面要求。加氢改质工艺流程与石油基馏分油加氢工艺流程基本相同，见图 29-28。

在煤直接液化轻油加氢改质反应过程中，主要发生的化学反应包括芳烃加氢饱和与环烷烃开环裂化，进一步提高原料的十六烷值。除此之外，还会伴随发生少量断侧链反应，

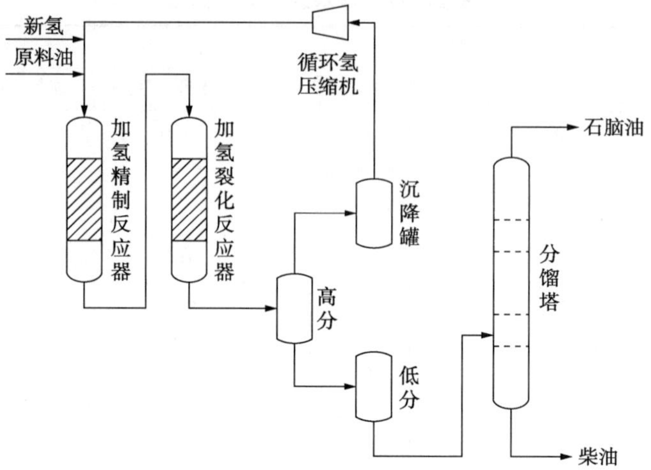

图 29-28　煤直接液化轻油加氢改质工艺流程示意图

生成小分子烃类，进入石脑油馏分中。

（三）煤直接液化轻油加氢改质催化剂

稳定加氢轻油中的氮含量通常为万分之几，且大部分是难以脱除的碱性氮化物。这些氮化物如不加以脱除，很容易使后段改质催化剂上的酸中心因氮吸附中毒而失活，导致其转化率和选择性均降低。另外，加氢改质进料的芳烃含量在 50%以上，较低的芳烃饱和率增大了裂化开环反应的难度。煤直接液化油加氢改质进料的上述特点，决定了加氢改质工艺的精制段催化剂的主要功能是加氢脱氮和芳烃饱和，加氢改质催化剂则需要有较高的芳烃饱和性能和开环反应性能，以尽可能提高产品的十六烷值。同时，为了获得高的目的产物收率，加氢改质催化剂不宜有高的二次裂化活性。

相对稳定加氢催化剂而言，煤直接液化油加氢精制催化剂在组成和孔结构上更接近石油馏分加氢精制催化剂，其活性金属体系多选自 Ni-Mo、Ni-W 或 Ni-Mo-W 体系。载体通常选用氧化铝或改性氧化铝。

加氢改质催化剂的活性金属体系与加氢精制催化剂相似，载体中含有适量的沸石，以提供开环反应所需要的酸性中心。为了实现既能开环又避免过度裂化的目的，适度控制催化剂酸强度、酸密度和酸类型，维持酸性中心与加氢中心的良好协同作用十分重要。

目前，国内开发的煤直接液化油加氢改质技术所采用的催化剂主要以石科院的 RCC-1/RCC-2 系列加氢改质和 RNC-1/RNC-2 系列加氢精制催化剂为代表。RNC 系列催化剂具有高加氢脱氮和芳烃饱和活性，RCC 系列则具有高开环性能。针对煤直接液化油杂质含量高的特点，为了保护主催化剂，石科院还开发了专用保护剂 RGC-1。

表 29-23 为 RGC-1/RNC-2/RCC-1 在中型加氢试验装置上的典型评价结果。经过加氢改质后，加氢改质柴油馏分的硫、氮含量均小于 1μg/g，十六烷值与原料相比提高 20.5 个单位。

表 29-23　RGC-1/RNC-2/RCC-1 煤直接液化油加氢改质中型评价结果

项　目	原料油	加氢改质柴油馏分	项　目	原料油	加氢改质柴油馏分
密度(20℃)/(g/cm^3)	0.8792	0.8606	馏程/℃		
碳含量/%	88.06	86.69	初馏点/10%	94/133	166/193
氢含量/%	11.89	13.28	50%/90%	225/288	232/279
硫含量/(μg/g)	40	<1	95%/终馏点	308/325	292/312
氮含量/(μg/g)	750	<1			
溴价/(gBr$_2$/100g)	8.0	—	十六烷值	23.2	43.7

(四)煤直接液化轻油加氢改质工艺条件对产品性质影响

煤直接液化轻油加氢改质工艺类似于石油基的柴油加氢改质工艺，影响产品性质和装置运转情况的主要工艺参数包括反应温度、氢分压和体积空速等。

1. 反应温度

反应温度是影响煤直接液化轻油加氢改质装置产物分布和产品性质的关键因素。由于加氢改质工艺中的加氢裂化催化剂含有部分沸石，如果提高加氢裂化反应器的反应温度，产物中的石脑油会大幅增加，同时柴油产品的性质改善也会更加显著。然而，较高的反应温度也会导致产品柴油的收率降低，装置能耗和氢耗增加，因此需要根据原料和产品性质要求，并结合装置的氢分压、反应时间，以及催化剂的活性特点，给出适宜的反应温度。反应温度对产品分布的影响详见图 29-29，对全馏分产品密度的影响详见图 29-30。

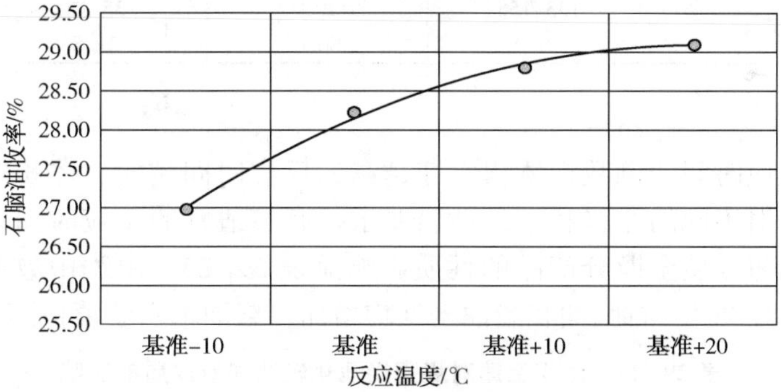

图 29-29　煤直接液化轻油加氢改质反应温度对石脑油收率的影响

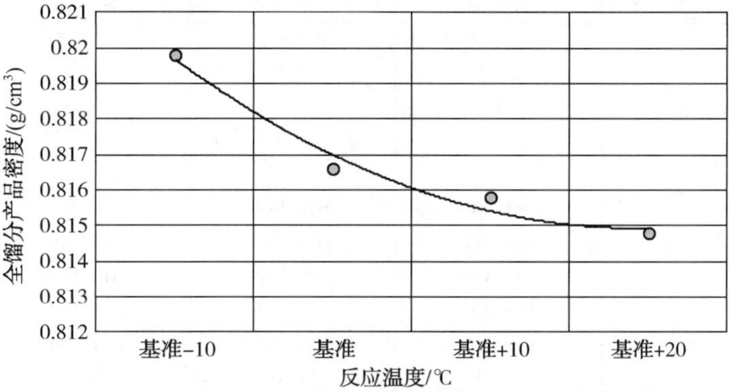

图 29-30　煤直接液化轻油加氢改质反应温度对全馏分产品密度的影响

2. 氢分压

提高氢分压有利于增加反应气氛中氢气的浓度，从而提高催化剂的加氢脱杂质和加氢饱和、加氢裂化性能，同时降低催化剂表面积炭失活的速率。其他条件相同而氢分压分别为 12MPa 和 14MPa 时，加工煤直接液化轻油，石脑油和柴油产品的性质见表 29-24。提高氢分压，石脑油产品的收率略有增加，石脑油和柴油密度均降低，柴油十六烷值提高 1.6 个单位。然而较高的氢分压，必然导致装置投资增加，能耗增加。因此，必须结合装置的原料和产品性质特点以及运转周期的要求。常规煤直接液化轻油加氢改质装置的氢分压控制在 12.0MPa 左右，可满足 3~4 年的运转周期。

表 29-24　氢分压对煤直接液化轻油加氢改质的影响

项　目	氢分压 12.0MPa		氢分压 14.0MPa	
	石脑油	柴油	石脑油	柴油
密度(20℃)/(g/cm^3)	0.7576	0.8662	0.7567	0.8575
硫含量/(μg/g)	<0.5	6.0	<0.5	3
氮含量/(μg/g)	<0.5	0.8	<0.5	0.2
十六烷值	—	42.6	—	44.2
馏程/℃				
初馏点/5%	84/95	172/186	82/94	171/184
10%/20%	99/103	193/203	98/103	192/200
30%/50%	105/106	213/233	104/106	211/230
70%/80%	122/127	250/261	122/128	246/257
90%/终馏点	133/158	282/313	135/157	277/308
收率/%	20.0	80.0	21.5	78.5

3. 体积空速

体积空速是反应时间的倒数，体积空速越高，反应时间越短，体积空速越低，反应时间越长。因此，针对不同的原料和产品性质要求，有最适宜的反应时间。不同反应时间对煤直接液化轻油加氢改质全馏分产品的性质影响见表 29-25。由表中数据可知，提高体积空速从 0.74h^{-1} 到 1.0h^{-1}，石脑油和柴油密度均增加，柴油十六烷值也随之略有降低。

表 29-25　体积空速对煤直接液化轻油加氢改质的影响

项　目	体积空速 0.74h^{-1}		体积空速 1.0h^{-1}	
	石脑油	柴油	石脑油	柴油
密度(20℃)/(g/cm^3)	0.7576	0.8444	0.7635	0.8471
硫含量/(μg/g)	<0.5	2.0	<0.5	5
氮含量/(μg/g)	<0.5	0.4	<0.5	0.9
十六烷值	—	43.5	—	43.1
馏程/℃				
初馏点/5%	84/94	167/182	83/95	159/180
10%/20%	98/103	189/196	99/104	188/197
30%/50%	104/106	203/212	106/107	205/216
70%/80%	123/126	232/241	132/143	236/245
90%/终馏点	141/165	255/286	158/186	258/289
收率/%	30.0	70.0	29.5	69.5

（五）神华煤直接液化示范工程煤直接液化轻油加氢改质单元

神华煤直接液化轻油加氢提质装置的工艺流程示意图见图 29-31。神华煤直接液化轻油加氢改质装置自 2008 年建成以来，一直采用石科院开发的煤直接液化轻油加氢改质（RCHU）技术及配套催化剂，主要加工上游稳定加氢单元生产的柴油和石脑油原料，年加工量超过 112 万吨，年运转时间 8400h，截至 2020 年年底已经平稳运转 12 年。煤直接液化轻油加氢改质装置的主要工艺条件以及加工的原料和产品性质见表 29-26。

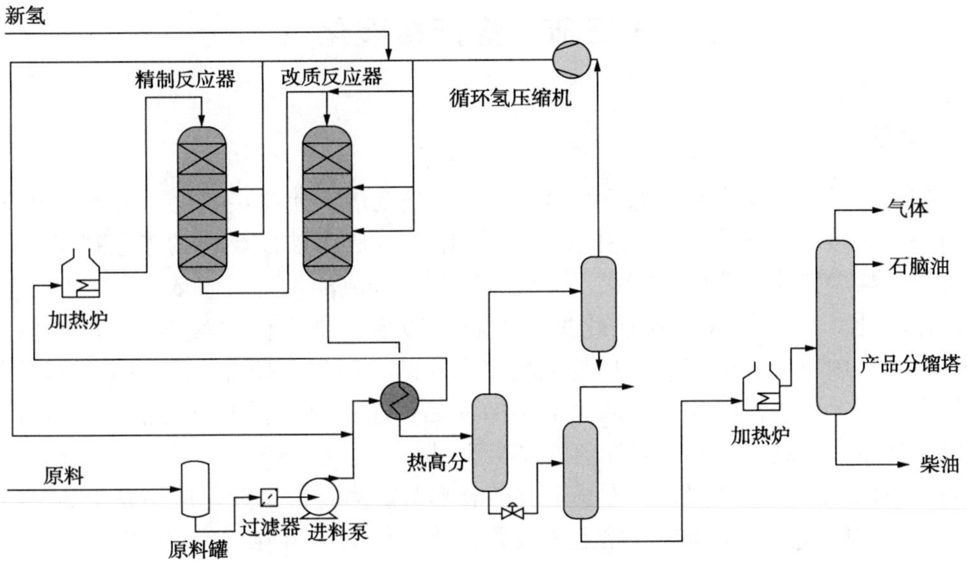

图 29-31　神华煤直接液化轻油加氢改质工业装置流程示意图

表 29-26　RCHU 技术在神华煤直接液化轻油加氢改质装置应用效果

操作条件	数　据			
反应温度/℃	340~380			
氢分压/MPa	12.0			
氢油体积比	800			
总体积空速/h^{-1}	0.75			
进料量/(t/h)	134			
油品性质	原　料		产　品	
	混合原料	柴油原料	石脑油	柴油
密度(20℃)/(g/cm^3)	0.85	0.87	0.7473	0.8483
硫含量/(μg/g)	30	45		0.9
氮含量/(μg/g)	420	450	<0.3	0.2
氧含量/%	—	—	—	<0.2
十六烷值	—	—	—	41
芳烃潜含量/%			74.7	—
馏程/℃				
初馏点/10%	65/127	110/165	58/89	145/181
30%/50%	187/210	200/228	99/108	203/219
70%/90%	230/260	247/270	121/138	240/262
95%/终馏点	275/—	282/—	143/149	271/—

RCHU 技术首先采用加氢精制催化剂脱除原料油中的硫、氮、氧等杂原子，并将芳烃尤其是双环以上的芳烃深度加氢饱和，然后再用加氢改质催化剂对双环以上的环烷烃进行选择性开环，以降低产品柴油密度、提高十六烷值。该技术可在较缓和的工艺条件下运行，具有如下特点：①采用高脱氮活性的 RNC 系列精制催化剂和高开环选择性的 RCC 改质催化剂，柴油收率较高；②对柴油馏分进行选择性开环，最大限度提高柴油 CN；③产品石脑油芳潜高于 70%，是优质重整原料。

第三节　煤间接液化

一、概述

煤间接液化是先把煤炭在高温下与氧气、水蒸气反应，使煤炭气化、转化成合成气(主要成分为一氧化碳和氢气)，然后在催化剂的作用下合成为液体燃料的工艺技术[55]。煤间接液化过程包括煤气化、合成气净化、合成气转化、合成油加工等主要工艺过程[35]。其中合成气催化转化为烃类是煤间接液化过程的核心技术，是由德国科学家 Frans Fischer 和 Hans Tropsch 于 1923 年首先发现并以他们名字命名的，简称费托合成或 F-T 合成。依靠间接液化技术，不但可获得汽油、柴油等清洁的油品，还可以获得航空燃油、润滑油等高品质油品以及烯烃、石蜡等多种高附加值的化工原料。

煤间接液化技术受多种因素的影响多次盛衰起落。第一次工业化应用是 1934 年在德国鲁尔化学公司建成了第一座间接液化生产装置，年产量为 7 万吨，到 1944 年，德国共有 9 个工厂共 57 万吨/年的生产能力。同一时期，日本、法国、中国也有多套装置建成。20 世纪 50 年代初，中东大油田的发现使间接液化技术的开发和应用陷入低潮，但南非因遭到世界各国的石油禁运，促使他们发展以煤炭间接液化方法生产所需的石油制品。到 20 世纪 80 年代末，南非 SASOL 公司的三座工厂的煤间接液化综合产能已经达到 760 万吨/年[56]。

国内煤间接液化制油技术开发较早，日本侵华期间就在锦州建有煤合成油工厂。1949 年，赵宗燠院士带队对日本侵略中国期间的合成油装置进行了复建，并与中国科学院大连石油研究所合作，研制出生产合成油的钴催化剂及合成生产装置，解决了造气、合成等关键技术问题。而后与大连石油研究所再次合作，研究开发出性能更好的熔铁催化剂。1950 年，合成油生产装置全部试运成功，生产出合格的合成油产品。1954 年该厂复建全面完成，合成油年产量达到 3 万吨，大大超过原设计能力，几乎与当时全国最大的玉门油矿的产量相当。之后，锦州合成油厂的第二期工程开发建设，增加了 5 台水煤气发生炉和第三段脱硫装置，建立了催化剂中型试验装置和三座流化床反应器，到 1955 年，该厂原油年产量已达 5 万吨。虽然这样的产能规模相对较小，但对新中国成立初期全部天然石油年产量才 30 万吨的国家来说却是弥足珍贵的。合成油发展后因 60 年代大庆油田的发现而进入蛰伏期。20 世纪 80 年代，以中科院山西煤炭化学研究所为代表的采用固定床反应器的两段法费托合成完成中试。1999~2001 年，国家和中科院加大了对浆态床煤制油技术攻关的投入力度，逐步完成开发浆态床费托合成技术。2009 年，伊泰、潞安、神华三套采用中科合成油公司(中科院山西煤炭化学研究所)技术的 16~21 万吨/年煤制油示范工厂相继成功投产。随后，

2016年神华宁煤集团400万吨/年煤制油项目投产，2017年伊泰杭锦旗100万吨/年煤制油项目投产，2018年潞安100万吨/年煤制油项目投产。山东兖矿集团在2002年左右开展煤间接液化的技术开发，2015年100万吨/年煤制油项目在陕西榆林投产。2018年年底，中国已建成煤间接液化产能规模约800万吨/年[57]。

煤间接液化的主要工艺流程示意图如图29-32所示，备煤和空分单元为煤气化炉提供原料，得到的粗合成气需要经过净化单元脱除并回收其中的硫。费托合成催化剂对原料气中的硫十分敏感，一般要求硫含量要小于1μg/L。净化单元一般还有变换装置，用于调整合成气中氢气和一氧化碳的比例以适应费托合成的要求。煤气化及合成气净化技术已经在甲醇合成、合成氨等工业过程大规模应用，本文将以介绍费托合成及合成油加工为主。

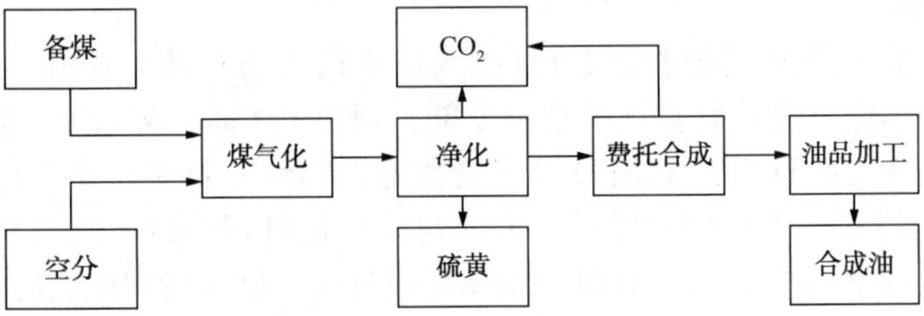

图29-32　煤间接液化的工艺流程示意图

二、费托合成技术

(一)反应机理

费托合成反应机理的研究和认识一直是基础研究热点之一，但由于其复杂性，目前尚未形成统一的反应机理模型和认识。费托合成可看成是聚合反应，其单体是由气态CO和H_2在催化剂表面原位反应生成的。反应途径可分为三个部分：碳链引发的产生、碳链增长、链终止或脱附。经过近百年的研究，学者们提出了许多反应机理，普遍认为，复杂的费托合成反应体系可能不是受单一的反应机理控制的，费托合成产物的多样性及其分布特征是几种反应机理综合作用的结果。代表性的机理有烷基化机理、烯醇机理、CO插入机理等。

1. 烷基化机理

烷基化机理是在早期提出的表面碳化物机理基础上发展形成的[58]。如图29-33所示，链引发是通过CO在催化剂的解离吸附产生，表面氧与吸附氢反应生成水脱附，表面碳和吸附氢反应生成CH、CH_2、CH_3等表面物种，CH_3物种是链引发剂，链增长是通过不断插入表面CH_2单体物种进行的，链终止是通过β氢的脱去反应或

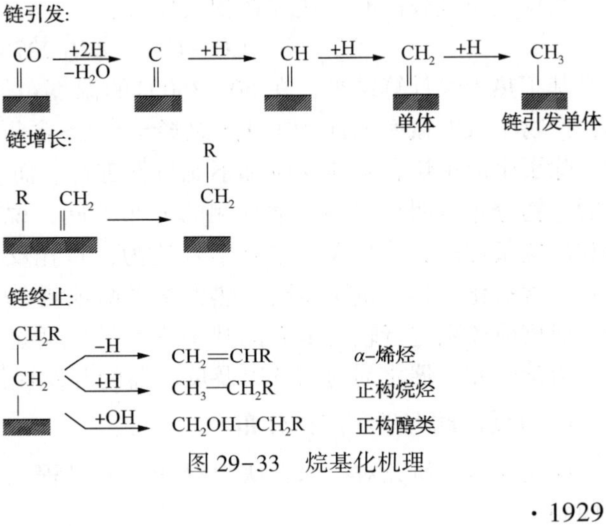

图29-33　烷基化机理

端基 CH_2 加氢反应生成 α-烯烃或正构烷烃来完成的。虽然部分表面物种在实际费托合成中都被观察到，但该机理较难解释含氧化物及支链烃的生成。不同类型催化剂，CO 的吸附活化方式不同。

2. 烯醇机理

为解释含氧化合物的生成，有学者提出了烯醇机理[59]。首先化学吸附的 CO 氢化生成烯醇物种，烯醇物种再通过消去反应分子间脱水形成 C—C 键实现链增长。通过脱附生成含氧有机物（醇和醛）及 α-烯烃来链终止。该机理认为，生成的正烷烃是通过生成的烯烃再吸附加氢反应得到的，而酸则是由生成的醛通过坎尼扎罗反应（Cannizzaro）得到的。

3. CO 插入机理

研究人员在配位化学和均相催化中 CO 插入反应认识的基础上提出了 CO 插入机理[60]；化学吸附的 CO 是单体，表面烷基物种是引发剂，通过 CO 插入到烷基-金属键形成表面酰基物种，酰基（RCHO）物种上的氧消去得到碳数增加的烷基物种，实现链增长。链终止有多种方式，其中链终止生成烷烃和烯烃的方式与烷基化机理一致，酰基物种的加氢生成醛也可以链终止。有学者认为，含氧有机物主要是通过这一反应机理生成的。

（二）反应热力学

费托合成反应是合成气制烷烃、烯烃等产品的反应，涉及许多平行、串联反应。费托合成的主要化学反应如下：

$$CO+2H_2 \longrightarrow (—CH_2—)+H_2O \qquad \Delta H(227℃)=-164.7kJ/mol$$

主要产物为碳数从 1 到 100 以上的烷烃、烯烃及含氧化合物等。它是剧烈强放热反应，当生产甲烷时反应放热更为明显：

$$CO+3H_2 \longrightarrow CH_4+H_2O \qquad \Delta H(227℃)=-214.4kJ/mol$$

产物除了烃类，还有醇类等含氧化合物，醇类生成的反应：

$$nCO+2nH_2 \longrightarrow C_nH_{2n+2}O+(n-1)H_2O$$

有时还存在水煤气变换反应等：

$$CO+H_2O \longrightarrow CO_2+H_2 \qquad \Delta H(227℃)=-39.8kJ/mol$$

当反应温度较高时，还存在积炭反应：

$$2CO \longrightarrow CO_2+C \qquad \Delta H(227℃)=-133.8kJ/mol$$

基于热力学计算结果，在 50~350℃ 的温度范围内有利于 CH_4 的生成，温度越高越有利，产物生成的概率顺序为 CH_4>烷烃>烯烃>含氧化合物。此外，当反应温度超过 450℃ 后，除了生成甲烷，其他反应都不能自发进行。而实际费托合成反应温度远低于 450℃，实际的产物分布也明显与热力学预测的分布不同，说明反应受动力学控制，产物分布受催化剂和反应条件的影响很大。也有学者认为，费托反应过程存在局部热力学平衡，实际产物分布中含氧化合物含量明显高于热力学平衡预测[61]。国内有学者根据平衡常数计算法对费托合成反应体系进行较为全面的热力学计算，通过对该反应体系的热力学计算与分析，为其动力学研究、催化剂的制备以及反应器的开发提供了较为完整的热力学基础数据[62]。

（三）反应动力学和产物分布

反应动力学研究对于深入认识费托合成过程以及反应器设计、放大和优化等具有重要意义[63]。

目前，费托合成反应动力学模型主要分为两大类。一是描述 CO 消耗速率的动力学模型。该模型主要采用经验的幂指数型动力学表达式或通过假设不同的反应机理以及速率控制步骤推导 Langmmr-Hinshdwood-Hougen-Watson(LHHW)型动力学表达式。二是基于 Anderson-Schulz-Flory 聚合机理或非 ASF 聚合机理的描述生成产物分布的详细动力学模型。

CO 消耗速率模型一般通过在设定费托合成经典反应机理所涉及的基元反应的基础上，只考虑费托合成反应的链引发步骤，而忽略链增长和链终止步骤，因而只能得到反应物的消耗速率表达式，但无法对产物的详细分布进行预测。

CO 消耗速率模型跟催化剂类型有关，一般钴基催化剂水煤气变换反应活性较低，所以速率方程一般不包含水分压影响。典型钴基催化剂速率方程如下：

$$r_{CO}=kP_{H_2}^2/P_{CO}$$

$$r_{CO}=aP_{CO}P_{H_2}/(1+bP_{CO})^2$$

$$r_{CO}=aP_{CO}P_{H_2}^{0.5}/(1+bP_{CO}+cP_{H_2}^{0.5})^2$$

$$r_{CO}=aP_{CO}P_{H_2}^2/(1+bP_{CO}P_{H_2}^2)$$

典型铁基催化剂速率方程如下：

$$r_{CO}=kP_{H_2}^{0.6}P_{CO}^{0.4}-fr^{0.5}P_{H_2O}^{0.5}$$

$$r_{CO}=mP_{H_2}P_{CO}/(P_{CO}+nP_{H_2O})$$

$$r_{CO}=aP_{H_2}^2P_{CO}/(P_{H_2}P_{CO}+bP_{H_2O})$$

$$r_{CO}=aP_{H_2}P_{CO}/(P_{CO}+bP_{H_2O}+cP_{CO_2})$$

国内铁基费托实现了百万吨级以上规模工业应用，对铁基费托合成动力学研究非常深入。由于费托合成反应的复杂性，对费托合成反应动力学的研究，或者是在经验公式上调整动力学的参数，或者是根据机理假设推出新的动力学方程，很难说某一动力学方程适用于某一类反应或者催化剂。

由于费托反应生成的产物种类非常多，因此，对其产物分布的研究主要目的是提高催化剂的选择性，以期获得高选择性的目的产物[64]。开发高选择性催化剂的关键在于理解催化剂表面碳物种的链增长过程，而产物分布又是链增长过程的宏观体现，因此从产物分布来推测催化剂表面的链增长过程，一直是研究人员不断探索的问题。费托合成最具代表性的产物分布模型是 ASF 模型(Anderson-Schulz-Flory-Model)，如图 29-34 所示，费托合成的产物范围较宽。

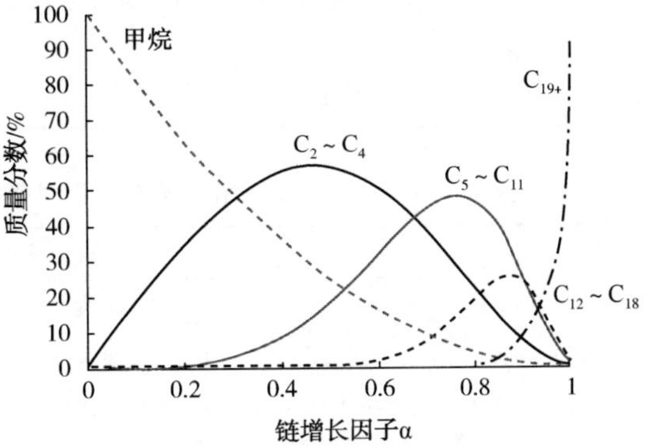

图 29-34 典型 ASF 模型预测的费托合成产物分布情况

一般认为，除了甲烷和甲醇外，试图开发只生成一种产物的催化剂是不现实的。所以控制费托合成产物的分布及选择性一直是研究的重点和难点。在费托合成过程中，CO 在活性金属上进行加氢反应，活性金属一般都在催化剂的孔道内。由于反应会生成液态的烃类充满孔道，而分子在液相的传输速率明显比气相慢，所以反应气体到达催化剂活性金属表面的传质速率明显下降，同时产物从孔道内向外传质的速率也会降低，这些传质限制使反应物不能满足反应的动力学速率。这会降低催化剂的使用效率，还会影响产物的选择性。

传统的 ASF 模型一直以来主宰了人们对费托合成的中间馏分产物分布的理解。近年国内外很多研究学者通过大量试验证明：由于裂解等二次反应的存在，大多数双功能催化剂的费托产物分布已经不再遵循 ASF 分布模型[65]。因此，发展新的双功能催化剂分布模型，来更准确地描述新一代的费托液体燃料的产物分布尤为必要。

(四)费托合成工艺

以费托合成的反应温度和产品结构来分，可以把费托合成技术分为低温费托合成和高温费托合成两种工艺路线，典型的技术参数见表 29-27。低温费托合成反应温度一般低于300℃，可以采用 Fe 基催化剂或 Co 基催化剂，反应器为固定床或浆态床，产物是以蜡为主的直链烷烃，后续的产品加工路线主要是生产溶剂油、高十六烷值柴油、基础油、蜡等产品[66]。高温费托合成反应温度一般高于 300℃，采用 Fe 基催化剂，反应器为流化床，包括循环流化床和固定流化床，产物以烯烃为主，产物的种类较多，包括烯烃、烷烃、少量芳烃、含氧化合物，适合进行分离后作为化工原料[67]。截至 2020 年年底，国内外采用不同费托合成工艺的技术应用情况见表 29-28。

表 29-27　低温/高温费托合成技术参数

技术名称	低温费托	高温费托	技术名称	低温费托	高温费托
反应温度/℃	210~280	300~350	C_2~C_4 烯烃	4	24
反应压力/MPa	1.0~4.5	1.5~3.0	C_2~C_4 烷烃	4	6
催化剂	Fe 基、Co 基	Fe 基	汽油馏分	18	36
反应器形式	固定床、浆态床	流化床	柴油馏分	19	16
典型产物质量/%			蜡	48	9
甲烷	4	7	含氧化合物	3	6

表 29-28　国内外不同费托合成工艺的技术应用情况

名称	费托合成工艺	反应器形式	催化剂	规模
Sasol 公司 Arge 技术	低温费托	固定床	Fe	70kt/a
Sasol 公司 SSPD 技术	低温费托	浆态床	Fe	700kt/a
Sasol 公司 Synthol 和 SAS 技术	高温费托	流化床	Fe	700kt/a
Shell 公司 SMDS 技术	低温费托	固定床	Co	6Mt/a
中科院山西煤炭化学研究所 MFT 技术	低温费托	固定床	Fe	3kt/a
中科合成油高温浆态床技术	低温费托	浆态床	Fe	4Mt/a
上海兖矿能源公司浆态床技术	低温费托	浆态床	Fe	1Mt/a
上海兖矿能源公司流化床技术	高温费托	流化床	Fe	100kt/a
中国石化 RFT 技术	低温费托	固定床	Co	3kt/a
中国石化 SFT 技术	低温费托	浆态床	Co	3kt/a

(五)费托合成催化剂

自费托合成反应发现以来，催化剂的研究一直是费托技术研究的核心内容之一。费托合成催化剂的主金属活性组分有 Fe、Co、Ni、Ru 和 Rh，这些金属具有 d 轨道空位，因而有接收电子能力，不但能与氢原子而且还能与 CO 中的碳原子形成较强的吸附键，使 H_2 和 CO 活化。Ru 基催化剂在费托合成活性最好，但价格昂贵，仅限于基础研究。Rh 基催化剂多用于生成含氧化合物。Ni 催化剂在费托合成条件下，甲烷选择性高，很少用于费托合成，多用于甲烷化反应。Co 和 Fe 对 H_2 和 CO 都具有较好的吸附活化作用，而且价格适宜，因此 Fe 和 Co 是目前已成功实现工业化仅有的两类催化剂。Fe 催化剂廉价易得，具有较高的水煤气变换(WGS)反应活性，适合于低氢碳比合成气的费托合成，如煤基合成气等；Co 催化剂价格略高于 Fe，但使用寿命较长，金属可以回收，适合于氢碳比接近 2 的合成气原料，如天然气制备的合成气[68]。

1. Fe 基催化剂

用于费托合成的 Fe 基催化剂，可通过沉淀或熔融氧化物混合而制得。沉淀铁催化剂具有相对较小的堆密度、高的比表面积、大的孔容和高的活性，而熔铁催化剂比表面积和孔容非常小，但具有高的强度和耐磨性能。沉淀催化剂多用于低温费托合成工艺，而熔铁催化剂多用于高温流化床费托合成工艺。选择适宜的制备方法和操作条件，对铁催化剂的性能尤为关键。

Fe 基催化剂助剂效应非常明显，Cu 助剂的加入有利于促进铁还原；结构助剂 SiO_2、给电子助剂 K_2O 的加入，提高了铁的催化活性，减少甲烷生成，并促进链增长。La 系稀土氧化物和 ThO_2 也常作为助剂，能提高催化活性并改善高级烃的选择性。稀土既是结构助剂，又是给电子助剂，而第一行过渡金属，如 Ti、Mn、V 等，对 CO 亲和力高于 Fe，用作助剂将大为提高烯烃的选择性。

Fe 基费托合成催化剂具有如下特点：①Fe 基催化剂的活性相有很多种，其中 Fe_xC 是目前被认为活性最高的物相，而在费托合成反应过程中，铁的物相结构会持续变化，因此 Fe 基催化剂寿命较短，一般为数十天；②产物中烯烃较多，特别是高温费托合成工艺，烯烃的收率可以达到总产物的 60%；③Fe 基催化剂具有较高的水煤气变换反应活性，因此可以适用于低 H_2/CO 比的合成气转化；④Fe 基催化剂可用于高温费托合成，活性和选择性较好。

2. Co 基催化剂

费托合成早期使用无载体的 Co 氧化物为催化剂，如纯钴氧化物、钴-铬氧化物和钴-锌氧化物等。后来发现加入氧化钍和氧化镁，能增加催化剂的活性；将钴负载后可以大幅提高反应活性并降低钴的用量。目前商业化 Co 基催化剂的典型组成为：主要活性相金属 Co、微量的第二种金属(通常为贵金属 Ru、Re 和 Pt 等)、氧化物助剂(碱金属、稀土金属和过渡金属氧化物，如 ThO_2、MnO_2、CeO_2、TiO_2 和 ZrO_2 等)和载体如 Al_2O_3、SiO_2、TiO_2、沸石等。

Co 基费托合成催化剂具有如下特点：①催化剂活性高，积炭倾向低，寿命相对较长，通常可以达到 2 年以上的运转寿命，通过合适的再生方法还可以延长使用寿命；②Co 基催化剂对原料合成气中的杂质较 Fe 基催化剂更为敏感，合成气净化的要求更高；③产物重质烃选择性高，且以直链饱和烃为主，简单切割后即可用作喷气燃料及优质柴油，此外，还可副产高附加值的基础油和硬蜡；④水煤气变换反应活性低，适用于高 H_2/CO 比的合成气转化，具有更高的碳利用率。

Fe 基催化剂和 Co 基催化剂的特点对比见表 29-29。

表 29-29　Fe 基和 Co 基费托合成催化剂的特点对比

项　目	Fe 剂	Co 剂	项　目	Fe 剂	Co 剂
甲烷选择性	较低	较高	催化剂机械强度	较低	较高
柴油收率	相当	相当	毒物耐受力	较高(约 200μg/kg)	较低(<20μg/kg)
产品中烯烃/氧化物	较高	较低	费托进料中最适宜的 H_2/CO	1.0~1.8	1.8~2.1
催化剂寿命	较短(数月)	较高(数年)			
再生	不能	可以	CO_2 选择性	高	低

(六)费托合成反应器

费托合成反应是一个强放热反应，由于放热量大，常发生催化剂局部过热，导致选择性降低，并引起催化剂积炭失活；反应过程中温度的控制对催化剂的活性、稳定性及产物的选择性至关重要，因此有效地移出反应热是反应器设计中首要考虑的问题。为了有效移热和控制好反应的状态，费托合成常用的反应器类型有列管式固定床反应器、流化床反应器、浆态床反应器以及微通道反应器[69]。

1. 列管式固定床反应器

列管式固定床反应器是费托合成最早采用的反应器，列管式固定床反应器由圆筒形壳体和内部竖置的管束组成，管内填充催化剂，管外为加压饱和水，利用水的蒸发移热。其主要优点是，液体产物易于收集，催化剂与产品易分离等；缺点是存在径向与轴向的温度差，难以控制最佳反应温度，易因局部过热而造成催化剂烧结、积炭，堵塞反应管。此外，列管式固定床结构复杂、制造成本较高、催化剂无法在线装卸，也是其固有缺点。列管式固定床反应器的一般结构如图 29-35 所示。自 1953 年以来，Sasol 公司一直用列管式固定床反应器来合成燃料。1993 年，壳牌公司在马来西亚的 SMDS 装置中也采用这类反应器。中国科学院山西煤炭化学研究所、大连化学物理研究所的固定床费托合成相关技术分别在山西潞安化工有限公司和内蒙古聚石能源有限公司开展了万吨级和 20 万吨级的工业试验。石科院从 2003 年开始固定床 F-T 合成技术的研究，开发了自主创新的催化剂和反应器，并在 2006~2010 年成功开展了 3000 吨/年的工业中试研究。

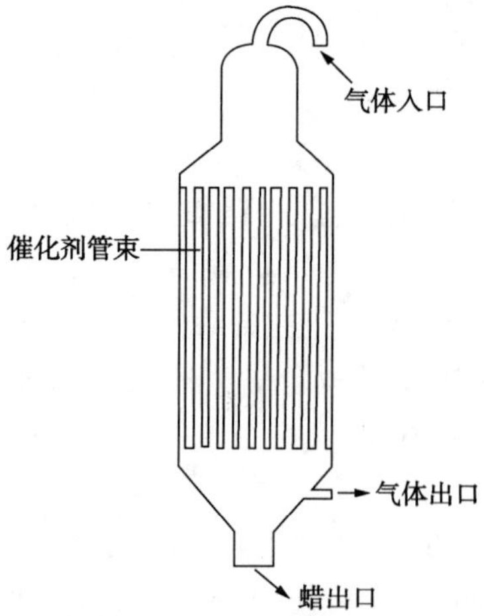

图 29-35　列管式固定床反应器

2. 流化床反应器

流化床反应器主要用高温费托合成工艺。流化床反应器中的催化剂和反应气体在反应器内剧烈运动，强化了传热传质过程，因而反应器床层内各处温度比较均匀，有利于反应温度控制。流化床反应器有两种形式(见图 29-36)，一种是循环流化床反应器，另一种是固定流化床反应器。

Sasol 公司早期高温费托合成使用循环流化床反应器，催化剂被气流带出反应器，在相邻的沉降器内催化剂实现气固分离，再从沉降器下部被新鲜原料气气流带入反应器。反应器内装有换热管，通过水蒸发移出反应热。循环流化床反应器的缺点是，操作复杂，沉降器内的催化剂不能发挥作用，高强度 Fe 基催化剂会造成反应器内构件磨损严重，另外高气速也使催化剂流失严重。

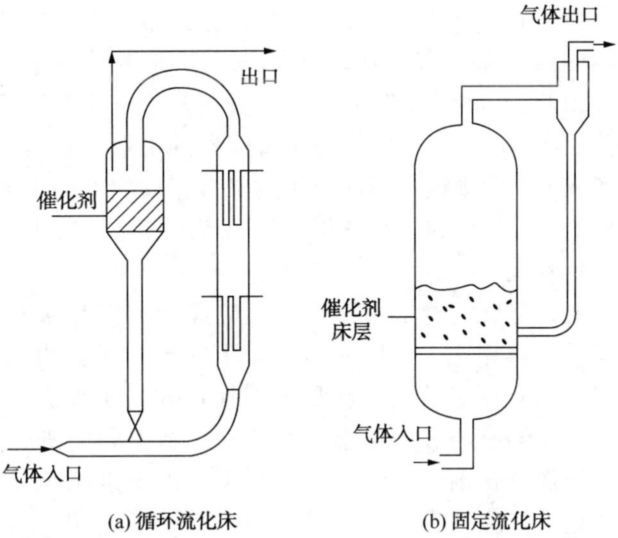

图 29-36　流化床反应器示意图

固定流化床与循环流化床的操作相似，气体经分布器后通过流化床，与循环流化床相比气体线速相对较低，催化剂床层更接近一种“沸腾”状态，选择性与循环流化床相似，而转化率比后者高。生产能力相同的固定流化床比循环流化床建造和操作费用低得多，而低的压差又节省了大量的压缩费用，更利于除去反应热，同时由于气体线速度相对较低，磨损问题得到改善，使得长周期运转成为可能。目前，南非 Sasol 公司和上海兖矿能源科技有限公司采用这种反应器。2019 年，上海兖矿能源利用其技术在陕西榆林未来能源有限公司进行了 10 万吨/年规模的工业试验。

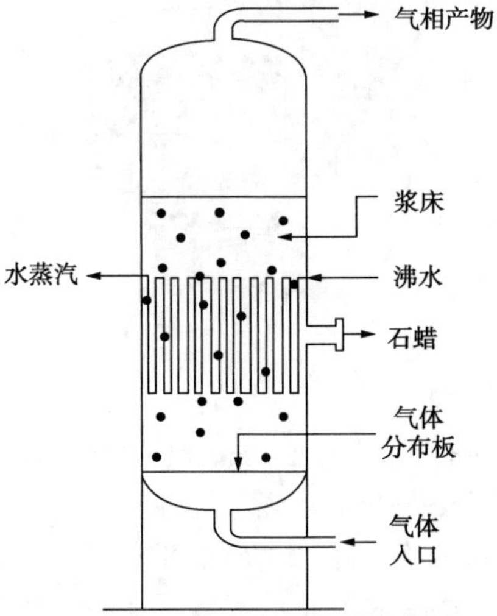

图 29-37　浆态床反应器示意图

3. 浆态床反应器

浆态床反应器解决了管式固定床反应器中的很多难题，是一种用于低温费托合成工艺的反应器。反应器的示意图如图 29-37 所示。微米级催化剂分散在液相中，由于浆态相和气泡的剧烈作用利于传热，浆态相接近等温状态，温控更加容易和灵活。浆态床反应器的平均温度比管式固定床反应器高得多，从而具有较高的反应速率，更好地控制产品的选择性。操作压降也比管式固定床反应器低得多，可降低气体压缩费用。在线装卸催化剂非常方便。浆态床反应器比管式固定床反应器结构简单，易于制造，价格相对便宜。

浆态床反应器的难点在于，催化剂与产品分离及流体力学问题。一方面，重质烃不断在浆液中产生，需要从含有催化剂的浆液中把重质烃产品分离出来，能够连续稳定操作的固液分离设施是浆态床反应器技术开发的核心内容之一；另一方面，反应器顶端出口气液分离技术也是影响费托合成产品中固含量的重要因素。同时，内部传质、传热特性等流体力学方面，如气含率、固体浓度分布、粒径分布以及气泡尺寸分布的变化规律及其影响因素，都是浆态床反应器放大的重要设计依据。

20 世纪 80 年代初期，Sasol 公司开始对浆态床反应器进行了技术开发，2006 年实现了单台规模 70 万吨/年的浆态床反应器的工业装置运转。2015 年，上海兖矿能源科技有限公司实现了单台规模 70 万吨/年的浆态床反应器的工业装置运转。2016 年，中科合成油公司实现了单台规模 50 万吨/年的浆态床反应器的工业装置运转。

4. 微通道反应器

微通道反应器是一种单元反应界面在微米级别的反应器结构，如图 29-38 所示。与常规反应器相比，微反应器有以下特点：①比表面积大；②强化传热过程；③强化传质过程；④有良好的安全性和可控性；⑤易于放大。随着近些年精密加工技术的进步，微通道反应器已经成为化学工程的一个新方向和研究热点[70]。费托合成反应为一强放热反应，加强催化剂层的传热，控制反应的温度平稳是取得好的反应效果的前提和保证。利用微通道反应技术，可以实现高活性、微粒费托合成催化剂在等温条件下反应，既克服了固定床传热差、不能应用小粒度催化剂的缺点，也解决了浆态床液相传质阻力和催化剂磨损、分离的问题。采用微通道技术，费托合成效率可以较固定床技术提高 10 倍以上，可以大幅减少装置占地空间和能耗，不仅可以在大规模合成气转化过程中实现原料和能源的高效清洁利用，也可以对煤化工、天然气化工、生物质等行业的副产品气源提供技术经济可靠的解决方案[71]。

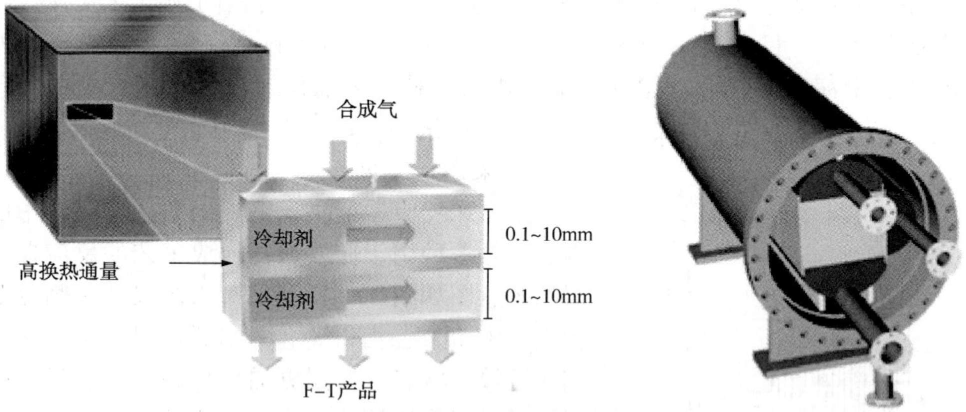

图 29-38　微通道反应器结构示意图

微通道反应器反应通道截面一般为矩形，宽为 1~20mm，深为 0.5~5mm，通道长度一般为 400~600mm，使用的催化剂粒度为 50~300μm，也可以将催化剂涂覆在通道内壁上。反应器由大量反应通道组成，也包含取热通道。美国 Velocys 公司在 2006 年开发了微通道反应器，2019 年开展了 1000 吨/年的微通道反应器费托合成技术工业示范装置运行。中国石化石油化工科学研究院经过多年开发，2019 年完成了 100 吨/年的撬装式微通道反应器费托合成技术的工业侧线，整体装置可以集成在两个标准集装箱内。

截至 2020 年年底国内主要费托合成工业运行装置如表 29-30 所示。

表 29-30　国内主要费托合成工业装置[72,73]

工业装置	未来能源	未来能源	神华宁煤	山西潞安	内蒙古伊泰	神华煤制油
规模/(Mt/a)	1	0.1	4	1	1	0.18
投产时间	2015	2018	2016	2017	2017	2010
费托合成技术	上海兖矿能源科技研发公司	上海兖矿能源科技研发公司	中科合成油	中科合成油	中科合成油	神华煤制油有限公司
反应器型式	浆态床	流化床	浆态床	浆态床	浆态床	浆态床
反应温度/℃	230~250	300~370	260~275	260~275	260~275	230~255
合成气转化率/%	95	92	95	95	95	90
甲烷选择性/%	—	—	<3	<3	<3	<4
C_5+选择性/%	88	—	>90	>90	>90	—

三、费托合成油加氢提质

煤间接液化油通常是指以煤或天然气为原料，经费托合成得到的液体烃类，也称为费托合成油。费托合成油具有硫氮含量很低、富含氧的特点，其碳数分布遵循 ASF 分布规律。为提高费托合成油的利用价值，通常采用加氢手段获得常规燃料油、润滑油和高附加值产品等。

(一) 费托合成油的性质特点

根据费托合成反应温度的不同，费托合成油分为高温法合成油和低温法合成油。高温法合成油的烯烃、芳烃、含氧化合物含量高于低温法合成油，其性质见表 29-31[74]和表 29-32[75]。由于其含氧化合物含量可达 10%~20%，且烯烃含量高，通常高温法合成油用于提取高碳醇、酮及 α-烯烃等化学品。低温法合成油具有正构烷烃含量高的特点，也含有一定的含氧化合物，氧的存在形式主要以醇类、酸类为主，其性质见表 29-33~表 29-35。低温法合成油主要通过加氢用于制取液体燃料。本节论述的费托合成油加氢均指低温法费托合成油的加氢。

表 29-31　高温法费托合成油性质

项　目	数　值	项　目	数　值
密度(20℃)/(g/cm^3)	0.822	氧含量/%	3.3
倾点/℃	9	馏程/℃	
酸值/(mgKOH/g)	13	初馏点/10%	139/175
溴价/(gBr_2/100g)	63	30%/50%	219/251
硫含量/(μg/g)	<1	70%/90%	298/390
氮含量/(μg/g)	<5	95%/终馏点	432/496

表 29-32　高温法合成油烃类组成

项　目	C_5~C_{10}	C_{11}~C_{14}	项　目	C_5~C_{10}	C_{11}~C_{14}
链烷烃含量/%	13	15	芳烃含量/%	5	15
烯烃含量/%	70	60	含氧化合物含量/%	12	10

表 29-33 低温法费托合成油性质

项 目	合成轻油	合成蜡	项 目	合成轻油	合成蜡
密度(20℃)/(g/cm^3)	0.712	0.854	氢含量/%	15.35	14.78
酸值/(mgKOH/g)	0.29	—	馏程/℃	D-86	D-1160
溴价/(gBr$_2$/100g)	7.2	—	初馏点/10%	51/66	166/272
氧含量/%	1.07	0.6	30%/50%	109/150	332/376
硫含量/(μg/g)	1.2	<2	70%/90%	186/229	434/497
氮含量/(μg/g)	<0.2	<1	95%/终馏点	264/278	544/—
碳含量/%	83.58	84.62			

表 29-34 低温法合成轻油含氧化合物

项 目	含量/%	项 目	含量/%	项 目	含量/%
醇 类	7.22	醛 类	0.13	酸 类	0.03

表 29-35 低温法合成油烃类组成 %

项 目	合成轻油项目	合成蜡	项 目	合成轻油项目	合成蜡	项 目	合成轻油项目	合成蜡
正构烷烃	81.67	96.73	正构烯烃	7.37	—	其他	10.96	3.28

(二)费托合成油的产品利用

费托合成油是费托合成的主要产物，是生产煤基燃料油和化工品的主要原料。基于费托合成油中硫、氮含量很低及主要以正构烷烃和烯烃为主，且含有一定量的含氧化合物的特点，通常采用分离、加氢处理、异构加氢裂化、异构降凝、催化裂化或催化裂解、叠合、芳构化、异构化和醚化等来实现费托合成油的综合利用，以生产清洁石脑油、柴油、喷气燃料、润滑油、环保溶剂油以及其他高附加值的产品。采用分离的方法，可得到高附加值的α-烯烃和正构烷烃，加氢处理可以得到乙烯裂解石脑油、柴油等常规清洁油品以及溶剂油、液体蜡、高滴熔点蜡等高附加值产品；异构加氢裂化主要生产低凝柴油，同时副产石脑油、溶剂油等产品；异构降凝主要用于生产润滑油基础油；通过催化裂化可以生产辛烷值为88~90的汽油组分或通过催化裂解来生产低碳烯烃；通过叠合可以得到高黏度指数PAO；通过芳构化或异构化可以生产辛烷值为80~92的汽油组分；醚化可实现费托合成油中α-烯烃的分离提纯或生产醚类化合物以提高石脑油组分的辛烷值。

在低油价下，以石脑油、柴油为主要产品的煤制油企业基本处于亏损状态或盈利水平大幅下降。面对低油价的严峻形势，充分利用费托合成油的性质特点以费托合成油为原料来生产烯烃、环保溶剂油、PAO、Ⅲ类或Ⅲ$^+$类润滑油基础油及高熔点蜡等高附加值的产品，以丰富煤制油厂的产品结构，是未来的主要发展方向。这对于延伸煤制油的产业链、提高企业经济效益具有重要的作用。

(三)主要化学反应

费托合成油加氢提质技术主要包括加氢处理、异构加氢裂化和异构降凝等工艺过程。其中，加氢处理主要目的是脱除费托合成油中的氧和烯烃，为后续加氢裂化或异构降凝提供优质的原料，同时经过加氢处理后的石蜡是高品质的石蜡。异构加氢裂化主要是将大分子的烃类转化为小分子的烃类，同时实现烃类分子的异构化，以改善产品的低温流动性，主要用于生产燃料油。异构降凝主要是将大分子的直链烷烃转化为异构烷烃，改善产品的低温流动性，同时伴随部分裂化反应，该工艺主要用于生产润滑油基础油。

异构加氢裂化和异构降凝均采用双功能(加氢活性和酸性活性)催化剂，发生的反应有裂化、异构化及少量的环化反应[76]。Coonradt 和 Garwood[77]提出的正碳离子机理可以用来解释双功能催化剂的作用及产品的分布情况。对于直链烃环化生成芳烃的反应机理，Mills[78]首先提出了双功能反应机理：烯烃(或烷烃在金属中心脱氢生成的烯烃)在酸性中心环化生成烷基环戊烷，后者再在金属中心脱氢生成烷基环戊烯，再转移到酸性中心异构化为环己烯，然后由金属中心催化脱氢成为芳烃。

(四)费托合成油加氢催化剂

加氢处理的主要目的是脱氧和烯烃饱和。费托合成油加氢处理催化剂一般由载体和活性金属组分构成，主要为硫化态催化剂[79,80]和还原态催化剂[81~83]两种类型。其中，硫化态催化剂与传统炼油催化剂的活性组分和载体相当；还原态加氢处理催化剂一般以Ⅷ族元素(如 Ni、Pt)为主催化剂，通常含有助剂，活性相为还原态，催化剂载体多采用 $\gamma-Al_2O_3$。催化剂载体要有良好的机械性能，如抗磨损、抗冲击和抗压碎性能等；有很好的水热稳定性，因为含氧化合物脱氧生成一定量水蒸气；载体还要有合适的孔结构和比表面积。

异构加氢裂化的目的是实现费托合成油中大分子转化为小分子并进行异构化，以获得低凝点清洁柴油等目标产品。基于加氢组分的特性，可分为还原态和硫化态；基于酸性组分的特性可分为沸石型和无定型。酸性组分的选择，与目标产物需求和产品分布有关，如果多产中间馏分油，一般沸石用量较少，甚至不用沸石，仅仅采用介孔酸性材料(以硅铝材料为主)；如果多产轻质油品，沸石用量较大，或者以沸石与硅铝等酸性材料复合使用为主。

由于现有的商业加氢裂化催化剂主要是针对含硫、氮的重质油料，氮对催化剂的酸性有一定的抑制作用。对于无氮的费托蜡，此类催化剂的裂解性能显得过高，故不适用。对于费托合成蜡的异构加氢裂化，Ni/SiO_2、$NiMo/SiO_2-Y$ 沸石催化剂虽然有较高的活性，但对中间馏分油选择性较差；Pt/Al_2O_3 催化剂活性较低，稳定性也较差；$CoMo/SiO_2-Al_2O_3$、$NiMo/SiO_2-Al_2O_3$ 催化剂表现出较好的活性和中间馏分油选择性。

国内公开报道和应用的催化剂主要是国内某单位开发的 RCF-Ⅰ催化剂和国内某单位开发的 SC-Ⅰ催化剂[85]，其中前者在陕西未来能源有限公司得到应用，后者在内蒙古伊泰煤制油有限责任公司应用，其中还穿插使用过国内某公司的传统的炼油催化剂 FC-14。

三种催化剂各有特色，但共同之处为，都是非贵金属型催化剂。FC-14 基本组成为 $Ni-W/SiO_2-Al_2O_3$(可能含有少量沸石)，SC-Ⅰ催化剂基本组成为 $Ni-W/HY-Al_2O_3$，RCF-1 基本组成为 $Ni-W/SiO_2-Al_2O_3$。由于催化剂的组成不同，反应特性也各有不同。

费托合成蜡异构降凝催化剂与石油基油料的相同，主要采用贵金属体系催化剂，以生产高档润滑油基础油等。

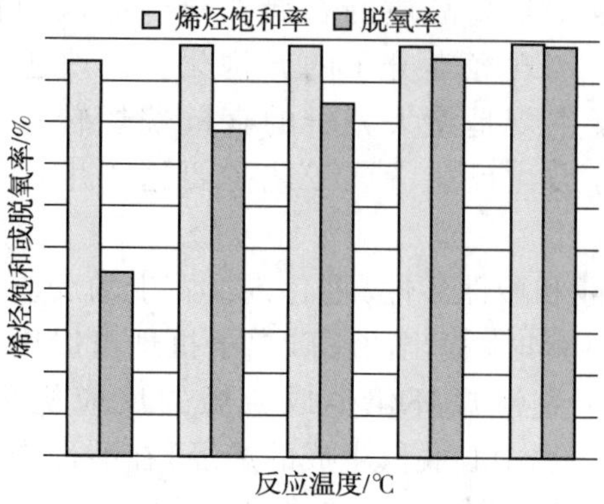

图 29-39 反应温度对加氢脱氧和烯烃饱和的影响

(五)工艺过程影响因素及典型产品性质

1. 加氢处理

费托合成油主要由正构烷烃和烯烃组成，此外还含有醇、醛、酮、酯、酸等含氧化合物。费托合成油加氢处理脱除氧和烯烃饱和的反应条件较为缓和。其中，反应温度对费托合成油加氢脱氧和烯烃饱和的影响较大，氢油体积比、氢分压和体积空速影响相对较小。随着反应温度的提高，脱氧率和烯烃饱和率增加，图 29-39 给出了反应温度对加氢脱氧和烯烃饱和的影响。由表 29-36 可见，在反应压力 6.4MPa、空速 3.0h^{-1}、氢油体积比 300 的操作条件下，反应温度为 260℃时即可将费托合成油中的烯烃和氧完全脱除。

表 29-36 费托合成轻油加氢处理

项目	200℃	220℃	240℃	260℃
20℃密度/(g/cm^3)	0.725	0.724	0.722	0.717
氧含量/%	1	0.7	0.21	<0.2
溴价/(gBr_2/100g)	7.4	0.4	0.2	<0.1

由于费托合成油基本由正构烃组成，加氢处理所得石脑油辛烷值很低，有较高的正构烷烃含量，是优质的乙烯裂解原料，其裂解的三烯收率可达 65%以上；柴油馏分具有较高的十六烷值和极低的硫含量，由于其组成主要为烷烃，其润滑性较差，可作为优质的柴油调合组分；蜡产品滴熔点高，基本不含芳烃，经进一步精馏分馏可获得不同滴熔点的高附加值蜡产品。加氢处理石脑油、柴油和蜡产品的性质见表 29-37~表 29-39。

表 29-37 加氢处理石脑油性质

项目	数值	项目	数值
馏程范围/℃	<150	RON/MON	<40/<40
密度(20℃)/(g/cm^3)	~0.700	正构烷烃含量/%(体)	>90
硫含量/(μg/g)	<1	环烷烃+芳烃含量/%(体)	<3
氮含量/(μg/g)	<1		

表 29-38 加氢处理柴油性质

项目	数值	项目	数值
馏程范围/℃	150-320	硫含量/(μg/g)	<5
密度(20℃)/(g/cm^3)	~0.760	十六烷值	>85
凝点/℃	-5	润滑性，磨痕直径/μm	~700

表 29-39 加氢处理蜡产品性质

项 目	数 值	项 目	数 值
密度(20℃)/(g/cm³)	0.854	油含量/%	<1
滴熔点/℃	93.6	水溶性酸或碱	无
锥入度(25℃，100g)/0.1mm	3	芳烃含量/%	无

随着世界范围环保要求日益严格，特种溶剂油已向低硫、低芳方向发展，基于费托合成油中硫、氮含量很低且基本不含芳烃的特点，费托合成油用作低硫低芳烃溶剂油具有天然优势，较市场上经石油路线得到的低硫低芳烃特种溶剂油产品具有更好的产品质量和成本优势，利用费托合成油来生产特种油将极大补充我国特种油市场的供应不足。费托合成轻油经加氢处理和精馏分馏后可作为环保溶剂油、轻质白油和液体蜡等高附加值产品。加氢处理后的低芳环保溶剂油、轻质白油和液体蜡的主要性质见表 29-40~表 29-42。

表 29-40 加氢处理低芳环保溶剂油产品性质

项 目	165~190℃	190~210℃	210~240℃
密度(20℃)/(g/cm³)	0.734	0.743	0.757
硫含量/(μg/g)	<1.0	<1.0	<1.0
氮含量/(μg/g)	<1.0	<1.0	<1.0
芳烃含量/%	0.003	0.004	0.005

表 29-41 加氢处理轻质白油产品性质

项 目	120~150℃	150~260℃	260~320℃
密度(20℃)/(g/cm³)	0.708	0.745	0.773
硫含量/(μg/g)	<1.0	<1.0	<1.0
氮含量/(μg/g)	<1.0	<1.0	<1.0
颜色(赛氏)/℃	30	30	30
芳烃含量/%	0.003	0.004	0.006

表 29-42 加氢处理液体蜡产品性质

项 目	220~300℃	项 目	220~300℃
密度(20℃)/(g/cm³)	0.765	正构烷烃含量/%	97.36
硫含量/(μg/g)	<1.0	芳烃含量/%	0.005
氮含量/(μg/g)	<1.0	溴指数/(mgBr/100g)	16.6

2. 异构加氢裂化

与石油基蜡油加氢裂化相比，费托蜡异构加氢裂化操作条件较为缓和，见表 29-43。与传统的加氢裂化反应在高温、高压等苛刻条件下操作不同，费托合成油的加氢裂化一般在中压下进行操作，操作条件相对温和，这得益于费托合成油氮含量很低且基本不含芳烃。

表 29-43　费托蜡异构加氢裂化操作条件

项　目	费托蜡加氢裂化	传统石油基蜡加氢裂化	项　目	费托蜡加氢裂化	传统石油基蜡加氢裂化
反应温度/℃	335~375	350~430	氢油体积比	500~1800	800~2000
反应压力/MPa	3.5~7.0	10~20	单程转化率/%	20~100	30~100
空速/h^{-1}	0.5~3.0	0.2~2.0			

由于费托合成蜡中不含氮，其异构加氢裂化反应对温度的敏感性较强，如图 29-40 所示，在转化率 20%~80% 的范围内，温度每提高 1℃，转化率提高 6~7 个百分点。费托合成油加氢裂化过程中温度敏感性强，这也跟费托合成油中氮含量很低且基本不含芳烃的特点有密切关系。

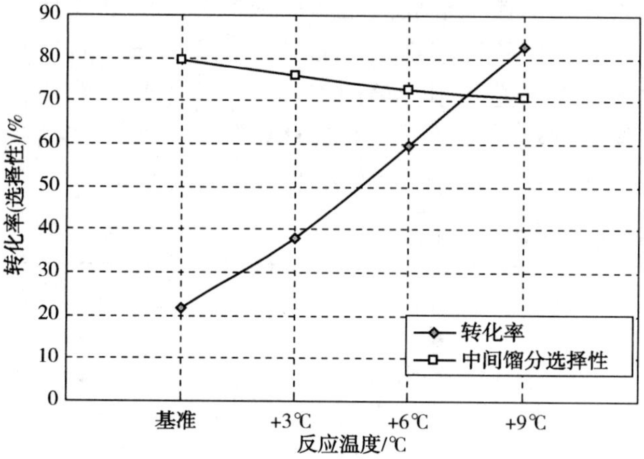

图 29-40　温度对费托蜡异构加氢裂化反应的影响

由于费托合成蜡不含硫，若采用硫化态催化剂，则需向反应系统补入一定量的硫来维持催化剂活性和选择性，通常控制循环氢中的硫化氢浓度为 100~200μL/L[85]。

由于费托合成蜡中含有含氧化合物，在加氢裂化前一般还需进行加氢脱氧，以避免含氧化合物和反应生成的水对裂化催化剂的活性及稳定性产生影响。含氧化合物的存在，对加氢裂化催化剂的活性和产品选择性存在一定的影响，主要影响裂化催化剂的金属位-酸性位的平衡。

费托蜡异构加氢裂化产品异构烷烃含量较高，还含有一定量的正构烷烃及少量的环烷烃及芳烃。产品石脑油仍是优质的乙烯裂解原料，其裂解的总三烯收率可达 56%以上；煤油馏分烟点高于 40mm，是较好的喷气燃料调合组分；柴油馏分的十六烷值高达 75，是优质的柴油调合组分。这些产品的性质见表 29-44~表 29-46。

3. 异构降凝

异构降凝工艺的主要目的是生产润滑油基础油。费托合成蜡异构降凝之前，首先需要通过加氢处理将其中的氧、烯烃脱除，加氢后的费托合成蜡主要由正构烷烃组成。基于加氢后费托合成蜡的特点，通过采用异构降凝手段，进行异构化反应等，来降低费托合成蜡的倾点，以改善油品的低温流动性，并保持较高的黏度指数，达到生产润滑油基础油的目的。

表 29-44　异构加氢裂化石脑油性质

项　目	数　值	项　目	数　值
馏程范围/℃	<150	异构烷烃含量(体)/%	65.6
密度(20℃)/(g/cm^3)	约 0.700	正构烷烃含量(体)/%	26.7
硫含量/(μg/g)	<1	环烷烃含量(体)/%	6.5
氮含量/(μg/g)	<1	芳烃含量(体)/%	1.2

表 29-45　异构加氢裂化煤油性质

项　目	数　值	项　目	数　值
馏程范围/℃	150~230	硫含量/(μg/g)	<5
密度(20℃)/(g/cm³)	约 0.740		
冰点/℃	-60	烟点/mm	>40

表 29-46　异构加氢裂化柴油性质

项　目	数　值	项　目	数　值
馏程范围/℃	150~370	硫含量/(μg/g)	<5
密度/(g/cm³)	约 0.770		
凝点/℃	-11	十六烷值	75

表 29-47 列出了由费托蜡异构降凝得到的润滑油基础油性质[86]。可以看出，所得基础油的黏度指数高，其性质与 PAO 性能相当，是调配高档润滑油的优质原料。

表 29-47　费托蜡异构降凝润滑油基础油性质

项　目	基础油 1	基础油 2	Ⅲ类加氢基础油	PAO
运动黏度/(mm²/s)				
100℃	4.05	6.22	5.634	5.812
40℃	17.02	31.19	29.71	31.2
黏度指数	142	154	132	138
倾点/℃	<-34	<-30	-18	-57

(六)费托合成油加氢技术及其应用

费托合成油主要由正构烷烃和烯烃组成，凝点较高，流动性差，且含有一定量的醇、酸等含氧化合物，不能直接作为产品使用，需要对其进行加氢提质后方可作为最终产品使用。

1. 费托合成油加氢提质 CFH^L 技术

石科院开发了具有自主知识产权的煤基浆态床费托合成油加氢提质 CFH^L 技术。该技术针对费托合成油高含氧和烃类构成特点，创新开发了稳定加氢-异构加氢裂化两段两分集成工艺，实现了费托合成产物正构烷烃、异构烷烃分子的分类利用，具有较高的中间馏分油选择性，且产品方案灵活性高，除可生产石脑油、喷气燃料和无硫超高十六烷值清洁柴油外，还可生产低芳溶剂油、液体蜡、石蜡等高附加值产品。为降低上游浆态床催化剂对稳定加氢系统压降的影响，稳定加氢单元设置了可切除式保护反应器；为提高柴油选择性，异构加氢裂化按尾油循环模式操作。CFH^L 技术包含稳定加氢和异构加氢裂化两个单元，其原则流程见图 29-41。

国内陕西未来能源化工有限公司采用 CFH^L 技术进行费托合成油加氢装置的设计建设，并于 2015 年建成投产，设计能力 100 万吨/年，采用两段两分尾油全循环的工艺流程，以最大化生产柴油为目标产品，稳定加氢催化剂采用 RTF-1，异构加氢裂化催化剂采用

RCF-1。表 29-48~表 29-50 列出了该装置典型的运转数据及产品性质。

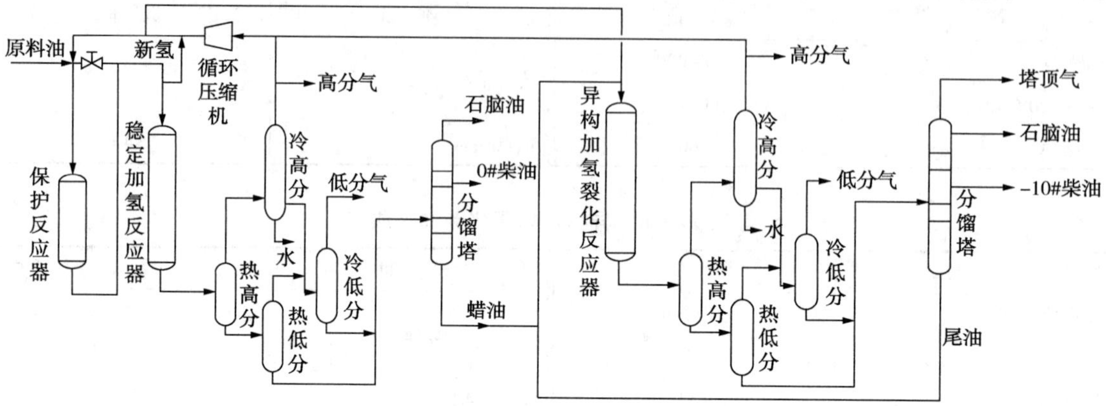

图 29-41　CFH^{L} 技术工艺流程图

由表 29-48~表 29-50 可知，该装置在高分压力 6.45MPa、稳定加氢反应温度 333℃、异构加氢裂化反应温度 365℃的操作条件下加工高低温冷凝物和石蜡，可生产出超低硫清洁石脑油和柴油，且轻柴油和重柴油的凝点分别为-25℃和-33℃，十六烷值分别为 81 和 76，可作为低凝高十六烷值柴油调合组分。该装置采用了适宜于费托合成油加氢裂化的催化剂，柴油选择性高，柴油收率达 71.60%。

表 29-48　原料油性质

项　目	高低温冷凝物	石蜡	项　目	高低温冷凝物	石蜡
密度(20℃)/(g/cm^3)	0.760	—	30%/50%	215/260	455/521
馏程/℃	—	—	70%/90%	302/342	588/678
初馏点/10%	127/173	145/371	95%/终馏点	380/399	—/756

表 29-49　主要反应条件及产品分布

项　目	数　据	项　目	数　据
主要反应条件		产物分布(对进料)/%	
高分压力/MPa	6.45	C_1~C_4	2.64
反应总进料/(t/h)	106.1	石脑油	26.58
体积空速(稳定加氢/裂化)/h^{-1}	2.55/2.15	柴油	71.60
氢油体积比	319/834	平均反应温度(稳定加氢/裂化)/℃	333/365

表 29-50　产品主要性质

项　目	混合石脑油	轻柴油	重柴油
密度(20℃)/(g/cm^3)	0.675	0.749	0.769
硫含量/(μg/g)	<0.5	<1	<1
闪点(闭口)/℃	—	66	64.6
凝点/℃	—	-25	-33

续表

项　目	混合石脑油	轻柴油	重柴油
十六烷值		81	76
馏程/℃			
初馏点	49	186	163
10%	59	198	206
50%	105	221	268
90%	151	264	319
95%	157	273	330

2. 费托合成油加氢技术

中科合成油公司分别与伊泰集团、潞安集团和国家能源集团鄂尔多斯煤制油分公司合作，于2009~2017年建成了3套16~18万吨/年的费托合成装置、2套100~120万吨/年的费托合成装置和1套400万吨/年的费托合成装置，其合成油加氢提质单元采用与国内某研究机构合作开发的加氢技术，加氢精制催化剂采用FF-26，加氢裂化催化剂采用FC-14，原装置设计主要以生产石脑油和柴油为主要产品。表29-51和表29-52为采用中科合成油公司的费托合成技术工业应用装置的合成油原料性质和加氢产品油的性质[87]，表29-53和表29-54为国家能源集团鄂尔多斯煤制油分公司18万吨/年合成油工厂加氢提质单元的主要操作条件和产品分布[88]。图29-42为加氢提质装置的工艺原则流程图，该合成油加氢装置中加氢精制单元和加氢裂化单元共用一套分离和分馏系统，其中常压塔的轻柴油和减压塔的轻柴油混合后出装置。采用图29-42的费托合成油加氢工艺流程，加氢精制催化剂采用FF-26，加氢裂化催化剂采用FC-14，可获得清洁的柴油组分。由表29-53可知，轻柴油产品的凝点为-17℃，可作为-10℃柴油的调合组分，重柴油的凝点为30℃，凝点偏高。由表29-54可知，该合成油加氢技术的柴油收率为53.5%，石脑油收率为19.5%。

表29-51　费托合成油的性质

项　目	轻质馏分油	重质馏分油	费托合成蜡
密度(20℃)/(g/cm^3)	0.741	0.760	0.727
酸度/(mgKOH/mL)	204	0.85	0.11
硫含量/(μg/g)	0.94	—	—
正/异构烃比值	91/5	90/6.7	92/8.2

表29-52　产品油性质

项　目	石脑油	轻柴油	重柴油
密度(20℃)/(g/cm^3)	0.670	0.785	0.760
凝点/℃	—	-17	30
闭口闪点/℃	—	57	111
硫含量/(μg/g)	0.4	2	2

表 29-53　合成油加氢装置主要操作条件

操作条件	数　值	操作条件	数　值
加氢预精制反应器入口氢分压/MPa	≥7.0	加氢精制反应器入口温度/℃	305
加氢预精制反应器入口温度/℃	101	加氢裂化反应器入口温度/℃	350

表 29-54　合成油加氢装置液体产品分布

项　目	产量/(10^4t/a)	产品分布/%	项　目	产量/(10^4t/a)	产品分布/%	项　目	产量/(10^4t/a)	产品分布/%
LPG	4.96	27	石脑油馏分	3.57	19.5	柴油馏分	9.81	53.5

3. 费托合成蜡加氢生产基础油和特种蜡技术

为了充分利用费托合成蜡正构烷烃含量高的特点，最大量生产高附加值产品，提高费托合成技术的经济性，石科院开发了费托合成蜡加氢生产高档润滑油基础油和特种蜡的技术。该技术的工艺流程如图 29-43 和图 29-44 所示，分别对应生产润滑油基础油并兼顾特种蜡方案的工艺流程和最大量生产润滑油基础油的工艺流程。其中稳定加氢单元采用非贵金属催化剂体系，异构降凝单元采用贵金属催化剂体系。其中，费托合成基础油的结构特点，表现出优异的氧化安定性和高的黏度指数，但费托合成蜡凝点高达 70~80℃，要生产倾点低于-30℃的优质润滑油基础油，降凝幅度达到 100℃以上，这对催化剂的开发及工艺技术都提出了严峻的考验。

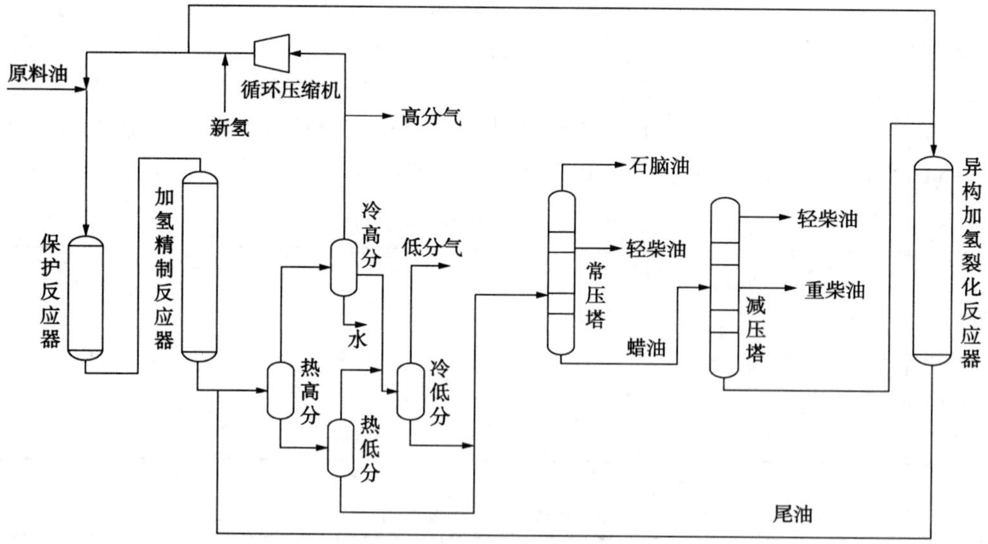

图 29-42　费托合成油加氢技术工艺原则流程图

全球基础油市场供大于求，结构性矛盾突出。常规基础油居主导地位，但需求量减少；非常规基础油需求量增长，供不应求。全球基础油的一项重要进展就是用费托合成蜡生产Ⅲ类基础油。该技术以费托合成蜡为原料，采用稳定加氢-异构降凝的全氢型两段工艺流程，以生产 HVIⅢ类 2 号基础油、HVIⅢ类 4 号基础油、HVIⅢ类 6 号基础油和特种蜡等高附加值产品为主。该技术于2012年在南阳3000吨/年的装置上进行了工业试验。表29-55~表29-58为工业装置的原料性质、主要操作条件和典型产品性质。工业试验结果表明，采用该技术可以生产黏度指数140以上的4号基础油、6号基础油以及优质的2号基础油，同时可得到滴熔点达到90℃以上的高附加值产品特种蜡。

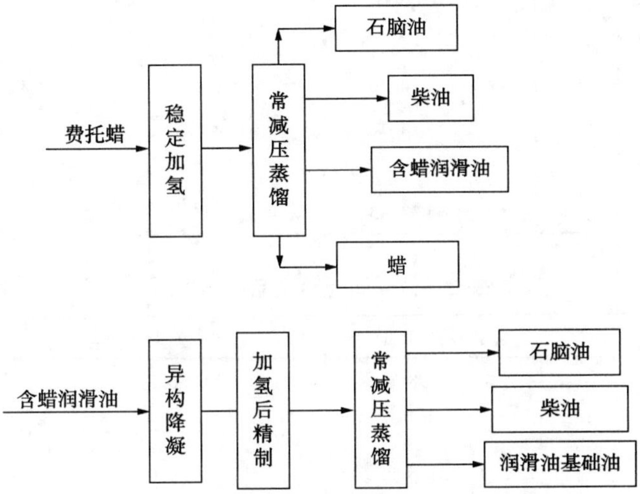

图29-43　生产润滑油基础油及特种蜡工艺原则流程

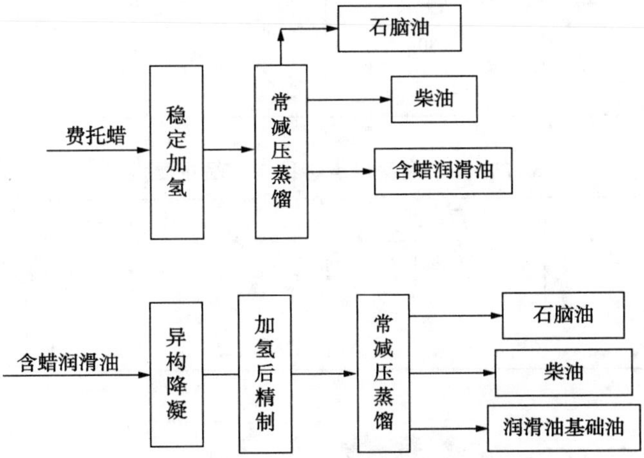

图29-44　生产润滑油基础油工艺原则流程

表29-55　费托合成蜡的主要性质

项　目	数　据	项　目	数　据
密度(20℃)/(g/cm³)	0.8161	馏程/℃	
滴熔点/℃	84.5	初馏点	228
氧含量/%	0.82	10%	327
碳含量/%	84.77	30%	385
氢含量/%	14.77	50%	433
		70%	480
		95%	575

表 29-56　主要操作参数

项　目	兼产润滑油和特种蜡方案	生产润滑油方案
氢分压/MPa	6.0	6.0
反应温度/℃	320~350	320~350
标准状态氢油体积比	500	500
产品收率(以费托合成蜡计)/%		
2 号基础油	14.10	11.67
4 号基础油	14.16	—
6 号基础油	—	18.57
特种蜡	32.45	—

表 29-57　润滑油产品主要性质

产品主要性质	2 号基础油	4 号基础油	6 号基础油
密度(20℃)/(g/cm³)	0.798	0.816	0.819
运动黏度/(mm²/s)			
100℃	2.186	4.050	6.220
40℃	7.137	17.02	31.19
黏度指数	112	142	154
赛波特颜色/号	+30	+30	+30
倾点/℃	<-34	<-34	<-30

表 29-58　高滴熔点特种蜡产品主要性质

项　目	数　据	项　目	数　据
密度(20℃)/(g/cm³)	0.821	油含量/%	<1.0
赛波特颜色/号	25		
滴熔点/℃	95	针入度(25℃)/0.1mm	3

参　考　文　献

[1] 张玉卓. 煤洁净转化工程——神华煤制燃料和合成材料技术探索与工程实践[M]. 北京：煤炭工业出版社，2011.

[2] 中国煤炭经济研究院煤炭产业景气指数研究课题组. 2018—2019 年中国煤炭产业经济形势研究报告[J]. 中国煤炭，2019，45(2)：5-13.

[3] 梁敦仕. 2018 年世界煤炭市场特点及 2019 年发展趋势[J]. 中国煤炭，2019，45(5)：118-129.

[4] 杜伟，孙哲，赵春阳，等. 2018 年我国能源供应形势分析[J]. 煤炭经济研究，2019，39(7)：10-14.

[5] 曹湘洪，袁晴棠，刘佩成. 中国石化工程科技 2035 发展战略研究[J]. 中国工程科学，2017，19(1)：57-63.

[6] 2018 年焦化行业运行情况. 中华人民共和国工业和信息化部网站[EB]，2019-03-04.

[7] 天津大学燃料化学工业教研室. 低温干馏工程[M]. 北京：石油工业出版社，1959.
[8] 李军. 榆林敲定兰炭环保升级目标2020年底前全面完成[N]. 中国化工报，2019-07-10.
[9] 孔令坡. 浅谈煤的格金低温干馏试验[J]. 煤质技术，2008，5：31-32.
[10] 周仕学，戴和武. 年轻煤内热式回转炉热解试验研究[J]. 煤炭加工与综合利用，1997，1：21-23.
[11] 曹重远，王剑秋，朱亚杰. 粉煤流化床低温干馏的研究[J]. 北京石油学院学报，1959(00)：3-9.
[12] 于杨洋. 低阶煤热解燃烧分级转化多联产系统的技术经济性分析[D]. 浙江大学硕士论文，2017.
[13] 李文，李保庆，孙成功，等. 生物质热解、加氢热解及其与煤共热解的热重研究[J]. 燃料化学学报，1996，24(4)：341-347.
[14] 李世光，徐少平. 煤与生物质的共热解[J]，煤炭转化，2002，25(1)：7-11.
[15] 白建明，李冬，李稳宏，等. 煤焦油深加工技术[M]. 北京：化学工业出版社，2016.
[16] 马宝岐，杨占彪，王树宽，等. 煤焦油制燃料油品[M]. 北京：化学工业出版社，2011.
[17] 赵璞，裴贤丰，王之正. 中低温煤焦油加工利用现状研究[J]. 煤质技术，2016，6：11-16.
[18] 次东辉，王锐，崔鑫，等. 煤焦油中金属元素的危害及脱除[J]. 煤化工，2016，44(5)：29-32.
[19] 朱豫飞. 煤焦油加氢转化技术[J]. 洁净煤技术，2014，20(03)：43-48.
[20] 张晓静. 中低温煤焦油加氢技术[J]. 煤炭学报，2011，36(5)：840-844.
[21] 李增文. 煤焦油加氢工艺技术[J]. 化学工程师，2009，23(10)：57-59.
[22] 王守峰，吕子胜. 一种煤焦油延迟焦化加氢组合工艺：中国，CN101429456A[P]. 2008-11-28.
[23] 王洪彬，黄新龙，李节，等. 煤焦油沥青延迟焦化工艺试验研究[J]. 炼油技术与工程，2012，42(9)：26-28.
[24] 吴昊. 煤炭分级利用过程中清洁油品的生产技术[J]. 煤炭转化，2017，09：20-24.
[25] 童雪，李柏，赵大，等. 煤焦油沸腾床加氢工艺的研究[J]. 当代化工，2014，43(10)：2026-2028.
[26] 杨涛，戴鑫，杨天华，等. 煤焦油重组分加氢技术现状及研究趋势探讨[J]. 现代化工，2018，38(09)：60-63+65.
[27] 李林，成慧禹. 一种全馏分煤焦油的加工工艺：中国. CN110396427A[P]. 2019-11-01.
[28] 杨国祥，李毓良. 高温煤焦油加氢制取轻质燃料油工艺的运行实践[J]. 广东化工，2010，37(06)：57-58.
[29] 燕京，吕才山，刘爱华，等. 高温煤焦油加氢制取汽油和柴油[J]. 石油化工，2006：33-36.
[30] 赵志军，郝卫鸣，薛建勋，等. 浅议高温煤焦油加氢[J]. 燃料与化工，2014，(45)：38-40.
[31] 唐宏青. 现代煤化工新技术[M]. 北京：化学工业出版社，2009：267.
[32] 杜淑凤，舒歌平，陈绍毅. 依兰煤液化过程中天然矿物催化剂影响的研究[J]. 洁净煤技术，2000，6(2)：32-34.
[33] 高晋升，张德祥. 煤液化技术[M]. 北京：化学工业出版社，2005.
[34] 张玉卓. 中国神华煤直接液化技术新进展[J]. 中国科技能源，2006，2：32-35.
[35] 舒歌平，史士东，李克健. 煤炭液化技术[M]. 北京：煤炭工业出版社，2003.
[36] 吴爱坪，潘铁英，史新梅，等. 中低阶煤热解过程中自由基的研究[J]. 煤炭转化，2012，35(2)：1-5.
[37] 贾伟. 煤中小分子化合物对煤高温快速液化的影响[D]. 太原：太原理工大学，2010：35-62.
[38] 罗化峰. 氢气在煤液化油中的溶解规律及其在煤高温快速液化中作用研究[D]. 太原：太原理工大学，2011：88-116.
[39] 降文萍，王传格，晋香兰，等. 不同变质程度煤的液化差异及其分子结构研究[J]. 煤炭科学技术，2012，3(1)：33-36.
[40] 井津，姬乃强，田新娟. 低阶煤的液化试验及产物特征[J]. 陕西煤炭，2013，6：49-52.

[41] 李慧慧，黄传峰，王明峰，等．煤直接液化催化剂的制备、优化及应用研究进展[J]．应用化工，2015，44(1)：211-214.
[42] 谢晶，卢晗锋，陈银飞，等．助剂改性 FeOOH 及其煤直接液化催化活性[J]．化工学报，2016，67(5)：1892-1899.
[43] 翟灵瑞．新型煤直接液化催化剂的制备及其作用机理．硕士论文[D]．太原：太原理工大学，2019.
[44] 刘华．提高煤直接液化催化剂活性的研究进展及展望[J]．洁净煤技术，2016，22(4)：105-111.
[45] 李小强，刘永，秦光书．神华煤直接液化示范项目的进展及发展方向[J]．煤化工，2015，43(4):12-15.
[46] 李军，张德祥，蒋子标．煤直接液化粗油提质加工工艺研究现状[J]．煤化工，2013，1：30-33.
[47] 吴春来．煤炭直接液化[M]．北京：化学工业出版社，2010：136-177.
[48] Shui H，Cai Z，Xu C．Recent advances in direct coal liquefaction[J]．Energies，2010，3(2)：155-170.
[49] Lei Z P．Hydrotreatment of heavy oil from coal liquefaction on sulfided Ni-W catalysts[J]．Braz Chem Soc，2011，22(6)：52-54.
[50] 吴秀章，朱豫飞，石玉林，等．加氢精制催化剂用于煤直接液化油品加氢稳定的研究[J]．神华科技，2009，7(6)：59-63.
[51] 白雪梅，李克健．章序文，等．煤直接液化油加氢催化剂活性评价[J]．煤炭转化，2016，39(2)：36-41.
[52] 蔚达．重油加氢技术特点和发展趋势[J]．化学工程与装备，2010，3：113-115.
[53] 韩来喜．T-STAR 工艺的发展及其在煤液化工艺中的应用[J]．石油炼制与化工，2011，42(11)：57-61.
[54] 吴昊，韩来喜，梁家林，等．煤直接液化油加氢提质 RCHU 技术的工业应用[J]．石油炼制与化工，2019，5(6)：7-12.
[55] Anderson R B．The Fischer-Trospch Synthesis[M]．New York：Academic Press，1984.
[56] Espinoza R L．Low temperature Fischer-Tropsch synthesis from a Sasol perspective[J]．Applied Catalysis A：General，1999，186(1-2)：13-26.
[57] 林长平．中国煤制油化工产业发展前景分析[J]．中国石油和化工，2010(4)：22-28.
[58] Fischer F，Tropsch H．The synthesis of petroleum at atmospheric pressures from gasification products of coal[J]．Brennstoff-Chemie．1926(7)：97-104.
[59] Storch H H，Golumbic N，Anderson RB．The Fischer-Tropsch and Related Synthesis[M]．John Wiley & Sons，New York：1951.
[60] Sternberg A，Wender J，Proc．Intern Conf Coordination Chem [C]．The Chemical Society，1959：53.
[61] 高军虎，吴宝山，杨勇，等．费托合成产物分布的热力学平衡分析[J]．计算机与应用化学，2013，30(1)：71-75.
[62] 吴建民，孙启文，高腾飞，等．费托合成反应体系的热力学计算与分析[J]．化学工程，2012，40(3)：30-35.
[63] 马文平，丁云杰，李永旺，等．费托合成反应动力学研究的回顾与展望[J]．2001，26(3)：42-46.
[64] 王野，成康，张庆红．一氧化碳加氢制碳氢化合物反应选择性的调控[J]．中国科学：化学，2012，42(4)：363-375.
[65] Li Jie，He Yingluo，Tan Li，et al．Integrated tuneable synthesis of liquid fuels via Fischer-Tropsch technology[J]．Nat．Catal.，2018，1：787-793.
[66] 吴昊，胡志海，聂红．低温法 F-T 合成进展及技术对比[J]．石油炼制与化工，2010，41(4)：1-5.
[67] 公磊，吴秀章，卢卫民，南海明，文尧顺．煤基高温费托合成技术进展[J]．化工进展，2016，35(s)：122-129.

[68] 王野，康金灿，张庆红．费托合成催化剂的研究进展[J]．石油化工，2009，38(12)，1255-1263.
[69] 侯朝鹏，夏国富，李明丰，等．FT 合成反应器的研究进展[J]．化工进展，2011，30(2)：251-257.
[70] 陈光文，袁权．微化工技术[J]．化工学报，2003，54(4)：427-439.
[71] 徐润，胡志海，聂红．微反应器技术在 Fischer-Tropsch 合成中的应用进展，化工进展，2016，35(3)：685-691.
[72] 赵建宁，王峰，刘素丽．中温费托合成技术的工业应用[J]．山东化工，2017，46(22)：89-92.
[73] 吴秀章，张继明，石玉林，等，费托合成催化剂 SFT418 的工业应用[J]．石油炼制与化工，2011，42(6)：1-5.
[74] Dieter Leckel. Diesel production in coal-based high-temperature Fischer-Tropsch plants using fixed bed dry bottom gasification technology[J]. Fuel Processing Technology. 2011，92(5)：959-969.
[75] Steynberg A P. High temperature Fischer-Tropsch synthesis in commercial practice[J]. Applied Catalysis A：General. 1999，186(1-2)：41-54.
[76] 侯芙生．中国炼油技术[M]．北京：中国石化出版，2011.
[77] Coonradt H L，Garwood W E. Mechanism of Hydrocracking[J]. Ind Eng Chem Proc Design Dev. 1964，3(1)：38-45.
[78] Mills G A，Heinemann H，Milliken T H，et al. Catalytic Mechanism[J]. Eng. Chem. 1953，45(1)：134.
[79] 王雪峰，王锋，陈满英，等．Ni 基双金属催化剂加氢脱氧性能的研究[J]．燃料化学学报，2005，33(5)：612-616.
[80] 裴曼琳，张志新，周敬来．F-T 粗蜡的催化加氢精制[J]．石油化工，1997，26(6)：368-371.
[81] 霍立芳，王雪峰，侯潇云，等．Mo、W 对 Ni/γ-Al_2O_3 催化剂烯烃加氢性能的影响[J]．燃料化学学报，2007，35(5)：595-598.
[82] 杨永宁，张怀科，吕恩静，等．Fe、Mo 助剂对 Ni 基催化剂加氢脱氧性能的影响[J]．分子催化，25(1)：30-36.
[83] 任杰，李永旺，王峰，等．一种用于非硫化费托合成泊品加氢转化的工艺：中国．CN200510012800.6[P]，2006-3-1.
[84] 刘尚利，陈大方．F-T 合成加氢裂化催化剂的工业应用[J]．工业催化，2014，11：878-880.
[85] Dieter Leckel. H_2S Effects in Base-Metal-Catalyzed Hydrocracking of Fischer-Tropsch Wax[J]. Energy & Fuels. 2009，23(5)：2370-2375.
[86] 王鲁强，李国红，郭庆洲，等．费-托合成蜡加氢提质生产基础油和特种蜡技术的工业应用[J]．石油炼制与化工．2016，47(6)：5-9.
[87] 石永胜，刘志学．SC-I 型催化剂在煤间接液化加氢装置的首次工业应用[J]．现代化工，2015，35(15)：136-140.
[88] 王礼，徐志新，马芳伟．煤间接液化技术分析和前景展望[J]．内蒙古石油化工，2011，14：103-104.

专家话炼油

第三十章　重油生产低碳烯烃

全球石化产品需求将保持年均4%的增速，高于年均3%的全球GDP增速；相比之下，由于燃油效率的提高和非化石燃料汽车的快速发展，同期全球运输燃料需求年均增速仅略高于1%。据国际能源署(IEA)预测，石化产品占世界石油消费的比例，到2030年会超过1/3，到2050会接近50%，相当于日加工原油量增加约95万吨。预计2035年美国汽油需求量将比2018年下降15%，柴油需求量将下降6%。同时，全球对石化产品需求的增长率预计将是燃料的3~6倍[1]。

目前大部分炼油厂为燃料型炼油厂，部分为油化结合型炼油厂。市场加速了石化产品需求的增加，液体燃料的需求下降与石化产品市场的快速增长呈现不平衡。未来石化产品的需求增长是石油需求增长的主要驱动力，炼油化工一体化将是必然的发展趋势。

第一节　低碳烯烃制备技术的演变及发展

1919年美国联合碳化物(UCC)公司开发了乙烷、丙烷(来自天然气回收)裂解制乙烯的方法。基于Linde公司开发的从裂解气中分离乙烯的方法，1923年美国UCC公司建成了全球第一套热裂解制乙烯装置，这可以看作全球乙烯产业的元年。1941年陶氏化学公司从烃类裂解产物中分离出丁二烯作为合成橡胶的单体，1943年又建立了丁烯催化脱氢制丁二烯的大型生产装置[2]。至此，制备低碳烯烃的工艺技术基本形成。

低碳烯烃制备技术的演变和发展历程可划分为三个阶段。第一阶段，形成以管式炉蒸汽裂解技术为主导的，以石脑油或油田轻烃为原料，制备低碳烯烃的热裂解工艺阶段；第二阶段，开始以催化技术为核心、基于石油炼制路线制备低碳烯烃的多种途径并存的阶段；第三个阶段，大力开发以煤、天然气以及生物质为原料的催化转化制备低碳烯烃的阶段[3]。

自20世纪20年代起，随着低碳烯烃需求的增大，轻烃裂解无法满足市场对烯烃的强劲需求，裂解原料开始向重质化方向延伸。60年代初开始大量使用石脑油，开发了液体烃裂解技术，之后裂解原料又扩展到煤油、轻柴油、加氢尾油以及加氢石脑油等。随着原料的重质化，乙烯收率有所降低，副产的丙烯、碳四、芳烃(BTX)比例相应增大。但进入21世纪，随着页岩气的成功开发，乙烷等轻烃蒸汽裂解产能在中东、北美等地区又迅速增加。

石油烃高温裂解先后发展了多种方法，如蓄热炉裂解、流化床裂解以及管式炉裂解。蓄热炉裂解是以蓄热砖为热载体使石油烃高温裂解的技术，采用的是反应-再生间歇操作。该技术于20世纪50年代初工业化，用于轻烃或石脑油高温裂解制取乙炔并联产乙烯。由于该法存在污水量多、裂解收率低以及能耗大等诸多缺点，所以70年代被淘汰。流化床裂解技术是基于催化裂化(FCC)工艺开发的烃类裂解技术，曾用于重质油裂解，如TPC法、

K-K 法以及 Lurgi-Ruhrgas 砂子炉法。该方法存在能耗大、裂解温度受限、停留时间长以及收率低等缺陷，所以很难与管式炉裂解技术相竞争。

针对以上两种裂解技术的弊端，管式炉蒸汽裂解法应运而生。1941 年第一套炼厂气为原料的管式炉裂解工业装置在美国的巴吞鲁日(Baton Rouge)投产。在发生热裂解反应之前，石油烃和水蒸气混合物首先在管式炉对流段中预热至“开始”裂解的温度，然后输送至高温辐射管进行高温热裂解，产物为乙烯、丙烯、丁二烯以及芳烃等产品。从 20 世纪 40 年代末起至今，管式炉蒸汽裂解技术成为世界各国广泛采用的低碳烯烃生产方法。近年来虽然有一部分乙烯、丙烯通过重油或渣油催化裂解以及甲醇制烯烃生产，但仍以烃类蒸汽裂解制乙烯为主，因此乙烯装置是石油化工装置的龙头。

由于烃类蒸汽裂解生产乙烯专利技术工艺复杂，20 世纪 50 年代以来一直由美国 Lummus、S&W、KBR、德国 Linde 和法国 Technip 五大专利商垄断，典型的生产工艺有：顺序分离技术路线(含顺序“渐近”分离技术路线)、前脱丙烷分离技术路线和前脱乙烷分离技术路线，并且均拥有各自的裂解专利技术[4]。

烃类通过蒸汽裂解制乙烯的反应过程是在裂解炉辐射段炉管中发生的，裂解选择性的提高主要归功于辐射段炉管构型的改进，各种炉型的发展均与辐射炉管的改进直接相关。第一阶段为 60 年代初期，长停留时间且加工能力小的水平布置，炉管发展到 60 年代后期开始采用垂直排列的辐射段炉管；第二阶段是从 70 年代开始采用 4~6 程分支管，以停留时间缩短到 0.4~0.6s 为特征；第三阶段是在 80 年代通过采用两程或单程炉管，进一步降低停留时间到 0.2s 左右或以下，以提高乙烯、丙烯的选择性为特征。其总的趋势是改变炉管结构实现裂解反应所需要的高选择性：①提高反应温度；②缩短烃类在炉管中的停留时间；③降低烃分压。总的效果是以石脑油为原料时，乙烯收率达到 28%~33%[4~6]。

乙烯装置中的裂解炉由对流段、辐射段(包括辐射炉管和燃烧器)和急冷锅炉系统三部分构成。裂解反应在辐射段炉管中发生，生成乙烯和丙烯等产品。对流段回收高温烟气余热，将原料汽化并加热至反应所需的横跨温度，同时预热锅炉供水和超高压蒸汽。急冷锅炉系统的作用是终止裂解二次反应并回收裂解气的高温热量以产生超高压蒸汽。总体上来讲，蒸汽裂解技术没有突破性进展，主要进展围绕在克服现有技术不足的单元技术、大型化和节能减排等。如果在陶瓷炉管裂解炉发展中工程上和材料上能解决陶瓷炉管本身的可靠性和安全性以及与金属材料的连接问题，或抑制结焦技术能够解决辐射炉管结焦问题，那么蒸汽裂解将有突破性进展。

裂解单元技术的开发是在传热、传质、流体流动、反应等方面围绕上述三部分进行研究，并满足以下多方面的要求：①“四低”要求，低能耗、低物耗、低污染物排放、低维护；②与乙烯装置大型化有关的“五高”要求，高能力、高原料适应性、高自动化程度、高可靠性、高在线率[7]。

鉴于乙烯技术的重要性，原中国石化总公司成立伊始，就把开发乙烯裂解技术确定为重点科技开发项目，于 1984 年组织开展中国石化乙烯裂解技术的研究开发工作，并于 1988 年实现了第一台北方炉(CBL)工业试验的裂解炉运行[5]。以中国石化工程建设有限公司(SEI)、北京化工研究院和南京工业炉所为代表的研究单位，经过近 30 年的不断研发，取得了显著的成绩，实现了烃类蒸汽热裂解工艺技术、工程设计技术及设备的国产化，在国内得到大规模应用并走向了国外。

中国石化CBL裂解技术经历了近30年的研究、改进和推广，完全实现了工艺、工程设计及设备国产化，并且实现了技术出口。在第一个阶段(1984~1998年)主要解决了工艺问题；第二个阶段(1998~2001年)主要解决了辐射段炉管弯曲问题；第三个阶段(2002~2009年)主要解决了裂解炉大型化问题和裂解炉技术成套问题(气体炉、裂解炉改造等)；第四个阶段(自2010年开始)主要开拓了国际市场，解决了蒸汽裂解技术的改进和突破难题[7]。近年来CBL裂解炉和基于CBL技术的SL-Ⅰ型炉在燕山、齐鲁、天津、镇海、中原、茂名的工业应用表明，CBL炉、SL-Ⅰ(CBL-Ⅲ)型炉的工艺性能和技术水平已完全达到国际先进水平，在重质原料裂解方面具有优势，并有投资少的优点。

2019年，中国乙烯年生产能力达到2018.45万吨(不含MTO装置)[8]，有34套乙烯生产装置，乙烯产能处于世界第二位。目前中国的大型石油化工企业，通过炼油厂与乙烯厂的有机结合，可实现原料和产品互供，显著提高了企业的经济效益。炼油厂生产的重整拔头油和抽余油、加氢尾油和轻烃等都是乙烯裂解的良好原料，可通过原料互供进入乙烯装置。炼油厂二次加工装置的气体产率很大，可以从炼油厂干气中回收乙烯。我国已建成百余套催化裂化装置，干气产量约400万吨/年，这部分干气中很大一部分是烯烃，还含有乙烷、丙烷和碳四。这些副产的气体经分离后，得到粗的乙烯、丙烯直接进入裂解的产品精制部分，分离出的乙烷、丙烷等轻烃送到裂解装置做乙烯原料，甲烷和氢气可以作为燃料或替代石脑油作为制氢原料。通过充分利用资源，使乙烯原料得到必要的补充，提高装置的整体效益。

经过70多年的发展，管式炉蒸汽裂解工艺日益完善。但由于反应温度高，导致该工艺存在能耗大、对炉管材质要求高、需定期清焦、需严格控制原料中的烯烃和芳烃含量以及丙烯收率较低和乙烯与丙烯比例调节弹性小等诸多不足。受热裂解反应机理限制，该工艺所存在的不足难以通过自身的技术改进进行解决。为此，国内外众多研究者和机构一直努力寻求弥补该工艺不足的生产途径。自20世纪60年代以来，国内外大型石化公司与研究机构基于催化技术，开发原料适应性好、丙烯产率高、乙烯与丙烯比例调节弹性大的生产低碳烯烃的新工艺，这即是低碳烯烃制备技术演变与发展的第二阶段。

1. FCC改进工艺

FCC改进工艺用于增产低碳烯烃(乙烯、丙烯以及丁烯)，尤其是丙烯，可从工艺与催化剂两方面着手。工艺参数的调整，主要通过采用高苛刻度的操作条件，如高温、大剂油比以及利用水蒸气降低烃分压，从而达到提高原料的转化深度、抑制氢转移反应以及增加低碳烯烃产率的目标。FCC工艺的改进还体现在采用高效的反应器与反应流程的优化，如采用提升管反应器、多(根)段式提升管反应操作以及提升管反应器+床层组合反应器等。在此基础上，辅以具有高择形性的沸石催化剂，可实现低碳烯烃产率的最大化。

石科院开发的重油催化裂解(DCC)工艺已经在国内外多套工业装置上应用。典型的操作模式分为多产丙烯的DCC-Ⅰ与多产异构烯烃的DCC-Ⅱ。关于DCC工艺的详细介绍参见本章第二节。除DCC工艺外，石科院开发的多产低碳烯烃家族工艺还包括MGG、ARGG以及MIO技术[9]。国内外很多研究机构与公司开发了增产低碳烯烃的工艺，有Mobil与KBR公司的MAXOFIN™工艺[10]，UOP公司的PetroFCC工艺[11]和LOCC工艺[12]，Axens/Shaw

公司的 Petro-Riser 技术[13]，洛阳石化工程公司的 FDFCC 技术[14]，中国石油大学(华东)的 TSRFCC-MP 技术[15]，ABB Lummus 开发的 SCC[16]技术。

2. 重油催化热裂解

传统 FCC 工艺的反应温度一般在 550℃以下，通常为 490~530℃，而重油催化热裂解的主要产物是乙烯和丙烯，因此其反应温度高达 580~640℃。比较有代表性的是石科院开发的重油催化热裂解(CPP)工艺[9]以及洛阳石化工程公司开发的重油裂解制乙烯(HCC)工艺[17]。CPP 工艺已经推广应用，长周期、大规模的工业运转结果表明，该工艺成熟可靠，详细介绍参见本章第三节。

3. C_4~C_5 烯烃催化裂解

鉴于原油价格上涨与石化生产成本上涨，并且利用低价值的 C_4~C_5 烯烃催化裂解制取乙烯与丙烯(尤其是增产丙烯)可为生产企业带来较好的经济效益，因此，C_4、C_5 烯烃催化裂解技术受到业界的青睐，得到较快发展。烯烃催化裂解催化剂的活性组元是 ZSM-5 沸石，采用较高的硅铝比、小晶粒以及磷、铜等元素的修饰可提高催化剂的稳定性。C_4 催化裂解工艺分为固定床和流化床工艺两类。ATOFINE 公司和 UOP 公司联合开发的 OCP[18]、Lurgi 公司的 Propylur[19]以及上海院的 OCC 技术[20]均为固定床工艺，流程比较简单，但对催化剂稳定性的要求较高。LyondelVKellogg 公司(KBR)开发的 Superflex 技术[21]、ExxonMobil 公司开发的 MOI 技术属于流化床工艺[22]。石科院基于 DCC 平台技术，采用流化床工艺，通过回炼 C_4~C_5 烯烃，实现重油催化裂解和 C_4~C_5 烯烃催化裂解的耦合，进一步提高了 DCC 工艺的丙烯和乙烯产率[23]。

4. 石脑油催化裂解

石脑油催化裂解技术是在催化剂的作用下将石脑油(馏程低于 205℃的石油烃)转化为乙烯与丙烯的过程。与蒸汽裂解过程相比，石脑油催化裂解具有反应温度低(620~750℃)、能耗低、乙烯与丙烯产率高等优点，该技术的开发有望为传统的乙烯与丙烯的生产带来新的进展。

石脑油催化裂解催化剂基本可分为金属氧化物催化剂与沸石催化剂两大类。金属氧化物催化剂的优势在于结构较稳定，反应-再生后催化剂的活性稳定，但是由于其表面酸性较低，裂解活性低，裂化反应温度仍在 700℃以上，这一温度范围内仍以热裂化反应为主。沸石以其独特的择形选择性与较高的酸性活性中心，可将进一步降低裂化温度，而且乙烯与丙烯的收率以及丙烯/乙烯比均优于金属氧化物催化剂。

韩国 SK 化学与 KBR 工程公司联合开发了石脑油催化裂解(ACO)工艺，与蒸汽裂解相比，ACO 工艺可使乙烯+丙烯产率增加 15%~25%，丙烯/乙烯比可接近 1.0。中国延长石油集团采用 ACO 工艺在陕西延安建设的 28 万吨/年(以乙烯+丙烯计)全球首套石脑油催化裂解制乙烯与丙烯工业装置于 2018 年 9 月开车成功[24]。

5. 乙烯/丁烯歧化转化

在催化剂作用下，乙烯和 2-丁烯发生双键断裂和重排得到丙烯的过程，称为烯烃歧化转化反应，该反应属于可逆反应[25]。1966 年，由于乙烯市场短缺，加拿大 Shawingigan 公司采用 Phillips 公司开发的三烯法(Triolefin Process)建成一套 5 万吨/年丙烯歧化制乙烯和 2-丁烯的装置。20 世纪 80 年代以来，丙烯需求增长率逐渐超过乙烯，乙烯工业与催化裂化供应的丙烯已不能满足巨大的市场需求，因此，乙烯和2-丁烯歧化制丙烯的技术又发展了起来。

6. 低碳烷烃脱氢

低碳烷烃(乙烷、丙烷和丁烷)脱氢包括直接脱氢、氧化脱氢以及脱氢-氧化三条路线。低碳烷烃直接脱氢是低碳烷烃在催化剂作用下直接脱氢生成相应的低碳烯烃。直接脱氢为强吸热、分子数增加的反应，需要高温、低压的反应条件，而且催化剂易结焦失活，因此，一般需在低烃压、临氢的条件下操作。低碳烷烃氧化脱氢过程中烯烃产物易进一步发生深度氧化，从而降低低碳烯烃的选择性。脱氢-氧化是直接脱氢与氢气氧化两个过程的耦合，催化剂包括脱氢催化剂和氢氧化催化剂，其中Pt-Sn催化剂兼具脱氢与氢气选择氧化的功能。脱氢-氧化有望突破热力学平衡限制，提高烷烃转化率，因此低碳烷烃脱氢技术也是未来发展的重要方向之一。

全球原油资源禀赋分布十分集中，资源量日见减少，且价格持续上涨。与石油相比，煤与天然气储量更为丰富，这为以煤和天然气为原料制备低碳烯烃提供了充足的物质基础。生物质能源具有可再生与零排放的优点，以生物质为基础生产低碳烯烃引起了国际社会的广泛关注，生物乙醇制乙烯技术于1989年首次在印度实现工业化。迫于原油日渐消耗与价格高涨的压力，自20世纪80年代，世界各国都开始了寻找新的非石油路线的低碳烯烃制备技术，逐渐发展起多种由C_1路线(煤、天然气催化)与生物质合成低碳烯烃的技术，即形成了低碳烯烃制备技术演变与发展的第三阶段。

随着石油资源的短缺，以及乙烯和丙烯需求的增长，近年来，以煤或天然气为原料生产甲醇，进而通过小孔或中孔的沸石催化剂转化为烯烃的工艺成为关注的焦点，包括甲醇制烯烃(MTO)以及甲醇制丙烯(MTP)。MTO技术采用的是移动床或流化床反应工艺，以八元环的磷酸硅铝沸石(SAPO-34)为催化剂活性组分，乙烯与丙烯的选择性超过80%。MTP工艺采用的是固定床工艺，以十元环的ZSM-5沸石为催化剂活性组分，丙烯累积收率可达70%。由于目的产物的差异，MTO与MTP选择了不同孔结构与酸性的沸石作为催化剂活性组分。

MTO技术的开发，经历了从催化剂研究、反应工艺创新及工程化技术开发等阶段。近20年来，MTO催化材料和工艺的研究是国际上重要的研究热点。其中Exxon Mobil公司、UOP公司、中国科学院大连化学物理研究所、上海院在MTO技术开发处于优势地位。特别是上述我国两家研究单位开发的MTO技术实现了工业化。

相较于国外，MTO工艺技术在国内发展较晚，但在催化剂研究和工艺技术研发上占据优势，其中中科院大连化物所在20世纪80年代开始对甲醇或二甲醚制烯烃技术开展研究工作，先后完成实验室小试，固定床中试研究。在研发中，从ZSM-5沸石到小孔SAPO沸石，从固定床反应器再到流化床反应器，通过不断研究和开发，于2005年12月建成了世界唯一的万吨级以甲醇为原料的规模工业化试验装置。并在此装置中完成了从单机试车到投料试车、条件试验、性能考核的等各项工业化试验工作，通过不断优化条件，奠定了大型化工业装置的设计、建设和运行技术基础。

具有代表性的MTO工艺主要有：中科学院大连化物所DMTO工艺技术[26]和第二代DMTO-Ⅱ技术[27]；UOP和Total共同开发的MTO+OCP技术；上海院、中国石化工程建设公司和北京燕山石化公司联合研发的 SMTO 技术[28]；神华集团依据大连化物所 DMTO 技术研发的 SHMTO 技术[29]。

国内具有代表性的 MTO 工艺特点[30]总结如下：

DMTO 工艺特点：

（1）密相循环流化的连续反应-再生过程；

（2）丙烯/乙烯比在一定范围内可调；

（3）DMTO 专用催化剂，具有优异的催化性能，高的耐热稳定性，水热稳定性和合适的物理性能；

（4）较低的再生温度，避免氮氧化物的生成；

（5）副产水、少部分未反应原料经汽提返回反应系统。

DMTO-Ⅱ工艺特点：

（1）采用双反应器操作，在主反应进行的同时，进行碳四烯烃转化制低碳烯烃工艺，在一定程度上增加双烯收率；

（2）采用 DMTO 专用二代催化剂，相比前期的催化剂活性更强，目的产品产率更高；

（3）采用低压操作技术，反应系统压力为 0.05MPa(G)；

（4）采用低温操作，反应温度控制在 460~520℃；

（5）通过增设碳四反应器，采用第二代催化剂，很好地提高碳的利用率，提高目的产品产率。

UOP/MTO+OCP 工艺特点：

（1）UOP/MTO 工艺技术反再两器包括提升管反应器和再生器，OCP 采用固定床循环烧焦模式，实现连续反应；

（2）采用 MTO-100 催化剂，催化剂剂耗低；

（3）UOP 技术采用 0.27MPa 反应器压力，通过提高操作压力，减少反、再两器的设备体积，同时降低催化剂的装填量，节约初期投资成本；

（4）通过产生蒸汽取走多余反应热量，采用较低的反应温度 420~480℃；

（5）采用 DME 回收技术，将未反应原料重新回炼参与反应从而减少原料消耗；

（6）采用 OCP 工艺技术，将碳四烯烃转化为丙烯和乙烯，增加双烯收率。

SMTO 工艺特点：

（1）MTO 反应器采用快速流化床，再生器采用烧焦罐+床层设计；

（2）反再两器设置取热器，通过汽包产生蒸汽，通过控制取热循环量调整反再两器操作温度；

（3）反应系统压力为 0.15MPa 左右；

（4）反应温度为 480℃；

（5）采用专用 SMTO-1 催化剂，价格低廉，催化性能优异，粒度分布均匀。

SHMTO 工艺特点：

（1）反应-再生系统采用同轴分布，合理利用装置空间；

（2）再生器置于反应器上部，再生催化剂通过重力进入反应器床层，减少催化剂磨损；

（3）设置再生器催化剂冷却器降低催化剂温度，防止高温催化剂与甲醇接触发生副反应，从而提高乙烯和丙烯的选择性。

表 30-1 列出了不同甲醇制烯烃工艺主要技术指标对比。

表 30-1　不同甲醇制烯烃工艺主要技术指标对比[30]

工艺指标	DMTO	DMTO-Ⅱ	MTO+OCP	SMTO	SHMTO
甲醇转化率/%	99. 18	99. 97	99. 97	99. 5	99. 82
烯烃选择性/%	78. 71	85. 68	89. 39	84	79. 24
烯烃甲醇单耗/(t 甲醇/t 烯烃)	2. 96	2. 67	2. 54~2. 67	2. 92	暂无
催化剂单耗/(kg/t 甲醇)	0. 25	0. 25	0. 17~0. 21	0. 25	暂无

截至 2019 年年底国内 DMTO/DMTO-Ⅱ工艺投产运行装置共 12 套，大多规模为烯烃产量 60 万吨/年。UOP/MTO+OCP 工艺在国内共有三套，最大规模为烯烃产量 90 万吨/年。SMTO 工艺在中国石化系统内有两套装置，最大规模为甲醇处理量 180 万吨/年。SHMTO 只有一套烯烃产量 68 万吨/年装置。

我国煤炭资源较为丰富，天然气探明储量和开采量也在不断增长，未来我国页岩气资源开发前景良好。因此，我国发展以煤或天然气为原料的 MTO 等技术，可有效地缓解我国石油资源短缺压力，对国家能源安全及经济可持续发展具有非常重要的战略意义。

基于技术现状及未来的技术发展，原油生产石化产品技术途径分为原油最大化生产的成品油与石化产品、原油最大化生产石化产品和原油直接生产石化产品。随着新能源汽车的增加和乙醇汽油等交通替代燃料产业的快速发展，成品油消耗量和价格逐步下降，利用原油同时生产成品油与石化产品技术，不仅在数量上将难以满足日益增长的石化产品的需求，而且在市场需求、投资回报率方面均难以与原油最大化生产石化产品技术、原油直接生产石化产品技术进行竞争[31~33]。

原油最大化生产石化产品技术主要采用沸腾床或浆态床渣油加氢裂化工艺、蜡油加氢裂化工艺和柴油加氢裂化工艺，优化工艺流程，将原油中的重芳烃饱和，并将重质烃类转化成小分子的烃类，为芳烃生产单元提供最大量的重石脑油原料，石脑油收率达到 40%以上，进而实现石化产品产量最大化的目标。近期国内几家民营企业采用此流程来生产 BTX(苯、甲苯、二甲苯)等石化产品[33]。

原油直接生产石化产品技术的特点是省略了常减压蒸馏等炼油装置，使得工艺流程大为简化。最具代表性的技术是 ExxonMobil 公司开发的原油直接转化为低碳烯烃的新型蒸汽裂解工艺[32,34]。该工艺区别于常规炼油过程，将原油直接供给裂解炉，并在裂解炉对流段和辐射段之间加入一个闪蒸罐。其工艺流程是将原油在对流段预热后进入闪蒸罐，气液组分分离，气相(约 76%)进入辐射段进行裂解，底部重质液相(约 24%)则作为其他炼油装置原料或者作为燃料油直接出售。2014 年 1 月，全球唯一一套商业化运营的原油直接制烯烃装置在新加坡投产，从原油直接生产乙烯的能力为 100 万吨/年。由于该工艺中原油重馏分没有得到有效利用，因此适宜加工轻质原油。如果原料中重馏分过多，会降低该技术的市场竞争力。

原油直接生产石化产品另一条技术路线是原油直接进入加氢裂化装置，脱除原油中的硫并将重芳烃饱和，同时将高沸点组分转化为低沸点组分，之后经过蒸馏分离，蜡油及更轻的组分进入蒸汽裂解装置，重组分则进入多产低碳烯烃的催化裂解装置。沙特阿美公司(Saudi Aramco)及沙特基础工业公司(SABIC)计划以阿拉伯轻质原油为原料，采用原油直接加氢裂化和沙特阿美公司自主研发的深度催化裂化技术，直接最大化生产低碳烯烃，石化产品收率约45%，该技术尚未建成商业化运营装置[32,35~37]。据沙特阿美公司相关部门测算，采用此技术路线，原油直接制石化产品的成本比石脑油蒸汽裂解低约1400元/吨。

20世纪80年代中期以来，石科院相继开发了重油催化裂解制取低碳烯烃技术(DCC)，重质油直接制取乙烯和丙烯的催化热裂解(CPP)工艺，DCC和CPP技术成功地进行了工业推广应用，是在全球范围内最具有竞争力的多产低碳烯烃催化裂化技术，被誉为“在炼油和化工之间架起了桥梁”。可以预见，DCC和CPP系列技术将在原油直接生产石化产品工艺流程中发挥核心作用。

基于国内外原油生产石化产品技术方案和石科院多年在这方面的研究积累，概括原油最大化生产或直接生产石化产品方案如下：①最大量生产乙烯，兼顾丙烯和BTX；②最大量生产乙烯和丙烯，兼顾BTX；③最大量生产丙烯，兼顾乙烯和BTX；④最大量生产丙烯和BTX，兼顾乙烯；⑤最大量生产BTX，兼顾乙烯和丙烯[31]。前三个石化产品生产方案的基础流程是原油的轻馏分作为蒸汽裂解装置原料，而重馏分作为催化裂解装置原料。后两个石化产品生产方案基础流程是原油的轻馏分作为催化重整装置原料，而重馏分作为加氢裂化装置原料。由此可以看出：开发重馏分高效深度转化技术是原油最大化生产或直接生产石化产品的关键。随着原油中重馏分高效转化工艺持续不断的进步，石化产品收率可达到70%以上，将形成规模效应、成本优势，从而带来巨大的经济效益和强有力的竞争力，推动石化行业发生革命性的改变。

第二节　催化裂解

乙烯、丙烯及丁烯等低碳烯烃是三大合成材料(合成树脂、合成纤维、合成橡胶)的基本有机化工原料。目前，世界上广泛采用以轻烃为原料的蒸汽裂解方法来制取低碳烯烃，产品以乙烯为主。今后10年的烯烃国际市场预测表明，丙烯将有很大增长，其主要推动力是聚丙烯、丙烯腈及酚醛树脂等产品的市场需求的增加。蒸汽裂解已不能满足乙烯与丙烯产量间的平衡。另外，在中东地区新建了大量乙烷生产乙烯装置，其乙烯成本低、但丙烯产率也低，为了平衡乙烯和丙烯的比例，重油催化裂化生产丙烯是一个具有市场竞争力的技术路线。

石科院自1987年开始首先开发了以重质烃类为原料，以催化裂化工艺为基础的催化裂解生产低碳烯烃、特别是丙烯的DCC技术[39]。第一套工业示范装置于1990年开车成功。此后，最大量生产丙烯、生产丙烯兼产轻质芳烃等技术相继投入工业应用，表30-2列出了DCC系列技术在国内外的应用推广情况。

表 30-2　DCC 系列技术在国内外应用推广情况

序号	装置位置	处理量/(万吨/年)	开工日期	装置类型	原料
1	中石化济南分公司(中国)	15	1990.06	DCC Ⅰ	VGO+DAO
2	中石化安庆分公司(中国)	65	1995.03	DCC Ⅰ	VGO+HTVGO
3	中石油大庆炼化分公司(中国)	12	1995.05	DCC Ⅰ	VGO+ATB
4	IRPC 公司(泰国)	90	1997.05	DCC Ⅰ	VGO+WAX+ATB
5	中石化荆门分公司(中国)	80	1998.09	DCC Ⅱ	VGO+VTB
6	中国蓝星沈阳(中国)	40	1998.10	DCC Ⅱ	VGO+VTB
7	中石油锦州分公司(中国)	30	1999.09	DCC Ⅰ	ATB
8	中国蓝星大庆(中国)	50	2006.10	DCC Ⅰ	ATB
9	Petro-Rabigh 公司(沙特)	460	2009.05	DCC Ⅰ	HTVGO
10	HMEL 公司(印度)	220	2012.05	DCC Ⅰ	HTVGO
11	MRPL 公司(印度)	220	2014.07	DCC Ⅰ	HTVGO
12	BPCL 公司(印度)	220	2017.09	DCC Ⅰ	HTVGO
13	中石化扬州石化(中国)	25	2011.09	MCP	ATB
14	中海油东方石化(中国)	120	2014.02	DCC-plus	ATB
15	IRPC 公司(泰国)	140	2016.03	DCC-plus	ARDS and C4s
16	中海油大榭石化(中国)	220	2016.06	DCC-plus	ATB+Hydrocracker btms
17	大庆龙油(中国)	150	2021.1	DCC-plus	HTVGO
18	汇丰石化(中国)	220	设计中	DCC-plus	HTVGO
19	HRRL 公司(印度)	290	设计中	DCC-plus	HTVGO
20	裕龙石化(中国)	400	设计中	DCC-plus	ARDS

一、重油催化裂解生产低碳烯烃机理

蒸汽裂解主要是遵循自由基机理进行的热反应，与蒸汽裂解不同，催化裂化的反应主要是在酸性催化剂上遵循正碳离子机理进行的反应。催化裂化反应是非常复杂的，包含了各种平行-顺序反应，包括物质的量增加(体积膨胀)的裂化反应，物质的量减少的缩合反应。图 30-1 显示，对于 FCC、DCC、CPP 工艺，随着反应苛刻度的增加，产物中气体产率和焦炭产率都有所增加。理想情况中，气体产物以低碳烯烃为主，但随着反应苛刻度的提高，气体中甲烷的比例也明显增加，因此需要根据催化裂解过程中低碳烯烃的生成机理，针对性地开发反应器，优化催化剂配方和操作条件，提高低碳烯烃产率和选择性。

石油馏分为复杂的烃类混合物，在裂化条件下，各种单体烃转化同时进行并发生许多交错反应，因而形成一个复杂的反应体系。在体系中，C—C 键最初断裂产生一次产物(初始裂化产物)，它在反应过程中又参与二次反应而生成二次产物。汽油、丁烯、正丁烷等是一次反应产物，而丙烯可能是一次产物，也可能是一次产物参与反应而生成的二次产物，参见图 30-2[40]。

在一般裂化条件下，在石油馏分催化裂化的各类反应中，以 C—C 键断裂反应的速度最

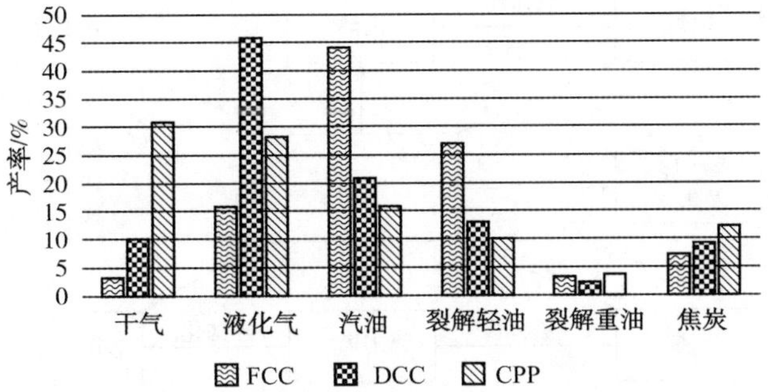

图 30-1　不同催化工艺的典型产物分布

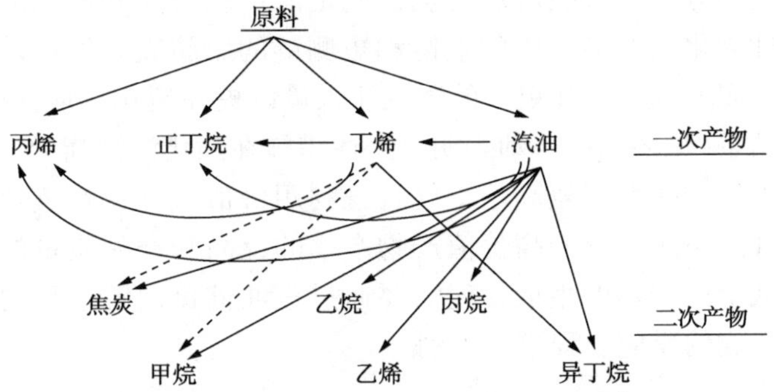

图 30-2　馏分油在催化剂上裂化反应网络示意图

快和反应最完全，而且不受化学平衡的限制，可以连续反应下去直至生成不易断裂的小正碳离子（$C_3H_7^+$、$C_4H_9^+$）；一些氢转移、异构化、环化、脱烷基及烷基转移、环烷脱氢等处于中间速度，反应未达到化学平衡；其他如芳构化、歧化、叠合、缩合等反应则较难进行，而烯烃的叠合及芳烃的缩合则在较低的温度下有利。

无论是烷烃、环烷烃还是芳烃都是以 C—C 键初始断裂为最基本的反应并生成汽油烯烃等一次产物，然后在此基础上发生各种二次反应；较重要的二次反应包括：烯烃的裂化、环化、异构化、氢转移和叠合、环烷烃脱氢、芳烃缩合、烷基转移和烷基化等。值得注意的是，除少数二次反应（环烷烃脱氢、芳烃缩合和烷基转移）外，上述的二次反应都是通过烯烃或烯烃参与而进行的，这样，正碳离子是催化裂化一次反应的中间体，而由一次反应产生的烯烃，则成为二次反应前身物。

催化裂化生成低碳烯烃的反应主要是原料的初始裂化以及一次产物中汽油烯烃在择形沸石上再次进行的二次裂化反应。二次反应除了裂化反应外，还包括异构化及氢转移等反应。在二次反应中裂化及异构化反应是产生丙烯及异构烯烃的主要反应，为了防止烯烃产物的饱和，必须控制氢转移反应，催化裂化生产低碳烯烃技术中一次裂化产物——汽油的二次反应参见图 30-3[41]。

从目前重油催化裂解技术来看，多数研究者认为丙烯主要是重质烃类经汽油馏分二次裂解生成，汽油馏分内的烯烃是生成丙烯的前身物。基于这种认识，现有技术大都将强化汽油馏分的裂化反应作为增产丙烯的主要措施。强化手段包括：采用两个反应器/区或将汽

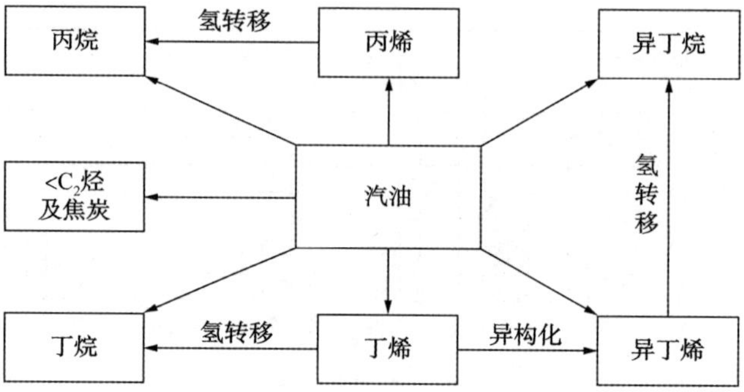

图 30-3　汽油二次反应示意图

油馏分回炼，为汽油馏分的二次裂解反应提供充足的反应时间和适宜的反应条件；采用中孔择形沸石来选择性裂化汽油馏分中的直链和短侧链的脂肪族烃类；采用比常规催化裂化更高的反应温度、更高的剂油比和更大的蒸汽注入量以提高裂化反应深度和丙烯的选择性。然而，工业化应用结果(见表 30-3)却表明，上述措施在强化汽油馏分二次裂解增产丙烯同时，往往还会造成干气产率普遍较高。干气自身利用价值很低，且氢含量很高，从氢平衡角度看，较高的干气产率还会影响高价值产物产率的提高和产品质量的改善。在生产丙烯的同时减少干气等低价值产物的生成，就需要通过重油催化裂解过程的剖析，对不同转化阶段内丙烯和干气生成的反应历程进行甄别。

表 30-3　FCC 和 DCC 工艺的主要产物产率　　%

产　物	工艺	
	FCC	DCC
丙　烯	3.81	18.20
汽　油	48.06	21.36
干　气	3.36	9.50

1. *裂解反应深度与产物分布的关系*[9]

图 30-4 为大庆 VGO 不同转化深度下产物分布的变化情况。从图 30-4 中曲线的变化规律可以看出，随着转化率增加，重油产率直线下降；目的产物丙烯和液化气产率基本呈直线增加趋势，汽油和柴油产率呈现先增加后下降的趋势；非目的产物干气和焦炭产率则先平缓增加，转化率超过一定范围后，又出现明显上升。具体而言，伴随着重油产率直线下降，在转化率为 38.22%时，柴油产率即达到最大值，此时丙烯产率为 9.51%，干气和焦炭产率分别为 3.58%和 0.37%；此后重油和柴油产率同时下降，在转化率为 65.72%时，汽油产率出现最高点(22.61%)，此时丙烯产率达到了 16.53%，干气和焦炭产率有所增加，分别增加了 2.31 个百分点和 1.29 个百分点；随转化率由 65.72%进一步上升到 80.13%，丙烯产率虽仍保持较大增幅，增加了 9.94 个百分点，但干气和焦炭产率也有较明显增加，分别增加了 4.20 个百分点和 1.14 个百分点，产物分布开始恶化；而继续提高转化率，当最高达到 90.93%时，重油基本完全转化，此过程中汽油和柴油产率均明显下降，丙烯产率增加 5.78 个百分点，干气和焦炭产率却分别增加了 5.40 个百分点和 3.94 个百分点，达到了

15.49%和6.75%，产物分布明显恶化。

由图30-4可以看出，对大庆VGO而言，当转化率为65.72%时，近70%的丙烯(以最高丙烯产率实验结果计)已经生成，整个产物分布较为理想；随转化率进一步提高，丙烯产率虽有较大幅度增加，但干气等低价值产物产率增加幅度更大，约62%的干气和约75%的焦炭是在高转化率范围内(>65.72%)生成的。可见，对重油催化裂解生成丙烯过程来讲，不同转化深度阶段内丙烯和干气生成的情况是不同的。

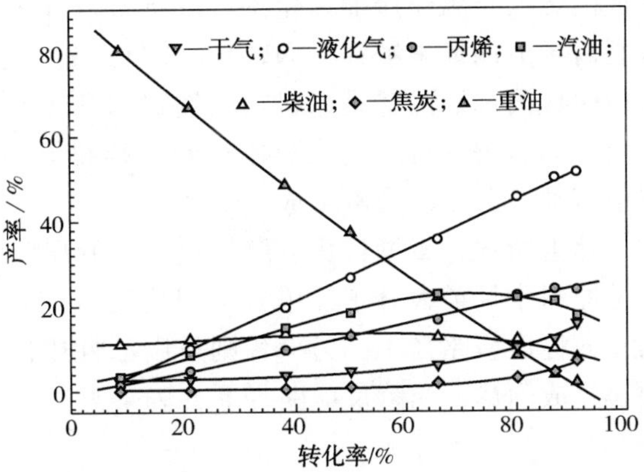

图30-4　产物产率随转化率的变化关系

2. 丙烯生成的反应路径分析

如前文所述，目前多数研究者认为丙烯主要由重质原料经汽油馏分二次裂解生成，汽油馏分中的烯烃是丙烯主要前身物。

分析大庆VGO不同转化深度下丙烯、汽油和汽油中烯烃产率之间的变化关系(见图30-5)后却发现，当转化率低于65.72%时，三者产率均随转化率升高基本呈现线性增加的趋势；当转化率由65.72%增加到80.13%时，丙烯产率增加5.78个百分点，汽油产率和汽油中烯烃产率仅分别下降0.88和2.87个百分点，显然，在该过程中汽油中已生成的烯烃对丙烯产率增加的贡献最大也未超过50%；随转化深度进一步增加，在转化率由80.13%增加到86.89%时，丙烯产率增加了1.42个百分点，汽油产率和汽油中烯烃产率仅分别下降了0.89个百分点和1.33个百分点，丙烯产率的增加同样既非由汽油馏分，也非由汽油中已生成的烯烃全部转化而来。由此可见，重油催化裂解反应过程中，丙烯除由经汽油馏分二次裂解生成外，还可能存在其他不可忽视的生成路径。

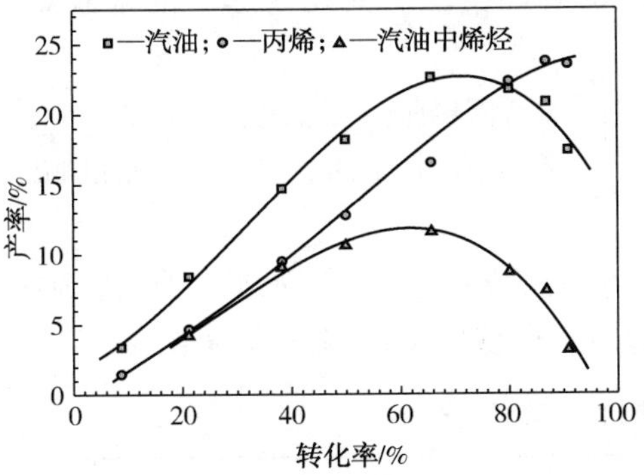

图30-5　主要产物产率与转化率关系

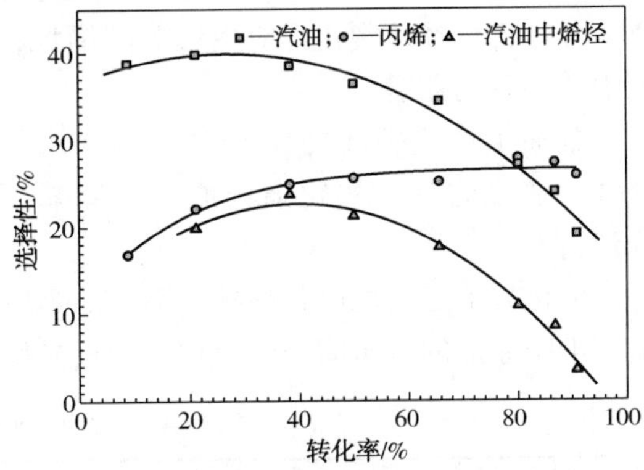

图30-6　主要产物选择性与转化率的关系

图30-6是产物选择性随着转化率变化的趋势。从图30-6可知，当转化率超过65.72%后，伴随着汽油选择性和汽油中烯烃选择性的明显下降，丙烯选择性并未呈现较大变化。这说明重油催化裂解反应过程中，丙烯的生成不仅存在其他反应路径，而且该反应路径对

生成丙烯的贡献作用随转化深度的提高在不断减弱。根据现有认识，这显然只能由原料直接裂解生成丙烯来解释，即转化率较低时，原料中有易裂解的烷烃组分，通过初始的裂化反应生成丙烯。丙烯是原料初始裂解和汽油馏分二次裂解共同作用的结果；随转化率提高，原料中易裂解的烷烃组分明显减少，难裂解的芳烃组分将明显增加，导致此阶段内丙烯主要由汽油馏分二次裂解生成。

综上所述，重油催化裂解生成丙烯的反应路径可能包括如下两种(如图30-7所示)：一种是原料中烃类大分子经单分子裂化反应或双分子裂化反应生成的活性中间体裂化生成丙烯，简称反应路径Ⅰ；另一种则是由活性中间体裂化生成的汽油烯烃等活泼中间产物二次裂解生成丙烯，简称反应路径Ⅱ，丙烯是二者共同作用的结果。

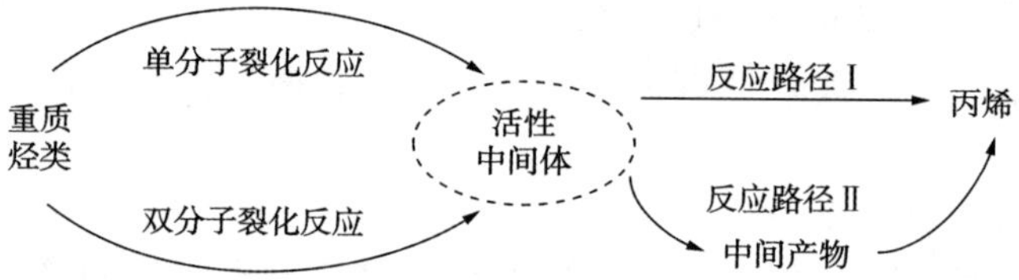

图30-7　丙烯生成反应路径示意图

结合上述丙烯产率和选择性的变化情况可知，在较低转化深度阶段，伴随着重质原料的快速转化，反应路径Ⅰ对生成丙烯的贡献作用迅速显现；随转化率提高，重质原料数量不断减少和中间馏分大量生成，反应路径Ⅰ对生成丙烯的贡献减弱，反应路径Ⅱ在生成丙烯中所占比重增大。

二、原料和催化剂

第五章所述的常规催化裂化原料及其裂化性能规律也适用于多产低碳烯烃技术。原料性质主要影响低碳烯烃的产率。石蜡基原料是生产低碳烯烃最理想的原料，原料中的烷烃及环状烃类的烷基侧链易裂化生成低碳烯烃。这是由于链状烃类易进入择形中孔沸石的孔道，并进行选择性裂化反应生成低碳烯烃，环状结构的烃类由于其几何形状的限制难以进入中孔沸石的孔道。

重油生产低碳烯烃技术中已经应用的原料包括直馏柴油、加氢裂化尾油、减压馏分油、脱沥青油、焦化馏分油、加氢减压馏分油、常压渣油及掺入减压渣油的减压馏分油等。

催化裂解工艺能以各种减压馏分油为原料生产低碳烯烃，主要产物是丙烯。表30-4列出了不同原油的减压馏分油原料在相近操作条件时中、小型催化裂解试验的结果。

表30-4　不同原料催化裂解的低碳烯烃产率

原　料	1	2	3	4	5	6	7	8	9	10
密度(20℃)/(g/cm^3)	0.8449	0.8534	0.8597	0.8584	0.8808	0.8764	0.8848	0.8868	0.9249	0.8807
特性因数 K	12.7	12.6	12.4	12.3	12.0	12.1	11.9	11.9	11.4	12.2
氢含量/%	14.23	13.70	13.45	13.57	12.75	13.28	12.58	12.68	12.24	13.34
低碳烯烃产率/%	47.30	42.83	41.43	40.89	37.43	35.07	34.54	33.73	27.34	38.17

续表

原　料	1	2	3	4	5	6	7	8	9	10
乙烯	5.79	6.77	6.10	5.90	6.03	4.08	4.22	4.29	3.58	5.20
丙烯	23.73	21.76	21.03	21.31	18.75	17.00	17.46	16.71	13.16	19.40
丁烯	17.78	14.30	14.30	13.68	12.65	13.99	12.86	12.73	10.60	13.57

注：主要反应条件：反应温度580℃，床层重时空速$4h^{-1}$，剂油质量比为10，水油质量比为0.25。

表30-4中前四种原料均为石蜡基，密度(20℃)低于0.85g/cm^3，特性因数K大于12.3及氢含量高于13.45%；接着的四种原料其特性因数为11.9～12.1，属中间基，其密度(20℃)为0.88g/cm^3左右，氢含量在12.6%～13.3%；第九种原料为环烷基，其密度(20℃)、特性因数及氢含量分别为0.9249g/cm^3、11.4及12.24%；第十种原料为环烷基原料经加氢改质后的尾油。

最适宜于催化裂解的原料是石蜡基原料，由于石蜡基的选择性裂化可得到富含烯烃的裂解气体，其三烯(乙烯、丙烯、丁烯)产率超过40%(占原料重)，其中丙烯产率高于21%。中间基原料的三烯产率在33%～37%，其中丙烯产率为17%～18%。环烷基原料的三烯产率为27%，其中丙烯产率为13%。

从以上结果可以看出，原料结构组成与氢含量对三烯产率起到了关键作用。特性因数高的原料，其中石蜡烃含量高，裂化性能好。烃类含氢量的顺序为：烷烃>环烷烃>芳烃，对产品而言，低相对分子质量的烷烃氢含量最高，低碳烯烃次之，烯烃中氢含量均为14.28%，高于重质原料的氢含量。从氢平衡观点分析，重质原料氢含量越高则越利于三烯的生成。

表30-4中最后一种原料是含氢量仅12.05%的环烷基减压馏分油进行加氢改质后的尾油，其沸程与减压馏分油相当，由于经加氢改质后氢含量增加到13.34%，其三烯产率可到38%，其中丙烯达19.4%。原料氢含量增加1.29个百分点，三烯收率则提高了约11个百分点。

总之，催化裂解原料适应性很广，即使氢含量较低的原料也可得到可观的低碳烯烃产率，如进一步通过加氢改质，则低碳烯烃产率还会大幅度增加。

(一) 原料的分子水平认识及转化规律[9]

重油催化裂解与传统催化裂化都是大分子重质原料逐步裂化生成小分子产物的过程，然而，与传统催化裂化仅强调将重质原料裂化为汽油、柴油等中间馏分的反应过程不同，重油催化裂解要求重质原料经历更长的顺序裂化反应过程，最终大量生成丙烯。也就是说，与目的产物仅为馏分级的传统催化裂化技术相比，重油催化裂解制丙烯技术所面临的是一个由组成异常复杂的重质原料经多次裂化反应生成分子级产品的问题。因此，为了达到增产丙烯的目的，需要分析原料的组成和性质与丙烯生成反应之间的化学关系，对原料的转化过程进行分子水平的导向和控制。

就原料性质与丙烯产率之间的关系而言，研究者一般认为，原料的氢含量和饱和烃含量越高，其丙烯产率也越高。然而，相同裂解条件下加氢VGO和大庆VGO的对比试验结果(见表30-5)却表明，虽然加氢VGO的氢含量和饱和烃含量都高于大庆VGO，但前者的丙烯产率却低于后者 5 百分点。可见，原料的烃族组成和氢含量与丙烯产率之间的关联关系在某些情况下已不能合理解释所得到的试验结果，因此，有必要进一步认识重质原料中不同结构烃类催化裂解生成丙烯的反应特性。

表 30-5　原料性质对丙烯产率的影响

项　目	石蜡基大庆 VGO	环烷基加氢 VGO
密度(20℃)/(g/cm^3)	0.8617	0.8563
氢含量/%	13.63	13.94
烃族组成/%		
饱和烃	85.0	96.7
芳烃	12.0	2.8
丙烯产率/%	基准	基准-5

1. 原料中烃类分子的分布及结构特点

采用实沸点蒸馏的方法将大庆 VGO 切割为四个窄馏分：<400℃（简称 V1）、400～450℃（简称 V2）、450～500℃（简称 V3）和>500℃（简称 V4）。

表 30-6 为不同沸程的大庆 VGO 窄馏分的质谱分析结果。由表 30-6 可以看出，各窄馏分中主要以饱和烃为主，占原料组成的 75.6%～84.1%。随着窄馏分沸程的升高，饱和烃含量降低，芳香烃含量升高，其中 V4 中还含有少量的胶质。

表 30-6　不同沸程的馏分油的质谱分析结果　　%

原料名称	V1	V2	V3	V4
链烷烃	47.7	47.5	31.5	25.6
总环烷烃	36.4	34.9	45.3	46.2
一环环烷烃	12.9	5.9	17.3	21.8
二环环烷烃	10.9	12.7	12.4	13
三环环烷烃	7.0	8.5	9.4	7.6
总芳烃	15.9	17.6	23.2	24.4
总单环芳烃	7.8	9.3	12.4	6.6
烷基苯	4.5	4.3	5.6	5.9
环烷基苯	1.8	2.8	3.8	0.7
二环环烷基苯	1.5	2.2	3	0
总双环芳烃	4.7	4	5.3	12.5
萘类	1.8	1.3	1.9	5.6
苊类+二苯并呋喃	1.4	1.3	1.7	3.8
芴类	1.5	1.4	1.7	3.1
总三环芳烃	2.3	1.9	2	2.8
总四环芳烃	0.7	1.2	0.9	0

续表

原料名称	V1	V2	V3	V4
总五环芳烃	—	0.2	0.5	0.1
总噻吩	0.3	0.3	0.5	1.7
未鉴定芳烃	0.1	0.7	1.6	0.7
胶质	—	—	—	3.8

针对大庆 VGO 正构烷烃含量高的特点，对上述各窄馏分进行溶剂脱蜡，将其分离为富含正构烷烃的蜡组分(简称 P)和脱蜡油；脱蜡油再经氧化铝和硅胶双层吸附分离为富含异构烷烃和环烷烃的饱和分(简称 S)和富含芳烃的芳香分(简称 A)两部分。这样每个窄馏分就被分离成 P、S 和 A 族组成不同的三个"拟组分"。为简化起见，由 V1 窄馏分分离得到的三个"拟组分"分别以 P1、S1 和 A1 表示，其余依次类推。

表 30-7 列出了窄馏分 V1 及分离得到的三个"拟组分"的质谱分析结果。由表 30-7 中数据可以看出，采用溶剂脱蜡和双吸附分离方法对 V1 进行族分离的效果比较理想，分离后的各组分在族组成上存在明显差异，组分 P1 基本以链烷烃为主，其含量高达 95.6%，气相色谱分析结果显示链烷烃中正构烷烃的含量在 95%以上；组分 S1 以环烷烃和异构烷烃为主，仅含有少量芳烃；组分 A1 中则未检测到饱和烃的存在，全部为芳烃。另外，由表 30-7 中数据还可看出，组分 S1 中的环烷烃含量要明显高于链烷烃含量，且各环烷烃含量随环数增加呈明显降低趋势；组分 A1 中的芳烃则主要是单环、双环和三环芳烃，三者占了总量的 88.9%。其他窄馏分进行烃族分离的效果同样较为理想，在此不再赘述。

表 30-7　V1 馏分中各组分的质谱分析结果　　%

原料名称	V1	P1	S1	A1
链烷烃	47.7	95.6	32.7	—
总环烷烃	36.4	1.1	62.1	—
一环环烷烃	12.9		21.8	—
二环环烷烃	10.9		18.9	—
三环环烷烃	7		11.9	—
总芳烃	15.9	3.3	5.2	100
总单环芳烃	7.8		5.2	36.9
烷基苯	4.5		5.2	9.7
环烷基苯	1.8		—	14.4
二环环烷基苯	1.5		—	12.8
总双环芳烃	4.7		—	34.3
总三环芳烃	2.3		—	17.7
总四环芳烃	0.7		—	5.4
总五环芳烃	—		—	0.7
总噻吩	0.3		—	3.3
未鉴定芳烃	0.1		—	1.7
胶质	—		—	—

为了进一步弄清从大庆 VGO 分离得到的沸程和族组成不同的组分的烃类组成差异，采用石科院开发的固相萃取和 GC/MS 联合技术对各组分的碳数分布进行分析。

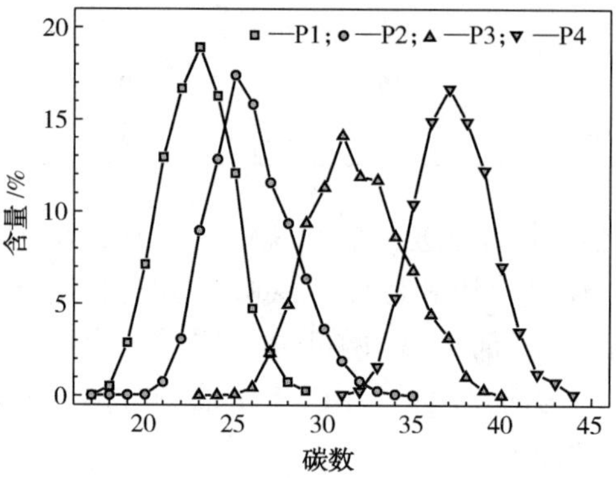

图 30-8 不同沸程链烷烃组分 P 的碳数分布

图 30-8 给出了不同沸程链烷烃组分 P 的碳数分布变化情况。由图中不难看出，各链烷烃组分 P 的碳数分布均呈良好的正态分布变化，并随沸程升高整体向高碳数方向移动，平均分子总碳数由低到高依次为 23、25、31 和 37。显然，这直观显示出沸程越高，链烷烃组分的平均分子碳数越大。

由于烃类自身组成的复杂性，直接列出的不同沸程环烷烃组分和芳香烃组分的碳数分布，并不能直观反映出各自烃类分子结构和分子大小的差异情况。为此，参考烃类结构族组成的表示方法，基于碳数分布分析数据，分别计算出了各环烷烃组分 S 和芳香烃组分 A 的结构单元(芳香环、环烷环和烷基侧链)碳数分布，结果分别见表 30-8 和表 30-9。

表 30-8 不同沸程环烷烃组分 S 的结构单元碳数分布

组 分	S1	S2	S3	S4
总碳数	19.7	22.8	32.2	38.3
链状部分碳数	14.0	12.5	23.2	29.5
链烷烃碳数	8.5	3.3	4.1	3.9
烷基侧链碳数	5.5	9.2	19.1	25.6
环烷环碳数	5.6	9.5	8.2	8.2
芳香环碳数	0.1	0.8	0.8	0.6

从表 30-8 可以看出，沸程升高，环烷烃组分 S 平均分子的链烷烃碳数有所减少，烷基侧链碳数明显增加，环烷环和芳香环碳数除 S1 的较低外，组分 S2、S3 和 S4 的差别不大。因此，对富含环烷烃的组分 S 而言，沸程升高，组分 S 平均分子的环烷环碳数差别相对较小，总碳数增加主要是烷基侧链碳数增加的结果。

表 30-9 不同沸程芳香烃组分 A 的结构单元碳数分布

组 分	A1	A2	A3	A4
总碳数	17.6	20.6	28.4	33.5
烷基侧链碳数	3.3	4.7	13.3	17.9
环烷环碳数	1.9	1.1	2.3	1.2
芳香环碳数	12.4	14.8	12.8	14.4

从表 30-9 可以看出，不同沸程芳香烃组分平均分子的环烷环碳数和芳香环碳数虽有所

变化，但差别不大。沸程升高，芳香烃组分平均分子总碳数增加仍主要是烷基侧链碳数增加所致。

2. 不同“拟组分”的催化裂解反应性能

在固定床微反试验装置上，采用富含择形沸石的重油催化裂解专用催化剂，于600℃的反应温度下考察了分离得到的12个“拟组分”的催化裂解反应性能。为尽量避免高转化率下二次反应对产物分布的影响，选择重时空速150h^{-1}的试验数据进行了比较。

图30-9列出了不同沸程链烷烃组分P在固定床微反试验装置上的反应产物分布结果。

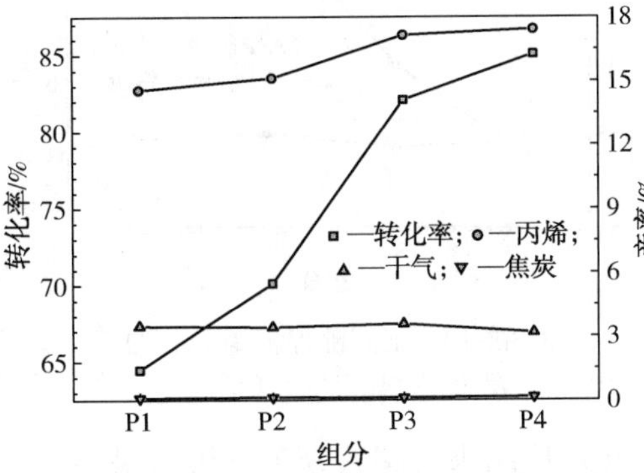

图30-9　不同沸程拟组分P的催化裂解反应结果

从图30-9中的数据可以看出，在重时空速为150h^{-1}、较短油气停留时间的反应条件下，各沸程链烷烃组分的转化率和丙烯产率都较高；组分P1的转化率和丙烯产率最低，但也分别达到了64.47%和14.57%，说明原料中链烷烃很容易转化，具有较高的丙烯生成速率。同时，由图30-9不难看出，沸程不同的链烷烃组分的催化裂解反应性能存在明显差别。从产物分布来看，随沸程升高，链烷烃组分的转化率和目的产物丙烯产率均有不同程度的增加，其中组分P4比组分P1的转化率高出近21个百分点，丙烯产率高出3.32个百分点，但非目的产物干气和焦炭的产率却变化不大。

可见，在相同反应条件下，随着沸程升高，链烷烃组分P的转化率增加，同时产物选择性变好，结合碳数分布分析结果来看，这显然与高沸程链烷烃组分含有较多碳链较长的烷烃分子有关。纯烃研究结果早已表明[42]，烃类分子链长短不同，裂化反应所需的活化能也不同；烃类分子越大，裂化活化能越低，也越容易发生裂化反应，而分子越小，裂化活化能越高，越难以发生裂化反应，以上数据说明，高沸程链烷烃组分更适合作为催化裂解多产丙烯的原料。

相同反应条件下，不同沸程环烷烃组分S的催化裂解反应试验结果如图30-10所示。

由图30-10可以看出，与链烷烃组分P反应后的产物分布和产物组成变化规律基本类似，随沸程升高，环烷烃组分S的转化率、目的产物丙烯产率均不断增加，非目的产物干气和焦炭产率却变化不大。因此，对于环烷烃组分来讲，也是沸程越高，越有利于其催化裂解多产丙烯。结合前文碳数分布分析结果来看，沸程升高，环烷烃组分的转化率和丙烯产率增加、丙烯/干气质量比增加显然与其平均分子中烷基侧链碳数增加的结果一致。因此，对原料中环烷烃的催化裂解反应来讲，同样是碳数越高，确切地说是烷基侧链越长，越容易获得较高的丙烯产率和较好的产物分布。

相同反应条件下，不同沸程芳香烃组分A的催化裂解反应试验结果如图30-11所示。

比较图30-11中数据可以看出，随沸程升高，芳香烃组分A的转化率和目的产物丙烯产率增加的同时，非目的产物干气和焦炭的产率亦明显增加，其中组分A4比组分

A1 的干气和焦炭产率分别增加了 1.36 百分点和 1.49 百分点。可见，与原料中链烷烃和环烷烃组分不同，尽管高沸程芳香烃组分也易于裂解生成丙烯，但产物分布却明显恶化。

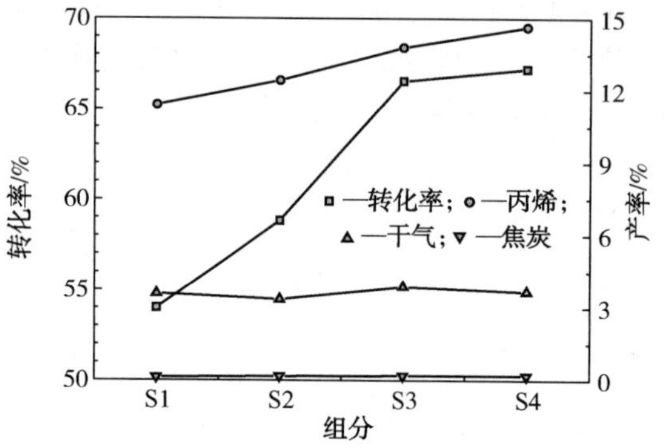

图 30-10　不同沸程拟组分 S 的催化裂解反应结果

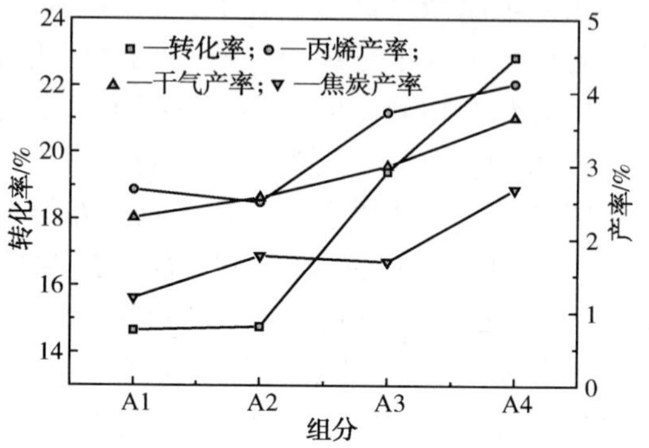

图 30-11　不同沸程拟组分 A 的催化裂解反应结果

将反应结果与碳数分布分析结果相关联后可以看出，平均分子中较大的烷基侧链碳数应是高沸程芳香烃组分具有较高转化率和丙烯产率的关键所在；而平均分子中较大的芳香环碳数则无疑是导致高沸程芳香烃组分产物分布变差的主要原因。Cerqueirara 等[43]对 FCC 催化剂失活原因进行了系统总结，指出原料中的芳烃易于缩合生焦，其生焦能力随芳环数的增加而相应增强。因此，沸程对芳香烃组分催化裂解反应性能的影响包含着烃类分子大小和分子结构两方面的因素，且后者的影响更为突出。

比较图 30-9～图 30-11 的试验结果可以看出，相同反应条件下不同“拟组分”的催化裂解反应性能差别很大。从原料转化率和丙烯产率来看，链烷烃组分 P 均高于同沸程环烷烃组分 S，更高于同沸程芳香烃组分 A。以沸程为初馏点～400℃组分为例，链烷烃组分 P1 和环烷烃组分 S1 的转化率分别约为芳香烃组分 A1 的 4.4 倍和 3.7 倍，丙烯产率分别约为芳香烃组分 A1 的 5.5 倍和 4.3 倍，说明饱和烃(链烷烃+环烷烃)具有较高的裂解速率，是原料裂解生成丙烯的主要来源。从焦炭产率来看，芳香烃组分 A 明显最高，分别比同沸程链烷烃组分 P 和环烷烃组分 S 高出 9.8 倍和 7.5 倍，说明芳香烃具有很强的生焦能力，焦炭主要来源于其缩合反应。另外，从裂解产物中干气的产率来看，芳香烃组分 A 也明显偏高，说明原料中芳香烃的催化裂解反应也很容易引起低价值产物干气产率的增加。可见，原料中链烷烃的催化裂解反应性能最优，环烷烃次之，而芳香烃最差。

需要指出的是，一般认为环烷烃具有较好裂解性能的同时，也是很好的供氢体，易于发生氢转移反应，从而导致裂解产物中丙烯选择性降低。试验结果却表明，与以链烷烃为主的组分 P 相比，富含环烷烃组分 S 的裂解产物中丙烯选择性并未变差，即环烷烃的供氢作用似乎并未体现。之所以如此，这很可能与该试验反应条件下，环烷烃组分 S 的转化率相对较低，导致反应体系中受氢体浓度较低有关。为此，通过降低空速，对更高转化深度下不同烃类组分的裂解产物分布进行了考察。

表 30-10 是重时空速 $30h^{-1}$时，同沸程不同烃类组分的催化裂解反应试验结果。由表 30-10 中数据可以看出，随重时空速降低，油气停留时间延长，烃类组分 P、S 和 A 的

转化率和丙烯产率均不同程度明显增加。从裂解产物中液化气组成来看，三个组分的液化气中丙烯浓度由高到低的顺序依次为 A>P>S；同时，三个组分裂解产物分布所体现的氢转移指数由低到高的顺序同样依次为 A<P<S。组分 A 丙烯选择性高的原因在于芳烃生焦后在一定程度上降低了催化剂的酸密度，进而减少了氢转移反应的发生比例，组分 S 丙烯选择性低的原因则在于大分子环烷烃的供氢能力较强，因而，促进了氢转移反应的发生。

表 30-10　同沸程不同烃类组分的催化裂解反应结果

组分	P1	S1	A1
转化率/%	97.54	86.94	36.10
产物产率/%			
干气	9.46	8.83	6.29
液化气	62.93	49.08	12.42
丙烯	28.06	20.43	6.25
汽油	24.49	27.17	10.60
柴油	2.07	10.70	41.04
重油	0.39	2.37	22.86
焦炭	0.66	1.85	6.79
液化气组成/%			
丙烯	44.6	41.62	50.36
丙烷	7.10	9.71	7.85
总丁烯	39.11	34.02	36.27
总丁烷	9.19	14.65	5.52
氢转移指数	0.23	0.43	0.15

综上所述，在重油催化裂解反应过程中，原料中链烷烃的裂解反应是生成丙烯的主要来源；原料中环烷烃的裂解反应也会产生一定量的丙烯，但环烷烃较强的供氢能力将会促进已生成的烯烃进一步发生氢转移反应，进而导致丙烯选择性的下降；原料中芳香烃虽对丙烯的生成贡献不大，但适量的芳烃生焦后将抑制氢转移反应，进而提高丙烯的选择性。可见，原料氢含量和饱和烃含量是影响原料丙烯产率的重要指标，但原料的烃分子结构和分子大小是影响丙烯产率的根本。

3. 原料烃类分子组成与催化裂解反应性能的关系

重油催化裂解原料虽然非常复杂，但从族组成来看主要分为链烷烃、环烷烃和芳香烃三大类。从反应结果来看，在催化裂解反应过程中，原料中链烷烃很容易裂解生成丙烯，是最理想的生产丙烯的原料；原料中环烷烃则主要通过烷基侧链断裂和部分环烷环的开环裂化反应生成丙烯，丙烯产率有所降低；芳香烃只能通过烷基侧链断裂生成丙烯，丙烯产率最低。因此，原料催化裂解生成丙烯的反应性能主要由原料中链状部分的大小所决定。为了更加直观，构建了如图 30-12 所示的原料烃类结构组成与裂解生成丙烯的主要关系网络，即催化裂解原料可以概括为链状部分和环状部分，在催化裂解反应过程中，丙烯主要由原料中长链状部分裂解生成，环状部分和短链状部分的贡献较小，但对产物分布的影响却很大。

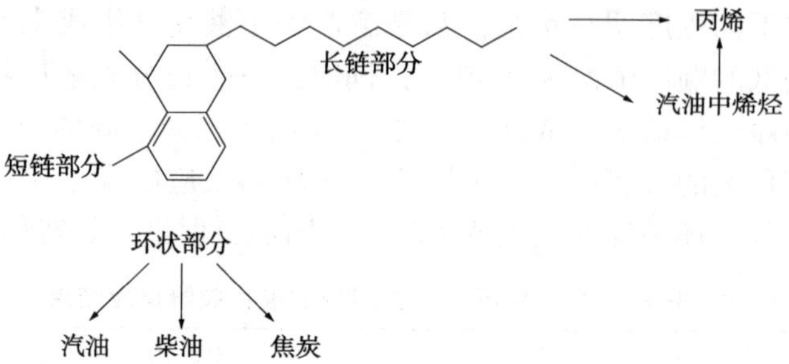

图 30-12　原料分子烃类结构组成与丙烯生成的关系

基于上述研究结果，对表 30-5 中的加氢 VGO 和大庆 VGO 进行了分子水平组成分析。表 30-11 中质谱分析结果表明，两类 VGO 的烃类结构组成和分布存在明显的差异。环烷基加氢改质 VGO 虽然饱和烃的质量分数高达 92.6%，但饱和烃中环烷烃的含量是链烷烃的近 2 倍；同时，根据碳数分布分析结果计算得到的平均分子结构(见表 30-12)显示，大庆 VGO 中各类分子的碳链长度普遍比环烷基加氢改质 VGO 多 2~3 个碳原子。可见，石蜡基大庆 VGO 中含有较多具有较长链结构的烃分子。综合不同重质烃类裂解生成丙烯的反应性能和两种 VGO 的组成分析来看，大庆 VGO 丙烯产率高于加氢改质 VGO 的原因在于前一种原料的链烷烃含量较高且碳链较长，因此裂解生成丙烯的产率高于后一种原料，同时，前一种原料中供氢能力较强的环烷烃分子含量较少，因此，裂解产物中丙烯的选择性也要高于后一种原料。

表 30-11　两种 VGO 原料的烃类质量组成　　%

原料名称	石蜡基大庆 VGO	环烷基加氢 VGO	原料名称	石蜡基大庆 VGO	环烷基加氢 VGO
链烷烃	39.7	31.4	烷基苯	5.7	3.0
总环烷烃	41.4	61.2	环烷基苯	2.7	1.7
一环环烷烃	13.0	23.2	二环环烷基苯	2.1	1.3
二环环烷烃	12.2	21.2	总双环芳烃	4.4	0.90
三环环烷烃	9.1	11.8	总三环芳烃	2.1	0.1
四环环烷烃	7.1	5.5	总四环芳烃	0.7	0.1
总芳烃	18.9	7.4	总五环芳烃	0.8	0
总单环芳烃	10.5	6.0	未鉴定芳烃	0.4	0.3

表 30-12　两种 VGO 原料的平均分子结构

原料名称	石蜡基大庆 VGO	环烷基加氢 VGO
链烷烃	$C_{27.6}H_{57.2}$	$C_{25.4}H_{52.8}$
环烷烃	$C_{26.6}H_{53.2}$	$C_{24.4}H_{48.8}$
芳烃	$C_{26.9}H_{47.8}$	$C_{24.6}H_{43.2}$

由上述研究可知，直链烃含量高且链长度长、环烷烃含量少的原料裂解生成丙烯速率快、选择性高；就富含环烷烃的原料而言，如何使环烷烃分子发生开环裂解反应，而不是供氢使烯烃饱和是进一步提高丙烯产率的关键。

（二）DCC 催化剂

常规催化裂化催化剂中主要活性组分是大孔的 Y 型沸石，它具有很高的裂化活性及较强的氢转移能力。催化裂化生产低碳烯烃的催化剂除了要有适量的大孔沸石以维持催化剂必要的活性外，还需加入有择形特征的中孔沸石使在载体及大孔沸石上裂化生成的汽油，再继续进行选择性裂化。目前使用的是经过改性的，具有良好水热稳定性的十元环结构的中孔沸石。由于大分子的裂化只能在中孔沸石的外表面进行，而大孔沸石又具有较强的氢转移能力而需适量控制，故具有低氢转移能力、较高裂化活性的载体成为催化剂的主要组成部分。可通过调节催化剂中各组分的配比及制备工艺以达到不同目的产品的最佳配方。

在催化裂化过程中，人们普遍认为重质烃类分子汽化后在 Y 型沸石表面和基质上发生裂化反应。由此形成的较小分子再扩散到 Y 型沸石的孔中，到达催化剂的活性中心，在那里进行所需的催化裂化反应。为了提高低碳烯烃的收率，催化剂配方需要重新设计，催化剂生产工艺需要进行相应的改进。

就催化剂配方的改进而言，有两种方法可以达到提高催化裂化过程中低碳烯烃收率的目的：将含 ZSM-5 的助剂加入传统的催化裂化主催化剂中，或针对生产低碳烯烃设计专门的催化剂。

这两种方法各有利弊。将传统的 FCC 催化剂与含 ZSM-5 的助剂的混合使用，可以根据市场对汽油或低碳烯烃的需求变化，灵活地进行催化裂化操作调整。缺点是难以根据一级和二级裂化产物中比例，提供有利于低碳烯烃生成的适宜孔径分布梯度，此外，根据公认的反应机理，一次裂化的中间产物应首先从主催化剂的酸性中心解吸，然后进入助剂中 ZSM-5 的孔道，在这种迁移过程中，中间物种会发生一些不希望发生的反应。因此，低碳烯烃的收率会受到不利影响。从催化裂化混合催化剂的物理性质来看，两种催化剂的密度和磨损指数应密切匹配，以保持它们的相对比例随时间的推移而保持恒定。这就需要在使用过程中，谨慎地选择主催化剂和助剂，使得二者物理性能能够较好地匹配。

通过优化不同性能的沸石混合物的组成，可以根据原料性质和目标产物的需求来定制一种能最大限度提高低碳烯烃收率的专用催化剂。基质的孔径分布能够让原料的大分子进入，而大孔 Y 型沸石的加入有利于中间体的形成，中孔 ZSM-5 有利于低碳烯烃的生成。孔径分布的梯度允许反应物在同一个催化剂颗粒内的沸石间扩散，此外，催化材料的酸度，以及它们的强度和密度可以统一调整，从而最大化生产低碳烯烃。

对多产低碳烯烃技术催化剂的设计原则是：高基质活性，高选择性的二次裂化能力，低氢转移活性。此外，为了加工渣油原料，催化剂也需具有抗金属污染的能力[44~47]。常规催化裂化在单程转化率大于 70%后，焦炭产率明显增加，而催化裂解转化率大都 85%以上，故催化剂必须具有好的焦炭选择性。

随着 DCC 技术的工业应用，已开发出一系列 DCC 配套使用的专有催化剂，以适应不同的需要，如最大量丙烯生产、最大量异构烯烃生产、最大量原料掺渣油量等，见表 30-13。新一代 MMC 催化剂系列已在多套 DCC 装置上成功应用。应用结果表明，与以前开发的催化剂相比，丙烯选择性及丙烯产率均较高。MMC-1 和 MMC-2 催化剂的性质列于表 30-14。

表 30-13 DCC 专有催化剂系列

牌号	对应 DCC 工艺	工业应用时间	性能特点
CHP-1	Ⅰ	1990. 11	高堆比，高丙烯选择性
CHP-2	Ⅰ	1992. 9	中堆比，高丙烯选择性
CRP-1	Ⅰ	1994. 6	水热稳定性好
CRP-S	Ⅰ	1995. 5	低活性的开工剂
CIP-1	Ⅱ	1994. 6	高活性，重油裂化能力强
CIP-2	Ⅱ	1998. 9	高活性，重油裂化能力强，抗重金属污染
CIP-3	Ⅰ&Ⅱ	1998. 10	重油裂化能力强，丙烯选择性好
CIP-S	Ⅱ	1998. 9	低活性的开工剂，抗重金属污染
MMC-1	Ⅱ	2002. 11	高活性，重油转化能力强，丙烯选择性好
MMC-2	Ⅰ	2002. 9	高丙烯收率
DMMC	Ⅰ	2007. 9	高裂解活性、高丙烯收率

表 30-14 MMC 催化剂的性质

项　目	MMC-1	MMC-2
孔体积/(mL/g)	0. 29	0. 28
比表面积/(m^2/g)	230	204
堆密度/(g/cm^3)	0. 76	0. 79
裂解活性指数/% （520℃反应，800℃/4h 老化）	72	76
磨损指数/(%/h)	1. 6	1. 5
筛分体积组成/%		
0~40μm	15. 6	15. 8
0~149μm	92. 2	90. 5
平均粒径/μm	75. 6	75. 6

三、操作参数对低碳烯烃生产的影响

（一）反应温度

催化裂解生产低碳烯烃技术的反应温度要比常规催化裂化高 30~60℃。其中以生产最大量丙烯的反应温度较高，工业装置的反应温度一般高达 565℃；生产丙烯兼产高辛烷值汽油工艺的工业装置反应温度接近 530℃。采用较高的反应温度是由于汽油裂化为气体产物所需的活化能要高于重油裂化为汽、柴油所需的活性能，提高反应温度可增加汽油二次裂化为低碳烯烃的反应速度。因氢转移为放热反应，高温不利于其进行，较高的反应温度可以减少氢转移反应而抑制烯烃产物的饱和。但反应温度不宜过高以减轻热裂化反应的程度，热裂化反应会导致干气产率增加。

（二）油剂接触时间

催化裂解生产低碳烯烃工艺中原料与催化剂接触时间要长于常规催化裂化。其原因之一是低碳烯烃为催化裂化一次裂化产物汽油的再次裂化，即生成汽油后还需要一段时间进行裂化；其二是为了减少氢转移反应，生产低碳烯烃的催化剂中大孔沸石含量较低。特别是最大量生产丙烯为主的催化剂活性偏低，故现阶段在反应器设计上采用了提升管加密相流化床层以增加油剂接触时间。生产丙烯兼产高辛烷值汽油技术仍采用提升管，但仍宜适当增长油剂接触时间。

(三) 烃分压

裂化反应，特别是多产气体的反应，由于大分子变小分子的过程体积增大，必然是低压有利于反应的进行。催化裂解基本上在接近常压下反应，为克服后部系统的压降，回收再生烟气的能量，仍要求保持一定的压力。在生产低碳烯烃技术中，可通过加大水蒸气注入量来降低烃分压，而维持系统总压力，或采用略减小系统压力的方法操作。目前工业装置上最大量生产丙烯工艺的蒸汽注入量约为原料的25%。

(四) 剂油比

剂油比在催化裂化工艺中不是独立参数，它随反应–再生系统的热平衡而定。催化裂解生产低碳烯烃技术中反应过程的反应热约为常规催化裂化工艺反应热的1.5~3倍。这是由二次裂化反应需要更多的热量，以及反应温度较高，氢转移等放热反应较低所致。催化裂解生产低碳烯烃技术的再生部分与常规催化裂化基本上相同。所需大量的反应热由再生催化剂带到反应器，由此导致剂油比的增加。大剂油比操作有利于增加催化剂的动态活性，也可弥补催化剂自身活性略低的不足。

四、加氢裂化尾油

加氢裂化技术具有产品质量好、产品方案灵活的特点；同时，加氢裂化又是炼油厂油化结合的桥梁。中海油大榭石化(以下简称大榭石化)210万吨/年蜡油加氢裂化装置，装置设计原料为高氮环烷基原油的减二、减三、减四线蜡油和焦化蜡油混合进料，主要生产加氢尾油，为催化裂解装置提供原料，同时副产液化气、戊烷发泡剂、工业己烷、加氢裂化重石脑油、航煤、轻质燃料油以及导热油。

加氢裂化装置的原料性质、主要工艺参数、物料平衡分别列于表30–15~表30–17[48]。

表30–15 原料性质数据

项　目	秦皇岛直馏蜡油	焦化蜡油	混合进料	设计原料
密度(20℃)/(kg/m³)	937.7	931.4	936.3	932.2
馏程/℃				
2%	348	272	325	264
10%	381	354	369	363
50%	450	418	431	440
90%	514	458	483	495
97%	535	484	509	552
硫含量/%	0.5	0.6	0.6	0.8
氮含量/%	0.17	0.4	0.2	0.29

续表

项　目	秦皇岛直馏蜡油	焦化蜡油	混合进料	设计原料
金属含量/(mg/kg)	—	—	0.71	3
烃类组成/%				
链烷烃	—	—	8.4	—
总环烷烃	—	—	47.4	—
总芳烃	—	—	44.2	—
BMCI	—	—	59.8	—

表 30-16　反应部分主要工艺参数

项　目	实际数据	项　目	实际数据
R101 入口氢分压/MPa(G)	15.25	反应温度/℃	
R101 入口氢油比	747	加氢精制反应器	385
催化剂体积空速/h^{-1}		加氢裂化反应器	380
保护剂 RG 系列+脱金属剂 RDM-35	6	精制油氮含量/(μg/g)	<10
精制剂 RN-32V	0.9	尾油收率/%	42.3
裂化剂 RHC-3	1.6	化学氢耗/%	2.05
后精制剂 RN-32V	12		

表 30-17　物料平衡数据

项　目		运行数据	
		流量/(t/d)	比例/%
入　方	直馏蜡油	5350.56	88.27
	焦化蜡油	711.16	11.73
	小计	6061.65	100.00
	新氢	144.25	2.38
	入方合计	6205.90	102.38
出　方	$C_1 \sim C_6$	—	—
	HC 重石脑油	1013.04	16.71
	HC 喷气燃料	552.27	9.11
	HC 柴油	1063.22	17.54
	导热油	670.66	11.06
	HC 尾油	2557.27	42.19
	C_6^+	5856.46	96.61

产品尾油硫含量为 3.5mg/kg 左右，氮含量小于 1mg/kg，氢含量在 13.7%左右，满足下游 DCC 装置对于原料的需求，具体性质见表 30-28。

五、DCC-I 工艺过程

最大量生产丙烯的技术为催化裂解 I 型(DCC-I)技术。DCC-I 技术的工艺流程与常规

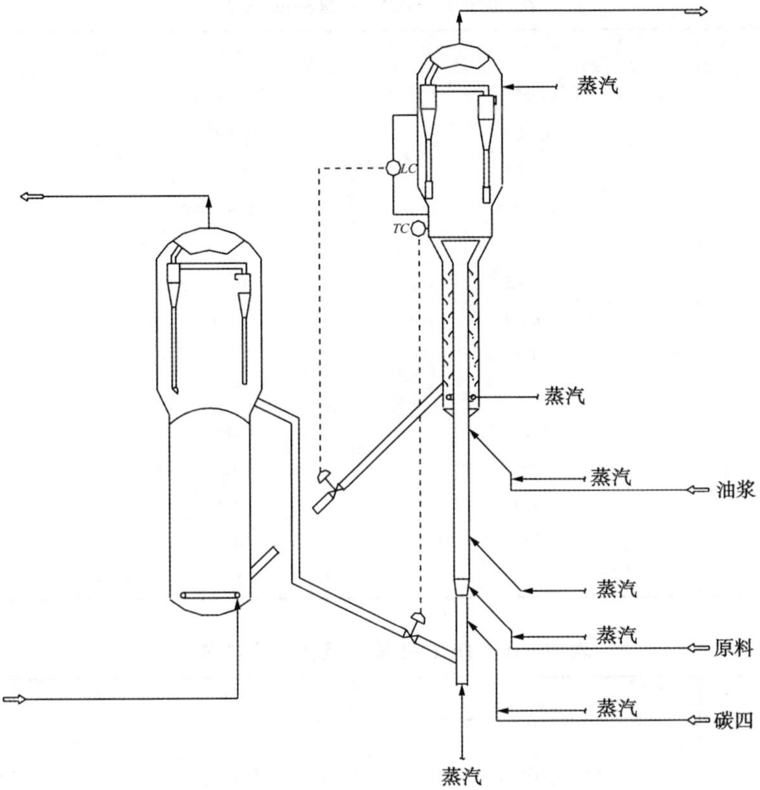

图 30-13 常规 DCC-I 反再流程示意图

催化裂化相似，其示意流程图见图 30-13。其主要的不同点包括：在提升管出口增加一个床层反应器；增大催化剂输送管径；增大沉降器顶油气管线的油气线速；主分馏塔、油气分离器、吸收及稳定等部分由于气体负荷增加需相应调整设备尺寸及增加气压机负荷。

参照常规催化裂化的设计经验，DCC-I 工业装置的规模不限，目前最大处理量的装置为应用中国石化专利技术由美国 Shaw Stone&Webster 工程公司设计的沙特 Rabigh 炼油与化工有限公司的 460 万吨/年装置。

表 30-18 列出了国内外三套 DCC-I 的原料性质。主要操作参数、产物分布及低碳烯烃产率列于表 30-19[49~51]。工业装置的反应温度随原料性质变化略有差异。石蜡基原料易于裂化，反应温度略低，以免干气增加，加工大庆油采用 545℃；采用中间基原料时反应温度略高，在 550~560℃操作。由于反应器采用了提升管加床层的形式，转化深度较高，全回炼操作时回炼比仅 0.1 左右。DCC-I 的反应热较大，故可以在较高焦炭产率时仍保持再生反应系统热平衡操作。以大庆减压馏分油掺常压渣油为原料时，丙烯产率为 22.9%；加工中间基原料的丙烯产率略低，但超过 17%。在生产丙烯的同时，总丁烯的产率约为丙烯产率的 70%左右，其中异丁烯与总丁烯之比超过 40%，与热力学平衡值接近。

表 30-18　DCC-I 原料油性质

项　目	1	2	3
原料油品种	大庆减压馏分油掺 25%常压渣油	管输减压馏分油	阿拉伯加氢减压馏分油
密度(20℃)/(g/cm^3)	0.8605	0.8914	0.8644
残炭/%	1.13	0.29	<0.1
折射率(20℃)	1.4608	1.4874	1.4870
元素组成/%			
氮	0.13	0.18	—
硫	0.09	0.70	0.04
氢	13.65	12.56	—
馏程/℃			(实沸点)
初馏点	225	286	157
10%	369	383	343
50%	451	429	430
90%	581	493	542
终馏点	—	531	580

表 30-19　DCC-I 操作条件及产物分布

项　目	1	2	3
操作条件			
催化剂	CRP-1	CRP-1	CRP-1+CRP-S
反应温度/℃	545	550	550
回炼比	0.11	0.15	0.035
再生温度/℃	711	700	689
产物质量分布/%			
干气	8.15	8.64	10.3
液化气	46.69	37.39	40.0
裂解石脑油	23.02	25.12	31.9
裂解轻油	12.12	20.83	—
焦炭	6.56	7.61	—
损失	0.46	0.41	—
合计	100.00	100.00	—
低碳烯烃产率/%			
乙烯	3.6	3.8	5.1
丙烯	22.9	17.4	17.4
总丁烯	17.4	13.4	11.0
异丁烯	7.2	5.6	4.8
异丁烯/总丁烯	41.4	41.7	43.0

典型的 DCC-I 裂解石脑油性质和烃族组成见表 30-20 和表 30-21。裂解轻油性质参见表 30-22。

表 30-20 裂解石脑油性质

项目	参数	项目	参数
密度(20℃)/(kg/m^3)	757.4	辛烷值	
实际胶质/(mg/100mL)	4.4	*MON*	81.5
酸度/(mgKOH/100mL)	0	*RON*	97.0
硫含量/(μg/g)	1600	运动黏度 20℃/(mm^2/s)	0.53
氮含量/(μg/g)	114	硫醇硫/(μg/g)	135
碳含量/%	87.57	馏程/℃	
氢含量/%	12.42	初馏点	43
碱性氮含量/(μg/g)	113	10%	54
二烯值/(gI_2/100g)	4.85	50%	91
诱导期/min	210	90%	178
蒸汽压/kPa	44.2	终馏点	199

表 30-21 裂解石脑油族组成 %

项目	参数	项目	参数
链烷烃	14.36	邻二甲苯	2.72
环烷烃	5.27	间对甲乙苯	3.72
烯烃	40.31①	1，3，5-三甲苯	1.32
总芳烃	40.06	邻甲乙苯	0.93
苯	1.85	1，2，4-三甲苯	4.65
甲苯	7.03	C_9 芳烃	29.79
乙基苯	1.9	其中 BTEX	19.17
间对二甲苯	7.57		

①$2MC_4^=-1+2MC_4^=-2$ 占裂解石脑油 13.95%。

表 30-22 裂解轻油性质

项目	参数	项目	参数
密度(20℃)/(kg/m^3)	953.0	苯胺点/℃	室温
实际胶质/(mg/100mL)	215	凝点/℃	-15
酸度/(mgKOH/100mL)	0.28	闭口闪点/℃	74
元素组成 /%		十六烷值(台架)	<20
碳	89.66	10%残炭/%	0.36
氢	9.42	馏程/℃	
硫	0.98	初馏点	209
氮	0.21	10%	224
碱性氮含量/(μg/g)	269	50%	271
运动黏度(20℃)/(mm^2/s)	4.60	90%	328
运动黏度(50℃)/(mm^2/s)	2.45	终馏点	344

DCC 技术专用 CRP 系列的催化剂是以含磷和稀土的 ZRP 中孔择形沸石为主要活性组分，在 DCC 工业装置上得到了成功应用[52]。

为了进一步提高催化剂的丙烯选择性以及装置的丙烯产率，石科院研制出具有高丙烯选择性的 ZSP 沸石以及以它为主要活性组元的 MMC 系列催化裂解催化剂[53]。其特征在于：

（1）采用经磷和过渡金属改性处理的 ZSP 中孔沸石为主要活性组元，增加了活性中心的脱氢氧化功能，使得液化气中丙烯浓度明显增加；

（2）进一步优化中孔沸石、大孔沸石与基质之间的配伍，优化裂化活性中心的梯度分布，有利于增产正构及少支链中间体，进一步转化生成丙烯；

（3）提高催化剂中拟薄水铝石的含量，改善了催化剂的重油裂化能力和抗金属污染性能。

工业应用结果表明，使用 MMC 催化剂后 DCC 装置产生的液化气中丙烯浓度增加了约 5 个百分点，丙烯产率增加 2~3 个百分点。

通过催化剂制备技术和催化材料两个领域的创新，研制出 DMMC 系列催化剂[54]：

（1）优化丙烯生成的催化反应动力学（OCK，Optimized Catalysis Kinetics），开发出 OCK 催化剂制备技术，强化基质大孔的重油转化能力，提高活性中心可利用性和可接近性，促进裂解反应深化；

（2）研制出高结晶度、高活性稳定性的新一代 ZSP 择形沸石，促进丙烯生成。工业应用结果表明 DMMC 催化剂显示出高裂解活性、高丙烯产率的特点，与原 DCC 催化剂相比，使用 DMMC 催化剂后 DCC 装置的总液收增加 0.6 个百分点、丙烯产率提高 2.4 个百分点。

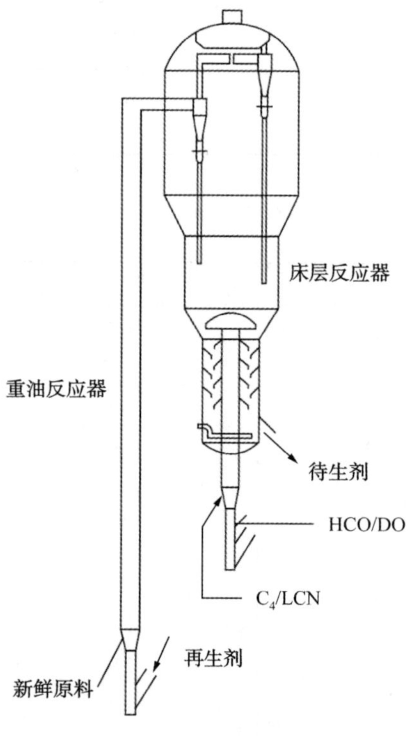

图 30-14　MCP 技术组合反应器结构示意图

六、重油选择性裂解（MCP）工艺过程

MCP 工艺提高了重油催化转化生成丙烯过程的反应选择性[55]，其中，重油一次裂解反应器以最大量生产丙烯+丁烯+高烯烃汽油组分为目的，采用适宜的操作条件控制反应的转化深度，以及反应中单分子裂化机理反应与双分子裂化机理反应的比例，有效控制干气和焦炭的生成，同时控制裂解轻油的再次转化，达到适当改善裂解轻油性质的目的。高烯烃汽油二次裂解反应采用回炼油/油浆馏分、轻汽油馏分（LCN）和/或 C_4 馏分分层进料的方式，优先控制回炼油（HCO）/油浆（DO）先与热的再生催化剂接触反应，再与轻汽油馏分和/或 C_4 馏分接触混合后进入至密相流化床反应器，在密相床层反应器中高选择性转化生产丙烯，MCP 示意图见图 30-14。

中国石化扬州石化 25 万吨/年 MCP 工业装置原料

油性质、主要操作参数、产物分布、裂解石脑油性质、裂解轻油性质分别列于表 30-23～表 30-27[56]。

表 30-23　MCP 装置原料油性质

分析项目	数　值	分析项目	数　值
密度(20℃)/(kg/m³)	891.6	折射率(70℃)	1.4848
元素组成/%		金属含量/(mg/kg)	
碳	86.2	镍	17.9
氢	13.06	钒	0.2
硫	0.28	馏程/℃	
氮	0.29	初馏点	258
族组成/%		5%	365.9
饱和烃	59	10%	388.7
芳烃	22.3	30%	435.7
胶质	18.3	50%	489
沥青质	0.4	66.5%	569.4
残炭/%	5.44	终馏点/℃	570
运动黏度(80℃)/(mm²/s)	32.65	蒸馏终点体积收率/%	66.50
凝点/℃	>50		

表 30-24　MCP 装置主要操作参数

项　目	参　数	项　目	参　数
第一提升管出口温度/℃	530	常渣进料量/(kg/h)	31000
第二提升管出口温度/℃	533	轻汽油回炼量/(kg/h)	3170
床层温度/℃	529	回炼油回炼量/(kg/h)	1000
常渣进料温度/℃	218	油浆回炼量/(kg/h)	1000
沉降器压力/kPa(G)	100	再生主风流量/(Nm³/h)	39200
再生器压力/kPa(G)	115		

表 30-25　MCP 装置产物分布

项　目	MCP	项　目	MCP
标定时间	2013-11	C_5+裂解石脑油	32.16
催化剂	OMT-1	裂解轻油	10.39
产物质量分布/%		油浆	4.54
干气	4.79	焦炭	9.55
液化气	37.68	损失	0.89
丙烯	17.05	总液收/%	
异丁烯	5.51	(液化气+裂解石脑油+裂解轻油)	80.23

表 30-26 MCP 装置裂解石脑油性质

项　目	参数	项　目	数　值
密度(20℃)/(kg/m^3)	729.3	辛烷值	
诱导期/min	430	*RON*	94.6
元素组成		*MON*	81.4
碳/%	86.39	馏程/℃	
氢/%	13.56	初馏点	43
硫/(mg/L)	765	10%	52
氮/(mg/L)	60	50%	80
		90%	166
		终馏点	200

表 30-27 MCP 装置裂解轻油性质

项　目	参数	项　目	数　值
密度(20℃)/(kg/m^3)	904.3	十六烷指数	30
元素组成/%		馏程/℃	
碳	89.06	初馏点	175.4
氢	10.87	10%	228.1
硫	0.36	30%	245.5
氮	0.14	50%	263.8
折射率(20℃)	1.523	70%	286.6
运动黏度(20℃)/(mm^2/s)	3.849	90%	315.3
苯胺点/℃	26.6	95%	325.7
闭口闪点/℃	62	终馏点	331.7
十六烷值(台架)	27.3		

七、增强型催化裂解(DCC-plus)工艺过程

为了克服 DCC-I 技术难以兼顾提高低碳烯烃产率和降低干气与焦炭产率的不足，增强型催化裂解技术采用多反应区组合反应器型式，在 DCC-I 的基础上增加了第二提升管反应器，通过第二提升管将高温、高活性的再生催化剂输送到流化床反应器中，流化床反应器的温度可通过第二提升管反应器中催化剂的温度和循环量来调节，实现提升管反应器与流化床反应器的分区精准控制[57]，示意流程见图 30-15。增强型催化裂解技术不仅强化了重质原料油的一次裂化反应和汽油馏分的二次裂化反应，而且耦合了 C_4 馏分和轻汽油馏分循环裂化技术，通过第二提升管将富含烯烃的 C_4 馏分和轻汽油馏分进行回炼，可以进一步提高丙烯和乙烯的产率。

表 30-28 列出了大榭石化 220 万吨/年增强型催化裂解装置原料性质。主要操作参数、产物分布、低碳烯烃产率及裂解石脑油性质列于表 30-29 和表 30-30[23]。

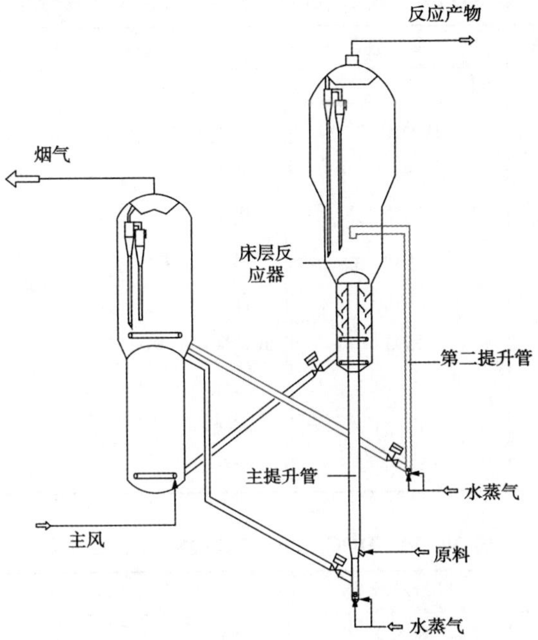

图 30-15 DCC-plus 反再流程示意图

表 30-28 DCC-plus 装置原料油性质

项 目	常压渣油(占 55%)	加氢裂化尾油(占 45%)
密度(20℃)/(g/cm³)	0.9117	0.8778
残炭/%	4.81	<0.10
折射率(70℃)	1.495	1.464
元素组成		
氮/%	0.30	—
硫/%	0.22	—
氢/%	12.62	13.56
铁/(μg/g)	4.2	—
镍/(μg/g)	5.7	—
钒/(μg/g)	1.1	—
馏程/℃		
初馏点	270	238
10%	377	348
50%	496	429
90%	555(64%)	501
终馏点	—	521
族组成/%		
饱和烃	59.5	96.6
芳烃	21.0	3.3
胶质	19.3	0.1
沥青质	0.2	—

表 30-29　DCC-plus 装置操作条件及产物分布

项　目	参　数	项　目	参　数
操作条件		裂解石脑油	26.81
催化剂	DMMC-2	裂解轻油	12.47
第一提升管反应温度/℃	568	油浆	2.82
第二提升管反应温度/℃	620	焦炭	8.46
气分碳四回炼比	0.08	损失	0.15
轻汽油回炼比	0.03	合计	100.00
再生温度/℃	695	低碳烯烃产率/%	
产物质量分布/%		乙烯	5.25
干气	11.24	丙烯	21.52
液化气	38.05	丁烯	10.36

表 30-30　DCC-plus 装置裂解石脑油性质

项　目	参　数	项　目	参　数
密度(20℃)/(kg/m^3)	803.9	50%	121
折射率(20℃)	1.4579	70%	142
蒸气压/kPa	23.8	90%	167
诱导期/min	103	终馏点	187
溴价/(gBr_2/100g)	50.6	质量族组成/%	
二烯值/(gI_2/100g)	6.8	烷烃	12.25
元素组成		烯烃	27.15
碳/%	88.28	环烷烃	5.05
氢/%	11.72	芳烃	55.55
硫/(μg/g)	283	轻芳烃/%	
氮/(μg/g)	65	苯	3.63
硫醇硫/(μg/g)	66	甲苯	13.45
馏程/℃		二甲苯	16.86
初馏点	53	乙苯	2.68
10%	80	合计	36.62
30%	100		

八、DCC 工艺中干气中碳二回收与利用

常规催化裂化吸收稳定过程分离出的 H_2、CH_4 和碳二及少量重烃组分以干气物流作为副产物送出装置，干气中带有惰性非烃组分。因 DCC 系列工艺反应苛刻度较大，干气收率较常规催化裂化高，干气的回收与利用显得更为重要。干气作为石油炼制过程的副产物，是一种重要的化工资源，随着能源价格的不断上涨，干气的综合利用近年来受到重视。干

气中含有相当数量的乙烯和乙烷组分，同时还含有一定量的氢气。乙烯是石油化工的基础原料，其产量成为一个国家石化产业的标志；乙烷是生产乙烯的优质原料，蒸汽裂解工艺中乙烷循环裂解乙烯收率高达 80%，且乙烷裂解产物组成较简单，后续分离较容易；氢气在炼油厂中更是宝贵的资源。目前，国内炼油厂干气主要用途是作为燃料气，除此以外主要有以下利用方式：

（1）作制氢原料。经过合适的处理后，干气是比较廉价的制氢原料。干气作为制氢原料有两个不足：一是受全厂氢平衡限制，产量有限；二是干气中碳二组分的附加值未能充分体现。

（2）制乙苯。催化裂解工艺（DCC）中干气的乙烯含量较高（体积分数 20%~30%），催化干气可以直接与苯反应制取乙苯。该工艺对干气中的其他杂质如硫、氧等要求不高，干气预处理工艺较简单，乙烯反应生成乙苯的选择性高达 99%，乙烯利用率在 90%以上。但与高浓度乙烯制乙苯相比，由于催化干气中乙烯浓度偏低，使设备投资较大，且苯的利用率较低，适用于苯来源稳定且乙苯/苯乙烯市场稳定的场合。

（3）变压吸附提浓乙烯。采用变压吸附法将干气中 C_2 以上有效组分吸附，达到浓缩 C_2 组分的目的。提浓气中乙烯体积分数约 40%，C_2 及以上组分体积分数 80%以上，但仍含有一定量的甲烷、氮气等组分，经预处理后需继续进入乙烯装置回收高纯度乙烯，增加了乙烯装置冷分区的负荷。

（4）油吸收法回收 C_2。采用吸收剂来吸收干气中 C_2 及以上组分，再用精馏的方法将 C_2 组分和吸收剂分离。其主要缺点是吸收剂除了吸收 C_2 及重组分外，还吸收甲烷，使回收乙烯体积分数（80%~85%）较低，乙烯回收率较低（约 85%）。

除利用上述方法外，其他 C_2 组分回收方法如深冷分离，能得到高纯度的乙烯，且 C_2 回收率高，但其适合于干气量很大的装置，规模太小时投资能耗较高而缺乏经济性，其应用受到地域、规模等条件的限制。

催化裂解装置产生的干气中含有大量乙烯，为充分利用该乙烯资源，大榭石化新建了一套 30 万吨/年乙烯制乙苯装置回收利用 220 万吨/年催化裂解装置的干气中乙烯，烷基化反应器中使用上海院开发的 SEB-08 稀乙烯制乙苯烷基化催化剂[58]。与国内其他稀乙烯制乙苯装置相比，大榭石化的装置是目前国内最大的装置，具有规模大、稀乙烯中乙烯浓度高等特点，设计上采用催化剂变质量装填、稀乙烯分段不等量进料、分段注入急冷苯等技术促进稀乙烯原料的有效转化。

大榭石化 30 万吨/年干气制乙苯装置选用中国石化 SGEB 成套工艺，稀乙烯原料净化采用两塔复合解析工艺，反应系统采用气相烷基化和液相烷基转移组合路线，产品精馏采用六塔分离工艺，净化后的稀乙烯与过热气相苯在烷基化反应器中反应，生成含有乙苯和二乙苯等产物的烷基化液，烷基化尾气经过冷却进入燃料气管网，烷基化液（混合烷基转移液）分出乙苯、二乙苯等产品，副产的二乙苯与苯进行液相烷基转移反应，流程示意图见图 30-16。稀乙烯原料来自上游增强型催化裂解（DCC-plus）装置，乙烯体积分数设计值为 25%，经装置优化后体积分数增至约 30%。

烷基化反应器设置 3 台，生产中两开一备。每台反应器分为 5 个床层，器内催化剂装量采用变质量逐段梯度增加装填的方式，装填高度共 3900mm，装填质量 15.17t。催化剂装填结束，气密合格后，利用电加热器加热 N_2 对催化剂床层升温，N_2 流量 3000m³/h，升温速率 25℃/h。烷基化反应器升温至所有床层温度均大于 280℃时，循环苯由顶部进入反应器，对催化剂床层进行循环升温，所有床层温度升温至 325℃以上，具备将合格的净化稀乙烯逐段投入反应器的条件。2016 年 6 月 12 日烷基化反应器投入催化稀乙烯，同年 12 月对装置进行初次标定，2017 年 3 月对装置进行了 120%负荷性能标定。使用 SEB-08 催化剂，保证了装置长周期高负荷生产。反应器 R101A 中催化剂运行 13 个月，反应器 R101C 中催化剂运行 15 个月后进行卸剂再生。

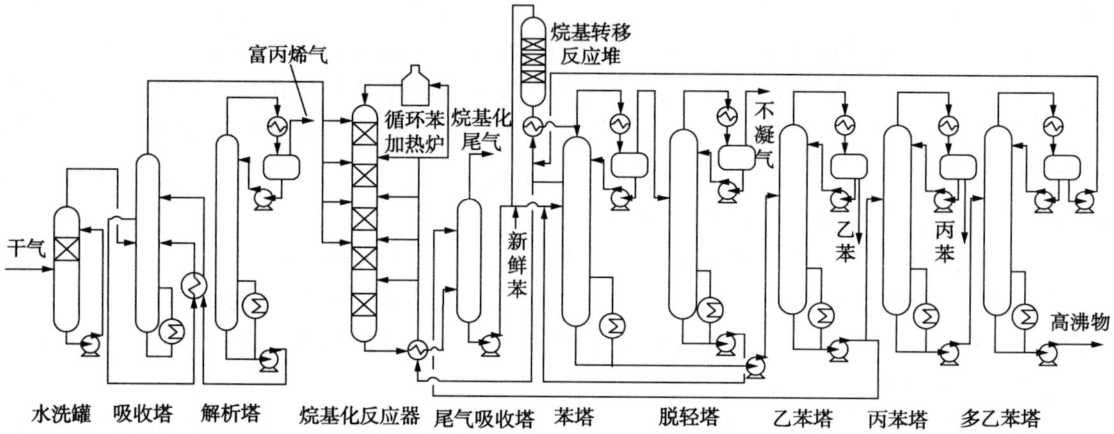

图 30-16　干气制乙苯装置工艺流程示意

2016 年 12 月末进行 SEB-08 催化剂初期标定，100%负荷下进行，2017 年 3 月进行 SEB-08 催化剂末期标定，120%负荷下进行，标定结果见表 30-31。由表 30-31 可知，SEB-08 稀乙烯制乙苯催化剂在乙烯浓度高、装置规模大和超负荷运行条件下，乙烯转化率和乙基选择性高，生成杂质少，能满足长周期高负荷运行。

表 30-31　SEB-08 催化剂标定条件和标定结果

标定内容	初期标定结果	末期标定结果
装置负荷/%	100	120
苯烯摩尔比	6.09	6.10
反应器入口温度/℃	332.4/334.4	341.3/343.5
反应器出口温度/℃	386.1/382.7	385.2/387.7
乙苯/%	99.85	99.83
乙苯中二甲苯含量/(μg/g)	820	860
乙基转化率/%	99.7	99.6
乙基选择性/%	99.4	99.6

30 万吨/年乙苯配套的是 28 万吨/年苯乙烯装置，由中国石化上海工程有限公司负责工程设计，中国建筑安装工程公司进行施工安装，于 2016 年 6 月 14 日开工，一次开车成功后正式投入运行。装置采用的技术路线是两级负压绝热乙苯脱氢制苯乙烯技术，该技术是由上海院、华东理工大学和中石化上海工程公司联合开发；主要工艺过程包括蒸汽过热炉系统、脱氢反应系统、油水分离及凝液汽提系统、尾气回收系统、苯乙烯精馏系统及苯乙

烯班产罐区等[59]。

2018 年底，装置完成首次大检修并通过一系列填平补齐改造后，操作弹性由原 60%~110%提升为 60%~120%，并用 STYROMAX® 9 Extr 3 型催化剂更换原来的 GS-11 催化剂，单程转化率提升了 5%。苯乙烯装置主要由乙苯脱氢反应系统和苯乙烯精馏系统组成，如图 30-17 所示。从乙苯蒸发器顶部出来的乙苯和蒸汽共沸体经反应产物加热与蒸汽过热炉出来的过热蒸汽通过反应器入口的静态混合器混合后进入脱氢反应器反应。反应产物经过冷却后，液相进入油水分离罐沉降，气相进入尾气压缩机后经过吸收解析系统除去脱氢尾气中苯乙烯、乙苯等油相，最后通过尾气增压机送至制氢装置作原料。油水分离罐水相经聚结器、工艺水处理器后进入汽提塔将凝液中烃类汽提出来，合格的凝结水送至凝液系统；油相物料-脱氢液送入罐区脱氢液罐进一步沉降切水后作精馏系统进料。脱氢液通过顺序精馏依次分离出苯、甲苯、乙苯、苯乙烯、焦油；为了能够合理利用乙苯/苯乙烯分离塔顶馏出物热源，将馏出物与乙苯脱氢反应单元的乙苯和水换热，蒸发产生乙苯和水的共沸混合体。乙苯负压绝热脱氢恒沸精馏技术，优点在于运用恒沸精馏节能技术流程，降低乙苯脱氢单元的加热蒸汽用量及苯乙烯精馏单元循环水用量，装置综合能耗大大下降。

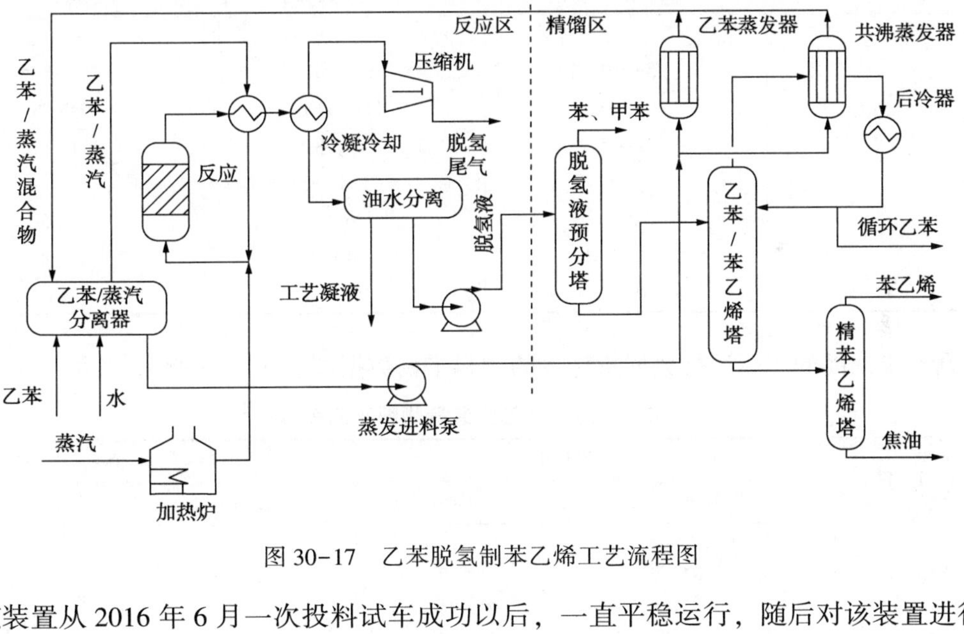

图 30-17　乙苯脱氢制苯乙烯工艺流程图

该装置从 2016 年 6 月一次投料试车成功以后，一直平稳运行，随后对该装置进行全面标定工作。

苯乙烯装置原料是上游催化干气制乙苯装置的乙苯产品，其主要组成如表 30-32 所示。

表 30-32　原料乙苯组成　　%

项　目	数　据	项　目	数　据
苯	0.031	二乙苯	<0.001
甲苯	0.016	异丙苯	0.011
乙苯	99.836	非芳烃	0.10
二甲苯	0.082		

苯乙烯装置操作条件见表30-33和表30-34。

表30-33 脱氢反应单元操作条件

项　目	第一反应器	第二反应器
温度/℃		
入口	604~607	615~618
床层	533~535	566~568
出口	528~530	560~562
压力/kPa		
入口	52~55	45~47
出口	47~49	37~39
重时空速/h^{-1}	0.19	
水/烃比	1.3	

表30-34 苯乙烯精馏单元操作条件

项　目	苯乙烯预分馏	乙苯-苯乙烯塔	粗苯乙烯塔
温度/℃			
塔顶	59~61	100~102	82~84
塔釜	95~98	111~116	94~98
进料	32~35	95~98	111~116
压力/kPa			
塔顶	24	36.1	11.5
塔釜	25.3	40	13.8
回流比	20~22	9~11	0.65~0.75

根据标定期间的实际运行数据所计算的物料平衡数据如表30-35所示。

表30-35 苯乙烯装置物料平衡表

项　目	设计值		实际值	
	流量/(t/d)	比率/%	流量/(t/d)	比率/%
原料				
乙苯进料总量	847.92	99.50	849.6	97.148
高沸物	3.36	0.394	24.03	2.748
DNBP	0.640	0.075	0.643	0.074
TBC	0.028	0.003	0.026	0.003
精馏阻聚剂	0.240	0.028	0.241	0.027
合计	852.188	100	874.54	100
产品				
苯乙烯产品产出	796.085	93.41	802.91	91.81
脱氢尾气去界外	28.295	3.32	29.89	3.42
苯/甲苯去界外	18.716	2.20	21.14	2.41
焦油去界外	9.092	1.07	20.6	2.36
合计	852.188	100	874.54	100

从表 30-35 可知，苯乙烯装置在 100%负荷下运行，高沸物和焦油量比设计值稍微偏高，高沸物进装置较高，因此，焦油出的相应偏高。乙苯与苯乙烯质量比 1.058，乙苯单耗能够达到设计指标 1.06t/t。

苯乙烯的组成见表 30-36，苯乙烯纯度达 99.86%，产品质量达到国家优级品指标。

表 30-36 苯乙烯产品的组成

项　目	参　数	项　目	参　数
色度(钴-铂)	≤10 号	聚合物/(μg/g)	2
苯乙烯/%	99.86	过氧化物(以过氧化氢计)/(μg/g)	≤50
乙苯/%	0.03	总醛(以苯甲醛计)/(μg/g)	≤100
二甲苯/(μg/g)	600	阻聚剂(TBC)/(μg/g)	12
α-甲基苯乙烯/(μg/g)	100		

九、汽油加氢生产芳烃抽提原料

催化裂解汽油芳烃含量高，可以作为生产轻质芳烃的原料。但是芳烃产品对硫、氮等杂质限制非常严格，通常要求产品中硫含量小于 1μg/g，氮含量小于 1μg/g，溴价小于 0.5gBr_2/100g。抽提过程无法脱除硫、氮等杂质，因此，催化裂解汽油在进行芳烃抽提之前，需要脱除其中的硫、氮等杂质的同时使烯烃饱和。

加氢精制是脱除硫、氮等杂质及使烯烃饱和的有效手段。催化裂解汽油中含有一定量的二烯烃，二烯烃在较高的反应温度下极易缩合生焦，在工业应用中易造成加热炉炉管结焦和反应器压降增加过快，大大缩短工业装置的连续运行周期。因此，以生产芳烃抽提原料为目的的催化裂解汽油加氢精制工艺需要解决 2 个关键问题：一是催化剂具有较高的脱硫、脱氮、烯烃饱和活性的同时具有较低的芳烃饱和活性，二是工艺过程能有效抑制加热炉炉管结焦和反应器顶部催化剂的结焦，保证装置长周期稳定运行。

针对以上问题，石科院开发了催化裂解汽油加氢精制技术(简称 NHT^{DC})[60]。

(一) NHT^{DC} 技术工艺流程

表 30-37 列出了催化裂解(DCC)汽油的主要性质，为了说明 DCC 汽油性质的特殊性，同时列出了催化裂化(FCC)汽油和蒸汽裂解(SC)汽油典型性质。从表 30-37 可以看出：DCC 汽油芳烃含量高达 55%，采用加氢的方法将 DCC 汽油中硫、氮等杂质脱除后，可以作为芳烃抽提原料；DCC 汽油中含有一定量的二烯烃，其含量介于 FCC 汽油和 SC 汽油之间。在加氢过程中，含有二烯烃等多元烯烃的组分在热的作用下易于产生自由基，并引发烯烃分子间的热缩聚反应。热缩聚反应发生在非催化区，属自由基反应，且自由基初始浓度与二烯烃的含量成正比。热缩聚反应的结果是生成难以被加氢分解的胶质等物质，进而生焦，积炭。

表 30-37 不同二次加工汽油性质对比

项　目	DCC 汽油	FCC 汽油	SC 汽油
密度(20℃)/(g/cm^3)	0.8260	0.7300	0.8300
硫含量/(μg/g)	93	100~1500	<200
二烯值/(gI_2/100g)	5	1	20
芳烃含量/%	55	15	85

对于 DCC 汽油加氢工业装置，如果 DCC 汽油直接进入高温区，加热炉炉管及反应器顶部极易结焦，使加热炉及反应器压降增加很快，严重时系统压降过大，装置被迫停工，缩短了装置运转周期。为了避免二烯烃进入高温反应区，必须在较低的温度下将二烯烃脱除。根据此思路，开发了 DCC 汽油加氢生产芳烃抽提原料（NHT^{DC}）技术，该技术采用 2 个反应器串联流程，第一个反应器在加热炉前面，级配装填不同规格的保护剂，在较低的温度下脱除原料中的二烯烃；第二个反应器在加热炉后面，通过装填合适的精制剂，在一定温度下使原料脱硫、脱氮、烯烃饱和。采用该流程的优点是原料油在经过加热炉和反应器之前已经将二烯烃脱除，可以有效地减少加热炉管和反应器顶部结焦，延长装置的操作周期。该技术原则流程如图 30-18 所示。

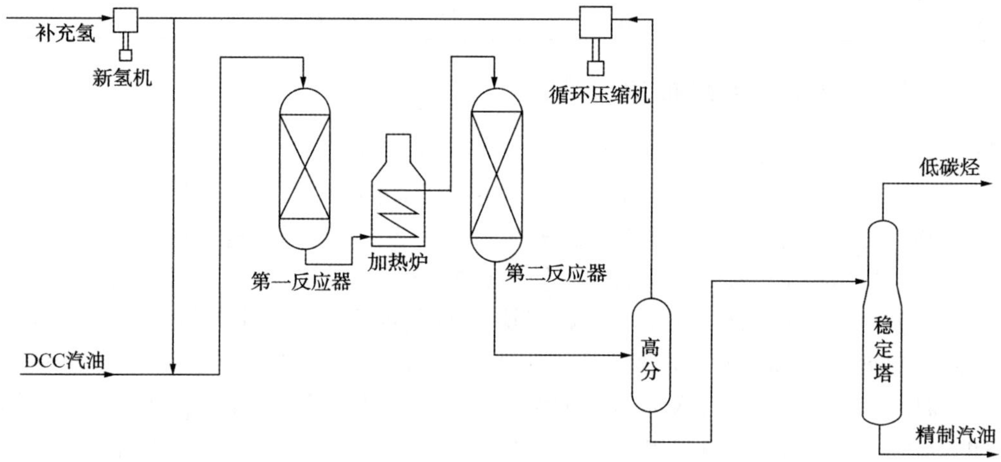

图 30-18　DCC 汽油加氢装置原则流程示意图

（二）NHT^{DC} 技术的工业应用

大榭石化 60 万吨/年 DCC 汽油加氢装置设计采用石科院开发的 NHT^{DC} 技术。该装置所加工的原料为来自于 220 万吨/年催化裂解装置的裂解石脑油。裂解石脑油全馏分加氢精制后，在分馏部分分离为 C_{5-}馏分、$C_6 \sim C_8$ 馏分和 C_{9+}馏分。其中 C_{5-}馏分送至 210 万吨/年加氢处理装置，完成此馏分的脱硫及脱轻组分；$C_6 \sim C_8$ 馏分作为芳烃抽提装置原料；C_{9+}馏分作为汽油调合组分。该装置于 2016 年 4 月进入开工阶段，6 月 14 日装置处理全部 DCC 汽油，其产品硫、氮质量分数均小于 1μg/g，满足芳烃抽提进料要求。

大榭石化 NHT^{DC} 装置开工成功后，于 2016 年 9 月对该装置进行了标定。标定结果见表 30-38。从表 30-38 可以看出，以烯烃含量为 19.4%、硫含量为 149μg/g 的 DCC 汽油为原料，采用 NHT^{DC} 技术处理后，所得到的 $C_6 \sim C_8$ 馏分段产品硫、氮含量均小于 1μg/g，溴价小于 0.5gBr/100g，满足后续芳烃抽提装置进料要求，NHT^{DC} 技术具有较好的脱硫及脱氮活性，完全可以用于生产合格的芳烃抽提原料。

在加工原料中硫含量在 50~350μg/g、氮含量在 19~69μg/g、溴价在 20~71gBr/100g 范围内变化时，产品质量保持稳定，所得 $C_6 \sim C_8$ 馏分段产品硫、氮含量基本维持在 0.5μg/g 以下，溴价小于 0.2gBr/100g。从该装置的生产运行情况来看，采用 NHT^{DC} 技术完全可以为芳烃抽提装置提供合格的进料，为生产芳烃拓宽原料来源。

表 30-38　原料及产品主要性质

项　目	原　料	$C_6 \sim C_8$ 产品	C_9^+产品
密度(20℃)/(g/cm^3)	0.7621	0.7346	0.8579
硫含量/(μg/g)	149	0.2	—
氮含量/(μg/g)	46	0.3	—
溴价/(gBr_2/100g)	35	0.06	—
二烯值/(gI_2/100g)	2.4	—	—
烯烃含量/%	19.4	—	—
芳烃含量/%	55.19	42.35	77.38
馏程范围/℃	37~187	36~145	153~211

装置运转初期及运转一年后第一反应器和第二反应器的压降变化情况见表 30-39。由表 30-39 可见，装置运转超过 1 年后，两个反应器压降变化很小，表明 NHT^{DC} 技术工艺流程合理，可以满足装置长周期稳定运转要求。

表 30-39　反应器压降随运转时间的变化

项　目	压降/kPa	
	2016.06.11	2017.07.11
第一反应器	46.5	56.3
第二反应器	137.6	139.5

大榭石化为了加工 60 万吨/年 DCC 石脑油加氢装置的 $C_6 \sim C_8$ 馏分，建设了配套的 40 万吨/年芳烃抽提装置。通过环丁砜液液抽提、溶剂回收和芳烃分离等工艺，生产苯、甲苯和混合二甲苯产品，同时副产裂解抽余油。苯为乙苯装置提供原料，甲苯至罐区；C_8 芳烃至 55 万吨/年芳烃抽提装置或中间罐区；抽余油作为 150 万吨/年连续重整装置的预加氢原料；芳烃抽提装置由芳烃抽提部分、芳烃精馏部分及公用工程三部分组成。

第三节　重油催化热裂解

在催化裂解技术的基础上，通过对工艺、工程及催化剂的进一步改进，石科院又开发了利用重油原料直接制取乙烯的催化热裂解(CPP)技术，并在 2000 年成功进行了工业化试验。2002 年石科院在圣安东尼奥 AIChE 年会作了 CPP 技术报告，介绍了 CPP 技术的研发和工业应用成果。

CPP[61]是在 DCC-I 最大量生产丙烯技术基础上，通过对工艺参数、催化剂以及装置构型进行改进，开发出的重油直接制取乙烯和丙烯技术。该工艺采用类似常规 FCC 的提升管反应器以及催化剂流化输送的连续反应-再生循环操作方式；产品分离流程可以采用深冷分离技术，但必须预先精制以脱除微量杂质，如硫化物、氮化物、碳氧化合物、砷和水等，可以得到聚合级的乙烯和丙烯产品。其特点为：①反应温度为 580~640℃，是催化反应和热反应共存的过程；②专用催化剂具有正碳离子反应和自由基反应双重催化活性；③操作方式灵活，可根据需要灵活调整产品结构，实现最大量乙烯、最大量丙烯或乙烯和丙烯兼产等多种操作模式；④可以加工重质原料油，包括减压馏分油、蜡油掺渣油、焦化减压馏分油和脱沥青油以及全常压渣油等，扩宽乙烯的原料来源，降低乙烯的原料成本。

一、重油催化热裂解生产低碳烯烃机理

石油烃类的裂解一般按正碳离子反应机理和自由基反应机理进行。

在固体酸催化剂上的裂解反应主要通过正碳离子进行，但由于反应高温下进行，故也有部分自由基反应。

生成乙烯、丙烯的反应：

（1）乙烯。对自由基反应机理而言，乙烯主要靠伯碳自由基在β位的C—C键断裂生成。对正碳离子反应机理而言，乙烯也可通过低级伯正碳离子（如正丁基正碳离子）在β位的C—C键断裂生成：

$$CH_3—CH_2—CH_2—CH_2^+ \longrightarrow CH_3—CH_2^+ + CH_2{=}CH_2$$

由于伯正碳离子不稳定，易转化为仲正碳离子和叔正碳离子。因此，增加伯正碳离子的稳定性有利于生成乙烯。在较高温度的反应条件下，叔丁基正碳离子、仲丁基正碳离子吸收10~25kJ/mol能量转化为伯丁基正碳离子：

$$CH_3—CH_2—CH^+—CH_3 \longrightarrow CH_3—CH_2—CH_2—CH_2^+ \quad +10\sim25kJ/mol$$

温度升高对吸热反应有利，因而对通过正碳离子反应生成乙烯也有利。

（2）丙烯。对自由基反应机理而言，丙烯主要靠仲碳自由基在β位的C—C键断裂生成。对正碳离子反应机理而言，可通过低级仲正碳离子在β位的C—C键断裂生成丙烯。

表30-40列出了催化热裂解、催化裂解和蒸汽裂解的主要特征的对比。催化热裂解技术具有使用重质原料、较低反应温度操作、连续反应再生及产品、丙烯/乙烯比率较高等特点。

表30-40　催化热裂解、催化裂解和蒸汽裂解的特征

工艺技术	热加工路线	催化路线	
	蒸汽裂解	催化裂解	催化热裂解
化学反应	热反应	催化反应	催化反应兼热反应
反应器	管式炉	提升管+流化床层	提升管
反应机理	自由基	正碳离子	正碳离子兼自由基
烧焦模式	间断烧焦	连续烧焦	连续烧焦
原　料	轻烃为主	重油	重油
催化剂	无	有	有
裂解反应温度/℃	800~850	530~565	580~640
产品中丙烯/乙烯	0.1~0.6	3~4	0.9~1.6

二、原料和催化剂

试验结果表明大庆蜡油的烯烃产率与大庆常压渣油接近、但明显高于管输蜡油，可见

原料油的性质对催化热裂解烯烃产率有很大的影响，性质越接近石蜡基原油，其烯烃产率越高。

通过对催化剂活性组分、基质及其制备工艺的系统研究，开发出了适合催化热裂解工艺要求的 CEP 催化剂[62~65]。该催化剂主要具有以下特点：

(1) 采用 Mg 改性沸石作为活性组分；

(2) 沸石预水热活化处理，提高其裂化活性和水热稳定性；

(3) 基质活化处理，增加催化剂的重油转化能力；

(4) 双黏结剂新工艺，增加催化剂的耐磨性能。

表 30-41 列出了工业生产的 CEP 催化剂的主要性质。

从表 30-41 数据可以看出，CEP 催化剂的物理性质与常规催化裂化催化剂相近。

表 30-41　CEP 新鲜催化剂性质

项　目	CEP 催化剂	项　目	CEP 催化剂
化学组成/%		磨损指数/(%/h)	0.91
Al_2O_3	46.3	灼烧减量/%	12.0
Na_2O	0.04	粒度体积分布/%	
Fe_2O_3	0.27	0~40μm	17.7
孔体积/(mL/g)	0.24	0~149μm	91.8
比表面积/(m^2/g)	152	平均粒度/μm	71.1
表观堆密度/(g/cm^3)	0.86	裂解活性指数①/%	70

①催化剂样品在 800℃下水蒸气老化处理 4h。

三、操作参数对生产低碳烯烃的影响

(一) 反应温度的影响

裂解反应为吸热反应，从热力学和动力学两方面考虑，升高温度对自由基反应和正碳离子反应都有利，但由于重油热裂解活化能(210~293kJ/mol)比催化裂化活化能(42~125kJ/mol)高，因此改变温度能改变二者的比例。升高温度时自由基反应比例增加，有利于乙烯和丙烯生成。但随着反应温度升高，甲烷产率也会明显增加，提高反应温度会提高甲烷/烯烃比值，但为了得到较高的乙烯和丙烯产率，可选择适宜的反应温度。反应温度一般在 580~640℃之间，既能得到高的乙烯、丙烯产率，又能避免过高的甲烷和氢气的选择性。

(二) 注水量的影响

由于裂解反应是分子数增加的反应，从化学平衡看，增加注水蒸气量，降低了烃分压，同时减少了烯烃参与的双分子氢转移反应，有利于提高烯烃收率和选择性。

中型试验考察了注水量 57.8%和 40%对烯烃产率的影响，详见表 30-42。

由表 30-42 可以看出，当注水量由 57.8%降到 40%时，甲烷产率略有增加；乙烯产率和三烯产率分别由 18.90%和 45.29%降到 16.45%和 44.61%；丙烯产率变化不大；丁烯产率由 9.96%增加到 11.20%。因此降低注水量对生产乙烯不利，而能略微增加丁烯产率。当注水量由 57.8%降到 40%时，甲烷/乙烯产率比值明显增加，甲烷/三烯产率比值略有增加；甲烷/丁烯产率比值明显降低，甲烷/丙烯产率比值略微降低。

表 30-42 注水量对产物分布及烯烃产率的影响

项目	参数		项目	参数	
注水量(对总进料)/%	40.0	57.8	注水量(对总进料)/%	40.0	57.8
产物产率			甲烷与烯烃产率比值		
氢气/%	0.83	0.84	甲烷/乙烯	0.680	0.584
甲烷/%	11.18	11.03	甲烷/丙烯	0.659	0.671
乙烯/%	16.45	18.90	甲烷/丁烯	0.998	1.107
丙烯/%	16.96	16.43	氢气与烯烃产率比值		
丁烯/%	11.20	9.96	氢气/三烯	0.019	0.019
三烯/%	44.61	45.29	氢气/(乙烯+丙烯)	0.025	0.024

由表 30-42 可见，当注水量由 57.8%降到 40%时，氢气产率相当；氢气与(乙烯+丙烯)比值增加，而氢气与三烯比值相当。

综上所述，提高注水量对生产乙烯有利，同时甲烷及氢气的选择性均有所改善，但工业应用时应综合考虑能耗等各方面的因素，选择合适的注水量。目前工业装置上催化热裂解注水量一般为原料的 25%左右。

（三）反应压力的影响

提高反应压力，甲烷产率明显增加，甲烷选择性明显变差，对生产烯烃不利，氢气产率明显增加。反应压力对产物分布及烯烃产率的影响，见表 30-43。

由表 30-43 可见，当反应压力由 0.07MPa(G)升到 0.10MPa(G)时，甲烷产率明显增加，由 11.03%增加到 12.45%，乙烯、丙烯和丁烯产率都略有下降，但幅度不大。可见提高反应压力对生产烯烃不利，同时甲烷产率增幅很大。当反应压力由 0.07MPa(G)升到 0.10MPa(G)时，甲烷与乙烯、甲烷与丙烯、甲烷与丁烯和甲烷与三烯的产率比值都增加，可见提高反应压力对甲烷选择性不利；氢气产率由 0.84%增加到 0.94%；氢气与(乙烯+丙烯)和氢气与三烯产率比值均增加。可见提高反应压力提高了氢气产率和氢气选择性。

表 30-43 反应压力对产物分布及烯烃产率的影响

反应压力/MPa(G)	0.10	0.07	反应压力/MPa(G)	0.10	0.07
产物产率/%			甲烷与烯烃产率比值		
氢气	0.94	0.84	甲烷/乙烯	0.666	0.584
甲烷	12.45	11.03	甲烷/丙烯	0.764	0.671
乙烯	18.68	18.90	甲烷/丁烯	1.285	1.107
丙烯	16.30	16.43	氢气与烯烃产率比值		
丁烯	9.69	9.96	氢气/三烯	0.021	0.019
三烯	44.67	45.29	氢气/(乙烯+丙烯)	0.027	0.024

综上所述，提高反应压力，甲烷产率明显增加，甲烷选择性也明显升高，对生产烯烃不利，氢气产率也明显增加。在工业装置设计过程中，应兼顾后部系统的压力降、低碳烯烃产率和选择性、设备尺寸和再生烟气的能量回收等，选取适宜的反应压力。

(四) 反应器型式的影响

中型试验采用两种型式反应器进行了试验，即提升管加流化床反应器和单一提升管反应器。提升管加流化床反应器中再生催化剂与原料油先在短提升管内混合反应后，再进入流化床内反应。此提升管内的油气停留时间约0.3~0.4s。两种反应器的烯烃产率见表30-44。

由表30-44可见，提升管反应器同流化床反应器相比，乙烯产率提高幅度很大，而丙烯产率则明显降低，丁烯和三烯产率相当。可见采用提升管反应器有利于多产乙烯，采用提升管加流化床反应器有利于多产丙烯。

表30-44 两种反应器型式的烯烃产率

试验编号	CP9703-9	CP9703-12	试验编号	CP9703-9	CP9703-12
反应器型式	提升管加床层	提升管	丙烯	18.63	13.90
原料油	大庆常压渣油	大庆常压渣油			
烯烃产率/%			总丁烯	7.66	7.41
乙烯	15.03	21.64	三烯产率	41.32	42.95

四、工艺过程

沈阳化工集团沈阳石蜡化工有限公司(以下简称沈阳石蜡化工)50万吨/年催化热裂解制乙烯(CPP)装置采用石科院研究开发的催化热裂解(CPP)专利技术，用于以重质原料生产乙烯和丙烯等石油化工原料。装置设计原料为大庆管输原油的常压渣油，使用的催化剂为石科院为CPP技术专门研制的专利催化剂，主要目的产物为乙烯和丙烯，装置设计规模为年处理50万吨常压渣油，设计年开工时数为8000h，是世界上第一套工业化的常压渣油生产乙烯装置。

50万吨/年催化热裂解制乙烯(CPP)装置包括CPP反应再生(见图30-19)与分馏系统，裂解气精制与分离系统及乙丙烷裂解炉。由石科院(RIPP)提供CPP反应再生系统设计基础工艺包，由美国石伟国际公司(S&W)提供裂解气精制与分离系统及乙丙烷裂解炉设计工艺包，由中国石化工程建设公司(SEI)负责工程设计。

沈阳石蜡化工50万吨/年催化热裂解制乙烯(CPP)装置于2009年7月建成投料试车，并一次开车成功。经过几个月的生产运行和调整优化，CPP装置运行平稳。2010年3月22日至3月25日，由沈阳石蜡化工(SPCC)、石科院(RIPP)、中国石化工程建设公司(SEI)三家联合组织对CPP装置开展为期三天性能考核标定。

为考察50万吨/年催化热裂解制乙烯装置在设计处理量即62.5t/h常渣进料并最大量回炼碳四、碳五运行情况。在标定期间，装置裂解气压缩机进料量达到运行以来的最大值，平均在72t/h。裂解气压缩机运行转速6800r/min，裂解气压缩机段间压力分别为一段出口0.20MPa、二段出口0.59MPa、三段出口1.43MPa、四段出口3.42MPa，基本接近设计值。

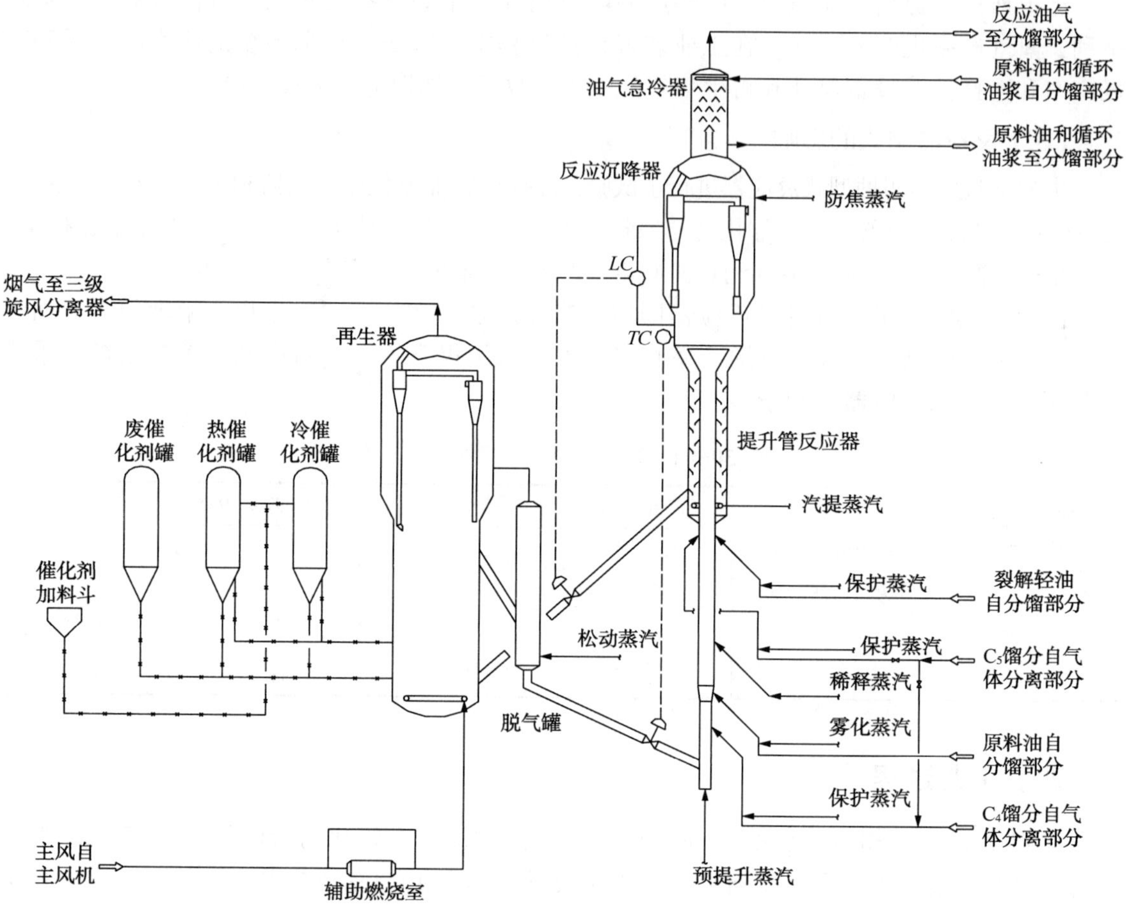

图 30-19　CPP 反应再生流程示意图

丙烯制冷压缩机运行转数 6100r/min，处于满负荷运转状态，达到设计值。各段压力分别为一段吸入压力 0.026MPa、温度-36℃、二段吸入压力 0.199MPa、温度-17℃、三段吸入压力 0.556MPa、温度 3℃、三段出口压力 1.560MPa。

乙烯制冷压缩机满负荷进料，乙烯制冷压缩机运行转数 10650r/min，各段压力分别为一段吸入压力 0.041MPa、温度-92℃、二段吸入压力 0.473MPa、温度-68℃、三段出口压力 1.502MPa；除乙烯制冷压缩机一段吸入压力偏高外，乙烯制冷压缩机基本达到设计值。

碱洗塔进料温度 50℃、出料温度 45℃、强中弱碱循环量 12t/h，水洗水循环量 20t/h，碱洗塔出口硫化氢、二氧化碳含量均低于 5μg/g，碱洗塔运行符合设计要求，但水洗段带水。

脱丙烷塔运行良好，塔顶产品中碳四含量低于 0.5%，损失丙烯 0.086t，符合设计要求。

干燥器进料温度 20℃，运转状态良好，干燥器露点合格，干燥器切换时间约为 36h，均符合设计要求。

精制反应器进料温度 20℃，运转状态良好，72h 标定期间硫醇、羰基硫均未检出，反应器运行符合设计要求。

乙炔加氢反应器进料温度104℃，处于反应器末期运行温度。反应器出口乙炔、砷均未检出，符合设计要求。

氧加氢反应器进料温度188℃，床层温度192℃。反应器入口、出口的乙烯、丙烯、氮氧化物、乙炔等体积组成分析见表30-45。

表30-45　氧加氢反应器入出口气体体积组成

项　目	乙烯/%	丙烯/%	NO_x/(μg/kg)	乙炔/%
入　口	25.41	29.0	320.1	0.08
出　口	25.36	20.87	5.9	0.02

脱甲烷塔运行状态良好，但塔顶乙烯损失较大，标定期间燃料气中乙烯体积分数为1.65%，共计损失乙烯23.92t。这是由于膨胀再压缩机CX-4520、CX-4521未投用，待膨胀再压缩机开启后预计从燃料气内可回收0.5%(占总进料)乙烯。

乙烯精馏塔考核期间运行状态良好，考核期间乙烯产品均为优等品，乙烯塔底考核72h内损失乙烯0.471t、损失丙烯0.789t，符合设计要求。

丙烯精馏塔系统考核期间运转状态良好，丙烯汽提塔塔底损失乙烯基本为零、丙烯0.086t，符合设计要求。

由国家发改委组织专家于2010年4月20日至4月22日对CPP装置运行情况进行考核，工业应用得到如下结论：

沈阳石蜡化工50万吨/年催化热裂解(CPP)制乙烯装置工业运转及72h性能考核结果表明：

CPP装置反再系统催化剂流化正常，整套工艺流程配置合理，操作稳定，调节灵活。

CPP装置的乙烯产率为18.32%，丙烯产率为21.58%，乙烯加丙烯产率为39.90%；产品乙烯纯度超过99.99%、产品丙烯纯度超过99.9%，乙烯产品质量达到优等品指标，丙烯产品质量达到优等品指标。丁烯产率5.56%、BTEX产率10.42%，CPP装置总的单程化工品(低碳烯烃加BTEX)产率达到55.88%。

CPP装置工业运转表明，该工艺技术成熟可靠，开辟了一条以石蜡基常压渣油为原料生产乙烯、丙烯的新工艺路线。

裂解气精制与分离系统流程配置合理，满足聚合级乙烯、丙烯的生产要求。

表30-46和表30-47分别列出了加工大庆管输原油常压渣油原料的50万吨/年CPP工业示范装置数据。表30-48和表30-49列出了裂解石脑油的性质和烃族组成[66]。以大庆常压渣油为原料，在提升管出口温度610℃时，CPP可以得到14.84%的乙烯和22.21%的丙烯(不含裂解炉)；产品乙烯纯度超过99.99%、产品丙烯纯度超过99.9%，达到聚合级优等品指标；液体产品的芳烃含量高，裂解石脑油的芳烃含量达到80%左右，其中BTEX含量达到64%；裂解轻油富含萘系芳烃，芳烃含量超过90%，可以进一步作为化工原料加以利用。

表 30-46 CPP 工业示范装置原料油性质

项 目	参 数	项 目	参 数
密度(20℃)/(g/cm³)	0.8943	金属含量/(μg/g)	
残炭/%	4.4	铁	4.7
折射率(20℃)	1.4848	镍	5.8
元素组成/%		钒	0.4
碳	86.18	钠	5.0
氢	12.99	钙	3.7
硫	0.16	馏程/℃	
氮	0.27	初馏点	266
		5%	352
		10%	376
		30%	438
		50%	510

表 30-47 CPP 工业示范装置主要操作条件和产物产率

项 目	参 数	项 目	参 数
操作条件		产物分布/%	
新鲜原料量/(t/h)	62.8	裂解气	60.63
反应温度/℃	610	裂解石脑油	16.12
再生温度/℃	732	裂解轻油	9.68
反应器顶压力/MPa(G)	0.08	油浆	2.21
再生器顶压力/MPa(G)	0.12	焦炭	10.71
蒸汽注入量(对新鲜进料)/%	28.5	损失	0.65
		合计	100.00
		低碳烯烃产率/%	
		乙烯	14.84
		丙烯	22.21

表 30-48 裂解石脑油性质

项 目	参 数	项 目	参 数
密度(20℃)/(g/cm³)	0.8450	馏程/℃	
实际胶质/(mg/100mL)	—	初馏点	45
酸度/(mgKOH/100mL)	0.7	10%	85
溴价/(gBr$_2$/100g)	29	50%	124
二烯值/(gI$_2$/100g)	10.1	90%	170
诱导期/min	102	终馏点	201
元素组成/%		辛烷值	
碳	90.06	*MON*	90.4
氢	9.40	*RON*	103.1
硫	0.0421	烃组成/%	
氮	0.0107	链烷烃	5.10
		环烷烃	1.27
		烯烃	12.35
		芳烃	81.28

表 30-49　裂解石脑油芳烃组成　%

项目	参数	项目	参数
总芳烃	81.28	间甲乙苯	2.44
苯	15.70	对甲乙苯	1.64
甲苯	26.70	1,3,5-三甲苯	0.92
乙基苯	3.79	邻甲乙苯	0.80
间二甲苯	9.01	1,2,4-三甲苯	3.84
对二甲苯	5.01	其中 BTEX	64.67
邻二甲苯	4.46		

五、产品气压缩和精制[9]

CPP 装置典型的流程简图见图 30-20。

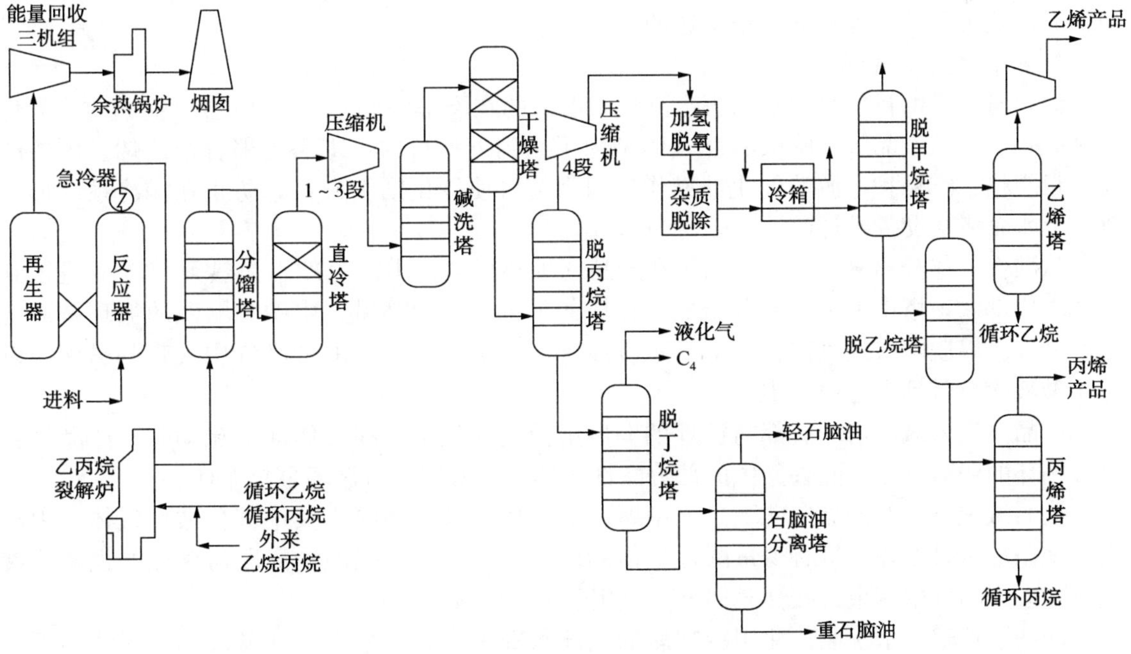

图 30-20　CPP 装置流程简图

1. 产品气压缩系统

产品气压缩机系统采用四段压缩。在三段与四段之间设有碱洗塔、干燥器和脱丙烷塔。

自反再系统油汽直冷塔顶出来的产品气，与凝液汽提塔塔顶出来的气体汇合后一同进入一段吸入罐，分离气体中夹带的液滴。罐顶出来的产品气进入压缩机一段。经一段压缩后的产品气用冷却水冷却后，进入二段吸入罐，在二段吸入罐中分离出冷凝的烃和水。二段吸入罐中的水返回一段吸入罐，通过一段吸入罐底泵将一段吸入罐中的液体送到反再系统的油汽直冷塔。

二段吸入罐中冷凝的烃送到凝液汽提塔，该塔另外一股进料是来自反再系统的裂解汽油。在凝液汽提塔中，控制塔釜物流中的C_3含量，塔顶轻组分被汽提出来，并与产品气汇合一同进入压缩机一段吸入罐。塔底C_4及以上重烃通过泵被输送到脱丁烷塔。凝液汽提塔再沸器通过低压蒸汽提供热源来进行重沸。

二段吸入罐顶出来的产品气进入压缩机二段，压缩后在二段后冷器中被冷却水冷却，之后进入三段吸入罐。三段吸入罐底凝液返回二段吸入罐闪蒸，并在二段吸入罐中进行烃水分离。三段吸入罐顶气体继续进入压缩机三段。经过三段压缩后的产品气被冷却水冷却后进入酸性气体分离罐。罐底分离出的凝液返回三段吸入罐，罐顶产品气则通过产品气进料预热器由急冷水加热后进入碱洗塔系统，通过三段碱洗脱除酸性气体。脱除酸性气之后，产品气还要经过干燥器脱水，然后再进入脱丙烷塔，通过脱丙烷塔将C_3及更轻组分与C_4及更重组分分离。脱丙烷塔顶的气体C_3及更轻组分进入产品气压缩机四段，经过四段压缩后压力达到3.78MPa(G)，之后进入杂质脱除系统。

为防止压缩机喘振，产品气压缩机共设了三个防喘振最小流量循环系统，即二返一、三返三和四返四。其中压缩机四段的防喘振线设有两条，一条从四段出口直接抽出，用于保证对压缩机喘振做出快速反应，另外一条从乙炔加氢反应器下游抽出，以保证氧加氢反应器和乙炔加氢反应器所需最小空速的要求。

2. 酸性气体脱除系统

设置碱洗塔的目的是用来除去产品气中混杂的在裂解炉和CPP反应器中生成的二氧化碳和硫化氢。从产品气中除去酸性气体是为了达到下列目的：①满足聚合级乙烯、丙烯产品质量规格；②保护下游的催化剂操作，因为硫可使催化剂中毒；③防止在深冷系统形成CO_2干冰而堵塞设备或管道。

从酸性气体分离罐出来的产品气在产品气进料预热器中由急冷水换热到50℃后进入到碱洗塔底部。该塔由上下两部分组成，在塔的下部分别用强碱、中碱和弱碱的循环碱液洗涤产品气，以脱除酸性气体；上部为水洗段，用来洗涤碱洗后的产品气中夹带的碱液，以防止碱液滴被带到下游设备中。

产品气进入碱洗塔的底部与循环的弱碱溶液逆向接触，在气体向上流动时，产品气直接被循环的弱碱洗涤，除去其中的部分酸性气体。弱碱用弱碱循环泵打循环。

被弱碱洗涤后的产品气向上进入中碱洗涤段用中碱洗涤除去其中部分酸性气体。中碱由中碱循环泵打循环。带有少量酸性气体的产品气向上进入强碱洗涤段与循环的强碱溶液接触除去产品气中剩余的酸性气体，强碱用强碱循环泵打循环。

碱洗塔顶部为水洗段，使用冷却后的循环水洗去产品气中夹带的碱液滴。水洗还可以将产品气冷却至接近烃的露点，在产品气离开碱洗塔之前，去除其中过量的水汽。

塔底出来的废碱液与粗裂解汽油混合，通过萃取洗去废碱液中的聚合物，再进入废碱除油罐中除油。之后废碱液减压进入废碱脱气罐中，闪蒸出来的烃气体放到热火炬系统，废碱液用泵加压送往界外废碱处理单元。废碱除油罐中分出的废油相送到反再系统的分馏塔。

来自界外的新鲜碱液(20%)先进入新鲜碱罐。用泵加压后，碱液与洗水混合稀释到10%左右，之后进入碱洗塔强碱段。循环洗水的补充水采用锅炉给水。

3. 产品气干燥、脱丙烷和第四段压缩系统

来自碱洗塔的产品气在进入脱丙烷塔之前，要先被干燥，除去水分，防止在下游低温

系统中形成烃水合物，堵塞管道和设备。

碱洗塔顶部出来的产品气在干燥器进料冷却器中由丙烯冷剂冷却，再进入干燥器分离罐。分离出的凝液返回压缩机三段吸入罐，罐顶产品气则直接进入产品气干燥器中干燥。干燥后的气相经过丙烯冷剂部分冷凝后进入下游脱丙烷塔。

产品气干燥器系统设有两台干燥器，内装3A沸石干燥剂。一台进行干燥操作，另一台进行再生后备用。每台干燥器又由主床和保护床组成，在主床和保护床之间设有水分分析仪，以便及时监测主床水的渗漏情况。

脱丙烷塔顶的C_3及更轻组分进入产品气压缩机四段继续压缩，塔釜C_4及更重组分物流送往热分离单元脱丁烷塔。塔釜再沸器由低压蒸汽提供热源，加热再沸。

4. 氧加氢反应器系统

经产品气压缩机四段压缩后的产品气，先在氧加氢反应器进出料换热器中，与反应器出料换热。之后经氧反应器蒸汽加热器由高压蒸汽进一步加热到反应所需温度（190～250℃），该温度通过与高压蒸汽流量串级控制。随后，产品气进入氧加氢反应器。该反应器内装填镍系或铜系专用加氢催化剂，用来促进氧气、NO_x和乙炔组分的选择性加氢。

NO_2会在酸性气脱除设备中进行脱除，而NO和O_2则不能被脱除，NO和氧气在低温下会进一步反应生成N_2O_3，当温度降低时，反应速度提高，因此，最高反应速度发生在装置的最冷段中。生成产物N_2O_3作为固态或液态可能沉积下来。当N_2O_3形成时，其会冻结且沉积在管线、阀门和冷箱等换热器中。其危险性除了堵塞设备外，当其遇到重质二烯烃时，会和二烯烃化合物形成NO_x胶质，遇到氨时会和氨形成铵盐。当装置发生故障或操作的波动时会导致重质二烯烃到达这些更冷的区域。二烯烃将与N_2O_3快速发生反应，并且形成胶质。这些胶质的稳定性极差，甚至在低温下能够分解爆炸。N_2O_3也能够与氨发生反应，形成不稳定的铵盐。这些铵盐危险性小一些，但是，当温度升高到环境温度时，能够快速分解，并且释放出大量热。

在反应器中发生下述反应：

氧气	$O_2+2H_2 \longrightarrow 2H_2O$	（主反应）
乙炔	$C_2H_2+H_2 \longrightarrow C_2H_4$	（主反应）
NO_x	$NO_x+H_2 \longrightarrow NH_3+xH_2O$	（主反应）
乙烯	$C_2H_4+H_2 \longrightarrow C_2H_6$	（副反应）

加氢反应是放热的，因此，在床层上会出现温度升高。床层上设有温度检测，当床层或出口温度达到设定的高温值后，将会引发报警甚至连锁，以保护反应器和催化剂的安全。

需要设置二甲基二硫化物（DMDS）注入包，在采用镍系催化剂时，用来向氧加氢反应器进料中注硫。在正常操作时，通过注入DMDS控制催化剂的活性，以抑制副反应，保持催化剂的选择性。在每次催化剂还原之后也需要注入DMDS，以实现催化剂的预硫化。

两台反应器可以串联操作。反应进料中氧气浓度取决于CPP催化剂的再生方式，如果检测到反应进料中氧气浓度远低于500μL/L且能够保持连续稳定，则只需一台反应器运行即可，前提是要保证反应出料中氧浓度小于规定的1μL/L。催化剂再生需要2～3天的时间，在一台反应器催化剂再生期间，只有一台单独在线操作，装置也可短时间维持运行。这种情况下需要适当放宽要求，反应出料中氧浓度升到大约5μL/L，该浓度仍是系统安全运行和产品规格所允许的，因此，无需设置备用反应器。催化剂的预计寿命超过4年，在此期间，可以用氮气和空气反复多次再生。每次催化剂再生之后需要还原和硫化。反应器设有固相取样口，在停车期间可以取出少量催化剂样品送实验室分析，以判断是否需要更换新的催化剂。

反应器的流出物料通过与进料热交换而被冷却，然后通过反应器出料冷却器被冷却水进一步冷却。随后冷却的反应器流出物料进入干燥器的进料分液罐。罐底分离出的水和重烃，返回产品气压缩机三段吸入罐，罐顶气体进入产品气第二干燥器以脱除反应过程生成的水分。

5. 产品气第二干燥器系统

第二干燥器系统设有两台干燥器，一开一备。干燥器内装填一个复合床和保护床，复合床包含两种吸附剂：上层的3A沸石用来去除水，下层的汞吸附剂HgSiv-3用来去除痕量汞和水。在汞吸附床层下面，设有6h的3A沸石保护床，两个床层间设有水分分析仪进行检测。

6. 脱羰基硫COS/硫醇RSH反应器系统

第二干燥器出口的产品气随后进入到脱羰基硫COS/硫醇RSH反应器系统。该系统设置两台反应器，并联操作，但也可以一台运行时，另一台再生。反应器内上部是Selexsorb-CD吸附剂，下部是Selexsorb-COS吸附剂，中间以金属丝网相隔。这些吸附剂能够清除COS、硫醇、H_2S、CO_2、氨和甲醇。其中一台进行再生操作时，再生介质为装置自产的燃料气，加热时，再生气自下而上通过，冷却时再生气自上而下通过。

反应器底部出来的产品气，经过杂质分析合格后送到乙炔加氢反应器。

7. 乙炔加氢反应器系统

为了使乙烯产品中的乙炔含量达到规定的指标，在脱COS/RSH反应器之后还需设置乙炔加氢反应器系统，以除去氧加氢反应后残余的乙炔和部分丙炔(MA)/丙二烯(PD)，该系统只有一台乙炔加氢反应器在线运行，无备用反应器。催化剂不需要在线再生，达到寿命期限后直接运送到装置外处理。

自脱COS/RSH反应器出来的产品气温度约40℃。乙炔加氢反应需要的温度在反应初期(SOR)是50℃，反应末期(EOR)是80℃。为了达到反应所需温度，产品气需要经过预热器由低压蒸汽加热。预热温度是通过调整进预热器及其旁路的产品气流量分程控制的。

乙炔加氢反应器中装有两个催化剂床层，下部的大床层含脱砷催化剂，上部的小床层含乙炔加氢催化剂。产品气中的砷化氢能使乙炔加氢催化剂中毒，因此产品气自下而上，先经过脱砷床，再进入加氢反应床。经过反应器后，产品气中乙炔浓度降到1μL/L。

脱除杂质后的产品气，在乙炔加氢反应器后冷器中由冷却水冷却，然后产品气由丙烯冷剂冷却并部分冷凝，经脱丙烷塔回流罐分离，大部分凝液作为回流返回脱丙烷塔，少量凝液和气相进入冷分离系统。

六、冷分离系统

（一）冷箱及脱甲烷塔系统

由于采用了前脱丙烷技术路线，低温冷箱及脱甲烷塔系统的进料基本上是C_3和更轻的组分。

来自脱丙烷塔回流罐的产品气被丙烯冷剂和乙烯塔釜液在脱甲烷塔进料1#及2#冷却器中逐步冷却后，进入到脱甲烷塔第1进料分离罐。脱丙烷塔回流罐底多余的液体在脱甲烷塔板翅式换热器(冷箱内)中冷却，之后与冷却后的气体汇合，一同进入第1进料分离罐。

第1进料分离罐的液体作为脱甲烷塔的第一股进料；第1进料分离罐的部分气体通过乙烯精馏塔进料加热器由乙烯精馏塔进料冷却冷凝，另一部分经冷箱冷却冷凝，而后一起进入脱甲烷塔第2进料分离罐。

第2进料分离罐的液体作为脱甲烷塔的第二股进料；第2进料分离罐的气体在冷箱中由最冷级位的乙烯冷剂及其他冷物流冷却冷凝后进入脱甲烷塔第3进料分离罐。

第3进料分离罐的液体作为脱甲烷塔的第三股进料；第3进料分离罐的气体在进入第4进料分离罐之前，在冷箱中由脱甲烷塔第4进料分离罐的复热液体及其他冷物流冷却冷凝。

来自第4进料分离罐中的气体，先在冷箱中换热，然后与脱甲烷塔顶气体汇合，一同进入膨胀/再压缩机系统。第4进料分离罐的液体经冷箱换热后作为脱甲烷塔的第四股进料。

来自4个进料分离罐的液体在冷箱系统和脱甲烷塔之间的压差的作用下进入脱甲烷塔的不同部位。脱甲烷塔顶部设置一个内置自流式冷凝器，采用由最低温度级位乙烯冷剂放冷的板翅式换热器，用来为脱甲烷塔提供必要的回流液。自流式冷凝器作为脱甲烷塔顶部的一部分，实质上是一个安装在塔顶部的换热器，可以节省低温回流泵。

脱甲烷塔再沸器使用气相丙烯冷剂作为加热介质，通过丙烯冷凝提供热量，塔底物流主要由C_2、C_3组分构成，进入下游脱乙烷塔系统。

(二) 膨胀/再压缩机系统

膨胀/再压缩机系统采用两级膨胀/再压缩机。脱甲烷塔顶气相与在冷箱中复热的第4进料分离罐顶气体甲烷氢汇合，一同进入第一级尾气膨胀机。物料经膨胀降温后，进入冷箱换热，降低冷箱温度，然后再进入第二级膨胀机。二级膨胀后的尾气再回到冷箱换热，经逐级加热，达到尾气再压缩机入口的温度后，进入再压缩机。经两级压缩之后的尾气作为各干燥器及脱COS/RSH反应器的再生气，而后进入燃料气系统，部分作为本装置的燃料，其余送往界外的燃料气管网。

当膨胀/再压缩机不开时，装置依然可以稳定运行。在这种情况下，冷箱所需低温由甲烷氢尾气通过节流膨胀来提供，不足部分由最低温度级位乙烯冷剂在脱甲烷塔顶冷凝甲烷，液相甲烷节流降温补充。

(三) 脱乙烷塔系统

脱甲烷塔底部出料进入到脱乙烷塔中，脱乙烷塔顶部物流用丙烯冷剂冷凝提供回流，塔釜再沸器用低压蒸汽加热再沸。塔顶C_2物料进入乙烯精馏塔，底部C_3物流进入丙烯塔。

(四) 乙烯精馏塔及热泵/乙烯制冷系统

乙烯精馏塔采用低压操作，塔顶设置开式热泵，并与乙烯制冷压缩机进行组合。

脱乙烷塔塔顶冷凝液闪蒸到乙烯精馏塔的操作压力进入乙烯精馏塔中部。该操作压力是基于热泵/乙烯制冷压缩机二段吸入压力而确定的。乙烯精馏塔塔顶气相进入到热泵/乙烯制冷压缩机二段。二段出口抽出的气体作为乙烯精馏塔塔底再沸器的加热介质提供热量，自身冷凝后再被部分乙烯塔进料进一步降温，之后作为回流返回乙烯精馏塔，回流不足部分由来自乙烯冷剂收集罐的一股液相乙烯，并由-68℃乙烯冷剂降温后作为补充。

经过压缩，从热泵/乙烯制冷压缩机三段出来的乙烯气体，根据需要，可以一部分作为气相乙烯产品直接送出界区，进入下游装置。其余乙烯气体先后在乙烯冷剂1号脱过热器和2号脱过热器中由不同级位的丙烯冷剂降温冷却。之后由最冷温度级位的丙烯冷剂(-38℃)冷凝，并送到乙烯冷剂收集罐中。根据需要，乙烯产品也可以液态方式从这个收集罐采出，直接送去球罐储存，再用乙烯产品泵加压气化后送出装置，或由最冷温度级位的乙烯冷剂降温后送去低温储罐。

罐中其余液相乙烯一部分作为补充回流进入乙烯精馏塔，其他全部作为乙烯冷剂送到各冷剂用户。

乙烯精馏塔底采出的乙烷，在乙烷汽化器中由气相丙烯冷剂汽化，然后在冷箱中继续换热升温。过热后的乙烷循环进入裂解炉原料预热系统，与循环丙烷一起在 C_2/C_3 过热器中进一步过热，最后进入到蒸汽裂解炉中裂解。

七、热分离系统

（一）丙烯精馏系统

脱乙烷塔底部的 C_3 物料进入到丙烯精馏系统。该系统由双塔组成，丙烯汽提塔和丙烯精馏塔。丙烯汽提塔顶部的物料进入丙烯精馏塔，丙烯精馏塔顶部的物料由冷却水提供冷量而全部冷凝，并通过丙烯回流/产品泵提供回流(聚合级丙烯产品从丙烯回流/产品泵出口采出)，丙烯精馏塔底部的物料经泵送到丙烯汽提塔的顶部。

丙烯汽提塔釜再沸器主要采用反再系统急冷水作为热源进行再沸，不足部分由低压蒸汽在蒸汽再沸器中补充。

丙烯汽提塔底部的丙烷经汽化后循环返回到蒸汽裂解炉进行裂解。

（二）脱丁烷塔和脱戊烷塔系统

凝液汽提塔底部和脱丙烷塔底部的物料进到脱丁烷塔中，脱丁烷塔顶部的物料通过冷凝器用冷却水进行冷却冷凝，塔釜再沸器用低压蒸汽作为热源再沸。脱丁烷塔塔顶 C_4 一部分返回到CPP单元反应器中循环裂化，另一部分作为混合 C_4 产品送出界区储存；而塔底的 C_5 及更重组分则送到脱戊烷塔。

脱戊烷塔顶物料通过冷凝器用冷却水进行冷却冷凝，塔釜再沸器用中压蒸汽作为热源再沸。塔顶部的 C_5 物料一部分返回到CPP单元反应器中循环裂化，另一部分作为产品送出界区储存，塔底的 C_6 及更重组分裂解汽油作为产品送出界区储存。

八、制冷系统

装置所需冷量除少量由相匹配的内部工艺物流的制冷提供外，其余全部来自乙烯制冷系统和丙烯制冷系统。

乙烯制冷系统是与乙烯精馏塔组合起来的热泵/乙烯制冷综合系统。气相乙烯经压缩后通过冷凝器由丙烯冷剂提供冷量冷却冷凝，然后利用液态乙烯节流，在不同压力下汽化为工艺用户提供两个温度级位的乙烯冷剂：-68℃和-101℃。

丙烯制冷系统则是一个密闭的循环回路，以聚合级丙烯为制冷剂，利用蒸汽透平驱动的三段离心式压缩机在环路中循环制冷。丙烯制冷系统气相丙烯经压缩后通过冷凝器由冷却水提供冷量冷却冷凝，然后利用液态丙烯节流，在不同压力下汽化为工艺用户提供三个温度级位的丙烯冷剂：7℃、-17℃和-38℃。

第四节　生产低碳烯烃的工程技术

一、生产低碳烯烃工艺的工程特点

以DCC、CPP为代表的重油催化裂解生产低碳烯烃工艺，与常规流化催化裂化相比，在反应机理、催化剂化学反应特性、原料性质、工艺条件、产物分布和产品性质等方面，有着显著的不同，因而在反应器和再生器的形式匹配、结构设计、工艺流程设置、能量合理利用等各方面，都有所不同。与常规催化裂化相比，生产低碳烯烃技术具有原料氢含量要求较高、反应苛刻度较高、裂解深度大、气体产物产率高、反应分子膨胀比较大等共同的特点，同时，由于原料、产品和主要操作条件的不同，又体现出各自的特色，参见表30-50。

表30-50　催化裂化与催化裂解典型工艺对比

项　目	常规FCC①	DCC-I①	CPP②
原料类型	重油、蜡油	蜡油	重油
原料性质			
密度(20℃)/(g/cm³)	0.86~0.945	0.86~0.89	0.8954
残炭/%	0~7	<4	4.33
氢含量/%	11.8~13.5	12.5~13.5	13.03
催化剂	常规	专用	专用
主要操作条件			
反应温度/℃	485~538	545~565	580~640
回炼比	0.05~0.3	0.05~0.1	~0.1
再生温度/℃	680~730	690~720	700~730
剂油比	5~8	12~15	15~20
反应注汽量/%	2~8	25~30	约30
反应压力/MPa(G)	0.15~0.25	0.08~0.12	0.08~0.11
进料温度/℃	180~220	240~350	290~340
产物分布/%			
干气	2~4	9.8	30.55
液化气	12~20	45.6	28.22

续表

项　目	常规 FCC①	DCC-I①	CPP②
汽油	39~49	20.8	15.71
裂解轻油	19~32	12.8	9.31
裂解重油	0~6	1.5	3.48
焦炭	5~9.5	9	12.12
损失	—	0.5	0.61
乙烯产率/%	—	5.9	18.32
丙烯产率/%	4~5	22.01	21.58

①数据为典型统计数据范围；②为某装置标定数据。

二、反应-再生系统工艺与工程

相比于常规的催化裂化，DCC、CPP 工艺在装置的反应再生、分馏、吸收稳定(或烯烃分离)以及烟气系统的设备规格都比同等处理量的常规催化裂化装置增加很多，参见表 30-51，在工程化方面装置的大型化问题十分突出。

表 30-51　低碳烯烃生产工艺与常规催化裂化装置规模对比

项　目	常规 FCC	DCC-I	CPP
装置规模	1	1	1
反应器出口油气体积流率	1	3.82	5.00
再生器出口烟气体积流率	1	2.01	2.27
催化剂循环线路负荷	1	2.62	3.08

在 DCC-I 型单提升管+床层反应器的技术基础上，进一步提出双提升管+床层反应的新理念，形成了增强型催化裂解(DCC-Plus)新技术，以满足生产更多低碳烯烃的需求。

在 DCC-plus 技术基础上，中国石化又开发了针对催化裂解的新型反应器，该反应器显著强化了催化反应，抑制了热裂化反应，在催化裂解装置的工业试验证明，与常规催化裂解技术相比，在原料更重的条件下，丙烯收率进一步提高、油浆+焦炭产率却同比大幅度降低，显示出显著的优势，该技术在重油催化裂化方面也具有较好的应用前景。

多产低碳烯烃工艺，在反应条件上大多都有一些相似的特点：高温、高剂油比、高水蒸气注入、适宜的反应时间与空速以保证所需的高苛刻度和转化率，同时要尽可能抑制原料重质化和高苛刻度反应条件所带来的更易缩合与结焦等副反应的发生。反应系统的工艺与工程技术开发和设计主要围绕着这一命题展开，这其中进料段反应环境的优化、终端结构及防止结焦技术是工艺与工程开发的关键。

1. 反应进料段

多产低碳烯烃的催化工艺，尤其是以加工重油原料的装置，对原料的雾化、扩散、传热和传质的初始反应环境要求较为严格。

反应提升管进料段的初始反应环境主要与进料段(包括预提升段)的催化剂流动形态、

催化剂床层密度、进料喷嘴的雾化效果、进料段的油剂混合温度等因素有关。

为了优化反应进料段环境，多种改进的预提升技术得以开发应用。由于预提升段内大量的催化剂流动转向、流化形态转变，存在较大的返混，预提升段的设计存在两种思路，一种是采用特殊的内件结构，将转向后的催化剂的流动进行充分整流、导向，使得在下游注入原料之前催化剂的流动形态转变为近似平推流模式，以减少提升管返混和副反应的发生；另一种设计方式的指导思想是，预提升段的主要作用是为后续的反应区服务的，此处是否为平推流或具有一定的返混并不重要，关键是要提供进料反应所需的良好环境，即经过整流后的适宜的催化剂床层密度和热容量，其方法是通过在预提升段设置高效率的提升分布器和底部流化分布器，强化提升介质和流化介质的分布效果，在预提升段为催化剂转向营造一个较好的小型流化床形态，为原料在下游的注入提供足够的催化剂床层密度和热容量环境，进料注入后，在强大的喷嘴注入动能和反应系统压力平衡作用下，催化剂与油气快速向上流动，此后的平推流反应形态才是最终的追求目标。

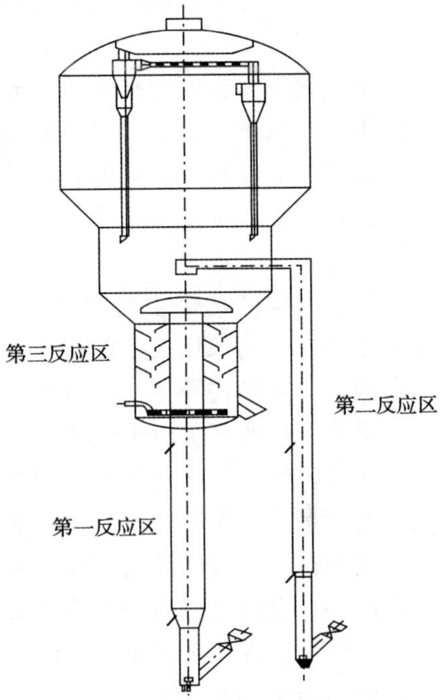

图 30-21　多产低碳烯烃双提升管反应系统

2. 反应环境的优化

为了提高转化率和多产低碳烯烃，在原有技术基础上，改进后的 DCC、CPP 工艺，根据原料与目的产品不同，有选择地采用双提升管+床层的组合反应器的形式，根据反应行为特点，如图 30-21 所示将反应系统分成三个反应区，第一反应区为主提升管，进料为新鲜原料油和回炼裂解重油，是以最大量生产高烯烃含量汽油或裂解石脑油为目的，为第三反应区(床层)提供原料；第二提升管进料为装置自产或外来的富含烯烃 C_4 馏分和轻裂解石脑油，它的另一目的是将热的低碳含量的再生催化剂输送至第三反应区，为床层反应创造适宜的条件；第三反应区为床层，第一提升管反应区和第二提升管反应区的反应油气以及汽提段的蒸汽一起进入第三反应区，第三反应区(床层)重时空速较低($2\sim4h^{-1}$)，通过控制反应油气在密相流化床中的停留时间，在适宜的反应条件下最大化地多产丙烯。

3. 反应终端结构

生产低碳烯烃催化工艺与常规催化裂化在提升管反应终端技术有所不同，由于反应机理的需要，DCC、CPP 等工艺，大多都存在床层反应模式，提升管一般不设置终端快速分离设施，第一提升管的出口设置分布板或分布器，将反应油气与催化剂共同喷出，在床层内均匀分布，为后续的床层反应(或第三反应区反应)提供良好的流化与分布条件。

对于第二反应区，一般采用外置提升管设计，外置提升管出口不采用气固分离的快分设施，而是采用混合输出的防冲结构，埋入密相湍流床的低压降分布器使出口的反应油气和催化剂均匀进入床层，与来自第一反应提升管的油气和催化剂混合、反应。此低压降防冲分布器也可避免过大的动能冲击扰动反应床层的稳定性。

4. 待生剂汽提

待生催化剂颗粒间与孔道内部充满油气，此部分油气占产品总量的2%~4%，待生剂汽提的作用就是将这部分油气尽可能地用水蒸气置换出去，以降低待生剂附着焦炭的氢含量，减少不必要的液收损失，降低再生及取热负荷、改善产品分布[9]。从设备结构和操作条件来看，影响汽提效果的因素主要有汽提段的内构件结构、汽提温度、汽提蒸汽量和催化剂停留时间等。

汽提段内构件结构主要包括人字挡板、盘伞形挡板、空筒、高通量填料或倾斜格栅、环流汽提等。目前采用较多的是带有气体分布孔的挡板、裙边整流和优化倾斜角的改进型盘伞形挡板，其结构简单、防堵塞、汽提效率稳定的特点使之应用广泛。

汽提蒸汽量的增加改善汽提效果，但过大的汽提蒸汽量会使装置能耗增加。一般来说，由于多产低碳烯烃的催化工艺的反应深度大，剂油比高，汽提蒸汽量相应提高，但相对于催化剂循环量的比例基本不变，一般在2‰~3‰。

催化剂在汽提段的停留时间一般在2~3min，在维持较高的汽提效率的前提下，高效的汽提内构件一方面可降低汽提蒸汽的耗量，另一方面也可降低待生剂在汽提段停留时间，以达到降低系统催化剂藏量的目的。

5. 抑制反应系统结焦

虽然床层反应的存在一定程度上缓解了反应器结焦的趋势，但由于原料重质化、裂解深度大，反应产物中二烯烃、炔烃等易缩合组分含量的增加，以及高苛刻度裂解带来的油浆产物中稠环芳烃的高度浓缩，多产低碳烯烃催化工艺在反应系统中的结焦倾向仍然有所增加。

装置防结焦的主要技术措施：

在选用高效进料喷嘴的同时，良好的预提升段设计，原料充分的预热以及喷嘴的安装施工过程中的对中性检查都是必须的。

合理的反应时间，减少反应不完全的重质油品的存在；优化的流场设计，缩短油气在稀相的停留时间，实现油剂的快速分离和油气的快速导出；防焦蒸汽采用高温蒸汽，提高设备的衬里保温性能，避免局部冷点的出现；旋风分离器升气管外壁采用防结焦特殊结构，防止结焦脱落堵塞料腿，石油大学和SEI在长岭石化催化装置进行的防结焦改造取得良好效果；沉降器汽提段内的防焦格栅设计，可防止焦块脱落，提高装置抗波动干扰的能力。

针对因局部冷点和边壁效应导致油气管线结焦，除了提高衬里保温效果外，提高油气管线线速，尽量削弱边壁效应也是抑制油气管线结焦的有效措施，油气线的线速可按35~40m/s设计。

6. 再生剂高效汽提和脱气

由于DCC、CPP等工艺剂油比较大，再生催化剂携带的烟气较多，对后续的分馏、吸收稳定和裂解气精制与分离系统带来不利的影响，为此，需要对再生剂进行脱气，以减少携带的非烃气体组分，同时催化剂经脱气蓄压后密度增大，再生线路的推动力增加，有利于大剂油比的操作。

以往设计的再生剂脱气罐设计结构简单，在降低催化剂质量流速的同时，通过脱气罐底设置的蒸汽分布环通入蒸汽，对流经的催化剂进行一定程度的汽提置换，脱气罐内设置的盘伞形挡板加大了催化剂流动的扰动性和气固接触面积，使脱气、置换效率提高。但由于盘伞形挡板上下催化剂流动处于连续相，汽提蒸汽通过挡板上的分布孔的压降大于盘伞间隙压降，使催化剂与蒸汽错流接触的效率大大降低，盘伞间隙的气固逆流接触又缺乏足够的分散均匀性，降低了汽提置换的效率。在CPP工艺上新采用的高效汽提脱气器是充分利用了盘伞挡板对催化剂流动的强制整流和引导作用，同时将盘伞形挡板的几何空间进行封闭，将蒸汽通过密闭的盘伞形分布器的分布管嘴以适当的压降喷出，形成催化剂与蒸汽的强制错流接触，大大增加汽提置换效果。高效汽提脱气器的汽提置换效率较常规的脱气罐提高10%~15%，与常规脱气罐相比，高效汽提脱气器结构稍复杂，详见图30-22。

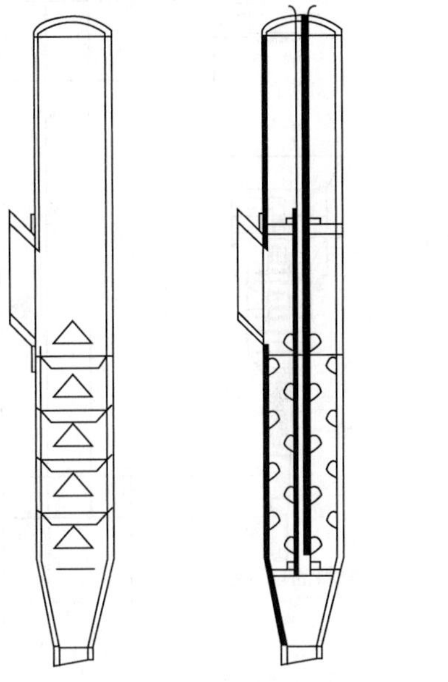

(a)常规脱气罐　(b)新型高效汽提脱气器

图30-22 常规脱气罐与高效汽提脱气器

7. 反应再生控制

多产低碳烯烃工艺反应再生系统控制与常规催化裂化类似：反应温度由再生滑阀控制，反应汽提段料位由待生滑阀控制，再生温度由外取热器下滑阀或流化风控制，烧焦罐式再生器第二密相床料位由循环滑阀控制。反应压力由富气（裂解气）压缩机汽轮机转速间接控制，再生压力由烟气轮机旁路双动滑阀控制。对于采用双提升管反应形式的DCC-Plus和CPP工艺，所不同的是反应器床层温度由第一再生滑阀控制，第二提升管出口温度由第二再生滑阀控制。再生、待生滑阀差压与相应的工艺控制变量形成超驰（低选）控制。CPP急冷器温度由急冷油浆循环量控制。

反应-再生系统自保联锁与常规催化裂化相同。

三、急冷与分馏系统工艺与工程

以最大化生产乙烯、丙烯为目的的CPP工艺，由于反应深度更大，存在反应所需的热量和油气急冷的需求，其分馏系统的过剩热取出与反应系统的高温热能回收以及原料的预热都进行了更高程度的整合。

1. 原料预热与反应油气急冷

CPP工艺由于反应温度高，反应深度大，反应产物热裂化缩合结焦的趋势更大，塔底油中的结焦前身物浓度更高，一方面反应部分所需热量更多，另一方面，反应油气的急冷终止过裂化较常规催化和DCC等工艺要求更为严格。因此，在反应器出口处设置油气急冷器，尽快将油气急冷并终止过裂化反应，油气急冷器的急冷介质可以是循环油浆、回炼油、裂解轻循环油、部分新鲜原料。如果CPP工艺的裂解原料是减压馏分油掺炼减压渣油，则高沸点的减压渣油作为急冷介质是适宜的，既可快速终止过裂化反应，又可通过与高温油

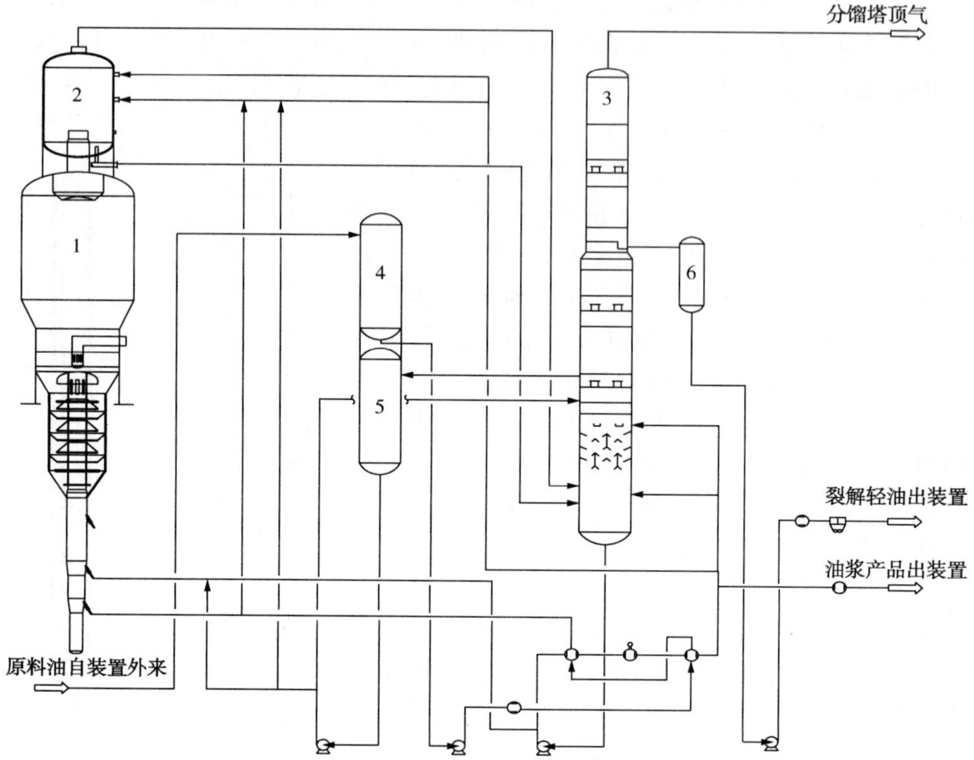

图 30-23　CPP 反应急冷与原料预热系统工艺流程

1—反应器；2—油气急冷器；3—分馏塔；4—原料油罐；5—回炼油罐；6—轻循环油汽提塔

气的直接接触，将减压渣油直接加热至所需的温度，有效地回收反应油气的热量，同时还可避免高水蒸气分压下柴油馏分的拔出。如果是常压渣油作为 CPP 的原料，则急冷器在采用部分新鲜原料作为稀释剂时，需要对部分拔出的裂解轻油进行回炼，以减少有效裂解原料组分被带走。

油气急冷器的流程(参见图 30-23)大致为：反应器顶旋风分离器分离出来的油气经反应器内集气室、升气管进入油气急冷器，自分馏塔来的油浆分上、下两部分进入，回炼油注入底部稀释，自上部返急冷器的油浆在油气急冷器内与高温油气逆流接触，在冷却高温油气的同时，将油气中的催化剂细粉洗涤下来。急冷器下部通入搅拌蒸汽，自下部返急冷器的油浆(含回炼油)注入油气急冷器底部液位以下，起搅拌作用。急冷器顶部油气温度降至 300~330℃进入分馏塔，急冷器底部油浆自流至分馏塔底部，进入油浆循环系统。

2. 分馏塔顶分段冷凝与油气直冷

为降低油气分压以改善产物分布、提高目的产品产率，DCC 和 CPP 等工艺都需要注入较大量的水蒸气。在较低的反应压力下，分馏塔顶水蒸气分压的提高，使水蒸气露点和塔顶温度接近，甚至塔顶部出现游离水，导致上部塔板结盐堵塞，影响装置的正常运转。对于水蒸气注入量较大的工艺，分馏塔顶的冷凝冷却系统都需要采取一些与常规催化裂化装置不同的技术措施。

1）DCC 装置的分馏塔顶分段冷凝气液分离

常规催化裂化装置大多采用顶循环回流控制分馏塔顶温度，这样可以降低分馏塔顶油气系统压降，提高可利用热能的温位。

DCC 等多产烯烃工艺由于水蒸气注入量较大，反应压力也较低，分馏塔顶温度较低，但水蒸气分压的提高，使塔顶水蒸气露点温度提高，分馏塔上部部分塔板易出现游离水而导致结盐堵塞的情况。在顶循环回流的辅助作用下，采用塔顶冷回流控制塔顶温度可以提高塔顶油气分压，降低水蒸气分压，在控制汽油干点不变的前提下，有效提高塔顶温度，避免水蒸气露点与塔顶温度接近甚至倒挂的操作风险。与常规一级 40℃ 冷回流方式不同，DCC 采用两级冷凝分离的方式(参见图 30-24)，一段冷后温度 60~70℃，可将油气中大量的水蒸气冷凝下来，较高的温度可以避免油水乳化，有利于油水分离，分离出的一级冷凝粗汽油大部分打回分馏塔顶控制塔顶温度，较高的回流温度提高了回流量，也有利于进一步提高塔顶油气分压。一级分凝的气体和一部分粗汽油经二级冷凝冷却至 40℃ 后进入二级分液罐，分离出富气和二级分凝粗汽油，送往富气压缩机和吸收稳定系统。由于大部分水蒸气在一级冷凝冷却中析出，降低了分馏塔顶油气的低温段的冷凝冷却负荷，对节能有利。

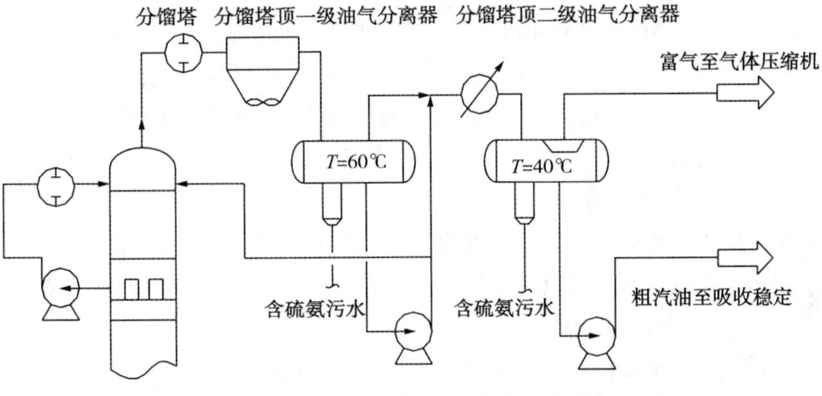

图 30-24 分馏塔顶油气两级冷凝冷却分离流程

2）CPP 装置分馏塔顶油气直冷

由于 CPP 的蒸汽注入量大、转化深度大，气体产率高，其分馏塔顶油气组成与常规催化裂化有很大的不同，针对油气中不凝气(H_2~C_4)和水蒸气含量大、液体产品(裂解石脑油)少的特点(见表 30-52)，则采用裂解工艺常用的油气直冷塔分离，参见图 30-25，可以有效地降低油气系统压降，减少裂解气压缩机耗功。常规油气换热、冷却系统压降在 30kPa 左右，采用油气直冷塔冷却方式压降可以降至 10kPa 左右。

表 30-52 FCC 与 CPP 分馏塔顶气组成对比

摩尔流率比	FCC	CPP
不凝气	1.00	3.95
汽油	0.86	0.27
H_2O	1.28	3.20

分馏塔顶油气(约 110℃)进入油气直冷塔，油气直冷塔上部和中部分别注入急冷水，与裂解气逆流接触。急冷塔底约 80℃，分出轻质油品(粗石脑油)和换热水。直冷塔底部换

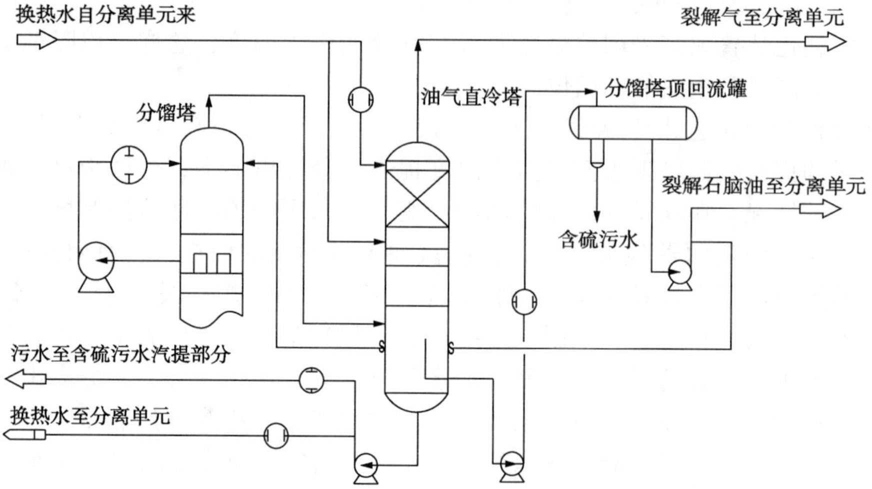

图 30-25　CPP 分馏塔顶油气直冷流程示意图

热水经换热水循环泵抽出，一部分经换热升温，送往后部烯烃分离单元做热源，换热并冷却后返回直冷塔。另一部分冷却至 40℃后送往污水汽提装置。自直冷塔底分出的粗石脑油抽出后冷却至 40℃，进入分馏塔顶回流罐。回流罐底部油品经分馏塔顶冷回流泵抽出后分成两股：一股送至烯烃分离单元，另一股返回分馏塔顶部做为冷回流。从直冷塔顶出来的裂解气进入裂解气压缩机。

3. DCC 工艺吸收稳定流程分析

DCC 装置吸收稳定系统工艺流程与常规催化裂化装置类似，但由于产物分布的差异，除了尽量采用高效塔内件，提高塔板效率之外，在流程设置上与常规催化裂化略有不同。

1）吸收塔设置四个中段回流

吸收为放热过程，因此保持吸收塔操作温度稳定、均衡将更有利于汽油对 C_3 和 C_4 的吸收，保持吸收效率，同时可以减少补充吸收剂的用量，减小塔的液相负荷。尤其是液化气产率较高、汽油收率较低的 DCC 工艺，液化气与汽油的比例达到了 0.6 以上，高的达到 2 以上，吸收塔的吸收负荷大，需要较高的补充吸收剂用量，因此吸收塔设置四个中段回流，在保证吸收塔操作温度均衡的条件下可以有效减少补充吸收剂的用量，降低塔盘液相负荷。

从表 30-53 对比中可以看出，采用四个中段回流与设置两个中段回流相比，补充吸收剂量可以减少 17t/h，同时脱吸塔底重沸器和稳定塔底重沸器的负荷都相应减小，操作费用较低，但由于中段回流数量多，设备的一次投资较大。经过初步计算，采用四个中段回流的操作费用比设置两个中段回流要低 465.96 元/h，增加的 51.9 万元设备投资可以在很短时间内收回，因此吸收塔采用四个中段回流的操作是适宜的。

表 30-53　吸收塔中段回流方案对比

项　目	方案一	方案二
处理量/(万吨/年)	260	260
液化气收率/%	21.2	21.2
汽油收率/%	37.8	37.8

续表

项　目	方案一	方案二
中段回流个数/个	4	2
冷却器数量/台	8	4
中段回流泵/台	4(4台操作)	4(2操2备)
补充吸收剂量/(t/h)	基准	+17
中段回流温差/℃	4.5	9.5
脱吸塔重沸器负荷/MW	基准	+1.278
稳定塔重沸器负荷/MW	基准	+0.585
能耗/(kgEO/t原料)	基准	+0.51
设备投资/万元	基准	-51.9

2）特定条件下稳定塔顶采用干式空冷

稳定塔顶常规冷却大多采用水冷、干式空冷+水冷或湿式空冷的方案，以达到所需的冷却温度。在沿海、高纬度地区，适当拓展干式空冷的应用范围，将稳定塔提压，用干式空冷冷却塔顶液化气馏出物，液化气产品用循环水冷却至40℃送出装置。采用此方案，在能耗基本相当的情况下，可以有效节水，降低操作成本。该方案在青岛炼化催化裂化装置上得以采用。通过ASPEN流程模拟及冷换系统测算，在一定条件下稳定塔顶采用干式空冷对降低操作费用是有利的，见表30-54。

表30-54　稳定塔顶冷却方式对比

项　目	稳定塔回流温度40℃	稳定塔回流温度45℃
装置公称能力/(万吨/年)	290	290
塔顶冷凝器压力/MPa	1.1	1.2
塔顶压力/MPa	1.2	1.3
塔底压力/MPa	12.5	13.5
塔顶热负荷/MW	20.105	19.760
塔底热负荷/MW	18.181	19.267
塔顶泡点温度/℃	45	49
塔顶温度/℃	63	66
塔底温度/℃	180	186
液化气中C_5含量/%(体)	0.009	0.009
稳定汽油中C_4含量/%(体)	0.0236181	0.0236179
冷换设备	Φ1500冷凝器12台	12×3干式空冷器20片，Φ900冷却器1台
水量/(t/h)	2887	72
电量(轴功率)/kW	0	20×30
冷流温度入/出/℃	31/37	32/41
热流温度入/出/℃	61.22/40	64/45
循环水能耗/kgEO	288.7	7.2
电能耗/kgEO	0	156
重沸器热输入能耗差值/kgEO	0	93.5
单位能耗差值/(kgEO/t原料)	0	-0.092
设备投资/万元	507.4	871
年操作费用/万元	606.3	309.9

3）脱吸塔设置中间重沸器

脱吸塔设置中间重沸器可以使脱吸塔逐板汽液负荷趋于均匀，降低塔板溢流强度，提高脱吸效果，通过提供中间重沸热负荷来降低塔底重沸器的热负荷，用中温位的热能(稳定汽油)替代中高温位热能(分馏塔一中回流)，降低可回收热能的品位。

其他的干气、压缩富气预提升、脱吸塔冷热进料等技术也在不断的应用和探索研究中。

四、CPP 产品气精制与分离工程

CPP 产品气经过急冷和分馏后的组成与蒸汽裂解的产品气相类似，从产品组成来说，主要的不同表现在乙烯丙烯的比例不同，通常石脑油蒸汽裂解产品中乙烯丙烯比为 2，CPP 产品气中乙烯丙烯比为 1 或小于 1。同时因 CPP 反应部分的特性，产品气中会含有蒸汽裂解产品气中所没有的氧、氮氧化物等杂质。因此 CPP 产品气精制与分离技术与蒸汽裂解制烯烃产品分离技术大同小异。主要的差别在于 CPP 产品气中所含的杂质较多，因此杂质脱除的流程较复杂。主要的杂质包括：氧、氮氧化物、硫醇、羰基硫、砷、汞等。

根据 CPP 产品气组成特点，由于丙烯含量较石脑油蒸汽裂解产品要大，并依据氧气、氮氧化物脱除杂质的反应催化剂对碳四烯烃的限制条件，CPP 产品选择前脱丙烷流程比较合适。目前国内已建成的和正在建设的 CPP 装置，其分离部分均采用了前脱丙烷的流程。

CPP 产品气分离流程主要特点如下：

（1）采用前脱丙烷前加氢流程，在进入除杂质系统之前先将 C_4 及更重的组分脱除，避免了大量二烯烃进入脱氧反应器，从而有效抑制了在有氧条件下二烯烃的聚合，延长了催化剂的运行周期，同时也减轻了深冷分离的负荷，减少了冷量消耗。

（2）产品气压缩机采用四段压缩。前三段采用注水冷却技术，通过注入适量的水来降低压缩机各段内部产品气压缩温升，缓解二烯烃的聚合，可延长压缩机连续运行的周期。

（3）乙烯塔和乙烯制冷压缩机组成开式热泵系统，乙烯塔在低压下操作，回流比降低，可以节省冷量消耗。热泵系统也可使制冷机总功率减少，节省能耗。乙烯塔的热泵压缩机与乙烯制冷压缩机共用一台压缩机，则可减少一套压缩机组，节省投资、占地及总功率消耗。

（4）带膨胀/再压缩机的脱甲烷塔系统，脱甲烷塔采用高压操作，设置膨胀/再压缩机，塔顶气体通过膨胀机制冷，尽可能多的回收冷量，提高乙烯产品的回收率。

产品气压缩机和丙烯制冷压缩机驱动透平采用抽凝式，优化了装置蒸汽平衡，使各压力等级蒸汽分配更趋合理，降低了装置能耗。

五、轻烃分离一体化技术探索

催化裂解因反应苛刻度大，干气产率较高，干气主要含氢气、甲烷、C_2 组分，且乙烷乙烯含量较高，属于有较高回收价值的资源，在炼化一体化趋势下回收 C_2 资源(乙烯和乙烷)对提高全厂经济效益十分有利。催化裂解工艺在轻烃分离方面目前仍然沿用了常规催化裂化的吸收稳定+气体分馏工艺流程。此种流程有功能独立、界面清晰、成熟可靠的优点。但此种工艺以汽油作为吸收 C_3 组分的吸收剂，只是将干气与液化气组分进行分割，再用气体分馏进行丙烯的分离，部分组分与馏分存在二次分离的过程，同时 C_3 以下的轻烃组分未得到有效的提浓。

SEI在催化裂化干气回收C_2技术的基础上开发了C_3、C_2回收一体化技术，将催化裂化装置的吸收稳定单元与气体分馏装置进行整合，简化了流程，降低了能耗。其主要特点是：

（1）在缓和条件下分离H_2/CH_4和C_2；

（2）依次回收$C_2/C_3/C_4$产品，并得到甲烷氢/C_2/丙烯/丙烷/碳四/稳定汽油6个产品；

（3）回收C_2经脱杂质后送至乙烯装置；

（4）设置双脱，保证产品质量；

（5）分离部分较常规吸收稳定和气体分馏大幅度减少塔数量，得到6个产品；

（6）工艺介质采用溴化锂制冷满足要求。

轻烃分离一体化技术将$C_2/C_3/C_4$统筹纳入一体化轻烃回收，不设吸收稳定，流程大幅缩短，比现有技术减少多个塔，各组分无二次分离；95%以上C_2回收率，C_3/C_4回收率达99%；初步估算催化裂化装置投资降低近10%；更利于充分利用催化裂化装置的低温热，能耗幅度降低10%~20%；可适用于炼化一体化企业，亦可适用于炼油厂；占地、定员减少，分离流程统一设置，有利于集中管理。该技术处于工业应用的初期阶段。

六、能量利用优化

DCC、CPP工艺反应所需热量较大、生焦率较高，装置能耗较大。装置的节能降耗，主要围绕压力能、各温位热能的回收与节水减排等方面。

由于转化深度较大、分子膨胀比大，DCC、CPP等工艺的反应所需热量较常规催化裂化多，因此能耗也应较大。针对催化裂化等炼油装置的用能分析和节能研究报道较多，对装置的节能起到了很好的作用。装置有效能(㶲)分析的着眼点是针对装置能量品级的分析与优化，力求做到能量回收的高效与最大化。目前催化裂化装置的能耗评价体系(GB/T 50441—2007)是根据装置在加工过程中消耗的公用工程实际物流量乘以每种实际公用工程的能量品位指标统计得出。此种方法可以用于装置之间的能耗表象进行横向比较，同时可以指导装置的能量回收更高效、损失更少。装置能耗对比见表30-55。

表30-55 重油催化与DCC能耗对比(一)

能量名称			消耗量单位	典型重油催化裂化		典型DCC	
项目	耗能指标			数量	单位设计能耗/(kgEO/t)	数量	单位设计能耗/(kgEO/t)
	单位	数量					
进料量/(t/h)				416.67		262.40	
电	kgEO/(kW·h)	0.26	kW·h	7936.95	4.95	8064.0	7.99
循环水	kgEO/t	0.1	t/h	5328.40	1.28	7309.0	2.79
除盐水	kgEO/t	2.3	t/h	388.00	2.14	89.0	0.78
净化水	kgEO/t	0.25	t/h	20.00	0.01	55.0	0.05
污水	kgEO/t	1.1	t/h	80.23	0.21	102.0	0.43
加热凝结水	kgEO/t	7.65	t/h	0.00	0.00	-25.5	-0.74
0.4MPa蒸汽	kgEO/t	66	t/h	-19.12	-3.03	0.0	0.00

续表

项　目	耗能指标		消耗量单位	典型重油催化裂化		典型 DCC	
	单　位	数　量		数　量	单位设计能耗/(kgEO/t)	数　量	单位设计能耗/(kgEO/t)
1. 2MPa 蒸汽	kgEO/t	80	t/h	45. 78	8. 79	-131. 6	-40. 12
3. 8MPa 蒸汽	kgEO/t	88	t/h	-226. 24	-47. 78	159. 2	53. 40
4. 3MPa 蒸汽	kgEO/t	88	t/h	-79. 00	-16. 68	0. 0	0. 00
燃料气	kgEO/t	1000	t/h	1. 87	4. 48	0. 0	0. 00
焦炭	kgEO/t	950	t/h	37. 50	85. 50	23. 1	83. 60
氮气	kgEO/Nm^3	0. 15	Nm^3/h	179. 42	0. 06	120. 0	0. 07
净化风	kgEO/Nm^3	0. 038	Nm^3/h	5004. 00	0. 46	5094. 0	0. 74
非净化风	kgEO/Nm^3	0. 028	Nm^3/h	1080. 00	0. 07	1080. 0	0. 12
原料进（120~180℃）	kgEO/10^4kcal	1	10^4kcal/h	1493. 00	3. 58	221. 8	0. 85
原料进（90~120℃）	kgEO/10^4kcal	0. 5	10^4kcal/h	0. 00	0. 00	221. 8	0. 42
柴油出（90~70℃）	kgEO/10^4kcal	0. 5	10^4kcal/h	-96. 60	-0. 12	-60. 0	-0. 11
汽油出（70~60℃）	kgEO/10^4kcal	0. 5	10^4kcal/h	-100. 00	-0. 12	-95. 7	-0. 18
低温热回收	kgEO/10^4kcal	0. 5	10^4kcal/h	-2882	-3. 46	-4200	-8. 00
能耗合计	kgEO/t 原料			40. 35		102. 07	
	kgEO/t 丙烯					523. 44	

将装置消耗的主要能量转化为统一的热量基准，并按加工环节进行权重分析，装置能耗见表 30-56。

表 30-56　重油催化与 DCC 能耗对比（二）

项　目	典型重油催化裂化			典型 DCC		
	MJ/t	10^4kcal/t	%	MJ/t	10^4kcal/t	%
反应热	188. 42	4. 50	10. 24	879. 27	21. 00	22. 31
反应原料升温汽化需热	1215. 72	29. 04	66. 04	1782. 82	42. 58	45. 23
反应注汽供热(250V-90L)	345. 64	8. 26	18. 78	815. 23	19. 47	20. 68
物料升压耗能	333. 87	7. 97	18. 14	499. 98	11. 94	12. 68
稳定塔底蒸汽重沸器负荷	0. 00	0. 00	0. 00	167. 54	4. 00	4. 25
物料换热终端冷却	69. 78	1. 67	3. 79	137. 71	3. 29	3. 49
排出烟气、污水热能	210. 81	5. 03	11. 45	273. 64	6. 54	6. 94
热损失	146. 55	3. 50	7. 96	272. 16	6. 50	6. 90
油浆产汽热负荷	-380. 32	-9. 08	-20. 66	-216. 43	-5. 17	-5. 49

续表

项　目	典型重油催化裂化			典型 DCC		
	MJ/t	10^4kcal/t	%	MJ/t	10^4kcal/t	%
分馏低温热回收	-289.61	-6.92	-15.73	-670.16	-16.01	-17.00
合计	1840.86	43.97	100.00	3941.76	94.14	100.00

DCC 与常规重油催化裂化相比，能耗较高主要体现在以下几个方面：

(1) 反应深度的加大，使新鲜原料的反应热是常规催化裂化(如 MIP)的 4~5 倍。

(2) 反应温度的提高，使原料的升温气化所需热量大幅度增加，虽然高温油气的热量可以在分馏塔顶低温热利用环节中回收一部分，但本可以发生高品位蒸汽的回收热量品位降低，按能耗评价体系计算，能耗增加明显。

(3) 为降低油气分压以获得良好的烯烃产率，反应系统注入的蒸汽量较常规催化裂化装置大大增加，这部分蒸汽带入的能量，在反应至分馏整个系统环节中起到供能的作用，其供热量为进入反应器(约 250℃)的蒸汽焓与降低至分馏塔顶低温热回收后的温度(85~92℃)生成的含硫氨污水液态焓的差值。

(4) 物料的升压所耗功率明显高于常规重油催化裂化装置，主要体现在富气压缩机入口压力降低、入口气体摩尔流率增大，使压缩机耗功大大增加。虽然再生压力降低，减少了主风机的耗功，但高品位烟气回收功/主风机耗功的比率降低，能耗还是增加的。

(5) 由于产品分布不同，分馏塔中段部分热源不足，吸收稳定部分重沸器热源需要蒸汽提供热量，使能耗增加。

(6) 由于气体产率增加、分馏塔顶冷回流的采用，分馏塔顶、吸收稳定等部分负荷加大，导致需要冷却的热负荷加大，公用系统工程提供的冷却用水、电负荷较常规催化裂化增加较多，能耗增加。

(7) DCC 反应再生、分馏塔等系统操作压力较低，同等原料处理规模下设备明显大于常规催化裂化，装置散热损失也有所增加。

(8) 多产烯烃工艺由于汽油以下组分产率大大高于常规催化裂化，塔顶低温热回收总量较常规催化增加较多，但所回收的热能品位较低，回收的热量也相应减少。

表 30-55 仅按统一的热量基准对常规重油催化裂化和 DCC 为代表的多产烯烃工艺在能耗的各个环节进行了对比，未考虑能量的品位级别，仅作为两种不同的工艺在基准能耗方面的差异分析，真正的能耗指标仍应按表 30-56 的评价体系进行计算。两种方法的评价结果存在差异，主要体现在能量品位的指标方面，按能耗评价体系(GB/T 50441—2007)计算，耗高品位电功、蒸汽较多的 DCC 工艺与常规催化裂化能耗相比，增加更为明显。

反应深度更大、气体产率更高、以乙烯、丙烯为主要生产目的的 CPP 工艺，能耗较 DCC 更高，按能耗评价体系(GB/T 50441—2007)计算能耗在 229kgEO/t 原料(604kgEO/t 乙烯+丙烯)。

第五节　重油生产低碳烯烃加工流程

近年来，中国新投产、在建/规划的炼油项目体现了明显的基地化、大型化趋势。从燃料型向燃料-化工原料型转型是中国炼油行业可持续发展的大趋势，未来炼化一体化的深度和广度将发生重要变化。炼油厂应按照"宜烯则烯、宜芳则芳、宜油则油"的原则，从分子角度最有效地利用原油资源，从化工角度优化炼油过程和产品线，从最大量生产成品油转向生产高附加值油品和化工原料并重。

从现有的国内外化工型炼油技术发展情况看，重油催化裂解多产低碳烯烃的相关技术成为炼油向化工转型的关键技术。其中，以石科院开发的增强型催化裂解技术（DCC - plus）和催化热裂解技术（CPP）最有代表性。利用 Aspen PIMS 软件模拟典型炼油厂生产流程，分别以重油裂解多产低碳烯烃和芳烃的增强型催化裂解技术（DCC - plus）和催化热裂解技术（CPP）为核心，探讨中型燃料型炼油厂向化工转型发展方案的效果。测算结果显示，成品油产量明显减少，石化产品产量明显提升，同时效益指标也有所升高。但相比而言，在两方案中，DCC - Plus 方案的可实施性较强[67]。

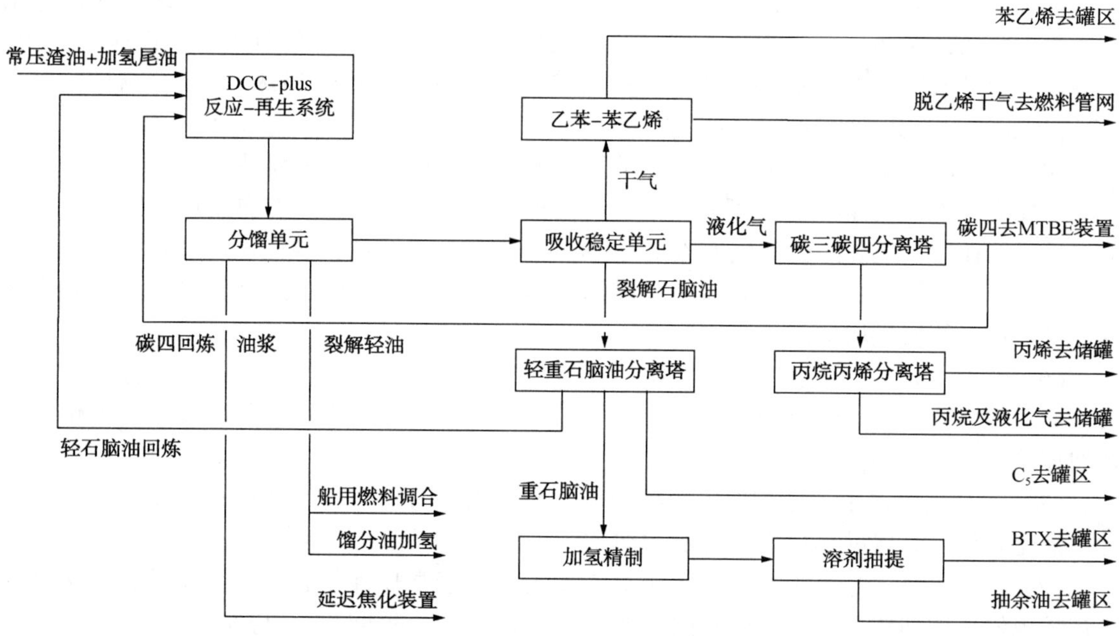

图 30-26　DCC-plus 装置为核心装置示意流程图

大榭石化以 DCC-plus 装置为核心装置，实现了炼油向化工转型。DCC-plus 装置使用的原料为常压渣油和加氢裂化尾油的混合原料油。以催化裂解装置为核心总体流程示意如图 30-26 所示。混合原料油在反应-再生系统中进行催化裂解反应和反应后的油气进入分馏塔进行分离，得到轻质组分、裂解轻油和油浆。轻质组分进入吸收稳定系统后被分成干气、液化气和裂解石脑油，其中干气中的乙烯供给乙苯-苯乙烯装置，其余进入燃料管网，液化气先进行 C_3、C_4 分离，C_3 混合物进入丙烯分离塔，得到丙烯，C_4 混合物一部分进入第二提升管反应器进行回炼，另一部分作为 MTBE 装置的原料。裂解石脑油进入轻、重石脑油分离塔，得到的 C_5 作为产品输出，轻石脑油进入第二提升管反应器进行回炼，重石脑油经过加氢精制、溶剂抽提后得到苯、甲苯和二甲苯等轻芳烃。

为了利用原油生产石化产品，沈阳石蜡化工采用 CPP 和蒸汽裂解的组合工艺，如

图 30-27 所示。原油经常压分馏后，石脑油进入石脑油裂解炉，重油进入 CPP 装置，产物中的乙烷、丙烷进乙丙烷裂解炉，同时采用芳烃抽提工艺，得到副产的 BTX。此装置 2010 年开工平稳运行至今，当加工大庆原油时，标定结果显示 CPP 装置的乙烯产率为 18. 32%，丙烯产率为 21. 58%，丁烯产率 5. 56%、BTEX 产率 10. 42%，CPP 装置总的单程化工品(低碳烯烃加轻质芳烃)产率达到 55. 88%。

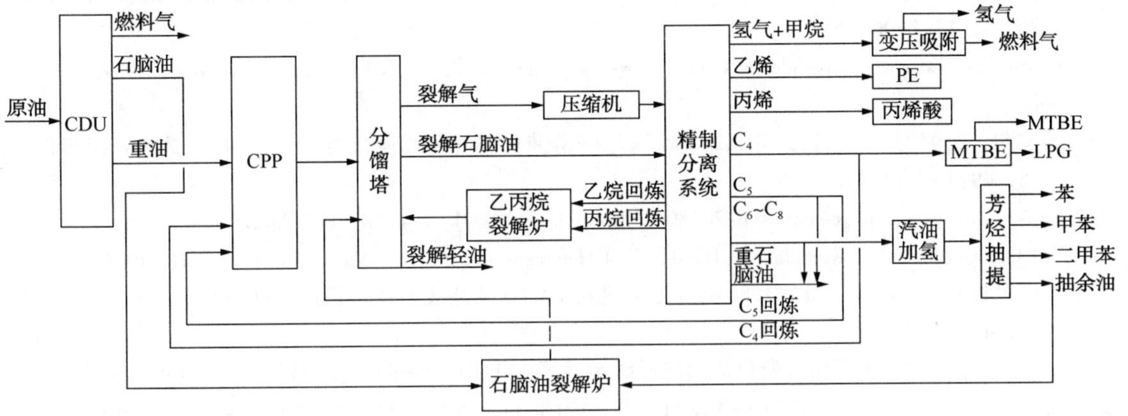

图 30-27　CPP 装置为核心装置示意流程图

参　考　文　献

[1] Mario B, Stan C, Keith C, et al. A new look at integration opportunities[C]//AFPM Annual Meeting, New paper. Texas, 2019.

[2] Goldstein R F. Waddams AL The Petroleum Chemicals Industry. 3rd de. , E. & F. N. Spon. London, 1967.

[3] 谢在库. 低碳烯烃催化技术基础[M]. 北京：中国石化出版社，2013. 62-75.

[4] 王松汉，何细藕 . 乙烯工艺与技术[M]. 北京：中国石化出版社，2000.

[5] 何细藕 . 烃类蒸汽裂解制乙烯技术发展回顾[J]. 乙烯工业，2008，20(2)：59-64.

[6] 何细藕 . 乙烯裂解炉技术进展[J]. 现代化工，2001，21(9)：13-17.

[7] 王子宗，何细藕. 乙烯装置裂解技术进展及其国产化历程[J]. 化工进展，2014，33(2)：1-9.

[8] 马国锋，徐跃华，张炜等 . 中国石化 2019 年乙烯业务述评[J]. 乙烯工业，2020，32(1)：1-5.

[9] 汪燮卿，舒兴田 . 重质油裂解制低碳烯烃[M]. 北京：中国石化出版社，2014：17-130，200-433，465-498.

[10] Phillil K N. NPRA Annual Meeting, AM-98-18. San Antonio, USA. March 1998.

[11] FCC Process Ups Olefins output. Eur. Chem. News, 2000, 6: 25.

[12] Hemler C L, Upson L L. Maximize Propylene Production. The European Refining Technology Conference, Berlin, 1998.

[13] 王建明 . 催化裂解生产低碳烯烃技术和工业应用的进展[J]. 化工进展，2011，30(5)：911-917.

[14] Wang L Y, Wang G L, Wei J L. New FCC Process Minimizes Gasoline Olefin, Increases Propylene. Oil & Gas Journal, 2003, 101(6): 52-58.

[15] 李晓红，陈小博，李春义，等. 两段提升管催化裂化生产丙烯工艺[J]. 石油化工，2006，35(8)：749-753.

[16] Selectivity Component Cracking Process. Hydrocarbon Process, 2000, 79 (11) : 107.

[17] 沙颖逊，崔中强，王明党，等 . 重油直接裂解制乙烯的 LCM-5 催化剂研究[J]. 石油炼制与化工，2000，1：29-32.

[18] Black A. UOP and ATOFINA Announce Nev; Olefin Cracking Process. UOP News Release，2003-06-03.
[19] Bolt H V，Glanz S. Increase Propylene Yields Cost-Effectively. Hydrocarbon Processing，2002，81（12）：77-80.
[20] 滕加伟，赵国良，宋庆英，等. C_4 及 C_{4^+}烯烃催化裂解生产丙烯/乙烯新工艺[C]//第十一届全国催化学术会议论文集[M]. 杭州：浙江大学出版社，2002. 297-298.
[21] Leyyshon D W，Sofranko A J. Enhanced Production of Propylene from Higher Hydrocarbons. US Patent 5026936，1991-06-25.
[22] Edwin J B，Geoge G. Upgrade by Cataytic Process Technology[J]. Hydrocarbon Engineering，1999，7-8：36-40.
[23] 马文明，谢朝钢，朱根权，等. 2.2 Mt/a 增强型催化裂解装置运行情况分析[J]. 石油炼制与化工，2018，49(1)：13-19.
[24] http：//ycsyb. sxycpc. com/ycsyb/20180921/mhtml/page_ 04_ content_ 002. htm.
[25] Ertl G，Knozinger H，Weitkamp J. Handbook of HetergeneousCatalysis，Vol. 5. Wiley- VCH，1997. 2387.
[26] 刘中民，刘昱，叶茂，等. 1.80Mt/a 甲醇进料 DMTO 工艺技术及其装置特点[J]. 炼油技术与化工，2014，44(7)：1-6.
[27] 刘中民，大连化学物理研究所科研制取低碳烯烃第二代(DMTO-Ⅱ)[J]. 当代化工，2019，48(7)：1908.
[28] 姜瑞文. 中国石化 S-MTO 技术开发与工业化应用[J]. 齐鲁石油化工，2013，41(3)：176-179.
[29] 文尧顺，吴秀章，张永民等. 甲醇制烯烃 SHMTO 工艺反应器的大型冷模实验研究[J]. 石油学报(石油加工)，2015，31(4)：836-844.
[30] 赵飞. 国内具有代表性的 MTO 工艺[J]. 化工管理，2018(26)：129-130.
[31] 许友好，汪燮卿，舒兴田. 原油最大化生产化工料的技术思考及相关技术开发[J]. 石油炼制与化工，2019，50(11)：1-10.
[32] Corma A，Corrsea E，Matthieu Y，et al. Crude Oil to Chemicals：Light Olefin from Crude Oli[J]. Catalysis Science & Technology，2016，7(1)：12-46.
[33] 宋倩倩，王红秋，李锦山. 原油生产化工品技术发展现状与趋势[J]. 现代化工，2019，39(2)：7-10.
[34] Stell R C，Bancroft J L，DinicoloA R，et al. Converting Mist Flow to Annular Flow in Thermao Cracking Application. The United States，US7097785[P]. 2006-8-29.
[35] Abba I A，Shafi R，Bourane A，et al. Integrated Hydroprocessing and Fluid Catalytic Cracking for Processing of A Crude Oil：WIPO，WO2013142563[P]. 2013-03-20.
[36] Bourane A，Al-Ghrami M S，Abba IA，et al. Processing for high severity catalyticcracking of crude oil：The United States，US2014/0110308[P]. 2013-10-10.
[37] Xu Wei，Abba I. Direct Catalytic Cracking of Crude Oil by a Temperature Gradient Pross：WIPO，WO2013188729[P]. 2013-06-14.
[38] Chang Sh，Robinson P R. Practical Advances in Petroleum Processing[M]. New York：Springer，2017：1063-1080.
[39] 李再婷，蒋福康，闵恩泽，等. 催化裂解制取气体烯烃[J]. 石油炼制，1989，20(7)：31-33.
[40] 陈俊武，许友好. 催化裂化工艺与工程[M]. 第 3 版. 中国石化出版社，2015：230-232.
[41] 李再婷，谢朝钢. 中国科学技术前沿(第五卷)[M]. 北京：高等教育出版社，2002. 237-260.
[42] Olah G A. 1972. Stable carbocations. CXVIII. General concept and structure of carbocations based on differentiation of trivalent (classical) carbenium ions from three-center bound penta- of tetracoordinated (nonclassical) carbonium ions. Role of carbocations in electrophilic reactions J Am Chem Soc，94(3)：808-820.

[43] Cerqueira H S, Caeiro G, et al. 2008. Deactivation of FCC catalysts. Journal of Molecular Catalysis A: Chemical, 292(1-2), 1-13

[44] 施至诚，施文元，叶忆芳，等. 制取低碳烯烃的裂解催化剂[P]. 中国，CN1034223，1997-03-12.

[45] 施文元，张领辉，施至诚，等. 制取低碳烯烃的多沸石催化剂[P]. 中国，CN1048428，2000-01-19.

[46] 施至诚，施文元，葛星品，等. 制取低碳烯烃的双沸石催化剂[P]. 中国，CN1053918，2000-06-28.

[47] 谢朝钢，罗一斌，赵留周，等. 一种石油烃裂解制取低碳烯烃的催化剂[P]. 中国，CN1205306，2005-06-08.

[48] 田野飞，灵活性加氢裂化技术加工高氮环烷基蜡油的首次工业实践[J]. 化工管理，2019，11，95-97.

[49] 谢朝钢，施文元，许友好，等. 大庆蜡油掺渣油催化裂解技术的工业应用[J]. 石油炼制与化工，1996，27(7)：7-11.

[50] 祝良富，石啸涛，李继炳. 40 万吨/年催化裂解装置的试运行及标定[J]. 石油炼制与化工，1996，27(9)：7-12.

[51] Andrew F, David H, et al. Deep Catalytic Cracking Plant Produces Propylene in Thailand, Oil & Gas J, 1998, 96(2): 49-53.

[52] 谢朝钢. 制取低碳烯烃的催化裂解催化剂及其工业应用[J]. 石油化工，1997，26(12)：825-829.

[53] Li Z, Xie C G, Luo Y B, et al. MMC-High Propyleneselectivitiy DCC Catalyst, China Petroleum Processing and Petrochemical Technology, 2007, (1): 13-18.

[54] Long J, Tian H P, Liu Y J, et al. Study on the Performance and Commercial Application of New Generation DMMC-1 Type Catalyst for Deep Catalytic Cracking, China Petroleum Processing and Petrochemical Technology, 2007, (4): 1-6.

[55] 谢朝钢. MCP 重油选择性裂解工艺技术的开发及其工业试验[J]. 石油炼制与化工，2014，45(11)：65-68.

[56] 姚日远. MCP 技术的工业应用[J]. 炼油技术与工程，2012，42(10)：1-4.

[57] 张执刚，谢朝钢，朱根权. 增强型催化裂解技术(DCC-PLUS)试验研究[J]. 石油炼制与化工，2010，41(6)：39-43.

[58] 刘付华，林亚祥，练弢. SEB-08 催化剂在 300kt/a 稀乙烯制乙苯装置上的工业应用[J]. 工业催化，2018，26(6)：49-53.

[59] 陈亮，郭巧霞. 280kt/a 苯乙烯装置运行分析及优化[J]. 工艺与设备，2019，45(6)：53-55.

[60] 李宏恩，张登前，宋启凤，等. DCC 汽油加氢生产芳烃抽提原料技术(NHTDC)的开发及应用[J]. 石油炼制与化工，2018，49(5)：12-15.

[61] 谢朝钢，汪燮卿，郭志雄，等. 催化热裂解(CPP)制取烯烃技术的开发及其工业试验[J]. 石油炼制与化工，2001，32(12)：1-5.

[62] Xie Chaogang, Zhang Zhigang, Li Zaiting, et al. Catalyst Hydrothermal Deactivation and Coke Formation in Catalytic Pyrolysis Process for Ethylene Production[J]. Preprints - American Chemical Society, Division of Petroleum Chemistry, 2000.

[63] 张凤美，舒兴田，施志诚，等. 多产乙烯和丙烯的五元环沸石组合物[P]. 中国，CN1072032，2001-10-03.

[64] 张凤美，舒兴田，施志诚，等. 一种五元环沸石组合物的制备方法[P]. 中国，CN1072031，2001-10-03.

[65] 赵留周，罗一斌，谢朝钢，等. 一种增产乙烯和丙烯的催化热裂解催化剂[P]. 中国，CN1267533，2006-08-02.

[66] 王大壮，王鹤洲，谢朝钢，等. 重油催化热裂解(CPP)制烯烃成套技术的工业应用[J]，石油炼制与化工，2013，44(1)：56-59.

[67] 叶霖. 典型炼油厂化工转型发展方案研究[J]. 当代石油石化，2018，26(11)：25-32.

专家话炼油

第三十一章　生物液体燃料生产工艺

生物液体燃料是以生物质为原料生产的燃料。随着能源危机的加重及化石燃料造成的全球环境恶化，生物液体燃料的生产与利用受到许多国家重视。生物燃料产业发展能带动农、林业经济，并将带来明显的环境效益。我国生物燃料产业发展相对较晚，但得益于“以国家先期投入为主导，以政策扶持为必要辅助，以市场机制为根本基础”的产业发展战略，发展速度快，部分科研成果已达到国际先进水平。

目前产业化的生物液体燃料主要包括生物乙醇、生物柴油和生物喷气燃料。生物液体燃料生产，传统上以淀粉和糖类生物质为原料经过化学发酵而生产生物乙醇，或以油料作物和树种为原料生产生物柴油，工艺成熟、经济可行，一般归结为第 1 代生物燃料技术；正在产业化开发的以纤维素为基本原料生产生物乙醇以及以微藻为原料制取生物柴油的生产技术一般称为第 2 代生物燃料技术。

第一节　生物乙醇生产

乙醇俗称酒精。生物乙醇通常是指以生物质为原料通过微生物发酵等途径转化获得的乙醇，如以玉米、木薯、农林废弃物为原料生产的乙醇，常被称为玉米乙醇、木薯乙醇、纤维(素)乙醇。作为燃料用的乙醇被称为燃料乙醇。

燃料乙醇经加变性剂后又被称为变性燃料乙醇，简称为燃料乙醇。其可以单独或与汽油按一定比例混合制成车用乙醇汽油供汽车发动机使用。通常以 5%~15%(体积分数)的比例调入汽油，可在不改动或替换现有汽车燃油进气系统及后处理器的状况下使用。

为与普通车用汽油相区别，调入燃料乙醇的汽油被称为车用乙醇汽油，简称为乙醇汽油；通常被标识为 E(Ethanol)加数字，数字表示混入汽油的燃料乙醇比例，如 E10，表示汽油中调合有 10%(体积分数)燃料乙醇，或标为相应辛烷值的乙醇汽油，如 E90/E92/E95 等，表示 90 号/92 号/95 号乙醇汽油。

燃料乙醇与车用乙醇汽油的生产和使用，涉及“三农”、能源和环境三大课题，是一项系统工程。其发展动力和意义在于：一段时间内利于促进超期超标陈化粮或质量不达标消化，破解农民“卖粮难”，调控粮价，利于形成农林作物生产和加工产业链条，推进农业结构调整、转变增长方式，促进农业产业化发展，农业增效、农民就业与增收，农村经济发展；生物乙醇属可再生能源，符合汽车运输工具使用的能源要求，现有的储、运、销设施和车辆改动不大，是理想的石油替代能源，有利于缓解石油资源短缺，符合我国调整能源结构的要求；车用乙醇汽油也是一种清洁能源，推广使用车用乙醇汽油，不仅可以减少二氧化碳排放，也可以减少尾气中的颗粒物、一氧化碳、碳氢化合物等有害物质的排放，有利于改善生态环境和城市大气环境质量。

实践证明，在国家政策引导下，车用乙醇汽油作为汽车替代燃料技术经济可行，具有竞争力，是一项有重大意义的战略举措。但仍有一些技术经济问题待解。

一、生物乙醇概述

(一) 国内生物乙醇发展现状

第 1 代产品，“十五”期间以消化玉米、小麦等陈粮为原料生产乙醇，生产技术成熟，早已产业化推广应用；第 1. 5 代产品，以非粮(木薯、甘蔗、甜高粱等)农作物为原料生产乙醇，也已广泛应用，存在“与粮争地”的弊端；第 2 代产品，以玉米芯、玉米秸秆等纤维素物质为原料生产乙醇，“不与人争粮、不与粮争地”，2012 年产业化起步，但存在明显短板，处于商业化示范期。

我国生物乙醇产业始于 20 世纪末，至今产业规模在全球占比约 3%，居世界第三位。第一和第二分别为美国(43%)和巴西(32%)。与之相比，我国生物乙醇发展仍有很大空间。粮油信息中心统计数据显示，2018 年国内燃料乙醇已投运产能为 336 万吨。已建、在建、筹建燃料乙醇项目数量超过 25 个，新增产能 735 万吨/年。截至 2019 年，我国有生产资质且运行的燃料乙醇产业规模达到 401 万吨[1]。

生物乙醇产业国家实行严格的行业准入制度，采取“定点生产、定向流通、定向销售、政府定价、封闭推广”的政策。燃料乙醇生产企业需经国家批准、获得定点资格后才能向两大石油公司供货，同一地区所有加油站统一供应乙醇汽油。

(二) 生物乙醇生产原料

能够作为能源用途的生物质，主要分为淀粉质原料、糖质原料、纤维素原料三类。

淀粉质原料是我国目前生物乙醇生产的最主要原料。国内主要生物乙醇生产企业中，河南天冠公司是以小麦为原料；吉林公司、黑龙江肇东和安徽丰原都是以玉米为原料；中粮广西以木薯为原料。

在我国，糖质原料主要利用甘蔗和甜菜糖厂制糖所产生的糖蜜来生产乙醇。2017 年我国糖蜜产量约 310 万吨，调研显示目前糖蜜乙醇厂开工率不足一成[2]。

甜高粱是粮糖兼收作物，它的茎秆是一种糖类生物质资源。一般每公顷产 40~60 吨富含糖分茎秆，茎秆含糖量为 16%~22%，茎秆中汁液约占 80%。利用甜高粱茎秆生产乙醇初级产品，最高的产出率达到 10%，平均产出率 7. 5%[3]。

纤维素类原料是最有开发意义和发展潜力的生物乙醇生产原料，它不仅数量巨大、种类繁多，而且分布地域广、可再生、价格低廉。农业农村部发布的《全国农作物秸秆资源调查与评价报告》表明，全国农作物秸秆理论资源量 82000 万吨(含水 15%)，可收集资源量为 68700 万吨，其中未利用资源量 21500 万吨，能源化可利用量理论上每年可生产 4000~5000 万吨纤维素乙醇。

(三) 燃料乙醇的特性

作为燃料用的乙醇，是指体积分数达到 99. 5%以上的无水乙醇。工业乙醇的纯度一般大于90%，其余的1%中除甲醇等杂质外，大多数是水；而食用乙醇的纯度为95%，其余5%都是水，需要控制杂醇、甲醇含量。燃料乙醇需要严格控制水含量、乙酸含量、铜含量、pHe(酸强度的度量)，生产需要脱水脱杂。

燃料乙醇和汽油的化学组成及其相关参数比较见表31-1[4]。燃料乙醇与汽油相比，相对密度相近，含氧量、自燃点、汽化潜热、最小点火能量、辛烷值要高(乙醇的研究法辛烷值文献值达到111，马达法辛烷值为91，乙醇的调合辛烷值为115)，沸点、蒸汽压、质量和体积低热值、正常燃烧所需的理论空燃比要低。

表31-1　燃料乙醇与汽油物化性质比较

性　质	燃料乙醇	汽　油
化学分子式	C_2H_5OH	C_4~C_{12} 烃类
分子量	46.07	70~115
含碳原子数	2	4~12
碳含量/%	52.18	85~88
氢含量/%	13.04	12~15
氧含量/%	34.78	≤2.7
碳/氢质量比	4.0	5.7~7.3
密度(20℃)/(g/cm³)	0.7893	0.70~0.78
雷德蒸汽压/kPa	18	45~100
馏程(或沸点)/℃	78.3	30~220
闪点/℃	13	-40
自燃点/℃	420	220~260
蒸发潜热/(kJ/kg)	904	310
辛烷值		
RON	106~111	84~98
MON	91	72~86
动力黏度(20℃)/(mPa·s)	1.20	0.28~0.59
汽化热/(MJ/kg)	0.854	0.31~0.34
质量低热值/(MJ/kg)	26.77	43.5~44.4
体积低热值/(MJ/L)	21.26	32.12
理论混合气热值/(MJ/kg)	2.67	2.78~2.79
爆炸极限/%	3.1~19.0	0.7~7.6
理论空燃比(A/F)	9.0	14.2~15.1
最小点火能量/mJ	0.63	0.25~0.27
分子变更系数 $\mu_0(\phi af=1)$/%	1.065	1.07~1.12
火焰温度/℃	1180	1200

二、生物乙醇生产技术

（一）生物乙醇传统的生产技术

燃料乙醇的生产方法有生物法和化学合成法两种。生物法分为生物化学法(又称发酵法)和热化学法。化学合成法包括乙烯路线(又称水合法)和合成气路线，各又分为直接法或间接法。受原油、乙烯资源问题及价格上涨的制约，生物(发酵)法占比远超合成法，是目前生产生物乙醇的主要方法。

1. 生物化学法(发酵法)制乙醇

是由淀粉经生物酶发酵后转化为乙醇，生产过程包括预处理、脱胚制浆或蒸煮、液化、糖化、发酵、蒸馏、脱水、废醪处理等工序。

1）原料预处理

包括除杂和粉碎两个工序。粉碎方法有挤压、冲击、磨碎、劈碎四种。玉米乙醇预处理，可分为全粒法和玉米提胚法，而提胚法按调节水的高低又分为干法提胚、半湿法提胚、湿法提胚。玉米乙醇预处理生产工艺对比见表 31-2。

表 31-2　玉米乙醇预处理生产工艺对比

项　目	全粒法	提胚法		
		干法提胚	半湿法提胚	湿法提胚
投　资	少	一般	较少，回收期短	高，回收期长
工艺特点	简单	简单，利用机械法，使皮、胚与胚乳分离	润水至含水量达 16%~20%，再破碎、碾压提胚	将胚与淀粉分离，提胚效率高，胚含油量高
技术门槛	低	一般	适中	高
加工程度	低	一般	较深	最深
用水量	少	少	适中	多
能　耗	低	低	较低	大
副产品 DDGS 营养成分	最好	居中	一般	较低
单位乙醇生产成本	高	低	较低	高
经济效益	不高	一般	较好	好
缺　点	胚芽损失，酸值增高，影响发酵效果	提胚效率低、含胚乳多，玉米油附加值低	胚中含有一定量的胚乳	胚的水分高，必须进行烘干；出酒率比干法低
适用企业	中小企业	万吨以下厂	大型企业	大型国企

2）蒸煮

蒸煮的目的是使淀粉质原料由颗粒状变成溶解状的糊精。蒸煮通常分为间歇蒸煮和连续蒸煮。连续蒸煮又分为低温长时间的罐式、中温柱式和高温短时间的管式三种类型。我国乙醇厂广泛采用高温连续蒸煮的方法。排除对淀粉原料进行蒸煮预处理的无蒸煮工艺(又称生料发酵工艺)正在成为取代蒸煮的新工艺，分为生料发酵、低温蒸煮、挤压膨化和超细磨四类。低温蒸煮在我国已逐步得到推广和应用。

3）液化

液化过程是使淀粉颗粒吸水膨胀、糊化、破坏其结晶结构的过程，它分为预糊化、糊化和溶解三个阶段。液化方法多种多样，按水解动力学可分为酸法、酸酶法、酶法及机械液化法；按生产工艺不同分为间歇法、半连续法和连续法；按加酶方式分为一次加酶、二次加酶、三次加酶液化法；按酶制剂耐温性不同分为中温酶法、高温酶法、中温酶与高温酶混合法等。

4）糖化

糖化就是通过糖化酶把淀粉先转化成葡萄糖等可发酵性糖的过程。国内外基本上都采用酶制剂作糖化剂。糖化工艺通常分为小厂采用的间歇糖化和大厂采用的连续糖化工艺两种。

5）发酵

液化和糖化后的醪液在所接入酵母的作用下，将糖转化成为二氧化碳和乙醇的过程称为发酵。发酵过程按物料存在的状态，可分为固体发酵、半固体发酵和液体发酵；按发酵料注入发酵罐的方式，可分为间歇发酵、半连续发酵、连续发酵。间歇发酵工艺又分为一次加满法、分次添加法、连续添加法和分割主发酵醪法四种。连续发酵分为均相连续发酵和梯级连续发酵两大类。新的生淀粉发酵工艺，直接将生料淀粉进行糖化、发酵。目前国内绝大多数乙醇厂采用操作简单、易于管理的液体间歇发酵工艺。

6）蒸馏

蒸馏是从发酵醪中回收乙醇所采用的唯一方法，分为粗馏和精馏两部分。粗馏是在粗馏塔中将乙醇和其他挥发性杂质从醪中分离出来的过程，得到粗乙醇，塔底部排出酒糟或废糟。精馏是在精馏塔中除去粗乙醇中的醇、醛、酯和酸类挥发性杂质，进一步提高乙醇浓度的过程，得到精馏乙醇。我国传统的乙醇蒸馏有单塔、两塔和三塔蒸馏三种流程。食用乙醇杂质要求越低越好，要求六塔以上多塔蒸馏。应用最为广泛的为两塔或三塔蒸馏。在乙醇生产过程中，蒸馏能耗约占总能耗的60%。提高蒸馏工艺的技术水平，回收利用热能，减少能量需求，提高热效率，对于蒸馏过程节能、降耗和提质有重要的意义。

7）脱水工艺

从蒸馏工段出来的乙醇，其最高质量浓度只能达到95%。乙醇与水形成恒沸物，难以通过普通蒸馏进一步浓缩。采用特殊方法除去乙醇中多余水分的过程称为脱水。脱水方法多种多样，生石灰、盐脱水法已很少用。目前我国生产中较多采用以苯作脱水剂共沸精馏、萃取精馏和沸石吸附脱水法。生物乙醇回收和提纯的脱水方法见表31-3。

表31-3　生物乙醇回收和提纯的脱水方法

脱水方法	原　理	优缺点	使　用
共沸精馏法	添加夹带剂（苯、环己烷）和乙醇、水形成与纯乙醇沸点差较大的三元恒沸物	机械化程度高、产量高、质量好；能耗大、共沸剂污染	已用于燃料乙醇的生产

续表

脱水方法	原　理	优缺点	使　用
萃取蒸馏法	采用15%～20%醋酸盐-乙二醇作萃取的溶剂	投资费用少，操作费用低，劳动生产率高，能耗大	已在生产中得到较好的应用
真空蒸馏法	外接抽真空装置	达到高真空度非常复杂	无推广价值
淀粉吸附法	利用淀粉作吸附剂	能耗较共沸精馏、沸石吸附要低	新方法
沸石脱水法	筛选沸石，沸石变温变压吸附，乙醇液相汽化或气相乙醇	能耗低、效率高、运行周期长，工艺简单可靠，产品质量优，环保，投资低	主流技术
离子交换柱法	采用阴阳离子树脂吸附	同时吸附少量的乙醇，需要停产再生	大中试剂厂使用
膜脱水	蒸馏和高分子膜脱水结合	低能耗、耐高温，清洁生产	少

第1.5代技术以木薯等非粮作物为原料生产生物乙醇。木薯原料的粉碎按带水与否分为干式粉碎和湿式粉碎，在实际生产中多采用干式粉碎，分为粗碎和细碎两级工艺。木薯乙醇发酵工艺有：糖化和发酵分别在不同反应器中进行的水解发酵工艺（SHF）；在同一个反应器中进行的同步水解发酵工艺（SSF）；用固定载体使酵母停留在发酵罐中的固定化细胞发酵工艺；生淀粉发酵工艺等。其余与玉米乙醇工艺类同。

2. 国内主要生物乙醇生产企业的工艺流程

1）河南天冠燃料乙醇公司

该公司建成的70万吨/年以小麦、玉米、木薯为主要原料的燃料乙醇生产装置，采用国内先进的小麦蛋白分离技术，液体深层通风发酵培养装置培养酒母，带有产物分离系统的生物反应器发酵设备，四塔双效差压蒸馏技术，淀粉质吸附脱水装置工艺[3]，其工艺流程见图31-1。

2）安徽丰原生化股份有限公司

该公司75万吨/年燃料乙醇工艺，利用常规方法对原料进行粉碎、蒸煮，双酶法液化、糖化，清液高效自絮凝酵母菌株连续发酵、三塔差压蒸馏、沸石脱水等工艺生产燃料乙醇。其特点在于：糖化醪分离所得糖液进行清液连续发酵，特殊设计的悬浮床生物反应器，使用完全固定化自絮凝颗粒酵母，精馏产生的部分废糟液循环回用[3]，其工艺流程见图31-2。

3）吉林燃料乙醇有限公司

该公司30万吨/年燃料乙醇生产装置，采用改良湿法粉碎工艺产生的脱胚淀粉浆，经精磨、液化、糖化、发酵和蒸馏脱水，生产出燃料乙醇；同时利用酒糟，经离心分离、蒸发、干燥后生产出蛋白质含量在28%以上的优质酒糟蛋白饲料；从玉米中提取胚芽后，经过预榨、浸出工序，再经脱色、脱臭、脱蜡、脱水等处理后，生产出玉米油[3]。但随着时间的推移，改良湿法工艺的劣势逐步大于优势。2018年，吉林燃料乙醇公司决定全部采用第四代干法粉碎技术工艺，其工艺流程见图31-3。

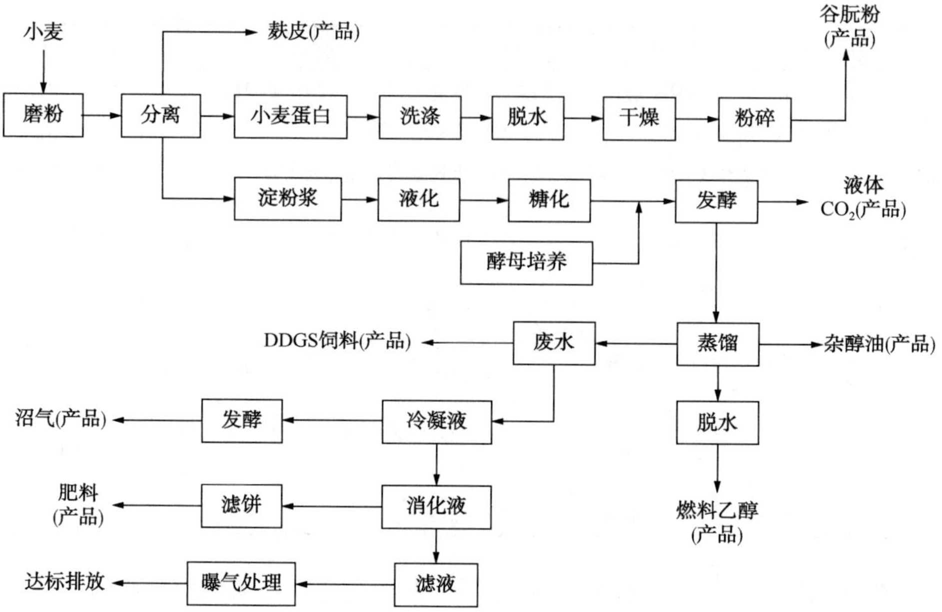

图 31-1　河南天冠 30 万吨/年燃料乙醇项目工艺流程

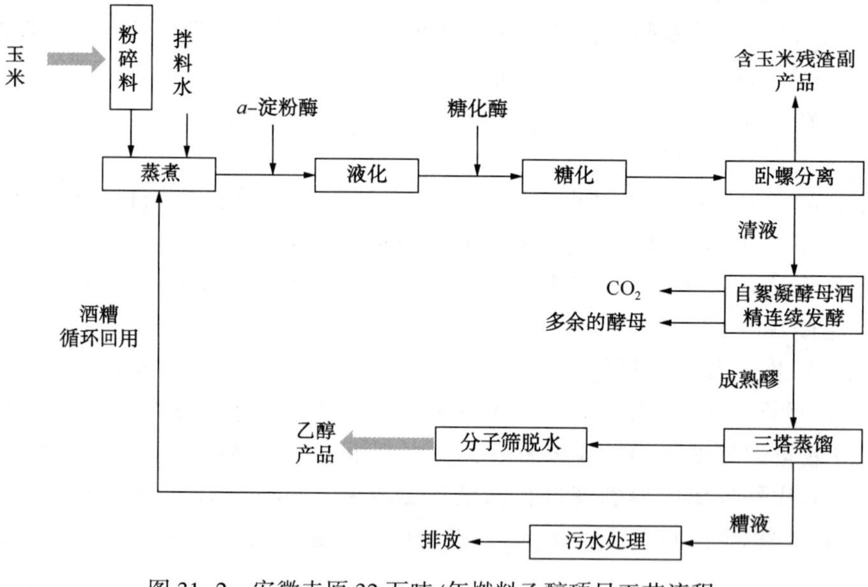

图 31-2　安徽丰原 32 万吨/年燃料乙醇项目工艺流程

4）黑龙江华润（金玉）乙醇有限公司

该公司 22 万吨/年燃料乙醇生产装置，采用玉米半湿法粉碎、低温蒸煮、2×5 个 1500m^3 斜底发酵罐组成（分成两条独立发酵生产线）的连续发酵、压差蒸馏、共沸精馏工艺和 CIMS 工程自动化控制技术，其工艺流程详见图 31-4。

5）中粮广西木薯乙醇

中粮广西 20 万吨/年木薯燃料乙醇装置，采用风选风送（干法）和泵送（湿法）结合除砂

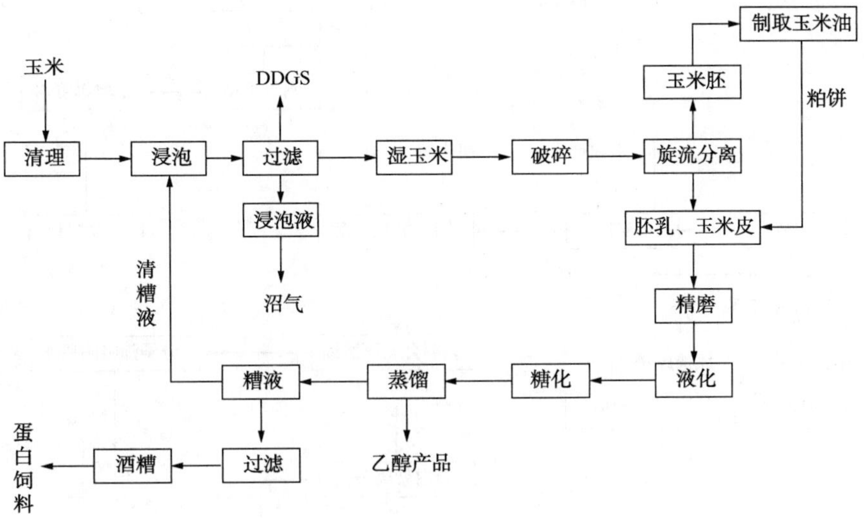

图 31-3　吉林燃料 30 万吨/年燃料乙醇项目工艺流程

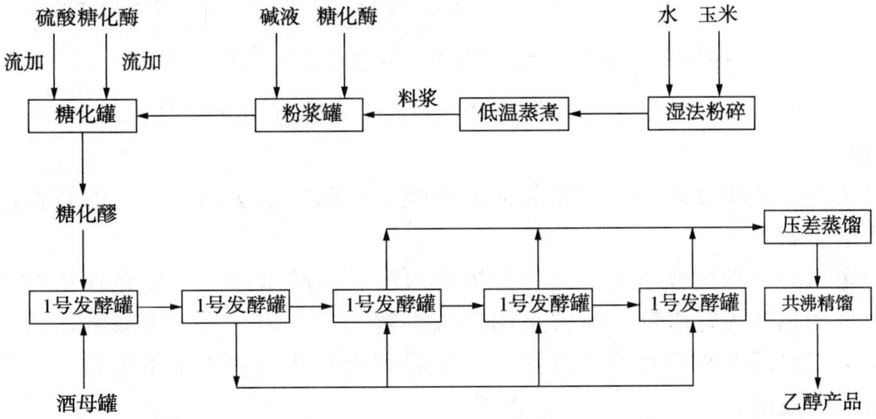

图 31-4　黑龙江华润 22 万吨/年燃料乙醇项目工艺流程

除杂，中温连续液化，同步糖化浓醪发酵，闪蒸热能回收，热耦合差压蒸馏，沸石变压吸附脱水，蛋白絮凝分离，木薯渣和沼气掺烧热电联产，IC 反应器处理污水等工艺[5,6]，其工艺流程见图 31-5。

(二) 纤维素生产生物乙醇的技术

目前，以纤维素和其他农林废弃物为原料的第 2 代生物乙醇生产技术有生化法和热化学法。生化法技术已开始走向工业化，但主要是降低生产成本的目标尚未达到。

1. 技术特征

以纤维素为原料生化法制备生物乙醇的工艺，首先要进行预处理，即脱去木质素，再经过水解、糖化(使双糖、多糖转化为单糖)、发酵并进一步转化为乙醇。

1) 预处理

原料预处理是纤维素乙醇生产工艺中成本最高的工序，预处理方法分为物理法、化学法、物理化学法和生物法，目的是分离纤维素、半纤维素和木质素，提高酶解效率。不同

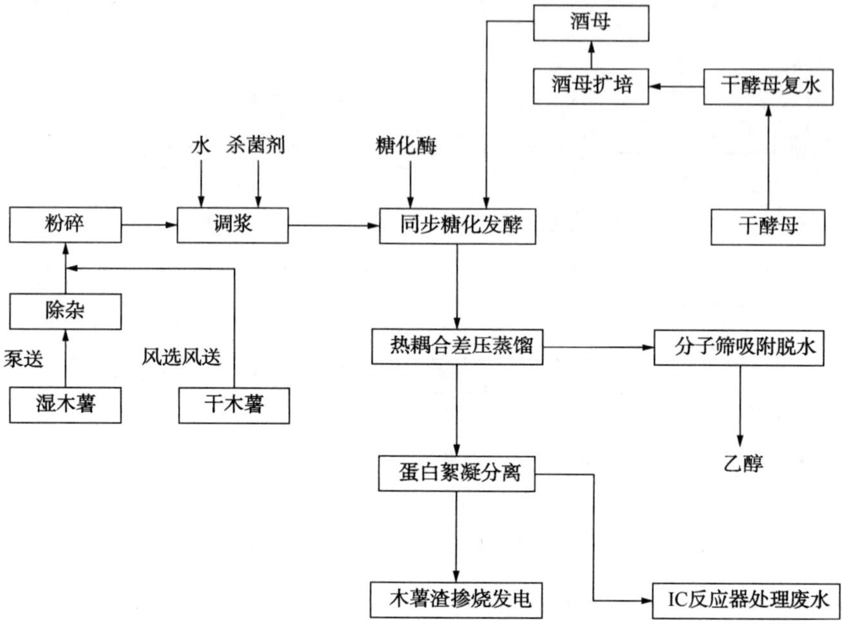

图 31-5　中粮广西 20 万吨/年木薯燃料乙醇项目工艺流程

预处理方法各有其优缺点。发展迅速的为蒸汽爆碎、稀酸预处理等技术。

2）水解

水解是关键工艺步骤之一。在当前常采用酸水解和酶水解两条不同的技术路线来实现木质纤维素的降解。

酸水解可以使用盐酸或硫酸，又分为浓酸水解和稀酸水解。一般是在浓酸处理之后与酸分离，再使用稀酸进行水解。通常采用二级水解工艺方案：第一级降解比较容易水解的半纤维素；第二级降解难降解的纤维素，水解后剩余的残渣主要是木质素，水解液中和后送入发酵罐进行发酵。

酶法水解同酸法水解相比，具有反应条件温和、不生成有毒降解产物、糖得率高和设备投资低等优点。纤维素酶是降解纤维素成为葡萄糖单体所需的一组酶的总称，是包括 1，4-β-D-葡聚糖水解酶、1，4-β-D-葡聚糖纤维二糖水解酶和 β-葡萄糖苷酶等组分在内的、起协同作用的多组分酶系。妨碍酶法生物转化技术产业化的主要障碍是：纤维素酶的比活力较低，单位原料用酶量很大，酶解效率低，且纤维素酶成本较高。

3）纤维素乙醇生产工艺

纤维素乙醇生产工艺主要分为 4 种(表 31-4)，包括：分步水解与发酵工艺(SHF)，是目前研究最多的一种方法；同步糖化发酵工艺(SSF)，是最有前途的方法，国内外的中间试验大多都采用此法；同步糖化共发酵工艺(SSCF)，处在中试；直接微生物转化工艺(DMC)，也称为统合生物工艺(CBP)，是最理想的发酵方式[7]。

甜高粱茎秆制乙醇的工艺路线主要有液体发酵和固体发酵两种。液体发酵工艺，首先用压榨的方法提取茎秆汁液，经预处理再发酵得到一定乙醇浓度的醪液，进行醪液精馏得到乙醇。固体发酵工艺，不经过压榨，茎秆粉碎后直接接种固体发酵。两种工艺各有优缺点。

表 31-4　纤维类物质转化成乙醇的 4 种工艺

工　艺	特　点	优　点	缺　点
分步水解与发酵工艺(SHF)	酶法水解与发酵分步进行，又称间接法、二段发酵法	糖化、发酵可在各自最适宜的温度下进行，无需脱毒处理	水解反应不完全，水解和发酵周期长、成本高，存在反馈抑制酶活性
同步糖化发酵工艺(SSF)	酶解糖化和发酵过程耦合在同一容器内同步进行	减轻酶解产物对酶的抑制，酶用量减少，反应时间缩短，发酵产率增加，成本降低	水解和发酵的最佳温度、pH 值不能匹配，酶糖化与酵母发酵速率相互协调的问题难以控制
同步糖化共发酵工艺(SSCF)	采用发酵菌种，对葡萄糖和木糖发酵同时进行，是多相、多酶催化过程	缓解葡萄糖对纤维素酶的反馈抑制，底物转化率提高、乙醇产量增加，节省投资费用	在生物反应器和生物反应动力学方面研究十分缺乏
直接微生物转化工艺(DMC)	将纤维素酶生产、酶水解和同步糖化发酵组合在一步里完成	无需纤维素酶生产，工艺简化，成本降低(有望降低 20%~30%)	纤维素酶生成和乙醇发酵需由一种群微生物来实行

2. 国内研究与产业化现状

生物乙醇产业正处于从以粮食和非粮食乙醇为主向第 2 代纤维素生物乙醇转换的时期。纤维素资源生产生物乙醇技术已经处于大规模产业化应用的起步阶段或产业化示范阶段。

1）技术瓶颈与需解决关键技术

纤维素乙醇产业化，要求技术的工程化集成，将预处理、酶水解、发酵以及高附加值产品生产过程技术整合起来，成为生物炼制系统。需克服技术瓶颈与需解决的关键技术见表 31-5[8~11]。

表 31-5　非粮生物乙醇需克服技术瓶颈与需解决的关键技术

生产技术	技术瓶颈	关键技术
甜高粱燃料乙醇	原料可供时间短，难收集	稳定、高产甜高粱秆品种、种植技术和机械化收集
	茎秆储藏糖分损失高，汁液储藏极易酸败	能达到生产要求、成本和能耗低的甜高粱秸秆储存技术
	甜高粱茎秆发酵	发酵方式，高产菌种和高效发酵反应器，提高乙醇得率
	降低生产成本	甜高粱秆渣有效的处理方式和利用
纤维素乙醇	原料收集、供应体系	解决难收集、难运输、易变质、不易储存、收集成本高、收集机械化、相关设备产业化问题
	缺乏针对不同秸秆原料高效预处理技术	开发廉价、高糖收率、低抑制物浓度、低能耗、清洁的原料预处理技术和装备
	有效分离木质素水解工艺	解决酶水解反应速度慢、得糖率不高、发酵抑制物脱毒、单位原料用酶量大、酶解效率低问题
	纤维素酶生产	找到适合工业生产高比活力菌种及生产方式，开发效率高、成本低、酶解转化率高的纤维素酶生产技术
	缺乏经济可行、有效利用五碳糖发酵技术	筛选和基因改造得到利用率较高的五碳糖发酵菌株，构建能够同时高效利用戊糖和己糖的发酵菌株

续表

生产技术	技术瓶颈	关键技术
纤维素乙醇	优化工艺	开发高效生物酶，优化酶水解工艺；高效 C_5/C_6 共发酵菌株，提高糖转化率、乙醇耐受度、乙醇浓度，降低分离能耗工艺，木质素高值化利用
	提高经济性，副产物与废弃物高值利用	木质素高值化利用技术，废液和废渣产沼气，发电和热电联产，生产饲料和有机肥料，联产生物基化工产品
	工程化技术集成	集成原料预处理、酶水解、C_5/C_6 共发酵工艺，形成流程合理、技术先进、经济可行的成套技术工艺包和装备

乙醇生产酵母菌株木糖代谢工程及其发酵工艺，酸水解法纤维素乙醇生产中试，玉米秸秆蒸汽爆破、纤维素酶水解和戊糖已糖同步发酵技术中间试验，甜高粱秸秆固态发酵，木质纤维素酶及对稻草秸秆降解等研究，取得了一些阶段性成果[12~14]。

2）产业化现状

目前，我国被公认的纤维乙醇产业化项目投运的仅有河南天冠和山东龙力两家企业。

（1）河南天冠纤维乙醇项目。河南天冠于 2006 年起相继建成了 300 吨/年、3000 吨/年、5000 吨/年纤维乙醇生产示范线及 1 万吨/年玉米秸秆纤维乙醇产业化示范项目。2009 年 6 月 3000 吨/年、2011 年 12 月 1 万吨/年生产示范线运行后相继通过专家验收[10]。以纤维素为原料制备燃料乙醇的工艺流程见图 31-6。

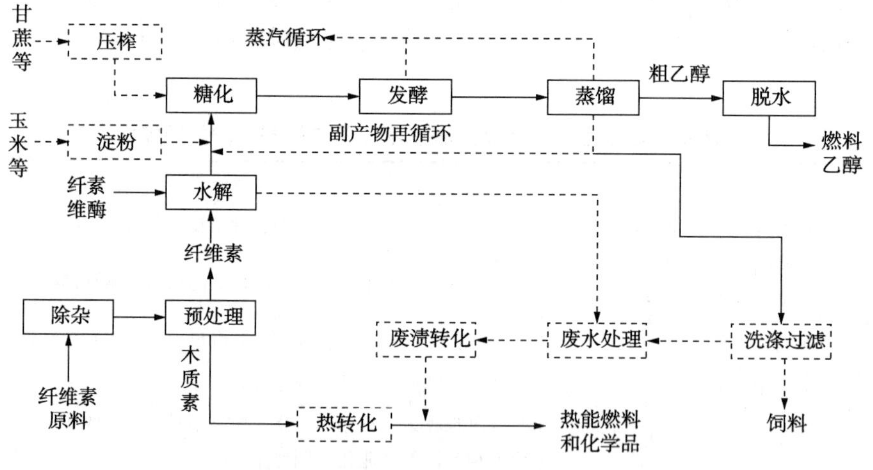

图 31-6　以纤维素为原料制备燃料乙醇的工艺流程

项目在纤维素酶和糖化设备研制开发等方面取得了重大突破，具备了产业化生产条件。一是开发了原料预处理新工艺，秸秆预处理后发酵单糖的得率提高到 44.5%；二是选育出了纤维素酶生产菌株和半纤维素酶生产菌株，建立了酶生产车间，进行了工业化生产；三是开发了适宜规模化生产秸秆纤维乙醇的关键工艺及糖化设备，乙醇糖化用酶量已降低至原来工艺的 1/3；四是成功选育驯化了可同化木糖生产乙醇的菌株，其发酵性能得到大幅度提高，糖醇转化率已提高到 45%以上，耐乙醇能力已提高到 12%以上。

该纤维乙醇示范装置以玉米秸秆和小麦秸秆为原料，形成了包括原料收、储、运，蒸汽爆破预处理，纤维素酶生产，纤维素酶解、半纤维素厌氧发酵生产沼气等完整的工艺路线，实现了产业化示范。该项目发挥企业优势，结合中国国情，坚持因地制宜和集成创新，实现了农业废弃物的分类利用，技术与工艺可靠，整体达到国内领先水平，具备进一步产业化与放大的条件。但尚有诸多技术关键有待突破，建议进一步降低生产成本，提高经济效益。

在此基础上，2013 年 5 月河南天冠在南阳市开工建设了国内首个 3 万吨/年秸秆乙醇厂，工艺路线详见图 31-7。商业化运行结果，7.1 吨秸秆可生产 1 吨乙醇、沼气 680Nm^3，发电 1500kW · h、耗水 10.3 吨，耗电 1142kW · h(沼气发电自供)，耗蒸汽 6.6 吨(生物质燃料锅炉自供)，综合成本略高于粮食乙醇。构成了可以在粮食主产区复制推广的模块化、标准化的纤维乙醇厂。

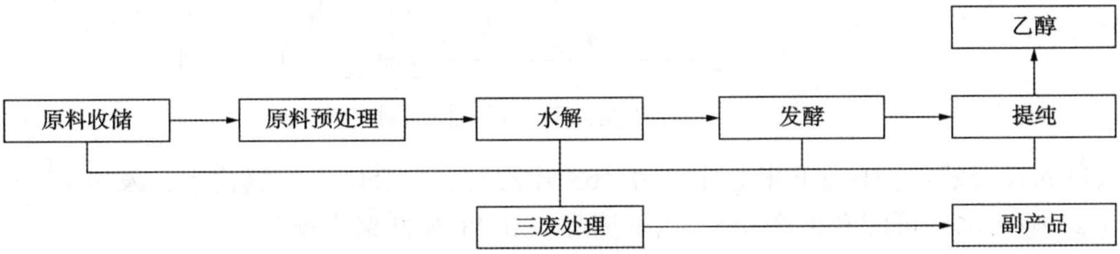

图 31-7　河南天冠 3 万吨/年秸秆乙醇厂主工艺路线图

经国家能源局批准，2014 年完成南阳 10 万吨/年纤维乙醇产业化放大示范区项目建设，并配套建设年产 30 万吨纤维素酶生产基地，大幅降低了生产成本，摆脱了国内纤维乙醇企业纤维素酶依赖国外供应商的局面，使我国的纤维乙醇产业化发展同先进国家保持一致的技术水平和发展速度。

(2) 山东龙力纤维乙醇项目。山东龙力生物科技股份有限公司 2009 年建成 50 万吨/年的纤维素乙醇生产线，纤维素的转化率高达 86%，发酵酒度达 6%~7%(体积分数)，使生产成本接近了粮食乙醇生产水平[11]。2012 年 5 月，该公司成为首家生产二代纤维乙醇的企业，获得国家燃料乙醇定点生产企业资格，同年 10 月产品进入石化汽油销售市场。该技术工艺流程详见图 31-8。

该工艺特点如下：

① 以玉米芯为原料，采用现代生物工程技术生产低聚木糖和木糖醇等功能糖、淀粉及淀粉糖等产品；

② 利用功能糖生产中已去除半纤维素的玉米芯废渣为主要原料，经溶剂浸提去除木质素，减少了耐腐蚀高压设备的建设，避免了原料预处理高能耗、污染环境的弊端；

③ 选育诱变了产高活性的纤维素酶生产菌株，优化了玉米芯加工残渣生产纤维素酶的工艺条件，提高了酶的纤维素转化效率和酒度；

④ 通过新的纤维素酶高产菌株，构建了能够直接同时利用五碳糖和六碳糖的基因工程酵母菌株，在相对温和的条件下采用同步糖化发酵工艺生产燃料乙醇；

⑤ 通过将剩余的木质素用于生产较高价值的高分子木质素材料等化工产品，发酵废液通过生化处理生产沼气，沼气发电回用于生产，剩余活性污泥用于有机农业种植。提高了整体经济效益，也压缩了乙醇成本，并形成产品多元化的合理产业结构。

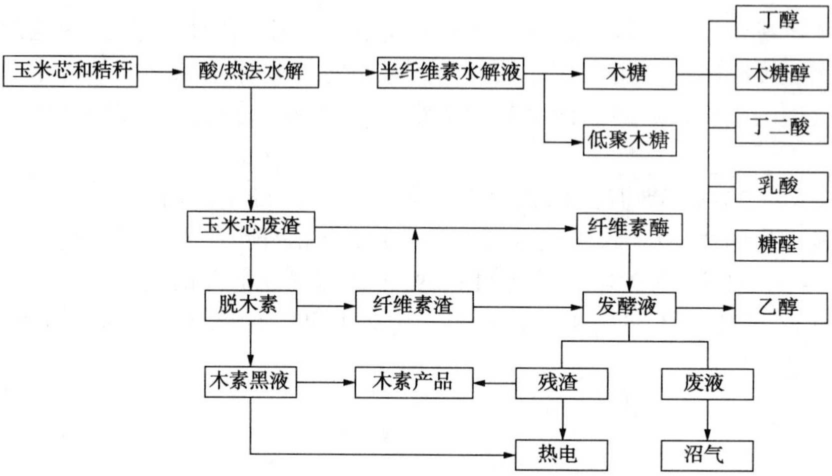

图 31-8　山东龙力玉米芯生物炼制技术

项目的投资效益：1 吨玉米芯生产 0.163 吨乙醇，0.156 吨二氧化碳，发电 43kW · h，排放 3.27 吨污水，可配套生产 0.13 吨木糖醇或 0.11 吨低聚木糖等。

（3）内蒙古中兴能源甜高粱秸秆生产乙醇。中兴能源（内蒙古）有限公司 10 万吨/年甜高粱茎秆燃料乙醇项目的特点为：将甜高粱茎秆切割，高位落料，在落料过程中利用茎秆与叶鞘的比重差压，选择合适的引风机进行茎秆与叶鞘的分离处理；压榨法提取糖汁；平流进料，顺流转糖浆、集中Ⅳ效排糖浆流程蒸发浓缩糖汁；强制外循环大罐连续发酵，酵母回流工艺；三塔连续蒸馏脱水和沸石脱水工艺，发酵醪液乙醇浓度 13%，蒸馏脱水消耗 1.55 吨蒸汽/吨乙醇。

（4）清华大学新能源技术研究所甜高粱秸秆连续固体发酵生产乙醇技术（Advanced Solid State Fermemtation，ASSF）。该技术利用固态发酵工艺制乙醇，筛选出了高产乙醇酵母菌株 TSH_ Sc-1，工艺流程见图 31-9。开发了转鼓式固态发酵罐系统，在内蒙古五原县 5m^3 固态发酵罐中试放大，与山东长安集团建设了甜高粱秸秆连续固体发酵生产乙醇技术（ASFF）550m^3 工业化装置。采用落叶粉碎原料预处理，高产乙醇菌株固态发酵，固态蒸馏-精馏，沸石脱水，糟渣深加工工艺流程。在发酵效率、收率、污水排放上都具有优势，整个工艺过程简捷，投资和运行成本都比传统榨汁液体发酵和窖池发酵工艺显著降低。发酵时间为 24~36h，糖醇转发率为 94.4%，乙醇收率达到理论值的 87%以上[15~17]。

3）其他示范项目

其他示范项目包括：中国石化、中粮集团与丹麦诺维信公司合作，采用连续化预处理、高底物浓度酶解和连续酶解、戊糖己糖共发酵、三塔三效差压蒸馏，三废处理和能量综合利用工艺路线，建成 5 万吨/年纤维素乙醇中试装置[18,19]；中科院过程工程研究所与山东泽生生物科技有限公司合作，采用玉米秸秆不加酸碱气爆处理、秸秆固相酶解发酵、汽提分离乙醇耦合体系等创新技术，建成 3000 吨/年产业化示范装置[20]；中国石油吉林燃料乙醇公司引进芬兰科伯利公司的技术，拟建设玉米秸秆制乙醇工业化项目等，不在此详述。

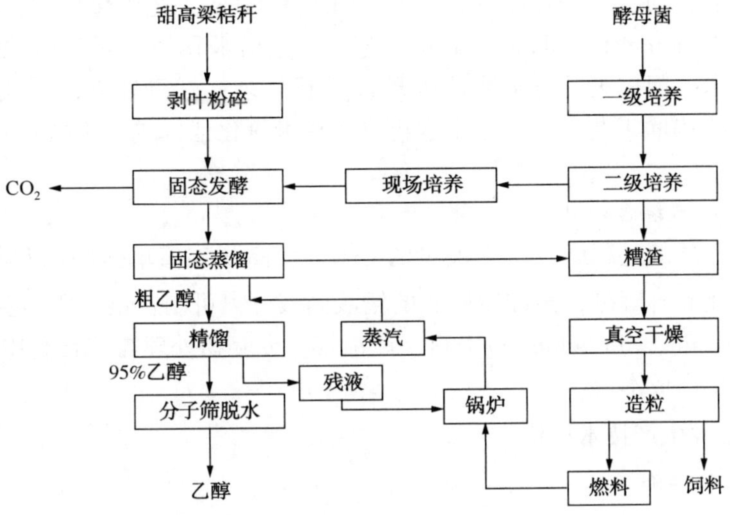

图 31-9　清华大学甜高粱秸秆连续固体发酵生产乙醇技术（ASSF）

（三）生物乙醇的清洁生产与环境影响和控制

1. 生物乙醇生产的污染物形成途径

污水排放是乙醇生产过程中的主要污染源。在燃料乙醇生产中，粗馏塔排出的乙醇糟液是污水量最大、污染物浓度最高的污水，直接外排会导致水质严重恶化。生物乙醇生产污水主要污染物见表 31-6。

表 31-6　生物乙醇生产污水主要污染物

污　水	吨产品排放量/m^3	pH 值	*COD*/(mg/L)	*BOD*/(mg/L)
玉米酒糟	13~16	4.0~4.5	$5\times10^4\sim7\times10^4$	$2\times10^4\sim4\times10^4$
糖蜜酒糟	14~16	4.0~4.5	$8\times10^4\sim11\times10^4$	$4\times10^4\sim7\times10^4$
蒸馏塔底残留水	3~4	5.0	1000	600
冲洗水	2~4	5.0	600~2000	500~1000
冷却水	50~100	7.0	<100	

2. 污染控制与清洁生产

生物乙醇厂每生产 1 吨乙醇约排放 12 吨以上的污水。主要是酒糟废液污水，用厌氧-好氧法处理后可实现达标排放。

1）河南天冠集团乙醇污水经处理可达标排放

糟液经离心压滤分离后，滤液的 *COD* 降为 40g/L 左右，滤饼可制成畜禽饲料产品出售；约 30%滤液回用于粉碎拌料，其余部分进入厌氧消化，经过两级厌氧消化后 *COD* 降为 1g/L；厌氧发酵生产沼气，沼气发酵液在絮凝剂的作用下，将其中的固形物凝聚沉淀，再经板框过滤将污泥分离，进入曝气池中好氧处理，*COD* 降至 300mg/L 以下；污泥可经脱水干燥、造粒制成有机肥料；达标污水进入蓄水池，可作为蒸馏工段冷却器冷却用水[38]。

2）中粮集团木薯乙醇污水清液的处理工艺

清液首先进入大污水池进行分离沉淀，沉淀后清液经冷却，酸化池调解酸化，两次冷却后进入循环池混合均质；预处理后的污水采用厌氧-好氧工艺生化处理，厌氧段采用两级内循环反应器 IC(Internal Circulation)串联工艺，工艺出水和经过调节均质的生活污水及车间排放的工业污水一起，进入好氧生物处理段进行处理；好氧处理段采用两级缺氧-好氧 AO(Anooxic-Oxic)串联工艺，好氧段出水再进入接触氧化池，进一步去除 COD 和 SS，最后达标排放。

3. 废弃物处理与综合利用

发酵法生产乙醇的过程中，产生大量的 CO_2、含高附加值单体醇(以异戊醇为主)的杂醇油，成熟醪中还有鲜酵母，蒸馏后塔底的糟液固液分离可制含蛋白质丰富(27%)的 DDGS (Distillers Dried Grains with Solubles)饲料，产沼气。废弃物处理与综合利用具有很高的经济效益，并可降低生产成本。

(四) 生物乙醇生产技术评价

1. 全生命周期评价

所谓“生命周期评价”(LCA，Life Cycle Assessment)，即全生命周期 WTW(Well To Wheel)能效、排放(及对生态环境影响)、经济性 3E(Energy efficiency、Environment、Economical efficiency)比较研究，是通用方法。燃料乙醇的全生命周期过程包括：农业种植、收获→原料运输→乙醇生产→乙醇运输与汽油的调合(混配)→加油站和机动车使用 5 个单元过程。采用净能量值(NEV，Net Energy Value)和比率性指标 R(能量产投比 O/P 或能量投产比 P/O)予以评价。能量收益的评价标准是：$NEV>0$ 或 $R>1(R=O/P)$ 或 $R<1(R=P/O)$，能量净收益为正效益，否则是负效益。

2. 能效评价

我国已开发的一些能源作物生产生物乙醇生命周期能效评价结果见表 31-7[21,22]。

表 31-7　生物乙醇生命周期能效评价结果

企　业	河南天冠	山东龙力	内蒙古五原	黑龙江桦川	吉林乙醇	中粮广西
乙醇原料	玉米秸秆	玉米芯渣	甜高粱茎秆		玉米	木薯
规模/(kt/a)	35	50	5.880	5.000	400	200
能量产出/(MJ/L)			122.53	18.22	28.51	21.20
能量投入/(MJ/L)			49.08	29.43	25.81	16.41
净能量/(MJ/L)			73.45	-11.21	2.70	4.79
能量产投比	2.075	1.008	2.50	0.62	1.10	1.29

如表 31-8 所示，利用全生命周期模型进行分析，结果表明：小麦(考虑副产品)、玉米、木薯、甜高粱茎秆产燃料乙醇装置，净能量(NEV)为正效应，能量产投比(R)大于 1。

3. 生物乙醇对生态环境的影响

采用生命周期方法研究表明，整个生命周期的温室气体排放燃料乙醇比石油燃料低 20%~50%。已开发的一些能源作物生产生物乙醇生命周期能效 CO_2 排放评价结果见表 31-9[22]。

表 31-8　河南天冠不同工艺路线生产小麦乙醇 *NEV* 和 *R* 值　　MJ/t 燃料乙醇

能量平衡收益	不考虑副产品能量价值		考虑副产品能量价值	
	旧工艺	新工艺	旧工艺	新工艺
能量投入	46692	41448	46692	41448
小麦生产	20857	21232	20857	21232
小麦运输	1157	1178	1157	1178
乙醇生产	24563	18923	24563	18923
混配和运输	115	115	115	115
副产品价值折能			19293	23027
能量产出	29670	29670	48963	52697
净能量(*NEV*)	-17022	-11778	2271	11249
能量产投比(*R*)	0.64	0.72	1.05	1.27

表 31-9　生物乙醇生命周期 CO_2 排放量评价

企　业	内蒙古五原	黑龙江桦川	吉林乙醇	中粮广西
乙醇原料	甜高粱茎秆	甜高粱茎秆	玉米	木薯
规模/(kt/a)	5.880	5.000	400	200
种植运输阶段排放/(kg/L)	2.05	2.16	1.23	1.55
乙醇生产阶段排放/(kg/L)	1.67	0.79	1.30	4.62
乙醇使用阶段排放/(kg/L)	0.31	0.31	0.31	0.31
CO_2 总排放量/(kg/L)	4.03	3.27	2.84	6.48
种植阶段吸收 CO_2/(kg/L)	8.82	8.82		3.35

全生命周期分析结果表明：广西中粮木薯乙醇的环境污染物(VOC、CO、HC、PM2.5、PM10、SO_2 以及温室气体 CO_2、CH_4 和 N_2O)排放较传统汽油而言有所减少，NO_x 排放增加；针对内蒙古地区甜高粱种植和甜高粱茎秆先进固体发酵技术(ASSF)，考虑副产品与不考虑副产品 CO_2 排放量分别为 93.23g/MJ 与 61.24g/MJ，低于汽油 98.86g/MJ[21]。

4. 生物乙醇生产的经济性

已开发的一些能源作物生产燃料乙醇生命周期经济性评价结果见表 31-10[22]。

表 31-10　生物乙醇生命周期单位成本

企　业	内蒙古五原	黑龙江桦川	吉林乙醇	中粮广西
乙醇原料	甜高粱茎秆	甜高粱茎秆	玉米	木薯
规模/(kt/a)	5.880	5.000	400	200
种植运输成本/(元/t)	2571	2803	2533	2338
原料收购成本/(元/t)	3040	3000	5120	3375
生产阶段成本/(元/t)	4262	4517	6120	4764
副产物减成本/(元/t)	-870	-1000	-1180	
燃料乙醇成本/(元/t)	3392	3517	4940	4764

生物乙醇的价格受到宏观经济(如经济增长率和汇率)、化石能源(石油)、原料价格和投入、运输成本、国家财税政策影响，尤其受到国际油价突发地缘事件和国内粮价的影响，具有不确定性。我国地域广阔，不同地区各种农作物的亩产量、市场收购价格、不同企业乙醇产出单耗不尽相同，因而燃料乙醇生产成本也各不相同。木薯乙醇生产的原料成本较玉米和小麦低，糖质原料生产燃料乙醇的加工成本低于淀粉质原料。

三、车用乙醇汽油的生产与应用

（一）变性燃料乙醇的生产

为了防止燃料乙醇与食用乙醇、工业乙醇混用或误食，一些厂家把燃料乙醇回流到食品工业骗补避税，燃料乙醇出厂时需进行变性处理，让它从颜色或味道上区别于其他乙醇。变性燃料乙醇是指在可作为汽车燃料用无水乙醇中添加无铅汽油等变性剂，使其不适用于饮用。现执行 GB 18350—2013《变性燃料乙醇》及其第 1 号修改单(2016 年 12 月 16 日实施)、第 2 号修改单(2021 年 5 月 1 日实施)，见表 31-11。

表 31-11　GB 18350—2013《变性燃料乙醇》及其修改单的技术要求

项　目	指　标	项　目	指　标
外观	清澈透明，无肉眼可见悬浮物和沉淀物	无机氯(以 Cl^- 计)/(mg/L)	≤8
		酸度(以乙酸计)/(mg/L)	≤56
乙醇/%(体)	≥92.1	铜/(mg/L)	≤0.08
甲醇/%(体)	≤0.5	pHe 值	6.5~9.0
实际胶质/(mg/100mL)	≤5.0	硫/(mg/kg)	≤10
水分/%(体)	≤0.8		

标准规定：变性剂只允许添加符合 GB/T 22030 或 GB 18351 要求的车用无铅汽油，不得加入含氧化物；规定燃料乙醇与变性剂的体积混合比应为 100∶1~100∶5，即变性剂在变性燃料乙醇中的体积分数为 0.99%~4.76%；对硫限定：供应国Ⅳ车用乙醇汽油阶段执行不大于 30mg/kg，供应国Ⅴ车用乙醇汽油阶段执行不大于 10mg/kg；应加入有效的金属腐蚀抑制剂。

（二）车用乙醇汽油调合组分油的生产

国家指定由中国石化和中国石油两大公司下属的炼油厂定点生产与供应车用乙醇汽油调合组分油。其主要由催化裂化汽油、连续重整汽油、直馏汽油，有的还由烷基化汽油、芳烃抽余油调合而成，调合配方与普通车用汽油不同。调合过程调合组分油的辛烷值、蒸汽压、氧含量控制尤为重要；不允许添加 MMT 抗爆剂、MTBE 等含氧化合物助剂。不同标号车用乙醇汽油，其调合组分油的质量要求有所不同。它必须采用专用输油管线、铁路槽车或汽车槽车、中间产品和产品专用罐储运。

为保证车用乙醇汽油调合组分油的质量，现执行 2017 年 9 月 7 日发布实施的 GB/T 22030—2017《车用乙醇汽油调合组分油》，替代了历次发布的国家标准和企业标准。

（三）车用乙醇汽油的生产

1.《车用乙醇汽油》国家标准

车用乙醇汽油是指在不含 MTBE 等含氧添加剂的调合组分油中，按体积比加入 10%的变性燃料乙醇，由定点调配中心按国家标准的质量要求，通过特定的工艺设备调配而成的车用燃料。表示为 E10 车用乙醇汽油。

现执行 2017 年 9 月 7 日发布实施的 GB 18351—2017《车用乙醇汽油(E10)》(ⅥB)，并实行逐步引入的过渡期要求。2019 年 1 月 1 日起至 2022 年 12 月 31 日执行该技术要求。

2. 车用乙醇汽油特性

一系列考察测试结果表明：E10 车用乙醇汽油氧含量达到 3.5%，助燃效果好；可使汽油的研究法辛烷值提高 1.5~2.5 个单位，马达法辛烷值提高 1 个单位左右。使用 E10 车用乙醇汽油，对汽车发动机不需改造，控制策略保持不变。当温度降至-25℃时低温起动困难。有些车辆百公里油耗会有所增加。车辆使用不当或在夏季时可能会产生“气阻”现象，上述利弊相抵，总体动力性能基本不变。

燃料乙醇 pH 值一般呈酸性，在长期高温储存与燃烧过程中会产生乙酸，对汽车金属特别是有色金属有腐蚀作用。但 E10 车用乙醇汽油对金属基本没有腐蚀。长期使用乙醇汽油时，必须添加适量的(40~70mg/kg)金属腐蚀抑止剂。乙醇存在极性，E10 车用乙醇汽油对有些汽车橡胶材料有溶胀作用。

燃用 E10 车用乙醇汽油后，发动机油氧化性能、表面沉积物形成倾向及主要零件的磨损与燃用标准汽油的相当，无明显影响。

车用乙醇汽油易吸水。在存水的条件下，含水量大于 0.4%就会出现明显相分离，导致车用乙醇汽油无法使用。

与无铅汽油相比，E10 车用乙醇汽油能有效降低发动机 CO 和 HC 排放各约 10%；经过三元催化转化器作用后 CO 排放降低 30%左右，HC 和 NO_x 分别降低 18%、10%，且发动机排放 CO 和 HC 恶化趋势较慢，三元催化转化器使用寿命延长；且能大幅降低车辆的 PM 排放，低芳烃 E10 降低 PM 值 35%，低烯烃 E10 降低 PM 值 46%；怠速试验时，CO、HC 和 NO_x 的排放浓度均要低[23,24]。E10 车用乙醇汽油环保优势明显。

3. 车用乙醇汽油的生产与储运

车用乙醇汽油的调配有喷溅调配、罐车调配和管线调配三种方法。我国采用的是国外普遍使用的管线调配方法，是指变性燃料乙醇和车用乙醇汽油调合组分油通过调合系统在管线中完成调配，调配比例(10%，体积分数)由计算机或预调配设备进行控制。通过管线调配出的车用乙醇汽油直接装入汽车油罐车内(透气管要设置空气干燥器)，运送到加油站或零售网点销售，不在油库储存，不宜使用长距离管道输送。

为节约投资、保证质量，车用乙醇汽油调配中心一般利用现有国家油库资源加以改造。年调配能力通常在 10 万吨以上，一般要新建 1~2 座容量为 100~500m^3 的变性燃料乙醇罐；储罐不宜采用防腐涂料或某些树脂涂层防腐，应装呼吸阀和阻火器，有良好避雷接地设施。

车用乙醇汽油在混配、灌装、运输、储存过程中混入水杂是最常见的质量问题。为此，相关容器必须按特洗标准彻底清洗，并将容器内存水排放干净，作业时严格防水。

4. 车用乙醇汽油销售与使用

原汽油加油站销售车用乙醇汽油要适当改造：设置主动或被动式真空辅助油气回收系统(即密闭加油)；车用乙醇汽油储罐应为不锈钢、玻璃纤维和不加内防腐涂料或某些树脂涂层防腐的碳钢罐，罐容量限定为5~7d的储量，容积在10~20m^{3}为宜；采用内浮顶罐，并加装带干燥剂(一般采用变色硅胶等)的呼气阀、自动切水器；罐底具有不小于3‰~5‰坡度或在罐底部设置积水包，安装水位检测报警仪，以便罐内明水的监测及排除；选用密封件能适用车用乙醇汽油的加油机，标识车用乙醇汽油。未经检查合格，加油站不允许出售乙醇汽油。应定期或随机取样，对车用乙醇汽油的调配比例和性质进行测试。

车辆在首次使用车用乙醇汽油时，最好对油箱和油路系统各部件进行一次预清洗，排除油箱底部存水；对我国现生产销售的电喷式车辆无需任何调整即可正常使用，只有极少数汽车部件材料与车用乙醇汽油表现出不适应(如橡胶件材料)，使用前需更换。车用乙醇汽油的保质期只有一个月，过了保质期则容易出现分层现象，建议尽快使用。

生物乙醇产业能否发展壮大，车用乙醇汽油推广应用能否加速，除技术外，原料、成本、价格是关键。以木薯为原料生产燃料乙醇将是我国技术过渡期内发展方向之一。开发以秸秆为代表的植物纤维类生物质生产生物乙醇的工业技术，是解决生物乙醇原料受限的根本出路，代表着未来生物乙醇发展的方向。

未来扩大乙醇在交通运输业中的应用技术有两个方向：一是在柴油机上的应用，因燃料乙醇在降低柴油机PM排放方面有明显的效果；二是发展灵活燃料汽车FFV。第3代微藻制乙醇还处于研发阶段，乙醇作为燃料电池的燃料未来可期。

第二节　生物柴油生产

一、概述

生物柴油是21世纪崛起的新兴产业[25]。生物柴油是从天然油脂(包括植物油、动物脂肪和微生物油脂等)生产的一种新型柴油燃料。天然油脂由长链三脂肪酸甘油酯分子组成，相对分子质量约900，与甲醇或乙醇等小分子醇发生酯交换反应后，甘油被交换出来，生成的(C_{12}~C_{24})脂肪酸酯相对分子质量与柴油接近，具有接近于车用柴油的性质。生物柴油可以部分或100%替代车用柴油，用作柴油发动机、加热炉等的燃料。生物柴油是典型的绿色可再生能源。生物柴油原料可经光合作用获得，资源不会枯竭；生物柴油不含硫和芳烃，氧含量10%左右，尾气里毒害物和颗粒物排放明显减少；生物柴油闪点高，挥发性低，储运和使用安全性好；生物柴油易生物降解，适合在敏感的生态环境下使用。

(一) 生物柴油与车用柴油

生物柴油成分是脂肪酸甲酯类化合物，元素组成为C、H和O，其中O含量10%左右；车用柴油成分是烃类化合物，元素组成为C和H。由于组成和结构上的差异，它们的物化性能也有一些差异，生产时控制的质量指标也不相同。生物柴油(菜籽油生产)与车用柴油(0号国Ⅴ柴油)质量性能指标见表31-12。

表 31-12　菜籽油生物柴油和 0 号国 V 车用柴油质量指标的比较

项　目	质量指标		试验方法
	生物柴油（GB 25199—2017 附录 C）	0 号车用柴油（V）（GB 1947—2016）	
密度（20℃）/（kg/m^3）	879.1	835.4	GB/T 1884
运动黏度（40℃）/（mm^2/s）	4.25	4.36	GB/T 265
闪点（闭口）/℃	159	61	GB/T 261
凝点/℃		-1	GB/T 510
冷滤点/℃	-9	3	SH/T 0248
硫含量/（mg/kg）	5	8	SH/T 0689
残炭/%	0.05		GB/T 17144
10%蒸余物残炭/%		0.09	GB/T 17144
硫酸盐灰分/%	<0.005		GB/T 2433
灰分/%		0.007	GB/T 508
水含量/（mg/kg）	366		SH/T 0246
水含量/%（体）		痕迹	GB/T 260
机械杂质	无	无	GB/T 511
铜片腐蚀（50℃，3h）/级	1a	1	GB/T 5096
十六烷值	55	51	GB/T 386
十六烷值指数		47	SH/T 0694
氧化安定性（110℃）/h	7.6		SHT 0285
氧化安定性（以总不溶物计）/（mg/100mL）		1.7	SH/T 0175
酸值（以 KOH 计）/（mg/g）	0.44		GB/T 7304
酸度（以 KOH 计）/（mg/100mL）		5.6	GB/T 258
90%回收温度/℃	343.3		GB/T 9168
馏程/℃			
50%		297	GB/T 6536
90%		351	
95%		362	
润滑性[校正磨斑直径（60℃）]/μm		448	SH/T 0765
多环芳烃含量/%		10.1	SH/T 0806
酯含量/%	97.8		SH/T 0831
脂肪酸甲酯含量/%		0	SH/T 0916
甲醇含量/%	0.0		EN 14110
游离甘油含量/%	0.011		SH/T 0796
单甘酯含量/%	0.005		SH/T 0796
总甘油含量/%	0.013		SH/T 0796
一价金属（Na+K）含量/（mg/kg）	<2		EN 14538
二价金属（Ca+Mg）含量/（mg/kg）	<2		EN14538
磷含量/（mg/kg）	4		EN 14107

由表 31-12 可以看出：①生物柴油密度比车用柴油高，1t 生物柴油体积约 1140L，比 1t 车用柴油少约 50L。由于柴油按体积零售，因此，同样批发价格情况下，油品销售商常

常不会主动销售生物柴油。②生物柴油闪点比车用柴油高约 80℃，所以生物柴油储存和运输的安全性比车用柴油高。③生物柴油氧化安定性比车用柴油差，通常出厂时要加抗氧剂。④生物柴油因含 10%左右的氧，热值比车用柴油低，按质量计，生物柴油热值比车用柴油低约 12%左右，按体积计，低约 7%。但相关研究表明，生物柴油调合比例(体积分数)不大于 10%时，车辆油耗不受影响。

（二）国内外生物柴油的发展

全球生物柴油产业崛起的推动力在于其突出的二氧化碳减排效应和替代功能。工业发达国家为了实现 1997 年签署的京都议定书中规定的减排温室气体的承诺，以能源立法为重点，制定了多项法律和税收优惠政策，激励可再生能源开发利用。生物柴油因其减排性能显著受到各国的重视，获得了发展良机。图 31-10 为美国能源信息署(EIA)2000~2018 年全球生物柴油的生产情况。由图中可以看出，2000 年全球生物柴油产量仅约 70 万吨，到 2018 年达到 3840 万吨，正向 4000 万吨大关挺进。

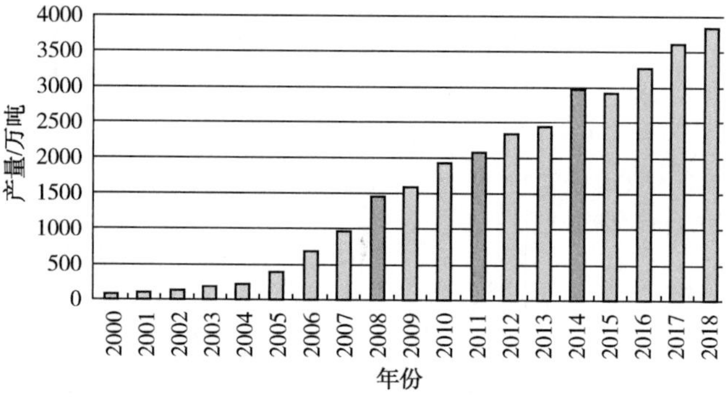

图 31-10　2000~2018 年全球生物柴油产量的发展状况

生物柴油发展的关键在于原料油脂的供应，世界各国都依据本国的优势油脂资源来布局发展生物柴油产业。表 31-13 列出世界上主要生物柴油生产国使用的原料[26,27]。

当前，全球生产生物柴油的原料中，30%是转基因大豆油，25%是双低菜籽油，18%是棕榈油，餐饮废油占 10%，动物油脂占 6%，其他油脂占 11%。可见转基因大豆油、双低菜籽油和棕榈油是全球主要的生物柴油原料。美国、巴西、阿根廷和哥伦比亚等盛产转基因大豆油，欧盟地区和加拿大等盛产双低菜籽油，马来西亚、印度尼西亚、泰国、尼日利亚等热带国家盛产棕榈油，这些国家也都是全球主要的生物柴油生产国。

我国生物柴油产业发展起步晚于欧美国家。由于我国每年需要大量进口食用油来满足国内的需求，国家提倡用废弃油脂发展生物柴油。废弃油脂是食用油生产、储存和消费过程中产生的不适宜再食用的油脂，包括餐饮废油、榨油厂下脚料和动物废油等，是典型的回收油脂。中国由于特殊的饮食习惯，食用油消费过程中产生大量餐饮废油，据不完全统计，我国废弃油脂年产出总量约 1000 万吨左右。以废弃油脂为原料生产生物柴油，具有全年不分季节供应、价格便宜的优点，特别是把废油脂转变为清洁能源生物柴油，能有效减少废弃油脂对环境的污染，还能有效防止这些废油脂被处理加工重返餐桌的非法行为。

表 31-13　世界各国生产生物柴油使用的油脂原料

国　家	油脂原料	国　家	油脂原料
德国	双低菜籽油①	美国	转基因大豆油、餐饮废油、动物脂肪
法国	双低菜籽油、向日葵油	加拿大	双低菜籽油
英国	双低菜籽油、餐饮废油	墨西哥	动物脂肪、餐饮废油
意大利	双低菜籽油	巴西	转基因大豆油、蓖麻油、棉籽油、麻疯树籽油
西班牙	双低菜籽油、向日葵油	阿根廷	转基因大豆油
葡萄牙	双低菜籽油	尼日利亚	棕榈油
希腊	双低菜籽油	印度	麻疯树籽油、Karanja 油
奥地利	双低菜籽油	马来西亚	棕榈油
芬兰	双低菜籽油、动物脂肪	印度尼西亚	棕榈油、麻疯树籽油
俄罗斯	双低菜籽油、转基因大豆油、向日葵油	泰国	棕榈油、可可油、麻疯树籽油
中国	餐饮废油	菲律宾	可可油、麻疯树籽油
日本	餐饮废油	澳大利亚	动物脂肪、餐饮废油
韩国	餐饮废油、双低菜籽油	新西兰	动物脂肪、餐饮废油

①双低菜籽油是指菜籽中芥酸含量在 3%以下、菜籽饼中的硫苷含量低于 30μmol/g、饱和脂肪酸的含量低（低于10%）、油酸含量高（高达 60%以上）的油菜品种。

为了支持生物柴油产业的发展，我国政府出台了《可再生能源法》，国家相关部门根据可再生能源法，针对资金扶持、税收等方面先后制定发布了一些优惠扶持政策，包括《关于发展生物能源和生物化工财税扶持政策的实施意见》（财建〔2006〕702 号）、《生物能源和生物化工非粮引导奖励资金管理暂行办法》（财建〔2007〕282 号）和《可再生能源发展专项资金管理暂行办法》（财建〔2007〕371 号）等，生物柴油作为液体替代燃料是其中支持的重点。

民营企业是我国生物柴油产业发展的主力。据中国市场研究中心调查，2002~2018 年，报道投资建设生物柴油装置的企业有上百家，建成或在建装置的总产能超过 300 万吨/年，均采用废弃油脂（如餐饮业废油、地沟油、酸化油、动物油等）生产生物柴油。但近二十年来，受国内外各种不利因素的影响，国内生物柴油企业有的倒闭，有的转产。截至 2018 年，产能超过 10 万吨的生物柴油企业还有 16 家，2018 年实际产量约 100 万吨，而且经营一直面临很大的困难。

二、生物柴油生产技术

生物柴油的生产方法有均相酸催化法、碱催化法、超临界法和固体酸碱催化法等。我国生物柴油基本以废弃油脂为原料生产，早期基本都采用酸碱催化法生产技术，后来创新开发的近/超临界甲醇醇解法工艺、水力空化法生产工艺相继获得工业化应用。

（一）酸碱法生物柴油工艺

废弃油脂来源渠道多，加工粗放，缺乏统一的管理和质量要求，因而质量参差不齐。市场上供应的废弃油脂中除脂肪酸甘油酯、游离脂肪酸等有用成分外，还含有水分、有机胶杂和无极杂质等有害杂质，需要在反应前进行脱杂处理，才能满足后续加工生产的要求。酸碱催化弃油脂生产生物柴油工艺的原则流程如图 31–11 所示。

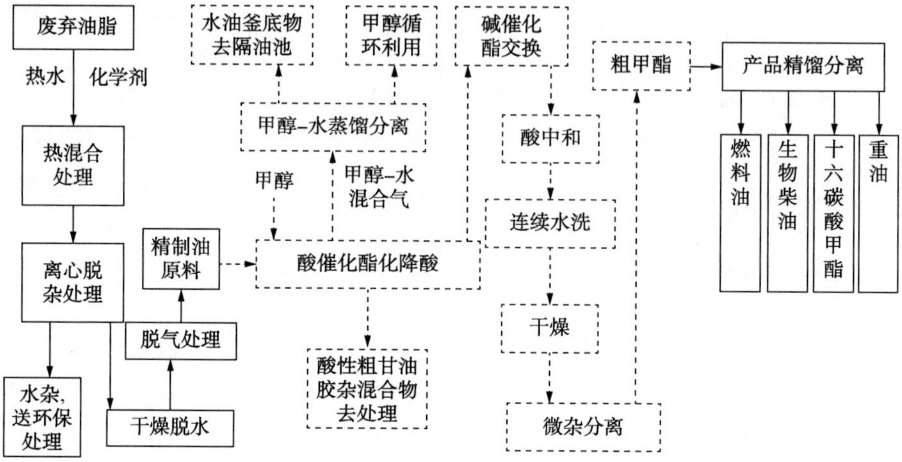

图 31–11　废弃油脂酸碱催化生产生物柴油工艺原则流程

生产上一般分 4 个单元，即废弃油脂预处理单元、酯化和酯交换反应单元、产品精制单元和三废处理单元。

市场上废弃油脂中，餐饮废油脂的组成：水、机械杂质和有机胶杂等含量为 10%～15%、脂肪酸甘油酯和游离脂肪酸含量为 85%～90%；动物脂肪的组成：水、机械杂质、有机胶杂等含量为 10%～20%，脂肪酸甘油酯和游离脂肪酸含量为 80%～90%；酸化油的组成：水、机械杂质、有机胶杂等含量为 15%～25%，脂肪酸甘油酯和游离脂肪酸含量为 75%～85%。这些原料需要预处理后才能作为酯化和酯交换装置的生产进料，预处理单元的工艺流程如图 31–12 所示。

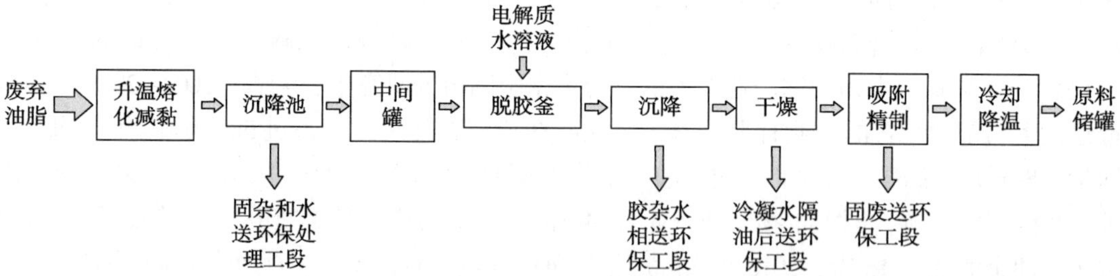

图 31–12　废弃油脂预处理工艺流程

反应单元中，酯化反应的目的是降低原料的酸值，使之满足后续酯交换反应对进料的要求。酯化反应需要使用酸催化剂，由于硫酸便宜、催化效果好，常用浓硫酸来催化废弃油脂中的游离脂肪酸与甲醇反应生成脂肪酸甲酯，同时达到了降低原料酸值的目的。但酯化反应生成的水积累到一定量时会阻碍游离脂肪酸继续反应，物料的酸值降不到酯交换反应的要求。为此，生产中常过量使用甲醇，一方面加快反应，另一方面使甲醇汽化带走反应生成的水，促进游离脂肪酸不断转化，酸值不断下降，最后达到酯交换反应的要求。

酯交换反应是对物料进行深度的转化，使三甘酯、二甘酯和单甘酯转化为脂肪酸甲酯，提高生物柴油产品的收率。酯交换反应使用碱催化剂，反应速度快。通常，酯化反应的时间为 3~5h，酯交换反应时间可控制在 1h 以内。

生产实践表明，酯化是酸碱法生物柴油技术的基础，也是生产的关键环节，决定着生产能否稳定进行，决定产品收率，也决定产品质量能否达标。影响酯化反应的因素很多。反应温度高有利于加快反应速度，但副反应增多，产品收率下降；甲醇用量多利于反应，但过量的甲醇使回收增加能耗；催化剂用量增加会加快反应，但诱发的副反应多，酸渣产生的多；还有一些废弃油脂，如棉籽油酸化油、废白土回收油很难把酸值降到低于 2.0mgKOH/g 的水平。因此，国内一些生物柴油企业经长期的生产实践总结出了一些技术窍门，行之有效，提高了酸碱法生物柴油技术的水平。其中比较典型的是两步酸酯化中间分甘油酸渣的流程，如图 31-13 所示。

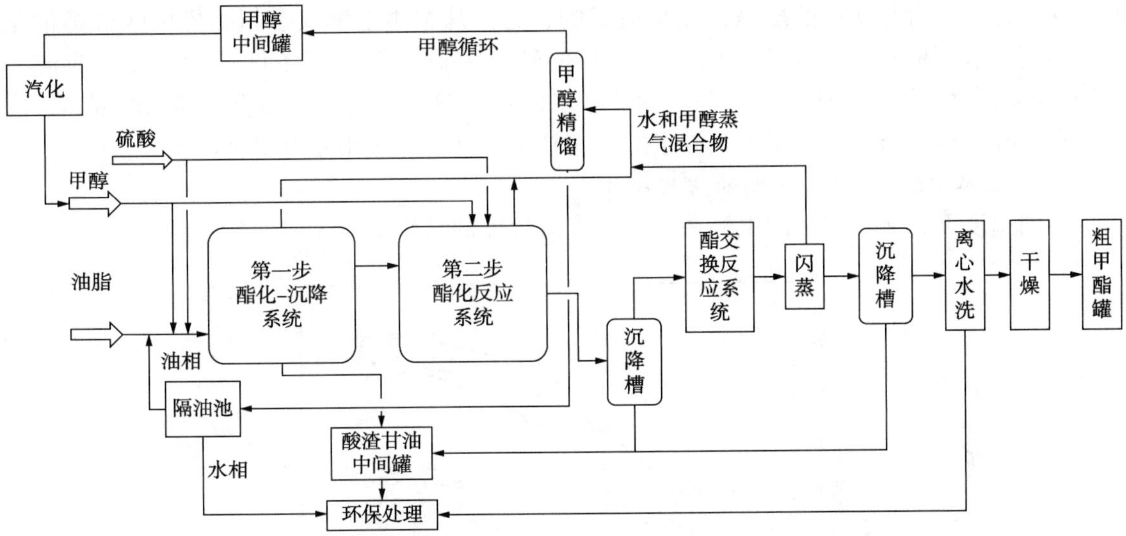

图 31-13　两步酯化中间分甘油酸渣的酸碱法工艺流程

废弃油脂经酯化和酯交换反应后获得的粗甲酯含有较多的有机胶杂等杂质，不能满足生物柴油标准的要求，需要进一步精制提质。现行的精制方法是蒸馏法，有单塔闪蒸工艺、双塔蒸馏工艺和三塔精馏工艺。单塔闪蒸工艺设备少、投资省，产品生物柴油可以满足国标的规定，但产品颜色深、异味大；双塔蒸馏工艺中第一个塔脱轻组分和脱臭，第二个塔蒸出生物柴油产品，改善生物柴油的颜色和气味，但生物柴油的冷滤点等性质受制于原料，特别是采用棕榈油或动物脂肪生产的生物柴油冷滤点高，影响使用；三塔精馏工艺克服了单塔闪蒸和双塔蒸馏的缺陷，把生物柴油中凝点高的棕榈酸甲酯分馏出来，单独销售，改善了生物柴油产品的低温流动性，但增加了操作费用，投资高。目前单塔闪蒸工艺基本已淘汰，双塔蒸馏和三塔精馏使用较多。

废弃油脂酸碱催化法生产生物柴油工艺"三废"排放很突出，必须得到治理才能排放。生物柴油装置所排放的废气包括罐区的驰放气、装置排放的不凝气以及污水处理池的驰放气等；污水包括储罐排出的原料沉降水、生产装置排放的工艺污水、生产环境冲洗水；废渣包括储罐、装置和污水处理产生的固体废物。分析结果表明，废气主要成分是氮气及少量的甲醇、二甲醚以及小分子羧酸、醛、有机胺等细菌代谢产物，这些细菌代谢产物使得废气表现出特殊的臭味，有刺激性，对身体也有危害，处理不彻底即外排容易导致厂区及周围地区充满异味，易被投诉。因此，这种废气必须得到彻底有效的处理。污水和废渣产生量与原料品质及使用的酸碱催化剂相关，生产装置和罐区排出的污水臭味强烈，化学耗氧量(COD)、悬浮物(SS)、氨氮(NH_3-N)和总磷(TP)等指标高；处理费用高；污水处理过程中产出的大量污泥在处理时也需要较高的费用，加重了生产的经济负担。酸碱催化法工艺污水和废渣产生的根源是使用酸碱催化剂造成的，因此，废弃油脂生产生物柴油还需要在技术上不断革新，减少甚至不排放“三废”，以节约环保处理的费用，改善生产经济性。

（二）近/超临界甲醇醇解法工艺

酸碱催化法生物柴油工艺技术对设备要求较低，操作比较灵活，但实际生产中遇到的问题往往是工艺自身使用的酸碱催化剂造成的，无法从根本上解决。超临界甲醇醇解油脂工艺不使用酸碱催化剂，反应时间短，原料的转化率高，但反应条件苛刻，如反应温度350℃以上，反应压力19MPa，甲醇与油的摩尔比42，这意味着将增加投资和生产成本。因此，只有降低反应条件，开发近临界甲醇反应技术，其推广应用才有出路。

1. 近临界甲醇中甲醇-油脂的溶解规律[28]

不同温度下，实验测得的甲醇在菜籽油中溶解度的结果如图31-14所示。

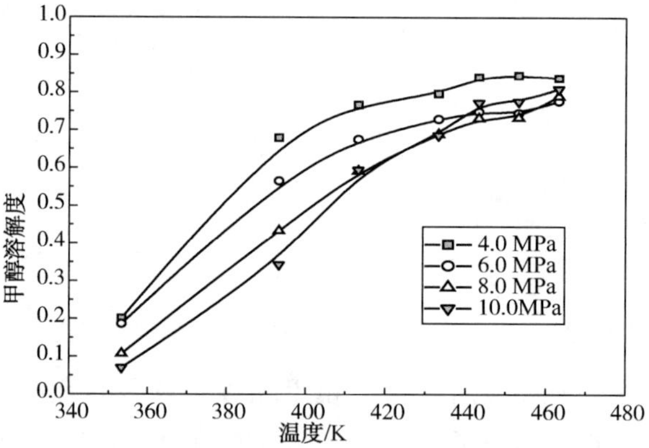

图31-14　甲醇在菜籽油中的溶解度

从图31-14可以看出，在实验测定的范围内，甲醇在油脂中的溶解度随压力的增加而下降；相同温度下甲醇在油脂中的溶解度先随压力的升高而下降，但当压力达到10.0MPa时，溶解度又开始增加。这可能是因为当甲醇-油脂体系处于甲醇临界点以上区域时，油脂与甲醇的醇解反应速度明显加快，生成了二甘酯、单甘酯、脂肪酸甲酯，体系中影响甲醇-油脂相互溶解的因素增多，已经不再是甲醇-油脂两相体系的相平衡。以醇油摩尔比(6~12)：1组成的混合体系，在甲醇处于临界点的区域附近可以形成单相体系。这个结论对工艺参数醇油比的选择优化提供了理论依据。

2. 近/超临界甲醇中甲醇-油脂的醇解反应热力学[29]

近/超临界甲醇-油脂体系在较高温度与压力下所发生的醇解反应主要是发生在油脂相中。

假定油脂由三硬脂酸甘油酯组成，计算结果为：

$$\ln K_t = -\Delta G_i^0/(RT) = 22.224 \tag{31-1}$$

平衡常数(K)与平衡转化率(ε)关系式的推导结果为：

$$K = \frac{3/16\varepsilon^2}{3/16(1-\varepsilon)^2} \tag{31-2}$$

标准状态下的平衡常数结合各反应物的恒压热容($C_{p_i} = \alpha_i + \beta_i T$)得到的反应平衡常数与温度的关系式为：

$$\ln K = -\frac{\Delta H^0}{RT} + \frac{\Delta\alpha}{R}\ln T + \frac{\Delta\beta}{2R}T + I \tag{31-3}$$

式中，$\Delta\alpha$、$\Delta\beta$ 为各组分热容系数按反应式的计量和，积分常数 I 由已知某温度下的平衡常数求得。

通过计算，T=573K(300℃)时，醇解反应的平衡常数 $K_{573}=24.292$，代入式(31-2)得到该温度下的平衡转化率为：

$$\varepsilon = 0.8310$$

而当甲醇的化学计量增加一倍时，平衡转化率为：

$$\varepsilon = 0.9632$$

可见增加醇油摩尔比有利于提高理论平衡转化率。

过量使用甲醇已经是生物柴油生产中广泛采用的有效措施，有利于促进油脂深度转化，同时，过量甲醇在反应中还起到以下作用：①萃取甘油，使甘油尽快从酯相中分离出来，从而使醇解反应平衡进一步向右移动；②甲醇浓度高，解离提供的甲氧基离子浓度也高，有利于加快反应速度。

3. 近/超临界甲醇中甲醇-油脂的醇解反应动力学[29]

甘油三酸酯与甲醇的醇解反应总反应式如下：

$$\text{TG+3MeOH} \rightleftharpoons \text{GL+3FAME} \tag{31-4}$$

反应过程物料组成研究表明，中间产物二甘酯和单甘酯始终存在，浓度在不断变化，表明超临界甲醇中油脂的醇解反应应该是分步进行的，表示如下：

$$\text{TG+MeOH} \underset{k_2}{\overset{k_1}{\rightleftharpoons}} \text{DG+FAME}$$

$$\text{DG+MeOH} \underset{k_4}{\overset{k_3}{\rightleftharpoons}} \text{MG+FAME}$$

$$\text{MG+MeOH} \underset{k_6}{\overset{k_5}{\rightleftharpoons}} \text{GL+FAME} \tag{31-5}$$

反应速率常数为温度的函数，可采用 Arrhenius 方程表示。根据速率常数与温度的函数关系，可以拟合出每个反应的活化能。

$$k = k_0 e^{-\frac{E_a}{RT}} \tag{31-6}$$

式中，E_a 为活化能；k_0 为指前因子；T 为温度。

在反应压力 10.0MPa、醇油摩尔比 24∶1 的条件，考察了不同温度下反应产物中甲酯含量随物料停留时间的变化，结果如图 31-15 所示。由图中可以看出，甲酯含量随反应时间呈上升趋势，反应时间相同，产物中甲酯含量随温度的升高而增加，说明温度升高使反应速率提高。

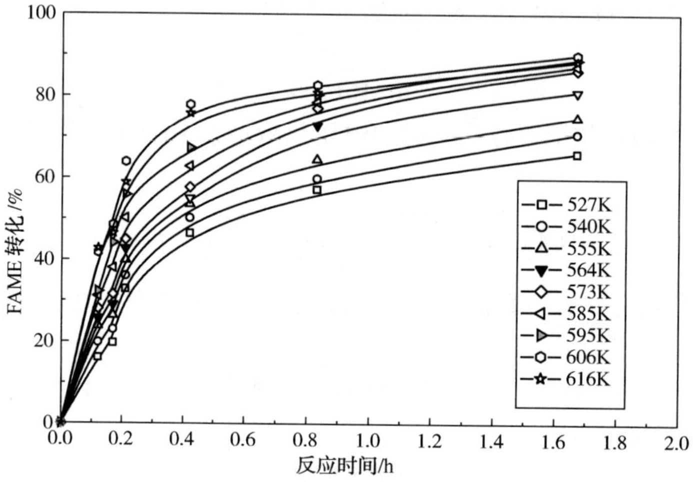

图 31-15 不同温度下油脂酯交换反应产物组成分析

由于醇油摩尔比为 24：1，甲醇过量很多，可认定反应过程中甲醇浓度不变，再结合其他边界条件的设定，进行微分方程组的求解，得出不同反应温度下各反应的速率常数，见表 31-14。

表 31-14 醇解反应不同温度时的速率常数

温度/K	各反应的速率常数 k/[mol/(L·h)]					
	k_1	k_2	k_3	k_4	k_5	k_6
540	3.175	2.932	7.681	7.256	6.581	2.115
555	4.207	3.502	11.22	10.08	7.896	3.261
564	4.631	3.938	12.89	11.82	9.056	4.698
573	6.088	4.653	16.14	13.55	9.536	5.358
585	7.150	5.236	20.77	16.49	14.90	8.985
595	9.553	6.519	30.67	23.14	11.41	8.225
606	14.58	9.096	39.60	27.16	10.87	7.862

将反应速率常数取对数，按 $\ln k$ 对 $1/T$ 作图，结果如图 31-16 所示。从图 31-16 可以看出，两者的线性关系不明显。这可能是因为三甘酯与甲醇分子在分子大小与构型上存在较大的差异，再考虑到 Arrhenius 方程中的指前因子 k_0 是与碰撞频率有关的物理量，它包含了那些使有效碰撞减少的各种因素，如碰撞时分子在空间取向的限制、反应部位附近较大官能团的屏蔽作用，以及碰撞时能量传递所需的时间等，但这些还是不能涵盖甲醇分子与三甘酯分子的有效碰撞情况。但据此拟合出相关动力学方程参数见表 31-15，还是比较客观地反映了超临界甲醇中醇解反应历程的实际情况。从表 31-15 可以看出，超临界甲醇中所得的醇解反应活化能与文献报道的常压碱催化条件的测定结果有所不同。由于 $\ln k-1/T$ 不严格呈线性关系，因此对于每组数据分别选择了两个斜率表示相应反应活化能的范围。

对于第一步反应，超临界态甲醇条件下所得活化能数据较碱催化条件的醇解反应活化能略大，且正向反应活化能与逆向反应活化能的差别也较大；第二步和第三步反应与文献报道的范围相似。说明甲醇处于超临界状态下，反应物可以克服较高的能垒而发生反应。

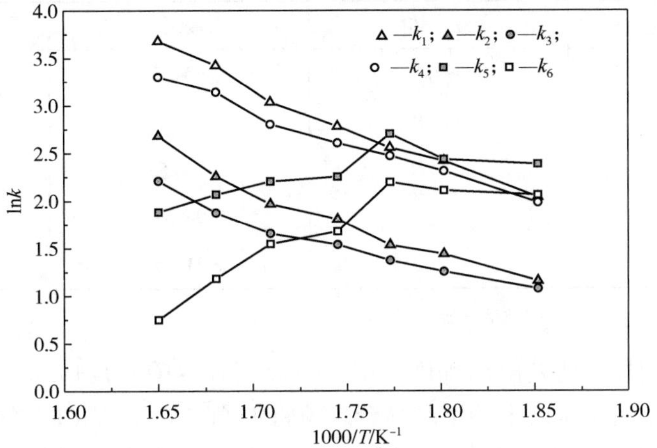

图 31-16　ln$k$ 对(1/T)的关系图

表 31-15　超临界醇解与碱催化醇解反应的活化能

反　应	活化能 E_a/(kJ/mol)	
	超临界醇解	碱催化醇解[30]
TG→DG	65.45~81.66	55.02
DG→TG	28.88~49.81	41.55
DG→MG	67.13~81.86	83.09
MG→DG	40.78~53.44	61.25
MG→GL	15.41~29.61	26.11
GL→MG	39.24~70.38	41.12

实验表明，反应条件对醇解反应的结果影响很大，这可能是在甲醇处于超临界状态时，概率因子将不再是与温度和压力等无关的常数。

此外，甲醇自身的因素对反应速率的影响也不能忽略。超临界状态下的甲醇，分子间氢键作用不如常态下那么强，在反应体系中不仅解离作用增强，形成较多的甲氧基离子，同时还会与体系中的质子(来源于游离脂肪酸、水和甲醇自身动力产生)形成相应的质子化物，都对油脂醇解反应有促进作用。这可能也是处于超临界状态的甲醇能够快速与油脂发生醇解反应的原因，甲醇解离和活化见式(31-7)和式(31-8)。

$$CH_3—OH \longrightarrow CH_3—O^- + H^+ \quad (31-7)$$

$$CH_3—OH + H^+ \longrightarrow CH_3—\underset{\displaystyle |\atop \displaystyle H}{O^+}—H \quad (31-8)$$

但高压下甲醇的局部密度增强效应及缔合效应将加剧，表 31-16 列出的是文献报道的甲醇缔合参数[31]。可以看出，当甲醇发生缔合时，其缔合物的物理性质将发生较大变化，随着缔合度的增加，分子量增加，临界温度明显升高而临界压力显著下降。

表 31-16　纯甲醇的模型参数

参　数	单　体	4 聚体	12 聚体
T_c/K	497.0	634.7	979.4
p_c/MPa	8.129	3.355	1.112
Ω	0.4371	0.4253	0.8701
$-\Delta H^{\ominus}$/(kJ/mol)	—	94.51	312.8
$-\Delta S^{\ominus}$/(J/kmol)	—	318.4	1125.0

注：$\Delta H^{\ominus}$—标准缔合焓；$\Delta S^{\ominus}$—标准缔合熵。

甲醇缔合度的增加将使其解离程度下降，所以超临界醇解反应压力并非越高越好。在管式连续反应器中，高压状态下的甲醇缔合现象将加剧，导致活化的甲氧基离子浓度减少，与油脂(中的酰基)发生有效碰撞的概率将减小，反应效果变差，必须使用更加过量的甲醇来改善，这一点也得到了试验验证。因此，超临界甲醇中进行醇解反应，甲醇过量程度高于常规的碱催化酯交换操作。

4. 近/超临界甲醇醇解油脂生产生物柴油技术的开发和工业应用

石科院经过十多年努力，成功开发了近/超临界甲醇醇解油脂生产生物柴油新工艺(以下简称 SRCA 工艺)[32]，并具有自主运作权。SRCA 工艺于 2009 年 10 月建成第一套规模为 6 万吨/年生物柴油工业应用装置，投料生产一次性打通全流程，生产出合格的生物柴油产品。

1) 工艺操作条件的优化

试验证明，对于酸值较低的原料，收率随温度升高而增加，而酸值较高的原料，收率随温度先升高，到达一个峰值后下降，而且峰值的分布区域在 260~300℃中间，超过 300℃开始下降。反应压力在 4.0~10MPa 对反应影响较小，压力超过 10MPa 后，有些油脂原料，其生物柴油收率随压力升高而有所下降。醇油比的影响符合平衡反应的规律，即随着醇油比的增加，收率增加，但当醇油比达到 0.88 时，再增加甲醇用量，收率增加的幅度变小。反应时间方面，近临界甲醇中油脂的酯化和酯交换反应在 30min 内基本达到平衡，30~60min 之间，收率略有增加，但 60min 后基本不再增加。

将温度、压力和醇油比对油脂转化影响结果与原料油的酸值进行关联，发现物料的酸值对物料转化深度产生决定性的影响，控制好原料的酸值就有可能在相对缓和的反应条件下达到油脂深度转化的目的，提高原料的利用率。

按相对缓和条件下还能获得高转化要求的酸值范围，把不同酸值的原料按一定比例进行混合进行酸值调整，然后在 260~280℃、6~8MPa、醇油比 0.44~0.88、反应时间 30~60min 条件下进行反应评价，结果见表 31-17。可见，酸值低的原料油经与高酸值的油按比例混合提高酸值后再进行反应，反应效果得到了很大改善。不过这种改善仍然与混合后的酸值有关，酸值超过 50mgKOH/g 一般能取得好的转化效果。

表 31-17　各种原料的反应评价结果

原料油	酸值/(mgKOH/g)	蒸发收率/%
大豆酸化油	139.7	95.7
棕榈酸油	129.6	96.8
棕榈油煎炸余油	6.5	83.4
氢化牛油煎炸余油	4.5	73.2
餐饮废油 1	28.4	85.9
餐饮废油 2	78.9	94.6
PFAD	177.6	97.4
菜籽油酸化油	108.3	90.6
50%大豆酸化油+50%氢化牛油煎炸余油	72.1	96.0
30%PFAD+70%氢化牛油煎炸余油	56.4	94.9
10%PFAD+90%氢化牛油煎炸余油	18.2	83.1
50%PFAD+50%氢化牛油煎炸余油	92.1	95.7
60%餐饮废油 1+40%餐饮废油 2	52.6	93.7
60%大豆酸化油+40%餐饮废油 1	95.2	95.1

在 260℃、6MPa、醇油比 0.66 的条件下，以 50%棕榈油酸+50%棕榈油煎炸余油的混合油与甲醇进行反应，分别考察不同反应时间内 TG 和 FFA 的转化情况，结果见图 31-17 所示。同时也列入了棕榈油煎炸余油的考察结果。可见，对于单一的棕榈油煎炸余油，反应 30min 已经接近平衡，再延长反应时间，TG 基本不再进一步转化；而它与棕榈油酸混合后反应时，反应 30min FFA 的转化也接近平衡，TG 的转化也接近单一棕榈油煎炸余油的水平。值得注意的是，30min 后的混合油 TG 能进一步转化，达到 95%左右的较理想结果，而 FFA 的转化也适当得到改善。分析比较单一的棕榈油煎炸余油和它与棕榈油酸混合物发生的反应，区别就在于混合物中 TG 发生酯交换反应的同时还发生了 FFA 的酯化反应，生成了水。可以初步判断是混合油中 FFA 反应生成的水对 TG 的进一步转化起到了促进作用。

以上研究结果表明，将反应条件从 350℃、19MPa、醇油比 1.54 降低到 260℃、6MPa、醇油比 0.66，可以使原料得到可接受的转化率，获得 95%左右的产品收率，但必须对反应进料的酸值进行控制，一般大于 50mgKOH/g。

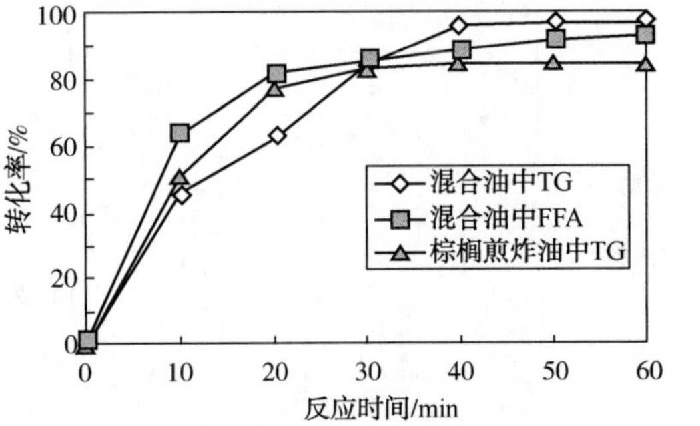

图 31-17　反应时间对油脂中 TG 和 FFA 转化的影响

上述结果说明原料油脂肪酸的存在不仅能够缓和反应条件，而且促进了 TG 的进一步转化，看上去脂肪酸似乎起到了催化剂的作用。实际上，脂肪酸很难起到催化剂的作用。众所周知，TG 的酯交换反应是酸催化剂和碱催化剂都可以催化的平衡反应。但酸催化的机理和碱催化的机理完全不同，碱催化机理是碱直接与甲醇作用形成甲氧基离子，然后进攻 TG 分子发生反应，大大缩短反应达到平衡的时间，效率高。而酸催化剂是其电离出来的 H^+ 与 TG 分子中酰基上的氧结合，形成活性中间体，再与醇分子起反应，但这个催化过程一方面受到酸催化剂在甲醇中的电离程度的影响，另一方面 H^+ 与 TG 形成的活性中间体，空间位阻大，甲醇分子接近难度大，因此，酸催化的酯交换反应达到平衡转化率的时间长。脂肪酸分子相对较大，在甲醇中电离程度很低，生成的 H^+ 浓度也很低，难以起到催化作用。

实际上，FFA 的作用是其发生酯化反应生成的水真正在起催化作用。在超临界甲醇介质中，甲醇自身解离作用增强，形成较多的甲氧基离子，同时还会与体系中的质子形成相应的质子化物，这些都是促进反应的活性中间体，使得 TG 和 FFA 发生了反应，而且大大缩短反应达到平衡的时间。可见，超临界甲醇介质中的反应机理与酸碱催化剂作用下的反应机理完全不同。

但超临界甲醇的解离与缔合是相互矛盾的，缔合态的甲醇必须解除缔合成为单分子才可能发生解离。在高压下，甲醇的局部密度增强效应会促进甲醇缔合，体系中甲醇浓度高也会促进甲醇的缔合，但升高温度有利于甲醇解除缔合，促进甲醇解离。但是，水的存在会影响甲醇的缔合平衡，水极性大，与甲醇更容易结合在一起，从而破坏了甲醇缔合体，客观上起到了增加甲醇解离的作用，提供了更多的活性态基团。当原料油中 TG 和 FFA 共存时，甲醇解离生成活性态基团，由于 FFA 分子相对小，空间位阻小，更易发生反应，生成脂肪酸甲酯的同时，还生成了水。生成的水一方面与甲醇结合，破坏了甲醇的缔合平衡，另一方面与甲醇解离出来的 H^+ 结合，进攻 TG，使 TG 发生水解反应生成脂肪酸，这样间接降低了 TG 反应生成脂肪酸甲酯的条件要求。这一点 D. Kusdianar 等也报道过，他们认为，超临界甲醇中的水起到了类似酸催化剂的作用，比甲醇酸性强，能够促进 TG 的醇解反应，但不会增加甲酯的收率。

2）SRCA 生物柴油工艺工程化的开发和应用示范[33]

SRCA 工艺工程化开发就是对生物柴油涉及的废弃油脂储运、醇解反应、产品提质和产品等进行全流程设计，对涉及的动设备、静设备开展选型设计、对装置自控提出方案设计，所设计的原则流程如图 31-18 所示。

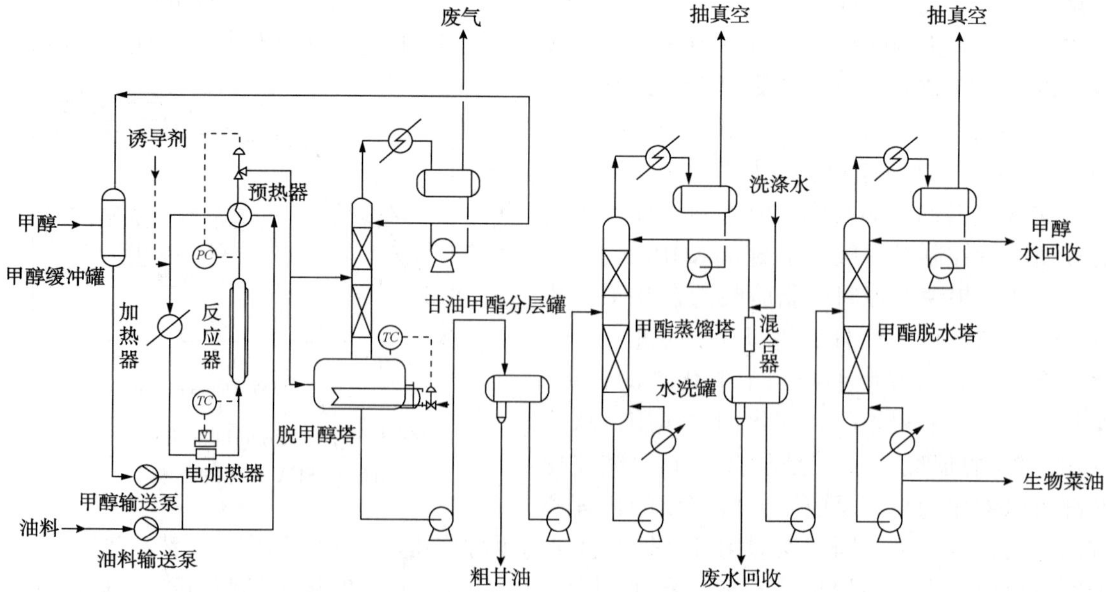

图 31-18　6 万吨/年 SRCA 生物柴油工艺生产单元原则流程图

作为国际上首套近临界甲醇醇解油脂生产生物柴油的工业化装置，为了定量描述该装置性能水平、产品质量性能及生产物耗和能耗，客观评价 SRCA 生物柴油成套技术的先进性水平，装置建设方和技术开发方共同对装置完成了 72h 周期的技术标定。标定期间所用的油脂为大豆酸化油，辅助原料为甲醇。

标定期间生产的生物柴油产品的质量检测结果见表 31-18，其中国家标准的规定值也作为装置的设计值。可以看出，产品生物柴油质量满足 GB/T 28028《柴油机燃料调合用生物柴油(BD100)》的规定。

表 31-18　装置标定期间生物柴油产品质量检测结果

项　目	BD100 指标		标定值①	试验方法
	S500	S50		
密度(20℃)/(kg/m³)	820~900		876	GB/T 2540—1988
运动黏度(40℃)/(mm²/s)	1.9~6.0		4.449	GB/T 265—1988
闪点(闭口)/℃	≥130		168	GB/T 261—1991
冷滤点/℃	报告		8	SH/T 0248—1992
硫含量/%	0.05	0.005	0.0002	GB/T 0689
10%蒸余物残炭/%	≤0.3		0.10	GB/T 17144
硫酸盐灰分/%	≤0.020		0.005	GB/T 2433—2001
水分/%	≤0.05		0.009	SH/T 0246—1992(2004)
机械杂质	无		无	GB/T 511—1988
铜片腐蚀(50℃，3h)/级	≤1		1a	GB/T 5096—1991
十六烷值	≥49		54.7	GB/T 386
氧化安定性(110℃)/h	≥6.0e		17.1	EN 14112
酸值/(mgKOH/g)	≤0.80		0.68	GB/T 264 f
游离甘油/%	≤0.020		0.014	ASTM D 6584
总甘油/%	≤0.240		0.13	ASTM D 6584
90%回收温度/℃	≤360		343	GB/T 6536

①加 300μg/g 抗氧剂的测定结果。

标定期间装置的能耗按国标(GB/T 2589—2008)的规定进行折算，结果见表 31-19。综合能耗满足 2014 年国家能源局发布的《生物柴油行业发展指导意见》中规定的不大于 150kg 标煤/t 的要求。

表 31-19　装置能耗折算表

项　目	单耗量		折合能耗	
	单位	数量	MJ/t 产品	比例/%
新鲜水	t/t	0.0428	0.2687	0.01
电	kW·h/t	109.7636	1195.3254	9.26
2.0MPa(G)蒸汽	t/t	0.8498	3024.3655	70.99

续表

项　目	单耗量		折合能耗	
	单位	数量	MJ/t 产品	比例/%
氮气	Nm^3/t	0.1370	0.8603	0.02
轻质燃料油	t/t	0.0158	153.1226	3.59
重质燃料油	t/t	0.0172	677.1792	15.90
污水	t/t	0.2152	9.9088	0.23
合计	MJ/t		4260.0857	100.00
	折合 kg 标煤/t		145.3577	

SRCA 生物柴油成套技术工业化示范应用结果表明，该工艺对油脂原料适应性强，收率高，消耗较低，不采用酸碱催化剂，实现了清洁化生产，达到了国际先进水平，而且创新性突出，具有自主运作权，市场竞争力强，推广应用前景好。

（三）水力空化法生物柴油生产工艺

水力空化法生物柴油生产工艺是浙江工业大学开发并工业化示范应用的一种新型、高效、节能的生物柴油生产新技术[34~37]。

1. 原料水杂脱除

废油脂含有 6%左右的水杂，需要加以脱除。一般情况下，在常压和温度 60~90℃条件下，废油脂中加入无机酸，并充分混合，然后通过自然分层，或离心沉降脱除水杂。对于采用硫酸为酯化反应催化剂的生产工艺来说，在常压和温度 60℃条件下，可采用后续酯化反应产生的、含有甲醇和硫酸的污水溶液与废弃油脂充分混合，然后通过分层，分离出大部分水杂；同时在硫酸的催化下，甲醇可与废油脂中一部分脂肪酸进行酯化反应生成脂肪酸甲酯，减轻了后续的酯化反应任务，起到一举两得的效果。经酸处理后，废油脂的水分含量可下降到 1%以下，进入后续的酯化反应。

2. 均相催化酯化和酯交换工艺

根据原料来源不同，脱除水杂的废油脂，一般含有 10%~50%的脂肪酸和 50%~90%的甘油三酯。采用这种高酸值的废油脂生产生物柴油，目前工业上较多采用的是均相催化两步法。第一步，酸催化脂肪酸与甲醇酯化反应，生成脂肪酸甲酯和水，并将酸值降低到符合后续碱催化的要求，反应式如图 31-19 所示；第二步，碱催化甘油三酯与甲醇酯交换反应，生成脂肪酸甲酯和甘油，反应式如图 31-20 所示，反应历程如图 31-21 所示。均相酸催化剂可采用无机酸或有机酸，例如，硫酸、磷酸、盐酸或有机磺酸等，而以硫酸较为常用；均相碱催化剂可采用 KOH、NaOH 和甲醇钠等，而以 KOH 较为常用。

$$\underset{\text{脂肪酸}}{\mathrm{R}\overset{\overset{\mathrm{O}}{\|}}{\mathrm{C}}-\mathrm{OH}} + \underset{\text{甲醇}}{\mathrm{R'OH}} \xrightleftharpoons{\text{催化剂}} \underset{\text{脂肪酸甲酯}}{\mathrm{R}\overset{\overset{\mathrm{O}}{\|}}{\mathrm{C}}-\mathrm{O}-\mathrm{R'}} + \underset{\text{水}}{\mathrm{H_2O}}$$

图 31-19　脂肪酸与甲醇酯化反应式

由于脂肪酸与甲醇酯化是可逆反应，为了使脂肪酸转化彻底，一是甲醇需要过量，二是要及时脱除水分。工业上一般采用以下两种方法。

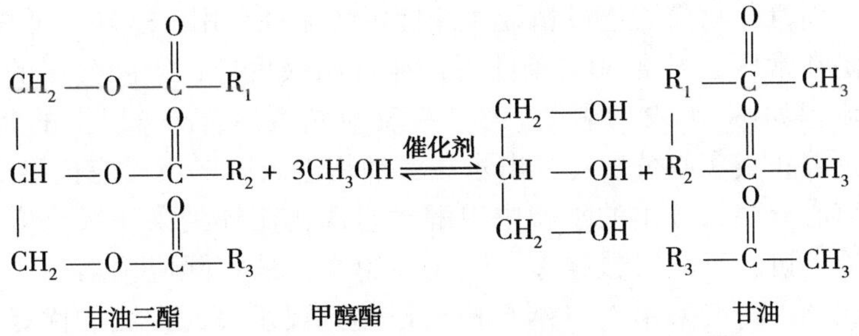

图 31-20　甘油三酯与甲醇酯交换反应式

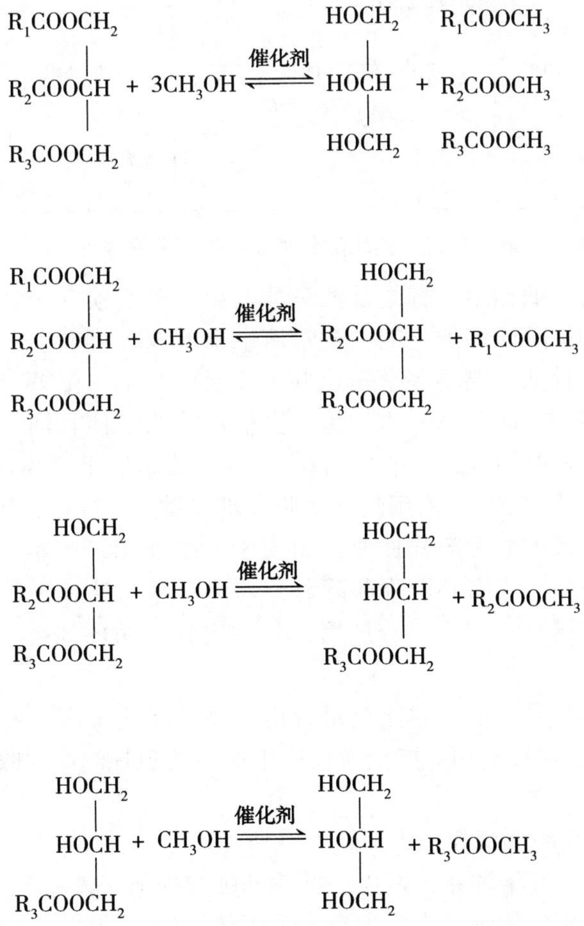

图 31-21　甘油三酯与甲醇酯交换反应历程

一种方法是温度控制在 65℃以上，在反应过程中产生的水分与甲醇一起汽化，并不断补充新鲜甲醇，以维持反应体系中较高的甲醇含量和较低的水含量。该方法的优点是可使脂肪酸转化较为彻底，可使酸值降到 0.5mgKOH/g 以下。由于甲醇沸点较低，并且反应体系中甲醇含量高于水含量，所以，汽化物中甲醇含量远高于水，这使得需要大量的甲醇用于夹带少量水分，而汽化物需要通过精馏才能使甲醇循环套用，这导致了高能耗。

另一种方法是在常压、温度60℃条件下，通过两级反应，级间分层的方法来提高脂肪酸转化率，工艺流程如图31-22所示。第一级反应结束后，80%以上的脂肪酸已经转化，然后反应产物通过静止或离心分层，分出水相，油相进入第二级反应；第二级反应结束后，同样通过静止或离心分层，分出的水相中甲醇含量高，循环到第一级反应，油相进入到酯交换反应。从理论上讲，反应级数越多，转化率越高；从实际应用角度，存在设备投资和操作是否简便的问题，一般采用2~3级反应可以达到要求。此方法的优点是不用甲醇汽化带水，而用分层的方法脱除反应体系中的水分，能耗显著降低，酸值可降至2mgKOH/g以下，以生物柴油主要成分碳十六和碳十八脂肪酸甲酯计，脂肪酸的转化率可达99%以上。

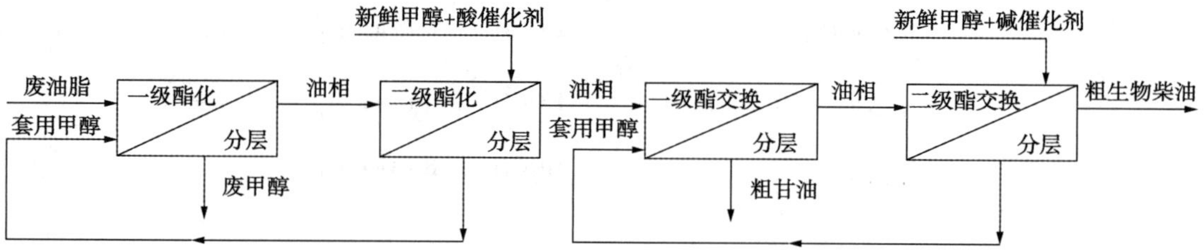

图31-22　两级酯化和酯交换工艺流程图

酯化反应结束以后，油相中含有的甘油三酯与甲醇酯交换反应转化为脂肪酸甲酯和甘油。以KOH、NaOH和甲醇钠为催化剂，在常压、温度60℃条件下，尽管酯交换反应速率高于酯化反应，但是，甘油三酯要完全转化并不容易，甘油三酯要经过甘油二酯、一酯才能彻底转化为脂肪酸甲酯，而且每一步均为可逆反应。为了使甘油三酯较彻底地转化为脂肪酸甲酯，需要加入过量的甲醇，一般采用6∶1的醇油摩尔比，并且要尽量脱除反应体系中的甘油。甘油沸点高达290℃，采用汽化法脱除难以做到。同样，可采用两级反应，级间分层的方法脱除反应体系中的大部分甘油，如图31-22所示。即第一级酯交换反应使大部分甘油三酯转化，静止分层或离心沉降脱除甘油甲醇溶液；油相进入第二级与新鲜甲醇反应，使甘油三酯转化率达99%以上，分层后，甘油甲醇相循环到第一级套用，油相即为粗生物柴油。

粗生物柴油一般需要通过精馏才能获得合格产品；酯化反应产生的废甲醇经精馏，甲醇中水含量小于0.5%，循环套用；酯交换反应中产生的粗甘油经回收甲醇后，可进一步加工成工业甘油。

3. *水力空化液-液非均相混合技术*

甲醇与废油脂为部分互溶体系，所以，酯化和酯交换属于液-液非均相反应。两相接触比表面积是控制反应速率的关键因素。生产上采用传统的搅拌釜，由于甲醇分散的粒径大，两相比表面积小，酯化和酯交换反应一般分别在6h和2h以上，存在产能小或设备投资大的现象。因此，液-液两相高效混合成为提高生物柴油生产效率的关键技术之一。

超声空化可使液-液两相得到充分混合，甚至达到乳化状态。超声空化是指超声波作用于液体，在液体中形成空腔（空化泡），继而空腔振荡、生长、收缩至崩溃。空化泡瞬间崩溃时，四周液体高速射向空化泡中心质点，产生微射流，并伴有局部高温高压，使液-液两相达到乳化。由此可见，对混合产生直接效果的是超声引起的空化作用。超声空化用于实验室具有很好混合效果，可使醇油两相达到乳化，酯化和酯交换反应分别可在1h和10min左右完成，但用于大规模生产还有诸如热效应、设备投资和使用寿命等工程问题难以解决。

水力空化与超声空化有异曲同工之妙，其基本原理是流体流动过程中动能和静压能相互转换引起液体空化。当流体流过一个限流区域(如孔板、文丘里管等)时压力下降，在流体缩脉处，流速达到最大，压力最小；当此压力小于液体该温度下的饱和蒸汽压时，液体内部瞬间汽化而产生大量雾状的空化气泡，在空化气泡随流体前进的过程中，流道扩大，液体压力上升，空化气泡在周围的压力作用下，体积急剧缩小直至溃灭，在其溃灭瞬间气泡中心同样会产生高温和高压，并伴有强烈的冲击波和高射流，引起了湍流效应、微扰效应、界面效应。由于水力空化所形成的空化气泡分布在整个液相空间，并与液体一起做整体运动，可在较大范围内形成一个比较均匀的空化场，这是其工业化应用的优势所在，而且具有设备简单可靠和运行稳定的优点，适合大规模工业生产。

水力空化的实现形式尽管可以很简单(如孔板节流等)，但其中空泡的形成、生长和溃灭的演变过程却比较复杂。进一步探讨其机理，对于正确应用水力空化技术具有一定的意义。

通常的液体内部含有许多微粒杂质，如固体微粒、微生物和微气泡。这种不凝性气体构成的微气泡半径一般在20μm以下，称作气核或空化核。假定一个球状气核悬浮于液体中，所受内、外压强如图31-23所示，其静力平衡方程如式(31-9)所示。

$$P = P_V + P_g - \frac{2\sigma}{R} \tag{31-9}$$

式中　P——气核周围液体压力；

P_V——气核内液体饱和蒸气压；

P_g——气核内不凝性气体分压；

R——平衡态下的气核半径；

σ——液体表面张力。

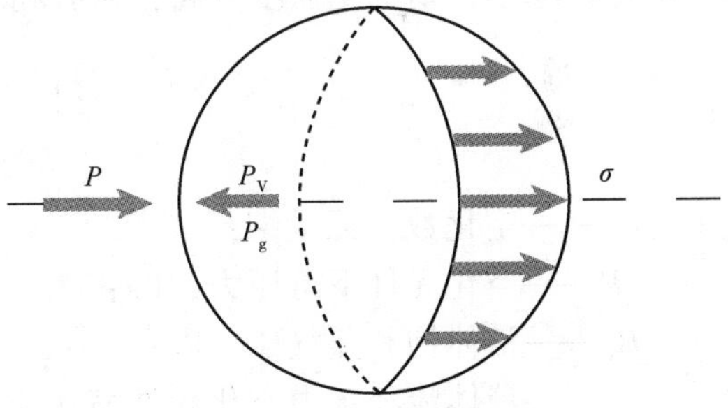

图31-23　气核的力平衡图

当气核内、外压力不平衡时，将使气核膨胀或收缩。显然，要使气核发育、膨胀，进而发生空化，应满足：

$$P < P_V + P_g - \frac{2\sigma}{R} \tag{31-10}$$

在水力空化中，自由气核发育的动力是气核周围液体压强P的降低。若气核与液体一起运动，当气核所在处的液体压强P降低时，并满足式(31-10)时，气核体积将随之膨胀，气核半径增大，随气核生长，核内气体压力降低，形成空化初生条件。气核生长过程的开始阶段是非爆发性的，但当液体压强P比核内总压小到一定程度时，气核的生长速度突然加快，形成爆发性生长，此时的气核就转化成空化泡。

随后空化泡随液体流入高压区，当高压区流体总体压力大于气泡内的压力时，空化泡即发生收缩、溃灭。溃灭速度随气泡内外压差增大而加快。此时，周围液体在内外压差驱动下迅猛地压缩空化泡，形成向气泡中心的微射流，在液体内部整个空间产生强力的微湍流。

通过对水力空化的演变过程进行实验观察，可以将水力空化过程划分成5个区，如图31-24所示。以孔板作为空化元件为例，在一定孔流速度下，孔板下游侧边缘处会出现空化泡(称为空化泡初生)；随着孔流速度的增加，该处空化泡会脱离孔板下游侧并有新的空化泡发生，发生脱离后的空化泡被卷入下游漩涡流中，并有向孔板下游靠近孔板的漩涡区集中的趋势；当流速进一步增加，漩涡区的空化泡合并形成一个环状泡流区2，在该区液滴为分散相，而气相为连续相；在环状泡流区的中心形成分散有许多小气泡的射流区3；射流区3下游产生一个白雾区4。射流区3几乎观察不到空化泡，但在射流与环状泡流的界面不断产生空化泡，一部分被卷入环状泡流区2，另一部则带入白雾区4，射流不断地将空化泡带入该区，并在这里分散后发生溃灭。空化泡在白雾区4溃灭后，便形成了恢复区5。

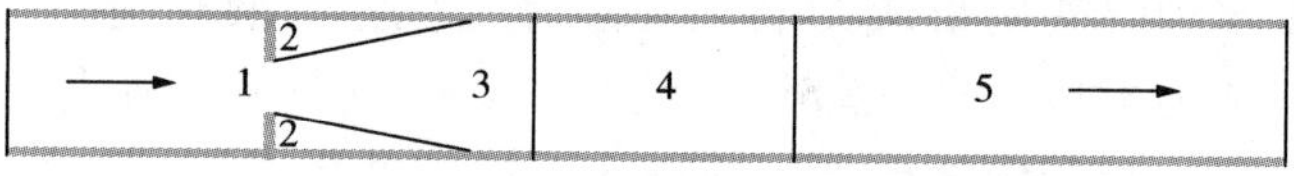

图31-24　水力空化器内空化泡区域

1—来流；2—环状泡流区；3—射流区；4—白雾区；5—恢复区

空化作用机理表明，只有空化泡瞬间溃灭，才有空化作用，因此，空化效应主要在白雾区4，称为有效空化区。

4. 水力空化法生产技术流程和操作参数

水力空化的强度可用空化数 C_V 来表示，如式(31-11)所示。空化数小于1才有空化作用，空化数越小，则空化强度越高，越有利于混合。

$$C_V=\frac{P-P_V}{\frac{1}{2}\rho U^2} \tag{31-11}$$

式中　C_V——空化数，无量纲；

P——空化元件下游压力，Pa；

P_V——液体饱和蒸气压，Pa；

U——液体流经水力空化元件缩脉处的流速，m/s；

ρ——液体密度，kg/m^3。

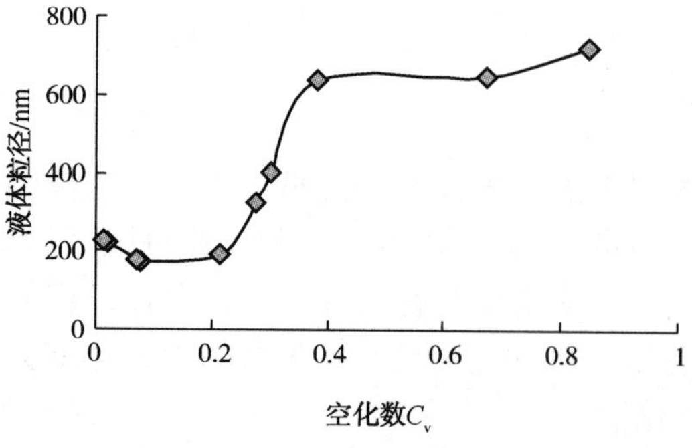

图31-25　甲醇与油脂混合粒径随空化数的变化曲线

在常压、60℃条件下，经过水力空化后，甲醇分散在油脂中的乳状液粒径随空化数变化曲线如图31-25所示。从图中可知，当空化数小于0.4时，粒径快速下降，当空化数为0.2时甲醇液滴粒径为200nm左右，此时，以甲醇体积计算，两相比表面可达 $3\times10^7 m^2/m^3$。由此可见，采用水力空化技术可为甲醇与油脂的反应提供巨大的两相面积，从而显著提高反应速率。

采用水力空化混合技术和均相酸碱催化

工艺，在常压、60℃条件下，酯化和酯交换反应工艺流程如图 31-26 所示。

由图 31-26 可以看出，整个反应流程分为两段，第一段为两级水力空化酯化反应，第二段为两级水力空化酯交换反应。

第一段，脱除水杂后的废油脂，与二级水力空化酯化后分离出来的甲醇相混合后，由离心泵把混合物输送入一级水力空化酯化反应器，经水力空化器作用后的乳化混合液，随着反应进行自动破乳分层，上层油相酸值可从 70mgKOH/g 下降到 10~20mgKOH/g，下层甲醇酸水相去甲醇精馏回收；上层油相与含有催化剂的新鲜甲醇经混合，由泵送入第二级水力空化酯化反应器，同样经乳化、反应和分层，油相酸值从 10~20mgKOH/g 下降到 2mgKOH/g 以下，脂肪酸转化率达到 99%以上，含有少量水分的甲醇相循环到第一级水力空化酯化反应器。

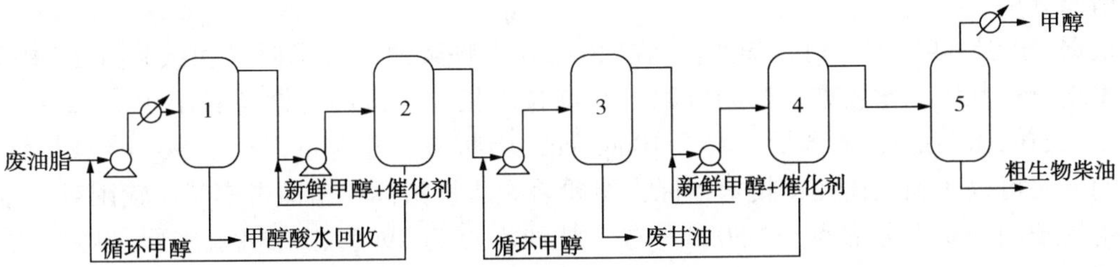

图 31-26　水力空化技术酯化和酯交换反应工艺流程

1——一级水力空化酯化反应器；2—二级水力空化酯化反应器；3——一级水力空化酯交换反应器；4—二级水力空化酯交换反应器；5—多层蒸发器

第二段，经二级酯化反应后，主要成分为甘油三酯和脂肪酸甲酯的油相，与二级水力空化酯交换后分离出来的甲醇相混合后，由离心泵送入一级水力空化酯交换反应器，经水力空化器混合、乳化、反应和分层，分离出废甘油相；油相由泵送入第二级水力空化酯交换反应器，同样经混合、乳化、反应和分层，粗甲酯相(油相)甘油三酯转化率可达 99%以上，含有少量甘油的甲醇相循环到第一级水力空化酯交换反应器。反应产生的粗甲酯相、甲醇酸水溶液和废甘油分别进入后处理阶段。

5. 粗生物柴油提纯

粗甲酯相中含有脂肪酸甲酯、甲醇、甘油、皂化物、碱催化剂和有机硫，以及由废油脂带入的轻组分，需要进一步分离。

首先通过蒸发脱除甲醇。从理论上讲，甲醇的沸点远低于其他组分，容易蒸发脱除，但要求把甲醇脱除到 0.1%以下，一般难以做到。传统生产方法，蒸发时间长，加热温度高，导致脂肪酸甲酯分解成脂肪酸和甲醇，出现所谓“反酸”现象。采用新型的多层蒸发器能较好地解决此问题。多层蒸发器结构如图 31-27 所示，内部有两层以上的托盘，层数可根据需要确定，

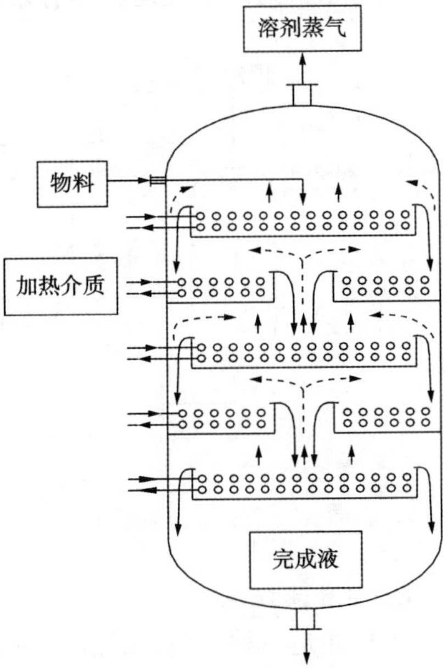

图 31-27　多层蒸发器结构简图

在托盘上设置加热管。被蒸发的液体从顶部托盘一侧进入，径向流过托盘上的加热管，然后下落到下一层，依次逐层流动到达出口。这种结构优点是：浅液层蒸发，尤其在溶剂含量低、蒸发时不沸腾的情况下，更有利于溶剂挥发；液体平推流流动，返混小，物料在蒸发器内停留时间短且分布均匀；连续操作，适合大规模生产；每一层的加热温度可分别调节，可防止物料过热。

在蒸发温度小于90℃下、15min停留时间内，通过多层蒸发器可把粗甲酯中的甲醇降至0.1%以下，并有效防止“返酸”现象。

脱除甲醇以后的粗甲酯，以甘油为萃取剂，萃取其中的碱催化剂，避免了用酸洗和水洗脱除碱催化剂，从而产生污水的问题；萃取后，粗甲酯进入分层罐，使脂肪酸甲酯与甘油和皂化物沉降分离。分层后，甲酯相中仍然含有油溶解的甘油、有机硫和轻组分，需要通过精馏分离。

根据GB 25199—2017《B5柴油》，在“BD100生物柴油的技术要求和试验方法”中有20项技术指标。其中，比较难达标的有以下几项技术指标：游离甘油含量小于0.02%，酸值不大于0.50mgKOH/g，硫含量不大于10mg/kg，脂肪酸甲酯含量不小于96.5%。尽管采用精馏的方法可以达到上述几项技术指标，但要兼顾质量指标和精馏得率就比较困难。

生物柴油主要组分沸点在350℃左右，甘油沸点为290℃，有机硫主要是噻吩类化合物，其沸点分布较宽，有高于或低于生物柴油的。所以，需要采用高真空度的两塔串联精馏，一般塔顶绝压在1000Pa左右，此压力下，塔顶温度小于200℃，塔底温度在230℃左右。双塔精馏流程如图31-28所示。第一座精馏塔脱除轻组分、甘油和部分有机硫，第二座精馏塔塔顶出生物柴油产品，塔底出植物沥青。在精馏中比较关键的问题是要防止脂肪酸甲酯分解和聚合，在精馏温度难以进一步降低的情况下，缩短物料在精馏装置的停留时间、减少物料内部返混是比较有效的措施。

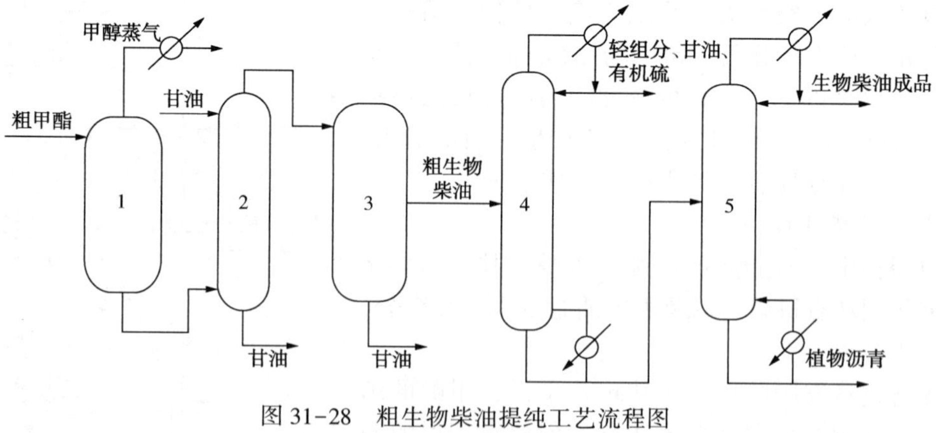

图31-28　粗生物柴油提纯工艺流程图

1—多层蒸发器；2—碱催化剂萃取塔；3—粗甲酯分层罐；4—脱轻塔；5—生物柴油精馏塔

6. 粗甘油提纯

粗甘油是一种褐色、黏稠状的液体，含有甲醇、游离碱、皂、脂肪酸甲酯、一甘酯和二甘酯等，以及来自原料的色素、磷脂、胶质等成分。可用甲醇硫酸溶液将游离碱和皂中和，生成硫酸盐、脂肪酸和水。甲醇用量为粗甘油量的50%，硫酸用量则根据中和以后体系的 pH 值为 4 来确定。中和反应结束后，静止分层，上层主要为脂肪酸甲酯和脂肪酸，返回到酯化反应器；下层甘油相中仍含有甲醇、硫酸盐以及其他杂质，需要进一步分离。一般的，硫酸盐在无水甲醇和甘油中溶解度较小，可采用过滤除去部分硫酸盐，再蒸发脱除甲醇，进一步通过真空精馏，塔顶获得纯度 95%以上的工业甘油。需要获得更高纯度的甘油，可通过活性炭或大孔树脂吸附，得到 99.5%纯度的甘油。在甘油真空精馏过程中，塔釜温度须控制在 200℃以下，并且要求物料在塔内停留时间短，以免产生丙烯醛等有害物质。粗甘油提纯工艺流程如图 31-29 所示。

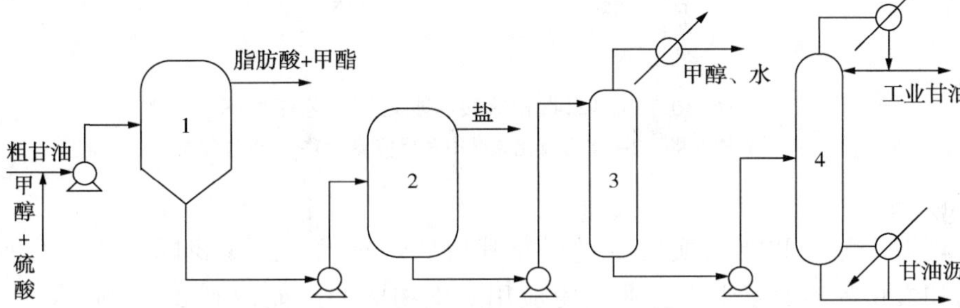

图 31-29　粗甘油提纯工艺流程图

1—水力空化中和反应器；2—陶瓷平板过滤器；3—多层蒸发器；4—甘油精馏塔

7.“三废”处理

废气主要来自废油脂和精馏塔真空泵的排放。废油脂具有酸败产生的异味，所以原料预处理需要在密闭空间进行，集中放空。产生的放空气经过酸、碱吸收塔可以达到排放的要求。真空泵排放的尾气首先通过深冷，将大部分有机物冷凝下来，剩余部分气体，须通过吸附、催化氧化、低温等离子等方法处理。

污水主要来自原料和酯化反应过程。原料中含有 6%以下的水分，酯化反应产生的污水视原料的酸值而定，一般在 2%~6%之间。所以，任何一种生产工艺都会产生 2%~12%的污水。如果采用酸碱均相催化工艺，在酯交换反应结束后，用甘油洗代替酸洗和水洗工艺，则无额外的污水产生，所产生的污水量与其他工艺相同。

采用酸碱均相催化工艺，在第一级酯化反应后，产生的甲醇硫酸水溶液，首先通过精馏回收甲醇。甲醇回收精馏塔是关键设备之一，塔顶甲醇含水量须小于 0.2%，否则会直接影响酯化或酯交换的得率，塔釜甲醇排放浓度应小于 0.2%，甲醇排放浓度高不仅使甲醇单耗提高，而且使污水生化处理负担加重。由于存在硫酸，甲醇回收精馏塔的提馏段和塔釜须用耐腐蚀材料制造。回收甲醇以后的硫酸水溶液，可与粗甘油中的游离碱和皂中和，生成硫酸钾结晶，也可用石灰中和，生成硫酸钙。经过滤后，滤液为水溶液，其中含有可生物降解的有机物，进入生化池处理，达标排放。滤渣硫酸钾可作为钾肥的原料，硫酸钙可作为有机肥的原料或作为路基和制砖的原料。甲醇回收和硫酸污水处理工艺流程如图 31-30 所示。

固渣主要是植物沥青和甘油沥青。生物柴油精馏塔塔釜排出的植物沥青是良好的燃料，可直接用于燃油锅炉；甘油精馏塔塔釜排放的甘油沥青，主要为聚合甘油，但含盐量高，脱盐以后可与植物沥青一起作为燃料。

以废油脂生产合格的生物柴油，涉及原料预处理、两步反应和多个环节的后处理，只有把每一个环节做到合理可行，才能持续稳定生产。

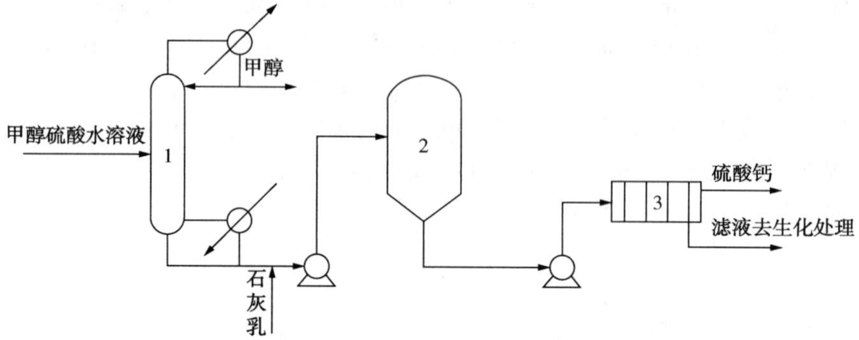

图 31-30　甲醇回收和硫酸污水处理工艺流程图

1—甲醇精馏塔；2—水力空化硫酸中和反应器；3—板框过滤机

8. 工业应用

水力空化强化酯化和酯交换反应过程及其后处理技术，已在我国浙江、上海、山东、安徽、江西和贵州等地七家生产企业获得应用，生物柴油产能达到 35 万吨/年，单台套最大产能达到 10 万吨/年。其中，浙江一家生物柴油企业，自 2009 年开车成功以来，已连续稳定生产 12 年，产量从最初的 1 万吨/年，提高到目前的 5 万吨/年；不仅生产出了合格的生物柴油，而且部分产品实现了碳十六和碳十八脂肪酸甲酯的分离，分别作为绿色增塑剂的原料，显著提高了经济效益。上海市的一家环保科技有限企业，集上海市餐饮废油收集和生物柴油生产为一体，生产出的生物柴油经第三方独立机构 SGS 检测，符合 GB 25199—2017《B5 柴油》所规定的"BD100 生物柴油的技术要求和试验方法"的技术指标。自 2019 年开始为中国石化销售有限公司上海石油分公司供应 100 吨/天生物柴油，用于上海地区 200 多个中石化加油站，为城市废弃油脂转化、清洁能源作出了示范。

9. 经济效益分析

生物柴油的销售价格与柴油相关联，而废弃油脂的价格不仅与柴油价格有关，而且还受到收集成本和前处理成本的制约。即在柴油价格下降时，废弃油脂不会按相应比例下降；而在柴油价格上涨时，废弃油脂将会按相应比例上涨。因此，以废弃油脂生产生物柴油，控制生产成本是关键因素。

原料是生物柴油生产的主要成本。以废弃油脂价格 4000 元/吨，生物柴油售价 6000 元/吨为例。一般生物柴油总得率在 80%～92%，总得率变化范围较大，既与原料有关，又与生产技术有关。以平均得率 86%计算，原料成本达到 4651 元/吨生物柴油，产品与原料的差价为 1349 元/吨生物柴油，所以，生产、环保和经营成本必须控制在这个差价之内。实践证明，采用先进适宜的工艺和装备技术，做到装备与工艺有机结合，能够使能耗、催化剂、车间人员工资、设备折旧和环保等直接生产成本控制在 700 元/吨生物柴油左右。一般情况下，甲醇的成本与植物沥青销售收入相当。因此，在废弃油脂与生物柴油的差价在 2000 元/吨生物柴油，企业生产能够达到微利或保本。进一步，将部分生物柴油的碳十六和碳十八脂肪酸甲酯分离，作为精细化工产品销售，将废甘油纯化为工业甘油，则利润可得到较大的提高。

生物柴油既是清洁燃料，又是重要的生物基产品的原料。脂肪酸甲酯中的双键、α-氢和酯基可进行一系列反应，转化成重要化工产品。例如，已经实现产业化的有：生物柴油经加氢，可得到含有支链的烷烃，作为“第二代生物柴油”；不饱和脂肪酸甲酯经环氧化，生产绿色增塑剂环氧脂肪酸甲酯；饱和的碳十六脂肪酸甲酯经氯化，生产增塑剂氯化脂肪酸甲酯；脂肪酸甲酯经加氢生产绿色表面活性剂脂肪醇，进一步经氨化生产脂肪胺；甘油生产环氧氯丙烷等。以生物柴油作燃料为龙头，进一步深加工形成产品链，是生物柴油产业健康可持续发展的必由之路。

第三节　生物喷气燃料生产

一、概述

生物喷气燃料是指以生物质为原料，采用化学或生物方法，生产的合成烃煤油组分，按照一定比例与石油基喷气燃料调合而成的喷气燃料，也称为含合成烃喷气燃料。

我国民航事业不断发展，对航空燃料的需求不断增长，国内喷气燃料消费以每年10%左右的速率快速增长，远高于国际5%的增长水平[38]。到2019年，国内喷气燃料消费达到4000万吨。全球航空工业产生大约2%的全球CO_2温室气体排放量，其中占全部交通领域12%的温室气体排放量[39,40]。

世界航空业计划到2050年，要把二氧化碳气体的排放量减少至2005年排放量的一半。国际航运协会（IATA）预测，航空工业2050年要达到的排放水平或更低。国际民航组织（ICAO）通过了国际航空碳抵消和减少计划（CORSIA），根据该计划，各国将实施一项基于市场的措施，以支持航空公司稳定碳排放量，实现碳中和增长[41]。CORSIA在初期（2021~2026年）采取自愿原则，之后将强制执行。该计划于2021年1月（试点阶段）开始运作。目前航空业从多方面技术措施进行减少碳排放，包括航空器相关的技术创新、运营和基础设施的发展等。但是最有效的是可持续替代航空燃料。据ICAO预测，到2050年，用可持续替代航空燃料（SAF）替代常规航空燃料，可减少国际航班基准二氧化碳排放量的63%。

从目前替代喷气燃料的开发发展来看[39~41]，未来20~30年内，占主导的仍然是传统的喷气燃料，所以替代喷气燃料的性质必须与现有喷气燃料的性质相近、相容，可以任何比例混合及共同运输。煤液化喷气燃料（CTL）、气体合成喷气燃料（GTL）、生物质合成喷气燃料（BTL）在能量密度、流动性等方面的性质与现有喷气燃料基本相近，但是，按全生命周期评价看，生物喷气燃料可大量减少二氧化碳排放，这也是目前可持续生物替代喷气燃料受到重视的原因。欧盟制定了碳排放贸易计划（ETS）和可再生能源使用的指令（RED），促进了生物喷气燃料的发展。

我国政府在哥本哈根气候大会上承诺，2020年单位GDP CO_2排放比2005年下降40%~45%。中国民航局2011年出台《关于加快推进节能减排工作的指导意见》，提出了总体目标全行业能耗和CO_2排放增速低于行业发展速度。到2020年我国民航单位产出能耗和排放（收入吨公里能耗和收入吨公里CO_2排放）比2005年下降22%。作为唯一含有碳源的可再生能源——生物质资源，是满足我国航空燃料满足碳排放要求的重要途径。

中国石化多年来积极践行绿色低碳发展理念，致力于生物质燃料技术开发和应用，于2009年启动了生物喷气燃料技术开发项目。石科院采用分子炼油的理念，通过对生物喷气燃料原料和产品的分子结构分析，以及对反应化学网络的深入认识，优选出了适合的反应途径，并进行了催化剂、工艺和反应工程、产品调合及分析方法的创新，成功开发了生物喷气燃料生产成套技术。采用该技术的装置于2011年12月12日一次投料成功，先后以棕榈油和餐饮废油为原料成功生产出了符合产品标准的生物喷气燃料。

在生物喷气燃料工业示范生产的同时，中国石化向中国民用航空局提交了中国石化1号生物喷气燃料(合成烃煤油馏分与传统喷气燃料按照体积分数50：50调合而成)的适航审定申请。适航审定历时两年，完成了生物喷气燃料的工艺评审、产品理化性能、特定性能以及生产质量体系的评审，并进行了发动机台架试验和试飞验证。2014年2月12日，中国民用航空局向中国石化颁发了中国第一张生物喷气燃料生产许可证。2015年3月21日和2017年11月22日，海南航空使用中国石化自主研发的生物喷气燃料分别进行了国内和国际的商业载客飞行。

二、合成烃煤油组分生产应用技术

（一）国内外合成烃煤油组分生产技术发展

1. 国外含合成烃煤油组分生产技术

根据CORSIA的定义，符合要求的原料包括餐饮废油、含油植物、动物脂肪、城市固体废弃物、淀粉、含糖植物、燃料气、藻类植物和木质纤维素等。根据原料的不同，采用的转化方法包括油脂转化、生化转化和热转化三种途径。不同原料生产可持续航空喷气燃料的工艺路线见图31-31。

在以上的工艺路线中，采用费托合成产品加氢工艺路线(FT)、酯类和脂肪酸类加氢工艺路线(HEFAs)、糖类发酵加氢工艺路线(SIP)、醇转化到喷气燃料的合成烷烃煤油路线(ATJ-SPK)、合成异构烷烃馏分和含芳烃合成煤油，其芳烃来源为非石油基轻芳烃烷基化路线(SPK/A)等路线已通过ASTM D7566标准的认证。而其他路线尚处于适航认证过程中。

2. 国内合成烃煤油组分生产技术

2011年，中国石油用小桐子油为原料生产的植物油脂，用霍尼韦尔(UOP)公司技术生产的生物喷气燃料产品在国航客机上进行了国内首次的试验展示飞行。2014年，中国石化开发的生物喷气燃料生产技术(简称SRJET)完成了国家民航局组织的适航审定程序，获得了国内首张生产许可证。

此外，在研发中的生物喷气燃料技术还有生物质水相催化合成技术[42,43]、木质纤维素基环酮类化合物选择性加氢脱氧-芳构化技术[44,45]、糖平台化合物技术[46]等。

（二）合成烃煤油组分生产技术(酯类和脂肪酸类加氢改质工艺生产技术)

以油脂为原料生产喷气燃料调合组分的技术通常为两段加氢工艺。首先，油脂原料经过加氢处理脱除氧和其他杂质，得到由烷烃组成的精制油；然后通过加氢转化(选择性裂化、异构化)对精制油进行馏程调整和降低冰点，反应后的产物经过分馏后得到喷气燃料调合组分。

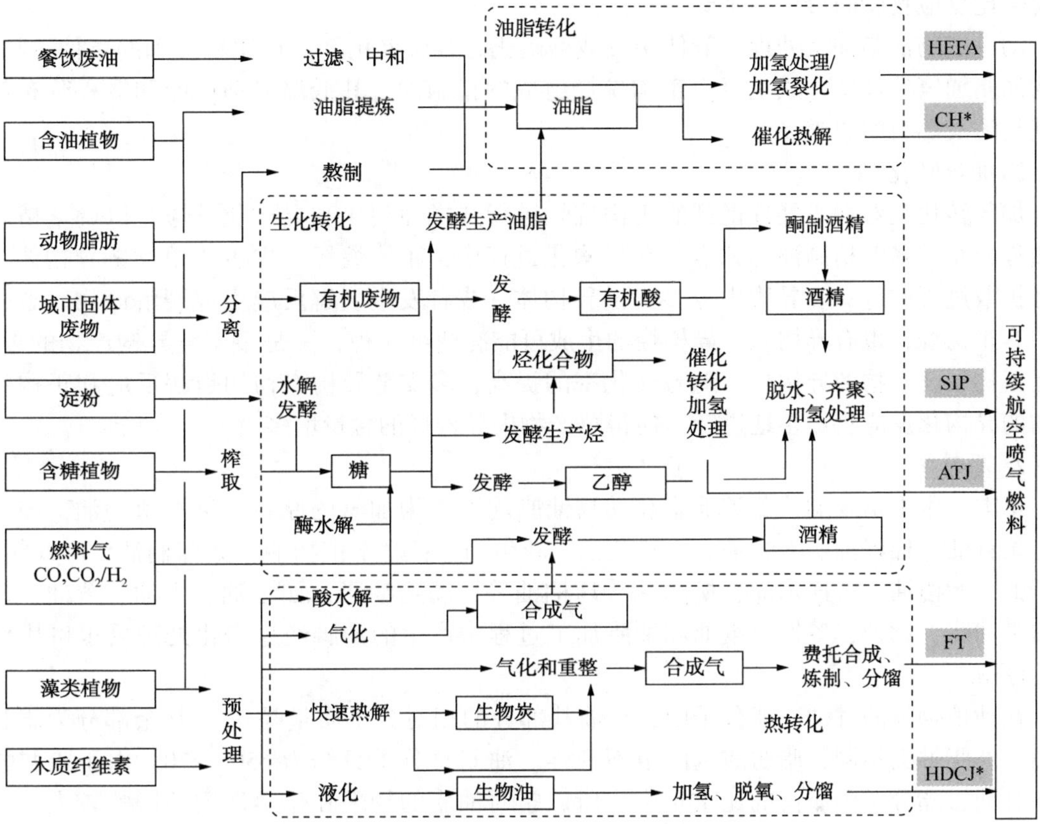

图 31-31　不同原料生产可持续航空喷气燃料的工艺路线

1. 反应原理

油脂加氢法生产生物喷气燃料的技术主要包括 2 个步骤：加氢处理和加氢转化。

1) 加氢处理

加氢处理过程主要包含双键饱和、加氢脱氧、加氢脱羧基和加氢脱羰基反应，副反应有裂化、异构化和甲烷化等反应[47]，如图 31-32 所示。

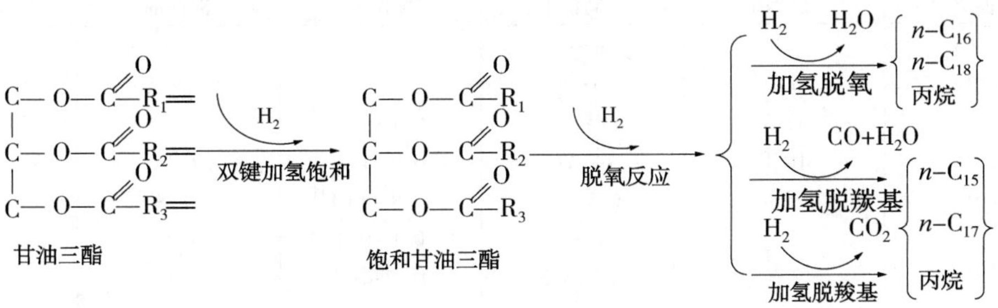

图 31-32　甘油三酯加氢转化烷烃的反应途径

加氢饱和反应是指动植物油分子中的脂肪酸碳链上不饱和键的加氢饱和；在加氢脱氧反应中，氧以 H_2O 的形式脱除，生成烷烃的碳数与反应物脂肪酸的相等；加氢脱羧基时氧以 CO_2 形式脱除，加氢脱羰基时氧以 CO 和 H_2O 的形式脱除。加氢脱羧、脱羰基反应生成的烷烃比反应物脂肪酸少一个碳。

动、植物油脂加氢处理一般使用负载型硫化态金属催化剂，在比较缓和的条件下将动、植物油脂加氢处理转化成主要由正构烷烃组成的精制油，其低温流动性能和馏程分布都不能满足喷气燃料的要求。

2）加氢转化

加氢转化是对加氢处理得到的正构烷烃进行选择性裂化和异构化反应，以调整精制油的馏程分布并降低精制油的冰点。在异构化过程中，正构烷烃首先生成单支链异构体，后者在扩散过程中进一步异构生成多支链异构体，或者发生裂解反应生成裂解产物。裂解产物中有正构烃，也有异构烃。异构烃的生成可能有两个途径，一是多支链异构产物的裂解，二是正构裂解产物的异构化。随着转化率的提高，多支链异构产物的裂解反应和正构裂解产物的异构化反应将更多地进行，使得总产物中异构烃的含量增多[48]。

2. 原料

草本、木本植物油、藻类油脂和动物油脂均可作为加氢的原料。草本植物油，如大豆油、菜籽油、棉籽油、玉米油、向日葵油、花生油等；木本植物油，如棕榈油、麻疯树油、椰子油、橄榄油、黄连木油、松脂油、乌桕油等；动物油脂，如猪油、牛油、羊油、鱼油和禽类油脂。此外，餐饮业废油和油脂加工过程中产生的油脚经过净化处理后也可用作加氢的原料。

在动植物油的甘油三酯分子中，甘油基部分的相对分子质量是41，其余部分为脂肪酸基团。油脂种类不同，脂肪酸基团也不一样。油脂总分子量约为650~970。由于脂肪酸基团在甘油三酯分子中所占的比重很大，所以它对油脂的物理和化学性质的影响较大。天然植物油中所含的脂肪酸（无论饱和或不饱和）绝大部分为偶碳直链结构，极少数为奇数碳和具有支链结构；根据所含双键的数目，可将不饱和脂肪酸分为一烯酸、二烯酸、三烯酸和三烯以上的酸，但天然植物油中所含的不饱和脂肪酸多为一烯酸和二烯酸。天然脂肪酸的碳链长度范围虽广（C_2~C_{30}），但常见的只有C_{12}、C_{14}、C_{16}、C_{18}、C_{20}和C_{22}几种。表31-20和表31-21列出了常见的几种动植物油的脂肪酸碳数分布。

表31-20　几种植物油的脂肪酸碳数分布

脂肪酸种类①	椰子油	棕榈仁油	棕榈油	棉籽油	乌桕油
C_8，0	7.8	2.4~6.2	—	—	—
C_{10}，0	6.7	2.6~7.0	—	—	—
C_{12}，0	47.5	41~55	0.1~1.0	—	—
C_{14}，0	18.1	14~20	0.9~1.5	0.9	—
C_{16}，0	8.8	6.5~11	41.8~46.8	23.8	60.9
C_{16}，1	—	—	0.1~0.3	0.5	0.3
C_{18}，0	2.6	1.3~3.5	4，7~5.1	1.9	1.3
C_{18}，1	6.2	10~23	37.3~40.8	16.7	32.7
C_{18}，2	1.6	0.7~5.4	9.1~11.0	54.2	3.0
C_{18}，3	—	—	0~0.6	—	1.4
C_{20}，0	—	—	0.2~0.7	—	—

①碳数后的数字表示脂肪酸碳链上的双键数，例如C_{16}，1表示16碳脂肪酸的碳链上有1个双键。

表 31-21　几种动植物油的脂肪酸碳数分布

脂肪酸种类①	大豆油	菜籽油	麻疯树油	猪油
C_{14}，0	0.5	—	—	1~4
C_{16}，0	7~12	8.6	14.0	20~28
C_{16}，1	0.5	0.1	2.1	—
C_{18}，0	2~5.5	3.1	16.2	5~14
C_{18}，1	20~50	24.5	42.3	41~51
C_{18}，2	35~60	44.2	25.4	2~15
C_{18}，3	2~18	7.3	—	—
C_{20}，0	0.5	0.3	—	0.3~1.0
C_{20}，1	1.0	3.4	—	—
C_{22}，0	—	0.1	—	—
C_{22}，1	—	7.9	—	—

①碳数后的数字表示脂肪酸碳链上的双键数，例如 C_{16}，1 表示 16 碳脂肪酸的碳链上有 1 个双键。

由表 31-20 和表 31-21 可见，大豆油、棕榈油等大多数油脂含有较多的 C_{16} 和 C_{18} 脂肪酸，椰子油和棕榈仁油含有较多的 C_{12} 和 C_{14} 脂肪酸。

3. 原料预处理

动植物油的毛油中含有游离脂肪酸、金属离子、磷脂和胶质等，对加氢处理设备和催化剂有影响，使用前需要进行精制预处理。油脂精制过程主要包括脱胶、碱炼、脱臭等步骤。原料油中的游离脂肪酸在高温下对设备有强烈的腐蚀作用，也会影响催化剂的活性。如果游离脂肪酸含量高于 5%，则长时间运转时，催化剂的活性及柴油馏分的收率都会下降。

原料植物油中的碱金属和碱土金属离子对加氢处理催化剂有毒害作用。碱金属沉积在催化剂表面，造成堵孔或催化剂活性位中毒，导致催化剂失活。在加氢处理之前应对原料进行预处理，如采用阳离子交换树脂吸附，或者用稀硫酸、硝酸或盐酸洗涤的方法除掉原料中的金属离子，从而延长催化剂的寿命[49]。另外，餐饮业废油中的氯离子对加氢处理设备也有腐蚀作用。

当原料中含磷脂并同时含有碱金属时，会形成磷酸盐，逐渐沉积在催化剂床层顶部，造成床层堵塞。当原料中无碱金属时，植物油中的磷脂会分解生成磷酸。磷酸能催化植物油中不饱和物的聚合反应，生成的高分子低聚物沉积在催化剂表面，使催化剂因积炭而失活，还可能导致反应器堵塞，使反应器压降增大。研究表明，在磷酸的存在下，菜籽油加热到 290~310℃时，产生黑色泥浆状物，同时颜色变深，密度和黏度增大；没有磷酸存在时，加热到 290~310℃的菜籽油，尽管颜色变深，密度和黏度增大，但没有黑色泥浆状物产生。这些黑色泥浆状物是磷酸催化而形成的低聚物，是催化剂积炭的前体。磷脂的存在，对催化剂的加氢脱羧基活性有抑制作用，产物中的 C_{18}/C_{17} 比例增加[49]。

4. 加氢处理催化剂

动、植物油脂加氢处理一般使用负载型硫化态金属催化剂，如硫化态的 $NiMo/Al_2O_3$、

$CoMo/Al_2O_3$ 和 $NiMoW/Al_2O_3$ 催化剂。使用这类催化剂可以在比较缓和的条件下将动植物油转化成 $C_{15}\sim C_{18}$ 的长链正构烷烃。由于原料动植物油中一般不含硫或含硫量很低，故在使用该类催化剂时，需要在原料油中添加适量的含硫化合物，或在进料氢气中添加硫化氢，以延长催化剂的寿命[50]。

研究负载型还原态金属催化剂和负载型贵金属催化剂用于动植物油加氢处理的可行性结果表明，这两类催化剂的动植物油加氢处理活性低于硫化态金属催化剂，且它们的稳定性较差，失活速率较快[51]。不同种类贵金属催化剂的动植物油加氢处理活性顺序为 $Pd/Al_2O_3>Pt/Al_2O_3>Ru/Al_2O_3$。使用还原态金属催化剂和贵金属催化剂对动植物油加氢处理时，主要发生加氢脱羰/脱羧基反应，生成比动植物油脂肪酸少一个碳原子的脂肪烃。另外，由于还原态 Ni、Pd 等金属具有较强的 CO 甲烷化活性，故在使用这两类催化剂时，加氢脱羰基生成的 CO 继续与 H_2 反应，生成甲烷和水，这样不仅氢气耗量高，而且液态烃收率低。

采用硫化态金属催化剂对动植物油加氢处理时，由于动植物油基本不含硫，在长期使用过程中，会因催化剂中的硫流失而导致活性降低[52]。另外，加氢脱氧反应产生 6%～8% 的水，水也会造成催化剂的硫流失。所以在使用该类催化剂时，需要在进料氢气中配入一定量的硫化氢，或在原料油中添加一定量的含硫化合物，以保持催化剂处于高活性的硫化态，提高催化剂的稳定性，延长催化剂的使用周期。气相中硫化氢体积分数在 0.3% 以上时，可以使催化剂保持硫化态结构[53]。

反应温度对动植物油加氢处理反应过程和反应产物组成有重要的影响。加氢处理中的加氢饱和、加氢脱氧反应是放热反应，而加氢脱羰/脱羧基反应为吸热反应，反应总体表现为放热。提高反应温度，液态烃产物中轻组分增加，重组分减少；提高反应温度，加氢脱羰/脱羧基产物与加氢脱氧产物的质量比值增加，较高的温度有利于加氢脱羰/脱羧基反应；提高反应温度，可以加快反应速率，使脂肪酸甘油酯转化为长链烷烃的转化率增加。在反应温度较低时，脂肪酸甘油酯转化不完全，有高沸点的中间产物存在，所以液态烃产物中重组分量多，可能还会有游离脂肪酸存在，使得产物的酸值高。在较高的反应温度下，有裂化反应发生，使植物油裂化成为汽油馏分甚至气态烃。动植物油加氢处理过程的反应温度范围一般为 300～380℃。

提高反应压力有利于植物油加氢处理反应的进行，但与加氢脱羧反应相比，更有利于脱氧反应，因而加氢脱羰/脱羧基产物与加氢脱氧产物的质量比值降低。加氢脱氧反应消耗较多的氢气，另外，提高反应压力还需要增加设备投资。反应压力一般为 3.0～8.0MPa。

在较低的空速下，动植物油加氢转化率高，产物的干点低；空速增加，产物的干点升高，重组分含量增加；提高空速，加氢脱羰/脱羧产物与加氢脱氧反应产物的质量比值增加。空速一般为 $0.5\sim3.0h^{-1}$。

增大氢油比有助于抑制结焦前体的脱氢缩合反应，减少催化剂表面积炭，有利于维持催化剂的活性并延长其使用周期；提高氢油比，反应器内氢分压上升，有利于提高反应深度，加氢脱氧反应速率加快，液态烃产物中加氢脱羰/羧基产物与加氢脱氧产物的比值降低，氢耗增加。氢油体积比一般为 300～1000。

5. 加氢转化催化剂

长链正构烷烃的加氢转化反应通常是在由金属和酸性载体组成的双功能催化剂上进行

的，其中金属提供加氢/脱氢功能，沸石等酸性载体提供异构化功能。烷烃加氢异构的机理主要有烷基正碳离子异构机理、择形催化机理、孔口催化机理、钥匙锁催化机理和双分子反应机理等[54~57]。正碳离子异构机理认为：正构烷烃首先在金属活性中心脱氢变为正构烯烃，正构烯烃移向载体提供的酸性中心，得到一个质子形成正碳离子，生成的正碳离子极其活泼，一旦形成就迅速进行异构化和裂化反应，异构化后失去质子生成异构烯烃，异构烯烃再移向金属活性中心，加氢变为异构烷烃。

具有加氢/脱氢活性的金属组分一般选自元素周期表中Ⅷ族和ⅥB族元素，包括贵金属和非贵金属，其中贵金属应用较多。贵金属以铂和钯等为主，多以金属单质形式使用。非贵金属主要有钼、镍、钴和钨等，多以相互结合的硫化物形态使用，这样能够提高催化剂的活性和稳定性。

酸性载体主要有：无定形氧化物或氧化物混合物，如 SiO_2/Al_2O_3、ZrO_2/SO_4^{2-}；硅酸铝类沸石，如 ZSM-5、ZSM-22、ZSM-23、ZSM-48、Y 形沸石、β 沸石、丝光沸石等；磷酸铝类沸石，如 SAPO-11、SAPO-31、SAPO-41 等。其中，ZSM-5、SAPO-11、ZSM-22 等已经实现工业应用。催化剂的异构选择性主要取决于其酸性组分的酸性质。弱酸和中等强度的酸对异构化反应有利，酸性过强则裂化加剧。催化剂的活性由酸性组分中 B 酸中心的数量和加氢组分的活性共同决定。具有择形性的小孔或中孔结构的催化剂有利于植物油加氢处理产物的异构化和裂化反应[58]。

6. 工业应用

国内工业应用的生物喷气燃料技术为中国石化开发 SRJET 技术，该技术采用两段加氢工艺，工艺流程见图 31-33 和图 31-34。

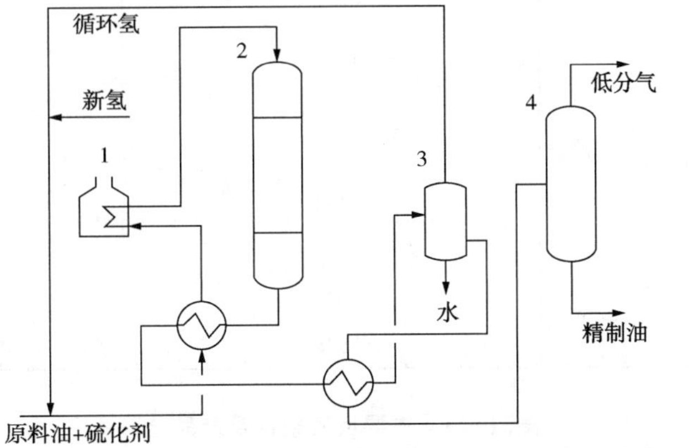

图 31-33　加氢处理单元原则流程图

1—加热炉；2—加氢处理反应器；3—高压分离器；4—低压分离器

该技术以动、植物油或餐饮业废油为原料，采用两段加氢法生产生物喷气燃料和绿色柴油。第一段采用非贵金属硫化态催化剂进行加氢处理，得到的精制油在第二段用沸石负载的贵金属催化剂进行选择性加氢裂化和加氢异构，然后蒸馏分离得到生物喷气燃料和柴油馏分。2012 年 2 月，该技术在中国石化镇海炼化杭州炼油厂 2 万吨/年工业装置上完成了工业试验。该装置以棕榈油和餐饮废油为原料进行了工业示范上产，其原料性质、反应条件和产品分布以及产品性质分别见表 31-22～表 31-25。

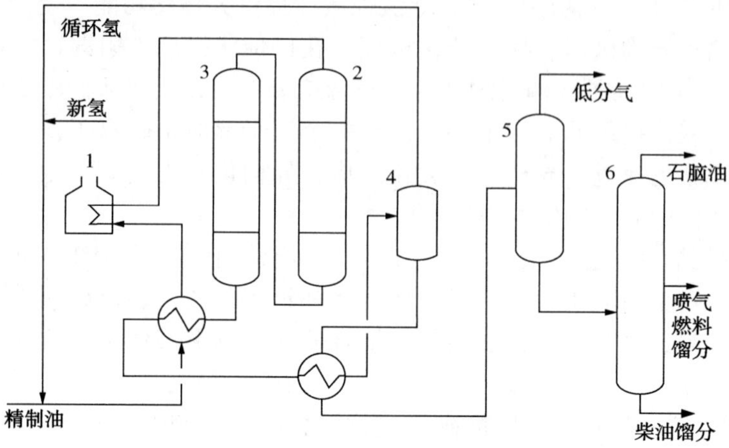

图 31-34　加氢转化单元原则流程图

1—加热炉；2—加氢转化反应器；3—后精制反应器；4—高压分离器；
5—低压分离器；6—分馏塔

表 31-22　原料油性质

项　目	棕榈油	餐饮废油
密度(20℃)/(g/cm^3)	0.9116	0.9186
凝点/℃	10	22
总酸值/(mgKOH/g)	0.05	5.53
元素组成/%		
碳	76.88	76.30
氢	11.76	11.74
氧	11.36	11.96
馏程/℃(D6352)		
初馏点	534	362
50%	613	602
90%	630	618
终馏点	638	639

表 31-23　主要反应条件及产品分布

项　目	数　据	项　目	数　据
主要反应条件		主要产物分布(对进料)/%	
反应压力/MPa	基准	气体	
体积空速/h^{-1}	0.5~2.0	石脑油	23.50
反应温度/℃		煤油	45.39
加氢处理	基准	柴油	7.48
加氢转化	基准	水	7.92

表 31-24　主要副产品性质

项　目	数　据	项　目	数　据
石脑油		柴油	
密度(20℃)/(g/cm³)	0.6660	密度(20℃)/(g/cm³)	0.7880
硫含量/(μg/g)	<1.0	十六烷值	>74.8
氮含量/(μg/g)	<1.0	硫含量/(μg/g)	<1.0
烷烃含量/%	98.2	氮含量/(μg/g)	<1.0
		冷滤点/℃	-36

表 31-25　合成烃生物煤油馏分性质

项　目	喷气燃料		指标要求
	棕榈油原料	餐饮废油原料	
总酸值/(mgKOH/g)	0.0007	0.0008	≤0.015
闪点/℃	55.0	49.0	≥38
密度(15℃)/(kg/m³)	767.3	767.7	720~770
冰点/℃	-55.2	-59.3	≤-40
实际胶质/(mg/100mL)	2	1	≤7
FAME/(μg/g)	<4.5	<4.5	≤5
热稳定性(控制温度下 2.5h)			
温度/℃	325	325	
过滤器压力降/kPa	0	0	3.3
加热管沉积物评级	<0	<0	≤3
烃类组成/%			
环烷烃	1.5	2.8	≤15
芳烃	0	0	≤0.5
碳和氢	99.97	99.87	≥99.5
金属①含量/(μg/g)	<0.1	<0.1	≤0.1(每种金属)
卤素含量/(μg/g)	<0.5	<0.5	≤1

①金属包括：Al，Ca，Co，Cr，Cu，Fe，K，Mg，Mn，Mo，Na，Ni，P，Pb，Pd，Pt，Sn，Sr，Ti，V，Zn。

可以看出，所制备的喷气燃料的质量收率在45%左右；副产的石脑油主要由烷烃组成，是优良的裂解原料；柴油组分的冷滤点很低、十六烷值很高，喷气燃料的烟点很高，质量都很优良。

(三) 合成烃煤油组分调合应用

目前采用生物质为原料的费托合成技术生产的或酯类和脂肪酸类加氢改质工艺生产的合成烃煤油组分，按照标准要求均需要与传统的石油基喷气燃料按照规定的比例调合，方可作为正常喷气燃料出厂和使用。目前常用的调合方式可分为两大类，即油罐调合和管道调合。

含合成烃煤油馏分质量符合 GB 6537—2018 的附录 B 费托合成生产的合成石蜡煤油组分和附录 C 酯类和脂肪酸类加氢工艺生产的合成石蜡煤油组分指标要求。考虑密度、芳烃含量和冰点的数据。以密度为例，这两个工艺生产馏分密度一般在 0.760g/cm³ 左右，不符合 3 号喷气燃料不低于 0.775g/kg 的要求，需要考虑石油基喷气燃料的密度选择及最后目标的调合比例。

1. 我国合成烃调合组分的性质

表 31-26 列举了目前我国合成烃煤油组分性质。从表中可以看出，合成烃组分基本没有芳烃，密度低。

表 31-26 合成烃煤油组分性质

分析项目	指标	1	2
总酸值/(mgKOH/g)	不大于 0.015	0.001	0.002
馏程/℃			
10%	不大于 205	195.4	181.2
50%	报告	253.0	240.9
90%	报告	272.4	267.9
终馏点/℃	≤300	288.4	288.1
$T_{90}-T_{10}$	≥22	77.0	86.7
残留量/%(体)	≤1.5	1.3	1.3
损失量/%(体)	≤1.5	1.0	1.2
模拟蒸馏/℃			
10%	报告	190.6	180.2
50%	报告	259.6	250.4
90%	报告	270.1	263.1
终馏点	报告	280.1	279.7
闪点/℃	≥38	61.5	52.5
密度(15℃)/(kg/m³)	730~770	768.6	763.2
冰点/℃	≤-40	-58.4	-53.6
实际胶质/(mg/100mL)	≤7	5	3
FAME/(μg/g)	≤5	<5	<5
热安定性(325℃，2.5h)			
压力降/kPa	≤3.3	0	0
管壁评级/级	≤3	0	0
抗氧剂含量/(mg/L)	17~24		
烃类组成/%			
环烷烃	≤15	3.8	3.1
芳烃	≤0.5	0.0	0.0
链烷烃	报告	96.2	96.9
碳和氢	≥99.5	100	100
非烃类组成/(mg/kg)			
氮含量	≤2	1.1	0.92

续表

分析项目	指标	1	2
水含量	≤75	35	25
硫含量	≤15	1	1
金属①含量/(mg/kg)	≤0.1		
卤素/(mg/kg)	≤1	<0.5	<0.5

①金属包括：铝，钙，钴，铬，铜，铁，钾，锂，镁，锰，钼，钠，镍，磷，铅，钯，铂，锡，锶，钛，钒，锌。

2. 调合油质量和组成分布

通常成品喷气燃料中进行调合的合成烃组分，按照标准要求体积分数不大于50%。表31-27列举了调合后的生物喷气燃料性质。

表 31-27　调合后的生物喷气燃料性质

分析项目	分析数据	分析方法	分析项目	分析数据	分析方法
外观	合格	目测	芳烃含量/%(体)	8.8	GB/T 11132
颜色	+30	GB/T 3555	烯烃含量/%(体)	0.7	
总酸值/(mgKOH/g)	0.003	GB/T 12574	总硫含量/%	0.0490	SH/T 0689
硫醇性硫/%	0.0004	GB/T 1792	净热值/(MJ/kg)	43.79	GB/T 2429
馏程/℃		GB/T 6536	烟点/mm	36.6	GB/T 382
初馏点	156.1		铜片腐蚀(100℃，2h)/级	1a	GB/T 5096
10%	181.2		银片腐蚀(50℃，4h)/级	0	SH/T 0023
20%	190.5		热安定性(260℃，2.5h)		GB/T 9169
50%	220.7		压力降/kPa	0	
90%	266.6		管壁评级/级	0	
终馏点	276.4		实际胶质/(mg/100mL)	<1	GB/T 8019
残留量/%(体)	1.2		水反应/级		GB/T 1793
损失量/%(体)	1.1		界面情况	1b	
闪点/℃	51.0	GB/T 261	分离程度	2	
密度(20℃)/(kg/m^3)	779.3	GB/T 1884	固体颗粒污染物	0.22	SH/T 0093
冰点/℃	-62.3	SH/T 0770	电导率(20℃)/(pS/m)	19	GB/T 6539
黏度/(mm^2/s)			水分离指数	98	SH/T 0616
20℃	2.105	GB/T 265	磨痕直径/mm	0.62	SH/T 0687
-20℃	5.641				

三、生物喷气燃料规格、台架试验和试飞

(一) 生物喷气燃料规格

生物喷气燃料的规格，是采用美国材料与试验协会(ASTM)制定的ASTM D7566含合成烃类的航空涡轮燃料的规格标准，这个标准被航空替代燃料领域业称为划时代标准，极大

推动了生物喷气燃料的发展。ASTM D7566 自从 2009 第一次发布，每年进行修订，从附录 1 只有费托合成产品加氢工艺(FT)的合成链烷烃煤油馏分，到 2020 版，已增加到附录 7，包括：附录 2 酯类和脂肪酸类加氢工艺(HEFAs)的合成链烷烃生产工艺的煤油馏分燃料；附录 3 从糖类发酵加氢工艺(SIP)合成异构烷烃馏分、附录 4 含芳烃合成煤油，其芳烃来源非石油基轻芳烃烷基化(SPK/A)、附录 5 醇转化到喷气燃料的合成链烷烃煤油（ATJ-SPK)。附录 6 脂肪酸酯和脂肪酸类水热转化合成煤油工艺路线和附录 7 由加氢烃、酯和脂肪酸合成的石蜡煤油工艺路线。这 7 个附录，涵盖了目前主要以生物质为原料生产喷气燃料的所有成熟路线。

标准规定了各种工艺路线生产的合成烃煤油组分，必须按照规定比例与石油基喷气燃料调合而成。目前要求的是：含附录 A1 和 A2 所规定的合成烃调合组分最大体积分数为 50%；含附录 A3 所规定的合成调合组分最大体积分数为 10%；含 A4 所规定的合成调合组分最大体积分数为 50%；含 A5 所规定的合成调合组分最大体积分数为 30%；含 A6 规定的合成调合组分最大体积为 50%；含 A7 规定的合成调合组分最大体积为 10%。

主要的喷气燃料标准，如美国 ASTM D1655、英国国防部 DEF STAN 91-091、联合检查集团的航空燃料质量要求 JIG AFQRJOS、美军标 MIL-T-8133 等，均把符合 ASTM D7566 要求的合成烃煤油馏分，按照规定比例调合符合标准要求的生物喷气燃料，按照传统喷气燃料管理和加注使用。

目前在 GB 5337—2018《3 号喷气燃料》中，允许调合的合成烃组分包括两种：一种是费托合成油改质工艺生产的煤油组分(FT-SPK)，另一种是酯类和脂肪酸类加氢改质工艺生产的煤油组分(HEFA-SPK)。

（二）生物喷气燃料台架试验

台架试验，按照适航审定批准的 1 号生物喷气燃料发动机台架验证试验大纲进行，主要采取的符合性验证方法为地面试验(MC5)。试车的发动机为一台刚完成修理且未动过核心机的 CFM56-5B3/P 发动机。

台架试验目的是验证 CFM56-5B3/P 发动机使用生物喷气燃料调合产品性能能够满足大修后发动机出厂放行的要求。试验的发动机维修厂 SECTC01 单元完成了台架试车。采用符合性验证方法为地面试验(MC5)。发动机台架验证通过同一发动机分别使用 3 号喷气燃料以及生物燃油条件下 CFM56-5B 发动机性能参数的比较来实现。

1. 3 号喷气燃料发动机台架试车

台架验证试车程序遵循 CFM56 发动机 ESM 功能检查程序(试车程序 002)以及性能检查程序(试车程序 003)，试车程序见图 31-35。试验试车过程共运行 187.8min，试车过程中考察发动机的转速、燃料流量、贫油熄火性能(LBO)、加速时间、推力、EGT、冷启动、热启动等关键技术参数。同时，试验结束待发动机冷却后，对热端部件进行了全面的孔探检查。

试验结果表明：该台发动机性能参数完全符合发动机维修后出厂要求。

2. 生物喷气燃料调合油品发动机台架试车

生物喷气燃料台架验证试车程序同样遵循图 31-35 所示的发动机 ESM 功能检查程序(试车程序 002)以及性能检查程序(试车程序 003)。

试车过程包括对发动机慢车、启动、加速、减速等性能的考查。正常台架试车过程共

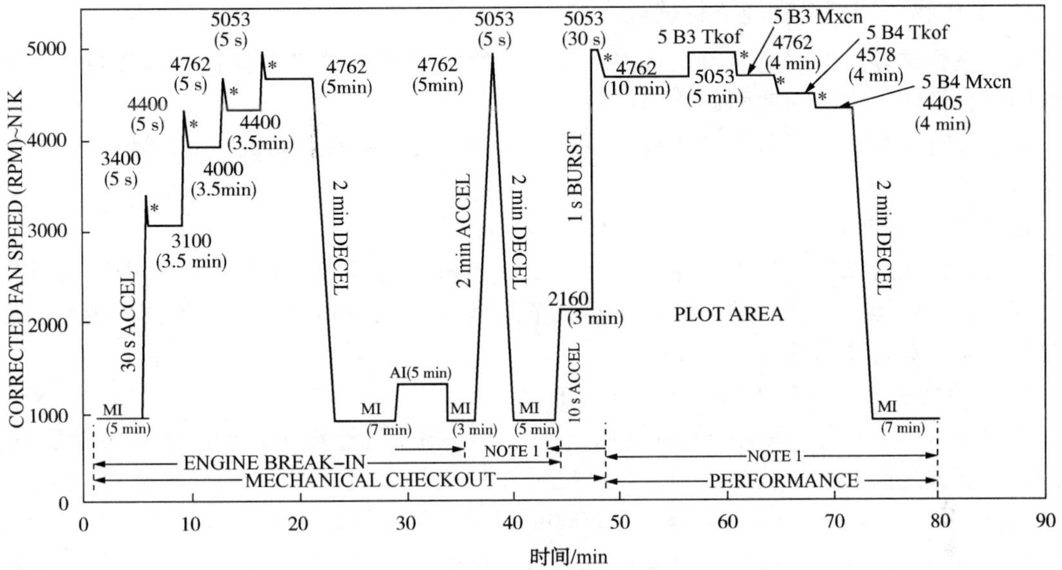

图 31-35　ESM 功能检查程序以及性能检查程序

运行 187. 8min，与 3 号喷气燃料试车过程相似，试车过程中考察对发动机的转速、燃料流量、贫油熄火性能(LBO)、加速时间、推力、EGT、冷启动、热启动等关键技术参数。同时，试验结束待发动机冷却后，对热端部件进行了全面的孔探检查。

本次试车的试验结果表明：该台发动机性能完全符合发动机维修后出厂要求。

3. 试车结果比较

对 3 号喷气燃料和 1 号生物喷气燃料调合产品试车的发动机性能结果进行比较，详见表 31-28。从表 31-28 可以看出，1 号生物喷气燃料调合产品与 3 号喷气燃料的系统性能试车数据完全一致，均满足指标限制的要求，达到发动机维修后出厂放行的要求。

表 31-28　3 号喷气燃料和 1 号生物喷气燃料调合产品试车系统性能结果

分析项目	3 号喷气燃料	生物喷气燃料调合产品	要　求
加速/s	3. 8	3. 8	<5. 0
振动/(in/s)			
低压转子最大值(在 3725 N1 r/min)	1. 82	1. 82	<4. 00
高压转子最大值(在 9681 N2 r/min)	0. 44	0. 44	<1. 60
低压转子最大值(在 3833 N1 r/min)	3. 57	3. 57	<4. 00
高压转子最大值(在 14587 N2 r/min)	0. 70	0. 70	<1. 60
天然油消耗/(t/h)	0. 125	0. 125	<0. 57
最小慢车条件下油压/psi	23. 37	23. 37	—
起飞状态下油压/psi	54. 29	54. 29	<64. 50
起飞时油温/℃	112. 5	112. 5	<175. 0
起飞时集油槽压力/psi	12. 68	12. 68	—

注：1in＝2. 54cm；1psi＝6. 89kPa。

（三）生物喷气燃料验证飞行试验

验证飞行试验，按照适航审定批准的1号生物喷气燃料试飞验证试验大纲进行，主要采取的符合性验证方法为地面试验（MC6）。

验证飞行试验目的：验证加注有50%比例生物喷气燃料的发动机，是否满足A320机型的运行要求。

1. 试飞验证情况

试飞验证飞行采用中国东方航空公司A320飞机，机号为B6829，试飞机组成员刘志敏、周晓青和张旭。试飞用发动机为台架试车同型号的CFM56-5B发动机，采用单发加注生物喷气燃料调合产品的方式。

2. 生物喷气燃料调合产品试飞验证评审

2013年4月24日，在上海虹桥机场，进行了生物喷气燃料调合产品的试飞验证试验。本次试飞依据之前批准的试飞大纲，主要按照D检出场试飞流程办理，试飞科目主要包括地面滑行、慢车、起飞、80kts、爬升至6000m以及飞机升限高度时记录地面慢车发动机各项数据以及油箱温度，试飞前后对发动机进行孔探检测，试飞完成后，抽干油箱的生物喷气燃料并进行理化指标分析。

经过85min的飞行后，试飞飞机在虹桥机场平稳降落。试飞组按照验证飞行科目设置的全流程要求，对混合生物燃油加注配比、巡航阶段温度测定、飞行高度影响、航前航后发动机孔探检查以及特殊情况处置等工作进行了测试。对于此次验证飞行，飞行机组按照试飞方案完成了生物喷气燃料在C空域的试飞项目，根据飞行表现、仪表显示，没有观察到任何偏离正常值范围的现象。机组表示，国产生物燃油的补给力、加速性、动力性非常好，与传统喷气燃料没区别，试飞验证符合批准的试验大纲的要求。

3. 结论

试飞机组报告的结论认为，飞行机组按照试飞方案完成了生物喷气燃料在C空域的试飞项目，根据飞行表现、仪表显示，没有观察到任何偏离正常值范围的现象。加注有50%比例生物喷气燃料燃油的发动机，从记录的参数、仪表显示以及性能等方面，完全满足A320机型的运行要求。

2015年3月21日，加注中国石化生物喷气燃料的海南航空HU7604航班波音737-800型客机，搭载156名乘客和8名机组人员从上海虹桥机场起飞，经过两个半小时的飞行后，平稳降落在北京国际机场，标志着中国自主研发生产的生物喷气燃料首次商业载客飞行取得圆满成功。2017年11月22日，加注中国石化生物喷气燃料的海南航空HU497航班波音787型客机，跨越太平洋，平稳降落在美国芝加哥奥黑尔国际机场。这标志着中国自主研发生产的生物喷气燃料首次跨洋商业载客飞行取得成功。商业飞行的成功，功标志着我国在生物喷气燃料的研发生产和商业化应用方面取得重大突破，进一步推动了生物喷气燃料的应用和发展。

目前生物喷气燃料的高成本制约其大规模的应用。开发不同原料制备喷气燃料的生产技术有助于实现生物质喷气燃料的商业应用。在2018年国家重点专项"可再生能源与氢能技术"申报指南中，就列出了纤维素类生物质催化制备生物航油技术攻关项目。

在开展生物喷气燃料技术中，一定要按照全生命周期的评价方法，保证生产的喷气燃料可实现碳的减排。在我国，充分利用餐饮废油、城市固体垃圾以及农林副产物等资源，开发出科学合理的加工技术，能够满足将来国内航空业对生物喷气燃料的需求。

根据我国资源的特点，对具有碳减排效果的技术路线和产品加快标准制定，并协助国建制定相应的激励措施，推进我国生物喷气燃料市场的发展具有重要作用。

第四节　微藻生物能源

微藻生物能源，即从微藻生物质中提取生物燃料，与粮食生物能源和纤维素生物能源相比，因具有独特的优势而得到广泛研究。

微藻中可以利用的资源有两大类：燃料和副产品。可能的燃料类型包括油脂、氢、类异戊二烯、碳水化合物、乙醇（直接或生物量转化）和甲烷（通过厌氧发酵）。油脂具有较高的能量和开发潜力，部分油脂中含有碳水分子，使其与石油有相似之处，主要以甘油三酯（TAGs）的形式存在，常分布在细胞膜及胞内细胞器膜上，含量可高达微藻生物质干重的50%以上。国内外研究表明，微藻生物能源是解决能源危机的长期策略之一，是生物工程与过程工程相结合的新领域，也是过去和未来一段时期内可再生能源领域的研究热点，然而如何解决微藻生物能源的经济性是当下亟待攻克的难题，也是决定其能否长远发展的关键。

一、微藻生物能源的优势

微藻是一类个体微小、种类繁多、分布范围广泛、能进行光合作用的简单有机体。微藻个体微小，只能在显微镜下观看到单体，一般为几到几十微米，如小球藻约为 3~5μm，如图 31-36 所示。

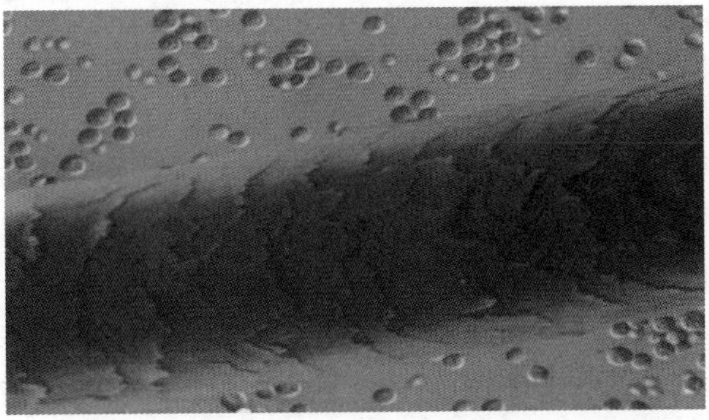

图 31-36　显微镜下头发丝与小球藻大小对比

微藻光合效率高，可以达到 7%，而一般植物和森林仅能利用入射光能的 0.2%[60,61]。地球上的生物每年通过光合作用生产的生物质，其中约 1/3 应归功于微藻的光合作用，大约每固定 1mol CO_2，就有 477kJ 的能量存储到生物质中[62]。微藻分布范围广泛，存在于各种水生态系统中，例如淡水、盐水（<3.5%盐度）、海水（3.5%盐度）和在一定温度、pH 值范围内的水环境，有的微藻还能在荒漠中生存。微藻分为两类：原核微藻和真核微藻。原核微藻以蓝藻为主，又名蓝细菌、蓝绿藻，含叶绿素 a、不形成细胞器、能进行光合作用，

细胞中蛋白质含量高，可达干重的70%，脂肪含量低，5%左右[63]。真核微藻种类较多，例如绿藻、硅藻、黄藻等，细胞中蛋白质和脂肪的含量较高，是生物能源藻种的主要来源。总之，微藻细胞中含独特的初级或次级代谢产物，化学成分复杂，是生产药品、精细化工品和新型燃料的潜在资源，微藻生物能源技术流程如图31-37所示[64]。

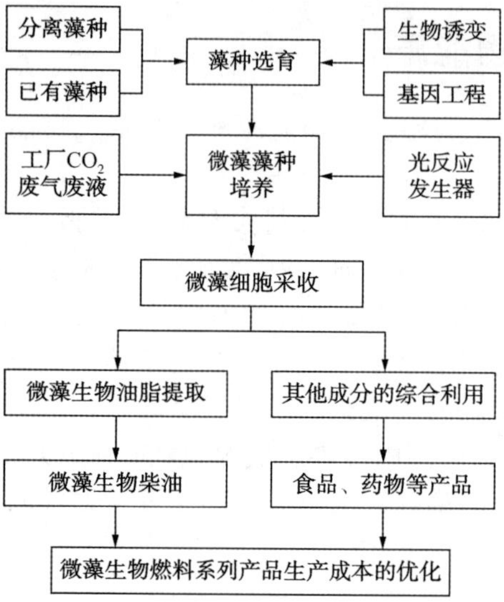

图31-37　微藻生物能源技术工艺流程

微藻生物能源可以替代化石能源，解决能源危机；微藻可以利用烟气，净化空气；微藻还可以净化污水，是农牧原料的有益补充，微藻生物能源技术可谓“一石三鸟”。微藻作为生物能源原料的开发优势具体体现在以下几个方面：

（1）微藻种类繁多，生物多样性丰富，适应能力强，还具有基因改造功能，通过诱变可以得到优良藻种，易于进行细胞代谢过程和燃料前体合成的调控机理，提高目标产物产量。

（2）微藻繁殖快且需要的营养简单易获得，主要是光、水和CO_2。藻细胞可以利用烟气中的CO_2或/和NO_x生长，也可以在污水及盐水中生长，在降低自身养殖成本的同时解决环境污染难题。

（3）微藻能耐受沙漠、干旱地、半干旱地等极端环境，不占用耕地，不会引起与农业用地、牧业用地竞争的矛盾。

（4）相对于其他植物，微藻含有较高的脂类（含量20%～50%）、可溶性多糖等，不仅可以用来生产生物柴油或乙醇，还可望成为生产氢气的一条新途径。

（5）同木质纤维素材料相比，微藻细胞的光合效率高，具有环境适应能力强、生长周期短（繁殖一代的时间最短为几个小时）、生物产量高的特点。

（6）微藻细胞中含有丰富的色素、不饱和脂肪酸、蛋白质等，除了生产燃料外，其副产品价值也很高。

微藻作为第三代生物能源的原料，生长快、油脂含量高是其最突出的优势，如表31-29所示，微藻与其他原料相比，生产相同量的生物柴油时所需占地面积更小，而且可以是非农业用地和非牧业用地。微藻光合作用的生理机制与植物相似，但与陆生植物相比，微藻由于其构造简单而具有突出的光能转化效率，不需要维持和复制各种组织结构，藻细胞可以将其获得的大部分能量转化为生物量。微藻的优势不仅因为具有高效的光合效率成为生物能源的主要研究对象，更重要的是因为不像陆生植物需要生产特殊的油类来养育种子，每个微藻细胞就像一个油脂制造厂，尽其可能地将获得的能量转化为油脂。微藻可自然地制成油，这些油可以在现有的炼油厂加工，几乎可生产任何由原油生产的油品。某些碳水化合物含量高的微藻，可通过发酵生产乙醇或丁醇，主要的缺点是当前的技术需要相当多的热量和能量来生产乙醇。

表 31-29　不同生物柴油原料的产油效率[65]

原料	产油效率/(L/ha)④	所需面积/(10^3ha)①	原料	产油效率/(L/ha)④	所需面积/(10^3ha)①
玉米	172	1540	椰子	2689	99
大豆	446	594	棕榈油	5950	45
油菜	1190	223	微藻②	70405	7.6
麻疯树	1892	140	微藻③	35202	15.2

①满足美国 50%运输燃油的需求。

②生物质中油脂含量为 40%(干重)。

③生物质中油脂含量为 20%(干重)。

④$1ha=10^4m^2$。

二、油脂的合成与调控

微藻生物能源是具有可持续发展潜力的第三代生物燃料，从微藻生物质中抽提出油脂(主要是中性脂)之后，再与甲醇反应，获得脂肪酸甲酯即微藻生物柴油，反应方程式[66]见图 31-38，图中 R_1、R_2、R_3 为脂肪酸的烃链。油脂在藻细胞内主要以甘油三酯(TAGs)的形式存在，TAGs 是很多微藻在胁迫环境下的主要储存物质，例如高光、营养缺失[67~70]。某些微藻在自然条件下也可以在体内积累大量的 TAGs(占干重的 30%~60%)，在光合效率和产油脂的潜能上比陆生植物要高很多。然而，在生理生化和分子生物学水平上，关于调控微藻脂肪酸和 TAGs 合成的研究较集中，有待进行系统研究。

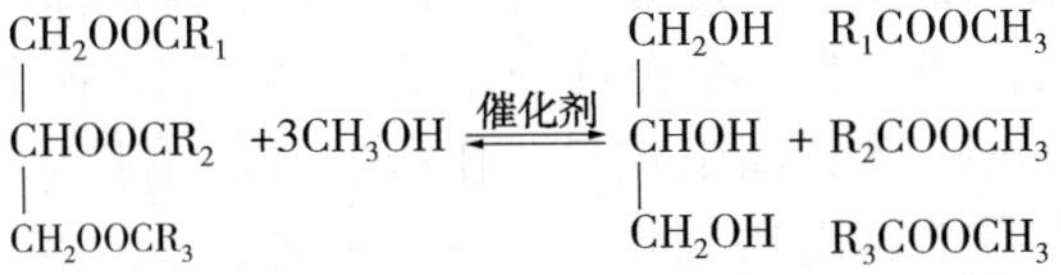

图 31-38　脂肪酸甲酯化制备生物柴油的反应方程式

TAGs 合成的主要途径包括基质中脂肪酸的合成，将脂肪酸转化为甘油骨架，最后通过三步连续的乙酰辅酶 A(CoA)转酰基作用，在内质网上形成 TAGs。微藻至少能通过两个不同的途径合成三酰甘油，即依赖酰基 CoA 的从头合成途径和不依赖酰基 CoA 的替代途径。微藻中可能存在多种 TAGs 合成途径，而且各个途径对于 TAGs 合成的贡献依赖于环境或养殖条件。虽然对 TAGs 合成进行了大量研究，但微藻中关于脂肪酸和 TAGs 合成途径的认识仍不清晰。脂肪酸通常是膜脂和 TAGs 的合成前体，藻细胞中这些前体在这两种途径中是如何分配的，以及这两种类型的油脂是如何相互转化的都需要深入研究。如果微藻中基础油脂/TAGs 的含量可以表现为种类或同类的特异性，不同藻种甚至是同株藻种在某一环境中表现出特定的油脂含量，那么就很难将由实验室藻种得到的油脂合成及调控的机制推广到规模养殖中。类似的，将植物中油脂生物合成的调控信息用于藻种改良也存在一定困难。因此，研究脂肪酸和油脂合成的关键基因/酶和合成途径对微藻生物能源产业化非常重要，还需研究它们在藻类油脂新陈代谢中的作用以及养殖环境的改变对基因/酶表达的影响，阐明规模养殖中油脂合成的调控机理，并指导形成微藻规模养殖中的油脂调控工艺。

环境胁迫是目前常用的提高微藻油脂含量的方法。在环境胁迫下，例如氮、磷、硅营养胁迫，以及盐度、温度和光强胁迫，藻细胞迅速停止分裂并且积累 TAGs 作为主要的能量储存物质，可达细胞干重 20%～50%[71,72]。TAGs 的合成、积累、沉淀并形成细胞质油脂体是微藻在环境胁迫下默认的合成途径。在胁迫条件下，TAGs 的合成途径可能更多样化，例如，胁迫条件下，光合作用电子传递链中积累的过剩电子可能诱导活性氧大量产生，这些活性氧反过来抑制光合作用和破坏膜脂、蛋白质和其他大分子，此时 TAGs 合成可以消耗过剩电子而缓解光氧化的胁迫。C_{18} 脂肪酸的形成需要消耗约 24 个由电子传递链生成的 NADPH，几乎是合成同样量的碳水化合物和蛋白质所需能量的 2 倍，因此，在高光或其他胁迫下可以起到释放过量电子保护光合作用电子传递链活性的作用[132]。在微藻中，TAGs 的合成途径往往伴随着二级类胡萝卜素的合成[74,75]。类胡萝卜素途径中产生的分子(例如 β-胡萝卜素、叶黄素)被运输到细胞内脂质体，这些脂质体分散在外围可以作为遮光剂，减少过剩的光照对叶绿体活性的影响。TAGs 的合成还需要卵磷脂和半乳糖酯或从膜系统中排泄的有毒脂肪酸，例如酰基供体，因此具有膜脂解毒并以 TAGs 的形式将其沉淀的作用。环境胁迫下，藻细胞内除了合成生物产油前体 TAGs 外，还能过量积累其他类型的储能及碳源大分子，如碳水化合物等，淀粉的合成与油脂积累存在竞争光合作用合成的碳前体的关系[76]。这导致藻细胞油脂积累受到限制，从而增加微藻生物质的需求量和生物柴油的生产成本，无法满足商业生产的需求。

微藻细胞中 TAGs 的积累和细胞生长是两个相互矛盾的过程。快速的细胞生长发生在合适的生长条件下(如合适的光强和充足的营养)，而 TAGs 的积累则发生在环境胁迫条件(如高光、营养缺乏等)下，与此同时，细胞的生长大多数停滞，并伴随着光合膜脂的大量降解[77,78]。这是微藻生物柴油的实际生产效率与理论存在差距的主要原因之一，也是微藻生物能源技术所面临的最大挑战。为了平衡这一矛盾，学者们提出了多种解决方案，其中广泛研究的是“两步法”，即第一步提高生物量，在适宜的条件下养殖微藻获得生物质；第二步积累油脂，将第一步获得的藻液离心收获藻泥，再将其转入胁迫环境下积累油脂(缺氮和/或高光照)。Mujtaba 等[79]利用两步法养殖小球藻，小球藻生物量达到 1.87g/L 后将其转入缺氮条件下积累油脂，油脂含量可从 14.50%提高到 24.60%(干重)。“两步法”在一定程度上缓解了生物量积累与油脂积累的矛盾，但是由氮充足状态转为缺氮状态操作繁琐，胁迫诱导油脂过程中仍会对微藻生物量产生不利影响，难以应用于大规模生产中。中国石化微藻生物技术研发团队成功开发了“微氮刺激养殖工艺”，即在微藻养殖过程中添加微量氮源，实现了在不影响藻细胞生长的情况下提高油脂含量，进而达到提高油脂产量的目标，适于大规模养殖，便于程序智能化操作。养殖结果表明，采用微氮刺激的养殖工艺养殖小球藻，油脂产量相对于正常培养基条件下提高 74%，比缺氮条件下提高 416%，解决了微藻生物质积累和油脂含量不能同时提高的难题。微藻养殖过程中添加微量的氮源，一方面可以用于合成藻细胞生长繁殖所必需的代谢物，缓解膜脂与 TAGs 对合成前体的竞争，保证藻细胞的正常生长；另一方面，形成短期的氮胁迫环境，促进油脂的积累[80]。

微藻生物质和油脂大规模养殖下的实际产量仍然与理论最大值存在较大差距，微藻的巨大潜力并未完全展现出来，通过对现有高产油脂的藻种进行进一步的遗传改良，全面提高相关的生物性状，包括油脂含量、光合作用效率、生长速度等，是使微藻最终成为一种经济的、可持续的替代能源最有效的方法。值得注意的是，转基因藻种应用于大规模养殖仍有问题，其生态安全性难以评估，容易造成生态入侵，影响生态环境。

三、制约微藻生物能源生产化的瓶颈

微藻生物质是非常具有潜力的生物柴油的原料，2006~2008 年石油价格一度大幅上扬，大大刺激了微藻生物能源产业化技术的开发。我国是世界上第二大能源消费国，石油供给不足已经成为影响我国经济和社会发展的主要矛盾之一，发展替代能源是保障我国能源安全的重大战略举措。随着石油价格的上涨，我国也加大了对微藻生物能源的重视程度和研发力度，多家高校、研究院以及企业等已涉足微藻生物柴油领域，企业主要有中国石化股份公司、河北新奥科技发展有限公司、海南洋浦绿地能源科技有限公司、内蒙古金骄集团、兆凯生物工程研发中心(深圳)有限公司、嘉兴大祺生物能源有限公司等。除中国石化外，多家企业宣传开始进行能源微藻的中试养殖，但均未规模制备出生物柴油，随着石油价格的暴跌，微藻生物能源工业化几乎处于停滞状态。在此严峻的形势下，中国石化将微藻与炼油厂烟气减排结合，开发了微藻脱硝组合工艺，降低了微藻养殖成本并解决了炼油厂烟气排放难题，缓解了石油价格暴跌对微藻生物能源的冲击，目前正在进行工业示范。

“效率”和“成本”是制约微藻生物能源产业化的瓶颈。微藻油脂等有效成分的获得依赖于微藻生物质的积累，实现微藻生物能源产业化的前提是现实微藻养殖的产业化，即获得足够生产生物柴油的微藻生物质，能否实现高效率、低成本地生产大量微藻生物质是影响其能否实现产业化的核心因素。针对这一核心问题，国内外学者进行了多方面的探索工作，微藻的高效养殖技术逐渐成为追求的目标，包括利用兼养技术进行高密度微藻养殖和模拟自然湖泊河流中微藻爆发式生长等，意图通过高密度养殖技术，快捷有效地获得较大量的微藻生物质，为微藻生物质的利用奠定基础。微藻的生产潜力巨大，但目前只有不到 1%的潜力被发掘出来，加大微藻生物技术的研发力度，发挥微藻的潜力是重中之重。

微藻能进行多种营养方式，自养、异养和光能兼养，可以解决获得微藻生物质的效率难题。微藻可以像植物那样进行光能自养生长，利用光能和 CO_2 进行生长，生长速率虽然较陆地植物快，但相对于生产生物柴油所需的量而言，该生长速率远远不够；部分微藻可以像细菌那样利用有机碳源进行异养生长，生长速率可以提高十几倍甚至几十倍，主要在发酵罐中进行养殖；部分微藻还可以进行光能兼养生长，即同时利用光能和有机碳源中的化学能进行生长，生长速率高于自养和异养。采用异养的方式养殖微藻，虽然可以显著提高微藻的生长速率，但存在很多问题，最为突出的问题是有机碳源的利用率低和气体交换压力大。异养条件下，葡萄糖作为唯一碳源时，生物质产量与葡萄糖用量的比值波动范围为 0.62~1.08，相当于每生产 1kg 微藻生物质需要 0.93~1.61kg 葡萄糖，养殖成本较高[81,82]。微藻在异养生长过程中需要消耗大量 O_2，如果不能及时进行气体交换，会严重影响微藻的生长甚至导致养殖失败。

微藻光能兼养也称为混合营养培养，细胞生长速率大于或等于自养与异养之和，光的存在还能促进藻细胞内色素等需光代谢物的合成，有利于提高生物质品质，在微藻规模养殖中具有非常大的应用潜力。采用光能兼养的养殖方式养殖微藻，可以解决微藻异养过程中最突出的两个难题：一是光可以提高藻细胞对有机碳源的利用率，降低养殖成本，光能兼养条件下，小球藻的生物质产量与葡萄糖用量的比值可达到 1.77[83]，相当于每生产 1kg 微藻生物质需要 0.56kg 葡萄糖，远低于异养所需的 0.93~1.61kg 葡萄糖，显著降低养殖成本。另外合适的光暗周期还有利于葡萄糖的摄入，促进藻细胞的生长，提高效率。二是微藻在光能兼养生长过程中，细胞内自养代谢途径和异养代谢途径是同时进行的，自养代谢消耗 CO_2 释放 O_2，而异养代谢需要消耗 O_2 释放 CO_2，两个代谢途径的气体具有互补的作用，减小外界气体交换的压力，降低养殖的过程能耗。微藻光能兼养养殖，既提高了微藻生长速率又降低了养殖成本，同时解决了微藻养殖过程中“效率”和“成本”的难题。

微藻光能兼养养殖过程中需要消耗有机碳源，有机碳源是微藻光能兼养养殖成本中较大的一部分费用，为了降低微藻的生长成本，国外学者尝试着用廉价的有机碳源替代传统的有机碳源葡萄糖，例如醋酸、乳酸、甘油、糖蜜等[84]。2013 年，Kirrolia 等[85]对开放式跑道池、光生物反应器和发酵罐三种不同养殖模式下微藻的成本进行对比，三种养殖模式下生产单位质量油脂的成本分别是 7.64 美元/kg、24.6 美元/kg 和 1.54 美元/kg，生产单位质量微藻生物质的成本分别是 1.54 美元/kg、7.32 美元/kg 和 1.02 美元/kg。虽然微藻在发酵罐中养殖需要添加有机碳源，但生产成本最低，这主要是由于微藻在发酵罐中生长速率快，缩短了微藻生产周期，减小了生产单位质量微藻的人工费、设备折旧费、占地费等其他费用，从而降低了微藻生产成本。Kirrolia 等的结论与美国 NREL 实验室启动的微藻物种计划得出的结论相一致，光生物反应器等封闭系统对于微藻养殖是不具有经济可行性的，原因是装置的建设和维护成本太高。迄今为止，几乎所有的微藻大规模养殖生产都采用的类似跑道池的开放系统。尽管 Kirrolia 等没有对比光能兼养的生产成本，但通过生产效率和葡萄糖的利用率对比，微藻光能兼养的养殖成本会比异养更低，有助于攻克微藻规模养殖这一技术难题，只有攻克了这一难题，微藻生物能源才有可能走出实验室进入产业化，为建立微藻生物能源成套技术提供保障。

四、微藻脱硝并联产高价生物质

进入 21 世纪以来，环境污染日益突出，温室气体的减排、雾霾的治理等环境问题已成为各国在发展中必须面对和解决的问题。一方面，作为最大的发展中国家，我国正处于全面建成小康社会的关键阶段，而这一阶段是“重化工业主导”的发展阶段，工业废气的排放不可避免，其对环境的破坏作用正在越来越突出地表现出来。另一方面，我国在高速的经济发展中，对能源的需求与日俱增，能源安全问题也越发突出。通过构筑工业减排与微藻生物能源的循环经济模式，将传统的炼油工业与生物能源生产有机结合，是解决上述矛盾的理想方案。

石油化工企业在生产过程中会排放大量的烟气、污水和低温余热，其中烟气和污水中富含无机氮磷，而微藻的快速生长需要适宜的温度和充足的营养，藻细胞自养生长可以表示为：

$$106CO_2+16NO_3^-+H_3PO_4+0.05SO_4^{2-}+130H_2O \longrightarrow C_{106}H_{263}O_{110}N_{16}PS_{0.05}+144O_2$$

由此可见，碳、氮、磷是“微藻细胞工厂”的主要原料，也是微藻养殖的主要原料成本。因而将工业废气排放源的脱硝、碳吸收与生产微藻生物资源集成，不但解决了环境污染治理问题，而且降低了微藻的养殖成本，获得了高价值的微藻生物质，除了生产可再生的生物能源外，还可以通过微藻生物炼制生产生物基可降解材料、精细化学品、健康医药产品等，解决传统工业生产与环境保护的矛盾，践行“绿色低碳发展战略”。

微藻自养生长需要大量的 CO_2，每生产 1g 微藻生物质，能固定 1.83g CO_2[86]。关于微藻固碳的研究国内外进行了大量研究。新奥公司是中国较早提供大规模养殖、加工与技术集成整体解决方案的服务企业，2008 年完成了 600m^2 水平管式反应器、采收和提油中试车间的建设运行，利用煤制天然气中试装置分离的 CO_2 养殖微藻，实现了微藻固碳制备生物能源全流程的贯通[87]。但一直未见生物柴油规模生产的报道，目前该公司已经不再进行该领域的研发工作。成熟的螺旋藻工业养殖中碳源($NaHCO_3$)成本占有很大的比重，每养殖 1t 螺旋藻碳源成本约为 1 万元人民币[88]。如果采用工业废气中的 CO_2 代替 $NaHCO_3$ 来养殖螺旋藻，碳源成本可降为零，还可以带来减排的收益。根据《京都议定书》规定的目标，自 2005 年开始，欧盟、日本等发达国家已开始对 CO_2 的排放进行定量控制，对于中国等发展中国家，将于 2012 年开始对 CO_2 排放进行定量控制。我国每减排 1t CO_2 的指标售价为 100 元人民币(CDM 机制)，尽管碳排放税还未正式启动，但势在必行，因此利用微藻定点定量吸收工业排放 CO_2 不仅可降低成本，而且有利可图。中国石化在石家庄炼油厂建成了 400m^2 微藻减排二氧化碳示范基地，开发了配套养殖工艺，炼油厂烟气 CO_2 可直接用于微藻养殖，开发了薄层光生物反应器、膜袋光生物反应器、深池养殖技术和 CO_2 控制技术等，但仍有很多难题需要攻克，其中最突出的是如何提高微藻自养生长速率降低养殖面积。

除废气中的 CO_2 可以被微藻吸收利用外，废气中的 NO_x 也可代替氮肥被微藻吸收利用。国内外利用微藻进行工业 NO_x 减排的研究较多，多集中在将烟气直接通入到微藻养殖液中脱硝，或在减排烟气 CO_2 的同时固定微量的 NO_x，并在此基础上筛选耐受型藻株以及开展相应条件下某些生理响应的研究等，这些都不是真正意义上的微藻脱硝，仍处于实验室阶段。烟气 NO_x 直接通入到藻液中，在实际工业应用中存在严重的不匹配问题，未形成切实可行的利用微藻实现工业烟气减排的技术方案，完整可参考的中试结果国内外尚未见报道。针对该项国内外空白，中国石化开展微藻减排烟气并联产高价值微藻生物质的研究，成功开发了微藻脱硝组合工艺(见图 31-39)，并完成了中试验证。该工艺由化学脱硝单元、微藻固氮单元和微藻利用单元三部分组成。

化学脱硝单元，以 HNO_3 和氧化剂为吸收液，采用新工艺将烟气中 NO_x 高效固定为 HNO_3，通过过程强化克服了烟气中 NO 溶解度低、烟气持续排放与微藻周期性生长工况不匹配等难题，实现了低氧化度 NO_x 持续高效脱除。

微藻固氮单元，采用光能兼养的养殖方式提高微藻生长速率，实现无机氮到有机氮的高效转化，在此研究过程中开发了微藻循环养殖工艺，不但实现了直接将脱硝单元固定的 HNO_3 作为微藻养殖过程中的氮源，而且还实现了养殖液的循环利用，减少了微藻养殖过程中金属离子的投加量，在降低养殖成本的同时解决了养殖污水外排难题。

微藻利用单元，针对微藻生物质自身特点，进行分级细化综合利用，能源只是微藻生物质产品中的一部分，使其价值最大化，从而创造经济效益。在微藻脱硝组合工艺全流程技术攻克后，对催化剂焙烧产生的 NO_x 烟气进行了微藻脱硝中试验证，焙烧烟气中 NO_x 浓度 280～3000μg/g，烟气流量 550m^3/h，经过化学脱硝单元吸收塔后，烟气中 NO_x 小于

100μg/g，达到国家排放标准，一次性减排效率达到80%以上，同时得到15% HNO_3 用于微藻养殖，微藻养殖结果表明，生成的15% HNO_3 用作微藻光能兼养生长的氮源时对藻细胞的生长没有不良影响，微藻脱硝中试结果验证了从烟气 NO_x 到硝酸再到高价值微藻生物质的技术路线可行性，目前正在进行工业示范。

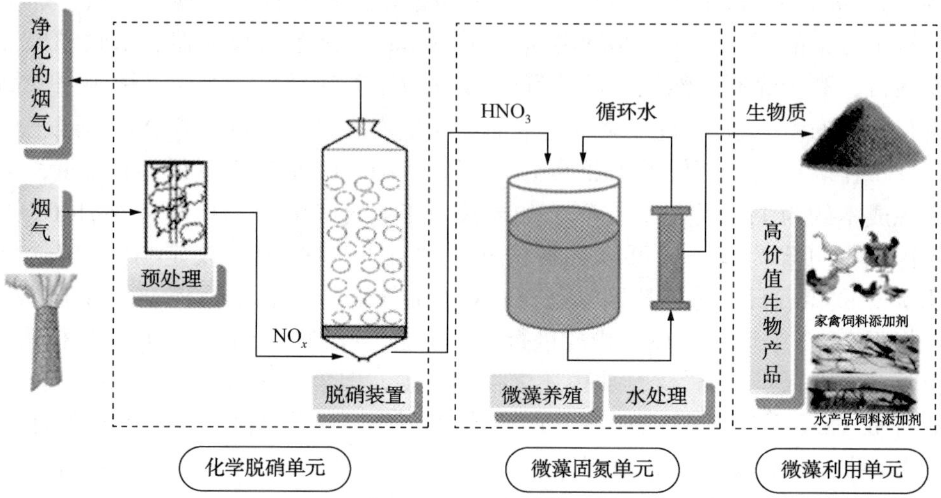

图31-39　微藻脱硝组合工艺

中国石化首创的微藻脱硝组合工艺实现了“烟气脱硝”与“微藻养殖”既紧密耦合又独立运行，还实现了烟气 NO_x 的高效脱除和高效转化，在常温常压下解决烟气 NO_x 环境污染的同时提高了氮元素的价值，变废为宝。微藻脱硝组合工艺正在进行工业示范，通过微藻减排中试及工业示范解决微藻减排放大过程中的工程问题、通过深入研究炼油厂烟气中物质在藻细胞内的代谢途径实现元素的追踪溯源、通过微藻生物质成分分析解决微藻生物产品安全性的问题，最终通过微藻减排同时实现炼油厂烟气超洁净排放、工艺零排放和变废为宝提高经济效益三重目标，为炼油厂清洁生产和资源循环利用提供切实可行的微藻工业减排的技术方案，构筑减排工业废气与生产微藻生物能源的循环经济体系[89]，见图31-40。

“生物炼油厂——微藻生物质的综合利用”是微藻生物能源技术发展可选的最佳路线之一，微藻生物质是宝贵的生物资源，除了提取油脂以加工生物柴油以外，其中的淀粉、纤维素、蛋白质均可以经过进一步加工而获得更高的效益。最简单的方式就是将提取了油脂的微藻生物质制成藻饼用作动物饲料，因为其中含有丰富的碳水化合物和蛋白质。当然，微藻中淀粉和纤维素也可以进一步发酵以制取生物乙醇燃料，而其他成分经过深加工还可以制取高附加值的医药产品和精细化学品。生物炼油厂可以充分发挥微藻生物质中每一种物质的功能，实现资源分级利用最大化，为微藻生物质带来更大的经济效益，在弥补养殖生产加工等环节的成本投入后具有经济利润。目前，生物炼油厂的概念在美国、加拿大和德国等从事生物柴油以及生物乙醇生产的工厂里已得到应用。在减排工业废气与生产微藻生物能源的循环经济模式中，生物炼油厂的概念至关重要，是实现资源最大化利用的关键。微藻生物能源工业化的巨大潜力处于艰难但可解决的挑战境况。

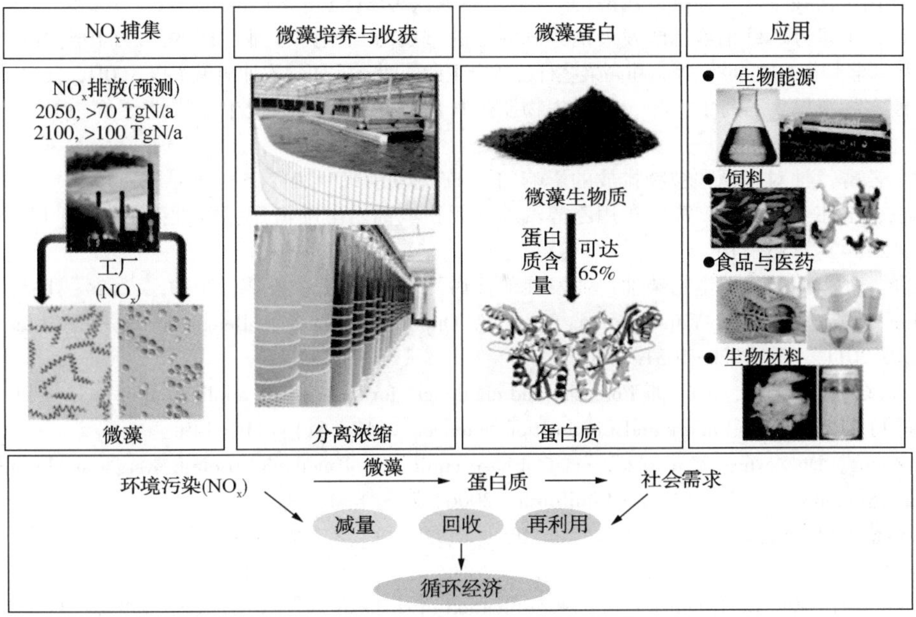

图 31-40　微藻减排循环经济体系

参　考　文　献

[1] 费华伟，王利宁，赫春燕，等．中国燃料乙醇发展现状及对石油行业的影响[J]．国际石油经济，2017(11)：40-44.

[2] 2018年中国糖蜜产量、需求量及价格走势分析[EB/OL]. 2018-02-07，中国产业信息网，http：//www. chyxx. com/industry/201802/611852. html.

[3] 史济春，曹湘洪．生物燃料与可持续发展[M]．北京：中国石化出版社，2007.

[4] 汤兆平，孙剑萍．乙醇燃料的发展及其在发动机中的应用拖拉机与农用运输车[J]. 2008(1)：12-13，16.

[5] 罗虎，李永恒，孙振江，等．木薯生料发酵生产燃料乙醇的工艺优化[J]．生物加工过程 2018，16(4)：80-85.

[6] 凌成金，张倩勉．木薯生料发酵乙醇工艺的研究[J]．轻工科技，2015(11)：20-21，31.

[7] 胡徐腾．纤维素乙醇研究开发进展[J]．化工进展，2011，30(1)：137-143.

[8] 王春明，陈方，陈云伟，等．美国纤维素乙醇燃料发展战略分析[J]．世界科技研究与发展，2010，32(4)：563-568.

[9] 陈洪章，邱卫华．秸秆发酵燃料乙醇关键问题及其进展[J]．化学进展，2007，19(7/8)：1116-1121.

[10] 杜风光，冯文生．秸秆生产乙醇示范工程进展[J]．现代化工，2009，29(1)：16-19.

[11] 龙力生物．纤维素乙醇开启未来[J]．中国经济周刊，2011(29)：69.

[12] 张小希，张丽春．纤维素乙醇可持续发展道路的探索[J]．现代化工，2008，28(2)：26-30.

[13] 曲音波．纤维素乙醇产业化[J]．化学进展，2007，19(7/8)：1098-1108.

[14] 于斌，齐鲁．木质纤维素生产燃料乙醇的研究现状[J]．化工进展，2006，25(3)：244-248.

[15] 许晓菁，王祥河，晋明芬，等．甜高粱生产燃料乙醇的研究进展[J]．现代化工，2008，28(3)：17-21.

[16] 胡徐腾．液体生物燃料：从化石到生物质[M]．北京：化学工业出版社，2013.

[17] 韩冰，王莉，李十中，等．先进固体发酵技术生产甜高粱乙醇[J]．生物工程学报，2010，26(7)：1-8.

[18] 岳国君，武国庆，郝小明．我国燃料乙醇生产技术的现状与展望[J]．化学进展，2017，19(7/8)：1084-1090.

[19] 舟丹．诺维信在华开发纤维素乙醇[J]．中外能源，2018(11)：84-84.
[20] 钱伯章，朱建芳．纤维素乙醇发展前景和我国的进展[J]．化学工业，2009，27(10)：13-16.
[21] 田宜水，李十中，赵立欣，等．甜高粱茎秆乙醇全生命周期分析[J]．农业机械学报，2011，(6)：131-137.
[22] 张艳丽，高新星，王爱华，等．我国生物质燃料乙醇示范工程的全生命周期评价[J]．可再生能源，2009，27(6)：63-68.
[23] 温溢．乙醇汽油对车辆颗粒物排放的影响[J]．车用发动机，2017(5)：73-76.
[24] 王春杰，王玮，汤大钢，等．车用乙醇汽油和无铅汽油对电喷汽车排放性能的影响[J]．环境科学，2014，25(4)：113-116.
[25] 闵恩泽，杜泽学．我国生物柴油产业发展的探讨[J]．中国工程科学，2010，12(2)：1-5.
[26] Lin Lin，Zhou Cunshan，Vittayapadung S，et al. Opportunities and challenges for bio-diesel fuel[J]. Appl Energy，2011，88：1020-1031.
[27] Avinash K A，Jai G G，Atul D. Potential and challenges for large-scale application of biodiesel in automotive sector[J]. Progress in Energy and Combustion Science，2017 (61)：113-149.
[28] Tang Zhong，Du Zexue，Min Enze，et al. Phase equilibria of methanol-triolein system at elevated temperature and pressure[J]. Fluid Phase Equilibria，2006，239：8-11.
[29] 唐忠．超临界醇解法生产生物柴油的热力学、动力学和工艺过程研究[D]．北京：石油化工科学研究院，2005.
[30] Noureddini H，Zhu D. Kinetics of transesterification of soybean oil[J]. JAOCS，1997，74：1457-1463.
[31] Brandani V. A continuous linear association model for determining the enthalpy of hydrogen-bond formation and the equilibrium association constant for pure hydrogen-bonded liquids[J]. Fluid Phase Equilibria，1983，12(1/2)：87-104.
[32] 杜泽学，唐忠，王海京，等．废弃油脂原料SRCA生物柴油技术的研发与工业应用示范[J]．催化学报，2013，34(1)：101-115.
[33] 张庆英，杜泽学，杏长鑫．SRCA生物柴油技术的工业应用[J]．石油炼制与化工，2017，48(1)：22-25.
[34] 冯光炷，张玉军．油脂化工产品工艺学[M]．北京：化学工业出版社，2005.
[35] Ji Jianbing，Wang Jianli，Li Yongchao，et al. Preparation of biodiesel with the help of ultrasonic and hydrodynamic cavitation[J]. Ultrasonics. 2006(44)：411-414.
[36] 冯诺．超声手册[M]．南京：南京大学出版社，1999.
[37] 计建炳，徐之超，王建黎，等．水力空化制备生物柴油的方法：中国，CN1687312[P]．2005-10-26.
[38] 陶志平．替代喷气燃料的进展及在我国发展的建议[J]．石油炼制与化工，2011，42(7)：91-96.
[39] Wei Hongjian，Liu Wenzhi，Chen Xinyu，et al. Renewable bio-jet fuel production for aviation：A review[J]. Fuel，2019，254：115599.
[40] IATA. Sustainable Aviation Fuel Roadmap[R/OL]. https：//www. iata. org/contentassets/d13875e9ed784f75bac90f000760e998/safr-1-2015. pdf.
[41] IATA. Carbon offsetting for international aviation[R/OL]. https：//www. iata. org/contentassets/fb745460050c48089597a3ef1b9fe7a8/paper-offsetting-for-aviation. Pdf.
[42] 刘广瑞，颜蓓蓓，陈冠益．航空生物燃料技术制备综述及展望[J]．生物质化学工程，2012，46(3)：45-48.
[43] 王泽，林伟刚，宋文立，等．生物质热化学转化制备生物燃料及化学品[J]．化学进展，2007，19(7)：1190-1196.
[44] Alonso D M，Bond J Q，Dumesic J A. Catalytic conversion of biomass to biofuel[J]. Green Chemistry，2010，12(9)：1493-1513.
[45] 闫瑞，郭勇，李杨，等．生物质衍生物催化转化制备喷气燃料组分的研究进展[J]．化工进展，2016，35(9)：2735-2745.
[46] 卢思，王琼，李浔，等．5-羟甲基糠醛制备及其应用研究进展[J]．林产化学与工业，2019，39(1)：13-22.

[47] Laurent E, Delmon B. Study of the hydrodeoxygenation of carbonyl, carboxylic and guaiacyl groups over sulfided CoMo/γ-Al_2O_3 and Ni-Mo/γ-Al_2O_3 catalysts. Ⅱ: Influence of water, ammonia and hydrogen sulfide [J]. Applied Catalysis, 1994, 109: 97-115.

[48] 黄卫国，李大东，石亚华，等．沸石催化剂上正十六烷的临氢异构化反应[J]. 催化学报，2003，24(9)：651-657.

[49] David K, Jan H. Deactivation of HDS catalysts in deoxygenation of vegetable oils[J]. Applied Catalysis, 2011, 394: 9-17.

[50] 赵阳，孟祥堃．硫对植物油加氢处理过程催化剂活性及化学反应的影响[J]. 石油炼制与化工，2013，44(9)：6-10.

[51] Veriansyah B, Han J Y, Kim S K, et al. Production of renewable diesel by hydroprocessing of soybean oil: Effect of catalysts[J]. Fuel, 2012, 94: 578-585.

[52] Furimsky E. Catalytic hydrodeoxygenation[J]. Applied Catalysis, 2000, 199: 147-19.

[53] Semol O I, Viljava T R, Krause A O I. Effect of sulphiding agents on the hydroxygenation of aliphatic esters on sulphided catalysts[J]. Applied Catalysis, 2007, 326: 236-244.

[54] 柳云骐，田志坚，徐竹生，等．正构烷烃在双功能催化剂上异构化反应研究进展[J]. 石油大学学报(自然科学版)，2002，26(1)：123-129.

[55] 黄国维，李承烈，刘凡．烃类异构化[M]. 北京：中国石化出版社，1992.

[56] Mériaudeau P, Tuan V A, Nghiem V T, et al. Comparative evaluation of the catalytic properties of SAPO-31 and ZSM-48 for the hydroisomerization of *n*-Octane: effect of the acidity[J]. Journal of Catalysis, 1999, 185(2): 435-444.

[57] Claude M C, Martens J A. Monomethyl-branching of long *n*-alkanes in the range from decane to tetracosane on Pt/H-ZSM-22 bifunctional catalyst[J]. Journal of Catalysis, 2000, 190(1): 39-48.

[58] 耿承辉，张飞，高志贤，等．Pt/SAPO-11 催化剂上长链烷烃临氢异构化产物分布规律的研究[J]. 石油学报(石油加工)，2005，21(2)：16-22.

[59] 王鲁强，李国红，郭庆洲，等．费-托合成蜡加氢提质生产基础油和特种蜡技术的工业应用[J]. 石油炼制与化工，2016，47(6)：5-9.

[60] Doucha J, Lívansky K. Outdoor open thin-layer microalgal photobioreactor: potential productivity[J]. Journal Applied Phycology, 2009, 21(1): 111-117.

[61] 王长海，鞠宝，董言梓，等．光生物反应器及其研究进展[J]. 海洋通报，1998，17(6)：79-86.

[62] Isaac Berzin. Synthetic and biologically-derived products produced using biomass produced by photobioreactors configured for mitigation of pollutants in flue gases: US, 20050239182 A1[P]. 2005.

[63] 杨苏，陈朝银，赵声兰，等．滇池蓝藻资源综合利用的研究进展[J]. 云南化工，2006，33(3)：49-53.

[64] 吴冲冲．水酶法藻油提取工艺的研究[D]. 北京：石油化工科学研究院，2014.

[65] Chisti Y. Biodiesel from microalgae[J]. Biotechnology Advances, 2007, 25: 294-306.

[66] Paula M, Roberto E A. Developments in oil extraction from microalgae [J]. European Journal of Lipid Science and Technology, 2011, 113: 539-547.

[67] Li Yangqun , Horsman M, Wang B, et al. Effect of nitrogen sources on cell growth and lipid accumulation of green alga Neochloris oleoabundans[J]. Applied Microbiology and Biotechnology, 2008, 81(4): 629-636.

[68] Khozin-Goldberg I, Cohen Z. The effect of phosphate starvation on the lipid and fatty acid composition of the fresh water eustigmatophyte Monodus subterraneus[J]. Phytochemistry, 2006, 67: 696-701.

[69] Lynn S G, Kilham S S, Kreeger D A, et al. Effect of nutrient availability on the biochemical and elemental stoichiometry in the freshwater diatom Stephanodiscus minutulus (Bcillariophyceae)[J]. Journal of Phycology, 2000, 36: 510-522.

[70] Rao A R, Dayananda C, Sarada R, et al. Effect of salinity on growth of green alga Botryococcus braunii and its constituents[J]. Biorescource Technology, 2007, 98: 560-564.

[71] Chen Bailing, Wan Chun, Mehmood M A, et al. Manipulating environmental stresses and stress tolerance of microalgae for enhanced production of lipids and value-added products - A review[J]. Bioresource Technology, 2017, 244: 1198-1206.
[72] Goh B H H, Ong H C, Cheah M Y, et al. Sustainability of direct biodiesel synthesis from microalgae biomass: A critical review[J]. Renewable and Sustainable Energy Reviews, 2019, 107: 59-74.
[73] U. S. Department of Energy. National Algal Biofuels Technology Roadmap[R]. 2010-05.
[74] Rabbani S, Beyer P, Von L J, et al. Induced beta-carotene synthesis driven by triacylglycerol deposition in the unicellular alga Dunaliella bardawil[J]. Plant Physiology, 1998, 116: 1239-1248.
[75] Zhekisheva M, Boussiba S, Khozin-Goldberg I, et al. Accumulation of oleic acid in Haematococcus pluvialis (Chlorophyceae) under nitrogen starvation or high light is correlated with that of astaxanthin esters[J]. Journal of Phycology, 2002, 38: 325-331.
[76] Li Yantao, Han Danxiang, Hu Guongrong. Chlamydomonas starchless mutant defective in ADP-glucose pyrophosphorylase hyper-accumulates triacylglycerol[J]. Metabolic Engineering, 2010, 12: 387-391.
[77] Yoon K, Han Danxiang, Li Yantao, et al. Phospholipid: diacylglycerol acyltransferase is a multifunctional enzyme involved in membrane lipid turnover and degradation while synthesizing triacylglycerol in the unicellular green microalga chlamydomonas reinhardtii[J]. Plant Cell, 2012, 24(9): 3708-3724.
[78] Li Jing, Han Danxiang, Wang Dongmei, et al. Choreography of transcriptomes and lipidomes of nannochloropsis reveals the mechanisms of oil synthesis in microalgae[J]. Plant Cell, 2014, 26(4): 1645-1665.
[79] Mujtaba G, Choi W, Lee C G, et al. Lipid production by chlorella vulgaris after a shift from nutrient-rich to nitrogen starvation conditions[J]. Bioresource Technology, 2012, 123: 279-283.
[80] Zhu Junying, Chen Wweixian, Chen Hui, et al. Improved productivity of neutral lipids in chlorella sp. A2 by minimal nitrogen supply[J]. Front Microbiol, 2016, 7: 557.
[81] Edrardo B S, Sturm Wilerson D, Julio C C, et al. Potential carbon dioxide fixation by industrially important microalgae[J]. Bioresource Technology, 2010, 101(15): 5892-5896.
[82] Chae S R, Hwang E J, Shin H S. Single cell protein production of euglena gracilis and carbon dioxide fixation in an innovative photo-bioreactor[J]. Bioresource Technology, 2006, 97(2): 322-329.
[83] Chen Weixian, Zhang Shanshan, Rong Junfeng, et al. Effective biological DeNOx of industrial flue gas by the mixotrophic cultivation of an oil-producing green alga chlorella sp. C_2[J]. Environmental Science and Technology, 2016, 50: 1620-1627.
[84] Gautam K, Pareek A, Sharma D K. Biochemical composition of green alga chlorella minutissima in mixotrophic cultures under the effect of different carbon sources[J]. Journal of Bioscience and Bioengineering, 2013, 116(5): 624-627.
[85] Kirrolia A, Bishnoi N R, Singh R. Microalgae as a boon for sustainable energy production and its future research & development aspects[J]. Renewable and Sustainable Energy Reviews, 2013, 20: 642-656.
[86] Chen H W, Yang T S, Chen M J, et al. Application of power plant flue gas in a photobioreactor to grow Spirulina algae, and a bioactivity analysis of the algal water-soluble polysaccharides[J]. Bioresource Technology, 2012, 120: 256-263.
[87] 王慧岭，刘敏胜，白雪梅，等．新奥：微藻能源技术的践行者[J]. 生物产业技术，2016，3：82-84.
[88] 李元广，谭天伟，黄英明．微藻生物柴油产业化技术中的若干科学问题及其分析[J]. 中国基础科学（工业生物技术专刊），2009，5：64-70.
[89] Qie Fengxiang, Zhu Junying, Rong Junfeng. Biological removal of nitrogen oxides by microalgae, a promising strategy from nitrogen oxides to protein production[J]. Bioresource Technology, 2019, 292: 122037.

第三十二章　炼油厂加工总流程及经济性分析

专家话炼油

炼油加工流程，就是根据可能加工的原油性质和需要生产的产品结构，选择有关的炼油单元技术进行有机组合的原油及各馏分加工方案的集成。炼油加工总流程的选择，将决定炼油厂的装置结构、公用工程及配套辅助系统的构成与规模，同时决定项目投资与运行效益[1]。

因此，炼油厂是由工艺生产装置、公用工程、储运设施、辅助生产设施及厂外配套系统构成的有机整体。炼油厂构成见图 32-1。

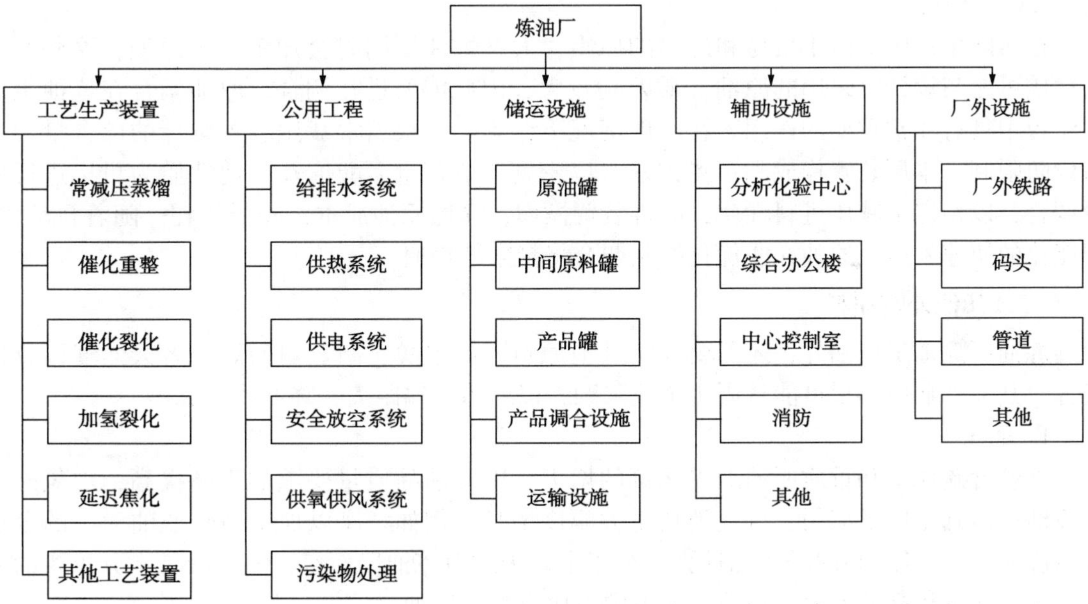

图 32-1　炼油厂构成图

第一节　炼油厂加工总流程

一、原油及其他外购原料

(一) 原油

1. 原油选择与优化

原油成本在炼油厂加工总成本中占比最大，一般超过 90%。因此在炼油厂设计和生产经营优化时，首先要研究的是原油的选择和优化。

在设计阶段，原油选择是确定总加工流程的基础，也是确定设备材质的基础。原油品种选择重点考虑加工原油的硫含量、酸值和密度。一般而言，靠近原油产地的炼油厂，以附近油田生产的原油品种为主；需要加工进口原油的炼油厂，选择储量、产量以及全球贸易量大的原油为代表油种，同时考虑加工原油性质具有一定的灵活性。目前国内沿海新建大型炼油厂以加工中东高硫原油为主，同时 API 度、硫含量和酸值有一定的适应范围。

在生产运行阶段，按照设计时设备所能承受的原油性质，根据实际可采原油资源，结合不同原油之间的品质差开展原油采购优化。进口原油价格计算公式如下：

$$进口原油价格=挂靠原油的基准价格+升贴水+运费+其他杂费 \quad (32-1)$$

式中，挂靠油种主要指计价常用的基准油种，如 Brent（布伦特）、Dubai（迪拜）、Oman（阿曼）和 WTI（西德克萨斯轻质中间基原油）。其中 Brent 代表低硫原油，Dubai 代表高硫原油，常用二者价差反映高低硫价差。

原油采购优化则重点关注不同基准油的价格及价差走势，原油市场升贴水变化，以及世界油船（基本）费率（WS）变化等。

2. 原油调合

在实际生产中，由于贸易和运输的原因，大型炼油厂同时会加工多种原油，这些原油的性质可能与设计时采用的原油性质差别较大，因此需要进行调合。原油调合在炼油生产总流程中具有非常重要的作用。在一般情况下，炼油厂根据常减压装置设计的硫含量和酸值设防限制、本厂装置构成和市场需求，以密度、硫含量、酸值及其他性质为目标进行原油调合，以稳定常减压进料性质，改善装置操作，降低原油成本，降低能耗。随着自动化、智能化的快速发展，原油在线优化控制调合将越来越普遍。

（二）其他外购原料

炼油厂除加工原油外，还需要加工其他原料，如甲醇、制氢用的煤或者天然气以及氢气等。其他外购原料尽可能从周边企业采购，以缩短运输距离，降低物流成本。

1. 氢气

随着含硫原油和重质原油加工比例的增大，以及油品质量要求的不断提高，加氢工艺在炼油厂得到了广泛应用，氢气消耗量大幅度增长。例如一座以加工高硫原油为主的全加氢型炼油厂，吨原油外补氢气消耗在1%以上。因此对炼油厂而言，氢气既是十分重要的原料，也是成本较高的原料，在原料成本中占比仅次于原油。

炼油厂氢气来源主要有以下几个途径：一是炼油厂重整装置副产氢气以及含氢气体回收氢气；二是化工部分副产氢气，包括乙烯裂解装置的副产氢气、丙烷脱氢及其他烷烃脱氢的副产氢气；三是炼油厂制氢装置生产的氢气；四是从周边产氢企业购买氢气，这条途径除考虑价格因素外，需重点关注其运行周期能否满足本企业连续生产的需要。

2. 制氢原料

炼油厂制氢装置原料主要分为两大类。一类是轻质原料，主要包括天然气、炼油厂干气、石脑油等，采用水蒸气转化法生产。轻质原料制氢，投资相对较低，原料成本相对较高。目前天然气、炼油厂干气仍作为部分制氢装置的原料，石脑油制氢因成本太高逐渐被淘汰。另一类为重质原料，主要包括渣油、脱油沥青、石油焦和煤，采用部分氧化法生产。

采用炼油厂干气作为制氢原料，需要统筹炼油厂燃料气消耗，从全厂角度综合平衡对比分析。天然气是比较理想的原料，但目前国内天然气价格相对较高，其经济性受影响。

在重质原料中，煤作为制氢原料得到快速发展。煤制氢相对投资较高，但其原料成本低，资源丰富，总的氢气成本低于其他制氢方式。目前受地方用煤指标限制，部分企业难以用煤作为制氢原料。在重质原料中，石油焦成本相对较低。随着高硫焦作燃料的市场需求萎缩，再加上环保的要求限制高硫石油焦出厂，石油焦将替代部分煤作为制氢原料。脱油沥青作为制氢原料，其经济性取决于原油价格及其收率，随着溶剂脱沥青装置脱沥青油收率的提高，其经济性趋好。

因此选择制氢原料，既要考虑可获得性及经济性，也要考虑二氧化碳排放(简称碳排放)因素。我国提出二氧化碳排放力争于2030年前达到峰值，努力争取2060年前实现碳中和，今后将加大对碳排放管控力度，征收碳税是降低碳排放的主要措施之一。据统计，每生产1吨氢气，煤制氢碳排放为22吨，天然气制氢为4.8吨，煤制氢为天然气制氢的4.5倍。如果碳税按照 50元/吨征收，煤制氢成本增加1100元/吨，天然气制氢成本增加 240元/吨，二者差860元/吨；如果碳税按照150元/吨征收，煤制氢成本增加3300元/吨，天然气制氢成本增加720元/吨，二者差2580元/吨[2]。

二、产品结构和产品质量

产品结构和产品达到的质量标准是炼油厂加工总流程选择首先需要研究的内容。产品结构要考虑区域市场终端消费及下游相关企业原料目前及未来的需求。

(一)产品结构

1. 成品油

成品油是石油炼制产品中占比最大的产品，成品油的需求量及结构随我国社会经济的快速发展尤其是交通运输业的快速发展而发生变化。2019年我国汽油表观消费1.39亿吨，柴油1.54亿吨，喷气燃料3670万吨。随着新能源汽车的快速发展，以及天然气、生物质能源等替代产品的发展，再加上我国汽车消费增速放缓，未来汽油消费增速缓慢。柴油消费已达平台期，未来呈下降趋势，未来消费柴汽比降到1以下。我国地域幅员辽阔，不同区域的消费结构也不尽相同，汽柴油产率和柴汽比的确定要考虑区域市场需求变化趋势[3]。

喷气燃料是成品油中增速较快的产品，其消费量高低与机场所在的地区密切相关。北京、上海和广州等地大型机场喷气燃料年消耗量在300万吨以上，部分省会及重点城市的机场年消耗量在100万吨以上，其他机场年消耗量约几十万吨，部分小型机场消耗几万吨甚至更少。确定喷气燃料产率要关注周边机场目前及未来消费量的变化。

2. 液化气

2019年我国液化气表观消费量6063万吨，产量4136万吨。其中工业用占40%，民用/商用占57%，交通运输占1%，其他占2%。

3. 沥青

2019年我国沥青表观消费量为5402万吨，产量5039万吨。

4. 石油焦

2019年国内石油焦消费3525万吨，产量2804万吨。从终端消费来看，电解铝约占62.6%，工业燃料占21%，钢铁占9.1%，出口预焙阳极材料占7.3%。

5. 船用燃料油

2019 年我国船用燃料油消费 1940 万吨，其中内贸船用 950 万吨(柴油馏分)，保税油 990 万吨(重质馏分)。2019 年我国外贸货物吞吐量 43 亿吨，保税油量 990 万吨，而新加坡货物吞吐量 6.3 亿吨，船用燃料油量 4680 万吨，未来我国低硫船用燃料油市场潜力较大。2020 年 1 月 22 日财政部、税务总局和海关总署联合发布《关于对国际航行船舶加注燃料油实行出口退税政策的公告》，对国际航行船舶在我国沿海港口加注的燃料油，实行出口退(免)税政策，增值税出口退税率为 13%。国内炼油厂积极布局低硫船用燃料油的生产。

6. 化工轻油

我国是石化产品消耗大户，因此化工轻油也是炼油厂的主要产品之一。2019 年化工轻油消费量约 8358 万吨。仅次于汽柴油消费量。

7. 润滑油和石蜡

2019 年我国润滑油产量为 621 万吨，表观消费量 639 万吨。石蜡产量 152.4 万吨，表观消费 95.74 万吨。

2015 年、2019 年我国主要石油产品产量和消费量与原油加工量比例见表 32-1。

表 32-1　2015 年、2019 年我国主要石油产品产量和消费量与原油加工量比例

年　份	2015 年		2019 年	
原油加工量/万吨	52199		65198	
石油产品类别	产率/%	消费量占比/%	产率/%	消费量占比/%
汽油	23.19	21.87	23.90	21.30
煤油	7.01	4.84	8.09	5.91
柴油	34.50	33.12	26.79	23.71
液化气	5.62	7.66	6.34	9.30
化工轻油	11.20	12.47	11.74	12.82
燃料油	4.43	7.41	3.79	6.07
润滑油	1.07	1.11	0.95	0.98
沥青	6.16	7.01	7.73	8.29
石油焦	4.79	5.45	4.30	5.41

数据来源：经济技术研究院统计数据，发展和改革委员会统计口径。

(二)产品质量

炼油厂的产品质量要满足国家最新的质量标准要求，新建项目产品质量要考虑投产后产品质量标准升级的可能性。出口产品要按照进口国的质量标准要求生产。石油产品的质量指标项目较多，与加工总流程密切相关的产品的主要性质见表 32-2。

表 32-2　与加工总流程相关的主要产品质量指标

产品名称	汽油	喷气燃料	柴油	船用燃料油	润滑油	石蜡	沥青	石油焦
主要性质	辛烷值 硫含量 烯烃含量 芳烃含量	冰点 烟点 硫醇硫含量 密度	十六烷值 硫含量 多环芳烃含量 馏程	硫含量 黏度 密度 残炭	黏度指数 饱和烃含量 密度 硫含量	熔点 含油量 针入度	针入度 软化点 延度	硫分 灰分 挥发分

续表

产品名称	汽油	喷气燃料	柴油	船用燃料油	润滑油	石蜡	沥青	石油焦
主要性质	苯含量 馏程 蒸汽压 密度	馏程	密度	灰分 镍 钠 铝+硅	黏度			

三、馏分油加工路线选择及平衡

原油是由多组分构成的复杂混合物，其沸点范围从常温一直到500℃以上，每个组分都有各自的特性。主要的石油产品为沸点范围相对较窄的混合物，因此通常通过常减压蒸馏装置，按照组分沸点的差别将原油“切割”成若干“馏分”。馏分油再进一步加工，生产满足市场需要的石油产品。

炼油厂的馏分油既包括从常减压蒸馏装置分馏出的侧线，也包括二次加工装置产生的馏程相近的组分。确定加工总流程过程就是各个馏分加工流程选择和确定过程。按照“分子炼油”的理念，石油加工将从以馏分油加工为主转化为馏分油加工和组分油加工相结合[4]。

(一)石脑油

石脑油馏分一般是指初馏点～180℃的馏分，其碳数分布为 C_5～C_{12}。其中≤65℃称为轻石脑油，主要是 C_5、C_6 组分；65～180℃为重石脑油，主要是 C_6～C_{12}。石脑油馏分来源，一是常减压的初馏塔顶和常压塔顶生产的石脑油，一般称为直馏石脑油；二是二次加工装置生产的石脑油，主要有加氢石脑油、焦化石脑油、催化裂化汽油和重整生成油(又可分为芳烃和抽余油)等。石脑油馏分平衡示范表如表32-3所示。

在炼化一体化企业中，石脑油既可作为乙烯裂解原料，也可作为重整料。作为乙烯裂解原料，一般要求链烷烃含量大于65%；作为重整原料，芳烃潜含量要相对较高。

直馏轻石脑油在炼化一体化企业中作为乙烯裂解原料；在燃料型炼油厂中或外售给乙烯厂，或建设异构化装置，提高其辛烷值，做汽油调合组分。加氢裂化轻石脑油异构烷烃含量较高，可以直接作为汽油组分，或正异构分离后，异构烃作为汽油组分，正构烃作为乙烯裂解原料。

直馏重石脑油根据其组成情况，合理安排加工路线。一般石蜡基原油的重石脑油适宜做乙烯裂解原料，环烷基原油的重石脑油适宜做重整料。焦化石脑油加氢后可作为乙烯裂解原料，燃料型炼油厂作为重整原料。加氢裂化重石脑油是优质的重整原料。

重整芳烃可作为PX生产原料，或作为汽油调合组分。重整抽余油可以作为汽油调合组分，也可作为乙烯裂解原料，或作为溶剂油的生产原料。

催化裂化汽油精制后作为汽油调合组分。催化裂解汽油经过汽油加氢装置后去芳烃抽提，芳烃作为芳烃产品或者生产 PX 原料，其余组分作为汽油调合组分。

两种类型企业的石脑油馏分加工流程分别如图 32-2 和图 32-3 所示。

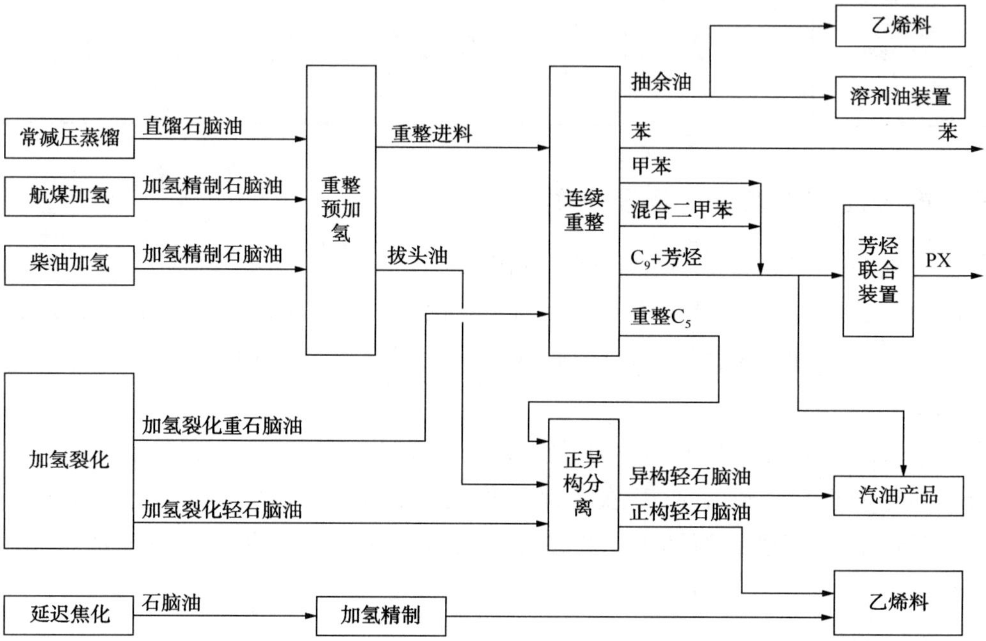

图 32-2　炼化一体化企业石脑油馏分加工流程示意图

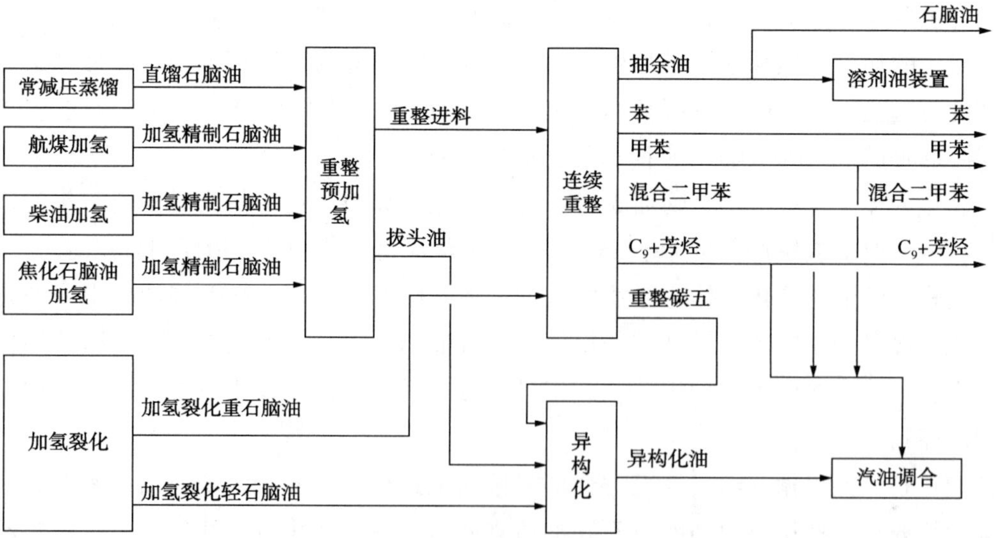

图 32-3　燃料型炼油厂石脑油馏分加工流程示意图

表 32-3　石脑油平衡示范表　　kt/a

产出			加工流向						
装置	物料名称	产量	轻烃回收	重整预加氢	连续重整	正异构分离	乙烯裂解原料	汽油调合组分	芳烃产品
常减压蒸馏	初常顶油	1200	1200	—	—	—	—	—	—
	常顶一级油	500	—	500	—	—	—	—	—
轻烃回收	石脑油	1050	—	1050	—	—	—	—	—
航煤加氢	加氢石脑油	10	—	10	—	—	—	—	—
柴油加氢	加氢石脑油	40	—	40	—	—	—	—	—
重整预加氢	拔头油	445	—	—	—	—	445	—	—
	重整进料	1205	—	—	1205	—	—	—	—
加氢裂化	轻石脑油	150	—	—	—	150	—	—	—
	重石脑油	400	—	—	400	—	—	—	—
渣油加氢	RDS 粗石脑油	50	—	50	—	—	—	—	—
正异构分离	异构轻石脑油	78	—	—	—	—	—	78	—
	正构轻石脑油	103	—	—	—	—	103	—	—
连续重整	重整 C_5	32	—	—	—	32	0	—	—
	抽余油	289	—	—	—	—	289	—	—
	苯	80	—	—	—	—	—	—	80
	甲苯	273	—	—	—	—	—	273	—
	混合二甲苯	321	—	—	—	—	—	—	321
	C_9^+芳烃	385	—	—	—	—	—	385	—
	小计	6611	1200	1650	1605	182	837	736	401
合计	6611		6611						

(二)煤油

煤油主要来自常一线，一般馏程为 140～240℃，实际生产中根据原油性质、煤油需求量及产品质量指标要求调整初馏点和终馏点。

煤油馏分主要用于生产喷气燃料，少量用于生产灯煤及液蜡组分。我国喷气燃料消费量增长较快，因此喷气燃料是炼油厂主要增产的成品油之一。由于直馏馏分产量有限，部分企业通过加氢裂化装置增产喷气燃料。煤油加工流程示意和平衡示范分别如图 32-4 和表 32-4 所示。

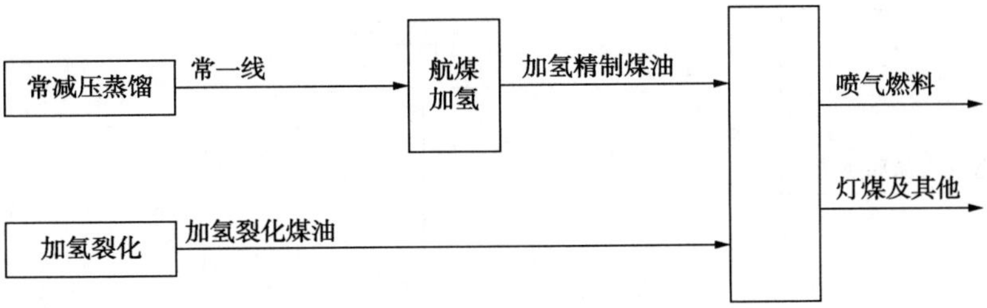

图 32-4　煤油加工流程示意图

表 32-4　煤油平衡示范表

kt/a

产出			加工流向		
装置	名称	产量	煤油加氢	喷气燃料	灯煤及液蜡组分
常减压蒸馏	常一线	1200	1200	—	—
煤油加氢	加氢精制煤油	1188	—	1108	8
加氢裂化	加氢裂化喷气燃料	300	—	300	—
	小计	2688	1200	1408	80
合计	2688		2688		

(三)柴油

柴油通常指 180~350℃馏分，包括常减压蒸馏装置生产的直馏柴油馏分和二次加工装置生产的催化裂化轻循环油(LCO)、焦化柴油、加氢裂化柴油馏分等。

直馏柴油一般来自常一线、常二线、常三线和减一线。直馏柴油馏分十六烷值高低与原油性质相关，石蜡基原油的直馏柴油十六烷值较高，经过加氢精制可作为产品组分；环烷基原油的直馏柴油十六烷值较低，一般需加氢改质后作为产品组分。

二次加工生产的柴油馏分性质与加工工艺相关。减压馏分加氢裂化的柴油馏分十六烷值很高，是优质的柴油组分。焦化柴油十六烷值较高，经过加氢精制脱除杂质后，作为柴油组分。LCO 十六烷值较低，硫、氮等杂质含量高，仅通过加氢精制十六烷值仍较低，一般去调合馏分型燃料油，或者部分作为柴油组分。部分企业将 LCO 加氢后去催化裂化装置回炼。LCO 也可先通过分离，分成轻、重组分后，再分别进行加工。

少数炼化一体化企业将链烷烃含量高的柴油用作乙烯裂解原料。化工型炼油厂一般将柴油馏分通过加氢裂化加工，生产重整原料或者乙烯裂解原料。

柴油馏分可能的加工流程示意图和平衡示范表分别如图 32-5 和表 32-5 所示。

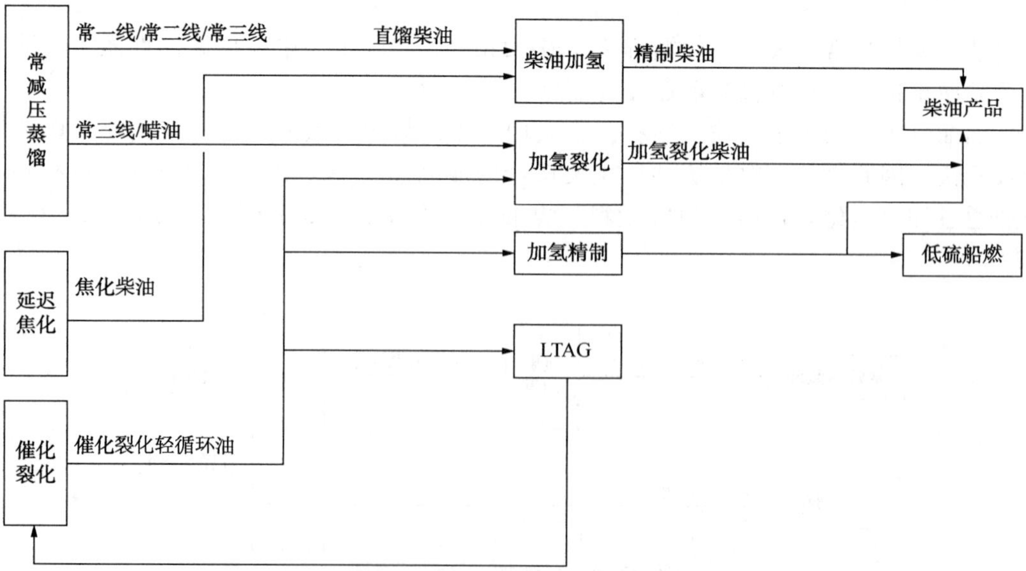

图 32-5　柴油馏分可能的加工流程示意图

表 32-5　柴油馏分平衡示范表　　kt/a

产出			加工去向					
装置	名称	产量	柴油加氢	加氢裂化	催化裂化	LCO 转化	调合低硫船燃	车用柴油
常减压蒸馏	常二线/常三线	1600	1600	—	—	—	—	—
柴油加氢	加氢精制柴油	1739	—	—	—	—	—	1739
加氢裂化	加氢裂化柴油	200	—	—	—	—	—	200
渣油加氢	渣油加氢柴油	200	200	—	—	—	—	—
催化裂化	LCO	600	—	200	—	300	100	—
LCO 转化	LCO 转化柴油	270	—	—	270	—	—	—
	小计	4609	1800	200	270	300	100	1939
合计	4609		4609					

(四)重馏分油

重馏分油加工流程示意图和平衡示范表分别如图 32-6 和表 32-6 所示。

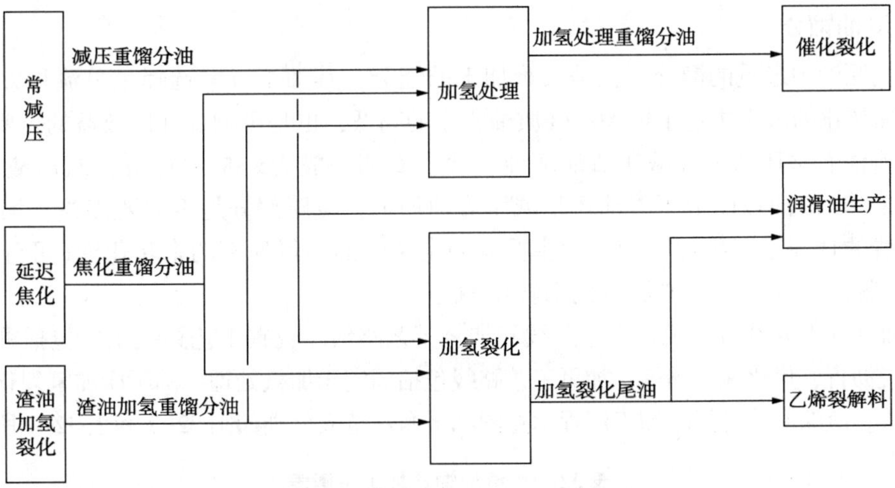

图 32-6　重馏分油加工流程示意图

燃料型炼油厂减压重馏分油(VGO)通常包括减一线、减二线、减三线和减四线，减二线和减三线可作为加氢裂化原料，所有减压馏分油经过加氢处理后均可作为催化裂化原料。燃料-润滑油型炼油厂 VGO 包括减一线、减二线、减三线、减四线和减五线，减二、减三、减四和减五线均作为生产润滑油基础油的原料。减一线一般作为柴油馏分，随着市场柴油需求量减少，减一线也可和其他减压馏分一起作催化裂化或加氢裂化原料。

焦化重馏分油(CGO)经加氢处理后可作为催化裂化原料，或作为加氢裂化原料。CGO 氮含量较高，对加氢催化剂有一定的影响。

渣油加氢裂化重馏分油一般作为减压馏分加氢裂化原料，或经加氢处理后作为催化裂化原料。

减压馏分加氢裂化尾油在炼化一体化企业中一般作为乙烯裂解原料，在燃料-润滑油型炼油厂可作为生产润滑油基础油的原料，在燃料型炼油厂中可作为催化裂化原料。

表 32-6 重馏分油平衡示范表 kt/a

产 出			加工流向			
装 置	名 称	产 量	加氢裂化	润滑油系统	加氢处理	乙烯裂解料
常减压蒸馏	减二线	800	600	200	—	—
	减三线	900	600	300	—	—
	减四线	600	—	300	300	—
	减五线	800	—	200	600	—
延迟焦化	CGO	450	150	—	300	—
加氢裂化	加氢裂化尾油	475	—	—	—	475
	小计	4025	1350	1000	1200	475
合计	4025		4025			

（五）渣油馏分

渣油是原油中最重的馏分，也是最难加工的馏分，其加工方案选择是总流程方案研究的重点。渣油转化的多少决定了炼油厂轻质油收率的高低，也是影响炼油厂效益的重要因素。

直馏渣油有常压渣油和减压渣油两种。常压渣油一般为>350℃馏分，减压渣油为>540（570）℃馏分。渣油按照常压渣油还是减压渣油加工，减压部分是否需要深拔，均取决于渣油加工路线的选择。二次加工的渣油主要有固定床渣油加氢处理的未转化油（可分为常渣或者减渣）、脱油沥青、渣油加氢裂化未转化油等。

渣油加工工艺路线分为脱碳工艺路线和加氢工艺路线。脱碳工艺路线主要包括重油催化裂化，溶剂脱沥青、焦化和减黏等；加氢工艺路线包括固定床加氢处理、沸腾床加氢裂化、浆态床加氢裂化等。渣油馏分可能的加工流程示意图和平衡示范表分别如图 32-7 和表 32-7 所示。

表 32-7 渣油馏分加工平衡表 kt/a

产 出			加工流向					
装 置	名 称	产 量	渣油加氢	催化裂化	延迟焦化	溶剂脱沥青	调合低硫船燃	沥青组分
常压蒸馏	常压渣油	3600	3600	—	—	—	—	—
常减压蒸馏	减压渣油	2400	—	—	1400	1000	—	—
渣油加氢	加氢常渣	3060	—	2360	—	—	700	—
溶剂脱沥青	脱油沥青	450	—	—	—	—	—	450
	小计	9510	3600	2360	1400	1000	700	450
合计	9510		9510					

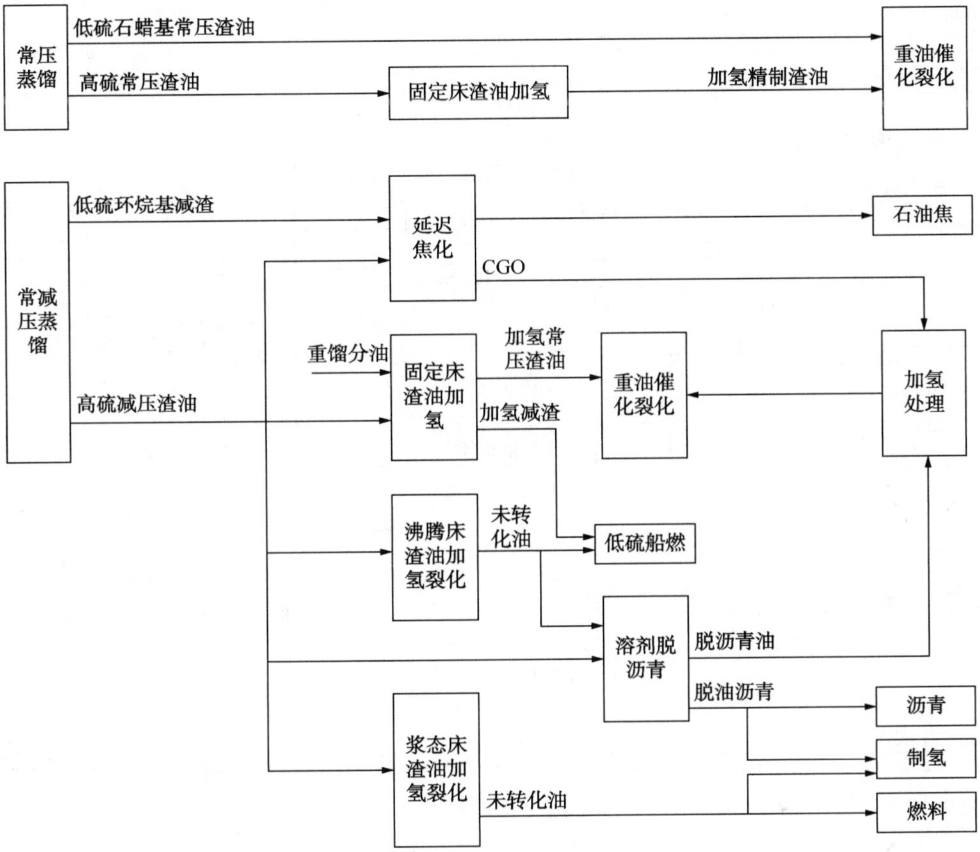

图 32-7　渣油加工流程示意图

(六)轻烃

炼油厂的轻烃是指 C_5 以下馏分，主要是 C_1~C_4 组分。轻烃主要包括原油所带的轻烃以及二次加工装置所产轻烃。按是否含烯烃可将轻烃划分为饱和轻烃和非饱和轻烃。饱和轻烃主要来源于常减压蒸馏、各类加氢、重整等装置，非饱和轻烃主要来源于催化裂化、延迟焦化、催化裂解等装置。

饱和轻烃大多集中在轻烃回收装置进行分离加工，通过吸收稳定等过程分离出干气（C_1~C_2）、液化气（C_3~C_4）和轻石脑油（C_5~C_6），并根据需要进行脱硫处理。干气一般作为自用燃料气，或者作为做制氢原料，或者分离出富乙烷气做乙烯裂解原料；液化气作为商品外销，或者作乙烯裂解原料，或者分离出丙烷作丙烷脱氢原料。

非饱和轻烃一般通过干气和液化气脱硫后送至气体分馏装置进行加工，分离出干气（C_1~C_2）、丙烷、丙烯和 C_4 组分。催化干气可以作为乙苯装置原料，或者分离出富乙烷气和富乙烯气作为乙烯裂解原料，或者作为自用燃料气。丙烷可作为丙烷脱氢原料，或作为乙烯裂解原料，或作为商品外销。非饱和 C_4 组分可以作为甲基叔丁基醚（MTBE）、叠合、烷基化等装置的原料，生产汽油调合组分。

炼油厂干气和液化气加工流程分别如图 32-8 和图 32-9 所示。

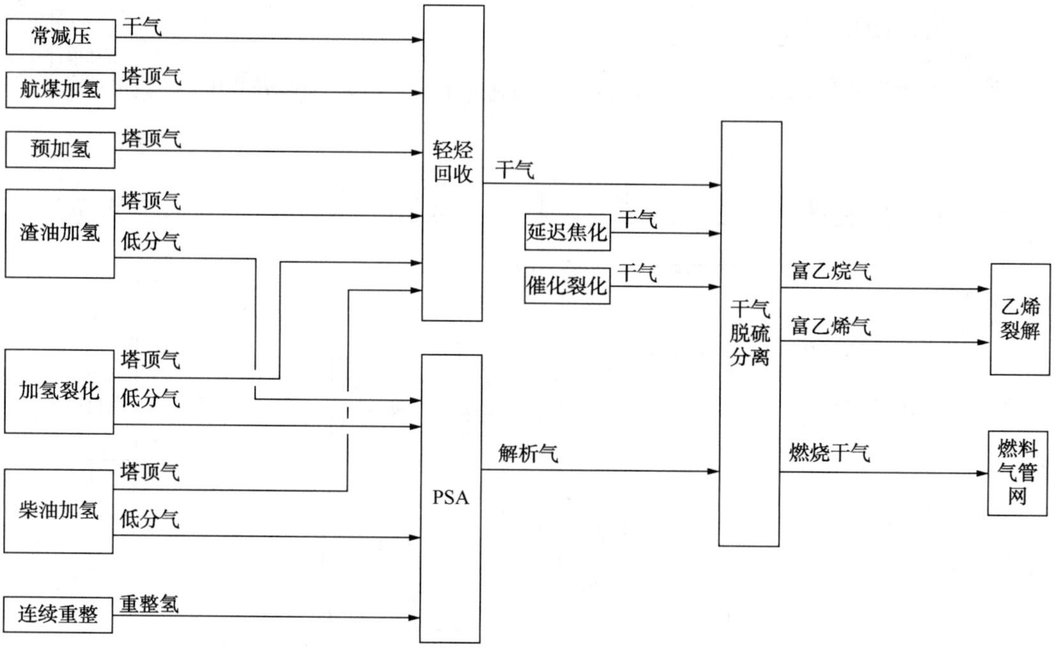

图 32-8　炼油厂干气加工流程示意图

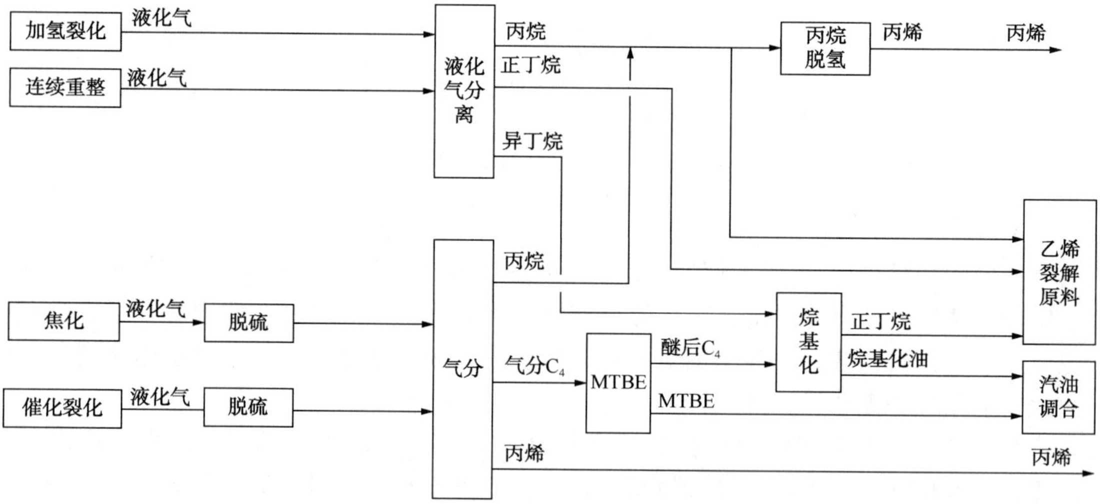

图 32-9　炼油厂液化气加工流程示意图

四、全厂平衡

（一）物料平衡及主要技术经济指标

1. 物料平衡

物料平衡是炼油厂生产运行和统计管理的重要内容。通过物料平衡，能够全面了解物流走向和收率，分析企业生产安排是否合理，产品收率和各项经济技术指标是否在受控范围内。

炼油物料平衡指炼油生产由原料(原油及外购原料油)投入，各装置加工、精制、调合到产品交库的整个过程中，原料投入到产品产出之间的平衡关系。物料平衡按照范围可分为装置层面的平衡和全厂平衡，按照时间可分为年平衡、月平衡和日平衡。炼油物料平衡基本公式为：

原油及外购原料油(气)加工量=石油产品综合商品量+石油产品综合自用量+原油加工损失量+半成品及原料库存增减量+其他损失量　(32-2)

式中：原油及外购原料油(气)加工量是指用于炼油厂加工生产的原油和除原油外的其他原料投入量，例如外购的氢气、甲醇等；石油产品综合商品量是指报告期内生产的可供销售的石油制品资源总和；石油综合自用量是指供全厂所有装置作燃料的燃料油、燃料气、其他用作炼油厂燃料的产品、催化裂化烧焦量以及用于炼油厂装置辅助材料的产品；原油加工损失量指炼油厂在原油加工过程中的全部损失量，包括瓦斯跑损、污水含油损失、生产装置加工损失、半成品输调损失等；半成品及原料库存增减量指半成品、原料油的期末、期初库存差额；其他损失是指在原油加工过程中因自然灾害、事故跑冒、清罐等造成的半成品及原料损失[5]。

在总流程研究中一般开展年度物料平衡分析，不考虑半成品及原料库存增减量，所有损失进行合并。

2. 主要技术经济指标

炼油厂主要技术经济指标有轻质油收率、综合商品率、综合自用率、损失率、柴汽比、综合能耗等。

全厂物料平衡及主要技术经济指标示范表见表32-8。

表32-8　全厂物料平衡及主要技术经济指标示范表

投入			产出		
序号	名称	加工量/(kt/a)	序号	名称	产量/(kt/a)
1	外购原油	15000	1	商品	14582
	沙特轻质原油	5000		汽煤柴小计	7715
	沙特重质原油	5000		92号国Ⅵ汽油	900
	科威特原油	5000		95号国Ⅵ汽油	2150
2	外购原料	220		98号国Ⅵ汽油	600
	外购甲醇	100		喷气燃料	2000
	外购氢气	120		国Ⅵ车用柴油	2065
				蒸汽裂解原料	3799
				富乙烯气体	51
				富乙烷气体	148
				丙烷	250
				液化气	300
				石脑油	2150
				加裂尾油	900

续表

投　入			产　出		
序　号	名　称	加工量/(kt/a)	序　号	名　称	产量/(kt/a)
				低硫船燃	1000
				其他产品	2068
				芳烃类	810
				丙烯	308
				沥青	600
				硫黄	350
			2	自用	613
				燃料气	193
				催化烧焦	420
			3	损失	25
	原料合计	15220		合计	15220
			4	技术经济指标	
				综合商品率/%	95. 8
				综合自用率/%	4. 03
				轻油收率/%	70. 14
				损失率/%	0. 18
				柴汽比	0. 57
				综合能耗/(kgEO/t)	58

(二)氢气平衡及优化

炼油厂产氢装置较少，耗氢装置较多，氢气的纯度不同，压力等级也有差异。如何优化用好不同品质的氢气十分重要[6,7]。一般炼油厂氢气管网按照纯度和压力等级分为多个氢气系统。图 32-10 为氢气网络系统示意图。

1. 供氢

按氢气获取途径的不同，可将炼油厂氢源分为制氢装置提供的高纯氢、重整装置副产重整氢及化工装置副产化工氢、尾气回收供氢。

(1)制氢装置生产高纯氢，如天然气蒸汽转化制氢、炼油厂干气蒸汽转化制氢、煤制氢等，这类氢源 H_2 纯度体积分数一般为 95%～99. 9%(PSA 一般 99. 9%)，其余主要成分是 CH_4等，是炼油厂耗氢装置的理想原料，但由于制氢装置能耗高、CO_2 排放量大，这类氢源是优化调整的重点对象。

(2)重整装置副产 H_2 纯度体积分数一般为 93%左右，CH_4 含量一般<3%，其余主要为 C_{2+}组分。尽管其 H_2 纯度较低，但由于 C_{2+}组分在耗氢装置反应产物液态烃中溶解性较好，对循环氢纯度影响较小，因此重整氢也是炼油厂耗氢装置比较理想的氢源。

(3)化工氢主要是指乙烯装置副产的乙烯氢，以及丙烷脱氢、苯乙烯等脱氢装置的富氢

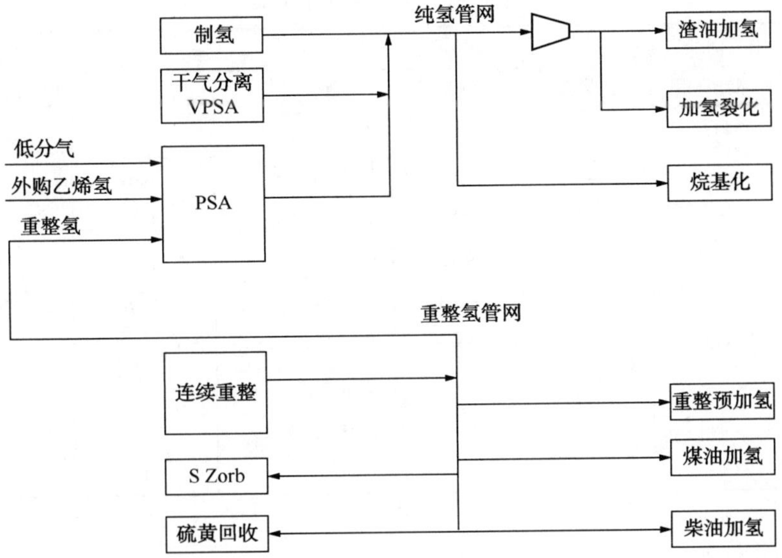

图 32-10　炼油厂氢气网络示意图

气体。乙烯氢 H_2 纯度体积分数一般在 93%~95%，CH_4 体积含量一般在 5%左右，CH_4 极易在循环氢中累积，造成循环氢 H_2 纯度迅速下降。测算表明，对于高压加氢装置，新氢中 CH_4 含量每升高 1 个百分点，其循环氢纯度下降约 6 个百分点。此外，乙烯氢中还含有微量的 H_2O、H_2S、NH_3 等杂质，因而应尽量避免与带氯的重整氢混合。

(4)尾气回收氢主要是指炼油厂富氢的排放气经氢提纯装置提浓后得到的氢气物流。根据回收措施不同，这类氢源的氢纯度略有差别，其他成分主要为 C_1~C_3轻烃，可以直接并入氢气管网或送至耗氢装置使用。主要回收的气体有：加氢装置排放氢、低分气；加氢装置外排干气、重整氢经 PSA 后的解吸气、焦化干气、催化裂化干气等含氢气体。

2. 耗氢装置

耗氢装置分为高压装置、中压装置和低压装置。高压装置一般用高纯氢，低压装置一般用重整氢，中压装置根据全厂氢平衡情况两类纯度的氢气均可。另外有一些特殊用氢装置需要高纯氢。如果重整氢或化工氢能满足工艺要求，一般不需要将重整氢、化工氢等进一步提纯，这样可以降低能耗，同时减少一部分氢气随解吸气排放而造成的损失。

3. 氢气管网优化

氢气管网优化需综合考虑供氢单元、耗氢单元、氢回收单元、氢管网布置等因素，根据各氢源组成(H_2 纯度、CH_4 等轻烃含量、杂质等)及压力差别，对各氢源进行优化匹配、梯级利用，实现不同品质的氢气“高质高用，低质优用”。一是优化氢气物流走向及氢气管网布置，满足各耗氢装置氢气压缩机对氢气管网压力、流量等需求；二是优化耗氢装置用氢，满足耗氢装置工艺要求(氢油比、氢分压等)，确保产品质量及催化剂长周期运转；三是注重氢气回收，提高系统氢气利用率。

炼油厂氢气平衡示范表见表 32-9。

表 32-9　氢气平衡示范表

kt/a

产氢				耗氢			
名　称	重整氢	乙烯氢	纯氢	名　称	重整氢	乙烯氢	纯氢
连续重整	113	—	—	煤油加氢	9	—	—
乙烯氢	—	28	—	柴油加氢	38.6	—	—
PSA 装置	—	—	58	石脑油加氢	4.5	—	—
干气分离	—	—	9.2	S Zorb	4.3	—	—
外购纯氢	—	—	88.3	PSA 装置	56.6	28	—
小计	113	28	155.5	加氢裂化	—	—	62
				渣油加氢	—	—	93
				烷基化	—	—	0.5
				小计	113	28	155.5

(三)全厂硫平衡

降低硫排放是环保要求的重要指标之一。通过硫平衡计算可获得硫在生产过程中的分布和去向，为制定环境保护和清洁生产方案提供必要数据和依据。硫平衡一般从入方和出方两方面考虑，见表 32-10。

入方一般包括加工的原油、外购原料及外购燃料带入的硫；出方一般包括产品带出的硫，硫黄回收得到的硫黄产品，废气排放带出的硫(加热炉烟气、锅炉烟气、催化裂化烟气、硫黄回收尾气等)，污水和废渣带出的硫以及无组织排放等带走的硫等[8,9]。硫回收率计算公式如下：

$$硫黄回收率 = 硫黄产量/所有外购原料和燃料带入的硫数量\times100\% \qquad (32-3)$$

表 32-10　全厂硫平衡示范表

入方					出方				
名　称		加工量/kt	硫含量/%	数量/kt	名　称		产量/kt	硫含量/%	数量/kt
1	原油				1	产品			
	沙特轻质油	5000	1.99	99.5		汽油	3650	0	0
	沙特重质油	5000	3.05	152.5		喷气燃料	2000	0.03	0.6
	科威特原油	5000	2.64	132		柴油	2065	0	0
2	外购原料					石脑油	2150	0	0
	氢气	120				加裂尾油	900	0	0
	甲醇	100				低硫船燃	1000	0.49	4.9
						沥青	600	4.65	27.9
					2	回收			
						硫黄	350	100	350
					3	排放			

续表

入方				出方			
名　称	加工量/kt	硫含量/%	数量/kt	名　称	产量/kt	硫含量/%	数量/kt
				废气			0.2
				污水			0.2
				废渣			0.2
				4　损失			
合　计			384	合　计			384

(四)燃料气系统及平衡

炼油厂燃料气(又称瓦斯)系统一般分高压和低压两个等级，高压瓦斯系统负责给各工艺生产装置及动力锅炉提供燃料气，低压瓦斯系统与各装置低压放空系统相连[10,11]。

(1) 高压瓦斯系统 高压瓦斯系统管网压力控制在 0.45~0.50MPa。由装置产生的干气经脱硫后送入，主要为生产装置加热炉提供燃料。当高压燃料气产量低于消耗量时一般采用补烧液化气、天然气等；当产量大于消耗量时，通过给动力站提供燃料或者外销周边单位实现平衡。

(2)低压瓦斯系统 低压瓦斯系统主要由各装置的产生的低压瓦斯送入，通过气柜、压缩机升压、脱硫后并入高压瓦斯系统。

炼油厂燃料气管网示意图及全厂燃料气平衡示范表分别如图 32-11 和表 32-11 所示。

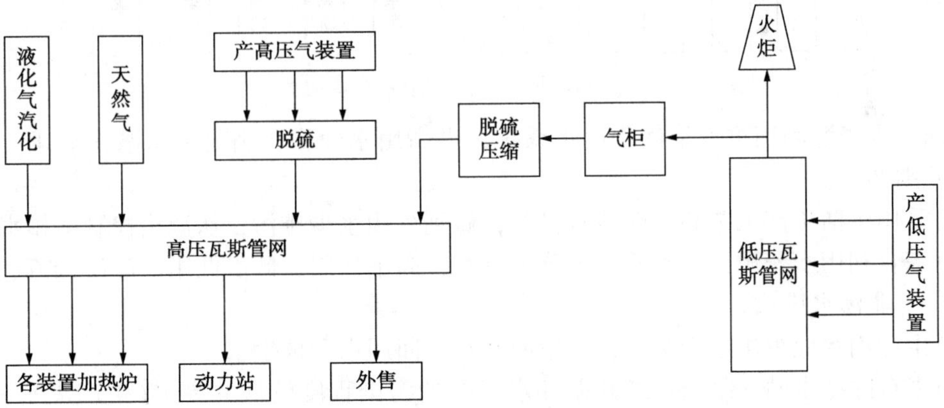

图 32-11　炼油厂燃料气管网示意图

表 32-11　全厂燃料气平衡示范表　　kt/a

装置名称	燃料气产出	燃料气消耗	装置名称	燃料气产出	燃料气消耗
常减压	—	40.2	S Zorb	4	8
加氢裂化	—	21.2	气体分馏	5	—
渣油加氢	—	23.2	干气回收分离	115	—
连续重整	—	111.1	烷基化	3.5	5.3
催化裂化	—	2.2	硫黄回收	—	15
柴油加氢	—	12.8	外补：天然气	118.5	—
煤油加氢	—	7	合计	246	246

第二节　配套系统

一、给排水系统

水是企业生产的重要保障资源，在炼油厂生产经营中起着重要的作用，一方面可以作为分离剂移除杂质，另一方面也可以作为冷热载体和原料使用。炼油厂给排水系统包括给水系统、排水系统及事故排水系统，其构成见图 32-12。随着炼油厂低温热的利用，还包括热媒水和冷媒水系统[12,13]。

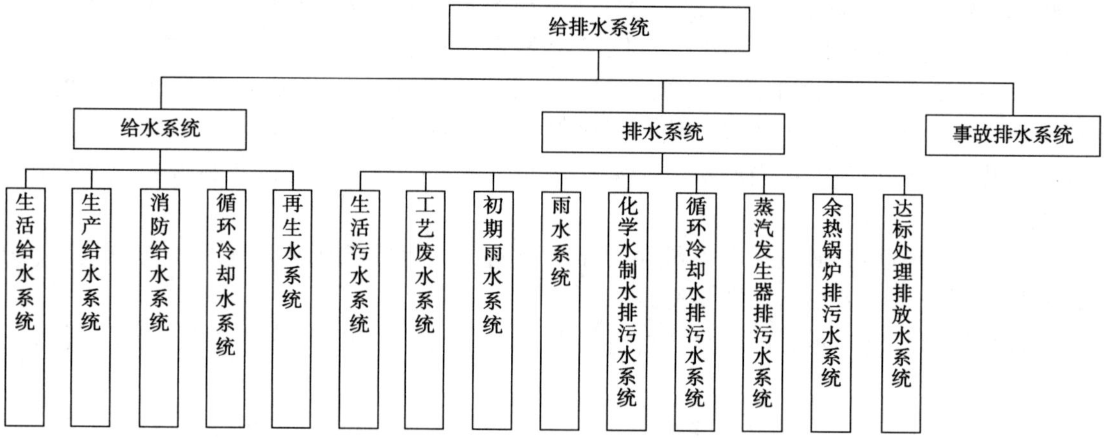

图 32-12　炼油厂给排水系统构成图

炼油厂水资源利用重点是优化用水系统，提高用水效率，满足节水减排要求。主要应遵循的原则如下：

(1)采用清洁生产工艺和节能节水设备，做到少用水少排污，从源头控制给排水量。

(2)综合利用水资源，按水质要求分类供水，高水高用、低水低用、清污分流、污水回用，减少工业污水排放。

(3)生产用水应少用生产给水，多用循环水、回用水和再生水。

(4)来自除盐水站、凝结水站和循环水场等的污染程度较低的废水(生产废水)应与生产污水分开，降低污水处理场的规模。

(5)按照清污分流、污污分流、分质处理、节约能耗的清洁生产原则，污水分为(高)含盐污水、含油污水、生产废水和烟气脱硫脱硝污水等四个系列分别进行处理。

(6)含油污水适度处理后回用；生产废水再生利用。

(7)污染雨水收集后提升进入污水处理场，未被油品污染的雨水，排至厂区雨水监控系统监测后排放。

节水型炼油厂主要技术考核指标见表 32-12[14]。

表 32-12　节水型炼油厂主要技术考核指标

项　目	指标	要求
取水量	加工吨油耗水/(m^3/t)	≤0.7
重复利用	重复利用率/%	≥97.5
	浓缩倍数	≥4.0
	软化水、除盐水制取系数	≤1.1
	蒸汽冷凝水回收率/%	≥60
	含硫污水汽提净化水回收率/%	≥60
	污(废)水回用率/%	≥50
排水	加工吨油排水量/(m^3/t)	≤0.35

炼油厂水系统见图 32-13。

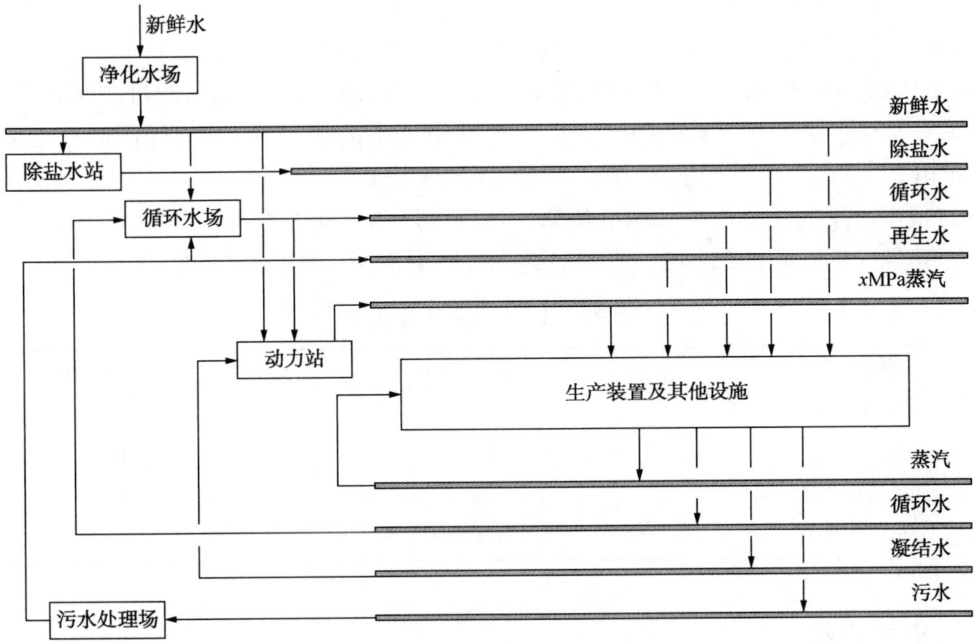

图 32-13　炼油厂水系统示意图

二、蒸汽动力系统

蒸汽动力系统是一个以水为介质，将一次能源转换成二次能源，为生产过程提供所需动力、电力、热能等的系统。炼油厂蒸汽动力系统通常是由产汽、输送、用汽、凝结水回收和电网系统等多个环节组成，这些环节既涉及到全厂工艺装置及装置内换热流程和装置间热联合等用能水平，也与全厂公用工程系统的用能构成直接相关。其安全、稳定运行是炼油厂安全、稳定、长周期运行的基础，同时其本身也消耗大量的能源。

炼油厂根据产汽和用汽的压力设置蒸汽管网。按照蒸汽等级，炼油厂主要有 10.0MPa、3.5MPa、1.0MPa 和 0.4MPa 四个等级的蒸汽系统；一般炼油厂常设有 3.5MPa、1.0MPa、

0.4MPa 三个公称压力等级的蒸汽管网；炼化一体化企业会增加一条超高压蒸汽管网，压力等级为 11MPa 左右。

蒸汽动力系统优化主要遵循的原则如下：

(1)采用成熟可靠的技术，确保长周期、稳定、可靠运行。

(2)充分利用装置内油品及烟气的余热产汽，产汽设备应根据热源温位尽量发生高参数蒸汽；用汽设备在工艺条件允许的前提下，尽量采用低参数蒸汽。

(3)合理设置动力驱动和蒸汽发电汽轮机，实现蒸汽能量的逐级利用。

(4)在各等级的蒸汽管网之间设置减温减压器，采用抽背式或背压式蒸汽透平拖动机泵的装置(单元)应设置不小于相应抽、背汽量的减压减温器备用。

(5)充分回收和利用全厂的蒸汽凝结水，回收热量，减少补充水量。

(6)动力站的燃料要结合当地能源供应和碳排放要求及对用煤指标的控制，合理选择。有用煤指标的以煤为主，同时可以考虑用自产石油焦；否则需采用天然气作为燃料。

(7)汽电联产按照以汽定电的原则，做好汽电平衡。

(8)选择合理的除盐水生产工艺，尽量减少新鲜水的消耗和废酸、碱的产生。

(9)各等级蒸汽管网压力控制的原则是：高压蒸汽管网压力的调节通过控制动力站的燃料供给量来实现；中压蒸汽管网的压力由汽轮发电机组的抽汽量来调节(同时改变发电量，即以汽定电)；低压蒸汽管网的压力由减温减压器来控制。

(10)根据全厂的热力负荷和用电负荷，进行全厂蒸汽动力平衡。

各等级蒸汽参数见表 32-13，典型的蒸汽管网平衡图见图 32-14。

表 32-13 主要蒸汽参数表

管网名称	公称压力/MPa(G)	公称温度/℃
超高压蒸汽	10	520
高压蒸汽	3.5	400
中压蒸汽	1.0	280
低压蒸汽	0.4	180

三、电力系统

炼油厂是由动设备、静设备和管线组成的工艺先进、自动化程度高、结构复杂的大系统，主要生产装置均布置在防爆区域内，具有易燃、易爆、易中毒、关联性强等特点，对电力系统的安全性、可靠性、稳定性、连续性、适应性要求很高。

(一)炼油厂用电负荷分级[16]

石油化工企业用电负荷一般分为一级企业用电负荷和二级企业用电负荷两级。炼油厂中由于其主要生产装置和部分公用工程设施为一级用电负荷，因此炼油厂为一级用电负荷企业。炼油厂中的一级负荷、一级负荷中特别重要负荷和二级负荷主要如下：

(1)一级负荷(关键负荷)是指中断供电将造成人身伤亡，或将发生中毒、爆炸火灾等情况，或将使生产过程或生产装备处于不安全状态，及特殊重要场所的不允许中断供电的负荷。炼油厂的常减压蒸馏、催化裂化、催化重整、加氢裂化、渣油加氢装置等属于一级负荷。

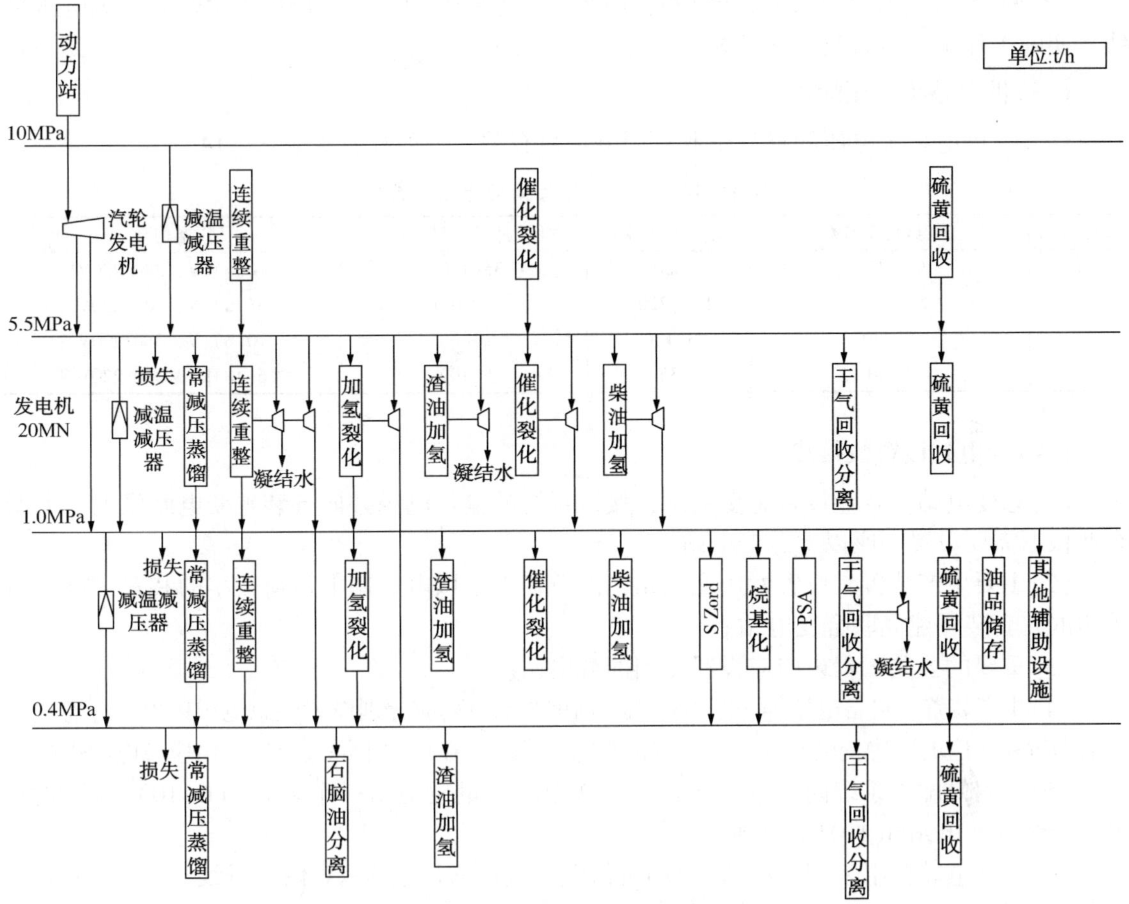

图 32-14　炼油厂蒸汽管网平衡示意图

(2)一级负荷中特别重要的负荷是指为确保安全停车，避免引起爆炸、火灾、人员伤亡、关键设备损坏及避免事故扩大等用电负荷，如生产装置的集散控制系统(DCS)、逻辑可编程控制器(PLC)、重要仪表、自动装置和微机综合自动化系统及关键物料进出及排放阀；大型关键机组在运行或停电后的惰性过程中，保证不使设备发生损坏的应急措施，该部分用电负荷除应由两路电源供电外，还应增加应急电源，并严禁其他负荷接入应急电源系统。

(3)二级负荷(重要负荷)是指中断供电将造成重大设备损坏、大批产品报废，或连续生产被打乱需很长时间才能恢复等导致重大经济损失的负荷。炼油厂气体分馏、产品精制、甲基叔丁基醚(MTBE)等为二级用电负荷。

(二)供电电源要求

炼油厂生产装置和公用工程的大部分负荷均为一、二级负荷，其配置要求外供电源为双路电源供电。当一路电源发生故障失电时，另一路电源能满足全部一、二级负荷用电要求。供电电源有以下几种模式。

(1)两个电源分别取自不同的变电站同级电压母线。该方式为比较理想的供电方式，实际工程中该种模式较少。

(2)两个电源分别取自同一变电站，但运行时电路不相连或者连接不紧密的同级电压母线。实际工程中大多数属于该模式。

(三)供电系统电压配置

炼油厂供电系统电压配置与企业总用电负荷有关。一般配置见表32-14。

表32-14 企业用电负荷与电压配置表

序号	用电负荷/MW	受电电压/kV	厂内供电电压/kV	用电电压
1	90~200	220	35(110)	10(6)kV，380/220V
2	50~120	110(220)	35(10)	6(10)kV，380/220V
3	20~50	66(110)	10(6)	10(6)kV，380/220V
4	2~40	35	6(10)	6(10)kV，380/220V

(四)变电站设置及接线

(1)总变电站。企业设置总变电站，接入系统的输入电源并向各装置变电站供电。大型企业根据需要设置一座以上总变电站。

(2)主要生产装置宜设置专用变电站，由总变直接供电。用电负荷较小的装置，可以与周边的几套装置建立联合变电站。

(3)重要的公共工程设施应设置专用的变电站。

(4)生产装置、自备电站等一级负荷中特别重要的负荷应分别设置应急电源供电。应急电源一般布置在相应的装置变电站内。正常应由双电源供电，在正常电源失电后，由应急电源供电。

(5)厂内供配电系统同一电压不宜多于2级。尽量避免由一个装置的6(10)kV母线向另一个装置变电站6(10)kV母线供电。

(6)大型电动机组采用变压器-电动机供电，应接入厂内35kV供电母线，若无35kV供电电压，则接入110(35，220)kV受电母线，或采用软启动方式接入总变6(10)kV母线上。

(7)以汽定电的发电机组接入电网，尽可能不要直接接入用电电压母线上。电机容量在25MW及以上时，应采用发电机-变压器单元接线，接入厂内35kV供电母线，无35kV电压，则接入110(35，220)kV受电电压母线。

主要电压变电站接线见表32-15。

表32-15 不同电压变电站接线要求

110kV	35kV	6~10kV	600V以下
一般单母线分段接线	受电电压，宜采用单母线分段接线	受电电压，如果双回路受电，单母线分段接线	单母线分段接线
出线回路大于6回，采用双母线接线	作为供电电压时，宜采用双母线接线	受电电压，如果单回路受电，单母线接线	单母线接线
有自备发电机组接入时，采用双母线接线	有自备发电机组接入时，采用双母线接线	用电电压，单母线分段接线	

炼油厂变电站配置见图 32-15。

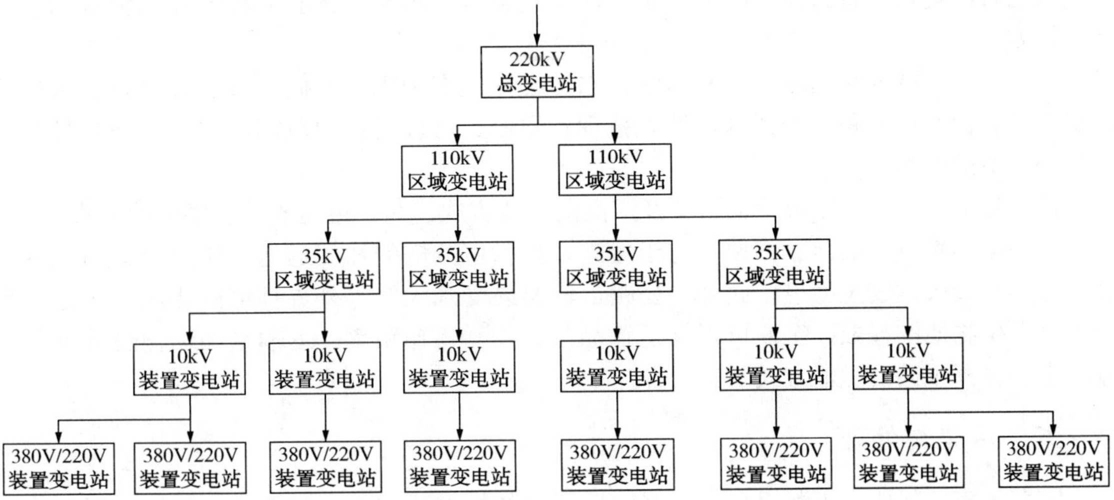

图 32-15　炼油厂变电站配置示意图

四、厂外运输

炼油厂原油及原料需要从外部输入，产品需要外售，物流输送数量大，各种物流的运输方式决定了运输成本的高低，是炼油厂竞争力的重要因素。某集团公司国内原油平均运费约 80 元/吨，总加工量按照 2.5 亿吨，年原油国内运费为 200 亿元。成品油一、二次运杂费约 85 元/吨，按照成品油经营量 2.0 亿吨，年运杂费约 170 亿元。因此，优化运输方式也是炼油厂生产经营运行优化的重要一环。

炼油厂原油运输的主要方式为水路和管道运输，少量通过铁路运输。其他原料和产品的运输方式主要有管道、铁路、水路和公路运输四种。四种运输方式对比见表 32-16。

表 32-16　不同运输方式对比表

对比项目		管道运输	水路运输	铁路运输	公路运输
投资成本	投资	大	小	小	小
	运行成本	低	中	较高	高
运行特点	运输能耗	小	大	中	大
	运输损耗	小	大	大	大
	适用运输距离	短/中/长	中/长	中/长	短
	适用运量规模	大/中	中/小(内河)	大/中/小	小
	环境污染	小	大	中	中
	安全性	好	较差	较差	很差
制约因素	受地形制约	小	很大	很大	较大
	受气候影响	小	大	中	大

管道运输是陆地长距离输送液体的主要方式。管道运输具有运量大、成本低、污染小、

物质损耗少、安全可靠及连续流动等优点，因此，产销两地之间凡是能够建设管道的都应尽量采用管线运输。管道运输的缺点是只能定点输送，对输送物质的种类和运输量的应变能力较差。

水路运输包括油轮运输和油驳运输，水运必须配有油港、油码头及装卸设备。水运的成本很低，但水运的路径受到水域地理范围的限制，可以运输的范围有限，另外容易受到天气和季节的影响。

铁路运输是早期长距离运输石油及产品的主要方式，是管道运输的主要辅助方式。

公路运输特点是灵活、方便，适于短途、少量、分散的油气运送，长距离运输成本太高，且存在较大的安全隐患。此外，公路运输容易受到天气等外界环境的影响，运输过程中容易发生物质的耗散。企业可根据运输品的性质、运输距离、运输量和运输目的地等运输需求，选择不同的运输方式及其组合。

五、污染物处理

随着国家环保要求不断提高，对炼油厂污染物排放要求也日趋严格。与炼油厂污染物排放有关的环保标准有：GB 31570—2015《石油炼制工业污染物排放标准》，GB 13223—2011《火电厂大气污染物排放标准》，GB 18484—2001《危险废物焚烧污染控制标准》等。污染物处理和排放是炼油厂生产经营的重要一环[17]。

(一)污水处理

炼油厂污水来源多，杂质多，组成差异大。因此对炼油厂污水按照清污分流、污污分流、分质处理的原则进行处理。

1. 含硫污水

含硫污水主要来自炼油厂常减压蒸馏、催化裂化、延迟焦化、加氢裂化和加氢精制等二次加工装置中塔顶油水分离器、富气水洗、液态烃水洗、液态烃储罐切水以及叠合汽油水洗等装置的排水。该排水量不大，但污染物的浓度较高。污水中除含有大量硫化氢、氨、氮外，还含有酚、氰化物和油类污染物，并且具有强烈的恶臭，对设备具有腐蚀性。当 pH 值低时，硫化物易分解，放出硫化氢气体，污染环境。含硫污水一般分为两个系统，一是加氢含硫污水，二是非加氢含硫污水，二者分别去酸性水汽提装置，净化水去装置回用，剩余去污水处理场。含硫污水处理流程图见图 32-16。

2. 含油污水

含油污水是炼油厂污水排放量最大的一类污水，主要来自装置中油水分离器及混合冷凝器的排水、装置单元含油容器冲洗水、生产区域地面冲洗水、含油雨水、油罐切水等。水中主要含有原油、成品油、润滑油及少量有机溶剂等，油多以浮油、分散油、乳化油及溶解油的状态存在于污水中。含油污水处理流程见图 32-17。

3. 含盐污水

含盐污水主要来自常减压装置电脱盐污水、烷基化中和池排水、重整再生气碱洗水、硫黄回收装置脱硫污水、循环水场排污水、污水处理场污泥脱水液等。含盐污水在处理过程中，由于污水可生化性较差，需混入生化性相对较好的生活污水等。常规流程处理后，需经过超滤和反渗透膜单元除盐后去循环水场回用，一般水回收率要控制在75%左右。含盐污水处理流程见图32-18。

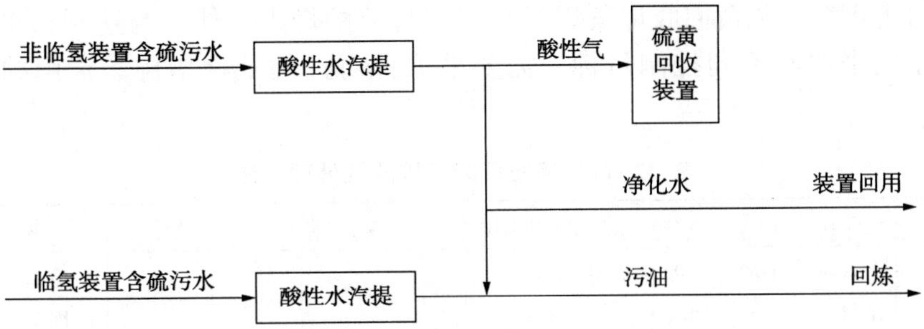

图32-16　含硫污水处理流程示意图

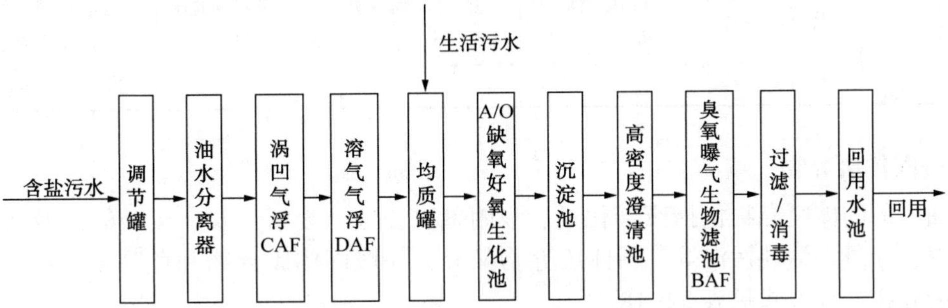

图32- 17　含油污水处理流程示意图

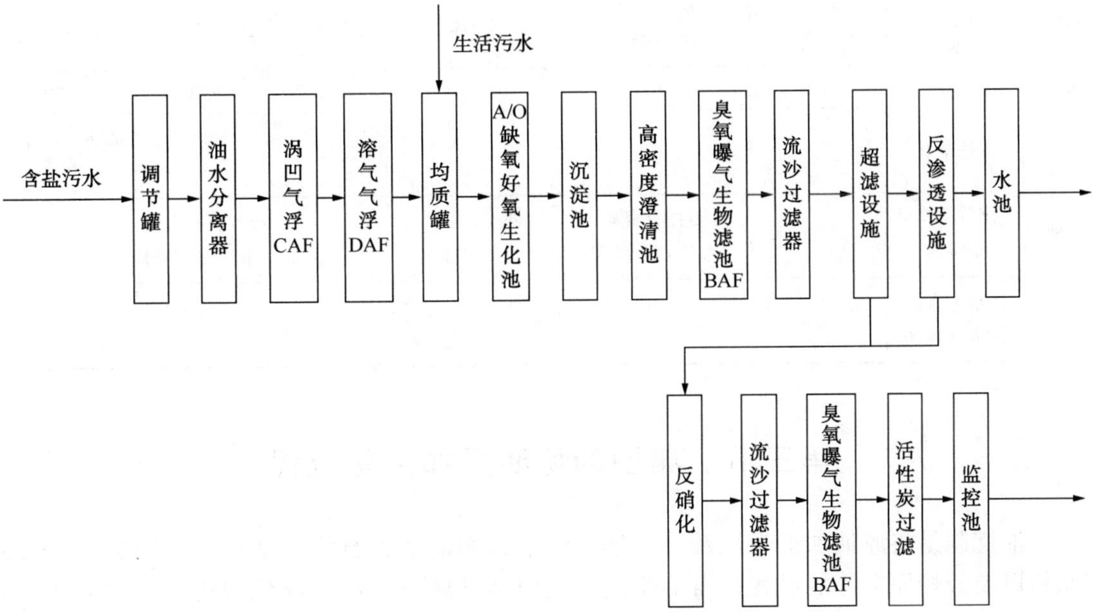

图32-18　含盐污水处理流程示意图

（二）废气

炼油厂的废气主要来自装置加热炉、焚烧炉、动力站锅炉的燃烧烟气、催化裂化再生烟气、重整再生烟气、硫黄回收尾气以及无组织排放的烃类气体。为达到污染物排放标准要求，针对不同来源和不同控制目标，需要采取针对性的处理措施。常用的处理方法见表 32-17。

表 32-17　炼油厂废气排放及处理方法

类别	有组织排放气				无组织排放气
来源	各种炉子的烟气	催化裂化再生烟气	重整再生烟气	硫黄回收尾气	设备、管线泄露、油品挥发损失
降低污染物目标	SO_x、NO_x	SO_x、NO_x 粉尘	氯离子	SO_x、H_2S	VOCs
措施	烧低硫燃料	建设脱硫脱硝除尘设施	建设碱洗、水洗设施	建设尾气脱硫处理装置	储运建设油气回收设施+VOCs 达标处理设施
	低氮燃烧器				设备、管线加强密封

（三）固体废弃物

炼油厂的固体废弃物包括废催化剂、吸附剂、瓷球、废活性炭、废碱渣以及污水处理场的油泥、浮渣、活性污泥等。固体废弃物又分为一般固体废弃物和危险废弃物。不同类型固体废弃物处理方式见表 32-18。

表 32-18　炼油厂主要固体废弃物处理方式

名称	废碱渣	含贵金属废催化剂	其他废催化剂、废吸附剂	废瓷球	废活性炭	油泥、浮渣	活性污泥
性质	危废	危废	危废	一般固废	危废	危废	危废
处理	湿法氧化				焚烧	脱水、焚烧	脱水、干化、焚烧
	尾气去焚烧设施	送原厂回收	委托有资质单位安全处理	外委一般固废填埋	灰渣委托有资质单位安全处理		
	污水去含盐污水处理场						

第三节　典型的炼油厂加工总流程

石油炼制是将原油加工为汽油、煤油、柴油、润滑油、石蜡、沥青、石油焦、乙烯裂解原料以及芳烃原料等的过程。石油炼制工艺包括常减压蒸馏、催化裂化、催化重整、加氢裂化、加氢处理、延迟焦化、溶剂脱沥青、产品精制以及润滑油生产相关装置等。加工总流程按照生产的目的产品类型进行分类，一般分为燃料型、燃料-润滑油型、燃料-化工型、燃料-润滑油-化工型以及化工型等。

一、燃料型

燃料型炼油厂以生产成品油为主，汽油和柴油产品收率高，一般成品油(汽油+煤油+柴油)收率在60%以上。成品油市场消费结构不同，汽油和柴油收率也有侧重。例如，欧洲柴油消费量大，其加工流程为多产柴油方案；美国汽油消费量大，其加工流程为多产汽油方案。

汽油调合组分主要包括催化裂化汽油、重整汽油、异构化油、烷基化油、MTBE以及石脑油等。柴油调合组分主要有直馏柴油、焦化柴油、加氢裂化柴油和催化裂化轻循环油。燃料型炼油厂加工流程中减压馏分和渣油加工路线选择目标是尽可能多生产汽油和柴油调合组分。

(一)低硫石蜡基原油加工流程

以加工低硫石蜡基原油为主的燃料型炼油厂加工流程见图32-19。该流程中石脑油去催化重整装置生产汽油调合组分，常压渣油直接去催化裂化装置生产汽油和柴油。该加工流程为短流程、深加工的典型代表。20世纪80年代我国加工低硫石蜡基原油的大多数炼油厂采用此加工流程。

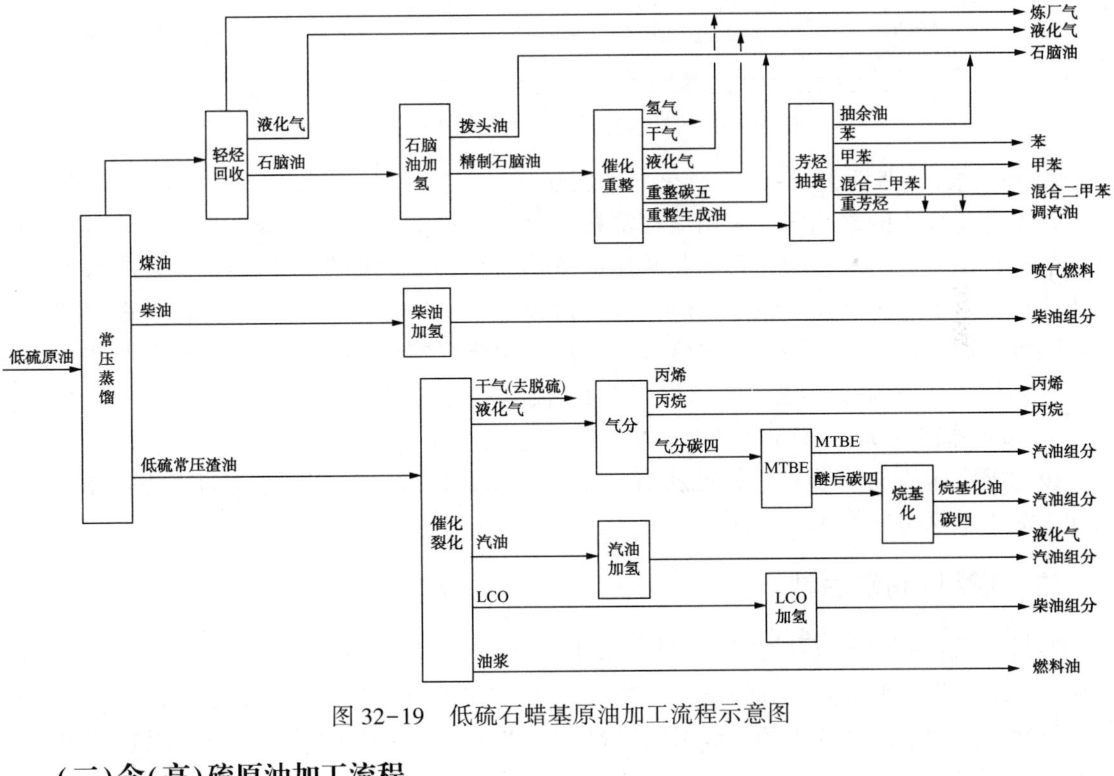

图32-19　低硫石蜡基原油加工流程示意图

(二)含(高)硫原油加工流程

1. 催化裂化-延迟焦化加工流程

该工艺流程中的常减压可采用减压深拔技术，尽可能提高减压馏分收率，减压馏分经过加氢处理后去催化裂化加工，减压渣油去延迟焦化加工。该加工流程对原油适应性强，可以加工劣质原油，其加工流程示意图如图32-20所示。

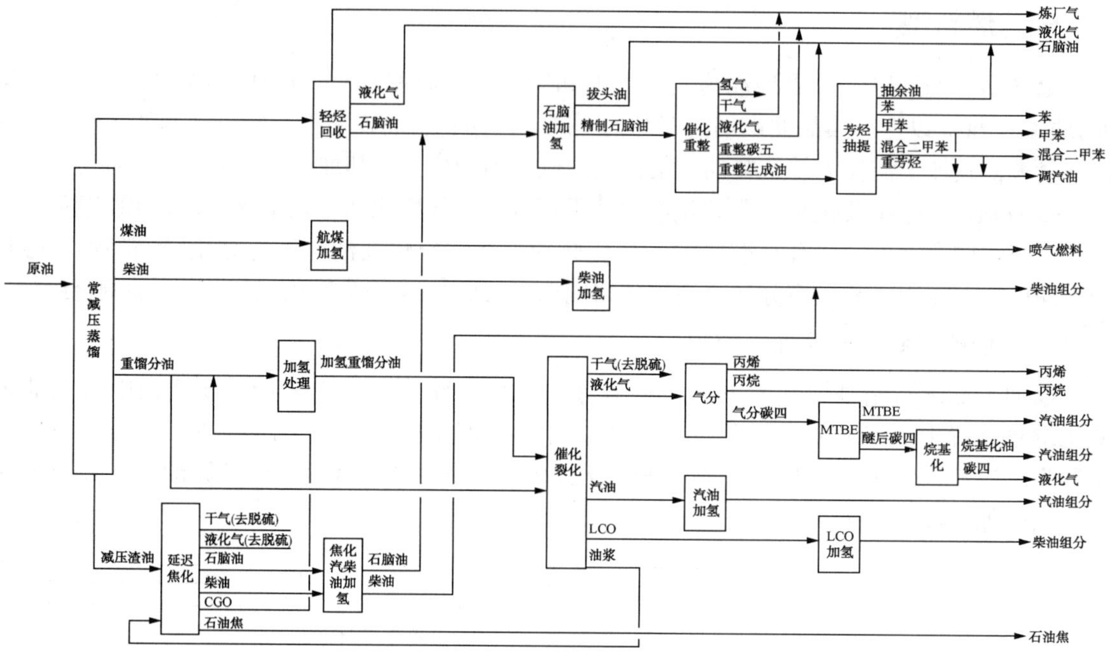

图 32-20　催化裂化-延迟焦化加工流程示意图

2. 加氢裂化-催化裂化-延迟焦化加工流程

该工艺流程中的常减压可采用减压深拔技术，尽可能提高减压馏分收率。轻减压馏分去加氢裂化加工，重减压馏分和焦化减压馏分加氢处理后去催化裂化加工，减压渣油去延迟焦化加工。该加工流程对原油适应性强，可以加工劣质原油。该加工流程中设置了加氢裂化装置，通过调整加氢裂化操作模式，可以多生产喷气燃料，也可以调整汽油和柴油收率，对调整产品结构有一定的灵活性。其加工流程示意图见图 32-21。

3. 固定床渣油加氢-催化裂化加工流程

由于固定床渣油加氢对原料性质有一定的要求，该加工流程不能加工太劣质的原油。其加工流程示意图如图 32-22 所示。

二、燃料-润滑油型

燃料-润滑油型炼油厂除生产燃料产品外，润滑油基础油也是主要产品之一。润滑油基础油理想组分为长碳链异构烷烃（C_{20}）和带有异构烷基的环烷烃，润滑油基础油生产目标就是尽可能提高理想组分的比例。润滑油基础油生产工艺主要有两类，一类是以物理过程为主的“老三套”生产工艺，另一类是以全加氢为主的生产工艺。

（一）“老三套”加工流程

“老三套”工艺以物理分离为主，该工艺路线主要以生产Ⅰ类基础油为主，少量生产Ⅱ类基础油。采用该工艺对原油性质要求较高，全球以“老三套”工艺生产润滑油基础油的企业，原油多选用石蜡基原油为主，少量为环烷基原油。我国采用“老三套”工艺生产润滑油基础油的企业，绝大部分以大庆原油为原料，在生产润滑油基础油同时，得到石蜡产品。

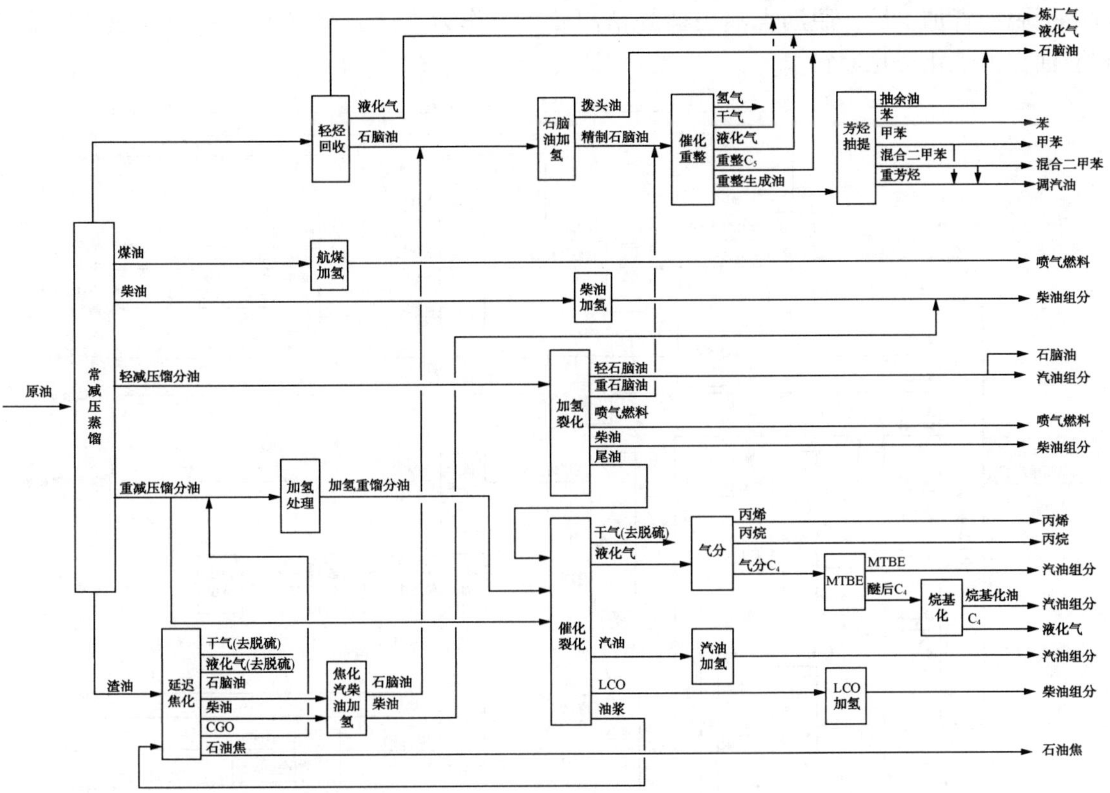

图 32-21　加氢裂化-催化裂化-延尺焦化加工流程示意图

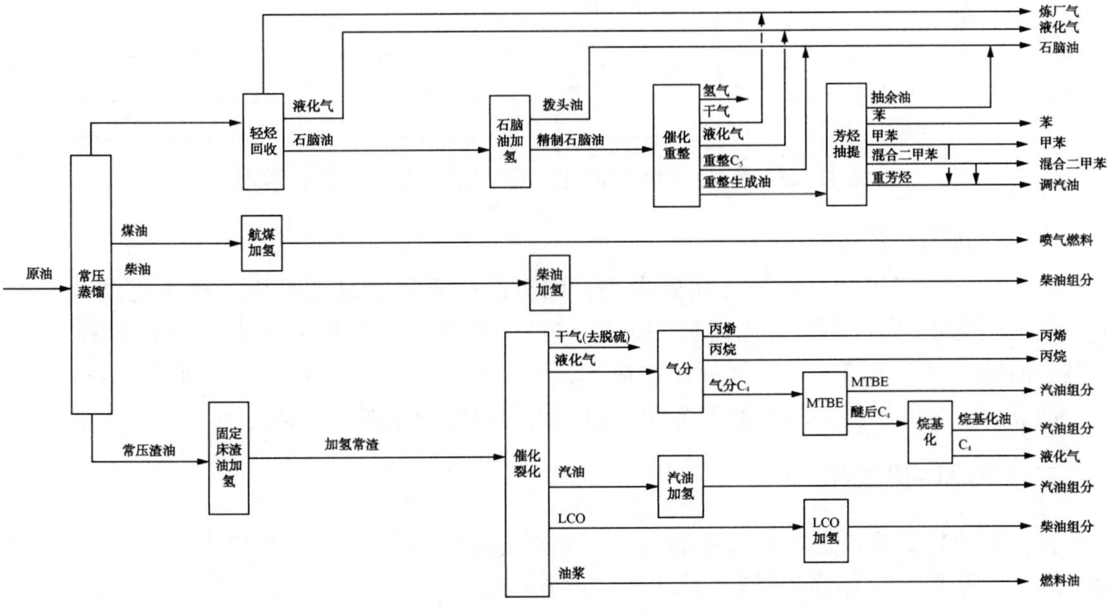

图 32-22　固定床渣油加氢-催化裂化加工流程示意图

典型的以“老三套”工艺为主的燃料-润滑油型炼油厂加工流程见图 32-23。该流程中部分减二线、减三线、减四线作为基础油生产原料，去糠醛精制装置。部分减五线和减压渣油经过溶剂脱沥青加工后，脱沥青油去糠醛精制装置，作为生产光亮油的原料。其他减压馏分和渣油作为催化裂化原料。

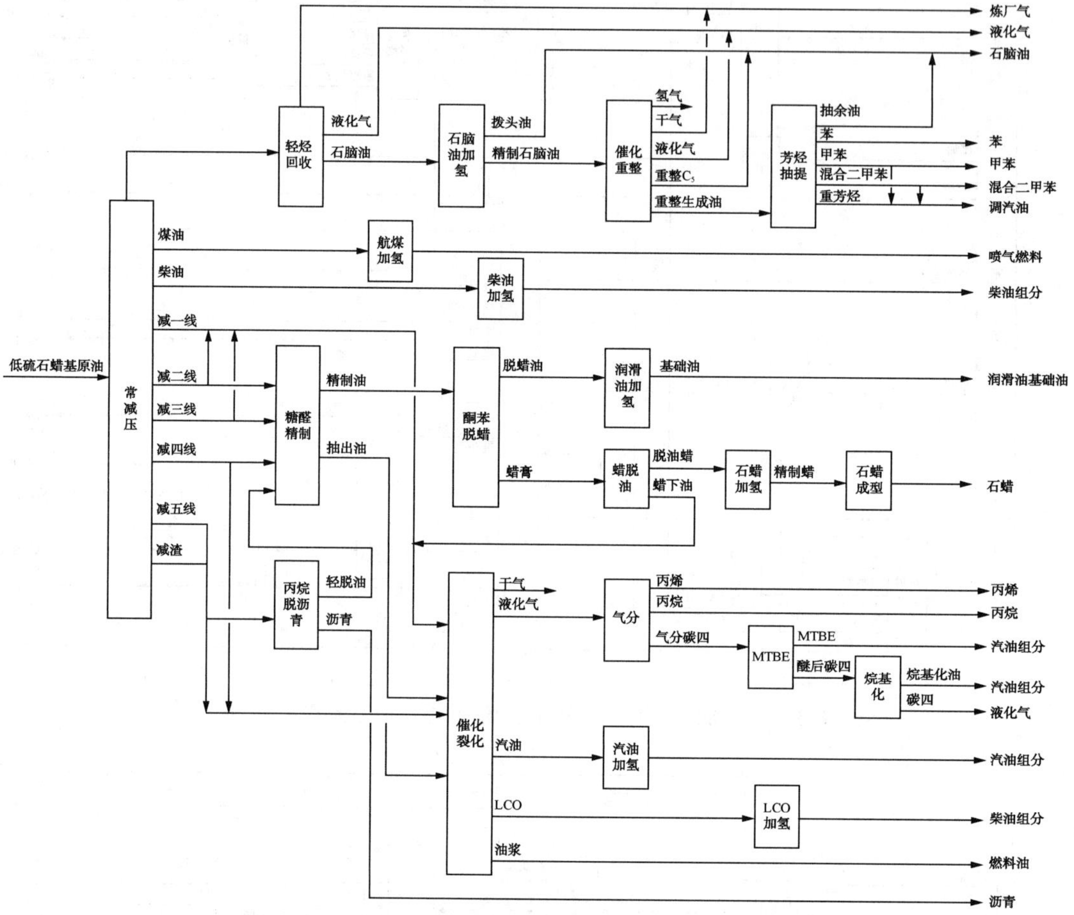

图 32-23　燃料-润滑油型(老三套)炼油厂加工流程示意图

(二)全加氢工艺流程

由于“老三套”工艺对原油性质要求高，同时产品质量难以满足市场越来越高的要求，全加氢工艺路线(高压加氢裂化+高压加氢异构)生产基础油被越来越多的企业采用。该工艺对原油性质要求不高，可以降低原油成本，同时产品质量好，可以生产Ⅲ类基础油。采用全加氢型工艺的燃料—润滑油型炼油厂加工流程示意图见图 32-24。

三、燃料-化工型

我国石油化工原料主要来自炼油厂，因此部分炼油厂在生产燃料产品同时，需要生产化工原料，其加工流程称为燃料-化工型。燃料-化工型炼油厂其成品油收率范围为 30%～60%，化工原料产率为 30%左右。炼油厂生产的化工原料有两类，一类是乙烯裂解原料，原料范围较宽，包括轻烃、石脑油、加氢裂化尾油等，其中占比较大的是石脑油馏分；另一类是生产 PX 的原料，主要是石脑油馏分。因此燃料-化工型炼油厂均配置加氢裂化装置，提高石脑油收率。

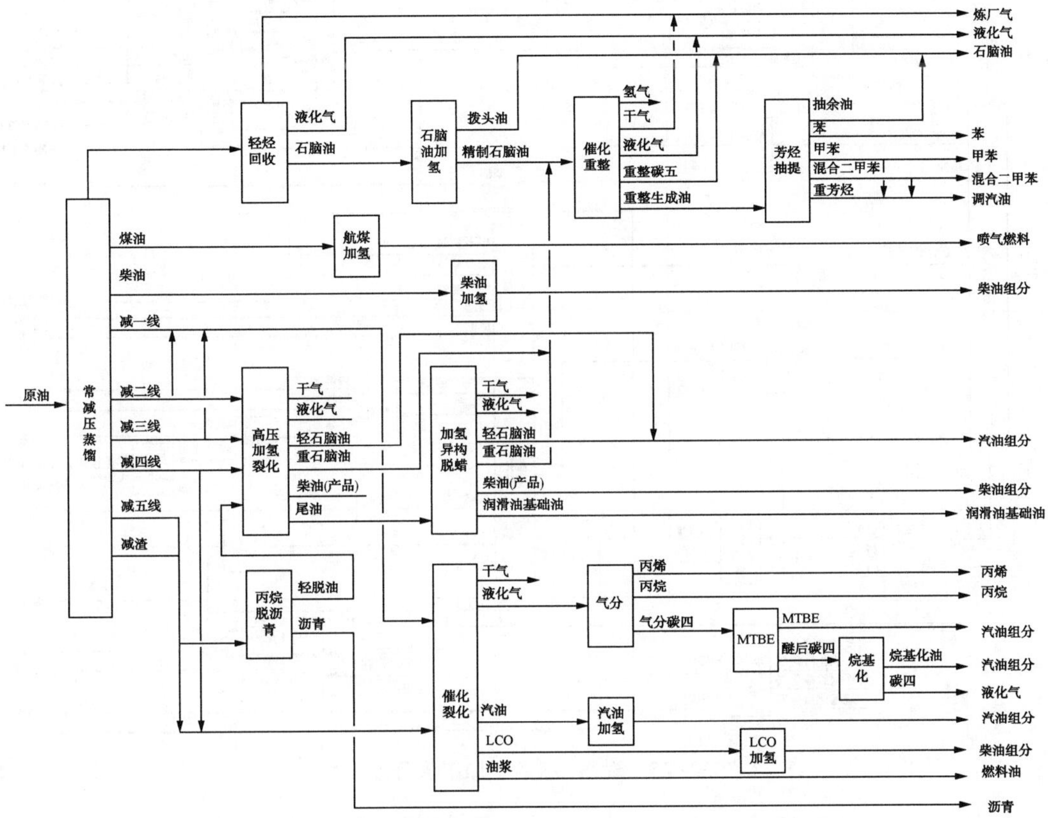

图 32-24　燃料-润滑油型(全加氢)炼油厂加工流程示意图

该类加工流程中，干气经过分离后得到的富乙烯气和富乙烷气作为乙烯裂解装置原料，液化气和轻石脑油也可进行正异构分离，正构烷烃作为乙烯裂解装置原料。

燃料-化工型炼油厂根据后序化工目标产品不同，也可分为燃料-乙烯型、燃料-芳烃型和燃料-乙烯-芳烃型。

(一)燃料-乙烯型

燃料-乙烯型炼油厂，主要生产乙烯裂解原料，其石脑油馏分用作乙烯裂解原料，催化重整规模相对较小。加氢裂化多采用一次通过模式，多生产加氢裂化尾油。典型加工流程图见图 32-25。

(二)燃料-芳烃型

燃料-芳烃型炼油厂，主要多生产催化重整需要的石脑油，加氢裂化多采用全循环模式，多生产重石脑油。典型加工流程图见图 32-26。

(三)燃料-乙烯-芳烃型

燃料-乙烯-芳烃型炼油厂，石脑油既可作乙烯裂解原料，也可作芳烃原料，石脑油要按照“宜烯则烯，宜芳则芳”分类使用。加氢裂化可采用部分循环模式，兼顾石脑油和加氢裂化尾油生产。典型加工流程图见图 32-27。

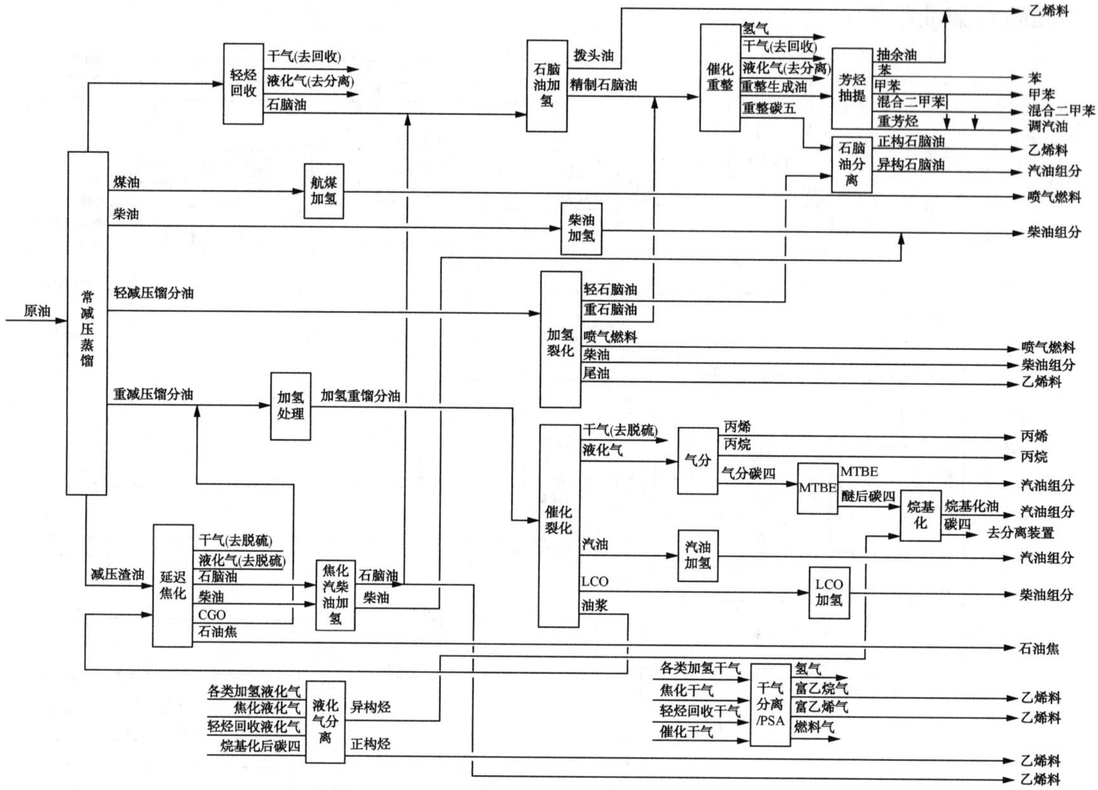

图 32-25　燃料-乙烯型加工流程示意图

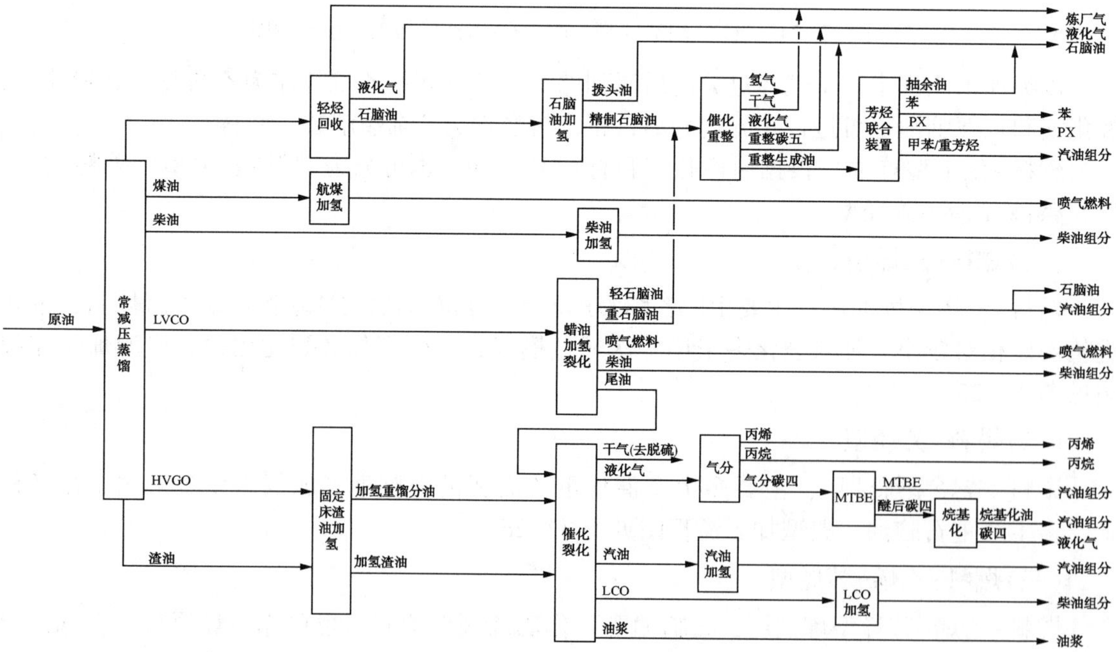

图 32-26　燃料-芳烃型加工流程示意图

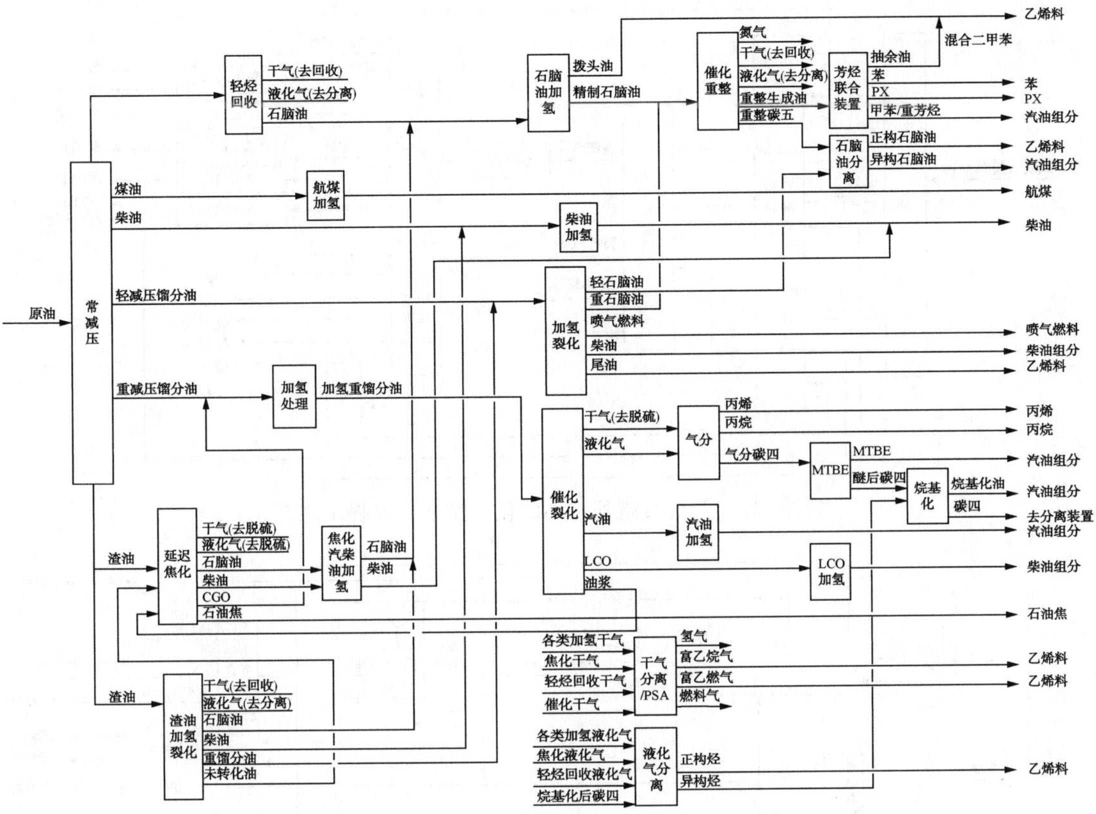

图 32-27　燃料-乙烯-芳烃型加工流程示意图

四、化工型

化工型炼油厂的加工流程最大化生产乙烯裂解原料和芳烃料，尽量少生产或者不生产成品油，成品油收率一般低于 30%。

(一) 低硫石蜡基原油加工流程

低硫石蜡基原油的石脑油及轻烃组分均为优质的乙烯裂解原料，该加工流程中石脑油及轻烃组分作乙烯裂解原料，其余组分去催化热裂解(CPP)装置加工，生成的低碳烯烃组分去蒸汽裂解分离部分，汽油组分与裂解汽油一起去加氢、分离。典型加工流程示意图见图 32-28[18]。

(二) 含(高)硫原油加工流程

以加工含(高)硫原油为主的化工型加工流程，柴油、减压馏分和渣油馏分均采用加氢裂化工艺，最大量生产芳烃料和乙烯裂解原料。典型的加工流程示意图见图 32-29。

五、炼油总流程发展趋势

未来炼油厂加工总流程的发展趋势，一是取决于社会经济发生深刻变革带来的能源消费革命变化，二是绿色低碳发展要求，三是循环经济带来的影响。

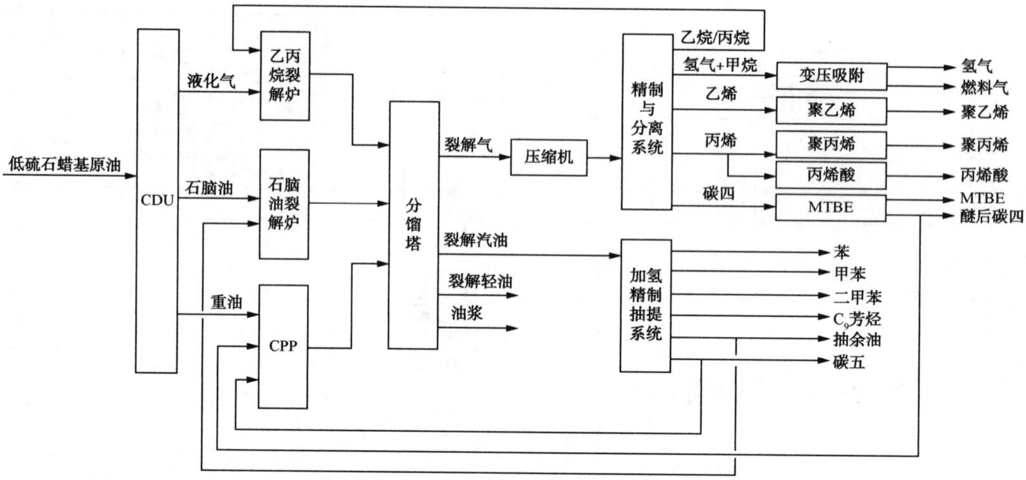

图 32-28　低硫石蜡基原油的化工型加工流程示意图

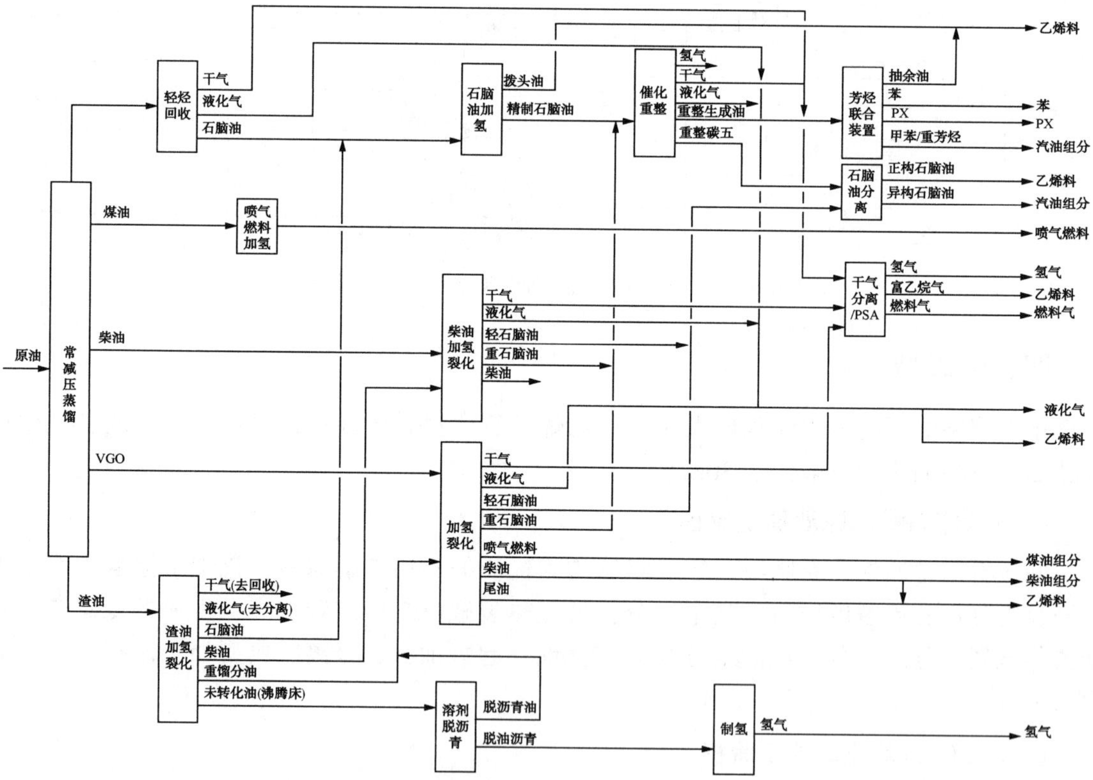

图 32-29　加工高硫原油的化工型加工流程示意图

随着我国经济结构发生变化，石油产品消费结构也将发生改变。根据中国石化经济技术研究院分析预测，从 2019 年到 2025 年间我国成品油需求增加 2400 万吨左右，年均增长约 1.2%。其中，汽油增加约 1750 万吨，喷气燃料增加约 1550 万吨，柴油减少约 900 万吨。下游投资热拉动化工原料需求继续增长，预计化工轻油增加 8100 万吨，年均增长 10%。成品油消费即将达峰，化工轻油需求仍快速增长。

低碳发展是我国今后经济发展的重要方向，对石油炼制行业发展提出了新的挑战。石油炼制过程为油品轻质化过程，需要付出高能源消耗的代价，低碳发展需要炼油行业解决高能耗、高排放的问题。

循环经济是以资源的高效利用和循环利用为核心，按照“减量化、再利用、资源化”原则，达到“低消耗、低排放、高效率”目标。是对“大量生产、大量消费、大量废弃”的传统增长模式的根本变革，是可持续发展的需要。我国石油资源短缺而消耗量又大，石油炼制是石油加工利用的第一道工序，其循环可持续发展具有迫切的现实意义。

综上所述，未来炼油总流程将会发生如下变化：

(1)采用降低成品油收率、增产优质化工原料的工艺技术。

(2)重质、劣质产品气化工艺可能成为炼油厂重要的加工工艺，在生产氢气、提供蒸汽和电力的同时，解决环保问题。

(3)小品种、特殊品种产品的生产工艺将成为部分炼油厂调整产品结构的首选。

(4)实现由馏分炼油转向组分炼油，进一步转向分子炼油，炼油厂将增加新型高效的物理分离工艺，如吸附分离、膜分离、溶剂分离等。

(5)原油、天然气和生物质协同互补将改变炼油厂加工流程。

(6)追求单位产品的最低原料消耗将成为确定炼油厂总流程的目标之一。

(7)节能减排技术将在炼油厂广泛应用。

第四节 经济评价主要指标

炼油厂经济评价，包括投资项目前期评价和实际生产经营评价。不同阶段，投资建设方和生产运营方关注的重点略有侧重，所用的衡量经济性指标也会有所差异。炼油厂经济性评价按照阶段不同，分为投资项目经济评价和生产运营经济评价。

一、投资项目经济评价主要指标

(一)投资项目经济评价指标体系

投资项目经济性评价是按照决策目标，通过对项目(或方案)的各项费用和投资效益测算，重点分析项目的盈利能力和偿债能力，对项目是否具有投资价值作出估计与判断。投资项目经济评价包含对未来预期的评价分析，评价指标体系包括确定性分析与不确定性分析两类，具体分类见图32-30。

投资项目经济评价计算期为建设期和运营期之和，其中建设期按照不同项目建设工期确定，炼化项目运营期一般设定为15年。静态分析指标均为一定时间段的年度或年均数据，动态分析指标为考虑资金时间价值的全周期折现数据。

在以上指标中，动态投资回收期(P_t^*)、财务净现值($FNPV$)、投资财务内部收益率($FIRR$)等均为考虑了资金时间价值的动态分析指标，为投资项目评价的主要指标。

(二)主要指标定义及计算公式

1. 盈利能力分析

盈利能力分析是投资项目经济评价的重要组成部分，是判断投资项目可行与否的关键。

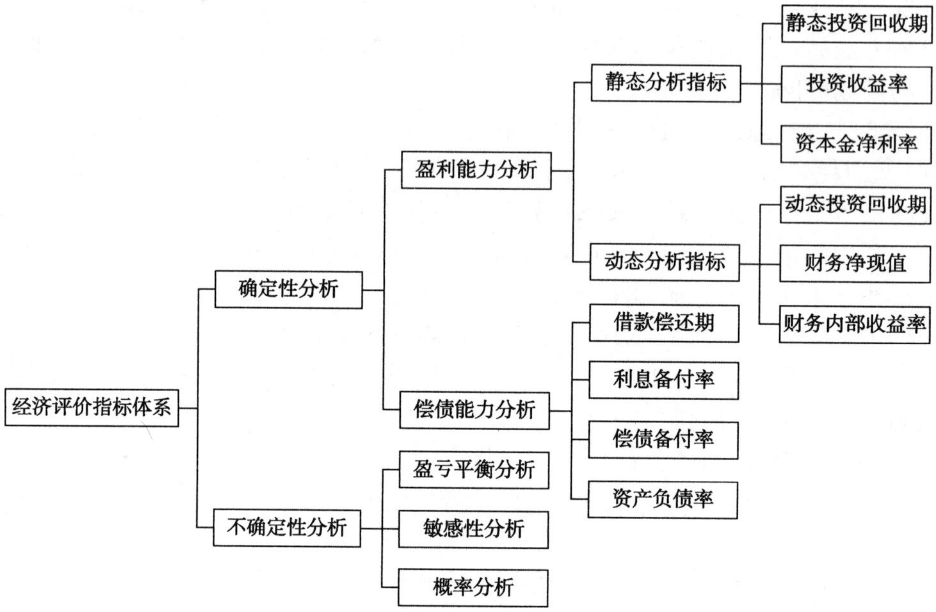

图 32-30 经济评价指标体系

按照是否考虑资金时间价值，盈利能力分析可分为静态分析和动态分析[19]。

1)静态分析指标

静态分析是在不考虑资金时间价值影响的情况下，直接通过现金流量原值计算出经济评价指标来评判项目的盈利能力，其最大特点是计算简便，适于评价短期投资项目和逐年收益大致相等的项目。静态分析主要指标及计算公式见表 32-19。

表 32-19 静态分析主要指标及计算公式

指标	定义及作用	计算公式	评价标准
静态投资回收期(P_t)	指以项目的净收益抵偿项目全部投资所需要的时间	$P_t = \left(\begin{array}{l}\text{累计现金流量}\\\text{出现正值的年数}\end{array}\right) - 1 + \frac{\text{上一年累计净现金流量的绝对值}}{\text{当年净现金流量}}$	$P_t \leq P_c$(基准投资回收期)，项目可行；$P_t > P_c$，项目不可行
总投资收益率(ROI)	反映投资方案正常生产年份中，单位投资所创造的年净收益额	$\text{总投资收益率}(ROI) = \frac{\text{息税前利润}(EBIT)}{\text{总投资}(TI)} \times 100\%$	ROI 高于同行业收益率的参考值，表明其盈利能力满足要求
资本金净利率(ROE)	反映项目资本金的盈利水平，用于衡量投资者投入企业资本金的获利能力	$\text{资本金净利率}(ROE) = \frac{\text{净利润}(NP)}{\text{项目资本金}(EC)} \times 100\%$	ROE 高于同行业的净利润率参考值，则表明其盈利能力满足要求
吨油利润	反映加工一吨原油及外购原料带来的效益	$\text{吨油利润(元/t)} = \frac{\text{利润总额}}{\text{加工的原油及外购原料量}}$	吨油利润>0，表明企业整体有盈利

2) 动态分析指标

动态分析评价是通过折现现金流量计算出经济评价指标来判断项目的盈利能力，其核心是考虑资金的时间价值。

折现率是动态分析评价中一个重要参数，是将未来有限期预期收益折算成现值的比率，是特定条件下的收益率，反映资产取得该项收益的收益率水平。折现率要涵盖投资无风险利润率、风险利润率以及通货膨胀率，能反映企业所有融资来源成本、涵盖企业所有收益索偿权持有人的报酬率要求的综合资本成本。

折现基本计算公式：

$$P = \frac{F}{(1+i)^n} \tag{32-4}$$

式中，P 为现值，F 为期末值，i 为折现率，n 为投资期数。

动态分析主要指标及计算公式见表 32-20。

表 32-20　动态分析指标及计算公式

指标	定义及作用	计算公式	评价标准
动态投资回收期（P_t^*）	指在考虑了资金时间价值的情况下，以项目的净收益现值回收项目全部投资现值所需要的时间。用于衡量项目投资实际回收能力	$P_t^* = \left(\begin{matrix}累计折现值\\出现正值的年数\end{matrix}\right) - 1 + \frac{上一年累计折现净现金流量的绝对值}{当年折现净现金流量}$	$P_t^* \leq P_c^*$（基准动态投资回收期），项目可行；$P_t^* > P_c^*$，项目不可行
净现值（$FNPV$）	指按设定的折现率将方案计算期内各时点的净现金流量折现到计算期初的现值累加之和。用于考察项目寿命期内每年发生的现金流量，是动态分析的最重要指标之一	$FNPV = \sum_{t=0}^{n}(CI - CO)_t(1 + i_C)^{-t}$ 式中，i_C 中为基准收益率	$FNPV=0$，达到资本的最低获利要求，项目可行；$FNPV>0$，表明有附加收益，项目可行；$FNPV<0$，表明低于资本的最低获利要求，不可行
内部收益率（$FIRR$）	指项目在整个计算期内各年净现金流量的现值累计等于零(或净年值等于零)时的折现率。该指标反映项目所占用资金的盈利能力，用于衡量项目资金使用效率，是所有的经济评价指标中最重要的评价指标之一	$\sum_{t=0}^{n}(CI-CO)_t(1+FIRR)^{-t}=0$	当 $FIRR \geq i_C$（行业基准收益率）时，项目可行；当 $FIRR < i_C$ 时，项目不可行

2. 偿债能力分析

偿债能力反映企业用其资产偿付长期债务与短期债务的能力。企业有无支付现金的能力和偿还债务能力，是企业能否生存和健康发展的关键。偿债能力分析指标及计算公式见表 32-21 。

表 32-21　偿债能力评价指标及计算公式

指标	定义及作用	计算公式	评价标准
借款偿还期	指在有关财税规定及企业具体财务条件下，项目投产后可以用作还款的利润、折旧及其他收益偿还建设投资借款本金和利息所需要的时间，一般以年为单位表示	$借款偿还期=\left(\begin{matrix}借款偿还开始\\出现盈余年份\end{matrix}\right)-1+\dfrac{盈余当年应偿还借款额}{盈余当年可用于还款的余额}$	低于与贷款机构约定期限
利息备付率	从付息资金来源的充裕性反映项目偿付债务利息的保障程度	$利息备付率=\dfrac{息税前利润}{当期应付利息}\times100\%$	利息备付率越高，表明利息偿付的保障程度越高，一般情况下利息备付率不宜低于 2
偿债备付率	以偿债资金来源的充裕性反映可用于还本付息的资金偿还借款本息的保障程度	$偿债备付率=\dfrac{息税折旧摊销前利润-企业所得税}{当期应还本付息金额}\times100\%$	偿债备付率越高表明可用于还本付息的资金保障程度越高，一般情况下偿债备付率不宜低于 1.3
资产负债率	反映项目特定年度或时点所面临的财务风险程度及建设项目偿债能力	$资产负债率=\dfrac{期末负债总额}{期末资产总额}\times100\%$	资产负债率越小，说明该项目中负债数额越小，建设项目的清偿债能力超强。但如果过小，也说明该项目利用财务杠杆的能力较差。一般认为，资产负债率的适宜水平是 40%~60%

3. 不确定性分析

不确定性分析是对生产、经营过程中各种事前无法控制的外部因素变化与影响进行估计和研究。不确定性分析基本方法有：盈亏平衡分析、敏感性分析和概率分析。

1）盈亏平衡分析

盈亏平衡分析是通过盈亏平衡点（*BEP*）分析项目成本与收益的平衡关系的一种方法。各种不确定因素，如投资、成本、销售量、产品价格、项目寿命期等的变化会影响投资方案的经济效果，当这些因素的变化达到某一临界值时，就会影响方案的取舍。盈亏平衡分析的目的就是找出该临界值，即盈亏平衡点（*BEP*）。盈亏平衡点越低，说明项目盈利的可能性越大，亏损的可能性越小，因而项目有较大的抗经营风险能力。

盈亏平衡点的表达形式有多种，可以用实物产量、单位产品售价、单位产品可变成本以及年固定成本总量表示，也可以用生产能力利用率（盈亏平衡点率）等相对量表示。项目盈亏平衡分析中应用最广泛的是产量与生产能力利用率。图 32-31 为盈亏平衡分析的基本思路图。

盈亏平衡基本公式：

$$企业收入=成本+利润 \tag{32-5}$$

如果利润为零，则：

$$收入=成本=固定成本+变动成本 \tag{32-6}$$

$$收入=销售量\times价格，变动成本=单位变动成本\times销售量 \tag{32-7}$$

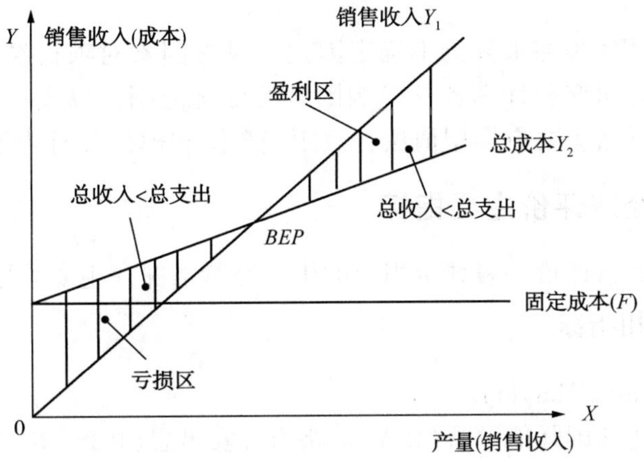

图 32-31 盈亏平衡图

可以推导出盈亏平衡点的计算公式为：

$$销售量=\frac{固定成本}{销售价格-单位变动成本} \tag{32-8}$$

2) 敏感性分析

敏感性分析是指从定量分析的角度研究有关因素发生某种变化对某一个或一组关键指标影响程度的一种不确定分析技术。敏感性分析的对象是具体技术方案的经济效益指标，这些指标包括息税前利润、投资回收期、投资收益率、净现值、内部收益率等，一般常用内部收益率作为敏感性分析的对象。

敏感性因素一般选取变化可能性较大，并对经济效益目标值影响较大的因素，如原料价格、产品价格、产品产量、投资额、建设期等。若某参数小幅度变化能导致经济效果指标较大变化，则称此参数为敏感性因素，反之则称其为非敏感性因素。一般采用单因素开展敏感性测算，分析该不确定因素变化对方案效益指标目标值的影响程度。敏感性分析例图见图 32-32。

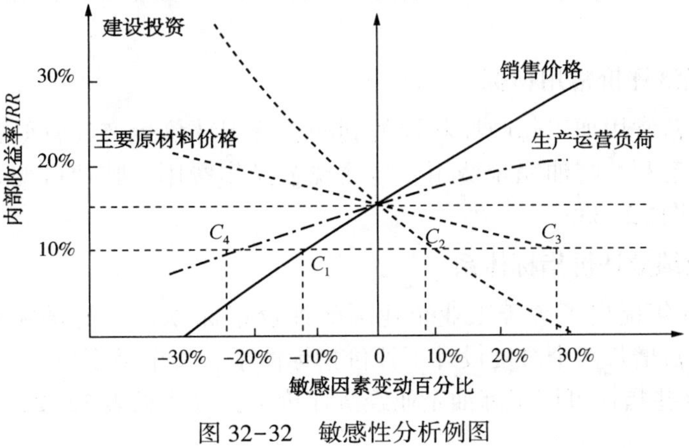

图 32-32 敏感性分析例图

3）概率分析

概率分析是使用概率预测来分析不确定因素和风险因素对项目经济效果影响的一种定量分析方法。其实质是研究和计算各种影响因素的变化范围，以及在此范围内出现的概率和期望值。概率分析方法主要有期望值法、效用函数法和模拟分析法等。

二、生产经营经济评价主要指标

炼油厂实际生产经营评价一般评价当年的生产经营情况，主要采用静态分析指标。

（一）国际机构常用指标

1. 炼油收益（Refining Margin）

国际上一些机构比如国际能源署（IEA）、路透、安迅思（ICIS）等均用炼油收益（Refining Margin）指标预测分析炼油行业盈利水平。

一般机构将全球分为美湾（北美）、鹿特丹（西北欧）和新加坡（亚洲）三个炼油中心计算分析炼油收益走势。每个炼油中心按照两种以上原油，采用三种以上模式（比如新加坡加氢拔头型、裂化型、焦化型）的主要产品收率，计算炼油收益。某种原油某一模式的收益计算公式表述为：

$$\text{炼油收益}=\sum(\text{某产品产率}\times\text{产品价格})-\text{某种原油的价格}-\text{运费}-\text{标准可变操作费用}-\text{标准固定操作费用} \tag{32-9}$$

不同机构计算公式涵盖内容基本一致，区别在原油品种选择、主要产品品种及收率以及标准操作费用取值方面。

2. 炼油毛利（Gross Refining Margin）

炼油毛利（Gross Refining Margin）是反映炼油盈利空间的指标。计算公式为：

$$\text{炼油毛利}=\sum(\text{某产品产率}\times\text{产品价格})-\sum(\text{某种原油占比}\times\text{原油价格}) \tag{32-10}$$

3. 裂解价差（Crack Spread）

裂解价差具有代表性的是纽约交易所采用的 3∶2∶1 法或者 5∶3∶2 法，3∶2∶1 法主要是计算 3 桶原油与 2 桶汽油及 1 桶柴油的价差，5∶3∶2 法主要是计算 5 桶原油与 3 桶汽油及 2 桶柴油的价差。

（二）炼油厂经济评价常用指标

炼油厂生产经营常用加工每吨原料油的利润、费用评价生产经营效益情况。主要指标有吨油利润、吨油毛利、吨油完全费用、吨油现金操作费用、吨油可变费用、吨油固定费用等。指标关系见图 32-33。

（三）工业企业绩效评价指标体系

国资委于 2006 年提出了关于工业企业绩效评价指标体系，主要从盈利能力、资产质量、债务风险和经营增长四个维度设计了评价指标体系，每个维度包含了 2 个主指标、3~4 个辅助指标[20]。这些指标可用于炼油企业经济评价中，具体见表 32-22。

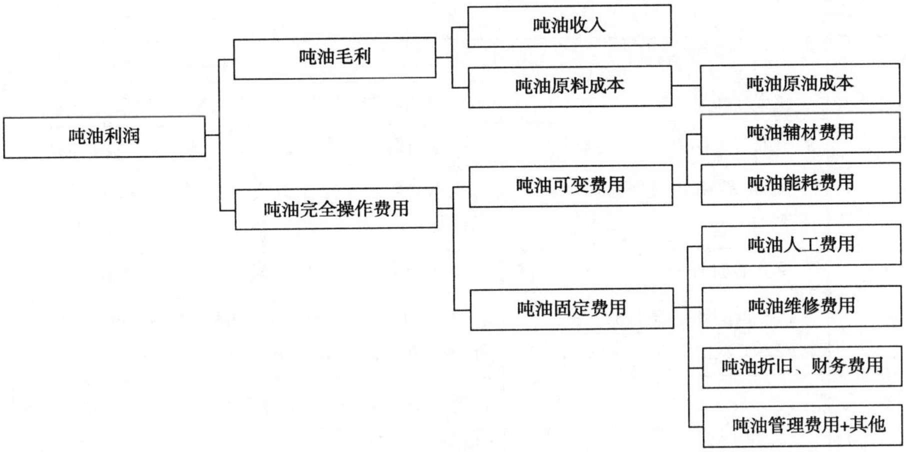

图 32-33　炼油厂经济评价指标关系图

表 32-22　国资委关于工业企业绩效评级指标体系

类别		指标	计算公式
盈利能力状况	基本指标	净资产收益率/%	净资产收益率=归属于母公司所有者的净利润/平均归属于母公司所有者权益×100%
		总资产报酬率/%	总资产报酬率=息税前利润/平均资产总额×100%
	修正指标	销售(营业)利润率/%	销售(营业)利润率=销售(营业)利润/销售总收入×100%
		盈余现金保障倍数	盈余现金保障倍数=经营现金净流量/净利润
		成本费用利润率/%	成本费用利润率=利润总额/成本费用总额×100%
		资本收益率/%	资本收益率=归属于母公司所有者的净利润/平均资本×100%
资产质量状况	基本指标	总资产周转率/次	总资产周转率(次)= 营业总收入/平均资产总额
		应收账款周转率/次	应收账款周转率/次=营业总收入/应收账款平均余额
	修正指标	不良资产比率/%	不良资产率=年末不良资产总额/(资产总额+资产减值准备余额)×100%
		流动资产周转率/次	流动资产周转率/次=营业总收入/平均流动资产总额
		资产现金回收率/%	资产现金回收率=经营现金净流量/平均资产总额×100%
债务风险状况	基本指标	资产负债率/%	资产负债率=负债总额/资产总额×100%
		已获利息倍数	已获利息倍数=息税前利润/财务费用下的利息费用
	修正指标	速动比率/%	速动比率=(流动资产-存货)/流动负债总额×100%
		现金流动负债比率/%	现金流动负债比率=年经营现金净流量/年末流动负债×100%
		带息负债比率/%	带息负债比率=年末带息负债/负债总额×100%
		或有负债比率/%	或有负债比率=或有负债余额/所有者权益×100%
经营增长状况	基本指标	销售(营业)增长率/%	销售(营业)增长率=(本年营业总收入-上年营业总收入)/上年营业总收入×100%
		资本保值增值率/%	资本保值增值率=年末所有者权益/年初所有者权益×100%
	修正指标	销售(营业)利润增长率/%	销售(营业)利润增长率=[本年销售(营业)利润总额-上年销售(营业)利润总额]/上年销售(营业)利润总额×100%
		总资产增长率/%	总资产增长率=(年末资产总额-年初资产总额)/年初资产总额×100%
		技术投入比率/%	技术投入比率=本年科技支出合计/营业总收入×100%

续表

类别	指标	计算公式
补充资料	存货周转率/次	存货周转率(次数)=营业成本/平均存货余额
	两金占流动资产比重/%	两金占流动资产比重=(应收账款+存货)/流动资产×100%
	成本费用占主营业务收入比重/%	成本费用占主营业务收入比重=成本费用总额/营业总收入×100%
	经济增加值率/%	经济增加值率=经济增加值/调整后资本×100%
	息税折旧摊销前利润(*EBITDA*)率/%	*EBITDA* 率=(净利润+所得税+利息支出+固定资产折旧+无形资产摊销)/营业总收入×100%
	资本积累率/%	资本积累率=(年末所有者权益-年初所有者权益)/年初所有者权益×100%

第五节　投资估算

投资估算是指在项目投资决策过程中，依据现有的资料和特定的方法，以项目的建设规模、技术方案和设备方案、工程方案及项目进度计划等初步确定研究成果为基础，估算项目投入总资金(包括建设投资、增值税、建设期资金筹措费及流动资金)的过程。

项目总投资，指投资项目从前期准备工作开始到项目全部建成投产为止所发生的全部投资费用。建设项目总投资包括建设投资、增值税、建设期资金筹措费和流动资金。筹资额包括建设投资、增值税、建设期资金筹措费和铺底流动资金。

建设项目投资决策过程划分为投资机会研究(规划阶段)、项目建议书阶段、可行性研究阶段。由于不同阶段所具备的条件和掌握的资料不同，因而建设项目投资估算的准确程度有所差异。投资估算的阶段划分及精度要求见表32-23。

表32-23　投资项目前期各阶段对投资估算的误差要求

投资项目前期工作阶段	投资估算的误差率	投资项目前期工作阶段	投资估算的误差率
规划(机会研究)阶段	±30%以内	可行性研究阶段	±10%以内
项目建议书阶段	±20%以内		

一、建设投资构成与估算

(一)建设投资构成

建设投资是指建设单位在项目筹建与建设期间所花费的不含可抵扣增值税的全部费用，由固定资产投资、无形资产投资、其他资产投资和预备费四部分组成。建设投资构成分类方法有形成资产法和概算法。石化行业多采用形成资产法。按照形成资产法分类的建设投资构成见图32-34。

(二)建设投资估算

建设投资估算方法有单位生产能力估算法、生产能力指数法、比例估算法、系数估算

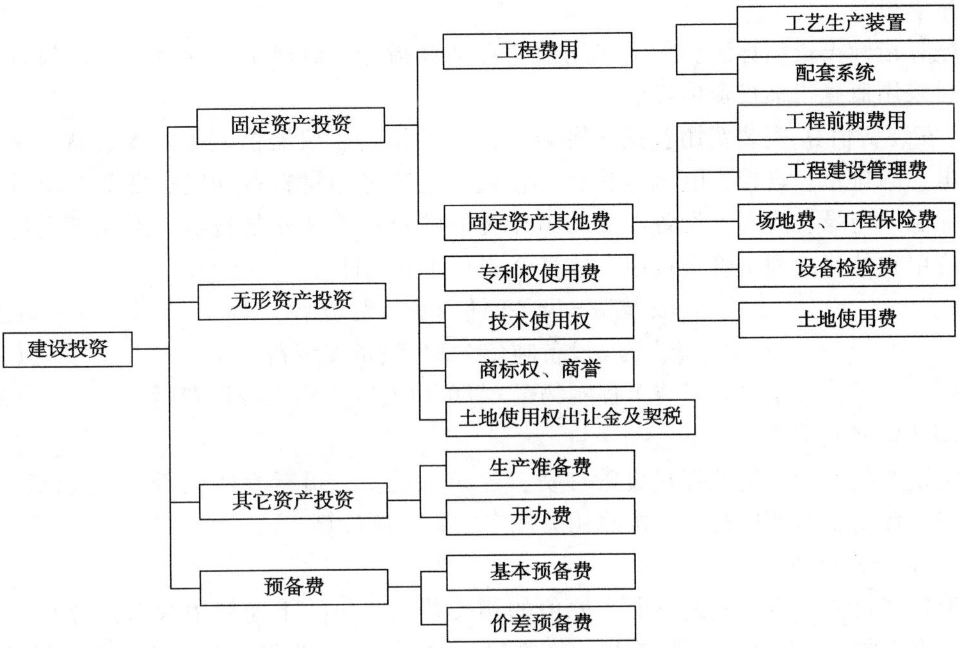

图 32-34　建设投资构成(按照形成资产法分类)

法、综合指标投资估算法等。根据项目前期进展阶段和可获得信息程度，选择合适的一种或者几种方法进行投资估算[18,19]。

1. 固定资产投资

固定资产投资是指形成固定资产的相关费用，包括工程费用和固定资产其他费用。

1) 工程费用估算

工程费用按费用类别可划分为设备购置费、主要材料费、建筑工程费和安装费。

(1) 设备购置费 设备购置费包括需要安装和不需要安装的全部设备、仪器、仪表等和必要的备品备件及工器具、生产用具购置费用，也包括一次装入的填充物料、催化剂及化学药品等的购置费。

工器具及生产用具是指为保证新建或扩建项目初期正常生产必须购置的第一套工卡模具、器具及生产用具，其购置费用一般以国内设备原价和进口设备离岸价为计算基数进行估算。备品备件购置费在无法采用备品备件的原价，需要另行估算时，一般按设备原价及有关专业概算指标(费率)估算。相关计算公式如下：

$$国内设备购置费=设备原价\times(1+设备运杂费费率) \quad (32-11)$$

$$进口设备购置费=进口设备货价+进口从属费用+国内运杂费 \quad (32-12)$$

(2) 建筑工程费估算 建筑工程费包括各类房屋建筑工程和列入房屋建筑工程预算的供水、供暖、卫生、通风、煤气等设备费用及其装设、油饰工程的费用，以及列入建筑工程的各种管道、电力、电信和电缆导线敷设工程的费用，各类建筑工程、砌筑工程和金属结构工程的费用等。估算方法有：

①单位建筑工程投资估算法 单位建筑工程量投资 (面积、容积、长度)×建筑工程总量

②单位实物工程量投资估算法 单位实物工程量投资(每立方米、延长米、平方米)×实

物工程量总量

③概算指标投资估算法 无法采用前两种估算指标，或建筑工程费占建设投资比例较大的项目采用概算指标投资估算法。

(3)安装费估算 安装费用包括各种需要安装的设备、仪器仪表等的安装费，工艺、供热、供电、给排水、自控、电讯等管道、管线、电缆等的材料费和安装费等，以及设备和管道的保温、绝缘、防腐，设备内部的填充物等的材料费和安装费等，附属管道量大的项目，还应单独估算并列出管道费用。估算公式有如下几种：

$$安装费=设备原价\times安装费费率 \tag{32-13}$$

$$安装费=设备吨位\times每吨设备安装费 \tag{32-14}$$

$$安装费=安装工程实物量\times每单位安装实物工程量费用 \tag{32-15}$$

2)固定资产其他费

固定资产其他费包括工程建设管理费，建筑用地费，可行性研究费、研究试验费、勘察设计费、环境影响评价费等。按照相关规定或者比例计算。

2. 无形资产投资

无形资产投资是指形成无形资产原值的相关费用，包括土地使用权出让金及契税，与专利权、专有技术、商标权、特许权、商誉等相关的费用。按照预计发生的费用计算。

3. 其他资产投资

其他资产投资是指形成其他资产原值的相关费用，包括生产准备费、出国人员费、印刷费、注册登记费等。按照相关规定或者比例计算。

4. 预备费

预备费包括基本预备费和价差预备费。

1)基本预备费估算

$$基本预备费=(固定资产投资+无形资产投资+其他资产投资)\times基本预备费费率 \tag{32-16}$$

2)价差预备费估算

是指针对建设工期较长的项目在建设期内可能发生材料、设备、人工等价格上涨引起投资增加的情况而需要事先预留的费用。

$$价差预备费=\sum_{t=1}^{n} I_t[(1+f)^t-1] \tag{32-17}$$

式中，I_t 为建设期中第 t 年的建筑工程费、设备及工器具购置费、主要材料费、安装费之和；f 为年投资价格上涨指数；n 为建设期年数。

二、建设期资金筹措费估算

(一)建设期资金筹措费构成

建设期资金筹措费是指在建设期内应计的利息和在建设期内为筹集项目资金发生的费用，包括银行借款和其他债务资金利息，以及在债务融资中发生的手续费、承诺费、管理费、信贷保险费等融资费用。为简化计算，一般主要估算建设期利息。

(二)建设期利息估算

估算建设期利息，应根据借款计息周期将名义利率(r)折算成有效年利率(R)。计算公式如下：

$$R = \left(1 + \frac{r}{m}\right)^m - 1 \tag{32-18}$$

式中　m——每年计息次数。

估算有多种借款资金来源的建设期利息，由于每笔借款的年利率可能不尽相同，有两种计算方法，一种是分别计算每笔借款的利息后加和，另一种是先计算每笔借款加权平均的年利率，再用加权平均利率计算全部借款利息。

几种借款方式建设期利息计算方法见表32-24。若没有明确说明，估算建设期利息时，一般假定新增借款在年中投放。

表32-24　几种借款方式建设期利息计算方法

借款方式	借款总额一次贷出（利率固定）	总借款分年发放（利率固定）	
借款投入时间	年初投入	年初投入	年中投入
年度利息		（年初借款本息累计+本年借款额）×年利率	（年初借款本息累计+本年借款额÷2）×年利率
总利息	一次性借款总额×((1+年利率)^n−1)①	各年利息和	各年利息和

①n为借款年限。

三、流动资金构成与估算

(一)流动资金构成

流动资金是指项目投产后，用于购买原材料、燃料、支付工资及其他经营费用等为维持生产经营所必须长期占用的周转金，不包括运营中需要的临时性营运资金。

项目评价中的流动资金是伴随固定资产投资而在生产期内发生的长久性流动资产投资，其数额等于项目投产后所需全部流动资产扣除流动负债后的余额。

铺底流动资金是指项目建成后进行试运转及有序衔接后续生产所必需的流动资金，一般按项目投产后正常经营所需全部流动资金的30%计算。

(二)流动资金估算

流动资金估算方法主要有扩大指标估算法和分项详细估算法。可根据前期研究所处阶段选择扩大指标估算法或分项详细估算法估算流动资金。

1. 扩大指标估算法

主要参照已有类似项目流动资金占某项收入或者费用的比率来估算拟建项目的流动资金，一般常用销售收入、经营成本、固定资产投资额等作为计算基数，比率根据类似项目经验数据或行业平均水平数据确定。

该方法准确性低于分类详细估算法，主要用于规划和项目建议书阶段。估算公式见表 32-25。

表 32-25　扩大指标估算法几种计算公式

估算方法	销售收入资金率估算法	经营成本资金率估算法	固定资产投资资金率估算法	单位产品资金率估算法
估算依据	销售收入资金率	经营成本资金率	固定资产投资资金率	单位产品资金率
类似系数计算	流动资金/销售收入×100%	流动资金/经营成本×100%	流动资金/固定资产投资×100%	流动资金/年产量×100%
拟建项目流动资金计算	项目年销售收入×类似系数	项目年经营成本×类似系数	固定资产投资总额×类似系数	年产量×类似系数

2. 分项详细估算法

分项详细估算法是对流动资产和流动负债主要构成要素，即存货、现金、应收账款、预付账款、应付账款、预收账款等项内容分项进行估算，得出项目所需的流动资金数额。计算公式为：

$$流动资金=流动资产-流动负债 \tag{32-19}$$

$$流动资产=应收账款+预付账款+存货+现金 \tag{32-20}$$

$$流动负债=应付账款+预收账款 \tag{32-21}$$

流动资金分项详细估算法的核心是计算各分项的周转次数。周转次数计算公式如下：

$$周转次数=\frac{360\text{ 天}}{最低周转天数} \tag{32-22}$$

式中各分项最低周转天数，可参照同类企业平均周转天数并结合项目特点确定。确定时应考虑储存天数、在途天数，并考虑适当保险系数。

分项详细估算法计算公式见表 32-26 。

表 32-26　分项详细估算法计算公式表

项目			计算公式
流动资产	应收账款		年经营成本/应收账款周转次数
	存货	外购原油	年外购原油费用/外购原油周转次数
		外购原料	年外购原料费用/外购原料周转次数
		外购辅助材料	年外购辅助材料费用/外购辅助材料周转次数
		外购燃料	年外购燃料费用/外购燃料周转次数
		外购其他材料	年外购其他材料费用/外购其他材料周转次数
		在产品	（年外购原材料、燃料及动力费用+年工资或薪酬+年修理费+年其他制造费用）/在产品周转次数
		产成品	（年经营成本-年其他营业费用）/产成品周转次数
	现金		（年工资福利费用+年其他费用）/现金周转天数年 其他费用=制造费用+管理费用+销售费用-(三项中的工资福利费+折旧费用+摊销费用+修理费用)
	预付账款		预付的各类原材料、燃料或服务年费用/预付账款年周转次数

续表

项目		计算公式
流动负债	应付账款	(年外购原材料、燃料及动力费用)/应付账款周转次数
	预收账款	预收的营业收入年金额/预收账款年周转次数

注：用于估算流动资金时的收入和成本费用应采用含增值税口径。

千万吨级炼油厂总投资估算汇总示范表见表32-27。

表32-27 建设项目总投资估算汇总示范表

万元

序号	项目名称	总投资估算表						
		设备购置费	主要材料费	安装费	建筑工程费	其他费用	合计	含外汇/万美元
	含增值税总投资	829659	417559	273987	283580	682532	2487317	16237
	不含增值税总投资	749307	377289	247452	256047	665472	2295567	16237
	含增值税筹资额	829659	417559	273987	283580	536386	2341171	16237
	不含增值税筹资额	749307	377289	247452	256047	519326	2149421	16237
一	建设投资	749307	377289	247452	256047	371205	2001300	16237
1	固定资产投资	749307	377289	247452	256047	156167	1786262	14761
1.1	工程费用	749307	377289	247452	256047		1630095	14761
1.1.1	工艺生产装置	558456	202860	134969	47832		944117	12286
1.1.2	配套系统	183530	158552	94648	119919		556649	2475
1.1.3	厂外工程	6575	10028	5220	84476		106299	
1.1.4	其他工程费	226	5849	12615	3820		22510	
1.1.5	工器具及生产用具购置费	520					520	
1.2	固定资产其他费					156167	156167	
2	无形资产投资					118054	118054	1126
2.1	土地使用权出让金及契税					92938	92938	
2.2	专利费或专有技术使用费					25116	25116	1126
3	其他资产投资					6246	6246	30
3.1	生产人员准备费					5760	5760	
3.1.1	提前进场费					4015	4015	
3.1.2	人员培训费					1517	1517	
3.1.3	办公用具购置费					228	228	
3.2	引进项目其他费用					486	486	30
4	预备费					90738	90738	320

续表

序号	项目名称	总投资估算表						
		设备购置费	主要材料费	安装费	建筑工程费	其他费用	合计	含外汇/万美元
4.1	基本预备费					90738	90738	320
4.1.1	国内部分					90578	90578	
4.1.2	引进部分					160	160	320
4.2	价差预备费					0	0	
二	增值税	80352	40270	26535	27533	17060	191750	
三	建设期资金筹措费					85487	85487	
四	流动资金					208779	208779	
	其中：铺底流动资金					62634	62634	

第六节　成本及利润构成及计算

一、成本构成及计算

(一)投资项目财务评价中总成本构成及计算

1. 总成本费用构成

1)总成本费用

生产制造企业总成本费用是指项目在一定时期内(一般指一年)，为生产和销售产品而花费的全部成本和费用，包括购买原材料、辅助材料及外购动力燃料的费用、人工成本、制造费用、管理费用、财务费用和营业费用等。

$$总成本费用=原材料费用+辅助材料费用+外购动力燃料费用-外送燃料及动力+人工成本+制造费用+管理费用+财务费用+营业费用 \quad (32-23)$$

2)经营成本

经营成本是指总成本费用扣除固定资产折旧费、无形资产及其他资产摊销费和财务费用以后的全部费用。经营成本为项目经济评价中现金流量分析所采用的一个特定的概念，是运营期内的主要现金流出。即：

$$经营成本=总成本费用-折旧费-摊销费-财务费用 \quad (32-24)$$

3)固定成本与可变成本

按成本费用与产量的关系，总成本费用可分解为可变成本和固定成本。可变成本是指随加工量或者产品产量变化而变化的各项成本费用，包括外购原材料、辅助材料、燃料及动力费用等。固定成本是指不随加工量或者产品产量变化而变化的各项成本费用，包括工资及福利费、折旧费、摊销费、修理费和其他费用、财务费用等。

可变成本=原材料费用+辅助材料费用+外购动力燃料费用−外送燃料及动力 (32-25)

固定成本=总成本费用−可变成本 (32-26)

2. 总成本费用计算

投资项目经济评价中总成本费用计算按照其构成，分类计算。

1)原材料、辅助材料和外购燃料动力费用估算

根据生产期的消耗量与预测价格进行估算，预测价格为到厂不含增值税价格。

2)人工成本估算

按照项目既有企业或当地类似行业的人均水平及人员定额进行估算。

3)制造费用

制造费用包括折旧、修理费用和其他制造费用。

(1)折旧　折旧方法包括平均年限法和加速折旧法。炼油项目一般采用平均年限法，计算公式如下：

年折旧额=固定资产原值×年折旧率 (32-27)

年折旧率=(1−预计净残值率)/折旧年限 (32-28)

固定资产原值=固定资产投资+预备费+建设期资金筹措费 (32-29)

一般炼油项目预计净残值率按照固定资产原值的3%计取，折旧年限可按企业会计制度分类计取，也可从简按综合折旧年限计取。

(2)修理费是指为保持固定资产正常运转和使用，在运营期间对其进行必要修理所发生费用。

修理费=(固定资产原值−建设期资金筹措费)×修理费费率 (32-30)

一般炼油项目修理费费率取值3%，既有企业项目也可按实际情况计取。

(3)其他制造费用 一般按照定额或者费率进行估算。

4)管理费用

管理费用主要包括摊销费用、固定资产保险费、安全生产费用和其他管理费用等。

(1)摊销费用 包括无形资产摊销和其他资产摊销。一般情况下无形资产按照不少于10年进行摊销，其他资产按照不少于5年进行摊销。

(2)安全生产费用　按照规定标准提取。

(3)其他管理费用估算 一般按照定额进行估算。

5)财务费用

生产经营期间发生的利息支出净额、汇兑净损失、金融机构手续费等。

6)营业费用

主要是销售产品的费用，一般按照现有企业营业费用与营业收入比率进行估算，估算时应考虑具体项目或企业销售体制的影响。

表32-28为采用中国石化2019版经济效益测算价布伦特60美元/桶价格体系，新建千万吨级炼油厂项目总成本费用构成案例样表。

表 32-28 投资项目成本费用表

万元

序号	项目	计算期		
		第 1 年	第 2 年	第 3~15 年
	负荷率	80%	90%	100%
1	生产成本	2555121	2853119	3151117
1.1	原材料费	2306507	2594820	2883133
1.2	辅助材料费	32000	36000	40000
1.3	外购燃料动力费	45478	51163	56847
1.4	人工成本	14400	14400	14400
1.5	制造费用	156737	156737	156737
1.5.1	折旧费	105427	105427	105427
1.5.2	修理费	48910	48910	48910
1.5.3	其他制造费	2400	2400	2400
1.5.4	外送燃料动力			
2	管理费用	26540	26540	22668
2.1	无形资产摊销	7000	7000	4308
2.2	其他资产摊销	1534	1534	354
2.3	固定资产保险费	7101	7101	7101
2.4	安全生产费	6405	6405	6405
2.5	其他管理费	4500	4500	4500
3	财务费用	62243	56372	18994
3.1	借款利息	62243	56372	18994
3.2	其他财务费用			
4	营业费用	2327	2327	2327
5	总成本费用	2646231	2938358	3195106
	其中：固定成本	262246	256375	215125
	可变成本	2383984	2681982	2979981
6	经营成本	2470027	2768025	3066023

(二)日常生产运行总成本构成及计算

炼油厂日常生产总成本为生产和销售产品而花费的全部成本和费用。其成本构成有多种分类方法，一般多分为外购原材料成本和操作费用两部分。

1. 外购原料成本

外购原材料主要包括原油和其他外购原料。

2. 完全操作费用

完全费用是指生产产品消耗的不含原料成本的各项付现和非付现的生产、管理、营业和财务费用，包括外购的辅助材料、燃料、动力和其他生产、管理、营业、财务费用。

炼油厂单位完全费用是指平均加工1吨原油及外购原料油而消耗的不含原料成本的各项付现和非付现的生产、管理、营业和财务费用。

单位完全费用(元/吨)=(外购辅助材料、燃料、动力+折旧和摊销费用
+其他生产、管理、营业、财务费用支出-外送、转供的水、电、蒸汽以及其他产品和劳务费)/原料油加工量　(32-31)

3. 现金操作费用

现金操作费用是指生产产品消耗的不含原料成本的各项付现生产支出以及付现管理和营业费用，包括外购的辅助材料、燃料、动力、外委修理费用、职工薪酬以及除折旧和摊销以外的其他生产、管理、营业费用支出。

炼油厂单位现金操作费用是指平均加工1吨原油及外购原料油而消耗的不含原料成本的各项付现生产支出以及付现管理和营业费用。

单位现金操作费用(元/吨)=(外购辅助材料、燃料、动力+不包括折旧和摊销项目以外的其他生产、管理、营业费用支出-外送、转供的水、电、蒸汽以及其他产品和劳务费)/原料油加工量　(32-32)

4. 固定费用与可变费用

固定费用是指不随加工量变化而变化的费用，如职工薪酬、修理费、其他管理运营等费用，可变费用是指随加工量变化而变化的费用，如外购辅助材料、燃料、动力等。

5. 含自用的完全费用

自产自用燃料在财务上不计入收入，同时也不计入操作费用。但在衡量生产经营所消耗的全部费用时，由于自产自用燃料费用为其中比例较大的一部分，而不同企业自产自用燃料消耗占比不同，因此在企业间进行操作费用对比时，宜采用含自用的完全费用。自用燃料费用根据自用燃料的品种和相应价格，计算其费用。

千万吨级炼油厂布伦特油价72美元/桶时生产经营费用例表见表32-29。

表32-29　炼油生产经营费用表

项　目	数量/kt	单价/(元/t)	金额/千元
一、原料	11586	3188	36901393
1 原油	10000	3400	34000000
2 外购原料油	643	4490	2887319
3 来料加工	943		
4 其他外购原料			
5 其他(含添加剂)			14074
二、完全费用总额及单位完全费用		230	2663723
三、现金操作成本总额及单位现金操作成本		173	2008702
(一)变动费用小计及单位变动费用		51	596411
1 外购辅助材料			218839
2 外购动力			138955

续表

项　目	数量/kt	单价/(元/t)	金额/千元
3 外购燃料-天然气(kNm^3)	13782		238617
(二)不含折旧、财务费用的固定费用小计			1412291
1 修理费			310509
2 职工薪酬			643879
3 其他管理销售研发费用			381977
4 安全生产费			75926
四、折旧费及摊销			655021
1 折旧费			647672
2 无形资产摊销			7350
3 长期待摊费用摊销			
五、财务费用			124997
六、自用小计	876		1331284
七、含自用的完全费用总额及单位完全费用		344.8	3995007

二、利润构成及计算

(一)利润定义及计算

1. 净利润

净利润是一个企业经营的最终成果，净利润额大，企业的经营效益就好；净利润额少，企业的经营效益就差。

$$净利润=利润总额-企业所得税 \tag{32-33}$$

式中，国内企业所得税率一般为25%。

2. 利润总额

利润总额是指企业在缴纳所得税前一定时期内经营活动的总成果。

$$利润总额=营业利润+营业外收入-营业外支出 \tag{32-34}$$

3. 营业利润

营业利润是指企业从生产经营活动中取得的利润，是企业利润的主要来源，包括主营业务利润和其他业务利润。

$$\begin{aligned}营业利润=&营业收入-营业成本-税金及附加-销售费用-管理费用-财务费用-资产\\&减值损失-信用减值损失+公允价值变动收益(-公允价值变动损失)+\\&投资收益(-投资损失)+资产处置收益(-资产处理损失)+其他收益\end{aligned} \tag{32-35}$$

(二)毛利定义及计算

炼油企业毛利是指主营业务收入减去原料油成本后的余额，该指标用于反映炼油企业盈利空间。

$$毛利 = 主营业务收入 - 税金及附加 - 原料油成本 \tag{32-36}$$

(三)主营业务收入计算

主营业务收入为销售所有产品的收入。

$$主营业务收入 = \sum(产品产量 \times 产品售价) \tag{32-37}$$

我国石油产品消费税为价内税，增值税为价外税。上述公式中产品售价为含消费税不含增值税的价格。

(四)实际应纳增值税

应纳增值税税额为销项税额减去进项税额。销项税额为企业销售货物或提供应税劳务应收取的增值税额，进项税额为企业购入货物或接受应税劳务而支付的、准予从销项税额中抵扣的增值税额。对于炼油厂，销项税额为销售产品取得的增值税额，进项税额为外购原油、原料、辅助材料、燃料动力等支付的增值税额。

2019 年炼油厂主要原料和产品增值税率为 13%，天然气、液化气、水、蒸汽等增值税率为 9%。对于固定资产投资中设备购置费和安装工程主材费所含增值税进项税额准予从销项税额中抵扣。

(五)税金及附加计算

炼油厂的税金及附加包括消费税、城市维护建设税，教育费附加和地方教育附加以及房产税、车船税、土地使用税、印花税、环境保护税等。

1. 消费税

我国主要石油产品消费税从量计征，税率见表 32-30。

表 32-30　我国主要石油产品消费税税率(2019 年底)

序号	项　目	标准税率/(元/L)	计量换算标准/(L/t)	实际税率/(元/t)	备注
1	无铅汽油	1.52	1388	2109.76	
2	柴油	1.2	1176	1411.20	
3	喷气燃料	1.2	1246	1495.20	暂不征收
4	石脑油	1.52	1385	2105.20	用作原料不征收
5	溶剂油	1.52	1282	1948.64	
6	润滑油	1.52	1126	1711.52	
7	燃料油	1.2	1015	1218.00	一般贸易出口不征收

2. 城市维护建设税

与其他税种不同，没有独立的征税对象或税基，而是以增值税和消费税实际缴纳的税额之和为计税依据，随“两税”同时附征，本质上属于一种附加税。

城市维护建设税税率与城市规模有关，纳税人所在地为城市市区的，税率为 7%；纳税人所在地为县城、建制镇的，税率为 5%；纳税人所在地不在城市市区、县城或建制镇的，税率为 1%。

城市维护建设税=(实际应纳增值税额+消费税额)×税率　　(32-38)

3. 教育费附加和地方教育附加

教育费附加是国家为扶持教育事业发展，计征用于教育的政府性基金。一些地方政府为发展地方教育事业，根据教育法的规定，还开征了"地方教育附加"。二者共同点是都是政府型基金，随税收一并征收，用于教育事业。

教育费附加=(实际应纳增值税额+消费税额)×3%　　(32-39)

地方教育附加=(实际应纳增值税额+消费税额)×2%　　(32-40)

4. 房产税

根据税基，采用适用税率计算房产税。税基为按规定比例减除后的房产原值，减除比例依据各省、自治区、直辖市规定执行。

应纳税额=税基×适用税率　　(32-41)

5. 车船使用税

根据税基，采用适用税额计算车船使用税。税基为车船重量或数量，具体适用税额依据各省、自治区、直辖市规定执行。

应纳税额=税基×适用税额　　(32-42)

6. 土地使用税

根据税基，采用适用税额计算土地使用税。税基为项目土地占用面积，具体适用税额依据项目所在地政府规定执行。

应纳税额=税基×适用税额　　(32-43)

7. 印花税

根据税基，采用适用税率计算。印花税税基包括：购销、加工承揽、建设工程承包、财产租赁、货物运输、仓储保管、借款、财产保险、技术合同或者具有合同性质的凭证，产权转移书据，营业账簿，权利、许可证照等。

应纳税额=税基×适用税率　　(32-44)

8. 环境保护税

根据《中华人民共和国环境保护税法》计算环境保护税。

大气污染物、水污染物的应纳税额=污染当量数×具体适用税额　　(32-45)

固体废物的应纳税额=固体废物排放量×具体适用税额　　(32-46)

噪声的应纳税额=超过国家规定标准的分贝数对应的具体适用税额　　(32-47)

第七节　典型加工流程的综合对比分析案例

新建1000万吨/年炼化一体化企业，其中生产乙烯80万吨/年，对二甲苯(PX)+邻二甲苯(OX)100万吨/年。渣油加工路线分别选择焦化、渣油加氢+催化裂化、沸腾床渣油加氢和浆态床渣油加氢四种路线，进行加工总流程方案对比。方案中沸腾床渣油加氢转化率为80%，浆态床渣油加氢转化率为90%。表32-31为各方案下的装置构成。

表 32-31　四种渣油加工路线装置构成　　kt/a

项　目	焦　化	渣油加氢+催化裂化	沸腾床渣油加氢	浆态床渣油加氢
常减压蒸馏	10000	10000	10000	10000
催化重整	3000	3000	3000	3000
芳烃抽提	1000	1000	1000	1000
S Zorb 汽油吸附	600	1500	900	900
煤油加氢	1200	1200	1200	1200
1 号柴油加氢精制	600	800	600	600
2 号柴油加氢精制	1500	800	1200	800
重馏分油加氢处理	800	—	800	800
加氢裂化	3500	3500	3500	3500
催化裂化	800	3500	1800	1800
延迟焦化	2600	—	—	—
固定床渣油加氢	—	3400	—	—
沸腾床渣油加氢	—	—	2600	—
浆态床渣油加氢	—	—	—	2800
溶剂脱沥青	—	500	500	—
轻烃回收	1500	1500	1500	1500
气分	300	800	500	500
MTBE	80	80	80	80
烷基化	100	200	150	150
PX+OX 能力	1000	1000	1000	1000
乙烯能力	800	800	800	800
硫黄回收	90	180	200	180

由于渣油加工路线不同，对原油的适应性也不同。四种方案加工原油情况及性质见表 32-32。

表 32-32　四种渣油加工路线原油构成及性质　　kt/a

项　目	焦　化	渣油加氢+催化裂化	沸腾床渣油加氢	浆态床渣油加氢
阿曼	1562	2400	1562	1562
卡斯蒂利亚	1500	468	1500	1500
沙特中质	2000	4000	2000	2000
沙特重质	938	0	938	938
科威特	0	2453	0	0
巴士拉	4000	679	4000	4000
原油平均性质				
API 度	28.74	30.51	28.74	28.74
硫含量/%	2.50	2.34	2.50	2.50
酸值/(mgKOH/g)	0.23	0.26	0.23	0.23

从表中可以看出，固定床渣油加氢+催化裂化路线加工原油相对较轻，硫含量相对较低。焦化路线、沸腾床渣油加氢路线及浆态床渣油加氢路线加工原油相对较重，硫含量较高，原油更劣质。

表 32-33 为四种加工路线主要产品收率，从表中可以看出，方案中考虑 80 万吨/年乙烯和 100 万吨/年芳烃，四种加工路线成品油收率在 40%~45%之间。

表 32-33 四种渣油加工路线主要产品收率 %

项 目	焦 化	渣油加氢+催化裂化	沸腾床渣油加氢	浆态床渣油加氢
95 号国Ⅵ汽油	6.70	15.43	9.57	10.42
98 号国Ⅵ汽油	0.81	2.98	2.98	2.98
喷气燃料	16.85	16.50	16.58	16.58
0 号国Ⅵ柴油	14.93	9.89	13.01	14.93
炼油丙烯	0.39	1.86	0.96	1.00
乙烯	7.99	7.95	7.95	7.95
化工丙烯	3.91	3.79	3.95	3.94
丁二烯	1.16	1.11	1.15	1.14
苯	2.22	2.11	2.35	2.39
甲苯	4.76	2.02	5.07	5.16
对二甲苯	9.49	9.88	9.44	9.44
邻二甲苯	0.62	0.64	0.61	0.61
饱和液化气	4.18	2.96	3.20	3.14
丙烷	0.10	0.47	0.24	0.26
氢气	0.20	0.00	0.00	0.00
化工抽余碳四	1.31	1.25	1.29	1.29
裂解碳九	0.75	0.68	0.70	0.69
重芳烃	0.51	0.54	0.51	0.51
裂解碳五	0.97	0.88	0.91	0.90
乙烯焦油	1.77	1.62	1.73	1.72
催化裂化油浆	0.00	1.78	0.00	2.72
商品干气	4.30	2.85	3.23	4.18
沥青	0.00	4.29	6.37	0.00
石油焦	9.73	0.00	0.00	0.00
硫黄	1.03	1.80	1.92	1.85

采用中国石化 2019 年版经济效益测算价布伦特 50 美元/桶价格体系，对四个加工方案进行静态效益测算，结果见表 32-34。

表 32-34　四种渣油加工路线吨油效益估算　元/t

项　目	焦化	渣油加氢+催化裂化	沸腾床渣油加氢	浆态床渣油加氢
吨油收入	3275	3348	3373	3386
吨油原料成本	1838	1921	1891	1893
吨油毛利	1437	1427	1481	1492
吨油操作费用	481	513	587	597
吨油利润	956	915	894	895

从表中可以看出，在包含乙烯裂解和 PX 情况下，50 美元价格体系时，焦化路线吨油利润最高，其次是渣油加氢+催化裂化，最后是浆态床渣油加氢和沸腾床渣油加氢。由于包含了化工部分装置，四种加工路线吨油利润差距不大。

参 考 文 献

[1] 刘家明. 炼油厂设计与工程[M]. 北京：中国石化出版社，2014.
[2] 沈威，杨炜樱. 考虑碳排放的化石能源和电解水制氢成本[J]. 煤气与热力，2020，40(3)：30-33.
[3] 中国石化经济技术研究院. 2020 中国能源产业发展报告[M]. 北京：中国石化出版社，2020.
[4] 侯凯峰. 炼油厂总工艺流程设计[M]. 北京：中国石化出版社，2017.
[5] 王华. 物料平衡及其在炼油企业的应用[J]. 计算机与应用化学，2009，26(8)：1034-1037.
[6] 崔祥勇，张利，李鹏，等. 炼油厂氢管网优化研究[J]. 广东化工，2017，44(21)：60-62.
[7] 严钧，洪志刚. 镇海炼化氢气资源系统优化[J]. 石油石化节能与减排，2012，2(6)：1-5.
[8] 张传磊. 炼油化工企业硫平衡的计算及应用[J]. 石化技术及应用，2015，33(1)：54-58.
[9] 詹爱霞，胡馨予. 炼油厂硫平衡分布探讨[J]. 甘肃科技，2015，31(11)：18-20.
[10] 伦晓伟. 炼厂瓦斯系统平衡及优化分析[J]. 石油石化节能减排，2014，4(6)：45-50.
[11] 王宽心. 炼油厂燃料气系统的优化方法与应用[J]. 自动化仪表，2018，39(8)：27-31.
[12] 薛旭. 二十一世纪大型炼油厂给排水系统节水设计[J]. 石油化工环境保护，2005，28(1)：10-13.
[13] 中石化宁波工程有限公司. SH/T 3015—2019 石油化工给水排水系统设计规范[S]. 北京：中国石化出版社，2019.
[14] 中国石化工程建设有限公司，中国标准化研究院，中国石油天然气股份有限公司炼油与化工分公司. GB/T 26926—2011 节水型企业　石油炼制行业[S]. 北京：中国标准出版社，2011.
[15] 江苇，周春，邓晶，等. 通用炼油厂水系统优化模型开发与应用[J]. 化工学报，2017，68(3)：932-940.
[16] 中国石化工程建设有限公司，SH/T 3060—2013 石油化工企业供电系统设计规范[S]. 北京：中国石化出版社，2013.
[17] 中国石化工程建设有限公司，中石化上海工程有限公司. SH/T 3024—2017 石油化工环境保护设计规范[S]. 北京：中国石化出版社，2017.
[18] 王大壮，王鹤洲，谢朝钢，等. 重油催化热裂解(CPP)制烯烃成套技术的工业应用[J]. 石油炼制与化工，2013，44(1)：56-59.
[19] 赵文忠. 炼油厂经济评价[M]. 北京：中国石化出版社，2017.
[20] 国务院国资委考核分配局. 企业绩效评价标准值(2020)[M]. 北京：经济科学出版社，2020.
[21] 国家发改委、建设部. 建设项目经济评价方法与参数(第三版)[M]. 北京：中国计划出版社，2006.
[22] 中国石油化工集团有限公司. 石油化工项目可行性研究投资估算编制办法(2020 年版)[R]. 2020.
[23] 中国石油化工集团有限公司. 石油化工项目可行性研究报告编制规定(2020 年版)[R]. 2020.

专家话炼油

第三十三章　百年沧桑　百年图强

第一节　辛勤耕耘　沧桑巨变

一个多世纪以来，炼油技术的发展给人类社会的文明带来巨大的影响。从用作照明的“洋油灯”的灯用煤油，到作为活塞式飞机和汽车发动机马达燃料直到喷气机的燃料；从拖拉机和各种地面运载工具的动力源，到各式各样传动机械所用的润滑材料；从农用薄膜、棚膜、化肥到五彩缤纷的塑料制品；从鲜艳的服装到美发的发蜡；从汽车轮胎到口香糖的胶料；特别是2020年抗击新冠肺炎疫情急需的口罩材料熔喷布——丙纶纤维(一种聚丙烯纤维)，成为每个人的日常必需品……人类的生存和发展已与石油工业、炼油和石油化工紧密相连。从石油炼制和加工，再到石油化工的三大高分子材料——合成树脂、合成橡胶、合成纤维以及化肥、精细化学品等，现代人们的生活，一天也离不开石油，没有了石油，整个社会生活就无法正常运转。没有从石油中提炼出来的汽油、煤油、柴油，机动车辆就无法行驶，飞机就无法上天。无论是人们每天大量使用的塑料包装袋、身上穿的合成材料的衣服，还是其他的塑料制品、药品，以及家用的天然气或罐装液化气，各种机器运转时所使用的润滑油，其原料都是石油。石油及其产品已渗入到我们生活的各个方面：工业、农业、军事、交通运输、人民的日常生活，没有哪一个行业能离开石油，所以人们用“黑色的金子”或“工业的血液”来说明它的价值。

在水草遍布的大庆泡子地，在荒无人烟的克拉玛依戈壁滩和塔里木大沙漠，在黄河入海口不毛之地的盐碱滩，在柴达木的高原盐湖地区，在四川和河南的山间丘陵，在富饶的苏北和江汉平原，在近海北部湾大陆架，即在这些地质上被称为冲积层盆地的地区，人们常常会看到一片由钢铁采油树组成的奇异的铁林，或一排排驴头状的抽油机(俗称嗑头机)不停地一上一下地点着头，使地下的“乌金”——石油从采油树中喷涌而出，或从这些铁树中源源不断地抽出大地。用石油加工成种类繁多的产品，可以说能满足国计民生各方面的需求，就像一颗奇异的树结出各种各样奇异的果，能满足人们不同的喜爱和享受。能使石油开花结出奇异之果的就是炼油和石油化学工业[1]。

石油从广义上包括原油和天然气，从地下开采出来的液体石油称为原油，而习惯上常将石油与原油混同。石油和天然气在一定条件下会出露地表，所以很早就被人类发现和加以利用，如以原油为原料进行照明、药用、尸体防腐和做润滑剂，以天然气熬盐，以沥青涂在木船表面上用作防腐剂和建筑材料等。

人类发现石油的历史虽然很久，在美索不达米亚平原的乌尔早期废墟中，就发现过距今5000年前的作为建筑材料的沥青。但是直到19世纪中叶，由于科学技术还很不发达，不可能对石油进行有效的勘探开发和大规模利用。从 19 世纪 50 年代开始，近代石油工业才缓慢发展起来。当时仅从石油中直接提炼煤油，用于点灯照明，煤油灯曾经是当时世界上最时髦和最明亮的灯。比煤油轻的汽油，由于容易燃烧和爆炸，只能白白地烧掉，这一时期可以说是煤油时代。

1878 年内燃机发明上市，1885 年汽车开始问世，需要大量的汽油；之后陆续问世的摩托车、内燃机螺旋桨飞机、汽艇等也需要汽油，这不仅使原来提炼煤油的废弃物汽油得到充分利用，而且还很不够用，迫使人们想方设法利用提炼煤油后得到的重组分转化成小分子的汽油，热裂化工艺应运而生，从而促进了石油工业的发展。

(一)中国早期石油利用

中国是世界上最早发现、开采和利用石油及天然气的国家之一[2]。3000 多年前周代《易经》中有“上火下泽”“泽中有火”等记载，说明可燃的天然气在地表湖沼水面上逸出气苗。四川省是中国最早使用天然气的一个省份，公元前 3~4 世纪在四川临邛(今邛崃市)就发现了天然气，当时称为“火井”。13 世纪，自贡一带的浅层天然气就被大规模的开发利用。

世界上最早记载有关石油的文字，见于我国东汉史学家班固(公元 32~92 年)所著的《汉书》中，书中记载“高奴有洧(音 wěi)水可燃”(高奴在今陕西延长一带，洧水是今延河的一条支流)。公元 267 年西晋时《博物志》对甘肃玉门的石油曾这样记述：从石头缝中流出的泉水中有像油汤一样的东西，点起来很明亮，但不能吃，被称为石漆，用作膏(意即润滑)车和燃烧。唐朝时，人们将石油叫作石脂水。

中国很早就将石油用于军事。《元和郡县志》中曾记载：公元 576 年时，突厥的军队包围酒泉城，当地居民奋起抵抗，将石油点燃烧毁敌人的攻城工具，保全了酒泉城，见图 33-1。北宋神宗六年(公元 1073 年)，在京都汴梁(今河南开封)的军器监设有“猛火油作(作即车间)”，“猛火油”应当是石油的加工产品。根据现存史料，世界史上第一次提出了“石油”这一科学的命名是北宋时期的沈括(公元 1031~1095 年)。他在其《梦溪笔谈》(11 世纪末)中写道：“延(今陕西富县)境内有石油，旧说高奴县出脂水，即此也。”他是世界上第一个对石油性状和用途进行论述和预言“此物后必大行于世”的人，见图 33-2。国外，迟至公元 1556 年德国人乔治·拜耳首先提出石油(Petroleum)一词(比沈括晚了约 500 年)，在拉丁文中，Petro 指岩石，Oleum 指油，合在一起意即石中之油。

(二)中国近代石油炼制工业的萌芽时期

中国近代的石油工业始自清朝末期，最早开采石油的地方有陕西的延长、新疆的独山子、台湾的苗栗。1878 年，台湾苗栗第一口油井出油，1907 年“中国陆上第一口油井”延长延 1 井出油。1939 年 8 月 11 日玉门老君庙旁的一号井获工业油流，标志玉门油矿成为我国第一个现代石油矿场，从而揭开了中国现代石油工业的第一页。玉门油矿逐步形成具有地质勘探、钻井、采油、炼油、土木工程、机修等专业队伍的油矿，这对我国石油工业的发展起到巨大的作用，是中国现代石油矿场开发创建的里程碑。同时，玉门油矿培育了一大批石油专业人才，成为新中国石油工业的摇篮。玉门油矿建设与发展也成为中国近代石油工业发展的历史缩影[3]。

图 33-1 《元和郡县志》摘录

古迂陳氏家藏夢溪筆談卷二十四
沈 括 存中 述
雜誌一
延州今有五城說者以謂舊有東西二城夾河對立高萬興郡始展南北東三關城余因讀杜甫詩云五城何迢迢迢遞隔河水延州秦北戶關防猶可倚乃知天寶中已有五城矣
鄜延境內有石油舊說高奴縣出脂水即此也生於水際沙石與泉水相雜惘惘而出土人以雉尾裛之乃採入缶中頗似淳漆然之如麻但煙甚濃所霑幄幕皆黑余疑其煙可用試掃其煤以為墨黑光如漆松墨不及也遂大為之其識文為延川石液者是也此物後必大行於世自余始為之蓋石油至多生於地中無窮不若松木有時而竭今齊魯間松林盡矣漸至太行京西江南松山大半皆童矣造煤人蓋未知石煙之利也石炭煙亦大墨人衣余戲為延州詩云二郎山下雪紛紛旋卓穹廬學

图 33-2 《梦溪笔谈》摘录

1939 年，甘肃油矿筹备处首次采得原油后，随即着手石油炼制筹备工作。同年 4 月，购置 70 加仑蒸馏锅，安装于老君庙附近的石油河畔。1939 年 5 月 6 日，蒸馏锅炼油试炼成功，获得汽油、灯油、柴油等产品，这是中国现代炼油工业的开端。1939 年 8 月，安装一台 260 升间歇式卧式蒸馏釜，至年底加工原油 71.5 吨。1939 年 10 月，在石油河畔开始兴建第一座炼油厂。1940 年 2 月，建成 2 吨/日立式蒸馏釜和分馏塔，成为连续运转的生产装置，可生产汽油、煤油、柴油和石蜡等产品。1941 年 3 月，甘肃油矿局成立，4 月在老君庙建成第一座炼油厂，到 1943 年建成连续釜 6 组，形成原油加工 200 吨/日的能力。1947 年建成蒸馏装置和热裂化装置，到 1949 年已是一个初具规模的近代炼油厂，可生产直馏汽油、热裂化汽油、煤油、柴油、燃料油、轻质润滑油、重质润滑油、蜡、沥青等产品，具体原油加工量及主要产品量见表 33-1。同时，置备了较为齐全的各种化验仪器，可分析多个项目的油品性质，如油品密度、恩氏蒸馏、闪点、燃点、黏度、康氏残炭、沥青针入度和软化点、油品的硫含量、汽油的辛烷值和蒸汽压以及石油中的水及沉淀物含量等项目。

表 33-1 玉门炼油厂从 1939 年至 1949 年原油加工量及主要产品量 t

年度	原油加工量	汽油	煤油	柴油
1939	71	12	13	23
1940	1505	211	100	193
1941	4302	602	349	441
1942	46086	5473	1840	174
1943	58504	8604	1702	89
1944	69648	11565	6592	485
1945	64953	10625	5033	844
1946	70516	12167	6466	771

续表

年度	原油加工量	汽油	煤油	柴油
1947	51066	11168	5399	735
1948	73223	21205	6386	668
1949	70488	19877	5222	860
合计	510362	101509	39102	5283

玉门油矿从1938年开发至1949年9月解放，历经11年。其间共生产原油50万吨，占同期全国石油总产量的90%以上，约占旧中国45年全国石油总产量的70%以上。抗日战争期间，在“洋油”来源基本断绝的情况下，抗日大后方发生了严重的油荒，度过了“一滴汽油一滴血”的艰难时光，玉门油矿作为战时最大炼油厂，从1942年开始，年生产汽油180万~200万加仑以上。这些汽油产品用汽车槽车运往内地，对缓解大后方的油荒，维持战时后方交通运输发挥了重要作用。

从1904年至1949年的40多年，我国共生产原油70万吨，而进口“洋油”却达2800万吨。1949年我国石油产量只有120901吨，其中天然石油为69979吨，人造石油为50922吨；天然气为0.1亿立方米；石油探明储量才2900万吨，曾经被认为是贫油大国。到1949年，全国在玉门、延长、独山子、大连、锦西等地有5个天然原油加工厂。战争中炼油生产装置大都遭到严重破坏，剩下能够连续运转的装置寥寥无几，全国炼油厂的原油加工量11.6万吨，石油产品产量8万吨，其中，汽煤柴润四大类油品产量3.5万吨。依托石油天然气进行加工的化学工业基本上是空白，真正大规模开展石油天然气的勘探开采、石油炼制以及相关化学工业的开发，则是在新中国成立以后。

（三）新中国成立后的石油炼制工业

新中国成立后，中国共产党和人民政府十分重视石油炼制工业的恢复与发展。1949年10月，成立了燃料工业部，石油工业从十分薄弱的基础起步，逐步恢复生产。1951年10月，燃料工业部石油管理局与商业部石油公司联合在北京市劳动人民文化宫举办了第一次全国石油展览会，朱德为展览会剪彩并致辞，展览会期间，毛泽东、周恩来、陈毅、刘伯承、王震、彭真等领导人先后到会参观，并指出发展石油工业的意义[4]。

在积极恢复旧中国遗留下来的石油工业的同时也在积极勘探新的石油资源。1956年，新疆克拉玛依油田的发现是新中国成立后石油勘探的第一个突破口。20世纪50年代中后期，在陆相沉积生油理论指导下，石油勘探战略东移，1959年9月26日东北松辽盆地的松基三井喷油，揭开了我国最大油田——大庆油田开发的序幕。1960年开始进行大庆石油会战，1963年完成了试验性开发，开始进入全面建设阶段，一举扭转了我国石油工业长期落后的局面，打破了中国贫油的论点。1963年12月，周恩来总理在第二届全国人民代表大会第四次会议上庄严宣告：“我国需要的石油，现在可以基本自给了。”中国人民使用“洋油”的时代，已经一去不复返了。接着又先后进行了胜利、大港、四川、江汉、长庆、辽河、华北等石油会战，石油工业有了更大的发展。1967年海上石油工业开始起步。6月14日，在渤海湾用自制的钢平台钻成第一口海上油井，喜喷油流。1976年大庆原油年产量突破5000万吨，1978年全国原油年产量1.04亿吨。

从1949年至1957年，根据当时原油生产状况和国防建设与国民经济对石油产品的迫切需要，石油炼制部门一面修复、改造和扩建原有老厂，一面依靠国内力量和从苏联引进技术，建设了几家新的炼油厂，同时加强科研设计力量，从事新产品试制工作，使中国原油炼制工业迅速得到初步的发展。1950年4月，燃料工业部在北京召开了全国石油工业会议，依据当时全国石油资源勘探开发的实际情况和人力、物力、财力等条件，确定了“大力勘探天然石油资源，同时发展人造石油，长期、积极地努力发展石油工业”的方针。经过第一个五年计划的建设，新中国石油化学工业在勘探、开采、加工和衍生发展等方面都取得了相当大的进展，初步建成一个新型的、初具规模的能源及化工产业，为以后的石油化学产业和国民经济的发展奠定了坚实基础。兰州炼油厂的建成投产，标志着中国石油炼制工业的建设水平和生产水平进入了新的阶段。兰州炼油厂的建设和生产，也为石油炼制工业培养了一大批骨干人才，对后续一系列新炼油厂的建设发挥了重要作用。从1949年到1957年，随着中国人造石油和天然原油炼制工业生产的恢复与发展，石油炼制在科研、设计、生产、新产品开发、炼油催化剂和石油产品添加剂研制、油品储运设施建设等方面，也都相应地得到了初步发展，取得了明显的进步。

在原油评价方法和加工流程技术方面，新中国成立后不久，石油炼制部门即组织力量开始建立原油评价方法，对国产的各种天然原油、页岩油、煤焦油等进行了系统的分析评价，为合理利用这些资源提供了科学的依据。配合这项工作还相应地建立了近代分析的方法手段。在此基础上，配合老厂恢复、扩建和新厂建设，又进行了原油加工流程的研究和制定，并配置了必要的仪器设备和建立起中小型试验装置，初步掌握了制定原油加工流程的方法，在1959年编制完成的克拉玛依原油加工流程中，即已考虑包括催化裂化、铂重整等现代加工方法。

在天然原油加工技术方面，由于科研、设计、生产单位的共同努力，通过技术攻关和老厂恢复改造与兰州炼油厂的建设，取得了一些比较显著的成果。比如，新中国成立前中国炼油厂只有简单的热加工技术，而且处理能力小，轻质油收率和产品质量低，通过新中国成立后第一个十年的努力，不但常减压蒸馏、热裂化等热加工装置技术水平有了提高，处理能力扩大，而且引进了移动床催化裂化加工技术，对提高轻质油收率和产品质量是个有力的推动。生产润滑油的工艺技术原来只有离心脱蜡、冷榨脱蜡等少数方法，恢复石油七厂和新建兰州炼油厂后，增加了溶剂脱蜡、糠醛精制、酚精制、白土处理、丙烷脱沥青等新的技术，使润滑油生产技术大大前进了一步。此外，还先后开始进行芳构化、铂重整、成球法尿素脱蜡、延迟焦化等工艺的研究，并建成了一些中型或工业试验装置，取得了大量资料和数据，为1960年以后自力更生建设这些工业生产装置、发展炼油新技术打下了基础。

在页岩油加工技术方面，这一时期的成就也很显著，除系统地改进了抚顺式圆形干馏炉，研究创立了桦甸式方形干馏炉，使页岩利用率、焦油采收率及单炉处理量等都比日伪时期提高10%~15%外，还有以下三项成果：一是1956年由石油一厂、二厂与北京石油设计院、抚顺石油研究所合作试验成功了油吸收法技术，从干馏气体中回收轻质油，并建成了3套工业装置，每年可回收轻质页岩油近10万吨。二是开发应用了页岩油加氢裂化技术。由于中国页岩油含轻质馏分很少，而含蜡量较高，含氮、氧、硫等非烃化合物较多，过去采用蒸馏、热裂化、焦化、酸碱洗涤等加工方法制得的车用汽油、轻柴油等产品，不但质量不好，产品稳定性差，而且收率较低，加工损耗大。为了解决这些问题，石油三厂与抚顺石油研究所、大连石油研究所合作，研究开发了对页岩油的粗轻油馏分加氢裂化工艺技术和所需的催化剂。加氢裂化装置投入生产后，不仅获得了质量良好的车用汽油、灯用煤油和轻柴油，而且加工收率提高、损耗减少，效果很好。接着，石油三厂又成功地对干馏气体中回收的轻质油进行加氢精制，对页岩油的重质油馏分进行加氢裂化，从而进一步增加了汽油、煤油、柴油的收率。三是实现了块径在 20mm 以下的小块页岩和颗粒页岩的干馏技术，使进入页岩干馏炉的页岩块径下限要求从过去的 20mm 降为 4～8mm，页岩的利用率由 60%～65%提高到 80%以上，加上其他措施，抚顺地区每吨页岩油耗页岩量由 36 吨降至 25 吨，提高了干馏制油的经济效益。

在水煤气合成液体燃料方面，这时期的发展主要表现在掌握了炉体结构复杂、气化效率高、煤气质量和废热回收好的烟煤直接气化炉的结构设计技术和筑炉、修炉、补炉技术，以及气化炉的防爆、防喷、炉瘤消除技术，研制成功了钴催化剂和流化床中压氮化熔铁催化剂，解决了合成液体燃料的关键问题，设计建造了原料煤气三段脱硫深度净化工业装置，以及合成液体燃料的加工装置，这些技术上的成就，使中国的煤炼油技术已接近于当时的国际先进水平。

在石油产品品种和催化剂、添加剂方面，新中国成立前夕，中国石油炼制工业只能生产 12 个品种的石油产品。新中国成立以后，为了适应国防建设和国民经济各部门对石油产品品种与质量的要求，各炼油厂同科研单位合作，积极开展石油新产品的研制开发工作。"一五"计划胜利完成后到 1959 年底，全国可生产的石油产品品种已达到 309 个，为 1949 年的 25. 8 倍，提前 3 年完成了原来规定在第二个五年计划期间完成的石油新产品试制任务。与开发石油新产品、发展炼油加工技术的需要相适应，中国石油加工催化剂和油品添加剂的科研事业与制备工业在同一时期也开始起步，并取得了初步的进展。其中，石油三厂的页岩油加氢裂化加氢精制催化剂、石油六厂的磷酸叠合催化剂、石油七厂的降凝添加剂、上海炼油厂的黏度添加剂和兰州炼油厂硫磷多效添加剂等，都实现了工业化。此外，石油炼制科研单位结合炼油发展的要求和趋势，除开展催化剂及其单体的表面性质与体相结构等方面的探索研究外，还对用于催化重整的铂催化剂、用于催化裂化的硅酸铝催化剂进行了实验室研究或扩大试验，对重要的添加剂也进行了一定规模的研究试制和性能评定工作。这些都为 20 世纪 60 年代中国炼油催化剂、油品添加剂的大规模开发积累了数据和经验。

在军用油品方面，新中国成立初期我国的空军完全是苏联帮助兴建的，从喷气战斗机到航空煤油，全依靠从苏联进口。1959 年下半年起，苏联单方面撕毁协定，撤走专家，取走图纸，中断供应，给我国的国防事业造成很大的困难。时任石油部部长的余秋里同志，下死命令要石油科学研究院解决航空煤油的供应问题。1960 年 6 月 17 日，余秋里在听取侯祥麟关于军用油品的情况汇报后，要求航空煤油问题必须千方百计在三季度解决。他说，几个老帅问他航空煤油何时能够自己生产，这一关过不了，他走过天安门时总觉得低人一头。又有一次他对侯祥麟说："你再不解决航空煤油问题，我就把你们石油科学研究院的牌子给倒过来挂。"经过大家的共同努力，两年内解决了国产航空煤油的烧蚀问题，同时为配合国防事业的发展，生产出多种特种油品和润滑材料。

1958年至1977年，虽历经磨难，石油炼化技术方面仍然取得了重大进展。1965年底，原油产量达到1131.5万吨，石油产品实现全部自给。在流化催化裂化工艺、铂重整工艺、延迟焦化工艺、尿素脱蜡工艺、催化剂和添加剂等五项炼油工艺技术方面取得了重大突破，被称为“五朵金花”。加上有机化工原料、合成树脂和塑料、合成橡胶、合成纤维、合成氨及其他化工产品的石油化学工业的奋起直追，促成了新中国石油化学工业体系的形成。

(四)改革开放后的石油炼制工业

1978年以后，受资源限制，我国原油产量增长不快，发展炼油工业重点转向提高原油加工深度和发展石油化工等方面。通过自主创新、开放合作和引进消化吸收相结合的方式，我国炼油科技自主创新能力和核心竞争力不断提升，向大型化、炼化一体化推进，与世界先进技术的差距不断缩小。目前中国炼油技术总体达到世界先进水平，部分技术达到世界领先水平，主体领域形成了一批具有优势的炼油技术，支撑了炼油工业的高速发展。

(1)清洁汽、柴油生产成套技术的开发和不断进步，满足了我国交通运输燃料高速增长和质量升级加快的需求。我国炼油工业在20年间完成了车用汽柴油从国Ⅰ到国Ⅵ的升级，在汽柴油产品标准方面，主要技术指标与欧美发达国家相当。

(2)炼油工艺、工程设计及装备技术的进步使我国具备了千万吨级炼油厂和大型炼油装置自主设计和工程化能力，常减压、催化裂化、延迟焦化等单套装置最大设计能力达到世界先进水平。

(3)在重油加工方面，重油催化裂化、延迟焦化、渣油加氢已广泛应用，渣油加氢与催化裂化组合工艺有所创新。开发成功沸腾床已实现工业应用。重质油制轻烯烃技术在国际上首先实现工业化。

(4)炼油系列催化剂的开发使我国炼油工业所需催化剂基本实现自给，其中催化裂化、加氢和重整等催化剂出口海外，进入欧美、中东、东南亚等国际市场。

(5)润滑油及道路沥青等炼油特色产品开发不断取得新突破，研制成国际水平的高档内燃机油。

(6)生物液体燃料，作为可再生能源的技术开发，取得了新进展。炼化“三废”治理技术助推了我国炼油行业绿色清洁化发展。

(7)炼油工业信息化取得了明显成效，为提升炼油厂竞争力发挥了积极的推动作用。生产执行系统(MES)、生产优化技术(APC)、生产调度系统的建设与应用提升了管控水平及工作效率；应用企业资源计划系统(ERP)，提高了企业经营管理水平。

自主知识产权的炼油核心技术的开发提升了我国炼油行业的科技水平和创新能力，满足国家各个阶段车用燃料排放标准的清洁汽柴油生产成套技术开发与应用，有力保障了国民经济发展和人民生活质量提升的用油需要，降低了炼油行业的技术成本及面临的技术封锁风险，而且提升了我国炼油工业在国际上的竞争力和交流合作的地位，为我国炼油行业技术、产品和工程服务出口打开了新局面。

中国炼化工业改革开放40年的发展历程大致可分为三个阶段：第一阶段(1978~1997年)：持续推进改革开放、向市场经济体制转型，炼化工业快速发展；第二阶段(1998~2012年)：战略重组、改制上市、扩大开放、推进市场化改革，炼化工业高速发展；第三阶段(2013 年至今)：全面深化改革，炼化行业向由大做强、高质量发展。

面对新形势新要求，中国炼油工业未来的创新研发方向不仅要放在传统主流技术的升级换代，还要在绿色低碳和前沿颠覆性技术上提早布局。开发炼化一体化深度融合技术，清洁燃料生产技术，高效率、低消耗、低排放的生产过程；建设清洁环保、节能低碳、数字化、智能化的新型炼油厂；推动炼油传统产能与氢能、生物质能源协同发展，以促进石化产业的转型升级，实现绿色可持续发展。

(五)科研创新促发展

从无到有，从模仿到自主创新，我国炼油工业所取得的一些成就，是全体炼油人在党的领导下，通过辛勤劳动取得的。一是依靠自力更生，艰苦奋斗；二是创新驱动发展，在炼油技术上独辟蹊径。下面举一个侯祥麟院士团队的创新案例[4,5]，来说明 20 世纪 60 年代初期，如何解决航空煤油对喷气发动机的烧蚀和相关的使用问题。

为了空军能使用国产航空煤油，首先从玉门炼油厂常压塔切割一段按苏联航煤规格 TC-1 的馏分，经过一番操作调整，产品的各项指标完全附合 TC-1 的规格，提供大样交空军后勤部油料部，准备做飞行试验。按空军油料使用规定，新出厂的航煤必须先在地面进行发动机台架试验合格以后方能实际使用。一个台架就是涡轮喷气发动机中的一个燃烧器(又称大单管燃烧室)，这个燃烧器每小时耗油量 324 千克。要在这个燃烧器烧 200h 才能评定该油性能是否合格，也就是要烧掉 6.48 吨油才能得出结果。在烧了 200h 以后拆开观察，发现用玉门油燃烧后的单管金属壁上有密密麻麻的坑点烧蚀，同时还有疏松的炭粒子产生。而用苏联进口航空煤油 TC-1 却无此现象。该结果表明国产航空煤油使用性能不合格，因为长期燃烧产生的坑点可能会把发动机燃烧器壁烧穿，甚至会导致机毁人亡。因此，解决国产航空煤油和烧蚀问题就成为首要任务。

开展研究工作的第一步是要建立燃烧模拟评定装置。在空军基地做大单管燃烧试验的燃烧器直径 850mm，做 200h 燃烧试验要耗约 6.5 吨油，相当于 50 桶油。这 50 桶油放在实验室大厂房里不但安全条件不允许，也没有那么大的场地。于是研究人员按比例缩小建成小单管燃烧器，把火焰筒长度从 820mm 缩减到 266mm，耗油量从 324kg/h 减少到 22kg/h。通过燃烧条件模拟，出现腐蚀时间从 22h 缩短到 6h。为了快速评定和筛选，又在小单管燃烧器的基础上建成喷枪燃烧评定装置，耗油量从 22kg/h 降到 1.6kg/h，这就为实验室快速评定创造了条件。在小型燃烧评定装置上分别用苏联 TC-1 与玉门的航空煤油做烧蚀对比试验，发现前者没有烧蚀的坑点，而后者有明显的烧蚀的坑点和疏松的积炭。在玉门航煤中掺入一定比例的苏联航煤，就不出现烧蚀，说明这个评定装置是有效的。在此基础上，把两种航煤分别用大硅胶色谱柱进行分离，得到饱和烃、芳烃和胶质三个组分，分别进行单管燃烧试验。结果表明，两个油样的饱和烃和芳烃都会产生烧蚀现象，但苏联油的胶质稀释后没有产生烧蚀，相反，玉门油的胶质却有烧蚀。原来罪魁祸首是玉门油的胶质有问题，因此就拼命加深精制，结果事与愿违，玉门油中胶质越少烧蚀越严重。在走投无路之际，科研人员提出把两种油的胶质进一步做组成分析对比，发现苏联油胶质中的硫含量比玉门油要高很多。这就使人纳闷了——在炼油人的观念里，油品中的硫化物都是有害物，但在这里反而变成好东西了，真是不可理解。于是有人半开玩笑地提出来，“干脆撒点硫黄粉到航煤中去，看效果怎样”。果然不出所料，加了硫黄粉并经过滤的油，烧蚀问题解决了。真是要反其道而行之，大胆敢为，“踏破铁鞋无觅处，得来全不费工夫”。

航空煤油中加入少量的硫化物，可以解决发动机火焰筒的烧蚀问题，但是加什么样的硫化物合适呢？经过一番讨论，认为硫含量高而又简单的有机物，与航空煤油的沸点范围又比较接近的化合物是二硫化碳（CS_2）。它的硫含量很高，为84%，但缺点是沸点太低，只有46℃，容易挥发。按TC-1中的含硫量，在航煤中加入相应当量的CS_2，成功解决了烧蚀的难题。为保密起见，将CS_2命名为“33号添加剂”。1960年9月，加有CS_2的航空煤油通过了试飞关，并向中央军委通报了相关情况，1961年交给炼油厂生产。

解决航空煤油烧蚀是国家的重大项目，除了石油科学研究院以外，还有兰州炼油厂、中国科学院大连化学物理研究所等也先后发现加硫化物能抑制烧蚀，并提供了不同的有机硫化物作添加剂。

找到了航空煤油烧蚀的原因和解决办法，只是知其然而不知其所以然，要在知其所以然上下功夫，必须进一步研究烧蚀机理。为此，在以下5个方面开展了碳氢化合物对镍铬合金高温燃烧腐蚀的研究。

航空煤油的烃类喷雾燃烧是一个复杂的多相化学反应，伴随着火焰温度及燃气组分的不均匀性等因素，增加了探讨烧蚀机理的难度。为了研究特定温度下燃气组分对合金的作用，将合金片样品置于管式炉的石英管中，在高温下通入不同的气体，探讨各种燃气组分对合金的腐蚀。

（1）油品组成与烧蚀的关系　航空煤油A（玉门油）在发动机内燃烧引起镍铬合金烧蚀，而航空煤油B（苏联油）却不引起烧蚀。显然两种燃料在组成上存在差异，其中首先被注意到的是燃料中的微量金属是否有影响。分析结果表明，两种燃料金属含量相近，仍然造成合金的烧蚀，因而证明了这种烧蚀并非燃料中的重金属引起的。然后进行A和B两种航空煤油中非烃组分的对比试验，航空煤油A经硅胶吸附脱除胶质后，仍有烧蚀，说明引起航空煤油A烧蚀的组分不在胶质中。航空煤油B脱除胶质以后也出现烧蚀。将航空煤油B中的胶质加入航空煤油A中，烧蚀不出现了。这就证明了航空煤油B中的胶质不仅不引起烧蚀，反而能抑制烧蚀。

上述两种航空煤油脱去胶质之后，燃烧时均引起合金烧蚀，表明烃类燃料本身可以引起烧蚀。用异辛烷、正十六烷等纯烃喷烧，同样也引起烧蚀，证明碳氢化合物富油燃烧时造成镍铬合金烧蚀是一个普遍现象。

（2）各种燃烧气氛对烧蚀的影响　通过产生烧蚀情况下的燃气组成分析，结果表明烃类燃烧产物属于含碳还原性气氛。

（3）积炭分析　所有管式炉试验均表明，凡合金出现烧蚀，凹坑上必有毛状积炭，在外观上完全不同于无烧蚀的积炭。积炭分析结果表明：合金无烧蚀时，其上积炭为无定形；合金有烧蚀时，其上积炭为石墨型。无烧蚀时积炭中无金属或金属化合物，有烧蚀时积炭中则有镍、铬的氧化物存在。在镍片烧蚀情况下所生成的石墨炭中还发现夹杂有镍的晶粒，其直径在40~80nm。这说明石墨炭的生成可能是由于镍的催化作用。

（4）腐蚀区域合金分析　为了阐明镍铬合金烧蚀后内部的变化，对合金的凹坑烧蚀区进行了金相分析。金相图显示合金的烧蚀凹坑表层是一个白带区，其下层用草酸浸蚀出现黑色相，这是碳化铬的特征。在金相分析中还发现烧蚀合金表面有些部位，虽未形成腐蚀凹坑，但也有白带区和黑色相存在，推测这些是烧蚀即将起始的迹象。

将合金烧蚀凹坑密集区逐层电解，分别收集各层的沉淀物，用 X 射线衍射法分析鉴定，测得各层的物相。白带区在低倍率金相观察中不能发现的物质，经电子显微镜高倍放大，可以看到白带区中充满弥散的碳化铬。

以上数据说明烧蚀合金表层含铬物相大量析出，势必造成合金固熔体中铬含量减少。用 X 射线荧光光谱分析了合金烧蚀区电解离析物相后所得余液中镍铬的含量，结果表明：凹坑表层的镍含量显著上升，Ni/Cr 比较原合金高出许多倍。电子探针分析证明凹坑表层有许多微区，其成分接近纯镍。

(5)抑制烧蚀的添加物。通过航空煤油中非金属杂质的研究，已经查明燃料 B 中的胶质有抑制烧蚀的作用，它主要是含硫化物(噻吩型居多)；合金在含烃的炭化气氛中烧蚀并伴生石墨炭的过程中有镍的催化作用。由此推论航空煤油 B 燃烧时之所以不造成镍铬金烧蚀，是其中硫化物使镍中毒的结果。硫化物的作用，显然使合金中镍丧失催化作用，从而抑制了腐蚀，合金表面只生成无定形碳。

把上述试验结果归纳如下：

(1)萘在 750℃左右可以引起镍板的严重烧蚀。

(2)萘对镍铬合金板不引起烧蚀，但萘与甲烷或 CO 共存时，则可引起镍铬合金板的严重烧蚀。

(3)烷烃、环烷烃和芳烃也能引起镍铬合金板从轻微到中等程度的烧蚀，在反应物中发现有萘的结晶出现。

(4)热解生成的积炭，在无烧蚀的合金板上为无定形，而在烧蚀合金板上则为石墨型。

(5)燃烧生成的石墨型炭中有金属镍及镍和铬的氧化物，在管式炉条件下，镍板上的石墨型炭中发现有金属镍的晶粒。

(6)合金板烧蚀凹坑表层有尖晶石、氧化铬和碳化铬存在，表层下面则仅有碳化铬，表层的 Ni/Cr 比值为原合金的 3 倍以上。表层之下，Ni/Cr 比值逐渐变小。

(7)燃烧烧蚀过程的探讨：在燃烧条件下烃热解只会生成无定形积炭，而无定形积炭要转化成石墨型炭必须具备 2000~2500℃高温。但在 750℃左右试验，烃能在镍的表面生成石墨型炭，也说明在石墨炭生成过程中有镍的催化作用，在镍板上生成的石墨炭中发现有镍的晶粒，证明镍参与了石墨化过程。

从发现航空煤油在发动机燃烧过程中出现的烧蚀现象，到研究航空煤油组分与烧蚀的关系；从发现航空煤油中非烃硫化物的烧蚀作用，到研究成功加抗烧蚀添加剂；从发动机镍铬合金在不同燃气气氛下的晶相变化，找出与航空煤油燃烧气氛的关系，最后从理论上阐明航空煤油的烧蚀机理。研究过程系统完整，理论与实际结合紧密。1982 年，石油化工科学研究院完成的“烃类燃料在燃烧过程中对镍铬合金腐蚀机理的研究”获国家自然科学四等奖。

科学研究的第一步是知识的积累和由此及彼、由表及里的思考和实践。“无巧不成书”，航空煤油烧蚀机理的研究成果 20 世纪 80 年代在连续重整工艺用上了。当时，上海金山石化从美国 UOP 公司引进了一套连续重整装置生产芳烃，开始运转顺利，但过了一段时间发现催化剂运行不畅，下料腿堵了，既找不到原因，也想不出办法。工人只好用大榔头去敲打下料腿，振动一下，催化剂往下流动一点，但这总不是解决问题的办法，于是找到石科院来研究问题的原因和解决的办法。科研人员对情况做了全面的调查，连续重整的原料和催化剂性能都符合要求，操作规范，从工艺条件上找不出毛病，设备维护也正常，但下料腿的材质是镍合金钢，会不会是镍引起的积炭，这是研究航空煤油烧蚀问题带来的启示。于是大家参考过去的研究思路，开展连续重整催化剂下料腿堵塞的研究。首先用石英管在管状炉模拟下料腿中催化剂所处的还原气组分、温度和流速，并加一块镍合金钢片，经过两天的反应，发现在镍合金边缘产生了丝状炭，而且是石墨型的。这与过去工作中出现的炭十分相似，于是继续跟踪下去，是不是因为没有硫才使镍具有高的催化活性。由重整原料分析结果，发现其中硫含量非常低(小于0.5μg/g)，于是进一步在石英管气氛中加硫化氢，经过系统研究，果然只要加入适量的硫化氢，烧蚀和积炭就不出现了。因此大家认为，需要在重整料中加入适量的硫化物，抑制活性镍的产生，问题就可望解决。但这一观点遭到许多人的质疑，认为重整料先要加氢精制脱硫，保护催化剂的活性，这是普通常识。为此，石科院科研人员又把技术供应商UOP请来讨论，起初他们也不同意这个问题是原料油硫含量太低引起的，他们说UOP在国际上已出售了20多套连续重整技术，从未遇到过这个问题。直到石科院科研人员把模拟实验数据给他们看了以后他们才相信，说明原料中微量的硫对抑制活性镍的作用，最后双方达成共识，提出原料油中的硫含量不得小于0.5μg/g，否则会引起下料腿的积炭堵塞。1995年，石油化工科学研究院和上海石化总厂的科研成果“上海石化总厂40万吨/年连续重整装置反应系统结焦问题的研究”获国家科技进步三等奖。

第二节　百年炼油大事记[6~16]

1840年前后，四川自贡流井气田磨子井钻到1200米深处，钻穿了三叠系嘉陵江石灰岩主气层。由于井下压力大，发生井喷，史称自贡古今第一大火井。据考证，当时在自流井气田上日产万立方米的气井约十口。

1864年(同治三年)，中国发现和开发最早的油田是台湾苗栗的出磺坑油田。

1877年(光绪三年)，福建巡抚丁日昌，得知台湾苗栗出磺坑出产石油，于是向清朝朝廷上奏，建议开发出磺坑的石油，获得朝廷批准。1878年，在福建总督沈葆桢主持下，批准旗昌洋行获得租地开采权。旗昌洋行聘请了两名美国工程师，买了一台顿钻钻机，在出油的溪流旁边打了一口井。钻在116米处钻到了油层。在120米处完钻，安上采油唧筒，一个月产油500千克。这是中国机械钻成的第一口近代油井。

1907年，延长石油官矿局成立并建成炼油房，炼出灯用煤油14箱销往西安，可视为中国炼油工业之始。清政府在陕北延长打下了中国大陆的第一口油井。所得原油用小铜釜试炼，每日可得灯油25千克。9月20日，炼油房峻工，日产灯油3600千克。

1909年，新疆商务总局从俄国购买钻机和炼油设备，开始在乌鲁木齐工艺厂炼油。

1920年，延长油矿试验炼制、生产挥发油、擦枪油和硬石蜡，并分别贴上石马牌、双枪牌、雁塔牌和锦鸡牌商标。

1928年1月，“满铁”开始建设抚顺炭矿制油工场(石油一厂前身)，设计建设日处理50

吨油页岩的内热式干馏炉 80 台，设计年产页岩油岩 7.5 万吨，硫铵 1.8 万吨。

1930 年，抚顺炭矿制油工场一、二、三、四部建成 80 台干馏炉，年处理油页岩石 125 万吨，产油 5 万吨，到 1939 年，年产页岩油 50 万吨。

1934 年 7 月，新疆安集海炼油厂由乌鲁木齐迁至距独山子 60 公里的安集海，设炼油、采运、企划 3 个部，炼油设备为 200 升的单独釜，日产灯油 20 千克。

1935 年 4 月，由刘志丹领导的红军解放延长、永坪，5 月成立延长石油厂，延长石油厂在党中央的亲切关怀和组织管理下逐步恢复生产。1944 年，毛泽东主席为厂长陈振夏亲笔题词“埋头苦干”，这是毛泽东主席为中国石油工业最早的一次题词。

1935 年，日本人和伪满联合投资在大连设立满旅店石油株式会社大连制油所(石油七厂前身)，建立蒸馏、洗涤装置各一套，主要加工国外原油，年处理量 15 万吨。

1936 年 8 月，“满铁”在抚顺建设石炭液化厂(石油三厂前身)，设计煤液化两段高压加氢生产汽油，但始终未能正常生产。

1936 年 9 月，国民政府资源委员会与地质调查所在南京合办棉籽油提炼汽油和灯油的南京实验工厂。

1936 年 10 月，新疆地方政府与苏联联合组成独山子炼油厂，有管式蒸馏釜一部。

1937 年 5 月，侵华日军关东军司令部开始建锦州合成燃料厂(石油六厂前身)，通过煤气化和费托合成生产液体燃料，设计规模 10 万吨。

1938 年 3 月，国民政府资源委员会在重庆建植物油提炼轻油厂，次年改名为重庆动力油料厂，以桐油、菜籽油为原料，裂解成汽油、煤油、柴油、润滑油。

1938 年 10 月，孙健初、严爽、靳锡庚等发现玉门老君庙油田。翌年 8 月，老君庙 1 号井钻探成功，日产原油 10 吨。

1939 年 8 月，甘肃油矿局筹备处首次运出 8 吨原油，交重庆动力油料厂提炼。同时，建设玉门炼油厂，在玉门老君庙安装一台 260 升间歇式卧式蒸馏釜，年底加工原油 71.5 吨。

1939 年，日本人在抚顺石油二厂建成日处理 200 吨页岩干馏炉 120 台，年产页岩油 50 万吨。

1940 年 2 月，玉门老君庙炼油厂建成 2 吨/日立式蒸馏釜和分馏塔，成为连续运转的生产装置，可生产汽油、煤油、柴油和石蜡等产品。

1940 年，国民政府军政部在重庆北碚筹办合成油试验厂，计划用低温干馏生产煤焦油，半焦造气生产合成油。建成了低温干馏车间、焦油裂解车间、无水酒精车间和合成油试生产车间，并对合成催化剂做了探索。该厂于 1945 年停办。

1941 年 3 月，甘肃油矿局成立，4 月在老君庙建成第一炼油厂，到 1943 年建成连续釜 6 组，形成原油加工 200 吨/日的能力。

1943 年，新疆与苏联合办的独山子炼油厂停办，苏方将大部分设备拆走。

1944 年，甘肃油矿局接管独山子油矿及炼油厂，改名乌苏油矿，部分恢复采油和炼油生产。

1945 年，日本投降，东北抚顺、锦西、锦州等地石油厂由中国接管。

1946 年，台湾高雄第六燃料厂由中国接管后改名高雄炼油厂；大连制油所由中国与苏联合营。

1947年7月，玉门油矿蒸馏厂建热裂化装置投产。

1949年8月，上海军管会批准，利用中国石油有限公司设在上海高桥的仓库及废机油回收设备，筹建上海炼油厂。

1949年9月25日，甘肃玉门解放，康世恩为总代表接管玉门油矿及炼油厂，焦力人、张俊和张守渝等先后任军事副总代表。玉门炼油厂有3套简易蒸馏和减压蒸馏装置，加工原油最高达7万吨/年，生产汽、煤、柴油和石蜡等产品。

1949年12月，抚顺石油一厂恢复建设，到年底有80台干馏炉恢复生产，年产页岩油5万吨，甘宁任厂长。

1949年12月，锦州石油六厂全面恢复建设，赵宗燠任总工程师。1951年48部煤气发生炉（迪迪尔炉）和合成炉投产，并采用自己研发的钴催化剂，当年产油3100吨。

1949年，全国原油加工能力17万吨（未包括台湾省），实际加工原油12.1万吨（其中天然油7.0万吨，人造油5.1万吨），天然气1671万立方米。生产油品3.5万吨，12个品种。

1950年，燃料工业部成立石油总局；上海炼油厂340吨/日常减压装置建成投产。

1950年，中苏两国签订中苏石油股份有限公司协议，共同建设独山子炼油厂，同年建成了一套7万吨/年常减压蒸馏装置。

1950年3月，中苏大连石油有限公司恢复生产，生产汽、煤、柴油3万吨。1951年1月，中苏大连火油股份公司结束经营，由中国独家经营，更名为大连石油七厂，汪家宝任厂长，林风任总工程师。

1950年3月，抚顺石油三厂恢复生产，以干馏页岩油为原料，用加氢工艺生产出汽、煤、柴油。1951年生产出航空汽油。

1951年，大连制油所结束中苏合营，改名大连石油厂，由中国独立经营；抚顺炼油三厂、新疆独山子炼油厂恢复生产。

1951年7月，在四川省圣灯山下，建成第一座利用天然气生产炭黑的工厂，生产出优质“圣灯”牌炭黑。

1952年9月，燃料工业部东北石油管理局将东北各石油厂更名，依次编号东北石油一厂、二厂、三厂、四厂（以上均在抚顺）、五厂（锦西）、六厂（锦州）、七厂（大连）、八厂（四平）、九厂（桦甸）、十厂（吉林）。

1952年12月，抚顺石油一厂蒸馏、热裂化、蜡裂解α-烯烃合成润滑油、页岩蜡、焦化等生产装置全面恢复生产，年产页岩干馏油22.6万吨，占全国原油产量的51%。

1953年10月，筹建兰州炼油厂，王俊任筹建处主任，设计加工能力为100万吨/年。成立北京石油学院（中国石油大学前身）、石油设计局；撤销东北石油管理局，东北各厂划归石油总局领导。

1953~1957年第一个五年计划中，确定了“大力勘察天然石油资源，同时发展人造石油，长期积极地努力发展石油工业”的基本方针。

1954年4月，玉门产原油送到大连和上海炼油厂加工。

1954年5月，石油二厂60台干馏炉及其配套设施恢复生产。所产页岩油送石油一厂加工。

1954年8月，玉门炼油厂达布斯式双炉裂化装置扩建为三炉联合裂化，原油加工量提高75%。

1954年8月，抚顺石油研究所利用页岩油热裂化粗汽油和轻汽油为原料，经氯化铝催化聚合工艺，研制出高速机械油、仪器油、特殊仪器油和锭子油等低凝点合成润滑油，并在石油一厂试生产之后正式投产。

1954年9月，石油七厂降凝剂装置投产，生产出中国第一个石油添加剂。同年建设溶剂脱蜡、糠醛精制、白土处理等润滑油生产装置，翌年投产，用玉门原油生产出锭子油、车用机油等36种润滑油产品，主要供部队使用。

1954年10月，上海炼油厂扩建工程投产，建成年加工能力为15万吨的常减压蒸馏、年加工能力为6万吨的热裂化和精制、氧化沥青等装置，主要加工当年开始东运到上海的玉门原油。

1955年，石油工业部成立，李聚奎任部长。

1955年1月，新疆中苏石油股份公司结束运营，独山子油矿和炼油厂由中国独立经营，胡汉秋任经理。

1955年2月，上海炼油厂用热裂化渣油试制出中国第一批海军燃料油，同年正式生产。为扩大产量，大连石油七厂建设海军燃料油生产装置，1959年投产。

1955年4月，大连石油七厂润滑油装置建成投产，包括溶剂脱蜡、糠醛精制和白土处理。当年生产出锭子油、车用机油、透平油等润滑油产品。

1955年5月，玉门炼油厂试产喷气燃料，翌年试制出符合要求产品，但此后两年的台架试验都出现火焰筒烧蚀问题，成为困扰中国炼油工业和科技界数年的一大难题。

1955年11月，锦西石油五厂煤低温干馏炉(鲁奇炉)第一、二部炉建成投产。

1955年12月，石油一厂试产出部队急需的滚珠轴承脂、密封脂等11种润滑脂，供部队使用。

1956年1月，石油工业部决定，以石油设计局为基础，成立石油工业部北京设计院，熊尚元任院长。同时成立石油工业部北京勘察设计院，杨真任院长。

1956年3月，中国自行建设的年产3000吨聚氯乙烯试验装置在锦西化工厂建成投产。

1956年4月，由苏联援建的我国第一座现代化大型炼油厂——兰州炼油厂动工建设。

1956年6月，玉门炼油厂试制成功透平油、压缩机油、汽缸油等3种新产品。

1956年9月，石油工业部决定成立石油工业部抚顺设计院，顾敬心任院长。

1956年12月，石油六厂96台原料煤气发生炉全面投产，合成油生产能力达到3.39万吨/年，超过设计水平。

1957年10月，《石油炼制》杂志创刊，由石油工业出版社出版，国家副主席朱德题写刊名。

1957年12月，中国第一套年处理能力10万吨的试验性延迟焦化装置在石油二厂建成投产。

1957年12月，第一个五年计划结束，全国原油加工能力和原油加工量分别由1952年的99万吨和53.3万吨增加到245万吨和173.6万吨，年平均增长率分别为20%和26.6%。

1958 年，余秋里任石油工业部部长。

1958 年 1 月，茂名石油工业公司开始动工建设。

1958 年 7 月，根据中央军委关于独立自主研制原子弹、导弹和新型高速飞机急需性能特殊配套油料的指示，石油工业部安排以北京石油炼制研究所为主，承担研制和小批量生产的任务。

1958 年 9 月，兰州炼油厂一期工程 16 套装置提前建成投产，年加工能力 100 万吨。

1958 年 10 月，经国务院批准，石油工业部决定将北京石油地质研究所筹建处、北京石油炼制研究所筹建处及上海石油机械研究室合并成立石油工业部石油科学研究院，张俊任院长兼党委第一书记，侯祥麟、翁文波、宋冠英任副院长。

1958 年 11 月，兰州炼油厂移动床催化裂化装置投产成功，为工业化生产航空汽油创造了条件。

1958 年 12 月，中国第一套丙烷脱沥青工业装置在兰州炼油厂建成投产。

1959 年 1 月，为配合原子弹、导弹和高速喷气飞机的研制，石油工业部将所需集中特种油脂的研制任务下达到石油科学研究院。

1959 年 3 月，新疆克拉玛依炼油厂建成投产。

1959 年 7 月，兰州炼油厂采用石油科学研究院成果建成一套半工业化尿素脱蜡装置，于 1962 年试产成功中国第一批航空润滑油，1963 年正式投产，供部队使用。

1959 年 7 月，石油工业部安排玉门炼油厂试制出船用柴油，1961 年 8 月起供应海军舰艇使用。

1959 年 9 月，石油二厂新建成 40 台干馏炉及其配套工程，投入生产。

1959 年 12 月，石油工业部和中国科学院将分离铀 235 装置配套用的 3 种仿苏全氟碳油的研制任务分别下达给石油科学研究院和上海有机化工研究所。

1959 年 12 月，石油工业部党组向国务院提出报告申请建设硅油、酯类油、氟油和喷气燃料中型试验厂房、特种油和喷气燃料性能测试厂房、扩大新型燃料研究室和新型润滑剂研究室、天然气提氢等 8 个基本建设项目。项目建设由石油科学研究院组织实施，翌年获批。

1959 年，独山子炼油厂、石油七厂、上海炼油厂完成扩建工程，年加工能力分别达到 50 万~90 万吨。

1960 年 2 月，四川南充炼油厂建成投产。

1960 年 4 月，石油科学研究院研制出导弹舵螺液压系统用润滑油，交由兰州炼油厂试生产，当年试制成功。1964 年定型生产。

1960 年 7 月，兰州炼油厂试制 16 号坦克用机油，翌年通过台架及行车试验，正式供应部队。

1960 年 12 月，广东茂名石油公司第一座油页岩干馏炉建成，提炼出中国南方第一批人造石油(页岩油)。

1961 年 1 月，国防科工委确定石油科学研究院为特种润滑油特殊性能测试基地组长单位。该院副总工程师林风为测试基地主任。

1961 年 3 月，独山子炼油厂试产的加有 33 号添加剂的 1 号喷气燃料通过台架试验，6

月通过试飞，9 月批准生产，提交空军试用，是中国第一批正式生产的喷气燃料。

1961 年 6 月，抚顺石油一厂用页岩油的常压蒸馏残油在单独釜焦化装置上试制核工业所需 015 石油焦。1962 年该石油焦经 201 碳素厂制成性能安全符合要求的核石墨，1963 年投产，1968 年改用延迟焦化工艺生产。

1961 年 9 月，玉门炼油厂仿制成高炮指挥仪电缆接头密封用特号石油沥青 2 种，1964 年又仿制成 1 种。

1961 年 11 月，茂名石油工业公司页岩油厂建成投产。

1961 年 12 月，石油科学研究院试制成功物理性能全部合格的全氟碳油，翌年提供核工业生产试用。

1962 年 1 月，兰州化学工业公司年产 5000 吨的炼油厂气裂解、分离和苯乙烯装置建成投产，这是中国第一套石油化工生产装置。

1962 年 4 月 1 日，黑龙江炼油厂(后改名为大庆石化总厂)破土动工。

1962 年 5 月，大连石油七厂用大庆原油加入石油科学研究院研制的 33 号添加剂试产出冰点不高于-50℃的 2 号喷气燃料，翌年通过试飞，正式投入工业生产，供应空军使用。

1962 年 7 月，兰州炼油厂用克拉玛依和玉门混合原油在移动床催化裂化装置上试产航空汽油成功，当年通过试飞，正式投产，供空军和民航使用。

1962 年 10 月，石油工业部炼油科技会议在北京香山召开。会议决定集中科研、设计、生产、机械制造、施工等各方面力量，独立自主开发炼油新工艺、新技术。主要开发催化裂化、催化重整、延迟焦化、尿素脱蜡和有关的催化剂、添加剂等。会议借用当时正在上映的电影《五朵金花》的名字，把这 5 个方面的新工艺、新技术誉为“五朵金花”。

1962 年 10 月，石油工业部决定兰州炼油厂试产 20 号航空润滑油，翌年试产成功，1964 年国产航空油料鉴定委员会批准正式投产和供应部队。

1962 年 11 月，石油科学研究院试制成功 5 种精密仪表油、4 种精密仪表脂及 221 脂，开始进行小批量生产，供部队使用。

1962 年 12 月，大连石油七厂试制成功烷基酚钡和磺酸钙清净分散剂、硫化鲸鱼油油性添加剂和十二烯基丁二酸防锈添加剂等。

1962 年 12 月，石油工业部安排石油科学研究院和抚顺石油研究所研制大比重、高热值、高热安定性及低温性能好的高能燃料任务。翌年试制成功相当于美国标准规格的燃料。

1962 年 12 月，石油科学研究院试制成功 2 种氟油，19 项指标全部合格，并建成中型生产装置。

1962 年 12 月，第二个五年计划结束，全国新增原油加工能力 380 万吨，年平均增长率为 25.1%。本年，中国石油产品开始出口，全年为 3 万吨，价值 700 万元，占当年全国出口总金额的 0.2%。

1963 年 4 月，利用中国科学院大连石油工业研究所和石油科学研究院等单位的研究成果，由北京石油设计院设计，抚顺石油三厂建成 2 万吨/年铂重整-芳烃抽提半工业化装置和年产 6 吨的铂重整催化剂装置，在国内首次生产出硝化级石油苯和甲苯。

1963 年 9 月，中国自行设计和制造的第一套年加工能力 30 万吨的延迟焦化装置在抚顺石油二厂建成投产。这是由石油科学研究院、北京石油设计院、抚顺石油设计院与该厂合作建设的。

1963 年 10 月，大庆炼油厂一期工程建成投产，年加工能力 100 万吨，其常减压蒸馏装置系中国自己设计和安装。

1963 年 11 月，大连石油七厂建成真空用油生产装置，翌年投产，是中国第一个真空用油生产基地。

1963 年 12 月 3 日，国务院总理周恩来在第二届全国人民代表大会第四次会议上所作的政府工作报告中宣布：我国需要的石油，现在已经可以基本自给了。

1964 年 1 月，石油科学研究院和 621 厂建成核工业所需的特种油品生产装置并投产。2 月生产出核工业急需的新型润滑材料。4 月开始提供给用户使用，为当年中国第一颗原子弹爆炸成功做出了贡献。

1964 年 3 月，为扩大生产航空汽油的原料来源，石油工业部安排兰州炼油厂用大庆、新疆、玉门 3 种原油试产的 70 号、95 号、100 号航空汽油均通过飞机试飞试验，投入生产。

1964 年 9 月，锦西石油五厂煤低温干馏(人造石油)装置停止生产。

1964 年 10 月，根据中央备战备荒为人民和加强三线建设的方针，石油工业部决定将 621 厂的硅油脂车间和石油科学研究院的氟油车间的全部设备和大部分人员搬迁到四川省巴县，筹建一坪化工厂，该厂将承担国防需要的合成油脂的研制、中间试验和批量生产任务。

1964 年 10 月，大庆炼油厂建成年加工 60 万吨的延迟焦化装置并投产。

1964 年 12 月，全国炼油厂原油加工能力突破 1000 万吨，当年实际加工原油 1141 万吨。

1965 年 2 月，由石油科学研究院与石油六厂共同开发的“609 磷酸-硅藻土催化剂制备方法”和由石油科学研究院与上海有机所共同开发的“气相法制造全氟油”获得国家发明奖。

1965 年 4 月，兰州炼油厂试制成功 46 号防锈汽轮机油，实艇试用性能良好，当年投产供应海军部队使用。

1965 年 5 月，中国第一套 60 万吨/年流化催化裂化装置在抚顺石油二厂建成，并实现开工投产一次成功。

1965 年 5 月，兰州炼油厂自行设计、建设的 2,6-二叔丁基对甲酚抗氧剂中型工业装置建成，10 月生产出合格产品，其性能与英国进口产品相当。到 1971 年 5 月，中国航空汽油全部改用这种抗氧剂。

1965 年 5 月，中国第一套异丙醇尿素脱蜡装置在锦西石油五厂建成投产，可生产低凝点军用柴油。

1965 年 7 月，中国第一代单金属铂重整催化剂在抚顺石油三厂投入工业生产。

1965 年 9 月，兰州炼油厂建成十二烯基丁二酸防锈添加剂装置。翌年又研制出咪唑啉烯基丁二酸盐防锈剂，并在此基础上开发生产出 1 号防护油、24 号薄层防锈油、坦克发动机防锈油、仪表封存防锈油等防锈产品。

1965 年 10 月，石油二厂年加工 100 万吨的常减压蒸馏装置被改造成年加工 250 万吨装置。

1965 年 11 月，克拉玛依炼油厂、上海炼油厂、玉门炼油厂和科学院兰州化学物理所协作，研制成功新型歼八飞机需用的 12 号航空液压油，至 1968 年实现了工业化生产，供空军和民航使用。

1965 年 12 月，中国第一座催化裂化硅铝微球催化剂工业生产装置在兰州炼油厂建成投产。

1965 年 12 月，玉门炼油厂建成润滑脂装置、真空用油装置，可生产扩散泵油、真空泵油、润滑脂等 8 个品种产品。由此，该厂成为军用润滑脂、真空用油生产基地之一。

1965 年 12 月，中国原油年产量达 1131 万吨，生产汽、煤、柴、润 4 大类油品总量为 623 万吨，中国石油产品自给率达到百分之百。

1966 年 2 月，大庆炼油厂二期工程建成，年原油加工能力从 100 万吨提高到 250 万吨，成为当时全国最大的炼油厂。

1966 年 3 月，四川一坪化工厂润滑脂车间建成投产，可生产航空精密仪表油和精密仪表脂。当年，一坪化工厂全部建成投产，隶属于四川石油管理局。

1966 年 9 月，南充炼油厂先后建成润滑脂、酮苯脱蜡等多套生产装置，生产出合格产品，成为石油工业部生产特种润滑油脂的 3 个基地之一。

1966 年 9 月，锦西炼油五厂采用石油科学研究院的科技成果，用大庆原油成功生产出 20 号航空润滑油。通过试车、试飞、试用后，正式生产供应部队。

1966 年 9 月，南京炼油厂先后建成润滑脂、酮苯脱蜡等 5 套生产装置，生产出合格产品，成为国内生产军用润滑油脂的基地之一。

1966 年 10 月，克拉玛依炼油厂利用新疆低凝点原油试制并生产出特 14 号润滑油、2 号罗盘油等低凝点军用石油产品。

1966 年 10 月，一坪化工厂试产成功全氟碳油产品，同时建成硅油、酯类油车间及相应的试验和测试配套设施。

1967 年，中国自行设计建设的 250 万吨大型常减压蒸馏-催化裂化-延迟焦化联合装置在胜利炼油厂建成投产。

1967 年 2 月，国务院批准国产航空油料鉴定委员会的报告，国产喷气燃料可以在民航大型飞机上使用。

1967 年 2 月，国家计委批准在北京房山建设东方红炼油厂，设计年加工能力 250 万吨。

1967 年 2 月，石油科学研究院按照国防科委、石油工业部要求，研制成功 4 种牌号的光学仪器脂，解决了光学仪器的耐高温、防霉、防雾和生锈问题，翌年转一坪化工厂试产。

1967 年 4 月，石油科学研究院研制成功低黏度合成航空润滑油，后转一坪化工厂生产，供空军使用。

1967 年 9 月，石油六厂合成油生产装置停产。至此，由于中国天然原油开采的迅速发展和产量大幅度增加，使得以煤炼油相对很不经济的问题凸现出来，因而在中国全部停止了生产。煤炼油科研机构和研究项目也大部分撤销和停止。

1968 年 2 月，石油科学研究院研制出喷气燃料防冰添加剂。之后，该院又陆续研制出 3 种防冰添加剂，均由石油二厂建成装置并生产，供空军和民航使用。

1968 年 12 月，石油一厂以延迟焦化工艺试制的 015 石油焦通过使用试验，1970 年 2 月在石油二厂延迟焦化装置上生产出合格产品。

1968年，中国第一台日处理300吨颗粒页岩的沸腾床燃烧锅炉在茂名石油工业公司建成，并通过部级鉴定。

1969年，全国四大类石油产品总产量突破1000万吨/年。

1969年6月，海军后勤技术装备研究所试制出一种舰用液压油。同年与石油七厂协作进行了工业放大试验，试产成功。

1969年7月，石油科学研究院研制成功一种特种润滑油脂，翌年用于东风5号导弹齿轮箱。

1969年7月，中国自行研究、设计、建设的第一套沸石脱蜡装置在南京炼油厂建成投产。

1969年8月，石油五厂采用抚顺炼制研究所科研成果，在新建的异丙醇尿素脱蜡装置上试制出一种低凝点坦克油。

1969年9月，东方红炼油厂一期工程建成投产，原油加工能力为250万吨/年。

1970年，石油、化工、煤炭三部合并成立燃料化学工业部。1972年康世恩兼任部长。

1970年7月，石油一厂建成以蜡裂解制取α-烯烃合成润滑油装置，开始生产航空润滑油、寒区和严寒区稠化汽油机油、寒区和严寒区稠化坦克机油等产品。

1970年9月，玉门炼油厂沸石脱蜡装置建成，生产出2种坦克柴油。

1970年9月，大庆炼油厂年加工原油能力扩建到480万吨，并建成合成氨、硝酸铵、聚丙烯腈等化肥、化纤生产装置，开始向炼油与石油化工相结合的方向发展。

1970年12月，第三个五年计划结束。“三五”期间全国新增原油年加工能力2979万吨，年平均增长率为25.4%。原油加工量1970年比1965年增加1685万吨，年平均增长率20.6%。

1971年1月，荆门炼油厂一期工程年加工250万吨常压蒸馏、60万吨催化裂化、40万吨延迟焦化等装置建成投产。

1971年5月，湖南长岭炼油厂一期工程建成，年加工250万吨的常减压蒸馏、120万吨的催化裂化、60万吨延迟焦化、15万吨催化重整装置投产。

1971年7月，石油科学研究院和所属621厂组织会战，采用新工艺试制出用于东风导弹上的轴承润滑脂和密封脂。

1971年12月，全国原油加工能力突破5000万吨，达到5024万吨。

1972年2月，上海炼油厂、石油七厂生产出新型海军燃料油，进一步改善了海军舰艇燃料油的低温性能。

1972年3月，石油科学研究院研制生产出用于米格-8直升机及其主减速器上的合成航空润滑油，翌年供应海军使用。

1972年8月，石油科学研究院分析研究室利用先进仪器和技术对马王堆汉墓女尸棺内的各种材料进行分析，为中国重要考古工作提供了准确数据。

1972年10月，兰州炼油厂、大连石油七厂试制成11号增压柴油机油，经燃料化学工业部组织的性能评定认为，质量接近英国壳牌公司的柴油机油水平。

1973年7月，石油科学研究院研制的铂铼双金属重整催化剂在抚顺石油三厂工业装置使用取得成功。

1973年8月，石油科学研究院研制的第一代稀土X型沸石催化剂(13X)在玉门炼油厂

12 万吨/年催化裂化装置进行首次工业试验。

1974 年 7 月，石油科学研究院研究开发的沸石提升管催化裂化技术在玉门炼油厂 12 万吨/年工业装置应用并获成功。此项具有 20 世纪 70 年代世界水平的新技术把中国催化裂化技术提高到一个新水平。

1974 年 10 月，兰州炼油厂铂重整装置改建成为中国第一套应用双金属铂铼催化剂的重整工业装置。

1974 年 12 月，石油科学研究院研制成功 4 个品种的抗燃液压油，满足了空军和民航大型客机的急需。

1974 年，为了给辽阳石油化纤总厂引进的催化重整装置提供高性能的催化剂，燃料化学工业部组织石油科学研究院、石油七厂、上海炼油厂、南京炼油厂、兰州炼油厂、中国科学院大连化物所及第一机械工业部的有关单位进行研制新型重整催化剂攻关，开发出铂、铱、铝、铈多金属重整催化剂。

1975 年，撤销燃料化学工业部，成立石油化学工业部。

1975 年 3 月，荆门炼油厂用江汉原油试产成功 75 号航空汽油。

1975 年 5 月，天津炼油厂建成投产。

1975 年 5 月，中国第一套塔式氧化沥青装置在兰州炼油厂改建成功，实现了沥青生产连续化。

1975 年 12 月，第四个五年计划结束，“四五”期间，全国新增原油加工能力 2362 万吨，年平均增长率 12.9%。

1976 年 3 月，中国第一套 Y 型沸石装置在兰州炼油厂建成投产。

1976 年 5 月，中国自行研究、设计、建设的应用多金属重整催化剂的催化重整装置，在大连石油七厂建成投产，该装置首次采用压降小的径向反应器、立式换热器和四合一烟道。

1976 年 8 月，北京石油化工总厂东方红炼油厂第 3 套常减压装置建成投产，使该厂年原油加工能力提高到 700 万吨。

1976 年 11 月，安庆石化总厂常减压装置建成投产。

1977 年 1 月，一座大型现代化综合性石油化工基地——山东胜利石油化工总厂建成投产。该厂包括炼油厂、第一化肥厂、第二化肥厂、催化剂厂和合成橡胶厂，可生产汽油、煤油、柴油、沥青等各种油品和 30 多种化工产品。

1977 年 3 月，兰州炼油厂试制成功稀土 Y 型沸石小球催化剂，用于催化裂化装置，可改善航空汽油的安定性和抗爆性能。

1977 年 10 月，一坪化工厂研制成功反坦克导弹导航陀螺轴承润滑油，性能良好。

1978 年，石油化学工业部分为石油部和化工部。

1978 年 3 月，广州石油化工厂建成投产。

1978 年 6 月，中国最大的氧化沥青生产装置在山东胜利石油化工总厂炼油厂建成，年生产能力为 30 万吨。

1978 年 12 月，镇海石化总厂炼油厂建成投产，年加工原油能力 250 万吨。

1978 年 12 月，大连石油七厂研制成功防锈油系列产品，包括 20 个品种，与美国军用油品质量相当。

1978 年 12 月，乌鲁木齐石化厂炼油厂一期工程建成投产，3 套炼油装置及配套工程联合试车一次成功。

1978 年 12 月，安徽安庆石油化工总厂建成投产。该厂年加工原油 250 万吨、30 万吨合成氨、50 万吨尿素。

1979 年 3 月，中国第一套催化裂化烟气轮机能量回收系统在抚顺石油二厂建成投产，填补了中国炼油技术的一项空白。

1979 年 3 月，北京石油化工总厂改名为北京燕山石油化工总公司，拥有 7 个生产厂，43 套炼油、化工生产装置。年原油加工能力 700 万吨，乙烯生产能力 30 万吨。

1979 年 3 月，燕山石化总公司东方红炼油厂试制出舰载直升机用高闪点航空燃料。当年通过试飞，翌年供应部队。

1979 年 4 月，中国石油学会成立。

1979 年 5 月，石油化工科学研究院开发的催化裂化一氧化碳助燃剂先后在玉门炼油厂、独山子炼油厂试用成功。

1979 年 6 月，大型现代化石油化工纤维联合企业——上海石油化工总厂第一期工程建成投产，包括炼油、裂解分离、聚烯烃、聚酯纤维、污水处理等 10 个大型分厂及系列附属工程、生活设施。

1979 年，由石油化工科学研究院开发的“提高偏-Y 沸石催化剂活性稳定性的一种新洗涤工艺”和“用合成脂肪酸或马桑籽油与多乙烯多胺反应制备膨润土润滑脂的新型酰胺覆盖剂”获国家发明三等奖。

1980 年 1 月，中国石油学会主办、石油工业出版社出版的《石油学报》创刊。

1980 年 3 月，石油化工科学研究院、石油一厂和海军技术装备研究所协作研制成功聚烯烃核潜艇液压油。

1980 年 10 月，九江炼油厂建成，投入试生产。

1980 年，石油化工科学研究院、大庆油田、大港油田和大连同德化工厂共同开发的“冻胶型甲撑基聚丙烯酰胺无残渣水基压裂液”获国家发明三等奖。

1980 年，华东化工学院和南京炼油厂共同开发的“水蒸气脱附的分子筛脱蜡”获国家发明三等奖。

1980 年 12 月，第五个五年计划结束。“五五”期间全国新增原油加工能力 2622 万吨，原油年加工量比 1975 年增长 2451 万吨，年均增长率 9.1%，加工损失率降到 0.9%。

1981 年 3 月，石油化工科学研究院研制并生产的一种高温合成航空润滑油通过部级技术鉴定，开始供应部队和民航，在三叉戟大型客机、超黄蜂直升机等飞机上使用。

1981 年 8 月，石油化工科学研究院研究开发的 Y-7 半合成沸石裂化催化剂在周村催化剂厂工业放大和生产，并在沧州炼油厂使用成功。

1981 年 9 月，上海炼油厂根据 80 式坦克动力装置需要，研制出增压柴油机油。

1981 年 9 月，国务院批准成立上海高桥石油化工公司，由上海炼油厂、高桥化工厂、高桥热电厂、上海第二化纤厂、上海合成洗涤剂二厂、上海农药厂、上海染化十五厂、上海石油化学研究所组成。

1981 年 12 月，国务院批准成立金陵石油化工公司，由南京炼油厂、栖霞山化肥厂、南京烷基苯厂、南京化工厂、中山化工厂、南京塑料厂、南京长江石化厂等组成。

1982 年 1 月，国务院批准成立抚顺石油化工公司，由抚顺石油一厂、石油二厂、石油三厂、抚顺市化学纤维厂、抚顺化工二厂、抚顺化工塑料厂等组成。

1982 年 2 月，经国务院批准，中国海洋石油总公司在北京成立。

1982 年 4 月，克拉玛依炼油厂研制成功双曲线齿轮油，可满足军用车辆在严寒地区的使用要求。

1982 年 5 月，中国第一套大型低压加氢装置在山东齐鲁石油化工总公司炼油厂建成投产。年产脱蜡油 20 万吨、柴油 80 万吨，提炼优质汽油，技术由国外引进。

1982 年 7 月，杭州炼油厂、武汉化工研究所、海军油料技术装备研究所共同研制的用于核潜艇液压系统的液压油通过技术鉴定和下水试验。

1982 年 7 月，石油化工科学研究院研究开发的石油针状焦生产技术在抚顺石油二厂工业装置上试生产成功。

1982 年，石油化工科学研究院完成的“烃类燃料在燃烧过程中对镍铬合金腐蚀机理的研究”获国家自然科学四等奖。

1982 年，由长岭炼油厂、洛阳炼油研究所和石油化工科学研究院共同完成的“催化剂挤条成型新助挤剂”以及由石油化工科学研究院和石油一厂合作开发的“用蜡裂解烯烃合成聚 α-烯烃降凝剂新工艺”均获国家发明三等奖。

1983 年 4 月，石家庄炼油厂建成投产。

1983 年 7 月 4 日，党中央和国务院批准成立中国石油化工总公司。20 世纪 70 年代末，中国原油产量已达到 1 亿吨。如何用好这笔财富，提高经济效益，增加国家财政收入成为关系国民经济发展的重大战略问题。康世恩向党中央写了《关于如何用好一亿吨原油的意见》，提出把大型的炼油厂和以石油为原料的化工厂、化纤厂组织起来，实行统一领导、统一指挥、统一销售、统一对外、统一劳动工资的“五统一”。对全国原来分属石油部、化工部和纺织部管理的炼油、石油化工和纺织部门实行集中统一管理。归属于中国石化总公司的有 13 个石油化工公司、总厂，17 个炼油厂，4 个化纤厂，5 个化肥厂等 39 个大中型企业，以及规划、科研、设计、大中专院校、机械制造、工程建设和维修等单位。李人俊任董事长，陈锦华任总经理。

1983 年 9 月，扬子石油化工公司在南京成立。

1983 年 12 月，大连石油七厂和大连有机合成厂联合组成的大连石油化工公司成立。

1983 年 12 月，由天津炼油厂、天津石油化纤总厂、天津第一石油化工厂等单位组成的天津石油化工公司成立。

1983 年 12 月，石油化工科学研究院研究开发的 CRC-1 催化裂化催化剂工业应用试验先后在齐鲁石化公司、乌鲁木齐石化总厂取得成功。

1983 年，石油化工科学研究院和玉门炼油厂合作开发的“多效合成脂肪酸锂-钙基润滑脂”获国家发明三等奖。

1984 年 6 月，抚顺石油一厂研制成功新型坦克齿轮油，通过行车试验和中国石化鉴定。

1984 年 9 月，石油化工科学研究院研究开发的 RN-1 低压加氢脱氮催化剂在长岭炼油厂工业试产成功。

1984 年 12 月，全国原油年加工能力突破 1 亿吨。

1985 年 3 月，中国石油学会主办、石油化工科学研究院承办的《石油学报(石油加工)》创刊。

1985 年 4 月，抚顺石油二厂生产的石油焦通过中国石化技术鉴定。该产品为原子能工业辅助部分提供了原材料。

1985 年 9 月，国家航空舰艇油料鉴定委员会通过大比重喷气燃料、加氢裂化 3 号喷气燃料、16 号坦克防锈润滑两用油、4450 号航空齿轮润滑油、20 号船用低增压柴油机油、3245 号舰用液压油、HP-14 鱼雷防爆燃润滑油等 7 个新产品的技术鉴定。

1985 年 9 月，石油化工科学研究院开发的 SKI-300 型二甲苯异构化催化剂在燕山石化公司引进的装置上工业应用成功。

1985 年 10 月，石油化工科学研究院、长城润滑油公司研制的 3 种全氟碳油通过中国石化总公司和核工业部的联合鉴定。

1985 年 12 月，石油化工科学研究院、北京设计院、石家庄炼油厂等协作开发的大庆常压渣油催化裂化工艺在石家庄炼油厂工业试验成功。此项工艺技术于 1987 年获国家科技进步一等奖。

1985 年，由石油化工科学研究院、荆门炼油厂、锦州石化公司等单位合作完成的“采用六种新原油研制并工业化试产成功符合国际水平的喷气燃料”获国家科技进步一等奖；石油化工科学研究院、齐鲁催化剂厂和沧州石化厂合作开发的“Y-7 型沸石催化剂”，石油化工科学研究院、石油三厂和上海石化总厂合作开发的“金 1876 二甲苯临氢异构化催化剂”，石油化工科学研究院、玉门炼油厂和独山子炼油厂合作开发的“含铂一氧化碳助燃剂及其使用技术”均获国家科技进步二等奖；石油化工科学研究院、北京有机厂和大庆石化总厂合作开发的“T804 柴油低温流动改进剂及其应用”，石油化工科学研究院、西安热工所、上海炼油厂等合作完成的“变压器油国家标准的研究和制订”，石油化工科学研究院与中国计量科研院合作完成的“石油密度测定法和石油密度计量换算表”均获国家科技进步三等奖；石油化工科学研究院与华北采油工艺所合作开发的“聚丙烯酰胺高温堵水剂”获国家发明三等奖。

1985 年 12 月，第六个五年计划结束，全国原油加工能力增加 1229 万吨。本年，原油出口量突破 3000 万吨。

1986 年 7 月，兰州炼油厂试制出多种高等级柴油机油新产品。

1986 年，洛阳石化工程公司的“兰州炼油厂 50 万吨/年同轴式提升管催化裂化装置”及“常减压蒸馏装置节能改造技术的应用与推广”均获国家科技进步一等奖；“催化裂化节能技术的推广应用”获国家科技进步二等奖。

1987 年，成立山东东明石化集团，是一家集原油加工、石油化工、煤炭化工、氯碱化工、热电、物流运输、建筑安装、进出口贸易为一体的大型民营企业集团。到 2000 年，企业年原油一次加工能力已达到 1500 万吨，总资产 350 亿元。

1987 年 11 月，石油化工科学研究院开发的新一代 CB-6 重整催化剂在兰州炼油厂工业应用成功。

1987年11月，石油化工科学研究院开发的新型SKI-300(B)型二甲苯异构化催化剂在齐鲁石化公司引进装置上成功应用。

1987年，由航天部701所、289厂、519厂、307厂、石油一厂、石油化工科学研究院等共同参与的“液体地地战略武器及运载火箭”获国家科技进步特等奖；由北京设计院、石油化工科学研究院、洛阳石化工程公司等共同完成的“大庆常压渣油催化裂化技术”获国家科技进步一等奖；由石油化工科学研究院、石油三厂、燕山前进化工厂研发的“SKI-300型二甲苯临氢异构化催化剂”获国家科技进步二等奖；石油化工科学研究院开发的“循环法制脂工艺”，石油化工科学研究院和海军工程学院合作研制的“HP-14润滑油”，洛阳炼油研究所、石油化工科学研究院、总后油料部等单位完成的“全国汽柴油罐贮与行车试验及汽柴油快速储存安定性测定方法的研究”均获国家科技进步三等奖；石油化工科学研究院和大连石化公司研发的“烷基萘降凝剂合成新工艺”，石油化工科学研究院研发的“部分熔融皂结晶法制备汽车通用锂基润滑脂工艺”和“7058号极高温润滑脂”均获国家发明三等奖。

1988年，石油工业部撤销，成立中国石油天然气总公司。同时，1982年成立的中国海洋石油总公司分立，直属国务院领导。

1988年3月，洛阳炼油厂500万吨常减压蒸馏装置建成投产。

1988年12月，一坪化工厂生产的空间精密轴承润滑油通过中国石化技术鉴定。

1988年，石油化工科学研究院、茂名石油公司合作完成的“上流式反应塔减粘裂化技术的研究与开发”获国家科技进步二等奖；石油化工科学研究院、兰州炼油厂、锦州炼油厂合作开发的“丁二酰亚胺无灰分散剂(113B和113C)”获国家科技进步三等奖。

1988年12月，中国原油产量达到1.37亿吨，原油加工能力达到1.16亿吨。

1988年，中国自20世纪60年代初结束用“洋油”以来，又开始进口原油，以解决国内原油资源不能满足经济发展需要问题，当年进口原油85万吨。

1989年4月，中国第一套沸石叠合装置在玉门炼油厂催化车间建成投产，生产出合格的叠合汽油。

1989年9月，镇海石化总厂自行设计和建设的第二套常减压装置投产，使该厂原油加工能力提高到550万吨。

1989年12月，中国第一套从国外引进的大型重油催化裂化联合装置在长岭炼油化工厂建成投产，年处理量100万吨。

1989年，石油化工科学研究院、天津石化一厂、齐鲁催化剂厂开发的“应用助剂提高催化裂化汽油辛烷值技术”，石油化工科学研究院完成的“中国石油化工总公司炼油生产计划编排优化系统”均获国家科技进步二等奖；总后油料研究所、石油化工科学研究院、抚顺石油一厂等单位完成的“QC级10W/30，5W/20汽油机油”获国家科技进步三等奖。石油化工科学研究院申报的“一种馏分油加氢精制催化剂”获中国专利金奖。

1990年3月，年产量居世界首位的45万吨芳烃联合装置在南京扬子石化公司打通全流程，试车成功，产出合格对二甲苯。至此，投资66.8亿元的扬子乙烯工程全部建成。

1990年5月，由石油化工科学研究院、中国石化北京设计院和高桥石化公司合作开发的国家“七五”攻关项目——新型减黏裂化工艺在高桥石化公司炼油厂4万吨装置上投产成功。

1990 年 6 月，福建炼油厂动工兴建，设计年加工原油能力 250 万吨，总投资 10.3 亿元。

1990 年 7 月，呼和浩特炼油厂动工兴建，为百万吨级炼油厂，设计建设 8 套生产装置，总投资 4.5 亿元。

1990 年 11 月，由石油化工科学研究院研究开发世界首创的催化裂解(DCC)技术，在济南炼油厂 6 万吨/年工业化试验成功。

1990 年，石油化工科学研究院、长岭炼油厂、保定石化厂研发的"RC 一氧化碳助燃剂"获国家发明三等奖；抚顺石化研究院、石油化工科学研究院、锦西炼油厂、茂名石油公司等单位合作开发的"重交通道路沥青的研制"获国家科技进步一等奖；石油三厂、石油化工科学研究院、空军油料所研发的"加氢裂化法生产三号喷气燃料工艺及催化剂"，石油化工科学研究院、上海高桥炼油厂、茂名炼油厂、兰州炼化总厂研发的"CC 级和 CD 级单级柴油机油(30 号、40 号、20/20WCC 和 CD)"，石油化工科学研究院、长岭石化厂、石油一厂完成的"'CB-6'低铂铼重整催化剂及工艺技术"，石油化工科学研究院、长城高级润滑油公司、总后军械所等研发的"CLP 清洁润滑防护武器三用油"均获国家科技进步三等奖。

1991 年 12 月，由侯祥麟主编的《中国炼油技术》一书出版。

1991 年，石油化工科学研究院、长岭炼化厂等单位研发的"RN-1 加氢精制催化剂及工艺"获国家科技进步一等奖；石油化工科学研究院、齐鲁石化公司等单位研发的"新型渣油催化裂化催化剂的研究与开发(ZCM 系列)"获国家科技进步二等奖；武汉材料保护所、第二汽车制造厂、石油化工科学研究院完成的"汽车内燃机缸套活塞环和凸轮挺杆摩擦学特性研究"获国家科技进步三等奖。石油化工科学研究院申报的"制取低碳烯烃的烃类催化转化方法"获中国专利金奖。

1992 年 8 月，石油化工科学研究院研究开发的利用重质原料油可多产气体烯烃和高辛烷值汽油的新技术——MGG 工艺在兰州炼油化工总厂进行工业化试验成功。

1992 年 9 月，内蒙古呼和浩特炼油厂建成投产，年加工能力 100 万吨。

1992 年 10 月，石油化工科学研究院研究开发的中压加氢改质(MHUG)工艺技术在大庆石化总厂炼油厂工业化试验成功。

1992 年，抚顺石化研究院、齐鲁胜利炼油厂、抚顺石油厂、洛阳石化公司等单位完成的"缓和加氢裂化催化剂(3882)及工艺"获国家科技进步二等奖。石油化工科学研究院、北京设计院等单位完成的"新型减黏裂化"，石油化工科学研究院、成都石化厂研发的"3000 吨/年润滑脂成套技术"均获国家科技进步三等奖。

1993 年 10 月，总投资 18 亿元的福建炼油厂全面建成投产，包括 250 万吨常减压蒸馏、140 万吨重油催化裂化、40 万吨延迟焦化、20 万吨催化重整、50 万吨催化柴油和焦化柴油、加氢精制等 10 套装置。

1993 年，石油化工科学研究院研发的"三异丙氧基铝水解制备氧化铝方法"获国家发明三等奖；石油化工科学研究院、长岭炼油厂、燕山炼油厂开发的"CB-7 铂铼重整催化剂及应用工艺技术"获国家科技进步二等奖。抚顺石化研究院申报的"一种石脑油重整催化剂"获中国专利金奖。

1994 年，扬子石化与德国巴斯夫公司合资成立扬子巴斯夫系统有限公司。

1994年5月，由抚顺石化研究院开发的FSN-1重油加氢精制催化剂通过中国石化总公司技术鉴定。

1994年6月，石油化工科学研究院研究开发、巴陵石化公司长岭炼化总厂催化剂厂生产的一种宽馏分加氢精制催化剂——RN-1催化剂首次出口意大利，用于埃尼集团阿吉甫石油公司炼油厂。同年10月开车成功。

1994年9月，齐鲁石化公司胜利炼油厂100万吨/年渣油减黏裂化装置建成投产，采用英荷壳牌公司技术，中国石化北京设计院设计。

1994年12月，中国第一套40万吨/年高压润滑油加氢装置在兰州炼化总厂开工，采用法国专利技术，总投资4亿多元。

1994年12月，由石油化工科学研究院研究开发的ZRP-1型沸石通过中国石化总公司鉴定。

1995年2月，石油化工科学研究院研究开发的Ⅱ型催化裂解工艺及CIP-1催化剂通过中国石化总公司鉴定。

1995年2月，石油化工科学研究院研制、齐鲁石化公司催化剂厂生产的RFC催化剂通过中国石化中试成果评议。该剂是多产异构烯烃催化裂化工艺(MIO)专用催化剂。

1995年3月，MIO工艺工业化试验在兰州石化总厂取得成功，可最大量生产异丁烯和异戊烯，由石油化工科学研究院研究开发。

1995年3月，中国首套年产40万吨大型催化裂解联合装置在安庆石化总厂建成投产，包括40万吨/年催化裂解、20万吨/年气体分馏、5万吨/年干气脱硫、20万吨/年液化气脱硫、液化气和汽油脱硫醇等装置。

1995年，石油化工科学研究院研发的“石油重质组分催化裂解(Ⅰ型)制取低碳烯烃工艺及催化剂”获国家技术发明一等奖；石油化工科学研究院研发的“CHZ(SRNY)裂化催化剂”获国家技术发明二等奖；石油化工科学研究院开发的“多产液化气和汽油催化裂化工业技术(MGG)”获国家科技进步二等奖；石油化工科学研究院“上海石化总厂40万吨/年连续重整装置反应系统结焦问题的研究”获国家科技进步三等奖。石油化工科学研究院申报的“石油烃的催化转化方法”获中国专利金奖。

1996年，石油化工科学研究院、兰州炼化总厂、齐鲁催化剂厂等完成的“LCS-7催化裂化催化剂研制与应用和RHZ-200、CC-14重油催化裂化催化剂”获国家科技进步二等奖；石油化工科学研究院、上海炼油厂、茂名石化公司共同研发的“SF级汽油机油和CD级柴油机油系列产品”，石油化工科学研究院、荆门石化总厂、长岭炼化总厂的“RJW-1石蜡加氢精制催化剂及工艺的研究与开发”均获国家科技进步三等奖。

1997年7月，中国石化石油化工科学研究院出口泰国75万吨/年成套DCC技术成功投产，实现我国具有完全知识产权的首次炼油成套技术出口。

1997年，石油化工科学研究院、大庆石化总厂、洛阳石化工程公司、长岭炼化总厂共同完成的“RT-1催化剂及其在中压加氢处理工艺上的工业应用”获国家发明三等奖；石油化工科学研究院、长岭炼化总厂、广州石化总厂合作完成的“GCR-10连续重整催化剂研制及工业应用”获国家科技进步二等奖；机械部济南试验机厂研究所、上海石油商品应用所及石油化工科学研究院合作的“金属加工液攻丝扭矩模拟评定试验装置的研究”获国家科技进步三等奖。

1997 年 10 月 12 日到 16 日，20 世纪最后一次国际石油界的盛会——第十五届世界石油大会，在北京隆重举行。影响全球石油风云的世界各大石油公司首脑、主要产油国和石油消费国的石油或能源部长以及来自 91 个国家和地区的近 5000 多名代表参加了会议。时任国家主席江泽民出席了大会开幕式，发表了重要讲话，并与国务院总理李鹏分别会见与会各国贵宾。本届大会以"技术全球化——引导石油工业进入二十一世纪"为主题，有 6 个大会发言、2 个特别发言、1 个部长论坛、21 个分组论坛、10 个回顾与展望报告会和一个 DEWHURST 讲座，宣读论文 90 余篇，张贴论文 200 余篇，各国代表广泛交流和探讨新世纪石油工业面临的挑战以及石油科技的新发展。第十五届世界石油大会的下游部分——炼油和石油化工共有 6 个论坛和 1 个回顾和展望 RFP。它们分别是：论坛 3，新的和改进的燃料、润滑油和精细化学品；论坛 9，催化炼油的技术进展——为更好的分子管理铺平道路，包括分子转化和重排的催化炼油技术、催化裂化、加氢、重整和烷基化；论坛 11，石油化工——石化产品在全球供需展望，包括烷烃、烯烃、芳烃、聚合物，醇类和羰基合成；论坛 15，二十一世纪广泛利用腐蚀性原油的新技术，包括对原油的表征、对工艺和装备的影响及风险预防；论坛 17，非催化炼油工艺的新进展、分子转化和分离技术，包括膜分离、反应蒸馏和热转化；论坛 20，炼油操作技术的新进展，包括计算机优化控制、节能、降耗、减排和废催化剂处理。RFP4——炼油/石油化工装置一体化的协同机遇——发电、合成气、渣油气化，采用深度加工、炼油和石油化工装置的有机结合，综合利用炼油厂渣油气化。

1998 年，国务院决定实施石油石化战略大重组，原石油天然气总公司和中国石化总公司改组为两个大型石油石化集团公司，实现上下游、产供销、内外贸一体化经营，三大石油公司基本实现了从政府向企业的转变。同年 7 月，中国石油天然气集团公司、中国石油化工集团公司成立大会在北京人民大会堂举行。根据国务院机构改革方案的有关要求，内蒙古、辽宁、吉林、黑龙江、重庆、四川、西藏、陕西、甘肃、宁夏、青海、新疆等 12 个省(自治区、直辖市)及大连市石油公司及其下属各级石油公司和加油站，划归中国石油天然气集团公司；吉林省吉化集团公司、吉林石油集团有限公司，划归中国石油天然气集团公司。北京、天津、河北、山西、上海、江苏、浙江、安徽、福建、江西、山东、河南、湖北、湖南、广东、广西、海南、贵州、云南等 19 个省(直辖市)及宁波、厦门、青岛、深圳市石油公司及其下属各级石油公司和加油站，划归中国石油化工集团公司。

1998 年，抚顺石化研究院等单位开发的"镇海炼化 80 万吨/年加氢裂化成套技术开发"获国家科技进步一等奖；石油化工科学研究院、兰州炼化总厂、齐鲁石化公司催化剂厂完成的"多产 C_4、C_5 异构烯烃 MIO 工艺及专利 RFC 催化剂的开发"，兰州炼化总厂、石油化工科学研究院完成的"催化裂化催化剂生产过程的开发和设备的放大"均获国家科技进步二等奖；石油化工科学研究院、齐鲁催化剂厂、长岭炼化总厂合作的"催化裂化系列催化剂的推广应用"获国家科技进步二等奖。

1999 年，石油化工科学研究院、抚顺石油三厂催化剂厂研发的"β 沸石合成方法"获国家发明三等奖；石油化工科学研究院、上海石化股份有限公司、抚顺石化公司石油三厂合作的"PS-Ⅳ型(3961)连续重整催化剂的研制开发及其工业应用"获国家科技进步二等奖；石油化工科学研究院、齐鲁石化公司催化剂厂、九江石化总厂、广州石化总厂等五单位完成的“奥秘系列重油裂化催化剂的研究及应用”获国家科技进步三等奖。

2000年，中国石化股票在美国纽约、英国伦敦及中国香港三地同时成功上市。中国石油、中国海油紧随其后。至此，我国以大型企业为主体的石油工业体系形成。

2000年10月~2001年1月，由石油化工科学研究院开发成功的催化热裂解(CPP)技术，与中石油大庆炼化分公司合作，在0.8万吨/年工业示范装置上运转成功。该技术是在DCC基础上，进一步重质原料多产丙烯和乙烯的技术。2009年7月，CPP技术在沈阳化工集团沈阳蜡化工有限公司建成50万吨/年工业装置，一次运转成功。2010年3月，CPP技术在沈阳化工集团沈阳蜡化工有限公司50万吨/年工业装置上标定结果，达到了设计指标。

2001年，抚顺石化研究院开发的“MCI柴油加氢改质新技术及工业应用”获国家发明二等奖；燕山石化公司、石油化工科学研究院、石化工程公司共同完成的“大庆减压渣油催化裂化成套技术开发及工业应用”获国家科技进步一等奖；石油化工科学研究院开发的“生产清洁燃料加氢精制催化剂的研制开发及工业应用”获国家科技进步二等奖。2002年，中国石化茂名分公司、抚顺石油化工研究院、洛阳石油化工工程公司、齐鲁分公司完成的“200万吨/年渣油加氢处理(S-RHT)成套技术开发”获国家科技进步一等奖。

2002年，上海石化建成千万吨原油加工和百万吨乙烯生产的世界级炼油化工一体化基地。2002年2月4日，首套多产异构烷烃的变径流化床催化裂化装置(MIP)在高桥石化投入运行。

2003年5月初，受国务院总理温家宝委托，由侯祥麟院士负责的国家“中国可持续发展油气资源战略研究”项目启动。2003年5月26日，温家宝总理在听取工程院汇报会上发表了重要讲话。建议研究内容分7个方面(子课题)：①资源与供需状况；②国内油气资源开发战略；③国际资源开发和进口战略；④石油安全和储备战略；⑤石化发展战略，侧重于油气需求和节能(节油)的联系；⑥节油战略(节能)；⑦有关政策措施。

2003年，石油化工科学研究院、燕山石化公司、工程建设公司、湖南建长石化股份公司等单位完成的“苯和乙烯液相烷基化生产乙苯成套技术开发”获国家科技进步二等奖。

2005年9月，陕西省地方石油工业企业经过重组，正式成立陕西延长石油(集团)有限责任公司(简称延长石油集团)。延长石油集团是集石油、天然气、煤炭等多种资源高效开发、综合利用、深度转化为一体的大型能源化工企业。2007年原油产量突破千万吨大关；2010年销售收入突破1000亿元；2013年进入世界企业500强。至2020年原油生产能力1200万吨/年、炼油加工能力1740万吨/年、天然气产能53亿立方米/年、煤炭产能1100万吨/年、化工品产能670万吨/年。

2005年，石油化工科学研究院的“非晶态合金催化剂和磁稳定床反应工艺的创新与集成”获国家技术发明一等奖；抚顺石化研究院“生产清洁燃料的高活性加氢精制催化剂的研制及工业应用”获国家技术发明二等奖；石油化工科学研究院、上海高桥分公司、洛阳石化工程公司完成的“多产异构烷烃的催化裂化工艺(MIP)工业应用”，石油化工科学研究院、北京燕山分公司、石化工程建设公司完成的“中压加氢裂化技术(RMC)的开发与工业应用”均获国家科技进步二等奖。石油化工科学研究院“一种重质馏分油中压加氢裂化方法”获中国专利金奖。

2006年，中国石油大学(北京)、中国石油天然气股份有限公司抚顺石化分公司、中国石油天然气股份有限公司哈尔滨石化分公司开发的“催化裂化汽油辅助反应器改质降烯烃技术的开发和应用”获国家科技进步二等奖。

2007 年 8 月，中国石化从康菲公司整体收购 S Zorb 技术，同年 8～12 月完成该技术的工艺和工程设计。

2007 年，中国石化石油化工科学研究院高级顾问闵恩泽在全国科学技术奖励大会上获 2007 年国家最高科学技术奖。石油化工科学研究院、九江分公司、镇海炼化公司、洛阳石化工程公司等单位完成的“生产满足欧Ⅲ标准汽油组分并增产丙烯技术的研发与工业应用”，石油化工科学研究院、燕化股份公司、扬子石化股份公司、石化工程建设公司研发的“抽提蒸馏分离芳烃成套新工艺的开发及工业应用”均获国家科技进步二等奖。上海石油化工研究院申报的“甲苯与碳九及其以上重质芳烃歧化和烷基转移工艺”获中国专利金奖。

2008 年，中国石油石油化工研究院、中国石油兰州石化分公司“原位晶化型重油高效转化催化裂化催化剂及其工程化成套技术”，中国科学院大连化学物理研究所、中国石油、抚顺石化分公司、中国石化洛阳石油化工工程公司、大连贝斯特干气乙苯化学有限公司、中国石油集团工程设计有限责任公司抚顺分公司“FCC 干气制乙苯气相烷基化与液相烷基转移组合技术研发及产业化”均获国家科技进步二等奖。

2009 年 5 月，中国石化石油化工科学研究院向沙特阿美公司出口 460 万吨/年 DCC 技术成功投产。

2009 年，中国石化工程公司、石油化工科学研究院共同完成的“石脑油催化重整成套技术的开发与应用”获国家科技进步一等奖；石油化工科学研究院、中国石化巴陵分公司、湖南百利工程材料公司、湘潭大学等研发的“环己酮氨肟化路线己内酰胺生产工艺成套技术”获国家科技进步二等奖。

2010 年，镇海炼化实现原油年加工量突破 2000 万吨，跻身世界特大型炼油厂行列。

2010 年，石油化工科学研究院、湖南建长石化公司研发的“催化氧化新材料——空心钛硅沸石”获国家发明二等奖；工程建设公司、海南炼化有限公司、石油化工科学研究院、抚顺石化研究院等共同完成的“单系列大型化炼油技术集成开发与工业应用”获国家科技进步二等奖。中国石油大学(北京)、中国石油、辽河石化分公司、中国石化九江分公司“重油催化裂化后反应系统关键装备技术开发与应用”，中国石油石油化工研究院、中国石油大学(华东)、中国石油天然气华东勘察设计研究院、山东石大科技集团有限公司、中国石油辽河石化分公司、中国石油长庆石化分公司“提高轻质油品收率的两段提升管催化裂化新技术”均获国家科技进步二等奖。石油化工科学研究院申报的“含铂、锡的多金属重整催化剂及其制备与应用”获中国专利金奖。

2011 年，石油化工科学研究院研发的“环烷基稠油生产高端产品技术研究开发与工业化应用”获国家科技进步一等奖；石油化工科学研究院、安庆分公司等单位完成的“催化剂物性变量的耦合调控对重油制烯烃的反应优化及工业实现”，石油化工科学研究院、齐鲁分公司等单位完成的“重油高效转化的加氢处理及其与催化裂化新型组合关键技术”均获国家科技进步二等奖。

2012 年，中国石油兰州润滑油研究开发中心、中国石油润滑油分公司、中国石油石油化工研究院研发的“高档系列内燃机油复合剂研制及工业化应用”获国家科技进步二等奖。

石油化工科学研究院申报的“一种己内酰胺加氢精制方法”获中国专利金奖。

2013 年，抚顺石化研究院、上海石化公司研发的“含空间位阻的大分子硫化物脱除关键技术及相关催化材料创制”获国家技术发明二等奖。

2014 年，中国石化西北油田分公司、石油化工科学研究院、中国石油大学(北京)、中科院广州地化所完成的“超深井超稠油高效化学降黏技术研发与工业应用”获国家科技进步一等奖。

2015 年，石油化工科学研究院、工程建设公司等单位研发的“高效环保芳烃成套技术开发及应用”获国家科学技术进步奖特等奖。抚顺石化研究院申报的“一种重质油及渣油加氢转化催化剂及其制备方法”获中国专利金奖。

2016 年，石油化工科学研究院研发的“单晶多空心钛硅沸石催化新材料及制备关键技术”获国家技术发明二等奖。石油化工科学研究院申报的“一种用于流化催化转化的提升管反应器”获中国专利金奖。

2017 年 7 月，浙江石化大型炼化联合体在浙江舟山开工建设。该项目共两期，包括 2 座 2000 万吨/年的大炼油厂、2 套 140 万吨/年的乙烯装置等，总投资 1730 亿元。项目采用常减压+延迟焦化+渣油加氢脱硫/重油催化裂化+蜡油加氢裂化+柴油加氢裂化+连续重整/芳烃联合装置的总工艺流程。

2017 年 9 月，山东炼化能源集团公司(山东炼能集团)成立。山东炼能集团成立的出发点在于推动地方炼油厂更深层次的合作，优化整合地方炼油厂在原料、物流、资金、产品等方面的配置，实现大资金、大物流，提高行业核心竞争力和话语权。

2017 年，抚顺石化研究院、镇海炼化分公司研发的“烃类分子结构导向转化的化工原料高效生产技术”获国家技术发明二等奖。中国石油石油化工研究院、中国石油兰州石化分公司、中国石油大学(北京)、中国石油广西石化分公司、中国石油大港石化分公司、中国石油哈尔滨石化分公司、中国石油玉门油田分公司研发的“高汽油收率低碳排放系列催化裂化催化剂工业应用”，中国石油大学(华东)、中国石化金陵分公司、中国石化工程建设有限公司、洛阳涧光特种装备股份有限公司、江苏焱鑫科技股份有限公司完成的“提高轻油收率的深度延迟焦化技术”获国家科学技术进步奖二等奖。

2018 年，上海石化研究院、洛阳工程公司、石油化工科学研究院研发的“稀乙烯增值转化高效催化剂及成套技术”获国家科学技术进步奖二等奖。

2018 年 11 月，盛虹石化集团有限公司大炼化项目年底在江苏连云港开建。该项目包括 1600 万吨/年炼油、280 万吨/年对二甲苯、110 万吨/年乙烯装置，配套建设 30 万吨原油码头及公用工程，总投资 775 亿元。项目采用重油加氢裂化+芳烃+乙烯+IGCC 的总工艺流程，预计 2021 年全面建成投产。

2019 年 5 月，恒力集团 2000 万吨/年炼化一体化项目在大连长兴岛全面投产，项目原油加工能力为 2000 万吨/年，芳烃联合装置规模为 450 万吨/年(以对二甲苯产量计)，加工原油为沙重、沙中、马林原油，采用全加氢工艺路线，加氢规模为 2300 万吨/年，民企开始成为中国石油炼化的重要角色。

2019 年 5 月，荣盛石化股份有限公司控股子公司浙江石油化工有限公司在舟山绿色石化基地投资建设的“4000 万吨/年炼化一体化项目(一期)”投入运行。

2019年11月，恒逸石化股份有限公司文莱一期800万吨/年炼化项目全面投产，该项目包括800万吨/年炼油、150万吨/年对二甲苯、50万 吨/年苯等装置，投资34.5亿美元，是我国民营炼化企业最大的海外项目。项目二期已于2018年下半年与文莱达成一致，文莱炼化二期项目主要包括炼油、芳烃、乙烯、聚酯四部分，共包含了1400万吨/年炼油、200万吨/年对二甲苯、250万吨/年精对苯二甲酸（PTA）、100万吨/年苯二甲酸乙二醇酯（PET）、165万吨/年乙烯以及配套储运、公用工程和相应辅助设施。该二期项目建设期为三年。

2019年，石油化工科学研究院、北京燕山分公司、九江分公司开发的“活性相定向构建及复杂反应分级强化的柴油高效清洁化关键技术”，中国石油大学（北京）、河北精致科技有限公司开发的“满足国Ⅴ/国Ⅵ升级的FCC汽油关键组分定向分离技术”均获国家技术发明二等奖。石油化工科学研究院“一种降低重质原料油中沥青质和残炭含量的方法”获中国专利金奖。

参 考 文 献

[1] 汪燮卿，刘济瀛．石油树结奇异果[M]．北京：清华大学出版社，2000.

[2] 黄时进．新中国石油化学工业发展史(1949—2009)[M]．上海：华东理工大学出版社，2012.

[3] 张叔岩．玉门油矿史(1939—1949)[M]．西安：西北大学出版社，1988.

[4] 侯祥麟．我与石油有缘[M]．北京：石油工业出版社．2006.

[5] 侯祥麟．碳氢化合物对镍铬合金高温燃烧腐蚀的研究[J]．石油学报，1981，2(3)：93-102.

[6]《中国炼油工业》编辑委员会．中国炼油工业[M]．北京：石油工业出版社，1989.

[7]《中国石油大事记》编纂委员会．中国石油大事记(1949—2009)[M]．北京：石油工业出版社，2011.

[8]《当代中国》丛书编辑委员会．当代中国的石油化学工业[M]．北京：中国社会科学出版社，1987.

[9] 陈贵信．中国炼油与石化工业编年史[M]．北京：中国石化出版社，2002.

[10] 陈歆文．中国近代化学工业史(1860—1949)[M]．北京：化学工业出版社，2006.

[11] 申力生．中国石油工业发展史(第二卷)．近代石油工业[M]．北京：石油工业出版社，1988.

[12] 中国化工博物馆．中国化工通史行业卷(下册)[M]．北京：化学工业出版社，2014.

[13] 朱和．两千万吨级民营大炼油厂投产我国民营炼油厂加快转型升级[J]．国际石油经济，2019，27(1)：20-22.

[14] 汪燮卿，舒兴田．重质油裂解制轻烯烃[M]．北京：中国石化出版社，2015.

[15] https：//d. qianzhan. com/xdata/list/xCxlBxAxr. html[OZ].

[16] http：//www. most. gov. cn/ztzl/gjkxjsjldh/[OZ].